“十三五”国家重点图书出版规划项目

中华通历

宋辽金元（上）

主编：王双怀
编者：王双怀　陈佳荣　方　骏
董海鹏　张锦华　樊英峰

陕西师范大学出版总社

图书代号：SK18N0277

图书在版编目（CIP）数据

中华通历．宋辽金元：全2册／王双怀编著．—西安：陕西师范大学出版总社有限公司，2018.4
ISBN 978-7-5613-9900-2

Ⅰ．①中… Ⅱ．①王… Ⅲ．①中国历史—辽宋金元时代 Ⅳ．①K20

中国版本图书馆CIP数据核字（2018）第054295号

中华通历·宋辽金元

ZHONGHUA TONGLI · SONG –LIAO –JIN –YUAN

王双怀 编著

出 版 人／刘东风
责任编辑／王 森 李梦珅
责任校对／侯坤奇
装帧设计／安 梁
出版发行／陕西师范大学出版总社
（西安市长安南路199号 邮政编码710062）
网 址／http：//www.snupg.com
印 刷／陕西金德佳印务有限公司
开 本／787mm×1092mm 1/16
印 张／54.25
插 页／8
字 数／1383千
版 次／2018年4月第1版
印 次／2018年4月第1次印刷
书 号／ISBN 978-7-5613-9900-2
定 价／550.00元（上、下册）

目録

CONTENTS

I 前言

Ⅲ 凡例

001 一、北宋日曆

169 二、南宋日曆

323 三、遼日曆

前言

宋遼夏金時期是中國帝制時代又一個大分裂的時期。北宋與遼和西夏并立，南宋則與金、西夏、大理並存，直到蒙元崛起，才結束了長期分裂的局面。雖然這一時期的長期分裂，但文化相對比較發達。這在天文曆法方面也有所體現。當時頒行的曆法多達23種，即北宋的《應天曆》《乾元曆》《儀天曆》《天曆》《明天曆》《奉元曆》《觀天曆》《占天曆》《紀元曆》，南宋的《統元曆》《乾道曆》《淳熙曆》《會元曆》《統天曆》《開禧曆》《淳祐曆》《會天曆》《成天曆》《本天曆》，遼的《大明曆》，金的《大明曆》、《知微曆》，元的《授時曆》等。這種情況是前所未有的。由於頒行曆法較多，因而史書所載時間問題比較複雜。這些資料是我們瞭解歷史時期中國曆法的重要依據，也是我們認識歷史問題的重要依據。但我們現在用慣了公曆，面對這些干支，很難立即弄清其中的含義。如果不借助工具書，便無法形成正確的時間概念。

上個世紀以來，海内外的一些學者曾對中國古代曆法進行過研究，并編寫了幾部很有影響的曆表。專題研究成果主要有藪内清的《中國的天文曆法》、劉操南的《古代天文曆法釋證》、陳久金的《中國古代的天文與曆法》、張培瑜等人的《中國古代曆法》、張聞玉的《古代天文曆法講座》，以及曲安京的《中國曆法與數學》等。曆表則主要有薛仲三、歐陽頤的《兩千年中西曆對照表》，陳垣的《二十史朔閏表》和《中西回史日曆》，董作賓的《中國年曆總譜》等。這些成果有助於我們認識宋遼金元時期的曆法和歷史，但由於種種原因，人們在讀《宋史》《遼史》《金史》《元史》等史書時仍被書中的干支所困擾，希望有一部能夠直接逐日讀出中西曆日的工具書。2006年，吉林文史出版社出版了筆者主編的《中華日曆通典》。該書分爲九編，包含了公元前1400年至公元2050年的全部日曆，受到學術界的好評，榮獲中華優秀出版物提名獎。近些年來，許多從事歷史研究、考古研究和文獻研究的專家學者和研究生認爲《中華日曆通典》部頭太大，價格過高，希望按斷代編輯出版。

現在呈現在大家面前的《宋遼金元日曆》，就是我們應讀者要求編寫的斷代日曆之一。本書是在推算歷代實用曆法、核對史書所載朔閏、參考現存古曆和曆表的基礎上精心編寫的，分爲《北宋日曆》《南宋日曆》《遼日曆》《金日曆》《蒙古日历》和《元日曆》，包含了西元 960 年至西元 1368 年的全部日曆。每編以朝代和帝王年號爲綱，分别、列出每一年的日曆。遇到王朝并立，曆法不同的情况，則按史家通例，分别列出各朝日曆。日曆的格式採用表格，每年一表，有年代、月序、日序、中西曆日對照、節氣與天象等欄目。年代包括帝王年號、年序、年干支、公曆年份、屬相等内容。月序與日序構成座標體系。中西曆日對照列出全年中每日的干支、公曆日期和星期。節氣與天象欄則給出二十四節氣和日食發生的日期。如遇帝王改元或頒行新曆，則注於當頁之下。書後還附有一些實用的曆法資料和年代資料。讀者可以通過帝王年號及年月日干支，直接查出其相應的公曆時間，也可以用公曆日期迅速地查出其相對應的中曆日期。

我們編寫本書的目的一方面是爲了體現中國獨有的曆法體系，另一方面是爲了幫助廣大文史工作者正確理解文獻中的干支所代表的時間。中國的傳統文化博大精深，具有永恒的魅力。在二十一世紀，人們必定還要繼續研究中國的歷史和文化，還要閲讀中國的文獻典籍。隨著史學研究工作的逐步深入，换算干支的情况將會頻繁出現。希望本書成爲大家學習中國歷史文化的一種利器。在本書的編寫過程中，我們參考了以往學者的研究成果。本書的出版，得到陝西師範大學出版社領導的大力支持。編輯侯海英、付玉肖、曹聯養等付出了大量心血。在此，謹表謝忱！由於我們學識有限，加之時間倉促，書中錯誤缺點在所難免，敬請大家批評指正。

王雙懷

2017 年 7 月 27 日

凡例

一、本書是爲解決宋遼金元時間問題而編纂的日曆，按照歷史順序和史家慣例，採用中西曆對照的形式，逐年逐月逐日列出具體時間，從公元960年開始，到公元1368年結束。

二、爲了方便讀者使用，本書融年表、月表、日表、節氣表爲一爐。每年一頁，首列年代、次爲日曆，若有王朝更替或頒布新曆等情況，則注之於當頁之下。年代包含帝王紀年、干支紀年和公曆紀年等要素，日曆則以中曆月序和中曆日序爲綱，表列干支及相應的公曆日期，同時附列節氣與天象方面的信息。讀者無須换算，可直接通過干支快速查出中、西曆日期和星期，也可以通過中曆日期或公曆日期快速查出相應的干支。

三、宋辽金元時期頒布了23种历法，文獻中对此多有記載。治曆者方法雖有小異，但認識大體一致。本書依據諸朝曆法資料、現存古曆殘卷及中外學者的研究成果，復原歷代頒行曆書，本著科學與實用的原則，擇其要者，與公曆對照，逐日列出干支、中曆、公曆時間，供廣大讀者查用。讀古代文獻或考古資料，若遇到時間問題，可借助本書解決；若想瞭解陰曆、陽歷及干支的對應情況，打開本書一查即得，無需進行繁瑣的换算。

四、宋遼金元時期，各個政權所使用的曆法不盡相同。本書分别編出諸朝日曆，讀者宜使用其相應的部分。此外，因曆法改變而導致日月變易的事也曾發生。此類情況已在相應日曆中注明，敬請讀者留意。

五、中曆一年，公曆往往經過兩年，但也有一年或三年的情況。爲作區分、表題中中曆所包含的主要公曆年份加粗，次要年份不加粗。

六、日曆表中，爲行文方便和排版美觀，公曆每月1日用圓括號加月份表示，如“（1）”，即指1月1日。

北宋日曆

北宋日曆

宋太祖建隆元年（庚申 猴年） 公元 960 ~ 961 年

夏曆月序		中西曆日對照	初一	初二	初三	初四	初五	初六	初七	初八	初九	初十	十一	十二	十三	十四	十五
正月大	戊寅	天干 地支 西曆 星期	辛丑 31 二	壬寅 (2) 三	癸卯 2 四	甲辰 3 五	乙巳 4 六	丙午 5 日	丁未 6 一	戊申 7 二	己酉 8 三	庚戌 9 四	辛亥 10 五	壬子 11 六	癸丑 12 日	甲寅 13 一	乙卯 14 二
二月小	己卯	天干 地支 西曆 星期	辛未 (3) 四	壬申 2 五	癸酉 3 六	甲戌 4 日	乙亥 5 一	丙子 6 二	丁丑 7 三	戊寅 8 四	己卯 9 五	庚辰 10 六	辛巳 11 日	壬午 12 一	癸未 13 二	甲申 14 三	乙酉 15 四
三月大	庚辰	天干 地支 西曆 星期	庚子 30 五	辛丑 31 六	壬寅 (4) 日	癸卯 2 一	甲辰 3 二	乙巳 4 三	丙午 5 四	丁未 6 五	戊申 7 六	己酉 8 日	庚戌 9 一	辛亥 10 二	壬子 11 三	癸丑 12 四	甲寅 13 五
四月小	辛巳	天干 地支 西曆 星期	庚午 29 日	辛未 30 一	壬申 (5) 二	癸酉 2 三	甲戌 3 四	乙亥 4 五	丙子 5 六	丁丑 6 日	戊寅 7 一	己卯 8 二	庚辰 9 三	辛巳 10 四	壬午 11 五	癸未 12 六	甲申 13 日
五月大	壬午	天干 地支 西曆 星期	己亥 28 一	庚子 29 二	辛丑 30 三	壬寅 31 四	癸卯 (6) 五	甲辰 2 六	乙巳 3 日	丙午 4 一	丁未 5 二	戊申 6 三	己酉 7 四	庚戌 8 五	辛亥 9 六	壬子 10 日	癸丑 11 一
六月大	癸未	天干 地支 西曆 星期	己巳 27 三	庚午 28 四	辛未 29 五	壬申 30 六	癸酉 (7) 日	甲戌 2 一	乙亥 3 二	丙子 4 三	丁丑 5 四	戊寅 6 五	己卯 7 六	庚辰 8 日	辛巳 9 一	壬午 10 二	癸未 11 三
七月小	甲申	天干 地支 西曆 星期	己亥 27 五	庚子 28 六	辛丑 29 日	壬寅 30 一	癸卯 31 二	甲辰 (8) 三	乙巳 2 四	丙午 3 五	丁未 4 六	戊申 5 日	己酉 6 一	庚戌 7 二	辛亥 8 三	壬子 9 四	癸丑 10 五
八月大	乙酉	天干 地支 西曆 星期	戊辰 25 六	己巳 26 日	庚午 27 一	辛未 28 二	壬申 29 三	癸酉 30 四	甲戌 31 五	乙亥 (9) 六	丙子 2 日	丁丑 3 一	戊寅 4 二	己卯 5 三	庚辰 6 四	辛巳 7 五	壬午 8 六
九月小	丙戌	天干 地支 西曆 星期	戊戌 24 一	己亥 25 二	庚子 26 三	辛丑 27 四	壬寅 28 五	癸卯 29 六	甲辰 30 日	乙巳 (10) 一	丙午 2 二	丁未 3 三	戊申 4 四	己酉 5 五	庚戌 6 六	辛亥 7 日	壬子 8 一
十月大	丁亥	天干 地支 西曆 星期	丁卯 23 二	戊辰 24 三	己巳 25 四	庚午 26 五	辛未 27 六	壬申 28 日	癸酉 29 一	甲戌 30 二	乙亥 31 三	丙子 (11) 四	丁丑 2 五	戊寅 3 六	己卯 4 日	庚辰 5 一	辛巳 6 二
十一月小	戊子	天干 地支 西曆 星期	丁酉 22 四	戊戌 23 五	己亥 24 六	庚子 25 日	辛丑 26 一	壬寅 27 二	癸卯 28 三	甲辰 29 四	乙巳 30 五	丙午 (12) 六	丁未 2 日	戊申 3 一	己酉 4 二	庚戌 5 三	辛亥 6 四
十二月大	己丑	天干 地支 西曆 星期	丙寅 21 五	丁卯 22 六	戊辰 23 日	己巳 24 一	庚午 25 二	辛未 26 三	壬申 27 四	癸酉 28 五	甲戌 29 六	乙亥 30 日	丙子 31 一	丁丑 (1) 二	戊寅 2 三	己卯 3 四	庚辰 4 五

夏曆月序		中西曆日對照	十六	十七	十八	十九	二十	二一	二二	二三	二四	二五	二六	二七	二八	二九	三十	節氣與天象
正月大	戊寅	天干 地支 西曆 星期	丙辰 15 三	丁巳 16 四	戊午 17 五	己未 18 六	庚申 19 日	辛酉 20 一	壬戌 21 二	癸亥 22 三	甲子 23 四	乙丑 24 五	丙寅 25 六	丁卯 26 日	戊辰 27 一	己巳 28 二	庚午 29 三	壬寅立春 丁巳雨水
二月小	己卯	天干 地支 西曆 星期	丙戌 16 五	丁亥 17 六	戊子 18 日	己丑 19 一	庚寅 20 二	辛卯 21 三	壬辰 22 四	癸巳 23 五	甲午 24 六	乙未 25 日	丙申 26 一	丁酉 27 二	戊戌 28 三	己亥 29 四		壬申驚蟄 丁亥春分
三月大	庚辰	天干 地支 西曆 星期	乙卯 14 六	丙辰 15 日	丁巳 16 一	戊午 17 二	己未 18 三	庚申 19 四	辛酉 20 五	壬戌 21 六	癸亥 22 日	甲子 23 一	乙丑 24 二	丙寅 25 三	丁卯 26 四	戊辰 27 五	己巳 28 六	癸卯清明 戊午穀雨
四月小	辛巳	天干 地支 西曆 星期	乙酉 14 一	丙戌 15 二	丁亥 16 三	戊子 17 四	己丑 18 五	庚寅 19 六	辛卯 20 日	壬辰 21 一	癸巳 22 二	甲午 23 三	乙未 24 四	丙申 25 五	丁酉 26 六	戊戌 27 日		癸酉立夏 戊子小滿
五月大	壬午	天干 地支 西曆 星期	甲寅 12 二	乙卯 13 三	丙辰 14 四	丁巳 15 五	戊午 16 六	己未 17 日	庚申 18 一	辛酉 19 二	壬戌 20 三	癸亥 21 四	甲子 22 五	乙丑 23 六	丙寅 24 日	丁卯 25 一	戊辰 26 二	癸卯芒種 己未夏至 己亥日食
六月大	癸未	天干 地支 西曆 星期	甲申 12 四	乙酉 13 五	丙戌 14 六	丁亥 15 日	戊子 16 一	己丑 17 二	庚寅 18 三	辛卯 19 四	壬辰 20 五	癸巳 21 六	甲午 22 日	乙未 23 一	丙申 24 二	丁酉 25 三	戊戌 26 四	甲戌小暑 己丑大暑
七月小	甲申	天干 地支 西曆 星期	甲寅 11 六	乙卯 12 日	丙辰 13 一	丁巳 14 二	戊午 15 三	己未 16 四	庚申 17 五	辛酉 18 六	壬戌 19 日	癸亥 20 一	甲子 21 二	乙丑 22 三	丙寅 23 四	丁卯 24 五		甲辰立秋 己未處暑
八月大	乙酉	天干 地支 西曆 星期	癸未 9 日	甲申 10 一	乙酉 11 二	丙戌 12 三	丁亥 13 四	戊子 14 五	己丑 15 六	庚寅 16 日	辛卯 17 一	壬辰 18 二	癸巳 19 三	甲午 20 四	乙未 21 五	丙申 22 六	丁酉 23 日	乙亥白露 庚寅秋分
九月小	丙戌	天干 地支 西曆 星期	癸丑 9 二	甲寅 10 三	乙卯 11 四	丙辰 12 五	丁巳 13 六	戊午 14 日	己未 15 一	庚申 16 二	辛酉 17 三	壬戌 18 四	癸亥 19 五	甲子 20 六	乙丑 21 日	丙寅 22 一		乙巳寒露 庚申霜降
十月大	丁亥	天干 地支 西曆 星期	壬午 7 三	癸未 8 四	甲申 9 五	乙酉 10 六	丙戌 11 日	丁亥 12 一	戊子 13 二	己丑 14 三	庚寅 15 四	辛卯 16 五	壬辰 17 六	癸巳 18 日	甲午 19 一	乙未 20 二	丙申 21 三	丙子立冬 辛卯小雪
十一月小	戊子	天干 地支 西曆 星期	壬子 7 五	癸丑 8 六	甲寅 9 日	乙卯 10 一	丙辰 11 二	丁巳 12 三	戊午 13 四	己未 14 五	庚申 15 六	辛酉 16 日	壬戌 17 一	癸亥 18 二	甲子 19 三	乙丑 20 四		丙午大雪 辛酉冬至
十二月大	己丑	天干 地支 西曆 星期	辛巳 5 六	壬午 6 日	癸未 7 一	甲申 8 二	乙酉 9 三	丙戌 10 四	丁亥 11 五	戊子 12 六	己丑 13 日	庚寅 14 一	辛卯 15 二	壬辰 16 三	癸巳 17 四	甲午 18 五	乙未 19 六	丙子小寒 壬辰大寒

* 正月乙巳（初五），赵匡胤建立北宋，定都開封，改元建隆，是爲宋太祖。

宋太祖建隆二年（辛酉 鷄年） 公元961 ~ 962年

夏曆月序	中西曆日對照	初一	初二	初三	初四	初五	初六	初七	初八	初九	初十	十一	十二	十三	十四	十五	十六	十七	十八	十九	二十	二一	二二	二三	二四	二五	二六	二七	二八	二九	三十	節氣與天象
正月小 庚寅	天干地支 西曆 星期	丙申 20 日	丁酉 21 一	戊戌 22 二	己亥 23 三	庚子 24 四	辛丑 25 五	壬寅 26 六	癸卯 27 日	甲辰 28 一	乙巳 29 二	丙午 30 三	丁未 31 四	戊申 (2) 五	己酉 2 六	庚戌 3 日	辛亥 4 一	壬子 5 二	癸丑 6 三	甲寅 7 四	乙卯 8 五	丙辰 9 六	丁巳 10 日	戊午 11 一	己未 12 二	庚申 13 三	辛酉 14 四	壬戌 15 五	癸亥 16 六	甲子 17 日		丁未立春 壬戌雨水
二月大 辛卯	天干地支 西曆 星期	乙丑 18 一	丙寅 19 二	丁卯 20 三	戊辰 21 四	己巳 22 五	庚午 23 六	辛未 24 日	壬申 25 一	癸酉 26 二	甲戌 27 三	乙亥 28 四	丙子 (3) 五	丁丑 2 六	戊寅 3 日	己卯 4 一	庚辰 5 二	辛巳 6 三	壬午 7 四	癸未 8 五	甲申 9 六	乙酉 10 日	丙戌 11 一	丁亥 12 二	戊子 13 三	己丑 14 四	庚寅 15 五	辛卯 16 六	壬辰 17 日	癸巳 18 一	甲午 19 二	丁丑驚蟄 癸巳春分
三月小 壬辰	天干地支 西曆 星期	乙未 20 三	丙申 21 四	丁酉 22 五	戊戌 23 六	己亥 24 日	庚子 25 一	辛丑 26 二	壬寅 27 三	癸卯 28 四	甲辰 29 五	乙巳 30 六	丙午 31 日	丁未 (4) 一	戊申 2 二	己酉 3 三	庚戌 4 四	辛亥 5 五	壬子 6 六	癸丑 7 日	甲寅 8 一	乙卯 9 二	丙辰 10 三	丁巳 11 四	戊午 12 五	己未 13 六	庚申 14 日	辛酉 15 一	壬戌 16 二	癸亥 17 三		戊申清明 癸亥穀雨
閏三月小 壬辰	天干地支 西曆 星期	甲子 18 四	乙丑 19 五	丙寅 20 六	丁卯 21 日	戊辰 22 一	己巳 23 二	庚午 24 三	辛未 25 四	壬申 26 五	癸酉 27 六	甲戌 28 日	乙亥 29 一	丙子 30 二	丁丑 (5) 三	戊寅 2 四	己卯 3 五	庚辰 4 六	辛巳 5 日	壬午 6 一	癸未 7 二	甲申 8 三	乙酉 9 四	丙戌 10 五	丁亥 11 六	戊子 12 日	己丑 13 一	庚寅 14 二	辛卯 15 三	壬辰 16 四		戊寅立夏
四月大 癸巳	天干地支 西曆 星期	癸巳 17 五	甲午 18 六	乙未 19 日	丙申 20 一	丁酉 21 二	戊戌 22 三	己亥 23 四	庚子 24 五	辛丑 25 六	壬寅 26 日	癸卯 27 一	甲辰 28 二	乙巳 29 三	丙午 30 四	丁未 31 五	戊申 (6) 六	己酉 2 日	庚戌 3 一	辛亥 4 二	壬子 5 三	癸丑 6 四	甲寅 7 五	乙卯 8 六	丙辰 9 日	丁巳 10 一	戊午 11 二	己未 12 三	庚申 13 四	辛酉 14 五	壬戌 15 六	癸巳小滿 己酉芒種 癸巳日食
五月大 甲午	天干地支 西曆 星期	癸亥 16 日	甲子 17 一	乙丑 18 二	丙寅 19 三	丁卯 20 四	戊辰 21 五	己巳 22 六	庚午 23 日	辛未 24 一	壬申 25 二	癸酉 26 三	甲戌 27 四	乙亥 28 五	丙子 29 六	丁丑 30 日	戊寅 (7) 一	己卯 2 二	庚辰 3 三	辛巳 4 四	壬午 5 五	癸未 6 六	甲申 7 日	乙酉 8 一	丙戌 9 二	丁亥 10 三	戊子 11 四	己丑 12 五	庚寅 13 六	辛卯 14 日	壬辰 15 一	甲子夏至 己卯小暑
六月小 乙未	天干地支 西曆 星期	癸巳 16 二	甲午 17 三	乙未 18 四	丙申 19 五	丁酉 20 六	戊戌 21 日	己亥 22 一	庚子 23 二	辛丑 24 三	壬寅 25 四	癸卯 26 五	甲辰 27 六	乙巳 28 日	丙午 29 一	丁未 30 二	戊申 31 三	己酉 (8) 四	庚戌 2 五	辛亥 3 六	壬子 4 日	癸丑 5 一	甲寅 6 二	乙卯 7 三	丙辰 8 四	丁巳 9 五	戊午 10 六	己未 11 日	庚申 12 一	辛酉 13 二		甲午大暑 庚戌立秋
七月大 丙申	天干地支 西曆 星期	壬戌 14 三	癸亥 15 四	甲子 16 五	乙丑 17 六	丙寅 18 日	丁卯 19 一	戊辰 20 二	己巳 21 三	庚午 22 四	辛未 23 五	壬申 24 六	癸酉 25 日	甲戌 26 一	乙亥 27 二	丙子 28 三	丁丑 29 四	戊寅 30 五	己卯 31 六	庚辰 (9) 日	辛巳 2 一	壬午 3 二	癸未 4 三	甲申 5 四	乙酉 6 五	丙戌 7 六	丁亥 8 日	戊子 9 一	己丑 10 二	庚寅 11 三	辛卯 12 四	乙丑處暑 庚辰白露
八月大 丁酉	天干地支 西曆 星期	壬辰 13 五	癸巳 14 六	甲午 15 日	乙未 16 一	丙申 17 二	丁酉 18 三	戊戌 19 四	己亥 20 五	庚子 21 六	辛丑 22 日	壬寅 23 一	癸卯 24 二	甲辰 25 三	乙巳 26 四	丙午 27 五	丁未 28 六	戊申 29 日	己酉 30 一	庚戌 (10) 二	辛亥 2 三	壬子 3 四	癸丑 4 五	甲寅 5 六	乙卯 6 日	丙辰 7 一	丁巳 8 二	戊午 9 三	己未 10 四	庚申 11 五	辛酉 12 六	乙未秋分 庚戌寒露
九月小 戊戌	天干地支 西曆 星期	壬戌 13 日	癸亥 14 一	甲子 15 二	乙丑 16 三	丙寅 17 四	丁卯 18 五	戊辰 19 六	己巳 20 日	庚午 21 一	辛未 22 二	壬申 23 三	癸酉 24 四	甲戌 25 五	乙亥 26 六	丙子 27 日	丁丑 28 一	戊寅 29 二	己卯 30 三	庚辰 31 四	辛巳 (11) 五	壬午 2 六	癸未 3 日	甲申 4 一	乙酉 5 二	丙戌 6 三	丁亥 7 四	戊子 8 五	己丑 9 六	庚寅 10 日		丙寅霜降 辛巳立冬
十月大 己亥	天干地支 西曆 星期	辛卯 11 一	壬辰 12 二	癸巳 13 三	甲午 14 四	乙未 15 五	丙申 16 六	丁酉 17 日	戊戌 18 一	己亥 19 二	庚子 20 三	辛丑 21 四	壬寅 22 五	癸卯 23 六	甲辰 24 日	乙巳 25 一	丙午 26 二	丁未 27 三	戊申 28 四	己酉 29 五	庚戌 30 六	辛亥 (12) 日	壬子 2 一	癸丑 3 二	甲寅 4 三	乙卯 5 四	丙辰 6 五	丁巳 7 六	戊午 8 日	己未 9 一	庚申 10 二	丙申小雪 辛亥大雪
十一月小 庚子	天干地支 西曆 星期	辛酉 11 三	壬戌 12 四	癸亥 13 五	甲子 14 六	乙丑 15 日	丙寅 16 一	丁卯 17 二	戊辰 18 三	己巳 19 四	庚午 20 五	辛未 21 六	壬申 22 日	癸酉 23 一	甲戌 24 二	乙亥 25 三	丙子 26 四	丁丑 27 五	戊寅 28 六	己卯 29 日	庚辰 30 一	辛巳 31 二	壬午 (1) 三	癸未 2 四	甲申 3 五	乙酉 4 六	丙戌 5 日	丁亥 6 一	戊子 7 二	己丑 8 三		丙寅冬至 壬午小寒
十二月大 辛丑	天干地支 西曆 星期	庚寅 9 四	辛卯 10 五	壬辰 11 六	癸巳 12 日	甲午 13 一	乙未 14 二	丙申 15 三	丁酉 16 四	戊戌 17 五	己亥 18 六	庚子 19 日	辛丑 20 一	壬寅 21 二	癸卯 22 三	甲辰 23 四	乙巳 24 五	丙午 25 六	丁未 26 日	戊申 27 一	己酉 28 二	庚戌 29 三	辛亥 30 四	壬子 31 五	癸丑 (2) 六	甲寅 2 日	乙卯 3 一	丙辰 4 二	丁巳 5 三	戊午 6 四	己未 7 五	丁酉大寒 壬子立春

宋太祖建隆三年（壬戌 狗年） 公元962～963年

夏曆月序		中西曆日對照	夏曆日序																													節氣與天象
			初一	初二	初三	初四	初五	初六	初七	初八	初九	初十	十一	十二	十三	十四	十五	十六	十七	十八	十九	二十	二一	二二	二三	二四	二五	二六	二七	二八	二九	三十	
正月小	壬寅	天干地支 西曆 星期	庚申 8 六	辛酉 9 日	壬戌 10 一	癸亥 11 二	甲子 12 三	乙丑 13 四	丙寅 14 五	丁卯 15 六	戊辰 16 日	己巳 17 一	庚午 18 二	辛未 19 三	壬申 20 四	癸酉 21 五	甲戌 22 六	乙亥 23 日	丙子 24 一	丁丑 25 二	戊寅 26 三	己卯 27 四	庚辰 28 五	辛巳 (3) 六	壬午 2 日	癸未 3 一	甲申 4 二	乙酉 5 三	丙戌 6 四	丁亥 7 五	戊子 8 六		丁卯雨水 癸未驚蟄
二月小	癸卯	天干地支 西曆 星期	己丑 9 日	庚寅 10 一	辛卯 11 二	壬辰 12 三	癸巳 13 四	甲午 14 五	乙未 15 六	丙申 16 日	丁酉 17 一	戊戌 18 二	己亥 19 三	庚子 20 四	辛丑 21 五	壬寅 22 六	癸卯 23 日	甲辰 24 一	乙巳 25 二	丙午 26 三	丁未 27 四	戊申 28 五	己酉 29 六	庚戌 30 日	辛亥 31 一	壬子 (4) 二	癸丑 2 三	甲寅 3 四	乙卯 4 五	丙辰 5 六	丁巳 6 日		戊戌春分 癸丑清明
三月大	甲辰	天干地支 西曆 星期	戊午 7 一	己未 8 二	庚申 9 三	辛酉 10 四	壬戌 11 五	癸亥 12 六	甲子 13 日	乙丑 14 一	丙寅 15 二	丁卯 16 三	戊辰 17 四	己巳 18 五	庚午 19 六	辛未 20 日	壬申 21 一	癸酉 22 二	甲戌 23 三	乙亥 24 四	丙子 25 五	丁丑 26 六	戊寅 27 日	己卯 28 一	庚辰 29 二	辛巳 30 三	壬午 (5) 四	癸未 2 五	甲申 3 六	乙酉 4 日	丙戌 5 一	丁亥 6 二	戊辰穀雨 癸未立夏
四月小	乙巳	天干地支 西曆 星期	戊子 7 三	己丑 8 四	庚寅 9 五	辛卯 10 六	壬辰 11 日	癸巳 12 一	甲午 13 二	乙未 14 三	丙申 15 四	丁酉 16 五	戊戌 17 六	己亥 18 日	庚子 19 一	辛丑 20 二	壬寅 21 三	癸卯 22 四	甲辰 23 五	乙巳 24 六	丙午 25 日	丁未 26 一	戊申 27 二	己酉 28 三	庚戌 29 四	辛亥 30 五	壬子 31 六	癸丑 (6) 日	甲寅 2 一	乙卯 3 二	丙辰 4 三		己亥小滿 甲寅芒種
五月大	丙午	天干地支 西曆 星期	丁巳 5 四	戊午 6 五	己未 7 六	庚申 8 日	辛酉 9 一	壬戌 10 二	癸亥 11 三	甲子 12 四	乙丑 13 五	丙寅 14 六	丁卯 15 日	戊辰 16 一	己巳 17 二	庚午 18 三	辛未 19 四	壬申 20 五	癸酉 21 六	甲戌 22 日	乙亥 23 一	丙子 24 二	丁丑 25 三	戊寅 26 四	己卯 27 五	庚辰 28 六	辛巳 29 日	壬午 30 一	癸未 (7) 二	甲申 2 三	乙酉 3 四	丙戌 4 五	己巳夏至 甲申小暑
六月小	丁未	天干地支 西曆 星期	丁亥 5 六	戊子 6 日	己丑 7 一	庚寅 8 二	辛卯 9 三	壬辰 10 四	癸巳 11 五	甲午 12 六	乙未 13 日	丙申 14 一	丁酉 15 二	戊戌 16 三	己亥 17 四	庚子 18 五	辛丑 19 六	壬寅 20 日	癸卯 21 一	甲辰 22 二	乙巳 23 三	丙午 24 四	丁未 25 五	戊申 26 六	己酉 27 日	庚戌 28 一	辛亥 29 二	壬子 30 三	癸丑 31 四	甲寅 (8) 五	乙卯 2 六		庚子大暑 乙卯立秋
七月大	戊申	天干地支 西曆 星期	丙辰 3 日	丁巳 4 一	戊午 5 二	己未 6 三	庚申 7 四	辛酉 8 五	壬戌 9 六	癸亥 10 日	甲子 11 一	乙丑 12 二	丙寅 13 三	丁卯 14 四	戊辰 15 五	己巳 16 六	庚午 17 日	辛未 18 一	壬申 19 二	癸酉 20 三	甲戌 21 四	乙亥 22 五	丙子 23 六	丁丑 24 日	戊寅 25 一	己卯 26 二	庚辰 27 三	辛巳 28 四	壬午 29 五	癸未 30 六	甲申 31 日	乙酉 (9) 一	庚午處暑 乙酉白露
八月大	己酉	天干地支 西曆 星期	丙戌 2 二	丁亥 3 三	戊子 4 四	己丑 5 五	庚寅 6 六	辛卯 7 日	壬辰 8 一	癸巳 9 二	甲午 10 三	乙未 11 四	丙申 12 五	丁酉 13 六	戊戌 14 日	己亥 15 一	庚子 16 二	辛丑 17 三	壬寅 18 四	癸卯 19 五	甲辰 20 六	乙巳 21 日	丙午 22 一	丁未 23 二	戊申 24 三	己酉 25 四	庚戌 26 五	辛亥 27 六	壬子 28 日	癸丑 29 一	甲寅 30 二	乙卯 (10) 三	庚子秋分
九月小	庚戌	天干地支 西曆 星期	丙辰 2 四	丁巳 3 五	戊午 4 六	己未 5 日	庚申 6 一	辛酉 7 二	壬戌 8 三	癸亥 9 四	甲子 10 五	乙丑 11 六	丙寅 12 日	丁卯 13 一	戊辰 14 二	己巳 15 三	庚午 16 四	辛未 17 五	壬申 18 六	癸酉 19 日	甲戌 20 一	乙亥 21 二	丙子 22 三	丁丑 23 四	戊寅 24 五	己卯 25 六	庚辰 26 日	辛巳 27 一	壬午 28 二	癸未 29 三	甲申 30 四		丙辰寒露 辛未霜降
十月大	辛亥	天干地支 西曆 星期	乙酉 31 五	丙戌 (11) 六	丁亥 2 日	戊子 3 一	己丑 4 二	庚寅 5 三	辛卯 6 四	壬辰 7 五	癸巳 8 六	甲午 9 日	乙未 10 一	丙申 11 二	丁酉 12 三	戊戌 13 四	己亥 14 五	庚子 15 六	辛丑 16 日	壬寅 17 一	癸卯 18 二	甲辰 19 三	乙巳 20 四	丙午 21 五	丁未 22 六	戊申 23 日	己酉 24 一	庚戌 25 二	辛亥 26 三	壬子 27 四	癸丑 28 五	甲寅 29 六	丙戌立冬 辛丑小雪
十一月大	壬子	天干地支 西曆 星期	乙卯 30 日	丙辰 (12) 一	丁巳 2 二	戊午 3 三	己未 4 四	庚申 5 五	辛酉 6 六	壬戌 7 日	癸亥 8 一	甲子 9 二	乙丑 10 三	丙寅 11 四	丁卯 12 五	戊辰 13 六	己巳 14 日	庚午 15 一	辛未 16 二	壬申 17 三	癸酉 18 四	甲戌 19 五	乙亥 20 六	丙子 21 日	丁丑 22 一	戊寅 23 二	己卯 24 三	庚辰 25 四	辛巳 26 五	壬午 27 六	癸未 28 日	甲申 29 一	丁巳大雪 壬申冬至
十二月小	癸丑	天干地支 西曆 星期	乙酉 30 二	丙戌 31 三	丁亥 (1) 四	戊子 2 五	己丑 3 六	庚寅 4 日	辛卯 5 一	壬辰 6 二	癸巳 7 三	甲午 8 四	乙未 9 五	丙申 10 六	丁酉 11 日	戊戌 12 一	己亥 13 二	庚子 14 三	辛丑 15 四	壬寅 16 五	癸卯 17 六	甲辰 18 日	乙巳 19 一	丙午 20 二	丁未 21 三	戊申 22 四	己酉 23 五	庚戌 24 六	辛亥 25 日	壬子 26 一	癸丑 27 二		丁亥小寒 壬寅大寒

宋太祖建隆四年 乾德元年（癸亥 猪年） 公元 963 ~ 964 年

夏曆月序		中西曆對照	初一	初二	初三	初四	初五	初六	初七	初八	初九	初十	十一	十二	十三	十四	十五	十六	十七	十八	十九	二十	二一	二二	二三	二四	二五	二六	二七	二八	二九	三十	節氣與天象
正月大	甲寅	天干地支 西曆 星期	甲寅 28 三	乙卯 29 四	丙辰 30 五	丁巳 31 六	戊午 (2) 日	己未 2 一	庚申 3 二	辛酉 4 三	壬戌 5 四	癸亥 6 五	甲子 7 六	乙丑 8 日	丙寅 9 一	丁卯 10 二	戊辰 11 三	己巳 12 四	庚午 13 五	辛未 14 六	壬申 15 日	癸酉 16 一	甲戌 17 二	乙亥 18 三	丙子 19 四	丁丑 20 五	戊寅 21 六	己卯 22 日	庚辰 23 一	辛巳 24 二	壬午 25 三	癸未 26 四	丁巳立春 癸酉雨水
二月小	乙卯	天干地支 西曆 星期	甲申 27 五	乙酉 28 六	丙戌 (3) 日	丁亥 2 一	戊子 3 二	己丑 4 三	庚寅 5 四	辛卯 6 五	壬辰 7 六	癸巳 8 日	甲午 9 一	乙未 10 二	丙申 11 三	丁酉 12 四	戊戌 13 五	己亥 14 六	庚子 15 日	辛丑 16 一	壬寅 17 二	癸卯 18 三	甲辰 19 四	乙巳 20 五	丙午 21 六	丁未 22 日	戊申 23 一	己酉 24 二	庚戌 25 三	辛亥 26 四	壬子 27 五		戊子驚蟄 癸卯春分
三月小	丙辰	天干地支 西曆 星期	癸丑 28 六	甲寅 29 日	乙卯 30 一	丙辰 31 二	丁巳 (4) 三	戊午 2 四	己未 3 五	庚申 4 六	辛酉 5 日	壬戌 6 一	癸亥 7 二	甲子 8 三	乙丑 9 四	丙寅 10 五	丁卯 11 六	戊辰 12 日	己巳 13 一	庚午 14 二	辛未 15 三	壬申 16 四	癸酉 17 五	甲戌 18 六	乙亥 19 日	丙子 20 一	丁丑 21 二	戊寅 22 三	己卯 23 四	庚辰 24 五	辛巳 25 六		戊午清明 癸酉穀雨
四月大	丁巳	天干地支 西曆 星期	壬午 26 日	癸未 27 一	甲申 28 二	乙酉 29 三	丙戌 30 四	丁亥 (5) 五	戊子 2 六	己丑 3 日	庚寅 4 一	辛卯 5 二	壬辰 6 三	癸巳 7 四	甲午 8 五	乙未 9 六	丙申 10 日	丁酉 11 一	戊戌 12 二	己亥 13 三	庚子 14 四	辛丑 15 五	壬寅 16 六	癸卯 17 日	甲辰 18 一	乙巳 19 二	丙午 20 三	丁未 21 四	戊申 22 五	己酉 23 六	庚戌 24 日	辛亥 25 一	己丑立夏 甲辰小滿
五月小	戊午	天干地支 西曆 星期	壬子 26 二	癸丑 27 三	甲寅 28 四	乙卯 29 五	丙辰 30 六	丁巳 31 日	戊午 (6) 一	己未 2 二	庚申 3 三	辛酉 4 四	壬戌 5 五	癸亥 6 六	甲子 7 日	乙丑 8 一	丙寅 9 二	丁卯 10 三	戊辰 11 四	己巳 12 五	庚午 13 六	辛未 14 日	壬申 15 一	癸酉 16 二	甲戌 17 三	乙亥 18 四	丙子 19 五	丁丑 20 六	戊寅 21 日	己卯 22 一	庚辰 23 二		己未芒種 甲戌夏至
六月大	己未	天干地支 西曆 星期	辛巳 24 三	壬午 25 四	癸未 26 五	甲申 27 六	乙酉 28 日	丙戌 29 一	丁亥 30 二	戊子 (7) 三	己丑 2 四	庚寅 3 五	辛卯 4 六	壬辰 5 日	癸巳 6 一	甲午 7 二	乙未 8 三	丙申 9 四	丁酉 10 五	戊戌 11 六	己亥 12 日	庚子 13 一	辛丑 14 二	壬寅 15 三	癸卯 16 四	甲辰 17 五	乙巳 18 六	丙午 19 日	丁未 20 一	戊申 21 二	己酉 22 三	庚戌 23 四	庚寅小暑 乙巳大暑
七月小	庚申	天干地支 西曆 星期	辛亥 24 五	壬子 25 六	癸丑 26 日	甲寅 27 一	乙卯 28 二	丙辰 29 三	丁巳 30 四	戊午 31 五	己未 (8) 六	庚申 2 日	辛酉 3 一	壬戌 4 二	癸亥 5 三	甲子 6 四	乙丑 7 五	丙寅 8 六	丁卯 9 日	戊辰 10 一	己巳 11 二	庚午 12 三	辛未 13 四	壬申 14 五	癸酉 15 六	甲戌 16 日	乙亥 17 一	丙子 18 二	丁丑 19 三	戊寅 20 四	己卯 21 五		庚申立秋 乙亥處暑
八月大	辛酉	天干地支 西曆 星期	庚辰 22 六	辛巳 23 日	壬午 24 一	癸未 25 二	甲申 26 三	乙酉 27 四	丙戌 28 五	丁亥 29 六	戊子 30 日	己丑 31 一	庚寅 (9) 二	辛卯 2 三	壬辰 3 四	癸巳 4 五	甲午 5 六	乙未 6 日	丙申 7 一	丁酉 8 二	戊戌 9 三	己亥 10 四	庚子 11 五	辛丑 12 六	壬寅 13 日	癸卯 14 一	甲辰 15 二	乙巳 16 三	丙午 17 四	丁未 18 五	戊申 19 六	己酉 20 日	庚寅白露 丙午秋分
九月小	壬戌	天干地支 西曆 星期	庚戌 21 一	辛亥 22 二	壬子 23 三	癸丑 24 四	甲寅 25 五	乙卯 26 六	丙辰 27 日	丁巳 28 一	戊午 29 二	己未 30 三	庚申 (10) 四	辛酉 2 五	壬戌 3 六	癸亥 4 日	甲子 5 一	乙丑 6 二	丙寅 7 三	丁卯 8 四	戊辰 9 五	己巳 10 六	庚午 11 日	辛未 12 一	壬申 13 二	癸酉 14 三	甲戌 15 四	乙亥 16 五	丙子 17 六	丁丑 18 日	戊寅 19 一		辛酉寒露 丙子霜降
十月大	癸亥	天干地支 西曆 星期	己卯 20 二	庚辰 21 三	辛巳 22 四	壬午 23 五	癸未 24 六	甲申 25 日	乙酉 26 一	丙戌 27 二	丁亥 28 三	戊子 29 四	己丑 30 五	庚寅 31 六	辛卯 (11) 日	壬辰 2 一	癸巳 3 二	甲午 4 三	乙未 5 四	丙申 6 五	丁酉 7 六	戊戌 8 日	己亥 9 一	庚子 10 二	辛丑 11 三	壬寅 12 四	癸卯 13 五	甲辰 14 六	乙巳 15 日	丙午 16 一	丁未 17 二	戊申 18 三	辛卯立冬 丁未小雪
十一月大	甲子	天干地支 西曆 星期	己酉 19 四	庚戌 20 五	辛亥 21 六	壬子 22 日	癸丑 23 一	甲寅 24 二	乙卯 25 三	丙辰 26 四	丁巳 27 五	戊午 28 六	己未 29 日	庚申 30 一	辛酉 (12) 二	壬戌 2 三	癸亥 3 四	甲子 4 五	乙丑 5 六	丙寅 6 日	丁卯 7 一	戊辰 8 二	己巳 9 三	庚午 10 四	辛未 11 五	壬申 12 六	癸酉 13 日	甲戌 14 一	乙亥 15 二	丙子 16 三	丁丑 17 四	戊寅 18 五	壬戌大雪 丁丑冬至
十二月大	乙丑	天干地支 西曆 星期	己卯 19 六	庚辰 20 日	辛巳 21 一	壬午 22 二	癸未 23 三	甲申 24 四	乙酉 25 五	丙戌 26 六	丁亥 27 日	戊子 28 一	己丑 29 二	庚寅 30 三	辛卯 31 四	壬辰 (1) 五	癸巳 2 六	甲午 3 日	乙未 4 一	丙申 5 二	丁酉 6 三	戊戌 7 四	己亥 8 五	庚子 9 六	辛丑 10 日	壬寅 11 一	癸卯 12 二	甲辰 13 三	乙巳 14 四	丙午 15 五	丁未 16 六	戊申 17 日	壬辰小寒 丁未大寒
閏十二小	乙丑	天干地支 西曆 星期	己酉 18 一	庚戌 19 二	辛亥 20 三	壬子 21 四	癸丑 22 五	甲寅 23 六	乙卯 24 日	丙辰 25 一	丁巳 26 二	戊午 27 三	己未 28 四	庚申 29 五	辛酉 30 六	壬戌 31 日	癸亥 (2) 一	甲子 2 二	乙丑 3 三	丙寅 4 四	丁卯 5 五	戊辰 6 六	己巳 7 日	庚午 8 一	辛未 9 二	壬申 10 三	癸酉 11 四	甲戌 12 五	乙亥 13 六	丙子 14 日	丁丑 15 一		癸亥立春

* 十一月甲子（十六日），改元乾德。

宋太祖乾德二年（甲子 鼠年） 公元964～965年

夏曆月序		中西曆日對照	初一	初二	初三	初四	初五	初六	初七	初八	初九	初十	十一	十二	十三	十四	十五	十六	十七	十八	十九	二十	二一	二二	二三	二四	二五	二六	二七	二八	二九	三十	節氣與天象
正月大	丙寅	天干 地支 西曆 星期	戊寅 16 二	己卯 17 三	庚辰 18 四	辛巳 19 五	壬午 20 六	癸未 21 日	甲申 22 一	乙酉 23 二	丙戌 24 三	丁亥 25 四	戊子 26 五	己丑 27 六	庚寅 28 日	辛卯 29 一	壬辰 (3) 二	癸巳 2 三	甲午 3 四	乙未 4 五	丙申 5 六	丁酉 6 日	戊戌 7 一	己亥 8 二	庚子 9 三	辛丑 10 四	壬寅 11 五	癸卯 12 六	甲辰 13 日	乙巳 14 一	丙午 15 二	丁未 16 三	戊寅雨水 癸巳驚蟄
二月小	丁卯	天干 地支 西曆 星期	戊申 17 四	己酉 18 五	庚戌 19 六	辛亥 20 日	壬子 21 一	癸丑 22 二	甲寅 23 三	乙卯 24 四	丙辰 25 五	丁巳 26 六	戊午 27 日	己未 28 一	庚申 29 二	辛酉 30 三	壬戌 31 四	癸亥 (4) 五	甲子 2 六	乙丑 3 日	丙寅 4 一	丁卯 5 二	戊辰 6 三	己巳 7 四	庚午 8 五	辛未 9 六	壬申 10 日	癸酉 11 一	甲戌 12 二	乙亥 13 三	丙子 14 四		戊申春分 甲子清明
三月大	戊辰	天干 地支 西曆 星期	丁丑 15 五	戊寅 16 六	己卯 17 日	庚辰 18 一	辛巳 19 二	壬午 20 三	癸未 21 四	甲申 22 五	乙酉 23 六	丙戌 24 日	丁亥 25 一	戊子 26 二	己丑 27 三	庚寅 28 四	辛卯 29 五	壬辰 30 六	癸巳 (5) 日	甲午 2 一	乙未 3 二	丙申 4 三	丁酉 5 四	戊戌 6 五	己亥 7 六	庚子 8 日	辛丑 9 一	壬寅 10 二	癸卯 11 三	甲辰 12 四	乙巳 13 五	丙午 14 六	己卯穀雨 甲午立夏
四月小	己巳	天干 地支 西曆 星期	丁未 15 日	戊申 16 一	己酉 17 二	庚戌 18 三	辛亥 19 四	壬子 20 五	癸丑 21 六	甲寅 22 日	乙卯 23 一	丙辰 24 二	丁巳 25 三	戊午 26 四	己未 27 五	庚申 28 六	辛酉 29 日	壬戌 30 一	癸亥 31 二	甲子 (6) 三	乙丑 2 四	丙寅 3 五	丁卯 4 六	戊辰 5 日	己巳 6 一	庚午 7 二	辛未 8 三	壬申 9 四	癸酉 10 五	甲戌 11 六	乙亥 12 日		己酉小滿 甲子芒種
五月小	庚午	天干 地支 西曆 星期	丙子 13 一	丁丑 14 二	戊寅 15 三	己卯 16 四	庚辰 17 五	辛巳 18 六	壬午 19 日	癸未 20 一	甲申 21 二	乙酉 22 三	丙戌 23 四	丁亥 24 五	戊子 25 六	己丑 26 日	庚寅 27 一	辛卯 28 二	壬辰 29 三	癸巳 30 四	甲午 (7) 五	乙未 2 六	丙申 3 日	丁酉 4 一	戊戌 5 二	己亥 6 三	庚子 7 四	辛丑 8 五	壬寅 9 六	癸卯 10 日	甲辰 11 一		庚辰夏至 乙未小暑
六月小	辛未	天干 地支 西曆 星期	乙巳 12 二	丙午 13 三	丁未 14 四	戊申 15 五	己酉 16 六	庚戌 17 日	辛亥 18 一	壬子 19 二	癸丑 20 三	甲寅 21 四	乙卯 22 五	丙辰 23 六	丁巳 24 日	戊午 25 一	己未 26 二	庚申 27 三	辛酉 28 四	壬戌 29 五	癸亥 30 六	甲子 31 日	乙丑 (8) 一	丙寅 2 二	丁卯 3 三	戊辰 4 四	己巳 5 五	庚午 6 六	辛未 7 日	壬申 8 一	癸酉 9 二		庚戌大暑 乙丑立秋
七月大	壬申	天干 地支 西曆 星期	甲戌 10 三	乙亥 11 四	丙子 12 五	丁丑 13 六	戊寅 14 日	己卯 15 一	庚辰 16 二	辛巳 17 三	壬午 18 四	癸未 19 五	甲申 20 六	乙酉 21 日	丙戌 22 一	丁亥 23 二	戊子 24 三	己丑 25 四	庚寅 26 五	辛卯 27 六	壬辰 28 日	癸巳 29 一	甲午 30 二	乙未 31 三	丙申 (9) 四	丁酉 2 五	戊戌 3 六	己亥 4 日	庚子 5 一	辛丑 6 二	壬寅 7 三	癸卯 8 四	庚辰處暑 丙申白露
八月大	癸酉	天干 地支 西曆 星期	甲辰 9 五	乙巳 10 六	丙午 11 日	丁未 12 一	戊申 13 二	己酉 14 三	庚戌 15 四	辛亥 16 五	壬子 17 六	癸丑 18 日	甲寅 19 一	乙卯 20 二	丙辰 21 三	丁巳 22 四	戊午 23 五	己未 24 六	庚申 25 日	辛酉 26 一	壬戌 27 二	癸亥 28 三	甲子 29 四	乙丑 30 五	丙寅 (10) 六	丁卯 2 日	戊辰 3 一	己巳 4 二	庚午 5 三	辛未 6 四	壬申 7 五	癸酉 8 六	辛亥秋分 丙寅寒露
九月小	甲戌	天干 地支 西曆 星期	甲戌 9 日	乙亥 10 一	丙子 11 二	丁丑 12 三	戊寅 13 四	己卯 14 五	庚辰 15 六	辛巳 16 日	壬午 17 一	癸未 18 二	甲申 19 三	乙酉 20 四	丙戌 21 五	丁亥 22 六	戊子 23 日	己丑 24 一	庚寅 25 二	辛卯 26 三	壬辰 27 四	癸巳 28 五	甲午 29 六	乙未 30 日	丙申 31 一	丁酉 (11) 二	戊戌 2 三	己亥 3 四	庚子 4 五	辛丑 5 六	壬寅 6 日		辛巳霜降 丁酉立冬
十月大	乙亥	天干 地支 西曆 星期	癸卯 7 一	甲辰 8 二	乙巳 9 三	丙午 10 四	丁未 11 五	戊申 12 六	己酉 13 日	庚戌 14 一	辛亥 15 二	壬子 16 三	癸丑 17 四	甲寅 18 五	乙卯 19 六	丙辰 20 日	丁巳 21 一	戊午 22 二	己未 23 三	庚申 24 四	辛酉 25 五	壬戌 26 六	癸亥 27 日	甲子 28 一	乙丑 29 二	丙寅 30 三	丁卯 (12) 四	戊辰 2 五	己巳 3 六	庚午 4 日	辛未 5 一	壬申 6 二	壬子小雪 丁卯大雪
十一月大	丙子	天干 地支 西曆 星期	癸酉 7 三	甲戌 8 四	乙亥 9 五	丙子 10 六	丁丑 11 日	戊寅 12 一	己卯 13 二	庚辰 14 三	辛巳 15 四	壬午 16 五	癸未 17 六	甲申 18 日	乙酉 19 一	丙戌 20 二	丁亥 21 三	戊子 22 四	己丑 23 五	庚寅 24 六	辛卯 25 日	壬辰 26 一	癸巳 27 二	甲午 28 三	乙未 29 四	丙申 30 五	丁酉 31 六	戊戌 (1) 日	己亥 2 一	庚子 3 二	辛丑 4 三	壬寅 5 四	壬午冬至 丁酉小寒
十二月大	丁丑	天干 地支 西曆 星期	癸卯 6 五	甲辰 7 六	乙巳 8 日	丙午 9 一	丁未 10 二	戊申 11 三	己酉 12 四	庚戌 13 五	辛亥 14 六	壬子 15 日	癸丑 16 一	甲寅 17 二	乙卯 18 三	丙辰 19 四	丁巳 20 五	戊午 21 六	己未 22 日	庚申 23 一	辛酉 24 二	壬戌 25 三	癸亥 26 四	甲子 27 五	乙丑 28 六	丙寅 29 日	丁卯 30 一	戊辰 31 二	己巳 (2) 三	庚午 2 四	辛未 3 五	壬申 4 六	癸丑大寒 戊辰立春

宋太祖乾德三年（乙丑 牛年） 公元965～966年

夏曆月序		中曆西曆日對照	初一	初二	初三	初四	初五	初六	初七	初八	初九	初十	十一	十二	十三	十四	十五	十六	十七	十八	十九	二十	二一	二二	二三	二四	二五	二六	二七	二八	二九	三十	節氣與天象
正月小	戊寅	干支 西曆 星期	癸酉 5 日	甲戌 6 一	乙亥 7 二	丙子 8 三	丁丑 9 四	戊寅 10 五	己卯 11 六	庚辰 12 日	辛巳 13 一	壬午 14 二	癸未 15 三	甲申 16 四	乙酉 17 五	丙戌 18 六	丁亥 19 日	戊子 20 一	己丑 21 二	庚寅 22 三	辛卯 23 四	壬辰 24 五	癸巳 25 六	甲午 26 日	乙未 27 一	丙申 28 二	丁酉 (3) 三	戊戌 2 四	己亥 3 五	庚子 4 六	辛丑 5 日		癸未雨水 戊戌驚蟄
二月大	己卯	干支 西曆 星期	壬寅 6 一	癸卯 7 二	甲辰 8 三	乙巳 9 四	丙午 10 五	丁未 11 六	戊申 12 日	己酉 13 一	庚戌 14 二	辛亥 15 三	壬子 16 四	癸丑 17 五	甲寅 18 六	乙卯 19 日	丙辰 20 一	丁巳 21 二	戊午 22 三	己未 23 四	庚申 24 五	辛酉 25 六	壬戌 26 日	癸亥 27 一	甲子 28 二	乙丑 29 三	丙寅 30 四	丁卯 31 五	戊辰 (4) 六	己巳 2 日	庚午 3 一	辛未 4 二	甲寅春分 己巳清明 壬寅日食
三月小	庚辰	干支 西曆 星期	壬申 5 三	癸酉 6 四	甲戌 7 五	乙亥 8 六	丙子 9 日	丁丑 10 一	戊寅 11 二	己卯 12 三	庚辰 13 四	辛巳 14 五	壬午 15 六	癸未 16 日	甲申 17 一	乙酉 18 二	丙戌 19 三	丁亥 20 四	戊子 21 五	己丑 22 六	庚寅 23 日	辛卯 24 一	壬辰 25 二	癸巳 26 三	甲午 27 四	乙未 28 五	丙申 29 六	丁酉 30 日	戊戌 (5) 一	己亥 2 二	庚子 3 三		甲申穀雨 己亥立夏
四月大	辛巳	干支 西曆 星期	辛丑 4 四	壬寅 5 五	癸卯 6 六	甲辰 7 日	乙巳 8 一	丙午 9 二	丁未 10 三	戊申 11 四	己酉 12 五	庚戌 13 六	辛亥 14 日	壬子 15 一	癸丑 16 二	甲寅 17 三	乙卯 18 四	丙辰 19 五	丁巳 20 六	戊午 21 日	己未 22 一	庚申 23 二	辛酉 24 三	壬戌 25 四	癸亥 26 五	甲子 27 六	乙丑 28 日	丙寅 29 一	丁卯 30 二	戊辰 31 三	己巳 (6) 四	庚午 2 五	甲寅小滿 庚午芒種
五月小	壬午	干支 西曆 星期	辛未 3 六	壬申 4 日	癸酉 5 一	甲戌 6 二	乙亥 7 三	丙子 8 四	丁丑 9 五	戊寅 10 六	己卯 11 日	庚辰 12 一	辛巳 13 二	壬午 14 三	癸未 15 四	甲申 16 五	乙酉 17 六	丙戌 18 日	丁亥 19 一	戊子 20 二	己丑 21 三	庚寅 22 四	辛卯 23 五	壬辰 24 六	癸巳 25 日	甲午 26 一	乙未 27 二	丙申 28 三	丁酉 29 四	戊戌 30 五	己亥 (7) 六		乙酉夏至
六月小	癸未	干支 西曆 星期	庚子 2 日	辛丑 3 一	壬寅 4 二	癸卯 5 三	甲辰 6 四	乙巳 7 五	丙午 8 六	丁未 9 日	戊申 10 一	己酉 11 二	庚戌 12 三	辛亥 13 四	壬子 14 五	癸丑 15 六	甲寅 16 日	乙卯 17 一	丙辰 18 二	丁巳 19 三	戊午 20 四	己未 21 五	庚申 22 六	辛酉 23 日	壬戌 24 一	癸亥 25 二	甲子 26 三	乙丑 27 四	丙寅 28 五	丁卯 29 六	戊辰 30 日		庚子小暑 乙卯大暑
七月小	甲申	干支 西曆 星期	己巳 31 一	庚午 (8) 二	辛未 2 三	壬申 3 四	癸酉 4 五	甲戌 5 六	乙亥 6 日	丙子 7 一	丁丑 8 二	戊寅 9 三	己卯 10 四	庚辰 11 五	辛巳 12 六	壬午 13 日	癸未 14 一	甲申 15 二	乙酉 16 三	丙戌 17 四	丁亥 18 五	戊子 19 六	己丑 20 日	庚寅 21 一	辛卯 22 二	壬辰 23 三	癸巳 24 四	甲午 25 五	乙未 26 六	丙申 27 日	丁酉 28 一		辛未立秋 丙戌處暑
八月大	乙酉	干支 西曆 星期	戊戌 29 二	己亥 30 三	庚子 31 四	辛丑 (9) 五	壬寅 2 六	癸卯 3 日	甲辰 4 一	乙巳 5 二	丙午 6 三	丁未 7 四	戊申 8 五	己酉 9 六	庚戌 10 日	辛亥 11 一	壬子 12 二	癸丑 13 三	甲寅 14 四	乙卯 15 五	丙辰 16 六	丁巳 17 日	戊午 18 一	己未 19 二	庚申 20 三	辛酉 21 四	壬戌 22 五	癸亥 23 六	甲子 24 日	乙丑 25 一	丙寅 26 二	丁卯 27 三	辛丑白露 丙辰秋分
九月小	丙戌	干支 西曆 星期	戊辰 28 四	己巳 29 五	庚午 30 六	辛未 (10) 日	壬申 2 一	癸酉 3 二	甲戌 4 三	乙亥 5 四	丙子 6 五	丁丑 7 六	戊寅 8 日	己卯 9 一	庚辰 10 二	辛巳 11 三	壬午 12 四	癸未 13 五	甲申 14 六	乙酉 15 日	丙戌 16 一	丁亥 17 二	戊子 18 三	己丑 19 四	庚寅 20 五	辛卯 21 六	壬辰 22 日	癸巳 23 一	甲午 24 二	乙未 25 三	丙申 26 四		辛未寒露 丁亥霜降
十月大	丁亥	干支 西曆 星期	丁酉 27 五	戊戌 28 六	己亥 29 日	庚子 30 一	辛丑 31 二	壬寅 (11) 三	癸卯 2 四	甲辰 3 五	乙巳 4 六	丙午 5 日	丁未 6 一	戊申 7 二	己酉 8 三	庚戌 9 四	辛亥 10 五	壬子 11 六	癸丑 12 日	甲寅 13 一	乙卯 14 二	丙辰 15 三	丁巳 16 四	戊午 17 五	己未 18 六	庚申 19 日	辛酉 20 一	壬戌 21 二	癸亥 22 三	甲子 23 四	乙丑 24 五	丙寅 25 六	壬寅立冬 丁巳小雪
十一月大	戊子	干支 西曆 星期	丁卯 26 日	戊辰 27 一	己巳 28 二	庚午 29 三	辛未 30 四	壬申 (12) 五	癸酉 2 六	甲戌 3 日	乙亥 4 一	丙子 5 二	丁丑 6 三	戊寅 7 四	己卯 8 五	庚辰 9 六	辛巳 10 日	壬午 11 一	癸未 12 二	甲申 13 三	乙酉 14 四	丙戌 15 五	丁亥 16 六	戊子 17 日	己丑 18 一	庚寅 19 二	辛卯 20 三	壬辰 21 四	癸巳 22 五	甲午 23 六	乙未 24 日	丙申 25 一	壬申大雪 丁亥冬至
十二月大	己丑	干支 西曆 星期	丁酉 26 二	戊戌 27 三	己亥 28 四	庚子 29 五	辛丑 30 六	壬寅 31 日	癸卯 (1) 一	甲辰 2 二	乙巳 3 三	丙午 4 四	丁未 5 五	戊申 6 六	己酉 7 日	庚戌 8 一	辛亥 9 二	壬子 10 三	癸丑 11 四	甲寅 12 五	乙卯 13 六	丙辰 14 日	丁巳 15 一	戊午 16 二	己未 17 三	庚申 18 四	辛酉 19 五	壬戌 20 六	癸亥 21 日	甲子 22 一	乙丑 23 二	丙寅 24 三	癸卯小寒 戊午大寒

宋太祖乾德四年（丙寅 虎年） 公元966 ~ 967年

夏曆月序	中西曆日對照		夏曆日序																														節氣與天象
			初一	初二	初三	初四	初五	初六	初七	初八	初九	初十	十一	十二	十三	十四	十五	十六	十七	十八	十九	二十	二一	二二	二三	二四	二五	二六	二七	二八	二九	三十	
正月小	庚寅	天干地支 西曆 星期	丁卯 25 四	戊辰 26 五	己巳 27 六	庚午 28 日	辛未 29 一	壬申 30 二	癸酉 31 三	甲戌 (2) 四	乙亥 2 五	丙子 3 六	丁丑 4 日	戊寅 5 一	己卯 6 二	庚辰 7 三	辛巳 8 四	壬午 9 五	癸未 10 六	甲申 11 日	乙酉 12 一	丙戌 13 二	丁亥 14 三	戊子 15 四	己丑 16 五	庚寅 17 六	辛卯 18 日	壬辰 19 一	癸巳 20 二	甲午 21 三	乙未 22 四		癸酉立春 戊子雨水
二月大	辛卯	天干地支 西曆 星期	丙申 23 五	丁酉 24 六	戊戌 25 日	己亥 26 一	庚子 27 二	辛丑 28 三	壬寅 (3) 四	癸卯 2 五	甲辰 3 六	乙巳 4 日	丙午 5 一	丁未 6 二	戊申 7 三	己酉 8 四	庚戌 9 五	辛亥 10 六	壬子 11 日	癸丑 12 一	甲寅 13 二	乙卯 14 三	丙辰 15 四	丁巳 16 五	戊午 17 六	己未 18 日	庚申 19 一	辛酉 20 二	壬戌 21 三	癸亥 22 四	甲子 23 五	乙丑 24 六	甲辰驚蟄 己未春分
三月大	壬辰	天干地支 西曆 星期	丙寅 25 日	丁卯 26 一	戊辰 27 二	己巳 28 三	庚午 29 四	辛未 30 五	壬申 31 六	癸酉 (4) 日	甲戌 2 一	乙亥 3 二	丙子 4 三	丁丑 5 四	戊寅 6 五	己卯 7 六	庚辰 8 日	辛巳 9 一	壬午 10 二	癸未 11 三	甲申 12 四	乙酉 13 五	丙戌 14 六	丁亥 15 日	戊子 16 一	己丑 17 二	庚寅 18 三	辛卯 19 四	壬辰 20 五	癸巳 21 六	甲午 22 日	乙未 23 一	甲戌清明 己丑穀雨
四月小	癸巳	天干地支 西曆 星期	丙申 24 二	丁酉 25 三	戊戌 26 四	己亥 27 五	庚子 28 六	辛丑 29 日	壬寅 30 一	癸卯 (5) 二	甲辰 2 三	乙巳 3 四	丙午 4 五	丁未 5 六	戊申 6 日	己酉 7 一	庚戌 8 二	辛亥 9 三	壬子 10 四	癸丑 11 五	甲寅 12 六	乙卯 13 日	丙辰 14 一	丁巳 15 二	戊午 16 三	己未 17 四	庚申 18 五	辛酉 19 六	壬戌 20 日	癸亥 21 一	甲子 22 二		甲辰立夏 庚申小滿
五月小	甲午	天干地支 西曆 星期	乙丑 23 三	丙寅 24 四	丁卯 25 五	戊辰 26 六	己巳 27 日	庚午 28 一	辛未 29 二	壬申 30 三	癸酉 31 四	甲戌 (6) 五	乙亥 2 六	丙子 3 日	丁丑 4 一	戊寅 5 二	己卯 6 三	庚辰 7 四	辛巳 8 五	壬午 9 六	癸未 10 日	甲申 11 一	乙酉 12 二	丙戌 13 三	丁亥 14 四	戊子 15 五	己丑 16 六	庚寅 17 日	辛卯 18 一	壬辰 19 二	癸巳 20 三		乙亥芒種 庚寅夏至
六月大	乙未	天干地支 西曆 星期	甲午 21 四	乙未 22 五	丙申 23 六	丁酉 24 日	戊戌 25 一	己亥 26 二	庚子 27 三	辛丑 28 四	壬寅 29 五	癸卯 30 六	甲辰 (7) 日	乙巳 2 一	丙午 3 二	丁未 4 三	戊申 5 四	己酉 6 五	庚戌 7 六	辛亥 8 日	壬子 9 一	癸丑 10 二	甲寅 11 三	乙卯 12 四	丙辰 13 五	丁巳 14 六	戊午 15 日	己未 16 一	庚申 17 二	辛酉 18 三	壬戌 19 四	癸亥 20 五	乙巳小暑 辛酉大暑
七月小	丙申	天干地支 西曆 星期	甲子 21 六	乙丑 22 日	丙寅 23 一	丁卯 24 二	戊辰 25 三	己巳 26 四	庚午 27 五	辛未 28 六	壬申 29 日	癸酉 30 一	甲戌 31 二	乙亥 (8) 三	丙子 2 四	丁丑 3 五	戊寅 4 六	己卯 5 日	庚辰 6 一	辛巳 7 二	壬午 8 三	癸未 9 四	甲申 10 五	乙酉 11 六	丙戌 12 日	丁亥 13 一	戊子 14 二	己丑 15 三	庚寅 16 四	辛卯 17 五	壬辰 18 六		丙子立秋 辛卯處暑
八月小	丁酉	天干地支 西曆 星期	癸巳 19 日	甲午 20 一	乙未 21 二	丙申 22 三	丁酉 23 四	戊戌 24 五	己亥 25 六	庚子 26 日	辛丑 27 一	壬寅 28 二	癸卯 29 三	甲辰 30 四	乙巳 31 五	丙午 (9) 六	丁未 2 日	戊申 3 一	己酉 4 二	庚戌 5 三	辛亥 6 四	壬子 7 五	癸丑 8 六	甲寅 9 日	乙卯 10 一	丙辰 11 二	丁巳 12 三	戊午 13 四	己未 14 五	庚申 15 六	辛酉 16 日		丙午白露 辛酉秋分
閏八月大	丁酉	天干地支 西曆 星期	壬戌 17 一	癸亥 18 二	甲子 19 三	乙丑 20 四	丙寅 21 五	丁卯 22 六	戊辰 23 日	己巳 24 一	庚午 25 二	辛未 26 三	壬申 27 四	癸酉 28 五	甲戌 29 六	乙亥 30 日	丙子 (10) 一	丁丑 2 二	戊寅 3 三	己卯 4 四	庚辰 5 五	辛巳 6 六	壬午 7 日	癸未 8 一	甲申 9 二	乙酉 10 三	丙戌 11 四	丁亥 12 五	戊子 13 六	己丑 14 日	庚寅 15 一	辛卯 16 二	丁丑寒露
九月小	戊戌	天干地支 西曆 星期	壬辰 17 三	癸巳 18 四	甲午 19 五	乙未 20 六	丙申 21 日	丁酉 22 一	戊戌 23 二	己亥 24 三	庚子 25 四	辛丑 26 五	壬寅 27 六	癸卯 28 日	甲辰 29 一	乙巳 30 二	丙午 31 三	丁未 (11) 四	戊申 2 五	己酉 3 六	庚戌 4 日	辛亥 5 一	壬子 6 二	癸丑 7 三	甲寅 8 四	乙卯 9 五	丙辰 10 六	丁巳 11 日	戊午 12 一	己未 13 二	庚申 14 三		壬辰霜降 丁未立冬
十月大	己亥	天干地支 西曆 星期	辛酉 15 四	壬戌 16 五	癸亥 17 六	甲子 18 日	乙丑 19 一	丙寅 20 二	丁卯 21 三	戊辰 22 四	己巳 23 五	庚午 24 六	辛未 25 日	壬申 26 一	癸酉 27 二	甲戌 28 三	乙亥 29 四	丙子 30 五	丁丑 (12) 六	戊寅 2 日	己卯 3 一	庚辰 4 二	辛巳 5 三	壬午 6 四	癸未 7 五	甲申 8 六	乙酉 9 日	丙戌 10 一	丁亥 11 二	戊子 12 三	己丑 13 四	庚寅 14 五	壬戌小雪 戊寅大雪
十一月大	庚子	天干地支 西曆 星期	辛卯 15 六	壬辰 16 日	癸巳 17 一	甲午 18 二	乙未 19 三	丙申 20 四	丁酉 21 五	戊戌 22 六	己亥 23 日	庚子 24 一	辛丑 25 二	壬寅 26 三	癸卯 27 四	甲辰 28 五	乙巳 29 六	丙午 30 日	丁未 31 一	戊申 (1) 二	己酉 2 三	庚戌 3 四	辛亥 4 五	壬子 5 六	癸丑 6 日	甲寅 7 一	乙卯 8 二	丙辰 9 三	丁巳 10 四	戊午 11 五	己未 12 六	庚申 13 日	癸巳冬至 戊申小寒
十二月小	辛丑	天干地支 西曆 星期	辛酉 14 一	壬戌 15 二	癸亥 16 三	甲子 17 四	乙丑 18 五	丙寅 19 六	丁卯 20 日	戊辰 21 一	己巳 22 二	庚午 23 三	辛未 24 四	壬申 25 五	癸酉 26 六	甲戌 27 日	乙亥 28 一	丙子 29 二	丁丑 30 三	戊寅 31 四	己卯 (2) 五	庚辰 2 六	辛巳 3 日	壬午 4 一	癸未 5 二	甲申 6 三	乙酉 7 四	丙戌 8 五	丁亥 9 六	戊子 10 日	己丑 11 一		癸亥大寒 戊寅立春

宋太祖乾德五年（丁卯 兔年） 公元967 ~ 968年

夏曆月序		中西曆日對照	初一	初二	初三	初四	初五	初六	初七	初八	初九	初十	十一	十二	十三	十四	十五	十六	十七	十八	十九	二十	二一	二二	二三	二四	二五	二六	二七	二八	二九	三十	節氣與天象
正月大	壬寅	天干地支西曆星期	庚寅12二	辛卯13三	壬辰14四	癸巳15五	甲午16六	乙未17日	丙申18一	丁酉19二	戊戌20三	己亥21四	庚子22五	辛丑23六	壬寅24日	癸卯25一	甲辰26二	乙巳27三	丙午28四	丁未(3)五	戊申2六	己酉3日	庚戌4一	辛亥5二	壬子6三	癸丑7四	甲寅8五	乙卯9六	丙辰10日	丁巳11一	戊午12二	己未13三	甲午雨水 己酉驚蟄
二月大	癸卯	天干地支西曆星期	庚申14四	辛酉15五	壬戌16六	癸亥17日	甲子18一	乙丑19二	丙寅20三	丁卯21四	戊辰22五	己巳23六	庚午24日	辛未25一	壬申26二	癸酉27三	甲戌28四	乙亥29五	丙子30六	丁丑31日	戊寅(4)一	己卯2二	庚辰3三	辛巳4四	壬午5五	癸未6六	甲申7日	乙酉8一	丙戌9二	丁亥10三	戊子11四	己丑12五	甲子春分 己卯清明
三月小	甲辰	天干地支西曆星期	庚寅13六	辛卯14日	壬辰15一	癸巳16二	甲午17三	乙未18四	丙申19五	丁酉20六	戊戌21日	己亥22一	庚子23二	辛丑24三	壬寅25四	癸卯26五	甲辰27六	乙巳28日	丙午29一	丁未30二	戊申(5)三	己酉2四	庚戌3五	辛亥4六	壬子5日	癸丑6一	甲寅7二	乙卯8三	丙辰9四	丁巳10五	戊午11六		甲午穀雨 庚戌立夏
四月大	乙巳	天干地支西曆星期	己未12日	庚申13一	辛酉14二	壬戌15三	癸亥16四	甲子17五	乙丑18六	丙寅19日	丁卯20一	戊辰21二	己巳22三	庚午23四	辛未24五	壬申25六	癸酉26日	甲戌27一	乙亥28二	丙子29三	丁丑30四	戊寅31五	己卯(6)六	庚辰2日	辛巳3一	壬午4二	癸未5三	甲申6四	乙酉7五	丙戌8六	丁亥9日	戊子10一	乙丑小滿 庚辰芒種
五月小	丙午	天干地支西曆星期	己丑11二	庚寅12三	辛卯13四	壬辰14五	癸巳15六	甲午16日	乙未17一	丙申18二	丁酉19三	戊戌20四	己亥21五	庚子22六	辛丑23日	壬寅24一	癸卯25二	甲辰26三	乙巳27四	丙午28五	丁未29六	戊申30日	己酉(7)一	庚戌2二	辛亥3三	壬子4四	癸丑5五	甲寅6六	乙卯7日	丙辰8一	丁巳9二		乙未夏至 辛亥小暑
六月大	丁未	天干地支西曆星期	戊午10三	己未11四	庚申12五	辛酉13六	壬戌14日	癸亥15一	甲子16二	乙丑17三	丙寅18四	丁卯19五	戊辰20六	己巳21日	庚午22一	辛未23二	壬申24三	癸酉25四	甲戌26五	乙亥27六	丙子28日	丁丑29一	戊寅30二	己卯31三	庚辰(8)四	辛巳2五	壬午3六	癸未4日	甲申5一	乙酉6二	丙戌7三	丁亥8四	丙寅大暑 辛巳立秋 戊午日食
七月小	戊申	天干地支西曆星期	戊子9五	己丑10六	庚寅11日	辛卯12一	壬辰13二	癸巳14三	甲午15四	乙未16五	丙申17六	丁酉18日	戊戌19一	己亥20二	庚子21三	辛丑22四	壬寅23五	癸卯24六	甲辰25日	乙巳26一	丙午27二	丁未28三	戊申29四	己酉30五	庚戌31六	辛亥(9)日	壬子2一	癸丑3二	甲寅4三	乙卯5四	丙辰6五		丙申處暑 辛亥白露
八月小	己酉	天干地支西曆星期	丁巳7六	戊午8日	己未9一	庚申10二	辛酉11三	壬戌12四	癸亥13五	甲子14六	乙丑15日	丙寅16一	丁卯17二	戊辰18三	己巳19四	庚午20五	辛未21六	壬申22日	癸酉23一	甲戌24二	乙亥25三	丙子26四	丁丑27五	戊寅28六	己卯29日	庚辰30一	辛巳(10)二	壬午2三	癸未3四	甲申4五	乙酉5六		丁卯秋分 壬午寒露
九月大	庚戌	天干地支西曆星期	丙戌6日	丁亥7一	戊子8二	己丑9三	庚寅10四	辛卯11五	壬辰12六	癸巳13日	甲午14一	乙未15二	丙申16三	丁酉17四	戊戌18五	己亥19六	庚子20日	辛丑21一	壬寅22二	癸卯23三	甲辰24四	乙巳25五	丙午26六	丁未27日	戊申28一	己酉29二	庚戌30三	辛亥31四	壬子(11)五	癸丑2六	甲寅3日	乙卯4一	丁酉霜降 壬子立冬
十月小	辛亥	天干地支西曆星期	丙辰5二	丁巳6三	戊午7四	己未8五	庚申9六	辛酉10日	壬戌11一	癸亥12二	甲子13三	乙丑14四	丙寅15五	丁卯16六	戊辰17日	己巳18一	庚午19二	辛未20三	壬申21四	癸酉22五	甲戌23六	乙亥24日	丙子25一	丁丑26二	戊寅27三	己卯28四	庚辰29五	辛巳30六	壬午(12)日	癸未2一	甲申3二		戊辰小雪 癸未大雪
十一月大	壬子	天干地支西曆星期	乙酉4三	丙戌5四	丁亥6五	戊子7六	己丑8日	庚寅9一	辛卯10二	壬辰11三	癸巳12四	甲午13五	乙未14六	丙申15日	丁酉16一	戊戌17二	己亥18三	庚子19四	辛丑20五	壬寅21六	癸卯22日	甲辰23一	乙巳24二	丙午25三	丁未26四	戊申27五	己酉28六	庚戌29日	辛亥30一	壬子31二	癸丑(1)三	甲寅2四	戊戌冬至 癸丑小寒
十二月大	癸丑	天干地支西曆星期	乙卯3五	丙辰4六	丁巳5日	戊午6一	己未7二	庚申8三	辛酉9四	壬戌10五	癸亥11六	甲子12日	乙丑13一	丙寅14二	丁卯15三	戊辰16四	己巳17五	庚午18六	辛未19日	壬申20一	癸酉21二	甲戌22三	乙亥23四	丙子24五	丁丑25六	戊寅26日	己卯27一	庚辰28二	辛巳29三	壬午30四	癸未31五	甲申(2)六	戊辰大寒 甲申立春

宋太祖乾德六年 開寶元年（戊辰 龍年） 公元 968 ~ 969 年

夏曆月序		中西曆日對照	初一	初二	初三	初四	初五	初六	初七	初八	初九	初十	十一	十二	十三	十四	十五	十六	十七	十八	十九	二十	二一	二二	二三	二四	二五	二六	二七	二八	二九	三十	節氣與天象
正月小	甲寅	干支 天地 西曆 星期	乙酉 2 日	丙戌 3 一	丁亥 4 二	戊子 5 三	己丑 6 四	庚寅 7 五	辛卯 8 六	壬辰 9 日	癸巳 10 一	甲午 11 二	乙未 12 三	丙申 13 四	丁酉 14 五	戊戌 15 六	己亥 16 日	庚子 17 一	辛丑 18 二	壬寅 19 三	癸卯 20 四	甲辰 21 五	乙巳 22 六	丙午 23 日	丁未 24 一	戊申 25 二	己酉 26 三	庚戌 27 四	辛亥 28 五	壬子 29 六	癸丑 (3) 日		己亥雨水
二月大	乙卯	干支 天地 西曆 星期	甲寅 2 一	乙卯 3 二	丙辰 4 三	丁巳 5 四	戊午 6 五	己未 7 六	庚申 8 日	辛酉 9 一	壬戌 10 二	癸亥 11 三	甲子 12 四	乙丑 13 五	丙寅 14 六	丁卯 15 日	戊辰 16 一	己巳 17 二	庚午 18 三	辛未 19 四	壬申 20 五	癸酉 21 六	甲戌 22 日	乙亥 23 一	丙子 24 二	丁丑 25 三	戊寅 26 四	己卯 27 五	庚辰 28 六	辛巳 29 日	壬午 30 一	癸未 31 二	甲寅驚蟄 己巳春分
三月小	丙辰	干支 天地 西曆 星期	甲申 (4) 三	乙酉 2 四	丙戌 3 五	丁亥 4 六	戊子 5 日	己丑 6 一	庚寅 7 二	辛卯 8 三	壬辰 9 四	癸巳 10 五	甲午 11 六	乙未 12 日	丙申 13 一	丁酉 14 二	戊戌 15 三	己亥 16 四	庚子 17 五	辛丑 18 六	壬寅 19 日	癸卯 20 一	甲辰 21 二	乙巳 22 三	丙午 23 四	丁未 24 五	戊申 25 六	己酉 26 日	庚戌 27 一	辛亥 28 二	壬子 29 三		乙酉清明 庚子穀雨
四月大	丁巳	干支 天地 西曆 星期	癸丑 30 四	甲寅 (5) 五	乙卯 2 六	丙辰 3 日	丁巳 4 一	戊午 5 二	己未 6 三	庚申 7 四	辛酉 8 五	壬戌 9 六	癸亥 10 日	甲子 11 一	乙丑 12 二	丙寅 13 三	丁卯 14 四	戊辰 15 五	己巳 16 六	庚午 17 日	辛未 18 一	壬申 19 二	癸酉 20 三	甲戌 21 四	乙亥 22 五	丙子 23 六	丁丑 24 日	戊寅 25 一	己卯 26 二	庚辰 27 三	辛巳 28 四	壬午 29 五	乙卯立夏 庚午小滿
五月大	戊午	干支 天地 西曆 星期	癸未 30 六	甲申 31 日	乙酉 (6) 一	丙戌 2 二	丁亥 3 三	戊子 4 四	己丑 5 五	庚寅 6 六	辛卯 7 日	壬辰 8 一	癸巳 9 二	甲午 10 三	乙未 11 四	丙申 12 五	丁酉 13 六	戊戌 14 日	己亥 15 一	庚子 16 二	辛丑 17 三	壬寅 18 四	癸卯 19 五	甲辰 20 六	乙巳 21 日	丙午 22 一	丁未 23 二	戊申 24 三	己酉 25 四	庚戌 26 五	辛亥 27 六	壬子 28 日	乙酉芒種 辛丑夏至
六月小	己未	干支 天地 西曆 星期	癸丑 29 一	甲寅 30 二	乙卯 (7) 三	丙辰 2 四	丁巳 3 五	戊午 4 六	己未 5 日	庚申 6 一	辛酉 7 二	壬戌 8 三	癸亥 9 四	甲子 10 五	乙丑 11 六	丙寅 12 日	丁卯 13 一	戊辰 14 二	己巳 15 三	庚午 16 四	辛未 17 五	壬申 18 六	癸酉 19 日	甲戌 20 一	乙亥 21 二	丙子 22 三	丁丑 23 四	戊寅 24 五	己卯 25 六	庚辰 26 日	辛巳 27 一		丙辰小暑 辛未大暑
七月大	庚申	干支 天地 西曆 星期	壬午 28 二	癸未 29 三	甲申 30 四	乙酉 31 五	丙戌 (8) 六	丁亥 2 日	戊子 3 一	己丑 4 二	庚寅 5 三	辛卯 6 四	壬辰 7 五	癸巳 8 六	甲午 9 日	乙未 10 一	丙申 11 二	丁酉 12 三	戊戌 13 四	己亥 14 五	庚子 15 六	辛丑 16 日	壬寅 17 一	癸卯 18 二	甲辰 19 三	乙巳 20 四	丙午 21 五	丁未 22 六	戊申 23 日	己酉 24 一	庚戌 25 二	辛亥 26 三	丙戌立秋 辛丑處暑
八月小	辛酉	干支 天地 西曆 星期	壬子 27 四	癸丑 28 五	甲寅 29 六	乙卯 30 日	丙辰 31 一	丁巳 (9) 二	戊午 2 三	己未 3 四	庚申 4 五	辛酉 5 六	壬戌 6 日	癸亥 7 一	甲子 8 二	乙丑 9 三	丙寅 10 四	丁卯 11 五	戊辰 12 六	己巳 13 日	庚午 14 一	辛未 15 二	壬申 16 三	癸酉 17 四	甲戌 18 五	乙亥 19 六	丙子 20 日	丁丑 21 一	戊寅 22 二	己卯 23 三	庚辰 24 四		丁巳白露 壬申秋分
九月大	壬戌	干支 天地 西曆 星期	辛巳 25 五	壬午 26 六	癸未 27 日	甲申 28 一	乙酉 29 二	丙戌 30 三	丁亥 (10) 四	戊子 2 五	己丑 3 六	庚寅 4 日	辛卯 5 一	壬辰 6 二	癸巳 7 三	甲午 8 四	乙未 9 五	丙申 10 六	丁酉 11 日	戊戌 12 一	己亥 13 二	庚子 14 三	辛丑 15 四	壬寅 16 五	癸卯 17 六	甲辰 18 日	乙巳 19 一	丙午 20 二	丁未 21 三	戊申 22 四	己酉 23 五	庚戌 24 六	丁亥寒露 壬寅霜降
十月小	癸亥	干支 天地 西曆 星期	辛亥 25 日	壬子 26 一	癸丑 27 二	甲寅 28 三	乙卯 29 四	丙辰 30 五	丁巳 31 六	戊午 (11) 日	己未 2 一	庚申 3 二	辛酉 4 三	壬戌 5 四	癸亥 6 五	甲子 7 六	乙丑 8 日	丙寅 9 一	丁卯 10 二	戊辰 11 三	己巳 12 四	庚午 13 五	辛未 14 六	壬申 15 日	癸酉 16 一	甲戌 17 二	乙亥 18 三	丙子 19 四	丁丑 20 五	戊寅 21 六	己卯 22 日		戊午立冬 癸酉小雪
十一月小	甲子	干支 天地 西曆 星期	庚辰 23 一	辛巳 24 二	壬午 25 三	癸未 26 四	甲申 27 五	乙酉 28 六	丙戌 29 日	丁亥 30 一	戊子 (12) 二	己丑 2 三	庚寅 3 四	辛卯 4 五	壬辰 5 六	癸巳 6 日	甲午 7 一	乙未 8 二	丙申 9 三	丁酉 10 四	戊戌 11 五	己亥 12 六	庚子 13 日	辛丑 14 一	壬寅 15 二	癸卯 16 三	甲辰 17 四	乙巳 18 五	丙午 19 六	丁未 20 日	戊申 21 一		戊子大雪 癸卯冬至
十二月大	乙丑	干支 天地 西曆 星期	己酉 22 二	庚戌 23 三	辛亥 24 四	壬子 25 五	癸丑 26 六	甲寅 27 日	乙卯 28 一	丙辰 29 二	丁巳 30 三	戊午 31 四	己未 (1) 五	庚申 2 六	辛酉 3 日	壬戌 4 一	癸亥 5 二	甲子 6 三	乙丑 7 四	丙寅 8 五	丁卯 9 六	戊辰 10 日	己巳 11 一	庚午 12 二	辛未 13 三	壬申 14 四	癸酉 15 五	甲戌 16 六	乙亥 17 日	丙子 18 一	丁丑 19 二	戊寅 20 三	戊午小寒 甲戌大寒

* 十一月癸卯（二十四日），改元開寶。

宋太祖開寶二年（己巳 蛇年） 公元 969 ~ 970 年

夏曆月序		中西曆日對照	初一	初二	初三	初四	初五	初六	初七	初八	初九	初十	十一	十二	十三	十四	十五	十六	十七	十八	十九	二十	二一	二二	二三	二四	二五	二六	二七	二八	二九	三十	節氣與天象
正月小	丙寅	天干地支 西曆 星期	己卯 21 四	庚辰 22 五	辛巳 23 六	壬午 24 日	癸未 25 一	甲申 26 二	乙酉 27 三	丙戌 28 四	丁亥 29 五	戊子 30 六	己丑 31 日	庚寅 (2) 一	辛卯 2 二	壬辰 3 三	癸巳 4 四	甲午 5 五	乙未 6 六	丙申 7 日	丁酉 8 一	戊戌 9 二	己亥 10 三	庚子 11 四	辛丑 12 五	壬寅 13 六	癸卯 14 日	甲辰 15 一	乙巳 16 二	丙午 17 三	丁未 18 四		己丑立春 甲辰雨水
二月大	丁卯	天干地支 西曆 星期	戊申 19 五	己酉 20 六	庚戌 21 日	辛亥 22 一	壬子 23 二	癸丑 24 三	甲寅 25 四	乙卯 26 五	丙辰 27 六	丁巳 28 日	戊午 (3) 一	己未 2 二	庚申 3 三	辛酉 4 四	壬戌 5 五	癸亥 6 六	甲子 7 日	乙丑 8 一	丙寅 9 二	丁卯 10 三	戊辰 11 四	己巳 12 五	庚午 13 六	辛未 14 日	壬申 15 一	癸酉 16 二	甲戌 17 三	乙亥 18 四	丙子 19 五	丁丑 20 六	己未驚蟄 乙亥春分
三月大	戊辰	天干地支 西曆 星期	戊寅 21 日	己卯 22 一	庚辰 23 二	辛巳 24 三	壬午 25 四	癸未 26 五	甲申 27 六	乙酉 28 日	丙戌 29 一	丁亥 30 二	戊子 31 三	己丑 (4) 四	庚寅 2 五	辛卯 3 六	壬辰 4 日	癸巳 5 一	甲午 6 二	乙未 7 三	丙申 8 四	丁酉 9 五	戊戌 10 六	己亥 11 日	庚子 12 一	辛丑 13 二	壬寅 14 三	癸卯 15 四	甲辰 16 五	乙巳 17 六	丙午 18 日	丁未 19 一	庚寅清明 乙巳穀雨
四月小	己巳	天干地支 西曆 星期	戊申 20 二	己酉 21 三	庚戌 22 四	辛亥 23 五	壬子 24 六	癸丑 25 日	甲寅 26 一	乙卯 27 二	丙辰 28 三	丁巳 29 四	戊午 30 五	己未 (5) 六	庚申 2 日	辛酉 3 一	壬戌 4 二	癸亥 5 三	甲子 6 四	乙丑 7 五	丙寅 8 六	丁卯 9 日	戊辰 10 一	己巳 11 二	庚午 12 三	辛未 13 四	壬申 14 五	癸酉 15 六	甲戌 16 日	乙亥 17 一	丙子 18 二		庚申立夏 乙亥小滿
五月大	庚午	天干地支 西曆 星期	丁丑 19 三	戊寅 20 四	己卯 21 五	庚辰 22 六	辛巳 23 日	壬午 24 一	癸未 25 二	甲申 26 三	乙酉 27 四	丙戌 28 五	丁亥 29 六	戊子 30 日	己丑 31 一	庚寅 (6) 二	辛卯 2 三	壬辰 3 四	癸巳 4 五	甲午 5 六	乙未 6 日	丙申 7 一	丁酉 8 二	戊戌 9 三	己亥 10 四	庚子 11 五	辛丑 12 六	壬寅 13 日	癸卯 14 一	甲辰 15 二	乙巳 16 三	丙午 17 四	辛卯芒種 丙午夏至
閏五月小	庚午	天干地支 西曆 星期	丁未 18 五	戊申 19 六	己酉 20 日	庚戌 21 一	辛亥 22 二	壬子 23 三	癸丑 24 四	甲寅 25 五	乙卯 26 六	丙辰 27 日	丁巳 28 一	戊午 29 二	己未 30 三	庚申 (7) 四	辛酉 2 五	壬戌 3 六	癸亥 4 日	甲子 5 一	乙丑 6 二	丙寅 7 三	丁卯 8 四	戊辰 9 五	己巳 10 六	庚午 11 日	辛未 12 一	壬申 13 二	癸酉 14 三	甲戌 15 四	乙亥 16 五		辛酉小暑
六月大	辛未	天干地支 西曆 星期	丙子 17 六	丁丑 18 日	戊寅 19 一	己卯 20 二	庚辰 21 三	辛巳 22 四	壬午 23 五	癸未 24 六	甲申 25 日	乙酉 26 一	丙戌 27 二	丁亥 28 三	戊子 29 四	己丑 30 五	庚寅 31 六	辛卯 (8) 日	壬辰 2 一	癸巳 3 二	甲午 4 三	乙未 5 四	丙申 6 五	丁酉 7 六	戊戌 8 日	己亥 9 一	庚子 10 二	辛丑 11 三	壬寅 12 四	癸卯 13 五	甲辰 14 六	乙巳 15 日	丙子大暑 辛卯立秋
七月大	壬申	天干地支 西曆 星期	丙午 16 一	丁未 17 二	戊申 18 三	己酉 19 四	庚戌 20 五	辛亥 21 六	壬子 22 日	癸丑 23 一	甲寅 24 二	乙卯 25 三	丙辰 26 四	丁巳 27 五	戊午 28 六	己未 29 日	庚申 30 一	辛酉 31 二	壬戌 (9) 三	癸亥 2 四	甲子 3 五	乙丑 4 六	丙寅 5 日	丁卯 6 一	戊辰 7 二	己巳 8 三	庚午 9 四	辛未 10 五	壬申 11 六	癸酉 12 日	甲戌 13 一	乙亥 14 二	丁未處暑 壬戌白露
八月小	癸酉	天干地支 西曆 星期	丙子 15 三	丁丑 16 四	戊寅 17 五	己卯 18 六	庚辰 19 日	辛巳 20 一	壬午 21 二	癸未 22 三	甲申 23 四	乙酉 24 五	丙戌 25 六	丁亥 26 日	戊子 27 一	己丑 28 二	庚寅 29 三	辛卯 30 四	壬辰 (10) 五	癸巳 2 六	甲午 3 日	乙未 4 一	丙申 5 二	丁酉 6 三	戊戌 7 四	己亥 8 五	庚子 9 六	辛丑 10 日	壬寅 11 一	癸卯 12 二	甲辰 13 三		丁丑秋分 壬辰寒露
九月大	甲戌	天干地支 西曆 星期	乙巳 14 四	丙午 15 五	丁未 16 六	戊申 17 日	己酉 18 一	庚戌 19 二	辛亥 20 三	壬子 21 四	癸丑 22 五	甲寅 23 六	乙卯 24 日	丙辰 25 一	丁巳 26 二	戊午 27 三	己未 28 四	庚申 29 五	辛酉 30 六	壬戌 31 日	癸亥 (11) 一	甲子 2 二	乙丑 3 三	丙寅 4 四	丁卯 5 五	戊辰 6 六	己巳 7 日	庚午 8 一	辛未 9 二	壬申 10 三	癸酉 11 四	甲戌 12 五	戊申霜降 癸亥立冬
十月小	乙亥	天干地支 西曆 星期	乙亥 13 六	丙子 14 日	丁丑 15 一	戊寅 16 二	己卯 17 三	庚辰 18 四	辛巳 19 五	壬午 20 六	癸未 21 日	甲申 22 一	乙酉 23 二	丙戌 24 三	丁亥 25 四	戊子 26 五	己丑 27 六	庚寅 28 日	辛卯 29 一	壬辰 30 二	癸巳 (12) 三	甲午 2 四	乙未 3 五	丙申 4 六	丁酉 5 日	戊戌 6 一	己亥 7 二	庚子 8 三	辛丑 9 四	壬寅 10 五	癸卯 11 六		戊寅小雪 癸巳大雪
十一月大	丙子	天干地支 西曆 星期	甲辰 12 日	乙巳 13 一	丙午 14 二	丁未 15 三	戊申 16 四	己酉 17 五	庚戌 18 六	辛亥 19 日	壬子 20 一	癸丑 21 二	甲寅 22 三	乙卯 23 四	丙辰 24 五	丁巳 25 六	戊午 26 日	己未 27 一	庚申 28 二	辛酉 29 三	壬戌 30 四	癸亥 31 五	甲子 (1) 六	乙丑 2 日	丙寅 3 一	丁卯 4 二	戊辰 5 三	己巳 6 四	庚午 7 五	辛未 8 六	壬申 9 日	癸酉 10 一	戊申冬至 甲子小寒
十二月小	丁丑	天干地支 西曆 星期	甲戌 11 二	乙亥 12 三	丙子 13 四	丁丑 14 五	戊寅 15 六	己卯 16 日	庚辰 17 一	辛巳 18 二	壬午 19 三	癸未 20 四	甲申 21 五	乙酉 22 六	丙戌 23 日	丁亥 24 一	戊子 25 二	己丑 26 三	庚寅 27 四	辛卯 28 五	壬辰 29 六	癸巳 30 日	甲午 31 一	乙未 (2) 二	丙申 2 三	丁酉 3 四	戊戌 4 五	己亥 5 六	庚子 6 日	辛丑 7 一	壬寅 8 二		己卯大寒 甲午立春

宋太祖開寶三年（庚午 馬年） 公元 970 ~ 971 年

夏曆月序		中西曆日對照	初一	初二	初三	初四	初五	初六	初七	初八	初九	初十	十一	十二	十三	十四	十五	十六	十七	十八	十九	二十	二一	二二	二三	二四	二五	二六	二七	二八	二九	三十	節氣與天象
正月小	戊寅	天干 地支 西曆 星期	癸卯 9 三	甲辰 10 四	乙巳 11 五	丙午 12 六	丁未 13 日	戊申 14 一	己酉 15 二	庚戌 16 三	辛亥 17 四	壬子 18 五	癸丑 19 六	甲寅 20 日	乙卯 21 一	丙辰 22 二	丁巳 23 三	戊午 24 四	己未 25 五	庚申 26 六	辛酉 27 日	壬戌 28 一	癸亥 (3) 二	甲子 2 三	乙丑 3 四	丙寅 4 五	丁卯 5 六	戊辰 6 日	己巳 7 一	庚午 8 二	辛未 9 三		己酉雨水 乙丑驚蟄
二月大	己卯	天干 地支 西曆 星期	壬申 10 四	癸酉 11 五	甲戌 12 六	乙亥 13 日	丙子 14 一	丁丑 15 二	戊寅 16 三	己卯 17 四	庚辰 18 五	辛巳 19 六	壬午 20 日	癸未 21 一	甲申 22 二	乙酉 23 三	丙戌 24 四	丁亥 25 五	戊子 26 六	己丑 27 日	庚寅 28 一	辛卯 29 二	壬辰 30 三	癸巳 31 四	甲午 (4) 五	乙未 2 六	丙申 3 日	丁酉 4 一	戊戌 5 二	己亥 6 三	庚子 7 四	辛丑 8 五	庚辰春分 乙未清明
三月小	庚辰	天干 地支 西曆 星期	壬寅 9 六	癸卯 10 日	甲辰 11 一	乙巳 12 二	丙午 13 三	丁未 14 四	戊申 15 五	己酉 16 六	庚戌 17 日	辛亥 18 一	壬子 19 二	癸丑 20 三	甲寅 21 四	乙卯 22 五	丙辰 23 六	丁巳 24 日	戊午 25 一	己未 26 二	庚申 27 三	辛酉 28 四	壬戌 29 五	癸亥 30 六	甲子 (5) 日	乙丑 2 一	丙寅 3 二	丁卯 4 三	戊辰 5 四	己巳 6 五	庚午 7 六		庚戌穀雨 乙丑立夏
四月大	辛巳	天干 地支 西曆 星期	辛未 8 日	壬申 9 一	癸酉 10 二	甲戌 11 三	乙亥 12 四	丙子 13 五	丁丑 14 六	戊寅 15 日	己卯 16 一	庚辰 17 二	辛巳 18 三	壬午 19 四	癸未 20 五	甲申 21 六	乙酉 22 日	丙戌 23 一	丁亥 24 二	戊子 25 三	己丑 26 四	庚寅 27 五	辛卯 28 六	壬辰 29 日	癸巳 30 一	甲午 31 二	乙未 (6) 三	丙申 2 四	丁酉 3 五	戊戌 4 六	己亥 5 日	庚子 6 一	辛巳小滿 丙申芒種 辛未日食
五月小	壬午	天干 地支 西曆 星期	辛丑 7 二	壬寅 8 三	癸卯 9 四	甲辰 10 五	乙巳 11 六	丙午 12 日	丁未 13 一	戊申 14 二	己酉 15 三	庚戌 16 四	辛亥 17 五	壬子 18 六	癸丑 19 日	甲寅 20 一	乙卯 21 二	丙辰 22 三	丁巳 23 四	戊午 24 五	己未 25 六	庚申 26 日	辛酉 27 一	壬戌 28 二	癸亥 29 三	甲子 30 四	乙丑 (7) 五	丙寅 2 六	丁卯 3 日	戊辰 4 一	己巳 5 二		辛亥夏至 丙寅小暑
六月大	癸未	天干 地支 西曆 星期	庚午 6 三	辛未 7 四	壬申 8 五	癸酉 9 六	甲戌 10 日	乙亥 11 一	丙子 12 二	丁丑 13 三	戊寅 14 四	己卯 15 五	庚辰 16 六	辛巳 17 日	壬午 18 一	癸未 19 二	甲申 20 三	乙酉 21 四	丙戌 22 五	丁亥 23 六	戊子 24 日	己丑 25 一	庚寅 26 二	辛卯 27 三	壬辰 28 四	癸巳 29 五	甲午 30 六	乙未 31 日	丙申 (8) 一	丁酉 2 二	戊戌 3 三	己亥 4 四	壬午大暑 丁酉立秋
七月大	甲申	天干 地支 西曆 星期	庚子 5 五	辛丑 6 六	壬寅 7 日	癸卯 8 一	甲辰 9 二	乙巳 10 三	丙午 11 四	丁未 12 五	戊申 13 六	己酉 14 日	庚戌 15 一	辛亥 16 二	壬子 17 三	癸丑 18 四	甲寅 19 五	乙卯 20 六	丙辰 21 日	丁巳 22 一	戊午 23 二	己未 24 三	庚申 25 四	辛酉 26 五	壬戌 27 六	癸亥 28 日	甲子 29 一	乙丑 30 二	丙寅 31 三	丁卯 (9) 四	戊辰 2 五	己巳 3 六	壬子處暑 丁卯白露
八月小	乙酉	天干 地支 西曆 星期	庚午 4 日	辛未 5 一	壬申 6 二	癸酉 7 三	甲戌 8 四	乙亥 9 五	丙子 10 六	丁丑 11 日	戊寅 12 一	己卯 13 二	庚辰 14 三	辛巳 15 四	壬午 16 五	癸未 17 六	甲申 18 日	乙酉 19 一	丙戌 20 二	丁亥 21 三	戊子 22 四	己丑 23 五	庚寅 24 六	辛卯 25 日	壬辰 26 一	癸巳 27 二	甲午 28 三	乙未 29 四	丙申 30 五	丁酉 (10) 六	戊戌 2 日		壬午秋分 戊戌寒露
九月大	丙戌	天干 地支 西曆 星期	己亥 3 一	庚子 4 二	辛丑 5 三	壬寅 6 四	癸卯 7 五	甲辰 8 六	乙巳 9 日	丙午 10 一	丁未 11 二	戊申 12 三	己酉 13 四	庚戌 14 五	辛亥 15 六	壬子 16 日	癸丑 17 一	甲寅 18 二	乙卯 19 三	丙辰 20 四	丁巳 21 五	戊午 22 六	己未 23 日	庚申 24 一	辛酉 25 二	壬戌 26 三	癸亥 27 四	甲子 28 五	乙丑 29 六	丙寅 30 日	丁卯 31 一	戊辰 (11) 二	癸丑霜降 戊辰立冬
十月大	丁亥	天干 地支 西曆 星期	己巳 2 三	庚午 3 四	辛未 4 五	壬申 5 六	癸酉 6 日	甲戌 7 一	乙亥 8 二	丙子 9 三	丁丑 10 四	戊寅 11 五	己卯 12 六	庚辰 13 日	辛巳 14 一	壬午 15 二	癸未 16 三	甲申 17 四	乙酉 18 五	丙戌 19 六	丁亥 20 日	戊子 21 一	己丑 22 二	庚寅 23 三	辛卯 24 四	壬辰 25 五	癸巳 26 六	甲午 27 日	乙未 28 一	丙申 29 二	丁酉 30 三	戊戌 (12) 四	癸未小雪 戊戌大雪
十一月小	戊子	天干 地支 西曆 星期	己亥 2 五	庚子 3 六	辛丑 4 日	壬寅 5 一	癸卯 6 二	甲辰 7 三	乙巳 8 四	丙午 9 五	丁未 10 六	戊申 11 日	己酉 12 一	庚戌 13 二	辛亥 14 三	壬子 15 四	癸丑 16 五	甲寅 17 六	乙卯 18 日	丙辰 19 一	丁巳 20 二	戊午 21 三	己未 22 四	庚申 23 五	辛酉 24 六	壬戌 25 日	癸亥 26 一	甲子 27 二	乙丑 28 三	丙寅 29 四	丁卯 30 五		甲寅冬至
十二月大	己丑	天干 地支 西曆 星期	戊辰 31 六	己巳 (1) 日	庚午 2 一	辛未 3 二	壬申 4 三	癸酉 5 四	甲戌 6 五	乙亥 7 六	丙子 8 日	丁丑 9 一	戊寅 10 二	己卯 11 三	庚辰 12 四	辛巳 13 五	壬午 14 六	癸未 15 日	甲申 16 一	乙酉 17 二	丙戌 18 三	丁亥 19 四	戊子 20 五	己丑 21 六	庚寅 22 日	辛卯 23 一	壬辰 24 二	癸巳 25 三	甲午 26 四	乙未 27 五	丙申 28 六	丁酉 29 日	己巳小寒 甲申大寒

宋太祖開寶四年（辛未 羊年） 公元 971 ~ 972 年

夏曆月序	中西曆日對照	初一	初二	初三	初四	初五	初六	初七	初八	初九	初十	十一	十二	十三	十四	十五	十六	十七	十八	十九	二十	二一	二二	二三	二四	二五	二六	二七	二八	二九	三十	節氣與天象
正月小 庚寅	干支 西曆 星期	戊戌 30 一	己亥 31 二	庚子 (2) 三	辛丑 2 四	壬寅 3 五	癸卯 4 六	甲辰 5 日	乙巳 6 一	丙午 7 二	丁未 8 三	戊申 9 四	己酉 10 五	庚戌 11 六	辛亥 12 日	壬子 13 一	癸丑 14 二	甲寅 15 三	乙卯 16 四	丙辰 17 五	丁巳 18 六	戊午 19 日	己未 20 一	庚申 21 二	辛酉 22 三	壬戌 23 四	癸亥 24 五	甲子 25 六	乙丑 26 日	丙寅 27 一		己亥立春 乙卯雨水
二月小 辛卯	干支 西曆 星期	丁卯 28 二	戊辰 (3) 三	己巳 2 四	庚午 3 五	辛未 4 六	壬申 5 日	癸酉 6 一	甲戌 7 二	乙亥 8 三	丙子 9 四	丁丑 10 五	戊寅 11 六	己卯 12 日	庚辰 13 一	辛巳 14 二	壬午 15 三	癸未 16 四	甲申 17 五	乙酉 18 六	丙戌 19 日	丁亥 20 一	戊子 21 二	己丑 22 三	庚寅 23 四	辛卯 24 五	壬辰 25 六	癸巳 26 日	甲午 27 一	乙未 28 二		庚午驚蟄 乙酉春分
三月大 壬辰	干支 西曆 星期	丙申 29 三	丁酉 30 四	戊戌 31 五	己亥 (4) 六	庚子 2 日	辛丑 3 一	壬寅 4 二	癸卯 5 三	甲辰 6 四	乙巳 7 五	丙午 8 六	丁未 9 日	戊申 10 一	己酉 11 二	庚戌 12 三	辛亥 13 四	壬子 14 五	癸丑 15 六	甲寅 16 日	乙卯 17 一	丙辰 18 二	丁巳 19 三	戊午 20 四	己未 21 五	庚申 22 六	辛酉 23 日	壬戌 24 一	癸亥 25 二	甲子 26 三	乙丑 27 四	庚子清明 乙卯穀雨
四月小 癸巳	干支 西曆 星期	丙寅 28 五	丁卯 29 六	戊辰 30 日	己巳 (5) 一	庚午 2 二	辛未 3 三	壬申 4 四	癸酉 5 五	甲戌 6 六	乙亥 7 日	丙子 8 一	丁丑 9 二	戊寅 10 三	己卯 11 四	庚辰 12 五	辛巳 13 六	壬午 14 日	癸未 15 一	甲申 16 二	乙酉 17 三	丙戌 18 四	丁亥 19 五	戊子 20 六	己丑 21 日	庚寅 22 一	辛卯 23 二	壬辰 24 三	癸巳 25 四	甲午 26 五		辛未立夏 丙戌小滿
五月大 甲午	干支 西曆 星期	乙未 27 六	丙申 28 日	丁酉 29 一	戊戌 30 二	己亥 31 三	庚子 (6) 四	辛丑 2 五	壬寅 3 六	癸卯 4 日	甲辰 5 一	乙巳 6 二	丙午 7 三	丁未 8 四	戊申 9 五	己酉 10 六	庚戌 11 日	辛亥 12 一	壬子 13 二	癸丑 14 三	甲寅 15 四	乙卯 16 五	丙辰 17 六	丁巳 18 日	戊午 19 一	己未 20 二	庚申 21 三	辛酉 22 四	壬戌 23 五	癸亥 24 六	甲子 25 日	辛丑芒種 丙辰夏至
六月小 乙未	干支 西曆 星期	乙丑 26 一	丙寅 27 二	丁卯 28 三	戊辰 29 四	己巳 30 五	庚午 (7) 六	辛未 2 日	壬申 3 一	癸酉 4 二	甲戌 5 三	乙亥 6 四	丙子 7 五	丁丑 8 六	戊寅 9 日	己卯 10 一	庚辰 11 二	辛巳 12 三	壬午 13 四	癸未 14 五	甲申 15 六	乙酉 16 日	丙戌 17 一	丁亥 18 二	戊子 19 三	己丑 20 四	庚寅 21 五	辛卯 22 六	壬辰 23 日	癸巳 24 一		壬申小暑 丁亥大暑
七月大 丙申	干支 西曆 星期	甲午 25 二	乙未 26 三	丙申 27 四	丁酉 28 五	戊戌 29 六	己亥 30 日	庚子 31 一	辛丑 (8) 二	壬寅 2 三	癸卯 3 四	甲辰 4 五	乙巳 5 六	丙午 6 日	丁未 7 一	戊申 8 二	己酉 9 三	庚戌 10 四	辛亥 11 五	壬子 12 六	癸丑 13 日	甲寅 14 一	乙卯 15 二	丙辰 16 三	丁巳 17 四	戊午 18 五	己未 19 六	庚申 20 日	辛酉 21 一	壬戌 22 二	癸亥 23 三	壬寅立秋 丁巳處暑
八月小 丁酉	干支 西曆 星期	甲子 24 四	乙丑 25 五	丙寅 26 六	丁卯 27 日	戊辰 28 一	己巳 29 二	庚午 30 三	辛未 31 四	壬申 (9) 五	癸酉 2 六	甲戌 3 日	乙亥 4 一	丙子 5 二	丁丑 6 三	戊寅 7 四	己卯 8 五	庚辰 9 六	辛巳 10 日	壬午 11 一	癸未 12 二	甲申 13 三	乙酉 14 四	丙戌 15 五	丁亥 16 六	戊子 17 日	己丑 18 一	庚寅 19 二	辛卯 20 三	壬辰 21 四		壬申白露 戊子秋分
九月大 戊戌	干支 西曆 星期	癸巳 22 五	甲午 23 六	乙未 24 日	丙申 25 一	丁酉 26 二	戊戌 27 三	己亥 28 四	庚子 29 五	辛丑 30 六	壬寅 (10) 日	癸卯 2 一	甲辰 3 二	乙巳 4 三	丙午 5 四	丁未 6 五	戊申 7 六	己酉 8 日	庚戌 9 一	辛亥 10 二	壬子 11 三	癸丑 12 四	甲寅 13 五	乙卯 14 六	丙辰 15 日	丁巳 16 一	戊午 17 二	己未 18 三	庚申 19 四	辛酉 20 五	壬戌 21 六	癸卯寒露 戊午霜降
十月大 己亥	干支 西曆 星期	癸亥 22 日	甲子 23 一	乙丑 24 二	丙寅 25 三	丁卯 26 四	戊辰 27 五	己巳 28 六	庚午 29 日	辛未 30 一	壬申 31 二	癸酉 (11) 三	甲戌 2 四	乙亥 3 五	丙子 4 六	丁丑 5 日	戊寅 6 一	己卯 7 二	庚辰 8 三	辛巳 9 四	壬午 10 五	癸未 11 六	甲申 12 日	乙酉 13 一	丙戌 14 二	丁亥 15 三	戊子 16 四	己丑 17 五	庚寅 18 六	辛卯 19 日	壬辰 20 一	癸酉立冬 己丑小雪 癸亥日食
十一月大 庚子	干支 西曆 星期	癸巳 21 二	甲午 22 三	乙未 23 四	丙申 24 五	丁酉 25 六	戊戌 26 日	己亥 27 一	庚子 28 二	辛丑 29 三	壬寅 30 四	癸卯 (12) 五	甲辰 2 六	乙巳 3 日	丙午 4 一	丁未 5 二	戊申 6 三	己酉 7 四	庚戌 8 五	辛亥 9 六	壬子 10 日	癸丑 11 一	甲寅 12 二	乙卯 13 三	丙辰 14 四	丁巳 15 五	戊午 16 六	己未 17 日	庚申 18 一	辛酉 19 二	壬戌 20 三	甲辰大雪 己未冬至
十二月小 辛丑	干支 西曆 星期	癸亥 21 四	甲子 22 五	乙丑 23 六	丙寅 24 日	丁卯 25 一	戊辰 26 二	己巳 27 三	庚午 28 四	辛未 29 五	壬申 30 六	癸酉 31 日	甲戌 (1) 一	乙亥 2 二	丙子 3 三	丁丑 4 四	戊寅 5 五	己卯 6 六	庚辰 7 日	辛巳 8 一	壬午 9 二	癸未 10 三	甲申 11 四	乙酉 12 五	丙戌 13 六	丁亥 14 日	戊子 15 一	己丑 16 二	庚寅 17 三	辛卯 18 四		甲戌小寒 己丑大寒

宋太祖開寶五年（壬申 猴年） 公元 972 ~ 973 年

夏曆月序		中西曆日對照	初一	初二	初三	初四	初五	初六	初七	初八	初九	初十	十一	十二	十三	十四	十五	十六	十七	十八	十九	二十	二一	二二	二三	二四	二五	二六	二七	二八	二九	三十	節氣與天象
正月大	壬寅	天干地支 西曆 星期	壬辰 19 五	癸巳 20 六	甲午 21 日	乙未 22 一	丙申 23 二	丁酉 24 三	戊戌 25 四	己亥 26 五	庚子 27 六	辛丑 28 日	壬寅 29 一	癸卯 30 二	甲辰 31 三	乙巳 (2) 四	丙午 2 五	丁未 3 六	戊申 4 日	己酉 5 一	庚戌 6 二	辛亥 7 三	壬子 8 四	癸丑 9 五	甲寅 10 六	乙卯 11 日	丙辰 12 一	丁巳 13 二	戊午 14 三	己未 15 四	庚申 16 五	辛酉 17 六	乙巳立春 庚申雨水
二月小	癸卯	天干地支 西曆 星期	壬戌 18 日	癸亥 19 一	甲子 20 二	乙丑 21 三	丙寅 22 四	丁卯 23 五	戊辰 24 六	己巳 25 日	庚午 26 一	辛未 27 二	壬申 28 三	癸酉 29 四	甲戌 (3) 五	乙亥 2 六	丙子 3 日	丁丑 4 一	戊寅 5 二	己卯 6 三	庚辰 7 四	辛巳 8 五	壬午 9 六	癸未 10 日	甲申 11 一	乙酉 12 二	丙戌 13 三	丁亥 14 四	戊子 15 五	己丑 16 六	庚寅 17 日		乙亥驚蟄 庚寅春分
閏二月小	癸卯	天干地支 西曆 星期	辛卯 18 一	壬辰 19 二	癸巳 20 三	甲午 21 四	乙未 22 五	丙申 23 六	丁酉 24 日	戊戌 25 一	己亥 26 二	庚子 27 三	辛丑 28 四	壬寅 29 五	癸卯 30 六	甲辰 31 日	乙巳 (4) 一	丙午 2 二	丁未 3 三	戊申 4 四	己酉 5 五	庚戌 6 六	辛亥 7 日	壬子 8 一	癸丑 9 二	甲寅 10 三	乙卯 11 四	丙辰 12 五	丁巳 13 六	戊午 14 日	己未 15 一		乙巳清明
三月大	甲辰	天干地支 西曆 星期	庚申 16 二	辛酉 17 三	壬戌 18 四	癸亥 19 五	甲子 20 六	乙丑 21 日	丙寅 22 一	丁卯 23 二	戊辰 24 三	己巳 25 四	庚午 26 五	辛未 27 六	壬申 28 日	癸酉 29 一	甲戌 30 二	乙亥 (5) 三	丙子 2 四	丁丑 3 五	戊寅 4 六	己卯 5 日	庚辰 6 一	辛巳 7 二	壬午 8 三	癸未 9 四	甲申 10 五	乙酉 11 六	丙戌 12 日	丁亥 13 一	戊子 14 二	己丑 15 三	辛酉穀雨 丙子立夏
四月小	乙巳	天干地支 西曆 星期	庚寅 16 四	辛卯 17 五	壬辰 18 六	癸巳 19 日	甲午 20 一	乙未 21 二	丙申 22 三	丁酉 23 四	戊戌 24 五	己亥 25 六	庚子 26 日	辛丑 27 一	壬寅 28 二	癸卯 29 三	甲辰 30 四	乙巳 31 五	丙午 (6) 六	丁未 2 日	戊申 3 一	己酉 4 二	庚戌 5 三	辛亥 6 四	壬子 7 五	癸丑 8 六	甲寅 9 日	乙卯 10 一	丙辰 11 二	丁巳 12 三	戊午 13 四		辛卯小滿 丙午芒種
五月小	丙午	天干地支 西曆 星期	己未 14 五	庚申 15 六	辛酉 16 日	壬戌 17 一	癸亥 18 二	甲子 19 三	乙丑 20 四	丙寅 21 五	丁卯 22 六	戊辰 23 日	己巳 24 一	庚午 25 二	辛未 26 三	壬申 27 四	癸酉 28 五	甲戌 29 六	乙亥 30 日	丙子 (7) 一	丁丑 2 二	戊寅 3 三	己卯 4 四	庚辰 5 五	辛巳 6 六	壬午 7 日	癸未 8 一	甲申 9 二	乙酉 10 三	丙戌 11 四	丁亥 12 五		壬戌夏至 丁丑小暑
六月大	丁未	天干地支 西曆 星期	戊子 13 六	己丑 14 日	庚寅 15 一	辛卯 16 二	壬辰 17 三	癸巳 18 四	甲午 19 五	乙未 20 六	丙申 21 日	丁酉 22 一	戊戌 23 二	己亥 24 三	庚子 25 四	辛丑 26 五	壬寅 27 六	癸卯 28 日	甲辰 29 一	乙巳 30 二	丙午 31 三	丁未 (8) 四	戊申 2 五	己酉 3 六	庚戌 4 日	辛亥 5 一	壬子 6 二	癸丑 7 三	甲寅 8 四	乙卯 9 五	丙辰 10 六	丁巳 11 日	壬辰大暑 丁未立秋
七月大	戊申	天干地支 西曆 星期	戊午 12 一	己未 13 二	庚申 14 三	辛酉 15 四	壬戌 16 五	癸亥 17 六	甲子 18 日	乙丑 19 一	丙寅 20 二	丁卯 21 三	戊辰 22 四	己巳 23 五	庚午 24 六	辛未 25 日	壬申 26 一	癸酉 27 二	甲戌 28 三	乙亥 29 四	丙子 30 五	丁丑 31 六	戊寅 (9) 日	己卯 2 一	庚辰 3 二	辛巳 4 三	壬午 5 四	癸未 6 五	甲申 7 六	乙酉 8 日	丙戌 9 一	丁亥 10 二	壬戌處暑 戊寅白露
八月小	己酉	天干地支 西曆 星期	戊子 11 三	己丑 12 四	庚寅 13 五	辛卯 14 六	壬辰 15 日	癸巳 16 一	甲午 17 二	乙未 18 三	丙申 19 四	丁酉 20 五	戊戌 21 六	己亥 22 日	庚子 23 一	辛丑 24 二	壬寅 25 三	癸卯 26 四	甲辰 27 五	乙巳 28 六	丙午 29 日	丁未 30 一	戊申 (10) 二	己酉 2 三	庚戌 3 四	辛亥 4 五	壬子 5 六	癸丑 6 日	甲寅 7 一	乙卯 8 二	丙辰 9 三		癸巳秋分 戊申寒露
九月大	庚戌	天干地支 西曆 星期	丁巳 10 四	戊午 11 五	己未 12 六	庚申 13 日	辛酉 14 一	壬戌 15 二	癸亥 16 三	甲子 17 四	乙丑 18 五	丙寅 19 六	丁卯 20 日	戊辰 21 一	己巳 22 二	庚午 23 三	辛未 24 四	壬申 25 五	癸酉 26 六	甲戌 27 日	乙亥 28 一	丙子 29 二	丁丑 30 三	戊寅 31 四	己卯 (11) 五	庚辰 2 六	辛巳 3 日	壬午 4 一	癸未 5 二	甲申 6 三	乙酉 7 四	丙戌 8 五	癸亥霜降 己卯立冬 丁巳日食
十月大	辛亥	天干地支 西曆 星期	丁亥 9 六	戊子 10 日	己丑 11 一	庚寅 12 二	辛卯 13 三	壬辰 14 四	癸巳 15 五	甲午 16 六	乙未 17 日	丙申 18 一	丁酉 19 二	戊戌 20 三	己亥 21 四	庚子 22 五	辛丑 23 六	壬寅 24 日	癸卯 25 一	甲辰 26 二	乙巳 27 三	丙午 28 四	丁未 29 五	戊申 30 六	己酉 (12) 日	庚戌 2 一	辛亥 3 二	壬子 4 三	癸丑 5 四	甲寅 6 五	乙卯 7 六	丙辰 8 日	甲午小雪 己酉大雪
十一月大	壬子	天干地支 西曆 星期	丁巳 9 一	戊午 10 二	己未 11 三	庚申 12 四	辛酉 13 五	壬戌 14 六	癸亥 15 日	甲子 16 一	乙丑 17 二	丙寅 18 三	丁卯 19 四	戊辰 20 五	己巳 21 六	庚午 22 日	辛未 23 一	壬申 24 二	癸酉 25 三	甲戌 26 四	乙亥 27 五	丙子 28 六	丁丑 29 日	戊寅 30 一	己卯 31 二	庚辰 (1) 三	辛巳 2 四	壬午 3 五	癸未 4 六	甲申 5 日	乙酉 6 一	丙戌 7 二	甲子冬至 己卯小寒
十二月小	癸丑	天干地支 西曆 星期	丁亥 8 三	戊子 9 四	己丑 10 五	庚寅 11 六	辛卯 12 日	壬辰 13 一	癸巳 14 二	甲午 15 三	乙未 16 四	丙申 17 五	丁酉 18 六	戊戌 19 日	己亥 20 一	庚子 21 二	辛丑 22 三	壬寅 23 四	癸卯 24 五	甲辰 25 六	乙巳 26 日	丙午 27 一	丁未 28 二	戊申 29 三	己酉 30 四	庚戌 31 五	辛亥 (2) 六	壬子 2 日	癸丑 3 一	甲寅 4 二	乙卯 5 三		乙未大寒 庚戌立春

宋太祖開寶六年（癸酉 鷄年） 公元 973 ~ 974 年

夏曆月序		中西曆對照	初一	初二	初三	初四	初五	初六	初七	初八	初九	初十	十一	十二	十三	十四	十五	十六	十七	十八	十九	二十	二一	二二	二三	二四	二五	二六	二七	二八	二九	三十	節氣與天象
正月大	甲寅	天干 地支 西曆 星期	丙辰 6 四	丁巳 7 五	戊午 8 六	己未 9 日	庚申 10 一	辛酉 11 二	壬戌 12 三	癸亥 13 四	甲子 14 五	乙丑 15 六	丙寅 16 日	丁卯 17 一	戊辰 18 二	己巳 19 三	庚午 20 四	辛未 21 五	壬申 22 六	癸酉 23 日	甲戌 24 一	乙亥 25 二	丙子 26 三	丁丑 27 四	戊寅 28 五	己卯 (3) 六	庚辰 2 日	辛巳 3 一	壬午 4 二	癸未 5 三	甲申 6 四	乙酉 7 五	乙丑雨水 庚辰驚蟄
二月小	乙卯	天干 地支 西曆 星期	丙戌 8 六	丁亥 9 日	戊子 10 一	己丑 11 二	庚寅 12 三	辛卯 13 四	壬辰 14 五	癸巳 15 六	甲午 16 日	乙未 17 一	丙申 18 二	丁酉 19 三	戊戌 20 四	己亥 21 五	庚子 22 六	辛丑 23 日	壬寅 24 一	癸卯 25 二	甲辰 26 三	乙巳 27 四	丙午 28 五	丁未 29 六	戊申 30 日	己酉 31 一	庚戌 (4) 二	辛亥 2 三	壬子 3 四	癸丑 4 五	甲寅 5 六		丙申春分 辛亥清明
三月大	丙辰	天干 地支 西曆 星期	乙卯 6 日	丙辰 7 一	丁巳 8 二	戊午 9 三	己未 10 四	庚申 11 五	辛酉 12 六	壬戌 13 日	癸亥 14 一	甲子 15 二	乙丑 16 三	丙寅 17 四	丁卯 18 五	戊辰 19 六	己巳 20 日	庚午 21 一	辛未 22 二	壬申 23 三	癸酉 24 四	甲戌 25 五	乙亥 26 六	丙子 27 日	丁丑 28 一	戊寅 29 二	己卯 30 三	庚辰 (5) 四	辛巳 2 五	壬午 3 六	癸未 4 日	甲申 5 一	丙寅穀雨 辛巳立夏
四月小	丁巳	天干 地支 西曆 星期	乙酉 6 二	丙戌 7 三	丁亥 8 四	戊子 9 五	己丑 10 六	庚寅 11 日	辛卯 12 一	壬辰 13 二	癸巳 14 三	甲午 15 四	乙未 16 五	丙申 17 六	丁酉 18 日	戊戌 19 一	己亥 20 二	庚子 21 三	辛丑 22 四	壬寅 23 五	癸卯 24 六	甲辰 25 日	乙巳 26 一	丙午 27 二	丁未 28 三	戊申 29 四	己酉 30 五	庚戌 31 六	辛亥 (6) 日	壬子 2 一	癸丑 3 二		丙申小滿 壬子芒種
五月小	戊午	天干 地支 西曆 星期	甲寅 4 三	乙卯 5 四	丙辰 6 五	丁巳 7 六	戊午 8 日	己未 9 一	庚申 10 二	辛酉 11 三	壬戌 12 四	癸亥 13 五	甲子 14 六	乙丑 15 日	丙寅 16 一	丁卯 17 二	戊辰 18 三	己巳 19 四	庚午 20 五	辛未 21 六	壬申 22 日	癸酉 23 一	甲戌 24 二	乙亥 25 三	丙子 26 四	丁丑 27 五	戊寅 28 六	己卯 29 日	庚辰 30 一	辛巳 (7) 二	壬午 2 三		丁卯夏至 壬午小暑
六月小	己未	天干 地支 西曆 星期	癸未 3 四	甲申 4 五	乙酉 5 六	丙戌 6 日	丁亥 7 一	戊子 8 二	己丑 9 三	庚寅 10 四	辛卯 11 五	壬辰 12 六	癸巳 13 日	甲午 14 一	乙未 15 二	丙申 16 三	丁酉 17 四	戊戌 18 五	己亥 19 六	庚子 20 日	辛丑 21 一	壬寅 22 二	癸卯 23 三	甲辰 24 四	乙巳 25 五	丙午 26 六	丁未 27 日	戊申 28 一	己酉 29 二	庚戌 30 三	辛亥 31 四		丁酉大暑
七月大	庚申	天干 地支 西曆 星期	壬子 (8) 五	癸丑 2 六	甲寅 3 日	乙卯 4 一	丙辰 5 二	丁巳 6 三	戊午 7 四	己未 8 五	庚申 9 六	辛酉 10 日	壬戌 11 一	癸亥 12 二	甲子 13 三	乙丑 14 四	丙寅 15 五	丁卯 16 六	戊辰 17 日	己巳 18 一	庚午 19 二	辛未 20 三	壬申 21 四	癸酉 22 五	甲戌 23 六	乙亥 24 日	丙子 25 一	丁丑 26 二	戊寅 27 三	己卯 28 四	庚辰 29 五	辛巳 30 六	壬子立秋 戊辰處暑
八月小	辛酉	天干 地支 西曆 星期	壬午 31 日	癸未 (9) 一	甲申 2 二	乙酉 3 三	丙戌 4 四	丁亥 5 五	戊子 6 六	己丑 7 日	庚寅 8 一	辛卯 9 二	壬辰 10 三	癸巳 11 四	甲午 12 五	乙未 13 六	丙申 14 日	丁酉 15 一	戊戌 16 二	己亥 17 三	庚子 18 四	辛丑 19 五	壬寅 20 六	癸卯 21 日	甲辰 22 一	乙巳 23 二	丙午 24 三	丁未 25 四	戊申 26 五	己酉 27 六	庚戌 28 日		癸未白露 戊戌秋分
九月大	壬戌	天干 地支 西曆 星期	辛亥 29 一	壬子 30 二	癸丑 (10) 三	甲寅 2 四	乙卯 3 五	丙辰 4 六	丁巳 5 日	戊午 6 一	己未 7 二	庚申 8 三	辛酉 9 四	壬戌 10 五	癸亥 11 六	甲子 12 日	乙丑 13 一	丙寅 14 二	丁卯 15 三	戊辰 16 四	己巳 17 五	庚午 18 六	辛未 19 日	壬申 20 一	癸酉 21 二	甲戌 22 三	乙亥 23 四	丙子 24 五	丁丑 25 六	戊寅 26 日	己卯 27 一	庚辰 28 二	癸丑寒露 己巳霜降
十月大	癸亥	天干 地支 西曆 星期	辛巳 29 三	壬午 30 四	癸未 31 五	甲申 (11) 六	乙酉 2 日	丙戌 3 一	丁亥 4 二	戊子 5 三	己丑 6 四	庚寅 7 五	辛卯 8 六	壬辰 9 日	癸巳 10 一	甲午 11 二	乙未 12 三	丙申 13 四	丁酉 14 五	戊戌 15 六	己亥 16 日	庚子 17 一	辛丑 18 二	壬寅 19 三	癸卯 20 四	甲辰 21 五	乙巳 22 六	丙午 23 日	丁未 24 一	戊申 25 二	己酉 26 三	庚戌 27 四	甲申立冬 己亥小雪
十一月大	甲子	天干 地支 西曆 星期	辛亥 28 五	壬子 29 六	癸丑 30 日	甲寅 (12) 一	乙卯 2 二	丙辰 3 三	丁巳 4 四	戊午 5 五	己未 6 六	庚申 7 日	辛酉 8 一	壬戌 9 二	癸亥 10 三	甲子 11 四	乙丑 12 五	丙寅 13 六	丁卯 14 日	戊辰 15 一	己巳 16 二	庚午 17 三	辛未 18 四	壬申 19 五	癸酉 20 六	甲戌 21 日	乙亥 22 一	丙子 23 二	丁丑 24 三	戊寅 25 四	己卯 26 五	庚辰 27 六	甲寅大雪 己巳冬至
十二月小	乙丑	天干 地支 西曆 星期	辛巳 28 日	壬午 29 一	癸未 30 二	甲申 31 三	乙酉 (1) 四	丙戌 2 五	丁亥 3 六	戊子 4 日	己丑 5 一	庚寅 6 二	辛卯 7 三	壬辰 8 四	癸巳 9 五	甲午 10 六	乙未 11 日	丙申 12 一	丁酉 13 二	戊戌 14 三	己亥 15 四	庚子 16 五	辛丑 17 六	壬寅 18 日	癸卯 19 一	甲辰 20 二	乙巳 21 三	丙午 22 四	丁未 23 五	戊申 24 六	己酉 25 日		乙酉小寒 庚子大寒

宋太祖開寶七年（甲戌 狗年） 公元 974 ~ 975 年

夏曆月序		中西曆日對照	初一	初二	初三	初四	初五	初六	初七	初八	初九	初十	十一	十二	十三	十四	十五	十六	十七	十八	十九	二十	二一	二二	二三	二四	二五	二六	二七	二八	二九	三十	節氣與天象
正月大	丙寅	天干地支西曆星期	庚戌26一	辛亥27二	壬子28三	癸丑29四	甲寅30五	乙卯31六	丙辰(2)日	丁巳2一	戊午3二	己未4三	庚申5四	辛酉6五	壬戌7六	癸亥8日	甲子9一	乙丑10二	丙寅11三	丁卯12四	戊辰13五	己巳14六	庚午15日	辛未16一	壬申17二	癸酉18三	甲戌19四	乙亥20五	丙子21六	丁丑22日	戊寅23一	己卯24二	乙卯立春 庚午雨水
二月大	丁卯	天干地支西曆星期	庚辰25三	辛巳26四	壬午27五	癸未28六	甲申(3)日	乙酉2一	丙戌3二	丁亥4三	戊子5四	己丑6五	庚寅7六	辛卯8日	壬辰9一	癸巳10二	甲午11三	乙未12四	丙申13五	丁酉14六	戊戌15日	己亥16一	庚子17二	辛丑18三	壬寅19四	癸卯20五	甲辰21六	乙巳22日	丙午23一	丁未24二	戊申25三	己酉26四	丙戌驚蟄 辛丑春分 庚辰日食
三月小	戊辰	天干地支西曆星期	庚戌27五	辛亥28六	壬子29日	癸丑30一	甲寅31二	乙卯(4)三	丙辰2四	丁巳3五	戊午4六	己未5日	庚申6一	辛酉7二	壬戌8三	癸亥9四	甲子10五	乙丑11六	丙寅12日	丁卯13一	戊辰14二	己巳15三	庚午16四	辛未17五	壬申18六	癸酉19日	甲戌20一	乙亥21二	丙子22三	丁丑23四	戊寅24五		丙辰清明 辛未穀雨
四月小	己巳	天干地支西曆星期	己卯25六	庚辰26日	辛巳27一	壬午28二	癸未29三	甲申30四	乙酉(5)五	丙戌2六	丁亥3日	戊子4一	己丑5二	庚寅6三	辛卯7四	壬辰8五	癸巳9六	甲午10日	乙未11一	丙申12二	丁酉13三	戊戌14四	己亥15五	庚子16六	辛丑17日	壬寅18一	癸卯19二	甲辰20三	乙巳21四	丙午22五	丁未23六		丙戌立夏 壬寅小滿
五月大	庚午	天干地支西曆星期	戊申24日	己酉25一	庚戌26二	辛亥27三	壬子28四	癸丑29五	甲寅30六	乙卯31日	丙辰(6)一	丁巳2二	戊午3三	己未4四	庚申5五	辛酉6六	壬戌7日	癸亥8一	甲子9二	乙丑10三	丙寅11四	丁卯12五	戊辰13六	己巳14日	庚午15一	辛未16二	壬申17三	癸酉18四	甲戌19五	乙亥20六	丙子21日	丁丑22一	丁巳芒種 壬申夏至
六月小	辛未	天干地支西曆星期	戊寅23二	己卯24三	庚辰25四	辛巳26五	壬午27六	癸未28日	甲申29一	乙酉30二	丙戌(7)三	丁亥2四	戊子3五	己丑4六	庚寅5日	辛卯6一	壬辰7二	癸巳8三	甲午9四	乙未10五	丙申11六	丁酉12日	戊戌13一	己亥14二	庚子15三	辛丑16四	壬寅17五	癸卯18六	甲辰19日	乙巳20一	丙午21二		丁亥小暑 癸卯大暑
七月小	壬申	天干地支西曆星期	丁未22三	戊申23四	己酉24五	庚戌25六	辛亥26日	壬子27一	癸丑28二	甲寅29三	乙卯30四	丙辰31五	丁巳(8)六	戊午2日	己未3一	庚申4二	辛酉5三	壬戌6四	癸亥7五	甲子8六	乙丑9日	丙寅10一	丁卯11二	戊辰12三	己巳13四	庚午14五	辛未15六	壬申16日	癸酉17一	甲戌18二	乙亥19三		戊午立秋 癸酉處暑
八月大	癸酉	天干地支西曆星期	丙子20四	丁丑21五	戊寅22六	己卯23日	庚辰24一	辛巳25二	壬午26三	癸未27四	甲申28五	乙酉29六	丙戌30日	丁亥31一	戊子(9)二	己丑2三	庚寅3四	辛卯4五	壬辰5六	癸巳6日	甲午7一	乙未8二	丙申9三	丁酉10四	戊戌11五	己亥12六	庚子13日	辛丑14一	壬寅15二	癸卯16三	甲辰17四	乙巳18五	戊子白露 癸卯秋分
九月小	甲戌	天干地支西曆星期	丙午19六	丁未20日	戊申21一	己酉22二	庚戌23三	辛亥24四	壬子25五	癸丑26六	甲寅27日	乙卯28一	丙辰29二	丁巳30三	戊午(10)四	己未2五	庚申3六	辛酉4日	壬戌5一	癸亥6二	甲子7三	乙丑8四	丙寅9五	丁卯10六	戊辰11日	己巳12一	庚午13二	辛未14三	壬申15四	癸酉16五	甲戌17六		己未寒露 甲戌霜降
十月大	乙亥	天干地支西曆星期	乙亥18日	丙子19一	丁丑20二	戊寅21三	己卯22四	庚辰23五	辛巳24六	壬午25日	癸未26一	甲申27二	乙酉28三	丙戌29四	丁亥30五	戊子31六	己丑(11)日	庚寅2一	辛卯3二	壬辰4三	癸巳5四	甲午6五	乙未7六	丙申8日	丁酉9一	戊戌10二	己亥11三	庚子12四	辛丑13五	壬寅14六	癸卯15日	甲辰16一	己丑立冬 甲辰小雪
閏十月大	乙亥	天干地支西曆星期	乙巳17二	丙午18三	丁未19四	戊申20五	己酉21六	庚戌22日	辛亥23一	壬子24二	癸丑25三	甲寅26四	乙卯27五	丙辰28六	丁巳29日	戊午30一	己未(12)二	庚申2三	辛酉3四	壬戌4五	癸亥5六	甲子6日	乙丑7一	丙寅8二	丁卯9三	戊辰10四	己巳11五	庚午12六	辛未13日	壬申14一	癸酉15二	甲戌16三	己未大雪
十一月小	丙子	天干地支西曆星期	乙亥17四	丙子18五	丁丑19六	戊寅20日	己卯21一	庚辰22二	辛巳23三	壬午24四	癸未25五	甲申26六	乙酉27日	丙戌28一	丁亥29二	戊子30三	己丑31四	庚寅(1)五	辛卯2六	壬辰3日	癸巳4一	甲午5二	乙未6三	丙申7四	丁酉8五	戊戌9六	己亥10日	庚子11一	辛丑12二	壬寅13三	癸卯14四		乙亥冬至 庚寅小寒
十二月大	丁丑	天干地支西曆星期	甲辰15五	乙巳16六	丙午17日	丁未18一	戊申19二	己酉20三	庚戌21四	辛亥22五	壬子23六	癸丑24日	甲寅25一	乙卯26二	丙辰27三	丁巳28四	戊午29五	己未30六	庚申31日	辛酉(2)一	壬戌2二	癸亥3三	甲子4四	乙丑5五	丙寅6六	丁卯7日	戊辰8一	己巳9二	庚午10三	辛未11四	壬申12五	癸酉13六	乙巳大寒 庚申立春

宋太祖開寶八年（乙亥 猪年） 公元975 ~ 976年

夏曆月序		中西曆日對照	夏曆日序																														節氣與天象
			初一	初二	初三	初四	初五	初六	初七	初八	初九	初十	十一	十二	十三	十四	十五	十六	十七	十八	十九	二十	二一	二二	二三	二四	二五	二六	二七	二八	二九	三十	
正月大	戊寅	天干地支西曆星期	甲戌14日	乙亥15一	丙子16二	丁丑17三	戊寅18四	己卯19五	庚辰20六	辛巳21日	壬午22一	癸未23二	甲申24三	乙酉25四	丙戌26五	丁亥27六	戊子28日	己丑(3)一	庚寅2二	辛卯3三	壬辰4四	癸巳5五	甲午6六	乙未7日	丙申8一	丁酉9二	戊戌10三	己亥11四	庚子12五	辛丑13六	壬寅14日	癸卯15一	丙子雨水 辛卯驚蟄
二月小	己卯	天干地支西曆星期	甲辰16二	乙巳17三	丙午18四	丁未19五	戊申20六	己酉21日	庚戌22一	辛亥23二	壬子24三	癸丑25四	甲寅26五	乙卯27六	丙辰28日	丁巳29一	戊午30二	己未31三	庚申(4)四	辛酉2五	壬戌3六	癸亥4日	甲子5一	乙丑6二	丙寅7三	丁卯8四	戊辰9五	己巳10六	庚午11日	辛未12一	壬申13二		丙午春分 辛酉清明
三月大	庚辰	天干地支西曆星期	癸酉14三	甲戌15四	乙亥16五	丙子17六	丁丑18日	戊寅19一	己卯20二	庚辰21三	辛巳22四	壬午23五	癸未24六	甲申25日	乙酉26一	丙戌27二	丁亥28三	戊子29四	己丑30五	庚寅(5)六	辛卯2日	壬辰3一	癸巳4二	甲午5三	乙未6四	丙申7五	丁酉8六	戊戌9日	己亥10一	庚子11二	辛丑12三	壬寅13四	丙子穀雨 壬辰立夏
四月小	辛巳	天干地支西曆星期	癸卯14五	甲辰15六	乙巳16日	丙午17一	丁未18二	戊申19三	己酉20四	庚戌21五	辛亥22六	壬子23日	癸丑24一	甲寅25二	乙卯26三	丙辰27四	丁巳28五	戊午29六	己未30日	庚申31一	辛酉(6)二	壬戌2三	癸亥3四	甲子4五	乙丑5六	丙寅6日	丁卯7一	戊辰8二	己巳9三	庚午10四	辛未11五		丁未小滿 壬戌芒種
五月大	壬午	天干地支西曆星期	壬申12六	癸酉13日	甲戌14一	乙亥15二	丙子16三	丁丑17四	戊寅18五	己卯19六	庚辰20日	辛巳21一	壬午22二	癸未23三	甲申24四	乙酉25五	丙戌26六	丁亥27日	戊子28一	己丑29二	庚寅30三	辛卯(7)四	壬辰2五	癸巳3六	甲午4日	乙未5一	丙申6二	丁酉7三	戊戌8四	己亥9五	庚子10六	辛丑11日	丁丑夏至 癸巳小暑
六月小	癸未	天干地支西曆星期	壬寅12一	癸卯13二	甲辰14三	乙巳15四	丙午16五	丁未17六	戊申18日	己酉19一	庚戌20二	辛亥21三	壬子22四	癸丑23五	甲寅24六	乙卯25日	丙辰26一	丁巳27二	戊午28三	己未29四	庚申30五	辛酉31六	壬戌(8)日	癸亥2一	甲子3二	乙丑4三	丙寅5四	丁卯6五	戊辰7六	己巳8日	庚午9一		戊申大暑 癸亥立秋
七月小	甲申	天干地支西曆星期	辛未10二	壬申11三	癸酉12四	甲戌13五	乙亥14六	丙子15日	丁丑16一	戊寅17二	己卯18三	庚辰19四	辛巳20五	壬午21六	癸未22日	甲申23一	乙酉24二	丙戌25三	丁亥26四	戊子27五	己丑28六	庚寅29日	辛卯30一	壬辰31二	癸巳(9)三	甲午2四	乙未3五	丙申4六	丁酉5日	戊戌6一	己亥7二		戊寅處暑 癸巳白露 辛未日食
八月大	乙酉	天干地支西曆星期	庚子8三	辛丑9四	壬寅10五	癸卯11六	甲辰12日	乙巳13一	丙午14二	丁未15三	戊申16四	己酉17五	庚戌18六	辛亥19日	壬子20一	癸丑21二	甲寅22三	乙卯23四	丙辰24五	丁巳25六	戊午26日	己未27一	庚申28二	辛酉29三	壬戌30四	癸亥(10)五	甲子2六	乙丑3日	丙寅4一	丁卯5二	戊辰6三	己巳7四	己酉秋分 甲子寒露
九月小	丙戌	天干地支西曆星期	庚午8五	辛未9六	壬申10日	癸酉11一	甲戌12二	乙亥13三	丙子14四	丁丑15五	戊寅16六	己卯17日	庚辰18一	辛巳19二	壬午20三	癸未21四	甲申22五	乙酉23六	丙戌24日	丁亥25一	戊子26二	己丑27三	庚寅28四	辛卯29五	壬辰30六	癸巳31日	甲午(11)一	乙未2二	丙申3三	丁酉4四	戊戌5五		己卯霜降 甲午立冬
十月大	丁亥	天干地支西曆星期	己亥6六	庚子7日	辛丑8一	壬寅9二	癸卯10三	甲辰11四	乙巳12五	丙午13六	丁未14日	戊申15一	己酉16二	庚戌17三	辛亥18四	壬子19五	癸丑20六	甲寅21日	乙卯22一	丙辰23二	丁巳24三	戊午25四	己未26五	庚申27六	辛酉28日	壬戌29一	癸亥30二	甲子(12)三	乙丑2四	丙寅3五	丁卯4六	戊辰5日	己酉小雪 乙丑大雪
十一月小	戊子	天干地支西曆星期	己巳6一	庚午7二	辛未8三	壬申9四	癸酉10五	甲戌11六	乙亥12日	丙子13一	丁丑14二	戊寅15三	己卯16四	庚辰17五	辛巳18六	壬午19日	癸未20一	甲申21二	乙酉22三	丙戌23四	丁亥24五	戊子25六	己丑26日	庚寅27一	辛卯28二	壬辰29三	癸巳30四	甲午31五	乙未(1)六	丙申2日	丁酉3一		庚辰冬至 乙未小寒
十二月大	己丑	天干地支西曆星期	戊戌4二	己亥5三	庚子6四	辛丑7五	壬寅8六	癸卯9日	甲辰10一	乙巳11二	丙午12三	丁未13四	戊申14五	己酉15六	庚戌16日	辛亥17一	壬子18二	癸丑19三	甲寅20四	乙卯21五	丙辰22六	丁巳23日	戊午24一	己未25二	庚申26三	辛酉27四	壬戌28五	癸亥29六	甲子30日	乙丑31一	丙寅(2)二	丁卯2三	庚戌大寒 丙寅立春

宋太祖開寶九年 太宗太平興國元年（丙子 鼠年） 公元 976 ~ 977 年

夏曆月序		中西曆日對照	初一	初二	初三	初四	初五	初六	初七	初八	初九	初十	十一	十二	十三	十四	十五	十六	十七	十八	十九	二十	二一	二二	二三	二四	二五	二六	二七	二八	二九	三十	節氣與天象
正月大	庚寅	天干 地支 西曆 星期	戊辰 3 四	己巳 4 五	庚午 5 六	辛未 6 日	壬申 7 一	癸酉 8 二	甲戌 9 三	乙亥 10 四	丙子 11 五	丁丑 12 六	戊寅 13 日	己卯 14 一	庚辰 15 二	辛巳 16 三	壬午 17 四	癸未 18 五	甲申 19 六	乙酉 20 日	丙戌 21 一	丁亥 22 二	戊子 23 三	己丑 24 四	庚寅 25 五	辛卯 26 六	壬辰 27 日	癸巳 28 一	甲午 29 二	乙未 (3) 三	丙申 2 四	丁酉 3 五	辛巳雨水 丙申驚蟄
二月大	辛卯	天干 地支 西曆 星期	戊戌 4 六	己亥 5 日	庚子 6 一	辛丑 7 二	壬寅 8 三	癸卯 9 四	甲辰 10 五	乙巳 11 六	丙午 12 日	丁未 13 一	戊申 14 二	己酉 15 三	庚戌 16 四	辛亥 17 五	壬子 18 六	癸丑 19 日	甲寅 20 一	乙卯 21 二	丙辰 22 三	丁巳 23 四	戊午 24 五	己未 25 六	庚申 26 日	辛酉 27 一	壬戌 28 二	癸亥 29 三	甲子 30 四	乙丑 31 五	丙寅 (4) 六	丁卯 2 日	辛亥春分 丙寅清明
三月小	壬辰	天干 地支 西曆 星期	戊辰 3 一	己巳 4 二	庚午 5 三	辛未 6 四	壬申 7 五	癸酉 8 六	甲戌 9 日	乙亥 10 一	丙子 11 二	丁丑 12 三	戊寅 13 四	己卯 14 五	庚辰 15 六	辛巳 16 日	壬午 17 一	癸未 18 二	甲申 19 三	乙酉 20 四	丙戌 21 五	丁亥 22 六	戊子 23 日	己丑 24 一	庚寅 25 二	辛卯 26 三	壬辰 27 四	癸巳 28 五	甲午 29 六	乙未 30 日	丙申 (5) 一		壬午穀雨
四月大	癸巳	天干 地支 西曆 星期	丁酉 2 二	戊戌 3 三	己亥 4 四	庚子 5 五	辛丑 6 六	壬寅 7 日	癸卯 8 一	甲辰 9 二	乙巳 10 三	丙午 11 四	丁未 12 五	戊申 13 六	己酉 14 日	庚戌 15 一	辛亥 16 二	壬子 17 三	癸丑 18 四	甲寅 19 五	乙卯 20 六	丙辰 21 日	丁巳 22 一	戊午 23 二	己未 24 三	庚申 25 四	辛酉 26 五	壬戌 27 六	癸亥 28 日	甲子 29 一	乙丑 30 二	丙寅 31 三	丁酉立夏 壬子小滿
五月小	甲午	天干 地支 西曆 星期	丁卯 (6) 四	戊辰 2 五	己巳 3 六	庚午 4 日	辛未 5 一	壬申 6 二	癸酉 7 三	甲戌 8 四	乙亥 9 五	丙子 10 六	丁丑 11 日	戊寅 12 一	己卯 13 二	庚辰 14 三	辛巳 15 四	壬午 16 五	癸未 17 六	甲申 18 日	乙酉 19 一	丙戌 20 二	丁亥 21 三	戊子 22 四	己丑 23 五	庚寅 24 六	辛卯 25 日	壬辰 26 一	癸巳 27 二	甲午 28 三	乙未 29 四		丁卯芒種 癸未夏至
六月大	乙未	天干 地支 西曆 星期	丙申 30 五	丁酉 (7) 六	戊戌 2 日	己亥 3 一	庚子 4 二	辛丑 5 三	壬寅 6 四	癸卯 7 五	甲辰 8 六	乙巳 9 日	丙午 10 一	丁未 11 二	戊申 12 三	己酉 13 四	庚戌 14 五	辛亥 15 六	壬子 16 日	癸丑 17 一	甲寅 18 二	乙卯 19 三	丙辰 20 四	丁巳 21 五	戊午 22 六	己未 23 日	庚申 24 一	辛酉 25 二	壬戌 26 三	癸亥 27 四	甲子 28 五	乙丑 29 六	戊戌小暑 癸丑大暑
七月小	丙申	天干 地支 西曆 星期	丙寅 30 日	丁卯 31 一	戊辰 (8) 二	己巳 2 三	庚午 3 四	辛未 4 五	壬申 5 六	癸酉 6 日	甲戌 7 一	乙亥 8 二	丙子 9 三	丁丑 10 四	戊寅 11 五	己卯 12 六	庚辰 13 日	辛巳 14 一	壬午 15 二	癸未 16 三	甲申 17 四	乙酉 18 五	丙戌 19 六	丁亥 20 日	戊子 21 一	己丑 22 二	庚寅 23 三	辛卯 24 四	壬辰 25 五	癸巳 26 六	甲午 27 日		戊辰立秋 癸未處暑
八月小	丁酉	天干 地支 西曆 星期	乙未 28 一	丙申 29 二	丁酉 30 三	戊戌 31 四	己亥 (9) 五	庚子 2 六	辛丑 3 日	壬寅 4 一	癸卯 5 二	甲辰 6 三	乙巳 7 四	丙午 8 五	丁未 9 六	戊申 10 日	己酉 11 一	庚戌 12 二	辛亥 13 三	壬子 14 四	癸丑 15 五	甲寅 16 六	乙卯 17 日	丙辰 18 一	丁巳 19 二	戊午 20 三	己未 21 四	庚申 22 五	辛酉 23 六	壬戌 24 日	癸亥 25 一		己亥白露 甲寅秋分
九月大	戊戌	天干 地支 西曆 星期	甲子 26 二	乙丑 27 三	丙寅 28 四	丁卯 29 五	戊辰 30 六	己巳 (10) 日	庚午 2 一	辛未 3 二	壬申 4 三	癸酉 5 四	甲戌 6 五	乙亥 7 六	丙子 8 日	丁丑 9 一	戊寅 10 二	己卯 11 三	庚辰 12 四	辛巳 13 五	壬午 14 六	癸未 15 日	甲申 16 一	乙酉 17 二	丙戌 18 三	丁亥 19 四	戊子 20 五	己丑 21 六	庚寅 22 日	辛卯 23 一	壬辰 24 二	癸巳 25 三	己巳寒露 甲申霜降
十月小	己亥	天干 地支 西曆 星期	甲午 26 四	乙未 27 五	丙申 28 六	丁酉 29 日	戊戌 30 一	己亥 31 二	庚子 (11) 三	辛丑 2 四	壬寅 3 五	癸卯 4 六	甲辰 5 日	乙巳 6 一	丙午 7 二	丁未 8 三	戊申 9 四	己酉 10 五	庚戌 11 六	辛亥 12 日	壬子 13 一	癸丑 14 二	甲寅 15 三	乙卯 16 四	丙辰 17 五	丁巳 18 六	戊午 19 日	己未 20 一	庚申 21 二	辛酉 22 三	壬戌 23 四		庚子立冬 乙卯小雪
十一月大	庚子	天干 地支 西曆 星期	癸亥 24 五	甲子 25 六	乙丑 26 日	丙寅 27 一	丁卯 28 二	戊辰 29 三	己巳 30 四	庚午 (12) 五	辛未 2 六	壬申 3 日	癸酉 4 一	甲戌 5 二	乙亥 6 三	丙子 7 四	丁丑 8 五	戊寅 9 六	己卯 10 日	庚辰 11 一	辛巳 12 二	壬午 13 三	癸未 14 四	甲申 15 五	乙酉 16 六	丙戌 17 日	丁亥 18 一	戊子 19 二	己丑 20 三	庚寅 21 四	辛卯 22 五	壬辰 23 六	庚午大雪 乙酉冬至
十二月小	辛丑	天干 地支 西曆 星期	癸巳 24 日	甲午 25 一	乙未 26 二	丙申 27 三	丁酉 28 四	戊戌 29 五	己亥 30 六	庚子 31 日	辛丑 (1) 一	壬寅 2 二	癸卯 3 三	甲辰 4 四	乙巳 5 五	丙午 6 六	丁未 7 日	戊申 8 一	己酉 9 二	庚戌 10 三	辛亥 11 四	壬子 12 五	癸丑 13 六	甲寅 14 日	乙卯 15 一	丙辰 16 二	丁巳 17 三	戊午 18 四	己未 19 五	庚申 20 六	辛酉 21 日		庚子小寒 丙辰大寒

* 十月癸丑（二十日），宋太祖死．趙光義即位，是爲宋太宗。十二月甲寅（二十二日），改元太平興國。

宋太宗太平興國二年（丁丑 牛年） 公元 977 ~ 978 年

夏曆月序		中西曆日對照	初一	初二	初三	初四	初五	初六	初七	初八	初九	初十	十一	十二	十三	十四	十五	十六	十七	十八	十九	二十	二一	二二	二三	二四	二五	二六	二七	二八	二九	三十	節氣與天象
正月大	壬寅	天干地支 西曆 星期	壬戌 22 一	癸亥 23 二	甲子 24 三	乙丑 25 四	丙寅 26 五	丁卯 27 六	戊辰 28 日	己巳 29 一	庚午 30 二	辛未 31 三	壬申 (2) 四	癸酉 2 五	甲戌 3 六	乙亥 4 日	丙子 5 一	丁丑 6 二	戊寅 7 三	己卯 8 四	庚辰 9 五	辛巳 10 六	壬午 11 日	癸未 12 一	甲申 13 二	乙酉 14 三	丙戌 15 四	丁亥 16 五	戊子 17 六	己丑 18 日	庚寅 19 一	辛卯 20 二	辛未立春 丙戌雨水
二月大	癸卯	天干地支 西曆 星期	壬辰 21 三	癸巳 22 四	甲午 23 五	乙未 24 六	丙申 25 日	丁酉 26 一	戊戌 27 二	己亥 28 三	庚子 (3) 四	辛丑 2 五	壬寅 3 六	癸卯 4 日	甲辰 5 一	乙巳 6 二	丙午 7 三	丁未 8 四	戊申 9 五	己酉 10 六	庚戌 11 日	辛亥 12 一	壬子 13 二	癸丑 14 三	甲寅 15 四	乙卯 16 五	丙辰 17 六	丁巳 18 日	戊午 19 一	己未 20 二	庚申 21 三	辛酉 22 四	辛丑驚蟄 丙辰春分
三月小	甲辰	天干地支 西曆 星期	壬戌 23 五	癸亥 24 六	甲子 25 日	乙丑 26 一	丙寅 27 二	丁卯 28 三	戊辰 29 四	己巳 30 五	庚午 31 六	辛未 (4) 日	壬申 2 一	癸酉 3 二	甲戌 4 三	乙亥 5 四	丙子 6 五	丁丑 7 六	戊寅 8 日	己卯 9 一	庚辰 10 二	辛巳 11 三	壬午 12 四	癸未 13 五	甲申 14 六	乙酉 15 日	丙戌 16 一	丁亥 17 二	戊子 18 三	己丑 19 四	庚寅 20 五		壬申清明 丁亥穀雨
四月大	乙巳	天干地支 西曆 星期	辛卯 21 六	壬辰 22 日	癸巳 23 一	甲午 24 二	乙未 25 三	丙申 26 四	丁酉 27 五	戊戌 28 六	己亥 29 日	庚子 30 一	辛丑 (5) 二	壬寅 2 三	癸卯 3 四	甲辰 4 五	乙巳 5 六	丙午 6 日	丁未 7 一	戊申 8 二	己酉 9 三	庚戌 10 四	辛亥 11 五	壬子 12 六	癸丑 13 日	甲寅 14 一	乙卯 15 二	丙辰 16 三	丁巳 17 四	戊午 18 五	己未 19 六	庚申 20 日	壬寅立夏 丁巳小滿
五月大	丙午	天干地支 西曆 星期	辛酉 21 一	壬戌 22 二	癸亥 23 三	甲子 24 四	乙丑 25 五	丙寅 26 六	丁卯 27 日	戊辰 28 一	己巳 29 二	庚午 30 三	辛未 31 四	壬申 (6) 五	癸酉 2 六	甲戌 3 日	乙亥 4 一	丙子 5 二	丁丑 6 三	戊寅 7 四	己卯 8 五	庚辰 9 六	辛巳 10 日	壬午 11 一	癸未 12 二	甲申 13 三	乙酉 14 四	丙戌 15 五	丁亥 16 六	戊子 17 日	己丑 18 一	庚寅 19 二	癸酉芒種 戊子夏至
六月小	丁未	天干地支 西曆 星期	辛卯 20 三	壬辰 21 四	癸巳 22 五	甲午 23 六	乙未 24 日	丙申 25 一	丁酉 26 二	戊戌 27 三	己亥 28 四	庚子 29 五	辛丑 30 六	壬寅 (7) 日	癸卯 2 一	甲辰 3 二	乙巳 4 三	丙午 5 四	丁未 6 五	戊申 7 六	己酉 8 日	庚戌 9 一	辛亥 10 二	壬子 11 三	癸丑 12 四	甲寅 13 五	乙卯 14 六	丙辰 15 日	丁巳 16 一	戊午 17 二	己未 18 三		癸卯小暑 戊午大暑
七月大	戊申	天干地支 西曆 星期	庚申 19 四	辛酉 20 五	壬戌 21 六	癸亥 22 日	甲子 23 一	乙丑 24 二	丙寅 25 三	丁卯 26 四	戊辰 27 五	己巳 28 六	庚午 29 日	辛未 30 一	壬申 31 二	癸酉 (8) 三	甲戌 2 四	乙亥 3 五	丙子 4 六	丁丑 5 日	戊寅 6 一	己卯 7 二	庚辰 8 三	辛巳 9 四	壬午 10 五	癸未 11 六	甲申 12 日	乙酉 13 一	丙戌 14 二	丁亥 15 三	戊子 16 四	己丑 17 五	癸酉立秋 己丑處暑
閏七月小	戊申	天干地支 西曆 星期	庚寅 18 六	辛卯 19 日	壬辰 20 一	癸巳 21 二	甲午 22 三	乙未 23 四	丙申 24 五	丁酉 25 六	戊戌 26 日	己亥 27 一	庚子 28 二	辛丑 29 三	壬寅 30 四	癸卯 31 五	甲辰 (9) 六	乙巳 2 日	丙午 3 一	丁未 4 二	戊申 5 三	己酉 6 四	庚戌 7 五	辛亥 8 六	壬子 9 日	癸丑 10 一	甲寅 11 二	乙卯 12 三	丙辰 13 四	丁巳 14 五	戊午 15 六		甲辰白露
八月大	己酉	天干地支 西曆 星期	己未 16 日	庚申 17 一	辛酉 18 二	壬戌 19 三	癸亥 20 四	甲子 21 五	乙丑 22 六	丙寅 23 日	丁卯 24 一	戊辰 25 二	己巳 26 三	庚午 27 四	辛未 28 五	壬申 29 六	癸酉 30 日	甲戌 (10) 一	乙亥 2 二	丙子 3 三	丁丑 4 四	戊寅 5 五	己卯 6 六	庚辰 7 日	辛巳 8 一	壬午 9 二	癸未 10 三	甲申 11 四	乙酉 12 五	丙戌 13 六	丁亥 14 日	戊子 15 一	己未秋分 甲戌寒露
九月小	庚戌	天干地支 西曆 星期	己丑 16 二	庚寅 17 三	辛卯 18 四	壬辰 19 五	癸巳 20 六	甲午 21 日	乙未 22 一	丙申 23 二	丁酉 24 三	戊戌 25 四	己亥 26 五	庚子 27 六	辛丑 28 日	壬寅 29 一	癸卯 30 二	甲辰 31 三	乙巳 (11) 四	丙午 2 五	丁未 3 六	戊申 4 日	己酉 5 一	庚戌 6 二	辛亥 7 三	壬子 8 四	癸丑 9 五	甲寅 10 六	乙卯 11 日	丙辰 12 一	丁巳 13 二		庚寅霜降 乙巳立冬
十月小	辛亥	天干地支 西曆 星期	戊午 14 三	己未 15 四	庚申 16 五	辛酉 17 六	壬戌 18 日	癸亥 19 一	甲子 20 二	乙丑 21 三	丙寅 22 四	丁卯 23 五	戊辰 24 六	己巳 25 日	庚午 26 一	辛未 27 二	壬申 28 三	癸酉 29 四	甲戌 30 五	乙亥 (12) 六	丙子 2 日	丁丑 3 一	戊寅 4 二	己卯 5 三	庚辰 6 四	辛巳 7 五	壬午 8 六	癸未 9 日	甲申 10 一	乙酉 11 二	丙戌 12 三		庚申小雪 乙亥大雪
十一月大	壬子	天干地支 西曆 星期	丁亥 13 四	戊子 14 五	己丑 15 六	庚寅 16 日	辛卯 17 一	壬辰 18 二	癸巳 19 三	甲午 20 四	乙未 21 五	丙申 22 六	丁酉 23 日	戊戌 24 一	己亥 25 二	庚子 26 三	辛丑 27 四	壬寅 28 五	癸卯 29 六	甲辰 30 日	乙巳 31 一	丙午 (1) 二	丁未 2 三	戊申 3 四	己酉 4 五	庚戌 5 六	辛亥 6 日	壬子 7 一	癸丑 8 二	甲寅 9 三	乙卯 10 四	丙辰 11 五	庚寅冬至 丙午小寒 丁亥日食
十二月小	癸丑	天干地支 西曆 星期	丁巳 12 六	戊午 13 日	己未 14 一	庚申 15 二	辛酉 16 三	壬戌 17 四	癸亥 18 五	甲子 19 六	乙丑 20 日	丙寅 21 一	丁卯 22 二	戊辰 23 三	己巳 24 四	庚午 25 五	辛未 26 六	壬申 27 日	癸酉 28 一	甲戌 29 二	乙亥 30 三	丙子 31 四	丁丑 (2) 五	戊寅 2 六	己卯 3 日	庚辰 4 一	辛巳 5 二	壬午 6 三	癸未 7 四	甲申 8 五	乙酉 9 六		辛酉大寒 丙子立春

宋太宗太平興國三年（戊寅 虎年） 公元 978 ~ 979 年

夏曆月序		中西曆日對照	初一	初二	初三	初四	初五	初六	初七	初八	初九	初十	十一	十二	十三	十四	十五	十六	十七	十八	十九	二十	二一	二二	二三	二四	二五	二六	二七	二八	二九	三十	節氣與天象
正月大	甲寅	天干地支 西曆 星期	丙戌 10 日	丁亥 11 一	戊子 12 二	己丑 13 三	庚寅 14 四	辛卯 15 五	壬辰 16 六	癸巳 17 日	甲午 18 一	乙未 19 二	丙申 20 三	丁酉 21 四	戊戌 22 五	己亥 23 六	庚子 24 日	辛丑 25 一	壬寅 26 二	癸卯 27 三	甲辰 28 四	乙巳 (3) 五	丙午 2 六	丁未 3 日	戊申 4 一	己酉 5 二	庚戌 6 三	辛亥 7 四	壬子 8 五	癸丑 9 六	甲寅 10 日	乙卯 11 一	辛卯雨水 丁未驚蟄
二月小	乙卯	天干地支 西曆 星期	丙辰 12 二	丁巳 13 三	戊午 14 四	己未 15 五	庚申 16 六	辛酉 17 日	壬戌 18 一	癸亥 19 二	甲子 20 三	乙丑 21 四	丙寅 22 五	丁卯 23 六	戊辰 24 日	己巳 25 一	庚午 26 二	辛未 27 三	壬申 28 四	癸酉 29 五	甲戌 30 六	乙亥 31 日	丙子 (4) 一	丁丑 2 二	戊寅 3 三	己卯 4 四	庚辰 5 五	辛巳 6 六	壬午 7 日	癸未 8 一	甲申 9 二		壬戌春分 丁丑清明
三月大	丙辰	天干地支 西曆 星期	乙酉 10 三	丙戌 11 四	丁亥 12 五	戊子 13 六	己丑 14 日	庚寅 15 一	辛卯 16 二	壬辰 17 三	癸巳 18 四	甲午 19 五	乙未 20 六	丙申 21 日	丁酉 22 一	戊戌 23 二	己亥 24 三	庚子 25 四	辛丑 26 五	壬寅 27 六	癸卯 28 日	甲辰 29 一	乙巳 30 二	丙午 (5) 三	丁未 2 四	戊申 3 五	己酉 4 六	庚戌 5 日	辛亥 6 一	壬子 7 二	癸丑 8 三	甲寅 9 四	壬辰穀雨 丁未立夏
四月大	丁巳	天干地支 西曆 星期	乙卯 10 五	丙辰 11 六	丁巳 12 日	戊午 13 一	己未 14 二	庚申 15 三	辛酉 16 四	壬戌 17 五	癸亥 18 六	甲子 19 日	乙丑 20 一	丙寅 21 二	丁卯 22 三	戊辰 23 四	己巳 24 五	庚午 25 六	辛未 26 日	壬申 27 一	癸酉 28 二	甲戌 29 三	乙亥 30 四	丙子 31 五	丁丑 (6) 六	戊寅 2 日	己卯 3 一	庚辰 4 二	辛巳 5 三	壬午 6 四	癸未 7 五	甲申 8 六	癸亥小滿 戊寅芒種
五月小	戊午	天干地支 西曆 星期	乙酉 9 日	丙戌 10 一	丁亥 11 二	戊子 12 三	己丑 13 四	庚寅 14 五	辛卯 15 六	壬辰 16 日	癸巳 17 一	甲午 18 二	乙未 19 三	丙申 20 四	丁酉 21 五	戊戌 22 六	己亥 23 日	庚子 24 一	辛丑 25 二	壬寅 26 三	癸卯 27 四	甲辰 28 五	乙巳 29 六	丙午 30 日	丁未 (7) 一	戊申 2 二	己酉 3 三	庚戌 4 四	辛亥 5 五	壬子 6 六	癸丑 7 日		癸巳夏至 戊申小暑
六月大	己未	天干地支 西曆 星期	甲寅 8 一	乙卯 9 二	丙辰 10 三	丁巳 11 四	戊午 12 五	己未 13 六	庚申 14 日	辛酉 15 一	壬戌 16 二	癸亥 17 三	甲子 18 四	乙丑 19 五	丙寅 20 六	丁卯 21 日	戊辰 22 一	己巳 23 二	庚午 24 三	辛未 25 四	壬申 26 五	癸酉 27 六	甲戌 28 日	乙亥 29 一	丙子 30 二	丁丑 31 三	戊寅 (8) 四	己卯 2 五	庚辰 3 六	辛巳 4 日	壬午 5 一	癸未 6 二	癸亥大暑 己卯立秋
七月小	庚申	天干地支 西曆 星期	甲申 7 三	乙酉 8 四	丙戌 9 五	丁亥 10 六	戊子 11 日	己丑 12 一	庚寅 13 二	辛卯 14 三	壬辰 15 四	癸巳 16 五	甲午 17 六	乙未 18 日	丙申 19 一	丁酉 20 二	戊戌 21 三	己亥 22 四	庚子 23 五	辛丑 24 六	壬寅 25 日	癸卯 26 一	甲辰 27 二	乙巳 28 三	丙午 29 四	丁未 30 五	戊申 31 六	己酉 (9) 日	庚戌 2 一	辛亥 3 二	壬子 4 三		甲午處暑 己酉白露
八月大	辛酉	天干地支 西曆 星期	癸丑 5 四	甲寅 6 五	乙卯 7 六	丙辰 8 日	丁巳 9 一	戊午 10 二	己未 11 三	庚申 12 四	辛酉 13 五	壬戌 14 六	癸亥 15 日	甲子 16 一	乙丑 17 二	丙寅 18 三	丁卯 19 四	戊辰 20 五	己巳 21 六	庚午 22 日	辛未 23 一	壬申 24 二	癸酉 25 三	甲戌 26 四	乙亥 27 五	丙子 28 六	丁丑 29 日	戊寅 30 一	己卯 (10) 二	庚辰 2 三	辛巳 3 四	壬午 4 五	甲子秋分 庚辰寒露
九月大	壬戌	天干地支 西曆 星期	癸未 5 六	甲申 6 日	乙酉 7 一	丙戌 8 二	丁亥 9 三	戊子 10 四	己丑 11 五	庚寅 12 六	辛卯 13 日	壬辰 14 一	癸巳 15 二	甲午 16 三	乙未 17 四	丙申 18 五	丁酉 19 六	戊戌 20 日	己亥 21 一	庚子 22 二	辛丑 23 三	壬寅 24 四	癸卯 25 五	甲辰 26 六	乙巳 27 日	丙午 28 一	丁未 29 二	戊申 30 三	己酉 31 四	庚戌 (11) 五	辛亥 2 六	壬子 3 日	乙未霜降 庚戌立冬
十月小	癸亥	天干地支 西曆 星期	癸丑 4 一	甲寅 5 二	乙卯 6 三	丙辰 7 四	丁巳 8 五	戊午 9 六	己未 10 日	庚申 11 一	辛酉 12 二	壬戌 13 三	癸亥 14 四	甲子 15 五	乙丑 16 六	丙寅 17 日	丁卯 18 一	戊辰 19 二	己巳 20 三	庚午 21 四	辛未 22 五	壬申 23 六	癸酉 24 日	甲戌 25 一	乙亥 26 二	丙子 27 三	丁丑 28 四	戊寅 29 五	己卯 30 六	庚辰 (12) 日	辛巳 2 一		乙丑小雪 庚辰大雪
十一月大	甲子	天干地支 西曆 星期	壬午 3 二	癸未 4 三	甲申 5 四	乙酉 6 五	丙戌 7 六	丁亥 8 日	戊子 9 一	己丑 10 二	庚寅 11 三	辛卯 12 四	壬辰 13 五	癸巳 14 六	甲午 15 日	乙未 16 一	丙申 17 二	丁酉 18 三	戊戌 19 四	己亥 20 五	庚子 21 六	辛丑 22 日	壬寅 23 一	癸卯 24 二	甲辰 25 三	乙巳 26 四	丙午 27 五	丁未 28 六	戊申 29 日	己酉 30 一	庚戌 31 二	辛亥 (1) 三	丙申冬至 辛亥小寒
十二月小	乙丑	天干地支 西曆 星期	壬子 2 四	癸丑 3 五	甲寅 4 六	乙卯 5 日	丙辰 6 一	丁巳 7 二	戊午 8 三	己未 9 四	庚申 10 五	辛酉 11 六	壬戌 12 日	癸亥 13 一	甲子 14 二	乙丑 15 三	丙寅 16 四	丁卯 17 五	戊辰 18 六	己巳 19 日	庚午 20 一	辛未 21 二	壬申 22 三	癸酉 23 四	甲戌 24 五	乙亥 25 六	丙子 26 日	丁丑 27 一	戊寅 28 二	己卯 29 三	庚辰 30 四		丙寅大寒

宋太宗太平興國四年（己卯 兔年） 公元 979 ~ 980 年

夏曆月序		中西曆日對照	夏曆日序																														節氣與天象
			初一	初二	初三	初四	初五	初六	初七	初八	初九	初十	十一	十二	十三	十四	十五	十六	十七	十八	十九	二十	二一	二二	二三	二四	二五	二六	二七	二八	二九	三十	
正月小	丙寅	干支 西曆 星期 天地	辛巳 31 五	壬午 (2) 六	癸未 2 日	甲申 3 一	乙酉 4 二	丙戌 5 三	丁亥 6 四	戊子 7 五	己丑 8 六	庚寅 9 日	辛卯 10 一	壬辰 11 二	癸巳 12 三	甲午 13 四	乙未 14 五	丙申 15 六	丁酉 16 日	戊戌 17 一	己亥 18 二	庚子 19 三	辛丑 20 四	壬寅 21 五	癸卯 22 六	甲辰 23 日	乙巳 24 一	丙午 25 二	丁未 26 三	戊申 27 四	己酉 28 五		辛巳立春 丁酉雨水
二月大	丁卯	干支 西曆 星期 天地	庚戌 (3) 六	辛亥 2 日	壬子 3 一	癸丑 4 二	甲寅 5 三	乙卯 6 四	丙辰 7 五	丁巳 8 六	戊午 9 日	己未 10 一	庚申 11 二	辛酉 12 三	壬戌 13 四	癸亥 14 五	甲子 15 六	乙丑 16 日	丙寅 17 一	丁卯 18 二	戊辰 19 三	己巳 20 四	庚午 21 五	辛未 22 六	壬申 23 日	癸酉 24 一	甲戌 25 二	乙亥 26 三	丙子 27 四	丁丑 28 五	戊寅 29 六	己卯 30 日	壬子驚蟄 丁卯春分
三月小	戊辰	干支 西曆 星期 天地	庚辰 31 一	辛巳 (4) 二	壬午 2 三	癸未 3 四	甲申 4 五	乙酉 5 六	丙戌 6 日	丁亥 7 一	戊子 8 二	己丑 9 三	庚寅 10 四	辛卯 11 五	壬辰 12 六	癸巳 13 日	甲午 14 一	乙未 15 二	丙申 16 三	丁酉 17 四	戊戌 18 五	己亥 19 六	庚子 20 日	辛丑 21 一	壬寅 22 二	癸卯 23 三	甲辰 24 四	乙巳 25 五	丙午 26 六	丁未 27 日	戊申 28 一		壬午清明 丁酉穀雨
四月大	己巳	干支 西曆 星期 天地	己酉 29 二	庚戌 30 三	辛亥 (5) 四	壬子 2 五	癸丑 3 六	甲寅 4 日	乙卯 5 一	丙辰 6 二	丁巳 7 三	戊午 8 四	己未 9 五	庚申 10 六	辛酉 11 日	壬戌 12 一	癸亥 13 二	甲子 14 三	乙丑 15 四	丙寅 16 五	丁卯 17 六	戊辰 18 日	己巳 19 一	庚午 20 二	辛未 21 三	壬申 22 四	癸酉 23 五	甲戌 24 六	乙亥 25 日	丙子 26 一	丁丑 27 二	戊寅 28 三	癸丑立夏 戊辰小滿
五月小	庚午	干支 西曆 星期 天地	己卯 29 四	庚辰 30 五	辛巳 31 六	壬午 (6) 日	癸未 2 一	甲申 3 二	乙酉 4 三	丙戌 5 四	丁亥 6 五	戊子 7 六	己丑 8 日	庚寅 9 一	辛卯 10 二	壬辰 11 三	癸巳 12 四	甲午 13 五	乙未 14 六	丙申 15 日	丁酉 16 一	戊戌 17 二	己亥 18 三	庚子 19 四	辛丑 20 五	壬寅 21 六	癸卯 22 日	甲辰 23 一	乙巳 24 二	丙午 25 三	丁未 26 四		癸未芒種 戊戌夏至
六月大	辛未	干支 西曆 星期 天地	戊申 27 五	己酉 28 六	庚戌 29 日	辛亥 30 一	壬子 (7) 二	癸丑 2 三	甲寅 3 四	乙卯 4 五	丙辰 5 六	丁巳 6 日	戊午 7 一	己未 8 二	庚申 9 三	辛酉 10 四	壬戌 11 五	癸亥 12 六	甲子 13 日	乙丑 14 一	丙寅 15 二	丁卯 16 三	戊辰 17 四	己巳 18 五	庚午 19 六	辛未 20 日	壬申 21 一	癸酉 22 二	甲戌 23 三	乙亥 24 四	丙子 25 五	丁丑 26 六	甲寅小暑 己巳大暑
七月大	壬申	干支 西曆 星期 天地	戊寅 27 日	己卯 28 一	庚辰 29 二	辛巳 30 三	壬午 31 四	癸未 (8) 五	甲申 2 六	乙酉 3 日	丙戌 4 一	丁亥 5 二	戊子 6 三	己丑 7 四	庚寅 8 五	辛卯 9 六	壬辰 10 日	癸巳 11 一	甲午 12 二	乙未 13 三	丙申 14 四	丁酉 15 五	戊戌 16 六	己亥 17 日	庚子 18 一	辛丑 19 二	壬寅 20 三	癸卯 21 四	甲辰 22 五	乙巳 23 六	丙午 24 日	丁未 25 一	甲申立秋 己亥處暑
八月小	癸酉	干支 西曆 星期 天地	戊申 26 二	己酉 27 三	庚戌 28 四	辛亥 29 五	壬子 30 六	癸丑 31 日	甲寅 (9) 一	乙卯 2 二	丙辰 3 三	丁巳 4 四	戊午 5 五	己未 6 六	庚申 7 日	辛酉 8 一	壬戌 9 二	癸亥 10 三	甲子 11 四	乙丑 12 五	丙寅 13 六	丁卯 14 日	戊辰 15 一	己巳 16 二	庚午 17 三	辛未 18 四	壬申 19 五	癸酉 20 六	甲戌 21 日	乙亥 22 一	丙子 23 二		甲寅白露 庚午秋分
九月大	甲戌	干支 西曆 星期 天地	丁丑 24 三	戊寅 25 四	己卯 26 五	庚辰 27 六	辛巳 28 日	壬午 29 一	癸未 30 二	甲申 (10) 三	乙酉 2 四	丙戌 3 五	丁亥 4 六	戊子 5 日	己丑 6 一	庚寅 7 二	辛卯 8 三	壬辰 9 四	癸巳 10 五	甲午 11 六	乙未 12 日	丙申 13 一	丁酉 14 二	戊戌 15 三	己亥 16 四	庚子 17 五	辛丑 18 六	壬寅 19 日	癸卯 20 一	甲辰 21 二	乙巳 22 三	丙午 23 四	乙酉寒露 庚子霜降
十月大	乙亥	干支 西曆 星期 天地	丁未 24 五	戊申 25 六	己酉 26 日	庚戌 27 一	辛亥 28 二	壬子 29 三	癸丑 30 四	甲寅 31 五	乙卯 (11) 六	丙辰 2 日	丁巳 3 一	戊午 4 二	己未 5 三	庚申 6 四	辛酉 7 五	壬戌 8 六	癸亥 9 日	甲子 10 一	乙丑 11 二	丙寅 12 三	丁卯 13 四	戊辰 14 五	己巳 15 六	庚午 16 日	辛未 17 一	壬申 18 二	癸酉 19 三	甲戌 20 四	乙亥 21 五	丙子 22 六	乙卯立冬 庚午小雪
十一月小	丙子	干支 西曆 星期 天地	丁丑 23 日	戊寅 24 一	己卯 25 二	庚辰 26 三	辛巳 27 四	壬午 28 五	癸未 29 六	甲申 30 日	乙酉 (12) 一	丙戌 2 二	丁亥 3 三	戊子 4 四	己丑 5 五	庚寅 6 六	辛卯 7 日	壬辰 8 一	癸巳 9 二	甲午 10 三	乙未 11 四	丙申 12 五	丁酉 13 六	戊戌 14 日	己亥 15 一	庚子 16 二	辛丑 17 三	壬寅 18 四	癸卯 19 五	甲辰 20 六	乙巳 21 日		丙戌大雪 辛丑冬至
十二月大	丁丑	干支 西曆 星期 天地	丙午 22 一	丁未 23 二	戊申 24 三	己酉 25 四	庚戌 26 五	辛亥 27 六	壬子 28 日	癸丑 29 一	甲寅 30 二	乙卯 31 三	丙辰 (1) 四	丁巳 2 五	戊午 3 六	己未 4 日	庚申 5 一	辛酉 6 二	壬戌 7 三	癸亥 8 四	甲子 9 五	乙丑 10 六	丙寅 11 日	丁卯 12 一	戊辰 13 二	己巳 14 三	庚午 15 四	辛未 16 五	壬申 17 六	癸酉 18 日	甲戌 19 一	乙亥 20 二	丙辰小寒 辛未大寒

宋太宗太平興國五年（庚辰 龍年） 公元980～981年

夏曆月序		中西曆日對照	初一	初二	初三	初四	初五	初六	初七	初八	初九	初十	十一	十二	十三	十四	十五	十六	十七	十八	十九	二十	二一	二二	二三	二四	二五	二六	二七	二八	二九	三十	節氣與天象
正月小	戊寅	干支 天地 西曆 星期	丙子21三	丁丑22四	戊寅23五	己卯24六	庚辰25日	辛巳26一	壬午27二	癸未28三	甲申29四	乙酉30五	丙戌31六	丁亥(2)日	戊子2一	己丑3二	庚寅4三	辛卯5四	壬辰6五	癸巳7六	甲午8日	乙未9一	丙申10二	丁酉11三	戊戌12四	己亥13五	庚子14六	辛丑15日	壬寅16一	癸卯17二	甲辰18三		丁亥立春 壬寅雨水
二月小	己卯	干支 天地 西曆 星期	乙巳19四	丙午20五	丁未21六	戊申22日	己酉23一	庚戌24二	辛亥25三	壬子26四	癸丑27五	甲寅28六	乙卯29日	丙辰(3)一	丁巳2二	戊午3三	己未4四	庚申5五	辛酉6六	壬戌7日	癸亥8一	甲子9二	乙丑10三	丙寅11四	丁卯12五	戊辰13六	己巳14日	庚午15一	辛未16二	壬申17三	癸酉18四		丁巳驚蟄 壬申春分
三月大	庚辰	干支 天地 西曆 星期	甲戌19五	乙亥20六	丙子21日	丁丑22一	戊寅23二	己卯24三	庚辰25四	辛巳26五	壬午27六	癸未28日	甲申29一	乙酉30二	丙戌31三	丁亥(4)四	戊子2五	己丑3六	庚寅4日	辛卯5一	壬辰6二	癸巳7三	甲午8四	乙未9五	丙申10六	丁酉11日	戊戌12一	己亥13二	庚子14三	辛丑15四	壬寅16五	癸卯17六	丁亥清明 癸卯穀雨
閏三月小	庚辰	干支 天地 西曆 星期	甲辰18日	乙巳19一	丙午20二	丁未21三	戊申22四	己酉23五	庚戌24六	辛亥25日	壬子26一	癸丑27二	甲寅28三	乙卯29四	丙辰30五	丁巳(5)六	戊午2日	己未3一	庚申4二	辛酉5三	壬戌6四	癸亥7五	甲子8六	乙丑9日	丙寅10一	丁卯11二	戊辰12三	己巳13四	庚午14五	辛未15六	壬申16日		戊午立夏
四月大	辛巳	干支 天地 西曆 星期	癸酉17一	甲戌18二	乙亥19三	丙子20四	丁丑21五	戊寅22六	己卯23日	庚辰24一	辛巳25二	壬午26三	癸未27四	甲申28五	乙酉29六	丙戌30日	丁亥31一	戊子(6)二	己丑2三	庚寅3四	辛卯4五	壬辰5六	癸巳6日	甲午7一	乙未8二	丙申9三	丁酉10四	戊戌11五	己亥12六	庚子13日	辛丑14一	壬寅15二	癸酉小滿 戊子芒種
五月小	壬午	干支 天地 西曆 星期	癸卯16三	甲辰17四	乙巳18五	丙午19六	丁未20日	戊申21一	己酉22二	庚戌23三	辛亥24四	壬子25五	癸丑26六	甲寅27日	乙卯28一	丙辰29二	丁巳30三	戊午(7)四	己未2五	庚申3六	辛酉4日	壬戌5一	癸亥6二	甲子7三	乙丑8四	丙寅9五	丁卯10六	戊辰11日	己巳12一	庚午13二	辛未14三		甲辰夏至 己未小暑
六月大	癸未	干支 天地 西曆 星期	壬申15四	癸酉16五	甲戌17六	乙亥18日	丙子19一	丁丑20二	戊寅21三	己卯22四	庚辰23五	辛巳24六	壬午25日	癸未26一	甲申27二	乙酉28三	丙戌29四	丁亥30五	戊子31六	己丑(8)日	庚寅2一	辛卯3二	壬辰4三	癸巳5四	甲午6五	乙未7六	丙申8日	丁酉9一	戊戌10二	己亥11三	庚子12四	辛丑13五	甲戌大暑 己丑立秋
七月小	甲申	干支 天地 西曆 星期	壬寅14六	癸卯15日	甲辰16一	乙巳17二	丙午18三	丁未19四	戊申20五	己酉21六	庚戌22日	辛亥23一	壬子24二	癸丑25三	甲寅26四	乙卯27五	丙辰28六	丁巳29日	戊午30一	己未31二	庚申(9)三	辛酉2四	壬戌3五	癸亥4六	甲子5日	乙丑6一	丙寅7二	丁卯8三	戊辰9四	己巳10五	庚午11六		甲辰處暑 庚申白露
八月大	乙酉	干支 天地 西曆 星期	辛未12日	壬申13一	癸酉14二	甲戌15三	乙亥16四	丙子17五	丁丑18六	戊寅19日	己卯20一	庚辰21二	辛巳22三	壬午23四	癸未24五	甲申25六	乙酉26日	丙戌27一	丁亥28二	戊子29三	己丑30四	庚寅(10)五	辛卯2六	壬辰3日	癸巳4一	甲午5二	乙未6三	丙申7四	丁酉8五	戊戌9六	己亥10日	庚子11一	乙亥秋分 庚寅寒露
九月大	丙戌	干支 天地 西曆 星期	辛丑12二	壬寅13三	癸卯14四	甲辰15五	乙巳16六	丙午17日	丁未18一	戊申19二	己酉20三	庚戌21四	辛亥22五	壬子23六	癸丑24日	甲寅25一	乙卯26二	丙辰27三	丁巳28四	戊午29五	己未30六	庚申31日	辛酉(11)一	壬戌2二	癸亥3三	甲子4四	乙丑5五	丙寅6六	丁卯7日	戊辰8一	己巳9二	庚午10三	乙巳霜降 庚申立冬
十月小	丁亥	干支 天地 西曆 星期	辛未11四	壬申12五	癸酉13六	甲戌14日	乙亥15一	丙子16二	丁丑17三	戊寅18四	己卯19五	庚辰20六	辛巳21日	壬午22一	癸未23二	甲申24三	乙酉25四	丙戌26五	丁亥27六	戊子28日	己丑29一	庚寅30二	辛卯(12)三	壬辰2四	癸巳3五	甲午4六	乙未5日	丙申6一	丁酉7二	戊戌8三	己亥9四		丙子小雪 辛卯大雪
十一月大	戊子	干支 天地 西曆 星期	庚子10五	辛丑11六	壬寅12日	癸卯13一	甲辰14二	乙巳15三	丙午16四	丁未17五	戊申18六	己酉19日	庚戌20一	辛亥21二	壬子22三	癸丑23四	甲寅24五	乙卯25六	丙辰26日	丁巳27一	戊午28二	己未29三	庚申30四	辛酉31五	壬戌(1)六	癸亥2日	甲子3一	乙丑4二	丙寅5三	丁卯6四	戊辰7五	己巳8六	丙午冬至 辛酉小寒
十二月大	己丑	干支 天地 西曆 星期	庚午9日	辛未10一	壬申11二	癸酉12三	甲戌13四	乙亥14五	丙子15六	丁丑16日	戊寅17一	己卯18二	庚辰19三	辛巳20四	壬午21五	癸未22六	甲申23日	乙酉24一	丙戌25二	丁亥26三	戊子27四	己丑28五	庚寅29六	辛卯30日	壬辰31一	癸巳(2)二	甲午2三	乙未3四	丙申4五	丁酉5六	戊戌6日	己亥7一	丁丑大寒 壬辰立春

宋太宗太平興國六年（辛巳 蛇年） 公元 981 ~ 982 年

夏曆月序		中西曆日對照	初一	初二	初三	初四	初五	初六	初七	初八	初九	初十	十一	十二	十三	十四	十五	十六	十七	十八	十九	二十	二一	二二	二三	二四	二五	二六	二七	二八	二九	三十	節氣與天象
正月小	庚寅	天干地支 西曆 星期	庚子 8 二	辛丑 9 三	壬寅 10 四	癸卯 11 五	甲辰 12 六	乙巳 13 日	丙午 14 一	丁未 15 二	戊申 16 三	己酉 17 四	庚戌 18 五	辛亥 19 六	壬子 20 日	癸丑 21 一	甲寅 22 二	乙卯 23 三	丙辰 24 四	丁巳 25 五	戊午 26 六	己未 27 日	庚申 28 一	辛酉 (3) 二	壬戌 2 三	癸亥 3 四	甲子 4 五	乙丑 5 六	丙寅 6 日	丁卯 7 一	戊辰 8 二		丁未雨水 壬戌驚蟄
二月小	辛卯	天干地支 西曆 星期	己巳 9 三	庚午 10 四	辛未 11 五	壬申 12 六	癸酉 13 日	甲戌 14 一	乙亥 15 二	丙子 16 三	丁丑 17 四	戊寅 18 五	己卯 19 六	庚辰 20 日	辛巳 21 一	壬午 22 二	癸未 23 三	甲申 24 四	乙酉 25 五	丙戌 26 六	丁亥 27 日	戊子 28 一	己丑 29 二	庚寅 30 三	辛卯 31 四	壬辰 (4) 五	癸巳 2 六	甲午 3 日	乙未 4 一	丙申 5 二	丁酉 6 三		丁丑春分 癸巳清明
三月大	壬辰	天干地支 西曆 星期	戊戌 7 四	己亥 8 五	庚子 9 六	辛丑 10 日	壬寅 11 一	癸卯 12 二	甲辰 13 三	乙巳 14 四	丙午 15 五	丁未 16 六	戊申 17 日	己酉 18 一	庚戌 19 二	辛亥 20 三	壬子 21 四	癸丑 22 五	甲寅 23 六	乙卯 24 日	丙辰 25 一	丁巳 26 二	戊午 27 三	己未 28 四	庚申 29 五	辛酉 30 六	壬戌 (5) 日	癸亥 2 一	甲子 3 二	乙丑 4 三	丙寅 5 四	丁卯 6 五	戊申穀雨 癸亥立夏
四月小	癸巳	天干地支 西曆 星期	戊辰 7 六	己巳 8 日	庚午 9 一	辛未 10 二	壬申 11 三	癸酉 12 四	甲戌 13 五	乙亥 14 六	丙子 15 日	丁丑 16 一	戊寅 17 二	己卯 18 三	庚辰 19 四	辛巳 20 五	壬午 21 六	癸未 22 日	甲申 23 一	乙酉 24 二	丙戌 25 三	丁亥 26 四	戊子 27 五	己丑 28 六	庚寅 29 日	辛卯 30 一	壬辰 31 二	癸巳 (6) 三	甲午 2 四	乙未 3 五	丙申 4 六		戊寅小滿 甲午芒種
五月小	甲午	天干地支 西曆 星期	丁酉 5 日	戊戌 6 一	己亥 7 二	庚子 8 三	辛丑 9 四	壬寅 10 五	癸卯 11 六	甲辰 12 日	乙巳 13 一	丙午 14 二	丁未 15 三	戊申 16 四	己酉 17 五	庚戌 18 六	辛亥 19 日	壬子 20 一	癸丑 21 二	甲寅 22 三	乙卯 23 四	丙辰 24 五	丁巳 25 六	戊午 26 日	己未 27 一	庚申 28 二	辛酉 29 三	壬戌 30 四	癸亥 (7) 五	甲子 2 六	乙丑 3 日		己酉夏至 甲子小暑
六月大	乙未	天干地支 西曆 星期	丙寅 4 一	丁卯 5 二	戊辰 6 三	己巳 7 四	庚午 8 五	辛未 9 六	壬申 10 日	癸酉 11 一	甲戌 12 二	乙亥 13 三	丙子 14 四	丁丑 15 五	戊寅 16 六	己卯 17 日	庚辰 18 一	辛巳 19 二	壬午 20 三	癸未 21 四	甲申 22 五	乙酉 23 六	丙戌 24 日	丁亥 25 一	戊子 26 二	己丑 27 三	庚寅 28 四	辛卯 29 五	壬辰 30 六	癸巳 31 日	甲午 (8) 一	乙未 2 二	己卯大暑 甲午立秋
七月小	丙申	天干地支 西曆 星期	丙申 3 三	丁酉 4 四	戊戌 5 五	己亥 6 六	庚子 7 日	辛丑 8 一	壬寅 9 二	癸卯 10 三	甲辰 11 四	乙巳 12 五	丙午 13 六	丁未 14 日	戊申 15 一	己酉 16 二	庚戌 17 三	辛亥 18 四	壬子 19 五	癸丑 20 六	甲寅 21 日	乙卯 22 一	丙辰 23 二	丁巳 24 三	戊午 25 四	己未 26 五	庚申 27 六	辛酉 28 日	壬戌 29 一	癸亥 30 二	甲子 31 三		庚戌處暑
八月大	丁酉	天干地支 西曆 星期	乙丑 (9) 四	丙寅 2 五	丁卯 3 六	戊辰 4 日	己巳 5 一	庚午 6 二	辛未 7 三	壬申 8 四	癸酉 9 五	甲戌 10 六	乙亥 11 日	丙子 12 一	丁丑 13 二	戊寅 14 三	己卯 15 四	庚辰 16 五	辛巳 17 六	壬午 18 日	癸未 19 一	甲申 20 二	乙酉 21 三	丙戌 22 四	丁亥 23 五	戊子 24 六	己丑 25 日	庚寅 26 一	辛卯 27 二	壬辰 28 三	癸巳 29 四	甲午 30 五	乙丑白露 庚辰秋分
九月大	戊戌	天干地支 西曆 星期	乙未 (10) 六	丙申 2 日	丁酉 3 一	戊戌 4 二	己亥 5 三	庚子 6 四	辛丑 7 五	壬寅 8 六	癸卯 9 日	甲辰 10 一	乙巳 11 二	丙午 12 三	丁未 13 四	戊申 14 五	己酉 15 六	庚戌 16 日	辛亥 17 一	壬子 18 二	癸丑 19 三	甲寅 20 四	乙卯 21 五	丙辰 22 六	丁巳 23 日	戊午 24 一	己未 25 二	庚申 26 三	辛酉 27 四	壬戌 28 五	癸亥 29 六	甲子 30 日	乙未寒露 辛亥霜降
十月大	己亥	天干地支 西曆 星期	乙丑 31 一	丙寅 (11) 二	丁卯 2 三	戊辰 3 四	己巳 4 五	庚午 5 六	辛未 6 日	壬申 7 一	癸酉 8 二	甲戌 9 三	乙亥 10 四	丙子 11 五	丁丑 12 六	戊寅 13 日	己卯 14 一	庚辰 15 二	辛巳 16 三	壬午 17 四	癸未 18 五	甲申 19 六	乙酉 20 日	丙戌 21 一	丁亥 22 二	戊子 23 三	己丑 24 四	庚寅 25 五	辛卯 26 六	壬辰 27 日	癸巳 28 一	甲午 29 二	丙寅立冬 辛巳小雪
十一月小	庚子	天干地支 西曆 星期	乙未 30 三	丙申 (12) 四	丁酉 2 五	戊戌 3 六	己亥 4 日	庚子 5 一	辛丑 6 二	壬寅 7 三	癸卯 8 四	甲辰 9 五	乙巳 10 六	丙午 11 日	丁未 12 一	戊申 13 二	己酉 14 三	庚戌 15 四	辛亥 16 五	壬子 17 六	癸丑 18 日	甲寅 19 一	乙卯 20 二	丙辰 21 三	丁巳 22 四	戊午 23 五	己未 24 六	庚申 25 日	辛酉 26 一	壬戌 27 二	癸亥 28 三		丙申大雪 辛亥冬至
十二月大	辛丑	天干地支 西曆 星期	甲子 29 四	乙丑 30 五	丙寅 31 六	丁卯 (1) 日	戊辰 2 一	己巳 3 二	庚午 4 三	辛未 5 四	壬申 6 五	癸酉 7 六	甲戌 8 日	乙亥 9 一	丙子 10 二	丁丑 11 三	戊寅 12 四	己卯 13 五	庚辰 14 六	辛巳 15 日	壬午 16 一	癸未 17 二	甲申 18 三	乙酉 19 四	丙戌 20 五	丁亥 21 六	戊子 22 日	己丑 23 一	庚寅 24 二	辛卯 25 三	壬辰 26 四	癸巳 27 五	丁卯小寒 壬午大寒

宋太宗太平興國七年（壬午 馬年） 公元 982 ~ 983 年

夏曆月序		中西曆日對照	初一	初二	初三	初四	初五	初六	初七	初八	初九	初十	十一	十二	十三	十四	十五	十六	十七	十八	十九	二十	二一	二二	二三	二四	二五	二六	二七	二八	二九	三十	節氣與天象
正月大	壬寅	天干支 地西曆 星期	甲午 28 六	乙未 29 日	丙申 30 一	丁酉 31 二	戊戌 (2) 三	己亥 2 四	庚子 3 五	辛丑 4 六	壬寅 5 日	癸卯 6 一	甲辰 7 二	乙巳 8 三	丙午 9 四	丁未 10 五	戊申 11 六	己酉 12 日	庚戌 13 一	辛亥 14 二	壬子 15 三	癸丑 16 四	甲寅 17 五	乙卯 18 六	丙辰 19 日	丁巳 20 一	戊午 21 二	己未 22 三	庚申 23 四	辛酉 24 五	壬戌 25 六	癸亥 26 日	丁酉立春 壬子雨水
二月小	癸卯	天干支 地西曆 星期	甲子 27 一	乙丑 28 二	丙寅 (3) 三	丁卯 2 四	戊辰 3 五	己巳 4 六	庚午 5 日	辛未 6 一	壬申 7 二	癸酉 8 三	甲戌 9 四	乙亥 10 五	丙子 11 六	丁丑 12 日	戊寅 13 一	己卯 14 二	庚辰 15 三	辛巳 16 四	壬午 17 五	癸未 18 六	甲申 19 日	乙酉 20 一	丙戌 21 二	丁亥 22 三	戊子 23 四	己丑 24 五	庚寅 25 六	辛卯 26 日	壬辰 27 一		丁卯驚蟄 癸未春分
三月小	甲辰	天干支 地西曆 星期	癸巳 28 二	甲午 29 三	乙未 30 四	丙申 31 五	丁酉 (4) 六	戊戌 2 日	己亥 3 一	庚子 4 二	辛丑 5 三	壬寅 6 四	癸卯 7 五	甲辰 8 六	乙巳 9 日	丙午 10 一	丁未 11 二	戊申 12 三	己酉 13 四	庚戌 14 五	辛亥 15 六	壬子 16 日	癸丑 17 一	甲寅 18 二	乙卯 19 三	丙辰 20 四	丁巳 21 五	戊午 22 六	己未 23 日	庚申 24 一	辛酉 25 二		戊戌清明 癸丑穀雨 癸巳日食
四月大	乙巳	天干支 地西曆 星期	壬戌 26 三	癸亥 27 四	甲子 28 五	乙丑 29 六	丙寅 30 日	丁卯 (5) 一	戊辰 2 二	己巳 3 三	庚午 4 四	辛未 5 五	壬申 6 六	癸酉 7 日	甲戌 8 一	乙亥 9 二	丙子 10 三	丁丑 11 四	戊寅 12 五	己卯 13 六	庚辰 14 日	辛巳 15 一	壬午 16 二	癸未 17 三	甲申 18 四	乙酉 19 五	丙戌 20 六	丁亥 21 日	戊子 22 一	己丑 23 二	庚寅 24 三	辛卯 25 四	戊辰立夏 甲申小滿
五月小	丙午	天干支 地西曆 星期	壬辰 26 五	癸巳 27 六	甲午 28 日	乙未 29 一	丙申 30 二	丁酉 31 三	戊戌 (6) 四	己亥 2 五	庚子 3 六	辛丑 4 日	壬寅 5 一	癸卯 6 二	甲辰 7 三	乙巳 8 四	丙午 9 五	丁未 10 六	戊申 11 日	己酉 12 一	庚戌 13 二	辛亥 14 三	壬子 15 四	癸丑 16 五	甲寅 17 六	乙卯 18 日	丙辰 19 一	丁巳 20 二	戊午 21 三	己未 22 四	庚申 23 五		己亥芒種 甲寅夏至
六月小	丁未	天干支 地西曆 星期	辛酉 24 六	壬戌 25 日	癸亥 26 一	甲子 27 二	乙丑 28 三	丙寅 29 四	丁卯 30 五	戊辰 (7) 六	己巳 2 日	庚午 3 一	辛未 4 二	壬申 5 三	癸酉 6 四	甲戌 7 五	乙亥 8 六	丙子 9 日	丁丑 10 一	戊寅 11 二	己卯 12 三	庚辰 13 四	辛巳 14 五	壬午 15 六	癸未 16 日	甲申 17 一	乙酉 18 二	丙戌 19 三	丁亥 20 四	戊子 21 五	己丑 22 六		己巳小暑 甲申大暑
七月大	戊申	天干支 地西曆 星期	庚寅 23 日	辛卯 24 一	壬辰 25 二	癸巳 26 三	甲午 27 四	乙未 28 五	丙申 29 六	丁酉 30 日	戊戌 31 一	己亥 (8) 二	庚子 2 三	辛丑 3 四	壬寅 4 五	癸卯 5 六	甲辰 6 日	乙巳 7 一	丙午 8 二	丁未 9 三	戊申 10 四	己酉 11 五	庚戌 12 六	辛亥 13 日	壬子 14 一	癸丑 15 二	甲寅 16 三	乙卯 17 四	丙辰 18 五	丁巳 19 六	戊午 20 日	己未 21 一	庚子立秋 乙卯處暑
八月小	己酉	天干支 地西曆 星期	庚申 22 二	辛酉 23 三	壬戌 24 四	癸亥 25 五	甲子 26 六	乙丑 27 日	丙寅 28 一	丁卯 29 二	戊辰 30 三	己巳 31 四	庚午 (9) 五	辛未 2 六	壬申 3 日	癸酉 4 一	甲戌 5 二	乙亥 6 三	丙子 7 四	丁丑 8 五	戊寅 9 六	己卯 10 日	庚辰 11 一	辛巳 12 二	壬午 13 三	癸未 14 四	甲申 15 五	乙酉 16 六	丙戌 17 日	丁亥 18 一	戊子 19 二		庚午白露 乙酉秋分
九月大	庚戌	天干支 地西曆 星期	己丑 20 三	庚寅 21 四	辛卯 22 五	壬辰 23 六	癸巳 24 日	甲午 25 一	乙未 26 二	丙申 27 三	丁酉 28 四	戊戌 29 五	己亥 30 六	庚子 (10) 日	辛丑 2 一	壬寅 3 二	癸卯 4 三	甲辰 5 四	乙巳 6 五	丙午 7 六	丁未 8 日	戊申 9 一	己酉 10 二	庚戌 11 三	辛亥 12 四	壬子 13 五	癸丑 14 六	甲寅 15 日	乙卯 16 一	丙辰 17 二	丁巳 18 三	戊午 19 四	辛丑寒露 丙辰霜降 己丑日食
十月大	辛亥	天干支 地西曆 星期	己未 20 五	庚申 21 六	辛酉 22 日	壬戌 23 一	癸亥 24 二	甲子 25 三	乙丑 26 四	丙寅 27 五	丁卯 28 六	戊辰 29 日	己巳 30 一	庚午 31 二	辛未 (11) 三	壬申 2 四	癸酉 3 五	甲戌 4 六	乙亥 5 日	丙子 6 一	丁丑 7 二	戊寅 8 三	己卯 9 四	庚辰 10 五	辛巳 11 六	壬午 12 日	癸未 13 一	甲申 14 二	乙酉 15 三	丙戌 16 四	丁亥 17 五	戊子 18 六	辛未立冬 丙戌小雪
十一月小	壬子	天干支 地西曆 星期	己丑 19 日	庚寅 20 一	辛卯 21 二	壬辰 22 三	癸巳 23 四	甲午 24 五	乙未 25 六	丙申 26 日	丁酉 27 一	戊戌 28 二	己亥 29 三	庚子 30 四	辛丑 (12) 五	壬寅 2 六	癸卯 3 日	甲辰 4 一	乙巳 5 二	丙午 6 三	丁未 7 四	戊申 8 五	己酉 9 六	庚戌 10 日	辛亥 11 一	壬子 12 二	癸丑 13 三	甲寅 14 四	乙卯 15 五	丙辰 16 六	丁巳 17 日		辛丑大雪 丁巳冬至
十二月大	癸丑	天干支 地西曆 星期	戊午 18 一	己未 19 二	庚申 20 三	辛酉 21 四	壬戌 22 五	癸亥 23 六	甲子 24 日	乙丑 25 一	丙寅 26 二	丁卯 27 三	戊辰 28 四	己巳 29 五	庚午 30 六	辛未 31 日	壬申 (1) 一	癸酉 2 二	甲戌 3 三	乙亥 4 四	丙子 5 五	丁丑 6 六	戊寅 7 日	己卯 8 一	庚辰 9 二	辛巳 10 三	壬午 11 四	癸未 12 五	甲申 13 六	乙酉 14 日	丙戌 15 一	丁亥 16 二	壬申小寒 丁亥大寒
閏十二大	癸丑	天干支 地西曆 星期	戊子 17 三	己丑 18 四	庚寅 19 五	辛卯 20 六	壬辰 21 日	癸巳 22 一	甲午 23 二	乙未 24 三	丙申 25 四	丁酉 26 五	戊戌 27 六	己亥 28 日	庚子 29 一	辛丑 30 二	壬寅 31 三	癸卯 (2) 四	甲辰 2 五	乙巳 3 六	丙午 4 日	丁未 5 一	戊申 6 二	己酉 7 三	庚戌 8 四	辛亥 9 五	壬子 10 六	癸丑 11 日	甲寅 12 一	乙卯 13 二	丙辰 14 三	丁巳 15 四	壬寅立春

宋太宗太平興國八年（癸未 羊年） 公元 983 ~ 984 年

夏曆月序		中西曆對照	初一	初二	初三	初四	初五	初六	初七	初八	初九	初十	十一	十二	十三	十四	十五	十六	十七	十八	十九	二十	廿一	廿二	廿三	廿四	廿五	廿六	廿七	廿八	廿九	三十	節氣與天象
正月大	甲寅	天干地支西曆星期	戊午16五	己未17六	庚申18日	辛酉19一	壬戌20二	癸亥21三	甲子22四	乙丑23五	丙寅24六	丁卯25日	戊辰26一	己巳27二	庚午28三	辛未(3)四	壬申2五	癸酉3六	甲戌4日	乙亥5一	丙子6二	丁丑7三	戊寅8四	己卯9五	庚辰10六	辛巳11日	壬午12一	癸未13二	甲申14三	乙酉15四	丙戌16五	丁亥17六	戊午雨水 癸酉驚蟄
二月小	乙卯	天干地支西曆星期	戊子18日	己丑19一	庚寅20二	辛卯21三	壬辰22四	癸巳23五	甲午24六	乙未25日	丙申26一	丁酉27二	戊戌28三	己亥29四	庚子30五	辛丑31六	壬寅(4)日	癸卯2一	甲辰3二	乙巳4三	丙午5四	丁未6五	戊申7六	己酉8日	庚戌9一	辛亥10二	壬子11三	癸丑12四	甲寅13五	乙卯14六	丙辰15日		戊子春分 癸卯清明
三月小	丙辰	天干地支西曆星期	丁巳16一	戊午17二	己未18三	庚申19四	辛酉20五	壬戌21六	癸亥22日	甲子23一	乙丑24二	丙寅25三	丁卯26四	戊辰27五	己巳28六	庚午29日	辛未30一	壬申(5)二	癸酉2三	甲戌3四	乙亥4五	丙子5六	丁丑6日	戊寅7一	己卯8二	庚辰9三	辛巳10四	壬午11五	癸未12六	甲申13日	乙酉14一		戊午穀雨 甲戌立夏
四月大	丁巳	天干地支西曆星期	丙戌15二	丁亥16三	戊子17四	己丑18五	庚寅19六	辛卯20日	壬辰21一	癸巳22二	甲午23三	乙未24四	丙申25五	丁酉26六	戊戌27日	己亥28一	庚子29二	辛丑30三	壬寅31四	癸卯(6)五	甲辰2六	乙巳3日	丙午4一	丁未5二	戊申6三	己酉7四	庚戌8五	辛亥9六	壬子10日	癸丑11一	甲寅12二	乙卯13三	己丑小滿 甲辰芒種
五月小	戊午	天干地支西曆星期	丙辰14四	丁巳15五	戊午16六	己未17日	庚申18一	辛酉19二	壬戌20三	癸亥21四	甲子22五	乙丑23六	丙寅24日	丁卯25一	戊辰26二	己巳27三	庚午28四	辛未29五	壬申30六	癸酉(7)日	甲戌2一	乙亥3二	丙子4三	丁丑5四	戊寅6五	己卯7六	庚辰8日	辛巳9一	壬午10二	癸未11三	甲申12四		己未夏至 甲戌小暑
六月小	己未	天干地支西曆星期	乙酉13五	丙戌14六	丁亥15日	戊子16一	己丑17二	庚寅18三	辛卯19四	壬辰20五	癸巳21六	甲午22日	乙未23一	丙申24二	丁酉25三	戊戌26四	己亥27五	庚子28六	辛丑29日	壬寅30一	癸卯31二	甲辰(8)三	乙巳2四	丙午3五	丁未4六	戊申5日	己酉6一	庚戌7二	辛亥8三	壬子9四	癸丑10五		庚寅大暑 乙巳立秋
七月大	庚申	天干地支西曆星期	甲寅11六	乙卯12日	丙辰13一	丁巳14二	戊午15三	己未16四	庚申17五	辛酉18六	壬戌19日	癸亥20一	甲子21二	乙丑22三	丙寅23四	丁卯24五	戊辰25六	己巳26日	庚午27一	辛未28二	壬申29三	癸酉30四	甲戌31五	乙亥(9)六	丙子2日	丁丑3一	戊寅4二	己卯5三	庚辰6四	辛巳7五	壬午8六	癸未9日	庚申處暑 乙亥白露
八月小	辛酉	天干地支西曆星期	甲申10一	乙酉11二	丙戌12三	丁亥13四	戊子14五	己丑15六	庚寅16日	辛卯17一	壬辰18二	癸巳19三	甲午20四	乙未21五	丙申22六	丁酉23日	戊戌24一	己亥25二	庚子26三	辛丑27四	壬寅28五	癸卯29六	甲辰30日	乙巳(10)一	丙午2二	丁未3三	戊申4四	己酉5五	庚戌6六	辛亥7日	壬子8一		辛卯秋分 丙午寒露
九月大	壬戌	天干地支西曆星期	癸丑9二	甲寅10三	乙卯11四	丙辰12五	丁巳13六	戊午14日	己未15一	庚申16二	辛酉17三	壬戌18四	癸亥19五	甲子20六	乙丑21日	丙寅22一	丁卯23二	戊辰24三	己巳25四	庚午26五	辛未27六	壬申28日	癸酉29一	甲戌30二	乙亥31三	丙子(11)四	丁丑2五	戊寅3六	己卯4日	庚辰5一	辛巳6二	壬午7三	辛酉霜降 丙子立冬
十月小	癸亥	天干地支西曆星期	癸未8四	甲申9五	乙酉10六	丙戌11日	丁亥12一	戊子13二	己丑14三	庚寅15四	辛卯16五	壬辰17六	癸巳18日	甲午19一	乙未20二	丙申21三	丁酉22四	戊戌23五	己亥24六	庚子25日	辛丑26一	壬寅27二	癸卯28三	甲辰29四	乙巳30五	丙午(12)六	丁未2日	戊申3一	己酉4二	庚戌5三	辛亥6四		辛卯小雪 丁未大雪
十一月大	甲子	天干地支西曆星期	壬子7五	癸丑8六	甲寅9日	乙卯10一	丙辰11二	丁巳12三	戊午13四	己未14五	庚申15六	辛酉16日	壬戌17一	癸亥18二	甲子19三	乙丑20四	丙寅21五	丁卯22六	戊辰23日	己巳24一	庚午25二	辛未26三	壬申27四	癸酉28五	甲戌29六	乙亥30日	丙子31一	丁丑(1)二	戊寅2三	己卯3四	庚辰4五	辛巳5六	壬戌冬至 丁丑小寒
十二月大	乙丑	天干地支西曆星期	壬午6日	癸未7一	甲申8二	乙酉9三	丙戌10四	丁亥11五	戊子12六	己丑13日	庚寅14一	辛卯15二	壬辰16三	癸巳17四	甲午18五	乙未19六	丙申20日	丁酉21一	戊戌22二	己亥23三	庚子24四	辛丑25五	壬寅26六	癸卯27日	甲辰28一	乙巳29二	丙午30三	丁未31四	戊申(2)五	己酉2六	庚戌3日	辛亥4一	壬辰大寒 戊申立春

宋太宗太平興國九年 雍熙元年（甲申 猴年） 公元984～985年

夏曆月序		中西曆日對照	初一	初二	初三	初四	初五	初六	初七	初八	初九	初十	十一	十二	十三	十四	十五	十六	十七	十八	十九	二十	二一	二二	二三	二四	二五	二六	二七	二八	二九	三十	節氣與天象
正月大	丙寅	天干地支 西曆 星期	壬子 5 二	癸丑 6 三	甲寅 7 四	乙卯 8 五	丙辰 9 六	丁巳 10 日	戊午 11 一	己未 12 二	庚申 13 三	辛酉 14 四	壬戌 15 五	癸亥 16 六	甲子 17 日	乙丑 18 一	丙寅 19 二	丁卯 20 三	戊辰 21 四	己巳 22 五	庚午 23 六	辛未 24 日	壬申 25 一	癸酉 26 二	甲戌 27 三	乙亥 28 四	丙子 29 五	丁丑 (3) 六	戊寅 2 日	己卯 3 一	庚辰 4 二	辛巳 5 三	癸亥雨水 戊寅驚蟄
二月小	丁卯	天干地支 西曆 星期	壬午 6 四	癸未 7 五	甲申 8 六	乙酉 9 日	丙戌 10 一	丁亥 11 二	戊子 12 三	己丑 13 四	庚寅 14 五	辛卯 15 六	壬辰 16 日	癸巳 17 一	甲午 18 二	乙未 19 三	丙申 20 四	丁酉 21 五	戊戌 22 六	己亥 23 日	庚子 24 一	辛丑 25 二	壬寅 26 三	癸卯 27 四	甲辰 28 五	乙巳 29 六	丙午 30 日	丁未 31 一	戊申 (4) 二	己酉 2 三	庚戌 3 四		癸巳春分 戊申清明
三月大	戊辰	天干地支 西曆 星期	辛亥 4 五	壬子 5 六	癸丑 6 日	甲寅 7 一	乙卯 8 二	丙辰 9 三	丁巳 10 四	戊午 11 五	己未 12 六	庚申 13 日	辛酉 14 一	壬戌 15 二	癸亥 16 三	甲子 17 四	乙丑 18 五	丙寅 19 六	丁卯 20 日	戊辰 21 一	己巳 22 二	庚午 23 三	辛未 24 四	壬申 25 五	癸酉 26 六	甲戌 27 日	乙亥 28 一	丙子 29 二	丁丑 30 三	戊寅 (5) 四	己卯 2 五	庚辰 3 六	甲子穀雨 己卯立夏
四月小	己巳	天干地支 西曆 星期	辛巳 4 日	壬午 5 一	癸未 6 二	甲申 7 三	乙酉 8 四	丙戌 9 五	丁亥 10 六	戊子 11 日	己丑 12 一	庚寅 13 二	辛卯 14 三	壬辰 15 四	癸巳 16 五	甲午 17 六	乙未 18 日	丙申 19 一	丁酉 20 二	戊戌 21 三	己亥 22 四	庚子 23 五	辛丑 24 六	壬寅 25 日	癸卯 26 一	甲辰 27 二	乙巳 28 三	丙午 29 四	丁未 30 五	戊申 31 六	己酉 (6) 日		甲午小滿 己酉芒種
五月大	庚午	天干地支 西曆 星期	庚戌 2 一	辛亥 3 二	壬子 4 三	癸丑 5 四	甲寅 6 五	乙卯 7 六	丙辰 8 日	丁巳 9 一	戊午 10 二	己未 11 三	庚申 12 四	辛酉 13 五	壬戌 14 六	癸亥 15 日	甲子 16 一	乙丑 17 二	丙寅 18 三	丁卯 19 四	戊辰 20 五	己巳 21 六	庚午 22 日	辛未 23 一	壬申 24 二	癸酉 25 三	甲戌 26 四	乙亥 27 五	丙子 28 六	丁丑 29 日	戊寅 30 一	己卯 (7) 二	甲子夏至
六月小	辛未	天干地支 西曆 星期	庚辰 2 三	辛巳 3 四	壬午 4 五	癸未 5 六	甲申 6 日	乙酉 7 一	丙戌 8 二	丁亥 9 三	戊子 10 四	己丑 11 五	庚寅 12 六	辛卯 13 日	壬辰 14 一	癸巳 15 二	甲午 16 三	乙未 17 四	丙申 18 五	丁酉 19 六	戊戌 20 日	己亥 21 一	庚子 22 二	辛丑 23 三	壬寅 24 四	癸卯 25 五	甲辰 26 六	乙巳 27 日	丙午 28 一	丁未 29 二	戊申 30 三		庚辰小暑 乙未大暑
七月小	壬申	天干地支 西曆 星期	己酉 31 四	庚戌 (8) 五	辛亥 2 六	壬子 3 日	癸丑 4 一	甲寅 5 二	乙卯 6 三	丙辰 7 四	丁巳 8 五	戊午 9 六	己未 10 日	庚申 11 一	辛酉 12 二	壬戌 13 三	癸亥 14 四	甲子 15 五	乙丑 16 六	丙寅 17 日	丁卯 18 一	戊辰 19 二	己巳 20 三	庚午 21 四	辛未 22 五	壬申 23 六	癸酉 24 日	甲戌 25 一	乙亥 26 二	丙子 27 三	丁丑 28 四		庚戌立秋 乙丑處暑
八月大	癸酉	天干地支 西曆 星期	戊寅 29 五	己卯 30 六	庚辰 31 日	辛巳 (9) 一	壬午 2 二	癸未 3 三	甲申 4 四	乙酉 5 五	丙戌 6 六	丁亥 7 日	戊子 8 一	己丑 9 二	庚寅 10 三	辛卯 11 四	壬辰 12 五	癸巳 13 六	甲午 14 日	乙未 15 一	丙申 16 二	丁酉 17 三	戊戌 18 四	己亥 19 五	庚子 20 六	辛丑 21 日	壬寅 22 一	癸卯 23 二	甲辰 24 三	乙巳 25 四	丙午 26 五	丁未 27 六	辛巳白露 丙申秋分
九月小	甲戌	天干地支 西曆 星期	戊申 28 日	己酉 29 一	庚戌 30 二	辛亥 (10) 三	壬子 2 四	癸丑 3 五	甲寅 4 六	乙卯 5 日	丙辰 6 一	丁巳 7 二	戊午 8 三	己未 9 四	庚申 10 五	辛酉 11 六	壬戌 12 日	癸亥 13 一	甲子 14 二	乙丑 15 三	丙寅 16 四	丁卯 17 五	戊辰 18 六	己巳 19 日	庚午 20 一	辛未 21 二	壬申 22 三	癸酉 23 四	甲戌 24 五	乙亥 25 六	丙子 26 日		辛亥寒露 丙寅霜降
十月大	乙亥	天干地支 西曆 星期	丁丑 27 一	戊寅 28 二	己卯 29 三	庚辰 30 四	辛巳 31 五	壬午 (11) 六	癸未 2 日	甲申 3 一	乙酉 4 二	丙戌 5 三	丁亥 6 四	戊子 7 五	己丑 8 六	庚寅 9 日	辛卯 10 一	壬辰 11 二	癸巳 12 三	甲午 13 四	乙未 14 五	丙申 15 六	丁酉 16 日	戊戌 17 一	己亥 18 二	庚子 19 三	辛丑 20 四	壬寅 21 五	癸卯 22 六	甲辰 23 日	乙巳 24 一	丙午 25 二	辛巳立冬 丁酉小雪
十一月小	丙子	天干地支 西曆 星期	丁未 26 三	戊申 27 四	己酉 28 五	庚戌 29 六	辛亥 30 日	壬子 (12) 一	癸丑 2 二	甲寅 3 三	乙卯 4 四	丙辰 5 五	丁巳 6 六	戊午 7 日	己未 8 一	庚申 9 二	辛酉 10 三	壬戌 11 四	癸亥 12 五	甲子 13 六	乙丑 14 日	丙寅 15 一	丁卯 16 二	戊辰 17 三	己巳 18 四	庚午 19 五	辛未 20 六	壬申 21 日	癸酉 22 一	甲戌 23 二	乙亥 24 三		壬子大雪 丁卯冬至
十二月大	丁丑	天干地支 西曆 星期	丙子 25 四	丁丑 26 五	戊寅 27 六	己卯 28 日	庚辰 29 一	辛巳 30 二	壬午 31 三	癸未 (1) 四	甲申 2 五	乙酉 3 六	丙戌 4 日	丁亥 5 一	戊子 6 二	己丑 7 三	庚寅 8 四	辛卯 9 五	壬辰 10 六	癸巳 11 日	甲午 12 一	乙未 13 二	丙申 14 三	丁酉 15 四	戊戌 16 五	己亥 17 六	庚子 18 日	辛丑 19 一	壬寅 20 二	癸卯 21 三	甲辰 22 四	乙巳 23 五	壬午小寒 戊戌大寒

* 十一月丁巳（十一日），改元雍熙。

宋太宗雍熙二年（乙酉 鷄年） 公元985～986年

夏曆月序		中西曆日對照	初一	初二	初三	初四	初五	初六	初七	初八	初九	初十	十一	十二	十三	十四	十五	十六	十七	十八	十九	二十	二一	二二	二三	二四	二五	二六	二七	二八	二九	三十	節氣與天象
正月大	戊寅	干支 西曆 星期	丙午 24 六	丁未 25 日	戊申 26 一	己酉 27 二	庚戌 28 三	辛亥 29 四	壬子 30 五	癸丑 31 六	甲寅 (2) 日	乙卯 2 一	丙辰 3 二	丁巳 4 三	戊午 5 四	己未 6 五	庚申 7 六	辛酉 8 日	壬戌 9 一	癸亥 10 二	甲子 11 三	乙丑 12 四	丙寅 13 五	丁卯 14 六	戊辰 15 日	己巳 16 一	庚午 17 二	辛未 18 三	壬申 19 四	癸酉 20 五	甲戌 21 六	乙亥 22 日	癸丑立春 戊辰雨水
二月小	己卯	干支 西曆 星期	丙子 23 一	丁丑 24 二	戊寅 25 三	己卯 26 四	庚辰 27 五	辛巳 28 六	壬午 (3) 日	癸未 2 一	甲申 3 二	乙酉 4 三	丙戌 5 四	丁亥 6 五	戊子 7 六	己丑 8 日	庚寅 9 一	辛卯 10 二	壬辰 11 三	癸巳 12 四	甲午 13 五	乙未 14 六	丙申 15 日	丁酉 16 一	戊戌 17 二	己亥 18 三	庚子 19 四	辛丑 20 五	壬寅 21 六	癸卯 22 日	甲辰 23 一		癸未驚蟄 戊戌春分
三月大	庚辰	干支 西曆 星期	乙巳 24 二	丙午 25 三	丁未 26 四	戊申 27 五	己酉 28 六	庚戌 29 日	辛亥 30 一	壬子 31 二	癸丑 (4) 三	甲寅 2 四	乙卯 3 五	丙辰 4 六	丁巳 5 日	戊午 6 一	己未 7 二	庚申 8 三	辛酉 9 四	壬戌 10 五	癸亥 11 六	甲子 12 日	乙丑 13 一	丙寅 14 二	丁卯 15 三	戊辰 16 四	己巳 17 五	庚午 18 六	辛未 19 日	壬申 20 一	癸酉 21 二	甲戌 22 三	甲寅清明 己巳穀雨
四月大	辛巳	干支 西曆 星期	乙亥 23 四	丙子 24 五	丁丑 25 六	戊寅 26 日	己卯 27 一	庚辰 28 二	辛巳 29 三	壬午 30 四	癸未 (5) 五	甲申 2 六	乙酉 3 日	丙戌 4 一	丁亥 5 二	戊子 6 三	己丑 7 四	庚寅 8 五	辛卯 9 六	壬辰 10 日	癸巳 11 一	甲午 12 二	乙未 13 三	丙申 14 四	丁酉 15 五	戊戌 16 六	己亥 17 日	庚子 18 一	辛丑 19 二	壬寅 20 三	癸卯 21 四	甲辰 22 五	甲申立夏 己亥小滿
五月小	壬午	干支 西曆 星期	乙巳 23 六	丙午 24 日	丁未 25 一	戊申 26 二	己酉 27 三	庚戌 28 四	辛亥 29 五	壬子 30 六	癸丑 31 日	甲寅 (6) 一	乙卯 2 二	丙辰 3 三	丁巳 4 四	戊午 5 五	己未 6 六	庚申 7 日	辛酉 8 一	壬戌 9 二	癸亥 10 三	甲子 11 四	乙丑 12 五	丙寅 13 六	丁卯 14 日	戊辰 15 一	己巳 16 二	庚午 17 三	辛未 18 四	壬申 19 五	癸酉 20 六		乙卯芒種 庚午夏至
六月大	癸未	干支 西曆 星期	甲戌 21 日	乙亥 22 一	丙子 23 二	丁丑 24 三	戊寅 25 四	己卯 26 五	庚辰 27 六	辛巳 28 日	壬午 29 一	癸未 30 二	甲申 (7) 三	乙酉 2 四	丙戌 3 五	丁亥 4 六	戊子 5 日	己丑 6 一	庚寅 7 二	辛卯 8 三	壬辰 9 四	癸巳 10 五	甲午 11 六	乙未 12 日	丙申 13 一	丁酉 14 二	戊戌 15 三	己亥 16 四	庚子 17 五	辛丑 18 六	壬寅 19 日	癸卯 20 一	乙酉小暑 庚子大暑
七月小	甲申	干支 西曆 星期	甲辰 21 二	乙巳 22 三	丙午 23 四	丁未 24 五	戊申 25 六	己酉 26 日	庚戌 27 一	辛亥 28 二	壬子 29 三	癸丑 30 四	甲寅 31 五	乙卯 (8) 六	丙辰 2 日	丁巳 3 一	戊午 4 二	己未 5 三	庚申 6 四	辛酉 7 五	壬戌 8 六	癸亥 9 日	甲子 10 一	乙丑 11 二	丙寅 12 三	丁卯 13 四	戊辰 14 五	己巳 15 六	庚午 16 日	辛未 17 一	壬申 18 二		乙卯立秋 辛未處暑
八月小	乙酉	干支 西曆 星期	癸酉 19 三	甲戌 20 四	乙亥 21 五	丙子 22 六	丁丑 23 日	戊寅 24 一	己卯 25 二	庚辰 26 三	辛巳 27 四	壬午 28 五	癸未 29 六	甲申 30 日	乙酉 31 一	丙戌 (9) 二	丁亥 2 三	戊子 3 四	己丑 4 五	庚寅 5 六	辛卯 6 日	壬辰 7 一	癸巳 8 二	甲午 9 三	乙未 10 四	丙申 11 五	丁酉 12 六	戊戌 13 日	己亥 14 一	庚子 15 二	辛丑 16 三		丙戌白露 辛丑秋分
九月大	丙戌	干支 西曆 星期	壬寅 17 四	癸卯 18 五	甲辰 19 六	乙巳 20 日	丙午 21 一	丁未 22 二	戊申 23 三	己酉 24 四	庚戌 25 五	辛亥 26 六	壬子 27 日	癸丑 28 一	甲寅 29 二	乙卯 30 三	丙辰 (10) 四	丁巳 2 五	戊午 3 六	己未 4 日	庚申 5 一	辛酉 6 二	壬戌 7 三	癸亥 8 四	甲子 9 五	乙丑 10 六	丙寅 11 日	丁卯 12 一	戊辰 13 二	己巳 14 三	庚午 15 四	辛未 16 五	丙辰寒露 辛未霜降
閏九月小	丙戌	干支 西曆 星期	壬申 17 六	癸酉 18 日	甲戌 19 一	乙亥 20 二	丙子 21 三	丁丑 22 四	戊寅 23 五	己卯 24 六	庚辰 25 日	辛巳 26 一	壬午 27 二	癸未 28 三	甲申 29 四	乙酉 30 五	丙戌 31 六	丁亥 (11) 日	戊子 2 一	己丑 3 二	庚寅 4 三	辛卯 5 四	壬辰 6 五	癸巳 7 六	甲午 8 日	乙未 9 一	丙申 10 二	丁酉 11 三	戊戌 12 四	己亥 13 五	庚子 14 六		丁亥立冬
十月大	丁亥	干支 西曆 星期	辛丑 15 日	壬寅 16 一	癸卯 17 二	甲辰 18 三	乙巳 19 四	丙午 20 五	丁未 21 六	戊申 22 日	己酉 23 一	庚戌 24 二	辛亥 25 三	壬子 26 四	癸丑 27 五	甲寅 28 六	乙卯 29 日	丙辰 30 一	丁巳 (12) 二	戊午 2 三	己未 3 四	庚申 4 五	辛酉 5 六	壬戌 6 日	癸亥 7 一	甲子 8 二	乙丑 9 三	丙寅 10 四	丁卯 11 五	戊辰 12 六	己巳 13 日	庚午 14 一	壬寅小雪 丁巳大雪
十一月小	戊子	干支 西曆 星期	辛未 15 二	壬申 16 三	癸酉 17 四	甲戌 18 五	乙亥 19 六	丙子 20 日	丁丑 21 一	戊寅 22 二	己卯 23 三	庚辰 24 四	辛巳 25 五	壬午 26 六	癸未 27 日	甲申 28 一	乙酉 29 二	丙戌 30 三	丁亥 31 四	戊子 (1) 五	己丑 2 六	庚寅 3 日	辛卯 4 一	壬辰 5 二	癸巳 6 三	甲午 7 四	乙未 8 五	丙申 9 六	丁酉 10 日	戊戌 11 一	己亥 12 二		壬申冬至 戊子小寒
十二月大	己丑	干支 西曆 星期	庚子 13 三	辛丑 14 四	壬寅 15 五	癸卯 16 六	甲辰 17 日	乙巳 18 一	丙午 19 二	丁未 20 三	戊申 21 四	己酉 22 五	庚戌 23 六	辛亥 24 日	壬子 25 一	癸丑 26 二	甲寅 27 三	乙卯 28 四	丙辰 29 五	丁巳 30 六	戊午 31 日	己未 (2) 一	庚申 2 二	辛酉 3 三	壬戌 4 四	癸亥 5 五	甲子 6 六	乙丑 7 日	丙寅 8 一	丁卯 9 二	戊辰 10 三	己巳 11 四	癸卯大寒 戊午立春 庚子日食

宋太宗雍熙三年（丙戌 狗年） 公元 986 ~ 987 年

夏曆月序		中西曆日對照	初一	初二	初三	初四	初五	初六	初七	初八	初九	初十	十一	十二	十三	十四	十五	十六	十七	十八	十九	二十	二一	二二	二三	二四	二五	二六	二七	二八	二九	三十	節氣與天象
正月大	庚寅	天干地支 西曆 星期	庚午 12 五	辛未 13 六	壬申 14 日	癸酉 15 一	甲戌 16 二	乙亥 17 三	丙子 18 四	丁丑 19 五	戊寅 20 六	己卯 21 日	庚辰 22 一	辛巳 23 二	壬午 24 三	癸未 25 四	甲申 26 五	乙酉 27 六	丙戌 28 日	丁亥 (3) 一	戊子 2 二	己丑 3 三	庚寅 4 四	辛卯 5 五	壬辰 6 六	癸巳 7 日	甲午 8 一	乙未 9 二	丙申 10 三	丁酉 11 四	戊戌 12 五	己亥 13 六	癸酉雨水 戊子驚蟄
二月小	辛卯	天干地支 西曆 星期	庚子 14 日	辛丑 15 一	壬寅 16 二	癸卯 17 三	甲辰 18 四	乙巳 19 五	丙午 20 六	丁未 21 日	戊申 22 一	己酉 23 二	庚戌 24 三	辛亥 25 四	壬子 26 五	癸丑 27 六	甲寅 28 日	乙卯 29 一	丙辰 30 二	丁巳 31 三	戊午 (4) 四	己未 2 五	庚申 3 六	辛酉 4 日	壬戌 5 一	癸亥 6 二	甲子 7 三	乙丑 8 四	丙寅 9 五	丁卯 10 六	戊辰 11 日		甲辰春分 己未清明
三月大	壬辰	天干地支 西曆 星期	己巳 12 一	庚午 13 二	辛未 14 三	壬申 15 四	癸酉 16 五	甲戌 17 六	乙亥 18 日	丙子 19 一	丁丑 20 二	戊寅 21 三	己卯 22 四	庚辰 23 五	辛巳 24 六	壬午 25 日	癸未 26 一	甲申 27 二	乙酉 28 三	丙戌 29 四	丁亥 30 五	戊子 (5) 六	己丑 2 日	庚寅 3 一	辛卯 4 二	壬辰 5 三	癸巳 6 四	甲午 7 五	乙未 8 六	丙申 9 日	丁酉 10 一	戊戌 11 二	甲戌穀雨 己丑立夏
四月小	癸巳	天干地支 西曆 星期	己亥 12 三	庚子 13 四	辛丑 14 五	壬寅 15 六	癸卯 16 日	甲辰 17 一	乙巳 18 二	丙午 19 三	丁未 20 四	戊申 21 五	己酉 22 六	庚戌 23 日	辛亥 24 一	壬子 25 二	癸丑 26 三	甲寅 27 四	乙卯 28 五	丙辰 29 六	丁巳 30 日	戊午 31 一	己未 (6) 二	庚申 2 三	辛酉 3 四	壬戌 4 五	癸亥 5 六	甲子 6 日	乙丑 7 一	丙寅 8 二	丁卯 9 三		乙巳小滿 庚申芒種
五月大	甲午	天干地支 西曆 星期	戊辰 10 四	己巳 11 五	庚午 12 六	辛未 13 日	壬申 14 一	癸酉 15 二	甲戌 16 三	乙亥 17 四	丙子 18 五	丁丑 19 六	戊寅 20 日	己卯 21 一	庚辰 22 二	辛巳 23 三	壬午 24 四	癸未 25 五	甲申 26 六	乙酉 27 日	丙戌 28 一	丁亥 29 二	戊子 30 三	己丑 (7) 四	庚寅 2 五	辛卯 3 六	壬辰 4 日	癸巳 5 一	甲午 6 二	乙未 7 三	丙申 8 四	丁酉 9 五	乙亥夏至 庚寅小暑
六月大	乙未	天干地支 西曆 星期	戊戌 10 六	己亥 11 日	庚子 12 一	辛丑 13 二	壬寅 14 三	癸卯 15 四	甲辰 16 五	乙巳 17 六	丙午 18 日	丁未 19 一	戊申 20 二	己酉 21 三	庚戌 22 四	辛亥 23 五	壬子 24 六	癸丑 25 日	甲寅 26 一	乙卯 27 二	丙辰 28 三	丁巳 29 四	戊午 30 五	己未 31 六	庚申 (8) 日	辛酉 2 一	壬戌 3 二	癸亥 4 三	甲子 5 四	乙丑 6 五	丙寅 7 六	丁卯 8 日	乙巳大暑 辛酉立秋
七月小	丙申	天干地支 西曆 星期	戊辰 9 一	己巳 10 二	庚午 11 三	辛未 12 四	壬申 13 五	癸酉 14 六	甲戌 15 日	乙亥 16 一	丙子 17 二	丁丑 18 三	戊寅 19 四	己卯 20 五	庚辰 21 六	辛巳 22 日	壬午 23 一	癸未 24 二	甲申 25 三	乙酉 26 四	丙戌 27 五	丁亥 28 六	戊子 29 日	己丑 30 一	庚寅 31 二	辛卯 (9) 三	壬辰 2 四	癸巳 3 五	甲午 4 六	乙未 5 日	丙申 6 一		丙子處暑 辛卯白露
八月小	丁酉	天干地支 西曆 星期	丁酉 7 二	戊戌 8 三	己亥 9 四	庚子 10 五	辛丑 11 六	壬寅 12 日	癸卯 13 一	甲辰 14 二	乙巳 15 三	丙午 16 四	丁未 17 五	戊申 18 六	己酉 19 日	庚戌 20 一	辛亥 21 二	壬子 22 三	癸丑 23 四	甲寅 24 五	乙卯 25 六	丙辰 26 日	丁巳 27 一	戊午 28 二	己未 29 三	庚申 30 四	辛酉 (10) 五	壬戌 2 六	癸亥 3 日	甲子 4 一	乙丑 5 二		丙午秋分 壬戌寒露
九月大	戊戌	天干地支 西曆 星期	丙寅 6 三	丁卯 7 四	戊辰 8 五	己巳 9 六	庚午 10 日	辛未 11 一	壬申 12 二	癸酉 13 三	甲戌 14 四	乙亥 15 五	丙子 16 六	丁丑 17 日	戊寅 18 一	己卯 19 二	庚辰 20 三	辛巳 21 四	壬午 22 五	癸未 23 六	甲申 24 日	乙酉 25 一	丙戌 26 二	丁亥 27 三	戊子 28 四	己丑 29 五	庚寅 30 六	辛卯 31 日	壬辰 (11) 一	癸巳 2 二	甲午 3 三	乙未 4 四	丁丑霜降 壬辰立冬
十月小	己亥	天干地支 西曆 星期	丙申 5 五	丁酉 6 六	戊戌 7 日	己亥 8 一	庚子 9 二	辛丑 10 三	壬寅 11 四	癸卯 12 五	甲辰 13 六	乙巳 14 日	丙午 15 一	丁未 16 二	戊申 17 三	己酉 18 四	庚戌 19 五	辛亥 20 六	壬子 21 日	癸丑 22 一	甲寅 23 二	乙卯 24 三	丙辰 25 四	丁巳 26 五	戊午 27 六	己未 28 日	庚申 29 一	辛酉 30 二	壬戌 (12) 三	癸亥 2 四	甲子 3 五		丁未小雪 壬戌大雪
十一月大	庚子	天干地支 西曆 星期	乙丑 4 六	丙寅 5 日	丁卯 6 一	戊辰 7 二	己巳 8 三	庚午 9 四	辛未 10 五	壬申 11 六	癸酉 12 日	甲戌 13 一	乙亥 14 二	丙子 15 三	丁丑 16 四	戊寅 17 五	己卯 18 六	庚辰 19 日	辛巳 20 一	壬午 21 二	癸未 22 三	甲申 23 四	乙酉 24 五	丙戌 25 六	丁亥 26 日	戊子 27 一	己丑 28 二	庚寅 29 三	辛卯 30 四	壬辰 31 五	癸巳 (1) 六	甲午 2 日	戊寅冬至 癸巳小寒
十二月小	辛丑	天干地支 西曆 星期	乙未 3 一	丙申 4 二	丁酉 5 三	戊戌 6 四	己亥 7 五	庚子 8 六	辛丑 9 日	壬寅 10 一	癸卯 11 二	甲辰 12 三	乙巳 13 四	丙午 14 五	丁未 15 六	戊申 16 日	己酉 17 一	庚戌 18 二	辛亥 19 三	壬子 20 四	癸丑 21 五	甲寅 22 六	乙卯 23 日	丙辰 24 一	丁巳 25 二	戊午 26 三	己未 27 四	庚申 28 五	辛酉 29 六	壬戌 30 日	癸亥 31 一		戊申大寒 癸亥立春

宋太宗雍熙四年（丁亥 猪年） 公元 **987** ~ 988 年

夏曆月序		中西曆日對照	夏曆日序																														節氣與天象
			初一	初二	初三	初四	初五	初六	初七	初八	初九	初十	十一	十二	十三	十四	十五	十六	十七	十八	十九	二十	二一	二二	二三	二四	二五	二六	二七	二八	二九	三十	
正月大	壬寅	天干 地支 西曆 星期	甲子 (2) 二	乙丑 2 三	丙寅 3 四	丁卯 4 五	戊辰 5 六	己巳 6 日	庚午 7 一	辛未 8 二	壬申 9 三	癸酉 10 四	甲戌 11 五	乙亥 12 六	丙子 13 日	丁丑 14 一	戊寅 15 二	己卯 16 三	庚辰 17 四	辛巳 18 五	壬午 19 六	癸未 20 日	甲申 21 一	乙酉 22 二	丙戌 23 三	丁亥 24 四	戊子 25 五	己丑 26 六	庚寅 27 日	辛卯 28 一	壬辰 (3) 二	癸巳 2 三	戊寅雨水
二月小	癸卯	天干 地支 西曆 星期	甲午 3 四	乙未 4 五	丙申 5 六	丁酉 6 日	戊戌 7 一	己亥 8 二	庚子 9 三	辛丑 10 四	壬寅 11 五	癸卯 12 六	甲辰 13 日	乙巳 14 一	丙午 15 二	丁未 16 三	戊申 17 四	己酉 18 五	庚戌 19 六	辛亥 20 日	壬子 21 一	癸丑 22 二	甲寅 23 三	乙卯 24 四	丙辰 25 五	丁巳 26 六	戊午 27 日	己未 28 一	庚申 29 二	辛酉 30 三	壬戌 31 四		甲午驚蟄 己酉春分
三月大	甲辰	天干 地支 西曆 星期	癸亥 (4) 五	甲子 2 六	乙丑 3 日	丙寅 4 一	丁卯 5 二	戊辰 6 三	己巳 7 四	庚午 8 五	辛未 9 六	壬申 10 日	癸酉 11 一	甲戌 12 二	乙亥 13 三	丙子 14 四	丁丑 15 五	戊寅 16 六	己卯 17 日	庚辰 18 一	辛巳 19 二	壬午 20 三	癸未 21 四	甲申 22 五	乙酉 23 六	丙戌 24 日	丁亥 25 一	戊子 26 二	己丑 27 三	庚寅 28 四	辛卯 29 五	壬辰 30 六	甲子清明 己卯穀雨
四月小	乙巳	天干 地支 西曆 星期	癸巳 (5) 日	甲午 2 一	乙未 3 二	丙申 4 三	丁酉 5 四	戊戌 6 五	己亥 7 六	庚子 8 日	辛丑 9 一	壬寅 10 二	癸卯 11 三	甲辰 12 四	乙巳 13 五	丙午 14 六	丁未 15 日	戊申 16 一	己酉 17 二	庚戌 18 三	辛亥 19 四	壬子 20 五	癸丑 21 六	甲寅 22 日	乙卯 23 一	丙辰 24 二	丁巳 25 三	戊午 26 四	己未 27 五	庚申 28 六	辛酉 29 日		乙未立夏 庚戌小滿
五月大	丙午	天干 地支 西曆 星期	壬戌 30 一	癸亥 31 二	甲子 (6) 三	乙丑 2 四	丙寅 3 五	丁卯 4 六	戊辰 5 日	己巳 6 一	庚午 7 二	辛未 8 三	壬申 9 四	癸酉 10 五	甲戌 11 六	乙亥 12 日	丙子 13 一	丁丑 14 二	戊寅 15 三	己卯 16 四	庚辰 17 五	辛巳 18 六	壬午 19 日	癸未 20 一	甲申 21 二	乙酉 22 三	丙戌 23 四	丁亥 24 五	戊子 25 六	己丑 26 日	庚寅 27 一	辛卯 28 二	乙丑芒種 庚辰夏至
六月大	丁未	天干 地支 西曆 星期	壬辰 29 三	癸巳 30 四	甲午 (7) 五	乙未 2 六	丙申 3 日	丁酉 4 一	戊戌 5 二	己亥 6 三	庚子 7 四	辛丑 8 五	壬寅 9 六	癸卯 10 日	甲辰 11 一	乙巳 12 二	丙午 13 三	丁未 14 四	戊申 15 五	己酉 16 六	庚戌 17 日	辛亥 18 一	壬子 19 二	癸丑 20 三	甲寅 21 四	乙卯 22 五	丙辰 23 六	丁巳 24 日	戊午 25 一	己未 26 二	庚申 27 三	辛酉 28 四	乙未小暑 辛亥大暑
七月小	戊申	天干 地支 西曆 星期	壬戌 29 五	癸亥 30 六	甲子 31 日	乙丑 (8) 一	丙寅 2 二	丁卯 3 三	戊辰 4 四	己巳 5 五	庚午 6 六	辛未 7 日	壬申 8 一	癸酉 9 二	甲戌 10 三	乙亥 11 四	丙子 12 五	丁丑 13 六	戊寅 14 日	己卯 15 一	庚辰 16 二	辛巳 17 三	壬午 18 四	癸未 19 五	甲申 20 六	乙酉 21 日	丙戌 22 一	丁亥 23 二	戊子 24 三	己丑 25 四	庚寅 26 五		丙寅立秋 辛巳處暑
八月大	己酉	天干 地支 西曆 星期	辛卯 27 六	壬辰 28 日	癸巳 29 一	甲午 30 二	乙未 31 三	丙申 (9) 四	丁酉 2 五	戊戌 3 六	己亥 4 日	庚子 5 一	辛丑 6 二	壬寅 7 三	癸卯 8 四	甲辰 9 五	乙巳 10 六	丙午 11 日	丁未 12 一	戊申 13 二	己酉 14 三	庚戌 15 四	辛亥 16 五	壬子 17 六	癸丑 18 日	甲寅 19 一	乙卯 20 二	丙辰 21 三	丁巳 22 四	戊午 23 五	己未 24 六	庚申 25 日	丙申白露 壬子秋分
九月小	庚戌	天干 地支 西曆 星期	辛酉 26 一	壬戌 27 二	癸亥 28 三	甲子 29 四	乙丑 30 五	丙寅 (10) 六	丁卯 2 日	戊辰 3 一	己巳 4 二	庚午 5 三	辛未 6 四	壬申 7 五	癸酉 8 六	甲戌 9 日	乙亥 10 一	丙子 11 二	丁丑 12 三	戊寅 13 四	己卯 14 五	庚辰 15 六	辛巳 16 日	壬午 17 一	癸未 18 二	甲申 19 三	乙酉 20 四	丙戌 21 五	丁亥 22 六	戊子 23 日	己丑 24 一		丁卯寒露 壬午霜降
十月大	辛亥	天干 地支 西曆 星期	庚寅 25 二	辛卯 26 三	壬辰 27 四	癸巳 28 五	甲午 29 六	乙未 30 日	丙申 31 一	丁酉 (11) 二	戊戌 2 三	己亥 3 四	庚子 4 五	辛丑 5 六	壬寅 6 日	癸卯 7 一	甲辰 8 二	乙巳 9 三	丙午 10 四	丁未 11 五	戊申 12 六	己酉 13 日	庚戌 14 一	辛亥 15 二	壬子 16 三	癸丑 17 四	甲寅 18 五	乙卯 19 六	丙辰 20 日	丁巳 21 一	戊午 22 二	己未 23 三	丁酉立冬 壬子小雪
十一月小	壬子	天干 地支 西曆 星期	庚申 24 四	辛酉 25 五	壬戌 26 六	癸亥 27 日	甲子 28 一	乙丑 29 二	丙寅 30 三	丁卯 (12) 四	戊辰 2 五	己巳 3 六	庚午 4 日	辛未 5 一	壬申 6 二	癸酉 7 三	甲戌 8 四	乙亥 9 五	丙子 10 六	丁丑 11 日	戊寅 12 一	己卯 13 二	庚辰 14 三	辛巳 15 四	壬午 16 五	癸未 17 六	甲申 18 日	乙酉 19 一	丙戌 20 二	丁亥 21 三	戊子 22 四		戊辰大雪 癸未冬至
十二月大	癸丑	天干 地支 西曆 星期	己丑 23 五	庚寅 24 六	辛卯 25 日	壬辰 26 一	癸巳 27 二	甲午 28 三	乙未 29 四	丙申 30 五	丁酉 31 六	戊戌 (1) 日	己亥 2 一	庚子 3 二	辛丑 4 三	壬寅 5 四	癸卯 6 五	甲辰 7 六	乙巳 8 日	丙午 9 一	丁未 10 二	戊申 11 三	己酉 12 四	庚戌 13 五	辛亥 14 六	壬子 15 日	癸丑 16 一	甲寅 17 二	乙卯 18 三	丙辰 19 四	丁巳 20 五	戊午 21 六	戊戌小寒 癸丑大寒

宋太宗雍熙五年 端拱元年（戊子 鼠年） 公元 988 ~ 989 年

夏曆月序		中西曆日對照	初一	初二	初三	初四	初五	初六	初七	初八	初九	初十	十一	十二	十三	十四	十五	十六	十七	十八	十九	二十	二一	二二	二三	二四	二五	二六	二七	二八	二九	三十	節氣與天象
正月小	甲寅	天干地支 西曆星期	己未 22 日	庚申 23 一	辛酉 24 二	壬戌 25 三	癸亥 26 四	甲子 27 五	乙丑 28 六	丙寅 29 日	丁卯 30 一	戊辰 31 二	己巳 (2) 三	庚午 2 四	辛未 3 五	壬申 4 六	癸酉 5 日	甲戌 6 一	乙亥 7 二	丙子 8 三	丁丑 9 四	戊寅 10 五	己卯 11 六	庚辰 12 日	辛巳 13 一	壬午 14 二	癸未 15 三	甲申 16 四	乙酉 17 五	丙戌 18 六	丁亥 19 日		己巳立春 甲申雨水
二月大	乙卯	天干地支 西曆星期	戊子 20 一	己丑 21 二	庚寅 22 三	辛卯 23 四	壬辰 24 五	癸巳 25 六	甲午 26 日	乙未 27 一	丙申 28 二	丁酉 29 三	戊戌 (3) 四	己亥 2 五	庚子 3 六	辛丑 4 日	壬寅 5 一	癸卯 6 二	甲辰 7 三	乙巳 8 四	丙午 9 五	丁未 10 六	戊申 11 日	己酉 12 一	庚戌 13 二	辛亥 14 三	壬子 15 四	癸丑 16 五	甲寅 17 六	乙卯 18 日	丙辰 19 一	丁巳 20 二	己亥驚蟄 甲寅春分
三月小	丙辰	天干地支 西曆星期	戊午 21 三	己未 22 四	庚申 23 五	辛酉 24 六	壬戌 25 日	癸亥 26 一	甲子 27 二	乙丑 28 三	丙寅 29 四	丁卯 30 五	戊辰 31 六	己巳 (4) 日	庚午 2 一	辛未 3 二	壬申 4 三	癸酉 5 四	甲戌 6 五	乙亥 7 六	丙子 8 日	丁丑 9 一	戊寅 10 二	己卯 11 三	庚辰 12 四	辛巳 13 五	壬午 14 六	癸未 15 日	甲申 16 一	乙酉 17 二	丙戌 18 三		己巳清明 乙酉穀雨
四月大	丁巳	天干地支 西曆星期	丁亥 19 四	戊子 20 五	己丑 21 六	庚寅 22 日	辛卯 23 一	壬辰 24 二	癸巳 25 三	甲午 26 四	乙未 27 五	丙申 28 六	丁酉 29 日	戊戌 30 一	己亥 (5) 二	庚子 2 三	辛丑 3 四	壬寅 4 五	癸卯 5 六	甲辰 6 日	乙巳 7 一	丙午 8 二	丁未 9 三	戊申 10 四	己酉 11 五	庚戌 12 六	辛亥 13 日	壬子 14 一	癸丑 15 二	甲寅 16 三	乙卯 17 四	丙辰 18 五	庚子立夏 乙卯小滿
五月小	戊午	天干地支 西曆星期	丁巳 19 六	戊午 20 日	己未 21 一	庚申 22 二	辛酉 23 三	壬戌 24 四	癸亥 25 五	甲子 26 六	乙丑 27 日	丙寅 28 一	丁卯 29 二	戊辰 30 三	己巳 31 四	庚午 (6) 五	辛未 2 六	壬申 3 日	癸酉 4 一	甲戌 5 二	乙亥 6 三	丙子 7 四	丁丑 8 五	戊寅 9 六	己卯 10 日	庚辰 11 一	辛巳 12 二	壬午 13 三	癸未 14 四	甲申 15 五	乙酉 16 六		庚午芒種 乙酉夏至
閏五月大	戊午	天干地支 西曆星期	丙戌 17 日	丁亥 18 一	戊子 19 二	己丑 20 三	庚寅 21 四	辛卯 22 五	壬辰 23 六	癸巳 24 日	甲午 25 一	乙未 26 二	丙申 27 三	丁酉 28 四	戊戌 29 五	己亥 30 六	庚子 (7) 日	辛丑 2 一	壬寅 3 二	癸卯 4 三	甲辰 5 四	乙巳 6 五	丙午 7 六	丁未 8 日	戊申 9 一	己酉 10 二	庚戌 11 三	辛亥 12 四	壬子 13 五	癸丑 14 六	甲寅 15 日	乙卯 16 一	辛丑小暑
六月小	己未	天干地支 西曆星期	丙辰 17 二	丁巳 18 三	戊午 19 四	己未 20 五	庚申 21 六	辛酉 22 日	壬戌 23 一	癸亥 24 二	甲子 25 三	乙丑 26 四	丙寅 27 五	丁卯 28 六	戊辰 29 日	己巳 30 一	庚午 31 二	辛未 (8) 三	壬申 2 四	癸酉 3 五	甲戌 4 六	乙亥 5 日	丙子 6 一	丁丑 7 二	戊寅 8 三	己卯 9 四	庚辰 10 五	辛巳 11 六	壬午 12 日	癸未 13 一	甲申 14 二		丙辰大暑 辛未立秋
七月大	庚申	天干地支 西曆星期	乙酉 15 三	丙戌 16 四	丁亥 17 五	戊子 18 六	己丑 19 日	庚寅 20 一	辛卯 21 二	壬辰 22 三	癸巳 23 四	甲午 24 五	乙未 25 六	丙申 26 日	丁酉 27 一	戊戌 28 二	己亥 29 三	庚子 30 四	辛丑 31 五	壬寅 (9) 六	癸卯 2 日	甲辰 3 一	乙巳 4 二	丙午 5 三	丁未 6 四	戊申 7 五	己酉 8 六	庚戌 9 日	辛亥 10 一	壬子 11 二	癸丑 12 三	甲寅 13 四	丙戌處暑 壬寅白露
八月大	辛酉	天干地支 西曆星期	乙卯 14 五	丙辰 15 六	丁巳 16 日	戊午 17 一	己未 18 二	庚申 19 三	辛酉 20 四	壬戌 21 五	癸亥 22 六	甲子 23 日	乙丑 24 一	丙寅 25 二	丁卯 26 三	戊辰 27 四	己巳 28 五	庚午 29 六	辛未 30 日	壬申 (10) 一	癸酉 2 二	甲戌 3 三	乙亥 4 四	丙子 5 五	丁丑 6 六	戊寅 7 日	己卯 8 一	庚辰 9 二	辛巳 10 三	壬午 11 四	癸未 12 五	甲申 13 六	丁巳秋分 壬申寒露
九月小	壬戌	天干地支 西曆星期	乙酉 14 日	丙戌 15 一	丁亥 16 二	戊子 17 三	己丑 18 四	庚寅 19 五	辛卯 20 六	壬辰 21 日	癸巳 22 一	甲午 23 二	乙未 24 三	丙申 25 四	丁酉 26 五	戊戌 27 六	己亥 28 日	庚子 29 一	辛丑 30 二	壬寅 31 三	癸卯 (11) 四	甲辰 2 五	乙巳 3 六	丙午 4 日	丁未 5 一	戊申 6 二	己酉 7 三	庚戌 8 四	辛亥 9 五	壬子 10 六	癸丑 11 日		丁亥霜降 壬寅立冬
十月大	癸亥	天干地支 西曆星期	甲寅 12 一	乙卯 13 二	丙辰 14 三	丁巳 15 四	戊午 16 五	己未 17 六	庚申 18 日	辛酉 19 一	壬戌 20 二	癸亥 21 三	甲子 22 四	乙丑 23 五	丙寅 24 六	丁卯 25 日	戊辰 26 一	己巳 27 二	庚午 28 三	辛未 29 四	壬申 30 五	癸酉 (12) 六	甲戌 2 日	乙亥 3 一	丙子 4 二	丁丑 5 三	戊寅 6 四	己卯 7 五	庚辰 8 六	辛巳 9 日	壬午 10 一	癸未 11 二	戊午小雪 癸酉大雪
十一月大	甲子	天干地支 西曆星期	甲申 12 三	乙酉 13 四	丙戌 14 五	丁亥 15 六	戊子 16 日	己丑 17 一	庚寅 18 二	辛卯 19 三	壬辰 20 四	癸巳 21 五	甲午 22 六	乙未 23 日	丙申 24 一	丁酉 25 二	戊戌 26 三	己亥 27 四	庚子 28 五	辛丑 29 六	壬寅 30 日	癸卯 31 一	甲辰 (1) 二	乙巳 2 三	丙午 3 四	丁未 4 五	戊申 5 六	己酉 6 日	庚戌 7 一	辛亥 8 二	壬子 9 三	癸丑 10 四	戊子冬至 癸卯小寒
十二月小	乙丑	天干地支 西曆星期	甲寅 11 五	乙卯 12 六	丙辰 13 日	丁巳 14 一	戊午 15 二	己未 16 三	庚申 17 四	辛酉 18 五	壬戌 19 六	癸亥 20 日	甲子 21 一	乙丑 22 二	丙寅 23 三	丁卯 24 四	戊辰 25 五	己巳 26 六	庚午 27 日	辛未 28 一	壬申 29 二	癸酉 30 三	甲戌 31 四	乙亥 (2) 五	丙子 2 六	丁丑 3 日	戊寅 4 一	己卯 5 二	庚辰 6 三	辛巳 7 四	壬午 8 五		己未大寒 甲戌立春

* 正月乙亥（十七日），改元端拱。

宋太宗端拱二年（己丑 牛年） 公元989～990年

夏曆月序	中西曆日對照	初一	初二	初三	初四	初五	初六	初七	初八	初九	初十	十一	十二	十三	十四	十五	十六	十七	十八	十九	二十	二一	二二	二三	二四	二五	二六	二七	二八	二九	三十	節氣與天象
正月小 丙寅	天干地支西曆星期	癸未 9 六	甲申 10 日	乙酉 11 一	丙戌 12 二	丁亥 13 三	戊子 14 四	己丑 15 五	庚寅 16 六	辛卯 17 日	壬辰 18 一	癸巳 19 二	甲午 20 三	乙未 21 四	丙申 22 五	丁酉 23 六	戊戌 24 日	己亥 25 一	庚子 26 二	辛丑 27 三	壬寅 28 四	癸卯 (3) 五	甲辰 2 六	乙巳 3 日	丙午 4 一	丁未 5 二	戊申 6 三	己酉 7 四	庚戌 8 五	辛亥 9 六		己丑雨水 甲辰驚蟄
二月大 丁卯	天干地支西曆星期	壬子 10 日	癸丑 11 一	甲寅 12 二	乙卯 13 三	丙辰 14 四	丁巳 15 五	戊午 16 六	己未 17 日	庚申 18 一	辛酉 19 二	壬戌 20 三	癸亥 21 四	甲子 22 五	乙丑 23 六	丙寅 24 日	丁卯 25 一	戊辰 26 二	己巳 27 三	庚午 28 四	辛未 29 五	壬申 30 六	癸酉 31 日	甲戌 (4) 一	乙亥 2 二	丙子 3 三	丁丑 4 四	戊寅 5 五	己卯 6 六	庚辰 7 日	辛巳 8 一	己未春分 乙亥清明
三月小 戊辰	天干地支西曆星期	壬午 9 二	癸未 10 三	甲申 11 四	乙酉 12 五	丙戌 13 六	丁亥 14 日	戊子 15 一	己丑 16 二	庚寅 17 三	辛卯 18 四	壬辰 19 五	癸巳 20 六	甲午 21 日	乙未 22 一	丙申 23 二	丁酉 24 三	戊戌 25 四	己亥 26 五	庚子 27 六	辛丑 28 日	壬寅 29 一	癸卯 30 二	甲辰 (5) 三	乙巳 2 四	丙午 3 五	丁未 4 六	戊申 5 日	己酉 6 一	庚戌 7 二		庚寅穀雨 乙巳立夏
四月小 己巳	天干地支西曆星期	辛亥 8 三	壬子 9 四	癸丑 10 五	甲寅 11 六	乙卯 12 日	丙辰 13 一	丁巳 14 二	戊午 15 三	己未 16 四	庚申 17 五	辛酉 18 六	壬戌 19 日	癸亥 20 一	甲子 21 二	乙丑 22 三	丙寅 23 四	丁卯 24 五	戊辰 25 六	己巳 26 日	庚午 27 一	辛未 28 二	壬申 29 三	癸酉 30 四	甲戌 31 五	乙亥 (6) 六	丙子 2 日	丁丑 3 一	戊寅 4 二	己卯 5 三		庚申小滿 乙亥芒種
五月大 庚午	天干地支西曆星期	庚辰 6 四	辛巳 7 五	壬午 8 六	癸未 9 日	甲申 10 一	乙酉 11 二	丙戌 12 三	丁亥 13 四	戊子 14 五	己丑 15 六	庚寅 16 日	辛卯 17 一	壬辰 18 二	癸巳 19 三	甲午 20 四	乙未 21 五	丙申 22 六	丁酉 23 日	戊戌 24 一	己亥 25 二	庚子 26 三	辛丑 27 四	壬寅 28 五	癸卯 29 六	甲辰 30 日	乙巳 (7) 一	丙午 2 二	丁未 3 三	戊申 4 四	己酉 5 五	辛卯夏至 丙午小暑
六月小 辛未	天干地支西曆星期	庚戌 6 六	辛亥 7 日	壬子 8 一	癸丑 9 二	甲寅 10 三	乙卯 11 四	丙辰 12 五	丁巳 13 六	戊午 14 日	己未 15 一	庚申 16 二	辛酉 17 三	壬戌 18 四	癸亥 19 五	甲子 20 六	乙丑 21 日	丙寅 22 一	丁卯 23 二	戊辰 24 三	己巳 25 四	庚午 26 五	辛未 27 六	壬申 28 日	癸酉 29 一	甲戌 30 二	乙亥 31 三	丙子 (8) 四	丁丑 2 五	戊寅 3 六		辛酉大暑 丙子立秋
七月大 壬申	天干地支西曆星期	己卯 4 日	庚辰 5 一	辛巳 6 二	壬午 7 三	癸未 8 四	甲申 9 五	乙酉 10 六	丙戌 11 日	丁亥 12 一	戊子 13 二	己丑 14 三	庚寅 15 四	辛卯 16 五	壬辰 17 六	癸巳 18 日	甲午 19 一	乙未 20 二	丙申 21 三	丁酉 22 四	戊戌 23 五	己亥 24 六	庚子 25 日	辛丑 26 一	壬寅 27 二	癸卯 28 三	甲辰 29 四	乙巳 30 五	丙午 31 六	丁未 (9) 日	戊申 2 一	壬辰處暑 丁未白露
八月大 癸酉	天干地支西曆星期	己酉 3 二	庚戌 4 三	辛亥 5 四	壬子 6 五	癸丑 7 六	甲寅 8 日	乙卯 9 一	丙辰 10 二	丁巳 11 三	戊午 12 四	己未 13 五	庚申 14 六	辛酉 15 日	壬戌 16 一	癸亥 17 二	甲子 18 三	乙丑 19 四	丙寅 20 五	丁卯 21 六	戊辰 22 日	己巳 23 一	庚午 24 二	辛未 25 三	壬申 26 四	癸酉 27 五	甲戌 28 六	乙亥 29 日	丙子 30 一	丁丑 (10) 二	戊寅 2 三	壬戌秋分 丁丑寒露
九月大 甲戌	天干地支西曆星期	己卯 3 四	庚辰 4 五	辛巳 5 六	壬午 6 日	癸未 7 一	甲申 8 二	乙酉 9 三	丙戌 10 四	丁亥 11 五	戊子 12 六	己丑 13 日	庚寅 14 一	辛卯 15 二	壬辰 16 三	癸巳 17 四	甲午 18 五	乙未 19 六	丙申 20 日	丁酉 21 一	戊戌 22 二	己亥 23 三	庚子 24 四	辛丑 25 五	壬寅 26 六	癸卯 27 日	甲辰 28 一	乙巳 29 二	丙午 30 三	丁未 31 四	戊申 (11) 五	壬辰霜降 戊申立冬
十月小 乙亥	天干地支西曆星期	己酉 2 六	庚戌 3 日	辛亥 4 一	壬子 5 二	癸丑 6 三	甲寅 7 四	乙卯 8 五	丙辰 9 六	丁巳 10 日	戊午 11 一	己未 12 二	庚申 13 三	辛酉 14 四	壬戌 15 五	癸亥 16 六	甲子 17 日	乙丑 18 一	丙寅 19 二	丁卯 20 三	戊辰 21 四	己巳 22 五	庚午 23 六	辛未 24 日	壬申 25 一	癸酉 26 二	甲戌 27 三	乙亥 28 四	丙子 29 五	丁丑 30 六		癸亥小雪
十一月大 丙子	天干地支西曆星期	戊寅 (12) 日	己卯 2 一	庚辰 3 二	辛巳 4 三	壬午 5 四	癸未 6 五	甲申 7 六	乙酉 8 日	丙戌 9 一	丁亥 10 二	戊子 11 三	己丑 12 四	庚寅 13 五	辛卯 14 六	壬辰 15 日	癸巳 16 一	甲午 17 二	乙未 18 三	丙申 19 四	丁酉 20 五	戊戌 21 六	己亥 22 日	庚子 23 一	辛丑 24 二	壬寅 25 三	癸卯 26 四	甲辰 27 五	乙巳 28 六	丙午 29 日	丁未 30 一	戊寅大雪 癸巳冬至
十二月大 丁丑	天干地支西曆星期	戊申 31 二	己酉 (1) 三	庚戌 2 四	辛亥 3 五	壬子 4 六	癸丑 5 日	甲寅 6 一	乙卯 7 二	丙辰 8 三	丁巳 9 四	戊午 10 五	己未 11 六	庚申 12 日	辛酉 13 一	壬戌 14 二	癸亥 15 三	甲子 16 四	乙丑 17 五	丙寅 18 六	丁卯 19 日	戊辰 20 一	己巳 21 二	庚午 22 三	辛未 23 四	壬申 24 五	癸酉 25 六	甲戌 26 日	乙亥 27 一	丙子 28 二	丁丑 29 三	己酉小寒 甲子大寒

宋太宗淳化元年（庚寅 虎年） 公元990 ~ 991年

夏曆月序		中西曆日對照	初一	初二	初三	初四	初五	初六	初七	初八	初九	初十	十一	十二	十三	十四	十五	十六	十七	十八	十九	二十	二一	二二	二三	二四	二五	二六	二七	二八	二九	三十	節氣與天象
正月小	戊寅	天干地支 西曆星期	戊寅 30 四	己卯 31 五	庚辰 (2) 六	辛巳 2 日	壬午 3 一	癸未 4 二	甲申 5 三	乙酉 6 四	丙戌 7 五	丁亥 8 六	戊子 9 日	己丑 10 一	庚寅 11 二	辛卯 12 三	壬辰 13 四	癸巳 14 五	甲午 15 六	乙未 16 日	丙申 17 一	丁酉 18 二	戊戌 19 三	己亥 20 四	庚子 21 五	辛丑 22 六	壬寅 23 日	癸卯 24 一	甲辰 25 二	乙巳 26 三	丙午 27 四		己卯立春 甲午雨水
二月小	己卯	天干地支 西曆星期	丁未 28 五	戊申 (3) 六	己酉 2 日	庚戌 3 一	辛亥 4 二	壬子 5 三	癸丑 6 四	甲寅 7 五	乙卯 8 六	丙辰 9 日	丁巳 10 一	戊午 11 二	己未 12 三	庚申 13 四	辛酉 14 五	壬戌 15 六	癸亥 16 日	甲子 17 一	乙丑 18 二	丙寅 19 三	丁卯 20 四	戊辰 21 五	己巳 22 六	庚午 23 日	辛未 24 一	壬申 25 二	癸酉 26 三	甲戌 27 四	乙亥 28 五		己酉驚蟄 乙丑春分
三月大	庚辰	天干地支 西曆星期	丙子 29 六	丁丑 30 日	戊寅 31 一	己卯 (4) 二	庚辰 2 三	辛巳 3 四	壬午 4 五	癸未 5 六	甲申 6 日	乙酉 7 一	丙戌 8 二	丁亥 9 三	戊子 10 四	己丑 11 五	庚寅 12 六	辛卯 13 日	壬辰 14 一	癸巳 15 二	甲午 16 三	乙未 17 四	丙申 18 五	丁酉 19 六	戊戌 20 日	己亥 21 一	庚子 22 二	辛丑 23 三	壬寅 24 四	癸卯 25 五	甲辰 26 六	乙巳 27 日	庚辰清明 乙未穀雨
四月小	辛巳	天干地支 西曆星期	丙午 28 一	丁未 29 二	戊申 30 三	己酉 (5) 四	庚戌 2 五	辛亥 3 六	壬子 4 日	癸丑 5 一	甲寅 6 二	乙卯 7 三	丙辰 8 四	丁巳 9 五	戊午 10 六	己未 11 日	庚申 12 一	辛酉 13 二	壬戌 14 三	癸亥 15 四	甲子 16 五	乙丑 17 六	丙寅 18 日	丁卯 19 一	戊辰 20 二	己巳 21 三	庚午 22 四	辛未 23 五	壬申 24 六	癸酉 25 日	甲戌 26 一		庚戌立夏 丙寅小滿
五月小	壬午	天干地支 西曆星期	乙亥 27 二	丙子 28 三	丁丑 29 四	戊寅 30 五	己卯 31 六	庚辰 (6) 日	辛巳 2 一	壬午 3 二	癸未 4 三	甲申 5 四	乙酉 6 五	丙戌 7 六	丁亥 8 日	戊子 9 一	己丑 10 二	庚寅 11 三	辛卯 12 四	壬辰 13 五	癸巳 14 六	甲午 15 日	乙未 16 一	丙申 17 二	丁酉 18 三	戊戌 19 四	己亥 20 五	庚子 21 六	辛丑 22 日	壬寅 23 一	癸卯 24 二		辛巳芒種 丙申夏至
六月大	癸未	天干地支 西曆星期	甲辰 25 三	乙巳 26 四	丙午 27 五	丁未 28 六	戊申 29 日	己酉 30 一	庚戌 (7) 二	辛亥 2 三	壬子 3 四	癸丑 4 五	甲寅 5 六	乙卯 6 日	丙辰 7 一	丁巳 8 二	戊午 9 三	己未 10 四	庚申 11 五	辛酉 12 六	壬戌 13 日	癸亥 14 一	甲子 15 二	乙丑 16 三	丙寅 17 四	丁卯 18 五	戊辰 19 六	己巳 20 日	庚午 21 一	辛未 22 二	壬申 23 三	癸酉 24 四	辛亥小暑 丙寅大暑
七月小	甲申	天干地支 西曆星期	甲戌 25 五	乙亥 26 六	丙子 27 日	丁丑 28 一	戊寅 29 二	己卯 30 三	庚辰 31 四	辛巳 (8) 五	壬午 2 六	癸未 3 日	甲申 4 一	乙酉 5 二	丙戌 6 三	丁亥 7 四	戊子 8 五	己丑 9 六	庚寅 10 日	辛卯 11 一	壬辰 12 二	癸巳 13 三	甲午 14 四	乙未 15 五	丙申 16 六	丁酉 17 日	戊戌 18 一	己亥 19 二	庚子 20 三	辛丑 21 四	壬寅 22 五		壬午立秋 丁酉處暑
八月大	乙酉	天干地支 西曆星期	癸卯 23 六	甲辰 24 日	乙巳 25 一	丙午 26 二	丁未 27 三	戊申 28 四	己酉 29 五	庚戌 30 六	辛亥 31 日	壬子 (9) 一	癸丑 2 二	甲寅 3 三	乙卯 4 四	丙辰 5 五	丁巳 6 六	戊午 7 日	己未 8 一	庚申 9 二	辛酉 10 三	壬戌 11 四	癸亥 12 五	甲子 13 六	乙丑 14 日	丙寅 15 一	丁卯 16 二	戊辰 17 三	己巳 18 四	庚午 19 五	辛未 20 六	壬申 21 日	壬子白露 丁卯秋分
九月大	丙戌	天干地支 西曆星期	癸酉 22 一	甲戌 23 二	乙亥 24 三	丙子 25 四	丁丑 26 五	戊寅 27 六	己卯 28 日	庚辰 29 一	辛巳 30 二	壬午 (10) 三	癸未 2 四	甲申 3 五	乙酉 4 六	丙戌 5 日	丁亥 6 一	戊子 7 二	己丑 8 三	庚寅 9 四	辛卯 10 五	壬辰 11 六	癸巳 12 日	甲午 13 一	乙未 14 二	丙申 15 三	丁酉 16 四	戊戌 17 五	己亥 18 六	庚子 19 日	辛丑 20 一	壬寅 21 二	壬午寒露 戊戌霜降
十月小	丁亥	天干地支 西曆星期	癸卯 22 三	甲辰 23 四	乙巳 24 五	丙午 25 六	丁未 26 日	戊申 27 一	己酉 28 二	庚戌 29 三	辛亥 30 四	壬子 31 五	癸丑 (11) 六	甲寅 2 日	乙卯 3 一	丙辰 4 二	丁巳 5 三	戊午 6 四	己未 7 五	庚申 8 六	辛酉 9 日	壬戌 10 一	癸亥 11 二	甲子 12 三	乙丑 13 四	丙寅 14 五	丁卯 15 六	戊辰 16 日	己巳 17 一	庚午 18 二	辛未 19 三		癸丑立冬 戊辰小雪
十一月大	戊子	天干地支 西曆星期	壬申 20 四	癸酉 21 五	甲戌 22 六	乙亥 23 日	丙子 24 一	丁丑 25 二	戊寅 26 三	己卯 27 四	庚辰 28 五	辛巳 29 六	壬午 30 日	癸未 (12) 一	甲申 2 二	乙酉 3 三	丙戌 4 四	丁亥 5 五	戊子 6 六	己丑 7 日	庚寅 8 一	辛卯 9 二	壬辰 10 三	癸巳 11 四	甲午 12 五	乙未 13 六	丙申 14 日	丁酉 15 一	戊戌 16 二	己亥 17 三	庚子 18 四	辛丑 19 五	癸未大雪 己亥冬至
十二月大	己丑	天干地支 西曆星期	壬寅 20 六	癸卯 21 日	甲辰 22 一	乙巳 23 二	丙午 24 三	丁未 25 四	戊申 26 五	己酉 27 六	庚戌 28 日	辛亥 29 一	壬子 30 二	癸丑 31 三	甲寅 (1) 四	乙卯 2 五	丙辰 3 六	丁巳 4 日	戊午 5 一	己未 6 二	庚申 7 三	辛酉 8 四	壬戌 9 五	癸亥 10 六	甲子 11 日	乙丑 12 一	丙寅 13 二	丁卯 14 三	戊辰 15 四	己巳 16 五	庚午 17 六	辛未 18 日	甲寅小寒 己巳大寒

* 正月戊寅（初一）, 改元淳化。

宋太宗淳化二年（辛卯 兔年） 公元 991 ~ 992 年

夏曆月序	中西曆日對照	初一	初二	初三	初四	初五	初六	初七	初八	初九	初十	十一	十二	十三	十四	十五
正月大 庚寅	天干地支 西曆 星期	壬申 19 一	癸酉 20 二	甲戌 21 三	乙亥 22 四	丙子 23 五	丁丑 24 六	戊寅 25 日	己卯 26 一	庚辰 27 二	辛巳 28 三	壬午 29 四	癸未 30 五	甲申 31 六	乙酉 (2) 日	丙戌 2 一
二月小 辛卯	天干地支 西曆 星期	壬寅 18 三	癸卯 19 四	甲辰 20 五	乙巳 21 六	丙午 22 日	丁未 23 一	戊申 24 二	己酉 25 三	庚戌 26 四	辛亥 27 五	壬子 28 六	癸丑 (3) 日	甲寅 2 一	乙卯 3 二	丙辰 4 三
閏二月小 辛卯	天干地支 西曆 星期	辛未 19 四	壬申 20 五	癸酉 21 六	甲戌 22 日	乙亥 23 一	丙子 24 二	丁丑 25 三	戊寅 26 四	己卯 27 五	庚辰 28 六	辛巳 29 日	壬午 30 一	癸未 31 二	甲申 (4) 三	乙酉 2 四
三月大 壬辰	天干地支 西曆 星期	庚子 17 五	辛丑 18 六	壬寅 19 日	癸卯 20 一	甲辰 21 二	乙巳 22 三	丙午 23 四	丁未 24 五	戊申 25 六	己酉 26 日	庚戌 27 一	辛亥 28 二	壬子 29 三	癸丑 30 四	甲寅 (5) 五
四月小 癸巳	天干地支 西曆 星期	庚午 17 日	辛未 18 一	壬申 19 二	癸酉 20 三	甲戌 21 四	乙亥 22 五	丙子 23 六	丁丑 24 日	戊寅 25 一	己卯 26 二	庚辰 27 三	辛巳 28 四	壬午 29 五	癸未 30 六	甲申 31 日
五月小 甲午	天干地支 西曆 星期	己亥 15 一	庚子 16 二	辛丑 17 三	壬寅 18 四	癸卯 19 五	甲辰 20 六	乙巳 21 日	丙午 22 一	丁未 23 二	戊申 24 三	己酉 25 四	庚戌 26 五	辛亥 27 六	壬子 28 日	癸丑 29 一
六月大 乙未	天干地支 西曆 星期	戊辰 14 二	己巳 15 三	庚午 16 四	辛未 17 五	壬申 18 六	癸酉 19 日	甲戌 20 一	乙亥 21 二	丙子 22 三	丁丑 23 四	戊寅 24 五	己卯 25 六	庚辰 26 日	辛巳 27 一	壬午 28 二
七月小 丙申	天干地支 西曆 星期	戊戌 13 四	己亥 14 五	庚子 15 六	辛丑 16 日	壬寅 17 一	癸卯 18 二	甲辰 19 三	乙巳 20 四	丙午 21 五	丁未 22 六	戊申 23 日	己酉 24 一	庚戌 25 二	辛亥 26 三	壬子 27 四
八月大 丁酉	天干地支 西曆 星期	丁卯 11 五	戊辰 12 六	己巳 13 日	庚午 14 一	辛未 15 二	壬申 16 三	癸酉 17 四	甲戌 18 五	乙亥 19 六	丙子 20 日	丁丑 21 一	戊寅 22 二	己卯 23 三	庚辰 24 四	辛巳 25 五
九月小 戊戌	天干地支 西曆 星期	丁酉 11 日	戊戌 12 一	己亥 13 二	庚子 14 三	辛丑 15 四	壬寅 16 五	癸卯 17 六	甲辰 18 日	乙巳 19 一	丙午 20 二	丁未 21 三	戊申 22 四	己酉 23 五	庚戌 24 六	辛亥 25 日
十月大 己亥	天干地支 西曆 星期	丙寅 9 一	丁卯 10 二	戊辰 11 三	己巳 12 四	庚午 13 五	辛未 14 六	壬申 15 日	癸酉 16 一	甲戌 17 二	乙亥 18 三	丙子 19 四	丁丑 20 五	戊寅 21 六	己卯 22 日	庚辰 23 一
十一月大 庚子	天干地支 西曆 星期	丙申 9 三	丁酉 10 四	戊戌 11 五	己亥 12 六	庚子 13 日	辛丑 14 一	壬寅 15 二	癸卯 16 三	甲辰 17 四	乙巳 18 五	丙午 19 六	丁未 20 日	戊申 21 一	己酉 22 二	庚戌 23 三
十二月大 辛丑	天干地支 西曆 星期	丙寅 8 五	丁卯 9 六	戊辰 10 日	己巳 11 一	庚午 12 二	辛未 13 三	壬申 14 四	癸酉 15 五	甲戌 16 六	乙亥 17 日	丙子 18 一	丁丑 19 二	戊寅 20 三	己卯 21 四	庚辰 22 五

夏曆月序	十六	十七	十八	十九	二十	二一	二二	二三	二四	二五	二六	二七	二八	二九	三十	節氣與天象
正月大 庚寅	丁亥 3 二	戊子 4 三	己丑 5 四	庚寅 6 五	辛卯 7 六	壬辰 8 日	癸巳 9 一	甲午 10 二	乙未 11 三	丙申 12 四	丁酉 13 五	戊戌 14 六	己亥 15 日	庚子 16 一	辛丑 17 二	甲申立春 己亥雨水
二月小 辛卯	丁巳 5 四	戊午 6 五	己未 7 六	庚申 8 日	辛酉 9 一	壬戌 10 二	癸亥 11 三	甲子 12 四	乙丑 13 五	丙寅 14 六	丁卯 15 日	戊辰 16 一	己巳 17 二	庚午 18 三		乙卯驚蟄 庚午春分
閏二月小 辛卯	丙戌 3 五	丁亥 4 六	戊子 5 日	己丑 6 一	庚寅 7 二	辛卯 8 三	壬辰 9 四	癸巳 10 五	甲午 11 六	乙未 12 日	丙申 13 一	丁酉 14 二	戊戌 15 三	己亥 16 四		乙酉清明 辛未日食
三月大 壬辰	乙卯 2 六	丙辰 3 日	丁巳 4 一	戊午 5 二	己未 6 三	庚申 7 四	辛酉 8 五	壬戌 9 六	癸亥 10 日	甲子 11 一	乙丑 12 二	丙寅 13 三	丁卯 14 四	戊辰 15 五	己巳 16 六	庚子穀雨 丙辰立夏
四月小 癸巳	乙酉 (6) 一	丙戌 2 二	丁亥 3 三	戊子 4 四	己丑 5 五	庚寅 6 六	辛卯 7 日	壬辰 8 一	癸巳 9 二	甲午 10 三	乙未 11 四	丙申 12 五	丁酉 13 六	戊戌 14 日		辛未小滿 丙戌芒種
五月小 甲午	甲寅 30 二	乙卯 (7) 三	丙辰 2 四	丁巳 3 五	戊午 4 六	己未 5 日	庚申 6 一	辛酉 7 二	壬戌 8 三	癸亥 9 四	甲子 10 五	乙丑 11 六	丙寅 12 日	丁卯 13 一		辛丑夏至 丙辰小暑
六月大 乙未	癸未 29 三	甲申 30 四	乙酉 31 五	丙戌 (8) 六	丁亥 2 日	戊子 3 一	己丑 4 二	庚寅 5 三	辛卯 6 四	壬辰 7 五	癸巳 8 六	甲午 9 日	乙未 10 一	丙申 11 二	丁酉 12 三	壬申大暑 丁亥立秋
七月小 丙申	癸丑 28 五	甲寅 29 六	乙卯 30 日	丙辰 31 一	丁巳 (9) 二	戊午 2 三	己未 3 四	庚申 4 五	辛酉 5 六	壬戌 6 日	癸亥 7 一	甲子 8 二	乙丑 9 三	丙寅 10 四		壬寅處暑 丁巳白露
八月大 丁酉	壬午 26 六	癸未 27 日	甲申 28 一	乙酉 29 二	丙戌 30 三	丁亥 (10) 四	戊子 2 五	己丑 3 六	庚寅 4 日	辛卯 5 一	壬辰 6 二	癸巳 7 三	甲午 8 四	乙未 9 五	丙申 10 六	癸酉秋分 戊子寒露
九月小 戊戌	壬子 26 一	癸丑 27 二	甲寅 28 三	乙卯 29 四	丙辰 30 五	丁巳 31 六	戊午 (11) 日	己未 2 一	庚申 3 二	辛酉 4 三	壬戌 5 四	癸亥 6 五	甲子 7 六	乙丑 8 日		癸卯霜降 戊午立冬
十月大 己亥	辛巳 24 二	壬午 25 三	癸未 26 四	甲申 27 五	乙酉 28 六	丙戌 29 日	丁亥 30 一	戊子 (12) 二	己丑 2 三	庚寅 3 四	辛卯 4 五	壬辰 5 六	癸巳 6 日	甲午 7 一	乙未 8 二	癸酉小雪 己丑大雪
十一月大 庚子	辛亥 24 四	壬子 25 五	癸丑 26 六	甲寅 27 日	乙卯 28 一	丙辰 29 二	丁巳 30 三	戊午 31 四	己未 (1) 五	庚申 2 六	辛酉 3 日	壬戌 4 一	癸亥 5 二	甲子 6 三	乙丑 7 四	甲辰冬至 己未小寒
十二月大 辛丑	辛巳 23 六	壬午 24 日	癸未 25 一	甲申 26 二	乙酉 27 三	丙戌 28 四	丁亥 29 五	戊子 30 六	己丑 31 日	庚寅 (2) 一	辛卯 2 二	壬辰 3 三	癸巳 4 四	甲午 5 五	乙未 6 六	甲戌大寒 己丑立春

宋太宗淳化三年（壬辰 龍年） 公元 **992** ~ 993 年

夏曆月序		中西曆日對照	初一	初二	初三	初四	初五	初六	初七	初八	初九	初十	十一	十二	十三	十四	十五	十六	十七	十八	十九	二十	二一	二二	二三	二四	二五	二六	二七	二八	二九	三十	節氣與天象
正月小	壬寅	天干地支 西曆 星期	丙申 7 日	丁酉 8 一	戊戌 9 二	己亥 10 三	庚子 11 四	辛丑 12 五	壬寅 13 六	癸卯 14 日	甲辰 15 一	乙巳 16 二	丙午 17 三	丁未 18 四	戊申 19 五	己酉 20 六	庚戌 21 日	辛亥 22 一	壬子 23 二	癸丑 24 三	甲寅 25 四	乙卯 26 五	丙辰 27 六	丁巳 28 日	戊午 29 一	己未 (3) 二	庚申 2 三	辛酉 3 四	壬戌 4 五	癸亥 5 六	甲子 6 日		乙巳雨水 庚申驚蟄
二月大	癸卯	天干地支 西曆 星期	乙丑 7 一	丙寅 8 二	丁卯 9 三	戊辰 10 四	己巳 11 五	庚午 12 六	辛未 13 日	壬申 14 一	癸酉 15 二	甲戌 16 三	乙亥 17 四	丙子 18 五	丁丑 19 六	戊寅 20 日	己卯 21 一	庚辰 22 二	辛巳 23 三	壬午 24 四	癸未 25 五	甲申 26 六	乙酉 27 日	丙戌 28 一	丁亥 29 二	戊子 30 三	己丑 31 四	庚寅 (4) 五	辛卯 2 六	壬辰 3 日	癸巳 4 一	甲午 5 二	乙亥春分 庚寅清明 乙丑日食
三月小	甲辰	天干地支 西曆 星期	乙未 6 三	丙申 7 四	丁酉 8 五	戊戌 9 六	己亥 10 日	庚子 11 一	辛丑 12 二	壬寅 13 三	癸卯 14 四	甲辰 15 五	乙巳 16 六	丙午 17 日	丁未 18 一	戊申 19 二	己酉 20 三	庚戌 21 四	辛亥 22 五	壬子 23 六	癸丑 24 日	甲寅 25 一	乙卯 26 二	丙辰 27 三	丁巳 28 四	戊午 29 五	己未 30 六	庚申 (5) 日	辛酉 2 一	壬戌 3 二	癸亥 4 三		丙午穀雨 辛酉立夏
四月大	乙巳	天干地支 西曆 星期	甲子 5 四	乙丑 6 五	丙寅 7 六	丁卯 8 日	戊辰 9 一	己巳 10 二	庚午 11 三	辛未 12 四	壬申 13 五	癸酉 14 六	甲戌 15 日	乙亥 16 一	丙子 17 二	丁丑 18 三	戊寅 19 四	己卯 20 五	庚辰 21 六	辛巳 22 日	壬午 23 一	癸未 24 二	甲申 25 三	乙酉 26 四	丙戌 27 五	丁亥 28 六	戊子 29 日	己丑 30 一	庚寅 31 二	辛卯 (6) 三	壬辰 2 四	癸巳 3 五	丙子小滿 辛卯芒種
五月小	丙午	天干地支 西曆 星期	甲午 4 六	乙未 5 日	丙申 6 一	丁酉 7 二	戊戌 8 三	己亥 9 四	庚子 10 五	辛丑 11 六	壬寅 12 日	癸卯 13 一	甲辰 14 二	乙巳 15 三	丙午 16 四	丁未 17 五	戊申 18 六	己酉 19 日	庚戌 20 一	辛亥 21 二	壬子 22 三	癸丑 23 四	甲寅 24 五	乙卯 25 六	丙辰 26 日	丁巳 27 一	戊午 28 二	己未 29 三	庚申 30 四	辛酉 (7) 五	壬戌 2 六		丙午夏至 壬戌小暑
六月小	丁未	天干地支 西曆 星期	癸亥 3 日	甲子 4 一	乙丑 5 二	丙寅 6 三	丁卯 7 四	戊辰 8 五	己巳 9 六	庚午 10 日	辛未 11 一	壬申 12 二	癸酉 13 三	甲戌 14 四	乙亥 15 五	丙子 16 六	丁丑 17 日	戊寅 18 一	己卯 19 二	庚辰 20 三	辛巳 21 四	壬午 22 五	癸未 23 六	甲申 24 日	乙酉 25 一	丙戌 26 二	丁亥 27 三	戊子 28 四	己丑 29 五	庚寅 30 六	辛卯 31 日		丁丑大暑
七月大	戊申	天干地支 西曆 星期	壬辰 (8) 一	癸巳 2 二	甲午 3 三	乙未 4 四	丙申 5 五	丁酉 6 六	戊戌 7 日	己亥 8 一	庚子 9 二	辛丑 10 三	壬寅 11 四	癸卯 12 五	甲辰 13 六	乙巳 14 日	丙午 15 一	丁未 16 二	戊申 17 三	己酉 18 四	庚戌 19 五	辛亥 20 六	壬子 21 日	癸丑 22 一	甲寅 23 二	乙卯 24 三	丙辰 25 四	丁巳 26 五	戊午 27 六	己未 28 日	庚申 29 一	辛酉 30 二	壬辰立秋 丁未處暑
八月小	己酉	天干地支 西曆 星期	壬戌 31 三	癸亥 (9) 四	甲子 2 五	乙丑 3 六	丙寅 4 日	丁卯 5 一	戊辰 6 二	己巳 7 三	庚午 8 四	辛未 9 五	壬申 10 六	癸酉 11 日	甲戌 12 一	乙亥 13 二	丙子 14 三	丁丑 15 四	戊寅 16 五	己卯 17 六	庚辰 18 日	辛巳 19 一	壬午 20 二	癸未 21 三	甲申 22 四	乙酉 23 五	丙戌 24 六	丁亥 25 日	戊子 26 一	己丑 27 二	庚寅 28 三		癸亥白露 戊寅秋分
九月大	庚戌	天干地支 西曆 星期	辛卯 29 四	壬辰 30 五	癸巳 (10) 六	甲午 2 日	乙未 3 一	丙申 4 二	丁酉 5 三	戊戌 6 四	己亥 7 五	庚子 8 六	辛丑 9 日	壬寅 10 一	癸卯 11 二	甲辰 12 三	乙巳 13 四	丙午 14 五	丁未 15 六	戊申 16 日	己酉 17 一	庚戌 18 二	辛亥 19 三	壬子 20 四	癸丑 21 五	甲寅 22 六	乙卯 23 日	丙辰 24 一	丁巳 25 二	戊午 26 三	己未 27 四	庚申 28 五	癸巳寒露 戊申霜降
十月小	辛亥	天干地支 西曆 星期	辛酉 29 六	壬戌 30 日	癸亥 31 一	甲子 (11) 二	乙丑 2 三	丙寅 3 四	丁卯 4 五	戊辰 5 六	己巳 6 日	庚午 7 一	辛未 8 二	壬申 9 三	癸酉 10 四	甲戌 11 五	乙亥 12 六	丙子 13 日	丁丑 14 一	戊寅 15 二	己卯 16 三	庚辰 17 四	辛巳 18 五	壬午 19 六	癸未 20 日	甲申 21 一	乙酉 22 二	丙戌 23 三	丁亥 24 四	戊子 25 五	己丑 26 六		癸亥立冬 己卯小雪
十一月大	壬子	天干地支 西曆 星期	庚寅 27 日	辛卯 28 一	壬辰 29 二	癸巳 30 三	甲午 (12) 四	乙未 2 五	丙申 3 六	丁酉 4 日	戊戌 5 一	己亥 6 二	庚子 7 三	辛丑 8 四	壬寅 9 五	癸卯 10 六	甲辰 11 日	乙巳 12 一	丙午 13 二	丁未 14 三	戊申 15 四	己酉 16 五	庚戌 17 六	辛亥 18 日	壬子 19 一	癸丑 20 二	甲寅 21 三	乙卯 22 四	丙辰 23 五	丁巳 24 六	戊午 25 日	己未 26 一	甲午大雪 己酉冬至
十二月大	癸丑	天干地支 西曆 星期	庚申 27 二	辛酉 28 三	壬戌 29 四	癸亥 30 五	甲子 31 六	乙丑 (1) 日	丙寅 2 一	丁卯 3 二	戊辰 4 三	己巳 5 四	庚午 6 五	辛未 7 六	壬申 8 日	癸酉 9 一	甲戌 10 二	乙亥 11 三	丙子 12 四	丁丑 13 五	戊寅 14 六	己卯 15 日	庚辰 16 一	辛巳 17 二	壬午 18 三	癸未 19 四	甲申 20 五	乙酉 21 六	丙戌 22 日	丁亥 23 一	戊子 24 二	己丑 25 三	甲子小寒 庚辰大寒

宋太宗淳化四年（癸巳 蛇年） 公元 993 ~ 994 年

夏曆月序		中西曆日對照	初一	初二	初三	初四	初五	初六	初七	初八	初九	初十	十一	十二	十三	十四	十五	十六	十七	十八	十九	二十	二一	二二	二三	二四	二五	二六	二七	二八	二九	三十	節氣與天象
正月小	甲寅	天干地支 西曆 星期	庚寅 26 四	辛卯 27 五	壬辰 28 六	癸巳 29 日	甲午 30 一	乙未 31 二	丙申 (2) 三	丁酉 2 四	戊戌 3 五	己亥 4 六	庚子 5 日	辛丑 6 一	壬寅 7 二	癸卯 8 三	甲辰 9 四	乙巳 10 五	丙午 11 六	丁未 12 日	戊申 13 一	己酉 14 二	庚戌 15 三	辛亥 16 四	壬子 17 五	癸丑 18 六	甲寅 19 日	乙卯 20 一	丙辰 21 二	丁巳 22 三	戊午 23 四		乙未立春 庚戌雨水
二月大	乙卯	天干地支 西曆 星期	己未 24 五	庚申 25 六	辛酉 26 日	壬戌 27 一	癸亥 28 二	甲子 (3) 三	乙丑 2 四	丙寅 3 五	丁卯 4 六	戊辰 5 日	己巳 6 一	庚午 7 二	辛未 8 三	壬申 9 四	癸酉 10 五	甲戌 11 六	乙亥 12 日	丙子 13 一	丁丑 14 二	戊寅 15 三	己卯 16 四	庚辰 17 五	辛巳 18 六	壬午 19 日	癸未 20 一	甲申 21 二	乙酉 22 三	丙戌 23 四	丁亥 24 五	戊子 25 六	乙丑驚蟄 庚辰春分
三月大	丙辰	天干地支 西曆 星期	己丑 26 日	庚寅 27 一	辛卯 28 二	壬辰 29 三	癸巳 30 四	甲午 31 五	乙未 (4) 六	丙申 2 日	丁酉 3 一	戊戌 4 二	己亥 5 三	庚子 6 四	辛丑 7 五	壬寅 8 六	癸卯 9 日	甲辰 10 一	乙巳 11 二	丙午 12 三	丁未 13 四	戊申 14 五	己酉 15 六	庚戌 16 日	辛亥 17 一	壬子 18 二	癸丑 19 三	甲寅 20 四	乙卯 21 五	丙辰 22 六	丁巳 23 日	戊午 24 一	丙申清明 辛亥穀雨
四月小	丁巳	天干地支 西曆 星期	己未 25 二	庚申 26 三	辛酉 27 四	壬戌 28 五	癸亥 29 六	甲子 30 日	乙丑 (5) 一	丙寅 2 二	丁卯 3 三	戊辰 4 四	己巳 5 五	庚午 6 六	辛未 7 日	壬申 8 一	癸酉 9 二	甲戌 10 三	乙亥 11 四	丙子 12 五	丁丑 13 六	戊寅 14 日	己卯 15 一	庚辰 16 二	辛巳 17 三	壬午 18 四	癸未 19 五	甲申 20 六	乙酉 21 日	丙戌 22 一	丁亥 23 二		丙寅立夏 辛巳小滿
五月大	戊午	天干地支 西曆 星期	戊子 24 三	己丑 25 四	庚寅 26 五	辛卯 27 六	壬辰 28 日	癸巳 29 一	甲午 30 二	乙未 31 三	丙申 (6) 四	丁酉 2 五	戊戌 3 六	己亥 4 日	庚子 5 一	辛丑 6 二	壬寅 7 三	癸卯 8 四	甲辰 9 五	乙巳 10 六	丙午 11 日	丁未 12 一	戊申 13 二	己酉 14 三	庚戌 15 四	辛亥 16 五	壬子 17 六	癸丑 18 日	甲寅 19 一	乙卯 20 二	丙辰 21 三	丁巳 22 四	丙申芒種 壬子夏至
六月小	己未	天干地支 西曆 星期	戊午 23 五	己未 24 六	庚申 25 日	辛酉 26 一	壬戌 27 二	癸亥 28 三	甲子 29 四	乙丑 30 五	丙寅 (7) 六	丁卯 2 日	戊辰 3 一	己巳 4 二	庚午 5 三	辛未 6 四	壬申 7 五	癸酉 8 六	甲戌 9 日	乙亥 10 一	丙子 11 二	丁丑 12 三	戊寅 13 四	己卯 14 五	庚辰 15 六	辛巳 16 日	壬午 17 一	癸未 18 二	甲申 19 三	乙酉 20 四	丙戌 21 五		丁卯小暑 壬午大暑
七月小	庚申	天干地支 西曆 星期	丁亥 22 六	戊子 23 日	己丑 24 一	庚寅 25 二	辛卯 26 三	壬辰 27 四	癸巳 28 五	甲午 29 六	乙未 30 日	丙申 31 一	丁酉 (8) 二	戊戌 2 三	己亥 3 四	庚子 4 五	辛丑 5 六	壬寅 6 日	癸卯 7 一	甲辰 8 二	乙巳 9 三	丙午 10 四	丁未 11 五	戊申 12 六	己酉 13 日	庚戌 14 一	辛亥 15 二	壬子 16 三	癸丑 17 四	甲寅 18 五	乙卯 19 六		丁酉立秋 癸丑處暑
八月大	辛酉	天干地支 西曆 星期	丙辰 20 日	丁巳 21 一	戊午 22 二	己未 23 三	庚申 24 四	辛酉 25 五	壬戌 26 六	癸亥 27 日	甲子 28 一	乙丑 29 二	丙寅 30 三	丁卯 31 四	戊辰 (9) 五	己巳 2 六	庚午 3 日	辛未 4 一	壬申 5 二	癸酉 6 三	甲戌 7 四	乙亥 8 五	丙子 9 六	丁丑 10 日	戊寅 11 一	己卯 12 二	庚辰 13 三	辛巳 14 四	壬午 15 五	癸未 16 六	甲申 17 日	乙酉 18 一	戊辰白露 癸未秋分 丙辰日食
九月小	壬戌	天干地支 西曆 星期	丙戌 19 二	丁亥 20 三	戊子 21 四	己丑 22 五	庚寅 23 六	辛卯 24 日	壬辰 25 一	癸巳 26 二	甲午 27 三	乙未 28 四	丙申 29 五	丁酉 30 六	戊戌 (10) 日	己亥 2 一	庚子 3 二	辛丑 4 三	壬寅 5 四	癸卯 6 五	甲辰 7 六	乙巳 8 日	丙午 9 一	丁未 10 二	戊申 11 三	己酉 12 四	庚戌 13 五	辛亥 14 六	壬子 15 日	癸丑 16 一	甲寅 17 二		戊戌寒露 癸丑霜降
十月大	癸亥	天干地支 西曆 星期	乙卯 18 三	丙辰 19 四	丁巳 20 五	戊午 21 六	己未 22 日	庚申 23 一	辛酉 24 二	壬戌 25 三	癸亥 26 四	甲子 27 五	乙丑 28 六	丙寅 29 日	丁卯 30 一	戊辰 31 二	己巳 (11) 三	庚午 2 四	辛未 3 五	壬申 4 六	癸酉 5 日	甲戌 6 一	乙亥 7 二	丙子 8 三	丁丑 9 四	戊寅 10 五	己卯 11 六	庚辰 12 日	辛巳 13 一	壬午 14 二	癸未 15 三	甲申 16 四	己巳立冬 甲申小雪
閏十月小	癸亥	天干地支 西曆 星期	乙酉 17 五	丙戌 18 六	丁亥 19 日	戊子 20 一	己丑 21 二	庚寅 22 三	辛卯 23 四	壬辰 24 五	癸巳 25 六	甲午 26 日	乙未 27 一	丙申 28 二	丁酉 29 三	戊戌 30 四	己亥 (12) 五	庚子 2 六	辛丑 3 日	壬寅 4 一	癸卯 5 二	甲辰 6 三	乙巳 7 四	丙午 8 五	丁未 9 六	戊申 10 日	己酉 11 一	庚戌 12 二	辛亥 13 三	壬子 14 四	癸丑 15 五		己亥大雪
十一月大	甲子	天干地支 西曆 星期	甲寅 16 六	乙卯 17 日	丙辰 18 一	丁巳 19 二	戊午 20 三	己未 21 四	庚申 22 五	辛酉 23 六	壬戌 24 日	癸亥 25 一	甲子 26 二	乙丑 27 三	丙寅 28 四	丁卯 29 五	戊辰 30 六	己巳 31 日	庚午 (1) 一	辛未 2 二	壬申 3 三	癸酉 4 四	甲戌 5 五	乙亥 6 六	丙子 7 日	丁丑 8 一	戊寅 9 二	己卯 10 三	庚辰 11 四	辛巳 12 五	壬午 13 六	癸未 14 日	甲寅冬至 庚午小寒
十二月大	乙丑	天干地支 西曆 星期	甲申 15 一	乙酉 16 二	丙戌 17 三	丁亥 18 四	戊子 19 五	己丑 20 六	庚寅 21 日	辛卯 22 一	壬辰 23 二	癸巳 24 三	甲午 25 四	乙未 26 五	丙申 27 六	丁酉 28 日	戊戌 29 一	己亥 30 二	庚子 31 三	辛丑 (2) 四	壬寅 2 五	癸卯 3 六	甲辰 4 日	乙巳 5 一	丙午 6 二	丁未 7 三	戊申 8 四	己酉 9 五	庚戌 10 六	辛亥 11 日	壬子 12 一	癸丑 13 二	乙酉大寒 庚子立春

宋太宗淳化五年（甲午 馬年） 公元994 ~ 995年

夏曆月序		中西曆日對照	初一	初二	初三	初四	初五	初六	初七	初八	初九	初十	十一	十二	十三	十四	十五	十六	十七	十八	十九	二十	二一	二二	二三	二四	二五	二六	二七	二八	二九	三十	節氣與天象
正月小	丙寅	干支 西曆 星期	甲寅 14 三	乙卯 15 四	丙辰 16 五	丁巳 17 六	戊午 18 日	己未 19 一	庚申 20 二	辛酉 21 三	壬戌 22 四	癸亥 23 五	甲子 24 六	乙丑 25 日	丙寅 26 一	丁卯 27 二	戊辰 28 三	己巳 (3) 四	庚午 2 五	辛未 3 六	壬申 4 日	癸酉 5 一	甲戌 6 二	乙亥 7 三	丙子 8 四	丁丑 9 五	戊寅 10 六	己卯 11 日	庚辰 12 一	辛巳 13 二	壬午 14 三		乙卯雨水 庚午驚蟄
二月大	丁卯	干支 西曆 星期	癸未 15 四	甲申 16 五	乙酉 17 六	丙戌 18 日	丁亥 19 一	戊子 20 二	己丑 21 三	庚寅 22 四	辛卯 23 五	壬辰 24 六	癸巳 25 日	甲午 26 一	乙未 27 二	丙申 28 三	丁酉 29 四	戊戌 30 五	己亥 31 六	庚子 (4) 日	辛丑 2 一	壬寅 3 二	癸卯 4 三	甲辰 5 四	乙巳 6 五	丙午 7 六	丁未 8 日	戊申 9 一	己酉 10 二	庚戌 11 三	辛亥 12 四	壬子 13 五	丙戌春分 辛丑清明
三月小	戊辰	干支 西曆 星期	癸丑 14 六	甲寅 15 日	乙卯 16 一	丙辰 17 二	丁巳 18 三	戊午 19 四	己未 20 五	庚申 21 六	辛酉 22 日	壬戌 23 一	癸亥 24 二	甲子 25 三	乙丑 26 四	丙寅 27 五	丁卯 28 六	戊辰 29 日	己巳 30 一	庚午 (5) 二	辛未 2 三	壬申 3 四	癸酉 4 五	甲戌 5 六	乙亥 6 日	丙子 7 一	丁丑 8 二	戊寅 9 三	己卯 10 四	庚辰 11 五	辛巳 12 六		丙辰穀雨 辛未立夏
四月大	己巳	干支 西曆 星期	壬午 13 日	癸未 14 一	甲申 15 二	乙酉 16 三	丙戌 17 四	丁亥 18 五	戊子 19 六	己丑 20 日	庚寅 21 一	辛卯 22 二	壬辰 23 三	癸巳 24 四	甲午 25 五	乙未 26 六	丙申 27 日	丁酉 28 一	戊戌 29 二	己亥 30 三	庚子 31 四	辛丑 (6) 五	壬寅 2 六	癸卯 3 日	甲辰 4 一	乙巳 5 二	丙午 6 三	丁未 7 四	戊申 8 五	己酉 9 六	庚戌 10 日	辛亥 11 一	丁亥小滿 壬寅芒種
五月大	庚午	干支 西曆 星期	壬子 12 二	癸丑 13 三	甲寅 14 四	乙卯 15 五	丙辰 16 六	丁巳 17 日	戊午 18 一	己未 19 二	庚申 20 三	辛酉 21 四	壬戌 22 五	癸亥 23 六	甲子 24 日	乙丑 25 一	丙寅 26 二	丁卯 27 三	戊辰 28 四	己巳 29 五	庚午 30 六	辛未 (7) 日	壬申 2 一	癸酉 3 二	甲戌 4 三	乙亥 5 四	丙子 6 五	丁丑 7 六	戊寅 8 日	己卯 9 一	庚辰 10 二	辛巳 11 三	丁巳夏至 壬申小暑
六月小	辛未	干支 西曆 星期	壬午 12 四	癸未 13 五	甲申 14 六	乙酉 15 日	丙戌 16 一	丁亥 17 二	戊子 18 三	己丑 19 四	庚寅 20 五	辛卯 21 六	壬辰 22 日	癸巳 23 一	甲午 24 二	乙未 25 三	丙申 26 四	丁酉 27 五	戊戌 28 六	己亥 29 日	庚子 30 一	辛丑 31 二	壬寅 (8) 三	癸卯 2 四	甲辰 3 五	乙巳 4 六	丙午 5 日	丁未 6 一	戊申 7 二	己酉 8 三	庚戌 9 四		丁亥大暑 癸卯立秋
七月小	壬申	干支 西曆 星期	辛亥 10 五	壬子 11 六	癸丑 12 日	甲寅 13 一	乙卯 14 二	丙辰 15 三	丁巳 16 四	戊午 17 五	己未 18 六	庚申 19 日	辛酉 20 一	壬戌 21 二	癸亥 22 三	甲子 23 四	乙丑 24 五	丙寅 25 六	丁卯 26 日	戊辰 27 一	己巳 28 二	庚午 29 三	辛未 30 四	壬申 31 五	癸酉 (9) 六	甲戌 2 日	乙亥 3 一	丙子 4 二	丁丑 5 三	戊寅 6 四	己卯 7 五		戊午處暑 癸酉白露
八月大	癸酉	干支 西曆 星期	庚辰 8 六	辛巳 9 日	壬午 10 一	癸未 11 二	甲申 12 三	乙酉 13 四	丙戌 14 五	丁亥 15 六	戊子 16 日	己丑 17 一	庚寅 18 二	辛卯 19 三	壬辰 20 四	癸巳 21 五	甲午 22 六	乙未 23 日	丙申 24 一	丁酉 25 二	戊戌 26 三	己亥 27 四	庚子 28 五	辛丑 29 六	壬寅 30 日	癸卯 (10) 一	甲辰 2 二	乙巳 3 三	丙午 4 四	丁未 5 五	戊申 6 六	己酉 7 日	戊子秋分 癸卯寒露
九月小	甲戌	干支 西曆 星期	庚戌 8 一	辛亥 9 二	壬子 10 三	癸丑 11 四	甲寅 12 五	乙卯 13 六	丙辰 14 日	丁巳 15 一	戊午 16 二	己未 17 三	庚申 18 四	辛酉 19 五	壬戌 20 六	癸亥 21 日	甲子 22 一	乙丑 23 二	丙寅 24 三	丁卯 25 四	戊辰 26 五	己巳 27 六	庚午 28 日	辛未 29 一	壬申 30 二	癸酉 31 三	甲戌 (11) 四	乙亥 2 五	丙子 3 六	丁丑 4 日	戊寅 5 一		己未霜降 甲戌立冬
十月大	乙亥	干支 西曆 星期	己卯 6 二	庚辰 7 三	辛巳 8 四	壬午 9 五	癸未 10 六	甲申 11 日	乙酉 12 一	丙戌 13 二	丁亥 14 三	戊子 15 四	己丑 16 五	庚寅 17 六	辛卯 18 日	壬辰 19 一	癸巳 20 二	甲午 21 三	乙未 22 四	丙申 23 五	丁酉 24 六	戊戌 25 日	己亥 26 一	庚子 27 二	辛丑 28 三	壬寅 29 四	癸卯 30 五	甲辰 (12) 六	乙巳 2 日	丙午 3 一	丁未 4 二	戊申 5 三	己丑小雪 甲辰大雪
十一月小	丙子	干支 西曆 星期	己酉 6 四	庚戌 7 五	辛亥 8 六	壬子 9 日	癸丑 10 一	甲寅 11 二	乙卯 12 三	丙辰 13 四	丁巳 14 五	戊午 15 六	己未 16 日	庚申 17 一	辛酉 18 二	壬戌 19 三	癸亥 20 四	甲子 21 五	乙丑 22 六	丙寅 23 日	丁卯 24 一	戊辰 25 二	己巳 26 三	庚午 27 四	辛未 28 五	壬申 29 六	癸酉 30 日	甲戌 31 一	乙亥 (1) 二	丙子 2 三	丁丑 3 四		庚申冬至 乙亥小寒
十二月大	丁丑	干支 西曆 星期	戊寅 4 五	己卯 5 六	庚辰 6 日	辛巳 7 一	壬午 8 二	癸未 9 三	甲申 10 四	乙酉 11 五	丙戌 12 六	丁亥 13 日	戊子 14 一	己丑 15 二	庚寅 16 三	辛卯 17 四	壬辰 18 五	癸巳 19 六	甲午 20 日	乙未 21 一	丙申 22 二	丁酉 23 三	戊戌 24 四	己亥 25 五	庚子 26 六	辛丑 27 日	壬寅 28 一	癸卯 29 二	甲辰 30 三	乙巳 31 四	丙午 (2) 五	丁未 2 六	庚寅大寒 乙巳立春 戊寅日食

宋太宗至道元年（乙未 羊年） 公元 995 ~ 996 年

夏曆月序		中西曆日對照	初一	初二	初三	初四	初五	初六	初七	初八	初九	初十	十一	十二	十三	十四	十五	十六	十七	十八	十九	二十	二一	二二	二三	二四	二五	二六	二七	二八	二九	三十	節氣與天象
正月小	戊寅	干支 西曆 星期	戊申 3 日	己酉 4 一	庚戌 5 二	辛亥 6 三	壬子 7 四	癸丑 8 五	甲寅 9 六	乙卯 10 日	丙辰 11 一	丁巳 12 二	戊午 13 三	己未 14 四	庚申 15 五	辛酉 16 六	壬戌 17 日	癸亥 18 一	甲子 19 二	乙丑 20 三	丙寅 21 四	丁卯 22 五	戊辰 23 六	己巳 24 日	庚午 25 一	辛未 26 二	壬申 27 三	癸酉 28 四	甲戌 (3) 五	乙亥 2 六	丙子 3 日		庚申雨水 丙子驚蟄
二月大	己卯	干支 西曆 星期	丁丑 4 一	戊寅 5 二	己卯 6 三	庚辰 7 四	辛巳 8 五	壬午 9 六	癸未 10 日	甲申 11 一	乙酉 12 二	丙戌 13 三	丁亥 14 四	戊子 15 五	己丑 16 六	庚寅 17 日	辛卯 18 一	壬辰 19 二	癸巳 20 三	甲午 21 四	乙未 22 五	丙申 23 六	丁酉 24 日	戊戌 25 一	己亥 26 二	庚子 27 三	辛丑 28 四	壬寅 29 五	癸卯 30 六	甲辰 31 日	乙巳 (4) 一	丙午 2 二	辛卯春分 丙午清明
三月大	庚辰	干支 西曆 星期	丁未 3 三	戊申 4 四	己酉 5 五	庚戌 6 六	辛亥 7 日	壬子 8 一	癸丑 9 二	甲寅 10 三	乙卯 11 四	丙辰 12 五	丁巳 13 六	戊午 14 日	己未 15 一	庚申 16 二	辛酉 17 三	壬戌 18 四	癸亥 19 五	甲子 20 六	乙丑 21 日	丙寅 22 一	丁卯 23 二	戊辰 24 三	己巳 25 四	庚午 26 五	辛未 27 六	壬申 28 日	癸酉 29 一	甲戌 30 二	乙亥 (5) 三	丙子 2 四	辛酉穀雨
四月小	辛巳	干支 西曆 星期	丁丑 3 五	戊寅 4 六	己卯 5 日	庚辰 6 一	辛巳 7 二	壬午 8 三	癸未 9 四	甲申 10 五	乙酉 11 六	丙戌 12 日	丁亥 13 一	戊子 14 二	己丑 15 三	庚寅 16 四	辛卯 17 五	壬辰 18 六	癸巳 19 日	甲午 20 一	乙未 21 二	丙申 22 三	丁酉 23 四	戊戌 24 五	己亥 25 六	庚子 26 日	辛丑 27 一	壬寅 28 二	癸卯 29 三	甲辰 30 四	乙巳 31 五		丁丑立夏 壬辰小滿
五月大	壬午	干支 西曆 星期	丙午 (6) 六	丁未 2 日	戊申 3 一	己酉 4 二	庚戌 5 三	辛亥 6 四	壬子 7 五	癸丑 8 六	甲寅 9 日	乙卯 10 一	丙辰 11 二	丁巳 12 三	戊午 13 四	己未 14 五	庚申 15 六	辛酉 16 日	壬戌 17 一	癸亥 18 二	甲子 19 三	乙丑 20 四	丙寅 21 五	丁卯 22 六	戊辰 23 日	己巳 24 一	庚午 25 二	辛未 26 三	壬申 27 四	癸酉 28 五	甲戌 29 六	乙亥 30 日	丁未芒種 壬戌夏至
六月小	癸未	干支 西曆 星期	丙子 (7) 一	丁丑 2 二	戊寅 3 三	己卯 4 四	庚辰 5 五	辛巳 6 六	壬午 7 日	癸未 8 一	甲申 9 二	乙酉 10 三	丙戌 11 四	丁亥 12 五	戊子 13 六	己丑 14 日	庚寅 15 一	辛卯 16 二	壬辰 17 三	癸巳 18 四	甲午 19 五	乙未 20 六	丙申 21 日	丁酉 22 一	戊戌 23 二	己亥 24 三	庚子 25 四	辛丑 26 五	壬寅 27 六	癸卯 28 日	甲辰 29 一		丁丑小暑 癸巳大暑
七月大	甲申	干支 西曆 星期	乙巳 30 二	丙午 31 三	丁未 (8) 四	戊申 2 五	己酉 3 六	庚戌 4 日	辛亥 5 一	壬子 6 二	癸丑 7 三	甲寅 8 四	乙卯 9 五	丙辰 10 六	丁巳 11 日	戊午 12 一	己未 13 二	庚申 14 三	辛酉 15 四	壬戌 16 五	癸亥 17 六	甲子 18 日	乙丑 19 一	丙寅 20 二	丁卯 21 三	戊辰 22 四	己巳 23 五	庚午 24 六	辛未 25 日	壬申 26 一	癸酉 27 二	甲戌 28 三	戊申立秋 癸亥處暑
八月小	乙酉	干支 西曆 星期	乙亥 29 四	丙子 30 五	丁丑 31 六	戊寅 (9) 日	己卯 2 一	庚辰 3 二	辛巳 4 三	壬午 5 四	癸未 6 五	甲申 7 六	乙酉 8 日	丙戌 9 一	丁亥 10 二	戊子 11 三	己丑 12 四	庚寅 13 五	辛卯 14 六	壬辰 15 日	癸巳 16 一	甲午 17 二	乙未 18 三	丙申 19 四	丁酉 20 五	戊戌 21 六	己亥 22 日	庚子 23 一	辛丑 24 二	壬寅 25 三	癸卯 26 四		戊寅白露 癸巳秋分
九月大	丙戌	干支 西曆 星期	甲辰 27 五	乙巳 28 六	丙午 29 日	丁未 30 一	戊申 (10) 二	己酉 2 三	庚戌 3 四	辛亥 4 五	壬子 5 六	癸丑 6 日	甲寅 7 一	乙卯 8 二	丙辰 9 三	丁巳 10 四	戊午 11 五	己未 12 六	庚申 13 日	辛酉 14 一	壬戌 15 二	癸亥 16 三	甲子 17 四	乙丑 18 五	丙寅 19 六	丁卯 20 日	戊辰 21 一	己巳 22 二	庚午 23 三	辛未 24 四	壬申 25 五	癸酉 26 六	己酉寒露 甲子霜降
十月小	丁亥	干支 西曆 星期	甲戌 27 日	乙亥 28 一	丙子 29 二	丁丑 30 三	戊寅 31 四	己卯 (11) 五	庚辰 2 六	辛巳 3 日	壬午 4 一	癸未 5 二	甲申 6 三	乙酉 7 四	丙戌 8 五	丁亥 9 六	戊子 10 日	己丑 11 一	庚寅 12 二	辛卯 13 三	壬辰 14 四	癸巳 15 五	甲午 16 六	乙未 17 日	丙申 18 一	丁酉 19 二	戊戌 20 三	己亥 21 四	庚子 22 五	辛丑 23 六	壬寅 24 日		己卯立冬 甲午小雪
十一月大	戊子	干支 西曆 星期	癸卯 25 一	甲辰 26 二	乙巳 27 三	丙午 28 四	丁未 29 五	戊申 30 六	己酉 (12) 日	庚戌 2 一	辛亥 3 二	壬子 4 三	癸丑 5 四	甲寅 6 五	乙卯 7 六	丙辰 8 日	丁巳 9 一	戊午 10 二	己未 11 三	庚申 12 四	辛酉 13 五	壬戌 14 六	癸亥 15 日	甲子 16 一	乙丑 17 二	丙寅 18 三	丁卯 19 四	戊辰 20 五	己巳 21 六	庚午 22 日	辛未 23 一	壬申 24 二	庚戌大雪 乙丑冬至
十二月小	己丑	干支 西曆 星期	癸酉 25 三	甲戌 26 四	乙亥 27 五	丙子 28 六	丁丑 29 日	戊寅 30 一	己卯 31 二	庚辰 (1) 三	辛巳 2 四	壬午 3 五	癸未 4 六	甲申 5 日	乙酉 6 一	丙戌 7 二	丁亥 8 三	戊子 9 四	己丑 10 五	庚寅 11 六	辛卯 12 日	壬辰 13 一	癸巳 14 二	甲午 15 三	乙未 16 四	丙申 17 五	丁酉 18 六	戊戌 19 日	己亥 20 一	庚子 21 二	辛丑 22 三		庚辰小寒 乙未大寒

* 正月戊申（初一），改元至道。

宋太宗至道二年（丙申 猴年） 公元 996 ~ 997 年

夏曆月序		中西曆日對照	初一	初二	初三	初四	初五	初六	初七	初八	初九	初十	十一	十二	十三	十四	十五	十六	十七	十八	十九	二十	二一	二二	二三	二四	二五	二六	二七	二八	二九	三十	節氣與天象
正月大	庚寅	天干地支 西曆 星期	壬寅 23 四	癸卯 24 五	甲辰 25 六	乙巳 26 日	丙午 27 一	丁未 28 二	戊申 29 三	己酉 30 四	庚戌 31 五	辛亥 (2) 六	壬子 2 日	癸丑 3 一	甲寅 4 二	乙卯 5 三	丙辰 6 四	丁巳 7 五	戊午 8 六	己未 9 日	庚申 10 一	辛酉 11 二	壬戌 12 三	癸亥 13 四	甲子 14 五	乙丑 15 六	丙寅 16 日	丁卯 17 一	戊辰 18 二	己巳 19 三	庚午 20 四	辛未 21 五	庚戌立春 丙寅雨水
二月小	辛卯	天干地支 西曆 星期	壬申 22 六	癸酉 23 日	甲戌 24 一	乙亥 25 二	丙子 26 三	丁丑 27 四	戊寅 28 五	己卯 29 六	庚辰 (3) 日	辛巳 2 一	壬午 3 二	癸未 4 三	甲申 5 四	乙酉 6 五	丙戌 7 六	丁亥 8 日	戊子 9 一	己丑 10 二	庚寅 11 三	辛卯 12 四	壬辰 13 五	癸巳 14 六	甲午 15 日	乙未 16 一	丙申 17 二	丁酉 18 三	戊戌 19 四	己亥 20 五	庚子 21 六		辛巳驚蟄 丙申春分
三月大	壬辰	天干地支 西曆 星期	辛丑 22 日	壬寅 23 一	癸卯 24 二	甲辰 25 三	乙巳 26 四	丙午 27 五	丁未 28 六	戊申 29 日	己酉 30 一	庚戌 31 二	辛亥 (4) 三	壬子 2 四	癸丑 3 五	甲寅 4 六	乙卯 5 日	丙辰 6 一	丁巳 7 二	戊午 8 三	己未 9 四	庚申 10 五	辛酉 11 六	壬戌 12 日	癸亥 13 一	甲子 14 二	乙丑 15 三	丙寅 16 四	丁卯 17 五	戊辰 18 六	己巳 19 日	庚午 20 一	辛亥清明 丁卯穀雨
四月小	癸巳	天干地支 西曆 星期	辛未 21 二	壬申 22 三	癸酉 23 四	甲戌 24 五	乙亥 25 六	丙子 26 日	丁丑 27 一	戊寅 28 二	己卯 29 三	庚辰 30 四	辛巳 (5) 五	壬午 2 六	癸未 3 日	甲申 4 一	乙酉 5 二	丙戌 6 三	丁亥 7 四	戊子 8 五	己丑 9 六	庚寅 10 日	辛卯 11 一	壬辰 12 二	癸巳 13 三	甲午 14 四	乙未 15 五	丙申 16 六	丁酉 17 日	戊戌 18 一	己亥 19 二		壬午立夏 丁酉小滿
五月大	甲午	天干地支 西曆 星期	庚子 20 三	辛丑 21 四	壬寅 22 五	癸卯 23 六	甲辰 24 日	乙巳 25 一	丙午 26 二	丁未 27 三	戊申 28 四	己酉 29 五	庚戌 30 六	辛亥 31 日	壬子 (6) 一	癸丑 2 二	甲寅 3 三	乙卯 4 四	丙辰 5 五	丁巳 6 六	戊午 7 日	己未 8 一	庚申 9 二	辛酉 10 三	壬戌 11 四	癸亥 12 五	甲子 13 六	乙丑 14 日	丙寅 15 一	丁卯 16 二	戊辰 17 三	己巳 18 四	壬子芒種 丁卯夏至
六月小	乙未	天干地支 西曆 星期	庚午 19 五	辛未 20 六	壬申 21 日	癸酉 22 一	甲戌 23 二	乙亥 24 三	丙子 25 四	丁丑 26 五	戊寅 27 六	己卯 28 日	庚辰 29 一	辛巳 30 二	壬午 (7) 三	癸未 2 四	甲申 3 五	乙酉 4 六	丙戌 5 日	丁亥 6 一	戊子 7 二	己丑 8 三	庚寅 9 四	辛卯 10 五	壬辰 11 六	癸巳 12 日	甲午 13 一	乙未 14 二	丙申 15 三	丁酉 16 四	戊戌 17 五		癸未小暑 戊戌大暑
七月大	丙申	天干地支 西曆 星期	己亥 18 六	庚子 19 日	辛丑 20 一	壬寅 21 二	癸卯 22 三	甲辰 23 四	乙巳 24 五	丙午 25 六	丁未 26 日	戊申 27 一	己酉 28 二	庚戌 29 三	辛亥 30 四	壬子 31 五	癸丑 (8) 六	甲寅 2 日	乙卯 3 一	丙辰 4 二	丁巳 5 三	戊午 6 四	己未 7 五	庚申 8 六	辛酉 9 日	壬戌 10 一	癸亥 11 二	甲子 12 三	乙丑 13 四	丙寅 14 五	丁卯 15 六	戊辰 16 日	癸丑立秋 戊辰處暑
閏七月大	丙申	天干地支 西曆 星期	己巳 17 一	庚午 18 二	辛未 19 三	壬申 20 四	癸酉 21 五	甲戌 22 六	乙亥 23 日	丙子 24 一	丁丑 25 二	戊寅 26 三	己卯 27 四	庚辰 28 五	辛巳 29 六	壬午 30 日	癸未 31 一	甲申 (9) 二	乙酉 2 三	丙戌 3 四	丁亥 4 五	戊子 5 六	己丑 6 日	庚寅 7 一	辛卯 8 二	壬辰 9 三	癸巳 10 四	甲午 11 五	乙未 12 六	丙申 13 日	丁酉 14 一	戊戌 15 二	甲申白露
八月小	丁酉	天干地支 西曆 星期	己亥 16 三	庚子 17 四	辛丑 18 五	壬寅 19 六	癸卯 20 日	甲辰 21 一	乙巳 22 二	丙午 23 三	丁未 24 四	戊申 25 五	己酉 26 六	庚戌 27 日	辛亥 28 一	壬子 29 二	癸丑 30 三	甲寅 (10) 四	乙卯 2 五	丙辰 3 六	丁巳 4 日	戊午 5 一	己未 6 二	庚申 7 三	辛酉 8 四	壬戌 9 五	癸亥 10 六	甲子 11 日	乙丑 12 一	丙寅 13 二	丁卯 14 三		己亥秋分 甲寅寒露
九月大	戊戌	天干地支 西曆 星期	戊辰 15 四	己巳 16 五	庚午 17 六	辛未 18 日	壬申 19 一	癸酉 20 二	甲戌 21 三	乙亥 22 四	丙子 23 五	丁丑 24 六	戊寅 25 日	己卯 26 一	庚辰 27 二	辛巳 28 三	壬午 29 四	癸未 30 五	甲申 31 六	乙酉 (11) 日	丙戌 2 一	丁亥 3 二	戊子 4 三	己丑 5 四	庚寅 6 五	辛卯 7 六	壬辰 8 日	癸巳 9 一	甲午 10 二	乙未 11 三	丙申 12 四	丁酉 13 五	己巳霜降 甲申立冬
十月小	己亥	天干地支 西曆 星期	戊戌 14 六	己亥 15 日	庚子 16 一	辛丑 17 二	壬寅 18 三	癸卯 19 四	甲辰 20 五	乙巳 21 六	丙午 22 日	丁未 23 一	戊申 24 二	己酉 25 三	庚戌 26 四	辛亥 27 五	壬子 28 六	癸丑 29 日	甲寅 30 一	乙卯 (12) 二	丙辰 2 三	丁巳 3 四	戊午 4 五	己未 5 六	庚申 6 日	辛酉 7 一	壬戌 8 二	癸亥 9 三	甲子 10 四	乙丑 11 五	丙寅 12 六		庚子小雪 乙卯大雪
十一月大	庚子	天干地支 西曆 星期	丁卯 13 日	戊辰 14 一	己巳 15 二	庚午 16 三	辛未 17 四	壬申 18 五	癸酉 19 六	甲戌 20 日	乙亥 21 一	丙子 22 二	丁丑 23 三	戊寅 24 四	己卯 25 五	庚辰 26 六	辛巳 27 日	壬午 28 一	癸未 29 二	甲申 30 三	乙酉 31 四	丙戌 (1) 五	丁亥 2 六	戊子 3 日	己丑 4 一	庚寅 5 二	辛卯 6 三	壬辰 7 四	癸巳 8 五	甲午 9 六	乙未 10 日	丙申 11 一	庚午冬至 乙酉小寒
十二月小	辛丑	天干地支 西曆 星期	丁酉 12 二	戊戌 13 三	己亥 14 四	庚子 15 五	辛丑 16 六	壬寅 17 日	癸卯 18 一	甲辰 19 二	乙巳 20 三	丙午 21 四	丁未 22 五	戊申 23 六	己酉 24 日	庚戌 25 一	辛亥 26 二	壬子 27 三	癸丑 28 四	甲寅 29 五	乙卯 30 六	丙辰 31 日	丁巳 (2) 一	戊午 2 二	己未 3 三	庚申 4 四	辛酉 5 五	壬戌 6 六	癸亥 7 日	甲子 8 一	乙丑 9 二		庚子大寒 丙辰立春

宋太宗至道三年 真宗至道三年（丁酉 鷄年） 公元 997 ~ 998 年

夏曆月序		中西曆日對照	初一	初二	初三	初四	初五	初六	初七	初八	初九	初十	十一	十二	十三	十四	十五	十六	十七	十八	十九	二十	二一	二二	二三	二四	二五	二六	二七	二八	二九	三十	節氣與天象
正月大	壬寅	天干地支 西曆 星期	丙寅 10 三	丁卯 11 四	戊辰 12 五	己巳 13 六	庚午 14 日	辛未 15 一	壬申 16 二	癸酉 17 三	甲戌 18 四	乙亥 19 五	丙子 20 六	丁丑 21 日	戊寅 22 一	己卯 23 二	庚辰 24 三	辛巳 25 四	壬午 26 五	癸未 27 六	甲申 28 日	乙酉 (3) 一	丙戌 2 二	丁亥 3 三	戊子 4 四	己丑 5 五	庚寅 6 六	辛卯 7 日	壬辰 8 一	癸巳 9 二	甲午 10 三	乙未 11 四	辛未雨水 丙戌驚蟄
二月小	癸卯	天干地支 西曆 星期	丙申 12 五	丁酉 13 六	戊戌 14 日	己亥 15 一	庚子 16 二	辛丑 17 三	壬寅 18 四	癸卯 19 五	甲辰 20 六	乙巳 21 日	丙午 22 一	丁未 23 二	戊申 24 三	己酉 25 四	庚戌 26 五	辛亥 27 六	壬子 28 日	癸丑 29 一	甲寅 30 二	乙卯 31 三	丙辰 (4) 四	丁巳 2 五	戊午 3 六	己未 4 日	庚申 5 一	辛酉 6 二	壬戌 7 三	癸亥 8 四	甲子 9 五		辛丑春分 丁巳清明
三月大	甲辰	天干地支 西曆 星期	乙丑 10 六	丙寅 11 日	丁卯 12 一	戊辰 13 二	己巳 14 三	庚午 15 四	辛未 16 五	壬申 17 六	癸酉 18 日	甲戌 19 一	乙亥 20 二	丙子 21 三	丁丑 22 四	戊寅 23 五	己卯 24 六	庚辰 25 日	辛巳 26 一	壬午 27 二	癸未 28 三	甲申 29 四	乙酉 30 五	丙戌 (5) 六	丁亥 2 日	戊子 3 一	己丑 4 二	庚寅 5 三	辛卯 6 四	壬辰 7 五	癸巳 8 六	甲午 9 日	壬申穀雨 丁亥立夏
四月小	乙巳	天干地支 西曆 星期	乙未 10 一	丙申 11 二	丁酉 12 三	戊戌 13 四	己亥 14 五	庚子 15 六	辛丑 16 日	壬寅 17 一	癸卯 18 二	甲辰 19 三	乙巳 20 四	丙午 21 五	丁未 22 六	戊申 23 日	己酉 24 一	庚戌 25 二	辛亥 26 三	壬子 27 四	癸丑 28 五	甲寅 29 六	乙卯 30 日	丙辰 31 一	丁巳 (6) 二	戊午 2 三	己未 3 四	庚申 4 五	辛酉 5 六	壬戌 6 日	癸亥 7 一		壬寅小滿 丁巳芒種
五月大	丙午	天干地支 西曆 星期	甲子 8 二	乙丑 9 三	丙寅 10 四	丁卯 11 五	戊辰 12 六	己巳 13 日	庚午 14 一	辛未 15 二	壬申 16 三	癸酉 17 四	甲戌 18 五	乙亥 19 六	丙子 20 日	丁丑 21 一	戊寅 22 二	己卯 23 三	庚辰 24 四	辛巳 25 五	壬午 26 六	癸未 27 日	甲申 28 一	乙酉 29 二	丙戌 30 三	丁亥 (7) 四	戊子 2 五	己丑 3 六	庚寅 4 日	辛卯 5 一	壬辰 6 二	癸巳 7 三	癸酉夏至 戊子小暑 甲子日食
六月小	丁未	天干地支 西曆 星期	甲午 8 四	乙未 9 五	丙申 10 六	丁酉 11 日	戊戌 12 一	己亥 13 二	庚子 14 三	辛丑 15 四	壬寅 16 五	癸卯 17 六	甲辰 18 日	乙巳 19 一	丙午 20 二	丁未 21 三	戊申 22 四	己酉 23 五	庚戌 24 六	辛亥 25 日	壬子 26 一	癸丑 27 二	甲寅 28 三	乙卯 29 四	丙辰 30 五	丁巳 31 六	戊午 (8) 日	己未 2 一	庚申 3 二	辛酉 4 三	壬戌 5 四		癸卯大暑 戊午立秋
七月大	戊申	天干地支 西曆 星期	癸亥 6 五	甲子 7 六	乙丑 8 日	丙寅 9 一	丁卯 10 二	戊辰 11 三	己巳 12 四	庚午 13 五	辛未 14 六	壬申 15 日	癸酉 16 一	甲戌 17 二	乙亥 18 三	丙子 19 四	丁丑 20 五	戊寅 21 六	己卯 22 日	庚辰 23 一	辛巳 24 二	壬午 25 三	癸未 26 四	甲申 27 五	乙酉 28 六	丙戌 29 日	丁亥 30 一	戊子 31 二	己丑 (9) 三	庚寅 2 四	辛卯 3 五	壬辰 4 六	甲戌處暑 己丑白露
八月大	己酉	天干地支 西曆 星期	癸巳 5 日	甲午 6 一	乙未 7 二	丙申 8 三	丁酉 9 四	戊戌 10 五	己亥 11 六	庚子 12 日	辛丑 13 一	壬寅 14 二	癸卯 15 三	甲辰 16 四	乙巳 17 五	丙午 18 六	丁未 19 日	戊申 20 一	己酉 21 二	庚戌 22 三	辛亥 23 四	壬子 24 五	癸丑 25 六	甲寅 26 日	乙卯 27 一	丙辰 28 二	丁巳 29 三	戊午 30 四	己未 (10) 五	庚申 2 六	辛酉 3 日	壬戌 4 一	甲辰秋分 己未寒露
九月小	庚戌	天干地支 西曆 星期	癸亥 5 二	甲子 6 三	乙丑 7 四	丙寅 8 五	丁卯 9 六	戊辰 10 日	己巳 11 一	庚午 12 二	辛未 13 三	壬申 14 四	癸酉 15 五	甲戌 16 六	乙亥 17 日	丙子 18 一	丁丑 19 二	戊寅 20 三	己卯 21 四	庚辰 22 五	辛巳 23 六	壬午 24 日	癸未 25 一	甲申 26 二	乙酉 27 三	丙戌 28 四	丁亥 29 五	戊子 30 六	己丑 31 日	庚寅 (11) 一	辛卯 2 二		甲戌霜降 庚寅立冬
十月大	辛亥	天干地支 西曆 星期	壬辰 3 三	癸巳 4 四	甲午 5 五	乙未 6 六	丙申 7 日	丁酉 8 一	戊戌 9 二	己亥 10 三	庚子 11 四	辛丑 12 五	壬寅 13 六	癸卯 14 日	甲辰 15 一	乙巳 16 二	丙午 17 三	丁未 18 四	戊申 19 五	己酉 20 六	庚戌 21 日	辛亥 22 一	壬子 23 二	癸丑 24 三	甲寅 25 四	乙卯 26 五	丙辰 27 六	丁巳 28 日	戊午 29 一	己未 30 二	庚申 (12) 三	辛酉 2 四	乙巳小雪 庚申大雪
十一月大	壬子	天干地支 西曆 星期	壬戌 3 五	癸亥 4 六	甲子 5 日	乙丑 6 一	丙寅 7 二	丁卯 8 三	戊辰 9 四	己巳 10 五	庚午 11 六	辛未 12 日	壬申 13 一	癸酉 14 二	甲戌 15 三	乙亥 16 四	丙子 17 五	丁丑 18 六	戊寅 19 日	己卯 20 一	庚辰 21 二	辛巳 22 三	壬午 23 四	癸未 24 五	甲申 25 六	乙酉 26 日	丙戌 27 一	丁亥 28 二	戊子 29 三	己丑 30 四	庚寅 31 五	辛卯 (1) 六	乙亥冬至 辛卯小寒
十二月小	癸丑	天干地支 西曆 星期	壬辰 2 日	癸巳 3 一	甲午 4 二	乙未 5 三	丙申 6 四	丁酉 7 五	戊戌 8 六	己亥 9 日	庚子 10 一	辛丑 11 二	壬寅 12 三	癸卯 13 四	甲辰 14 五	乙巳 15 六	丙午 16 日	丁未 17 一	戊申 18 二	己酉 19 三	庚戌 20 四	辛亥 21 五	壬子 22 六	癸丑 23 日	甲寅 24 一	乙卯 25 二	丙辰 26 三	丁巳 27 四	戊午 28 五	己未 29 六	庚申 30 日		丙午大寒

* 三月癸巳（二十九日），宋太宗死．趙恒即位，是爲真宗。

宋真宗咸平元年（戊戌 狗年） 公元 998 ~ 999 年

夏曆月序		中西曆日對照	初一	初二	初三	初四	初五	初六	初七	初八	初九	初十	十一	十二	十三	十四	十五	十六	十七	十八	十九	二十	二一	二二	二三	二四	二五	二六	二七	二八	二九	三十	節氣與天象
正月小	甲寅	天干地支 西曆 星期	辛酉 31 一	壬戌 (2) 二	癸亥 2 三	甲子 3 四	乙丑 4 五	丙寅 5 六	丁卯 6 日	戊辰 7 一	己巳 8 二	庚午 9 三	辛未 10 四	壬申 11 五	癸酉 12 六	甲戌 13 日	乙亥 14 一	丙子 15 二	丁丑 16 三	戊寅 17 四	己卯 18 五	庚辰 19 六	辛巳 20 日	壬午 21 一	癸未 22 二	甲申 23 三	乙酉 24 四	丙戌 25 五	丁亥 26 六	戊子 27 日	己丑 28 一		辛酉立春 丙子雨水
二月大	乙卯	天干地支 西曆 星期	庚寅 (3) 二	辛卯 2 三	壬辰 3 四	癸巳 4 五	甲午 5 六	乙未 6 日	丙申 7 一	丁酉 8 二	戊戌 9 三	己亥 10 四	庚子 11 五	辛丑 12 六	壬寅 13 日	癸卯 14 一	甲辰 15 二	乙巳 16 三	丙午 17 四	丁未 18 五	戊申 19 六	己酉 20 日	庚戌 21 一	辛亥 22 二	壬子 23 三	癸丑 24 四	甲寅 25 五	乙卯 26 六	丙辰 27 日	丁巳 28 一	戊午 29 二	己未 30 三	辛卯驚蟄 丁未春分
三月小	丙辰	天干地支 西曆 星期	庚申 31 四	辛酉 (4) 五	壬戌 2 六	癸亥 3 日	甲子 4 一	乙丑 5 二	丙寅 6 三	丁卯 7 四	戊辰 8 五	己巳 9 六	庚午 10 日	辛未 11 一	壬申 12 二	癸酉 13 三	甲戌 14 四	乙亥 15 五	丙子 16 六	丁丑 17 日	戊寅 18 一	己卯 19 二	庚辰 20 三	辛巳 21 四	壬午 22 五	癸未 23 六	甲申 24 日	乙酉 25 一	丙戌 26 二	丁亥 27 三	戊子 28 四		壬戌清明 丁丑穀雨
四月小	丁巳	天干地支 西曆 星期	己丑 29 五	庚寅 30 六	辛卯 (5) 日	壬辰 2 一	癸巳 3 二	甲午 4 三	乙未 5 四	丙申 6 五	丁酉 7 六	戊戌 8 日	己亥 9 一	庚子 10 二	辛丑 11 三	壬寅 12 四	癸卯 13 五	甲辰 14 六	乙巳 15 日	丙午 16 一	丁未 17 二	戊申 18 三	己酉 19 四	庚戌 20 五	辛亥 21 六	壬子 22 日	癸丑 23 一	甲寅 24 二	乙卯 25 三	丙辰 26 四	丁巳 27 五		壬辰立夏 丁未小滿
五月大	戊午	天干地支 西曆 星期	戊午 28 六	己未 29 日	庚申 30 一	辛酉 31 二	壬戌 (6) 三	癸亥 2 四	甲子 3 五	乙丑 4 六	丙寅 5 日	丁卯 6 一	戊辰 7 二	己巳 8 三	庚午 9 四	辛未 10 五	壬申 11 六	癸酉 12 日	甲戌 13 一	乙亥 14 二	丙子 15 三	丁丑 16 四	戊寅 17 五	己卯 18 六	庚辰 19 日	辛巳 20 一	壬午 21 二	癸未 22 三	甲申 23 四	乙酉 24 五	丙戌 25 六	丁亥 26 日	癸亥芒種 戊寅夏至
六月小	己未	天干地支 西曆 星期	戊子 27 一	己丑 28 二	庚寅 29 三	辛卯 30 四	壬辰 (7) 五	癸巳 2 六	甲午 3 日	乙未 4 一	丙申 5 二	丁酉 6 三	戊戌 7 四	己亥 8 五	庚子 9 六	辛丑 10 日	壬寅 11 一	癸卯 12 二	甲辰 13 三	乙巳 14 四	丙午 15 五	丁未 16 六	戊申 17 日	己酉 18 一	庚戌 19 二	辛亥 20 三	壬子 21 四	癸丑 22 五	甲寅 23 六	乙卯 24 日	丙辰 25 一		癸巳小暑 戊申大暑
七月大	庚申	天干地支 西曆 星期	丁巳 26 二	戊午 27 三	己未 28 四	庚申 29 五	辛酉 30 六	壬戌 31 日	癸亥 (8) 一	甲子 2 二	乙丑 3 三	丙寅 4 四	丁卯 5 五	戊辰 6 六	己巳 7 日	庚午 8 一	辛未 9 二	壬申 10 三	癸酉 11 四	甲戌 12 五	乙亥 13 六	丙子 14 日	丁丑 15 一	戊寅 16 二	己卯 17 三	庚辰 18 四	辛巳 19 五	壬午 20 六	癸未 21 日	甲申 22 一	乙酉 23 二	丙戌 24 三	甲子立秋 己卯處暑
八月大	辛酉	天干地支 西曆 星期	丁亥 25 四	戊子 26 五	己丑 27 六	庚寅 28 日	辛卯 29 一	壬辰 30 二	癸巳 31 三	甲午 (9) 四	乙未 2 五	丙申 3 六	丁酉 4 日	戊戌 5 一	己亥 6 二	庚子 7 三	辛丑 8 四	壬寅 9 五	癸卯 10 六	甲辰 11 日	乙巳 12 一	丙午 13 二	丁未 14 三	戊申 15 四	己酉 16 五	庚戌 17 六	辛亥 18 日	壬子 19 一	癸丑 20 二	甲寅 21 三	乙卯 22 四	丙辰 23 五	甲午白露 己酉秋分
九月小	壬戌	天干地支 西曆 星期	丁巳 24 六	戊午 25 日	己未 26 一	庚申 27 二	辛酉 28 三	壬戌 29 四	癸亥 30 五	甲子 (10) 六	乙丑 2 日	丙寅 3 一	丁卯 4 二	戊辰 5 三	己巳 6 四	庚午 7 五	辛未 8 六	壬申 9 日	癸酉 10 一	甲戌 11 二	乙亥 12 三	丙子 13 四	丁丑 14 五	戊寅 15 六	己卯 16 日	庚辰 17 一	辛巳 18 二	壬午 19 三	癸未 20 四	甲申 21 五	乙酉 22 六		甲子寒露 庚辰霜降
十月大	癸亥	天干地支 西曆 星期	丙戌 23 日	丁亥 24 一	戊子 25 二	己丑 26 三	庚寅 27 四	辛卯 28 五	壬辰 29 六	癸巳 30 日	甲午 31 一	乙未 (11) 二	丙申 2 三	丁酉 3 四	戊戌 4 五	己亥 5 六	庚子 6 日	辛丑 7 一	壬寅 8 二	癸卯 9 三	甲辰 10 四	乙巳 11 五	丙午 12 六	丁未 13 日	戊申 14 一	己酉 15 二	庚戌 16 三	辛亥 17 四	壬子 18 五	癸丑 19 六	甲寅 20 日	乙卯 21 一	乙未立冬 庚戌小雪 丙戌日食
十一月大	甲子	天干地支 西曆 星期	丙辰 22 二	丁巳 23 三	戊午 24 四	己未 25 五	庚申 26 六	辛酉 27 日	壬戌 28 一	癸亥 29 二	甲子 30 三	乙丑 (12) 四	丙寅 2 五	丁卯 3 六	戊辰 4 日	己巳 5 一	庚午 6 二	辛未 7 三	壬申 8 四	癸酉 9 五	甲戌 10 六	乙亥 11 日	丙子 12 一	丁丑 13 二	戊寅 14 三	己卯 15 四	庚辰 16 五	辛巳 17 六	壬午 18 日	癸未 19 一	甲申 20 二	乙酉 21 三	乙丑大雪 辛巳冬至
十二月小	乙丑	天干地支 西曆 星期	丙戌 22 四	丁亥 23 五	戊子 24 六	己丑 25 日	庚寅 26 一	辛卯 27 二	壬辰 28 三	癸巳 29 四	甲午 30 五	乙未 31 六	丙申 (1) 日	丁酉 2 一	戊戌 3 二	己亥 4 三	庚子 5 四	辛丑 6 五	壬寅 7 六	癸卯 8 日	甲辰 9 一	乙巳 10 二	丙午 11 三	丁未 12 四	戊申 13 五	己酉 14 六	庚戌 15 日	辛亥 16 一	壬子 17 二	癸丑 18 三	甲寅 19 四		丙申小寒 辛亥大寒

* 正月辛酉（初一），改元咸平。

宋真宗咸平二年（己亥 猪年） 公元 999 ~ 1000 年

夏曆月序		中西曆日對照	初一	初二	初三	初四	初五	初六	初七	初八	初九	初十	十一	十二	十三	十四	十五	十六	十七	十八	十九	二十	二一	二二	二三	二四	二五	二六	二七	二八	二九	三十	節氣與天象
正月大	丙寅	天干地支 西曆星期	乙卯 20 五	丙辰 21 六	丁巳 22 日	戊午 23 一	己未 24 二	庚申 25 三	辛酉 26 四	壬戌 27 五	癸亥 28 六	甲子 29 日	乙丑 30 一	丙寅 31 二	丁卯 (2) 三	戊辰 2 四	己巳 3 五	庚午 4 六	辛未 5 日	壬申 6 一	癸酉 7 二	甲戌 8 三	乙亥 9 四	丙子 10 五	丁丑 11 六	戊寅 12 日	己卯 13 一	庚辰 14 二	辛巳 15 三	壬午 16 四	癸未 17 五	甲申 18 六	丙寅立春 辛巳雨水
二月小	丁卯	天干地支 西曆星期	乙酉 19 日	丙戌 20 一	丁亥 21 二	戊子 22 三	己丑 23 四	庚寅 24 五	辛卯 25 六	壬辰 26 日	癸巳 27 一	甲午 28 二	乙未 (3) 三	丙申 2 四	丁酉 3 五	戊戌 4 六	己亥 5 日	庚子 6 一	辛丑 7 二	壬寅 8 三	癸卯 9 四	甲辰 10 五	乙巳 11 六	丙午 12 日	丁未 13 一	戊申 14 二	己酉 15 三	庚戌 16 四	辛亥 17 五	壬子 18 六	癸丑 19 日		丁酉驚蟄 壬子春分
三月大	戊辰	天干地支 西曆星期	甲寅 20 一	乙卯 21 二	丙辰 22 三	丁巳 23 四	戊午 24 五	己未 25 六	庚申 26 日	辛酉 27 一	壬戌 28 二	癸亥 29 三	甲子 30 四	乙丑 31 五	丙寅 (4) 六	丁卯 2 日	戊辰 3 一	己巳 4 二	庚午 5 三	辛未 6 四	壬申 7 五	癸酉 8 六	甲戌 9 日	乙亥 10 一	丙子 11 二	丁丑 12 三	戊寅 13 四	己卯 14 五	庚辰 15 六	辛巳 16 日	壬午 17 一	癸未 18 二	丁卯清明 壬午穀雨
閏三月小	戊辰	天干地支 西曆星期	甲申 19 三	乙酉 20 四	丙戌 21 五	丁亥 22 六	戊子 23 日	己丑 24 一	庚寅 25 二	辛卯 26 三	壬辰 27 四	癸巳 28 五	甲午 29 六	乙未 30 日	丙申 (5) 一	丁酉 2 二	戊戌 3 三	己亥 4 四	庚子 5 五	辛丑 6 六	壬寅 7 日	癸卯 8 一	甲辰 9 二	乙巳 10 三	丙午 11 四	丁未 12 五	戊申 13 六	己酉 14 日	庚戌 15 一	辛亥 16 二	壬子 17 三		戊戌立夏
四月小	己巳	天干地支 西曆星期	癸丑 18 四	甲寅 19 五	乙卯 20 六	丙辰 21 日	丁巳 22 一	戊午 23 二	己未 24 三	庚申 25 四	辛酉 26 五	壬戌 27 六	癸亥 28 日	甲子 29 一	乙丑 30 二	丙寅 31 三	丁卯 (6) 四	戊辰 2 五	己巳 3 六	庚午 4 日	辛未 5 一	壬申 6 二	癸酉 7 三	甲戌 8 四	乙亥 9 五	丙子 10 六	丁丑 11 日	戊寅 12 一	己卯 13 二	庚辰 14 三	辛巳 15 四		癸丑小滿 戊辰芒種
五月大	庚午	天干地支 西曆星期	壬午 16 五	癸未 17 六	甲申 18 日	乙酉 19 一	丙戌 20 二	丁亥 21 三	戊子 22 四	己丑 23 五	庚寅 24 六	辛卯 25 日	壬辰 26 一	癸巳 27 二	甲午 28 三	乙未 29 四	丙申 30 五	丁酉 (7) 六	戊戌 2 日	己亥 3 一	庚子 4 二	辛丑 5 三	壬寅 6 四	癸卯 7 五	甲辰 8 六	乙巳 9 日	丙午 10 一	丁未 11 二	戊申 12 三	己酉 13 四	庚戌 14 五	辛亥 15 六	癸未夏至 戊戌小暑
六月小	辛未	天干地支 西曆星期	壬子 16 日	癸丑 17 一	甲寅 18 二	乙卯 19 三	丙辰 20 四	丁巳 21 五	戊午 22 六	己未 23 日	庚申 24 一	辛酉 25 二	壬戌 26 三	癸亥 27 四	甲子 28 五	乙丑 29 六	丙寅 30 日	丁卯 31 一	戊辰 (8) 二	己巳 2 三	庚午 3 四	辛未 4 五	壬申 5 六	癸酉 6 日	甲戌 7 一	乙亥 8 二	丙子 9 三	丁丑 10 四	戊寅 11 五	己卯 12 六	庚辰 13 日		甲寅大暑 己巳立秋
七月大	壬申	天干地支 西曆星期	辛巳 14 一	壬午 15 二	癸未 16 三	甲申 17 四	乙酉 18 五	丙戌 19 六	丁亥 20 日	戊子 21 一	己丑 22 二	庚寅 23 三	辛卯 24 四	壬辰 25 五	癸巳 26 六	甲午 27 日	乙未 28 一	丙申 29 二	丁酉 30 三	戊戌 31 四	己亥 (9) 五	庚子 2 六	辛丑 3 日	壬寅 4 一	癸卯 5 二	甲辰 6 三	乙巳 7 四	丙午 8 五	丁未 9 六	戊申 10 日	己酉 11 一	庚戌 12 二	甲申處暑 己亥白露
八月小	癸酉	天干地支 西曆星期	辛亥 13 三	壬子 14 四	癸丑 15 五	甲寅 16 六	乙卯 17 日	丙辰 18 一	丁巳 19 二	戊午 20 三	己未 21 四	庚申 22 五	辛酉 23 六	壬戌 24 日	癸亥 25 一	甲子 26 二	乙丑 27 三	丙寅 28 四	丁卯 29 五	戊辰 30 六	己巳 (10) 日	庚午 2 一	辛未 3 二	壬申 4 三	癸酉 5 四	甲戌 6 五	乙亥 7 六	丙子 8 日	丁丑 9 一	戊寅 10 二	己卯 11 三		甲寅秋分 庚午寒露
九月大	甲戌	天干地支 西曆星期	庚辰 12 四	辛巳 13 五	壬午 14 六	癸未 15 日	甲申 16 一	乙酉 17 二	丙戌 18 三	丁亥 19 四	戊子 20 五	己丑 21 六	庚寅 22 日	辛卯 23 一	壬辰 24 二	癸巳 25 三	甲午 26 四	乙未 27 五	丙申 28 六	丁酉 29 日	戊戌 30 一	己亥 31 二	庚子 (11) 三	辛丑 2 四	壬寅 3 五	癸卯 4 六	甲辰 5 日	乙巳 6 一	丙午 7 二	丁未 8 三	戊申 9 四	己酉 10 五	乙酉霜降 庚子立冬 庚辰日食
十月大	乙亥	天干地支 西曆星期	庚戌 11 六	辛亥 12 日	壬子 13 一	癸丑 14 二	甲寅 15 三	乙卯 16 四	丙辰 17 五	丁巳 18 六	戊午 19 日	己未 20 一	庚申 21 二	辛酉 22 三	壬戌 23 四	癸亥 24 五	甲子 25 六	乙丑 26 日	丙寅 27 一	丁卯 28 二	戊辰 29 三	己巳 30 四	庚午 (12) 五	辛未 2 六	壬申 3 日	癸酉 4 一	甲戌 5 二	乙亥 6 三	丙子 7 四	丁丑 8 五	戊寅 9 六	己卯 10 日	乙卯小雪 辛未大雪
十一月大	丙子	天干地支 西曆星期	庚辰 11 一	辛巳 12 二	壬午 13 三	癸未 14 四	甲申 15 五	乙酉 16 六	丙戌 17 日	丁亥 18 一	戊子 19 二	己丑 20 三	庚寅 21 四	辛卯 22 五	壬辰 23 六	癸巳 24 日	甲午 25 一	乙未 26 二	丙申 27 三	丁酉 28 四	戊戌 29 五	己亥 30 六	庚子 31 日	辛丑 (1) 一	壬寅 2 二	癸卯 3 三	甲辰 4 四	乙巳 5 五	丙午 6 六	丁未 7 日	戊申 8 一	己酉 9 二	丙戌冬至 辛丑小寒
十二月小	丁丑	天干地支 西曆星期	庚戌 10 三	辛亥 11 四	壬子 12 五	癸丑 13 六	甲寅 14 日	乙卯 15 一	丙辰 16 二	丁巳 17 三	戊午 18 四	己未 19 五	庚申 20 六	辛酉 21 日	壬戌 22 一	癸亥 23 二	甲子 24 三	乙丑 25 四	丙寅 26 五	丁卯 27 六	戊辰 28 日	己巳 29 一	庚午 30 二	辛未 31 三	壬申 (2) 四	癸酉 2 五	甲戌 3 六	乙亥 4 日	丙子 5 一	丁丑 6 二	戊寅 7 三		丙辰大寒 辛未立春

宋真宗咸平三年（庚子 鼠年） 公元 1000 ~ 1001 年

夏曆月序		中西曆對照	初一	初二	初三	初四	初五	初六	初七	初八	初九	初十	十一	十二	十三	十四	十五	十六	十七	十八	十九	二十	二一	二二	二三	二四	二五	二六	二七	二八	二九	三十	節氣與天象
正月大	戊寅	天干地支 西曆 星期	己卯 8 四	庚辰 9 五	辛巳 10 六	壬午 11 日	癸未 12 一	甲申 13 二	乙酉 14 三	丙戌 15 四	丁亥 16 五	戊子 17 六	己丑 18 日	庚寅 19 一	辛卯 20 二	壬辰 21 三	癸巳 22 四	甲午 23 五	乙未 24 六	丙申 25 日	丁酉 26 一	戊戌 27 二	己亥 28 三	庚子 29 四	辛丑 (3) 五	壬寅 2 六	癸卯 3 日	甲辰 4 一	乙巳 5 二	丙午 6 三	丁未 7 四	戊申 8 五	丁亥雨水 壬寅驚蟄
二月小	己卯	天干地支 西曆 星期	己酉 9 六	庚戌 10 日	辛亥 11 一	壬子 12 二	癸丑 13 三	甲寅 14 四	乙卯 15 五	丙辰 16 六	丁巳 17 日	戊午 18 一	己未 19 二	庚申 20 三	辛酉 21 四	壬戌 22 五	癸亥 23 六	甲子 24 日	乙丑 25 一	丙寅 26 二	丁卯 27 三	戊辰 28 四	己巳 29 五	庚午 30 六	辛未 31 日	壬申 (4) 一	癸酉 2 二	甲戌 3 三	乙亥 4 四	丙子 5 五	丁丑 6 六		丁巳春分 壬申清明
三月大	庚辰	天干地支 西曆 星期	戊寅 7 日	己卯 8 一	庚辰 9 二	辛巳 10 三	壬午 11 四	癸未 12 五	甲申 13 六	乙酉 14 日	丙戌 15 一	丁亥 16 二	戊子 17 三	己丑 18 四	庚寅 19 五	辛卯 20 六	壬辰 21 日	癸巳 22 一	甲午 23 二	乙未 24 三	丙申 25 四	丁酉 26 五	戊戌 27 六	己亥 28 日	庚子 29 一	辛丑 30 二	壬寅 (5) 三	癸卯 2 四	甲辰 3 五	乙巳 4 六	丙午 5 日	丁未 6 一	戊子穀雨 癸卯立夏 戊寅日食
四月小	辛巳	天干地支 西曆 星期	戊申 7 二	己酉 8 三	庚戌 9 四	辛亥 10 五	壬子 11 六	癸丑 12 日	甲寅 13 一	乙卯 14 二	丙辰 15 三	丁巳 16 四	戊午 17 五	己未 18 六	庚申 19 日	辛酉 20 一	壬戌 21 二	癸亥 22 三	甲子 23 四	乙丑 24 五	丙寅 25 六	丁卯 26 日	戊辰 27 一	己巳 28 二	庚午 29 三	辛未 30 四	壬申 31 五	癸酉 (6) 六	甲戌 2 日	乙亥 3 一	丙子 4 二		戊午小滿 癸酉芒種
五月小	壬午	天干地支 西曆 星期	丁丑 5 三	戊寅 6 四	己卯 7 五	庚辰 8 六	辛巳 9 日	壬午 10 一	癸未 11 二	甲申 12 三	乙酉 13 四	丙戌 14 五	丁亥 15 六	戊子 16 日	己丑 17 一	庚寅 18 二	辛卯 19 三	壬辰 20 四	癸巳 21 五	甲午 22 六	乙未 23 日	丙申 24 一	丁酉 25 二	戊戌 26 三	己亥 27 四	庚子 28 五	辛丑 29 六	壬寅 30 日	癸卯 (7) 一	甲辰 2 二	乙巳 3 三		戊子夏至 甲辰小暑
六月大	癸未	天干地支 西曆 星期	丙午 4 四	丁未 5 五	戊申 6 六	己酉 7 日	庚戌 8 一	辛亥 9 二	壬子 10 三	癸丑 11 四	甲寅 12 五	乙卯 13 六	丙辰 14 日	丁巳 15 一	戊午 16 二	己未 17 三	庚申 18 四	辛酉 19 五	壬戌 20 六	癸亥 21 日	甲子 22 一	乙丑 23 二	丙寅 24 三	丁卯 25 四	戊辰 26 五	己巳 27 六	庚午 28 日	辛未 29 一	壬申 30 二	癸酉 31 三	甲戌 (8) 四	乙亥 2 五	己未大暑 甲戌立秋
七月小	甲申	天干地支 西曆 星期	丙子 3 六	丁丑 4 日	戊寅 5 一	己卯 6 二	庚辰 7 三	辛巳 8 四	壬午 9 五	癸未 10 六	甲申 11 日	乙酉 12 一	丙戌 13 二	丁亥 14 三	戊子 15 四	己丑 16 五	庚寅 17 六	辛卯 18 日	壬辰 19 一	癸巳 20 二	甲午 21 三	乙未 22 四	丙申 23 五	丁酉 24 六	戊戌 25 日	己亥 26 一	庚子 27 二	辛丑 28 三	壬寅 29 四	癸卯 30 五	甲辰 31 六		己丑處暑
八月大	乙酉	天干地支 西曆 星期	乙巳 (9) 日	丙午 2 一	丁未 3 二	戊申 4 三	己酉 5 四	庚戌 6 五	辛亥 7 六	壬子 8 日	癸丑 9 一	甲寅 10 二	乙卯 11 三	丙辰 12 四	丁巳 13 五	戊午 14 六	己未 15 日	庚申 16 一	辛酉 17 二	壬戌 18 三	癸亥 19 四	甲子 20 五	乙丑 21 六	丙寅 22 日	丁卯 23 一	戊辰 24 二	己巳 25 三	庚午 26 四	辛未 27 五	壬申 28 六	癸酉 29 日	甲戌 30 一	乙巳白露 庚申秋分
九月小	丙戌	天干地支 西曆 星期	乙亥 (10) 二	丙子 2 三	丁丑 3 四	戊寅 4 五	己卯 5 六	庚辰 6 日	辛巳 7 一	壬午 8 二	癸未 9 三	甲申 10 四	乙酉 11 五	丙戌 12 六	丁亥 13 日	戊子 14 一	己丑 15 二	庚寅 16 三	辛卯 17 四	壬辰 18 五	癸巳 19 六	甲午 20 日	乙未 21 一	丙申 22 二	丁酉 23 三	戊戌 24 四	己亥 25 五	庚子 26 六	辛丑 27 日	壬寅 28 一	癸卯 29 二		乙亥寒露 庚寅霜降
十月大	丁亥	天干地支 西曆 星期	甲辰 30 三	乙巳 31 四	丙午 (11) 五	丁未 2 六	戊申 3 日	己酉 4 一	庚戌 5 二	辛亥 6 三	壬子 7 四	癸丑 8 五	甲寅 9 六	乙卯 10 日	丙辰 11 一	丁巳 12 二	戊午 13 三	己未 14 四	庚申 15 五	辛酉 16 六	壬戌 17 日	癸亥 18 一	甲子 19 二	乙丑 20 三	丙寅 21 四	丁卯 22 五	戊辰 23 六	己巳 24 日	庚午 25 一	辛未 26 二	壬申 27 三	癸酉 28 四	乙巳立冬 辛酉小雪
十一月大	戊子	天干地支 西曆 星期	甲戌 29 五	乙亥 30 六	丙子 (12) 日	丁丑 2 一	戊寅 3 二	己卯 4 三	庚辰 5 四	辛巳 6 五	壬午 7 六	癸未 8 日	甲申 9 一	乙酉 10 二	丙戌 11 三	丁亥 12 四	戊子 13 五	己丑 14 六	庚寅 15 日	辛卯 16 一	壬辰 17 二	癸巳 18 三	甲午 19 四	乙未 20 五	丙申 21 六	丁酉 22 日	戊戌 23 一	己亥 24 二	庚子 25 三	辛丑 26 四	壬寅 27 五	癸卯 28 六	丙子大雪 辛卯冬至
十二月大	己丑	天干地支 西曆 星期	甲辰 29 日	乙巳 30 一	丙午 31 二	丁未 (1) 三	戊申 2 四	己酉 3 五	庚戌 4 六	辛亥 5 日	壬子 6 一	癸丑 7 二	甲寅 8 三	乙卯 9 四	丙辰 10 五	丁巳 11 六	戊午 12 日	己未 13 一	庚申 14 二	辛酉 15 三	壬戌 16 四	癸亥 17 五	甲子 18 六	乙丑 19 日	丙寅 20 一	丁卯 21 二	戊辰 22 三	己巳 23 四	庚午 24 五	辛未 25 六	壬申 26 日	癸酉 27 一	丙午小寒 辛酉大寒

宋真宗咸平四年（辛丑 牛年） 公元 1001 ~ 1002 年

夏曆月序		中西曆日對照	夏曆日序																														節氣與天象
			初一	初二	初三	初四	初五	初六	初七	初八	初九	初十	十一	十二	十三	十四	十五	十六	十七	十八	十九	二十	二一	二二	二三	二四	二五	二六	二七	二八	二九	三十	
正月小	庚寅	干支 西曆 星期	甲戌 28 二	乙亥 29 三	丙子 30 四	丁丑 31 五	戊寅 (2) 六	己卯 2 日	庚辰 3 一	辛巳 4 二	壬午 5 三	癸未 6 四	甲申 7 五	乙酉 8 六	丙戌 9 日	丁亥 10 一	戊子 11 二	己丑 12 三	庚寅 13 四	辛卯 14 五	壬辰 15 六	癸巳 16 日	甲午 17 一	乙未 18 二	丙申 19 三	丁酉 20 四	戊戌 21 五	己亥 22 六	庚子 23 日	辛丑 24 一	壬寅 25 二		丁丑立春 壬辰雨水
二月大	辛卯	干支 西曆 星期	癸卯 26 三	甲辰 27 四	乙巳 28 五	丙午 (3) 六	丁未 2 日	戊申 3 一	己酉 4 二	庚戌 5 三	辛亥 6 四	壬子 7 五	癸丑 8 六	甲寅 9 日	乙卯 10 一	丙辰 11 二	丁巳 12 三	戊午 13 四	己未 14 五	庚申 15 六	辛酉 16 日	壬戌 17 一	癸亥 18 二	甲子 19 三	乙丑 20 四	丙寅 21 五	丁卯 22 六	戊辰 23 日	己巳 24 一	庚午 25 二	辛未 26 三	壬申 27 四	丁未驚蟄 壬戌春分
三月小	壬辰	干支 西曆 星期	癸酉 28 五	甲戌 29 六	乙亥 30 日	丙子 31 一	丁丑 (4) 二	戊寅 2 三	己卯 3 四	庚辰 4 五	辛巳 5 六	壬午 6 日	癸未 7 一	甲申 8 二	乙酉 9 三	丙戌 10 四	丁亥 11 五	戊子 12 六	己丑 13 日	庚寅 14 一	辛卯 15 二	壬辰 16 三	癸巳 17 四	甲午 18 五	乙未 19 六	丙申 20 日	丁酉 21 一	戊戌 22 二	己亥 23 三	庚子 24 四	辛丑 25 五		戊寅清明 癸巳穀雨
四月大	癸巳	干支 西曆 星期	壬寅 26 六	癸卯 27 日	甲辰 28 一	乙巳 29 二	丙午 30 三	丁未 (5) 四	戊申 2 五	己酉 3 六	庚戌 4 日	辛亥 5 一	壬子 6 二	癸丑 7 三	甲寅 8 四	乙卯 9 五	丙辰 10 六	丁巳 11 日	戊午 12 一	己未 13 二	庚申 14 三	辛酉 15 四	壬戌 16 五	癸亥 17 六	甲子 18 日	乙丑 19 一	丙寅 20 二	丁卯 21 三	戊辰 22 四	己巳 23 五	庚午 24 六	辛未 25 日	戊申立夏 癸亥小滿
五月小	甲午	干支 西曆 星期	壬申 26 一	癸酉 27 二	甲戌 28 三	乙亥 29 四	丙子 30 五	丁丑 31 六	戊寅 (6) 日	己卯 2 一	庚辰 3 二	辛巳 4 三	壬午 5 四	癸未 6 五	甲申 7 六	乙酉 8 日	丙戌 9 一	丁亥 10 二	戊子 11 三	己丑 12 四	庚寅 13 五	辛卯 14 六	壬辰 15 日	癸巳 16 一	甲午 17 二	乙未 18 三	丙申 19 四	丁酉 20 五	戊戌 21 六	己亥 22 日	庚子 23 一		戊寅芒種 甲午夏至
六月小	乙未	干支 西曆 星期	辛丑 24 二	壬寅 25 三	癸卯 26 四	甲辰 27 五	乙巳 28 六	丙午 29 日	丁未 30 一	戊申 (7) 二	己酉 2 三	庚戌 3 四	辛亥 4 五	壬子 5 六	癸丑 6 日	甲寅 7 一	乙卯 8 二	丙辰 9 三	丁巳 10 四	戊午 11 五	己未 12 六	庚申 13 日	辛酉 14 一	壬戌 15 二	癸亥 16 三	甲子 17 四	乙丑 18 五	丙寅 19 六	丁卯 20 日	戊辰 21 一	己巳 22 二		己酉小暑 甲子大暑
七月大	丙申	干支 西曆 星期	庚午 23 三	辛未 24 四	壬申 25 五	癸酉 26 六	甲戌 27 日	乙亥 28 一	丙子 29 二	丁丑 30 三	戊寅 31 四	己卯 (8) 五	庚辰 2 六	辛巳 3 日	壬午 4 一	癸未 5 二	甲申 6 三	乙酉 7 四	丙戌 8 五	丁亥 9 六	戊子 10 日	己丑 11 一	庚寅 12 二	辛卯 13 三	壬辰 14 四	癸巳 15 五	甲午 16 六	乙未 17 日	丙申 18 一	丁酉 19 二	戊戌 20 三	己亥 21 四	己卯立秋 乙未處暑
八月小	丁酉	干支 西曆 星期	庚子 22 五	辛丑 23 六	壬寅 24 日	癸卯 25 一	甲辰 26 二	乙巳 27 三	丙午 28 四	丁未 29 五	戊申 30 六	己酉 31 日	庚戌 (9) 一	辛亥 2 二	壬子 3 三	癸丑 4 四	甲寅 5 五	乙卯 6 六	丙辰 7 日	丁巳 8 一	戊午 9 二	己未 10 三	庚申 11 四	辛酉 12 五	壬戌 13 六	癸亥 14 日	甲子 15 一	乙丑 16 二	丙寅 17 三	丁卯 18 四	戊辰 19 五		庚戌白露 乙丑秋分
九月大	戊戌	干支 西曆 星期	己巳 20 六	庚午 21 日	辛未 22 一	壬申 23 二	癸酉 24 三	甲戌 25 四	乙亥 26 五	丙子 27 六	丁丑 28 日	戊寅 29 一	己卯 30 二	庚辰 (10) 三	辛巳 2 四	壬午 3 五	癸未 4 六	甲申 5 日	乙酉 6 一	丙戌 7 二	丁亥 8 三	戊子 9 四	己丑 10 五	庚寅 11 六	辛卯 12 日	壬辰 13 一	癸巳 14 二	甲午 15 三	乙未 16 四	丙申 17 五	丁酉 18 六	戊戌 19 日	庚辰寒露 乙未霜降
十月小	己亥	干支 西曆 星期	己亥 20 一	庚子 21 二	辛丑 22 三	壬寅 23 四	癸卯 24 五	甲辰 25 六	乙巳 26 日	丙午 27 一	丁未 28 二	戊申 29 三	己酉 30 四	庚戌 31 五	辛亥 (11) 六	壬子 2 日	癸丑 3 一	甲寅 4 二	乙卯 5 三	丙辰 6 四	丁巳 7 五	戊午 8 六	己未 9 日	庚申 10 一	辛酉 11 二	壬戌 12 三	癸亥 13 四	甲子 14 五	乙丑 15 六	丙寅 16 日	丁卯 17 一		辛亥立冬 丙寅小雪
十一月大	庚子	干支 西曆 星期	戊辰 18 二	己巳 19 三	庚午 20 四	辛未 21 五	壬申 22 六	癸酉 23 日	甲戌 24 一	乙亥 25 二	丙子 26 三	丁丑 27 四	戊寅 28 五	己卯 29 六	庚辰 30 日	辛巳 (12) 一	壬午 2 二	癸未 3 三	甲申 4 四	乙酉 5 五	丙戌 6 六	丁亥 7 日	戊子 8 一	己丑 9 二	庚寅 10 三	辛卯 11 四	壬辰 12 五	癸巳 13 六	甲午 14 日	乙未 15 一	丙申 16 二	丁酉 17 三	辛巳大雪 丙申冬至
十二月大	辛丑	干支 西曆 星期	戊戌 18 四	己亥 19 五	庚子 20 六	辛丑 21 日	壬寅 22 一	癸卯 23 二	甲辰 24 三	乙巳 25 四	丙午 26 五	丁未 27 六	戊申 28 日	己酉 29 一	庚戌 30 二	辛亥 31 三	壬子 (1) 四	癸丑 2 五	甲寅 3 六	乙卯 4 日	丙辰 5 一	丁巳 6 二	戊午 7 三	己未 8 四	庚申 9 五	辛酉 10 六	壬戌 11 日	癸亥 12 一	甲子 13 二	乙丑 14 三	丙寅 15 四	丁卯 16 五	辛亥小寒 丁卯大寒
閏十二小	辛丑	干支 西曆 星期	戊辰 17 六	己巳 18 日	庚午 19 一	辛未 20 二	壬申 21 三	癸酉 22 四	甲戌 23 五	乙亥 24 六	丙子 25 日	丁丑 26 一	戊寅 27 二	己卯 28 三	庚辰 29 四	辛巳 30 五	壬午 31 六	癸未 (2) 日	甲申 2 一	乙酉 3 二	丙戌 4 三	丁亥 5 四	戊子 6 五	己丑 7 六	庚寅 8 日	辛卯 9 一	壬辰 10 二	癸巳 11 三	甲午 12 四	乙未 13 五	丙申 14 六		壬午立春

宋真宗咸平五年（壬寅 虎年） 公元 1002 ~ 1003 年

夏曆月序	中西曆日對照	初一	初二	初三	初四	初五	初六	初七	初八	初九	初十	十一	十二	十三	十四	十五	十六	十七	十八	十九	二十	二一	二二	二三	二四	二五	二六	二七	二八	二九	三十	節氣與天象
正月大 壬寅	干支	丁酉	戊戌	己亥	庚子	辛丑	壬寅	癸卯	甲辰	乙巳	丙午	丁未	戊申	己酉	庚戌	辛亥	壬子	癸丑	甲寅	乙卯	丙辰	丁巳	戊午	己未	庚申	辛酉	壬戌	癸亥	甲子	乙丑	丙寅	丁酉雨水 壬子驚蟄
	西曆	15	16	17	18	19	20	21	22	23	24	25	26	27	28	(3)	2	3	4	5	6	7	8	9	10	11	12	13	14	15	16	
	星期	日	一	二	三	四	五	六	日	一	二	三	四	五	六	日	一	二	三	四	五	六	日	一	二	三	四	五	六	日	一	
二月大 癸卯	干支	丁卯	戊辰	己巳	庚午	辛未	壬申	癸酉	甲戌	乙亥	丙子	丁丑	戊寅	己卯	庚辰	辛巳	壬午	癸未	甲申	乙酉	丙戌	丁亥	戊子	己丑	庚寅	辛卯	壬辰	癸巳	甲午	乙未	丙申	戊辰春分 癸未清明
	西曆	17	18	19	20	21	22	23	24	25	26	27	28	29	30	31	(4)	2	3	4	5	6	7	8	9	10	11	12	13	14	15	
	星期	二	三	四	五	六	日	一	二	三	四	五	六	日	一	二	三	四	五	六	日	一	二	三	四	五	六	日	一	二	三	
三月小 甲辰	干支	丁酉	戊戌	己亥	庚子	辛丑	壬寅	癸卯	甲辰	乙巳	丙午	丁未	戊申	己酉	庚戌	辛亥	壬子	癸丑	甲寅	乙卯	丙辰	丁巳	戊午	己未	庚申	辛酉	壬戌	癸亥	甲子	乙丑		戊戌穀雨 癸丑立夏
	西曆	16	17	18	19	20	21	22	23	24	25	26	27	28	29	30	(5)	2	3	4	5	6	7	8	9	10	11	12	13	14		
	星期	四	五	六	日	一	二	三	四	五	六	日	一	二	三	四	五	六	日	一	二	三	四	五	六	日	一	二	三	四		
四月大 乙巳	干支	丙寅	丁卯	戊辰	己巳	庚午	辛未	壬申	癸酉	甲戌	乙亥	丙子	丁丑	戊寅	己卯	庚辰	辛巳	壬午	癸未	甲申	乙酉	丙戌	丁亥	戊子	己丑	庚寅	辛卯	壬辰	癸巳	甲午	乙未	戊辰小滿 甲申芒種
	西曆	15	16	17	18	19	20	21	22	23	24	25	26	27	28	29	30	31	(6)	2	3	4	5	6	7	8	9	10	11	12	13	
	星期	五	六	日	一	二	三	四	五	六	日	一	二	三	四	五	六	日	一	二	三	四	五	六	日	一	二	三	四	五	六	
五月小 丙午	干支	丙申	丁酉	戊戌	己亥	庚子	辛丑	壬寅	癸卯	甲辰	乙巳	丙午	丁未	戊申	己酉	庚戌	辛亥	壬子	癸丑	甲寅	乙卯	丙辰	丁巳	戊午	己未	庚申	辛酉	壬戌	癸亥	甲子		己亥夏至 甲寅小暑
	西曆	14	15	16	17	18	19	20	21	22	23	24	25	26	27	28	29	30	(7)	2	3	4	5	6	7	8	9	10	11	12		
	星期	日	一	二	三	四	五	六	日	一	二	三	四	五	六	日	一	二	三	四	五	六	日	一	二	三	四	五	六	日		
六月小 丁未	干支	乙丑	丙寅	丁卯	戊辰	己巳	庚午	辛未	壬申	癸酉	甲戌	乙亥	丙子	丁丑	戊寅	己卯	庚辰	辛巳	壬午	癸未	甲申	乙酉	丙戌	丁亥	戊子	己丑	庚寅	辛卯	壬辰	癸巳		己巳大暑 乙酉立秋
	西曆	13	14	15	16	17	18	19	20	21	22	23	24	25	26	27	28	29	30	31	(8)	2	3	4	5	6	7	8	9	10		
	星期	一	二	三	四	五	六	日	一	二	三	四	五	六	日	一	二	三	四	五	六	日	一	二	三	四	五	六	日	一		
七月大 戊申	干支	甲午	乙未	丙申	丁酉	戊戌	己亥	庚子	辛丑	壬寅	癸卯	甲辰	乙巳	丙午	丁未	戊申	己酉	庚戌	辛亥	壬子	癸丑	甲寅	乙卯	丙辰	丁巳	戊午	己未	庚申	辛酉	壬戌	癸亥	庚子處暑 乙卯白露 甲午日食
	西曆	11	12	13	14	15	16	17	18	19	20	21	22	23	24	25	26	27	28	29	30	31	(9)	2	3	4	5	6	7	8	9	
	星期	二	三	四	五	六	日	一	二	三	四	五	六	日	一	二	三	四	五	六	日	一	二	三	四	五	六	日	一	二	三	
八月小 己酉	干支	甲子	乙丑	丙寅	丁卯	戊辰	己巳	庚午	辛未	壬申	癸酉	甲戌	乙亥	丙子	丁丑	戊寅	己卯	庚辰	辛巳	壬午	癸未	甲申	乙酉	丙戌	丁亥	戊子	己丑	庚寅	辛卯	壬辰		庚午秋分 乙酉寒露
	西曆	10	11	12	13	14	15	16	17	18	19	20	21	22	23	24	25	26	27	28	29	30	(10)	2	3	4	5	6	7	8		
	星期	四	五	六	日	一	二	三	四	五	六	日	一	二	三	四	五	六	日	一	二	三	四	五	六	日	一	二	三	四		
九月大 庚戌	干支	癸巳	甲午	乙未	丙申	丁酉	戊戌	己亥	庚子	辛丑	壬寅	癸卯	甲辰	乙巳	丙午	丁未	戊申	己酉	庚戌	辛亥	壬子	癸丑	甲寅	乙卯	丙辰	丁巳	戊午	己未	庚申	辛酉	壬戌	辛丑霜降 丙辰立冬
	西曆	9	10	11	12	13	14	15	16	17	18	19	20	21	22	23	24	25	26	27	28	29	30	31	(11)	2	3	4	5	6	7	
	星期	五	六	日	一	二	三	四	五	六	日	一	二	三	四	五	六	日	一	二	三	四	五	六	日	一	二	三	四	五	六	
十月小 辛亥	干支	癸亥	甲子	乙丑	丙寅	丁卯	戊辰	己巳	庚午	辛未	壬申	癸酉	甲戌	乙亥	丙子	丁丑	戊寅	己卯	庚辰	辛巳	壬午	癸未	甲申	乙酉	丙戌	丁亥	戊子	己丑	庚寅	辛卯		辛未小雪 丙戌大雪
	西曆	8	9	10	11	12	13	14	15	16	17	18	19	20	21	22	23	24	25	26	27	28	29	30	(12)	2	3	4	5	6		
	星期	日	一	二	三	四	五	六	日	一	二	三	四	五	六	日	一	二	三	四	五	六	日	一	二	三	四	五	六	日		
十一月大 壬子	干支	壬辰	癸巳	甲午	乙未	丙申	丁酉	戊戌	己亥	庚子	辛丑	壬寅	癸卯	甲辰	乙巳	丙午	丁未	戊申	己酉	庚戌	辛亥	壬子	癸丑	甲寅	乙卯	丙辰	丁巳	戊午	己未	庚申	辛酉	壬寅冬至 丁巳小寒
	西曆	7	8	9	10	11	12	13	14	15	16	17	18	19	20	21	22	23	24	25	26	27	28	29	30	31	(1)	2	3	4	5	
	星期	一	二	三	四	五	六	日	一	二	三	四	五	六	日	一	二	三	四	五	六	日	一	二	三	四	五	六	日	一	二	
十二月小 癸丑	干支	壬戌	癸亥	甲子	乙丑	丙寅	丁卯	戊辰	己巳	庚午	辛未	壬申	癸酉	甲戌	乙亥	丙子	丁丑	戊寅	己卯	庚辰	辛巳	壬午	癸未	甲申	乙酉	丙戌	丁亥	戊子	己丑	庚寅		壬申大寒 丁亥立春
	西曆	6	7	8	9	10	11	12	13	14	15	16	17	18	19	20	21	22	23	24	25	26	27	28	29	30	31	(2)	2	3		
	星期	三	四	五	六	日	一	二	三	四	五	六	日	一	二	三	四	五	六	日	一	二	三	四	五	六	日	一	二	三		

宋真宗咸平六年（癸卯 兔年） 公元1003 ~ 1004年

夏曆月序		中西曆日對照	初一	初二	初三	初四	初五	初六	初七	初八	初九	初十	十一	十二	十三	十四	十五	十六	十七	十八	十九	二十	二一	二二	二三	二四	二五	二六	二七	二八	二九	三十	節氣與天象
正月大	甲寅	天干地支 西曆 星期	辛卯 4 四	壬辰 5 五	癸巳 6 六	甲午 7 日	乙未 8 一	丙申 9 二	丁酉 10 三	戊戌 11 四	己亥 12 五	庚子 13 六	辛丑 14 日	壬寅 15 一	癸卯 16 二	甲辰 17 三	乙巳 18 四	丙午 19 五	丁未 20 六	戊申 21 日	己酉 22 一	庚戌 23 二	辛亥 24 三	壬子 25 四	癸丑 26 五	甲寅 27 六	乙卯 28 日	丙辰 (3) 一	丁巳 2 二	戊午 3 三	己未 4 四	庚申 5 五	壬寅雨水 戊午驚蟄
二月大	乙卯	天干地支 西曆 星期	辛酉 6 六	壬戌 7 日	癸亥 8 一	甲子 9 二	乙丑 10 三	丙寅 11 四	丁卯 12 五	戊辰 13 六	己巳 14 日	庚午 15 一	辛未 16 二	壬申 17 三	癸酉 18 四	甲戌 19 五	乙亥 20 六	丙子 21 日	丁丑 22 一	戊寅 23 二	己卯 24 三	庚辰 25 四	辛巳 26 五	壬午 27 六	癸未 28 日	甲申 29 一	乙酉 30 二	丙戌 31 三	丁亥 (4) 四	戊子 2 五	己丑 3 六	庚寅 4 日	癸酉春分 戊子清明
三月小	丙辰	天干地支 西曆 星期	辛卯 5 一	壬辰 6 二	癸巳 7 三	甲午 8 四	乙未 9 五	丙申 10 六	丁酉 11 日	戊戌 12 一	己亥 13 二	庚子 14 三	辛丑 15 四	壬寅 16 五	癸卯 17 六	甲辰 18 日	乙巳 19 一	丙午 20 二	丁未 21 三	戊申 22 四	己酉 23 五	庚戌 24 六	辛亥 25 日	壬子 26 一	癸丑 27 二	甲寅 28 三	乙卯 29 四	丙辰 30 五	丁巳 (5) 六	戊午 2 日	己未 3 一		癸卯穀雨 戊午立夏
四月大	丁巳	天干地支 西曆 星期	庚申 4 二	辛酉 5 三	壬戌 6 四	癸亥 7 五	甲子 8 六	乙丑 9 日	丙寅 10 一	丁卯 11 二	戊辰 12 三	己巳 13 四	庚午 14 五	辛未 15 六	壬申 16 日	癸酉 17 一	甲戌 18 二	乙亥 19 三	丙子 20 四	丁丑 21 五	戊寅 22 六	己卯 23 日	庚辰 24 一	辛巳 25 二	壬午 26 三	癸未 27 四	甲申 28 五	乙酉 29 六	丙戌 30 日	丁亥 31 一	戊子 (6) 二	己丑 2 三	甲戌小滿 己丑芒種
五月小	戊午	天干地支 西曆 星期	庚寅 3 四	辛卯 4 五	壬辰 5 六	癸巳 6 日	甲午 7 一	乙未 8 二	丙申 9 三	丁酉 10 四	戊戌 11 五	己亥 12 六	庚子 13 日	辛丑 14 一	壬寅 15 二	癸卯 16 三	甲辰 17 四	乙巳 18 五	丙午 19 六	丁未 20 日	戊申 21 一	己酉 22 二	庚戌 23 三	辛亥 24 四	壬子 25 五	癸丑 26 六	甲寅 27 日	乙卯 28 一	丙辰 29 二	丁巳 30 三	戊午 (7) 四		甲辰夏至
六月大	己未	天干地支 西曆 星期	己未 2 五	庚申 3 六	辛酉 4 日	壬戌 5 一	癸亥 6 二	甲子 7 三	乙丑 8 四	丙寅 9 五	丁卯 10 六	戊辰 11 日	己巳 12 一	庚午 13 二	辛未 14 三	壬申 15 四	癸酉 16 五	甲戌 17 六	乙亥 18 日	丙子 19 一	丁丑 20 二	戊寅 21 三	己卯 22 四	庚辰 23 五	辛巳 24 六	壬午 25 日	癸未 26 一	甲申 27 二	乙酉 28 三	丙戌 29 四	丁亥 30 五	戊子 31 六	己未小暑 乙亥大暑
七月小	庚申	天干地支 西曆 星期	己丑 (8) 日	庚寅 2 一	辛卯 3 二	壬辰 4 三	癸巳 5 四	甲午 6 五	乙未 7 六	丙申 8 日	丁酉 9 一	戊戌 10 二	己亥 11 三	庚子 12 四	辛丑 13 五	壬寅 14 六	癸卯 15 日	甲辰 16 一	乙巳 17 二	丙午 18 三	丁未 19 四	戊申 20 五	己酉 21 六	庚戌 22 日	辛亥 23 一	壬子 24 二	癸丑 25 三	甲寅 26 四	乙卯 27 五	丙辰 28 六	丁巳 29 日		庚寅立秋 乙巳處暑
八月大	辛酉	天干地支 西曆 星期	戊午 30 一	己未 31 二	庚申 (9) 三	辛酉 2 四	壬戌 3 五	癸亥 4 六	甲子 5 日	乙丑 6 一	丙寅 7 二	丁卯 8 三	戊辰 9 四	己巳 10 五	庚午 11 六	辛未 12 日	壬申 13 一	癸酉 14 二	甲戌 15 三	乙亥 16 四	丙子 17 五	丁丑 18 六	戊寅 19 日	己卯 20 一	庚辰 21 二	辛巳 22 三	壬午 23 四	癸未 24 五	甲申 25 六	乙酉 26 日	丙戌 27 一	丁亥 28 二	庚申白露 乙亥秋分
九月小	壬戌	天干地支 西曆 星期	戊子 29 三	己丑 30 四	庚寅 (10) 五	辛卯 2 六	壬辰 3 日	癸巳 4 一	甲午 5 二	乙未 6 三	丙申 7 四	丁酉 8 五	戊戌 9 六	己亥 10 日	庚子 11 一	辛丑 12 二	壬寅 13 三	癸卯 14 四	甲辰 15 五	乙巳 16 六	丙午 17 日	丁未 18 一	戊申 19 二	己酉 20 三	庚戌 21 四	辛亥 22 五	壬子 23 六	癸丑 24 日	甲寅 25 一	乙卯 26 二	丙辰 27 三		辛卯寒露 丙午霜降
十月大	癸亥	天干地支 西曆 星期	丁巳 28 四	戊午 29 五	己未 30 六	庚申 31 日	辛酉 (11) 一	壬戌 2 二	癸亥 3 三	甲子 4 四	乙丑 5 五	丙寅 6 六	丁卯 7 日	戊辰 8 一	己巳 9 二	庚午 10 三	辛未 11 四	壬申 12 五	癸酉 13 六	甲戌 14 日	乙亥 15 一	丙子 16 二	丁丑 17 三	戊寅 18 四	己卯 19 五	庚辰 20 六	辛巳 21 日	壬午 22 一	癸未 23 二	甲申 24 三	乙酉 25 四	丙戌 26 五	辛酉立冬 丙子小雪
十一月小	甲子	天干地支 西曆 星期	丁亥 27 六	戊子 28 日	己丑 29 一	庚寅 30 二	辛卯 (12) 三	壬辰 2 四	癸巳 3 五	甲午 4 六	乙未 5 日	丙申 6 一	丁酉 7 二	戊戌 8 三	己亥 9 四	庚子 10 五	辛丑 11 六	壬寅 12 日	癸卯 13 一	甲辰 14 二	乙巳 15 三	丙午 16 四	丁未 17 五	戊申 18 六	己酉 19 日	庚戌 20 一	辛亥 21 二	壬子 22 三	癸丑 23 四	甲寅 24 五	乙卯 25 六		壬辰大雪 丁未冬至
十二月大	乙丑	天干地支 西曆 星期	丙辰 26 日	丁巳 27 一	戊午 28 二	己未 29 三	庚申 30 四	辛酉 31 五	壬戌 (1) 六	癸亥 2 日	甲子 3 一	乙丑 4 二	丙寅 5 三	丁卯 6 四	戊辰 7 五	己巳 8 六	庚午 9 日	辛未 10 一	壬申 11 二	癸酉 12 三	甲戌 13 四	乙亥 14 五	丙子 15 六	丁丑 16 日	戊寅 17 一	己卯 18 二	庚辰 19 三	辛巳 20 四	壬午 21 五	癸未 22 六	甲申 23 日	乙酉 24 一	壬戌小寒 丁丑大寒

宋真宗景德元年（甲辰 龍年） 公元 1004 ~ 1005 年

夏曆月序		中西曆日對照	初一	初二	初三	初四	初五	初六	初七	初八	初九	初十	十一	十二	十三	十四	十五	十六	十七	十八	十九	二十	二一	二二	二三	二四	二五	二六	二七	二八	二九	三十	節氣與天象
正月小	丙寅	天干地支 西曆 星期	丙戌 25 二	丁亥 26 三	戊子 27 四	己丑 28 五	庚寅 29 六	辛卯 30 日	壬辰 31 一	癸巳 (2) 二	甲午 2 三	乙未 3 四	丙申 4 五	丁酉 5 六	戊戌 6 日	己亥 7 一	庚子 8 二	辛丑 9 三	壬寅 10 四	癸卯 11 五	甲辰 12 六	乙巳 13 日	丙午 14 一	丁未 15 二	戊申 16 三	己酉 17 四	庚戌 18 五	辛亥 19 六	壬子 20 日	癸丑 21 一	甲寅 22 二		壬辰立春 戊申雨水
二月大	丁卯	天干地支 西曆 星期	乙卯 23 三	丙辰 24 四	丁巳 25 五	戊午 26 六	己未 27 日	庚申 28 一	辛酉 29 二	壬戌 (3) 三	癸亥 2 四	甲子 3 五	乙丑 4 六	丙寅 5 日	丁卯 6 一	戊辰 7 二	己巳 8 三	庚午 9 四	辛未 10 五	壬申 11 六	癸酉 12 日	甲戌 13 一	乙亥 14 二	丙子 15 三	丁丑 16 四	戊寅 17 五	己卯 18 六	庚辰 19 日	辛巳 20 一	壬午 21 二	癸未 22 三	甲申 23 四	癸亥驚蟄 戊寅春分
三月小	戊辰	天干地支 西曆 星期	乙酉 24 五	丙戌 25 六	丁亥 26 日	戊子 27 一	己丑 28 二	庚寅 29 三	辛卯 30 四	壬辰 31 五	癸巳 (4) 六	甲午 2 日	乙未 3 一	丙申 4 二	丁酉 5 三	戊戌 6 四	己亥 7 五	庚子 8 六	辛丑 9 日	壬寅 10 一	癸卯 11 二	甲辰 12 三	乙巳 13 四	丙午 14 五	丁未 15 六	戊申 16 日	己酉 17 一	庚戌 18 二	辛亥 19 三	壬子 20 四	癸丑 21 五		癸巳清明 己酉穀雨
四月大	己巳	天干地支 西曆 星期	甲寅 22 六	乙卯 23 日	丙辰 24 一	丁巳 25 二	戊午 26 三	己未 27 四	庚申 28 五	辛酉 29 六	壬戌 30 日	癸亥 (5) 一	甲子 2 二	乙丑 3 三	丙寅 4 四	丁卯 5 五	戊辰 6 六	己巳 7 日	庚午 8 一	辛未 9 二	壬申 10 三	癸酉 11 四	甲戌 12 五	乙亥 13 六	丙子 14 日	丁丑 15 一	戊寅 16 二	己卯 17 三	庚辰 18 四	辛巳 19 五	壬午 20 六	癸未 21 日	甲子立夏 己卯小滿
五月大	庚午	天干地支 西曆 星期	甲申 22 一	乙酉 23 二	丙戌 24 三	丁亥 25 四	戊子 26 五	己丑 27 六	庚寅 28 日	辛卯 29 一	壬辰 30 二	癸巳 31 三	甲午 (6) 四	乙未 2 五	丙申 3 六	丁酉 4 日	戊戌 5 一	己亥 6 二	庚子 7 三	辛丑 8 四	壬寅 9 五	癸卯 10 六	甲辰 11 日	乙巳 12 一	丙午 13 二	丁未 14 三	戊申 15 四	己酉 16 五	庚戌 17 六	辛亥 18 日	壬子 19 一	癸丑 20 二	甲午芒種 己酉夏至
六月小	辛未	天干地支 西曆 星期	甲寅 21 三	乙卯 22 四	丙辰 23 五	丁巳 24 六	戊午 25 日	己未 26 一	庚申 27 二	辛酉 28 三	壬戌 29 四	癸亥 30 五	甲子 (7) 六	乙丑 2 日	丙寅 3 一	丁卯 4 二	戊辰 5 三	己巳 6 四	庚午 7 五	辛未 8 六	壬申 9 日	癸酉 10 一	甲戌 11 二	乙亥 12 三	丙子 13 四	丁丑 14 五	戊寅 15 六	己卯 16 日	庚辰 17 一	辛巳 18 二	壬午 19 三		乙丑小暑 庚辰大暑
七月大	壬申	天干地支 西曆 星期	癸未 20 四	甲申 21 五	乙酉 22 六	丙戌 23 日	丁亥 24 一	戊子 25 二	己丑 26 三	庚寅 27 四	辛卯 28 五	壬辰 29 六	癸巳 30 日	甲午 31 一	乙未 (8) 二	丙申 2 三	丁酉 3 四	戊戌 4 五	己亥 5 六	庚子 6 日	辛丑 7 一	壬寅 8 二	癸卯 9 三	甲辰 10 四	乙巳 11 五	丙午 12 六	丁未 13 日	戊申 14 一	己酉 15 二	庚戌 16 三	辛亥 17 四	壬子 18 五	乙未立秋 庚戌處暑 癸未日食
八月小	癸酉	天干地支 西曆 星期	癸丑 19 六	甲寅 20 日	乙卯 21 一	丙辰 22 二	丁巳 23 三	戊午 24 四	己未 25 五	庚申 26 六	辛酉 27 日	壬戌 28 一	癸亥 29 二	甲子 30 三	乙丑 31 四	丙寅 (9) 五	丁卯 2 六	戊辰 3 日	己巳 4 一	庚午 5 二	辛未 6 三	壬申 7 四	癸酉 8 五	甲戌 9 六	乙亥 10 日	丙子 11 一	丁丑 12 二	戊寅 13 三	己卯 14 四	庚辰 15 五	辛巳 16 六		乙丑白露 辛巳秋分
九月大	甲戌	天干地支 西曆 星期	壬午 17 日	癸未 18 一	甲申 19 二	乙酉 20 三	丙戌 21 四	丁亥 22 五	戊子 23 六	己丑 24 日	庚寅 25 一	辛卯 26 二	壬辰 27 三	癸巳 28 四	甲午 29 五	乙未 30 六	丙申 (10) 日	丁酉 2 一	戊戌 3 二	己亥 4 三	庚子 5 四	辛丑 6 五	壬寅 7 六	癸卯 8 日	甲辰 9 一	乙巳 10 二	丙午 11 三	丁未 12 四	戊申 13 五	己酉 14 六	庚戌 15 日	辛亥 16 一	丙申寒露 辛亥霜降
閏九月小	甲戌	天干地支 西曆 星期	壬子 17 二	癸丑 18 三	甲寅 19 四	乙卯 20 五	丙辰 21 六	丁巳 22 日	戊午 23 一	己未 24 二	庚申 25 三	辛酉 26 四	壬戌 27 五	癸亥 28 六	甲子 29 日	乙丑 30 一	丙寅 31 二	丁卯 (11) 三	戊辰 2 四	己巳 3 五	庚午 4 六	辛未 5 日	壬申 6 一	癸酉 7 二	甲戌 8 三	乙亥 9 四	丙子 10 五	丁丑 11 六	戊寅 12 日	己卯 13 一	庚辰 14 二		丙寅立冬
十月大	乙亥	天干地支 西曆 星期	辛巳 15 三	壬午 16 四	癸未 17 五	甲申 18 六	乙酉 19 日	丙戌 20 一	丁亥 21 二	戊子 22 三	己丑 23 四	庚寅 24 五	辛卯 25 六	壬辰 26 日	癸巳 27 一	甲午 28 二	乙未 29 三	丙申 30 四	丁酉 (12) 五	戊戌 2 六	己亥 3 日	庚子 4 一	辛丑 5 二	壬寅 6 三	癸卯 7 四	甲辰 8 五	乙巳 9 六	丙午 10 日	丁未 11 一	戊申 12 二	己酉 13 三	庚戌 14 四	壬午小雪 丁酉大雪
十一月小	丙子	天干地支 西曆 星期	辛亥 15 五	壬子 16 六	癸丑 17 日	甲寅 18 一	乙卯 19 二	丙辰 20 三	丁巳 21 四	戊午 22 五	己未 23 六	庚申 24 日	辛酉 25 一	壬戌 26 二	癸亥 27 三	甲子 28 四	乙丑 29 五	丙寅 30 六	丁卯 31 日	戊辰 (1) 一	己巳 2 二	庚午 3 三	辛未 4 四	壬申 5 五	癸酉 6 六	甲戌 7 日	乙亥 8 一	丙子 9 二	丁丑 10 三	戊寅 11 四	己卯 12 五		壬子冬至 丁卯小寒
十二月大	丁丑	天干地支 西曆 星期	庚辰 13 六	辛巳 14 日	壬午 15 一	癸未 16 二	甲申 17 三	乙酉 18 四	丙戌 19 五	丁亥 20 六	戊子 21 日	己丑 22 一	庚寅 23 二	辛卯 24 三	壬辰 25 四	癸巳 26 五	甲午 27 六	乙未 28 日	丙申 29 一	丁酉 30 二	戊戌 31 三	己亥 (2) 四	庚子 2 五	辛丑 3 六	壬寅 4 日	癸卯 5 一	甲辰 6 二	乙巳 7 三	丙午 8 四	丁未 9 五	戊申 10 六	己酉 11 日	壬午大寒 戊戌立春 庚辰日食

* 正月丙戌（初一），改元景德。

宋真宗景德二年（乙巳 蛇年） 公元 1005 ~ 1006 年

夏曆月序		中西曆日對照	初一	初二	初三	初四	初五	初六	初七	初八	初九	初十	十一	十二	十三	十四	十五	十六	十七	十八	十九	二十	二一	二二	二三	二四	二五	二六	二七	二八	二九	三十	節氣與天象
正月小	戊寅	天干地支 西曆星期	庚戌 12 一	辛亥 13 二	壬子 14 三	癸丑 15 四	甲寅 16 五	乙卯 17 六	丙辰 18 日	丁巳 19 一	戊午 20 二	己未 21 三	庚申 22 四	辛酉 23 五	壬戌 24 六	癸亥 25 日	甲子 26 一	乙丑 27 二	丙寅 28 三	丁卯 (3) 四	戊辰 2 五	己巳 3 六	庚午 4 日	辛未 5 一	壬申 6 二	癸酉 7 三	甲戌 8 四	乙亥 9 五	丙子 10 六	丁丑 11 日	戊寅 12 一		癸丑雨水 戊辰驚蟄
二月大	己卯	天干地支 西曆星期	己卯 13 二	庚辰 14 三	辛巳 15 四	壬午 16 五	癸未 17 六	甲申 18 日	乙酉 19 一	丙戌 20 二	丁亥 21 三	戊子 22 四	己丑 23 五	庚寅 24 六	辛卯 25 日	壬辰 26 一	癸巳 27 二	甲午 28 三	乙未 29 四	丙申 30 五	丁酉 31 六	戊戌 (4) 日	己亥 2 一	庚子 3 二	辛丑 4 三	壬寅 5 四	癸卯 6 五	甲辰 7 六	乙巳 8 日	丙午 9 一	丁未 10 二	戊申 11 三	癸未春分 己亥清明
三月小	庚辰	天干地支 西曆星期	己酉 12 四	庚戌 13 五	辛亥 14 六	壬子 15 日	癸丑 16 一	甲寅 17 二	乙卯 18 三	丙辰 19 四	丁巳 20 五	戊午 21 六	己未 22 日	庚申 23 一	辛酉 24 二	壬戌 25 三	癸亥 26 四	甲子 27 五	乙丑 28 六	丙寅 29 日	丁卯 30 一	戊辰 (5) 二	己巳 2 三	庚午 3 四	辛未 4 五	壬申 5 六	癸酉 6 日	甲戌 7 一	乙亥 8 二	丙子 9 三	丁丑 10 四		甲寅穀雨 己巳立夏
四月大	辛巳	天干地支 西曆星期	戊寅 11 五	己卯 12 六	庚辰 13 日	辛巳 14 一	壬午 15 二	癸未 16 三	甲申 17 四	乙酉 18 五	丙戌 19 六	丁亥 20 日	戊子 21 一	己丑 22 二	庚寅 23 三	辛卯 24 四	壬辰 25 五	癸巳 26 六	甲午 27 日	乙未 28 一	丙申 29 二	丁酉 30 三	戊戌 31 四	己亥 (6) 五	庚子 2 六	辛丑 3 日	壬寅 4 一	癸卯 5 二	甲辰 6 三	乙巳 7 四	丙午 8 五	丁未 9 六	甲申小滿 己亥芒種
五月小	壬午	天干地支 西曆星期	戊申 10 日	己酉 11 一	庚戌 12 二	辛亥 13 三	壬子 14 四	癸丑 15 五	甲寅 16 六	乙卯 17 日	丙辰 18 一	丁巳 19 二	戊午 20 三	己未 21 四	庚申 22 五	辛酉 23 六	壬戌 24 日	癸亥 25 一	甲子 26 二	乙丑 27 三	丙寅 28 四	丁卯 29 五	戊辰 30 六	己巳 (7) 日	庚午 2 一	辛未 3 二	壬申 4 三	癸酉 5 四	甲戌 6 五	乙亥 7 六	丙子 8 日		乙卯夏至 庚午小暑
六月大	癸未	天干地支 西曆星期	丁丑 9 一	戊寅 10 二	己卯 11 三	庚辰 12 四	辛巳 13 五	壬午 14 六	癸未 15 日	甲申 16 一	乙酉 17 二	丙戌 18 三	丁亥 19 四	戊子 20 五	己丑 21 六	庚寅 22 日	辛卯 23 一	壬辰 24 二	癸巳 25 三	甲午 26 四	乙未 27 五	丙申 28 六	丁酉 29 日	戊戌 30 一	己亥 31 二	庚子 (8) 三	辛丑 2 四	壬寅 3 五	癸卯 4 六	甲辰 5 日	乙巳 6 一	丙午 7 二	乙酉大暑 庚子立秋
七月大	甲申	天干地支 西曆星期	丁未 8 三	戊申 9 四	己酉 10 五	庚戌 11 六	辛亥 12 日	壬子 13 一	癸丑 14 二	甲寅 15 三	乙卯 16 四	丙辰 17 五	丁巳 18 六	戊午 19 日	己未 20 一	庚申 21 二	辛酉 22 三	壬戌 23 四	癸亥 24 五	甲子 25 六	乙丑 26 日	丙寅 27 一	丁卯 28 二	戊辰 29 三	己巳 30 四	庚午 31 五	辛未 (9) 六	壬申 2 日	癸酉 3 一	甲戌 4 二	乙亥 5 三	丙子 6 四	丙辰處暑 辛未白露
八月小	乙酉	天干地支 西曆星期	丁丑 7 五	戊寅 8 六	己卯 9 日	庚辰 10 一	辛巳 11 二	壬午 12 三	癸未 13 四	甲申 14 五	乙酉 15 六	丙戌 16 日	丁亥 17 一	戊子 18 二	己丑 19 三	庚寅 20 四	辛卯 21 五	壬辰 22 六	癸巳 23 日	甲午 24 一	乙未 25 二	丙申 26 三	丁酉 27 四	戊戌 28 五	己亥 29 六	庚子 30 日	辛丑 (10) 一	壬寅 2 二	癸卯 3 三	甲辰 4 四	乙巳 5 五		丙戌秋分 辛丑寒露
九月大	丙戌	天干地支 西曆星期	丙午 6 六	丁未 7 日	戊申 8 一	己酉 9 二	庚戌 10 三	辛亥 11 四	壬子 12 五	癸丑 13 六	甲寅 14 日	乙卯 15 一	丙辰 16 二	丁巳 17 三	戊午 18 四	己未 19 五	庚申 20 六	辛酉 21 日	壬戌 22 一	癸亥 23 二	甲子 24 三	乙丑 25 四	丙寅 26 五	丁卯 27 六	戊辰 28 日	己巳 29 一	庚午 30 二	辛未 31 三	壬申 (11) 四	癸酉 2 五	甲戌 3 六	乙亥 4 日	丙辰霜降 壬申立冬
十月小	丁亥	天干地支 西曆星期	丙子 5 一	丁丑 6 二	戊寅 7 三	己卯 8 四	庚辰 9 五	辛巳 10 六	壬午 11 日	癸未 12 一	甲申 13 二	乙酉 14 三	丙戌 15 四	丁亥 16 五	戊子 17 六	己丑 18 日	庚寅 19 一	辛卯 20 二	壬辰 21 三	癸巳 22 四	甲午 23 五	乙未 24 六	丙申 25 日	丁酉 26 一	戊戌 27 二	己亥 28 三	庚子 29 四	辛丑 30 五	壬寅 (12) 六	癸卯 2 日	甲辰 3 一		丁亥小雪 壬寅大雪
十一月大	戊子	天干地支 西曆星期	乙巳 4 二	丙午 5 三	丁未 6 四	戊申 7 五	己酉 8 六	庚戌 9 日	辛亥 10 一	壬子 11 二	癸丑 12 三	甲寅 13 四	乙卯 14 五	丙辰 15 六	丁巳 16 日	戊午 17 一	己未 18 二	庚申 19 三	辛酉 20 四	壬戌 21 五	癸亥 22 六	甲子 23 日	乙丑 24 一	丙寅 25 二	丁卯 26 三	戊辰 27 四	己巳 28 五	庚午 29 六	辛未 30 日	壬申 31 一	癸酉 (1) 二	甲戌 2 三	丁巳冬至 壬申小寒
十二月小	己丑	天干地支 西曆星期	乙亥 3 四	丙子 4 五	丁丑 5 六	戊寅 6 日	己卯 7 一	庚辰 8 二	辛巳 9 三	壬午 10 四	癸未 11 五	甲申 12 六	乙酉 13 日	丙戌 14 一	丁亥 15 二	戊子 16 三	己丑 17 四	庚寅 18 五	辛卯 19 六	壬辰 20 日	癸巳 21 一	甲午 22 二	乙未 23 三	丙申 24 四	丁酉 25 五	戊戌 26 六	己亥 27 日	庚子 28 一	辛丑 29 二	壬寅 30 三	癸卯 31 四		戊子大寒 癸卯立春

宋真宗景德三年（丙午 馬年） 公元 1006 ~ 1007 年

夏曆月序	中西曆日對照	初一	初二	初三	初四	初五	初六	初七	初八	初九	初十	十一	十二	十三	十四	十五	十六	十七	十八	十九	二十	二一	二二	二三	二四	二五	二六	二七	二八	二九	三十	節氣與天象
正月大 庚寅	干支 西曆 星期	甲辰 (2) 五	乙巳 2 六	丙午 3 日	丁未 4 一	戊申 5 二	己酉 6 三	庚戌 7 四	辛亥 8 五	壬子 9 六	癸丑 10 日	甲寅 11 一	乙卯 12 二	丙辰 13 三	丁巳 14 四	戊午 15 五	己未 16 六	庚申 17 日	辛酉 18 一	壬戌 19 二	癸亥 20 三	甲子 21 四	乙丑 22 五	丙寅 23 六	丁卯 24 日	戊辰 25 一	己巳 26 二	庚午 27 三	辛未 28 四	壬申 (3) 五	癸酉 2 六	戊午雨水 癸酉驚蟄
二月小 辛卯	干支 西曆 星期	甲戌 3 日	乙亥 4 一	丙子 5 二	丁丑 6 三	戊寅 7 四	己卯 8 五	庚辰 9 六	辛巳 10 日	壬午 11 一	癸未 12 二	甲申 13 三	乙酉 14 四	丙戌 15 五	丁亥 16 六	戊子 17 日	己丑 18 一	庚寅 19 二	辛卯 20 三	壬辰 21 四	癸巳 22 五	甲午 23 六	乙未 24 日	丙申 25 一	丁酉 26 二	戊戌 27 三	己亥 28 四	庚子 29 五	辛丑 30 六	壬寅 31 日		己丑春分
三月小 壬辰	干支 西曆 星期	癸卯 (4) 一	甲辰 2 二	乙巳 3 三	丙午 4 四	丁未 5 五	戊申 6 六	己酉 7 日	庚戌 8 一	辛亥 9 二	壬子 10 三	癸丑 11 四	甲寅 12 五	乙卯 13 六	丙辰 14 日	丁巳 15 一	戊午 16 二	己未 17 三	庚申 18 四	辛酉 19 五	壬戌 20 六	癸亥 21 日	甲子 22 一	乙丑 23 二	丙寅 24 三	丁卯 25 四	戊辰 26 五	己巳 27 六	庚午 28 日	辛未 29 一		甲辰清明 己未穀雨
四月大 癸巳	干支 西曆 星期	壬申 30 二	癸酉 (5) 三	甲戌 2 四	乙亥 3 五	丙子 4 六	丁丑 5 日	戊寅 6 一	己卯 7 二	庚辰 8 三	辛巳 9 四	壬午 10 五	癸未 11 六	甲申 12 日	乙酉 13 一	丙戌 14 二	丁亥 15 三	戊子 16 四	己丑 17 五	庚寅 18 六	辛卯 19 日	壬辰 20 一	癸巳 21 二	甲午 22 三	乙未 23 四	丙申 24 五	丁酉 25 六	戊戌 26 日	己亥 27 一	庚子 28 二	辛丑 29 三	甲戌立夏 己丑小滿
五月小 甲午	干支 西曆 星期	壬寅 30 四	癸卯 31 五	甲辰 (6) 六	乙巳 2 日	丙午 3 一	丁未 4 二	戊申 5 三	己酉 6 四	庚戌 7 五	辛亥 8 六	壬子 9 日	癸丑 10 一	甲寅 11 二	乙卯 12 三	丙辰 13 四	丁巳 14 五	戊午 15 六	己未 16 日	庚申 17 一	辛酉 18 二	壬戌 19 三	癸亥 20 四	甲子 21 五	乙丑 22 六	丙寅 23 日	丁卯 24 一	戊辰 25 二	己巳 26 三	庚午 27 四		乙巳芒種 庚申夏至
六月大 乙未	干支 西曆 星期	辛未 28 五	壬申 29 六	癸酉 30 日	甲戌 (7) 一	乙亥 2 二	丙子 3 三	丁丑 4 四	戊寅 5 五	己卯 6 六	庚辰 7 日	辛巳 8 一	壬午 9 二	癸未 10 三	甲申 11 四	乙酉 12 五	丙戌 13 六	丁亥 14 日	戊子 15 一	己丑 16 二	庚寅 17 三	辛卯 18 四	壬辰 19 五	癸巳 20 六	甲午 21 日	乙未 22 一	丙申 23 二	丁酉 24 三	戊戌 25 四	己亥 26 五	庚子 27 六	乙亥小暑 庚寅大暑
七月大 丙申	干支 西曆 星期	辛丑 28 日	壬寅 29 一	癸卯 30 二	甲辰 31 三	乙巳 (8) 四	丙午 2 五	丁未 3 六	戊申 4 日	己酉 5 一	庚戌 6 二	辛亥 7 三	壬子 8 四	癸丑 9 五	甲寅 10 六	乙卯 11 日	丙辰 12 一	丁巳 13 二	戊午 14 三	己未 15 四	庚申 16 五	辛酉 17 六	壬戌 18 日	癸亥 19 一	甲子 20 二	乙丑 21 三	丙寅 22 四	丁卯 23 五	戊辰 24 六	己巳 25 日	庚午 26 一	丙午立秋 辛酉處暑
八月小 丁酉	干支 西曆 星期	辛未 27 二	壬申 28 三	癸酉 29 四	甲戌 30 五	乙亥 31 六	丙子 (9) 日	丁丑 2 一	戊寅 3 二	己卯 4 三	庚辰 5 四	辛巳 6 五	壬午 7 六	癸未 8 日	甲申 9 一	乙酉 10 二	丙戌 11 三	丁亥 12 四	戊子 13 五	己丑 14 六	庚寅 15 日	辛卯 16 一	壬辰 17 二	癸巳 18 三	甲午 19 四	乙未 20 五	丙申 21 六	丁酉 22 日	戊戌 23 一	己亥 24 二		丙子白露 辛卯秋分
九月大 戊戌	干支 西曆 星期	庚子 25 三	辛丑 26 四	壬寅 27 五	癸卯 28 六	甲辰 29 日	乙巳 30 一	丙午 (10) 二	丁未 2 三	戊申 3 四	己酉 4 五	庚戌 5 六	辛亥 6 日	壬子 7 一	癸丑 8 二	甲寅 9 三	乙卯 10 四	丙辰 11 五	丁巳 12 六	戊午 13 日	己未 14 一	庚申 15 二	辛酉 16 三	壬戌 17 四	癸亥 18 五	甲子 19 六	乙丑 20 日	丙寅 21 一	丁卯 22 二	戊辰 23 三	己巳 24 四	丙午寒露 壬戌霜降
十月大 己亥	干支 西曆 星期	庚午 25 五	辛未 26 六	壬申 27 日	癸酉 28 一	甲戌 29 二	乙亥 30 三	丙子 31 四	丁丑 (11) 五	戊寅 2 六	己卯 3 日	庚辰 4 一	辛巳 5 二	壬午 6 三	癸未 7 四	甲申 8 五	乙酉 9 六	丙戌 10 日	丁亥 11 一	戊子 12 二	己丑 13 三	庚寅 14 四	辛卯 15 五	壬辰 16 六	癸巳 17 日	甲午 18 一	乙未 19 二	丙申 20 三	丁酉 21 四	戊戌 22 五	己亥 23 六	丁丑立冬 壬辰小雪
十一月小 庚子	干支 西曆 星期	庚子 24 日	辛丑 25 一	壬寅 26 二	癸卯 27 三	甲辰 28 四	乙巳 29 五	丙午 30 六	丁未 (12) 日	戊申 2 一	己酉 3 二	庚戌 4 三	辛亥 5 四	壬子 6 五	癸丑 7 六	甲寅 8 日	乙卯 9 一	丙辰 10 二	丁巳 11 三	戊午 12 四	己未 13 五	庚申 14 六	辛酉 15 日	壬戌 16 一	癸亥 17 二	甲子 18 三	乙丑 19 四	丙寅 20 五	丁卯 21 六	戊辰 22 日		丁未大雪 癸亥冬至
十二月大 辛丑	干支 西曆 星期	己巳 23 一	庚午 24 二	辛未 25 三	壬申 26 四	癸酉 27 五	甲戌 28 六	乙亥 29 日	丙子 30 一	丁丑 31 二	戊寅 (1) 三	己卯 2 四	庚辰 3 五	辛巳 4 六	壬午 5 日	癸未 6 一	甲申 7 二	乙酉 8 三	丙戌 9 四	丁亥 10 五	戊子 11 六	己丑 12 日	庚寅 13 一	辛卯 14 二	壬辰 15 三	癸巳 16 四	甲午 17 五	乙未 18 六	丙申 19 日	丁酉 20 一	戊戌 21 二	戊寅小寒 癸巳大寒

宋真宗景德四年（丁未 羊年） 公元 1007 ~ 1008 年

夏曆月序		中西曆日對照	夏曆日序																														節氣與天象
			初一	初二	初三	初四	初五	初六	初七	初八	初九	初十	十一	十二	十三	十四	十五	十六	十七	十八	十九	二十	二一	二二	二三	二四	二五	二六	二七	二八	二九	三十	
正月小	壬寅	天干 地支 西曆 星期	己亥 22 三	庚子 23 四	辛丑 24 五	壬寅 25 六	癸卯 26 日	甲辰 27 一	乙巳 28 二	丙午 29 三	丁未 30 四	戊申 31 五	己酉 (2) 六	庚戌 2 日	辛亥 3 一	壬子 4 二	癸丑 5 三	甲寅 6 四	乙卯 7 五	丙辰 8 六	丁巳 9 日	戊午 10 一	己未 11 二	庚申 12 三	辛酉 13 四	壬戌 14 五	癸亥 15 六	甲子 16 日	乙丑 17 一	丙寅 18 二	丁卯 19 三		戊申立春 癸亥雨水
二月大	癸卯	天干 地支 西曆 星期	戊辰 20 四	己巳 21 五	庚午 22 六	辛未 23 日	壬申 24 一	癸酉 25 二	甲戌 26 三	乙亥 27 四	丙子 28 五	丁丑 (3) 六	戊寅 2 日	己卯 3 一	庚辰 4 二	辛巳 5 三	壬午 6 四	癸未 7 五	甲申 8 六	乙酉 9 日	丙戌 10 一	丁亥 11 二	戊子 12 三	己丑 13 四	庚寅 14 五	辛卯 15 六	壬辰 16 日	癸巳 17 一	甲午 18 二	乙未 19 三	丙申 20 四	丁酉 21 五	己卯驚蟄 甲午春分
三月小	甲辰	天干 地支 西曆 星期	戊戌 22 六	己亥 23 日	庚子 24 一	辛丑 25 二	壬寅 26 三	癸卯 27 四	甲辰 28 五	乙巳 29 六	丙午 30 日	丁未 31 一	戊申 (4) 二	己酉 2 三	庚戌 3 四	辛亥 4 五	壬子 5 六	癸丑 6 日	甲寅 7 一	乙卯 8 二	丙辰 9 三	丁巳 10 四	戊午 11 五	己未 12 六	庚申 13 日	辛酉 14 一	壬戌 15 二	癸亥 16 三	甲子 17 四	乙丑 18 五	丙寅 19 六		己酉清明 甲子穀雨
四月小	乙巳	天干 地支 西曆 星期	丁卯 20 日	戊辰 21 一	己巳 22 二	庚午 23 三	辛未 24 四	壬申 25 五	癸酉 26 六	甲戌 27 日	乙亥 28 一	丙子 29 二	丁丑 30 三	戊寅 (5) 四	己卯 2 五	庚辰 3 六	辛巳 4 日	壬午 5 一	癸未 6 二	甲申 7 三	乙酉 8 四	丙戌 9 五	丁亥 10 六	戊子 11 日	己丑 12 一	庚寅 13 二	辛卯 14 三	壬辰 15 四	癸巳 16 五	甲午 17 六	乙未 18 日		己卯立夏 乙未小滿
五月大	丙午	天干 地支 西曆 星期	丙申 19 一	丁酉 20 二	戊戌 21 三	己亥 22 四	庚子 23 五	辛丑 24 六	壬寅 25 日	癸卯 26 一	甲辰 27 二	乙巳 28 三	丙午 29 四	丁未 30 五	戊申 31 六	己酉 (6) 日	庚戌 2 一	辛亥 3 二	壬子 4 三	癸丑 5 四	甲寅 6 五	乙卯 7 六	丙辰 8 日	丁巳 9 一	戊午 10 二	己未 11 三	庚申 12 四	辛酉 13 五	壬戌 14 六	癸亥 15 日	甲子 16 一	乙丑 17 二	庚戌芒種 乙丑夏至 丙申日食
閏五月小	丙午	天干 地支 西曆 星期	丙寅 18 三	丁卯 19 四	戊辰 20 五	己巳 21 六	庚午 22 日	辛未 23 一	壬申 24 二	癸酉 25 三	甲戌 26 四	乙亥 27 五	丙子 28 六	丁丑 29 日	戊寅 30 一	己卯 (7) 二	庚辰 2 三	辛巳 3 四	壬午 4 五	癸未 5 六	甲申 6 日	乙酉 7 一	丙戌 8 二	丁亥 9 三	戊子 10 四	己丑 11 五	庚寅 12 六	辛卯 13 日	壬辰 14 一	癸巳 15 二	甲午 16 三		庚辰小暑
六月大	丁未	天干 地支 西曆 星期	乙未 17 四	丙申 18 五	丁酉 19 六	戊戌 20 日	己亥 21 一	庚子 22 二	辛丑 23 三	壬寅 24 四	癸卯 25 五	甲辰 26 六	乙巳 27 日	丙午 28 一	丁未 29 二	戊申 30 三	己酉 31 四	庚戌 (8) 五	辛亥 2 六	壬子 3 日	癸丑 4 一	甲寅 5 二	乙卯 6 三	丙辰 7 四	丁巳 8 五	戊午 9 六	己未 10 日	庚申 11 一	辛酉 12 二	壬戌 13 三	癸亥 14 四	甲子 15 五	丙申大暑 辛亥立秋
七月小	戊申	天干 地支 西曆 星期	乙丑 16 六	丙寅 17 日	丁卯 18 一	戊辰 19 二	己巳 20 三	庚午 21 四	辛未 22 五	壬申 23 六	癸酉 24 日	甲戌 25 一	乙亥 26 二	丙子 27 三	丁丑 28 四	戊寅 29 五	己卯 30 六	庚辰 31 日	辛巳 (9) 一	壬午 2 二	癸未 3 三	甲申 4 四	乙酉 5 五	丙戌 6 六	丁亥 7 日	戊子 8 一	己丑 9 二	庚寅 10 三	辛卯 11 四	壬辰 12 五	癸巳 13 六		丙寅處暑 辛巳白露
八月大	己酉	天干 地支 西曆 星期	甲午 14 日	乙未 15 一	丙申 16 二	丁酉 17 三	戊戌 18 四	己亥 19 五	庚子 20 六	辛丑 21 日	壬寅 22 一	癸卯 23 二	甲辰 24 三	乙巳 25 四	丙午 26 五	丁未 27 六	戊申 28 日	己酉 29 一	庚戌 30 二	辛亥 (10) 三	壬子 2 四	癸丑 3 五	甲寅 4 六	乙卯 5 日	丙辰 6 一	丁巳 7 二	戊午 8 三	己未 9 四	庚申 10 五	辛酉 11 六	壬戌 12 日	癸亥 13 一	丙申秋分 壬子寒露
九月大	庚戌	天干 地支 西曆 星期	甲子 14 二	乙丑 15 三	丙寅 16 四	丁卯 17 五	戊辰 18 六	己巳 19 日	庚午 20 一	辛未 21 二	壬申 22 三	癸酉 23 四	甲戌 24 五	乙亥 25 六	丙子 26 日	丁丑 27 一	戊寅 28 二	己卯 29 三	庚辰 30 四	辛巳 31 五	壬午 (11) 六	癸未 2 日	甲申 3 一	乙酉 4 二	丙戌 5 三	丁亥 6 四	戊子 7 五	己丑 8 六	庚寅 9 日	辛卯 10 一	壬辰 11 二	癸巳 12 三	丁卯霜降 壬午立冬
十月大	辛亥	天干 地支 西曆 星期	甲午 13 四	乙未 14 五	丙申 15 六	丁酉 16 日	戊戌 17 一	己亥 18 二	庚子 19 三	辛丑 20 四	壬寅 21 五	癸卯 22 六	甲辰 23 日	乙巳 24 一	丙午 25 二	丁未 26 三	戊申 27 四	己酉 28 五	庚戌 29 六	辛亥 30 日	壬子 (12) 一	癸丑 2 二	甲寅 3 三	乙卯 4 四	丙辰 5 五	丁巳 6 六	戊午 7 日	己未 8 一	庚申 9 二	辛酉 10 三	壬戌 11 四	癸亥 12 五	丁酉小雪 癸丑大雪
十一月小	壬子	天干 地支 西曆 星期	甲子 13 六	乙丑 14 日	丙寅 15 一	丁卯 16 二	戊辰 17 三	己巳 18 四	庚午 19 五	辛未 20 六	壬申 21 日	癸酉 22 一	甲戌 23 二	乙亥 24 三	丙子 25 四	丁丑 26 五	戊寅 27 六	己卯 28 日	庚辰 29 一	辛巳 30 二	壬午 31 三	癸未 (1) 四	甲申 2 五	乙酉 3 六	丙戌 4 日	丁亥 5 一	戊子 6 二	己丑 7 三	庚寅 8 四	辛卯 9 五	壬辰 10 六		戊辰冬至 癸未小寒
十二月大	癸丑	天干 地支 西曆 星期	癸巳 11 日	甲午 12 一	乙未 13 二	丙申 14 三	丁酉 15 四	戊戌 16 五	己亥 17 六	庚子 18 日	辛丑 19 一	壬寅 20 二	癸卯 21 三	甲辰 22 四	乙巳 23 五	丙午 24 六	丁未 25 日	戊申 26 一	己酉 27 二	庚戌 28 三	辛亥 29 四	壬子 30 五	癸丑 31 六	甲寅 (2) 日	乙卯 2 一	丙辰 3 二	丁巳 4 三	戊午 5 四	己未 6 五	庚申 7 六	辛酉 8 日	壬戌 9 一	戊戌大寒 癸丑立春

宋真宗景德五年 大中祥符元年（戊申 猴年） 公元1008～1009年

夏曆月序		中西曆日對照	初一	初二	初三	初四	初五	初六	初七	初八	初九	初十	十一	十二	十三	十四	十五	十六	十七	十八	十九	二十	二一	二二	二三	二四	二五	二六	二七	二八	二九	三十	節氣與天象
正月小	甲寅	天干 地支 西曆 星期	癸亥 10 二	甲子 11 三	乙丑 12 四	丙寅 13 五	丁卯 14 六	戊辰 15 日	己巳 16 一	庚午 17 二	辛未 18 三	壬申 19 四	癸酉 20 五	甲戌 21 六	乙亥 22 日	丙子 23 一	丁丑 24 二	戊寅 25 三	己卯 26 四	庚辰 27 五	辛巳 28 六	壬午 29 日	癸未 (3) 一	甲申 2 二	乙酉 3 三	丙戌 4 四	丁亥 5 五	戊子 6 六	己丑 7 日	庚寅 8 一	辛卯 9 二		己巳雨水 甲申驚蟄
二月大	乙卯	天干 地支 西曆 星期	壬辰 10 三	癸巳 11 四	甲午 12 五	乙未 13 六	丙申 14 日	丁酉 15 一	戊戌 16 二	己亥 17 三	庚子 18 四	辛丑 19 五	壬寅 20 六	癸卯 21 日	甲辰 22 一	乙巳 23 二	丙午 24 三	丁未 25 四	戊申 26 五	己酉 27 六	庚戌 28 日	辛亥 29 一	壬子 30 二	癸丑 31 三	甲寅 (4) 四	乙卯 2 五	丙辰 3 六	丁巳 4 日	戊午 5 一	己未 6 二	庚申 7 三	辛酉 8 四	己亥春分 甲寅清明
三月小	丙辰	天干 地支 西曆 星期	壬戌 9 五	癸亥 10 六	甲子 11 日	乙丑 12 一	丙寅 13 二	丁卯 14 三	戊辰 15 四	己巳 16 五	庚午 17 六	辛未 18 日	壬申 19 一	癸酉 20 二	甲戌 21 三	乙亥 22 四	丙子 23 五	丁丑 24 六	戊寅 25 日	己卯 26 一	庚辰 27 二	辛巳 28 三	壬午 29 四	癸未 30 五	甲申 (5) 六	乙酉 2 日	丙戌 3 一	丁亥 4 二	戊子 5 三	己丑 6 四	庚寅 7 五		己巳穀雨 乙酉立夏
四月小	丁巳	天干 地支 西曆 星期	辛卯 8 六	壬辰 9 日	癸巳 10 一	甲午 11 二	乙未 12 三	丙申 13 四	丁酉 14 五	戊戌 15 六	己亥 16 日	庚子 17 一	辛丑 18 二	壬寅 19 三	癸卯 20 四	甲辰 21 五	乙巳 22 六	丙午 23 日	丁未 24 一	戊申 25 二	己酉 26 三	庚戌 27 四	辛亥 28 五	壬子 29 六	癸丑 30 日	甲寅 31 一	乙卯 (6) 二	丙辰 2 三	丁巳 3 四	戊午 4 五	己未 5 六		庚子小滿 乙卯芒種
五月大	戊午	天干 地支 西曆 星期	庚申 6 日	辛酉 7 一	壬戌 8 二	癸亥 9 三	甲子 10 四	乙丑 11 五	丙寅 12 六	丁卯 13 日	戊辰 14 一	己巳 15 二	庚午 16 三	辛未 17 四	壬申 18 五	癸酉 19 六	甲戌 20 日	乙亥 21 一	丙子 22 二	丁丑 23 三	戊寅 24 四	己卯 25 五	庚辰 26 六	辛巳 27 日	壬午 28 一	癸未 29 二	甲申 30 三	乙酉 (7) 四	丙戌 2 五	丁亥 3 六	戊子 4 日	己丑 5 一	庚午夏至 丙戌小暑
六月小	己未	天干 地支 西曆 星期	庚寅 6 二	辛卯 7 三	壬辰 8 四	癸巳 9 五	甲午 10 六	乙未 11 日	丙申 12 一	丁酉 13 二	戊戌 14 三	己亥 15 四	庚子 16 五	辛丑 17 六	壬寅 18 日	癸卯 19 一	甲辰 20 二	乙巳 21 三	丙午 22 四	丁未 23 五	戊申 24 六	己酉 25 日	庚戌 26 一	辛亥 27 二	壬子 28 三	癸丑 29 四	甲寅 30 五	乙卯 31 六	丙辰 (8) 日	丁巳 2 一	戊午 3 二		辛丑大暑 丙辰立秋
七月大	庚申	天干 地支 西曆 星期	己未 4 三	庚申 5 四	辛酉 6 五	壬戌 7 六	癸亥 8 日	甲子 9 一	乙丑 10 二	丙寅 11 三	丁卯 12 四	戊辰 13 五	己巳 14 六	庚午 15 日	辛未 16 一	壬申 17 二	癸酉 18 三	甲戌 19 四	乙亥 20 五	丙子 21 六	丁丑 22 日	戊寅 23 一	己卯 24 二	庚辰 25 三	辛巳 26 四	壬午 27 五	癸未 28 六	甲申 29 日	乙酉 30 一	丙戌 31 二	丁亥 (9) 三	戊子 2 四	辛未處暑 丙戌白露
八月小	辛酉	天干 地支 西曆 星期	己丑 3 五	庚寅 4 六	辛卯 5 日	壬辰 6 一	癸巳 7 二	甲午 8 三	乙未 9 四	丙申 10 五	丁酉 11 六	戊戌 12 日	己亥 13 一	庚子 14 二	辛丑 15 三	壬寅 16 四	癸卯 17 五	甲辰 18 六	乙巳 19 日	丙午 20 一	丁未 21 二	戊申 22 三	己酉 23 四	庚戌 24 五	辛亥 25 六	壬子 26 日	癸丑 27 一	甲寅 28 二	乙卯 29 三	丙辰 30 四	丁巳 (10) 五		壬寅秋分 丁巳寒露
九月大	壬戌	天干 地支 西曆 星期	戊午 2 六	己未 3 日	庚申 4 一	辛酉 5 二	壬戌 6 三	癸亥 7 四	甲子 8 五	乙丑 9 六	丙寅 10 日	丁卯 11 一	戊辰 12 二	己巳 13 三	庚午 14 四	辛未 15 五	壬申 16 六	癸酉 17 日	甲戌 18 一	乙亥 19 二	丙子 20 三	丁丑 21 四	戊寅 22 五	己卯 23 六	庚辰 24 日	辛巳 25 一	壬午 26 二	癸未 27 三	甲申 28 四	乙酉 29 五	丙戌 30 六	丁亥 31 日	壬申霜降 丁亥立冬
十月大	癸亥	天干 地支 西曆 星期	戊子 (11) 一	己丑 2 二	庚寅 3 三	辛卯 4 四	壬辰 5 五	癸巳 6 六	甲午 7 日	乙未 8 一	丙申 9 二	丁酉 10 三	戊戌 11 四	己亥 12 五	庚子 13 六	辛丑 14 日	壬寅 15 一	癸卯 16 二	甲辰 17 三	乙巳 18 四	丙午 19 五	丁未 20 六	戊申 21 日	己酉 22 一	庚戌 23 二	辛亥 24 三	壬子 25 四	癸丑 26 五	甲寅 27 六	乙卯 28 日	丙辰 29 一	丁巳 30 二	癸卯小雪
十一月小	甲子	天干 地支 西曆 星期	戊午 (12) 三	己未 2 四	庚申 3 五	辛酉 4 六	壬戌 5 日	癸亥 6 一	甲子 7 二	乙丑 8 三	丙寅 9 四	丁卯 10 五	戊辰 11 六	己巳 12 日	庚午 13 一	辛未 14 二	壬申 15 三	癸酉 16 四	甲戌 17 五	乙亥 18 六	丙子 19 日	丁丑 20 一	戊寅 21 二	己卯 22 三	庚辰 23 四	辛巳 24 五	壬午 25 六	癸未 26 日	甲申 27 一	乙酉 28 二	丙戌 29 三		戊午小雪 癸酉冬至
十二月大	乙丑	天干 地支 西曆 星期	丁亥 30 四	戊子 31 五	己丑 (1) 六	庚寅 2 日	辛卯 3 一	壬辰 4 二	癸巳 5 三	甲午 6 四	乙未 7 五	丙申 8 六	丁酉 9 日	戊戌 10 一	己亥 11 二	庚子 12 三	辛丑 13 四	壬寅 14 五	癸卯 15 六	甲辰 16 日	乙巳 17 一	丙午 18 二	丁未 19 三	戊申 20 四	己酉 21 五	庚戌 22 六	辛亥 23 日	壬子 24 一	癸丑 25 二	甲寅 26 三	乙卯 27 四	丙辰 28 五	戊子小寒 癸卯大寒

* 正月戊辰（初六），改元大中祥符。

宋真宗大中祥符二年（己酉 鷄年） 公元1009～1010年

夏曆月序		中西曆日對照	初一	初二	初三	初四	初五	初六	初七	初八	初九	初十	十一	十二	十三	十四	十五	十六	十七	十八	十九	二十	二一	二二	二三	二四	二五	二六	二七	二八	二九	三十	節氣與天象
正月大	丙寅	天干地支 西曆 星期	丁巳 29 六	戊午 30 日	己未 31 一	庚申 (2) 二	辛酉 2 三	壬戌 3 四	癸亥 4 五	甲子 5 六	乙丑 6 日	丙寅 7 一	丁卯 8 二	戊辰 9 三	己巳 10 四	庚午 11 五	辛未 12 六	壬申 13 日	癸酉 14 一	甲戌 15 二	乙亥 16 三	丙子 17 四	丁丑 18 五	戊寅 19 六	己卯 20 日	庚辰 21 一	辛巳 22 二	壬午 23 三	癸未 24 四	甲申 25 五	乙酉 26 六	丙戌 27 日	己未立春 甲戌雨水
二月小	丁卯	天干地支 西曆 星期	丁亥 28 一	戊子 (3) 二	己丑 2 三	庚寅 3 四	辛卯 4 五	壬辰 5 六	癸巳 6 日	甲午 7 一	乙未 8 二	丙申 9 三	丁酉 10 四	戊戌 11 五	己亥 12 六	庚子 13 日	辛丑 14 一	壬寅 15 二	癸卯 16 三	甲辰 17 四	乙巳 18 五	丙午 19 六	丁未 20 日	戊申 21 一	己酉 22 二	庚戌 23 三	辛亥 24 四	壬子 25 五	癸丑 26 六	甲寅 27 日	乙卯 28 一		己丑驚蟄 甲辰春分
三月大	戊辰	天干地支 西曆 星期	丙辰 29 二	丁巳 30 三	戊午 31 四	己未 (4) 五	庚申 2 六	辛酉 3 日	壬戌 4 一	癸亥 5 二	甲子 6 三	乙丑 7 四	丙寅 8 五	丁卯 9 六	戊辰 10 日	己巳 11 一	庚午 12 二	辛未 13 三	壬申 14 四	癸酉 15 五	甲戌 16 六	乙亥 17 日	丙子 18 一	丁丑 19 二	戊寅 20 三	己卯 21 四	庚辰 22 五	辛巳 23 六	壬午 24 日	癸未 25 一	甲申 26 二	乙酉 27 三	庚申清明 乙亥穀雨
四月小	己巳	天干地支 西曆 星期	丙戌 28 四	丁亥 29 五	戊子 30 六	己丑 (5) 日	庚寅 2 一	辛卯 3 二	壬辰 4 三	癸巳 5 四	甲午 6 五	乙未 7 六	丙申 8 日	丁酉 9 一	戊戌 10 二	己亥 11 三	庚子 12 四	辛丑 13 五	壬寅 14 六	癸卯 15 日	甲辰 16 一	乙巳 17 二	丙午 18 三	丁未 19 四	戊申 20 五	己酉 21 六	庚戌 22 日	辛亥 23 一	壬子 24 二	癸丑 25 三	甲寅 26 四		庚寅立夏 乙巳小滿
五月小	庚午	天干地支 西曆 星期	乙卯 27 五	丙辰 28 六	丁巳 29 日	戊午 30 一	己未 31 二	庚申 (6) 三	辛酉 2 四	壬戌 3 五	癸亥 4 六	甲子 5 日	乙丑 6 一	丙寅 7 二	丁卯 8 三	戊辰 9 四	己巳 10 五	庚午 11 六	辛未 12 日	壬申 13 一	癸酉 14 二	甲戌 15 三	乙亥 16 四	丙子 17 五	丁丑 18 六	戊寅 19 日	己卯 20 一	庚辰 21 二	辛巳 22 三	壬午 23 四	癸未 24 五		庚申芒種 丙子夏至
六月大	辛未	天干地支 西曆 星期	甲申 25 六	乙酉 26 日	丙戌 27 一	丁亥 28 二	戊子 29 三	己丑 30 四	庚寅 (7) 五	辛卯 2 六	壬辰 3 日	癸巳 4 一	甲午 5 二	乙未 6 三	丙申 7 四	丁酉 8 五	戊戌 9 六	己亥 10 日	庚子 11 一	辛丑 12 二	壬寅 13 三	癸卯 14 四	甲辰 15 五	乙巳 16 六	丙午 17 日	丁未 18 一	戊申 19 二	己酉 20 三	庚戌 21 四	辛亥 22 五	壬子 23 六	癸丑 24 日	辛卯小暑 丙午大暑
七月小	壬申	天干地支 西曆 星期	甲寅 25 一	乙卯 26 二	丙辰 27 三	丁巳 28 四	戊午 29 五	己未 30 六	庚申 31 日	辛酉 (8) 一	壬戌 2 二	癸亥 3 三	甲子 4 四	乙丑 5 五	丙寅 6 六	丁卯 7 日	戊辰 8 一	己巳 9 二	庚午 10 三	辛未 11 四	壬申 12 五	癸酉 13 六	甲戌 14 日	乙亥 15 一	丙子 16 二	丁丑 17 三	戊寅 18 四	己卯 19 五	庚辰 20 六	辛巳 21 日	壬午 22 一		辛酉立秋 丙子處暑
八月小	癸酉	天干地支 西曆 星期	癸未 23 二	甲申 24 三	乙酉 25 四	丙戌 26 五	丁亥 27 六	戊子 28 日	己丑 29 一	庚寅 30 二	辛卯 31 三	壬辰 (9) 四	癸巳 2 五	甲午 3 六	乙未 4 日	丙申 5 一	丁酉 6 二	戊戌 7 三	己亥 8 四	庚子 9 五	辛丑 10 六	壬寅 11 日	癸卯 12 一	甲辰 13 二	乙巳 14 三	丙午 15 四	丁未 16 五	戊申 17 六	己酉 18 日	庚戌 19 一	辛亥 20 二		壬辰白露 丁未秋分
九月大	甲戌	天干地支 西曆 星期	壬子 21 三	癸丑 22 四	甲寅 23 五	乙卯 24 六	丙辰 25 日	丁巳 26 一	戊午 27 二	己未 28 三	庚申 29 四	辛酉 30 五	壬戌 (10) 六	癸亥 2 日	甲子 3 一	乙丑 4 二	丙寅 5 三	丁卯 6 四	戊辰 7 五	己巳 8 六	庚午 9 日	辛未 10 一	壬申 11 二	癸酉 12 三	甲戌 13 四	乙亥 14 五	丙子 15 六	丁丑 16 日	戊寅 17 一	己卯 18 二	庚辰 19 三	辛巳 20 四	壬戌寒露 丁丑霜降
十月大	乙亥	天干地支 西曆 星期	壬午 21 五	癸未 22 六	甲申 23 日	乙酉 24 一	丙戌 25 二	丁亥 26 三	戊子 27 四	己丑 28 五	庚寅 29 六	辛卯 30 日	壬辰 31 一	癸巳 (11) 二	甲午 2 三	乙未 3 四	丙申 4 五	丁酉 5 六	戊戌 6 日	己亥 7 一	庚子 8 二	辛丑 9 三	壬寅 10 四	癸卯 11 五	甲辰 12 六	乙巳 13 日	丙午 14 一	丁未 15 二	戊申 16 三	己酉 17 四	庚戌 18 五	辛亥 19 六	癸巳立冬 戊申小雪
十一月小	丙子	天干地支 西曆 星期	壬子 20 日	癸丑 21 一	甲寅 22 二	乙卯 23 三	丙辰 24 四	丁巳 25 五	戊午 26 六	己未 27 日	庚申 28 一	辛酉 29 二	壬戌 30 三	癸亥 (12) 四	甲子 2 五	乙丑 3 六	丙寅 4 日	丁卯 5 一	戊辰 6 二	己巳 7 三	庚午 8 四	辛未 9 五	壬申 10 六	癸酉 11 日	甲戌 12 一	乙亥 13 二	丙子 14 三	丁丑 15 四	戊寅 16 五	己卯 17 六	庚辰 18 日		癸亥大雪 戊寅冬至
十二月大	丁丑	天干地支 西曆 星期	辛巳 19 一	壬午 20 二	癸未 21 三	甲申 22 四	乙酉 23 五	丙戌 24 六	丁亥 25 日	戊子 26 一	己丑 27 二	庚寅 28 三	辛卯 29 四	壬辰 30 五	癸巳 31 六	甲午 (1) 日	乙未 2 一	丙申 3 二	丁酉 4 三	戊戌 5 四	己亥 6 五	庚子 7 六	辛丑 8 日	壬寅 9 一	癸卯 10 二	甲辰 11 三	乙巳 12 四	丙午 13 五	丁未 14 六	戊申 15 日	己酉 16 一	庚戌 17 二	癸巳小寒 己酉大寒

宋真宗大中祥符三年（庚戌 狗年） 公元 1010 ～ 1011 年

夏曆月序		中西曆日對照	夏曆日序																														節氣與天象
			初一	初二	初三	初四	初五	初六	初七	初八	初九	初十	十一	十二	十三	十四	十五	十六	十七	十八	十九	二十	二一	二二	二三	二四	二五	二六	二七	二八	二九	三十	
正月大	戊寅	天干地支 西曆星期	辛亥 18 三	壬子 19 四	癸丑 20 五	甲寅 21 六	乙卯 22 日	丙辰 23 一	丁巳 24 二	戊午 25 三	己未 26 四	庚申 27 五	辛酉 28 六	壬戌 29 日	癸亥 30 一	甲子 31 二	乙丑 (2) 三	丙寅 2 四	丁卯 3 五	戊辰 4 六	己巳 5 日	庚午 6 一	辛未 7 二	壬申 8 三	癸酉 9 四	甲戌 10 五	乙亥 11 六	丙子 12 日	丁丑 13 一	戊寅 14 二	己卯 15 三	庚辰 16 四	甲子立春 己卯雨水
二月大	己卯	天干地支 西曆星期	辛巳 17 五	壬午 18 六	癸未 19 日	甲申 20 一	乙酉 21 二	丙戌 22 三	丁亥 23 四	戊子 24 五	己丑 25 六	庚寅 26 日	辛卯 27 一	壬辰 28 二	癸巳 (3) 三	甲午 2 四	乙未 3 五	丙申 4 六	丁酉 5 日	戊戌 6 一	己亥 7 二	庚子 8 三	辛丑 9 四	壬寅 10 五	癸卯 11 六	甲辰 12 日	乙巳 13 一	丙午 14 二	丁未 15 三	戊申 16 四	己酉 17 五	庚戌 18 六	甲午驚蟄 庚戌春分
閏二月小	己卯	天干地支 西曆星期	辛亥 19 日	壬子 20 一	癸丑 21 二	甲寅 22 三	乙卯 23 四	丙辰 24 五	丁巳 25 六	戊午 26 日	己未 27 一	庚申 28 二	辛酉 29 三	壬戌 30 四	癸亥 31 五	甲子 (4) 六	乙丑 2 日	丙寅 3 一	丁卯 4 二	戊辰 5 三	己巳 6 四	庚午 7 五	辛未 8 六	壬申 9 日	癸酉 10 一	甲戌 11 二	乙亥 12 三	丙子 13 四	丁丑 14 五	戊寅 15 六	己卯 16 日		乙丑清明
三月大	庚辰	天干地支 西曆星期	庚辰 17 一	辛巳 18 二	壬午 19 三	癸未 20 四	甲申 21 五	乙酉 22 六	丙戌 23 日	丁亥 24 一	戊子 25 二	己丑 26 三	庚寅 27 四	辛卯 28 五	壬辰 29 六	癸巳 30 日	甲午 (5) 一	乙未 2 二	丙申 3 三	丁酉 4 四	戊戌 5 五	己亥 6 六	庚子 7 日	辛丑 8 一	壬寅 9 二	癸卯 10 三	甲辰 11 四	乙巳 12 五	丙午 13 六	丁未 14 日	戊申 15 一	己酉 16 二	庚辰穀雨 乙未立夏
四月小	辛巳	天干地支 西曆星期	庚戌 17 三	辛亥 18 四	壬子 19 五	癸丑 20 六	甲寅 21 日	乙卯 22 一	丙辰 23 二	丁巳 24 三	戊午 25 四	己未 26 五	庚申 27 六	辛酉 28 日	壬戌 29 一	癸亥 30 二	甲子 31 三	乙丑 (6) 四	丙寅 2 五	丁卯 3 六	戊辰 4 日	己巳 5 一	庚午 6 二	辛未 7 三	壬申 8 四	癸酉 9 五	甲戌 10 六	乙亥 11 日	丙子 12 一	丁丑 13 二	戊寅 14 三		庚戌小滿 丙寅芒種
五月小	壬午	天干地支 西曆星期	己卯 15 四	庚辰 16 五	辛巳 17 六	壬午 18 日	癸未 19 一	甲申 20 二	乙酉 21 三	丙戌 22 四	丁亥 23 五	戊子 24 六	己丑 25 日	庚寅 26 一	辛卯 27 二	壬辰 28 三	癸巳 29 四	甲午 30 五	乙未 (7) 六	丙申 2 日	丁酉 3 一	戊戌 4 二	己亥 5 三	庚子 6 四	辛丑 7 五	壬寅 8 六	癸卯 9 日	甲辰 10 一	乙巳 11 二	丙午 12 三	丁未 13 四		辛巳夏至 丙申小暑
六月大	癸未	天干地支 西曆星期	戊申 14 五	己酉 15 六	庚戌 16 日	辛亥 17 一	壬子 18 二	癸丑 19 三	甲寅 20 四	乙卯 21 五	丙辰 22 六	丁巳 23 日	戊午 24 一	己未 25 二	庚申 26 三	辛酉 27 四	壬戌 28 五	癸亥 29 六	甲子 30 日	乙丑 31 一	丙寅 (8) 二	丁卯 2 三	戊辰 3 四	己巳 4 五	庚午 5 六	辛未 6 日	壬申 7 一	癸酉 8 二	甲戌 9 三	乙亥 10 四	丙子 11 五	丁丑 12 六	辛亥大暑 丁卯立秋
七月小	甲申	天干地支 西曆星期	戊寅 13 日	己卯 14 一	庚辰 15 二	辛巳 16 三	壬午 17 四	癸未 18 五	甲申 19 六	乙酉 20 日	丙戌 21 一	丁亥 22 二	戊子 23 三	己丑 24 四	庚寅 25 五	辛卯 26 六	壬辰 27 日	癸巳 28 一	甲午 29 二	乙未 30 三	丙申 31 四	丁酉 (9) 五	戊戌 2 六	己亥 3 日	庚子 4 一	辛丑 5 二	壬寅 6 三	癸卯 7 四	甲辰 8 五	乙巳 9 六	丙午 10 日		壬午處暑 丁酉白露
八月小	乙酉	天干地支 西曆星期	丁未 11 一	戊申 12 二	己酉 13 三	庚戌 14 四	辛亥 15 五	壬子 16 六	癸丑 17 日	甲寅 18 一	乙卯 19 二	丙辰 20 三	丁巳 21 四	戊午 22 五	己未 23 六	庚申 24 日	辛酉 25 一	壬戌 26 二	癸亥 27 三	甲子 28 四	乙丑 29 五	丙寅 30 六	丁卯 (10) 日	戊辰 2 一	己巳 3 二	庚午 4 三	辛未 5 四	壬申 6 五	癸酉 7 六	甲戌 8 日	乙亥 9 一		壬子秋分 丁卯寒露
九月大	丙戌	天干地支 西曆星期	丙子 10 二	丁丑 11 三	戊寅 12 四	己卯 13 五	庚辰 14 六	辛巳 15 日	壬午 16 一	癸未 17 二	甲申 18 三	乙酉 19 四	丙戌 20 五	丁亥 21 六	戊子 22 日	己丑 23 一	庚寅 24 二	辛卯 25 三	壬辰 26 四	癸巳 27 五	甲午 28 六	乙未 29 日	丙申 30 一	丁酉 31 二	戊戌 (11) 三	己亥 2 四	庚子 3 五	辛丑 4 六	壬寅 5 日	癸卯 6 一	甲辰 7 二	乙巳 8 三	癸未霜降 戊戌立冬
十月大	丁亥	天干地支 西曆星期	丙午 9 四	丁未 10 五	戊申 11 六	己酉 12 日	庚戌 13 一	辛亥 14 二	壬子 15 三	癸丑 16 四	甲寅 17 五	乙卯 18 六	丙辰 19 日	丁巳 20 一	戊午 21 二	己未 22 三	庚申 23 四	辛酉 24 五	壬戌 25 六	癸亥 26 日	甲子 27 一	乙丑 28 二	丙寅 29 三	丁卯 30 四	戊辰 (12) 五	己巳 2 六	庚午 3 日	辛未 4 一	壬申 5 二	癸酉 6 三	甲戌 7 四	乙亥 8 五	癸丑小雪 戊辰大雪
十一月小	戊子	天干地支 西曆星期	丙子 9 六	丁丑 10 日	戊寅 11 一	己卯 12 二	庚辰 13 三	辛巳 14 四	壬午 15 五	癸未 16 六	甲申 17 日	乙酉 18 一	丙戌 19 二	丁亥 20 三	戊子 21 四	己丑 22 五	庚寅 23 六	辛卯 24 日	壬辰 25 一	癸巳 26 二	甲午 27 三	乙未 28 四	丙申 29 五	丁酉 30 六	戊戌 31 日	己亥 (1) 一	庚子 2 二	辛丑 3 三	壬寅 4 四	癸卯 5 五	甲辰 6 六		癸未冬至 己亥小寒
十二月大	己丑	天干地支 西曆星期	乙巳 7 日	丙午 8 一	丁未 9 二	戊申 10 三	己酉 11 四	庚戌 12 五	辛亥 13 六	壬子 14 日	癸丑 15 一	甲寅 16 二	乙卯 17 三	丙辰 18 四	丁巳 19 五	戊午 20 六	己未 21 日	庚申 22 一	辛酉 23 二	壬戌 24 三	癸亥 25 四	甲子 26 五	乙丑 27 六	丙寅 28 日	丁卯 29 一	戊辰 30 二	己巳 31 三	庚午 (2) 四	辛未 2 五	壬申 3 六	癸酉 4 日	甲戌 5 一	甲寅大寒 己巳立春

宋真宗大中祥符四年（辛亥 猪年） 公元 **1011** ~ 1012 年

夏曆月序		中西曆日對照	初一	初二	初三	初四	初五	初六	初七	初八	初九	初十	十一	十二	十三	十四	十五	十六	十七	十八	十九	二十	二一	二二	二三	二四	二五	二六	二七	二八	二九	三十	節氣與天象
正月大	庚寅	天干地支 西曆 星期	乙亥 6 二	丙子 7 三	丁丑 8 四	戊寅 9 五	己卯 10 六	庚辰 11 日	辛巳 12 一	壬午 13 二	癸未 14 三	甲申 15 四	乙酉 16 五	丙戌 17 六	丁亥 18 日	戊子 19 一	己丑 20 二	庚寅 21 三	辛卯 22 四	壬辰 23 五	癸巳 24 六	甲午 25 日	乙未 26 一	丙申 27 二	丁酉 28 三	戊戌 (3) 四	己亥 2 五	庚子 3 六	辛丑 4 日	壬寅 5 一	癸卯 6 二	甲辰 7 三	甲申雨水 庚子驚蟄
二月小	辛卯	天干地支 西曆 星期	乙巳 8 四	丙午 9 五	丁未 10 六	戊申 11 日	己酉 12 一	庚戌 13 二	辛亥 14 三	壬子 15 四	癸丑 16 五	甲寅 17 六	乙卯 18 日	丙辰 19 一	丁巳 20 二	戊午 21 三	己未 22 四	庚申 23 五	辛酉 24 六	壬戌 25 日	癸亥 26 一	甲子 27 二	乙丑 28 三	丙寅 29 四	丁卯 30 五	戊辰 31 六	己巳 (4) 日	庚午 2 一	辛未 3 二	壬申 4 三	癸酉 5 四		乙卯春分 庚午清明
三月大	壬辰	天干地支 西曆 星期	甲戌 6 五	乙亥 7 六	丙子 8 日	丁丑 9 一	戊寅 10 二	己卯 11 三	庚辰 12 四	辛巳 13 五	壬午 14 六	癸未 15 日	甲申 16 一	乙酉 17 二	丙戌 18 三	丁亥 19 四	戊子 20 五	己丑 21 六	庚寅 22 日	辛卯 23 一	壬辰 24 二	癸巳 25 三	甲午 26 四	乙未 27 五	丙申 28 六	丁酉 29 日	戊戌 30 一	己亥 (5) 二	庚子 2 三	辛丑 3 四	壬寅 4 五	癸卯 5 六	乙酉穀雨 庚子立夏
四月大	癸巳	天干地支 西曆 星期	甲辰 6 日	乙巳 7 一	丙午 8 二	丁未 9 三	戊申 10 四	己酉 11 五	庚戌 12 六	辛亥 13 日	壬子 14 一	癸丑 15 二	甲寅 16 三	乙卯 17 四	丙辰 18 五	丁巳 19 六	戊午 20 日	己未 21 一	庚申 22 二	辛酉 23 三	壬戌 24 四	癸亥 25 五	甲子 26 六	乙丑 27 日	丙寅 28 一	丁卯 29 二	戊辰 30 三	己巳 31 四	庚午 (6) 五	辛未 2 六	壬申 3 日	癸酉 4 一	丙辰小滿 辛未芒種
五月小	甲午	天干地支 西曆 星期	甲戌 5 二	乙亥 6 三	丙子 7 四	丁丑 8 五	戊寅 9 六	己卯 10 日	庚辰 11 一	辛巳 12 二	壬午 13 三	癸未 14 四	甲申 15 五	乙酉 16 六	丙戌 17 日	丁亥 18 一	戊子 19 二	己丑 20 三	庚寅 21 四	辛卯 22 五	壬辰 23 六	癸巳 24 日	甲午 25 一	乙未 26 二	丙申 27 三	丁酉 28 四	戊戌 29 五	己亥 30 六	庚子 (7) 日	辛丑 2 一	壬寅 3 二		丙戌夏至 辛丑小暑
六月小	乙未	天干地支 西曆 星期	癸卯 4 三	甲辰 5 四	乙巳 6 五	丙午 7 六	丁未 8 日	戊申 9 一	己酉 10 二	庚戌 11 三	辛亥 12 四	壬子 13 五	癸丑 14 六	甲寅 15 日	乙卯 16 一	丙辰 17 二	丁巳 18 三	戊午 19 四	己未 20 五	庚申 21 六	辛酉 22 日	壬戌 23 一	癸亥 24 二	甲子 25 三	乙丑 26 四	丙寅 27 五	丁卯 28 六	戊辰 29 日	己巳 30 一	庚午 31 二	辛未 (8) 三		丁巳大暑
七月大	丙申	天干地支 西曆 星期	壬申 2 四	癸酉 3 五	甲戌 4 六	乙亥 5 日	丙子 6 一	丁丑 7 二	戊寅 8 三	己卯 9 四	庚辰 10 五	辛巳 11 六	壬午 12 日	癸未 13 一	甲申 14 二	乙酉 15 三	丙戌 16 四	丁亥 17 五	戊子 18 六	己丑 19 日	庚寅 20 一	辛卯 21 二	壬辰 22 三	癸巳 23 四	甲午 24 五	乙未 25 六	丙申 26 日	丁酉 27 一	戊戌 28 二	己亥 29 三	庚子 30 四	辛丑 31 五	壬申立秋 丁亥處暑
八月小	丁酉	天干地支 西曆 星期	壬寅 (9) 六	癸卯 2 日	甲辰 3 一	乙巳 4 二	丙午 5 三	丁未 6 四	戊申 7 五	己酉 8 六	庚戌 9 日	辛亥 10 一	壬子 11 二	癸丑 12 三	甲寅 13 四	乙卯 14 五	丙辰 15 六	丁巳 16 日	戊午 17 一	己未 18 二	庚申 19 三	辛酉 20 四	壬戌 21 五	癸亥 22 六	甲子 23 日	乙丑 24 一	丙寅 25 二	丁卯 26 三	戊辰 27 四	己巳 28 五	庚午 29 六		壬寅白露 丁巳秋分
九月小	戊戌	天干地支 西曆 星期	辛未 30 日	壬申 (10) 一	癸酉 2 二	甲戌 3 三	乙亥 4 四	丙子 5 五	丁丑 6 六	戊寅 7 日	己卯 8 一	庚辰 9 二	辛巳 10 三	壬午 11 四	癸未 12 五	甲申 13 六	乙酉 14 日	丙戌 15 一	丁亥 16 二	戊子 17 三	己丑 18 四	庚寅 19 五	辛卯 20 六	壬辰 21 日	癸巳 22 一	甲午 23 二	乙未 24 三	丙申 25 四	丁酉 26 五	戊戌 27 六	己亥 28 日		癸酉寒露 戊子霜降
十月大	己亥	天干地支 西曆 星期	庚子 29 一	辛丑 30 二	壬寅 31 三	癸卯 (11) 四	甲辰 2 五	乙巳 3 六	丙午 4 日	丁未 5 一	戊申 6 二	己酉 7 三	庚戌 8 四	辛亥 9 五	壬子 10 六	癸丑 11 日	甲寅 12 一	乙卯 13 二	丙辰 14 三	丁巳 15 四	戊午 16 五	己未 17 六	庚申 18 日	辛酉 19 一	壬戌 20 二	癸亥 21 三	甲子 22 四	乙丑 23 五	丙寅 24 六	丁卯 25 日	戊辰 26 一	己巳 27 二	癸卯立冬 戊午小雪
十一月大	庚子	天干地支 西曆 星期	庚午 28 三	辛未 29 四	壬申 30 五	癸酉 (12) 六	甲戌 2 日	乙亥 3 一	丙子 4 二	丁丑 5 三	戊寅 6 四	己卯 7 五	庚辰 8 六	辛巳 9 日	壬午 10 一	癸未 11 二	甲申 12 三	乙酉 13 四	丙戌 14 五	丁亥 15 六	戊子 16 日	己丑 17 一	庚寅 18 二	辛卯 19 三	壬辰 20 四	癸巳 21 五	甲午 22 六	乙未 23 日	丙申 24 一	丁酉 25 二	戊戌 26 三	己亥 27 四	甲戌大雪 己丑冬至
十二月小	辛丑	天干地支 西曆 星期	庚子 28 五	辛丑 29 六	壬寅 30 日	癸卯 31 一	甲辰 (1) 二	乙巳 2 三	丙午 3 四	丁未 4 五	戊申 5 六	己酉 6 日	庚戌 7 一	辛亥 8 二	壬子 9 三	癸丑 10 四	甲寅 11 五	乙卯 12 六	丙辰 13 日	丁巳 14 一	戊午 15 二	己未 16 三	庚申 17 四	辛酉 18 五	壬戌 19 六	癸亥 20 日	甲子 21 一	乙丑 22 二	丙寅 23 三	丁卯 24 四	戊辰 25 五		甲辰小寒 己未大寒

宋真宗大中祥符五年（壬子 鼠年） 公元 1012 ~ 1013 年

夏曆月序		中西曆日對照	夏曆日序																													節氣與天象
			初一	初二	初三	初四	初五	初六	初七	初八	初九	初十	十一	十二	十三	十四	十五	十六	十七	十八	十九	二十	二一	二二	二三	二四	二五	二六	二七	二八	二九	三十	
正月大	壬寅	天干 地支 西曆 星期	己巳 26 六	庚午 27 日	辛未 28 一	壬申 29 二	癸酉 30 三	甲戌 31 四	乙亥 (2) 五	丙子 2 六	丁丑 3 日	戊寅 4 一	己卯 5 二	庚辰 6 三	辛巳 7 四	壬午 8 五	癸未 9 六	甲申 10 日	乙酉 11 一	丙戌 12 二	丁亥 13 三	戊子 14 四	己丑 15 五	庚寅 16 六	辛卯 17 日	壬辰 18 一	癸巳 19 二	甲午 20 三	乙未 21 四	丙申 22 五	丁酉 23 六	戊戌 24 日	甲戌立春 庚寅雨水
二月小	癸卯	天干 地支 西曆 星期	己亥 25 一	庚子 26 二	辛丑 27 三	壬寅 28 四	癸卯 29 五	甲辰 (3) 六	乙巳 2 日	丙午 3 一	丁未 4 二	戊申 5 三	己酉 6 四	庚戌 7 五	辛亥 8 六	壬子 9 日	癸丑 10 一	甲寅 11 二	乙卯 12 三	丙辰 13 四	丁巳 14 五	戊午 15 六	己未 16 日	庚申 17 一	辛酉 18 二	壬戌 19 三	癸亥 20 四	甲子 21 五	乙丑 22 六	丙寅 23 日	丁卯 24 一		乙巳驚蟄 庚申春分
三月大	甲辰	天干 地支 西曆 星期	戊辰 25 二	己巳 26 三	庚午 27 四	辛未 28 五	壬申 29 六	癸酉 30 日	甲戌 31 一	乙亥 (4) 二	丙子 2 三	丁丑 3 四	戊寅 4 五	己卯 5 六	庚辰 6 日	辛巳 7 一	壬午 8 二	癸未 9 三	甲申 10 四	乙酉 11 五	丙戌 12 六	丁亥 13 日	戊子 14 一	己丑 15 二	庚寅 16 三	辛卯 17 四	壬辰 18 五	癸巳 19 六	甲午 20 日	乙未 21 一	丙申 22 二	丁酉 23 三	乙亥清明 庚寅穀雨
四月大	乙巳	天干 地支 西曆 星期	戊戌 24 四	己亥 25 五	庚子 26 六	辛丑 27 日	壬寅 28 一	癸卯 29 二	甲辰 30 三	乙巳 (5) 四	丙午 2 五	丁未 3 六	戊申 4 日	己酉 5 一	庚戌 6 二	辛亥 7 三	壬子 8 四	癸丑 9 五	甲寅 10 六	乙卯 11 日	丙辰 12 一	丁巳 13 二	戊午 14 三	己未 15 四	庚申 16 五	辛酉 17 六	壬戌 18 日	癸亥 19 一	甲子 20 二	乙丑 21 三	丙寅 22 四	丁卯 23 五	丙午立夏 辛酉小滿
五月小	丙午	天干 地支 西曆 星期	戊辰 24 六	己巳 25 日	庚午 26 一	辛未 27 二	壬申 28 三	癸酉 29 四	甲戌 30 五	乙亥 31 六	丙子 (6) 日	丁丑 2 一	戊寅 3 二	己卯 4 三	庚辰 5 四	辛巳 6 五	壬午 7 六	癸未 8 日	甲申 9 一	乙酉 10 二	丙戌 11 三	丁亥 12 四	戊子 13 五	己丑 14 六	庚寅 15 日	辛卯 16 一	壬辰 17 二	癸巳 18 三	甲午 19 四	乙未 20 五	丙申 21 六		丙子芒種 辛卯夏至
六月大	丁未	天干 地支 西曆 星期	丁酉 22 日	戊戌 23 一	己亥 24 二	庚子 25 三	辛丑 26 四	壬寅 27 五	癸卯 28 六	甲辰 29 日	乙巳 30 一	丙午 (7) 二	丁未 2 三	戊申 3 四	己酉 4 五	庚戌 5 六	辛亥 6 日	壬子 7 一	癸丑 8 二	甲寅 9 三	乙卯 10 四	丙辰 11 五	丁巳 12 六	戊午 13 日	己未 14 一	庚申 15 二	辛酉 16 三	壬戌 17 四	癸亥 18 五	甲子 19 六	乙丑 20 日	丙寅 21 一	丁未小暑 壬戌大暑
七月小	戊申	天干 地支 西曆 星期	丁卯 22 二	戊辰 23 三	己巳 24 四	庚午 25 五	辛未 26 六	壬申 27 日	癸酉 28 一	甲戌 29 二	乙亥 30 三	丙子 31 四	丁丑 (8) 五	戊寅 2 六	己卯 3 日	庚辰 4 一	辛巳 5 二	壬午 6 三	癸未 7 四	甲申 8 五	乙酉 9 六	丙戌 10 日	丁亥 11 一	戊子 12 二	己丑 13 三	庚寅 14 四	辛卯 15 五	壬辰 16 六	癸巳 17 日	甲午 18 一	乙未 19 二		丁丑立秋 壬辰處暑
八月大	己酉	天干 地支 西曆 星期	丙申 20 三	丁酉 21 四	戊戌 22 五	己亥 23 六	庚子 24 日	辛丑 25 一	壬寅 26 二	癸卯 27 三	甲辰 28 四	乙巳 29 五	丙午 30 六	丁未 31 日	戊申 (9) 一	己酉 2 二	庚戌 3 三	辛亥 4 四	壬子 5 五	癸丑 6 六	甲寅 7 日	乙卯 8 一	丙辰 9 二	丁巳 10 三	戊午 11 四	己未 12 五	庚申 13 六	辛酉 14 日	壬戌 15 一	癸亥 16 二	甲子 17 三	乙丑 18 四	丁未白露 癸亥秋分 丙申日食
九月小	庚戌	天干 地支 西曆 星期	丙寅 19 五	丁卯 20 六	戊辰 21 日	己巳 22 一	庚午 23 二	辛未 24 三	壬申 25 四	癸酉 26 五	甲戌 27 六	乙亥 28 日	丙子 29 一	丁丑 30 二	戊寅 (10) 三	己卯 2 四	庚辰 3 五	辛巳 4 六	壬午 5 日	癸未 6 一	甲申 7 二	乙酉 8 三	丙戌 9 四	丁亥 10 五	戊子 11 六	己丑 12 日	庚寅 13 一	辛卯 14 二	壬辰 15 三	癸巳 16 四	甲午 17 五		戊寅寒露 癸巳霜降
十月大	辛亥	天干 地支 西曆 星期	乙未 18 六	丙申 19 日	丁酉 20 一	戊戌 21 二	己亥 22 三	庚子 23 四	辛丑 24 五	壬寅 25 六	癸卯 26 日	甲辰 27 一	乙巳 28 二	丙午 29 三	丁未 30 四	戊申 31 五	己酉 (11) 六	庚戌 2 日	辛亥 3 一	壬子 4 二	癸丑 5 三	甲寅 6 四	乙卯 7 五	丙辰 8 六	丁巳 9 日	戊午 10 一	己未 11 二	庚申 12 三	辛酉 13 四	壬戌 14 五	癸亥 15 六	甲子 16 日	戊申立冬 甲子小雪
閏十月小	辛亥	天干 地支 西曆 星期	乙丑 17 一	丙寅 18 二	丁卯 19 三	戊辰 20 四	己巳 21 五	庚午 22 六	辛未 23 日	壬申 24 一	癸酉 25 二	甲戌 26 三	乙亥 27 四	丙子 28 五	丁丑 29 六	戊寅 30 日	己卯 (12) 一	庚辰 2 二	辛巳 3 三	壬午 4 四	癸未 5 五	甲申 6 六	乙酉 7 日	丙戌 8 一	丁亥 9 二	戊子 10 三	己丑 11 四	庚寅 12 五	辛卯 13 六	壬辰 14 日	癸巳 15 一		己卯大雪
十一月大	壬子	天干 地支 西曆 星期	甲午 16 二	乙未 17 三	丙申 18 四	丁酉 19 五	戊戌 20 六	己亥 21 日	庚子 22 一	辛丑 23 二	壬寅 24 三	癸卯 25 四	甲辰 26 五	乙巳 27 六	丙午 28 日	丁未 29 一	戊申 30 二	己酉 31 三	庚戌 (1) 四	辛亥 2 五	壬子 3 六	癸丑 4 日	甲寅 5 一	乙卯 6 二	丙辰 7 三	丁巳 8 四	戊午 9 五	己未 10 六	庚申 11 日	辛酉 12 一	壬戌 13 二	癸亥 14 三	甲午冬至 己酉小寒
十二月小	癸丑	天干 地支 西曆 星期	甲子 15 四	乙丑 16 五	丙寅 17 六	丁卯 18 日	戊辰 19 一	己巳 20 二	庚午 21 三	辛未 22 四	壬申 23 五	癸酉 24 六	甲戌 25 日	乙亥 26 一	丙子 27 二	丁丑 28 三	戊寅 29 四	己卯 30 五	庚辰 31 六	辛巳 (2) 日	壬午 2 一	癸未 3 二	甲申 4 三	乙酉 5 四	丙戌 6 五	丁亥 7 六	戊子 8 日	己丑 9 一	庚寅 10 二	辛卯 11 三	壬辰 12 四		甲子大寒 庚辰立春

宋真宗大中祥符六年（癸丑 牛年） 公元1013 ~ 1014年

夏曆月序		中西曆日對照	初一	初二	初三	初四	初五	初六	初七	初八	初九	初十	十一	十二	十三	十四	十五	十六	十七	十八	十九	二十	二一	二二	二三	二四	二五	二六	二七	二八	二九	三十	節氣與天象
正月大	甲寅	干支 西曆 星期	癸巳 13 五	甲午 14 六	乙未 15 日	丙申 16 一	丁酉 17 二	戊戌 18 三	己亥 19 四	庚子 20 五	辛丑 21 六	壬寅 22 日	癸卯 23 一	甲辰 24 二	乙巳 25 三	丙午 26 四	丁未 27 五	戊申 28 六	己酉 (3) 日	庚戌 2 一	辛亥 3 二	壬子 4 三	癸丑 5 四	甲寅 6 五	乙卯 7 六	丙辰 8 日	丁巳 9 一	戊午 10 二	己未 11 三	庚申 12 四	辛酉 13 五	壬戌 14 六	乙未雨水 庚戌驚蟄
二月小	乙卯	干支 西曆 星期	癸亥 15 日	甲子 16 一	乙丑 17 二	丙寅 18 三	丁卯 19 四	戊辰 20 五	己巳 21 六	庚午 22 日	辛未 23 一	壬申 24 二	癸酉 25 三	甲戌 26 四	乙亥 27 五	丙子 28 六	丁丑 29 日	戊寅 30 一	己卯 31 二	庚辰 (4) 三	辛巳 2 四	壬午 3 五	癸未 4 六	甲申 5 日	乙酉 6 一	丙戌 7 二	丁亥 8 三	戊子 9 四	己丑 10 五	庚寅 11 六	辛卯 12 日		乙丑春分 庚辰清明
三月大	丙辰	干支 西曆 星期	壬辰 13 一	癸巳 14 二	甲午 15 三	乙未 16 四	丙申 17 五	丁酉 18 六	戊戌 19 日	己亥 20 一	庚子 21 二	辛丑 22 三	壬寅 23 四	癸卯 24 五	甲辰 25 六	乙巳 26 日	丙午 27 一	丁未 28 二	戊申 29 三	己酉 30 四	庚戌 (5) 五	辛亥 2 六	壬子 3 日	癸丑 4 一	甲寅 5 二	乙卯 6 三	丙辰 7 四	丁巳 8 五	戊午 9 六	己未 10 日	庚申 11 一	辛酉 12 二	丙申穀雨 辛亥立夏
四月小	丁巳	干支 西曆 星期	壬戌 13 三	癸亥 14 四	甲子 15 五	乙丑 16 六	丙寅 17 日	丁卯 18 一	戊辰 19 二	己巳 20 三	庚午 21 四	辛未 22 五	壬申 23 六	癸酉 24 日	甲戌 25 一	乙亥 26 二	丙子 27 三	丁丑 28 四	戊寅 29 五	己卯 30 六	庚辰 31 日	辛巳 (6) 一	壬午 2 二	癸未 3 三	甲申 4 四	乙酉 5 五	丙戌 6 六	丁亥 7 日	戊子 8 一	己丑 9 二	庚寅 10 三		丙寅小滿 辛巳芒種
五月大	戊午	干支 西曆 星期	辛卯 11 四	壬辰 12 五	癸巳 13 六	甲午 14 日	乙未 15 一	丙申 16 二	丁酉 17 三	戊戌 18 四	己亥 19 五	庚子 20 六	辛丑 21 日	壬寅 22 一	癸卯 23 二	甲辰 24 三	乙巳 25 四	丙午 26 五	丁未 27 六	戊申 28 日	己酉 29 一	庚戌 30 二	辛亥 (7) 三	壬子 2 四	癸丑 3 五	甲寅 4 六	乙卯 5 日	丙辰 6 一	丁巳 7 二	戊午 8 三	己未 9 四	庚申 10 五	丁酉夏至 壬子小暑
六月大	己未	干支 西曆 星期	辛酉 11 六	壬戌 12 日	癸亥 13 一	甲子 14 二	乙丑 15 三	丙寅 16 四	丁卯 17 五	戊辰 18 六	己巳 19 日	庚午 20 一	辛未 21 二	壬申 22 三	癸酉 23 四	甲戌 24 五	乙亥 25 六	丙子 26 日	丁丑 27 一	戊寅 28 二	己卯 29 三	庚辰 30 四	辛巳 31 五	壬午 (8) 六	癸未 2 日	甲申 3 一	乙酉 4 二	丙戌 5 三	丁亥 6 四	戊子 7 五	己丑 8 六	庚寅 9 日	丁卯大暑 壬午立秋
七月小	庚申	干支 西曆 星期	辛卯 10 一	壬辰 11 二	癸巳 12 三	甲午 13 四	乙未 14 五	丙申 15 六	丁酉 16 日	戊戌 17 一	己亥 18 二	庚子 19 三	辛丑 20 四	壬寅 21 五	癸卯 22 六	甲辰 23 日	乙巳 24 一	丙午 25 二	丁未 26 三	戊申 27 四	己酉 28 五	庚戌 29 六	辛亥 30 日	壬子 31 一	癸丑 (9) 二	甲寅 2 三	乙卯 3 四	丙辰 4 五	丁巳 5 六	戊午 6 日	己未 7 一		丁酉處暑 癸丑白露
八月大	辛酉	干支 西曆 星期	庚申 8 二	辛酉 9 三	壬戌 10 四	癸亥 11 五	甲子 12 六	乙丑 13 日	丙寅 14 一	丁卯 15 二	戊辰 16 三	己巳 17 四	庚午 18 五	辛未 19 六	壬申 20 日	癸酉 21 一	甲戌 22 二	乙亥 23 三	丙子 24 四	丁丑 25 五	戊寅 26 六	己卯 27 日	庚辰 28 一	辛巳 29 二	壬午 30 三	癸未 (10) 四	甲申 2 五	乙酉 3 六	丙戌 4 日	丁亥 5 一	戊子 6 二	己丑 7 三	戊辰秋分 癸未寒露
九月小	壬戌	干支 西曆 星期	庚寅 8 四	辛卯 9 五	壬辰 10 六	癸巳 11 日	甲午 12 一	乙未 13 二	丙申 14 三	丁酉 15 四	戊戌 16 五	己亥 17 六	庚子 18 日	辛丑 19 一	壬寅 20 二	癸卯 21 三	甲辰 22 四	乙巳 23 五	丙午 24 六	丁未 25 日	戊申 26 一	己酉 27 二	庚戌 28 三	辛亥 29 四	壬子 30 五	癸丑 31 六	甲寅 (11) 日	乙卯 2 一	丙辰 3 二	丁巳 4 三	戊午 5 四		戊戌霜降 甲寅立冬
十月大	癸亥	干支 西曆 星期	己未 6 五	庚申 7 六	辛酉 8 日	壬戌 9 一	癸亥 10 二	甲子 11 三	乙丑 12 四	丙寅 13 五	丁卯 14 六	戊辰 15 日	己巳 16 一	庚午 17 二	辛未 18 三	壬申 19 四	癸酉 20 五	甲戌 21 六	乙亥 22 日	丙子 23 一	丁丑 24 二	戊寅 25 三	己卯 26 四	庚辰 27 五	辛巳 28 六	壬午 29 日	癸未 30 一	甲申 (12) 二	乙酉 2 三	丙戌 3 四	丁亥 4 五	戊子 5 六	己巳小雪 甲申大雪
十一月小	甲子	干支 西曆 星期	己丑 6 日	庚寅 7 一	辛卯 8 二	壬辰 9 三	癸巳 10 四	甲午 11 五	乙未 12 六	丙申 13 日	丁酉 14 一	戊戌 15 二	己亥 16 三	庚子 17 四	辛丑 18 五	壬寅 19 六	癸卯 20 日	甲辰 21 一	乙巳 22 二	丙午 23 三	丁未 24 四	戊申 25 五	己酉 26 六	庚戌 27 日	辛亥 28 一	壬子 29 二	癸丑 30 三	甲寅 31 四	乙卯 (1) 五	丙辰 2 六	丁巳 3 日		己亥冬至 甲寅小寒
十二月大	乙丑	干支 西曆 星期	戊午 4 一	己未 5 二	庚申 6 三	辛酉 7 四	壬戌 8 五	癸亥 9 六	甲子 10 日	乙丑 11 一	丙寅 12 二	丁卯 13 三	戊辰 14 四	己巳 15 五	庚午 16 六	辛未 17 日	壬申 18 一	癸酉 19 二	甲戌 20 三	乙亥 21 四	丙子 22 五	丁丑 23 六	戊寅 24 日	己卯 25 一	庚辰 26 二	辛巳 27 三	壬午 28 四	癸未 29 五	甲申 30 六	乙酉 31 日	丙戌 (2) 一	丁亥 2 二	庚午大寒 乙酉立春 戊午日食

宋真宗大中祥符七年（甲寅 虎年） 公元1014 ~ 1015年

夏曆月序		中西曆日對照	夏曆日序																													節氣與天象
			初一	初二	初三	初四	初五	初六	初七	初八	初九	初十	十一	十二	十三	十四	十五	十六	十七	十八	十九	二十	二一	二二	二三	二四	二五	二六	二七	二八	二九	三十	
正月小	丙寅	天干地支 西曆 星期	戊子3三	己丑4四	庚寅5五	辛卯6六	壬辰7日	癸巳8一	甲午9二	乙未10三	丙申11四	丁酉12五	戊戌13六	己亥14日	庚子15一	辛丑16二	壬寅17三	癸卯18四	甲辰19五	乙巳20六	丙午21日	丁未22一	戊申23二	己酉24三	庚戌25四	辛亥26五	壬子27六	癸丑28日	甲寅(3)一	乙卯2二	丙辰3三		庚子雨水 乙卯驚蟄
二月小	丁卯	天干地支 西曆 星期	丁巳4四	戊午5五	己未6六	庚申7日	辛酉8一	壬戌9二	癸亥10三	甲子11四	乙丑12五	丙寅13六	丁卯14日	戊辰15一	己巳16二	庚午17三	辛未18四	壬申19五	癸酉20六	甲戌21日	乙亥22一	丙子23二	丁丑24三	戊寅25四	己卯26五	庚辰27六	辛巳28日	壬午29一	癸未30二	甲申31三	乙酉(4)四		辛未春分
三月大	戊辰	天干地支 西曆 星期	丙戌2五	丁亥3六	戊子4日	己丑5一	庚寅6二	辛卯7三	壬辰8四	癸巳9五	甲午10六	乙未11日	丙申12一	丁酉13二	戊戌14三	己亥15四	庚子16五	辛丑17六	壬寅18日	癸卯19一	甲辰20二	乙巳21三	丙午22四	丁未23五	戊申24六	己酉25日	庚戌26一	辛亥27二	壬子28三	癸丑29四	甲寅30五	乙卯(5)六	丙戌清明 辛丑穀雨
四月大	己巳	天干地支 西曆 星期	丙辰2日	丁巳3一	戊午4二	己未5三	庚申6四	辛酉7五	壬戌8六	癸亥9日	甲子10一	乙丑11二	丙寅12三	丁卯13四	戊辰14五	己巳15六	庚午16日	辛未17一	壬申18二	癸酉19三	甲戌20四	乙亥21五	丙子22六	丁丑23日	戊寅24一	己卯25二	庚辰26三	辛巳27四	壬午28五	癸未29六	甲申30日	乙酉31一	丙辰立夏 辛未小滿
五月小	庚午	天干地支 西曆 星期	丙戌(6)二	丁亥2三	戊子3四	己丑4五	庚寅5六	辛卯6日	壬辰7一	癸巳8二	甲午9三	乙未10四	丙申11五	丁酉12六	戊戌13日	己亥14一	庚子15二	辛丑16三	壬寅17四	癸卯18五	甲辰19六	乙巳20日	丙午21一	丁未22二	戊申23三	己酉24四	庚戌25五	辛亥26六	壬子27日	癸丑28一	甲寅29二		丁亥芒種 壬寅夏至
六月大	辛未	天干地支 西曆 星期	乙卯30三	丙辰(7)四	丁巳2五	戊午3六	己未4日	庚申5一	辛酉6二	壬戌7三	癸亥8四	甲子9五	乙丑10六	丙寅11日	丁卯12一	戊辰13二	己巳14三	庚午15四	辛未16五	壬申17六	癸酉18日	甲戌19一	乙亥20二	丙子21三	丁丑22四	戊寅23五	己卯24六	庚辰25日	辛巳26一	壬午27二	癸未28三	甲申29四	丁巳小暑 壬申大暑
七月小	壬申	天干地支 西曆 星期	乙酉30五	丙戌31六	丁亥(8)日	戊子2一	己丑3二	庚寅4三	辛卯5四	壬辰6五	癸巳7六	甲午8日	乙未9一	丙申10二	丁酉11三	戊戌12四	己亥13五	庚子14六	辛丑15日	壬寅16一	癸卯17二	甲辰18三	乙巳19四	丙午20五	丁未21六	戊申22日	己酉23一	庚戌24二	辛亥25三	壬子26四	癸丑27五		丁亥立秋 癸卯處暑
八月大	癸酉	天干地支 西曆 星期	甲寅28六	乙卯29日	丙辰30一	丁巳31二	戊午(9)三	己未2四	庚申3五	辛酉4六	壬戌5日	癸亥6一	甲子7二	乙丑8三	丙寅9四	丁卯10五	戊辰11六	己巳12日	庚午13一	辛未14二	壬申15三	癸酉16四	甲戌17五	乙亥18六	丙子19日	丁丑20一	戊寅21二	己卯22三	庚辰23四	辛巳24五	壬午25六	癸未26日	戊午白露 癸酉秋分
九月大	甲戌	天干地支 西曆 星期	甲申27一	乙酉28二	丙戌29三	丁亥30四	戊子(10)五	己丑2六	庚寅3日	辛卯4一	壬辰5二	癸巳6三	甲午7四	乙未8五	丙申9六	丁酉10日	戊戌11一	己亥12二	庚子13三	辛丑14四	壬寅15五	癸卯16六	甲辰17日	乙巳18一	丙午19二	丁未20三	戊申21四	己酉22五	庚戌23六	辛亥24日	壬子25一	癸丑26二	戊子寒露 甲辰霜降
十月小	乙亥	天干地支 西曆 星期	甲寅27三	乙卯28四	丙辰29五	丁巳30六	戊午31日	己未(11)一	庚申2二	辛酉3三	壬戌4四	癸亥5五	甲子6六	乙丑7日	丙寅8一	丁卯9二	戊辰10三	己巳11四	庚午12五	辛未13六	壬申14日	癸酉15一	甲戌16二	乙亥17三	丙子18四	丁丑19五	戊寅20六	己卯21日	庚辰22一	辛巳23二	壬午24三		己未立冬 甲戌小雪
十一月大	丙子	天干地支 西曆 星期	癸未25四	甲申26五	乙酉27六	丙戌28日	丁亥29一	戊子30二	己丑(12)三	庚寅2四	辛卯3五	壬辰4六	癸巳5日	甲午6一	乙未7二	丙申8三	丁酉9四	戊戌10五	己亥11六	庚子12日	辛丑13一	壬寅14二	癸卯15三	甲辰16四	乙巳17五	丙午18六	丁未19日	戊申20一	己酉21二	庚戌22三	辛亥23四	壬子24五	己丑大雪 甲辰冬至
十二月小	丁丑	天干地支 西曆 星期	癸丑25六	甲寅26日	乙卯27一	丙辰28二	丁巳29三	戊午30四	己未31五	庚申(1)六	辛酉2日	壬戌3一	癸亥4二	甲子5三	乙丑6四	丙寅7五	丁卯8六	戊辰9日	己巳10一	庚午11二	辛未12三	壬申13四	癸酉14五	甲戌15六	乙亥16日	丙子17一	丁丑18二	戊寅19三	己卯20四	庚辰21五	辛巳22六		庚申小寒 乙亥大寒

宋真宗大中祥符八年（乙卯 兔年） 公元 1015 ~ 1016 年

夏曆月序		中西曆日對照	初一	初二	初三	初四	初五	初六	初七	初八	初九	初十	十一	十二	十三	十四	十五	十六	十七	十八	十九	二十	二一	二二	二三	二四	二五	二六	二七	二八	二九	三十	節氣與天象
正月大	戊寅	天干地支西曆星期	壬午23日	癸未24一	甲申25二	乙酉26三	丙戌27四	丁亥28五	戊子29六	己丑30日	庚寅31一	辛卯(2)二	壬辰2三	癸巳3四	甲午4五	乙未5六	丙申6日	丁酉7一	戊戌8二	己亥9三	庚子10四	辛丑11五	壬寅12六	癸卯13日	甲辰14一	乙巳15二	丙午16三	丁未17四	戊申18五	己酉19六	庚戌20日	辛亥21一	庚寅立春 乙巳雨水
二月小	己卯	天干地支西曆星期	壬子22二	癸丑23三	甲寅24四	乙卯25五	丙辰26六	丁巳27日	戊午28一	己未(3)二	庚申2三	辛酉3四	壬戌4五	癸亥5六	甲子6日	乙丑7一	丙寅8二	丁卯9三	戊辰10四	己巳11五	庚午12六	辛未13日	壬申14一	癸酉15二	甲戌16三	乙亥17四	丙子18五	丁丑19六	戊寅20日	己卯21一	庚辰22二		辛酉驚蟄 丙子春分
三月小	庚辰	天干地支西曆星期	辛巳23三	壬午24四	癸未25五	甲申26六	乙酉27日	丙戌28一	丁亥29二	戊子30三	己丑31四	庚寅(4)五	辛卯2六	壬辰3日	癸巳4一	甲午5二	乙未6三	丙申7四	丁酉8五	戊戌9六	己亥10日	庚子11一	辛丑12二	壬寅13三	癸卯14四	甲辰15五	乙巳16六	丙午17日	丁未18一	戊申19二	己酉20三		辛卯清明 丙午穀雨
四月大	辛巳	天干地支西曆星期	庚戌21四	辛亥22五	壬子23六	癸丑24日	甲寅25一	乙卯26二	丙辰27三	丁巳28四	戊午29五	己未30六	庚申(5)日	辛酉2一	壬戌3二	癸亥4三	甲子5四	乙丑6五	丙寅7六	丁卯8日	戊辰9一	己巳10二	庚午11三	辛未12四	壬申13五	癸酉14六	甲戌15日	乙亥16一	丙子17二	丁丑18三	戊寅19四	己卯20五	辛酉立夏 丁丑小滿
五月小	壬午	天干地支西曆星期	庚辰21六	辛巳22日	壬午23一	癸未24二	甲申25三	乙酉26四	丙戌27五	丁亥28六	戊子29日	己丑30一	庚寅31二	辛卯(6)三	壬辰2四	癸巳3五	甲午4六	乙未5日	丙申6一	丁酉7二	戊戌8三	己亥9四	庚子10五	辛丑11六	壬寅12日	癸卯13一	甲辰14二	乙巳15三	丙午16四	丁未17五	戊申18六		壬辰芒種 丁未夏至
六月大	癸未	天干地支西曆星期	己酉19日	庚戌20一	辛亥21二	壬子22三	癸丑23四	甲寅24五	乙卯25六	丙辰26日	丁巳27一	戊午28二	己未29三	庚申30四	辛酉(7)五	壬戌2六	癸亥3日	甲子4一	乙丑5二	丙寅6三	丁卯7四	戊辰8五	己巳9六	庚午10日	辛未11一	壬申12二	癸酉13三	甲戌14四	乙亥15五	丙子16六	丁丑17日	戊寅18一	壬戌小暑 戊寅大暑 己酉日食
閏六月小	癸未	天干地支西曆星期	己卯19二	庚辰20三	辛巳21四	壬午22五	癸未23六	甲申24日	乙酉25一	丙戌26二	丁亥27三	戊子28四	己丑29五	庚寅30六	辛卯31日	壬辰(8)一	癸巳2二	甲午3三	乙未4四	丙申5五	丁酉6六	戊戌7日	己亥8一	庚子9二	辛丑10三	壬寅11四	癸卯12五	甲辰13六	乙巳14日	丙午15一	丁未16二		癸巳立秋
七月大	甲申	天干地支西曆星期	戊申17三	己酉18四	庚戌19五	辛亥20六	壬子21日	癸丑22一	甲寅23二	乙卯24三	丙辰25四	丁巳26五	戊午27六	己未28日	庚申29一	辛酉30二	壬戌31三	癸亥(9)四	甲子2五	乙丑3六	丙寅4日	丁卯5一	戊辰6二	己巳7三	庚午8四	辛未9五	壬申10六	癸酉11日	甲戌12一	乙亥13二	丙子14三	丁丑15四	戊申處暑 癸亥白露
八月大	乙酉	天干地支西曆星期	戊寅16五	己卯17六	庚辰18日	辛巳19一	壬午20二	癸未21三	甲申22四	乙酉23五	丙戌24六	丁亥25日	戊子26一	己丑27二	庚寅28三	辛卯29四	壬辰30五	癸巳(10)六	甲午2日	乙未3一	丙申4二	丁酉5三	戊戌6四	己亥7五	庚子8六	辛丑9日	壬寅10一	癸卯11二	甲辰12三	乙巳13四	丙午14五	丁未15六	戊寅秋分 甲午寒露
九月大	丙戌	天干地支西曆星期	戊申16日	己酉17一	庚戌18二	辛亥19三	壬子20四	癸丑21五	甲寅22六	乙卯23日	丙辰24一	丁巳25二	戊午26三	己未27四	庚申28五	辛酉29六	壬戌30日	癸亥31一	甲子(11)二	乙丑2三	丙寅3四	丁卯4五	戊辰5六	己巳6日	庚午7一	辛未8二	壬申9三	癸酉10四	甲戌11五	乙亥12六	丙子13日	丁丑14一	己酉霜降 甲子立冬
十月小	丁亥	天干地支西曆星期	戊寅15二	己卯16三	庚辰17四	辛巳18五	壬午19六	癸未20日	甲申21一	乙酉22二	丙戌23三	丁亥24四	戊子25五	己丑26六	庚寅27日	辛卯28一	壬辰29二	癸巳30三	甲午(12)四	乙未2五	丙申3六	丁酉4日	戊戌5一	己亥6二	庚子7三	辛丑8四	壬寅9五	癸卯10六	甲辰11日	乙巳12一	丙午13二		己卯小雪 甲午大雪
十一月大	戊子	天干地支西曆星期	丁未14三	戊申15四	己酉16五	庚戌17六	辛亥18日	壬子19一	癸丑20二	甲寅21三	乙卯22四	丙辰23五	丁巳24六	戊午25日	己未26一	庚申27二	辛酉28三	壬戌29四	癸亥30五	甲子31六	乙丑(1)日	丙寅2一	丁卯3二	戊辰4三	己巳5四	庚午6五	辛未7六	壬申8日	癸酉9一	甲戌10二	乙亥11三	丙子12四	庚戌冬至 乙丑小寒
十二月小	己丑	天干地支西曆星期	丁丑13五	戊寅14六	己卯15日	庚辰16一	辛巳17二	壬午18三	癸未19四	甲申20五	乙酉21六	丙戌22日	丁亥23一	戊子24二	己丑25三	庚寅26四	辛卯27五	壬辰28六	癸巳29日	甲午30一	乙未31二	丙申(2)三	丁酉2四	戊戌3五	己亥4六	庚子5日	辛丑6一	壬寅7二	癸卯8三	甲辰9四	乙巳10五		庚辰大寒 乙未立春

宋真宗大中祥符九年（丙辰 龍年） 公元 1016 ~ 1017 年

夏曆月序		中西曆日對照	初一	初二	初三	初四	初五	初六	初七	初八	初九	初十	十一	十二	十三	十四	十五	十六	十七	十八	十九	二十	二一	二二	二三	二四	二五	二六	二七	二八	二九	三十	節氣與天象
正月大	庚寅	干支 西曆 星期	丙午 11 六	丁未 12 日	戊申 13 一	己酉 14 二	庚戌 15 三	辛亥 16 四	壬子 17 五	癸丑 18 六	甲寅 19 日	乙卯 20 一	丙辰 21 二	丁巳 22 三	戊午 23 四	己未 24 五	庚申 25 六	辛酉 26 日	壬戌 27 一	癸亥 28 二	甲子 29 三	乙丑 (3) 四	丙寅 2 五	丁卯 3 六	戊辰 4 日	己巳 5 一	庚午 6 二	辛未 7 三	壬申 8 四	癸酉 9 五	甲戌 10 六	乙亥 11 日	辛亥雨水 丙寅驚蟄
二月小	辛卯	干支 西曆 星期	丙子 12 一	丁丑 13 二	戊寅 14 三	己卯 15 四	庚辰 16 五	辛巳 17 六	壬午 18 日	癸未 19 一	甲申 20 二	乙酉 21 三	丙戌 22 四	丁亥 23 五	戊子 24 六	己丑 25 日	庚寅 26 一	辛卯 27 二	壬辰 28 三	癸巳 29 四	甲午 30 五	乙未 31 六	丙申 (4) 日	丁酉 2 一	戊戌 3 二	己亥 4 三	庚子 5 四	辛丑 6 五	壬寅 7 六	癸卯 8 日	甲辰 9 一		辛巳春分 丙申清明
三月小	壬辰	干支 西曆 星期	乙巳 10 二	丙午 11 三	丁未 12 四	戊申 13 五	己酉 14 六	庚戌 15 日	辛亥 16 一	壬子 17 二	癸丑 18 三	甲寅 19 四	乙卯 20 五	丙辰 21 六	丁巳 22 日	戊午 23 一	己未 24 二	庚申 25 三	辛酉 26 四	壬戌 27 五	癸亥 28 六	甲子 29 日	乙丑 30 一	丙寅 (5) 二	丁卯 2 三	戊辰 3 四	己巳 4 五	庚午 5 六	辛未 6 日	壬申 7 一	癸酉 8 二		辛亥穀雨 丁卯立夏
四月大	癸巳	干支 西曆 星期	甲戌 9 三	乙亥 10 四	丙子 11 五	丁丑 12 六	戊寅 13 日	己卯 14 一	庚辰 15 二	辛巳 16 三	壬午 17 四	癸未 18 五	甲申 19 六	乙酉 20 日	丙戌 21 一	丁亥 22 二	戊子 23 三	己丑 24 四	庚寅 25 五	辛卯 26 六	壬辰 27 日	癸巳 28 一	甲午 29 二	乙未 30 三	丙申 31 四	丁酉 (6) 五	戊戌 2 六	己亥 3 日	庚子 4 一	辛丑 5 二	壬寅 6 三	癸卯 7 四	壬午小滿 丁酉芒種
五月小	甲午	干支 西曆 星期	甲辰 8 五	乙巳 9 六	丙午 10 日	丁未 11 一	戊申 12 二	己酉 13 三	庚戌 14 四	辛亥 15 五	壬子 16 六	癸丑 17 日	甲寅 18 一	乙卯 19 二	丙辰 20 三	丁巳 21 四	戊午 22 五	己未 23 六	庚申 24 日	辛酉 25 一	壬戌 26 二	癸亥 27 三	甲子 28 四	乙丑 29 五	丙寅 30 六	丁卯 (7) 日	戊辰 2 一	己巳 3 二	庚午 4 三	辛未 5 四	壬申 6 五		壬子夏至 戊辰小暑
六月大	乙未	干支 西曆 星期	癸酉 7 六	甲戌 8 日	乙亥 9 一	丙子 10 二	丁丑 11 三	戊寅 12 四	己卯 13 五	庚辰 14 六	辛巳 15 日	壬午 16 一	癸未 17 二	甲申 18 三	乙酉 19 四	丙戌 20 五	丁亥 21 六	戊子 22 日	己丑 23 一	庚寅 24 二	辛卯 25 三	壬辰 26 四	癸巳 27 五	甲午 28 六	乙未 29 日	丙申 30 一	丁酉 31 二	戊戌 (8) 三	己亥 2 四	庚子 3 五	辛丑 4 六	壬寅 5 日	癸未大暑 戊戌立秋
七月小	丙申	干支 西曆 星期	癸卯 6 一	甲辰 7 二	乙巳 8 三	丙午 9 四	丁未 10 五	戊申 11 六	己酉 12 日	庚戌 13 一	辛亥 14 二	壬子 15 三	癸丑 16 四	甲寅 17 五	乙卯 18 六	丙辰 19 日	丁巳 20 一	戊午 21 二	己未 22 三	庚申 23 四	辛酉 24 五	壬戌 25 六	癸亥 26 日	甲子 27 一	乙丑 28 二	丙寅 29 三	丁卯 30 四	戊辰 31 五	己巳 (9) 六	庚午 2 日	辛未 3 一		癸丑處暑 戊辰白露
八月大	丁酉	干支 西曆 星期	壬申 4 二	癸酉 5 三	甲戌 6 四	乙亥 7 五	丙子 8 六	丁丑 9 日	戊寅 10 一	己卯 11 二	庚辰 12 三	辛巳 13 四	壬午 14 五	癸未 15 六	甲申 16 日	乙酉 17 一	丙戌 18 二	丁亥 19 三	戊子 20 四	己丑 21 五	庚寅 22 六	辛卯 23 日	壬辰 24 一	癸巳 25 二	甲午 26 三	乙未 27 四	丙申 28 五	丁酉 29 六	戊戌 30 日	己亥 (10) 一	庚子 2 二	辛丑 3 三	甲申秋分 己亥寒露
九月大	戊戌	干支 西曆 星期	壬寅 4 四	癸卯 5 五	甲辰 6 六	乙巳 7 日	丙午 8 一	丁未 9 二	戊申 10 三	己酉 11 四	庚戌 12 五	辛亥 13 六	壬子 14 日	癸丑 15 一	甲寅 16 二	乙卯 17 三	丙辰 18 四	丁巳 19 五	戊午 20 六	己未 21 日	庚申 22 一	辛酉 23 二	壬戌 24 三	癸亥 25 四	甲子 26 五	乙丑 27 六	丙寅 28 日	丁卯 29 一	戊辰 30 二	己巳 31 三	庚午 (11) 四	辛未 2 五	甲寅霜降 己巳立冬
十月小	己亥	干支 西曆 星期	壬申 3 六	癸酉 4 日	甲戌 5 一	乙亥 6 二	丙子 7 三	丁丑 8 四	戊寅 9 五	己卯 10 六	庚辰 11 日	辛巳 12 一	壬午 13 二	癸未 14 三	甲申 15 四	乙酉 16 五	丙戌 17 六	丁亥 18 日	戊子 19 一	己丑 20 二	庚寅 21 三	辛卯 22 四	壬辰 23 五	癸巳 24 六	甲午 25 日	乙未 26 一	丙申 27 二	丁酉 28 三	戊戌 29 四	己亥 30 五	庚子 (12) 六		乙酉小雪 庚子大雪
十一月大	庚子	干支 西曆 星期	辛丑 2 日	壬寅 3 一	癸卯 4 二	甲辰 5 三	乙巳 6 四	丙午 7 五	丁未 8 六	戊申 9 日	己酉 10 一	庚戌 11 二	辛亥 12 三	壬子 13 四	癸丑 14 五	甲寅 15 六	乙卯 16 日	丙辰 17 一	丁巳 18 二	戊午 19 三	己未 20 四	庚申 21 五	辛酉 22 六	壬戌 23 日	癸亥 24 一	甲子 25 二	乙丑 26 三	丙寅 27 四	丁卯 28 五	戊辰 29 六	己巳 30 日	庚午 31 一	乙卯冬至 庚午小寒
十二月大	辛丑	干支 西曆 星期	辛未 (1) 二	壬申 2 三	癸酉 3 四	甲戌 4 五	乙亥 5 六	丙子 6 日	丁丑 7 一	戊寅 8 二	己卯 9 三	庚辰 10 四	辛巳 11 五	壬午 12 六	癸未 13 日	甲申 14 一	乙酉 15 二	丙戌 16 三	丁亥 17 四	戊子 18 五	己丑 19 六	庚寅 20 日	辛卯 21 一	壬辰 22 二	癸巳 23 三	甲午 24 四	乙未 25 五	丙申 26 六	丁酉 27 日	戊戌 28 一	己亥 29 二	庚子 30 三	乙酉大寒

宋真宗天禧元年（丁巳 蛇年） 公元 **1017** ~ 1018 年

夏曆月序		中西曆日對照	初一	初二	初三	初四	初五	初六	初七	初八	初九	初十	十一	十二	十三	十四	十五	十六	十七	十八	十九	二十	二一	二二	二三	二四	二五	二六	二七	二八	二九	三十	節氣與天象
正月小	壬寅	天干地支 西曆 星期	辛丑 31 四	壬寅 (2) 五	癸卯 2 六	甲辰 3 日	乙巳 4 一	丙午 5 二	丁未 6 三	戊申 7 四	己酉 8 五	庚戌 9 六	辛亥 10 日	壬子 11 一	癸丑 12 二	甲寅 13 三	乙卯 14 四	丙辰 15 五	丁巳 16 六	戊午 17 日	己未 18 一	庚申 19 二	辛酉 20 三	壬戌 21 四	癸亥 22 五	甲子 23 六	乙丑 24 日	丙寅 25 一	丁卯 26 二	戊辰 27 三	己巳 28 四		辛丑立春 丙辰雨水
二月大	癸卯	天干地支 西曆 星期	庚午 (3) 五	辛未 2 六	壬申 3 日	癸酉 4 一	甲戌 5 二	乙亥 6 三	丙子 7 四	丁丑 8 五	戊寅 9 六	己卯 10 日	庚辰 11 一	辛巳 12 二	壬午 13 三	癸未 14 四	甲申 15 五	乙酉 16 六	丙戌 17 日	丁亥 18 一	戊子 19 二	己丑 20 三	庚寅 21 四	辛卯 22 五	壬辰 23 六	癸巳 24 日	甲午 25 一	乙未 26 二	丙申 27 三	丁酉 28 四	戊戌 29 五	己亥 30 六	辛未驚蟄 丙戌春分
三月小	甲辰	天干地支 西曆 星期	庚子 31 日	辛丑 (4) 一	壬寅 2 二	癸卯 3 三	甲辰 4 四	乙巳 5 五	丙午 6 六	丁未 7 日	戊申 8 一	己酉 9 二	庚戌 10 三	辛亥 11 四	壬子 12 五	癸丑 13 六	甲寅 14 日	乙卯 15 一	丙辰 16 二	丁巳 17 三	戊午 18 四	己未 19 五	庚申 20 六	辛酉 21 日	壬戌 22 一	癸亥 23 二	甲子 24 三	乙丑 25 四	丙寅 26 五	丁卯 27 六	戊辰 28 日		辛丑清明 丁巳穀雨
四月小	乙巳	天干地支 西曆 星期	己巳 29 一	庚午 30 二	辛未 (5) 三	壬申 2 四	癸酉 3 五	甲戌 4 六	乙亥 5 日	丙子 6 一	丁丑 7 二	戊寅 8 三	己卯 9 四	庚辰 10 五	辛巳 11 六	壬午 12 日	癸未 13 一	甲申 14 二	乙酉 15 三	丙戌 16 四	丁亥 17 五	戊子 18 六	己丑 19 日	庚寅 20 一	辛卯 21 二	壬辰 22 三	癸巳 23 四	甲午 24 五	乙未 25 六	丙申 26 日	丁酉 27 一		壬申立夏 丁亥小滿
五月大	丙午	天干地支 西曆 星期	戊戌 28 二	己亥 29 三	庚子 30 四	辛丑 31 五	壬寅 (6) 六	癸卯 2 日	甲辰 3 一	乙巳 4 二	丙午 5 三	丁未 6 四	戊申 7 五	己酉 8 六	庚戌 9 日	辛亥 10 一	壬子 11 二	癸丑 12 三	甲寅 13 四	乙卯 14 五	丙辰 15 六	丁巳 16 日	戊午 17 一	己未 18 二	庚申 19 三	辛酉 20 四	壬戌 21 五	癸亥 22 六	甲子 23 日	乙丑 24 一	丙寅 25 二	丁卯 26 三	壬寅芒種 戊午夏至
六月小	丁未	天干地支 西曆 星期	戊辰 27 四	己巳 28 五	庚午 29 六	辛未 30 日	壬申 (7) 一	癸酉 2 二	甲戌 3 三	乙亥 4 四	丙子 5 五	丁丑 6 六	戊寅 7 日	己卯 8 一	庚辰 9 二	辛巳 10 三	壬午 11 四	癸未 12 五	甲申 13 六	乙酉 14 日	丙戌 15 一	丁亥 16 二	戊子 17 三	己丑 18 四	庚寅 19 五	辛卯 20 六	壬辰 21 日	癸巳 22 一	甲午 23 二	乙未 24 三	丙申 25 四		癸酉小暑 戊子大暑
七月小	戊申	天干地支 西曆 星期	丁酉 26 五	戊戌 27 六	己亥 28 日	庚子 29 一	辛丑 30 二	壬寅 31 三	癸卯 (8) 四	甲辰 2 五	乙巳 3 六	丙午 4 日	丁未 5 一	戊申 6 二	己酉 7 三	庚戌 8 四	辛亥 9 五	壬子 10 六	癸丑 11 日	甲寅 12 一	乙卯 13 二	丙辰 14 三	丁巳 15 四	戊午 16 五	己未 17 六	庚申 18 日	辛酉 19 一	壬戌 20 二	癸亥 21 三	甲子 22 四	乙丑 23 五		癸卯立秋 戊午處暑
八月大	己酉	天干地支 西曆 星期	丙寅 24 六	丁卯 25 日	戊辰 26 一	己巳 27 二	庚午 28 三	辛未 29 四	壬申 30 五	癸酉 31 六	甲戌 (9) 日	乙亥 2 一	丙子 3 二	丁丑 4 三	戊寅 5 四	己卯 6 五	庚辰 7 六	辛巳 8 日	壬午 9 一	癸未 10 二	甲申 11 三	乙酉 12 四	丙戌 13 五	丁亥 14 六	戊子 15 日	己丑 16 一	庚寅 17 二	辛卯 18 三	壬辰 19 四	癸巳 20 五	甲午 21 六	乙未 22 日	甲戌白露 己丑秋分
九月大	庚戌	天干地支 西曆 星期	丙申 23 一	丁酉 24 二	戊戌 25 三	己亥 26 四	庚子 27 五	辛丑 28 六	壬寅 29 日	癸卯 30 一	甲辰 (10) 二	乙巳 2 三	丙午 3 四	丁未 4 五	戊申 5 六	己酉 6 日	庚戌 7 一	辛亥 8 二	壬子 9 三	癸丑 10 四	甲寅 11 五	乙卯 12 六	丙辰 13 日	丁巳 14 一	戊午 15 二	己未 16 三	庚申 17 四	辛酉 18 五	壬戌 19 六	癸亥 20 日	甲子 21 一	乙丑 22 二	甲辰寒露 己未霜降
十月小	辛亥	天干地支 西曆 星期	丙寅 23 三	丁卯 24 四	戊辰 25 五	己巳 26 六	庚午 27 日	辛未 28 一	壬申 29 二	癸酉 30 三	甲戌 31 四	乙亥 (11) 五	丙子 2 六	丁丑 3 日	戊寅 4 一	己卯 5 二	庚辰 6 三	辛巳 7 四	壬午 8 五	癸未 9 六	甲申 10 日	乙酉 11 一	丙戌 12 二	丁亥 13 三	戊子 14 四	己丑 15 五	庚寅 16 六	辛卯 17 日	壬辰 18 一	癸巳 19 二	甲午 20 三		乙亥立冬 庚寅小雪
十一月大	壬子	天干地支 西曆 星期	乙未 21 四	丙申 22 五	丁酉 23 六	戊戌 24 日	己亥 25 一	庚子 26 二	辛丑 27 三	壬寅 28 四	癸卯 29 五	甲辰 30 六	乙巳 (12) 日	丙午 2 一	丁未 3 二	戊申 4 三	己酉 5 四	庚戌 6 五	辛亥 7 六	壬子 8 日	癸丑 9 一	甲寅 10 二	乙卯 11 三	丙辰 12 四	丁巳 13 五	戊午 14 六	己未 15 日	庚申 16 一	辛酉 17 二	壬戌 18 三	癸亥 19 四	甲子 20 五	乙巳大雪 庚申冬至
十二月大	癸丑	天干地支 西曆 星期	乙丑 21 六	丙寅 22 日	丁卯 23 一	戊辰 24 二	己巳 25 三	庚午 26 四	辛未 27 五	壬申 28 六	癸酉 29 日	甲戌 30 一	乙亥 31 二	丙子 (1) 三	丁丑 2 四	戊寅 3 五	己卯 4 六	庚辰 5 日	辛巳 6 一	壬午 7 二	癸未 8 三	甲申 9 四	乙酉 10 五	丙戌 11 六	丁亥 12 日	戊子 13 一	己丑 14 二	庚寅 15 三	辛卯 16 四	壬辰 17 五	癸巳 18 六	甲午 19 日	乙亥小寒 辛卯大寒

* 正月辛丑（初一），改元天禧。

宋真宗天禧二年（戊午 馬年） 公元 1018 ~ 1019 年

夏曆月序		中西曆日對照	初一	初二	初三	初四	初五	初六	初七	初八	初九	初十	十一	十二	十三	十四	十五	十六	十七	十八	十九	二十	二一	二二	二三	二四	二五	二六	二七	二八	二九	三十	節氣與天象
正月大	甲寅	天干地支 西曆 星期	乙未 20 一	丙申 21 二	丁酉 22 三	戊戌 23 四	己亥 24 五	庚子 25 六	辛丑 26 日	壬寅 27 一	癸卯 28 二	甲辰 29 三	乙巳 30 四	丙午 31 五	丁未 (2) 六	戊申 2 日	己酉 3 一	庚戌 4 二	辛亥 5 三	壬子 6 四	癸丑 7 五	甲寅 8 六	乙卯 9 日	丙辰 10 一	丁巳 11 二	戊午 12 三	己未 13 四	庚申 14 五	辛酉 15 六	壬戌 16 日	癸亥 17 一	甲子 18 二	丙午立春 辛酉雨水
二月小	乙卯	天干地支 西曆 星期	乙丑 19 三	丙寅 20 四	丁卯 21 五	戊辰 22 六	己巳 23 日	庚午 24 一	辛未 25 二	壬申 26 三	癸酉 27 四	甲戌 28 五	乙亥 (3) 六	丙子 2 日	丁丑 3 一	戊寅 4 二	己卯 5 三	庚辰 6 四	辛巳 7 五	壬午 8 六	癸未 9 日	甲申 10 一	乙酉 11 二	丙戌 12 三	丁亥 13 四	戊子 14 五	己丑 15 六	庚寅 16 日	辛卯 17 一	壬辰 18 二	癸巳 19 三		丙子驚蟄 壬辰春分
三月大	丙辰	天干地支 西曆 星期	甲午 20 四	乙未 21 五	丙申 22 六	丁酉 23 日	戊戌 24 一	己亥 25 二	庚子 26 三	辛丑 27 四	壬寅 28 五	癸卯 29 六	甲辰 30 日	乙巳 31 一	丙午 (4) 二	丁未 2 三	戊申 3 四	己酉 4 五	庚戌 5 六	辛亥 6 日	壬子 7 一	癸丑 8 二	甲寅 9 三	乙卯 10 四	丙辰 11 五	丁巳 12 六	戊午 13 日	己未 14 一	庚申 15 二	辛酉 16 三	壬戌 17 四	癸亥 18 五	丁未清明 壬戌穀雨
四月小	丁巳	天干地支 西曆 星期	甲子 19 六	乙丑 20 日	丙寅 21 一	丁卯 22 二	戊辰 23 三	己巳 24 四	庚午 25 五	辛未 26 六	壬申 27 日	癸酉 28 一	甲戌 29 二	乙亥 30 三	丙子 (5) 四	丁丑 2 五	戊寅 3 六	己卯 4 日	庚辰 5 一	辛巳 6 二	壬午 7 三	癸未 8 四	甲申 9 五	乙酉 10 六	丙戌 11 日	丁亥 12 一	戊子 13 二	己丑 14 三	庚寅 15 四	辛卯 16 五	壬辰 17 六		丁丑立夏 壬辰小滿
閏四月小	丁巳	天干地支 西曆 星期	癸巳 18 日	甲午 19 一	乙未 20 二	丙申 21 三	丁酉 22 四	戊戌 23 五	己亥 24 六	庚子 25 日	辛丑 26 一	壬寅 27 二	癸卯 28 三	甲辰 29 四	乙巳 30 五	丙午 31 六	丁未 (6) 日	戊申 2 一	己酉 3 二	庚戌 4 三	辛亥 5 四	壬子 6 五	癸丑 7 六	甲寅 8 日	乙卯 9 一	丙辰 10 二	丁巳 11 三	戊午 12 四	己未 13 五	庚申 14 六	辛酉 15 日		戊申芒種
五月大	戊午	天干地支 西曆 星期	壬戌 16 一	癸亥 17 二	甲子 18 三	乙丑 19 四	丙寅 20 五	丁卯 21 六	戊辰 22 日	己巳 23 一	庚午 24 二	辛未 25 三	壬申 26 四	癸酉 27 五	甲戌 28 六	乙亥 29 日	丙子 30 一	丁丑 (7) 二	戊寅 2 三	己卯 3 四	庚辰 4 五	辛巳 5 六	壬午 6 日	癸未 7 一	甲申 8 二	乙酉 9 三	丙戌 10 四	丁亥 11 五	戊子 12 六	己丑 13 日	庚寅 14 一	辛卯 15 二	癸亥夏至 戊寅小暑
六月小	己未	天干地支 西曆 星期	壬辰 16 三	癸巳 17 四	甲午 18 五	乙未 19 六	丙申 20 日	丁酉 21 一	戊戌 22 二	己亥 23 三	庚子 24 四	辛丑 25 五	壬寅 26 六	癸卯 27 日	甲辰 28 一	乙巳 29 二	丙午 30 三	丁未 31 四	戊申 (8) 五	己酉 2 六	庚戌 3 日	辛亥 4 一	壬子 5 二	癸丑 6 三	甲寅 7 四	乙卯 8 五	丙辰 9 六	丁巳 10 日	戊午 11 一	己未 12 二	庚申 13 三		癸巳大暑 戊申立秋
七月小	庚申	天干地支 西曆 星期	辛酉 14 四	壬戌 15 五	癸亥 16 六	甲子 17 日	乙丑 18 一	丙寅 19 二	丁卯 20 三	戊辰 21 四	己巳 22 五	庚午 23 六	辛未 24 日	壬申 25 一	癸酉 26 二	甲戌 27 三	乙亥 28 四	丙子 29 五	丁丑 30 六	戊寅 31 日	己卯 (9) 一	庚辰 2 二	辛巳 3 三	壬午 4 四	癸未 5 五	甲申 6 六	乙酉 7 日	丙戌 8 一	丁亥 9 二	戊子 10 三	己丑 11 四		甲子處暑 己卯白露
八月大	辛酉	天干地支 西曆 星期	庚寅 12 五	辛卯 13 六	壬辰 14 日	癸巳 15 一	甲午 16 二	乙未 17 三	丙申 18 四	丁酉 19 五	戊戌 20 六	己亥 21 日	庚子 22 一	辛丑 23 二	壬寅 24 三	癸卯 25 四	甲辰 26 五	乙巳 27 六	丙午 28 日	丁未 29 一	戊申 30 二	己酉 (10) 三	庚戌 2 四	辛亥 3 五	壬子 4 六	癸丑 5 日	甲寅 6 一	乙卯 7 二	丙辰 8 三	丁巳 9 四	戊午 10 五	己未 11 六	甲午秋分 己酉寒露
九月大	壬戌	天干地支 西曆 星期	庚申 12 日	辛酉 13 一	壬戌 14 二	癸亥 15 三	甲子 16 四	乙丑 17 五	丙寅 18 六	丁卯 19 日	戊辰 20 一	己巳 21 二	庚午 22 三	辛未 23 四	壬申 24 五	癸酉 25 六	甲戌 26 日	乙亥 27 一	丙子 28 二	丁丑 29 三	戊寅 30 四	己卯 31 五	庚辰 (11) 六	辛巳 2 日	壬午 3 一	癸未 4 二	甲申 5 三	乙酉 6 四	丙戌 7 五	丁亥 8 六	戊子 9 日	己丑 10 一	乙丑霜降 庚辰立冬
十月小	癸亥	天干地支 西曆 星期	庚寅 11 二	辛卯 12 三	壬辰 13 四	癸巳 14 五	甲午 15 六	乙未 16 日	丙申 17 一	丁酉 18 二	戊戌 19 三	己亥 20 四	庚子 21 五	辛丑 22 六	壬寅 23 日	癸卯 24 一	甲辰 25 二	乙巳 26 三	丙午 27 四	丁未 28 五	戊申 29 六	己酉 30 日	庚戌 (12) 一	辛亥 2 二	壬子 3 三	癸丑 4 四	甲寅 5 五	乙卯 6 六	丙辰 7 日	丁巳 8 一	戊午 9 二		乙未小雪 庚戌大雪
十一月大	甲子	天干地支 西曆 星期	己未 10 三	庚申 11 四	辛酉 12 五	壬戌 13 六	癸亥 14 日	甲子 15 一	乙丑 16 二	丙寅 17 三	丁卯 18 四	戊辰 19 五	己巳 20 六	庚午 21 日	辛未 22 一	壬申 23 二	癸酉 24 三	甲戌 25 四	乙亥 26 五	丙子 27 六	丁丑 28 日	戊寅 29 一	己卯 30 二	庚辰 31 三	辛巳 (1) 四	壬午 2 五	癸未 3 六	甲申 4 日	乙酉 5 一	丙戌 6 二	丁亥 7 三	戊子 8 四	乙丑冬至 辛巳小寒
十二月大	乙丑	天干地支 西曆 星期	己丑 9 五	庚寅 10 六	辛卯 11 日	壬辰 12 一	癸巳 13 二	甲午 14 三	乙未 15 四	丙申 16 五	丁酉 17 六	戊戌 18 日	己亥 19 一	庚子 20 二	辛丑 21 三	壬寅 22 四	癸卯 23 五	甲辰 24 六	乙巳 25 日	丙午 26 一	丁未 27 二	戊申 28 三	己酉 29 四	庚戌 30 五	辛亥 31 六	壬子 (2) 日	癸丑 2 一	甲寅 3 二	乙卯 4 三	丙辰 5 四	丁巳 6 五	戊午 7 六	丙申大寒 辛亥立春

宋真宗天禧三年（己未 羊年） 公元 1019 ~ 1020 年

夏曆月序		中西曆日對照	初一	初二	初三	初四	初五	初六	初七	初八	初九	初十	十一	十二	十三	十四	十五	十六	十七	十八	十九	二十	二一	二二	二三	二四	二五	二六	二七	二八	二九	三十	節氣與天象
正月大	丙寅	天干地支 西曆 星期	己未 8 日	庚申 9 一	辛酉 10 二	壬戌 11 三	癸亥 12 四	甲子 13 五	乙丑 14 六	丙寅 15 日	丁卯 16 一	戊辰 17 二	己巳 18 三	庚午 19 四	辛未 20 五	壬申 21 六	癸酉 22 日	甲戌 23 一	乙亥 24 二	丙子 25 三	丁丑 26 四	戊寅 27 五	己卯 28 六	庚辰 (3) 日	辛巳 2 一	壬午 3 二	癸未 4 三	甲申 5 四	乙酉 6 五	丙戌 7 六	丁亥 8 日	戊子 9 一	丙寅雨水 壬午驚蟄
二月小	丁卯	天干地支 西曆 星期	己丑 10 二	庚寅 11 三	辛卯 12 四	壬辰 13 五	癸巳 14 六	甲午 15 日	乙未 16 一	丙申 17 二	丁酉 18 三	戊戌 19 四	己亥 20 五	庚子 21 六	辛丑 22 日	壬寅 23 一	癸卯 24 二	甲辰 25 三	乙巳 26 四	丙午 27 五	丁未 28 六	戊申 29 日	己酉 30 一	庚戌 31 二	辛亥 (4) 三	壬子 2 四	癸丑 3 五	甲寅 4 六	乙卯 5 日	丙辰 6 一	丁巳 7 二		丁酉春分 壬子清明
三月大	戊辰	天干地支 西曆 星期	戊午 8 三	己未 9 四	庚申 10 五	辛酉 11 六	壬戌 12 日	癸亥 13 一	甲子 14 二	乙丑 15 三	丙寅 16 四	丁卯 17 五	戊辰 18 六	己巳 19 日	庚午 20 一	辛未 21 二	壬申 22 三	癸酉 23 四	甲戌 24 五	乙亥 25 六	丙子 26 日	丁丑 27 一	戊寅 28 二	己卯 29 三	庚辰 30 四	辛巳 (5) 五	壬午 2 六	癸未 3 日	甲申 4 一	乙酉 5 二	丙戌 6 三	丁亥 7 四	丁卯穀雨 壬午立夏 戊午日食
四月小	己巳	天干地支 西曆 星期	戊子 8 五	己丑 9 六	庚寅 10 日	辛卯 11 一	壬辰 12 二	癸巳 13 三	甲午 14 四	乙未 15 五	丙申 16 六	丁酉 17 日	戊戌 18 一	己亥 19 二	庚子 20 三	辛丑 21 四	壬寅 22 五	癸卯 23 六	甲辰 24 日	乙巳 25 一	丙午 26 二	丁未 27 三	戊申 28 四	己酉 29 五	庚戌 30 六	辛亥 31 日	壬子 (6) 一	癸丑 2 二	甲寅 3 三	乙卯 4 四	丙辰 5 五		戊戌小滿 癸丑芒種
五月小	庚午	天干地支 西曆 星期	丁巳 6 六	戊午 7 日	己未 8 一	庚申 9 二	辛酉 10 三	壬戌 11 四	癸亥 12 五	甲子 13 六	乙丑 14 日	丙寅 15 一	丁卯 16 二	戊辰 17 三	己巳 18 四	庚午 19 五	辛未 20 六	壬申 21 日	癸酉 22 一	甲戌 23 二	乙亥 24 三	丙子 25 四	丁丑 26 五	戊寅 27 六	己卯 28 日	庚辰 29 一	辛巳 30 二	壬午 (7) 三	癸未 2 四	甲申 3 五	乙酉 4 六		戊辰夏至 癸未小暑
六月大	辛未	天干地支 西曆 星期	丙戌 5 日	丁亥 6 一	戊子 7 二	己丑 8 三	庚寅 9 四	辛卯 10 五	壬辰 11 六	癸巳 12 日	甲午 13 一	乙未 14 二	丙申 15 三	丁酉 16 四	戊戌 17 五	己亥 18 六	庚子 19 日	辛丑 20 一	壬寅 21 二	癸卯 22 三	甲辰 23 四	乙巳 24 五	丙午 25 六	丁未 26 日	戊申 27 一	己酉 28 二	庚戌 29 三	辛亥 30 四	壬子 31 五	癸丑 (8) 六	甲寅 2 日	乙卯 3 一	戊戌大暑 甲寅立秋
七月小	壬申	天干地支 西曆 星期	丙辰 4 二	丁巳 5 三	戊午 6 四	己未 7 五	庚申 8 六	辛酉 9 日	壬戌 10 一	癸亥 11 二	甲子 12 三	乙丑 13 四	丙寅 14 五	丁卯 15 六	戊辰 16 日	己巳 17 一	庚午 18 二	辛未 19 三	壬申 20 四	癸酉 21 五	甲戌 22 六	乙亥 23 日	丙子 24 一	丁丑 25 二	戊寅 26 三	己卯 27 四	庚辰 28 五	辛巳 29 六	壬午 30 日	癸未 31 一	甲申 (9) 二		己巳處暑 甲申白露
八月小	癸酉	天干地支 西曆 星期	乙酉 2 三	丙戌 3 四	丁亥 4 五	戊子 5 六	己丑 6 日	庚寅 7 一	辛卯 8 二	壬辰 9 三	癸巳 10 四	甲午 11 五	乙未 12 六	丙申 13 日	丁酉 14 一	戊戌 15 二	己亥 16 三	庚子 17 四	辛丑 18 五	壬寅 19 六	癸卯 20 日	甲辰 21 一	乙巳 22 二	丙午 23 三	丁未 24 四	戊申 25 五	己酉 26 六	庚戌 27 日	辛亥 28 一	壬子 29 二	癸丑 30 三		己亥秋分
九月大	甲戌	天干地支 西曆 星期	甲寅 (10) 四	乙卯 2 五	丙辰 3 六	丁巳 4 日	戊午 5 一	己未 6 二	庚申 7 三	辛酉 8 四	壬戌 9 五	癸亥 10 六	甲子 11 日	乙丑 12 一	丙寅 13 二	丁卯 14 三	戊辰 15 四	己巳 16 五	庚午 17 六	辛未 18 日	壬申 19 一	癸酉 20 二	甲戌 21 三	乙亥 22 四	丙子 23 五	丁丑 24 六	戊寅 25 日	己卯 26 一	庚辰 27 二	辛巳 28 三	壬午 29 四	癸未 30 五	乙卯寒露 庚午霜降
十月小	乙亥	天干地支 西曆 星期	甲申 31 六	乙酉 (11) 日	丙戌 2 一	丁亥 3 二	戊子 4 三	己丑 5 四	庚寅 6 五	辛卯 7 六	壬辰 8 日	癸巳 9 一	甲午 10 二	乙未 11 三	丙申 12 四	丁酉 13 五	戊戌 14 六	己亥 15 日	庚子 16 一	辛丑 17 二	壬寅 18 三	癸卯 19 四	甲辰 20 五	乙巳 21 六	丙午 22 日	丁未 23 一	戊申 24 二	己酉 25 三	庚戌 26 四	辛亥 27 五	壬子 28 六		乙酉立冬 庚子小雪
十一月大	丙子	天干地支 西曆 星期	癸丑 29 日	甲寅 30 一	乙卯 (12) 二	丙辰 2 三	丁巳 3 四	戊午 4 五	己未 5 六	庚申 6 日	辛酉 7 一	壬戌 8 二	癸亥 9 三	甲子 10 四	乙丑 11 五	丙寅 12 六	丁卯 13 日	戊辰 14 一	己巳 15 二	庚午 16 三	辛未 17 四	壬申 18 五	癸酉 19 六	甲戌 20 日	乙亥 21 一	丙子 22 二	丁丑 23 三	戊寅 24 四	己卯 25 五	庚辰 26 六	辛巳 27 日	壬午 28 一	乙卯大雪 辛未冬至
十二月大	丁丑	天干地支 西曆 星期	癸未 29 二	甲申 30 三	乙酉 31 四	丙戌 (1) 五	丁亥 2 六	戊子 3 日	己丑 4 一	庚寅 5 二	辛卯 6 三	壬辰 7 四	癸巳 8 五	甲午 9 六	乙未 10 日	丙申 11 一	丁酉 12 二	戊戌 13 三	己亥 14 四	庚子 15 五	辛丑 16 六	壬寅 17 日	癸卯 18 一	甲辰 19 二	乙巳 20 三	丙午 21 四	丁未 22 五	戊申 23 六	己酉 24 日	庚戌 25 一	辛亥 26 二	壬子 27 三	丙戌小寒 辛丑大寒

宋真宗天禧四年（庚申 猴年） 公元1020～1021年

夏曆月序		中西曆日對照	初一	初二	初三	初四	初五	初六	初七	初八	初九	初十	十一	十二	十三	十四	十五	十六	十七	十八	十九	二十	二一	二二	二三	二四	二五	二六	二七	二八	二九	三十	節氣與天象
正月大	戊寅	天干地支 西曆 星期	癸丑 28 四	甲寅 29 五	乙卯 30 六	丙辰 31 日	丁巳 (2) 一	戊午 2 二	己未 3 三	庚申 4 四	辛酉 5 五	壬戌 6 六	癸亥 7 日	甲子 8 一	乙丑 9 二	丙寅 10 三	丁卯 11 四	戊辰 12 五	己巳 13 六	庚午 14 日	辛未 15 一	壬申 16 二	癸酉 17 三	甲戌 18 四	乙亥 19 五	丙子 20 六	丁丑 21 日	戊寅 22 一	己卯 23 二	庚辰 24 三	辛巳 25 四	壬午 26 五	丙辰立春 壬申雨水
二月小	己卯	天干地支 西曆 星期	癸未 27 六	甲申 28 日	乙酉 29 一	丙戌 (3) 二	丁亥 2 三	戊子 3 四	己丑 4 五	庚寅 5 六	辛卯 6 日	壬辰 7 一	癸巳 8 二	甲午 9 三	乙未 10 四	丙申 11 五	丁酉 12 六	戊戌 13 日	己亥 14 一	庚子 15 二	辛丑 16 三	壬寅 17 四	癸卯 18 五	甲辰 19 六	乙巳 20 日	丙午 21 一	丁未 22 二	戊申 23 三	己酉 24 四	庚戌 25 五	辛亥 26 六		丁亥驚蟄 壬寅春分
三月大	庚辰	天干地支 西曆 星期	壬子 27 日	癸丑 28 一	甲寅 29 二	乙卯 30 三	丙辰 31 四	丁巳 (4) 五	戊午 2 六	己未 3 日	庚申 4 一	辛酉 5 二	壬戌 6 三	癸亥 7 四	甲子 8 五	乙丑 9 六	丙寅 10 日	丁卯 11 一	戊辰 12 二	己巳 13 三	庚午 14 四	辛未 15 五	壬申 16 六	癸酉 17 日	甲戌 18 一	乙亥 19 二	丙子 20 三	丁丑 21 四	戊寅 22 五	己卯 23 六	庚辰 24 日	辛巳 25 一	丁巳清明 壬申穀雨
四月小	辛巳	天干地支 西曆 星期	壬午 26 二	癸未 27 三	甲申 28 四	乙酉 29 五	丙戌 30 六	丁亥 (5) 日	戊子 2 一	己丑 3 二	庚寅 4 三	辛卯 5 四	壬辰 6 五	癸巳 7 六	甲午 8 日	乙未 9 一	丙申 10 二	丁酉 11 三	戊戌 12 四	己亥 13 五	庚子 14 六	辛丑 15 日	壬寅 16 一	癸卯 17 二	甲辰 18 三	乙巳 19 四	丙午 20 五	丁未 21 六	戊申 22 日	己酉 23 一	庚戌 24 二		戊子立夏 癸卯小滿
五月大	壬午	天干地支 西曆 星期	辛亥 25 三	壬子 26 四	癸丑 27 五	甲寅 28 六	乙卯 29 日	丙辰 30 一	丁巳 31 二	戊午 (6) 三	己未 2 四	庚申 3 五	辛酉 4 六	壬戌 5 日	癸亥 6 一	甲子 7 二	乙丑 8 三	丙寅 9 四	丁卯 10 五	戊辰 11 六	己巳 12 日	庚午 13 一	辛未 14 二	壬申 15 三	癸酉 16 四	甲戌 17 五	乙亥 18 六	丙子 19 日	丁丑 20 一	戊寅 21 二	己卯 22 三	庚辰 23 四	戊午芒種 癸酉夏至
六月小	癸未	天干地支 西曆 星期	辛巳 24 五	壬午 25 六	癸未 26 日	甲申 27 一	乙酉 28 二	丙戌 29 三	丁亥 30 四	戊子 (7) 五	己丑 2 六	庚寅 3 日	辛卯 4 一	壬辰 5 二	癸巳 6 三	甲午 7 四	乙未 8 五	丙申 9 六	丁酉 10 日	戊戌 11 一	己亥 12 二	庚子 13 三	辛丑 14 四	壬寅 15 五	癸卯 16 六	甲辰 17 日	乙巳 18 一	丙午 19 二	丁未 20 三	戊申 21 四	己酉 22 五		己丑小暑 甲辰大暑
七月大	甲申	天干地支 西曆 星期	庚戌 23 六	辛亥 24 日	壬子 25 一	癸丑 26 二	甲寅 27 三	乙卯 28 四	丙辰 29 五	丁巳 30 六	戊午 31 日	己未 (8) 一	庚申 2 二	辛酉 3 三	壬戌 4 四	癸亥 5 五	甲子 6 六	乙丑 7 日	丙寅 8 一	丁卯 9 二	戊辰 10 三	己巳 11 四	庚午 12 五	辛未 13 六	壬申 14 日	癸酉 15 一	甲戌 16 二	乙亥 17 三	丙子 18 四	丁丑 19 五	戊寅 20 六	己卯 21 日	己未立秋 甲戌處暑
八月小	乙酉	天干地支 西曆 星期	庚辰 22 一	辛巳 23 二	壬午 24 三	癸未 25 四	甲申 26 五	乙酉 27 六	丙戌 28 日	丁亥 29 一	戊子 30 二	己丑 31 三	庚寅 (9) 四	辛卯 2 五	壬辰 3 六	癸巳 4 日	甲午 5 一	乙未 6 二	丙申 7 三	丁酉 8 四	戊戌 9 五	己亥 10 六	庚子 11 日	辛丑 12 一	壬寅 13 二	癸卯 14 三	甲辰 15 四	乙巳 16 五	丙午 17 六	丁未 18 日	戊申 19 一		己丑白露 乙巳秋分
九月小	丙戌	天干地支 西曆 星期	己酉 20 二	庚戌 21 三	辛亥 22 四	壬子 23 五	癸丑 24 六	甲寅 25 日	乙卯 26 一	丙辰 27 二	丁巳 28 三	戊午 29 四	己未 30 五	庚申 (10) 六	辛酉 2 日	壬戌 3 一	癸亥 4 二	甲子 5 三	乙丑 6 四	丙寅 7 五	丁卯 8 六	戊辰 9 日	己巳 10 一	庚午 11 二	辛未 12 三	壬申 13 四	癸酉 14 五	甲戌 15 六	乙亥 16 日	丙子 17 一	丁丑 18 二		庚申寒露 乙亥霜降
十月大	丁亥	天干地支 西曆 星期	戊寅 19 三	己卯 20 四	庚辰 21 五	辛巳 22 六	壬午 23 日	癸未 24 一	甲申 25 二	乙酉 26 三	丙戌 27 四	丁亥 28 五	戊子 29 六	己丑 30 日	庚寅 31 一	辛卯 (11) 二	壬辰 2 三	癸巳 3 四	甲午 4 五	乙未 5 六	丙申 6 日	丁酉 7 一	戊戌 8 二	己亥 9 三	庚子 10 四	辛丑 11 五	壬寅 12 六	癸卯 13 日	甲辰 14 一	乙巳 15 二	丙午 16 三	丁未 17 四	庚寅立冬 乙巳小雪
十一月小	戊子	天干地支 西曆 星期	戊申 18 五	己酉 19 六	庚戌 20 日	辛亥 21 一	壬子 22 二	癸丑 23 三	甲寅 24 四	乙卯 25 五	丙辰 26 六	丁巳 27 日	戊午 28 一	己未 29 二	庚申 30 三	辛酉 (12) 四	壬戌 2 五	癸亥 3 六	甲子 4 日	乙丑 5 一	丙寅 6 二	丁卯 7 三	戊辰 8 四	己巳 9 五	庚午 10 六	辛未 11 日	壬申 12 一	癸酉 13 二	甲戌 14 三	乙亥 15 四	丙子 16 五		辛酉大雪 丙子冬至
十二月大	己丑	天干地支 西曆 星期	丁丑 17 六	戊寅 18 日	己卯 19 一	庚辰 20 二	辛巳 21 三	壬午 22 四	癸未 23 五	甲申 24 六	乙酉 25 日	丙戌 26 一	丁亥 27 二	戊子 28 三	己丑 29 四	庚寅 30 五	辛卯 31 六	壬辰 (1) 日	癸巳 2 一	甲午 3 二	乙未 4 三	丙申 5 四	丁酉 6 五	戊戌 7 六	己亥 8 日	庚子 9 一	辛丑 10 二	壬寅 11 三	癸卯 12 四	甲辰 13 五	乙巳 14 六	丙午 15 日	辛卯小寒 丙午大寒
閏十二月大	己丑	天干地支 西曆 星期	丁未 16 一	戊申 17 二	己酉 18 三	庚戌 19 四	辛亥 20 五	壬子 21 六	癸丑 22 日	甲寅 23 一	乙卯 24 二	丙辰 25 三	丁巳 26 四	戊午 27 五	己未 28 六	庚申 29 日	辛酉 30 一	壬戌 31 二	癸亥 (2) 三	甲子 2 四	乙丑 3 五	丙寅 4 六	丁卯 5 日	戊辰 6 一	己巳 7 二	庚午 8 三	辛未 9 四	壬申 10 五	癸酉 11 六	甲戌 12 日	乙亥 13 一	丙子 14 二	壬戌立春

宋真宗天禧五年（辛酉 鷄年） 公元1021～1022年

夏曆月序		中西曆日對照	初一	初二	初三	初四	初五	初六	初七	初八	初九	初十	十一	十二	十三	十四	十五	十六	十七	十八	十九	二十	二一	二二	二三	二四	二五	二六	二七	二八	二九	三十	節氣與天象
正月小	庚寅	天干地支 西曆 星期	丁丑 15 三	戊寅 16 四	己卯 17 五	庚辰 18 六	辛巳 19 日	壬午 20 一	癸未 21 二	甲申 22 三	乙酉 23 四	丙戌 24 五	丁亥 25 六	戊子 26 日	己丑 27 一	庚寅 28 二	辛卯 (3) 三	壬辰 2 四	癸巳 3 五	甲午 4 六	乙未 5 日	丙申 6 一	丁酉 7 二	戊戌 8 三	己亥 9 四	庚子 10 五	辛丑 11 六	壬寅 12 日	癸卯 13 一	甲辰 14 二	乙巳 15 三		丁丑雨水 壬辰驚蟄
二月大	辛卯	天干地支 西曆 星期	丙午 16 四	丁未 17 五	戊申 18 六	己酉 19 日	庚戌 20 一	辛亥 21 二	壬子 22 三	癸丑 23 四	甲寅 24 五	乙卯 25 六	丙辰 26 日	丁巳 27 一	戊午 28 二	己未 29 三	庚申 30 四	辛酉 31 五	壬戌 (4) 六	癸亥 2 日	甲子 3 一	乙丑 4 二	丙寅 5 三	丁卯 6 四	戊辰 7 五	己巳 8 六	庚午 9 日	辛未 10 一	壬申 11 二	癸酉 12 三	甲戌 13 四	乙亥 14 五	丁未春分 壬戌清明
三月大	壬辰	天干地支 西曆 星期	丙子 15 六	丁丑 16 日	戊寅 17 一	己卯 18 二	庚辰 19 三	辛巳 20 四	壬午 21 五	癸未 22 六	甲申 23 日	乙酉 24 一	丙戌 25 二	丁亥 26 三	戊子 27 四	己丑 28 五	庚寅 29 六	辛卯 30 日	壬辰 (5) 一	癸巳 2 二	甲午 3 三	乙未 4 四	丙申 5 五	丁酉 6 六	戊戌 7 日	己亥 8 一	庚子 9 二	辛丑 10 三	壬寅 11 四	癸卯 12 五	甲辰 13 六	乙巳 14 日	戊寅穀雨 癸巳立夏
四月小	癸巳	天干地支 西曆 星期	丙午 15 一	丁未 16 二	戊申 17 三	己酉 18 四	庚戌 19 五	辛亥 20 六	壬子 21 日	癸丑 22 一	甲寅 23 二	乙卯 24 三	丙辰 25 四	丁巳 26 五	戊午 27 六	己未 28 日	庚申 29 一	辛酉 30 二	壬戌 31 三	癸亥 (6) 四	甲子 2 五	乙丑 3 六	丙寅 4 日	丁卯 5 一	戊辰 6 二	己巳 7 三	庚午 8 四	辛未 9 五	壬申 10 六	癸酉 11 日	甲戌 12 一		戊申小滿 癸亥芒種
五月大	甲午	天干地支 西曆 星期	乙亥 13 二	丙子 14 三	丁丑 15 四	戊寅 16 五	己卯 17 六	庚辰 18 日	辛巳 19 一	壬午 20 二	癸未 21 三	甲申 22 四	乙酉 23 五	丙戌 24 六	丁亥 25 日	戊子 26 一	己丑 27 二	庚寅 28 三	辛卯 29 四	壬辰 30 五	癸巳 (7) 六	甲午 2 日	乙未 3 一	丙申 4 二	丁酉 5 三	戊戌 6 四	己亥 7 五	庚子 8 六	辛丑 9 日	壬寅 10 一	癸卯 11 二	甲辰 12 三	己卯夏至 甲午小暑
六月小	乙未	天干地支 西曆 星期	乙巳 13 四	丙午 14 五	丁未 15 六	戊申 16 日	己酉 17 一	庚戌 18 二	辛亥 19 三	壬子 20 四	癸丑 21 五	甲寅 22 六	乙卯 23 日	丙辰 24 一	丁巳 25 二	戊午 26 三	己未 27 四	庚申 28 五	辛酉 29 六	壬戌 30 日	癸亥 31 一	甲子 (8) 二	乙丑 2 三	丙寅 3 四	丁卯 4 五	戊辰 5 六	己巳 6 日	庚午 7 一	辛未 8 二	壬申 9 三	癸酉 10 四		己酉大暑 甲子立秋
七月大	丙申	天干地支 西曆 星期	甲戌 11 五	乙亥 12 六	丙子 13 日	丁丑 14 一	戊寅 15 二	己卯 16 三	庚辰 17 四	辛巳 18 五	壬午 19 六	癸未 20 日	甲申 21 一	乙酉 22 二	丙戌 23 三	丁亥 24 四	戊子 25 五	己丑 26 六	庚寅 27 日	辛卯 28 一	壬辰 29 二	癸巳 30 三	甲午 31 四	乙未 (9) 五	丙申 2 六	丁酉 3 日	戊戌 4 一	己亥 5 二	庚子 6 三	辛丑 7 四	壬寅 8 五	癸卯 9 六	己卯處暑 乙未白露 甲戌日食
八月小	丁酉	天干地支 西曆 星期	甲辰 10 日	乙巳 11 一	丙午 12 二	丁未 13 三	戊申 14 四	己酉 15 五	庚戌 16 六	辛亥 17 日	壬子 18 一	癸丑 19 二	甲寅 20 三	乙卯 21 四	丙辰 22 五	丁巳 23 六	戊午 24 日	己未 25 一	庚申 26 二	辛酉 27 三	壬戌 28 四	癸亥 29 五	甲子 30 六	乙丑 (10) 日	丙寅 2 一	丁卯 3 二	戊辰 4 三	己巳 5 四	庚午 6 五	辛未 7 六	壬申 8 日		庚戌秋分 乙丑寒露
九月大	戊戌	天干地支 西曆 星期	癸酉 9 一	甲戌 10 二	乙亥 11 三	丙子 12 四	丁丑 13 五	戊寅 14 六	己卯 15 日	庚辰 16 一	辛巳 17 二	壬午 18 三	癸未 19 四	甲申 20 五	乙酉 21 六	丙戌 22 日	丁亥 23 一	戊子 24 二	己丑 25 三	庚寅 26 四	辛卯 27 五	壬辰 28 六	癸巳 29 日	甲午 30 一	乙未 31 二	丙申 (11) 三	丁酉 2 四	戊戌 3 五	己亥 4 六	庚子 5 日	辛丑 6 一	壬寅 7 二	庚辰霜降 丙申立冬
十月小	己亥	天干地支 西曆 星期	癸卯 8 三	甲辰 9 四	乙巳 10 五	丙午 11 六	丁未 12 日	戊申 13 一	己酉 14 二	庚戌 15 三	辛亥 16 四	壬子 17 五	癸丑 18 六	甲寅 19 日	乙卯 20 一	丙辰 21 二	丁巳 22 三	戊午 23 四	己未 24 五	庚申 25 六	辛酉 26 日	壬戌 27 一	癸亥 28 二	甲子 29 三	乙丑 30 四	丙寅 (12) 五	丁卯 2 六	戊辰 3 日	己巳 4 一	庚午 5 二	辛未 6 三		辛亥小雪 丙寅大雪
十一月大	庚子	天干地支 西曆 星期	壬申 7 四	癸酉 8 五	甲戌 9 六	乙亥 10 日	丙子 11 一	丁丑 12 二	戊寅 13 三	己卯 14 四	庚辰 15 五	辛巳 16 六	壬午 17 日	癸未 18 一	甲申 19 二	乙酉 20 三	丙戌 21 四	丁亥 22 五	戊子 23 六	己丑 24 日	庚寅 25 一	辛卯 26 二	壬辰 27 三	癸巳 28 四	甲午 29 五	乙未 30 六	丙申 31 日	丁酉 (1) 一	戊戌 2 二	己亥 3 三	庚子 4 四	辛丑 5 五	辛巳冬至 丙申小寒
十二月小	辛丑	天干地支 西曆 星期	壬寅 6 六	癸卯 7 日	甲辰 8 一	乙巳 9 二	丙午 10 三	丁未 11 四	戊申 12 五	己酉 13 六	庚戌 14 日	辛亥 15 一	壬子 16 二	癸丑 17 三	甲寅 18 四	乙卯 19 五	丙辰 20 六	丁巳 21 日	戊午 22 一	己未 23 二	庚申 24 三	辛酉 25 四	壬戌 26 五	癸亥 27 六	甲子 28 日	乙丑 29 一	丙寅 30 二	丁卯 31 三	戊辰 (2) 四	己巳 2 五	庚午 3 六		壬子大寒 丁卯立春

宋真宗乾興元年　仁宗乾興元年（壬戌 狗年）　公元 1022 ~ 1023 年

夏曆月序	中西曆日對照	初一	初二	初三	初四	初五	初六	初七	初八	初九	初十	十一	十二	十三	十四	十五	十六	十七	十八	十九	二十	二一	二二	二三	二四	二五	二六	二七	二八	二九	三十	節氣與天象
正月小 壬寅	天干地支 西曆 星期	辛未 4 日	壬申 5 一	癸酉 6 二	甲戌 7 三	乙亥 8 四	丙子 9 五	丁丑 10 六	戊寅 11 日	己卯 12 一	庚辰 13 二	辛巳 14 三	壬午 15 四	癸未 16 五	甲申 17 六	乙酉 18 日	丙戌 19 一	丁亥 20 二	戊子 21 三	己丑 22 四	庚寅 23 五	辛卯 24 六	壬辰 25 日	癸巳 26 一	甲午 27 二	乙未 28 三	丙申 (3) 四	丁酉 2 五	戊戌 3 六	己亥 4 日		壬午雨水 丁酉驚蟄
二月大 癸卯	天干地支 西曆 星期	庚子 5 一	辛丑 6 二	壬寅 7 三	癸卯 8 四	甲辰 9 五	乙巳 10 六	丙午 11 日	丁未 12 一	戊申 13 二	己酉 14 三	庚戌 15 四	辛亥 16 五	壬子 17 六	癸丑 18 日	甲寅 19 一	乙卯 20 二	丙辰 21 三	丁巳 22 四	戊午 23 五	己未 24 六	庚申 25 日	辛酉 26 一	壬戌 27 二	癸亥 28 三	甲子 29 四	乙丑 30 五	丙寅 31 六	丁卯 (4) 日	戊辰 2 一	己巳 3 二	壬子春分 戊辰清明
三月大 甲辰	天干地支 西曆 星期	庚午 4 三	辛未 5 四	壬申 6 五	癸酉 7 六	甲戌 8 日	乙亥 9 一	丙子 10 二	丁丑 11 三	戊寅 12 四	己卯 13 五	庚辰 14 六	辛巳 15 日	壬午 16 一	癸未 17 二	甲申 18 三	乙酉 19 四	丙戌 20 五	丁亥 21 六	戊子 22 日	己丑 23 一	庚寅 24 二	辛卯 25 三	壬辰 26 四	癸巳 27 五	甲午 28 六	乙未 29 日	丙申 30 一	丁酉 (5) 二	戊戌 2 三	己亥 3 四	癸未穀雨 戊戌立夏
四月小 乙巳	天干地支 西曆 星期	庚子 4 五	辛丑 5 六	壬寅 6 日	癸卯 7 一	甲辰 8 二	乙巳 9 三	丙午 10 四	丁未 11 五	戊申 12 六	己酉 13 日	庚戌 14 一	辛亥 15 二	壬子 16 三	癸丑 17 四	甲寅 18 五	乙卯 19 六	丙辰 20 日	丁巳 21 一	戊午 22 二	己未 23 三	庚申 24 四	辛酉 25 五	壬戌 26 六	癸亥 27 日	甲子 28 一	乙丑 29 二	丙寅 30 三	丁卯 31 四	戊辰 (6) 五		癸丑小滿
五月大 丙午	天干地支 西曆 星期	己巳 2 六	庚午 3 日	辛未 4 一	壬申 5 二	癸酉 6 三	甲戌 7 四	乙亥 8 五	丙子 9 六	丁丑 10 日	戊寅 11 一	己卯 12 二	庚辰 13 三	辛巳 14 四	壬午 15 五	癸未 16 六	甲申 17 日	乙酉 18 一	丙戌 19 二	丁亥 20 三	戊子 21 四	己丑 22 五	庚寅 23 六	辛卯 24 日	壬辰 25 一	癸巳 26 二	甲午 27 三	乙未 28 四	丙申 29 五	丁酉 30 六	戊戌 (7) 日	己巳芒種 甲申夏至
六月大 丁未	天干地支 西曆 星期	己亥 2 一	庚子 3 二	辛丑 4 三	壬寅 5 四	癸卯 6 五	甲辰 7 六	乙巳 8 日	丙午 9 一	丁未 10 二	戊申 11 三	己酉 12 四	庚戌 13 五	辛亥 14 六	壬子 15 日	癸丑 16 一	甲寅 17 二	乙卯 18 三	丙辰 19 四	丁巳 20 五	戊午 21 六	己未 22 日	庚申 23 一	辛酉 24 二	壬戌 25 三	癸亥 26 四	甲子 27 五	乙丑 28 六	丙寅 29 日	丁卯 30 一	戊辰 31 二	己亥小暑 甲寅大暑
七月小 戊申	天干地支 西曆 星期	己巳 (8) 三	庚午 2 四	辛未 3 五	壬申 4 六	癸酉 5 日	甲戌 6 一	乙亥 7 二	丙子 8 三	丁丑 9 四	戊寅 10 五	己卯 11 六	庚辰 12 日	辛巳 13 一	壬午 14 二	癸未 15 三	甲申 16 四	乙酉 17 五	丙戌 18 六	丁亥 19 日	戊子 20 一	己丑 21 二	庚寅 22 三	辛卯 23 四	壬辰 24 五	癸巳 25 六	甲午 26 日	乙未 27 一	丙申 28 二	丁酉 29 三		己巳立秋 乙酉處暑
八月大 己酉	天干地支 西曆 星期	戊戌 30 四	己亥 31 五	庚子 (9) 六	辛丑 2 日	壬寅 3 一	癸卯 4 二	甲辰 5 三	乙巳 6 四	丙午 7 五	丁未 8 六	戊申 9 日	己酉 10 一	庚戌 11 二	辛亥 12 三	壬子 13 四	癸丑 14 五	甲寅 15 六	乙卯 16 日	丙辰 17 一	丁巳 18 二	戊午 19 三	己未 20 四	庚申 21 五	辛酉 22 六	壬戌 23 日	癸亥 24 一	甲子 25 二	乙丑 26 三	丙寅 27 四	丁卯 28 五	庚子白露 乙卯秋分
九月小 庚戌	天干地支 西曆 星期	戊辰 29 六	己巳 30 日	庚午 (10) 一	辛未 2 二	壬申 3 三	癸酉 4 四	甲戌 5 五	乙亥 6 六	丙子 7 日	丁丑 8 一	戊寅 9 二	己卯 10 三	庚辰 11 四	辛巳 12 五	壬午 13 六	癸未 14 日	甲申 15 一	乙酉 16 二	丙戌 17 三	丁亥 18 四	戊子 19 五	己丑 20 六	庚寅 21 日	辛卯 22 一	壬辰 23 二	癸巳 24 三	甲午 25 四	乙未 26 五	丙申 27 六		庚午寒露 丙戌霜降
十月大 辛亥	天干地支 西曆 星期	丁酉 28 日	戊戌 29 一	己亥 30 二	庚子 31 三	辛丑 (11) 四	壬寅 2 五	癸卯 3 六	甲辰 4 日	乙巳 5 一	丙午 6 二	丁未 7 三	戊申 8 四	己酉 9 五	庚戌 10 六	辛亥 11 日	壬子 12 一	癸丑 13 二	甲寅 14 三	乙卯 15 四	丙辰 16 五	丁巳 17 六	戊午 18 日	己未 19 一	庚申 20 二	辛酉 21 三	壬戌 22 四	癸亥 23 五	甲子 24 六	乙丑 25 日	丙寅 26 一	辛丑立冬 丙辰小雪
十一月小 壬子	天干地支 西曆 星期	丁卯 27 二	戊辰 28 三	己巳 29 四	庚午 30 五	辛未 (12) 六	壬申 2 日	癸酉 3 一	甲戌 4 二	乙亥 5 三	丙子 6 四	丁丑 7 五	戊寅 8 六	己卯 9 日	庚辰 10 一	辛巳 11 二	壬午 12 三	癸未 13 四	甲申 14 五	乙酉 15 六	丙戌 16 日	丁亥 17 一	戊子 18 二	己丑 19 三	庚寅 20 四	辛卯 21 五	壬辰 22 六	癸巳 23 日	甲午 24 一	乙未 25 二		辛未大雪 丙戌冬至
十二月大 癸丑	天干地支 西曆 星期	丙申 26 三	丁酉 27 四	戊戌 28 五	己亥 29 六	庚子 30 日	辛丑 31 一	壬寅 (1) 二	癸卯 2 三	甲辰 3 四	乙巳 4 五	丙午 5 六	丁未 6 日	戊申 7 一	己酉 8 二	庚戌 9 三	辛亥 10 四	壬子 11 五	癸丑 12 六	甲寅 13 日	乙卯 14 一	丙辰 15 二	丁巳 16 三	戊午 17 四	己未 18 五	庚申 19 六	辛酉 20 日	壬戌 21 一	癸亥 22 二	甲子 23 三	乙丑 24 四	壬寅小寒 丁巳大寒

* 正月辛未（初一），改元乾興。二月戊午（十九日），宋真宗死。趙禎即位，是爲仁宗。

宋仁宗天聖元年（癸亥 猪年） 公元 **1023** ~ 1024 年

夏曆月序		中西曆日對照	初一	初二	初三	初四	初五	初六	初七	初八	初九	初十	十一	十二	十三	十四	十五	十六	十七	十八	十九	二十	二一	二二	二三	二四	二五	二六	二七	二八	二九	三十	節氣與天象
正月小	甲寅	天干地支 西曆星期	丙寅 25 五	丁卯 26 六	戊辰 27 日	己巳 28 一	庚午 29 二	辛未 30 三	壬申 31 四	癸酉 (2) 五	甲戌 2 六	乙亥 3 日	丙子 4 一	丁丑 5 二	戊寅 6 三	己卯 7 四	庚辰 8 五	辛巳 9 六	壬午 10 日	癸未 11 一	甲申 12 二	乙酉 13 三	丙戌 14 四	丁亥 15 五	戊子 16 六	己丑 17 日	庚寅 18 一	辛卯 19 二	壬辰 20 三	癸巳 21 四	甲午 22 五		壬申立春 丁亥雨水
二月小	乙卯	天干地支 西曆星期	乙未 23 六	丙申 24 日	丁酉 25 一	戊戌 26 二	己亥 27 三	庚子 28 四	辛丑 (3) 五	壬寅 2 六	癸卯 3 日	甲辰 4 一	乙巳 5 二	丙午 6 三	丁未 7 四	戊申 8 五	己酉 9 六	庚戌 10 日	辛亥 11 一	壬子 12 二	癸丑 13 三	甲寅 14 四	乙卯 15 五	丙辰 16 六	丁巳 17 日	戊午 18 一	己未 19 二	庚申 20 三	辛酉 21 四	壬戌 22 五	癸亥 23 六		癸卯驚蟄 戊午春分
三月大	丙辰	天干地支 西曆星期	甲子 24 日	乙丑 25 一	丙寅 26 二	丁卯 27 三	戊辰 28 四	己巳 29 五	庚午 30 六	辛未 31 日	壬申 (4) 一	癸酉 2 二	甲戌 3 三	乙亥 4 四	丙子 5 五	丁丑 6 六	戊寅 7 日	己卯 8 一	庚辰 9 二	辛巳 10 三	壬午 11 四	癸未 12 五	甲申 13 六	乙酉 14 日	丙戌 15 一	丁亥 16 二	戊子 17 三	己丑 18 四	庚寅 19 五	辛卯 20 六	壬辰 21 日	癸巳 22 一	癸酉清明 戊子穀雨
四月小	丁巳	天干地支 西曆星期	甲午 23 二	乙未 24 三	丙申 25 四	丁酉 26 五	戊戌 27 六	己亥 28 日	庚子 29 一	辛丑 30 二	壬寅 (5) 三	癸卯 2 四	甲辰 3 五	乙巳 4 六	丙午 5 日	丁未 6 一	戊申 7 二	己酉 8 三	庚戌 9 四	辛亥 10 五	壬子 11 六	癸丑 12 日	甲寅 13 一	乙卯 14 二	丙辰 15 三	丁巳 16 四	戊午 17 五	己未 18 六	庚申 19 日	辛酉 20 一	壬戌 21 二		癸卯立夏 己未小滿
五月大	戊午	天干地支 西曆星期	癸亥 22 三	甲子 23 四	乙丑 24 五	丙寅 25 六	丁卯 26 日	戊辰 27 一	己巳 28 二	庚午 29 三	辛未 30 四	壬申 31 五	癸酉 (6) 六	甲戌 2 日	乙亥 3 一	丙子 4 二	丁丑 5 三	戊寅 6 四	己卯 7 五	庚辰 8 六	辛巳 9 日	壬午 10 一	癸未 11 二	甲申 12 三	乙酉 13 四	丙戌 14 五	丁亥 15 六	戊子 16 日	己丑 17 一	庚寅 18 二	辛卯 19 三	壬辰 20 四	甲戌芒種 己丑夏至
六月大	己未	天干地支 西曆星期	癸巳 21 五	甲午 22 六	乙未 23 日	丙申 24 一	丁酉 25 二	戊戌 26 三	己亥 27 四	庚子 28 五	辛丑 29 六	壬寅 30 日	癸卯 (7) 一	甲辰 2 二	乙巳 3 三	丙午 4 四	丁未 5 五	戊申 6 六	己酉 7 日	庚戌 8 一	辛亥 9 二	壬子 10 三	癸丑 11 四	甲寅 12 五	乙卯 13 六	丙辰 14 日	丁巳 15 一	戊午 16 二	己未 17 三	庚申 18 四	辛酉 19 五	壬戌 20 六	甲辰小暑 己未大暑
七月小	庚申	天干地支 西曆星期	癸亥 21 日	甲子 22 一	乙丑 23 二	丙寅 24 三	丁卯 25 四	戊辰 26 五	己巳 27 六	庚午 28 日	辛未 29 一	壬申 30 二	癸酉 31 三	甲戌 (8) 四	乙亥 2 五	丙子 3 六	丁丑 4 日	戊寅 5 一	己卯 6 二	庚辰 7 三	辛巳 8 四	壬午 9 五	癸未 10 六	甲申 11 日	乙酉 12 一	丙戌 13 二	丁亥 14 三	戊子 15 四	己丑 16 五	庚寅 17 六	辛卯 18 日		乙亥立秋 庚寅處暑
八月大	辛酉	天干地支 西曆星期	壬辰 19 一	癸巳 20 二	甲午 21 三	乙未 22 四	丙申 23 五	丁酉 24 六	戊戌 25 日	己亥 26 一	庚子 27 二	辛丑 28 三	壬寅 29 四	癸卯 30 五	甲辰 31 六	乙巳 (9) 日	丙午 2 一	丁未 3 二	戊申 4 三	己酉 5 四	庚戌 6 五	辛亥 7 六	壬子 8 日	癸丑 9 一	甲寅 10 二	乙卯 11 三	丙辰 12 四	丁巳 13 五	戊午 14 六	己未 15 日	庚申 16 一	辛酉 17 二	乙巳白露 庚申秋分
九月大	壬戌	天干地支 西曆星期	壬戌 18 三	癸亥 19 四	甲子 20 五	乙丑 21 六	丙寅 22 日	丁卯 23 一	戊辰 24 二	己巳 25 三	庚午 26 四	辛未 27 五	壬申 28 六	癸酉 29 日	甲戌 30 一	乙亥 (10) 二	丙子 2 三	丁丑 3 四	戊寅 4 五	己卯 5 六	庚辰 6 日	辛巳 7 一	壬午 8 二	癸未 9 三	甲申 10 四	乙酉 11 五	丙戌 12 六	丁亥 13 日	戊子 14 一	己丑 15 二	庚寅 16 三	辛卯 17 四	丙子寒露 辛卯霜降
閏九月小	壬戌	天干地支 西曆星期	壬辰 18 五	癸巳 19 六	甲午 20 日	乙未 21 一	丙申 22 二	丁酉 23 三	戊戌 24 四	己亥 25 五	庚子 26 六	辛丑 27 日	壬寅 28 一	癸卯 29 二	甲辰 30 三	乙巳 31 四	丙午 (11) 五	丁未 2 六	戊申 3 日	己酉 4 一	庚戌 5 二	辛亥 6 三	壬子 7 四	癸丑 8 五	甲寅 9 六	乙卯 10 日	丙辰 11 一	丁巳 12 二	戊午 13 三	己未 14 四	庚申 15 五		丙午立冬
十月大	癸亥	天干地支 西曆星期	辛酉 16 六	壬戌 17 日	癸亥 18 一	甲子 19 二	乙丑 20 三	丙寅 21 四	丁卯 22 五	戊辰 23 六	己巳 24 日	庚午 25 一	辛未 26 二	壬申 27 三	癸酉 28 四	甲戌 29 五	乙亥 30 六	丙子 (12) 日	丁丑 2 一	戊寅 3 二	己卯 4 三	庚辰 5 四	辛巳 6 五	壬午 7 六	癸未 8 日	甲申 9 一	乙酉 10 二	丙戌 11 三	丁亥 12 四	戊子 13 五	己丑 14 六	庚寅 15 日	辛酉小雪 丙子大雪
十一月小	甲子	天干地支 西曆星期	辛卯 16 一	壬辰 17 二	癸巳 18 三	甲午 19 四	乙未 20 五	丙申 21 六	丁酉 22 日	戊戌 23 一	己亥 24 二	庚子 25 三	辛丑 26 四	壬寅 27 五	癸卯 28 六	甲辰 29 日	乙巳 30 一	丙午 31 二	丁未 (1) 三	戊申 2 四	己酉 3 五	庚戌 4 六	辛亥 5 日	壬子 6 一	癸丑 7 二	甲寅 8 三	乙卯 9 四	丙辰 10 五	丁巳 11 六	戊午 12 日	己未 13 一		壬辰冬至 丁未小寒
十二月大	乙丑	天干地支 西曆星期	庚申 14 二	辛酉 15 三	壬戌 16 四	癸亥 17 五	甲子 18 六	乙丑 19 日	丙寅 20 一	丁卯 21 二	戊辰 22 三	己巳 23 四	庚午 24 五	辛未 25 六	壬申 26 日	癸酉 27 一	甲戌 28 二	乙亥 29 三	丙子 30 四	丁丑 31 五	戊寅 (2) 六	己卯 2 日	庚辰 3 一	辛巳 4 二	壬午 5 三	癸未 6 四	甲申 7 五	乙酉 8 六	丙戌 9 日	丁亥 10 一	戊子 11 二	己丑 12 三	壬戌大寒 丁丑立春

* 正月丙寅（初一），改元天聖。

宋仁宗天聖二年（甲子 鼠年） 公元 1024 ~ 1025 年

夏曆月序		中西曆日對照	夏曆日序																														節氣與天象
			初一	初二	初三	初四	初五	初六	初七	初八	初九	初十	十一	十二	十三	十四	十五	十六	十七	十八	十九	二十	二一	二二	二三	二四	二五	二六	二七	二八	二九	三十	
正月小	丙寅	干支 西曆 星期	庚寅 13 四	辛卯 14 五	壬辰 15 六	癸巳 16 日	甲午 17 一	乙未 18 二	丙申 19 三	丁酉 20 四	戊戌 21 五	己亥 22 六	庚子 23 日	辛丑 24 一	壬寅 25 二	癸卯 26 三	甲辰 27 四	乙巳 28 五	丙午 29 六	丁未 (3) 日	戊申 2 一	己酉 3 二	庚戌 4 三	辛亥 5 四	壬子 6 五	癸丑 7 六	甲寅 8 日	乙卯 9 一	丙辰 10 二	丁巳 11 三	戊午 12 四		癸巳雨水 戊申驚蟄
二月小	丁卯	干支 西曆 星期	己未 13 五	庚申 14 六	辛酉 15 日	壬戌 16 一	癸亥 17 二	甲子 18 三	乙丑 19 四	丙寅 20 五	丁卯 21 六	戊辰 22 日	己巳 23 一	庚午 24 二	辛未 25 三	壬申 26 四	癸酉 27 五	甲戌 28 六	乙亥 29 日	丙子 30 一	丁丑 31 二	戊寅 (4) 三	己卯 2 四	庚辰 3 五	辛巳 4 六	壬午 5 日	癸未 6 一	甲申 7 二	乙酉 8 三	丙戌 9 四	丁亥 10 五		癸亥春分 戊寅清明
三月大	戊辰	干支 西曆 星期	戊子 11 六	己丑 12 日	庚寅 13 一	辛卯 14 二	壬辰 15 三	癸巳 16 四	甲午 17 五	乙未 18 六	丙申 19 日	丁酉 20 一	戊戌 21 二	己亥 22 三	庚子 23 四	辛丑 24 五	壬寅 25 六	癸卯 26 日	甲辰 27 一	乙巳 28 二	丙午 29 三	丁未 30 四	戊申 (5) 五	己酉 2 六	庚戌 3 日	辛亥 4 一	壬子 5 二	癸丑 6 三	甲寅 7 四	乙卯 8 五	丙辰 9 六	丁巳 10 日	癸巳穀雨 己酉立夏
四月小	己巳	干支 西曆 星期	戊午 11 一	己未 12 二	庚申 13 三	辛酉 14 四	壬戌 15 五	癸亥 16 六	甲子 17 日	乙丑 18 一	丙寅 19 二	丁卯 20 三	戊辰 21 四	己巳 22 五	庚午 23 六	辛未 24 日	壬申 25 一	癸酉 26 二	甲戌 27 三	乙亥 28 四	丙子 29 五	丁丑 30 六	戊寅 31 日	己卯 (6) 一	庚辰 2 二	辛巳 3 三	壬午 4 四	癸未 5 五	甲申 6 六	乙酉 7 日	丙戌 8 一		甲子小滿 己卯芒種
五月大	庚午	干支 西曆 星期	丁亥 9 二	戊子 10 三	己丑 11 四	庚寅 12 五	辛卯 13 六	壬辰 14 日	癸巳 15 一	甲午 16 二	乙未 17 三	丙申 18 四	丁酉 19 五	戊戌 20 六	己亥 21 日	庚子 22 一	辛丑 23 二	壬寅 24 三	癸卯 25 四	甲辰 26 五	乙巳 27 六	丙午 28 日	丁未 29 一	戊申 30 二	己酉 (7) 三	庚戌 2 四	辛亥 3 五	壬子 4 六	癸丑 5 日	甲寅 6 一	乙卯 7 二	丙辰 8 三	甲午夏至 己酉小暑
六月小	辛未	干支 西曆 星期	丁巳 9 四	戊午 10 五	己未 11 六	庚申 12 日	辛酉 13 一	壬戌 14 二	癸亥 15 三	甲子 16 四	乙丑 17 五	丙寅 18 六	丁卯 19 日	戊辰 20 一	己巳 21 二	庚午 22 三	辛未 23 四	壬申 24 五	癸酉 25 六	甲戌 26 日	乙亥 27 一	丙子 28 二	丁丑 29 三	戊寅 30 四	己卯 31 五	庚辰 (8) 六	辛巳 2 日	壬午 3 一	癸未 4 二	甲申 5 三	乙酉 6 四		乙丑大暑 庚辰立秋
七月大	壬申	干支 西曆 星期	丙戌 7 五	丁亥 8 六	戊子 9 日	己丑 10 一	庚寅 11 二	辛卯 12 三	壬辰 13 四	癸巳 14 五	甲午 15 六	乙未 16 日	丙申 17 一	丁酉 18 二	戊戌 19 三	己亥 20 四	庚子 21 五	辛丑 22 六	壬寅 23 日	癸卯 24 一	甲辰 25 二	乙巳 26 三	丙午 27 四	丁未 28 五	戊申 29 六	己酉 30 日	庚戌 31 一	辛亥 (9) 二	壬子 2 三	癸丑 3 四	甲寅 4 五	乙卯 5 六	乙未處暑 庚戌白露
八月大	癸酉	干支 西曆 星期	丙辰 6 日	丁巳 7 一	戊午 8 二	己未 9 三	庚申 10 四	辛酉 11 五	壬戌 12 六	癸亥 13 日	甲子 14 一	乙丑 15 二	丙寅 16 三	丁卯 17 四	戊辰 18 五	己巳 19 六	庚午 20 日	辛未 21 一	壬申 22 二	癸酉 23 三	甲戌 24 四	乙亥 25 五	丙子 26 六	丁丑 27 日	戊寅 28 一	己卯 29 二	庚辰 30 三	辛巳 (10) 四	壬午 2 五	癸未 3 六	甲申 4 日	乙酉 5 一	丙寅秋分 辛巳寒露
九月小	甲戌	干支 西曆 星期	丙戌 6 二	丁亥 7 三	戊子 8 四	己丑 9 五	庚寅 10 六	辛卯 11 日	壬辰 12 一	癸巳 13 二	甲午 14 三	乙未 15 四	丙申 16 五	丁酉 17 六	戊戌 18 日	己亥 19 一	庚子 20 二	辛丑 21 三	壬寅 22 四	癸卯 23 五	甲辰 24 六	乙巳 25 日	丙午 26 一	丁未 27 二	戊申 28 三	己酉 29 四	庚戌 30 五	辛亥 31 六	壬子 (11) 日	癸丑 2 一	甲寅 3 二		丙申霜降 辛亥立冬
十月大	乙亥	干支 西曆 星期	乙卯 4 三	丙辰 5 四	丁巳 6 五	戊午 7 六	己未 8 日	庚申 9 一	辛酉 10 二	壬戌 11 三	癸亥 12 四	甲子 13 五	乙丑 14 六	丙寅 15 日	丁卯 16 一	戊辰 17 二	己巳 18 三	庚午 19 四	辛未 20 五	壬申 21 六	癸酉 22 日	甲戌 23 一	乙亥 24 二	丙子 25 三	丁丑 26 四	戊寅 27 五	己卯 28 六	庚辰 29 日	辛巳 30 一	壬午 (12) 二	癸未 2 三	甲申 3 四	丙寅小雪 壬午大雪
十一月小	丙子	干支 西曆 星期	乙酉 4 五	丙戌 5 六	丁亥 6 日	戊子 7 一	己丑 8 二	庚寅 9 三	辛卯 10 四	壬辰 11 五	癸巳 12 六	甲午 13 日	乙未 14 一	丙申 15 二	丁酉 16 三	戊戌 17 四	己亥 18 五	庚子 19 六	辛丑 20 日	壬寅 21 一	癸卯 22 二	甲辰 23 三	乙巳 24 四	丙午 25 五	丁未 26 六	戊申 27 日	己酉 28 一	庚戌 29 二	辛亥 30 三	壬子 31 四	癸丑 (1) 五		丁酉冬至 壬子小寒
十二月大	丁丑	干支 西曆 星期	甲寅 2 六	乙卯 3 日	丙辰 4 一	丁巳 5 二	戊午 6 三	己未 7 四	庚申 8 五	辛酉 9 六	壬戌 10 日	癸亥 11 一	甲子 12 二	乙丑 13 三	丙寅 14 四	丁卯 15 五	戊辰 16 六	己巳 17 日	庚午 18 一	辛未 19 二	壬申 20 三	癸酉 21 四	甲戌 22 五	乙亥 23 六	丙子 24 日	丁丑 25 一	戊寅 26 二	己卯 27 三	庚辰 28 四	辛巳 29 五	壬午 30 六	癸未 31 日	丁卯大寒 癸未立春

宋仁宗天聖三年（乙丑 牛年） 公元 1025 ~ 1026 年

夏曆月序		中西曆日對照	初一	初二	初三	初四	初五	初六	初七	初八	初九	初十	十一	十二	十三	十四	十五	十六	十七	十八	十九	二十	二一	二二	二三	二四	二五	二六	二七	二八	二九	三十	節氣與天象
正月大	戊寅	天干地支 西曆 星期	甲申 (2) 一	乙酉 2 二	丙戌 3 三	丁亥 4 四	戊子 5 五	己丑 6 六	庚寅 7 日	辛卯 8 一	壬辰 9 二	癸巳 10 三	甲午 11 四	乙未 12 五	丙申 13 六	丁酉 14 日	戊戌 15 一	己亥 16 二	庚子 17 三	辛丑 18 四	壬寅 19 五	癸卯 20 六	甲辰 21 日	乙巳 22 一	丙午 23 二	丁未 24 三	戊申 25 四	己酉 26 五	庚戌 27 六	辛亥 28 日	壬子 (3) 一	癸丑 2 二	戊戌雨水 癸丑驚蟄
二月小	己卯	天干地支 西曆 星期	甲寅 3 三	乙卯 4 四	丙辰 5 五	丁巳 6 六	戊午 7 日	己未 8 一	庚申 9 二	辛酉 10 三	壬戌 11 四	癸亥 12 五	甲子 13 六	乙丑 14 日	丙寅 15 一	丁卯 16 二	戊辰 17 三	己巳 18 四	庚午 19 五	辛未 20 六	壬申 21 日	癸酉 22 一	甲戌 23 二	乙亥 24 三	丙子 25 四	丁丑 26 五	戊寅 27 六	己卯 28 日	庚辰 29 一	辛巳 30 二	壬午 31 三		戊辰春分
三月小	庚辰	天干地支 西曆 星期	癸未 (4) 四	甲申 2 五	乙酉 3 六	丙戌 4 日	丁亥 5 一	戊子 6 二	己丑 7 三	庚寅 8 四	辛卯 9 五	壬辰 10 六	癸巳 11 日	甲午 12 一	乙未 13 二	丙申 14 三	丁酉 15 四	戊戌 16 五	己亥 17 六	庚子 18 日	辛丑 19 一	壬寅 20 二	癸卯 21 三	甲辰 22 四	乙巳 23 五	丙午 24 六	丁未 25 日	戊申 26 一	己酉 27 二	庚戌 28 三	辛亥 29 四		癸未清明 己亥穀雨
四月大	辛巳	天干地支 西曆 星期	壬子 30 五	癸丑 (5) 六	甲寅 2 日	乙卯 3 一	丙辰 4 二	丁巳 5 三	戊午 6 四	己未 7 五	庚申 8 六	辛酉 9 日	壬戌 10 一	癸亥 11 二	甲子 12 三	乙丑 13 四	丙寅 14 五	丁卯 15 六	戊辰 16 日	己巳 17 一	庚午 18 二	辛未 19 三	壬申 20 四	癸酉 21 五	甲戌 22 六	乙亥 23 日	丙子 24 一	丁丑 25 二	戊寅 26 三	己卯 27 四	庚辰 28 五	辛巳 29 六	甲寅立夏 己巳小滿
五月小	壬午	天干地支 西曆 星期	壬午 30 日	癸未 31 一	甲申 (6) 二	乙酉 2 三	丙戌 3 四	丁亥 4 五	戊子 5 六	己丑 6 日	庚寅 7 一	辛卯 8 二	壬辰 9 三	癸巳 10 四	甲午 11 五	乙未 12 六	丙申 13 日	丁酉 14 一	戊戌 15 二	己亥 16 三	庚子 17 四	辛丑 18 五	壬寅 19 六	癸卯 20 日	甲辰 21 一	乙巳 22 二	丙午 23 三	丁未 24 四	戊申 25 五	己酉 26 六	庚戌 27 日		甲申芒種 庚子夏至
六月小	癸未	天干地支 西曆 星期	辛亥 28 一	壬子 29 二	癸丑 30 三	甲寅 (7) 四	乙卯 2 五	丙辰 3 六	丁巳 4 日	戊午 5 一	己未 6 二	庚申 7 三	辛酉 8 四	壬戌 9 五	癸亥 10 六	甲子 11 日	乙丑 12 一	丙寅 13 二	丁卯 14 三	戊辰 15 四	己巳 16 五	庚午 17 六	辛未 18 日	壬申 19 一	癸酉 20 二	甲戌 21 三	乙亥 22 四	丙子 23 五	丁丑 24 六	戊寅 25 日	己卯 26 一		乙卯小暑 庚午大暑
七月大	甲申	天干地支 西曆 星期	庚辰 27 二	辛巳 28 三	壬午 29 四	癸未 30 五	甲申 31 六	乙酉 (8) 日	丙戌 2 一	丁亥 3 二	戊子 4 三	己丑 5 四	庚寅 6 五	辛卯 7 六	壬辰 8 日	癸巳 9 一	甲午 10 二	乙未 11 三	丙申 12 四	丁酉 13 五	戊戌 14 六	己亥 15 日	庚子 16 一	辛丑 17 二	壬寅 18 三	癸卯 19 四	甲辰 20 五	乙巳 21 六	丙午 22 日	丁未 23 一	戊申 24 二	己酉 25 三	乙酉立秋 庚子處暑
八月大	乙酉	天干地支 西曆 星期	庚戌 26 四	辛亥 27 五	壬子 28 六	癸丑 29 日	甲寅 30 一	乙卯 31 二	丙辰 (9) 三	丁巳 2 四	戊午 3 五	己未 4 六	庚申 5 日	辛酉 6 一	壬戌 7 二	癸亥 8 三	甲子 9 四	乙丑 10 五	丙寅 11 六	丁卯 12 日	戊辰 13 一	己巳 14 二	庚午 15 三	辛未 16 四	壬申 17 五	癸酉 18 六	甲戌 19 日	乙亥 20 一	丙子 21 二	丁丑 22 三	戊寅 23 四	己卯 24 五	丙辰白露 辛未秋分
九月小	丙戌	天干地支 西曆 星期	庚辰 25 六	辛巳 26 日	壬午 27 一	癸未 28 二	甲申 29 三	乙酉 30 四	丙戌 (10) 五	丁亥 2 六	戊子 3 日	己丑 4 一	庚寅 5 二	辛卯 6 三	壬辰 7 四	癸巳 8 五	甲午 9 六	乙未 10 日	丙申 11 一	丁酉 12 二	戊戌 13 三	己亥 14 四	庚子 15 五	辛丑 16 六	壬寅 17 日	癸卯 18 一	甲辰 19 二	乙巳 20 三	丙午 21 四	丁未 22 五	戊申 23 六		丙戌寒露 辛丑霜降
十月大	丁亥	天干地支 西曆 星期	己酉 24 日	庚戌 25 一	辛亥 26 二	壬子 27 三	癸丑 28 四	甲寅 29 五	乙卯 30 六	丙辰 31 日	丁巳 (11) 一	戊午 2 二	己未 3 三	庚申 4 四	辛酉 5 五	壬戌 6 六	癸亥 7 日	甲子 8 一	乙丑 9 二	丙寅 10 三	丁卯 11 四	戊辰 12 五	己巳 13 六	庚午 14 日	辛未 15 一	壬申 16 二	癸酉 17 三	甲戌 18 四	乙亥 19 五	丙子 20 六	丁丑 21 日	戊寅 22 一	丙辰立冬 壬申小雪
十一月大	戊子	天干地支 西曆 星期	己卯 23 二	庚辰 24 三	辛巳 25 四	壬午 26 五	癸未 27 六	甲申 28 日	乙酉 29 一	丙戌 30 二	丁亥 (12) 三	戊子 2 四	己丑 3 五	庚寅 4 六	辛卯 5 日	壬辰 6 一	癸巳 7 二	甲午 8 三	乙未 9 四	丙申 10 五	丁酉 11 六	戊戌 12 日	己亥 13 一	庚子 14 二	辛丑 15 三	壬寅 16 四	癸卯 17 五	甲辰 18 六	乙巳 19 日	丙午 20 一	丁未 21 二	戊申 22 三	丁亥大雪 壬寅冬至 己卯日食
十二月大	己丑	天干地支 西曆 星期	己酉 23 四	庚戌 24 五	辛亥 25 六	壬子 26 日	癸丑 27 一	甲寅 28 二	乙卯 29 三	丙辰 30 四	丁巳 31 五	戊午 (1) 六	己未 2 日	庚申 3 一	辛酉 4 二	壬戌 5 三	癸亥 6 四	甲子 7 五	乙丑 8 六	丙寅 9 日	丁卯 10 一	戊辰 11 二	己巳 12 三	庚午 13 四	辛未 14 五	壬申 15 六	癸酉 16 日	甲戌 17 一	乙亥 18 二	丙子 19 三	丁丑 20 四	戊寅 21 五	丁巳小寒 癸酉大寒

宋仁宗天聖四年（丙寅 虎年） 公元 1026 ~ 1027 年

夏曆月序		中西曆日對照	初一	初二	初三	初四	初五	初六	初七	初八	初九	初十	十一	十二	十三	十四	十五	十六	十七	十八	十九	二十	二一	二二	二三	二四	二五	二六	二七	二八	二九	三十	節氣與天象
正月小	庚寅	天干地支 西曆 星期	己卯22六	庚辰23日	辛巳24一	壬午25二	癸未26三	甲申27四	乙酉28五	丙戌29六	丁亥30日	戊子31一	己丑(2)二	庚寅2三	辛卯3四	壬辰4五	癸巳5六	甲午6日	乙未7一	丙申8二	丁酉9三	戊戌10四	己亥11五	庚子12六	辛丑13日	壬寅14一	癸卯15二	甲辰16三	乙巳17四	丙午18五	丁未19六		戊子立春 癸卯雨水
二月大	辛卯	天干地支 西曆 星期	戊申20日	己酉21一	庚戌22二	辛亥23三	壬子24四	癸丑25五	甲寅26六	乙卯27日	丙辰28一	丁巳(3)二	戊午2三	己未3四	庚申4五	辛酉5六	壬戌6日	癸亥7一	甲子8二	乙丑9三	丙寅10四	丁卯11五	戊辰12六	己巳13日	庚午14一	辛未15二	壬申16三	癸酉17四	甲戌18五	乙亥19六	丙子20日	丁丑21一	戊午驚蟄 癸酉春分
三月小	壬辰	天干地支 西曆 星期	戊寅22二	己卯23三	庚辰24四	辛巳25五	壬午26六	癸未27日	甲申28一	乙酉29二	丙戌30三	丁亥31四	戊子(4)五	己丑2六	庚寅3日	辛卯4一	壬辰5二	癸巳6三	甲午7四	乙未8五	丙申9六	丁酉10日	戊戌11一	己亥12二	庚子13三	辛丑14四	壬寅15五	癸卯16六	甲辰17日	乙巳18一	丙午19二		己丑清明 甲辰穀雨
四月小	癸巳	天干地支 西曆 星期	丁未20三	戊申21四	己酉22五	庚戌23六	辛亥24日	壬子25一	癸丑26二	甲寅27三	乙卯28四	丙辰29五	丁巳30六	戊午(5)日	己未2一	庚申3二	辛酉4三	壬戌5四	癸亥6五	甲子7六	乙丑8日	丙寅9一	丁卯10二	戊辰11三	己巳12四	庚午13五	辛未14六	壬申15日	癸酉16一	甲戌17二	乙亥18三		己未立夏 甲戌小滿
五月大	甲午	天干地支 西曆 星期	丙子19四	丁丑20五	戊寅21六	己卯22日	庚辰23一	辛巳24二	壬午25三	癸未26四	甲申27五	乙酉28六	丙戌29日	丁亥30一	戊子31二	己丑(6)三	庚寅2四	辛卯3五	壬辰4六	癸巳5日	甲午6一	乙未7二	丙申8三	丁酉9四	戊戌10五	己亥11六	庚子12日	辛丑13一	壬寅14二	癸卯15三	甲辰16四	乙巳17五	庚寅芒種 乙巳夏至
閏五月小	甲午	天干地支 西曆 星期	丙午18六	丁未19日	戊申20一	己酉21二	庚戌22三	辛亥23四	壬子24五	癸丑25六	甲寅26日	乙卯27一	丙辰28二	丁巳29三	戊午30四	己未(7)五	庚申2六	辛酉3日	壬戌4一	癸亥5二	甲子6三	乙丑7四	丙寅8五	丁卯9六	戊辰10日	己巳11一	庚午12二	辛未13三	壬申14四	癸酉15五	甲戌16六		庚申小暑
六月小	乙未	天干地支 西曆 星期	乙亥17日	丙子18一	丁丑19二	戊寅20三	己卯21四	庚辰22五	辛巳23六	壬午24日	癸未25一	甲申26二	乙酉27三	丙戌28四	丁亥29五	戊子30六	己丑31日	庚寅(8)一	辛卯2二	壬辰3三	癸巳4四	甲午5五	乙未6六	丙申7日	丁酉8一	戊戌9二	己亥10三	庚子11四	辛丑12五	壬寅13六	癸卯14日		乙亥大暑 庚寅立秋
七月大	丙申	天干地支 西曆 星期	甲辰15一	乙巳16二	丙午17三	丁未18四	戊申19五	己酉20六	庚戌21日	辛亥22一	壬子23二	癸丑24三	甲寅25四	乙卯26五	丙辰27六	丁巳28日	戊午29一	己未30二	庚申31三	辛酉(9)四	壬戌2五	癸亥3六	甲子4日	乙丑5一	丙寅6二	丁卯7三	戊辰8四	己巳9五	庚午10六	辛未11日	壬申12一	癸酉13二	丙午處暑 辛酉白露
八月小	丁酉	天干地支 西曆 星期	甲戌14三	乙亥15四	丙子16五	丁丑17六	戊寅18日	己卯19一	庚辰20二	辛巳21三	壬午22四	癸未23五	甲申24六	乙酉25日	丙戌26一	丁亥27二	戊子28三	己丑29四	庚寅30五	辛卯(10)六	壬辰2日	癸巳3一	甲午4二	乙未5三	丙申6四	丁酉7五	戊戌8六	己亥9日	庚子10一	辛丑11二	壬寅12三		丙子秋分 辛卯寒露
九月大	戊戌	天干地支 西曆 星期	癸卯13四	甲辰14五	乙巳15六	丙午16日	丁未17一	戊申18二	己酉19三	庚戌20四	辛亥21五	壬子22六	癸丑23日	甲寅24一	乙卯25二	丙辰26三	丁巳27四	戊午28五	己未29六	庚申30日	辛酉31一	壬戌(11)二	癸亥2三	甲子3四	乙丑4五	丙寅5六	丁卯6日	戊辰7一	己巳8二	庚午9三	辛未10四	壬申11五	丁未霜降 壬戌立冬
十月大	己亥	天干地支 西曆 星期	癸酉12六	甲戌13日	乙亥14一	丙子15二	丁丑16三	戊寅17四	己卯18五	庚辰19六	辛巳20日	壬午21一	癸未22二	甲申23三	乙酉24四	丙戌25五	丁亥26六	戊子27日	己丑28一	庚寅29二	辛卯30三	壬辰(12)四	癸巳2五	甲午3六	乙未4日	丙申5一	丁酉6二	戊戌7三	己亥8四	庚子9五	辛丑10六	壬寅11日	丁丑小雪 壬辰大雪 癸酉日食
十一月大	庚子	天干地支 西曆 星期	癸卯12一	甲辰13二	乙巳14三	丙午15四	丁未16五	戊申17六	己酉18日	庚戌19一	辛亥20二	壬子21三	癸丑22四	甲寅23五	乙卯24六	丙辰25日	丁巳26一	戊午27二	己未28三	庚申29四	辛酉30五	壬戌31六	癸亥(1)日	甲子2一	乙丑3二	丙寅4三	丁卯5四	戊辰6五	己巳7六	庚午8日	辛未9一	壬申10二	丁未冬至 癸亥小寒
十二月小	辛丑	天干地支 西曆 星期	癸酉11三	甲戌12四	乙亥13五	丙子14六	丁丑15日	戊寅16一	己卯17二	庚辰18三	辛巳19四	壬午20五	癸未21六	甲申22日	乙酉23一	丙戌24二	丁亥25三	戊子26四	己丑27五	庚寅28六	辛卯29日	壬辰30一	癸巳31二	甲午(2)三	乙未2四	丙申3五	丁酉4六	戊戌5日	己亥6一	庚子7二	辛丑8三		戊寅大寒 癸巳立春

宋仁宗天聖五年（丁卯 兔年） 公元 1027 ~ 1028 年

夏曆月序		中西曆對照	初一	初二	初三	初四	初五	初六	初七	初八	初九	初十	十一	十二	十三	十四	十五	十六	十七	十八	十九	二十	二一	二二	二三	二四	二五	二六	二七	二八	二九	三十	節氣與天象
正月大	壬寅	干支 西曆 星期	壬寅 9 四	癸卯 10 五	甲辰 11 六	乙巳 12 日	丙午 13 一	丁未 14 二	戊申 15 三	己酉 16 四	庚戌 17 五	辛亥 18 六	壬子 19 日	癸丑 20 一	甲寅 21 二	乙卯 22 三	丙辰 23 四	丁巳 24 五	戊午 25 六	己未 26 日	庚申 27 一	辛酉 28 二	壬戌 (3) 三	癸亥 2 四	甲子 3 五	乙丑 4 六	丙寅 5 日	丁卯 6 一	戊辰 7 二	己巳 8 三	庚午 9 四	辛未 10 五	戊申雨水 癸亥驚蟄
二月大	癸卯	干支 西曆 星期	壬申 11 六	癸酉 12 日	甲戌 13 一	乙亥 14 二	丙子 15 三	丁丑 16 四	戊寅 17 五	己卯 18 六	庚辰 19 日	辛巳 20 一	壬午 21 二	癸未 22 三	甲申 23 四	乙酉 24 五	丙戌 25 六	丁亥 26 日	戊子 27 一	己丑 28 二	庚寅 29 三	辛卯 30 四	壬辰 31 五	癸巳 (4) 六	甲午 2 日	乙未 3 一	丙申 4 二	丁酉 5 三	戊戌 6 四	己亥 7 五	庚子 8 六	辛丑 9 日	己卯春分 甲午清明
三月小	甲辰	干支 西曆 星期	壬寅 10 一	癸卯 11 二	甲辰 12 三	乙巳 13 四	丙午 14 五	丁未 15 六	戊申 16 日	己酉 17 一	庚戌 18 二	辛亥 19 三	壬子 20 四	癸丑 21 五	甲寅 22 六	乙卯 23 日	丙辰 24 一	丁巳 25 二	戊午 26 三	己未 27 四	庚申 28 五	辛酉 29 六	壬戌 30 日	癸亥 (5) 一	甲子 2 二	乙丑 3 三	丙寅 4 四	丁卯 5 五	戊辰 6 六	己巳 7 日	庚午 8 一		己酉穀雨 甲子立夏
四月小	乙巳	干支 西曆 星期	辛未 9 二	壬申 10 三	癸酉 11 四	甲戌 12 五	乙亥 13 六	丙子 14 日	丁丑 15 一	戊寅 16 二	己卯 17 三	庚辰 18 四	辛巳 19 五	壬午 20 六	癸未 21 日	甲申 22 一	乙酉 23 二	丙戌 24 三	丁亥 25 四	戊子 26 五	己丑 27 六	庚寅 28 日	辛卯 29 一	壬辰 30 二	癸巳 31 三	甲午 (6) 四	乙未 2 五	丙申 3 六	丁酉 4 日	戊戌 5 一	己亥 6 二		庚辰小滿 乙未芒種
五月大	丙午	干支 西曆 星期	庚子 7 三	辛丑 8 四	壬寅 9 五	癸卯 10 六	甲辰 11 日	乙巳 12 一	丙午 13 二	丁未 14 三	戊申 15 四	己酉 16 五	庚戌 17 六	辛亥 18 日	壬子 19 一	癸丑 20 二	甲寅 21 三	乙卯 22 四	丙辰 23 五	丁巳 24 六	戊午 25 日	己未 26 一	庚申 27 二	辛酉 28 三	壬戌 29 四	癸亥 30 五	甲子 (7) 六	乙丑 2 日	丙寅 3 一	丁卯 4 二	戊辰 5 三	己巳 6 四	庚戌夏至 乙丑小暑
六月小	丁未	干支 西曆 星期	庚午 7 五	辛未 8 六	壬申 9 日	癸酉 10 一	甲戌 11 二	乙亥 12 三	丙子 13 四	丁丑 14 五	戊寅 15 六	己卯 16 日	庚辰 17 一	辛巳 18 二	壬午 19 三	癸未 20 四	甲申 21 五	乙酉 22 六	丙戌 23 日	丁亥 24 一	戊子 25 二	己丑 26 三	庚寅 27 四	辛卯 28 五	壬辰 29 六	癸巳 30 日	甲午 31 一	乙未 (8) 二	丙申 2 三	丁酉 3 四	戊戌 4 五		庚辰大暑 丙申立秋
七月小	戊申	干支 西曆 星期	己亥 5 六	庚子 6 日	辛丑 7 一	壬寅 8 二	癸卯 9 三	甲辰 10 四	乙巳 11 五	丙午 12 六	丁未 13 日	戊申 14 一	己酉 15 二	庚戌 16 三	辛亥 17 四	壬子 18 五	癸丑 19 六	甲寅 20 日	乙卯 21 一	丙辰 22 二	丁巳 23 三	戊午 24 四	己未 25 五	庚申 26 六	辛酉 27 日	壬戌 28 一	癸亥 29 二	甲子 30 三	乙丑 31 四	丙寅 (9) 五	丁卯 2 六		辛亥處暑 丙寅白露
八月大	己酉	干支 西曆 星期	戊辰 3 日	己巳 4 一	庚午 5 二	辛未 6 三	壬申 7 四	癸酉 8 五	甲戌 9 六	乙亥 10 日	丙子 11 一	丁丑 12 二	戊寅 13 三	己卯 14 四	庚辰 15 五	辛巳 16 六	壬午 17 日	癸未 18 一	甲申 19 二	乙酉 20 三	丙戌 21 四	丁亥 22 五	戊子 23 六	己丑 24 日	庚寅 25 一	辛卯 26 二	壬辰 27 三	癸巳 28 四	甲午 29 五	乙未 30 六	丙申 (10) 日	丁酉 2 一	辛巳秋分 丁酉寒露
九月小	庚戌	干支 西曆 星期	戊戌 3 二	己亥 4 三	庚子 5 四	辛丑 6 五	壬寅 7 六	癸卯 8 日	甲辰 9 一	乙巳 10 二	丙午 11 三	丁未 12 四	戊申 13 五	己酉 14 六	庚戌 15 日	辛亥 16 一	壬子 17 二	癸丑 18 三	甲寅 19 四	乙卯 20 五	丙辰 21 六	丁巳 22 日	戊午 23 一	己未 24 二	庚申 25 三	辛酉 26 四	壬戌 27 五	癸亥 28 六	甲子 29 日	乙丑 30 一	丙寅 31 二		壬子霜降
十月大	辛亥	干支 西曆 星期	丁卯 (11) 三	戊辰 2 四	己巳 3 五	庚午 4 六	辛未 5 日	壬申 6 一	癸酉 7 二	甲戌 8 三	乙亥 9 四	丙子 10 五	丁丑 11 六	戊寅 12 日	己卯 13 一	庚辰 14 二	辛巳 15 三	壬午 16 四	癸未 17 五	甲申 18 六	乙酉 19 日	丙戌 20 一	丁亥 21 二	戊子 22 三	己丑 23 四	庚寅 24 五	辛卯 25 六	壬辰 26 日	癸巳 27 一	甲午 28 二	乙未 29 三	丙申 30 四	丁卯立冬 壬午小雪
十一月大	壬子	干支 西曆 星期	丁酉 (12) 五	戊戌 2 六	己亥 3 日	庚子 4 一	辛丑 5 二	壬寅 6 三	癸卯 7 四	甲辰 8 五	乙巳 9 六	丙午 10 日	丁未 11 一	戊申 12 二	己酉 13 三	庚戌 14 四	辛亥 15 五	壬子 16 六	癸丑 17 日	甲寅 18 一	乙卯 19 二	丙辰 20 三	丁巳 21 四	戊午 22 五	己未 23 六	庚申 24 日	辛酉 25 一	壬戌 26 二	癸亥 27 三	甲子 28 四	乙丑 29 五	丙寅 30 六	丁酉大雪 癸丑冬至
十二月大	癸丑	干支 西曆 星期	丁卯 31 日	戊辰 (1) 一	己巳 2 二	庚午 3 三	辛未 4 四	壬申 5 五	癸酉 6 六	甲戌 7 日	乙亥 8 一	丙子 9 二	丁丑 10 三	戊寅 11 四	己卯 12 五	庚辰 13 六	辛巳 14 日	壬午 15 一	癸未 16 二	甲申 17 三	乙酉 18 四	丙戌 19 五	丁亥 20 六	戊子 21 日	己丑 22 一	庚寅 23 二	辛卯 24 三	壬辰 25 四	癸巳 26 五	甲午 27 六	乙未 28 日	丙申 29 一	戊辰小寒 癸未大寒

宋仁宗天聖六年（戊辰 龍年） 公元 **1028** ~ 1029 年

夏曆月序		中西曆日對照	夏曆日序																													節氣與天象
			初一	初二	初三	初四	初五	初六	初七	初八	初九	初十	十一	十二	十三	十四	十五	十六	十七	十八	十九	二十	二一	二二	二三	二四	二五	二六	二七	二八	二九	三十	
正月小	甲寅	天干地支 西曆 星期	丁酉 30 二	戊戌 31 三	己亥 (2) 四	庚子 2 五	辛丑 3 六	壬寅 4 日	癸卯 5 一	甲辰 6 二	乙巳 7 三	丙午 8 四	丁未 9 五	戊申 10 六	己酉 11 日	庚戌 12 一	辛亥 13 二	壬子 14 三	癸丑 15 四	甲寅 16 五	乙卯 17 六	丙辰 18 日	丁巳 19 一	戊午 20 二	己未 21 三	庚申 22 四	辛酉 23 五	壬戌 24 六	癸亥 25 日	甲子 26 一	乙丑 27 二		戊戌立春 甲寅雨水
二月大	乙卯	天干地支 西曆 星期	丙寅 28 三	丁卯 29 四	戊辰 (3) 五	己巳 2 六	庚午 3 日	辛未 4 一	壬申 5 二	癸酉 6 三	甲戌 7 四	乙亥 8 五	丙子 9 六	丁丑 10 日	戊寅 11 一	己卯 12 二	庚辰 13 三	辛巳 14 四	壬午 15 五	癸未 16 六	甲申 17 日	乙酉 18 一	丙戌 19 二	丁亥 20 三	戊子 21 四	己丑 22 五	庚寅 23 六	辛卯 24 日	壬辰 25 一	癸巳 26 二	甲午 27 三	乙未 28 四	己巳驚蟄 甲申春分
三月大	丙辰	天干地支 西曆 星期	丙申 29 五	丁酉 30 六	戊戌 31 日	己亥 (4) 一	庚子 2 二	辛丑 3 三	壬寅 4 四	癸卯 5 五	甲辰 6 六	乙巳 7 日	丙午 8 一	丁未 9 二	戊申 10 三	己酉 11 四	庚戌 12 五	辛亥 13 六	壬子 14 日	癸丑 15 一	甲寅 16 二	乙卯 17 三	丙辰 18 四	丁巳 19 五	戊午 20 六	己未 21 日	庚申 22 一	辛酉 23 二	壬戌 24 三	癸亥 25 四	甲子 26 五	乙丑 27 六	己亥清明 甲寅穀雨 丙申日食
四月小	丁巳	天干地支 西曆 星期	丙寅 28 日	丁卯 29 一	戊辰 30 二	己巳 (5) 三	庚午 2 四	辛未 3 五	壬申 4 六	癸酉 5 日	甲戌 6 一	乙亥 7 二	丙子 8 三	丁丑 9 四	戊寅 10 五	己卯 11 六	庚辰 12 日	辛巳 13 一	壬午 14 二	癸未 15 三	甲申 16 四	乙酉 17 五	丙戌 18 六	丁亥 19 日	戊子 20 一	己丑 21 二	庚寅 22 三	辛卯 23 四	壬辰 24 五	癸巳 25 六	甲午 26 日		庚午立夏 乙酉小滿
五月小	戊午	天干地支 西曆 星期	乙未 27 一	丙申 28 二	丁酉 29 三	戊戌 30 四	己亥 31 五	庚子 (6) 六	辛丑 2 日	壬寅 3 一	癸卯 4 二	甲辰 5 三	乙巳 6 四	丙午 7 五	丁未 8 六	戊申 9 日	己酉 10 一	庚戌 11 二	辛亥 12 三	壬子 13 四	癸丑 14 五	甲寅 15 六	乙卯 16 日	丙辰 17 一	丁巳 18 二	戊午 19 三	己未 20 四	庚申 21 五	辛酉 22 六	壬戌 23 日	癸亥 24 一		庚子芒種 乙卯夏至
六月大	己未	天干地支 西曆 星期	甲子 25 二	乙丑 26 三	丙寅 27 四	丁卯 28 五	戊辰 29 六	己巳 30 日	庚午 (7) 一	辛未 2 二	壬申 3 三	癸酉 4 四	甲戌 5 五	乙亥 6 六	丙子 7 日	丁丑 8 一	戊寅 9 二	己卯 10 三	庚辰 11 四	辛巳 12 五	壬午 13 六	癸未 14 日	甲申 15 一	乙酉 16 二	丙戌 17 三	丁亥 18 四	戊子 19 五	己丑 20 六	庚寅 21 日	辛卯 22 一	壬辰 23 二	癸巳 24 三	庚午小暑 丙戌大暑
七月小	庚申	天干地支 西曆 星期	甲午 25 四	乙未 26 五	丙申 27 六	丁酉 28 日	戊戌 29 一	己亥 30 二	庚子 31 三	辛丑 (8) 四	壬寅 2 五	癸卯 3 六	甲辰 4 日	乙巳 5 一	丙午 6 二	丁未 7 三	戊申 8 四	己酉 9 五	庚戌 10 六	辛亥 11 日	壬子 12 一	癸丑 13 二	甲寅 14 三	乙卯 15 四	丙辰 16 五	丁巳 17 六	戊午 18 日	己未 19 一	庚申 20 二	辛酉 21 三	壬戌 22 四		辛丑立秋 丙辰處暑
八月小	辛酉	天干地支 西曆 星期	癸亥 23 五	甲子 24 六	乙丑 25 日	丙寅 26 一	丁卯 27 二	戊辰 28 三	己巳 29 四	庚午 30 五	辛未 31 六	壬申 (9) 日	癸酉 2 一	甲戌 3 二	乙亥 4 三	丙子 5 四	丁丑 6 五	戊寅 7 六	己卯 8 日	庚辰 9 一	辛巳 10 二	壬午 11 三	癸未 12 四	甲申 13 五	乙酉 14 六	丙戌 15 日	丁亥 16 一	戊子 17 二	己丑 18 三	庚寅 19 四	辛卯 20 五		辛未白露 丁亥秋分
九月大	壬戌	天干地支 西曆 星期	壬辰 21 六	癸巳 22 日	甲午 23 一	乙未 24 二	丙申 25 三	丁酉 26 四	戊戌 27 五	己亥 28 六	庚子 29 日	辛丑 30 一	壬寅 (10) 二	癸卯 2 三	甲辰 3 四	乙巳 4 五	丙午 5 六	丁未 6 日	戊申 7 一	己酉 8 二	庚戌 9 三	辛亥 10 四	壬子 11 五	癸丑 12 六	甲寅 13 日	乙卯 14 一	丙辰 15 二	丁巳 16 三	戊午 17 四	己未 18 五	庚申 19 六	辛酉 20 日	壬寅寒露 丁巳霜降
十月小	癸亥	天干地支 西曆 星期	壬戌 21 一	癸亥 22 二	甲子 23 三	乙丑 24 四	丙寅 25 五	丁卯 26 六	戊辰 27 日	己巳 28 一	庚午 29 二	辛未 30 三	壬申 31 四	癸酉 (11) 五	甲戌 2 六	乙亥 3 日	丙子 4 一	丁丑 5 二	戊寅 6 三	己卯 7 四	庚辰 8 五	辛巳 9 六	壬午 10 日	癸未 11 一	甲申 12 二	乙酉 13 三	丙戌 14 四	丁亥 15 五	戊子 16 六	己丑 17 日	庚寅 18 一		壬申立冬 丁亥小雪
十一月大	甲子	天干地支 西曆 星期	辛卯 19 二	壬辰 20 三	癸巳 21 四	甲午 22 五	乙未 23 六	丙申 24 日	丁酉 25 一	戊戌 26 二	己亥 27 三	庚子 28 四	辛丑 29 五	壬寅 30 六	癸卯 (12) 日	甲辰 2 一	乙巳 3 二	丙午 4 三	丁未 5 四	戊申 6 五	己酉 7 六	庚戌 8 日	辛亥 9 一	壬子 10 二	癸丑 11 三	甲寅 12 四	乙卯 13 五	丙辰 14 六	丁巳 15 日	戊午 16 一	己未 17 二	庚申 18 三	癸卯大雪 戊午冬至
十二月大	乙丑	天干地支 西曆 星期	辛酉 19 四	壬戌 20 五	癸亥 21 六	甲子 22 日	乙丑 23 一	丙寅 24 二	丁卯 25 三	戊辰 26 四	己巳 27 五	庚午 28 六	辛未 29 日	壬申 30 一	癸酉 31 二	甲戌 (1) 三	乙亥 2 四	丙子 3 五	丁丑 4 六	戊寅 5 日	己卯 6 一	庚辰 7 二	辛巳 8 三	壬午 9 四	癸未 10 五	甲申 11 六	乙酉 12 日	丙戌 13 一	丁亥 14 二	戊子 15 三	己丑 16 四	庚寅 17 五	癸酉小寒 戊子大寒

宋仁宗天聖七年（己巳 蛇年） 公元 1029 ~ 1030 年

夏曆月序		中西曆日對照	初一	初二	初三	初四	初五	初六	初七	初八	初九	初十	十一	十二	十三	十四	十五	十六	十七	十八	十九	二十	二一	二二	二三	二四	二五	二六	二七	二八	二九	三十	節氣與天象
正月小	丙寅	天干地支 西曆 星期	辛卯 18 六	壬辰 19 日	癸巳 20 一	甲午 21 二	乙未 22 三	丙申 23 四	丁酉 24 五	戊戌 25 六	己亥 26 日	庚子 27 一	辛丑 28 二	壬寅 29 三	癸卯 30 四	甲辰 31 五	乙巳 (2) 六	丙午 2 日	丁未 3 一	戊申 4 二	己酉 5 三	庚戌 6 四	辛亥 7 五	壬子 8 六	癸丑 9 日	甲寅 10 一	乙卯 11 二	丙辰 12 三	丁巳 13 四	戊午 14 五	己未 15 六		甲辰立春 己未雨水
二月大	丁卯	天干地支 西曆 星期	庚申 16 日	辛酉 17 一	壬戌 18 二	癸亥 19 三	甲子 20 四	乙丑 21 五	丙寅 22 六	丁卯 23 日	戊辰 24 一	己巳 25 二	庚午 26 三	辛未 27 四	壬申 28 五	癸酉 (3) 六	甲戌 2 日	乙亥 3 一	丙子 4 二	丁丑 5 三	戊寅 6 四	己卯 7 五	庚辰 8 六	辛巳 9 日	壬午 10 一	癸未 11 二	甲申 12 三	乙酉 13 四	丙戌 14 五	丁亥 15 六	戊子 16 日	己丑 17 一	甲戌驚蟄 己丑春分
閏二月大	丁卯	天干地支 西曆 星期	庚寅 18 二	辛卯 19 三	壬辰 20 四	癸巳 21 五	甲午 22 六	乙未 23 日	丙申 24 一	丁酉 25 二	戊戌 26 三	己亥 27 四	庚子 28 五	辛丑 29 六	壬寅 30 日	癸卯 31 一	甲辰 (4) 二	乙巳 2 三	丙午 3 四	丁未 4 五	戊申 5 六	己酉 6 日	庚戌 7 一	辛亥 8 二	壬子 9 三	癸丑 10 四	甲寅 11 五	乙卯 12 六	丙辰 13 日	丁巳 14 一	戊午 15 二	己未 16 三	甲辰清明
三月小	戊辰	天干地支 西曆 星期	庚申 17 四	辛酉 18 五	壬戌 19 六	癸亥 20 日	甲子 21 一	乙丑 22 二	丙寅 23 三	丁卯 24 四	戊辰 25 五	己巳 26 六	庚午 27 日	辛未 28 一	壬申 29 二	癸酉 30 三	甲戌 (5) 四	乙亥 2 五	丙子 3 六	丁丑 4 日	戊寅 5 一	己卯 6 二	庚辰 7 三	辛巳 8 四	壬午 9 五	癸未 10 六	甲申 11 日	乙酉 12 一	丙戌 13 二	丁亥 14 三	戊子 15 四		庚申穀雨 乙亥立夏
四月大	己巳	天干地支 西曆 星期	己丑 16 五	庚寅 17 六	辛卯 18 日	壬辰 19 一	癸巳 20 二	甲午 21 三	乙未 22 四	丙申 23 五	丁酉 24 六	戊戌 25 日	己亥 26 一	庚子 27 二	辛丑 28 三	壬寅 29 四	癸卯 30 五	甲辰 31 六	乙巳 (6) 日	丙午 2 一	丁未 3 二	戊申 4 三	己酉 5 四	庚戌 6 五	辛亥 7 六	壬子 8 日	癸丑 9 一	甲寅 10 二	乙卯 11 三	丙辰 12 四	丁巳 13 五	戊午 14 六	庚寅小滿 乙巳芒種
五月小	庚午	天干地支 西曆 星期	己未 15 日	庚申 16 一	辛酉 17 二	壬戌 18 三	癸亥 19 四	甲子 20 五	乙丑 21 六	丙寅 22 日	丁卯 23 一	戊辰 24 二	己巳 25 三	庚午 26 四	辛未 27 五	壬申 28 六	癸酉 29 日	甲戌 30 一	乙亥 (7) 二	丙子 2 三	丁丑 3 四	戊寅 4 五	己卯 5 六	庚辰 6 日	辛巳 7 一	壬午 8 二	癸未 9 三	甲申 10 四	乙酉 11 五	丙戌 12 六	丁亥 13 日		辛酉夏至 丙子小暑
六月大	辛未	天干地支 西曆 星期	戊子 14 一	己丑 15 二	庚寅 16 三	辛卯 17 四	壬辰 18 五	癸巳 19 六	甲午 20 日	乙未 21 一	丙申 22 二	丁酉 23 三	戊戌 24 四	己亥 25 五	庚子 26 六	辛丑 27 日	壬寅 28 一	癸卯 29 二	甲辰 30 三	乙巳 31 四	丙午 (8) 五	丁未 2 六	戊申 3 日	己酉 4 一	庚戌 5 二	辛亥 6 三	壬子 7 四	癸丑 8 五	甲寅 9 六	乙卯 10 日	丙辰 11 一	丁巳 12 二	辛卯大暑 丙午立秋
七月小	壬申	天干地支 西曆 星期	戊午 13 三	己未 14 四	庚申 15 五	辛酉 16 六	壬戌 17 日	癸亥 18 一	甲子 19 二	乙丑 20 三	丙寅 21 四	丁卯 22 五	戊辰 23 六	己巳 24 日	庚午 25 一	辛未 26 二	壬申 27 三	癸酉 28 四	甲戌 29 五	乙亥 30 六	丙子 31 日	丁丑 (9) 一	戊寅 2 二	己卯 3 三	庚辰 4 四	辛巳 5 五	壬午 6 六	癸未 7 日	甲申 8 一	乙酉 9 二	丙戌 10 三		辛酉處暑 丁丑白露
八月小	癸酉	天干地支 西曆 星期	丁亥 11 四	戊子 12 五	己丑 13 六	庚寅 14 日	辛卯 15 一	壬辰 16 二	癸巳 17 三	甲午 18 四	乙未 19 五	丙申 20 六	丁酉 21 日	戊戌 22 一	己亥 23 二	庚子 24 三	辛丑 25 四	壬寅 26 五	癸卯 27 六	甲辰 28 日	乙巳 29 一	丙午 30 二	丁未 (10) 三	戊申 2 四	己酉 3 五	庚戌 4 六	辛亥 5 日	壬子 6 一	癸丑 7 二	甲寅 8 三	乙卯 9 四		壬辰秋分 丁未寒露 丁亥日食
九月大	甲戌	天干地支 西曆 星期	丙辰 10 五	丁巳 11 六	戊午 12 日	己未 13 一	庚申 14 二	辛酉 15 三	壬戌 16 四	癸亥 17 五	甲子 18 六	乙丑 19 日	丙寅 20 一	丁卯 21 二	戊辰 22 三	己巳 23 四	庚午 24 五	辛未 25 六	壬申 26 日	癸酉 27 一	甲戌 28 二	乙亥 29 三	丙子 30 四	丁丑 31 五	戊寅 (11) 六	己卯 2 日	庚辰 3 一	辛巳 4 二	壬午 5 三	癸未 6 四	甲申 7 五	乙酉 8 六	壬戌霜降 丁丑立冬
十月小	乙亥	天干地支 西曆 星期	丙戌 9 日	丁亥 10 一	戊子 11 二	己丑 12 三	庚寅 13 四	辛卯 14 五	壬辰 15 六	癸巳 16 日	甲午 17 一	乙未 18 二	丙申 19 三	丁酉 20 四	戊戌 21 五	己亥 22 六	庚子 23 日	辛丑 24 一	壬寅 25 二	癸卯 26 三	甲辰 27 四	乙巳 28 五	丙午 29 六	丁未 30 日	戊申 (12) 一	己酉 2 二	庚戌 3 三	辛亥 4 四	壬子 5 五	癸丑 6 六	甲寅 7 日		癸巳小雪 戊申大雪
十一月大	丙子	天干地支 西曆 星期	乙卯 8 一	丙辰 9 二	丁巳 10 三	戊午 11 四	己未 12 五	庚申 13 六	辛酉 14 日	壬戌 15 一	癸亥 16 二	甲子 17 三	乙丑 18 四	丙寅 19 五	丁卯 20 六	戊辰 21 日	己巳 22 一	庚午 23 二	辛未 24 三	壬申 25 四	癸酉 26 五	甲戌 27 六	乙亥 28 日	丙子 29 一	丁丑 30 二	戊寅 31 三	己卯 (1) 四	庚辰 2 五	辛巳 3 六	壬午 4 日	癸未 5 一	甲申 6 二	癸亥冬至 戊寅小寒
十二月小	丁丑	天干地支 西曆 星期	乙酉 7 三	丙戌 8 四	丁亥 9 五	戊子 10 六	己丑 11 日	庚寅 12 一	辛卯 13 二	壬辰 14 三	癸巳 15 四	甲午 16 五	乙未 17 六	丙申 18 日	丁酉 19 一	戊戌 20 二	己亥 21 三	庚子 22 四	辛丑 23 五	壬寅 24 六	癸卯 25 日	甲辰 26 一	乙巳 27 二	丙午 28 三	丁未 29 四	戊申 30 五	己酉 31 六	庚戌 (2) 日	辛亥 2 一	壬子 3 二	癸丑 4 三		甲午大寒 己酉立春

宋仁宗天聖八年（庚午 馬年） 公元 **1030** ~ 1031 年

夏曆月序		中西曆日對照	初一	初二	初三	初四	初五	初六	初七	初八	初九	初十	十一	十二	十三	十四	十五	十六	十七	十八	十九	二十	二一	二二	二三	二四	二五	二六	二七	二八	二九	三十	節氣與天象
正月大	戊寅	天干地支西曆星期	甲寅 5 四	乙卯 6 五	丙辰 7 六	丁巳 8 日	戊午 9 一	己未 10 二	庚申 11 三	辛酉 12 四	壬戌 13 五	癸亥 14 六	甲子 15 日	乙丑 16 一	丙寅 17 二	丁卯 18 三	戊辰 19 四	己巳 20 五	庚午 21 六	辛未 22 日	壬申 23 一	癸酉 24 二	甲戌 25 三	乙亥 26 四	丙子 27 五	丁丑 28 六	戊寅 (3) 日	己卯 2 一	庚辰 3 二	辛巳 4 三	壬午 5 四	癸未 6 五	甲子雨水 己卯驚蟄
二月大	己卯	天干地支西曆星期	甲申 7 六	乙酉 8 日	丙戌 9 一	丁亥 10 二	戊子 11 三	己丑 12 四	庚寅 13 五	辛卯 14 六	壬辰 15 日	癸巳 16 一	甲午 17 二	乙未 18 三	丙申 19 四	丁酉 20 五	戊戌 21 六	己亥 22 日	庚子 23 一	辛丑 24 二	壬寅 25 三	癸卯 26 四	甲辰 27 五	乙巳 28 六	丙午 29 日	丁未 30 一	戊申 31 二	己酉 (4) 三	庚戌 2 四	辛亥 3 五	壬子 4 六	癸丑 5 日	甲午春分 庚戌清明
三月小	庚辰	天干地支西曆星期	甲寅 6 一	乙卯 7 二	丙辰 8 三	丁巳 9 四	戊午 10 五	己未 11 六	庚申 12 日	辛酉 13 一	壬戌 14 二	癸亥 15 三	甲子 16 四	乙丑 17 五	丙寅 18 六	丁卯 19 日	戊辰 20 一	己巳 21 二	庚午 22 三	辛未 23 四	壬申 24 五	癸酉 25 六	甲戌 26 日	乙亥 27 一	丙子 28 二	丁丑 29 三	戊寅 30 四	己卯 (5) 五	庚辰 2 六	辛巳 3 日	壬午 4 一		乙丑穀雨 庚辰立夏
四月大	辛巳	天干地支西曆星期	癸未 5 二	甲申 6 三	乙酉 7 四	丙戌 8 五	丁亥 9 六	戊子 10 日	己丑 11 一	庚寅 12 二	辛卯 13 三	壬辰 14 四	癸巳 15 五	甲午 16 六	乙未 17 日	丙申 18 一	丁酉 19 二	戊戌 20 三	己亥 21 四	庚子 22 五	辛丑 23 六	壬寅 24 日	癸卯 25 一	甲辰 26 二	乙巳 27 三	丙午 28 四	丁未 29 五	戊申 30 六	己酉 31 日	庚戌 (6) 一	辛亥 2 二	壬子 3 三	乙未小滿 辛亥芒種
五月大	壬午	天干地支西曆星期	癸丑 4 四	甲寅 5 五	乙卯 6 六	丙辰 7 日	丁巳 8 一	戊午 9 二	己未 10 三	庚申 11 四	辛酉 12 五	壬戌 13 六	癸亥 14 日	甲子 15 一	乙丑 16 二	丙寅 17 三	丁卯 18 四	戊辰 19 五	己巳 20 六	庚午 21 日	辛未 22 一	壬申 23 二	癸酉 24 三	甲戌 25 四	乙亥 26 五	丙子 27 六	丁丑 28 日	戊寅 29 一	己卯 30 二	庚辰 (7) 三	辛巳 2 四	壬午 3 五	丙寅夏至 辛巳小暑
六月小	癸未	天干地支西曆星期	癸未 4 六	甲申 5 日	乙酉 6 一	丙戌 7 二	丁亥 8 三	戊子 9 四	己丑 10 五	庚寅 11 六	辛卯 12 日	壬辰 13 一	癸巳 14 二	甲午 15 三	乙未 16 四	丙申 17 五	丁酉 18 六	戊戌 19 日	己亥 20 一	庚子 21 二	辛丑 22 三	壬寅 23 四	癸卯 24 五	甲辰 25 六	乙巳 26 日	丙午 27 一	丁未 28 二	戊申 29 三	己酉 30 四	庚戌 31 五	辛亥 (8) 六		丙申大暑 辛亥立秋
七月大	甲申	天干地支西曆星期	壬子 2 日	癸丑 3 一	甲寅 4 二	乙卯 5 三	丙辰 6 四	丁巳 7 五	戊午 8 六	己未 9 日	庚申 10 一	辛酉 11 二	壬戌 12 三	癸亥 13 四	甲子 14 五	乙丑 15 六	丙寅 16 日	丁卯 17 一	戊辰 18 二	己巳 19 三	庚午 20 四	辛未 21 五	壬申 22 六	癸酉 23 日	甲戌 24 一	乙亥 25 二	丙子 26 三	丁丑 27 四	戊寅 28 五	己卯 29 六	庚辰 30 日	辛巳 31 一	丁卯處暑
八月小	乙酉	天干地支西曆星期	壬午 (9) 二	癸未 2 三	甲申 3 四	乙酉 4 五	丙戌 5 六	丁亥 6 日	戊子 7 一	己丑 8 二	庚寅 9 三	辛卯 10 四	壬辰 11 五	癸巳 12 六	甲午 13 日	乙未 14 一	丙申 15 二	丁酉 16 三	戊戌 17 四	己亥 18 五	庚子 19 六	辛丑 20 日	壬寅 21 一	癸卯 22 二	甲辰 23 三	乙巳 24 四	丙午 25 五	丁未 26 六	戊申 27 日	己酉 28 一	庚戌 29 二		壬午白露 丁酉秋分
九月大	丙戌	天干地支西曆星期	辛亥 30 三	壬子 (10) 四	癸丑 2 五	甲寅 3 六	乙卯 4 日	丙辰 5 一	丁巳 6 二	戊午 7 三	己未 8 四	庚申 9 五	辛酉 10 六	壬戌 11 日	癸亥 12 一	甲子 13 二	乙丑 14 三	丙寅 15 四	丁卯 16 五	戊辰 17 六	己巳 18 日	庚午 19 一	辛未 20 二	壬申 21 三	癸酉 22 四	甲戌 23 五	乙亥 24 六	丙子 25 日	丁丑 26 一	戊寅 27 二	己卯 28 三	庚辰 29 四	壬子寒露 丁卯霜降
十月小	丁亥	天干地支西曆星期	辛巳 30 五	壬午 31 六	癸未 (11) 日	甲申 2 一	乙酉 3 二	丙戌 4 三	丁亥 5 四	戊子 6 五	己丑 7 六	庚寅 8 日	辛卯 9 一	壬辰 10 二	癸巳 11 三	甲午 12 四	乙未 13 五	丙申 14 六	丁酉 15 日	戊戌 16 一	己亥 17 二	庚子 18 三	辛丑 19 四	壬寅 20 五	癸卯 21 六	甲辰 22 日	乙巳 23 一	丙午 24 二	丁未 25 三	戊申 26 四	己酉 27 五		癸未立冬 戊戌小雪
十一月小	戊子	天干地支西曆星期	庚戌 28 六	辛亥 29 日	壬子 30 一	癸丑 (12) 二	甲寅 2 三	乙卯 3 四	丙辰 4 五	丁巳 5 六	戊午 6 日	己未 7 一	庚申 8 二	辛酉 9 三	壬戌 10 四	癸亥 11 五	甲子 12 六	乙丑 13 日	丙寅 14 一	丁卯 15 二	戊辰 16 三	己巳 17 四	庚午 18 五	辛未 19 六	壬申 20 日	癸酉 21 一	甲戌 22 二	乙亥 23 三	丙子 24 四	丁丑 25 五	戊寅 26 六		癸丑大雪 戊辰冬至
十二月大	己丑	天干地支西曆星期	己卯 27 日	庚辰 28 一	辛巳 29 二	壬午 30 三	癸未 31 四	甲申 (1) 五	乙酉 2 六	丙戌 3 日	丁亥 4 一	戊子 5 二	己丑 6 三	庚寅 7 四	辛卯 8 五	壬辰 9 六	癸巳 10 日	甲午 11 一	乙未 12 二	丙申 13 三	丁酉 14 四	戊戌 15 五	己亥 16 六	庚子 17 日	辛丑 18 一	壬寅 19 二	癸卯 20 三	甲辰 21 四	乙巳 22 五	丙午 23 六	丁未 24 日	戊申 25 一	甲申小寒 己亥大寒

宋仁宗天聖九年（辛未 羊年） 公元 1031 ~ 1032 年

夏曆月序		中西曆日對照	夏曆日序																														節氣與天象
			初一	初二	初三	初四	初五	初六	初七	初八	初九	初十	十一	十二	十三	十四	十五	十六	十七	十八	十九	二十	二一	二二	二三	二四	二五	二六	二七	二八	二九	三十	
正月小	庚寅	天干地支 西曆 星期	己酉26二	庚戌27三	辛亥28四	壬子29五	癸丑30六	甲寅31日	乙卯(2)一	丙辰2二	丁巳3三	戊午4四	己未5五	庚申6六	辛酉7日	壬戌8一	癸亥9二	甲子10三	乙丑11四	丙寅12五	丁卯13六	戊辰14日	己巳15一	庚午16二	辛未17三	壬申18四	癸酉19五	甲戌20六	乙亥21日	丙子22一	丁丑23二		甲寅立春 己巳雨水
二月大	辛卯	天干地支 西曆 星期	戊寅24三	己卯25四	庚辰26五	辛巳27六	壬午28日	癸未(3)一	甲申2二	乙酉3三	丙戌4四	丁亥5五	戊子6六	己丑7日	庚寅8一	辛卯9二	壬辰10三	癸巳11四	甲午12五	乙未13六	丙申14日	丁酉15一	戊戌16二	己亥17三	庚子18四	辛丑19五	壬寅20六	癸卯21日	甲辰22一	乙巳23二	丙午24三	丁未25四	甲申驚蟄 庚子春分
三月大	壬辰	天干地支 西曆 星期	戊申26五	己酉27六	庚戌28日	辛亥29一	壬子30二	癸丑31三	甲寅(4)四	乙卯2五	丙辰3六	丁巳4日	戊午5一	己未6二	庚申7三	辛酉8四	壬戌9五	癸亥10六	甲子11日	乙丑12一	丙寅13二	丁卯14三	戊辰15四	己巳16五	庚午17六	辛未18日	壬申19一	癸酉20二	甲戌21三	乙亥22四	丙子23五	丁丑24六	乙卯清明 庚午穀雨
四月小	癸巳	天干地支 西曆 星期	戊寅25日	己卯26一	庚辰27二	辛巳28三	壬午29四	癸未30五	甲申(5)六	乙酉2日	丙戌3一	丁亥4二	戊子5三	己丑6四	庚寅7五	辛卯8六	壬辰9日	癸巳10一	甲午11二	乙未12三	丙申13四	丁酉14五	戊戌15六	己亥16日	庚子17一	辛丑18二	壬寅19三	癸卯20四	甲辰21五	乙巳22六	丙午23日		乙酉立夏 辛丑小滿
五月大	甲午	天干地支 西曆 星期	丁未24一	戊申25二	己酉26三	庚戌27四	辛亥28五	壬子29六	癸丑30日	甲寅31一	乙卯(6)二	丙辰2三	丁巳3四	戊午4五	己未5六	庚申6日	辛酉7一	壬戌8二	癸亥9三	甲子10四	乙丑11五	丙寅12六	丁卯13日	戊辰14一	己巳15二	庚午16三	辛未17四	壬申18五	癸酉19六	甲戌20日	乙亥21一	丙子22二	丙辰芒種 辛未夏至
六月小	乙未	天干地支 西曆 星期	丁丑23三	戊寅24四	己卯25五	庚辰26六	辛巳27日	壬午28一	癸未29二	甲申30三	乙酉(7)四	丙戌2五	丁亥3六	戊子4日	己丑5一	庚寅6二	辛卯7三	壬辰8四	癸巳9五	甲午10六	乙未11日	丙申12一	丁酉13二	戊戌14三	己亥15四	庚子16五	辛丑17六	壬寅18日	癸卯19一	甲辰20二	乙巳21三		丙戌小暑 辛丑大暑
七月大	丙申	天干地支 西曆 星期	丙午22四	丁未23五	戊申24六	己酉25日	庚戌26一	辛亥27二	壬子28三	癸丑29四	甲寅30五	乙卯31六	丙辰(8)日	丁巳2一	戊午3二	己未4三	庚申5四	辛酉6五	壬戌7六	癸亥8日	甲子9一	乙丑10二	丙寅11三	丁卯12四	戊辰13五	己巳14六	庚午15日	辛未16一	壬申17二	癸酉18三	甲戌19四	乙亥20五	丁巳立秋 壬申處暑
八月大	丁酉	天干地支 西曆 星期	丙子21六	丁丑22日	戊寅23一	己卯24二	庚辰25三	辛巳26四	壬午27五	癸未28六	甲申29日	乙酉30一	丙戌31二	丁亥(9)三	戊子2四	己丑3五	庚寅4六	辛卯5日	壬辰6一	癸巳7二	甲午8三	乙未9四	丙申10五	丁酉11六	戊戌12日	己亥13一	庚子14二	辛丑15三	壬寅16四	癸卯17五	甲辰18六	乙巳19日	丁亥白露 壬寅秋分
九月小	戊戌	天干地支 西曆 星期	丙午20一	丁未21二	戊申22三	己酉23四	庚戌24五	辛亥25六	壬子26日	癸丑27一	甲寅28二	乙卯29三	丙辰30四	丁巳(10)五	戊午2六	己未3日	庚申4一	辛酉5二	壬戌6三	癸亥7四	甲子8五	乙丑9六	丙寅10日	丁卯11一	戊辰12二	己巳13三	庚午14四	辛未15五	壬申16六	癸酉17日	甲戌18一		戊午寒露 癸酉霜降
十月大	己亥	天干地支 西曆 星期	乙亥19二	丙子20三	丁丑21四	戊寅22五	己卯23六	庚辰24日	辛巳25一	壬午26二	癸未27三	甲申28四	乙酉29五	丙戌30六	丁亥31日	戊子(11)一	己丑2二	庚寅3三	辛卯4四	壬辰5五	癸巳6六	甲午7日	乙未8一	丙申9二	丁酉10三	戊戌11四	己亥12五	庚子13六	辛丑14日	壬寅15一	癸卯16二	甲辰17三	戊子立冬 癸卯小雪
閏十月小	己亥	天干地支 西曆 星期	乙巳18四	丙午19五	丁未20六	戊申21日	己酉22一	庚戌23二	辛亥24三	壬子25四	癸丑26五	甲寅27六	乙卯28日	丙辰29一	丁巳30二	戊午(12)三	己未2四	庚申3五	辛酉4六	壬戌5日	癸亥6一	甲子7二	乙丑8三	丙寅9四	丁卯10五	戊辰11六	己巳12日	庚午13一	辛未14二	壬申15三	癸酉16四		戊午大雪
十一月大	庚子	天干地支 西曆 星期	甲戌17五	乙亥18六	丙子19日	丁丑20一	戊寅21二	己卯22三	庚辰23四	辛巳24五	壬午25六	癸未26日	甲申27一	乙酉28二	丙戌29三	丁亥30四	戊子31五	己丑(1)六	庚寅2日	辛卯3一	壬辰4二	癸巳5三	甲午6四	乙未7五	丙申8六	丁酉9日	戊戌10一	己亥11二	庚子12三	辛丑13四	壬寅14五	癸卯15六	甲戌冬至 己丑小寒
十二月小	辛丑	天干地支 西曆 星期	甲辰16日	乙巳17一	丙午18二	丁未19三	戊申20四	己酉21五	庚戌22六	辛亥23日	壬子24一	癸丑25二	甲寅26三	乙卯27四	丙辰28五	丁巳29六	戊午30日	己未31一	庚申(2)二	辛酉2三	壬戌3四	癸亥4五	甲子5六	乙丑6日	丙寅7一	丁卯8二	戊辰9三	己巳10四	庚午11五	辛未12六	壬申13日		甲辰大寒 己未立春

宋仁宗天聖十年 明道元年（壬申 猴年） 公元 1032 ~ 1033 年

夏曆月序		中西曆日對照	初一	初二	初三	初四	初五	初六	初七	初八	初九	初十	十一	十二	十三	十四	十五	十六	十七	十八	十九	二十	二一	二二	二三	二四	二五	二六	二七	二八	二九	三十	節氣與天象
正月小	壬寅	天干地支 西曆星期	癸酉 14 一	甲戌 15 二	乙亥 16 三	丙子 17 四	丁丑 18 五	戊寅 19 六	己卯 20 日	庚辰 21 一	辛巳 22 二	壬午 23 三	癸未 24 四	甲申 25 五	乙酉 26 六	丙戌 27 日	丁亥 28 一	戊子 29 二	己丑 (3) 三	庚寅 2 四	辛卯 3 五	壬辰 4 六	癸巳 5 日	甲午 6 一	乙未 7 二	丙申 8 三	丁酉 9 四	戊戌 10 五	己亥 11 六	庚子 12 日	辛丑 13 一		甲戌雨水 庚寅驚蟄
二月大	癸卯	天干地支 西曆星期	壬寅 14 二	癸卯 15 三	甲辰 16 四	乙巳 17 五	丙午 18 六	丁未 19 日	戊申 20 一	己酉 21 二	庚戌 22 三	辛亥 23 四	壬子 24 五	癸丑 25 六	甲寅 26 日	乙卯 27 一	丙辰 28 二	丁巳 29 三	戊午 30 四	己未 31 五	庚申 (4) 六	辛酉 2 日	壬戌 3 一	癸亥 4 二	甲子 5 三	乙丑 6 四	丙寅 7 五	丁卯 8 六	戊辰 9 日	己巳 10 一	庚午 11 二	辛未 12 三	乙巳春分 庚申清明
三月小	甲辰	天干地支 西曆星期	壬申 13 四	癸酉 14 五	甲戌 15 六	乙亥 16 日	丙子 17 一	丁丑 18 二	戊寅 19 三	己卯 20 四	庚辰 21 五	辛巳 22 六	壬午 23 日	癸未 24 一	甲申 25 二	乙酉 26 三	丙戌 27 四	丁亥 28 五	戊子 29 六	己丑 30 日	庚寅 (5) 一	辛卯 2 二	壬辰 3 三	癸巳 4 四	甲午 5 五	乙未 6 六	丙申 7 日	丁酉 8 一	戊戌 9 二	己亥 10 三	庚子 11 四		乙亥穀雨 辛卯立夏
四月大	乙巳	天干地支 西曆星期	辛丑 12 五	壬寅 13 六	癸卯 14 日	甲辰 15 一	乙巳 16 二	丙午 17 三	丁未 18 四	戊申 19 五	己酉 20 六	庚戌 21 日	辛亥 22 一	壬子 23 二	癸丑 24 三	甲寅 25 四	乙卯 26 五	丙辰 27 六	丁巳 28 日	戊午 29 一	己未 30 二	庚申 31 三	辛酉 (6) 四	壬戌 2 五	癸亥 3 六	甲子 4 日	乙丑 5 一	丙寅 6 二	丁卯 7 三	戊辰 8 四	己巳 9 五	庚午 10 六	丙午小滿 辛酉芒種
五月小	丙午	天干地支 西曆星期	辛未 11 日	壬申 12 一	癸酉 13 二	甲戌 14 三	乙亥 15 四	丙子 16 五	丁丑 17 六	戊寅 18 日	己卯 19 一	庚辰 20 二	辛巳 21 三	壬午 22 四	癸未 23 五	甲申 24 六	乙酉 25 日	丙戌 26 一	丁亥 27 二	戊子 28 三	己丑 29 四	庚寅 30 五	辛卯 (7) 六	壬辰 2 日	癸巳 3 一	甲午 4 二	乙未 5 三	丙申 6 四	丁酉 7 五	戊戌 8 六	己亥 9 日		丙子夏至 辛卯小暑
六月大	丁未	天干地支 西曆星期	庚子 10 一	辛丑 11 二	壬寅 12 三	癸卯 13 四	甲辰 14 五	乙巳 15 六	丙午 16 日	丁未 17 一	戊申 18 二	己酉 19 三	庚戌 20 四	辛亥 21 五	壬子 22 六	癸丑 23 日	甲寅 24 一	乙卯 25 二	丙辰 26 三	丁巳 27 四	戊午 28 五	己未 29 六	庚申 30 日	辛酉 31 一	壬戌 (8) 二	癸亥 2 三	甲子 3 四	乙丑 4 五	丙寅 5 六	丁卯 6 日	戊辰 7 一	己巳 8 二	丁未大暑 壬戌立秋
七月大	戊申	天干地支 西曆星期	庚午 9 三	辛未 10 四	壬申 11 五	癸酉 12 六	甲戌 13 日	乙亥 14 一	丙子 15 二	丁丑 16 三	戊寅 17 四	己卯 18 五	庚辰 19 六	辛巳 20 日	壬午 21 一	癸未 22 二	甲申 23 三	乙酉 24 四	丙戌 25 五	丁亥 26 六	戊子 27 日	己丑 28 一	庚寅 29 二	辛卯 30 三	壬辰 31 四	癸巳 (9) 五	甲午 2 六	乙未 3 日	丙申 4 一	丁酉 5 二	戊戌 6 三	己亥 7 四	丁丑處暑 壬辰白露
八月小	己酉	天干地支 西曆星期	庚子 8 五	辛丑 9 六	壬寅 10 日	癸卯 11 一	甲辰 12 二	乙巳 13 三	丙午 14 四	丁未 15 五	戊申 16 六	己酉 17 日	庚戌 18 一	辛亥 19 二	壬子 20 三	癸丑 21 四	甲寅 22 五	乙卯 23 六	丙辰 24 日	丁巳 25 一	戊午 26 二	己未 27 三	庚申 28 四	辛酉 29 五	壬戌 30 六	癸亥 (10) 日	甲子 2 一	乙丑 3 二	丙寅 4 三	丁卯 5 四	戊辰 6 五		戊申秋分 癸亥寒露
九月大	庚戌	天干地支 西曆星期	己巳 7 六	庚午 8 日	辛未 9 一	壬申 10 二	癸酉 11 三	甲戌 12 四	乙亥 13 五	丙子 14 六	丁丑 15 日	戊寅 16 一	己卯 17 二	庚辰 18 三	辛巳 19 四	壬午 20 五	癸未 21 六	甲申 22 日	乙酉 23 一	丙戌 24 二	丁亥 25 三	戊子 26 四	己丑 27 五	庚寅 28 六	辛卯 29 日	壬辰 30 一	癸巳 31 二	甲午 (11) 三	乙未 2 四	丙申 3 五	丁酉 4 六	戊戌 5 日	戊寅霜降 癸巳立冬
十月大	辛亥	天干地支 西曆星期	己亥 6 一	庚子 7 二	辛丑 8 三	壬寅 9 四	癸卯 10 五	甲辰 11 六	乙巳 12 日	丙午 13 一	丁未 14 二	戊申 15 三	己酉 16 四	庚戌 17 五	辛亥 18 六	壬子 19 日	癸丑 20 一	甲寅 21 二	乙卯 22 三	丙辰 23 四	丁巳 24 五	戊午 25 六	己未 26 日	庚申 27 一	辛酉 28 二	壬戌 29 三	癸亥 30 四	甲子 (12) 五	乙丑 2 六	丙寅 3 日	丁卯 4 一	戊辰 5 二	戊申小雪 甲子大雪
十一月小	壬子	天干地支 西曆星期	己巳 6 三	庚午 7 四	辛未 8 五	壬申 9 六	癸酉 10 日	甲戌 11 一	乙亥 12 二	丙子 13 三	丁丑 14 四	戊寅 15 五	己卯 16 六	庚辰 17 日	辛巳 18 一	壬午 19 二	癸未 20 三	甲申 21 四	乙酉 22 五	丙戌 23 六	丁亥 24 日	戊子 25 一	己丑 26 二	庚寅 27 三	辛卯 28 四	壬辰 29 五	癸巳 30 六	甲午 31 日	乙未 (1) 一	丙申 2 二	丁酉 3 三		己卯冬至 甲午小寒
十二月大	癸丑	天干地支 西曆星期	戊戌 4 四	己亥 5 五	庚子 6 六	辛丑 7 日	壬寅 8 一	癸卯 9 二	甲辰 10 三	乙巳 11 四	丙午 12 五	丁未 13 六	戊申 14 日	己酉 15 一	庚戌 16 二	辛亥 17 三	壬子 18 四	癸丑 19 五	甲寅 20 六	乙卯 21 日	丙辰 22 一	丁巳 23 二	戊午 24 三	己未 25 四	庚申 26 五	辛酉 27 六	壬戌 28 日	癸亥 29 一	甲子 30 二	乙丑 31 三	丙寅 (2) 四	丁卯 2 五	己酉大寒 乙丑立春

* 十一月甲戌（初六），改元明道。

宋仁宗明道二年（癸酉 鷄年） 公元 1033 ~ 1034 年

夏曆月序		中西曆日對照	夏曆日序																														節氣與天象
			初一	初二	初三	初四	初五	初六	初七	初八	初九	初十	十一	十二	十三	十四	十五	十六	十七	十八	十九	二十	二一	二二	二三	二四	二五	二六	二七	二八	二九	三十	
正月小	甲寅	干支 天地 西曆 星期	戊辰 3 六	己巳 4 日	庚午 5 一	辛未 6 二	壬申 7 三	癸酉 8 四	甲戌 9 五	乙亥 10 六	丙子 11 日	丁丑 12 一	戊寅 13 二	己卯 14 三	庚辰 15 四	辛巳 16 五	壬午 17 六	癸未 18 日	甲申 19 一	乙酉 20 二	丙戌 21 三	丁亥 22 四	戊子 23 五	己丑 24 六	庚寅 25 日	辛卯 26 一	壬辰 27 二	癸巳 28 三	甲午 (3) 四	乙未 2 五	丙申 3 六		庚辰雨水 乙未驚蟄
二月小	乙卯	干支 天地 西曆 星期	丁酉 4 日	戊戌 5 一	己亥 6 二	庚子 7 三	辛丑 8 四	壬寅 9 五	癸卯 10 六	甲辰 11 日	乙巳 12 一	丙午 13 二	丁未 14 三	戊申 15 四	己酉 16 五	庚戌 17 六	辛亥 18 日	壬子 19 一	癸丑 20 二	甲寅 21 三	乙卯 22 四	丙辰 23 五	丁巳 24 六	戊午 25 日	己未 26 一	庚申 27 二	辛酉 28 三	壬戌 29 四	癸亥 30 五	甲子 31 六	乙丑 (4) 日		庚戌春分 乙丑清明
三月大	丙辰	干支 天地 西曆 星期	丙寅 2 一	丁卯 3 二	戊辰 4 三	己巳 5 四	庚午 6 五	辛未 7 六	壬申 8 日	癸酉 9 一	甲戌 10 二	乙亥 11 三	丙子 12 四	丁丑 13 五	戊寅 14 六	己卯 15 日	庚辰 16 一	辛巳 17 二	壬午 18 三	癸未 19 四	甲申 20 五	乙酉 21 六	丙戌 22 日	丁亥 23 一	戊子 24 二	己丑 25 三	庚寅 26 四	辛卯 27 五	壬辰 28 六	癸巳 29 日	甲午 30 一	乙未 (5) 二	辛巳穀雨
四月小	丁巳	干支 天地 西曆 星期	丙申 2 三	丁酉 3 四	戊戌 4 五	己亥 5 六	庚子 6 日	辛丑 7 一	壬寅 8 二	癸卯 9 三	甲辰 10 四	乙巳 11 五	丙午 12 六	丁未 13 日	戊申 14 一	己酉 15 二	庚戌 16 三	辛亥 17 四	壬子 18 五	癸丑 19 六	甲寅 20 日	乙卯 21 一	丙辰 22 二	丁巳 23 三	戊午 24 四	己未 25 五	庚申 26 六	辛酉 27 日	壬戌 28 一	癸亥 29 二	甲子 30 三		丙申立夏 辛亥小滿
五月小	戊午	干支 天地 西曆 星期	乙丑 31 四	丙寅 (6) 五	丁卯 2 六	戊辰 3 日	己巳 4 一	庚午 5 二	辛未 6 三	壬申 7 四	癸酉 8 五	甲戌 9 六	乙亥 10 日	丙子 11 一	丁丑 12 二	戊寅 13 三	己卯 14 四	庚辰 15 五	辛巳 16 六	壬午 17 日	癸未 18 一	甲申 19 二	乙酉 20 三	丙戌 21 四	丁亥 22 五	戊子 23 六	己丑 24 日	庚寅 25 一	辛卯 26 二	壬辰 27 三	癸巳 28 四		丙寅芒種 辛巳夏至
六月大	己未	干支 天地 西曆 星期	甲午 29 五	乙未 30 六	丙申 (7) 日	丁酉 2 一	戊戌 3 二	己亥 4 三	庚子 5 四	辛丑 6 五	壬寅 7 六	癸卯 8 日	甲辰 9 一	乙巳 10 二	丙午 11 三	丁未 12 四	戊申 13 五	己酉 14 六	庚戌 15 日	辛亥 16 一	壬子 17 二	癸丑 18 三	甲寅 19 四	乙卯 20 五	丙辰 21 六	丁巳 22 日	戊午 23 一	己未 24 二	庚申 25 三	辛酉 26 四	壬戌 27 五	癸亥 28 六	丁酉小暑 壬子大暑 甲午日食
七月大	庚申	干支 天地 西曆 星期	甲子 29 日	乙丑 30 一	丙寅 31 二	丁卯 (8) 三	戊辰 2 四	己巳 3 五	庚午 4 六	辛未 5 日	壬申 6 一	癸酉 7 二	甲戌 8 三	乙亥 9 四	丙子 10 五	丁丑 11 六	戊寅 12 日	己卯 13 一	庚辰 14 二	辛巳 15 三	壬午 16 四	癸未 17 五	甲申 18 六	乙酉 19 日	丙戌 20 一	丁亥 21 二	戊子 22 三	己丑 23 四	庚寅 24 五	辛卯 25 六	壬辰 26 日	癸巳 27 一	丁卯立秋 壬午處暑
八月小	辛酉	干支 天地 西曆 星期	甲午 28 二	乙未 29 三	丙申 30 四	丁酉 31 五	戊戌 (9) 六	己亥 2 日	庚子 3 一	辛丑 4 二	壬寅 5 三	癸卯 6 四	甲辰 7 五	乙巳 8 六	丙午 9 日	丁未 10 一	戊申 11 二	己酉 12 三	庚戌 13 四	辛亥 14 五	壬子 15 六	癸丑 16 日	甲寅 17 一	乙卯 18 二	丙辰 19 三	丁巳 20 四	戊午 21 五	己未 22 六	庚申 23 日	辛酉 24 一	壬戌 25 二		戊戌白露 癸丑秋分
九月大	壬戌	干支 天地 西曆 星期	癸亥 26 三	甲子 27 四	乙丑 28 五	丙寅 29 六	丁卯 30 日	戊辰 (10) 一	己巳 2 二	庚午 3 三	辛未 4 四	壬申 5 五	癸酉 6 六	甲戌 7 日	乙亥 8 一	丙子 9 二	丁丑 10 三	戊寅 11 四	己卯 12 五	庚辰 13 六	辛巳 14 日	壬午 15 一	癸未 16 二	甲申 17 三	乙酉 18 四	丙戌 19 五	丁亥 20 六	戊子 21 日	己丑 22 一	庚寅 23 二	辛卯 24 三	壬辰 25 四	戊辰寒露 癸未霜降
十月大	癸亥	干支 天地 西曆 星期	癸巳 26 五	甲午 27 六	乙未 28 日	丙申 29 一	丁酉 30 二	戊戌 31 三	己亥 (11) 四	庚子 2 五	辛丑 3 六	壬寅 4 日	癸卯 5 一	甲辰 6 二	乙巳 7 三	丙午 8 四	丁未 9 五	戊申 10 六	己酉 11 日	庚戌 12 一	辛亥 13 二	壬子 14 三	癸丑 15 四	甲寅 16 五	乙卯 17 六	丙辰 18 日	丁巳 19 一	戊午 20 二	己未 21 三	庚申 22 四	辛酉 23 五	壬戌 24 六	戊戌立冬 甲寅小雪
十一月大	甲子	干支 天地 西曆 星期	癸亥 25 日	甲子 26 一	乙丑 27 二	丙寅 28 三	丁卯 29 四	戊辰 30 五	己巳 (12) 六	庚午 2 日	辛未 3 一	壬申 4 二	癸酉 5 三	甲戌 6 四	乙亥 7 五	丙子 8 六	丁丑 9 日	戊寅 10 一	己卯 11 二	庚辰 12 三	辛巳 13 四	壬午 14 五	癸未 15 六	甲申 16 日	乙酉 17 一	丙戌 18 二	丁亥 19 三	戊子 20 四	己丑 21 五	庚寅 22 六	辛卯 23 日	壬辰 24 一	己巳大雪 甲申冬至
十二月小	乙丑	干支 天地 西曆 星期	癸巳 25 二	甲午 26 三	乙未 27 四	丙申 28 五	丁酉 29 六	戊戌 30 日	己亥 31 一	庚子 (1) 二	辛丑 2 三	壬寅 3 四	癸卯 4 五	甲辰 5 六	乙巳 6 日	丙午 7 一	丁未 8 二	戊申 9 三	己酉 10 四	庚戌 11 五	辛亥 12 六	壬子 13 日	癸丑 14 一	甲寅 15 二	乙卯 16 三	丙辰 17 四	丁巳 18 五	戊午 19 六	己未 20 日	庚申 21 一	辛酉 22 二		己亥小寒 乙卯大寒

宋仁宗景祐元年（甲戌 狗年） 公元 1034 ~ 1035 年

夏曆月序		中西曆日對照	夏曆日序																													節氣與天象
			初一	初二	初三	初四	初五	初六	初七	初八	初九	初十	十一	十二	十三	十四	十五	十六	十七	十八	十九	二十	二一	二二	二三	二四	二五	二六	二七	二八	二九	三十	
正月大	丙寅	干支 西曆 星期	壬戌 23 三	癸亥 24 四	甲子 25 五	乙丑 26 六	丙寅 27 日	丁卯 28 一	戊辰 29 二	己巳 30 三	庚午 31 四	辛未 (2) 五	壬申 2 六	癸酉 3 日	甲戌 4 一	乙亥 5 二	丙子 6 三	丁丑 7 四	戊寅 8 五	己卯 9 六	庚辰 10 日	辛巳 11 一	壬午 12 二	癸未 13 三	甲申 14 四	乙酉 15 五	丙戌 16 六	丁亥 17 日	戊子 18 一	己丑 19 二	庚寅 20 三	辛卯 21 四	庚午立春 乙酉雨水
二月小	丁卯	干支 西曆 星期	壬辰 22 五	癸巳 23 六	甲午 24 日	乙未 25 一	丙申 26 二	丁酉 27 三	戊戌 28 四	己亥 (3) 五	庚子 2 六	辛丑 3 日	壬寅 4 一	癸卯 5 二	甲辰 6 三	乙巳 7 四	丙午 8 五	丁未 9 六	戊申 10 日	己酉 11 一	庚戌 12 二	辛亥 13 三	壬子 14 四	癸丑 15 五	甲寅 16 六	乙卯 17 日	丙辰 18 一	丁巳 19 二	戊午 20 三	己未 21 四	庚申 22 五		庚子驚蟄 乙卯春分
三月小	戊辰	干支 西曆 星期	辛酉 23 六	壬戌 24 日	癸亥 25 一	甲子 26 二	乙丑 27 三	丙寅 28 四	丁卯 29 五	戊辰 30 六	己巳 31 日	庚午 (4) 一	辛未 2 二	壬申 3 三	癸酉 4 四	甲戌 5 五	乙亥 6 六	丙子 7 日	丁丑 8 一	戊寅 9 二	己卯 10 三	庚辰 11 四	辛巳 12 五	壬午 13 六	癸未 14 日	甲申 15 一	乙酉 16 二	丙戌 17 三	丁亥 18 四	戊子 19 五	己丑 20 六		辛未清明 丙戌穀雨
四月大	己巳	干支 西曆 星期	庚寅 21 日	辛卯 22 一	壬辰 23 二	癸巳 24 三	甲午 25 四	乙未 26 五	丙申 27 六	丁酉 28 日	戊戌 29 一	己亥 30 二	庚子 (5) 三	辛丑 2 四	壬寅 3 五	癸卯 4 六	甲辰 5 日	乙巳 6 一	丙午 7 二	丁未 8 三	戊申 9 四	己酉 10 五	庚戌 11 六	辛亥 12 日	壬子 13 一	癸丑 14 二	甲寅 15 三	乙卯 16 四	丙辰 17 五	丁巳 18 六	戊午 19 日	己未 20 一	辛丑立夏 丙辰小滿
五月小	庚午	干支 西曆 星期	庚申 21 二	辛酉 22 三	壬戌 23 四	癸亥 24 五	甲子 25 六	乙丑 26 日	丙寅 27 一	丁卯 28 二	戊辰 29 三	己巳 30 四	庚午 31 五	辛未 (6) 六	壬申 2 日	癸酉 3 一	甲戌 4 二	乙亥 5 三	丙子 6 四	丁丑 7 五	戊寅 8 六	己卯 9 日	庚辰 10 一	辛巳 11 二	壬午 12 三	癸未 13 四	甲申 14 五	乙酉 15 六	丙戌 16 日	丁亥 17 一	戊子 18 二		壬申芒種 丁亥夏至
六月小	辛未	干支 西曆 星期	己丑 19 三	庚寅 20 四	辛卯 21 五	壬辰 22 六	癸巳 23 日	甲午 24 一	乙未 25 二	丙申 26 三	丁酉 27 四	戊戌 28 五	己亥 29 六	庚子 30 日	辛丑 (7) 一	壬寅 2 二	癸卯 3 三	甲辰 4 四	乙巳 5 五	丙午 6 六	丁未 7 日	戊申 8 一	己酉 9 二	庚戌 10 三	辛亥 11 四	壬子 12 五	癸丑 13 六	甲寅 14 日	乙卯 15 一	丙辰 16 二	丁巳 17 三		壬寅小暑 丁巳大暑 己丑日食
閏六月大	辛未	干支 西曆 星期	戊午 18 四	己未 19 五	庚申 20 六	辛酉 21 日	壬戌 22 一	癸亥 23 二	甲子 24 三	乙丑 25 四	丙寅 26 五	丁卯 27 六	戊辰 28 日	己巳 29 一	庚午 30 二	辛未 31 三	壬申 (8) 四	癸酉 2 五	甲戌 3 六	乙亥 4 日	丙子 5 一	丁丑 6 二	戊寅 7 三	己卯 8 四	庚辰 9 五	辛巳 10 六	壬午 11 日	癸未 12 一	甲申 13 二	乙酉 14 三	丙戌 15 四	丁亥 16 五	壬申立秋
七月大	壬申	干支 西曆 星期	戊子 17 六	己丑 18 日	庚寅 19 一	辛卯 20 二	壬辰 21 三	癸巳 22 四	甲午 23 五	乙未 24 六	丙申 25 日	丁酉 26 一	戊戌 27 二	己亥 28 三	庚子 29 四	辛丑 30 五	壬寅 31 六	癸卯 (9) 日	甲辰 2 一	乙巳 3 二	丙午 4 三	丁未 5 四	戊申 6 五	己酉 7 六	庚戌 8 日	辛亥 9 一	壬子 10 二	癸丑 11 三	甲寅 12 四	乙卯 13 五	丙辰 14 六	丁巳 15 日	戊子處暑 癸卯白露
八月小	癸酉	干支 西曆 星期	戊午 16 一	己未 17 二	庚申 18 三	辛酉 19 四	壬戌 20 五	癸亥 21 六	甲子 22 日	乙丑 23 一	丙寅 24 二	丁卯 25 三	戊辰 26 四	己巳 27 五	庚午 28 六	辛未 29 日	壬申 30 一	癸酉 (10) 二	甲戌 2 三	乙亥 3 四	丙子 4 五	丁丑 5 六	戊寅 6 日	己卯 7 一	庚辰 8 二	辛巳 9 三	壬午 10 四	癸未 11 五	甲申 12 六	乙酉 13 日	丙戌 14 一		戊午秋分 癸酉寒露
九月大	甲戌	干支 西曆 星期	丁亥 15 二	戊子 16 三	己丑 17 四	庚寅 18 五	辛卯 19 六	壬辰 20 日	癸巳 21 一	甲午 22 二	乙未 23 三	丙申 24 四	丁酉 25 五	戊戌 26 六	己亥 27 日	庚子 28 一	辛丑 29 二	壬寅 30 三	癸卯 31 四	甲辰 (11) 五	乙巳 2 六	丙午 3 日	丁未 4 一	戊申 5 二	己酉 6 三	庚戌 7 四	辛亥 8 五	壬子 9 六	癸丑 10 日	甲寅 11 一	乙卯 12 二	丙辰 13 三	戊子霜降 甲辰立冬
十月大	乙亥	干支 西曆 星期	丁巳 14 四	戊午 15 五	己未 16 六	庚申 17 日	辛酉 18 一	壬戌 19 二	癸亥 20 三	甲子 21 四	乙丑 22 五	丙寅 23 六	丁卯 24 日	戊辰 25 一	己巳 26 二	庚午 27 三	辛未 28 四	壬申 29 五	癸酉 30 六	甲戌 (12) 日	乙亥 2 一	丙子 3 二	丁丑 4 三	戊寅 5 四	己卯 6 五	庚辰 7 六	辛巳 8 日	壬午 9 一	癸未 10 二	甲申 11 三	乙酉 12 四	丙戌 13 五	己未小雪 甲戌大雪
十一月大	丙子	干支 西曆 星期	丁亥 14 六	戊子 15 日	己丑 16 一	庚寅 17 二	辛卯 18 三	壬辰 19 四	癸巳 20 五	甲午 21 六	乙未 22 日	丙申 23 一	丁酉 24 二	戊戌 25 三	己亥 26 四	庚子 27 五	辛丑 28 六	壬寅 29 日	癸卯 30 一	甲辰 31 二	乙巳 (1) 三	丙午 2 四	丁未 3 五	戊申 4 六	己酉 5 日	庚戌 6 一	辛亥 7 二	壬子 8 三	癸丑 9 四	甲寅 10 五	乙卯 11 六	丙辰 12 日	己丑冬至 乙巳小寒
十二月小	丁丑	干支 西曆 星期	丁巳 13 一	戊午 14 二	己未 15 三	庚申 16 四	辛酉 17 五	壬戌 18 六	癸亥 19 日	甲子 20 一	乙丑 21 二	丙寅 22 三	丁卯 23 四	戊辰 24 五	己巳 25 六	庚午 26 日	辛未 27 一	壬申 28 二	癸酉 29 三	甲戌 30 四	乙亥 31 五	丙子 (2) 六	丁丑 2 日	戊寅 3 一	己卯 4 二	庚辰 5 三	辛巳 6 四	壬午 7 五	癸未 8 六	甲申 9 日	乙酉 10 一		庚申大寒 乙亥立春

* 正月壬戌（初一），改元景祐。

宋仁宗景祐二年（乙亥 猪年） 公元 1035 ~ 1036 年

夏曆月序	中西曆日對照	初一	初二	初三	初四	初五	初六	初七	初八	初九	初十	十一	十二	十三	十四	十五	十六	十七	十八	十九	二十	二一	二二	二三	二四	二五	二六	二七	二八	二九	三十	節氣與天象
正月大 戊寅	天干地支 西曆 星期	丙戌 11 二	丁亥 12 三	戊子 13 四	己丑 14 五	庚寅 15 六	辛卯 16 日	壬辰 17 一	癸巳 18 二	甲午 19 三	乙未 20 四	丙申 21 五	丁酉 22 六	戊戌 23 日	己亥 24 一	庚子 25 二	辛丑 26 三	壬寅 27 四	癸卯 28 五	甲辰 (3) 六	乙巳 2 日	丙午 3 一	丁未 4 二	戊申 5 三	己酉 6 四	庚戌 7 五	辛亥 8 六	壬子 9 日	癸丑 10 一	甲寅 11 二	乙卯 12 三	庚寅雨水 乙巳驚蟄
二月小 己卯	天干地支 西曆 星期	丙辰 13 四	丁巳 14 五	戊午 15 六	己未 16 日	庚申 17 一	辛酉 18 二	壬戌 19 三	癸亥 20 四	甲子 21 五	乙丑 22 六	丙寅 23 日	丁卯 24 一	戊辰 25 二	己巳 26 三	庚午 27 四	辛未 28 五	壬申 29 六	癸酉 30 日	甲戌 31 一	乙亥 (4) 二	丙子 2 三	丁丑 3 四	戊寅 4 五	己卯 5 六	庚辰 6 日	辛巳 7 一	壬午 8 二	癸未 9 三	甲申 10 四		辛酉春分 丙子清明
三月小 庚辰	天干地支 西曆 星期	乙酉 11 五	丙戌 12 六	丁亥 13 日	戊子 14 一	己丑 15 二	庚寅 16 三	辛卯 17 四	壬辰 18 五	癸巳 19 六	甲午 20 日	乙未 21 一	丙申 22 二	丁酉 23 三	戊戌 24 四	己亥 25 五	庚子 26 六	辛丑 27 日	壬寅 28 一	癸卯 29 二	甲辰 30 三	乙巳 (5) 四	丙午 2 五	丁未 3 六	戊申 4 日	己酉 5 一	庚戌 6 二	辛亥 7 三	壬子 8 四	癸丑 9 五		辛卯穀雨 丙午立夏
四月大 辛巳	天干地支 西曆 星期	甲寅 10 六	乙卯 11 日	丙辰 12 一	丁巳 13 二	戊午 14 三	己未 15 四	庚申 16 五	辛酉 17 六	壬戌 18 日	癸亥 19 一	甲子 20 二	乙丑 21 三	丙寅 22 四	丁卯 23 五	戊辰 24 六	己巳 25 日	庚午 26 一	辛未 27 二	壬申 28 三	癸酉 29 四	甲戌 30 五	乙亥 31 六	丙子 (6) 日	丁丑 2 一	戊寅 3 二	己卯 4 三	庚辰 5 四	辛巳 6 五	壬午 7 六	癸未 8 日	壬戌小滿 丁丑芒種
五月小 壬午	天干地支 西曆 星期	甲申 9 一	乙酉 10 二	丙戌 11 三	丁亥 12 四	戊子 13 五	己丑 14 六	庚寅 15 日	辛卯 16 一	壬辰 17 二	癸巳 18 三	甲午 19 四	乙未 20 五	丙申 21 六	丁酉 22 日	戊戌 23 一	己亥 24 二	庚子 25 三	辛丑 26 四	壬寅 27 五	癸卯 28 六	甲辰 29 日	乙巳 30 一	丙午 (7) 二	丁未 2 三	戊申 3 四	己酉 4 五	庚戌 5 六	辛亥 6 日	壬子 7 一		壬辰夏至 丁未小暑
六月小 癸未	天干地支 西曆 星期	癸丑 8 二	甲寅 9 三	乙卯 10 四	丙辰 11 五	丁巳 12 六	戊午 13 日	己未 14 一	庚申 15 二	辛酉 16 三	壬戌 17 四	癸亥 18 五	甲子 19 六	乙丑 20 日	丙寅 21 一	丁卯 22 二	戊辰 23 三	己巳 24 四	庚午 25 五	辛未 26 六	壬申 27 日	癸酉 28 一	甲戌 29 二	乙亥 30 三	丙子 31 四	丁丑 (8) 五	戊寅 2 六	己卯 3 日	庚辰 4 一	辛巳 5 二		壬戌大暑 戊寅立秋
七月大 甲申	天干地支 西曆 星期	壬午 6 三	癸未 7 四	甲申 8 五	乙酉 9 六	丙戌 10 日	丁亥 11 一	戊子 12 二	己丑 13 三	庚寅 14 四	辛卯 15 五	壬辰 16 六	癸巳 17 日	甲午 18 一	乙未 19 二	丙申 20 三	丁酉 21 四	戊戌 22 五	己亥 23 六	庚子 24 日	辛丑 25 一	壬寅 26 二	癸卯 27 三	甲辰 28 四	乙巳 29 五	丙午 30 六	丁未 31 日	戊申 (9) 一	己酉 2 二	庚戌 3 三	辛亥 4 四	癸巳處暑 戊申白露
八月小 乙酉	天干地支 西曆 星期	壬子 5 五	癸丑 6 六	甲寅 7 日	乙卯 8 一	丙辰 9 二	丁巳 10 三	戊午 11 四	己未 12 五	庚申 13 六	辛酉 14 日	壬戌 15 一	癸亥 16 二	甲子 17 三	乙丑 18 四	丙寅 19 五	丁卯 20 六	戊辰 21 日	己巳 22 一	庚午 23 二	辛未 24 三	壬申 25 四	癸酉 26 五	甲戌 27 六	乙亥 28 日	丙子 29 一	丁丑 30 二	戊寅 (10) 三	己卯 2 四	庚辰 3 五		癸亥秋分 己卯寒露
九月大 丙戌	天干地支 西曆 星期	辛巳 4 六	壬午 5 日	癸未 6 一	甲申 7 二	乙酉 8 三	丙戌 9 四	丁亥 10 五	戊子 11 六	己丑 12 日	庚寅 13 一	辛卯 14 二	壬辰 15 三	癸巳 16 四	甲午 17 五	乙未 18 六	丙申 19 日	丁酉 20 一	戊戌 21 二	己亥 22 三	庚子 23 四	辛丑 24 五	壬寅 25 六	癸卯 26 日	甲辰 27 一	乙巳 28 二	丙午 29 三	丁未 30 四	戊申 31 五	己酉 (11) 六	庚戌 2 日	甲午霜降 己酉立冬
十月大 丁亥	天干地支 西曆 星期	辛亥 3 一	壬子 4 二	癸丑 5 三	甲寅 6 四	乙卯 7 五	丙辰 8 六	丁巳 9 日	戊午 10 一	己未 11 二	庚申 12 三	辛酉 13 四	壬戌 14 五	癸亥 15 六	甲子 16 日	乙丑 17 一	丙寅 18 二	丁卯 19 三	戊辰 20 四	己巳 21 五	庚午 22 六	辛未 23 日	壬申 24 一	癸酉 25 二	甲戌 26 三	乙亥 27 四	丙子 28 五	丁丑 29 六	戊寅 30 日	己卯 (12) 一	庚辰 2 二	甲子小雪 己卯大雪
十一月大 戊子	天干地支 西曆 星期	辛巳 3 三	壬午 4 四	癸未 5 五	甲申 6 六	乙酉 7 日	丙戌 8 一	丁亥 9 二	戊子 10 三	己丑 11 四	庚寅 12 五	辛卯 13 六	壬辰 14 日	癸巳 15 一	甲午 16 二	乙未 17 三	丙申 18 四	丁酉 19 五	戊戌 20 六	己亥 21 日	庚子 22 一	辛丑 23 二	壬寅 24 三	癸卯 25 四	甲辰 26 五	乙巳 27 六	丙午 28 日	丁未 29 一	戊申 30 二	己酉 31 三	庚戌 (1) 四	乙未冬至 庚戌小寒
十二月小 己丑	天干地支 西曆 星期	辛亥 2 五	壬子 3 六	癸丑 4 日	甲寅 5 一	乙卯 6 二	丙辰 7 三	丁巳 8 四	戊午 9 五	己未 10 六	庚申 11 日	辛酉 12 一	壬戌 13 二	癸亥 14 三	甲子 15 四	乙丑 16 五	丙寅 17 六	丁卯 18 日	戊辰 19 一	己巳 20 二	庚午 21 三	辛未 22 四	壬申 23 五	癸酉 24 六	甲戌 25 日	乙亥 26 一	丙子 27 二	丁丑 28 三	戊寅 29 四	己卯 30 五		乙丑大寒

宋仁宗景祐三年（丙子 鼠年） 公元 1036 ~ 1037 年

夏曆月序		中西曆日對照	初一	初二	初三	初四	初五	初六	初七	初八	初九	初十	十一	十二	十三	十四	十五	十六	十七	十八	十九	二十	二一	二二	二三	二四	二五	二六	二七	二八	二九	三十	節氣與天象
正月大	庚寅	干支 西曆 星期	庚辰 31 六	辛巳 (2) 日	壬午 2 一	癸未 3 二	甲申 4 三	乙酉 5 四	丙戌 6 五	丁亥 7 六	戊子 8 日	己丑 9 一	庚寅 10 二	辛卯 11 三	壬辰 12 四	癸巳 13 五	甲午 14 六	乙未 15 日	丙申 16 一	丁酉 17 二	戊戌 18 三	己亥 19 四	庚子 20 五	辛丑 21 六	壬寅 22 日	癸卯 23 一	甲辰 24 二	乙巳 25 三	丙午 26 四	丁未 27 五	戊申 28 六	己酉 29 日	庚辰立春 乙未雨水
二月大	辛卯	干支 西曆 星期	庚戌 (3) 一	辛亥 2 二	壬子 3 三	癸丑 4 四	甲寅 5 五	乙卯 6 六	丙辰 7 日	丁巳 8 一	戊午 9 二	己未 10 三	庚申 11 四	辛酉 12 五	壬戌 13 六	癸亥 14 日	甲子 15 一	乙丑 16 二	丙寅 17 三	丁卯 18 四	戊辰 19 五	己巳 20 六	庚午 21 日	辛未 22 一	壬申 23 二	癸酉 24 三	甲戌 25 四	乙亥 26 五	丙子 27 六	丁丑 28 日	戊寅 29 一	己卯 30 二	辛亥驚蟄 丙寅春分
三月小	壬辰	干支 西曆 星期	庚辰 31 三	辛巳 (4) 四	壬午 2 五	癸未 3 六	甲申 4 日	乙酉 5 一	丙戌 6 二	丁亥 7 三	戊子 8 四	己丑 9 五	庚寅 10 六	辛卯 11 日	壬辰 12 一	癸巳 13 二	甲午 14 三	乙未 15 四	丙申 16 五	丁酉 17 六	戊戌 18 日	己亥 19 一	庚子 20 二	辛丑 21 三	壬寅 22 四	癸卯 23 五	甲辰 24 六	乙巳 25 日	丙午 26 一	丁未 27 二	戊申 28 三		辛巳清明 丙申穀雨
四月小	癸巳	干支 西曆 星期	己酉 29 四	庚戌 30 五	辛亥 (5) 六	壬子 2 日	癸丑 3 一	甲寅 4 二	乙卯 5 三	丙辰 6 四	丁巳 7 五	戊午 8 六	己未 9 日	庚申 10 一	辛酉 11 二	壬戌 12 三	癸亥 13 四	甲子 14 五	乙丑 15 六	丙寅 16 日	丁卯 17 一	戊辰 18 二	己巳 19 三	庚午 20 四	辛未 21 五	壬申 22 六	癸酉 23 日	甲戌 24 一	乙亥 25 二	丙子 26 三	丁丑 27 四		壬子立夏 丁卯小滿
五月大	甲午	干支 西曆 星期	戊寅 28 五	己卯 29 六	庚辰 30 日	辛巳 31 一	壬午 (6) 二	癸未 2 三	甲申 3 四	乙酉 4 五	丙戌 5 六	丁亥 6 日	戊子 7 一	己丑 8 二	庚寅 9 三	辛卯 10 四	壬辰 11 五	癸巳 12 六	甲午 13 日	乙未 14 一	丙申 15 二	丁酉 16 三	戊戌 17 四	己亥 18 五	庚子 19 六	辛丑 20 日	壬寅 21 一	癸卯 22 二	甲辰 23 三	乙巳 24 四	丙午 25 五	丁未 26 六	壬午芒種 丁酉夏至
六月小	乙未	干支 西曆 星期	戊申 27 日	己酉 28 一	庚戌 29 二	辛亥 30 三	壬子 (7) 四	癸丑 2 五	甲寅 3 六	乙卯 4 日	丙辰 5 一	丁巳 6 二	戊午 7 三	己未 8 四	庚申 9 五	辛酉 10 六	壬戌 11 日	癸亥 12 一	甲子 13 二	乙丑 14 三	丙寅 15 四	丁卯 16 五	戊辰 17 六	己巳 18 日	庚午 19 一	辛未 20 二	壬申 21 三	癸酉 22 四	甲戌 23 五	乙亥 24 六	丙子 25 日		壬子小暑 戊辰大暑
七月小	丙申	干支 西曆 星期	丁丑 26 一	戊寅 27 二	己卯 28 三	庚辰 29 四	辛巳 30 五	壬午 31 六	癸未 (8) 日	甲申 2 一	乙酉 3 二	丙戌 4 三	丁亥 5 四	戊子 6 五	己丑 7 六	庚寅 8 日	辛卯 9 一	壬辰 10 二	癸巳 11 三	甲午 12 四	乙未 13 五	丙申 14 六	丁酉 15 日	戊戌 16 一	己亥 17 二	庚子 18 三	辛丑 19 四	壬寅 20 五	癸卯 21 六	甲辰 22 日	乙巳 23 一		癸未立秋 戊戌處暑
八月大	丁酉	干支 西曆 星期	丙午 24 二	丁未 25 三	戊申 26 四	己酉 27 五	庚戌 28 六	辛亥 29 日	壬子 30 一	癸丑 31 二	甲寅 (9) 三	乙卯 2 四	丙辰 3 五	丁巳 4 六	戊午 5 日	己未 6 一	庚申 7 二	辛酉 8 三	壬戌 9 四	癸亥 10 五	甲子 11 六	乙丑 12 日	丙寅 13 一	丁卯 14 二	戊辰 15 三	己巳 16 四	庚午 17 五	辛未 18 六	壬申 19 日	癸酉 20 一	甲戌 21 二	乙亥 22 三	癸丑白露 己巳秋分
九月小	戊戌	干支 西曆 星期	丙子 23 四	丁丑 24 五	戊寅 25 六	己卯 26 日	庚辰 27 一	辛巳 28 二	壬午 29 三	癸未 30 四	甲申 (10) 五	乙酉 2 六	丙戌 3 日	丁亥 4 一	戊子 5 二	己丑 6 三	庚寅 7 四	辛卯 8 五	壬辰 9 六	癸巳 10 日	甲午 11 一	乙未 12 二	丙申 13 三	丁酉 14 四	戊戌 15 五	己亥 16 六	庚子 17 日	辛丑 18 一	壬寅 19 二	癸卯 20 三	甲辰 21 四		甲申寒露 己亥霜降
十月大	己亥	干支 西曆 星期	乙巳 22 五	丙午 23 六	丁未 24 日	戊申 25 一	己酉 26 二	庚戌 27 三	辛亥 28 四	壬子 29 五	癸丑 30 六	甲寅 31 日	乙卯 (11) 一	丙辰 2 二	丁巳 3 三	戊午 4 四	己未 5 五	庚申 6 六	辛酉 7 日	壬戌 8 一	癸亥 9 二	甲子 10 三	乙丑 11 四	丙寅 12 五	丁卯 13 六	戊辰 14 日	己巳 15 一	庚午 16 二	辛未 17 三	壬申 18 四	癸酉 19 五	甲戌 20 六	甲寅立冬 己巳小雪 乙巳日食
十一月大	庚子	干支 西曆 星期	乙亥 21 日	丙子 22 一	丁丑 23 二	戊寅 24 三	己卯 25 四	庚辰 26 五	辛巳 27 六	壬午 28 日	癸未 29 一	甲申 30 二	乙酉 (12) 三	丙戌 2 四	丁亥 3 五	戊子 4 六	己丑 5 日	庚寅 6 一	辛卯 7 二	壬辰 8 三	癸巳 9 四	甲午 10 五	乙未 11 六	丙申 12 日	丁酉 13 一	戊戌 14 二	己亥 15 三	庚子 16 四	辛丑 17 五	壬寅 18 六	癸卯 19 日	甲辰 20 一	乙酉大雪 庚子冬至
十二月小	辛丑	干支 西曆 星期	乙巳 21 二	丙午 22 三	丁未 23 四	戊申 24 五	己酉 25 六	庚戌 26 日	辛亥 27 一	壬子 28 二	癸丑 29 三	甲寅 30 四	乙卯 31 五	丙辰 (1) 六	丁巳 2 日	戊午 3 一	己未 4 二	庚申 5 三	辛酉 6 四	壬戌 7 五	癸亥 8 六	甲子 9 日	乙丑 10 一	丙寅 11 二	丁卯 12 三	戊辰 13 四	己巳 14 五	庚午 15 六	辛未 16 日	壬申 17 一	癸酉 18 二		乙卯小寒 庚午大寒

宋仁宗景祐四年（丁丑 牛年） 公元1037 ~ 1038年

夏曆月序		中西曆日對照	初一	初二	初三	初四	初五	初六	初七	初八	初九	初十	十一	十二	十三	十四	十五	十六	十七	十八	十九	二十	二一	二二	二三	二四	二五	二六	二七	二八	二九	三十	節氣與天象
正月大	壬寅	干支 天地 西曆 星期	甲戌19三	乙亥20四	丙子21五	丁丑22六	戊寅23日	己卯24一	庚辰25二	辛巳26三	壬午27四	癸未28五	甲申29六	乙酉30日	丙戌31一	丁亥(2)二	戊子2三	己丑3四	庚寅4五	辛卯5六	壬辰6日	癸巳7一	甲午8二	乙未9三	丙申10四	丁酉11五	戊戌12六	己亥13日	庚子14一	辛丑15二	壬寅16三	癸卯17四	乙酉立春 辛丑雨水
二月大	癸卯	干支 天地 西曆 星期	甲辰18五	乙巳19六	丙午20日	丁未21一	戊申22二	己酉23三	庚戌24四	辛亥25五	壬子26六	癸丑27日	甲寅28一	乙卯(3)二	丙辰2三	丁巳3四	戊午4五	己未5六	庚申6日	辛酉7一	壬戌8二	癸亥9三	甲子10四	乙丑11五	丙寅12六	丁卯13日	戊辰14一	己巳15二	庚午16三	辛未17四	壬申18五	癸酉19六	丙辰驚蟄 辛未春分
三月小	甲辰	干支 天地 西曆 星期	甲戌20日	乙亥21一	丙子22二	丁丑23三	戊寅24四	己卯25五	庚辰26六	辛巳27日	壬午28一	癸未29二	甲申30三	乙酉31四	丙戌(4)五	丁亥2六	戊子3日	己丑4一	庚寅5二	辛卯6三	壬辰7四	癸巳8五	甲午9六	乙未10日	丙申11一	丁酉12二	戊戌13三	己亥14四	庚子15五	辛丑16六	壬寅17日		丙戌清明 壬寅穀雨
四月大	乙巳	干支 天地 西曆 星期	癸卯18一	甲辰19二	乙巳20三	丙午21四	丁未22五	戊申23六	己酉24日	庚戌25一	辛亥26二	壬子27三	癸丑28四	甲寅29五	乙卯30六	丙辰(5)日	丁巳2一	戊午3二	己未4三	庚申5四	辛酉6五	壬戌7六	癸亥8日	甲子9一	乙丑10二	丙寅11三	丁卯12四	戊辰13五	己巳14六	庚午15日	辛未16一	壬申17二	丁巳立夏 壬申小滿
閏四月小	乙巳	干支 天地 西曆 星期	癸酉18三	甲戌19四	乙亥20五	丙子21六	丁丑22日	戊寅23一	己卯24二	庚辰25三	辛巳26四	壬午27五	癸未28六	甲申29日	乙酉30一	丙戌31二	丁亥(6)三	戊子2四	己丑3五	庚寅4六	辛卯5日	壬辰6一	癸巳7二	甲午8三	乙未9四	丙申10五	丁酉11六	戊戌12日	己亥13一	庚子14二	辛丑15三		丁亥芒種
五月大	丙午	干支 天地 西曆 星期	壬寅16四	癸卯17五	甲辰18六	乙巳19日	丙午20一	丁未21二	戊申22三	己酉23四	庚戌24五	辛亥25六	壬子26日	癸丑27一	甲寅28二	乙卯29三	丙辰30四	丁巳(7)五	戊午2六	己未3日	庚申4一	辛酉5二	壬戌6三	癸亥7四	甲子8五	乙丑9六	丙寅10日	丁卯11一	戊辰12二	己巳13三	庚午14四	辛未15五	壬寅夏至 戊午小暑
六月小	丁未	干支 天地 西曆 星期	壬申16六	癸酉17日	甲戌18一	乙亥19二	丙子20三	丁丑21四	戊寅22五	己卯23六	庚辰24日	辛巳25一	壬午26二	癸未27三	甲申28四	乙酉29五	丙戌30六	丁亥31日	戊子(8)一	己丑2二	庚寅3三	辛卯4四	壬辰5五	癸巳6六	甲午7日	乙未8一	丙申9二	丁酉10三	戊戌11四	己亥12五	庚子13六		癸酉大暑 戊子立秋
七月小	戊申	干支 天地 西曆 星期	辛丑14日	壬寅15一	癸卯16二	甲辰17三	乙巳18四	丙午19五	丁未20六	戊申21日	己酉22一	庚戌23二	辛亥24三	壬子25四	癸丑26五	甲寅27六	乙卯28日	丙辰29一	丁巳30二	戊午31三	己未(9)四	庚申2五	辛酉3六	壬戌4日	癸亥5一	甲子6二	乙丑7三	丙寅8四	丁卯9五	戊辰10六	己巳11日		癸卯處暑 己未白露
八月大	己酉	干支 天地 西曆 星期	庚午12一	辛未13二	壬申14三	癸酉15四	甲戌16五	乙亥17六	丙子18日	丁丑19一	戊寅20二	己卯21三	庚辰22四	辛巳23五	壬午24六	癸未25日	甲申26一	乙酉27二	丙戌28三	丁亥29四	戊子30五	己丑(10)六	庚寅2日	辛卯3一	壬辰4二	癸巳5三	甲午6四	乙未7五	丙申8六	丁酉9日	戊戌10一	己亥11二	甲戌秋分 己丑寒露
九月小	庚戌	干支 天地 西曆 星期	庚子12三	辛丑13四	壬寅14五	癸卯15六	甲辰16日	乙巳17一	丙午18二	丁未19三	戊申20四	己酉21五	庚戌22六	辛亥23日	壬子24一	癸丑25二	甲寅26三	乙卯27四	丙辰28五	丁巳29六	戊午30日	己未31一	庚申(11)二	辛酉2三	壬戌3四	癸亥4五	甲子5六	乙丑6日	丙寅7一	丁卯8二	戊辰9三		甲辰霜降 己未立冬
十月大	辛亥	干支 天地 西曆 星期	己巳10四	庚午11五	辛未12六	壬申13日	癸酉14一	甲戌15二	乙亥16三	丙子17四	丁丑18五	戊寅19六	己卯20日	庚辰21一	辛巳22二	壬午23三	癸未24四	甲申25五	乙酉26六	丙戌27日	丁亥28一	戊子29二	己丑30三	庚寅(12)四	辛卯2五	壬辰3六	癸巳4日	甲午5一	乙未6二	丙申7三	丁酉8四	戊戌9五	乙亥小雪 庚寅大雪
十一月小	壬子	干支 天地 西曆 星期	己亥10六	庚子11日	辛丑12一	壬寅13二	癸卯14三	甲辰15四	乙巳16五	丙午17六	丁未18日	戊申19一	己酉20二	庚戌21三	辛亥22四	壬子23五	癸丑24六	甲寅25日	乙卯26一	丙辰27二	丁巳28三	戊午29四	己未30五	庚申31六	辛酉(1)日	壬戌2一	癸亥3二	甲子4三	乙丑5四	丙寅6五	丁卯7六		乙巳冬至 庚申小寒
十二月大	癸丑	干支 天地 西曆 星期	戊辰8日	己巳9一	庚午10二	辛未11三	壬申12四	癸酉13五	甲戌14六	乙亥15日	丙子16一	丁丑17二	戊寅18三	己卯19四	庚辰20五	辛巳21六	壬午22日	癸未23一	甲申24二	乙酉25三	丙戌26四	丁亥27五	戊子28六	己丑29日	庚寅30一	辛卯31二	壬辰(2)三	癸巳2四	甲午3五	乙未4六	丙申5日	丁酉6一	丙子大寒 辛卯立春

宋仁宗景祐五年 寶元元年（戊寅 虎年） 公元 1038 ~ 1039 年

夏曆月序		中西曆日對照	夏曆日序																														節氣與天象
			初一	初二	初三	初四	初五	初六	初七	初八	初九	初十	十一	十二	十三	十四	十五	十六	十七	十八	十九	二十	二一	二二	二三	二四	二五	二六	二七	二八	二九	三十	
正月大	甲寅	干支 西曆 天地 星期	戊戌 7 二	己亥 8 三	庚子 9 四	辛丑 10 五	壬寅 11 六	癸卯 12 日	甲辰 13 一	乙巳 14 二	丙午 15 三	丁未 16 四	戊申 17 五	己酉 18 六	庚戌 19 日	辛亥 20 一	壬子 21 二	癸丑 22 三	甲寅 23 四	乙卯 24 五	丙辰 25 六	丁巳 26 日	戊午 27 一	己未 28 二	庚申 (3) 三	辛酉 2 四	壬戌 3 五	癸亥 4 六	甲子 5 日	乙丑 6 一	丙寅 7 二	丁卯 8 三	丙午雨水 辛酉驚蟄
二月大	乙卯	干支 西曆 天地 星期	戊辰 9 四	己巳 10 五	庚午 11 六	辛未 12 日	壬申 13 一	癸酉 14 二	甲戌 15 三	乙亥 16 四	丙子 17 五	丁丑 18 六	戊寅 19 日	己卯 20 一	庚辰 21 二	辛巳 22 三	壬午 23 四	癸未 24 五	甲申 25 六	乙酉 26 日	丙戌 27 一	丁亥 28 二	戊子 29 三	己丑 30 四	庚寅 31 五	辛卯 (4) 六	壬辰 2 日	癸巳 3 一	甲午 4 二	乙未 5 三	丙申 6 四	丁酉 7 五	丙子春分 壬辰清明
三月小	丙辰	干支 西曆 天地 星期	戊戌 8 六	己亥 9 日	庚子 10 一	辛丑 11 二	壬寅 12 三	癸卯 13 四	甲辰 14 五	乙巳 15 六	丙午 16 日	丁未 17 一	戊申 18 二	己酉 19 三	庚戌 20 四	辛亥 21 五	壬子 22 六	癸丑 23 日	甲寅 24 一	乙卯 25 二	丙辰 26 三	丁巳 27 四	戊午 28 五	己未 29 六	庚申 30 日	辛酉 (5) 一	壬戌 2 二	癸亥 3 三	甲子 4 四	乙丑 5 五	丙寅 6 六		丁未穀雨 壬戌立夏
四月大	丁巳	干支 西曆 天地 星期	丁卯 7 日	戊辰 8 一	己巳 9 二	庚午 10 三	辛未 11 四	壬申 12 五	癸酉 13 六	甲戌 14 日	乙亥 15 一	丙子 16 二	丁丑 17 三	戊寅 18 四	己卯 19 五	庚辰 20 六	辛巳 21 日	壬午 22 一	癸未 23 二	甲申 24 三	乙酉 25 四	丙戌 26 五	丁亥 27 六	戊子 28 日	己丑 29 一	庚寅 30 二	辛卯 31 三	壬辰 (6) 四	癸巳 2 五	甲午 3 六	乙未 4 日	丙申 5 一	丁丑小滿 壬辰芒種
五月小	戊午	干支 西曆 天地 星期	丁酉 6 二	戊戌 7 三	己亥 8 四	庚子 9 五	辛丑 10 六	壬寅 11 日	癸卯 12 一	甲辰 13 二	乙巳 14 三	丙午 15 四	丁未 16 五	戊申 17 六	己酉 18 日	庚戌 19 一	辛亥 20 二	壬子 21 三	癸丑 22 四	甲寅 23 五	乙卯 24 六	丙辰 25 日	丁巳 26 一	戊午 27 二	己未 28 三	庚申 29 四	辛酉 30 五	壬戌 (7) 六	癸亥 2 日	甲子 3 一	乙丑 4 二		戊申夏至 癸亥小暑
六月大	己未	干支 西曆 天地 星期	丙寅 5 三	丁卯 6 四	戊辰 7 五	己巳 8 六	庚午 9 日	辛未 10 一	壬申 11 二	癸酉 12 三	甲戌 13 四	乙亥 14 五	丙子 15 六	丁丑 16 日	戊寅 17 一	己卯 18 二	庚辰 19 三	辛巳 20 四	壬午 21 五	癸未 22 六	甲申 23 日	乙酉 24 一	丙戌 25 二	丁亥 26 三	戊子 27 四	己丑 28 五	庚寅 29 六	辛卯 30 日	壬辰 31 一	癸巳 (8) 二	甲午 2 三	乙未 3 四	戊寅大暑 癸巳立秋
七月小	庚申	干支 西曆 天地 星期	丙申 4 五	丁酉 5 六	戊戌 6 日	己亥 7 一	庚子 8 二	辛丑 9 三	壬寅 10 四	癸卯 11 五	甲辰 12 六	乙巳 13 日	丙午 14 一	丁未 15 二	戊申 16 三	己酉 17 四	庚戌 18 五	辛亥 19 六	壬子 20 日	癸丑 21 一	甲寅 22 二	乙卯 23 三	丙辰 24 四	丁巳 25 五	戊午 26 六	己未 27 日	庚申 28 一	辛酉 29 二	壬戌 30 三	癸亥 31 四	甲子 (9) 五		己酉處暑 甲子白露
八月小	辛酉	干支 西曆 天地 星期	乙丑 2 六	丙寅 3 日	丁卯 4 一	戊辰 5 二	己巳 6 三	庚午 7 四	辛未 8 五	壬申 9 六	癸酉 10 日	甲戌 11 一	乙亥 12 二	丙子 13 三	丁丑 14 四	戊寅 15 五	己卯 16 六	庚辰 17 日	辛巳 18 一	壬午 19 二	癸未 20 三	甲申 21 四	乙酉 22 五	丙戌 23 六	丁亥 24 日	戊子 25 一	己丑 26 二	庚寅 27 三	辛卯 28 四	壬辰 29 五	癸巳 30 六		己卯秋分
九月大	壬戌	干支 西曆 天地 星期	甲午 (10) 日	乙未 2 一	丙申 3 二	丁酉 4 三	戊戌 5 四	己亥 6 五	庚子 7 六	辛丑 8 日	壬寅 9 一	癸卯 10 二	甲辰 11 三	乙巳 12 四	丙午 13 五	丁未 14 六	戊申 15 日	己酉 16 一	庚戌 17 二	辛亥 18 三	壬子 19 四	癸丑 20 五	甲寅 21 六	乙卯 22 日	丙辰 23 一	丁巳 24 二	戊午 25 三	己未 26 四	庚申 27 五	辛酉 28 六	壬戌 29 日	癸亥 30 一	甲午寒露 己酉霜降
十月小	癸亥	干支 西曆 天地 星期	甲子 31 二	乙丑 (11) 三	丙寅 2 四	丁卯 3 五	戊辰 4 六	己巳 5 日	庚午 6 一	辛未 7 二	壬申 8 三	癸酉 9 四	甲戌 10 五	乙亥 11 六	丙子 12 日	丁丑 13 一	戊寅 14 二	己卯 15 三	庚辰 16 四	辛巳 17 五	壬午 18 六	癸未 19 日	甲申 20 一	乙酉 21 二	丙戌 22 三	丁亥 23 四	戊子 24 五	己丑 25 六	庚寅 26 日	辛卯 27 一	壬辰 28 二		乙丑立冬 庚辰小雪
十一月大	甲子	干支 西曆 天地 星期	癸巳 29 三	甲午 30 四	乙未 (12) 五	丙申 2 六	丁酉 3 日	戊戌 4 一	己亥 5 二	庚子 6 三	辛丑 7 四	壬寅 8 五	癸卯 9 六	甲辰 10 日	乙巳 11 一	丙午 12 二	丁未 13 三	戊申 14 四	己酉 15 五	庚戌 16 六	辛亥 17 日	壬子 18 一	癸丑 19 二	甲寅 20 三	乙卯 21 四	丙辰 22 五	丁巳 23 六	戊午 24 日	己未 25 一	庚申 26 二	辛酉 27 三	壬戌 28 四	乙未大雪 庚戌冬至
十二月小	乙丑	干支 西曆 天地 星期	癸亥 29 五	甲子 30 六	乙丑 31 日	丙寅 (1) 一	丁卯 2 二	戊辰 3 三	己巳 4 四	庚午 5 五	辛未 6 六	壬申 7 日	癸酉 8 一	甲戌 9 二	乙亥 10 三	丙子 11 四	丁丑 12 五	戊寅 13 六	己卯 14 日	庚辰 15 一	辛巳 16 二	壬午 17 三	癸未 18 四	甲申 19 五	乙酉 20 六	丙戌 21 日	丁亥 22 一	戊子 23 二	己丑 24 三	庚寅 25 四	辛卯 26 五		丙寅小寒 辛巳大寒

* 十一月庚戌（十八日），改元寶元。

宋仁宗寶元二年（己卯兔年） 公元1039～1040年

夏曆月序		中西曆日對照	初一	初二	初三	初四	初五	初六	初七	初八	初九	初十	十一	十二	十三	十四	十五	十六	十七	十八	十九	二十	二一	二二	二三	二四	二五	二六	二七	二八	二九	三十	節氣與天象
正月大	丙寅	干支 西曆 星期	壬辰 27 六	癸巳 28 日	甲午 29 一	乙未 30 二	丙申 31 三	丁酉 (2) 四	戊戌 2 五	己亥 3 六	庚子 4 日	辛丑 5 一	壬寅 6 二	癸卯 7 三	甲辰 8 四	乙巳 9 五	丙午 10 六	丁未 11 日	戊申 12 一	己酉 13 二	庚戌 14 三	辛亥 15 四	壬子 16 五	癸丑 17 六	甲寅 18 日	乙卯 19 一	丙辰 20 二	丁巳 21 三	戊午 22 四	己未 23 五	庚申 24 六	辛酉 25 日	丙申立春 辛亥雨水
二月大	丁卯	干支 西曆 星期	壬戌 26 一	癸亥 27 二	甲子 28 三	乙丑 (3) 四	丙寅 2 五	丁卯 3 六	戊辰 4 日	己巳 5 一	庚午 6 二	辛未 7 三	壬申 8 四	癸酉 9 五	甲戌 10 六	乙亥 11 日	丙子 12 一	丁丑 13 二	戊寅 14 三	己卯 15 四	庚辰 16 五	辛巳 17 六	壬午 18 日	癸未 19 一	甲申 20 二	乙酉 21 三	丙戌 22 四	丁亥 23 五	戊子 24 六	己丑 25 日	庚寅 26 一	辛卯 27 二	丙寅驚蟄 壬午春分
三月小	戊辰	干支 西曆 星期	壬辰 28 三	癸巳 29 四	甲午 30 五	乙未 31 六	丙申 (4) 日	丁酉 2 一	戊戌 3 二	己亥 4 三	庚子 5 四	辛丑 6 五	壬寅 7 六	癸卯 8 日	甲辰 9 一	乙巳 10 二	丙午 11 三	丁未 12 四	戊申 13 五	己酉 14 六	庚戌 15 日	辛亥 16 一	壬子 17 二	癸丑 18 三	甲寅 19 四	乙卯 20 五	丙辰 21 六	丁巳 22 日	戊午 23 一	己未 24 二	庚申 25 三		丁酉清明 壬子穀雨
四月大	己巳	干支 西曆 星期	辛酉 26 四	壬戌 27 五	癸亥 28 六	甲子 29 日	乙丑 30 一	丙寅 (5) 二	丁卯 2 三	戊辰 3 四	己巳 4 五	庚午 5 六	辛未 6 日	壬申 7 一	癸酉 8 二	甲戌 9 三	乙亥 10 四	丙子 11 五	丁丑 12 六	戊寅 13 日	己卯 14 一	庚辰 15 二	辛巳 16 三	壬午 17 四	癸未 18 五	甲申 19 六	乙酉 20 日	丙戌 21 一	丁亥 22 二	戊子 23 三	己丑 24 四	庚寅 25 五	丁卯立夏 癸未小滿
五月小	庚午	干支 西曆 星期	辛卯 26 六	壬辰 27 日	癸巳 28 一	甲午 29 二	乙未 30 三	丙申 31 四	丁酉 (6) 五	戊戌 2 六	己亥 3 日	庚子 4 一	辛丑 5 二	壬寅 6 三	癸卯 7 四	甲辰 8 五	乙巳 9 六	丙午 10 日	丁未 11 一	戊申 12 二	己酉 13 三	庚戌 14 四	辛亥 15 五	壬子 16 六	癸丑 17 日	甲寅 18 一	乙卯 19 二	丙辰 20 三	丁巳 21 四	戊午 22 五	己未 23 六		戊戌芒種 癸丑夏至
六月大	辛未	干支 西曆 星期	庚申 24 日	辛酉 25 一	壬戌 26 二	癸亥 27 三	甲子 28 四	乙丑 29 五	丙寅 30 六	丁卯 (7) 日	戊辰 2 一	己巳 3 二	庚午 4 三	辛未 5 四	壬申 6 五	癸酉 7 六	甲戌 8 日	乙亥 9 一	丙子 10 二	丁丑 11 三	戊寅 12 四	己卯 13 五	庚辰 14 六	辛巳 15 日	壬午 16 一	癸未 17 二	甲申 18 三	乙酉 19 四	丙戌 20 五	丁亥 21 六	戊子 22 日	己丑 23 一	戊辰小暑 癸未大暑
七月大	壬申	干支 西曆 星期	庚寅 24 二	辛卯 25 三	壬辰 26 四	癸巳 27 五	甲午 28 六	乙未 29 日	丙申 30 一	丁酉 31 二	戊戌 (8) 三	己亥 2 四	庚子 3 五	辛丑 4 六	壬寅 5 日	癸卯 6 一	甲辰 7 二	乙巳 8 三	丙午 9 四	丁未 10 五	戊申 11 六	己酉 12 日	庚戌 13 一	辛亥 14 二	壬子 15 三	癸丑 16 四	甲寅 17 五	乙卯 18 六	丙辰 19 日	丁巳 20 一	戊午 21 二	己未 22 三	己亥立秋 甲寅處暑
八月小	癸酉	干支 西曆 星期	庚申 23 四	辛酉 24 五	壬戌 25 六	癸亥 26 日	甲子 27 一	乙丑 28 二	丙寅 29 三	丁卯 30 四	戊辰 31 五	己巳 (9) 六	庚午 2 日	辛未 3 一	壬申 4 二	癸酉 5 三	甲戌 6 四	乙亥 7 五	丙子 8 六	丁丑 9 日	戊寅 10 一	己卯 11 二	庚辰 12 三	辛巳 13 四	壬午 14 五	癸未 15 六	甲申 16 日	乙酉 17 一	丙戌 18 二	丁亥 19 三	戊子 20 四		己巳白露 甲申秋分
九月大	甲戌	干支 西曆 星期	己丑 21 五	庚寅 22 六	辛卯 23 日	壬辰 24 一	癸巳 25 二	甲午 26 三	乙未 27 四	丙申 28 五	丁酉 29 六	戊戌 30 日	己亥 (10) 一	庚子 2 二	辛丑 3 三	壬寅 4 四	癸卯 5 五	甲辰 6 六	乙巳 7 日	丙午 8 一	丁未 9 二	戊申 10 三	己酉 11 四	庚戌 12 五	辛亥 13 六	壬子 14 日	癸丑 15 一	甲寅 16 二	乙卯 17 三	丙辰 18 四	丁巳 19 五	戊午 20 六	己亥寒露 乙卯霜降
十月小	乙亥	干支 西曆 星期	己未 21 日	庚申 22 一	辛酉 23 二	壬戌 24 三	癸亥 25 四	甲子 26 五	乙丑 27 六	丙寅 28 日	丁卯 29 一	戊辰 30 二	己巳 31 三	庚午 (11) 四	辛未 2 五	壬申 3 六	癸酉 4 日	甲戌 5 一	乙亥 6 二	丙子 7 三	丁丑 8 四	戊寅 9 五	己卯 10 六	庚辰 11 日	辛巳 12 一	壬午 13 二	癸未 14 三	甲申 15 四	乙酉 16 五	丙戌 17 六	丁亥 18 日		庚午立冬 乙酉小雪
十一月小	丙子	干支 西曆 星期	戊子 19 一	己丑 20 二	庚寅 21 三	辛卯 22 四	壬辰 23 五	癸巳 24 六	甲午 25 日	乙未 26 一	丙申 27 二	丁酉 28 三	戊戌 29 四	己亥 30 五	庚子 (12) 六	辛丑 2 日	壬寅 3 一	癸卯 4 二	甲辰 5 三	乙巳 6 四	丙午 7 五	丁未 8 六	戊申 9 日	己酉 10 一	庚戌 11 二	辛亥 12 三	壬子 13 四	癸丑 14 五	甲寅 15 六	乙卯 16 日	丙辰 17 一		庚子大雪 丙辰冬至
十二月大	丁丑	干支 西曆 星期	丁巳 18 二	戊午 19 三	己未 20 四	庚申 21 五	辛酉 22 六	壬戌 23 日	癸亥 24 一	甲子 25 二	乙丑 26 三	丙寅 27 四	丁卯 28 五	戊辰 29 六	己巳 30 日	庚午 31 一	辛未 (1) 二	壬申 2 三	癸酉 3 四	甲戌 4 五	乙亥 5 六	丙子 6 日	丁丑 7 一	戊寅 8 二	己卯 9 三	庚辰 10 四	辛巳 11 五	壬午 12 六	癸未 13 日	甲申 14 一	乙酉 15 二	丙戌 16 三	辛未小寒 丙子大寒
閏十二小	丁丑	干支 西曆 星期	丁亥 17 四	戊子 18 五	己丑 19 六	庚寅 20 日	辛卯 21 一	壬辰 22 二	癸巳 23 三	甲午 24 四	乙未 25 五	丙申 26 六	丁酉 27 日	戊戌 28 一	己亥 29 二	庚子 30 三	辛丑 31 四	壬寅 (2) 五	癸卯 2 六	甲辰 3 日	乙巳 4 一	丙午 5 二	丁未 6 三	戊申 7 四	己酉 8 五	庚戌 9 六	辛亥 10 日	壬子 11 一	癸丑 12 二	甲寅 13 三	乙卯 14 四		辛丑立春

宋仁宗寶元三年 康定元年（庚辰 龍年） 公元 1040 ~ 1041 年

夏曆月序		中西曆日對照	初一	初二	初三	初四	初五	初六	初七	初八	初九	初十	十一	十二	十三	十四	十五	十六	十七	十八	十九	二十	二一	二二	二三	二四	二五	二六	二七	二八	二九	三十	節氣與天象
正月大	戊寅	天干 地支 西曆 星期	丙辰 15 五	丁巳 16 六	戊午 17 日	己未 18 一	庚申 19 二	辛酉 20 三	壬戌 21 四	癸亥 22 五	甲子 23 六	乙丑 24 日	丙寅 25 一	丁卯 26 二	戊辰 27 三	己巳 28 四	庚午 29 五	辛未 (3) 六	壬申 2 日	癸酉 3 一	甲戌 4 二	乙亥 5 三	丙子 6 四	丁丑 7 五	戊寅 8 六	己卯 9 日	庚辰 10 一	辛巳 11 二	壬午 12 三	癸未 13 四	甲申 14 五	乙酉 15 六	丙辰雨水 壬申驚蟄 丙辰日食
二月小	己卯	天干 地支 西曆 星期	丙戌 16 日	丁亥 17 一	戊子 18 二	己丑 19 三	庚寅 20 四	辛卯 21 五	壬辰 22 六	癸巳 23 日	甲午 24 一	乙未 25 二	丙申 26 三	丁酉 27 四	戊戌 28 五	己亥 29 六	庚子 30 日	辛丑 31 一	壬寅 (4) 二	癸卯 2 三	甲辰 3 四	乙巳 4 五	丙午 5 六	丁未 6 日	戊申 7 一	己酉 8 二	庚戌 9 三	辛亥 10 四	壬子 11 五	癸丑 12 六	甲寅 13 日		丁亥春分 壬寅清明
三月大	庚辰	天干 地支 西曆 星期	乙卯 14 一	丙辰 15 二	丁巳 16 三	戊午 17 四	己未 18 五	庚申 19 六	辛酉 20 日	壬戌 21 一	癸亥 22 二	甲子 23 三	乙丑 24 四	丙寅 25 五	丁卯 26 六	戊辰 27 日	己巳 28 一	庚午 29 二	辛未 30 三	壬申 (5) 四	癸酉 2 五	甲戌 3 六	乙亥 4 日	丙子 5 一	丁丑 6 二	戊寅 7 三	己卯 8 四	庚辰 9 五	辛巳 10 六	壬午 11 日	癸未 12 一	甲申 13 二	丁巳穀雨 癸酉立夏
四月小	辛巳	天干 地支 西曆 星期	乙酉 14 三	丙戌 15 四	丁亥 16 五	戊子 17 六	己丑 18 日	庚寅 19 一	辛卯 20 二	壬辰 21 三	癸巳 22 四	甲午 23 五	乙未 24 六	丙申 25 日	丁酉 26 一	戊戌 27 二	己亥 28 三	庚子 29 四	辛丑 30 五	壬寅 31 六	癸卯 (6) 日	甲辰 2 一	乙巳 3 二	丙午 4 三	丁未 5 四	戊申 6 五	己酉 7 六	庚戌 8 日	辛亥 9 一	壬子 10 二	癸丑 11 三		戊子小滿 癸卯芒種
五月大	壬午	天干 地支 西曆 星期	甲寅 12 四	乙卯 13 五	丙辰 14 六	丁巳 15 日	戊午 16 一	己未 17 二	庚申 18 三	辛酉 19 四	壬戌 20 五	癸亥 21 六	甲子 22 日	乙丑 23 一	丙寅 24 二	丁卯 25 三	戊辰 26 四	己巳 27 五	庚午 28 六	辛未 29 日	壬申 30 一	癸酉 (7) 二	甲戌 2 三	乙亥 3 四	丙子 4 五	丁丑 5 六	戊寅 6 日	己卯 7 一	庚辰 8 二	辛巳 9 三	壬午 10 四	癸未 11 五	戊午夏至 癸酉小暑
六月大	癸未	天干 地支 西曆 星期	甲申 12 六	乙酉 13 日	丙戌 14 一	丁亥 15 二	戊子 16 三	己丑 17 四	庚寅 18 五	辛卯 19 六	壬辰 20 日	癸巳 21 一	甲午 22 二	乙未 23 三	丙申 24 四	丁酉 25 五	戊戌 26 六	己亥 27 日	庚子 28 一	辛丑 29 二	壬寅 30 三	癸卯 31 四	甲辰 (8) 五	乙巳 2 六	丙午 3 日	丁未 4 一	戊申 5 二	己酉 6 三	庚戌 7 四	辛亥 8 五	壬子 9 六	癸丑 10 日	己丑大暑 甲辰立秋
七月小	甲申	天干 地支 西曆 星期	甲寅 11 一	乙卯 12 二	丙辰 13 三	丁巳 14 四	戊午 15 五	己未 16 六	庚申 17 日	辛酉 18 一	壬戌 19 二	癸亥 20 三	甲子 21 四	乙丑 22 五	丙寅 23 六	丁卯 24 日	戊辰 25 一	己巳 26 二	庚午 27 三	辛未 28 四	壬申 29 五	癸酉 30 六	甲戌 31 日	乙亥 (9) 一	丙子 2 二	丁丑 3 三	戊寅 4 四	己卯 5 五	庚辰 6 六	辛巳 7 日	壬午 8 一		己未處暑 甲戌白露
八月大	乙酉	天干 地支 西曆 星期	癸未 9 二	甲申 10 三	乙酉 11 四	丙戌 12 五	丁亥 13 六	戊子 14 日	己丑 15 一	庚寅 16 二	辛卯 17 三	壬辰 18 四	癸巳 19 五	甲午 20 六	乙未 21 日	丙申 22 一	丁酉 23 二	戊戌 24 三	己亥 25 四	庚子 26 五	辛丑 27 六	壬寅 28 日	癸卯 29 一	甲辰 30 二	乙巳 (10) 三	丙午 2 四	丁未 3 五	戊申 4 六	己酉 5 日	庚戌 6 一	辛亥 7 二	壬子 8 三	庚寅秋分 乙巳寒露
九月大	丙戌	天干 地支 西曆 星期	癸丑 9 四	甲寅 10 五	乙卯 11 六	丙辰 12 日	丁巳 13 一	戊午 14 二	己未 15 三	庚申 16 四	辛酉 17 五	壬戌 18 六	癸亥 19 日	甲子 20 一	乙丑 21 二	丙寅 22 三	丁卯 23 四	戊辰 24 五	己巳 25 六	庚午 26 日	辛未 27 一	壬申 28 二	癸酉 29 三	甲戌 30 四	乙亥 31 五	丙子 (11) 六	丁丑 2 日	戊寅 3 一	己卯 4 二	庚辰 5 三	辛巳 6 四	壬午 7 五	庚申霜降 乙亥立冬
十月小	丁亥	天干 地支 西曆 星期	癸未 8 六	甲申 9 日	乙酉 10 一	丙戌 11 二	丁亥 12 三	戊子 13 四	己丑 14 五	庚寅 15 六	辛卯 16 日	壬辰 17 一	癸巳 18 二	甲午 19 三	乙未 20 四	丙申 21 五	丁酉 22 六	戊戌 23 日	己亥 24 一	庚子 25 二	辛丑 26 三	壬寅 27 四	癸卯 28 五	甲辰 29 六	乙巳 30 日	丙午 (12) 一	丁未 2 二	戊申 3 三	己酉 4 四	庚戌 5 五	辛亥 6 六		庚寅小雪 丙午大雪
十一月大	戊子	天干 地支 西曆 星期	壬子 7 日	癸丑 8 一	甲寅 9 二	乙卯 10 三	丙辰 11 四	丁巳 12 五	戊午 13 六	己未 14 日	庚申 15 一	辛酉 16 二	壬戌 17 三	癸亥 18 四	甲子 19 五	乙丑 20 六	丙寅 21 日	丁卯 22 一	戊辰 23 二	己巳 24 三	庚午 25 四	辛未 26 五	壬申 27 六	癸酉 28 日	甲戌 29 一	乙亥 30 二	丙子 31 三	丁丑 (1) 四	戊寅 2 五	己卯 3 六	庚辰 4 日	辛巳 5 一	辛酉冬至 丙子小寒
十二月小	己丑	天干 地支 西曆 星期	壬午 6 二	癸未 7 三	甲申 8 四	乙酉 9 五	丙戌 10 六	丁亥 11 日	戊子 12 一	己丑 13 二	庚寅 14 三	辛卯 15 四	壬辰 16 五	癸巳 17 六	甲午 18 日	乙未 19 一	丙申 20 二	丁酉 21 三	戊戌 22 四	己亥 23 五	庚子 24 六	辛丑 25 日	壬寅 26 一	癸卯 27 二	甲辰 28 三	乙巳 29 四	丙午 30 五	丁未 31 六	戊申 (2) 日	己酉 2 一	庚戌 3 二		辛卯大寒 丙午立春

* 二月丙午（二十一日），改元康定。

宋仁宗康定二年 慶曆元年（辛巳 蛇年） 公元 1041 ~ 1042 年

夏曆月序		中西曆日對照	初一	初二	初三	初四	初五	初六	初七	初八	初九	初十	十一	十二	十三	十四	十五	十六	十七	十八	十九	二十	二一	二二	二三	二四	二五	二六	二七	二八	二九	三十	節氣與天象
正月小	庚寅	干支 天地 西曆 星期	辛亥 4 三	壬子 5 四	癸丑 6 五	甲寅 7 六	乙卯 8 日	丙辰 9 一	丁巳 10 二	戊午 11 三	己未 12 四	庚申 13 五	辛酉 14 六	壬戌 15 日	癸亥 16 一	甲子 17 二	乙丑 18 三	丙寅 19 四	丁卯 20 五	戊辰 21 六	己巳 22 日	庚午 23 一	辛未 24 二	壬申 25 三	癸酉 26 四	甲戌 27 五	乙亥 28 六	丙子 (3) 日	丁丑 2 一	戊寅 3 二	己卯 4 三		壬戌雨水 丁丑驚蟄
二月大	辛卯	干支 天地 西曆 星期	庚辰 5 四	辛巳 6 五	壬午 7 六	癸未 8 日	甲申 9 一	乙酉 10 二	丙戌 11 三	丁亥 12 四	戊子 13 五	己丑 14 六	庚寅 15 日	辛卯 16 一	壬辰 17 二	癸巳 18 三	甲午 19 四	乙未 20 五	丙申 21 六	丁酉 22 日	戊戌 23 一	己亥 24 二	庚子 25 三	辛丑 26 四	壬寅 27 五	癸卯 28 六	甲辰 29 日	乙巳 30 一	丙午 31 二	丁未 (4) 三	戊申 2 四	己酉 3 五	壬辰春分 丁未清明
三月小	壬辰	干支 天地 西曆 星期	庚戌 4 六	辛亥 5 日	壬子 6 一	癸丑 7 二	甲寅 8 三	乙卯 9 四	丙辰 10 五	丁巳 11 六	戊午 12 日	己未 13 一	庚申 14 二	辛酉 15 三	壬戌 16 四	癸亥 17 五	甲子 18 六	乙丑 19 日	丙寅 20 一	丁卯 21 二	戊辰 22 三	己巳 23 四	庚午 24 五	辛未 25 六	壬申 26 日	癸酉 27 一	甲戌 28 二	乙亥 29 三	丙子 30 四	丁丑 (5) 五	戊寅 2 六		癸亥穀雨 戊寅立夏
四月大	癸巳	干支 天地 西曆 星期	己卯 3 日	庚辰 4 一	辛巳 5 二	壬午 6 三	癸未 7 四	甲申 8 五	乙酉 9 六	丙戌 10 日	丁亥 11 一	戊子 12 二	己丑 13 三	庚寅 14 四	辛卯 15 五	壬辰 16 六	癸巳 17 日	甲午 18 一	乙未 19 二	丙申 20 三	丁酉 21 四	戊戌 22 五	己亥 23 六	庚子 24 日	辛丑 25 一	壬寅 26 二	癸卯 27 三	甲辰 28 四	乙巳 29 五	丙午 30 六	丁未 31 日	戊申 (6) 一	癸巳小滿 戊申芒種
五月小	甲午	干支 天地 西曆 星期	己酉 2 二	庚戌 3 三	辛亥 4 四	壬子 5 五	癸丑 6 六	甲寅 7 日	乙卯 8 一	丙辰 9 二	丁巳 10 三	戊午 11 四	己未 12 五	庚申 13 六	辛酉 14 日	壬戌 15 一	癸亥 16 二	甲子 17 三	乙丑 18 四	丙寅 19 五	丁卯 20 六	戊辰 21 日	己巳 22 一	庚午 23 二	辛未 24 三	壬申 25 四	癸酉 26 五	甲戌 27 六	乙亥 28 日	丙子 29 一	丁丑 30 二		癸亥夏至
六月大	乙未	干支 天地 西曆 星期	戊寅 (7) 三	己卯 2 四	庚辰 3 五	辛巳 4 六	壬午 5 日	癸未 6 一	甲申 7 二	乙酉 8 三	丙戌 9 四	丁亥 10 五	戊子 11 六	己丑 12 日	庚寅 13 一	辛卯 14 二	壬辰 15 三	癸巳 16 四	甲午 17 五	乙未 18 六	丙申 19 日	丁酉 20 一	戊戌 21 二	己亥 22 三	庚子 23 四	辛丑 24 五	壬寅 25 六	癸卯 26 日	甲辰 27 一	乙巳 28 二	丙午 29 三	丁未 30 四	己卯小暑 甲午大暑
七月大	丙申	干支 天地 西曆 星期	戊申 31 五	己酉 (8) 六	庚戌 2 日	辛亥 3 一	壬子 4 二	癸丑 5 三	甲寅 6 四	乙卯 7 五	丙辰 8 六	丁巳 9 日	戊午 10 一	己未 11 二	庚申 12 三	辛酉 13 四	壬戌 14 五	癸亥 15 六	甲子 16 日	乙丑 17 一	丙寅 18 二	丁卯 19 三	戊辰 20 四	己巳 21 五	庚午 22 六	辛未 23 日	壬申 24 一	癸酉 25 二	甲戌 26 三	乙亥 27 四	丙子 28 五	丁丑 29 六	己酉立秋 甲子處暑
八月小	丁酉	干支 天地 西曆 星期	戊寅 30 日	己卯 31 一	庚辰 (9) 二	辛巳 2 三	壬午 3 四	癸未 4 五	甲申 5 六	乙酉 6 日	丙戌 7 一	丁亥 8 二	戊子 9 三	己丑 10 四	庚寅 11 五	辛卯 12 六	壬辰 13 日	癸巳 14 一	甲午 15 二	乙未 16 三	丙申 17 四	丁酉 18 五	戊戌 19 六	己亥 20 日	庚子 21 一	辛丑 22 二	壬寅 23 三	癸卯 24 四	甲辰 25 五	乙巳 26 六	丙午 27 日		庚辰白露 乙未秋分
九月大	戊戌	干支 天地 西曆 星期	丁未 28 一	戊申 29 二	己酉 30 三	庚戌 (10) 四	辛亥 2 五	壬子 3 六	癸丑 4 日	甲寅 5 一	乙卯 6 二	丙辰 7 三	丁巳 8 四	戊午 9 五	己未 10 六	庚申 11 日	辛酉 12 一	壬戌 13 二	癸亥 14 三	甲子 15 四	乙丑 16 五	丙寅 17 六	丁卯 18 日	戊辰 19 一	己巳 20 二	庚午 21 三	辛未 22 四	壬申 23 五	癸酉 24 六	甲戌 25 日	乙亥 26 一	丙子 27 二	庚戌寒露 乙丑霜降
十月大	己亥	干支 天地 西曆 星期	丁丑 28 三	戊寅 29 四	己卯 30 五	庚辰 31 六	辛巳 (11) 日	壬午 2 一	癸未 3 二	甲申 4 三	乙酉 5 四	丙戌 6 五	丁亥 7 六	戊子 8 日	己丑 9 一	庚寅 10 二	辛卯 11 三	壬辰 12 四	癸巳 13 五	甲午 14 六	乙未 15 日	丙申 16 一	丁酉 17 二	戊戌 18 三	己亥 19 四	庚子 20 五	辛丑 21 六	壬寅 22 日	癸卯 23 一	甲辰 24 二	乙巳 25 三	丙午 26 四	庚辰立冬 丙申小雪
十一月小	庚子	干支 天地 西曆 星期	丁未 27 五	戊申 28 六	己酉 29 日	庚戌 30 一	辛亥 (12) 二	壬子 2 三	癸丑 3 四	甲寅 4 五	乙卯 5 六	丙辰 6 日	丁巳 7 一	戊午 8 二	己未 9 三	庚申 10 四	辛酉 11 五	壬戌 12 六	癸亥 13 日	甲子 14 一	乙丑 15 二	丙寅 16 三	丁卯 17 四	戊辰 18 五	己巳 19 六	庚午 20 日	辛未 21 一	壬申 22 二	癸酉 23 三	甲戌 24 四	乙亥 25 五		辛亥大雪 丙寅冬至
十二月大	辛丑	干支 天地 西曆 星期	丙子 26 六	丁丑 27 日	戊寅 28 一	己卯 29 二	庚辰 30 三	辛巳 31 四	壬午 (1) 五	癸未 2 六	甲申 3 日	乙酉 4 一	丙戌 5 二	丁亥 6 三	戊子 7 四	己丑 8 五	庚寅 9 六	辛卯 10 日	壬辰 11 一	癸巳 12 二	甲午 13 三	乙未 14 四	丙申 15 五	丁酉 16 六	戊戌 17 日	己亥 18 一	庚子 19 二	辛丑 20 三	壬寅 21 四	癸卯 22 五	甲辰 23 六	乙巳 24 日	辛巳小寒 丙申大寒

* 十一月丙寅（二十日），改元慶曆。

宋仁宗慶曆二年（壬午 馬年） 公元 1042 ~ 1043 年

夏曆月序		中西曆日對照	初一	初二	初三	初四	初五	初六	初七	初八	初九	初十	十一	十二	十三	十四	十五	十六	十七	十八	十九	二十	二一	二二	二三	二四	二五	二六	二七	二八	二九	三十	節氣與天象
正月小	壬寅	天干地支 西曆 星期	丙午 25 一	丁未 26 二	戊申 27 三	己酉 28 四	庚戌 29 五	辛亥 30 六	壬子 31 日	癸丑 (2) 一	甲寅 2 二	乙卯 3 三	丙辰 4 四	丁巳 5 五	戊午 6 六	己未 7 日	庚申 8 一	辛酉 9 二	壬戌 10 三	癸亥 11 四	甲子 12 五	乙丑 13 六	丙寅 14 日	丁卯 15 一	戊辰 16 二	己巳 17 三	庚午 18 四	辛未 19 五	壬申 20 六	癸酉 21 日	甲戌 22 一		壬子立春 丁卯雨水
二月小	癸卯	天干地支 西曆 星期	乙亥 23 二	丙子 24 三	丁丑 25 四	戊寅 26 五	己卯 27 六	庚辰 28 日	辛巳 (3) 一	壬午 2 二	癸未 3 三	甲申 4 四	乙酉 5 五	丙戌 6 六	丁亥 7 日	戊子 8 一	己丑 9 二	庚寅 10 三	辛卯 11 四	壬辰 12 五	癸巳 13 六	甲午 14 日	乙未 15 一	丙申 16 二	丁酉 17 三	戊戌 18 四	己亥 19 五	庚子 20 六	辛丑 21 日	壬寅 22 一	癸卯 23 二		壬午驚蟄 丁酉春分
三月大	甲辰	天干地支 西曆 星期	甲辰 24 三	乙巳 25 四	丙午 26 五	丁未 27 六	戊申 28 日	己酉 29 一	庚戌 30 二	辛亥 31 三	壬子 (4) 四	癸丑 2 五	甲寅 3 六	乙卯 4 日	丙辰 5 一	丁巳 6 二	戊午 7 三	己未 8 四	庚申 9 五	辛酉 10 六	壬戌 11 日	癸亥 12 一	甲子 13 二	乙丑 14 三	丙寅 15 四	丁卯 16 五	戊辰 17 六	己巳 18 日	庚午 19 一	辛未 20 二	壬申 21 三	癸酉 22 四	癸丑清明 戊辰穀雨
四月小	乙巳	天干地支 西曆 星期	甲戌 23 五	乙亥 24 六	丙子 25 日	丁丑 26 一	戊寅 27 二	己卯 28 三	庚辰 29 四	辛巳 30 五	壬午 (5) 六	癸未 2 日	甲申 3 一	乙酉 4 二	丙戌 5 三	丁亥 6 四	戊子 7 五	己丑 8 六	庚寅 9 日	辛卯 10 一	壬辰 11 二	癸巳 12 三	甲午 13 四	乙未 14 五	丙申 15 六	丁酉 16 日	戊戌 17 一	己亥 18 二	庚子 19 三	辛丑 20 四	壬寅 21 五		癸未立夏 戊戌小滿
五月小	丙午	天干地支 西曆 星期	癸卯 22 六	甲辰 23 日	乙巳 24 一	丙午 25 二	丁未 26 三	戊申 27 四	己酉 28 五	庚戌 29 六	辛亥 30 日	壬子 31 一	癸丑 (6) 二	甲寅 2 三	乙卯 3 四	丙辰 4 五	丁巳 5 六	戊午 6 日	己未 7 一	庚申 8 二	辛酉 9 三	壬戌 10 四	癸亥 11 五	甲子 12 六	乙丑 13 日	丙寅 14 一	丁卯 15 二	戊辰 16 三	己巳 17 四	庚午 18 五	辛未 19 六		癸丑芒種 己巳夏至
六月大	丁未	天干地支 西曆 星期	壬申 20 日	癸酉 21 一	甲戌 22 二	乙亥 23 三	丙子 24 四	丁丑 25 五	戊寅 26 六	己卯 27 日	庚辰 28 一	辛巳 29 二	壬午 30 三	癸未 (7) 四	甲申 2 五	乙酉 3 六	丙戌 4 日	丁亥 5 一	戊子 6 二	己丑 7 三	庚寅 8 四	辛卯 9 五	壬辰 10 六	癸巳 11 日	甲午 12 一	乙未 13 二	丙申 14 三	丁酉 15 四	戊戌 16 五	己亥 17 六	庚子 18 日	辛丑 19 一	甲申小暑 己亥大暑 壬申日食
七月大	戊申	天干地支 西曆 星期	壬寅 20 二	癸卯 21 三	甲辰 22 四	乙巳 23 五	丙午 24 六	丁未 25 日	戊申 26 一	己酉 27 二	庚戌 28 三	辛亥 29 四	壬子 30 五	癸丑 31 六	甲寅 (8) 日	乙卯 2 一	丙辰 3 二	丁巳 4 三	戊午 5 四	己未 6 五	庚申 7 六	辛酉 8 日	壬戌 9 一	癸亥 10 二	甲子 11 三	乙丑 12 四	丙寅 13 五	丁卯 14 六	戊辰 15 日	己巳 16 一	庚午 17 二	辛未 18 三	甲寅立秋 庚午處暑
八月小	己酉	天干地支 西曆 星期	壬申 19 四	癸酉 20 五	甲戌 21 六	乙亥 22 日	丙子 23 一	丁丑 24 二	戊寅 25 三	己卯 26 四	庚辰 27 五	辛巳 28 六	壬午 29 日	癸未 30 一	甲申 31 二	乙酉 (9) 三	丙戌 2 四	丁亥 3 五	戊子 4 六	己丑 5 日	庚寅 6 一	辛卯 7 二	壬辰 8 三	癸巳 9 四	甲午 10 五	乙未 11 六	丙申 12 日	丁酉 13 一	戊戌 14 二	己亥 15 三	庚子 16 四		乙酉白露 庚子秋分
九月大	庚戌	天干地支 西曆 星期	辛丑 17 五	壬寅 18 六	癸卯 19 日	甲辰 20 一	乙巳 21 二	丙午 22 三	丁未 23 四	戊申 24 五	己酉 25 六	庚戌 26 日	辛亥 27 一	壬子 28 二	癸丑 29 三	甲寅 30 四	乙卯 (10) 五	丙辰 2 六	丁巳 3 日	戊午 4 一	己未 5 二	庚申 6 三	辛酉 7 四	壬戌 8 五	癸亥 9 六	甲子 10 日	乙丑 11 一	丙寅 12 二	丁卯 13 三	戊辰 14 四	己巳 15 五	庚午 16 六	乙卯寒露 庚午霜降
閏九月大	庚戌	天干地支 西曆 星期	辛未 17 日	壬申 18 一	癸酉 19 二	甲戌 20 三	乙亥 21 四	丙子 22 五	丁丑 23 六	戊寅 24 日	己卯 25 一	庚辰 26 二	辛巳 27 三	壬午 28 四	癸未 29 五	甲申 30 六	乙酉 31 日	丙戌 (11) 一	丁亥 2 二	戊子 3 三	己丑 4 四	庚寅 5 五	辛卯 6 六	壬辰 7 日	癸巳 8 一	甲午 9 二	乙未 10 三	丙申 11 四	丁酉 12 五	戊戌 13 六	己亥 14 日	庚子 15 一	丙戌立冬
十月小	辛亥	天干地支 西曆 星期	辛丑 16 二	壬寅 17 三	癸卯 18 四	甲辰 19 五	乙巳 20 六	丙午 21 日	丁未 22 一	戊申 23 二	己酉 24 三	庚戌 25 四	辛亥 26 五	壬子 27 六	癸丑 28 日	甲寅 29 一	乙卯 30 二	丙辰 (12) 三	丁巳 2 四	戊午 3 五	己未 4 六	庚申 5 日	辛酉 6 一	壬戌 7 二	癸亥 8 三	甲子 9 四	乙丑 10 五	丙寅 11 六	丁卯 12 日	戊辰 13 一	己巳 14 二		辛丑小雪 丙辰大雪
十一月大	壬子	天干地支 西曆 星期	庚午 15 三	辛未 16 四	壬申 17 五	癸酉 18 六	甲戌 19 日	乙亥 20 一	丙子 21 二	丁丑 22 三	戊寅 23 四	己卯 24 五	庚辰 25 六	辛巳 26 日	壬午 27 一	癸未 28 二	甲申 29 三	乙酉 30 四	丙戌 31 五	丁亥 (1) 六	戊子 2 日	己丑 3 一	庚寅 4 二	辛卯 5 三	壬辰 6 四	癸巳 7 五	甲午 8 六	乙未 9 日	丙申 10 一	丁酉 11 二	戊戌 12 三	己亥 13 四	辛未冬至 丁亥小寒
十二月大	癸丑	天干地支 西曆 星期	庚子 14 五	辛丑 15 六	壬寅 16 日	癸卯 17 一	甲辰 18 二	乙巳 19 三	丙午 20 四	丁未 21 五	戊申 22 六	己酉 23 日	庚戌 24 一	辛亥 25 二	壬子 26 三	癸丑 27 四	甲寅 28 五	乙卯 29 六	丙辰 30 日	丁巳 31 一	戊午 (2) 二	己未 2 三	庚申 3 四	辛酉 4 五	壬戌 5 六	癸亥 6 日	甲子 7 一	乙丑 8 二	丙寅 9 三	丁卯 10 四	戊辰 11 五	己巳 12 六	壬寅大寒 丁巳立春

宋仁宗慶曆三年（癸未 羊年） 公元1043 ~ 1044年

夏曆月序		中西曆日對照	初一	初二	初三	初四	初五	初六	初七	初八	初九	初十	十一	十二	十三	十四	十五	十六	十七	十八	十九	二十	二一	二二	二三	二四	二五	二六	二七	二八	二九	三十	節氣與天象
正月小	甲寅	天干地支 西曆 星期	庚午 13 日	辛未 14 一	壬申 15 二	癸酉 16 三	甲戌 17 四	乙亥 18 五	丙子 19 六	丁丑 20 日	戊寅 21 一	己卯 22 二	庚辰 23 三	辛巳 24 四	壬午 25 五	癸未 26 六	甲申 27 日	乙酉 28 一	丙戌 (3) 二	丁亥 2 三	戊子 3 四	己丑 4 五	庚寅 5 六	辛卯 6 日	壬辰 7 一	癸巳 8 二	甲午 9 三	乙未 10 四	丙申 11 五	丁酉 12 六	戊戌 13 日		壬申雨水 丁亥驚蟄
二月小	乙卯	天干地支 西曆 星期	己亥 14 一	庚子 15 二	辛丑 16 三	壬寅 17 四	癸卯 18 五	甲辰 19 六	乙巳 20 日	丙午 21 一	丁未 22 二	戊申 23 三	己酉 24 四	庚戌 25 五	辛亥 26 六	壬子 27 日	癸丑 28 一	甲寅 29 二	乙卯 30 三	丙辰 31 四	丁巳 (4) 五	戊午 2 六	己未 3 日	庚申 4 一	辛酉 5 二	壬戌 6 三	癸亥 7 四	甲子 8 五	乙丑 9 六	丙寅 10 日	丁卯 11 一		癸卯春分 戊午清明
三月大	丙辰	天干地支 西曆 星期	戊辰 12 二	己巳 13 三	庚午 14 四	辛未 15 五	壬申 16 六	癸酉 17 日	甲戌 18 一	乙亥 19 二	丙子 20 三	丁丑 21 四	戊寅 22 五	己卯 23 六	庚辰 24 日	辛巳 25 一	壬午 26 二	癸未 27 三	甲申 28 四	乙酉 29 五	丙戌 30 六	丁亥 (5) 日	戊子 2 一	己丑 3 二	庚寅 4 三	辛卯 5 四	壬辰 6 五	癸巳 7 六	甲午 8 日	乙未 9 一	丙申 10 二	丁酉 11 三	癸酉穀雨 戊子立夏
四月小	丁巳	天干地支 西曆 星期	戊戌 12 四	己亥 13 五	庚子 14 六	辛丑 15 日	壬寅 16 一	癸卯 17 二	甲辰 18 三	乙巳 19 四	丙午 20 五	丁未 21 六	戊申 22 日	己酉 23 一	庚戌 24 二	辛亥 25 三	壬子 26 四	癸丑 27 五	甲寅 28 六	乙卯 29 日	丙辰 30 一	丁巳 31 二	戊午 (6) 三	己未 2 四	庚申 3 五	辛酉 4 六	壬戌 5 日	癸亥 6 一	甲子 7 二	乙丑 8 三	丙寅 9 四		癸卯小滿 己未芒種
五月小	戊午	天干地支 西曆 星期	丁卯 10 五	戊辰 11 六	己巳 12 日	庚午 13 一	辛未 14 二	壬申 15 三	癸酉 16 四	甲戌 17 五	乙亥 18 六	丙子 19 日	丁丑 20 一	戊寅 21 二	己卯 22 三	庚辰 23 四	辛巳 24 五	壬午 25 六	癸未 26 日	甲申 27 一	乙酉 28 二	丙戌 29 三	丁亥 30 四	戊子 (7) 五	己丑 2 六	庚寅 3 日	辛卯 4 一	壬辰 5 二	癸巳 6 三	甲午 7 四	乙未 8 五		甲戌夏至 己丑小暑 丁卯日食
六月大	己未	天干地支 西曆 星期	丙申 9 六	丁酉 10 日	戊戌 11 一	己亥 12 二	庚子 13 三	辛丑 14 四	壬寅 15 五	癸卯 16 六	甲辰 17 日	乙巳 18 一	丙午 19 二	丁未 20 三	戊申 21 四	己酉 22 五	庚戌 23 六	辛亥 24 日	壬子 25 一	癸丑 26 二	甲寅 27 三	乙卯 28 四	丙辰 29 五	丁巳 30 六	戊午 31 日	己未 (8) 一	庚申 2 二	辛酉 3 三	壬戌 4 四	癸亥 5 五	甲子 6 六	乙丑 7 日	甲辰大暑 庚申立秋
七月小	庚申	天干地支 西曆 星期	丙寅 8 一	丁卯 9 二	戊辰 10 三	己巳 11 四	庚午 12 五	辛未 13 六	壬申 14 日	癸酉 15 一	甲戌 16 二	乙亥 17 三	丙子 18 四	丁丑 19 五	戊寅 20 六	己卯 21 日	庚辰 22 一	辛巳 23 二	壬午 24 三	癸未 25 四	甲申 26 五	乙酉 27 六	丙戌 28 日	丁亥 29 一	戊子 30 二	己丑 31 三	庚寅 (9) 四	辛卯 2 五	壬辰 3 六	癸巳 4 日	甲午 5 一		乙亥處暑 庚寅白露
八月大	辛酉	天干地支 西曆 星期	乙未 6 二	丙申 7 三	丁酉 8 四	戊戌 9 五	己亥 10 六	庚子 11 日	辛丑 12 一	壬寅 13 二	癸卯 14 三	甲辰 15 四	乙巳 16 五	丙午 17 六	丁未 18 日	戊申 19 一	己酉 20 二	庚戌 21 三	辛亥 22 四	壬子 23 五	癸丑 24 六	甲寅 25 日	乙卯 26 一	丙辰 27 二	丁巳 28 三	戊午 29 四	己未 30 五	庚申 (10) 六	辛酉 2 日	壬戌 3 一	癸亥 4 二	甲子 5 三	乙巳秋分 庚申寒露
九月大	壬戌	天干地支 西曆 星期	乙丑 6 四	丙寅 7 五	丁卯 8 六	戊辰 9 日	己巳 10 一	庚午 11 二	辛未 12 三	壬申 13 四	癸酉 14 五	甲戌 15 六	乙亥 16 日	丙子 17 一	丁丑 18 二	戊寅 19 三	己卯 20 四	庚辰 21 五	辛巳 22 六	壬午 23 日	癸未 24 一	甲申 25 二	乙酉 26 三	丙戌 27 四	丁亥 28 五	戊子 29 六	己丑 30 日	庚寅 31 一	辛卯 (11) 二	壬辰 2 三	癸巳 3 四	甲午 4 五	丙子霜降 辛卯立冬
十月大	癸亥	天干地支 西曆 星期	乙未 5 六	丙申 6 日	丁酉 7 一	戊戌 8 二	己亥 9 三	庚子 10 四	辛丑 11 五	壬寅 12 六	癸卯 13 日	甲辰 14 一	乙巳 15 二	丙午 16 三	丁未 17 四	戊申 18 五	己酉 19 六	庚戌 20 日	辛亥 21 一	壬子 22 二	癸丑 23 三	甲寅 24 四	乙卯 25 五	丙辰 26 六	丁巳 27 日	戊午 28 一	己未 29 二	庚申 30 三	辛酉 (12) 四	壬戌 2 五	癸亥 3 六	甲子 4 日	丙午小雪 辛酉大雪
十一月小	甲子	天干地支 西曆 星期	乙丑 5 一	丙寅 6 二	丁卯 7 三	戊辰 8 四	己巳 9 五	庚午 10 六	辛未 11 日	壬申 12 一	癸酉 13 二	甲戌 14 三	乙亥 15 四	丙子 16 五	丁丑 17 六	戊寅 18 日	己卯 19 一	庚辰 20 二	辛巳 21 三	壬午 22 四	癸未 23 五	甲申 24 六	乙酉 25 日	丙戌 26 一	丁亥 27 二	戊子 28 三	己丑 29 四	庚寅 30 五	辛卯 31 六	壬辰 (1) 日	癸巳 2 一		丁丑冬至 壬辰小寒
十二月大	乙丑	天干地支 西曆 星期	甲午 3 二	乙未 4 三	丙申 5 四	丁酉 6 五	戊戌 7 六	己亥 8 日	庚子 9 一	辛丑 10 二	壬寅 11 三	癸卯 12 四	甲辰 13 五	乙巳 14 六	丙午 15 日	丁未 16 一	戊申 17 二	己酉 18 三	庚戌 19 四	辛亥 20 五	壬子 21 六	癸丑 22 日	甲寅 23 一	乙卯 24 二	丙辰 25 三	丁巳 26 四	戊午 27 五	己未 28 六	庚申 29 日	辛酉 30 一	壬戌 31 二	癸亥 (2) 三	丁未大寒 壬戌立春

宋仁宗慶曆四年（甲申 猴年） 公元1044 ~ 1045年

夏曆月序		中西曆日對照	初一	初二	初三	初四	初五	初六	初七	初八	初九	初十	十一	十二	十三	十四	十五	十六	十七	十八	十九	二十	二一	二二	二三	二四	二五	二六	二七	二八	二九	三十	節氣與天象
正月大	丙寅	天干地支 西曆星期	甲子 2 四	乙丑 3 五	丙寅 4 六	丁卯 5 日	戊辰 6 一	己巳 7 二	庚午 8 三	辛未 9 四	壬申 10 五	癸酉 11 六	甲戌 12 日	乙亥 13 一	丙子 14 二	丁丑 15 三	戊寅 16 四	己卯 17 五	庚辰 18 六	辛巳 19 日	壬午 20 一	癸未 21 二	甲申 22 三	乙酉 23 四	丙戌 24 五	丁亥 25 六	戊子 26 日	己丑 27 一	庚寅 28 二	辛卯 29 三	壬辰 (3) 四	癸巳 2 五	丁丑雨水 癸巳驚蟄
二月小	丁卯	天干地支 西曆星期	甲午 3 六	乙未 4 日	丙申 5 一	丁酉 6 二	戊戌 7 三	己亥 8 四	庚子 9 五	辛丑 10 六	壬寅 11 日	癸卯 12 一	甲辰 13 二	乙巳 14 三	丙午 15 四	丁未 16 五	戊申 17 六	己酉 18 日	庚戌 19 一	辛亥 20 二	壬子 21 三	癸丑 22 四	甲寅 23 五	乙卯 24 六	丙辰 25 日	丁巳 26 一	戊午 27 二	己未 28 三	庚申 29 四	辛酉 30 五	壬戌 31 六		戊申春分
三月小	戊辰	天干地支 西曆星期	癸亥 (4) 日	甲子 2 一	乙丑 3 二	丙寅 4 三	丁卯 5 四	戊辰 6 五	己巳 7 六	庚午 8 日	辛未 9 一	壬申 10 二	癸酉 11 三	甲戌 12 四	乙亥 13 五	丙子 14 六	丁丑 15 日	戊寅 16 一	己卯 17 二	庚辰 18 三	辛巳 19 四	壬午 20 五	癸未 21 六	甲申 22 日	乙酉 23 一	丙戌 24 二	丁亥 25 三	戊子 26 四	己丑 27 五	庚寅 28 六	辛卯 29 日		癸亥清明 戊寅穀雨
四月大	己巳	天干地支 西曆星期	壬辰 30 一	癸巳 (5) 二	甲午 2 三	乙未 3 四	丙申 4 五	丁酉 5 六	戊戌 6 日	己亥 7 一	庚子 8 二	辛丑 9 三	壬寅 10 四	癸卯 11 五	甲辰 12 六	乙巳 13 日	丙午 14 一	丁未 15 二	戊申 16 三	己酉 17 四	庚戌 18 五	辛亥 19 六	壬子 20 日	癸丑 21 一	甲寅 22 二	乙卯 23 三	丙辰 24 四	丁巳 25 五	戊午 26 六	己未 27 日	庚申 28 一	辛酉 29 二	甲午立夏 己酉小滿
五月小	庚午	天干地支 西曆星期	壬戌 30 三	癸亥 31 四	甲子 (6) 五	乙丑 2 六	丙寅 3 日	丁卯 4 一	戊辰 5 二	己巳 6 三	庚午 7 四	辛未 8 五	壬申 9 六	癸酉 10 日	甲戌 11 一	乙亥 12 二	丙子 13 三	丁丑 14 四	戊寅 15 五	己卯 16 六	庚辰 17 日	辛巳 18 一	壬午 19 二	癸未 20 三	甲申 21 四	乙酉 22 五	丙戌 23 六	丁亥 24 日	戊子 25 一	己丑 26 二	庚寅 27 三		甲子芒種 己卯夏至
六月小	辛未	天干地支 西曆星期	辛卯 28 四	壬辰 29 五	癸巳 30 六	甲午 (7) 日	乙未 2 一	丙申 3 二	丁酉 4 三	戊戌 5 四	己亥 6 五	庚子 7 六	辛丑 8 日	壬寅 9 一	癸卯 10 二	甲辰 11 三	乙巳 12 四	丙午 13 五	丁未 14 六	戊申 15 日	己酉 16 一	庚戌 17 二	辛亥 18 三	壬子 19 四	癸丑 20 五	甲寅 21 六	乙卯 22 日	丙辰 23 一	丁巳 24 二	戊午 25 三	己未 26 四		甲午小暑 庚戌大暑
七月大	壬申	天干地支 西曆星期	庚申 27 五	辛酉 28 六	壬戌 29 日	癸亥 30 一	甲子 31 二	乙丑 (8) 三	丙寅 2 四	丁卯 3 五	戊辰 4 六	己巳 5 日	庚午 6 一	辛未 7 二	壬申 8 三	癸酉 9 四	甲戌 10 五	乙亥 11 六	丙子 12 日	丁丑 13 一	戊寅 14 二	己卯 15 三	庚辰 16 四	辛巳 17 五	壬午 18 六	癸未 19 日	甲申 20 一	乙酉 21 二	丙戌 22 三	丁亥 23 四	戊子 24 五	己丑 25 六	乙丑立秋 庚辰處暑
八月小	癸酉	天干地支 西曆星期	庚寅 26 日	辛卯 27 一	壬辰 28 二	癸巳 29 三	甲午 30 四	乙未 31 五	丙申 (9) 六	丁酉 2 日	戊戌 3 一	己亥 4 二	庚子 5 三	辛丑 6 四	壬寅 7 五	癸卯 8 六	甲辰 9 日	乙巳 10 一	丙午 11 二	丁未 12 三	戊申 13 四	己酉 14 五	庚戌 15 六	辛亥 16 日	壬子 17 一	癸丑 18 二	甲寅 19 三	乙卯 20 四	丙辰 21 五	丁巳 22 六	戊午 23 日		乙未白露 庚戌秋分
九月大	甲戌	天干地支 西曆星期	己未 24 一	庚申 25 二	辛酉 26 三	壬戌 27 四	癸亥 28 五	甲子 29 六	乙丑 30 日	丙寅 (10) 一	丁卯 2 二	戊辰 3 三	己巳 4 四	庚午 5 五	辛未 6 六	壬申 7 日	癸酉 8 一	甲戌 9 二	乙亥 10 三	丙子 11 四	丁丑 12 五	戊寅 13 六	己卯 14 日	庚辰 15 一	辛巳 16 二	壬午 17 三	癸未 18 四	甲申 19 五	乙酉 20 六	丙戌 21 日	丁亥 22 一	戊子 23 二	丙寅寒露 辛巳霜降
十月小	乙亥	天干地支 西曆星期	己丑 24 三	庚寅 25 四	辛卯 26 五	壬辰 27 六	癸巳 28 日	甲午 29 一	乙未 30 二	丙申 31 三	丁酉 (11) 四	戊戌 2 五	己亥 3 六	庚子 4 日	辛丑 5 一	壬寅 6 二	癸卯 7 三	甲辰 8 四	乙巳 9 五	丙午 10 六	丁未 11 日	戊申 12 一	己酉 13 二	庚戌 14 三	辛亥 15 四	壬子 16 五	癸丑 17 六	甲寅 18 日	乙卯 19 一	丙辰 20 二	丁巳 21 三		丙申立冬 辛亥小雪
十一月大	丙子	天干地支 西曆星期	戊午 22 四	己未 23 五	庚申 24 六	辛酉 25 日	壬戌 26 一	癸亥 27 二	甲子 28 三	乙丑 29 四	丙寅 30 五	丁卯 (12) 六	戊辰 2 日	己巳 3 一	庚午 4 二	辛未 5 三	壬申 6 四	癸酉 7 五	甲戌 8 六	乙亥 9 日	丙子 10 一	丁丑 11 二	戊寅 12 三	己卯 13 四	庚辰 14 五	辛巳 15 六	壬午 16 日	癸未 17 一	甲申 18 二	乙酉 19 三	丙戌 20 四	丁亥 21 五	丁卯大雪 壬午冬至
十二月大	丁丑	天干地支 西曆星期	戊子 22 六	己丑 23 日	庚寅 24 一	辛卯 25 二	壬辰 26 三	癸巳 27 四	甲午 28 五	乙未 29 六	丙申 30 日	丁酉 31 一	戊戌 (1) 二	己亥 2 三	庚子 3 四	辛丑 4 五	壬寅 5 六	癸卯 6 日	甲辰 7 一	乙巳 8 二	丙午 9 三	丁未 10 四	戊申 11 五	己酉 12 六	庚戌 13 日	辛亥 14 一	壬子 15 二	癸丑 16 三	甲寅 17 四	乙卯 18 五	丙辰 19 六	丁巳 20 日	丁酉小寒 壬子大寒

宋仁宗慶曆五年（乙酉 鷄年） 公元 1045 ~ 1046 年

夏曆月序		中西曆日對照	夏曆日序																														節氣與天象
			初一	初二	初三	初四	初五	初六	初七	初八	初九	初十	十一	十二	十三	十四	十五	十六	十七	十八	十九	二十	二一	二二	二三	二四	二五	二六	二七	二八	二九	三十	
正月大	戊寅	天干 地支 西曆 星期	戊午21一	己未22二	庚申23三	辛酉24四	壬戌25五	癸亥26六	甲子27日	乙丑28一	丙寅29二	丁卯30三	戊辰31四	己巳(2)五	庚午2六	辛未3日	壬申4一	癸酉5二	甲戌6三	乙亥7四	丙子8五	丁丑9六	戊寅10日	己卯11一	庚辰12二	辛巳13三	壬午14四	癸未15五	甲申16六	乙酉17日	丙戌18一	丁亥19二	丁卯立春 癸未雨水
二月小	己卯	天干 地支 西曆 星期	戊子20三	己丑21四	庚寅22五	辛卯23六	壬辰24日	癸巳25一	甲午26二	乙未27三	丙申28四	丁酉(3)五	戊戌2六	己亥3日	庚子4一	辛丑5二	壬寅6三	癸卯7四	甲辰8五	乙巳9六	丙午10日	丁未11一	戊申12二	己酉13三	庚戌14四	辛亥15五	壬子16六	癸丑17日	甲寅18一	乙卯19二	丙辰20三		戊戌驚蟄 癸丑春分
三月大	庚辰	天干 地支 西曆 星期	丁巳21四	戊午22五	己未23六	庚申24日	辛酉25一	壬戌26二	癸亥27三	甲子28四	乙丑29五	丙寅30六	丁卯31日	戊辰(4)一	己巳2二	庚午3三	辛未4四	壬申5五	癸酉6六	甲戌7日	乙亥8一	丙子9二	丁丑10三	戊寅11四	己卯12五	庚辰13六	辛巳14日	壬午15一	癸未16二	甲申17三	乙酉18四	丙戌19五	戊辰清明 甲申穀雨
四月小	辛巳	天干 地支 西曆 星期	丁亥20六	戊子21日	己丑22一	庚寅23二	辛卯24三	壬辰25四	癸巳26五	甲午27六	乙未28日	丙申29一	丁酉30二	戊戌(5)三	己亥2四	庚子3五	辛丑4六	壬寅5日	癸卯6一	甲辰7二	乙巳8三	丙午9四	丁未10五	戊申11六	己酉12日	庚戌13一	辛亥14二	壬子15三	癸丑16四	甲寅17五	乙卯18六		己亥立夏 甲寅小滿 丁亥日食
五月大	壬午	天干 地支 西曆 星期	丙辰19日	丁巳20一	戊午21二	己未22三	庚申23四	辛酉24五	壬戌25六	癸亥26日	甲子27一	乙丑28二	丙寅29三	丁卯30四	戊辰31五	己巳(6)六	庚午2日	辛未3一	壬申4二	癸酉5三	甲戌6四	乙亥7五	丙子8六	丁丑9日	戊寅10一	己卯11二	庚辰12三	辛巳13四	壬午14五	癸未15六	甲申16日	乙酉17一	己巳芒種 甲申夏至
閏五月小	壬午	天干 地支 西曆 星期	丙戌18二	丁亥19三	戊子20四	己丑21五	庚寅22六	辛卯23日	壬辰24一	癸巳25二	甲午26三	乙未27四	丙申28五	丁酉29六	戊戌30日	己亥(7)一	庚子2二	辛丑3三	壬寅4四	癸卯5五	甲辰6六	乙巳7日	丙午8一	丁未9二	戊申10三	己酉11四	庚戌12五	辛亥13六	壬子14日	癸丑15一	甲寅16二		庚子小暑
六月小	癸未	天干 地支 西曆 星期	乙卯17三	丙辰18四	丁巳19五	戊午20六	己未21日	庚申22一	辛酉23二	壬戌24三	癸亥25四	甲子26五	乙丑27六	丙寅28日	丁卯29一	戊辰30二	己巳31三	庚午(8)四	辛未2五	壬申3六	癸酉4日	甲戌5一	乙亥6二	丙子7三	丁丑8四	戊寅9五	己卯10六	庚辰11日	辛巳12一	壬午13二	癸未14三		乙卯大暑 庚午立秋
七月大	甲申	天干 地支 西曆 星期	甲申15四	乙酉16五	丙戌17六	丁亥18日	戊子19一	己丑20二	庚寅21三	辛卯22四	壬辰23五	癸巳24六	甲午25日	乙未26一	丙申27二	丁酉28三	戊戌29四	己亥30五	庚子31六	辛丑(9)日	壬寅2一	癸卯3二	甲辰4三	乙巳5四	丙午6五	丁未7六	戊申8日	己酉9一	庚戌10二	辛亥11三	壬子12四	癸丑13五	乙酉處暑 辛丑白露
八月小	乙酉	天干 地支 西曆 星期	甲寅14六	乙卯15日	丙辰16一	丁巳17二	戊午18三	己未19四	庚申20五	辛酉21六	壬戌22日	癸亥23一	甲子24二	乙丑25三	丙寅26四	丁卯27五	戊辰28六	己巳29日	庚午30一	辛未(10)二	壬申2三	癸酉3四	甲戌4五	乙亥5六	丙子6日	丁丑7一	戊寅8二	己卯9三	庚辰10四	辛巳11五	壬午12六		丙辰秋分 辛未寒露
九月大	丙戌	天干 地支 西曆 星期	癸未13日	甲申14一	乙酉15二	丙戌16三	丁亥17四	戊子18五	己丑19六	庚寅20日	辛卯21一	壬辰22二	癸巳23三	甲午24四	乙未25五	丙申26六	丁酉27日	戊戌28一	己亥29二	庚子30三	辛丑31四	壬寅(11)五	癸卯2六	甲辰3日	乙巳4一	丙午5二	丁未6三	戊申7四	己酉8五	庚戌9六	辛亥10日	壬子11一	丙戌霜降 辛丑立冬
十月小	丁亥	天干 地支 西曆 星期	癸丑12二	甲寅13三	乙卯14四	丙辰15五	丁巳16六	戊午17日	己未18一	庚申19二	辛酉20三	壬戌21四	癸亥22五	甲子23六	乙丑24日	丙寅25一	丁卯26二	戊辰27三	己巳28四	庚午29五	辛未30六	壬申(12)日	癸酉2一	甲戌3二	乙亥4三	丙子5四	丁丑6五	戊寅7六	己卯8日	庚辰9一	辛巳10二		丁巳小雪 壬申大雪
十一月大	戊子	天干 地支 西曆 星期	壬午11三	癸未12四	甲申13五	乙酉14六	丙戌15日	丁亥16一	戊子17二	己丑18三	庚寅19四	辛卯20五	壬辰21六	癸巳22日	甲午23一	乙未24二	丙申25三	丁酉26四	戊戌27五	己亥28六	庚子29日	辛丑30一	壬寅31二	癸卯(1)三	甲辰2四	乙巳3五	丙午4六	丁未5日	戊申6一	己酉7二	庚戌8三	辛亥9四	丁亥冬至 壬寅小寒
十二月大	己丑	天干 地支 西曆 星期	壬子10五	癸丑11六	甲寅12日	乙卯13一	丙辰14二	丁巳15三	戊午16四	己未17五	庚申18六	辛酉19日	壬戌20一	癸亥21二	甲子22三	乙丑23四	丙寅24五	丁卯25六	戊辰26日	己巳27一	庚午28二	辛未29三	壬申30四	癸酉31五	甲戌(2)六	乙亥2日	丙子3一	丁丑4二	戊寅5三	己卯6四	庚辰7五	辛巳8六	丁巳大寒 癸酉立春

宋仁宗慶曆六年（丙戌 狗年） 公元 1046 ~ 1047 年

夏曆月序		中西曆日對照	初一	初二	初三	初四	初五	初六	初七	初八	初九	初十	十一	十二	十三	十四	十五	十六	十七	十八	十九	二十	二一	二二	二三	二四	二五	二六	二七	二八	二九	三十	節氣與天象
正月大	庚寅	天干地支 西曆 星期	壬午 9 日	癸未 10 一	甲申 11 二	乙酉 12 三	丙戌 13 四	丁亥 14 五	戊子 15 六	己丑 16 日	庚寅 17 一	辛卯 18 二	壬辰 19 三	癸巳 20 四	甲午 21 五	乙未 22 六	丙申 23 日	丁酉 24 一	戊戌 25 二	己亥 26 三	庚子 27 四	辛丑 28 五	壬寅 (3) 六	癸卯 2 日	甲辰 3 一	乙巳 4 二	丙午 5 三	丁未 6 四	戊申 7 五	己酉 8 六	庚戌 9 日	辛亥 10 一	戊子雨水 癸卯驚蟄
二月小	辛卯	天干地支 西曆 星期	壬子 11 二	癸丑 12 三	甲寅 13 四	乙卯 14 五	丙辰 15 六	丁巳 16 日	戊午 17 一	己未 18 二	庚申 19 三	辛酉 20 四	壬戌 21 五	癸亥 22 六	甲子 23 日	乙丑 24 一	丙寅 25 二	丁卯 26 三	戊辰 27 四	己巳 28 五	庚午 29 六	辛未 30 日	壬申 31 一	癸酉 (4) 二	甲戌 2 三	乙亥 3 四	丙子 4 五	丁丑 5 六	戊寅 6 日	己卯 7 一	庚辰 8 二		戊午春分 甲戌清明
三月大	壬辰	天干地支 西曆 星期	辛巳 9 三	壬午 10 四	癸未 11 五	甲申 12 六	乙酉 13 日	丙戌 14 一	丁亥 15 二	戊子 16 三	己丑 17 四	庚寅 18 五	辛卯 19 六	壬辰 20 日	癸巳 21 一	甲午 22 二	乙未 23 三	丙申 24 四	丁酉 25 五	戊戌 26 六	己亥 27 日	庚子 28 一	辛丑 29 二	壬寅 30 三	癸卯 (5) 四	甲辰 2 五	乙巳 3 六	丙午 4 日	丁未 5 一	戊申 6 二	己酉 7 三	庚戌 8 四	己丑穀雨 甲辰立夏 辛巳日食
四月小	癸巳	天干地支 西曆 星期	辛亥 9 五	壬子 10 六	癸丑 11 日	甲寅 12 一	乙卯 13 二	丙辰 14 三	丁巳 15 四	戊午 16 五	己未 17 六	庚申 18 日	辛酉 19 一	壬戌 20 二	癸亥 21 三	甲子 22 四	乙丑 23 五	丙寅 24 六	丁卯 25 日	戊辰 26 一	己巳 27 二	庚午 28 三	辛未 29 四	壬申 30 五	癸酉 31 六	甲戌 (6) 日	乙亥 2 一	丙子 3 二	丁丑 4 三	戊寅 5 四	己卯 6 五		己未小滿 甲戌芒種
五月大	甲午	天干地支 西曆 星期	庚辰 7 六	辛巳 8 日	壬午 9 一	癸未 10 二	甲申 11 三	乙酉 12 四	丙戌 13 五	丁亥 14 六	戊子 15 日	己丑 16 一	庚寅 17 二	辛卯 18 三	壬辰 19 四	癸巳 20 五	甲午 21 六	乙未 22 日	丙申 23 一	丁酉 24 二	戊戌 25 三	己亥 26 四	庚子 27 五	辛丑 28 六	壬寅 29 日	癸卯 30 一	甲辰 (7) 二	乙巳 2 三	丙午 3 四	丁未 4 五	戊申 5 六	己酉 6 日	庚寅夏至 乙巳小暑
六月小	乙未	天干地支 西曆 星期	庚戌 7 一	辛亥 8 二	壬子 9 三	癸丑 10 四	甲寅 11 五	乙卯 12 六	丙辰 13 日	丁巳 14 一	戊午 15 二	己未 16 三	庚申 17 四	辛酉 18 五	壬戌 19 六	癸亥 20 日	甲子 21 一	乙丑 22 二	丙寅 23 三	丁卯 24 四	戊辰 25 五	己巳 26 六	庚午 27 日	辛未 28 一	壬申 29 二	癸酉 30 三	甲戌 31 四	乙亥 (8) 五	丙子 2 六	丁丑 3 日	戊寅 4 一		庚申大暑 乙亥立秋
七月小	丙申	天干地支 西曆 星期	己卯 5 二	庚辰 6 三	辛巳 7 四	壬午 8 五	癸未 9 六	甲申 10 日	乙酉 11 一	丙戌 12 二	丁亥 13 三	戊子 14 四	己丑 15 五	庚寅 16 六	辛卯 17 日	壬辰 18 一	癸巳 19 二	甲午 20 三	乙未 21 四	丙申 22 五	丁酉 23 六	戊戌 24 日	己亥 25 一	庚子 26 二	辛丑 27 三	壬寅 28 四	癸卯 29 五	甲辰 30 六	乙巳 31 日	丙午 (9) 一	丁未 2 二		辛卯處暑 丙午白露
八月大	丁酉	天干地支 西曆 星期	戊申 3 三	己酉 4 四	庚戌 5 五	辛亥 6 六	壬子 7 日	癸丑 8 一	甲寅 9 二	乙卯 10 三	丙辰 11 四	丁巳 12 五	戊午 13 六	己未 14 日	庚申 15 一	辛酉 16 二	壬戌 17 三	癸亥 18 四	甲子 19 五	乙丑 20 六	丙寅 21 日	丁卯 22 一	戊辰 23 二	己巳 24 三	庚午 25 四	辛未 26 五	壬申 27 六	癸酉 28 日	甲戌 29 一	乙亥 30 二	丙子 (10) 三	丁丑 2 四	辛酉秋分 丙子寒露
九月小	戊戌	天干地支 西曆 星期	戊寅 3 五	己卯 4 六	庚辰 5 日	辛巳 6 一	壬午 7 二	癸未 8 三	甲申 9 四	乙酉 10 五	丙戌 11 六	丁亥 12 日	戊子 13 一	己丑 14 二	庚寅 15 三	辛卯 16 四	壬辰 17 五	癸巳 18 六	甲午 19 日	乙未 20 一	丙申 21 二	丁酉 22 三	戊戌 23 四	己亥 24 五	庚子 25 六	辛丑 26 日	壬寅 27 一	癸卯 28 二	甲辰 29 三	乙巳 30 四	丙午 31 五		辛卯霜降
十月大	己亥	天干地支 西曆 星期	丁未 (11) 六	戊申 2 日	己酉 3 一	庚戌 4 二	辛亥 5 三	壬子 6 四	癸丑 7 五	甲寅 8 六	乙卯 9 日	丙辰 10 一	丁巳 11 二	戊午 12 三	己未 13 四	庚申 14 五	辛酉 15 六	壬戌 16 日	癸亥 17 一	甲子 18 二	乙丑 19 三	丙寅 20 四	丁卯 21 五	戊辰 22 六	己巳 23 日	庚午 24 一	辛未 25 二	壬申 26 三	癸酉 27 四	甲戌 28 五	乙亥 29 六	丙子 30 日	丁未立冬 壬戌小雪
十一月小	庚子	天干地支 西曆 星期	丁丑 (12) 一	戊寅 2 二	己卯 3 三	庚辰 4 四	辛巳 5 五	壬午 6 六	癸未 7 日	甲申 8 一	乙酉 9 二	丙戌 10 三	丁亥 11 四	戊子 12 五	己丑 13 六	庚寅 14 日	辛卯 15 一	壬辰 16 二	癸巳 17 三	甲午 18 四	乙未 19 五	丙申 20 六	丁酉 21 日	戊戌 22 一	己亥 23 二	庚子 24 三	辛丑 25 四	壬寅 26 五	癸卯 27 六	甲辰 28 日	乙巳 29 一		丁丑大雪 壬辰冬至
十二月大	辛丑	天干地支 西曆 星期	丙午 30 二	丁未 31 三	戊申 (1) 四	己酉 2 五	庚戌 3 六	辛亥 4 日	壬子 5 一	癸丑 6 二	甲寅 7 三	乙卯 8 四	丙辰 9 五	丁巳 10 六	戊午 11 日	己未 12 一	庚申 13 二	辛酉 14 三	壬戌 15 四	癸亥 16 五	甲子 17 六	乙丑 18 日	丙寅 19 一	丁卯 20 二	戊辰 21 三	己巳 22 四	庚午 23 五	辛未 24 六	壬申 25 日	癸酉 26 一	甲戌 27 二	乙亥 28 三	戊申小寒 癸亥大寒

宋仁宗慶曆七年（丁亥 猪年） 公元1047 ~ 1048年

夏曆月序		中西曆日對照	初一	初二	初三	初四	初五	初六	初七	初八	初九	初十	十一	十二	十三	十四	十五
正月大	壬寅	干支 西曆 天地 星期	丙子 29 四	丁丑 30 五	戊寅 31 六	己卯 (2) 日	庚辰 2 一	辛巳 3 二	壬午 4 三	癸未 5 四	甲申 6 五	乙酉 7 六	丙戌 8 日	丁亥 9 一	戊子 10 二	己丑 11 三	庚寅 12 四
二月小	癸卯	干支 西曆 天地 星期	丙午 28 六	丁未 (3) 日	戊申 2 一	己酉 3 二	庚戌 4 三	辛亥 5 四	壬子 6 五	癸丑 7 六	甲寅 8 日	乙卯 9 一	丙辰 10 二	丁巳 11 三	戊午 12 四	己未 13 五	庚申 14 六
三月大	甲辰	干支 西曆 天地 星期	乙亥 29 日	丙子 30 一	丁丑 31 二	戊寅 (4) 三	己卯 2 四	庚辰 3 五	辛巳 4 六	壬午 5 日	癸未 6 一	甲申 7 二	乙酉 8 三	丙戌 9 四	丁亥 10 五	戊子 11 六	己丑 12 日
四月大	乙巳	干支 西曆 天地 星期	乙巳 28 二	丙午 29 三	丁未 30 四	戊申 (5) 五	己酉 2 六	庚戌 3 日	辛亥 4 一	壬子 5 二	癸丑 6 三	甲寅 7 四	乙卯 8 五	丙辰 9 六	丁巳 10 日	戊午 11 一	己未 12 二
五月小	丙午	干支 西曆 天地 星期	乙亥 28 四	丙子 29 五	丁丑 30 六	戊寅 31 日	己卯 (6) 一	庚辰 2 二	辛巳 3 三	壬午 4 四	癸未 5 五	甲申 6 六	乙酉 7 日	丙戌 8 一	丁亥 9 二	戊子 10 三	己丑 11 四
六月大	丁未	干支 西曆 天地 星期	甲辰 26 五	乙巳 27 六	丙午 28 日	丁未 29 一	戊申 30 二	己酉 (7) 三	庚戌 2 四	辛亥 3 五	壬子 4 六	癸丑 5 日	甲寅 6 一	乙卯 7 二	丙辰 8 三	丁巳 9 四	戊午 10 五
七月小	戊申	干支 西曆 天地 星期	甲戌 26 日	乙亥 27 一	丙子 28 二	丁丑 29 三	戊寅 30 四	己卯 31 五	庚辰 (8) 六	辛巳 2 日	壬午 3 一	癸未 4 二	甲申 5 三	乙酉 6 四	丙戌 7 五	丁亥 8 六	戊子 9 日
八月小	己酉	干支 西曆 天地 星期	癸卯 24 一	甲辰 25 二	乙巳 26 三	丙午 27 四	丁未 28 五	戊申 29 六	己酉 30 日	庚戌 31 一	辛亥 (9) 二	壬子 2 三	癸丑 3 四	甲寅 4 五	乙卯 5 六	丙辰 6 日	丁巳 7 一
九月大	庚戌	干支 西曆 天地 星期	壬申 22 二	癸酉 23 三	甲戌 24 四	乙亥 25 五	丙子 26 六	丁丑 27 日	戊寅 28 一	己卯 29 二	庚辰 30 三	辛巳 (10) 四	壬午 2 五	癸未 3 六	甲申 4 日	乙酉 5 一	丙戌 6 二
十月小	辛亥	干支 西曆 天地 星期	壬寅 22 四	癸卯 23 五	甲辰 24 六	乙巳 25 日	丙午 26 一	丁未 27 二	戊申 28 三	己酉 29 四	庚戌 30 五	辛亥 31 六	壬子 (11) 日	癸丑 2 一	甲寅 3 二	乙卯 4 三	丙辰 5 四
十一月大	壬子	干支 西曆 天地 星期	辛未 20 五	壬申 21 六	癸酉 22 日	甲戌 23 一	乙亥 24 二	丙子 25 三	丁丑 26 四	戊寅 27 五	己卯 28 六	庚辰 29 日	辛巳 30 一	壬午 (12) 二	癸未 2 三	甲申 3 四	乙酉 4 五
十二月小	癸丑	干支 西曆 天地 星期	辛丑 20 日	壬寅 21 一	癸卯 22 二	甲辰 23 三	乙巳 24 四	丙午 25 五	丁未 26 六	戊申 27 日	己酉 28 一	庚戌 29 二	辛亥 30 三	壬子 31 四	癸丑 (1) 五	甲寅 2 六	乙卯 3 日

夏曆月序	十六	十七	十八	十九	二十	二一	二二	二三	二四	二五	二六	二七	二八	二九	三十	節氣與天象
正月大	辛卯 13 五	壬辰 14 六	癸巳 15 日	甲午 16 一	乙未 17 二	丙申 18 三	丁酉 19 四	戊戌 20 五	己亥 21 六	庚子 22 日	辛丑 23 一	壬寅 24 二	癸卯 25 三	甲辰 26 四	乙巳 27 五	戊寅立春 癸巳雨水
二月小	辛酉 15 日	壬戌 16 一	癸亥 17 二	甲子 18 三	乙丑 19 四	丙寅 20 五	丁卯 21 六	戊辰 22 日	己巳 23 一	庚午 24 二	辛未 25 三	壬申 26 四	癸酉 27 五	甲戌 28 六		戊申驚蟄 甲子春分
三月大	庚寅 13 一	辛卯 14 二	壬辰 15 三	癸巳 16 四	甲午 17 五	乙未 18 六	丙申 19 日	丁酉 20 一	戊戌 21 二	己亥 22 三	庚子 23 四	辛丑 24 五	壬寅 25 六	癸卯 26 日	甲辰 27 一	己卯清明 甲午穀雨 乙亥日食
四月大	庚申 13 三	辛酉 14 四	壬戌 15 五	癸亥 16 六	甲子 17 日	乙丑 18 一	丙寅 19 二	丁卯 20 三	戊辰 21 四	己巳 22 五	庚午 23 六	辛未 24 日	壬申 25 一	癸酉 26 二	甲戌 27 三	己酉立夏 甲子小滿
五月小	庚寅 12 五	辛卯 13 六	壬辰 14 日	癸巳 15 一	甲午 16 二	乙未 17 三	丙申 18 四	丁酉 19 五	戊戌 20 六	己亥 21 日	庚子 22 一	辛丑 23 二	壬寅 24 三	癸卯 25 四		庚辰芒種 乙未夏至
六月大	己未 11 六	庚申 12 日	辛酉 13 一	壬戌 14 二	癸亥 15 三	甲子 16 四	乙丑 17 五	丙寅 18 六	丁卯 19 日	戊辰 20 一	己巳 21 二	庚午 22 三	辛未 23 四	壬申 24 五	癸酉 25 六	庚戌小暑 乙丑大暑
七月小	己丑 10 一	庚寅 11 二	辛卯 12 三	壬辰 13 四	癸巳 14 五	甲午 15 六	乙未 16 日	丙申 17 一	丁酉 18 二	戊戌 19 三	己亥 20 四	庚子 21 五	辛丑 22 六	壬寅 23 日		辛巳立秋 丙申處暑
八月小	戊午 8 二	己未 9 三	庚申 10 四	辛酉 11 五	壬戌 12 六	癸亥 13 日	甲了 14 一	乙丑 15 二	丙寅 16 三	丁卯 17 四	戊辰 18 五	己巳 19 六	庚午 20 日	辛未 21 一		辛亥白露 丙寅秋分
九月大	丁亥 7 三	戊子 8 四	己丑 9 五	庚寅 10 六	辛卯 11 日	壬辰 12 一	癸巳 13 二	甲午 14 三	乙未 15 四	丙申 16 五	丁酉 17 六	戊戌 18 日	己亥 19 一	庚子 20 二	辛丑 21 三	辛巳寒露 丁酉霜降
十月小	丁巳 6 五	戊午 7 六	己未 8 日	庚申 9 一	辛酉 10 二	壬戌 11 三	癸亥 12 四	甲子 13 五	乙丑 14 六	丙寅 15 日	丁卯 16 一	戊辰 17 二	己巳 18 三	庚午 19 四		壬子立冬 丁卯小雪
十一月大	丙戌 5 六	丁亥 6 日	戊子 7 一	己丑 8 二	庚寅 9 三	辛卯 10 四	壬辰 11 五	癸巳 12 六	甲午 13 日	乙未 14 一	丙申 15 二	丁酉 16 三	戊戌 17 四	己亥 18 五	庚子 19 六	壬午大雪 戊戌冬至
十二月小	丙辰 4 一	丁巳 5 二	戊午 6 三	己未 7 四	庚申 8 五	辛酉 9 六	壬戌 10 日	癸亥 11 一	甲子 12 二	乙丑 13 三	丙寅 14 四	丁卯 15 五	戊辰 16 六	己巳 17 日		癸丑小寒 戊辰大寒

宋仁宗慶曆八年（戊子 鼠年） 公元1048 ~ 1049年

夏曆月序		中西曆日對照	初一	初二	初三	初四	初五	初六	初七	初八	初九	初十	十一	十二	十三	十四	十五	十六	十七	十八	十九	二十	二一	二二	二三	二四	二五	二六	二七	二八	二九	三十	節氣與天象
正月大	甲寅	天干地支 西曆 星期	庚午 18 一	辛未 19 二	壬申 20 三	癸酉 21 四	甲戌 22 五	乙亥 23 六	丙子 24 日	丁丑 25 一	戊寅 26 二	己卯 27 三	庚辰 28 四	辛巳 29 五	壬午 30 六	癸未 31 日	甲申 (2) 一	乙酉 2 二	丙戌 3 三	丁亥 4 四	戊子 5 五	己丑 6 六	庚寅 7 日	辛卯 8 一	壬辰 9 二	癸巳 10 三	甲午 11 四	乙未 12 五	丙申 13 六	丁酉 14 日	戊戌 15 一	己亥 16 二	癸未立春 戊戌雨水
閏正月小	甲寅	天干地支 西曆 星期	庚子 17 三	辛丑 18 四	壬寅 19 五	癸卯 20 六	甲辰 21 日	乙巳 22 一	丙午 23 二	丁未 24 三	戊申 25 四	己酉 26 五	庚戌 27 六	辛亥 28 日	壬子 29 一	癸丑 (3) 二	甲寅 2 三	乙卯 3 四	丙辰 4 五	丁巳 5 六	戊午 6 日	己未 7 一	庚申 8 二	辛酉 9 三	壬戌 10 四	癸亥 11 五	甲子 12 六	乙丑 13 日	丙寅 14 一	丁卯 15 二	戊辰 16 三		甲寅驚蟄
二月大	乙卯	天干地支 西曆 星期	己巳 17 四	庚午 18 五	辛未 19 六	壬申 20 日	癸酉 21 一	甲戌 22 二	乙亥 23 三	丙子 24 四	丁丑 25 五	戊寅 26 六	己卯 27 日	庚辰 28 一	辛巳 29 二	壬午 30 三	癸未 31 四	甲申 (4) 五	乙酉 2 六	丙戌 3 日	丁亥 4 一	戊子 5 二	己丑 6 三	庚寅 7 四	辛卯 8 五	壬辰 9 六	癸巳 10 日	甲午 11 一	乙未 12 二	丙申 13 三	丁酉 14 四	戊戌 15 五	己巳春分 甲申清明
三月大	丙辰	天干地支 西曆 星期	己亥 16 六	庚子 17 日	辛丑 18 一	壬寅 19 二	癸卯 20 三	甲辰 21 四	乙巳 22 五	丙午 23 六	丁未 24 日	戊申 25 一	己酉 26 二	庚戌 27 三	辛亥 28 四	壬子 29 五	癸丑 30 六	甲寅 (5) 日	乙卯 2 一	丙辰 3 二	丁巳 4 三	戊午 5 四	己未 6 五	庚申 7 六	辛酉 8 日	壬戌 9 一	癸亥 10 二	甲子 11 三	乙丑 12 四	丙寅 13 五	丁卯 14 六	戊辰 15 日	己亥穀雨 甲寅立夏
四月小	丁巳	天干地支 西曆 星期	己巳 16 一	庚午 17 二	辛未 18 三	壬申 19 四	癸酉 20 五	甲戌 21 六	乙亥 22 日	丙子 23 一	丁丑 24 二	戊寅 25 三	己卯 26 四	庚辰 27 五	辛巳 28 六	壬午 29 日	癸未 30 一	甲申 31 二	乙酉 (6) 三	丙戌 2 四	丁亥 3 五	戊子 4 六	己丑 5 日	庚寅 6 一	辛卯 7 二	壬辰 8 三	癸巳 9 四	甲午 10 五	乙未 11 六	丙申 12 日	丁酉 13 一		庚午小滿 乙酉芒種
五月大	戊午	天干地支 西曆 星期	戊戌 14 二	己亥 15 三	庚子 16 四	辛丑 17 五	壬寅 18 六	癸卯 19 日	甲辰 20 一	乙巳 21 二	丙午 22 三	丁未 23 四	戊申 24 五	己酉 25 六	庚戌 26 日	辛亥 27 一	壬子 28 二	癸丑 29 三	甲寅 30 四	乙卯 (7) 五	丙辰 2 六	丁巳 3 日	戊午 4 一	己未 5 二	庚申 6 三	辛酉 7 四	壬戌 8 五	癸亥 9 六	甲子 10 日	乙丑 11 一	丙寅 12 二	丁卯 13 三	庚子夏至 乙卯小暑
六月小	己未	天干地支 西曆 星期	戊辰 14 四	己巳 15 五	庚午 16 六	辛未 17 日	壬申 18 一	癸酉 19 二	甲戌 20 三	乙亥 21 四	丙子 22 五	丁丑 23 六	戊寅 24 日	己卯 25 一	庚辰 26 二	辛巳 27 三	壬午 28 四	癸未 29 五	甲申 30 六	乙酉 31 日	丙戌 (8) 一	丁亥 2 二	戊子 3 三	己丑 4 四	庚寅 5 五	辛卯 6 六	壬辰 7 日	癸巳 8 一	甲午 9 二	乙未 10 三	丙申 11 四		辛未大暑 丙戌立秋
七月大	庚申	天干地支 西曆 星期	丁酉 12 五	戊戌 13 六	己亥 14 日	庚子 15 一	辛丑 16 二	壬寅 17 三	癸卯 18 四	甲辰 19 五	乙巳 20 六	丙午 21 日	丁未 22 一	戊申 23 二	己酉 24 三	庚戌 25 四	辛亥 26 五	壬子 27 六	癸丑 28 日	甲寅 29 一	乙卯 30 二	丙辰 31 三	丁巳 (9) 四	戊午 2 五	己未 3 六	庚申 4 日	辛酉 5 一	壬戌 6 二	癸亥 7 三	甲子 8 四	乙丑 9 五	丙寅 10 六	辛丑處暑 丙辰白露
八月小	辛酉	天干地支 西曆 星期	丁卯 11 日	戊辰 12 一	己巳 13 二	庚午 14 三	辛未 15 四	壬申 16 五	癸酉 17 六	甲戌 18 日	乙亥 19 一	丙子 20 二	丁丑 21 三	戊寅 22 四	己卯 23 五	庚辰 24 六	辛巳 25 日	壬午 26 一	癸未 27 二	甲申 28 三	乙酉 29 四	丙戌 30 五	丁亥 (10) 六	戊子 2 日	己丑 3 一	庚寅 4 二	辛卯 5 三	壬辰 6 四	癸巳 7 五	甲午 8 六	乙未 9 日		辛未秋分 丁亥寒露
九月大	壬戌	天干地支 西曆 星期	丙申 10 一	丁酉 11 二	戊戌 12 三	己亥 13 四	庚子 14 五	辛丑 15 六	壬寅 16 日	癸卯 17 一	甲辰 18 二	乙巳 19 三	丙午 20 四	丁未 21 五	戊申 22 六	己酉 23 日	庚戌 24 一	辛亥 25 二	壬子 26 三	癸丑 27 四	甲寅 28 五	乙卯 29 六	丙辰 30 日	丁巳 31 一	戊午 (11) 二	己未 2 三	庚申 3 四	辛酉 4 五	壬戌 5 六	癸亥 6 日	甲子 7 一	乙丑 8 二	壬寅霜降 丁巳立冬
十月小	癸亥	天干地支 西曆 星期	丙寅 9 三	丁卯 10 四	戊辰 11 五	己巳 12 六	庚午 13 日	辛未 14 一	壬申 15 二	癸酉 16 三	甲戌 17 四	乙亥 18 五	丙子 19 六	丁丑 20 日	戊寅 21 一	己卯 22 二	庚辰 23 三	辛巳 24 四	壬午 25 五	癸未 26 六	甲申 27 日	乙酉 28 一	丙戌 29 二	丁亥 30 三	戊子 (12) 四	己丑 2 五	庚寅 3 六	辛卯 4 日	壬辰 5 一	癸巳 6 二	甲午 7 三		壬申小雪 戊子大雪
十一月大	甲子	天干地支 西曆 星期	乙未 8 四	丙申 9 五	丁酉 10 六	戊戌 11 日	己亥 12 一	庚子 13 二	辛丑 14 三	壬寅 15 四	癸卯 16 五	甲辰 17 六	乙巳 18 日	丙午 19 一	丁未 20 二	戊申 21 三	己酉 22 四	庚戌 23 五	辛亥 24 六	壬子 25 日	癸丑 26 一	甲寅 27 二	乙卯 28 三	丙辰 29 四	丁巳 30 五	戊午 31 六	己未 (1) 日	庚申 2 一	辛酉 3 二	壬戌 4 三	癸亥 5 四	甲子 6 五	癸卯冬至 戊午小寒
十二月小	乙丑	天干地支 西曆 星期	乙丑 7 六	丙寅 8 日	丁卯 9 一	戊辰 10 二	己巳 11 三	庚午 12 四	辛未 13 五	壬申 14 六	癸酉 15 日	甲戌 16 一	乙亥 17 二	丙子 18 三	丁丑 19 四	戊寅 20 五	己卯 21 六	庚辰 22 日	辛巳 23 一	壬午 24 二	癸未 25 三	甲申 26 四	乙酉 27 五	丙戌 28 六	丁亥 29 日	戊子 30 一	己丑 31 二	庚寅 (2) 三	辛卯 2 四	壬辰 3 五	癸巳 4 六		癸酉大寒 戊子立春

宋仁宗皇祐元年（己丑 牛年） 公元 1049 ~ 1050 年

夏曆月序		中西曆日對照	夏曆日序																														節氣與天象
			初一	初二	初三	初四	初五	初六	初七	初八	初九	初十	十一	十二	十三	十四	十五	十六	十七	十八	十九	二十	二一	二二	二三	二四	二五	二六	二七	二八	二九	三十	
正月大	丙寅	天干 地支 西曆 星期	甲午 5 日	乙未 6 一	丙申 7 二	丁酉 8 三	戊戌 9 四	己亥 10 五	庚子 11 六	辛丑 12 日	壬寅 13 一	癸卯 14 二	甲辰 15 三	乙巳 16 四	丙午 17 五	丁未 18 六	戊申 19 日	己酉 20 一	庚戌 21 二	辛亥 22 三	壬子 23 四	癸丑 24 五	甲寅 25 六	乙卯 26 日	丙辰 27 一	丁巳 28 二	戊午 (3) 三	己未 2 四	庚申 3 五	辛酉 4 六	壬戌 5 日	癸亥 6 一	甲辰雨水 己未驚蟄 甲午日食
二月小	丁卯	天干 地支 西曆 星期	甲子 7 二	乙丑 8 三	丙寅 9 四	丁卯 10 五	戊辰 11 六	己巳 12 日	庚午 13 一	辛未 14 二	壬申 15 三	癸酉 16 四	甲戌 17 五	乙亥 18 六	丙子 19 日	丁丑 20 一	戊寅 21 二	己卯 22 三	庚辰 23 四	辛巳 24 五	壬午 25 六	癸未 26 日	甲申 27 一	乙酉 28 二	丙戌 29 三	丁亥 30 四	戊子 31 五	己丑 (4) 六	庚寅 2 日	辛卯 3 一	壬辰 4 二		甲戌春分 己丑清明
三月大	戊辰	天干 地支 西曆 星期	癸巳 5 三	甲午 6 四	乙未 7 五	丙申 8 六	丁酉 9 日	戊戌 10 一	己亥 11 二	庚子 12 三	辛丑 13 四	壬寅 14 五	癸卯 15 六	甲辰 16 日	乙巳 17 一	丙午 18 二	丁未 19 三	戊申 20 四	己酉 21 五	庚戌 22 六	辛亥 23 日	壬子 24 一	癸丑 25 二	甲寅 26 三	乙卯 27 四	丙辰 28 五	丁巳 29 六	戊午 30 日	己未 (5) 一	庚申 2 二	辛酉 3 三	壬戌 4 四	乙巳穀雨 庚申立夏
四月小	己巳	天干 地支 西曆 星期	癸亥 5 五	甲子 6 六	乙丑 7 日	丙寅 8 一	丁卯 9 二	戊辰 10 三	己巳 11 四	庚午 12 五	辛未 13 六	壬申 14 日	癸酉 15 一	甲戌 16 二	乙亥 17 三	丙子 18 四	丁丑 19 五	戊寅 20 六	己卯 21 日	庚辰 22 一	辛巳 23 二	壬午 24 三	癸未 25 四	甲申 26 五	乙酉 27 六	丙戌 28 日	丁亥 29 一	戊子 30 二	己丑 31 三	庚寅 (6) 四	辛卯 2 五		乙亥小滿 庚寅芒種
五月大	庚午	天干 地支 西曆 星期	壬辰 3 六	癸巳 4 日	甲午 5 一	乙未 6 二	丙申 7 三	丁酉 8 四	戊戌 9 五	己亥 10 六	庚子 11 日	辛丑 12 一	壬寅 13 二	癸卯 14 三	甲辰 15 四	乙巳 16 五	丙午 17 六	丁未 18 日	戊申 19 一	己酉 20 二	庚戌 21 三	辛亥 22 四	壬子 23 五	癸丑 24 六	甲寅 25 日	乙卯 26 一	丙辰 27 二	丁巳 28 三	戊午 29 四	己未 30 五	庚申 (7) 六	辛酉 2 日	乙巳夏至 辛酉小暑
六月大	辛未	天干 地支 西曆 星期	壬戌 3 一	癸亥 4 二	甲子 5 三	乙丑 6 四	丙寅 7 五	丁卯 8 六	戊辰 9 日	己巳 10 一	庚午 11 二	辛未 12 三	壬申 13 四	癸酉 14 五	甲戌 15 六	乙亥 16 日	丙子 17 一	丁丑 18 二	戊寅 19 三	己卯 20 四	庚辰 21 五	辛巳 22 六	壬午 23 日	癸未 24 一	甲申 25 二	乙酉 26 三	丙戌 27 四	丁亥 28 五	戊子 29 六	己丑 30 日	庚寅 31 一	辛卯 (8) 二	丙子大暑 辛卯立秋
七月小	壬申	天干 地支 西曆 星期	壬辰 2 三	癸巳 3 四	甲午 4 五	乙未 5 六	丙申 6 日	丁酉 7 一	戊戌 8 二	己亥 9 三	庚子 10 四	辛丑 11 五	壬寅 12 六	癸卯 13 日	甲辰 14 一	乙巳 15 二	丙午 16 三	丁未 17 四	戊申 18 五	己酉 19 六	庚戌 20 日	辛亥 21 一	壬子 22 二	癸丑 23 三	甲寅 24 四	乙卯 25 五	丙辰 26 六	丁巳 27 日	戊午 28 一	己未 29 二	庚申 30 三		丙午處暑
八月大	癸酉	天干 地支 西曆 星期	辛酉 31 四	壬戌 (9) 五	癸亥 2 六	甲子 3 日	乙丑 4 一	丙寅 5 二	丁卯 6 三	戊辰 7 四	己巳 8 五	庚午 9 六	辛未 10 日	壬申 11 一	癸酉 12 二	甲戌 13 三	乙亥 14 四	丙子 15 五	丁丑 16 六	戊寅 17 日	己卯 18 一	庚辰 19 二	辛巳 20 三	壬午 21 四	癸未 22 五	甲申 23 六	乙酉 24 日	丙戌 25 一	丁亥 26 二	戊子 27 三	己丑 28 四	庚寅 29 五	辛酉白露 丁丑秋分
九月小	甲戌	天干 地支 西曆 星期	辛卯 30 六	壬辰 (10) 日	癸巳 2 一	甲午 3 二	乙未 4 三	丙申 5 四	丁酉 6 五	戊戌 7 六	己亥 8 日	庚子 9 一	辛丑 10 二	壬寅 11 三	癸卯 12 四	甲辰 13 五	乙巳 14 六	丙午 15 日	丁未 16 一	戊申 17 二	己酉 18 三	庚戌 19 四	辛亥 20 五	壬子 21 六	癸丑 22 日	甲寅 23 一	乙卯 24 二	丙辰 25 三	丁巳 26 四	戊午 27 五	己未 28 六		壬辰寒露 丁未霜降
十月大	乙亥	天干 地支 西曆 星期	庚申 29 日	辛酉 30 一	壬戌 31 二	癸亥 (11) 三	甲子 2 四	乙丑 3 五	丙寅 4 六	丁卯 5 日	戊辰 6 一	己巳 7 二	庚午 8 三	辛未 9 四	壬申 10 五	癸酉 11 六	甲戌 12 日	乙亥 13 一	丙子 14 二	丁丑 15 三	戊寅 16 四	己卯 17 五	庚辰 18 六	辛巳 19 日	壬午 20 一	癸未 21 二	甲申 22 三	乙酉 23 四	丙戌 24 五	丁亥 25 六	戊子 26 日	己丑 27 一	壬戌立冬 戊寅小雪
十一月大	丙子	天干 地支 西曆 星期	庚寅 28 二	辛卯 29 三	壬辰 30 四	癸巳 (12) 五	甲午 2 六	乙未 3 日	丙申 4 一	丁酉 5 二	戊戌 6 三	己亥 7 四	庚子 8 五	辛丑 9 六	壬寅 10 日	癸卯 11 一	甲辰 12 二	乙巳 13 三	丙午 14 四	丁未 15 五	戊申 16 六	己酉 17 日	庚戌 18 一	辛亥 19 二	壬子 20 三	癸丑 21 四	甲寅 22 五	乙卯 23 六	丙辰 24 日	丁巳 25 一	戊午 26 二	己未 27 三	癸巳大雪 戊申冬至
十二月小	丁丑	天干 地支 西曆 星期	庚申 28 四	辛酉 29 五	壬戌 30 六	癸亥 31 日	甲子 (1) 一	乙丑 2 二	丙寅 3 三	丁卯 4 四	戊辰 5 五	己巳 6 六	庚午 7 日	辛未 8 一	壬申 9 二	癸酉 10 三	甲戌 11 四	乙亥 12 五	丙子 13 六	丁丑 14 日	戊寅 15 一	己卯 16 二	庚辰 17 三	辛巳 18 四	壬午 19 五	癸未 20 六	甲申 21 日	乙酉 22 一	丙戌 23 二	丁亥 24 三	戊子 25 四		癸亥小寒 戊寅大寒

* 正月甲午（初一），改元皇祐。

宋仁宗皇祐二年（庚寅 虎年） 公元 1050 ~ 1051 年

夏曆月序		中西曆日對照	夏曆日序																														節氣與天象
			初一	初二	初三	初四	初五	初六	初七	初八	初九	初十	十一	十二	十三	十四	十五	十六	十七	十八	十九	二十	二一	二二	二三	二四	二五	二六	二七	二八	二九	三十	
正月小	戊寅	天干地支 西曆 星期	己丑 26 五	庚寅 27 六	辛卯 28 日	壬辰 29 一	癸巳 30 二	甲午 31 三	乙未 (2) 四	丙申 2 五	丁酉 3 六	戊戌 4 日	己亥 5 一	庚子 6 二	辛丑 7 三	壬寅 8 四	癸卯 9 五	甲辰 10 六	乙巳 11 日	丙午 12 一	丁未 13 二	戊申 14 三	己酉 15 四	庚戌 16 五	辛亥 17 六	壬子 18 日	癸丑 19 一	甲寅 20 二	乙卯 21 三	丙辰 22 四	丁巳 23 五		甲午立春 己酉雨水
二月大	己卯	天干地支 西曆 星期	戊午 24 六	己未 25 日	庚申 26 一	辛酉 27 二	壬戌 28 三	癸亥 (3) 四	甲子 2 五	乙丑 3 六	丙寅 4 日	丁卯 5 一	戊辰 6 二	己巳 7 三	庚午 8 四	辛未 9 五	壬申 10 六	癸酉 11 日	甲戌 12 一	乙亥 13 二	丙子 14 三	丁丑 15 四	戊寅 16 五	己卯 17 六	庚辰 18 日	辛巳 19 一	壬午 20 二	癸未 21 三	甲申 22 四	乙酉 23 五	丙戌 24 六	丁亥 25 日	甲子驚蟄 己卯春分
三月小	庚辰	天干地支 西曆 星期	戊子 26 一	己丑 27 二	庚寅 28 三	辛卯 29 四	壬辰 30 五	癸巳 31 六	甲午 (4) 日	乙未 2 一	丙申 3 二	丁酉 4 三	戊戌 5 四	己亥 6 五	庚子 7 六	辛丑 8 日	壬寅 9 一	癸卯 10 二	甲辰 11 三	乙巳 12 四	丙午 13 五	丁未 14 六	戊申 15 日	己酉 16 一	庚戌 17 二	辛亥 18 三	壬子 19 四	癸丑 20 五	甲寅 21 六	乙卯 22 日	丙辰 23 一		乙未清明 庚戌穀雨
四月大	辛巳	天干地支 西曆 星期	丁巳 24 二	戊午 25 三	己未 26 四	庚申 27 五	辛酉 28 六	壬戌 29 日	癸亥 30 一	甲子 (5) 二	乙丑 2 三	丙寅 3 四	丁卯 4 五	戊辰 5 六	己巳 6 日	庚午 7 一	辛未 8 二	壬申 9 三	癸酉 10 四	甲戌 11 五	乙亥 12 六	丙子 13 日	丁丑 14 一	戊寅 15 二	己卯 16 三	庚辰 17 四	辛巳 18 五	壬午 19 六	癸未 20 日	甲申 21 一	乙酉 22 二	丙戌 23 三	乙丑立夏 庚辰小滿
五月小	壬午	天干地支 西曆 星期	丁亥 24 四	戊子 25 五	己丑 26 六	庚寅 27 日	辛卯 28 一	壬辰 29 二	癸巳 30 三	甲午 31 四	乙未 (6) 五	丙申 2 六	丁酉 3 日	戊戌 4 一	己亥 5 二	庚子 6 三	辛丑 7 四	壬寅 8 五	癸卯 9 六	甲辰 10 日	乙巳 11 一	丙午 12 二	丁未 13 三	戊申 14 四	己酉 15 五	庚戌 16 六	辛亥 17 日	壬子 18 一	癸丑 19 二	甲寅 20 三	乙卯 21 四		乙未芒種 辛亥夏至
六月大	癸未	天干地支 西曆 星期	丙辰 22 五	丁巳 23 六	戊午 24 日	己未 25 一	庚申 26 二	辛酉 27 三	壬戌 28 四	癸亥 29 五	甲子 30 六	乙丑 (7) 日	丙寅 2 一	丁卯 3 二	戊辰 4 三	己巳 5 四	庚午 6 五	辛未 7 六	壬申 8 日	癸酉 9 一	甲戌 10 二	乙亥 11 三	丙子 12 四	丁丑 13 五	戊寅 14 六	己卯 15 日	庚辰 16 一	辛巳 17 二	壬午 18 三	癸未 19 四	甲申 20 五	乙酉 21 六	丙寅小暑 辛巳大暑
七月小	甲申	天干地支 西曆 星期	丙戌 22 日	丁亥 23 一	戊子 24 二	己丑 25 三	庚寅 26 四	辛卯 27 五	壬辰 28 六	癸巳 29 日	甲午 30 一	乙未 31 二	丙申 (8) 三	丁酉 2 四	戊戌 3 五	己亥 4 六	庚子 5 日	辛丑 6 一	壬寅 7 二	癸卯 8 三	甲辰 9 四	乙巳 10 五	丙午 11 六	丁未 12 日	戊申 13 一	己酉 14 二	庚戌 15 三	辛亥 16 四	壬子 17 五	癸丑 18 六	甲寅 19 日		丙申立秋 壬子處暑
八月大	乙酉	天干地支 西曆 星期	乙卯 20 一	丙辰 21 二	丁巳 22 三	戊午 23 四	己未 24 五	庚申 25 六	辛酉 26 日	壬戌 27 一	癸亥 28 二	甲子 29 三	乙丑 30 四	丙寅 31 五	丁卯 (9) 六	戊辰 2 日	己巳 3 一	庚午 4 二	辛未 5 三	壬申 6 四	癸酉 7 五	甲戌 8 六	乙亥 9 日	丙子 10 一	丁丑 11 二	戊寅 12 三	己卯 13 四	庚辰 14 五	辛巳 15 六	壬午 16 日	癸未 17 一	甲申 18 二	丁卯白露 壬午秋分
九月大	丙戌	天干地支 西曆 星期	乙酉 19 三	丙戌 20 四	丁亥 21 五	戊子 22 六	己丑 23 日	庚寅 24 一	辛卯 25 二	壬辰 26 三	癸巳 27 四	甲午 28 五	乙未 29 六	丙申 30 日	丁酉 (10) 一	戊戌 2 二	己亥 3 三	庚子 4 四	辛丑 5 五	壬寅 6 六	癸卯 7 日	甲辰 8 一	乙巳 9 二	丙午 10 三	丁未 11 四	戊申 12 五	己酉 13 六	庚戌 14 日	辛亥 15 一	壬子 16 二	癸丑 17 三	甲寅 18 四	丁酉寒露 壬子霜降
十月小	丁亥	天干地支 西曆 星期	乙卯 19 五	丙辰 20 六	丁巳 21 日	戊午 22 一	己未 23 二	庚申 24 三	辛酉 25 四	壬戌 26 五	癸亥 27 六	甲子 28 日	乙丑 29 一	丙寅 30 二	丁卯 31 三	戊辰 (11) 四	己巳 2 五	庚午 3 六	辛未 4 日	壬申 5 一	癸酉 6 二	甲戌 7 三	乙亥 8 四	丙子 9 五	丁丑 10 六	戊寅 11 日	己卯 12 一	庚辰 13 二	辛巳 14 三	壬午 15 四	癸未 16 五		戊辰立冬 癸未小雪
十一月大	戊子	天干地支 西曆 星期	甲申 17 六	乙酉 18 日	丙戌 19 一	丁亥 20 二	戊子 21 三	己丑 22 四	庚寅 23 五	辛卯 24 六	壬辰 25 日	癸巳 26 一	甲午 27 二	乙未 28 三	丙申 29 四	丁酉 30 五	戊戌 (12) 六	己亥 2 日	庚子 3 一	辛丑 4 二	壬寅 5 三	癸卯 6 四	甲辰 7 五	乙巳 8 六	丙午 9 日	丁未 10 一	戊申 11 二	己酉 12 三	庚戌 13 四	辛亥 14 五	壬子 15 六	癸丑 16 日	戊戌大雪 癸丑冬至
閏十一大	戊子	天干地支 西曆 星期	甲寅 17 一	乙卯 18 二	丙辰 19 三	丁巳 20 四	戊午 21 五	己未 22 六	庚申 23 日	辛酉 24 一	壬戌 25 二	癸亥 26 三	甲子 27 四	乙丑 28 五	丙寅 29 六	丁卯 30 日	戊辰 31 一	己巳 (1) 二	庚午 2 三	辛未 3 四	壬申 4 五	癸酉 5 六	甲戌 6 日	乙亥 7 一	丙子 8 二	丁丑 9 三	戊寅 10 四	己卯 11 五	庚辰 12 六	辛巳 13 日	壬午 14 一	癸未 15 二	戊辰小寒
十二月小	己丑	天干地支 西曆 星期	甲申 16 三	乙酉 17 四	丙戌 18 五	丁亥 19 六	戊子 20 日	己丑 21 一	庚寅 22 二	辛卯 23 三	壬辰 24 四	癸巳 25 五	甲午 26 六	乙未 27 日	丙申 28 一	丁酉 29 二	戊戌 30 三	己亥 31 四	庚子 (2) 五	辛丑 2 六	壬寅 3 日	癸卯 4 一	甲辰 5 二	乙巳 6 三	丙午 7 四	丁未 8 五	戊申 9 六	己酉 10 日	庚戌 11 一	辛亥 12 二	壬子 13 三		甲申大寒 己亥立春

宋仁宗皇祐三年（辛卯 兔年） 公元 1051 ~ 1052 年

夏曆月序	中西曆日對照	初一	初二	初三	初四	初五	初六	初七	初八	初九	初十	十一	十二	十三	十四	十五	十六	十七	十八	十九	二十	二一	二二	二三	二四	二五	二六	二七	二八	二九	三十	節氣與天象
正月小 庚寅	天干地支 西曆 星期	癸丑 14 四	甲寅 15 五	乙卯 16 六	丙辰 17 日	丁巳 18 一	戊午 19 二	己未 20 三	庚申 21 四	辛酉 22 五	壬戌 23 六	癸亥 24 日	甲子 25 一	乙丑 26 二	丙寅 27 三	丁卯 28 四	戊辰 (3) 五	己巳 2 六	庚午 3 日	辛未 4 一	壬申 5 二	癸酉 6 三	甲戌 7 四	乙亥 8 五	丙子 9 六	丁丑 10 日	戊寅 11 一	己卯 12 二	庚辰 13 三	辛巳 14 四		甲寅雨水 己巳驚蟄
二月大 辛卯	天干地支 西曆 星期	壬午 15 五	癸未 16 六	甲申 17 日	乙酉 18 一	丙戌 19 二	丁亥 20 三	戊子 21 四	己丑 22 五	庚寅 23 六	辛卯 24 日	壬辰 25 一	癸巳 26 二	甲午 27 三	乙未 28 四	丙申 29 五	丁酉 30 六	戊戌 31 日	己亥 (4) 一	庚子 2 二	辛丑 3 三	壬寅 4 四	癸卯 5 五	甲辰 6 六	乙巳 7 日	丙午 8 一	丁未 9 二	戊申 10 三	己酉 11 四	庚戌 12 五	辛亥 13 六	乙酉春分 庚子清明
三月小 壬辰	天干地支 西曆 星期	壬子 14 日	癸丑 15 一	甲寅 16 二	乙卯 17 三	丙辰 18 四	丁巳 19 五	戊午 20 六	己未 21 日	庚申 22 一	辛酉 23 二	壬戌 24 三	癸亥 25 四	甲子 26 五	乙丑 27 六	丙寅 28 日	丁卯 29 一	戊辰 30 二	己巳 (5) 三	庚午 2 四	辛未 3 五	壬申 4 六	癸酉 5 日	甲戌 6 一	乙亥 7 二	丙子 8 三	丁丑 9 四	戊寅 10 五	己卯 11 六	庚辰 12 日		乙卯穀雨 庚午立夏
四月小 癸巳	天干地支 西曆 星期	辛巳 13 一	壬午 14 二	癸未 15 三	甲申 16 四	乙酉 17 五	丙戌 18 六	丁亥 19 日	戊子 20 一	己丑 21 二	庚寅 22 三	辛卯 23 四	壬辰 24 五	癸巳 25 六	甲午 26 日	乙未 27 一	丙申 28 二	丁酉 29 三	戊戌 30 四	己亥 31 五	庚子 (6) 六	辛丑 2 日	壬寅 3 一	癸卯 4 二	甲辰 5 三	乙巳 6 四	丙午 7 五	丁未 8 六	戊申 9 日	己酉 10 一		乙酉小滿 辛丑芒種
五月大 甲午	天干地支 西曆 星期	庚戌 11 二	辛亥 12 三	壬子 13 四	癸丑 14 五	甲寅 15 六	乙卯 16 日	丙辰 17 一	丁巳 18 二	戊午 19 三	己未 20 四	庚申 21 五	辛酉 22 六	壬戌 23 日	癸亥 24 一	甲子 25 二	乙丑 26 三	丙寅 27 四	丁卯 28 五	戊辰 29 六	己巳 30 日	庚午 (7) 一	辛未 2 二	壬申 3 三	癸酉 4 四	甲戌 5 五	乙亥 6 六	丙子 7 日	丁丑 8 一	戊寅 9 二	己卯 10 三	丙辰夏至 辛未小暑
六月小 乙未	天干地支 西曆 星期	庚辰 11 四	辛巳 12 五	壬午 13 六	癸未 14 日	甲申 15 一	乙酉 16 二	丙戌 17 三	丁亥 18 四	戊子 19 五	己丑 20 六	庚寅 21 日	辛卯 22 一	壬辰 23 二	癸巳 24 三	甲午 25 四	乙未 26 五	丙申 27 六	丁酉 28 日	戊戌 29 一	己亥 30 二	庚子 31 三	辛丑 (8) 四	壬寅 2 五	癸卯 3 六	甲辰 4 日	乙巳 5 一	丙午 6 二	丁未 7 三	戊申 8 四		丙戌大暑 壬寅立秋
七月大 丙申	天干地支 西曆 星期	己酉 9 五	庚戌 10 六	辛亥 11 日	壬子 12 一	癸丑 13 二	甲寅 14 三	乙卯 15 四	丙辰 16 五	丁巳 17 六	戊午 18 日	己未 19 一	庚申 20 二	辛酉 21 三	壬戌 22 四	癸亥 23 五	甲子 24 六	乙丑 25 日	丙寅 26 一	丁卯 27 二	戊辰 28 三	己巳 29 四	庚午 30 五	辛未 31 六	壬申 (9) 日	癸酉 2 一	甲戌 3 二	乙亥 4 三	丙子 5 四	丁丑 6 五	戊寅 7 六	丁巳處暑 壬申白露
八月大 丁酉	天干地支 西曆 星期	己卯 8 日	庚辰 9 一	辛巳 10 二	壬午 11 三	癸未 12 四	甲申 13 五	乙酉 14 六	丙戌 15 日	丁亥 16 一	戊子 17 二	己丑 18 三	庚寅 19 四	辛卯 20 五	壬辰 21 六	癸巳 22 日	甲午 23 一	乙未 24 二	丙申 25 三	丁酉 26 四	戊戌 27 五	己亥 28 六	庚子 29 日	辛丑 30 一	壬寅 (10) 二	癸卯 2 三	甲辰 3 四	乙巳 4 五	丙午 5 六	丁未 6 日	戊申 7 一	丁亥秋分 壬寅寒露
九月大 戊戌	天干地支 西曆 星期	己酉 8 二	庚戌 9 三	辛亥 10 四	壬子 11 五	癸丑 12 六	甲寅 13 日	乙卯 14 一	丙辰 15 二	丁巳 16 三	戊午 17 四	己未 18 五	庚申 19 六	辛酉 20 日	壬戌 21 一	癸亥 22 二	甲子 23 三	乙丑 24 四	丙寅 25 五	丁卯 26 六	戊辰 27 日	己巳 28 一	庚午 29 二	辛未 30 三	壬申 31 四	癸酉 (11) 五	甲戌 2 六	乙亥 3 日	丙子 4 一	丁丑 5 二	戊寅 6 三	戊午霜降 癸酉立冬
十月小 己亥	天干地支 西曆 星期	己卯 7 四	庚辰 8 五	辛巳 9 六	壬午 10 日	癸未 11 一	甲申 12 二	乙酉 13 三	丙戌 14 四	丁亥 15 五	戊子 16 六	己丑 17 日	庚寅 18 一	辛卯 19 二	壬辰 20 三	癸巳 21 四	甲午 22 五	乙未 23 六	丙申 24 日	丁酉 25 一	戊戌 26 二	己亥 27 三	庚子 28 四	辛丑 29 五	壬寅 30 六	癸卯 (12) 日	甲辰 2 一	乙巳 3 二	丙午 4 三	丁未 5 四		戊子小雪 癸卯大雪
十一月大 庚子	天干地支 西曆 星期	戊申 6 五	己酉 7 六	庚戌 8 日	辛亥 9 一	壬子 10 二	癸丑 11 三	甲寅 12 四	乙卯 13 五	丙辰 14 六	丁巳 15 日	戊午 16 一	己未 17 二	庚申 18 三	辛酉 19 四	壬戌 20 五	癸亥 21 六	甲子 22 日	乙丑 23 一	丙寅 24 二	丁卯 25 三	戊辰 26 四	己巳 27 五	庚午 28 六	辛未 29 日	壬申 30 一	癸酉 31 二	甲戌 (1) 三	乙亥 2 四	丙子 3 五	丁丑 4 六	己未冬至 甲戌小寒
十二月大 辛丑	天干地支 西曆 星期	戊寅 5 日	己卯 6 一	庚辰 7 二	辛巳 8 三	壬午 9 四	癸未 10 五	甲申 11 六	乙酉 12 日	丙戌 13 一	丁亥 14 二	戊子 15 三	己丑 16 四	庚寅 17 五	辛卯 18 六	壬辰 19 日	癸巳 20 一	甲午 21 二	乙未 22 三	丙申 23 四	丁酉 24 五	戊戌 25 六	己亥 26 日	庚子 27 一	辛丑 28 二	壬寅 29 三	癸卯 30 四	甲辰 31 五	乙巳 (2) 六	丙午 2 日	丁未 3 一	己丑大寒 甲辰立春

宋仁宗皇祐四年（壬辰 龍年） 公元 1052 ~ 1053 年

夏曆月序		中西曆日對照	初一	初二	初三	初四	初五	初六	初七	初八	初九	初十	十一	十二	十三	十四	十五	十六	十七	十八	十九	二十	二一	二二	二三	二四	二五	二六	二七	二八	二九	三十	節氣與天象
正月小	壬寅	干支 西曆 星期	戊申 4 二	己酉 5 三	庚戌 6 四	辛亥 7 五	壬子 8 六	癸丑 9 日	甲寅 10 一	乙卯 11 二	丙辰 12 三	丁巳 13 四	戊午 14 五	己未 15 六	庚申 16 日	辛酉 17 一	壬戌 18 二	癸亥 19 三	甲子 20 四	乙丑 21 五	丙寅 22 六	丁卯 23 日	戊辰 24 一	己巳 25 二	庚午 26 三	辛未 27 四	壬申 28 五	癸酉 29 六	甲戌 (3) 日	乙亥 2 一	丙子 3 二		己未雨水 乙亥驚蟄
二月小	癸卯	干支 西曆 星期	丁丑 4 三	戊寅 5 四	己卯 6 五	庚辰 7 六	辛巳 8 日	壬午 9 一	癸未 10 二	甲申 11 三	乙酉 12 四	丙戌 13 五	丁亥 14 六	戊子 15 日	己丑 16 一	庚寅 17 二	辛卯 18 三	壬辰 19 四	癸巳 20 五	甲午 21 六	乙未 22 日	丙申 23 一	丁酉 24 二	戊戌 25 三	己亥 26 四	庚子 27 五	辛丑 28 六	壬寅 29 日	癸卯 30 一	甲辰 31 二	乙巳 (4) 三		庚寅春分 乙巳清明
三月大	甲辰	干支 西曆 星期	丙午 2 四	丁未 3 五	戊申 4 六	己酉 5 日	庚戌 6 一	辛亥 7 二	壬子 8 三	癸丑 9 四	甲寅 10 五	乙卯 11 六	丙辰 12 日	丁巳 13 一	戊午 14 二	己未 15 三	庚申 16 四	辛酉 17 五	壬戌 18 六	癸亥 19 日	甲子 20 一	乙丑 21 二	丙寅 22 三	丁卯 23 四	戊辰 24 五	己巳 25 六	庚午 26 日	辛未 27 一	壬申 28 二	癸酉 29 三	甲戌 30 四	乙亥 (5) 五	庚申穀雨 乙亥立夏
四月小	乙巳	干支 西曆 星期	丙子 2 六	丁丑 3 日	戊寅 4 一	己卯 5 二	庚辰 6 三	辛巳 7 四	壬午 8 五	癸未 9 六	甲申 10 日	乙酉 11 一	丙戌 12 二	丁亥 13 三	戊子 14 四	己丑 15 五	庚寅 16 六	辛卯 17 日	壬辰 18 一	癸巳 19 二	甲午 20 三	乙未 21 四	丙申 22 五	丁酉 23 六	戊戌 24 日	己亥 25 一	庚子 26 二	辛丑 27 三	壬寅 28 四	癸卯 29 五	甲辰 30 六		辛卯小滿
五月小	丙午	干支 西曆 星期	乙巳 31 日	丙午 (6) 一	丁未 2 二	戊申 3 三	己酉 4 四	庚戌 5 五	辛亥 6 六	壬子 7 日	癸丑 8 一	甲寅 9 二	乙卯 10 三	丙辰 11 四	丁巳 12 五	戊午 13 六	己未 14 日	庚申 15 一	辛酉 16 二	壬戌 17 三	癸亥 18 四	甲子 19 五	乙丑 20 六	丙寅 21 日	丁卯 22 一	戊辰 23 二	己巳 24 三	庚午 25 四	辛未 26 五	壬申 27 六	癸酉 28 日		丙午芒種 辛酉夏至
六月大	丁未	干支 西曆 星期	甲戌 29 一	乙亥 30 二	丙子 (7) 三	丁丑 2 四	戊寅 3 五	己卯 4 六	庚辰 5 日	辛巳 6 一	壬午 7 二	癸未 8 三	甲申 9 四	乙酉 10 五	丙戌 11 六	丁亥 12 日	戊子 13 一	己丑 14 二	庚寅 15 三	辛卯 16 四	壬辰 17 五	癸巳 18 六	甲午 19 日	乙未 20 一	丙申 21 二	丁酉 22 三	戊戌 23 四	己亥 24 五	庚子 25 六	辛丑 26 日	壬寅 27 一	癸卯 28 二	丙子小暑 壬辰大暑
七月小	戊申	干支 西曆 星期	甲辰 29 三	乙巳 30 四	丙午 31 五	丁未 (8) 六	戊申 2 日	己酉 3 一	庚戌 4 二	辛亥 5 三	壬子 6 四	癸丑 7 五	甲寅 8 六	乙卯 9 日	丙辰 10 一	丁巳 11 二	戊午 12 三	己未 13 四	庚申 14 五	辛酉 15 六	壬戌 16 日	癸亥 17 一	甲子 18 二	乙丑 19 三	丙寅 20 四	丁卯 21 五	戊辰 22 六	己巳 23 日	庚午 24 一	辛未 25 二	壬申 26 三		丁未立秋 壬戌處暑
八月大	己酉	干支 西曆 星期	癸酉 27 四	甲戌 28 五	乙亥 29 六	丙子 30 日	丁丑 31 一	戊寅 (9) 二	己卯 2 三	庚辰 3 四	辛巳 4 五	壬午 5 六	癸未 6 日	甲申 7 一	乙酉 8 二	丙戌 9 三	丁亥 10 四	戊子 11 五	己丑 12 六	庚寅 13 日	辛卯 14 一	壬辰 15 二	癸巳 16 三	甲午 17 四	乙未 18 五	丙申 19 六	丁酉 20 日	戊戌 21 一	己亥 22 二	庚子 23 三	辛丑 24 四	壬寅 25 五	丁丑白露 壬辰秋分
九月大	庚戌	干支 西曆 星期	癸卯 26 六	甲辰 27 日	乙巳 28 一	丙午 29 二	丁未 30 三	戊申 (10) 四	己酉 2 五	庚戌 3 六	辛亥 4 日	壬子 5 一	癸丑 6 二	甲寅 7 三	乙卯 8 四	丙辰 9 五	丁巳 10 六	戊午 11 日	己未 12 一	庚申 13 二	辛酉 14 三	壬戌 15 四	癸亥 16 五	甲子 17 六	乙丑 18 日	丙寅 19 一	丁卯 20 二	戊辰 21 三	己巳 22 四	庚午 23 五	辛未 24 六	壬申 25 日	戊申寒露 癸亥霜降
十月小	辛亥	干支 西曆 星期	癸酉 26 一	甲戌 27 二	乙亥 28 三	丙子 29 四	丁丑 30 五	戊寅 31 六	己卯 (11) 日	庚辰 2 一	辛巳 3 二	壬午 4 三	癸未 5 四	甲申 6 五	乙酉 7 六	丙戌 8 日	丁亥 9 一	戊子 10 二	己丑 11 三	庚寅 12 四	辛卯 13 五	壬辰 14 六	癸巳 15 日	甲午 16 一	乙未 17 二	丙申 18 三	丁酉 19 四	戊戌 20 五	己亥 21 六	庚子 22 日	辛丑 23 一		戊寅立冬 癸巳小雪
十一月大	壬子	干支 西曆 星期	壬寅 24 二	癸卯 25 三	甲辰 26 四	乙巳 27 五	丙午 28 六	丁未 29 日	戊申 30 一	己酉 (12) 二	庚戌 2 三	辛亥 3 四	壬子 4 五	癸丑 5 六	甲寅 6 日	乙卯 7 一	丙辰 8 二	丁巳 9 三	戊午 10 四	己未 11 五	庚申 12 六	辛酉 13 日	壬戌 14 一	癸亥 15 二	甲子 16 三	乙丑 17 四	丙寅 18 五	丁卯 19 六	戊辰 20 日	己巳 21 一	庚午 22 二	辛未 23 三	己酉大雪 甲子冬至 壬寅日食
十二月大	癸丑	干支 西曆 星期	壬申 24 四	癸酉 25 五	甲戌 26 六	乙亥 27 日	丙子 28 一	丁丑 29 二	戊寅 30 三	己卯 31 四	庚辰 (1) 五	辛巳 2 六	壬午 3 日	癸未 4 一	甲申 5 二	乙酉 6 三	丙戌 7 四	丁亥 8 五	戊子 9 六	己丑 10 日	庚寅 11 一	辛卯 12 二	壬辰 13 三	癸巳 14 四	甲午 15 五	乙未 16 六	丙申 17 日	丁酉 18 一	戊戌 19 二	己亥 20 三	庚子 21 四	辛丑 22 五	己卯小寒 甲午大寒

宋仁宗皇祐五年（癸巳 蛇年） 公元 1053 ~ 1054 年

夏曆月序	中西曆日對照		初一	初二	初三	初四	初五	初六	初七	初八	初九	初十	十一	十二	十三	十四	十五	十六	十七	十八	十九	二十	二一	二二	二三	二四	二五	二六	二七	二八	二九	三十	節氣與天象
正月小	甲寅	天干地支 西曆星期	壬寅23六	癸卯24日	甲辰25一	乙巳26二	丙午27三	丁未28四	戊申29五	己酉30六	庚戌31日	辛亥(2)一	壬子2二	癸丑3三	甲寅4四	乙卯5五	丙辰6六	丁巳7日	戊午8一	己未9二	庚申10三	辛酉11四	壬戌12五	癸亥13六	甲子14日	乙丑15一	丙寅16二	丁卯17三	戊辰18四	己巳19五	庚午20六		己酉立春 乙丑雨水
二月大	乙卯	天干地支 西曆星期	辛未21日	壬申22一	癸酉23二	甲戌24三	乙亥25四	丙子26五	丁丑27六	戊寅28日	己卯(3)一	庚辰2二	辛巳3三	壬午4四	癸未5五	甲申6六	乙酉7日	丙戌8一	丁亥9二	戊子10三	己丑11四	庚寅12五	辛卯13六	壬辰14日	癸巳15一	甲午16二	乙未17三	丙申18四	丁酉19五	戊戌20六	己亥21日	庚子22一	庚辰驚蟄 乙未春分
三月小	丙辰	天干地支 西曆星期	辛丑23二	壬寅24三	癸卯25四	甲辰26五	乙巳27六	丙午28日	丁未29一	戊申30二	己酉31三	庚戌(4)四	辛亥2五	壬子3六	癸丑4日	甲寅5一	乙卯6二	丙辰7三	丁巳8四	戊午9五	己未10六	庚申11日	辛酉12一	壬戌13二	癸亥14三	甲子15四	乙丑16五	丙寅17六	丁卯18日	戊辰19一	己巳20二		庚戌清明 乙丑穀雨
四月大	丁巳	天干地支 西曆星期	庚午21三	辛未22四	壬申23五	癸酉24六	甲戌25日	乙亥26一	丙子27二	丁丑28三	戊寅29四	己卯30五	庚辰(5)六	辛巳2日	壬午3一	癸未4二	甲申5三	乙酉6四	丙戌7五	丁亥8六	戊子9日	己丑10一	庚寅11二	辛卯12三	壬辰13四	癸巳14五	甲午15六	乙未16日	丙申17一	丁酉18二	戊戌19三	己亥20四	辛巳立夏 丙申小滿
五月小	戊午	天干地支 西曆星期	庚子21五	辛丑22六	壬寅23日	癸卯24一	甲辰25二	乙巳26三	丙午27四	丁未28五	戊申29六	己酉30日	庚戌31一	辛亥(6)二	壬子2三	癸丑3四	甲寅4五	乙卯5六	丙辰6日	丁巳7一	戊午8二	己未9三	庚申10四	辛酉11五	壬戌12六	癸亥13日	甲子14一	乙丑15二	丙寅16三	丁卯17四	戊辰18五		辛亥芒種 丙寅夏至
六月小	己未	天干地支 西曆星期	己巳19六	庚午20日	辛未21一	壬申22二	癸酉23三	甲戌24四	乙亥25五	丙子26六	丁丑27日	戊寅28一	己卯29二	庚辰30三	辛巳(7)四	壬午2五	癸未3六	甲申4日	乙酉5一	丙戌6二	丁亥7三	戊子8四	己丑9五	庚寅10六	辛卯11日	壬辰12一	癸巳13二	甲午14三	乙未15四	丙申16五	丁酉17六		壬午小暑 丁酉大暑
七月大	庚申	天干地支 西曆星期	戊戌18日	己亥19一	庚子20二	辛丑21三	壬寅22四	癸卯23五	甲辰24六	乙巳25日	丙午26一	丁未27二	戊申28三	己酉29四	庚戌30五	辛亥31六	壬子(8)日	癸丑2一	甲寅3二	乙卯4三	丙辰5四	丁巳6五	戊午7六	己未8日	庚申9一	辛酉10二	壬戌11三	癸亥12四	甲子13五	乙丑14六	丙寅15日	丁卯16一	壬子立秋 丁卯處暑
閏七月小	庚申	天干地支 西曆星期	戊辰17二	己巳18三	庚午19四	辛未20五	壬申21六	癸酉22日	甲戌23一	乙亥24二	丙子25三	丁丑26四	戊寅27五	己卯28六	庚辰29日	辛巳30一	壬午31二	癸未(9)三	甲申2四	乙酉3五	丙戌4六	丁亥5日	戊子6一	己丑7二	庚寅8三	辛卯9四	壬辰10五	癸巳11六	甲午12日	乙未13一	丙申14二		壬午白露
八月大	辛酉	天干地支 西曆星期	丁酉15三	戊戌16四	己亥17五	庚子18六	辛丑19日	壬寅20一	癸卯21二	甲辰22三	乙巳23四	丙午24五	丁未25六	戊申26日	己酉27一	庚戌28二	辛亥29三	壬子30四	癸丑(10)五	甲寅2六	乙卯3日	丙辰4一	丁巳5二	戊午6三	己未7四	庚申8五	辛酉9六	壬戌10日	癸亥11一	甲子12二	乙丑13三	丙寅14四	戊戌秋分 癸丑寒露
九月小	壬戌	天干地支 西曆星期	丁卯15五	戊辰16六	己巳17日	庚午18一	辛未19二	壬申20三	癸酉21四	甲戌22五	乙亥23六	丙子24日	丁丑25一	戊寅26二	己卯27三	庚辰28四	辛巳29五	壬午30六	癸未31日	甲申(11)一	乙酉2二	丙戌3三	丁亥4四	戊子5五	己丑6六	庚寅7日	辛卯8一	壬辰9二	癸巳10三	甲午11四	乙未12五		戊辰霜降 癸未立冬
十月大	癸亥	天干地支 西曆星期	丙申13六	丁酉14日	戊戌15一	己亥16二	庚子17三	辛丑18四	壬寅19五	癸卯20六	甲辰21日	乙巳22一	丙午23二	丁未24三	戊申25四	己酉26五	庚戌27六	辛亥28日	壬子29一	癸丑30二	甲寅(12)三	乙卯2四	丙辰3五	丁巳4六	戊午5日	己未6一	庚申7二	辛酉8三	壬戌9四	癸亥10五	甲子11六	乙丑12日	己亥小雪 甲寅大雪 丙申日食
十一月大	甲子	天干地支 西曆星期	丙寅13一	丁卯14二	戊辰15三	己巳16四	庚午17五	辛未18六	壬申19日	癸酉20一	甲戌21二	乙亥22三	丙子23四	丁丑24五	戊寅25六	己卯26日	庚辰27一	辛巳28二	壬午29三	癸未30四	甲申31五	乙酉(1)六	丙戌2日	丁亥3一	戊子4二	己丑5三	庚寅6四	辛卯7五	壬辰8六	癸巳9日	甲午10一	乙未11二	己巳冬至 甲申小寒
十二月大	乙丑	天干地支 西曆星期	丙申12三	丁酉13四	戊戌14五	己亥15六	庚子16日	辛丑17一	壬寅18二	癸卯19三	甲辰20四	乙巳21五	丙午22六	丁未23日	戊申24一	己酉25二	庚戌26三	辛亥27四	壬子28五	癸丑29六	甲寅30日	乙卯31一	丙辰(2)二	丁巳2三	戊午3四	己未4五	庚申5六	辛酉6日	壬戌7一	癸亥8二	甲子9三	乙丑10四	己亥大寒 乙卯立春

宋仁宗皇祐六年 至和元年（甲午 馬年） 公元 1054 ~ 1055 年

夏曆月序		中西曆日對照	初一	初二	初三	初四	初五	初六	初七	初八	初九	初十	十一	十二	十三	十四	十五	十六	十七	十八	十九	二十	二一	二二	二三	二四	二五	二六	二七	二八	二九	三十	節氣與天象
正月小	丙寅	干支 西曆 星期	丙寅 11 五	丁卯 12 六	戊辰 13 日	己巳 14 一	庚午 15 二	辛未 16 三	壬申 17 四	癸酉 18 五	甲戌 19 六	乙亥 20 日	丙子 21 一	丁丑 22 二	戊寅 23 三	己卯 24 四	庚辰 25 五	辛巳 26 六	壬午 27 日	癸未 28 一	甲申 (3) 二	乙酉 2 三	丙戌 3 四	丁亥 4 五	戊子 5 六	己丑 6 日	庚寅 7 一	辛卯 8 二	壬辰 9 三	癸巳 10 四	甲午 11 五		庚午雨水 乙酉驚蟄
二月大	丁卯	干支 西曆 星期	乙未 12 六	丙申 13 日	丁酉 14 一	戊戌 15 二	己亥 16 三	庚子 17 四	辛丑 18 五	壬寅 19 六	癸卯 20 日	甲辰 21 一	乙巳 22 二	丙午 23 三	丁未 24 四	戊申 25 五	己酉 26 六	庚戌 27 日	辛亥 28 一	壬子 29 二	癸丑 30 三	甲寅 31 四	乙卯 (4) 五	丙辰 2 六	丁巳 3 日	戊午 4 一	己未 5 二	庚申 6 三	辛酉 7 四	壬戌 8 五	癸亥 9 六	甲子 10 日	庚子春分 丙辰清明
三月小	戊辰	干支 西曆 星期	乙丑 11 一	丙寅 12 二	丁卯 13 三	戊辰 14 四	己巳 15 五	庚午 16 六	辛未 17 日	壬申 18 一	癸酉 19 二	甲戌 20 三	乙亥 21 四	丙子 22 五	丁丑 23 六	戊寅 24 日	己卯 25 一	庚辰 26 二	辛巳 27 三	壬午 28 四	癸未 29 五	甲申 30 六	乙酉 (5) 日	丙戌 2 一	丁亥 3 二	戊子 4 三	己丑 5 四	庚寅 6 五	辛卯 7 六	壬辰 8 日	癸巳 9 一		辛未穀雨 丙戌立夏
四月大	己巳	干支 西曆 星期	甲午 10 二	乙未 11 三	丙申 12 四	丁酉 13 五	戊戌 14 六	己亥 15 日	庚子 16 一	辛丑 17 二	壬寅 18 三	癸卯 19 四	甲辰 20 五	乙巳 21 六	丙午 22 日	丁未 23 一	戊申 24 二	己酉 25 三	庚戌 26 四	辛亥 27 五	壬子 28 六	癸丑 29 日	甲寅 30 一	乙卯 31 二	丙辰 (6) 三	丁巳 2 四	戊午 3 五	己未 4 六	庚申 5 日	辛酉 6 一	壬戌 7 二	癸亥 8 三	辛丑小滿 丙辰芒種 甲午日食
五月小	庚午	干支 西曆 星期	甲子 9 四	乙丑 10 五	丙寅 11 六	丁卯 12 日	戊辰 13 一	己巳 14 二	庚午 15 三	辛未 16 四	壬申 17 五	癸酉 18 六	甲戌 19 日	乙亥 20 一	丙子 21 二	丁丑 22 三	戊寅 23 四	己卯 24 五	庚辰 25 六	辛巳 26 日	壬午 27 一	癸未 28 二	甲申 29 三	乙酉 30 四	丙戌 (7) 五	丁亥 2 六	戊子 3 日	己丑 4 一	庚寅 5 二	辛卯 6 三	壬辰 7 四		壬申夏至 丁亥小暑
六月小	辛未	干支 西曆 星期	癸巳 8 五	甲午 9 六	乙未 10 日	丙申 11 一	丁酉 12 二	戊戌 13 三	己亥 14 四	庚子 15 五	辛丑 16 六	壬寅 17 日	癸卯 18 一	甲辰 19 二	乙巳 20 三	丙午 21 四	丁未 22 五	戊申 23 六	己酉 24 日	庚戌 25 一	辛亥 26 二	壬子 27 三	癸丑 28 四	甲寅 29 五	乙卯 30 六	丙辰 31 日	丁巳 (8) 一	戊午 2 二	己未 3 三	庚申 4 四	辛酉 5 五		壬寅大暑 丁巳立秋
七月大	壬申	干支 西曆 星期	壬戌 6 六	癸亥 7 日	甲子 8 一	乙丑 9 二	丙寅 10 三	丁卯 11 四	戊辰 12 五	己巳 13 六	庚午 14 日	辛未 15 一	壬申 16 二	癸酉 17 三	甲戌 18 四	乙亥 19 五	丙子 20 六	丁丑 21 日	戊寅 22 一	己卯 23 二	庚辰 24 三	辛巳 25 四	壬午 26 五	癸未 27 六	甲申 28 日	乙酉 29 一	丙戌 30 二	丁亥 31 三	戊子 (9) 四	己丑 2 五	庚寅 3 六	辛卯 4 日	壬申處暑 戊子白露
八月小	癸酉	干支 西曆 星期	壬辰 5 一	癸巳 6 二	甲午 7 三	乙未 8 四	丙申 9 五	丁酉 10 六	戊戌 11 日	己亥 12 一	庚子 13 二	辛丑 14 三	壬寅 15 四	癸卯 16 五	甲辰 17 六	乙巳 18 日	丙午 19 一	丁未 20 二	戊申 21 三	己酉 22 四	庚戌 23 五	辛亥 24 六	壬子 25 日	癸丑 26 一	甲寅 27 二	乙卯 28 三	丙辰 29 四	丁巳 30 五	戊午 (10) 六	己未 2 日	庚申 3 一		癸卯秋分 戊午寒露
九月大	甲戌	干支 西曆 星期	辛酉 4 二	壬戌 5 三	癸亥 6 四	甲子 7 五	乙丑 8 六	丙寅 9 日	丁卯 10 一	戊辰 11 二	己巳 12 三	庚午 13 四	辛未 14 五	壬申 15 六	癸酉 16 日	甲戌 17 一	乙亥 18 二	丙子 19 三	丁丑 20 四	戊寅 21 五	己卯 22 六	庚辰 23 日	辛巳 24 一	壬午 25 二	癸未 26 三	甲申 27 四	乙酉 28 五	丙戌 29 六	丁亥 30 日	戊子 31 一	己丑 (11) 二	庚寅 2 三	癸酉霜降 己丑立冬
十月小	乙亥	干支 西曆 星期	辛卯 3 四	壬辰 4 五	癸巳 5 六	甲午 6 日	乙未 7 一	丙申 8 二	丁酉 9 三	戊戌 10 四	己亥 11 五	庚子 12 六	辛丑 13 日	壬寅 14 一	癸卯 15 二	甲辰 16 三	乙巳 17 四	丙午 18 五	丁未 19 六	戊申 20 日	己酉 21 一	庚戌 22 二	辛亥 23 三	壬子 24 四	癸丑 25 五	甲寅 26 六	乙卯 27 日	丙辰 28 一	丁巳 29 二	戊午 30 三	己未 (12) 四		甲辰小雪 己未大雪
十一月大	丙子	干支 西曆 星期	庚申 2 五	辛酉 3 六	壬戌 4 日	癸亥 5 一	甲子 6 二	乙丑 7 三	丙寅 8 四	丁卯 9 五	戊辰 10 六	己巳 11 日	庚午 12 一	辛未 13 二	壬申 14 三	癸酉 15 四	甲戌 16 五	乙亥 17 六	丙子 18 日	丁丑 19 一	戊寅 20 二	己卯 21 三	庚辰 22 四	辛巳 23 五	壬午 24 六	癸未 25 日	甲申 26 一	乙酉 27 二	丙戌 28 三	丁亥 29 四	戊子 30 五	己丑 31 六	甲戌冬至 己丑小寒
十二月大	丁丑	干支 西曆 星期	庚寅 (1) 日	辛卯 2 一	壬辰 3 二	癸巳 4 三	甲午 5 四	乙未 6 五	丙申 7 六	丁酉 8 日	戊戌 9 一	己亥 10 二	庚子 11 三	辛丑 12 四	壬寅 13 五	癸卯 14 六	甲辰 15 日	乙巳 16 一	丙午 17 二	丁未 18 三	戊申 19 四	己酉 20 五	庚戌 21 六	辛亥 22 日	壬子 23 一	癸丑 24 二	甲寅 25 三	乙卯 26 四	丙辰 27 五	丁巳 28 六	戊午 29 日	己未 30 一	乙巳大寒

* 三月庚辰（十六日），改元至和。

宋仁宗至和二年（乙未 羊年） 公元1055 ~ 1056年

夏曆月序		中西曆日對照	初一	初二	初三	初四	初五	初六	初七	初八	初九	初十	十一	十二	十三	十四	十五	十六	十七	十八	十九	二十	二一	二二	二三	二四	二五	二六	二七	二八	二九	三十	節氣與天象
正月小	戊寅	天干地支西曆星期	庚申31二	辛酉(2)三	壬戌2四	癸亥3五	甲子4六	乙丑5日	丙寅6一	丁卯7二	戊辰8三	己巳9四	庚午10五	辛未11六	壬申12日	癸酉13一	甲戌14二	乙亥15三	丙子16四	丁丑17五	戊寅18六	己卯19日	庚辰20一	辛巳21二	壬午22三	癸未23四	甲申24五	乙酉25六	丙戌26日	丁亥27一	戊子28二		庚申立春 乙亥雨水
二月大	己卯	天干地支西曆星期	己丑(3)三	庚寅2四	辛卯3五	壬辰4六	癸巳5日	甲午6一	乙未7二	丙申8三	丁酉9四	戊戌10五	己亥11六	庚子12日	辛丑13一	壬寅14二	癸卯15三	甲辰16四	乙巳17五	丙午18六	丁未19日	戊申20一	己酉21二	庚戌22三	辛亥23四	壬子24五	癸丑25六	甲寅26日	乙卯27一	丙辰28二	丁巳29三	戊午30四	庚寅驚蟄 丙午春分
三月大	庚辰	天干地支西曆星期	己未31五	庚申(4)六	辛酉2日	壬戌3一	癸亥4二	甲子5三	乙丑6四	丙寅7五	丁卯8六	戊辰9日	己巳10一	庚午11二	辛未12三	壬申13四	癸酉14五	甲戌15六	乙亥16日	丙子17一	丁丑18二	戊寅19三	己卯20四	庚辰21五	辛巳22六	壬午23日	癸未24一	甲申25二	乙酉26三	丙戌27四	丁亥28五	戊子29六	辛酉清明 丙子穀雨
四月小	辛巳	天干地支西曆星期	己丑30日	庚寅(5)一	辛卯2二	壬辰3三	癸巳4四	甲午5五	乙未6六	丙申7日	丁酉8一	戊戌9二	己亥10三	庚子11四	辛丑12五	壬寅13六	癸卯14日	甲辰15一	乙巳16二	丙午17三	丁未18四	戊申19五	己酉20六	庚戌21日	辛亥22一	壬子23二	癸丑24三	甲寅25四	乙卯26五	丙辰27六	丁巳28日		辛卯立夏 丙午小滿
五月大	壬午	天干地支西曆星期	戊午29一	己未30二	庚申31三	辛酉(6)四	壬戌2五	癸亥3六	甲子4日	乙丑5一	丙寅6二	丁卯7三	戊辰8四	己巳9五	庚午10六	辛未11日	壬申12一	癸酉13二	甲戌14三	乙亥15四	丙子16五	丁丑17六	戊寅18日	己卯19一	庚辰20二	辛巳21三	壬午22四	癸未23五	甲申24六	乙酉25日	丙戌26一	丁亥27二	壬戌芒種 丁丑夏至
六月小	癸未	天干地支西曆星期	戊子28三	己丑29四	庚寅30五	辛卯(7)六	壬辰2日	癸巳3一	甲午4二	乙未5三	丙申6四	丁酉7五	戊戌8六	己亥9日	庚子10一	辛丑11二	壬寅12三	癸卯13四	甲辰14五	乙巳15六	丙午16日	丁未17一	戊申18二	己酉19三	庚戌20四	辛亥21五	壬子22六	癸丑23日	甲寅24一	乙卯25二	丙辰26三		壬辰小暑 丁未大暑
七月小	甲申	天干地支西曆星期	丁巳27四	戊午28五	己未29六	庚申30日	辛酉31一	壬戌(8)二	癸亥2三	甲子3四	乙丑4五	丙寅5六	丁卯6日	戊辰7一	己巳8二	庚午9三	辛未10四	壬申11五	癸酉12六	甲戌13日	乙亥14一	丙子15二	丁丑16三	戊寅17四	己卯18五	庚辰19六	辛巳20日	壬午21一	癸未22二	甲申23三	乙酉24四		癸亥立秋 戊寅處暑
八月大	乙酉	天干地支西曆星期	丙戌25五	丁亥26六	戊子27日	己丑28一	庚寅29二	辛卯30三	壬辰31四	癸巳(9)五	甲午2六	乙未3日	丙申4一	丁酉5二	戊戌6三	己亥7四	庚子8五	辛丑9六	壬寅10日	癸卯11一	甲辰12二	乙巳13三	丙午14四	丁未15五	戊申16六	己酉17日	庚戌18一	辛亥19二	壬子20三	癸丑21四	甲寅22五	乙卯23六	癸巳白露 戊申秋分
九月小	丙戌	天干地支西曆星期	丙辰24日	丁巳25一	戊午26二	己未27三	庚申28四	辛酉29五	壬戌30六	癸亥(10)日	甲子2一	乙丑3二	丙寅4三	丁卯5四	戊辰6五	己巳7六	庚午8日	辛未9一	壬申10二	癸酉11三	甲戌12四	乙亥13五	丙子14六	丁丑15日	戊寅16一	己卯17二	庚辰18三	辛巳19四	壬午20五	癸未21六	甲申22日		癸亥寒露 己卯霜降
十月大	丁亥	天干地支西曆星期	乙酉23一	丙戌24二	丁亥25三	戊子26四	己丑27五	庚寅28六	辛卯29日	壬辰30一	癸巳31二	甲午(11)三	乙未2四	丙申3五	丁酉4六	戊戌5日	己亥6一	庚子7二	辛丑8三	壬寅9四	癸卯10五	甲辰11六	乙巳12日	丙午13一	丁未14二	戊申15三	己酉16四	庚戌17五	辛亥18六	壬子19日	癸丑20一	甲寅21二	甲午立冬 己酉小雪
十一月小	戊子	天干地支西曆星期	乙卯22三	丙辰23四	丁巳24五	戊午25六	己未26日	庚申27一	辛酉28二	壬戌29三	癸亥30四	甲子(12)五	乙丑2六	丙寅3日	丁卯4一	戊辰5二	己巳6三	庚午7四	辛未8五	壬申9六	癸酉10日	甲戌11一	乙亥12二	丙子13三	丁丑14四	戊寅15五	己卯16六	庚辰17日	辛巳18一	壬午19二	癸未20三		甲子大雪 己卯冬至
十二月大	己丑	天干地支西曆星期	甲申21四	乙酉22五	丙戌23六	丁亥24日	戊子25一	己丑26二	庚寅27三	辛卯28四	壬辰29五	癸巳30六	甲午31日	乙未(1)一	丙申2二	丁酉3三	戊戌4四	己亥5五	庚子6六	辛丑7日	壬寅8一	癸卯9二	甲辰10三	乙巳11四	丙午12五	丁未13六	戊申14日	己酉15一	庚戌16二	辛亥17三	壬子18四	癸丑19五	乙未小寒 庚戌大寒

宋仁宗至和三年 嘉祐元年（丙申 猴年） 公元 1056 ~ 1057 年

夏曆月序		中西曆日對照	初一	初二	初三	初四	初五	初六	初七	初八	初九	初十	十一	十二	十三	十四	十五	十六	十七	十八	十九	二十	二一	二二	二三	二四	二五	二六	二七	二八	二九	三十	節氣與天象
正月小	庚寅	天干地支西曆星期	甲寅20六	乙卯21日	丙辰22一	丁巳23二	戊午24三	己未25四	庚申26五	辛酉27六	壬戌28日	癸亥29一	甲子30二	乙丑31三	丙寅(2)四	丁卯2五	戊辰3六	己巳4日	庚午5一	辛未6二	壬申7三	癸酉8四	甲戌9五	乙亥10六	丙子11日	丁丑12一	戊寅13二	己卯14三	庚辰15四	辛巳16五	壬午17六		乙丑立春 庚辰雨水
二月大	辛卯	天干地支西曆星期	癸未18日	甲申19一	乙酉20二	丙戌21三	丁亥22四	戊子23五	己丑24六	庚寅25日	辛卯26一	壬辰27二	癸巳28三	甲午29四	乙未(3)五	丙申2六	丁酉3日	戊戌4一	己亥5二	庚子6三	辛丑7四	壬寅8五	癸卯9六	甲辰10日	乙巳11一	丙午12二	丁未13三	戊申14四	己酉15五	庚戌16六	辛亥17日	壬子18一	丙申驚蟄 辛亥春分
三月大	壬辰	天干地支西曆星期	癸丑19二	甲寅20三	乙卯21四	丙辰22五	丁巳23六	戊午24日	己未25一	庚申26二	辛酉27三	壬戌28四	癸亥29五	甲子30六	乙丑31日	丙寅(4)一	丁卯2二	戊辰3三	己巳4四	庚午5五	辛未6六	壬申7日	癸酉8一	甲戌9二	乙亥10三	丙子11四	丁丑12五	戊寅13六	己卯14日	庚辰15一	辛巳16二	壬午17三	丙寅清明 辛巳穀雨
閏三月小	壬辰	天干地支西曆星期	癸未18四	甲申19五	乙酉20六	丙戌21日	丁亥22一	戊子23二	己丑24三	庚寅25四	辛卯26五	壬辰27六	癸巳28日	甲午29一	乙未30二	丙申(5)三	丁酉2四	戊戌3五	己亥4六	庚子5日	辛丑6一	壬寅7二	癸卯8三	甲辰9四	乙巳10五	丙午11六	丁未12日	戊申13一	己酉14二	庚戌15三	辛亥16四		丙申立夏
四月大	癸巳	天干地支西曆星期	壬子17五	癸丑18六	甲寅19日	乙卯20一	丙辰21二	丁巳22三	戊午23四	己未24五	庚申25六	辛酉26日	壬戌27一	癸亥28二	甲子29三	乙丑30四	丙寅31五	丁卯(6)六	戊辰2日	己巳3一	庚午4二	辛未5三	壬申6四	癸酉7五	甲戌8六	乙亥9日	丙子10一	丁丑11二	戊寅12三	己卯13四	庚辰14五	辛巳15六	壬子小滿 丁卯芒種
五月小	甲午	天干地支西曆星期	壬午16日	癸未17一	甲申18二	乙酉19三	丙戌20四	丁亥21五	戊子22六	己丑23日	庚寅24一	辛卯25二	壬辰26三	癸巳27四	甲午28五	乙未29六	丙申30日	丁酉(7)一	戊戌2二	己亥3三	庚子4四	辛丑5五	壬寅6六	癸卯7日	甲辰8一	乙巳9二	丙午10三	丁未11四	戊申12五	己酉13六	庚戌14日		壬午夏至 丁酉小暑
六月大	乙未	天干地支西曆星期	辛亥15一	壬子16二	癸丑17三	甲寅18四	乙卯19五	丙辰20六	丁巳21日	戊午22一	己未23二	庚申24三	辛酉25四	壬戌26五	癸亥27六	甲子28日	乙丑29一	丙寅30二	丁卯31三	戊辰(8)四	己巳2五	庚午3六	辛未4日	壬申5一	癸酉6二	甲戌7三	乙亥8四	丙子9五	丁丑10六	戊寅11日	己卯12一	庚辰13二	癸丑大暑 戊辰立秋
七月小	丙申	天干地支西曆星期	辛巳14三	壬午15四	癸未16五	甲申17六	乙酉18日	丙戌19一	丁亥20二	戊子21三	己丑22四	庚寅23五	辛卯24六	壬辰25日	癸巳26一	甲午27二	乙未28三	丙申29四	丁酉30五	戊戌31六	己亥(9)日	庚子2一	辛丑3二	壬寅4三	癸卯5四	甲辰6五	乙巳7六	丙午8日	丁未9一	戊申10二	己酉11三		癸未處暑 戊戌白露
八月大	丁酉	天干地支西曆星期	庚戌12四	辛亥13五	壬子14六	癸丑15日	甲寅16一	乙卯17二	丙辰18三	丁巳19四	戊午20五	己未21六	庚申22日	辛酉23一	壬戌24二	癸亥25三	甲子26四	乙丑27五	丙寅28六	丁卯29日	戊辰30一	己巳(10)二	庚午2三	辛未3四	壬申4五	癸酉5六	甲戌6日	乙亥7一	丙子8二	丁丑9三	戊寅10四	己卯11五	癸丑秋分 己巳寒露 庚戌日食
九月小	戊戌	天干地支西曆星期	庚辰12六	辛巳13日	壬午14一	癸未15二	甲申16三	乙酉17四	丙戌18五	丁亥19六	戊子20日	己丑21一	庚寅22二	辛卯23三	壬辰24四	癸巳25五	甲午26六	乙未27日	丙申28一	丁酉29二	戊戌30三	己亥31四	庚子(11)五	辛丑2六	壬寅3日	癸卯4一	甲辰5二	乙巳6三	丙午7四	丁未8五	戊申9六		甲申霜降 己亥立冬
十月大	己亥	天干地支西曆星期	己酉10日	庚戌11一	辛亥12二	壬子13三	癸丑14四	甲寅15五	乙卯16六	丙辰17日	丁巳18一	戊午19二	己未20三	庚申21四	辛酉22五	壬戌23六	癸亥24日	甲子25一	乙丑26二	丙寅27三	丁卯28四	戊辰29五	己巳30六	庚午(12)日	辛未2一	壬申3二	癸酉4三	甲戌5四	乙亥6五	丙子7六	丁丑8日	戊寅9一	甲寅小雪 庚午大雪
十一月小	庚子	天干地支西曆星期	己卯10二	庚辰11三	辛巳12四	壬午13五	癸未14六	甲申15日	乙酉16一	丙戌17二	丁亥18三	戊子19四	己丑20五	庚寅21六	辛卯22日	壬辰23一	癸巳24二	甲午25三	乙未26四	丙申27五	丁酉28六	戊戌29日	己亥30一	庚子31二	辛丑(1)三	壬寅2四	癸卯3五	甲辰4六	乙巳5日	丙午6一	丁未7二		乙酉冬至 庚子小寒
十二月大	辛丑	天干地支西曆星期	戊申8三	己酉9四	庚戌10五	辛亥11六	壬子12日	癸丑13一	甲寅14二	乙卯15三	丙辰16四	丁巳17五	戊午18六	己未19日	庚申20一	辛酉21二	壬戌22三	癸亥23四	甲子24五	乙丑25六	丙寅26日	丁卯27一	戊辰28二	己巳29三	庚午30四	辛未31五	壬申(2)六	癸酉2日	甲戌3一	乙亥4二	丙子5三	丁丑6四	乙卯大寒 庚午立春

* 九月辛卯（十二日），改元嘉祐。

宋仁宗嘉祐二年（丁酉 鷄年） 公元1057 ~ 1058年

夏曆月序	中西曆日對照	初一	初二	初三	初四	初五	初六	初七	初八	初九	初十	十一	十二	十三	十四	十五	十六	十七	十八	十九	二十	二一	二二	二三	二四	二五	二六	二七	二八	二九	三十	節氣與天象
正月小 壬寅	天干地支 西曆星期	戊寅7五	己卯8六	庚辰9日	辛巳10一	壬午11二	癸未12三	甲申13四	乙酉14五	丙戌15六	丁亥16日	戊子17一	己丑18二	庚寅19三	辛卯20四	壬辰21五	癸巳22六	甲午23日	乙未24一	丙申25二	丁酉26三	戊戌27四	己亥28五	庚子(3)六	辛丑2日	壬寅3一	癸卯4二	甲辰5三	乙巳6四	丙午7五		丙戌雨水 辛丑驚蟄
二月大 癸卯	天干地支 西曆星期	丁未8六	戊申9日	己酉10一	庚戌11二	辛亥12三	壬子13四	癸丑14五	甲寅15六	乙卯16日	丙辰17一	丁巳18二	戊午19三	己未20四	庚申21五	辛酉22六	壬戌23日	癸亥24一	甲子25二	乙丑26三	丙寅27四	丁卯28五	戊辰29六	己巳30日	庚午31一	辛未(4)二	壬申2三	癸酉3四	甲戌4五	乙亥5六	丙子6日	丙辰春分 辛未清明
三月大 甲辰	天干地支 西曆星期	丁丑7一	戊寅8二	己卯9三	庚辰10四	辛巳11五	壬午12六	癸未13日	甲申14一	乙酉15二	丙戌16三	丁亥17四	戊子18五	己丑19六	庚寅20日	辛卯21一	壬辰22二	癸巳23三	甲午24四	乙未25五	丙申26六	丁酉27日	戊戌28一	己亥29二	庚子30三	辛丑(5)四	壬寅2五	癸卯3六	甲辰4日	乙巳5一	丙午6二	丙戌穀雨 壬寅立夏
四月小 乙巳	天干地支 西曆星期	丁未7三	戊申8四	己酉9五	庚戌10六	辛亥11日	壬子12一	癸丑13二	甲寅14三	乙卯15四	丙辰16五	丁巳17六	戊午18日	己未19一	庚申20二	辛酉21三	壬戌22四	癸亥23五	甲子24六	乙丑25日	丙寅26一	丁卯27二	戊辰28三	己巳29四	庚午30五	辛未31六	壬申(6)日	癸酉2一	甲戌3二	乙亥4三		丁巳小滿 壬申芒種
五月大 丙午	天干地支 西曆星期	丙子5四	丁丑6五	戊寅7六	己卯8日	庚辰9一	辛巳10二	壬午11三	癸未12四	甲申13五	乙酉14六	丙戌15日	丁亥16一	戊子17二	己丑18三	庚寅19四	辛卯20五	壬辰21六	癸巳22日	甲午23一	乙未24二	丙申25三	丁酉26四	戊戌27五	己亥28六	庚子29日	辛丑30一	壬寅(7)二	癸卯2三	甲辰3四	乙巳4五	丁亥夏至 癸卯小暑
六月小 丁未	天干地支 西曆星期	丙午5六	丁未6日	戊申7一	己酉8二	庚戌9三	辛亥10四	壬子11五	癸丑12六	甲寅13日	乙卯14一	丙辰15二	丁巳16三	戊午17四	己未18五	庚申19六	辛酉20日	壬戌21一	癸亥22二	甲子23三	乙丑24四	丙寅25五	丁卯26六	戊辰27日	己巳28一	庚午29二	辛未30三	壬申31四	癸酉(8)五	甲戌2六		戊午大暑 癸酉立秋
七月大 戊申	天干地支 西曆星期	乙亥3日	丙子4一	丁丑5二	戊寅6三	己卯7四	庚辰8五	辛巳9六	壬午10日	癸未11一	甲申12二	乙酉13三	丙戌14四	丁亥15五	戊子16六	己丑17日	庚寅18一	辛卯19二	壬辰20三	癸巳21四	甲午22五	乙未23六	丙申24日	丁酉25一	戊戌26二	己亥27三	庚子28四	辛丑29五	壬寅30六	癸卯31日	甲辰(9)一	戊子處暑 癸卯白露
八月小 己酉	天干地支 西曆星期	乙巳2二	丙午3三	丁未4四	戊申5五	己酉6六	庚戌7日	辛亥8一	壬子9二	癸丑10三	甲寅11四	乙卯12五	丙辰13六	丁巳14日	戊午15一	己未16二	庚申17三	辛酉18四	壬戌19五	癸亥20六	甲子21日	乙丑22一	丙寅23二	丁卯24三	戊辰25四	己巳26五	庚午27六	辛未28日	壬申29一	癸酉30二		己未秋分
九月大 庚戌	天干地支 西曆星期	甲戌(10)三	乙亥2四	丙子3五	丁丑4六	戊寅5日	己卯6一	庚辰7二	辛巳8三	壬午9四	癸未10五	甲申11六	乙酉12日	丙戌13一	丁亥14二	戊子15三	己丑16四	庚寅17五	辛卯18六	壬辰19日	癸巳20一	甲午21二	乙未22三	丙申23四	丁酉24五	戊戌25六	己亥26日	庚子27一	辛丑28二	壬寅29三	癸卯30四	甲戌寒露 己丑霜降
十月小 辛亥	天干地支 西曆星期	甲辰31五	乙巳(11)六	丙午2日	丁未3一	戊申4二	己酉5三	庚戌6四	辛亥7五	壬子8六	癸丑9日	甲寅10一	乙卯11二	丙辰12三	丁巳13四	戊午14五	己未15六	庚申16日	辛酉17一	壬戌18二	癸亥19三	甲子20四	乙丑21五	丙寅22六	丁卯23日	戊辰24一	己巳25二	庚午26三	辛未27四	壬申28五		甲辰立冬 庚申小雪
十一月大 壬子	天干地支 西曆星期	癸酉29六	甲戌30日	乙亥(12)一	丙子2二	丁丑3三	戊寅4四	己卯5五	庚辰6六	辛巳7日	壬午8一	癸未9二	甲申10三	乙酉11四	丙戌12五	丁亥13六	戊子14日	己丑15一	庚寅16二	辛卯17三	壬辰18四	癸巳19五	甲午20六	乙未21日	丙申22一	丁酉23二	戊戌24三	己亥25四	庚子26五	辛丑27六	壬寅28日	乙亥大雪 庚寅冬至
十二月小 癸丑	天干地支 西曆星期	癸卯29一	甲辰30二	乙巳31三	丙午(1)四	丁未2五	戊申3六	己酉4日	庚戌5一	辛亥6二	壬子7三	癸丑8四	甲寅9五	乙卯10六	丙辰11日	丁巳12一	戊午13二	己未14三	庚申15四	辛酉16五	壬戌17六	癸亥18日	甲子19一	乙丑20二	丙寅21三	丁卯22四	戊辰23五	己巳24六	庚午25日	辛未26一		乙巳小寒 庚申大寒

宋仁宗嘉祐三年（戊戌 狗年） 公元 1058 ~ 1059 年

夏曆月序		中西曆日對照	初一	初二	初三	初四	初五	初六	初七	初八	初九	初十	十一	十二	十三	十四	十五	十六	十七	十八	十九	二十	二一	二二	二三	二四	二五	二六	二七	二八	二九	三十	節氣與天象
正月大	甲寅	天干地支西曆星期	壬申27二	癸酉28三	甲戌29四	乙亥30五	丙子31六	丁丑(2)日	戊寅2一	己卯3二	庚辰4三	辛巳5四	壬午6五	癸未7六	甲申8日	乙酉9一	丙戌10二	丁亥11三	戊子12四	己丑13五	庚寅14六	辛卯15日	壬辰16一	癸巳17二	甲午18三	乙未19四	丙申20五	丁酉21六	戊戌22日	己亥23一	庚子24二	辛丑25三	丙子立春 辛卯雨水
二月小	乙卯	天干地支西曆星期	壬寅26四	癸卯27五	甲辰28六	乙巳(3)日	丙午2一	丁未3二	戊申4三	己酉5四	庚戌6五	辛亥7六	壬子8日	癸丑9一	甲寅10二	乙卯11三	丙辰12四	丁巳13五	戊午14六	己未15日	庚申16一	辛酉17二	壬戌18三	癸亥19四	甲子20五	乙丑21六	丙寅22日	丁卯23一	戊辰24二	己巳25三	庚午26四		丙午驚蟄 辛酉春分
三月大	丙辰	天干地支西曆星期	辛未27五	壬申28六	癸酉29日	甲戌30一	乙亥31二	丙子(4)三	丁丑2四	戊寅3五	己卯4六	庚辰5日	辛巳6一	壬午7二	癸未8三	甲申9四	乙酉10五	丙戌11六	丁亥12日	戊子13一	己丑14二	庚寅15三	辛卯16四	壬辰17五	癸巳18六	甲午19日	乙未20一	丙申21二	丁酉22三	戊戌23四	己亥24五	庚子25六	丁丑清明 壬辰穀雨
四月小	丁巳	天干地支西曆星期	辛丑26日	壬寅27一	癸卯28二	甲辰29三	乙巳30四	丙午(5)五	丁未2六	戊申3日	己酉4一	庚戌5二	辛亥6三	壬子7四	癸丑8五	甲寅9六	乙卯10日	丙辰11一	丁巳12二	戊午13三	己未14四	庚申15五	辛酉16六	壬戌17日	癸亥18一	甲子19二	乙丑20三	丙寅21四	丁卯22五	戊辰23六	己巳24日		丁未立夏 壬戌小滿
五月大	戊午	天干地支西曆星期	庚午25一	辛未26二	壬申27三	癸酉28四	甲戌29五	乙亥30六	丙子31日	丁丑(6)一	戊寅2二	己卯3三	庚辰4四	辛巳5五	壬午6六	癸未7日	甲申8一	乙酉9二	丙戌10三	丁亥11四	戊子12五	己丑13六	庚寅14日	辛卯15一	壬辰16二	癸巳17三	甲午18四	乙未19五	丙申20六	丁酉21日	戊戌22一	己亥23二	丁丑芒種 癸巳夏至
六月小	己未	天干地支西曆星期	庚子24三	辛丑25四	壬寅26五	癸卯27六	甲辰28日	乙巳29一	丙午30二	丁未(7)三	戊申2四	己酉3五	庚戌4六	辛亥5日	壬子6一	癸丑7二	甲寅8三	乙卯9四	丙辰10五	丁巳11六	戊午12日	己未13一	庚申14二	辛酉15三	壬戌16四	癸亥17五	甲子18六	乙丑19日	丙寅20一	丁卯21二	戊辰22三		戊申小暑 癸亥大暑
七月大	庚申	天干地支西曆星期	己巳23四	庚午24五	辛未25六	壬申26日	癸酉27一	甲戌28二	乙亥29三	丙子30四	丁丑31五	戊寅(8)六	己卯2日	庚辰3一	辛巳4二	壬午5三	癸未6四	甲申7五	乙酉8六	丙戌9日	丁亥10一	戊子11二	己丑12三	庚寅13四	辛卯14五	壬辰15六	癸巳16日	甲午17一	乙未18二	丙申19三	丁酉20四	戊戌21五	戊寅立秋 癸巳處暑
八月大	辛酉	天干地支西曆星期	己亥22六	庚子23日	辛丑24一	壬寅25二	癸卯26三	甲辰27四	乙巳28五	丙午29六	丁未30日	戊申31一	己酉(9)二	庚戌2三	辛亥3四	壬子4五	癸丑5六	甲寅6日	乙卯7一	丙辰8二	丁巳9三	戊午10四	己未11五	庚申12六	辛酉13日	壬戌14一	癸亥15二	甲子16三	乙丑17四	丙寅18五	丁卯19六	戊辰20日	己酉白露 甲子秋分 己亥日食
九月小	壬戌	天干地支西曆星期	己巳21一	庚午22二	辛未23三	壬申24四	癸酉25五	甲戌26六	乙亥27日	丙子28一	丁丑29二	戊寅30三	己卯(10)四	庚辰2五	辛巳3六	壬午4日	癸未5一	甲申6二	乙酉7三	丙戌8四	丁亥9五	戊子10六	己丑11日	庚寅12一	辛卯13二	壬辰14三	癸巳15四	甲午16五	乙未17六	丙申18日	丁酉19一		己卯寒露 甲午霜降
十月大	癸亥	天干地支西曆星期	戊戌20二	己亥21三	庚子22四	辛丑23五	壬寅24六	癸卯25日	甲辰26一	乙巳27二	丙午28三	丁未29四	戊申30五	己酉31六	庚戌(11)日	辛亥2一	壬子3二	癸丑4三	甲寅5四	乙卯6五	丙辰7六	丁巳8日	戊午9一	己未10二	庚申11三	辛酉12四	壬戌13五	癸亥14六	甲子15日	乙丑16一	丙寅17二	丁卯18三	庚戌立冬 乙丑小雪
十一月小	甲子	天干地支西曆星期	戊辰19四	己巳20五	庚午21六	辛未22日	壬申23一	癸酉24二	甲戌25三	乙亥26四	丙子27五	丁丑28六	戊寅29日	己卯30一	庚辰(12)二	辛巳2三	壬午3四	癸未4五	甲申5六	乙酉6日	丙戌7一	丁亥8二	戊子9三	己丑10四	庚寅11五	辛卯12六	壬辰13日	癸巳14一	甲午15二	乙未16三	丙申17四		庚辰大雪 乙未冬至
十二月大	乙丑	天干地支西曆星期	丁酉18五	戊戌19六	己亥20日	庚子21一	辛丑22二	壬寅23三	癸卯24四	甲辰25五	乙巳26六	丙午27日	丁未28一	戊申29二	己酉30三	庚戌31四	辛亥(1)五	壬子2六	癸丑3日	甲寅4一	乙卯5二	丙辰6三	丁巳7四	戊午8五	己未9六	庚申10日	辛酉11一	壬戌12二	癸亥13三	甲子14四	乙丑15五	丙寅16六	庚戌小寒 丙寅大寒
閏十二月小	乙丑	天干地支西曆星期	丁卯17日	戊辰18一	己巳19二	庚午20三	辛未21四	壬申22五	癸酉23六	甲戌24日	乙亥25一	丙子26二	丁丑27三	戊寅28四	己卯29五	庚辰30六	辛巳31日	壬午(2)一	癸未2二	甲申3三	乙酉4四	丙戌5五	丁亥6六	戊子7日	己丑8一	庚寅9二	辛卯10三	壬辰11四	癸巳12五	甲午13六	乙未14日		辛巳立春

宋仁宗嘉祐四年（己亥 猪年） 公元 1059 ~ 1060 年

夏曆月序		中西曆日對照	初一	初二	初三	初四	初五	初六	初七	初八	初九	初十	十一	十二	十三	十四	十五	十六	十七	十八	十九	二十	二十一	二十二	二十三	二十四	二十五	二十六	二十七	二十八	二十九	三十	節氣與天象
正月大	丙寅	天干 地支 西曆 星期	丙申 15 一	丁酉 16 二	戊戌 17 三	己亥 18 四	庚子 19 五	辛丑 20 六	壬寅 21 日	癸卯 22 一	甲辰 23 二	乙巳 24 三	丙午 25 四	丁未 26 五	戊申 27 六	己酉 28 日	庚戌 (3) 一	辛亥 2 二	壬子 3 三	癸丑 4 四	甲寅 5 五	乙卯 6 六	丙辰 7 日	丁巳 8 一	戊午 9 二	己未 10 三	庚申 11 四	辛酉 12 五	壬戌 13 六	癸亥 14 日	甲子 15 一	乙丑 16 二	丙申雨水 辛亥驚蟄 丙申日食
二月小	丁卯	天干 地支 西曆 星期	丙寅 17 三	丁卯 18 四	戊辰 19 五	己巳 20 六	庚午 21 日	辛未 22 一	壬申 23 二	癸酉 24 三	甲戌 25 四	乙亥 26 五	丙子 27 六	丁丑 28 日	戊寅 29 一	己卯 30 二	庚辰 31 三	辛巳 (4) 四	壬午 2 五	癸未 3 六	甲申 4 日	乙酉 5 一	丙戌 6 二	丁亥 7 三	戊子 8 四	己丑 9 五	庚寅 10 六	辛卯 11 日	壬辰 12 一	癸巳 13 二	甲午 14 三		丁卯春分 壬午清明
三月大	戊辰	天干 地支 西曆 星期	乙未 15 四	丙申 16 五	丁酉 17 六	戊戌 18 日	己亥 19 一	庚子 20 二	辛丑 21 三	壬寅 22 四	癸卯 23 五	甲辰 24 六	乙巳 25 日	丙午 26 一	丁未 27 二	戊申 28 三	己酉 29 四	庚戌 30 五	辛亥 (5) 六	壬子 2 日	癸丑 3 一	甲寅 4 二	乙卯 5 三	丙辰 6 四	丁巳 7 五	戊午 8 六	己未 9 日	庚申 10 一	辛酉 11 二	壬戌 12 三	癸亥 13 四	甲子 14 五	丁酉穀雨 壬子立夏
四月小	己巳	天干 地支 西曆 星期	乙丑 15 六	丙寅 16 日	丁卯 17 一	戊辰 18 二	己巳 19 三	庚午 20 四	辛未 21 五	壬申 22 六	癸酉 23 日	甲戌 24 一	乙亥 25 二	丙子 26 三	丁丑 27 四	戊寅 28 五	己卯 29 六	庚辰 30 日	辛巳 31 一	壬午 (6) 二	癸未 2 三	甲申 3 四	乙酉 4 五	丙戌 5 六	丁亥 6 日	戊子 7 一	己丑 8 二	庚寅 9 三	辛卯 10 四	壬辰 11 五	癸巳 12 六		丁卯小滿 癸未芒種
五月小	庚午	天干 地支 西曆 星期	甲午 13 日	乙未 14 一	丙申 15 二	丁酉 16 三	戊戌 17 四	己亥 18 五	庚子 19 六	辛丑 20 日	壬寅 21 一	癸卯 22 二	甲辰 23 三	乙巳 24 四	丙午 25 五	丁未 26 六	戊申 27 日	己酉 28 一	庚戌 29 二	辛亥 30 三	壬子 (7) 四	癸丑 2 五	甲寅 3 六	乙卯 4 日	丙辰 5 一	丁巳 6 二	戊午 7 三	己未 8 四	庚申 9 五	辛酉 10 六	壬戌 11 日		戊戌夏至 癸丑小暑
六月大	辛未	天干 地支 西曆 星期	癸亥 12 一	甲子 13 二	乙丑 14 三	丙寅 15 四	丁卯 16 五	戊辰 17 六	己巳 18 日	庚午 19 一	辛未 20 二	壬申 21 三	癸酉 22 四	甲戌 23 五	乙亥 24 六	丙子 25 日	丁丑 26 一	戊寅 27 二	己卯 28 三	庚辰 29 四	辛巳 30 五	壬午 31 六	癸未 (8) 日	甲申 2 一	乙酉 3 二	丙戌 4 三	丁亥 5 四	戊子 6 五	己丑 7 六	庚寅 8 日	辛卯 9 一	壬辰 10 二	戊辰大暑 癸未立秋
七月大	壬申	天干 地支 西曆 星期	癸巳 11 三	甲午 12 四	乙未 13 五	丙申 14 六	丁酉 15 日	戊戌 16 一	己亥 17 二	庚子 18 三	辛丑 19 四	壬寅 20 五	癸卯 21 六	甲辰 22 日	乙巳 23 一	丙午 24 二	丁未 25 三	戊申 26 四	己酉 27 五	庚戌 28 六	辛亥 29 日	壬子 30 一	癸丑 31 二	甲寅 (9) 三	乙卯 2 四	丙辰 3 五	丁巳 4 六	戊午 5 日	己未 6 一	庚申 7 二	辛酉 8 三	壬戌 9 四	己亥處暑 甲寅白露
八月大	癸酉	天干 地支 西曆 星期	癸亥 10 五	甲子 11 六	乙丑 12 日	丙寅 13 一	丁卯 14 二	戊辰 15 三	己巳 16 四	庚午 17 五	辛未 18 六	壬申 19 日	癸酉 20 一	甲戌 21 二	乙亥 22 三	丙了 23 四	丁丑 24 五	戊寅 25 六	己卯 26 日	庚辰 27 一	辛巳 28 二	壬午 29 三	癸未 30 四	甲申 (10) 五	乙酉 2 六	丙戌 3 日	丁亥 4 一	戊子 5 二	己丑 6 三	庚寅 7 四	辛卯 8 五	壬辰 9 六	己巳秋分 甲申寒露
九月小	甲戌	天干 地支 西曆 星期	癸巳 10 日	甲午 11 一	乙未 12 二	丙申 13 三	丁酉 14 四	戊戌 15 五	己亥 16 六	庚子 17 日	辛丑 18 一	壬寅 19 二	癸卯 20 三	甲辰 21 四	乙巳 22 五	丙午 23 六	丁未 24 日	戊申 25 一	己酉 26 二	庚戌 27 三	辛亥 28 四	壬子 29 五	癸丑 30 六	甲寅 31 日	乙卯 (11) 一	丙辰 2 二	丁巳 3 三	戊午 4 四	己未 5 五	庚申 6 六	辛酉 7 日		庚子霜降 乙卯立冬
十月大	乙亥	天干 地支 西曆 星期	壬戌 8 一	癸亥 9 二	甲子 10 三	乙丑 11 四	丙寅 12 五	丁卯 13 六	戊辰 14 日	己巳 15 一	庚午 16 二	辛未 17 三	壬申 18 四	癸酉 19 五	甲戌 20 六	乙亥 21 日	丙子 22 一	丁丑 23 二	戊寅 24 三	己卯 25 四	庚辰 26 五	辛巳 27 六	壬午 28 日	癸未 29 一	甲申 30 二	乙酉 (12) 三	丙戌 2 四	丁亥 3 五	戊子 4 六	己丑 5 日	庚寅 6 一	辛卯 7 二	庚午小雪 乙酉大雪
十一月大	丙子	天干 地支 西曆 星期	壬辰 8 三	癸巳 9 四	甲午 10 五	乙未 11 六	丙申 12 日	丁酉 13 一	戊戌 14 二	己亥 15 三	庚子 16 四	辛丑 17 五	壬寅 18 六	癸卯 19 日	甲辰 20 一	乙巳 21 二	丙午 22 三	丁未 23 四	戊申 24 五	己酉 25 六	庚戌 26 日	辛亥 27 一	壬子 28 二	癸丑 29 三	甲寅 30 四	乙卯 31 五	丙辰 (1) 六	丁巳 2 日	戊午 3 一	己未 4 二	庚申 5 三	辛酉 6 四	庚子冬至 丙辰小寒
十二月小	丁丑	天干 地支 西曆 星期	壬戌 7 五	癸亥 8 六	甲子 9 日	乙丑 10 一	丙寅 11 二	丁卯 12 三	戊辰 13 四	己巳 14 五	庚午 15 六	辛未 16 日	壬申 17 一	癸酉 18 二	甲戌 19 三	乙亥 20 四	丙子 21 五	丁丑 22 六	戊寅 23 日	己卯 24 一	庚辰 25 二	辛巳 26 三	壬午 27 四	癸未 28 五	甲申 29 六	乙酉 30 日	丙戌 31 一	丁亥 (2) 二	戊子 2 三	己丑 3 四	庚寅 4 五		辛未大寒 丙戌立春

宋仁宗嘉祐五年（庚子 鼠年） 公元1060 ~ 1061年

夏曆月序		中西曆日對照	初一	初二	初三	初四	初五	初六	初七	初八	初九	初十	十一	十二	十三	十四	十五	十六	十七	十八	十九	二十	二一	二二	二三	二四	二五	二六	二七	二八	二九	三十	節氣與天象
正月小	戊寅	天干地支 西曆 星期	辛卯 5 六	壬辰 6 日	癸巳 7 一	甲午 8 二	乙未 9 三	丙申 10 四	丁酉 11 五	戊戌 12 六	己亥 13 日	庚子 14 一	辛丑 15 二	壬寅 16 三	癸卯 17 四	甲辰 18 五	乙巳 19 六	丙午 20 日	丁未 21 一	戊申 22 二	己酉 23 三	庚戌 24 四	辛亥 25 五	壬子 26 六	癸丑 27 日	甲寅 28 一	乙卯 29 二	丙辰 (3) 三	丁巳 2 四	戊午 3 五	己未 4 六		辛丑雨水 丁巳驚蟄
二月大	己卯	天干地支 西曆 星期	庚申 5 日	辛酉 6 一	壬戌 7 二	癸亥 8 三	甲子 9 四	乙丑 10 五	丙寅 11 六	丁卯 12 日	戊辰 13 一	己巳 14 二	庚午 15 三	辛未 16 四	壬申 17 五	癸酉 18 六	甲戌 19 日	乙亥 20 一	丙子 21 二	丁丑 22 三	戊寅 23 四	己卯 24 五	庚辰 25 六	辛巳 26 日	壬午 27 一	癸未 28 二	甲申 29 三	乙酉 30 四	丙戌 31 五	丁亥 (4) 六	戊子 2 日	己丑 3 一	壬申春分 丁亥清明
三月小	庚辰	天干地支 西曆 星期	庚寅 4 二	辛卯 5 三	壬辰 6 四	癸巳 7 五	甲午 8 六	乙未 9 日	丙申 10 一	丁酉 11 二	戊戌 12 三	己亥 13 四	庚子 14 五	辛丑 15 六	壬寅 16 日	癸卯 17 一	甲辰 18 二	乙巳 19 三	丙午 20 四	丁未 21 五	戊申 22 六	己酉 23 日	庚戌 24 一	辛亥 25 二	壬子 26 三	癸丑 27 四	甲寅 28 五	乙卯 29 六	丙辰 30 日	丁巳 (5) 一	戊午 2 二		壬寅穀雨 丁巳立夏
四月小	辛巳	天干地支 西曆 星期	己未 3 三	庚申 4 四	辛酉 5 五	壬戌 6 六	癸亥 7 日	甲子 8 一	乙丑 9 二	丙寅 10 三	丁卯 11 四	戊辰 12 五	己巳 13 六	庚午 14 日	辛未 15 一	壬申 16 二	癸酉 17 三	甲戌 18 四	乙亥 19 五	丙子 20 六	丁丑 21 日	戊寅 22 一	己卯 23 二	庚辰 24 三	辛巳 25 四	壬午 26 五	癸未 27 六	甲申 28 日	乙酉 29 一	丙戌 30 二	丁亥 31 三		癸酉小滿
五月大	壬午	天干地支 西曆 星期	戊子 (6) 四	己丑 2 五	庚寅 3 六	辛卯 4 日	壬辰 5 一	癸巳 6 二	甲午 7 三	乙未 8 四	丙申 9 五	丁酉 10 六	戊戌 11 日	己亥 12 一	庚子 13 二	辛丑 14 三	壬寅 15 四	癸卯 16 五	甲辰 17 六	乙巳 18 日	丙午 19 一	丁未 20 二	戊申 21 三	己酉 22 四	庚戌 23 五	辛亥 24 六	壬子 25 日	癸丑 26 一	甲寅 27 二	乙卯 28 三	丙辰 29 四	丁巳 30 五	戊子芒種 癸卯夏至
六月小	癸未	天干地支 西曆 星期	戊午 (7) 六	己未 2 日	庚申 3 一	辛酉 4 二	壬戌 5 三	癸亥 6 四	甲子 7 五	乙丑 8 六	丙寅 9 日	丁卯 10 一	戊辰 11 二	己巳 12 三	庚午 13 四	辛未 14 五	壬申 15 六	癸酉 16 日	甲戌 17 一	乙亥 18 二	丙子 19 三	丁丑 20 四	戊寅 21 五	己卯 22 六	庚辰 23 日	辛巳 24 一	壬午 25 二	癸未 26 三	甲申 27 四	乙酉 28 五	丙戌 29 六		戊午小暑 甲戌大暑
七月大	甲申	天干地支 西曆 星期	丁亥 30 日	戊子 31 一	己丑 (8) 二	庚寅 2 三	辛卯 3 四	壬辰 4 五	癸巳 5 六	甲午 6 日	乙未 7 一	丙申 8 二	丁酉 9 三	戊戌 10 四	己亥 11 五	庚子 12 六	辛丑 13 日	壬寅 14 一	癸卯 15 二	甲辰 16 三	乙巳 17 四	丙午 18 五	丁未 19 六	戊申 20 日	己酉 21 一	庚戌 22 二	辛亥 23 三	壬子 24 四	癸丑 25 五	甲寅 26 六	乙卯 27 日	丙辰 28 一	己丑立秋 甲辰處暑
八月大	乙酉	天干地支 西曆 星期	丁巳 29 二	戊午 30 三	己未 31 四	庚申 (9) 五	辛酉 2 六	壬戌 3 日	癸亥 4 一	甲子 5 二	乙丑 6 三	丙寅 7 四	丁卯 8 五	戊辰 9 六	己巳 10 日	庚午 11 一	辛未 12 二	壬申 13 三	癸酉 14 四	甲戌 15 五	乙亥 16 六	丙子 17 日	丁丑 18 一	戊寅 19 二	己卯 20 三	庚辰 21 四	辛巳 22 五	壬午 23 六	癸未 24 日	甲申 25 一	乙酉 26 二	丙戌 27 三	己未白露 甲戌秋分
九月小	丙戌	天干地支 西曆 星期	丁亥 28 四	戊子 29 五	己丑 30 六	庚寅 (10) 日	辛卯 2 一	壬辰 3 二	癸巳 4 三	甲午 5 四	乙未 6 五	丙申 7 六	丁酉 8 日	戊戌 9 一	己亥 10 二	庚子 11 三	辛丑 12 四	壬寅 13 五	癸卯 14 六	甲辰 15 日	乙巳 16 一	丙午 17 二	丁未 18 三	戊申 19 四	己酉 20 五	庚戌 21 六	辛亥 22 日	壬子 23 一	癸丑 24 二	甲寅 25 三	乙卯 26 四		庚寅寒露 乙巳霜降
十月大	丁亥	天干地支 西曆 星期	丙辰 27 五	丁巳 28 六	戊午 29 日	己未 30 一	庚申 31 二	辛酉 (11) 三	壬戌 2 四	癸亥 3 五	甲子 4 六	乙丑 5 日	丙寅 6 一	丁卯 7 二	戊辰 8 三	己巳 9 四	庚午 10 五	辛未 11 六	壬申 12 日	癸酉 13 一	甲戌 14 二	乙亥 15 三	丙子 16 四	丁丑 17 五	戊寅 18 六	己卯 19 日	庚辰 20 一	辛巳 21 二	壬午 22 三	癸未 23 四	甲申 24 五	乙酉 25 六	庚申立冬 乙亥小雪
十一月大	戊子	天干地支 西曆 星期	丙戌 26 日	丁亥 27 一	戊子 28 二	己丑 29 三	庚寅 30 四	辛卯 (12) 五	壬辰 2 六	癸巳 3 日	甲午 4 一	乙未 5 二	丙申 6 三	丁酉 7 四	戊戌 8 五	己亥 9 六	庚子 10 日	辛丑 11 一	壬寅 12 二	癸卯 13 三	甲辰 14 四	乙巳 15 五	丙午 16 六	丁未 17 日	戊申 18 一	己酉 19 二	庚戌 20 三	辛亥 21 四	壬子 22 五	癸丑 23 六	甲寅 24 日	乙卯 25 一	庚寅大雪 丙午冬至
十二月小	己丑	天干地支 西曆 星期	丙辰 26 二	丁巳 27 三	戊午 28 四	己未 29 五	庚申 30 六	辛酉 31 日	壬戌 (1) 一	癸亥 2 二	甲子 3 三	乙丑 4 四	丙寅 5 五	丁卯 6 六	戊辰 7 日	己巳 8 一	庚午 9 二	辛未 10 三	壬申 11 四	癸酉 12 五	甲戌 13 六	乙亥 14 日	丙子 15 一	丁丑 16 二	戊寅 17 三	己卯 18 四	庚辰 19 五	辛巳 20 六	壬午 21 日	癸未 22 一	甲申 23 二		辛酉小寒 丙子大寒

宋仁宗嘉祐六年（辛丑 牛年） 公元 1061 ~ 1062 年

夏曆月序		中西曆日對照	初一	初二	初三	初四	初五	初六	初七	初八	初九	初十	十一	十二	十三	十四	十五	十六	十七	十八	十九	二十	二一	二二	二三	二四	二五	二六	二七	二八	二九	三十	節氣與天象
正月大	庚寅	天干地支西曆星期	乙酉24三	丙戌25四	丁亥26五	戊子27六	己丑28日	庚寅29一	辛卯30二	壬辰31三	癸巳(2)四	甲午2五	乙未3六	丙申4日	丁酉5一	戊戌6二	己亥7三	庚子8四	辛丑9五	壬寅10六	癸卯11日	甲辰12一	乙巳13二	丙午14三	丁未15四	戊申16五	己酉17六	庚戌18日	辛亥19一	壬子20二	癸丑21三	甲寅22四	辛卯立春 丁未雨水
二月小	辛卯	天干地支西曆星期	乙卯23五	丙辰24六	丁巳25日	戊午26一	己未27二	庚申28三	辛酉(3)四	壬戌2五	癸亥3六	甲子4日	乙丑5一	丙寅6二	丁卯7三	戊辰8四	己巳9五	庚午10六	辛未11日	壬申12一	癸酉13二	甲戌14三	乙亥15四	丙子16五	丁丑17六	戊寅18日	己卯19一	庚辰20二	辛巳21三	壬午22四	癸未23五		壬戌驚蟄 丁丑春分
三月大	壬辰	天干地支西曆星期	甲申24六	乙酉25日	丙戌26一	丁亥27二	戊子28三	己丑29四	庚寅30五	辛卯31六	壬辰(4)日	癸巳2一	甲午3二	乙未4三	丙申5四	丁酉6五	戊戌7六	己亥8日	庚子9一	辛丑10二	壬寅11三	癸卯12四	甲辰13五	乙巳14六	丙午15日	丁未16一	戊申17二	己酉18三	庚戌19四	辛亥20五	壬子21六	癸丑22日	壬辰清明 丁未穀雨
四月小	癸巳	天干地支西曆星期	甲寅23一	乙卯24二	丙辰25三	丁巳26四	戊午27五	己未28六	庚申29日	辛酉30一	壬戌(5)二	癸亥2三	甲子3四	乙丑4五	丙寅5六	丁卯6日	戊辰7一	己巳8二	庚午9三	辛未10四	壬申11五	癸酉12六	甲戌13日	乙亥14一	丙子15二	丁丑16三	戊寅17四	己卯18五	庚辰19六	辛巳20日	壬午21一		癸亥立夏 戊寅小滿
五月小	甲午	天干地支西曆星期	癸未22二	甲申23三	乙酉24四	丙戌25五	丁亥26六	戊子27日	己丑28一	庚寅29二	辛卯30三	壬辰31四	癸巳(6)五	甲午2六	乙未3日	丙申4一	丁酉5二	戊戌6三	己亥7四	庚子8五	辛丑9六	壬寅10日	癸卯11一	甲辰12二	乙巳13三	丙午14四	丁未15五	戊申16六	己酉17日	庚戌18一	辛亥19二		癸巳芒種 戊申夏至
六月大	乙未	天干地支西曆星期	壬子20三	癸丑21四	甲寅22五	乙卯23六	丙辰24日	丁巳25一	戊午26二	己未27三	庚申28四	辛酉29五	壬戌30六	癸亥(7)日	甲子2一	乙丑3二	丙寅4三	丁卯5四	戊辰6五	己巳7六	庚午8日	辛未9一	壬申10二	癸酉11三	甲戌12四	乙亥13五	丙子14六	丁丑15日	戊寅16一	己卯17二	庚辰18三	辛巳19四	甲子小暑 己卯大暑 壬子日食
七月小	丙申	天干地支西曆星期	壬午20五	癸未21六	甲申22日	乙酉23一	丙戌24二	丁亥25三	戊子26四	己丑27五	庚寅28六	辛卯29日	壬辰30一	癸巳31二	甲午(8)三	乙未2四	丙申3五	丁酉4六	戊戌5日	己亥6一	庚子7二	辛丑8三	壬寅9四	癸卯10五	甲辰11六	乙巳12日	丙午13一	丁未14二	戊申15三	己酉16四	庚戌17五		甲午立秋 己酉處暑
八月大	丁酉	天干地支西曆星期	辛亥18六	壬子19日	癸丑20一	甲寅21二	乙卯22三	丙辰23四	丁巳24五	戊午25六	己未26日	庚申27一	辛酉28二	壬戌29三	癸亥30四	甲子31五	乙丑(9)六	丙寅2日	丁卯3一	戊辰4二	己巳5三	庚午6四	辛未7五	壬申8六	癸酉9日	甲戌10一	乙亥11二	丙子12三	丁丑13四	戊寅14五	己卯15六	庚辰16日	甲子白露 庚辰秋分
閏八月小	丁酉	天干地支西曆星期	辛巳17一	壬午18二	癸未19三	甲申20四	乙酉21五	丙戌22六	丁亥23日	戊子24一	己丑25二	庚寅26三	辛卯27四	壬辰28五	癸巳29六	甲午30日	乙未(10)一	丙申2二	丁酉3三	戊戌4四	己亥5五	庚子6六	辛丑7日	壬寅8一	癸卯9二	甲辰10三	乙巳11四	丙午12五	丁未13六	戊申14日	己酉15一		乙未寒露
九月大	戊戌	天干地支西曆星期	庚戌16二	辛亥17三	壬子18四	癸丑19五	甲寅20六	乙卯21日	丙辰22一	丁巳23二	戊午24三	己未25四	庚申26五	辛酉27六	壬戌28日	癸亥29一	甲子30二	乙丑31三	丙寅(11)四	丁卯2五	戊辰3六	己巳4日	庚午5一	辛未6二	壬申7三	癸酉8四	甲戌9五	乙亥10六	丙子11日	丁丑12一	戊寅13二	己卯14三	庚戌霜降 乙丑立冬
十月大	己亥	天干地支西曆星期	庚辰15四	辛巳16五	壬午17六	癸未18日	甲申19一	乙酉20二	丙戌21三	丁亥22四	戊子23五	己丑24六	庚寅25日	辛卯26一	壬辰27二	癸巳28三	甲午29四	乙未30五	丙申(12)六	丁酉2日	戊戌3一	己亥4二	庚子5三	辛丑6四	壬寅7五	癸卯8六	甲辰9日	乙巳10一	丙午11二	丁未12三	戊申13四	己酉14五	辛巳小雪 丙申大雪
十一月大	庚子	天干地支西曆星期	庚戌15六	辛亥16日	壬子17一	癸丑18二	甲寅19三	乙卯20四	丙辰21五	丁巳22六	戊午23日	己未24一	庚申25二	辛酉26三	壬戌27四	癸亥28五	甲子29六	乙丑30日	丙寅31一	丁卯(1)二	戊辰2三	己巳3四	庚午4五	辛未5六	壬申6日	癸酉7一	甲戌8二	乙亥9三	丙子10四	丁丑11五	戊寅12六	己卯13日	辛亥冬至 丙寅小寒
十二月小	辛丑	天干地支西曆星期	庚辰14一	辛巳15二	壬午16三	癸未17四	甲申18五	乙酉19六	丙戌20日	丁亥21一	戊子22二	己丑23三	庚寅24四	辛卯25五	壬辰26六	癸巳27日	甲午28一	乙未29二	丙申30三	丁酉31四	戊戌(2)五	己亥2六	庚子3日	辛丑4一	壬寅5二	癸卯6三	甲辰7四	乙巳8五	丙午9六	丁未10日	戊申11一		辛巳大寒 丁酉立春

宋仁宗嘉祐七年（壬寅 虎年） 公元 1062 ~ 1063 年

夏曆月序		中西曆日對照	初一	初二	初三	初四	初五	初六	初七	初八	初九	初十	十一	十二	十三	十四	十五	十六	十七	十八	十九	二十	二一	二二	二三	二四	二五	二六	二七	二八	二九	三十	節氣與天象
正月大	壬寅	天干地支 西曆星期	己酉 12 二	庚戌 13 三	辛亥 14 四	壬子 15 五	癸丑 16 六	甲寅 17 日	乙卯 18 一	丙辰 19 二	丁巳 20 三	戊午 21 四	己未 22 五	庚申 23 六	辛酉 24 日	壬戌 25 一	癸亥 26 二	甲子 27 三	乙丑 28 四	丙寅 (3) 五	丁卯 2 六	戊辰 3 日	己巳 4 一	庚午 5 二	辛未 6 三	壬申 7 四	癸酉 8 五	甲戌 9 六	乙亥 10 日	丙子 11 一	丁丑 12 二	戊寅 13 三	壬子雨水 丁卯驚蟄
二月小	癸卯	天干地支 西曆星期	己卯 14 四	庚辰 15 五	辛巳 16 六	壬午 17 日	癸未 18 一	甲申 19 二	乙酉 20 三	丙戌 21 四	丁亥 22 五	戊子 23 六	己丑 24 日	庚寅 25 一	辛卯 26 二	壬辰 27 三	癸巳 28 四	甲午 29 五	乙未 30 六	丙申 31 日	丁酉 (4) 一	戊戌 2 二	己亥 3 三	庚子 4 四	辛丑 5 五	壬寅 6 六	癸卯 7 日	甲辰 8 一	乙巳 9 二	丙午 10 三	丁未 11 四		壬午春分 丁酉清明
三月大	甲辰	天干地支 西曆星期	戊申 12 五	己酉 13 六	庚戌 14 日	辛亥 15 一	壬子 16 二	癸丑 17 三	甲寅 18 四	乙卯 19 五	丙辰 20 六	丁巳 21 日	戊午 22 一	己未 23 二	庚申 24 三	辛酉 25 四	壬戌 26 五	癸亥 27 六	甲子 28 日	乙丑 29 一	丙寅 30 二	丁卯 (5) 三	戊辰 2 四	己巳 3 五	庚午 4 六	辛未 5 日	壬申 6 一	癸酉 7 二	甲戌 8 三	乙亥 9 四	丙子 10 五	丁丑 11 六	癸丑穀雨 戊辰立夏
四月小	乙巳	天干地支 西曆星期	戊寅 12 日	己卯 13 一	庚辰 14 二	辛巳 15 三	壬午 16 四	癸未 17 五	甲申 18 六	乙酉 19 日	丙戌 20 一	丁亥 21 二	戊子 22 三	己丑 23 四	庚寅 24 五	辛卯 25 六	壬辰 26 日	癸巳 27 一	甲午 28 二	乙未 29 三	丙申 30 四	丁酉 31 五	戊戌 (6) 六	己亥 2 日	庚子 3 一	辛丑 4 二	壬寅 5 三	癸卯 6 四	甲辰 7 五	乙巳 8 六	丙午 9 日		癸未小滿 戊戌芒種
五月小	丙午	天干地支 西曆星期	丁未 10 一	戊申 11 二	己酉 12 三	庚戌 13 四	辛亥 14 五	壬子 15 六	癸丑 16 日	甲寅 17 一	乙卯 18 二	丙辰 19 三	丁巳 20 四	戊午 21 五	己未 22 六	庚申 23 日	辛酉 24 一	壬戌 25 二	癸亥 26 三	甲子 27 四	乙丑 28 五	丙寅 29 六	丁卯 30 日	戊辰 (7) 一	己巳 2 二	庚午 3 三	辛未 4 四	壬申 5 五	癸酉 6 六	甲戌 7 日	乙亥 8 一		甲寅夏至 己巳小暑
六月大	丁未	天干地支 西曆星期	丙子 9 二	丁丑 10 三	戊寅 11 四	己卯 12 五	庚辰 13 六	辛巳 14 日	壬午 15 一	癸未 16 二	甲申 17 三	乙酉 18 四	丙戌 19 五	丁亥 20 六	戊子 21 日	己丑 22 一	庚寅 23 二	辛卯 24 三	壬辰 25 四	癸巳 26 五	甲午 27 六	乙未 28 日	丙申 29 一	丁酉 30 二	戊戌 31 三	己亥 (8) 四	庚子 2 五	辛丑 3 六	壬寅 4 日	癸卯 5 一	甲辰 6 二	乙巳 7 三	甲申大暑 己亥立秋
七月小	戊申	天干地支 西曆星期	丙午 8 四	丁未 9 五	戊申 10 六	己酉 11 日	庚戌 12 一	辛亥 13 二	壬子 14 三	癸丑 15 四	甲寅 16 五	乙卯 17 六	丙辰 18 日	丁巳 19 一	戊午 20 二	己未 21 三	庚申 22 四	辛酉 23 五	壬戌 24 六	癸亥 25 日	甲子 26 一	乙丑 27 二	丙寅 28 三	丁卯 29 四	戊辰 30 五	己巳 31 六	庚午 (9) 日	辛未 2 一	壬申 3 二	癸酉 4 三	甲戌 5 四		甲寅處暑 庚午白露
八月大	己酉	天干地支 西曆星期	乙亥 6 五	丙子 7 六	丁丑 8 日	戊寅 9 一	己卯 10 二	庚辰 11 三	辛巳 12 四	壬午 13 五	癸未 14 六	甲申 15 日	乙酉 16 一	丙戌 17 二	丁亥 18 三	戊子 19 四	己丑 20 五	庚寅 21 六	辛卯 22 日	壬辰 23 一	癸巳 24 二	甲午 25 三	乙未 26 四	丙申 27 五	丁酉 28 六	戊戌 29 日	己亥 30 一	庚子 (10) 二	辛丑 2 三	壬寅 3 四	癸卯 4 五	甲辰 5 六	乙酉秋分 庚子寒露
九月小	庚戌	天干地支 西曆星期	乙巳 6 日	丙午 7 一	丁未 8 二	戊申 9 三	己酉 10 四	庚戌 11 五	辛亥 12 六	壬子 13 日	癸丑 14 一	甲寅 15 二	乙卯 16 三	丙辰 17 四	丁巳 18 五	戊午 19 六	己未 20 日	庚申 21 一	辛酉 22 二	壬戌 23 三	癸亥 24 四	甲子 25 五	乙丑 26 六	丙寅 27 日	丁卯 28 一	戊辰 29 二	己巳 30 三	庚午 31 四	辛未 (11) 五	壬申 2 六	癸酉 3 日		乙卯霜降 辛未立冬
十月大	辛亥	天干地支 西曆星期	甲戌 4 一	乙亥 5 二	丙子 6 三	丁丑 7 四	戊寅 8 五	己卯 9 六	庚辰 10 日	辛巳 11 一	壬午 12 二	癸未 13 三	甲申 14 四	乙酉 15 五	丙戌 16 六	丁亥 17 日	戊子 18 一	己丑 19 二	庚寅 20 三	辛卯 21 四	壬辰 22 五	癸巳 23 六	甲午 24 日	乙未 25 一	丙申 26 二	丁酉 27 三	戊戌 28 四	己亥 29 五	庚子 30 六	辛丑 (12) 日	壬寅 2 一	癸卯 3 二	丙戌小雪 辛丑大雪
十一月大	壬子	天干地支 西曆星期	甲辰 4 三	乙巳 5 四	丙午 6 五	丁未 7 六	戊申 8 日	己酉 9 一	庚戌 10 二	辛亥 11 三	壬子 12 四	癸丑 13 五	甲寅 14 六	乙卯 15 日	丙辰 16 一	丁巳 17 二	戊午 18 三	己未 19 四	庚申 20 五	辛酉 21 六	壬戌 22 日	癸亥 23 一	甲子 24 二	乙丑 25 三	丙寅 26 四	丁卯 27 五	戊辰 28 六	己巳 29 日	庚午 30 一	辛未 31 二	壬申 (1) 三	癸酉 2 四	丙辰冬至 辛未小寒
十二月小	癸丑	天干地支 西曆星期	甲戌 3 五	乙亥 4 六	丙子 5 日	丁丑 6 一	戊寅 7 二	己卯 8 三	庚辰 9 四	辛巳 10 五	壬午 11 六	癸未 12 日	甲申 13 一	乙酉 14 二	丙戌 15 三	丁亥 16 四	戊子 17 五	己丑 18 六	庚寅 19 日	辛卯 20 一	壬辰 21 二	癸巳 22 三	甲午 23 四	乙未 24 五	丙申 25 六	丁酉 26 日	戊戌 27 一	己亥 28 二	庚子 29 三	辛丑 30 四	壬寅 31 五		丁亥大寒 壬寅立春

宋仁宗嘉祐八年 英宗嘉裕八年（癸卯 兔年） 公元 1063 ~ 1064 年

夏曆月序	中西曆日對照	初一	初二	初三	初四	初五	初六	初七	初八	初九	初十	十一	十二	十三	十四	十五	十六	十七	十八	十九	二十	二一	二二	二三	二四	二五	二六	二七	二八	二九	三十	節氣與天象
正月大 甲寅	天干地支 西曆 星期	癸卯 (2) 六	甲辰 2 日	乙巳 3 一	丙午 4 二	丁未 5 三	戊申 6 四	己酉 7 五	庚戌 8 六	辛亥 9 日	壬子 10 一	癸丑 11 二	甲寅 12 三	乙卯 13 四	丙辰 14 五	丁巳 15 六	戊午 16 日	己未 17 一	庚申 18 二	辛酉 19 三	壬戌 20 四	癸亥 21 五	甲子 22 六	乙丑 23 日	丙寅 24 一	丁卯 25 二	戊辰 26 三	己巳 27 四	庚午 28 五	辛未 (3) 六	壬申 2 日	丁巳雨水 壬申驚蟄
二月大 乙卯	天干地支 西曆 星期	癸酉 3 一	甲戌 4 二	乙亥 5 三	丙子 6 四	丁丑 7 五	戊寅 8 六	己卯 9 日	庚辰 10 一	辛巳 11 二	壬午 12 三	癸未 13 四	甲申 14 五	乙酉 15 六	丙戌 16 日	丁亥 17 一	戊子 18 二	己丑 19 三	庚寅 20 四	辛卯 21 五	壬辰 22 六	癸巳 23 日	甲午 24 一	乙未 25 二	丙申 26 三	丁酉 27 四	戊戌 28 五	己亥 29 六	庚子 30 日	辛丑 31 一	壬寅 (4) 二	戊子春分
三月小 丙辰	天干地支 西曆 星期	癸卯 2 三	甲辰 3 四	乙巳 4 五	丙午 5 六	丁未 6 日	戊申 7 一	己酉 8 二	庚戌 9 三	辛亥 10 四	壬子 11 五	癸丑 12 六	甲寅 13 日	乙卯 14 一	丙辰 15 二	丁巳 16 三	戊午 17 四	己未 18 五	庚申 19 六	辛酉 20 日	壬戌 21 一	癸亥 22 二	甲子 23 三	乙丑 24 四	丙寅 25 五	丁卯 26 六	戊辰 27 日	己巳 28 一	庚午 29 二	辛未 30 三		癸卯清明 戊午穀雨
四月大 丁巳	天干地支 西曆 星期	壬申 (5) 四	癸酉 2 五	甲戌 3 六	乙亥 4 日	丙子 5 一	丁丑 6 二	戊寅 7 三	己卯 8 四	庚辰 9 五	辛巳 10 六	壬午 11 日	癸未 12 一	甲申 13 二	乙酉 14 三	丙戌 15 四	丁亥 16 五	戊子 17 六	己丑 18 日	庚寅 19 一	辛卯 20 二	壬辰 21 三	癸巳 22 四	甲午 23 五	乙未 24 六	丙申 25 日	丁酉 26 一	戊戌 27 二	己亥 28 三	庚子 29 四	辛丑 30 五	癸酉立夏 戊子小滿
五月小 戊午	天干地支 西曆 星期	壬寅 31 六	癸卯 (6) 日	甲辰 2 一	乙巳 3 二	丙午 4 三	丁未 5 四	戊申 6 五	己酉 7 六	庚戌 8 日	辛亥 9 一	壬子 10 二	癸丑 11 三	甲寅 12 四	乙卯 13 五	丙辰 14 六	丁巳 15 日	戊午 16 一	己未 17 二	庚申 18 三	辛酉 19 四	壬戌 20 五	癸亥 21 六	甲子 22 日	乙丑 23 一	丙寅 24 二	丁卯 25 三	戊辰 26 四	己巳 27 五	庚午 28 六		甲辰芒種 己未夏至
六月小 己未	天干地支 西曆 星期	辛未 29 日	壬申 30 一	癸酉 (7) 二	甲戌 2 三	乙亥 3 四	丙子 4 五	丁丑 5 六	戊寅 6 日	己卯 7 一	庚辰 8 二	辛巳 9 三	壬午 10 四	癸未 11 五	甲申 12 六	乙酉 13 日	丙戌 14 一	丁亥 15 二	戊子 16 三	己丑 17 四	庚寅 18 五	辛卯 19 六	壬辰 20 日	癸巳 21 一	甲午 22 二	乙未 23 三	丙申 24 四	丁酉 25 五	戊戌 26 六	己亥 27 日		甲戌小暑 己丑大暑
七月大 庚申	天干地支 西曆 星期	庚子 28 一	辛丑 29 二	壬寅 30 三	癸卯 31 四	甲辰 (8) 五	乙巳 2 六	丙午 3 日	丁未 4 一	戊申 5 二	己酉 6 三	庚戌 7 四	辛亥 8 五	壬子 9 六	癸丑 10 日	甲寅 11 一	乙卯 12 二	丙辰 13 三	丁巳 14 四	戊午 15 五	己未 16 六	庚申 17 日	辛酉 18 一	壬戌 19 二	癸亥 20 三	甲子 21 四	乙丑 22 五	丙寅 23 六	丁卯 24 日	戊辰 25 一	己巳 26 二	甲辰立秋 庚申處暑
八月小 辛酉	天干地支 西曆 星期	庚午 27 三	辛未 28 四	壬申 29 五	癸酉 30 六	甲戌 31 日	乙亥 (9) 一	丙子 2 二	丁丑 3 三	戊寅 4 四	己卯 5 五	庚辰 6 六	辛巳 7 日	壬午 8 一	癸未 9 二	甲申 10 三	乙酉 11 四	丙戌 12 五	丁亥 13 六	戊子 14 日	己丑 15 一	庚寅 16 二	辛卯 17 三	壬辰 18 四	癸巳 19 五	甲午 20 六	乙未 21 日	丙申 22 一	丁酉 23 二	戊戌 24 三		乙亥白露 庚寅秋分
九月小 壬戌	天干地支 西曆 星期	己亥 25 四	庚子 26 五	辛丑 27 六	壬寅 28 日	癸卯 29 一	甲辰 30 二	乙巳 (10) 三	丙午 2 四	丁未 3 五	戊申 4 六	己酉 5 日	庚戌 6 一	辛亥 7 二	壬子 8 三	癸丑 9 四	甲寅 10 五	乙卯 11 六	丙辰 12 日	丁巳 13 一	戊午 14 二	己未 15 三	庚申 16 四	辛酉 17 五	壬戌 18 六	癸亥 19 日	甲子 20 一	乙丑 21 二	丙寅 22 三	丁卯 23 四		乙巳寒露 辛酉霜降
十月大 癸亥	天干地支 西曆 星期	戊辰 24 五	己巳 25 六	庚午 26 日	辛未 27 一	壬申 28 二	癸酉 29 三	甲戌 30 四	乙亥 31 五	丙子 (11) 六	丁丑 2 日	戊寅 3 一	己卯 4 二	庚辰 5 三	辛巳 6 四	壬午 7 五	癸未 8 六	甲申 9 日	乙酉 10 一	丙戌 11 二	丁亥 12 三	戊子 13 四	己丑 14 五	庚寅 15 六	辛卯 16 日	壬辰 17 一	癸巳 18 二	甲午 19 三	乙未 20 四	丙申 21 五	丁酉 22 六	丙子立冬 辛卯小雪
十一月大 甲子	天干地支 西曆 星期	戊戌 23 日	己亥 24 一	庚子 25 二	辛丑 26 三	壬寅 27 四	癸卯 28 五	甲辰 29 六	乙巳 30 日	丙午 (12) 一	丁未 2 二	戊申 3 三	己酉 4 四	庚戌 5 五	辛亥 6 六	壬子 7 日	癸丑 8 一	甲寅 9 二	乙卯 10 三	丙辰 11 四	丁巳 12 五	戊午 13 六	己未 14 日	庚申 15 一	辛酉 16 二	壬戌 17 三	癸亥 18 四	甲子 19 五	乙丑 20 六	丙寅 21 日	丁卯 22 一	丙午大雪 辛酉冬至
十二月小 乙丑	天干地支 西曆 星期	戊辰 23 二	己巳 24 三	庚午 25 四	辛未 26 五	壬申 27 六	癸酉 28 日	甲戌 29 一	乙亥 30 二	丙子 31 三	丁丑 (1) 四	戊寅 2 五	己卯 3 六	庚辰 4 日	辛巳 5 一	壬午 6 二	癸未 7 三	甲申 8 四	乙酉 9 五	丙戌 10 六	丁亥 11 日	戊子 12 一	己丑 13 二	庚寅 14 三	辛卯 15 四	壬辰 16 五	癸巳 17 六	甲午 18 日	乙未 19 一	丙申 20 二		丁丑小寒 壬辰大寒

* 三月辛未（二十九日），宋仁宗死。四月壬申（初一），趙曙即位，是爲英宗，仍用嘉裕年號。

宋英宗治平元年（甲辰 龍年） 公元 **1064** ~ 1065 年

夏曆月序		中西曆日對照	初一	初二	初三	初四	初五	初六	初七	初八	初九	初十	十一	十二	十三	十四	十五	十六	十七	十八	十九	二十	二一	二二	二三	二四	二五	二六	二七	二八	二九	三十	節氣與天象
正月大	丙寅	天干地支 西曆 星期	丁酉 21 三	戊戌 22 四	己亥 23 五	庚子 24 六	辛丑 25 日	壬寅 26 一	癸卯 27 二	甲辰 28 三	乙巳 29 四	丙午 30 五	丁未 31 六	戊申 (2) 日	己酉 2 一	庚戌 3 二	辛亥 4 三	壬子 5 四	癸丑 6 五	甲寅 7 六	乙卯 8 日	丙辰 9 一	丁巳 10 二	戊午 11 三	己未 12 四	庚申 13 五	辛酉 14 六	壬戌 15 日	癸亥 16 一	甲子 17 二	乙丑 18 三	丙寅 19 四	丁未立春 壬戌雨水
二月大	丁卯	天干地支 西曆 星期	丁卯 20 五	戊辰 21 六	己巳 22 日	庚午 23 一	辛未 24 二	壬申 25 三	癸酉 26 四	甲戌 27 五	乙亥 28 六	丙子 29 日	丁丑 (3) 一	戊寅 2 二	己卯 3 三	庚辰 4 四	辛巳 5 五	壬午 6 六	癸未 7 日	甲申 8 一	乙酉 9 二	丙戌 10 三	丁亥 11 四	戊子 12 五	己丑 13 六	庚寅 14 日	辛卯 15 一	壬辰 16 二	癸巳 17 三	甲午 18 四	乙未 19 五	丙申 20 六	戊寅驚蟄 癸巳春分
三月大	戊辰	天干地支 西曆 星期	丁酉 21 日	戊戌 22 一	己亥 23 二	庚子 24 三	辛丑 25 四	壬寅 26 五	癸卯 27 六	甲辰 28 日	乙巳 29 一	丙午 30 二	丁未 31 三	戊申 (4) 四	己酉 2 五	庚戌 3 六	辛亥 4 日	壬子 5 一	癸丑 6 二	甲寅 7 三	乙卯 8 四	丙辰 9 五	丁巳 10 六	戊午 11 日	己未 12 一	庚申 13 二	辛酉 14 三	壬戌 15 四	癸亥 16 五	甲子 17 六	乙丑 18 日	丙寅 19 一	戊申清明 癸亥穀雨
四月小	己巳	天干地支 西曆 星期	丁卯 20 二	戊辰 21 三	己巳 22 四	庚午 23 五	辛未 24 六	壬申 25 日	癸酉 26 一	甲戌 27 二	乙亥 28 三	丙子 29 四	丁丑 30 五	戊寅 (5) 六	己卯 2 日	庚辰 3 一	辛巳 4 二	壬午 5 三	癸未 6 四	甲申 7 五	乙酉 8 六	丙戌 9 日	丁亥 10 一	戊子 11 二	己丑 12 三	庚寅 13 四	辛卯 14 五	壬辰 15 六	癸巳 16 日	甲午 17 一	乙未 18 二		戊寅立夏 甲午小滿
五月大	庚午	天干地支 西曆 星期	丙申 19 三	丁酉 20 四	戊戌 21 五	己亥 22 六	庚子 23 日	辛丑 24 一	壬寅 25 二	癸卯 26 三	甲辰 27 四	乙巳 28 五	丙午 29 六	丁未 30 日	戊申 31 一	己酉 (6) 二	庚戌 2 三	辛亥 3 四	壬子 4 五	癸丑 5 六	甲寅 6 日	乙卯 7 一	丙辰 8 二	丁巳 9 三	戊午 10 四	己未 11 五	庚申 12 六	辛酉 13 日	壬戌 14 一	癸亥 15 二	甲子 16 三	乙丑 17 四	己酉芒種 甲子夏至
閏五月小	庚午	天干地支 西曆 星期	丙寅 18 五	丁卯 19 六	戊辰 20 日	己巳 21 一	庚午 22 二	辛未 23 三	壬申 24 四	癸酉 25 五	甲戌 26 六	乙亥 27 日	丙子 28 一	丁丑 29 二	戊寅 30 三	己卯 (7) 四	庚辰 2 五	辛巳 3 六	壬午 4 日	癸未 5 一	甲申 6 二	乙酉 7 三	丙戌 8 四	丁亥 9 五	戊子 10 六	己丑 11 日	庚寅 12 一	辛卯 13 二	壬辰 14 三	癸巳 15 四	甲午 16 五		己卯小暑
六月小	辛未	天干地支 西曆 星期	乙未 17 六	丙申 18 日	丁酉 19 一	戊戌 20 二	己亥 21 三	庚子 22 四	辛丑 23 五	壬寅 24 六	癸卯 25 日	甲辰 26 一	乙巳 27 二	丙午 28 三	丁未 29 四	戊申 30 五	己酉 31 六	庚戌 (8) 日	辛亥 2 一	壬子 3 二	癸丑 4 三	甲寅 5 四	乙卯 6 五	丙辰 7 六	丁巳 8 日	戊午 9 一	己未 10 二	庚申 11 三	辛酉 12 四	壬戌 13 五	癸亥 14 六		乙未大暑 庚戌立秋
七月大	壬申	天干地支 西曆 星期	甲子 15 日	乙丑 16 一	丙寅 17 二	丁卯 18 三	戊辰 19 四	己巳 20 五	庚午 21 六	辛未 22 日	壬申 23 一	癸酉 24 二	甲戌 25 三	乙亥 26 四	丙子 27 五	丁丑 28 六	戊寅 29 日	己卯 30 一	庚辰 31 二	辛巳 (9) 三	壬午 2 四	癸未 3 五	甲申 4 六	乙酉 5 日	丙戌 6 一	丁亥 7 二	戊子 8 三	己丑 9 四	庚寅 10 五	辛卯 11 六	壬辰 12 日	癸巳 13 一	乙丑處暑 庚辰白露
八月小	癸酉	天干地支 西曆 星期	甲午 14 二	乙未 15 三	丙申 16 四	丁酉 17 五	戊戌 18 六	己亥 19 日	庚子 20 一	辛丑 21 二	壬寅 22 三	癸卯 23 四	甲辰 24 五	乙巳 25 六	丙午 26 日	丁未 27 一	戊申 28 二	己酉 29 三	庚戌 30 四	辛亥 (10) 五	壬子 2 六	癸丑 3 日	甲寅 4 一	乙卯 5 二	丙辰 6 三	丁巳 7 四	戊午 8 五	己未 9 六	庚申 10 日	辛酉 11 一	壬戌 12 二		乙未秋分 辛亥寒露
九月小	甲戌	天干地支 西曆 星期	癸亥 13 三	甲子 14 四	乙丑 15 五	丙寅 16 六	丁卯 17 日	戊辰 18 一	己巳 19 二	庚午 20 三	辛未 21 四	壬申 22 五	癸酉 23 六	甲戌 24 日	乙亥 25 一	丙子 26 二	丁丑 27 三	戊寅 28 四	己卯 29 五	庚辰 30 六	辛巳 31 日	壬午 (11) 一	癸未 2 二	甲申 3 三	乙酉 4 四	丙戌 5 五	丁亥 6 六	戊子 7 日	己丑 8 一	庚寅 9 二	辛卯 10 三		丙寅霜降 辛巳立冬
十月大	乙亥	天干地支 西曆 星期	壬辰 11 四	癸巳 12 五	甲午 13 六	乙未 14 日	丙申 15 一	丁酉 16 二	戊戌 17 三	己亥 18 四	庚子 19 五	辛丑 20 六	壬寅 21 日	癸卯 22 一	甲辰 23 二	乙巳 24 三	丙午 25 四	丁未 26 五	戊申 27 六	己酉 28 日	庚戌 29 一	辛亥 30 二	壬子 (12) 三	癸丑 2 四	甲寅 3 五	乙卯 4 六	丙辰 5 日	丁巳 6 一	戊午 7 二	己未 8 三	庚申 9 四	辛酉 10 五	丙申小雪 辛亥大雪
十一月大	丙子	天干地支 西曆 星期	壬戌 11 六	癸亥 12 日	甲子 13 一	乙丑 14 二	丙寅 15 三	丁卯 16 四	戊辰 17 五	己巳 18 六	庚午 19 日	辛未 20 一	壬申 21 二	癸酉 22 三	甲戌 23 四	乙亥 24 五	丙子 25 六	丁丑 26 日	戊寅 27 一	己卯 28 二	庚辰 29 三	辛巳 30 四	壬午 31 五	癸未 (1) 六	甲申 2 日	乙酉 3 一	丙戌 4 二	丁亥 5 三	戊子 6 四	己丑 7 五	庚寅 8 六	辛卯 9 日	丙寅冬至 辛巳小寒
十二月小	丁丑	天干地支 西曆 星期	壬辰 10 一	癸巳 11 二	甲午 12 三	乙未 13 四	丙申 14 五	丁酉 15 六	戊戌 16 日	己亥 17 一	庚子 18 二	辛丑 19 三	壬寅 20 四	癸卯 21 五	甲辰 22 六	乙巳 23 日	丙午 24 一	丁未 25 二	戊申 26 三	己酉 27 四	庚戌 28 五	辛亥 29 六	壬子 30 日	癸丑 31 一	甲寅 (2) 二	乙卯 2 三	丙辰 3 四	丁巳 4 五	戊午 5 六	己未 6 日	庚申 7 一		丁酉大寒 壬子立春

* 正月丁酉（初一），改元治平。

宋英宗治平二年（乙巳 蛇年） 公元 1065 ~ 1066 年

夏曆月序		中西曆日對照	夏曆日序																														節氣與天象
			初一	初二	初三	初四	初五	初六	初七	初八	初九	初十	十一	十二	十三	十四	十五	十六	十七	十八	十九	二十	二一	二二	二三	二四	二五	二六	二七	二八	二九	三十	
正月大	戊寅	天干地支 西曆 星期	辛酉 8 二	壬戌 9 三	癸亥 10 四	甲子 11 五	乙丑 12 六	丙寅 13 日	丁卯 14 一	戊辰 15 二	己巳 16 三	庚午 17 四	辛未 18 五	壬申 19 六	癸酉 20 日	甲戌 21 一	乙亥 22 二	丙子 23 三	丁丑 24 四	戊寅 25 五	己卯 26 六	庚辰 27 日	辛巳 28 一	壬午 (3) 二	癸未 2 三	甲申 3 四	乙酉 4 五	丙戌 5 六	丁亥 6 日	戊子 7 一	己丑 8 二	庚寅 9 三	丁卯雨水 壬午驚蟄
二月大	己卯	天干地支 西曆 星期	辛卯 10 四	壬辰 11 五	癸巳 12 六	甲午 13 日	乙未 14 一	丙申 15 二	丁酉 16 三	戊戌 17 四	己亥 18 五	庚子 19 六	辛丑 20 日	壬寅 21 一	癸卯 22 二	甲辰 23 三	乙巳 24 四	丙午 25 五	丁未 26 六	戊申 27 日	己酉 28 一	庚戌 29 二	辛亥 30 三	壬子 31 四	癸丑 (4) 五	甲寅 2 六	乙卯 3 日	丙辰 4 一	丁巳 5 二	戊午 6 三	己未 7 四	庚申 8 五	丁酉春分 癸丑清明
三月小	庚辰	天干地支 西曆 星期	辛酉 9 六	壬戌 10 日	癸亥 11 一	甲子 12 二	乙丑 13 三	丙寅 14 四	丁卯 15 五	戊辰 16 六	己巳 17 日	庚午 18 一	辛未 19 二	壬申 20 三	癸酉 21 四	甲戌 22 五	乙亥 23 六	丙子 24 日	丁丑 25 一	戊寅 26 二	己卯 27 三	庚辰 28 四	辛巳 29 五	壬午 30 六	癸未 (5) 日	甲申 2 一	乙酉 3 二	丙戌 4 三	丁亥 5 四	戊子 6 五	己丑 7 六		戊辰穀雨 癸未立夏
四月大	辛巳	天干地支 西曆 星期	庚寅 8 日	辛卯 9 一	壬辰 10 二	癸巳 11 三	甲午 12 四	乙未 13 五	丙申 14 六	丁酉 15 日	戊戌 16 一	己亥 17 二	庚子 18 三	辛丑 19 四	壬寅 20 五	癸卯 21 六	甲辰 22 日	乙巳 23 一	丙午 24 二	丁未 25 三	戊申 26 四	己酉 27 五	庚戌 28 六	辛亥 29 日	壬子 30 一	癸丑 31 二	甲寅 (6) 三	乙卯 2 四	丙辰 3 五	丁巳 4 六	戊午 5 日	己未 6 一	戊戌小滿 甲寅芒種
五月小	壬午	天干地支 西曆 星期	庚申 7 二	辛酉 8 三	壬戌 9 四	癸亥 10 五	甲子 11 六	乙丑 12 日	丙寅 13 一	丁卯 14 二	戊辰 15 三	己巳 16 四	庚午 17 五	辛未 18 六	壬申 19 日	癸酉 20 一	甲戌 21 二	乙亥 22 三	丙子 23 四	丁丑 24 五	戊寅 25 六	己卯 26 日	庚辰 27 一	辛巳 28 二	壬午 29 三	癸未 30 四	甲申 (7) 五	乙酉 2 六	丙戌 3 日	丁亥 4 一	戊子 5 二		己巳夏至 甲申小暑
六月大	癸未	天干地支 西曆 星期	己丑 6 三	庚寅 7 四	辛卯 8 五	壬辰 9 六	癸巳 10 日	甲午 11 一	乙未 12 二	丙申 13 三	丁酉 14 四	戊戌 15 五	己亥 16 六	庚子 17 日	辛丑 18 一	壬寅 19 二	癸卯 20 三	甲辰 21 四	乙巳 22 五	丙午 23 六	丁未 24 日	戊申 25 一	己酉 26 二	庚戌 27 三	辛亥 28 四	壬子 29 五	癸丑 30 六	甲寅 31 日	乙卯 (8) 一	丙辰 2 二	丁巳 3 三	戊午 4 四	己亥大暑 甲寅立秋
七月小	甲申	天干地支 西曆 星期	己未 5 五	庚申 6 六	辛酉 7 日	壬戌 8 一	癸亥 9 二	甲子 10 三	乙丑 11 四	丙寅 12 五	丁卯 13 六	戊辰 14 日	己巳 15 一	庚午 16 二	辛未 17 三	壬申 18 四	癸酉 19 五	甲戌 20 六	乙亥 21 日	丙子 22 一	丁丑 23 二	戊寅 24 三	己卯 25 四	庚辰 26 五	辛巳 27 六	壬午 28 日	癸未 29 一	甲申 30 二	乙酉 31 三	丙戌 (9) 四	丁亥 2 五		庚午處暑 乙酉白露
八月大	乙酉	天干地支 西曆 星期	戊子 3 六	己丑 4 日	庚寅 5 一	辛卯 6 二	壬辰 7 三	癸巳 8 四	甲午 9 五	乙未 10 六	丙申 11 日	丁酉 12 一	戊戌 13 二	己亥 14 三	庚子 15 四	辛丑 16 五	壬寅 17 六	癸卯 18 日	甲辰 19 一	乙巳 20 二	丙午 21 三	丁未 22 四	戊申 23 五	己酉 24 六	庚戌 25 日	辛亥 26 一	壬子 27 二	癸丑 28 三	甲寅 29 四	乙卯 30 五	丙辰 (10) 六	丁巳 2 日	庚了秋分 乙卯寒露
九月小	丙戌	天干地支 西曆 星期	戊午 3 一	己未 4 二	庚申 5 三	辛酉 6 四	壬戌 7 五	癸亥 8 六	甲子 9 日	乙丑 10 一	丙寅 11 二	丁卯 12 三	戊辰 13 四	己巳 14 五	庚午 15 六	辛未 16 日	壬申 17 一	癸酉 18 二	甲戌 19 三	乙亥 20 四	丙子 21 五	丁丑 22 六	戊寅 23 日	己卯 24 一	庚辰 25 二	辛巳 26 三	壬午 27 四	癸未 28 五	甲申 29 六	乙酉 30 日	丙戌 31 一		辛未霜降 丙戌立冬
十月大	丁亥	天干地支 西曆 星期	丁亥 (11) 二	戊子 2 三	己丑 3 四	庚寅 4 五	辛卯 5 六	壬辰 6 日	癸巳 7 一	甲午 8 二	乙未 9 三	丙申 10 四	丁酉 11 五	戊戌 12 六	己亥 13 日	庚子 14 一	辛丑 15 二	壬寅 16 三	癸卯 17 四	甲辰 18 五	乙巳 19 六	丙午 20 日	丁未 21 一	戊申 22 二	己酉 23 三	庚戌 24 四	辛亥 25 五	壬子 26 六	癸丑 27 日	甲寅 28 一	乙卯 29 二	丙辰 30 三	辛丑小雪 丙辰大雪
十一月小	戊子	天干地支 西曆 星期	丁巳 (12) 四	戊午 2 五	己未 3 六	庚申 4 日	辛酉 5 一	壬戌 6 二	癸亥 7 三	甲子 8 四	乙丑 9 五	丙寅 10 六	丁卯 11 日	戊辰 12 一	己巳 13 二	庚午 14 三	辛未 15 四	壬申 16 五	癸酉 17 六	甲戌 18 日	乙亥 19 一	丙子 20 二	丁丑 21 三	戊寅 22 四	己卯 23 五	庚辰 24 六	辛巳 25 日	壬午 26 一	癸未 27 二	甲申 28 三	乙酉 29 四		辛未冬至
十二月大	己丑	天干地支 西曆 星期	丙戌 30 五	丁亥 31 六	戊子 (1) 日	己丑 2 一	庚寅 3 二	辛卯 4 三	壬辰 5 四	癸巳 6 五	甲午 7 六	乙未 8 日	丙申 9 一	丁酉 10 二	戊戌 11 三	己亥 12 四	庚子 13 五	辛丑 14 六	壬寅 15 日	癸卯 16 一	甲辰 17 二	乙巳 18 三	丙午 19 四	丁未 20 五	戊申 21 六	己酉 22 日	庚戌 23 一	辛亥 24 二	壬子 25 三	癸丑 26 四	甲寅 27 五	乙卯 28 六	丁亥小寒 壬寅大寒

宋英宗治平三年（丙午 馬年） 公元 1066 ~ 1067 年

夏曆月序		中西曆日對照	初一	初二	初三	初四	初五	初六	初七	初八	初九	初十	十一	十二	十三	十四	十五	十六	十七	十八	十九	二十	二一	二二	二三	二四	二五	二六	二七	二八	二九	三十	節氣與天象
正月小	庚寅	天干地支 西曆 星期	丙辰 29 日	丁巳 30 一	戊午 31 二	己未 (2) 三	庚申 2 四	辛酉 3 五	壬戌 4 六	癸亥 5 日	甲子 6 一	乙丑 7 二	丙寅 8 三	丁卯 9 四	戊辰 10 五	己巳 11 六	庚午 12 日	辛未 13 一	壬申 14 二	癸酉 15 三	甲戌 16 四	乙亥 17 五	丙子 18 六	丁丑 19 日	戊寅 20 一	己卯 21 二	庚辰 22 三	辛巳 23 四	壬午 24 五	癸未 25 六	甲申 26 日		丁巳立春 壬申雨水
二月大	辛卯	天干地支 西曆 星期	乙酉 27 一	丙戌 28 二	丁亥 (3) 三	戊子 2 四	己丑 3 五	庚寅 4 六	辛卯 5 日	壬辰 6 一	癸巳 7 二	甲午 8 三	乙未 9 四	丙申 10 五	丁酉 11 六	戊戌 12 日	己亥 13 一	庚子 14 二	辛丑 15 三	壬寅 16 四	癸卯 17 五	甲辰 18 六	乙巳 19 日	丙午 20 一	丁未 21 二	戊申 22 三	己酉 23 四	庚戌 24 五	辛亥 25 六	壬子 26 日	癸丑 27 一	甲寅 28 二	戊子驚蟄 癸卯春分
三月小	壬辰	天干地支 西曆 星期	乙卯 29 三	丙辰 30 四	丁巳 31 五	戊午 (4) 六	己未 2 日	庚申 3 一	辛酉 4 二	壬戌 5 三	癸亥 6 四	甲子 7 五	乙丑 8 六	丙寅 9 日	丁卯 10 一	戊辰 11 二	己巳 12 三	庚午 13 四	辛未 14 五	壬申 15 六	癸酉 16 日	甲戌 17 一	乙亥 18 二	丙子 19 三	丁丑 20 四	戊寅 21 五	己卯 22 六	庚辰 23 日	辛巳 24 一	壬午 25 二	癸未 26 三		戊午清明 癸酉穀雨
四月大	癸巳	天干地支 西曆 星期	甲申 27 四	乙酉 28 五	丙戌 29 六	丁亥 30 日	戊子 (5) 一	己丑 2 二	庚寅 3 三	辛卯 4 四	壬辰 5 五	癸巳 6 六	甲午 7 日	乙未 8 一	丙申 9 二	丁酉 10 三	戊戌 11 四	己亥 12 五	庚子 13 六	辛丑 14 日	壬寅 15 一	癸卯 16 二	甲辰 17 三	乙巳 18 四	丙午 19 五	丁未 20 六	戊申 21 日	己酉 22 一	庚戌 23 二	辛亥 24 三	壬子 25 四	癸丑 26 五	戊子立夏 甲辰小滿
五月大	甲午	天干地支 西曆 星期	甲寅 27 六	乙卯 28 日	丙辰 29 一	丁巳 30 二	戊午 31 三	己未 (6) 四	庚申 2 五	辛酉 3 六	壬戌 4 日	癸亥 5 一	甲子 6 二	乙丑 7 三	丙寅 8 四	丁卯 9 五	戊辰 10 六	己巳 11 日	庚午 12 一	辛未 13 二	壬申 14 三	癸酉 15 四	甲戌 16 五	乙亥 17 六	丙子 18 日	丁丑 19 一	戊寅 20 二	己卯 21 三	庚辰 22 四	辛巳 23 五	壬午 24 六	癸未 25 日	己未芒種 甲戌夏至
六月小	乙未	天干地支 西曆 星期	甲申 26 一	乙酉 27 二	丙戌 28 三	丁亥 29 四	戊子 30 五	己丑 (7) 六	庚寅 2 日	辛卯 3 一	壬辰 4 二	癸巳 5 三	甲午 6 四	乙未 7 五	丙申 8 六	丁酉 9 日	戊戌 10 一	己亥 11 二	庚子 12 三	辛丑 13 四	壬寅 14 五	癸卯 15 六	甲辰 16 日	乙巳 17 一	丙午 18 二	丁未 19 三	戊申 20 四	己酉 21 五	庚戌 22 六	辛亥 23 日	壬子 24 一		己丑小暑 甲辰大暑
七月大	丙申	天干地支 西曆 星期	癸丑 25 二	甲寅 26 三	乙卯 27 四	丙辰 28 五	丁巳 29 六	戊午 30 日	己未 31 一	庚申 (8) 二	辛酉 2 三	壬戌 3 四	癸亥 4 五	甲子 5 六	乙丑 6 日	丙寅 7 一	丁卯 8 二	戊辰 9 三	己巳 10 四	庚午 11 五	辛未 12 六	壬申 13 日	癸酉 14 一	甲戌 15 二	乙亥 16 三	丙子 17 四	丁丑 18 五	戊寅 19 六	己卯 20 日	庚辰 21 一	辛巳 22 二	壬午 23 三	庚申立秋 乙亥處暑
八月小	丁酉	天干地支 西曆 星期	癸未 24 四	甲申 25 五	乙酉 26 六	丙戌 27 日	丁亥 28 一	戊子 29 二	己丑 30 三	庚寅 31 四	辛卯 (9) 五	壬辰 2 六	癸巳 3 日	甲午 4 一	乙未 5 二	丙申 6 三	丁酉 7 四	戊戌 8 五	己亥 9 六	庚子 10 日	辛丑 11 一	壬寅 12 二	癸卯 13 三	甲辰 14 四	乙巳 15 五	丙午 16 六	丁未 17 日	戊申 18 一	己酉 19 二	庚戌 20 三	辛亥 21 四		庚寅白露 乙巳秋分
九月大	戊戌	天干地支 西曆 星期	壬子 22 五	癸丑 23 六	甲寅 24 日	乙卯 25 一	丙辰 26 二	丁巳 27 三	戊午 28 四	己未 29 五	庚申 30 六	辛酉 (10) 日	壬戌 2 一	癸亥 3 二	甲子 4 三	乙丑 5 四	丙寅 6 五	丁卯 7 六	戊辰 8 日	己巳 9 一	庚午 10 二	辛未 11 三	壬申 12 四	癸酉 13 五	甲戌 14 六	乙亥 15 日	丙子 16 一	丁丑 17 二	戊寅 18 三	己卯 19 四	庚辰 20 五	辛巳 21 六	辛酉寒露 丙子霜降 壬子日食
十月小	己亥	天干地支 西曆 星期	壬午 22 日	癸未 23 一	甲申 24 二	乙酉 25 三	丙戌 26 四	丁亥 27 五	戊子 28 六	己丑 29 日	庚寅 30 一	辛卯 31 二	壬辰 (11) 三	癸巳 2 四	甲午 3 五	乙未 4 六	丙申 5 日	丁酉 6 一	戊戌 7 二	己亥 8 三	庚子 9 四	辛丑 10 五	壬寅 11 六	癸卯 12 日	甲辰 13 一	乙巳 14 二	丙午 15 三	丁未 16 四	戊申 17 五	己酉 18 六	庚戌 19 日		辛卯立冬 丙午小雪
十一月大	庚子	天干地支 西曆 星期	辛亥 20 一	壬子 21 二	癸丑 22 三	甲寅 23 四	乙卯 24 五	丙辰 25 六	丁巳 26 日	戊午 27 一	己未 28 二	庚申 29 三	辛酉 30 四	壬戌 (12) 五	癸亥 2 六	甲子 3 日	乙丑 4 一	丙寅 5 二	丁卯 6 三	戊辰 7 四	己巳 8 五	庚午 9 六	辛未 10 日	壬申 11 一	癸酉 12 二	甲戌 13 三	乙亥 14 四	丙子 15 五	丁丑 16 六	戊寅 17 日	己卯 18 一	庚辰 19 二	辛酉大雪 丁丑冬至
十二月小	辛丑	天干地支 西曆 星期	辛巳 20 三	壬午 21 四	癸未 22 五	甲申 23 六	乙酉 24 日	丙戌 25 一	丁亥 26 二	戊子 27 三	己丑 28 四	庚寅 29 五	辛卯 30 六	壬辰 31 日	癸巳 (1) 一	甲午 2 二	乙未 3 三	丙申 4 四	丁酉 5 五	戊戌 6 六	己亥 7 日	庚子 8 一	辛丑 9 二	壬寅 10 三	癸卯 11 四	甲辰 12 五	乙巳 13 六	丙午 14 日	丁未 15 一	戊申 16 二	己酉 17 三		壬辰小寒 丁未大寒

宋英宗治平四年 神宗治平四年（丁未 羊年） 公元 1067 ~ 1068 年

夏曆月序		中西曆日對照	初一	初二	初三	初四	初五	初六	初七	初八	初九	初十	十一	十二	十三	十四	十五	十六	十七	十八	十九	二十	二一	二二	二三	二四	二五	二六	二七	二八	二九	三十	節氣與天象
正月大	壬寅	天干 地支 西曆 星期	庚戌 18 四	辛亥 19 五	壬子 20 六	癸丑 21 日	甲寅 22 一	乙卯 23 二	丙辰 24 三	丁巳 25 四	戊午 26 五	己未 27 六	庚申 28 日	辛酉 29 一	壬戌 30 二	癸亥 31 三	甲子 (2) 四	乙丑 2 五	丙寅 3 六	丁卯 4 日	戊辰 5 一	己巳 6 二	庚午 7 三	辛未 8 四	壬申 9 五	癸酉 10 六	甲戌 11 日	乙亥 12 一	丙子 13 二	丁丑 14 三	戊寅 15 四	己卯 16 五	壬戌立春 戊寅雨水
二月小	癸卯	天干 地支 西曆 星期	庚辰 17 六	辛巳 18 日	壬午 19 一	癸未 20 二	甲申 21 三	乙酉 22 四	丙戌 23 五	丁亥 24 六	戊子 25 日	己丑 26 一	庚寅 27 二	辛卯 28 三	壬辰 (3) 四	癸巳 2 五	甲午 3 六	乙未 4 日	丙申 5 一	丁酉 6 二	戊戌 7 三	己亥 8 四	庚子 9 五	辛丑 10 六	壬寅 11 日	癸卯 12 一	甲辰 13 二	乙巳 14 三	丙午 15 四	丁未 16 五	戊申 17 六		癸巳驚蟄 戊申春分
三月大	甲辰	天干 地支 西曆 星期	己酉 18 日	庚戌 19 一	辛亥 20 二	壬子 21 三	癸丑 22 四	甲寅 23 五	乙卯 24 六	丙辰 25 日	丁巳 26 一	戊午 27 二	己未 28 三	庚申 29 四	辛酉 30 五	壬戌 31 六	癸亥 (4) 日	甲子 2 一	乙丑 3 二	丙寅 4 三	丁卯 5 四	戊辰 6 五	己巳 7 六	庚午 8 日	辛未 9 一	壬申 10 二	癸酉 11 三	甲戌 12 四	乙亥 13 五	丙子 14 六	丁丑 15 日	戊寅 16 一	癸亥清明 戊寅穀雨
閏三月小	甲辰	天干 地支 西曆 星期	己卯 17 二	庚辰 18 三	辛巳 19 四	壬午 20 五	癸未 21 六	甲申 22 日	乙酉 23 一	丙戌 24 二	丁亥 25 三	戊子 26 四	己丑 27 五	庚寅 28 六	辛卯 29 日	壬辰 30 一	癸巳 (5) 二	甲午 2 三	乙未 3 四	丙申 4 五	丁酉 5 六	戊戌 6 日	己亥 7 一	庚子 8 二	辛丑 9 三	壬寅 10 四	癸卯 11 五	甲辰 12 六	乙巳 13 日	丙午 14 一	丁未 15 二		甲午立夏
四月大	乙巳	天干 地支 西曆 星期	戊申 16 三	己酉 17 四	庚戌 18 五	辛亥 19 六	壬子 20 日	癸丑 21 一	甲寅 22 二	乙卯 23 三	丙辰 24 四	丁巳 25 五	戊午 26 六	己未 27 日	庚申 28 一	辛酉 29 二	壬戌 30 三	癸亥 31 四	甲子 (6) 五	乙丑 2 六	丙寅 3 日	丁卯 4 一	戊辰 5 二	己巳 6 三	庚午 7 四	辛未 8 五	壬申 9 六	癸酉 10 日	甲戌 11 一	乙亥 12 二	丙子 13 三	丁丑 14 四	己酉小滿 甲子芒種
五月小	丙午	天干 地支 西曆 星期	戊寅 15 五	己卯 16 六	庚辰 17 日	辛巳 18 一	壬午 19 二	癸未 20 三	甲申 21 四	乙酉 22 五	丙戌 23 六	丁亥 24 日	戊子 25 一	己丑 26 二	庚寅 27 三	辛卯 28 四	壬辰 29 五	癸巳 30 六	甲午 (7) 日	乙未 2 一	丙申 3 二	丁酉 4 三	戊戌 5 四	己亥 6 五	庚子 7 六	辛丑 8 日	壬寅 9 一	癸卯 10 二	甲辰 11 三	乙巳 12 四	丙午 13 五		己卯夏至 乙未小暑
六月大	丁未	天干 地支 西曆 星期	丁未 14 六	戊申 15 日	己酉 16 一	庚戌 17 二	辛亥 18 三	壬子 19 四	癸丑 20 五	甲寅 21 六	乙卯 22 日	丙辰 23 一	丁巳 24 二	戊午 25 三	己未 26 四	庚申 27 五	辛酉 28 六	壬戌 29 日	癸亥 30 一	甲子 31 二	乙丑 (8) 三	丙寅 2 四	丁卯 3 五	戊辰 4 六	己巳 5 日	庚午 6 一	辛未 7 二	壬申 8 三	癸酉 9 四	甲戌 10 五	乙亥 11 六	丙子 12 日	庚戌大暑 乙丑立秋
七月大	戊申	天干 地支 西曆 星期	丁丑 13 一	戊寅 14 二	己卯 15 三	庚辰 16 四	辛巳 17 五	壬午 18 六	癸未 19 日	甲申 20 一	乙酉 21 二	丙戌 22 三	丁亥 23 四	戊子 24 五	己丑 25 六	庚寅 26 日	辛卯 27 一	壬辰 28 二	癸巳 29 三	甲午 30 四	乙未 31 五	丙申 (9) 六	丁酉 2 日	戊戌 3 一	己亥 4 二	庚子 5 三	辛丑 6 四	壬寅 7 五	癸卯 8 六	甲辰 9 日	乙巳 10 一	丙午 11 二	庚辰處暑 乙未白露
八月小	己酉	大十 地支 西曆 星期	丁未 12 三	戊申 13 四	己酉 14 五	庚戌 15 六	辛亥 16 日	壬子 17 一	癸丑 18 二	甲寅 19 三	乙卯 20 四	丙辰 21 五	丁巳 22 六	戊午 23 日	己未 24 一	庚申 25 二	辛酉 26 三	壬戌 27 四	癸亥 28 五	甲子 29 六	乙丑 30 日	丙寅 (10) 一	丁卯 2 二	戊辰 3 三	己巳 4 四	庚午 5 五	辛未 6 六	壬申 7 日	癸酉 8 一	甲戌 9 二	乙亥 10 三		辛亥秋分 丙寅寒露
九月大	庚戌	天干 地支 西曆 星期	丙子 11 四	丁丑 12 五	戊寅 13 六	己卯 14 日	庚辰 15 一	辛巳 16 二	壬午 17 三	癸未 18 四	甲申 19 五	乙酉 20 六	丙戌 21 日	丁亥 22 一	戊子 23 二	己丑 24 三	庚寅 25 四	辛卯 26 五	壬辰 27 六	癸巳 28 日	甲午 29 一	乙未 30 二	丙申 31 三	丁酉 (11) 四	戊戌 2 五	己亥 3 六	庚子 4 日	辛丑 5 一	壬寅 6 二	癸卯 7 三	甲辰 8 四	乙巳 9 五	辛巳霜降 丙申立冬
十月小	辛亥	天干 地支 西曆 星期	丙午 10 六	丁未 11 日	戊申 12 一	己酉 13 二	庚戌 14 三	辛亥 15 四	壬子 16 五	癸丑 17 六	甲寅 18 日	乙卯 19 一	丙辰 20 二	丁巳 21 三	戊午 22 四	己未 23 五	庚申 24 六	辛酉 25 日	壬戌 26 一	癸亥 27 二	甲子 28 三	乙丑 29 四	丙寅 30 五	丁卯 (12) 六	戊辰 2 日	己巳 3 一	庚午 4 二	辛未 5 三	壬申 6 四	癸酉 7 五	甲戌 8 六		辛亥小雪 丁卯大雪
十一月大	壬子	天干 地支 西曆 星期	乙亥 9 日	丙子 10 一	丁丑 11 二	戊寅 12 三	己卯 13 四	庚辰 14 五	辛巳 15 六	壬午 16 日	癸未 17 一	甲申 18 二	乙酉 19 三	丙戌 20 四	丁亥 21 五	戊子 22 六	己丑 23 日	庚寅 24 一	辛卯 25 二	壬辰 26 三	癸巳 27 四	甲午 28 五	乙未 29 六	丙申 30 日	丁酉 31 一	戊戌 (1) 二	己亥 2 三	庚子 3 四	辛丑 4 五	壬寅 5 六	癸卯 6 日	甲辰 7 一	壬午冬至 丁酉小寒
十二月小	癸丑	天干 地支 西曆 星期	乙巳 8 二	丙午 9 三	丁未 10 四	戊申 11 五	己酉 12 六	庚戌 13 日	辛亥 14 一	壬子 15 二	癸丑 16 三	甲寅 17 四	乙卯 18 五	丙辰 19 六	丁巳 20 日	戊午 21 一	己未 22 二	庚申 23 三	辛酉 24 四	壬戌 25 五	癸亥 26 六	甲子 27 日	乙丑 28 一	丙寅 29 二	丁卯 30 三	戊辰 31 四	己巳 (2) 五	庚午 2 六	辛未 3 日	壬申 4 一	癸酉 5 二		壬子大寒 戊辰立春

* 正月丁巳（初八），宋英宗死。趙頊即位，是爲神宗。仍用治平年號。

宋神宗熙寧元年（戊申 猴年） 公元 1068 ~ 1069 年

夏曆月序	中西曆日對照	初一	初二	初三	初四	初五	初六	初七	初八	初九	初十	十一	十二	十三	十四	十五	十六	十七	十八	十九	二十	二一	二二	二三	二四	二五	二六	二七	二八	二九	三十	節氣與天象
正月大 甲寅	天干地支 西曆 星期	甲戌 6 三	乙亥 7 四	丙子 8 五	丁丑 9 六	戊寅 10 日	己卯 11 一	庚辰 12 二	辛巳 13 三	壬午 14 四	癸未 15 五	甲申 16 六	乙酉 17 日	丙戌 18 一	丁亥 19 二	戊子 20 三	己丑 21 四	庚寅 22 五	辛卯 23 六	壬辰 24 日	癸巳 25 一	甲午 26 二	乙未 27 三	丙申 28 四	丁酉 29 五	戊戌 (3) 六	己亥 2 日	庚子 3 一	辛丑 4 二	壬寅 5 三	癸卯 6 四	癸未雨水 己亥驚蟄 甲戌日食
二月小 乙卯	天干地支 西曆 星期	甲辰 7 五	乙巳 8 六	丙午 9 日	丁未 10 一	戊申 11 二	己酉 12 三	庚戌 13 四	辛亥 14 五	壬子 15 六	癸丑 16 日	甲寅 17 一	乙卯 18 二	丙辰 19 三	丁巳 20 四	戊午 21 五	己未 22 六	庚申 23 日	辛酉 24 一	壬戌 25 二	癸亥 26 三	甲子 27 四	乙丑 28 五	丙寅 29 六	丁卯 30 日	戊辰 31 一	己巳 (4) 二	庚午 2 三	辛未 3 四	壬申 4 五		甲寅春分 己巳清明
三月小 丙辰	天干地支 西曆 星期	癸酉 5 六	甲戌 6 日	乙亥 7 一	丙子 8 二	丁丑 9 三	戊寅 10 四	己卯 11 五	庚辰 12 六	辛巳 13 日	壬午 14 一	癸未 15 二	甲申 16 三	乙酉 17 四	丙戌 18 五	丁亥 19 六	戊子 20 日	己丑 21 一	庚寅 22 二	辛卯 23 三	壬辰 24 四	癸巳 25 五	甲午 26 六	乙未 27 日	丙申 28 一	丁酉 29 二	戊戌 30 三	己亥 (5) 四	庚子 2 五	辛丑 3 六		甲申穀雨 己亥立夏
四月大 丁巳	天干地支 西曆 星期	壬寅 4 日	癸卯 5 一	甲辰 6 二	乙巳 7 三	丙午 8 四	丁未 9 五	戊申 10 六	己酉 11 日	庚戌 12 一	辛亥 13 二	壬子 14 三	癸丑 15 四	甲寅 16 五	乙卯 17 六	丙辰 18 日	丁巳 19 一	戊午 20 二	己未 21 三	庚申 22 四	辛酉 23 五	壬戌 24 六	癸亥 25 日	甲子 26 一	乙丑 27 二	丙寅 28 三	丁卯 29 四	戊辰 30 五	己巳 31 六	庚午 (6) 日	辛未 2 一	乙卯小滿 庚午芒種
五月小 戊午	天干地支 西曆 星期	壬申 3 二	癸酉 4 三	甲戌 5 四	乙亥 6 五	丙子 7 六	丁丑 8 日	戊寅 9 一	己卯 10 二	庚辰 11 三	辛巳 12 四	壬午 13 五	癸未 14 六	甲申 15 日	乙酉 16 一	丙戌 17 二	丁亥 18 三	戊子 19 四	己丑 20 五	庚寅 21 六	辛卯 22 日	壬辰 23 一	癸巳 24 二	甲午 25 三	乙未 26 四	丙申 27 五	丁酉 28 六	戊戌 29 日	己亥 30 一	庚子 (7) 二		乙酉夏至 庚子小暑
六月大 己未	天干地支 西曆 星期	辛丑 2 三	壬寅 3 四	癸卯 4 五	甲辰 5 六	乙巳 6 日	丙午 7 一	丁未 8 二	戊申 9 三	己酉 10 四	庚戌 11 五	辛亥 12 六	壬子 13 日	癸丑 14 一	甲寅 15 二	乙卯 16 三	丙辰 17 四	丁巳 18 五	戊午 19 六	己未 20 日	庚申 21 一	辛酉 22 二	壬戌 23 三	癸亥 24 四	甲子 25 五	乙丑 26 六	丙寅 27 日	丁卯 28 一	戊辰 29 二	己巳 30 三	庚午 31 四	乙卯大暑
七月大 庚申	天干地支 西曆 星期	辛未 (8) 五	壬申 2 六	癸酉 3 日	甲戌 4 一	乙亥 5 二	丙子 6 三	丁丑 7 四	戊寅 8 五	己卯 9 六	庚辰 10 日	辛巳 11 一	壬午 12 二	癸未 13 三	甲申 14 四	乙酉 15 五	丙戌 16 六	丁亥 17 日	戊子 18 一	己丑 19 二	庚寅 20 三	辛卯 21 四	壬辰 22 五	癸巳 23 六	甲午 24 日	乙未 25 一	丙申 26 二	丁酉 27 三	戊戌 28 四	己亥 29 五	庚子 30 六	辛未立秋 丙戌處暑
八月小 辛酉	天干地支 西曆 星期	辛丑 31 日	壬寅 (9) 一	癸卯 2 二	甲辰 3 三	乙巳 4 四	丙午 5 五	丁未 6 六	戊申 7 日	己酉 8 一	庚戌 9 二	辛亥 10 三	壬子 11 四	癸丑 12 五	甲寅 13 六	乙卯 14 日	丙辰 15 一	丁巳 16 二	戊午 17 三	己未 18 四	庚申 19 五	辛酉 20 六	壬戌 21 日	癸亥 22 一	甲子 23 二	乙丑 24 三	丙寅 25 四	丁卯 26 五	戊辰 27 六	己巳 28 日		辛丑白露 丙辰秋分
九月大 壬戌	天干地支 西曆 星期	庚午 29 一	辛未 30 二	壬申 (10) 三	癸酉 2 四	甲戌 3 五	乙亥 4 六	丙子 5 日	丁丑 6 一	戊寅 7 二	己卯 8 三	庚辰 9 四	辛巳 10 五	壬午 11 六	癸未 12 日	甲申 13 一	乙酉 14 二	丙戌 15 三	丁亥 16 四	戊子 17 五	己丑 18 六	庚寅 19 日	辛卯 20 一	壬辰 21 二	癸巳 22 三	甲午 23 四	乙未 24 五	丙申 25 六	丁酉 26 日	戊戌 27 一	己亥 28 二	壬申寒露 丁亥霜降
十月大 癸亥	天干地支 西曆 星期	庚子 29 三	辛丑 30 四	壬寅 31 五	癸卯 (11) 六	甲辰 2 日	乙巳 3 一	丙午 4 二	丁未 5 三	戊申 6 四	己酉 7 五	庚戌 8 六	辛亥 9 日	壬子 10 一	癸丑 11 二	甲寅 12 三	乙卯 13 四	丙辰 14 五	丁巳 15 六	戊午 16 日	己未 17 一	庚申 18 二	辛酉 19 三	壬戌 20 四	癸亥 21 五	甲子 22 六	乙丑 23 日	丙寅 24 一	丁卯 25 二	戊辰 26 三	己巳 27 四	壬寅立冬 丁巳小雪
十一月小 甲子	天干地支 西曆 星期	庚午 28 五	辛未 29 六	壬申 30 日	癸酉 (12) 一	甲戌 2 二	乙亥 3 三	丙子 4 四	丁丑 5 五	戊寅 6 六	己卯 7 日	庚辰 8 一	辛巳 9 二	壬午 10 三	癸未 11 四	甲申 12 五	乙酉 13 六	丙戌 14 日	丁亥 15 一	戊子 16 二	己丑 17 三	庚寅 18 四	辛卯 19 五	壬辰 20 六	癸巳 21 日	甲午 22 一	乙未 23 二	丙申 24 三	丁酉 25 四	戊戌 26 五		壬申大雪 戊子冬至
十二月大 乙丑	天干地支 西曆 星期	己亥 27 六	庚子 28 日	辛丑 29 一	壬寅 30 二	癸卯 31 三	甲辰 (1) 四	乙巳 2 五	丙午 3 六	丁未 4 日	戊申 5 一	己酉 6 二	庚戌 7 三	辛亥 8 四	壬子 9 五	癸丑 10 六	甲寅 11 日	乙卯 12 一	丙辰 13 二	丁巳 14 三	戊午 15 四	己未 16 五	庚申 17 六	辛酉 18 日	壬戌 19 一	癸亥 20 二	甲子 21 三	乙丑 22 四	丙寅 23 五	丁卯 24 六	戊辰 25 日	癸卯小寒 戊午大寒

* 正月甲戌（初一），改元熙寧。

宋神宗熙寧二年（己酉 鷄年） 公元 1069 ~ 1070 年

夏曆月序		中西曆日對照	初一	初二	初三	初四	初五	初六	初七	初八	初九	初十	十一	十二	十三	十四	十五	十六	十七	十八	十九	二十	二一	二二	二三	二四	二五	二六	二七	二八	二九	三十	節氣與天象
正月小	丙寅	天干地支西曆星期	己巳26一	庚午27二	辛未28三	壬申29四	癸酉30五	甲戌31六	乙亥(2)日	丙子2一	丁丑3二	戊寅4三	己卯5四	庚辰6五	辛巳7六	壬午8日	癸未9一	甲申10二	乙酉11三	丙戌12四	丁亥13五	戊子14六	己丑15日	庚寅16一	辛卯17二	壬辰18三	癸巳19四	甲午20五	乙未21六	丙申22日	丁酉23一		癸酉立春 己丑雨水
二月大	丁卯	天干地支西曆星期	戊戌24二	己亥25三	庚子26四	辛丑27五	壬寅28六	癸卯(3)日	甲辰2一	乙巳3二	丙午4三	丁未5四	戊申6五	己酉7六	庚戌8日	辛亥9一	壬子10二	癸丑11三	甲寅12四	乙卯13五	丙辰14六	丁巳15日	戊午16一	己未17二	庚申18三	辛酉19四	壬戌20五	癸亥21六	甲子22日	乙丑23一	丙寅24二	丁卯25三	甲辰驚蟄 己未春分
三月小	戊辰	天干地支西曆星期	戊辰26四	己巳27五	庚午28六	辛未29日	壬申30一	癸酉31二	甲戌(4)三	乙亥2四	丙子3五	丁丑4六	戊寅5日	己卯6一	庚辰7二	辛巳8三	壬午9四	癸未10五	甲申11六	乙酉12日	丙戌13一	丁亥14二	戊子15三	己丑16四	庚寅17五	辛卯18六	壬辰19日	癸巳20一	甲午21二	乙未22三	丙申23四		甲戌清明 己丑穀雨
四月小	己巳	天干地支西曆星期	丁酉24五	戊戌25六	己亥26日	庚子27一	辛丑28二	壬寅29三	癸卯30四	甲辰(5)五	乙巳2六	丙午3日	丁未4一	戊申5二	己酉6三	庚戌7四	辛亥8五	壬子9六	癸丑10日	甲寅11一	乙卯12二	丙辰13三	丁巳14四	戊午15五	己未16六	庚申17日	辛酉18一	壬戌19二	癸亥20三	甲子21四	乙丑22五		乙巳立夏 庚申小滿
五月大	庚午	天干地支西曆星期	丙寅23六	丁卯24日	戊辰25一	己巳26二	庚午27三	辛未28四	壬申29五	癸酉30六	甲戌31日	乙亥(6)一	丙子2二	丁丑3三	戊寅4四	己卯5五	庚辰6六	辛巳7日	壬午8一	癸未9二	甲申10三	乙酉11四	丙戌12五	丁亥13六	戊子14日	己丑15一	庚寅16二	辛卯17三	壬辰18四	癸巳19五	甲午20六	乙未21日	乙亥芒種 庚寅夏至
六月小	辛未	天干地支西曆星期	丙申22一	丁酉23二	戊戌24三	己亥25四	庚子26五	辛丑27六	壬寅28日	癸卯29一	甲辰30二	乙巳(7)三	丙午2四	丁未3五	戊申4六	己酉5日	庚戌6一	辛亥7二	壬子8三	癸丑9四	甲寅10五	乙卯11六	丙辰12日	丁巳13一	戊午14二	己未15三	庚申16四	辛酉17五	壬戌18六	癸亥19日	甲子20一		丙午小暑 辛酉大暑
七月大	壬申	天干地支西曆星期	乙丑21二	丙寅22三	丁卯23四	戊辰24五	己巳25六	庚午26日	辛未27一	壬申28二	癸酉29三	甲戌30四	乙亥31五	丙子(8)六	丁丑2日	戊寅3一	己卯4二	庚辰5三	辛巳6四	壬午7五	癸未8六	甲申9日	乙酉10一	丙戌11二	丁亥12三	戊子13四	己丑14五	庚寅15六	辛卯16日	壬辰17一	癸巳18二	甲午19三	丙子立秋 辛卯處暑 乙丑日食
八月小	癸酉	天干地支西曆星期	乙未20四	丙申21五	丁酉22六	戊戌23日	己亥24一	庚子25二	辛丑26三	壬寅27四	癸卯28五	甲辰29六	乙巳30日	丙午31一	丁未(9)二	戊申2三	己酉3四	庚戌4五	辛亥5六	壬子6日	癸丑7一	甲寅8二	乙卯9三	丙辰10四	丁巳11五	戊午12六	己未13日	庚申14一	辛酉15二	壬戌16三	癸亥17四		丙午白露 壬戌秋分
九月大	甲戌	天干地支西曆星期	甲子18五	乙丑19六	丙寅20日	丁卯21一	戊辰22二	己巳23三	庚午24四	辛未25五	壬申26六	癸酉27日	甲戌28一	乙亥29二	丙子30三	丁丑(10)四	戊寅2五	己卯3六	庚辰4日	辛巳5一	壬午6二	癸未7三	甲申8四	乙酉9五	丙戌10六	丁亥11日	戊子12一	己丑13二	庚寅14三	辛卯15四	壬辰16五	癸巳17六	丁丑寒露 壬辰霜降
十月大	乙亥	天干地支西曆星期	甲午18日	乙未19一	丙申20二	丁酉21三	戊戌22四	己亥23五	庚子24六	辛丑25日	壬寅26一	癸卯27二	甲辰28三	乙巳29四	丙午30五	丁未31六	戊申(11)日	己酉2一	庚戌3二	辛亥4三	壬子5四	癸丑6五	甲寅7六	乙卯8日	丙辰9一	丁巳10二	戊午11三	己未12四	庚申13五	辛酉14六	壬戌15日	癸亥16一	丁未立冬 壬戌小雪
十一月大	丙子	天干地支西曆星期	甲子17二	乙丑18三	丙寅19四	丁卯20五	戊辰21六	己巳22日	庚午23一	辛未24二	壬申25三	癸酉26四	甲戌27五	乙亥28六	丙子29日	丁丑30一	戊寅(12)二	己卯2三	庚辰3四	辛巳4五	壬午5六	癸未6日	甲申7一	乙酉8二	丙戌9三	丁亥10四	戊子11五	己丑12六	庚寅13日	辛卯14一	壬辰15二	癸巳16三	戊寅大雪 癸巳冬至
閏十一小	丙子	天干地支西曆星期	甲午17四	乙未18五	丙申19六	丁酉20日	戊戌21一	己亥22二	庚子23三	辛丑24四	壬寅25五	癸卯26六	甲辰27日	乙巳28一	丙午29二	丁未30三	戊申31四	己酉(1)五	庚戌2六	辛亥3日	壬子4一	癸丑5二	甲寅6三	乙卯7四	丙辰8五	丁巳9六	戊午10日	己未11一	庚申12二	辛酉13三	壬戌14四		戊申小寒
十二月大	丁丑	天干地支西曆星期	癸亥15五	甲子16六	乙丑17日	丙寅18一	丁卯19二	戊辰20三	己巳21四	庚午22五	辛未23六	壬申24日	癸酉25一	甲戌26二	乙亥27三	丙子28四	丁丑29五	戊寅30六	己卯31日	庚辰(2)一	辛巳2二	壬午3三	癸未4四	甲申5五	乙酉6六	丙戌7日	丁亥8一	戊子9二	己丑10三	庚寅11四	辛卯12五	壬辰13六	癸亥大寒 己卯立春

宋神宗熙寧三年（庚戌 狗年） 公元 1070 ~ 1071 年

夏曆月序	中西曆日對照		初一	初二	初三	初四	初五	初六	初七	初八	初九	初十	十一	十二	十三	十四	十五	十六	十七	十八	十九	二十	二一	二二	二三	二四	二五	二六	二七	二八	二九	三十	節氣與天象
正月小	戊寅	干支 天地 西曆 星期	癸巳 14 日	甲午 15 一	乙未 16 二	丙申 17 三	丁酉 18 四	戊戌 19 五	己亥 20 六	庚子 21 日	辛丑 22 一	壬寅 23 二	癸卯 24 三	甲辰 25 四	乙巳 26 五	丙午 27 六	丁未 28 日	戊申 (3) 一	己酉 2 二	庚戌 3 三	辛亥 4 四	壬子 5 五	癸丑 6 六	甲寅 7 日	乙卯 8 一	丙辰 9 二	丁巳 10 三	戊午 11 四	己未 12 五	庚申 13 六	辛酉 14 日		甲午雨水 己酉驚蟄
二月大	己卯	干支 天地 西曆 星期	壬戌 15 一	癸亥 16 二	甲子 17 三	乙丑 18 四	丙寅 19 五	丁卯 20 六	戊辰 21 日	己巳 22 一	庚午 23 二	辛未 24 三	壬申 25 四	癸酉 26 五	甲戌 27 六	乙亥 28 日	丙子 29 一	丁丑 30 二	戊寅 31 三	己卯 (4) 四	庚辰 2 五	辛巳 3 六	壬午 4 日	癸未 5 一	甲申 6 二	乙酉 7 三	丙戌 8 四	丁亥 9 五	戊子 10 六	己丑 11 日	庚寅 12 一	辛卯 13 二	甲子春分 己卯清明
三月小	庚辰	干支 天地 西曆 星期	壬辰 14 三	癸巳 15 四	甲午 16 五	乙未 17 六	丙申 18 日	丁酉 19 一	戊戌 20 二	己亥 21 三	庚子 22 四	辛丑 23 五	壬寅 24 六	癸卯 25 日	甲辰 26 一	乙巳 27 二	丙午 28 三	丁未 29 四	戊申 30 五	己酉 (5) 六	庚戌 2 日	辛亥 3 一	壬子 4 二	癸丑 5 三	甲寅 6 四	乙卯 7 五	丙辰 8 六	丁巳 9 日	戊午 10 一	己未 11 二	庚申 12 三		乙未穀雨 庚戌立夏
四月小	辛巳	干支 天地 西曆 星期	辛酉 13 四	壬戌 14 五	癸亥 15 六	甲子 16 日	乙丑 17 一	丙寅 18 二	丁卯 19 三	戊辰 20 四	己巳 21 五	庚午 22 六	辛未 23 日	壬申 24 一	癸酉 25 二	甲戌 26 三	乙亥 27 四	丙子 28 五	丁丑 29 六	戊寅 30 日	己卯 31 一	庚辰 (6) 二	辛巳 2 三	壬午 3 四	癸未 4 五	甲申 5 六	乙酉 6 日	丙戌 7 一	丁亥 8 二	戊子 9 三	己丑 10 四		乙丑小滿 庚辰芒種
五月大	壬午	干支 天地 西曆 星期	庚寅 11 五	辛卯 12 六	壬辰 13 日	癸巳 14 一	甲午 15 二	乙未 16 三	丙申 17 四	丁酉 18 五	戊戌 19 六	己亥 20 日	庚子 21 一	辛丑 22 二	壬寅 23 三	癸卯 24 四	甲辰 25 五	乙巳 26 六	丙午 27 日	丁未 28 一	戊申 29 二	己酉 30 三	庚戌 (7) 四	辛亥 2 五	壬子 3 六	癸丑 4 日	甲寅 5 一	乙卯 6 二	丙辰 7 三	丁巳 8 四	戊午 9 五	己未 10 六	丙申夏至 辛亥小暑
六月小	癸未	干支 天地 西曆 星期	庚申 11 日	辛酉 12 一	壬戌 13 二	癸亥 14 三	甲子 15 四	乙丑 16 五	丙寅 17 六	丁卯 18 日	戊辰 19 一	己巳 20 二	庚午 21 三	辛未 22 四	壬申 23 五	癸酉 24 六	甲戌 25 日	乙亥 26 一	丙子 27 二	丁丑 28 三	戊寅 29 四	己卯 30 五	庚辰 31 六	辛巳 (8) 日	壬午 2 一	癸未 3 二	甲申 4 三	乙酉 5 四	丙戌 6 五	丁亥 7 六	戊子 8 日		丙寅大暑 辛巳立秋
七月小	甲申	干支 天地 西曆 星期	己丑 9 一	庚寅 10 二	辛卯 11 三	壬辰 12 四	癸巳 13 五	甲午 14 六	乙未 15 日	丙申 16 一	丁酉 17 二	戊戌 18 三	己亥 19 四	庚子 20 五	辛丑 21 六	壬寅 22 日	癸卯 23 一	甲辰 24 二	乙巳 25 三	丙午 26 四	丁未 27 五	戊申 28 六	己酉 29 日	庚戌 30 一	辛亥 31 二	壬子 (9) 三	癸丑 2 四	甲寅 3 五	乙卯 4 六	丙辰 5 日	丁巳 6 一		丙申處暑 壬子白露
八月大	乙酉	干支 天地 西曆 星期	戊午 7 二	己未 8 三	庚申 9 四	辛酉 10 五	壬戌 11 六	癸亥 12 日	甲子 13 一	乙丑 14 二	丙寅 15 三	丁卯 16 四	戊辰 17 五	己巳 18 六	庚午 19 日	辛未 20 一	壬申 21 二	癸酉 22 三	甲戌 23 四	乙亥 24 五	丙子 25 六	丁丑 26 日	戊寅 27 一	己卯 28 二	庚辰 29 三	辛巳 30 四	壬午 (10) 五	癸未 2 六	甲申 3 日	乙酉 4 一	丙戌 5 二	丁亥 6 三	丁卯秋分 壬午寒露
九月大	丙戌	干支 天地 西曆 星期	戊子 7 四	己丑 8 五	庚寅 9 六	辛卯 10 日	壬辰 11 一	癸巳 12 二	甲午 13 三	乙未 14 四	丙申 15 五	丁酉 16 六	戊戌 17 日	己亥 18 一	庚子 19 二	辛丑 20 三	壬寅 21 四	癸卯 22 五	甲辰 23 六	乙巳 24 日	丙午 25 一	丁未 26 二	戊申 27 三	己酉 28 四	庚戌 29 五	辛亥 30 六	壬子 31 日	癸丑 (11) 一	甲寅 2 二	乙卯 3 三	丙辰 4 四	丁巳 5 五	丁酉霜降 壬子立冬
十月大	丁亥	干支 天地 西曆 星期	戊午 6 六	己未 7 日	庚申 8 一	辛酉 9 二	壬戌 10 三	癸亥 11 四	甲子 12 五	乙丑 13 六	丙寅 14 日	丁卯 15 一	戊辰 16 二	己巳 17 三	庚午 18 四	辛未 19 五	壬申 20 六	癸酉 21 日	甲戌 22 一	乙亥 23 二	丙子 24 三	丁丑 25 四	戊寅 26 五	己卯 27 六	庚辰 28 日	辛巳 29 一	壬午 30 二	癸未 (12) 三	甲申 2 四	乙酉 3 五	丙戌 4 六	丁亥 5 日	戊辰小雪 癸未大雪
十一月小	戊子	干支 天地 西曆 星期	戊子 6 一	己丑 7 二	庚寅 8 三	辛卯 9 四	壬辰 10 五	癸巳 11 六	甲午 12 日	乙未 13 一	丙申 14 二	丁酉 15 三	戊戌 16 四	己亥 17 五	庚子 18 六	辛丑 19 日	壬寅 20 一	癸卯 21 二	甲辰 22 三	乙巳 23 四	丙午 24 五	丁未 25 六	戊申 26 日	己酉 27 一	庚戌 28 二	辛亥 29 三	壬子 30 四	癸丑 31 五	甲寅 (1) 六	乙卯 2 日	丙辰 3 一		戊戌冬至 癸丑小寒
十二月大	己丑	干支 天地 西曆 星期	丁巳 4 二	戊午 5 三	己未 6 四	庚申 7 五	辛酉 8 六	壬戌 9 日	癸亥 10 一	甲子 11 二	乙丑 12 三	丙寅 13 四	丁卯 14 五	戊辰 15 六	己巳 16 日	庚午 17 一	辛未 18 二	壬申 19 三	癸酉 20 四	甲戌 21 五	乙亥 22 六	丙子 23 日	丁丑 24 一	戊寅 25 二	己卯 26 三	庚辰 27 四	辛巳 28 五	壬午 29 六	癸未 30 日	甲申 31 一	乙酉 (2) 二	丙戌 2 三	己巳大寒 甲申立春

宋神宗熙寧四年（辛亥 猪年） 公元 1071 ~ 1072 年

夏曆月序		中西曆日對照	初一	初二	初三	初四	初五	初六	初七	初八	初九	初十	十一	十二	十三	十四	十五	十六	十七	十八	十九	二十	二一	二二	二三	二四	二五	二六	二七	二八	二九	三十	節氣與天象
正月大	庚寅	天干地支 西曆 星期	丁亥 3 四	戊子 4 五	己丑 5 六	庚寅 6 日	辛卯 7 一	壬辰 8 二	癸巳 9 三	甲午 10 四	乙未 11 五	丙申 12 六	丁酉 13 日	戊戌 14 一	己亥 15 二	庚子 16 三	辛丑 17 四	壬寅 18 五	癸卯 19 六	甲辰 20 日	乙巳 21 一	丙午 22 二	丁未 23 三	戊申 24 四	己酉 25 五	庚戌 26 六	辛亥 27 日	壬子 28 一	癸丑 (3) 二	甲寅 2 三	乙卯 3 四	丙辰 4 五	己亥雨水 甲寅驚蟄
二月小	辛卯	天干地支 西曆 星期	丁巳 5 六	戊午 6 日	己未 7 一	庚申 8 二	辛酉 9 三	壬戌 10 四	癸亥 11 五	甲子 12 六	乙丑 13 日	丙寅 14 一	丁卯 15 二	戊辰 16 三	己巳 17 四	庚午 18 五	辛未 19 六	壬申 20 日	癸酉 21 一	甲戌 22 二	乙亥 23 三	丙子 24 四	丁丑 25 五	戊寅 26 六	己卯 27 日	庚辰 28 一	辛巳 29 二	壬午 30 三	癸未 31 四	甲申 (4) 五	乙酉 2 六		己巳春分 乙酉清明
三月大	壬辰	天干地支 西曆 星期	丙戌 3 日	丁亥 4 一	戊子 5 二	己丑 6 三	庚寅 7 四	辛卯 8 五	壬辰 9 六	癸巳 10 日	甲午 11 一	乙未 12 二	丙申 13 三	丁酉 14 四	戊戌 15 五	己亥 16 六	庚子 17 日	辛丑 18 一	壬寅 19 二	癸卯 20 三	甲辰 21 四	乙巳 22 五	丙午 23 六	丁未 24 日	戊申 25 一	己酉 26 二	庚戌 27 三	辛亥 28 四	壬子 29 五	癸丑 30 六	甲寅 (5) 日	乙卯 2 一	庚子穀雨 乙卯立夏
四月小	癸巳	天干地支 西曆 星期	丙辰 3 二	丁巳 4 三	戊午 5 四	己未 6 五	庚申 7 六	辛酉 8 日	壬戌 9 一	癸亥 10 二	甲子 11 三	乙丑 12 四	丙寅 13 五	丁卯 14 六	戊辰 15 日	己巳 16 一	庚午 17 二	辛未 18 三	壬申 19 四	癸酉 20 五	甲戌 21 六	乙亥 22 日	丙子 23 一	丁丑 24 二	戊寅 25 三	己卯 26 四	庚辰 27 五	辛巳 28 六	壬午 29 日	癸未 30 一	甲申 31 二		庚午小滿
五月小	甲午	天干地支 西曆 星期	乙酉 (6) 三	丙戌 2 四	丁亥 3 五	戊子 4 六	己丑 5 日	庚寅 6 一	辛卯 7 二	壬辰 8 三	癸巳 9 四	甲午 10 五	乙未 11 六	丙申 12 日	丁酉 13 一	戊戌 14 二	己亥 15 三	庚子 16 四	辛丑 17 五	壬寅 18 六	癸卯 19 日	甲辰 20 一	乙巳 21 二	丙午 22 三	丁未 23 四	戊申 24 五	己酉 25 六	庚戌 26 日	辛亥 27 一	壬子 28 二	癸丑 29 三		丙戌芒種 辛丑夏至
六月大	乙未	天干地支 西曆 星期	甲寅 30 四	乙卯 (7) 五	丙辰 2 六	丁巳 3 日	戊午 4 一	己未 5 二	庚申 6 三	辛酉 7 四	壬戌 8 五	癸亥 9 六	甲子 10 日	乙丑 11 一	丙寅 12 二	丁卯 13 三	戊辰 14 四	己巳 15 五	庚午 16 六	辛未 17 日	壬申 18 一	癸酉 19 二	甲戌 20 三	乙亥 21 四	丙子 22 五	丁丑 23 六	戊寅 24 日	己卯 25 一	庚辰 26 二	辛巳 27 三	壬午 28 四	癸未 29 五	丙辰小暑 辛未大暑
七月小	丙申	天干地支 西曆 星期	甲申 30 六	乙酉 31 日	丙戌 (8) 一	丁亥 2 二	戊子 3 三	己丑 4 四	庚寅 5 五	辛卯 6 六	壬辰 7 日	癸巳 8 一	甲午 9 二	乙未 10 三	丙申 11 四	丁酉 12 五	戊戌 13 六	己亥 14 日	庚子 15 一	辛丑 16 二	壬寅 17 三	癸卯 18 四	甲辰 19 五	乙巳 20 六	丙午 21 日	丁未 22 一	戊申 23 二	己酉 24 三	庚戌 25 四	辛亥 26 五	壬子 27 六		丙戌立秋 壬寅處暑
八月小	丁酉	天干地支 西曆 星期	癸丑 28 日	甲寅 29 一	乙卯 30 二	丙辰 31 三	丁巳 (9) 四	戊午 2 五	己未 3 六	庚申 4 日	辛酉 5 一	壬戌 6 二	癸亥 7 三	甲子 8 四	乙丑 9 五	丙寅 10 六	丁卯 11 日	戊辰 12 一	己巳 13 二	庚午 14 三	辛未 15 四	壬申 16 五	癸酉 17 六	甲戌 18 日	乙亥 19 一	丙子 20 二	丁丑 21 三	戊寅 22 四	己卯 23 五	庚辰 24 六	辛巳 25 日		丁巳白露 壬申秋分
九月大	戊戌	天干地支 西曆 星期	壬午 26 一	癸未 27 二	甲申 28 三	乙酉 29 四	丙戌 30 五	丁亥 (10) 六	戊子 2 日	己丑 3 一	庚寅 4 二	辛卯 5 三	壬辰 6 四	癸巳 7 五	甲午 8 六	乙未 9 日	丙申 10 一	丁酉 11 二	戊戌 12 三	己亥 13 四	庚子 14 五	辛丑 15 六	壬寅 16 日	癸卯 17 一	甲辰 18 二	乙巳 19 三	丙午 20 四	丁未 21 五	戊申 22 六	己酉 23 日	庚戌 24 一	辛亥 25 二	丁亥寒露 癸卯霜降
十月大	己亥	天干地支 西曆 星期	壬子 26 三	癸丑 27 四	甲寅 28 五	乙卯 29 六	丙辰 30 日	丁巳 31 一	戊午 (11) 二	己未 2 三	庚申 3 四	辛酉 4 五	壬戌 5 六	癸亥 6 日	甲子 7 一	乙丑 8 二	丙寅 9 三	丁卯 10 四	戊辰 11 五	己巳 12 六	庚午 13 日	辛未 14 一	壬申 15 二	癸酉 16 三	甲戌 17 四	乙亥 18 五	丙子 19 六	丁丑 20 日	戊寅 21 一	己卯 22 二	庚辰 23 三	辛巳 24 四	戊午立冬 癸酉小雪
十一月小	庚子	天干地支 西曆 星期	壬午 25 五	癸未 26 六	甲申 27 日	乙酉 28 一	丙戌 29 二	丁亥 30 三	戊子 (12) 四	己丑 2 五	庚寅 3 六	辛卯 4 日	壬辰 5 一	癸巳 6 二	甲午 7 三	乙未 8 四	丙申 9 五	丁酉 10 六	戊戌 11 日	己亥 12 一	庚子 13 二	辛丑 14 三	壬寅 15 四	癸卯 16 五	甲辰 17 六	乙巳 18 日	丙午 19 一	丁未 20 二	戊申 21 三	己酉 22 四	庚戌 23 五		戊子大雪 癸卯冬至
十二月大	辛丑	天干地支 西曆 星期	辛亥 24 六	壬子 25 日	癸丑 26 一	甲寅 27 二	乙卯 28 三	丙辰 29 四	丁巳 30 五	戊午 31 六	己未 (1) 日	庚申 2 一	辛酉 3 二	壬戌 4 三	癸亥 5 四	甲子 6 五	乙丑 7 六	丙寅 8 日	丁卯 9 一	戊辰 10 二	己巳 11 三	庚午 12 四	辛未 13 五	壬申 14 六	癸酉 15 日	甲戌 16 一	乙亥 17 二	丙子 18 三	丁丑 19 四	戊寅 20 五	己卯 21 六	庚辰 22 日	己未小寒 甲戌大寒

宋神宗熙寧五年（壬子 鼠年） 公元 1072 ~ 1073 年

夏曆月序		中西曆日對照	夏曆日序																													節氣與天象
			初一	初二	初三	初四	初五	初六	初七	初八	初九	初十	十一	十二	十三	十四	十五	十六	十七	十八	十九	二十	二一	二二	二三	二四	二五	二六	二七	二八	二九	三十	
正月大	壬寅	天干 地支 西曆 星期	辛巳 23 一	壬午 24 二	癸未 25 三	甲申 26 四	乙酉 27 五	丙戌 28 六	丁亥 29 日	戊子 30 一	己丑 31 二	庚寅 (2) 三	辛卯 2 四	壬辰 3 五	癸巳 4 六	甲午 5 日	乙未 6 一	丙申 7 二	丁酉 8 三	戊戌 9 四	己亥 10 五	庚子 11 六	辛丑 12 日	壬寅 13 一	癸卯 14 二	甲辰 15 三	乙巳 16 四	丙午 17 五	丁未 18 六	戊申 19 日	己酉 20 一	庚戌 21 二	己丑立春 甲辰雨水
二月大	癸卯	天干 地支 西曆 星期	辛亥 22 三	壬子 23 四	癸丑 24 五	甲寅 25 六	乙卯 26 日	丙辰 27 一	丁巳 28 二	戊午 29 三	己未 (3) 四	庚申 2 五	辛酉 3 六	壬戌 4 日	癸亥 5 一	甲子 6 二	乙丑 7 三	丙寅 8 四	丁卯 9 五	戊辰 10 六	己巳 11 日	庚午 12 一	辛未 13 二	壬申 14 三	癸酉 15 四	甲戌 16 五	乙亥 17 六	丙子 18 日	丁丑 19 一	戊寅 20 二	己卯 21 三	庚辰 22 四	己未驚蟄 乙亥春分
三月小	甲辰	天干 地支 西曆 星期	辛巳 23 五	壬午 24 六	癸未 25 日	甲申 26 一	乙酉 27 二	丙戌 28 三	丁亥 29 四	戊子 30 五	己丑 31 六	庚寅 (4) 日	辛卯 2 一	壬辰 3 二	癸巳 4 三	甲午 5 四	乙未 6 五	丙申 7 六	丁酉 8 日	戊戌 9 一	己亥 10 二	庚子 11 三	辛丑 12 四	壬寅 13 五	癸卯 14 六	甲辰 15 日	乙巳 16 一	丙午 17 二	丁未 18 三	戊申 19 四	己酉 20 五		庚寅清明 乙巳穀雨
四月大	乙巳	天干 地支 西曆 星期	庚戌 21 六	辛亥 22 日	壬子 23 一	癸丑 24 二	甲寅 25 三	乙卯 26 四	丙辰 27 五	丁巳 28 六	戊午 29 日	己未 30 一	庚申 (5) 二	辛酉 2 三	壬戌 3 四	癸亥 4 五	甲子 5 六	乙丑 6 日	丙寅 7 一	丁卯 8 二	戊辰 9 三	己巳 10 四	庚午 11 五	辛未 12 六	壬申 13 日	癸酉 14 一	甲戌 15 二	乙亥 16 三	丙子 17 四	丁丑 18 五	戊寅 19 六	己卯 20 日	庚申立夏 丙子小滿
五月小	丙午	天干 地支 西曆 星期	庚辰 21 一	辛巳 22 二	壬午 23 三	癸未 24 四	甲申 25 五	乙酉 26 六	丙戌 27 日	丁亥 28 一	戊子 29 二	己丑 30 三	庚寅 31 四	辛卯 (6) 五	壬辰 2 六	癸巳 3 日	甲午 4 一	乙未 5 二	丙申 6 三	丁酉 7 四	戊戌 8 五	己亥 9 六	庚子 10 日	辛丑 11 一	壬寅 12 二	癸卯 13 三	甲辰 14 四	乙巳 15 五	丙午 16 六	丁未 17 日	戊申 18 一		辛卯芒種 丙午夏至
六月小	丁未	天干 地支 西曆 星期	己酉 19 二	庚戌 20 三	辛亥 21 四	壬子 22 五	癸丑 23 六	甲寅 24 日	乙卯 25 一	丙辰 26 二	丁巳 27 三	戊午 28 四	己未 29 五	庚申 30 六	辛酉 (7) 日	壬戌 2 一	癸亥 3 二	甲子 4 三	乙丑 5 四	丙寅 6 五	丁卯 7 六	戊辰 8 日	己巳 9 一	庚午 10 二	辛未 11 三	壬申 12 四	癸酉 13 五	甲戌 14 六	乙亥 15 日	丙子 16 一	丁丑 17 二		辛酉小暑 丙子大暑
七月大	戊申	天干 地支 西曆 星期	戊寅 18 三	己卯 19 四	庚辰 20 五	辛巳 21 六	壬午 22 日	癸未 23 一	甲申 24 二	乙酉 25 三	丙戌 26 四	丁亥 27 五	戊子 28 六	己丑 29 日	庚寅 30 一	辛卯 31 二	壬辰 (8) 三	癸巳 2 四	甲午 3 五	乙未 4 六	丙申 5 日	丁酉 6 一	戊戌 7 二	己亥 8 三	庚子 9 四	辛丑 10 五	壬寅 11 六	癸卯 12 日	甲辰 13 一	乙巳 14 二	丙午 15 三	丁未 16 四	壬辰立秋 丁未處暑
閏七月小	戊申	天干 地支 西曆 星期	戊申 17 五	己酉 18 六	庚戌 19 日	辛亥 20 一	壬子 21 二	癸丑 22 三	甲寅 23 四	乙卯 24 五	丙辰 25 六	丁巳 26 日	戊午 27 一	己未 28 二	庚申 29 三	辛酉 30 四	壬戌 31 五	癸亥 (9) 六	甲子 2 日	乙丑 3 一	丙寅 4 二	丁卯 5 三	戊辰 6 四	己巳 7 五	庚午 8 六	辛未 9 日	壬申 10 一	癸酉 11 二	甲戌 12 三	乙亥 13 四	丙子 14 五		壬戌白露
八月小	己酉	天干 地支 西曆 星期	丁丑 15 六	戊寅 16 日	己卯 17 一	庚辰 18 二	辛巳 19 三	壬午 20 四	癸未 21 五	甲申 22 六	乙酉 23 日	丙戌 24 一	丁亥 25 二	戊子 26 三	己丑 27 四	庚寅 28 五	辛卯 29 六	壬辰 30 日	癸巳 (10) 一	甲午 2 二	乙未 3 三	丙申 4 四	丁酉 5 五	戊戌 6 六	己亥 7 日	庚子 8 一	辛丑 9 二	壬寅 10 三	癸卯 11 四	甲辰 12 五	乙巳 13 六		丁丑秋分 癸巳寒露
九月大	庚戌	天干 地支 西曆 星期	丙午 14 日	丁未 15 一	戊申 16 二	己酉 17 三	庚戌 18 四	辛亥 19 五	壬子 20 六	癸丑 21 日	甲寅 22 一	乙卯 23 二	丙辰 24 三	丁巳 25 四	戊午 26 五	己未 27 六	庚申 28 日	辛酉 29 一	壬戌 30 二	癸亥 31 三	甲子 (11) 四	乙丑 2 五	丙寅 3 六	丁卯 4 日	戊辰 5 一	己巳 6 二	庚午 7 三	辛未 8 四	壬申 9 五	癸酉 10 六	甲戌 11 日	乙亥 12 一	戊申霜降 癸亥立冬
十月大	辛亥	天干 地支 西曆 星期	丙子 13 二	丁丑 14 三	戊寅 15 四	己卯 16 五	庚辰 17 六	辛巳 18 日	壬午 19 一	癸未 20 二	甲申 21 三	乙酉 22 四	丙戌 23 五	丁亥 24 六	戊子 25 日	己丑 26 一	庚寅 27 二	辛卯 28 三	壬辰 29 四	癸巳 30 五	甲午 (12) 六	乙未 2 日	丙申 3 一	丁酉 4 二	戊戌 5 三	己亥 6 四	庚子 7 五	辛丑 8 六	壬寅 9 日	癸卯 10 一	甲辰 11 二	乙巳 12 三	戊寅小雪 癸巳大雪
十一月小	壬子	天干 地支 西曆 星期	丙午 13 四	丁未 14 五	戊申 15 六	己酉 16 日	庚戌 17 一	辛亥 18 二	壬子 19 三	癸丑 20 四	甲寅 21 五	乙卯 22 六	丙辰 23 日	丁巳 24 一	戊午 25 二	己未 26 三	庚申 27 四	辛酉 28 五	壬戌 29 六	癸亥 30 日	甲子 31 一	乙丑 (1) 二	丙寅 2 三	丁卯 3 四	戊辰 4 五	己巳 5 六	庚午 6 日	辛未 7 一	壬申 8 二	癸酉 9 三	甲戌 10 四		己酉冬至 甲子小寒
十二月大	癸丑	天干 地支 西曆 星期	乙亥 11 五	丙子 12 六	丁丑 13 日	戊寅 14 一	己卯 15 二	庚辰 16 三	辛巳 17 四	壬午 18 五	癸未 19 六	甲申 20 日	乙酉 21 一	丙戌 22 二	丁亥 23 三	戊子 24 四	己丑 25 五	庚寅 26 六	辛卯 27 日	壬辰 28 一	癸巳 29 二	甲午 30 三	乙未 31 四	丙申 (2) 五	丁酉 2 六	戊戌 3 日	己亥 4 一	庚子 5 二	辛丑 6 三	壬寅 7 四	癸卯 8 五	甲辰 9 六	己卯大寒 甲午立春

宋神宗熙寧六年（癸丑 牛年） 公元 1073 ~ 1074 年

夏曆月序		中西曆日對照	初一	初二	初三	初四	初五	初六	初七	初八	初九	初十	十一	十二	十三	十四	十五	十六	十七	十八	十九	二十	二一	二二	二三	二四	二五	二六	二七	二八	二九	三十	節氣與天象
正月大	甲寅	天干地支	乙巳	丙午	丁未	戊申	己酉	庚戌	辛亥	壬子	癸丑	甲寅	乙卯	丙辰	丁巳	戊午	己未	庚申	辛酉	壬戌	癸亥	甲子	乙丑	丙寅	丁卯	戊辰	己巳	庚午	辛未	壬申	癸酉	甲戌	庚戌雨水 乙丑驚蟄
		西曆	10	11	12	13	14	15	16	17	18	19	20	21	22	23	24	25	26	27	28	(3)	2	3	4	5	6	7	8	9	10	11	
		星期	日	一	二	三	四	五	六	日	一	二	三	四	五	六	日	一	二	三	四	五	六	日	一	二	三	四	五	六	日	一	
二月小	乙卯	天干地支	乙亥	丙子	丁丑	戊寅	己卯	庚辰	辛巳	壬午	癸未	甲申	乙酉	丙戌	丁亥	戊子	己丑	庚寅	辛卯	壬辰	癸巳	甲午	乙未	丙申	丁酉	戊戌	己亥	庚子	辛丑	壬寅	癸卯		庚辰春分 乙未清明
		西曆	12	13	14	15	16	17	18	19	20	21	22	23	24	25	26	27	28	29	30	31	(4)	2	3	4	5	6	7	8	9		
		星期	二	三	四	五	六	日	一	二	三	四	五	六	日	一	二	三	四	五	六	日	一	二	三	四	五	六	日	一	二		
三月大	丙辰	天干地支	甲辰	乙巳	丙午	丁未	戊申	己酉	庚戌	辛亥	壬子	癸丑	甲寅	乙卯	丙辰	丁巳	戊午	己未	庚申	辛酉	壬戌	癸亥	甲子	乙丑	丙寅	丁卯	戊辰	己巳	庚午	辛未	壬申	癸酉	庚戌穀雨 丙寅立夏
		西曆	10	11	12	13	14	15	16	17	18	19	20	21	22	23	24	25	26	27	28	29	30	(5)	2	3	4	5	6	7	8	9	
		星期	三	四	五	六	日	一	二	三	四	五	六	日	一	二	三	四	五	六	日	一	二	三	四	五	六	日	一	二	三	四	
四月小	丁巳	天干地支	甲戌	乙亥	丙子	丁丑	戊寅	己卯	庚辰	辛巳	壬午	癸未	甲申	乙酉	丙戌	丁亥	戊子	己丑	庚寅	辛卯	壬辰	癸巳	甲午	乙未	丙申	丁酉	戊戌	己亥	庚子	辛丑	壬寅		辛巳小滿 丙申芒種 甲戌日食
		西曆	10	11	12	13	14	15	16	17	18	19	20	21	22	23	24	25	26	27	28	29	30	31	(6)	2	3	4	5	6	7		
		星期	五	六	日	一	二	三	四	五	六	日	一	二	三	四	五	六	日	一	二	三	四	五	六	日	一	二	三	四	五		
五月大	戊午	天干地支	癸卯	甲辰	乙巳	丙午	丁未	戊申	己酉	庚戌	辛亥	壬子	癸丑	甲寅	乙卯	丙辰	丁巳	戊午	己未	庚申	辛酉	壬戌	癸亥	甲子	乙丑	丙寅	丁卯	戊辰	己巳	庚午	辛未	壬申	辛亥夏至 丙寅小暑
		西曆	8	9	10	11	12	13	14	15	16	17	18	19	20	21	22	23	24	25	26	27	28	29	30	(7)	2	3	4	5	6	7	
		星期	六	日	一	二	三	四	五	六	日	一	二	三	四	五	六	日	一	二	三	四	五	六	日	一	二	三	四	五	六	日	
六月小	己未	天干地支	癸酉	甲戌	乙亥	丙子	丁丑	戊寅	己卯	庚辰	辛巳	壬午	癸未	甲申	乙酉	丙戌	丁亥	戊子	己丑	庚寅	辛卯	壬辰	癸巳	甲午	乙未	丙申	丁酉	戊戌	己亥	庚子	辛丑		壬午大暑 丁酉立秋
		西曆	8	9	10	11	12	13	14	15	16	17	18	19	20	21	22	23	24	25	26	27	28	29	30	31	(8)	2	3	4	5		
		星期	一	二	三	四	五	六	日	一	二	三	四	五	六	日	一	二	三	四	五	六	日	一	二	三	四	五	六	日	一		
七月大	庚申	天干地支	壬寅	癸卯	甲辰	乙巳	丙午	丁未	戊申	己酉	庚戌	辛亥	壬子	癸丑	甲寅	乙卯	丙辰	丁巳	戊午	己未	庚申	辛酉	壬戌	癸亥	甲子	乙丑	丙寅	丁卯	戊辰	己巳	庚午	辛未	壬子處暑 丁卯白露
		西曆	6	7	8	9	10	11	12	13	14	15	16	17	18	19	20	21	22	23	24	25	26	27	28	29	30	31	(9)	2	3	4	
		星期	二	三	四	五	六	日	一	二	三	四	五	六	日	一	二	三	四	五	六	日	一	二	三	四	五	六	日	一	二	三	
八月小	辛酉	天干地支	壬申	癸酉	甲戌	乙亥	丙子	丁丑	戊寅	己卯	庚辰	辛巳	壬午	癸未	甲申	乙酉	丙戌	丁亥	戊子	己丑	庚寅	辛卯	壬辰	癸巳	甲午	乙未	丙申	丁酉	戊戌	己亥	庚子		癸未秋分 戊戌寒露
		西曆	5	6	7	8	9	10	11	12	13	14	15	16	17	18	19	20	21	22	23	24	25	26	27	28	29	30	(10)	2	3		
		星期	四	五	六	日	一	二	三	四	五	六	日	一	二	三	四	五	六	日	一	二	三	四	五	六	日	一	二	三	四		
九月小	壬戌	天干地支	辛丑	壬寅	癸卯	甲辰	乙巳	丙午	丁未	戊申	己酉	庚戌	辛亥	壬子	癸丑	甲寅	乙卯	丙辰	丁巳	戊午	己未	庚申	辛酉	壬戌	癸亥	甲子	乙丑	丙寅	丁卯	戊辰	己巳		癸丑霜降 戊辰立冬
		西曆	4	5	6	7	8	9	10	11	12	13	14	15	16	17	18	19	20	21	22	23	24	25	26	27	28	29	30	31	(11)		
		星期	五	六	日	一	二	三	四	五	六	日	一	二	三	四	五	六	日	一	二	三	四	五	六	日	一	二	三	四	五		
十月大	癸亥	天干地支	庚午	辛未	壬申	癸酉	甲戌	乙亥	丙子	丁丑	戊寅	己卯	庚辰	辛巳	壬午	癸未	甲申	乙酉	丙戌	丁亥	戊子	己丑	庚寅	辛卯	壬辰	癸巳	甲午	乙未	丙申	丁酉	戊戌	己亥	癸未小雪 己亥大雪
		西曆	2	3	4	5	6	7	8	9	10	11	12	13	14	15	16	17	18	19	20	21	22	23	24	25	26	27	28	29	30	(12)	
		星期	六	日	一	二	三	四	五	六	日	一	二	三	四	五	六	日	一	二	三	四	五	六	日	一	二	三	四	五	六	日	
十一月小	甲子	天干地支	庚子	辛丑	壬寅	癸卯	甲辰	乙巳	丙午	丁未	戊申	己酉	庚戌	辛亥	壬子	癸丑	甲寅	乙卯	丙辰	丁巳	戊午	己未	庚申	辛酉	壬戌	癸亥	甲子	乙丑	丙寅	丁卯	戊辰		甲寅冬至
		西曆	2	3	4	5	6	7	8	9	10	11	12	13	14	15	16	17	18	19	20	21	22	23	24	25	26	27	28	29	30		
		星期	一	二	三	四	五	六	日	一	二	三	四	五	六	日	一	二	三	四	五	六	日	一	二	三	四	五	六	日	一		
十二月大	乙丑	天干地支	己巳	庚午	辛未	壬申	癸酉	甲戌	乙亥	丙子	丁丑	戊寅	己卯	庚辰	辛巳	壬午	癸未	甲申	乙酉	丙戌	丁亥	戊子	己丑	庚寅	辛卯	壬辰	癸巳	甲午	乙未	丙申	丁酉	戊戌	己巳小寒 甲申大寒
		西曆	31	(1)	2	3	4	5	6	7	8	9	10	11	12	13	14	15	16	17	18	19	20	21	22	23	24	25	26	27	28	29	
		星期	二	三	四	五	六	日	一	二	三	四	五	六	日	一	二	三	四	五	六	日	一	二	三	四	五	六	日	一	二	三	

宋神宗熙寧七年（甲寅 虎年） 公元 **1074** ~ 1075 年

夏曆月序		中西曆日對照	初一	初二	初三	初四	初五	初六	初七	初八	初九	初十	十一	十二	十三	十四	十五	十六	十七	十八	十九	二十	廿一	廿二	廿三	廿四	廿五	廿六	廿七	廿八	廿九	三十	節氣與天象
正月大	丙寅	天干地支 西曆 星期	己亥 30 四	庚子 31 五	辛丑 (2) 六	壬寅 2 日	癸卯 3 一	甲辰 4 二	乙巳 5 三	丙午 6 四	丁未 7 五	戊申 8 六	己酉 9 日	庚戌 10 一	辛亥 11 二	壬子 12 三	癸丑 13 四	甲寅 14 五	乙卯 15 六	丙辰 16 日	丁巳 17 一	戊午 18 二	己未 19 三	庚申 20 四	辛酉 21 五	壬戌 22 六	癸亥 23 日	甲子 24 一	乙丑 25 二	丙寅 26 三	丁卯 27 四	戊辰 28 五	庚子立春 乙卯雨水
二月小	丁卯	天干地支 西曆 星期	己巳 (3) 六	庚午 2 日	辛未 3 一	壬申 4 二	癸酉 5 三	甲戌 6 四	乙亥 7 五	丙子 8 六	丁丑 9 日	戊寅 10 一	己卯 11 二	庚辰 12 三	辛巳 13 四	壬午 14 五	癸未 15 六	甲申 16 日	乙酉 17 一	丙戌 18 二	丁亥 19 三	戊子 20 四	己丑 21 五	庚寅 22 六	辛卯 23 日	壬辰 24 一	癸巳 25 二	甲午 26 三	乙未 27 四	丙申 28 五	丁酉 29 六		庚午驚蟄 乙酉春分
三月大	戊辰	天干地支 西曆 星期	戊戌 30 日	己亥 31 一	庚子 (4) 二	辛丑 2 三	壬寅 3 四	癸卯 4 五	甲辰 5 六	乙巳 6 日	丙午 7 一	丁未 8 二	戊申 9 三	己酉 10 四	庚戌 11 五	辛亥 12 六	壬子 13 日	癸丑 14 一	甲寅 15 二	乙卯 16 三	丙辰 17 四	丁巳 18 五	戊午 19 六	己未 20 日	庚申 21 一	辛酉 22 二	壬戌 23 三	癸亥 24 四	甲子 25 五	乙丑 26 六	丙寅 27 日	丁卯 28 一	庚子清明 丙辰穀雨
四月大	己巳	天干地支 西曆 星期	戊辰 29 二	己巳 30 三	庚午 (5) 四	辛未 2 五	壬申 3 六	癸酉 4 日	甲戌 5 一	乙亥 6 二	丙子 7 三	丁丑 8 四	戊寅 9 五	己卯 10 六	庚辰 11 日	辛巳 12 一	壬午 13 二	癸未 14 三	甲申 15 四	乙酉 16 五	丙戌 17 六	丁亥 18 日	戊子 19 一	己丑 20 二	庚寅 21 三	辛卯 22 四	壬辰 23 五	癸巳 24 六	甲午 25 日	乙未 26 一	丙申 27 二	丁酉 28 三	辛未立夏 丙戌小滿
五月小	庚午	天干地支 西曆 星期	戊戌 29 四	己亥 30 五	庚子 31 六	辛丑 (6) 日	壬寅 2 一	癸卯 3 二	甲辰 4 三	乙巳 5 四	丙午 6 五	丁未 7 六	戊申 8 日	己酉 9 一	庚戌 10 二	辛亥 11 三	壬子 12 四	癸丑 13 五	甲寅 14 六	乙卯 15 日	丙辰 16 一	丁巳 17 二	戊午 18 三	己未 19 四	庚申 20 五	辛酉 21 六	壬戌 22 日	癸亥 23 一	甲子 24 二	乙丑 25 三	丙寅 26 四		辛丑芒種 丁巳夏至
六月大	辛未	天干地支 西曆 星期	丁卯 27 五	戊辰 28 六	己巳 29 日	庚午 30 一	辛未 (7) 二	壬申 2 三	癸酉 3 四	甲戌 4 五	乙亥 5 六	丙子 6 日	丁丑 7 一	戊寅 8 二	己卯 9 三	庚辰 10 四	辛巳 11 五	壬午 12 六	癸未 13 日	甲申 14 一	乙酉 15 二	丙戌 16 三	丁亥 17 四	戊子 18 五	己丑 19 六	庚寅 20 日	辛卯 21 一	壬辰 22 二	癸巳 23 三	甲午 24 四	乙未 25 五	丙申 26 六	壬申小暑 丁亥大暑
七月小	壬申	天干地支 西曆 星期	丁酉 27 日	戊戌 28 一	己亥 29 二	庚子 30 三	辛丑 31 四	壬寅 (8) 五	癸卯 2 六	甲辰 3 日	乙巳 4 一	丙午 5 二	丁未 6 三	戊申 7 四	己酉 8 五	庚戌 9 六	辛亥 10 日	壬子 11 一	癸丑 12 二	甲寅 13 三	乙卯 14 四	丙辰 15 五	丁巳 16 六	戊午 17 日	己未 18 一	庚申 19 二	辛酉 20 三	壬戌 21 四	癸亥 22 五	甲子 23 六	乙丑 24 日		壬寅立秋 丁巳處暑
八月大	癸酉	天干地支 西曆 星期	丙寅 25 一	丁卯 26 二	戊辰 27 三	己巳 28 四	庚午 29 五	辛未 30 六	壬申 31 日	癸酉 (9) 一	甲戌 2 二	乙亥 3 三	丙子 4 四	丁丑 5 五	戊寅 6 六	己卯 7 日	庚辰 8 一	辛巳 9 二	壬午 10 三	癸未 11 四	甲申 12 五	乙酉 13 六	丙戌 14 日	丁亥 15 一	戊子 16 二	己丑 17 三	庚寅 18 四	辛卯 19 五	壬辰 20 六	癸巳 21 日	甲午 22 一	乙未 23 二	癸酉白露 戊子秋分
九月小	甲戌	天干地支 西曆 星期	丙申 24 三	丁酉 25 四	戊戌 26 五	己亥 27 六	庚子 28 日	辛丑 29 一	壬寅 30 二	癸卯 (10) 三	甲辰 2 四	乙巳 3 五	丙午 4 六	丁未 5 日	戊申 6 一	己酉 7 二	庚戌 8 三	辛亥 9 四	壬子 10 五	癸丑 11 六	甲寅 12 日	乙卯 13 一	丙辰 14 二	丁巳 15 三	戊午 16 四	己未 17 五	庚申 18 六	辛酉 19 日	壬戌 20 一	癸亥 21 二	甲子 22 三		癸卯寒露 戊午霜降
十月大	乙亥	天干地支 西曆 星期	乙丑 23 四	丙寅 24 五	丁卯 25 六	戊辰 26 日	己巳 27 一	庚午 28 二	辛未 29 三	壬申 30 四	癸酉 31 五	甲戌 (11) 六	乙亥 2 日	丙子 3 一	丁丑 4 二	戊寅 5 三	己卯 6 四	庚辰 7 五	辛巳 8 六	壬午 9 日	癸未 10 一	甲申 11 二	乙酉 12 三	丙戌 13 四	丁亥 14 五	戊子 15 六	己丑 16 日	庚寅 17 一	辛卯 18 二	壬辰 19 三	癸巳 20 四	甲午 21 五	癸酉立冬 己丑小雪
十一月小	丙子	天干地支 西曆 星期	乙未 22 六	丙申 23 日	丁酉 24 一	戊戌 25 二	己亥 26 三	庚子 27 四	辛丑 28 五	壬寅 29 六	癸卯 30 日	甲辰 (12) 一	乙巳 2 二	丙午 3 三	丁未 4 四	戊申 5 五	己酉 6 六	庚戌 7 日	辛亥 8 一	壬子 9 二	癸丑 10 三	甲寅 11 四	乙卯 12 五	丙辰 13 六	丁巳 14 日	戊午 15 一	己未 16 二	庚申 17 三	辛酉 18 四	壬戌 19 五	癸亥 20 六		甲辰大雪 己未冬至
十二月大	丁丑	天干地支 西曆 星期	甲子 21 日	乙丑 22 一	丙寅 23 二	丁卯 24 三	戊辰 25 四	己巳 26 五	庚午 27 六	辛未 28 日	壬申 29 一	癸酉 30 二	甲戌 31 三	乙亥 (1) 四	丙子 2 五	丁丑 3 六	戊寅 4 日	己卯 5 一	庚辰 6 二	辛巳 7 三	壬午 8 四	癸未 9 五	甲申 10 六	乙酉 11 日	丙戌 12 一	丁亥 13 二	戊子 14 三	己丑 15 四	庚寅 16 五	辛卯 17 六	壬辰 18 日	癸巳 19 一	甲戌小寒 庚寅大寒

宋神宗熙寧八年（乙卯 兔年） 公元 1075 ~ 1076 年

夏曆月序		中西曆日對照	初一	初二	初三	初四	初五	初六	初七	初八	初九	初十	十一	十二	十三	十四	十五	十六	十七	十八	十九	二十	二一	二二	二三	二四	二五	二六	二七	二八	二九	三十	節氣與天象
正月小	戊寅	天干地支 西曆 星期	甲午 20 二	乙未 21 三	丙申 22 四	丁酉 23 五	戊戌 24 六	己亥 25 日	庚子 26 一	辛丑 27 二	壬寅 28 三	癸卯 29 四	甲辰 30 五	乙巳 31 六	丙午 (2) 日	丁未 2 一	戊申 3 二	己酉 4 三	庚戌 5 四	辛亥 6 五	壬子 7 六	癸丑 8 日	甲寅 9 一	乙卯 10 二	丙辰 11 三	丁巳 12 四	戊午 13 五	己未 14 六	庚申 15 日	辛酉 16 一	壬戌 17 二		甲辰立春 己未雨水
二月大	己卯	天干地支 西曆 星期	癸亥 18 三	甲子 19 四	乙丑 20 五	丙寅 21 六	丁卯 22 日	戊辰 23 一	己巳 24 二	庚午 25 三	辛未 26 四	壬申 27 五	癸酉 28 六	甲戌 (3) 日	乙亥 2 一	丙子 3 二	丁丑 4 三	戊寅 5 四	己卯 6 五	庚辰 7 六	辛巳 8 日	壬午 9 一	癸未 10 二	甲申 11 三	乙酉 12 四	丙戌 13 五	丁亥 14 六	戊子 15 日	己丑 16 一	庚寅 17 二	辛卯 18 三	壬辰 19 四	乙亥驚蟄 庚寅春分
三月小	庚辰	天干地支 西曆 星期	癸巳 20 五	甲午 21 六	乙未 22 日	丙申 23 一	丁酉 24 二	戊戌 25 三	己亥 26 四	庚子 27 五	辛丑 28 六	壬寅 29 日	癸卯 30 一	甲辰 31 二	乙巳 (4) 三	丙午 2 四	丁未 3 五	戊申 4 六	己酉 5 日	庚戌 6 一	辛亥 7 二	壬子 8 三	癸丑 9 四	甲寅 10 五	乙卯 11 六	丙辰 12 日	丁巳 13 一	戊午 14 二	己未 15 三	庚申 16 四	辛酉 17 五		乙巳清明 庚申穀雨
四月大	辛巳	天干地支 西曆 星期	壬戌 18 六	癸亥 19 日	甲子 20 一	乙丑 21 二	丙寅 22 三	丁卯 23 四	戊辰 24 五	己巳 25 六	庚午 26 日	辛未 27 一	壬申 28 二	癸酉 29 三	甲戌 30 四	乙亥 (5) 五	丙子 2 六	丁丑 3 日	戊寅 4 一	己卯 5 二	庚辰 6 三	辛巳 7 四	壬午 8 五	癸未 9 六	甲申 10 日	乙酉 11 一	丙戌 12 二	丁亥 13 三	戊子 14 四	己丑 15 五	庚寅 16 六	辛卯 17 日	丙子立夏 辛卯小滿
閏四月小	辛巳	天干地支 西曆 星期	壬辰 18 一	癸巳 19 二	甲午 20 三	乙未 21 四	丙申 22 五	丁酉 23 六	戊戌 24 日	己亥 25 一	庚子 26 二	辛丑 27 三	壬寅 28 四	癸卯 29 五	甲辰 30 六	乙巳 31 日	丙午 (6) 一	丁未 2 二	戊申 3 三	己酉 4 四	庚戌 5 五	辛亥 6 六	壬子 7 日	癸丑 8 一	甲寅 9 二	乙卯 10 三	丙辰 11 四	丁巳 12 五	戊午 13 六	己未 14 日	庚申 15 一		丙午芒種
五月大	壬午	天干地支 西曆 星期	辛酉 16 二	壬戌 17 三	癸亥 18 四	甲子 19 五	乙丑 20 六	丙寅 21 日	丁卯 22 一	戊辰 23 二	己巳 24 三	庚午 25 四	辛未 26 五	壬申 27 六	癸酉 28 日	甲戌 29 一	乙亥 30 二	丙子 (7) 三	丁丑 2 四	戊寅 3 五	己卯 4 六	庚辰 5 日	辛巳 6 一	壬午 7 二	癸未 8 三	甲申 9 四	乙酉 10 五	丙戌 11 六	丁亥 12 日	戊子 13 一	己丑 14 二	庚寅 15 三	辛酉夏至 丙子小暑
六月大	癸未	天干地支 西曆 星期	辛卯 16 四	壬辰 17 五	癸巳 18 六	甲午 19 日	乙未 20 一	丙申 21 二	丁酉 22 三	戊戌 23 四	己亥 24 五	庚子 25 六	辛丑 26 日	壬寅 27 一	癸卯 28 二	甲辰 29 三	乙巳 30 四	丙午 31 五	丁未 (8) 六	戊申 2 日	己酉 3 一	庚戌 4 二	辛亥 5 三	壬子 6 四	癸丑 7 五	甲寅 8 六	乙卯 9 日	丙辰 10 一	丁巳 11 二	戊午 12 三	己未 13 四	庚申 14 五	壬辰大暑 丁未立秋
七月小	甲申	天干地支 西曆 星期	辛酉 15 六	壬戌 16 日	癸亥 17 一	甲子 18 二	乙丑 19 三	丙寅 20 四	丁卯 21 五	戊辰 22 六	己巳 23 日	庚午 24 一	辛未 25 二	壬申 26 三	癸酉 27 四	甲戌 28 五	乙亥 29 六	丙子 30 日	丁丑 31 一	戊寅 (9) 二	己卯 2 三	庚辰 3 四	辛巳 4 五	壬午 5 六	癸未 6 日	甲申 7 一	乙酉 8 二	丙戌 9 三	丁亥 10 四	戊子 11 五	己丑 12 六		壬戌處暑 丁丑白露
八月大	乙酉	天干地支 西曆 星期	庚寅 13 日	辛卯 14 一	壬辰 15 二	癸巳 16 三	甲午 17 四	乙未 18 五	丙申 19 六	丁酉 20 日	戊戌 21 一	己亥 22 二	庚子 23 三	辛丑 24 四	壬寅 25 五	癸卯 26 六	甲辰 27 日	乙巳 28 一	丙午 29 二	丁未 30 三	戊申 (10) 四	己酉 2 五	庚戌 3 六	辛亥 4 日	壬子 5 一	癸丑 6 二	甲寅 7 三	乙卯 8 四	丙辰 9 五	丁巳 10 六	戊午 11 日	己未 12 一	癸巳秋分 戊申寒露 庚寅日食
九月小	丙戌	天干地支 西曆 星期	庚申 13 二	辛酉 14 三	壬戌 15 四	癸亥 16 五	甲子 17 六	乙丑 18 日	丙寅 19 一	丁卯 20 二	戊辰 21 三	己巳 22 四	庚午 23 五	辛未 24 六	壬申 25 日	癸酉 26 一	甲戌 27 二	乙亥 28 三	丙子 29 四	丁丑 30 五	戊寅 31 六	己卯 (11) 日	庚辰 2 一	辛巳 3 二	壬午 4 三	癸未 5 四	甲申 6 五	乙酉 7 六	丙戌 8 日	丁亥 9 一	戊子 10 二		癸亥霜降 戊寅立冬
十月大	丁亥	天干地支 西曆 星期	己丑 11 三	庚寅 12 四	辛卯 13 五	壬辰 14 六	癸巳 15 日	甲午 16 一	乙未 17 二	丙申 18 三	丁酉 19 四	戊戌 20 五	己亥 21 六	庚子 22 日	辛丑 23 一	壬寅 24 二	癸卯 25 三	甲辰 26 四	乙巳 27 五	丙午 28 六	丁未 29 日	戊申 30 一	己酉 (12) 二	庚戌 2 三	辛亥 3 四	壬子 4 五	癸丑 5 六	甲寅 6 日	乙卯 7 一	丙辰 8 二	丁巳 9 三	戊午 10 四	癸巳小雪 己酉大雪
十一月小	戊子	天干地支 西曆 星期	己未 11 五	庚申 12 六	辛酉 13 日	壬戌 14 一	癸亥 15 二	甲子 16 三	乙丑 17 四	丙寅 18 五	丁卯 19 六	戊辰 20 日	己巳 21 一	庚午 22 二	辛未 23 三	壬申 24 四	癸酉 25 五	甲戌 26 六	乙亥 27 日	丙子 28 一	丁丑 29 二	戊寅 30 三	己卯 31 四	庚辰 (1) 五	辛巳 2 六	壬午 3 日	癸未 4 一	甲申 5 二	乙酉 6 三	丙戌 7 四	丁亥 8 五		甲子冬至 己卯小寒
十二月大	己丑	天干地支 西曆 星期	戊子 9 六	己丑 10 日	庚寅 11 一	辛卯 12 二	壬辰 13 三	癸巳 14 四	甲午 15 五	乙未 16 六	丙申 17 日	丁酉 18 一	戊戌 19 二	己亥 20 三	庚子 21 四	辛丑 22 五	壬寅 23 六	癸卯 24 日	甲辰 25 一	乙巳 26 二	丙午 27 三	丁未 28 四	戊申 29 五	己酉 30 六	庚戌 31 日	辛亥 (2) 一	壬子 2 二	癸丑 3 三	甲寅 4 四	乙卯 5 五	丙辰 6 六	丁巳 7 日	甲午大寒 庚戌立春

宋神宗熙寧九年（丙辰 龍年） 公元 1076 ~ 1077 年

夏曆月序		中西曆日對照	夏曆日序																														節氣與天象
			初一	初二	初三	初四	初五	初六	初七	初八	初九	初十	十一	十二	十三	十四	十五	十六	十七	十八	十九	二十	二一	二二	二三	二四	二五	二六	二七	二八	二九	三十	
正月小	庚寅	天干地支 西曆 星期	戊午 8 一	己未 9 二	庚申 10 三	辛酉 11 四	壬戌 12 五	癸亥 13 六	甲子 14 日	乙丑 15 一	丙寅 16 二	丁卯 17 三	戊辰 18 四	己巳 19 五	庚午 20 六	辛未 21 日	壬申 22 一	癸酉 23 二	甲戌 24 三	乙亥 25 四	丙子 26 五	丁丑 27 六	戊寅 28 日	己卯 29 一	庚辰 (3) 二	辛巳 2 三	壬午 3 四	癸未 4 五	甲申 5 六	乙酉 6 日	丙戌 7 一		乙丑雨水 庚辰驚蟄
二月小	辛卯	天干地支 西曆 星期	丁亥 8 二	戊子 9 三	己丑 10 四	庚寅 11 五	辛卯 12 六	壬辰 13 日	癸巳 14 一	甲午 15 二	乙未 16 三	丙申 17 四	丁酉 18 五	戊戌 19 六	己亥 20 日	庚子 21 一	辛丑 22 二	壬寅 23 三	癸卯 24 四	甲辰 25 五	乙巳 26 六	丙午 27 日	丁未 28 一	戊申 29 二	己酉 30 三	庚戌 31 四	辛亥 (4) 五	壬子 2 六	癸丑 3 日	甲寅 4 一	乙卯 5 二		乙未春分 庚戌清明
三月大	壬辰	天干地支 西曆 星期	丙辰 6 三	丁巳 7 四	戊午 8 五	己未 9 六	庚申 10 日	辛酉 11 一	壬戌 12 二	癸亥 13 三	甲子 14 四	乙丑 15 五	丙寅 16 六	丁卯 17 日	戊辰 18 一	己巳 19 二	庚午 20 三	辛未 21 四	壬申 22 五	癸酉 23 六	甲戌 24 日	乙亥 25 一	丙子 26 二	丁丑 27 三	戊寅 28 四	己卯 29 五	庚辰 30 六	辛巳 (5) 日	壬午 2 一	癸未 3 二	甲申 4 三	乙酉 5 四	丙寅穀雨 辛巳立夏
四月大	癸巳	天干地支 西曆 星期	丙戌 6 五	丁亥 7 六	戊子 8 日	己丑 9 一	庚寅 10 二	辛卯 11 三	壬辰 12 四	癸巳 13 五	甲午 14 六	乙未 15 日	丙申 16 一	丁酉 17 二	戊戌 18 三	己亥 19 四	庚子 20 五	辛丑 21 六	壬寅 22 日	癸卯 23 一	甲辰 24 二	乙巳 25 三	丙午 26 四	丁未 27 五	戊申 28 六	己酉 29 日	庚戌 30 一	辛亥 31 二	壬子 (6) 三	癸丑 2 四	甲寅 3 五	乙卯 4 六	丙申小滿 辛亥芒種
五月小	甲午	天干地支 西曆 星期	丙辰 5 日	丁巳 6 一	戊午 7 二	己未 8 三	庚申 9 四	辛酉 10 五	壬戌 11 六	癸亥 12 日	甲子 13 一	乙丑 14 二	丙寅 15 三	丁卯 16 四	戊辰 17 五	己巳 18 六	庚午 19 日	辛未 20 一	壬申 21 二	癸酉 22 三	甲戌 23 四	乙亥 24 五	丙子 25 六	丁丑 26 日	戊寅 27 一	己卯 28 二	庚辰 29 三	辛巳 30 四	壬午 (7) 五	癸未 2 六	甲申 3 日		丙寅夏至 壬午小暑
六月大	乙未	天干地支 西曆 星期	乙酉 4 一	丙戌 5 二	丁亥 6 三	戊子 7 四	己丑 8 五	庚寅 9 六	辛卯 10 日	壬辰 11 一	癸巳 12 二	甲午 13 三	乙未 14 四	丙申 15 五	丁酉 16 六	戊戌 17 日	己亥 18 一	庚子 19 二	辛丑 20 三	壬寅 21 四	癸卯 22 五	甲辰 23 六	乙巳 24 日	丙午 25 一	丁未 26 二	戊申 27 三	己酉 28 四	庚戌 29 五	辛亥 30 六	壬子 31 日	癸丑 (8) 一	甲寅 2 二	丁酉大暑 壬子立秋
七月小	丙申	天干地支 西曆 星期	乙卯 3 三	丙辰 4 四	丁巳 5 五	戊午 6 六	己未 7 日	庚申 8 一	辛酉 9 二	壬戌 10 三	癸亥 11 四	甲子 12 五	乙丑 13 六	丙寅 14 日	丁卯 15 一	戊辰 16 二	己巳 17 三	庚午 18 四	辛未 19 五	壬申 20 六	癸酉 21 日	甲戌 22 一	乙亥 23 二	丙子 24 三	丁丑 25 四	戊寅 26 五	己卯 27 六	庚辰 28 日	辛巳 29 一	壬午 30 二	癸未 31 三		丁卯處暑 癸未白露
八月大	丁酉	天干地支 西曆 星期	甲申 (9) 四	乙酉 2 五	丙戌 3 六	丁亥 4 日	戊子 5 一	己丑 6 二	庚寅 7 三	辛卯 8 四	壬辰 9 五	癸巳 10 六	甲午 11 日	乙未 12 一	丙申 13 二	丁酉 14 三	戊戌 15 四	己亥 16 五	庚子 17 六	辛丑 18 日	壬寅 19 一	癸卯 20 二	甲辰 21 三	乙巳 22 四	丙午 23 五	丁未 24 六	戊申 25 日	己酉 26 一	庚戌 27 二	辛亥 28 三	壬子 29 四	癸丑 30 五	戊戌秋分 癸丑寒露
九月大	戊戌	天干地支 西曆 星期	甲寅 (10) 六	乙卯 2 日	丙辰 3 一	丁巳 4 二	戊午 5 三	己未 6 四	庚申 7 五	辛酉 8 六	壬戌 9 日	癸亥 10 一	甲子 11 二	乙丑 12 三	丙寅 13 四	丁卯 14 五	戊辰 15 六	己巳 16 日	庚午 17 一	辛未 18 二	壬申 19 三	癸酉 20 四	甲戌 21 五	乙亥 22 六	丙子 23 日	丁丑 24 一	戊寅 25 二	己卯 26 三	庚辰 27 四	辛巳 28 五	壬午 29 六	癸未 30 日	戊辰霜降 癸未立冬
十月小	己亥	天干地支 西曆 星期	甲申 31 一	乙酉 (11) 二	丙戌 2 三	丁亥 3 四	戊子 4 五	己丑 5 六	庚寅 6 日	辛卯 7 一	壬辰 8 二	癸巳 9 三	甲午 10 四	乙未 11 五	丙申 12 六	丁酉 13 日	戊戌 14 一	己亥 15 二	庚子 16 三	辛丑 17 四	壬寅 18 五	癸卯 19 六	甲辰 20 日	乙巳 21 一	丙午 22 二	丁未 23 三	戊申 24 四	己酉 25 五	庚戌 26 六	辛亥 27 日	壬子 28 一		己亥小雪
十一月大	庚子	天干地支 西曆 星期	癸丑 29 二	甲寅 30 三	乙卯 (12) 四	丙辰 2 五	丁巳 3 六	戊午 4 日	己未 5 一	庚申 6 二	辛酉 7 三	壬戌 8 四	癸亥 9 五	甲子 10 六	乙丑 11 日	丙寅 12 一	丁卯 13 二	戊辰 14 三	己巳 15 四	庚午 16 五	辛未 17 六	壬申 18 日	癸酉 19 一	甲戌 20 二	乙亥 21 三	丙子 22 四	丁丑 23 五	戊寅 24 六	己卯 25 日	庚辰 26 一	辛巳 27 二	壬午 28 三	甲寅大雪 己巳冬至
十二月小	辛丑	天干地支 西曆 星期	癸未 29 四	甲申 30 五	乙酉 31 六	丙戌 (1) 日	丁亥 2 一	戊子 3 二	己丑 4 三	庚寅 5 四	辛卯 6 五	壬辰 7 六	癸巳 8 日	甲午 9 一	乙未 10 二	丙申 11 三	丁酉 12 四	戊戌 13 五	己亥 14 六	庚子 15 日	辛丑 16 一	壬寅 17 二	癸卯 18 三	甲辰 19 四	乙巳 20 五	丙午 21 六	丁未 22 日	戊申 23 一	己酉 24 二	庚戌 25 三	辛亥 26 四		甲申小寒 庚子大寒

宋神宗熙寧十年（丁巳 蛇年） 公元 1077 ~ 1078 年

夏曆月序		中西曆日對照	初一	初二	初三	初四	初五	初六	初七	初八	初九	初十	十一	十二	十三	十四	十五	十六	十七	十八	十九	二十	二一	二二	二三	二四	二五	二六	二七	二八	二九	三十	節氣與天象
正月大	壬寅	天干地支 西曆 星期	壬子 27 五	癸丑 28 六	甲寅 29 日	乙卯 30 一	丙辰 31 二	丁巳 (2) 三	戊午 2 四	己未 3 五	庚申 4 六	辛酉 5 日	壬戌 6 一	癸亥 7 二	甲子 8 三	乙丑 9 四	丙寅 10 五	丁卯 11 六	戊辰 12 日	己巳 13 一	庚午 14 二	辛未 15 三	壬申 16 四	癸酉 17 五	甲戌 18 六	乙亥 19 日	丙子 20 一	丁丑 21 二	戊寅 22 三	己卯 23 四	庚辰 24 五	辛巳 25 六	乙卯立春 庚午雨水
二月小	癸卯	天干地支 西曆 星期	壬午 26 日	癸未 27 一	甲申 28 二	乙酉 (3) 三	丙戌 2 四	丁亥 3 五	戊子 4 六	己丑 5 日	庚寅 6 一	辛卯 7 二	壬辰 8 三	癸巳 9 四	甲午 10 五	乙未 11 六	丙申 12 日	丁酉 13 一	戊戌 14 二	己亥 15 三	庚子 16 四	辛丑 17 五	壬寅 18 六	癸卯 19 日	甲辰 20 一	乙巳 21 二	丙午 22 三	丁未 23 四	戊申 24 五	己酉 25 六	庚戌 26 日		乙酉驚蟄 庚子春分
三月小	甲辰	天干地支 西曆 星期	辛亥 27 一	壬子 28 二	癸丑 29 三	甲寅 30 四	乙卯 31 五	丙辰 (4) 六	丁巳 2 日	戊午 3 一	己未 4 二	庚申 5 三	辛酉 6 四	壬戌 7 五	癸亥 8 六	甲子 9 日	乙丑 10 一	丙寅 11 二	丁卯 12 三	戊辰 13 四	己巳 14 五	庚午 15 六	辛未 16 日	壬申 17 一	癸酉 18 二	甲戌 19 三	乙亥 20 四	丙子 21 五	丁丑 22 六	戊寅 23 日	己卯 24 一		丙辰清明 辛未穀雨
四月大	乙巳	天干地支 西曆 星期	庚辰 25 二	辛巳 26 三	壬午 27 四	癸未 28 五	甲申 29 六	乙酉 30 日	丙戌 (5) 一	丁亥 2 二	戊子 3 三	己丑 4 四	庚寅 5 五	辛卯 6 六	壬辰 7 日	癸巳 8 一	甲午 9 二	乙未 10 三	丙申 11 四	丁酉 12 五	戊戌 13 六	己亥 14 日	庚子 15 一	辛丑 16 二	壬寅 17 三	癸卯 18 四	甲辰 19 五	乙巳 20 六	丙午 21 日	丁未 22 一	戊申 23 二	己酉 24 三	丙戌立夏 辛丑小滿
五月小	丙午	天干地支 西曆 星期	庚戌 25 四	辛亥 26 五	壬子 27 六	癸丑 28 日	甲寅 29 一	乙卯 30 二	丙辰 31 三	丁巳 (6) 四	戊午 2 五	己未 3 六	庚申 4 日	辛酉 5 一	壬戌 6 二	癸亥 7 三	甲子 8 四	乙丑 9 五	丙寅 10 六	丁卯 11 日	戊辰 12 一	己巳 13 二	庚午 14 三	辛未 15 四	壬申 16 五	癸酉 17 六	甲戌 18 日	乙亥 19 一	丙子 20 二	丁丑 21 三	戊寅 22 四		丁巳芒種 壬申夏至
六月大	丁未	天干地支 西曆 星期	己卯 23 五	庚辰 24 六	辛巳 25 日	壬午 26 一	癸未 27 二	甲申 28 三	乙酉 29 四	丙戌 30 五	丁亥 (7) 六	戊子 2 日	己丑 3 一	庚寅 4 二	辛卯 5 三	壬辰 6 四	癸巳 7 五	甲午 8 六	乙未 9 日	丙申 10 一	丁酉 11 二	戊戌 12 三	己亥 13 四	庚子 14 五	辛丑 15 六	壬寅 16 日	癸卯 17 一	甲辰 18 二	乙巳 19 三	丙午 20 四	丁未 21 五	戊申 22 六	丁亥小暑 壬寅大暑
七月小	戊申	天干地支 西曆 星期	己酉 23 日	庚戌 24 一	辛亥 25 二	壬子 26 三	癸丑 27 四	甲寅 28 五	乙卯 29 六	丙辰 30 日	丁巳 31 一	戊午 (8) 二	己未 2 三	庚申 3 四	辛酉 4 五	壬戌 5 六	癸亥 6 日	甲子 7 一	乙丑 8 二	丙寅 9 三	丁卯 10 四	戊辰 11 五	己巳 12 六	庚午 13 日	辛未 14 一	壬申 15 二	癸酉 16 三	甲戌 17 四	乙亥 18 五	丙子 19 六	丁丑 20 日		丁巳立秋 癸酉處暑
八月大	己酉	天干地支 西曆 星期	戊寅 21 一	己卯 22 二	庚辰 23 三	辛巳 24 四	壬午 25 五	癸未 26 六	甲申 27 日	乙酉 28 一	丙戌 29 二	丁亥 30 三	戊子 31 四	己丑 (9) 五	庚寅 2 六	辛卯 3 日	壬辰 4 一	癸巳 5 二	甲午 6 三	乙未 7 四	丙申 8 五	丁酉 9 六	戊戌 10 日	己亥 11 一	庚子 12 二	辛丑 13 三	壬寅 14 四	癸卯 15 五	甲辰 16 六	乙巳 17 日	丙午 18 一	丁未 19 二	戊子白露 癸卯秋分
九月大	庚戌	天干地支 西曆 星期	戊申 20 三	己酉 21 四	庚戌 22 五	辛亥 23 六	壬子 24 日	癸丑 25 一	甲寅 26 二	乙卯 27 三	丙辰 28 四	丁巳 29 五	戊午 30 六	己未 (10) 日	庚申 2 一	辛酉 3 二	壬戌 4 三	癸亥 5 四	甲子 6 五	乙丑 7 六	丙寅 8 日	丁卯 9 一	戊辰 10 二	己巳 11 三	庚午 12 四	辛未 13 五	壬申 14 六	癸酉 15 日	甲戌 16 一	乙亥 17 二	丙子 18 三	丁丑 19 四	戊午寒露 癸酉霜降
十月大	辛亥	天干地支 西曆 星期	戊寅 20 五	己卯 21 六	庚辰 22 日	辛巳 23 一	壬午 24 二	癸未 25 三	甲申 26 四	乙酉 27 五	丙戌 28 六	丁亥 29 日	戊子 30 一	己丑 31 二	庚寅 (11) 三	辛卯 2 四	壬辰 3 五	癸巳 4 六	甲午 5 日	乙未 6 一	丙申 7 二	丁酉 8 三	戊戌 9 四	己亥 10 五	庚子 11 六	辛丑 12 日	壬寅 13 一	癸卯 14 二	甲辰 15 三	乙巳 16 四	丙午 17 五	丁未 18 六	己丑立冬 甲辰小雪
十一月小	壬子	天干地支 西曆 星期	戊申 19 日	己酉 20 一	庚戌 21 二	辛亥 22 三	壬子 23 四	癸丑 24 五	甲寅 25 六	乙卯 26 日	丙辰 27 一	丁巳 28 二	戊午 29 三	己未 30 四	庚申 (12) 五	辛酉 2 六	壬戌 3 日	癸亥 4 一	甲子 5 二	乙丑 6 三	丙寅 7 四	丁卯 8 五	戊辰 9 六	己巳 10 日	庚午 11 一	辛未 12 二	壬申 13 三	癸酉 14 四	甲戌 15 五	乙亥 16 六	丙子 17 日		己未大雪 甲戌冬至
十二月大	癸丑	天干地支 西曆 星期	丁丑 18 一	戊寅 19 二	己卯 20 三	庚辰 21 四	辛巳 22 五	壬午 23 六	癸未 24 日	甲申 25 一	乙酉 26 二	丙戌 27 三	丁亥 28 四	戊子 29 五	己丑 30 六	庚寅 31 日	辛卯 (1) 一	壬辰 2 二	癸巳 3 三	甲午 4 四	乙未 5 五	丙申 6 六	丁酉 7 日	戊戌 8 一	己亥 9 二	庚子 10 三	辛丑 11 四	壬寅 12 五	癸卯 13 六	甲辰 14 日	乙巳 15 一	丙午 16 二	庚寅小寒 乙巳大寒

宋神宗元豐元年（戊午 馬年） 公元 1078 ~ 1079 年

夏曆月序		中西曆日對照	初一	初二	初三	初四	初五	初六	初七	初八	初九	初十	十一	十二	十三	十四	十五	十六	十七	十八	十九	二十	二一	二二	二三	二四	二五	二六	二七	二八	二九	三十	節氣與天象
正月小	甲寅	天干地支 西曆星期	丁未 17 三	戊申 18 四	己酉 19 五	庚戌 20 六	辛亥 21 日	壬子 22 一	癸丑 23 二	甲寅 24 三	乙卯 25 四	丙辰 26 五	丁巳 27 六	戊午 28 日	己未 29 一	庚申 30 二	辛酉 31 三	壬戌 (2) 四	癸亥 2 五	甲子 3 六	乙丑 4 日	丙寅 5 一	丁卯 6 二	戊辰 7 三	己巳 8 四	庚午 9 五	辛未 10 六	壬申 11 日	癸酉 12 一	甲戌 13 二	乙亥 14 三		庚申立春 乙亥雨水
閏正月大	甲寅	天干地支 西曆星期	丙子 15 四	丁丑 16 五	戊寅 17 六	己卯 18 日	庚辰 19 一	辛巳 20 二	壬午 21 三	癸未 22 四	甲申 23 五	乙酉 24 六	丙戌 25 日	丁亥 26 一	戊子 27 二	己丑 28 三	庚寅 (3) 四	辛卯 2 五	壬辰 3 六	癸巳 4 日	甲午 5 一	乙未 6 二	丙申 7 三	丁酉 8 四	戊戌 9 五	己亥 10 六	庚子 11 日	辛丑 12 一	壬寅 13 二	癸卯 14 三	甲辰 15 四	乙巳 16 五	庚寅驚蟄
二月小	乙卯	天干地支 西曆星期	丙午 17 六	丁未 18 日	戊申 19 一	己酉 20 二	庚戌 21 三	辛亥 22 四	壬子 23 五	癸丑 24 六	甲寅 25 日	乙卯 26 一	丙辰 27 二	丁巳 28 三	戊午 29 四	己未 30 五	庚申 31 六	辛酉 (4) 日	壬戌 2 一	癸亥 3 二	甲子 4 三	乙丑 5 四	丙寅 6 五	丁卯 7 六	戊辰 8 日	己巳 9 一	庚午 10 二	辛未 11 三	壬申 12 四	癸酉 13 五	甲戌 14 六		丙午春分 辛酉清明
三月小	丙辰	天干地支 西曆星期	乙亥 15 日	丙子 16 一	丁丑 17 二	戊寅 18 三	己卯 19 四	庚辰 20 五	辛巳 21 六	壬午 22 日	癸未 23 一	甲申 24 二	乙酉 25 三	丙戌 26 四	丁亥 27 五	戊子 28 六	己丑 29 日	庚寅 30 一	辛卯 (5) 二	壬辰 2 三	癸巳 3 四	甲午 4 五	乙未 5 六	丙申 6 日	丁酉 7 一	戊戌 8 二	己亥 9 三	庚子 10 四	辛丑 11 五	壬寅 12 六	癸卯 13 日		丙子穀雨 辛卯立夏
四月大	丁巳	天干地支 西曆星期	甲辰 14 一	乙巳 15 二	丙午 16 三	丁未 17 四	戊申 18 五	己酉 19 六	庚戌 20 日	辛亥 21 一	壬子 22 二	癸丑 23 三	甲寅 24 四	乙卯 25 五	丙辰 26 六	丁巳 27 日	戊午 28 一	己未 29 二	庚申 30 三	辛酉 31 四	壬戌 (6) 五	癸亥 2 六	甲子 3 日	乙丑 4 一	丙寅 5 二	丁卯 6 三	戊辰 7 四	己巳 8 五	庚午 9 六	辛未 10 日	壬申 11 一	癸酉 12 二	丁未小滿 壬戌芒種
五月小	戊午	天干地支 西曆星期	甲戌 13 三	乙亥 14 四	丙子 15 五	丁丑 16 六	戊寅 17 日	己卯 18 一	庚辰 19 二	辛巳 20 三	壬午 21 四	癸未 22 五	甲申 23 六	乙酉 24 日	丙戌 25 一	丁亥 26 二	戊子 27 三	己丑 28 四	庚寅 29 五	辛卯 30 六	壬辰 (7) 日	癸巳 2 一	甲午 3 二	乙未 4 三	丙申 5 四	丁酉 6 五	戊戌 7 六	己亥 8 日	庚子 9 一	辛丑 10 二	壬寅 11 三		丁丑夏至 壬辰小暑
六月大	己未	天干地支 西曆星期	癸卯 12 四	甲辰 13 五	乙巳 14 六	丙午 15 日	丁未 16 一	戊申 17 二	己酉 18 三	庚戌 19 四	辛亥 20 五	壬子 21 六	癸丑 22 日	甲寅 23 一	乙卯 24 二	丙辰 25 三	丁巳 26 四	戊午 27 五	己未 28 六	庚申 29 日	辛酉 30 一	壬戌 31 二	癸亥 (8) 三	甲子 2 四	乙丑 3 五	丙寅 4 六	丁卯 5 日	戊辰 6 一	己巳 7 二	庚午 8 三	辛未 9 四	壬申 10 五	丁未大暑 癸亥立秋
七月小	庚申	天干地支 西曆星期	癸酉 11 六	甲戌 12 日	乙亥 13 一	丙子 14 二	丁丑 15 三	戊寅 16 四	己卯 17 五	庚辰 18 六	辛巳 19 日	壬午 20 一	癸未 21 二	甲申 22 三	乙酉 23 四	丙戌 24 五	丁亥 25 六	戊子 26 日	己丑 27 一	庚寅 28 二	辛卯 29 三	壬辰 30 四	癸巳 31 五	甲午 (9) 六	乙未 2 日	丙申 3 一	丁酉 4 二	戊戌 5 三	己亥 6 四	庚子 7 五	辛丑 8 六		戊寅處暑 癸巳白露
八月大	辛酉	天干地支 西曆星期	壬寅 9 日	癸卯 10 一	甲辰 11 二	乙巳 12 三	丙午 13 四	丁未 14 五	戊申 15 六	己酉 16 日	庚戌 17 一	辛亥 18 二	壬子 19 三	癸丑 20 四	甲寅 21 五	乙卯 22 六	丙辰 23 日	丁巳 24 一	戊午 25 二	己未 26 三	庚申 27 四	辛酉 28 五	壬戌 29 六	癸亥 30 日	甲子 (10) 一	乙丑 2 二	丙寅 3 三	丁卯 4 四	戊辰 5 五	己巳 6 六	庚午 7 日	辛未 8 一	戊申秋分 甲子寒露
九月大	壬戌	天干地支 西曆星期	壬申 9 二	癸酉 10 三	甲戌 11 四	乙亥 12 五	丙子 13 六	丁丑 14 日	戊寅 15 一	己卯 16 二	庚辰 17 三	辛巳 18 四	壬午 19 五	癸未 20 六	甲申 21 日	乙酉 22 一	丙戌 23 二	丁亥 24 三	戊子 25 四	己丑 26 五	庚寅 27 六	辛卯 28 日	壬辰 29 一	癸巳 30 二	甲午 31 三	乙未 (11) 四	丙申 2 五	丁酉 3 六	戊戌 4 日	己亥 5 一	庚子 6 二	辛丑 7 三	己卯霜降 甲午立冬
十月小	癸亥	天干地支 西曆星期	壬寅 8 四	癸卯 9 五	甲辰 10 六	乙巳 11 日	丙午 12 一	丁未 13 二	戊申 14 三	己酉 15 四	庚戌 16 五	辛亥 17 六	壬子 18 日	癸丑 19 一	甲寅 20 二	乙卯 21 三	丙辰 22 四	丁巳 23 五	戊午 24 六	己未 25 日	庚申 26 一	辛酉 27 二	壬戌 28 三	癸亥 29 四	甲子 30 五	乙丑 (12) 六	丙寅 2 日	丁卯 3 一	戊辰 4 二	己巳 5 三	庚午 6 四		己酉小雪 甲子大雪
十一月大	甲子	天干地支 西曆星期	辛未 7 五	壬申 8 六	癸酉 9 日	甲戌 10 一	乙亥 11 二	丙子 12 三	丁丑 13 四	戊寅 14 五	己卯 15 六	庚辰 16 日	辛巳 17 一	壬午 18 二	癸未 19 三	甲申 20 四	乙酉 21 五	丙戌 22 六	丁亥 23 日	戊子 24 一	己丑 25 二	庚寅 26 三	辛卯 27 四	壬辰 28 五	癸巳 29 六	甲午 30 日	乙未 31 一	丙申 (1) 二	丁酉 2 三	戊戌 3 四	己亥 4 五	庚子 5 六	庚辰冬至 乙未小寒
十二月大	乙丑	天干地支 西曆星期	辛丑 6 日	壬寅 7 一	癸卯 8 二	甲辰 9 三	乙巳 10 四	丙午 11 五	丁未 12 六	戊申 13 日	己酉 14 一	庚戌 15 二	辛亥 16 三	壬子 17 四	癸丑 18 五	甲寅 19 六	乙卯 20 日	丙辰 21 一	丁巳 22 二	戊午 23 三	己未 24 四	庚申 25 五	辛酉 26 六	壬戌 27 日	癸亥 28 一	甲子 29 二	乙丑 30 三	丙寅 31 四	丁卯 (2) 五	戊辰 2 六	己巳 3 日	庚午 4 一	庚戌大寒 乙丑立春

* 正月丁未（初一），改元元豐。

宋神宗元豐二年（己未 羊年） 公元 1079 ~ 1080 年

夏曆月序	中西曆日對照	初一	初二	初三	初四	初五	初六	初七	初八	初九	初十	十一	十二	十三	十四	十五	十六	十七	十八	十九	二十	二一	二二	二三	二四	二五	二六	二七	二八	二九	三十	節氣與天象
正月小 丙寅	天干地支 西曆星期	辛未 5 二	壬申 6 三	癸酉 7 四	甲戌 8 五	乙亥 9 六	丙子 10 日	丁丑 11 一	戊寅 12 二	己卯 13 三	庚辰 14 四	辛巳 15 五	壬午 16 六	癸未 17 日	甲申 18 一	乙酉 19 二	丙戌 20 三	丁亥 21 四	戊子 22 五	己丑 23 六	庚寅 24 日	辛卯 25 一	壬辰 26 二	癸巳 27 三	甲午 28 四	乙未 (3) 五	丙申 2 六	丁酉 3 日	戊戌 4 一	己亥 5 二		庚辰雨水 丙申驚蟄
二月大 丁卯	天干地支 西曆星期	庚子 6 三	辛丑 7 四	壬寅 8 五	癸卯 9 六	甲辰 10 日	乙巳 11 一	丙午 12 二	丁未 13 三	戊申 14 四	己酉 15 五	庚戌 16 六	辛亥 17 日	壬子 18 一	癸丑 19 二	甲寅 20 三	乙卯 21 四	丙辰 22 五	丁巳 23 六	戊午 24 日	己未 25 一	庚申 26 二	辛酉 27 三	壬戌 28 四	癸亥 29 五	甲子 30 六	乙丑 31 日	丙寅 (4) 一	丁卯 2 二	戊辰 3 三	己巳 4 四	辛亥春分 丙寅清明
三月小 戊辰	天干地支 西曆星期	庚午 5 五	辛未 6 六	壬申 7 日	癸酉 8 一	甲戌 9 二	乙亥 10 三	丙子 11 四	丁丑 12 五	戊寅 13 六	己卯 14 日	庚辰 15 一	辛巳 16 二	壬午 17 三	癸未 18 四	甲申 19 五	乙酉 20 六	丙戌 21 日	丁亥 22 一	戊子 23 二	己丑 24 三	庚寅 25 四	辛卯 26 五	壬辰 27 六	癸巳 28 日	甲午 29 一	乙未 30 二	丙申 (5) 三	丁酉 2 四	戊戌 3 五		辛巳穀雨 丁酉立夏
四月小 己巳	天干地支 西曆星期	己亥 4 六	庚子 5 日	辛丑 6 一	壬寅 7 二	癸卯 8 三	甲辰 9 四	乙巳 10 五	丙午 11 六	丁未 12 日	戊申 13 一	己酉 14 二	庚戌 15 三	辛亥 16 四	壬子 17 五	癸丑 18 六	甲寅 19 日	乙卯 20 一	丙辰 21 二	丁巳 22 三	戊午 23 四	己未 24 五	庚申 25 六	辛酉 26 日	壬戌 27 一	癸亥 28 二	甲子 29 三	乙丑 30 四	丙寅 31 五	丁卯 (6) 六		壬子小滿 丁卯芒種
五月大 庚午	天干地支 西曆星期	戊辰 2 日	己巳 3 一	庚午 4 二	辛未 5 三	壬申 6 四	癸酉 7 五	甲戌 8 六	乙亥 9 日	丙子 10 一	丁丑 11 二	戊寅 12 三	己卯 13 四	庚辰 14 五	辛巳 15 六	壬午 16 日	癸未 17 一	甲申 18 二	乙酉 19 三	丙戌 20 四	丁亥 21 五	戊子 22 六	己丑 23 日	庚寅 24 一	辛卯 25 二	壬辰 26 三	癸巳 27 四	甲午 28 五	乙未 29 六	丙申 30 日	丁酉 (7) 一	壬午夏至 丁酉小暑
六月小 辛未	天干地支 西曆星期	戊戌 2 二	己亥 3 三	庚子 4 四	辛丑 5 五	壬寅 6 六	癸卯 7 日	甲辰 8 一	乙巳 9 二	丙午 10 三	丁未 11 四	戊申 12 五	己酉 13 六	庚戌 14 日	辛亥 15 一	壬子 16 二	癸丑 17 三	甲寅 18 四	乙卯 19 五	丙辰 20 六	丁巳 21 日	戊午 22 一	己未 23 二	庚申 24 三	辛酉 25 四	壬戌 26 五	癸亥 27 六	甲子 28 日	乙丑 29 一	丙寅 30 二		癸丑大暑
七月小 壬申	天干地支 西曆星期	丁卯 31 三	戊辰 (8) 四	己巳 2 五	庚午 3 六	辛未 4 日	壬申 5 一	癸酉 6 二	甲戌 7 三	乙亥 8 四	丙子 9 五	丁丑 10 六	戊寅 11 日	己卯 12 一	庚辰 13 二	辛巳 14 三	壬午 15 四	癸未 16 五	甲申 17 六	乙酉 18 日	丙戌 19 一	丁亥 20 二	戊子 21 三	己丑 22 四	庚寅 23 五	辛卯 24 六	壬辰 25 日	癸巳 26 一	甲午 27 二	乙未 28 三		戊辰立秋 癸未處暑
八月大 癸酉	天干地支 西曆星期	丙申 29 四	丁酉 30 五	戊戌 31 六	己亥 (9) 日	庚子 2 一	辛丑 3 二	壬寅 4 三	癸卯 5 四	甲辰 6 五	乙巳 7 六	丙午 8 日	丁未 9 一	戊申 10 二	己酉 11 三	庚戌 12 四	辛亥 13 五	壬子 14 六	癸丑 15 日	甲寅 16 一	乙卯 17 二	丙辰 18 三	丁巳 19 四	戊午 20 五	己未 21 六	庚申 22 日	辛酉 23 一	壬戌 24 二	癸亥 25 三	甲子 26 四	乙丑 27 五	戊戌白露 甲寅秋分
九月大 甲戌	天干地支 西曆星期	丙寅 28 六	丁卯 29 日	戊辰 30 一	己巳 (10) 二	庚午 2 三	辛未 3 四	壬申 4 五	癸酉 5 六	甲戌 6 日	乙亥 7 一	丙子 8 二	丁丑 9 三	戊寅 10 四	己卯 11 五	庚辰 12 六	辛巳 13 日	壬午 14 一	癸未 15 二	甲申 16 三	乙酉 17 四	丙戌 18 五	丁亥 19 六	戊子 20 日	己丑 21 一	庚寅 22 二	辛卯 23 三	壬辰 24 四	癸巳 25 五	甲午 26 六	乙未 27 日	己巳寒露 甲申霜降
十月小 乙亥	天干地支 西曆星期	丙申 28 一	丁酉 29 二	戊戌 30 三	己亥 31 四	庚子 (11) 五	辛丑 2 六	壬寅 3 日	癸卯 4 一	甲辰 5 二	乙巳 6 三	丙午 7 四	丁未 8 五	戊申 9 六	己酉 10 日	庚戌 11 一	辛亥 12 二	壬子 13 三	癸丑 14 四	甲寅 15 五	乙卯 16 六	丙辰 17 日	丁巳 18 一	戊午 19 二	己未 20 三	庚申 21 四	辛酉 22 五	壬戌 23 六	癸亥 24 日	甲子 25 一		己亥立冬 甲寅小雪
十一月大 丙子	天干地支 西曆星期	乙丑 26 二	丙寅 27 三	丁卯 28 四	戊辰 29 五	己巳 30 六	庚午 (12) 日	辛未 2 一	壬申 3 二	癸酉 4 三	甲戌 5 四	乙亥 6 五	丙子 7 六	丁丑 8 日	戊寅 9 一	己卯 10 二	庚辰 11 三	辛巳 12 四	壬午 13 五	癸未 14 六	甲申 15 日	乙酉 16 一	丙戌 17 二	丁亥 18 三	戊子 19 四	己丑 20 五	庚寅 21 六	辛卯 22 日	壬辰 23 一	癸巳 24 二	甲午 25 三	庚午大雪 乙酉冬至
十二月大 丁丑	天干地支 西曆星期	乙未 26 四	丙申 27 五	丁酉 28 六	戊戌 29 日	己亥 30 一	庚子 31 二	辛丑 (1) 三	壬寅 2 四	癸卯 3 五	甲辰 4 六	乙巳 5 日	丙午 6 一	丁未 7 二	戊申 8 三	己酉 9 四	庚戌 10 五	辛亥 11 六	壬子 12 日	癸丑 13 一	甲寅 14 二	乙卯 15 三	丙辰 16 四	丁巳 17 五	戊午 18 六	己未 19 日	庚申 20 一	辛酉 21 二	壬戌 22 三	癸亥 23 四	甲子 24 五	庚子小寒 乙卯大寒

宋神宗元豐三年（庚申 猴年） 公元 1080 ~ 1081 年

夏曆月序		中西曆日對照	初一	初二	初三	初四	初五	初六	初七	初八	初九	初十	十一	十二	十三	十四	十五	十六	十七	十八	十九	二十	二一	二二	二三	二四	二五	二六	二七	二八	二九	三十	節氣與天象
正月大	戊寅	天干地支 西曆 星期	乙丑 25 六	丙寅 26 日	丁卯 27 一	戊辰 28 二	己巳 29 三	庚午 30 四	辛未 31 五	壬申 (2) 六	癸酉 2 日	甲戌 3 一	乙亥 4 二	丙子 5 三	丁丑 6 四	戊寅 7 五	己卯 8 六	庚辰 9 日	辛巳 10 一	壬午 11 二	癸未 12 三	甲申 13 四	乙酉 14 五	丙戌 15 六	丁亥 16 日	戊子 17 一	己丑 18 二	庚寅 19 三	辛卯 20 四	壬辰 21 五	癸巳 22 六	甲午 23 日	庚午立春 丙戌雨水
二月小	己卯	天干地支 西曆 星期	乙未 24 一	丙申 25 二	丁酉 26 三	戊戌 27 四	己亥 28 五	庚子 29 六	辛丑 (3) 日	壬寅 2 一	癸卯 3 二	甲辰 4 三	乙巳 5 四	丙午 6 五	丁未 7 六	戊申 8 日	己酉 9 一	庚戌 10 二	辛亥 11 三	壬子 12 四	癸丑 13 五	甲寅 14 六	乙卯 15 日	丙辰 16 一	丁巳 17 二	戊午 18 三	己未 19 四	庚申 20 五	辛酉 21 六	壬戌 22 日	癸亥 23 一		辛丑驚蟄 丙辰春分
三月大	庚辰	天干地支 西曆 星期	甲子 24 二	乙丑 25 三	丙寅 26 四	丁卯 27 五	戊辰 28 六	己巳 29 日	庚午 30 一	辛未 31 二	壬申 (4) 三	癸酉 2 四	甲戌 3 五	乙亥 4 六	丙子 5 日	丁丑 6 一	戊寅 7 二	己卯 8 三	庚辰 9 四	辛巳 10 五	壬午 11 六	癸未 12 日	甲申 13 一	乙酉 14 二	丙戌 15 三	丁亥 16 四	戊子 17 五	己丑 18 六	庚寅 19 日	辛卯 20 一	壬辰 21 二	癸巳 22 三	辛未清明 丁亥穀雨
四月小	辛巳	天干地支 西曆 星期	甲午 23 四	乙未 24 五	丙申 25 六	丁酉 26 日	戊戌 27 一	己亥 28 二	庚子 29 三	辛丑 30 四	壬寅 (5) 五	癸卯 2 六	甲辰 3 日	乙巳 4 一	丙午 5 二	丁未 6 三	戊申 7 四	己酉 8 五	庚戌 9 六	辛亥 10 日	壬子 11 一	癸丑 12 二	甲寅 13 三	乙卯 14 四	丙辰 15 五	丁巳 16 六	戊午 17 日	己未 18 一	庚申 19 二	辛酉 20 三	壬戌 21 四		壬寅立夏 丁巳小滿
五月小	壬午	天干地支 西曆 星期	癸亥 22 五	甲子 23 六	乙丑 24 日	丙寅 25 一	丁卯 26 二	戊辰 27 三	己巳 28 四	庚午 29 五	辛未 30 六	壬申 31 日	癸酉 (6) 一	甲戌 2 二	乙亥 3 三	丙子 4 四	丁丑 5 五	戊寅 6 六	己卯 7 日	庚辰 8 一	辛巳 9 二	壬午 10 三	癸未 11 四	甲申 12 五	乙酉 13 六	丙戌 14 日	丁亥 15 一	戊子 16 二	己丑 17 三	庚寅 18 四	辛卯 19 五		壬申芒種 丁亥夏至
六月大	癸未	天干地支 西曆 星期	壬辰 20 六	癸巳 21 日	甲午 22 一	乙未 23 二	丙申 24 三	丁酉 25 四	戊戌 26 五	己亥 27 六	庚子 28 日	辛丑 29 一	壬寅 30 二	癸卯 (7) 三	甲辰 2 四	乙巳 3 五	丙午 4 六	丁未 5 日	戊申 6 一	己酉 7 二	庚戌 8 三	辛亥 9 四	壬子 10 五	癸丑 11 六	甲寅 12 日	乙卯 13 一	丙辰 14 二	丁巳 15 三	戊午 16 四	己未 17 五	庚申 18 六	辛酉 19 日	癸卯小暑 戊午大暑
七月小	甲申	天干地支 西曆 星期	壬戌 20 一	癸亥 21 二	甲子 22 三	乙丑 23 四	丙寅 24 五	丁卯 25 六	戊辰 26 日	己巳 27 一	庚午 28 二	辛未 29 三	壬申 30 四	癸酉 31 五	甲戌 (8) 六	乙亥 2 日	丙子 3 一	丁丑 4 二	戊寅 5 三	己卯 6 四	庚辰 7 五	辛巳 8 六	壬午 9 日	癸未 10 一	甲申 11 二	乙酉 12 三	丙戌 13 四	丁亥 14 五	戊子 15 六	己丑 16 日	庚寅 17 一		癸酉立秋 戊子處暑
八月小	乙酉	天干地支 西曆 星期	辛卯 18 二	壬辰 19 三	癸巳 20 四	甲午 21 五	乙未 22 六	丙申 23 日	丁酉 24 一	戊戌 25 二	己亥 26 三	庚子 27 四	辛丑 28 五	壬寅 29 六	癸卯 30 日	甲辰 31 一	乙巳 (9) 二	丙午 2 三	丁未 3 四	戊申 4 五	己酉 5 六	庚戌 6 日	辛亥 7 一	壬子 8 二	癸丑 9 三	甲寅 10 四	乙卯 11 五	丙辰 12 六	丁巳 13 日	戊午 14 一	己未 15 二		甲辰白露 己未秋分
九月大	丙戌	天干地支 西曆 星期	庚申 16 三	辛酉 17 四	壬戌 18 五	癸亥 19 六	甲子 20 日	乙丑 21 一	丙寅 22 二	丁卯 23 三	戊辰 24 四	己巳 25 五	庚午 26 六	辛未 27 日	壬申 28 一	癸酉 29 二	甲戌 30 三	乙亥 (10) 四	丙子 2 五	丁丑 3 六	戊寅 4 日	己卯 5 一	庚辰 6 二	辛巳 7 三	壬午 8 四	癸未 9 五	甲申 10 六	乙酉 11 日	丙戌 12 一	丁亥 13 二	戊子 14 三	己丑 15 四	甲戌寒露 己丑霜降
閏九月小	丙戌	天干地支 西曆 星期	庚寅 16 五	辛卯 17 六	壬辰 18 日	癸巳 19 一	甲午 20 二	乙未 21 三	丙申 22 四	丁酉 23 五	戊戌 24 六	己亥 25 日	庚子 26 一	辛丑 27 二	壬寅 28 三	癸卯 29 四	甲辰 30 五	乙巳 31 六	丙午 (11) 日	丁未 2 一	戊申 3 二	己酉 4 三	庚戌 5 四	辛亥 6 五	壬子 7 六	癸丑 8 日	甲寅 9 一	乙卯 10 二	丙辰 11 三	丁巳 12 四	戊午 13 五		甲辰立冬
十月大	丁亥	天干地支 西曆 星期	己未 14 六	庚申 15 日	辛酉 16 一	壬戌 17 二	癸亥 18 三	甲子 19 四	乙丑 20 五	丙寅 21 六	丁卯 22 日	戊辰 23 一	己巳 24 二	庚午 25 三	辛未 26 四	壬申 27 五	癸酉 28 六	甲戌 29 日	乙亥 30 一	丙子 (12) 二	丁丑 2 三	戊寅 3 四	己卯 4 五	庚辰 5 六	辛巳 6 日	壬午 7 一	癸未 8 二	甲申 9 三	乙酉 10 四	丙戌 11 五	丁亥 12 六	戊子 13 日	庚申小雪 乙亥大雪
十一月大	戊子	天干地支 西曆 星期	己丑 14 一	庚寅 15 二	辛卯 16 三	壬辰 17 四	癸巳 18 五	甲午 19 六	乙未 20 日	丙申 21 一	丁酉 22 二	戊戌 23 三	己亥 24 四	庚子 25 五	辛丑 26 六	壬寅 27 日	癸卯 28 一	甲辰 29 二	乙巳 30 三	丙午 31 四	丁未 (1) 五	戊申 2 六	己酉 3 日	庚戌 4 一	辛亥 5 二	壬子 6 三	癸丑 7 四	甲寅 8 五	乙卯 9 六	丙辰 10 日	丁巳 11 一	戊午 12 二	庚寅冬至 乙巳小寒 己丑日食
十二月大	己丑	天干地支 西曆 星期	己未 13 三	庚申 14 四	辛酉 15 五	壬戌 16 六	癸亥 17 日	甲子 18 一	乙丑 19 二	丙寅 20 三	丁卯 21 四	戊辰 22 五	己巳 23 六	庚午 24 日	辛未 25 一	壬申 26 二	癸酉 27 三	甲戌 28 四	乙亥 29 五	丙子 30 六	丁丑 31 日	戊寅 (2) 一	己卯 2 二	庚辰 3 三	辛巳 4 四	壬午 5 五	癸未 6 六	甲申 7 日	乙酉 8 一	丙戌 9 二	丁亥 10 三	戊子 11 四	辛酉大寒 丙子立春

宋神宗元豐四年（辛酉 鷄年） 公元 1081 ~ 1082 年

夏曆月序		中西曆日對照	初一	初二	初三	初四	初五	初六	初七	初八	初九	初十	十一	十二	十三	十四	十五	十六	十七	十八	十九	二十	二一	二二	二三	二四	二五	二六	二七	二八	二九	三十	節氣與天象
正月小	庚寅	天干地支 西曆 星期	己丑 12 五	庚寅 13 六	辛卯 14 日	壬辰 15 一	癸巳 16 二	甲午 17 三	乙未 18 四	丙申 19 五	丁酉 20 六	戊戌 21 日	己亥 22 一	庚子 23 二	辛丑 24 三	壬寅 25 四	癸卯 26 五	甲辰 27 六	乙巳 28 日	丙午 (3) 一	丁未 2 二	戊申 3 三	己酉 4 四	庚戌 5 五	辛亥 6 六	壬子 7 日	癸丑 8 一	甲寅 9 二	乙卯 10 三	丙辰 11 四	丁巳 12 五		辛卯雨水 丙午驚蟄
二月大	辛卯	天干地支 西曆 星期	戊午 13 六	己未 14 日	庚申 15 一	辛酉 16 二	壬戌 17 三	癸亥 18 四	甲子 19 五	乙丑 20 六	丙寅 21 日	丁卯 22 一	戊辰 23 二	己巳 24 三	庚午 25 四	辛未 26 五	壬申 27 六	癸酉 28 日	甲戌 29 一	乙亥 30 二	丙子 31 三	丁丑 (4) 四	戊寅 2 五	己卯 3 六	庚辰 4 日	辛巳 5 一	壬午 6 二	癸未 7 三	甲申 8 四	乙酉 9 五	丙戌 10 六	丁亥 11 日	辛酉春分 丁丑清明
三月大	壬辰	天干地支 西曆 星期	戊子 12 一	己丑 13 二	庚寅 14 三	辛卯 15 四	壬辰 16 五	癸巳 17 六	甲午 18 日	乙未 19 一	丙申 20 二	丁酉 21 三	戊戌 22 四	己亥 23 五	庚子 24 六	辛丑 25 日	壬寅 26 一	癸卯 27 二	甲辰 28 三	乙巳 29 四	丙午 30 五	丁未 (5) 六	戊申 2 日	己酉 3 一	庚戌 4 二	辛亥 5 三	壬子 6 四	癸丑 7 五	甲寅 8 六	乙卯 9 日	丙辰 10 一	丁巳 11 二	壬辰穀雨 丁未立夏
四月小	癸巳	天干地支 西曆 星期	戊午 12 三	己未 13 四	庚申 14 五	辛酉 15 六	壬戌 16 日	癸亥 17 一	甲子 18 二	乙丑 19 三	丙寅 20 四	丁卯 21 五	戊辰 22 六	己巳 23 日	庚午 24 一	辛未 25 二	壬申 26 三	癸酉 27 四	甲戌 28 五	乙亥 29 六	丙子 30 日	丁丑 31 一	戊寅 (6) 二	己卯 2 三	庚辰 3 四	辛巳 4 五	壬午 5 六	癸未 6 日	甲申 7 一	乙酉 8 二	丙戌 9 三		壬戌小滿 丁丑芒種
五月小	甲午	天干地支 西曆 星期	丁亥 10 四	戊子 11 五	己丑 12 六	庚寅 13 日	辛卯 14 一	壬辰 15 二	癸巳 16 三	甲午 17 四	乙未 18 五	丙申 19 六	丁酉 20 日	戊戌 21 一	己亥 22 二	庚子 23 三	辛丑 24 四	壬寅 25 五	癸卯 26 六	甲辰 27 日	乙巳 28 一	丙午 29 二	丁未 30 三	戊申 (7) 四	己酉 2 五	庚戌 3 六	辛亥 4 日	壬子 5 一	癸丑 6 二	甲寅 7 三	乙卯 8 四		癸巳夏至 戊申小暑
六月大	乙未	天干地支 西曆 星期	丙辰 9 五	丁巳 10 六	戊午 11 日	己未 12 一	庚申 13 二	辛酉 14 三	壬戌 15 四	癸亥 16 五	甲子 17 六	乙丑 18 日	丙寅 19 一	丁卯 20 二	戊辰 21 三	己巳 22 四	庚午 23 五	辛未 24 六	壬申 25 日	癸酉 26 一	甲戌 27 二	乙亥 28 三	丙子 29 四	丁丑 30 五	戊寅 31 六	己卯 (8) 日	庚辰 2 一	辛巳 3 二	壬午 4 三	癸未 5 四	甲申 6 五	乙酉 7 六	癸亥大暑 戊寅立秋
七月小	丙申	天干地支 西曆 星期	丙戌 8 日	丁亥 9 一	戊子 10 二	己丑 11 三	庚寅 12 四	辛卯 13 五	壬辰 14 六	癸巳 15 日	甲午 16 一	乙未 17 二	丙申 18 三	丁酉 19 四	戊戌 20 五	己亥 21 六	庚子 22 日	辛丑 23 一	壬寅 24 二	癸卯 25 三	甲辰 26 四	乙巳 27 五	丙午 28 六	丁未 29 日	戊申 30 一	己酉 31 二	庚戌 (9) 三	辛亥 2 四	壬子 3 五	癸丑 4 六	甲寅 5 日		甲午處暑 己酉白露
八月小	丁酉	天干地支 西曆 星期	乙卯 6 一	丙辰 7 二	丁巳 8 三	戊午 9 四	己未 10 五	庚申 11 六	辛酉 12 日	壬戌 13 一	癸亥 14 二	甲子 15 三	乙丑 16 四	丙寅 17 五	丁卯 18 六	戊辰 19 日	己巳 20 一	庚午 21 二	辛未 22 三	壬申 23 四	癸酉 24 五	甲戌 25 六	乙亥 26 日	丙子 27 一	丁丑 28 二	戊寅 29 三	己卯 30 四	庚辰 (10) 五	辛巳 2 六	壬午 3 日	癸未 4 一		甲子秋分 己卯寒露
九月大	戊戌	天干地支 西曆 星期	甲申 5 二	乙酉 6 三	丙戌 7 四	丁亥 8 五	戊子 9 六	己丑 10 日	庚寅 11 一	辛卯 12 二	壬辰 13 三	癸巳 14 四	甲午 15 五	乙未 16 六	丙申 17 日	丁酉 18 一	戊戌 19 二	己亥 20 三	庚子 21 四	辛丑 22 五	壬寅 23 六	癸卯 24 日	甲辰 25 一	乙巳 26 二	丙午 27 三	丁未 28 四	戊申 29 五	己酉 30 六	庚戌 31 日	辛亥 (11) 一	壬子 2 二	癸丑 3 三	甲午霜降 庚戌立冬
十月小	己亥	天干地支 西曆 星期	甲寅 4 四	乙卯 5 五	丙辰 6 六	丁巳 7 日	戊午 8 一	己未 9 二	庚申 10 三	辛酉 11 四	壬戌 12 五	癸亥 13 六	甲子 14 日	乙丑 15 一	丙寅 16 二	丁卯 17 三	戊辰 18 四	己巳 19 五	庚午 20 六	辛未 21 日	壬申 22 一	癸酉 23 二	甲戌 24 三	乙亥 25 四	丙子 26 五	丁丑 27 六	戊寅 28 日	己卯 29 一	庚辰 30 二	辛巳 (12) 三	壬午 2 四		乙丑小雪 庚辰大雪
十一月大	庚子	天干地支 西曆 星期	癸未 3 五	甲申 4 六	乙酉 5 日	丙戌 6 一	丁亥 7 二	戊子 8 三	己丑 9 四	庚寅 10 五	辛卯 11 六	壬辰 12 日	癸巳 13 一	甲午 14 二	乙未 15 三	丙申 16 四	丁酉 17 五	戊戌 18 六	己亥 19 日	庚子 20 一	辛丑 21 二	壬寅 22 三	癸卯 23 四	甲辰 24 五	乙巳 25 六	丙午 26 日	丁未 27 一	戊申 28 二	己酉 29 三	庚戌 30 四	辛亥 31 五	壬子 (1) 六	乙未冬至 辛亥小寒
十二月大	辛丑	天干地支 西曆 星期	癸丑 2 日	甲寅 3 一	乙卯 4 二	丙辰 5 三	丁巳 6 四	戊午 7 五	己未 8 六	庚申 9 日	辛酉 10 一	壬戌 11 二	癸亥 12 三	甲子 13 四	乙丑 14 五	丙寅 15 六	丁卯 16 日	戊辰 17 一	己巳 18 二	庚午 19 三	辛未 20 四	壬申 21 五	癸酉 22 六	甲戌 23 日	乙亥 24 一	丙子 25 二	丁丑 26 三	戊寅 27 四	己卯 28 五	庚辰 29 六	辛巳 30 日	壬午 31 一	丙寅大寒 辛巳立春

宋神宗元豐五年（壬戌 狗年） 公元 1082 ~ 1083 年

夏曆月序		中西曆日對照	初一	初二	初三	初四	初五	初六	初七	初八	初九	初十	十一	十二	十三	十四	十五	十六	十七	十八	十九	二十	二一	二二	二三	二四	二五	二六	二七	二八	二九	三十	節氣與天象
正月大	壬寅	天干地支 西曆星期	癸未 (2) 二	甲申 2 三	乙酉 3 四	丙戌 4 五	丁亥 5 六	戊子 6 日	己丑 7 一	庚寅 8 二	辛卯 9 三	壬辰 10 四	癸巳 11 五	甲午 12 六	乙未 13 日	丙申 14 一	丁酉 15 二	戊戌 16 三	己亥 17 四	庚子 18 五	辛丑 19 六	壬寅 20 日	癸卯 21 一	甲辰 22 二	乙巳 23 三	丙午 24 四	丁未 25 五	戊申 26 六	己酉 27 日	庚戌 28 一	辛亥 (3) 二	壬子 2 三	丙申雨水 辛亥驚蟄
二月小	癸卯	天干地支 西曆星期	癸丑 3 四	甲寅 4 五	乙卯 5 六	丙辰 6 日	丁巳 7 一	戊午 8 二	己未 9 三	庚申 10 四	辛酉 11 五	壬戌 12 六	癸亥 13 日	甲子 14 一	乙丑 15 二	丙寅 16 三	丁卯 17 四	戊辰 18 五	己巳 19 六	庚午 20 日	辛未 21 一	壬申 22 二	癸酉 23 三	甲戌 24 四	乙亥 25 五	丙子 26 六	丁丑 27 日	戊寅 28 一	己卯 29 二	庚辰 30 三	辛巳 31 四		丁卯春分
三月大	甲辰	天干地支 西曆星期	壬午 (4) 五	癸未 2 六	甲申 3 日	乙酉 4 一	丙戌 5 二	丁亥 6 三	戊子 7 四	己丑 8 五	庚寅 9 六	辛卯 10 日	壬辰 11 一	癸巳 12 二	甲午 13 三	乙未 14 四	丙申 15 五	丁酉 16 六	戊戌 17 日	己亥 18 一	庚子 19 二	辛丑 20 三	壬寅 21 四	癸卯 22 五	甲辰 23 六	乙巳 24 日	丙午 25 一	丁未 26 二	戊申 27 三	己酉 28 四	庚戌 29 五	辛亥 30 六	壬午清明 丁酉穀雨
四月小	乙巳	天干地支 西曆星期	壬子 (5) 日	癸丑 2 一	甲寅 3 二	乙卯 4 三	丙辰 5 四	丁巳 6 五	戊午 7 六	己未 8 日	庚申 9 一	辛酉 10 二	壬戌 11 三	癸亥 12 四	甲子 13 五	乙丑 14 六	丙寅 15 日	丁卯 16 一	戊辰 17 二	己巳 18 三	庚午 19 四	辛未 20 五	壬申 21 六	癸酉 22 日	甲戌 23 一	乙亥 24 二	丙子 25 三	丁丑 26 四	戊寅 27 五	己卯 28 六	庚辰 29 日		壬子立夏 戊辰小滿
五月大	丙午	天干地支 西曆星期	辛巳 30 一	壬午 31 二	癸未 (6) 三	甲申 2 四	乙酉 3 五	丙戌 4 六	丁亥 5 日	戊子 6 一	己丑 7 二	庚寅 8 三	辛卯 9 四	壬辰 10 五	癸巳 11 六	甲午 12 日	乙未 13 一	丙申 14 二	丁酉 15 三	戊戌 16 四	己亥 17 五	庚子 18 六	辛丑 19 日	壬寅 20 一	癸卯 21 二	甲辰 22 三	乙巳 23 四	丙午 24 五	丁未 25 六	戊申 26 日	己酉 27 一	庚戌 28 二	癸未芒種 戊戌夏至
六月小	丁未	天干地支 西曆星期	辛亥 29 三	壬子 30 四	癸丑 (7) 五	甲寅 2 六	乙卯 3 日	丙辰 4 一	丁巳 5 二	戊午 6 三	己未 7 四	庚申 8 五	辛酉 9 六	壬戌 10 日	癸亥 11 一	甲子 12 二	乙丑 13 三	丙寅 14 四	丁卯 15 五	戊辰 16 六	己巳 17 日	庚午 18 一	辛未 19 二	壬申 20 三	癸酉 21 四	甲戌 22 五	乙亥 23 六	丙子 24 日	丁丑 25 一	戊寅 26 二	己卯 27 三		癸丑小暑 戊辰大暑
七月大	戊申	天干地支 西曆星期	庚辰 28 四	辛巳 29 五	壬午 30 六	癸未 31 日	甲申 (8) 一	乙酉 2 二	丙戌 3 三	丁亥 4 四	戊子 5 五	己丑 6 六	庚寅 7 日	辛卯 8 一	壬辰 9 二	癸巳 10 三	甲午 11 四	乙未 12 五	丙申 13 六	丁酉 14 日	戊戌 15 一	己亥 16 二	庚子 17 三	辛丑 18 四	壬寅 19 五	癸卯 20 六	甲辰 21 日	乙巳 22 一	丙午 23 二	丁未 24 三	戊申 25 四	己酉 26 五	甲申立秋 己亥處暑
八月小	己酉	天干地支 西曆星期	庚戌 27 六	辛亥 28 日	壬子 29 一	癸丑 30 二	甲寅 31 三	乙卯 (9) 四	丙辰 2 五	丁巳 3 六	戊午 4 日	己未 5 一	庚申 6 二	辛酉 7 三	壬戌 8 四	癸亥 9 五	甲子 10 六	乙丑 11 日	丙寅 12 一	丁卯 13 二	戊辰 14 三	己巳 15 四	庚午 16 五	辛未 17 六	壬申 18 日	癸酉 19 一	甲戌 20 二	乙亥 21 三	丙子 22 四	丁丑 23 五	戊寅 24 六		甲寅白露 己巳秋分
九月小	庚戌	天干地支 西曆星期	己卯 25 日	庚辰 26 一	辛巳 27 二	壬午 28 三	癸未 29 四	甲申 30 五	乙酉 (10) 六	丙戌 2 日	丁亥 3 一	戊子 4 二	己丑 5 三	庚寅 6 四	辛卯 7 五	壬辰 8 六	癸巳 9 日	甲午 10 一	乙未 11 二	丙申 12 三	丁酉 13 四	戊戌 14 五	己亥 15 六	庚子 16 日	辛丑 17 一	壬寅 18 二	癸卯 19 三	甲辰 20 四	乙巳 21 五	丙午 22 六	丁未 23 日		甲申寒露 庚子霜降
十月大	辛亥	天干地支 西曆星期	戊申 24 一	己酉 25 二	庚戌 26 三	辛亥 27 四	壬子 28 五	癸丑 29 六	甲寅 30 日	乙卯 31 一	丙辰 (11) 二	丁巳 2 三	戊午 3 四	己未 4 五	庚申 5 六	辛酉 6 日	壬戌 7 一	癸亥 8 二	甲子 9 三	乙丑 10 四	丙寅 11 五	丁卯 12 六	戊辰 13 日	己巳 14 一	庚午 15 二	辛未 16 三	壬申 17 四	癸酉 18 五	甲戌 19 六	乙亥 20 日	丙子 21 一	丁丑 22 二	乙卯立冬 庚午小雪
十一月小	壬子	天干地支 西曆星期	戊寅 23 三	己卯 24 四	庚辰 25 五	辛巳 26 六	壬午 27 日	癸未 28 一	甲申 29 二	乙酉 30 三	丙戌 (12) 四	丁亥 2 五	戊子 3 六	己丑 4 日	庚寅 5 一	辛卯 6 二	壬辰 7 三	癸巳 8 四	甲午 9 五	乙未 10 六	丙申 11 日	丁酉 12 一	戊戌 13 二	己亥 14 三	庚子 15 四	辛丑 16 五	壬寅 17 六	癸卯 18 日	甲辰 19 一	乙巳 20 二	丙午 21 三		乙酉大雪 辛丑冬至
十二月大	癸丑	天干地支 西曆星期	丁未 22 四	戊申 23 五	己酉 24 六	庚戌 25 日	辛亥 26 一	壬子 27 二	癸丑 28 三	甲寅 29 四	乙卯 30 五	丙辰 31 六	丁巳 (1) 日	戊午 2 一	己未 3 二	庚申 4 三	辛酉 5 四	壬戌 6 五	癸亥 7 六	甲子 8 日	乙丑 9 一	丙寅 10 二	丁卯 11 三	戊辰 12 四	己巳 13 五	庚午 14 六	辛未 15 日	壬申 16 一	癸酉 17 二	甲戌 18 三	乙亥 19 四	丙子 20 五	丙辰小寒 辛未大寒

宋神宗元豐六年（癸亥 猪年） 公元 **1083** ~ 1084 年

夏曆月序		中西曆日對照	初一	初二	初三	初四	初五	初六	初七	初八	初九	初十	十一	十二	十三	十四	十五	十六	十七	十八	十九	二十	二一	二二	二三	二四	二五	二六	二七	二八	二九	三十	節氣與天象
正月大	甲寅	天干地支 西曆 星期	丁丑 21 六	戊寅 22 日	己卯 23 一	庚辰 24 二	辛巳 25 三	壬午 26 四	癸未 27 五	甲申 28 六	乙酉 29 日	丙戌 30 一	丁亥 31 二	戊子 (2) 三	己丑 2 四	庚寅 3 五	辛卯 4 六	壬辰 5 日	癸巳 6 一	甲午 7 二	乙未 8 三	丙申 9 四	丁酉 10 五	戊戌 11 六	己亥 12 日	庚子 13 一	辛丑 14 二	壬寅 15 三	癸卯 16 四	甲辰 17 五	乙巳 18 六	丙午 19 日	丙戌立春 辛丑雨水
二月小	乙卯	天干地支 西曆 星期	丁未 20 一	戊申 21 二	己酉 22 三	庚戌 23 四	辛亥 24 五	壬子 25 六	癸丑 26 日	甲寅 27 一	乙卯 28 二	丙辰 (3) 三	丁巳 2 四	戊午 3 五	己未 4 六	庚申 5 日	辛酉 6 一	壬戌 7 二	癸亥 8 三	甲子 9 四	乙丑 10 五	丙寅 11 六	丁卯 12 日	戊辰 13 一	己巳 14 二	庚午 15 三	辛未 16 四	壬申 17 五	癸酉 18 六	甲戌 19 日	乙亥 20 一		丁巳驚蟄 壬申春分
三月大	丙辰	天干地支 西曆 星期	丙子 21 二	丁丑 22 三	戊寅 23 四	己卯 24 五	庚辰 25 六	辛巳 26 日	壬午 27 一	癸未 28 二	甲申 29 三	乙酉 30 四	丙戌 31 五	丁亥 (4) 六	戊子 2 日	己丑 3 一	庚寅 4 二	辛卯 5 三	壬辰 6 四	癸巳 7 五	甲午 8 六	乙未 9 日	丙申 10 一	丁酉 11 二	戊戌 12 三	己亥 13 四	庚子 14 五	辛丑 15 六	壬寅 16 日	癸卯 17 一	甲辰 18 二	乙巳 19 三	丁亥清明 壬寅穀雨
四月大	丁巳	天干地支 西曆 星期	丙午 20 四	丁未 21 五	戊申 22 六	己酉 23 日	庚戌 24 一	辛亥 25 二	壬子 26 三	癸丑 27 四	甲寅 28 五	乙卯 29 六	丙辰 30 日	丁巳 (5) 一	戊午 2 二	己未 3 三	庚申 4 四	辛酉 5 五	壬戌 6 六	癸亥 7 日	甲子 8 一	乙丑 9 二	丙寅 10 三	丁卯 11 四	戊辰 12 五	己巳 13 六	庚午 14 日	辛未 15 一	壬申 16 二	癸酉 17 三	甲戌 18 四	乙亥 19 五	戊午立夏 癸酉小滿
五月小	戊午	天干地支 西曆 星期	丙子 20 六	丁丑 21 日	戊寅 22 一	己卯 23 二	庚辰 24 三	辛巳 25 四	壬午 26 五	癸未 27 六	甲申 28 日	乙酉 29 一	丙戌 30 二	丁亥 31 三	戊子 (6) 四	己丑 2 五	庚寅 3 六	辛卯 4 日	壬辰 5 一	癸巳 6 二	甲午 7 三	乙未 8 四	丙申 9 五	丁酉 10 六	戊戌 11 日	己亥 12 一	庚子 13 二	辛丑 14 三	壬寅 15 四	癸卯 16 五	甲辰 17 六		戊子芒種 癸卯夏至
六月大	己未	天干地支 西曆 星期	乙巳 18 日	丙午 19 一	丁未 20 二	戊申 21 三	己酉 22 四	庚戌 23 五	辛亥 24 六	壬子 25 日	癸丑 26 一	甲寅 27 二	乙卯 28 三	丙辰 29 四	丁巳 30 五	戊午 (7) 六	己未 2 日	庚申 3 一	辛酉 4 二	壬戌 5 三	癸亥 6 四	甲子 7 五	乙丑 8 六	丙寅 9 日	丁卯 10 一	戊辰 11 二	己巳 12 三	庚午 13 四	辛未 14 五	壬申 15 六	癸酉 16 日	甲戌 17 一	戊午小暑 甲戌大暑
閏六月小	己未	天干地支 西曆 星期	乙亥 18 二	丙子 19 三	丁丑 20 四	戊寅 21 五	己卯 22 六	庚辰 23 日	辛巳 24 一	壬午 25 二	癸未 26 三	甲申 27 四	乙酉 28 五	丙戌 29 六	丁亥 30 日	戊子 31 一	己丑 (8) 二	庚寅 2 三	辛卯 3 四	壬辰 4 五	癸巳 5 六	甲午 6 日	乙未 7 一	丙申 8 二	丁酉 9 三	戊戌 10 四	己亥 11 五	庚子 12 六	辛丑 13 日	壬寅 14 一	癸卯 15 二		己丑立秋
七月大	庚申	天干地支 西曆 星期	甲辰 16 三	乙巳 17 四	丙午 18 五	丁未 19 六	戊申 20 日	己酉 21 一	庚戌 22 二	辛亥 23 三	壬子 24 四	癸丑 25 五	甲寅 26 六	乙卯 27 日	丙辰 28 一	丁巳 29 二	戊午 30 三	己未 31 四	庚申 (9) 五	辛酉 2 六	壬戌 3 日	癸亥 4 一	甲子 5 二	乙丑 6 三	丙寅 7 四	丁卯 8 五	戊辰 9 六	己巳 10 日	庚午 11 一	辛未 12 二	壬申 13 三	癸酉 14 四	甲辰處暑 己未白露
八月小	辛酉	天干地支 西曆 星期	甲戌 15 五	乙亥 16 六	丙子 17 日	丁丑 18 一	戊寅 19 二	己卯 20 三	庚辰 21 四	辛巳 22 五	壬午 23 六	癸未 24 日	甲申 25 一	乙酉 26 二	丙戌 27 三	丁亥 28 四	戊子 29 五	己丑 30 六	庚寅 (10) 日	辛卯 2 一	壬辰 3 二	癸巳 4 三	甲午 5 四	乙未 6 五	丙申 7 六	丁酉 8 日	戊戌 9 一	己亥 10 二	庚子 11 三	辛丑 12 四	壬寅 13 五		乙亥秋分 庚寅寒露
九月大	壬戌	天干地支 西曆 星期	癸卯 14 六	甲辰 15 日	乙巳 16 一	丙午 17 二	丁未 18 三	戊申 19 四	己酉 20 五	庚戌 21 六	辛亥 22 日	壬子 23 一	癸丑 24 二	甲寅 25 三	乙卯 26 四	丙辰 27 五	丁巳 28 六	戊午 29 日	己未 30 一	庚申 31 二	辛酉 (11) 三	壬戌 2 四	癸亥 3 五	甲子 4 六	乙丑 5 日	丙寅 6 一	丁卯 7 二	戊辰 8 三	己巳 9 四	庚午 10 五	辛未 11 六	壬申 12 日	乙巳霜降 庚申立冬 癸卯日食
十月小	癸亥	天干地支 西曆 星期	癸酉 13 一	甲戌 14 二	乙亥 15 三	丙子 16 四	丁丑 17 五	戊寅 18 六	己卯 19 日	庚辰 20 一	辛巳 21 二	壬午 22 三	癸未 23 四	甲申 24 五	乙酉 25 六	丙戌 26 日	丁亥 27 一	戊子 28 二	己丑 29 三	庚寅 30 四	辛卯 (12) 五	壬辰 2 六	癸巳 3 日	甲午 4 一	乙未 5 二	丙申 6 三	丁酉 7 四	戊戌 8 五	己亥 9 六	庚子 10 日	辛丑 11 一		乙亥小雪 辛卯大雪
十一月小	甲子	天干地支 西曆 星期	壬寅 12 二	癸卯 13 三	甲辰 14 四	乙巳 15 五	丙午 16 六	丁未 17 日	戊申 18 一	己酉 19 二	庚戌 20 三	辛亥 21 四	壬子 22 五	癸丑 23 六	甲寅 24 日	乙卯 25 一	丙辰 26 二	丁巳 27 三	戊午 28 四	己未 29 五	庚申 30 六	辛酉 31 日	壬戌 (1) 一	癸亥 2 二	甲子 3 三	乙丑 4 四	丙寅 5 五	丁卯 6 六	戊辰 7 日	己巳 8 一	庚午 9 二		丙午冬至 辛酉小寒
十二月大	乙丑	天干地支 西曆 星期	辛未 10 三	壬申 11 四	癸酉 12 五	甲戌 13 六	乙亥 14 日	丙子 15 一	丁丑 16 二	戊寅 17 三	己卯 18 四	庚辰 19 五	辛巳 20 六	壬午 21 日	癸未 22 一	甲申 23 二	乙酉 24 三	丙戌 25 四	丁亥 26 五	戊子 27 六	己丑 28 日	庚寅 29 一	辛卯 30 二	壬辰 31 三	癸巳 (2) 四	甲午 2 五	乙未 3 六	丙申 4 日	丁酉 5 一	戊戌 6 二	己亥 7 三	庚子 8 四	丙子大寒 辛卯立春

宋神宗元豐七年（甲子 鼠年） 公元 1084 ~ 1085 年

夏曆月序		中西曆日對照	初一	初二	初三	初四	初五	初六	初七	初八	初九	初十	十一	十二	十三	十四	十五	十六	十七	十八	十九	二十	二一	二二	二三	二四	二五	二六	二七	二八	二九	三十	節氣與天象
正月小	丙寅	天干地支 西曆 星期	辛丑 9 五	壬寅 10 六	癸卯 11 日	甲辰 12 一	乙巳 13 二	丙午 14 三	丁未 15 四	戊申 16 五	己酉 17 六	庚戌 18 日	辛亥 19 一	壬子 20 二	癸丑 21 三	甲寅 22 四	乙卯 23 五	丙辰 24 六	丁巳 25 日	戊午 26 一	己未 27 二	庚申 28 三	辛酉 29 四	壬戌 (3) 五	癸亥 2 六	甲子 3 日	乙丑 4 一	丙寅 5 二	丁卯 6 三	戊辰 7 四	己巳 8 五		丁未雨水 壬戌驚蟄
二月大	丁卯	天干地支 西曆 星期	庚午 9 六	辛未 10 日	壬申 11 一	癸酉 12 二	甲戌 13 三	乙亥 14 四	丙子 15 五	丁丑 16 六	戊寅 17 日	己卯 18 一	庚辰 19 二	辛巳 20 三	壬午 21 四	癸未 22 五	甲申 23 六	乙酉 24 日	丙戌 25 一	丁亥 26 二	戊子 27 三	己丑 28 四	庚寅 29 五	辛卯 30 六	壬辰 31 日	癸巳 (4) 一	甲午 2 二	乙未 3 三	丙申 4 四	丁酉 5 五	戊戌 6 六	己亥 7 日	丁丑春分 壬辰清明
三月大	戊辰	天干地支 西曆 星期	庚子 8 一	辛丑 9 二	壬寅 10 三	癸卯 11 四	甲辰 12 五	乙巳 13 六	丙午 14 日	丁未 15 一	戊申 16 二	己酉 17 三	庚戌 18 四	辛亥 19 五	壬子 20 六	癸丑 21 日	甲寅 22 一	乙卯 23 二	丙辰 24 三	丁巳 25 四	戊午 26 五	己未 27 六	庚申 28 日	辛酉 29 一	壬戌 30 二	癸亥 (5) 三	甲子 2 四	乙丑 3 五	丙寅 4 六	丁卯 5 日	戊辰 6 一	己巳 7 二	戊申穀雨 癸亥立夏
四月小	己巳	天干地支 西曆 星期	庚午 8 三	辛未 9 四	壬申 10 五	癸酉 11 六	甲戌 12 日	乙亥 13 一	丙子 14 二	丁丑 15 三	戊寅 16 四	己卯 17 五	庚辰 18 六	辛巳 19 日	壬午 20 一	癸未 21 二	甲申 22 三	乙酉 23 四	丙戌 24 五	丁亥 25 六	戊子 26 日	己丑 27 一	庚寅 28 二	辛卯 29 三	壬辰 30 四	癸巳 31 五	甲午 (6) 六	乙未 2 日	丙申 3 一	丁酉 4 二	戊戌 5 三		戊寅小滿 癸巳芒種
五月大	庚午	天干地支 西曆 星期	己亥 6 四	庚子 7 五	辛丑 8 六	壬寅 9 日	癸卯 10 一	甲辰 11 二	乙巳 12 三	丙午 13 四	丁未 14 五	戊申 15 六	己酉 16 日	庚戌 17 一	辛亥 18 二	壬子 19 三	癸丑 20 四	甲寅 21 五	乙卯 22 六	丙辰 23 日	丁巳 24 一	戊午 25 二	己未 26 三	庚申 27 四	辛酉 28 五	壬戌 29 六	癸亥 30 日	甲子 (7) 一	乙丑 2 二	丙寅 3 三	丁卯 4 四	戊辰 5 五	戊申夏至 甲子小暑
六月小	辛未	天干地支 西曆 星期	己巳 6 六	庚午 7 日	辛未 8 一	壬申 9 二	癸酉 10 三	甲戌 11 四	乙亥 12 五	丙子 13 六	丁丑 14 日	戊寅 15 一	己卯 16 二	庚辰 17 三	辛巳 18 四	壬午 19 五	癸未 20 六	甲申 21 日	乙酉 22 一	丙戌 23 二	丁亥 24 三	戊子 25 四	己丑 26 五	庚寅 27 六	辛卯 28 日	壬辰 29 一	癸巳 30 二	甲午 31 三	乙未 (8) 四	丙申 2 五	丁酉 3 六		己卯大暑 甲午立秋
七月大	壬申	天干地支 西曆 星期	戊戌 4 日	己亥 5 一	庚子 6 二	辛丑 7 三	壬寅 8 四	癸卯 9 五	甲辰 10 六	乙巳 11 日	丙午 12 一	丁未 13 二	戊申 14 三	己酉 15 四	庚戌 16 五	辛亥 17 六	壬子 18 日	癸丑 19 一	甲寅 20 二	乙卯 21 三	丙辰 22 四	丁巳 23 五	戊午 24 六	己未 25 日	庚申 26 一	辛酉 27 二	壬戌 28 三	癸亥 29 四	甲子 30 五	乙丑 31 六	丙寅 (9) 日	丁卯 2 一	己酉處暑 乙丑白露
八月大	癸酉	天干地支 西曆 星期	戊辰 3 二	己巳 4 三	庚午 5 四	辛未 6 五	壬申 7 六	癸酉 8 日	甲戌 9 一	乙亥 10 二	丙子 11 三	丁丑 12 四	戊寅 13 五	己卯 14 六	庚辰 15 日	辛巳 16 一	壬午 17 二	癸未 18 三	甲申 19 四	乙酉 20 五	丙戌 21 六	丁亥 22 日	戊子 23 一	己丑 24 二	庚寅 25 三	辛卯 26 四	壬辰 27 五	癸巳 28 六	甲午 29 日	乙未 30 一	丙申 (10) 二	丁酉 2 三	庚辰秋分 乙未寒露
九月小	甲戌	天干地支 西曆 星期	戊戌 3 四	己亥 4 五	庚子 5 六	辛丑 6 日	壬寅 7 一	癸卯 8 二	甲辰 9 三	乙巳 10 四	丙午 11 五	丁未 12 六	戊申 13 日	己酉 14 一	庚戌 15 二	辛亥 16 三	壬子 17 四	癸丑 18 五	甲寅 19 六	乙卯 20 日	丙辰 21 一	丁巳 22 二	戊午 23 三	己未 24 四	庚申 25 五	辛酉 26 六	壬戌 27 日	癸亥 28 一	甲子 29 二	乙丑 30 三	丙寅 31 四		庚戌霜降 乙丑立冬
十月大	乙亥	天干地支 西曆 星期	丁卯 (11) 五	戊辰 2 六	己巳 3 日	庚午 4 一	辛未 5 二	壬申 6 三	癸酉 7 四	甲戌 8 五	乙亥 9 六	丙子 10 日	丁丑 11 一	戊寅 12 二	己卯 13 三	庚辰 14 四	辛巳 15 五	壬午 16 六	癸未 17 日	甲申 18 一	乙酉 19 二	丙戌 20 三	丁亥 21 四	戊子 22 五	己丑 23 六	庚寅 24 日	辛卯 25 一	壬辰 26 二	癸巳 27 三	甲午 28 四	乙未 29 五	丙申 30 六	辛巳小雪 丙申大雪
十一月小	丙子	天干地支 西曆 星期	丁酉 (12) 日	戊戌 2 一	己亥 3 二	庚子 4 三	辛丑 5 四	壬寅 6 五	癸卯 7 六	甲辰 8 日	乙巳 9 一	丙午 10 二	丁未 11 三	戊申 12 四	己酉 13 五	庚戌 14 六	辛亥 15 日	壬子 16 一	癸丑 17 二	甲寅 18 三	乙卯 19 四	丙辰 20 五	丁巳 21 六	戊午 22 日	己未 23 一	庚申 24 二	辛酉 25 三	壬戌 26 四	癸亥 27 五	甲子 28 六	乙丑 29 日		辛亥冬至
十二月大	丁丑	天干地支 西曆 星期	丙寅 30 一	丁卯 31 二	戊辰 (1) 三	己巳 2 四	庚午 3 五	辛未 4 六	壬申 5 日	癸酉 6 一	甲戌 7 二	乙亥 8 三	丙子 9 四	丁丑 10 五	戊寅 11 六	己卯 12 日	庚辰 13 一	辛巳 14 二	壬午 15 三	癸未 16 四	甲申 17 五	乙酉 18 六	丙戌 19 日	丁亥 20 一	戊子 21 二	己丑 22 三	庚寅 23 四	辛卯 24 五	壬辰 25 六	癸巳 26 日	甲午 27 一	乙未 28 二	丙寅小寒 辛巳大寒

宋神宗元豐八年 哲宗元豐八年（乙丑 牛年） 公元1085 ~ 1086年

夏曆月序	中西曆日對照	初一	初二	初三	初四	初五	初六	初七	初八	初九	初十	十一	十二	十三	十四	十五	十六	十七	十八	十九	二十	二一	二二	二三	二四	二五	二六	二七	二八	二九	三十	節氣與天象
正月小 戊寅	天干地支 西曆 星期	丙申 29 三	丁酉 30 四	戊戌 31 五	己亥 (2) 六	庚子 2 日	辛丑 3 一	壬寅 4 二	癸卯 5 三	甲辰 6 四	乙巳 7 五	丙午 8 六	丁未 9 日	戊申 10 一	己酉 11 二	庚戌 12 三	辛亥 13 四	壬子 14 五	癸丑 15 六	甲寅 16 日	乙卯 17 一	丙辰 18 二	丁巳 19 三	戊午 20 四	己未 21 五	庚申 22 六	辛酉 23 日	壬戌 24 一	癸亥 25 二	甲子 26 三		丁酉立春 壬子雨水
二月小 己卯	天干地支 西曆 星期	乙丑 27 四	丙寅 28 五	丁卯 (3) 六	戊辰 2 日	己巳 3 一	庚午 4 二	辛未 5 三	壬申 6 四	癸酉 7 五	甲戌 8 六	乙亥 9 日	丙子 10 一	丁丑 11 二	戊寅 12 三	己卯 13 四	庚辰 14 五	辛巳 15 六	壬午 16 日	癸未 17 一	甲申 18 二	乙酉 19 三	丙戌 20 四	丁亥 21 五	戊子 22 六	己丑 23 日	庚寅 24 一	辛卯 25 二	壬辰 26 三	癸巳 27 四		丁卯驚蟄 壬午春分
三月大 庚辰	天干地支 西曆 星期	甲午 28 五	乙未 29 六	丙申 30 日	丁酉 31 一	戊戌 (4) 二	己亥 2 三	庚子 3 四	辛丑 4 五	壬寅 5 六	癸卯 6 日	甲辰 7 一	乙巳 8 二	丙午 9 三	丁未 10 四	戊申 11 五	己酉 12 六	庚戌 13 日	辛亥 14 一	壬子 15 二	癸丑 16 三	甲寅 17 四	乙卯 18 五	丙辰 19 六	丁巳 20 日	戊午 21 一	己未 22 二	庚申 23 三	辛酉 24 四	壬戌 25 五	癸亥 26 六	戊戌清明 癸丑穀雨
四月小 辛巳	天干地支 西曆 星期	甲子 27 日	乙丑 28 一	丙寅 29 二	丁卯 30 三	戊辰 (5) 四	己巳 2 五	庚午 3 六	辛未 4 日	壬申 5 一	癸酉 6 二	甲戌 7 三	乙亥 8 四	丙子 9 五	丁丑 10 六	戊寅 11 日	己卯 12 一	庚辰 13 二	辛巳 14 三	壬午 15 四	癸未 16 五	甲申 17 六	乙酉 18 日	丙戌 19 一	丁亥 20 二	戊子 21 三	己丑 22 四	庚寅 23 五	辛卯 24 六	壬辰 25 日		戊辰立夏 癸未小滿
五月大 壬午	天干地支 西曆 星期	癸巳 26 一	甲午 27 二	乙未 28 三	丙申 29 四	丁酉 30 五	戊戌 31 六	己亥 (6) 日	庚子 2 一	辛丑 3 二	壬寅 4 三	癸卯 5 四	甲辰 6 五	乙巳 7 六	丙午 8 日	丁未 9 一	戊申 10 二	己酉 11 三	庚戌 12 四	辛亥 13 五	壬子 14 六	癸丑 15 日	甲寅 16 一	乙卯 17 二	丙辰 18 三	丁巳 19 四	戊午 20 五	己未 21 六	庚申 22 日	辛酉 23 一	壬戌 24 二	戊戌芒種 甲寅夏至
六月大 癸未	天干地支 西曆 星期	癸亥 25 三	甲子 26 四	乙丑 27 五	丙寅 28 六	丁卯 29 日	戊辰 30 一	己巳 (7) 二	庚午 2 三	辛未 3 四	壬申 4 五	癸酉 5 六	甲戌 6 日	乙亥 7 一	丙子 8 二	丁丑 9 三	戊寅 10 四	己卯 11 五	庚辰 12 六	辛巳 13 日	壬午 14 一	癸未 15 二	甲申 16 三	乙酉 17 四	丙戌 18 五	丁亥 19 六	戊子 20 日	己丑 21 一	庚寅 22 二	辛卯 23 三	壬辰 24 四	己巳小暑 甲申大暑
七月小 甲申	天干地支 西曆 星期	癸巳 25 五	甲午 26 六	乙未 27 日	丙申 28 一	丁酉 29 二	戊戌 30 三	己亥 31 四	庚子 (8) 五	辛丑 2 六	壬寅 3 日	癸卯 4 一	甲辰 5 二	乙巳 6 三	丙午 7 四	丁未 8 五	戊申 9 六	己酉 10 日	庚戌 11 一	辛亥 12 二	壬子 13 三	癸丑 14 四	甲寅 15 五	乙卯 16 六	丙辰 17 日	丁巳 18 一	戊午 19 二	己未 20 三	庚申 21 四	辛酉 22 五		己亥立秋 乙卯處暑
八月大 乙酉	天干地支 西曆 星期	壬戌 23 六	癸亥 24 日	甲子 25 一	乙丑 26 二	丙寅 27 三	丁卯 28 四	戊辰 29 五	己巳 30 六	庚午 31 日	辛未 (9) 一	壬申 2 二	癸酉 3 三	甲戌 4 四	乙亥 5 五	丙子 6 六	丁丑 7 日	戊寅 8 一	己卯 9 二	庚辰 10 三	辛巳 11 四	壬午 12 五	癸未 13 六	甲申 14 日	乙酉 15 一	丙戌 16 二	丁亥 17 三	戊子 18 四	己丑 19 五	庚寅 20 六	辛卯 21 日	庚午白露 乙酉秋分
九月大 丙戌	天干地支 西曆 星期	壬辰 22 一	癸巳 23 二	甲午 24 三	乙未 25 四	丙申 26 五	丁酉 27 六	戊戌 28 日	己亥 29 一	庚子 30 二	辛丑 (10) 三	壬寅 2 四	癸卯 3 五	甲辰 4 六	乙巳 5 日	丙午 6 一	丁未 7 二	戊申 8 三	己酉 9 四	庚戌 10 五	辛亥 11 六	壬子 12 日	癸丑 13 一	甲寅 14 二	乙卯 15 三	丙辰 16 四	丁巳 17 五	戊午 18 六	己未 19 日	庚申 20 一	辛酉 21 二	庚子寒露 乙卯霜降
十月小 丁亥	天干地支 西曆 星期	壬戌 22 三	癸亥 23 四	甲子 24 五	乙丑 25 六	丙寅 26 日	丁卯 27 一	戊辰 28 二	己巳 29 三	庚午 30 四	辛未 31 五	壬申 (11) 六	癸酉 2 日	甲戌 3 一	乙亥 4 二	丙子 5 三	丁丑 6 四	戊寅 7 五	己卯 8 六	庚辰 9 日	辛巳 10 一	壬午 11 二	癸未 12 三	甲申 13 四	乙酉 14 五	丙戌 15 六	丁亥 16 日	戊子 17 一	己丑 18 二	庚寅 19 三		辛未立冬 丙戌小雪
十一月大 戊子	天干地支 西曆 星期	辛卯 20 四	壬辰 21 五	癸巳 22 六	甲午 23 日	乙未 24 一	丙申 25 二	丁酉 26 三	戊戌 27 四	己亥 28 五	庚子 29 六	辛丑 30 日	壬寅 (12) 一	癸卯 2 二	甲辰 3 三	乙巳 4 四	丙午 5 五	丁未 6 六	戊申 7 日	己酉 8 一	庚戌 9 二	辛亥 10 三	壬子 11 四	癸丑 12 五	甲寅 13 六	乙卯 14 日	丙辰 15 一	丁巳 16 二	戊午 17 三	己未 18 四	庚申 19 五	辛丑大雪 丙辰冬至
十二月小 己丑	天干地支 西曆 星期	辛酉 20 六	壬戌 21 日	癸亥 22 一	甲子 23 二	乙丑 24 三	丙寅 25 四	丁卯 26 五	戊辰 27 六	己巳 28 日	庚午 29 一	辛未 30 二	壬申 31 三	癸酉 (1) 四	甲戌 2 五	乙亥 3 六	丙子 4 日	丁丑 5 一	戊寅 6 二	己卯 7 三	庚辰 8 四	辛巳 9 五	壬午 10 六	癸未 11 日	甲申 12 一	乙酉 13 二	丙戌 14 三	丁亥 15 四	戊子 16 五	己丑 17 六		壬申小寒 丁亥大寒

* 三月戊戌（初五），宋神宗死。趙煦即位，是爲哲宗。

宋哲宗元祐元年（丙寅 虎年） 公元 1086 ~ 1087 年

夏曆月序		中西曆日對照	初一	初二	初三	初四	初五	初六	初七	初八	初九	初十	十一	十二	十三	十四	十五	十六	十七	十八	十九	二十	二一	二二	二三	二四	二五	二六	二七	二八	二九	三十	節氣與天象
正月大	庚寅	干支	庚寅	辛卯	壬辰	癸巳	甲午	乙未	丙申	丁酉	戊戌	己亥	庚子	辛丑	壬寅	癸卯	甲辰	乙巳	丙午	丁未	戊申	己酉	庚戌	辛亥	壬子	癸丑	甲寅	乙卯	丙辰	丁巳	戊午	己未	壬寅立春 丁巳雨水
		西曆	18	19	20	21	22	23	24	25	26	27	28	29	30	31	(2)	2	3	4	5	6	7	8	9	10	11	12	13	14	15	16	
		星期	日	一	二	三	四	五	六	日	一	二	三	四	五	六	日	一	二	三	四	五	六	日	一	二	三	四	五	六	日	一	
二月小	辛卯	干支	庚申	辛酉	壬戌	癸亥	甲子	乙丑	丙寅	丁卯	戊辰	己巳	庚午	辛未	壬申	癸酉	甲戌	乙亥	丙子	丁丑	戊寅	己卯	庚辰	辛巳	壬午	癸未	甲申	乙酉	丙戌	丁亥	戊子		壬申驚蟄 戊子春分
		西曆	17	18	19	20	21	22	23	24	25	26	27	28	(3)	2	3	4	5	6	7	8	9	10	11	12	13	14	15	16	17		
		星期	二	三	四	五	六	日	一	二	三	四	五	六	日	一	二	三	四	五	六	日	一	二	三	四	五	六	日	一	二		
閏二月小	辛卯	干支	己丑	庚寅	辛卯	壬辰	癸巳	甲午	乙未	丙申	丁酉	戊戌	己亥	庚子	辛丑	壬寅	癸卯	甲辰	乙巳	丙午	丁未	戊申	己酉	庚戌	辛亥	壬子	癸丑	甲寅	乙卯	丙辰	丁巳		癸卯清明
		西曆	18	19	20	21	22	23	24	25	26	27	28	29	30	31	(4)	2	3	4	5	6	7	8	9	10	11	12	13	14	15		
		星期	三	四	五	六	日	一	二	三	四	五	六	日	一	二	三	四	五	六	日	一	二	三	四	五	六	日	一	二	三		
三月大	壬辰	干支	戊午	己未	庚申	辛酉	壬戌	癸亥	甲子	乙丑	丙寅	丁卯	戊辰	己巳	庚午	辛未	壬申	癸酉	甲戌	乙亥	丙子	丁丑	戊寅	己卯	庚辰	辛巳	壬午	癸未	甲申	乙酉	丙戌	丁亥	戊午穀雨 癸酉立夏
		西曆	16	17	18	19	20	21	22	23	24	25	26	27	28	29	30	(5)	2	3	4	5	6	7	8	9	10	11	12	13	14	15	
		星期	四	五	六	日	一	二	三	四	五	六	日	一	二	三	四	五	六	日	一	二	三	四	五	六	日	一	二	三	四	五	
四月小	癸巳	干支	戊子	己丑	庚寅	辛卯	壬辰	癸巳	甲午	乙未	丙申	丁酉	戊戌	己亥	庚子	辛丑	壬寅	癸卯	甲辰	乙巳	丙午	丁未	戊申	己酉	庚戌	辛亥	壬子	癸丑	甲寅	乙卯	丙辰		戊子小滿 甲辰芒種
		西曆	16	17	18	19	20	21	22	23	24	25	26	27	28	29	30	31	(6)	2	3	4	5	6	7	8	9	10	11	12	13		
		星期	六	日	一	二	三	四	五	六	日	一	二	三	四	五	六	日	一	二	三	四	五	六	日	一	二	三	四	五	六		
五月大	甲午	干支	丁巳	戊午	己未	庚申	辛酉	壬戌	癸亥	甲子	乙丑	丙寅	丁卯	戊辰	己巳	庚午	辛未	壬申	癸酉	甲戌	乙亥	丙子	丁丑	戊寅	己卯	庚辰	辛巳	壬午	癸未	甲申	乙酉	丙戌	己未夏至 甲戌小暑
		西曆	14	15	16	17	18	19	20	21	22	23	24	25	26	27	28	29	30	(7)	2	3	4	5	6	7	8	9	10	11	12	13	
		星期	日	一	二	三	四	五	六	日	一	二	三	四	五	六	日	一	二	三	四	五	六	日	一	二	三	四	五	六	日	一	
六月小	乙未	干支	丁亥	戊子	己丑	庚寅	辛卯	壬辰	癸巳	甲午	乙未	丙申	丁酉	戊戌	己亥	庚子	辛丑	壬寅	癸卯	甲辰	乙巳	丙午	丁未	戊申	己酉	庚戌	辛亥	壬子	癸丑	甲寅	乙卯		己丑大暑 乙巳立秋
		西曆	14	15	16	17	18	19	20	21	22	23	24	25	26	27	28	29	30	31	(8)	2	3	4	5	6	7	8	9	10	11		
		星期	二	三	四	五	六	日	一	二	三	四	五	六	日	一	二	三	四	五	六	日	一	二	三	四	五	六	日	一	二		
七月大	丙申	干支	丙辰	丁巳	戊午	己未	庚申	辛酉	壬戌	癸亥	甲子	乙丑	丙寅	丁卯	戊辰	己巳	庚午	辛未	壬申	癸酉	甲戌	乙亥	丙子	丁丑	戊寅	己卯	庚辰	辛巳	壬午	癸未	甲申	乙酉	庚申處暑 乙亥白露
		西曆	12	13	14	15	16	17	18	19	20	21	22	23	24	25	26	27	28	29	30	31	(9)	2	3	4	5	6	7	8	9	10	
		星期	三	四	五	六	日	一	二	三	四	五	六	日	一	二	三	四	五	六	日	一	二	三	四	五	六	日	一	二	三	四	
八月大	丁酉	干支	丙戌	丁亥	戊子	己丑	庚寅	辛卯	壬辰	癸巳	甲午	乙未	丙申	丁酉	戊戌	己亥	庚子	辛丑	壬寅	癸卯	甲辰	乙巳	丙午	丁未	戊申	己酉	庚戌	辛亥	壬子	癸丑	甲寅	乙卯	庚寅秋分 乙巳寒露
		西曆	11	12	13	14	15	16	17	18	19	20	21	22	23	24	25	26	27	28	29	30	(10)	2	3	4	5	6	7	8	9	10	
		星期	五	六	日	一	二	三	四	五	六	日	一	二	三	四	五	六	日	一	二	三	四	五	六	日	一	二	三	四	五	六	
九月小	戊戌	干支	丙辰	丁巳	戊午	己未	庚申	辛酉	壬戌	癸亥	甲子	乙丑	丙寅	丁卯	戊辰	己巳	庚午	辛未	壬申	癸酉	甲戌	乙亥	丙子	丁丑	戊寅	己卯	庚辰	辛巳	壬午	癸未	甲申		辛酉霜降 丙子立冬
		西曆	11	12	13	14	15	16	17	18	19	20	21	22	23	24	25	26	27	28	29	30	31	(11)	2	3	4	5	6	7	8		
		星期	日	一	二	三	四	五	六	日	一	二	三	四	五	六	日	一	二	三	四	五	六	日	一	二	三	四	五	六	日		
十月大	己亥	干支	乙酉	丙戌	丁亥	戊子	己丑	庚寅	辛卯	壬辰	癸巳	甲午	乙未	丙申	丁酉	戊戌	己亥	庚子	辛丑	壬寅	癸卯	甲辰	乙巳	丙午	丁未	戊申	己酉	庚戌	辛亥	壬子	癸丑	甲寅	辛卯小雪 丙午大雪
		西曆	9	10	11	12	13	14	15	16	17	18	19	20	21	22	23	24	25	26	27	28	29	30	(12)	2	3	4	5	6	7	8	
		星期	一	二	三	四	五	六	日	一	二	三	四	五	六	日	一	二	三	四	五	六	日	一	二	三	四	五	六	日	一	二	
十一月大	庚子	干支	乙卯	丙辰	丁巳	戊午	己未	庚申	辛酉	壬戌	癸亥	甲子	乙丑	丙寅	丁卯	戊辰	己巳	庚午	辛未	壬申	癸酉	甲戌	乙亥	丙子	丁丑	戊寅	己卯	庚辰	辛巳	壬午	癸未	甲申	壬戌冬至 丁丑小寒
		西曆	9	10	11	12	13	14	15	16	17	18	19	20	21	22	23	24	25	26	27	28	29	30	31	(1)	2	3	4	5	6	7	
		星期	三	四	五	六	日	一	二	三	四	五	六	日	一	二	三	四	五	六	日	一	二	三	四	五	六	日	一	二	三	四	
十二月小	辛丑	干支	乙酉	丙戌	丁亥	戊子	己丑	庚寅	辛卯	壬辰	癸巳	甲午	乙未	丙申	丁酉	戊戌	己亥	庚子	辛丑	壬寅	癸卯	甲辰	乙巳	丙午	丁未	戊申	己酉	庚戌	辛亥	壬子	癸丑		壬辰大寒 丁未立春
		西曆	8	9	10	11	12	13	14	15	16	17	18	19	20	21	22	23	24	25	26	27	28	29	30	31	(2)	2	3	4	5		
		星期	五	六	日	一	二	三	四	五	六	日	一	二	三	四	五	六	日	一	二	三	四	五	六	日	一	二	三	四	五		

* 正月庚寅（初一），改元元祐。

宋哲宗元祐二年（丁卯 兔年） 公元 1087 ~ 1088 年

夏曆月序		中西曆日對照	初一	初二	初三	初四	初五	初六	初七	初八	初九	初十	十一	十二	十三	十四	十五	十六	十七	十八	十九	二十	二一	二二	二三	二四	二五	二六	二七	二八	二九	三十	節氣與天象
正月大	壬寅	天干地支西曆星期	甲寅6六	乙卯7日	丙辰8一	丁巳9二	戊午10三	己未11四	庚申12五	辛酉13六	壬戌14日	癸亥15一	甲子16二	乙丑17三	丙寅18四	丁卯19五	戊辰20六	己巳21日	庚午22一	辛未23二	壬申24三	癸酉25四	甲戌26五	乙亥27六	丙子28日	丁丑(3)一	戊寅2二	己卯3三	庚辰4四	辛巳5五	壬午6六	癸未7日	壬戌雨水 戊寅驚蟄
二月小	癸卯	天干地支西曆星期	甲申8一	乙酉9二	丙戌10三	丁亥11四	戊子12五	己丑13六	庚寅14日	辛卯15一	壬辰16二	癸巳17三	甲午18四	乙未19五	丙申20六	丁酉21日	戊戌22一	己亥23二	庚子24三	辛丑25四	壬寅26五	癸卯27六	甲辰28日	乙巳29一	丙午30二	丁未31三	戊申(4)四	己酉2五	庚戌3六	辛亥4日	壬子5一		癸巳春分 戊申清明
三月小	甲辰	天干地支西曆星期	癸丑6二	甲寅7三	乙卯8四	丙辰9五	丁巳10六	戊午11日	己未12一	庚申13二	辛酉14三	壬戌15四	癸亥16五	甲子17六	乙丑18日	丙寅19一	丁卯20二	戊辰21三	己巳22四	庚午23五	辛未24六	壬申25日	癸酉26一	甲戌27二	乙亥28三	丙子29四	丁丑30五	戊寅(5)六	己卯2日	庚辰3一	辛巳4二		癸亥穀雨 己卯立夏
四月大	乙巳	天干地支西曆星期	壬午5三	癸未6四	甲申7五	乙酉8六	丙戌9日	丁亥10一	戊子11二	己丑12三	庚寅13四	辛卯14五	壬辰15六	癸巳16日	甲午17一	乙未18二	丙申19三	丁酉20四	戊戌21五	己亥22六	庚子23日	辛丑24一	壬寅25二	癸卯26三	甲辰27四	乙巳28五	丙午29六	丁未30日	戊申31一	己酉(6)二	庚戌2三	辛亥3四	甲午小滿 己酉芒種
五月小	丙午	天干地支西曆星期	壬子4五	癸丑5六	甲寅6日	乙卯7一	丙辰8二	丁巳9三	戊午10四	己未11五	庚申12六	辛酉13日	壬戌14一	癸亥15二	甲子16三	乙丑17四	丙寅18五	丁卯19六	戊辰20日	己巳21一	庚午22二	辛未23三	壬申24四	癸酉25五	甲戌26六	乙亥27日	丙子28一	丁丑29二	戊寅30三	己卯(7)四	庚辰2五		甲子夏至 己卯小暑
六月小	丁未	天干地支西曆星期	辛巳3六	壬午4日	癸未5一	甲申6二	乙酉7三	丙戌8四	丁亥9五	戊子10六	己丑11日	庚寅12一	辛卯13二	壬辰14三	癸巳15四	甲午16五	乙未17六	丙申18日	丁酉19一	戊戌20二	己亥21三	庚子22四	辛丑23五	壬寅24六	癸卯25日	甲辰26一	乙巳27二	丙午28三	丁未29四	戊申30五	己酉31六		乙未大暑
七月大	戊申	天干地支西曆星期	庚戌(8)日	辛亥2一	壬子3二	癸丑4三	甲寅5四	乙卯6五	丙辰7六	丁巳8日	戊午9一	己未10二	庚申11三	辛酉12四	壬戌13五	癸亥14六	甲子15日	乙丑16一	丙寅17二	丁卯18三	戊辰19四	己巳20五	庚午21六	辛未22日	壬申23一	癸酉24二	甲戌25三	乙亥26四	丙子27五	丁丑28六	戊寅29日	己卯30一	庚戌立秋 乙丑處暑 庚戌日食
八月大	己酉	天干地支西曆星期	庚辰31二	辛巳(9)三	壬午2四	癸未3五	甲申4六	乙酉5日	丙戌6一	丁亥7二	戊子8三	己丑9四	庚寅10五	辛卯11六	壬辰12日	癸巳13一	甲午14二	乙未15三	丙申16四	丁酉17五	戊戌18六	己亥19日	庚子20一	辛丑21二	壬寅22三	癸卯23四	甲辰24五	乙巳25六	丙午26日	丁未27一	戊申28二	己酉29三	庚辰白露 乙未秋分
九月小	庚戌	天干地支西曆星期	庚戌30四	辛亥(10)五	壬子2六	癸丑3日	甲寅4一	乙卯5二	丙辰6三	丁巳7四	戊午8五	己未9六	庚申10日	辛酉11一	壬戌12二	癸亥13三	甲子14四	乙丑15五	丙寅16六	丁卯17日	戊辰18一	己巳19二	庚午20三	辛未21四	壬申22五	癸酉23六	甲戌24日	乙亥25一	丙子26二	丁丑27三	戊寅28四		辛亥寒露 丙寅霜降
十月大	辛亥	天干地支西曆星期	己卯29五	庚辰30六	辛巳31日	壬午(11)一	癸未2二	甲申3三	乙酉4四	丙戌5五	丁亥6六	戊子7日	己丑8一	庚寅9二	辛卯10三	壬辰11四	癸巳12五	甲午13六	乙未14日	丙申15一	丁酉16二	戊戌17三	己亥18四	庚子19五	辛丑20六	壬寅21日	癸卯22一	甲辰23二	乙巳24三	丙午25四	丁未26五	戊申27六	辛巳立冬 丙申小雪
十一月大	壬子	天干地支西曆星期	己酉28日	庚戌29一	辛亥30二	壬子(12)三	癸丑2四	甲寅3五	乙卯4六	丙辰5日	丁巳6一	戊午7二	己未8三	庚申9四	辛酉10五	壬戌11六	癸亥12日	甲子13一	乙丑14二	丙寅15三	丁卯16四	戊辰17五	己巳18六	庚午19日	辛未20一	壬申21二	癸酉22三	甲戌23四	乙亥24五	丙子25六	丁丑26日	戊寅27一	壬子大雪 丁卯冬至
十二月大	癸丑	天干地支西曆星期	己卯28二	庚辰29三	辛巳30四	壬午31五	癸未(1)六	甲申2日	乙酉3一	丙戌4二	丁亥5三	戊子6四	己丑7五	庚寅8六	辛卯9日	壬辰10一	癸巳11二	甲午12三	乙未13四	丙申14五	丁酉15六	戊戌16日	己亥17一	庚子18二	辛丑19三	壬寅20四	癸卯21五	甲辰22六	乙巳23日	丙午24一	丁未25二	戊申26三	壬午小寒 丁酉大寒

宋哲宗元祐三年（戊辰 龍年） 公元 1088 ~ 1089 年

夏曆月序		中西曆日對照	初一	初二	初三	初四	初五	初六	初七	初八	初九	初十	十一	十二	十三	十四	十五	十六	十七	十八	十九	二十	二一	二二	二三	二四	二五	二六	二七	二八	二九	三十	節氣與天象
正月小	甲寅	天干地支 西曆 星期	己酉 27 四	庚戌 28 五	辛亥 29 六	壬子 30 日	癸丑 31 一	甲寅 (2) 二	乙卯 2 三	丙辰 3 四	丁巳 4 五	戊午 5 六	己未 6 日	庚申 7 一	辛酉 8 二	壬戌 9 三	癸亥 10 四	甲子 11 五	乙丑 12 六	丙寅 13 日	丁卯 14 一	戊辰 15 二	己巳 16 三	庚午 17 四	辛未 18 五	壬申 19 六	癸酉 20 日	甲戌 21 一	乙亥 22 二	丙子 23 三	丁丑 24 四		壬子立春 戊辰雨水
二月大	乙卯	天干地支 西曆 星期	戊寅 25 五	己卯 26 六	庚辰 27 日	辛巳 28 一	壬午 29 二	癸未 (3) 三	甲申 2 四	乙酉 3 五	丙戌 4 六	丁亥 5 日	戊子 6 一	己丑 7 二	庚寅 8 三	辛卯 9 四	壬辰 10 五	癸巳 11 六	甲午 12 日	乙未 13 一	丙申 14 二	丁酉 15 三	戊戌 16 四	己亥 17 五	庚子 18 六	辛丑 19 日	壬寅 20 一	癸卯 21 二	甲辰 22 三	乙巳 23 四	丙午 24 五	丁未 25 六	癸未驚蟄 戊戌春分
三月小	丙辰	天干地支 西曆 星期	戊申 26 日	己酉 27 一	庚戌 28 二	辛亥 29 三	壬子 30 四	癸丑 31 五	甲寅 (4) 六	乙卯 2 日	丙辰 3 一	丁巳 4 二	戊午 5 三	己未 6 四	庚申 7 五	辛酉 8 六	壬戌 9 日	癸亥 10 一	甲子 11 二	乙丑 12 三	丙寅 13 四	丁卯 14 五	戊辰 15 六	己巳 16 日	庚午 17 一	辛未 18 二	壬申 19 三	癸酉 20 四	甲戌 21 五	乙亥 22 六	丙子 23 日		癸丑清明 己巳穀雨
四月小	丁巳	天干地支 西曆 星期	丁丑 24 一	戊寅 25 二	己卯 26 三	庚辰 27 四	辛巳 28 五	壬午 29 六	癸未 30 日	甲申 (5) 一	乙酉 2 二	丙戌 3 三	丁亥 4 四	戊子 5 五	己丑 6 六	庚寅 7 日	辛卯 8 一	壬辰 9 二	癸巳 10 三	甲午 11 四	乙未 12 五	丙申 13 六	丁酉 14 日	戊戌 15 一	己亥 16 二	庚子 17 三	辛丑 18 四	壬寅 19 五	癸卯 20 六	甲辰 21 日	乙巳 22 一		甲申立夏 己亥小滿
五月大	戊午	天干地支 西曆 星期	丙午 23 二	丁未 24 三	戊申 25 四	己酉 26 五	庚戌 27 六	辛亥 28 日	壬子 29 一	癸丑 30 二	甲寅 31 三	乙卯 (6) 四	丙辰 2 五	丁巳 3 六	戊午 4 日	己未 5 一	庚申 6 二	辛酉 7 三	壬戌 8 四	癸亥 9 五	甲子 10 六	乙丑 11 日	丙寅 12 一	丁卯 13 二	戊辰 14 三	己巳 15 四	庚午 16 五	辛未 17 六	壬申 18 日	癸酉 19 一	甲戌 20 二	乙亥 21 三	甲寅芒種 己巳夏至
六月小	己未	天干地支 西曆 星期	丙子 22 四	丁丑 23 五	戊寅 24 六	己卯 25 日	庚辰 26 一	辛巳 27 二	壬午 28 三	癸未 29 四	甲申 30 五	乙酉 (7) 六	丙戌 2 日	丁亥 3 一	戊子 4 二	己丑 5 三	庚寅 6 四	辛卯 7 五	壬辰 8 六	癸巳 9 日	甲午 10 一	乙未 11 二	丙申 12 三	丁酉 13 四	戊戌 14 五	己亥 15 六	庚子 16 日	辛丑 17 一	壬寅 18 二	癸卯 19 三	甲辰 20 四		乙酉小暑 庚子大暑
七月小	庚申	天干地支 西曆 星期	乙巳 21 五	丙午 22 六	丁未 23 日	戊申 24 一	己酉 25 二	庚戌 26 三	辛亥 27 四	壬子 28 五	癸丑 29 六	甲寅 30 日	乙卯 31 一	丙辰 (8) 二	丁巳 2 三	戊午 3 四	己未 4 五	庚申 5 六	辛酉 6 日	壬戌 7 一	癸亥 8 二	甲子 9 三	乙丑 10 四	丙寅 11 五	丁卯 12 六	戊辰 13 日	己巳 14 一	庚午 15 二	辛未 16 三	壬申 17 四	癸酉 18 五		乙卯立秋 庚午處暑
八月大	辛酉	天干地支 西曆 星期	甲戌 19 六	乙亥 20 日	丙子 21 一	丁丑 22 二	戊寅 23 三	己卯 24 四	庚辰 25 五	辛巳 26 六	壬午 27 日	癸未 28 一	甲申 29 二	乙酉 30 三	丙戌 31 四	丁亥 (9) 五	戊子 2 六	己丑 3 日	庚寅 4 一	辛卯 5 二	壬辰 6 三	癸巳 7 四	甲午 8 五	乙未 9 六	丙申 10 日	丁酉 11 一	戊戌 12 二	己亥 13 三	庚子 14 四	辛丑 15 五	壬寅 16 六	癸卯 17 日	丙戌白露 辛丑秋分
九月小	壬戌	天干地支 西曆 星期	甲辰 18 一	乙巳 19 二	丙午 20 三	丁未 21 四	戊申 22 五	己酉 23 六	庚戌 24 日	辛亥 25 一	壬子 26 二	癸丑 27 三	甲寅 28 四	乙卯 29 五	丙辰 30 六	丁巳 (10) 日	戊午 2 一	己未 3 二	庚申 4 三	辛酉 5 四	壬戌 6 五	癸亥 7 六	甲子 8 日	乙丑 9 一	丙寅 10 二	丁卯 11 三	戊辰 12 四	己巳 13 五	庚午 14 六	辛未 15 日	壬申 16 一		丙辰寒露 辛未霜降
十月大	癸亥	天干地支 西曆 星期	癸酉 17 二	甲戌 18 三	乙亥 19 四	丙子 20 五	丁丑 21 六	戊寅 22 日	己卯 23 一	庚辰 24 二	辛巳 25 三	壬午 26 四	癸未 27 五	甲申 28 六	乙酉 29 日	丙戌 30 一	丁亥 31 二	戊子 (11) 三	己丑 2 四	庚寅 3 五	辛卯 4 六	壬辰 5 日	癸巳 6 一	甲午 7 二	乙未 8 三	丙申 9 四	丁酉 10 五	戊戌 11 六	己亥 12 日	庚子 13 一	辛丑 14 二	壬寅 15 三	丙戌立冬 壬寅小雪
十一月大	甲子	天干地支 西曆 星期	癸卯 16 四	甲辰 17 五	乙巳 18 六	丙午 19 日	丁未 20 一	戊申 21 二	己酉 22 三	庚戌 23 四	辛亥 24 五	壬子 25 六	癸丑 26 日	甲寅 27 一	乙卯 28 二	丙辰 29 三	丁巳 30 四	戊午 (12) 五	己未 2 六	庚申 3 日	辛酉 4 一	壬戌 5 二	癸亥 6 三	甲子 7 四	乙丑 8 五	丙寅 9 六	丁卯 10 日	戊辰 11 一	己巳 12 二	庚午 13 三	辛未 14 四	壬申 15 五	丁巳大雪 壬申冬至
十二月大	乙丑	天干地支 西曆 星期	癸酉 16 六	甲戌 17 日	乙亥 18 一	丙子 19 二	丁丑 20 三	戊寅 21 四	己卯 22 五	庚辰 23 六	辛巳 24 日	壬午 25 一	癸未 26 二	甲申 27 三	乙酉 28 四	丙戌 29 五	丁亥 30 六	戊子 31 日	己丑 (1) 一	庚寅 2 二	辛卯 3 三	壬辰 4 四	癸巳 5 五	甲午 6 六	乙未 7 日	丙申 8 一	丁酉 9 二	戊戌 10 三	己亥 11 四	庚子 12 五	辛丑 13 六	壬寅 14 日	丁亥小寒 壬寅大寒
閏十二小	乙丑	天干地支 西曆 星期	癸卯 15 一	甲辰 16 二	乙巳 17 三	丙午 18 四	丁未 19 五	戊申 20 六	己酉 21 日	庚戌 22 一	辛亥 23 二	壬子 24 三	癸丑 25 四	甲寅 26 五	乙卯 27 六	丙辰 28 日	丁巳 29 一	戊午 30 二	己未 31 三	庚申 (2) 四	辛酉 2 五	壬戌 3 六	癸亥 4 日	甲子 5 一	乙丑 6 二	丙寅 7 三	丁卯 8 四	戊辰 9 五	己巳 10 六	庚午 11 日	辛未 12 一		戊午立春

宋哲宗元祐四年（己巳 蛇年） 公元 1089 ~ 1090 年

夏曆月序		中西曆日對照	夏曆日序																													節氣與天象
			初一	初二	初三	初四	初五	初六	初七	初八	初九	初十	十一	十二	十三	十四	十五	十六	十七	十八	十九	二十	二一	二二	二三	二四	二五	二六	二七	二八	二九	三十	
正月大	丙寅	天干 地支 西曆 星期	壬申13二	癸酉14三	甲戌15四	乙亥16五	丙子17六	丁丑18日	戊寅19一	己卯20二	庚辰21三	辛巳22四	壬午23五	癸未24六	甲申25日	乙酉26一	丙戌27二	丁亥28三	戊子(3)四	己丑2五	庚寅3六	辛卯4日	壬辰5一	癸巳6二	甲午7三	乙未8四	丙申9五	丁酉10六	戊戌11日	己亥12一	庚子13二	辛丑14三	癸酉雨水 戊子驚蟄
二月大	丁卯	天干 地支 西曆 星期	壬寅15四	癸卯16五	甲辰17六	乙巳18日	丙午19一	丁未20二	戊申21三	己酉22四	庚戌23五	辛亥24六	壬子25日	癸丑26一	甲寅27二	乙卯28三	丙辰29四	丁巳30五	戊午31六	己未(4)日	庚申2一	辛酉3二	壬戌4三	癸亥5四	甲子6五	乙丑7六	丙寅8日	丁卯9一	戊辰10二	己巳11三	庚午12四	辛未13五	癸卯春分 己未清明
三月小	戊辰	天干 地支 西曆 星期	壬申14六	癸酉15日	甲戌16一	乙亥17二	丙子18三	丁丑19四	戊寅20五	己卯21六	庚辰22日	辛巳23一	壬午24二	癸未25三	甲申26四	乙酉27五	丙戌28六	丁亥29日	戊子30一	己丑(5)二	庚寅2三	辛卯3四	壬辰4五	癸巳5六	甲午6日	乙未7一	丙申8二	丁酉9三	戊戌10四	己亥11五	庚子12六		甲戌穀雨 己丑立夏
四月小	己巳	天干 地支 西曆 星期	辛丑13日	壬寅14一	癸卯15二	甲辰16三	乙巳17四	丙午18五	丁未19六	戊申20日	己酉21一	庚戌22二	辛亥23三	壬子24四	癸丑25五	甲寅26六	乙卯27日	丙辰28一	丁巳29二	戊午30三	己未31四	庚申(6)五	辛酉2六	壬戌3日	癸亥4一	甲子5二	乙丑6三	丙寅7四	丁卯8五	戊辰9六	己巳10日		甲辰小滿 己未芒種
五月大	庚午	天干 地支 西曆 星期	庚午11一	辛未12二	壬申13三	癸酉14四	甲戌15五	乙亥16六	丙子17日	丁丑18一	戊寅19二	己卯20三	庚辰21四	辛巳22五	壬午23六	癸未24日	甲申25一	乙酉26二	丙戌27三	丁亥28四	戊子29五	己丑30六	庚寅(7)日	辛卯2一	壬辰3二	癸巳4三	甲午5四	乙未6五	丙申7六	丁酉8日	戊戌9一	己亥10二	乙亥夏至 庚寅小暑
六月小	辛未	天干 地支 西曆 星期	庚子11三	辛丑12四	壬寅13五	癸卯14六	甲辰15日	乙巳16一	丙午17二	丁未18三	戊申19四	己酉20五	庚戌21六	辛亥22日	壬子23一	癸丑24二	甲寅25三	乙卯26四	丙辰27五	丁巳28六	戊午29日	己未30一	庚申31二	辛酉(8)三	壬戌2四	癸亥3五	甲子4六	乙丑5日	丙寅6一	丁卯7二	戊辰8三		乙巳大暑 庚申立秋
七月小	壬申	天干 地支 西曆 星期	己巳9四	庚午10五	辛未11六	壬申12日	癸酉13一	甲戌14二	乙亥15三	丙子16四	丁丑17五	戊寅18六	己卯19日	庚辰20一	辛巳21二	壬午22三	癸未23四	甲申24五	乙酉25六	丙戌26日	丁亥27一	戊子28二	己丑29三	庚寅30四	辛卯31五	壬辰(9)六	癸巳2日	甲午3一	乙未4二	丙申5三	丁酉6四		丙子處暑 辛卯白露
八月大	癸酉	天干 地支 西曆 星期	戊戌7五	己亥8六	庚子9日	辛丑10一	壬寅11二	癸卯12三	甲辰13四	乙巳14五	丙午15六	丁未16日	戊申17一	己酉18二	庚戌19三	辛亥20四	壬子21五	癸丑22六	甲寅23日	乙卯24一	丙辰25二	丁巳26三	戊午27四	己未28五	庚申29六	辛酉30日	壬戌(10)一	癸亥2二	甲子3三	乙丑4四	丙寅5五	丁卯6六	丙午秋分 辛酉寒露
九月小	甲戌	天干 地支 西曆 星期	戊辰7日	己巳8一	庚午9二	辛未10三	壬申11四	癸酉12五	甲戌13六	乙亥14日	丙子15一	丁丑16二	戊寅17三	己卯18四	庚辰19五	辛巳20六	壬午21日	癸未22一	甲申23二	乙酉24三	丙戌25四	丁亥26五	戊子27六	己丑28日	庚寅29一	辛卯30二	壬辰31三	癸巳(11)四	甲午2五	乙未3六	丙申4日		丙子霜降 壬辰立冬
十月大	乙亥	天干 地支 西曆 星期	丁酉5一	戊戌6二	己亥7三	庚子8四	辛丑9五	壬寅10六	癸卯11日	甲辰12一	乙巳13二	丙午14三	丁未15四	戊申16五	己酉17六	庚戌18日	辛亥19一	壬子20二	癸丑21三	甲寅22四	乙卯23五	丙辰24六	丁巳25日	戊午26一	己未27二	庚申28三	辛酉29四	壬戌30五	癸亥(12)六	甲子2日	乙丑3一	丙寅4二	丁未小雪 壬戌大雪
十一月大	丙子	天干 地支 西曆 星期	丁卯5三	戊辰6四	己巳7五	庚午8六	辛未9日	壬申10一	癸酉11二	甲戌12三	乙亥13四	丙子14五	丁丑15六	戊寅16日	己卯17一	庚辰18二	辛巳19三	壬午20四	癸未21五	甲申22六	乙酉23日	丙戌24一	丁亥25二	戊子26三	己丑27四	庚寅28五	辛卯29六	壬辰30日	癸巳31一	甲午(1)二	乙未2三	丙申3四	丁丑冬至 壬辰小寒
十二月大	丁丑	天干 地支 西曆 星期	丁酉4五	戊戌5六	己亥6日	庚子7一	辛丑8二	壬寅9三	癸卯10四	甲辰11五	乙巳12六	丙午13日	丁未14一	戊申15二	己酉16三	庚戌17四	辛亥18五	壬子19六	癸丑20日	甲寅21一	乙卯22二	丙辰23三	丁巳24四	戊午25五	己未26六	庚申27日	辛酉28一	壬戌29二	癸亥30三	甲子31四	乙丑(2)五	丙寅2六	戊申大寒 癸亥立春

宋哲宗元祐五年（庚午 馬年） 公元 1090 ~ 1091 年

夏曆月序	中西曆日對照	初一	初二	初三	初四	初五	初六	初七	初八	初九	初十	十一	十二	十三	十四	十五	十六	十七	十八	十九	二十	二一	二二	二三	二四	二五	二六	二七	二八	二九	三十	節氣與天象
正月小 戊寅	干支 西曆 星期	丁卯 3 日	戊辰 4 一	己巳 5 二	庚午 6 三	辛未 7 四	壬申 8 五	癸酉 9 六	甲戌 10 日	乙亥 11 一	丙子 12 二	丁丑 13 三	戊寅 14 四	己卯 15 五	庚辰 16 六	辛巳 17 日	壬午 18 一	癸未 19 二	甲申 20 三	乙酉 21 四	丙戌 22 五	丁亥 23 六	戊子 24 日	己丑 25 一	庚寅 26 二	辛卯 27 三	壬辰 28 四	癸巳 (3) 五	甲午 2 六	乙未 3 日		戊寅雨水 癸巳驚蟄
二月大 己卯	干支 西曆 星期	丙申 4 一	丁酉 5 二	戊戌 6 三	己亥 7 四	庚子 8 五	辛丑 9 六	壬寅 10 日	癸卯 11 一	甲辰 12 二	乙巳 13 三	丙午 14 四	丁未 15 五	戊申 16 六	己酉 17 日	庚戌 18 一	辛亥 19 二	壬子 20 三	癸丑 21 四	甲寅 22 五	乙卯 23 六	丙辰 24 日	丁巳 25 一	戊午 26 二	己未 27 三	庚申 28 四	辛酉 29 五	壬戌 30 六	癸亥 31 日	甲子 (4) 一	乙丑 2 二	己酉春分 甲子清明
三月大 庚辰	干支 西曆 星期	丙寅 3 三	丁卯 4 四	戊辰 5 五	己巳 6 六	庚午 7 日	辛未 8 一	壬申 9 二	癸酉 10 三	甲戌 11 四	乙亥 12 五	丙子 13 六	丁丑 14 日	戊寅 15 一	己卯 16 二	庚辰 17 三	辛巳 18 四	壬午 19 五	癸未 20 六	甲申 21 日	乙酉 22 一	丙戌 23 二	丁亥 24 三	戊子 25 四	己丑 26 五	庚寅 27 六	辛卯 28 日	壬辰 29 一	癸巳 30 二	甲午 (5) 三	乙未 2 四	己卯穀雨 甲午立夏
四月小 辛巳	干支 西曆 星期	丙申 3 五	丁酉 4 六	戊戌 5 日	己亥 6 一	庚子 7 二	辛丑 8 三	壬寅 9 四	癸卯 10 五	甲辰 11 六	乙巳 12 日	丙午 13 一	丁未 14 二	戊申 15 三	己酉 16 四	庚戌 17 五	辛亥 18 六	壬子 19 日	癸丑 20 一	甲寅 21 二	乙卯 22 三	丙辰 23 四	丁巳 24 五	戊午 25 六	己未 26 日	庚申 27 一	辛酉 28 二	壬戌 29 三	癸亥 30 四	甲子 31 五		己酉小滿
五月小 壬午	干支 西曆 星期	乙丑 (6) 六	丙寅 2 日	丁卯 3 一	戊辰 4 二	己巳 5 三	庚午 6 四	辛未 7 五	壬申 8 六	癸酉 9 日	甲戌 10 一	乙亥 11 二	丙子 12 三	丁丑 13 四	戊寅 14 五	己卯 15 六	庚辰 16 日	辛巳 17 一	壬午 18 二	癸未 19 三	甲申 20 四	乙酉 21 五	丙戌 22 六	丁亥 23 日	戊子 24 一	己丑 25 二	庚寅 26 三	辛卯 27 四	壬辰 28 五	癸巳 29 六		乙丑芒種 庚辰夏至
六月大 癸未	干支 西曆 星期	甲午 30 日	乙未 (7) 一	丙申 2 二	丁酉 3 三	戊戌 4 四	己亥 5 五	庚子 6 六	辛丑 7 日	壬寅 8 一	癸卯 9 二	甲辰 10 三	乙巳 11 四	丙午 12 五	丁未 13 六	戊申 14 日	己酉 15 一	庚戌 16 二	辛亥 17 三	壬子 18 四	癸丑 19 五	甲寅 20 六	乙卯 21 日	丙辰 22 一	丁巳 23 二	戊午 24 三	己未 25 四	庚申 26 五	辛酉 27 六	壬戌 28 日	癸亥 29 一	乙未小暑 庚戌大暑
七月小 甲申	干支 西曆 星期	甲子 30 二	乙丑 31 三	丙寅 (8) 四	丁卯 2 五	戊辰 3 六	己巳 4 日	庚午 5 一	辛未 6 二	壬申 7 三	癸酉 8 四	甲戌 9 五	乙亥 10 六	丙子 11 日	丁丑 12 一	戊寅 13 二	己卯 14 三	庚辰 15 四	辛巳 16 五	壬午 17 六	癸未 18 日	甲申 19 一	乙酉 20 二	丙戌 21 三	丁亥 22 四	戊子 23 五	己丑 24 六	庚寅 25 日	辛卯 26 一	壬辰 27 二		丙寅立秋 辛巳處暑
八月小 乙酉	干支 西曆 星期	癸巳 28 三	甲午 29 四	乙未 30 五	丙申 31 六	丁酉 (9) 日	戊戌 2 一	己亥 3 二	庚子 4 三	辛丑 5 四	壬寅 6 五	癸卯 7 六	甲辰 8 日	乙巳 9 一	丙午 10 二	丁未 11 三	戊申 12 四	己酉 13 五	庚戌 14 六	辛亥 15 日	壬子 16 一	癸丑 17 二	甲寅 18 三	乙卯 19 四	丙辰 20 五	丁巳 21 六	戊午 22 日	己未 23 一	庚申 24 二	辛酉 25 三		丙申白露 辛亥秋分
九月大 丙戌	干支 西曆 星期	壬戌 26 四	癸亥 27 五	甲子 28 六	乙丑 29 日	丙寅 30 一	丁卯 (10) 二	戊辰 2 三	己巳 3 四	庚午 4 五	辛未 5 六	壬申 6 日	癸酉 7 一	甲戌 8 二	乙亥 9 三	丙子 10 四	丁丑 11 五	戊寅 12 六	己卯 13 日	庚辰 14 一	辛巳 15 二	壬午 16 三	癸未 17 四	甲申 18 五	乙酉 19 六	丙戌 20 日	丁亥 21 一	戊子 22 二	己丑 23 三	庚寅 24 四	辛卯 25 五	丙寅寒露 壬午霜降
十月小 丁亥	干支 西曆 星期	壬辰 26 六	癸巳 27 日	甲午 28 一	乙未 29 二	丙申 30 三	丁酉 31 四	戊戌 (11) 五	己亥 2 六	庚子 3 日	辛丑 4 一	壬寅 5 二	癸卯 6 三	甲辰 7 四	乙巳 8 五	丙午 9 六	丁未 10 日	戊申 11 一	己酉 12 二	庚戌 13 三	辛亥 14 四	壬子 15 五	癸丑 16 六	甲寅 17 日	乙卯 18 一	丙辰 19 二	丁巳 20 三	戊午 21 四	己未 22 五	庚申 23 六		丁酉立冬 壬子小雪
十一月大 戊子	干支 西曆 星期	辛酉 24 日	壬戌 25 一	癸亥 26 二	甲子 27 三	乙丑 28 四	丙寅 29 五	丁卯 30 六	戊辰 (12) 日	己巳 2 一	庚午 3 二	辛未 4 三	壬申 5 四	癸酉 6 五	甲戌 7 六	乙亥 8 日	丙子 9 一	丁丑 10 二	戊寅 11 三	己卯 12 四	庚辰 13 五	辛巳 14 六	壬午 15 日	癸未 16 一	甲申 17 二	乙酉 18 三	丙戌 19 四	丁亥 20 五	戊子 21 六	己丑 22 日	庚寅 23 一	丁卯大雪 癸未冬至
十二月大 己丑	干支 西曆 星期	辛卯 24 二	壬辰 25 三	癸巳 26 四	甲午 27 五	乙未 28 六	丙申 29 日	丁酉 30 一	戊戌 31 二	己亥 (1) 三	庚子 2 四	辛丑 3 五	壬寅 4 六	癸卯 5 日	甲辰 6 一	乙巳 7 二	丙午 8 三	丁未 9 四	戊申 10 五	己酉 11 六	庚戌 12 日	辛亥 13 一	壬子 14 二	癸丑 15 三	甲寅 16 四	乙卯 17 五	丙辰 18 六	丁巳 19 日	戊午 20 一	己未 21 二	庚申 22 三	戊戌小寒 癸丑大寒

宋哲宗元祐六年（辛未 羊年） 公元 1091 ~ 1092 年

夏曆月序		中西曆日對照	初一	初二	初三	初四	初五	初六	初七	初八	初九	初十	十一	十二	十三	十四	十五	十六	十七	十八	十九	二十	二一	二二	二三	二四	二五	二六	二七	二八	二九	三十	節氣與天象
正月小	庚寅	天干地支西曆星期	辛酉23四	壬戌24五	癸亥25六	甲子26日	乙丑27一	丙寅28二	丁卯29三	戊辰30四	己巳31五	庚午(2)六	辛未2日	壬申3一	癸酉4二	甲戌5三	乙亥6四	丙子7五	丁丑8六	戊寅9日	己卯10一	庚辰11二	辛巳12三	壬午13四	癸未14五	甲申15六	乙酉16日	丙戌17一	丁亥18二	戊子19三	己丑20四		戊辰立春 癸未雨水
二月大	辛卯	天干地支西曆星期	庚寅21五	辛卯22六	壬辰23日	癸巳24一	甲午25二	乙未26三	丙申27四	丁酉28五	戊戌(3)六	己亥2日	庚子3一	辛丑4二	壬寅5三	癸卯6四	甲辰7五	乙巳8六	丙午9日	丁未10一	戊申11二	己酉12三	庚戌13四	辛亥14五	壬子15六	癸丑16日	甲寅17一	乙卯18二	丙辰19三	丁巳20四	戊午21五	己未22六	己亥驚蟄 甲寅春分
三月大	壬辰	天干地支西曆星期	庚申23日	辛酉24一	壬戌25二	癸亥26三	甲子27四	乙丑28五	丙寅29六	丁卯30日	戊辰31一	己巳(4)二	庚午2三	辛未3四	壬申4五	癸酉5六	甲戌6日	乙亥7一	丙子8二	丁丑9三	戊寅10四	己卯11五	庚辰12六	辛巳13日	壬午14一	癸未15二	甲申16三	乙酉17四	丙戌18五	丁亥19六	戊子20日	己丑21一	己巳清明 甲申穀雨
四月小	癸巳	天干地支西曆星期	庚寅22二	辛卯23三	壬辰24四	癸巳25五	甲午26六	乙未27日	丙申28一	丁酉29二	戊戌30三	己亥(5)四	庚子2五	辛丑3六	壬寅4日	癸卯5一	甲辰6二	乙巳7三	丙午8四	丁未9五	戊申10六	己酉11日	庚戌12一	辛亥13二	壬子14三	癸丑15四	甲寅16五	乙卯17六	丙辰18日	丁巳19一	戊午20二		己亥立夏 乙卯小滿
五月大	甲午	天干地支西曆星期	己未21三	庚申22四	辛酉23五	壬戌24六	癸亥25日	甲子26一	乙丑27二	丙寅28三	丁卯29四	戊辰30五	己巳31六	庚午(6)日	辛未2一	壬申3二	癸酉4三	甲戌5四	乙亥6五	丙子7六	丁丑8日	戊寅9一	己卯10二	庚辰11三	辛巳12四	壬午13五	癸未14六	甲申15日	乙酉16一	丙戌17二	丁亥18三	戊子19四	庚午芒種 乙酉夏至 己未日食
六月小	乙未	天干地支西曆星期	己丑20五	庚寅21六	辛卯22日	壬辰23一	癸巳24二	甲午25三	乙未26四	丙申27五	丁酉28六	戊戌29日	己亥30一	庚子(7)二	辛丑2三	壬寅3四	癸卯4五	甲辰5六	乙巳6日	丙午7一	丁未8二	戊申9三	己酉10四	庚戌11五	辛亥12六	壬子13日	癸丑14一	甲寅15二	乙卯16三	丙辰17四	丁巳18五		庚子小暑 丙辰大暑
七月大	丙申	天干地支西曆星期	戊午19六	己未20日	庚申21一	辛酉22二	壬戌23三	癸亥24四	甲子25五	乙丑26六	丙寅27日	丁卯28一	戊辰29二	己巳30三	庚午31四	辛未(8)五	壬申2六	癸酉3日	甲戌4一	乙亥5二	丙子6三	丁丑7四	戊寅8五	己卯9六	庚辰10日	辛巳11一	壬午12二	癸未13三	甲申14四	乙酉15五	丙戌16六	丁亥17日	辛未立秋 丙戌處暑
八月小	丁酉	天干地支西曆星期	戊子18一	己丑19二	庚寅20三	辛卯21四	壬辰22五	癸巳23六	甲午24日	乙未25一	丙申26二	丁酉27三	戊戌28四	己亥29五	庚子30六	辛丑31日	壬寅(9)一	癸卯2二	甲辰3三	乙巳4四	丙午5五	丁未6六	戊申7日	己酉8一	庚戌9二	辛亥10三	壬子11四	癸丑12五	甲寅13六	乙卯14日	丙辰15一		辛丑白露 丙辰秋分
閏八月小	丁酉	天干地支西曆星期	丁巳16二	戊午17三	己未18四	庚申19五	辛酉20六	壬戌21日	癸亥22一	甲子23二	乙丑24三	丙寅25四	丁卯26五	戊辰27六	己巳28日	庚午29一	辛未30二	壬申(10)三	癸酉2四	甲戌3五	乙亥4六	丙子5日	丁丑6一	戊寅7二	己卯8三	庚辰9四	辛巳10五	壬午11六	癸未12日	甲申13一	乙酉14二		壬申寒露
九月大	戊戌	天干地支西曆星期	丙戌15三	丁亥16四	戊子17五	己丑18六	庚寅19日	辛卯20一	壬辰21二	癸巳22三	甲午23四	乙未24五	丙申25六	丁酉26日	戊戌27一	己亥28二	庚子29三	辛丑30四	壬寅31五	癸卯(11)六	甲辰2日	乙巳3一	丙午4二	丁未5三	戊申6四	己酉7五	庚戌8六	辛亥9日	壬子10一	癸丑11二	甲寅12三	乙卯13四	丁亥霜降 壬寅立冬
十月小	己亥	天干地支西曆星期	丙辰14五	丁巳15六	戊午16日	己未17一	庚申18二	辛酉19三	壬戌20四	癸亥21五	甲子22六	乙丑23日	丙寅24一	丁卯25二	戊辰26三	己巳27四	庚午28五	辛未29六	壬申30日	癸酉(12)一	甲戌2二	乙亥3三	丙子4四	丁丑5五	戊寅6六	己卯7日	庚辰8一	辛巳9二	壬午10三	癸未11四	甲申12五		丁巳小雪 癸酉大雪
十一月大	庚子	天干地支西曆星期	乙酉13六	丙戌14日	丁亥15一	戊子16二	己丑17三	庚寅18四	辛卯19五	壬辰20六	癸巳21日	甲午22一	乙未23二	丙申24三	丁酉25四	戊戌26五	己亥27六	庚子28日	辛丑29一	壬寅30二	癸卯31三	甲辰(1)四	乙巳2五	丙午3六	丁未4日	戊申5一	己酉6二	庚戌7三	辛亥8四	壬子9五	癸丑10六	甲寅11日	戊子冬至 癸卯小寒
十二月小	辛丑	天干地支西曆星期	乙卯12一	丙辰13二	丁巳14三	戊午15四	己未16五	庚申17六	辛酉18日	壬戌19一	癸亥20二	甲子21三	乙丑22四	丙寅23五	丁卯24六	戊辰25日	己巳26一	庚午27二	辛未28三	壬申29四	癸酉30五	甲戌31六	乙亥(2)日	丙子2一	丁丑3二	戊寅4三	己卯5四	庚辰6五	辛巳7六	壬午8日	癸未9一		戊午大寒 癸酉立春

宋哲宗元祐七年（壬申 猴年） 公元 **1092** ~ 1093 年

夏曆月序		中西曆對照	初一	初二	初三	初四	初五	初六	初七	初八	初九	初十	十一	十二	十三	十四	十五	十六	十七	十八	十九	二十	二一	二二	二三	二四	二五	二六	二七	二八	二九	三十	節氣與天象
正月大	壬寅	天干地支 西曆 星期	甲申 10 二	乙酉 11 三	丙戌 12 四	丁亥 13 五	戊子 14 六	己丑 15 日	庚寅 16 一	辛卯 17 二	壬辰 18 三	癸巳 19 四	甲午 20 五	乙未 21 六	丙申 22 日	丁酉 23 一	戊戌 24 二	己亥 25 三	庚子 26 四	辛丑 27 五	壬寅 28 六	癸卯 29 日	甲辰 (3) 一	乙巳 2 二	丙午 3 三	丁未 4 四	戊申 5 五	己酉 6 六	庚戌 7 日	辛亥 8 一	壬子 9 二	癸丑 10 三	己丑雨水 甲辰驚蟄
二月大	癸卯	天干地支 西曆 星期	甲寅 11 四	乙卯 12 五	丙辰 13 六	丁巳 14 日	戊午 15 一	己未 16 二	庚申 17 三	辛酉 18 四	壬戌 19 五	癸亥 20 六	甲子 21 日	乙丑 22 一	丙寅 23 二	丁卯 24 三	戊辰 25 四	己巳 26 五	庚午 27 六	辛未 28 日	壬申 29 一	癸酉 30 二	甲戌 31 三	乙亥 (4) 四	丙子 2 五	丁丑 3 六	戊寅 4 日	己卯 5 一	庚辰 6 二	辛巳 7 三	壬午 8 四	癸未 9 五	己未春分 甲戌清明
三月小	甲辰	天干地支 西曆 星期	甲申 10 六	乙酉 11 日	丙戌 12 一	丁亥 13 二	戊子 14 三	己丑 15 四	庚寅 16 五	辛卯 17 六	壬辰 18 日	癸巳 19 一	甲午 20 二	乙未 21 三	丙申 22 四	丁酉 23 五	戊戌 24 六	己亥 25 日	庚子 26 一	辛丑 27 二	壬寅 28 三	癸卯 29 四	甲辰 30 五	乙巳 (5) 六	丙午 2 日	丁未 3 一	戊申 4 二	己酉 5 三	庚戌 6 四	辛亥 7 五	壬子 8 六		庚寅穀雨 乙巳立夏
四月大	乙巳	天干地支 西曆 星期	癸丑 9 日	甲寅 10 一	乙卯 11 二	丙辰 12 三	丁巳 13 四	戊午 14 五	己未 15 六	庚申 16 日	辛酉 17 一	壬戌 18 二	癸亥 19 三	甲子 20 四	乙丑 21 五	丙寅 22 六	丁卯 23 日	戊辰 24 一	己巳 25 二	庚午 26 三	辛未 27 四	壬申 28 五	癸酉 29 六	甲戌 30 日	乙亥 31 一	丙子 (6) 二	丁丑 2 三	戊寅 3 四	己卯 4 五	庚辰 5 六	辛巳 6 日	壬午 7 一	庚申小滿 乙亥芒種
五月大	丙午	天干地支 西曆 星期	癸未 8 二	甲申 9 三	乙酉 10 四	丙戌 11 五	丁亥 12 六	戊子 13 日	己丑 14 一	庚寅 15 二	辛卯 16 三	壬辰 17 四	癸巳 18 五	甲午 19 六	乙未 20 日	丙申 21 一	丁酉 22 二	戊戌 23 三	己亥 24 四	庚子 25 五	辛丑 26 六	壬寅 27 日	癸卯 28 一	甲辰 29 二	乙巳 30 三	丙午 (7) 四	丁未 2 五	戊申 3 六	己酉 4 日	庚戌 5 一	辛亥 6 二	壬子 7 三	庚寅夏至 丙午小暑
六月小	丁未	天干地支 西曆 星期	癸丑 8 四	甲寅 9 五	乙卯 10 六	丙辰 11 日	丁巳 12 一	戊午 13 二	己未 14 三	庚申 15 四	辛酉 16 五	壬戌 17 六	癸亥 18 日	甲子 19 一	乙丑 20 二	丙寅 21 三	丁卯 22 四	戊辰 23 五	己巳 24 六	庚午 25 日	辛未 26 一	壬申 27 二	癸酉 28 三	甲戌 29 四	乙亥 30 五	丙子 31 六	丁丑 (8) 日	戊寅 2 一	己卯 3 二	庚辰 4 三	辛巳 5 四		辛酉大暑 丙子立秋
七月大	戊申	天干地支 西曆 星期	壬午 6 五	癸未 7 六	甲申 8 日	乙酉 9 一	丙戌 10 二	丁亥 11 三	戊子 12 四	己丑 13 五	庚寅 14 六	辛卯 15 日	壬辰 16 一	癸巳 17 二	甲午 18 三	乙未 19 四	丙申 20 五	丁酉 21 六	戊戌 22 日	己亥 23 一	庚子 24 二	辛丑 25 三	壬寅 26 四	癸卯 27 五	甲辰 28 六	乙巳 29 日	丙午 30 一	丁未 31 二	戊申 (9) 三	己酉 2 四	庚戌 3 五	辛亥 4 六	辛卯處暑 丙午白露
八月小	己酉	天干地支 西曆 星期	壬子 5 日	癸丑 6 一	甲寅 7 二	乙卯 8 三	丙辰 9 四	丁巳 10 五	戊午 11 六	己未 12 日	庚申 13 一	辛酉 14 二	壬戌 15 三	癸亥 16 四	甲子 17 五	乙丑 18 六	丙寅 19 日	丁卯 20 一	戊辰 21 二	己巳 22 三	庚午 23 四	辛未 24 五	壬申 25 六	癸酉 26 日	甲戌 27 一	乙亥 28 二	丙子 29 三	丁丑 30 四	戊寅 (10) 五	己卯 2 六	庚辰 3 日		壬戌秋分 丁丑寒露
九月小	庚戌	天干地支 西曆 星期	辛巳 4 一	壬午 5 二	癸未 6 三	甲申 7 四	乙酉 8 五	丙戌 9 六	丁亥 10 日	戊子 11 一	己丑 12 二	庚寅 13 三	辛卯 14 四	壬辰 15 五	癸巳 16 六	甲午 17 日	乙未 18 一	丙申 19 二	丁酉 20 三	戊戌 21 四	己亥 22 五	庚子 23 六	辛丑 24 日	壬寅 25 一	癸卯 26 二	甲辰 27 三	乙巳 28 四	丙午 29 五	丁未 30 六	戊申 31 日	己酉 (11) 一		壬辰霜降 丁未立冬
十月大	辛亥	天干地支 西曆 星期	庚戌 2 二	辛亥 3 三	壬子 4 四	癸丑 5 五	甲寅 6 六	乙卯 7 日	丙辰 8 一	丁巳 9 二	戊午 10 三	己未 11 四	庚申 12 五	辛酉 13 六	壬戌 14 日	癸亥 15 一	甲子 16 二	乙丑 17 三	丙寅 18 四	丁卯 19 五	戊辰 20 六	己巳 21 日	庚午 22 一	辛未 23 二	壬申 24 三	癸酉 25 四	甲戌 26 五	乙亥 27 六	丙子 28 日	丁丑 29 一	戊寅 30 二	己卯 (12) 三	癸亥小雪 戊寅大雪
十一月小	壬子	天干地支 西曆 星期	庚辰 2 四	辛巳 3 五	壬午 4 六	癸未 5 日	甲申 6 一	乙酉 7 二	丙戌 8 三	丁亥 9 四	戊子 10 五	己丑 11 六	庚寅 12 日	辛卯 13 一	壬辰 14 二	癸巳 15 三	甲午 16 四	乙未 17 五	丙申 18 六	丁酉 19 日	戊戌 20 一	己亥 21 二	庚子 22 三	辛丑 23 四	壬寅 24 五	癸卯 25 六	甲辰 26 日	乙巳 27 一	丙午 28 二	丁未 29 三	戊申 30 四		癸巳冬至 戊申小寒
十二月大	癸丑	天干地支 西曆 星期	己酉 31 五	庚戌 (1) 六	辛亥 2 日	壬子 3 一	癸丑 4 二	甲寅 5 三	乙卯 6 四	丙辰 7 五	丁巳 8 六	戊午 9 日	己未 10 一	庚申 11 二	辛酉 12 三	壬戌 13 四	癸亥 14 五	甲子 15 六	乙丑 16 日	丙寅 17 一	丁卯 18 二	戊辰 19 三	己巳 20 四	庚午 21 五	辛未 22 六	壬申 23 日	癸酉 24 一	甲戌 25 二	乙亥 26 三	丙子 27 四	丁丑 28 五	戊寅 29 六	癸亥大寒

宋哲宗元祐八年（癸酉 鷄年） 公元1093 ~ 1094年

夏曆月序		中西曆日對照	初一	初二	初三	初四	初五	初六	初七	初八	初九	初十	十一	十二	十三	十四	十五	十六	十七	十八	十九	二十	二一	二二	二三	二四	二五	二六	二七	二八	二九	三十	節氣與天象
正月小	甲寅	干支 西曆 星期	己卯 30 日	庚辰 31 一	辛巳 (2) 二	壬午 2 三	癸未 3 四	甲申 4 五	乙酉 5 六	丙戌 6 日	丁亥 7 一	戊子 8 二	己丑 9 三	庚寅 10 四	辛卯 11 五	壬辰 12 六	癸巳 13 日	甲午 14 一	乙未 15 二	丙申 16 三	丁酉 17 四	戊戌 18 五	己亥 19 六	庚子 20 日	辛丑 21 一	壬寅 22 二	癸卯 23 三	甲辰 24 四	乙巳 25 五	丙午 26 六	丁未 27 日		己卯立春 甲午雨水
二月大	乙卯	干支 西曆 星期	戊申 28 一	己酉 (3) 二	庚戌 2 三	辛亥 3 四	壬子 4 五	癸丑 5 六	甲寅 6 日	乙卯 7 一	丙辰 8 二	丁巳 9 三	戊午 10 四	己未 11 五	庚申 12 六	辛酉 13 日	壬戌 14 一	癸亥 15 二	甲子 16 三	乙丑 17 四	丙寅 18 五	丁卯 19 六	戊辰 20 日	己巳 21 一	庚午 22 二	辛未 23 三	壬申 24 四	癸酉 25 五	甲戌 26 六	乙亥 27 日	丙子 28 一	丁丑 29 二	己酉驚蟄 甲子春分
三月小	丙辰	干支 西曆 星期	戊寅 30 三	己卯 31 四	庚辰 (4) 五	辛巳 2 六	壬午 3 日	癸未 4 一	甲申 5 二	乙酉 6 三	丙戌 7 四	丁亥 8 五	戊子 9 六	己丑 10 日	庚寅 11 一	辛卯 12 二	壬辰 13 三	癸巳 14 四	甲午 15 五	乙未 16 六	丙申 17 日	丁酉 18 一	戊戌 19 二	己亥 20 三	庚子 21 四	辛丑 22 五	壬寅 23 六	癸卯 24 日	甲辰 25 一	乙巳 26 二	丙午 27 三		庚辰清明 乙未穀雨
四月大	丁巳	干支 西曆 星期	丁未 28 四	戊申 29 五	己酉 30 六	庚戌 (5) 日	辛亥 2 一	壬子 3 二	癸丑 4 三	甲寅 5 四	乙卯 6 五	丙辰 7 六	丁巳 8 日	戊午 9 一	己未 10 二	庚申 11 三	辛酉 12 四	壬戌 13 五	癸亥 14 六	甲子 15 日	乙丑 16 一	丙寅 17 二	丁卯 18 三	戊辰 19 四	己巳 20 五	庚午 21 六	辛未 22 日	壬申 23 一	癸酉 24 二	甲戌 25 三	乙亥 26 四	丙子 27 五	庚戌立夏 乙丑小滿
五月大	戊午	干支 西曆 星期	丁丑 28 六	戊寅 29 日	己卯 30 一	庚辰 31 二	辛巳 (6) 三	壬午 2 四	癸未 3 五	甲申 4 六	乙酉 5 日	丙戌 6 一	丁亥 7 二	戊子 8 三	己丑 9 四	庚寅 10 五	辛卯 11 六	壬辰 12 日	癸巳 13 一	甲午 14 二	乙未 15 三	丙申 16 四	丁酉 17 五	戊戌 18 六	己亥 19 日	庚子 20 一	辛丑 21 二	壬寅 22 三	癸卯 23 四	甲辰 24 五	乙巳 25 六	丙午 26 日	庚辰芒種 丙申夏至
六月小	己未	干支 西曆 星期	丁未 27 一	戊申 28 二	己酉 29 三	庚戌 30 四	辛亥 (7) 五	壬子 2 六	癸丑 3 日	甲寅 4 一	乙卯 5 二	丙辰 6 三	丁巳 7 四	戊午 8 五	己未 9 六	庚申 10 日	辛酉 11 一	壬戌 12 二	癸亥 13 三	甲子 14 四	乙丑 15 五	丙寅 16 六	丁卯 17 日	戊辰 18 一	己巳 19 二	庚午 20 三	辛未 21 四	壬申 22 五	癸酉 23 六	甲戌 24 日	乙亥 25 一		辛亥小暑 丙寅大暑
七月大	庚申	干支 西曆 星期	丙子 26 二	丁丑 27 三	戊寅 28 四	己卯 29 五	庚辰 30 六	辛巳 31 日	壬午 (8) 一	癸未 2 二	甲申 3 三	乙酉 4 四	丙戌 5 五	丁亥 6 六	戊子 7 日	己丑 8 一	庚寅 9 二	辛卯 10 三	壬辰 11 四	癸巳 12 五	甲午 13 六	乙未 14 日	丙申 15 一	丁酉 16 二	戊戌 17 三	己亥 18 四	庚子 19 五	辛丑 20 六	壬寅 21 日	癸卯 22 一	甲辰 23 二	乙巳 24 三	辛巳立秋 丁酉處暑
八月大	辛酉	干支 西曆 星期	丙午 25 四	丁未 26 五	戊申 27 六	己酉 28 日	庚戌 29 一	辛亥 30 二	壬子 31 三	癸丑 (9) 四	甲寅 2 五	乙卯 3 六	丙辰 4 日	丁巳 5 一	戊午 6 二	己未 7 三	庚申 8 四	辛酉 9 五	壬戌 10 六	癸亥 11 日	甲子 12 一	乙丑 13 二	丙寅 14 三	丁卯 15 四	戊辰 16 五	己巳 17 六	庚午 18 日	辛未 19 一	壬申 20 二	癸酉 21 三	甲戌 22 四	乙亥 23 五	壬子白露 丁卯秋分
九月小	壬戌	干支 西曆 星期	丙子 24 六	丁丑 25 日	戊寅 26 一	己卯 27 二	庚辰 28 三	辛巳 29 四	壬午 30 五	癸未 (10) 六	甲申 2 日	乙酉 3 一	丙戌 4 二	丁亥 5 三	戊子 6 四	己丑 7 五	庚寅 8 六	辛卯 9 日	壬辰 10 一	癸巳 11 二	甲午 12 三	乙未 13 四	丙申 14 五	丁酉 15 六	戊戌 16 日	己亥 17 一	庚子 18 二	辛丑 19 三	壬寅 20 四	癸卯 21 五	甲辰 22 六		壬午寒露 丁酉霜降
十月大	癸亥	干支 西曆 星期	乙巳 23 日	丙午 24 一	丁未 25 二	戊申 26 三	己酉 27 四	庚戌 28 五	辛亥 29 六	壬子 30 日	癸丑 31 一	甲寅 (11) 二	乙卯 2 三	丙辰 3 四	丁巳 4 五	戊午 5 六	己未 6 日	庚申 7 一	辛酉 8 二	壬戌 9 三	癸亥 10 四	甲子 11 五	乙丑 12 六	丙寅 13 日	丁卯 14 一	戊辰 15 二	己巳 16 三	庚午 17 四	辛未 18 五	壬申 19 六	癸酉 20 日	甲戌 21 一	癸丑立冬 戊辰小雪
十一月小	甲子	干支 西曆 星期	乙亥 22 二	丙子 23 三	丁丑 24 四	戊寅 25 五	己卯 26 六	庚辰 27 日	辛巳 28 一	壬午 29 二	癸未 30 三	甲申 (12) 四	乙酉 2 五	丙戌 3 六	丁亥 4 日	戊子 5 一	己丑 6 二	庚寅 7 三	辛卯 8 四	壬辰 9 五	癸巳 10 六	甲午 11 日	乙未 12 一	丙申 13 二	丁酉 14 三	戊戌 15 四	己亥 16 五	庚子 17 六	辛丑 18 日	壬寅 19 一	癸卯 20 二		癸未大雪 戊戌冬至
十二月小	乙丑	干支 西曆 星期	甲辰 21 三	乙巳 22 四	丙午 23 五	丁未 24 六	戊申 25 日	己酉 26 一	庚戌 27 二	辛亥 28 三	壬子 29 四	癸丑 30 五	甲寅 31 六	乙卯 (1) 日	丙辰 2 一	丁巳 3 二	戊午 4 三	己未 5 四	庚申 6 五	辛酉 7 六	壬戌 8 日	癸亥 9 一	甲子 10 二	乙丑 11 三	丙寅 12 四	丁卯 13 五	戊辰 14 六	己巳 15 日	庚午 16 一	辛未 17 二	壬申 18 三		癸丑小寒 己巳大寒

宋哲宗元祐九年 紹聖元年（甲戌 狗年） 公元 1094 ~ 1095 年

夏曆月序	中西曆日對照	初一	初二	初三	初四	初五	初六	初七	初八	初九	初十	十一	十二	十三	十四	十五	十六	十七	十八	十九	二十	二一	二二	二三	二四	二五	二六	二七	二八	二九	三十	節氣與天象
正月大 丙寅	天干地支 西曆星期	癸酉 19 四	甲戌 20 五	乙亥 21 六	丙子 22 日	丁丑 23 一	戊寅 24 二	己卯 25 三	庚辰 26 四	辛巳 27 五	壬午 28 六	癸未 29 日	甲申 30 一	乙酉 31 二	丙戌 (2) 三	丁亥 2 四	戊子 3 五	己丑 4 六	庚寅 5 日	辛卯 6 一	壬辰 7 二	癸巳 8 三	甲午 9 四	乙未 10 五	丙申 11 六	丁酉 12 日	戊戌 13 一	己亥 14 二	庚子 15 三	辛丑 16 四	壬寅 17 五	甲申立春 己亥雨水
二月小 丁卯	天干地支 西曆星期	癸卯 18 六	甲辰 19 日	乙巳 20 一	丙午 21 二	丁未 22 三	戊申 23 四	己酉 24 五	庚戌 25 六	辛亥 26 日	壬子 27 一	癸丑 28 二	甲寅 (3) 三	乙卯 2 四	丙辰 3 五	丁巳 4 六	戊午 5 日	己未 6 一	庚申 7 二	辛酉 8 三	壬戌 9 四	癸亥 10 五	甲子 11 六	乙丑 12 日	丙寅 13 一	丁卯 14 二	戊辰 15 三	己巳 16 四	庚午 17 五	辛未 18 六		甲寅驚蟄 己巳春分
三月大 戊辰	天干地支 西曆星期	壬申 19 日	癸酉 20 一	甲戌 21 二	乙亥 22 三	丙子 23 四	丁丑 24 五	戊寅 25 六	己卯 26 日	庚辰 27 一	辛巳 28 二	壬午 29 三	癸未 30 四	甲申 31 五	乙酉 (4) 六	丙戌 2 日	丁亥 3 一	戊子 4 二	己丑 5 三	庚寅 6 四	辛卯 7 五	壬辰 8 六	癸巳 9 日	甲午 10 一	乙未 11 二	丙申 12 三	丁酉 13 四	戊戌 14 五	己亥 15 六	庚子 16 日	辛丑 17 一	乙酉清明 庚子穀雨 壬申日食
四月小 己巳	天干地支 西曆星期	壬寅 18 二	癸卯 19 三	甲辰 20 四	乙巳 21 五	丙午 22 六	丁未 23 日	戊申 24 一	己酉 25 二	庚戌 26 三	辛亥 27 四	壬子 28 五	癸丑 29 六	甲寅 30 日	乙卯 (5) 一	丙辰 2 二	丁巳 3 三	戊午 4 四	己未 5 五	庚申 6 六	辛酉 7 日	壬戌 8 一	癸亥 9 二	甲子 10 三	乙丑 11 四	丙寅 12 五	丁卯 13 六	戊辰 14 日	己巳 15 一	庚午 16 二		乙卯立夏 庚午小滿
閏四月大 己巳	天干地支 西曆星期	辛未 17 三	壬申 18 四	癸酉 19 五	甲戌 20 六	乙亥 21 日	丙子 22 一	丁丑 23 二	戊寅 24 三	己卯 25 四	庚辰 26 五	辛巳 27 六	壬午 28 日	癸未 29 一	甲申 30 二	乙酉 31 三	丙戌 (6) 四	丁亥 2 五	戊子 3 六	己丑 4 日	庚寅 5 一	辛卯 6 二	壬辰 7 三	癸巳 8 四	甲午 9 五	乙未 10 六	丙申 11 日	丁酉 12 一	戊戌 13 二	己亥 14 三	庚子 15 四	丙戌芒種
五月小 庚午	天干地支 西曆星期	辛丑 16 五	壬寅 17 六	癸卯 18 日	甲辰 19 一	乙巳 20 二	丙午 21 三	丁未 22 四	戊申 23 五	己酉 24 六	庚戌 25 日	辛亥 26 一	壬子 27 二	癸丑 28 三	甲寅 29 四	乙卯 30 五	丙辰 (7) 六	丁巳 2 日	戊午 3 一	己未 4 二	庚申 5 三	辛酉 6 四	壬戌 7 五	癸亥 8 六	甲子 9 日	乙丑 10 一	丙寅 11 二	丁卯 12 三	戊辰 13 四	己巳 14 五		辛丑夏至 丙辰小暑
六月大 辛未	天干地支 西曆星期	庚午 15 六	辛未 16 日	壬申 17 一	癸酉 18 二	甲戌 19 三	乙亥 20 四	丙子 21 五	丁丑 22 六	戊寅 23 日	己卯 24 一	庚辰 25 二	辛巳 26 三	壬午 27 四	癸未 28 五	甲申 29 六	乙酉 30 日	丙戌 31 一	丁亥 (8) 二	戊子 2 三	己丑 3 四	庚寅 4 五	辛卯 5 六	壬辰 6 日	癸巳 7 一	甲午 8 二	乙未 9 三	丙申 10 四	丁酉 11 五	戊戌 12 六	己亥 13 日	辛未大暑 丙戌立秋
七月大 壬申	天干地支 西曆星期	庚子 14 一	辛丑 15 二	壬寅 16 三	癸卯 17 四	甲辰 18 五	乙巳 19 六	丙午 20 日	丁未 21 一	戊申 22 二	己酉 23 三	庚戌 24 四	辛亥 25 五	壬子 26 六	癸丑 27 日	甲寅 28 一	乙卯 29 二	丙辰 30 三	丁巳 31 四	戊午 (9) 五	己未 2 六	庚申 3 日	辛酉 4 一	壬戌 5 二	癸亥 6 三	甲子 7 四	乙丑 8 五	丙寅 9 六	丁卯 10 日	戊辰 11 一	己巳 12 二	壬寅處暑 丁巳白露
八月小 癸酉	天干地支 西曆星期	庚午 13 三	辛未 14 四	壬申 15 五	癸酉 16 六	甲戌 17 日	乙亥 18 一	丙子 19 二	丁丑 20 三	戊寅 21 四	己卯 22 五	庚辰 23 六	辛巳 24 日	壬午 25 一	癸未 26 二	甲申 27 三	乙酉 28 四	丙戌 29 五	丁亥 30 六	戊子 (10) 日	己丑 2 一	庚寅 3 二	辛卯 4 三	壬辰 5 四	癸巳 6 五	甲午 7 六	乙未 8 日	丙申 9 一	丁酉 10 二	戊戌 11 三		壬申秋分 丁亥寒露
九月大 甲戌	天干地支 西曆星期	己亥 12 四	庚子 13 五	辛丑 14 六	壬寅 15 日	癸卯 16 一	甲辰 17 二	乙巳 18 三	丙午 19 四	丁未 20 五	戊申 21 六	己酉 22 日	庚戌 23 一	辛亥 24 二	壬子 25 三	癸丑 26 四	甲寅 27 五	乙卯 28 六	丙辰 29 日	丁巳 30 一	戊午 31 二	己未 (11) 三	庚申 2 四	辛酉 3 五	壬戌 4 六	癸亥 5 日	甲子 6 一	乙丑 7 二	丙寅 8 三	丁卯 9 四	戊辰 10 五	癸卯霜降 戊午立冬
十月大 乙亥	天干地支 西曆星期	己巳 11 六	庚午 12 日	辛未 13 一	壬申 14 二	癸酉 15 三	甲戌 16 四	乙亥 17 五	丙子 18 六	丁丑 19 日	戊寅 20 一	己卯 21 二	庚辰 22 三	辛巳 23 四	壬午 24 五	癸未 25 六	甲申 26 日	乙酉 27 一	丙戌 28 二	丁亥 29 三	戊子 30 四	己丑 (12) 五	庚寅 2 六	辛卯 3 日	壬辰 4 一	癸巳 5 二	甲午 6 三	乙未 7 四	丙申 8 五	丁酉 9 六	戊戌 10 日	癸酉小雪 戊子大雪
十一月小 丙子	天干地支 西曆星期	己亥 11 一	庚子 12 二	辛丑 13 三	壬寅 14 四	癸卯 15 五	甲辰 16 六	乙巳 17 日	丙午 18 一	丁未 19 二	戊申 20 三	己酉 21 四	庚戌 22 五	辛亥 23 六	壬子 24 日	癸丑 25 一	甲寅 26 二	乙卯 27 三	丙辰 28 四	丁巳 29 五	戊午 30 六	己未 31 日	庚申 (1) 一	辛酉 2 二	壬戌 3 三	癸亥 4 四	甲子 5 五	乙丑 6 六	丙寅 7 日	丁卯 8 一		癸卯冬至 己未小寒
十二月大 丁丑	天干地支 西曆星期	戊辰 9 二	己巳 10 三	庚午 11 四	辛未 12 五	壬申 13 六	癸酉 14 日	甲戌 15 一	乙亥 16 二	丙子 17 三	丁丑 18 四	戊寅 19 五	己卯 20 六	庚辰 21 日	辛巳 22 一	壬午 23 二	癸未 24 三	甲申 25 四	乙酉 26 五	丙戌 27 六	丁亥 28 日	戊子 29 一	己丑 30 二	庚寅 31 三	辛卯 (2) 四	壬辰 2 五	癸巳 3 六	甲午 4 日	乙未 5 一	丙申 6 二	丁酉 7 三	甲戌大寒 己丑立春

* 四月癸丑（十二日），改元紹聖。

宋哲宗紹聖二年（乙亥 猪年） 公元1095 ~ 1096年

夏曆月序		中西曆日對照	初一	初二	初三	初四	初五	初六	初七	初八	初九	初十	十一	十二	十三	十四	十五	十六	十七	十八	十九	二十	二一	二二	二三	二四	二五	二六	二七	二八	二九	三十	節氣與天象
正月小	戊寅	干支 西曆 天地 星期	戊戌 8 四	己亥 9 五	庚子 10 六	辛丑 11 日	壬寅 12 一	癸卯 13 二	甲辰 14 三	乙巳 15 四	丙午 16 五	丁未 17 六	戊申 18 日	己酉 19 一	庚戌 20 二	辛亥 21 三	壬子 22 四	癸丑 23 五	甲寅 24 六	乙卯 25 日	丙辰 26 一	丁巳 27 二	戊午 28 三	己未 (3) 四	庚申 2 五	辛酉 3 六	壬戌 4 日	癸亥 5 一	甲子 6 二	乙丑 7 三	丙寅 8 四		甲辰雨水 庚申驚蟄
二月小	己卯	干支 西曆 天地 星期	丁卯 9 五	戊辰 10 六	己巳 11 日	庚午 12 一	辛未 13 二	壬申 14 三	癸酉 15 四	甲戌 16 五	乙亥 17 六	丙子 18 日	丁丑 19 一	戊寅 20 二	己卯 21 三	庚辰 22 四	辛巳 23 五	壬午 24 六	癸未 25 日	甲申 26 一	乙酉 27 二	丙戌 28 三	丁亥 29 四	戊子 30 五	己丑 31 六	庚寅 (4) 日	辛卯 2 一	壬辰 3 二	癸巳 4 三	甲午 5 四	乙未 6 五		乙亥春分 庚寅清明
三月大	庚辰	干支 西曆 天地 星期	丙申 7 六	丁酉 8 日	戊戌 9 一	己亥 10 二	庚子 11 三	辛丑 12 四	壬寅 13 五	癸卯 14 六	甲辰 15 日	乙巳 16 一	丙午 17 二	丁未 18 三	戊申 19 四	己酉 20 五	庚戌 21 六	辛亥 22 日	壬子 23 一	癸丑 24 二	甲寅 25 三	乙卯 26 四	丙辰 27 五	丁巳 28 六	戊午 29 日	己未 30 一	庚申 (5) 二	辛酉 2 三	壬戌 3 四	癸亥 4 五	甲子 5 六	乙丑 6 日	乙巳穀雨 庚申立夏
四月小	辛巳	干支 西曆 天地 星期	丙寅 7 一	丁卯 8 二	戊辰 9 三	己巳 10 四	庚午 11 五	辛未 12 六	壬申 13 日	癸酉 14 一	甲戌 15 二	乙亥 16 三	丙子 17 四	丁丑 18 五	戊寅 19 六	己卯 20 日	庚辰 21 一	辛巳 22 二	壬午 23 三	癸未 24 四	甲申 25 五	乙酉 26 六	丙戌 27 日	丁亥 28 一	戊子 29 二	己丑 30 三	庚寅 31 四	辛卯 (6) 五	壬辰 2 六	癸巳 3 日	甲午 4 一		丙子小滿 辛卯芒種
五月大	壬午	干支 西曆 天地 星期	乙未 5 二	丙申 6 三	丁酉 7 四	戊戌 8 五	己亥 9 六	庚子 10 日	辛丑 11 一	壬寅 12 二	癸卯 13 三	甲辰 14 四	乙巳 15 五	丙午 16 六	丁未 17 日	戊申 18 一	己酉 19 二	庚戌 20 三	辛亥 21 四	壬子 22 五	癸丑 23 六	甲寅 24 日	乙卯 25 一	丙辰 26 二	丁巳 27 三	戊午 28 四	己未 29 五	庚申 30 六	辛酉 (7) 日	壬戌 2 一	癸亥 3 二	甲子 4 三	丙午夏至 辛酉小暑
六月小	癸未	干支 西曆 天地 星期	乙丑 5 四	丙寅 6 五	丁卯 7 六	戊辰 8 日	己巳 9 一	庚午 10 二	辛未 11 三	壬申 12 四	癸酉 13 五	甲戌 14 六	乙亥 15 日	丙子 16 一	丁丑 17 二	戊寅 18 三	己卯 19 四	庚辰 20 五	辛巳 21 六	壬午 22 日	癸未 23 一	甲申 24 二	乙酉 25 三	丙戌 26 四	丁亥 27 五	戊子 28 六	己丑 29 日	庚寅 30 一	辛卯 31 二	壬辰 (8) 三	癸巳 2 四		丙子大暑 壬辰立秋
七月大	甲申	干支 西曆 天地 星期	甲午 3 五	乙未 4 六	丙申 5 日	丁酉 6 一	戊戌 7 二	己亥 8 三	庚子 9 四	辛丑 10 五	壬寅 11 六	癸卯 12 日	甲辰 13 一	乙巳 14 二	丙午 15 三	丁未 16 四	戊申 17 五	己酉 18 六	庚戌 19 日	辛亥 20 一	壬子 21 二	癸丑 22 三	甲寅 23 四	乙卯 24 五	丙辰 25 六	丁巳 26 日	戊午 27 一	己未 28 二	庚申 29 三	辛酉 30 四	壬戌 31 五	癸亥 (9) 六	丁未處暑 壬戌白露
八月小	乙酉	干支 西曆 天地 星期	甲子 2 日	乙丑 3 一	丙寅 4 二	丁卯 5 三	戊辰 6 四	己巳 7 五	庚午 8 六	辛未 9 日	壬申 10 一	癸酉 11 二	甲戌 12 三	乙亥 13 四	丙子 14 五	丁丑 15 六	戊寅 16 日	己卯 17 一	庚辰 18 二	辛巳 19 三	壬午 20 四	癸未 21 五	甲申 22 六	乙酉 23 日	丙戌 24 一	丁亥 25 二	戊子 26 三	己丑 27 四	庚寅 28 五	辛卯 29 六	壬辰 30 日		丁丑秋分
九月大	丙戌	干支 西曆 天地 星期	癸巳 (10) 一	甲午 2 二	乙未 3 三	丙申 4 四	丁酉 5 五	戊戌 6 六	己亥 7 日	庚子 8 一	辛丑 9 二	壬寅 10 三	癸卯 11 四	甲辰 12 五	乙巳 13 六	丙午 14 日	丁未 15 一	戊申 16 二	己酉 17 三	庚戌 18 四	辛亥 19 五	壬子 20 六	癸丑 21 日	甲寅 22 一	乙卯 23 二	丙辰 24 三	丁巳 25 四	戊午 26 五	己未 27 六	庚申 28 日	辛酉 29 一	壬戌 30 二	癸巳寒露 戊申霜降
十月大	丁亥	干支 西曆 天地 星期	癸亥 31 三	甲子 (11) 四	乙丑 2 五	丙寅 3 六	丁卯 4 日	戊辰 5 一	己巳 6 二	庚午 7 三	辛未 8 四	壬申 9 五	癸酉 10 六	甲戌 11 日	乙亥 12 一	丙子 13 二	丁丑 14 三	戊寅 15 四	己卯 16 五	庚辰 17 六	辛巳 18 日	壬午 19 一	癸未 20 二	甲申 21 三	乙酉 22 四	丙戌 23 五	丁亥 24 六	戊子 25 日	己丑 26 一	庚寅 27 二	辛卯 28 三	壬辰 29 四	癸亥立冬 戊寅小雪
十一月大	戊子	干支 西曆 天地 星期	癸巳 30 五	甲午 (12) 六	乙未 2 日	丙申 3 一	丁酉 4 二	戊戌 5 三	己亥 6 四	庚子 7 五	辛丑 8 六	壬寅 9 日	癸卯 10 一	甲辰 11 二	乙巳 12 三	丙午 13 四	丁未 14 五	戊申 15 六	己酉 16 日	庚戌 17 一	辛亥 18 二	壬子 19 三	癸丑 20 四	甲寅 21 五	乙卯 22 六	丙辰 23 日	丁巳 24 一	戊午 25 二	己未 26 三	庚申 27 四	辛酉 28 五	壬戌 29 六	癸巳大雪 己酉冬至
十二月小	己丑	干支 西曆 天地 星期	癸亥 30 日	甲子 31 一	乙丑 (1) 二	丙寅 2 三	丁卯 3 四	戊辰 4 五	己巳 5 六	庚午 6 日	辛未 7 一	壬申 8 二	癸酉 9 三	甲戌 10 四	乙亥 11 五	丙子 12 六	丁丑 13 日	戊寅 14 一	己卯 15 二	庚辰 16 三	辛巳 17 四	壬午 18 五	癸未 19 六	甲申 20 日	乙酉 21 一	丙戌 22 二	丁亥 23 三	戊子 24 四	己丑 25 五	庚寅 26 六	辛卯 27 日		甲子小寒 己卯大寒

宋哲宗紹聖三年（丙子 鼠年） 公元 1096 ~ 1097 年

夏曆月序	中西曆日對照	初一	初二	初三	初四	初五	初六	初七	初八	初九	初十	十一	十二	十三	十四	十五	十六	十七	十八	十九	二十	二一	二二	二三	二四	二五	二六	二七	二八	二九	三十	節氣與天象
正月大 庚寅	天干地支 西曆 星期	壬辰 28 一	癸巳 29 二	甲午 30 三	乙未 31 四	丙申 (2) 五	丁酉 2 六	戊戌 3 日	己亥 4 一	庚子 5 二	辛丑 6 三	壬寅 7 四	癸卯 8 五	甲辰 9 六	乙巳 10 日	丙午 11 一	丁未 12 二	戊申 13 三	己酉 14 四	庚戌 15 五	辛亥 16 六	壬子 17 日	癸丑 18 一	甲寅 19 二	乙卯 20 三	丙辰 21 四	丁巳 22 五	戊午 23 六	己未 24 日	庚申 25 一	辛酉 26 二	甲午立春 庚戌雨水
二月小 辛卯	天干地支 西曆 星期	壬戌 27 三	癸亥 28 四	甲子 29 五	乙丑 (3) 六	丙寅 2 日	丁卯 3 一	戊辰 4 二	己巳 5 三	庚午 6 四	辛未 7 五	壬申 8 六	癸酉 9 日	甲戌 10 一	乙亥 11 二	丙子 12 三	丁丑 13 四	戊寅 14 五	己卯 15 六	庚辰 16 日	辛巳 17 一	壬午 18 二	癸未 19 三	甲申 20 四	乙酉 21 五	丙戌 22 六	丁亥 23 日	戊子 24 一	己丑 25 二	庚寅 26 三		乙丑驚蟄 庚辰春分
三月小 壬辰	天干地支 西曆 星期	辛卯 27 四	壬辰 28 五	癸巳 29 六	甲午 30 日	乙未 31 一	丙申 (4) 二	丁酉 2 三	戊戌 3 四	己亥 4 五	庚子 5 六	辛丑 6 日	壬寅 7 一	癸卯 8 二	甲辰 9 三	乙巳 10 四	丙午 11 五	丁未 12 六	戊申 13 日	己酉 14 一	庚戌 15 二	辛亥 16 三	壬子 17 四	癸丑 18 五	甲寅 19 六	乙卯 20 日	丙辰 21 一	丁巳 22 二	戊午 23 三	己未 24 四		乙未清明 庚戌穀雨
四月大 癸巳	天干地支 西曆 星期	庚申 25 五	辛酉 26 六	壬戌 27 日	癸亥 28 一	甲子 29 二	乙丑 30 三	丙寅 (5) 四	丁卯 2 五	戊辰 3 六	己巳 4 日	庚午 5 一	辛未 6 二	壬申 7 三	癸酉 8 四	甲戌 9 五	乙亥 10 六	丙子 11 日	丁丑 12 一	戊寅 13 二	己卯 14 三	庚辰 15 四	辛巳 16 五	壬午 17 六	癸未 18 日	甲申 19 一	乙酉 20 二	丙戌 21 三	丁亥 22 四	戊子 23 五	己丑 24 六	丙寅立夏 辛巳小滿
五月小 甲午	天干地支 西曆 星期	庚寅 25 日	辛卯 26 一	壬辰 27 二	癸巳 28 三	甲午 29 四	乙未 30 五	丙申 31 六	丁酉 (6) 日	戊戌 2 一	己亥 3 二	庚子 4 三	辛丑 5 四	壬寅 6 五	癸卯 7 六	甲辰 8 日	乙巳 9 一	丙午 10 二	丁未 11 三	戊申 12 四	己酉 13 五	庚戌 14 六	辛亥 15 日	壬子 16 一	癸丑 17 二	甲寅 18 三	乙卯 19 四	丙辰 20 五	丁巳 21 六	戊午 22 日		丙申芒種 辛亥夏至
六月小 乙未	天干地支 西曆 星期	己未 23 一	庚申 24 二	辛酉 25 三	壬戌 26 四	癸亥 27 五	甲子 28 六	乙丑 29 日	丙寅 30 一	丁卯 (7) 二	戊辰 2 三	己巳 3 四	庚午 4 五	辛未 5 六	壬申 6 日	癸酉 7 一	甲戌 8 二	乙亥 9 三	丙子 10 四	丁丑 11 五	戊寅 12 六	己卯 13 日	庚辰 14 一	辛巳 15 二	壬午 16 三	癸未 17 四	甲申 18 五	乙酉 19 六	丙戌 20 日	丁亥 21 一		丁卯小暑 壬午大暑
七月大 丙申	天干地支 西曆 星期	戊子 22 二	己丑 23 三	庚寅 24 四	辛卯 25 五	壬辰 26 六	癸巳 27 日	甲午 28 一	乙未 29 二	丙申 30 三	丁酉 31 四	戊戌 (8) 五	己亥 2 六	庚子 3 日	辛丑 4 一	壬寅 5 二	癸卯 6 三	甲辰 7 四	乙巳 8 五	丙午 9 六	丁未 10 日	戊申 11 一	己酉 12 二	庚戌 13 三	辛亥 14 四	壬子 15 五	癸丑 16 六	甲寅 17 日	乙卯 18 一	丙辰 19 二	丁巳 20 三	丁酉立秋 壬子處暑
八月小 丁酉	天干地支 西曆 星期	戊午 21 四	己未 22 五	庚申 23 六	辛酉 24 日	壬戌 25 一	癸亥 26 二	甲子 27 三	乙丑 28 四	丙寅 29 五	丁卯 30 六	戊辰 31 日	己巳 (9) 一	庚午 2 二	辛未 3 三	壬申 4 四	癸酉 5 五	甲戌 6 六	乙亥 7 日	丙子 8 一	丁丑 9 二	戊寅 10 三	己卯 11 四	庚辰 12 五	辛巳 13 六	壬午 14 日	癸未 15 一	甲申 16 二	乙酉 17 三	丙戌 18 四		丁卯白露 癸未秋分
九月大 戊戌	天干地支 西曆 星期	丁亥 19 五	戊子 20 六	己丑 21 日	庚寅 22 一	辛卯 23 二	壬辰 24 三	癸巳 25 四	甲午 26 五	乙未 27 六	丙申 28 日	丁酉 29 一	戊戌 30 二	己亥 (10) 三	庚子 2 四	辛丑 3 五	壬寅 4 六	癸卯 5 日	甲辰 6 一	乙巳 7 二	丙午 8 三	丁未 9 四	戊申 10 五	己酉 11 六	庚戌 12 日	辛亥 13 一	壬子 14 二	癸丑 15 三	甲寅 16 四	乙卯 17 五	丙辰 18 六	戊戌寒露 癸丑霜降
十月大 己亥	天干地支 西曆 星期	丁巳 19 日	戊午 20 一	己未 21 二	庚申 22 三	辛酉 23 四	壬戌 24 五	癸亥 25 六	甲子 26 日	乙丑 27 一	丙寅 28 二	丁卯 29 三	戊辰 30 四	己巳 31 五	庚午 (11) 六	辛未 2 日	壬申 3 一	癸酉 4 二	甲戌 5 三	乙亥 6 四	丙子 7 五	丁丑 8 六	戊寅 9 日	己卯 10 一	庚辰 11 二	辛巳 12 三	壬午 13 四	癸未 14 五	甲申 15 六	乙酉 16 日	丙戌 17 一	戊辰立冬 癸未小雪
十一月大 庚子	天干地支 西曆 星期	丁亥 18 二	戊子 19 三	己丑 20 四	庚寅 21 五	辛卯 22 六	壬辰 23 日	癸巳 24 一	甲午 25 二	乙未 26 三	丙申 27 四	丁酉 28 五	戊戌 29 六	己亥 30 日	庚子 (12) 一	辛丑 2 二	壬寅 3 三	癸卯 4 四	甲辰 5 五	乙巳 6 六	丙午 7 日	丁未 8 一	戊申 9 二	己酉 10 三	庚戌 11 四	辛亥 12 五	壬子 13 六	癸丑 14 日	甲寅 15 一	乙卯 16 二	丙辰 17 三	己亥大雪 甲寅冬至
十二月小 辛丑	天干地支 西曆 星期	丁巳 18 四	戊午 19 五	己未 20 六	庚申 21 日	辛酉 22 一	壬戌 23 二	癸亥 24 三	甲子 25 四	乙丑 26 五	丙寅 27 六	丁卯 28 日	戊辰 29 一	己巳 30 二	庚午 31 三	辛未 (1) 四	壬申 2 五	癸酉 3 六	甲戌 4 日	乙亥 5 一	丙子 6 二	丁丑 7 三	戊寅 8 四	己卯 9 五	庚辰 10 六	辛巳 11 日	壬午 12 一	癸未 13 二	甲申 14 三	乙酉 15 四		己巳小寒 甲申大寒

宋哲宗紹聖四年（丁丑 牛年） 公元 1097 ~ 1098 年

夏曆月序	中西曆日對照	初一	初二	初三	初四	初五	初六	初七	初八	初九	初十	十一	十二	十三	十四	十五	十六	十七	十八	十九	二十	二一	二二	二三	二四	二五	二六	二七	二八	二九	三十	節氣與天象
正月大 壬寅	天干地支 西曆 星期	丙戌 16 五	丁亥 17 六	戊子 18 日	己丑 19 一	庚寅 20 二	辛卯 21 三	壬辰 22 四	癸巳 23 五	甲午 24 六	乙未 25 日	丙申 26 一	丁酉 27 二	戊戌 28 三	己亥 29 四	庚子 30 五	辛丑 31 六	壬寅 (2) 日	癸卯 2 一	甲辰 3 二	乙巳 4 三	丙午 5 四	丁未 6 五	戊申 7 六	己酉 8 日	庚戌 9 一	辛亥 10 二	壬子 11 三	癸丑 12 四	甲寅 13 五	乙卯 14 六	庚子立春 乙卯雨水
二月大 癸卯	天干地支 西曆 星期	丙辰 15 日	丁巳 16 一	戊午 17 二	己未 18 三	庚申 19 四	辛酉 20 五	壬戌 21 六	癸亥 22 日	甲子 23 一	乙丑 24 二	丙寅 25 三	丁卯 26 四	戊辰 27 五	己巳 28 六	庚午 (3) 日	辛未 2 一	壬申 3 二	癸酉 4 三	甲戌 5 四	乙亥 6 五	丙子 7 六	丁丑 8 日	戊寅 9 一	己卯 10 二	庚辰 11 三	辛巳 12 四	壬午 13 五	癸未 14 六	甲申 15 日	乙酉 16 一	庚午驚蟄 乙酉春分
閏二月小 癸卯	天干地支 西曆 星期	丙戌 17 二	丁亥 18 三	戊子 19 四	己丑 20 五	庚寅 21 六	辛卯 22 日	壬辰 23 一	癸巳 24 二	甲午 25 三	乙未 26 四	丙申 27 五	丁酉 28 六	戊戌 29 日	己亥 30 一	庚子 31 二	辛丑 (4) 三	壬寅 2 四	癸卯 3 五	甲辰 4 六	乙巳 5 日	丙午 6 一	丁未 7 二	戊申 8 三	己酉 9 四	庚戌 10 五	辛亥 11 六	壬子 12 日	癸丑 13 一	甲寅 14 二		庚子清明
三月小 甲辰	天干地支 西曆 星期	乙卯 15 三	丙辰 16 四	丁巳 17 五	戊午 18 六	己未 19 日	庚申 20 一	辛酉 21 二	壬戌 22 三	癸亥 23 四	甲子 24 五	乙丑 25 六	丙寅 26 日	丁卯 27 一	戊辰 28 二	己巳 29 三	庚午 30 四	辛未 (5) 五	壬申 2 六	癸酉 3 日	甲戌 4 一	乙亥 5 二	丙子 6 三	丁丑 7 四	戊寅 8 五	己卯 9 六	庚辰 10 日	辛巳 11 一	壬午 12 二	癸未 13 三		丙辰穀雨 辛未立夏
四月大 乙巳	天干地支 西曆 星期	甲申 14 四	乙酉 15 五	丙戌 16 六	丁亥 17 日	戊子 18 一	己丑 19 二	庚寅 20 三	辛卯 21 四	壬辰 22 五	癸巳 23 六	甲午 24 日	乙未 25 一	丙申 26 二	丁酉 27 三	戊戌 28 四	己亥 29 五	庚子 30 六	辛丑 31 日	壬寅 (6) 一	癸卯 2 二	甲辰 3 三	乙巳 4 四	丙午 5 五	丁未 6 六	戊申 7 日	己酉 8 一	庚戌 9 二	辛亥 10 三	壬子 11 四	癸丑 12 五	丙戌小滿 辛丑芒種
五月小 丙午	天干地支 西曆 星期	甲寅 13 六	乙卯 14 日	丙辰 15 一	丁巳 16 二	戊午 17 三	己未 18 四	庚申 19 五	辛酉 20 六	壬戌 21 日	癸亥 22 一	甲子 23 二	乙丑 24 三	丙寅 25 四	丁卯 26 五	戊辰 27 六	己巳 28 日	庚午 29 一	辛未 30 二	壬申 (7) 三	癸酉 2 四	甲戌 3 五	乙亥 4 六	丙子 5 日	丁丑 6 一	戊寅 7 二	己卯 8 三	庚辰 9 四	辛巳 10 五	壬午 11 六		丁巳夏至 壬申小暑
六月小 丁未	天干地支 西曆 星期	癸未 12 日	甲申 13 一	乙酉 14 二	丙戌 15 三	丁亥 16 四	戊子 17 五	己丑 18 六	庚寅 19 日	辛卯 20 一	壬辰 21 二	癸巳 22 三	甲午 23 四	乙未 24 五	丙申 25 六	丁酉 26 日	戊戌 27 一	己亥 28 二	庚子 29 三	辛丑 30 四	壬寅 31 五	癸卯 (8) 六	甲辰 2 日	乙巳 3 一	丙午 4 二	丁未 5 三	戊申 6 四	己酉 7 五	庚戌 8 六	辛亥 9 日		丁亥大暑 壬寅立秋
七月大 戊申	天干地支 西曆 星期	壬子 10 一	癸丑 11 二	甲寅 12 三	乙卯 13 四	丙辰 14 五	丁巳 15 六	戊午 16 日	己未 17 一	庚申 18 二	辛酉 19 三	壬戌 20 四	癸亥 21 五	甲子 22 六	乙丑 23 日	丙寅 24 一	丁卯 25 二	戊辰 26 三	己巳 27 四	庚午 28 五	辛未 29 六	壬申 30 日	癸酉 31 一	甲戌 (9) 二	乙亥 2 三	丙子 3 四	丁丑 4 五	戊寅 5 六	己卯 6 日	庚辰 7 一	辛巳 8 二	丁巳處暑 癸酉白露
八月小 己酉	天干地支 西曆 星期	壬午 9 三	癸未 10 四	甲申 11 五	乙酉 12 六	丙戌 13 日	丁亥 14 一	戊子 15 二	己丑 16 三	庚寅 17 四	辛卯 18 五	壬辰 19 六	癸巳 20 日	甲午 21 一	乙未 22 二	丙申 23 三	丁酉 24 四	戊戌 25 五	己亥 26 六	庚子 27 日	辛丑 28 一	壬寅 29 二	癸卯 30 三	甲辰 (10) 四	乙巳 2 五	丙午 3 六	丁未 4 日	戊申 5 一	己酉 6 二	庚戌 7 三		戊子秋分 癸卯寒露
九月大 庚戌	天干地支 西曆 星期	辛亥 8 四	壬子 9 五	癸丑 10 六	甲寅 11 日	乙卯 12 一	丙辰 13 二	丁巳 14 三	戊午 15 四	己未 16 五	庚申 17 六	辛酉 18 日	壬戌 19 一	癸亥 20 二	甲子 21 三	乙丑 22 四	丙寅 23 五	丁卯 24 六	戊辰 25 日	己巳 26 一	庚午 27 二	辛未 28 三	壬申 29 四	癸酉 30 五	甲戌 31 六	乙亥 (11) 日	丙子 2 一	丁丑 3 二	戊寅 4 三	己卯 5 四	庚辰 6 五	戊午霜降 癸酉立冬
十月大 辛亥	天干地支 西曆 星期	辛巳 7 六	壬午 8 日	癸未 9 一	甲申 10 二	乙酉 11 三	丙戌 12 四	丁亥 13 五	戊子 14 六	己丑 15 日	庚寅 16 一	辛卯 17 二	壬辰 18 三	癸巳 19 四	甲午 20 五	乙未 21 六	丙申 22 日	丁酉 23 一	戊戌 24 二	己亥 25 三	庚子 26 四	辛丑 27 五	壬寅 28 六	癸卯 29 日	甲辰 30 一	乙巳 (12) 二	丙午 2 三	丁未 3 四	戊申 4 五	己酉 5 六	庚戌 6 日	己丑小雪 甲辰大雪
十一月大 壬子	天干地支 西曆 星期	辛亥 7 一	壬子 8 二	癸丑 9 三	甲寅 10 四	乙卯 11 五	丙辰 12 六	丁巳 13 日	戊午 14 一	己未 15 二	庚申 16 三	辛酉 17 四	壬戌 18 五	癸亥 19 六	甲子 20 日	乙丑 21 一	丙寅 22 二	丁卯 23 三	戊辰 24 四	己巳 25 五	庚午 26 六	辛未 27 日	壬申 28 一	癸酉 29 二	甲戌 30 三	乙亥 31 四	丙子 (1) 五	丁丑 2 六	戊寅 3 日	己卯 4 一	庚辰 5 二	己未冬至 甲戌小寒
十二月小 癸丑	天干地支 西曆 星期	辛巳 6 三	壬午 7 四	癸未 8 五	甲申 9 六	乙酉 10 日	丙戌 11 一	丁亥 12 二	戊子 13 三	己丑 14 四	庚寅 15 五	辛卯 16 六	壬辰 17 日	癸巳 18 一	甲午 19 二	乙未 20 三	丙申 21 四	丁酉 22 五	戊戌 23 六	己亥 24 日	庚子 25 一	辛丑 26 二	壬寅 27 三	癸卯 28 四	甲辰 29 五	乙巳 30 六	丙午 31 日	丁未 (2) 一	戊申 2 二	己酉 3 三		庚寅大寒 乙巳立春

宋哲宗紹聖五年 元符元年（戊寅 虎年） 公元 **1098** ~ 1099 年

夏曆月序		中西曆日對照	初一	初二	初三	初四	初五	初六	初七	初八	初九	初十	十一	十二	十三	十四	十五	十六	十七	十八	十九	二十	二一	二二	二三	二四	二五	二六	二七	二八	二九	三十	節氣與天象
正月大	甲寅	干支 西曆 天地 星期	庚戌 4 四	辛亥 5 五	壬子 6 六	癸丑 7 日	甲寅 8 一	乙卯 9 二	丙辰 10 三	丁巳 11 四	戊午 12 五	己未 13 六	庚申 14 日	辛酉 15 一	壬戌 16 二	癸亥 17 三	甲子 18 四	乙丑 19 五	丙寅 20 六	丁卯 21 日	戊辰 22 一	己巳 23 二	庚午 24 三	辛未 25 四	壬申 26 五	癸酉 27 六	甲戌 28 日	乙亥 (3) 一	丙子 2 二	丁丑 3 三	戊寅 4 四	己卯 5 五	庚申雨水 乙亥驚蟄
二月大	乙卯	干支 西曆 天地 星期	庚辰 6 六	辛巳 7 日	壬午 8 一	癸未 9 二	甲申 10 三	乙酉 11 四	丙戌 12 五	丁亥 13 六	戊子 14 日	己丑 15 一	庚寅 16 二	辛卯 17 三	壬辰 18 四	癸巳 19 五	甲午 20 六	乙未 21 日	丙申 22 一	丁酉 23 二	戊戌 24 三	己亥 25 四	庚子 26 五	辛丑 27 六	壬寅 28 日	癸卯 29 一	甲辰 30 二	乙巳 31 三	丙午 (4) 四	丁未 2 五	戊申 3 六	己酉 4 日	庚寅春分 丙午清明
三月小	丙辰	干支 西曆 天地 星期	庚戌 5 一	辛亥 6 二	壬子 7 三	癸丑 8 四	甲寅 9 五	乙卯 10 六	丙辰 11 日	丁巳 12 一	戊午 13 二	己未 14 三	庚申 15 四	辛酉 16 五	壬戌 17 六	癸亥 18 日	甲子 19 一	乙丑 20 二	丙寅 21 三	丁卯 22 四	戊辰 23 五	己巳 24 六	庚午 25 日	辛未 26 一	壬申 27 二	癸酉 28 三	甲戌 29 四	乙亥 30 五	丙子 (5) 六	丁丑 2 日	戊寅 3 一		辛酉穀雨 丙子立夏
四月小	丁巳	干支 西曆 天地 星期	己卯 4 二	庚辰 5 三	辛巳 6 四	壬午 7 五	癸未 8 六	甲申 9 日	乙酉 10 一	丙戌 11 二	丁亥 12 三	戊子 13 四	己丑 14 五	庚寅 15 六	辛卯 16 日	壬辰 17 一	癸巳 18 二	甲午 19 三	乙未 20 四	丙申 21 五	丁酉 22 六	戊戌 23 日	己亥 24 一	庚子 25 二	辛丑 26 三	壬寅 27 四	癸卯 28 五	甲辰 29 六	乙巳 30 日	丙午 31 一	丁未 (6) 二		辛卯小滿 丁未芒種
五月大	戊午	干支 西曆 天地 星期	戊申 2 三	己酉 3 四	庚戌 4 五	辛亥 5 六	壬子 6 日	癸丑 7 一	甲寅 8 二	乙卯 9 三	丙辰 10 四	丁巳 11 五	戊午 12 六	己未 13 日	庚申 14 一	辛酉 15 二	壬戌 16 三	癸亥 17 四	甲子 18 五	乙丑 19 六	丙寅 20 日	丁卯 21 一	戊辰 22 二	己巳 23 三	庚午 24 四	辛未 25 五	壬申 26 六	癸酉 27 日	甲戌 28 一	乙亥 29 二	丙子 30 三	丁丑 (7) 四	壬戌夏至 丁丑小暑
六月小	己未	干支 西曆 天地 星期	戊寅 2 五	己卯 3 六	庚辰 4 日	辛巳 5 一	壬午 6 二	癸未 7 三	甲申 8 四	乙酉 9 五	丙戌 10 六	丁亥 11 日	戊子 12 一	己丑 13 二	庚寅 14 三	辛卯 15 四	壬辰 16 五	癸巳 17 六	甲午 18 日	乙未 19 一	丙申 20 二	丁酉 21 三	戊戌 22 四	己亥 23 五	庚子 24 六	辛丑 25 日	壬寅 26 一	癸卯 27 二	甲辰 28 三	乙巳 29 四	丙午 30 五		壬辰大暑
七月小	庚申	干支 西曆 天地 星期	丁未 31 六	戊申 (8) 日	己酉 2 一	庚戌 3 二	辛亥 4 三	壬子 5 四	癸丑 6 五	甲寅 7 六	乙卯 8 日	丙辰 9 一	丁巳 10 二	戊午 11 三	己未 12 四	庚申 13 五	辛酉 14 六	壬戌 15 日	癸亥 16 一	甲子 17 二	乙丑 18 三	丙寅 19 四	丁卯 20 五	戊辰 21 六	己巳 22 日	庚午 23 一	辛未 24 二	壬申 25 三	癸酉 26 四	甲戌 27 五	乙亥 28 六		丁未立秋 癸亥處暑
八月大	辛酉	干支 西曆 天地 星期	丙子 29 日	丁丑 30 一	戊寅 31 二	己卯 (9) 三	庚辰 2 四	辛巳 3 五	壬午 4 六	癸未 5 日	甲申 6 一	乙酉 7 二	丙戌 8 三	丁亥 9 四	戊子 10 五	己丑 11 六	庚寅 12 日	辛卯 13 一	壬辰 14 二	癸巳 15 三	甲午 16 四	乙未 17 五	丙申 18 六	丁酉 19 日	戊戌 20 一	己亥 21 二	庚子 22 三	辛丑 23 四	壬寅 24 五	癸卯 25 六	甲辰 26 日	乙巳 27 一	戊寅白露 癸巳秋分
九月小	壬戌	干支 西曆 天地 星期	丙午 28 二	丁未 29 三	戊申 30 四	己酉 (10) 五	庚戌 2 六	辛亥 3 日	壬子 4 一	癸丑 5 二	甲寅 6 三	乙卯 7 四	丙辰 8 五	丁巳 9 六	戊午 10 日	己未 11 一	庚申 12 二	辛酉 13 三	壬戌 14 四	癸亥 15 五	甲子 16 六	乙丑 17 日	丙寅 18 一	丁卯 19 二	戊辰 20 三	己巳 21 四	庚午 22 五	辛未 23 六	壬申 24 日	癸酉 25 一	甲戌 26 二		戊申寒露 甲子霜降
十月大	癸亥	干支 西曆 天地 星期	乙亥 27 三	丙子 28 四	丁丑 29 五	戊寅 30 六	己卯 31 日	庚辰 (11) 一	辛巳 2 二	壬午 3 三	癸未 4 四	甲申 5 五	乙酉 6 六	丙戌 7 日	丁亥 8 一	戊子 9 二	己丑 10 三	庚寅 11 四	辛卯 12 五	壬辰 13 六	癸巳 14 日	甲午 15 一	乙未 16 二	丙申 17 三	丁酉 18 四	戊戌 19 五	己亥 20 六	庚子 21 日	辛丑 22 一	壬寅 23 二	癸卯 24 三	甲辰 25 四	己卯立冬 甲午小雪
十一月大	甲子	干支 西曆 天地 星期	乙巳 26 五	丙午 27 六	丁未 28 日	戊申 29 一	己酉 30 二	庚戌 (12) 三	辛亥 2 四	壬子 3 五	癸丑 4 六	甲寅 5 日	乙卯 6 一	丙辰 7 二	丁巳 8 三	戊午 9 四	己未 10 五	庚申 11 六	辛酉 12 日	壬戌 13 一	癸亥 14 二	甲子 15 三	乙丑 16 四	丙寅 17 五	丁卯 18 六	戊辰 19 日	己巳 20 一	庚午 21 二	辛未 22 三	壬申 23 四	癸酉 24 五	甲戌 25 六	己酉大雪 甲子冬至
十二月小	乙丑	干支 西曆 天地 星期	乙亥 26 日	丙子 27 一	丁丑 28 二	戊寅 29 三	己卯 30 四	庚辰 31 五	辛巳 (1) 六	壬午 2 日	癸未 3 一	甲申 4 二	乙酉 5 三	丙戌 6 四	丁亥 7 五	戊子 8 六	己丑 9 日	庚寅 10 一	辛卯 11 二	壬辰 12 三	癸巳 13 四	甲午 14 五	乙未 15 六	丙申 16 日	丁酉 17 一	戊戌 18 二	己亥 19 三	庚子 20 四	辛丑 21 五	壬寅 22 六	癸卯 23 日		庚辰小寒 乙未大寒

* 六月戊寅（初一），改元元符。

宋哲宗元符二年（己卯 兔年） 公元 1099 ~ 1100 年

夏曆月序		中西曆日對照	初一	初二	初三	初四	初五	初六	初七	初八	初九	初十	十一	十二	十三	十四	十五	十六	十七	十八	十九	二十	二一	二二	二三	二四	二五	二六	二七	二八	二九	三十	節氣與天象
正月大	丙寅	天干地支 西曆 星期	甲辰 24 一	乙巳 25 二	丙午 26 三	丁未 27 四	戊申 28 五	己酉 29 六	庚戌 30 日	辛亥 31 一	壬子 (2) 二	癸丑 2 三	甲寅 3 四	乙卯 4 五	丙辰 5 六	丁巳 6 日	戊午 7 一	己未 8 二	庚申 9 三	辛酉 10 四	壬戌 11 五	癸亥 12 六	甲子 13 日	乙丑 14 一	丙寅 15 二	丁卯 16 三	戊辰 17 四	己巳 18 五	庚午 19 六	辛未 20 日	壬申 21 一	癸酉 22 二	庚戌立春 乙丑雨水
二月大	丁卯	天干地支 西曆 星期	甲戌 23 三	乙亥 24 四	丙子 25 五	丁丑 26 六	戊寅 27 日	己卯 28 一	庚辰 (3) 二	辛巳 2 三	壬午 3 四	癸未 4 五	甲申 5 六	乙酉 6 日	丙戌 7 一	丁亥 8 二	戊子 9 三	己丑 10 四	庚寅 11 五	辛卯 12 六	壬辰 13 日	癸巳 14 一	甲午 15 二	乙未 16 三	丙申 17 四	丁酉 18 五	戊戌 19 六	己亥 20 日	庚子 21 一	辛丑 22 二	壬寅 23 三	癸卯 24 四	庚辰驚蟄 丙申春分
三月小	戊辰	天干地支 西曆 星期	甲辰 25 五	乙巳 26 六	丙午 27 日	丁未 28 一	戊申 29 二	己酉 30 三	庚戌 31 四	辛亥 (4) 五	壬子 2 六	癸丑 3 日	甲寅 4 一	乙卯 5 二	丙辰 6 三	丁巳 7 四	戊午 8 五	己未 9 六	庚申 10 日	辛酉 11 一	壬戌 12 二	癸亥 13 三	甲子 14 四	乙丑 15 五	丙寅 16 六	丁卯 17 日	戊辰 18 一	己巳 19 二	庚午 20 三	辛未 21 四	壬申 22 五		辛亥清明 丙寅穀雨
四月大	己巳	天干地支 西曆 星期	癸酉 23 六	甲戌 24 日	乙亥 25 一	丙子 26 二	丁丑 27 三	戊寅 28 四	己卯 29 五	庚辰 30 六	辛巳 (5) 日	壬午 2 一	癸未 3 二	甲申 4 三	乙酉 5 四	丙戌 6 五	丁亥 7 六	戊子 8 日	己丑 9 一	庚寅 10 二	辛卯 11 三	壬辰 12 四	癸巳 13 五	甲午 14 六	乙未 15 日	丙申 16 一	丁酉 17 二	戊戌 18 三	己亥 19 四	庚子 20 五	辛丑 21 六	壬寅 22 日	辛巳立夏 丁酉小滿
五月小	庚午	天干地支 西曆 星期	癸卯 23 一	甲辰 24 二	乙巳 25 三	丙午 26 四	丁未 27 五	戊申 28 六	己酉 29 日	庚戌 30 一	辛亥 31 二	壬子 (6) 三	癸丑 2 四	甲寅 3 五	乙卯 4 六	丙辰 5 日	丁巳 6 一	戊午 7 二	己未 8 三	庚申 9 四	辛酉 10 五	壬戌 11 六	癸亥 12 日	甲子 13 一	乙丑 14 二	丙寅 15 三	丁卯 16 四	戊辰 17 五	己巳 18 六	庚午 19 日	辛未 20 一		壬子芒種 丁卯夏至
六月大	辛未	天干地支 西曆 星期	壬申 21 二	癸酉 22 三	甲戌 23 四	乙亥 24 五	丙子 25 六	丁丑 26 日	戊寅 27 一	己卯 28 二	庚辰 29 三	辛巳 30 四	壬午 (7) 五	癸未 2 六	甲申 3 日	乙酉 4 一	丙戌 5 二	丁亥 6 三	戊子 7 四	己丑 8 五	庚寅 9 六	辛卯 10 日	壬辰 11 一	癸巳 12 二	甲午 13 三	乙未 14 四	丙申 15 五	丁酉 16 六	戊戌 17 日	己亥 18 一	庚子 19 二	辛丑 20 三	壬午小暑 丁酉大暑
七月小	壬申	天干地支 西曆 星期	壬寅 21 四	癸卯 22 五	甲辰 23 六	乙巳 24 日	丙午 25 一	丁未 26 二	戊申 27 三	己酉 28 四	庚戌 29 五	辛亥 30 六	壬子 31 日	癸丑 (8) 一	甲寅 2 二	乙卯 3 三	丙辰 4 四	丁巳 5 五	戊午 6 六	己未 7 日	庚申 8 一	辛酉 9 二	壬戌 10 三	癸亥 11 四	甲子 12 五	乙丑 13 六	丙寅 14 日	丁卯 15 一	戊辰 16 二	己巳 17 三	庚午 18 四		癸丑立秋 戊辰處暑
八月小	癸酉	天干地支 西曆 星期	辛未 19 五	壬申 20 六	癸酉 21 日	甲戌 22 一	乙亥 23 二	丙子 24 三	丁丑 25 四	戊寅 26 五	己卯 27 六	庚辰 28 日	辛巳 29 一	壬午 30 二	癸未 31 三	甲申 (9) 四	乙酉 2 五	丙戌 3 六	丁亥 4 日	戊子 5 一	己丑 6 二	庚寅 7 三	辛卯 8 四	壬辰 9 五	癸巳 10 六	甲午 11 日	乙未 12 一	丙申 13 二	丁酉 14 三	戊戌 15 四	己亥 16 五		癸未白露 戊戌秋分
九月大	甲戌	天干地支 西曆 星期	庚子 17 六	辛丑 18 日	壬寅 19 一	癸卯 20 二	甲辰 21 三	乙巳 22 四	丙午 23 五	丁未 24 六	戊申 25 日	己酉 26 一	庚戌 27 二	辛亥 28 三	壬子 29 四	癸丑 30 五	甲寅 (10) 六	乙卯 2 日	丙辰 3 一	丁巳 4 二	戊午 5 三	己未 6 四	庚申 7 五	辛酉 8 六	壬戌 9 日	癸亥 10 一	甲子 11 二	乙丑 12 三	丙寅 13 四	丁卯 14 五	戊辰 15 六	己巳 16 日	甲寅寒露 己巳霜降
閏九月小	甲戌	天干地支 西曆 星期	庚午 17 一	辛未 18 二	壬申 19 三	癸酉 20 四	甲戌 21 五	乙亥 22 六	丙子 23 日	丁丑 24 一	戊寅 25 二	己卯 26 三	庚辰 27 四	辛巳 28 五	壬午 29 六	癸未 30 日	甲申 31 一	乙酉 (11) 二	丙戌 2 三	丁亥 3 四	戊子 4 五	己丑 5 六	庚寅 6 日	辛卯 7 一	壬辰 8 二	癸巳 9 三	甲午 10 四	乙未 11 五	丙申 12 六	丁酉 13 日	戊戌 14 一		甲申立冬
十月大	乙亥	天干地支 西曆 星期	己亥 15 二	庚子 16 三	辛丑 17 四	壬寅 18 五	癸卯 19 六	甲辰 20 日	乙巳 21 一	丙午 22 二	丁未 23 三	戊申 24 四	己酉 25 五	庚戌 26 六	辛亥 27 日	壬子 28 一	癸丑 29 二	甲寅 30 三	乙卯 (12) 四	丙辰 2 五	丁巳 3 六	戊午 4 日	己未 5 一	庚申 6 二	辛酉 7 三	壬戌 8 四	癸亥 9 五	甲子 10 六	乙丑 11 日	丙寅 12 一	丁卯 13 二	戊辰 14 三	己亥小雪 甲寅大雪
十一月小	丙子	天干地支 西曆 星期	己巳 15 四	庚午 16 五	辛未 17 六	壬申 18 日	癸酉 19 一	甲戌 20 二	乙亥 21 三	丙子 22 四	丁丑 23 五	戊寅 24 六	己卯 25 日	庚辰 26 一	辛巳 27 二	壬午 28 三	癸未 29 四	甲申 30 五	乙酉 31 六	丙戌 (1) 日	丁亥 2 一	戊子 3 二	己丑 4 三	庚寅 5 四	辛卯 6 五	壬辰 7 六	癸巳 8 日	甲午 9 一	乙未 10 二	丙申 11 三	丁酉 12 四		庚午冬至 乙酉小寒
十二月大	丁丑	天干地支 西曆 星期	戊戌 13 五	己亥 14 六	庚子 15 日	辛丑 16 一	壬寅 17 二	癸卯 18 三	甲辰 19 四	乙巳 20 五	丙午 21 六	丁未 22 日	戊申 23 一	己酉 24 二	庚戌 25 三	辛亥 26 四	壬子 27 五	癸丑 28 六	甲寅 29 日	乙卯 30 一	丙辰 31 二	丁巳 (2) 三	戊午 2 四	己未 3 五	庚申 4 六	辛酉 5 日	壬戌 6 一	癸亥 7 二	甲子 8 三	乙丑 9 四	丙寅 10 五	丁卯 11 六	庚子大寒 乙卯立春

宋哲宗元符三年 徽宗元符三年（庚辰 龍年） 公元 1100 ~ 1101 年

夏曆月序		中西曆日對照	初一	初二	初三	初四	初五	初六	初七	初八	初九	初十	十一	十二	十三	十四	十五	十六	十七	十八	十九	二十	二一	二二	二三	二四	二五	二六	二七	二八	二九	三十	節氣與天象
正月大	戊寅	天干地支 西曆 星期	戊辰 12 日	己巳 13 一	庚午 14 二	辛未 15 三	壬申 16 四	癸酉 17 五	甲戌 18 六	乙亥 19 日	丙子 20 一	丁丑 21 二	戊寅 22 三	己卯 23 四	庚辰 24 五	辛巳 25 六	壬午 26 日	癸未 27 一	甲申 28 二	乙酉 29 三	丙戌 (3) 四	丁亥 2 五	戊子 3 六	己丑 4 日	庚寅 5 一	辛卯 6 二	壬辰 7 三	癸巳 8 四	甲午 9 五	乙未 10 六	丙申 11 日	丁酉 12 一	辛未雨水 丙戌驚蟄
二月大	己卯	天干地支 西曆 星期	戊戌 13 二	己亥 14 三	庚子 15 四	辛丑 16 五	壬寅 17 六	癸卯 18 日	甲辰 19 一	乙巳 20 二	丙午 21 三	丁未 22 四	戊申 23 五	己酉 24 六	庚戌 25 日	辛亥 26 一	壬子 27 二	癸丑 28 三	甲寅 29 四	乙卯 30 五	丙辰 31 六	丁巳 (4) 日	戊午 2 一	己未 3 二	庚申 4 三	辛酉 5 四	壬戌 6 五	癸亥 7 六	甲子 8 日	乙丑 9 一	丙寅 10 二	丁卯 11 三	辛丑春分 丙辰清明
三月小	庚辰	天干地支 西曆 星期	戊辰 12 四	己巳 13 五	庚午 14 六	辛未 15 日	壬申 16 一	癸酉 17 二	甲戌 18 三	乙亥 19 四	丙子 20 五	丁丑 21 六	戊寅 22 日	己卯 23 一	庚辰 24 二	辛巳 25 三	壬午 26 四	癸未 27 五	甲申 28 六	乙酉 29 日	丙戌 30 一	丁亥 (5) 二	戊子 2 三	己丑 3 四	庚寅 4 五	辛卯 5 六	壬辰 6 日	癸巳 7 一	甲午 8 二	乙未 9 三	丙申 10 四		辛未穀雨 丁亥立夏
四月大	辛巳	天干地支 西曆 星期	丁酉 11 五	戊戌 12 六	己亥 13 日	庚子 14 一	辛丑 15 二	壬寅 16 三	癸卯 17 四	甲辰 18 五	乙巳 19 六	丙午 20 日	丁未 21 一	戊申 22 二	己酉 23 三	庚戌 24 四	辛亥 25 五	壬子 26 六	癸丑 27 日	甲寅 28 一	乙卯 29 二	丙辰 30 三	丁巳 31 四	戊午 (6) 五	己未 2 六	庚申 3 日	辛酉 4 一	壬戌 5 二	癸亥 6 三	甲子 7 四	乙丑 8 五	丙寅 9 六	壬寅小滿 丁巳芒種 丁酉日食
五月小	壬午	天干地支 西曆 星期	丁卯 10 日	戊辰 11 一	己巳 12 二	庚午 13 三	辛未 14 四	壬申 15 五	癸酉 16 六	甲戌 17 日	乙亥 18 一	丙子 19 二	丁丑 20 三	戊寅 21 四	己卯 22 五	庚辰 23 六	辛巳 24 日	壬午 25 一	癸未 26 二	甲申 27 三	乙酉 28 四	丙戌 29 五	丁亥 30 六	戊子 (7) 日	己丑 2 一	庚寅 3 二	辛卯 4 三	壬辰 5 四	癸巳 6 五	甲午 7 六	乙未 8 日		壬申夏至 丁亥小暑
六月大	癸未	天干地支 西曆 星期	丙申 9 一	丁酉 10 二	戊戌 11 三	己亥 12 四	庚子 13 五	辛丑 14 六	壬寅 15 日	癸卯 16 一	甲辰 17 二	乙巳 18 三	丙午 19 四	丁未 20 五	戊申 21 六	己酉 22 日	庚戌 23 一	辛亥 24 二	壬子 25 三	癸丑 26 四	甲寅 27 五	乙卯 28 六	丙辰 29 日	丁巳 30 一	戊午 31 二	己未 (8) 三	庚申 2 四	辛酉 3 五	壬戌 4 六	癸亥 5 日	甲子 6 一	乙丑 7 二	癸卯大暑 戊午立秋
七月小	甲申	天干地支 西曆 星期	丙寅 8 三	丁卯 9 四	戊辰 10 五	己巳 11 六	庚午 12 日	辛未 13 一	壬申 14 二	癸酉 15 三	甲戌 16 四	乙亥 17 五	丙子 18 六	丁丑 19 日	戊寅 20 一	己卯 21 二	庚辰 22 三	辛巳 23 四	壬午 24 五	癸未 25 六	甲申 26 日	乙酉 27 一	丙戌 28 二	丁亥 29 三	戊子 30 四	己丑 31 五	庚寅 (9) 六	辛卯 2 日	壬辰 3 一	癸巳 4 二	甲午 5 三		癸酉處暑 戊子白露
八月小	乙酉	天干地支 西曆 星期	乙未 6 四	丙申 7 五	丁酉 8 六	戊戌 9 日	己亥 10 一	庚子 11 二	辛丑 12 三	壬寅 13 四	癸卯 14 五	甲辰 15 六	乙巳 16 日	丙午 17 一	丁未 18 二	戊申 19 三	己酉 20 四	庚戌 21 五	辛亥 22 六	壬子 23 日	癸丑 24 一	甲寅 25 二	乙卯 26 三	丙辰 27 四	丁巳 28 五	戊午 29 六	己未 30 日	庚申 (10) 一	辛酉 2 二	壬戌 3 三	癸亥 4 四		甲辰秋分 己未寒露
九月大	丙戌	天干地支 西曆 星期	甲子 5 五	乙丑 6 六	丙寅 7 日	丁卯 8 一	戊辰 9 二	己巳 10 三	庚午 11 四	辛未 12 五	壬申 13 六	癸酉 14 日	甲戌 15 一	乙亥 16 二	丙子 17 三	丁丑 18 四	戊寅 19 五	己卯 20 六	庚辰 21 日	辛巳 22 一	壬午 23 二	癸未 24 三	甲申 25 四	乙酉 26 五	丙戌 27 六	丁亥 28 日	戊子 29 一	己丑 30 二	庚寅 31 三	辛卯 (11) 四	壬辰 2 五	癸巳 3 六	甲戌霜降 己丑立冬
十月小	丁亥	天干地支 西曆 星期	甲午 4 日	乙未 5 一	丙申 6 二	丁酉 7 三	戊戌 8 四	己亥 9 五	庚子 10 六	辛丑 11 日	壬寅 12 一	癸卯 13 二	甲辰 14 三	乙巳 15 四	丙午 16 五	丁未 17 六	戊申 18 日	己酉 19 一	庚戌 20 二	辛亥 21 三	壬子 22 四	癸丑 23 五	甲寅 24 六	乙卯 25 日	丙辰 26 一	丁巳 27 二	戊午 28 三	己未 29 四	庚申 30 五	辛酉 (12) 六	壬戌 2 日		甲辰小雪 庚申大雪
十一月大	戊子	天干地支 西曆 星期	癸亥 3 一	甲子 4 二	乙丑 5 三	丙寅 6 四	丁卯 7 五	戊辰 8 六	己巳 9 日	庚午 10 一	辛未 11 二	壬申 12 三	癸酉 13 四	甲戌 14 五	乙亥 15 六	丙子 16 日	丁丑 17 一	戊寅 18 二	己卯 19 三	庚辰 20 四	辛巳 21 五	壬午 22 六	癸未 23 日	甲申 24 一	乙酉 25 二	丙戌 26 三	丁亥 27 四	戊子 28 五	己丑 29 六	庚寅 30 日	辛卯 31 一	壬辰 (1) 二	乙亥冬至 庚寅小寒
十二月小	己丑	天干地支 西曆 星期	癸巳 2 三	甲午 3 四	乙未 4 五	丙申 5 六	丁酉 6 日	戊戌 7 一	己亥 8 二	庚子 9 三	辛丑 10 四	壬寅 11 五	癸卯 12 六	甲辰 13 日	乙巳 14 一	丙午 15 二	丁未 16 三	戊申 17 四	己酉 18 五	庚戌 19 六	辛亥 20 日	壬子 21 一	癸丑 22 二	甲寅 23 三	乙卯 24 四	丙辰 25 五	丁巳 26 六	戊午 27 日	己未 28 一	庚申 29 二	辛酉 30 三		乙巳大寒 辛酉立春

* 正月己卯（十二日），宋哲宗死。趙佶即位，是爲徽宗。仍用元符年號。

宋徽宗建中靖國元年（辛巳 蛇年） 公元 **1101** ~ 1102 年

夏曆月序		中西曆日對照	初一	初二	初三	初四	初五	初六	初七	初八	初九	初十	十一	十二	十三	十四	十五	十六	十七	十八	十九	二十	二一	二二	二三	二四	二五	二六	二七	二八	二九	三十	節氣與天象
正月大	庚寅	天干 地支 西曆 星期	壬戌 31 四	癸亥 (2) 五	甲子 2 六	乙丑 3 日	丙寅 4 一	丁卯 5 二	戊辰 6 三	己巳 7 四	庚午 8 五	辛未 9 六	壬申 10 日	癸酉 11 一	甲戌 12 二	乙亥 13 三	丙子 14 四	丁丑 15 五	戊寅 16 六	己卯 17 日	庚辰 18 一	辛巳 19 二	壬午 20 三	癸未 21 四	甲申 22 五	乙酉 23 六	丙戌 24 日	丁亥 25 一	戊子 26 二	己丑 27 三	庚寅 28 四	辛卯 (3) 五	丙子雨水 辛卯驚蟄
二月大	辛卯	天干 地支 西曆 星期	壬辰 2 六	癸巳 3 日	甲午 4 一	乙未 5 二	丙申 6 三	丁酉 7 四	戊戌 8 五	己亥 9 六	庚子 10 日	辛丑 11 一	壬寅 12 二	癸卯 13 三	甲辰 14 四	乙巳 15 五	丙午 16 六	丁未 17 日	戊申 18 一	己酉 19 二	庚戌 20 三	辛亥 21 四	壬子 22 五	癸丑 23 六	甲寅 24 日	乙卯 25 一	丙辰 26 二	丁巳 27 三	戊午 28 四	己未 29 五	庚申 30 六	辛酉 31 日	丙午春分 辛酉清明
三月小	壬辰	天干 地支 西曆 星期	壬戌 (4) 一	癸亥 2 二	甲子 3 三	乙丑 4 四	丙寅 5 五	丁卯 6 六	戊辰 7 日	己巳 8 一	庚午 9 二	辛未 10 三	壬申 11 四	癸酉 12 五	甲戌 13 六	乙亥 14 日	丙子 15 一	丁丑 16 二	戊寅 17 三	己卯 18 四	庚辰 19 五	辛巳 20 六	壬午 21 日	癸未 22 一	甲申 23 二	乙酉 24 三	丙戌 25 四	丁亥 26 五	戊子 27 六	己丑 28 日	庚寅 29 一		丁丑穀雨
四月大	癸巳	天干 地支 西曆 星期	辛卯 30 二	壬辰 (5) 三	癸巳 2 四	甲午 3 五	乙未 4 六	丙申 5 日	丁酉 6 一	戊戌 7 二	己亥 8 三	庚子 9 四	辛丑 10 五	壬寅 11 六	癸卯 12 日	甲辰 13 一	乙巳 14 二	丙午 15 三	丁未 16 四	戊申 17 五	己酉 18 六	庚戌 19 日	辛亥 20 一	壬子 21 二	癸丑 22 三	甲寅 23 四	乙卯 24 五	丙辰 25 六	丁巳 26 日	戊午 27 一	己未 28 二	庚申 29 三	壬辰立夏 丁未小滿 辛卯日食
五月小	甲午	天干 地支 西曆 星期	辛酉 30 四	壬戌 31 五	癸亥 (6) 六	甲子 2 日	乙丑 3 一	丙寅 4 二	丁卯 5 三	戊辰 6 四	己巳 7 五	庚午 8 六	辛未 9 日	壬申 10 一	癸酉 11 二	甲戌 12 三	乙亥 13 四	丙子 14 五	丁丑 15 六	戊寅 16 日	己卯 17 一	庚辰 18 二	辛巳 19 三	壬午 20 四	癸未 21 五	甲申 22 六	乙酉 23 日	丙戌 24 一	丁亥 25 二	戊子 26 三	己丑 27 四		壬戌芒種 戊寅夏至
六月大	乙未	天干 地支 西曆 星期	庚寅 28 五	辛卯 29 六	壬辰 30 日	癸巳 (7) 一	甲午 2 二	乙未 3 三	丙申 4 四	丁酉 5 五	戊戌 6 六	己亥 7 日	庚子 8 一	辛丑 9 二	壬寅 10 三	癸卯 11 四	甲辰 12 五	乙巳 13 六	丙午 14 日	丁未 15 一	戊申 16 二	己酉 17 三	庚戌 18 四	辛亥 19 五	壬子 20 六	癸丑 21 日	甲寅 22 一	乙卯 23 二	丙辰 24 三	丁巳 25 四	戊午 26 五	己未 27 六	癸巳小暑 戊申大暑
七月大	丙申	天干 地支 西曆 星期	庚申 28 日	辛酉 29 一	壬戌 30 二	癸亥 31 三	甲子 (8) 四	乙丑 2 五	丙寅 3 六	丁卯 4 日	戊辰 5 一	己巳 6 二	庚午 7 三	辛未 8 四	壬申 9 五	癸酉 10 六	甲戌 11 日	乙亥 12 一	丙子 13 二	丁丑 14 三	戊寅 15 四	己卯 16 五	庚辰 17 六	辛巳 18 日	壬午 19 一	癸未 20 二	甲申 21 三	乙酉 22 四	丙戌 23 五	丁亥 24 六	戊子 25 日	己丑 26 一	癸亥立秋 戊寅處暑
八月小	丁酉	天干 地支 西曆 星期	庚寅 27 二	辛卯 28 三	壬辰 29 四	癸巳 30 五	甲午 31 六	乙未 (9) 日	丙申 2 一	丁酉 3 二	戊戌 4 三	己亥 5 四	庚子 6 五	辛丑 7 六	壬寅 8 日	癸卯 9 一	甲辰 10 二	乙巳 11 三	丙午 12 四	丁未 13 五	戊申 14 六	己酉 15 日	庚戌 16 一	辛亥 17 二	壬子 18 三	癸丑 19 四	甲寅 20 五	乙卯 21 六	丙辰 22 日	丁巳 23 一	戊午 24 二		甲午白露 己酉秋分
九月小	戊戌	天干 地支 西曆 星期	己未 25 三	庚申 26 四	辛酉 27 五	壬戌 28 六	癸亥 29 日	甲子 30 一	乙丑 (10) 二	丙寅 2 三	丁卯 3 四	戊辰 4 五	己巳 5 六	庚午 6 日	辛未 7 一	壬申 8 二	癸酉 9 三	甲戌 10 四	乙亥 11 五	丙子 12 六	丁丑 13 日	戊寅 14 一	己卯 15 二	庚辰 16 三	辛巳 17 四	壬午 18 五	癸未 19 六	甲申 20 日	乙酉 21 一	丙戌 22 二	丁亥 23 三		甲子寒露 己卯霜降
十月大	己亥	天干 地支 西曆 星期	戊子 24 四	己丑 25 五	庚寅 26 六	辛卯 27 日	壬辰 28 一	癸巳 29 二	甲午 30 三	乙未 31 四	丙申 (11) 五	丁酉 2 六	戊戌 3 日	己亥 4 一	庚子 5 二	辛丑 6 三	壬寅 7 四	癸卯 8 五	甲辰 9 六	乙巳 10 日	丙午 11 一	丁未 12 二	戊申 13 三	己酉 14 四	庚戌 15 五	辛亥 16 六	壬子 17 日	癸丑 18 一	甲寅 19 二	乙卯 20 三	丙辰 21 四	丁巳 22 五	甲午立冬 庚戌小雪
十一月小	庚子	天干 地支 西曆 星期	戊午 23 六	己未 24 日	庚申 25 一	辛酉 26 二	壬戌 27 三	癸亥 28 四	甲子 29 五	乙丑 30 六	丙寅 (12) 日	丁卯 2 一	戊辰 3 二	己巳 4 三	庚午 5 四	辛未 6 五	壬申 7 六	癸酉 8 日	甲戌 9 一	乙亥 10 二	丙子 11 三	丁丑 12 四	戊寅 13 五	己卯 14 六	庚辰 15 日	辛巳 16 一	壬午 17 二	癸未 18 三	甲申 19 四	乙酉 20 五	丙戌 21 六		乙丑大雪 庚辰冬至
十二月大	辛丑	天干 地支 西曆 星期	丁亥 22 日	戊子 23 一	己丑 24 二	庚寅 25 三	辛卯 26 四	壬辰 27 五	癸巳 28 六	甲午 29 日	乙未 30 一	丙申 31 二	丁酉 (1) 三	戊戌 2 四	己亥 3 五	庚子 4 六	辛丑 5 日	壬寅 6 一	癸卯 7 二	甲辰 8 三	乙巳 9 四	丙午 10 五	丁未 11 六	戊申 12 日	己酉 13 一	庚戌 14 二	辛亥 15 三	壬子 16 四	癸丑 17 五	甲寅 18 六	乙卯 19 日	丙辰 20 一	乙未小寒 辛亥大寒

* 正月壬戌（初一），改元建中靖國。

宋徽宗崇寧元年（壬午 馬年） 公元 1102 ~ 1103 年

夏曆月序		中西曆日對照	初一	初二	初三	初四	初五	初六	初七	初八	初九	初十	十一	十二	十三	十四	十五	十六	十七	十八	十九	二十	二一	二二	二三	二四	二五	二六	二七	二八	二九	三十	節氣與天象
正月小	壬寅	天干地支 西曆星期	丁巳 21 二	戊午 22 三	己未 23 四	庚申 24 五	辛酉 25 六	壬戌 26 日	癸亥 27 一	甲子 28 二	乙丑 29 三	丙寅 30 四	丁卯 31 五	戊辰 (2) 六	己巳 2 日	庚午 3 一	辛未 4 二	壬申 5 三	癸酉 6 四	甲戌 7 五	乙亥 8 六	丙子 9 日	丁丑 10 一	戊寅 11 二	己卯 12 三	庚辰 13 四	辛巳 14 五	壬午 15 六	癸未 16 日	甲申 17 一	乙酉 18 二		丙寅立春 辛巳雨水
二月大	癸卯	天干地支 西曆星期	丙戌 19 三	丁亥 20 四	戊子 21 五	己丑 22 六	庚寅 23 日	辛卯 24 一	壬辰 25 二	癸巳 26 三	甲午 27 四	乙未 28 五	丙申 (3) 六	丁酉 2 日	戊戌 3 一	己亥 4 二	庚子 5 三	辛丑 6 四	壬寅 7 五	癸卯 8 六	甲辰 9 日	乙巳 10 一	丙午 11 二	丁未 12 三	戊申 13 四	己酉 14 五	庚戌 15 六	辛亥 16 日	壬子 17 一	癸丑 18 二	甲寅 19 三	乙卯 20 四	丙申驚蟄 辛亥春分
三月小	甲辰	天干地支 西曆星期	丙辰 21 五	丁巳 22 六	戊午 23 日	己未 24 一	庚申 25 二	辛酉 26 三	壬戌 27 四	癸亥 28 五	甲子 29 六	乙丑 30 日	丙寅 31 一	丁卯 (4) 二	戊辰 2 三	己巳 3 四	庚午 4 五	辛未 5 六	壬申 6 日	癸酉 7 一	甲戌 8 二	乙亥 9 三	丙子 10 四	丁丑 11 五	戊寅 12 六	己卯 13 日	庚辰 14 一	辛巳 15 二	壬午 16 三	癸未 17 四	甲申 18 五		丁卯清明 壬午穀雨
四月大	乙巳	天干地支 西曆星期	乙酉 19 六	丙戌 20 日	丁亥 21 一	戊子 22 二	己丑 23 三	庚寅 24 四	辛卯 25 五	壬辰 26 六	癸巳 27 日	甲午 28 一	乙未 29 二	丙申 30 三	丁酉 (5) 四	戊戌 2 五	己亥 3 六	庚子 4 日	辛丑 5 一	壬寅 6 二	癸卯 7 三	甲辰 8 四	乙巳 9 五	丙午 10 六	丁未 11 日	戊申 12 一	己酉 13 二	庚戌 14 三	辛亥 15 四	壬子 16 五	癸丑 17 六	甲寅 18 日	丁酉立夏 壬子小滿
五月大	丙午	天干地支 西曆星期	乙卯 19 一	丙辰 20 二	丁巳 21 三	戊午 22 四	己未 23 五	庚申 24 六	辛酉 25 日	壬戌 26 一	癸亥 27 二	甲子 28 三	乙丑 29 四	丙寅 30 五	丁卯 31 六	戊辰 (6) 日	己巳 2 一	庚午 3 二	辛未 4 三	壬申 5 四	癸酉 6 五	甲戌 7 六	乙亥 8 日	丙子 9 一	丁丑 10 二	戊寅 11 三	己卯 12 四	庚辰 13 五	辛巳 14 六	壬午 15 日	癸未 16 一	甲申 17 二	戊辰芒種 癸未夏至
六月小	丁未	天干地支 西曆星期	乙酉 18 三	丙戌 19 四	丁亥 20 五	戊子 21 六	己丑 22 日	庚寅 23 一	辛卯 24 二	壬辰 25 三	癸巳 26 四	甲午 27 五	乙未 28 六	丙申 29 日	丁酉 30 一	戊戌 (7) 二	己亥 2 三	庚子 3 四	辛丑 4 五	壬寅 5 六	癸卯 6 日	甲辰 7 一	乙巳 8 二	丙午 9 三	丁未 10 四	戊申 11 五	己酉 12 六	庚戌 13 日	辛亥 14 一	壬子 15 二	癸丑 16 三		戊戌小暑 癸丑大暑
閏六月大	丁未	天干地支 西曆星期	甲寅 17 四	乙卯 18 五	丙辰 19 六	丁巳 20 日	戊午 21 一	己未 22 二	庚申 23 三	辛酉 24 四	壬戌 25 五	癸亥 26 六	甲子 27 日	乙丑 28 一	丙寅 29 二	丁卯 30 三	戊辰 31 四	己巳 (8) 五	庚午 2 六	辛未 3 日	壬申 4 一	癸酉 5 二	甲戌 6 三	乙亥 7 四	丙子 8 五	丁丑 9 六	戊寅 10 日	己卯 11 一	庚辰 12 二	辛巳 13 三	壬午 14 四	癸未 15 五	戊辰立秋
七月小	戊申	天干地支 西曆星期	甲申 16 六	乙酉 17 日	丙戌 18 一	丁亥 19 二	戊子 20 三	己丑 21 四	庚寅 22 五	辛卯 23 六	壬辰 24 日	癸巳 25 一	甲午 26 二	乙未 27 三	丙申 28 四	丁酉 29 五	戊戌 30 六	己亥 31 日	庚子 (9) 一	辛丑 2 二	壬寅 3 三	癸卯 4 四	甲辰 5 五	乙巳 6 六	丙午 7 日	丁未 8 一	戊申 9 二	己酉 10 三	庚戌 11 四	辛亥 12 五	壬子 13 六		甲申處暑 己亥白露
八月大	己酉	天干地支 西曆星期	癸丑 14 日	甲寅 15 一	乙卯 16 二	丙辰 17 三	丁巳 18 四	戊午 19 五	己未 20 六	庚申 21 日	辛酉 22 一	壬戌 23 二	癸亥 24 三	甲子 25 四	乙丑 26 五	丙寅 27 六	丁卯 28 日	戊辰 29 一	己巳 30 二	庚午 (10) 三	辛未 2 四	壬申 3 五	癸酉 4 六	甲戌 5 日	乙亥 6 一	丙子 7 二	丁丑 8 三	戊寅 9 四	己卯 10 五	庚辰 11 六	辛巳 12 日	壬午 13 一	甲寅秋分 己巳寒露
九月小	庚戌	天干地支 西曆星期	癸未 14 二	甲申 15 三	乙酉 16 四	丙戌 17 五	丁亥 18 六	戊子 19 日	己丑 20 一	庚寅 21 二	辛卯 22 三	壬辰 23 四	癸巳 24 五	甲午 25 六	乙未 26 日	丙申 27 一	丁酉 28 二	戊戌 29 三	己亥 30 四	庚子 31 五	辛丑 (11) 六	壬寅 2 日	癸卯 3 一	甲辰 4 二	乙巳 5 三	丙午 6 四	丁未 7 五	戊申 8 六	己酉 9 日	庚戌 10 一	辛亥 11 二		甲申霜降 庚子立冬
十月大	辛亥	天干地支 西曆星期	壬子 12 三	癸丑 13 四	甲寅 14 五	乙卯 15 六	丙辰 16 日	丁巳 17 一	戊午 18 二	己未 19 三	庚申 20 四	辛酉 21 五	壬戌 22 六	癸亥 23 日	甲子 24 一	乙丑 25 二	丙寅 26 三	丁卯 27 四	戊辰 28 五	己巳 29 六	庚午 30 日	辛未 (12) 一	壬申 2 二	癸酉 3 三	甲戌 4 四	乙亥 5 五	丙子 6 六	丁丑 7 日	戊寅 8 一	己卯 9 二	庚辰 10 三	辛巳 11 四	乙卯小雪 庚午大雪
十一月小	壬子	天干地支 西曆星期	壬午 12 五	癸未 13 六	甲申 14 日	乙酉 15 一	丙戌 16 二	丁亥 17 三	戊子 18 四	己丑 19 五	庚寅 20 六	辛卯 21 日	壬辰 22 一	癸巳 23 二	甲午 24 三	乙未 25 四	丙申 26 五	丁酉 27 六	戊戌 28 日	己亥 29 一	庚子 30 二	辛丑 31 三	壬寅 (1) 四	癸卯 2 五	甲辰 3 六	乙巳 4 日	丙午 5 一	丁未 6 二	戊申 7 三	己酉 8 四	庚戌 9 五		乙酉冬至 辛丑小寒
十二月大	癸丑	天干地支 西曆星期	辛亥 10 六	壬子 11 日	癸丑 12 一	甲寅 13 二	乙卯 14 三	丙辰 15 四	丁巳 16 五	戊午 17 六	己未 18 日	庚申 19 一	辛酉 20 二	壬戌 21 三	癸亥 22 四	甲子 23 五	乙丑 24 六	丙寅 25 日	丁卯 26 一	戊辰 27 二	己巳 28 三	庚午 29 四	辛未 30 五	壬申 31 六	癸酉 (2) 日	甲戌 2 一	乙亥 3 二	丙子 4 三	丁丑 5 四	戊寅 6 五	己卯 7 六	庚辰 8 日	丙辰大寒 辛未立春

* 正月丁巳（初一），改元崇寧。

宋徽宗崇寧二年（癸未 羊年） 公元 1103 ~ 1104 年

夏曆月序	中西曆日對照	初一	初二	初三	初四	初五	初六	初七	初八	初九	初十	十一	十二	十三	十四	十五	十六	十七	十八	十九	二十	二一	二二	二三	二四	二五	二六	二七	二八	二九	三十	節氣與天象
正月小	甲寅 天干 地支 西曆 星期	辛巳 9 一	壬午 10 二	癸未 11 三	甲申 12 四	乙酉 13 五	丙戌 14 六	丁亥 15 日	戊子 16 一	己丑 17 二	庚寅 18 三	辛卯 19 四	壬辰 20 五	癸巳 21 六	甲午 22 日	乙未 23 一	丙申 24 二	丁酉 25 三	戊戌 26 四	己亥 27 五	庚子 28 六	辛丑 (3) 日	壬寅 2 一	癸卯 3 二	甲辰 4 三	乙巳 5 四	丙午 6 五	丁未 7 六	戊申 8 日	己酉 9 一		丙戌雨水 壬寅驚蟄
二月大	乙卯 天干 地支 西曆 星期	庚戌 10 二	辛亥 11 三	壬子 12 四	癸丑 13 五	甲寅 14 六	乙卯 15 日	丙辰 16 一	丁巳 17 二	戊午 18 三	己未 19 四	庚申 20 五	辛酉 21 六	壬戌 22 日	癸亥 23 一	甲子 24 二	乙丑 25 三	丙寅 26 四	丁卯 27 五	戊辰 28 六	己巳 29 日	庚午 30 一	辛未 31 二	壬申 (4) 三	癸酉 2 四	甲戌 3 五	乙亥 4 六	丙子 5 日	丁丑 6 一	戊寅 7 二	己卯 8 三	丁巳春分 壬申清明
三月小	丙辰 天干 地支 西曆 星期	庚辰 9 四	辛巳 10 五	壬午 11 六	癸未 12 日	甲申 13 一	乙酉 14 二	丙戌 15 三	丁亥 16 四	戊子 17 五	己丑 18 六	庚寅 19 日	辛卯 20 一	壬辰 21 二	癸巳 22 三	甲午 23 四	乙未 24 五	丙申 25 六	丁酉 26 日	戊戌 27 一	己亥 28 二	庚子 29 三	辛丑 30 四	壬寅 (5) 五	癸卯 2 六	甲辰 3 日	乙巳 4 一	丙午 5 二	丁未 6 三	戊申 7 四		丁亥穀雨 壬寅立夏
四月大	丁巳 天干 地支 西曆 星期	己酉 8 五	庚戌 9 六	辛亥 10 日	壬子 11 一	癸丑 12 二	甲寅 13 三	乙卯 14 四	丙辰 15 五	丁巳 16 六	戊午 17 日	己未 18 一	庚申 19 二	辛酉 20 三	壬戌 21 四	癸亥 22 五	甲子 23 六	乙丑 24 日	丙寅 25 一	丁卯 26 二	戊辰 27 三	己巳 28 四	庚午 29 五	辛未 30 六	壬申 31 日	癸酉 (6) 一	甲戌 2 二	乙亥 3 三	丙子 4 四	丁丑 5 五	戊寅 6 六	戊午小滿 癸酉芒種
五月小	戊午 天干 地支 西曆 星期	己卯 7 日	庚辰 8 一	辛巳 9 二	壬午 10 三	癸未 11 四	甲申 12 五	乙酉 13 六	丙戌 14 日	丁亥 15 一	戊子 16 二	己丑 17 三	庚寅 18 四	辛卯 19 五	壬辰 20 六	癸巳 21 日	甲午 22 一	乙未 23 二	丙申 24 三	丁酉 25 四	戊戌 26 五	己亥 27 六	庚子 28 日	辛丑 29 一	壬寅 30 二	癸卯 (7) 三	甲辰 2 四	乙巳 3 五	丙午 4 六	丁未 5 日		戊子夏至 癸卯小暑
六月大	己未 天干 地支 西曆 星期	戊申 6 一	己酉 7 二	庚戌 8 三	辛亥 9 四	壬子 10 五	癸丑 11 六	甲寅 12 日	乙卯 13 一	丙辰 14 二	丁巳 15 三	戊午 16 四	己未 17 五	庚申 18 六	辛酉 19 日	壬戌 20 一	癸亥 21 二	甲子 22 三	乙丑 23 四	丙寅 24 五	丁卯 25 六	戊辰 26 日	己巳 27 一	庚午 28 二	辛未 29 三	壬申 30 四	癸酉 31 五	甲戌 (8) 六	乙亥 2 日	丙子 3 一	丁丑 4 二	戊午大暑 甲戌立秋
七月小	庚申 天干 地支 西曆 星期	戊寅 5 三	己卯 6 四	庚辰 7 五	辛巳 8 六	壬午 9 日	癸未 10 一	甲申 11 二	乙酉 12 三	丙戌 13 四	丁亥 14 五	戊子 15 六	己丑 16 日	庚寅 17 一	辛卯 18 二	壬辰 19 三	癸巳 20 四	甲午 21 五	乙未 22 六	丙申 23 日	丁酉 24 一	戊戌 25 二	己亥 26 三	庚子 27 四	辛丑 28 五	壬寅 29 六	癸卯 30 日	甲辰 31 一	乙巳 (9) 二	丙午 2 三		己丑處暑 甲辰白露
八月大	辛酉 天干 地支 西曆 星期	丁未 3 四	戊申 4 五	己酉 5 六	庚戌 6 日	辛亥 7 一	壬子 8 二	癸丑 9 三	甲寅 10 四	乙卯 11 五	丙辰 12 六	丁巳 13 日	戊午 14 一	己未 15 二	庚申 16 三	辛酉 17 四	壬戌 18 五	癸亥 19 六	甲子 20 日	乙丑 21 一	丙寅 22 二	丁卯 23 三	戊辰 24 四	己巳 25 五	庚午 26 六	辛未 27 日	壬申 28 一	癸酉 29 二	甲戌 30 三	乙亥 (10) 四	丙子 2 五	己未秋分 乙亥寒露
九月大	壬戌 天干 地支 西曆 星期	丁丑 3 六	戊寅 4 日	己卯 5 一	庚辰 6 二	辛巳 7 三	壬午 8 四	癸未 9 五	甲申 10 六	乙酉 11 日	丙戌 12 一	丁亥 13 二	戊子 14 三	己丑 15 四	庚寅 16 五	辛卯 17 六	壬辰 18 日	癸巳 19 一	甲午 20 二	乙未 21 三	丙申 22 四	丁酉 23 五	戊戌 24 六	己亥 25 日	庚子 26 一	辛丑 27 二	壬寅 28 三	癸卯 29 四	甲辰 30 五	乙巳 31 六	丙午 (11) 日	庚寅霜降 乙巳立冬
十月大	癸亥 天干 地支 西曆 星期	丁未 2 一	戊申 3 二	己酉 4 三	庚戌 5 四	辛亥 6 五	壬子 7 六	癸丑 8 日	甲寅 9 一	乙卯 10 二	丙辰 11 三	丁巳 12 四	戊午 13 五	己未 14 六	庚申 15 日	辛酉 16 一	壬戌 17 二	癸亥 18 三	甲子 19 四	乙丑 20 五	丙寅 21 六	丁卯 22 日	戊辰 23 一	己巳 24 二	庚午 25 三	辛未 26 四	壬申 27 五	癸酉 28 六	甲戌 29 日	乙亥 30 一	丙子 (12) 二	庚申小雪 乙亥大雪
十一月小	甲子 天干 地支 西曆 星期	丁丑 2 三	戊寅 3 四	己卯 4 五	庚辰 5 六	辛巳 6 日	壬午 7 一	癸未 8 二	甲申 9 三	乙酉 10 四	丙戌 11 五	丁亥 12 六	戊子 13 日	己丑 14 一	庚寅 15 二	辛卯 16 三	壬辰 17 四	癸巳 18 五	甲午 19 六	乙未 20 日	丙申 21 一	丁酉 22 二	戊戌 23 三	己亥 24 四	庚子 25 五	辛丑 26 六	壬寅 27 日	癸卯 28 一	甲辰 29 二	乙巳 30 三		辛卯冬至
十二月大	乙丑 天干 地支 西曆 星期	丙午 31 四	丁未 (1) 五	戊申 2 六	己酉 3 日	庚戌 4 一	辛亥 5 二	壬子 6 三	癸丑 7 四	甲寅 8 五	乙卯 9 六	丙辰 10 日	丁巳 11 一	戊午 12 二	己未 13 三	庚申 14 四	辛酉 15 五	壬戌 16 六	癸亥 17 日	甲子 18 一	乙丑 19 二	丙寅 20 三	丁卯 21 四	戊辰 22 五	己巳 23 六	庚午 24 日	辛未 25 一	壬申 26 二	癸酉 27 三	甲戌 28 四	乙亥 29 五	丙午小寒 辛酉大寒

宋徽宗崇寧三年（甲申 猴年） 公元 1104 ~ 1105 年

夏曆月序		中西曆日對照	初一	初二	初三	初四	初五	初六	初七	初八	初九	初十	十一	十二	十三	十四	十五	十六	十七	十八	十九	二十	二一	二二	二三	二四	二五	二六	二七	二八	二九	三十	節氣與天象
正月小	丙寅	天干地支 西曆 星期	丙子 30 六	丁丑 31 日	戊寅 (2) 一	己卯 2 二	庚辰 3 三	辛巳 4 四	壬午 5 五	癸未 6 六	甲申 7 日	乙酉 8 一	丙戌 9 二	丁亥 10 三	戊子 11 四	己丑 12 五	庚寅 13 六	辛卯 14 日	壬辰 15 一	癸巳 16 二	甲午 17 三	乙未 18 四	丙申 19 五	丁酉 20 六	戊戌 21 日	己亥 22 一	庚子 23 二	辛丑 24 三	壬寅 25 四	癸卯 26 五	甲辰 27 六		丙子立春 壬辰雨水
二月小	丁卯	天干地支 西曆 星期	乙巳 28 日	丙午 29 一	丁未 (3) 二	戊申 2 三	己酉 3 四	庚戌 4 五	辛亥 5 六	壬子 6 日	癸丑 7 一	甲寅 8 二	乙卯 9 三	丙辰 10 四	丁巳 11 五	戊午 12 六	己未 13 日	庚申 14 一	辛酉 15 二	壬戌 16 三	癸亥 17 四	甲子 18 五	乙丑 19 六	丙寅 20 日	丁卯 21 一	戊辰 22 二	己巳 23 三	庚午 24 四	辛未 25 五	壬申 26 六	癸酉 27 日		丁未驚蟄 壬戌春分
三月大	戊辰	天干地支 西曆 星期	甲戌 28 一	乙亥 29 二	丙子 30 三	丁丑 31 四	戊寅 (4) 五	己卯 2 六	庚辰 3 日	辛巳 4 一	壬午 5 二	癸未 6 三	甲申 7 四	乙酉 8 五	丙戌 9 六	丁亥 10 日	戊子 11 一	己丑 12 二	庚寅 13 三	辛卯 14 四	壬辰 15 五	癸巳 16 六	甲午 17 日	乙未 18 一	丙申 19 二	丁酉 20 三	戊戌 21 四	己亥 22 五	庚子 23 六	辛丑 24 日	壬寅 25 一	癸卯 26 二	丁丑清明 壬辰穀雨
四月小	己巳	天干地支 西曆 星期	甲辰 27 三	乙巳 28 四	丙午 29 五	丁未 30 六	戊申 (5) 日	己酉 2 一	庚戌 3 二	辛亥 4 三	壬子 5 四	癸丑 6 五	甲寅 7 六	乙卯 8 日	丙辰 9 一	丁巳 10 二	戊午 11 三	己未 12 四	庚申 13 五	辛酉 14 六	壬戌 15 日	癸亥 16 一	甲子 17 二	乙丑 18 三	丙寅 19 四	丁卯 20 五	戊辰 21 六	己巳 22 日	庚午 23 一	辛未 24 二	壬申 25 三		戊申立夏 癸亥小滿
五月小	庚午	天干地支 西曆 星期	癸酉 26 四	甲戌 27 五	乙亥 28 六	丙子 29 日	丁丑 30 一	戊寅 31 二	己卯 (6) 三	庚辰 2 四	辛巳 3 五	壬午 4 六	癸未 5 日	甲申 6 一	乙酉 7 二	丙戌 8 三	丁亥 9 四	戊子 10 五	己丑 11 六	庚寅 12 日	辛卯 13 一	壬辰 14 二	癸巳 15 三	甲午 16 四	乙未 17 五	丙申 18 六	丁酉 19 日	戊戌 20 一	己亥 21 二	庚子 22 三	辛丑 23 四		戊寅芒種 癸巳夏至
六月大	辛未	天干地支 西曆 星期	壬寅 24 五	癸卯 25 六	甲辰 26 日	乙巳 27 一	丙午 28 二	丁未 29 三	戊申 30 四	己酉 (7) 五	庚戌 2 六	辛亥 3 日	壬子 4 一	癸丑 5 二	甲寅 6 三	乙卯 7 四	丙辰 8 五	丁巳 9 六	戊午 10 日	己未 11 一	庚申 12 二	辛酉 13 三	壬戌 14 四	癸亥 15 五	甲子 16 六	乙丑 17 日	丙寅 18 一	丁卯 19 二	戊辰 20 三	己巳 21 四	庚午 22 五	辛未 23 六	己酉小暑 甲子大暑
七月大	壬申	天干地支 西曆 星期	壬申 24 日	癸酉 25 一	甲戌 26 二	乙亥 27 三	丙子 28 四	丁丑 29 五	戊寅 30 六	己卯 31 日	庚辰 (8) 一	辛巳 2 二	壬午 3 三	癸未 4 四	甲申 5 五	乙酉 6 六	丙戌 7 日	丁亥 8 一	戊子 9 二	己丑 10 三	庚寅 11 四	辛卯 12 五	壬辰 13 六	癸巳 14 日	甲午 15 一	乙未 16 二	丙申 17 三	丁酉 18 四	戊戌 19 五	己亥 20 六	庚子 21 日	辛丑 22 一	己卯立秋 甲午處暑
八月小	癸酉	天干地支 西曆 星期	壬寅 23 二	癸卯 24 三	甲辰 25 四	乙巳 26 五	丙午 27 六	丁未 28 日	戊申 29 一	己酉 30 二	庚戌 31 三	辛亥 (9) 四	壬子 2 五	癸丑 3 六	甲寅 4 日	乙卯 5 一	丙辰 6 二	丁巳 7 三	戊午 8 四	己未 9 五	庚申 10 六	辛酉 11 日	壬戌 12 一	癸亥 13 二	甲子 14 三	乙丑 15 四	丙寅 16 五	丁卯 17 六	戊辰 18 日	己巳 19 一	庚午 20 二		己酉白露 乙丑秋分
九月大	甲戌	天干地支 西曆 星期	辛未 21 三	壬申 22 四	癸酉 23 五	甲戌 24 六	乙亥 25 日	丙子 26 一	丁丑 27 二	戊寅 28 三	己卯 29 四	庚辰 30 五	辛巳 (10) 六	壬午 2 日	癸未 3 一	甲申 4 二	乙酉 5 三	丙戌 6 四	丁亥 7 五	戊子 8 六	己丑 9 日	庚寅 10 一	辛卯 11 二	壬辰 12 三	癸巳 13 四	甲午 14 五	乙未 15 六	丙申 16 日	丁酉 17 一	戊戌 18 二	己亥 19 三	庚子 20 四	庚辰寒露 乙未霜降
十月大	乙亥	天干地支 西曆 星期	辛丑 21 五	壬寅 22 六	癸卯 23 日	甲辰 24 一	乙巳 25 二	丙午 26 三	丁未 27 四	戊申 28 五	己酉 29 六	庚戌 30 日	辛亥 31 一	壬子 (11) 二	癸丑 2 三	甲寅 3 四	乙卯 4 五	丙辰 5 六	丁巳 6 日	戊午 7 一	己未 8 二	庚申 9 三	辛酉 10 四	壬戌 11 五	癸亥 12 六	甲子 13 日	乙丑 14 一	丙寅 15 二	丁卯 16 三	戊辰 17 四	己巳 18 五	庚午 19 六	庚戌立冬 乙丑小雪
十一月小	丙子	天干地支 西曆 星期	辛未 20 日	壬申 21 一	癸酉 22 二	甲戌 23 三	乙亥 24 四	丙子 25 五	丁丑 26 六	戊寅 27 日	己卯 28 一	庚辰 29 二	辛巳 30 三	壬午 (12) 四	癸未 2 五	甲申 3 六	乙酉 4 日	丙戌 5 一	丁亥 6 二	戊子 7 三	己丑 8 四	庚寅 9 五	辛卯 10 六	壬辰 11 日	癸巳 12 一	甲午 13 二	乙未 14 三	丙申 15 四	丁酉 16 五	戊戌 17 六	己亥 18 日		辛巳大雪 丙申冬至
十二月大	丁丑	天干地支 西曆 星期	庚子 19 一	辛丑 20 二	壬寅 21 三	癸卯 22 四	甲辰 23 五	乙巳 24 六	丙午 25 日	丁未 26 一	戊申 27 二	己酉 28 三	庚戌 29 四	辛亥 30 五	壬子 31 六	癸丑 (1) 日	甲寅 2 一	乙卯 3 二	丙辰 4 三	丁巳 5 四	戊午 6 五	己未 7 六	庚申 8 日	辛酉 9 一	壬戌 10 二	癸亥 11 三	甲子 12 四	乙丑 13 五	丙寅 14 六	丁卯 15 日	戊辰 16 一	己巳 17 二	辛亥小寒 丙寅大寒

宋徽宗崇寧四年（乙酉 鷄年） 公元1105 ~ 1106年

夏曆月序		中西曆日對照	初一	初二	初三	初四	初五	初六	初七	初八	初九	初十	十一	十二	十三	十四	十五	十六	十七	十八	十九	二十	二一	二二	二三	二四	二五	二六	二七	二八	二九	三十	節氣與天象
正月大	戊寅	天干地支 西曆 星期	庚午 18 三	辛未 19 四	壬申 20 五	癸酉 21 六	甲戌 22 日	乙亥 23 一	丙子 24 二	丁丑 25 三	戊寅 26 四	己卯 27 五	庚辰 28 六	辛巳 29 日	壬午 30 一	癸未 31 二	甲申 (2) 三	乙酉 2 四	丙戌 3 五	丁亥 4 六	戊子 5 日	己丑 6 一	庚寅 7 二	辛卯 8 三	壬辰 9 四	癸巳 10 五	甲午 11 六	乙未 12 日	丙申 13 一	丁酉 14 二	戊戌 15 三	己亥 16 四	壬午立春 丁酉雨水
二月小	己卯	天干地支 西曆 星期	庚子 17 五	辛丑 18 六	壬寅 19 日	癸卯 20 一	甲辰 21 二	乙巳 22 三	丙午 23 四	丁未 24 五	戊申 25 六	己酉 26 日	庚戌 27 一	辛亥 28 二	壬子 (3) 三	癸丑 2 四	甲寅 3 五	乙卯 4 六	丙辰 5 日	丁巳 6 一	戊午 7 二	己未 8 三	庚申 9 四	辛酉 10 五	壬戌 11 六	癸亥 12 日	甲子 13 一	乙丑 14 二	丙寅 15 三	丁卯 16 四	戊辰 17 五		壬子驚蟄 丁卯春分
閏二月小	己卯	天干地支 西曆 星期	己巳 18 六	庚午 19 日	辛未 20 一	壬申 21 二	癸酉 22 三	甲戌 23 四	乙亥 24 五	丙子 25 六	丁丑 26 日	戊寅 27 一	己卯 28 二	庚辰 29 三	辛巳 30 四	壬午 31 五	癸未 (4) 六	甲申 2 日	乙酉 3 一	丙戌 4 二	丁亥 5 三	戊子 6 四	己丑 7 五	庚寅 8 六	辛卯 9 日	壬辰 10 一	癸巳 11 二	甲午 12 三	乙未 13 四	丙申 14 五	丁酉 15 六		壬午清明
三月大	庚辰	天干地支 西曆 星期	戊戌 16 日	己亥 17 一	庚子 18 二	辛丑 19 三	壬寅 20 四	癸卯 21 五	甲辰 22 六	乙巳 23 日	丙午 24 一	丁未 25 二	戊申 26 三	己酉 27 四	庚戌 28 五	辛亥 29 六	壬子 30 日	癸丑 (5) 一	甲寅 2 二	乙卯 3 三	丙辰 4 四	丁巳 5 五	戊午 6 六	己未 7 日	庚申 8 一	辛酉 9 二	壬戌 10 三	癸亥 11 四	甲子 12 五	乙丑 13 六	丙寅 14 日	丁卯 15 一	戊戌穀雨 癸丑立夏
四月小	辛巳	天干地支 西曆 星期	戊辰 16 二	己巳 17 三	庚午 18 四	辛未 19 五	壬申 20 六	癸酉 21 日	甲戌 22 一	乙亥 23 二	丙子 24 三	丁丑 25 四	戊寅 26 五	己卯 27 六	庚辰 28 日	辛巳 29 一	壬午 30 二	癸未 31 三	甲申 (6) 四	乙酉 2 五	丙戌 3 六	丁亥 4 日	戊子 5 一	己丑 6 二	庚寅 7 三	辛卯 8 四	壬辰 9 五	癸巳 10 六	甲午 11 日	乙未 12 一	丙申 13 二		戊辰小滿 癸未芒種
五月小	壬午	天干地支 西曆 星期	丁酉 14 三	戊戌 15 四	己亥 16 五	庚子 17 六	辛丑 18 日	壬寅 19 一	癸卯 20 二	甲辰 21 三	乙巳 22 四	丙午 23 五	丁未 24 六	戊申 25 日	己酉 26 一	庚戌 27 二	辛亥 28 三	壬子 29 四	癸丑 30 五	甲寅 (7) 六	乙卯 2 日	丙辰 3 一	丁巳 4 二	戊午 5 三	己未 6 四	庚申 7 五	辛酉 8 六	壬戌 9 日	癸亥 10 一	甲子 11 二	乙丑 12 三		己亥夏至 甲寅小暑
六月大	癸未	天干地支 西曆 星期	丙寅 13 四	丁卯 14 五	戊辰 15 六	己巳 16 日	庚午 17 一	辛未 18 二	壬申 19 三	癸酉 20 四	甲戌 21 五	乙亥 22 六	丙子 23 日	丁丑 24 一	戊寅 25 二	己卯 26 三	庚辰 27 四	辛巳 28 五	壬午 29 六	癸未 30 日	甲申 31 一	乙酉 (8) 二	丙戌 2 三	丁亥 3 四	戊子 4 五	己丑 5 六	庚寅 6 日	辛卯 7 一	壬辰 8 二	癸巳 9 三	甲午 10 四	乙未 11 五	己巳大暑 甲申立秋
七月小	甲申	天干地支 西曆 星期	丙申 12 六	丁酉 13 日	戊戌 14 一	己亥 15 二	庚子 16 三	辛丑 17 四	壬寅 18 五	癸卯 19 六	甲辰 20 日	乙巳 21 一	丙午 22 二	丁未 23 三	戊申 24 四	己酉 25 五	庚戌 26 六	辛亥 27 日	壬子 28 一	癸丑 29 二	甲寅 30 三	乙卯 31 四	丙辰 (9) 五	丁巳 2 六	戊午 3 日	己未 4 一	庚申 5 二	辛酉 6 三	壬戌 7 四	癸亥 8 五	甲子 9 六		己亥處暑 乙卯白露
八月大	乙酉	天丁地支 西曆 星期	乙丑 10 日	丙寅 11 一	丁卯 12 二	戊辰 13 三	己巳 14 四	庚午 15 五	辛未 16 六	壬申 17 日	癸酉 18 一	甲戌 19 二	乙亥 20 三	丙子 21 四	丁丑 22 五	戊寅 23 六	己卯 24 日	庚辰 25 一	辛巳 26 二	壬午 27 三	癸未 28 四	甲申 29 五	乙酉 30 六	丙戌 (10) 日	丁亥 2 一	戊子 3 二	己丑 4 三	庚寅 5 四	辛卯 6 五	壬辰 7 六	癸巳 8 日	甲午 9 一	庚午秋分 乙酉寒露
九月大	丙戌	天干地支 西曆 星期	乙未 10 二	丙申 11 三	丁酉 12 四	戊戌 13 五	己亥 14 六	庚子 15 日	辛丑 16 一	壬寅 17 二	癸卯 18 三	甲辰 19 四	乙巳 20 五	丙午 21 六	丁未 22 日	戊申 23 一	己酉 24 二	庚戌 25 三	辛亥 26 四	壬子 27 五	癸丑 28 六	甲寅 29 日	乙卯 30 一	丙辰 31 二	丁巳 (11) 三	戊午 2 四	己未 3 五	庚申 4 六	辛酉 5 日	壬戌 6 一	癸亥 7 二	甲子 8 三	庚子霜降 丙辰立冬
十月大	丁亥	天干地支 西曆 星期	乙丑 9 四	丙寅 10 五	丁卯 11 六	戊辰 12 日	己巳 13 一	庚午 14 二	辛未 15 三	壬申 16 四	癸酉 17 五	甲戌 18 六	乙亥 19 日	丙子 20 一	丁丑 21 二	戊寅 22 三	己卯 23 四	庚辰 24 五	辛巳 25 六	壬午 26 日	癸未 27 一	甲申 28 二	乙酉 29 三	丙戌 30 四	丁亥 (12) 五	戊子 2 六	己丑 3 日	庚寅 4 一	辛卯 5 二	壬辰 6 三	癸巳 7 四	甲午 8 五	辛未小雪 丙戌大雪
十一月小	戊子	天干地支 西曆 星期	乙未 9 六	丙申 10 日	丁酉 11 一	戊戌 12 二	己亥 13 三	庚子 14 四	辛丑 15 五	壬寅 16 六	癸卯 17 日	甲辰 18 一	乙巳 19 二	丙午 20 三	丁未 21 四	戊申 22 五	己酉 23 六	庚戌 24 日	辛亥 25 一	壬子 26 二	癸丑 27 三	甲寅 28 四	乙卯 29 五	丙辰 30 六	丁巳 31 日	戊午 (1) 一	己未 2 二	庚申 3 三	辛酉 4 四	壬戌 5 五	癸亥 6 六		辛丑冬至 丙辰小寒
十二月大	己丑	天干地支 西曆 星期	甲子 7 日	乙丑 8 一	丙寅 9 二	丁卯 10 三	戊辰 11 四	己巳 12 五	庚午 13 六	辛未 14 日	壬申 15 一	癸酉 16 二	甲戌 17 三	乙亥 18 四	丙子 19 五	丁丑 20 六	戊寅 21 日	己卯 22 一	庚辰 23 二	辛巳 24 三	壬午 25 四	癸未 26 五	甲申 27 六	乙酉 28 日	丙戌 29 一	丁亥 30 二	戊子 31 三	己丑 (2) 四	庚寅 2 五	辛卯 3 六	壬辰 4 日	癸巳 5 一	壬申大寒 丁亥立春

宋徽宗崇寧五年（丙戌 狗年） 公元 1106 ~ 1107 年

夏曆月序		中西曆日對照	初一	初二	初三	初四	初五	初六	初七	初八	初九	初十	十一	十二	十三	十四	十五	十六	十七	十八	十九	二十	二一	二二	二三	二四	二五	二六	二七	二八	二九	三十	節氣與天象
正月大	庚寅	干支 西曆 星期	甲午 6 二	乙未 7 三	丙申 8 四	丁酉 9 五	戊戌 10 六	己亥 11 日	庚子 12 一	辛丑 13 二	壬寅 14 三	癸卯 15 四	甲辰 16 五	乙巳 17 六	丙午 18 日	丁未 19 一	戊申 20 二	己酉 21 三	庚戌 22 四	辛亥 23 五	壬子 24 六	癸丑 25 日	甲寅 26 一	乙卯 27 二	丙辰 28 三	丁巳 (3) 四	戊午 2 五	己未 3 六	庚申 4 日	辛酉 5 一	壬戌 6 二	癸亥 7 三	壬寅雨水 丁巳驚蟄
二月小	辛卯	干支 西曆 星期	甲子 8 四	乙丑 9 五	丙寅 10 六	丁卯 11 日	戊辰 12 一	己巳 13 二	庚午 14 三	辛未 15 四	壬申 16 五	癸酉 17 六	甲戌 18 日	乙亥 19 一	丙子 20 二	丁丑 21 三	戊寅 22 四	己卯 23 五	庚辰 24 六	辛巳 25 日	壬午 26 一	癸未 27 二	甲申 28 三	乙酉 29 四	丙戌 30 五	丁亥 31 六	戊子 (4) 日	己丑 2 一	庚寅 3 二	辛卯 4 三	壬辰 5 四		壬申春分 戊子清明
三月小	壬辰	干支 西曆 星期	癸巳 6 五	甲午 7 六	乙未 8 日	丙申 9 一	丁酉 10 二	戊戌 11 三	己亥 12 四	庚子 13 五	辛丑 14 六	壬寅 15 日	癸卯 16 一	甲辰 17 二	乙巳 18 三	丙午 19 四	丁未 20 五	戊申 21 六	己酉 22 日	庚戌 23 一	辛亥 24 二	壬子 25 三	癸丑 26 四	甲寅 27 五	乙卯 28 六	丙辰 29 日	丁巳 30 一	戊午 (5) 二	己未 2 三	庚申 3 四	辛酉 4 五		癸卯穀雨 戊午立夏
四月大	癸巳	干支 西曆 星期	壬戌 5 六	癸亥 6 日	甲子 7 一	乙丑 8 二	丙寅 9 三	丁卯 10 四	戊辰 11 五	己巳 12 六	庚午 13 日	辛未 14 一	壬申 15 二	癸酉 16 三	甲戌 17 四	乙亥 18 五	丙子 19 六	丁丑 20 日	戊寅 21 一	己卯 22 二	庚辰 23 三	辛巳 24 四	壬午 25 五	癸未 26 六	甲申 27 日	乙酉 28 一	丙戌 29 二	丁亥 30 三	戊子 31 四	己丑 (6) 五	庚寅 2 六	辛卯 3 日	癸酉小滿 己丑芒種
五月小	甲午	干支 西曆 星期	壬辰 4 一	癸巳 5 二	甲午 6 三	乙未 7 四	丙申 8 五	丁酉 9 六	戊戌 10 日	己亥 11 一	庚子 12 二	辛丑 13 三	壬寅 14 四	癸卯 15 五	甲辰 16 六	乙巳 17 日	丙午 18 一	丁未 19 二	戊申 20 三	己酉 21 四	庚戌 22 五	辛亥 23 六	壬子 24 日	癸丑 25 一	甲寅 26 二	乙卯 27 三	丙辰 28 四	丁巳 29 五	戊午 30 六	己未 (7) 日	庚申 2 一		甲辰夏至 己未小暑
六月小	乙未	干支 西曆 星期	辛酉 3 二	壬戌 4 三	癸亥 5 四	甲子 6 五	乙丑 7 六	丙寅 8 日	丁卯 9 一	戊辰 10 二	己巳 11 三	庚午 12 四	辛未 13 五	壬申 14 六	癸酉 15 日	甲戌 16 一	乙亥 17 二	丙子 18 三	丁丑 19 四	戊寅 20 五	己卯 21 六	庚辰 22 日	辛巳 23 一	壬午 24 二	癸未 25 三	甲申 26 四	乙酉 27 五	丙戌 28 六	丁亥 29 日	戊子 30 一	己丑 31 二		甲戌大暑 己丑立秋
七月大	丙申	干支 西曆 星期	庚寅 (8) 三	辛卯 2 四	壬辰 3 五	癸巳 4 六	甲午 5 日	乙未 6 一	丙申 7 二	丁酉 8 三	戊戌 9 四	己亥 10 五	庚子 11 六	辛丑 12 日	壬寅 13 一	癸卯 14 二	甲辰 15 三	乙巳 16 四	丙午 17 五	丁未 18 六	戊申 19 日	己酉 20 一	庚戌 21 二	辛亥 22 三	壬子 23 四	癸丑 24 五	甲寅 25 六	乙卯 26 日	丙辰 27 一	丁巳 28 二	戊午 29 三	己未 30 四	乙巳處暑 庚寅日食
八月小	丁酉	干支 西曆 星期	庚申 31 五	辛酉 (9) 六	壬戌 2 日	癸亥 3 一	甲子 4 二	乙丑 5 三	丙寅 6 四	丁卯 7 五	戊辰 8 六	己巳 9 日	庚午 10 一	辛未 11 二	壬申 12 三	癸酉 13 四	甲戌 14 五	乙亥 15 六	丙子 16 日	丁丑 17 一	戊寅 18 二	己卯 19 三	庚辰 20 四	辛巳 21 五	壬午 22 六	癸未 23 日	甲申 24 一	乙酉 25 二	丙戌 26 三	丁亥 27 四	戊子 28 五		庚申白露 乙亥秋分
九月大	戊戌	干支 西曆 星期	己丑 29 六	庚寅 30 日	辛卯 (10) 一	壬辰 2 二	癸巳 3 三	甲午 4 四	乙未 5 五	丙申 6 六	丁酉 7 日	戊戌 8 一	己亥 9 二	庚子 10 三	辛丑 11 四	壬寅 12 五	癸卯 13 六	甲辰 14 日	乙巳 15 一	丙午 16 二	丁未 17 三	戊申 18 四	己酉 19 五	庚戌 20 六	辛亥 21 日	壬子 22 一	癸丑 23 二	甲寅 24 三	乙卯 25 四	丙辰 26 五	丁巳 27 六	戊午 28 日	庚寅寒露 乙巳霜降
十月小	己亥	干支 西曆 星期	己未 29 一	庚申 30 二	辛酉 31 三	壬戌 (11) 四	癸亥 2 五	甲子 3 六	乙丑 4 日	丙寅 5 一	丁卯 6 二	戊辰 7 三	己巳 8 四	庚午 9 五	辛未 10 六	壬申 11 日	癸酉 12 一	甲戌 13 二	乙亥 14 三	丙子 15 四	丁丑 16 五	戊寅 17 六	己卯 18 日	庚辰 19 一	辛巳 20 二	壬午 21 三	癸未 22 四	甲申 23 五	乙酉 24 六	丙戌 25 日	丁亥 26 一		辛酉立冬 丙子小雪
十一月大	庚子	干支 西曆 星期	戊子 27 二	己丑 28 三	庚寅 29 四	辛卯 30 五	壬辰 (12) 六	癸巳 2 日	甲午 3 一	乙未 4 二	丙申 5 三	丁酉 6 四	戊戌 7 五	己亥 8 六	庚子 9 日	辛丑 10 一	壬寅 11 二	癸卯 12 三	甲辰 13 四	乙巳 14 五	丙午 15 六	丁未 16 日	戊申 17 一	己酉 18 二	庚戌 19 三	辛亥 20 四	壬子 21 五	癸丑 22 六	甲寅 23 日	乙卯 24 一	丙辰 25 二	丁巳 26 三	辛卯大雪 丙午冬至
十二月大	辛丑	干支 西曆 星期	戊午 27 四	己未 28 五	庚申 29 六	辛酉 30 日	壬戌 31 一	癸亥 (1) 二	甲子 2 三	乙丑 3 四	丙寅 4 五	丁卯 5 六	戊辰 6 日	己巳 7 一	庚午 8 二	辛未 9 三	壬申 10 四	癸酉 11 五	甲戌 12 六	乙亥 13 日	丙子 14 一	丁丑 15 二	戊寅 16 三	己卯 17 四	庚辰 18 五	辛巳 19 六	壬午 20 日	癸未 21 一	甲申 22 二	乙酉 23 三	丙戌 24 四	丁亥 25 五	壬戌小寒 丁丑大寒 戊午日食

宋徽宗大觀元年（丁亥 猪年） 公元 1107 ~ 1108 年

夏曆月序		中西曆日對照	初一	初二	初三	初四	初五	初六	初七	初八	初九	初十	十一	十二	十三	十四	十五	十六	十七	十八	十九	二十	二一	二二	二三	二四	二五	二六	二七	二八	二九	三十	節氣與天象
正月大	壬寅	天干地支 西曆 星期	戊子 26 六	己丑 27 日	庚寅 28 一	辛卯 29 二	壬辰 30 三	癸巳 31 四	甲午 (2) 五	乙未 2 六	丙申 3 日	丁酉 4 一	戊戌 5 二	己亥 6 三	庚子 7 四	辛丑 8 五	壬寅 9 六	癸卯 10 日	甲辰 11 一	乙巳 12 二	丙午 13 三	丁未 14 四	戊申 15 五	己酉 16 六	庚戌 17 日	辛亥 18 一	壬子 19 二	癸丑 20 三	甲寅 21 四	乙卯 22 五	丙辰 23 六	丁巳 24 日	壬辰立春 丁未雨水
二月小	癸卯	天干地支 西曆 星期	戊午 25 一	己未 26 二	庚申 27 三	辛酉 28 四	壬戌 (3) 五	癸亥 2 六	甲子 3 日	乙丑 4 一	丙寅 5 二	丁卯 6 三	戊辰 7 四	己巳 8 五	庚午 9 六	辛未 10 日	壬申 11 一	癸酉 12 二	甲戌 13 三	乙亥 14 四	丙子 15 五	丁丑 16 六	戊寅 17 日	己卯 18 一	庚辰 19 二	辛巳 20 三	壬午 21 四	癸未 22 五	甲申 23 六	乙酉 24 日	丙戌 25 一		壬戌驚蟄 戊寅春分
三月大	甲辰	天干地支 西曆 星期	丁亥 26 二	戊子 27 三	己丑 28 四	庚寅 29 五	辛卯 30 六	壬辰 31 日	癸巳 (4) 一	甲午 2 二	乙未 3 三	丙申 4 四	丁酉 5 五	戊戌 6 六	己亥 7 日	庚子 8 一	辛丑 9 二	壬寅 10 三	癸卯 11 四	甲辰 12 五	乙巳 13 六	丙午 14 日	丁未 15 一	戊申 16 二	己酉 17 三	庚戌 18 四	辛亥 19 五	壬子 20 六	癸丑 21 日	甲寅 22 一	乙卯 23 二	丙辰 24 三	癸巳清明 戊申穀雨
四月小	乙巳	天干地支 西曆 星期	丁巳 25 四	戊午 26 五	己未 27 六	庚申 28 日	辛酉 29 一	壬戌 30 二	癸亥 (5) 三	甲子 2 四	乙丑 3 五	丙寅 4 六	丁卯 5 日	戊辰 6 一	己巳 7 二	庚午 8 三	辛未 9 四	壬申 10 五	癸酉 11 六	甲戌 12 日	乙亥 13 一	丙子 14 二	丁丑 15 三	戊寅 16 四	己卯 17 五	庚辰 18 六	辛巳 19 日	壬午 20 一	癸未 21 二	甲申 22 三	乙酉 23 四		癸亥立夏 己卯小滿
五月大	丙午	天干地支 西曆 星期	丙戌 24 五	丁亥 25 六	戊子 26 日	己丑 27 一	庚寅 28 二	辛卯 29 三	壬辰 30 四	癸巳 31 五	甲午 (6) 六	乙未 2 日	丙申 3 一	丁酉 4 二	戊戌 5 三	己亥 6 四	庚子 7 五	辛丑 8 六	壬寅 9 日	癸卯 10 一	甲辰 11 二	乙巳 12 三	丙午 13 四	丁未 14 五	戊申 15 六	己酉 16 日	庚戌 17 一	辛亥 18 二	壬子 19 三	癸丑 20 四	甲寅 21 五	乙卯 22 六	甲午芒種 己酉夏至
六月小	丁未	天干地支 西曆 星期	丙辰 23 日	丁巳 24 一	戊午 25 二	己未 26 三	庚申 27 四	辛酉 28 五	壬戌 29 六	癸亥 30 日	甲子 (7) 一	乙丑 2 二	丙寅 3 三	丁卯 4 四	戊辰 5 五	己巳 6 六	庚午 7 日	辛未 8 一	壬申 9 二	癸酉 10 三	甲戌 11 四	乙亥 12 五	丙子 13 六	丁丑 14 日	戊寅 15 一	己卯 16 二	庚辰 17 三	辛巳 18 四	壬午 19 五	癸未 20 六	甲申 21 日		甲子小暑 己卯大暑
七月小	戊申	天干地支 西曆 星期	乙酉 22 一	丙戌 23 二	丁亥 24 三	戊子 25 四	己丑 26 五	庚寅 27 六	辛卯 28 日	壬辰 29 一	癸巳 30 二	甲午 31 三	乙未 (8) 四	丙申 2 五	丁酉 3 六	戊戌 4 日	己亥 5 一	庚子 6 二	辛丑 7 三	壬寅 8 四	癸卯 9 五	甲辰 10 六	乙巳 11 日	丙午 12 一	丁未 13 二	戊申 14 三	己酉 15 四	庚戌 16 五	辛亥 17 六	壬子 18 日	癸丑 19 一		乙未立秋 庚戌處暑
八月大	己酉	天干地支 西曆 星期	甲寅 20 二	乙卯 21 三	丙辰 22 四	丁巳 23 五	戊午 24 六	己未 25 日	庚申 26 一	辛酉 27 二	壬戌 28 三	癸亥 29 四	甲子 30 五	乙丑 31 六	丙寅 (9) 日	丁卯 2 一	戊辰 3 二	己巳 4 三	庚午 5 四	辛未 6 五	壬申 7 六	癸酉 8 日	甲戌 9 一	乙亥 10 二	丙子 11 三	丁丑 12 四	戊寅 13 五	己卯 14 六	庚辰 15 日	辛巳 16 一	壬午 17 二	癸未 18 三	乙丑白露 庚辰秋分
九月小	庚戌	天干地支 西曆 星期	甲申 19 四	乙酉 20 五	丙戌 21 六	丁亥 22 日	戊子 23 一	己丑 24 二	庚寅 25 三	辛卯 26 四	壬辰 27 五	癸巳 28 六	甲午 29 日	乙未 30 一	丙申 (10) 二	丁酉 2 三	戊戌 3 四	己亥 4 五	庚子 5 六	辛丑 6 日	壬寅 7 一	癸卯 8 二	甲辰 9 三	乙巳 10 四	丙午 11 五	丁未 12 六	戊申 13 日	己酉 14 一	庚戌 15 二	辛亥 16 三	壬子 17 四		丙申寒露 辛亥霜降
十月大	辛亥	天干地支 西曆 星期	癸丑 18 五	甲寅 19 六	乙卯 20 日	丙辰 21 一	丁巳 22 二	戊午 23 三	己未 24 四	庚申 25 五	辛酉 26 六	壬戌 27 日	癸亥 28 一	甲子 29 二	乙丑 30 三	丙寅 31 四	丁卯 (11) 五	戊辰 2 六	己巳 3 日	庚午 4 一	辛未 5 二	壬申 6 三	癸酉 7 四	甲戌 8 五	乙亥 9 六	丙子 10 日	丁丑 11 一	戊寅 12 二	己卯 13 三	庚辰 14 四	辛巳 15 五	壬午 16 六	丙寅立冬 辛巳小雪
閏十月小	辛亥	天干地支 西曆 星期	癸未 17 日	甲申 18 一	乙酉 19 二	丙戌 20 三	丁亥 21 四	戊子 22 五	己丑 23 六	庚寅 24 日	辛卯 25 一	壬辰 26 二	癸巳 27 三	甲午 28 四	乙未 29 五	丙申 30 六	丁酉 (12) 日	戊戌 2 一	己亥 3 二	庚子 4 三	辛丑 5 四	壬寅 6 五	癸卯 7 六	甲辰 8 日	乙巳 9 一	丙午 10 二	丁未 11 三	戊申 12 四	己酉 13 五	庚戌 14 六	辛亥 15 日		丙申大雪
十一月大	壬子	天干地支 西曆 星期	壬子 16 一	癸丑 17 二	甲寅 18 三	乙卯 19 四	丙辰 20 五	丁巳 21 六	戊午 22 日	己未 23 一	庚申 24 二	辛酉 25 三	壬戌 26 四	癸亥 27 五	甲子 28 六	乙丑 29 日	丙寅 30 一	丁卯 31 二	戊辰 (1) 三	己巳 2 四	庚午 3 五	辛未 4 六	壬申 5 日	癸酉 6 一	甲戌 7 二	乙亥 8 三	丙子 9 四	丁丑 10 五	戊寅 11 六	己卯 12 日	庚辰 13 一	辛巳 14 二	壬子冬至 丁卯小寒 壬子日食
十二月大	癸丑	天干地支 西曆 星期	壬午 15 三	癸未 16 四	甲申 17 五	乙酉 18 六	丙戌 19 日	丁亥 20 一	戊子 21 二	己丑 22 三	庚寅 23 四	辛卯 24 五	壬辰 25 六	癸巳 26 日	甲午 27 一	乙未 28 二	丙申 29 三	丁酉 30 四	戊戌 31 五	己亥 (2) 六	庚子 2 日	辛丑 3 一	壬寅 4 二	癸卯 5 三	甲辰 6 四	乙巳 7 五	丙午 8 六	丁未 9 日	戊申 10 一	己酉 11 二	庚戌 12 三	辛亥 13 四	壬午大寒 丁酉立春

* 正月戊子（初一），改元大觀。

宋徽宗大觀二年（戊子 鼠年） 公元1108 ~ 1109年

夏曆月序		中西曆日對照	夏曆日序																														節氣與天象
			初一	初二	初三	初四	初五	初六	初七	初八	初九	初十	十一	十二	十三	十四	十五	十六	十七	十八	十九	二十	二一	二二	二三	二四	二五	二六	二七	二八	二九	三十	
正月大	甲寅	天干地支 西曆 星期	壬子 14 五	癸丑 15 六	甲寅 16 日	乙卯 17 一	丙辰 18 二	丁巳 19 三	戊午 20 四	己未 21 五	庚申 22 六	辛酉 23 日	壬戌 24 一	癸亥 25 二	甲子 26 三	乙丑 27 四	丙寅 28 五	丁卯 29 六	戊辰 (3) 日	己巳 2 一	庚午 3 二	辛未 4 三	壬申 5 四	癸酉 6 五	甲戌 7 六	乙亥 8 日	丙子 9 一	丁丑 10 二	戊寅 11 三	己卯 12 四	庚辰 13 五	辛巳 14 六	壬子雨水 戊辰驚蟄
二月小	乙卯	天干地支 西曆 星期	壬午 15 日	癸未 16 一	甲申 17 二	乙酉 18 三	丙戌 19 四	丁亥 20 五	戊子 21 六	己丑 22 日	庚寅 23 一	辛卯 24 二	壬辰 25 三	癸巳 26 四	甲午 27 五	乙未 28 六	丙申 29 日	丁酉 30 一	戊戌 31 二	己亥 (4) 三	庚子 2 四	辛丑 3 五	壬寅 4 六	癸卯 5 日	甲辰 6 一	乙巳 7 二	丙午 8 三	丁未 9 四	戊申 10 五	己酉 11 六	庚戌 12 日		癸未春分 戊戌清明
三月大	丙辰	天干地支 西曆 星期	辛亥 13 一	壬子 14 二	癸丑 15 三	甲寅 16 四	乙卯 17 五	丙辰 18 六	丁巳 19 日	戊午 20 一	己未 21 二	庚申 22 三	辛酉 23 四	壬戌 24 五	癸亥 25 六	甲子 26 日	乙丑 27 一	丙寅 28 二	丁卯 29 三	戊辰 30 四	己巳 (5) 五	庚午 2 六	辛未 3 日	壬申 4 一	癸酉 5 二	甲戌 6 三	乙亥 7 四	丙子 8 五	丁丑 9 六	戊寅 10 日	己卯 11 一	庚辰 12 二	癸丑穀雨 己巳立夏
四月小	丁巳	天干地支 西曆 星期	辛巳 13 三	壬午 14 四	癸未 15 五	甲申 16 六	乙酉 17 日	丙戌 18 一	丁亥 19 二	戊子 20 三	己丑 21 四	庚寅 22 五	辛卯 23 六	壬辰 24 日	癸巳 25 一	甲午 26 二	乙未 27 三	丙申 28 四	丁酉 29 五	戊戌 30 六	己亥 31 日	庚子 (6) 一	辛丑 2 二	壬寅 3 三	癸卯 4 四	甲辰 5 五	乙巳 6 六	丙午 7 日	丁未 8 一	戊申 9 二	己酉 10 三		甲申小滿 己亥芒種
五月大	戊午	天干地支 西曆 星期	庚戌 11 四	辛亥 12 五	壬子 13 六	癸丑 14 日	甲寅 15 一	乙卯 16 二	丙辰 17 三	丁巳 18 四	戊午 19 五	己未 20 六	庚申 21 日	辛酉 22 一	壬戌 23 二	癸亥 24 三	甲子 25 四	乙丑 26 五	丙寅 27 六	丁卯 28 日	戊辰 29 一	己巳 30 二	庚午 (7) 三	辛未 2 四	壬申 3 五	癸酉 4 六	甲戌 5 日	乙亥 6 一	丙子 7 二	丁丑 8 三	戊寅 9 四	己卯 10 五	甲寅夏至 己巳小暑 庚戌日食
六月小	己未	天干地支 西曆 星期	庚辰 11 六	辛巳 12 日	壬午 13 一	癸未 14 二	甲申 15 三	乙酉 16 四	丙戌 17 五	丁亥 18 六	戊子 19 日	己丑 20 一	庚寅 21 二	辛卯 22 三	壬辰 23 四	癸巳 24 五	甲午 25 六	乙未 26 日	丙申 27 一	丁酉 28 二	戊戌 29 三	己亥 30 四	庚子 31 五	辛丑 (8) 六	壬寅 2 日	癸卯 3 一	甲辰 4 二	乙巳 5 三	丙午 6 四	丁未 7 五	戊申 8 六		乙酉大暑 庚子立秋
七月小	庚申	天干地支 西曆 星期	己酉 9 日	庚戌 10 一	辛亥 11 二	壬子 12 三	癸丑 13 四	甲寅 14 五	乙卯 15 六	丙辰 16 日	丁巳 17 一	戊午 18 二	己未 19 三	庚申 20 四	辛酉 21 五	壬戌 22 六	癸亥 23 日	甲子 24 一	乙丑 25 二	丙寅 26 三	丁卯 27 四	戊辰 28 五	己巳 29 六	庚午 30 日	辛未 31 一	壬申 (9) 二	癸酉 2 三	甲戌 3 四	乙亥 4 五	丙子 5 六	丁丑 6 日		乙卯處暑 庚午白露
八月大	辛酉	天干地支 西曆 星期	戊寅 7 一	己卯 8 二	庚辰 9 三	辛巳 10 四	壬午 11 五	癸未 12 六	甲申 13 日	乙酉 14 一	丙戌 15 二	丁亥 16 三	戊子 17 四	己丑 18 五	庚寅 19 六	辛卯 20 日	壬辰 21 一	癸巳 22 二	甲午 23 三	乙未 24 四	丙申 25 五	丁酉 26 六	戊戌 27 日	己亥 28 一	庚子 29 二	辛丑 30 三	壬寅 (10) 四	癸卯 2 五	甲辰 3 六	乙巳 4 日	丙午 5 一	丁未 6 二	丙戌秋分 辛丑寒露
九月小	壬戌	天干地支 西曆 星期	戊申 7 三	己酉 8 四	庚戌 9 五	辛亥 10 六	壬子 11 日	癸丑 12 一	甲寅 13 二	乙卯 14 三	丙辰 15 四	丁巳 16 五	戊午 17 六	己未 18 日	庚申 19 一	辛酉 20 二	壬戌 21 三	癸亥 22 四	甲子 23 五	乙丑 24 六	丙寅 25 日	丁卯 26 一	戊辰 27 二	己巳 28 三	庚午 29 四	辛未 30 五	壬申 31 六	癸酉 (11) 日	甲戌 2 一	乙亥 3 二	丙子 4 三		丙辰霜降 辛未立冬
十月大	癸亥	天干地支 西曆 星期	丁丑 5 四	戊寅 6 五	己卯 7 六	庚辰 8 日	辛巳 9 一	壬午 10 二	癸未 11 三	甲申 12 四	乙酉 13 五	丙戌 14 六	丁亥 15 日	戊子 16 一	己丑 17 二	庚寅 18 三	辛卯 19 四	壬辰 20 五	癸巳 21 六	甲午 22 日	乙未 23 一	丙申 24 二	丁酉 25 三	戊戌 26 四	己亥 27 五	庚子 28 六	辛丑 29 日	壬寅 30 一	癸卯 (12) 二	甲辰 2 三	乙巳 3 四	丙午 4 五	丙戌小雪 壬寅大雪
十一月小	甲子	天干地支 西曆 星期	丁未 5 六	戊申 6 日	己酉 7 一	庚戌 8 二	辛亥 9 三	壬子 10 四	癸丑 11 五	甲寅 12 六	乙卯 13 日	丙辰 14 一	丁巳 15 二	戊午 16 三	己未 17 四	庚申 18 五	辛酉 19 六	壬戌 20 日	癸亥 21 一	甲子 22 二	乙丑 23 三	丙寅 24 四	丁卯 25 五	戊辰 26 六	己巳 27 日	庚午 28 一	辛未 29 二	壬申 30 三	癸酉 31 四	甲戌 (1) 五	乙亥 2 六		丁巳冬至 壬申小寒
十二月大	乙丑	天干地支 西曆 星期	丙子 3 日	丁丑 4 一	戊寅 5 二	己卯 6 三	庚辰 7 四	辛巳 8 五	壬午 9 六	癸未 10 日	甲申 11 一	乙酉 12 二	丙戌 13 三	丁亥 14 四	戊子 15 五	己丑 16 六	庚寅 17 日	辛卯 18 一	壬辰 19 二	癸巳 20 三	甲午 21 四	乙未 22 五	丙申 23 六	丁酉 24 日	戊戌 25 一	己亥 26 二	庚子 27 三	辛丑 28 四	壬寅 29 五	癸卯 30 六	甲辰 31 日	乙巳 (2) 一	丁亥大寒 癸卯立春

宋徽宗大觀三年（己丑 牛年） 公元 1109 ~ 1110 年

夏曆月序		中西曆日對照	初一	初二	初三	初四	初五	初六	初七	初八	初九	初十	十一	十二	十三	十四	十五	十六	十七	十八	十九	二十	二一	二二	二三	二四	二五	二六	二七	二八	二九	三十	節氣與天象
正月大	丙寅	干支 西曆 星期	丙午 2 二	丁未 3 三	戊申 4 四	己酉 5 五	庚戌 6 六	辛亥 7 日	壬子 8 一	癸丑 9 二	甲寅 10 三	乙卯 11 四	丙辰 12 五	丁巳 13 六	戊午 14 日	己未 15 一	庚申 16 二	辛酉 17 三	壬戌 18 四	癸亥 19 五	甲子 20 六	乙丑 21 日	丙寅 22 一	丁卯 23 二	戊辰 24 三	己巳 25 四	庚午 26 五	辛未 27 六	壬申 28 日	癸酉 (3) 一	甲戌 2 二	乙亥 3 三	戊午雨水 癸酉驚蟄
二月小	丁卯	干支 西曆 星期	丙子 4 四	丁丑 5 五	戊寅 6 六	己卯 7 日	庚辰 8 一	辛巳 9 二	壬午 10 三	癸未 11 四	甲申 12 五	乙酉 13 六	丙戌 14 日	丁亥 15 一	戊子 16 二	己丑 17 三	庚寅 18 四	辛卯 19 五	壬辰 20 六	癸巳 21 日	甲午 22 一	乙未 23 二	丙申 24 三	丁酉 25 四	戊戌 26 五	己亥 27 六	庚子 28 日	辛丑 29 一	壬寅 30 二	癸卯 31 三	甲辰 (4) 四		戊子春分 癸卯清明
三月大	戊辰	干支 西曆 星期	乙巳 2 五	丙午 3 六	丁未 4 日	戊申 5 一	己酉 6 二	庚戌 7 三	辛亥 8 四	壬子 9 五	癸丑 10 六	甲寅 11 日	乙卯 12 一	丙辰 13 二	丁巳 14 三	戊午 15 四	己未 16 五	庚申 17 六	辛酉 18 日	壬戌 19 一	癸亥 20 二	甲子 21 三	乙丑 22 四	丙寅 23 五	丁卯 24 六	戊辰 25 日	己巳 26 一	庚午 27 二	辛未 28 三	壬申 29 四	癸酉 30 五	甲戌 (5) 六	己未穀雨 甲戌立夏
四月大	己巳	干支 西曆 星期	乙亥 2 日	丙子 3 一	丁丑 4 二	戊寅 5 三	己卯 6 四	庚辰 7 五	辛巳 8 六	壬午 9 日	癸未 10 一	甲申 11 二	乙酉 12 三	丙戌 13 四	丁亥 14 五	戊子 15 六	己丑 16 日	庚寅 17 一	辛卯 18 二	壬辰 19 三	癸巳 20 四	甲午 21 五	乙未 22 六	丙申 23 日	丁酉 24 一	戊戌 25 二	己亥 26 三	庚子 27 四	辛丑 28 五	壬寅 29 六	癸卯 30 日	甲辰 31 一	己丑小滿 甲辰芒種
五月小	庚午	干支 西曆 星期	乙巳 (6) 二	丙午 2 三	丁未 3 四	戊申 4 五	己酉 5 六	庚戌 6 日	辛亥 7 一	壬子 8 二	癸丑 9 三	甲寅 10 四	乙卯 11 五	丙辰 12 六	丁巳 13 日	戊午 14 一	己未 15 二	庚申 16 三	辛酉 17 四	壬戌 18 五	癸亥 19 六	甲子 20 日	乙丑 21 一	丙寅 22 二	丁卯 23 三	戊辰 24 四	己巳 25 五	庚午 26 六	辛未 27 日	壬申 28 一	癸酉 29 二		己未夏至
六月大	辛未	干支 西曆 星期	甲戌 30 三	乙亥 (7) 四	丙子 2 五	丁丑 3 六	戊寅 4 日	己卯 5 一	庚辰 6 二	辛巳 7 三	壬午 8 四	癸未 9 五	甲申 10 六	乙酉 11 日	丙戌 12 一	丁亥 13 二	戊子 14 三	己丑 15 四	庚寅 16 五	辛卯 17 六	壬辰 18 日	癸巳 19 一	甲午 20 二	乙未 21 三	丙申 22 四	丁酉 23 五	戊戌 24 六	己亥 25 日	庚子 26 一	辛丑 27 二	壬寅 28 三	癸卯 29 四	乙亥小暑 庚寅大暑
七月小	壬申	干支 西曆 星期	甲辰 30 五	乙巳 31 六	丙午 (8) 日	丁未 2 一	戊申 3 二	己酉 4 三	庚戌 5 四	辛亥 6 五	壬子 7 六	癸丑 8 日	甲寅 9 一	乙卯 10 二	丙辰 11 三	丁巳 12 四	戊午 13 五	己未 14 六	庚申 15 日	辛酉 16 一	壬戌 17 二	癸亥 18 三	甲子 19 四	乙丑 20 五	丙寅 21 六	丁卯 22 日	戊辰 23 一	己巳 24 二	庚午 25 三	辛未 26 四	壬申 27 五		乙巳立秋 庚申處暑
八月小	癸酉	干支 西曆 星期	癸酉 28 六	甲戌 29 日	乙亥 30 一	丙子 31 二	丁丑 (9) 三	戊寅 2 四	己卯 3 五	庚辰 4 六	辛巳 5 日	壬午 6 一	癸未 7 二	甲申 8 三	乙酉 9 四	丙戌 10 五	丁亥 11 六	戊子 12 日	己丑 13 一	庚寅 14 二	辛卯 15 三	壬辰 16 四	癸巳 17 五	甲午 18 六	乙未 19 日	丙申 20 一	丁酉 21 二	戊戌 22 三	己亥 23 四	庚子 24 五	辛丑 25 六		丙子白露 辛卯秋分
九月大	甲戌	干支 西曆 星期	壬寅 26 日	癸卯 27 一	甲辰 28 二	乙巳 29 三	丙午 30 四	丁未 (10) 五	戊申 2 六	己酉 3 日	庚戌 4 一	辛亥 5 二	壬子 6 三	癸丑 7 四	甲寅 8 五	乙卯 9 六	丙辰 10 日	丁巳 11 一	戊午 12 二	己未 13 三	庚申 14 四	辛酉 15 五	壬戌 16 六	癸亥 17 日	甲子 18 一	乙丑 19 二	丙寅 20 三	丁卯 21 四	戊辰 22 五	己巳 23 六	庚午 24 日	辛未 25 一	丙午寒露 辛酉霜降
十月小	乙亥	干支 西曆 星期	壬申 26 二	癸酉 27 三	甲戌 28 四	乙亥 29 五	丙子 30 六	丁丑 31 日	戊寅 (11) 一	己卯 2 二	庚辰 3 三	辛巳 4 四	壬午 5 五	癸未 6 六	甲申 7 日	乙酉 8 一	丙戌 9 二	丁亥 10 三	戊子 11 四	己丑 12 五	庚寅 13 六	辛卯 14 日	壬辰 15 一	癸巳 16 二	甲午 17 三	乙未 18 四	丙申 19 五	丁酉 20 六	戊戌 21 日	己亥 22 一	庚子 23 二		丙子立冬 壬辰小雪
十一月大	丙子	干支 西曆 星期	辛丑 24 三	壬寅 25 四	癸卯 26 五	甲辰 27 六	乙巳 28 日	丙午 29 一	丁未 30 二	戊申 (12) 三	己酉 2 四	庚戌 3 五	辛亥 4 六	壬子 5 日	癸丑 6 一	甲寅 7 二	乙卯 8 三	丙辰 9 四	丁巳 10 五	戊午 11 六	己未 12 日	庚申 13 一	辛酉 14 二	壬戌 15 三	癸亥 16 四	甲子 17 五	乙丑 18 六	丙寅 19 日	丁卯 20 一	戊辰 21 二	己巳 22 三	庚午 23 四	丁未大雪 壬戌冬至
十二月小	丁丑	干支 西曆 星期	辛未 24 五	壬申 25 六	癸酉 26 日	甲戌 27 一	乙亥 28 二	丙子 29 三	丁丑 30 四	戊寅 31 五	己卯 (1) 六	庚辰 2 日	辛巳 3 一	壬午 4 二	癸未 5 三	甲申 6 四	乙酉 7 五	丙戌 8 六	丁亥 9 日	戊子 10 一	己丑 11 二	庚寅 12 三	辛卯 13 四	壬辰 14 五	癸巳 15 六	甲午 16 日	乙未 17 一	丙申 18 二	丁酉 19 三	戊戌 20 四	己亥 21 五		丁丑小寒 癸巳大寒

宋徽宗大觀四年（庚寅 虎年） 公元 1110 ~ 1111 年

夏曆月序		中西曆日對照	初一	初二	初三	初四	初五	初六	初七	初八	初九	初十	十一	十二	十三	十四	十五	十六	十七	十八	十九	二十	二一	二二	二三	二四	二五	二六	二七	二八	二九	三十	節氣與天象
正月大	戊寅	天干地支 西曆 星期	庚子 22 六	辛丑 23 日	壬寅 24 一	癸卯 25 二	甲辰 26 三	乙巳 27 四	丙午 28 五	丁未 29 六	戊申 30 日	己酉 31 一	庚戌 (2) 二	辛亥 2 三	壬子 3 四	癸丑 4 五	甲寅 5 六	乙卯 6 日	丙辰 7 一	丁巳 8 二	戊午 9 三	己未 10 四	庚申 11 五	辛酉 12 六	壬戌 13 日	癸亥 14 一	甲子 15 二	乙丑 16 三	丙寅 17 四	丁卯 18 五	戊辰 19 六	己巳 20 日	戊申立春 癸亥雨水
二月小	己卯	天干地支 西曆 星期	庚午 21 一	辛未 22 二	壬申 23 三	癸酉 24 四	甲戌 25 五	乙亥 26 六	丙子 27 日	丁丑 28 一	戊寅 (3) 二	己卯 2 三	庚辰 3 四	辛巳 4 五	壬午 5 六	癸未 6 日	甲申 7 一	乙酉 8 二	丙戌 9 三	丁亥 10 四	戊子 11 五	己丑 12 六	庚寅 13 日	辛卯 14 一	壬辰 15 二	癸巳 16 三	甲午 17 四	乙未 18 五	丙申 19 六	丁酉 20 日	戊戌 21 一		戊寅驚蟄 癸巳春分
三月大	庚辰	天干地支 西曆 星期	己亥 22 二	庚子 23 三	辛丑 24 四	壬寅 25 五	癸卯 26 六	甲辰 27 日	乙巳 28 一	丙午 29 二	丁未 30 三	戊申 31 四	己酉 (4) 五	庚戌 2 六	辛亥 3 日	壬子 4 一	癸丑 5 二	甲寅 6 三	乙卯 7 四	丙辰 8 五	丁巳 9 六	戊午 10 日	己未 11 一	庚申 12 二	辛酉 13 三	壬戌 14 四	癸亥 15 五	甲子 16 六	乙丑 17 日	丙寅 18 一	丁卯 19 二	戊辰 20 三	己酉清明 甲子穀雨
四月大	辛巳	天干地支 西曆 星期	己巳 21 四	庚午 22 五	辛未 23 六	壬申 24 日	癸酉 25 一	甲戌 26 二	乙亥 27 三	丙子 28 四	丁丑 29 五	戊寅 30 六	己卯 (5) 日	庚辰 2 一	辛巳 3 二	壬午 4 三	癸未 5 四	甲申 6 五	乙酉 7 六	丙戌 8 日	丁亥 9 一	戊子 10 二	己丑 11 三	庚寅 12 四	辛卯 13 五	壬辰 14 六	癸巳 15 日	甲午 16 一	乙未 17 二	丙申 18 三	丁酉 19 四	戊戌 20 五	己卯立夏 甲午小滿
五月小	壬午	天干地支 西曆 星期	己亥 21 六	庚子 22 日	辛丑 23 一	壬寅 24 二	癸卯 25 三	甲辰 26 四	乙巳 27 五	丙午 28 六	丁未 29 日	戊申 30 一	己酉 31 二	庚戌 (6) 三	辛亥 2 四	壬子 3 五	癸丑 4 六	甲寅 5 日	乙卯 6 一	丙辰 7 二	丁巳 8 三	戊午 9 四	己未 10 五	庚申 11 六	辛酉 12 日	壬戌 13 一	癸亥 14 二	甲子 15 三	乙丑 16 四	丙寅 17 五	丁卯 18 六		庚戌芒種 乙丑夏至
六月大	癸未	天干地支 西曆 星期	戊辰 19 日	己巳 20 一	庚午 21 二	辛未 22 三	壬申 23 四	癸酉 24 五	甲戌 25 六	乙亥 26 日	丙子 27 一	丁丑 28 二	戊寅 29 三	己卯 30 四	庚辰 (7) 五	辛巳 2 六	壬午 3 日	癸未 4 一	甲申 5 二	乙酉 6 三	丙戌 7 四	丁亥 8 五	戊子 9 六	己丑 10 日	庚寅 11 一	辛卯 12 二	壬辰 13 三	癸巳 14 四	甲午 15 五	乙未 16 六	丙申 17 日	丁酉 18 一	庚辰小暑 乙未大暑
七月小	甲申	天干地支 西曆 星期	戊戌 19 二	己亥 20 三	庚子 21 四	辛丑 22 五	壬寅 23 六	癸卯 24 日	甲辰 25 一	乙巳 26 二	丙午 27 三	丁未 28 四	戊申 29 五	己酉 30 六	庚戌 31 日	辛亥 (8) 一	壬子 2 二	癸丑 3 三	甲寅 4 四	乙卯 5 五	丙辰 6 六	丁巳 7 日	戊午 8 一	己未 9 二	庚申 10 三	辛酉 11 四	壬戌 12 五	癸亥 13 六	甲子 14 日	乙丑 15 一	丙寅 16 二		庚戌立秋 丙寅處暑
八月大	乙酉	天干地支 西曆 星期	丁卯 17 三	戊辰 18 四	己巳 19 五	庚午 20 六	辛未 21 日	壬申 22 一	癸酉 23 二	甲戌 24 三	乙亥 25 四	丙子 26 五	丁丑 27 六	戊寅 28 日	己卯 29 一	庚辰 30 二	辛巳 31 三	壬午 (9) 四	癸未 2 五	甲申 3 六	乙酉 4 日	丙戌 5 一	丁亥 6 二	戊子 7 三	己丑 8 四	庚寅 9 五	辛卯 10 六	壬辰 11 日	癸巳 12 一	甲午 13 二	乙未 14 三	丙申 15 四	辛巳白露 丙申秋分
閏八月小	乙酉	天干地支 西曆 星期	丁酉 16 五	戊戌 17 六	己亥 18 日	庚子 19 一	辛丑 20 二	壬寅 21 三	癸卯 22 四	甲辰 23 五	乙巳 24 六	丙午 25 日	丁未 26 一	戊申 27 二	己酉 28 三	庚戌 29 四	辛亥 30 五	壬子 (10) 六	癸丑 2 日	甲寅 3 一	乙卯 4 二	丙辰 5 三	丁巳 6 四	戊午 7 五	己未 8 六	庚申 9 日	辛酉 10 一	壬戌 11 二	癸亥 12 三	甲子 13 四	乙丑 14 五		辛亥寒露
九月大	丙戌	天干地支 西曆 星期	丙寅 15 六	丁卯 16 日	戊辰 17 一	己巳 18 二	庚午 19 三	辛未 20 四	壬申 21 五	癸酉 22 六	甲戌 23 日	乙亥 24 一	丙子 25 二	丁丑 26 三	戊寅 27 四	己卯 28 五	庚辰 29 六	辛巳 30 日	壬午 31 一	癸未 (11) 二	甲申 2 三	乙酉 3 四	丙戌 4 五	丁亥 5 六	戊子 6 日	己丑 7 一	庚寅 8 二	辛卯 9 三	壬辰 10 四	癸巳 11 五	甲午 12 六	乙未 13 日	丙寅霜降 壬午立冬 丙寅日食
十月小	丁亥	天干地支 西曆 星期	丙申 14 一	丁酉 15 二	戊戌 16 三	己亥 17 四	庚子 18 五	辛丑 19 六	壬寅 20 日	癸卯 21 一	甲辰 22 二	乙巳 23 三	丙午 24 四	丁未 25 五	戊申 26 六	己酉 27 日	庚戌 28 一	辛亥 29 二	壬子 30 三	癸丑 (12) 四	甲寅 2 五	乙卯 3 六	丙辰 4 日	丁巳 5 一	戊午 6 二	己未 7 三	庚申 8 四	辛酉 9 五	壬戌 10 六	癸亥 11 日	甲子 12 一		丁酉小雪 壬子大雪
十一月大	戊子	天干地支 西曆 星期	乙丑 13 二	丙寅 14 三	丁卯 15 四	戊辰 16 五	己巳 17 六	庚午 18 日	辛未 19 一	壬申 20 二	癸酉 21 三	甲戌 22 四	乙亥 23 五	丙子 24 六	丁丑 25 日	戊寅 26 一	己卯 27 二	庚辰 28 三	辛巳 29 四	壬午 30 五	癸未 31 六	甲申 (1) 日	乙酉 2 一	丙戌 3 二	丁亥 4 三	戊子 5 四	己丑 6 五	庚寅 7 六	辛卯 8 日	壬辰 9 一	癸巳 10 二	甲午 11 三	丁卯冬至 癸未小寒
十二月小	己丑	天干地支 西曆 星期	乙未 12 四	丙申 13 五	丁酉 14 六	戊戌 15 日	己亥 16 一	庚子 17 二	辛丑 18 三	壬寅 19 四	癸卯 20 五	甲辰 21 六	乙巳 22 日	丙午 23 一	丁未 24 二	戊申 25 三	己酉 26 四	庚戌 27 五	辛亥 28 六	壬子 29 日	癸丑 30 一	甲寅 31 二	乙卯 (2) 三	丙辰 2 四	丁巳 3 五	戊午 4 六	己未 5 日	庚申 6 一	辛酉 7 二	壬戌 8 三	癸亥 9 四		戊戌大寒 癸丑立春

宋徽宗政和元年（辛卯 兔年） 公元 1111 ~ 1112 年

夏曆月序		中西曆日對照	初一	初二	初三	初四	初五	初六	初七	初八	初九	初十	十一	十二	十三	十四	十五	十六	十七	十八	十九	二十	二一	二二	二三	二四	二五	二六	二七	二八	二九	三十	節氣與天象
正月大	庚寅	天干 地支 西曆 星期	甲子 10 五	乙丑 11 六	丙寅 12 日	丁卯 13 一	戊辰 14 二	己巳 15 三	庚午 16 四	辛未 17 五	壬申 18 六	癸酉 19 日	甲戌 20 一	乙亥 21 二	丙子 22 三	丁丑 23 四	戊寅 24 五	己卯 25 六	庚辰 26 日	辛巳 27 一	壬午 28 二	癸未 (3) 三	甲申 2 四	乙酉 3 五	丙戌 4 六	丁亥 5 日	戊子 6 一	己丑 7 二	庚寅 8 三	辛卯 9 四	壬辰 10 五	癸巳 11 六	戊辰雨水 癸未驚蟄
二月小	辛卯	天干 地支 西曆 星期	甲午 12 日	乙未 13 一	丙申 14 二	丁酉 15 三	戊戌 16 四	己亥 17 五	庚子 18 六	辛丑 19 日	壬寅 20 一	癸卯 21 二	甲辰 22 三	乙巳 23 四	丙午 24 五	丁未 25 六	戊申 26 日	己酉 27 一	庚戌 28 二	辛亥 29 三	壬子 30 四	癸丑 31 五	甲寅 (4) 六	乙卯 2 日	丙辰 3 一	丁巳 4 二	戊午 5 三	己未 6 四	庚申 7 五	辛酉 8 六	壬戌 9 日		己亥春分 甲寅清明
三月大	壬辰	天干 地支 西曆 星期	癸亥 10 一	甲子 11 二	乙丑 12 三	丙寅 13 四	丁卯 14 五	戊辰 15 六	己巳 16 日	庚午 17 一	辛未 18 二	壬申 19 三	癸酉 20 四	甲戌 21 五	乙亥 22 六	丙子 23 日	丁丑 24 一	戊寅 25 二	己卯 26 三	庚辰 27 四	辛巳 28 五	壬午 29 六	癸未 30 日	甲申 (5) 一	乙酉 2 二	丙戌 3 三	丁亥 4 四	戊子 5 五	己丑 6 六	庚寅 7 日	辛卯 8 一	壬辰 9 二	己巳穀雨 甲申立夏
四月小	癸巳	天干 地支 西曆 星期	癸巳 10 三	甲午 11 四	乙未 12 五	丙申 13 六	丁酉 14 日	戊戌 15 一	己亥 16 二	庚子 17 三	辛丑 18 四	壬寅 19 五	癸卯 20 六	甲辰 21 日	乙巳 22 一	丙午 23 二	丁未 24 三	戊申 25 四	己酉 26 五	庚戌 27 六	辛亥 28 日	壬子 29 一	癸丑 30 二	甲寅 31 三	乙卯 (6) 四	丙辰 2 五	丁巳 3 六	戊午 4 日	己未 5 一	庚申 6 二	辛酉 7 三		庚子小滿 乙卯芒種
五月大	甲午	天干 地支 西曆 星期	壬戌 8 四	癸亥 9 五	甲子 10 六	乙丑 11 日	丙寅 12 一	丁卯 13 二	戊辰 14 三	己巳 15 四	庚午 16 五	辛未 17 六	壬申 18 日	癸酉 19 一	甲戌 20 二	乙亥 21 三	丙子 22 四	丁丑 23 五	戊寅 24 六	己卯 25 日	庚辰 26 一	辛巳 27 二	壬午 28 三	癸未 29 四	甲申 30 五	乙酉 (7) 六	丙戌 2 日	丁亥 3 一	戊子 4 二	己丑 5 三	庚寅 6 四	辛卯 7 五	庚午夏至 乙酉小暑
六月大	乙未	天干 地支 西曆 星期	壬辰 8 六	癸巳 9 日	甲午 10 一	乙未 11 二	丙申 12 三	丁酉 13 四	戊戌 14 五	己亥 15 六	庚子 16 日	辛丑 17 一	壬寅 18 二	癸卯 19 三	甲辰 20 四	乙巳 21 五	丙午 22 六	丁未 23 日	戊申 24 一	己酉 25 二	庚戌 26 三	辛亥 27 四	壬子 28 五	癸丑 29 六	甲寅 30 日	乙卯 31 一	丙辰 (8) 二	丁巳 2 三	戊午 3 四	己未 4 五	庚申 5 六	辛酉 6 日	庚子大暑 丙辰立秋
七月小	丙申	天干 地支 西曆 星期	壬戌 7 一	癸亥 8 二	甲子 9 三	乙丑 10 四	丙寅 11 五	丁卯 12 六	戊辰 13 日	己巳 14 一	庚午 15 二	辛未 16 三	壬申 17 四	癸酉 18 五	甲戌 19 六	乙亥 20 日	丙子 21 一	丁丑 22 二	戊寅 23 三	己卯 24 四	庚辰 25 五	辛巳 26 六	壬午 27 日	癸未 28 一	甲申 29 二	乙酉 30 三	丙戌 31 四	丁亥 (9) 五	戊子 2 六	己丑 3 日	庚寅 4 一		辛未處暑 丙戌白露
八月大	丁酉	天干 地支 西曆 星期	辛卯 5 二	壬辰 6 三	癸巳 7 四	甲午 8 五	乙未 9 六	丙申 10 日	丁酉 11 一	戊戌 12 二	己亥 13 三	庚子 14 四	辛丑 15 五	壬寅 16 六	癸卯 17 日	甲辰 18 一	乙巳 19 二	丙午 20 三	丁未 21 四	戊申 22 五	己酉 23 六	庚戌 24 日	辛亥 25 一	壬子 26 二	癸丑 27 三	甲寅 28 四	乙卯 29 五	丙辰 30 六	丁巳 (10) 日	戊午 2 一	己未 3 二	庚申 4 三	辛丑秋分 丙辰寒露
九月小	戊戌	天干 地支 西曆 星期	辛酉 5 四	壬戌 6 五	癸亥 7 六	甲子 8 日	乙丑 9 一	丙寅 10 二	丁卯 11 三	戊辰 12 四	己巳 13 五	庚午 14 六	辛未 15 日	壬申 16 一	癸酉 17 二	甲戌 18 三	乙亥 19 四	丙子 20 五	丁丑 21 六	戊寅 22 日	己卯 23 一	庚辰 24 二	辛巳 25 三	壬午 26 四	癸未 27 五	甲申 28 六	乙酉 29 日	丙戌 30 一	丁亥 31 二	戊子 (11) 三	己丑 2 四		壬申霜降 丁亥立冬
十月大	己亥	天干 地支 西曆 星期	庚寅 3 五	辛卯 4 六	壬辰 5 日	癸巳 6 一	甲午 7 二	乙未 8 三	丙申 9 四	丁酉 10 五	戊戌 11 六	己亥 12 日	庚子 13 一	辛丑 14 二	壬寅 15 三	癸卯 16 四	甲辰 17 五	乙巳 18 六	丙午 19 日	丁未 20 一	戊申 21 二	己酉 22 三	庚戌 23 四	辛亥 24 五	壬子 25 六	癸丑 26 日	甲寅 27 一	乙卯 28 二	丙辰 29 三	丁巳 30 四	戊午 (12) 五	己未 2 六	壬寅小雪 丁巳大雪
十一月小	庚子	天干 地支 西曆 星期	庚申 3 日	辛酉 4 一	壬戌 5 二	癸亥 6 三	甲子 7 四	乙丑 8 五	丙寅 9 六	丁卯 10 日	戊辰 11 一	己巳 12 二	庚午 13 三	辛未 14 四	壬申 15 五	癸酉 16 六	甲戌 17 日	乙亥 18 一	丙子 19 二	丁丑 20 三	戊寅 21 四	己卯 22 五	庚辰 23 六	辛巳 24 日	壬午 25 一	癸未 26 二	甲申 27 三	乙酉 28 四	丙戌 29 五	丁亥 30 六	戊子 31 日		癸酉冬至 戊子小寒
十二月大	辛丑	天干 地支 西曆 星期	己丑 (1) 一	庚寅 2 二	辛卯 3 三	壬辰 4 四	癸巳 5 五	甲午 6 六	乙未 7 日	丙申 8 一	丁酉 9 二	戊戌 10 三	己亥 11 四	庚子 12 五	辛丑 13 六	壬寅 14 日	癸卯 15 一	甲辰 16 二	乙巳 17 三	丙午 18 四	丁未 19 五	戊申 20 六	己酉 21 日	庚戌 22 一	辛亥 23 二	壬子 24 三	癸丑 25 四	甲寅 26 五	乙卯 27 六	丙辰 28 日	丁巳 29 一	戊午 30 二	癸卯大寒 戊午立春

* 正月甲子（初一），改元政和。

宋徽宗政和二年（壬辰 龍年） 公元 1112 ~ 1113 年

夏曆月序		中西曆日對照	初一	初二	初三	初四	初五	初六	初七	初八	初九	初十	十一	十二	十三	十四	十五	十六	十七	十八	十九	二十	二一	二二	二三	二四	二五	二六	二七	二八	二九	三十	節氣與天象
正月小	壬寅	天干 地支 西曆 星期	己未 31 三	庚申 (2) 四	辛酉 2 五	壬戌 3 六	癸亥 4 日	甲子 5 一	乙丑 6 二	丙寅 7 三	丁卯 8 四	戊辰 9 五	己巳 10 六	庚午 11 日	辛未 12 一	壬申 13 二	癸酉 14 三	甲戌 15 四	乙亥 16 五	丙子 17 六	丁丑 18 日	戊寅 19 一	己卯 20 二	庚辰 21 三	辛巳 22 四	壬午 23 五	癸未 24 六	甲申 25 日	乙酉 26 一	丙戌 27 二	丁亥 28 三		癸酉雨水
二月大	癸卯	天干 地支 西曆 星期	戊子 29 四	己丑 (3) 五	庚寅 2 六	辛卯 3 日	壬辰 4 一	癸巳 5 二	甲午 6 三	乙未 7 四	丙申 8 五	丁酉 9 六	戊戌 10 日	己亥 11 一	庚子 12 二	辛丑 13 三	壬寅 14 四	癸卯 15 五	甲辰 16 六	乙巳 17 日	丙午 18 一	丁未 19 二	戊申 20 三	己酉 21 四	庚戌 22 五	辛亥 23 六	壬子 24 日	癸丑 25 一	甲寅 26 二	乙卯 27 三	丙辰 28 四	丁巳 29 五	己丑驚蟄 甲辰春分
三月小	甲辰	天干 地支 西曆 星期	戊午 30 六	己未 31 日	庚申 (4) 一	辛酉 2 二	壬戌 3 三	癸亥 4 四	甲子 5 五	乙丑 6 六	丙寅 7 日	丁卯 8 一	戊辰 9 二	己巳 10 三	庚午 11 四	辛未 12 五	壬申 13 六	癸酉 14 日	甲戌 15 一	乙亥 16 二	丙子 17 三	丁丑 18 四	戊寅 19 五	己卯 20 六	庚辰 21 日	辛巳 22 一	壬午 23 二	癸未 24 三	甲申 25 四	乙酉 26 五	丙戌 27 六		己未清明 甲戌穀雨
四月大	乙巳	天干 地支 西曆 星期	丁亥 28 日	戊子 29 一	己丑 30 二	庚寅 (5) 三	辛卯 2 四	壬辰 3 五	癸巳 4 六	甲午 5 日	乙未 6 一	丙申 7 二	丁酉 8 三	戊戌 9 四	己亥 10 五	庚子 11 六	辛丑 12 日	壬寅 13 一	癸卯 14 二	甲辰 15 三	乙巳 16 四	丙午 17 五	丁未 18 六	戊申 19 日	己酉 20 一	庚戌 21 二	辛亥 22 三	壬子 23 四	癸丑 24 五	甲寅 25 六	乙卯 26 日	丙辰 27 一	庚寅立夏 乙巳小滿
五月小	丙午	天干 地支 西曆 星期	丁巳 28 二	戊午 29 三	己未 30 四	庚申 31 五	辛酉 (6) 六	壬戌 2 日	癸亥 3 一	甲子 4 二	乙丑 5 三	丙寅 6 四	丁卯 7 五	戊辰 8 六	己巳 9 日	庚午 10 一	辛未 11 二	壬申 12 三	癸酉 13 四	甲戌 14 五	乙亥 15 六	丙子 16 日	丁丑 17 一	戊寅 18 二	己卯 19 三	庚辰 20 四	辛巳 21 五	壬午 22 六	癸未 23 日	甲申 24 一	乙酉 25 二		庚申芒種 乙亥夏至
六月大	丁未	天干 地支 西曆 星期	丙戌 26 三	丁亥 27 四	戊子 28 五	己丑 29 六	庚寅 30 日	辛卯 (7) 一	壬辰 2 二	癸巳 3 三	甲午 4 四	乙未 5 五	丙申 6 六	丁酉 7 日	戊戌 8 一	己亥 9 二	庚子 10 三	辛丑 11 四	壬寅 12 五	癸卯 13 六	甲辰 14 日	乙巳 15 一	丙午 16 二	丁未 17 三	戊申 18 四	己酉 19 五	庚戌 20 六	辛亥 21 日	壬子 22 一	癸丑 23 二	甲寅 24 三	乙卯 25 四	庚寅小暑 丙午大暑
七月小	戊申	天干 地支 西曆 星期	丙辰 26 五	丁巳 27 六	戊午 28 日	己未 29 一	庚申 30 二	辛酉 31 三	壬戌 (8) 四	癸亥 2 五	甲子 3 六	乙丑 4 日	丙寅 5 一	丁卯 6 二	戊辰 7 三	己巳 8 四	庚午 9 五	辛未 10 六	壬申 11 日	癸酉 12 一	甲戌 13 二	乙亥 14 三	丙子 15 四	丁丑 16 五	戊寅 17 六	己卯 18 日	庚辰 19 一	辛巳 20 二	壬午 21 三	癸未 22 四	甲申 23 五		辛酉立秋 丙子處暑
八月大	己酉	天干 地支 西曆 星期	乙酉 24 六	丙戌 25 日	丁亥 26 一	戊子 27 二	己丑 28 三	庚寅 29 四	辛卯 30 五	壬辰 31 六	癸巳 (9) 日	甲午 2 一	乙未 3 二	丙申 4 三	丁酉 5 四	戊戌 6 五	己亥 7 六	庚子 8 日	辛丑 9 一	壬寅 10 二	癸卯 11 三	甲辰 12 四	乙巳 13 五	丙午 14 六	丁未 15 日	戊申 16 一	己酉 17 二	庚戌 18 三	辛亥 19 四	壬子 20 五	癸丑 21 六	甲寅 22 日	辛卯白露 丁未秋分
九月大	庚戌	天干 地支 西曆 星期	乙卯 23 一	丙辰 24 二	丁巳 25 三	戊午 26 四	己未 27 五	庚申 28 六	辛酉 29 日	壬戌 30 一	癸亥 (10) 二	甲子 2 三	乙丑 3 四	丙寅 4 五	丁卯 5 六	戊辰 6 日	己巳 7 一	庚午 8 二	辛未 9 三	壬申 10 四	癸酉 11 五	甲戌 12 六	乙亥 13 日	丙子 14 一	丁丑 15 二	戊寅 16 三	己卯 17 四	庚辰 18 五	辛巳 19 六	壬午 20 日	癸未 21 一	甲申 22 二	壬戌寒露 丁丑霜降
十月小	辛亥	天干 地支 西曆 星期	乙酉 23 三	丙戌 24 四	丁亥 25 五	戊子 26 六	己丑 27 日	庚寅 28 一	辛卯 29 二	壬辰 30 三	癸巳 31 四	甲午 (11) 五	乙未 2 六	丙申 3 日	丁酉 4 一	戊戌 5 二	己亥 6 三	庚子 7 四	辛丑 8 五	壬寅 9 六	癸卯 10 日	甲辰 11 一	乙巳 12 二	丙午 13 三	丁未 14 四	戊申 15 五	己酉 16 六	庚戌 17 日	辛亥 18 一	壬子 19 二	癸丑 20 三		壬辰立冬 丁未小雪
十一月大	壬子	天干 地支 西曆 星期	甲寅 21 四	乙卯 22 五	丙辰 23 六	丁巳 24 日	戊午 25 一	己未 26 二	庚申 27 三	辛酉 28 四	壬戌 29 五	癸亥 30 六	甲子 (12) 日	乙丑 2 一	丙寅 3 二	丁卯 4 三	戊辰 5 四	己巳 6 五	庚午 7 六	辛未 8 日	壬申 9 一	癸酉 10 二	甲戌 11 三	乙亥 12 四	丙子 13 五	丁丑 14 六	戊寅 15 日	己卯 16 一	庚辰 17 二	辛巳 18 三	壬午 19 四	癸未 20 五	癸亥大雪 戊寅冬至
十二月大	癸丑	天干 地支 西曆 星期	甲申 21 六	乙酉 22 日	丙戌 23 一	丁亥 24 二	戊子 25 三	己丑 26 四	庚寅 27 五	辛卯 28 六	壬辰 29 日	癸巳 30 一	甲午 31 二	乙未 (1) 三	丙申 2 四	丁酉 3 五	戊戌 4 六	己亥 5 日	庚子 6 一	辛丑 7 二	壬寅 8 三	癸卯 9 四	甲辰 10 五	乙巳 11 六	丙午 12 日	丁未 13 一	戊申 14 二	己酉 15 三	庚戌 16 四	辛亥 17 五	壬子 18 六	癸丑 19 日	癸巳小寒 戊申大寒

宋徽宗政和三年（癸巳 蛇年） 公元 1113 ~ 1114 年

夏曆月序		中西曆日對照	初一	初二	初三	初四	初五	初六	初七	初八	初九	初十	十一	十二	十三	十四	十五	十六	十七	十八	十九	二十	二一	二二	二三	二四	二五	二六	二七	二八	二九	三十	節氣與天象
正月小	甲寅	天干地支 西曆 星期	甲寅 20 一	乙卯 21 二	丙辰 22 三	丁巳 23 四	戊午 24 五	己未 25 六	庚申 26 日	辛酉 27 一	壬戌 28 二	癸亥 29 三	甲子 30 四	乙丑 31 五	丙寅 (2) 六	丁卯 2 日	戊辰 3 一	己巳 4 二	庚午 5 三	辛未 6 四	壬申 7 五	癸酉 8 六	甲戌 9 日	乙亥 10 一	丙子 11 二	丁丑 12 三	戊寅 13 四	己卯 14 五	庚辰 15 六	辛巳 16 日	壬午 17 一		癸亥立春 己卯雨水
二月小	乙卯	天干地支 西曆 星期	癸未 18 二	甲申 19 三	乙酉 20 四	丙戌 21 五	丁亥 22 六	戊子 23 日	己丑 24 一	庚寅 25 二	辛卯 26 三	壬辰 27 四	癸巳 28 五	甲午 (3) 六	乙未 2 日	丙申 3 一	丁酉 4 二	戊戌 5 三	己亥 6 四	庚子 7 五	辛丑 8 六	壬寅 9 日	癸卯 10 一	甲辰 11 二	乙巳 12 三	丙午 13 四	丁未 14 五	戊申 15 六	己酉 16 日	庚戌 17 一	辛亥 18 二		甲午驚蟄 己酉春分
三月大	丙辰	天干地支 西曆 星期	壬子 19 三	癸丑 20 四	甲寅 21 五	乙卯 22 六	丙辰 23 日	丁巳 24 一	戊午 25 二	己未 26 三	庚申 27 四	辛酉 28 五	壬戌 29 六	癸亥 30 日	甲子 31 一	乙丑 (4) 二	丙寅 2 三	丁卯 3 四	戊辰 4 五	己巳 5 六	庚午 6 日	辛未 7 一	壬申 8 二	癸酉 9 三	甲戌 10 四	乙亥 11 五	丙子 12 六	丁丑 13 日	戊寅 14 一	己卯 15 二	庚辰 16 三	辛巳 17 四	甲子清明 庚辰穀雨 壬子日食
四月小	丁巳	天干地支 西曆 星期	壬午 18 五	癸未 19 六	甲申 20 日	乙酉 21 一	丙戌 22 二	丁亥 23 三	戊子 24 四	己丑 25 五	庚寅 26 六	辛卯 27 日	壬辰 28 一	癸巳 29 二	甲午 30 三	乙未 (5) 四	丙申 2 五	丁酉 3 六	戊戌 4 日	己亥 5 一	庚子 6 二	辛丑 7 三	壬寅 8 四	癸卯 9 五	甲辰 10 六	乙巳 11 日	丙午 12 一	丁未 13 二	戊申 14 三	己酉 15 四	庚戌 16 五		乙未立夏 庚戌小滿
閏四月小	丁巳	天干地支 西曆 星期	辛亥 17 六	壬子 18 日	癸丑 19 一	甲寅 20 二	乙卯 21 三	丙辰 22 四	丁巳 23 五	戊午 24 六	己未 25 日	庚申 26 一	辛酉 27 二	壬戌 28 三	癸亥 29 四	甲子 30 五	乙丑 31 六	丙寅 (6) 日	丁卯 2 一	戊辰 3 二	己巳 4 三	庚午 5 四	辛未 6 五	壬申 7 六	癸酉 8 日	甲戌 9 一	乙亥 10 二	丙子 11 三	丁丑 12 四	戊寅 13 五	己卯 14 六		乙丑芒種
五月大	戊午	天干地支 西曆 星期	庚辰 15 日	辛巳 16 一	壬午 17 二	癸未 18 三	甲申 19 四	乙酉 20 五	丙戌 21 六	丁亥 22 日	戊子 23 一	己丑 24 二	庚寅 25 三	辛卯 26 四	壬辰 27 五	癸巳 28 六	甲午 29 日	乙未 30 一	丙申 (7) 二	丁酉 2 三	戊戌 3 四	己亥 4 五	庚子 5 六	辛丑 6 日	壬寅 7 一	癸卯 8 二	甲辰 9 三	乙巳 10 四	丙午 11 五	丁未 12 六	戊申 13 日	己酉 14 一	庚辰夏至 丙申小暑
六月小	己未	天干地支 西曆 星期	庚戌 15 二	辛亥 16 三	壬子 17 四	癸丑 18 五	甲寅 19 六	乙卯 20 日	丙辰 21 一	丁巳 22 二	戊午 23 三	己未 24 四	庚申 25 五	辛酉 26 六	壬戌 27 日	癸亥 28 一	甲子 29 二	乙丑 30 三	丙寅 31 四	丁卯 (8) 五	戊辰 2 六	己巳 3 日	庚午 4 一	辛未 5 二	壬申 6 三	癸酉 7 四	甲戌 8 五	乙亥 9 六	丙子 10 日	丁丑 11 一	戊寅 12 二		辛亥大暑 丙寅立秋
七月大	庚申	天干地支 西曆 星期	己卯 13 三	庚辰 14 四	辛巳 15 五	壬午 16 六	癸未 17 日	甲申 18 一	乙酉 19 二	丙戌 20 三	丁亥 21 四	戊子 22 五	己丑 23 六	庚寅 24 日	辛卯 25 一	壬辰 26 二	癸巳 27 三	甲午 28 四	乙未 29 五	丙申 30 六	丁酉 31 日	戊戌 (9) 一	己亥 2 二	庚子 3 三	辛丑 4 四	壬寅 5 五	癸卯 6 六	甲辰 7 日	乙巳 8 一	丙午 9 二	丁未 10 三	戊申 11 四	辛巳處暑 丁酉白露
八月大	辛酉	天干地支 西曆 星期	己酉 12 五	庚戌 13 六	辛亥 14 日	壬子 15 一	癸丑 16 二	甲寅 17 三	乙卯 18 四	丙辰 19 五	丁巳 20 六	戊午 21 日	己未 22 一	庚申 23 二	辛酉 24 三	壬戌 25 四	癸亥 26 五	甲子 27 六	乙丑 28 日	丙寅 29 一	丁卯 30 二	戊辰 (10) 三	己巳 2 四	庚午 3 五	辛未 4 六	壬申 5 日	癸酉 6 一	甲戌 7 二	乙亥 8 三	丙子 9 四	丁丑 10 五	戊寅 11 六	壬子秋分 丁卯寒露
九月小	壬戌	天干地支 西曆 星期	己卯 12 日	庚辰 13 一	辛巳 14 二	壬午 15 三	癸未 16 四	甲申 17 五	乙酉 18 六	丙戌 19 日	丁亥 20 一	戊子 21 二	己丑 22 三	庚寅 23 四	辛卯 24 五	壬辰 25 六	癸巳 26 日	甲午 27 一	乙未 28 二	丙申 29 三	丁酉 30 四	戊戌 31 五	己亥 (11) 六	庚子 2 日	辛丑 3 一	壬寅 4 二	癸卯 5 三	甲辰 6 四	乙巳 7 五	丙午 8 六	丁未 9 日		壬午霜降 丁酉立冬
十月大	癸亥	天干地支 西曆 星期	戊申 10 一	己酉 11 二	庚戌 12 三	辛亥 13 四	壬子 14 五	癸丑 15 六	甲寅 16 日	乙卯 17 一	丙辰 18 二	丁巳 19 三	戊午 20 四	己未 21 五	庚申 22 六	辛酉 23 日	壬戌 24 一	癸亥 25 二	甲子 26 三	乙丑 27 四	丙寅 28 五	丁卯 29 六	戊辰 30 日	己巳 (12) 一	庚午 2 二	辛未 3 三	壬申 4 四	癸酉 5 五	甲戌 6 六	乙亥 7 日	丙子 8 一	丁丑 9 二	癸丑小雪 戊辰大雪
十一月大	甲子	天干地支 西曆 星期	戊寅 10 三	己卯 11 四	庚辰 12 五	辛巳 13 六	壬午 14 日	癸未 15 一	甲申 16 二	乙酉 17 三	丙戌 18 四	丁亥 19 五	戊子 20 六	己丑 21 日	庚寅 22 一	辛卯 23 二	壬辰 24 三	癸巳 25 四	甲午 26 五	乙未 27 六	丙申 28 日	丁酉 29 一	戊戌 30 二	己亥 31 三	庚子 (1) 四	辛丑 2 五	壬寅 3 六	癸卯 4 日	甲辰 5 一	乙巳 6 二	丙午 7 三	丁未 8 四	癸未冬至 戊戌小寒
十二月大	乙丑	天干地支 西曆 星期	戊申 9 五	己酉 10 六	庚戌 11 日	辛亥 12 一	壬子 13 二	癸丑 14 三	甲寅 15 四	乙卯 16 五	丙辰 17 六	丁巳 18 日	戊午 19 一	己未 20 二	庚申 21 三	辛酉 22 四	壬戌 23 五	癸亥 24 六	甲子 25 日	乙丑 26 一	丙寅 27 二	丁卯 28 三	戊辰 29 四	己巳 30 五	庚午 31 六	辛未 (2) 日	壬申 2 一	癸酉 3 二	甲戌 4 三	乙亥 5 四	丙子 6 五	丁丑 7 六	甲寅大寒 己巳立春

宋徽宗政和四年（甲午 馬年） 公元 1114 ~ 1115 年

夏曆月序	中西曆日對照	初一	初二	初三	初四	初五	初六	初七	初八	初九	初十	十一	十二	十三	十四	十五	十六	十七	十八	十九	二十	二一	二二	二三	二四	二五	二六	二七	二八	二九	三十	節氣與天象
正月小 丙寅	天干地支 西曆 星期	戊寅 8 日	己卯 9 一	庚辰 10 二	辛巳 11 三	壬午 12 四	癸未 13 五	甲申 14 六	乙酉 15 日	丙戌 16 一	丁亥 17 二	戊子 18 三	己丑 19 四	庚寅 20 五	辛卯 21 六	壬辰 22 日	癸巳 23 一	甲午 24 二	乙未 25 三	丙申 26 四	丁酉 27 五	戊戌 28 六	己亥 (3) 日	庚子 2 一	辛丑 3 二	壬寅 4 三	癸卯 5 四	甲辰 6 五	乙巳 7 六	丙午 8 日		甲申雨水 己亥驚蟄
二月小 丁卯	天干地支 西曆 星期	丁未 9 一	戊申 10 二	己酉 11 三	庚戌 12 四	辛亥 13 五	壬子 14 六	癸丑 15 日	甲寅 16 一	乙卯 17 二	丙辰 18 三	丁巳 19 四	戊午 20 五	己未 21 六	庚申 22 日	辛酉 23 一	壬戌 24 二	癸亥 25 三	甲子 26 四	乙丑 27 五	丙寅 28 六	丁卯 29 日	戊辰 30 一	己巳 31 二	庚午 (4) 三	辛未 2 四	壬申 3 五	癸酉 4 六	甲戌 5 日	乙亥 6 一		甲寅春分 庚午清明
三月大 戊辰	天干地支 西曆 星期	丙子 7 二	丁丑 8 三	戊寅 9 四	己卯 10 五	庚辰 11 六	辛巳 12 日	壬午 13 一	癸未 14 二	甲申 15 三	乙酉 16 四	丙戌 17 五	丁亥 18 六	戊子 19 日	己丑 20 一	庚寅 21 二	辛卯 22 三	壬辰 23 四	癸巳 24 五	甲午 25 六	乙未 26 日	丙申 27 一	丁酉 28 二	戊戌 29 三	己亥 30 四	庚子 (5) 五	辛丑 2 六	壬寅 3 日	癸卯 4 一	甲辰 5 二	乙巳 6 三	乙酉穀雨 庚子立夏
四月小 己巳	天干地支 西曆 星期	丙午 7 四	丁未 8 五	戊申 9 六	己酉 10 日	庚戌 11 一	辛亥 12 二	壬子 13 三	癸丑 14 四	甲寅 15 五	乙卯 16 六	丙辰 17 日	丁巳 18 一	戊午 19 二	己未 20 三	庚申 21 四	辛酉 22 五	壬戌 23 六	癸亥 24 日	甲子 25 一	乙丑 26 二	丙寅 27 三	丁卯 28 四	戊辰 29 五	己巳 30 六	庚午 31 日	辛未 (6) 一	壬申 2 二	癸酉 3 三	甲戌 4 四		乙卯小滿 庚午芒種
五月小 庚午	天干地支 西曆 星期	乙亥 5 五	丙子 6 六	丁丑 7 日	戊寅 8 一	己卯 9 二	庚辰 10 三	辛巳 11 四	壬午 12 五	癸未 13 六	甲申 14 日	乙酉 15 一	丙戌 16 二	丁亥 17 三	戊子 18 四	己丑 19 五	庚寅 20 六	辛卯 21 日	壬辰 22 一	癸巳 23 二	甲午 24 三	乙未 25 四	丙申 26 五	丁酉 27 六	戊戌 28 日	己亥 29 一	庚子 30 二	辛丑 (7) 三	壬寅 2 四	癸卯 3 五		丙戌夏至 辛丑小暑
六月大 辛未	天干地支 西曆 星期	甲辰 4 六	乙巳 5 日	丙午 6 一	丁未 7 二	戊申 8 三	己酉 9 四	庚戌 10 五	辛亥 11 六	壬子 12 日	癸丑 13 一	甲寅 14 二	乙卯 15 三	丙辰 16 四	丁巳 17 五	戊午 18 六	己未 19 日	庚申 20 一	辛酉 21 二	壬戌 22 三	癸亥 23 四	甲子 24 五	乙丑 25 六	丙寅 26 日	丁卯 27 一	戊辰 28 二	己巳 29 三	庚午 30 四	辛未 31 五	壬申 (8) 六	癸酉 2 日	丙辰大暑 辛未立秋
七月小 壬申	天干地支 西曆 星期	甲戌 3 一	乙亥 4 二	丙子 5 三	丁丑 6 四	戊寅 7 五	己卯 8 六	庚辰 9 日	辛巳 10 一	壬午 11 二	癸未 12 三	甲申 13 四	乙酉 14 五	丙戌 15 六	丁亥 16 日	戊子 17 一	己丑 18 二	庚寅 19 三	辛卯 20 四	壬辰 21 五	癸巳 22 六	甲午 23 日	乙未 24 一	丙申 25 二	丁酉 26 三	戊戌 27 四	己亥 28 五	庚子 29 六	辛丑 30 日	壬寅 31 一		丁亥處暑 壬寅白露
八月大 癸酉	天干地支 西曆 星期	癸卯 (9) 二	甲辰 2 三	乙巳 3 四	丙午 4 五	丁未 5 六	戊申 6 日	己酉 7 一	庚戌 8 二	辛亥 9 三	壬子 10 四	癸丑 11 五	甲寅 12 六	乙卯 13 日	丙辰 14 一	丁巳 15 二	戊午 16 三	己未 17 四	庚申 18 五	辛酉 19 六	壬戌 20 日	癸亥 21 一	甲子 22 二	乙丑 23 三	丙寅 24 四	丁卯 25 五	戊辰 26 六	己巳 27 日	庚午 28 一	辛未 29 二	壬申 30 三	丁巳秋分 壬申寒露
九月小 甲戌	天干地支 西曆 星期	癸酉 (10) 四	甲戌 2 五	乙亥 3 六	丙子 4 日	丁丑 5 一	戊寅 6 二	己卯 7 三	庚辰 8 四	辛巳 9 五	壬午 10 六	癸未 11 日	甲申 12 一	乙酉 13 二	丙戌 14 三	丁亥 15 四	戊子 16 五	己丑 17 六	庚寅 18 日	辛卯 19 一	壬辰 20 二	癸巳 21 三	甲午 22 四	乙未 23 五	丙申 24 六	丁酉 25 日	戊戌 26 一	己亥 27 二	庚子 28 三	辛丑 29 四		丁亥霜降
十月大 乙亥	天干地支 西曆 星期	壬寅 30 五	癸卯 31 六	甲辰 (11) 日	乙巳 2 一	丙午 3 二	丁未 4 三	戊申 5 四	己酉 6 五	庚戌 7 六	辛亥 8 日	壬子 9 一	癸丑 10 二	甲寅 11 三	乙卯 12 四	丙辰 13 五	丁巳 14 六	戊午 15 日	己未 16 一	庚申 17 二	辛酉 18 三	壬戌 19 四	癸亥 20 五	甲子 21 六	乙丑 22 日	丙寅 23 一	丁卯 24 二	戊辰 25 三	己巳 26 四	庚午 27 五	辛未 28 六	癸卯立冬 戊午小雪
十一月大 丙子	天干地支 西曆 星期	壬申 29 日	癸酉 30 一	甲戌 (12) 二	乙亥 2 三	丙子 3 四	丁丑 4 五	戊寅 5 六	己卯 6 日	庚辰 7 一	辛巳 8 二	壬午 9 三	癸未 10 四	甲申 11 五	乙酉 12 六	丙戌 13 日	丁亥 14 一	戊子 15 二	己丑 16 三	庚寅 17 四	辛卯 18 五	壬辰 19 六	癸巳 20 日	甲午 21 一	乙未 22 二	丙申 23 三	丁酉 24 四	戊戌 25 五	己亥 26 六	庚子 27 日	辛丑 28 一	癸酉大雪 戊子冬至
十二月大 丁丑	天干地支 西曆 星期	壬寅 29 二	癸卯 30 三	甲辰 31 四	乙巳 (1) 五	丙午 2 六	丁未 3 日	戊申 4 一	己酉 5 二	庚戌 6 三	辛亥 7 四	壬子 8 五	癸丑 9 六	甲寅 10 日	乙卯 11 一	丙辰 12 二	丁巳 13 三	戊午 14 四	己未 15 五	庚申 16 六	辛酉 17 日	壬戌 18 一	癸亥 19 二	甲子 20 三	乙丑 21 四	丙寅 22 五	丁卯 23 六	戊辰 24 日	己巳 25 一	庚午 26 二	辛未 27 三	甲辰小寒 己未大寒

宋徽宗政和五年（乙未 羊年） 公元1115～1116年

夏曆月序	中西曆日對照	初一	初二	初三	初四	初五	初六	初七	初八	初九	初十	十一	十二	十三	十四	十五	十六	十七	十八	十九	二十	二一	二二	二三	二四	二五	二六	二七	二八	二九	三十	節氣與天象
正月小 戊寅	天干地支 西曆 星期	壬申 28 四	癸酉 29 五	甲戌 30 六	乙亥 31 日	丙子 (2) 一	丁丑 2 二	戊寅 3 三	己卯 4 四	庚辰 5 五	辛巳 6 六	壬午 7 日	癸未 8 一	甲申 9 二	乙酉 10 三	丙戌 11 四	丁亥 12 五	戊子 13 六	己丑 14 日	庚寅 15 一	辛卯 16 二	壬辰 17 三	癸巳 18 四	甲午 19 五	乙未 20 六	丙申 21 日	丁酉 22 一	戊戌 23 二	己亥 24 三	庚子 25 四		甲戌立春 己丑雨水
二月大 己卯	天干地支 西曆 星期	辛丑 26 五	壬寅 27 六	癸卯 28 日	甲辰 (3) 一	乙巳 2 二	丙午 3 三	丁未 4 四	戊申 5 五	己酉 6 六	庚戌 7 日	辛亥 8 一	壬子 9 二	癸丑 10 三	甲寅 11 四	乙卯 12 五	丙辰 13 六	丁巳 14 日	戊午 15 一	己未 16 二	庚申 17 三	辛酉 18 四	壬戌 19 五	癸亥 20 六	甲子 21 日	乙丑 22 一	丙寅 23 二	丁卯 24 三	戊辰 25 四	己巳 26 五	庚午 27 六	甲辰驚蟄 庚申春分
三月小 庚辰	天干地支 西曆 星期	辛未 28 日	壬申 29 一	癸酉 30 二	甲戌 31 三	乙亥 (4) 四	丙子 2 五	丁丑 3 六	戊寅 4 日	己卯 5 一	庚辰 6 二	辛巳 7 三	壬午 8 四	癸未 9 五	甲申 10 六	乙酉 11 日	丙戌 12 一	丁亥 13 二	戊子 14 三	己丑 15 四	庚寅 16 五	辛卯 17 六	壬辰 18 日	癸巳 19 一	甲午 20 二	乙未 21 三	丙申 22 四	丁酉 23 五	戊戌 24 六	己亥 25 日		乙亥清明 庚寅穀雨
四月大 辛巳	天干地支 西曆 星期	庚子 26 一	辛丑 27 二	壬寅 28 三	癸卯 29 四	甲辰 30 五	乙巳 (5) 六	丙午 2 日	丁未 3 一	戊申 4 二	己酉 5 三	庚戌 6 四	辛亥 7 五	壬子 8 六	癸丑 9 日	甲寅 10 一	乙卯 11 二	丙辰 12 三	丁巳 13 四	戊午 14 五	己未 15 六	庚申 16 日	辛酉 17 一	壬戌 18 二	癸亥 19 三	甲子 20 四	乙丑 21 五	丙寅 22 六	丁卯 23 日	戊辰 24 一	己巳 25 二	乙巳立夏 庚申小滿
五月小 壬午	天干地支 西曆 星期	庚午 26 三	辛未 27 四	壬申 28 五	癸酉 29 六	甲戌 30 日	乙亥 31 一	丙子 (6) 二	丁丑 2 三	戊寅 3 四	己卯 4 五	庚辰 5 六	辛巳 6 日	壬午 7 一	癸未 8 二	甲申 9 三	乙酉 10 四	丙戌 11 五	丁亥 12 六	戊子 13 日	己丑 14 一	庚寅 15 二	辛卯 16 三	壬辰 17 四	癸巳 18 五	甲午 19 六	乙未 20 日	丙申 21 一	丁酉 22 二	戊戌 23 三		丙子芒種 辛卯夏至
六月小 癸未	天干地支 西曆 星期	己亥 24 四	庚子 25 五	辛丑 26 六	壬寅 27 日	癸卯 28 一	甲辰 29 二	乙巳 30 三	丙午 (7) 四	丁未 2 五	戊申 3 六	己酉 4 日	庚戌 5 一	辛亥 6 二	壬子 7 三	癸丑 8 四	甲寅 9 五	乙卯 10 六	丙辰 11 日	丁巳 12 一	戊午 13 二	己未 14 三	庚申 15 四	辛酉 16 五	壬戌 17 六	癸亥 18 日	甲子 19 一	乙丑 20 二	丙寅 21 三	丁卯 22 四		丙午小暑 辛酉大暑
七月大 甲申	天干地支 西曆 星期	戊辰 23 五	己巳 24 六	庚午 25 日	辛未 26 一	壬申 27 二	癸酉 28 三	甲戌 29 四	乙亥 30 五	丙子 31 六	丁丑 (8) 日	戊寅 2 一	己卯 3 二	庚辰 4 三	辛巳 5 四	壬午 6 五	癸未 7 六	甲申 8 日	乙酉 9 一	丙戌 10 二	丁亥 11 三	戊子 12 四	己丑 13 五	庚寅 14 六	辛卯 15 日	壬辰 16 一	癸巳 17 二	甲午 18 三	乙未 19 四	丙申 20 五	丁酉 21 六	丁丑立秋 壬辰處暑 戊辰日食
八月小 乙酉	天干地支 西曆 星期	戊戌 22 日	己亥 23 一	庚子 24 二	辛丑 25 三	壬寅 26 四	癸卯 27 五	甲辰 28 六	乙巳 29 日	丙午 30 一	丁未 31 二	戊申 (9) 三	己酉 2 四	庚戌 3 五	辛亥 4 六	壬子 5 日	癸丑 6 一	甲寅 7 二	乙卯 8 三	丙辰 9 四	丁巳 10 五	戊午 11 六	己未 12 日	庚申 13 一	辛酉 14 二	壬戌 15 三	癸亥 16 四	甲子 17 五	乙丑 18 六	丙寅 19 日		丁未白露 壬戌秋分
九月大 丙戌	天干地支 西曆 星期	丁卯 20 一	戊辰 21 二	己巳 22 三	庚午 23 四	辛未 24 五	壬申 25 六	癸酉 26 日	甲戌 27 一	乙亥 28 二	丙子 29 三	丁丑 30 四	戊寅 (10) 五	己卯 2 六	庚辰 3 日	辛巳 4 一	壬午 5 二	癸未 6 三	甲申 7 四	乙酉 8 五	丙戌 9 六	丁亥 10 日	戊子 11 一	己丑 12 二	庚寅 13 三	辛卯 14 四	壬辰 15 五	癸巳 16 六	甲午 17 日	乙未 18 一	丙申 19 二	丁丑寒露 癸巳霜降
十月小 丁亥	天干地支 西曆 星期	丁酉 20 三	戊戌 21 四	己亥 22 五	庚子 23 六	辛丑 24 日	壬寅 25 一	癸卯 26 二	甲辰 27 三	乙巳 28 四	丙午 29 五	丁未 30 六	戊申 31 日	己酉 (11) 一	庚戌 2 二	辛亥 3 三	壬子 4 四	癸丑 5 五	甲寅 6 六	乙卯 7 日	丙辰 8 一	丁巳 9 二	戊午 10 三	己未 11 四	庚申 12 五	辛酉 13 六	壬戌 14 日	癸亥 15 一	甲子 16 二	乙丑 17 三		戊申立冬 癸亥小雪
十一月大 戊子	天干地支 西曆 星期	丙寅 18 四	丁卯 19 五	戊辰 20 六	己巳 21 日	庚午 22 一	辛未 23 二	壬申 24 三	癸酉 25 四	甲戌 26 五	乙亥 27 六	丙子 28 日	丁丑 29 一	戊寅 30 二	己卯 (12) 三	庚辰 2 四	辛巳 3 五	壬午 4 六	癸未 5 日	甲申 6 一	乙酉 7 二	丙戌 8 三	丁亥 9 四	戊子 10 五	己丑 11 六	庚寅 12 日	辛卯 13 一	壬辰 14 二	癸巳 15 三	甲午 16 四	乙未 17 五	戊寅大雪 甲午冬至
十二月大 己丑	天干地支 西曆 星期	丙申 18 六	丁酉 19 日	戊戌 20 一	己亥 21 二	庚子 22 三	辛丑 23 四	壬寅 24 五	癸卯 25 六	甲辰 26 日	乙巳 27 一	丙午 28 二	丁未 29 三	戊申 30 四	己酉 31 五	庚戌 (1) 六	辛亥 2 日	壬子 3 一	癸丑 4 二	甲寅 5 三	乙卯 6 四	丙辰 7 五	丁巳 8 六	戊午 9 日	己未 10 一	庚申 11 二	辛酉 12 三	壬戌 13 四	癸亥 14 五	甲子 15 六	乙丑 16 日	己酉小寒 甲子大寒

宋徽宗政和六年（丙申 猴年） 公元1116～1117年

夏曆月序		中西曆日對照	初一	初二	初三	初四	初五	初六	初七	初八	初九	初十	十一	十二	十三	十四	十五	十六	十七	十八	十九	二十	二一	二二	二三	二四	二五	二六	二七	二八	二九	三十	節氣與天象
正月大	庚寅	干支 西曆 星期	丙寅 17 一	丁卯 18 二	戊辰 19 三	己巳 20 四	庚午 21 五	辛未 22 六	壬申 23 日	癸酉 24 一	甲戌 25 二	乙亥 26 三	丙子 27 四	丁丑 28 五	戊寅 29 六	己卯 30 日	庚辰 31 一	辛巳 (2) 二	壬午 2 三	癸未 3 四	甲申 4 五	乙酉 5 六	丙戌 6 日	丁亥 7 一	戊子 8 二	己丑 9 三	庚寅 10 四	辛卯 11 五	壬辰 12 六	癸巳 13 日	甲午 14 一	乙未 15 二	己卯立春 甲午雨水
閏正月小	庚寅	干支 西曆 星期	丙申 16 三	丁酉 17 四	戊戌 18 五	己亥 19 六	庚子 20 日	辛丑 21 一	壬寅 22 二	癸卯 23 三	甲辰 24 四	乙巳 25 五	丙午 26 六	丁未 27 日	戊申 28 一	己酉 29 二	庚戌 (3) 三	辛亥 2 四	壬子 3 五	癸丑 4 六	甲寅 5 日	乙卯 6 一	丙辰 7 二	丁巳 8 三	戊午 9 四	己未 10 五	庚申 11 六	辛酉 12 日	壬戌 13 一	癸亥 14 二	甲子 15 三		庚戌驚蟄
二月大	辛卯	干支 西曆 星期	乙丑 16 四	丙寅 17 五	丁卯 18 六	戊辰 19 日	己巳 20 一	庚午 21 二	辛未 22 三	壬申 23 四	癸酉 24 五	甲戌 25 六	乙亥 26 日	丙子 27 一	丁丑 28 二	戊寅 29 三	己卯 30 四	庚辰 31 五	辛巳 (4) 六	壬午 2 日	癸未 3 一	甲申 4 二	乙酉 5 三	丙戌 6 四	丁亥 7 五	戊子 8 六	己丑 9 日	庚寅 10 一	辛卯 11 二	壬辰 12 三	癸巳 13 四	甲午 14 五	乙丑春分 庚辰清明
三月小	壬辰	干支 西曆 星期	乙未 15 六	丙申 16 日	丁酉 17 一	戊戌 18 二	己亥 19 三	庚子 20 四	辛丑 21 五	壬寅 22 六	癸卯 23 日	甲辰 24 一	乙巳 25 二	丙午 26 三	丁未 27 四	戊申 28 五	己酉 29 六	庚戌 30 日	辛亥 (5) 一	壬子 2 二	癸丑 3 三	甲寅 4 四	乙卯 5 五	丙辰 6 六	丁巳 7 日	戊午 8 一	己未 9 二	庚申 10 三	辛酉 11 四	壬戌 12 五	癸亥 13 六		乙未穀雨 辛亥立夏
四月大	癸巳	干支 西曆 星期	甲子 14 日	乙丑 15 一	丙寅 16 二	丁卯 17 三	戊辰 18 四	己巳 19 五	庚午 20 六	辛未 21 日	壬申 22 一	癸酉 23 二	甲戌 24 三	乙亥 25 四	丙子 26 五	丁丑 27 六	戊寅 28 日	己卯 29 一	庚辰 30 二	辛巳 31 三	壬午 (6) 四	癸未 2 五	甲申 3 六	乙酉 4 日	丙戌 5 一	丁亥 6 二	戊子 7 三	己丑 8 四	庚寅 9 五	辛卯 10 六	壬辰 11 日	癸巳 12 一	丙寅小滿 辛巳芒種
五月小	甲午	干支 西曆 星期	甲午 13 二	乙未 14 三	丙申 15 四	丁酉 16 五	戊戌 17 六	己亥 18 日	庚子 19 一	辛丑 20 二	壬寅 21 三	癸卯 22 四	甲辰 23 五	乙巳 24 六	丙午 25 日	丁未 26 一	戊申 27 二	己酉 28 三	庚戌 29 四	辛亥 30 五	壬子 (7) 六	癸丑 2 日	甲寅 3 一	乙卯 4 二	丙辰 5 三	丁巳 6 四	戊午 7 五	己未 8 六	庚申 9 日	辛酉 10 一	壬戌 11 二		丙申夏至 辛亥小暑
六月小	乙未	干支 西曆 星期	癸亥 12 三	甲子 13 四	乙丑 14 五	丙寅 15 六	丁卯 16 日	戊辰 17 一	己巳 18 二	庚午 19 三	辛未 20 四	壬申 21 五	癸酉 22 六	甲戌 23 日	乙亥 24 一	丙子 25 二	丁丑 26 三	戊寅 27 四	己卯 28 五	庚辰 29 六	辛巳 30 日	壬午 31 一	癸未 (8) 二	甲申 2 三	乙酉 3 四	丙戌 4 五	丁亥 5 六	戊子 6 日	己丑 7 一	庚寅 8 二	辛卯 9 三		丁卯大暑 壬午立秋
七月大	丙申	干支 西曆 星期	壬辰 10 四	癸巳 11 五	甲午 12 六	乙未 13 日	丙申 14 一	丁酉 15 二	戊戌 16 三	己亥 17 四	庚子 18 五	辛丑 19 六	壬寅 20 日	癸卯 21 一	甲辰 22 二	乙巳 23 三	丙午 24 四	丁未 25 五	戊申 26 六	己酉 27 日	庚戌 28 一	辛亥 29 二	壬子 30 三	癸丑 31 四	甲寅 (9) 五	乙卯 2 六	丙辰 3 日	丁巳 4 一	戊午 5 二	己未 6 三	庚申 7 四	辛酉 8 五	丁酉處暑 壬子白露
八月小	丁酉	干支 西曆 星期	壬戌 9 六	癸亥 10 日	甲子 11 一	乙丑 12 二	丙寅 13 三	丁卯 14 四	戊辰 15 五	己巳 16 六	庚午 17 日	辛未 18 一	壬申 19 二	癸酉 20 三	甲戌 21 四	乙亥 22 五	丙子 23 六	丁丑 24 日	戊寅 25 一	己卯 26 二	庚辰 27 三	辛巳 28 四	壬午 29 五	癸未 30 六	甲申 (10) 日	乙酉 2 一	丙戌 3 二	丁亥 4 三	戊子 5 四	己丑 6 五	庚寅 7 六		丁卯秋分 癸未寒露
九月大	戊戌	干支 西曆 星期	辛卯 8 日	壬辰 9 一	癸巳 10 二	甲午 11 三	乙未 12 四	丙申 13 五	丁酉 14 六	戊戌 15 日	己亥 16 一	庚子 17 二	辛丑 18 三	壬寅 19 四	癸卯 20 五	甲辰 21 六	乙巳 22 日	丙午 23 一	丁未 24 二	戊申 25 三	己酉 26 四	庚戌 27 五	辛亥 28 六	壬子 29 日	癸丑 30 一	甲寅 31 二	乙卯 (11) 三	丙辰 2 四	丁巳 3 五	戊午 4 六	己未 5 日	庚申 6 一	戊戌霜降 癸丑立冬
十月小	己亥	干支 西曆 星期	辛酉 7 二	壬戌 8 三	癸亥 9 四	甲子 10 五	乙丑 11 六	丙寅 12 日	丁卯 13 一	戊辰 14 二	己巳 15 三	庚午 16 四	辛未 17 五	壬申 18 六	癸酉 19 日	甲戌 20 一	乙亥 21 二	丙子 22 三	丁丑 23 四	戊寅 24 五	己卯 25 六	庚辰 26 日	辛巳 27 一	壬午 28 二	癸未 29 三	甲申 30 四	乙酉 (12) 五	丙戌 2 六	丁亥 3 日	戊子 4 一	己丑 5 二		戊辰小雪 甲申大雪
十一月大	庚子	干支 西曆 星期	庚寅 6 三	辛卯 7 四	壬辰 8 五	癸巳 9 六	甲午 10 日	乙未 11 一	丙申 12 二	丁酉 13 三	戊戌 14 四	己亥 15 五	庚子 16 六	辛丑 17 日	壬寅 18 一	癸卯 19 二	甲辰 20 三	乙巳 21 四	丙午 22 五	丁未 23 六	戊申 24 日	己酉 25 一	庚戌 26 二	辛亥 27 三	壬子 28 四	癸丑 29 五	甲寅 30 六	乙卯 31 日	丙辰 (1) 一	丁巳 2 二	戊午 3 三	己未 4 四	己亥冬至 甲寅小寒
十二月大	辛丑	干支 西曆 星期	庚申 5 五	辛酉 6 六	壬戌 7 日	癸亥 8 一	甲子 9 二	乙丑 10 三	丙寅 11 四	丁卯 12 五	戊辰 13 六	己巳 14 日	庚午 15 一	辛未 16 二	壬申 17 三	癸酉 18 四	甲戌 19 五	乙亥 20 六	丙子 21 日	丁丑 22 一	戊寅 23 二	己卯 24 三	庚辰 25 四	辛巳 26 五	壬午 27 六	癸未 28 日	甲申 29 一	乙酉 30 二	丙戌 31 三	丁亥 (2) 四	戊子 2 五	己丑 3 六	己巳大寒 甲申立春

宋徽宗政和七年（丁酉 鷄年） 公元1117 ~ 1118年

夏曆月序		中西曆日對照	夏曆日序																														節氣與天象
			初一	初二	初三	初四	初五	初六	初七	初八	初九	初十	十一	十二	十三	十四	十五	十六	十七	十八	十九	二十	二一	二二	二三	二四	二五	二六	二七	二八	二九	三十	
正月小	壬寅	干支 西曆 星期	庚寅 4 日	辛卯 5 一	壬辰 6 二	癸巳 7 三	甲午 8 四	乙未 9 五	丙申 10 六	丁酉 11 日	戊戌 12 一	己亥 13 二	庚子 14 三	辛丑 15 四	壬寅 16 五	癸卯 17 六	甲辰 18 日	乙巳 19 一	丙午 20 二	丁未 21 三	戊申 22 四	己酉 23 五	庚戌 24 六	辛亥 25 日	壬子 26 一	癸丑 27 二	甲寅 28 三	乙卯 (3) 四	丙辰 2 五	丁巳 3 六	戊午 4 日		庚子雨水 乙卯驚蟄
二月大	癸卯	干支 西曆 星期	己未 5 一	庚申 6 二	辛酉 7 三	壬戌 8 四	癸亥 9 五	甲子 10 六	乙丑 11 日	丙寅 12 一	丁卯 13 二	戊辰 14 三	己巳 15 四	庚午 16 五	辛未 17 六	壬申 18 日	癸酉 19 一	甲戌 20 二	乙亥 21 三	丙子 22 四	丁丑 23 五	戊寅 24 六	己卯 25 日	庚辰 26 一	辛巳 27 二	壬午 28 三	癸未 29 四	甲申 30 五	乙酉 31 六	丙戌 (4) 日	丁亥 2 一	戊子 3 二	庚午春分 乙酉清明
三月大	甲辰	干支 西曆 星期	己丑 4 三	庚寅 5 四	辛卯 6 五	壬辰 7 六	癸巳 8 日	甲午 9 一	乙未 10 二	丙申 11 三	丁酉 12 四	戊戌 13 五	己亥 14 六	庚子 15 日	辛丑 16 一	壬寅 17 二	癸卯 18 三	甲辰 19 四	乙巳 20 五	丙午 21 六	丁未 22 日	戊申 23 一	己酉 24 二	庚戌 25 三	辛亥 26 四	壬子 27 五	癸丑 28 六	甲寅 29 日	乙卯 30 一	丙辰 (5) 二	丁巳 2 三	戊午 3 四	辛丑穀雨 丙辰立夏
四月小	乙巳	干支 西曆 星期	己未 4 五	庚申 5 六	辛酉 6 日	壬戌 7 一	癸亥 8 二	甲子 9 三	乙丑 10 四	丙寅 11 五	丁卯 12 六	戊辰 13 日	己巳 14 一	庚午 15 二	辛未 16 三	壬申 17 四	癸酉 18 五	甲戌 19 六	乙亥 20 日	丙子 21 一	丁丑 22 二	戊寅 23 三	己卯 24 四	庚辰 25 五	辛巳 26 六	壬午 27 日	癸未 28 一	甲申 29 二	乙酉 30 三	丙戌 31 四	丁亥 (6) 五		辛未小滿 丙戌芒種
五月大	丙午	干支 西曆 星期	戊子 2 六	己丑 3 日	庚寅 4 一	辛卯 5 二	壬辰 6 三	癸巳 7 四	甲午 8 五	乙未 9 六	丙申 10 日	丁酉 11 一	戊戌 12 二	己亥 13 三	庚子 14 四	辛丑 15 五	壬寅 16 六	癸卯 17 日	甲辰 18 一	乙巳 19 二	丙午 20 三	丁未 21 四	戊申 22 五	己酉 23 六	庚戌 24 日	辛亥 25 一	壬子 26 二	癸丑 27 三	甲寅 28 四	乙卯 29 五	丙辰 30 六	丁巳 (7) 日	辛丑夏至 丁巳小暑
六月小	丁未	干支 西曆 星期	戊午 2 一	己未 3 二	庚申 4 三	辛酉 5 四	壬戌 6 五	癸亥 7 六	甲子 8 日	乙丑 9 一	丙寅 10 二	丁卯 11 三	戊辰 12 四	己巳 13 五	庚午 14 六	辛未 15 日	壬申 16 一	癸酉 17 二	甲戌 18 三	乙亥 19 四	丙子 20 五	丁丑 21 六	戊寅 22 日	己卯 23 一	庚辰 24 二	辛巳 25 三	壬午 26 四	癸未 27 五	甲申 28 六	乙酉 29 日	丙戌 30 一		壬申大暑
七月小	戊申	干支 西曆 星期	丁亥 31 二	戊子 (8) 三	己丑 2 四	庚寅 3 五	辛卯 4 六	壬辰 5 日	癸巳 6 一	甲午 7 二	乙未 8 三	丙申 9 四	丁酉 10 五	戊戌 11 六	己亥 12 日	庚子 13 一	辛丑 14 二	壬寅 15 三	癸卯 16 四	甲辰 17 五	乙巳 18 六	丙午 19 日	丁未 20 一	戊申 21 二	己酉 22 三	庚戌 23 四	辛亥 24 五	壬子 25 六	癸丑 26 日	甲寅 27 一	乙卯 28 二		丁亥立秋 壬寅處暑
八月大	己酉	干支 西曆 星期	丙辰 29 三	丁巳 30 四	戊午 31 五	己未 (9) 六	庚申 2 日	辛酉 3 一	壬戌 4 二	癸亥 5 三	甲子 6 四	乙丑 7 五	丙寅 8 六	丁卯 9 日	戊辰 10 一	己巳 11 二	庚午 12 三	辛未 13 四	壬申 14 五	癸酉 15 六	甲戌 16 日	乙亥 17 一	丙子 18 二	丁丑 19 三	戊寅 20 四	己卯 21 五	庚辰 22 六	辛巳 23 日	壬午 24 一	癸未 25 二	甲申 26 三	乙酉 27 四	戊午白露 癸酉秋分
九月小	庚戌	干支 西曆 星期	丙戌 28 五	丁亥 29 六	戊子 30 日	己丑 (10) 一	庚寅 2 二	辛卯 3 三	壬辰 4 四	癸巳 5 五	甲午 6 六	乙未 7 日	丙申 8 一	丁酉 9 二	戊戌 10 三	己亥 11 四	庚子 12 五	辛丑 13 六	壬寅 14 日	癸卯 15 一	甲辰 16 二	乙巳 17 三	丙午 18 四	丁未 19 五	戊申 20 六	己酉 21 日	庚戌 22 一	辛亥 23 二	壬子 24 三	癸丑 25 四	甲寅 26 五		戊子寒露 癸卯霜降
十月大	辛亥	干支 西曆 星期	乙卯 27 六	丙辰 28 日	丁巳 29 一	戊午 30 二	己未 31 三	庚申 (11) 四	辛酉 2 五	壬戌 3 六	癸亥 4 日	甲子 5 一	乙丑 6 二	丙寅 7 三	丁卯 8 四	戊辰 9 五	己巳 10 六	庚午 11 日	辛未 12 一	壬申 13 二	癸酉 14 三	甲戌 15 四	乙亥 16 五	丙子 17 六	丁丑 18 日	戊寅 19 一	己卯 20 二	庚辰 21 三	辛巳 22 四	壬午 23 五	癸未 24 六	甲申 25 日	戊午立冬 甲戌小雪
十一月小	壬子	干支 西曆 星期	乙酉 26 一	丙戌 27 二	丁亥 28 三	戊子 29 四	己丑 30 五	庚寅 (12) 六	辛卯 2 日	壬辰 3 一	癸巳 4 二	甲午 5 三	乙未 6 四	丙申 7 五	丁酉 8 六	戊戌 9 日	己亥 10 一	庚子 11 二	辛丑 12 三	壬寅 13 四	癸卯 14 五	甲辰 15 六	乙巳 16 日	丙午 17 一	丁未 18 二	戊申 19 三	己酉 20 四	庚戌 21 五	辛亥 22 六	壬子 23 日	癸丑 24 一		己丑大雪 甲辰冬至
十二月大	癸丑	干支 西曆 星期	甲寅 25 二	乙卯 26 三	丙辰 27 四	丁巳 28 五	戊午 29 六	己未 30 日	庚申 31 一	辛酉 (1) 二	壬戌 2 三	癸亥 3 四	甲子 4 五	乙丑 5 六	丙寅 6 日	丁卯 7 一	戊辰 8 二	己巳 9 三	庚午 10 四	辛未 11 五	壬申 12 六	癸酉 13 日	甲戌 14 一	乙亥 15 二	丙子 16 三	丁丑 17 四	戊寅 18 五	己卯 19 六	庚辰 20 日	辛巳 21 一	壬午 22 二	癸未 23 三	己未小寒 甲戌大寒

宋徽宗政和八年 重和元年（戊戌 狗年） 公元1118 ~ 1119年

夏曆月序		中西曆日對照	夏曆日序																														節氣與天象
			初一	初二	初三	初四	初五	初六	初七	初八	初九	初十	十一	十二	十三	十四	十五	十六	十七	十八	十九	二十	二一	二二	二三	二四	二五	二六	二七	二八	二九	三十	
正月小	甲寅	天干地支 西曆 星期	甲申 24 四	乙酉 25 五	丙戌 26 六	丁亥 27 日	戊子 28 一	己丑 29 二	庚寅 30 三	辛卯 31 四	壬辰 (2) 五	癸巳 2 六	甲午 3 日	乙未 4 一	丙申 5 二	丁酉 6 三	戊戌 7 四	己亥 8 五	庚子 9 六	辛丑 10 日	壬寅 11 一	癸卯 12 二	甲辰 13 三	乙巳 14 四	丙午 15 五	丁未 16 六	戊申 17 日	己酉 18 一	庚戌 19 二	辛亥 20 三	壬子 21 四		庚寅立春 乙巳雨水
二月大	乙卯	天干地支 西曆 星期	癸丑 22 五	甲寅 23 六	乙卯 24 日	丙辰 25 一	丁巳 26 二	戊午 27 三	己未 28 四	庚申 (3) 五	辛酉 2 六	壬戌 3 日	癸亥 4 一	甲子 5 二	乙丑 6 三	丙寅 7 四	丁卯 8 五	戊辰 9 六	己巳 10 日	庚午 11 一	辛未 12 二	壬申 13 三	癸酉 14 四	甲戌 15 五	乙亥 16 六	丙子 17 日	丁丑 18 一	戊寅 19 二	己卯 20 三	庚辰 21 四	辛巳 22 五	壬午 23 六	庚申驚蟄 乙亥春分
三月大	丙辰	天干地支 西曆 星期	癸未 24 日	甲申 25 一	乙酉 26 二	丙戌 27 三	丁亥 28 四	戊子 29 五	己丑 30 六	庚寅 31 日	辛卯 (4) 一	壬辰 2 二	癸巳 3 三	甲午 4 四	乙未 5 五	丙申 6 六	丁酉 7 日	戊戌 8 一	己亥 9 二	庚子 10 三	辛丑 11 四	壬寅 12 五	癸卯 13 六	甲辰 14 日	乙巳 15 一	丙午 16 二	丁未 17 三	戊申 18 四	己酉 19 五	庚戌 20 六	辛亥 21 日	壬子 22 一	辛卯清明 丙午穀雨
四月小	丁巳	天干地支 西曆 星期	癸丑 23 二	甲寅 24 三	乙卯 25 四	丙辰 26 五	丁巳 27 六	戊午 28 日	己未 29 一	庚申 30 二	辛酉 (5) 三	壬戌 2 四	癸亥 3 五	甲子 4 六	乙丑 5 日	丙寅 6 一	丁卯 7 二	戊辰 8 三	己巳 9 四	庚午 10 五	辛未 11 六	壬申 12 日	癸酉 13 一	甲戌 14 二	乙亥 15 三	丙子 16 四	丁丑 17 五	戊寅 18 六	己卯 19 日	庚辰 20 一	辛巳 21 二		辛酉立夏 丙子小滿
五月大	戊午	天干地支 西曆 星期	壬午 22 三	癸未 23 四	甲申 24 五	乙酉 25 六	丙戌 26 日	丁亥 27 一	戊子 28 二	己丑 29 三	庚寅 30 四	辛卯 31 五	壬辰 (6) 六	癸巳 2 日	甲午 3 一	乙未 4 二	丙申 5 三	丁酉 6 四	戊戌 7 五	己亥 8 六	庚子 9 日	辛丑 10 一	壬寅 11 二	癸卯 12 三	甲辰 13 四	乙巳 14 五	丙午 15 六	丁未 16 日	戊申 17 一	己酉 18 二	庚戌 19 三	辛亥 20 四	辛卯芒種 丁未夏至 壬午日食
六月小	己未	天干地支 西曆 星期	壬子 21 五	癸丑 22 六	甲寅 23 日	乙卯 24 一	丙辰 25 二	丁巳 26 三	戊午 27 四	己未 28 五	庚申 29 六	辛酉 30 日	壬戌 (7) 一	癸亥 2 二	甲子 3 三	乙丑 4 四	丙寅 5 五	丁卯 6 六	戊辰 7 日	己巳 8 一	庚午 9 二	辛未 10 三	壬申 11 四	癸酉 12 五	甲戌 13 六	乙亥 14 日	丙子 15 一	丁丑 16 二	戊寅 17 三	己卯 18 四	庚辰 19 五		壬戌小暑 丁丑大暑
七月大	庚申	天干地支 西曆 星期	辛巳 20 六	壬午 21 日	癸未 22 一	甲申 23 二	乙酉 24 三	丙戌 25 四	丁亥 26 五	戊子 27 六	己丑 28 日	庚寅 29 一	辛卯 30 二	壬辰 31 三	癸巳 (8) 四	甲午 2 五	乙未 3 六	丙申 4 日	丁酉 5 一	戊戌 6 二	己亥 7 三	庚子 8 四	辛丑 9 五	壬寅 10 六	癸卯 11 日	甲辰 12 一	乙巳 13 二	丙午 14 三	丁未 15 四	戊申 16 五	己酉 17 六	庚戌 18 日	壬辰立秋 戊申處暑
八月小	辛酉	天干地支 西曆 星期	辛亥 19 一	壬子 20 二	癸丑 21 三	甲寅 22 四	乙卯 23 五	丙辰 24 六	丁巳 25 日	戊午 26 一	己未 27 二	庚申 28 三	辛酉 29 四	壬戌 30 五	癸亥 31 六	甲子 (9) 日	乙丑 2 一	丙寅 3 二	丁卯 4 三	戊辰 5 四	己巳 6 五	庚午 7 六	辛未 8 日	壬申 9 一	癸酉 10 二	甲戌 11 三	乙亥 12 四	丙子 13 五	丁丑 14 六	戊寅 15 日	己卯 16 一		癸亥白露 戊寅秋分
九月大	壬戌	天干地支 西曆 星期	庚辰 17 二	辛巳 18 三	壬午 19 四	癸未 20 五	甲申 21 六	乙酉 22 日	丙戌 23 一	丁亥 24 二	戊子 25 三	己丑 26 四	庚寅 27 五	辛卯 28 六	壬辰 29 日	癸巳 30 一	甲午 (10) 二	乙未 2 三	丙申 3 四	丁酉 4 五	戊戌 5 六	己亥 6 日	庚子 7 一	辛丑 8 二	壬寅 9 三	癸卯 10 四	甲辰 11 五	乙巳 12 六	丙午 13 日	丁未 14 一	戊申 15 二	己酉 16 三	癸巳寒露 戊申霜降
閏九月小	壬戌	天干地支 西曆 星期	庚戌 17 四	辛亥 18 五	壬子 19 六	癸丑 20 日	甲寅 21 一	乙卯 22 二	丙辰 23 三	丁巳 24 四	戊午 25 五	己未 26 六	庚申 27 日	辛酉 28 一	壬戌 29 二	癸亥 30 三	甲子 31 四	乙丑 (11) 五	丙寅 2 六	丁卯 3 日	戊辰 4 一	己巳 5 二	庚午 6 三	辛未 7 四	壬申 8 五	癸酉 9 六	甲戌 10 日	乙亥 11 一	丙子 12 二	丁丑 13 三	戊寅 14 四		甲子立冬
十月大	癸亥	天干地支 西曆 星期	己卯 15 五	庚辰 16 六	辛巳 17 日	壬午 18 一	癸未 19 二	甲申 20 三	乙酉 21 四	丙戌 22 五	丁亥 23 六	戊子 24 日	己丑 25 一	庚寅 26 二	辛卯 27 三	壬辰 28 四	癸巳 29 五	甲午 30 六	乙未 (12) 日	丙申 2 一	丁酉 3 二	戊戌 4 三	己亥 5 四	庚子 6 五	辛丑 7 六	壬寅 8 日	癸卯 9 一	甲辰 10 二	乙巳 11 三	丙午 12 四	丁未 13 五	戊申 14 六	己卯小雪 甲午大雪
十一月小	甲子	天干地支 西曆 星期	己酉 15 日	庚戌 16 一	辛亥 17 二	壬子 18 三	癸丑 19 四	甲寅 20 五	乙卯 21 六	丙辰 22 日	丁巳 23 一	戊午 24 二	己未 25 三	庚申 26 四	辛酉 27 五	壬戌 28 六	癸亥 29 日	甲子 30 一	乙丑 31 二	丙寅 (1) 三	丁卯 2 四	戊辰 3 五	己巳 4 六	庚午 5 日	辛未 6 一	壬申 7 二	癸酉 8 三	甲戌 9 四	乙亥 10 五	丙子 11 六	丁丑 12 日		己酉冬至 乙丑小寒
十二月大	乙丑	天干地支 西曆 星期	戊寅 13 一	己卯 14 二	庚辰 15 三	辛巳 16 四	壬午 17 五	癸未 18 六	甲申 19 日	乙酉 20 一	丙戌 21 二	丁亥 22 三	戊子 23 四	己丑 24 五	庚寅 25 六	辛卯 26 日	壬辰 27 一	癸巳 28 二	甲午 29 三	乙未 30 四	丙申 31 五	丁酉 (2) 六	戊戌 2 日	己亥 3 一	庚子 4 二	辛丑 5 三	壬寅 6 四	癸卯 7 五	甲辰 8 六	乙巳 9 日	丙午 10 一	丁未 11 二	庚辰大寒 乙未立春

* 十一月己酉（初一），改元重和。

宋徽宗重和二年 宣和元年（己亥 猪年） 公元1119 ~ 1120年

夏曆月序		中西曆日對照	初一	初二	初三	初四	初五	初六	初七	初八	初九	初十	十一	十二	十三	十四	十五	十六	十七	十八	十九	二十	二一	二二	二三	二四	二五	二六	二七	二八	二九	三十	節氣與天象
正月小	丙寅	天干地支 西曆 星期	戊申 12 三	己酉 13 四	庚戌 14 五	辛亥 15 六	壬子 16 日	癸丑 17 一	甲寅 18 二	乙卯 19 三	丙辰 20 四	丁巳 21 五	戊午 22 六	己未 23 日	庚申 24 一	辛酉 25 二	壬戌 26 三	癸亥 27 四	甲子 28 五	乙丑 (3) 六	丙寅 2 日	丁卯 3 一	戊辰 4 二	己巳 5 三	庚午 6 四	辛未 7 五	壬申 8 六	癸酉 9 日	甲戌 10 一	乙亥 11 二	丙子 12 三		庚戌雨水 乙丑驚蟄
二月大	丁卯	天干地支 西曆 星期	丁丑 13 四	戊寅 14 五	己卯 15 六	庚辰 16 日	辛巳 17 一	壬午 18 二	癸未 19 三	甲申 20 四	乙酉 21 五	丙戌 22 六	丁亥 23 日	戊子 24 一	己丑 25 二	庚寅 26 三	辛卯 27 四	壬辰 28 五	癸巳 29 六	甲午 30 日	乙未 31 一	丙申 (4) 二	丁酉 2 三	戊戌 3 四	己亥 4 五	庚子 5 六	辛丑 6 日	壬寅 7 一	癸卯 8 二	甲辰 9 三	乙巳 10 四	丙午 11 五	辛巳春分 丙申清明
三月小	戊辰	天干地支 西曆 星期	丁未 12 六	戊申 13 日	己酉 14 一	庚戌 15 二	辛亥 16 三	壬子 17 四	癸丑 18 五	甲寅 19 六	乙卯 20 日	丙辰 21 一	丁巳 22 二	戊午 23 三	己未 24 四	庚申 25 五	辛酉 26 六	壬戌 27 日	癸亥 28 一	甲子 29 二	乙丑 30 三	丙寅 (5) 四	丁卯 2 五	戊辰 3 六	己巳 4 日	庚午 5 一	辛未 6 二	壬申 7 三	癸酉 8 四	甲戌 9 五	乙亥 10 六		辛亥穀雨 丙寅立夏
四月大	己巳	天干地支 西曆 星期	丙子 11 日	丁丑 12 一	戊寅 13 二	己卯 14 三	庚辰 15 四	辛巳 16 五	壬午 17 六	癸未 18 日	甲申 19 一	乙酉 20 二	丙戌 21 三	丁亥 22 四	戊子 23 五	己丑 24 六	庚寅 25 日	辛卯 26 一	壬辰 27 二	癸巳 28 三	甲午 29 四	乙未 30 五	丙申 31 六	丁酉 (6) 日	戊戌 2 一	己亥 3 二	庚子 4 三	辛丑 5 四	壬寅 6 五	癸卯 7 六	甲辰 8 日	乙巳 9 一	辛巳小滿 丁酉芒種 丙子日食
五月大	庚午	天干地支 西曆 星期	丙午 10 二	丁未 11 三	戊申 12 四	己酉 13 五	庚戌 14 六	辛亥 15 日	壬子 16 一	癸丑 17 二	甲寅 18 三	乙卯 19 四	丙辰 20 五	丁巳 21 六	戊午 22 日	己未 23 一	庚申 24 二	辛酉 25 三	壬戌 26 四	癸亥 27 五	甲子 28 六	乙丑 29 日	丙寅 30 一	丁卯 (7) 二	戊辰 2 三	己巳 3 四	庚午 4 五	辛未 5 六	壬申 6 日	癸酉 7 一	甲戌 8 二	乙亥 9 三	壬子夏至 丁卯小暑
六月小	辛未	天干地支 西曆 星期	丙子 10 四	丁丑 11 五	戊寅 12 六	己卯 13 日	庚辰 14 一	辛巳 15 二	壬午 16 三	癸未 17 四	甲申 18 五	乙酉 19 六	丙戌 20 日	丁亥 21 一	戊子 22 二	己丑 23 三	庚寅 24 四	辛卯 25 五	壬辰 26 六	癸巳 27 日	甲午 28 一	乙未 29 二	丙申 30 三	丁酉 31 四	戊戌 (8) 五	己亥 2 六	庚子 3 日	辛丑 4 一	壬寅 5 二	癸卯 6 三	甲辰 7 四		壬午大暑 戊戌立秋
七月大	壬申	天干地支 西曆 星期	乙巳 8 五	丙午 9 六	丁未 10 日	戊申 11 一	己酉 12 二	庚戌 13 三	辛亥 14 四	壬子 15 五	癸丑 16 六	甲寅 17 日	乙卯 18 一	丙辰 19 二	丁巳 20 三	戊午 21 四	己未 22 五	庚申 23 六	辛酉 24 日	壬戌 25 一	癸亥 26 二	甲子 27 三	乙丑 28 四	丙寅 29 五	丁卯 30 六	戊辰 31 日	己巳 (9) 一	庚午 2 二	辛未 3 三	壬申 4 四	癸酉 5 五	甲戌 6 六	癸丑處暑 戊辰白露
八月小	癸酉	天干地支 西曆 星期	乙亥 7 日	丙子 8 一	丁丑 9 二	戊寅 10 三	己卯 11 四	庚辰 12 五	辛巳 13 六	壬午 14 日	癸未 15 一	甲申 16 二	乙酉 17 三	丙戌 18 四	丁亥 19 五	戊子 20 六	己丑 21 日	庚寅 22 一	辛卯 23 二	壬辰 24 三	癸巳 25 四	甲午 26 五	乙未 27 六	丙申 28 日	丁酉 29 一	戊戌 30 二	己亥 (10) 三	庚子 2 四	辛丑 3 五	壬寅 4 六	癸卯 5 日		癸未秋分 戊戌寒露
九月大	甲戌	天干地支 西曆 星期	甲辰 6 一	乙巳 7 二	丙午 8 三	丁未 9 四	戊申 10 五	己酉 11 六	庚戌 12 日	辛亥 13 一	壬子 14 二	癸丑 15 三	甲寅 16 四	乙卯 17 五	丙辰 18 六	丁巳 19 日	戊午 20 一	己未 21 二	庚申 22 三	辛酉 23 四	壬戌 24 五	癸亥 25 六	甲子 26 日	乙丑 27 一	丙寅 28 二	丁卯 29 三	戊辰 30 四	己巳 31 五	庚午 (11) 六	辛未 2 日	壬申 3 一	癸酉 4 二	甲寅霜降 己巳立冬
十月小	乙亥	天干地支 西曆 星期	甲戌 5 三	乙亥 6 四	丙子 7 五	丁丑 8 六	戊寅 9 日	己卯 10 一	庚辰 11 二	辛巳 12 三	壬午 13 四	癸未 14 五	甲申 15 六	乙酉 16 日	丙戌 17 一	丁亥 18 二	戊子 19 三	己丑 20 四	庚寅 21 五	辛卯 22 六	壬辰 23 日	癸巳 24 一	甲午 25 二	乙未 26 三	丙申 27 四	丁酉 28 五	戊戌 29 六	己亥 30 日	庚子 (12) 一	辛丑 2 二	壬寅 3 三		甲申小雪 己亥大雪
十一月大	丙子	天干地支 西曆 星期	癸卯 4 四	甲辰 5 五	乙巳 6 六	丙午 7 日	丁未 8 一	戊申 9 二	己酉 10 三	庚戌 11 四	辛亥 12 五	壬子 13 六	癸丑 14 日	甲寅 15 一	乙卯 16 二	丙辰 17 三	丁巳 18 四	戊午 19 五	己未 20 六	庚申 21 日	辛酉 22 一	壬戌 23 二	癸亥 24 三	甲子 25 四	乙丑 26 五	丙寅 27 六	丁卯 28 日	戊辰 29 一	己巳 30 二	庚午 31 三	辛未 (1) 四	壬申 2 五	乙卯冬至 庚午小寒
十二月小	丁丑	天干地支 西曆 星期	癸酉 3 六	甲戌 4 日	乙亥 5 一	丙子 6 二	丁丑 7 三	戊寅 8 四	己卯 9 五	庚辰 10 六	辛巳 11 日	壬午 12 一	癸未 13 二	甲申 14 三	乙酉 15 四	丙戌 16 五	丁亥 17 六	戊子 18 日	己丑 19 一	庚寅 20 二	辛卯 21 三	壬辰 22 四	癸巳 23 五	甲午 24 六	乙未 25 日	丙申 26 一	丁酉 27 二	戊戌 28 三	己亥 29 四	庚子 30 五	辛丑 31 六		乙酉大寒 庚子立春

* 二月庚辰（初四），改元宣和。

宋徽宗宣和二年（庚子 鼠年） 公元1120 ~ 1121年

夏曆月序		中西曆日對照	初一	初二	初三	初四	初五	初六	初七	初八	初九	初十	十一	十二	十三	十四	十五	十六	十七	十八	十九	二十	二一	二二	二三	二四	二五	二六	二七	二八	二九	三十	節氣與天象
正月大	戊寅	天干 地支 西曆 星期	壬寅 (2) 日	癸卯 2 一	甲辰 3 二	乙巳 4 三	丙午 5 四	丁未 6 五	戊申 7 六	己酉 8 日	庚戌 9 一	辛亥 10 二	壬子 11 三	癸丑 12 四	甲寅 13 五	乙卯 14 六	丙辰 15 日	丁巳 16 一	戊午 17 二	己未 18 三	庚申 19 四	辛酉 20 五	壬戌 21 六	癸亥 22 日	甲子 23 一	乙丑 24 二	丙寅 25 三	丁卯 26 四	戊辰 27 五	己巳 28 六	庚午 29 日	辛未 (3) 一	乙卯雨水 辛未驚蟄
二月小	己卯	天干 地支 西曆 星期	壬申 2 二	癸酉 3 三	甲戌 4 四	乙亥 5 五	丙子 6 六	丁丑 7 日	戊寅 8 一	己卯 9 二	庚辰 10 三	辛巳 11 四	壬午 12 五	癸未 13 六	甲申 14 日	乙酉 15 一	丙戌 16 二	丁亥 17 三	戊子 18 四	己丑 19 五	庚寅 20 六	辛卯 21 日	壬辰 22 一	癸巳 23 二	甲午 24 三	乙未 25 四	丙申 26 五	丁酉 27 六	戊戌 28 日	己亥 29 一	庚子 30 二		丙戌春分
三月大	庚辰	天干 地支 西曆 星期	辛丑 31 三	壬寅 (4) 四	癸卯 2 五	甲辰 3 六	乙巳 4 日	丙午 5 一	丁未 6 二	戊申 7 三	己酉 8 四	庚戌 9 五	辛亥 10 六	壬子 11 日	癸丑 12 一	甲寅 13 二	乙卯 14 三	丙辰 15 四	丁巳 16 五	戊午 17 六	己未 18 日	庚申 19 一	辛酉 20 二	壬戌 21 三	癸亥 22 四	甲子 23 五	乙丑 24 六	丙寅 25 日	丁卯 26 一	戊辰 27 二	己巳 28 三	庚午 29 四	辛丑清明 丙辰穀雨
四月小	辛巳	天干 地支 西曆 星期	辛未 30 五	壬申 (5) 六	癸酉 2 日	甲戌 3 一	乙亥 4 二	丙子 5 三	丁丑 6 四	戊寅 7 五	己卯 8 六	庚辰 9 日	辛巳 10 一	壬午 11 二	癸未 12 三	甲申 13 四	乙酉 14 五	丙戌 15 六	丁亥 16 日	戊子 17 一	己丑 18 二	庚寅 19 三	辛卯 20 四	壬辰 21 五	癸巳 22 六	甲午 23 日	乙未 24 一	丙申 25 二	丁酉 26 三	戊戌 27 四	己亥 28 五		辛未立夏 丁亥小滿
五月大	壬午	天干 地支 西曆 星期	庚子 29 六	辛丑 30 日	壬寅 31 一	癸卯 (6) 二	甲辰 2 三	乙巳 3 四	丙午 4 五	丁未 5 六	戊申 6 日	己酉 7 一	庚戌 8 二	辛亥 9 三	壬子 10 四	癸丑 11 五	甲寅 12 六	乙卯 13 日	丙辰 14 一	丁巳 15 二	戊午 16 三	己未 17 四	庚申 18 五	辛酉 19 六	壬戌 20 日	癸亥 21 一	甲子 22 二	乙丑 23 三	丙寅 24 四	丁卯 25 五	戊辰 26 六	己巳 27 日	壬寅芒種 丁巳夏至
六月小	癸未	天干 地支 西曆 星期	庚午 28 一	辛未 29 二	壬申 30 三	癸酉 (7) 四	甲戌 2 五	乙亥 3 六	丙子 4 日	丁丑 5 一	戊寅 6 二	己卯 7 三	庚辰 8 四	辛巳 9 五	壬午 10 六	癸未 11 日	甲申 12 一	乙酉 13 二	丙戌 14 三	丁亥 15 四	戊子 16 五	己丑 17 六	庚寅 18 日	辛卯 19 一	壬辰 20 二	癸巳 21 三	甲午 22 四	乙未 23 五	丙申 24 六	丁酉 25 日	戊戌 26 一		壬申小暑 戊子大暑
七月大	甲申	天干 地支 西曆 星期	己亥 27 二	庚子 28 三	辛丑 29 四	壬寅 30 五	癸卯 31 六	甲辰 (8) 日	乙巳 2 一	丙午 3 二	丁未 4 三	戊申 5 四	己酉 6 五	庚戌 7 六	辛亥 8 日	壬子 9 一	癸丑 10 二	甲寅 11 三	乙卯 12 四	丙辰 13 五	丁巳 14 六	戊午 15 日	己未 16 一	庚申 17 二	辛酉 18 三	壬戌 19 四	癸亥 20 五	甲子 21 六	乙丑 22 日	丙寅 23 一	丁卯 24 二	戊辰 25 三	癸卯立秋 戊午處暑
八月大	乙酉	天干 地支 西曆 星期	己巳 26 四	庚午 27 五	辛未 28 六	壬申 29 日	癸酉 30 一	甲戌 31 二	乙亥 (9) 三	丙子 2 四	丁丑 3 五	戊寅 4 六	己卯 5 日	庚辰 6 一	辛巳 7 二	壬午 8 三	癸未 9 四	甲申 10 五	乙酉 11 六	丙戌 12 日	丁亥 13 一	戊子 14 二	己丑 15 三	庚寅 16 四	辛卯 17 五	壬辰 18 六	癸巳 19 日	甲午 20 一	乙未 21 二	丙申 22 三	丁酉 23 四	戊戌 24 五	癸酉白露 戊子秋分
九月小	丙戌	天干 地支 西曆 星期	己亥 25 六	庚子 26 日	辛丑 27 一	壬寅 28 二	癸卯 29 三	甲辰 30 四	乙巳 (10) 五	丙午 2 六	丁未 3 日	戊申 4 一	己酉 5 二	庚戌 6 三	辛亥 7 四	壬子 8 五	癸丑 9 六	甲寅 10 日	乙卯 11 一	丙辰 12 二	丁巳 13 三	戊午 14 四	己未 15 五	庚申 16 六	辛酉 17 日	壬戌 18 一	癸亥 19 二	甲子 20 三	乙丑 21 四	丙寅 22 五	丁卯 23 六		甲辰寒露 己未霜降
十月大	丁亥	天干 地支 西曆 星期	戊辰 24 日	己巳 25 一	庚午 26 二	辛未 27 三	壬申 28 四	癸酉 29 五	甲戌 30 六	乙亥 31 日	丙子 (11) 一	丁丑 2 二	戊寅 3 三	己卯 4 四	庚辰 5 五	辛巳 6 六	壬午 7 日	癸未 8 一	甲申 9 二	乙酉 10 三	丙戌 11 四	丁亥 12 五	戊子 13 六	己丑 14 日	庚寅 15 一	辛卯 16 二	壬辰 17 三	癸巳 18 四	甲午 19 五	乙未 20 六	丙申 21 日	丁酉 22 一	甲戌立冬 己丑小雪 戊辰日食
十一月小	戊子	天干 地支 西曆 星期	戊戌 23 二	己亥 24 三	庚子 25 四	辛丑 26 五	壬寅 27 六	癸卯 28 日	甲辰 29 一	乙巳 30 二	丙午 (12) 三	丁未 2 四	戊申 3 五	己酉 4 六	庚戌 5 日	辛亥 6 一	壬子 7 二	癸丑 8 三	甲寅 9 四	乙卯 10 五	丙辰 11 六	丁巳 12 日	戊午 13 一	己未 14 二	庚申 15 三	辛酉 16 四	壬戌 17 五	癸亥 18 六	甲子 19 日	乙丑 20 一	丙寅 21 二		乙巳大雪 庚申冬至
十二月大	己丑	天干 地支 西曆 星期	丁卯 22 三	戊辰 23 四	己巳 24 五	庚午 25 六	辛未 26 日	壬申 27 一	癸酉 28 二	甲戌 29 三	乙亥 30 四	丙子 31 五	丁丑 (1) 六	戊寅 2 日	己卯 3 一	庚辰 4 二	辛巳 5 三	壬午 6 四	癸未 7 五	甲申 8 六	乙酉 9 日	丙戌 10 一	丁亥 11 二	戊子 12 三	己丑 13 四	庚寅 14 五	辛卯 15 六	壬辰 16 日	癸巳 17 一	甲午 18 二	乙未 19 三	丙申 20 四	乙亥小寒 庚寅大寒

宋徽宗宣和三年（辛丑 牛年） 公元 1121 ~ 1122 年

夏曆月序		中西曆日對照	初一	初二	初三	初四	初五	初六	初七	初八	初九	初十	十一	十二	十三	十四	十五	十六	十七	十八	十九	二十	二一	二二	二三	二四	二五	二六	二七	二八	二九	三十	節氣與天象
正月小	庚寅	天干 地支 西曆 星期	丁酉 21 五	戊戌 22 六	己亥 23 日	庚子 24 一	辛丑 25 二	壬寅 26 三	癸卯 27 四	甲辰 28 五	乙巳 29 六	丙午 30 日	丁未 31 一	戊申 (2) 二	己酉 2 三	庚戌 3 四	辛亥 4 五	壬子 5 六	癸丑 6 日	甲寅 7 一	乙卯 8 二	丙辰 9 三	丁巳 10 四	戊午 11 五	己未 12 六	庚申 13 日	辛酉 14 一	壬戌 15 二	癸亥 16 三	甲子 17 四	乙丑 18 五		乙巳立春 辛酉雨水
二月大	辛卯	天干 地支 西曆 星期	丙寅 19 六	丁卯 20 日	戊辰 21 一	己巳 22 二	庚午 23 三	辛未 24 四	壬申 25 五	癸酉 26 六	甲戌 27 日	乙亥 28 一	丙子 (3) 二	丁丑 2 三	戊寅 3 四	己卯 4 五	庚辰 5 六	辛巳 6 日	壬午 7 一	癸未 8 二	甲申 9 三	乙酉 10 四	丙戌 11 五	丁亥 12 六	戊子 13 日	己丑 14 一	庚寅 15 二	辛卯 16 三	壬辰 17 四	癸巳 18 五	甲午 19 六	乙未 20 日	丙子驚蟄 辛卯春分
三月小	壬辰	天干 地支 西曆 星期	丙申 21 一	丁酉 22 二	戊戌 23 三	己亥 24 四	庚子 25 五	辛丑 26 六	壬寅 27 日	癸卯 28 一	甲辰 29 二	乙巳 30 三	丙午 31 四	丁未 (4) 五	戊申 2 六	己酉 3 日	庚戌 4 一	辛亥 5 二	壬子 6 三	癸丑 7 四	甲寅 8 五	乙卯 9 六	丙辰 10 日	丁巳 11 一	戊午 12 二	己未 13 三	庚申 14 四	辛酉 15 五	壬戌 16 六	癸亥 17 日	甲子 18 一		丙午清明 壬戌穀雨
四月小	癸巳	天干 地支 西曆 星期	乙丑 19 二	丙寅 20 三	丁卯 21 四	戊辰 22 五	己巳 23 六	庚午 24 日	辛未 25 一	壬申 26 二	癸酉 27 三	甲戌 28 四	乙亥 29 五	丙子 30 六	丁丑 (5) 日	戊寅 2 一	己卯 3 二	庚辰 4 三	辛巳 5 四	壬午 6 五	癸未 7 六	甲申 8 日	乙酉 9 一	丙戌 10 二	丁亥 11 三	戊子 12 四	己丑 13 五	庚寅 14 六	辛卯 15 日	壬辰 16 一	癸巳 17 二		丁丑立夏 壬辰小滿
五月大	甲午	天干 地支 西曆 星期	甲午 18 三	乙未 19 四	丙申 20 五	丁酉 21 六	戊戌 22 日	己亥 23 一	庚子 24 二	辛丑 25 三	壬寅 26 四	癸卯 27 五	甲辰 28 六	乙巳 29 日	丙午 30 一	丁未 31 二	戊申 (6) 三	己酉 2 四	庚戌 3 五	辛亥 4 六	壬子 5 日	癸丑 6 一	甲寅 7 二	乙卯 8 三	丙辰 9 四	丁巳 10 五	戊午 11 六	己未 12 日	庚申 13 一	辛酉 14 二	壬戌 15 三	癸亥 16 四	丁未芒種 壬戌夏至
閏五月小	甲午	天干 地支 西曆 星期	甲子 17 五	乙丑 18 六	丙寅 19 日	丁卯 20 一	戊辰 21 二	己巳 22 三	庚午 23 四	辛未 24 五	壬申 25 六	癸酉 26 日	甲戌 27 一	乙亥 28 二	丙子 29 三	丁丑 30 四	戊寅 (7) 五	己卯 2 六	庚辰 3 日	辛巳 4 一	壬午 5 二	癸未 6 三	甲申 7 四	乙酉 8 五	丙戌 9 六	丁亥 10 日	戊子 11 一	己丑 12 二	庚寅 13 三	辛卯 14 四	壬辰 15 五		戊寅小暑
六月大	乙未	天干 地支 西曆 星期	癸巳 16 六	甲午 17 日	乙未 18 一	丙申 19 二	丁酉 20 三	戊戌 21 四	己亥 22 五	庚子 23 六	辛丑 24 日	壬寅 25 一	癸卯 26 二	甲辰 27 三	乙巳 28 四	丙午 29 五	丁未 30 六	戊申 31 日	己酉 (8) 一	庚戌 2 二	辛亥 3 三	壬子 4 四	癸丑 5 五	甲寅 6 六	乙卯 7 日	丙辰 8 一	丁巳 9 二	戊午 10 三	己未 11 四	庚申 12 五	辛酉 13 六	壬戌 14 日	癸巳大暑 戊申立秋
七月大	丙申	天干 地支 西曆 星期	癸亥 15 一	甲子 16 二	乙丑 17 三	丙寅 18 四	丁卯 19 五	戊辰 20 六	己巳 21 日	庚午 22 一	辛未 23 二	壬申 24 三	癸酉 25 四	甲戌 26 五	乙亥 27 六	丙子 28 日	丁丑 29 一	戊寅 30 二	己卯 31 三	庚辰 (9) 四	辛巳 2 五	壬午 3 六	癸未 4 日	甲申 5 一	乙酉 6 二	丙戌 7 三	丁亥 8 四	戊子 9 五	己丑 10 六	庚寅 11 日	辛卯 12 一	壬辰 13 二	癸亥處暑 戊寅白露
八月小	丁酉	天干 地支 西曆 星期	癸巳 14 三	甲午 15 四	乙未 16 五	丙申 17 六	丁酉 18 日	戊戌 19 一	己亥 20 二	庚子 21 三	辛丑 22 四	壬寅 23 五	癸卯 24 六	甲辰 25 日	乙巳 26 一	丙午 27 二	丁未 28 三	戊申 29 四	己酉 30 五	庚戌 (10) 六	辛亥 2 日	壬子 3 一	癸丑 4 二	甲寅 5 三	乙卯 6 四	丙辰 7 五	丁巳 8 六	戊午 9 日	己未 10 一	庚申 11 二	辛酉 12 三		甲午秋分 己酉寒露
九月大	戊戌	天干 地支 西曆 星期	壬戌 13 四	癸亥 14 五	甲子 15 六	乙丑 16 日	丙寅 17 一	丁卯 18 二	戊辰 19 三	己巳 20 四	庚午 21 五	辛未 22 六	壬申 23 日	癸酉 24 一	甲戌 25 二	乙亥 26 三	丙子 27 四	丁丑 28 五	戊寅 29 六	己卯 30 日	庚辰 31 一	辛巳 (11) 二	壬午 2 三	癸未 3 四	甲申 4 五	乙酉 5 六	丙戌 6 日	丁亥 7 一	戊子 8 二	己丑 9 三	庚寅 10 四	辛卯 11 五	甲子霜降 己卯立冬
十月大	己亥	天干 地支 西曆 星期	壬辰 12 六	癸巳 13 日	甲午 14 一	乙未 15 二	丙申 16 三	丁酉 17 四	戊戌 18 五	己亥 19 六	庚子 20 日	辛丑 21 一	壬寅 22 二	癸卯 23 三	甲辰 24 四	乙巳 25 五	丙午 26 六	丁未 27 日	戊申 28 一	己酉 29 二	庚戌 30 三	辛亥 (12) 四	壬子 2 五	癸丑 3 六	甲寅 4 日	乙卯 5 一	丙辰 6 二	丁巳 7 三	戊午 8 四	己未 9 五	庚申 10 六	辛酉 11 日	乙未小雪 庚戌大雪
十一月小	庚子	天干 地支 西曆 星期	壬戌 12 一	癸亥 13 二	甲子 14 三	乙丑 15 四	丙寅 16 五	丁卯 17 六	戊辰 18 日	己巳 19 一	庚午 20 二	辛未 21 三	壬申 22 四	癸酉 23 五	甲戌 24 六	乙亥 25 日	丙子 26 一	丁丑 27 二	戊寅 28 三	己卯 29 四	庚辰 30 五	辛巳 31 六	壬午 (1) 日	癸未 2 一	甲申 3 二	乙酉 4 三	丙戌 5 四	丁亥 6 五	戊子 7 六	己丑 8 日	庚寅 9 一		乙丑冬至 庚辰小寒
十二月大	辛丑	天干 地支 西曆 星期	辛卯 10 二	壬辰 11 三	癸巳 12 四	甲午 13 五	乙未 14 六	丙申 15 日	丁酉 16 一	戊戌 17 二	己亥 18 三	庚子 19 四	辛丑 20 五	壬寅 21 六	癸卯 22 日	甲辰 23 一	乙巳 24 二	丙午 25 三	丁未 26 四	戊申 27 五	己酉 28 六	庚戌 29 日	辛亥 30 一	壬子 31 二	癸丑 (2) 三	甲寅 2 四	乙卯 3 五	丙辰 4 六	丁巳 5 日	戊午 6 一	己未 7 二	庚申 8 三	乙未大寒 辛亥立春

宋徽宗宣和四年（壬寅 虎年） 公元1122 ~ 1123年

夏曆月序		中西曆日對照	初一	初二	初三	初四	初五	初六	初七	初八	初九	初十	十一	十二	十三	十四	十五	十六	十七	十八	十九	二十	二一	二二	二三	二四	二五	二六	二七	二八	二九	三十	節氣與天象
正月小	壬寅	干支 天地 西曆 星期	辛酉 9 四	壬戌 10 五	癸亥 11 六	甲子 12 日	乙丑 13 一	丙寅 14 二	丁卯 15 三	戊辰 16 四	己巳 17 五	庚午 18 六	辛未 19 日	壬申 20 一	癸酉 21 二	甲戌 22 三	乙亥 23 四	丙子 24 五	丁丑 25 六	戊寅 26 日	己卯 27 一	庚辰 28 二	辛巳 (3) 三	壬午 2 四	癸未 3 五	甲申 4 六	乙酉 5 日	丙戌 6 一	丁亥 7 二	戊子 8 三	己丑 9 四		丙寅雨水 辛巳驚蟄
二月大	癸卯	干支 天地 西曆 星期	庚寅 10 五	辛卯 11 六	壬辰 12 日	癸巳 13 一	甲午 14 二	乙未 15 三	丙申 16 四	丁酉 17 五	戊戌 18 六	己亥 19 日	庚子 20 一	辛丑 21 二	壬寅 22 三	癸卯 23 四	甲辰 24 五	乙巳 25 六	丙午 26 日	丁未 27 一	戊申 28 二	己酉 29 三	庚戌 30 四	辛亥 31 五	壬子 (4) 六	癸丑 2 日	甲寅 3 一	乙卯 4 二	丙辰 5 三	丁巳 6 四	戊午 7 五	己未 8 六	丙申春分 壬子清明 庚寅日食
三月小	甲辰	干支 天地 西曆 星期	庚申 9 日	辛酉 10 一	壬戌 11 二	癸亥 12 三	甲子 13 四	乙丑 14 五	丙寅 15 六	丁卯 16 日	戊辰 17 一	己巳 18 二	庚午 19 三	辛未 20 四	壬申 21 五	癸酉 22 六	甲戌 23 日	乙亥 24 一	丙子 25 二	丁丑 26 三	戊寅 27 四	己卯 28 五	庚辰 29 六	辛巳 30 日	壬午 (5) 一	癸未 2 二	甲申 3 三	乙酉 4 四	丙戌 5 五	丁亥 6 六	戊子 7 日		丁卯穀雨 壬午立夏
四月小	乙巳	干支 天地 西曆 星期	己丑 8 一	庚寅 9 二	辛卯 10 三	壬辰 11 四	癸巳 12 五	甲午 13 六	乙未 14 日	丙申 15 一	丁酉 16 二	戊戌 17 三	己亥 18 四	庚子 19 五	辛丑 20 六	壬寅 21 日	癸卯 22 一	甲辰 23 二	乙巳 24 三	丙午 25 四	丁未 26 五	戊申 27 六	己酉 28 日	庚戌 29 一	辛亥 30 二	壬子 31 三	癸丑 (6) 四	甲寅 2 五	乙卯 3 六	丙辰 4 日	丁巳 5 一		丁酉小滿 壬子芒種
五月大	丙午	干支 天地 西曆 星期	戊午 6 二	己未 7 三	庚申 8 四	辛酉 9 五	壬戌 10 六	癸亥 11 日	甲子 12 一	乙丑 13 二	丙寅 14 三	丁卯 15 四	戊辰 16 五	己巳 17 六	庚午 18 日	辛未 19 一	壬申 20 二	癸酉 21 三	甲戌 22 四	乙亥 23 五	丙子 24 六	丁丑 25 日	戊寅 26 一	己卯 27 二	庚辰 28 三	辛巳 29 四	壬午 30 五	癸未 (7) 六	甲申 2 日	乙酉 3 一	丙戌 4 二	丁亥 5 三	戊辰夏至 癸未小暑
六月小	丁未	干支 天地 西曆 星期	戊子 6 四	己丑 7 五	庚寅 8 六	辛卯 9 日	壬辰 10 一	癸巳 11 二	甲午 12 三	乙未 13 四	丙申 14 五	丁酉 15 六	戊戌 16 日	己亥 17 一	庚子 18 二	辛丑 19 三	壬寅 20 四	癸卯 21 五	甲辰 22 六	乙巳 23 日	丙午 24 一	丁未 25 二	戊申 26 三	己酉 27 四	庚戌 28 五	辛亥 29 六	壬子 30 日	癸丑 31 一	甲寅 (8) 二	乙卯 2 三	丙辰 3 四		戊戌大暑 癸丑立秋
七月大	戊申	干支 天地 西曆 星期	丁巳 4 五	戊午 5 六	己未 6 日	庚申 7 一	辛酉 8 二	壬戌 9 三	癸亥 10 四	甲子 11 五	乙丑 12 六	丙寅 13 日	丁卯 14 一	戊辰 15 二	己巳 16 三	庚午 17 四	辛未 18 五	壬申 19 六	癸酉 20 日	甲戌 21 一	乙亥 22 二	丙子 23 三	丁丑 24 四	戊寅 25 五	己卯 26 六	庚辰 27 日	辛巳 28 一	壬午 29 二	癸未 30 三	甲申 31 四	乙酉 (9) 五	丙戌 2 六	己巳處暑 甲申白露
八月大	己酉	干支 天地 西曆 星期	丁亥 3 日	戊子 4 一	己丑 5 二	庚寅 6 三	辛卯 7 四	壬辰 8 五	癸巳 9 六	甲午 10 日	乙未 11 一	丙申 12 二	丁酉 13 三	戊戌 14 四	己亥 15 五	庚子 16 六	辛丑 17 日	壬寅 18 一	癸卯 19 二	甲辰 20 三	乙巳 21 四	丙午 22 五	丁未 23 六	戊申 24 日	己酉 25 一	庚戌 26 二	辛亥 27 三	壬子 28 四	癸丑 29 五	甲寅 30 六	乙卯 (10) 日	丙辰 2 一	己亥秋分 甲寅寒露
九月小	庚戌	干支 天地 西曆 星期	丁巳 3 二	戊午 4 三	己未 5 四	庚申 6 五	辛酉 7 六	壬戌 8 日	癸亥 9 一	甲子 10 二	乙丑 11 三	丙寅 12 四	丁卯 13 五	戊辰 14 六	己巳 15 日	庚午 16 一	辛未 17 二	壬申 18 三	癸酉 19 四	甲戌 20 五	乙亥 21 六	丙子 22 日	丁丑 23 一	戊寅 24 二	己卯 25 三	庚辰 26 四	辛巳 27 五	壬午 28 六	癸未 29 日	甲申 30 一	乙酉 31 二		己巳霜降 乙酉立冬
十月大	辛亥	干支 天地 西曆 星期	丙戌 (11) 三	丁亥 2 四	戊子 3 五	己丑 4 六	庚寅 5 日	辛卯 6 一	壬辰 7 二	癸巳 8 三	甲午 9 四	乙未 10 五	丙申 11 六	丁酉 12 日	戊戌 13 一	己亥 14 二	庚子 15 三	辛丑 16 四	壬寅 17 五	癸卯 18 六	甲辰 19 日	乙巳 20 一	丙午 21 二	丁未 22 三	戊申 23 四	己酉 24 五	庚戌 25 六	辛亥 26 日	壬子 27 一	癸丑 28 二	甲寅 29 三	乙卯 30 四	庚子小雪 乙卯大雪
十一月大	壬子	干支 天地 西曆 星期	丙辰 (12) 五	丁巳 2 六	戊午 3 日	己未 4 一	庚申 5 二	辛酉 6 三	壬戌 7 四	癸亥 8 五	甲子 9 六	乙丑 10 日	丙寅 11 一	丁卯 12 二	戊辰 13 三	己巳 14 四	庚午 15 五	辛未 16 六	壬申 17 日	癸酉 18 一	甲戌 19 二	乙亥 20 三	丙子 21 四	丁丑 22 五	戊寅 23 六	己卯 24 日	庚辰 25 一	辛巳 26 二	壬午 27 三	癸未 28 四	甲申 29 五	乙酉 30 六	庚午冬至 乙酉小寒
十二月小	癸丑	干支 天地 西曆 星期	丙戌 31 日	丁亥 (1) 一	戊子 2 二	己丑 3 三	庚寅 4 四	辛卯 5 五	壬辰 6 六	癸巳 7 日	甲午 8 一	乙未 9 二	丙申 10 三	丁酉 11 四	戊戌 12 五	己亥 13 六	庚子 14 日	辛丑 15 一	壬寅 16 二	癸卯 17 三	甲辰 18 四	乙巳 19 五	丙午 20 六	丁未 21 日	戊申 22 一	己酉 23 二	庚戌 24 三	辛亥 25 四	壬子 26 五	癸丑 27 六	甲寅 28 日		辛丑大寒

宋徽宗宣和五年（癸卯 兔年） 公元1123 ~ 1124年

夏曆月序		中西曆日對照	初一	初二	初三	初四	初五	初六	初七	初八	初九	初十	十一	十二	十三	十四	十五	十六	十七	十八	十九	二十	二一	二二	二三	二四	二五	二六	二七	二八	二九	三十	節氣與天象
正月大	甲寅	天干地支 西曆 星期	乙卯 29 一	丙辰 30 二	丁巳 31 三	戊午 (2) 四	己未 2 五	庚申 3 六	辛酉 4 日	壬戌 5 一	癸亥 6 二	甲子 7 三	乙丑 8 四	丙寅 9 五	丁卯 10 六	戊辰 11 日	己巳 12 一	庚午 13 二	辛未 14 三	壬申 15 四	癸酉 16 五	甲戌 17 六	乙亥 18 日	丙子 19 一	丁丑 20 二	戊寅 21 三	己卯 22 四	庚辰 23 五	辛巳 24 六	壬午 25 日	癸未 26 一	甲申 27 二	丙辰立春 辛未雨水
二月小	乙卯	天干地支 西曆 星期	乙酉 28 三	丙戌 (3) 四	丁亥 2 五	戊子 3 六	己丑 4 日	庚寅 5 一	辛卯 6 二	壬辰 7 三	癸巳 8 四	甲午 9 五	乙未 10 六	丙申 11 日	丁酉 12 一	戊戌 13 二	己亥 14 三	庚子 15 四	辛丑 16 五	壬寅 17 六	癸卯 18 日	甲辰 19 一	乙巳 20 二	丙午 21 三	丁未 22 四	戊申 23 五	己酉 24 六	庚戌 25 日	辛亥 26 一	壬子 27 二	癸丑 28 三		丙戌驚蟄 壬寅春分
三月大	丙辰	天干地支 西曆 星期	甲寅 29 四	乙卯 30 五	丙辰 31 六	丁巳 (4) 日	戊午 2 一	己未 3 二	庚申 4 三	辛酉 5 四	壬戌 6 五	癸亥 7 六	甲子 8 日	乙丑 9 一	丙寅 10 二	丁卯 11 三	戊辰 12 四	己巳 13 五	庚午 14 六	辛未 15 日	壬申 16 一	癸酉 17 二	甲戌 18 三	乙亥 19 四	丙子 20 五	丁丑 21 六	戊寅 22 日	己卯 23 一	庚辰 24 二	辛巳 25 三	壬午 26 四	癸未 27 五	丁巳清明 壬申穀雨
四月小	丁巳	天干地支 西曆 星期	甲申 28 六	乙酉 29 日	丙戌 30 一	丁亥 (5) 二	戊子 2 三	己丑 3 四	庚寅 4 五	辛卯 5 六	壬辰 6 日	癸巳 7 一	甲午 8 二	乙未 9 三	丙申 10 四	丁酉 11 五	戊戌 12 六	己亥 13 日	庚子 14 一	辛丑 15 二	壬寅 16 三	癸卯 17 四	甲辰 18 五	乙巳 19 六	丙午 20 日	丁未 21 一	戊申 22 二	己酉 23 三	庚戌 24 四	辛亥 25 五	壬子 26 六		丁亥立夏 壬寅小滿
五月小	戊午	天干地支 西曆 星期	癸丑 27 日	甲寅 28 一	乙卯 29 二	丙辰 30 三	丁巳 31 四	戊午 (6) 五	己未 2 六	庚申 3 日	辛酉 4 一	壬戌 5 二	癸亥 6 三	甲子 7 四	乙丑 8 五	丙寅 9 六	丁卯 10 日	戊辰 11 一	己巳 12 二	庚午 13 三	辛未 14 四	壬申 15 五	癸酉 16 六	甲戌 17 日	乙亥 18 一	丙子 19 二	丁丑 20 三	戊寅 21 四	己卯 22 五	庚辰 23 六	辛巳 24 日		戊午芒種 癸酉夏至
六月大	己未	天干地支 西曆 星期	壬午 25 一	癸未 26 二	甲申 27 三	乙酉 28 四	丙戌 29 五	丁亥 30 六	戊子 (7) 日	己丑 2 一	庚寅 3 二	辛卯 4 三	壬辰 5 四	癸巳 6 五	甲午 7 六	乙未 8 日	丙申 9 一	丁酉 10 二	戊戌 11 三	己亥 12 四	庚子 13 五	辛丑 14 六	壬寅 15 日	癸卯 16 一	甲辰 17 二	乙巳 18 三	丙午 19 四	丁未 20 五	戊申 21 六	己酉 22 日	庚戌 23 一	辛亥 24 二	戊子小暑 癸卯大暑
七月小	庚申	天干地支 西曆 星期	壬子 25 三	癸丑 26 四	甲寅 27 五	乙卯 28 六	丙辰 29 日	丁巳 30 一	戊午 31 二	己未 (8) 三	庚申 2 四	辛酉 3 五	壬戌 4 六	癸亥 5 日	甲子 6 一	乙丑 7 二	丙寅 8 三	丁卯 9 四	戊辰 10 五	己巳 11 六	庚午 12 日	辛未 13 一	壬申 14 二	癸酉 15 三	甲戌 16 四	乙亥 17 五	丙子 18 六	丁丑 19 日	戊寅 20 一	己卯 21 二	庚辰 22 三		己未立秋 甲戌處暑
八月大	辛酉	天干地支 西曆 星期	辛巳 23 四	壬午 24 五	癸未 25 六	甲申 26 日	乙酉 27 一	丙戌 28 二	丁亥 29 三	戊子 30 四	己丑 31 五	庚寅 (9) 六	辛卯 2 日	壬辰 3 一	癸巳 4 二	甲午 5 三	乙未 6 四	丙申 7 五	丁酉 8 六	戊戌 9 日	己亥 10 一	庚子 11 二	辛丑 12 三	壬寅 13 四	癸卯 14 五	甲辰 15 六	乙巳 16 日	丙午 17 一	丁未 18 二	戊申 19 三	己酉 20 四	庚戌 21 五	己丑白露 甲辰秋分 辛巳日食
九月小	壬戌	天干地支 西曆 星期	辛亥 22 六	壬子 23 日	癸丑 24 一	甲寅 25 二	乙卯 26 三	丙辰 27 四	丁巳 28 五	戊午 29 六	己未 30 日	庚申 (10) 一	辛酉 2 二	壬戌 3 三	癸亥 4 四	甲子 5 五	乙丑 6 六	丙寅 7 日	丁卯 8 一	戊辰 9 二	己巳 10 三	庚午 11 四	辛未 12 五	壬申 13 六	癸酉 14 日	甲戌 15 一	乙亥 16 二	丙子 17 三	丁丑 18 四	戊寅 19 五	己卯 20 六		己未寒露 乙亥霜降
十月大	癸亥	天干地支 西曆 星期	庚辰 21 日	辛巳 22 一	壬午 23 二	癸未 24 三	甲申 25 四	乙酉 26 五	丙戌 27 六	丁亥 28 日	戊子 29 一	己丑 30 二	庚寅 31 三	辛卯 (11) 四	壬辰 2 五	癸巳 3 六	甲午 4 日	乙未 5 一	丙申 6 二	丁酉 7 三	戊戌 8 四	己亥 9 五	庚子 10 六	辛丑 11 日	壬寅 12 一	癸卯 13 二	甲辰 14 三	乙巳 15 四	丙午 16 五	丁未 17 六	戊申 18 日	己酉 19 一	庚寅立冬 乙巳小雪
十一月大	甲子	天干地支 西曆 星期	庚戌 20 二	辛亥 21 三	壬子 22 四	癸丑 23 五	甲寅 24 六	乙卯 25 日	丙辰 26 一	丁巳 27 二	戊午 28 三	己未 29 四	庚申 30 五	辛酉 (12) 六	壬戌 2 日	癸亥 3 一	甲子 4 二	乙丑 5 三	丙寅 6 四	丁卯 7 五	戊辰 8 六	己巳 9 日	庚午 10 一	辛未 11 二	壬申 12 三	癸酉 13 四	甲戌 14 五	乙亥 15 六	丙子 16 日	丁丑 17 一	戊寅 18 二	己卯 19 三	庚申大雪 丙子冬至
十二月大	乙丑	天干地支 西曆 星期	庚辰 20 四	辛巳 21 五	壬午 22 六	癸未 23 日	甲申 24 一	乙酉 25 二	丙戌 26 三	丁亥 27 四	戊子 28 五	己丑 29 六	庚寅 30 日	辛卯 31 一	壬辰 (1) 二	癸巳 2 三	甲午 3 四	乙未 4 五	丙申 5 六	丁酉 6 日	戊戌 7 一	己亥 8 二	庚子 9 三	辛丑 10 四	壬寅 11 五	癸卯 12 六	甲辰 13 日	乙巳 14 一	丙午 15 二	丁未 16 三	戊申 17 四	己酉 18 五	辛卯小寒 丙午大寒

宋徽宗宣和六年（甲辰 龍年） 公元1124～1125年

夏曆月序		中西曆日對照	初一	初二	初三	初四	初五	初六	初七	初八	初九	初十	十一	十二	十三	十四	十五	十六	十七	十八	十九	二十	二一	二二	二三	二四	二五	二六	二七	二八	二九	三十	節氣與天象
正月小	丙寅	干支 西曆 星期	庚戌19六	辛亥20日	壬子21一	癸丑22二	甲寅23三	乙卯24四	丙辰25五	丁巳26六	戊午27日	己未28一	庚申29二	辛酉30三	壬戌31四	癸亥(2)五	甲子2六	乙丑3日	丙寅4一	丁卯5二	戊辰6三	己巳7四	庚午8五	辛未9六	壬申10日	癸酉11一	甲戌12二	乙亥13三	丙子14四	丁丑15五	戊寅16六		辛酉立春 丙子雨水
二月大	丁卯	干支 西曆 星期	己卯17日	庚辰18一	辛巳19二	壬午20三	癸未21四	甲申22五	乙酉23六	丙戌24日	丁亥25一	戊子26二	己丑27三	庚寅28四	辛卯29五	壬辰(3)六	癸巳2日	甲午3一	乙未4二	丙申5三	丁酉6四	戊戌7五	己亥8六	庚子9日	辛丑10一	壬寅11二	癸卯12三	甲辰13四	乙巳14五	丙午15六	丁未16日	戊申17一	壬辰驚蟄 丁未春分
三月小	戊辰	干支 西曆 星期	己酉18二	庚戌19三	辛亥20四	壬子21五	癸丑22六	甲寅23日	乙卯24一	丙辰25二	丁巳26三	戊午27四	己未28五	庚申29六	辛酉30日	壬戌31一	癸亥(4)二	甲子2三	乙丑3四	丙寅4五	丁卯5六	戊辰6日	己巳7一	庚午8二	辛未9三	壬申10四	癸酉11五	甲戌12六	乙亥13日	丙子14一	丁丑15二		壬戌清明 丁丑穀雨
閏三月大	戊辰	干支 西曆 星期	戊寅16三	己卯17四	庚辰18五	辛巳19六	壬午20日	癸未21一	甲申22二	乙酉23三	丙戌24四	丁亥25五	戊子26六	己丑27日	庚寅28一	辛卯29二	壬辰30三	癸巳(5)四	甲午2五	乙未3六	丙申4日	丁酉5一	戊戌6二	己亥7三	庚子8四	辛丑9五	壬寅10六	癸卯11日	甲辰12一	乙巳13二	丙午14三	丁未15四	壬辰立夏
四月小	己巳	干支 西曆 星期	戊申16五	己酉17六	庚戌18日	辛亥19一	壬子20二	癸丑21三	甲寅22四	乙卯23五	丙辰24六	丁巳25日	戊午26一	己未27二	庚申28三	辛酉29四	壬戌30五	癸亥31六	甲子(6)日	乙丑2一	丙寅3二	丁卯4三	戊辰5四	己巳6五	庚午7六	辛未8日	壬申9一	癸酉10二	甲戌11三	乙亥12四	丙子13五		戊申小滿 癸亥芒種
五月小	庚午	干支 西曆 星期	丁丑14六	戊寅15日	己卯16一	庚辰17二	辛巳18三	壬午19四	癸未20五	甲申21六	乙酉22日	丙戌23一	丁亥24二	戊子25三	己丑26四	庚寅27五	辛卯28六	壬辰29日	癸巳30一	甲午(7)二	乙未2三	丙申3四	丁酉4五	戊戌5六	己亥6日	庚子7一	辛丑8二	壬寅9三	癸卯10四	甲辰11五	乙巳12六		戊寅夏至 癸巳小暑
六月大	辛未	干支 西曆 星期	丙午13日	丁未14一	戊申15二	己酉16三	庚戌17四	辛亥18五	壬子19六	癸丑20日	甲寅21一	乙卯22二	丙辰23三	丁巳24四	戊午25五	己未26六	庚申27日	辛酉28一	壬戌29二	癸亥30三	甲子31四	乙丑(8)五	丙寅2六	丁卯3日	戊辰4一	己巳5二	庚午6三	辛未7四	壬申8五	癸酉9六	甲戌10日	乙亥11一	己酉大暑 甲子立秋
七月小	壬申	干支 西曆 星期	丙子12二	丁丑13三	戊寅14四	己卯15五	庚辰16六	辛巳17日	壬午18一	癸未19二	甲申20三	乙酉21四	丙戌22五	丁亥23六	戊子24日	己丑25一	庚寅26二	辛卯27三	壬辰28四	癸巳29五	甲午30六	乙未31日	丙申(9)一	丁酉2二	戊戌3三	己亥4四	庚子5五	辛丑6六	壬寅7日	癸卯8一	甲辰9二		己卯處暑 甲午白露
八月小	癸酉	干支 西曆 星期	乙巳10三	丙午11四	丁未12五	戊申13六	己酉14日	庚戌15一	辛亥16二	壬子17三	癸丑18四	甲寅19五	乙卯20六	丙辰21日	丁巳22一	戊午23二	己未24三	庚申25四	辛酉26五	壬戌27六	癸亥28日	甲子29一	乙丑30二	丙寅(10)三	丁卯2四	戊辰3五	己巳4六	庚午5日	辛未6一	壬申7二	癸酉8三		己酉秋分 乙丑寒露
九月大	甲戌	干支 西曆 星期	甲戌9四	乙亥10五	丙子11六	丁丑12日	戊寅13一	己卯14二	庚辰15三	辛巳16四	壬午17五	癸未18六	甲申19日	乙酉20一	丙戌21二	丁亥22三	戊子23四	己丑24五	庚寅25六	辛卯26日	壬辰27一	癸巳28二	甲午29三	乙未30四	丙申31五	丁酉(11)六	戊戌2日	己亥3一	庚子4二	辛丑5三	壬寅6四	癸卯7五	庚辰霜降 乙未立冬
十月大	乙亥	干支 西曆 星期	甲辰8六	乙巳9日	丙午10一	丁未11二	戊申12三	己酉13四	庚戌14五	辛亥15六	壬子16日	癸丑17一	甲寅18二	乙卯19三	丙辰20四	丁巳21五	戊午22六	己未23日	庚申24一	辛酉25二	壬戌26三	癸亥27四	甲子28五	乙丑29六	丙寅30日	丁卯(12)一	戊辰2二	己巳3三	庚午4四	辛未5五	壬申6六	癸酉7日	庚戌小雪 丙寅大雪
十一月大	丙子	干支 西曆 星期	甲戌8一	乙亥9二	丙子10三	丁丑11四	戊寅12五	己卯13六	庚辰14日	辛巳15一	壬午16二	癸未17三	甲申18四	乙酉19五	丙戌20六	丁亥21日	戊子22一	己丑23二	庚寅24三	辛卯25四	壬辰26五	癸巳27六	甲午28日	乙未29一	丙申30二	丁酉31三	戊戌(1)四	己亥2五	庚子3六	辛丑4日	壬寅5一	癸卯6二	辛巳冬至 丙申小寒
十二月小	丁丑	干支 西曆 星期	甲辰7三	乙巳8四	丙午9五	丁未10六	戊申11日	己酉12一	庚戌13二	辛亥14三	壬子15四	癸丑16五	甲寅17六	乙卯18日	丙辰19一	丁巳20二	戊午21三	己未22四	庚申23五	辛酉24六	壬戌25日	癸亥26一	甲子27二	乙丑28三	丙寅29四	丁卯30五	戊辰31六	己巳(2)日	庚午2一	辛未3二	壬申4三		辛亥大寒 丙寅立春

宋徽宗宣和七年　欽宗宣和七年（乙巳 蛇年）　公元 1125 ~ 1126 年

夏曆月序	中西曆日對照		初一	初二	初三	初四	初五	初六	初七	初八	初九	初十	十一	十二	十三	十四	十五	十六	十七	十八	十九	二十	二一	二二	二三	二四	二五	二六	二七	二八	二九	三十	節氣與天象
正月大	戊寅	干支 天地 西曆 星期	癸酉 5 四	甲戌 6 五	乙亥 7 六	丙子 8 日	丁丑 9 一	戊寅 10 二	己卯 11 三	庚辰 12 四	辛巳 13 五	壬午 14 六	癸未 15 日	甲申 16 一	乙酉 17 二	丙戌 18 三	丁亥 19 四	戊子 20 五	己丑 21 六	庚寅 22 日	辛卯 23 一	壬辰 24 二	癸巳 25 三	甲午 26 四	乙未 27 五	丙申 28 六	丁酉 (3) 日	戊戌 2 一	己亥 3 二	庚子 4 三	辛丑 5 四	壬寅 6 五	壬午雨水 丁酉驚蟄
二月大	己卯	干支 天地 西曆 星期	癸卯 7 六	甲辰 8 日	乙巳 9 一	丙午 10 二	丁未 11 三	戊申 12 四	己酉 13 五	庚戌 14 六	辛亥 15 日	壬子 16 一	癸丑 17 二	甲寅 18 三	乙卯 19 四	丙辰 20 五	丁巳 21 六	戊午 22 日	己未 23 一	庚申 24 二	辛酉 25 三	壬戌 26 四	癸亥 27 五	甲子 28 六	乙丑 29 日	丙寅 30 一	丁卯 31 二	戊辰 (4) 三	己巳 2 四	庚午 3 五	辛未 4 六	壬申 5 日	壬子春分 丁卯清明
三月小	庚辰	干支 天地 西曆 星期	癸酉 6 一	甲戌 7 二	乙亥 8 三	丙子 9 四	丁丑 10 五	戊寅 11 六	己卯 12 日	庚辰 13 一	辛巳 14 二	壬午 15 三	癸未 16 四	甲申 17 五	乙酉 18 六	丙戌 19 日	丁亥 20 一	戊子 21 二	己丑 22 三	庚寅 23 四	辛卯 24 五	壬辰 25 六	癸巳 26 日	甲午 27 一	乙未 28 二	丙申 29 三	丁酉 30 四	戊戌 (5) 五	己亥 2 六	庚子 3 日	辛丑 4 一		壬午穀雨 戊戌立夏
四月大	辛巳	干支 天地 西曆 星期	壬寅 5 二	癸卯 6 三	甲辰 7 四	乙巳 8 五	丙午 9 六	丁未 10 日	戊申 11 一	己酉 12 二	庚戌 13 三	辛亥 14 四	壬子 15 五	癸丑 16 六	甲寅 17 日	乙卯 18 一	丙辰 19 二	丁巳 20 三	戊午 21 四	己未 22 五	庚申 23 六	辛酉 24 日	壬戌 25 一	癸亥 26 二	甲子 27 三	乙丑 28 四	丙寅 29 五	丁卯 30 六	戊辰 31 日	己巳 (6) 一	庚午 2 二	辛未 3 三	癸丑小滿 戊辰芒種
五月小	壬午	干支 天地 西曆 星期	壬申 4 四	癸酉 5 五	甲戌 6 六	乙亥 7 日	丙子 8 一	丁丑 9 二	戊寅 10 三	己卯 11 四	庚辰 12 五	辛巳 13 六	壬午 14 日	癸未 15 一	甲申 16 二	乙酉 17 三	丙戌 18 四	丁亥 19 五	戊子 20 六	己丑 21 日	庚寅 22 一	辛卯 23 二	壬辰 24 三	癸巳 25 四	甲午 26 五	乙未 27 六	丙申 28 日	丁酉 29 一	戊戌 30 二	己亥 (7) 三	庚子 2 四		癸未夏至 己亥小暑
六月小	癸未	干支 天地 西曆 星期	辛丑 3 五	壬寅 4 六	癸卯 5 日	甲辰 6 一	乙巳 7 二	丙午 8 三	丁未 9 四	戊申 10 五	己酉 11 六	庚戌 12 日	辛亥 13 一	壬子 14 二	癸丑 15 三	甲寅 16 四	乙卯 17 五	丙辰 18 六	丁巳 19 日	戊午 20 一	己未 21 二	庚申 22 三	辛酉 23 四	壬戌 24 五	癸亥 25 六	甲子 26 日	乙丑 27 一	丙寅 28 二	丁卯 29 三	戊辰 30 四	己巳 31 五		甲寅大暑 己巳立秋
七月大	甲申	干支 天地 西曆 星期	庚午 (8) 六	辛未 2 日	壬申 3 一	癸酉 4 二	甲戌 5 三	乙亥 6 四	丙子 7 五	丁丑 8 六	戊寅 9 日	己卯 10 一	庚辰 11 二	辛巳 12 三	壬午 13 四	癸未 14 五	甲申 15 六	乙酉 16 日	丙戌 17 一	丁亥 18 二	戊子 19 三	己丑 20 四	庚寅 21 五	辛卯 22 六	壬辰 23 日	癸巳 24 一	甲午 25 二	乙未 26 三	丙申 27 四	丁酉 28 五	戊戌 29 六	己亥 30 日	甲申處暑 己亥白露
八月小	乙酉	干支 天地 西曆 星期	庚子 31 一	辛丑 (9) 二	壬寅 2 三	癸卯 3 四	甲辰 4 五	乙巳 5 六	丙午 6 日	丁未 7 一	戊申 8 二	己酉 9 三	庚戌 10 四	辛亥 11 五	壬子 12 六	癸丑 13 日	甲寅 14 一	乙卯 15 二	丙辰 16 三	丁巳 17 四	戊午 18 五	己未 19 六	庚申 20 日	辛酉 21 一	壬戌 22 二	癸亥 23 三	甲子 24 四	乙丑 25 五	丙寅 26 六	丁卯 27 日	戊辰 28 一		乙卯秋分
九月小	丙戌	干支 天地 西曆 星期	己巳 29 二	庚午 30 三	辛未 (10) 四	壬申 2 五	癸酉 3 六	甲戌 4 日	乙亥 5 一	丙子 6 二	丁丑 7 三	戊寅 8 四	己卯 9 五	庚辰 10 六	辛巳 11 日	壬午 12 一	癸未 13 二	甲申 14 三	乙酉 15 四	丙戌 16 五	丁亥 17 六	戊子 18 日	己丑 19 一	庚寅 20 二	辛卯 21 三	壬辰 22 四	癸巳 23 五	甲午 24 六	乙未 25 日	丙申 26 一	丁酉 27 二		庚午寒露 乙酉霜降
十月大	丁亥	干支 天地 西曆 星期	戊戌 28 三	己亥 29 四	庚子 30 五	辛丑 31 六	壬寅 (11) 日	癸卯 2 一	甲辰 3 二	乙巳 4 三	丙午 5 四	丁未 6 五	戊申 7 六	己酉 8 日	庚戌 9 一	辛亥 10 二	壬子 11 三	癸丑 12 四	甲寅 13 五	乙卯 14 六	丙辰 15 日	丁巳 16 一	戊午 17 二	己未 18 三	庚申 19 四	辛酉 20 五	壬戌 21 六	癸亥 22 日	甲子 23 一	乙丑 24 二	丙寅 25 三	丁卯 26 四	庚子立冬 丙辰小雪
十一月大	戊子	干支 天地 西曆 星期	戊辰 27 五	己巳 28 六	庚午 29 日	辛未 30 一	壬申 (12) 二	癸酉 2 三	甲戌 3 四	乙亥 4 五	丙子 5 六	丁丑 6 日	戊寅 7 一	己卯 8 二	庚辰 9 三	辛巳 10 四	壬午 11 五	癸未 12 六	甲申 13 日	乙酉 14 一	丙戌 15 二	丁亥 16 三	戊子 17 四	己丑 18 五	庚寅 19 六	辛卯 20 日	壬辰 21 一	癸巳 22 二	甲午 23 三	乙未 24 四	丙申 25 五	丁酉 26 六	辛未大雪 丙戌冬至
十二月小	己丑	干支 天地 西曆 星期	戊戌 27 日	己亥 28 一	庚子 29 二	辛丑 30 三	壬寅 31 四	癸卯 (1) 五	甲辰 2 六	乙巳 3 日	丙午 4 一	丁未 5 二	戊申 6 三	己酉 7 四	庚戌 8 五	辛亥 9 六	壬子 10 日	癸丑 11 一	甲寅 12 二	乙卯 13 三	丙辰 14 四	丁巳 15 五	戊午 16 六	己未 17 日	庚申 18 一	辛酉 19 二	壬戌 20 三	癸亥 21 四	甲子 22 五	乙丑 23 六	丙寅 24 日		辛丑小寒 丙辰大寒

* 十二月庚申（二十三日），宋徽宗内禪。趙桓即位，是爲欽宗。

宋欽宗靖康元年（丙午 馬年） 公元 1126 ~ 1127 年

夏曆月序		中西曆日對照	初一	初二	初三	初四	初五	初六	初七	初八	初九	初十	十一	十二	十三	十四	十五	十六	十七	十八	十九	二十	二一	二二	二三	二四	二五	二六	二七	二八	二九	三十	節氣與天象
正月大	庚寅	干支 西曆 星期	丁卯 25 一	戊辰 26 二	己巳 27 三	庚午 28 四	辛未 29 五	壬申 30 六	癸酉 31 日	甲戌 (2) 一	乙亥 2 二	丙子 3 三	丁丑 4 四	戊寅 5 五	己卯 6 六	庚辰 7 日	辛巳 8 一	壬午 9 二	癸未 10 三	甲申 11 四	乙酉 12 五	丙戌 13 六	丁亥 14 日	戊子 15 一	己丑 16 二	庚寅 17 三	辛卯 18 四	壬辰 19 五	癸巳 20 六	甲午 21 日	乙未 22 一	丙申 23 二	壬申立春 丁亥雨水
二月大	辛卯	干支 西曆 星期	丁酉 24 三	戊戌 25 四	己亥 26 五	庚子 27 六	辛丑 28 日	壬寅 (3) 一	癸卯 2 二	甲辰 3 三	乙巳 4 四	丙午 5 五	丁未 6 六	戊申 7 日	己酉 8 一	庚戌 9 二	辛亥 10 三	壬子 11 四	癸丑 12 五	甲寅 13 六	乙卯 14 日	丙辰 15 一	丁巳 16 二	戊午 17 三	己未 18 四	庚申 19 五	辛酉 20 六	壬戌 21 日	癸亥 22 一	甲子 23 二	乙丑 24 三	丙寅 25 四	壬寅驚蟄 丁巳春分
三月大	壬辰	干支 西曆 星期	丁卯 26 五	戊辰 27 六	己巳 28 日	庚午 29 一	辛未 30 二	壬申 31 三	癸酉 (4) 四	甲戌 2 五	乙亥 3 六	丙子 4 日	丁丑 5 一	戊寅 6 二	己卯 7 三	庚辰 8 四	辛巳 9 五	壬午 10 六	癸未 11 日	甲申 12 一	乙酉 13 二	丙戌 14 三	丁亥 15 四	戊子 16 五	己丑 17 六	庚寅 18 日	辛卯 19 一	壬辰 20 二	癸巳 21 三	甲午 22 四	乙未 23 五	丙申 24 六	癸酉清明 戊子穀雨
四月小	癸巳	干支 西曆 星期	丁酉 25 日	戊戌 26 一	己亥 27 二	庚子 28 三	辛丑 29 四	壬寅 30 五	癸卯 (5) 六	甲辰 2 日	乙巳 3 一	丙午 4 二	丁未 5 三	戊申 6 四	己酉 7 五	庚戌 8 六	辛亥 9 日	壬子 10 一	癸丑 11 二	甲寅 12 三	乙卯 13 四	丙辰 14 五	丁巳 15 六	戊午 16 日	己未 17 一	庚申 18 二	辛酉 19 三	壬戌 20 四	癸亥 21 五	甲子 22 六	乙丑 23 日		癸卯立夏 戊午小滿
五月大	甲午	干支 西曆 星期	丙寅 24 一	丁卯 25 二	戊辰 26 三	己巳 27 四	庚午 28 五	辛未 29 六	壬申 30 日	癸酉 31 一	甲戌 (6) 二	乙亥 2 三	丙子 3 四	丁丑 4 五	戊寅 5 六	己卯 6 日	庚辰 7 一	辛巳 8 二	壬午 9 三	癸未 10 四	甲申 11 五	乙酉 12 六	丙戌 13 日	丁亥 14 一	戊子 15 二	己丑 16 三	庚寅 17 四	辛卯 18 五	壬辰 19 六	癸巳 20 日	甲午 21 一	乙未 22 二	癸酉芒種 己丑夏至
六月小	乙未	干支 西曆 星期	丙申 23 三	丁酉 24 四	戊戌 25 五	己亥 26 六	庚子 27 日	辛丑 28 一	壬寅 29 二	癸卯 30 三	甲辰 (7) 四	乙巳 2 五	丙午 3 六	丁未 4 日	戊申 5 一	己酉 6 二	庚戌 7 三	辛亥 8 四	壬子 9 五	癸丑 10 六	甲寅 11 日	乙卯 12 一	丙辰 13 二	丁巳 14 三	戊午 15 四	己未 16 五	庚申 17 六	辛酉 18 日	壬戌 19 一	癸亥 20 二	甲子 21 三		甲辰小暑 己未大暑
七月小	丙申	干支 西曆 星期	乙丑 22 四	丙寅 23 五	丁卯 24 六	戊辰 25 日	己巳 26 一	庚午 27 二	辛未 28 三	壬申 29 四	癸酉 30 五	甲戌 31 六	乙亥 (8) 日	丙子 2 一	丁丑 3 二	戊寅 4 三	己卯 5 四	庚辰 6 五	辛巳 7 六	壬午 8 日	癸未 9 一	甲申 10 二	乙酉 11 三	丙戌 12 四	丁亥 13 五	戊子 14 六	己丑 15 日	庚寅 16 一	辛卯 17 二	壬辰 18 三	癸巳 19 四		甲戌立秋 己丑處暑
八月大	丁酉	干支 西曆 星期	甲午 20 五	乙未 21 六	丙申 22 日	丁酉 23 一	戊戌 24 二	己亥 25 三	庚子 26 四	辛丑 27 五	壬寅 28 六	癸卯 29 日	甲辰 30 一	乙巳 31 二	丙午 (9) 三	丁未 2 四	戊申 3 五	己酉 4 六	庚戌 5 日	辛亥 6 一	壬子 7 二	癸丑 8 三	甲寅 9 四	乙卯 10 五	丙辰 11 六	丁巳 12 日	戊午 13 一	己未 14 二	庚申 15 三	辛酉 16 四	壬戌 17 五	癸亥 18 六	乙巳白露 庚申秋分
九月小	戊戌	干支 西曆 星期	甲子 19 日	乙丑 20 一	丙寅 21 二	丁卯 22 三	戊辰 23 四	己巳 24 五	庚午 25 六	辛未 26 日	壬申 27 一	癸酉 28 二	甲戌 29 三	乙亥 30 四	丙子 (10) 五	丁丑 2 六	戊寅 3 日	己卯 4 一	庚辰 5 二	辛巳 6 三	壬午 7 四	癸未 8 五	甲申 9 六	乙酉 10 日	丙戌 11 一	丁亥 12 二	戊子 13 三	己丑 14 四	庚寅 15 五	辛卯 16 六	壬辰 17 日		乙亥寒露 庚寅霜降
十月小	己亥	干支 西曆 星期	癸巳 18 一	甲午 19 二	乙未 20 三	丙申 21 四	丁酉 22 五	戊戌 23 六	己亥 24 日	庚子 25 一	辛丑 26 二	壬寅 27 三	癸卯 28 四	甲辰 29 五	乙巳 30 六	丙午 31 日	丁未 (11) 一	戊申 2 二	己酉 3 三	庚戌 4 四	辛亥 5 五	壬子 6 六	癸丑 7 日	甲寅 8 一	乙卯 9 二	丙辰 10 三	丁巳 11 四	戊午 12 五	己未 13 六	庚申 14 日	辛酉 15 一		丙午立冬 辛酉小雪
十一月大	庚子	干支 西曆 星期	壬戌 16 二	癸亥 17 三	甲子 18 四	乙丑 19 五	丙寅 20 六	丁卯 21 日	戊辰 22 一	己巳 23 二	庚午 24 三	辛未 25 四	壬申 26 五	癸酉 27 六	甲戌 28 日	乙亥 29 一	丙子 30 二	丁丑 (12) 三	戊寅 2 四	己卯 3 五	庚辰 4 六	辛巳 5 日	壬午 6 一	癸未 7 二	甲申 8 三	乙酉 9 四	丙戌 10 五	丁亥 11 六	戊子 12 日	己丑 13 一	庚寅 14 二	辛卯 15 三	丙子大雪 辛卯冬至
閏十一大	庚子	干支 西曆 星期	壬辰 16 四	癸巳 17 五	甲午 18 六	乙未 19 日	丙申 20 一	丁酉 21 二	戊戌 22 三	己亥 23 四	庚子 24 五	辛丑 25 六	壬寅 26 日	癸卯 27 一	甲辰 28 二	乙巳 29 三	丙午 30 四	丁未 31 五	戊申 (1) 六	己酉 2 日	庚戌 3 一	辛亥 4 二	壬子 5 三	癸丑 6 四	甲寅 7 五	乙卯 8 六	丙辰 9 日	丁巳 10 一	戊午 11 二	己未 12 三	庚申 13 四	辛酉 14 五	丙午小寒
十二月小	辛丑	干支 西曆 星期	壬戌 15 六	癸亥 16 日	甲子 17 一	乙丑 18 二	丙寅 19 三	丁卯 20 四	戊辰 21 五	己巳 22 六	庚午 23 日	辛未 24 一	壬申 25 二	癸酉 26 三	甲戌 27 四	乙亥 28 五	丙子 29 六	丁丑 30 日	戊寅 31 一	己卯 (2) 二	庚辰 2 三	辛巳 3 四	壬午 4 五	癸未 5 六	甲申 6 日	乙酉 7 一	丙戌 8 二	丁亥 9 三	戊子 10 四	己丑 11 五	庚寅 12 六		壬戌大寒 丁丑立春

* 正月丁卯（初一），改元靖康。

南宋日曆

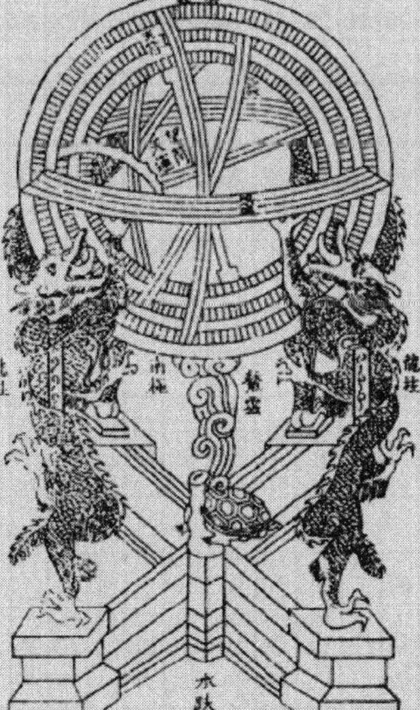

南宋日曆

北宋欽宗靖康二年 南宋高宗建炎元年（丁未 羊年） 公元 1127 ~ 1128 年

夏曆月序	中西曆日對照	夏曆日序																														節氣與天象
		初一	初二	初三	初四	初五	初六	初七	初八	初九	初十	十一	十二	十三	十四	十五	十六	十七	十八	十九	二十	二一	二二	二三	二四	二五	二六	二七	二八	二九	三十	
正月大 壬寅	天干地支 西曆 星期	辛卯 13 日	壬辰 14 一	癸巳 15 二	甲午 16 三	乙未 17 四	丙申 18 五	丁酉 19 六	戊戌 20 日	己亥 21 一	庚子 22 二	辛丑 23 三	壬寅 24 四	癸卯 25 五	甲辰 26 六	乙巳 27 日	丙午 28 一	丁未 (3) 二	戊申 2 三	己酉 3 四	庚戌 4 五	辛亥 5 六	壬子 6 日	癸丑 7 一	甲寅 8 二	乙卯 9 三	丙辰 10 四	丁巳 11 五	戊午 12 六	己未 13 日	庚申 14 一	壬辰雨水 丁未驚蟄
二月大 癸卯	天干地支 西曆 星期	辛酉 15 二	壬戌 16 三	癸亥 17 四	甲子 18 五	乙丑 19 六	丙寅 20 日	丁卯 21 一	戊辰 22 二	己巳 23 三	庚午 24 四	辛未 25 五	壬申 26 六	癸酉 27 日	甲戌 28 一	乙亥 29 二	丙子 30 三	丁丑 31 四	戊寅 (4) 五	己卯 2 六	庚辰 3 日	辛巳 4 一	壬午 5 二	癸未 6 三	甲申 7 四	乙酉 8 五	丙戌 9 六	丁亥 10 日	戊子 11 一	己丑 12 二	庚寅 13 三	癸亥春分 戊寅清明
三月小 甲辰	天干地支 西曆 星期	辛卯 14 四	壬辰 15 五	癸巳 16 六	甲午 17 日	乙未 18 一	丙申 19 二	丁酉 20 三	戊戌 21 四	己亥 22 五	庚子 23 六	辛丑 24 日	壬寅 25 一	癸卯 26 二	甲辰 27 三	乙巳 28 四	丙午 29 五	丁未 30 六	戊申 (5) 日	己酉 2 一	庚戌 3 二	辛亥 4 三	壬子 5 四	癸丑 6 五	甲寅 7 六	乙卯 8 日	丙辰 9 一	丁巳 10 二	戊午 11 三	己未 12 四		癸巳穀雨 戊申立夏
四月大 乙巳	天干地支 西曆 星期	庚申 13 五	辛酉 14 六	壬戌 15 日	癸亥 16 一	甲子 17 二	乙丑 18 三	丙寅 19 四	丁卯 20 五	戊辰 21 六	己巳 22 日	庚午 23 一	辛未 24 二	壬申 25 三	癸酉 26 四	甲戌 27 五	乙亥 28 六	丙子 29 日	丁丑 30 一	戊寅 31 二	己卯 (6) 三	庚辰 2 四	辛巳 3 五	壬午 4 六	癸未 5 日	甲申 6 一	乙酉 7 二	丙戌 8 三	丁亥 9 四	戊子 10 五	己丑 11 六	癸亥小滿 己卯芒種
五月小 丙午	天干地支 西曆 星期	庚寅 12 日	辛卯 13 一	壬辰 14 二	癸巳 15 三	甲午 16 四	乙未 17 五	丙申 18 六	丁酉 19 日	戊戌 20 一	己亥 21 二	庚子 22 三	辛丑 23 四	壬寅 24 五	癸卯 25 六	甲辰 26 日	乙巳 27 一	丙午 28 二	丁未 29 三	戊申 30 四	己酉 (7) 五	庚戌 2 六	辛亥 3 日	壬子 4 一	癸丑 5 二	甲寅 6 三	乙卯 7 四	丙辰 8 五	丁巳 9 六	戊午 10 日		甲午夏至 己酉小暑
六月大 丁未	天干地支 西曆 星期	己未 11 一	庚申 12 二	辛酉 13 三	壬戌 14 四	癸亥 15 五	甲子 16 六	乙丑 17 日	丙寅 18 一	丁卯 19 二	戊辰 20 三	己巳 21 四	庚午 22 五	辛未 23 六	壬申 24 日	癸酉 25 一	甲戌 26 二	乙亥 27 三	丙子 28 四	丁丑 29 五	戊寅 30 六	己卯 31 日	庚辰 (8) 一	辛巳 2 二	壬午 3 三	癸未 4 四	甲申 5 五	乙酉 6 六	丙戌 7 日	丁亥 8 一	戊子 9 二	甲子大暑 庚辰立秋
七月小 戊申	天干地支 西曆 星期	己丑 10 三	庚寅 11 四	辛卯 12 五	壬辰 13 六	癸巳 14 日	甲午 15 一	乙未 16 二	丙申 17 三	丁酉 18 四	戊戌 19 五	己亥 20 六	庚子 21 日	辛丑 22 一	壬寅 23 二	癸卯 24 三	甲辰 25 四	乙巳 26 五	丙午 27 六	丁未 28 日	戊申 29 一	己酉 30 二	庚戌 31 三	辛亥 (9) 四	壬子 2 五	癸丑 3 六	甲寅 4 日	乙卯 5 一	丙辰 6 二	丁巳 7 三		乙未處暑 庚戌白露
八月大 己酉	天干地支 西曆 星期	戊午 8 四	己未 9 五	庚申 10 六	辛酉 11 日	壬戌 12 一	癸亥 13 二	甲子 14 三	乙丑 15 四	丙寅 16 五	丁卯 17 六	戊辰 18 日	己巳 19 一	庚午 20 二	辛未 21 三	壬申 22 四	癸酉 23 五	甲戌 24 六	乙亥 25 日	丙子 26 一	丁丑 27 二	戊寅 28 三	己卯 29 四	庚辰 30 五	辛巳 (10) 六	壬午 2 日	癸未 3 一	甲申 4 二	乙酉 5 三	丙戌 6 四	丁亥 7 五	乙丑秋分 庚辰寒露
九月小 庚戌	天干地支 西曆 星期	戊子 8 六	己丑 9 日	庚寅 10 一	辛卯 11 二	壬辰 12 三	癸巳 13 四	甲午 14 五	乙未 15 六	丙申 16 日	丁酉 17 一	戊戌 18 二	己亥 19 三	庚子 20 四	辛丑 21 五	壬寅 22 六	癸卯 23 日	甲辰 24 一	乙巳 25 二	丙午 26 三	丁未 27 四	戊申 28 五	己酉 29 六	庚戌 30 日	辛亥 31 一	壬子 (11) 二	癸丑 2 三	甲寅 3 四	乙卯 4 五	丙辰 5 六		丙申霜降 辛亥立冬
十月大 辛亥	天干地支 西曆 星期	丁巳 6 日	戊午 7 一	己未 8 二	庚申 9 三	辛酉 10 四	壬戌 11 五	癸亥 12 六	甲子 13 日	乙丑 14 一	丙寅 15 二	丁卯 16 三	戊辰 17 四	己巳 18 五	庚午 19 六	辛未 20 日	壬申 21 一	癸酉 22 二	甲戌 23 三	乙亥 24 四	丙子 25 五	丁丑 26 六	戊寅 27 日	己卯 28 一	庚辰 29 二	辛巳 30 三	壬午 (12) 四	癸未 2 五	甲申 3 六	乙酉 4 日	丙戌 5 一	丙寅小雪 辛巳大雪
十一月小 壬子	天干地支 西曆 星期	丁亥 6 二	戊子 7 三	己丑 8 四	庚寅 9 五	辛卯 10 六	壬辰 11 日	癸巳 12 一	甲午 13 二	乙未 14 三	丙申 15 四	丁酉 16 五	戊戌 17 六	己亥 18 日	庚子 19 一	辛丑 20 二	壬寅 21 三	癸卯 22 四	甲辰 23 五	乙巳 24 六	丙午 25 日	丁未 26 一	戊申 27 二	己酉 28 三	庚戌 29 四	辛亥 30 五	壬子 31 六	癸丑 (1) 日	甲寅 2 一	乙卯 3 二		丙申冬至 壬子小寒
十二月大 癸丑	天干地支 西曆 星期	丙辰 4 三	丁巳 5 四	戊午 6 五	己未 7 六	庚申 8 日	辛酉 9 一	壬戌 10 二	癸亥 11 三	甲子 12 四	乙丑 13 五	丙寅 14 六	丁卯 15 日	戊辰 16 一	己巳 17 二	庚午 18 三	辛未 19 四	壬申 20 五	癸酉 21 六	甲戌 22 日	乙亥 23 一	丙子 24 二	丁丑 25 三	戊寅 26 四	己卯 27 五	庚辰 28 六	辛巳 29 日	壬午 30 一	癸未 31 二	甲申 (2) 三	乙酉 2 四	丁卯大寒 壬午立春

* 三月丁酉（初七），金人立張邦昌爲楚帝。四月庚申（初一），金人擄走徽．欽二帝，北宋滅亡。五月庚寅（初一），趙構在應天府（今河南商丘）稱帝，建立南宋，改元建炎。

宋高宗建炎二年（戊申 猴年） 公元 1128 ~ 1129 年

夏曆月序		中西曆日對照	初一	初二	初三	初四	初五	初六	初七	初八	初九	初十	十一	十二	十三	十四	十五	十六	十七	十八	十九	二十	二一	二二	二三	二四	二五	二六	二七	二八	二九	三十	節氣與天象
正月小	甲寅	天干地支西曆星期	丙戌3五	丁亥4六	戊子5日	己丑6一	庚寅7二	辛卯8三	壬辰9四	癸巳10五	甲午11六	乙未12日	丙申13一	丁酉14二	戊戌15三	己亥16四	庚子17五	辛丑18六	壬寅19日	癸卯20一	甲辰21二	乙巳22三	丙午23四	丁未24五	戊申25六	己酉26日	庚戌27一	辛亥28二	壬子29三	癸丑(3)四	甲寅2五		丁酉雨水 癸丑驚蟄
二月大	乙卯	天干地支西曆星期	乙卯3六	丙辰4日	丁巳5一	戊午6二	己未7三	庚申8四	辛酉9五	壬戌10六	癸亥11日	甲子12一	乙丑13二	丙寅14三	丁卯15四	戊辰16五	己巳17六	庚午18日	辛未19一	壬申20二	癸酉21三	甲戌22四	乙亥23五	丙子24六	丁丑25日	戊寅26一	己卯27二	庚辰28三	辛巳29四	壬午30五	癸未31六	甲申(4)日	戊辰春分 癸未清明
三月小	丙辰	天干地支西曆星期	乙酉2一	丙戌3二	丁亥4三	戊子5四	己丑6五	庚寅7六	辛卯8日	壬辰9一	癸巳10二	甲午11三	乙未12四	丙申13五	丁酉14六	戊戌15日	己亥16一	庚子17二	辛丑18三	壬寅19四	癸卯20五	甲辰21六	乙巳22日	丙午23一	丁未24二	戊申25三	己酉26四	庚戌27五	辛亥28六	壬子29日	癸丑30一		戊戌穀雨 癸丑立夏
四月大	丁巳	天干地支西曆星期	甲寅(5)二	乙卯2三	丙辰3四	丁巳4五	戊午5六	己未6日	庚申7一	辛酉8二	壬戌9三	癸亥10四	甲子11五	乙丑12六	丙寅13日	丁卯14一	戊辰15二	己巳16三	庚午17四	辛未18五	壬申19六	癸酉20日	甲戌21一	乙亥22二	丙子23三	丁丑24四	戊寅25五	己卯26六	庚辰27日	辛巳28一	壬午29二	癸未30三	己巳小滿
五月大	戊午	天干地支西曆星期	甲申31四	乙酉(6)五	丙戌2六	丁亥3日	戊子4一	己丑5二	庚寅6三	辛卯7四	壬辰8五	癸巳9六	甲午10日	乙未11一	丙申12二	丁酉13三	戊戌14四	己亥15五	庚子16六	辛丑17日	壬寅18一	癸卯19二	甲辰20三	乙巳21四	丙午22五	丁未23六	戊申24日	己酉25一	庚戌26二	辛亥27三	壬子28四	癸丑29五	甲申芒種 己亥夏至
六月小	己未	天干地支西曆星期	甲寅30六	乙卯(7)日	丙辰2一	丁巳3二	戊午4三	己未5四	庚申6五	辛酉7六	壬戌8日	癸亥9一	甲子10二	乙丑11三	丙寅12四	丁卯13五	戊辰14六	己巳15日	庚午16一	辛未17二	壬申18三	癸酉19四	甲戌20五	乙亥21六	丙子22日	丁丑23一	戊寅24二	己卯25三	庚辰26四	辛巳27五	壬午28六		甲寅小暑 庚午大暑
七月大	庚申	天干地支西曆星期	癸未29日	甲申30一	乙酉31二	丙戌(8)三	丁亥2四	戊子3五	己丑4六	庚寅5日	辛卯6一	壬辰7二	癸巳8三	甲午9四	乙未10五	丙申11六	丁酉12日	戊戌13一	己亥14二	庚子15三	辛丑16四	壬寅17五	癸卯18六	甲辰19日	乙巳20一	丙午21二	丁未22三	戊申23四	己酉24五	庚戌25六	辛亥26日	壬子27一	乙酉立秋 庚子處暑
八月小	辛酉	天干地支西曆星期	癸丑28二	甲寅29三	乙卯30四	丙辰31五	丁巳(9)六	戊午2日	己未3一	庚申4二	辛酉5三	壬戌6四	癸亥7五	甲子8六	乙丑9日	丙寅10一	丁卯11二	戊辰12三	己巳13四	庚午14五	辛未15六	壬申16日	癸酉17一	甲戌18二	乙亥19三	丙子20四	丁丑21五	戊寅22六	己卯23日	庚辰24一	辛巳25二		乙卯白露 庚午秋分
九月大	壬戌	天干地支西曆星期	壬午26三	癸未27四	甲申28五	乙酉29六	丙戌30日	丁亥(10)一	戊子2二	己丑3三	庚寅4四	辛卯5五	壬辰6六	癸巳7日	甲午8一	乙未9二	丙申10三	丁酉11四	戊戌12五	己亥13六	庚子14日	辛丑15一	壬寅16二	癸卯17三	甲辰18四	乙巳19五	丙午20六	丁未21日	戊申22一	己酉23二	庚戌24三	辛亥25四	丙戌寒露 辛丑霜降
十月小	癸亥	天干地支西曆星期	壬子26五	癸丑27六	甲寅28日	乙卯29一	丙辰30二	丁巳31三	戊午(11)四	己未2五	庚申3六	辛酉4日	壬戌5一	癸亥6二	甲子7三	乙丑8四	丙寅9五	丁卯10六	戊辰11日	己巳12一	庚午13二	辛未14三	壬申15四	癸酉16五	甲戌17六	乙亥18日	丙子19一	丁丑20二	戊寅21三	己卯22四	庚辰23五		丙辰立冬 辛未小雪
十一月大	甲子	天干地支西曆星期	辛巳24六	壬午25日	癸未26一	甲申27二	乙酉28三	丙戌29四	丁亥30五	戊子(12)六	己丑2日	庚寅3一	辛卯4二	壬辰5三	癸巳6四	甲午7五	乙未8六	丙申9日	丁酉10一	戊戌11二	己亥12三	庚子13四	辛丑14五	壬寅15六	癸卯16日	甲辰17一	乙巳18二	丙午19三	丁未20四	戊申21五	己酉22六	庚戌23日	丁亥大雪 壬寅冬至
十二月小	乙丑	天干地支西曆星期	辛亥24一	壬子25二	癸丑26三	甲寅27四	乙卯28五	丙辰29六	丁巳30日	戊午31一	己未(1)二	庚申2三	辛酉3四	壬戌4五	癸亥5六	甲子6日	乙丑7一	丙寅8二	丁卯9三	戊辰10四	己巳11五	庚午12六	辛未13日	壬申14一	癸酉15二	甲戌16三	乙亥17四	丙子18五	丁丑19六	戊寅20日	己卯21一		丁巳小寒 壬申大寒

宋高宗建炎三年（己酉 鷄年） 公元 1129 ~ 1130 年

夏曆月序		中西曆日對照	初一	初二	初三	初四	初五	初六	初七	初八	初九	初十	十一	十二	十三	十四	十五	十六	十七	十八	十九	二十	二一	二二	二三	二四	二五	二六	二七	二八	二九	三十	節氣與天象
正月大	丙寅	天干地支 西曆 星期	庚辰 22 二	辛巳 23 三	壬午 24 四	癸未 25 五	甲申 26 六	乙酉 27 日	丙戌 28 一	丁亥 29 二	戊子 30 三	己丑 31 四	庚寅 (2) 五	辛卯 2 六	壬辰 3 日	癸巳 4 一	甲午 5 二	乙未 6 三	丙申 7 四	丁酉 8 五	戊戌 9 六	己亥 10 日	庚子 11 一	辛丑 12 二	壬寅 13 三	癸卯 14 四	甲辰 15 五	乙巳 16 六	丙午 17 日	丁未 18 一	戊申 19 二	己酉 20 三	丁亥立春 癸卯雨水
二月小	丁卯	天干地支 西曆 星期	庚戌 21 四	辛亥 22 五	壬子 23 六	癸丑 24 日	甲寅 25 一	乙卯 26 二	丙辰 27 三	丁巳 28 四	戊午 (3) 五	己未 2 六	庚申 3 日	辛酉 4 一	壬戌 5 二	癸亥 6 三	甲子 7 四	乙丑 8 五	丙寅 9 六	丁卯 10 日	戊辰 11 一	己巳 12 二	庚午 13 三	辛未 14 四	壬申 15 五	癸酉 16 六	甲戌 17 日	乙亥 18 一	丙子 19 二	丁丑 20 三	戊寅 21 四		戊午驚蟄 癸酉春分
三月小	戊辰	天干地支 西曆 星期	己卯 22 五	庚辰 23 六	辛巳 24 日	壬午 25 一	癸未 26 二	甲申 27 三	乙酉 28 四	丙戌 29 五	丁亥 30 六	戊子 31 日	己丑 (4) 一	庚寅 2 二	辛卯 3 三	壬辰 4 四	癸巳 5 五	甲午 6 六	乙未 7 日	丙申 8 一	丁酉 9 二	戊戌 10 三	己亥 11 四	庚子 12 五	辛丑 13 六	壬寅 14 日	癸卯 15 一	甲辰 16 二	乙巳 17 三	丙午 18 四	丁未 19 五		戊子清明 癸卯穀雨
四月大	己巳	天干地支 西曆 星期	戊申 20 六	己酉 21 日	庚戌 22 一	辛亥 23 二	壬子 24 三	癸丑 25 四	甲寅 26 五	乙卯 27 六	丙辰 28 日	丁巳 29 一	戊午 30 二	己未 (5) 三	庚申 2 四	辛酉 3 五	壬戌 4 六	癸亥 5 日	甲子 6 一	乙丑 7 二	丙寅 8 三	丁卯 9 四	戊辰 10 五	己巳 11 六	庚午 12 日	辛未 13 一	壬申 14 二	癸酉 15 三	甲戌 16 四	乙亥 17 五	丙子 18 六	丁丑 19 日	己未立夏 甲戌小滿
五月大	庚午	天干地支 西曆 星期	戊寅 20 一	己卯 21 二	庚辰 22 三	辛巳 23 四	壬午 24 五	癸未 25 六	甲申 26 日	乙酉 27 一	丙戌 28 二	丁亥 29 三	戊子 30 四	己丑 31 五	庚寅 (6) 六	辛卯 2 日	壬辰 3 一	癸巳 4 二	甲午 5 三	乙未 6 四	丙申 7 五	丁酉 8 六	戊戌 9 日	己亥 10 一	庚子 11 二	辛丑 12 三	壬寅 13 四	癸卯 14 五	甲辰 15 六	乙巳 16 日	丙午 17 一	丁未 18 二	己丑芒種 甲辰夏至
六月小	辛未	天干地支 西曆 星期	戊申 19 三	己酉 20 四	庚戌 21 五	辛亥 22 六	壬子 23 日	癸丑 24 一	甲寅 25 二	乙卯 26 三	丙辰 27 四	丁巳 28 五	戊午 29 六	己未 30 日	庚申 (7) 一	辛酉 2 二	壬戌 3 三	癸亥 4 四	甲子 5 五	乙丑 6 六	丙寅 7 日	丁卯 8 一	戊辰 9 二	己巳 10 三	庚午 11 四	辛未 12 五	壬申 13 六	癸酉 14 日	甲戌 15 一	乙亥 16 二	丙子 17 三		庚申小暑 乙亥大暑
七月大	壬申	天干地支 西曆 星期	丁丑 18 四	戊寅 19 五	己卯 20 六	庚辰 21 日	辛巳 22 一	壬午 23 二	癸未 24 三	甲申 25 四	乙酉 26 五	丙戌 27 六	丁亥 28 日	戊子 29 一	己丑 30 二	庚寅 31 三	辛卯 (8) 四	壬辰 2 五	癸巳 3 六	甲午 4 日	乙未 5 一	丙申 6 二	丁酉 7 三	戊戌 8 四	己亥 9 五	庚子 10 六	辛丑 11 日	壬寅 12 一	癸卯 13 二	甲辰 14 三	乙巳 15 四	丙午 16 五	庚寅立秋 乙巳處暑
八月大	癸酉	天干地支 西曆 星期	丁未 17 六	戊申 18 日	己酉 19 一	庚戌 20 二	辛亥 21 三	壬子 22 四	癸丑 23 五	甲寅 24 六	乙卯 25 日	丙辰 26 一	丁巳 27 二	戊午 28 三	己未 29 四	庚申 30 五	辛酉 31 六	壬戌 (9) 日	癸亥 2 一	甲子 3 二	乙丑 4 三	丙寅 5 四	丁卯 6 五	戊辰 7 六	己巳 8 日	庚午 9 一	辛未 10 二	壬申 11 三	癸酉 12 四	甲戌 13 五	乙亥 14 六	丙子 15 日	庚申白露 丙子秋分
閏八月小	癸酉	天干地支 西曆 星期	丁丑 16 一	戊寅 17 二	己卯 18 三	庚辰 19 四	辛巳 20 五	壬午 21 六	癸未 22 日	甲申 23 一	乙酉 24 二	丙戌 25 三	丁亥 26 四	戊子 27 五	己丑 28 六	庚寅 29 日	辛卯 30 一	壬辰 (10) 二	癸巳 2 三	甲午 3 四	乙未 4 五	丙申 5 六	丁酉 6 日	戊戌 7 一	己亥 8 二	庚子 9 三	辛丑 10 四	壬寅 11 五	癸卯 12 六	甲辰 13 日	乙巳 14 一		辛卯寒露
九月大	甲戌	天干地支 西曆 星期	丙午 15 二	丁未 16 三	戊申 17 四	己酉 18 五	庚戌 19 六	辛亥 20 日	壬子 21 一	癸丑 22 二	甲寅 23 三	乙卯 24 四	丙辰 25 五	丁巳 26 六	戊午 27 日	己未 28 一	庚申 29 二	辛酉 30 三	壬戌 31 四	癸亥 (11) 五	甲子 2 六	乙丑 3 日	丙寅 4 一	丁卯 5 二	戊辰 6 三	己巳 7 四	庚午 8 五	辛未 9 六	壬申 10 日	癸酉 11 一	甲戌 12 二	乙亥 13 三	丙午霜降 辛酉立冬 丙午日食
十月小	乙亥	天干地支 西曆 星期	丙子 14 四	丁丑 15 五	戊寅 16 六	己卯 17 日	庚辰 18 一	辛巳 19 二	壬午 20 三	癸未 21 四	甲申 22 五	乙酉 23 六	丙戌 24 日	丁亥 25 一	戊子 26 二	己丑 27 三	庚寅 28 四	辛卯 29 五	壬辰 30 六	癸巳 (12) 日	甲午 2 一	乙未 3 二	丙申 4 三	丁酉 5 四	戊戌 6 五	己亥 7 六	庚子 8 日	辛丑 9 一	壬寅 10 二	癸卯 11 三	甲辰 12 四		丁丑小雪 壬辰大雪
十一月大	丙子	天干地支 西曆 星期	乙巳 13 五	丙午 14 六	丁未 15 日	戊申 16 一	己酉 17 二	庚戌 18 三	辛亥 19 四	壬子 20 五	癸丑 21 六	甲寅 22 日	乙卯 23 一	丙辰 24 二	丁巳 25 三	戊午 26 四	己未 27 五	庚申 28 六	辛酉 29 日	壬戌 30 一	癸亥 31 二	甲子 (1) 三	乙丑 2 四	丙寅 3 五	丁卯 4 六	戊辰 5 日	己巳 6 一	庚午 7 二	辛未 8 三	壬申 9 四	癸酉 10 五	甲戌 11 六	丁未冬至 壬戌小寒
十二月小	丁丑	天干地支 西曆 星期	乙亥 12 日	丙子 13 一	丁丑 14 二	戊寅 15 三	己卯 16 四	庚辰 17 五	辛巳 18 六	壬午 19 日	癸未 20 一	甲申 21 二	乙酉 22 三	丙戌 23 四	丁亥 24 五	戊子 25 六	己丑 26 日	庚寅 27 一	辛卯 28 二	壬辰 29 三	癸巳 30 四	甲午 31 五	乙未 (2) 六	丙申 2 日	丁酉 3 一	戊戌 4 二	己亥 5 三	庚子 6 四	辛丑 7 五	壬寅 8 六	癸卯 9 日		丁丑大寒 癸巳立春

宋高宗建炎四年（庚戌 狗年） 公元1130 ~ 1131年

夏曆月序		中西曆日對照	初一	初二	初三	初四	初五	初六	初七	初八	初九	初十	十一	十二	十三	十四	十五	十六	十七	十八	十九	二十	二一	二二	二三	二四	二五	二六	二七	二八	二九	三十	節氣與天象
正月大	戊寅	干支 西曆 星期	甲辰 10 一	乙巳 11 二	丙午 12 三	丁未 13 四	戊申 14 五	己酉 15 六	庚戌 16 日	辛亥 17 一	壬子 18 二	癸丑 19 三	甲寅 20 四	乙卯 21 五	丙辰 22 六	丁巳 23 日	戊午 24 一	己未 25 二	庚申 26 三	辛酉 27 四	壬戌 28 五	癸亥 (3) 六	甲子 2 日	乙丑 3 一	丙寅 4 二	丁卯 5 三	戊辰 6 四	己巳 7 五	庚午 8 六	辛未 9 日	壬申 10 一	癸酉 11 二	戊申雨水 癸亥驚蟄
二月小	己卯	干支 西曆 星期	甲戌 12 三	乙亥 13 四	丙子 14 五	丁丑 15 六	戊寅 16 日	己卯 17 一	庚辰 18 二	辛巳 19 三	壬午 20 四	癸未 21 五	甲申 22 六	乙酉 23 日	丙戌 24 一	丁亥 25 二	戊子 26 三	己丑 27 四	庚寅 28 五	辛卯 29 六	壬辰 30 日	癸巳 31 一	甲午 (4) 二	乙未 2 三	丙申 3 四	丁酉 4 五	戊戌 5 六	己亥 6 日	庚子 7 一	辛丑 8 二	壬寅 9 三		戊寅春分 癸巳清明
三月小	庚辰	干支 西曆 星期	癸卯 10 四	甲辰 11 五	乙巳 12 六	丙午 13 日	丁未 14 一	戊申 15 二	己酉 16 三	庚戌 17 四	辛亥 18 五	壬子 19 六	癸丑 20 日	甲寅 21 一	乙卯 22 二	丙辰 23 三	丁巳 24 四	戊午 25 五	己未 26 六	庚申 27 日	辛酉 28 一	壬戌 29 二	癸亥 30 三	甲子 (5) 四	乙丑 2 五	丙寅 3 六	丁卯 4 日	戊辰 5 一	己巳 6 二	庚午 7 三	辛未 8 四		己酉穀雨 甲子立夏
四月大	辛巳	干支 西曆 星期	壬申 9 五	癸酉 10 六	甲戌 11 日	乙亥 12 一	丙子 13 二	丁丑 14 三	戊寅 15 四	己卯 16 五	庚辰 17 六	辛巳 18 日	壬午 19 一	癸未 20 二	甲申 21 三	乙酉 22 四	丙戌 23 五	丁亥 24 六	戊子 25 日	己丑 26 一	庚寅 27 二	辛卯 28 三	壬辰 29 四	癸巳 30 五	甲午 31 六	乙未 (6) 日	丙申 2 一	丁酉 3 二	戊戌 4 三	己亥 5 四	庚子 6 五	辛丑 7 六	己卯小滿 甲午芒種
五月小	壬午	干支 西曆 星期	壬寅 8 日	癸卯 9 一	甲辰 10 二	乙巳 11 三	丙午 12 四	丁未 13 五	戊申 14 六	己酉 15 日	庚戌 16 一	辛亥 17 二	壬子 18 三	癸丑 19 四	甲寅 20 五	乙卯 21 六	丙辰 22 日	丁巳 23 一	戊午 24 二	己未 25 三	庚申 26 四	辛酉 27 五	壬戌 28 六	癸亥 29 日	甲子 30 一	乙丑 (7) 二	丙寅 2 三	丁卯 3 四	戊辰 4 五	己巳 5 六	庚午 6 日		庚戌夏至 乙丑小暑
六月大	癸未	干支 西曆 星期	辛未 7 一	壬申 8 二	癸酉 9 三	甲戌 10 四	乙亥 11 五	丙子 12 六	丁丑 13 日	戊寅 14 一	己卯 15 二	庚辰 16 三	辛巳 17 四	壬午 18 五	癸未 19 六	甲申 20 日	乙酉 21 一	丙戌 22 二	丁亥 23 三	戊子 24 四	己丑 25 五	庚寅 26 六	辛卯 27 日	壬辰 28 一	癸巳 29 二	甲午 30 三	乙未 31 四	丙申 (8) 五	丁酉 2 六	戊戌 3 日	己亥 4 一	庚子 5 二	庚辰大暑 乙未立秋
七月大	甲申	干支 西曆 星期	辛丑 6 三	壬寅 7 四	癸卯 8 五	甲辰 9 六	乙巳 10 日	丙午 11 一	丁未 12 二	戊申 13 三	己酉 14 四	庚戌 15 五	辛亥 16 六	壬子 17 日	癸丑 18 一	甲寅 19 二	乙卯 20 三	丙辰 21 四	丁巳 22 五	戊午 23 六	己未 24 日	庚申 25 一	辛酉 26 二	壬戌 27 三	癸亥 28 四	甲子 29 五	乙丑 30 六	丙寅 31 日	丁卯 (9) 一	戊辰 2 二	己巳 3 三	庚午 4 四	庚戌處暑 丙寅白露
八月小	乙酉	干支 西曆 星期	辛未 5 五	壬申 6 六	癸酉 7 日	甲戌 8 一	乙亥 9 二	丙子 10 三	丁丑 11 四	戊寅 12 五	己卯 13 六	庚辰 14 日	辛巳 15 一	壬午 16 二	癸未 17 三	甲申 18 四	乙酉 19 五	丙戌 20 六	丁亥 21 日	戊子 22 一	己丑 23 二	庚寅 24 三	辛卯 25 四	壬辰 26 五	癸巳 27 六	甲午 28 日	乙未 29 一	丙申 30 二	丁酉 (10) 三	戊戌 2 四	己亥 3 五		辛巳秋分 丙申寒露
九月大	丙戌	干支 西曆 星期	庚子 4 六	辛丑 5 日	壬寅 6 一	癸卯 7 二	甲辰 8 三	乙巳 9 四	丙午 10 五	丁未 11 六	戊申 12 日	己酉 13 一	庚戌 14 二	辛亥 15 三	壬子 16 四	癸丑 17 五	甲寅 18 六	乙卯 19 日	丙辰 20 一	丁巳 21 二	戊午 22 三	己未 23 四	庚申 24 五	辛酉 25 六	壬戌 26 日	癸亥 27 一	甲子 28 二	乙丑 29 三	丙寅 30 四	丁卯 31 五	戊辰 (11) 六	己巳 2 日	辛亥霜降 丁卯立冬
十月大	丁亥	干支 西曆 星期	庚午 3 一	辛未 4 二	壬申 5 三	癸酉 6 四	甲戌 7 五	乙亥 8 六	丙子 9 日	丁丑 10 一	戊寅 11 二	己卯 12 三	庚辰 13 四	辛巳 14 五	壬午 15 六	癸未 16 日	甲申 17 一	乙酉 18 二	丙戌 19 三	丁亥 20 四	戊子 21 五	己丑 22 六	庚寅 23 日	辛卯 24 一	壬辰 25 二	癸巳 26 三	甲午 27 四	乙未 28 五	丙申 29 六	丁酉 30 日	戊戌 (12) 一	己亥 2 二	壬午小雪 丁酉大雪
十一月小	戊子	干支 西曆 星期	庚子 3 三	辛丑 4 四	壬寅 5 五	癸卯 6 六	甲辰 7 日	乙巳 8 一	丙午 9 二	丁未 10 三	戊申 11 四	己酉 12 五	庚戌 13 六	辛亥 14 日	壬子 15 一	癸丑 16 二	甲寅 17 三	乙卯 18 四	丙辰 19 五	丁巳 20 六	戊午 21 日	己未 22 一	庚申 23 二	辛酉 24 三	壬戌 25 四	癸亥 26 五	甲子 27 六	乙丑 28 日	丙寅 29 一	丁卯 30 二	戊辰 31 三		壬子冬至 丁卯小寒
十二月大	己丑	干支 西曆 星期	己巳 (1) 四	庚午 2 五	辛未 3 六	壬申 4 日	癸酉 5 一	甲戌 6 二	乙亥 7 三	丙子 8 四	丁丑 9 五	戊寅 10 六	己卯 11 日	庚辰 12 一	辛巳 13 二	壬午 14 三	癸未 15 四	甲申 16 五	乙酉 17 六	丙戌 18 日	丁亥 19 一	戊子 20 二	己丑 21 三	庚寅 22 四	辛卯 23 五	壬辰 24 六	癸巳 25 日	甲午 26 一	乙未 27 二	丙申 28 三	丁酉 29 四	戊戌 30 五	癸未大寒 戊戌立春

宋高宗紹興元年（辛亥 猪年） 公元 1131 ~ 1132 年

夏曆月序	中西曆日對照	初一	初二	初三	初四	初五	初六	初七	初八	初九	初十	十一	十二	十三	十四	十五	十六	十七	十八	十九	二十	二一	二二	二三	二四	二五	二六	二七	二八	二九	三十	節氣與天象
正月小 庚寅	干支 西曆 天地 星期	己亥 31 六	庚子 (2) 日	辛丑 2 一	壬寅 3 二	癸卯 4 三	甲辰 5 四	乙巳 6 五	丙午 7 六	丁未 8 日	戊申 9 一	己酉 10 二	庚戌 11 三	辛亥 12 四	壬子 13 五	癸丑 14 六	甲寅 15 日	乙卯 16 一	丙辰 17 二	丁巳 18 三	戊午 19 四	己未 20 五	庚申 21 六	辛酉 22 日	壬戌 23 一	癸亥 24 二	甲子 25 三	乙丑 26 四	丙寅 27 五	丁卯 28 六		癸丑雨水
二月大 辛卯	干支 西曆 天地 星期	戊辰 (3) 日	己巳 2 一	庚午 3 二	辛未 4 三	壬申 5 四	癸酉 6 五	甲戌 7 六	乙亥 8 日	丙子 9 一	丁丑 10 二	戊寅 11 三	己卯 12 四	庚辰 13 五	辛巳 14 六	壬午 15 日	癸未 16 一	甲申 17 二	乙酉 18 三	丙戌 19 四	丁亥 20 五	戊子 21 六	己丑 22 日	庚寅 23 一	辛卯 24 二	壬辰 25 三	癸巳 26 四	甲午 27 五	乙未 28 六	丙申 29 日	丁酉 30 一	戊辰驚蟄 甲申春分
三月小 壬辰	干支 西曆 天地 星期	戊戌 31 二	己亥 (4) 三	庚子 2 四	辛丑 3 五	壬寅 4 六	癸卯 5 日	甲辰 6 一	乙巳 7 二	丙午 8 三	丁未 9 四	戊申 10 五	己酉 11 六	庚戌 12 日	辛亥 13 一	壬子 14 二	癸丑 15 三	甲寅 16 四	乙卯 17 五	丙辰 18 六	丁巳 19 日	戊午 20 一	己未 21 二	庚申 22 三	辛酉 23 四	壬戌 24 五	癸亥 25 六	甲子 26 日	乙丑 27 一	丙寅 28 二		己亥清明 甲寅穀雨
四月小 癸巳	干支 西曆 天地 星期	丁卯 29 三	戊辰 30 四	己巳 (5) 五	庚午 2 六	辛未 3 日	壬申 4 一	癸酉 5 二	甲戌 6 三	乙亥 7 四	丙子 8 五	丁丑 9 六	戊寅 10 日	己卯 11 一	庚辰 12 二	辛巳 13 三	壬午 14 四	癸未 15 五	甲申 16 六	乙酉 17 日	丙戌 18 一	丁亥 19 二	戊子 20 三	己丑 21 四	庚寅 22 五	辛卯 23 六	壬辰 24 日	癸巳 25 一	甲午 26 二	乙未 27 三		己巳立夏 甲申小滿
五月大 甲午	干支 西曆 天地 星期	丙申 28 四	丁酉 29 五	戊戌 30 六	己亥 31 日	庚子 (6) 一	辛丑 2 二	壬寅 3 三	癸卯 4 四	甲辰 5 五	乙巳 6 六	丙午 7 日	丁未 8 一	戊申 9 二	己酉 10 三	庚戌 11 四	辛亥 12 五	壬子 13 六	癸丑 14 日	甲寅 15 一	乙卯 16 二	丙辰 17 三	丁巳 18 四	戊午 19 五	己未 20 六	庚申 21 日	辛酉 22 一	壬戌 23 二	癸亥 24 三	甲子 25 四	乙丑 26 五	庚子芒種 乙卯夏至
六月小 乙未	干支 西曆 天地 星期	丙寅 27 六	丁卯 28 日	戊辰 29 一	己巳 30 二	庚午 (7) 三	辛未 2 四	壬申 3 五	癸酉 4 六	甲戌 5 日	乙亥 6 一	丙子 7 二	丁丑 8 三	戊寅 9 四	己卯 10 五	庚辰 11 六	辛巳 12 日	壬午 13 一	癸未 14 二	甲申 15 三	乙酉 16 四	丙戌 17 五	丁亥 18 六	戊子 19 日	己丑 20 一	庚寅 21 二	辛卯 22 三	壬辰 23 四	癸巳 24 五	甲午 25 六		庚午小暑 乙酉大暑
七月大 丙申	干支 西曆 天地 星期	乙未 26 日	丙申 27 一	丁酉 28 二	戊戌 29 三	己亥 30 四	庚子 31 五	辛丑 (8) 六	壬寅 2 日	癸卯 3 一	甲辰 4 二	乙巳 5 三	丙午 6 四	丁未 7 五	戊申 8 六	己酉 9 日	庚戌 10 一	辛亥 11 二	壬子 12 三	癸丑 13 四	甲寅 14 五	乙卯 15 六	丙辰 16 日	丁巳 17 一	戊午 18 二	己未 19 三	庚申 20 四	辛酉 21 五	壬戌 22 六	癸亥 23 日	甲子 24 一	庚子立秋 丙辰處暑
八月小 丁酉	干支 西曆 天地 星期	乙丑 25 二	丙寅 26 三	丁卯 27 四	戊辰 28 五	己巳 29 六	庚午 30 日	辛未 31 一	壬申 (9) 二	癸酉 2 三	甲戌 3 四	乙亥 4 五	丙子 5 六	丁丑 6 日	戊寅 7 一	己卯 8 二	庚辰 9 三	辛巳 10 四	壬午 11 五	癸未 12 六	甲申 13 日	乙酉 14 一	丙戌 15 二	丁亥 16 三	戊子 17 四	己丑 18 五	庚寅 19 六	辛卯 20 日	壬辰 21 一	癸巳 22 二		辛未白露 丙戌秋分
九月大 戊戌	干支 西曆 天地 星期	甲午 23 三	乙未 24 四	丙申 25 五	丁酉 26 六	戊戌 27 日	己亥 28 一	庚子 29 二	辛丑 30 三	壬寅 (10) 四	癸卯 2 五	甲辰 3 六	乙巳 4 日	丙午 5 一	丁未 6 二	戊申 7 三	己酉 8 四	庚戌 9 五	辛亥 10 六	壬子 11 日	癸丑 12 一	甲寅 13 二	乙卯 14 三	丙辰 15 四	丁巳 16 五	戊午 17 六	己未 18 日	庚申 19 一	辛酉 20 二	壬戌 21 三	癸亥 22 四	辛丑寒露 丁巳霜降
十月大 己亥	干支 西曆 天地 星期	甲子 23 五	乙丑 24 六	丙寅 25 日	丁卯 26 一	戊辰 27 二	己巳 28 三	庚午 29 四	辛未 30 五	壬申 31 六	癸酉 (11) 日	甲戌 2 一	乙亥 3 二	丙子 4 三	丁丑 5 四	戊寅 6 五	己卯 7 六	庚辰 8 日	辛巳 9 一	壬午 10 二	癸未 11 三	甲申 12 四	乙酉 13 五	丙戌 14 六	丁亥 15 日	戊子 16 一	己丑 17 二	庚寅 18 三	辛卯 19 四	壬辰 20 五	癸巳 21 六	壬申立冬 丁亥小雪
十一月大 庚子	干支 西曆 天地 星期	甲午 22 日	乙未 23 一	丙申 24 二	丁酉 25 三	戊戌 26 四	己亥 27 五	庚子 28 六	辛丑 29 日	壬寅 30 一	癸卯 (12) 二	甲辰 2 三	乙巳 3 四	丙午 4 五	丁未 5 六	戊申 6 日	己酉 7 一	庚戌 8 二	辛亥 9 三	壬子 10 四	癸丑 11 五	甲寅 12 六	乙卯 13 日	丙辰 14 一	丁巳 15 二	戊午 16 三	己未 17 四	庚申 18 五	辛酉 19 六	壬戌 20 日	癸亥 21 一	壬寅大雪 丁巳冬至
十二月小 辛丑	干支 西曆 天地 星期	甲子 22 二	乙丑 23 三	丙寅 24 四	丁卯 25 五	戊辰 26 六	己巳 27 日	庚午 28 一	辛未 29 二	壬申 30 三	癸酉 31 四	甲戌 (1) 五	乙亥 2 六	丙子 3 日	丁丑 4 一	戊寅 5 二	己卯 6 三	庚辰 7 四	辛巳 8 五	壬午 9 六	癸未 10 日	甲申 11 一	乙酉 12 二	丙戌 13 三	丁亥 14 四	戊子 15 五	己丑 16 六	庚寅 17 日	辛卯 18 一	壬辰 19 二		癸酉小寒 戊子大寒

* 正月己亥（初一），改元紹興。

宋高宗紹興二年（壬子 鼠年） 公元 1132 ~ 1133 年

夏曆月序		中西曆日對照	夏曆日序																														節氣與天象
			初一	初二	初三	初四	初五	初六	初七	初八	初九	初十	十一	十二	十三	十四	十五	十六	十七	十八	十九	二十	二一	二二	二三	二四	二五	二六	二七	二八	二九	三十	
正月大	壬寅	天干地支 西曆 星期	癸巳 20 三	甲午 21 四	乙未 22 五	丙申 23 六	丁酉 24 日	戊戌 25 一	己亥 26 二	庚子 27 三	辛丑 28 四	壬寅 29 五	癸卯 30 六	甲辰 31 日	乙巳 (2) 一	丙午 2 二	丁未 3 三	戊申 4 四	己酉 5 五	庚戌 6 六	辛亥 7 日	壬子 8 一	癸丑 9 二	甲寅 10 三	乙卯 11 四	丙辰 12 五	丁巳 13 六	戊午 14 日	己未 15 一	庚申 16 二	辛酉 17 三	壬戌 18 四	癸卯立春 戊午雨水
二月小	癸卯	天干地支 西曆 星期	癸亥 19 五	甲子 20 六	乙丑 21 日	丙寅 22 一	丁卯 23 二	戊辰 24 三	己巳 25 四	庚午 26 五	辛未 27 六	壬申 28 日	癸酉 29 一	甲戌 (3) 二	乙亥 2 三	丙子 3 四	丁丑 4 五	戊寅 5 六	己卯 6 日	庚辰 7 一	辛巳 8 二	壬午 9 三	癸未 10 四	甲申 11 五	乙酉 12 六	丙戌 13 日	丁亥 14 一	戊子 15 二	己丑 16 三	庚寅 17 四	辛卯 18 五		甲戌驚蟄 己丑春分
三月大	甲辰	天干地支 西曆 星期	壬辰 19 六	癸巳 20 日	甲午 21 一	乙未 22 二	丙申 23 三	丁酉 24 四	戊戌 25 五	己亥 26 六	庚子 27 日	辛丑 28 一	壬寅 29 二	癸卯 30 三	甲辰 31 四	乙巳 (4) 五	丙午 2 六	丁未 3 日	戊申 4 一	己酉 5 二	庚戌 6 三	辛亥 7 四	壬子 8 五	癸丑 9 六	甲寅 10 日	乙卯 11 一	丙辰 12 二	丁巳 13 三	戊午 14 四	己未 15 五	庚申 16 六	辛酉 17 日	甲辰清明 己未穀雨
四月小	乙巳	天干地支 西曆 星期	壬戌 18 一	癸亥 19 二	甲子 20 三	乙丑 21 四	丙寅 22 五	丁卯 23 六	戊辰 24 日	己巳 25 一	庚午 26 二	辛未 27 三	壬申 28 四	癸酉 29 五	甲戌 30 六	乙亥 (5) 日	丙子 2 一	丁丑 3 二	戊寅 4 三	己卯 5 四	庚辰 6 五	辛巳 7 六	壬午 8 日	癸未 9 一	甲申 10 二	乙酉 11 三	丙戌 12 四	丁亥 13 五	戊子 14 六	己丑 15 日	庚寅 16 一		甲戌立夏 庚寅小滿
閏四月小	乙巳	天干地支 西曆 星期	辛卯 17 二	壬辰 18 三	癸巳 19 四	甲午 20 五	乙未 21 六	丙申 22 日	丁酉 23 一	戊戌 24 二	己亥 25 三	庚子 26 四	辛丑 27 五	壬寅 28 六	癸卯 29 日	甲辰 30 一	乙巳 31 二	丙午 (6) 三	丁未 2 四	戊申 3 五	己酉 4 六	庚戌 5 日	辛亥 6 一	壬子 7 二	癸丑 8 三	甲寅 9 四	乙卯 10 五	丙辰 11 六	丁巳 12 日	戊午 13 一	己未 14 二		乙巳芒種
五月大	丙午	天干地支 西曆 星期	庚申 15 三	辛酉 16 四	壬戌 17 五	癸亥 18 六	甲子 19 日	乙丑 20 一	丙寅 21 二	丁卯 22 三	戊辰 23 四	己巳 24 五	庚午 25 六	辛未 26 日	壬申 27 一	癸酉 28 二	甲戌 29 三	乙亥 30 四	丙子 (7) 五	丁丑 2 六	戊寅 3 日	己卯 4 一	庚辰 5 二	辛巳 6 三	壬午 7 四	癸未 8 五	甲申 9 六	乙酉 10 日	丙戌 11 一	丁亥 12 二	戊子 13 三	己丑 14 四	庚申夏至 乙亥小暑
六月小	丁未	天干地支 西曆 星期	庚寅 15 五	辛卯 16 六	壬辰 17 日	癸巳 18 一	甲午 19 二	乙未 20 三	丙申 21 四	丁酉 22 五	戊戌 23 六	己亥 24 日	庚子 25 一	辛丑 26 二	壬寅 27 三	癸卯 28 四	甲辰 29 五	乙巳 30 六	丙午 31 日	丁未 (8) 一	戊申 2 二	己酉 3 三	庚戌 4 四	辛亥 5 五	壬子 6 六	癸丑 7 日	甲寅 8 一	乙卯 9 二	丙辰 10 三	丁巳 11 四	戊午 12 五		辛卯大暑 丙午立秋
七月小	戊申	天干地支 西曆 星期	己未 13 六	庚申 14 日	辛酉 15 一	壬戌 16 二	癸亥 17 三	甲子 18 四	乙丑 19 五	丙寅 20 六	丁卯 21 日	戊辰 22 一	己巳 23 二	庚午 24 三	辛未 25 四	壬申 26 五	癸酉 27 六	甲戌 28 日	乙亥 29 一	丙子 30 二	丁丑 31 三	戊寅 (9) 四	己卯 2 五	庚辰 3 六	辛巳 4 日	壬午 5 一	癸未 6 二	甲申 7 三	乙酉 8 四	丙戌 9 五	丁亥 10 六		辛酉處暑 丙子白露
八月大	己酉	天干地支 西曆 星期	戊子 11 日	己丑 12 一	庚寅 13 二	辛卯 14 三	壬辰 15 四	癸巳 16 五	甲午 17 六	乙未 18 日	丙申 19 一	丁酉 20 二	戊戌 21 三	己亥 22 四	庚子 23 五	辛丑 24 六	壬寅 25 日	癸卯 26 一	甲辰 27 二	乙巳 28 三	丙午 29 四	丁未 30 五	戊申 (10) 六	己酉 2 日	庚戌 3 一	辛亥 4 二	壬子 5 三	癸丑 6 四	甲寅 7 五	乙卯 8 六	丙辰 9 日	丁巳 10 一	辛卯秋分 丁未寒露
九月大	庚戌	天干地支 西曆 星期	戊午 11 二	己未 12 三	庚申 13 四	辛酉 14 五	壬戌 15 六	癸亥 16 日	甲子 17 一	乙丑 18 二	丙寅 19 三	丁卯 20 四	戊辰 21 五	己巳 22 六	庚午 23 日	辛未 24 一	壬申 25 二	癸酉 26 三	甲戌 27 四	乙亥 28 五	丙子 29 六	丁丑 30 日	戊寅 31 一	己卯 (11) 二	庚辰 2 三	辛巳 3 四	壬午 4 五	癸未 5 六	甲申 6 日	乙酉 7 一	丙戌 8 二	丁亥 9 三	壬戌霜降 丁丑立冬
十月大	辛亥	天干地支 西曆 星期	戊子 10 四	己丑 11 五	庚寅 12 六	辛卯 13 日	壬辰 14 一	癸巳 15 二	甲午 16 三	乙未 17 四	丙申 18 五	丁酉 19 六	戊戌 20 日	己亥 21 一	庚子 22 二	辛丑 23 三	壬寅 24 四	癸卯 25 五	甲辰 26 六	乙巳 27 日	丙午 28 一	丁未 29 二	戊申 30 三	己酉 (12) 四	庚戌 2 五	辛亥 3 六	壬子 4 日	癸丑 5 一	甲寅 6 二	乙卯 7 三	丙辰 8 四	丁巳 9 五	壬辰小雪 丁未大雪
十一月小	壬子	天干地支 西曆 星期	戊午 10 六	己未 11 日	庚申 12 一	辛酉 13 二	壬戌 14 三	癸亥 15 四	甲子 16 五	乙丑 17 六	丙寅 18 日	丁卯 19 一	戊辰 20 二	己巳 21 三	庚午 22 四	辛未 23 五	壬申 24 六	癸酉 25 日	甲戌 26 一	乙亥 27 二	丙子 28 三	丁丑 29 四	戊寅 30 五	己卯 31 六	庚辰 (1) 日	辛巳 2 一	壬午 3 二	癸未 4 三	甲申 5 四	乙酉 6 五	丙戌 7 六		癸亥冬至 戊寅小寒
十二月大	癸丑	天干地支 西曆 星期	丁亥 8 日	戊子 9 一	己丑 10 二	庚寅 11 三	辛卯 12 四	壬辰 13 五	癸巳 14 六	甲午 15 日	乙未 16 一	丙申 17 二	丁酉 18 三	戊戌 19 四	己亥 20 五	庚子 21 六	辛丑 22 日	壬寅 23 一	癸卯 24 二	甲辰 25 三	乙巳 26 四	丙午 27 五	丁未 28 六	戊申 29 日	己酉 30 一	庚戌 31 二	辛亥 (2) 三	壬子 2 四	癸丑 3 五	甲寅 4 六	乙卯 5 日	丙辰 6 一	癸巳大寒 戊申立春

宋高宗紹興三年（癸丑 牛年） 公元 1133 ~ 1134 年

夏曆月序		中西曆日對照	夏曆日序																														節氣與天象
			初一	初二	初三	初四	初五	初六	初七	初八	初九	初十	十一	十二	十三	十四	十五	十六	十七	十八	十九	二十	二一	二二	二三	二四	二五	二六	二七	二八	二九	三十	
正月大	甲寅	天干地支 西曆 星期	丁巳 7 二	戊午 8 三	己未 9 四	庚申 10 五	辛酉 11 六	壬戌 12 日	癸亥 13 一	甲子 14 二	乙丑 15 三	丙寅 16 四	丁卯 17 五	戊辰 18 六	己巳 19 日	庚午 20 一	辛未 21 二	壬申 22 三	癸酉 23 四	甲戌 24 五	乙亥 25 六	丙子 26 日	丁丑 27 一	戊寅 28 二	己卯 (3) 三	庚辰 2 四	辛巳 3 五	壬午 4 六	癸未 5 日	甲申 6 一	乙酉 7 二	丙戌 8 三	甲子雨水 己卯驚蟄
二月小	乙卯	天干地支 西曆 星期	丁亥 9 四	戊子 10 五	己丑 11 六	庚寅 12 日	辛卯 13 一	壬辰 14 二	癸巳 15 三	甲午 16 四	乙未 17 五	丙申 18 六	丁酉 19 日	戊戌 20 一	己亥 21 二	庚子 22 三	辛丑 23 四	壬寅 24 五	癸卯 25 六	甲辰 26 日	乙巳 27 一	丙午 28 二	丁未 29 三	戊申 30 四	己酉 31 五	庚戌 (4) 六	辛亥 2 日	壬子 3 一	癸丑 4 二	甲寅 5 三	乙卯 6 四		甲午春分 己酉清明
三月大	丙辰	天干地支 西曆 星期	丙辰 7 五	丁巳 8 六	戊午 9 日	己未 10 一	庚申 11 二	辛酉 12 三	壬戌 13 四	癸亥 14 五	甲子 15 六	乙丑 16 日	丙寅 17 一	丁卯 18 二	戊辰 19 三	己巳 20 四	庚午 21 五	辛未 22 六	壬申 23 日	癸酉 24 一	甲戌 25 二	乙亥 26 三	丙子 27 四	丁丑 28 五	戊寅 29 六	己卯 30 日	庚辰 (5) 一	辛巳 2 二	壬午 3 三	癸未 4 四	甲申 5 五	乙酉 6 六	甲子穀雨 庚辰立夏
四月小	丁巳	天干地支 西曆 星期	丙戌 7 日	丁亥 8 一	戊子 9 二	己丑 10 三	庚寅 11 四	辛卯 12 五	壬辰 13 六	癸巳 14 日	甲午 15 一	乙未 16 二	丙申 17 三	丁酉 18 四	戊戌 19 五	己亥 20 六	庚子 21 日	辛丑 22 一	壬寅 23 二	癸卯 24 三	甲辰 25 四	乙巳 26 五	丙午 27 六	丁未 28 日	戊申 29 一	己酉 30 二	庚戌 31 三	辛亥 (6) 四	壬子 2 五	癸丑 3 六	甲寅 4 日		乙未小滿 庚戌芒種
五月小	戊午	天干地支 西曆 星期	乙卯 5 一	丙辰 6 二	丁巳 7 三	戊午 8 四	己未 9 五	庚申 10 六	辛酉 11 日	壬戌 12 一	癸亥 13 二	甲子 14 三	乙丑 15 四	丙寅 16 五	丁卯 17 六	戊辰 18 日	己巳 19 一	庚午 20 二	辛未 21 三	壬申 22 四	癸酉 23 五	甲戌 24 六	乙亥 25 日	丙子 26 一	丁丑 27 二	戊寅 28 三	己卯 29 四	庚辰 30 五	辛巳 (7) 六	壬午 2 日	癸未 3 一		乙丑夏至 辛巳小暑
六月大	己未	天干地支 西曆 星期	甲申 4 二	乙酉 5 三	丙戌 6 四	丁亥 7 五	戊子 8 六	己丑 9 日	庚寅 10 一	辛卯 11 二	壬辰 12 三	癸巳 13 四	甲午 14 五	乙未 15 六	丙申 16 日	丁酉 17 一	戊戌 18 二	己亥 19 三	庚子 20 四	辛丑 21 五	壬寅 22 六	癸卯 23 日	甲辰 24 一	乙巳 25 二	丙午 26 三	丁未 27 四	戊申 28 五	己酉 29 六	庚戌 30 日	辛亥 31 一	壬子 (8) 二	癸丑 2 三	丙申大暑 辛亥立秋
七月小	庚申	天干地支 西曆 星期	甲寅 3 四	乙卯 4 五	丙辰 5 六	丁巳 6 日	戊午 7 一	己未 8 二	庚申 9 三	辛酉 10 四	壬戌 11 五	癸亥 12 六	甲子 13 日	乙丑 14 一	丙寅 15 二	丁卯 16 三	戊辰 17 四	己巳 18 五	庚午 19 六	辛未 20 日	壬申 21 一	癸酉 22 二	甲戌 23 三	乙亥 24 四	丙子 25 五	丁丑 26 六	戊寅 27 日	己卯 28 一	庚辰 29 二	辛巳 30 三	壬午 31 四		丙寅處暑 辛巳白露
八月小	辛酉	天干地支 西曆 星期	癸未 (9) 五	甲申 2 六	乙酉 3 日	丙戌 4 一	丁亥 5 二	戊子 6 三	己丑 7 四	庚寅 8 五	辛卯 9 六	壬辰 10 日	癸巳 11 一	甲午 12 二	乙未 13 三	丙申 14 四	丁酉 15 五	戊戌 16 六	己亥 17 日	庚子 18 一	辛丑 19 二	壬寅 20 三	癸卯 21 四	甲辰 22 五	乙巳 23 六	丙午 24 日	丁未 25 一	戊申 26 二	己酉 27 三	庚戌 28 四	辛亥 29 五		丁酉秋分
九月大	壬戌	天干地支 西曆 星期	壬子 30 六	癸丑 (10) 日	甲寅 2 一	乙卯 3 二	丙辰 4 三	丁巳 5 四	戊午 6 五	己未 7 六	庚申 8 日	辛酉 9 一	壬戌 10 二	癸亥 11 三	甲子 12 四	乙丑 13 五	丙寅 14 六	丁卯 15 日	戊辰 16 一	己巳 17 二	庚午 18 三	辛未 19 四	壬申 20 五	癸酉 21 六	甲戌 22 日	乙亥 23 一	丙子 24 二	丁丑 25 三	戊寅 26 四	己卯 27 五	庚辰 28 六	辛巳 29 日	壬子寒露 丁卯霜降
十月大	癸亥	天干地支 西曆 星期	壬午 30 一	癸未 31 二	甲申 (11) 三	乙酉 2 四	丙戌 3 五	丁亥 4 六	戊子 5 日	己丑 6 一	庚寅 7 二	辛卯 8 三	壬辰 9 四	癸巳 10 五	甲午 11 六	乙未 12 日	丙申 13 一	丁酉 14 二	戊戌 15 三	己亥 16 四	庚子 17 五	辛丑 18 六	壬寅 19 日	癸卯 20 一	甲辰 21 二	乙巳 22 三	丙午 23 四	丁未 24 五	戊申 25 六	己酉 26 日	庚戌 27 一	辛亥 28 二	壬午立冬 戊戌小雪
十一月小	甲子	天干地支 西曆 星期	壬子 29 三	癸丑 30 四	甲寅 (12) 五	乙卯 2 六	丙辰 3 日	丁巳 4 一	戊午 5 二	己未 6 三	庚申 7 四	辛酉 8 五	壬戌 9 六	癸亥 10 日	甲子 11 一	乙丑 12 二	丙寅 13 三	丁卯 14 四	戊辰 15 五	己巳 16 六	庚午 17 日	辛未 18 一	壬申 19 二	癸酉 20 三	甲戌 21 四	乙亥 22 五	丙子 23 六	丁丑 24 日	戊寅 25 一	己卯 26 二	庚辰 27 三		癸丑大雪 戊辰冬至
十二月大	乙丑	天干地支 西曆 星期	辛巳 28 四	壬午 29 五	癸未 30 六	甲申 31 日	乙酉 (1) 一	丙戌 2 二	丁亥 3 三	戊子 4 四	己丑 5 五	庚寅 6 六	辛卯 7 日	壬辰 8 一	癸巳 9 二	甲午 10 三	乙未 11 四	丙申 12 五	丁酉 13 六	戊戌 14 日	己亥 15 一	庚子 16 二	辛丑 17 三	壬寅 18 四	癸卯 19 五	甲辰 20 六	乙巳 21 日	丙午 22 一	丁未 23 二	戊申 24 三	己酉 25 四	庚戌 26 五	癸未小寒 戊戌大寒

宋高宗紹興四年（甲寅 虎年） 公元 1134 ~ 1135 年

夏曆月序	中西曆對照		初一	初二	初三	初四	初五	初六	初七	初八	初九	初十	十一	十二	十三	十四	十五	十六	十七	十八	十九	二十	二一	二二	二三	二四	二五	二六	二七	二八	二九	三十	節氣與天象
正月大	丙寅	天干地支西曆星期	辛亥27六	壬子28日	癸丑29一	甲寅30二	乙卯31三	丙辰(2)四	丁巳2五	戊午3六	己未4日	庚申5一	辛酉6二	壬戌7三	癸亥8四	甲子9五	乙丑10六	丙寅11日	丁卯12一	戊辰13二	己巳14三	庚午15四	辛未16五	壬申17六	癸酉18日	甲戌19一	乙亥20二	丙子21三	丁丑22四	戊寅23五	己卯24六	庚辰25日	甲寅立春 己巳雨水
二月大	丁卯	天干地支西曆星期	辛巳26一	壬午27二	癸未28三	甲申(3)四	乙酉2五	丙戌3六	丁亥4日	戊子5一	己丑6二	庚寅7三	辛卯8四	壬辰9五	癸巳10六	甲午11日	乙未12一	丙申13二	丁酉14三	戊戌15四	己亥16五	庚子17六	辛丑18日	壬寅19一	癸卯20二	甲辰21三	乙巳22四	丙午23五	丁未24六	戊申25日	己酉26一	庚戌27二	甲申驚蟄 己亥春分
三月小	戊辰	天干地支西曆星期	辛亥28三	壬子29四	癸丑30五	甲寅31六	乙卯(4)日	丙辰2一	丁巳3二	戊午4三	己未5四	庚申6五	辛酉7六	壬戌8日	癸亥9一	甲子10二	乙丑11三	丙寅12四	丁卯13五	戊辰14六	己巳15日	庚午16一	辛未17二	壬申18三	癸酉19四	甲戌20五	乙亥21六	丙子22日	丁丑23一	戊寅24二	己卯25三		甲寅清明 庚午穀雨
四月大	己巳	天干地支西曆星期	庚辰26四	辛巳27五	壬午28六	癸未29日	甲申30一	乙酉(5)二	丙戌2三	丁亥3四	戊子4五	己丑5六	庚寅6日	辛卯7一	壬辰8二	癸巳9三	甲午10四	乙未11五	丙申12六	丁酉13日	戊戌14一	己亥15二	庚子16三	辛丑17四	壬寅18五	癸卯19六	甲辰20日	乙巳21一	丙午22二	丁未23三	戊申24四	己酉25五	乙酉立夏 庚子小滿
五月小	庚午	天干地支西曆星期	庚戌26六	辛亥27日	壬子28一	癸丑29二	甲寅30三	乙卯31四	丙辰(6)五	丁巳2六	戊午3日	己未4一	庚申5二	辛酉6三	壬戌7四	癸亥8五	甲子9六	乙丑10日	丙寅11一	丁卯12二	戊辰13三	己巳14四	庚午15五	辛未16六	壬申17日	癸酉18一	甲戌19二	乙亥20三	丙子21四	丁丑22五	戊寅23六		乙卯芒種 辛未夏至
六月小	辛未	天干地支西曆星期	己卯24日	庚辰25一	辛巳26二	壬午27三	癸未28四	甲申29五	乙酉30六	丙戌(7)日	丁亥2一	戊子3二	己丑4三	庚寅5四	辛卯6五	壬辰7六	癸巳8日	甲午9一	乙未10二	丙申11三	丁酉12四	戊戌13五	己亥14六	庚子15日	辛丑16一	壬寅17二	癸卯18三	甲辰19四	乙巳20五	丙午21六	丁未22日		丙戌小暑 辛丑大暑
七月大	壬申	天干地支西曆星期	戊申23一	己酉24二	庚戌25三	辛亥26四	壬子27五	癸丑28六	甲寅29日	乙卯30一	丙辰31二	丁巳(8)三	戊午2四	己未3五	庚申4六	辛酉5日	壬戌6一	癸亥7二	甲子8三	乙丑9四	丙寅10五	丁卯11六	戊辰12日	己巳13一	庚午14二	辛未15三	壬申16四	癸酉17五	甲戌18六	乙亥19日	丙子20一	丁丑21二	丙辰立秋 辛未處暑 戊申日食
八月小	癸酉	天干地支西曆星期	戊寅22三	己卯23四	庚辰24五	辛巳25六	壬午26日	癸未27一	甲申28二	乙酉29三	丙戌30四	丁亥31五	戊子(9)六	己丑2日	庚寅3一	辛卯4二	壬辰5三	癸巳6四	甲午7五	乙未8六	丙申9日	丁酉10一	戊戌11二	己亥12三	庚子13四	辛丑14五	壬寅15六	癸卯16日	甲辰17一	乙巳18二	丙午19三		丁亥白露 壬寅秋分
九月小	甲戌	天干地支西曆星期	丁未20四	戊申21五	己酉22六	庚戌23日	辛亥24一	壬子25二	癸丑26三	甲寅27四	乙卯28五	丙辰29六	丁巳30日	戊午(10)一	己未2二	庚申3三	辛酉4四	壬戌5五	癸亥6六	甲子7日	乙丑8一	丙寅9二	丁卯10三	戊辰11四	己巳12五	庚午13六	辛未14日	壬申15一	癸酉16二	甲戌17三	乙亥18四		丁巳寒露 壬申霜降
十月大	乙亥	天干地支西曆星期	丙子19五	丁丑20六	戊寅21日	己卯22一	庚辰23二	辛巳24三	壬午25四	癸未26五	甲申27六	乙酉28日	丙戌29一	丁亥30二	戊子31三	己丑(11)四	庚寅2五	辛卯3六	壬辰4日	癸巳5一	甲午6二	乙未7三	丙申8四	丁酉9五	戊戌10六	己亥11日	庚子12一	辛丑13二	壬寅14三	癸卯15四	甲辰16五	乙巳17六	戊子立冬 癸卯小雪
十一月小	丙子	天干地支西曆星期	丙午18日	丁未19一	戊申20二	己酉21三	庚戌22四	辛亥23五	壬子24六	癸丑25日	甲寅26一	乙卯27二	丙辰28三	丁巳29四	戊午30五	己未(12)六	庚申2日	辛酉3一	壬戌4二	癸亥5三	甲子6四	乙丑7五	丙寅8六	丁卯9日	戊辰10一	己巳11二	庚午12三	辛未13四	壬申14五	癸酉15六	甲戌16日		戊午大雪 癸酉冬至
十二月大	丁丑	天干地支西曆星期	乙亥17一	丙子18二	丁丑19三	戊寅20四	己卯21五	庚辰22六	辛巳23日	壬午24一	癸未25二	甲申26三	乙酉27四	丙戌28五	丁亥29六	戊子30日	己丑31一	庚寅(1)二	辛卯2三	壬辰3四	癸巳4五	甲午5六	乙未6日	丙申7一	丁酉8二	戊戌9三	己亥10四	庚子11五	辛丑12六	壬寅13日	癸卯14一	甲辰15二	戊子小寒 甲辰大寒

宋高宗紹興五年（乙卯 兔年） 公元 1135 ~ 1136 年

夏曆月序		中西曆日對照	初一	初二	初三	初四	初五	初六	初七	初八	初九	初十	十一	十二	十三	十四	十五	十六	十七	十八	十九	二十	二一	二二	二三	二四	二五	二六	二七	二八	二九	三十	節氣與天象
正月大	戊寅	天干地支	乙巳	丙午	丁未	戊申	己酉	庚戌	辛亥	壬子	癸丑	甲寅	乙卯	丙辰	丁巳	戊午	己未	庚申	辛酉	壬戌	癸亥	甲子	乙丑	丙寅	丁卯	戊辰	己巳	庚午	辛未	壬申	癸酉	甲戌	己未立春 甲戌雨水 乙巳日食
		西曆	16	17	18	19	20	21	22	23	24	25	26	27	28	29	30	31	(2)	2	3	4	5	6	7	8	9	10	11	12	13	14	
		星期	三	四	五	六	日	一	二	三	四	五	六	日	一	二	三	四	五	六	日	一	二	三	四	五	六	日	一	二	三	四	
二月大	己卯	天干地支	乙亥	丙子	丁丑	戊寅	己卯	庚辰	辛巳	壬午	癸未	甲申	乙酉	丙戌	丁亥	戊子	己丑	庚寅	辛卯	壬辰	癸巳	甲午	乙未	丙申	丁酉	戊戌	己亥	庚子	辛丑	壬寅	癸卯	甲辰	己丑驚蟄 甲辰春分
		西曆	15	16	17	18	19	20	21	22	23	24	25	26	27	28	(3)	2	3	4	5	6	7	8	9	10	11	12	13	14	15	16	
		星期	五	六	日	一	二	三	四	五	六	日	一	二	三	四	五	六	日	一	二	三	四	五	六	日	一	二	三	四	五	六	
閏二月小	己卯	天干地支	乙巳	丙午	丁未	戊申	己酉	庚戌	辛亥	壬子	癸丑	甲寅	乙卯	丙辰	丁巳	戊午	己未	庚申	辛酉	壬戌	癸亥	甲子	乙丑	丙寅	丁卯	戊辰	己巳	庚午	辛未	壬申	癸酉		庚申清明
		西曆	17	18	19	20	21	22	23	24	25	26	27	28	29	30	31	(4)	2	3	4	5	6	7	8	9	10	11	12	13	14		
		星期	日	一	二	三	四	五	六	日	一	二	三	四	五	六	日	一	二	三	四	五	六	日	一	二	三	四	五	六	日		
三月大	庚辰	天干地支	甲戌	乙亥	丙子	丁丑	戊寅	己卯	庚辰	辛巳	壬午	癸未	甲申	乙酉	丙戌	丁亥	戊子	己丑	庚寅	辛卯	壬辰	癸巳	甲午	乙未	丙申	丁酉	戊戌	己亥	庚子	辛丑	壬寅	癸卯	乙亥穀雨 庚寅立夏
		西曆	15	16	17	18	19	20	21	22	23	24	25	26	27	28	29	30	(5)	2	3	4	5	6	7	8	9	10	11	12	13	14	
		星期	一	二	三	四	五	六	日	一	二	三	四	五	六	日	一	二	三	四	五	六	日	一	二	三	四	五	六	日	一	二	
四月大	辛巳	天干地支	甲辰	乙巳	丙午	丁未	戊申	己酉	庚戌	辛亥	壬子	癸丑	甲寅	乙卯	丙辰	丁巳	戊午	己未	庚申	辛酉	壬戌	癸亥	甲子	乙丑	丙寅	丁卯	戊辰	己巳	庚午	辛未	壬申	癸酉	乙巳小滿 辛酉芒種
		西曆	15	16	17	18	19	20	21	22	23	24	25	26	27	28	29	30	31	(6)	2	3	4	5	6	7	8	9	10	11	12	13	
		星期	三	四	五	六	日	一	二	三	四	五	六	日	一	二	三	四	五	六	日	一	二	三	四	五	六	日	一	二	三	四	
五月小	壬午	天干地支	甲戌	乙亥	丙子	丁丑	戊寅	己卯	庚辰	辛巳	壬午	癸未	甲申	乙酉	丙戌	丁亥	戊子	己丑	庚寅	辛卯	壬辰	癸巳	甲午	乙未	丙申	丁酉	戊戌	己亥	庚子	辛丑	壬寅		丙子夏至 辛卯小暑
		西曆	14	15	16	17	18	19	20	21	22	23	24	25	26	27	28	29	30	(7)	2	3	4	5	6	7	8	9	10	11	12		
		星期	五	六	日	一	二	三	四	五	六	日	一	二	三	四	五	六	日	一	二	三	四	五	六	日	一	二	三	四	五		
六月小	癸未	天干地支	癸卯	甲辰	乙巳	丙午	丁未	戊申	己酉	庚戌	辛亥	壬子	癸丑	甲寅	乙卯	丙辰	丁巳	戊午	己未	庚申	辛酉	壬戌	癸亥	甲子	乙丑	丙寅	丁卯	戊辰	己巳	庚午	辛未		丙午大暑 辛酉立秋
		西曆	13	14	15	16	17	18	19	20	21	22	23	24	25	26	27	28	29	30	31	(8)	2	3	4	5	6	7	8	9	10		
		星期	六	日	一	二	三	四	五	六	日	一	二	三	四	五	六	日	一	二	三	四	五	六	日	一	二	三	四	五	六		
七月大	甲申	天干地支	壬申	癸酉	甲戌	乙亥	丙子	丁丑	戊寅	己卯	庚辰	辛巳	壬午	癸未	甲申	乙酉	丙戌	丁亥	戊子	己丑	庚寅	辛卯	壬辰	癸巳	甲午	乙未	丙申	丁酉	戊戌	己亥	庚子	辛丑	丁丑處暑 壬辰白露
		西曆	11	12	13	14	15	16	17	18	19	20	21	22	23	24	25	26	27	28	29	30	31	(9)	2	3	4	5	6	7	8	9	
		星期	日	一	二	三	四	五	六	日	一	二	三	四	五	六	日	一	二	三	四	五	六	日	一	二	三	四	五	六	日	一	
八月小	乙酉	天干地支	壬寅	癸卯	甲辰	乙巳	丙午	丁未	戊申	己酉	庚戌	辛亥	壬子	癸丑	甲寅	乙卯	丙辰	丁巳	戊午	己未	庚申	辛酉	壬戌	癸亥	甲子	乙丑	丙寅	丁卯	戊辰	己巳	庚午		丁未秋分 壬戌寒露
		西曆	10	11	12	13	14	15	16	17	18	19	20	21	22	23	24	25	26	27	28	29	30	(10)	2	3	4	5	6	7	8		
		星期	二	三	四	五	六	日	一	二	三	四	五	六	日	一	二	三	四	五	六	日	一	二	三	四	五	六	日	一	二		
九月小	丙戌	天干地支	辛未	壬申	癸酉	甲戌	乙亥	丙子	丁丑	戊寅	己卯	庚辰	辛巳	壬午	癸未	甲申	乙酉	丙戌	丁亥	戊子	己丑	庚寅	辛卯	壬辰	癸巳	甲午	乙未	丙申	丁酉	戊戌	己亥		戊寅霜降 癸巳立冬
		西曆	9	10	11	12	13	14	15	16	17	18	19	20	21	22	23	24	25	26	27	28	29	30	31	(11)	2	3	4	5	6		
		星期	三	四	五	六	日	一	二	三	四	五	六	日	一	二	三	四	五	六	日	一	二	三	四	五	六	日	一	二	三		
十月大	丁亥	天干地支	庚子	辛丑	壬寅	癸卯	甲辰	乙巳	丙午	丁未	戊申	己酉	庚戌	辛亥	壬子	癸丑	甲寅	乙卯	丙辰	丁巳	戊午	己未	庚申	辛酉	壬戌	癸亥	甲子	乙丑	丙寅	丁卯	戊辰	己巳	戊申小雪 癸亥大雪
		西曆	7	8	9	10	11	12	13	14	15	16	17	18	19	20	21	22	23	24	25	26	27	28	29	30	(12)	2	3	4	5	6	
		星期	四	五	六	日	一	二	三	四	五	六	日	一	二	三	四	五	六	日	一	二	三	四	五	六	日	一	二	三	四	五	
十一月小	戊子	天干地支	庚午	辛未	壬申	癸酉	甲戌	乙亥	丙子	丁丑	戊寅	己卯	庚辰	辛巳	壬午	癸未	甲申	乙酉	丙戌	丁亥	戊子	己丑	庚寅	辛卯	壬辰	癸巳	甲午	乙未	丙申	丁酉	戊戌		戊寅冬至 甲午小寒
		西曆	7	8	9	10	11	12	13	14	15	16	17	18	19	20	21	22	23	24	25	26	27	28	29	30	31	(1)	2	3	4		
		星期	六	日	一	二	三	四	五	六	日	一	二	三	四	五	六	日	一	二	三	四	五	六	日	一	二	三	四	五	六		
十二月大	己丑	天干地支	己亥	庚子	辛丑	壬寅	癸卯	甲辰	乙巳	丙午	丁未	戊申	己酉	庚戌	辛亥	壬子	癸丑	甲寅	乙卯	丙辰	丁巳	戊午	己未	庚申	辛酉	壬戌	癸亥	甲子	乙丑	丙寅	丁卯	戊辰	己酉大寒 甲子立春
		西曆	5	6	7	8	9	10	11	12	13	14	15	16	17	18	19	20	21	22	23	24	25	26	27	28	29	30	31	(2)	2	3	
		星期	日	一	二	三	四	五	六	日	一	二	三	四	五	六	日	一	二	三	四	五	六	日	一	二	三	四	五	六	日	一	

宋高宗紹興六年（丙辰 龍年） 公元1136 ~ 1137年

夏曆月序		中西曆日對照	初一	初二	初三	初四	初五	初六	初七	初八	初九	初十	十一	十二	十三	十四	十五	十六	十七	十八	十九	二十	二一	二二	二三	二四	二五	二六	二七	二八	二九	三十	節氣與天象
正月大	庚寅	天干地支 西曆 星期	己巳 4 二	庚午 5 三	辛未 6 四	壬申 7 五	癸酉 8 六	甲戌 9 日	乙亥 10 一	丙子 11 二	丁丑 12 三	戊寅 13 四	己卯 14 五	庚辰 15 六	辛巳 16 日	壬午 17 一	癸未 18 二	甲申 19 三	乙酉 20 四	丙戌 21 五	丁亥 22 六	戊子 23 日	己丑 24 一	庚寅 25 二	辛卯 26 三	壬辰 27 四	癸巳 28 五	甲午 29 六	乙未 (3) 日	丙申 2 一	丁酉 3 二	戊戌 4 三	己卯雨水 乙未驚蟄
二月小	辛卯	天干地支 西曆 星期	己亥 5 四	庚子 6 五	辛丑 7 六	壬寅 8 日	癸卯 9 一	甲辰 10 二	乙巳 11 三	丙午 12 四	丁未 13 五	戊申 14 六	己酉 15 日	庚戌 16 一	辛亥 17 二	壬子 18 三	癸丑 19 四	甲寅 20 五	乙卯 21 六	丙辰 22 日	丁巳 23 一	戊午 24 二	己未 25 三	庚申 26 四	辛酉 27 五	壬戌 28 六	癸亥 29 日	甲子 30 一	乙丑 31 二	丙寅 (4) 三	丁卯 2 四		庚戌春分 乙丑清明
三月大	壬辰	天干地支 西曆 星期	戊辰 3 五	己巳 4 六	庚午 5 日	辛未 6 一	壬申 7 二	癸酉 8 三	甲戌 9 四	乙亥 10 五	丙子 11 六	丁丑 12 日	戊寅 13 一	己卯 14 二	庚辰 15 三	辛巳 16 四	壬午 17 五	癸未 18 六	甲申 19 日	乙酉 20 一	丙戌 21 二	丁亥 22 三	戊子 23 四	己丑 24 五	庚寅 25 六	辛卯 26 日	壬辰 27 一	癸巳 28 二	甲午 29 三	乙未 30 四	丙申 (5) 五	丁酉 2 六	庚辰穀雨 乙未立夏
四月大	癸巳	天干地支 西曆 星期	戊戌 3 日	己亥 4 一	庚子 5 二	辛丑 6 三	壬寅 7 四	癸卯 8 五	甲辰 9 六	乙巳 10 日	丙午 11 一	丁未 12 二	戊申 13 三	己酉 14 四	庚戌 15 五	辛亥 16 六	壬子 17 日	癸丑 18 一	甲寅 19 二	乙卯 20 三	丙辰 21 四	丁巳 22 五	戊午 23 六	己未 24 日	庚申 25 一	辛酉 26 二	壬戌 27 三	癸亥 28 四	甲子 29 五	乙丑 30 六	丙寅 31 日	丁卯 (6) 一	辛亥小滿 丙寅芒種
五月小	甲午	天干地支 西曆 星期	戊辰 2 二	己巳 3 三	庚午 4 四	辛未 5 五	壬申 6 六	癸酉 7 日	甲戌 8 一	乙亥 9 二	丙子 10 三	丁丑 11 四	戊寅 12 五	己卯 13 六	庚辰 14 日	辛巳 15 一	壬午 16 二	癸未 17 三	甲申 18 四	乙酉 19 五	丙戌 20 六	丁亥 21 日	戊子 22 一	己丑 23 二	庚寅 24 三	辛卯 25 四	壬辰 26 五	癸巳 27 六	甲午 28 日	乙未 29 一	丙申 30 二		辛巳夏至 丙申小暑
六月大	乙未	天干地支 西曆 星期	丁酉 (7) 三	戊戌 2 四	己亥 3 五	庚子 4 六	辛丑 5 日	壬寅 6 一	癸卯 7 二	甲辰 8 三	乙巳 9 四	丙午 10 五	丁未 11 六	戊申 12 日	己酉 13 一	庚戌 14 二	辛亥 15 三	壬子 16 四	癸丑 17 五	甲寅 18 六	乙卯 19 日	丙辰 20 一	丁巳 21 二	戊午 22 三	己未 23 四	庚申 24 五	辛酉 25 六	壬戌 26 日	癸亥 27 一	甲子 28 二	乙丑 29 三	丙寅 30 四	辛亥大暑
七月小	丙申	天干地支 西曆 星期	丁卯 31 五	戊辰 (8) 六	己巳 2 日	庚午 3 一	辛未 4 二	壬申 5 三	癸酉 6 四	甲戌 7 五	乙亥 8 六	丙子 9 日	丁丑 10 一	戊寅 11 二	己卯 12 三	庚辰 13 四	辛巳 14 五	壬午 15 六	癸未 16 日	甲申 17 一	乙酉 18 二	丙戌 19 三	丁亥 20 四	戊子 21 五	己丑 22 六	庚寅 23 日	辛卯 24 一	壬辰 25 二	癸巳 26 三	甲午 27 四	乙未 28 五		丁卯立秋 壬午處暑
八月大	丁酉	天干地支 西曆 星期	丙申 29 六	丁酉 30 日	戊戌 31 一	己亥 (9) 二	庚子 2 三	辛丑 3 四	壬寅 4 五	癸卯 5 六	甲辰 6 日	乙巳 7 一	丙午 8 二	丁未 9 三	戊申 10 四	己酉 11 五	庚戌 12 六	辛亥 13 日	壬子 14 一	癸丑 15 二	甲寅 16 三	乙卯 17 四	丙辰 18 五	丁巳 19 六	戊午 20 日	己未 21 一	庚申 22 二	辛酉 23 三	壬戌 24 四	癸亥 25 五	甲子 26 六	乙丑 27 日	丁酉白露 壬子秋分
九月小	戊戌	天干地支 西曆 星期	丙寅 28 一	丁卯 29 二	戊辰 30 三	己巳 (10) 四	庚午 2 五	辛未 3 六	壬申 4 日	癸酉 5 一	甲戌 6 二	乙亥 7 三	丙子 8 四	丁丑 9 五	戊寅 10 六	己卯 11 日	庚辰 12 一	辛巳 13 二	壬午 14 三	癸未 15 四	甲申 16 五	乙酉 17 六	丙戌 18 日	丁亥 19 一	戊子 20 二	己丑 21 三	庚寅 22 四	辛卯 23 五	壬辰 24 六	癸巳 25 日	甲午 26 一		戊辰寒露 癸未霜降
十月大	己亥	天干地支 西曆 星期	乙未 27 二	丙申 28 三	丁酉 29 四	戊戌 30 五	己亥 31 六	庚子 (11) 日	辛丑 2 一	壬寅 3 二	癸卯 4 三	甲辰 5 四	乙巳 6 五	丙午 7 六	丁未 8 日	戊申 9 一	己酉 10 二	庚戌 11 三	辛亥 12 四	壬子 13 五	癸丑 14 六	甲寅 15 日	乙卯 16 一	丙辰 17 二	丁巳 18 三	戊午 19 四	己未 20 五	庚申 21 六	辛酉 22 日	壬戌 23 一	癸亥 24 二	甲子 25 三	戊戌立冬 癸丑小雪
十一月小	庚子	天干地支 西曆 星期	乙丑 26 四	丙寅 27 五	丁卯 28 六	戊辰 29 日	己巳 30 一	庚午 (12) 二	辛未 2 三	壬申 3 四	癸酉 4 五	甲戌 5 六	乙亥 6 日	丙子 7 一	丁丑 8 二	戊寅 9 三	己卯 10 四	庚辰 11 五	辛巳 12 六	壬午 13 日	癸未 14 一	甲申 15 二	乙酉 16 三	丙戌 17 四	丁亥 18 五	戊子 19 六	己丑 20 日	庚寅 21 一	辛卯 22 二	壬辰 23 三	癸巳 24 四		戊辰大雪 甲申冬至
十二月小	辛丑	天干地支 西曆 星期	甲午 25 五	乙未 26 六	丙申 27 日	丁酉 28 一	戊戌 29 二	己亥 30 三	庚子 31 四	辛丑 (1) 五	壬寅 2 六	癸卯 3 日	甲辰 4 一	乙巳 5 二	丙午 6 三	丁未 7 四	戊申 8 五	己酉 9 六	庚戌 10 日	辛亥 11 一	壬子 12 二	癸丑 13 三	甲寅 14 四	乙卯 15 五	丙辰 16 六	丁巳 17 日	戊午 18 一	己未 19 二	庚申 20 三	辛酉 21 四	壬戌 22 五		己亥小寒 甲寅大寒

宋高宗紹興七年（丁巳 蛇年） 公元 1137 ~ 1138 年

夏曆月序		中西曆日對照	初一	初二	初三	初四	初五	初六	初七	初八	初九	初十	十一	十二	十三	十四	十五	十六	十七	十八	十九	二十	二一	二二	二三	二四	二五	二六	二七	二八	二九	三十	節氣與天象
正月大	壬寅	天干地支 西曆 星期	癸亥 23 六	甲子 24 日	乙丑 25 一	丙寅 26 二	丁卯 27 三	戊辰 28 四	己巳 29 五	庚午 30 六	辛未 31 日	壬申 (2) 一	癸酉 2 二	甲戌 3 三	乙亥 4 四	丙子 5 五	丁丑 6 六	戊寅 7 日	己卯 8 一	庚辰 9 二	辛巳 10 三	壬午 11 四	癸未 12 五	甲申 13 六	乙酉 14 日	丙戌 15 一	丁亥 16 二	戊子 17 三	己丑 18 四	庚寅 19 五	辛卯 20 六	壬辰 21 日	己巳立春 乙酉雨水
二月大	癸卯	天干地支 西曆 星期	癸巳 22 一	甲午 23 二	乙未 24 三	丙申 25 四	丁酉 26 五	戊戌 27 六	己亥 28 日	庚子 (3) 一	辛丑 2 二	壬寅 3 三	癸卯 4 四	甲辰 5 五	乙巳 6 六	丙午 7 日	丁未 8 一	戊申 9 二	己酉 10 三	庚戌 11 四	辛亥 12 五	壬子 13 六	癸丑 14 日	甲寅 15 一	乙卯 16 二	丙辰 17 三	丁巳 18 四	戊午 19 五	己未 20 六	庚申 21 日	辛酉 22 一	壬戌 23 二	庚子驚蟄 乙卯春分
三月小	甲辰	天干地支 西曆 星期	癸亥 24 三	甲子 25 四	乙丑 26 五	丙寅 27 六	丁卯 28 日	戊辰 29 一	己巳 30 二	庚午 31 三	辛未 (4) 四	壬申 2 五	癸酉 3 六	甲戌 4 日	乙亥 5 一	丙子 6 二	丁丑 7 三	戊寅 8 四	己卯 9 五	庚辰 10 六	辛巳 11 日	壬午 12 一	癸未 13 二	甲申 14 三	乙酉 15 四	丙戌 16 五	丁亥 17 六	戊子 18 日	己丑 19 一	庚寅 20 二	辛卯 21 三		庚午清明 乙酉穀雨
四月大	乙巳	天干地支 西曆 星期	壬辰 22 四	癸巳 23 五	甲午 24 六	乙未 25 日	丙申 26 一	丁酉 27 二	戊戌 28 三	己亥 29 四	庚子 30 五	辛丑 (5) 六	壬寅 2 日	癸卯 3 一	甲辰 4 二	乙巳 5 三	丙午 6 四	丁未 7 五	戊申 8 六	己酉 9 日	庚戌 10 一	辛亥 11 二	壬子 12 三	癸丑 13 四	甲寅 14 五	乙卯 15 六	丙辰 16 日	丁巳 17 一	戊午 18 二	己未 19 三	庚申 20 四	辛酉 21 五	辛丑立夏 丙辰小滿
五月小	丙午	天干地支 西曆 星期	壬戌 22 六	癸亥 23 日	甲子 24 一	乙丑 25 二	丙寅 26 三	丁卯 27 四	戊辰 28 五	己巳 29 六	庚午 30 日	辛未 31 一	壬申 (6) 二	癸酉 2 三	甲戌 3 四	乙亥 4 五	丙子 5 六	丁丑 6 日	戊寅 7 一	己卯 8 二	庚辰 9 三	辛巳 10 四	壬午 11 五	癸未 12 六	甲申 13 日	乙酉 14 一	丙戌 15 二	丁亥 16 三	戊子 17 四	己丑 18 五	庚寅 19 六		辛未芒種 丙戌夏至
六月大	丁未	天干地支 西曆 星期	辛卯 20 日	壬辰 21 一	癸巳 22 二	甲午 23 三	乙未 24 四	丙申 25 五	丁酉 26 六	戊戌 27 日	己亥 28 一	庚子 29 二	辛丑 30 三	壬寅 (7) 四	癸卯 2 五	甲辰 3 六	乙巳 4 日	丙午 5 一	丁未 6 二	戊申 7 三	己酉 8 四	庚戌 9 五	辛亥 10 六	壬子 11 日	癸丑 12 一	甲寅 13 二	乙卯 14 三	丙辰 15 四	丁巳 16 五	戊午 17 六	己未 18 日	庚申 19 一	壬寅小暑 丁巳大暑
七月大	戊申	天干地支 西曆 星期	辛酉 20 二	壬戌 21 三	癸亥 22 四	甲子 23 五	乙丑 24 六	丙寅 25 日	丁卯 26 一	戊辰 27 二	己巳 28 三	庚午 29 四	辛未 30 五	壬申 31 六	癸酉 (8) 日	甲戌 2 一	乙亥 3 二	丙子 4 三	丁丑 5 四	戊寅 6 五	己卯 7 六	庚辰 8 日	辛巳 9 一	壬午 10 二	癸未 11 三	甲申 12 四	乙酉 13 五	丙戌 14 六	丁亥 15 日	戊子 16 一	己丑 17 二	庚寅 18 三	壬申立秋 丁亥處暑
八月小	己酉	天干地支 西曆 星期	辛卯 19 四	壬辰 20 五	癸巳 21 六	甲午 22 日	乙未 23 一	丙申 24 二	丁酉 25 三	戊戌 26 四	己亥 27 五	庚子 28 六	辛丑 29 日	壬寅 30 一	癸卯 31 二	甲辰 (9) 三	乙巳 2 四	丙午 3 五	丁未 4 六	戊申 5 日	己酉 6 一	庚戌 7 二	辛亥 8 三	壬子 9 四	癸丑 10 五	甲寅 11 六	乙卯 12 日	丙辰 13 一	丁巳 14 二	戊午 15 三	己未 16 四		壬寅白露 戊午秋分
九月大	庚戌	天干地支 西曆 星期	庚申 17 五	辛酉 18 六	壬戌 19 日	癸亥 20 一	甲子 21 二	乙丑 22 三	丙寅 23 四	丁卯 24 五	戊辰 25 六	己巳 26 日	庚午 27 一	辛未 28 二	壬申 29 三	癸酉 30 四	甲戌 (10) 五	乙亥 2 六	丙子 3 日	丁丑 4 一	戊寅 5 二	己卯 6 三	庚辰 7 四	辛巳 8 五	壬午 9 六	癸未 10 日	甲申 11 一	乙酉 12 二	丙戌 13 三	丁亥 14 四	戊子 15 五	己丑 16 六	癸酉寒露 戊子霜降
十月小	辛亥	天干地支 西曆 星期	庚寅 17 日	辛卯 18 一	壬辰 19 二	癸巳 20 三	甲午 21 四	乙未 22 五	丙申 23 六	丁酉 24 日	戊戌 25 一	己亥 26 二	庚子 27 三	辛丑 28 四	壬寅 29 五	癸卯 30 六	甲辰 31 日	乙巳 (11) 一	丙午 2 二	丁未 3 三	戊申 4 四	己酉 5 五	庚戌 6 六	辛亥 7 日	壬子 8 一	癸丑 9 二	甲寅 10 三	乙卯 11 四	丙辰 12 五	丁巳 13 六	戊午 14 日		癸卯立冬 戊午小雪
閏十月大	辛亥	天干地支 西曆 星期	己未 15 一	庚申 16 二	辛酉 17 三	壬戌 18 四	癸亥 19 五	甲子 20 六	乙丑 21 日	丙寅 22 一	丁卯 23 二	戊辰 24 三	己巳 25 四	庚午 26 五	辛未 27 六	壬申 28 日	癸酉 29 一	甲戌 30 二	乙亥 (12) 三	丙子 2 四	丁丑 3 五	戊寅 4 六	己卯 5 日	庚辰 6 一	辛巳 7 二	壬午 8 三	癸未 9 四	甲申 10 五	乙酉 11 六	丙戌 12 日	丁亥 13 一	戊子 14 二	甲戌大雪
十一月小	壬子	天干地支 西曆 星期	己丑 15 三	庚寅 16 四	辛卯 17 五	壬辰 18 六	癸巳 19 日	甲午 20 一	乙未 21 二	丙申 22 三	丁酉 23 四	戊戌 24 五	己亥 25 六	庚子 26 日	辛丑 27 一	壬寅 28 二	癸卯 29 三	甲辰 30 四	乙巳 31 五	丙午 (1) 六	丁未 2 日	戊申 3 一	己酉 4 二	庚戌 5 三	辛亥 6 四	壬子 7 五	癸丑 8 六	甲寅 9 日	乙卯 10 一	丙辰 11 二	丁巳 12 三		己丑冬至 甲辰小寒
十二月大	癸丑	天干地支 西曆 星期	戊午 13 四	己未 14 五	庚申 15 六	辛酉 16 日	壬戌 17 一	癸亥 18 二	甲子 19 三	乙丑 20 四	丙寅 21 五	丁卯 22 六	戊辰 23 日	己巳 24 一	庚午 25 二	辛未 26 三	壬申 27 四	癸酉 28 五	甲戌 29 六	乙亥 30 日	丙子 31 一	丁丑 (2) 二	戊寅 2 三	己卯 3 四	庚辰 4 五	辛巳 5 六	壬午 6 日	癸未 7 一	甲申 8 二	乙酉 9 三	丙戌 10 四	丁亥 11 五	己未大寒 乙亥立春

宋高宗紹興八年（戊午 馬年） 公元 1138 ~ 1139 年

夏曆月序		中西曆日對照	初一	初二	初三	初四	初五	初六	初七	初八	初九	初十	十一	十二	十三	十四	十五	十六	十七	十八	十九	二十	二一	二二	二三	二四	二五	二六	二七	二八	二九	三十	節氣與天象
正月小	甲寅	天干地支 西曆星期	戊子 12 六	己丑 13 日	庚寅 14 一	辛卯 15 二	壬辰 16 三	癸巳 17 四	甲午 18 五	乙未 19 六	丙申 20 日	丁酉 21 一	戊戌 22 二	己亥 23 三	庚子 24 四	辛丑 25 五	壬寅 26 六	癸卯 27 日	甲辰 28 一	乙巳 (3) 二	丙午 2 三	丁未 3 四	戊申 4 五	己酉 5 六	庚戌 6 日	辛亥 7 一	壬子 8 二	癸丑 9 三	甲寅 10 四	乙卯 11 五	丙辰 12 六		庚寅雨水 乙巳驚蟄
二月小	乙卯	天干地支 西曆星期	丁巳 13 日	戊午 14 一	己未 15 二	庚申 16 三	辛酉 17 四	壬戌 18 五	癸亥 19 六	甲子 20 日	乙丑 21 一	丙寅 22 二	丁卯 23 三	戊辰 24 四	己巳 25 五	庚午 26 六	辛未 27 日	壬申 28 一	癸酉 29 二	甲戌 30 三	乙亥 31 四	丙子 (4) 五	丁丑 2 六	戊寅 3 日	己卯 4 一	庚辰 5 二	辛巳 6 三	壬午 7 四	癸未 8 五	甲申 9 六	乙酉 10 日		庚申春分 乙亥清明
三月大	丙辰	天干地支 西曆星期	丙戌 11 一	丁亥 12 二	戊子 13 三	己丑 14 四	庚寅 15 五	辛卯 16 六	壬辰 17 日	癸巳 18 一	甲午 19 二	乙未 20 三	丙申 21 四	丁酉 22 五	戊戌 23 六	己亥 24 日	庚子 25 一	辛丑 26 二	壬寅 27 三	癸卯 28 四	甲辰 29 五	乙巳 30 六	丙午 (5) 日	丁未 2 一	戊申 3 二	己酉 4 三	庚戌 5 四	辛亥 6 五	壬子 7 六	癸丑 8 日	甲寅 9 一	乙卯 10 二	辛卯穀雨 丙午立夏
四月小	丁巳	天干地支 西曆星期	丙辰 11 三	丁巳 12 四	戊午 13 五	己未 14 六	庚申 15 日	辛酉 16 一	壬戌 17 二	癸亥 18 三	甲子 19 四	乙丑 20 五	丙寅 21 六	丁卯 22 日	戊辰 23 一	己巳 24 二	庚午 25 三	辛未 26 四	壬申 27 五	癸酉 28 六	甲戌 29 日	乙亥 30 一	丙子 31 二	丁丑 (6) 三	戊寅 2 四	己卯 3 五	庚辰 4 六	辛巳 5 日	壬午 6 一	癸未 7 二	甲申 8 三		辛酉小滿 丙子芒種
五月大	戊午	天干地支 西曆星期	乙酉 9 四	丙戌 10 五	丁亥 11 六	戊子 12 日	己丑 13 一	庚寅 14 二	辛卯 15 三	壬辰 16 四	癸巳 17 五	甲午 18 六	乙未 19 日	丙申 20 一	丁酉 21 二	戊戌 22 三	己亥 23 四	庚子 24 五	辛丑 25 六	壬寅 26 日	癸卯 27 一	甲辰 28 二	乙巳 29 三	丙午 30 四	丁未 (7) 五	戊申 2 六	己酉 3 日	庚戌 4 一	辛亥 5 二	壬子 6 三	癸丑 7 四	甲寅 8 五	壬辰夏至 丁未小暑
六月大	己未	天干地支 西曆星期	乙卯 9 六	丙辰 10 日	丁巳 11 一	戊午 12 二	己未 13 三	庚申 14 四	辛酉 15 五	壬戌 16 六	癸亥 17 日	甲子 18 一	乙丑 19 二	丙寅 20 三	丁卯 21 四	戊辰 22 五	己巳 23 六	庚午 24 日	辛未 25 一	壬申 26 二	癸酉 27 三	甲戌 28 四	乙亥 29 五	丙子 30 六	丁丑 31 日	戊寅 (8) 一	己卯 2 二	庚辰 3 三	辛巳 4 四	壬午 5 五	癸未 6 六	甲申 7 日	壬戌大暑 丁丑立秋
七月小	庚申	天干地支 西曆星期	乙酉 8 一	丙戌 9 二	丁亥 10 三	戊子 11 四	己丑 12 五	庚寅 13 六	辛卯 14 日	壬辰 15 一	癸巳 16 二	甲午 17 三	乙未 18 四	丙申 19 五	丁酉 20 六	戊戌 21 日	己亥 22 一	庚子 23 二	辛丑 24 三	壬寅 25 四	癸卯 26 五	甲辰 27 六	乙巳 28 日	丙午 29 一	丁未 30 二	戊申 31 三	己酉 (9) 四	庚戌 2 五	辛亥 3 六	壬子 4 日	癸丑 5 一		壬辰處暑 戊申白露
八月大	辛酉	天干地支 西曆星期	甲寅 6 二	乙卯 7 三	丙辰 8 四	丁巳 9 五	戊午 10 六	己未 11 日	庚申 12 一	辛酉 13 二	壬戌 14 三	癸亥 15 四	甲子 16 五	乙丑 17 六	丙寅 18 日	丁卯 19 一	戊辰 20 二	己巳 21 三	庚午 22 四	辛未 23 五	壬申 24 六	癸酉 25 日	甲戌 26 一	乙亥 27 二	丙子 28 三	丁丑 29 四	戊寅 30 五	己卯 (10) 六	庚辰 2 日	辛巳 3 一	壬午 4 二	癸未 5 三	癸亥秋分 戊寅寒露
九月大	壬戌	天干地支 西曆星期	甲申 6 四	乙酉 7 五	丙戌 8 六	丁亥 9 日	戊子 10 一	己丑 11 二	庚寅 12 三	辛卯 13 四	壬辰 14 五	癸巳 15 六	甲午 16 日	乙未 17 一	丙申 18 二	丁酉 19 三	戊戌 20 四	己亥 21 五	庚子 22 六	辛丑 23 日	壬寅 24 一	癸卯 25 二	甲辰 26 三	乙巳 27 四	丙午 28 五	丁未 29 六	戊申 30 日	己酉 31 一	庚戌 (11) 二	辛亥 2 三	壬子 3 四	癸丑 4 五	癸巳霜降 己酉立冬
十月小	癸亥	天干地支 西曆星期	甲寅 5 六	乙卯 6 日	丙辰 7 一	丁巳 8 二	戊午 9 三	己未 10 四	庚申 11 五	辛酉 12 六	壬戌 13 日	癸亥 14 一	甲子 15 二	乙丑 16 三	丙寅 17 四	丁卯 18 五	戊辰 19 六	己巳 20 日	庚午 21 一	辛未 22 二	壬申 23 三	癸酉 24 四	甲戌 25 五	乙亥 26 六	丙子 27 日	丁丑 28 一	戊寅 29 二	己卯 30 三	庚辰 (12) 四	辛巳 2 五	壬午 3 六		甲子小雪 己卯大雪
十一月大	甲子	天干地支 西曆星期	癸未 4 日	甲申 5 一	乙酉 6 二	丙戌 7 三	丁亥 8 四	戊子 9 五	己丑 10 六	庚寅 11 日	辛卯 12 一	壬辰 13 二	癸巳 14 三	甲午 15 四	乙未 16 五	丙申 17 六	丁酉 18 日	戊戌 19 一	己亥 20 二	庚子 21 三	辛丑 22 四	壬寅 23 五	癸卯 24 六	甲辰 25 日	乙巳 26 一	丙午 27 二	丁未 28 三	戊申 29 四	己酉 30 五	庚戌 31 六	辛亥 (1) 日	壬子 2 一	甲午冬至 己酉小寒
十二月小	乙丑	天干地支 西曆星期	癸丑 3 二	甲寅 4 三	乙卯 5 四	丙辰 6 五	丁巳 7 六	戊午 8 日	己未 9 一	庚申 10 二	辛酉 11 三	壬戌 12 四	癸亥 13 五	甲子 14 六	乙丑 15 日	丙寅 16 一	丁卯 17 二	戊辰 18 三	己巳 19 四	庚午 20 五	辛未 21 六	壬申 22 日	癸酉 23 一	甲戌 24 二	乙亥 25 三	丙子 26 四	丁丑 27 五	戊寅 28 六	己卯 29 日	庚辰 30 一	辛巳 31 二		乙丑大寒 庚辰立春

* 是歲，定都臨安（今浙江杭州）。

宋高宗紹興九年（己未 羊年） 公元 1139 ~ 1140 年

夏曆月序		中西曆日對照	夏曆日序																														節氣與天象
			初一	初二	初三	初四	初五	初六	初七	初八	初九	初十	十一	十二	十三	十四	十五	十六	十七	十八	十九	二十	二一	二二	二三	二四	二五	二六	二七	二八	二九	三十	
正月大	丙寅	干支 西曆 星期	壬午 (2) 三	癸未 2 四	甲申 3 五	乙酉 4 六	丙戌 5 日	丁亥 6 一	戊子 7 二	己丑 8 三	庚寅 9 四	辛卯 10 五	壬辰 11 六	癸巳 12 日	甲午 13 一	乙未 14 二	丙申 15 三	丁酉 16 四	戊戌 17 五	己亥 18 六	庚子 19 日	辛丑 20 一	壬寅 21 二	癸卯 22 三	甲辰 23 四	乙巳 24 五	丙午 25 六	丁未 26 日	戊申 27 一	己酉 28 二	庚戌 (3) 三	辛亥 2 四	乙未雨水 庚戌驚蟄
二月小	丁卯	干支 西曆 星期	壬子 3 五	癸丑 4 六	甲寅 5 日	乙卯 6 一	丙辰 7 二	丁巳 8 三	戊午 9 四	己未 10 五	庚申 11 六	辛酉 12 日	壬戌 13 一	癸亥 14 二	甲子 15 三	乙丑 16 四	丙寅 17 五	丁卯 18 六	戊辰 19 日	己巳 20 一	庚午 21 二	辛未 22 三	壬申 23 四	癸酉 24 五	甲戌 25 六	乙亥 26 日	丙子 27 一	丁丑 28 二	戊寅 29 三	己卯 30 四	庚辰 31 五		乙丑春分
三月小	戊辰	干支 西曆 星期	辛巳 (4) 六	壬午 2 日	癸未 3 一	甲申 4 二	乙酉 5 三	丙戌 6 四	丁亥 7 五	戊子 8 六	己丑 9 日	庚寅 10 一	辛卯 11 二	壬辰 12 三	癸巳 13 四	甲午 14 五	乙未 15 六	丙申 16 日	丁酉 17 一	戊戌 18 二	己亥 19 三	庚子 20 四	辛丑 21 五	壬寅 22 六	癸卯 23 日	甲辰 24 一	乙巳 25 二	丙午 26 三	丁未 27 四	戊申 28 五	己酉 29 六		辛巳清明 丙申穀雨
四月大	己巳	干支 西曆 星期	庚戌 30 日	辛亥 (5) 一	壬子 2 二	癸丑 3 三	甲寅 4 四	乙卯 5 五	丙辰 6 六	丁巳 7 日	戊午 8 一	己未 9 二	庚申 10 三	辛酉 11 四	壬戌 12 五	癸亥 13 六	甲子 14 日	乙丑 15 一	丙寅 16 二	丁卯 17 三	戊辰 18 四	己巳 19 五	庚午 20 六	辛未 21 日	壬申 22 一	癸酉 23 二	甲戌 24 三	乙亥 25 四	丙子 26 五	丁丑 27 六	戊寅 28 日	己卯 29 一	辛亥立夏 丙寅小滿
五月小	庚午	干支 西曆 星期	庚辰 30 二	辛巳 31 三	壬午 (6) 四	癸未 2 五	甲申 3 六	乙酉 4 日	丙戌 5 一	丁亥 6 二	戊子 7 三	己丑 8 四	庚寅 9 五	辛卯 10 六	壬辰 11 日	癸巳 12 一	甲午 13 二	乙未 14 三	丙申 15 四	丁酉 16 五	戊戌 17 六	己亥 18 日	庚子 19 一	辛丑 20 二	壬寅 21 三	癸卯 22 四	甲辰 23 五	乙巳 24 六	丙午 25 日	丁未 26 一	戊申 27 二		壬午芒種 丁酉夏至
六月大	辛未	干支 西曆 星期	己酉 28 三	庚戌 29 四	辛亥 30 五	壬子 (7) 六	癸丑 2 日	甲寅 3 一	乙卯 4 二	丙辰 5 三	丁巳 6 四	戊午 7 五	己未 8 六	庚申 9 日	辛酉 10 一	壬戌 11 二	癸亥 12 三	甲子 13 四	乙丑 14 五	丙寅 15 六	丁卯 16 日	戊辰 17 一	己巳 18 二	庚午 19 三	辛未 20 四	壬申 21 五	癸酉 22 六	甲戌 23 日	乙亥 24 一	丙子 25 二	丁丑 26 三	戊寅 27 四	壬子小暑 丁卯大暑
七月小	壬申	干支 西曆 星期	己卯 28 五	庚辰 29 六	辛巳 30 日	壬午 31 一	癸未 (8) 二	甲申 2 三	乙酉 3 四	丙戌 4 五	丁亥 5 六	戊子 6 日	己丑 7 一	庚寅 8 二	辛卯 9 三	壬辰 10 四	癸巳 11 五	甲午 12 六	乙未 13 日	丙申 14 一	丁酉 15 二	戊戌 16 三	己亥 17 四	庚子 18 五	辛丑 19 六	壬寅 20 日	癸卯 21 一	甲辰 22 二	乙巳 23 三	丙午 24 四	丁未 25 五		壬午立秋 戊戌處暑
八月大	癸酉	干支 西曆 星期	戊申 26 六	己酉 27 日	庚戌 28 一	辛亥 29 二	壬子 30 三	癸丑 31 四	甲寅 (9) 五	乙卯 2 六	丙辰 3 日	丁巳 4 一	戊午 5 二	己未 6 三	庚申 7 四	辛酉 8 五	壬戌 9 六	癸亥 10 日	甲子 11 一	乙丑 12 二	丙寅 13 三	丁卯 14 四	戊辰 15 五	己巳 16 六	庚午 17 日	辛未 18 一	壬申 19 二	癸酉 20 三	甲戌 21 四	乙亥 22 五	丙子 23 六	丁丑 24 日	癸丑白露 戊辰秋分
九月大	甲戌	干支 西曆 星期	戊寅 25 一	己卯 26 二	庚辰 27 三	辛巳 28 四	壬午 29 五	癸未 30 六	甲申 (10) 日	乙酉 2 一	丙戌 3 二	丁亥 4 三	戊子 5 四	己丑 6 五	庚寅 7 六	辛卯 8 日	壬辰 9 一	癸巳 10 二	甲午 11 三	乙未 12 四	丙申 13 五	丁酉 14 六	戊戌 15 日	己亥 16 一	庚子 17 二	辛丑 18 三	壬寅 19 四	癸卯 20 五	甲辰 21 六	乙巳 22 日	丙午 23 一	丁未 24 二	癸未寒露 己亥霜降
十月大	乙亥	干支 西曆 星期	戊申 25 三	己酉 26 四	庚戌 27 五	辛亥 28 六	壬子 29 日	癸丑 30 一	甲寅 31 二	乙卯 (11) 三	丙辰 2 四	丁巳 3 五	戊午 4 六	己未 5 日	庚申 6 一	辛酉 7 二	壬戌 8 三	癸亥 9 四	甲子 10 五	乙丑 11 六	丙寅 12 日	丁卯 13 一	戊辰 14 二	己巳 15 三	庚午 16 四	辛未 17 五	壬申 18 六	癸酉 19 日	甲戌 20 一	乙亥 21 二	丙子 22 三	丁丑 23 四	甲寅立冬 己巳小雪
十一月小	丙子	干支 西曆 星期	戊寅 24 五	己卯 25 六	庚辰 26 日	辛巳 27 一	壬午 28 二	癸未 29 三	甲申 30 四	乙酉 (12) 五	丙戌 2 六	丁亥 3 日	戊子 4 一	己丑 5 二	庚寅 6 三	辛卯 7 四	壬辰 8 五	癸巳 9 六	甲午 10 日	乙未 11 一	丙申 12 二	丁酉 13 三	戊戌 14 四	己亥 15 五	庚子 16 六	辛丑 17 日	壬寅 18 一	癸卯 19 二	甲辰 20 三	乙巳 21 四	丙午 22 五		甲申大雪 己亥冬至
十二月大	丁丑	干支 西曆 星期	丁未 23 六	戊申 24 日	己酉 25 一	庚戌 26 二	辛亥 27 三	壬子 28 四	癸丑 29 五	甲寅 30 六	乙卯 31 日	丙辰 (1) 一	丁巳 2 二	戊午 3 三	己未 4 四	庚申 5 五	辛酉 6 六	壬戌 7 日	癸亥 8 一	甲子 9 二	乙丑 10 三	丙寅 11 四	丁卯 12 五	戊辰 13 六	己巳 14 日	庚午 15 一	辛未 16 二	壬申 17 三	癸酉 18 四	甲戌 19 五	乙亥 20 六	丙子 21 日	乙卯小寒 庚午大寒

宋高宗紹興十年（庚申 猴年） 公元 1140 ～ 1141 年

夏曆月序		中西曆日對照	夏曆日序																														節氣與天象
			初一	初二	初三	初四	初五	初六	初七	初八	初九	初十	十一	十二	十三	十四	十五	十六	十七	十八	十九	二十	二一	二二	二三	二四	二五	二六	二七	二八	二九	三十	
正月小	戊寅	天干地支 西曆 星期	丁丑 22 一	戊寅 23 二	己卯 24 三	庚辰 25 四	辛巳 26 五	壬午 27 六	癸未 28 日	甲申 29 一	乙酉 30 二	丙戌 31 三	丁亥 (2) 四	戊子 2 五	己丑 3 六	庚寅 4 日	辛卯 5 一	壬辰 6 二	癸巳 7 三	甲午 8 四	乙未 9 五	丙申 10 六	丁酉 11 日	戊戌 12 一	己亥 13 二	庚子 14 三	辛丑 15 四	壬寅 16 五	癸卯 17 六	甲辰 18 日	乙巳 19 一		乙酉立春 庚子雨水
二月大	己卯	天干地支 西曆 星期	丙午 20 二	丁未 21 三	戊申 22 四	己酉 23 五	庚戌 24 六	辛亥 25 日	壬子 26 一	癸丑 27 二	甲寅 28 三	乙卯 29 四	丙辰 (3) 五	丁巳 2 六	戊午 3 日	己未 4 一	庚申 5 二	辛酉 6 三	壬戌 7 四	癸亥 8 五	甲子 9 六	乙丑 10 日	丙寅 11 一	丁卯 12 二	戊辰 13 三	己巳 14 四	庚午 15 五	辛未 16 六	壬申 17 日	癸酉 18 一	甲戌 19 二	乙亥 20 三	丙辰驚蟄 辛未春分
三月小	庚辰	天干地支 西曆 星期	丙子 21 四	丁丑 22 五	戊寅 23 六	己卯 24 日	庚辰 25 一	辛巳 26 二	壬午 27 三	癸未 28 四	甲申 29 五	乙酉 30 六	丙戌 31 日	丁亥 (4) 一	戊子 2 二	己丑 3 三	庚寅 4 四	辛卯 5 五	壬辰 6 六	癸巳 7 日	甲午 8 一	乙未 9 二	丙申 10 三	丁酉 11 四	戊戌 12 五	己亥 13 六	庚子 14 日	辛丑 15 一	壬寅 16 二	癸卯 17 三	甲辰 18 四		丙戌清明 辛丑穀雨
四月小	辛巳	天干地支 西曆 星期	乙巳 19 五	丙午 20 六	丁未 21 日	戊申 22 一	己酉 23 二	庚戌 24 三	辛亥 25 四	壬子 26 五	癸丑 27 六	甲寅 28 日	乙卯 29 一	丙辰 30 二	丁巳 (5) 三	戊午 2 四	己未 3 五	庚申 4 六	辛酉 5 日	壬戌 6 一	癸亥 7 二	甲子 8 三	乙丑 9 四	丙寅 10 五	丁卯 11 六	戊辰 12 日	己巳 13 一	庚午 14 二	辛未 15 三	壬申 16 四	癸酉 17 五		丙辰立夏 壬申小滿
五月大	壬午	天干地支 西曆 星期	甲戌 18 六	乙亥 19 日	丙子 20 一	丁丑 21 二	戊寅 22 三	己卯 23 四	庚辰 24 五	辛巳 25 六	壬午 26 日	癸未 27 一	甲申 28 二	乙酉 29 三	丙戌 30 四	丁亥 31 五	戊子 (6) 六	己丑 2 日	庚寅 3 一	辛卯 4 二	壬辰 5 三	癸巳 6 四	甲午 7 五	乙未 8 六	丙申 9 日	丁酉 10 一	戊戌 11 二	己亥 12 三	庚子 13 四	辛丑 14 五	壬寅 15 六	癸卯 16 日	丁亥芒種 壬寅夏至
六月小	癸未	天干地支 西曆 星期	甲辰 17 一	乙巳 18 二	丙午 19 三	丁未 20 四	戊申 21 五	己酉 22 六	庚戌 23 日	辛亥 24 一	壬子 25 二	癸丑 26 三	甲寅 27 四	乙卯 28 五	丙辰 29 六	丁巳 30 日	戊午 (7) 一	己未 2 二	庚申 3 三	辛酉 4 四	壬戌 5 五	癸亥 6 六	甲子 7 日	乙丑 8 一	丙寅 9 二	丁卯 10 三	戊辰 11 四	己巳 12 五	庚午 13 六	辛未 14 日	壬申 15 一		丁巳小暑 壬申大暑
閏六月大	癸未	天干地支 西曆 星期	癸酉 16 二	甲戌 17 三	乙亥 18 四	丙子 19 五	丁丑 20 六	戊寅 21 日	己卯 22 一	庚辰 23 二	辛巳 24 三	壬午 25 四	癸未 26 五	甲申 27 六	乙酉 28 日	丙戌 29 一	丁亥 30 二	戊子 31 三	己丑 (8) 四	庚寅 2 五	辛卯 3 六	壬辰 4 日	癸巳 5 一	甲午 6 二	乙未 7 三	丙申 8 四	丁酉 9 五	戊戌 10 六	己亥 11 日	庚子 12 一	辛丑 13 二	壬寅 14 三	戊子立秋
七月小	甲申	天干地支 西曆 星期	癸卯 15 四	甲辰 16 五	乙巳 17 六	丙午 18 日	丁未 19 一	戊申 20 二	己酉 21 三	庚戌 22 四	辛亥 23 五	壬子 24 六	癸丑 25 日	甲寅 26 一	乙卯 27 二	丙辰 28 三	丁巳 29 四	戊午 30 五	己未 31 六	庚申 (9) 日	辛酉 2 一	壬戌 3 二	癸亥 4 三	甲子 5 四	乙丑 6 五	丙寅 7 六	丁卯 8 日	戊辰 9 一	己巳 10 二	庚午 11 三	辛未 12 四		癸卯處暑 戊午白露
八月大	乙酉	天干地支 西曆 星期	壬申 13 五	癸酉 14 六	甲戌 15 日	乙亥 16 一	丙子 17 二	丁丑 18 三	戊寅 19 四	己卯 20 五	庚辰 21 六	辛巳 22 日	壬午 23 一	癸未 24 二	甲申 25 三	乙酉 26 四	丙戌 27 五	丁亥 28 六	戊子 29 日	己丑 30 一	庚寅 (10) 二	辛卯 2 三	壬辰 3 四	癸巳 4 五	甲午 5 六	乙未 6 日	丙申 7 一	丁酉 8 二	戊戌 9 三	己亥 10 四	庚子 11 五	辛丑 12 六	癸酉秋分 己丑寒露
九月大	丙戌	天干地支 西曆 星期	壬寅 13 日	癸卯 14 一	甲辰 15 二	乙巳 16 三	丙午 17 四	丁未 18 五	戊申 19 六	己酉 20 日	庚戌 21 一	辛亥 22 二	壬子 23 三	癸丑 24 四	甲寅 25 五	乙卯 26 六	丙辰 27 日	丁巳 28 一	戊午 29 二	己未 30 三	庚申 31 四	辛酉 (11) 五	壬戌 2 六	癸亥 3 日	甲子 4 一	乙丑 5 二	丙寅 6 三	丁卯 7 四	戊辰 8 五	己巳 9 六	庚午 10 日	辛未 11 一	甲辰霜降 己未立冬
十月小	丁亥	天干地支 西曆 星期	壬申 12 二	癸酉 13 三	甲戌 14 四	乙亥 15 五	丙子 16 六	丁丑 17 日	戊寅 18 一	己卯 19 二	庚辰 20 三	辛巳 21 四	壬午 22 五	癸未 23 六	甲申 24 日	乙酉 25 一	丙戌 26 二	丁亥 27 三	戊子 28 四	己丑 29 五	庚寅 30 六	辛卯 (12) 日	壬辰 2 一	癸巳 3 二	甲午 4 三	乙未 5 四	丙申 6 五	丁酉 7 六	戊戌 8 日	己亥 9 一	庚子 10 二		甲戌小雪 己丑大雪
十一月大	戊子	天干地支 西曆 星期	辛丑 11 三	壬寅 12 四	癸卯 13 五	甲辰 14 六	乙巳 15 日	丙午 16 一	丁未 17 二	戊申 18 三	己酉 19 四	庚戌 20 五	辛亥 21 六	壬子 22 日	癸丑 23 一	甲寅 24 二	乙卯 25 三	丙辰 26 四	丁巳 27 五	戊午 28 六	己未 29 日	庚申 30 一	辛酉 31 二	壬戌 (1) 三	癸亥 2 四	甲子 3 五	乙丑 4 六	丙寅 5 日	丁卯 6 一	戊辰 7 二	己巳 8 三	庚午 9 四	乙巳冬至 庚申小寒
十二月大	己丑	天干地支 西曆 星期	辛未 10 五	壬申 11 六	癸酉 12 日	甲戌 13 一	乙亥 14 二	丙子 15 三	丁丑 16 四	戊寅 17 五	己卯 18 六	庚辰 19 日	辛巳 20 一	壬午 21 二	癸未 22 三	甲申 23 四	乙酉 24 五	丙戌 25 六	丁亥 26 日	戊子 27 一	己丑 28 二	庚寅 29 三	辛卯 30 四	壬辰 31 五	癸巳 (2) 六	甲午 2 日	乙未 3 一	丙申 4 二	丁酉 5 三	戊戌 6 四	己亥 7 五	庚子 8 六	乙亥大寒 庚寅立春

宋高宗紹興十一年（辛酉 鷄年） 公元 1141 ~ 1142 年

夏曆月序		中西曆日對照	初一	初二	初三	初四	初五	初六	初七	初八	初九	初十	十一	十二	十三	十四	十五	十六	十七	十八	十九	二十	二一	二二	二三	二四	二五	二六	二七	二八	二九	三十	節氣與天象
正月小	庚寅	干支 西曆 星期 天地	辛丑 9 日	壬寅 10 一	癸卯 11 二	甲辰 12 三	乙巳 13 四	丙午 14 五	丁未 15 六	戊申 16 日	己酉 17 一	庚戌 18 二	辛亥 19 三	壬子 20 四	癸丑 21 五	甲寅 22 六	乙卯 23 日	丙辰 24 一	丁巳 25 二	戊午 26 三	己未 27 四	庚申 28 五	辛酉 (3) 六	壬戌 2 日	癸亥 3 一	甲子 4 二	乙丑 5 三	丙寅 6 四	丁卯 7 五	戊辰 8 六	己巳 9 日		丙午雨水 辛酉驚蟄
二月大	辛卯	干支 西曆 星期 天地	庚午 10 一	辛未 11 二	壬申 12 三	癸酉 13 四	甲戌 14 五	乙亥 15 六	丙子 16 日	丁丑 17 一	戊寅 18 二	己卯 19 三	庚辰 20 四	辛巳 21 五	壬午 22 六	癸未 23 日	甲申 24 一	乙酉 25 二	丙戌 26 三	丁亥 27 四	戊子 28 五	己丑 29 六	庚寅 30 日	辛卯 31 一	壬辰 (4) 二	癸巳 2 三	甲午 3 四	乙未 4 五	丙申 5 六	丁酉 6 日	戊戌 7 一	己亥 8 二	丙子春分 辛卯清明 庚午日食
三月小	壬辰	干支 西曆 星期 天地	庚子 9 三	辛丑 10 四	壬寅 11 五	癸卯 12 六	甲辰 13 日	乙巳 14 一	丙午 15 二	丁未 16 三	戊申 17 四	己酉 18 五	庚戌 19 六	辛亥 20 日	壬子 21 一	癸丑 22 二	甲寅 23 三	乙卯 24 四	丙辰 25 五	丁巳 26 六	戊午 27 日	己未 28 一	庚申 29 二	辛酉 30 三	壬戌 (5) 四	癸亥 2 五	甲子 3 六	乙丑 4 日	丙寅 5 一	丁卯 6 二	戊辰 7 三		丙午穀雨 壬戌立夏
四月小	癸巳	干支 西曆 星期 天地	己巳 8 四	庚午 9 五	辛未 10 六	壬申 11 日	癸酉 12 一	甲戌 13 二	乙亥 14 三	丙子 15 四	丁丑 16 五	戊寅 17 六	己卯 18 日	庚辰 19 一	辛巳 20 二	壬午 21 三	癸未 22 四	甲申 23 五	乙酉 24 六	丙戌 25 日	丁亥 26 一	戊子 27 二	己丑 28 三	庚寅 29 四	辛卯 30 五	壬辰 31 六	癸巳 (6) 日	甲午 2 一	乙未 3 二	丙申 4 三	丁酉 5 四		丁丑小滿 壬辰芒種
五月大	甲午	干支 西曆 星期 天地	戊戌 6 五	己亥 7 六	庚子 8 日	辛丑 9 一	壬寅 10 二	癸卯 11 三	甲辰 12 四	乙巳 13 五	丙午 14 六	丁未 15 日	戊申 16 一	己酉 17 二	庚戌 18 三	辛亥 19 四	壬子 20 五	癸丑 21 六	甲寅 22 日	乙卯 23 一	丙辰 24 二	丁巳 25 三	戊午 26 四	己未 27 五	庚申 28 六	辛酉 29 日	壬戌 30 一	癸亥 (7) 二	甲子 2 三	乙丑 3 四	丙寅 4 五	丁卯 5 六	丁未夏至 壬戌小暑
六月小	乙未	干支 西曆 星期 天地	戊辰 6 日	己巳 7 一	庚午 8 二	辛未 9 三	壬申 10 四	癸酉 11 五	甲戌 12 六	乙亥 13 日	丙子 14 一	丁丑 15 二	戊寅 16 三	己卯 17 四	庚辰 18 五	辛巳 19 六	壬午 20 日	癸未 21 一	甲申 22 二	乙酉 23 三	丙戌 24 四	丁亥 25 五	戊子 26 六	己丑 27 日	庚寅 28 一	辛卯 29 二	壬辰 30 三	癸巳 31 四	甲午 (8) 五	乙未 2 六	丙申 3 日		戊寅大暑 癸巳立秋
七月小	丙申	干支 西曆 星期 天地	丁酉 4 一	戊戌 5 二	己亥 6 三	庚子 7 四	辛丑 8 五	壬寅 9 六	癸卯 10 日	甲辰 11 一	乙巳 12 二	丙午 13 三	丁未 14 四	戊申 15 五	己酉 16 六	庚戌 17 日	辛亥 18 一	壬子 19 二	癸丑 20 三	甲寅 21 四	乙卯 22 五	丙辰 23 六	丁巳 24 日	戊午 25 一	己未 26 二	庚申 27 三	辛酉 28 四	壬戌 29 五	癸亥 30 六	甲子 31 日	乙丑 (9) 一		戊申處暑 癸亥白露
八月大	丁酉	干支 西曆 星期 天地	丙寅 2 二	丁卯 3 三	戊辰 4 四	己巳 5 五	庚午 6 六	辛未 7 日	壬申 8 一	癸酉 9 二	甲戌 10 三	乙亥 11 四	丙子 12 五	丁丑 13 六	戊寅 14 日	己卯 15 一	庚辰 16 二	辛巳 17 三	壬午 18 四	癸未 19 五	甲申 20 六	乙酉 21 日	丙戌 22 一	丁亥 23 二	戊子 24 三	己丑 25 四	庚寅 26 五	辛卯 27 六	壬辰 28 日	癸巳 29 一	甲午 30 二	乙未 (10) 三	己卯秋分 甲午寒露
九月大	戊戌	干支 西曆 星期 天地	丙申 2 四	丁酉 3 五	戊戌 4 六	己亥 5 日	庚子 6 一	辛丑 7 二	壬寅 8 三	癸卯 9 四	甲辰 10 五	乙巳 11 六	丙午 12 日	丁未 13 一	戊申 14 二	己酉 15 三	庚戌 16 四	辛亥 17 五	壬子 18 六	癸丑 19 日	甲寅 20 一	乙卯 21 二	丙辰 22 三	丁巳 23 四	戊午 24 五	己未 25 六	庚申 26 日	辛酉 27 一	壬戌 28 二	癸亥 29 三	甲子 30 四	乙丑 31 五	己酉霜降 甲子立冬
十月小	己亥	干支 西曆 星期 天地	丙寅 (11) 六	丁卯 2 日	戊辰 3 一	己巳 4 二	庚午 5 三	辛未 6 四	壬申 7 五	癸酉 8 六	甲戌 9 日	乙亥 10 一	丙子 11 二	丁丑 12 三	戊寅 13 四	己卯 14 五	庚辰 15 六	辛巳 16 日	壬午 17 一	癸未 18 二	甲申 19 三	乙酉 20 四	丙戌 21 五	丁亥 22 六	戊子 23 日	己丑 24 一	庚寅 25 二	辛卯 26 三	壬辰 27 四	癸巳 28 五	甲午 29 六		己卯小雪
十一月大	庚子	干支 西曆 星期 天地	乙未 30 日	丙申 (12) 一	丁酉 2 二	戊戌 3 三	己亥 4 四	庚子 5 五	辛丑 6 六	壬寅 7 日	癸卯 8 一	甲辰 9 二	乙巳 10 三	丙午 11 四	丁未 12 五	戊申 13 六	己酉 14 日	庚戌 15 一	辛亥 16 二	壬子 17 三	癸丑 18 四	甲寅 19 五	乙卯 20 六	丙辰 21 日	丁巳 22 一	戊午 23 二	己未 24 三	庚申 25 四	辛酉 26 五	壬戌 27 六	癸亥 28 日	甲子 29 一	乙未大雪 庚戌冬至
十二月大	辛丑	干支 西曆 星期 天地	乙丑 30 二	丙寅 31 三	丁卯 (1) 四	戊辰 2 五	己巳 3 六	庚午 4 日	辛未 5 一	壬申 6 二	癸酉 7 三	甲戌 8 四	乙亥 9 五	丙子 10 六	丁丑 11 日	戊寅 12 一	己卯 13 二	庚辰 14 三	辛巳 15 四	壬午 16 五	癸未 17 六	甲申 18 日	乙酉 19 一	丙戌 20 二	丁亥 21 三	戊子 22 四	己丑 23 五	庚寅 24 六	辛卯 25 日	壬辰 26 一	癸巳 27 二	甲午 28 三	乙丑小寒 庚辰大寒

宋高宗紹興十二年（壬戌 狗年） 公元1142 ~ 1143年

夏曆月序		中西曆日對照	初一	初二	初三	初四	初五	初六	初七	初八	初九	初十	十一	十二	十三	十四	十五	十六	十七	十八	十九	二十	二一	二二	二三	二四	二五	二六	二七	二八	二九	三十	節氣與天象
正月大	壬寅	天干地支 西曆 星期	乙未 29 四	丙申 30 五	丁酉 31 六	戊戌 (2) 日	己亥 2 一	庚子 3 二	辛丑 4 三	壬寅 5 四	癸卯 6 五	甲辰 7 六	乙巳 8 日	丙午 9 一	丁未 10 二	戊申 11 三	己酉 12 四	庚戌 13 五	辛亥 14 六	壬子 15 日	癸丑 16 一	甲寅 17 二	乙卯 18 三	丙辰 19 四	丁巳 20 五	戊午 21 六	己未 22 日	庚申 23 一	辛酉 24 二	壬戌 25 三	癸亥 26 四	甲子 27 五	丙申立春 辛亥雨水
二月小	癸卯	天干地支 西曆 星期	乙丑 28 六	丙寅 (3) 日	丁卯 2 一	戊辰 3 二	己巳 4 三	庚午 5 四	辛未 6 五	壬申 7 六	癸酉 8 日	甲戌 9 一	乙亥 10 二	丙子 11 三	丁丑 12 四	戊寅 13 五	己卯 14 六	庚辰 15 日	辛巳 16 一	壬午 17 二	癸未 18 三	甲申 19 四	乙酉 20 五	丙戌 21 六	丁亥 22 日	戊子 23 一	己丑 24 二	庚寅 25 三	辛卯 26 四	壬辰 27 五	癸巳 28 六		丙寅驚蟄 辛巳春分
三月大	甲辰	天干地支 西曆 星期	甲午 29 日	乙未 30 一	丙申 31 二	丁酉 (4) 三	戊戌 2 四	己亥 3 五	庚子 4 六	辛丑 5 日	壬寅 6 一	癸卯 7 二	甲辰 8 三	乙巳 9 四	丙午 10 五	丁未 11 六	戊申 12 日	己酉 13 一	庚戌 14 二	辛亥 15 三	壬子 16 四	癸丑 17 五	甲寅 18 六	乙卯 19 日	丙辰 20 一	丁巳 21 二	戊午 22 三	己未 23 四	庚申 24 五	辛酉 25 六	壬戌 26 日	癸亥 27 一	丙申清明 壬子穀雨
四月小	乙巳	天干地支 西曆 星期	甲子 28 二	乙丑 29 三	丙寅 30 四	丁卯 (5) 五	戊辰 2 六	己巳 3 日	庚午 4 一	辛未 5 二	壬申 6 三	癸酉 7 四	甲戌 8 五	乙亥 9 六	丙子 10 日	丁丑 11 一	戊寅 12 二	己卯 13 三	庚辰 14 四	辛巳 15 五	壬午 16 六	癸未 17 日	甲申 18 一	乙酉 19 二	丙戌 20 三	丁亥 21 四	戊子 22 五	己丑 23 六	庚寅 24 日	辛卯 25 一	壬辰 26 二		丁卯立夏 壬午小滿
五月小	丙午	天干地支 西曆 星期	癸巳 27 三	甲午 28 四	乙未 29 五	丙申 30 六	丁酉 31 日	戊戌 (6) 一	己亥 2 二	庚子 3 三	辛丑 4 四	壬寅 5 五	癸卯 6 六	甲辰 7 日	乙巳 8 一	丙午 9 二	丁未 10 三	戊申 11 四	己酉 12 五	庚戌 13 六	辛亥 14 日	壬子 15 一	癸丑 16 二	甲寅 17 三	乙卯 18 四	丙辰 19 五	丁巳 20 六	戊午 21 日	己未 22 一	庚申 23 二	辛酉 24 三		丁酉芒種 癸丑夏至
六月大	丁未	天干地支 西曆 星期	壬戌 25 四	癸亥 26 五	甲子 27 六	乙丑 28 日	丙寅 29 一	丁卯 30 二	戊辰 (7) 三	己巳 2 四	庚午 3 五	辛未 4 六	壬申 5 日	癸酉 6 一	甲戌 7 二	乙亥 8 三	丙子 9 四	丁丑 10 五	戊寅 11 六	己卯 12 日	庚辰 13 一	辛巳 14 二	壬午 15 三	癸未 16 四	甲申 17 五	乙酉 18 六	丙戌 19 日	丁亥 20 一	戊子 21 二	己丑 22 三	庚寅 23 四	辛卯 24 五	戊辰小暑 癸未大暑
七月小	戊申	天干地支 西曆 星期	壬辰 25 六	癸巳 26 日	甲午 27 一	乙未 28 二	丙申 29 三	丁酉 30 四	戊戌 31 五	己亥 (8) 六	庚子 2 日	辛丑 3 一	壬寅 4 二	癸卯 5 三	甲辰 6 四	乙巳 7 五	丙午 8 六	丁未 9 日	戊申 10 一	己酉 11 二	庚戌 12 三	辛亥 13 四	壬子 14 五	癸丑 15 六	甲寅 16 日	乙卯 17 一	丙辰 18 二	丁巳 19 三	戊午 20 四	己未 21 五	庚申 22 六		戊戌立秋 癸丑處暑
八月小	己酉	天干地支 西曆 星期	辛酉 23 日	壬戌 24 一	癸亥 25 二	甲子 26 三	乙丑 27 四	丙寅 28 五	丁卯 29 六	戊辰 30 日	己巳 31 一	庚午 (9) 二	辛未 2 三	壬申 3 四	癸酉 4 五	甲戌 5 六	乙亥 6 日	丙子 7 一	丁丑 8 二	戊寅 9 三	己卯 10 四	庚辰 11 五	辛巳 12 六	壬午 13 日	癸未 14 一	甲申 15 二	乙酉 16 三	丙戌 17 四	丁亥 18 五	戊子 19 六	己丑 20 日		己巳白露 甲申秋分
九月大	庚戌	天干地支 西曆 星期	庚寅 21 一	辛卯 22 二	壬辰 23 三	癸巳 24 四	甲午 25 五	乙未 26 六	丙申 27 日	丁酉 28 一	戊戌 29 二	己亥 30 三	庚子 (10) 四	辛丑 2 五	壬寅 3 六	癸卯 4 日	甲辰 5 一	乙巳 6 二	丙午 7 三	丁未 8 四	戊申 9 五	己酉 10 六	庚戌 11 日	辛亥 12 一	壬子 13 二	癸丑 14 三	甲寅 15 四	乙卯 16 五	丙辰 17 六	丁巳 18 日	戊午 19 一	己未 20 二	己亥寒露 甲寅霜降
十月小	辛亥	天干地支 西曆 星期	庚申 21 三	辛酉 22 四	壬戌 23 五	癸亥 24 六	甲子 25 日	乙丑 26 一	丙寅 27 二	丁卯 28 三	戊辰 29 四	己巳 30 五	庚午 31 六	辛未 (11) 日	壬申 2 一	癸酉 3 二	甲戌 4 三	乙亥 5 四	丙子 6 五	丁丑 7 六	戊寅 8 日	己卯 9 一	庚辰 10 二	辛巳 11 三	壬午 12 四	癸未 13 五	甲申 14 六	乙酉 15 日	丙戌 16 一	丁亥 17 二	戊子 18 三		己巳立冬 乙酉小雪
十一月大	壬子	天干地支 西曆 星期	己丑 19 四	庚寅 20 五	辛卯 21 六	壬辰 22 日	癸巳 23 一	甲午 24 二	乙未 25 三	丙申 26 四	丁酉 27 五	戊戌 28 六	己亥 29 日	庚子 30 一	辛丑 (12) 二	壬寅 2 三	癸卯 3 四	甲辰 4 五	乙巳 5 六	丙午 6 日	丁未 7 一	戊申 8 二	己酉 9 三	庚戌 10 四	辛亥 11 五	壬子 12 六	癸丑 13 日	甲寅 14 一	乙卯 15 二	丙辰 16 三	丁巳 17 四	戊午 18 五	庚子大雪 乙卯冬至
十二月大	癸丑	天干地支 西曆 星期	己未 19 六	庚申 20 日	辛酉 21 一	壬戌 22 二	癸亥 23 三	甲子 24 四	乙丑 25 五	丙寅 26 六	丁卯 27 日	戊辰 28 一	己巳 29 二	庚午 30 三	辛未 31 四	壬申 (1) 五	癸酉 2 六	甲戌 3 日	乙亥 4 一	丙子 5 二	丁丑 6 三	戊寅 7 四	己卯 8 五	庚辰 9 六	辛巳 10 日	壬午 11 一	癸未 12 二	甲申 13 三	乙酉 14 四	丙戌 15 五	丁亥 16 六	戊子 17 日	庚午小寒 丙戌大寒

宋高宗紹興十三年（癸亥 猪年） 公元 1143 ~ 1144 年

夏曆月序		中西曆日對照	初一	初二	初三	初四	初五	初六	初七	初八	初九	初十	十一	十二	十三	十四	十五	十六	十七	十八	十九	二十	二一	二二	二三	二四	二五	二六	二七	二八	二九	三十	節氣與天象
正月大	甲寅	天干地支	己丑	庚寅	辛卯	壬辰	癸巳	甲午	乙未	丙申	丁酉	戊戌	己亥	庚子	辛丑	壬寅	癸卯	甲辰	乙巳	丙午	丁未	戊申	己酉	庚戌	辛亥	壬子	癸丑	甲寅	乙卯	丙辰	丁巳	戊午	辛丑立春 丙辰雨水
		西曆	18	19	20	21	22	23	24	25	26	27	28	29	30	31	(2)	2	3	4	5	6	7	8	9	10	11	12	13	14	15	16	
		星期	一	二	三	四	五	六	日	一	二	三	四	五	六	日	一	二	三	四	五	六	日	一	二	三	四	五	六	日	一	二	
二月小	乙卯	天干地支	己未	庚申	辛酉	壬戌	癸亥	甲子	乙丑	丙寅	丁卯	戊辰	己巳	庚午	辛未	壬申	癸酉	甲戌	乙亥	丙子	丁丑	戊寅	己卯	庚辰	辛巳	壬午	癸未	甲申	乙酉	丙戌	丁亥		辛未驚蟄 丙戌春分
		西曆	17	18	19	20	21	22	23	24	25	26	27	28	(3)	2	3	4	5	6	7	8	9	10	11	12	13	14	15	16	17		
		星期	三	四	五	六	日	一	二	三	四	五	六	日	一	二	三	四	五	六	日	一	二	三	四	五	六	日	一	二	三		
三月大	丙辰	天干地支	戊子	己丑	庚寅	辛卯	壬辰	癸巳	甲午	乙未	丙申	丁酉	戊戌	己亥	庚子	辛丑	壬寅	癸卯	甲辰	乙巳	丙午	丁未	戊申	己酉	庚戌	辛亥	壬子	癸丑	甲寅	乙卯	丙辰	丁巳	壬寅清明 丁巳穀雨
		西曆	18	19	20	21	22	23	24	25	26	27	28	29	30	31	(4)	2	3	4	5	6	7	8	9	10	11	12	13	14	15	16	
		星期	四	五	六	日	一	二	三	四	五	六	日	一	二	三	四	五	六	日	一	二	三	四	五	六	日	一	二	三	四	五	
四月大	丁巳	天干地支	戊午	己未	庚申	辛酉	壬戌	癸亥	甲子	乙丑	丙寅	丁卯	戊辰	己巳	庚午	辛未	壬申	癸酉	甲戌	乙亥	丙子	丁丑	戊寅	己卯	庚辰	辛巳	壬午	癸未	甲申	乙酉	丙戌	丁亥	壬申立夏 丁亥小滿
		西曆	17	18	19	20	21	22	23	24	25	26	27	28	29	30	(5)	2	3	4	5	6	7	8	9	10	11	12	13	14	15	16	
		星期	六	日	一	二	三	四	五	六	日	一	二	三	四	五	六	日	一	二	三	四	五	六	日	一	二	三	四	五	六	日	
閏四月小	丁巳	天干地支	戊子	己丑	庚寅	辛卯	壬辰	癸巳	甲午	乙未	丙申	丁酉	戊戌	己亥	庚子	辛丑	壬寅	癸卯	甲辰	乙巳	丙午	丁未	戊申	己酉	庚戌	辛亥	壬子	癸丑	甲寅	乙卯	丙辰		癸卯芒種
		西曆	17	18	19	20	21	22	23	24	25	26	27	28	29	30	31	(6)	2	3	4	5	6	7	8	9	10	11	12	13	14		
		星期	一	二	三	四	五	六	日	一	二	三	四	五	六	日	一	二	三	四	五	六	日	一	二	三	四	五	六	日	一		
五月小	戊午	天干地支	丁巳	戊午	己未	庚申	辛酉	壬戌	癸亥	甲子	乙丑	丙寅	丁卯	戊辰	己巳	庚午	辛未	壬申	癸酉	甲戌	乙亥	丙子	丁丑	戊寅	己卯	庚辰	辛巳	壬午	癸未	甲申	乙酉		戊午夏至 癸酉小暑
		西曆	15	16	17	18	19	20	21	22	23	24	25	26	27	28	29	30	(7)	2	3	4	5	6	7	8	9	10	11	12	13		
		星期	二	三	四	五	六	日	一	二	三	四	五	六	日	一	二	三	四	五	六	日	一	二	三	四	五	六	日	一	二		
六月大	己未	天干地支	丙戌	丁亥	戊子	己丑	庚寅	辛卯	壬辰	癸巳	甲午	乙未	丙申	丁酉	戊戌	己亥	庚子	辛丑	壬寅	癸卯	甲辰	乙巳	丙午	丁未	戊申	己酉	庚戌	辛亥	壬子	癸丑	甲寅	乙卯	戊子大暑 癸卯立秋
		西曆	14	15	16	17	18	19	20	21	22	23	24	25	26	27	28	29	30	31	(8)	2	3	4	5	6	7	8	9	10	11	12	
		星期	三	四	五	六	日	一	二	三	四	五	六	日	一	二	三	四	五	六	日	一	二	三	四	五	六	日	一	二	三	四	
七月小	庚申	天干地支	丙辰	丁巳	戊午	己未	庚申	辛酉	壬戌	癸亥	甲子	乙丑	丙寅	丁卯	戊辰	己巳	庚午	辛未	壬申	癸酉	甲戌	乙亥	丙子	丁丑	戊寅	己卯	庚辰	辛巳	壬午	癸未	甲申		己未處暑 甲戌白露
		西曆	13	14	15	16	17	18	19	20	21	22	23	24	25	26	27	28	29	30	31	(9)	2	3	4	5	6	7	8	9	10		
		星期	五	六	日	一	二	三	四	五	六	日	一	二	三	四	五	六	日	一	二	三	四	五	六	日	一	二	三	四	五		
八月小	辛酉	天干地支	乙酉	丙戌	丁亥	戊子	己丑	庚寅	辛卯	壬辰	癸巳	甲午	乙未	丙申	丁酉	戊戌	己亥	庚子	辛丑	壬寅	癸卯	甲辰	乙巳	丙午	丁未	戊申	己酉	庚戌	辛亥	壬子	癸丑		己丑秋分 甲辰寒露
		西曆	11	12	13	14	15	16	17	18	19	20	21	22	23	24	25	26	27	28	29	30	(10)	2	3	4	5	6	7	8	9		
		星期	六	日	一	二	三	四	五	六	日	一	二	三	四	五	六	日	一	二	三	四	五	六	日	一	二	三	四	五	六		
九月大	壬戌	天干地支	甲寅	乙卯	丙辰	丁巳	戊午	己未	庚申	辛酉	壬戌	癸亥	甲子	乙丑	丙寅	丁卯	戊辰	己巳	庚午	辛未	壬申	癸酉	甲戌	乙亥	丙子	丁丑	戊寅	己卯	庚辰	辛巳	壬午	癸未	庚申霜降 乙亥立冬
		西曆	10	11	12	13	14	15	16	17	18	19	20	21	22	23	24	25	26	27	28	29	30	31	(11)	2	3	4	5	6	7	8	
		星期	日	一	二	三	四	五	六	日	一	二	三	四	五	六	日	一	二	三	四	五	六	日	一	二	三	四	五	六	日	一	
十月小	癸亥	天干地支	甲申	乙酉	丙戌	丁亥	戊子	己丑	庚寅	辛卯	壬辰	癸巳	甲午	乙未	丙申	丁酉	戊戌	己亥	庚子	辛丑	壬寅	癸卯	甲辰	乙巳	丙午	丁未	戊申	己酉	庚戌	辛亥	壬子		庚寅小雪 乙巳大雪
		西曆	9	10	11	12	13	14	15	16	17	18	19	20	21	22	23	24	25	26	27	28	29	30	(12)	2	3	4	5	6	7		
		星期	二	三	四	五	六	日	一	二	三	四	五	六	日	一	二	三	四	五	六	日	一	二	三	四	五	六	日	一	二		
十一月大	甲子	天干地支	癸丑	甲寅	乙卯	丙辰	丁巳	戊午	己未	庚申	辛酉	壬戌	癸亥	甲子	乙丑	丙寅	丁卯	戊辰	己巳	庚午	辛未	壬申	癸酉	甲戌	乙亥	丙子	丁丑	戊寅	己卯	庚辰	辛巳	壬午	庚申冬至 丙子小寒
		西曆	8	9	10	11	12	13	14	15	16	17	18	19	20	21	22	23	24	25	26	27	28	29	30	31	(1)	2	3	4	5	6	
		星期	三	四	五	六	日	一	二	三	四	五	六	日	一	二	三	四	五	六	日	一	二	三	四	五	六	日	一	二	三	四	
十二月大	乙丑	天干地支	癸未	甲申	乙酉	丙戌	丁亥	戊子	己丑	庚寅	辛卯	壬辰	癸巳	甲午	乙未	丙申	丁酉	戊戌	己亥	庚子	辛丑	壬寅	癸卯	甲辰	乙巳	丙午	丁未	戊申	己酉	庚戌	辛亥	壬子	辛卯大寒 丙午立春
		西曆	7	8	9	10	11	12	13	14	15	16	17	18	19	20	21	22	23	24	25	26	27	28	29	30	31	(2)	2	3	4	5	
		星期	五	六	日	一	二	三	四	五	六	日	一	二	三	四	五	六	日	一	二	三	四	五	六	日	一	二	三	四	五	六	

宋高宗紹興十四年（甲子 鼠年） 公元 1144 ~ 1145 年

夏曆月序		中西曆日對照	初一	初二	初三	初四	初五	初六	初七	初八	初九	初十	十一	十二	十三	十四	十五	十六	十七	十八	十九	二十	二一	二二	二三	二四	二五	二六	二七	二八	二九	三十	節氣與天象
正月小	丙寅	天干 地支 西曆 星期	癸丑 6 日	甲寅 7 一	乙卯 8 二	丙辰 9 三	丁巳 10 四	戊午 11 五	己未 12 六	庚申 13 日	辛酉 14 一	壬戌 15 二	癸亥 16 三	甲子 17 四	乙丑 18 五	丙寅 19 六	丁卯 20 日	戊辰 21 一	己巳 22 二	庚午 23 三	辛未 24 四	壬申 25 五	癸酉 26 六	甲戌 27 日	乙亥 28 一	丙子 29 二	丁丑 (3) 三	戊寅 2 四	己卯 3 五	庚辰 4 六	辛巳 5 日		辛酉雨水 丙子驚蟄
二月大	丁卯	天干 地支 西曆 星期	壬午 6 一	癸未 7 二	甲申 8 三	乙酉 9 四	丙戌 10 五	丁亥 11 六	戊子 12 日	己丑 13 一	庚寅 14 二	辛卯 15 三	壬辰 16 四	癸巳 17 五	甲午 18 六	乙未 19 日	丙申 20 一	丁酉 21 二	戊戌 22 三	己亥 23 四	庚子 24 五	辛丑 25 六	壬寅 26 日	癸卯 27 一	甲辰 28 二	乙巳 29 三	丙午 30 四	丁未 31 五	戊申 (4) 六	己酉 2 日	庚戌 3 一	辛亥 4 二	壬辰春分 丁未清明
三月大	戊辰	天干 地支 西曆 星期	壬子 5 三	癸丑 6 四	甲寅 7 五	乙卯 8 六	丙辰 9 日	丁巳 10 一	戊午 11 二	己未 12 三	庚申 13 四	辛酉 14 五	壬戌 15 六	癸亥 16 日	甲子 17 一	乙丑 18 二	丙寅 19 三	丁卯 20 四	戊辰 21 五	己巳 22 六	庚午 23 日	辛未 24 一	壬申 25 二	癸酉 26 三	甲戌 27 四	乙亥 28 五	丙子 29 六	丁丑 30 日	戊寅 (5) 一	己卯 2 二	庚辰 3 三	辛巳 4 四	壬戌穀雨 丁丑立夏
四月小	己巳	天干 地支 西曆 星期	壬午 5 五	癸未 6 六	甲申 7 日	乙酉 8 一	丙戌 9 二	丁亥 10 三	戊子 11 四	己丑 12 五	庚寅 13 六	辛卯 14 日	壬辰 15 一	癸巳 16 二	甲午 17 三	乙未 18 四	丙申 19 五	丁酉 20 六	戊戌 21 日	己亥 22 一	庚子 23 二	辛丑 24 三	壬寅 25 四	癸卯 26 五	甲辰 27 六	乙巳 28 日	丙午 29 一	丁未 30 二	戊申 31 三	己酉 (6) 四	庚戌 2 五		癸巳小滿 戊申芒種
五月大	庚午	天干 地支 西曆 星期	辛亥 3 六	壬子 4 日	癸丑 5 一	甲寅 6 二	乙卯 7 三	丙辰 8 四	丁巳 9 五	戊午 10 六	己未 11 日	庚申 12 一	辛酉 13 二	壬戌 14 三	癸亥 15 四	甲子 16 五	乙丑 17 六	丙寅 18 日	丁卯 19 一	戊辰 20 二	己巳 21 三	庚午 22 四	辛未 23 五	壬申 24 六	癸酉 25 日	甲戌 26 一	乙亥 27 二	丙子 28 三	丁丑 29 四	戊寅 30 五	己卯 (7) 六	庚辰 2 日	癸亥夏至 戊寅小暑
六月小	辛未	天干 地支 西曆 星期	辛巳 3 一	壬午 4 二	癸未 5 三	甲申 6 四	乙酉 7 五	丙戌 8 六	丁亥 9 日	戊子 10 一	己丑 11 二	庚寅 12 三	辛卯 13 四	壬辰 14 五	癸巳 15 六	甲午 16 日	乙未 17 一	丙申 18 二	丁酉 19 三	戊戌 20 四	己亥 21 五	庚子 22 六	辛丑 23 日	壬寅 24 一	癸卯 25 二	甲辰 26 三	乙巳 27 四	丙午 28 五	丁未 29 六	戊申 30 日	己酉 31 一		癸巳大暑 己酉立秋
七月大	壬申	天干 地支 西曆 星期	庚戌 (8) 二	辛亥 2 三	壬子 3 四	癸丑 4 五	甲寅 5 六	乙卯 6 日	丙辰 7 一	丁巳 8 二	戊午 9 三	己未 10 四	庚申 11 五	辛酉 12 六	壬戌 13 日	癸亥 14 一	甲子 15 二	乙丑 16 三	丙寅 17 四	丁卯 18 五	戊辰 19 六	己巳 20 日	庚午 21 一	辛未 22 二	壬申 23 三	癸酉 24 四	甲戌 25 五	乙亥 26 六	丙子 27 日	丁丑 28 一	戊寅 29 二	己卯 30 三	甲子處暑 己卯白露
八月小	癸酉	天干 地支 西曆 星期	庚辰 31 四	辛巳 (9) 五	壬午 2 六	癸未 3 日	甲申 4 一	乙酉 5 二	丙戌 6 三	丁亥 7 四	戊子 8 五	己丑 9 六	庚寅 10 日	辛卯 11 一	壬辰 12 二	癸巳 13 三	甲午 14 四	乙未 15 五	丙申 16 六	丁酉 17 日	戊戌 18 一	己亥 19 二	庚子 20 三	辛丑 21 四	壬寅 22 五	癸卯 23 六	甲辰 24 日	乙巳 25 一	丙午 26 二	丁未 27 三	戊申 28 四		甲午秋分
九月小	甲戌	天干 地支 西曆 星期	己酉 29 五	庚戌 30 六	辛亥 (10) 日	壬子 2 一	癸丑 3 二	甲寅 4 三	乙卯 5 四	丙辰 6 五	丁巳 7 六	戊午 8 日	己未 9 一	庚申 10 二	辛酉 11 三	壬戌 12 四	癸亥 13 五	甲子 14 六	乙丑 15 日	丙寅 16 一	丁卯 17 二	戊辰 18 三	己巳 19 四	庚午 20 五	辛未 21 六	壬申 22 日	癸酉 23 一	甲戌 24 二	乙亥 25 三	丙子 26 四	丁丑 27 五		庚戌寒露 乙丑霜降
十月大	乙亥	天干 地支 西曆 星期	戊寅 28 六	己卯 29 日	庚辰 30 一	辛巳 31 二	壬午 (11) 三	癸未 2 四	甲申 3 五	乙酉 4 六	丙戌 5 日	丁亥 6 一	戊子 7 二	己丑 8 三	庚寅 9 四	辛卯 10 五	壬辰 11 六	癸巳 12 日	甲午 13 一	乙未 14 二	丙申 15 三	丁酉 16 四	戊戌 17 五	己亥 18 六	庚子 19 日	辛丑 20 一	壬寅 21 二	癸卯 22 三	甲辰 23 四	乙巳 24 五	丙午 25 六	丁未 26 日	庚辰立冬 乙未小雪
十一月小	丙子	天干 地支 西曆 星期	戊申 27 一	己酉 28 二	庚戌 29 三	辛亥 30 四	壬子 (12) 五	癸丑 2 六	甲寅 3 日	乙卯 4 一	丙辰 5 二	丁巳 6 三	戊午 7 四	己未 8 五	庚申 9 六	辛酉 10 日	壬戌 11 一	癸亥 12 二	甲子 13 三	乙丑 14 四	丙寅 15 五	丁卯 16 六	戊辰 17 日	己巳 18 一	庚午 19 二	辛未 20 三	壬申 21 四	癸酉 22 五	甲戌 23 六	乙亥 24 日	丙子 25 一		庚戌大雪 丙寅冬至
十二月大	丁丑	天干 地支 西曆 星期	丁丑 26 二	戊寅 27 三	己卯 28 四	庚辰 29 五	辛巳 30 六	壬午 31 日	癸未 (1) 一	甲申 2 二	乙酉 3 三	丙戌 4 四	丁亥 5 五	戊子 6 六	己丑 7 日	庚寅 8 一	辛卯 9 二	壬辰 10 三	癸巳 11 四	甲午 12 五	乙未 13 六	丙申 14 日	丁酉 15 一	戊戌 16 二	己亥 17 三	庚子 18 四	辛丑 19 五	壬寅 20 六	癸卯 21 日	甲辰 22 一	乙巳 23 二	丙午 24 三	辛巳小寒 丙申大寒

宋高宗紹興十五年（乙丑 牛年） 公元 1145 ~ 1146 年

夏曆月序		中西曆日對照	初一	初二	初三	初四	初五	初六	初七	初八	初九	初十	十一	十二	十三	十四	十五	十六	十七	十八	十九	二十	二一	二二	二三	二四	二五	二六	二七	二八	二九	三十	節氣與天象
正月大	戊寅	天干地支	丁未	戊申	己酉	庚戌	辛亥	壬子	癸丑	甲寅	乙卯	丙辰	丁巳	戊午	己未	庚申	辛酉	壬戌	癸亥	甲子	乙丑	丙寅	丁卯	戊辰	己巳	庚午	辛未	壬申	癸酉	甲戌	乙亥	丙子	辛亥立春 丁卯雨水
		西曆	25	26	27	28	29	30	31	(2)	2	3	4	5	6	7	8	9	10	11	12	13	14	15	16	17	18	19	20	21	22	23	
		星期	四	五	六	日	一	二	三	四	五	六	日	一	二	三	四	五	六	日	一	二	三	四	五	六	日	一	二	三	四	五	
二月小	己卯	天干地支	丁丑	戊寅	己卯	庚辰	辛巳	壬午	癸未	甲申	乙酉	丙戌	丁亥	戊子	己丑	庚寅	辛卯	壬辰	癸巳	甲午	乙未	丙申	丁酉	戊戌	己亥	庚子	辛丑	壬寅	癸卯	甲辰	乙巳		壬午驚蟄 丁酉春分
		西曆	24	25	26	27	28	(3)	2	3	4	5	6	7	8	9	10	11	12	13	14	15	16	17	18	19	20	21	22	23	24		
		星期	六	日	一	二	三	四	五	六	日	一	二	三	四	五	六	日	一	二	三	四	五	六	日	一	二	三	四	五	六		
三月大	庚辰	天干地支	丙午	丁未	戊申	己酉	庚戌	辛亥	壬子	癸丑	甲寅	乙卯	丙辰	丁巳	戊午	己未	庚申	辛酉	壬戌	癸亥	甲子	乙丑	丙寅	丁卯	戊辰	己巳	庚午	辛未	壬申	癸酉	甲戌	乙亥	壬子清明 丁卯穀雨
		西曆	25	26	27	28	29	30	31	(4)	2	3	4	5	6	7	8	9	10	11	12	13	14	15	16	17	18	19	20	21	22	23	
		星期	日	一	二	三	四	五	六	日	一	二	三	四	五	六	日	一	二	三	四	五	六	日	一	二	三	四	五	六	日	一	
四月大	辛巳	天干地支	丙子	丁丑	戊寅	己卯	庚辰	辛巳	壬午	癸未	甲申	乙酉	丙戌	丁亥	戊子	己丑	庚寅	辛卯	壬辰	癸巳	甲午	乙未	丙申	丁酉	戊戌	己亥	庚子	辛丑	壬寅	癸卯	甲辰	乙巳	癸未立夏 戊戌小滿
		西曆	24	25	26	27	28	29	30	(5)	2	3	4	5	6	7	8	9	10	11	12	13	14	15	16	17	18	19	20	21	22	23	
		星期	二	三	四	五	六	日	一	二	三	四	五	六	日	一	二	三	四	五	六	日	一	二	三	四	五	六	日	一	二	三	
五月小	壬午	天干地支	丙午	丁未	戊申	己酉	庚戌	辛亥	壬子	癸丑	甲寅	乙卯	丙辰	丁巳	戊午	己未	庚申	辛酉	壬戌	癸亥	甲子	乙丑	丙寅	丁卯	戊辰	己巳	庚午	辛未	壬申	癸酉	甲戌		癸丑芒種 戊辰夏至
		西曆	24	25	26	27	28	29	30	31	(6)	2	3	4	5	6	7	8	9	10	11	12	13	14	15	16	17	18	19	20	21		
		星期	四	五	六	日	一	二	三	四	五	六	日	一	二	三	四	五	六	日	一	二	三	四	五	六	日	一	二	三	四		
六月大	癸未	天干地支	乙亥	丙子	丁丑	戊寅	己卯	庚辰	辛巳	壬午	癸未	甲申	乙酉	丙戌	丁亥	戊子	己丑	庚寅	辛卯	壬辰	癸巳	甲午	乙未	丙申	丁酉	戊戌	己亥	庚子	辛丑	壬寅	癸卯	甲辰	癸未小暑 己亥大暑 乙亥日食
		西曆	22	23	24	25	26	27	28	29	30	(7)	2	3	4	5	6	7	8	9	10	11	12	13	14	15	16	17	18	19	20	21	
		星期	五	六	日	一	二	三	四	五	六	日	一	二	三	四	五	六	日	一	二	三	四	五	六	日	一	二	三	四	五	六	
七月小	甲申	天干地支	乙巳	丙午	丁未	戊申	己酉	庚戌	辛亥	壬子	癸丑	甲寅	乙卯	丙辰	丁巳	戊午	己未	庚申	辛酉	壬戌	癸亥	甲子	乙丑	丙寅	丁卯	戊辰	己巳	庚午	辛未	壬申	癸酉		甲寅立秋 己巳處暑
		西曆	22	23	24	25	26	27	28	29	30	31	(8)	2	3	4	5	6	7	8	9	10	11	12	13	14	15	16	17	18	19		
		星期	日	一	二	三	四	五	六	日	一	二	三	四	五	六	日	一	二	三	四	五	六	日	一	二	三	四	五	六	日		
八月大	乙酉	天干地支	甲戌	乙亥	丙子	丁丑	戊寅	己卯	庚辰	辛巳	壬午	癸未	甲申	乙酉	丙戌	丁亥	戊子	己丑	庚寅	辛卯	壬辰	癸巳	甲午	乙未	丙申	丁酉	戊戌	己亥	庚子	辛丑	壬寅	癸卯	甲申白露 庚子秋分
		西曆	20	21	22	23	24	25	26	27	28	29	30	31	(9)	2	3	4	5	6	7	8	9	10	11	12	13	14	15	16	17	18	
		星期	一	二	三	四	五	六	日	一	二	三	四	五	六	日	一	二	三	四	五	六	日	一	二	三	四	五	六	日	一	二	
九月小	丙戌	天干地支	甲辰	乙巳	丙午	丁未	戊申	己酉	庚戌	辛亥	壬子	癸丑	甲寅	乙卯	丙辰	丁巳	戊午	己未	庚申	辛酉	壬戌	癸亥	甲子	乙丑	丙寅	丁卯	戊辰	己巳	庚午	辛未	壬申		乙卯寒露 庚午霜降
		西曆	19	20	21	22	23	24	25	26	27	28	29	30	(10)	2	3	4	5	6	7	8	9	10	11	12	13	14	15	16	17		
		星期	三	四	五	六	日	一	二	三	四	五	六	日	一	二	三	四	五	六	日	一	二	三	四	五	六	日	一	二	三		
十月小	丁亥	天干地支	癸酉	甲戌	乙亥	丙子	丁丑	戊寅	己卯	庚辰	辛巳	壬午	癸未	甲申	乙酉	丙戌	丁亥	戊子	己丑	庚寅	辛卯	壬辰	癸巳	甲午	乙未	丙申	丁酉	戊戌	己亥	庚子	辛丑		乙酉立冬 庚子小雪
		西曆	18	19	20	21	22	23	24	25	26	27	28	29	30	31	(11)	2	3	4	5	6	7	8	9	10	11	12	13	14	15		
		星期	四	五	六	日	一	二	三	四	五	六	日	一	二	三	四	五	六	日	一	二	三	四	五	六	日	一	二	三	四		
十一月大	戊子	天干地支	壬寅	癸卯	甲辰	乙巳	丙午	丁未	戊申	己酉	庚戌	辛亥	壬子	癸丑	甲寅	乙卯	丙辰	丁巳	戊午	己未	庚申	辛酉	壬戌	癸亥	甲子	乙丑	丙寅	丁卯	戊辰	己巳	庚午	辛未	丙辰大雪 辛未冬至
		西曆	16	17	18	19	20	21	22	23	24	25	26	27	28	29	30	(12)	2	3	4	5	6	7	8	9	10	11	12	13	14	15	
		星期	五	六	日	一	二	三	四	五	六	日	一	二	三	四	五	六	日	一	二	三	四	五	六	日	一	二	三	四	五	六	
閏十一小	戊子	天干地支	壬申	癸酉	甲戌	乙亥	丙子	丁丑	戊寅	己卯	庚辰	辛巳	壬午	癸未	甲申	乙酉	丙戌	丁亥	戊子	己丑	庚寅	辛卯	壬辰	癸巳	甲午	乙未	丙申	丁酉	戊戌	己亥	庚子		丙戌小寒
		西曆	16	17	18	19	20	21	22	23	24	25	26	27	28	29	30	31	(1)	2	3	4	5	6	7	8	9	10	11	12	13		
		星期	日	一	二	三	四	五	六	日	一	二	三	四	五	六	日	一	二	三	四	五	六	日	一	二	三	四	五	六	日		
十二月大	丑	天干地支	辛丑	壬寅	癸卯	甲辰	乙巳	丙午	丁未	戊申	己酉	庚戌	辛亥	壬子	癸丑	甲寅	乙卯	丙辰	丁巳	戊午	己未	庚申	辛酉	壬戌	癸亥	甲子	乙丑	丙寅	丁卯	戊辰	己巳	庚午	辛丑大寒 丁巳立春
		西曆	14	15	16	17	18	19	20	21	22	23	24	25	26	27	28	29	30	31	(2)	2	3	4	5	6	7	8	9	10	11	12	
		星期	一	二	三	四	五	六	日	一	二	三	四	五	六	日	一	二	三	四	五	六	日	一	二	三	四	五	六	日	一	二	

宋高宗紹興十六年（丙寅 虎年） 公元 1146 ~ 1147 年

夏曆月序		中西曆日對照	初一	初二	初三	初四	初五	初六	初七	初八	初九	初十	十一	十二	十三	十四	十五	十六	十七	十八	十九	二十	二一	二二	二三	二四	二五	二六	二七	二八	二九	三十	節氣與天象
正月小	庚寅	天干地支 西曆 星期	辛未 13 三	壬申 14 四	癸酉 15 五	甲戌 16 六	乙亥 17 日	丙子 18 一	丁丑 19 二	戊寅 20 三	己卯 21 四	庚辰 22 五	辛巳 23 六	壬午 24 日	癸未 25 一	甲申 26 二	乙酉 27 三	丙戌 28 四	丁亥 (3) 五	戊子 2 六	己丑 3 日	庚寅 4 一	辛卯 5 二	壬辰 6 三	癸巳 7 四	甲午 8 五	乙未 9 六	丙申 10 日	丁酉 11 一	戊戌 12 二	己亥 13 三		壬申雨水 丁亥驚蟄
二月大	辛卯	天干地支 西曆 星期	庚子 14 四	辛丑 15 五	壬寅 16 六	癸卯 17 日	甲辰 18 一	乙巳 19 二	丙午 20 三	丁未 21 四	戊申 22 五	己酉 23 六	庚戌 24 日	辛亥 25 一	壬子 26 二	癸丑 27 三	甲寅 28 四	乙卯 29 五	丙辰 30 六	丁巳 31 日	戊午 (4) 一	己未 2 二	庚申 3 三	辛酉 4 四	壬戌 5 五	癸亥 6 六	甲子 7 日	乙丑 8 一	丙寅 9 二	丁卯 10 三	戊辰 11 四	己巳 12 五	壬寅春分 丁巳清明
三月大	壬辰	天干地支 西曆 星期	庚午 13 六	辛未 14 日	壬申 15 一	癸酉 16 二	甲戌 17 三	乙亥 18 四	丙子 19 五	丁丑 20 六	戊寅 21 日	己卯 22 一	庚辰 23 二	辛巳 24 三	壬午 25 四	癸未 26 五	甲申 27 六	乙酉 28 日	丙戌 29 一	丁亥 30 二	戊子 (5) 三	己丑 2 四	庚寅 3 五	辛卯 4 六	壬辰 5 日	癸巳 6 一	甲午 7 二	乙未 8 三	丙申 9 四	丁酉 10 五	戊戌 11 六	己亥 12 日	癸酉穀雨 戊子立夏
四月小	癸巳	天干地支 西曆 星期	庚子 13 一	辛丑 14 二	壬寅 15 三	癸卯 16 四	甲辰 17 五	乙巳 18 六	丙午 19 日	丁未 20 一	戊申 21 二	己酉 22 三	庚戌 23 四	辛亥 24 五	壬子 25 六	癸丑 26 日	甲寅 27 一	乙卯 28 二	丙辰 29 三	丁巳 30 四	戊午 31 五	己未 (6) 六	庚申 2 日	辛酉 3 一	壬戌 4 二	癸亥 5 三	甲子 6 四	乙丑 7 五	丙寅 8 六	丁卯 9 日	戊辰 10 一		癸卯小滿 戊午芒種
五月大	甲午	天干地支 西曆 星期	己巳 11 二	庚午 12 三	辛未 13 四	壬申 14 五	癸酉 15 六	甲戌 16 日	乙亥 17 一	丙子 18 二	丁丑 19 三	戊寅 20 四	己卯 21 五	庚辰 22 六	辛巳 23 日	壬午 24 一	癸未 25 二	甲申 26 三	乙酉 27 四	丙戌 28 五	丁亥 29 六	戊子 30 日	己丑 (7) 一	庚寅 2 二	辛卯 3 三	壬辰 4 四	癸巳 5 五	甲午 6 六	乙未 7 日	丙申 8 一	丁酉 9 二	戊戌 10 三	癸酉夏至 己丑小暑
六月小	乙未	天干地支 西曆 星期	己亥 11 四	庚子 12 五	辛丑 13 六	壬寅 14 日	癸卯 15 一	甲辰 16 二	乙巳 17 三	丙午 18 四	丁未 19 五	戊申 20 六	己酉 21 日	庚戌 22 一	辛亥 23 二	壬子 24 三	癸丑 25 四	甲寅 26 五	乙卯 27 六	丙辰 28 日	丁巳 29 一	戊午 30 二	己未 31 三	庚申 (8) 四	辛酉 2 五	壬戌 3 六	癸亥 4 日	甲子 5 一	乙丑 6 二	丙寅 7 三	丁卯 8 四		甲辰大暑 己未立秋
七月大	丙申	天干地支 西曆 星期	戊辰 9 五	己巳 10 六	庚午 11 日	辛未 12 一	壬申 13 二	癸酉 14 三	甲戌 15 四	乙亥 16 五	丙子 17 六	丁丑 18 日	戊寅 19 一	己卯 20 二	庚辰 21 三	辛巳 22 四	壬午 23 五	癸未 24 六	甲申 25 日	乙酉 26 一	丙戌 27 二	丁亥 28 三	戊子 29 四	己丑 30 五	庚寅 31 六	辛卯 (9) 日	壬辰 2 一	癸巳 3 二	甲午 4 三	乙未 5 四	丙申 6 五	丁酉 7 六	甲戌處暑 庚寅白露
八月大	丁酉	天干地支 西曆 星期	戊戌 8 日	己亥 9 一	庚子 10 二	辛丑 11 三	壬寅 12 四	癸卯 13 五	甲辰 14 六	乙巳 15 日	丙午 16 一	丁未 17 二	戊申 18 三	己酉 19 四	庚戌 20 五	辛亥 21 六	壬子 22 日	癸丑 23 一	甲寅 24 二	乙卯 25 三	丙辰 26 四	丁巳 27 五	戊午 28 六	己未 29 日	庚申 30 一	辛酉 (10) 二	壬戌 2 三	癸亥 3 四	甲子 4 五	乙丑 5 六	丙寅 6 日	丁卯 7 一	乙巳秋分 庚申寒露
九月小	戊戌	天干地支 西曆 星期	戊辰 8 二	己巳 9 三	庚午 10 四	辛未 11 五	壬申 12 六	癸酉 13 日	甲戌 14 一	乙亥 15 二	丙子 16 三	丁丑 17 四	戊寅 18 五	己卯 19 六	庚辰 20 日	辛巳 21 一	壬午 22 二	癸未 23 三	甲申 24 四	乙酉 25 五	丙戌 26 六	丁亥 27 日	戊子 28 一	己丑 29 二	庚寅 30 三	辛卯 31 四	壬辰 (11) 五	癸巳 2 六	甲午 3 日	乙未 4 一	丙申 5 二		乙亥霜降 庚寅立冬
十月大	己亥	天干地支 西曆 星期	丁酉 6 三	戊戌 7 四	己亥 8 五	庚子 9 六	辛丑 10 日	壬寅 11 一	癸卯 12 二	甲辰 13 三	乙巳 14 四	丙午 15 五	丁未 16 六	戊申 17 日	己酉 18 一	庚戌 19 二	辛亥 20 三	壬子 21 四	癸丑 22 五	甲寅 23 六	乙卯 24 日	丙辰 25 一	丁巳 26 二	戊午 27 三	己未 28 四	庚申 29 五	辛酉 30 六	壬戌 (12) 日	癸亥 2 一	甲子 3 二	乙丑 4 三	丙寅 5 四	丙午小雪 辛酉大雪
十一月小	庚子	天干地支 西曆 星期	丁卯 6 五	戊辰 7 六	己巳 8 日	庚午 9 一	辛未 10 二	壬申 11 三	癸酉 12 四	甲戌 13 五	乙亥 14 六	丙子 15 日	丁丑 16 一	戊寅 17 二	己卯 18 三	庚辰 19 四	辛巳 20 五	壬午 21 六	癸未 22 日	甲申 23 一	乙酉 24 二	丙戌 25 三	丁亥 26 四	戊子 27 五	己丑 28 六	庚寅 29 日	辛卯 30 一	壬辰 31 二	癸巳 (1) 三	甲午 2 四	乙未 3 五		丙子冬至 辛卯小寒
十二月小	辛丑	天干地支 西曆 星期	丙申 4 六	丁酉 5 日	戊戌 6 一	己亥 7 二	庚子 8 三	辛丑 9 四	壬寅 10 五	癸卯 11 六	甲辰 12 日	乙巳 13 一	丙午 14 二	丁未 15 三	戊申 16 四	己酉 17 五	庚戌 18 六	辛亥 19 日	壬子 20 一	癸丑 21 二	甲寅 22 三	乙卯 23 四	丙辰 24 五	丁巳 25 六	戊午 26 日	己未 27 一	庚申 28 二	辛酉 29 三	壬戌 30 四	癸亥 31 五	甲子 (2) 六		丁未大寒 壬戌立春

宋高宗紹興十七年（丁卯 兔年） 公元 1147 ~ 1148 年

夏曆月序		中西曆日對照	初一	初二	初三	初四	初五	初六	初七	初八	初九	初十	十一	十二	十三	十四	十五	十六	十七	十八	十九	二十	二一	二二	二三	二四	二五	二六	二七	二八	二九	三十	節氣與天象
正月大	壬寅	天干地支 西曆 星期	乙丑 2 日	丙寅 3 一	丁卯 4 二	戊辰 5 三	己巳 6 四	庚午 7 五	辛未 8 六	壬申 9 日	癸酉 10 一	甲戌 11 二	乙亥 12 三	丙子 13 四	丁丑 14 五	戊寅 15 六	己卯 16 日	庚辰 17 一	辛巳 18 二	壬午 19 三	癸未 20 四	甲申 21 五	乙酉 22 六	丙戌 23 日	丁亥 24 一	戊子 25 二	己丑 26 三	庚寅 27 四	辛卯 28 五	壬辰 (3) 六	癸巳 2 日	甲午 3 一	丁丑雨水 壬辰驚蟄
二月小	癸卯	天干地支 西曆 星期	乙未 4 二	丙申 5 三	丁酉 6 四	戊戌 7 五	己亥 8 六	庚子 9 日	辛丑 10 一	壬寅 11 二	癸卯 12 三	甲辰 13 四	乙巳 14 五	丙午 15 六	丁未 16 日	戊申 17 一	己酉 18 二	庚戌 19 三	辛亥 20 四	壬子 21 五	癸丑 22 六	甲寅 23 日	乙卯 24 一	丙辰 25 二	丁巳 26 三	戊午 27 四	己未 28 五	庚申 29 六	辛酉 30 日	壬戌 31 一	癸亥 (4) 二		丁未春分 癸亥清明
三月大	甲辰	天干地支 西曆 星期	甲子 2 三	乙丑 3 四	丙寅 4 五	丁卯 5 六	戊辰 6 日	己巳 7 一	庚午 8 二	辛未 9 三	壬申 10 四	癸酉 11 五	甲戌 12 六	乙亥 13 日	丙子 14 一	丁丑 15 二	戊寅 16 三	己卯 17 四	庚辰 18 五	辛巳 19 六	壬午 20 日	癸未 21 一	甲申 22 二	乙酉 23 三	丙戌 24 四	丁亥 25 五	戊子 26 六	己丑 27 日	庚寅 28 一	辛卯 29 二	壬辰 30 三	癸巳 (5) 四	戊寅穀雨 癸巳立夏
四月小	乙巳	天干地支 西曆 星期	甲午 2 五	乙未 3 六	丙申 4 日	丁酉 5 一	戊戌 6 二	己亥 7 三	庚子 8 四	辛丑 9 五	壬寅 10 六	癸卯 11 日	甲辰 12 一	乙巳 13 二	丙午 14 三	丁未 15 四	戊申 16 五	己酉 17 六	庚戌 18 日	辛亥 19 一	壬子 20 二	癸丑 21 三	甲寅 22 四	乙卯 23 五	丙辰 24 六	丁巳 25 日	戊午 26 一	己未 27 二	庚申 28 三	辛酉 29 四	壬戌 30 五		戊申小滿
五月大	丙午	天干地支 西曆 星期	癸亥 31 六	甲子 (6) 日	乙丑 2 一	丙寅 3 二	丁卯 4 三	戊辰 5 四	己巳 6 五	庚午 7 六	辛未 8 日	壬申 9 一	癸酉 10 二	甲戌 11 三	乙亥 12 四	丙子 13 五	丁丑 14 六	戊寅 15 日	己卯 16 一	庚辰 17 二	辛巳 18 三	壬午 19 四	癸未 20 五	甲申 21 六	乙酉 22 日	丙戌 23 一	丁亥 24 二	戊子 25 三	己丑 26 四	庚寅 27 五	辛卯 28 六	壬辰 29 日	甲子芒種 己卯夏至
六月小	丁未	天干地支 西曆 星期	癸巳 30 一	甲午 (7) 二	乙未 2 三	丙申 3 四	丁酉 4 五	戊戌 5 六	己亥 6 日	庚子 7 一	辛丑 8 二	壬寅 9 三	癸卯 10 四	甲辰 11 五	乙巳 12 六	丙午 13 日	丁未 14 一	戊申 15 二	己酉 16 三	庚戌 17 四	辛亥 18 五	壬子 19 六	癸丑 20 日	甲寅 21 一	乙卯 22 二	丙辰 23 三	丁巳 24 四	戊午 25 五	己未 26 六	庚申 27 日	辛酉 28 一		甲午小暑 己酉大暑
七月大	戊申	天干地支 西曆 星期	壬戌 29 二	癸亥 30 三	甲子 31 四	乙丑 (8) 五	丙寅 2 六	丁卯 3 日	戊辰 4 一	己巳 5 二	庚午 6 三	辛未 7 四	壬申 8 五	癸酉 9 六	甲戌 10 日	乙亥 11 一	丙子 12 二	丁丑 13 三	戊寅 14 四	己卯 15 五	庚辰 16 六	辛巳 17 日	壬午 18 一	癸未 19 二	甲申 20 三	乙酉 21 四	丙戌 22 五	丁亥 23 六	戊子 24 日	己丑 25 一	庚寅 26 二	辛卯 27 三	甲子立秋 庚辰處暑
八月大	己酉	天干地支 西曆 星期	壬辰 28 四	癸巳 29 五	甲午 30 六	乙未 31 日	丙申 (9) 一	丁酉 2 二	戊戌 3 三	己亥 4 四	庚子 5 五	辛丑 6 六	壬寅 7 日	癸卯 8 一	甲辰 9 二	乙巳 10 三	丙午 11 四	丁未 12 五	戊申 13 六	己酉 14 日	庚戌 15 一	辛亥 16 二	壬子 17 三	癸丑 18 四	甲寅 19 五	乙卯 20 六	丙辰 21 日	丁巳 22 一	戊午 23 二	己未 24 三	庚申 25 四	辛酉 26 五	乙未白露 庚戌秋分
九月小	庚戌	天干地支 西曆 星期	壬戌 27 六	癸亥 28 日	甲子 29 一	乙丑 30 二	丙寅 (10) 三	丁卯 2 四	戊辰 3 五	己巳 4 六	庚午 5 日	辛未 6 一	壬申 7 二	癸酉 8 三	甲戌 9 四	乙亥 10 五	丙子 11 六	丁丑 12 日	戊寅 13 一	己卯 14 二	庚辰 15 三	辛巳 16 四	壬午 17 五	癸未 18 六	甲申 19 日	乙酉 20 一	丙戌 21 二	丁亥 22 三	戊子 23 四	己丑 24 五	庚寅 25 六		乙丑寒露 庚辰霜降
十月大	辛亥	天干地支 西曆 星期	辛卯 26 日	壬辰 27 一	癸巳 28 二	甲午 29 三	乙未 30 四	丙申 31 五	丁酉 (11) 六	戊戌 2 日	己亥 3 一	庚子 4 二	辛丑 5 三	壬寅 6 四	癸卯 7 五	甲辰 8 六	乙巳 9 日	丙午 10 一	丁未 11 二	戊申 12 三	己酉 13 四	庚戌 14 五	辛亥 15 六	壬子 16 日	癸丑 17 一	甲寅 18 二	乙卯 19 三	丙辰 20 四	丁巳 21 五	戊午 22 六	己未 23 日	庚申 24 一	丙申立冬 辛亥小雪
十一月大	壬子	天干地支 西曆 星期	辛酉 25 二	壬戌 26 三	癸亥 27 四	甲子 28 五	乙丑 29 六	丙寅 30 日	丁卯 (12) 一	戊辰 2 二	己巳 3 三	庚午 4 四	辛未 5 五	壬申 6 六	癸酉 7 日	甲戌 8 一	乙亥 9 二	丙子 10 三	丁丑 11 四	戊寅 12 五	己卯 13 六	庚辰 14 日	辛巳 15 一	壬午 16 二	癸未 17 三	甲申 18 四	乙酉 19 五	丙戌 20 六	丁亥 21 日	戊子 22 一	己丑 23 二	庚寅 24 三	丙寅大雪 辛巳冬至
十二月小	癸丑	天干地支 西曆 星期	辛卯 25 四	壬辰 26 五	癸巳 27 六	甲午 28 日	乙未 29 一	丙申 30 二	丁酉 31 三	戊戌 (1) 四	己亥 2 五	庚子 3 六	辛丑 4 日	壬寅 5 一	癸卯 6 二	甲辰 7 三	乙巳 8 四	丙午 9 五	丁未 10 六	戊申 11 日	己酉 12 一	庚戌 13 二	辛亥 14 三	壬子 15 四	癸丑 16 五	甲寅 17 六	乙卯 18 日	丙辰 19 一	丁巳 20 二	戊午 21 三	己未 22 四		丁酉小寒 壬子大寒

宋高宗紹興十八年（戊辰 龍年） 公元 1148 ~ 1149 年

夏曆月序		中西曆日對照	初一	初二	初三	初四	初五	初六	初七	初八	初九	初十	十一	十二	十三	十四	十五	十六	十七	十八	十九	二十	二一	二二	二三	二四	二五	二六	二七	二八	二九	三十	節氣與天象
正月大	甲寅	干支 天地 西曆 星期	庚申 23 五	辛酉 24 六	壬戌 25 日	癸亥 26 一	甲子 27 二	乙丑 28 三	丙寅 29 四	丁卯 30 五	戊辰 31 六	己巳 (2) 日	庚午 2 一	辛未 3 二	壬申 4 三	癸酉 5 四	甲戌 6 五	乙亥 7 六	丙子 8 日	丁丑 9 一	戊寅 10 二	己卯 11 三	庚辰 12 四	辛巳 13 五	壬午 14 六	癸未 15 日	甲申 16 一	乙酉 17 二	丙戌 18 三	丁亥 19 四	戊子 20 五	己丑 21 六	丁卯立春 壬午雨水
二月小	乙卯	干支 天地 西曆 星期	庚寅 22 日	辛卯 23 一	壬辰 24 二	癸巳 25 三	甲午 26 四	乙未 27 五	丙申 28 六	丁酉 29 日	戊戌 (3) 一	己亥 2 二	庚子 3 三	辛丑 4 四	壬寅 5 五	癸卯 6 六	甲辰 7 日	乙巳 8 一	丙午 9 二	丁未 10 三	戊申 11 四	己酉 12 五	庚戌 13 六	辛亥 14 日	壬子 15 一	癸丑 16 二	甲寅 17 三	乙卯 18 四	丙辰 19 五	丁巳 20 六	戊午 21 日		丁酉驚蟄 癸丑春分
三月小	丙辰	干支 天地 西曆 星期	己未 22 一	庚申 23 二	辛酉 24 三	壬戌 25 四	癸亥 26 五	甲子 27 六	乙丑 28 日	丙寅 29 一	丁卯 30 二	戊辰 31 三	己巳 (4) 四	庚午 2 五	辛未 3 六	壬申 4 日	癸酉 5 一	甲戌 6 二	乙亥 7 三	丙子 8 四	丁丑 9 五	戊寅 10 六	己卯 11 日	庚辰 12 一	辛巳 13 二	壬午 14 三	癸未 15 四	甲申 16 五	乙酉 17 六	丙戌 18 日	丁亥 19 一		戊辰清明 癸未穀雨
四月大	丁巳	干支 天地 西曆 星期	戊子 20 二	己丑 21 三	庚寅 22 四	辛卯 23 五	壬辰 24 六	癸巳 25 日	甲午 26 一	乙未 27 二	丙申 28 三	丁酉 29 四	戊戌 30 五	己亥 (5) 六	庚子 2 日	辛丑 3 一	壬寅 4 二	癸卯 5 三	甲辰 6 四	乙巳 7 五	丙午 8 六	丁未 9 日	戊申 10 一	己酉 11 二	庚戌 12 三	辛亥 13 四	壬子 14 五	癸丑 15 六	甲寅 16 日	乙卯 17 一	丙辰 18 二	丁巳 19 三	戊戌立夏 甲寅小滿 戊子日食
五月小	戊午	干支 天地 西曆 星期	戊午 20 四	己未 21 五	庚申 22 六	辛酉 23 日	壬戌 24 一	癸亥 25 二	甲子 26 三	乙丑 27 四	丙寅 28 五	丁卯 29 六	戊辰 30 日	己巳 31 一	庚午 (6) 二	辛未 2 三	壬申 3 四	癸酉 4 五	甲戌 5 六	乙亥 6 日	丙子 7 一	丁丑 8 二	戊寅 9 三	己卯 10 四	庚辰 11 五	辛巳 12 六	壬午 13 日	癸未 14 一	甲申 15 二	乙酉 16 三	丙戌 17 四		己巳芒種 甲申夏至
六月大	己未	干支 天地 西曆 星期	丁亥 18 五	戊子 19 六	己丑 20 日	庚寅 21 一	辛卯 22 二	壬辰 23 三	癸巳 24 四	甲午 25 五	乙未 26 六	丙申 27 日	丁酉 28 一	戊戌 29 二	己亥 30 三	庚子 (7) 四	辛丑 2 五	壬寅 3 六	癸卯 4 日	甲辰 5 一	乙巳 6 二	丙午 7 三	丁未 8 四	戊申 9 五	己酉 10 六	庚戌 11 日	辛亥 12 一	壬子 13 二	癸丑 14 三	甲寅 15 四	乙卯 16 五	丙辰 17 六	己亥小暑 甲寅大暑
七月小	庚申	干支 天地 西曆 星期	丁巳 18 日	戊午 19 一	己未 20 二	庚申 21 三	辛酉 22 四	壬戌 23 五	癸亥 24 六	甲子 25 日	乙丑 26 一	丙寅 27 二	丁卯 28 三	戊辰 29 四	己巳 30 五	庚午 31 六	辛未 (8) 日	壬申 2 一	癸酉 3 二	甲戌 4 三	乙亥 5 四	丙子 6 五	丁丑 7 六	戊寅 8 日	己卯 9 一	庚辰 10 二	辛巳 11 三	壬午 12 四	癸未 13 五	甲申 14 六	乙酉 15 日		庚午立秋 乙酉處暑
八月大	辛酉	干支 天地 西曆 星期	丙戌 16 一	丁亥 17 二	戊子 18 三	己丑 19 四	庚寅 20 五	辛卯 21 六	壬辰 22 日	癸巳 23 一	甲午 24 二	乙未 25 三	丙申 26 四	丁酉 27 五	戊戌 28 六	己亥 29 日	庚子 30 一	辛丑 31 二	壬寅 (9) 三	癸卯 2 四	甲辰 3 五	乙巳 4 六	丙午 5 日	丁未 6 一	戊申 7 二	己酉 8 三	庚戌 9 四	辛亥 10 五	壬子 11 六	癸丑 12 日	甲寅 13 一	乙卯 14 二	庚子白露 乙卯秋分
閏八月大	辛酉	干支 天地 西曆 星期	丙辰 15 三	丁巳 16 四	戊午 17 五	己未 18 六	庚申 19 日	辛酉 20 一	壬戌 21 二	癸亥 22 三	甲子 23 四	乙丑 24 五	丙寅 25 六	丁卯 26 日	戊辰 27 一	己巳 28 二	庚午 29 三	辛未 30 四	壬申 (10) 五	癸酉 2 六	甲戌 3 日	乙亥 4 一	丙子 5 二	丁丑 6 三	戊寅 7 四	己卯 8 五	庚辰 9 六	辛巳 10 日	壬午 11 一	癸未 12 二	甲申 13 三	乙酉 14 四	辛未寒露
九月小	壬戌	干支 天地 西曆 星期	丙戌 15 五	丁亥 16 六	戊子 17 日	己丑 18 一	庚寅 19 二	辛卯 20 三	壬辰 21 四	癸巳 22 五	甲午 23 六	乙未 24 日	丙申 25 一	丁酉 26 二	戊戌 27 三	己亥 28 四	庚子 29 五	辛丑 30 六	壬寅 31 日	癸卯 (11) 一	甲辰 2 二	乙巳 3 三	丙午 4 四	丁未 5 五	戊申 6 六	己酉 7 日	庚戌 8 一	辛亥 9 二	壬子 10 三	癸丑 11 四	甲寅 12 五		丙戌霜降 辛丑立冬
十月大	癸亥	干支 天地 西曆 星期	乙卯 13 六	丙辰 14 日	丁巳 15 一	戊午 16 二	己未 17 三	庚申 18 四	辛酉 19 五	壬戌 20 六	癸亥 21 日	甲子 22 一	乙丑 23 二	丙寅 24 三	丁卯 25 四	戊辰 26 五	己巳 27 六	庚午 28 日	辛未 29 一	壬申 30 二	癸酉 (12) 三	甲戌 2 四	乙亥 3 五	丙子 4 六	丁丑 5 日	戊寅 6 一	己卯 7 二	庚辰 8 三	辛巳 9 四	壬午 10 五	癸未 11 六	甲申 12 日	丙辰小雪 辛未大雪
十一月大	甲子	干支 天地 西曆 星期	乙酉 13 一	丙戌 14 二	丁亥 15 三	戊子 16 四	己丑 17 五	庚寅 18 六	辛卯 19 日	壬辰 20 一	癸巳 21 二	甲午 22 三	乙未 23 四	丙申 24 五	丁酉 25 六	戊戌 26 日	己亥 27 一	庚子 28 二	辛丑 29 三	壬寅 30 四	癸卯 31 五	甲辰 (1) 六	乙巳 2 日	丙午 3 一	丁未 4 二	戊申 5 三	己酉 6 四	庚戌 7 五	辛亥 8 六	壬子 9 日	癸丑 10 一	甲寅 11 二	丁亥冬至 壬寅小寒
十二月小	乙丑	干支 天地 西曆 星期	乙卯 12 三	丙辰 13 四	丁巳 14 五	戊午 15 六	己未 16 日	庚申 17 一	辛酉 18 二	壬戌 19 三	癸亥 20 四	甲子 21 五	乙丑 22 六	丙寅 23 日	丁卯 24 一	戊辰 25 二	己巳 26 三	庚午 27 四	辛未 28 五	壬申 29 六	癸酉 30 日	甲戌 31 一	乙亥 (2) 二	丙子 2 三	丁丑 3 四	戊寅 4 五	己卯 5 六	庚辰 6 日	辛巳 7 一	壬午 8 二	癸未 9 三		丁巳大寒 壬申立春

宋高宗紹興十九年（己巳 蛇年） 公元 1149 ~ 1150 年

夏曆月序		中西曆日對照	初一	初二	初三	初四	初五	初六	初七	初八	初九	初十	十一	十二	十三	十四	十五	十六	十七	十八	十九	二十	二一	二二	二三	二四	二五	二六	二七	二八	二九	三十	節氣與天象
正月大	丙寅	天干地支西曆星期	甲申10四	乙酉11五	丙戌12六	丁亥13日	戊子14一	己丑15二	庚寅16三	辛卯17四	壬辰18五	癸巳19六	甲午20日	乙未21一	丙申22二	丁酉23三	戊戌24四	己亥25五	庚子26六	辛丑27日	壬寅28一	癸卯(3)二	甲辰2三	乙巳3四	丙午4五	丁未5六	戊申6日	己酉7一	庚戌8二	辛亥9三	壬子10四	癸丑11五	丁亥雨水 癸卯驚蟄
二月小	丁卯	天干地支西曆星期	甲寅12六	乙卯13日	丙辰14一	丁巳15二	戊午16三	己未17四	庚申18五	辛酉19六	壬戌20日	癸亥21一	甲子22二	乙丑23三	丙寅24四	丁卯25五	戊辰26六	己巳27日	庚午28一	辛未29二	壬申30三	癸酉31四	甲戌(4)五	乙亥2六	丙子3日	丁丑4一	戊寅5二	己卯6三	庚辰7四	辛巳8五	壬午9六		戊午春分 癸酉清明
三月小	戊辰	天干地支西曆星期	癸未10日	甲申11一	乙酉12二	丙戌13三	丁亥14四	戊子15五	己丑16六	庚寅17日	辛卯18一	壬辰19二	癸巳20三	甲午21四	乙未22五	丙申23六	丁酉24日	戊戌25一	己亥26二	庚子27三	辛丑28四	壬寅29五	癸卯30六	甲辰(5)日	乙巳2一	丙午3二	丁未4三	戊申5四	己酉6五	庚戌7六	辛亥8日		戊子穀雨 甲辰立夏 癸未日食
四月大	己巳	天干地支西曆星期	壬子9一	癸丑10二	甲寅11三	乙卯12四	丙辰13五	丁巳14六	戊午15日	己未16一	庚申17二	辛酉18三	壬戌19四	癸亥20五	甲子21六	乙丑22日	丙寅23一	丁卯24二	戊辰25三	己巳26四	庚午27五	辛未28六	壬申29日	癸酉30一	甲戌31二	乙亥(6)三	丙子2四	丁丑3五	戊寅4六	己卯5日	庚辰6一	辛巳7二	己未小滿 甲戌芒種
五月小	庚午	天干地支西曆星期	壬午8三	癸未9四	甲申10五	乙酉11六	丙戌12日	丁亥13一	戊子14二	己丑15三	庚寅16四	辛卯17五	壬辰18六	癸巳19日	甲午20一	乙未21二	丙申22三	丁酉23四	戊戌24五	己亥25六	庚子26日	辛丑27一	壬寅28二	癸卯29三	甲辰30四	乙巳(7)五	丙午2六	丁未3日	戊申4一	己酉5二	庚戌6三		己丑夏至 甲辰小暑
六月小	辛未	天干地支西曆星期	辛亥7四	壬子8五	癸丑9六	甲寅10日	乙卯11一	丙辰12二	丁巳13三	戊午14四	己未15五	庚申16六	辛酉17日	壬戌18一	癸亥19二	甲子20三	乙丑21四	丙寅22五	丁卯23六	戊辰24日	己巳25一	庚午26二	辛未27三	壬申28四	癸酉29五	甲戌30六	乙亥31日	丙子(8)一	丁丑2二	戊寅3三	己卯4四		庚申大暑 乙亥立秋
七月大	壬申	天干地支西曆星期	庚辰5五	辛巳6六	壬午7日	癸未8一	甲申9二	乙酉10三	丙戌11四	丁亥12五	戊子13六	己丑14日	庚寅15一	辛卯16二	壬辰17三	癸巳18四	甲午19五	乙未20六	丙申21日	丁酉22一	戊戌23二	己亥24三	庚子25四	辛丑26五	壬寅27六	癸卯28日	甲辰29一	乙巳30二	丙午31三	丁未(9)四	戊申2五	己酉3六	庚寅處暑 乙巳白露
八月大	癸酉	天干地支西曆星期	庚戌4日	辛亥5一	壬子6二	癸丑7三	甲寅8四	乙卯9五	丙辰10六	丁巳11日	戊午12一	己未13二	庚申14三	辛酉15四	壬戌16五	癸亥17六	甲子18日	乙丑19一	丙寅20二	丁卯21三	戊辰22四	己巳23五	庚午24六	辛未25日	壬申26一	癸酉27二	甲戌28三	乙亥29四	丙子30五	丁丑(10)六	戊寅2日	己卯3一	辛酉秋分 丙子寒露
九月小	甲戌	天干地支西曆星期	庚辰4二	辛巳5三	壬午6四	癸未7五	甲申8六	乙酉9日	丙戌10一	丁亥11二	戊子12三	己丑13四	庚寅14五	辛卯15六	壬辰16日	癸巳17一	甲午18二	乙未19三	丙申20四	丁酉21五	戊戌22六	己亥23日	庚子24一	辛丑25二	壬寅26三	癸卯27四	甲辰28五	乙巳29六	丙午30日	丁未31一	戊申(11)二		辛卯霜降 丙午立冬
十月大	乙亥	天干地支西曆星期	己酉2三	庚戌3四	辛亥4五	壬子5六	癸丑6日	甲寅7一	乙卯8二	丙辰9三	丁巳10四	戊午11五	己未12六	庚申13日	辛酉14一	壬戌15二	癸亥16三	甲子17四	乙丑18五	丙寅19六	丁卯20日	戊辰21一	己巳22二	庚午23三	辛未24四	壬申25五	癸酉26六	甲戌27日	乙亥28一	丙子29二	丁丑30三	戊寅(12)四	辛酉小雪 丁丑大雪
十一月大	丙子	天干地支西曆星期	己卯2五	庚辰3六	辛巳4日	壬午5一	癸未6二	甲申7三	乙酉8四	丙戌9五	丁亥10六	戊子11日	己丑12一	庚寅13二	辛卯14三	壬辰15四	癸巳16五	甲午17六	乙未18日	丙申19一	丁酉20二	戊戌21三	己亥22四	庚子23五	辛丑24六	壬寅25日	癸卯26一	甲辰27二	乙巳28三	丙午29四	丁未30五	戊申31六	壬辰冬至 丁未小寒
十二月大	丁丑	天干地支西曆星期	己酉(1)日	庚戌2一	辛亥3二	壬子4三	癸丑5四	甲寅6五	乙卯7六	丙辰8日	丁巳9一	戊午10二	己未11三	庚申12四	辛酉13五	壬戌14六	癸亥15日	甲子16一	乙丑17二	丙寅18三	丁卯19四	戊辰20五	己巳21六	庚午22日	辛未23一	壬申24二	癸酉25三	甲戌26四	乙亥27五	丙子28六	丁丑29日	戊寅30一	壬戌大寒 戊寅立春

宋高宗紹興二十年（庚午 馬年） 公元 1150 ~ 1151 年

夏曆月序		中西曆日對照	夏曆日序																														節氣與天象
			初一	初二	初三	初四	初五	初六	初七	初八	初九	初十	十一	十二	十三	十四	十五	十六	十七	十八	十九	二十	二一	二二	二三	二四	二五	二六	二七	二八	二九	三十	
正月小	戊寅	天干地支 西曆 星期	己卯 31 二	庚辰 (2) 三	辛巳 2 四	壬午 3 五	癸未 4 六	甲申 5 日	乙酉 6 一	丙戌 7 二	丁亥 8 三	戊子 9 四	己丑 10 五	庚寅 11 六	辛卯 12 日	壬辰 13 一	癸巳 14 二	甲午 15 三	乙未 16 四	丙申 17 五	丁酉 18 六	戊戌 19 日	己亥 20 一	庚子 21 二	辛丑 22 三	壬寅 23 四	癸卯 24 五	甲辰 25 六	乙巳 26 日	丙午 27 一	丁未 28 二		癸巳雨水
二月大	己卯	天干地支 西曆 星期	戊申 (3) 三	己酉 2 四	庚戌 3 五	辛亥 4 六	壬子 5 日	癸丑 6 一	甲寅 7 二	乙卯 8 三	丙辰 9 四	丁巳 10 五	戊午 11 六	己未 12 日	庚申 13 一	辛酉 14 二	壬戌 15 三	癸亥 16 四	甲子 17 五	乙丑 18 六	丙寅 19 日	丁卯 20 一	戊辰 21 二	己巳 22 三	庚午 23 四	辛未 24 五	壬申 25 六	癸酉 26 日	甲戌 27 一	乙亥 28 二	丙子 29 三	丁丑 30 四	戊申驚蟄 癸亥春分
三月小	庚辰	天干地支 西曆 星期	戊寅 31 五	己卯 (4) 六	庚辰 2 日	辛巳 3 一	壬午 4 二	癸未 5 三	甲申 6 四	乙酉 7 五	丙戌 8 六	丁亥 9 日	戊子 10 一	己丑 11 二	庚寅 12 三	辛卯 13 四	壬辰 14 五	癸巳 15 六	甲午 16 日	乙未 17 一	丙申 18 二	丁酉 19 三	戊戌 20 四	己亥 21 五	庚子 22 六	辛丑 23 日	壬寅 24 一	癸卯 25 二	甲辰 26 三	乙巳 27 四	丙午 28 五		戊寅清明 甲午穀雨
四月小	辛巳	天干地支 西曆 星期	丁未 29 六	戊申 30 日	己酉 (5) 一	庚戌 2 二	辛亥 3 三	壬子 4 四	癸丑 5 五	甲寅 6 六	乙卯 7 日	丙辰 8 一	丁巳 9 二	戊午 10 三	己未 11 四	庚申 12 五	辛酉 13 六	壬戌 14 日	癸亥 15 一	甲子 16 二	乙丑 17 三	丙寅 18 四	丁卯 19 五	戊辰 20 六	己巳 21 日	庚午 22 一	辛未 23 二	壬申 24 三	癸酉 25 四	甲戌 26 五	乙亥 27 六		己酉立夏 甲子小滿
五月大	壬午	天干地支 西曆 星期	丙子 28 日	丁丑 29 一	戊寅 30 二	己卯 31 三	庚辰 (6) 四	辛巳 2 五	壬午 3 六	癸未 4 日	甲申 5 一	乙酉 6 二	丙戌 7 三	丁亥 8 四	戊子 9 五	己丑 10 六	庚寅 11 日	辛卯 12 一	壬辰 13 二	癸巳 14 三	甲午 15 四	乙未 16 五	丙申 17 六	丁酉 18 日	戊戌 19 一	己亥 20 二	庚子 21 三	辛丑 22 四	壬寅 23 五	癸卯 24 六	甲辰 25 日	乙巳 26 一	己卯芒種 甲午夏至
六月小	癸未	天干地支 西曆 星期	丙午 27 二	丁未 28 三	戊申 29 四	己酉 30 五	庚戌 (7) 六	辛亥 2 日	壬子 3 一	癸丑 4 二	甲寅 5 三	乙卯 6 四	丙辰 7 五	丁巳 8 六	戊午 9 日	己未 10 一	庚申 11 二	辛酉 12 三	壬戌 13 四	癸亥 14 五	甲子 15 六	乙丑 16 日	丙寅 17 一	丁卯 18 二	戊辰 19 三	己巳 20 四	庚午 21 五	辛未 22 六	壬申 23 日	癸酉 24 一	甲戌 25 二		庚戌小暑 乙丑大暑
七月小	甲申	天干地支 西曆 星期	乙亥 26 三	丙子 27 四	丁丑 28 五	戊寅 29 六	己卯 30 日	庚辰 31 一	辛巳 (8) 二	壬午 2 三	癸未 3 四	甲申 4 五	乙酉 5 六	丙戌 6 日	丁亥 7 一	戊子 8 二	己丑 9 三	庚寅 10 四	辛卯 11 五	壬辰 12 六	癸巳 13 日	甲午 14 一	乙未 15 二	丙申 16 三	丁酉 17 四	戊戌 18 五	己亥 19 六	庚子 20 日	辛丑 21 一	壬寅 22 二	癸卯 23 三		庚辰立秋 乙未處暑
八月大	乙酉	天干地支 西曆 星期	甲辰 24 四	乙巳 25 五	丙午 26 六	丁未 27 日	戊申 28 一	己酉 29 二	庚戌 30 三	辛亥 31 四	壬子 (9) 五	癸丑 2 六	甲寅 3 日	乙卯 4 一	丙辰 5 二	丁巳 6 三	戊午 7 四	己未 8 五	庚申 9 六	辛酉 10 日	壬戌 11 一	癸亥 12 二	甲子 13 三	乙丑 14 四	丙寅 15 五	丁卯 16 六	戊辰 17 日	己巳 18 一	庚午 19 二	辛未 20 三	壬申 21 四	癸酉 22 五	辛亥白露 丙寅秋分
九月小	丙戌	天干地支 西曆 星期	甲戌 23 六	乙亥 24 日	丙子 25 一	丁丑 26 二	戊寅 27 三	己卯 28 四	庚辰 29 五	辛巳 30 六	壬午 (10) 日	癸未 2 一	甲申 3 二	乙酉 4 三	丙戌 5 四	丁亥 6 五	戊子 7 六	己丑 8 日	庚寅 9 一	辛卯 10 二	壬辰 11 三	癸巳 12 四	甲午 13 五	乙未 14 六	丙申 15 日	丁酉 16 一	戊戌 17 二	己亥 18 三	庚子 19 四	辛丑 20 五	壬寅 21 六		辛巳寒露 丙申霜降
十月大	丁亥	天干地支 西曆 星期	癸卯 22 日	甲辰 23 一	乙巳 24 二	丙午 25 三	丁未 26 四	戊申 27 五	己酉 28 六	庚戌 29 日	辛亥 30 一	壬子 31 二	癸丑 (11) 三	甲寅 2 四	乙卯 3 五	丙辰 4 六	丁巳 5 日	戊午 6 一	己未 7 二	庚申 8 三	辛酉 9 四	壬戌 10 五	癸亥 11 六	甲子 12 日	乙丑 13 一	丙寅 14 二	丁卯 15 三	戊辰 16 四	己巳 17 五	庚午 18 六	辛未 19 日	壬申 20 一	辛亥立冬 丁卯小雪
十一月大	戊子	天干地支 西曆 星期	癸酉 21 二	甲戌 22 三	乙亥 23 四	丙子 24 五	丁丑 25 六	戊寅 26 日	己卯 27 一	庚辰 28 二	辛巳 29 三	壬午 30 四	癸未 (12) 五	甲申 2 六	乙酉 3 日	丙戌 4 一	丁亥 5 二	戊子 6 三	己丑 7 四	庚寅 8 五	辛卯 9 六	壬辰 10 日	癸巳 11 一	甲午 12 二	乙未 13 三	丙申 14 四	丁酉 15 五	戊戌 16 六	己亥 17 日	庚子 18 一	辛丑 19 二	壬寅 20 三	壬午大雪 丁酉冬至
十二月大	己丑	天干地支 西曆 星期	癸卯 21 四	甲辰 22 五	乙巳 23 六	丙午 24 日	丁未 25 一	戊申 26 二	己酉 27 三	庚戌 28 四	辛亥 29 五	壬子 30 六	癸丑 31 日	甲寅 (1) 一	乙卯 2 二	丙辰 3 三	丁巳 4 四	戊午 5 五	己未 6 六	庚申 7 日	辛酉 8 一	壬戌 9 二	癸亥 10 三	甲子 11 四	乙丑 12 五	丙寅 13 六	丁卯 14 日	戊辰 15 一	己巳 16 二	庚午 17 三	辛未 18 四	壬申 19 五	壬子小寒 戊辰大寒

宋高宗紹興二十一年（辛未 羊年） 公元 1151 ~ 1152 年

夏曆月序		中西曆日對照	夏曆日序																														節氣與天象
			初一	初二	初三	初四	初五	初六	初七	初八	初九	初十	十一	十二	十三	十四	十五	十六	十七	十八	十九	二十	二一	二二	二三	二四	二五	二六	二七	二八	二九	三十	
正月小	庚寅	天干地支 西曆 星期	癸酉20六	甲戌21日	乙亥22一	丙子23二	丁丑24三	戊寅25四	己卯26五	庚辰27六	辛巳28日	壬午29一	癸未30二	甲申31三	乙酉(2)四	丙戌2五	丁亥3六	戊子4日	己丑5一	庚寅6二	辛卯7三	壬辰8四	癸巳9五	甲午10六	乙未11日	丙申12一	丁酉13二	戊戌14三	己亥15四	庚子16五	辛丑17六		癸未立春 戊戌雨水
二月大	辛卯	天干地支 西曆 星期	壬寅18日	癸卯19一	甲辰20二	乙巳21三	丙午22四	丁未23五	戊申24六	己酉25日	庚戌26一	辛亥27二	壬子28三	癸丑(3)四	甲寅2五	乙卯3六	丙辰4日	丁巳5一	戊午6二	己未7三	庚申8四	辛酉9五	壬戌10六	癸亥11日	甲子12一	乙丑13二	丙寅14三	丁卯15四	戊辰16五	己巳17六	庚午18日	辛未19一	癸丑驚蟄 戊辰春分
三月大	壬辰	天干地支 西曆 星期	壬申20二	癸酉21三	甲戌22四	乙亥23五	丙子24六	丁丑25日	戊寅26一	己卯27二	庚辰28三	辛巳29四	壬午30五	癸未31六	甲申(4)日	乙酉2一	丙戌3二	丁亥4三	戊子5四	己丑6五	庚寅7六	辛卯8日	壬辰9一	癸巳10二	甲午11三	乙未12四	丙申13五	丁酉14六	戊戌15日	己亥16一	庚子17二	辛丑18三	甲申清明 己亥穀雨
四月小	癸巳	天干地支 西曆 星期	壬寅19四	癸卯20五	甲辰21六	乙巳22日	丙午23一	丁未24二	戊申25三	己酉26四	庚戌27五	辛亥28六	壬子29日	癸丑30一	甲寅(5)二	乙卯2三	丙辰3四	丁巳4五	戊午5六	己未6日	庚申7一	辛酉8二	壬戌9三	癸亥10四	甲子11五	乙丑12六	丙寅13日	丁卯14一	戊辰15二	己巳16三	庚午17四		甲寅立夏 己巳小滿
閏四月小	癸巳	天干地支 西曆 星期	辛未18五	壬申19六	癸酉20日	甲戌21一	乙亥22二	丙子23三	丁丑24四	戊寅25五	己卯26六	庚辰27日	辛巳28一	壬午29二	癸未30三	甲申31四	乙酉(6)五	丙戌2六	丁亥3日	戊子4一	己丑5二	庚寅6三	辛卯7四	壬辰8五	癸巳9六	甲午10日	乙未11一	丙申12二	丁酉13三	戊戌14四	己亥15五		甲申芒種
五月大	甲午	天干地支 西曆 星期	庚子16六	辛丑17日	壬寅18一	癸卯19二	甲辰20三	乙巳21四	丙午22五	丁未23六	戊申24日	己酉25一	庚戌26二	辛亥27三	壬子28四	癸丑29五	甲寅30六	乙卯(7)日	丙辰2一	丁巳3二	戊午4三	己未5四	庚申6五	辛酉7六	壬戌8日	癸亥9一	甲子10二	乙丑11三	丙寅12四	丁卯13五	戊辰14六	己巳15日	庚子夏至 乙卯小暑
六月小	乙未	天干地支 西曆 星期	庚午16一	辛未17二	壬申18三	癸酉19四	甲戌20五	乙亥21六	丙子22日	丁丑23一	戊寅24二	己卯25三	庚辰26四	辛巳27五	壬午28六	癸未29日	甲申30一	乙酉31二	丙戌(8)三	丁亥2四	戊子3五	己丑4六	庚寅5日	辛卯6一	壬辰7二	癸巳8三	甲午9四	乙未10五	丙申11六	丁酉12日	戊戌13一		庚午大暑 乙酉立秋
七月小	丙申	天干地支 西曆 星期	己亥14二	庚子15三	辛丑16四	壬寅17五	癸卯18六	甲辰19日	乙巳20一	丙午21二	丁未22三	戊申23四	己酉24五	庚戌25六	辛亥26日	壬子27一	癸丑28二	甲寅29三	乙卯30四	丙辰31五	丁巳(9)六	戊午2日	己未3一	庚申4二	辛酉5三	壬戌6四	癸亥7五	甲子8六	乙丑9日	丙寅10一	丁卯11二		辛丑處暑 丙辰白露
八月大	丁酉	天干地支 西曆 星期	戊辰12三	己巳13四	庚午14五	辛未15六	壬申16日	癸酉17一	甲戌18二	乙亥19三	丙子20四	丁丑21五	戊寅22六	己卯23日	庚辰24一	辛巳25二	壬午26三	癸未27四	甲申28五	乙酉29六	丙戌30日	丁亥(10)一	戊子2二	己丑3三	庚寅4四	辛卯5五	壬辰6六	癸巳7日	甲午8一	乙未9二	丙申10三	丁酉11四	辛未秋分 丙戌寒露
九月小	戊戌	天干地支 西曆 星期	戊戌12五	己亥13六	庚子14日	辛丑15一	壬寅16二	癸卯17三	甲辰18四	乙巳19五	丙午20六	丁未21日	戊申22一	己酉23二	庚戌24三	辛亥25四	壬子26五	癸丑27六	甲寅28日	乙卯29一	丙辰30二	丁巳31三	戊午(11)四	己未2五	庚申3六	辛酉4日	壬戌5一	癸亥6二	甲子7三	乙丑8四	丙寅9五		辛丑霜降 丁巳立冬
十月大	己亥	天干地支 西曆 星期	丁卯10六	戊辰11日	己巳12一	庚午13二	辛未14三	壬申15四	癸酉16五	甲戌17六	乙亥18日	丙子19一	丁丑20二	戊寅21三	己卯22四	庚辰23五	辛巳24六	壬午25日	癸未26一	甲申27二	乙酉28三	丙戌29四	丁亥30五	戊子(12)六	己丑2日	庚寅3一	辛卯4二	壬辰5三	癸巳6四	甲午7五	乙未8六	丙申9日	壬申小雪 丁亥大雪
十一月大	庚子	天干地支 西曆 星期	丁酉10一	戊戌11二	己亥12三	庚子13四	辛丑14五	壬寅15六	癸卯16日	甲辰17一	乙巳18二	丙午19三	丁未20四	戊申21五	己酉22六	庚戌23日	辛亥24一	壬子25二	癸丑26三	甲寅27四	乙卯28五	丙辰29六	丁巳30日	戊午31一	己未(1)二	庚申2三	辛酉3四	壬戌4五	癸亥5六	甲子6日	乙丑7一	丙寅8二	壬寅冬至 戊午小寒
十二月大	辛丑	天干地支 西曆 星期	丁卯9三	戊辰10四	己巳11五	庚午12六	辛未13日	壬申14一	癸酉15二	甲戌16三	乙亥17四	丙子18五	丁丑19六	戊寅20日	己卯21一	庚辰22二	辛巳23三	壬午24四	癸未25五	甲申26六	乙酉27日	丙戌28一	丁亥29二	戊子30三	己丑31四	庚寅(2)五	辛卯2六	壬辰3日	癸巳4一	甲午5二	乙未6三	丙申7四	癸酉大寒 戊子立春

宋高宗紹興二十二年（壬申 猴年） 公元 1152 ~ 1153 年

夏曆月序		中西曆日對照	夏曆日序																													節氣與天象
			初一	初二	初三	初四	初五	初六	初七	初八	初九	初十	十一	十二	十三	十四	十五	十六	十七	十八	十九	二十	二一	二二	二三	二四	二五	二六	二七	二八	二九	三十	
正月小	壬寅	天干地支	丁酉	戊戌	己亥	庚子	辛丑	壬寅	癸卯	甲辰	乙巳	丙午	丁未	戊申	己酉	庚戌	辛亥	壬子	癸丑	甲寅	乙卯	丙辰	丁巳	戊午	己未	庚申	辛酉	壬戌	癸亥	甲子	乙丑		癸卯雨水 戊午驚蟄
		西曆	8	9	10	11	12	13	14	15	16	17	18	19	20	21	22	23	24	25	26	27	28	29	(3)	2	3	4	5	6	7		
		星期	五	六	日	一	二	三	四	五	六	日	一	二	三	四	五	六	日	一	二	三	四	五	六	日	一	二	三	四	五		
二月大	癸卯	天干地支	丙寅	丁卯	戊辰	己巳	庚午	辛未	壬申	癸酉	甲戌	乙亥	丙子	丁丑	戊寅	己卯	庚辰	辛巳	壬午	癸未	甲申	乙酉	丙戌	丁亥	戊子	己丑	庚寅	辛卯	壬辰	癸巳	甲午	乙未	甲戌春分 己丑清明
		西曆	8	9	10	11	12	13	14	15	16	17	18	19	20	21	22	23	24	25	26	27	28	29	30	31	(4)	2	3	4	5	6	
		星期	六	日	一	二	三	四	五	六	日	一	二	三	四	五	六	日	一	二	三	四	五	六	日	一	二	三	四	五	六	日	
三月小	甲辰	天干地支	丙申	丁酉	戊戌	己亥	庚子	辛丑	壬寅	癸卯	甲辰	乙巳	丙午	丁未	戊申	己酉	庚戌	辛亥	壬子	癸丑	甲寅	乙卯	丙辰	丁巳	戊午	己未	庚申	辛酉	壬戌	癸亥	甲子		甲辰穀雨 己未立夏
		西曆	7	8	9	10	11	12	13	14	15	16	17	18	19	20	21	22	23	24	25	26	27	28	29	30	(5)	2	3	4	5		
		星期	一	二	三	四	五	六	日	一	二	三	四	五	六	日	一	二	三	四	五	六	日	一	二	三	四	五	六	日	一		
四月大	乙巳	天干地支	乙丑	丙寅	丁卯	戊辰	己巳	庚午	辛未	壬申	癸酉	甲戌	乙亥	丙子	丁丑	戊寅	己卯	庚辰	辛巳	壬午	癸未	甲申	乙酉	丙戌	丁亥	戊子	己丑	庚寅	辛卯	壬辰	癸巳	甲午	乙亥小滿 庚寅芒種
		西曆	6	7	8	9	10	11	12	13	14	15	16	17	18	19	20	21	22	23	24	25	26	27	28	29	30	31	(6)	2	3	4	
		星期	二	三	四	五	六	日	一	二	三	四	五	六	日	一	二	三	四	五	六	日	一	二	三	四	五	六	日	一	二	三	
五月小	丙午	天干地支	乙未	丙申	丁酉	戊戌	己亥	庚子	辛丑	壬寅	癸卯	甲辰	乙巳	丙午	丁未	戊申	己酉	庚戌	辛亥	壬子	癸丑	甲寅	乙卯	丙辰	丁巳	戊午	己未	庚申	辛酉	壬戌	癸亥		乙巳夏至 庚申小暑
		西曆	5	6	7	8	9	10	11	12	13	14	15	16	17	18	19	20	21	22	23	24	25	26	27	28	29	30	(7)	2	3		
		星期	四	五	六	日	一	二	三	四	五	六	日	一	二	三	四	五	六	日	一	二	三	四	五	六	日	一	二	三	四		
六月大	丁未	天干地支	甲子	乙丑	丙寅	丁卯	戊辰	己巳	庚午	辛未	壬申	癸酉	甲戌	乙亥	丙子	丁丑	戊寅	己卯	庚辰	辛巳	壬午	癸未	甲申	乙酉	丙戌	丁亥	戊子	己丑	庚寅	辛卯	壬辰	癸巳	乙亥大暑 辛卯立秋
		西曆	4	5	6	7	8	9	10	11	12	13	14	15	16	17	18	19	20	21	22	23	24	25	26	27	28	29	30	31	(8)	2	
		星期	五	六	日	一	二	三	四	五	六	日	一	二	三	四	五	六	日	一	二	三	四	五	六	日	一	二	三	四	五	六	
七月小	戊申	天干地支	甲午	乙未	丙申	丁酉	戊戌	己亥	庚子	辛丑	壬寅	癸卯	甲辰	乙巳	丙午	丁未	戊申	己酉	庚戌	辛亥	壬子	癸丑	甲寅	乙卯	丙辰	丁巳	戊午	己未	庚申	辛酉	壬戌		丙午處暑 辛酉白露
		西曆	3	4	5	6	7	8	9	10	11	12	13	14	15	16	17	18	19	20	21	22	23	24	25	26	27	28	29	30	31		
		星期	日	一	二	三	四	五	六	日	一	二	三	四	五	六	日	一	二	三	四	五	六	日	一	二	三	四	五	六	日		
八月小	己酉	天干地支	癸亥	甲子	乙丑	丙寅	丁卯	戊辰	己巳	庚午	辛未	壬申	癸酉	甲戌	乙亥	丙子	丁丑	戊寅	己卯	庚辰	辛巳	壬午	癸未	甲申	乙酉	丙戌	丁亥	戊子	己丑	庚寅	辛卯		丙子秋分 辛卯寒露
		西曆	(9)	2	3	4	5	6	7	8	9	10	11	12	13	14	15	16	17	18	19	20	21	22	23	24	25	26	27	28	29		
		星期	一	二	三	四	五	六	日	一	二	三	四	五	六	日	一	二	三	四	五	六	日	一	二	三	四	五	六	日	一		
九月大	庚戌	天干地支	壬辰	癸巳	甲午	乙未	丙申	丁酉	戊戌	己亥	庚子	辛丑	壬寅	癸卯	甲辰	乙巳	丙午	丁未	戊申	己酉	庚戌	辛亥	壬子	癸丑	甲寅	乙卯	丙辰	丁巳	戊午	己未	庚申	辛酉	丁未霜降
		西曆	30	(10)	2	3	4	5	6	7	8	9	10	11	12	13	14	15	16	17	18	19	20	21	22	23	24	25	26	27	28	29	
		星期	二	三	四	五	六	日	一	二	三	四	五	六	日	一	二	三	四	五	六	日	一	二	三	四	五	六	日	一	二	三	
十月小	辛亥	天干地支	壬戌	癸亥	甲子	乙丑	丙寅	丁卯	戊辰	己巳	庚午	辛未	壬申	癸酉	甲戌	乙亥	丙子	丁丑	戊寅	己卯	庚辰	辛巳	壬午	癸未	甲申	乙酉	丙戌	丁亥	戊子	己丑	庚寅		壬戌立冬 丁丑小雪
		西曆	30	31	(11)	2	3	4	5	6	7	8	9	10	11	12	13	14	15	16	17	18	19	20	21	22	23	24	25	26	27		
		星期	四	五	六	日	一	二	三	四	五	六	日	一	二	三	四	五	六	日	一	二	三	四	五	六	日	一	二	三	四		
十一月大	壬子	天干地支	辛卯	壬辰	癸巳	甲午	乙未	丙申	丁酉	戊戌	己亥	庚子	辛丑	壬寅	癸卯	甲辰	乙巳	丙午	丁未	戊申	己酉	庚戌	辛亥	壬子	癸丑	甲寅	乙卯	丙辰	丁巳	戊午	己未	庚申	壬辰大雪 戊申冬至
		西曆	28	29	30	(12)	2	3	4	5	6	7	8	9	10	11	12	13	14	15	16	17	18	19	20	21	22	23	24	25	26	27	
		星期	五	六	日	一	二	三	四	五	六	日	一	二	三	四	五	六	日	一	二	三	四	五	六	日	一	二	三	四	五	六	
十二月大	癸丑	天干地支	辛酉	壬戌	癸亥	甲子	乙丑	丙寅	丁卯	戊辰	己巳	庚午	辛未	壬申	癸酉	甲戌	乙亥	丙子	丁丑	戊寅	己卯	庚辰	辛巳	壬午	癸未	甲申	乙酉	丙戌	丁亥	戊子	己丑	庚寅	癸亥小寒 戊寅大寒
		西曆	28	29	30	31	(1)	2	3	4	5	6	7	8	9	10	11	12	13	14	15	16	17	18	19	20	21	22	23	24	25	26	
		星期	日	一	二	三	四	五	六	日	一	二	三	四	五	六	日	一	二	三	四	五	六	日	一	二	三	四	五	六	日	一	

宋高宗紹興二十三年（癸酉 鷄年） 公元 1153 ~ 1154 年

夏曆月序		中西曆日對照	初一	初二	初三	初四	初五	初六	初七	初八	初九	初十	十一	十二	十三	十四	十五	十六	十七	十八	十九	二十	二一	二二	二三	二四	二五	二六	二七	二八	二九	三十	節氣與天象
正月小	甲寅	天干地支 西曆 星期	辛卯27二	壬辰28三	癸巳29四	甲午30五	乙未31六	丙申(2)日	丁酉2一	戊戌3二	己亥4三	庚子5四	辛丑6五	壬寅7六	癸卯8日	甲辰9一	乙巳10二	丙午11三	丁未12四	戊申13五	己酉14六	庚戌15日	辛亥16一	壬子17二	癸丑18三	甲寅19四	乙卯20五	丙辰21六	丁巳22日	戊午23一	己未24二		癸巳立春 戊申雨水
二月大	乙卯	天干地支 西曆 星期	庚申25三	辛酉26四	壬戌27五	癸亥28六	甲子(3)日	乙丑2一	丙寅3二	丁卯4三	戊辰5四	己巳6五	庚午7六	辛未8日	壬申9一	癸酉10二	甲戌11三	乙亥12四	丙子13五	丁丑14六	戊寅15日	己卯16一	庚辰17二	辛巳18三	壬午19四	癸未20五	甲申21六	乙酉22日	丙戌23一	丁亥24二	戊子25三	己丑26四	甲子驚蟄 己卯春分
三月大	丙辰	天干地支 西曆 星期	庚寅27五	辛卯28六	壬辰29日	癸巳30一	甲午31二	乙未(4)三	丙申2四	丁酉3五	戊戌4六	己亥5日	庚子6一	辛丑7二	壬寅8三	癸卯9四	甲辰10五	乙巳11六	丙午12日	丁未13一	戊申14二	己酉15三	庚戌16四	辛亥17五	壬子18六	癸丑19日	甲寅20一	乙卯21二	丙辰22三	丁巳23四	戊午24五	己未25六	甲午清明 己酉穀雨
四月小	丁巳	天干地支 西曆 星期	庚申26日	辛酉27一	壬戌28二	癸亥29三	甲子30四	乙丑(5)五	丙寅2六	丁卯3日	戊辰4一	己巳5二	庚午6三	辛未7四	壬申8五	癸酉9六	甲戌10日	乙亥11一	丙子12二	丁丑13三	戊寅14四	己卯15五	庚辰16六	辛巳17日	壬午18一	癸未19二	甲申20三	乙酉21四	丙戌22五	丁亥23六	戊子24日		乙丑立夏 庚辰小滿
五月大	戊午	天干地支 西曆 星期	己丑25一	庚寅26二	辛卯27三	壬辰28四	癸巳29五	甲午30六	乙未31日	丙申(6)一	丁酉2二	戊戌3三	己亥4四	庚子5五	辛丑6六	壬寅7日	癸卯8一	甲辰9二	乙巳10三	丙午11四	丁未12五	戊申13六	己酉14日	庚戌15一	辛亥16二	壬子17三	癸丑18四	甲寅19五	乙卯20六	丙辰21日	丁巳22一	戊午23二	乙未芒種 庚戌夏至
六月小	己未	天干地支 西曆 星期	己未24三	庚申25四	辛酉26五	壬戌27六	癸亥28日	甲子29一	乙丑30二	丙寅(7)三	丁卯2四	戊辰3五	己巳4六	庚午5日	辛未6一	壬申7二	癸酉8三	甲戌9四	乙亥10五	丙子11六	丁丑12日	戊寅13一	己卯14二	庚辰15三	辛巳16四	壬午17五	癸未18六	甲申19日	乙酉20一	丙戌21二	丁亥22三		乙丑小暑 辛巳大暑
七月大	庚申	天干地支 西曆 星期	戊子23四	己丑24五	庚寅25六	辛卯26日	壬辰27一	癸巳28二	甲午29三	乙未30四	丙申31五	丁酉(8)六	戊戌2日	己亥3一	庚子4二	辛丑5三	壬寅6四	癸卯7五	甲辰8六	乙巳9日	丙午10一	丁未11二	戊申12三	己酉13四	庚戌14五	辛亥15六	壬子16日	癸丑17一	甲寅18二	乙卯19三	丙辰20四	丁巳21五	丙申立秋 辛亥處暑
八月小	辛酉	天干地支 西曆 星期	戊午22六	己未23日	庚申24一	辛酉25二	壬戌26三	癸亥27四	甲子28五	乙丑29六	丙寅30日	丁卯31一	戊辰(9)二	己巳2三	庚午3四	辛未4五	壬申5六	癸酉6日	甲戌7一	乙亥8二	丙子9三	丁丑10四	戊寅11五	己卯12六	庚辰13日	辛巳14一	壬午15二	癸未16三	甲申17四	乙酉18五	丙戌19六		丙寅白露 壬午秋分
九月小	壬戌	天干地支 西曆 星期	丁亥20日	戊子21一	己丑22二	庚寅23三	辛卯24四	壬辰25五	癸巳26六	甲午27日	乙未28一	丙申29二	丁酉30三	戊戌(10)四	己亥2五	庚子3六	辛丑4日	壬寅5一	癸卯6二	甲辰7三	乙巳8四	丙午9五	丁未10六	戊申11日	己酉12一	庚戌13二	辛亥14三	壬子15四	癸丑16五	甲寅17六	乙卯18日		丁酉寒露 壬子霜降
十月大	癸亥	天干地支 西曆 星期	丙辰19一	丁巳20二	戊午21三	己未22四	庚申23五	辛酉24六	壬戌25日	癸亥26一	甲子27二	乙丑28三	丙寅29四	丁卯30五	戊辰31六	己巳(11)日	庚午2一	辛未3二	壬申4三	癸酉5四	甲戌6五	乙亥7六	丙子8日	丁丑9一	戊寅10二	己卯11三	庚辰12四	辛巳13五	壬午14六	癸未15日	甲申16一	乙酉17二	丁卯立冬 壬午小雪
十一月小	甲子	天干地支 西曆 星期	丙戌18三	丁亥19四	戊子20五	己丑21六	庚寅22日	辛卯23一	壬辰24二	癸巳25三	甲午26四	乙未27五	丙申28六	丁酉29日	戊戌30一	己亥(12)二	庚子2三	辛丑3四	壬寅4五	癸卯5六	甲辰6日	乙巳7一	丙午8二	丁未9三	戊申10四	己酉11五	庚戌12六	辛亥13日	壬子14一	癸丑15二	甲寅16三		戊戌大雪 癸丑冬至
十二月大	乙丑	天干地支 西曆 星期	乙卯17四	丙辰18五	丁巳19六	戊午20日	己未21一	庚申22二	辛酉23三	壬戌24四	癸亥25五	甲子26六	乙丑27日	丙寅28一	丁卯29二	戊辰30三	己巳31四	庚午(1)五	辛未2六	壬申3日	癸酉4一	甲戌5二	乙亥6三	丙子7四	丁丑8五	戊寅9六	己卯10日	庚辰11一	辛巳12二	壬午13三	癸未14四	甲申15五	戊辰小寒 癸未大寒
閏十二小	乙丑	天干地支 西曆 星期	乙酉16六	丙戌17日	丁亥18一	戊子19二	己丑20三	庚寅21四	辛卯22五	壬辰23六	癸巳24日	甲午25一	乙未26二	丙申27三	丁酉28四	戊戌29五	己亥30六	庚子31日	辛丑(2)一	壬寅2二	癸卯3三	甲辰4四	乙巳5五	丙午6六	丁未7日	戊申8一	己酉9二	庚戌10三	辛亥11四	壬子12五	癸丑13六		戊戌立春

宋高宗紹興二十四年（甲戌 狗年） 公元1154 ~ 1155年

夏曆月序		中西曆日對照	夏曆日序																														節氣與天象
			初一	初二	初三	初四	初五	初六	初七	初八	初九	初十	十一	十二	十三	十四	十五	十六	十七	十八	十九	二十	二一	二二	二三	二四	二五	二六	二七	二八	二九	三十	
正月大	丙寅	天干 地支 西曆 星期	甲寅 14 日	乙卯 15 一	丙辰 16 二	丁巳 17 三	戊午 18 四	己未 19 五	庚申 20 六	辛酉 21 日	壬戌 22 一	癸亥 23 二	甲子 24 三	乙丑 25 四	丙寅 26 五	丁卯 27 六	戊辰 28 日	己巳 (3) 一	庚午 2 二	辛未 3 三	壬申 4 四	癸酉 5 五	甲戌 6 六	乙亥 7 日	丙子 8 一	丁丑 9 二	戊寅 10 三	己卯 11 四	庚辰 12 五	辛巳 13 六	壬午 14 日	癸未 15 一	甲寅雨水 己巳驚蟄
二月大	丁卯	天干 地支 西曆 星期	甲申 16 二	乙酉 17 三	丙戌 18 四	丁亥 19 五	戊子 20 六	己丑 21 日	庚寅 22 一	辛卯 23 二	壬辰 24 三	癸巳 25 四	甲午 26 五	乙未 27 六	丙申 28 日	丁酉 29 一	戊戌 30 二	己亥 31 三	庚子 (4) 四	辛丑 2 五	壬寅 3 六	癸卯 4 日	甲辰 5 一	乙巳 6 二	丙午 7 三	丁未 8 四	戊申 9 五	己酉 10 六	庚戌 11 日	辛亥 12 一	壬子 13 二	癸丑 14 三	甲申春分 己亥清明
三月小	戊辰	天干 地支 西曆 星期	甲寅 15 四	乙卯 16 五	丙辰 17 六	丁巳 18 日	戊午 19 一	己未 20 二	庚申 21 三	辛酉 22 四	壬戌 23 五	癸亥 24 六	甲子 25 日	乙丑 26 一	丙寅 27 二	丁卯 28 三	戊辰 29 四	己巳 30 五	庚午 (5) 六	辛未 2 日	壬申 3 一	癸酉 4 二	甲戌 5 三	乙亥 6 四	丙子 7 五	丁丑 8 六	戊寅 9 日	己卯 10 一	庚辰 11 二	辛巳 12 三	壬午 13 四		乙卯穀雨 庚午立夏
四月大	己巳	天干 地支 西曆 星期	癸未 14 五	甲申 15 六	乙酉 16 日	丙戌 17 一	丁亥 18 二	戊子 19 三	己丑 20 四	庚寅 21 五	辛卯 22 六	壬辰 23 日	癸巳 24 一	甲午 25 二	乙未 26 三	丙申 27 四	丁酉 28 五	戊戌 29 六	己亥 30 日	庚子 31 一	辛丑 (6) 二	壬寅 2 三	癸卯 3 四	甲辰 4 五	乙巳 5 六	丙午 6 日	丁未 7 一	戊申 8 二	己酉 9 三	庚戌 10 四	辛亥 11 五	壬子 12 六	乙酉小滿 庚子芒種
五月大	庚午	天干 地支 西曆 星期	癸丑 13 日	甲寅 14 一	乙卯 15 二	丙辰 16 三	丁巳 17 四	戊午 18 五	己未 19 六	庚申 20 日	辛酉 21 一	壬戌 22 二	癸亥 23 三	甲子 24 四	乙丑 25 五	丙寅 26 六	丁卯 27 日	戊辰 28 一	己巳 29 二	庚午 30 三	辛未 (7) 四	壬申 2 五	癸酉 3 六	甲戌 4 日	乙亥 5 一	丙子 6 二	丁丑 7 三	戊寅 8 四	己卯 9 五	庚辰 10 六	辛巳 11 日	壬午 12 一	乙卯夏至 辛未小暑 癸丑日食
六月小	辛未	天干 地支 西曆 星期	癸未 13 二	甲申 14 三	乙酉 15 四	丙戌 16 五	丁亥 17 六	戊子 18 日	己丑 19 一	庚寅 20 二	辛卯 21 三	壬辰 22 四	癸巳 23 五	甲午 24 六	乙未 25 日	丙申 26 一	丁酉 27 二	戊戌 28 三	己亥 29 四	庚子 30 五	辛丑 31 六	壬寅 (8) 日	癸卯 2 一	甲辰 3 二	乙巳 4 三	丙午 5 四	丁未 6 五	戊申 7 六	己酉 8 日	庚戌 9 一	辛亥 10 二		丙戌大暑 辛丑立秋
七月大	壬申	天干 地支 西曆 星期	壬子 11 三	癸丑 12 四	甲寅 13 五	乙卯 14 六	丙辰 15 日	丁巳 16 一	戊午 17 二	己未 18 三	庚申 19 四	辛酉 20 五	壬戌 21 六	癸亥 22 日	甲子 23 一	乙丑 24 二	丙寅 25 三	丁卯 26 四	戊辰 27 五	己巳 28 六	庚午 29 日	辛未 30 一	壬申 31 二	癸酉 (9) 三	甲戌 2 四	乙亥 3 五	丙子 4 六	丁丑 5 日	戊寅 6 一	己卯 7 二	庚辰 8 三	辛巳 9 四	丙辰處暑 壬申白露
八月小	癸酉	天干 地支 西曆 星期	壬午 10 五	癸未 11 六	甲申 12 日	乙酉 13 一	丙戌 14 二	丁亥 15 三	戊子 16 四	己丑 17 五	庚寅 18 六	辛卯 19 日	壬辰 20 一	癸巳 21 二	甲午 22 三	乙未 23 四	丙申 24 五	丁酉 25 六	戊戌 26 日	己亥 27 一	庚子 28 二	辛丑 29 三	壬寅 30 四	癸卯 (10) 五	甲辰 2 六	乙巳 3 日	丙午 4 一	丁未 5 二	戊申 6 三	己酉 7 四	庚戌 8 五		丁亥秋分 壬寅寒露
九月小	甲戌	天干 地支 西曆 星期	辛亥 9 六	壬子 10 日	癸丑 11 一	甲寅 12 二	乙卯 13 三	丙辰 14 四	丁巳 15 五	戊午 16 六	己未 17 日	庚申 18 一	辛酉 19 二	壬戌 20 三	癸亥 21 四	甲子 22 五	乙丑 23 六	丙寅 24 日	丁卯 25 一	戊辰 26 二	己巳 27 三	庚午 28 四	辛未 29 五	壬申 30 六	癸酉 31 日	甲戌 (11) 一	乙亥 2 二	丙子 3 三	丁丑 4 四	戊寅 5 五	己卯 6 六		丁巳霜降 壬申立冬
十月大	乙亥	天干 地支 西曆 星期	庚辰 7 日	辛巳 8 一	壬午 9 二	癸未 10 三	甲申 11 四	乙酉 12 五	丙戌 13 六	丁亥 14 日	戊子 15 一	己丑 16 二	庚寅 17 三	辛卯 18 四	壬辰 19 五	癸巳 20 六	甲午 21 日	乙未 22 一	丙申 23 二	丁酉 24 三	戊戌 25 四	己亥 26 五	庚子 27 六	辛丑 28 日	壬寅 29 一	癸卯 30 二	甲辰 (12) 三	乙巳 2 四	丙午 3 五	丁未 4 六	戊申 5 日	己酉 6 一	戊子小雪 癸卯大雪
十一月小	丙子	天干 地支 西曆 星期	庚戌 7 二	辛亥 8 三	壬子 9 四	癸丑 10 五	甲寅 11 六	乙卯 12 日	丙辰 13 一	丁巳 14 二	戊午 15 三	己未 16 四	庚申 17 五	辛酉 18 六	壬戌 19 日	癸亥 20 一	甲子 21 二	乙丑 22 三	丙寅 23 四	丁卯 24 五	戊辰 25 六	己巳 26 日	庚午 27 一	辛未 28 二	壬申 29 三	癸酉 30 四	甲戌 31 五	乙亥 (1) 六	丙子 2 日	丁丑 3 一	戊寅 4 二		戊午冬至 癸酉小寒
十二月大	丁丑	天干 地支 西曆 星期	己卯 5 三	庚辰 6 四	辛巳 7 五	壬午 8 六	癸未 9 日	甲申 10 一	乙酉 11 二	丙戌 12 三	丁亥 13 四	戊子 14 五	己丑 15 六	庚寅 16 日	辛卯 17 一	壬辰 18 二	癸巳 19 三	甲午 20 四	乙未 21 五	丙申 22 六	丁酉 23 日	戊戌 24 一	己亥 25 二	庚子 26 三	辛丑 27 四	壬寅 28 五	癸卯 29 六	甲辰 30 日	乙巳 31 一	丙午 (2) 二	丁未 2 三	戊申 3 四	戊子大寒 甲辰立春

宋高宗紹興二十五年（乙亥 猪年） 公元 1155 ~ 1156 年

夏曆月序		中西曆日對照	初一	初二	初三	初四	初五	初六	初七	初八	初九	初十	十一	十二	十三	十四	十五	十六	十七	十八	十九	二十	二一	二二	二三	二四	二五	二六	二七	二八	二九	三十	節氣與天象
正月小	戊寅	天干 地支 西曆 星期	己酉 4 五	庚戌 5 六	辛亥 6 日	壬子 7 一	癸丑 8 二	甲寅 9 三	乙卯 10 四	丙辰 11 五	丁巳 12 六	戊午 13 日	己未 14 一	庚申 15 二	辛酉 16 三	壬戌 17 四	癸亥 18 五	甲子 19 六	乙丑 20 日	丙寅 21 一	丁卯 22 二	戊辰 23 三	己巳 24 四	庚午 25 五	辛未 26 六	壬申 27 日	癸酉 28 一	甲戌 (3) 二	乙亥 2 三	丙子 3 四	丁丑 4 五		己未雨水 甲戌驚蟄
二月大	己卯	天干 地支 西曆 星期	戊寅 5 六	己卯 6 日	庚辰 7 一	辛巳 8 二	壬午 9 三	癸未 10 四	甲申 11 五	乙酉 12 六	丙戌 13 日	丁亥 14 一	戊子 15 二	己丑 16 三	庚寅 17 四	辛卯 18 五	壬辰 19 六	癸巳 20 日	甲午 21 一	乙未 22 二	丙申 23 三	丁酉 24 四	戊戌 25 五	己亥 26 六	庚子 27 日	辛丑 28 一	壬寅 29 二	癸卯 30 三	甲辰 31 四	乙巳 (4) 五	丙午 2 六	丁未 3 日	己丑春分 乙巳清明
三月小	庚辰	天干 地支 西曆 星期	戊申 4 一	己酉 5 二	庚戌 6 三	辛亥 7 四	壬子 8 五	癸丑 9 六	甲寅 10 日	乙卯 11 一	丙辰 12 二	丁巳 13 三	戊午 14 四	己未 15 五	庚申 16 六	辛酉 17 日	壬戌 18 一	癸亥 19 二	甲子 20 三	乙丑 21 四	丙寅 22 五	丁卯 23 六	戊辰 24 日	己巳 25 一	庚午 26 二	辛未 27 三	壬申 28 四	癸酉 29 五	甲戌 30 六	乙亥 (5) 日	丙子 2 一		庚申穀雨 乙亥立夏
四月大	辛巳	天干 地支 西曆 星期	丁丑 3 二	戊寅 4 三	己卯 5 四	庚辰 6 五	辛巳 7 六	壬午 8 日	癸未 9 一	甲申 10 二	乙酉 11 三	丙戌 12 四	丁亥 13 五	戊子 14 六	己丑 15 日	庚寅 16 一	辛卯 17 二	壬辰 18 三	癸巳 19 四	甲午 20 五	乙未 21 六	丙申 22 日	丁酉 23 一	戊戌 24 二	己亥 25 三	庚子 26 四	辛丑 27 五	壬寅 28 六	癸卯 29 日	甲辰 30 一	乙巳 31 二	丙午 (6) 三	庚寅小滿 乙巳芒種
五月大	壬午	天干 地支 西曆 星期	丁未 2 四	戊申 3 五	己酉 4 六	庚戌 5 日	辛亥 6 一	壬子 7 二	癸丑 8 三	甲寅 9 四	乙卯 10 五	丙辰 11 六	丁巳 12 日	戊午 13 一	己未 14 二	庚申 15 三	辛酉 16 四	壬戌 17 五	癸亥 18 六	甲子 19 日	乙丑 20 一	丙寅 21 二	丁卯 22 三	戊辰 23 四	己巳 24 五	庚午 25 六	辛未 26 日	壬申 27 一	癸酉 28 二	甲戌 29 三	乙亥 30 四	丙子 (7) 五	辛酉夏至 丙子小暑 丁未日食
六月小	癸未	天干 地支 西曆 星期	丁丑 2 六	戊寅 3 日	己卯 4 一	庚辰 5 二	辛巳 6 三	壬午 7 四	癸未 8 五	甲申 9 六	乙酉 10 日	丙戌 11 一	丁亥 12 二	戊子 13 三	己丑 14 四	庚寅 15 五	辛卯 16 六	壬辰 17 日	癸巳 18 一	甲午 19 二	乙未 20 三	丙申 21 四	丁酉 22 五	戊戌 23 六	己亥 24 日	庚子 25 一	辛丑 26 二	壬寅 27 三	癸卯 28 四	甲辰 29 五	乙巳 30 六		辛卯大暑
七月大	甲申	天干 地支 西曆 星期	丙午 31 日	丁未 (8) 一	戊申 2 二	己酉 3 三	庚戌 4 四	辛亥 5 五	壬子 6 六	癸丑 7 日	甲寅 8 一	乙卯 9 二	丙辰 10 三	丁巳 11 四	戊午 12 五	己未 13 六	庚申 14 日	辛酉 15 一	壬戌 16 二	癸亥 17 三	甲子 18 四	乙丑 19 五	丙寅 20 六	丁卯 21 日	戊辰 22 一	己巳 23 二	庚午 24 三	辛未 25 四	壬申 26 五	癸酉 27 六	甲戌 28 日	乙亥 29 一	丙午立秋 壬戌處暑
八月小	乙酉	天干 地支 西曆 星期	丙子 30 二	丁丑 31 三	戊寅 (9) 四	己卯 2 五	庚辰 3 六	辛巳 4 日	壬午 5 一	癸未 6 二	甲申 7 三	乙酉 8 四	丙戌 9 五	丁亥 10 六	戊子 11 日	己丑 12 一	庚寅 13 二	辛卯 14 三	壬辰 15 四	癸巳 16 五	甲午 17 六	乙未 18 日	丙申 19 一	丁酉 20 二	戊戌 21 三	己亥 22 四	庚子 23 五	辛丑 24 六	壬寅 25 日	癸卯 26 一	甲辰 27 二		丁丑白露 壬辰秋分
九月大	丙戌	天干 地支 西曆 星期	乙巳 28 三	丙午 29 四	丁未 30 五	戊申 (10) 六	己酉 2 日	庚戌 3 一	辛亥 4 二	壬子 5 三	癸丑 6 四	甲寅 7 五	乙卯 8 六	丙辰 9 日	丁巳 10 一	戊午 11 二	己未 12 三	庚申 13 四	辛酉 14 五	壬戌 15 六	癸亥 16 日	甲子 17 一	乙丑 18 二	丙寅 19 三	丁卯 20 四	戊辰 21 五	己巳 22 六	庚午 23 日	辛未 24 一	壬申 25 二	癸酉 26 三	甲戌 27 四	丁未寒露 壬戌霜降
十月大	丁亥	天干 地支 西曆 星期	乙亥 28 五	丙子 29 六	丁丑 30 日	戊寅 31 一	己卯 (11) 二	庚辰 2 三	辛巳 3 四	壬午 4 五	癸未 5 六	甲申 6 日	乙酉 7 一	丙戌 8 二	丁亥 9 三	戊子 10 四	己丑 11 五	庚寅 12 六	辛卯 13 日	壬辰 14 一	癸巳 15 二	甲午 16 三	乙未 17 四	丙申 18 五	丁酉 19 六	戊戌 20 日	己亥 21 一	庚子 22 二	辛丑 23 三	壬寅 24 四	癸卯 25 五	甲辰 26 六	戊寅立冬 癸巳小雪
十一月小	戊子	天干 地支 西曆 星期	乙巳 27 日	丙午 28 一	丁未 29 二	戊申 30 三	己酉 (12) 四	庚戌 2 五	辛亥 3 六	壬子 4 日	癸丑 5 一	甲寅 6 二	乙卯 7 三	丙辰 8 四	丁巳 9 五	戊午 10 六	己未 11 日	庚申 12 一	辛酉 13 二	壬戌 14 三	癸亥 15 四	甲子 16 五	乙丑 17 六	丙寅 18 日	丁卯 19 一	戊辰 20 二	己巳 21 三	庚午 22 四	辛未 23 五	壬申 24 六	癸酉 25 日		戊申大雪 癸亥冬至
十二月小	己丑	天干 地支 西曆 星期	甲戌 26 一	乙亥 27 二	丙子 28 三	丁丑 29 四	戊寅 30 五	己卯 31 六	庚辰 (1) 日	辛巳 2 一	壬午 3 二	癸未 4 三	甲申 5 四	乙酉 6 五	丙戌 7 六	丁亥 8 日	戊子 9 一	己丑 10 二	庚寅 11 三	辛卯 12 四	壬辰 13 五	癸巳 14 六	甲午 15 日	乙未 16 一	丙申 17 二	丁酉 18 三	戊戌 19 四	己亥 20 五	庚子 21 六	辛丑 22 日	壬寅 23 一		己卯小寒 甲午大寒

宋高宗紹興二十六年（丙子 鼠年） 公元1156 ~ 1157年

夏曆月序		中西曆日對照	初一	初二	初三	初四	初五	初六	初七	初八	初九	初十	十一	十二	十三	十四	十五	十六	十七	十八	十九	二十	二一	二二	二三	二四	二五	二六	二七	二八	二九	三十	節氣與天象
正月大	庚寅	天干地支 西曆 星期	癸卯 24 二	甲辰 25 三	乙巳 26 四	丙午 27 五	丁未 28 六	戊申 29 日	己酉 30 一	庚戌 31 二	辛亥 (2) 三	壬子 2 四	癸丑 3 五	甲寅 4 六	乙卯 5 日	丙辰 6 一	丁巳 7 二	戊午 8 三	己未 9 四	庚申 10 五	辛酉 11 六	壬戌 12 日	癸亥 13 一	甲子 14 二	乙丑 15 三	丙寅 16 四	丁卯 17 五	戊辰 18 六	己巳 19 日	庚午 20 一	辛未 21 二	壬申 22 三	己酉立春 甲子雨水
二月小	辛卯	天干地支 西曆 星期	癸酉 23 四	甲戌 24 五	乙亥 25 六	丙子 26 日	丁丑 27 一	戊寅 28 二	己卯 29 三	庚辰 (3) 四	辛巳 2 五	壬午 3 六	癸未 4 日	甲申 5 一	乙酉 6 二	丙戌 7 三	丁亥 8 四	戊子 9 五	己丑 10 六	庚寅 11 日	辛卯 12 一	壬辰 13 二	癸巳 14 三	甲午 15 四	乙未 16 五	丙申 17 六	丁酉 18 日	戊戌 19 一	己亥 20 二	庚子 21 三	辛丑 22 四		己卯驚蟄 乙未春分
三月大	壬辰	天干地支 西曆 星期	壬寅 23 五	癸卯 24 六	甲辰 25 日	乙巳 26 一	丙午 27 二	丁未 28 三	戊申 29 四	己酉 30 五	庚戌 31 六	辛亥 (4) 日	壬子 2 一	癸丑 3 二	甲寅 4 三	乙卯 5 四	丙辰 6 五	丁巳 7 六	戊午 8 日	己未 9 一	庚申 10 二	辛酉 11 三	壬戌 12 四	癸亥 13 五	甲子 14 六	乙丑 15 日	丙寅 16 一	丁卯 17 二	戊辰 18 三	己巳 19 四	庚午 20 五	辛未 21 六	庚戌清明 乙丑穀雨
四月小	癸巳	天干地支 西曆 星期	壬申 22 日	癸酉 23 一	甲戌 24 二	乙亥 25 三	丙子 26 四	丁丑 27 五	戊寅 28 六	己卯 29 日	庚辰 30 一	辛巳 (5) 二	壬午 2 三	癸未 3 四	甲申 4 五	乙酉 5 六	丙戌 6 日	丁亥 7 一	戊子 8 二	己丑 9 三	庚寅 10 四	辛卯 11 五	壬辰 12 六	癸巳 13 日	甲午 14 一	乙未 15 二	丙申 16 三	丁酉 17 四	戊戌 18 五	己亥 19 六	庚子 20 日		庚辰立夏 乙未小滿
五月大	甲午	天干地支 西曆 星期	辛丑 21 一	壬寅 22 二	癸卯 23 三	甲辰 24 四	乙巳 25 五	丙午 26 六	丁未 27 日	戊申 28 一	己酉 29 二	庚戌 30 三	辛亥 31 四	壬子 (6) 五	癸丑 2 六	甲寅 3 日	乙卯 4 一	丙辰 5 二	丁巳 6 三	戊午 7 四	己未 8 五	庚申 9 六	辛酉 10 日	壬戌 11 一	癸亥 12 二	甲子 13 三	乙丑 14 四	丙寅 15 五	丁卯 16 六	戊辰 17 日	己巳 18 一	庚午 19 二	辛亥芒種 丙寅立夏
六月小	乙未	天干地支 西曆 星期	辛未 20 三	壬申 21 四	癸酉 22 五	甲戌 23 六	乙亥 24 日	丙子 25 一	丁丑 26 二	戊寅 27 三	己卯 28 四	庚辰 29 五	辛巳 30 六	壬午 (7) 日	癸未 2 一	甲申 3 二	乙酉 4 三	丙戌 5 四	丁亥 6 五	戊子 7 六	己丑 8 日	庚寅 9 一	辛卯 10 二	壬辰 11 三	癸巳 12 四	甲午 13 五	乙未 14 六	丙申 15 日	丁酉 16 一	戊戌 17 二	己亥 18 三		辛巳小暑 丙申大暑
七月大	丙申	天干地支 西曆 星期	庚子 19 四	辛丑 20 五	壬寅 21 六	癸卯 22 日	甲辰 23 一	乙巳 24 二	丙午 25 三	丁未 26 四	戊申 27 五	己酉 28 六	庚戌 29 日	辛亥 30 一	壬子 31 二	癸丑 (8) 三	甲寅 2 四	乙卯 3 五	丙辰 4 六	丁巳 5 日	戊午 6 一	己未 7 二	庚申 8 三	辛酉 9 四	壬戌 10 五	癸亥 11 六	甲子 12 日	乙丑 13 一	丙寅 14 二	丁卯 15 三	戊辰 16 四	己巳 17 五	壬子立秋 丁卯處暑
八月大	丁酉	天干地支 西曆 星期	庚午 18 六	辛未 19 日	壬申 20 一	癸酉 21 二	甲戌 22 三	乙亥 23 四	丙子 24 五	丁丑 25 六	戊寅 26 日	己卯 27 一	庚辰 28 二	辛巳 29 三	壬午 30 四	癸未 31 五	甲申 (9) 六	乙酉 2 日	丙戌 3 一	丁亥 4 二	戊子 5 三	己丑 6 四	庚寅 7 五	辛卯 8 六	壬辰 9 日	癸巳 10 一	甲午 11 二	乙未 12 三	丙申 13 四	丁酉 14 五	戊戌 15 六	己亥 16 日	壬午白露 丁酉秋分
九月小	戊戌	天干地支 西曆 星期	庚子 17 一	辛丑 18 二	壬寅 19 三	癸卯 20 四	甲辰 21 五	乙巳 22 六	丙午 23 日	丁未 24 一	戊申 25 二	己酉 26 三	庚戌 27 四	辛亥 28 五	壬子 29 六	癸丑 30 日	甲寅 (10) 一	乙卯 2 二	丙辰 3 三	丁巳 4 四	戊午 5 五	己未 6 六	庚申 7 日	辛酉 8 一	壬戌 9 二	癸亥 10 三	甲子 11 四	乙丑 12 五	丙寅 13 六	丁卯 14 日	戊辰 15 一		壬子寒露 戊辰霜降
十月大	己亥	天干地支 西曆 星期	己巳 16 二	庚午 17 三	辛未 18 四	壬申 19 五	癸酉 20 六	甲戌 21 日	乙亥 22 一	丙子 23 二	丁丑 24 三	戊寅 25 四	己卯 26 五	庚辰 27 六	辛巳 28 日	壬午 29 一	癸未 30 二	甲申 31 三	乙酉 (11) 四	丙戌 2 五	丁亥 3 六	戊子 4 日	己丑 5 一	庚寅 6 二	辛卯 7 三	壬辰 8 四	癸巳 9 五	甲午 10 六	乙未 11 日	丙申 12 一	丁酉 13 二	戊戌 14 三	癸未立冬 戊戌小雪
閏十月大	己亥	天干地支 西曆 星期	己亥 15 四	庚子 16 五	辛丑 17 六	壬寅 18 日	癸卯 19 一	甲辰 20 二	乙巳 21 三	丙午 22 四	丁未 23 五	戊申 24 六	己酉 25 日	庚戌 26 一	辛亥 27 二	壬子 28 三	癸丑 29 四	甲寅 30 五	乙卯 (12) 六	丙辰 2 日	丁巳 3 一	戊午 4 二	己未 5 三	庚申 6 四	辛酉 7 五	壬戌 8 六	癸亥 9 日	甲子 10 一	乙丑 11 二	丙寅 12 三	丁卯 13 四	戊辰 14 五	癸丑大雪
十一月小	庚子	天干地支 西曆 星期	己巳 15 六	庚午 16 日	辛未 17 一	壬申 18 二	癸酉 19 三	甲戌 20 四	乙亥 21 五	丙子 22 六	丁丑 23 日	戊寅 24 一	己卯 25 二	庚辰 26 三	辛巳 27 四	壬午 28 五	癸未 29 六	甲申 30 日	乙酉 31 一	丙戌 (1) 二	丁亥 2 三	戊子 3 四	己丑 4 五	庚寅 5 六	辛卯 6 日	壬辰 7 一	癸巳 8 二	甲午 9 三	乙未 10 四	丙申 11 五	丁酉 12 六		己巳冬至 甲申小寒
十二月大	辛丑	天干地支 西曆 星期	戊戌 13 日	己亥 14 一	庚子 15 二	辛丑 16 三	壬寅 17 四	癸卯 18 五	甲辰 19 六	乙巳 20 日	丙午 21 一	丁未 22 二	戊申 23 三	己酉 24 四	庚戌 25 五	辛亥 26 六	壬子 27 日	癸丑 28 一	甲寅 29 二	乙卯 30 三	丙辰 31 四	丁巳 (2) 五	戊午 2 六	己未 3 日	庚申 4 一	辛酉 5 二	壬戌 6 三	癸亥 7 四	甲子 8 五	乙丑 9 六	丙寅 10 日	丁卯 11 一	己亥大寒 甲寅立春

宋高宗紹興二十七年（丁丑 牛年） 公元 1157 ~ 1158 年

夏曆月序		中西曆日對照	初一	初二	初三	初四	初五	初六	初七	初八	初九	初十	十一	十二	十三	十四	十五	十六	十七	十八	十九	二十	二一	二二	二三	二四	二五	二六	二七	二八	二九	三十	節氣與天象
正月小	壬寅	天干地支 西曆星期	戊辰 12 二	己巳 13 三	庚午 14 四	辛未 15 五	壬申 16 六	癸酉 17 日	甲戌 18 一	乙亥 19 二	丙子 20 三	丁丑 21 四	戊寅 22 五	己卯 23 六	庚辰 24 日	辛巳 25 一	壬午 26 二	癸未 27 三	甲申 28 四	乙酉 (3) 五	丙戌 2 六	丁亥 3 日	戊子 4 一	己丑 5 二	庚寅 6 三	辛卯 7 四	壬辰 8 五	癸巳 9 六	甲午 10 日	乙未 11 一	丙申 12 二		己巳雨水 乙酉驚蟄
二月小	癸卯	天干地支 西曆星期	丁酉 13 三	戊戌 14 四	己亥 15 五	庚子 16 六	辛丑 17 日	壬寅 18 一	癸卯 19 二	甲辰 20 三	乙巳 21 四	丙午 22 五	丁未 23 六	戊申 24 日	己酉 25 一	庚戌 26 二	辛亥 27 三	壬子 28 四	癸丑 29 五	甲寅 30 六	乙卯 31 日	丙辰 (4) 一	丁巳 2 二	戊午 3 三	己未 4 四	庚申 5 五	辛酉 6 六	壬戌 7 日	癸亥 8 一	甲子 9 二	乙丑 10 三		庚子春分 乙卯清明
三月大	甲辰	天干地支 西曆星期	丙寅 11 四	丁卯 12 五	戊辰 13 六	己巳 14 日	庚午 15 一	辛未 16 二	壬申 17 三	癸酉 18 四	甲戌 19 五	乙亥 20 六	丙子 21 日	丁丑 22 一	戊寅 23 二	己卯 24 三	庚辰 25 四	辛巳 26 五	壬午 27 六	癸未 28 日	甲申 29 一	乙酉 30 二	丙戌 (5) 三	丁亥 2 四	戊子 3 五	己丑 4 六	庚寅 5 日	辛卯 6 一	壬辰 7 二	癸巳 8 三	甲午 9 四	乙未 10 五	庚午穀雨 丙戌立夏
四月小	乙巳	天干地支 西曆星期	丙申 11 六	丁酉 12 日	戊戌 13 一	己亥 14 二	庚子 15 三	辛丑 16 四	壬寅 17 五	癸卯 18 六	甲辰 19 日	乙巳 20 一	丙午 21 二	丁未 22 三	戊申 23 四	己酉 24 五	庚戌 25 六	辛亥 26 日	壬子 27 一	癸丑 28 二	甲寅 29 三	乙卯 30 四	丙辰 31 五	丁巳 (6) 六	戊午 2 日	己未 3 一	庚申 4 二	辛酉 5 三	壬戌 6 四	癸亥 7 五	甲子 8 六		辛丑小滿 丙辰芒種
五月小	丙午	天干地支 西曆星期	乙丑 9 日	丙寅 10 一	丁卯 11 二	戊辰 12 三	己巳 13 四	庚午 14 五	辛未 15 六	壬申 16 日	癸酉 17 一	甲戌 18 二	乙亥 19 三	丙子 20 四	丁丑 21 五	戊寅 22 六	己卯 23 日	庚辰 24 一	辛巳 25 二	壬午 26 三	癸未 27 四	甲申 28 五	乙酉 29 六	丙戌 30 日	丁亥 (7) 一	戊子 2 二	己丑 3 三	庚寅 4 四	辛卯 5 五	壬辰 6 六	癸巳 7 日		辛未夏至 丙戌小暑
六月大	丁未	天干地支 西曆星期	甲午 8 一	乙未 9 二	丙申 10 三	丁酉 11 四	戊戌 12 五	己亥 13 六	庚子 14 日	辛丑 15 一	壬寅 16 二	癸卯 17 三	甲辰 18 四	乙巳 19 五	丙午 20 六	丁未 21 日	戊申 22 一	己酉 23 二	庚戌 24 三	辛亥 25 四	壬子 26 五	癸丑 27 六	甲寅 28 日	乙卯 29 一	丙辰 30 二	丁巳 31 三	戊午 (8) 四	己未 2 五	庚申 3 六	辛酉 4 日	壬戌 5 一	癸亥 6 二	壬寅大暑 丁巳立秋
七月大	戊申	天干地支 西曆星期	甲子 7 三	乙丑 8 四	丙寅 9 五	丁卯 10 六	戊辰 11 日	己巳 12 一	庚午 13 二	辛未 14 三	壬申 15 四	癸酉 16 五	甲戌 17 六	乙亥 18 日	丙子 19 一	丁丑 20 二	戊寅 21 三	己卯 22 四	庚辰 23 五	辛巳 24 六	壬午 25 日	癸未 26 一	甲申 27 二	乙酉 28 三	丙戌 29 四	丁亥 30 五	戊子 31 六	己丑 (9) 日	庚寅 2 一	辛卯 3 二	壬辰 4 三	癸巳 5 四	壬申處暑 丁亥白露
八月小	己酉	天干地支 西曆星期	甲午 6 五	乙未 7 六	丙申 8 日	丁酉 9 一	戊戌 10 二	己亥 11 三	庚子 12 四	辛丑 13 五	壬寅 14 六	癸卯 15 日	甲辰 16 一	乙巳 17 二	丙午 18 三	丁未 19 四	戊申 20 五	己酉 21 六	庚戌 22 日	辛亥 23 一	壬子 24 二	癸丑 25 三	甲寅 26 四	乙卯 27 五	丙辰 28 六	丁巳 29 日	戊午 30 一	己未 (10) 二	庚申 2 三	辛酉 3 四	壬戌 4 五		壬寅秋分 戊午寒露
九月大	庚戌	天干地支 西曆星期	癸亥 5 六	甲子 6 日	乙丑 7 一	丙寅 8 二	丁卯 9 三	戊辰 10 四	己巳 11 五	庚午 12 六	辛未 13 日	壬申 14 一	癸酉 15 二	甲戌 16 三	乙亥 17 四	丙子 18 五	丁丑 19 六	戊寅 20 日	己卯 21 一	庚辰 22 二	辛巳 23 三	壬午 24 四	癸未 25 五	甲申 26 六	乙酉 27 日	丙戌 28 一	丁亥 29 二	戊子 30 三	己丑 31 四	庚寅 (11) 五	辛卯 2 六	壬辰 3 日	癸酉霜降 戊子立冬
十月大	辛亥	天干地支 西曆星期	癸巳 4 一	甲午 5 二	乙未 6 三	丙申 7 四	丁酉 8 五	戊戌 9 六	己亥 10 日	庚子 11 一	辛丑 12 二	壬寅 13 三	癸卯 14 四	甲辰 15 五	乙巳 16 六	丙午 17 日	丁未 18 一	戊申 19 二	己酉 20 三	庚戌 21 四	辛亥 22 五	壬子 23 六	癸丑 24 日	甲寅 25 一	乙卯 26 二	丙辰 27 三	丁巳 28 四	戊午 29 五	己未 30 六	庚申 (12) 日	辛酉 2 一	壬戌 3 二	癸卯小雪 己未大雪
十一月大	壬子	天干地支 西曆星期	癸亥 4 三	甲子 5 四	乙丑 6 五	丙寅 7 六	丁卯 8 日	戊辰 9 一	己巳 10 二	庚午 11 三	辛未 12 四	壬申 13 五	癸酉 14 六	甲戌 15 日	乙亥 16 一	丙子 17 二	丁丑 18 三	戊寅 19 四	己卯 20 五	庚辰 21 六	辛巳 22 日	壬午 23 一	癸未 24 二	甲申 25 三	乙酉 26 四	丙戌 27 五	丁亥 28 六	戊子 29 日	己丑 30 一	庚寅 31 二	辛卯 (1) 三	壬辰 2 四	甲戌冬至 己丑小寒
十二月小	癸丑	天干地支 西曆星期	癸巳 3 五	甲午 4 六	乙未 5 日	丙申 6 一	丁酉 7 二	戊戌 8 三	己亥 9 四	庚子 10 五	辛丑 11 六	壬寅 12 日	癸卯 13 一	甲辰 14 二	乙巳 15 三	丙午 16 四	丁未 17 五	戊申 18 六	己酉 19 日	庚戌 20 一	辛亥 21 二	壬子 22 三	癸丑 23 四	甲寅 24 五	乙卯 25 六	丙辰 26 日	丁巳 27 一	戊午 28 二	己未 29 三	庚申 30 四	辛酉 31 五		甲辰大寒 己未立春

宋高宗紹興二十八年（戊寅 虎年） 公元1158 ~ 1159年

夏曆月序		中西曆日對照	初一	初二	初三	初四	初五	初六	初七	初八	初九	初十	十一	十二	十三	十四	十五	十六	十七	十八	十九	二十	二一	二二	二三	二四	二五	二六	二七	二八	二九	三十	節氣與天象
正月大	甲寅	天干地支 西曆 星期	壬戌(2)六	癸亥2日	甲子3一	乙丑4二	丙寅5三	丁卯6四	戊辰7五	己巳8六	庚午9日	辛未10一	壬申11二	癸酉12三	甲戌13四	乙亥14五	丙子15六	丁丑16日	戊寅17一	己卯18二	庚辰19三	辛巳20四	壬午21五	癸未22六	甲申23日	乙酉24一	丙戌25二	丁亥26三	戊子27四	己丑28五	庚寅(3)六	辛卯2日	乙亥雨水 庚寅驚蟄
二月小	乙卯	天干地支 西曆 星期	壬辰3一	癸巳4二	甲午5三	乙未6四	丙申7五	丁酉8六	戊戌9日	己亥10一	庚子11二	辛丑12三	壬寅13四	癸卯14五	甲辰15六	乙巳16日	丙午17一	丁未18二	戊申19三	己酉20四	庚戌21五	辛亥22六	壬子23日	癸丑24一	甲寅25二	乙卯26三	丙辰27四	丁巳28五	戊午29六	己未30日	庚申31一		乙巳春分 庚申清明
三月小	丙辰	天干地支 西曆 星期	辛酉(4)二	壬戌2三	癸亥3四	甲子4五	乙丑5六	丙寅6日	丁卯7一	戊辰8二	己巳9三	庚午10四	辛未11五	壬申12六	癸酉13日	甲戌14一	乙亥15二	丙子16三	丁丑17四	戊寅18五	己卯19六	庚辰20日	辛巳21一	壬午22二	癸未23三	甲申24四	乙酉25五	丙戌26六	丁亥27日	戊子28一	己丑29二		丙子穀雨
四月大	丁巳	天干地支 西曆 星期	庚寅30三	辛卯(5)四	壬辰2五	癸巳3六	甲午4日	乙未5一	丙申6二	丁酉7三	戊戌8四	己亥9五	庚子10六	辛丑11日	壬寅12一	癸卯13二	甲辰14三	乙巳15四	丙午16五	丁未17六	戊申18日	己酉19一	庚戌20二	辛亥21三	壬子22四	癸丑23五	甲寅24六	乙卯25日	丙辰26一	丁巳27二	戊午28三	己未29四	辛卯立夏 丙午小滿
五月小	戊午	天干地支 西曆 星期	庚申30五	辛酉31六	壬戌(6)日	癸亥2一	甲子3二	乙丑4三	丙寅5四	丁卯6五	戊辰7六	己巳8日	庚午9一	辛未10二	壬申11三	癸酉12四	甲戌13五	乙亥14六	丙子15日	丁丑16一	戊寅17二	己卯18三	庚辰19四	辛巳20五	壬午21六	癸未22日	甲申23一	乙酉24二	丙戌25三	丁亥26四	戊子27五		辛酉芒種 丙子立夏
六月小	己未	天干地支 西曆 星期	己丑28六	庚寅29日	辛卯30一	壬辰(7)二	癸巳2三	甲午3四	乙未4五	丙申5六	丁酉6日	戊戌7一	己亥8二	庚子9三	辛丑10四	壬寅11五	癸卯12六	甲辰13日	乙巳14一	丙午15二	丁未16三	戊申17四	己酉18五	庚戌19六	辛亥20日	壬子21一	癸丑22二	甲寅23三	乙卯24四	丙辰25五	丁巳26六		壬辰小暑 丁未大暑
七月大	庚申	天干地支 西曆 星期	戊午27日	己未28一	庚申29二	辛酉30三	壬戌31四	癸亥(8)五	甲子2六	乙丑3日	丙寅4一	丁卯5二	戊辰6三	己巳7四	庚午8五	辛未9六	壬申10日	癸酉11一	甲戌12二	乙亥13三	丙子14四	丁丑15五	戊寅16六	己卯17日	庚辰18一	辛巳19二	壬午20三	癸未21四	甲申22五	乙酉23六	丙戌24日	丁亥25一	壬戌立秋 丁丑處暑
八月小	辛酉	天干地支 西曆 星期	戊子26二	己丑27三	庚寅28四	辛卯29五	壬辰30六	癸巳31日	甲午(9)一	乙未2二	丙申3三	丁酉4四	戊戌5五	己亥6六	庚子7日	辛丑8一	壬寅9二	癸卯10三	甲辰11四	乙巳12五	丙午13六	丁未14日	戊申15一	己酉16二	庚戌17三	辛亥18四	壬子19五	癸丑20六	甲寅21日	乙卯22一	丙辰23二		癸巳白露 戊申秋分
九月大	壬戌	天干地支 西曆 星期	丁巳24三	戊午25四	己未26五	庚申27六	辛酉28日	壬戌29一	癸亥30二	甲子(10)三	乙丑2四	丙寅3五	丁卯4六	戊辰5日	己巳6一	庚午7二	辛未8三	壬申9四	癸酉10五	甲戌11六	乙亥12日	丙子13一	丁丑14二	戊寅15三	己卯16四	庚辰17五	辛巳18六	壬午19日	癸未20一	甲申21二	乙酉22三	丙戌23四	癸亥寒露 戊寅霜降
十月大	癸亥	天干地支 西曆 星期	丁亥24五	戊子25六	己丑26日	庚寅27一	辛卯28二	壬辰29三	癸巳30四	甲午31五	乙未(11)六	丙申2日	丁酉3一	戊戌4二	己亥5三	庚子6四	辛丑7五	壬寅8六	癸卯9日	甲辰10一	乙巳11二	丙午12三	丁未13四	戊申14五	己酉15六	庚戌16日	辛亥17一	壬子18二	癸丑19三	甲寅20四	乙卯21五	丙辰22六	癸巳立冬 己酉小雪
十一月大	甲子	天干地支 西曆 星期	丁巳23日	戊午24一	己未25二	庚申26三	辛酉27四	壬戌28五	癸亥29六	甲子30日	乙丑(12)一	丙寅2二	丁卯3三	戊辰4四	己巳5五	庚午6六	辛未7日	壬申8一	癸酉9二	甲戌10三	乙亥11四	丙子12五	丁丑13六	戊寅14日	己卯15一	庚辰16二	辛巳17三	壬午18四	癸未19五	甲申20六	乙酉21日	丙戌22一	甲子大雪 己卯冬至
十二月小	乙丑	天干地支 西曆 星期	丁亥23二	戊子24三	己丑25四	庚寅26五	辛卯27六	壬辰28日	癸巳29一	甲午30二	乙未31三	丙申(1)四	丁酉2五	戊戌3六	己亥4日	庚子5一	辛丑6二	壬寅7三	癸卯8四	甲辰9五	乙巳10六	丙午11日	丁未12一	戊申13二	己酉14三	庚戌15四	辛亥16五	壬子17六	癸丑18日	甲寅19一	乙卯20二		甲午小寒 己酉大寒

宋高宗紹興二十九年（己卯 兔年） 公元 1159 ~ 1160 年

夏曆月序		中西曆日對照	初一	初二	初三	初四	初五	初六	初七	初八	初九	初十	十一	十二	十三	十四	十五	十六	十七	十八	十九	二十	二一	二二	二三	二四	二五	二六	二七	二八	二九	三十	節氣與天象
正月大	丙寅	天干地支 西曆星期	丙辰 21 三	丁巳 22 四	戊午 23 五	己未 24 六	庚申 25 日	辛酉 26 一	壬戌 27 二	癸亥 28 三	甲子 29 四	乙丑 30 五	丙寅 31 六	丁卯 (2) 日	戊辰 2 一	己巳 3 二	庚午 4 三	辛未 5 四	壬申 6 五	癸酉 7 六	甲戌 8 日	乙亥 9 一	丙子 10 二	丁丑 11 三	戊寅 12 四	己卯 13 五	庚辰 14 六	辛巳 15 日	壬午 16 一	癸未 17 二	甲申 18 三	乙酉 19 四	乙丑立春 庚辰雨水
二月大	丁卯	天干地支 西曆星期	丙戌 20 五	丁亥 21 六	戊子 22 日	己丑 23 一	庚寅 24 二	辛卯 25 三	壬辰 26 四	癸巳 27 五	甲午 28 六	乙未 (3) 日	丙申 2 一	丁酉 3 二	戊戌 4 三	己亥 5 四	庚子 6 五	辛丑 7 六	壬寅 8 日	癸卯 9 一	甲辰 10 二	乙巳 11 三	丙午 12 四	丁未 13 五	戊申 14 六	己酉 15 日	庚戌 16 一	辛亥 17 二	壬子 18 三	癸丑 19 四	甲寅 20 五	乙卯 21 六	乙未驚蟄 庚戌春分
三月小	戊辰	天干地支 西曆星期	丙辰 22 日	丁巳 23 一	戊午 24 二	己未 25 三	庚申 26 四	辛酉 27 五	壬戌 28 六	癸亥 29 日	甲子 30 一	乙丑 31 二	丙寅 (4) 三	丁卯 2 四	戊辰 3 五	己巳 4 六	庚午 5 日	辛未 6 一	壬申 7 二	癸酉 8 三	甲戌 9 四	乙亥 10 五	丙子 11 六	丁丑 12 日	戊寅 13 一	己卯 14 二	庚辰 15 三	辛巳 16 四	壬午 17 五	癸未 18 六	甲申 19 日		丙寅清明 辛巳穀雨
四月小	己巳	天干地支 西曆星期	乙酉 20 一	丙戌 21 二	丁亥 22 三	戊子 23 四	己丑 24 五	庚寅 25 六	辛卯 26 日	壬辰 27 一	癸巳 28 二	甲午 29 三	乙未 30 四	丙申 (5) 五	丁酉 2 六	戊戌 3 日	己亥 4 一	庚子 5 二	辛丑 6 三	壬寅 7 四	癸卯 8 五	甲辰 9 六	乙巳 10 日	丙午 11 一	丁未 12 二	戊申 13 三	己酉 14 四	庚戌 15 五	辛亥 16 六	壬子 17 日	癸丑 18 一		丙申立夏 辛亥小滿
五月大	庚午	天干地支 西曆星期	甲寅 19 二	乙卯 20 三	丙辰 21 四	丁巳 22 五	戊午 23 六	己未 24 日	庚申 25 一	辛酉 26 二	壬戌 27 三	癸亥 28 四	甲子 29 五	乙丑 30 六	丙寅 31 日	丁卯 (6) 一	戊辰 2 二	己巳 3 三	庚午 4 四	辛未 5 五	壬申 6 六	癸酉 7 日	甲戌 8 一	乙亥 9 二	丙子 10 三	丁丑 11 四	戊寅 12 五	己卯 13 六	庚辰 14 日	辛巳 15 一	壬午 16 二	癸未 17 三	丙寅芒種 壬午夏至
六月小	辛未	天干地支 西曆星期	甲申 18 四	乙酉 19 五	丙戌 20 六	丁亥 21 日	戊子 22 一	己丑 23 二	庚寅 24 三	辛卯 25 四	壬辰 26 五	癸巳 27 六	甲午 28 日	乙未 29 一	丙申 30 二	丁酉 (7) 三	戊戌 2 四	己亥 3 五	庚子 4 六	辛丑 5 日	壬寅 6 一	癸卯 7 二	甲辰 8 三	乙巳 9 四	丙午 10 五	丁未 11 六	戊申 12 日	己酉 13 一	庚戌 14 二	辛亥 15 三	壬子 16 四		丁酉小暑 壬子大暑
閏六月小	辛未	天干地支 西曆星期	癸丑 17 五	甲寅 18 六	乙卯 19 日	丙辰 20 一	丁巳 21 二	戊午 22 三	己未 23 四	庚申 24 五	辛酉 25 六	壬戌 26 日	癸亥 27 一	甲子 28 二	乙丑 29 三	丙寅 30 四	丁卯 31 五	戊辰 (8) 六	己巳 2 日	庚午 3 一	辛未 4 二	壬申 5 三	癸酉 6 四	甲戌 7 五	乙亥 8 六	丙子 9 日	丁丑 10 一	戊寅 11 二	己卯 12 三	庚辰 13 四	辛巳 14 五		丁卯立秋
七月大	壬申	天干地支 西曆星期	壬午 15 六	癸未 16 日	甲申 17 一	乙酉 18 二	丙戌 19 三	丁亥 20 四	戊子 21 五	己丑 22 六	庚寅 23 日	辛卯 24 一	壬辰 25 二	癸巳 26 三	甲午 27 四	乙未 28 五	丙申 29 六	丁酉 30 日	戊戌 31 一	己亥 (9) 二	庚子 2 三	辛丑 3 四	壬寅 4 五	癸卯 5 六	甲辰 6 日	乙巳 7 一	丙午 8 二	丁未 9 三	戊申 10 四	己酉 11 五	庚戌 12 六	辛亥 13 日	癸未處暑 戊戌白露
八月小	癸酉	天干地支 西曆星期	壬子 14 一	癸丑 15 二	甲寅 16 三	乙卯 17 四	丙辰 18 五	丁巳 19 六	戊午 20 日	己未 21 一	庚申 22 二	辛酉 23 三	壬戌 24 四	癸亥 25 五	甲子 26 六	乙丑 27 日	丙寅 28 一	丁卯 29 二	戊辰 30 三	己巳 (10) 四	庚午 2 五	辛未 3 六	壬申 4 日	癸酉 5 一	甲戌 6 二	乙亥 7 三	丙子 8 四	丁丑 9 五	戊寅 10 六	己卯 11 日	庚辰 12 一		癸丑秋分 戊辰寒露
九月大	甲戌	天干地支 西曆星期	辛巳 13 二	壬午 14 三	癸未 15 四	甲申 16 五	乙酉 17 六	丙戌 18 日	丁亥 19 一	戊子 20 二	己丑 21 三	庚寅 22 四	辛卯 23 五	壬辰 24 六	癸巳 25 日	甲午 26 一	乙未 27 二	丙申 28 三	丁酉 29 四	戊戌 30 五	己亥 31 六	庚子 (11) 日	辛丑 2 一	壬寅 3 二	癸卯 4 三	甲辰 5 四	乙巳 6 五	丙午 7 六	丁未 8 日	戊申 9 一	己酉 10 二	庚戌 11 三	癸未霜降 己亥立冬
十月大	乙亥	天干地支 西曆星期	辛亥 12 四	壬子 13 五	癸丑 14 六	甲寅 15 日	乙卯 16 一	丙辰 17 二	丁巳 18 三	戊午 19 四	己未 20 五	庚申 21 六	辛酉 22 日	壬戌 23 一	癸亥 24 二	甲子 25 三	乙丑 26 四	丙寅 27 五	丁卯 28 六	戊辰 29 日	己巳 30 一	庚午 (12) 二	辛未 2 三	壬申 3 四	癸酉 4 五	甲戌 5 六	乙亥 6 日	丙子 7 一	丁丑 8 二	戊寅 9 三	己卯 10 四	庚辰 11 五	甲寅小雪 己巳大雪
十一月大	丙子	天干地支 西曆星期	辛巳 12 六	壬午 13 日	癸未 14 一	甲申 15 二	乙酉 16 三	丙戌 17 四	丁亥 18 五	戊子 19 六	己丑 20 日	庚寅 21 一	辛卯 22 二	壬辰 23 三	癸巳 24 四	甲午 25 五	乙未 26 六	丙申 27 日	丁酉 28 一	戊戌 29 二	己亥 30 三	庚子 31 四	辛丑 (1) 五	壬寅 2 六	癸卯 3 日	甲辰 4 一	乙巳 5 二	丙午 6 三	丁未 7 四	戊申 8 五	己酉 9 六	庚戌 10 日	甲申冬至 己亥小寒
十二月小	丁丑	天干地支 西曆星期	辛亥 11 一	壬子 12 二	癸丑 13 三	甲寅 14 四	乙卯 15 五	丙辰 16 六	丁巳 17 日	戊午 18 一	己未 19 二	庚申 20 三	辛酉 21 四	壬戌 22 五	癸亥 23 六	甲子 24 日	乙丑 25 一	丙寅 26 二	丁卯 27 三	戊辰 28 四	己巳 29 五	庚午 30 六	辛未 31 日	壬申 (2) 一	癸酉 2 二	甲戌 3 三	乙亥 4 四	丙子 5 五	丁丑 6 六	戊寅 7 日	己卯 8 一		乙卯大寒 庚午立春

宋高宗紹興三十年（庚辰 龍年） 公元 **1160** ~ 1161 年

夏曆月序		中西曆日對照	夏曆日序																													節氣與天象
			初一	初二	初三	初四	初五	初六	初七	初八	初九	初十	十一	十二	十三	十四	十五	十六	十七	十八	十九	二十	二一	二二	二三	二四	二五	二六	二七	二八	二九	三十	
正月大	戊寅	天干地支 西曆 星期	庚辰 9 二	辛巳 10 三	壬午 11 四	癸未 12 五	甲申 13 六	乙酉 14 日	丙戌 15 一	丁亥 16 二	戊子 17 三	己丑 18 四	庚寅 19 五	辛卯 20 六	壬辰 21 日	癸巳 22 一	甲午 23 二	乙未 24 三	丙申 25 四	丁酉 26 五	戊戌 27 六	己亥 28 日	庚子 29 一	辛丑 (3) 二	壬寅 2 三	癸卯 3 四	甲辰 4 五	乙巳 5 六	丙午 6 日	丁未 7 一	戊申 8 二	己酉 9 三	乙酉雨水 庚子驚蟄
二月大	己卯	天干地支 西曆 星期	庚戌 10 四	辛亥 11 五	壬子 12 六	癸丑 13 日	甲寅 14 一	乙卯 15 二	丙辰 16 三	丁巳 17 四	戊午 18 五	己未 19 六	庚申 20 日	辛酉 21 一	壬戌 22 二	癸亥 23 三	甲子 24 四	乙丑 25 五	丙寅 26 六	丁卯 27 日	戊辰 28 一	己巳 29 二	庚午 30 三	辛未 31 四	壬申 (4) 五	癸酉 2 六	甲戌 3 日	乙亥 4 一	丙子 5 二	丁丑 6 三	戊寅 7 四	己卯 8 五	丙辰春分 辛未清明
三月小	庚辰	天干地支 西曆 星期	庚辰 9 六	辛巳 10 日	壬午 11 一	癸未 12 二	甲申 13 三	乙酉 14 四	丙戌 15 五	丁亥 16 六	戊子 17 日	己丑 18 一	庚寅 19 二	辛卯 20 三	壬辰 21 四	癸巳 22 五	甲午 23 六	乙未 24 日	丙申 25 一	丁酉 26 二	戊戌 27 三	己亥 28 四	庚子 29 五	辛丑 30 六	壬寅 (5) 日	癸卯 2 一	甲辰 3 二	乙巳 4 三	丙午 5 四	丁未 6 五	戊申 7 六		丙戌穀雨 辛丑立夏
四月小	辛巳	天干地支 西曆 星期	己酉 8 日	庚戌 9 一	辛亥 10 二	壬子 11 三	癸丑 12 四	甲寅 13 五	乙卯 14 六	丙辰 15 日	丁巳 16 一	戊午 17 二	己未 18 三	庚申 19 四	辛酉 20 五	壬戌 21 六	癸亥 22 日	甲子 23 一	乙丑 24 二	丙寅 25 三	丁卯 26 四	戊辰 27 五	己巳 28 六	庚午 29 日	辛未 30 一	壬申 31 二	癸酉 (6) 三	甲戌 2 四	乙亥 3 五	丙子 4 六	丁丑 5 日		丙辰小滿 壬申芒種
五月大	壬午	天干地支 西曆 星期	戊寅 6 一	己卯 7 二	庚辰 8 三	辛巳 9 四	壬午 10 五	癸未 11 六	甲申 12 日	乙酉 13 一	丙戌 14 二	丁亥 15 三	戊子 16 四	己丑 17 五	庚寅 18 六	辛卯 19 日	壬辰 20 一	癸巳 21 二	甲午 22 三	乙未 23 四	丙申 24 五	丁酉 25 六	戊戌 26 日	己亥 27 一	庚子 28 二	辛丑 29 三	壬寅 30 四	癸卯 (7) 五	甲辰 2 六	乙巳 3 日	丙午 4 一	丁未 5 二	丁亥夏至 壬寅小暑
六月小	癸未	天干地支 西曆 星期	戊申 6 三	己酉 7 四	庚戌 8 五	辛亥 9 六	壬子 10 日	癸丑 11 一	甲寅 12 二	乙卯 13 三	丙辰 14 四	丁巳 15 五	戊午 16 六	己未 17 日	庚申 18 一	辛酉 19 二	壬戌 20 三	癸亥 21 四	甲子 22 五	乙丑 23 六	丙寅 24 日	丁卯 25 一	戊辰 26 二	己巳 27 三	庚午 28 四	辛未 29 五	壬申 30 六	癸酉 31 日	甲戌 (8) 一	乙亥 2 二	丙子 3 三		丁巳大暑 癸酉立秋
七月小	甲申	天干地支 西曆 星期	丁丑 4 四	戊寅 5 五	己卯 6 六	庚辰 7 日	辛巳 8 一	壬午 9 二	癸未 10 三	甲申 11 四	乙酉 12 五	丙戌 13 六	丁亥 14 日	戊子 15 一	己丑 16 二	庚寅 17 三	辛卯 18 四	壬辰 19 五	癸巳 20 六	甲午 21 日	乙未 22 一	丙申 23 二	丁酉 24 三	戊戌 25 四	己亥 26 五	庚子 27 六	辛丑 28 日	壬寅 29 一	癸卯 30 二	甲辰 31 三	乙巳 (9) 四		戊子處暑 癸卯白露
八月大	乙酉	天干地支 西曆 星期	丙午 2 五	丁未 3 六	戊申 4 日	己酉 5 一	庚戌 6 二	辛亥 7 三	壬子 8 四	癸丑 9 五	甲寅 10 六	乙卯 11 日	丙辰 12 一	丁巳 13 二	戊午 14 三	己未 15 四	庚申 16 五	辛酉 17 六	壬戌 18 日	癸亥 19 一	甲子 20 二	乙丑 21 三	丙寅 22 四	丁卯 23 五	戊辰 24 六	己巳 25 日	庚午 26 一	辛未 27 二	壬申 28 三	癸酉 29 四	甲戌 30 五	乙亥 (10) 六	戊午秋分 癸酉寒露 丙午日食
九月小	丙戌	天干地支 西曆 星期	丙子 2 日	丁丑 3 一	戊寅 4 二	己卯 5 三	庚辰 6 四	辛巳 7 五	壬午 8 六	癸未 9 日	甲申 10 一	乙酉 11 二	丙戌 12 三	丁亥 13 四	戊子 14 五	己丑 15 六	庚寅 16 日	辛卯 17 一	壬辰 18 二	癸巳 19 三	甲午 20 四	乙未 21 五	丙申 22 六	丁酉 23 日	戊戌 24 一	己亥 25 二	庚子 26 三	辛丑 27 四	壬寅 28 五	癸卯 29 六	甲辰 30 日		己丑霜降 甲辰立冬
十月大	丁亥	天干地支 西曆 星期	乙巳 31 一	丙午 (11) 二	丁未 2 三	戊申 3 四	己酉 4 五	庚戌 5 六	辛亥 6 日	壬子 7 一	癸丑 8 二	甲寅 9 三	乙卯 10 四	丙辰 11 五	丁巳 12 六	戊午 13 日	己未 14 一	庚申 15 二	辛酉 16 三	壬戌 17 四	癸亥 18 五	甲子 19 六	乙丑 20 日	丙寅 21 一	丁卯 22 二	戊辰 23 三	己巳 24 四	庚午 25 五	辛未 26 六	壬申 27 日	癸酉 28 一	甲戌 29 二	己未小雪 甲戌大雪
十一月大	戊子	天干地支 西曆 星期	乙亥 30 三	丙子 (12) 四	丁丑 2 五	戊寅 3 六	己卯 4 日	庚辰 5 一	辛巳 6 二	壬午 7 三	癸未 8 四	甲申 9 五	乙酉 10 六	丙戌 11 日	丁亥 12 一	戊子 13 二	己丑 14 三	庚寅 15 四	辛卯 16 五	壬辰 17 六	癸巳 18 日	甲午 19 一	乙未 20 二	丙申 21 三	丁酉 22 四	戊戌 23 五	己亥 24 六	庚子 25 日	辛丑 26 一	壬寅 27 二	癸卯 28 三	甲辰 29 四	庚寅冬至
十二月小	己丑	天干地支 西曆 星期	乙巳 30 五	丙午 31 六	丁未 (1) 日	戊申 2 一	己酉 3 二	庚戌 4 三	辛亥 5 四	壬子 6 五	癸丑 7 六	甲寅 8 日	乙卯 9 一	丙辰 10 二	丁巳 11 三	戊午 12 四	己未 13 五	庚申 14 六	辛酉 15 日	壬戌 16 一	癸亥 17 二	甲子 18 三	乙丑 19 四	丙寅 20 五	丁卯 21 六	戊辰 22 日	己巳 23 一	庚午 24 二	辛未 25 三	壬申 26 四	癸酉 27 五		乙巳小寒 庚申大寒

宋高宗紹興三十一年（辛巳 蛇年） 公元 1161 ~ 1162 年

夏曆月序		中西曆日對照	夏曆日序																														節氣與天象
			初一	初二	初三	初四	初五	初六	初七	初八	初九	初十	十一	十二	十三	十四	十五	十六	十七	十八	十九	二十	二一	二二	二三	二四	二五	二六	二七	二八	二九	三十	
正月大	庚寅	天干地支 西曆 星期	甲戌 28 六	乙亥 29 日	丙子 30 一	丁丑 31 二	戊寅 (2) 三	己卯 2 四	庚辰 3 五	辛巳 4 六	壬午 5 日	癸未 6 一	甲申 7 二	乙酉 8 三	丙戌 9 四	丁亥 10 五	戊子 11 六	己丑 12 日	庚寅 13 一	辛卯 14 二	壬辰 15 三	癸巳 16 四	甲午 17 五	乙未 18 六	丙申 19 日	丁酉 20 一	戊戌 21 二	己亥 22 三	庚子 23 四	辛丑 24 五	壬寅 25 六	癸卯 26 日	乙亥立春 庚寅雨水
二月大	辛卯	天干地支 西曆 星期	甲辰 27 一	乙巳 28 二	丙午 (3) 三	丁未 2 四	戊申 3 五	己酉 4 六	庚戌 5 日	辛亥 6 一	壬子 7 二	癸丑 8 三	甲寅 9 四	乙卯 10 五	丙辰 11 六	丁巳 12 日	戊午 13 一	己未 14 二	庚申 15 三	辛酉 16 四	壬戌 17 五	癸亥 18 六	甲子 19 日	乙丑 20 一	丙寅 21 二	丁卯 22 三	戊辰 23 四	己巳 24 五	庚午 25 六	辛未 26 日	壬申 27 一	癸酉 28 二	丙午驚蟄 辛酉春分
三月小	壬辰	天干地支 西曆 星期	甲戌 29 三	乙亥 30 四	丙子 31 五	丁丑 (4) 六	戊寅 2 日	己卯 3 一	庚辰 4 二	辛巳 5 三	壬午 6 四	癸未 7 五	甲申 8 六	乙酉 9 日	丙戌 10 一	丁亥 11 二	戊子 12 三	己丑 13 四	庚寅 14 五	辛卯 15 六	壬辰 16 日	癸巳 17 一	甲午 18 二	乙未 19 三	丙申 20 四	丁酉 21 五	戊戌 22 六	己亥 23 日	庚子 24 一	辛丑 25 二	壬寅 26 三		丙子清明 辛卯穀雨
四月大	癸巳	天干地支 西曆 星期	癸卯 27 四	甲辰 28 五	乙巳 29 六	丙午 30 日	丁未 (5) 一	戊申 2 二	己酉 3 三	庚戌 4 四	辛亥 5 五	壬子 6 六	癸丑 7 日	甲寅 8 一	乙卯 9 二	丙辰 10 三	丁巳 11 四	戊午 12 五	己未 13 六	庚申 14 日	辛酉 15 一	壬戌 16 二	癸亥 17 三	甲子 18 四	乙丑 19 五	丙寅 20 六	丁卯 21 日	戊辰 22 一	己巳 23 二	庚午 24 三	辛未 25 四	壬申 26 五	丙午立夏 壬戌小滿
五月小	甲午	天干地支 西曆 星期	癸酉 27 六	甲戌 28 日	乙亥 29 一	丙子 30 二	丁丑 31 三	戊寅 (6) 四	己卯 2 五	庚辰 3 六	辛巳 4 日	壬午 5 一	癸未 6 二	甲申 7 三	乙酉 8 四	丙戌 9 五	丁亥 10 六	戊子 11 日	己丑 12 一	庚寅 13 二	辛卯 14 三	壬辰 15 四	癸巳 16 五	甲午 17 六	乙未 18 日	丙申 19 一	丁酉 20 二	戊戌 21 三	己亥 22 四	庚子 23 五	辛丑 24 六		丁丑芒種 壬辰夏至
六月大	乙未	天干地支 西曆 星期	壬寅 25 日	癸卯 26 一	甲辰 27 二	乙巳 28 三	丙午 29 四	丁未 30 五	戊申 (7) 六	己酉 2 日	庚戌 3 一	辛亥 4 二	壬子 5 三	癸丑 6 四	甲寅 7 五	乙卯 8 六	丙辰 9 日	丁巳 10 一	戊午 11 二	己未 12 三	庚申 13 四	辛酉 14 五	壬戌 15 六	癸亥 16 日	甲子 17 一	乙丑 18 二	丙寅 19 三	丁卯 20 四	戊辰 21 五	己巳 22 六	庚午 23 日	辛未 24 一	丁未小暑 癸亥大暑
七月小	丙申	天干地支 西曆 星期	壬申 25 二	癸酉 26 三	甲戌 27 四	乙亥 28 五	丙子 29 六	丁丑 30 日	戊寅 31 一	己卯 (8) 二	庚辰 2 三	辛巳 3 四	壬午 4 五	癸未 5 六	甲申 6 日	乙酉 7 一	丙戌 8 二	丁亥 9 三	戊子 10 四	己丑 11 五	庚寅 12 六	辛卯 13 日	壬辰 14 一	癸巳 15 二	甲午 16 三	乙未 17 四	丙申 18 五	丁酉 19 六	戊戌 20 日	己亥 21 一	庚子 22 二		戊寅立秋 癸巳處暑
八月小	丁酉	天干地支 西曆 星期	辛丑 23 三	壬寅 24 四	癸卯 25 五	甲辰 26 六	乙巳 27 日	丙午 28 一	丁未 29 二	戊申 30 三	己酉 31 四	庚戌 (9) 五	辛亥 2 六	壬子 3 日	癸丑 4 一	甲寅 5 二	乙卯 6 三	丙辰 7 四	丁巳 8 五	戊午 9 六	己未 10 日	庚申 11 一	辛酉 12 二	壬戌 13 三	癸亥 14 四	甲子 15 五	乙丑 16 六	丙寅 17 日	丁卯 18 一	戊辰 19 二	己巳 20 三		戊申白露 癸亥秋分
九月大	戊戌	天干地支 西曆 星期	庚午 21 四	辛未 22 五	壬申 23 六	癸酉 24 日	甲戌 25 一	乙亥 26 二	丙子 27 三	丁丑 28 四	戊寅 29 五	己卯 30 六	庚辰 (10) 日	辛巳 2 一	壬午 3 二	癸未 4 三	甲申 5 四	乙酉 6 五	丙戌 7 六	丁亥 8 日	戊子 9 一	己丑 10 二	庚寅 11 三	辛卯 12 四	壬辰 13 五	癸巳 14 六	甲午 15 日	乙未 16 一	丙申 17 二	丁酉 18 三	戊戌 19 四	己亥 20 五	己卯寒露 甲午霜降
十月小	己亥	天干地支 西曆 星期	庚子 21 六	辛丑 22 日	壬寅 23 一	癸卯 24 二	甲辰 25 三	乙巳 26 四	丙午 27 五	丁未 28 六	戊申 29 日	己酉 30 一	庚戌 31 二	辛亥 (11) 三	壬子 2 四	癸丑 3 五	甲寅 4 六	乙卯 5 日	丙辰 6 一	丁巳 7 二	戊午 8 三	己未 9 四	庚申 10 五	辛酉 11 六	壬戌 12 日	癸亥 13 一	甲子 14 二	乙丑 15 三	丙寅 16 四	丁卯 17 五	戊辰 18 六		己酉立冬 甲子小雪
十一月大	庚子	天干地支 西曆 星期	己巳 19 日	庚午 20 一	辛未 21 二	壬申 22 三	癸酉 23 四	甲戌 24 五	乙亥 25 六	丙子 26 日	丁丑 27 一	戊寅 28 二	己卯 29 三	庚辰 30 四	辛巳 (12) 五	壬午 2 六	癸未 3 日	甲申 4 一	乙酉 5 二	丙戌 6 三	丁亥 7 四	戊子 8 五	己丑 9 六	庚寅 10 日	辛卯 11 一	壬辰 12 二	癸巳 13 三	甲午 14 四	乙未 15 五	丙申 16 六	丁酉 17 日	戊戌 18 一	庚辰大雪 乙未冬至
十二月小	辛丑	天干地支 西曆 星期	己亥 19 二	庚子 20 三	辛丑 21 四	壬寅 22 五	癸卯 23 六	甲辰 24 日	乙巳 25 一	丙午 26 二	丁未 27 三	戊申 28 四	己酉 29 五	庚戌 30 六	辛亥 31 日	壬子 (1) 一	癸丑 2 二	甲寅 3 三	乙卯 4 四	丙辰 5 五	丁巳 6 六	戊午 7 日	己未 8 一	庚申 9 二	辛酉 10 三	壬戌 11 四	癸亥 12 五	甲子 13 六	乙丑 14 日	丙寅 15 一	丁卯 16 二		庚戌小寒 乙丑大寒

宋高宗紹興三十二年 孝宗紹興三十二年（壬午 馬年） 公元 1162 ~ 1163 年

夏曆月序		中西曆日對照	初一	初二	初三	初四	初五	初六	初七	初八	初九	初十	十一	十二	十三	十四	十五
正月大	壬寅	天干地支 西曆 星期	戊辰 17 三	己巳 18 四	庚午 19 五	辛未 20 六	壬申 21 日	癸酉 22 一	甲戌 23 二	乙亥 24 三	丙子 25 四	丁丑 26 五	戊寅 27 六	己卯 28 日	庚辰 29 一	辛巳 30 二	壬午 31 三
二月大	癸卯	天干地支 西曆 星期	戊戌 16 五	己亥 17 六	庚子 18 日	辛丑 19 一	壬寅 20 二	癸卯 21 三	甲辰 22 四	乙巳 23 五	丙午 24 六	丁未 25 日	戊申 26 一	己酉 27 二	庚戌 28 三	辛亥 (3) 四	壬子 2 五
閏二月小	癸卯	天干地支 西曆 星期	戊辰 18 日	己巳 19 一	庚午 20 二	辛未 21 三	壬申 22 四	癸酉 23 五	甲戌 24 六	乙亥 25 日	丙子 26 一	丁丑 27 二	戊寅 28 三	己卯 29 四	庚辰 30 五	辛巳 31 六	壬午 (4) 日
三月大	甲辰	天干地支 西曆 星期	丁酉 16 一	戊戌 17 二	己亥 18 三	庚子 19 四	辛丑 20 五	壬寅 21 六	癸卯 22 日	甲辰 23 一	乙巳 24 二	丙午 25 三	丁未 26 四	戊申 27 五	己酉 28 六	庚戌 29 日	辛亥 30 一
四月大	乙巳	天干地支 西曆 星期	丁卯 16 三	戊辰 17 四	己巳 18 五	庚午 19 六	辛未 20 日	壬申 21 一	癸酉 22 二	甲戌 23 三	乙亥 24 四	丙子 25 五	丁丑 26 六	戊寅 27 日	己卯 28 一	庚辰 29 二	辛巳 30 三
五月小	丙午	天干地支 西曆 星期	丁酉 15 五	戊戌 16 六	己亥 17 日	庚子 18 一	辛丑 19 二	壬寅 20 三	癸卯 21 四	甲辰 22 五	乙巳 23 六	丙午 24 日	丁未 25 一	戊申 26 二	己酉 27 三	庚戌 28 四	辛亥 29 五
六月大	丁未	天干地支 西曆 星期	丙寅 14 六	丁卯 15 日	戊辰 16 一	己巳 17 二	庚午 18 三	辛未 19 四	壬申 20 五	癸酉 21 六	甲戌 22 日	乙亥 23 一	丙子 24 二	丁丑 25 三	戊寅 26 四	己卯 27 五	庚辰 28 六
七月小	戊申	天干地支 西曆 星期	丙申 13 一	丁酉 14 二	戊戌 15 三	己亥 16 四	庚子 17 五	辛丑 18 六	壬寅 19 日	癸卯 20 一	甲辰 21 二	乙巳 22 三	丙午 23 四	丁未 24 五	戊申 25 六	己酉 26 日	庚戌 27 一
八月小	己酉	天干地支 西曆 星期	乙丑 11 二	丙寅 12 三	丁卯 13 四	戊辰 14 五	己巳 15 六	庚午 16 日	辛未 17 一	壬申 18 二	癸酉 19 三	甲戌 20 四	乙亥 21 五	丙子 22 六	丁丑 23 日	戊寅 24 一	己卯 25 二
九月大	庚戌	天干地支 西曆 星期	甲午 10 三	乙未 11 四	丙申 12 五	丁酉 13 六	戊戌 14 日	己亥 15 一	庚子 16 二	辛丑 17 三	壬寅 18 四	癸卯 19 五	甲辰 20 六	乙巳 21 日	丙午 22 一	丁未 23 二	戊申 24 三
十月小	辛亥	天干地支 西曆 星期	甲子 9 五	乙丑 10 六	丙寅 11 日	丁卯 12 一	戊辰 13 二	己巳 14 三	庚午 15 四	辛未 16 五	壬申 17 六	癸酉 18 日	甲戌 19 一	乙亥 20 二	丙子 21 三	丁丑 22 四	戊寅 23 五
十一月大	壬子	天干地支 西曆 星期	癸巳 8 六	甲午 9 日	乙未 10 一	丙申 11 二	丁酉 12 三	戊戌 13 四	己亥 14 五	庚子 15 六	辛丑 16 日	壬寅 17 一	癸卯 18 二	甲辰 19 三	乙巳 20 四	丙午 21 五	丁未 22 六
十二月小	癸丑	天干地支 西曆 星期	癸亥 7 一	甲子 8 二	乙丑 9 三	丙寅 10 四	丁卯 11 五	戊辰 12 六	己巳 13 日	庚午 14 一	辛未 15 二	壬申 16 三	癸酉 17 四	甲戌 18 五	乙亥 19 六	丙子 20 日	丁丑 21 一

夏曆月序		十六	十七	十八	十九	二十	二一	二二	二三	二四	二五	二六	二七	二八	二九	三十	節氣與天象
正月大	壬寅	癸未 (2) 四	甲申 2 五	乙酉 3 六	丙戌 4 日	丁亥 5 一	戊子 6 二	己丑 7 三	庚寅 8 四	辛卯 9 五	壬辰 10 六	癸巳 11 日	甲午 12 一	乙未 13 二	丙申 14 三	丁酉 15 四	庚辰立春 丙申雨水 戊辰日食
二月大	癸卯	癸丑 3 六	甲寅 4 日	乙卯 5 一	丙辰 6 二	丁巳 7 三	戊午 8 四	己未 9 五	庚申 10 六	辛酉 11 日	壬戌 12 一	癸亥 13 二	甲子 14 三	乙丑 15 四	丙寅 16 五	丁卯 17 六	辛亥驚蟄 丙寅春分
閏二月小	癸卯	癸未 2 一	甲申 3 二	乙酉 4 三	丙戌 5 四	丁亥 6 五	戊子 7 六	己丑 8 日	庚寅 9 一	辛卯 10 二	壬辰 11 三	癸巳 12 四	甲午 13 五	乙未 14 六	丙申 15 日		辛巳清明
三月大	甲辰	壬子 (5) 二	癸丑 2 三	甲寅 3 四	乙卯 4 五	丙辰 5 六	丁巳 6 日	戊午 7 一	己未 8 二	庚申 9 三	辛酉 10 四	壬戌 11 五	癸亥 12 六	甲子 13 日	乙丑 14 一	丙寅 15 二	丁酉穀雨 壬子立夏
四月大	乙巳	壬午 31 四	癸未 (6) 五	甲申 2 六	乙酉 3 日	丙戌 4 一	丁亥 5 二	戊子 6 三	己丑 7 四	庚寅 8 五	辛卯 9 六	壬辰 10 日	癸巳 11 一	甲午 12 二	乙未 13 三	丙申 14 四	丁卯小滿 壬午芒種
五月小	丙午	壬子 30 六	癸丑 (7) 日	甲寅 2 一	乙卯 3 二	丙辰 4 三	丁巳 5 四	戊午 6 五	己未 7 六	庚申 8 日	辛酉 9 一	壬戌 10 二	癸亥 11 三	甲子 12 四	乙丑 13 五		丁酉夏至 癸丑小暑
六月大	丁未	辛巳 29 日	壬午 30 一	癸未 31 二	甲申 (8) 三	乙酉 2 四	丙戌 3 五	丁亥 4 六	戊子 5 日	己丑 6 一	庚寅 7 二	辛卯 8 三	壬辰 9 四	癸巳 10 五	甲午 11 六	乙未 12 日	戊辰大暑 癸未立秋
七月小	戊申	辛亥 28 二	壬子 29 三	癸丑 30 四	甲寅 31 五	乙卯 (9) 六	丙辰 2 日	丁巳 3 一	戊午 4 二	己未 5 三	庚申 6 四	辛酉 7 五	壬戌 8 六	癸亥 9 日	甲子 10 一		戊戌處暑 癸丑白露
八月小	己酉	庚辰 26 三	辛巳 27 四	壬午 28 五	癸未 29 六	甲申 30 日	乙酉 (10) 一	丙戌 2 二	丁亥 3 三	戊子 4 四	己丑 5 五	庚寅 6 六	辛卯 7 日	壬辰 8 一	癸巳 9 二		己巳秋分 甲申寒露
九月大	庚戌	己酉 25 四	庚戌 26 五	辛亥 27 六	壬子 28 日	癸丑 29 一	甲寅 30 二	乙卯 31 三	丙辰 (11) 四	丁巳 2 五	戊午 3 六	己未 4 日	庚申 5 一	辛酉 6 二	壬戌 7 三	癸亥 8 四	己亥霜降 甲寅立冬
十月小	辛亥	己卯 24 六	庚辰 25 日	辛巳 26 一	壬午 27 二	癸未 28 三	甲申 29 四	乙酉 30 五	丙戌 (12) 六	丁亥 2 日	戊子 3 一	己丑 4 二	庚寅 5 三	辛卯 6 四	壬辰 7 五		庚午小雪 乙酉大雪
十一月大	壬子	戊申 23 日	己酉 24 一	庚戌 25 二	辛亥 26 三	壬子 27 四	癸丑 28 五	甲寅 29 六	乙卯 30 日	丙辰 31 一	丁巳 (1) 二	戊午 2 三	己未 3 四	庚申 4 五	辛酉 5 六	壬戌 6 日	庚子冬至 乙卯小寒
十二月小	癸丑	戊寅 22 二	己卯 23 三	庚辰 24 四	辛巳 25 五	壬午 26 六	癸未 27 日	甲申 28 一	乙酉 29 二	丙戌 30 三	丁亥 31 四	戊子 (2) 五	己丑 2 六	庚寅 3 日	辛卯 4 一		庚午大寒 丙戌立春

＊六月乙亥（初十），高宗遜位，稱太上皇。孝宗即位，仍用紹興年號。

宋孝宗隆興元年（癸未 羊年） 公元 1163 ~ 1164 年

夏曆月序		中西曆日對照	初一	初二	初三	初四	初五	初六	初七	初八	初九	初十	十一	十二	十三	十四	十五
正月大	甲寅	天干地支 西曆星期	壬辰 5 二	癸巳 6 三	甲午 7 四	乙未 8 五	丙申 9 六	丁酉 10 日	戊戌 11 一	己亥 12 二	庚子 13 三	辛丑 14 四	壬寅 15 五	癸卯 16 六	甲辰 17 日	乙巳 18 一	丙午 19 二
二月大	乙卯	天干地支 西曆星期	壬戌 7 四	癸亥 8 五	甲子 9 六	乙丑 10 日	丙寅 11 一	丁卯 12 二	戊辰 13 三	己巳 14 四	庚午 15 五	辛未 16 六	壬申 17 日	癸酉 18 一	甲戌 19 二	乙亥 20 三	丙子 21 四
三月小	丙辰	天干地支 西曆星期	壬辰 6 六	癸巳 7 日	甲午 8 一	乙未 9 二	丙申 10 三	丁酉 11 四	戊戌 12 五	己亥 13 六	庚子 14 日	辛丑 15 一	壬寅 16 二	癸卯 17 三	甲辰 18 四	乙巳 19 五	丙午 20 六
四月大	丁巳	天干地支 西曆星期	辛酉 5 日	壬戌 6 一	癸亥 7 二	甲子 8 三	乙丑 9 四	丙寅 10 五	丁卯 11 六	戊辰 12 日	己巳 13 一	庚午 14 二	辛未 15 三	壬申 16 四	癸酉 17 五	甲戌 18 六	乙亥 19 日
五月小	戊午	天干地支 西曆星期	辛卯 4 二	壬辰 5 三	癸巳 6 四	甲午 7 五	乙未 8 六	丙申 9 日	丁酉 10 一	戊戌 11 二	己亥 12 三	庚子 13 四	辛丑 14 五	壬寅 15 六	癸卯 16 日	甲辰 17 一	乙巳 18 二
六月大	己未	天干地支 西曆星期	庚申 3 三	辛酉 4 四	壬戌 5 五	癸亥 6 六	甲子 7 日	乙丑 8 一	丙寅 9 二	丁卯 10 三	戊辰 11 四	己巳 12 五	庚午 13 六	辛未 14 日	壬申 15 一	癸酉 16 二	甲戌 17 三
七月小	庚申	天干地支 西曆星期	庚寅 2 五	辛卯 3 六	壬辰 4 日	癸巳 5 一	甲午 6 二	乙未 7 三	丙申 8 四	丁酉 9 五	戊戌 10 六	己亥 11 日	庚子 12 一	辛丑 13 二	壬寅 14 三	癸卯 15 四	甲辰 16 五
八月大	辛酉	天干地支 西曆星期	己未 31 六	庚申 (9) 日	辛酉 2 一	壬戌 3 二	癸亥 4 三	甲子 5 四	乙丑 6 五	丙寅 7 六	丁卯 8 日	戊辰 9 一	己巳 10 二	庚午 11 三	辛未 12 四	壬申 13 五	癸酉 14 六
九月小	壬戌	天干地支 西曆星期	己丑 30 一	庚寅 (10) 二	辛卯 2 三	壬辰 3 四	癸巳 4 五	甲午 5 六	乙未 6 日	丙申 7 一	丁酉 8 二	戊戌 9 三	己亥 10 四	庚子 11 五	辛丑 12 六	壬寅 13 日	癸卯 14 一
十月大	癸亥	天干地支 西曆星期	戊午 29 二	己未 30 三	庚申 31 四	辛酉 (11) 五	壬戌 2 六	癸亥 3 日	甲子 4 一	乙丑 5 二	丙寅 6 三	丁卯 7 四	戊辰 8 五	己巳 9 六	庚午 10 日	辛未 11 一	壬申 12 二
十一月小	甲子	天干地支 西曆星期	戊子 28 四	己丑 29 五	庚寅 30 六	辛卯 (12) 日	壬辰 2 一	癸巳 3 二	甲午 4 三	乙未 5 四	丙申 6 五	丁酉 7 六	戊戌 8 日	己亥 9 一	庚子 10 二	辛丑 11 三	壬寅 12 四
十二月大	乙丑	天干地支 西曆星期	丁巳 27 五	戊午 28 六	己未 29 日	庚申 30 一	辛酉 31 二	壬戌 (1) 三	癸亥 2 四	甲子 3 五	乙丑 4 六	丙寅 5 日	丁卯 6 一	戊辰 7 二	己巳 8 三	庚午 9 四	辛未 10 五

夏曆月序		中西曆日對照	十六	十七	十八	十九	二十	二一	二二	二三	二四	二五	二六	二七	二八	二九	三十	節氣與天象
正月大	甲寅	天干地支 西曆星期	丁未 20 三	戊申 21 四	己酉 22 五	庚戌 23 六	辛亥 24 日	壬子 25 一	癸丑 26 二	甲寅 27 三	乙卯 28 四	丙辰 (3) 五	丁巳 2 六	戊午 3 日	己未 4 一	庚申 5 二	辛酉 6 三	辛丑雨水 丙辰驚蟄
二月大	乙卯	天干地支 西曆星期	丁丑 22 五	戊寅 23 六	己卯 24 日	庚辰 25 一	辛巳 26 二	壬午 27 三	癸未 28 四	甲申 29 五	乙酉 30 六	丙戌 31 日	丁亥 (4) 一	戊子 2 二	己丑 3 三	庚寅 4 四	辛卯 5 五	辛未春分 丁亥清明
三月小	丙辰	天干地支 西曆星期	丁未 21 日	戊申 22 一	己酉 23 二	庚戌 24 三	辛亥 25 四	壬子 26 五	癸丑 27 六	甲寅 28 日	乙卯 29 一	丙辰 30 二	丁巳 (5) 三	戊午 2 四	己未 3 五	庚申 4 六		壬寅穀雨 丁巳立夏
四月大	丁巳	天干地支 西曆星期	丙子 20 一	丁丑 21 二	戊寅 22 三	己卯 23 四	庚辰 24 五	辛巳 25 六	壬午 26 日	癸未 27 一	甲申 28 二	乙酉 29 三	丙戌 30 四	丁亥 31 五	戊子 (6) 六	己丑 2 日	庚寅 3 一	壬申小滿 丁亥芒種
五月小	戊午	天干地支 西曆星期	丙午 19 三	丁未 20 四	戊申 21 五	己酉 22 六	庚戌 23 日	辛亥 24 一	壬子 25 二	癸丑 26 三	甲寅 27 四	乙卯 28 五	丙辰 29 六	丁巳 30 日	戊午 (7) 一	己未 2 二		癸卯夏至 戊午小暑
六月大	己未	天干地支 西曆星期	乙亥 18 四	丙子 19 五	丁丑 20 六	戊寅 21 日	己卯 22 一	庚辰 23 二	辛巳 24 三	壬午 25 四	癸未 26 五	甲申 27 六	乙酉 28 日	丙戌 29 一	丁亥 30 二	戊子 31 三	己丑 (8) 四	癸酉大暑 戊子立秋 庚申日食
七月小	庚申	天干地支 西曆星期	乙巳 17 六	丙午 18 日	丁未 19 一	戊申 20 二	己酉 21 三	庚戌 22 四	辛亥 23 五	壬子 24 六	癸丑 25 日	甲寅 26 一	乙卯 27 二	丙辰 28 三	丁巳 29 四	戊午 30 五		甲辰處暑
八月大	辛酉	天干地支 西曆星期	甲戌 15 日	乙亥 16 一	丙子 17 二	丁丑 18 三	戊寅 19 四	己卯 20 五	庚辰 21 六	辛巳 22 日	壬午 23 一	癸未 24 二	甲申 25 三	乙酉 26 四	丙戌 27 五	丁亥 28 六	戊子 29 日	己未白露 甲戌秋分
九月小	壬戌	天干地支 西曆星期	甲辰 15 二	乙巳 16 三	丙午 17 四	丁未 18 五	戊申 19 六	己酉 20 日	庚戌 21 一	辛亥 22 二	壬子 23 三	癸丑 24 四	甲寅 25 五	乙卯 26 六	丙辰 27 日	丁巳 28 一		己丑寒露 甲辰霜降
十月大	癸亥	天干地支 西曆星期	癸酉 13 三	甲戌 14 四	乙亥 15 五	丙子 16 六	丁丑 17 日	戊寅 18 一	己卯 19 二	庚辰 20 三	辛巳 21 四	壬午 22 五	癸未 23 六	甲申 24 日	乙酉 25 一	丙戌 26 二	丁亥 27 三	庚申立冬 乙亥小雪
十一月小	甲子	天干地支 西曆星期	癸卯 13 五	甲辰 14 六	乙巳 15 日	丙午 16 一	丁未 17 二	戊申 18 三	己酉 19 四	庚戌 20 五	辛亥 21 六	壬子 22 日	癸丑 23 一	甲寅 24 二	乙卯 25 三	丙辰 26 四		庚寅大雪 乙巳冬至
十二月大	乙丑	天干地支 西曆星期	壬申 11 六	癸酉 12 日	甲戌 13 一	乙亥 14 二	丙子 15 三	丁丑 16 四	戊寅 17 五	己卯 18 六	庚辰 19 日	辛巳 20 一	壬午 21 二	癸未 22 三	甲申 23 四	乙酉 24 五	丙戌 25 六	庚申小寒 丙子大寒

* 正月壬辰（初一），改元隆興。

宋孝宗隆興二年（甲申 猴年） 公元 1164 ~ 1165 年

夏曆月序		中西曆日對照	初一	初二	初三	初四	初五	初六	初七	初八	初九	初十	十一	十二	十三	十四	十五	十六	十七	十八	十九	二十	二一	二二	二三	二四	二五	二六	二七	二八	二九	三十	節氣與天象
正月小	丙寅	天干地支 西曆 星期	丁亥 26 日	戊子 27 一	己丑 28 二	庚寅 29 三	辛卯 30 四	壬辰 31 五	癸巳 (2) 六	甲午 2 日	乙未 3 一	丙申 4 二	丁酉 5 三	戊戌 6 四	己亥 7 五	庚子 8 六	辛丑 9 日	壬寅 10 一	癸卯 11 二	甲辰 12 三	乙巳 13 四	丙午 14 五	丁未 15 六	戊申 16 日	己酉 17 一	庚戌 18 二	辛亥 19 三	壬子 20 四	癸丑 21 五	甲寅 22 六	乙卯 23 日		辛卯立春 丙午雨水
二月大	丁卯	天干地支 西曆 星期	丙辰 24 一	丁巳 25 二	戊午 26 三	己未 27 四	庚申 28 五	辛酉 29 六	壬戌 (3) 日	癸亥 2 一	甲子 3 二	乙丑 4 三	丙寅 5 四	丁卯 6 五	戊辰 7 六	己巳 8 日	庚午 9 一	辛未 10 二	壬申 11 三	癸酉 12 四	甲戌 13 五	乙亥 14 六	丙子 15 日	丁丑 16 一	戊寅 17 二	己卯 18 三	庚辰 19 四	辛巳 20 五	壬午 21 六	癸未 22 日	甲申 23 一	乙酉 24 二	辛酉驚蟄 丁丑春分
三月小	戊辰	天干地支 西曆 星期	丙戌 25 三	丁亥 26 四	戊子 27 五	己丑 28 六	庚寅 29 日	辛卯 30 一	壬辰 31 二	癸巳 (4) 三	甲午 2 四	乙未 3 五	丙申 4 六	丁酉 5 日	戊戌 6 一	己亥 7 二	庚子 8 三	辛丑 9 四	壬寅 10 五	癸卯 11 六	甲辰 12 日	乙巳 13 一	丙午 14 二	丁未 15 三	戊申 16 四	己酉 17 五	庚戌 18 六	辛亥 19 日	壬子 20 一	癸丑 21 二	甲寅 22 三		壬辰清明 丁未穀雨
四月大	己巳	天干地支 西曆 星期	乙卯 23 四	丙辰 24 五	丁巳 25 六	戊午 26 日	己未 27 一	庚申 28 二	辛酉 29 三	壬戌 30 四	癸亥 (5) 五	甲子 2 六	乙丑 3 日	丙寅 4 一	丁卯 5 二	戊辰 6 三	己巳 7 四	庚午 8 五	辛未 9 六	壬申 10 日	癸酉 11 一	甲戌 12 二	乙亥 13 三	丙子 14 四	丁丑 15 五	戊寅 16 六	己卯 17 日	庚辰 18 一	辛巳 19 二	壬午 20 三	癸未 21 四	甲申 22 五	壬戌立夏 丁丑小滿
五月小	庚午	天干地支 西曆 星期	乙酉 23 六	丙戌 24 日	丁亥 25 一	戊子 26 二	己丑 27 三	庚寅 28 四	辛卯 29 五	壬辰 30 六	癸巳 31 日	甲午 (6) 一	乙未 2 二	丙申 3 三	丁酉 4 四	戊戌 5 五	己亥 6 六	庚子 7 日	辛丑 8 一	壬寅 9 二	癸卯 10 三	甲辰 11 四	乙巳 12 五	丙午 13 六	丁未 14 日	戊申 15 一	己酉 16 二	庚戌 17 三	辛亥 18 四	壬子 19 五	癸丑 20 六		癸巳芒種 戊申夏至
六月大	辛未	天干地支 西曆 星期	甲寅 21 日	乙卯 22 一	丙辰 23 二	丁巳 24 三	戊午 25 四	己未 26 五	庚申 27 六	辛酉 28 日	壬戌 29 一	癸亥 30 二	甲子 (7) 三	乙丑 2 四	丙寅 3 五	丁卯 4 六	戊辰 5 日	己巳 6 一	庚午 7 二	辛未 8 三	壬申 9 四	癸酉 10 五	甲戌 11 六	乙亥 12 日	丙子 13 一	丁丑 14 二	戊寅 15 三	己卯 16 四	庚辰 17 五	辛巳 18 六	壬午 19 日	癸未 20 一	癸亥小暑 戊寅大暑 甲寅日食
七月大	壬申	天干地支 西曆 星期	甲申 21 二	乙酉 22 三	丙戌 23 四	丁亥 24 五	戊子 25 六	己丑 26 日	庚寅 27 一	辛卯 28 二	壬辰 29 三	癸巳 30 四	甲午 31 五	乙未 (8) 六	丙申 2 日	丁酉 3 一	戊戌 4 二	己亥 5 三	庚子 6 四	辛丑 7 五	壬寅 8 六	癸卯 9 日	甲辰 10 一	乙巳 11 二	丙午 12 三	丁未 13 四	戊申 14 五	己酉 15 六	庚戌 16 日	辛亥 17 一	壬子 18 二	癸丑 19 三	甲午立秋 己酉處暑
八月小	癸酉	天干地支 西曆 星期	甲寅 20 四	乙卯 21 五	丙辰 22 六	丁巳 23 日	戊午 24 一	己未 25 二	庚申 26 三	辛酉 27 四	壬戌 28 五	癸亥 29 六	甲子 30 日	乙丑 31 一	丙寅 (9) 二	丁卯 2 三	戊辰 3 四	己巳 4 五	庚午 5 六	辛未 6 日	壬申 7 一	癸酉 8 二	甲戌 9 三	乙亥 10 四	丙子 11 五	丁丑 12 六	戊寅 13 日	己卯 14 一	庚辰 15 二	辛巳 16 三	壬午 17 四		甲子白露 己卯秋分
九月大	甲戌	天干地支 西曆 星期	癸未 18 五	甲申 19 六	乙酉 20 日	丙戌 21 一	丁亥 22 二	戊子 23 三	己丑 24 四	庚寅 25 五	辛卯 26 六	壬辰 27 日	癸巳 28 一	甲午 29 二	乙未 30 三	丙申 (10) 四	丁酉 2 五	戊戌 3 六	己亥 4 日	庚子 5 一	辛丑 6 二	壬寅 7 三	癸卯 8 四	甲辰 9 五	乙巳 10 六	丙午 11 日	丁未 12 一	戊申 13 二	己酉 14 三	庚戌 15 四	辛亥 16 五	壬子 17 六	甲午寒露 庚戌霜降
十月小	乙亥	天干地支 西曆 星期	癸丑 18 日	甲寅 19 一	乙卯 20 二	丙辰 21 三	丁巳 22 四	戊午 23 五	己未 24 六	庚申 25 日	辛酉 26 一	壬戌 27 二	癸亥 28 三	甲子 29 四	乙丑 30 五	丙寅 31 六	丁卯 (11) 日	戊辰 2 一	己巳 3 二	庚午 4 三	辛未 5 四	壬申 6 五	癸酉 7 六	甲戌 8 日	乙亥 9 一	丙子 10 二	丁丑 11 三	戊寅 12 四	己卯 13 五	庚辰 14 六	辛巳 15 日		乙丑立冬 庚辰小雪
十一月大	丙子	天干地支 西曆 星期	壬午 16 一	癸未 17 二	甲申 18 三	乙酉 19 四	丙戌 20 五	丁亥 21 六	戊子 22 日	己丑 23 一	庚寅 24 二	辛卯 25 三	壬辰 26 四	癸巳 27 五	甲午 28 六	乙未 29 日	丙申 30 一	丁酉 (12) 二	戊戌 2 三	己亥 3 四	庚子 4 五	辛丑 5 六	壬寅 6 日	癸卯 7 一	甲辰 8 二	乙巳 9 三	丙午 10 四	丁未 11 五	戊申 12 六	己酉 13 日	庚戌 14 一	辛亥 15 二	乙未大雪 庚戌冬至
閏十一小	丙子	天干地支 西曆 星期	壬子 16 三	癸丑 17 四	甲寅 18 五	乙卯 19 六	丙辰 20 日	丁巳 21 一	戊午 22 二	己未 23 三	庚申 24 四	辛酉 25 五	壬戌 26 六	癸亥 27 日	甲子 28 一	乙丑 29 二	丙寅 30 三	丁卯 31 四	戊辰 (1) 五	己巳 2 六	庚午 3 日	辛未 4 一	壬申 5 二	癸酉 6 三	甲戌 7 四	乙亥 8 五	丙子 9 六	丁丑 10 日	戊寅 11 一	己卯 12 二	庚辰 13 三		丙寅小寒
十二月大	丁丑	天干地支 西曆 星期	辛巳 14 四	壬午 15 五	癸未 16 六	甲申 17 日	乙酉 18 一	丙戌 19 二	丁亥 20 三	戊子 21 四	己丑 22 五	庚寅 23 六	辛卯 24 日	壬辰 25 一	癸巳 26 二	甲午 27 三	乙未 28 四	丙申 29 五	丁酉 30 六	戊戌 31 日	己亥 (2) 一	庚子 2 二	辛丑 3 三	壬寅 4 四	癸卯 5 五	甲辰 6 六	乙巳 7 日	丙午 8 一	丁未 9 二	戊申 10 三	己酉 11 四	庚戌 12 五	辛巳大寒 丙申立春

宋孝宗乾道元年（乙酉 鷄年） 公元 1165 ~ 1166 年

夏曆月序		中西曆日對照	夏曆日序																														節氣與天象
			初一	初二	初三	初四	初五	初六	初七	初八	初九	初十	十一	十二	十三	十四	十五	十六	十七	十八	十九	二十	二一	二二	二三	二四	二五	二六	二七	二八	二九	三十	
正月小	戊寅	天干地支西曆星期	辛亥13六	壬子14日	癸丑15一	甲寅16二	乙卯17三	丙辰18四	丁巳19五	戊午20六	己未21日	庚申22一	辛酉23二	壬戌24三	癸亥25四	甲子26五	乙丑27六	丙寅28日	丁卯(3)一	戊辰2二	己巳3三	庚午4四	辛未5五	壬申6六	癸酉7日	甲戌8一	乙亥9二	丙子10三	丁丑11四	戊寅12五	己卯13六		辛亥雨水 丁卯驚蟄
二月大	己卯	天干地支西曆星期	庚辰14日	辛巳15一	壬午16二	癸未17三	甲申18四	乙酉19五	丙戌20六	丁亥21日	戊子22一	己丑23二	庚寅24三	辛卯25四	壬辰26五	癸巳27六	甲午28日	乙未29一	丙申30二	丁酉31三	戊戌(4)四	己亥2五	庚子3六	辛丑4日	壬寅5一	癸卯6二	甲辰7三	乙巳8四	丙午9五	丁未10六	戊申11日	己酉12一	壬午春分 丁酉清明
三月小	庚辰	天干地支西曆星期	庚戌13二	辛亥14三	壬子15四	癸丑16五	甲寅17六	乙卯18日	丙辰19一	丁巳20二	戊午21三	己未22四	庚申23五	辛酉24六	壬戌25日	癸亥26一	甲子27二	乙丑28三	丙寅29四	丁卯30五	戊辰(5)六	己巳2日	庚午3一	辛未4二	壬申5三	癸酉6四	甲戌7五	乙亥8六	丙子9日	丁丑10一	戊寅11二		壬子穀雨 丁卯立夏
四月大	辛巳	天干地支西曆星期	己卯12三	庚辰13四	辛巳14五	壬午15六	癸未16日	甲申17一	乙酉18二	丙戌19三	丁亥20四	戊子21五	己丑22六	庚寅23日	辛卯24一	壬辰25二	癸巳26三	甲午27四	乙未28五	丙申29六	丁酉30日	戊戌31一	己亥(6)二	庚子2三	辛丑3四	壬寅4五	癸卯5六	甲辰6日	乙巳7一	丙午8二	丁未9三	戊申10四	癸未小滿 戊戌芒種
五月小	壬午	天干地支西曆星期	己酉11五	庚戌12六	辛亥13日	壬子14一	癸丑15二	甲寅16三	乙卯17四	丙辰18五	丁巳19六	戊午20日	己未21一	庚申22二	辛酉23三	壬戌24四	癸亥25五	甲子26六	乙丑27日	丙寅28一	丁卯29二	戊辰30三	己巳(7)四	庚午2五	辛未3六	壬申4日	癸酉5一	甲戌6二	乙亥7三	丙子8四	丁丑9五		癸丑夏至 戊辰小暑
六月大	癸未	天干地支西曆星期	戊寅10六	己卯11日	庚辰12一	辛巳13二	壬午14三	癸未15四	甲申16五	乙酉17六	丙戌18日	丁亥19一	戊子20二	己丑21三	庚寅22四	辛卯23五	壬辰24六	癸巳25日	甲午26一	乙未27二	丙申28三	丁酉29四	戊戌30五	己亥31六	庚子(8)日	辛丑2一	壬寅3二	癸卯4三	甲辰5四	乙巳6五	丙午7六	丁未8日	甲申大暑 己亥立秋
七月小	甲申	天干地支西曆星期	戊申9一	己酉10二	庚戌11三	辛亥12四	壬子13五	癸丑14六	甲寅15日	乙卯16一	丙辰17二	丁巳18三	戊午19四	己未20五	庚申21六	辛酉22日	壬戌23一	癸亥24二	甲子25三	乙丑26四	丙寅27五	丁卯28六	戊辰29日	己巳30一	庚午31二	辛未(9)三	壬申2四	癸酉3五	甲戌4六	乙亥5日	丙子6一		甲寅處暑 己巳白露
八月大	乙酉	天干地支西曆星期	丁丑7二	戊寅8三	己卯9四	庚辰10五	辛巳11六	壬午12日	癸未13一	甲申14二	乙酉15三	丙戌16四	丁亥17五	戊子18六	己丑19日	庚寅20一	辛卯21二	壬辰22三	癸巳23四	甲午24五	乙未25六	丙申26日	丁酉27一	戊戌28二	己亥29三	庚子30四	辛丑(10)五	壬寅2六	癸卯3日	甲辰4一	乙巳5二	丙午6三	甲申秋分 庚子寒露
九月大	丙戌	天干地支西曆星期	丁未7四	戊申8五	己酉9六	庚戌10日	辛亥11一	壬子12二	癸丑13三	甲寅14四	乙卯15五	丙辰16六	丁巳17日	戊午18一	己未19二	庚申20三	辛酉21四	壬戌22五	癸亥23六	甲子24日	乙丑25一	丙寅26二	丁卯27三	戊辰28四	己巳29五	庚午30六	辛未31日	壬申(11)一	癸酉2二	甲戌3三	乙亥4四	丙子5五	乙卯霜降 庚午立冬
十月小	丁亥	天干地支西曆星期	丁丑6六	戊寅7日	己卯8一	庚辰9二	辛巳10三	壬午11四	癸未12五	甲申13六	乙酉14日	丙戌15一	丁亥16二	戊子17三	己丑18四	庚寅19五	辛卯20六	壬辰21日	癸巳22一	甲午23二	乙未24三	丙申25四	丁酉26五	戊戌27六	己亥28日	庚子29一	辛丑30二	壬寅(12)三	癸卯2四	甲辰3五	乙巳4六		乙酉小雪 辛丑大雪
十一月大	戊子	天干地支西曆星期	丙午5日	丁未6一	戊申7二	己酉8三	庚戌9四	辛亥10五	壬子11六	癸丑12日	甲寅13一	乙卯14二	丙辰15三	丁巳16四	戊午17五	己未18六	庚申19日	辛酉20一	壬戌21二	癸亥22三	甲子23四	乙丑24五	丙寅25六	丁卯26日	戊辰27一	己巳28二	庚午29三	辛未30四	壬申31五	癸酉(1)六	甲戌2日	乙亥3一	丙辰冬至 辛未小寒
十二月大	己丑	天干地支西曆星期	丙子4二	丁丑5三	戊寅6四	己卯7五	庚辰8六	辛巳9日	壬午10一	癸未11二	甲申12三	乙酉13四	丙戌14五	丁亥15六	戊子16日	己丑17一	庚寅18二	辛卯19三	壬辰20四	癸巳21五	甲午22六	乙未23日	丙申24一	丁酉25二	戊戌26三	己亥27四	庚子28五	辛丑29六	壬寅30日	癸卯31一	甲辰(2)二	乙巳2三	丙戌大寒 辛丑立春

* 正月辛亥（初一），改元乾道。

宋孝宗乾道二年（丙戌 狗年） 公元 1166 ~ 1167 年

夏曆月序		中西曆日對照	夏曆日序																													節氣與天象
			初一	初二	初三	初四	初五	初六	初七	初八	初九	初十	十一	十二	十三	十四	十五	十六	十七	十八	十九	二十	二一	二二	二三	二四	二五	二六	二七	二八	二九	三十	
正月小	庚寅	天干 地支 西曆 星期	丙午 3 四	丁未 4 五	戊申 5 六	己酉 6 日	庚戌 7 一	辛亥 8 二	壬子 9 三	癸丑 10 四	甲寅 11 五	乙卯 12 六	丙辰 13 日	丁巳 14 一	戊午 15 二	己未 16 三	庚申 17 四	辛酉 18 五	壬戌 19 六	癸亥 20 日	甲子 21 一	乙丑 22 二	丙寅 23 三	丁卯 24 四	戊辰 25 五	己巳 26 六	庚午 27 日	辛未 28 一	壬申 (3) 二	癸酉 2 三	甲戌 3 四		丁巳雨水 壬申驚蟄
二月小	辛卯	天干 地支 西曆 星期	乙亥 4 五	丙子 5 六	丁丑 6 日	戊寅 7 一	己卯 8 二	庚辰 9 三	辛巳 10 四	壬午 11 五	癸未 12 六	甲申 13 日	乙酉 14 一	丙戌 15 二	丁亥 16 三	戊子 17 四	己丑 18 五	庚寅 19 六	辛卯 20 日	壬辰 21 一	癸巳 22 二	甲午 23 三	乙未 24 四	丙申 25 五	丁酉 26 六	戊戌 27 日	己亥 28 一	庚子 29 二	辛丑 30 三	壬寅 31 四	癸卯 (4) 五		丁亥春分 壬寅清明
三月大	壬辰	天干 地支 西曆 星期	甲辰 2 六	乙巳 3 日	丙午 4 一	丁未 5 二	戊申 6 三	己酉 7 四	庚戌 8 五	辛亥 9 六	壬子 10 日	癸丑 11 一	甲寅 12 二	乙卯 13 三	丙辰 14 四	丁巳 15 五	戊午 16 六	己未 17 日	庚申 18 一	辛酉 19 二	壬戌 20 三	癸亥 21 四	甲子 22 五	乙丑 23 六	丙寅 24 日	丁卯 25 一	戊辰 26 二	己巳 27 三	庚午 28 四	辛未 29 五	壬申 30 六	癸酉 (5) 日	丁巳穀雨 癸酉立夏
四月小	癸巳	天干 地支 西曆 星期	甲戌 2 一	乙亥 3 二	丙子 4 三	丁丑 5 四	戊寅 6 五	己卯 7 六	庚辰 8 日	辛巳 9 一	壬午 10 二	癸未 11 三	甲申 12 四	乙酉 13 五	丙戌 14 六	丁亥 15 日	戊子 16 一	己丑 17 二	庚寅 18 三	辛卯 19 四	壬辰 20 五	癸巳 21 六	甲午 22 日	乙未 23 一	丙申 24 二	丁酉 25 三	戊戌 26 四	己亥 27 五	庚子 28 六	辛丑 29 日	壬寅 30 一		戊子小滿
五月小	甲午	天干 地支 西曆 星期	癸卯 31 二	甲辰 (6) 三	乙巳 2 四	丙午 3 五	丁未 4 六	戊申 5 日	己酉 6 一	庚戌 7 二	辛亥 8 三	壬子 9 四	癸丑 10 五	甲寅 11 六	乙卯 12 日	丙辰 13 一	丁巳 14 二	戊午 15 三	己未 16 四	庚申 17 五	辛酉 18 六	壬戌 19 日	癸亥 20 一	甲子 21 二	乙丑 22 三	丙寅 23 四	丁卯 24 五	戊辰 25 六	己巳 26 日	庚午 27 一	辛未 28 二		癸卯芒種 戊午夏至
六月大	乙未	天干 地支 西曆 星期	壬申 29 三	癸酉 30 四	甲戌 (7) 五	乙亥 2 六	丙子 3 日	丁丑 4 一	戊寅 5 二	己卯 6 三	庚辰 7 四	辛巳 8 五	壬午 9 六	癸未 10 日	甲申 11 一	乙酉 12 二	丙戌 13 三	丁亥 14 四	戊子 15 五	己丑 16 六	庚寅 17 日	辛卯 18 一	壬辰 19 二	癸巳 20 三	甲午 21 四	乙未 22 五	丙申 23 六	丁酉 24 日	戊戌 25 一	己亥 26 二	庚子 27 三	辛丑 28 四	甲戌小暑 己丑大暑
七月小	丙申	天干 地支 西曆 星期	壬寅 29 五	癸卯 30 六	甲辰 31 日	乙巳 (8) 一	丙午 2 二	丁未 3 三	戊申 4 四	己酉 5 五	庚戌 6 六	辛亥 7 日	壬子 8 一	癸丑 9 二	甲寅 10 三	乙卯 11 四	丙辰 12 五	丁巳 13 六	戊午 14 日	己未 15 一	庚申 16 二	辛酉 17 三	壬戌 18 四	癸亥 19 五	甲子 20 六	乙丑 21 日	丙寅 22 一	丁卯 23 二	戊辰 24 三	己巳 25 四	庚午 26 五		甲辰立秋 己未處暑
八月大	丁酉	天干 地支 西曆 星期	辛未 27 六	壬申 28 日	癸酉 29 一	甲戌 30 二	乙亥 31 三	丙子 (9) 四	丁丑 2 五	戊寅 3 六	己卯 4 日	庚辰 5 一	辛巳 6 二	壬午 7 三	癸未 8 四	甲申 9 五	乙酉 10 六	丙戌 11 日	丁亥 12 一	戊子 13 二	己丑 14 三	庚寅 15 四	辛卯 16 五	壬辰 17 六	癸巳 18 日	甲午 19 一	乙未 20 二	丙申 21 三	丁酉 22 四	戊戌 23 五	己亥 24 六	庚子 25 日	甲戌白露 庚寅秋分
九月大	戊戌	天干 地支 西曆 星期	辛丑 26 一	壬寅 27 二	癸卯 28 三	甲辰 29 四	乙巳 30 五	丙午 (10) 六	丁未 2 日	戊申 3 一	己酉 4 二	庚戌 5 三	辛亥 6 四	壬子 7 五	癸丑 8 六	甲寅 9 日	乙卯 10 一	丙辰 11 二	丁巳 12 三	戊午 13 四	己未 14 五	庚申 15 六	辛酉 16 日	壬戌 17 一	癸亥 18 二	甲子 19 三	乙丑 20 四	丙寅 21 五	丁卯 22 六	戊辰 23 日	己巳 24 一	庚午 25 二	乙巳寒露 庚申霜降
十月大	己亥	天干 地支 西曆 星期	辛未 26 三	壬申 27 四	癸酉 28 五	甲戌 29 六	乙亥 30 日	丙子 31 一	丁丑 (11) 二	戊寅 2 三	己卯 3 四	庚辰 4 五	辛巳 5 六	壬午 6 日	癸未 7 一	甲申 8 二	乙酉 9 三	丙戌 10 四	丁亥 11 五	戊子 12 六	己丑 13 日	庚寅 14 一	辛卯 15 二	壬辰 16 三	癸巳 17 四	甲午 18 五	乙未 19 六	丙申 20 日	丁酉 21 一	戊戌 22 二	己亥 23 三	庚子 24 四	乙亥立冬 辛卯小雪
十一月小	庚子	天干 地支 西曆 星期	辛丑 25 五	壬寅 26 六	癸卯 27 日	甲辰 28 一	乙巳 29 二	丙午 30 三	丁未 (12) 四	戊申 2 五	己酉 3 六	庚戌 4 日	辛亥 5 一	壬子 6 二	癸丑 7 三	甲寅 8 四	乙卯 9 五	丙辰 10 六	丁巳 11 日	戊午 12 一	己未 13 二	庚申 14 三	辛酉 15 四	壬戌 16 五	癸亥 17 六	甲子 18 日	乙丑 19 一	丙寅 20 二	丁卯 21 三	戊辰 22 四	己巳 23 五		丙午大雪 辛酉冬至
十二月大	辛丑	天干 地支 西曆 星期	庚午 24 六	辛未 25 日	壬申 26 一	癸酉 27 二	甲戌 28 三	乙亥 29 四	丙子 30 五	丁丑 31 六	戊寅 (1) 日	己卯 2 一	庚辰 3 二	辛巳 4 三	壬午 5 四	癸未 6 五	甲申 7 六	乙酉 8 日	丙戌 9 一	丁亥 10 二	戊子 11 三	己丑 12 四	庚寅 13 五	辛卯 14 六	壬辰 15 日	癸巳 16 一	甲午 17 二	乙未 18 三	丙申 19 四	丁酉 20 五	戊戌 21 六	己亥 22 日	丙子小寒 辛卯大寒

宋孝宗乾道三年（丁亥 猪年） 公元 1167 ~ 1168 年

夏曆月序		中西曆日對照	初一	初二	初三	初四	初五	初六	初七	初八	初九	初十	十一	十二	十三	十四	十五	十六	十七	十八	十九	二十	二一	二二	二三	二四	二五	二六	二七	二八	二九	三十	節氣與天象
正月大	壬寅	天干 地支 西曆 星期	庚子 23 一	辛丑 24 二	壬寅 25 三	癸卯 26 四	甲辰 27 五	乙巳 28 六	丙午 29 日	丁未 30 一	戊申 31 二	己酉 (2) 三	庚戌 2 四	辛亥 3 五	壬子 4 六	癸丑 5 日	甲寅 6 一	乙卯 7 二	丙辰 8 三	丁巳 9 四	戊午 10 五	己未 11 六	庚申 12 日	辛酉 13 一	壬戌 14 二	癸亥 15 三	甲子 16 四	乙丑 17 五	丙寅 18 六	丁卯 19 日	戊辰 20 一	己巳 21 二	丁未立春 壬戌雨水
二月小	癸卯	天干 地支 西曆 星期	庚午 22 三	辛未 23 四	壬申 24 五	癸酉 25 六	甲戌 26 日	乙亥 27 一	丙子 28 二	丁丑 (3) 三	戊寅 2 四	己卯 3 五	庚辰 4 六	辛巳 5 日	壬午 6 一	癸未 7 二	甲申 8 三	乙酉 9 四	丙戌 10 五	丁亥 11 六	戊子 12 日	己丑 13 一	庚寅 14 二	辛卯 15 三	壬辰 16 四	癸巳 17 五	甲午 18 六	乙未 19 日	丙申 20 一	丁酉 21 二	戊戌 22 三		丁丑驚蟄 壬辰春分
三月小	甲辰	天干 地支 西曆 星期	己亥 23 四	庚子 24 五	辛丑 25 六	壬寅 26 日	癸卯 27 一	甲辰 28 二	乙巳 29 三	丙午 30 四	丁未 31 五	戊申 (4) 六	己酉 2 日	庚戌 3 一	辛亥 4 二	壬子 5 三	癸丑 6 四	甲寅 7 五	乙卯 8 六	丙辰 9 日	丁巳 10 一	戊午 11 二	己未 12 三	庚申 13 四	辛酉 14 五	壬戌 15 六	癸亥 16 日	甲子 17 一	乙丑 18 二	丙寅 19 三	丁卯 20 四		戊申清明 癸亥穀雨
四月大	乙巳	天干 地支 西曆 星期	戊辰 21 五	己巳 22 六	庚午 23 日	辛未 24 一	壬申 25 二	癸酉 26 三	甲戌 27 四	乙亥 28 五	丙子 29 六	丁丑 30 日	戊寅 (5) 一	己卯 2 二	庚辰 3 三	辛巳 4 四	壬午 5 五	癸未 6 六	甲申 7 日	乙酉 8 一	丙戌 9 二	丁亥 10 三	戊子 11 四	己丑 12 五	庚寅 13 六	辛卯 14 日	壬辰 15 一	癸巳 16 二	甲午 17 三	乙未 18 四	丙申 19 五	丁酉 20 六	戊寅立夏 癸巳小滿 戊辰日食
五月小	丙午	天干 地支 西曆 星期	戊戌 21 日	己亥 22 一	庚子 23 二	辛丑 24 三	壬寅 25 四	癸卯 26 五	甲辰 27 六	乙巳 28 日	丙午 29 一	丁未 30 二	戊申 31 三	己酉 (6) 四	庚戌 2 五	辛亥 3 六	壬子 4 日	癸丑 5 一	甲寅 6 二	乙卯 7 三	丙辰 8 四	丁巳 9 五	戊午 10 六	己未 11 日	庚申 12 一	辛酉 13 二	壬戌 14 三	癸亥 15 四	甲子 16 五	乙丑 17 六	丙寅 18 日		戊申芒種 甲子夏至
六月小	丁未	天干 地支 西曆 星期	丁卯 19 一	戊辰 20 二	己巳 21 三	庚午 22 四	辛未 23 五	壬申 24 六	癸酉 25 日	甲戌 26 一	乙亥 27 二	丙子 28 三	丁丑 29 四	戊寅 30 五	己卯 (7) 六	庚辰 2 日	辛巳 3 一	壬午 4 二	癸未 5 三	甲申 6 四	乙酉 7 五	丙戌 8 六	丁亥 9 日	戊子 10 一	己丑 11 二	庚寅 12 三	辛卯 13 四	壬辰 14 五	癸巳 15 六	甲午 16 日	乙未 17 一		己卯小暑 甲午大暑
七月大	戊申	天干 地支 西曆 星期	丙申 18 二	丁酉 19 三	戊戌 20 四	己亥 21 五	庚子 22 六	辛丑 23 日	壬寅 24 一	癸卯 25 二	甲辰 26 三	乙巳 27 四	丙午 28 五	丁未 29 六	戊申 30 日	己酉 31 一	庚戌 (8) 二	辛亥 2 三	壬子 3 四	癸丑 4 五	甲寅 5 六	乙卯 6 日	丙辰 7 一	丁巳 8 二	戊午 9 三	己未 10 四	庚申 11 五	辛酉 12 六	壬戌 13 日	癸亥 14 一	甲子 15 二	乙丑 16 三	己酉立秋 甲子處暑
閏七月小	戊申	天干 地支 西曆 星期	丙寅 17 四	丁卯 18 五	戊辰 19 六	己巳 20 日	庚午 21 一	辛未 22 二	壬申 23 三	癸酉 24 四	甲戌 25 五	乙亥 26 六	丙子 27 日	丁丑 28 一	戊寅 29 二	己卯 30 三	庚辰 31 四	辛巳 (9) 五	壬午 2 六	癸未 3 日	甲申 4 一	乙酉 5 二	丙戌 6 三	丁亥 7 四	戊子 8 五	己丑 9 六	庚寅 10 日	辛卯 11 一	壬辰 12 二	癸巳 13 三	甲午 14 四		庚辰白露
八月大	己酉	天干 地支 西曆 星期	乙未 15 五	丙申 16 六	丁酉 17 日	戊戌 18 一	己亥 19 二	庚子 20 三	辛丑 21 四	壬寅 22 五	癸卯 23 六	甲辰 24 日	乙巳 25 一	丙午 26 二	丁未 27 三	戊申 28 四	己酉 29 五	庚戌 30 六	辛亥 (10) 日	壬子 2 一	癸丑 3 二	甲寅 4 三	乙卯 5 四	丙辰 6 五	丁巳 7 六	戊午 8 日	己未 9 一	庚申 10 二	辛酉 11 三	壬戌 12 四	癸亥 13 五	甲子 14 六	乙未秋分 庚戌寒露
九月大	庚戌	天干 地支 西曆 星期	乙丑 15 日	丙寅 16 一	丁卯 17 二	戊辰 18 三	己巳 19 四	庚午 20 五	辛未 21 六	壬申 22 日	癸酉 23 一	甲戌 24 二	乙亥 25 三	丙子 26 四	丁丑 27 五	戊寅 28 六	己卯 29 日	庚辰 30 一	辛巳 31 二	壬午 (11) 三	癸未 2 四	甲申 3 五	乙酉 4 六	丙戌 5 日	丁亥 6 一	戊子 7 二	己丑 8 三	庚寅 9 四	辛卯 10 五	壬辰 11 六	癸巳 12 日	甲午 13 一	乙丑霜降 辛巳立冬
十月大	辛亥	天干 地支 西曆 星期	乙未 14 二	丙申 15 三	丁酉 16 四	戊戌 17 五	己亥 18 六	庚子 19 日	辛丑 20 一	壬寅 21 二	癸卯 22 三	甲辰 23 四	乙巳 24 五	丙午 25 六	丁未 26 日	戊申 27 一	己酉 28 二	庚戌 29 三	辛亥 30 四	壬子 (12) 五	癸丑 2 六	甲寅 3 日	乙卯 4 一	丙辰 5 二	丁巳 6 三	戊午 7 四	己未 8 五	庚申 9 六	辛酉 10 日	壬戌 11 一	癸亥 12 二	甲子 13 三	丙申小雪 辛亥大雪
十一月小	壬子	天干 地支 西曆 星期	乙丑 14 四	丙寅 15 五	丁卯 16 六	戊辰 17 日	己巳 18 一	庚午 19 二	辛未 20 三	壬申 21 四	癸酉 22 五	甲戌 23 六	乙亥 24 日	丙子 25 一	丁丑 26 二	戊寅 27 三	己卯 28 四	庚辰 29 五	辛巳 30 六	壬午 31 日	癸未 (1) 一	甲申 2 二	乙酉 3 三	丙戌 4 四	丁亥 5 五	戊子 6 六	己丑 7 日	庚寅 8 一	辛卯 9 二	壬辰 10 三	癸巳 11 四		丙寅冬至 辛巳小寒
十二月大	癸丑	天干 地支 西曆 星期	甲午 12 五	乙未 13 六	丙申 14 日	丁酉 15 一	戊戌 16 二	己亥 17 三	庚子 18 四	辛丑 19 五	壬寅 20 六	癸卯 21 日	甲辰 22 一	乙巳 23 二	丙午 24 三	丁未 25 四	戊申 26 五	己酉 27 六	庚戌 28 日	辛亥 29 一	壬子 30 二	癸丑 31 三	甲寅 (2) 四	乙卯 2 五	丙辰 3 六	丁巳 4 日	戊午 5 一	己未 6 二	庚申 7 三	辛酉 8 四	壬戌 9 五	癸亥 10 六	丁酉大寒 壬子立春

宋孝宗乾道四年（戊子 鼠年） 公元1168 ~ 1169年

夏曆月序	中西曆日對照	初一	初二	初三	初四	初五	初六	初七	初八	初九	初十	十一	十二	十三	十四	十五	十六	十七	十八	十九	二十	二一	二二	二三	二四	二五	二六	二七	二八	二九	三十	節氣與天象
正月大 甲寅	天干地支 西曆 星期	甲子11日	乙丑12一	丙寅13二	丁卯14三	戊辰15四	己巳16五	庚午17六	辛未18日	壬申19一	癸酉20二	甲戌21三	乙亥22四	丙子23五	丁丑24六	戊寅25日	己卯26一	庚辰27二	辛巳28三	壬午29四	癸未(3)五	甲申2六	乙酉3日	丙戌4一	丁亥5二	戊子6三	己丑7四	庚寅8五	辛卯9六	壬辰10日	癸巳11一	丁卯雨水 壬午驚蟄
二月小 乙卯	天干地支 西曆 星期	甲午12二	乙未13三	丙申14四	丁酉15五	戊戌16六	己亥17日	庚子18一	辛丑19二	壬寅20三	癸卯21四	甲辰22五	乙巳23六	丙午24日	丁未25一	戊申26二	己酉27三	庚戌28四	辛亥29五	壬子30六	癸丑31日	甲寅(4)一	乙卯2二	丙辰3三	丁巳4四	戊午5五	己未6六	庚申7日	辛酉8一	壬戌9二		戊戌春分 癸丑清明
三月小 丙辰	天干地支 西曆 星期	癸亥10三	甲子11四	乙丑12五	丙寅13六	丁卯14日	戊辰15一	己巳16二	庚午17三	辛未18四	壬申19五	癸酉20六	甲戌21日	乙亥22一	丙子23二	丁丑24三	戊寅25四	己卯26五	庚辰27六	辛巳28日	壬午29一	癸未30二	甲申(5)三	乙酉2四	丙戌3五	丁亥4六	戊子5日	己丑6一	庚寅7二	辛卯8三		戊辰穀雨 癸未立夏
四月大 丁巳	天干地支 西曆 星期	壬辰9四	癸巳10五	甲午11六	乙未12日	丙申13一	丁酉14二	戊戌15三	己亥16四	庚子17五	辛丑18六	壬寅19日	癸卯20一	甲辰21二	乙巳22三	丙午23四	丁未24五	戊申25六	己酉26日	庚戌27一	辛亥28二	壬子29三	癸丑30四	甲寅31五	乙卯(6)六	丙辰2日	丁巳3一	戊午4二	己未5三	庚申6四	辛酉7五	戊戌小滿 甲寅芒種
五月小 戊午	天干地支 西曆 星期	壬戌8六	癸亥9日	甲子10一	乙丑11二	丙寅12三	丁卯13四	戊辰14五	己巳15六	庚午16日	辛未17一	壬申18二	癸酉19三	甲戌20四	乙亥21五	丙子22六	丁丑23日	戊寅24一	己卯25二	庚辰26三	辛巳27四	壬午28五	癸未29六	甲申30日	乙酉(7)一	丙戌2二	丁亥3三	戊子4四	己丑5五	庚寅6六		己巳夏至 甲申小暑
六月小 己未	天干地支 西曆 星期	辛卯7日	壬辰8一	癸巳9二	甲午10三	乙未11四	丙申12五	丁酉13六	戊戌14日	己亥15一	庚子16二	辛丑17三	壬寅18四	癸卯19五	甲辰20六	乙巳21日	丙午22一	丁未23二	戊申24三	己酉25四	庚戌26五	辛亥27六	壬子28日	癸丑29一	甲寅30二	乙卯31三	丙辰(8)四	丁巳2五	戊午3六	己未4日		己亥大暑 乙卯立秋
七月大 庚申	天干地支 西曆 星期	庚申5一	辛酉6二	壬戌7三	癸亥8四	甲子9五	乙丑10六	丙寅11日	丁卯12一	戊辰13二	己巳14三	庚午15四	辛未16五	壬申17六	癸酉18日	甲戌19一	乙亥20二	丙子21三	丁丑22四	戊寅23五	己卯24六	庚辰25日	辛巳26一	壬午27二	癸未28三	甲申29四	乙酉30五	丙戌31六	丁亥(9)日	戊子2一	己丑3二	庚午處暑 乙酉白露
八月小 辛酉	天干地支 西曆 星期	庚寅4三	辛卯5四	壬辰6五	癸巳7六	甲午8日	乙未9一	丙申10二	丁酉11三	戊戌12四	己亥13五	庚子14六	辛丑15日	壬寅16一	癸卯17二	甲辰18三	乙巳19四	丙午20五	丁未21六	戊申22日	己酉23一	庚戌24二	辛亥25三	壬子26四	癸丑27五	甲寅28六	乙卯29日	丙辰30一	丁巳(10)二	戊午2三		庚子秋分 乙卯寒露
九月小 壬戌	天干地支 西曆 星期	己未3四	庚申4五	辛酉5六	壬戌6日	癸亥7一	甲子8二	乙丑9三	丙寅10四	丁卯11五	戊辰12六	己巳13日	庚午14一	辛未15二	壬申16三	癸酉17四	甲戌18五	乙亥19六	丙子20日	丁丑21一	戊寅22二	己卯23三	庚辰24四	辛巳25五	壬午26六	癸未27日	甲申28一	乙酉29二	丙戌30三	丁亥31四		辛未霜降 丙戌立冬
十月大 癸亥	天干地支 西曆 星期	戊子(11)五	己丑2六	庚寅3日	辛卯4一	壬辰5二	癸巳6三	甲午7四	乙未8五	丙申9六	丁酉10日	戊戌11一	己亥12二	庚子13三	辛丑14四	壬寅15五	癸卯16六	甲辰17日	乙巳18一	丙午19二	丁未20三	戊申21四	己酉22五	庚戌23六	辛亥24日	壬子25一	癸丑26二	甲寅27三	乙卯28四	丙辰29五	丁巳30六	辛丑小雪 丙辰大雪
十一月大 甲子	天干地支 西曆 星期	戊午(12)日	己未2一	庚申3二	辛酉4三	壬戌5四	癸亥6五	甲子7六	乙丑8日	丙寅9一	丁卯10二	戊辰11三	己巳12四	庚午13五	辛未14六	壬申15日	癸酉16一	甲戌17二	乙亥18三	丙子19四	丁丑20五	戊寅21六	己卯22日	庚辰23一	辛巳24二	壬午25三	癸未26四	甲申27五	乙酉28六	丙戌29日	丁亥30一	辛未冬至 丁亥小寒
十二月大 乙丑	天干地支 西曆 星期	戊子31二	己丑(1)三	庚寅2四	辛卯3五	壬辰4六	癸巳5日	甲午6一	乙未7二	丙申8三	丁酉9四	戊戌10五	己亥11六	庚子12日	辛丑13一	壬寅14二	癸卯15三	甲辰16四	乙巳17五	丙午18六	丁未19日	戊申20一	己酉21二	庚戌22三	辛亥23四	壬子24五	癸丑25六	甲寅26日	乙卯27一	丙辰28二	丁巳29三	壬寅大寒 丁巳立春

宋孝宗乾道五年（己丑 牛年） 公元 1169 ~ 1170 年

夏曆月序		中西曆日對照	初一	初二	初三	初四	初五	初六	初七	初八	初九	初十	十一	十二	十三	十四	十五	十六	十七	十八	十九	二十	二一	二二	二三	二四	二五	二六	二七	二八	二九	三十	節氣與天象
正月大	丙寅	天干 地支 西曆 星期	戊午 30 四	己未 31 五	庚申 (2) 六	辛酉 2 日	壬戌 3 一	癸亥 4 二	甲子 5 三	乙丑 6 四	丙寅 7 五	丁卯 8 六	戊辰 9 日	己巳 10 一	庚午 11 二	辛未 12 三	壬申 13 四	癸酉 14 五	甲戌 15 六	乙亥 16 日	丙子 17 一	丁丑 18 二	戊寅 19 三	己卯 20 四	庚辰 21 五	辛巳 22 六	壬午 23 日	癸未 24 一	甲申 25 二	乙酉 26 三	丙戌 27 四	丁亥 28 五	壬申雨水
二月小	丁卯	天干 地支 西曆 星期	戊子 (3) 六	己丑 2 日	庚寅 3 一	辛卯 4 二	壬辰 5 三	癸巳 6 四	甲午 7 五	乙未 8 六	丙申 9 日	丁酉 10 一	戊戌 11 二	己亥 12 三	庚子 13 四	辛丑 14 五	壬寅 15 六	癸卯 16 日	甲辰 17 一	乙巳 18 二	丙午 19 三	丁未 20 四	戊申 21 五	己酉 22 六	庚戌 23 日	辛亥 24 一	壬子 25 二	癸丑 26 三	甲寅 27 四	乙卯 28 五	丙辰 29 六		戊子驚蟄 癸卯春分
三月大	戊辰	天干 地支 西曆 星期	丁巳 30 日	戊午 31 一	己未 (4) 二	庚申 2 三	辛酉 3 四	壬戌 4 五	癸亥 5 六	甲子 6 日	乙丑 7 一	丙寅 8 二	丁卯 9 三	戊辰 10 四	己巳 11 五	庚午 12 六	辛未 13 日	壬申 14 一	癸酉 15 二	甲戌 16 三	乙亥 17 四	丙子 18 五	丁丑 19 六	戊寅 20 日	己卯 21 一	庚辰 22 二	辛巳 23 三	壬午 24 四	癸未 25 五	甲申 26 六	乙酉 27 日	丙戌 28 一	戊午清明 癸酉穀雨
四月小	己巳	天干 地支 西曆 星期	丁亥 29 二	戊子 30 三	己丑 (5) 四	庚寅 2 五	辛卯 3 六	壬辰 4 日	癸巳 5 一	甲午 6 二	乙未 7 三	丙申 8 四	丁酉 9 五	戊戌 10 六	己亥 11 日	庚子 12 一	辛丑 13 二	壬寅 14 三	癸卯 15 四	甲辰 16 五	乙巳 17 六	丙午 18 日	丁未 19 一	戊申 20 二	己酉 21 三	庚戌 22 四	辛亥 23 五	壬子 24 六	癸丑 25 日	甲寅 26 一	乙卯 27 二		戊子立夏 甲辰小滿
五月大	庚午	天干 地支 西曆 星期	丙辰 28 三	丁巳 29 四	戊午 30 五	己未 31 六	庚申 (6) 日	辛酉 2 一	壬戌 3 二	癸亥 4 三	甲子 5 四	乙丑 6 五	丙寅 7 六	丁卯 8 日	戊辰 9 一	己巳 10 二	庚午 11 三	辛未 12 四	壬申 13 五	癸酉 14 六	甲戌 15 日	乙亥 16 一	丙子 17 二	丁丑 18 三	戊寅 19 四	己卯 20 五	庚辰 21 六	辛巳 22 日	壬午 23 一	癸未 24 二	甲申 25 三	乙酉 26 四	己未芒種 甲戌夏至
六月小	辛未	天干 地支 西曆 星期	丙戌 27 五	丁亥 28 六	戊子 29 日	己丑 30 一	庚寅 (7) 二	辛卯 2 三	壬辰 3 四	癸巳 4 五	甲午 5 六	乙未 6 日	丙申 7 一	丁酉 8 二	戊戌 9 三	己亥 10 四	庚子 11 五	辛丑 12 六	壬寅 13 日	癸卯 14 一	甲辰 15 二	乙巳 16 三	丙午 17 四	丁未 18 五	戊申 19 六	己酉 20 日	庚戌 21 一	辛亥 22 二	壬子 23 三	癸丑 24 四	甲寅 25 五		己丑小暑 乙巳大暑
七月小	壬申	天干 地支 西曆 星期	乙卯 26 六	丙辰 27 日	丁巳 28 一	戊午 29 二	己未 30 三	庚申 31 四	辛酉 (8) 五	壬戌 2 六	癸亥 3 日	甲子 4 一	乙丑 5 二	丙寅 6 三	丁卯 7 四	戊辰 8 五	己巳 9 六	庚午 10 日	辛未 11 一	壬申 12 二	癸酉 13 三	甲戌 14 四	乙亥 15 五	丙子 16 六	丁丑 17 日	戊寅 18 一	己卯 19 二	庚辰 20 三	辛巳 21 四	壬午 22 五	癸未 23 六		庚申立秋 乙亥處暑
八月大	癸酉	天干 地支 西曆 星期	甲申 24 日	乙酉 25 一	丙戌 26 二	丁亥 27 三	戊子 28 四	己丑 29 五	庚寅 30 六	辛卯 31 日	壬辰 (9) 一	癸巳 2 二	甲午 3 三	乙未 4 四	丙申 5 五	丁酉 6 六	戊戌 7 日	己亥 8 一	庚子 9 二	辛丑 10 三	壬寅 11 四	癸卯 12 五	甲辰 13 六	乙巳 14 日	丙午 15 一	丁未 16 二	戊申 17 三	己酉 18 四	庚戌 19 五	辛亥 20 六	壬子 21 日	癸丑 22 一	庚寅白露 乙巳秋分 甲申日食
九月小	甲戌	天干 地支 西曆 星期	甲寅 23 二	乙卯 24 三	丙辰 25 四	丁巳 26 五	戊午 27 六	己未 28 日	庚申 29 一	辛酉 30 二	壬戌 (10) 三	癸亥 2 四	甲子 3 五	乙丑 4 六	丙寅 5 日	丁卯 6 一	戊辰 7 二	己巳 8 三	庚午 9 四	辛未 10 五	壬申 11 六	癸酉 12 日	甲戌 13 一	乙亥 14 二	丙子 15 三	丁丑 16 四	戊寅 17 五	己卯 18 六	庚辰 19 日	辛巳 20 一	壬午 21 二		辛酉寒露 丙子霜降
十月大	乙亥	天干 地支 西曆 星期	癸未 22 三	甲申 23 四	乙酉 24 五	丙戌 25 六	丁亥 26 日	戊子 27 一	己丑 28 二	庚寅 29 三	辛卯 30 四	壬辰 31 五	癸巳 (11) 六	甲午 2 日	乙未 3 一	丙申 4 二	丁酉 5 三	戊戌 6 四	己亥 7 五	庚子 8 六	辛丑 9 日	壬寅 10 一	癸卯 11 二	甲辰 12 三	乙巳 13 四	丙午 14 五	丁未 15 六	戊申 16 日	己酉 17 一	庚戌 18 二	辛亥 19 三	壬子 20 四	辛卯立冬 丙午小雪
十一月小	丙子	天干 地支 西曆 星期	癸丑 21 五	甲寅 22 六	乙卯 23 日	丙辰 24 一	丁巳 25 二	戊午 26 三	己未 27 四	庚申 28 五	辛酉 29 六	壬戌 30 日	癸亥 (12) 一	甲子 2 二	乙丑 3 三	丙寅 4 四	丁卯 5 五	戊辰 6 六	己巳 7 日	庚午 8 一	辛未 9 二	壬申 10 三	癸酉 11 四	甲戌 12 五	乙亥 13 六	丙子 14 日	丁丑 15 一	戊寅 16 二	己卯 17 三	庚辰 18 四	辛巳 19 五		辛酉大雪 丁丑冬至
十二月大	丁丑	天干 地支 西曆 星期	壬午 20 六	癸未 21 日	甲申 22 一	乙酉 23 二	丙戌 24 三	丁亥 25 四	戊子 26 五	己丑 27 六	庚寅 28 日	辛卯 29 一	壬辰 30 二	癸巳 31 三	甲午 (1) 四	乙未 2 五	丙申 3 六	丁酉 4 日	戊戌 5 一	己亥 6 二	庚子 7 三	辛丑 8 四	壬寅 9 五	癸卯 10 六	甲辰 11 日	乙巳 12 一	丙午 13 二	丁未 14 三	戊申 15 四	己酉 16 五	庚戌 17 六	辛亥 18 日	壬辰小寒 丁未大寒

宋孝宗乾道六年（庚寅 虎年） 公元 1170 ~ 1171 年

夏曆月序		中西曆日對照	初一	初二	初三	初四	初五	初六	初七	初八	初九	初十	十一	十二	十三	十四	十五	十六	十七	十八	十九	二十	二一	二二	二三	二四	二五	二六	二七	二八	二九	三十	節氣與天象
正月大	戊寅	天干地支 西曆星期	壬子 19 一	癸丑 20 二	甲寅 21 三	乙卯 22 四	丙辰 23 五	丁巳 24 六	戊午 25 日	己未 26 一	庚申 27 二	辛酉 28 三	壬戌 29 四	癸亥 30 五	甲子 31 六	乙丑 (2) 日	丙寅 2 一	丁卯 3 二	戊辰 4 三	己巳 5 四	庚午 6 五	辛未 7 六	壬申 8 日	癸酉 9 一	甲戌 10 二	乙亥 11 三	丙子 12 四	丁丑 13 五	戊寅 14 六	己卯 15 日	庚辰 16 一	辛巳 17 二	壬戌立春 戊寅雨水
二月大	己卯	天干地支 西曆星期	壬午 18 三	癸未 19 四	甲申 20 五	乙酉 21 六	丙戌 22 日	丁亥 23 一	戊子 24 二	己丑 25 三	庚寅 26 四	辛卯 27 五	壬辰 28 六	癸巳 (3) 日	甲午 2 一	乙未 3 二	丙申 4 三	丁酉 5 四	戊戌 6 五	己亥 7 六	庚子 8 日	辛丑 9 一	壬寅 10 二	癸卯 11 三	甲辰 12 四	乙巳 13 五	丙午 14 六	丁未 15 日	戊申 16 一	己酉 17 二	庚戌 18 三	辛亥 19 四	癸巳驚蟄 戊申春分
三月小	庚辰	天干地支 西曆星期	壬子 20 五	癸丑 21 六	甲寅 22 日	乙卯 23 一	丙辰 24 二	丁巳 25 三	戊午 26 四	己未 27 五	庚申 28 六	辛酉 29 日	壬戌 30 一	癸亥 31 二	甲子 (4) 三	乙丑 2 四	丙寅 3 五	丁卯 4 六	戊辰 5 日	己巳 6 一	庚午 7 二	辛未 8 三	壬申 9 四	癸酉 10 五	甲戌 11 六	乙亥 12 日	丙子 13 一	丁丑 14 二	戊寅 15 三	己卯 16 四	庚辰 17 五		癸亥清明 戊寅穀雨
四月大	辛巳	天干地支 西曆星期	辛巳 18 六	壬午 19 日	癸未 20 一	甲申 21 二	乙酉 22 三	丙戌 23 四	丁亥 24 五	戊子 25 六	己丑 26 日	庚寅 27 一	辛卯 28 二	壬辰 29 三	癸巳 30 四	甲午 (5) 五	乙未 2 六	丙申 3 日	丁酉 4 一	戊戌 5 二	己亥 6 三	庚子 7 四	辛丑 8 五	壬寅 9 六	癸卯 10 日	甲辰 11 一	乙巳 12 二	丙午 13 三	丁未 14 四	戊申 15 五	己酉 16 六	庚戌 17 日	甲午立夏 己酉小滿
五月小	壬午	天干地支 西曆星期	辛亥 18 一	壬子 19 二	癸丑 20 三	甲寅 21 四	乙卯 22 五	丙辰 23 六	丁巳 24 日	戊午 25 一	己未 26 二	庚申 27 三	辛酉 28 四	壬戌 29 五	癸亥 30 六	甲子 31 日	乙丑 (6) 一	丙寅 2 二	丁卯 3 三	戊辰 4 四	己巳 5 五	庚午 6 六	辛未 7 日	壬申 8 一	癸酉 9 二	甲戌 10 三	乙亥 11 四	丙子 12 五	丁丑 13 六	戊寅 14 日	己卯 15 一		甲子芒種 己卯夏至
閏五月大	壬午	天干地支 西曆星期	庚辰 16 二	辛巳 17 三	壬午 18 四	癸未 19 五	甲申 20 六	乙酉 21 日	丙戌 22 一	丁亥 23 二	戊子 24 三	己丑 25 四	庚寅 26 五	辛卯 27 六	壬辰 28 日	癸巳 29 一	甲午 30 二	乙未 (7) 三	丙申 2 四	丁酉 3 五	戊戌 4 六	己亥 5 日	庚子 6 一	辛丑 7 二	壬寅 8 三	癸卯 9 四	甲辰 10 五	乙巳 11 六	丙午 12 日	丁未 13 一	戊申 14 二	己酉 15 三	乙未小暑
六月小	癸未	天干地支 西曆星期	庚戌 16 四	辛亥 17 五	壬子 18 六	癸丑 19 日	甲寅 20 一	乙卯 21 二	丙辰 22 三	丁巳 23 四	戊午 24 五	己未 25 六	庚申 26 日	辛酉 27 一	壬戌 28 二	癸亥 29 三	甲子 30 四	乙丑 31 五	丙寅 (8) 六	丁卯 2 日	戊辰 3 一	己巳 4 二	庚午 5 三	辛未 6 四	壬申 7 五	癸酉 8 六	甲戌 9 日	乙亥 10 一	丙子 11 二	丁丑 12 三	戊寅 13 四		庚戌大暑 乙丑立秋
七月小	甲申	天干地支 西曆星期	己卯 14 五	庚辰 15 六	辛巳 16 日	壬午 17 一	癸未 18 二	甲申 19 三	乙酉 20 四	丙戌 21 五	丁亥 22 六	戊子 23 日	己丑 24 一	庚寅 25 二	辛卯 26 三	壬辰 27 四	癸巳 28 五	甲午 29 六	乙未 30 日	丙申 31 一	丁酉 (9) 二	戊戌 2 三	己亥 3 四	庚子 4 五	辛丑 5 六	壬寅 6 日	癸卯 7 一	甲辰 8 二	乙巳 9 三	丙午 10 四	丁未 11 五		庚辰處暑 乙未白露
八月大	乙酉	天干地支 西曆星期	戊申 12 六	己酉 13 日	庚戌 14 一	辛亥 15 二	壬子 16 三	癸丑 17 四	甲寅 18 五	乙卯 19 六	丙辰 20 日	丁巳 21 一	戊午 22 二	己未 23 三	庚申 24 四	辛酉 25 五	壬戌 26 六	癸亥 27 日	甲子 28 一	乙丑 29 二	丙寅 30 三	丁卯 (10) 四	戊辰 2 五	己巳 3 六	庚午 4 日	辛未 5 一	壬申 6 二	癸酉 7 三	甲戌 8 四	乙亥 9 五	丙子 10 六	丁丑 11 日	辛亥秋分 丙寅寒露
九月小	丙戌	天干地支 西曆星期	戊寅 12 一	己卯 13 二	庚辰 14 三	辛巳 15 四	壬午 16 五	癸未 17 六	甲申 18 日	乙酉 19 一	丙戌 20 二	丁亥 21 三	戊子 22 四	己丑 23 五	庚寅 24 六	辛卯 25 日	壬辰 26 一	癸巳 27 二	甲午 28 三	乙未 29 四	丙申 30 五	丁酉 31 六	戊戌 (11) 日	己亥 2 一	庚子 3 二	辛丑 4 三	壬寅 5 四	癸卯 6 五	甲辰 7 六	乙巳 8 日	丙午 9 一		辛巳霜降 丙申立冬
十月大	丁亥	天干地支 西曆星期	丁未 10 二	戊申 11 三	己酉 12 四	庚戌 13 五	辛亥 14 六	壬子 15 日	癸丑 16 一	甲寅 17 二	乙卯 18 三	丙辰 19 四	丁巳 20 五	戊午 21 六	己未 22 日	庚申 23 一	辛酉 24 二	壬戌 25 三	癸亥 26 四	甲子 27 五	乙丑 28 六	丙寅 29 日	丁卯 30 一	戊辰 (12) 二	己巳 2 三	庚午 3 四	辛未 4 五	壬申 5 六	癸酉 6 日	甲戌 7 一	乙亥 8 二	丙子 9 三	壬子小雪 丁卯大雪
十一月小	戊子	天干地支 西曆星期	丁丑 10 四	戊寅 11 五	己卯 12 六	庚辰 13 日	辛巳 14 一	壬午 15 二	癸未 16 三	甲申 17 四	乙酉 18 五	丙戌 19 六	丁亥 20 日	戊子 21 一	己丑 22 二	庚寅 23 三	辛卯 24 四	壬辰 25 五	癸巳 26 六	甲午 27 日	乙未 28 一	丙申 29 二	丁酉 30 三	戊戌 31 四	己亥 (1) 五	庚子 2 六	辛丑 3 日	壬寅 4 一	癸卯 5 二	甲辰 6 三	乙巳 7 四		壬午冬至 丁酉小寒
十二月大	己丑	天干地支 西曆星期	丙午 8 五	丁未 9 六	戊申 10 日	己酉 11 一	庚戌 12 二	辛亥 13 三	壬子 14 四	癸丑 15 五	甲寅 16 六	乙卯 17 日	丙辰 18 一	丁巳 19 二	戊午 20 三	己未 21 四	庚申 22 五	辛酉 23 六	壬戌 24 日	癸亥 25 一	甲子 26 二	乙丑 27 三	丙寅 28 四	丁卯 29 五	戊辰 30 六	己巳 31 日	庚午 (2) 一	辛未 2 二	壬申 3 三	癸酉 4 四	甲戌 5 五	乙亥 6 六	壬子大寒 戊辰立春

宋孝宗乾道七年（辛卯 兔年） 公元 1171 ~ 1172 年

夏曆月序		中西曆日對照	初一	初二	初三	初四	初五	初六	初七	初八	初九	初十	十一	十二	十三	十四	十五	十六	十七	十八	十九	二十	二一	二二	二三	二四	二五	二六	二七	二八	二九	三十	節氣與天象
正月大	庚寅	天干地支 西曆星期	丙子7日	丁丑8一	戊寅9二	己卯10三	庚辰11四	辛巳12五	壬午13六	癸未14日	甲申15一	乙酉16二	丙戌17三	丁亥18四	戊子19五	己丑20六	庚寅21日	辛卯22一	壬辰23二	癸巳24三	甲午25四	乙未26五	丙申27六	丁酉28日	戊戌(3)一	己亥2二	庚子3三	辛丑4四	壬寅5五	癸卯6六	甲辰7日	乙巳8一	癸未雨水 戊戌驚蟄
二月小	辛卯	天干地支 西曆星期	丙午9二	丁未10三	戊申11四	己酉12五	庚戌13六	辛亥14日	壬子15一	癸丑16二	甲寅17三	乙卯18四	丙辰19五	丁巳20六	戊午21日	己未22一	庚申23二	辛酉24三	壬戌25四	癸亥26五	甲子27六	乙丑28日	丙寅29一	丁卯30二	戊辰31三	己巳(4)四	庚午2五	辛未3六	壬申4日	癸酉5一	甲戌6二		癸丑春分 戊辰清明
三月大	壬辰	天干地支 西曆星期	乙亥7三	丙子8四	丁丑9五	戊寅10六	己卯11日	庚辰12一	辛巳13二	壬午14三	癸未15四	甲申16五	乙酉17六	丙戌18日	丁亥19一	戊子20二	己丑21三	庚寅22四	辛卯23五	壬辰24六	癸巳25日	甲午26一	乙未27二	丙申28三	丁酉29四	戊戌30五	己亥(5)六	庚子2日	辛丑3一	壬寅4二	癸卯5三	甲辰6四	甲申穀雨 己亥立夏
四月大	癸巳	天干地支 西曆星期	乙巳7五	丙午8六	丁未9日	戊申10一	己酉11二	庚戌12三	辛亥13四	壬子14五	癸丑15六	甲寅16日	乙卯17一	丙辰18二	丁巳19三	戊午20四	己未21五	庚申22六	辛酉23日	壬戌24一	癸亥25二	甲子26三	乙丑27四	丙寅28五	丁卯29六	戊辰30日	己巳31一	庚午(6)二	辛未2三	壬申3四	癸酉4五	甲戌5六	甲寅小滿 己巳芒種
五月小	甲午	天干地支 西曆星期	乙亥6日	丙子7一	丁丑8二	戊寅9三	己卯10四	庚辰11五	辛巳12六	壬午13日	癸未14一	甲申15二	乙酉16三	丙戌17四	丁亥18五	戊子19六	己丑20日	庚寅21一	辛卯22二	壬辰23三	癸巳24四	甲午25五	乙未26六	丙申27日	丁酉28一	戊戌29二	己亥30三	庚子(7)四	辛丑2五	壬寅3六	癸卯4日		乙酉夏至 庚子小暑
六月大	乙未	天干地支 西曆星期	甲辰5一	乙巳6二	丙午7三	丁未8四	戊申9五	己酉10六	庚戌11日	辛亥12一	壬子13二	癸丑14三	甲寅15四	乙卯16五	丙辰17六	丁巳18日	戊午19一	己未20二	庚申21三	辛酉22四	壬戌23五	癸亥24六	甲子25日	乙丑26一	丙寅27二	丁卯28三	戊辰29四	己巳30五	庚午31六	辛未(8)日	壬申2一	癸酉3二	乙卯大暑 庚午立秋
七月小	丙申	天干地支 西曆星期	甲戌4三	乙亥5四	丙子6五	丁丑7六	戊寅8日	己卯9一	庚辰10二	辛巳11三	壬午12四	癸未13五	甲申14六	乙酉15日	丙戌16一	丁亥17二	戊子18三	己丑19四	庚寅20五	辛卯21六	壬辰22日	癸巳23一	甲午24二	乙未25三	丙申26四	丁酉27五	戊戌28六	己亥29日	庚子30一	辛丑31二	壬寅(9)三		乙酉處暑 辛丑白露
八月小	丁酉	天干地支 西曆星期	癸卯2四	甲辰3五	乙巳4六	丙午5日	丁未6一	戊申7二	己酉8三	庚戌9四	辛亥10五	壬子11六	癸丑12日	甲寅13一	乙卯14二	丙辰15三	丁巳16四	戊午17五	己未18六	庚申19日	辛酉20一	壬戌21二	癸亥22三	甲子23四	乙丑24五	丙寅25六	丁卯26日	戊辰27一	己巳28二	庚午29三	辛未30四		丙辰秋分 辛未寒露
九月大	戊戌	天干地支 西曆星期	壬申(10)五	癸酉2六	甲戌3日	乙亥4一	丙子5二	丁丑6三	戊寅7四	己卯8五	庚辰9六	辛巳10日	壬午11一	癸未12二	甲申13三	乙酉14四	丙戌15五	丁亥16六	戊子17日	己丑18一	庚寅19二	辛卯20三	壬辰21四	癸巳22五	甲午23六	乙未24日	丙申25一	丁酉26二	戊戌27三	己亥28四	庚子29五	辛丑30六	丙戌霜降
十月小	己亥	天干地支 西曆星期	壬寅31日	癸卯(11)一	甲辰2二	乙巳3三	丙午4四	丁未5五	戊申6六	己酉7日	庚戌8一	辛亥9二	壬子10三	癸丑11四	甲寅12五	乙卯13六	丙辰14日	丁巳15一	戊午16二	己未17三	庚申18四	辛酉19五	壬戌20六	癸亥21日	甲子22一	乙丑23二	丙寅24三	丁卯25四	戊辰26五	己巳27六	庚午28日		壬寅立冬 丁巳小雪
十一月大	庚子	天干地支 西曆星期	辛未29一	壬申30二	癸酉(12)三	甲戌2四	乙亥3五	丙子4六	丁丑5日	戊寅6一	己卯7二	庚辰8三	辛巳9四	壬午10五	癸未11六	甲申12日	乙酉13一	丙戌14二	丁亥15三	戊子16四	己丑17五	庚寅18六	辛卯19日	壬辰20一	癸巳21二	甲午22三	乙未23四	丙申24五	丁酉25六	戊戌26日	己亥27一	庚子28二	壬申大雪 丁亥冬至
十二月小	辛丑	天干地支 西曆星期	辛丑29三	壬寅30四	癸卯31五	甲辰(1)六	乙巳2日	丙午3一	丁未4二	戊申5三	己酉6四	庚戌7五	辛亥8六	壬子9日	癸丑10一	甲寅11二	乙卯12三	丙辰13四	丁巳14五	戊午15六	己未16日	庚申17一	辛酉18二	壬戌19三	癸亥20四	甲子21五	乙丑22六	丙寅23日	丁卯24一	戊辰25二	己巳26三		壬寅小寒 戊午大寒

宋孝宗乾道八年（壬辰 龍年） 公元 1172 ~ 1173 年

夏曆月序		中西曆日對照	夏曆日序																														節氣與天象
			初一	初二	初三	初四	初五	初六	初七	初八	初九	初十	十一	十二	十三	十四	十五	十六	十七	十八	十九	二十	二一	二二	二三	二四	二五	二六	二七	二八	二九	三十	
正月大	壬寅	天干地支 西曆 星期	庚午 27 四	辛未 28 五	壬申 29 六	癸酉 30 日	甲戌 31 一	乙亥 (2) 二	丙子 2 三	丁丑 3 四	戊寅 4 五	己卯 5 六	庚辰 6 日	辛巳 7 一	壬午 8 二	癸未 9 三	甲申 10 四	乙酉 11 五	丙戌 12 六	丁亥 13 日	戊子 14 一	己丑 15 二	庚寅 16 三	辛卯 17 四	壬辰 18 五	癸巳 19 六	甲午 20 日	乙未 21 一	丙申 22 二	丁酉 23 三	戊戌 24 四	己亥 25 五	癸酉立春 戊子雨水 庚午日食
二月小	癸卯	天干地支 西曆 星期	庚子 26 六	辛丑 27 日	壬寅 28 一	癸卯 29 二	甲辰 (3) 三	乙巳 2 四	丙午 3 五	丁未 4 六	戊申 5 日	己酉 6 一	庚戌 7 二	辛亥 8 三	壬子 9 四	癸丑 10 五	甲寅 11 六	乙卯 12 日	丙辰 13 一	丁巳 14 二	戊午 15 三	己未 16 四	庚申 17 五	辛酉 18 六	壬戌 19 日	癸亥 20 一	甲子 21 二	乙丑 22 三	丙寅 23 四	丁卯 24 五	戊辰 25 六		癸卯驚蟄 己未春分
三月大	甲辰	天干地支 西曆 星期	己巳 26 日	庚午 27 一	辛未 28 二	壬申 29 三	癸酉 30 四	甲戌 31 五	乙亥 (4) 六	丙子 2 日	丁丑 3 一	戊寅 4 二	己卯 5 三	庚辰 6 四	辛巳 7 五	壬午 8 六	癸未 9 日	甲申 10 一	乙酉 11 二	丙戌 12 三	丁亥 13 四	戊子 14 五	己丑 15 六	庚寅 16 日	辛卯 17 一	壬辰 18 二	癸巳 19 三	甲午 20 四	乙未 21 五	丙申 22 六	丁酉 23 日	戊戌 24 一	甲戌清明 己丑穀雨
四月大	乙巳	天干地支 西曆 星期	己亥 25 二	庚子 26 三	辛丑 27 四	壬寅 28 五	癸卯 29 六	甲辰 30 日	乙巳 (5) 一	丙午 2 二	丁未 3 三	戊申 4 四	己酉 5 五	庚戌 6 六	辛亥 7 日	壬子 8 一	癸丑 9 二	甲寅 10 三	乙卯 11 四	丙辰 12 五	丁巳 13 六	戊午 14 日	己未 15 一	庚申 16 二	辛酉 17 三	壬戌 18 四	癸亥 19 五	甲子 20 六	乙丑 21 日	丙寅 22 一	丁卯 23 二	戊辰 24 三	甲辰立夏 己未小滿
五月小	丙午	天干地支 西曆 星期	己巳 25 四	庚午 26 五	辛未 27 六	壬申 28 日	癸酉 29 一	甲戌 30 二	乙亥 31 三	丙子 (6) 四	丁丑 2 五	戊寅 3 六	己卯 4 日	庚辰 5 一	辛巳 6 二	壬午 7 三	癸未 8 四	甲申 9 五	乙酉 10 六	丙戌 11 日	丁亥 12 一	戊子 13 二	己丑 14 三	庚寅 15 四	辛卯 16 五	壬辰 17 六	癸巳 18 日	甲午 19 一	乙未 20 二	丙申 21 三	丁酉 22 四		乙亥芒種 庚寅夏至
六月大	丁未	天干地支 西曆 星期	戊戌 23 五	己亥 24 六	庚子 25 日	辛丑 26 一	壬寅 27 二	癸卯 28 三	甲辰 29 四	乙巳 30 五	丙午 (7) 六	丁未 2 日	戊申 3 一	己酉 4 二	庚戌 5 三	辛亥 6 四	壬子 7 五	癸丑 8 六	甲寅 9 日	乙卯 10 一	丙辰 11 二	丁巳 12 三	戊午 13 四	己未 14 五	庚申 15 六	辛酉 16 日	壬戌 17 一	癸亥 18 二	甲子 19 三	乙丑 20 四	丙寅 21 五	丁卯 22 六	乙巳小暑 庚申大暑
七月小	戊申	天干地支 西曆 星期	戊辰 23 日	己巳 24 一	庚午 25 二	辛未 26 三	壬申 27 四	癸酉 28 五	甲戌 29 六	乙亥 30 日	丙子 31 一	丁丑 (8) 二	戊寅 2 三	己卯 3 四	庚辰 4 五	辛巳 5 六	壬午 6 日	癸未 7 一	甲申 8 二	乙酉 9 三	丙戌 10 四	丁亥 11 五	戊子 12 六	己丑 13 日	庚寅 14 一	辛卯 15 二	壬辰 16 三	癸巳 17 四	甲午 18 五	乙未 19 六	丙申 20 日		乙亥立秋 辛卯處暑
八月大	己酉	天干地支 西曆 星期	丁酉 21 一	戊戌 22 二	己亥 23 三	庚子 24 四	辛丑 25 五	壬寅 26 六	癸卯 27 日	甲辰 28 一	乙巳 29 二	丙午 30 三	丁未 31 四	戊申 (9) 五	己酉 2 六	庚戌 3 日	辛亥 4 一	壬子 5 二	癸丑 6 三	甲寅 7 四	乙卯 8 五	丙辰 9 六	丁巳 10 日	戊午 11 一	己未 12 二	庚申 13 三	辛酉 14 四	壬戌 15 五	癸亥 16 六	甲子 17 日	乙丑 18 一	丙寅 19 二	丙午白露 辛酉秋分
九月小	庚戌	天干地支 西曆 星期	丁卯 20 三	戊辰 21 四	己巳 22 五	庚午 23 六	辛未 24 日	壬申 25 一	癸酉 26 二	甲戌 27 三	乙亥 28 四	丙子 29 五	丁丑 30 六	戊寅 (10) 日	己卯 2 一	庚辰 3 二	辛巳 4 三	壬午 5 四	癸未 6 五	甲申 7 六	乙酉 8 日	丙戌 9 一	丁亥 10 二	戊子 11 三	己丑 12 四	庚寅 13 五	辛卯 14 六	壬辰 15 日	癸巳 16 一	甲午 17 二	乙未 18 三		丙子寒露 壬辰霜降
十月大	辛亥	天干地支 西曆 星期	丙申 19 四	丁酉 20 五	戊戌 21 六	己亥 22 日	庚子 23 一	辛丑 24 二	壬寅 25 三	癸卯 26 四	甲辰 27 五	乙巳 28 六	丙午 29 日	丁未 30 一	戊申 31 二	己酉 (11) 三	庚戌 2 四	辛亥 3 五	壬子 4 六	癸丑 5 日	甲寅 6 一	乙卯 7 二	丙辰 8 三	丁巳 9 四	戊午 10 五	己未 11 六	庚申 12 日	辛酉 13 一	壬戌 14 二	癸亥 15 三	甲子 16 四	乙丑 17 五	丁未立冬 壬戌小雪
十一月小	壬子	天干地支 西曆 星期	丙寅 18 六	丁卯 19 日	戊辰 20 一	己巳 21 二	庚午 22 三	辛未 23 四	壬申 24 五	癸酉 25 六	甲戌 26 日	乙亥 27 一	丙子 28 二	丁丑 29 三	戊寅 30 四	己卯 (12) 五	庚辰 2 六	辛巳 3 日	壬午 4 一	癸未 5 二	甲申 6 三	乙酉 7 四	丙戌 8 五	丁亥 9 六	戊子 10 日	己丑 11 一	庚寅 12 二	辛卯 13 三	壬辰 14 四	癸巳 15 五	甲午 16 六		丁丑大雪 壬辰冬至
十二月大	癸丑	天干地支 西曆 星期	乙未 17 日	丙申 18 一	丁酉 19 二	戊戌 20 三	己亥 21 四	庚子 22 五	辛丑 23 六	壬寅 24 日	癸卯 25 一	甲辰 26 二	乙巳 27 三	丙午 28 四	丁未 29 五	戊申 30 六	己酉 31 日	庚戌 (1) 一	辛亥 2 二	壬子 3 三	癸丑 4 四	甲寅 5 五	乙卯 6 六	丙辰 7 日	丁巳 8 一	戊午 9 二	己未 10 三	庚申 11 四	辛酉 12 五	壬戌 13 六	癸亥 14 日	甲子 15 一	戊申小寒 癸亥大寒

宋孝宗乾道九年（癸巳 蛇年） 公元 1173 ~ 1174 年

夏曆月序		中西曆日對照	初一	初二	初三	初四	初五	初六	初七	初八	初九	初十	十一	十二	十三	十四	十五	十六	十七	十八	十九	二十	二一	二二	二三	二四	二五	二六	二七	二八	二九	三十	節氣與天象
正月小	甲寅	天干地支西曆星期	乙丑16二	丙寅17三	丁卯18四	戊辰19五	己巳20六	庚午21日	辛未22一	壬申23二	癸酉24三	甲戌25四	乙亥26五	丙子27六	丁丑28日	戊寅29一	己卯30二	庚辰31三	辛巳(2)四	壬午2五	癸未3六	甲申4日	乙酉5一	丙戌6二	丁亥7三	戊子8四	己丑9五	庚寅10六	辛卯11日	壬辰12一	癸巳13二		戊寅立春 癸巳雨水
閏正月大	甲寅	天干地支西曆星期	甲午14三	乙未15四	丙申16五	丁酉17六	戊戌18日	己亥19一	庚子20二	辛丑21三	壬寅22四	癸卯23五	甲辰24六	乙巳25日	丙午26一	丁未27二	戊申28三	己酉(3)四	庚戌2五	辛亥3六	壬子4日	癸丑5一	甲寅6二	乙卯7三	丙辰8四	丁巳9五	戊午10六	己未11日	庚申12一	辛酉13二	壬戌14三	癸亥15四	己酉驚蟄
二月小	乙卯	天干地支西曆星期	甲子16五	乙丑17六	丙寅18日	丁卯19一	戊辰20二	己巳21三	庚午22四	辛未23五	壬申24六	癸酉25日	甲戌26一	乙亥27二	丙子28三	丁丑29四	戊寅30五	己卯31六	庚辰(4)日	辛巳2一	壬午3二	癸未4三	甲申5四	乙酉6五	丙戌7六	丁亥8日	戊子9一	己丑10二	庚寅11三	辛卯12四	壬辰13五		甲子春分 己卯清明
三月大	丙辰	天干地支西曆星期	癸巳14六	甲午15日	乙未16一	丙申17二	丁酉18三	戊戌19四	己亥20五	庚子21六	辛丑22日	壬寅23一	癸卯24二	甲辰25三	乙巳26四	丙午27五	丁未28六	戊申29日	己酉30一	庚戌(5)二	辛亥2三	壬子3四	癸丑4五	甲寅5六	乙卯6日	丙辰7一	丁巳8二	戊午9三	己未10四	庚申11五	辛酉12六	壬戌13日	甲午穀雨 己酉立夏
四月小	丁巳	天干地支西曆星期	癸亥14一	甲子15二	乙丑16三	丙寅17四	丁卯18五	戊辰19六	己巳20日	庚午21一	辛未22二	壬申23三	癸酉24四	甲戌25五	乙亥26六	丙子27日	丁丑28一	戊寅29二	己卯30三	庚辰31四	辛巳(6)五	壬午2六	癸未3日	甲申4一	乙酉5二	丙戌6三	丁亥7四	戊子8五	己丑9六	庚寅10日	辛卯11一		乙丑小滿 庚辰芒種
五月大	戊午	天干地支西曆星期	壬辰12二	癸巳13三	甲午14四	乙未15五	丙申16六	丁酉17日	戊戌18一	己亥19二	庚子20三	辛丑21四	壬寅22五	癸卯23六	甲辰24日	乙巳25一	丙午26二	丁未27三	戊申28四	己酉29五	庚戌30六	辛亥(7)日	壬子2一	癸丑3二	甲寅4三	乙卯5四	丙辰6五	丁巳7六	戊午8日	己未9一	庚申10二	辛酉11三	乙未夏至 庚戌小暑 壬辰日食
六月大	己未	天干地支西曆星期	壬戌12四	癸亥13五	甲子14六	乙丑15日	丙寅16一	丁卯17二	戊辰18三	己巳19四	庚午20五	辛未21六	壬申22日	癸酉23一	甲戌24二	乙亥25三	丙子26四	丁丑27五	戊寅28六	己卯29日	庚辰30一	辛巳31二	壬午(8)三	癸未2四	甲申3五	乙酉4六	丙戌5日	丁亥6一	戊子7二	己丑8三	庚寅9四	辛卯10五	丙寅大暑 辛巳立秋
七月小	庚申	天干地支西曆星期	壬辰11六	癸巳12日	甲午13一	乙未14二	丙申15三	丁酉16四	戊戌17五	己亥18六	庚子19日	辛丑20一	壬寅21二	癸卯22三	甲辰23四	乙巳24五	丙午25六	丁未26日	戊申27一	己酉28二	庚戌29三	辛亥30四	壬子31五	癸丑(9)六	甲寅2日	乙卯3一	丙辰4二	丁巳5三	戊午6四	己未7五	庚申8六		丙申處暑 辛亥白露
八月大	辛酉	天干地支西曆星期	辛酉9日	壬戌10一	癸亥11二	甲子12三	乙丑13四	丙寅14五	丁卯15六	戊辰16日	己巳17一	庚午18二	辛未19三	壬申20四	癸酉21五	甲戌22六	乙亥23日	丙子24一	丁丑25二	戊寅26三	己卯27四	庚辰28五	辛巳29六	壬午30日	癸未(10)一	甲申2二	乙酉3三	丙戌4四	丁亥5五	戊子6六	己丑7日	庚寅8一	丙寅秋分 壬午寒露
九月小	壬戌	天干地支西曆星期	辛卯9二	壬辰10三	癸巳11四	甲午12五	乙未13六	丙申14日	丁酉15一	戊戌16二	己亥17三	庚子18四	辛丑19五	壬寅20六	癸卯21日	甲辰22一	乙巳23二	丙午24三	丁未25四	戊申26五	己酉27六	庚戌28日	辛亥29一	壬子30二	癸丑31三	甲寅(11)四	乙卯2五	丙辰3六	丁巳4日	戊午5一	己未6二		丁酉霜降 壬子立冬
十月大	癸亥	天干地支西曆星期	庚申7三	辛酉8四	壬戌9五	癸亥10六	甲子11日	乙丑12一	丙寅13二	丁卯14三	戊辰15四	己巳16五	庚午17六	辛未18日	壬申19一	癸酉20二	甲戌21三	乙亥22四	丙子23五	丁丑24六	戊寅25日	己卯26一	庚辰27二	辛巳28三	壬午29四	癸未30五	甲申(12)六	乙酉2日	丙戌3一	丁亥4二	戊子5三	己丑6四	丁卯小雪 壬午大雪
十一月小	甲子	天干地支西曆星期	庚寅7五	辛卯8六	壬辰9日	癸巳10一	甲午11二	乙未12三	丙申13四	丁酉14五	戊戌15六	己亥16日	庚子17一	辛丑18二	壬寅19三	癸卯20四	甲辰21五	乙巳22六	丙午23日	丁未24一	戊申25二	己酉26三	庚戌27四	辛亥28五	壬子29六	癸丑30日	甲寅31一	乙卯(1)二	丙辰2三	丁巳3四	戊午4五		戊戌冬至 癸丑小寒
十二月大	乙丑	天干地支西曆星期	己未5六	庚申6日	辛酉7一	壬戌8二	癸亥9三	甲子10四	乙丑11五	丙寅12六	丁卯13日	戊辰14一	己巳15二	庚午16三	辛未17四	壬申18五	癸酉19六	甲戌20日	乙亥21一	丙子22二	丁丑23三	戊寅24四	己卯25五	庚辰26六	辛巳27日	壬午28一	癸未29二	甲申30三	乙酉31四	丙戌(2)五	丁亥2六	戊子3日	戊辰大寒 癸未立春

宋孝宗淳熙元年（甲午 馬年） 公元 **1174** ~ 1175 年

夏曆月序		中西曆日對照	初一	初二	初三	初四	初五	初六	初七	初八	初九	初十	十一	十二	十三	十四	十五	十六	十七	十八	十九	二十	二一	二二	二三	二四	二五	二六	二七	二八	二九	三十	節氣與天象
正月小	丙寅	天干地支 西曆 星期	己丑 4 一	庚寅 5 二	辛卯 6 三	壬辰 7 四	癸巳 8 五	甲午 9 六	乙未 10 日	丙申 11 一	丁酉 12 二	戊戌 13 三	己亥 14 四	庚子 15 五	辛丑 16 六	壬寅 17 日	癸卯 18 一	甲辰 19 二	乙巳 20 三	丙午 21 四	丁未 22 五	戊申 23 六	己酉 24 日	庚戌 25 一	辛亥 26 二	壬子 27 三	癸丑 28 四	甲寅 (3) 五	乙卯 2 六	丙辰 3 日	丁巳 4 一		己亥雨水 甲寅驚蟄
二月大	丁卯	天干地支 西曆 星期	戊午 5 二	己未 6 三	庚申 7 四	辛酉 8 五	壬戌 9 六	癸亥 10 日	甲子 11 一	乙丑 12 二	丙寅 13 三	丁卯 14 四	戊辰 15 五	己巳 16 六	庚午 17 日	辛未 18 一	壬申 19 二	癸酉 20 三	甲戌 21 四	乙亥 22 五	丙子 23 六	丁丑 24 日	戊寅 25 一	己卯 26 二	庚辰 27 三	辛巳 28 四	壬午 29 五	癸未 30 六	甲申 31 日	乙酉 (4) 一	丙戌 2 二	丁亥 3 三	己巳春分 甲申清明
三月小	戊辰	天干地支 西曆 星期	戊子 4 四	己丑 5 五	庚寅 6 六	辛卯 7 日	壬辰 8 一	癸巳 9 二	甲午 10 三	乙未 11 四	丙申 12 五	丁酉 13 六	戊戌 14 日	己亥 15 一	庚子 16 二	辛丑 17 三	壬寅 18 四	癸卯 19 五	甲辰 20 六	乙巳 21 日	丙午 22 一	丁未 23 二	戊申 24 三	己酉 25 四	庚戌 26 五	辛亥 27 六	壬子 28 日	癸丑 29 一	甲寅 30 二	乙卯 (5) 三	丙辰 2 四		己亥穀雨 乙卯立夏
四月小	己巳	天干地支 西曆 星期	丁巳 3 五	戊午 4 六	己未 5 日	庚申 6 一	辛酉 7 二	壬戌 8 三	癸亥 9 四	甲子 10 五	乙丑 11 六	丙寅 12 日	丁卯 13 一	戊辰 14 二	己巳 15 三	庚午 16 四	辛未 17 五	壬申 18 六	癸酉 19 日	甲戌 20 一	乙亥 21 二	丙子 22 三	丁丑 23 四	戊寅 24 五	己卯 25 六	庚辰 26 日	辛巳 27 一	壬午 28 二	癸未 29 三	甲申 30 四	乙酉 31 五		庚午小滿 乙酉芒種
五月大	庚午	天干地支 西曆 星期	丙戌 (6) 六	丁亥 2 日	戊子 3 一	己丑 4 二	庚寅 5 三	辛卯 6 四	壬辰 7 五	癸巳 8 六	甲午 9 日	乙未 10 一	丙申 11 二	丁酉 12 三	戊戌 13 四	己亥 14 五	庚子 15 六	辛丑 16 日	壬寅 17 一	癸卯 18 二	甲辰 19 三	乙巳 20 四	丙午 21 五	丁未 22 六	戊申 23 日	己酉 24 一	庚戌 25 二	辛亥 26 三	壬子 27 四	癸丑 28 五	甲寅 29 六	乙卯 30 日	庚子夏至
六月大	辛未	天干地支 西曆 星期	丙辰 (7) 一	丁巳 2 二	戊午 3 三	己未 4 四	庚申 5 五	辛酉 6 六	壬戌 7 日	癸亥 8 一	甲子 9 二	乙丑 10 三	丙寅 11 四	丁卯 12 五	戊辰 13 六	己巳 14 日	庚午 15 一	辛未 16 二	壬申 17 三	癸酉 18 四	甲戌 19 五	乙亥 20 六	丙子 21 日	丁丑 22 一	戊寅 23 二	己卯 24 三	庚辰 25 四	辛巳 26 五	壬午 27 六	癸未 28 日	甲申 29 一	乙酉 30 二	丙辰小暑 辛未大暑
七月小	壬申	天干地支 西曆 星期	丙戌 31 三	丁亥 (8) 四	戊子 2 五	己丑 3 六	庚寅 4 日	辛卯 5 一	壬辰 6 二	癸巳 7 三	甲午 8 四	乙未 9 五	丙申 10 六	丁酉 11 日	戊戌 12 一	己亥 13 二	庚子 14 三	辛丑 15 四	壬寅 16 五	癸卯 17 六	甲辰 18 日	乙巳 19 一	丙午 20 二	丁未 21 三	戊申 22 四	己酉 23 五	庚戌 24 六	辛亥 25 日	壬子 26 一	癸丑 27 二	甲寅 28 三		丙戌立秋 辛丑處暑
八月大	癸酉	天干地支 西曆 星期	乙卯 29 四	丙辰 30 五	丁巳 31 六	戊午 (9) 日	己未 2 一	庚申 3 二	辛酉 4 三	壬戌 5 四	癸亥 6 五	甲子 7 六	乙丑 8 日	丙寅 9 一	丁卯 10 二	戊辰 11 三	己巳 12 四	庚午 13 五	辛未 14 六	壬申 15 日	癸酉 16 一	甲戌 17 二	乙亥 18 三	丙子 19 四	丁丑 20 五	戊寅 21 六	己卯 22 日	庚辰 23 一	辛巳 24 二	壬午 25 三	癸未 26 四	甲申 27 五	丙辰白露 壬申秋分
九月大	甲戌	天干地支 西曆 星期	乙酉 28 六	丙戌 29 日	丁亥 30 一	戊子 (10) 二	己丑 2 三	庚寅 3 四	辛卯 4 五	壬辰 5 六	癸巳 6 日	甲午 7 一	乙未 8 二	丙申 9 三	丁酉 10 四	戊戌 11 五	己亥 12 六	庚子 13 日	辛丑 14 一	壬寅 15 二	癸卯 16 三	甲辰 17 四	乙巳 18 五	丙午 19 六	丁未 20 日	戊申 21 一	己酉 22 二	庚戌 23 三	辛亥 24 四	壬子 25 五	癸丑 26 六	甲寅 27 日	丁亥寒露 壬寅霜降
十月小	乙亥	天干地支 西曆 星期	乙卯 28 一	丙辰 29 二	丁巳 30 三	戊午 31 四	己未 (11) 五	庚申 2 六	辛酉 3 日	壬戌 4 一	癸亥 5 二	甲子 6 三	乙丑 7 四	丙寅 8 五	丁卯 9 六	戊辰 10 日	己巳 11 一	庚午 12 二	辛未 13 三	壬申 14 四	癸酉 15 五	甲戌 16 六	乙亥 17 日	丙子 18 一	丁丑 19 二	戊寅 20 三	己卯 21 四	庚辰 22 五	辛巳 23 六	壬午 24 日	癸未 25 一		丁巳立冬 壬申小雪
十一月大	丙子	天干地支 西曆 星期	甲申 26 二	乙酉 27 三	丙戌 28 四	丁亥 29 五	戊子 30 六	己丑 (12) 日	庚寅 2 一	辛卯 3 二	壬辰 4 三	癸巳 5 四	甲午 6 五	乙未 7 六	丙申 8 日	丁酉 9 一	戊戌 10 二	己亥 11 三	庚子 12 四	辛丑 13 五	壬寅 14 六	癸卯 15 日	甲辰 16 一	乙巳 17 二	丙午 18 三	丁未 19 四	戊申 20 五	己酉 21 六	庚戌 22 日	辛亥 23 一	壬子 24 二	癸丑 25 三	戊子大雪 癸卯冬至 甲申日食
十二月大	丁丑	天干地支 西曆 星期	甲寅 26 四	乙卯 27 五	丙辰 28 六	丁巳 29 日	戊午 30 一	己未 31 二	庚申 (1) 三	辛酉 2 四	壬戌 3 五	癸亥 4 六	甲子 5 日	乙丑 6 一	丙寅 7 二	丁卯 8 三	戊辰 9 四	己巳 10 五	庚午 11 六	辛未 12 日	壬申 13 一	癸酉 14 二	甲戌 15 三	乙亥 16 四	丙子 17 五	丁丑 18 六	戊寅 19 日	己卯 20 一	庚辰 21 二	辛巳 22 三	壬午 23 四	癸未 24 五	戊午小寒 癸酉大寒

* 正月己丑（初一），改元淳熙。

宋孝宗淳熙二年（乙未 羊年） 公元 1175 ~ 1176 年

夏曆月序		中西曆日對照	初一	初二	初三	初四	初五	初六	初七	初八	初九	初十	十一	十二	十三	十四	十五	十六	十七	十八	十九	二十	二一	二二	二三	二四	二五	二六	二七	二八	二九	三十	節氣與天象
正月小	戊寅	天干地支西曆星期	甲申 25 六	乙酉 26 日	丙戌 27 一	丁亥 28 二	戊子 29 三	己丑 30 四	庚寅 31 五	辛卯 (2) 六	壬辰 2 日	癸巳 3 一	甲午 4 二	乙未 5 三	丙申 6 四	丁酉 7 五	戊戌 8 六	己亥 9 日	庚子 10 一	辛丑 11 二	壬寅 12 三	癸卯 13 四	甲辰 14 五	乙巳 15 六	丙午 16 日	丁未 17 一	戊申 18 二	己酉 19 三	庚戌 20 四	辛亥 21 五	壬子 22 六		己丑立春 甲辰雨水
二月小	己卯	天干地支西曆星期	癸丑 23 日	甲寅 24 一	乙卯 25 二	丙辰 26 三	丁巳 27 四	戊午 28 五	己未 (3) 六	庚申 2 日	辛酉 3 一	壬戌 4 二	癸亥 5 三	甲子 6 四	乙丑 7 五	丙寅 8 六	丁卯 9 日	戊辰 10 一	己巳 11 二	庚午 12 三	辛未 13 四	壬申 14 五	癸酉 15 六	甲戌 16 日	乙亥 17 一	丙子 18 二	丁丑 19 三	戊寅 20 四	己卯 21 五	庚辰 22 六	辛巳 23 日		己未驚蟄 甲戌春分
三月大	庚辰	天干地支西曆星期	壬午 24 一	癸未 25 二	甲申 26 三	乙酉 27 四	丙戌 28 五	丁亥 29 六	戊子 30 日	己丑 31 一	庚寅 (4) 二	辛卯 2 三	壬辰 3 四	癸巳 4 五	甲午 5 六	乙未 6 日	丙申 7 一	丁酉 8 二	戊戌 9 三	己亥 10 四	庚子 11 五	辛丑 12 六	壬寅 13 日	癸卯 14 一	甲辰 15 二	乙巳 16 三	丙午 17 四	丁未 18 五	戊申 19 六	己酉 20 日	庚戌 21 一	辛亥 22 二	己丑清明 乙巳穀雨
四月小	辛巳	天干地支西曆星期	壬子 23 三	癸丑 24 四	甲寅 25 五	乙卯 26 六	丙辰 27 日	丁巳 28 一	戊午 29 二	己未 30 三	庚申 (5) 四	辛酉 2 五	壬戌 3 六	癸亥 4 日	甲子 5 一	乙丑 6 二	丙寅 7 三	丁卯 8 四	戊辰 9 五	己巳 10 六	庚午 11 日	辛未 12 一	壬申 13 二	癸酉 14 三	甲戌 15 四	乙亥 16 五	丙子 17 六	丁丑 18 日	戊寅 19 一	己卯 20 二	庚辰 21 三		庚申立夏 乙亥小滿
五月小	壬午	天干地支西曆星期	辛巳 22 四	壬午 23 五	癸未 24 六	甲申 25 日	乙酉 26 一	丙戌 27 二	丁亥 28 三	戊子 29 四	己丑 30 五	庚寅 31 六	辛卯 (6) 日	壬辰 2 一	癸巳 3 二	甲午 4 三	乙未 5 四	丙申 6 五	丁酉 7 六	戊戌 8 日	己亥 9 一	庚子 10 二	辛丑 11 三	壬寅 12 四	癸卯 13 五	甲辰 14 六	乙巳 15 日	丙午 16 一	丁未 17 二	戊申 18 三	己酉 19 四		庚寅芒種 丙午夏至
六月大	癸未	天干地支西曆星期	庚戌 20 五	辛亥 21 六	壬子 22 日	癸丑 23 一	甲寅 24 二	乙卯 25 三	丙辰 26 四	丁巳 27 五	戊午 28 六	己未 29 日	庚申 30 一	辛酉 (7) 二	壬戌 2 三	癸亥 3 四	甲子 4 五	乙丑 5 六	丙寅 6 日	丁卯 7 一	戊辰 8 二	己巳 9 三	庚午 10 四	辛未 11 五	壬申 12 六	癸酉 13 日	甲戌 14 一	乙亥 15 二	丙子 16 三	丁丑 17 四	戊寅 18 五	己卯 19 六	辛酉小暑 丙子大暑
七月小	甲申	天干地支西曆星期	庚辰 20 日	辛巳 21 一	壬午 22 二	癸未 23 三	甲申 24 四	乙酉 25 五	丙戌 26 六	丁亥 27 日	戊子 28 一	己丑 29 二	庚寅 30 三	辛卯 31 四	壬辰 (8) 五	癸巳 2 六	甲午 3 日	乙未 4 一	丙申 5 二	丁酉 6 三	戊戌 7 四	己亥 8 五	庚子 9 六	辛丑 10 日	壬寅 11 一	癸卯 12 二	甲辰 13 三	乙巳 14 四	丙午 15 五	丁未 16 六	戊申 17 日		辛卯立秋 丙午處暑
八月大	乙酉	天干地支西曆星期	己酉 18 一	庚戌 19 二	辛亥 20 三	壬子 21 四	癸丑 22 五	甲寅 23 六	乙卯 24 日	丙辰 25 一	丁巳 26 二	戊午 27 三	己未 28 四	庚申 29 五	辛酉 30 六	壬戌 31 日	癸亥 (9) 一	甲子 2 二	乙丑 3 三	丙寅 4 四	丁卯 5 五	戊辰 6 六	己巳 7 日	庚午 8 一	辛未 9 二	壬申 10 三	癸酉 11 四	甲戌 12 五	乙亥 13 六	丙子 14 日	丁丑 15 一	戊寅 16 二	壬戌白露 丁丑秋分
九月大	丙戌	天干地支西曆星期	己卯 17 三	庚辰 18 四	辛巳 19 五	壬午 20 六	癸未 21 日	甲申 22 一	乙酉 23 二	丙戌 24 三	丁亥 25 四	戊子 26 五	己丑 27 六	庚寅 28 日	辛卯 29 一	壬辰 30 二	癸巳 (10) 三	甲午 2 四	乙未 3 五	丙申 4 六	丁酉 5 日	戊戌 6 一	己亥 7 二	庚子 8 三	辛丑 9 四	壬寅 10 五	癸卯 11 六	甲辰 12 日	乙巳 13 一	丙午 14 二	丁未 15 三	戊申 16 四	壬辰寒露 丁未霜降
閏九月小	丙戌	天干地支西曆星期	己酉 17 五	庚戌 18 六	辛亥 19 日	壬子 20 一	癸丑 21 二	甲寅 22 三	乙卯 23 四	丙辰 24 五	丁巳 25 六	戊午 26 日	己未 27 一	庚申 28 二	辛酉 29 三	壬戌 30 四	癸亥 31 五	甲子 (11) 六	乙丑 2 日	丙寅 3 一	丁卯 4 二	戊辰 5 三	己巳 6 四	庚午 7 五	辛未 8 六	壬申 9 日	癸酉 10 一	甲戌 11 二	乙亥 12 三	丙子 13 四	丁丑 14 五		癸亥立冬
十月大	丁亥	天干地支西曆星期	戊寅 15 六	己卯 16 日	庚辰 17 一	辛巳 18 二	壬午 19 三	癸未 20 四	甲申 21 五	乙酉 22 六	丙戌 23 日	丁亥 24 一	戊子 25 二	己丑 26 三	庚寅 27 四	辛卯 28 五	壬辰 29 六	癸巳 30 日	甲午 (12) 一	乙未 2 二	丙申 3 三	丁酉 4 四	戊戌 5 五	己亥 6 六	庚子 7 日	辛丑 8 一	壬寅 9 二	癸卯 10 三	甲辰 11 四	乙巳 12 五	丙午 13 六	丁未 14 日	戊寅小雪 癸巳大雪
十一月大	戊子	天干地支西曆星期	戊申 15 一	己酉 16 二	庚戌 17 三	辛亥 18 四	壬子 19 五	癸丑 20 六	甲寅 21 日	乙卯 22 一	丙辰 23 二	丁巳 24 三	戊午 25 四	己未 26 五	庚申 27 六	辛酉 28 日	壬戌 29 一	癸亥 30 二	甲子 31 三	乙丑 (1) 四	丙寅 2 五	丁卯 3 六	戊辰 4 日	己巳 5 一	庚午 6 二	辛未 7 三	壬申 8 四	癸酉 9 五	甲戌 10 六	乙亥 11 日	丙子 12 一	丁丑 13 二	戊申冬至 癸亥小寒
十二月小	己丑	天干地支西曆星期	戊寅 14 三	己卯 15 四	庚辰 16 五	辛巳 17 六	壬午 18 日	癸未 19 一	甲申 20 二	乙酉 21 三	丙戌 22 四	丁亥 23 五	戊子 24 六	己丑 25 日	庚寅 26 一	辛卯 27 二	壬辰 28 三	癸巳 29 四	甲午 30 五	乙未 31 六	丙申 (2) 日	丁酉 2 一	戊戌 3 二	己亥 4 三	庚子 5 四	辛丑 6 五	壬寅 7 六	癸卯 8 日	甲辰 9 一	乙巳 10 二	丙午 11 三		己卯大寒 甲午立春

宋孝宗淳熙三年（丙申 猴年） 公元1176 ~ 1177年

夏曆月序		中西曆日對照	初一	初二	初三	初四	初五	初六	初七	初八	初九	初十	十一	十二	十三	十四	十五	十六	十七	十八	十九	二十	二一	二二	二三	二四	二五	二六	二七	二八	二九	三十	節氣與天象
正月大	庚寅	干支 天地 西曆 星期	丁未12四	戊申13五	己酉14六	庚戌15日	辛亥16一	壬子17二	癸丑18三	甲寅19四	乙卯20五	丙辰21六	丁巳22日	戊午23一	己未24二	庚申25三	辛酉26四	壬戌27五	癸亥28六	甲子29日	乙丑(3)一	丙寅2二	丁卯3三	戊辰4四	己巳5五	庚午6六	辛未7日	壬申8一	癸酉9二	甲戌10三	乙亥11四	丙子12五	己酉雨水 甲子驚蟄
二月小	辛卯	干支 天地 西曆 星期	丁丑13六	戊寅14日	己卯15一	庚辰16二	辛巳17三	壬午18四	癸未19五	甲申20六	乙酉21日	丙戌22一	丁亥23二	戊子24三	己丑25四	庚寅26五	辛卯27六	壬辰28日	癸巳29一	甲午30二	乙未31三	丙申(4)四	丁酉2五	戊戌3六	己亥4日	庚子5一	辛丑6二	壬寅7三	癸卯8四	甲辰9五	乙巳10六		己卯春分 乙未清明
三月大	壬辰	干支 天地 西曆 星期	丙午11日	丁未12一	戊申13二	己酉14三	庚戌15四	辛亥16五	壬子17六	癸丑18日	甲寅19一	乙卯20二	丙辰21三	丁巳22四	戊午23五	己未24六	庚申25日	辛酉26一	壬戌27二	癸亥28三	甲子29四	乙丑30五	丙寅(5)六	丁卯2日	戊辰3一	己巳4二	庚午5三	辛未6四	壬申7五	癸酉8六	甲戌9日	乙亥10一	庚戌穀雨 乙丑立夏 丙午日食
四月小	癸巳	干支 天地 西曆 星期	丙子11二	丁丑12三	戊寅13四	己卯14五	庚辰15六	辛巳16日	壬午17一	癸未18二	甲申19三	乙酉20四	丙戌21五	丁亥22六	戊子23日	己丑24一	庚寅25二	辛卯26三	壬辰27四	癸巳28五	甲午29六	乙未30日	丙申31一	丁酉(6)二	戊戌2三	己亥3四	庚子4五	辛丑5六	壬寅6日	癸卯7一	甲辰8二		庚辰小滿 丙申芒種
五月小	甲午	干支 天地 西曆 星期	乙巳9三	丙午10四	丁未11五	戊申12六	己酉13日	庚戌14一	辛亥15二	壬子16三	癸丑17四	甲寅18五	乙卯19六	丙辰20日	丁巳21一	戊午22二	己未23三	庚申24四	辛酉25五	壬戌26六	癸亥27日	甲子28一	乙丑29二	丙寅30三	丁卯(7)四	戊辰2五	己巳3六	庚午4日	辛未5一	壬申6二	癸酉7三		辛亥夏至 丙寅小暑
六月大	乙未	干支 天地 西曆 星期	甲戌8四	乙亥9五	丙子10六	丁丑11日	戊寅12一	己卯13二	庚辰14三	辛巳15四	壬午16五	癸未17六	甲申18日	乙酉19一	丙戌20二	丁亥21三	戊子22四	己丑23五	庚寅24六	辛卯25日	壬辰26一	癸巳27二	甲午28三	乙未29四	丙申30五	丁酉31六	戊戌(8)日	己亥2一	庚子3二	辛丑4三	壬寅5四	癸卯6五	辛巳大暑 丙申立秋
七月小	丙申	干支 天地 西曆 星期	甲辰7六	乙巳8日	丙午9一	丁未10二	戊申11三	己酉12四	庚戌13五	辛亥14六	壬子15日	癸丑16一	甲寅17二	乙卯18三	丙辰19四	丁巳20五	戊午21六	己未22日	庚申23一	辛酉24二	壬戌25三	癸亥26四	甲子27五	乙丑28六	丙寅29日	丁卯30一	戊辰31二	己巳(9)三	庚午2四	辛未3五	壬申4六		壬子處暑 丁卯白露
八月大	丁酉	干支 天地 西曆 星期	癸酉5日	甲戌6一	乙亥7二	丙子8三	丁丑9四	戊寅10五	己卯11六	庚辰12日	辛巳13一	壬午14二	癸未15三	甲申16四	乙酉17五	丙戌18六	丁亥19日	戊子20一	己丑21二	庚寅22三	辛卯23四	壬辰24五	癸巳25六	甲午26日	乙未27一	丙申28二	丁酉29三	戊戌30四	己亥(10)五	庚子2六	辛丑3日	壬寅4一	壬午秋分 丁酉寒露
九月小	戊戌	干支 天地 西曆 星期	癸卯5二	甲辰6三	乙巳7四	丙午8五	丁未9六	戊申10日	己酉11一	庚戌12二	辛亥13三	壬子14四	癸丑15五	甲寅16六	乙卯17日	丙辰18一	丁巳19二	戊午20三	己未21四	庚申22五	辛酉23六	壬戌24日	癸亥25一	甲子26二	乙丑27三	丙寅28四	丁卯29五	戊辰30六	己巳31日	庚午(11)一	辛未2二		癸丑霜降 戊辰立冬
十月大	己亥	干支 天地 西曆 星期	壬申3三	癸酉4四	甲戌5五	乙亥6六	丙子7日	丁丑8一	戊寅9二	己卯10三	庚辰11四	辛巳12五	壬午13六	癸未14日	甲申15一	乙酉16二	丙戌17三	丁亥18四	戊子19五	己丑20六	庚寅21日	辛卯22一	壬辰23二	癸巳24三	甲午25四	乙未26五	丙申27六	丁酉28日	戊戌29一	己亥30二	庚子(12)三	辛丑2四	癸未小雪 戊戌大雪
十一月大	庚子	干支 天地 西曆 星期	壬寅3五	癸卯4六	甲辰5日	乙巳6一	丙午7二	丁未8三	戊申9四	己酉10五	庚戌11六	辛亥12日	壬子13一	癸丑14二	甲寅15三	乙卯16四	丙辰17五	丁巳18六	戊午19日	己未20一	庚申21二	辛酉22三	壬戌23四	癸亥24五	甲子25六	乙丑26日	丙寅27一	丁卯28二	戊辰29三	己巳30四	庚午31五	辛未(1)六	癸丑冬至 己巳小寒
十二月大	辛丑	干支 天地 西曆 星期	壬申2日	癸酉3一	甲戌4二	乙亥5三	丙子6四	丁丑7五	戊寅8六	己卯9日	庚辰10一	辛巳11二	壬午12三	癸未13四	甲申14五	乙酉15六	丙戌16日	丁亥17一	戊子18二	己丑19三	庚寅20四	辛卯21五	壬辰22六	癸巳23日	甲午24一	乙未25二	丙申26三	丁酉27四	戊戌28五	己亥29六	庚子30日	辛丑31一	甲申大寒 己亥立春

宋孝宗淳熙四年（丁酉 鷄年） 公元 1177 ~ 1178 年

夏曆月序		中西曆日對照	初一	初二	初三	初四	初五	初六	初七	初八	初九	初十	十一	十二	十三	十四	十五	十六	十七	十八	十九	二十	廿一	廿二	廿三	廿四	廿五	廿六	廿七	廿八	廿九	三十	節氣與天象
正月小	壬寅	天干地支 西曆 星期	壬寅 (2) 二	癸卯 2 三	甲辰 3 四	乙巳 4 五	丙午 5 六	丁未 6 日	戊申 7 一	己酉 8 二	庚戌 9 三	辛亥 10 四	壬子 11 五	癸丑 12 六	甲寅 13 日	乙卯 14 一	丙辰 15 二	丁巳 16 三	戊午 17 四	己未 18 五	庚申 19 六	辛酉 20 日	壬戌 21 一	癸亥 22 二	甲子 23 三	乙丑 24 四	丙寅 25 五	丁卯 26 六	戊辰 27 日	己巳 28 一	庚午 (3) 二		甲寅雨水 庚午驚蟄
二月大	癸卯	天干地支 西曆 星期	辛未 2 三	壬申 3 四	癸酉 4 五	甲戌 5 六	乙亥 6 日	丙子 7 一	丁丑 8 二	戊寅 9 三	己卯 10 四	庚辰 11 五	辛巳 12 六	壬午 13 日	癸未 14 一	甲申 15 二	乙酉 16 三	丙戌 17 四	丁亥 18 五	戊子 19 六	己丑 20 日	庚寅 21 一	辛卯 22 二	壬辰 23 三	癸巳 24 四	甲午 25 五	乙未 26 六	丙申 27 日	丁酉 28 一	戊戌 29 二	己亥 30 三	庚子 31 四	乙酉春分 庚子清明
三月小	甲辰	天干地支 西曆 星期	辛丑 (4) 五	壬寅 2 六	癸卯 3 日	甲辰 4 一	乙巳 5 二	丙午 6 三	丁未 7 四	戊申 8 五	己酉 9 六	庚戌 10 日	辛亥 11 一	壬子 12 二	癸丑 13 三	甲寅 14 四	乙卯 15 五	丙辰 16 六	丁巳 17 日	戊午 18 一	己未 19 二	庚申 20 三	辛酉 21 四	壬戌 22 五	癸亥 23 六	甲子 24 日	乙丑 25 一	丙寅 26 二	丁卯 27 三	戊辰 28 四	己巳 29 五		乙卯穀雨
四月大	乙巳	天干地支 西曆 星期	庚午 30 六	辛未 (5) 日	壬申 2 一	癸酉 3 二	甲戌 4 三	乙亥 5 四	丙子 6 五	丁丑 7 六	戊寅 8 日	己卯 9 一	庚辰 10 二	辛巳 11 三	壬午 12 四	癸未 13 五	甲申 14 六	乙酉 15 日	丙戌 16 一	丁亥 17 二	戊子 18 三	己丑 19 四	庚寅 20 五	辛卯 21 六	壬辰 22 日	癸巳 23 一	甲午 24 二	乙未 25 三	丙申 26 四	丁酉 27 五	戊戌 28 六	己亥 29 日	庚午立夏 丙戌小滿
五月小	丙午	天干地支 西曆 星期	庚子 30 一	辛丑 31 二	壬寅 (6) 三	癸卯 2 四	甲辰 3 五	乙巳 4 六	丙午 5 日	丁未 6 一	戊申 7 二	己酉 8 三	庚戌 9 四	辛亥 10 五	壬子 11 六	癸丑 12 日	甲寅 13 一	乙卯 14 二	丙辰 15 三	丁巳 16 四	戊午 17 五	己未 18 六	庚申 19 日	辛酉 20 一	壬戌 21 二	癸亥 22 三	甲子 23 四	乙丑 24 五	丙寅 25 六	丁卯 26 日	戊辰 27 一		辛丑芒種 丙辰夏至
六月小	丁未	天干地支 西曆 星期	己巳 28 二	庚午 29 三	辛未 30 四	壬申 (7) 五	癸酉 2 六	甲戌 3 日	乙亥 4 一	丙子 5 二	丁丑 6 三	戊寅 7 四	己卯 8 五	庚辰 9 六	辛巳 10 日	壬午 11 一	癸未 12 二	甲申 13 三	乙酉 14 四	丙戌 15 五	丁亥 16 六	戊子 17 日	己丑 18 一	庚寅 19 二	辛卯 20 三	壬辰 21 四	癸巳 22 五	甲午 23 六	乙未 24 日	丙申 25 一	丁酉 26 二		辛未小暑 丙戌大暑
七月大	戊申	天干地支 西曆 星期	戊戌 27 三	己亥 28 四	庚子 29 五	辛丑 30 六	壬寅 31 日	癸卯 (8) 一	甲辰 2 二	乙巳 3 三	丙午 4 四	丁未 5 五	戊申 6 六	己酉 7 日	庚戌 8 一	辛亥 9 二	壬子 10 三	癸丑 11 四	甲寅 12 五	乙卯 13 六	丙辰 14 日	丁巳 15 一	戊午 16 二	己未 17 三	庚申 18 四	辛酉 19 五	壬戌 20 六	癸亥 21 日	甲子 22 一	乙丑 23 二	丙寅 24 三	丁卯 25 四	壬寅立秋 丁巳處暑
八月小	己酉	天干地支 西曆 星期	戊辰 26 五	己巳 27 六	庚午 28 日	辛未 29 一	壬申 30 二	癸酉 31 三	甲戌 (9) 四	乙亥 2 五	丙子 3 六	丁丑 4 日	戊寅 5 一	己卯 6 二	庚辰 7 三	辛巳 8 四	壬午 9 五	癸未 10 六	甲申 11 日	乙酉 12 一	丙戌 13 二	丁亥 14 三	戊子 15 四	己丑 16 五	庚寅 17 六	辛卯 18 日	壬辰 19 一	癸巳 20 二	甲午 21 三	乙未 22 四	丙申 23 五		壬申白露 丁亥秋分
九月大	庚戌	天干地支 西曆 星期	丁酉 24 六	戊戌 25 日	己亥 26 一	庚子 27 二	辛丑 28 三	壬寅 29 四	癸卯 30 五	甲辰 (10) 六	乙巳 2 日	丙午 3 一	丁未 4 二	戊申 5 三	己酉 6 四	庚戌 7 五	辛亥 8 六	壬子 9 日	癸丑 10 一	甲寅 11 二	乙卯 12 三	丙辰 13 四	丁巳 14 五	戊午 15 六	己未 16 日	庚申 17 一	辛酉 18 二	壬戌 19 三	癸亥 20 四	甲子 21 五	乙丑 22 六	丙寅 23 日	癸卯寒露 戊午霜降
十月小	辛亥	天干地支 西曆 星期	丁卯 24 一	戊辰 25 二	己巳 26 三	庚午 27 四	辛未 28 五	壬申 29 六	癸酉 30 日	甲戌 31 一	乙亥 (11) 二	丙子 2 三	丁丑 3 四	戊寅 4 五	己卯 5 六	庚辰 6 日	辛巳 7 一	壬午 8 二	癸未 9 三	甲申 10 四	乙酉 11 五	丙戌 12 六	丁亥 13 日	戊子 14 一	己丑 15 二	庚寅 16 三	辛卯 17 四	壬辰 18 五	癸巳 19 六	甲午 20 日	乙未 21 一		癸酉立冬 戊子小雪
十一月大	壬子	天干地支 西曆 星期	丙申 22 二	丁酉 23 三	戊戌 24 四	己亥 25 五	庚子 26 六	辛丑 27 日	壬寅 28 一	癸卯 29 二	甲辰 30 三	乙巳 (12) 四	丙午 2 五	丁未 3 六	戊申 4 日	己酉 5 一	庚戌 6 二	辛亥 7 三	壬子 8 四	癸丑 9 五	甲寅 10 六	乙卯 11 日	丙辰 12 一	丁巳 13 二	戊午 14 三	己未 15 四	庚申 16 五	辛酉 17 六	壬戌 18 日	癸亥 19 一	甲子 20 二	乙丑 21 三	癸卯大雪 己未冬至
十二月大	癸丑	天干地支 西曆 星期	丙寅 22 四	丁卯 23 五	戊辰 24 六	己巳 25 日	庚午 26 一	辛未 27 二	壬申 28 三	癸酉 29 四	甲戌 30 五	乙亥 31 六	丙子 (1) 日	丁丑 2 一	戊寅 3 二	己卯 4 三	庚辰 5 四	辛巳 6 五	壬午 7 六	癸未 8 日	甲申 9 一	乙酉 10 二	丙戌 11 三	丁亥 12 四	戊子 13 五	己丑 14 六	庚寅 15 日	辛卯 16 一	壬辰 17 二	癸巳 18 三	甲午 19 四	乙未 20 五	甲戌小寒 己丑大寒

宋孝宗淳熙五年（戊戌 狗年） 公元 1178 ~ 1179 年

夏曆月序		中西曆日對照	初一	初二	初三	初四	初五	初六	初七	初八	初九	初十	十一	十二	十三	十四	十五	十六	十七	十八	十九	二十	二一	二二	二三	二四	二五	二六	二七	二八	二九	三十	節氣與天象
正月大	甲寅	天干地支 西曆 星期	丙申 21 六	丁酉 22 日	戊戌 23 一	己亥 24 二	庚子 25 三	辛丑 26 四	壬寅 27 五	癸卯 28 六	甲辰 29 日	乙巳 30 一	丙午 31 二	丁未 (2) 三	戊申 2 四	己酉 3 五	庚戌 4 六	辛亥 5 日	壬子 6 一	癸丑 7 二	甲寅 8 三	乙卯 9 四	丙辰 10 五	丁巳 11 六	戊午 12 日	己未 13 一	庚申 14 二	辛酉 15 三	壬戌 16 四	癸亥 17 五	甲子 18 六	乙丑 19 日	甲辰立春 庚申雨水
二月小	乙卯	天干地支 西曆 星期	丙寅 20 一	丁卯 21 二	戊辰 22 三	己巳 23 四	庚午 24 五	辛未 25 六	壬申 26 日	癸酉 27 一	甲戌 28 二	乙亥 (3) 三	丙子 2 四	丁丑 3 五	戊寅 4 六	己卯 5 日	庚辰 6 一	辛巳 7 二	壬午 8 三	癸未 9 四	甲申 10 五	乙酉 11 六	丙戌 12 日	丁亥 13 一	戊子 14 二	己丑 15 三	庚寅 16 四	辛卯 17 五	壬辰 18 六	癸巳 19 日	甲午 20 一		乙亥驚蟄 庚寅春分
三月大	丙辰	天干地支 西曆 星期	乙未 21 二	丙申 22 三	丁酉 23 四	戊戌 24 五	己亥 25 六	庚子 26 日	辛丑 27 一	壬寅 28 二	癸卯 29 三	甲辰 30 四	乙巳 31 五	丙午 (4) 六	丁未 2 日	戊申 3 一	己酉 4 二	庚戌 5 三	辛亥 6 四	壬子 7 五	癸丑 8 六	甲寅 9 日	乙卯 10 一	丙辰 11 二	丁巳 12 三	戊午 13 四	己未 14 五	庚申 15 六	辛酉 16 日	壬戌 17 一	癸亥 18 二	甲子 19 三	乙巳清明 庚申穀雨
四月小	丁巳	天干地支 西曆 星期	乙丑 20 四	丙寅 21 五	丁卯 22 六	戊辰 23 日	己巳 24 一	庚午 25 二	辛未 26 三	壬申 27 四	癸酉 28 五	甲戌 29 六	乙亥 30 日	丙子 (5) 一	丁丑 2 二	戊寅 3 三	己卯 4 四	庚辰 5 五	辛巳 6 六	壬午 7 日	癸未 8 一	甲申 9 二	乙酉 10 三	丙戌 11 四	丁亥 12 五	戊子 13 六	己丑 14 日	庚寅 15 一	辛卯 16 二	壬辰 17 三	癸巳 18 四		丙子立夏 辛卯小滿
五月大	戊午	天干地支 西曆 星期	甲午 19 五	乙未 20 六	丙申 21 日	丁酉 22 一	戊戌 23 二	己亥 24 三	庚子 25 四	辛丑 26 五	壬寅 27 六	癸卯 28 日	甲辰 29 一	乙巳 30 二	丙午 31 三	丁未 (6) 四	戊申 2 五	己酉 3 六	庚戌 4 日	辛亥 5 一	壬子 6 二	癸丑 7 三	甲寅 8 四	乙卯 9 五	丙辰 10 六	丁巳 11 日	戊午 12 一	己未 13 二	庚申 14 三	辛酉 15 四	壬戌 16 五	癸亥 17 六	丙午芒種 辛酉夏至
六月小	己未	天干地支 西曆 星期	甲子 18 日	乙丑 19 一	丙寅 20 二	丁卯 21 三	戊辰 22 四	己巳 23 五	庚午 24 六	辛未 25 日	壬申 26 一	癸酉 27 二	甲戌 28 三	乙亥 29 四	丙子 30 五	丁丑 (7) 六	戊寅 2 日	己卯 3 一	庚辰 4 二	辛巳 5 三	壬午 6 四	癸未 7 五	甲申 8 六	乙酉 9 日	丙戌 10 一	丁亥 11 二	戊子 12 三	己丑 13 四	庚寅 14 五	辛卯 15 六	壬辰 16 日		丙子小暑 壬辰大暑
閏六月小	己未	天干地支 西曆 星期	癸巳 17 一	甲午 18 二	乙未 19 三	丙申 20 四	丁酉 21 五	戊戌 22 六	己亥 23 日	庚子 24 一	辛丑 25 二	壬寅 26 三	癸卯 27 四	甲辰 28 五	乙巳 29 六	丙午 30 日	丁未 31 一	戊申 (8) 二	己酉 2 三	庚戌 3 四	辛亥 4 五	壬子 5 六	癸丑 6 日	甲寅 7 一	乙卯 8 二	丙辰 9 三	丁巳 10 四	戊午 11 五	己未 12 六	庚申 13 日	辛酉 14 一		丁未立秋
七月大	庚申	天干地支 西曆 星期	壬戌 15 二	癸亥 16 三	甲子 17 四	乙丑 18 五	丙寅 19 六	丁卯 20 日	戊辰 21 一	己巳 22 二	庚午 23 三	辛未 24 四	壬申 25 五	癸酉 26 六	甲戌 27 日	乙亥 28 一	丙子 29 二	丁丑 30 三	戊寅 31 四	己卯 (9) 五	庚辰 2 六	辛巳 3 日	壬午 4 一	癸未 5 二	甲申 6 三	乙酉 7 四	丙戌 8 五	丁亥 9 六	戊子 10 日	己丑 11 一	庚寅 12 二	辛卯 13 三	壬戌處暑 丁丑白露
八月小	辛酉	天干地支 西曆 星期	壬辰 14 四	癸巳 15 五	甲午 16 六	乙未 17 日	丙申 18 一	丁酉 19 二	戊戌 20 三	己亥 21 四	庚子 22 五	辛丑 23 六	壬寅 24 日	癸卯 25 一	甲辰 26 二	乙巳 27 三	丙午 28 四	丁未 29 五	戊申 30 六	己酉 (10) 日	庚戌 2 一	辛亥 3 二	壬子 4 三	癸丑 5 四	甲寅 6 五	乙卯 7 六	丙辰 8 日	丁巳 9 一	戊午 10 二	己未 11 三	庚申 12 四		癸巳秋分 戊申寒露
九月大	壬戌	天干地支 西曆 星期	辛酉 13 五	壬戌 14 六	癸亥 15 日	甲子 16 一	乙丑 17 二	丙寅 18 三	丁卯 19 四	戊辰 20 五	己巳 21 六	庚午 22 日	辛未 23 一	壬申 24 二	癸酉 25 三	甲戌 26 四	乙亥 27 五	丙子 28 六	丁丑 29 日	戊寅 30 一	己卯 31 二	庚辰 (11) 三	辛巳 2 四	壬午 3 五	癸未 4 六	甲申 5 日	乙酉 6 一	丙戌 7 二	丁亥 8 三	戊子 9 四	己丑 10 五	庚寅 11 六	癸亥霜降 戊寅立冬
十月小	癸亥	天干地支 西曆 星期	辛卯 12 日	壬辰 13 一	癸巳 14 二	甲午 15 三	乙未 16 四	丙申 17 五	丁酉 18 六	戊戌 19 日	己亥 20 一	庚子 21 二	辛丑 22 三	壬寅 23 四	癸卯 24 五	甲辰 25 六	乙巳 26 日	丙午 27 一	丁未 28 二	戊申 29 三	己酉 30 四	庚戌 (12) 五	辛亥 2 六	壬子 3 日	癸丑 4 一	甲寅 5 二	乙卯 6 三	丙辰 7 四	丁巳 8 五	戊午 9 六	己未 10 日		癸巳小雪 己酉大雪
十一月大	甲子	天干地支 西曆 星期	庚申 11 一	辛酉 12 二	壬戌 13 三	癸亥 14 四	甲子 15 五	乙丑 16 六	丙寅 17 日	丁卯 18 一	戊辰 19 二	己巳 20 三	庚午 21 四	辛未 22 五	壬申 23 六	癸酉 24 日	甲戌 25 一	乙亥 26 二	丙子 27 三	丁丑 28 四	戊寅 29 五	己卯 30 六	庚辰 31 日	辛巳 (1) 一	壬午 2 二	癸未 3 三	甲申 4 四	乙酉 5 五	丙戌 6 六	丁亥 7 日	戊子 8 一	己丑 9 二	甲子冬至 己卯小寒
十二月大	乙丑	天干地支 西曆 星期	庚寅 10 三	辛卯 11 四	壬辰 12 五	癸巳 13 六	甲午 14 日	乙未 15 一	丙申 16 二	丁酉 17 三	戊戌 18 四	己亥 19 五	庚子 20 六	辛丑 21 日	壬寅 22 一	癸卯 23 二	甲辰 24 三	乙巳 25 四	丙午 26 五	丁未 27 六	戊申 28 日	己酉 29 一	庚戌 30 二	辛亥 31 三	壬子 (2) 四	癸丑 2 五	甲寅 3 六	乙卯 4 日	丙辰 5 一	丁巳 6 二	戊午 7 三	己未 8 四	甲午大寒 庚戌立春

宋孝宗淳熙六年（己亥 猪年） 公元 1179 ~ 1180 年

夏曆月序		中西曆日對照	初一	初二	初三	初四	初五	初六	初七	初八	初九	初十	十一	十二	十三	十四	十五	十六	十七	十八	十九	二十	二一	二二	二三	二四	二五	二六	二七	二八	二九	三十	節氣與天象
正月小	丙寅	天干地支西曆星期	庚申9五	辛酉10六	壬戌11日	癸亥12一	甲子13二	乙丑14三	丙寅15四	丁卯16五	戊辰17六	己巳18日	庚午19一	辛未20二	壬申21三	癸酉22四	甲戌23五	乙亥24六	丙子25日	丁丑26一	戊寅27二	己卯28三	庚辰(3)四	辛巳2五	壬午3六	癸未4日	甲申5一	乙酉6二	丙戌7三	丁亥8四	戊子9五		乙丑雨水 庚辰驚蟄
二月大	丁卯	天干地支西曆星期	己丑10六	庚寅11日	辛卯12一	壬辰13二	癸巳14三	甲午15四	乙未16五	丙申17六	丁酉18日	戊戌19一	己亥20二	庚子21三	辛丑22四	壬寅23五	癸卯24六	甲辰25日	乙巳26一	丙午27二	丁未28三	戊申29四	己酉30五	庚戌31六	辛亥(4)日	壬子2一	癸丑3二	甲寅4三	乙卯5四	丙辰6五	丁巳7六	戊午8日	乙未春分 庚戌清明
三月大	戊辰	天干地支西曆星期	己未9一	庚申10二	辛酉11三	壬戌12四	癸亥13五	甲子14六	乙丑15日	丙寅16一	丁卯17二	戊辰18三	己巳19四	庚午20五	辛未21六	壬申22日	癸酉23一	甲戌24二	乙亥25三	丙子26四	丁丑27五	戊寅28六	己卯29日	庚辰30一	辛巳(5)二	壬午2三	癸未3四	甲申4五	乙酉5六	丙戌6日	丁亥7一	戊子8二	丙寅穀雨 辛巳立夏
四月小	己巳	天干地支西曆星期	己丑9三	庚寅10四	辛卯11五	壬辰12六	癸巳13日	甲午14一	乙未15二	丙申16三	丁酉17四	戊戌18五	己亥19六	庚子20日	辛丑21一	壬寅22二	癸卯23三	甲辰24四	乙巳25五	丙午26六	丁未27日	戊申28一	己酉29二	庚戌30三	辛亥31四	壬子(6)五	癸丑2六	甲寅3日	乙卯4一	丙辰5二	丁巳6三		丙申小滿 辛亥芒種
五月大	庚午	天干地支西曆星期	戊午7四	己未8五	庚申9六	辛酉10日	壬戌11一	癸亥12二	甲子13三	乙丑14四	丙寅15五	丁卯16六	戊辰17日	己巳18一	庚午19二	辛未20三	壬申21四	癸酉22五	甲戌23六	乙亥24日	丙子25一	丁丑26二	戊寅27三	己卯28四	庚辰29五	辛巳30六	壬午(7)日	癸未2一	甲申3二	乙酉4三	丙戌5四	丁亥6五	丁卯夏至 壬午小暑
六月小	辛未	天干地支西曆星期	戊子7六	己丑8日	庚寅9一	辛卯10二	壬辰11三	癸巳12四	甲午13五	乙未14六	丙申15日	丁酉16一	戊戌17二	己亥18三	庚子19四	辛丑20五	壬寅21六	癸卯22日	甲辰23一	乙巳24二	丙午25三	丁未26四	戊申27五	己酉28六	庚戌29日	辛亥30一	壬子31二	癸丑(8)三	甲寅2四	乙卯3五	丙辰4六		丁酉大暑 壬子立秋
七月小	壬申	天干地支西曆星期	丁巳5日	戊午6一	己未7二	庚申8三	辛酉9四	壬戌10五	癸亥11六	甲子12日	乙丑13一	丙寅14二	丁卯15三	戊辰16四	己巳17五	庚午18六	辛未19日	壬申20一	癸酉21二	甲戌22三	乙亥23四	丙子24五	丁丑25六	戊寅26日	己卯27一	庚辰28二	辛巳29三	壬午30四	癸未31五	甲申(9)六	乙酉2日		丁卯處暑 癸未白露
八月大	癸酉	天干地支西曆星期	丙戌3一	丁亥4二	戊子5三	己丑6四	庚寅7五	辛卯8六	壬辰9日	癸巳10一	甲午11二	乙未12三	丙申13四	丁酉14五	戊戌15六	己亥16日	庚子17一	辛丑18二	壬寅19三	癸卯20四	甲辰21五	乙巳22六	丙午23日	丁未24一	戊申25二	己酉26三	庚戌27四	辛亥28五	壬子29六	癸丑30日	甲寅(10)一	乙卯2二	戊戌秋分 癸丑寒露
九月小	甲戌	天干地支西曆星期	丙辰3三	丁巳4四	戊午5五	己未6六	庚申7日	辛酉8一	壬戌9二	癸亥10三	甲子11四	乙丑12五	丙寅13六	丁卯14日	戊辰15一	己巳16二	庚午17三	辛未18四	壬申19五	癸酉20六	甲戌21日	乙亥22一	丙子23二	丁丑24三	戊寅25四	己卯26五	庚辰27六	辛巳28日	壬午29一	癸未30二	甲申31三		戊辰霜降 癸未立冬
十月大	乙亥	天干地支西曆星期	乙酉(11)四	丙戌2五	丁亥3六	戊子4日	己丑5一	庚寅6二	辛卯7三	壬辰8四	癸巳9五	甲午10六	乙未11日	丙申12一	丁酉13二	戊戌14三	己亥15四	庚子16五	辛丑17六	壬寅18日	癸卯19一	甲辰20二	乙巳21三	丙午22四	丁未23五	戊申24六	己酉25日	庚戌26一	辛亥27二	壬子28三	癸丑29四	甲寅30五	己亥小雪 甲寅大雪
十一月小	丙子	天干地支西曆星期	乙卯(12)六	丙辰2日	丁巳3一	戊午4二	己未5三	庚申6四	辛酉7五	壬戌8六	癸亥9日	甲子10一	乙丑11二	丙寅12三	丁卯13四	戊辰14五	己巳15六	庚午16日	辛未17一	壬申18二	癸酉19三	甲戌20四	乙亥21五	丙子22六	丁丑23日	戊寅24一	己卯25二	庚辰26三	辛巳27四	壬午28五	癸未29六		己巳冬至
十二月大	丁丑	天干地支西曆星期	甲申30日	乙酉31一	丙戌(1)二	丁亥2三	戊子3四	己丑4五	庚寅5六	辛卯6日	壬辰7一	癸巳8二	甲午9三	乙未10四	丙申11五	丁酉12六	戊戌13日	己亥14一	庚子15二	辛丑16三	壬寅17四	癸卯18五	甲辰19六	乙巳20日	丙午21一	丁未22二	戊申23三	己酉24四	庚戌25五	辛亥26六	壬子27日	癸丑28一	甲申小寒 庚子大寒

宋孝宗淳熙七年（庚子 鼠年） 公元1180～1181年

夏曆月序	月建	中西曆日對照	初一	初二	初三	初四	初五	初六	初七	初八	初九	初十	十一	十二	十三	十四	十五	十六	十七	十八	十九	二十	二一	二二	二三	二四	二五	二六	二七	二八	二九	三十	節氣與天象
正月小	戊寅	天干 地支 西曆 星期	甲寅29二	乙卯30三	丙辰31四	丁巳(2)五	戊午2六	己未3日	庚申4一	辛酉5二	壬戌6三	癸亥7四	甲子8五	乙丑9六	丙寅10日	丁卯11一	戊辰12二	己巳13三	庚午14四	辛未15五	壬申16六	癸酉17日	甲戌18一	乙亥19二	丙子20三	丁丑21四	戊寅22五	己卯23六	庚辰24日	辛巳25一	壬午26二		乙卯立春 庚午雨水
二月大	己卯	天干 地支 西曆 星期	癸未27三	甲申28四	乙酉29五	丙戌(3)六	丁亥2日	戊子3一	己丑4二	庚寅5三	辛卯6四	壬辰7五	癸巳8六	甲午9日	乙未10一	丙申11二	丁酉12三	戊戌13四	己亥14五	庚子15六	辛丑16日	壬寅17一	癸卯18二	甲辰19三	乙巳20四	丙午21五	丁未22六	戊申23日	己酉24一	庚戌25二	辛亥26三	壬子27四	乙酉驚蟄 庚子春分
三月大	庚辰	天干 地支 西曆 星期	癸丑28五	甲寅29六	乙卯30日	丙辰31一	丁巳(4)二	戊午2三	己未3四	庚申4五	辛酉5六	壬戌6日	癸亥7一	甲子8二	乙丑9三	丙寅10四	丁卯11五	戊辰12六	己巳13日	庚午14一	辛未15二	壬申16三	癸酉17四	甲戌18五	乙亥19六	丙子20日	丁丑21一	戊寅22二	己卯23三	庚辰24四	辛巳25五	壬午26六	丙辰清明 辛未穀雨
四月小	辛巳	天干 地支 西曆 星期	癸未27日	甲申28一	乙酉29二	丙戌30三	丁亥(5)四	戊子2五	己丑3六	庚寅4日	辛卯5一	壬辰6二	癸巳7三	甲午8四	乙未9五	丙申10六	丁酉11日	戊戌12一	己亥13二	庚子14三	辛丑15四	壬寅16五	癸卯17六	甲辰18日	乙巳19一	丙午20二	丁未21三	戊申22四	己酉23五	庚戌24六	辛亥25日		丙戌立夏 辛丑小滿
五月大	壬午	天干 地支 西曆 星期	壬子26一	癸丑27二	甲寅28三	乙卯29四	丙辰30五	丁巳31六	戊午(6)日	己未2一	庚申3二	辛酉4三	壬戌5四	癸亥6五	甲子7六	乙丑8日	丙寅9一	丁卯10二	戊辰11三	己巳12四	庚午13五	辛未14六	壬申15日	癸酉16一	甲戌17二	乙亥18三	丙子19四	丁丑20五	戊寅21六	己卯22日	庚辰23一	辛巳24二	丁巳芒種 壬申夏至
六月小	癸未	天干 地支 西曆 星期	壬午25三	癸未26四	甲申27五	乙酉28六	丙戌29日	丁亥30一	戊子(7)二	己丑2三	庚寅3四	辛卯4五	壬辰5六	癸巳6日	甲午7一	乙未8二	丙申9三	丁酉10四	戊戌11五	己亥12六	庚子13日	辛丑14一	壬寅15二	癸卯16三	甲辰17四	乙巳18五	丙午19六	丁未20日	戊申21一	己酉22二	庚戌23三		丁亥小暑 壬寅大暑
七月大	甲申	天干 地支 西曆 星期	辛亥24四	壬子25五	癸丑26六	甲寅27日	乙卯28一	丙辰29二	丁巳30三	戊午31四	己未(8)五	庚申2六	辛酉3日	壬戌4一	癸亥5二	甲子6三	乙丑7四	丙寅8五	丁卯9六	戊辰10日	己巳11一	庚午12二	辛未13三	壬申14四	癸酉15五	甲戌16六	乙亥17日	丙子18一	丁丑19二	戊寅20三	己卯21四	庚辰22五	丁巳立秋 癸酉處暑
八月小	乙酉	天干 地支 西曆 星期	辛巳23六	壬午24日	癸未25一	甲申26二	乙酉27三	丙戌28四	丁亥29五	戊子30六	己丑31日	庚寅(9)一	辛卯2二	壬辰3三	癸巳4四	甲午5五	乙未6六	丙申7日	丁酉8一	戊戌9二	己亥10三	庚子11四	辛丑12五	壬寅13六	癸卯14日	甲辰15一	乙巳16二	丙午17三	丁未18四	戊申19五	己酉20六		戊子白露 癸卯秋分
九月大	丙戌	天干 地支 西曆 星期	庚戌21日	辛亥22一	壬子23二	癸丑24三	甲寅25四	乙卯26五	丙辰27六	丁巳28日	戊午29一	己未30二	庚申(10)三	辛酉2四	壬戌3五	癸亥4六	甲子5日	乙丑6一	丙寅7二	丁卯8三	戊辰9四	己巳10五	庚午11六	辛未12日	壬申13一	癸酉14二	甲戌15三	乙亥16四	丙子17五	丁丑18六	戊寅19日	己卯20一	戊午寒露 甲戌霜降
十月小	丁亥	天干 地支 西曆 星期	庚辰21二	辛巳22三	壬午23四	癸未24五	甲申25六	乙酉26日	丙戌27一	丁亥28二	戊子29三	己丑30四	庚寅31五	辛卯(11)六	壬辰2日	癸巳3一	甲午4二	乙未5三	丙申6四	丁酉7五	戊戌8六	己亥9日	庚子10一	辛丑11二	壬寅12三	癸卯13四	甲辰14五	乙巳15六	丙午16日	丁未17一	戊申18二		己丑立冬 甲辰小雪
十一月大	戊子	天干 地支 西曆 星期	己酉19三	庚戌20四	辛亥21五	壬子22六	癸丑23日	甲寅24一	乙卯25二	丙辰26三	丁巳27四	戊午28五	己未29六	庚申30日	辛酉(12)一	壬戌2二	癸亥3三	甲子4四	乙丑5五	丙寅6六	丁卯7日	戊辰8一	己巳9二	庚午10三	辛未11四	壬申12五	癸酉13六	甲戌14日	乙亥15一	丙子16二	丁丑17三	戊寅18四	己未大雪 甲戌冬至
十二月小	己丑	天干 地支 西曆 星期	己卯19五	庚辰20六	辛巳21日	壬午22一	癸未23二	甲申24三	乙酉25四	丙戌26五	丁亥27六	戊子28日	己丑29一	庚寅30二	辛卯31三	壬辰(1)四	癸巳2五	甲午3六	乙未4日	丙申5一	丁酉6二	戊戌7三	己亥8四	庚子9五	辛丑10六	壬寅11日	癸卯12一	甲辰13二	乙巳14三	丙午15四	丁未16五		庚寅小寒 乙巳大寒

宋孝宗淳熙八年（辛丑 牛年） 公元 **1181** ~ 1182 年

夏曆月序		中西曆日對照	夏曆日序 初一	初二	初三	初四	初五	初六	初七	初八	初九	初十	十一	十二	十三	十四	十五	十六	十七	十八	十九	二十	二一	二二	二三	二四	二五	二六	二七	二八	二九	三十	節氣與天象
正月大	庚寅	干支 西曆 星期	戊申 17 六	己酉 18 日	庚戌 19 一	辛亥 20 二	壬子 21 三	癸丑 22 四	甲寅 23 五	乙卯 24 六	丙辰 25 日	丁巳 26 一	戊午 27 二	己未 28 三	庚申 29 四	辛酉 30 五	壬戌 31 六	癸亥 (2) 日	甲子 2 一	乙丑 3 二	丙寅 4 三	丁卯 5 四	戊辰 6 五	己巳 7 六	庚午 8 日	辛未 9 一	壬申 10 二	癸酉 11 三	甲戌 12 四	乙亥 13 五	丙子 14 六	丁丑 15 日	庚申立春 乙亥雨水
二月小	辛卯	干支 西曆 星期	戊寅 16 一	己卯 17 二	庚辰 18 三	辛巳 19 四	壬午 20 五	癸未 21 六	甲申 22 日	乙酉 23 一	丙戌 24 二	丁亥 25 三	戊子 26 四	己丑 27 五	庚寅 28 六	辛卯 (3) 日	壬辰 2 一	癸巳 3 二	甲午 4 三	乙未 5 四	丙申 6 五	丁酉 7 六	戊戌 8 日	己亥 9 一	庚子 10 二	辛丑 11 三	壬寅 12 四	癸卯 13 五	甲辰 14 六	乙巳 15 日	丙午 16 一		庚寅驚蟄 丙午春分
三月大	壬辰	干支 西曆 星期	丁未 17 二	戊申 18 三	己酉 19 四	庚戌 20 五	辛亥 21 六	壬子 22 日	癸丑 23 一	甲寅 24 二	乙卯 25 三	丙辰 26 四	丁巳 27 五	戊午 28 六	己未 29 日	庚申 30 一	辛酉 31 二	壬戌 (4) 三	癸亥 2 四	甲子 3 五	乙丑 4 六	丙寅 5 日	丁卯 6 一	戊辰 7 二	己巳 8 三	庚午 9 四	辛未 10 五	壬申 11 六	癸酉 12 日	甲戌 13 一	乙亥 14 二	丙子 15 三	辛酉清明 丙子穀雨
閏三月小	壬辰	干支 西曆 星期	丁丑 16 四	戊寅 17 五	己卯 18 六	庚辰 19 日	辛巳 20 一	壬午 21 二	癸未 22 三	甲申 23 四	乙酉 24 五	丙戌 25 六	丁亥 26 日	戊子 27 一	己丑 28 二	庚寅 29 三	辛卯 30 四	壬辰 (5) 五	癸巳 2 六	甲午 3 日	乙未 4 一	丙申 5 二	丁酉 6 三	戊戌 7 四	己亥 8 五	庚子 9 六	辛丑 10 日	壬寅 11 一	癸卯 12 二	甲辰 13 三	乙巳 14 四		辛卯立夏
四月大	癸巳	干支 西曆 星期	丙午 15 五	丁未 16 六	戊申 17 日	己酉 18 一	庚戌 19 二	辛亥 20 三	壬子 21 四	癸丑 22 五	甲寅 23 六	乙卯 24 日	丙辰 25 一	丁巳 26 二	戊午 27 三	己未 28 四	庚申 29 五	辛酉 30 六	壬戌 31 日	癸亥 (6) 一	甲子 2 二	乙丑 3 三	丙寅 4 四	丁卯 5 五	戊辰 6 六	己巳 7 日	庚午 8 一	辛未 9 二	壬申 10 三	癸酉 11 四	甲戌 12 五	乙亥 13 六	丁未小滿 壬戌芒種
五月大	甲午	干支 西曆 星期	丙子 14 日	丁丑 15 一	戊寅 16 二	己卯 17 三	庚辰 18 四	辛巳 19 五	壬午 20 六	癸未 21 日	甲申 22 一	乙酉 23 二	丙戌 24 三	丁亥 25 四	戊子 26 五	己丑 27 六	庚寅 28 日	辛卯 29 一	壬辰 30 二	癸巳 (7) 三	甲午 2 四	乙未 3 五	丙申 4 六	丁酉 5 日	戊戌 6 一	己亥 7 二	庚子 8 三	辛丑 9 四	壬寅 10 五	癸卯 11 六	甲辰 12 日	乙巳 13 一	丁丑夏至 壬辰小暑
六月小	乙未	干支 西曆 星期	丙午 14 二	丁未 15 三	戊申 16 四	己酉 17 五	庚戌 18 六	辛亥 19 日	壬子 20 一	癸丑 21 二	甲寅 22 三	乙卯 23 四	丙辰 24 五	丁巳 25 六	戊午 26 日	己未 27 一	庚申 28 二	辛酉 29 三	壬戌 30 四	癸亥 31 五	甲子 (8) 六	乙丑 2 日	丙寅 3 一	丁卯 4 二	戊辰 5 三	己巳 6 四	庚午 7 五	辛未 8 六	壬申 9 日	癸酉 10 一	甲戌 11 二		丁未大暑 癸亥立秋
七月大	丙申	干支 西曆 星期	乙亥 12 三	丙子 13 四	丁丑 14 五	戊寅 15 六	己卯 16 日	庚辰 17 一	辛巳 18 二	壬午 19 三	癸未 20 四	甲申 21 五	乙酉 22 六	丙戌 23 日	丁亥 24 一	戊子 25 二	己丑 26 三	庚寅 27 四	辛卯 28 五	壬辰 29 六	癸巳 30 日	甲午 31 一	乙未 (9) 二	丙申 2 三	丁酉 3 四	戊戌 4 五	己亥 5 六	庚子 6 日	辛丑 7 一	壬寅 8 二	癸卯 9 三	甲辰 10 四	戊寅處暑 癸巳白露
八月小	丁酉	干支 西曆 星期	乙巳 11 五	丙午 12 六	丁未 13 日	戊申 14 一	己酉 15 二	庚戌 16 三	辛亥 17 四	壬子 18 五	癸丑 19 六	甲寅 20 日	乙卯 21 一	丙辰 22 二	丁巳 23 三	戊午 24 四	己未 25 五	庚申 26 六	辛酉 27 日	壬戌 28 一	癸亥 29 二	甲子 30 三	乙丑 (10) 四	丙寅 2 五	丁卯 3 六	戊辰 4 日	己巳 5 一	庚午 6 二	辛未 7 三	壬申 8 四	癸酉 9 五		戊申秋分 甲子寒露
九月大	戊戌	干支 西曆 星期	甲戌 10 六	乙亥 11 日	丙子 12 一	丁丑 13 二	戊寅 14 三	己卯 15 四	庚辰 16 五	辛巳 17 六	壬午 18 日	癸未 19 一	甲申 20 二	乙酉 21 三	丙戌 22 四	丁亥 23 五	戊子 24 六	己丑 25 日	庚寅 26 一	辛卯 27 二	壬辰 28 三	癸巳 29 四	甲午 30 五	乙未 31 六	丙申 (11) 日	丁酉 2 一	戊戌 3 二	己亥 4 三	庚子 5 四	辛丑 6 五	壬寅 7 六	癸卯 8 日	己卯霜降 甲午立冬
十月小	己亥	干支 西曆 星期	甲辰 9 一	乙巳 10 二	丙午 11 三	丁未 12 四	戊申 13 五	己酉 14 六	庚戌 15 日	辛亥 16 一	壬子 17 二	癸丑 18 三	甲寅 19 四	乙卯 20 五	丙辰 21 六	丁巳 22 日	戊午 23 一	己未 24 二	庚申 25 三	辛酉 26 四	壬戌 27 五	癸亥 28 六	甲子 29 日	乙丑 30 一	丙寅 (12) 二	丁卯 2 三	戊辰 3 四	己巳 4 五	庚午 5 六	辛未 6 日	壬申 7 一		己酉小雪 甲子大雪
十一月大	庚子	干支 西曆 星期	癸酉 8 二	甲戌 9 三	乙亥 10 四	丙子 11 五	丁丑 12 六	戊寅 13 日	己卯 14 一	庚辰 15 二	辛巳 16 三	壬午 17 四	癸未 18 五	甲申 19 六	乙酉 20 日	丙戌 21 一	丁亥 22 二	戊子 23 三	己丑 24 四	庚寅 25 五	辛卯 26 六	壬辰 27 日	癸巳 28 一	甲午 29 二	乙未 30 三	丙申 31 四	丁酉 (1) 五	戊戌 2 六	己亥 3 日	庚子 4 一	辛丑 5 二	壬寅 6 三	庚辰冬至 乙未小寒
十二月小	辛丑	干支 西曆 星期	癸卯 7 四	甲辰 8 五	乙巳 9 六	丙午 10 日	丁未 11 一	戊申 12 二	己酉 13 三	庚戌 14 四	辛亥 15 五	壬子 16 六	癸丑 17 日	甲寅 18 一	乙卯 19 二	丙辰 20 三	丁巳 21 四	戊午 22 五	己未 23 六	庚申 24 日	辛酉 25 一	壬戌 26 二	癸亥 27 三	甲子 28 四	乙丑 29 五	丙寅 30 六	丁卯 31 日	戊辰 (2) 一	己巳 2 二	庚午 3 三	辛未 4 四		庚戌大寒 乙丑立春

宋孝宗淳熙九年（壬寅 虎年） 公元 1182 ~ 1183 年

夏曆月序	中西曆日對照	初一	初二	初三	初四	初五	初六	初七	初八	初九	初十	十一	十二	十三	十四	十五	十六	十七	十八	十九	二十	二一	二二	二三	二四	二五	二六	二七	二八	二九	三十	節氣與天象
正月大 壬寅	天干地支 西曆 星期	壬申 5 五	癸酉 6 六	甲戌 7 日	乙亥 8 一	丙子 9 二	丁丑 10 三	戊寅 11 四	己卯 12 五	庚辰 13 六	辛巳 14 日	壬午 15 一	癸未 16 二	甲申 17 三	乙酉 18 四	丙戌 19 五	丁亥 20 六	戊子 21 日	己丑 22 一	庚寅 23 二	辛卯 24 三	壬辰 25 四	癸巳 26 五	甲午 27 六	乙未 28 日	丙申 (3) 一	丁酉 2 二	戊戌 3 三	己亥 4 四	庚子 5 五	辛丑 6 六	辛巳雨水 丙申驚蟄
二月小 癸卯	天干地支 西曆 星期	壬寅 7 日	癸卯 8 一	甲辰 9 二	乙巳 10 三	丙午 11 四	丁未 12 五	戊申 13 六	己酉 14 日	庚戌 15 一	辛亥 16 二	壬子 17 三	癸丑 18 四	甲寅 19 五	乙卯 20 六	丙辰 21 日	丁巳 22 一	戊午 23 二	己未 24 三	庚申 25 四	辛酉 26 五	壬戌 27 六	癸亥 28 日	甲子 29 一	乙丑 30 二	丙寅 31 三	丁卯 (4) 四	戊辰 2 五	己巳 3 六	庚午 4 日		辛亥春分 丙寅清明
三月大 甲辰	天干地支 西曆 星期	辛未 5 一	壬申 6 二	癸酉 7 三	甲戌 8 四	乙亥 9 五	丙子 10 六	丁丑 11 日	戊寅 12 一	己卯 13 二	庚辰 14 三	辛巳 15 四	壬午 16 五	癸未 17 六	甲申 18 日	乙酉 19 一	丙戌 20 二	丁亥 21 三	戊子 22 四	己丑 23 五	庚寅 24 六	辛卯 25 日	壬辰 26 一	癸巳 27 二	甲午 28 三	乙未 29 四	丙申 30 五	丁酉 (5) 六	戊戌 2 日	己亥 3 一	庚子 4 二	辛巳穀雨 丁酉立夏
四月小 乙巳	天干地支 西曆 星期	辛丑 5 三	壬寅 6 四	癸卯 7 五	甲辰 8 六	乙巳 9 日	丙午 10 一	丁未 11 二	戊申 12 三	己酉 13 四	庚戌 14 五	辛亥 15 六	壬子 16 日	癸丑 17 一	甲寅 18 二	乙卯 19 三	丙辰 20 四	丁巳 21 五	戊午 22 六	己未 23 日	庚申 24 一	辛酉 25 二	壬戌 26 三	癸亥 27 四	甲子 28 五	乙丑 29 六	丙寅 30 日	丁卯 31 一	戊辰 (6) 二	己巳 2 三		壬子小滿 丁卯芒種
五月大 丙午	天干地支 西曆 星期	庚午 3 四	辛未 4 五	壬申 5 六	癸酉 6 日	甲戌 7 一	乙亥 8 二	丙子 9 三	丁丑 10 四	戊寅 11 五	己卯 12 六	庚辰 13 日	辛巳 14 一	壬午 15 二	癸未 16 三	甲申 17 四	乙酉 18 五	丙戌 19 六	丁亥 20 日	戊子 21 一	己丑 22 二	庚寅 23 三	辛卯 24 四	壬辰 25 五	癸巳 26 六	甲午 27 日	乙未 28 一	丙申 29 二	丁酉 30 三	戊戌 (7) 四	己亥 2 五	壬午夏至 丁酉小暑
六月小 丁未	天干地支 西曆 星期	庚子 3 六	辛丑 4 日	壬寅 5 一	癸卯 6 二	甲辰 7 三	乙巳 8 四	丙午 9 五	丁未 10 六	戊申 11 日	己酉 12 一	庚戌 13 二	辛亥 14 三	壬子 15 四	癸丑 16 五	甲寅 17 六	乙卯 18 日	丙辰 19 一	丁巳 20 二	戊午 21 三	己未 22 四	庚申 23 五	辛酉 24 六	壬戌 25 日	癸亥 26 一	甲子 27 二	乙丑 28 三	丙寅 29 四	丁卯 30 五	戊辰 31 六		癸丑大暑 戊辰立秋
七月大 戊申	天干地支 西曆 星期	己巳 (8) 日	庚午 2 一	辛未 3 二	壬申 4 三	癸酉 5 四	甲戌 6 五	乙亥 7 六	丙子 8 日	丁丑 9 一	戊寅 10 二	己卯 11 三	庚辰 12 四	辛巳 13 五	壬午 14 六	癸未 15 日	甲申 16 一	乙酉 17 二	丙戌 18 三	丁亥 19 四	戊子 20 五	己丑 21 六	庚寅 22 日	辛卯 23 一	壬辰 24 二	癸巳 25 三	甲午 26 四	乙未 27 五	丙申 28 六	丁酉 29 日	戊戌 30 一	癸未處暑 戊戌白露
八月大 己酉	天干地支 西曆 星期	己亥 31 二	庚子 (9) 三	辛丑 2 四	壬寅 3 五	癸卯 4 六	甲辰 5 日	乙巳 6 一	丙午 7 二	丁未 8 三	戊申 9 四	己酉 10 五	庚戌 11 六	辛亥 12 日	壬子 13 一	癸丑 14 二	甲寅 15 三	乙卯 16 四	丙辰 17 五	丁巳 18 六	戊午 19 日	己未 20 一	庚申 21 二	辛酉 22 三	壬戌 23 四	癸亥 24 五	甲子 25 六	乙丑 26 日	丙寅 27 一	丁卯 28 二	戊辰 29 三	甲寅秋分
九月小 庚戌	天干地支 西曆 星期	己巳 30 四	庚午 (10) 五	辛未 2 六	壬申 3 日	癸酉 4 一	甲戌 5 二	乙亥 6 三	丙子 7 四	丁丑 8 五	戊寅 9 六	己卯 10 日	庚辰 11 一	辛巳 12 二	壬午 13 三	癸未 14 四	甲申 15 五	乙酉 16 六	丙戌 17 日	丁亥 18 一	戊子 19 二	己丑 20 三	庚寅 21 四	辛卯 22 五	壬辰 23 六	癸巳 24 日	甲午 25 一	乙未 26 二	丙申 27 三	丁酉 28 四		己巳寒露 甲申霜降
十月大 辛亥	天干地支 西曆 星期	戊戌 29 五	己亥 30 六	庚子 31 日	辛丑 (11) 一	壬寅 2 二	癸卯 3 三	甲辰 4 四	乙巳 5 五	丙午 6 六	丁未 7 日	戊申 8 一	己酉 9 二	庚戌 10 三	辛亥 11 四	壬子 12 五	癸丑 13 六	甲寅 14 日	乙卯 15 一	丙辰 16 二	丁巳 17 三	戊午 18 四	己未 19 五	庚申 20 六	辛酉 21 日	壬戌 22 一	癸亥 23 二	甲子 24 三	乙丑 25 四	丙寅 26 五	丁卯 27 六	己亥立冬 甲寅小雪
十一月小 壬子	天干地支 西曆 星期	戊辰 28 日	己巳 29 一	庚午 30 二	辛未 (12) 三	壬申 2 四	癸酉 3 五	甲戌 4 六	乙亥 5 日	丙子 6 一	丁丑 7 二	戊寅 8 三	己卯 9 四	庚辰 10 五	辛巳 11 六	壬午 12 日	癸未 13 一	甲申 14 二	乙酉 15 三	丙戌 16 四	丁亥 17 五	戊子 18 六	己丑 19 日	庚寅 20 一	辛卯 21 二	壬辰 22 三	癸巳 23 四	甲午 24 五	乙未 25 六	丙申 26 日		庚午大雪 乙酉冬至
十二月大 癸丑	天干地支 西曆 星期	丁酉 27 一	戊戌 28 二	己亥 29 三	庚子 30 四	辛丑 31 五	壬寅 (1) 六	癸卯 2 日	甲辰 3 一	乙巳 4 二	丙午 5 三	丁未 6 四	戊申 7 五	己酉 8 六	庚戌 9 日	辛亥 10 一	壬子 11 二	癸丑 12 三	甲寅 13 四	乙卯 14 五	丙辰 15 六	丁巳 16 日	戊午 17 一	己未 18 二	庚申 19 三	辛酉 20 四	壬戌 21 五	癸亥 22 六	甲子 23 日	乙丑 24 一	丙寅 25 二	庚子小寒 乙卯大寒

宋孝宗淳熙十年（癸卯 兔年） 公元 1183 ~ 1184 年

夏曆月序		中西曆日對照	初一	初二	初三	初四	初五	初六	初七	初八	初九	初十	十一	十二	十三	十四	十五	十六	十七	十八	十九	二十	二一	二二	二三	二四	二五	二六	二七	二八	二九	三十	節氣與天象
正月小	甲寅	天干 地支 西曆 星期	丁卯 26 三	戊辰 27 四	己巳 28 五	庚午 29 六	辛未 30 日	壬申 31 一	癸酉 (2) 二	甲戌 2 三	乙亥 3 四	丙子 4 五	丁丑 5 六	戊寅 6 日	己卯 7 一	庚辰 8 二	辛巳 9 三	壬午 10 四	癸未 11 五	甲申 12 六	乙酉 13 日	丙戌 14 一	丁亥 15 二	戊子 16 三	己丑 17 四	庚寅 18 五	辛卯 19 六	壬辰 20 日	癸巳 21 一	甲午 22 二	乙未 23 三		辛未立春 丙戌雨水
二月大	乙卯	天干 地支 西曆 星期	丙申 24 四	丁酉 25 五	戊戌 26 六	己亥 27 日	庚子 28 一	辛丑 (3) 二	壬寅 2 三	癸卯 3 四	甲辰 4 五	乙巳 5 六	丙午 6 日	丁未 7 一	戊申 8 二	己酉 9 三	庚戌 10 四	辛亥 11 五	壬子 12 六	癸丑 13 日	甲寅 14 一	乙卯 15 二	丙辰 16 三	丁巳 17 四	戊午 18 五	己未 19 六	庚申 20 日	辛酉 21 一	壬戌 22 二	癸亥 23 三	甲子 24 四	乙丑 25 五	辛丑驚蟄 丙辰春分
三月小	丙辰	天干 地支 西曆 星期	丙寅 26 六	丁卯 27 日	戊辰 28 一	己巳 29 二	庚午 30 三	辛未 31 四	壬申 (4) 五	癸酉 2 六	甲戌 3 日	乙亥 4 一	丙子 5 二	丁丑 6 三	戊寅 7 四	己卯 8 五	庚辰 9 六	辛巳 10 日	壬午 11 一	癸未 12 二	甲申 13 三	乙酉 14 四	丙戌 15 五	丁亥 16 六	戊子 17 日	己丑 18 一	庚寅 19 二	辛卯 20 三	壬辰 21 四	癸巳 22 五	甲午 23 六		辛未清明 丁亥穀雨
四月小	丁巳	天干 地支 西曆 星期	乙未 24 日	丙申 25 一	丁酉 26 二	戊戌 27 三	己亥 28 四	庚子 29 五	辛丑 30 六	壬寅 (5) 日	癸卯 2 一	甲辰 3 二	乙巳 4 三	丙午 5 四	丁未 6 五	戊申 7 六	己酉 8 日	庚戌 9 一	辛亥 10 二	壬子 11 三	癸丑 12 四	甲寅 13 五	乙卯 14 六	丙辰 15 日	丁巳 16 一	戊午 17 二	己未 18 三	庚申 19 四	辛酉 20 五	壬戌 21 六	癸亥 22 日		壬寅立夏 丁巳小滿
五月大	戊午	天干 地支 西曆 星期	甲子 23 一	乙丑 24 二	丙寅 25 三	丁卯 26 四	戊辰 27 五	己巳 28 六	庚午 29 日	辛未 30 一	壬申 31 二	癸酉 (6) 三	甲戌 2 四	乙亥 3 五	丙子 4 六	丁丑 5 日	戊寅 6 一	己卯 7 二	庚辰 8 三	辛巳 9 四	壬午 10 五	癸未 11 六	甲申 12 日	乙酉 13 一	丙戌 14 二	丁亥 15 三	戊子 16 四	己丑 17 五	庚寅 18 六	辛卯 19 日	壬辰 20 一	癸巳 21 二	壬申芒種 丁亥夏至
六月小	己未	天干 地支 西曆 星期	甲午 22 三	乙未 23 四	丙申 24 五	丁酉 25 六	戊戌 26 日	己亥 27 一	庚子 28 二	辛丑 29 三	壬寅 30 四	癸卯 (7) 五	甲辰 2 六	乙巳 3 日	丙午 4 一	丁未 5 二	戊申 6 三	己酉 7 四	庚戌 8 五	辛亥 9 六	壬子 10 日	癸丑 11 一	甲寅 12 二	乙卯 13 三	丙辰 14 四	丁巳 15 五	戊午 16 六	己未 17 日	庚申 18 一	辛酉 19 二	壬戌 20 三		癸卯小暑 戊午大暑
七月大	庚申	天干 地支 西曆 星期	癸亥 21 四	甲子 22 五	乙丑 23 六	丙寅 24 日	丁卯 25 一	戊辰 26 二	己巳 27 三	庚午 28 四	辛未 29 五	壬申 30 六	癸酉 31 日	甲戌 (8) 一	乙亥 2 二	丙子 3 三	丁丑 4 四	戊寅 5 五	己卯 6 六	庚辰 7 日	辛巳 8 一	壬午 9 二	癸未 10 三	甲申 11 四	乙酉 12 五	丙戌 13 六	丁亥 14 日	戊子 15 一	己丑 16 二	庚寅 17 三	辛卯 18 四	壬辰 19 五	癸酉立秋 戊子處暑
八月大	辛酉	天干 地支 西曆 星期	癸巳 20 六	甲午 21 日	乙未 22 一	丙申 23 二	丁酉 24 三	戊戌 25 四	己亥 26 五	庚子 27 六	辛丑 28 日	壬寅 29 一	癸卯 30 二	甲辰 31 三	乙巳 (9) 四	丙午 2 五	丁未 3 六	戊申 4 日	己酉 5 一	庚戌 6 二	辛亥 7 三	壬子 8 四	癸丑 9 五	甲寅 10 六	乙卯 11 日	丙辰 12 一	丁巳 13 二	戊午 14 三	己未 15 四	庚申 16 五	辛酉 17 六	壬戌 18 日	甲辰白露 己未秋分
九月小	壬戌	天干 地支 西曆 星期	癸亥 19 一	甲子 20 二	乙丑 21 三	丙寅 22 四	丁卯 23 五	戊辰 24 六	己巳 25 日	庚午 26 一	辛未 27 二	壬申 28 三	癸酉 29 四	甲戌 30 五	乙亥 (10) 六	丙子 2 日	丁丑 3 一	戊寅 4 二	己卯 5 三	庚辰 6 四	辛巳 7 五	壬午 8 六	癸未 9 日	甲申 10 一	乙酉 11 二	丙戌 12 三	丁亥 13 四	戊子 14 五	己丑 15 六	庚寅 16 日	辛卯 17 一		甲戌寒露 己丑霜降
十月大	癸亥	天干 地支 西曆 星期	壬辰 18 二	癸巳 19 三	甲午 20 四	乙未 21 五	丙申 22 六	丁酉 23 日	戊戌 24 一	己亥 25 二	庚子 26 三	辛丑 27 四	壬寅 28 五	癸卯 29 六	甲辰 30 日	乙巳 31 一	丙午 (11) 二	丁未 2 三	戊申 3 四	己酉 4 五	庚戌 5 六	辛亥 6 日	壬子 7 一	癸丑 8 二	甲寅 9 三	乙卯 10 四	丙辰 11 五	丁巳 12 六	戊午 13 日	己未 14 一	庚申 15 二	辛酉 16 三	甲辰立冬 庚申小雪
十一月大	甲子	天干 地支 西曆 星期	壬戌 17 四	癸亥 18 五	甲子 19 六	乙丑 20 日	丙寅 21 一	丁卯 22 二	戊辰 23 三	己巳 24 四	庚午 25 五	辛未 26 六	壬申 27 日	癸酉 28 一	甲戌 29 二	乙亥 30 三	丙子 (12) 四	丁丑 2 五	戊寅 3 六	己卯 4 日	庚辰 5 一	辛巳 6 二	壬午 7 三	癸未 8 四	甲申 9 五	乙酉 10 六	丙戌 11 日	丁亥 12 一	戊子 13 二	己丑 14 三	庚寅 15 四	辛卯 16 五	乙亥大雪 庚寅冬至 壬戌日食
閏十一小	甲子	天干 地支 西曆 星期	壬辰 17 六	癸巳 18 日	甲午 19 一	乙未 20 二	丙申 21 三	丁酉 22 四	戊戌 23 五	己亥 24 六	庚子 25 日	辛丑 26 一	壬寅 27 二	癸卯 28 三	甲辰 29 四	乙巳 30 五	丙午 31 六	丁未 (1) 日	戊申 2 一	己酉 3 二	庚戌 4 三	辛亥 5 四	壬子 6 五	癸丑 7 六	甲寅 8 日	乙卯 9 一	丙辰 10 二	丁巳 11 三	戊午 12 四	己未 13 五	庚申 14 六		乙巳小寒
十二月大	乙丑	天干 地支 西曆 星期	辛酉 15 日	壬戌 16 一	癸亥 17 二	甲子 18 三	乙丑 19 四	丙寅 20 五	丁卯 21 六	戊辰 22 日	己巳 23 一	庚午 24 二	辛未 25 三	壬申 26 四	癸酉 27 五	甲戌 28 六	乙亥 29 日	丙子 30 一	丁丑 31 二	戊寅 (2) 三	己卯 2 四	庚辰 3 五	辛巳 4 六	壬午 5 日	癸未 6 一	甲申 7 二	乙酉 8 三	丙戌 9 四	丁亥 10 五	戊子 11 六	己丑 12 日	庚寅 13 一	辛酉大寒 丙子立春

宋孝宗淳熙十一年（甲辰 龍年） 公元 **1184** ~ 1185 年

夏曆月序		中西曆日對照	初一	初二	初三	初四	初五	初六	初七	初八	初九	初十	十一	十二	十三	十四	十五	十六	十七	十八	十九	二十	二一	二二	二三	二四	二五	二六	二七	二八	二九	三十	節氣與天象
正月小	丙寅	干支 天地 西曆 星期	辛卯 14 二	壬辰 15 三	癸巳 16 四	甲午 17 五	乙未 18 六	丙申 19 日	丁酉 20 一	戊戌 21 二	己亥 22 三	庚子 23 四	辛丑 24 五	壬寅 25 六	癸卯 26 日	甲辰 27 一	乙巳 28 二	丙午 29 三	丁未 (3) 四	戊申 2 五	己酉 3 六	庚戌 4 日	辛亥 5 一	壬子 6 二	癸丑 7 三	甲寅 8 四	乙卯 9 五	丙辰 10 六	丁巳 11 日	戊午 12 一	己未 13 二		辛卯雨水 丙午驚蟄
二月大	丁卯	干支 天地 西曆 星期	庚申 14 三	辛酉 15 四	壬戌 16 五	癸亥 17 六	甲子 18 日	乙丑 19 一	丙寅 20 二	丁卯 21 三	戊辰 22 四	己巳 23 五	庚午 24 六	辛未 25 日	壬申 26 一	癸酉 27 二	甲戌 28 三	乙亥 29 四	丙子 30 五	丁丑 31 六	戊寅 (4) 日	己卯 2 一	庚辰 3 二	辛巳 4 三	壬午 5 四	癸未 6 五	甲申 7 六	乙酉 8 日	丙戌 9 一	丁亥 10 二	戊子 11 三	己丑 12 四	辛酉春分 丁丑清明
三月小	戊辰	干支 天地 西曆 星期	庚寅 13 五	辛卯 14 六	壬辰 15 日	癸巳 16 一	甲午 17 二	乙未 18 三	丙申 19 四	丁酉 20 五	戊戌 21 六	己亥 22 日	庚子 23 一	辛丑 24 二	壬寅 25 三	癸卯 26 四	甲辰 27 五	乙巳 28 六	丙午 29 日	丁未 30 一	戊申 (5) 二	己酉 2 三	庚戌 3 四	辛亥 4 五	壬子 5 六	癸丑 6 日	甲寅 7 一	乙卯 8 二	丙辰 9 三	丁巳 10 四	戊午 11 五		壬辰穀雨 丁未立夏
四月小	己巳	干支 天地 西曆 星期	己未 12 六	庚申 13 日	辛酉 14 一	壬戌 15 二	癸亥 16 三	甲子 17 四	乙丑 18 五	丙寅 19 六	丁卯 20 日	戊辰 21 一	己巳 22 二	庚午 23 三	辛未 24 四	壬申 25 五	癸酉 26 六	甲戌 27 日	乙亥 28 一	丙子 29 二	丁丑 30 三	戊寅 31 四	己卯 (6) 五	庚辰 2 六	辛巳 3 日	壬午 4 一	癸未 5 二	甲申 6 三	乙酉 7 四	丙戌 8 五	丁亥 9 六		壬戌小滿 戊寅芒種
五月大	庚午	干支 天地 西曆 星期	戊子 10 日	己丑 11 一	庚寅 12 二	辛卯 13 三	壬辰 14 四	癸巳 15 五	甲午 16 六	乙未 17 日	丙申 18 一	丁酉 19 二	戊戌 20 三	己亥 21 四	庚子 22 五	辛丑 23 六	壬寅 24 日	癸卯 25 一	甲辰 26 二	乙巳 27 三	丙午 28 四	丁未 29 五	戊申 30 六	己酉 (7) 日	庚戌 2 一	辛亥 3 二	壬子 4 三	癸丑 5 四	甲寅 6 五	乙卯 7 六	丙辰 8 日	丁巳 9 一	癸巳夏至 戊申小暑
六月小	辛未	干支 天地 西曆 星期	戊午 10 二	己未 11 三	庚申 12 四	辛酉 13 五	壬戌 14 六	癸亥 15 日	甲子 16 一	乙丑 17 二	丙寅 18 三	丁卯 19 四	戊辰 20 五	己巳 21 六	庚午 22 日	辛未 23 一	壬申 24 二	癸酉 25 三	甲戌 26 四	乙亥 27 五	丙子 28 六	丁丑 29 日	戊寅 30 一	己卯 31 二	庚辰 (8) 三	辛巳 2 四	壬午 3 五	癸未 4 六	甲申 5 日	乙酉 6 一	丙戌 7 二		癸亥大暑 戊寅立秋
七月大	壬申	干支 天地 西曆 星期	丁亥 8 三	戊子 9 四	己丑 10 五	庚寅 11 六	辛卯 12 日	壬辰 13 一	癸巳 14 二	甲午 15 三	乙未 16 四	丙申 17 五	丁酉 18 六	戊戌 19 日	己亥 20 一	庚子 21 二	辛丑 22 三	壬寅 23 四	癸卯 24 五	甲辰 25 六	乙巳 26 日	丙午 27 一	丁未 28 二	戊申 29 三	己酉 30 四	庚戌 31 五	辛亥 (9) 六	壬子 2 日	癸丑 3 一	甲寅 4 二	乙卯 5 三	丙辰 6 四	甲午處暑 己酉白露
八月小	癸酉	干支 天地 西曆 星期	丁巳 7 五	戊午 8 六	己未 9 日	庚申 10 一	辛酉 11 二	壬戌 12 三	癸亥 13 四	甲子 14 五	乙丑 15 六	丙寅 16 日	丁卯 17 一	戊辰 18 二	己巳 19 三	庚午 20 四	辛未 21 五	壬申 22 六	癸酉 23 日	甲戌 24 一	乙亥 25 二	丙子 26 三	丁丑 27 四	戊寅 28 五	己卯 29 六	庚辰 30 日	辛巳 (10) 一	壬午 2 二	癸未 3 三	甲申 4 四	乙酉 5 五		甲子秋分 己卯寒露
九月大	甲戌	干支 天地 西曆 星期	丙戌 6 六	丁亥 7 日	戊子 8 一	己丑 9 二	庚寅 10 三	辛卯 11 四	壬辰 12 五	癸巳 13 六	甲午 14 日	乙未 15 一	丙申 16 二	丁酉 17 三	戊戌 18 四	己亥 19 五	庚子 20 六	辛丑 21 日	壬寅 22 一	癸卯 23 二	甲辰 24 三	乙巳 25 四	丙午 26 五	丁未 27 六	戊申 28 日	己酉 29 一	庚戌 30 二	辛亥 31 三	壬子 (11) 四	癸丑 2 五	甲寅 3 六	乙卯 4 日	甲午霜降 庚戌立冬
十月大	乙亥	干支 天地 西曆 星期	丙辰 5 一	丁巳 6 二	戊午 7 三	己未 8 四	庚申 9 五	辛酉 10 六	壬戌 11 日	癸亥 12 一	甲子 13 二	乙丑 14 三	丙寅 15 四	丁卯 16 五	戊辰 17 六	己巳 18 日	庚午 19 一	辛未 20 二	壬申 21 三	癸酉 22 四	甲戌 23 五	乙亥 24 六	丙子 25 日	丁丑 26 一	戊寅 27 二	己卯 28 三	庚辰 29 四	辛巳 30 五	壬午 (12) 六	癸未 2 日	甲申 3 一	乙酉 4 二	乙丑小雪 庚辰大雪
十一月大	丙子	干支 天地 西曆 星期	丙戌 5 三	丁亥 6 四	戊子 7 五	己丑 8 六	庚寅 9 日	辛卯 10 一	壬辰 11 二	癸巳 12 三	甲午 13 四	乙未 14 五	丙申 15 六	丁酉 16 日	戊戌 17 一	己亥 18 二	庚子 19 三	辛丑 20 四	壬寅 21 五	癸卯 22 六	甲辰 23 日	乙巳 24 一	丙午 25 二	丁未 26 三	戊申 27 四	己酉 28 五	庚戌 29 六	辛亥 30 日	壬子 31 一	癸丑 (1) 二	甲寅 2 三	乙卯 3 四	乙未冬至 辛亥小寒
十二月小	丁丑	干支 天地 西曆 星期	丙辰 4 五	丁巳 5 六	戊午 6 日	己未 7 一	庚申 8 二	辛酉 9 三	壬戌 10 四	癸亥 11 五	甲子 12 六	乙丑 13 日	丙寅 14 一	丁卯 15 二	戊辰 16 三	己巳 17 四	庚午 18 五	辛未 19 六	壬申 20 日	癸酉 21 一	甲戌 22 二	乙亥 23 三	丙子 24 四	丁丑 25 五	戊寅 26 六	己卯 27 日	庚辰 28 一	辛巳 29 二	壬午 30 三	癸未 31 四	甲申 (2) 五		丙寅大寒 辛巳立春

宋孝宗淳熙十二年（乙巳 蛇年） 公元 1185 ~ 1186 年

夏曆月序	中西曆日對照	初一	初二	初三	初四	初五	初六	初七	初八	初九	初十	十一	十二	十三	十四	十五	十六	十七	十八	十九	二十	二一	二二	二三	二四	二五	二六	二七	二八	二九	三十	節氣與天象
正月大 戊寅	干支 西曆 星期	乙酉 2 六	丙戌 3 日	丁亥 4 一	戊子 5 二	己丑 6 三	庚寅 7 四	辛卯 8 五	壬辰 9 六	癸巳 10 日	甲午 11 一	乙未 12 二	丙申 13 三	丁酉 14 四	戊戌 15 五	己亥 16 六	庚子 17 日	辛丑 18 一	壬寅 19 二	癸卯 20 三	甲辰 21 四	乙巳 22 五	丙午 23 六	丁未 24 日	戊申 25 一	己酉 26 二	庚戌 27 三	辛亥 28 四	壬子 (3) 五	癸丑 2 六	甲寅 3 日	丙申雨水 辛亥驚蟄
二月小 己卯	干支 西曆 星期	乙卯 4 一	丙辰 5 二	丁巳 6 三	戊午 7 四	己未 8 五	庚申 9 六	辛酉 10 日	壬戌 11 一	癸亥 12 二	甲子 13 三	乙丑 14 四	丙寅 15 五	丁卯 16 六	戊辰 17 日	己巳 18 一	庚午 19 二	辛未 20 三	壬申 21 四	癸酉 22 五	甲戌 23 六	乙亥 24 日	丙子 25 一	丁丑 26 二	戊寅 27 三	己卯 28 四	庚辰 29 五	辛巳 30 六	壬午 31 日	癸未 (4) 一		丁卯春分 壬午清明
三月大 庚辰	干支 西曆 星期	甲申 2 二	乙酉 3 三	丙戌 4 四	丁亥 5 五	戊子 6 六	己丑 7 日	庚寅 8 一	辛卯 9 二	壬辰 10 三	癸巳 11 四	甲午 12 五	乙未 13 六	丙申 14 日	丁酉 15 一	戊戌 16 二	己亥 17 三	庚子 18 四	辛丑 19 五	壬寅 20 六	癸卯 21 日	甲辰 22 一	乙巳 23 二	丙午 24 三	丁未 25 四	戊申 26 五	己酉 27 六	庚戌 28 日	辛亥 29 一	壬子 30 二	癸丑 (5) 三	丁酉穀雨 壬子立夏
四月小 辛巳	干支 西曆 星期	甲寅 2 四	乙卯 3 五	丙辰 4 六	丁巳 5 日	戊午 6 一	己未 7 二	庚申 8 三	辛酉 9 四	壬戌 10 五	癸亥 11 六	甲子 12 日	乙丑 13 一	丙寅 14 二	丁卯 15 三	戊辰 16 四	己巳 17 五	庚午 18 六	辛未 19 日	壬申 20 一	癸酉 21 二	甲戌 22 三	乙亥 23 四	丙子 24 五	丁丑 25 六	戊寅 26 日	己卯 27 一	庚辰 28 二	辛巳 29 三	壬午 30 四		戊辰小滿
五月小 壬午	干支 西曆 星期	癸未 31 五	甲申 (6) 六	乙酉 2 日	丙戌 3 一	丁亥 4 二	戊子 5 三	己丑 6 四	庚寅 7 五	辛卯 8 六	壬辰 9 日	癸巳 10 一	甲午 11 二	乙未 12 三	丙申 13 四	丁酉 14 五	戊戌 15 六	己亥 16 日	庚子 17 一	辛丑 18 二	壬寅 19 三	癸卯 20 四	甲辰 21 五	乙巳 22 六	丙午 23 日	丁未 24 一	戊申 25 二	己酉 26 三	庚戌 27 四	辛亥 28 五		癸未芒種 戊戌夏至
六月大 癸未	干支 西曆 星期	壬子 29 六	癸丑 30 日	甲寅 (7) 一	乙卯 2 二	丙辰 3 三	丁巳 4 四	戊午 5 五	己未 6 六	庚申 7 日	辛酉 8 一	壬戌 9 二	癸亥 10 三	甲子 11 四	乙丑 12 五	丙寅 13 六	丁卯 14 日	戊辰 15 一	己巳 16 二	庚午 17 三	辛未 18 四	壬申 19 五	癸酉 20 六	甲戌 21 日	乙亥 22 一	丙子 23 二	丁丑 24 三	戊寅 25 四	己卯 26 五	庚辰 27 六	辛巳 28 日	癸丑小暑 戊辰大暑
七月小 甲申	干支 西曆 星期	壬午 29 一	癸未 30 二	甲申 31 三	乙酉 (8) 四	丙戌 2 五	丁亥 3 六	戊子 4 日	己丑 5 一	庚寅 6 二	辛卯 7 三	壬辰 8 四	癸巳 9 五	甲午 10 六	乙未 11 日	丙申 12 一	丁酉 13 二	戊戌 14 三	己亥 15 四	庚子 16 五	辛丑 17 六	壬寅 18 日	癸卯 19 一	甲辰 20 二	乙巳 21 三	丙午 22 四	丁未 23 五	戊申 24 六	己酉 25 日	庚戌 26 一		甲申立秋 己亥處暑
八月大 乙酉	干支 西曆 星期	辛亥 27 二	壬子 28 三	癸丑 29 四	甲寅 30 五	乙卯 31 六	丙辰 (9) 日	丁巳 2 一	戊午 3 二	己未 4 三	庚申 5 四	辛酉 6 五	壬戌 7 六	癸亥 8 日	甲子 9 一	乙丑 10 二	丙寅 11 三	丁卯 12 四	戊辰 13 五	己巳 14 六	庚午 15 日	辛未 16 一	壬申 17 二	癸酉 18 三	甲戌 19 四	乙亥 20 五	丙子 21 六	丁丑 22 日	戊寅 23 一	己卯 24 二	庚辰 25 三	甲寅白露 己巳秋分
九月小 丙戌	干支 西曆 星期	辛巳 26 四	壬午 27 五	癸未 28 六	甲申 29 日	乙酉 30 一	丙戌 (10) 二	丁亥 2 三	戊子 3 四	己丑 4 五	庚寅 5 六	辛卯 6 日	壬辰 7 一	癸巳 8 二	甲午 9 三	乙未 10 四	丙申 11 五	丁酉 12 六	戊戌 13 日	己亥 14 一	庚子 15 二	辛丑 16 三	壬寅 17 四	癸卯 18 五	甲辰 19 六	乙巳 20 日	丙午 21 一	丁未 22 二	戊申 23 三	己酉 24 四		乙酉寒露 庚子霜降
十月大 丁亥	干支 西曆 星期	庚戌 25 五	辛亥 26 六	壬子 27 日	癸丑 28 一	甲寅 29 二	乙卯 30 三	丙辰 31 四	丁巳 (11) 五	戊午 2 六	己未 3 日	庚申 4 一	辛酉 5 二	壬戌 6 三	癸亥 7 四	甲子 8 五	乙丑 9 六	丙寅 10 日	丁卯 11 一	戊辰 12 二	己巳 13 三	庚午 14 四	辛未 15 五	壬申 16 六	癸酉 17 日	甲戌 18 一	乙亥 19 二	丙子 20 三	丁丑 21 四	戊寅 22 五	己卯 23 六	乙卯立冬 庚午小雪
十一月大 戊子	干支 西曆 星期	庚辰 24 日	辛巳 25 一	壬午 26 二	癸未 27 三	甲申 28 四	乙酉 29 五	丙戌 30 六	丁亥 (12) 日	戊子 2 一	己丑 3 二	庚寅 4 三	辛卯 5 四	壬辰 6 五	癸巳 7 六	甲午 8 日	乙未 9 一	丙申 10 二	丁酉 11 三	戊戌 12 四	己亥 13 五	庚子 14 六	辛丑 15 日	壬寅 16 一	癸卯 17 二	甲辰 18 三	乙巳 19 四	丙午 20 五	丁未 21 六	戊申 22 日	己酉 23 一	乙酉大雪 辛丑冬至
十二月大 己丑	干支 西曆 星期	庚戌 24 二	辛亥 25 三	壬子 26 四	癸丑 27 五	甲寅 28 六	乙卯 29 日	丙辰 30 一	丁巳 31 二	戊午 (1) 三	己未 2 四	庚申 3 五	辛酉 4 六	壬戌 5 日	癸亥 6 一	甲子 7 二	乙丑 8 三	丙寅 9 四	丁卯 10 五	戊辰 11 六	己巳 12 日	庚午 13 一	辛未 14 二	壬申 15 三	癸酉 16 四	甲戌 17 五	乙亥 18 六	丙子 19 日	丁丑 20 一	戊寅 21 二	己卯 22 三	丙辰小寒 辛未大寒

宋孝宗淳熙十三年（丙午 馬年） 公元 **1186** ~ 1187 年

夏曆月序		中西曆日對照	初一	初二	初三	初四	初五	初六	初七	初八	初九	初十	十一	十二	十三	十四	十五	十六	十七	十八	十九	二十	二一	二二	二三	二四	二五	二六	二七	二八	二九	三十	節氣與天象
正月小	庚寅	天干支 地西曆 星期	庚辰 23 四	辛巳 24 五	壬午 25 六	癸未 26 日	甲申 27 一	乙酉 28 二	丙戌 29 三	丁亥 30 四	戊子 31 五	己丑 (2) 六	庚寅 2 日	辛卯 3 一	壬辰 4 二	癸巳 5 三	甲午 6 四	乙未 7 五	丙申 8 六	丁酉 9 日	戊戌 10 一	己亥 11 二	庚子 12 三	辛丑 13 四	壬寅 14 五	癸卯 15 六	甲辰 16 日	乙巳 17 一	丙午 18 二	丁未 19 三	戊申 20 四		丙戌立春 辛丑雨水
二月大	辛卯	天干支 地西曆 星期	己酉 21 五	庚戌 22 六	辛亥 23 日	壬子 24 一	癸丑 25 二	甲寅 26 三	乙卯 27 四	丙辰 28 五	丁巳 (3) 六	戊午 2 日	己未 3 一	庚申 4 二	辛酉 5 三	壬戌 6 四	癸亥 7 五	甲子 8 六	乙丑 9 日	丙寅 10 一	丁卯 11 二	戊辰 12 三	己巳 13 四	庚午 14 五	辛未 15 六	壬申 16 日	癸酉 17 一	甲戌 18 二	乙亥 19 三	丙子 20 四	丁丑 21 五	戊寅 22 六	丁巳驚蟄 壬申春分
三月小	壬辰	天干支 地西曆 星期	己卯 23 日	庚辰 24 一	辛巳 25 二	壬午 26 三	癸未 27 四	甲申 28 五	乙酉 29 六	丙戌 30 日	丁亥 31 一	戊子 (4) 二	己丑 2 三	庚寅 3 四	辛卯 4 五	壬辰 5 六	癸巳 6 日	甲午 7 一	乙未 8 二	丙申 9 三	丁酉 10 四	戊戌 11 五	己亥 12 六	庚子 13 日	辛丑 14 一	壬寅 15 二	癸卯 16 三	甲辰 17 四	乙巳 18 五	丙午 19 六	丁未 20 日		丁亥清明 壬寅穀雨
四月大	癸巳	天干支 地西曆 星期	戊申 21 一	己酉 22 二	庚戌 23 三	辛亥 24 四	壬子 25 五	癸丑 26 六	甲寅 27 日	乙卯 28 一	丙辰 29 二	丁巳 30 三	戊午 (5) 四	己未 2 五	庚申 3 六	辛酉 4 日	壬戌 5 一	癸亥 6 二	甲子 7 三	乙丑 8 四	丙寅 9 五	丁卯 10 六	戊辰 11 日	己巳 12 一	庚午 13 二	辛未 14 三	壬申 15 四	癸酉 16 五	甲戌 17 六	乙亥 18 日	丙子 19 一	丁丑 20 二	戊午立夏 癸酉小滿
五月小	甲午	天干支 地西曆 星期	戊寅 21 三	己卯 22 四	庚辰 23 五	辛巳 24 六	壬午 25 日	癸未 26 一	甲申 27 二	乙酉 28 三	丙戌 29 四	丁亥 30 五	戊子 31 六	己丑 (6) 日	庚寅 2 一	辛卯 3 二	壬辰 4 三	癸巳 5 四	甲午 6 五	乙未 7 六	丙申 8 日	丁酉 9 一	戊戌 10 二	己亥 11 三	庚子 12 四	辛丑 13 五	壬寅 14 六	癸卯 15 日	甲辰 16 一	乙巳 17 二	丙午 18 三		戊子芒種 癸卯夏至
六月小	乙未	天干支 地西曆 星期	丁未 19 四	戊申 20 五	己酉 21 六	庚戌 22 日	辛亥 23 一	壬子 24 二	癸丑 25 三	甲寅 26 四	乙卯 27 五	丙辰 28 六	丁巳 29 日	戊午 30 一	己未 (7) 二	庚申 2 三	辛酉 3 四	壬戌 4 五	癸亥 5 六	甲子 6 日	乙丑 7 一	丙寅 8 二	丁卯 9 三	戊辰 10 四	己巳 11 五	庚午 12 六	辛未 13 日	壬申 14 一	癸酉 15 二	甲戌 16 三	乙亥 17 四		戊午小暑 甲戌大暑
七月大	丙申	天干支 地西曆 星期	丙子 18 五	丁丑 19 六	戊寅 20 日	己卯 21 一	庚辰 22 二	辛巳 23 三	壬午 24 四	癸未 25 五	甲申 26 六	乙酉 27 日	丙戌 28 一	丁亥 29 二	戊子 30 三	己丑 31 四	庚寅 (8) 五	辛卯 2 六	壬辰 3 日	癸巳 4 一	甲午 5 二	乙未 6 三	丙申 7 四	丁酉 8 五	戊戌 9 六	己亥 10 日	庚子 11 一	辛丑 12 二	壬寅 13 三	癸卯 14 四	甲辰 15 五	乙巳 16 六	己丑立秋 甲辰處暑
閏七月小	丙申	天干支 地西曆 星期	丙午 17 日	丁未 18 一	戊申 19 二	己酉 20 三	庚戌 21 四	辛亥 22 五	壬子 23 六	癸丑 24 日	甲寅 25 一	乙卯 26 二	丙辰 27 三	丁巳 28 四	戊午 29 五	己未 30 六	庚申 31 日	辛酉 (9) 一	壬戌 2 二	癸亥 3 三	甲子 4 四	乙丑 5 五	丙寅 6 六	丁卯 7 日	戊辰 8 一	己巳 9 二	庚午 10 三	辛未 11 四	壬申 12 五	癸酉 13 六	甲戌 14 日		己未白露
八月小	丁酉	天干支 地西曆 星期	乙亥 15 一	丙子 16 二	丁丑 17 三	戊寅 18 四	己卯 19 五	庚辰 20 六	辛巳 21 日	壬午 22 一	癸未 23 二	甲申 24 三	乙酉 25 四	丙戌 26 五	丁亥 27 六	戊子 28 日	己丑 29 一	庚寅 30 二	辛卯 (10) 三	壬辰 2 四	癸巳 3 五	甲午 4 六	乙未 5 日	丙申 6 一	丁酉 7 二	戊戌 8 三	己亥 9 四	庚子 10 五	辛丑 11 六	壬寅 12 日	癸卯 13 一		乙亥秋分 庚寅寒露
九月大	戊戌	天干支 地西曆 星期	甲辰 14 二	乙巳 15 三	丙午 16 四	丁未 17 五	戊申 18 六	己酉 19 日	庚戌 20 一	辛亥 21 二	壬子 22 三	癸丑 23 四	甲寅 24 五	乙卯 25 六	丙辰 26 日	丁巳 27 一	戊午 28 二	己未 29 三	庚申 30 四	辛酉 31 五	壬戌 (11) 六	癸亥 2 日	甲子 3 一	乙丑 4 二	丙寅 5 三	丁卯 6 四	戊辰 7 五	己巳 8 六	庚午 9 日	辛未 10 一	壬申 11 二	癸酉 12 三	乙巳霜降 庚申立冬
十月大	己亥	天干支 地西曆 星期	甲戌 13 四	乙亥 14 五	丙子 15 六	丁丑 16 日	戊寅 17 一	己卯 18 二	庚辰 19 三	辛巳 20 四	壬午 21 五	癸未 22 六	甲申 23 日	乙酉 24 一	丙戌 25 二	丁亥 26 三	戊子 27 四	己丑 28 五	庚寅 29 六	辛卯 30 日	壬辰 (12) 一	癸巳 2 二	甲午 3 三	乙未 4 四	丙申 5 五	丁酉 6 六	戊戌 7 日	己亥 8 一	庚子 9 二	辛丑 10 三	壬寅 11 四	癸卯 12 五	乙亥小雪 辛卯大雪
十一月大	庚子	天干支 地西曆 星期	甲辰 13 六	乙巳 14 日	丙午 15 一	丁未 16 二	戊申 17 三	己酉 18 四	庚戌 19 五	辛亥 20 六	壬子 21 日	癸丑 22 一	甲寅 23 二	乙卯 24 三	丙辰 25 四	丁巳 26 五	戊午 27 六	己未 28 日	庚申 29 一	辛酉 30 二	壬戌 31 三	癸亥 (1) 四	甲子 2 五	乙丑 3 六	丙寅 4 日	丁卯 5 一	戊辰 6 二	己巳 7 三	庚午 8 四	辛未 9 五	壬申 10 六	癸酉 11 日	丙午冬至 辛酉小寒
十二月小	辛丑	天干支 地西曆 星期	甲戌 12 一	乙亥 13 二	丙子 14 三	丁丑 15 四	戊寅 16 五	己卯 17 六	庚辰 18 日	辛巳 19 一	壬午 20 二	癸未 21 三	甲申 22 四	乙酉 23 五	丙戌 24 六	丁亥 25 日	戊子 26 一	己丑 27 二	庚寅 28 三	辛卯 29 四	壬辰 30 五	癸巳 31 六	甲午 (2) 日	乙未 2 一	丙申 3 二	丁酉 4 三	戊戌 5 四	己亥 6 五	庚子 7 六	辛丑 8 日	壬寅 9 一		丙子大寒 壬辰立春

宋孝宗淳熙十四年（丁未 羊年） 公元 1187 ~ 1188 年

夏曆月序		中西曆日對照	初一	初二	初三	初四	初五	初六	初七	初八	初九	初十	十一	十二	十三	十四	十五	十六	十七	十八	十九	二十	二一	二二	二三	二四	二五	二六	二七	二八	二九	三十	節氣與天象
正月大	壬寅	天干地支 西曆 星期	癸卯 10 二	甲辰 11 三	乙巳 12 四	丙午 13 五	丁未 14 六	戊申 15 日	己酉 16 一	庚戌 17 二	辛亥 18 三	壬子 19 四	癸丑 20 五	甲寅 21 六	乙卯 22 日	丙辰 23 一	丁巳 24 二	戊午 25 三	己未 26 四	庚申 27 五	辛酉 28 六	壬戌 (3) 日	癸亥 2 一	甲子 3 二	乙丑 4 三	丙寅 5 四	丁卯 6 五	戊辰 7 六	己巳 8 日	庚午 9 一	辛未 10 二	壬申 11 三	丁未雨水 壬戌驚蟄
二月大	癸卯	天干地支 西曆 星期	癸酉 12 四	甲戌 13 五	乙亥 14 六	丙子 15 日	丁丑 16 一	戊寅 17 二	己卯 18 三	庚辰 19 四	辛巳 20 五	壬午 21 六	癸未 22 日	甲申 23 一	乙酉 24 二	丙戌 25 三	丁亥 26 四	戊子 27 五	己丑 28 六	庚寅 29 日	辛卯 30 一	壬辰 31 二	癸巳 (4) 三	甲午 2 四	乙未 3 五	丙申 4 六	丁酉 5 日	戊戌 6 一	己亥 7 二	庚子 8 三	辛丑 9 四	壬寅 10 五	丁丑春分 壬辰清明
三月小	甲辰	天干地支 西曆 星期	癸卯 11 六	甲辰 12 日	乙巳 13 一	丙午 14 二	丁未 15 三	戊申 16 四	己酉 17 五	庚戌 18 六	辛亥 19 日	壬子 20 一	癸丑 21 二	甲寅 22 三	乙卯 23 四	丙辰 24 五	丁巳 25 六	戊午 26 日	己未 27 一	庚申 28 二	辛酉 29 三	壬戌 30 四	癸亥 (5) 五	甲子 2 六	乙丑 3 日	丙寅 4 一	丁卯 5 二	戊辰 6 三	己巳 7 四	庚午 8 五	辛未 9 六		戊申穀雨 癸亥立夏
四月大	乙巳	天干地支 西曆 星期	壬申 10 日	癸酉 11 一	甲戌 12 二	乙亥 13 三	丙子 14 四	丁丑 15 五	戊寅 16 六	己卯 17 日	庚辰 18 一	辛巳 19 二	壬午 20 三	癸未 21 四	甲申 22 五	乙酉 23 六	丙戌 24 日	丁亥 25 一	戊子 26 二	己丑 27 三	庚寅 28 四	辛卯 29 五	壬辰 30 六	癸巳 31 日	甲午 (6) 一	乙未 2 二	丙申 3 三	丁酉 4 四	戊戌 5 五	己亥 6 六	庚子 7 日	辛丑 8 一	戊寅小滿 癸巳芒種
五月小	丙午	天干地支 西曆 星期	壬寅 9 二	癸卯 10 三	甲辰 11 四	乙巳 12 五	丙午 13 六	丁未 14 日	戊申 15 一	己酉 16 二	庚戌 17 三	辛亥 18 四	壬子 19 五	癸丑 20 六	甲寅 21 日	乙卯 22 一	丙辰 23 二	丁巳 24 三	戊午 25 四	己未 26 五	庚申 27 六	辛酉 28 日	壬戌 29 一	癸亥 30 二	甲子 (7) 三	乙丑 2 四	丙寅 3 五	丁卯 4 六	戊辰 5 日	己巳 6 一	庚午 7 二		戊申夏至 甲子小暑
六月小	丁未	天干地支 西曆 星期	辛未 8 三	壬申 9 四	癸酉 10 五	甲戌 11 六	乙亥 12 日	丙子 13 一	丁丑 14 二	戊寅 15 三	己卯 16 四	庚辰 17 五	辛巳 18 六	壬午 19 日	癸未 20 一	甲申 21 二	乙酉 22 三	丙戌 23 四	丁亥 24 五	戊子 25 六	己丑 26 日	庚寅 27 一	辛卯 28 二	壬辰 29 三	癸巳 30 四	甲午 31 五	乙未 (8) 六	丙申 2 日	丁酉 3 一	戊戌 4 二	己亥 5 三		己卯大暑 甲午立秋
七月大	戊申	天干地支 西曆 星期	庚子 6 四	辛丑 7 五	壬寅 8 六	癸卯 9 日	甲辰 10 一	乙巳 11 二	丙午 12 三	丁未 13 四	戊申 14 五	己酉 15 六	庚戌 16 日	辛亥 17 一	壬子 18 二	癸丑 19 三	甲寅 20 四	乙卯 21 五	丙辰 22 六	丁巳 23 日	戊午 24 一	己未 25 二	庚申 26 三	辛酉 27 四	壬戌 28 五	癸亥 29 六	甲子 30 日	乙丑 31 一	丙寅 (9) 二	丁卯 2 三	戊辰 3 四	己巳 4 五	己酉處暑 乙丑白露
八月小	己酉	天干地支 西曆 星期	庚午 5 六	辛未 6 日	壬申 7 一	癸酉 8 二	甲戌 9 三	乙亥 10 四	丙子 11 五	丁丑 12 六	戊寅 13 日	己卯 14 一	庚辰 15 二	辛巳 16 三	壬午 17 四	癸未 18 五	甲申 19 六	乙酉 20 日	丙戌 21 一	丁亥 22 二	戊子 23 三	己丑 24 四	庚寅 25 五	辛卯 26 六	壬辰 27 日	癸巳 28 一	甲午 29 二	乙未 30 三	丙申 (10) 四	丁酉 2 五	戊戌 3 六		庚辰秋分 乙未寒露
九月小	庚戌	天干地支 西曆 星期	己亥 4 日	庚子 5 一	辛丑 6 二	壬寅 7 三	癸卯 8 四	甲辰 9 五	乙巳 10 六	丙午 11 日	丁未 12 一	戊申 13 二	己酉 14 三	庚戌 15 四	辛亥 16 五	壬子 17 六	癸丑 18 日	甲寅 19 一	乙卯 20 二	丙辰 21 三	丁巳 22 四	戊午 23 五	己未 24 六	庚申 25 日	辛酉 26 一	壬戌 27 二	癸亥 28 三	甲子 29 四	乙丑 30 五	丙寅 31 六	丁卯 (11) 日		庚戌霜降 乙丑立冬
十月大	辛亥	天干地支 西曆 星期	戊辰 2 一	己巳 3 二	庚午 4 三	辛未 5 四	壬申 6 五	癸酉 7 六	甲戌 8 日	乙亥 9 一	丙子 10 二	丁丑 11 三	戊寅 12 四	己卯 13 五	庚辰 14 六	辛巳 15 日	壬午 16 一	癸未 17 二	甲申 18 三	乙酉 19 四	丙戌 20 五	丁亥 21 六	戊子 22 日	己丑 23 一	庚寅 24 二	辛卯 25 三	壬辰 26 四	癸巳 27 五	甲午 28 六	乙未 29 日	丙申 30 一	丁酉 (12) 二	辛巳小雪 丙申大雪
十一月大	壬子	天干地支 西曆 星期	戊戌 2 三	己亥 3 四	庚子 4 五	辛丑 5 六	壬寅 6 日	癸卯 7 一	甲辰 8 二	乙巳 9 三	丙午 10 四	丁未 11 五	戊申 12 六	己酉 13 日	庚戌 14 一	辛亥 15 二	壬子 16 三	癸丑 17 四	甲寅 18 五	乙卯 19 六	丙辰 20 日	丁巳 21 一	戊午 22 二	己未 23 三	庚申 24 四	辛酉 25 五	壬戌 26 六	癸亥 27 日	甲子 28 一	乙丑 29 二	丙寅 30 三	丁卯 31 四	辛亥冬至 丙寅小寒
十二月小	癸丑	天干地支 西曆 星期	戊辰 (1) 五	己巳 2 六	庚午 3 日	辛未 4 一	壬申 5 二	癸酉 6 三	甲戌 7 四	乙亥 8 五	丙子 9 六	丁丑 10 日	戊寅 11 一	己卯 12 二	庚辰 13 三	辛巳 14 四	壬午 15 五	癸未 16 六	甲申 17 日	乙酉 18 一	丙戌 19 二	丁亥 20 三	戊子 21 四	己丑 22 五	庚寅 23 六	辛卯 24 日	壬辰 25 一	癸巳 26 二	甲午 27 三	乙未 28 四	丙申 29 五		壬午大寒

宋孝宗淳熙十五年（戊申 猴年） 公元 1188 ~ 1189 年

夏曆月序		中西曆日對照	初一	初二	初三	初四	初五	初六	初七	初八	初九	初十	十一	十二	十三	十四	十五	十六	十七	十八	十九	二十	二一	二二	二三	二四	二五	二六	二七	二八	二九	三十	節氣與天象
正月大	甲寅	天干地支 西曆 星期	丁酉 30 六	戊戌 31 日	己亥 (2) 一	庚子 2 二	辛丑 3 三	壬寅 4 四	癸卯 5 五	甲辰 6 六	乙巳 7 日	丙午 8 一	丁未 9 二	戊申 10 三	己酉 11 四	庚戌 12 五	辛亥 13 六	壬子 14 日	癸丑 15 一	甲寅 16 二	乙卯 17 三	丙辰 18 四	丁巳 19 五	戊午 20 六	己未 21 日	庚申 22 一	辛酉 23 二	壬戌 24 三	癸亥 25 四	甲子 26 五	乙丑 27 六	丙寅 28 日	丁酉立春 壬子雨水
二月大	乙卯	天干地支 西曆 星期	丁卯 29 一	戊辰 (3) 二	己巳 2 三	庚午 3 四	辛未 4 五	壬申 5 六	癸酉 6 日	甲戌 7 一	乙亥 8 二	丙子 9 三	丁丑 10 四	戊寅 11 五	己卯 12 六	庚辰 13 日	辛巳 14 一	壬午 15 二	癸未 16 三	甲申 17 四	乙酉 18 五	丙戌 19 六	丁亥 20 日	戊子 21 一	己丑 22 二	庚寅 23 三	辛卯 24 四	壬辰 25 五	癸巳 26 六	甲午 27 日	乙未 28 一	丙申 29 二	丁卯驚蟄 壬午春分
三月大	丙辰	天干地支 西曆 星期	丁酉 30 三	戊戌 31 四	己亥 (4) 五	庚子 2 六	辛丑 3 日	壬寅 4 一	癸卯 5 二	甲辰 6 三	乙巳 7 四	丙午 8 五	丁未 9 六	戊申 10 日	己酉 11 一	庚戌 12 二	辛亥 13 三	壬子 14 四	癸丑 15 五	甲寅 16 六	乙卯 17 日	丙辰 18 一	丁巳 19 二	戊午 20 三	己未 21 四	庚申 22 五	辛酉 23 六	壬戌 24 日	癸亥 25 一	甲子 26 二	乙丑 27 三	丙寅 28 四	戊戌清明 癸丑穀雨
四月小	丁巳	天干地支 西曆 星期	丁卯 29 五	戊辰 30 六	己巳 (5) 日	庚午 2 一	辛未 3 二	壬申 4 三	癸酉 5 四	甲戌 6 五	乙亥 7 六	丙子 8 日	丁丑 9 一	戊寅 10 二	己卯 11 三	庚辰 12 四	辛巳 13 五	壬午 14 六	癸未 15 日	甲申 16 一	乙酉 17 二	丙戌 18 三	丁亥 19 四	戊子 20 五	己丑 21 六	庚寅 22 日	辛卯 23 一	壬辰 24 二	癸巳 25 三	甲午 26 四	乙未 27 五		戊辰立夏 癸未小滿
五月大	戊午	天干地支 西曆 星期	丙申 28 六	丁酉 29 日	戊戌 30 一	己亥 31 二	庚子 (6) 三	辛丑 2 四	壬寅 3 五	癸卯 4 六	甲辰 5 日	乙巳 6 一	丙午 7 二	丁未 8 三	戊申 9 四	己酉 10 五	庚戌 11 六	辛亥 12 日	壬子 13 一	癸丑 14 二	甲寅 15 三	乙卯 16 四	丙辰 17 五	丁巳 18 六	戊午 19 日	己未 20 一	庚申 21 二	辛酉 22 三	壬戌 23 四	癸亥 24 五	甲子 25 六	乙丑 26 日	戊戌芒種 甲寅夏至
六月小	己未	天干地支 西曆 星期	丙寅 27 一	丁卯 28 二	戊辰 29 三	己巳 30 四	庚午 (7) 五	辛未 2 六	壬申 3 日	癸酉 4 一	甲戌 5 二	乙亥 6 三	丙子 7 四	丁丑 8 五	戊寅 9 六	己卯 10 日	庚辰 11 一	辛巳 12 二	壬午 13 三	癸未 14 四	甲申 15 五	乙酉 16 六	丙戌 17 日	丁亥 18 一	戊子 19 二	己丑 20 三	庚寅 21 四	辛卯 22 五	壬辰 23 六	癸巳 24 日	甲午 25 一		己巳小暑 甲申大暑
七月小	庚申	天干地支 西曆 星期	乙未 26 二	丙申 27 三	丁酉 28 四	戊戌 29 五	己亥 30 六	庚子 31 日	辛丑 (8) 一	壬寅 2 二	癸卯 3 三	甲辰 4 四	乙巳 5 五	丙午 6 六	丁未 7 日	戊申 8 一	己酉 9 二	庚戌 10 三	辛亥 11 四	壬子 12 五	癸丑 13 六	甲寅 14 日	乙卯 15 一	丙辰 16 二	丁巳 17 三	戊午 18 四	己未 19 五	庚申 20 六	辛酉 21 日	壬戌 22 一	癸亥 23 二		己亥立秋 乙卯處暑
八月大	辛酉	天干地支 西曆 星期	甲子 24 三	乙丑 25 四	丙寅 26 五	丁卯 27 六	戊辰 28 日	己巳 29 一	庚午 30 二	辛未 31 三	壬申 (9) 四	癸酉 2 五	甲戌 3 六	乙亥 4 日	丙子 5 一	丁丑 6 二	戊寅 7 三	己卯 8 四	庚辰 9 五	辛巳 10 六	壬午 11 日	癸未 12 一	甲申 13 二	乙酉 14 三	丙戌 15 四	丁亥 16 五	戊子 17 六	己丑 18 日	庚寅 19 一	辛卯 20 二	壬辰 21 三	癸巳 22 四	庚午白露 乙酉秋分 甲子日食
九月小	壬戌	天干地支 西曆 星期	甲午 23 五	乙未 24 六	丙申 25 日	丁酉 26 一	戊戌 27 二	己亥 28 三	庚子 29 四	辛丑 30 五	壬寅 (10) 六	癸卯 2 日	甲辰 3 一	乙巳 4 二	丙午 5 三	丁未 6 四	戊申 7 五	己酉 8 六	庚戌 9 日	辛亥 10 一	壬子 11 二	癸丑 12 三	甲寅 13 四	乙卯 14 五	丙辰 15 六	丁巳 16 日	戊午 17 一	己未 18 二	庚申 19 三	辛酉 20 四	壬戌 21 五		庚子寒露 乙卯霜降
十月小	癸亥	天干地支 西曆 星期	癸亥 22 六	甲子 23 日	乙丑 24 一	丙寅 25 二	丁卯 26 三	戊辰 27 四	己巳 28 五	庚午 29 六	辛未 30 日	壬申 31 一	癸酉 (11) 二	甲戌 2 三	乙亥 3 四	丙子 4 五	丁丑 5 六	戊寅 6 日	己卯 7 一	庚辰 8 二	辛巳 9 三	壬午 10 四	癸未 11 五	甲申 12 六	乙酉 13 日	丙戌 14 一	丁亥 15 二	戊子 16 三	己丑 17 四	庚寅 18 五	辛卯 19 六		辛未立冬 丙戌小雪
十一月大	甲子	天干地支 西曆 星期	壬辰 20 日	癸巳 21 一	甲午 22 二	乙未 23 三	丙申 24 四	丁酉 25 五	戊戌 26 六	己亥 27 日	庚子 28 一	辛丑 29 二	壬寅 30 三	癸卯 (12) 四	甲辰 2 五	乙巳 3 六	丙午 4 日	丁未 5 一	戊申 6 二	己酉 7 三	庚戌 8 四	辛亥 9 五	壬子 10 六	癸丑 11 日	甲寅 12 一	乙卯 13 二	丙辰 14 三	丁巳 15 四	戊午 16 五	己未 17 六	庚申 18 日	辛酉 19 一	辛丑大雪 丙辰冬至
十二月大	乙丑	天干地支 西曆 星期	壬戌 20 二	癸亥 21 三	甲子 22 四	乙丑 23 五	丙寅 24 六	丁卯 25 日	戊辰 26 一	己巳 27 二	庚午 28 三	辛未 29 四	壬申 30 五	癸酉 31 六	甲戌 (1) 日	乙亥 2 一	丙子 3 二	丁丑 4 三	戊寅 5 四	己卯 6 五	庚辰 7 六	辛巳 8 日	壬午 9 一	癸未 10 二	甲申 11 三	乙酉 12 四	丙戌 13 五	丁亥 14 六	戊子 15 日	己丑 16 一	庚寅 17 二	辛卯 18 三	壬申小寒 丁亥大寒

宋孝宗淳熙十六年　光宗淳熙十六年（己酉 鷄年）　公元 **1189** ~ 1190 年

夏曆月序		中西曆日對照	夏曆日序																														節氣與天象
			初一	初二	初三	初四	初五	初六	初七	初八	初九	初十	十一	十二	十三	十四	十五	十六	十七	十八	十九	二十	二一	二二	二三	二四	二五	二六	二七	二八	二九	三十	
正月小	丙寅	天干地支 西曆 星期	壬辰 19 四	癸巳 20 五	甲午 21 六	乙未 22 日	丙申 23 一	丁酉 24 二	戊戌 25 三	己亥 26 四	庚子 27 五	辛丑 28 六	壬寅 29 日	癸卯 30 一	甲辰 31 二	乙巳 (2) 三	丙午 2 四	丁未 3 五	戊申 4 六	己酉 5 日	庚戌 6 一	辛亥 7 二	壬子 8 三	癸丑 9 四	甲寅 10 五	乙卯 11 六	丙辰 12 日	丁巳 13 一	戊午 14 二	己未 15 三	庚申 16 四		壬寅立春 丁巳雨水
二月大	丁卯	天干地支 西曆 星期	辛酉 17 五	壬戌 18 六	癸亥 19 日	甲子 20 一	乙丑 21 二	丙寅 22 三	丁卯 23 四	戊辰 24 五	己巳 25 六	庚午 26 日	辛未 27 一	壬申 28 二	癸酉 (3) 三	甲戌 2 四	乙亥 3 五	丙子 4 六	丁丑 5 日	戊寅 6 一	己卯 7 二	庚辰 8 三	辛巳 9 四	壬午 10 五	癸未 11 六	甲申 12 日	乙酉 13 一	丙戌 14 二	丁亥 15 三	戊子 16 四	己丑 17 五	庚寅 18 六	壬申驚蟄 戊子春分 辛酉日食
三月大	戊辰	天干地支 西曆 星期	辛卯 19 日	壬辰 20 一	癸巳 21 二	甲午 22 三	乙未 23 四	丙申 24 五	丁酉 25 六	戊戌 26 日	己亥 27 一	庚子 28 二	辛丑 29 三	壬寅 30 四	癸卯 31 五	甲辰 (4) 六	乙巳 2 日	丙午 3 一	丁未 4 二	戊申 5 三	己酉 6 四	庚戌 7 五	辛亥 8 六	壬子 9 日	癸丑 10 一	甲寅 11 二	乙卯 12 三	丙辰 13 四	丁巳 14 五	戊午 15 六	己未 16 日	庚申 17 一	癸卯清明 戊午穀雨
四月小	己巳	天干地支 西曆 星期	辛酉 18 二	壬戌 19 三	癸亥 20 四	甲子 21 五	乙丑 22 六	丙寅 23 日	丁卯 24 一	戊辰 25 二	己巳 26 三	庚午 27 四	辛未 28 五	壬申 29 六	癸酉 30 日	甲戌 (5) 一	乙亥 2 二	丙子 3 三	丁丑 4 四	戊寅 5 五	己卯 6 六	庚辰 7 日	辛巳 8 一	壬午 9 二	癸未 10 三	甲申 11 四	乙酉 12 五	丙戌 13 六	丁亥 14 日	戊子 15 一	己丑 16 二		癸酉立夏 己丑小滿
五月大	庚午	天干地支 西曆 星期	庚寅 17 三	辛卯 18 四	壬辰 19 五	癸巳 20 六	甲午 21 日	乙未 22 一	丙申 23 二	丁酉 24 三	戊戌 25 四	己亥 26 五	庚子 27 六	辛丑 28 日	壬寅 29 一	癸卯 30 二	甲辰 31 三	乙巳 (6) 四	丙午 2 五	丁未 3 六	戊申 4 日	己酉 5 一	庚戌 6 二	辛亥 7 三	壬子 8 四	癸丑 9 五	甲寅 10 六	乙卯 11 日	丙辰 12 一	丁巳 13 二	戊午 14 三	己未 15 四	甲辰芒種 己未夏至
閏五月小	庚午	天干地支 西曆 星期	庚申 16 五	辛酉 17 六	壬戌 18 日	癸亥 19 一	甲子 20 二	乙丑 21 三	丙寅 22 四	丁卯 23 五	戊辰 24 六	己巳 25 日	庚午 26 一	辛未 27 二	壬申 28 三	癸酉 29 四	甲戌 30 五	乙亥 (7) 六	丙子 2 日	丁丑 3 一	戊寅 4 二	己卯 5 三	庚辰 6 四	辛巳 7 五	壬午 8 六	癸未 9 日	甲申 10 一	乙酉 11 二	丙戌 12 三	丁亥 13 四	戊子 14 五		甲戌小暑
六月大	辛未	天干地支 西曆 星期	己丑 15 六	庚寅 16 日	辛卯 17 一	壬辰 18 二	癸巳 19 三	甲午 20 四	乙未 21 五	丙申 22 六	丁酉 23 日	戊戌 24 一	己亥 25 二	庚子 26 三	辛丑 27 四	壬寅 28 五	癸卯 29 六	甲辰 30 日	乙巳 31 一	丙午 (8) 二	丁未 2 三	戊申 3 四	己酉 4 五	庚戌 5 六	辛亥 6 日	壬子 7 一	癸丑 8 二	甲寅 9 三	乙卯 10 四	丙辰 11 五	丁巳 12 六	戊午 13 日	己丑大暑 乙巳立秋
七月小	壬申	天干地支 西曆 星期	己未 14 一	庚申 15 二	辛酉 16 三	壬戌 17 四	癸亥 18 五	甲子 19 六	乙丑 20 日	丙寅 21 一	丁卯 22 二	戊辰 23 三	己巳 24 四	庚午 25 五	辛未 26 六	壬申 27 日	癸酉 28 一	甲戌 29 二	乙亥 30 三	丙子 31 四	丁丑 (9) 五	戊寅 2 六	己卯 3 日	庚辰 4 一	辛巳 5 二	壬午 6 三	癸未 7 四	甲申 8 五	乙酉 9 六	丙戌 10 日	丁亥 11 一		庚申處暑 乙亥白露
八月大	癸酉	天干地支 西曆 星期	戊子 12 二	己丑 13 三	庚寅 14 四	辛卯 15 五	壬辰 16 六	癸巳 17 日	甲午 18 一	乙未 19 二	丙申 20 三	丁酉 21 四	戊戌 22 五	己亥 23 六	庚子 24 日	辛丑 25 一	壬寅 26 二	癸卯 27 三	甲辰 28 四	乙巳 29 五	丙午 30 六	丁未 (10) 日	戊申 2 一	己酉 3 二	庚戌 4 三	辛亥 5 四	壬子 6 五	癸丑 7 六	甲寅 8 日	乙卯 9 一	丙辰 10 二	丁巳 11 三	庚寅秋分 乙巳寒露
九月小	甲戌	天干地支 西曆 星期	戊午 12 四	己未 13 五	庚申 14 六	辛酉 15 日	壬戌 16 一	癸亥 17 二	甲子 18 三	乙丑 19 四	丙寅 20 五	丁卯 21 六	戊辰 22 日	己巳 23 一	庚午 24 二	辛未 25 三	壬申 26 四	癸酉 27 五	甲戌 28 六	乙亥 29 日	丙子 30 一	丁丑 31 二	戊寅 (11) 三	己卯 2 四	庚辰 3 五	辛巳 4 六	壬午 5 日	癸未 6 一	甲申 7 二	乙酉 8 三	丙戌 9 四		辛酉霜降 丙子立冬
十月大	乙亥	天干地支 西曆 星期	丁亥 10 五	戊子 11 六	己丑 12 日	庚寅 13 一	辛卯 14 二	壬辰 15 三	癸巳 16 四	甲午 17 五	乙未 18 六	丙申 19 日	丁酉 20 一	戊戌 21 二	己亥 22 三	庚子 23 四	辛丑 24 五	壬寅 25 六	癸卯 26 日	甲辰 27 一	乙巳 28 二	丙午 29 三	丁未 30 四	戊申 (12) 五	己酉 2 六	庚戌 3 日	辛亥 4 一	壬子 5 二	癸丑 6 三	甲寅 7 四	乙卯 8 五	丙辰 9 六	辛卯小雪 丙午大雪
十一月小	丙子	天干地支 西曆 星期	丁巳 10 日	戊午 11 一	己未 12 二	庚申 13 三	辛酉 14 四	壬戌 15 五	癸亥 16 六	甲子 17 日	乙丑 18 一	丙寅 19 二	丁卯 20 三	戊辰 21 四	己巳 22 五	庚午 23 六	辛未 24 日	壬申 25 一	癸酉 26 二	甲戌 27 三	乙亥 28 四	丙子 29 五	丁丑 30 六	戊寅 31 日	己卯 (1) 一	庚辰 2 二	辛巳 3 三	壬午 4 四	癸未 5 五	甲申 6 六	乙酉 7 日		壬戌冬至 丁丑小寒
十二月大	丁丑	天干地支 西曆 星期	丙戌 8 一	丁亥 9 二	戊子 10 三	己丑 11 四	庚寅 12 五	辛卯 13 六	壬辰 14 日	癸巳 15 一	甲午 16 二	乙未 17 三	丙申 18 四	丁酉 19 五	戊戌 20 六	己亥 21 日	庚子 22 一	辛丑 23 二	壬寅 24 三	癸卯 25 四	甲辰 26 五	乙巳 27 六	丙午 28 日	丁未 29 一	戊申 30 二	己酉 31 三	庚戌 (2) 四	辛亥 2 五	壬子 3 六	癸丑 4 日	甲寅 5 一	乙卯 6 二	壬辰大寒 丁未立春

* 二月壬戌（初二），孝宗傳位于光宗。

宋光宗紹熙元年（庚戌 狗年） 公元 **1190** ~ 1191 年

夏曆月序		中西曆日對照	初一	初二	初三	初四	初五	初六	初七	初八	初九	初十	十一	十二	十三	十四	十五	十六	十七	十八	十九	二十	二一	二二	二三	二四	二五	二六	二七	二八	二九	三十	節氣與天象
正月小	戊寅	天干地支 西曆 星期	丙辰 7 三	丁巳 8 四	戊午 9 五	己未 10 六	庚申 11 日	辛酉 12 一	壬戌 13 二	癸亥 14 三	甲子 15 四	乙丑 16 五	丙寅 17 六	丁卯 18 日	戊辰 19 一	己巳 20 二	庚午 21 三	辛未 22 四	壬申 23 五	癸酉 24 六	甲戌 25 日	乙亥 26 一	丙子 27 二	丁丑 28 三	戊寅 (3) 四	己卯 2 五	庚辰 3 六	辛巳 4 日	壬午 5 一	癸未 6 二	甲申 7 三		壬戌雨水 戊寅驚蟄
二月大	己卯	天干地支 西曆 星期	乙酉 8 四	丙戌 9 五	丁亥 10 六	戊子 11 日	己丑 12 一	庚寅 13 二	辛卯 14 三	壬辰 15 四	癸巳 16 五	甲午 17 六	乙未 18 日	丙申 19 一	丁酉 20 二	戊戌 21 三	己亥 22 四	庚子 23 五	辛丑 24 六	壬寅 25 日	癸卯 26 一	甲辰 27 二	乙巳 28 三	丙午 29 四	丁未 30 五	戊申 31 六	己酉 (4) 日	庚戌 2 一	辛亥 3 二	壬子 4 三	癸丑 5 四	甲寅 6 五	癸巳春分 戊申清明
三月小	庚辰	天干地支 西曆 星期	乙卯 7 六	丙辰 8 日	丁巳 9 一	戊午 10 二	己未 11 三	庚申 12 四	辛酉 13 五	壬戌 14 六	癸亥 15 日	甲子 16 一	乙丑 17 二	丙寅 18 三	丁卯 19 四	戊辰 20 五	己巳 21 六	庚午 22 日	辛未 23 一	壬申 24 二	癸酉 25 三	甲戌 26 四	乙亥 27 五	丙子 28 六	丁丑 29 日	戊寅 30 一	己卯 (5) 二	庚辰 2 三	辛巳 3 四	壬午 4 五	癸未 5 六		癸亥穀雨 己卯立夏
四月大	辛巳	天干地支 西曆 星期	甲申 6 日	乙酉 7 一	丙戌 8 二	丁亥 9 三	戊子 10 四	己丑 11 五	庚寅 12 六	辛卯 13 日	壬辰 14 一	癸巳 15 二	甲午 16 三	乙未 17 四	丙申 18 五	丁酉 19 六	戊戌 20 日	己亥 21 一	庚子 22 二	辛丑 23 三	壬寅 24 四	癸卯 25 五	甲辰 26 六	乙巳 27 日	丙午 28 一	丁未 29 二	戊申 30 三	己酉 31 四	庚戌 (6) 五	辛亥 2 六	壬子 3 日	癸丑 4 一	甲午小滿 己酉芒種
五月大	壬午	天干地支 西曆 星期	甲寅 5 二	乙卯 6 三	丙辰 7 四	丁巳 8 五	戊午 9 六	己未 10 日	庚申 11 一	辛酉 12 二	壬戌 13 三	癸亥 14 四	甲子 15 五	乙丑 16 六	丙寅 17 日	丁卯 18 一	戊辰 19 二	己巳 20 三	庚午 21 四	辛未 22 五	壬申 23 六	癸酉 24 日	甲戌 25 一	乙亥 26 二	丙子 27 三	丁丑 28 四	戊寅 29 五	己卯 30 六	庚辰 (7) 日	辛巳 2 一	壬午 3 二	癸未 4 三	甲子夏至 己卯小暑 癸未日食
六月小	癸未	天干地支 西曆 星期	甲申 5 四	乙酉 6 五	丙戌 7 六	丁亥 8 日	戊子 9 一	己丑 10 二	庚寅 11 三	辛卯 12 四	壬辰 13 五	癸巳 14 六	甲午 15 日	乙未 16 一	丙申 17 二	丁酉 18 三	戊戌 19 四	己亥 20 五	庚子 21 六	辛丑 22 日	壬寅 23 一	癸卯 24 二	甲辰 25 三	乙巳 26 四	丙午 27 五	丁未 28 六	戊申 29 日	己酉 30 一	庚戌 31 二	辛亥 (8) 三	壬子 2 四		乙未大暑 庚戌立秋
七月大	甲申	天干地支 西曆 星期	癸丑 3 五	甲寅 4 六	乙卯 5 日	丙辰 6 一	丁巳 7 二	戊午 8 三	己未 9 四	庚申 10 五	辛酉 11 六	壬戌 12 日	癸亥 13 一	甲子 14 二	乙丑 15 三	丙寅 16 四	丁卯 17 五	戊辰 18 六	己巳 19 日	庚午 20 一	辛未 21 二	壬申 22 三	癸酉 23 四	甲戌 24 五	乙亥 25 六	丙子 26 日	丁丑 27 一	戊寅 28 二	己卯 29 三	庚辰 30 四	辛巳 31 五	壬午 (9) 六	乙丑處暑 庚辰白露
八月小	乙酉	天干地支 西曆 星期	癸未 2 日	甲申 3 一	乙酉 4 二	丙戌 5 三	丁亥 6 四	戊子 7 五	己丑 8 六	庚寅 9 日	辛卯 10 一	壬辰 11 二	癸巳 12 三	甲午 13 四	乙未 14 五	丙申 15 六	丁酉 16 日	戊戌 17 一	己亥 18 二	庚子 19 三	辛丑 20 四	壬寅 21 五	癸卯 22 六	甲辰 23 日	乙巳 24 一	丙午 25 二	丁未 26 三	戊申 27 四	己酉 28 五	庚戌 29 六	辛亥 30 日		丙申秋分 辛亥寒露
九月大	丙戌	天干地支 西曆 星期	壬子 (10) 一	癸丑 2 二	甲寅 3 三	乙卯 4 四	丙辰 5 五	丁巳 6 六	戊午 7 日	己未 8 一	庚申 9 二	辛酉 10 三	壬戌 11 四	癸亥 12 五	甲子 13 六	乙丑 14 日	丙寅 15 一	丁卯 16 二	戊辰 17 三	己巳 18 四	庚午 19 五	辛未 20 六	壬申 21 日	癸酉 22 一	甲戌 23 二	乙亥 24 三	丙子 25 四	丁丑 26 五	戊寅 27 六	己卯 28 日	庚辰 29 一	辛巳 30 二	丙寅霜降 辛巳立冬
十月小	丁亥	天干地支 西曆 星期	壬午 31 三	癸未 (11) 四	甲申 2 五	乙酉 3 六	丙戌 4 日	丁亥 5 一	戊子 6 二	己丑 7 三	庚寅 8 四	辛卯 9 五	壬辰 10 六	癸巳 11 日	甲午 12 一	乙未 13 二	丙申 14 三	丁酉 15 四	戊戌 16 五	己亥 17 六	庚子 18 日	辛丑 19 一	壬寅 20 二	癸卯 21 三	甲辰 22 四	乙巳 23 五	丙午 24 六	丁未 25 日	戊申 26 一	己酉 27 二	庚戌 28 三		丙申小雪
十一月大	戊子	天干地支 西曆 星期	辛亥 29 四	壬子 30 五	癸丑 (12) 六	甲寅 2 日	乙卯 3 一	丙辰 4 二	丁巳 5 三	戊午 6 四	己未 7 五	庚申 8 六	辛酉 9 日	壬戌 10 一	癸亥 11 二	甲子 12 三	乙丑 13 四	丙寅 14 五	丁卯 15 六	戊辰 16 日	己巳 17 一	庚午 18 二	辛未 19 三	壬申 20 四	癸酉 21 五	甲戌 22 六	乙亥 23 日	丙子 24 一	丁丑 25 二	戊寅 26 三	己卯 27 四	庚辰 28 五	壬子大雪 丁卯冬至
十二月小	己丑	天干地支 西曆 星期	辛巳 29 六	壬午 30 日	癸未 31 一	甲申 (1) 二	乙酉 2 三	丙戌 3 四	丁亥 4 五	戊子 5 六	己丑 6 日	庚寅 7 一	辛卯 8 二	壬辰 9 三	癸巳 10 四	甲午 11 五	乙未 12 六	丙申 13 日	丁酉 14 一	戊戌 15 二	己亥 16 三	庚子 17 四	辛丑 18 五	壬寅 19 六	癸卯 20 日	甲辰 21 一	乙巳 22 二	丙午 23 三	丁未 24 四	戊申 25 五	己酉 26 六		壬午小寒 丁酉大寒

* 正月丙辰（初一），改元紹熙。

宋光宗紹熙二年（辛亥 猪年） 公元 1191 ~ 1192 年

夏曆月序		中西曆日對照	初一	初二	初三	初四	初五	初六	初七	初八	初九	初十	十一	十二	十三	十四	十五	十六	十七	十八	十九	二十	二一	二二	二三	二四	二五	二六	二七	二八	二九	三十	節氣與天象
正月大	庚寅	天干地支 西曆 星期	庚戌27日	辛亥28一	壬子29二	癸丑30三	甲寅31四	乙卯(2)五	丙辰2六	丁巳3日	戊午4一	己未5二	庚申6三	辛酉7四	壬戌8五	癸亥9六	甲子10日	乙丑11一	丙寅12二	丁卯13三	戊辰14四	己巳15五	庚午16六	辛未17日	壬申18一	癸酉19二	甲戌20三	乙亥21四	丙子22五	丁丑23六	戊寅24日	己卯25一	壬子立春 戊辰雨水
二月小	辛卯	天干地支 西曆 星期	庚辰26二	辛巳27三	壬午28四	癸未(3)五	甲申2六	乙酉3日	丙戌4一	丁亥5二	戊子6三	己丑7四	庚寅8五	辛卯9六	壬辰10日	癸巳11一	甲午12二	乙未13三	丙申14四	丁酉15五	戊戌16六	己亥17日	庚子18一	辛丑19二	壬寅20三	癸卯21四	甲辰22五	乙巳23六	丙午24日	丁未25一	戊申26二		癸未驚蟄 戊戌春分
三月小	壬辰	天干地支 西曆 星期	己酉27三	庚戌28四	辛亥29五	壬子30六	癸丑31日	甲寅(4)一	乙卯2二	丙辰3三	丁巳4四	戊午5五	己未6六	庚申7日	辛酉8一	壬戌9二	癸亥10三	甲子11四	乙丑12五	丙寅13六	丁卯14日	戊辰15一	己巳16二	庚午17三	辛未18四	壬申19五	癸酉20六	甲戌21日	乙亥22一	丙子23二	丁丑24三		癸丑清明 己巳穀雨
四月大	癸巳	天干地支 西曆 星期	戊寅25四	己卯26五	庚辰27六	辛巳28日	壬午29一	癸未30二	甲申(5)三	乙酉2四	丙戌3五	丁亥4六	戊子5日	己丑6一	庚寅7二	辛卯8三	壬辰9四	癸巳10五	甲午11六	乙未12日	丙申13一	丁酉14二	戊戌15三	己亥16四	庚子17五	辛丑18六	壬寅19日	癸卯20一	甲辰21二	乙巳22三	丙午23四	丁未24五	甲申立夏 己亥小滿
五月大	甲午	天干地支 西曆 星期	戊申25六	己酉26日	庚戌27一	辛亥28二	壬子29三	癸丑30四	甲寅31五	乙卯(6)六	丙辰2日	丁巳3一	戊午4二	己未5三	庚申6四	辛酉7五	壬戌8六	癸亥9日	甲子10一	乙丑11二	丙寅12三	丁卯13四	戊辰14五	己巳15六	庚午16日	辛未17一	壬申18二	癸酉19三	甲戌20四	乙亥21五	丙子22六	丁丑23日	甲寅芒種 己巳夏至 丁丑日食
六月小	乙未	天干地支 西曆 星期	戊寅24一	己卯25二	庚辰26三	辛巳27四	壬午28五	癸未29六	甲申30日	乙酉(7)一	丙戌2二	丁亥3三	戊子4四	己丑5五	庚寅6六	辛卯7日	壬辰8一	癸巳9二	甲午10三	乙未11四	丙申12五	丁酉13六	戊戌14日	己亥15一	庚子16二	辛丑17三	壬寅18四	癸卯19五	甲辰20六	乙巳21日	丙午22一		乙酉小暑 庚子大暑
七月大	丙申	天干地支 西曆 星期	丁未23二	戊申24三	己酉25四	庚戌26五	辛亥27六	壬子28日	癸丑29一	甲寅30二	乙卯31三	丙辰(8)四	丁巳2五	戊午3六	己未4日	庚申5一	辛酉6二	壬戌7三	癸亥8四	甲子9五	乙丑10六	丙寅11日	丁卯12一	戊辰13二	己巳14三	庚午15四	辛未16五	壬申17六	癸酉18日	甲戌19一	乙亥20二	丙子21三	乙卯立秋 庚午處暑
八月大	丁酉	天干地支 西曆 星期	丁丑22四	戊寅23五	己卯24六	庚辰25日	辛巳26一	壬午27二	癸未28三	甲申29四	乙酉30五	丙戌31六	丁亥(9)日	戊子2一	己丑3二	庚寅4三	辛卯5四	壬辰6五	癸巳7六	甲午8日	乙未9一	丙申10二	丁酉11三	戊戌12四	己亥13五	庚子14六	辛丑15日	壬寅16一	癸卯17二	甲辰18三	乙巳19四	丙午20五	丙戌白露 辛丑秋分
九月小	戊戌	天干地支 西曆 星期	丁未21六	戊申22日	己酉23一	庚戌24二	辛亥25三	壬子26四	癸丑27五	甲寅28六	乙卯29日	丙辰30一	丁巳(10)二	戊午2三	己未3四	庚申4五	辛酉5六	壬戌6日	癸亥7一	甲子8二	乙丑9三	丙寅10四	丁卯11五	戊辰12六	己巳13日	庚午14一	辛未15二	壬申16三	癸酉17四	甲戌18五	乙亥19六		丙辰寒露 辛未霜降
十月大	己亥	天干地支 西曆 星期	丙子20日	丁丑21一	戊寅22二	己卯23三	庚辰24四	辛巳25五	壬午26六	癸未27日	甲申28一	乙酉29二	丙戌30三	丁亥31四	戊子(11)五	己丑2六	庚寅3日	辛卯4一	壬辰5二	癸巳6三	甲午7四	乙未8五	丙申9六	丁酉10日	戊戌11一	己亥12二	庚子13三	辛丑14四	壬寅15五	癸卯16六	甲辰17日	乙巳18一	丙戌立冬 壬寅小雪
十一月小	庚子	天干地支 西曆 星期	丙午19二	丁未20三	戊申21四	己酉22五	庚戌23六	辛亥24日	壬子25一	癸丑26二	甲寅27三	乙卯28四	丙辰29五	丁巳30六	戊午(12)日	己未2一	庚申3二	辛酉4三	壬戌5四	癸亥6五	甲子7六	乙丑8日	丙寅9一	丁卯10二	戊辰11三	己巳12四	庚午13五	辛未14六	壬申15日	癸酉16一	甲戌17二		丁巳大雪 壬申冬至
十二月大	辛丑	天干地支 西曆 星期	乙亥18三	丙子19四	丁丑20五	戊寅21六	己卯22日	庚辰23一	辛巳24二	壬午25三	癸未26四	甲申27五	乙酉28六	丙戌29日	丁亥30一	戊子31二	己丑(1)三	庚寅2四	辛卯3五	壬辰4六	癸巳5日	甲午6一	乙未7二	丙申8三	丁酉9四	戊戌10五	己亥11六	庚子12日	辛丑13一	壬寅14二	癸卯15三	甲辰16四	丁亥小寒 癸卯大寒

宋光宗紹熙三年（壬子 鼠年） 公元 1192 ~ 1193 年

夏曆月序		中西曆日對照	初一	初二	初三	初四	初五	初六	初七	初八	初九	初十	十一	十二	十三	十四	十五	十六	十七	十八	十九	二十	二一	二二	二三	二四	二五	二六	二七	二八	二九	三十	節氣與天象
正月小	壬寅	天干 地支 西曆 星期	乙巳 17 五	丙午 18 六	丁未 19 日	戊申 20 一	己酉 21 二	庚戌 22 三	辛亥 23 四	壬子 24 五	癸丑 25 六	甲寅 26 日	乙卯 27 一	丙辰 28 二	丁巳 29 三	戊午 30 四	己未 31 五	庚申 (2) 六	辛酉 2 日	壬戌 3 一	癸亥 4 二	甲子 5 三	乙丑 6 四	丙寅 7 五	丁卯 8 六	戊辰 9 日	己巳 10 一	庚午 11 二	辛未 12 三	壬申 13 四	癸酉 14 五		戊午立春 癸酉雨水
二月大	癸卯	天干 地支 西曆 星期	甲戌 15 六	乙亥 16 日	丙子 17 一	丁丑 18 二	戊寅 19 三	己卯 20 四	庚辰 21 五	辛巳 22 六	壬午 23 日	癸未 24 一	甲申 25 二	乙酉 26 三	丙戌 27 四	丁亥 28 五	戊子 29 六	己丑 (3) 日	庚寅 2 一	辛卯 3 二	壬辰 4 三	癸巳 5 四	甲午 6 五	乙未 7 六	丙申 8 日	丁酉 9 一	戊戌 10 二	己亥 11 三	庚子 12 四	辛丑 13 五	壬寅 14 六	癸卯 15 日	戊子驚蟄 癸卯春分
閏二月小	癸卯	天干 地支 西曆 星期	甲辰 16 一	乙巳 17 二	丙午 18 三	丁未 19 四	戊申 20 五	己酉 21 六	庚戌 22 日	辛亥 23 一	壬子 24 二	癸丑 25 三	甲寅 26 四	乙卯 27 五	丙辰 28 六	丁巳 29 日	戊午 30 一	己未 31 二	庚申 (4) 三	辛酉 2 四	壬戌 3 五	癸亥 4 六	甲子 5 日	乙丑 6 一	丙寅 7 二	丁卯 8 三	戊辰 9 四	己巳 10 五	庚午 11 六	辛未 12 日	壬申 13 一		己未清明
三月小	甲辰	天干 地支 西曆 星期	癸酉 14 二	甲戌 15 三	乙亥 16 四	丙子 17 五	丁丑 18 六	戊寅 19 日	己卯 20 一	庚辰 21 二	辛巳 22 三	壬午 23 四	癸未 24 五	甲申 25 六	乙酉 26 日	丙戌 27 一	丁亥 28 二	戊子 29 三	己丑 30 四	庚寅 (5) 五	辛卯 2 六	壬辰 3 日	癸巳 4 一	甲午 5 二	乙未 6 三	丙申 7 四	丁酉 8 五	戊戌 9 六	己亥 10 日	庚子 11 一	辛丑 12 二		甲戌穀雨 己丑立夏
四月大	乙巳	天干 地支 西曆 星期	壬寅 13 三	癸卯 14 四	甲辰 15 五	乙巳 16 六	丙午 17 日	丁未 18 一	戊申 19 二	己酉 20 三	庚戌 21 四	辛亥 22 五	壬子 23 六	癸丑 24 日	甲寅 25 一	乙卯 26 二	丙辰 27 三	丁巳 28 四	戊午 29 五	己未 30 六	庚申 31 日	辛酉 (6) 一	壬戌 2 二	癸亥 3 三	甲子 4 四	乙丑 5 五	丙寅 6 六	丁卯 7 日	戊辰 8 一	己巳 9 二	庚午 10 三	辛未 11 四	甲辰小滿 己未芒種
五月小	丙午	天干 地支 西曆 星期	壬申 12 五	癸酉 13 六	甲戌 14 日	乙亥 15 一	丙子 16 二	丁丑 17 三	戊寅 18 四	己卯 19 五	庚辰 20 六	辛巳 21 日	壬午 22 一	癸未 23 二	甲申 24 三	乙酉 25 四	丙戌 26 五	丁亥 27 六	戊子 28 日	己丑 29 一	庚寅 30 二	辛卯 (7) 三	壬辰 2 四	癸巳 3 五	甲午 4 六	乙未 5 日	丙申 6 一	丁酉 7 二	戊戌 8 三	己亥 9 四	庚子 10 五		乙亥夏至 庚寅小暑
六月大	丁未	天干 地支 西曆 星期	辛丑 11 六	壬寅 12 日	癸卯 13 一	甲辰 14 二	乙巳 15 三	丙午 16 四	丁未 17 五	戊申 18 六	己酉 19 日	庚戌 20 一	辛亥 21 二	壬子 22 三	癸丑 23 四	甲寅 24 五	乙卯 25 六	丙辰 26 日	丁巳 27 一	戊午 28 二	己未 29 三	庚申 30 四	辛酉 31 五	壬戌 (8) 六	癸亥 2 日	甲子 3 一	乙丑 4 二	丙寅 5 三	丁卯 6 四	戊辰 7 五	己巳 8 六	庚午 9 日	乙巳大暑 庚申立秋
七月大	戊申	天干 地支 西曆 星期	辛未 10 一	壬申 11 二	癸酉 12 三	甲戌 13 四	乙亥 14 五	丙子 15 六	丁丑 16 日	戊寅 17 一	己卯 18 二	庚辰 19 三	辛巳 20 四	壬午 21 五	癸未 22 六	甲申 23 日	乙酉 24 一	丙戌 25 二	丁亥 26 三	戊子 27 四	己丑 28 五	庚寅 29 六	辛卯 30 日	壬辰 31 一	癸巳 (9) 二	甲午 2 三	乙未 3 四	丙申 4 五	丁酉 5 六	戊戌 6 日	己亥 7 一	庚子 8 二	丙子處暑 辛卯白露
八月小	己酉	天干 地支 西曆 星期	辛丑 9 三	壬寅 10 四	癸卯 11 五	甲辰 12 六	乙巳 13 日	丙午 14 一	丁未 15 二	戊申 16 三	己酉 17 四	庚戌 18 五	辛亥 19 六	壬子 20 日	癸丑 21 一	甲寅 22 二	乙卯 23 三	丙辰 24 四	丁巳 25 五	戊午 26 六	己未 27 日	庚申 28 一	辛酉 29 二	壬戌 30 三	癸亥 (10) 四	甲子 2 五	乙丑 3 六	丙寅 4 日	丁卯 5 一	戊辰 6 二	己巳 7 三		丙午秋分 辛酉寒露
九月大	庚戌	天干 地支 西曆 星期	庚午 8 四	辛未 9 五	壬申 10 六	癸酉 11 日	甲戌 12 一	乙亥 13 二	丙子 14 三	丁丑 15 四	戊寅 16 五	己卯 17 六	庚辰 18 日	辛巳 19 一	壬午 20 二	癸未 21 三	甲申 22 四	乙酉 23 五	丙戌 24 六	丁亥 25 日	戊子 26 一	己丑 27 二	庚寅 28 三	辛卯 29 四	壬辰 30 五	癸巳 31 六	甲午 (11) 日	乙未 2 一	丙申 3 二	丁酉 4 三	戊戌 5 四	己亥 6 五	丙子霜降 壬辰立冬
十月大	辛亥	天干 地支 西曆 星期	庚子 7 六	辛丑 8 日	壬寅 9 一	癸卯 10 二	甲辰 11 三	乙巳 12 四	丙午 13 五	丁未 14 六	戊申 15 日	己酉 16 一	庚戌 17 二	辛亥 18 三	壬子 19 四	癸丑 20 五	甲寅 21 六	乙卯 22 日	丙辰 23 一	丁巳 24 二	戊午 25 三	己未 26 四	庚申 27 五	辛酉 28 六	壬戌 29 日	癸亥 30 一	甲子 (12) 二	乙丑 2 三	丙寅 3 四	丁卯 4 五	戊辰 5 六	己巳 6 日	丁未小雪 壬戌大雪
十一月小	壬子	天干 地支 西曆 星期	庚午 7 一	辛未 8 二	壬申 9 三	癸酉 10 四	甲戌 11 五	乙亥 12 六	丙子 13 日	丁丑 14 一	戊寅 15 二	己卯 16 三	庚辰 17 四	辛巳 18 五	壬午 19 六	癸未 20 日	甲申 21 一	乙酉 22 二	丙戌 23 三	丁亥 24 四	戊子 25 五	己丑 26 六	庚寅 27 日	辛卯 28 一	壬辰 29 二	癸巳 30 三	甲午 31 四	乙未 (1) 五	丙申 2 六	丁酉 3 日	戊戌 4 一		丁丑冬至 癸巳小寒
十二月大	癸丑	天干 地支 西曆 星期	己亥 5 二	庚子 6 三	辛丑 7 四	壬寅 8 五	癸卯 9 六	甲辰 10 日	乙巳 11 一	丙午 12 二	丁未 13 三	戊申 14 四	己酉 15 五	庚戌 16 六	辛亥 17 日	壬子 18 一	癸丑 19 二	甲寅 20 三	乙卯 21 四	丙辰 22 五	丁巳 23 六	戊午 24 日	己未 25 一	庚申 26 二	辛酉 27 三	壬戌 28 四	癸亥 29 五	甲子 30 六	乙丑 31 日	丙寅 (2) 一	丁卯 2 二	戊辰 3 三	戊申大寒 癸亥立春

宋光宗紹熙四年（癸丑 牛年） 公元 **1193** ~ 1194 年

夏曆月序		中西曆日對照	初一	初二	初三	初四	初五	初六	初七	初八	初九	初十	十一	十二	十三	十四	十五	十六	十七	十八	十九	二十	二一	二二	二三	二四	二五	二六	二七	二八	二九	三十	節氣與天象
正月小	甲寅	干支 天地 西曆 星期	己巳 4 四	庚午 5 五	辛未 6 六	壬申 7 日	癸酉 8 一	甲戌 9 二	乙亥 10 三	丙子 11 四	丁丑 12 五	戊寅 13 六	己卯 14 日	庚辰 15 一	辛巳 16 二	壬午 17 三	癸未 18 四	甲申 19 五	乙酉 20 六	丙戌 21 日	丁亥 22 一	戊子 23 二	己丑 24 三	庚寅 25 四	辛卯 26 五	壬辰 27 六	癸巳 28 日	甲午 (3) 一	乙未 2 二	丙申 3 三	丁酉 4 四		戊寅雨水 癸巳驚蟄
二月大	乙卯	干支 天地 西曆 星期	戊戌 5 五	己亥 6 六	庚子 7 日	辛丑 8 一	壬寅 9 二	癸卯 10 三	甲辰 11 四	乙巳 12 五	丙午 13 六	丁未 14 日	戊申 15 一	己酉 16 二	庚戌 17 三	辛亥 18 四	壬子 19 五	癸丑 20 六	甲寅 21 日	乙卯 22 一	丙辰 23 二	丁巳 24 三	戊午 25 四	己未 26 五	庚申 27 六	辛酉 28 日	壬戌 29 一	癸亥 30 二	甲子 31 三	乙丑 (4) 四	丙寅 2 五	丁卯 3 六	己酉春分 甲子清明
三月小	丙辰	干支 天地 西曆 星期	戊辰 4 日	己巳 5 一	庚午 6 二	辛未 7 三	壬申 8 四	癸酉 9 五	甲戌 10 六	乙亥 11 日	丙子 12 一	丁丑 13 二	戊寅 14 三	己卯 15 四	庚辰 16 五	辛巳 17 六	壬午 18 日	癸未 19 一	甲申 20 二	乙酉 21 三	丙戌 22 四	丁亥 23 五	戊子 24 六	己丑 25 日	庚寅 26 一	辛卯 27 二	壬辰 28 三	癸巳 29 四	甲午 30 五	乙未 (5) 六	丙申 2 日		己卯穀雨 甲午立夏
四月小	丁巳	干支 天地 西曆 星期	丁酉 3 一	戊戌 4 二	己亥 5 三	庚子 6 四	辛丑 7 五	壬寅 8 六	癸卯 9 日	甲辰 10 一	乙巳 11 二	丙午 12 三	丁未 13 四	戊申 14 五	己酉 15 六	庚戌 16 日	辛亥 17 一	壬子 18 二	癸丑 19 三	甲寅 20 四	乙卯 21 五	丙辰 22 六	丁巳 23 日	戊午 24 一	己未 25 二	庚申 26 三	辛酉 27 四	壬戌 28 五	癸亥 29 六	甲子 30 日	乙丑 31 一		庚戌小滿 乙丑芒種
五月大	戊午	干支 天地 西曆 星期	丙寅 (6) 二	丁卯 2 三	戊辰 3 四	己巳 4 五	庚午 5 六	辛未 6 日	壬申 7 一	癸酉 8 二	甲戌 9 三	乙亥 10 四	丙子 11 五	丁丑 12 六	戊寅 13 日	己卯 14 一	庚辰 15 二	辛巳 16 三	壬午 17 四	癸未 18 五	甲申 19 六	乙酉 20 日	丙戌 21 一	丁亥 22 二	戊子 23 三	己丑 24 四	庚寅 25 五	辛卯 26 六	壬辰 27 日	癸巳 28 一	甲午 29 二	乙未 30 三	庚辰夏至 乙未小暑
六月小	己未	干支 天地 西曆 星期	丙申 (7) 四	丁酉 2 五	戊戌 3 六	己亥 4 日	庚子 5 一	辛丑 6 二	壬寅 7 三	癸卯 8 四	甲辰 9 五	乙巳 10 六	丙午 11 日	丁未 12 一	戊申 13 二	己酉 14 三	庚戌 15 四	辛亥 16 五	壬子 17 六	癸丑 18 日	甲寅 19 一	乙卯 20 二	丙辰 21 三	丁巳 22 四	戊午 23 五	己未 24 六	庚申 25 日	辛酉 26 一	壬戌 27 二	癸亥 28 三	甲子 29 四		庚戌大暑
七月大	庚申	干支 天地 西曆 星期	乙丑 30 五	丙寅 31 六	丁卯 (8) 日	戊辰 2 一	己巳 3 二	庚午 4 三	辛未 5 四	壬申 6 五	癸酉 7 六	甲戌 8 日	乙亥 9 一	丙子 10 二	丁丑 11 三	戊寅 12 四	己卯 13 五	庚辰 14 六	辛巳 15 日	壬午 16 一	癸未 17 二	甲申 18 三	乙酉 19 四	丙戌 20 五	丁亥 21 六	戊子 22 日	己丑 23 一	庚寅 24 二	辛卯 25 三	壬辰 26 四	癸巳 27 五	甲午 28 六	丙寅立秋 辛巳處暑
八月小	辛酉	干支 天地 西曆 星期	乙未 29 日	丙申 30 一	丁酉 31 二	戊戌 (9) 三	己亥 2 四	庚子 3 五	辛丑 4 六	壬寅 5 日	癸卯 6 一	甲辰 7 二	乙巳 8 三	丙午 9 四	丁未 10 五	戊申 11 六	己酉 12 日	庚戌 13 一	辛亥 14 二	壬子 15 三	癸丑 16 四	甲寅 17 五	乙卯 18 六	丙辰 19 日	丁巳 20 一	戊午 21 二	己未 22 三	庚申 23 四	辛酉 24 五	壬戌 25 六	癸亥 26 日		丙申白露 辛亥秋分
九月大	壬戌	干支 天地 西曆 星期	甲子 27 一	乙丑 28 二	丙寅 29 三	丁卯 30 四	戊辰 (10) 五	己巳 2 六	庚午 3 日	辛未 4 一	壬申 5 二	癸酉 6 三	甲戌 7 四	乙亥 8 五	丙子 9 六	丁丑 10 日	戊寅 11 一	己卯 12 二	庚辰 13 三	辛巳 14 四	壬午 15 五	癸未 16 六	甲申 17 日	乙酉 18 一	丙戌 19 二	丁亥 20 三	戊子 21 四	己丑 22 五	庚寅 23 六	辛卯 24 日	壬辰 25 一	癸巳 26 二	丙寅寒露 壬午霜降
十月大	癸亥	干支 天地 西曆 星期	甲午 27 三	乙未 28 四	丙申 29 五	丁酉 30 六	戊戌 31 日	己亥 (11) 一	庚子 2 二	辛丑 3 三	壬寅 4 四	癸卯 5 五	甲辰 6 六	乙巳 7 日	丙午 8 一	丁未 9 二	戊申 10 三	己酉 11 四	庚戌 12 五	辛亥 13 六	壬子 14 日	癸丑 15 一	甲寅 16 二	乙卯 17 三	丙辰 18 四	丁巳 19 五	戊午 20 六	己未 21 日	庚申 22 一	辛酉 23 二	壬戌 24 三	癸亥 25 四	丁酉立冬 壬子小雪
十一月大	甲子	干支 天地 西曆 星期	甲子 26 五	乙丑 27 六	丙寅 28 日	丁卯 29 一	戊辰 30 二	己巳 (12) 三	庚午 2 四	辛未 3 五	壬申 4 六	癸酉 5 日	甲戌 6 一	乙亥 7 二	丙子 8 三	丁丑 9 四	戊寅 10 五	己卯 11 六	庚辰 12 日	辛巳 13 一	壬午 14 二	癸未 15 三	甲申 16 四	乙酉 17 五	丙戌 18 六	丁亥 19 日	戊子 20 一	己丑 21 二	庚寅 22 三	辛卯 23 四	壬辰 24 五	癸巳 25 六	丁卯大雪 癸未冬至
十二月小	乙丑	干支 天地 西曆 星期	甲午 26 日	乙未 27 一	丙申 28 二	丁酉 29 三	戊戌 30 四	己亥 31 五	庚子 (1) 六	辛丑 2 日	壬寅 3 一	癸卯 4 二	甲辰 5 三	乙巳 6 四	丙午 7 五	丁未 8 六	戊申 9 日	己酉 10 一	庚戌 11 二	辛亥 12 三	壬子 13 四	癸丑 14 五	甲寅 15 六	乙卯 16 日	丙辰 17 一	丁巳 18 二	戊午 19 三	己未 20 四	庚申 21 五	辛酉 22 六	壬戌 23 日		戊戌小寒 癸丑大寒

宋光宗紹熙五年 寧宗紹熙五年（甲寅 虎年） 公元 1194 ~ 1195 年

夏曆月序		中西曆日對照	初一	初二	初三	初四	初五	初六	初七	初八	初九	初十	十一	十二	十三	十四	十五	十六	十七	十八	十九	二十	二一	二二	二三	二四	二五	二六	二七	二八	二九	三十	節氣與天象
正月大	丙寅	天干地支 西曆星期	癸亥 24一	甲子 25二	乙丑 26三	丙寅 27四	丁卯 28五	戊辰 29六	己巳 30日	庚午 31一	辛未 (2)二	壬申 2三	癸酉 3四	甲戌 4五	乙亥 5六	丙子 6日	丁丑 7一	戊寅 8二	己卯 9三	庚辰 10四	辛巳 11五	壬午 12六	癸未 13日	甲申 14一	乙酉 15二	丙戌 16三	丁亥 17四	戊子 18五	己丑 19六	庚寅 20日	辛卯 21一	壬辰 22二	戊辰立春 癸未雨水
二月小	丁卯	天干地支 西曆星期	癸巳 23三	甲午 24四	乙未 25五	丙申 26六	丁酉 27日	戊戌 28一	己亥 (3)二	庚子 2三	辛丑 3四	壬寅 4五	癸卯 5六	甲辰 6日	乙巳 7一	丙午 8二	丁未 9三	戊申 10四	己酉 11五	庚戌 12六	辛亥 13日	壬子 14一	癸丑 15二	甲寅 16三	乙卯 17四	丙辰 18五	丁巳 19六	戊午 20日	己未 21一	庚申 22二	辛酉 23三		己亥驚蟄 甲寅春分
三月大	戊辰	天干地支 西曆星期	壬戌 24四	癸亥 25五	甲子 26六	乙丑 27日	丙寅 28一	丁卯 29二	戊辰 30三	己巳 31四	庚午 (4)五	辛未 2六	壬申 3日	癸酉 4一	甲戌 5二	乙亥 6三	丙子 7四	丁丑 8五	戊寅 9六	己卯 10日	庚辰 11一	辛巳 12二	壬午 13三	癸未 14四	甲申 15五	乙酉 16六	丙戌 17日	丁亥 18一	戊子 19二	己丑 20三	庚寅 21四	辛卯 22五	己巳清明 甲申穀雨
四月小	己巳	天干地支 西曆星期	壬辰 23六	癸巳 24日	甲午 25一	乙未 26二	丙申 27三	丁酉 28四	戊戌 29五	己亥 30六	庚子 (5)日	辛丑 2一	壬寅 3二	癸卯 4三	甲辰 5四	乙巳 6五	丙午 7六	丁未 8日	戊申 9一	己酉 10二	庚戌 11三	辛亥 12四	壬子 13五	癸丑 14六	甲寅 15日	乙卯 16一	丙辰 17二	丁巳 18三	戊午 19四	己未 20五	庚申 21六		庚子立夏 乙卯小滿
五月小	庚午	天干地支 西曆星期	辛酉 22日	壬戌 23一	癸亥 24二	甲子 25三	乙丑 26四	丙寅 27五	丁卯 28六	戊辰 29日	己巳 30一	庚午 31二	辛未 (6)三	壬申 2四	癸酉 3五	甲戌 4六	乙亥 5日	丙子 6一	丁丑 7二	戊寅 8三	己卯 9四	庚辰 10五	辛巳 11六	壬午 12日	癸未 13一	甲申 14二	乙酉 15三	丙戌 16四	丁亥 17五	戊子 18六	己丑 19日		庚午芒種 乙酉夏至
六月大	辛未	天干地支 西曆星期	庚寅 20一	辛卯 21二	壬辰 22三	癸巳 23四	甲午 24五	乙未 25六	丙申 26日	丁酉 27一	戊戌 28二	己亥 29三	庚子 30四	辛丑 (7)五	壬寅 2六	癸卯 3日	甲辰 4一	乙巳 5二	丙午 6三	丁未 7四	戊申 8五	己酉 9六	庚戌 10日	辛亥 11一	壬子 12二	癸丑 13三	甲寅 14四	乙卯 15五	丙辰 16六	丁巳 17日	戊午 18一	己未 19二	庚子小暑 丙辰大暑
七月小	壬申	天干地支 西曆星期	庚申 20三	辛酉 21四	壬戌 22五	癸亥 23六	甲子 24日	乙丑 25一	丙寅 26二	丁卯 27三	戊辰 28四	己巳 29五	庚午 30六	辛未 31日	壬申 (8)一	癸酉 2二	甲戌 3三	乙亥 4四	丙子 5五	丁丑 6六	戊寅 7日	己卯 8一	庚辰 9二	辛巳 10三	壬午 11四	癸未 12五	甲申 13六	乙酉 14日	丙戌 15一	丁亥 16二	戊子 17三		辛未立秋 丙戌處暑
八月小	癸酉	天干地支 西曆星期	己丑 18四	庚寅 19五	辛卯 20六	壬辰 21日	癸巳 22一	甲午 23二	乙未 24三	丙申 25四	丁酉 26五	戊戌 27六	己亥 28日	庚子 29一	辛丑 30二	壬寅 31三	癸卯 (9)四	甲辰 2五	乙巳 3六	丙午 4日	丁未 5一	戊申 6二	己酉 7三	庚戌 8四	辛亥 9五	壬子 10六	癸丑 11日	甲寅 12一	乙卯 13二	丙辰 14三	丁巳 15四		辛丑白露 丙辰秋分
九月大	甲戌	天干地支 西曆星期	戊午 16五	己未 17六	庚申 18日	辛酉 19一	壬戌 20二	癸亥 21三	甲子 22四	乙丑 23五	丙寅 24六	丁卯 25日	戊辰 26一	己巳 27二	庚午 28三	辛未 29四	壬申 30五	癸酉 (10)六	甲戌 2日	乙亥 3一	丙子 4二	丁丑 5三	戊寅 6四	己卯 7五	庚辰 8六	辛巳 9日	壬午 10一	癸未 11二	甲申 12三	乙酉 13四	丙戌 14五	丁亥 15六	壬申寒露 丁亥霜降
十月大	乙亥	天干地支 西曆星期	戊子 16日	己丑 17一	庚寅 18二	辛卯 19三	壬辰 20四	癸巳 21五	甲午 22六	乙未 23日	丙申 24一	丁酉 25二	戊戌 26三	己亥 27四	庚子 28五	辛丑 29六	壬寅 30日	癸卯 31一	甲辰 (11)二	乙巳 2三	丙午 3四	丁未 4五	戊申 5六	己酉 6日	庚戌 7一	辛亥 8二	壬子 9三	癸丑 10四	甲寅 11五	乙卯 12六	丙辰 13日	丁巳 14一	壬寅立冬 丁巳小雪
閏十月大	乙亥	天干地支 西曆星期	戊午 15二	己未 16三	庚申 17四	辛酉 18五	壬戌 19六	癸亥 20日	甲子 21一	乙丑 22二	丙寅 23三	丁卯 24四	戊辰 25五	己巳 26六	庚午 27日	辛未 28一	壬申 29二	癸酉 30三	甲戌 (12)四	乙亥 2五	丙子 3六	丁丑 4日	戊寅 5一	己卯 6二	庚辰 7三	辛巳 8四	壬午 9五	癸未 10六	甲申 11日	乙酉 12一	丙戌 13二	丁亥 14三	癸酉大雪
十一月小	丙子	天干地支 西曆星期	戊子 15四	己丑 16五	庚寅 17六	辛卯 18日	壬辰 19一	癸巳 20二	甲午 21三	乙未 22四	丙申 23五	丁酉 24六	戊戌 25日	己亥 26一	庚子 27二	辛丑 28三	壬寅 29四	癸卯 30五	甲辰 31六	乙巳 (1)日	丙午 2一	丁未 3二	戊申 4三	己酉 5四	庚戌 6五	辛亥 7六	壬子 8日	癸丑 9一	甲寅 10二	乙卯 11三	丙辰 12四		戊子冬至 癸卯小寒
十二月大	丁丑	天干地支 西曆星期	丁巳 13五	戊午 14六	己未 15日	庚申 16一	辛酉 17二	壬戌 18三	癸亥 19四	甲子 20五	乙丑 21六	丙寅 22日	丁卯 23一	戊辰 24二	己巳 25三	庚午 26四	辛未 27五	壬申 28六	癸酉 29日	甲戌 30一	乙亥 31二	丙子 (2)三	丁丑 2四	戊寅 3五	己卯 4六	庚辰 5日	辛巳 6一	壬午 7二	癸未 8三	甲申 9四	乙酉 10五	丙戌 11六	戊午大寒 癸酉立春

* 七月甲子（初五），光宗傳位于寧宗。仍用紹熙年號。

宋寧宗慶元元年（乙卯兔年） 公元 1195 ~ 1196 年

夏曆月序		中西曆日對照	初一	初二	初三	初四	初五	初六	初七	初八	初九	初十	十一	十二	十三	十四	十五	十六	十七	十八	十九	二十	二一	二二	二三	二四	二五	二六	二七	二八	二九	三十	節氣與天象
正月大	戊寅	天干 地支 西曆 星期	丁亥12日	戊子13一	己丑14二	庚寅15三	辛卯16四	壬辰17五	癸巳18六	甲午19日	乙未20一	丙申21二	丁酉22三	戊戌23四	己亥24五	庚子25六	辛丑26日	壬寅27一	癸卯28二	甲辰(3)三	乙巳2四	丙午3五	丁未4六	戊申5日	己酉6一	庚戌7二	辛亥8三	壬子9四	癸丑10五	甲寅11六	乙卯12日	丙辰13一	己丑雨水 甲辰驚蟄
二月小	己卯	天干 地支 西曆 星期	丁巳14二	戊午15三	己未16四	庚申17五	辛酉18六	壬戌19日	癸亥20一	甲子21二	乙丑22三	丙寅23四	丁卯24五	戊辰25六	己巳26日	庚午27一	辛未28二	壬申29三	癸酉30四	甲戌31五	乙亥(4)六	丙子2日	丁丑3一	戊寅4二	己卯5三	庚辰6四	辛巳7五	壬午8六	癸未9日	甲申10一	乙酉11二		己未春分 甲戌清明
三月大	庚辰	天干 地支 西曆 星期	丙戌12三	丁亥13四	戊子14五	己丑15六	庚寅16日	辛卯17一	壬辰18二	癸巳19三	甲午20四	乙未21五	丙申22六	丁酉23日	戊戌24一	己亥25二	庚子26三	辛丑27四	壬寅28五	癸卯29六	甲辰30日	乙巳(5)一	丙午2二	丁未3三	戊申4四	己酉5五	庚戌6六	辛亥7日	壬子8一	癸丑9二	甲寅10三	乙卯11四	庚寅穀雨 乙巳立夏 丙戌日食
四月小	辛巳	天干 地支 西曆 星期	丙辰12五	丁巳13六	戊午14日	己未15一	庚申16二	辛酉17三	壬戌18四	癸亥19五	甲子20六	乙丑21日	丙寅22一	丁卯23二	戊辰24三	己巳25四	庚午26五	辛未27六	壬申28日	癸酉29一	甲戌30二	乙亥31三	丙子(6)四	丁丑2五	戊寅3六	己卯4日	庚辰5一	辛巳6二	壬午7三	癸未8四	甲申9五		庚申小滿 乙亥芒種
五月小	壬午	天干 地支 西曆 星期	乙酉10六	丙戌11日	丁亥12一	戊子13二	己丑14三	庚寅15四	辛卯16五	壬辰17六	癸巳18日	甲午19一	乙未20二	丙申21三	丁酉22四	戊戌23五	己亥24六	庚子25日	辛丑26一	壬寅27二	癸卯28三	甲辰29四	乙巳30五	丙午(7)六	丁未2日	戊申3一	己酉4二	庚戌5三	辛亥6四	壬子7五	癸丑8六		庚寅夏至 丙午小暑
六月大	癸未	天干 地支 西曆 星期	甲寅9日	乙卯10一	丙辰11二	丁巳12三	戊午13四	己未14五	庚申15六	辛酉16日	壬戌17一	癸亥18二	甲子19三	乙丑20四	丙寅21五	丁卯22六	戊辰23日	己巳24一	庚午25二	辛未26三	壬申27四	癸酉28五	甲戌29六	乙亥30日	丙子31一	丁丑(8)二	戊寅2三	己卯3四	庚辰4五	辛巳5六	壬午6日	癸未7一	辛酉大暑 丙子立秋
七月小	甲申	天干 地支 西曆 星期	甲申8二	乙酉9三	丙戌10四	丁亥11五	戊子12六	己丑13日	庚寅14一	辛卯15二	壬辰16三	癸巳17四	甲午18五	乙未19六	丙申20日	丁酉21一	戊戌22二	己亥23三	庚子24四	辛丑25五	壬寅26六	癸卯27日	甲辰28一	乙巳29二	丙午30三	丁未31四	戊申(9)五	己酉2六	庚戌3日	辛亥4一	壬子5二		辛卯處暑 丁未白露
八月小	乙酉	天干 地支 西曆 星期	癸丑6三	甲寅7四	乙卯8五	丙辰9六	丁巳10日	戊午11一	己未12二	庚申13三	辛酉14四	壬戌15五	癸亥16六	甲子17日	乙丑18一	丙寅19二	丁卯20三	戊辰21四	己巳22五	庚午23六	辛未24日	壬申25一	癸酉26二	甲戌27三	乙亥28四	丙子29五	丁丑30六	戊寅(10)日	己卯2一	庚辰3二	辛巳4三		壬戌秋分 丁丑寒露
九月大	丙戌	天干 地支 西曆 星期	壬午5四	癸未6五	甲申7六	乙酉8日	丙戌9一	丁亥10二	戊子11三	己丑12四	庚寅13五	辛卯14六	壬辰15日	癸巳16一	甲午17二	乙未18三	丙申19四	丁酉20五	戊戌21六	己亥22日	庚子23一	辛丑24二	壬寅25三	癸卯26四	甲辰27五	乙巳28六	丙午29日	丁未30一	戊申31二	己酉(11)三	庚戌2四	辛亥3五	壬辰霜降 丁未立冬
十月大	丁亥	天干 地支 西曆 星期	壬子4六	癸丑5日	甲寅6一	乙卯7二	丙辰8三	丁巳9四	戊午10五	己未11六	庚申12日	辛酉13一	壬戌14二	癸亥15三	甲子16四	乙丑17五	丙寅18六	丁卯19日	戊辰20一	己巳21二	庚午22三	辛未23四	壬申24五	癸酉25六	甲戌26日	乙亥27一	丙子28二	丁丑29三	戊寅30四	己卯(12)五	庚辰2六	辛巳3日	癸亥小雪 戊寅大雪
十一月小	戊子	天干 地支 西曆 星期	壬午4一	癸未5二	甲申6三	乙酉7四	丙戌8五	丁亥9六	戊子10日	己丑11一	庚寅12二	辛卯13三	壬辰14四	癸巳15五	甲午16六	乙未17日	丙申18一	丁酉19二	戊戌20三	己亥21四	庚子22五	辛丑23六	壬寅24日	癸卯25一	甲辰26二	乙巳27三	丙午28四	丁未29五	戊申30六	己酉31日	庚戌(1)一		癸巳冬至 戊申小寒
十二月大	己丑	天干 地支 西曆 星期	辛亥2二	壬子3三	癸丑4四	甲寅5五	乙卯6六	丙辰7日	丁巳8一	戊午9二	己未10三	庚申11四	辛酉12五	壬戌13六	癸亥14日	甲子15一	乙丑16二	丙寅17三	丁卯18四	戊辰19五	己巳20六	庚午21日	辛未22一	壬申23二	癸酉24三	甲戌25四	乙亥26五	丙子27六	丁丑28日	戊寅29一	己卯30二	庚辰31三	癸亥大寒 己卯立春

* 正月丁亥（初一），改元慶元。

宋寧宗慶元二年（丙辰 龍年） 公元 **1196** ~ 1197 年

夏曆月序		中西曆日對照	夏曆日序																														節氣與天象
			初一	初二	初三	初四	初五	初六	初七	初八	初九	初十	十一	十二	十三	十四	十五	十六	十七	十八	十九	二十	二一	二二	二三	二四	二五	二六	二七	二八	二九	三十	
正月大	庚寅	天干 地支 西曆 星期	辛巳 (2) 四	壬午 2 五	癸未 3 六	甲申 4 日	乙酉 5 一	丙戌 6 二	丁亥 7 三	戊子 8 四	己丑 9 五	庚寅 10 六	辛卯 11 日	壬辰 12 一	癸巳 13 二	甲午 14 三	乙未 15 四	丙申 16 五	丁酉 17 六	戊戌 18 日	己亥 19 一	庚子 20 二	辛丑 21 三	壬寅 22 四	癸卯 23 五	甲辰 24 六	乙巳 25 日	丙午 26 一	丁未 27 二	戊申 28 三	己酉 29 四	庚戌 (3) 五	甲午雨水 己酉驚蟄
二月大	辛卯	天干 地支 西曆 星期	辛亥 2 六	壬子 3 日	癸丑 4 一	甲寅 5 二	乙卯 6 三	丙辰 7 四	丁巳 8 五	戊午 9 六	己未 10 日	庚申 11 一	辛酉 12 二	壬戌 13 三	癸亥 14 四	甲子 15 五	乙丑 16 六	丙寅 17 日	丁卯 18 一	戊辰 19 二	己巳 20 三	庚午 21 四	辛未 22 五	壬申 23 六	癸酉 24 日	甲戌 25 一	乙亥 26 二	丙子 27 三	丁丑 28 四	戊寅 29 五	己卯 30 六	庚辰 31 日	甲子春分 庚辰清明
三月小	壬辰	天干 地支 西曆 星期	辛巳 (4) 一	壬午 2 二	癸未 3 三	甲申 4 四	乙酉 5 五	丙戌 6 六	丁亥 7 日	戊子 8 一	己丑 9 二	庚寅 10 三	辛卯 11 四	壬辰 12 五	癸巳 13 六	甲午 14 日	乙未 15 一	丙申 16 二	丁酉 17 三	戊戌 18 四	己亥 19 五	庚子 20 六	辛丑 21 日	壬寅 22 一	癸卯 23 二	甲辰 24 三	乙巳 25 四	丙午 26 五	丁未 27 六	戊申 28 日	己酉 29 一		乙未穀雨
四月大	癸巳	天干 地支 西曆 星期	庚戌 30 二	辛亥 (5) 三	壬子 2 四	癸丑 3 五	甲寅 4 六	乙卯 5 日	丙辰 6 一	丁巳 7 二	戊午 8 三	己未 9 四	庚申 10 五	辛酉 11 六	壬戌 12 日	癸亥 13 一	甲子 14 二	乙丑 15 三	丙寅 16 四	丁卯 17 五	戊辰 18 六	己巳 19 日	庚午 20 一	辛未 21 二	壬申 22 三	癸酉 23 四	甲戌 24 五	乙亥 25 六	丙子 26 日	丁丑 27 一	戊寅 28 二	己卯 29 三	庚戌立夏 乙丑小滿
五月小	甲午	天干 地支 西曆 星期	庚辰 30 四	辛巳 31 五	壬午 (6) 六	癸未 2 日	甲申 3 一	乙酉 4 二	丙戌 5 三	丁亥 6 四	戊子 7 五	己丑 8 六	庚寅 9 日	辛卯 10 一	壬辰 11 二	癸巳 12 三	甲午 13 四	乙未 14 五	丙申 15 六	丁酉 16 日	戊戌 17 一	己亥 18 二	庚子 19 三	辛丑 20 四	壬寅 21 五	癸卯 22 六	甲辰 23 日	乙巳 24 一	丙午 25 二	丁未 26 三	戊申 27 四		庚辰芒種 丙申夏至
六月小	乙未	天干 地支 西曆 星期	己酉 28 五	庚戌 29 六	辛亥 30 日	壬子 (7) 一	癸丑 2 二	甲寅 3 三	乙卯 4 四	丙辰 5 五	丁巳 6 六	戊午 7 日	己未 8 一	庚申 9 二	辛酉 10 三	壬戌 11 四	癸亥 12 五	甲子 13 六	乙丑 14 日	丙寅 15 一	丁卯 16 二	戊辰 17 三	己巳 18 四	庚午 19 五	辛未 20 六	壬申 21 日	癸酉 22 一	甲戌 23 二	乙亥 24 三	丙子 25 四	丁丑 26 五		辛亥小暑 丙寅大暑
七月大	丙申	天干 地支 西曆 星期	戊寅 27 六	己卯 28 日	庚辰 29 一	辛巳 30 二	壬午 31 三	癸未 (8) 四	甲申 2 五	乙酉 3 六	丙戌 4 日	丁亥 5 一	戊子 6 二	己丑 7 三	庚寅 8 四	辛卯 9 五	壬辰 10 六	癸巳 11 日	甲午 12 一	乙未 13 二	丙申 14 三	丁酉 15 四	戊戌 16 五	己亥 17 六	庚子 18 日	辛丑 19 一	壬寅 20 二	癸卯 21 三	甲辰 22 四	乙巳 23 五	丙午 24 六	丁未 25 日	辛巳立秋 丁酉處暑
八月小	丁酉	天干 地支 西曆 星期	戊申 26 一	己酉 27 二	庚戌 28 三	辛亥 29 四	壬子 30 五	癸丑 31 六	甲寅 (9) 日	乙卯 2 一	丙辰 3 二	丁巳 4 三	戊午 5 四	己未 6 五	庚申 7 六	辛酉 8 日	壬戌 9 一	癸亥 10 二	甲子 11 三	乙丑 12 四	丙寅 13 五	丁卯 14 六	戊辰 15 日	己巳 16 一	庚午 17 二	辛未 18 三	壬申 19 四	癸酉 20 五	甲戌 21 六	乙亥 22 日	丙子 23 一		壬子白露 丁卯秋分
九月小	戊戌	天干 地支 西曆 星期	丁丑 24 二	戊寅 25 三	己卯 26 四	庚辰 27 五	辛巳 28 六	壬午 29 日	癸未 30 一	甲申 (10) 二	乙酉 2 三	丙戌 3 四	丁亥 4 五	戊子 5 六	己丑 6 日	庚寅 7 一	辛卯 8 二	壬辰 9 三	癸巳 10 四	甲午 11 五	乙未 12 六	丙申 13 日	丁酉 14 一	戊戌 15 二	己亥 16 三	庚子 17 四	辛丑 18 五	壬寅 19 六	癸卯 20 日	甲辰 21 一	乙巳 22 二		壬午寒露 丁酉霜降
十月大	己亥	天干 地支 西曆 星期	丙午 23 三	丁未 24 四	戊申 25 五	己酉 26 六	庚戌 27 日	辛亥 28 一	壬子 29 二	癸丑 30 三	甲寅 31 四	乙卯 (11) 五	丙辰 2 六	丁巳 3 日	戊午 4 一	己未 5 二	庚申 6 三	辛酉 7 四	壬戌 8 五	癸亥 9 六	甲子 10 日	乙丑 11 一	丙寅 12 二	丁卯 13 三	戊辰 14 四	己巳 15 五	庚午 16 六	辛未 17 日	壬申 18 一	癸酉 19 二	甲戌 20 三	乙亥 21 四	癸丑立冬 戊辰小雪
十一月大	庚子	天干 地支 西曆 星期	丙子 22 五	丁丑 23 六	戊寅 24 日	己卯 25 一	庚辰 26 二	辛巳 27 三	壬午 28 四	癸未 29 五	甲申 30 六	乙酉 (12) 日	丙戌 2 一	丁亥 3 二	戊子 4 三	己丑 5 四	庚寅 6 五	辛卯 7 六	壬辰 8 日	癸巳 9 一	甲午 10 二	乙未 11 三	丙申 12 四	丁酉 13 五	戊戌 14 六	己亥 15 日	庚子 16 一	辛丑 17 二	壬寅 18 三	癸卯 19 四	甲辰 20 五	乙巳 21 六	癸未大雪 戊戌冬至
十二月小	辛丑	天干 地支 西曆 星期	丙午 22 日	丁未 23 一	戊申 24 二	己酉 25 三	庚戌 26 四	辛亥 27 五	壬子 28 六	癸丑 29 日	甲寅 30 一	乙卯 31 二	丙辰 (1) 三	丁巳 2 四	戊午 3 五	己未 4 六	庚申 5 日	辛酉 6 一	壬戌 7 二	癸亥 8 三	甲子 9 四	乙丑 10 五	丙寅 11 六	丁卯 12 日	戊辰 13 一	己巳 14 二	庚午 15 三	辛未 16 四	壬申 17 五	癸酉 18 六	甲戌 19 日		甲寅小寒 己巳大寒

宋寧宗慶元三年（丁巳 蛇年） 公元 1197 ~ 1198 年

夏曆月序	中西曆日對照	夏曆日序																														節氣與天象
		初一	初二	初三	初四	初五	初六	初七	初八	初九	初十	十一	十二	十三	十四	十五	十六	十七	十八	十九	二十	二一	二二	二三	二四	二五	二六	二七	二八	二九	三十	
正月大 壬寅	天干地支 西曆 星期	乙亥 20 一	丙子 21 二	丁丑 22 三	戊寅 23 四	己卯 24 五	庚辰 25 六	辛巳 26 日	壬午 27 一	癸未 28 二	甲申 29 三	乙酉 30 四	丙戌 31 五	丁亥 (2) 六	戊子 2 日	己丑 3 一	庚寅 4 二	辛卯 5 三	壬辰 6 四	癸巳 7 五	甲午 8 六	乙未 9 日	丙申 10 一	丁酉 11 二	戊戌 12 三	己亥 13 四	庚子 14 五	辛丑 15 六	壬寅 16 日	癸卯 17 一	甲辰 18 二	甲申立春 己亥雨水
二月大 癸卯	天干地支 西曆 星期	乙巳 19 三	丙午 20 四	丁未 21 五	戊申 22 六	己酉 23 日	庚戌 24 一	辛亥 25 二	壬子 26 三	癸丑 27 四	甲寅 28 五	乙卯 (3) 六	丙辰 2 日	丁巳 3 一	戊午 4 二	己未 5 三	庚申 6 四	辛酉 7 五	壬戌 8 六	癸亥 9 日	甲子 10 一	乙丑 11 二	丙寅 12 三	丁卯 13 四	戊辰 14 五	己巳 15 六	庚午 16 日	辛未 17 一	壬申 18 二	癸酉 19 三	甲戌 20 四	甲寅驚蟄 庚午春分
三月小 甲辰	天干地支 西曆 星期	乙亥 21 五	丙子 22 六	丁丑 23 日	戊寅 24 一	己卯 25 二	庚辰 26 三	辛巳 27 四	壬午 28 五	癸未 29 六	甲申 30 日	乙酉 31 一	丙戌 (4) 二	丁亥 2 三	戊子 3 四	己丑 4 五	庚寅 5 六	辛卯 6 日	壬辰 7 一	癸巳 8 二	甲午 9 三	乙未 10 四	丙申 11 五	丁酉 12 六	戊戌 13 日	己亥 14 一	庚子 15 二	辛丑 16 三	壬寅 17 四	癸卯 18 五		乙酉清明 庚子穀雨
四月大 乙巳	天干地支 西曆 星期	甲辰 19 六	乙巳 20 日	丙午 21 一	丁未 22 二	戊申 23 三	己酉 24 四	庚戌 25 五	辛亥 26 六	壬子 27 日	癸丑 28 一	甲寅 29 二	乙卯 30 三	丙辰 (5) 四	丁巳 2 五	戊午 3 六	己未 4 日	庚申 5 一	辛酉 6 二	壬戌 7 三	癸亥 8 四	甲子 9 五	乙丑 10 六	丙寅 11 日	丁卯 12 一	戊辰 13 二	己巳 14 三	庚午 15 四	辛未 16 五	壬申 17 六	癸酉 18 日	乙卯立夏 庚午小滿
五月小 丙午	天干地支 西曆 星期	甲戌 19 一	乙亥 20 二	丙子 21 三	丁丑 22 四	戊寅 23 五	己卯 24 六	庚辰 25 日	辛巳 26 一	壬午 27 二	癸未 28 三	甲申 29 四	乙酉 30 五	丙戌 31 六	丁亥 (6) 日	戊子 2 一	己丑 3 二	庚寅 4 三	辛卯 5 四	壬辰 6 五	癸巳 7 六	甲午 8 日	乙未 9 一	丙申 10 二	丁酉 11 三	戊戌 12 四	己亥 13 五	庚子 14 六	辛丑 15 日	壬寅 16 一		丙戌芒種 辛丑夏至
六月大 丁未	天干地支 西曆 星期	癸卯 17 二	甲辰 18 三	乙巳 19 四	丙午 20 五	丁未 21 六	戊申 22 日	己酉 23 一	庚戌 24 二	辛亥 25 三	壬子 26 四	癸丑 27 五	甲寅 28 六	乙卯 29 日	丙辰 30 一	丁巳 (7) 二	戊午 2 三	己未 3 四	庚申 4 五	辛酉 5 六	壬戌 6 日	癸亥 7 一	甲子 8 二	乙丑 9 三	丙寅 10 四	丁卯 11 五	戊辰 12 六	己巳 13 日	庚午 14 一	辛未 15 二	壬申 16 三	丙辰小暑 辛未大暑
閏六月小 丁未	天干地支 西曆 星期	癸酉 17 四	甲戌 18 五	乙亥 19 六	丙子 20 日	丁丑 21 一	戊寅 22 二	己卯 23 三	庚辰 24 四	辛巳 25 五	壬午 26 六	癸未 27 日	甲申 28 一	乙酉 29 二	丙戌 30 三	丁亥 31 四	戊子 (8) 五	己丑 2 六	庚寅 3 日	辛卯 4 一	壬辰 5 二	癸巳 6 三	甲午 7 四	乙未 8 五	丙申 9 六	丁酉 10 日	戊戌 11 一	己亥 12 二	庚子 13 三	辛丑 14 四		丁亥立秋
七月大 戊申	天干地支 西曆 星期	壬寅 15 五	癸卯 16 六	甲辰 17 日	乙巳 18 一	丙午 19 二	丁未 20 三	戊申 21 四	己酉 22 五	庚戌 23 六	辛亥 24 日	壬子 25 一	癸丑 26 二	甲寅 27 三	乙卯 28 四	丙辰 29 五	丁巳 30 六	戊午 31 日	己未 (9) 一	庚申 2 二	辛酉 3 三	壬戌 4 四	癸亥 5 五	甲子 6 六	乙丑 7 日	丙寅 8 一	丁卯 9 二	戊辰 10 三	己巳 11 四	庚午 12 五	辛未 13 六	壬寅處暑 丁巳白露
八月小 己酉	天干地支 西曆 星期	壬申 14 日	癸酉 15 一	甲戌 16 二	乙亥 17 三	丙子 18 四	丁丑 19 五	戊寅 20 六	己卯 21 日	庚辰 22 一	辛巳 23 二	壬午 24 三	癸未 25 四	甲申 26 五	乙酉 27 六	丙戌 28 日	丁亥 29 一	戊子 30 二	己丑 (10) 三	庚寅 2 四	辛卯 3 五	壬辰 4 六	癸巳 5 日	甲午 6 一	乙未 7 二	丙申 8 三	丁酉 9 四	戊戌 10 五	己亥 11 六	庚子 12 日		壬申秋分 丁亥寒露
九月小 庚戌	天干地支 西曆 星期	辛丑 13 一	壬寅 14 二	癸卯 15 三	甲辰 16 四	乙巳 17 五	丙午 18 六	丁未 19 日	戊申 20 一	己酉 21 二	庚戌 22 三	辛亥 23 四	壬子 24 五	癸丑 25 六	甲寅 26 日	乙卯 27 一	丙辰 28 二	丁巳 29 三	戊午 30 四	己未 31 五	庚申 (11) 六	辛酉 2 日	壬戌 3 一	癸亥 4 二	甲子 5 三	乙丑 6 四	丙寅 7 五	丁卯 8 六	戊辰 9 日	己巳 10 一		癸卯霜降 戊午立冬
十月大 辛亥	天干地支 西曆 星期	庚午 11 二	辛未 12 三	壬申 13 四	癸酉 14 五	甲戌 15 六	乙亥 16 日	丙子 17 一	丁丑 18 二	戊寅 19 三	己卯 20 四	庚辰 21 五	辛巳 22 六	壬午 23 日	癸未 24 一	甲申 25 二	乙酉 26 三	丙戌 27 四	丁亥 28 五	戊子 29 六	己丑 30 日	庚寅 (12) 一	辛卯 2 二	壬辰 3 三	癸巳 4 四	甲午 5 五	乙未 6 六	丙申 7 日	丁酉 8 一	戊戌 9 二	己亥 10 三	癸酉小雪 戊子大雪
十一月小 壬子	天干地支 西曆 星期	庚子 11 四	辛丑 12 五	壬寅 13 六	癸卯 14 日	甲辰 15 一	乙巳 16 二	丙午 17 三	丁未 18 四	戊申 19 五	己酉 20 六	庚戌 21 日	辛亥 22 一	壬子 23 二	癸丑 24 三	甲寅 25 四	乙卯 26 五	丙辰 27 六	丁巳 28 日	戊午 29 一	己未 30 二	庚申 31 三	辛酉 (1) 四	壬戌 2 五	癸亥 3 六	甲子 4 日	乙丑 5 一	丙寅 6 二	丁卯 7 三	戊辰 8 四		甲辰冬至 己未小寒
十二月大 癸丑	天干地支 西曆 星期	己巳 9 五	庚午 10 六	辛未 11 日	壬申 12 一	癸酉 13 二	甲戌 14 三	乙亥 15 四	丙子 16 五	丁丑 17 六	戊寅 18 日	己卯 19 一	庚辰 20 二	辛巳 21 三	壬午 22 四	癸未 23 五	甲申 24 六	乙酉 25 日	丙戌 26 一	丁亥 27 二	戊子 28 三	己丑 29 四	庚寅 30 五	辛卯 31 六	壬辰 (2) 日	癸巳 2 一	甲午 3 二	乙未 4 三	丙申 5 四	丁酉 6 五	戊戌 7 六	甲戌大寒 己丑立春

宋寧宗慶元四年（戊午 馬年） 公元 **1198** ~ 1199 年

夏曆月序		中西曆日對照	初一	初二	初三	初四	初五	初六	初七	初八	初九	初十	十一	十二	十三	十四	十五	十六	十七	十八	十九	二十	二一	二二	二三	二四	二五	二六	二七	二八	二九	三十	節氣與天象
正月大	甲寅	天干地支 西曆 星期	己亥 8 日	庚子 9 一	辛丑 10 二	壬寅 11 三	癸卯 12 四	甲辰 13 五	乙巳 14 六	丙午 15 日	丁未 16 一	戊申 17 二	己酉 18 三	庚戌 19 四	辛亥 20 五	壬子 21 六	癸丑 22 日	甲寅 23 一	乙卯 24 二	丙辰 25 三	丁巳 26 四	戊午 27 五	己未 28 六	庚申 (3) 日	辛酉 2 一	壬戌 3 二	癸亥 4 三	甲子 5 四	乙丑 6 五	丙寅 7 六	丁卯 8 日	戊辰 9 一	甲辰雨水 庚申驚蟄 己亥日食
二月小	乙卯	天干地支 西曆 星期	己巳 10 二	庚午 11 三	辛未 12 四	壬申 13 五	癸酉 14 六	甲戌 15 日	乙亥 16 一	丙子 17 二	丁丑 18 三	戊寅 19 四	己卯 20 五	庚辰 21 六	辛巳 22 日	壬午 23 一	癸未 24 二	甲申 25 三	乙酉 26 四	丙戌 27 五	丁亥 28 六	戊子 29 日	己丑 30 一	庚寅 31 二	辛卯 (4) 三	壬辰 2 四	癸巳 3 五	甲午 4 六	乙未 5 日	丙申 6 一	丁酉 7 二		乙亥春分 庚寅清明
三月大	丙辰	天干地支 西曆 星期	戊戌 8 三	己亥 9 四	庚子 10 五	辛丑 11 六	壬寅 12 日	癸卯 13 一	甲辰 14 二	乙巳 15 三	丙午 16 四	丁未 17 五	戊申 18 六	己酉 19 日	庚戌 20 一	辛亥 21 二	壬子 22 三	癸丑 23 四	甲寅 24 五	乙卯 25 六	丙辰 26 日	丁巳 27 一	戊午 28 二	己未 29 三	庚申 30 四	辛酉 (5) 五	壬戌 2 六	癸亥 3 日	甲子 4 一	乙丑 5 二	丙寅 6 三	丁卯 7 四	乙巳穀雨 辛酉立夏
四月大	丁巳	天干地支 西曆 星期	戊辰 8 五	己巳 9 六	庚午 10 日	辛未 11 一	壬申 12 二	癸酉 13 三	甲戌 14 四	乙亥 15 五	丙子 16 六	丁丑 17 日	戊寅 18 一	己卯 19 二	庚辰 20 三	辛巳 21 四	壬午 22 五	癸未 23 六	甲申 24 日	乙酉 25 一	丙戌 26 二	丁亥 27 三	戊子 28 四	己丑 29 五	庚寅 30 六	辛卯 31 日	壬辰 (6) 一	癸巳 2 二	甲午 3 三	乙未 4 四	丙申 5 五	丁酉 6 六	丙子小滿 辛卯芒種
五月小	戊午	天干地支 西曆 星期	戊戌 7 日	己亥 8 一	庚子 9 二	辛丑 10 三	壬寅 11 四	癸卯 12 五	甲辰 13 六	乙巳 14 日	丙午 15 一	丁未 16 二	戊申 17 三	己酉 18 四	庚戌 19 五	辛亥 20 六	壬子 21 日	癸丑 22 一	甲寅 23 二	乙卯 24 三	丙辰 25 四	丁巳 26 五	戊午 27 六	己未 28 日	庚申 29 一	辛酉 30 二	壬戌 (7) 三	癸亥 2 四	甲子 3 五	乙丑 4 六	丙寅 5 日		丙午夏至 辛酉小暑
六月大	己未	天干地支 西曆 星期	丁卯 6 一	戊辰 7 二	己巳 8 三	庚午 9 四	辛未 10 五	壬申 11 六	癸酉 12 日	甲戌 13 一	乙亥 14 二	丙子 15 三	丁丑 16 四	戊寅 17 五	己卯 18 六	庚辰 19 日	辛巳 20 一	壬午 21 二	癸未 22 三	甲申 23 四	乙酉 24 五	丙戌 25 六	丁亥 26 日	戊子 27 一	己丑 28 二	庚寅 29 三	辛卯 30 四	壬辰 31 五	癸巳 (8) 六	甲午 2 日	乙未 3 一	丙申 4 二	丁丑大暑 壬辰立秋
七月小	庚申	天干地支 西曆 星期	丁酉 5 三	戊戌 6 四	己亥 7 五	庚子 8 六	辛丑 9 日	壬寅 10 一	癸卯 11 二	甲辰 12 三	乙巳 13 四	丙午 14 五	丁未 15 六	戊申 16 日	己酉 17 一	庚戌 18 二	辛亥 19 三	壬子 20 四	癸丑 21 五	甲寅 22 六	乙卯 23 日	丙辰 24 一	丁巳 25 二	戊午 26 三	己未 27 四	庚申 28 五	辛酉 29 六	壬戌 30 日	癸亥 31 一	甲子 (9) 二	乙丑 2 三		丁未處暑 壬戌白露
八月大	辛酉	天干地支 西曆 星期	丙寅 3 四	丁卯 4 五	戊辰 5 六	己巳 6 日	庚午 7 一	辛未 8 二	壬申 9 三	癸酉 10 四	甲戌 11 五	乙亥 12 六	丙子 13 日	丁丑 14 一	戊寅 15 二	己卯 16 三	庚辰 17 四	辛巳 18 五	壬午 19 六	癸未 20 日	甲申 21 一	乙酉 22 二	丙戌 23 三	丁亥 24 四	戊子 25 五	己丑 26 六	庚寅 27 日	辛卯 28 一	壬辰 29 二	癸巳 30 三	甲午 (10) 四	乙未 2 五	丁丑秋分 癸巳寒露
九月小	壬戌	天干地支 西曆 星期	丙申 3 六	丁酉 4 日	戊戌 5 一	己亥 6 二	庚子 7 三	辛丑 8 四	壬寅 9 五	癸卯 10 六	甲辰 11 日	乙巳 12 一	丙午 13 二	丁未 14 三	戊申 15 四	己酉 16 五	庚戌 17 六	辛亥 18 日	壬子 19 一	癸丑 20 二	甲寅 21 三	乙卯 22 四	丙辰 23 五	丁巳 24 六	戊午 25 日	己未 26 一	庚申 27 二	辛酉 28 三	壬戌 29 四	癸亥 30 五	甲子 31 六		戊申霜降 癸亥立冬
十月小	癸亥	天干地支 西曆 星期	乙丑 (11) 日	丙寅 2 一	丁卯 3 二	戊辰 4 三	己巳 5 四	庚午 6 五	辛未 7 六	壬申 8 日	癸酉 9 一	甲戌 10 二	乙亥 11 三	丙子 12 四	丁丑 13 五	戊寅 14 六	己卯 15 日	庚辰 16 一	辛巳 17 二	壬午 18 三	癸未 19 四	甲申 20 五	乙酉 21 六	丙戌 22 日	丁亥 23 一	戊子 24 二	己丑 25 三	庚寅 26 四	辛卯 27 五	壬辰 28 六	癸巳 29 日		戊寅小雪
十一月大	甲子	天干地支 西曆 星期	甲午 30 一	乙未 (12) 二	丙申 2 三	丁酉 3 四	戊戌 4 五	己亥 5 六	庚子 6 日	辛丑 7 一	壬寅 8 二	癸卯 9 三	甲辰 10 四	乙巳 11 五	丙午 12 六	丁未 13 日	戊申 14 一	己酉 15 二	庚戌 16 三	辛亥 17 四	壬子 18 五	癸丑 19 六	甲寅 20 日	乙卯 21 一	丙辰 22 二	丁巳 23 三	戊午 24 四	己未 25 五	庚申 26 六	辛酉 27 日	壬戌 28 一	癸亥 29 二	甲午大雪 己酉冬至
十二月小	乙丑	天干地支 西曆 星期	甲子 30 三	乙丑 31 四	丙寅 (1) 五	丁卯 2 六	戊辰 3 日	己巳 4 一	庚午 5 二	辛未 6 三	壬申 7 四	癸酉 8 五	甲戌 9 六	乙亥 10 日	丙子 11 一	丁丑 12 二	戊寅 13 三	己卯 14 四	庚辰 15 五	辛巳 16 六	壬午 17 日	癸未 18 一	甲申 19 二	乙酉 20 三	丙戌 21 四	丁亥 22 五	戊子 23 六	己丑 24 日	庚寅 25 一	辛卯 26 二	壬辰 27 三		甲子小寒 己卯大寒

宋寧宗慶元五年（己未 羊年） 公元 1199 ~ 1200 年

夏曆月序		中西曆日對照	初一	初二	初三	初四	初五	初六	初七	初八	初九	初十	十一	十二	十三	十四	十五	十六	十七	十八	十九	二十	二一	二二	二三	二四	二五	二六	二七	二八	二九	三十	節氣與天象
正月大	丙寅	天干地支 西曆 星期	癸巳 28 四	甲午 29 五	乙未 30 六	丙申 31 日	丁酉 (2) 一	戊戌 2 二	己亥 3 三	庚子 4 四	辛丑 5 五	壬寅 6 六	癸卯 7 日	甲辰 8 一	乙巳 9 二	丙午 10 三	丁未 11 四	戊申 12 五	己酉 13 六	庚戌 14 日	辛亥 15 一	壬子 16 二	癸丑 17 三	甲寅 18 四	乙卯 19 五	丙辰 20 六	丁巳 21 日	戊午 22 一	己未 23 二	庚申 24 三	辛酉 25 四	壬戌 26 五	甲午立春 庚戌雨水 癸巳日食
二月大	丁卯	天干地支 西曆 星期	癸亥 27 六	甲子 28 日	乙丑 (3) 一	丙寅 2 二	丁卯 3 三	戊辰 4 四	己巳 5 五	庚午 6 六	辛未 7 日	壬申 8 一	癸酉 9 二	甲戌 10 三	乙亥 11 四	丙子 12 五	丁丑 13 六	戊寅 14 日	己卯 15 一	庚辰 16 二	辛巳 17 三	壬午 18 四	癸未 19 五	甲申 20 六	乙酉 21 日	丙戌 22 一	丁亥 23 二	戊子 24 三	己丑 25 四	庚寅 26 五	辛卯 27 六	壬辰 28 日	乙丑驚蟄 庚辰春分
三月小	戊辰	天干地支 西曆 星期	癸巳 29 一	甲午 30 二	乙未 31 三	丙申 (4) 四	丁酉 2 五	戊戌 3 六	己亥 4 日	庚子 5 一	辛丑 6 二	壬寅 7 三	癸卯 8 四	甲辰 9 五	乙巳 10 六	丙午 11 日	丁未 12 一	戊申 13 二	己酉 14 三	庚戌 15 四	辛亥 16 五	壬子 17 六	癸丑 18 日	甲寅 19 一	乙卯 20 二	丙辰 21 三	丁巳 22 四	戊午 23 五	己未 24 六	庚申 25 日	辛酉 26 一		乙未清明 庚戌穀雨
四月大	己巳	天干地支 西曆 星期	壬戌 27 二	癸亥 28 三	甲子 29 四	乙丑 30 五	丙寅 (5) 六	丁卯 2 日	戊辰 3 一	己巳 4 二	庚午 5 三	辛未 6 四	壬申 7 五	癸酉 8 六	甲戌 9 日	乙亥 10 一	丙子 11 二	丁丑 12 三	戊寅 13 四	己卯 14 五	庚辰 15 六	辛巳 16 日	壬午 17 一	癸未 18 二	甲申 19 三	乙酉 20 四	丙戌 21 五	丁亥 22 六	戊子 23 日	己丑 24 一	庚寅 25 二	辛卯 26 三	丙寅立夏 辛巳小滿
五月小	庚午	天干地支 西曆 星期	壬辰 27 四	癸巳 28 五	甲午 29 六	乙未 30 日	丙申 31 一	丁酉 (6) 二	戊戌 2 三	己亥 3 四	庚子 4 五	辛丑 5 六	壬寅 6 日	癸卯 7 一	甲辰 8 二	乙巳 9 三	丙午 10 四	丁未 11 五	戊申 12 六	己酉 13 日	庚戌 14 一	辛亥 15 二	壬子 16 三	癸丑 17 四	甲寅 18 五	乙卯 19 六	丙辰 20 日	丁巳 21 一	戊午 22 二	己未 23 三	庚申 24 四		丙申芒種 辛亥夏至
六月大	辛未	天干地支 西曆 星期	辛酉 25 五	壬戌 26 六	癸亥 27 日	甲子 28 一	乙丑 29 二	丙寅 30 三	丁卯 (7) 四	戊辰 2 五	己巳 3 六	庚午 4 日	辛未 5 一	壬申 6 二	癸酉 7 三	甲戌 8 四	乙亥 9 五	丙子 10 六	丁丑 11 日	戊寅 12 一	己卯 13 二	庚辰 14 三	辛巳 15 四	壬午 16 五	癸未 17 六	甲申 18 日	乙酉 19 一	丙戌 20 二	丁亥 21 三	戊子 22 四	己丑 23 五	庚寅 24 六	丁卯小暑 壬午大暑
七月大	壬申	天干地支 西曆 星期	辛卯 25 日	壬辰 26 一	癸巳 27 二	甲午 28 三	乙未 29 四	丙申 30 五	丁酉 31 六	戊戌 (8) 日	己亥 2 一	庚子 3 二	辛丑 4 三	壬寅 5 四	癸卯 6 五	甲辰 7 六	乙巳 8 日	丙午 9 一	丁未 10 二	戊申 11 三	己酉 12 四	庚戌 13 五	辛亥 14 六	壬子 15 日	癸丑 16 一	甲寅 17 二	乙卯 18 三	丙辰 19 四	丁巳 20 五	戊午 21 六	己未 22 日	庚申 23 一	丁酉立秋 壬子處暑
八月小	癸酉	天干地支 西曆 星期	辛酉 24 二	壬戌 25 三	癸亥 26 四	甲子 27 五	乙丑 28 六	丙寅 29 日	丁卯 30 一	戊辰 31 二	己巳 (9) 三	庚午 2 四	辛未 3 五	壬申 4 六	癸酉 5 日	甲戌 6 一	乙亥 7 二	丙子 8 三	丁丑 9 四	戊寅 10 五	己卯 11 六	庚辰 12 日	辛巳 13 一	壬午 14 二	癸未 15 三	甲申 16 四	乙酉 17 五	丙戌 18 六	丁亥 19 日	戊子 20 一	己丑 21 二		丁卯白露 癸未秋分
九月大	甲戌	天干地支 西曆 星期	庚寅 22 三	辛卯 23 四	壬辰 24 五	癸巳 25 六	甲午 26 日	乙未 27 一	丙申 28 二	丁酉 29 三	戊戌 30 四	己亥 (10) 五	庚子 2 六	辛丑 3 日	壬寅 4 一	癸卯 5 二	甲辰 6 三	乙巳 7 四	丙午 8 五	丁未 9 六	戊申 10 日	己酉 11 一	庚戌 12 二	辛亥 13 三	壬子 14 四	癸丑 15 五	甲寅 16 六	乙卯 17 日	丙辰 18 一	丁巳 19 二	戊午 20 三	己未 21 四	戊戌寒露 癸丑霜降
十月小	乙亥	天干地支 西曆 星期	庚申 22 五	辛酉 23 六	壬戌 24 日	癸亥 25 一	甲子 26 二	乙丑 27 三	丙寅 28 四	丁卯 29 五	戊辰 30 六	己巳 31 日	庚午 (11) 一	辛未 2 二	壬申 3 三	癸酉 4 四	甲戌 5 五	乙亥 6 六	丙子 7 日	丁丑 8 一	戊寅 9 二	己卯 10 三	庚辰 11 四	辛巳 12 五	壬午 13 六	癸未 14 日	甲申 15 一	乙酉 16 二	丙戌 17 三	丁亥 18 四	戊子 19 五		戊辰立冬 癸未小雪
十一月大	丙子	天干地支 西曆 星期	己丑 20 六	庚寅 21 日	辛卯 22 一	壬辰 23 二	癸巳 24 三	甲午 25 四	乙未 26 五	丙申 27 六	丁酉 28 日	戊戌 29 一	己亥 30 二	庚子 (12) 三	辛丑 2 四	壬寅 3 五	癸卯 4 六	甲辰 5 日	乙巳 6 一	丙午 7 二	丁未 8 三	戊申 9 四	己酉 10 五	庚戌 11 六	辛亥 12 日	壬子 13 一	癸丑 14 二	甲寅 15 三	乙卯 16 四	丙辰 17 五	丁巳 18 六	戊午 19 日	己亥大雪 甲寅冬至
十二月小	丁丑	天干地支 西曆 星期	己未 20 一	庚申 21 二	辛酉 22 三	壬戌 23 四	癸亥 24 五	甲子 25 六	乙丑 26 日	丙寅 27 一	丁卯 28 二	戊辰 29 三	己巳 30 四	庚午 31 五	辛未 (1) 六	壬申 2 日	癸酉 3 一	甲戌 4 二	乙亥 5 三	丙子 6 四	丁丑 7 五	戊寅 8 六	己卯 9 日	庚辰 10 一	辛巳 11 二	壬午 12 三	癸未 13 四	甲申 14 五	乙酉 15 六	丙戌 16 日	丁亥 17 一		己巳小寒 甲申大寒

宋寧宗慶元六年（庚申 猴年） 公元 1200 ~ 1201 年

夏曆月序		中西曆日對照	初一	初二	初三	初四	初五	初六	初七	初八	初九	初十	十一	十二	十三	十四	十五	十六	十七	十八	十九	二十	二一	二二	二三	二四	二五	二六	二七	二八	二九	三十	節氣與天象
正月小	戊寅	天干地支 西曆星期	戊子 18 二	己丑 19 三	庚寅 20 四	辛卯 21 五	壬辰 22 六	癸巳 23 日	甲午 24 一	乙未 25 二	丙申 26 三	丁酉 27 四	戊戌 28 五	己亥 29 六	庚子 30 日	辛丑 31 一	壬寅 (2) 二	癸卯 2 三	甲辰 3 四	乙巳 4 五	丙午 5 六	丁未 6 日	戊申 7 一	己酉 8 二	庚戌 9 三	辛亥 10 四	壬子 11 五	癸丑 12 六	甲寅 13 日	乙卯 14 一	丙辰 15 二		庚子立春 乙卯雨水
二月大	己卯	天干地支 西曆星期	丁巳 16 三	戊午 17 四	己未 18 五	庚申 19 六	辛酉 20 日	壬戌 21 一	癸亥 22 二	甲子 23 三	乙丑 24 四	丙寅 25 五	丁卯 26 六	戊辰 27 日	己巳 28 一	庚午 29 二	辛未 (3) 三	壬申 2 四	癸酉 3 五	甲戌 4 六	乙亥 5 日	丙子 6 一	丁丑 7 二	戊寅 8 三	己卯 9 四	庚辰 10 五	辛巳 11 六	壬午 12 日	癸未 13 一	甲申 14 二	乙酉 15 三	丙戌 16 四	庚午驚蟄 乙酉春分
閏二月小	己卯	天干地支 西曆星期	丁亥 17 五	戊子 18 六	己丑 19 日	庚寅 20 一	辛卯 21 二	壬辰 22 三	癸巳 23 四	甲午 24 五	乙未 25 六	丙申 26 日	丁酉 27 一	戊戌 28 二	己亥 29 三	庚子 30 四	辛丑 31 五	壬寅 (4) 六	癸卯 2 日	甲辰 3 一	乙巳 4 二	丙午 5 三	丁未 6 四	戊申 7 五	己酉 8 六	庚戌 9 日	辛亥 10 一	壬子 11 二	癸丑 12 三	甲寅 13 四	乙卯 14 五		庚子清明
三月大	庚辰	天干地支 西曆星期	丙辰 15 六	丁巳 16 日	戊午 17 一	己未 18 二	庚申 19 三	辛酉 20 四	壬戌 21 五	癸亥 22 六	甲子 23 日	乙丑 24 一	丙寅 25 二	丁卯 26 三	戊辰 27 四	己巳 28 五	庚午 29 六	辛未 30 日	壬申 (5) 一	癸酉 2 二	甲戌 3 三	乙亥 4 四	丙子 5 五	丁丑 6 六	戊寅 7 日	己卯 8 一	庚辰 9 二	辛巳 10 三	壬午 11 四	癸未 12 五	甲申 13 六	乙酉 14 日	丙辰穀雨 辛未立夏
四月小	辛巳	天干地支 西曆星期	丙戌 15 一	丁亥 16 二	戊子 17 三	己丑 18 四	庚寅 19 五	辛卯 20 六	壬辰 21 日	癸巳 22 一	甲午 23 二	乙未 24 三	丙申 25 四	丁酉 26 五	戊戌 27 六	己亥 28 日	庚子 29 一	辛丑 30 二	壬寅 31 三	癸卯 (6) 四	甲辰 2 五	乙巳 3 六	丙午 4 日	丁未 5 一	戊申 6 二	己酉 7 三	庚戌 8 四	辛亥 9 五	壬子 10 六	癸丑 11 日	甲寅 12 一		丙戌小滿 辛丑芒種
五月大	壬午	天干地支 西曆星期	乙卯 13 二	丙辰 14 三	丁巳 15 四	戊午 16 五	己未 17 六	庚申 18 日	辛酉 19 一	壬戌 20 二	癸亥 21 三	甲子 22 四	乙丑 23 五	丙寅 24 六	丁卯 25 日	戊辰 26 一	己巳 27 二	庚午 28 三	辛未 29 四	壬申 30 五	癸酉 (7) 六	甲戌 2 日	乙亥 3 一	丙子 4 二	丁丑 5 三	戊寅 6 四	己卯 7 五	庚辰 8 六	辛巳 9 日	壬午 10 一	癸未 11 二	甲申 12 三	丁巳夏至 壬申小暑
六月大	癸未	天干地支 西曆星期	乙酉 13 四	丙戌 14 五	丁亥 15 六	戊子 16 日	己丑 17 一	庚寅 18 二	辛卯 19 三	壬辰 20 四	癸巳 21 五	甲午 22 六	乙未 23 日	丙申 24 一	丁酉 25 二	戊戌 26 三	己亥 27 四	庚子 28 五	辛丑 29 六	壬寅 30 日	癸卯 31 一	甲辰 (8) 二	乙巳 2 三	丙午 3 四	丁未 4 五	戊申 5 六	己酉 6 日	庚戌 7 一	辛亥 8 二	壬子 9 三	癸丑 10 四	甲寅 11 五	丁亥大暑 壬寅立秋 乙酉日食
七月小	甲申	天干地支 西曆星期	乙卯 12 六	丙辰 13 日	丁巳 14 一	戊午 15 二	己未 16 三	庚申 17 四	辛酉 18 五	壬戌 19 六	癸亥 20 日	甲子 21 一	乙丑 22 二	丙寅 23 三	丁卯 24 四	戊辰 25 五	己巳 26 六	庚午 27 日	辛未 28 一	壬申 29 二	癸酉 30 三	甲戌 31 四	乙亥 (9) 五	丙子 2 六	丁丑 3 日	戊寅 4 一	己卯 5 二	庚辰 6 三	辛巳 7 四	壬午 8 五	癸未 9 六		丁巳處暑 癸酉白露
八月大	乙酉	天干地支 西曆星期	甲申 10 日	乙酉 11 一	丙戌 12 二	丁亥 13 三	戊子 14 四	己丑 15 五	庚寅 16 六	辛卯 17 日	壬辰 18 一	癸巳 19 二	甲午 20 三	乙未 21 四	丙申 22 五	丁酉 23 六	戊戌 24 日	己亥 25 一	庚子 26 二	辛丑 27 三	壬寅 28 四	癸卯 29 五	甲辰 30 六	乙巳 (10) 日	丙午 2 一	丁未 3 二	戊申 4 三	己酉 5 四	庚戌 6 五	辛亥 7 六	壬子 8 日	癸丑 9 一	戊子秋分 癸卯寒露
九月大	丙戌	天干地支 西曆星期	甲寅 10 二	乙卯 11 三	丙辰 12 四	丁巳 13 五	戊午 14 六	己未 15 日	庚申 16 一	辛酉 17 二	壬戌 18 三	癸亥 19 四	甲子 20 五	乙丑 21 六	丙寅 22 日	丁卯 23 一	戊辰 24 二	己巳 25 三	庚午 26 四	辛未 27 五	壬申 28 六	癸酉 29 日	甲戌 30 一	乙亥 31 二	丙子 (11) 三	丁丑 2 四	戊寅 3 五	己卯 4 六	庚辰 5 日	辛巳 6 一	壬午 7 二	癸未 8 三	戊午霜降 癸酉立冬
十月小	丁亥	天干地支 西曆星期	甲申 9 四	乙酉 10 五	丙戌 11 六	丁亥 12 日	戊子 13 一	己丑 14 二	庚寅 15 三	辛卯 16 四	壬辰 17 五	癸巳 18 六	甲午 19 日	乙未 20 一	丙申 21 二	丁酉 22 三	戊戌 23 四	己亥 24 五	庚子 25 六	辛丑 26 日	壬寅 27 一	癸卯 28 二	甲辰 29 三	乙巳 30 四	丙午 (12) 五	丁未 2 六	戊申 3 日	己酉 4 一	庚戌 5 二	辛亥 6 三	壬子 7 四		己丑小雪 甲辰大雪
十一月大	戊子	天干地支 西曆星期	癸丑 8 五	甲寅 9 六	乙卯 10 日	丙辰 11 一	丁巳 12 二	戊午 13 三	己未 14 四	庚申 15 五	辛酉 16 六	壬戌 17 日	癸亥 18 一	甲子 19 二	乙丑 20 三	丙寅 21 四	丁卯 22 五	戊辰 23 六	己巳 24 日	庚午 25 一	辛未 26 二	壬申 27 三	癸酉 28 四	甲戌 29 五	乙亥 30 六	丙子 31 日	丁丑 (1) 一	戊寅 2 二	己卯 3 三	庚辰 4 四	辛巳 5 五	壬午 6 六	己未冬至 甲戌小寒
十二月小	己丑	天干地支 西曆星期	癸未 7 日	甲申 8 一	乙酉 9 二	丙戌 10 三	丁亥 11 四	戊子 12 五	己丑 13 六	庚寅 14 日	辛卯 15 一	壬辰 16 二	癸巳 17 三	甲午 18 四	乙未 19 五	丙申 20 六	丁酉 21 日	戊戌 22 一	己亥 23 二	庚子 24 三	辛丑 25 四	壬寅 26 五	癸卯 27 六	甲辰 28 日	乙巳 29 一	丙午 30 二	丁未 31 三	戊申 (2) 四	己酉 2 五	庚戌 3 六	辛亥 4 日		庚寅大寒 乙巳立春

宋寧宗嘉泰元年（辛酉 鷄年） 公元 1201 ~ 1202 年

夏曆月序		中西曆日對照	初一	初二	初三	初四	初五	初六	初七	初八	初九	初十	十一	十二	十三	十四	十五	十六	十七	十八	十九	二十	二一	二二	二三	二四	二五	二六	二七	二八	二九	三十	節氣與天象
正月大	庚寅	天干地支 西曆 星期	壬子 5 一	癸丑 6 二	甲寅 7 三	乙卯 8 四	丙辰 9 五	丁巳 10 六	戊午 11 日	己未 12 一	庚申 13 二	辛酉 14 三	壬戌 15 四	癸亥 16 五	甲子 17 六	乙丑 18 日	丙寅 19 一	丁卯 20 二	戊辰 21 三	己巳 22 四	庚午 23 五	辛未 24 六	壬申 25 日	癸酉 26 一	甲戌 27 二	乙亥 28 三	丙子 (3) 四	丁丑 2 五	戊寅 3 六	己卯 4 日	庚辰 5 一	辛巳 6 二	庚申雨水 乙亥驚蟄
二月小	辛卯	天干地支 西曆 星期	壬午 7 三	癸未 8 四	甲申 9 五	乙酉 10 六	丙戌 11 日	丁亥 12 一	戊子 13 二	己丑 14 三	庚寅 15 四	辛卯 16 五	壬辰 17 六	癸巳 18 日	甲午 19 一	乙未 20 二	丙申 21 三	丁酉 22 四	戊戌 23 五	己亥 24 六	庚子 25 日	辛丑 26 一	壬寅 27 二	癸卯 28 三	甲辰 29 四	乙巳 30 五	丙午 31 六	丁未 (4) 日	戊申 2 一	己酉 3 二	庚戌 4 三		庚寅春分 丙午清明
三月小	壬辰	天干地支 西曆 星期	辛亥 5 四	壬子 6 五	癸丑 7 六	甲寅 8 日	乙卯 9 一	丙辰 10 二	丁巳 11 三	戊午 12 四	己未 13 五	庚申 14 六	辛酉 15 日	壬戌 16 一	癸亥 17 二	甲子 18 三	乙丑 19 四	丙寅 20 五	丁卯 21 六	戊辰 22 日	己巳 23 一	庚午 24 二	辛未 25 三	壬申 26 四	癸酉 27 五	甲戌 28 六	乙亥 29 日	丙子 30 一	丁丑 (5) 二	戊寅 2 三	己卯 3 四		辛酉穀雨 丙子立夏
四月大	癸巳	天干地支 西曆 星期	庚辰 4 五	辛巳 5 六	壬午 6 日	癸未 7 一	甲申 8 二	乙酉 9 三	丙戌 10 四	丁亥 11 五	戊子 12 六	己丑 13 日	庚寅 14 一	辛卯 15 二	壬辰 16 三	癸巳 17 四	甲午 18 五	乙未 19 六	丙申 20 日	丁酉 21 一	戊戌 22 二	己亥 23 三	庚子 24 四	辛丑 25 五	壬寅 26 六	癸卯 27 日	甲辰 28 一	乙巳 29 二	丙午 30 三	丁未 31 四	戊申 (6) 五	己酉 2 六	辛卯小滿 丁未芒種
五月小	甲午	天干地支 西曆 星期	庚戌 3 日	辛亥 4 一	壬子 5 二	癸丑 6 三	甲寅 7 四	乙卯 8 五	丙辰 9 六	丁巳 10 日	戊午 11 一	己未 12 二	庚申 13 三	辛酉 14 四	壬戌 15 五	癸亥 16 六	甲子 17 日	乙丑 18 一	丙寅 19 二	丁卯 20 三	戊辰 21 四	己巳 22 五	庚午 23 六	辛未 24 日	壬申 25 一	癸酉 26 二	甲戌 27 三	乙亥 28 四	丙子 29 五	丁丑 30 六	戊寅 (7) 日		壬戌夏至 丁丑小暑
六月大	乙未	天干地支 西曆 星期	己卯 2 一	庚辰 3 二	辛巳 4 三	壬午 5 四	癸未 6 五	甲申 7 六	乙酉 8 日	丙戌 9 一	丁亥 10 二	戊子 11 三	己丑 12 四	庚寅 13 五	辛卯 14 六	壬辰 15 日	癸巳 16 一	甲午 17 二	乙未 18 三	丙申 19 四	丁酉 20 五	戊戌 21 六	己亥 22 日	庚子 23 一	辛丑 24 二	壬寅 25 三	癸卯 26 四	甲辰 27 五	乙巳 28 六	丙午 29 日	丁未 30 一	戊申 31 二	壬辰大暑 丁未立秋
七月小	丙申	天干地支 西曆 星期	己酉 (8) 三	庚戌 2 四	辛亥 3 五	壬子 4 六	癸丑 5 日	甲寅 6 一	乙卯 7 二	丙辰 8 三	丁巳 9 四	戊午 10 五	己未 11 六	庚申 12 日	辛酉 13 一	壬戌 14 二	癸亥 15 三	甲子 16 四	乙丑 17 五	丙寅 18 六	丁卯 19 日	戊辰 20 一	己巳 21 二	庚午 22 三	辛未 23 四	壬申 24 五	癸酉 25 六	甲戌 26 日	乙亥 27 一	丙子 28 二	丁丑 29 三		癸亥處暑
八月大	丁酉	天干地支 西曆 星期	戊寅 30 四	己卯 31 五	庚辰 (9) 六	辛巳 2 日	壬午 3 一	癸未 4 二	甲申 5 三	乙酉 6 四	丙戌 7 五	丁亥 8 六	戊子 9 日	己丑 10 一	庚寅 11 二	辛卯 12 三	壬辰 13 四	癸巳 14 五	甲午 15 六	乙未 16 日	丙申 17 一	丁酉 18 二	戊戌 19 三	己亥 20 四	庚子 21 五	辛丑 22 六	壬寅 23 日	癸卯 24 一	甲辰 25 二	乙巳 26 三	丙午 27 四	丁未 28 五	戊寅白露 癸巳秋分
九月大	戊戌	天干地支 西曆 星期	戊申 29 六	己酉 30 日	庚戌 (10) 一	辛亥 2 二	壬子 3 三	癸丑 4 四	甲寅 5 五	乙卯 6 六	丙辰 7 日	丁巳 8 一	戊午 9 二	己未 10 三	庚申 11 四	辛酉 12 五	壬戌 13 六	癸亥 14 日	甲子 15 一	乙丑 16 二	丙寅 17 三	丁卯 18 四	戊辰 19 五	己巳 20 六	庚午 21 日	辛未 22 一	壬申 23 二	癸酉 24 三	甲戌 25 四	乙亥 26 五	丙子 27 六	丁丑 28 日	戊申寒露 甲子霜降
十月大	己亥	天干地支 西曆 星期	戊寅 29 一	己卯 30 二	庚辰 31 三	辛巳 (11) 四	壬午 2 五	癸未 3 六	甲申 4 日	乙酉 5 一	丙戌 6 二	丁亥 7 三	戊子 8 四	己丑 9 五	庚寅 10 六	辛卯 11 日	壬辰 12 一	癸巳 13 二	甲午 14 三	乙未 15 四	丙申 16 五	丁酉 17 六	戊戌 18 日	己亥 19 一	庚子 20 二	辛丑 21 三	壬寅 22 四	癸卯 23 五	甲辰 24 六	乙巳 25 日	丙午 26 一	丁未 27 二	己卯立冬 甲午小雪
十一月小	庚子	天干地支 西曆 星期	戊申 28 三	己酉 29 四	庚戌 30 五	辛亥 (12) 六	壬子 2 日	癸丑 3 一	甲寅 4 二	乙卯 5 三	丙辰 6 四	丁巳 7 五	戊午 8 六	己未 9 日	庚申 10 一	辛酉 11 二	壬戌 12 三	癸亥 13 四	甲子 14 五	乙丑 15 六	丙寅 16 日	丁卯 17 一	戊辰 18 二	己巳 19 三	庚午 20 四	辛未 21 五	壬申 22 六	癸酉 23 日	甲戌 24 一	乙亥 25 二	丙子 26 三		己酉大雪 甲子冬至
十二月大	辛丑	天干地支 西曆 星期	丁丑 27 四	戊寅 28 五	己卯 29 六	庚辰 30 日	辛巳 31 一	壬午 (1) 二	癸未 2 三	甲申 3 四	乙酉 4 五	丙戌 5 六	丁亥 6 日	戊子 7 一	己丑 8 二	庚寅 9 三	辛卯 10 四	壬辰 11 五	癸巳 12 六	甲午 13 日	乙未 14 一	丙申 15 二	丁酉 16 三	戊戌 17 四	己亥 18 五	庚子 19 六	辛丑 20 日	壬寅 21 一	癸卯 22 二	甲辰 23 三	乙巳 24 四	丙午 25 五	庚辰小寒 乙未大寒

* 正月壬子（初一），改元嘉泰。

宋寧宗嘉泰二年（壬戌 狗年） 公元 1202 ~ 1203 年

夏曆月序		中西曆日對照	初一	初二	初三	初四	初五	初六	初七	初八	初九	初十	十一	十二	十三	十四	十五	十六	十七	十八	十九	二十	廿一	廿二	廿三	廿四	廿五	廿六	廿七	廿八	廿九	三十	節氣與天象
正月小	壬寅	干支 天地 西曆 星期	丁未26六	戊申27日	己酉28一	庚戌29二	辛亥30三	壬子31四	癸丑(2)五	甲寅2六	乙卯3日	丙辰4一	丁巳5二	戊午6三	己未7四	庚申8五	辛酉9六	壬戌10日	癸亥11一	甲子12二	乙丑13三	丙寅14四	丁卯15五	戊辰16六	己巳17日	庚午18一	辛未19二	壬申20三	癸酉21四	甲戌22五	乙亥23六		庚戌立春 乙丑雨水
二月大	癸卯	干支 天地 西曆 星期	丙子24日	丁丑25一	戊寅26二	己卯27三	庚辰28四	辛巳(3)五	壬午2六	癸未3日	甲申4一	乙酉5二	丙戌6三	丁亥7四	戊子8五	己丑9六	庚寅10日	辛卯11一	壬辰12二	癸巳13三	甲午14四	乙未15五	丙申16六	丁酉17日	戊戌18一	己亥19二	庚子20三	辛丑21四	壬寅22五	癸卯23六	甲辰24日	乙巳25一	庚辰驚蟄 丙申春分
三月小	甲辰	干支 天地 西曆 星期	丙午26二	丁未27三	戊申28四	己酉29五	庚戌30六	辛亥31日	壬子(4)一	癸丑2二	甲寅3三	乙卯4四	丙辰5五	丁巳6六	戊午7日	己未8一	庚申9二	辛酉10三	壬戌11四	癸亥12五	甲子13六	乙丑14日	丙寅15一	丁卯16二	戊辰17三	己巳18四	庚午19五	辛未20六	壬申21日	癸酉22一	甲戌23二		辛亥清明 丙寅穀雨
四月小	乙巳	干支 天地 西曆 星期	乙亥24三	丙子25四	丁丑26五	戊寅27六	己卯28日	庚辰29一	辛巳30二	壬午(5)三	癸未2四	甲申3五	乙酉4六	丙戌5日	丁亥6一	戊子7二	己丑8三	庚寅9四	辛卯10五	壬辰11六	癸巳12日	甲午13一	乙未14二	丙申15三	丁酉16四	戊戌17五	己亥18六	庚子19日	辛丑20一	壬寅21二	癸卯22三		辛巳立夏 丁酉小滿
五月大	丙午	干支 天地 西曆 星期	甲辰23四	乙巳24五	丙午25六	丁未26日	戊申27一	己酉28二	庚戌29三	辛亥30四	壬子31五	癸丑(6)六	甲寅2日	乙卯3一	丙辰4二	丁巳5三	戊午6四	己未7五	庚申8六	辛酉9日	壬戌10一	癸亥11二	甲子12三	乙丑13四	丙寅14五	丁卯15六	戊辰16日	己巳17一	庚午18二	辛未19三	壬申20四	癸酉21五	壬子芒種 丁卯夏至 甲辰日食
六月小	丁未	干支 天地 西曆 星期	甲戌22六	乙亥23日	丙子24一	丁丑25二	戊寅26三	己卯27四	庚辰28五	辛巳29六	壬午30日	癸未(7)一	甲申2二	乙酉3三	丙戌4四	丁亥5五	戊子6六	己丑7日	庚寅8一	辛卯9二	壬辰10三	癸巳11四	甲午12五	乙未13六	丙申14日	丁酉15一	戊戌16二	己亥17三	庚子18四	辛丑19五	壬寅20六		壬午小暑 丁酉大暑
七月小	戊申	干支 天地 西曆 星期	癸卯21日	甲辰22一	乙巳23二	丙午24三	丁未25四	戊申26五	己酉27六	庚戌28日	辛亥29一	壬子30二	癸丑31三	甲寅(8)四	乙卯2五	丙辰3六	丁巳4日	戊午5一	己未6二	庚申7三	辛酉8四	壬戌9五	癸亥10六	甲子11日	乙丑12一	丙寅13二	丁卯14三	戊辰15四	己巳16五	庚午17六	辛未18日		癸丑立秋 戊辰處暑
八月大	己酉	干支 天地 西曆 星期	壬申19一	癸酉20二	甲戌21三	乙亥22四	丙子23五	丁丑24六	戊寅25日	己卯26一	庚辰27二	辛巳28三	壬午29四	癸未30五	甲申31六	乙酉(9)日	丙戌2一	丁亥3二	戊子4三	己丑5四	庚寅6五	辛卯7六	壬辰8日	癸巳9一	甲午10二	乙未11三	丙申12四	丁酉13五	戊戌14六	己亥15日	庚子16一	辛丑17二	癸未白露 戊戌秋分
九月大	庚戌	干支 天地 西曆 星期	壬寅18三	癸卯19四	甲辰20五	乙巳21六	丙午22日	丁未23一	戊申24二	己酉25三	庚戌26四	辛亥27五	壬子28六	癸丑29日	甲寅30一	乙卯(10)二	丙辰2三	丁巳3四	戊午4五	己未5六	庚申6日	辛酉7一	壬戌8二	癸亥9三	甲子10四	乙丑11五	丙寅12六	丁卯13日	戊辰14一	己巳15二	庚午16三	辛未17四	甲寅寒露 己巳霜降
十月大	辛亥	干支 天地 西曆 星期	壬申18五	癸酉19六	甲戌20日	乙亥21一	丙子22二	丁丑23三	戊寅24四	己卯25五	庚辰26六	辛巳27日	壬午28一	癸未29二	甲申30三	乙酉31四	丙戌(11)五	丁亥2六	戊子3日	己丑4一	庚寅5二	辛卯6三	壬辰7四	癸巳8五	甲午9六	乙未10日	丙申11一	丁酉12二	戊戌13三	己亥14四	庚子15五	辛丑16六	甲申立冬 己亥小雪
十一月小	壬子	干支 天地 西曆 星期	壬寅17日	癸卯18一	甲辰19二	乙巳20三	丙午21四	丁未22五	戊申23六	己酉24日	庚戌25一	辛亥26二	壬子27三	癸丑28四	甲寅29五	乙卯30六	丙辰(12)日	丁巳2一	戊午3二	己未4三	庚申5四	辛酉6五	壬戌7六	癸亥8日	甲子9一	乙丑10二	丙寅11三	丁卯12四	戊辰13五	己巳14六	庚午15日		甲寅大雪 庚午冬至
十二月大	癸丑	干支 天地 西曆 星期	辛未16一	壬申17二	癸酉18三	甲戌19四	乙亥20五	丙子21六	丁丑22日	戊寅23一	己卯24二	庚辰25三	辛巳26四	壬午27五	癸未28六	甲申29日	乙酉30一	丙戌31二	丁亥(1)三	戊子2四	己丑3五	庚寅4六	辛卯5日	壬辰6一	癸巳7二	甲午8三	乙未9四	丙申10五	丁酉11六	戊戌12日	己亥13一	庚子14二	乙酉小寒 庚子大寒
閏十二大	癸丑	干支 天地 西曆 星期	辛丑15三	壬寅16四	癸卯17五	甲辰18六	乙巳19日	丙午20一	丁未21二	戊申22三	己酉23四	庚戌24五	辛亥25六	壬子26日	癸丑27一	甲寅28二	乙卯29三	丙辰30四	丁巳31五	戊午(2)六	己未2日	庚申3一	辛酉4二	壬戌5三	癸亥6四	甲子7五	乙丑8六	丙寅9日	丁卯10一	戊辰11二	己巳12三	庚午13四	乙卯立春

宋寧宗嘉泰三年（癸亥 猪年） 公元 1203 ～ 1204 年

夏曆月序		中西曆日對照	初一	初二	初三	初四	初五	初六	初七	初八	初九	初十	十一	十二	十三	十四	十五	十六	十七	十八	十九	二十	二一	二二	二三	二四	二五	二六	二七	二八	二九	三十	節氣與天象
正月小	甲寅	天干 地支 西曆 星期	辛未 14 五	壬申 15 六	癸酉 16 日	甲戌 17 一	乙亥 18 二	丙子 19 三	丁丑 20 四	戊寅 21 五	己卯 22 六	庚辰 23 日	辛巳 24 一	壬午 25 二	癸未 26 三	甲申 27 四	乙酉 28 五	丙戌 (3) 六	丁亥 2 日	戊子 3 一	己丑 4 二	庚寅 5 三	辛卯 6 四	壬辰 7 五	癸巳 8 六	甲午 9 日	乙未 10 一	丙申 11 二	丁酉 12 三	戊戌 13 四	己亥 14 五		辛未雨水 丙戌驚蟄
二月大	乙卯	天干 地支 西曆 星期	庚子 15 六	辛丑 16 日	壬寅 17 一	癸卯 18 二	甲辰 19 三	乙巳 20 四	丙午 21 五	丁未 22 六	戊申 23 日	己酉 24 一	庚戌 25 二	辛亥 26 三	壬子 27 四	癸丑 28 五	甲寅 29 六	乙卯 30 日	丙辰 31 一	丁巳 (4) 二	戊午 2 三	己未 3 四	庚申 4 五	辛酉 5 六	壬戌 6 日	癸亥 7 一	甲子 8 二	乙丑 9 三	丙寅 10 四	丁卯 11 五	戊辰 12 六	己巳 13 日	辛丑春分 丙辰清明
三月小	丙辰	天干 地支 西曆 星期	庚午 14 一	辛未 15 二	壬申 16 三	癸酉 17 四	甲戌 18 五	乙亥 19 六	丙子 20 日	丁丑 21 一	戊寅 22 二	己卯 23 三	庚辰 24 四	辛巳 25 五	壬午 26 六	癸未 27 日	甲申 28 一	乙酉 29 二	丙戌 30 三	丁亥 (5) 四	戊子 2 五	己丑 3 六	庚寅 4 日	辛卯 5 一	壬辰 6 二	癸巳 7 三	甲午 8 四	乙未 9 五	丙申 10 六	丁酉 11 日	戊戌 12 一		辛未穀雨 丁亥立夏
四月小	丁巳	天干 地支 西曆 星期	己亥 13 二	庚子 14 三	辛丑 15 四	壬寅 16 五	癸卯 17 六	甲辰 18 日	乙巳 19 一	丙午 20 二	丁未 21 三	戊申 22 四	己酉 23 五	庚戌 24 六	辛亥 25 日	壬子 26 一	癸丑 27 二	甲寅 28 三	乙卯 29 四	丙辰 30 五	丁巳 31 六	戊午 (6) 日	己未 2 一	庚申 3 二	辛酉 4 三	壬戌 5 四	癸亥 6 五	甲子 7 六	乙丑 8 日	丙寅 9 一	丁卯 10 二		壬寅小滿 丁巳芒種
五月大	戊午	天干 地支 西曆 星期	戊辰 11 三	己巳 12 四	庚午 13 五	辛未 14 六	壬申 15 日	癸酉 16 一	甲戌 17 二	乙亥 18 三	丙子 19 四	丁丑 20 五	戊寅 21 六	己卯 22 日	庚辰 23 一	辛巳 24 二	壬午 25 三	癸未 26 四	甲申 27 五	乙酉 28 六	丙戌 29 日	丁亥 30 一	戊子 (7) 二	己丑 2 三	庚寅 3 四	辛卯 4 五	壬辰 5 六	癸巳 6 日	甲午 7 一	乙未 8 二	丙申 9 三	丁酉 10 四	壬申夏至 丁亥小暑
六月小	己未	天干 地支 西曆 星期	戊戌 11 五	己亥 12 六	庚子 13 日	辛丑 14 一	壬寅 15 二	癸卯 16 三	甲辰 17 四	乙巳 18 五	丙午 19 六	丁未 20 日	戊申 21 一	己酉 22 二	庚戌 23 三	辛亥 24 四	壬子 25 五	癸丑 26 六	甲寅 27 日	乙卯 28 一	丙辰 29 二	丁巳 30 三	戊午 31 四	己未 (8) 五	庚申 2 六	辛酉 3 日	壬戌 4 一	癸亥 5 二	甲子 6 三	乙丑 7 四	丙寅 8 五		癸卯大暑 戊午立秋
七月小	庚申	天干 地支 西曆 星期	丁卯 9 六	戊辰 10 日	己巳 11 一	庚午 12 二	辛未 13 三	壬申 14 四	癸酉 15 五	甲戌 16 六	乙亥 17 日	丙子 18 一	丁丑 19 二	戊寅 20 三	己卯 21 四	庚辰 22 五	辛巳 23 六	壬午 24 日	癸未 25 一	甲申 26 二	乙酉 27 三	丙戌 28 四	丁亥 29 五	戊子 30 六	己丑 31 日	庚寅 (9) 一	辛卯 2 二	壬辰 3 三	癸巳 4 四	甲午 5 五	乙未 6 六		癸酉處暑 戊子白露
八月大	辛酉	天干 地支 西曆 星期	丙申 7 日	丁酉 8 一	戊戌 9 二	己亥 10 三	庚子 11 四	辛丑 12 五	壬寅 13 六	癸卯 14 日	甲辰 15 一	乙巳 16 二	丙午 17 三	丁未 18 四	戊申 19 五	己酉 20 六	庚戌 21 日	辛亥 22 一	壬子 23 二	癸丑 24 三	甲寅 25 四	乙卯 26 五	丙辰 27 六	丁巳 28 日	戊午 29 一	己未 30 二	庚申 (10) 三	辛酉 2 四	壬戌 3 五	癸亥 4 六	甲子 5 日	乙丑 6 一	甲辰秋分 己未寒露
九月大	壬戌	天干 地支 西曆 星期	丙寅 7 二	丁卯 8 三	戊辰 9 四	己巳 10 五	庚午 11 六	辛未 12 日	壬申 13 一	癸酉 14 二	甲戌 15 三	乙亥 16 四	丙子 17 五	丁丑 18 六	戊寅 19 日	己卯 20 一	庚辰 21 二	辛巳 22 三	壬午 23 四	癸未 24 五	甲申 25 六	乙酉 26 日	丙戌 27 一	丁亥 28 二	戊子 29 三	己丑 30 四	庚寅 31 五	辛卯 (11) 六	壬辰 2 日	癸巳 3 一	甲午 4 二	乙未 5 三	甲戌霜降 己丑立冬
十月小	癸亥	天干 地支 西曆 星期	丙申 6 四	丁酉 7 五	戊戌 8 六	己亥 9 日	庚子 10 一	辛丑 11 二	壬寅 12 三	癸卯 13 四	甲辰 14 五	乙巳 15 六	丙午 16 日	丁未 17 一	戊申 18 二	己酉 19 三	庚戌 20 四	辛亥 21 五	壬子 22 六	癸丑 23 日	甲寅 24 一	乙卯 25 二	丙辰 26 三	丁巳 27 四	戊午 28 五	己未 29 六	庚申 30 日	辛酉 (12) 一	壬戌 2 二	癸亥 3 三	甲子 4 四		甲辰小雪 庚申大雪
十一月大	甲子	天干 地支 西曆 星期	乙丑 5 五	丙寅 6 六	丁卯 7 日	戊辰 8 一	己巳 9 二	庚午 10 三	辛未 11 四	壬申 12 五	癸酉 13 六	甲戌 14 日	乙亥 15 一	丙子 16 二	丁丑 17 三	戊寅 18 四	己卯 19 五	庚辰 20 六	辛巳 21 日	壬午 22 一	癸未 23 二	甲申 24 三	乙酉 25 四	丙戌 26 五	丁亥 27 六	戊子 28 日	己丑 29 一	庚寅 30 二	辛卯 31 三	壬辰 (1) 四	癸巳 2 五	甲午 3 六	乙亥冬至 庚寅小寒
十二月大	乙丑	天干 地支 西曆 星期	乙未 4 日	丙申 5 一	丁酉 6 二	戊戌 7 三	己亥 8 四	庚子 9 五	辛丑 10 六	壬寅 11 日	癸卯 12 一	甲辰 13 二	乙巳 14 三	丙午 15 四	丁未 16 五	戊申 17 六	己酉 18 日	庚戌 19 一	辛亥 20 二	壬子 21 三	癸丑 22 四	甲寅 23 五	乙卯 24 六	丙辰 25 日	丁巳 26 一	戊午 27 二	己未 28 三	庚申 29 四	辛酉 30 五	壬戌 31 六	癸亥 (2) 日	甲子 2 一	乙巳大寒 辛酉立春

宋寧宗嘉泰四年（甲子 鼠年） 公元 1204 ~ 1205 年

夏曆月序		中西曆對照	初一	初二	初三	初四	初五	初六	初七	初八	初九	初十	十一	十二	十三	十四	十五	十六	十七	十八	十九	二十	二一	二二	二三	二四	二五	二六	二七	二八	二九	三十	節氣與天象
正月大	丙寅	天干 地支 西曆 星期	乙丑 3 二	丙寅 4 三	丁卯 5 四	戊辰 6 五	己巳 7 六	庚午 8 日	辛未 9 一	壬申 10 二	癸酉 11 三	甲戌 12 四	乙亥 13 五	丙子 14 六	丁丑 15 日	戊寅 16 一	己卯 17 二	庚辰 18 三	辛巳 19 四	壬午 20 五	癸未 21 六	甲申 22 日	乙酉 23 一	丙戌 24 二	丁亥 25 三	戊子 26 四	己丑 27 五	庚寅 28 六	辛卯 29 日	壬辰 (3) 一	癸巳 2 二	甲午 3 三	丙子雨水 辛卯驚蟄
二月小	丁卯	天干 地支 西曆 星期	乙未 4 四	丙申 5 五	丁酉 6 六	戊戌 7 日	己亥 8 一	庚子 9 二	辛丑 10 三	壬寅 11 四	癸卯 12 五	甲辰 13 六	乙巳 14 日	丙午 15 一	丁未 16 二	戊申 17 三	己酉 18 四	庚戌 19 五	辛亥 20 六	壬子 21 日	癸丑 22 一	甲寅 23 二	乙卯 24 三	丙辰 25 四	丁巳 26 五	戊午 27 六	己未 28 日	庚申 29 一	辛酉 30 二	壬戌 31 三	癸亥 (4) 四		丙午春分 辛酉清明
三月大	戊辰	天干 地支 西曆 星期	甲子 2 五	乙丑 3 六	丙寅 4 日	丁卯 5 一	戊辰 6 二	己巳 7 三	庚午 8 四	辛未 9 五	壬申 10 六	癸酉 11 日	甲戌 12 一	乙亥 13 二	丙子 14 三	丁丑 15 四	戊寅 16 五	己卯 17 六	庚辰 18 日	辛巳 19 一	壬午 20 二	癸未 21 三	甲申 22 四	乙酉 23 五	丙戌 24 六	丁亥 25 日	戊子 26 一	己丑 27 二	庚寅 28 三	辛卯 29 四	壬辰 30 五	癸巳 (5) 六	丁丑穀雨 壬辰立夏
四月小	己巳	天干 地支 西曆 星期	甲午 2 日	乙未 3 一	丙申 4 二	丁酉 5 三	戊戌 6 四	己亥 7 五	庚子 8 六	辛丑 9 日	壬寅 10 一	癸卯 11 二	甲辰 12 三	乙巳 13 四	丙午 14 五	丁未 15 六	戊申 16 日	己酉 17 一	庚戌 18 二	辛亥 19 三	壬子 20 四	癸丑 21 五	甲寅 22 六	乙卯 23 日	丙辰 24 一	丁巳 25 二	戊午 26 三	己未 27 四	庚申 28 五	辛酉 29 六	壬戌 30 日		丁未小滿 壬戌芒種
五月小	庚午	天干 地支 西曆 星期	癸亥 31 一	甲子 (6) 二	乙丑 2 三	丙寅 3 四	丁卯 4 五	戊辰 5 六	己巳 6 日	庚午 7 一	辛未 8 二	壬申 9 三	癸酉 10 四	甲戌 11 五	乙亥 12 六	丙子 13 日	丁丑 14 一	戊寅 15 二	己卯 16 三	庚辰 17 四	辛巳 18 五	壬午 19 六	癸未 20 日	甲申 21 一	乙酉 22 二	丙戌 23 三	丁亥 24 四	戊子 25 五	己丑 26 六	庚寅 27 日	辛卯 28 一		戊寅夏至
六月大	辛未	天干 地支 西曆 星期	壬辰 29 二	癸巳 30 三	甲午 (7) 四	乙未 2 五	丙申 3 六	丁酉 4 日	戊戌 5 一	己亥 6 二	庚子 7 三	辛丑 8 四	壬寅 9 五	癸卯 10 六	甲辰 11 日	乙巳 12 一	丙午 13 二	丁未 14 三	戊申 15 四	己酉 16 五	庚戌 17 六	辛亥 18 日	壬子 19 一	癸丑 20 二	甲寅 21 三	乙卯 22 四	丙辰 23 五	丁巳 24 六	戊午 25 日	己未 26 一	庚申 27 二	辛酉 28 三	癸巳小暑 戊申大暑
七月小	壬申	天干 地支 西曆 星期	壬戌 29 四	癸亥 30 五	甲子 31 六	乙丑 (8) 日	丙寅 2 一	丁卯 3 二	戊辰 4 三	己巳 5 四	庚午 6 五	辛未 7 六	壬申 8 日	癸酉 9 一	甲戌 10 二	乙亥 11 三	丙子 12 四	丁丑 13 五	戊寅 14 六	己卯 15 日	庚辰 16 一	辛巳 17 二	壬午 18 三	癸未 19 四	甲申 20 五	乙酉 21 六	丙戌 22 日	丁亥 23 一	戊子 24 二	己丑 25 三	庚寅 26 四		癸亥立秋 戊寅處暑
八月小	癸酉	天干 地支 西曆 星期	辛卯 27 五	壬辰 28 六	癸巳 29 日	甲午 30 一	乙未 31 二	丙申 (9) 三	丁酉 2 四	戊戌 3 五	己亥 4 六	庚子 5 日	辛丑 6 一	壬寅 7 二	癸卯 8 三	甲辰 9 四	乙巳 10 五	丙午 11 六	丁未 12 日	戊申 13 一	己酉 14 二	庚戌 15 三	辛亥 16 四	壬子 17 五	癸丑 18 六	甲寅 19 日	乙卯 20 一	丙辰 21 二	丁巳 22 三	戊午 23 四	己未 24 五		甲午白露 己酉秋分
九月大	甲戌	天干 地支 西曆 星期	庚申 25 六	辛酉 26 日	壬戌 27 一	癸亥 28 二	甲子 29 三	乙丑 30 四	丙寅 (10) 五	丁卯 2 六	戊辰 3 日	己巳 4 一	庚午 5 二	辛未 6 三	壬申 7 四	癸酉 8 五	甲戌 9 六	乙亥 10 日	丙子 11 一	丁丑 12 二	戊寅 13 三	己卯 14 四	庚辰 15 五	辛巳 16 六	壬午 17 日	癸未 18 一	甲申 19 二	乙酉 20 三	丙戌 21 四	丁亥 22 五	戊子 23 六	己丑 24 日	甲子寒露 己卯霜降
十月小	乙亥	天干 地支 西曆 星期	庚寅 25 一	辛卯 26 二	壬辰 27 三	癸巳 28 四	甲午 29 五	乙未 30 六	丙申 31 日	丁酉 (11) 一	戊戌 2 二	己亥 3 三	庚子 4 四	辛丑 5 五	壬寅 6 六	癸卯 7 日	甲辰 8 一	乙巳 9 二	丙午 10 三	丁未 11 四	戊申 12 五	己酉 13 六	庚戌 14 日	辛亥 15 一	壬子 16 二	癸丑 17 三	甲寅 18 四	乙卯 19 五	丙辰 20 六	丁巳 21 日	戊午 22 一		甲午立冬 庚戌小雪
十一月大	丙子	天干 地支 西曆 星期	己未 23 二	庚申 24 三	辛酉 25 四	壬戌 26 五	癸亥 27 六	甲子 28 日	乙丑 29 一	丙寅 30 二	丁卯 (12) 三	戊辰 2 四	己巳 3 五	庚午 4 六	辛未 5 日	壬申 6 一	癸酉 7 二	甲戌 8 三	乙亥 9 四	丙子 10 五	丁丑 11 六	戊寅 12 日	己卯 13 一	庚辰 14 二	辛巳 15 三	壬午 16 四	癸未 17 五	甲申 18 六	乙酉 19 日	丙戌 20 一	丁亥 21 二	戊子 22 三	乙丑大雪 庚辰冬至
十二月大	丁丑	天干 地支 西曆 星期	己丑 23 四	庚寅 24 五	辛卯 25 六	壬辰 26 日	癸巳 27 一	甲午 28 二	乙未 29 三	丙申 30 四	丁酉 31 五	戊戌 (1) 六	己亥 2 日	庚子 3 一	辛丑 4 二	壬寅 5 三	癸卯 6 四	甲辰 7 五	乙巳 8 六	丙午 9 日	丁未 10 一	戊申 11 二	己酉 12 三	庚戌 13 四	辛亥 14 五	壬子 15 六	癸丑 16 日	甲寅 17 一	乙卯 18 二	丙辰 19 三	丁巳 20 四	戊午 21 五	乙未小寒 辛亥大寒

宋寧宗開禧元年（乙丑 牛年） 公元 1205 ~ 1206 年

夏曆月序		中西曆日對照	初一	初二	初三	初四	初五	初六	初七	初八	初九	初十	十一	十二	十三	十四	十五	十六	十七	十八	十九	二十	二一	二二	二三	二四	二五	二六	二七	二八	二九	三十	節氣與天象
正月大	戊寅	天干地支西曆星期	己未22六	庚申23日	辛酉24一	壬戌25二	癸亥26三	甲子27四	乙丑28五	丙寅29六	丁卯30日	戊辰31一	己巳(2)二	庚午2三	辛未3四	壬申4五	癸酉5六	甲戌6日	乙亥7一	丙子8二	丁丑9三	戊寅10四	己卯11五	庚辰12六	辛巳13日	壬午14一	癸未15二	甲申16三	乙酉17四	丙戌18五	丁亥19六	戊子20日	丙寅立春 辛巳雨水
二月小	己卯	天干地支西曆星期	己丑21一	庚寅22二	辛卯23三	壬辰24四	癸巳25五	甲午26六	乙未27日	丙申28一	丁酉(3)二	戊戌2三	己亥3四	庚子4五	辛丑5六	壬寅6日	癸卯7一	甲辰8二	乙巳9三	丙午10四	丁未11五	戊申12六	己酉13日	庚戌14一	辛亥15二	壬子16三	癸丑17四	甲寅18五	乙卯19六	丙辰20日	丁巳21一		丙申驚蟄 辛亥春分
三月大	庚辰	天干地支西曆星期	戊午22二	己未23三	庚申24四	辛酉25五	壬戌26六	癸亥27日	甲子28一	乙丑29二	丙寅30三	丁卯31四	戊辰(4)五	己巳2六	庚午3日	辛未4一	壬申5二	癸酉6三	甲戌7四	乙亥8五	丙子9六	丁丑10日	戊寅11一	己卯12二	庚辰13三	辛巳14四	壬午15五	癸未16六	甲申17日	乙酉18一	丙戌19二	丁亥20三	丁卯清明 壬午穀雨
四月小	辛巳	天干地支西曆星期	戊子21四	己丑22五	庚寅23六	辛卯24日	壬辰25一	癸巳26二	甲午27三	乙未28四	丙申29五	丁酉30六	戊戌(5)日	己亥2一	庚子3二	辛丑4三	壬寅5四	癸卯6五	甲辰7六	乙巳8日	丙午9一	丁未10二	戊申11三	己酉12四	庚戌13五	辛亥14六	壬子15日	癸丑16一	甲寅17二	乙卯18三	丙辰19四		丁酉立夏 壬子小滿
五月大	壬午	天干地支西曆星期	丁巳20五	戊午21六	己未22日	庚申23一	辛酉24二	壬戌25三	癸亥26四	甲子27五	乙丑28六	丙寅29日	丁卯30一	戊辰31二	己巳(6)三	庚午2四	辛未3五	壬申4六	癸酉5日	甲戌6一	乙亥7二	丙子8三	丁丑9四	戊寅10五	己卯11六	庚辰12日	辛巳13一	壬午14二	癸未15三	甲申16四	乙酉17五	丙戌18六	戊辰芒種 癸未夏至
六月小	癸未	天干地支西曆星期	丁亥19日	戊子20一	己丑21二	庚寅22三	辛卯23四	壬辰24五	癸巳25六	甲午26日	乙未27一	丙申28二	丁酉29三	戊戌30四	己亥(7)五	庚子2六	辛丑3日	壬寅4一	癸卯5二	甲辰6三	乙巳7四	丙午8五	丁未9六	戊申10日	己酉11一	庚戌12二	辛亥13三	壬子14四	癸丑15五	甲寅16六	乙卯17日		戊戌小暑 癸丑大暑
七月大	甲申	天干地支西曆星期	丙辰18一	丁巳19二	戊午20三	己未21四	庚申22五	辛酉23六	壬戌24日	癸亥25一	甲子26二	乙丑27三	丙寅28四	丁卯29五	戊辰30六	己巳31日	庚午(8)一	辛未2二	壬申3三	癸酉4四	甲戌5五	乙亥6六	丙子7日	丁丑8一	戊寅9二	己卯10三	庚辰11四	辛巳12五	壬午13六	癸未14日	甲申15一	乙酉16二	戊辰立秋 甲申處暑
八月小	乙酉	天干地支西曆星期	丙戌17三	丁亥18四	戊子19五	己丑20六	庚寅21日	辛卯22一	壬辰23二	癸巳24三	甲午25四	乙未26五	丙申27六	丁酉28日	戊戌29一	己亥30二	庚子31三	辛丑(9)四	壬寅2五	癸卯3六	甲辰4日	乙巳5一	丙午6二	丁未7三	戊申8四	己酉9五	庚戌10六	辛亥11日	壬子12一	癸丑13二	甲寅14三		己亥白露 甲寅秋分
閏八月小	乙酉	天干地支西曆星期	乙卯15四	丙辰16五	丁巳17六	戊午18日	己未19一	庚申20二	辛酉21三	壬戌22四	癸亥23五	甲子24六	乙丑25日	丙寅26一	丁卯27二	戊辰28三	己巳29四	庚午30五	辛未(10)六	壬申2日	癸酉3一	甲戌4二	乙亥5三	丙子6四	丁丑7五	戊寅8六	己卯9日	庚辰10一	辛巳11二	壬午12三	癸未13四		己巳寒露
九月大	丙戌	天干地支西曆星期	甲申14五	乙酉15六	丙戌16日	丁亥17一	戊子18二	己丑19三	庚寅20四	辛卯21五	壬辰22六	癸巳23日	甲午24一	乙未25二	丙申26三	丁酉27四	戊戌28五	己亥29六	庚子30日	辛丑31一	壬寅(11)二	癸卯2三	甲辰3四	乙巳4五	丙午5六	丁未6日	戊申7一	己酉8二	庚戌9三	辛亥10四	壬子11五	癸丑12六	甲申霜降 庚子立冬
十月小	丁亥	天干地支西曆星期	甲寅13日	乙卯14一	丙辰15二	丁巳16三	戊午17四	己未18五	庚申19六	辛酉20日	壬戌21一	癸亥22二	甲子23三	乙丑24四	丙寅25五	丁卯26六	戊辰27日	己巳28一	庚午29二	辛未30三	壬申(12)四	癸酉2五	甲戌3六	乙亥4日	丙子5一	丁丑6二	戊寅7三	己卯8四	庚辰9五	辛巳10六	壬午11日		乙卯小雪 庚午大雪
十一月大	戊子	天干地支西曆星期	癸未12一	甲申13二	乙酉14三	丙戌15四	丁亥16五	戊子17六	己丑18日	庚寅19一	辛卯20二	壬辰21三	癸巳22四	甲午23五	乙未24六	丙申25日	丁酉26一	戊戌27二	己亥28三	庚子29四	辛丑30五	壬寅31六	癸卯(1)日	甲辰2一	乙巳3二	丙午4三	丁未5四	戊申6五	己酉7六	庚戌8日	辛亥9一	壬子10二	乙酉冬至 辛丑小寒
十二月大	己丑	天干地支西曆星期	癸丑11三	甲寅12四	乙卯13五	丙辰14六	丁巳15日	戊午16一	己未17二	庚申18三	辛酉19四	壬戌20五	癸亥21六	甲子22日	乙丑23一	丙寅24二	丁卯25三	戊辰26四	己巳27五	庚午28六	辛未29日	壬申30一	癸酉31二	甲戌(2)三	乙亥2四	丙子3五	丁丑4六	戊寅5日	己卯6一	庚辰7二	辛巳8三	壬午9四	丙辰大寒 辛未立春

* 正月己未（初一），改元開禧。

宋寧宗開禧二年（丙寅 虎年） 公元1206 ~ 1207年

夏曆月序		中西曆日對照	夏曆日序																														節氣與天象
			初一	初二	初三	初四	初五	初六	初七	初八	初九	初十	十一	十二	十三	十四	十五	十六	十七	十八	十九	二十	二一	二二	二三	二四	二五	二六	二七	二八	二九	三十	
正月小	庚寅	天干地支 西曆 星期	癸未 10 五	甲申 11 六	乙酉 12 日	丙戌 13 一	丁亥 14 二	戊子 15 三	己丑 16 四	庚寅 17 五	辛卯 18 六	壬辰 19 日	癸巳 20 一	甲午 21 二	乙未 22 三	丙申 23 四	丁酉 24 五	戊戌 25 六	己亥 26 日	庚子 27 一	辛丑 28 二	壬寅 (3) 三	癸卯 2 四	甲辰 3 五	乙巳 4 六	丙午 5 日	丁未 6 一	戊申 7 二	己酉 8 三	庚戌 9 四	辛亥 10 五		丙戌雨水 辛丑驚蟄
二月大	辛卯	天干地支 西曆 星期	壬子 11 六	癸丑 12 日	甲寅 13 一	乙卯 14 二	丙辰 15 三	丁巳 16 四	戊午 17 五	己未 18 六	庚申 19 日	辛酉 20 一	壬戌 21 二	癸亥 22 三	甲子 23 四	乙丑 24 五	丙寅 25 六	丁卯 26 日	戊辰 27 一	己巳 28 二	庚午 29 三	辛未 30 四	壬申 31 五	癸酉 (4) 六	甲戌 2 日	乙亥 3 一	丙子 4 二	丁丑 5 三	戊寅 6 四	己卯 7 五	庚辰 8 六	辛巳 9 日	丁巳春分 壬申清明 壬子日食
三月大	壬辰	天干地支 西曆 星期	壬午 10 一	癸未 11 二	甲申 12 三	乙酉 13 四	丙戌 14 五	丁亥 15 六	戊子 16 日	己丑 17 一	庚寅 18 二	辛卯 19 三	壬辰 20 四	癸巳 21 五	甲午 22 六	乙未 23 日	丙申 24 一	丁酉 25 二	戊戌 26 三	己亥 27 四	庚子 28 五	辛丑 29 六	壬寅 30 日	癸卯 (5) 一	甲辰 2 二	乙巳 3 三	丙午 4 四	丁未 5 五	戊申 6 六	己酉 7 日	庚戌 8 一	辛亥 9 二	丁亥穀雨 壬寅立夏
四月小	癸巳	天干地支 西曆 星期	壬子 10 三	癸丑 11 四	甲寅 12 五	乙卯 13 六	丙辰 14 日	丁巳 15 一	戊午 16 二	己未 17 三	庚申 18 四	辛酉 19 五	壬戌 20 六	癸亥 21 日	甲子 22 一	乙丑 23 二	丙寅 24 三	丁卯 25 四	戊辰 26 五	己巳 27 六	庚午 28 日	辛未 29 一	壬申 30 二	癸酉 31 三	甲戌 (6) 四	乙亥 2 五	丙子 3 六	丁丑 4 日	戊寅 5 一	己卯 6 二	庚辰 7 三		戊午小滿 癸酉芒種
五月大	甲午	天干地支 西曆 星期	辛巳 8 四	壬午 9 五	癸未 10 六	甲申 11 日	乙酉 12 一	丙戌 13 二	丁亥 14 三	戊子 15 四	己丑 16 五	庚寅 17 六	辛卯 18 日	壬辰 19 一	癸巳 20 二	甲午 21 三	乙未 22 四	丙申 23 五	丁酉 24 六	戊戌 25 日	己亥 26 一	庚子 27 二	辛丑 28 三	壬寅 29 四	癸卯 30 五	甲辰 (7) 六	乙巳 2 日	丙午 3 一	丁未 4 二	戊申 5 三	己酉 6 四	庚戌 7 五	戊子夏至 癸卯小暑
六月小	乙未	天干地支 西曆 星期	辛亥 8 六	壬子 9 日	癸丑 10 一	甲寅 11 二	乙卯 12 三	丙辰 13 四	丁巳 14 五	戊午 15 六	己未 16 日	庚申 17 一	辛酉 18 二	壬戌 19 三	癸亥 20 四	甲子 21 五	乙丑 22 六	丙寅 23 日	丁卯 24 一	戊辰 25 二	己巳 26 三	庚午 27 四	辛未 28 五	壬申 29 六	癸酉 30 日	甲戌 31 一	乙亥 (8) 二	丙子 2 三	丁丑 3 四	戊寅 4 五	己卯 5 六		戊午大暑 甲戌立秋
七月大	丙申	天干地支 西曆 星期	庚辰 6 日	辛巳 7 一	壬午 8 二	癸未 9 三	甲申 10 四	乙酉 11 五	丙戌 12 六	丁亥 13 日	戊子 14 一	己丑 15 二	庚寅 16 三	辛卯 17 四	壬辰 18 五	癸巳 19 六	甲午 20 日	乙未 21 一	丙申 22 二	丁酉 23 三	戊戌 24 四	己亥 25 五	庚子 26 六	辛丑 27 日	壬寅 28 一	癸卯 29 二	甲辰 30 三	乙巳 31 四	丙午 (9) 五	丁未 2 六	戊申 3 日	己酉 4 一	己丑處暑 甲辰白露
八月小	丁酉	天干地支 西曆 星期	庚戌 5 二	辛亥 6 三	壬子 7 四	癸丑 8 五	甲寅 9 六	乙卯 10 日	丙辰 11 一	丁巳 12 二	戊午 13 三	己未 14 四	庚申 15 五	辛酉 16 六	壬戌 17 日	癸亥 18 一	甲子 19 二	乙丑 20 三	丙寅 21 四	丁卯 22 五	戊辰 23 六	己巳 24 日	庚午 25 一	辛未 26 二	壬申 27 三	癸酉 28 四	甲戌 29 五	乙亥 30 六	丙子 (10) 日	丁丑 2 一	戊寅 3 二		己未秋分 乙亥寒露
九月小	戊戌	天干地支 西曆 星期	己卯 4 三	庚辰 5 四	辛巳 6 五	壬午 7 六	癸未 8 日	甲申 9 一	乙酉 10 二	丙戌 11 三	丁亥 12 四	戊子 13 五	己丑 14 六	庚寅 15 日	辛卯 16 一	壬辰 17 二	癸巳 18 三	甲午 19 四	乙未 20 五	丙申 21 六	丁酉 22 日	戊戌 23 一	己亥 24 二	庚子 25 三	辛丑 26 四	壬寅 27 五	癸卯 28 六	甲辰 29 日	乙巳 30 一	丙午 31 二	丁未 (11) 三		庚寅霜降 乙巳立冬
十月大	己亥	天干地支 西曆 星期	戊申 2 四	己酉 3 五	庚戌 4 六	辛亥 5 日	壬子 6 一	癸丑 7 二	甲寅 8 三	乙卯 9 四	丙辰 10 五	丁巳 11 六	戊午 12 日	己未 13 一	庚申 14 二	辛酉 15 三	壬戌 16 四	癸亥 17 五	甲子 18 六	乙丑 19 日	丙寅 20 一	丁卯 21 二	戊辰 22 三	己巳 23 四	庚午 24 五	辛未 25 六	壬申 26 日	癸酉 27 一	甲戌 28 二	乙亥 29 三	丙子 30 四	丁丑 (12) 五	庚申小雪 乙亥大雪
十一月小	庚子	天干地支 西曆 星期	戊寅 2 六	己卯 3 日	庚辰 4 一	辛巳 5 二	壬午 6 三	癸未 7 四	甲申 8 五	乙酉 9 六	丙戌 10 日	丁亥 11 一	戊子 12 二	己丑 13 三	庚寅 14 四	辛卯 15 五	壬辰 16 六	癸巳 17 日	甲午 18 一	乙未 19 二	丙申 20 三	丁酉 21 四	戊戌 22 五	己亥 23 六	庚子 24 日	辛丑 25 一	壬寅 26 二	癸卯 27 三	甲辰 28 四	乙巳 29 五	丙午 30 六		辛卯冬至 丙午小寒
十二月大	辛丑	天干地支 西曆 星期	丁未 31 日	戊申 (1) 一	己酉 2 二	庚戌 3 三	辛亥 4 四	壬子 5 五	癸丑 6 六	甲寅 7 日	乙卯 8 一	丙辰 9 二	丁巳 10 三	戊午 11 四	己未 12 五	庚申 13 六	辛酉 14 日	壬戌 15 一	癸亥 16 二	甲子 17 三	乙丑 18 四	丙寅 19 五	丁卯 20 六	戊辰 21 日	己巳 22 一	庚午 23 二	辛未 24 三	壬申 25 四	癸酉 26 五	甲戌 27 六	乙亥 28 日	丙子 29 一	辛酉大寒 丙子立春

宋寧宗開禧三年（丁卯兔年） 公元 1207 ~ 1208 年

夏曆月序		中西曆日對照	初一	初二	初三	初四	初五	初六	初七	初八	初九	初十	十一	十二	十三	十四	十五	十六	十七	十八	十九	二十	二一	二二	二三	二四	二五	二六	二七	二八	二九	三十	節氣與天象
正月大	壬寅	天干 地支 西曆 星期	丁丑 30 二	戊寅 31 三	己卯 (2) 四	庚辰 2 五	辛巳 3 六	壬午 4 日	癸未 5 一	甲申 6 二	乙酉 7 三	丙戌 8 四	丁亥 9 五	戊子 10 六	己丑 11 日	庚寅 12 一	辛卯 13 二	壬辰 14 三	癸巳 15 四	甲午 16 五	乙未 17 六	丙申 18 日	丁酉 19 一	戊戌 20 二	己亥 21 三	庚子 22 四	辛丑 23 五	壬寅 24 六	癸卯 25 日	甲辰 26 一	乙巳 27 二	丙午 28 三	辛卯雨水
二月小	癸卯	天干 地支 西曆 星期	丁未 (3) 四	戊申 2 五	己酉 3 六	庚戌 4 日	辛亥 5 一	壬子 6 二	癸丑 7 三	甲寅 8 四	乙卯 9 五	丙辰 10 六	丁巳 11 日	戊午 12 一	己未 13 二	庚申 14 三	辛酉 15 四	壬戌 16 五	癸亥 17 六	甲子 18 日	乙丑 19 一	丙寅 20 二	丁卯 21 三	戊辰 22 四	己巳 23 五	庚午 24 六	辛未 25 日	壬申 26 一	癸酉 27 二	甲戌 28 三	乙亥 29 四		丁未驚蟄 壬戌春分
三月大	甲辰	天干 地支 西曆 星期	丙子 30 五	丁丑 31 六	戊寅 (4) 日	己卯 2 一	庚辰 3 二	辛巳 4 三	壬午 5 四	癸未 6 五	甲申 7 六	乙酉 8 日	丙戌 9 一	丁亥 10 二	戊子 11 三	己丑 12 四	庚寅 13 五	辛卯 14 六	壬辰 15 日	癸巳 16 一	甲午 17 二	乙未 18 三	丙申 19 四	丁酉 20 五	戊戌 21 六	己亥 22 日	庚子 23 一	辛丑 24 二	壬寅 25 三	癸卯 26 四	甲辰 27 五	乙巳 28 六	丁丑清明 壬辰穀雨
四月大	乙巳	天干 地支 西曆 星期	丙午 29 日	丁未 30 一	戊申 (5) 二	己酉 2 三	庚戌 3 四	辛亥 4 五	壬子 5 六	癸丑 6 日	甲寅 7 一	乙卯 8 二	丙辰 9 三	丁巳 10 四	戊午 11 五	己未 12 六	庚申 13 日	辛酉 14 一	壬戌 15 二	癸亥 16 三	甲子 17 四	乙丑 18 五	丙寅 19 六	丁卯 20 日	戊辰 21 一	己巳 22 二	庚午 23 三	辛未 24 四	壬申 25 五	癸酉 26 六	甲戌 27 日	乙亥 28 一	戊申立夏 癸亥小滿
五月小	丙午	天干 地支 西曆 星期	丙子 29 二	丁丑 30 三	戊寅 31 四	己卯 (6) 五	庚辰 2 六	辛巳 3 日	壬午 4 一	癸未 5 二	甲申 6 三	乙酉 7 四	丙戌 8 五	丁亥 9 六	戊子 10 日	己丑 11 一	庚寅 12 二	辛卯 13 三	壬辰 14 四	癸巳 15 五	甲午 16 六	乙未 17 日	丙申 18 一	丁酉 19 二	戊戌 20 三	己亥 21 四	庚子 22 五	辛丑 23 六	壬寅 24 日	癸卯 25 一	甲辰 26 二		戊寅芒種 癸巳夏至
六月大	丁未	天干 地支 西曆 星期	乙巳 27 三	丙午 28 四	丁未 29 五	戊申 30 六	己酉 (7) 日	庚戌 2 一	辛亥 3 二	壬子 4 三	癸丑 5 四	甲寅 6 五	乙卯 7 六	丙辰 8 日	丁巳 9 一	戊午 10 二	己未 11 三	庚申 12 四	辛酉 13 五	壬戌 14 六	癸亥 15 日	甲子 16 一	乙丑 17 二	丙寅 18 三	丁卯 19 四	戊辰 20 五	己巳 21 六	庚午 22 日	辛未 23 一	壬申 24 二	癸酉 25 三	甲戌 26 四	戊申小暑 甲子大暑
七月小	戊申	天干 地支 西曆 星期	乙亥 27 五	丙子 28 六	丁丑 29 日	戊寅 30 一	己卯 31 二	庚辰 (8) 三	辛巳 2 四	壬午 3 五	癸未 4 六	甲申 5 日	乙酉 6 一	丙戌 7 二	丁亥 8 三	戊子 9 四	己丑 10 五	庚寅 11 六	辛卯 12 日	壬辰 13 一	癸巳 14 二	甲午 15 三	乙未 16 四	丙申 17 五	丁酉 18 六	戊戌 19 日	己亥 20 一	庚子 21 二	辛丑 22 三	壬寅 23 四	癸卯 24 五		己卯立秋 甲午處暑
八月大	己酉	天干 地支 西曆 星期	甲辰 25 六	乙巳 26 日	丙午 27 一	丁未 28 二	戊申 29 三	己酉 30 四	庚戌 31 五	辛亥 (9) 六	壬子 2 日	癸丑 3 一	甲寅 4 二	乙卯 5 三	丙辰 6 四	丁巳 7 五	戊午 8 六	己未 9 日	庚申 10 一	辛酉 11 二	壬戌 12 三	癸亥 13 四	甲子 14 五	乙丑 15 六	丙寅 16 日	丁卯 17 一	戊辰 18 二	己巳 19 三	庚午 20 四	辛未 21 五	壬申 22 六	癸酉 23 日	己酉白露 乙丑秋分
九月小	庚戌	天干 地支 西曆 星期	甲戌 24 一	乙亥 25 二	丙子 26 三	丁丑 27 四	戊寅 28 五	己卯 29 六	庚辰 30 日	辛巳 (10) 一	壬午 2 二	癸未 3 三	甲申 4 四	乙酉 5 五	丙戌 6 六	丁亥 7 日	戊子 8 一	己丑 9 二	庚寅 10 三	辛卯 11 四	壬辰 12 五	癸巳 13 六	甲午 14 日	乙未 15 一	丙申 16 二	丁酉 17 三	戊戌 18 四	己亥 19 五	庚子 20 六	辛丑 21 日	壬寅 22 一		庚辰寒露 乙未霜降
十月大	辛亥	天干 地支 西曆 星期	癸卯 23 二	甲辰 24 三	乙巳 25 四	丙午 26 五	丁未 27 六	戊申 28 日	己酉 29 一	庚戌 30 二	辛亥 31 三	壬子 (11) 四	癸丑 2 五	甲寅 3 六	乙卯 4 日	丙辰 5 一	丁巳 6 二	戊午 7 三	己未 8 四	庚申 9 五	辛酉 10 六	壬戌 11 日	癸亥 12 一	甲子 13 二	乙丑 14 三	丙寅 15 四	丁卯 16 五	戊辰 17 六	己巳 18 日	庚午 19 一	辛未 20 二	壬申 21 三	庚戌立冬 乙丑小雪
十一月小	壬子	天干 地支 西曆 星期	癸酉 22 四	甲戌 23 五	乙亥 24 六	丙子 25 日	丁丑 26 一	戊寅 27 二	己卯 28 三	庚辰 29 四	辛巳 30 五	壬午 (12) 六	癸未 2 日	甲申 3 一	乙酉 4 二	丙戌 5 三	丁亥 6 四	戊子 7 五	己丑 8 六	庚寅 9 日	辛卯 10 一	壬辰 11 二	癸巳 12 三	甲午 13 四	乙未 14 五	丙申 15 六	丁酉 16 日	戊戌 17 一	己亥 18 二	庚子 19 三	辛丑 20 四		辛巳大雪 丙申冬至
十二月小	癸丑	天干 地支 西曆 星期	壬寅 21 五	癸卯 22 六	甲辰 23 日	乙巳 24 一	丙午 25 二	丁未 26 三	戊申 27 四	己酉 28 五	庚戌 29 六	辛亥 30 日	壬子 31 一	癸丑 (1) 二	甲寅 2 三	乙卯 3 四	丙辰 4 五	丁巳 5 六	戊午 6 日	己未 7 一	庚申 8 二	辛酉 9 三	壬戌 10 四	癸亥 11 五	甲子 12 六	乙丑 13 日	丙寅 14 一	丁卯 15 二	戊辰 16 三	己巳 17 四	庚午 18 五		辛亥小寒 丙寅大寒

宋寧宗嘉定元年（戊辰 龍年） 公元 **1208** ~ 1209 年

夏曆月序	中西曆日對照	夏曆日序																														節氣與天象
		初一	初二	初三	初四	初五	初六	初七	初八	初九	初十	十一	十二	十三	十四	十五	十六	十七	十八	十九	二十	二一	二二	二三	二四	二五	二六	二七	二八	二九	三十	
正月大 甲寅	天干地支 西曆 星期	辛未 19 六	壬申 20 日	癸酉 21 一	甲戌 22 二	乙亥 23 三	丙子 24 四	丁丑 25 五	戊寅 26 六	己卯 27 日	庚辰 28 一	辛巳 29 二	壬午 30 三	癸未 31 四	甲申 (2) 五	乙酉 2 六	丙戌 3 日	丁亥 4 一	戊子 5 二	己丑 6 三	庚寅 7 四	辛卯 8 五	壬辰 9 六	癸巳 10 日	甲午 11 一	乙未 12 二	丙申 13 三	丁酉 14 四	戊戌 15 五	己亥 16 六	庚子 17 日	壬午立春 丁酉雨水
二月小 乙卯	天干地支 西曆 星期	辛丑 18 一	壬寅 19 二	癸卯 20 三	甲辰 21 四	乙巳 22 五	丙午 23 六	丁未 24 日	戊申 25 一	己酉 26 二	庚戌 27 三	辛亥 28 四	壬子 29 五	癸丑 (3) 六	甲寅 2 日	乙卯 3 一	丙辰 4 二	丁巳 5 三	戊午 6 四	己未 7 五	庚申 8 六	辛酉 9 日	壬戌 10 一	癸亥 11 二	甲子 12 三	乙丑 13 四	丙寅 14 五	丁卯 15 六	戊辰 16 日	己巳 17 一		壬子驚蟄 丁卯春分
三月大 丙辰	天干地支 西曆 星期	庚午 18 二	辛未 19 三	壬申 20 四	癸酉 21 五	甲戌 22 六	乙亥 23 日	丙子 24 一	丁丑 25 二	戊寅 26 三	己卯 27 四	庚辰 28 五	辛巳 29 六	壬午 30 日	癸未 31 一	甲申 (4) 二	乙酉 2 三	丙戌 3 四	丁亥 4 五	戊子 5 六	己丑 6 日	庚寅 7 一	辛卯 8 二	壬辰 9 三	癸巳 10 四	甲午 11 五	乙未 12 六	丙申 13 日	丁酉 14 一	戊戌 15 二	己亥 16 三	壬午清明 戊戌穀雨
四月大 丁巳	天干地支 西曆 星期	庚子 17 四	辛丑 18 五	壬寅 19 六	癸卯 20 日	甲辰 21 一	乙巳 22 二	丙午 23 三	丁未 24 四	戊申 25 五	己酉 26 六	庚戌 27 日	辛亥 28 一	壬子 29 二	癸丑 30 三	甲寅 (5) 四	乙卯 2 五	丙辰 3 六	丁巳 4 日	戊午 5 一	己未 6 二	庚申 7 三	辛酉 8 四	壬戌 9 五	癸亥 10 六	甲子 11 日	乙丑 12 一	丙寅 13 二	丁卯 14 三	戊辰 15 四	己巳 16 五	癸丑立夏 戊辰小滿
閏四月小 丁巳	天干地支 西曆 星期	庚午 17 六	辛未 18 日	壬申 19 一	癸酉 20 二	甲戌 21 三	乙亥 22 四	丙子 23 五	丁丑 24 六	戊寅 25 日	己卯 26 一	庚辰 27 二	辛巳 28 三	壬午 29 四	癸未 30 五	甲申 31 六	乙酉 (6) 日	丙戌 2 一	丁亥 3 二	戊子 4 三	己丑 5 四	庚寅 6 五	辛卯 7 六	壬辰 8 日	癸巳 9 一	甲午 10 二	乙未 11 三	丙申 12 四	丁酉 13 五	戊戌 14 六		癸未芒種
五月大 戊午	天干地支 西曆 星期	己亥 15 日	庚子 16 一	辛丑 17 二	壬寅 18 三	癸卯 19 四	甲辰 20 五	乙巳 21 六	丙午 22 日	丁未 23 一	戊申 24 二	己酉 25 三	庚戌 26 四	辛亥 27 五	壬子 28 六	癸丑 29 日	甲寅 30 一	乙卯 (7) 二	丙辰 2 三	丁巳 3 四	戊午 4 五	己未 5 六	庚申 6 日	辛酉 7 一	壬戌 8 二	癸亥 9 三	甲子 10 四	乙丑 11 五	丙寅 12 六	丁卯 13 日	戊辰 14 一	己亥夏至 甲寅小暑
六月小 己未	天干地支 西曆 星期	己巳 15 二	庚午 16 三	辛未 17 四	壬申 18 五	癸酉 19 六	甲戌 20 日	乙亥 21 一	丙子 22 二	丁丑 23 三	戊寅 24 四	己卯 25 五	庚辰 26 六	辛巳 27 日	壬午 28 一	癸未 29 二	甲申 30 三	乙酉 31 四	丙戌 (8) 五	丁亥 2 六	戊子 3 日	己丑 4 一	庚寅 5 二	辛卯 6 三	壬辰 7 四	癸巳 8 五	甲午 9 六	乙未 10 日	丙申 11 一	丁酉 12 二		己巳大暑 甲申立秋
七月大 庚申	天干地支 西曆 星期	戊戌 13 三	己亥 14 四	庚子 15 五	辛丑 16 六	壬寅 17 日	癸卯 18 一	甲辰 19 二	乙巳 20 三	丙午 21 四	丁未 22 五	戊申 23 六	己酉 24 日	庚戌 25 一	辛亥 26 二	壬子 27 三	癸丑 28 四	甲寅 29 五	乙卯 30 六	丙辰 31 日	丁巳 (9) 一	戊午 2 二	己未 3 三	庚申 4 四	辛酉 5 五	壬戌 6 六	癸亥 7 日	甲子 8 一	乙丑 9 二	丙寅 10 三	丁卯 11 四	己亥處暑 乙卯白露
八月大 辛酉	天干地支 西曆 星期	戊辰 12 五	己巳 13 六	庚午 14 日	辛未 15 一	壬申 16 二	癸酉 17 三	甲戌 18 四	乙亥 19 五	丙子 20 六	丁丑 21 日	戊寅 22 一	己卯 23 二	庚辰 24 三	辛巳 25 四	壬午 26 五	癸未 27 六	甲申 28 日	乙酉 29 一	丙戌 30 二	丁亥 (10) 三	戊子 2 四	己丑 3 五	庚寅 4 六	辛卯 5 日	壬辰 6 一	癸巳 7 二	甲午 8 三	乙未 9 四	丙申 10 五	丁酉 11 六	庚午秋分 乙酉寒露
九月小 壬戌	天干地支 西曆 星期	戊戌 12 日	己亥 13 一	庚子 14 二	辛丑 15 三	壬寅 16 四	癸卯 17 五	甲辰 18 六	乙巳 19 日	丙午 20 一	丁未 21 二	戊申 22 三	己酉 23 四	庚戌 24 五	辛亥 25 六	壬子 26 日	癸丑 27 一	甲寅 28 二	乙卯 29 三	丙辰 30 四	丁巳 31 五	戊午 (11) 六	己未 2 日	庚申 3 一	辛酉 4 二	壬戌 5 三	癸亥 6 四	甲子 7 五	乙丑 8 六	丙寅 9 日		庚子霜降 丙辰立冬
十月大 癸亥	天干地支 西曆 星期	丁卯 10 一	戊辰 11 二	己巳 12 三	庚午 13 四	辛未 14 五	壬申 15 六	癸酉 16 日	甲戌 17 一	乙亥 18 二	丙子 19 三	丁丑 20 四	戊寅 21 五	己卯 22 六	庚辰 23 日	辛巳 24 一	壬午 25 二	癸未 26 三	甲申 27 四	乙酉 28 五	丙戌 29 六	丁亥 30 日	戊子 (12) 一	己丑 2 二	庚寅 3 三	辛卯 4 四	壬辰 5 五	癸巳 6 六	甲午 7 日	乙未 8 一	丙申 9 二	辛未小雪 丙戌大雪
十一月小 甲子	天干地支 西曆 星期	丁酉 10 三	戊戌 11 四	己亥 12 五	庚子 13 六	辛丑 14 日	壬寅 15 一	癸卯 16 二	甲辰 17 三	乙巳 18 四	丙午 19 五	丁未 20 六	戊申 21 日	己酉 22 一	庚戌 23 二	辛亥 24 三	壬子 25 四	癸丑 26 五	甲寅 27 六	乙卯 28 日	丙辰 29 一	丁巳 30 二	戊午 31 三	己未 (1) 四	庚申 2 五	辛酉 3 六	壬戌 4 日	癸亥 5 一	甲子 6 二	乙丑 7 三		辛丑冬至 丙辰小寒
十二月小 乙丑	天干地支 西曆 星期	丙寅 8 四	丁卯 9 五	戊辰 10 六	己巳 11 日	庚午 12 一	辛未 13 二	壬申 14 三	癸酉 15 四	甲戌 16 五	乙亥 17 六	丙子 18 日	丁丑 19 一	戊寅 20 二	己卯 21 三	庚辰 22 四	辛巳 23 五	壬午 24 六	癸未 25 日	甲申 26 一	乙酉 27 二	丙戌 28 三	丁亥 29 四	戊子 30 五	己丑 31 六	庚寅 (2) 日	辛卯 2 一	壬辰 3 二	癸巳 4 三	甲午 5 四		壬申大寒 丁亥立春

* 正月辛未（初一），改元嘉定。

宋寧宗嘉定二年（己巳 蛇年） 公元 1209 ~ 1210 年

夏曆月序	中西曆日對照	初一	初二	初三	初四	初五	初六	初七	初八	初九	初十	十一	十二	十三	十四	十五	十六	十七	十八	十九	二十	二一	二二	二三	二四	二五	二六	二七	二八	二九	三十	節氣與天象
正月大 丙寅	天干地支西曆星期	乙未 6 五	丙申 7 六	丁酉 8 日	戊戌 9 一	己亥 10 二	庚子 11 三	辛丑 12 四	壬寅 13 五	癸卯 14 六	甲辰 15 日	乙巳 16 一	丙午 17 二	丁未 18 三	戊申 19 四	己酉 20 五	庚戌 21 六	辛亥 22 日	壬子 23 一	癸丑 24 二	甲寅 25 三	乙卯 26 四	丙辰 27 五	丁巳 28 六	戊午 (3) 日	己未 2 一	庚申 3 二	辛酉 4 三	壬戌 5 四	癸亥 6 五	甲子 7 六	壬寅雨水 丁巳驚蟄
二月小 丁卯	天干地支西曆星期	乙丑 8 日	丙寅 9 一	丁卯 10 二	戊辰 11 三	己巳 12 四	庚午 13 五	辛未 14 六	壬申 15 日	癸酉 16 一	甲戌 17 二	乙亥 18 三	丙子 19 四	丁丑 20 五	戊寅 21 六	己卯 22 日	庚辰 23 一	辛巳 24 二	壬午 25 三	癸未 26 四	甲申 27 五	乙酉 28 六	丙戌 29 日	丁亥 30 一	戊子 31 二	己丑 (4) 三	庚寅 2 四	辛卯 3 五	壬辰 4 六	癸巳 5 日		壬申春分 戊子清明
三月大 戊辰	天干地支西曆星期	甲午 6 一	乙未 7 二	丙申 8 三	丁酉 9 四	戊戌 10 五	己亥 11 六	庚子 12 日	辛丑 13 一	壬寅 14 二	癸卯 15 三	甲辰 16 四	乙巳 17 五	丙午 18 六	丁未 19 日	戊申 20 一	己酉 21 二	庚戌 22 三	辛亥 23 四	壬子 24 五	癸丑 25 六	甲寅 26 日	乙卯 27 一	丙辰 28 二	丁巳 29 三	戊午 30 四	己未 (5) 五	庚申 2 六	辛酉 3 日	壬戌 4 一	癸亥 5 二	癸卯穀雨 戊午立夏
四月小 己巳	天干地支西曆星期	甲子 6 三	乙丑 7 四	丙寅 8 五	丁卯 9 六	戊辰 10 日	己巳 11 一	庚午 12 二	辛未 13 三	壬申 14 四	癸酉 15 五	甲戌 16 六	乙亥 17 日	丙子 18 一	丁丑 19 二	戊寅 20 三	己卯 21 四	庚辰 22 五	辛巳 23 六	壬午 24 日	癸未 25 一	甲申 26 二	乙酉 27 三	丙戌 28 四	丁亥 29 五	戊子 30 六	己丑 31 日	庚寅 (6) 一	辛卯 2 二	壬辰 3 三		癸酉小滿 己丑芒種
五月大 庚午	天干地支西曆星期	癸巳 4 四	甲午 5 五	乙未 6 六	丙申 7 日	丁酉 8 一	戊戌 9 二	己亥 10 三	庚子 11 四	辛丑 12 五	壬寅 13 六	癸卯 14 日	甲辰 15 一	乙巳 16 二	丙午 17 三	丁未 18 四	戊申 19 五	己酉 20 六	庚戌 21 日	辛亥 22 一	壬子 23 二	癸丑 24 三	甲寅 25 四	乙卯 26 五	丙辰 27 六	丁巳 28 日	戊午 29 一	己未 30 二	庚申 (7) 三	辛酉 2 四	壬戌 3 五	甲辰夏至 己未小暑
六月小 辛未	天干地支西曆星期	癸亥 4 六	甲子 5 日	乙丑 6 一	丙寅 7 二	丁卯 8 三	戊辰 9 四	己巳 10 五	庚午 11 六	辛未 12 日	壬申 13 一	癸酉 14 二	甲戌 15 三	乙亥 16 四	丙子 17 五	丁丑 18 六	戊寅 19 日	己卯 20 一	庚辰 21 二	辛巳 22 三	壬午 23 四	癸未 24 五	甲申 25 六	乙酉 26 日	丙戌 27 一	丁亥 28 二	戊子 29 三	己丑 30 四	庚寅 31 五	辛卯 (8) 六		甲戌大暑 己丑立秋
七月大 壬申	天干地支西曆星期	壬辰 2 日	癸巳 3 一	甲午 4 二	乙未 5 三	丙申 6 四	丁酉 7 五	戊戌 8 六	己亥 9 日	庚子 10 一	辛丑 11 二	壬寅 12 三	癸卯 13 四	甲辰 14 五	乙巳 15 六	丙午 16 日	丁未 17 一	戊申 18 二	己酉 19 三	庚戌 20 四	辛亥 21 五	壬子 22 六	癸丑 23 日	甲寅 24 一	乙卯 25 二	丙辰 26 三	丁巳 27 四	戊午 28 五	己未 29 六	庚申 30 日	辛酉 31 一	乙巳處暑 庚申白露
八月大 癸酉	天干地支西曆星期	壬戌 (9) 二	癸亥 2 三	甲子 3 四	乙丑 4 五	丙寅 5 六	丁卯 6 日	戊辰 7 一	己巳 8 二	庚午 9 三	辛未 10 四	壬申 11 五	癸酉 12 六	甲戌 13 日	乙亥 14 一	丙子 15 二	丁丑 16 三	戊寅 17 四	己卯 18 五	庚辰 19 六	辛巳 20 日	壬午 21 一	癸未 22 二	甲申 23 三	乙酉 24 四	丙戌 25 五	丁亥 26 六	戊子 27 日	己丑 28 一	庚寅 29 二	辛卯 30 三	乙亥秋分 庚寅寒露
九月小 甲戌	天干地支西曆星期	壬辰 (10) 四	癸巳 2 五	甲午 3 六	乙未 4 日	丙申 5 一	丁酉 6 二	戊戌 7 三	己亥 8 四	庚子 9 五	辛丑 10 六	壬寅 11 日	癸卯 12 一	甲辰 13 二	乙巳 14 三	丙午 15 四	丁未 16 五	戊申 17 六	己酉 18 日	庚戌 19 一	辛亥 20 二	壬子 21 三	癸丑 22 四	甲寅 23 五	乙卯 24 六	丙辰 25 日	丁巳 26 一	戊午 27 二	己未 28 三	庚申 29 四		丙午霜降
十月大 乙亥	天干地支西曆星期	辛酉 30 五	壬戌 31 六	癸亥 (11) 日	甲子 2 一	乙丑 3 二	丙寅 4 三	丁卯 5 四	戊辰 6 五	己巳 7 六	庚午 8 日	辛未 9 一	壬申 10 二	癸酉 11 三	甲戌 12 四	乙亥 13 五	丙子 14 六	丁丑 15 日	戊寅 16 一	己卯 17 二	庚辰 18 三	辛巳 19 四	壬午 20 五	癸未 21 六	甲申 22 日	乙酉 23 一	丙戌 24 二	丁亥 25 三	戊子 26 四	己丑 27 五	庚寅 28 六	辛酉立冬 丙子小雪
十一月大 丙子	天干地支西曆星期	辛卯 29 日	壬辰 30 一	癸巳 (12) 二	甲午 2 三	乙未 3 四	丙申 4 五	丁酉 5 六	戊戌 6 日	己亥 7 一	庚子 8 二	辛丑 9 三	壬寅 10 四	癸卯 11 五	甲辰 12 六	乙巳 13 日	丙午 14 一	丁未 15 二	戊申 16 三	己酉 17 四	庚戌 18 五	辛亥 19 六	壬子 20 日	癸丑 21 一	甲寅 22 二	乙卯 23 三	丙辰 24 四	丁巳 25 五	戊午 26 六	己未 27 日	庚申 28 一	辛卯大雪 丙午冬至
十二月小 丁丑	天干地支西曆星期	辛酉 29 二	壬戌 30 三	癸亥 31 四	甲子 (1) 五	乙丑 2 六	丙寅 3 日	丁卯 4 一	戊辰 5 二	己巳 6 三	庚午 7 四	辛未 8 五	壬申 9 六	癸酉 10 日	甲戌 11 一	乙亥 12 二	丙子 13 三	丁丑 14 四	戊寅 15 五	己卯 16 六	庚辰 17 日	辛巳 18 一	壬午 19 二	癸未 20 三	甲申 21 四	乙酉 22 五	丙戌 23 六	丁亥 24 日	戊子 25 一	己丑 26 二		壬戌小寒 丁丑大寒

宋寧宗嘉定三年（庚午 馬年） 公元1210 ~ 1211年

夏曆月序		中西曆日對照	初一	初二	初三	初四	初五	初六	初七	初八	初九	初十	十一	十二	十三	十四	十五	十六	十七	十八	十九	二十	二一	二二	二三	二四	二五	二六	二七	二八	二九	三十	節氣與天象
正月大	戊寅	天干地支 西曆 星期	庚寅 27 三	辛卯 28 四	壬辰 29 五	癸巳 30 六	甲午 31 日	乙未 (2) 一	丙申 2 二	丁酉 3 三	戊戌 4 四	己亥 5 五	庚子 6 六	辛丑 7 日	壬寅 8 一	癸卯 9 二	甲辰 10 三	乙巳 11 四	丙午 12 五	丁未 13 六	戊申 14 日	己酉 15 一	庚戌 16 二	辛亥 17 三	壬子 18 四	癸丑 19 五	甲寅 20 六	乙卯 21 日	丙辰 22 一	丁巳 23 二	戊午 24 三	己未 25 四	壬辰立春 丁未雨水
二月小	己卯	天干地支 西曆 星期	庚申 26 五	辛酉 27 六	壬戌 28 日	癸亥 (3) 一	甲子 2 二	乙丑 3 三	丙寅 4 四	丁卯 5 五	戊辰 6 六	己巳 7 日	庚午 8 一	辛未 9 二	壬申 10 三	癸酉 11 四	甲戌 12 五	乙亥 13 六	丙子 14 日	丁丑 15 一	戊寅 16 二	己卯 17 三	庚辰 18 四	辛巳 19 五	壬午 20 六	癸未 21 日	甲申 22 一	乙酉 23 二	丙戌 24 三	丁亥 25 四	戊子 26 五		壬戌驚蟄 戊寅春分
三月小	庚辰	天干地支 西曆 星期	己丑 27 六	庚寅 28 日	辛卯 29 一	壬辰 30 二	癸巳 31 三	甲午 (4) 四	乙未 2 五	丙申 3 六	丁酉 4 日	戊戌 5 一	己亥 6 二	庚子 7 三	辛丑 8 四	壬寅 9 五	癸卯 10 六	甲辰 11 日	乙巳 12 一	丙午 13 二	丁未 14 三	戊申 15 四	己酉 16 五	庚戌 17 六	辛亥 18 日	壬子 19 一	癸丑 20 二	甲寅 21 三	乙卯 22 四	丙辰 23 五	丁巳 24 六		癸巳清明 戊申穀雨
四月大	辛巳	天干地支 西曆 星期	戊午 25 日	己未 26 一	庚申 27 二	辛酉 28 三	壬戌 29 四	癸亥 30 五	甲子 (5) 六	乙丑 2 日	丙寅 3 一	丁卯 4 二	戊辰 5 三	己巳 6 四	庚午 7 五	辛未 8 六	壬申 9 日	癸酉 10 一	甲戌 11 二	乙亥 12 三	丙子 13 四	丁丑 14 五	戊寅 15 六	己卯 16 日	庚辰 17 一	辛巳 18 二	壬午 19 三	癸未 20 四	甲申 21 五	乙酉 22 六	丙戌 23 日	丁亥 24 一	癸亥立夏 己卯小滿
五月小	壬午	天干地支 西曆 星期	戊子 25 二	己丑 26 三	庚寅 27 四	辛卯 28 五	壬辰 29 六	癸巳 30 日	甲午 31 一	乙未 (6) 二	丙申 2 三	丁酉 3 四	戊戌 4 五	己亥 5 六	庚子 6 日	辛丑 7 一	壬寅 8 二	癸卯 9 三	甲辰 10 四	乙巳 11 五	丙午 12 六	丁未 13 日	戊申 14 一	己酉 15 二	庚戌 16 三	辛亥 17 四	壬子 18 五	癸丑 19 六	甲寅 20 日	乙卯 21 一	丙辰 22 二		甲午芒種 己酉夏至
六月大	癸未	天干地支 西曆 星期	丁巳 23 三	戊午 24 四	己未 25 五	庚申 26 六	辛酉 27 日	壬戌 28 一	癸亥 29 二	甲子 30 三	乙丑 (7) 四	丙寅 2 五	丁卯 3 六	戊辰 4 日	己巳 5 一	庚午 6 二	辛未 7 三	壬申 8 四	癸酉 9 五	甲戌 10 六	乙亥 11 日	丙子 12 一	丁丑 13 二	戊寅 14 三	己卯 15 四	庚辰 16 五	辛巳 17 六	壬午 18 日	癸未 19 一	甲申 20 二	乙酉 21 三	丙戌 22 四	甲子小暑 己卯大暑
七月小	甲申	天干地支 西曆 星期	丁亥 23 五	戊子 24 六	己丑 25 日	庚寅 26 一	辛卯 27 二	壬辰 28 三	癸巳 29 四	甲午 30 五	乙未 31 六	丙申 (8) 日	丁酉 2 一	戊戌 3 二	己亥 4 三	庚子 5 四	辛丑 6 五	壬寅 7 六	癸卯 8 日	甲辰 9 一	乙巳 10 二	丙午 11 三	丁未 12 四	戊申 13 五	己酉 14 六	庚戌 15 日	辛亥 16 一	壬子 17 二	癸丑 18 三	甲寅 19 四	乙卯 20 五		乙未立秋 庚戌處暑
八月大	乙酉	天干地支 西曆 星期	丙辰 21 六	丁巳 22 日	戊午 23 一	己未 24 二	庚申 25 三	辛酉 26 四	壬戌 27 五	癸亥 28 六	甲子 29 日	乙丑 30 一	丙寅 31 二	丁卯 (9) 三	戊辰 2 四	己巳 3 五	庚午 4 六	辛未 5 日	壬申 6 一	癸酉 7 二	甲戌 8 三	乙亥 9 四	丙子 10 五	丁丑 11 六	戊寅 12 日	己卯 13 一	庚辰 14 二	辛巳 15 三	壬午 16 四	癸未 17 五	甲申 18 六	乙酉 19 日	乙丑白露 庚辰秋分
九月大	丙戌	天干地支 西曆 星期	丙戌 20 一	丁亥 21 二	戊子 22 三	己丑 23 四	庚寅 24 五	辛卯 25 六	壬辰 26 日	癸巳 27 一	甲午 28 二	乙未 29 三	丙申 30 四	丁酉 (10) 五	戊戌 2 六	己亥 3 日	庚子 4 一	辛丑 5 二	壬寅 6 三	癸卯 7 四	甲辰 8 五	乙巳 9 六	丙午 10 日	丁未 11 一	戊申 12 二	己酉 13 三	庚戌 14 四	辛亥 15 五	壬子 16 六	癸丑 17 日	甲寅 18 一	乙卯 19 二	丙申寒露 辛亥霜降
十月小	丁亥	天干地支 西曆 星期	丙辰 20 三	丁巳 21 四	戊午 22 五	己未 23 六	庚申 24 日	辛酉 25 一	壬戌 26 二	癸亥 27 三	甲子 28 四	乙丑 29 五	丙寅 30 六	丁卯 31 日	戊辰 (11) 一	己巳 2 二	庚午 3 三	辛未 4 四	壬申 5 五	癸酉 6 六	甲戌 7 日	乙亥 8 一	丙子 9 二	丁丑 10 三	戊寅 11 四	己卯 12 五	庚辰 13 六	辛巳 14 日	壬午 15 一	癸未 16 二	甲申 17 三		丙寅立冬 辛巳小雪
十一月大	戊子	天干地支 西曆 星期	乙酉 18 四	丙戌 19 五	丁亥 20 六	戊子 21 日	己丑 22 一	庚寅 23 二	辛卯 24 三	壬辰 25 四	癸巳 26 五	甲午 27 六	乙未 28 日	丙申 29 一	丁酉 30 二	戊戌 (12) 三	己亥 2 四	庚子 3 五	辛丑 4 六	壬寅 5 日	癸卯 6 一	甲辰 7 二	乙巳 8 三	丙午 9 四	丁未 10 五	戊申 11 六	己酉 12 日	庚戌 13 一	辛亥 14 二	壬子 15 三	癸丑 16 四	甲寅 17 五	丙申大雪 壬子冬至
十二月大	己丑	天干地支 西曆 星期	乙卯 18 六	丙辰 19 日	丁巳 20 一	戊午 21 二	己未 22 三	庚申 23 四	辛酉 24 五	壬戌 25 六	癸亥 26 日	甲子 27 一	乙丑 28 二	丙寅 29 三	丁卯 30 四	戊辰 31 五	己巳 (1) 六	庚午 2 日	辛未 3 一	壬申 4 二	癸酉 5 三	甲戌 6 四	乙亥 7 五	丙子 8 六	丁丑 9 日	戊寅 10 一	己卯 11 二	庚辰 12 三	辛巳 13 四	壬午 14 五	癸未 15 六	甲申 16 日	丁卯小寒 壬午大寒 乙卯日食

宋寧宗嘉定四年（辛未 羊年） 公元 1211 ~ 1212 年

夏曆月序		中西曆日對照	初一	初二	初三	初四	初五	初六	初七	初八	初九	初十	十一	十二	十三	十四	十五	十六	十七	十八	十九	二十	二一	二二	二三	二四	二五	二六	二七	二八	二九	三十	節氣與天象
正月小	庚寅	天干地支西曆星期	乙酉17一	丙戌18二	丁亥19三	戊子20四	己丑21五	庚寅22六	辛卯23日	壬辰24一	癸巳25二	甲午26三	乙未27四	丙申28五	丁酉29六	戊戌30日	己亥31一	庚子(2)二	辛丑2三	壬寅3四	癸卯4五	甲辰5六	乙巳6日	丙午7一	丁未8二	戊申9三	己酉10四	庚戌11五	辛亥12六	壬子13日	癸丑14一		丁酉立春 癸丑雨水
二月大	辛卯	天干地支西曆星期	甲寅15二	乙卯16三	丙辰17四	丁巳18五	戊午19六	己未20日	庚申21一	辛酉22二	壬戌23三	癸亥24四	甲子25五	乙丑26六	丙寅27日	丁卯28一	戊辰(3)二	己巳2三	庚午3四	辛未4五	壬申5六	癸酉6日	甲戌7一	乙亥8二	丙子9三	丁丑10四	戊寅11五	己卯12六	庚辰13日	辛巳14一	壬午15二	癸未16三	戊辰驚蟄 癸未春分
閏二月小	辛卯	天干地支西曆星期	甲申17四	乙酉18五	丙戌19六	丁亥20日	戊子21一	己丑22二	庚寅23三	辛卯24四	壬辰25五	癸巳26六	甲午27日	乙未28一	丙申29二	丁酉30三	戊戌31四	己亥(4)五	庚子2六	辛丑3日	壬寅4一	癸卯5二	甲辰6三	乙巳7四	丙午8五	丁未9六	戊申10日	己酉11一	庚戌12二	辛亥13三	壬子14四		戊戌清明
三月小	壬辰	天干地支西曆星期	癸丑15五	甲寅16六	乙卯17日	丙辰18一	丁巳19二	戊午20三	己未21四	庚申22五	辛酉23六	壬戌24日	癸亥25一	甲子26二	乙丑27三	丙寅28四	丁卯29五	戊辰30六	己巳(5)日	庚午2一	辛未3二	壬申4三	癸酉5四	甲戌6五	乙亥7六	丙子8日	丁丑9一	戊寅10二	己卯11三	庚辰12四	辛巳13五		癸丑穀雨 己巳立夏
四月大	癸巳	天干地支西曆星期	壬午14六	癸未15日	甲申16一	乙酉17二	丙戌18三	丁亥19四	戊子20五	己丑21六	庚寅22日	辛卯23一	壬辰24二	癸巳25三	甲午26四	乙未27五	丙申28六	丁酉29日	戊戌30一	己亥31二	庚子(6)三	辛丑2四	壬寅3五	癸卯4六	甲辰5日	乙巳6一	丙午7二	丁未8三	戊申9四	己酉10五	庚戌11六	辛亥12日	甲申小滿 己亥芒種
五月小	甲午	天干地支西曆星期	壬子13一	癸丑14二	甲寅15三	乙卯16四	丙辰17五	丁巳18六	戊午19日	己未20一	庚申21二	辛酉22三	壬戌23四	癸亥24五	甲子25六	乙丑26日	丙寅27一	丁卯28二	戊辰29三	己巳30四	庚午(7)五	辛未2六	壬申3日	癸酉4一	甲戌5二	乙亥6三	丙子7四	丁丑8五	戊寅9六	己卯10日	庚辰11一		甲寅夏至 己巳小暑
六月小	乙未	天干地支西曆星期	辛巳12二	壬午13三	癸未14四	甲申15五	乙酉16六	丙戌17日	丁亥18一	戊子19二	己丑20三	庚寅21四	辛卯22五	壬辰23六	癸巳24日	甲午25一	乙未26二	丙申27三	丁酉28四	戊戌29五	己亥30六	庚子31日	辛丑(8)一	壬寅2二	癸卯3三	甲辰4四	乙巳5五	丙午6六	丁未7日	戊申8一	己酉9二		乙酉大暑 庚子立秋
七月大	丙申	天干地支西曆星期	庚戌10三	辛亥11四	壬子12五	癸丑13六	甲寅14日	乙卯15一	丙辰16二	丁巳17三	戊午18四	己未19五	庚申20六	辛酉21日	壬戌22一	癸亥23二	甲子24三	乙丑25四	丙寅26五	丁卯27六	戊辰28日	己巳29一	庚午30二	辛未31三	壬申(9)四	癸酉2五	甲戌3六	乙亥4日	丙子5一	丁丑6二	戊寅7三	己卯8四	乙卯處暑 庚午白露
八月大	丁酉	天干地支西曆星期	庚辰9五	辛巳10六	壬午11日	癸未12一	甲申13二	乙酉14三	丙戌15四	丁亥16五	戊子17六	己丑18日	庚寅19一	辛卯20二	壬辰21三	癸巳22四	甲午23五	乙未24六	丙申25日	丁酉26一	戊戌27二	己亥28三	庚子29四	辛丑30五	壬寅(10)六	癸卯2日	甲辰3一	乙巳4二	丙午5三	丁未6四	戊申7五	己酉8六	丙戌秋分 辛丑寒露
九月小	戊戌	天干地支西曆星期	庚戌9日	辛亥10一	壬子11二	癸丑12三	甲寅13四	乙卯14五	丙辰15六	丁巳16日	戊午17一	己未18二	庚申19三	辛酉20四	壬戌21五	癸亥22六	甲子23日	乙丑24一	丙寅25二	丁卯26三	戊辰27四	己巳28五	庚午29六	辛未30日	壬申31一	癸酉(11)二	甲戌2三	乙亥3四	丙子4五	丁丑5六	戊寅6日		丙辰霜降 辛未立冬
十月大	己亥	天干地支西曆星期	己卯7一	庚辰8二	辛巳9三	壬午10四	癸未11五	甲申12六	乙酉13日	丙戌14一	丁亥15二	戊子16三	己丑17四	庚寅18五	辛卯19六	壬辰20日	癸巳21一	甲午22二	乙未23三	丙申24四	丁酉25五	戊戌26六	己亥27日	庚子28一	辛丑29二	壬寅30三	癸卯(12)四	甲辰2五	乙巳3六	丙午4日	丁未5一	戊申6二	丙戌小雪 壬寅大雪
十一月大	庚子	天干地支西曆星期	己酉7三	庚戌8四	辛亥9五	壬子10六	癸丑11日	甲寅12一	乙卯13二	丙辰14三	丁巳15四	戊午16五	己未17六	庚申18日	辛酉19一	壬戌20二	癸亥21三	甲子22四	乙丑23五	丙寅24六	丁卯25日	戊辰26一	己巳27二	庚午28三	辛未29四	壬申30五	癸酉31六	甲戌(1)日	乙亥2一	丙子3二	丁丑4三	戊寅5四	丁巳冬至 壬申小寒
十二月大	辛丑	天干地支西曆星期	己卯6五	庚辰7六	辛巳8日	壬午9一	癸未10二	甲申11三	乙酉12四	丙戌13五	丁亥14六	戊子15日	己丑16一	庚寅17二	辛卯18三	壬辰19四	癸巳20五	甲午21六	乙未22日	丙申23一	丁酉24二	戊戌25三	己亥26四	庚子27五	辛丑28六	壬寅29日	癸卯30一	甲辰31二	乙巳(2)三	丙午2四	丁未3五	戊申4六	丁亥大寒 癸卯立春

宋寧宗嘉定五年（壬申 猴年） 公元 1212 ~ 1213 年

夏曆月序		中西曆日對照	初一	初二	初三	初四	初五	初六	初七	初八	初九	初十	十一	十二	十三	十四	十五	十六	十七	十八	十九	二十	二一	二二	二三	二四	二五	二六	二七	二八	二九	三十	節氣與天象
正月小	壬寅	天干地支 西曆 星期	己酉 5 日	庚戌 6 一	辛亥 7 二	壬子 8 三	癸丑 9 四	甲寅 10 五	乙卯 11 六	丙辰 12 日	丁巳 13 一	戊午 14 二	己未 15 三	庚申 16 四	辛酉 17 五	壬戌 18 六	癸亥 19 日	甲子 20 一	乙丑 21 二	丙寅 22 三	丁卯 23 四	戊辰 24 五	己巳 25 六	庚午 26 日	辛未 27 一	壬申 28 二	癸酉 29 三	甲戌 (3) 四	乙亥 2 五	丙子 3 六	丁丑 4 日		戊午雨水 癸酉驚蟄
二月大	癸卯	天干地支 西曆 星期	戊寅 5 一	己卯 6 二	庚辰 7 三	辛巳 8 四	壬午 9 五	癸未 10 六	甲申 11 日	乙酉 12 一	丙戌 13 二	丁亥 14 三	戊子 15 四	己丑 16 五	庚寅 17 六	辛卯 18 日	壬辰 19 一	癸巳 20 二	甲午 21 三	乙未 22 四	丙申 23 五	丁酉 24 六	戊戌 25 日	己亥 26 一	庚子 27 二	辛丑 28 三	壬寅 29 四	癸卯 30 五	甲辰 31 六	乙巳 (4) 日	丙午 2 一	丁未 3 二	戊子春分 癸卯清明
三月小	甲辰	天干地支 西曆 星期	戊申 4 三	己酉 5 四	庚戌 6 五	辛亥 7 六	壬子 8 日	癸丑 9 一	甲寅 10 二	乙卯 11 三	丙辰 12 四	丁巳 13 五	戊午 14 六	己未 15 日	庚申 16 一	辛酉 17 二	壬戌 18 三	癸亥 19 四	甲子 20 五	乙丑 21 六	丙寅 22 日	丁卯 23 一	戊辰 24 二	己巳 25 三	庚午 26 四	辛未 27 五	壬申 28 六	癸酉 29 日	甲戌 30 一	乙亥 (5) 二	丙子 2 三		己未穀雨 甲戌立夏
四月小	乙巳	天干地支 西曆 星期	丁丑 3 四	戊寅 4 五	己卯 5 六	庚辰 6 日	辛巳 7 一	壬午 8 二	癸未 9 三	甲申 10 四	乙酉 11 五	丙戌 12 六	丁亥 13 日	戊子 14 一	己丑 15 二	庚寅 16 三	辛卯 17 四	壬辰 18 五	癸巳 19 六	甲午 20 日	乙未 21 一	丙申 22 二	丁酉 23 三	戊戌 24 四	己亥 25 五	庚子 26 六	辛丑 27 日	壬寅 28 一	癸卯 29 二	甲辰 30 三	乙巳 31 四		己丑小滿 甲辰芒種
五月大	丙午	天干地支 西曆 星期	丙午 (6) 五	丁未 2 六	戊申 3 日	己酉 4 一	庚戌 5 二	辛亥 6 三	壬子 7 四	癸丑 8 五	甲寅 9 六	乙卯 10 日	丙辰 11 一	丁巳 12 二	戊午 13 三	己未 14 四	庚申 15 五	辛酉 16 六	壬戌 17 日	癸亥 18 一	甲子 19 二	乙丑 20 三	丙寅 21 四	丁卯 22 五	戊辰 23 六	己巳 24 日	庚午 25 一	辛未 26 二	壬申 27 三	癸酉 28 四	甲戌 29 五	乙亥 30 六	庚申夏至 乙亥小暑
六月小	丁未	天干地支 西曆 星期	丙子 (7) 日	丁丑 2 一	戊寅 3 二	己卯 4 三	庚辰 5 四	辛巳 6 五	壬午 7 六	癸未 8 日	甲申 9 一	乙酉 10 二	丙戌 11 三	丁亥 12 四	戊子 13 五	己丑 14 六	庚寅 15 日	辛卯 16 一	壬辰 17 二	癸巳 18 三	甲午 19 四	乙未 20 五	丙申 21 六	丁酉 22 日	戊戌 23 一	己亥 24 二	庚子 25 三	辛丑 26 四	壬寅 27 五	癸卯 28 六	甲辰 29 日		庚寅大暑
七月小	戊申	天干地支 西曆 星期	乙巳 30 一	丙午 31 二	丁未 (8) 三	戊申 2 四	己酉 3 五	庚戌 4 六	辛亥 5 日	壬子 6 一	癸丑 7 二	甲寅 8 三	乙卯 9 四	丙辰 10 五	丁巳 11 六	戊午 12 日	己未 13 一	庚申 14 二	辛酉 15 三	壬戌 16 四	癸亥 17 五	甲子 18 六	乙丑 19 日	丙寅 20 一	丁卯 21 二	戊辰 22 三	己巳 23 四	庚午 24 五	辛未 25 六	壬申 26 日	癸酉 27 一		乙巳立秋 庚申處暑
八月大	己酉	天干地支 西曆 星期	甲戌 28 二	乙亥 29 三	丙子 30 四	丁丑 31 五	戊寅 (9) 六	己卯 2 日	庚辰 3 一	辛巳 4 二	壬午 5 三	癸未 6 四	甲申 7 五	乙酉 8 六	丙戌 9 日	丁亥 10 一	戊子 11 二	己丑 12 三	庚寅 13 四	辛卯 14 五	壬辰 15 六	癸巳 16 日	甲午 17 一	乙未 18 二	丙申 19 三	丁酉 20 四	戊戌 21 五	己亥 22 六	庚子 23 日	辛丑 24 一	壬寅 25 二	癸卯 26 三	丙子白露 辛卯秋分
九月小	庚戌	天干地支 西曆 星期	甲辰 27 四	乙巳 28 五	丙午 29 六	丁未 30 日	戊申 (10) 一	己酉 2 二	庚戌 3 三	辛亥 4 四	壬子 5 五	癸丑 6 六	甲寅 7 日	乙卯 8 一	丙辰 9 二	丁巳 10 三	戊午 11 四	己未 12 五	庚申 13 六	辛酉 14 日	壬戌 15 一	癸亥 16 二	甲子 17 三	乙丑 18 四	丙寅 19 五	丁卯 20 六	戊辰 21 日	己巳 22 一	庚午 23 二	辛未 24 三	壬申 25 四		丙午寒露 辛酉霜降
十月大	辛亥	天干地支 西曆 星期	癸酉 26 五	甲戌 27 六	乙亥 28 日	丙子 29 一	丁丑 30 二	戊寅 31 三	己卯 (11) 四	庚辰 2 五	辛巳 3 六	壬午 4 日	癸未 5 一	甲申 6 二	乙酉 7 三	丙戌 8 四	丁亥 9 五	戊子 10 六	己丑 11 日	庚寅 12 一	辛卯 13 二	壬辰 14 三	癸巳 15 四	甲午 16 五	乙未 17 六	丙申 18 日	丁酉 19 一	戊戌 20 二	己亥 21 三	庚子 22 四	辛丑 23 五	壬寅 24 六	丙子立冬 壬辰小雪
十一月大	壬子	天干地支 西曆 星期	癸卯 25 日	甲辰 26 一	乙巳 27 二	丙午 28 三	丁未 29 四	戊申 30 五	己酉 (12) 六	庚戌 2 日	辛亥 3 一	壬子 4 二	癸丑 5 三	甲寅 6 四	乙卯 7 五	丙辰 8 六	丁巳 9 日	戊午 10 一	己未 11 二	庚申 12 三	辛酉 13 四	壬戌 14 五	癸亥 15 六	甲子 16 日	乙丑 17 一	丙寅 18 二	丁卯 19 三	戊辰 20 四	己巳 21 五	庚午 22 六	辛未 23 日	壬申 24 一	丁未大雪 壬戌冬至
十二月大	癸丑	天干地支 西曆 星期	癸酉 25 二	甲戌 26 三	乙亥 27 四	丙子 28 五	丁丑 29 六	戊寅 30 日	己卯 31 一	庚辰 (1) 二	辛巳 2 三	壬午 3 四	癸未 4 五	甲申 5 六	乙酉 6 日	丙戌 7 一	丁亥 8 二	戊子 9 三	己丑 10 四	庚寅 11 五	辛卯 12 六	壬辰 13 日	癸巳 14 一	甲午 15 二	乙未 16 三	丙申 17 四	丁酉 18 五	戊戌 19 六	己亥 20 日	庚子 21 一	辛丑 22 二	壬寅 23 三	丁丑小寒 癸巳大寒

宋寧宗嘉定六年（癸酉 鷄年） 公元 **1213** ~ 1214 年

夏曆月序		中西曆日對照	初一	初二	初三	初四	初五	初六	初七	初八	初九	初十	十一	十二	十三	十四	十五	十六	十七	十八	十九	二十	二一	二二	二三	二四	二五	二六	二七	二八	二九	三十	節氣與天象
正月小	甲寅	天干地支 西曆 星期	癸卯 24 四	甲辰 25 五	乙巳 26 六	丙午 27 日	丁未 28 一	戊申 29 二	己酉 30 三	庚戌 31 四	辛亥 (2) 五	壬子 2 六	癸丑 3 日	甲寅 4 一	乙卯 5 二	丙辰 6 三	丁巳 7 四	戊午 8 五	己未 9 六	庚申 10 日	辛酉 11 一	壬戌 12 二	癸亥 13 三	甲子 14 四	乙丑 15 五	丙寅 16 六	丁卯 17 日	戊辰 18 一	己巳 19 二	庚午 20 三	辛未 21 四		戊申立春 癸亥雨水
二月大	乙卯	天干地支 西曆 星期	壬申 22 五	癸酉 23 六	甲戌 24 日	乙亥 25 一	丙子 26 二	丁丑 27 三	戊寅 28 四	己卯 (3) 五	庚辰 2 六	辛巳 3 日	壬午 4 一	癸未 5 二	甲申 6 三	乙酉 7 四	丙戌 8 五	丁亥 9 六	戊子 10 日	己丑 11 一	庚寅 12 二	辛卯 13 三	壬辰 14 四	癸巳 15 五	甲午 16 六	乙未 17 日	丙申 18 一	丁酉 19 二	戊戌 20 三	己亥 21 四	庚子 22 五	辛丑 23 六	戊寅驚蟄 癸巳春分
三月大	丙辰	天干地支 西曆 星期	壬寅 24 日	癸卯 25 一	甲辰 26 二	乙巳 27 三	丙午 28 四	丁未 29 五	戊申 30 六	己酉 31 日	庚戌 (4) 一	辛亥 2 二	壬子 3 三	癸丑 4 四	甲寅 5 五	乙卯 6 六	丙辰 7 日	丁巳 8 一	戊午 9 二	己未 10 三	庚申 11 四	辛酉 12 五	壬戌 13 六	癸亥 14 日	甲子 15 一	乙丑 16 二	丙寅 17 三	丁卯 18 四	戊辰 19 五	己巳 20 六	庚午 21 日	辛未 22 一	己酉清明 甲子穀雨
四月小	丁巳	天干地支 西曆 星期	壬申 23 二	癸酉 24 三	甲戌 25 四	乙亥 26 五	丙子 27 六	丁丑 28 日	戊寅 29 一	己卯 30 二	庚辰 (5) 三	辛巳 2 四	壬午 3 五	癸未 4 六	甲申 5 日	乙酉 6 一	丙戌 7 二	丁亥 8 三	戊子 9 四	己丑 10 五	庚寅 11 六	辛卯 12 日	壬辰 13 一	癸巳 14 二	甲午 15 三	乙未 16 四	丙申 17 五	丁酉 18 六	戊戌 19 日	己亥 20 一	庚子 21 二		己卯立夏 甲午小滿
五月小	戊午	天干地支 西曆 星期	辛丑 22 三	壬寅 23 四	癸卯 24 五	甲辰 25 六	乙巳 26 日	丙午 27 一	丁未 28 二	戊申 29 三	己酉 30 四	庚戌 31 五	辛亥 (6) 六	壬子 2 日	癸丑 3 一	甲寅 4 二	乙卯 5 三	丙辰 6 四	丁巳 7 五	戊午 8 六	己未 9 日	庚申 10 一	辛酉 11 二	壬戌 12 三	癸亥 13 四	甲子 14 五	乙丑 15 六	丙寅 16 日	丁卯 17 一	戊辰 18 二	己巳 19 三		庚戌芒種 乙丑夏至
六月大	己未	天干地支 西曆 星期	庚午 20 四	辛未 21 五	壬申 22 六	癸酉 23 日	甲戌 24 一	乙亥 25 二	丙子 26 三	丁丑 27 四	戊寅 28 五	己卯 29 六	庚辰 30 日	辛巳 (7) 一	壬午 2 二	癸未 3 三	甲申 4 四	乙酉 5 五	丙戌 6 六	丁亥 7 日	戊子 8 一	己丑 9 二	庚寅 10 三	辛卯 11 四	壬辰 12 五	癸巳 13 六	甲午 14 日	乙未 15 一	丙申 16 二	丁酉 17 三	戊戌 18 四	己亥 19 五	庚辰小暑 乙未大暑
七月小	庚申	天干地支 西曆 星期	庚子 20 六	辛丑 21 日	壬寅 22 一	癸卯 23 二	甲辰 24 三	乙巳 25 四	丙午 26 五	丁未 27 六	戊申 28 日	己酉 29 一	庚戌 30 二	辛亥 31 三	壬子 (8) 四	癸丑 2 五	甲寅 3 六	乙卯 4 日	丙辰 5 一	丁巳 6 二	戊午 7 三	己未 8 四	庚申 9 五	辛酉 10 六	壬戌 11 日	癸亥 12 一	甲子 13 二	乙丑 14 三	丙寅 15 四	丁卯 16 五	戊辰 17 六		庚戌立秋 丙寅處暑
八月小	辛酉	天干地支 西曆 星期	己巳 18 日	庚午 19 一	辛未 20 二	壬申 21 三	癸酉 22 四	甲戌 23 五	乙亥 24 六	丙子 25 日	丁丑 26 一	戊寅 27 二	己卯 28 三	庚辰 29 四	辛巳 30 五	壬午 31 六	癸未 (9) 日	甲申 2 一	乙酉 3 二	丙戌 4 三	丁亥 5 四	戊子 6 五	己丑 7 六	庚寅 8 日	辛卯 9 一	壬辰 10 二	癸巳 11 三	甲午 12 四	乙未 13 五	丙申 14 六	丁酉 15 日		辛巳白露 丙申秋分
九月大	壬戌	天干地支 西曆 星期	戊戌 16 一	己亥 17 二	庚子 18 三	辛丑 19 四	壬寅 20 五	癸卯 21 六	甲辰 22 日	乙巳 23 一	丙午 24 二	丁未 25 三	戊申 26 四	己酉 27 五	庚戌 28 六	辛亥 29 日	壬子 30 一	癸丑 (10) 二	甲寅 2 三	乙卯 3 四	丙辰 4 五	丁巳 5 六	戊午 6 日	己未 7 一	庚申 8 二	辛酉 9 三	壬戌 10 四	癸亥 11 五	甲子 12 六	乙丑 13 日	丙寅 14 一	丁卯 15 二	辛亥寒露 丁卯霜降
閏九月小	壬戌	天干地支 西曆 星期	戊辰 16 三	己巳 17 四	庚午 18 五	辛未 19 六	壬申 20 日	癸酉 21 一	甲戌 22 二	乙亥 23 三	丙子 24 四	丁丑 25 五	戊寅 26 六	己卯 27 日	庚辰 28 一	辛巳 29 二	壬午 30 三	癸未 31 四	甲申 (11) 五	乙酉 2 六	丙戌 3 日	丁亥 4 一	戊子 5 二	己丑 6 三	庚寅 7 四	辛卯 8 五	壬辰 9 六	癸巳 10 日	甲午 11 一	乙未 12 二	丙申 13 三		壬午立冬
十月大	癸亥	天干地支 西曆 星期	丁酉 14 四	戊戌 15 五	己亥 16 六	庚子 17 日	辛丑 18 一	壬寅 19 二	癸卯 20 三	甲辰 21 四	乙巳 22 五	丙午 23 六	丁未 24 日	戊申 25 一	己酉 26 二	庚戌 27 三	辛亥 28 四	壬子 29 五	癸丑 30 六	甲寅 (12) 日	乙卯 2 一	丙辰 3 二	丁巳 4 三	戊午 5 四	己未 6 五	庚申 7 六	辛酉 8 日	壬戌 9 一	癸亥 10 二	甲子 11 三	乙丑 12 四	丙寅 13 五	丁酉小雪 壬子大雪
十一月大	甲子	天干地支 西曆 星期	丁卯 14 六	戊辰 15 日	己巳 16 一	庚午 17 二	辛未 18 三	壬申 19 四	癸酉 20 五	甲戌 21 六	乙亥 22 日	丙子 23 一	丁丑 24 二	戊寅 25 三	己卯 26 四	庚辰 27 五	辛巳 28 六	壬午 29 日	癸未 30 一	甲申 31 二	乙酉 (1) 三	丙戌 2 四	丁亥 3 五	戊子 4 六	己丑 5 日	庚寅 6 一	辛卯 7 二	壬辰 8 三	癸巳 9 四	甲午 10 五	乙未 11 六	丙申 12 日	丁卯冬至 癸未小寒
十二月大	乙丑	天干地支 西曆 星期	丁酉 13 一	戊戌 14 二	己亥 15 三	庚子 16 四	辛丑 17 五	壬寅 18 六	癸卯 19 日	甲辰 20 一	乙巳 21 二	丙午 22 三	丁未 23 四	戊申 24 五	己酉 25 六	庚戌 26 日	辛亥 27 一	壬子 28 二	癸丑 29 三	甲寅 30 四	乙卯 31 五	丙辰 (2) 六	丁巳 2 日	戊午 3 一	己未 4 二	庚申 5 三	辛酉 6 四	壬戌 7 五	癸亥 8 六	甲子 9 日	乙丑 10 一	丙寅 11 二	戊戌大寒 癸丑立春

宋寧宗嘉定七年（甲戌 狗年） 公元 **1214** ~ 1215 年

夏曆月序		中西曆日對照	夏曆日序																													節氣與天象
			初一	初二	初三	初四	初五	初六	初七	初八	初九	初十	十一	十二	十三	十四	十五	十六	十七	十八	十九	二十	二一	二二	二三	二四	二五	二六	二七	二八	二九	三十	
正月小	丙寅	天干地支 西曆 星期	丁卯 12 三	戊辰 13 四	己巳 14 五	庚午 15 六	辛未 16 日	壬申 17 一	癸酉 18 二	甲戌 19 三	乙亥 20 四	丙子 21 五	丁丑 22 六	戊寅 23 日	己卯 24 一	庚辰 25 二	辛巳 26 三	壬午 27 四	癸未 28 五	甲申 (3) 六	乙酉 2 日	丙戌 3 一	丁亥 4 二	戊子 5 三	己丑 6 四	庚寅 7 五	辛卯 8 六	壬辰 9 日	癸巳 10 一	甲午 11 二	乙未 12 三		戊辰雨水 癸未驚蟄
二月大	丁卯	天干地支 西曆 星期	丙申 13 四	丁酉 14 五	戊戌 15 六	己亥 16 日	庚子 17 一	辛丑 18 二	壬寅 19 三	癸卯 20 四	甲辰 21 五	乙巳 22 六	丙午 23 日	丁未 24 一	戊申 25 二	己酉 26 三	庚戌 27 四	辛亥 28 五	壬子 29 六	癸丑 30 日	甲寅 31 一	乙卯 (4) 二	丙辰 2 三	丁巳 3 四	戊午 4 五	己未 5 六	庚申 6 日	辛酉 7 一	壬戌 8 二	癸亥 9 三	甲子 10 四	乙丑 11 五	己亥春分 甲寅清明
三月小	戊辰	天干地支 西曆 星期	丙寅 12 六	丁卯 13 日	戊辰 14 一	己巳 15 二	庚午 16 三	辛未 17 四	壬申 18 五	癸酉 19 六	甲戌 20 日	乙亥 21 一	丙子 22 二	丁丑 23 三	戊寅 24 四	己卯 25 五	庚辰 26 六	辛巳 27 日	壬午 28 一	癸未 29 二	甲申 30 三	乙酉 (5) 四	丙戌 2 五	丁亥 3 六	戊子 4 日	己丑 5 一	庚寅 6 二	辛卯 7 三	壬辰 8 四	癸巳 9 五	甲午 10 六		己巳穀雨 甲申立夏
四月大	己巳	天干地支 西曆 星期	乙未 11 日	丙申 12 一	丁酉 13 二	戊戌 14 三	己亥 15 四	庚子 16 五	辛丑 17 六	壬寅 18 日	癸卯 19 一	甲辰 20 二	乙巳 21 三	丙午 22 四	丁未 23 五	戊申 24 六	己酉 25 日	庚戌 26 一	辛亥 27 二	壬子 28 三	癸丑 29 四	甲寅 30 五	乙卯 31 六	丙辰 (6) 日	丁巳 2 一	戊午 3 二	己未 4 三	庚申 5 四	辛酉 6 五	壬戌 7 六	癸亥 8 日	甲子 9 一	庚子小滿 乙卯芒種
五月小	庚午	天干地支 西曆 星期	乙丑 10 二	丙寅 11 三	丁卯 12 四	戊辰 13 五	己巳 14 六	庚午 15 日	辛未 16 一	壬申 17 二	癸酉 18 三	甲戌 19 四	乙亥 20 五	丙子 21 六	丁丑 22 日	戊寅 23 一	己卯 24 二	庚辰 25 三	辛巳 26 四	壬午 27 五	癸未 28 六	甲申 29 日	乙酉 30 一	丙戌 (7) 二	丁亥 2 三	戊子 3 四	己丑 4 五	庚寅 5 六	辛卯 6 日	壬辰 7 一	癸巳 8 二		庚午夏至 乙酉小暑
六月大	辛未	天干地支 西曆 星期	甲午 9 三	乙未 10 四	丙申 11 五	丁酉 12 六	戊戌 13 日	己亥 14 一	庚子 15 二	辛丑 16 三	壬寅 17 四	癸卯 18 五	甲辰 19 六	乙巳 20 日	丙午 21 一	丁未 22 二	戊申 23 三	己酉 24 四	庚戌 25 五	辛亥 26 六	壬子 27 日	癸丑 28 一	甲寅 29 二	乙卯 30 三	丙辰 31 四	丁巳 (8) 五	戊午 2 六	己未 3 日	庚申 4 一	辛酉 5 二	壬戌 6 三	癸亥 7 四	庚子大暑 丙辰立秋
七月小	壬申	天干地支 西曆 星期	甲子 8 五	乙丑 9 六	丙寅 10 日	丁卯 11 一	戊辰 12 二	己巳 13 三	庚午 14 四	辛未 15 五	壬申 16 六	癸酉 17 日	甲戌 18 一	乙亥 19 二	丙子 20 三	丁丑 21 四	戊寅 22 五	己卯 23 六	庚辰 24 日	辛巳 25 一	壬午 26 二	癸未 27 三	甲申 28 四	乙酉 29 五	丙戌 30 六	丁亥 31 日	戊子 (9) 一	己丑 2 二	庚寅 3 三	辛卯 4 四	壬辰 5 五		辛未處暑 丙戌白露
八月小	癸酉	天干地支 西曆 星期	癸巳 6 六	甲午 7 日	乙未 8 一	丙申 9 二	丁酉 10 三	戊戌 11 四	己亥 12 五	庚子 13 六	辛丑 14 日	壬寅 15 一	癸卯 16 二	甲辰 17 三	乙巳 18 四	丙午 19 五	丁未 20 六	戊申 21 日	己酉 22 一	庚戌 23 二	辛亥 24 三	壬子 25 四	癸丑 26 五	甲寅 27 六	乙卯 28 日	丙辰 29 一	丁巳 30 二	戊午 (10) 三	己未 2 四	庚申 3 五	辛酉 4 六		辛丑秋分 丁巳寒露
九月大	甲戌	天干地支 西曆 星期	壬戌 5 日	癸亥 6 一	甲子 7 二	乙丑 8 三	丙寅 9 四	丁卯 10 五	戊辰 11 六	己巳 12 日	庚午 13 一	辛未 14 二	壬申 15 三	癸酉 16 四	甲戌 17 五	乙亥 18 六	丙子 19 日	丁丑 20 一	戊寅 21 二	己卯 22 三	庚辰 23 四	辛巳 24 五	壬午 25 六	癸未 26 日	甲申 27 一	乙酉 28 二	丙戌 29 三	丁亥 30 四	戊子 31 五	己丑 (11) 六	庚寅 2 日	辛卯 3 一	壬申霜降 丁亥立冬 壬戌日食
十月小	乙亥	天干地支 西曆 星期	壬辰 4 二	癸巳 5 三	甲午 6 四	乙未 7 五	丙申 8 六	丁酉 9 日	戊戌 10 一	己亥 11 二	庚子 12 三	辛丑 13 四	壬寅 14 五	癸卯 15 六	甲辰 16 日	乙巳 17 一	丙午 18 二	丁未 19 三	戊申 20 四	己酉 21 五	庚戌 22 六	辛亥 23 日	壬子 24 一	癸丑 25 二	甲寅 26 三	乙卯 27 四	丙辰 28 五	丁巳 29 六	戊午 30 日	己未 (12) 一	庚申 2 二		壬寅小雪 丁巳大雪
十一月大	丙子	天干地支 西曆 星期	辛酉 3 三	壬戌 4 四	癸亥 5 五	甲子 6 六	乙丑 7 日	丙寅 8 一	丁卯 9 二	戊辰 10 三	己巳 11 四	庚午 12 五	辛未 13 六	壬申 14 日	癸酉 15 一	甲戌 16 二	乙亥 17 三	丙子 18 四	丁丑 19 五	戊寅 20 六	己卯 21 日	庚辰 22 一	辛巳 23 二	壬午 24 三	癸未 25 四	甲申 26 五	乙酉 27 六	丙戌 28 日	丁亥 29 一	戊子 30 二	己丑 31 三	庚寅 (1) 四	癸酉冬至 戊子小寒
十二月大	丁丑	天干地支 西曆 星期	辛卯 2 五	壬辰 3 六	癸巳 4 日	甲午 5 一	乙未 6 二	丙申 7 三	丁酉 8 四	戊戌 9 五	己亥 10 六	庚子 11 日	辛丑 12 一	壬寅 13 二	癸卯 14 三	甲辰 15 四	乙巳 16 五	丙午 17 六	丁未 18 日	戊申 19 一	己酉 20 二	庚戌 21 三	辛亥 22 四	壬子 23 五	癸丑 24 六	甲寅 25 日	乙卯 26 一	丙辰 27 二	丁巳 28 三	戊午 29 四	己未 30 五	庚申 31 六	癸卯大寒 戊午立春

宋寧宗嘉定八年（乙亥 猪年） 公元 1215 ~ 1216 年

夏曆月序		中西曆日對照	夏曆日序																														節氣與天象
			初一	初二	初三	初四	初五	初六	初七	初八	初九	初十	十一	十二	十三	十四	十五	十六	十七	十八	十九	二十	二一	二二	二三	二四	二五	二六	二七	二八	二九	三十	
正月小	戊寅	天干 地支 西曆 星期	辛酉 (2) 日	壬戌 2 一	癸亥 3 二	甲子 4 三	乙丑 5 四	丙寅 6 五	丁卯 7 六	戊辰 8 日	己巳 9 一	庚午 10 二	辛未 11 三	壬申 12 四	癸酉 13 五	甲戌 14 六	乙亥 15 日	丙子 16 一	丁丑 17 二	戊寅 18 三	己卯 19 四	庚辰 20 五	辛巳 21 六	壬午 22 日	癸未 23 一	甲申 24 二	乙酉 25 三	丙戌 26 四	丁亥 27 五	戊子 28 六	己丑 (3) 日		癸酉雨水 己丑驚蟄
二月大	己卯	天干 地支 西曆 星期	庚寅 2 一	辛卯 3 二	壬辰 4 三	癸巳 5 四	甲午 6 五	乙未 7 六	丙申 8 日	丁酉 9 一	戊戌 10 二	己亥 11 三	庚子 12 四	辛丑 13 五	壬寅 14 六	癸卯 15 日	甲辰 16 一	乙巳 17 二	丙午 18 三	丁未 19 四	戊申 20 五	己酉 21 六	庚戌 22 日	辛亥 23 一	壬子 24 二	癸丑 25 三	甲寅 26 四	乙卯 27 五	丙辰 28 六	丁巳 29 日	戊午 30 一	己未 31 二	甲辰春分 己未清明
三月大	庚辰	天干 地支 西曆 星期	庚申 (4) 三	辛酉 2 四	壬戌 3 五	癸亥 4 六	甲子 5 日	乙丑 6 一	丙寅 7 二	丁卯 8 三	戊辰 9 四	己巳 10 五	庚午 11 六	辛未 12 日	壬申 13 一	癸酉 14 二	甲戌 15 三	乙亥 16 四	丙子 17 五	丁丑 18 六	戊寅 19 日	己卯 20 一	庚辰 21 二	辛巳 22 三	壬午 23 四	癸未 24 五	甲申 25 六	乙酉 26 日	丙戌 27 一	丁亥 28 二	戊子 29 三	己丑 30 四	甲戌穀雨
四月小	辛巳	天干 地支 西曆 星期	庚寅 (5) 五	辛卯 2 六	壬辰 3 日	癸巳 4 一	甲午 5 二	乙未 6 三	丙申 7 四	丁酉 8 五	戊戌 9 六	己亥 10 日	庚子 11 一	辛丑 12 二	壬寅 13 三	癸卯 14 四	甲辰 15 五	乙巳 16 六	丙午 17 日	丁未 18 一	戊申 19 二	己酉 20 三	庚戌 21 四	辛亥 22 五	壬子 23 六	癸丑 24 日	甲寅 25 一	乙卯 26 二	丙辰 27 三	丁巳 28 四	戊午 29 五		庚寅立夏 乙巳小滿
五月大	壬午	天干 地支 西曆 星期	己未 30 六	庚申 31 日	辛酉 (6) 一	壬戌 2 二	癸亥 3 三	甲子 4 四	乙丑 5 五	丙寅 6 六	丁卯 7 日	戊辰 8 一	己巳 9 二	庚午 10 三	辛未 11 四	壬申 12 五	癸酉 13 六	甲戌 14 日	乙亥 15 一	丙子 16 二	丁丑 17 三	戊寅 18 四	己卯 19 五	庚辰 20 六	辛巳 21 日	壬午 22 一	癸未 23 二	甲申 24 三	乙酉 25 四	丙戌 26 五	丁亥 27 六	戊子 28 日	庚申芒種 乙亥夏至
六月小	癸未	天干 地支 西曆 星期	己丑 29 一	庚寅 30 二	辛卯 (7) 三	壬辰 2 四	癸巳 3 五	甲午 4 六	乙未 5 日	丙申 6 一	丁酉 7 二	戊戌 8 三	己亥 9 四	庚子 10 五	辛丑 11 六	壬寅 12 日	癸卯 13 一	甲辰 14 二	乙巳 15 三	丙午 16 四	丁未 17 五	戊申 18 六	己酉 19 日	庚戌 20 一	辛亥 21 二	壬子 22 三	癸丑 23 四	甲寅 24 五	乙卯 25 六	丙辰 26 日	丁巳 27 一		庚寅小暑 丙午大暑
七月大	甲申	天干 地支 西曆 星期	戊午 28 二	己未 29 三	庚申 30 四	辛酉 31 五	壬戌 (8) 六	癸亥 2 日	甲子 3 一	乙丑 4 二	丙寅 5 三	丁卯 6 四	戊辰 7 五	己巳 8 六	庚午 9 日	辛未 10 一	壬申 11 二	癸酉 12 三	甲戌 13 四	乙亥 14 五	丙子 15 六	丁丑 16 日	戊寅 17 一	己卯 18 二	庚辰 19 三	辛巳 20 四	壬午 21 五	癸未 22 六	甲申 23 日	乙酉 24 一	丙戌 25 二	丁亥 26 三	辛酉立秋 丙子處暑
八月小	乙酉	天干 地支 西曆 星期	戊子 27 四	己丑 28 五	庚寅 29 六	辛卯 30 日	壬辰 31 一	癸巳 (9) 二	甲午 2 三	乙未 3 四	丙申 4 五	丁酉 5 六	戊戌 6 日	己亥 7 一	庚子 8 二	辛丑 9 三	壬寅 10 四	癸卯 11 五	甲辰 12 六	乙巳 13 日	丙午 14 一	丁未 15 二	戊申 16 三	己酉 17 四	庚戌 18 五	辛亥 19 六	壬子 20 日	癸丑 21 一	甲寅 22 二	乙卯 23 三	丙辰 24 四		辛卯白露 丁未秋分
九月小	丙戌	天干 地支 西曆 星期	丁巳 25 五	戊午 26 六	己未 27 日	庚申 28 一	辛酉 29 二	壬戌 30 三	癸亥 (10) 四	甲子 2 五	乙丑 3 六	丙寅 4 日	丁卯 5 一	戊辰 6 二	己巳 7 三	庚午 8 四	辛未 9 五	壬申 10 六	癸酉 11 日	甲戌 12 一	乙亥 13 二	丙子 14 三	丁丑 15 四	戊寅 16 五	己卯 17 六	庚辰 18 日	辛巳 19 一	壬午 20 二	癸未 21 三	甲申 22 四	乙酉 23 五		壬戌寒露 丁丑霜降
十月大	丁亥	天干 地支 西曆 星期	丙戌 24 六	丁亥 25 日	戊子 26 一	己丑 27 二	庚寅 28 三	辛卯 29 四	壬辰 30 五	癸巳 31 六	甲午 (11) 日	乙未 2 一	丙申 3 二	丁酉 4 三	戊戌 5 四	己亥 6 五	庚子 7 六	辛丑 8 日	壬寅 9 一	癸卯 10 二	甲辰 11 三	乙巳 12 四	丙午 13 五	丁未 14 六	戊申 15 日	己酉 16 一	庚戌 17 二	辛亥 18 三	壬子 19 四	癸丑 20 五	甲寅 21 六	乙卯 22 日	壬辰立冬 丁未小雪
十一月小	戊子	天干 地支 西曆 星期	丙辰 23 一	丁巳 24 二	戊午 25 三	己未 26 四	庚申 27 五	辛酉 28 六	壬戌 29 日	癸亥 30 一	甲子 (12) 二	乙丑 2 三	丙寅 3 四	丁卯 4 五	戊辰 5 六	己巳 6 日	庚午 7 一	辛未 8 二	壬申 9 三	癸酉 10 四	甲戌 11 五	乙亥 12 六	丙子 13 日	丁丑 14 一	戊寅 15 二	己卯 16 三	庚辰 17 四	辛巳 18 五	壬午 19 六	癸未 20 日	甲申 21 一		癸亥大雪 戊寅冬至
十二月大	己丑	天干 地支 西曆 星期	乙酉 22 二	丙戌 23 三	丁亥 24 四	戊子 25 五	己丑 26 六	庚寅 27 日	辛卯 28 一	壬辰 29 二	癸巳 30 三	甲午 31 四	乙未 (1) 五	丙申 2 六	丁酉 3 日	戊戌 4 一	己亥 5 二	庚子 6 三	辛丑 7 四	壬寅 8 五	癸卯 9 六	甲辰 10 日	乙巳 11 一	丙午 12 二	丁未 13 三	戊申 14 四	己酉 15 五	庚戌 16 六	辛亥 17 日	壬子 18 一	癸丑 19 二	甲寅 20 三	癸巳小寒 戊申大寒

宋寧宗嘉定九年（丙子 鼠年） 公元 1216 ~ 1217 年

夏曆月序	中西曆日對照	夏曆日序																														節氣與天象
		初一	初二	初三	初四	初五	初六	初七	初八	初九	初十	十一	十二	十三	十四	十五	十六	十七	十八	十九	二十	二一	二二	二三	二四	二五	二六	二七	二八	二九	三十	
正月小 庚寅	天干地支 西曆 星期	乙卯 21 四	丙辰 22 五	丁巳 23 六	戊午 24 日	己未 25 一	庚申 26 二	辛酉 27 三	壬戌 28 四	癸亥 29 五	甲子 30 六	乙丑 31 日	丙寅 (2) 一	丁卯 2 二	戊辰 3 三	己巳 4 四	庚午 5 五	辛未 6 六	壬申 7 日	癸酉 8 一	甲戌 9 二	乙亥 10 三	丙子 11 四	丁丑 12 五	戊寅 13 六	己卯 14 日	庚辰 15 一	辛巳 16 二	壬午 17 三	癸未 18 四		甲子立春 己卯雨水
二月大 辛卯	天干地支 西曆 星期	甲申 19 五	乙酉 20 六	丙戌 21 日	丁亥 22 一	戊子 23 二	己丑 24 三	庚寅 25 四	辛卯 26 五	壬辰 27 六	癸巳 28 日	甲午 29 一	乙未 (3) 二	丙申 2 三	丁酉 3 四	戊戌 4 五	己亥 5 六	庚子 6 日	辛丑 7 一	壬寅 8 二	癸卯 9 三	甲辰 10 四	乙巳 11 五	丙午 12 六	丁未 13 日	戊申 14 一	己酉 15 二	庚戌 16 三	辛亥 17 四	壬子 18 五	癸丑 19 六	甲午驚蟄 己酉春分 甲申日食
三月大 壬辰	天干地支 西曆 星期	甲寅 20 日	乙卯 21 一	丙辰 22 二	丁巳 23 三	戊午 24 四	己未 25 五	庚申 26 六	辛酉 27 日	壬戌 28 一	癸亥 29 二	甲子 30 三	乙丑 31 四	丙寅 (4) 五	丁卯 2 六	戊辰 3 日	己巳 4 一	庚午 5 二	辛未 6 三	壬申 7 四	癸酉 8 五	甲戌 9 六	乙亥 10 日	丙子 11 一	丁丑 12 二	戊寅 13 三	己卯 14 四	庚辰 15 五	辛巳 16 六	壬午 17 日	癸未 18 一	甲子清明 庚辰穀雨
四月小 癸巳	天干地支 西曆 星期	甲申 19 二	乙酉 20 三	丙戌 21 四	丁亥 22 五	戊子 23 六	己丑 24 日	庚寅 25 一	辛卯 26 二	壬辰 27 三	癸巳 28 四	甲午 29 五	乙未 30 六	丙申 (5) 日	丁酉 2 一	戊戌 3 二	己亥 4 三	庚子 5 四	辛丑 6 五	壬寅 7 六	癸卯 8 日	甲辰 9 一	乙巳 10 二	丙午 11 三	丁未 12 四	戊申 13 五	己酉 14 六	庚戌 15 日	辛亥 16 一	壬子 17 二		乙未立夏 庚戌小滿
五月大 甲午	天干地支 西曆 星期	癸丑 18 三	甲寅 19 四	乙卯 20 五	丙辰 21 六	丁巳 22 日	戊午 23 一	己未 24 二	庚申 25 三	辛酉 26 四	壬戌 27 五	癸亥 28 六	甲子 29 日	乙丑 30 一	丙寅 31 二	丁卯 (6) 三	戊辰 2 四	己巳 3 五	庚午 4 六	辛未 5 日	壬申 6 一	癸酉 7 二	甲戌 8 三	乙亥 9 四	丙子 10 五	丁丑 11 六	戊寅 12 日	己卯 13 一	庚辰 14 二	辛巳 15 三	壬午 16 四	乙丑芒種 庚辰夏至
六月大 乙未	天干地支 西曆 星期	癸未 17 五	甲申 18 六	乙酉 19 日	丙戌 20 一	丁亥 21 二	戊子 22 三	己丑 23 四	庚寅 24 五	辛卯 25 六	壬辰 26 日	癸巳 27 一	甲午 28 二	乙未 29 三	丙申 30 四	丁酉 (7) 五	戊戌 2 六	己亥 3 日	庚子 4 一	辛丑 5 二	壬寅 6 三	癸卯 7 四	甲辰 8 五	乙巳 9 六	丙午 10 日	丁未 11 一	戊申 12 二	己酉 13 三	庚戌 14 四	辛亥 15 五	壬子 16 六	丙申小暑 辛亥大暑
七月小 丙申	天干地支 西曆 星期	癸丑 17 日	甲寅 18 一	乙卯 19 二	丙辰 20 三	丁巳 21 四	戊午 22 五	己未 23 六	庚申 24 日	辛酉 25 一	壬戌 26 二	癸亥 27 三	甲子 28 四	乙丑 29 五	丙寅 30 六	丁卯 31 日	戊辰 (8) 一	己巳 2 二	庚午 3 三	辛未 4 四	壬申 5 五	癸酉 6 六	甲戌 7 日	乙亥 8 一	丙子 9 二	丁丑 10 三	戊寅 11 四	己卯 12 五	庚辰 13 六	辛巳 14 日		丙寅立秋 辛巳處暑
閏七月大 丙申	天干地支 西曆 星期	壬午 15 一	癸未 16 二	甲申 17 三	乙酉 18 四	丙戌 19 五	丁亥 20 六	戊子 21 日	己丑 22 一	庚寅 23 二	辛卯 24 三	壬辰 25 四	癸巳 26 五	甲午 27 六	乙未 28 日	丙申 29 一	丁酉 30 二	戊戌 31 三	己亥 (9) 四	庚子 2 五	辛丑 3 六	壬寅 4 日	癸卯 5 一	甲辰 6 二	乙巳 7 三	丙午 8 四	丁未 9 五	戊申 10 六	己酉 11 日	庚戌 12 一	辛亥 13 二	丁酉白露
八月小 丁酉	天干地支 西曆 星期	壬子 14 三	癸丑 15 四	甲寅 16 五	乙卯 17 六	丙辰 18 日	丁巳 19 一	戊午 20 二	己未 21 三	庚申 22 四	辛酉 23 五	壬戌 24 六	癸亥 25 日	甲子 26 一	乙丑 27 二	丙寅 28 三	丁卯 29 四	戊辰 30 五	己巳 (10) 六	庚午 2 日	辛未 3 一	壬申 4 二	癸酉 5 三	甲戌 6 四	乙亥 7 五	丙子 8 六	丁丑 9 日	戊寅 10 一	己卯 11 二	庚辰 12 三		壬子秋分 丁卯寒露
九月小 戊戌	天干地支 西曆 星期	辛巳 13 四	壬午 14 五	癸未 15 六	甲申 16 日	乙酉 17 一	丙戌 18 二	丁亥 19 三	戊子 20 四	己丑 21 五	庚寅 22 六	辛卯 23 日	壬辰 24 一	癸巳 25 二	甲午 26 三	乙未 27 四	丙申 28 五	丁酉 29 六	戊戌 30 日	己亥 31 一	庚子 (11) 二	辛丑 2 三	壬寅 3 四	癸卯 4 五	甲辰 5 六	乙巳 6 日	丙午 7 一	丁未 8 二	戊申 9 三	己酉 10 四		壬午霜降 丁酉立冬
十月大 己亥	天干地支 西曆 星期	庚戌 11 五	辛亥 12 六	壬子 13 日	癸丑 14 一	甲寅 15 二	乙卯 16 三	丙辰 17 四	丁巳 18 五	戊午 19 六	己未 20 日	庚申 21 一	辛酉 22 二	壬戌 23 三	癸亥 24 四	甲子 25 五	乙丑 26 六	丙寅 27 日	丁卯 28 一	戊辰 29 二	己巳 30 三	庚午 (12) 四	辛未 2 五	壬申 3 六	癸酉 4 日	甲戌 5 一	乙亥 6 二	丙子 7 三	丁丑 8 四	戊寅 9 五	己卯 10 六	癸丑小雪 戊辰大雪
十一月小 庚子	天干地支 西曆 星期	庚辰 11 日	辛巳 12 一	壬午 13 二	癸未 14 三	甲申 15 四	乙酉 16 五	丙戌 17 六	丁亥 18 日	戊子 19 一	己丑 20 二	庚寅 21 三	辛卯 22 四	壬辰 23 五	癸巳 24 六	甲午 25 日	乙未 26 一	丙申 27 二	丁酉 28 三	戊戌 29 四	己亥 30 五	庚子 31 六	辛丑 (1) 日	壬寅 2 一	癸卯 3 二	甲辰 4 三	乙巳 5 四	丙午 6 五	丁未 7 六	戊申 8 日		癸未冬至 戊戌小寒
十二月大 辛丑	天干地支 西曆 星期	己酉 9 一	庚戌 10 二	辛亥 11 三	壬子 12 四	癸丑 13 五	甲寅 14 六	乙卯 15 日	丙辰 16 一	丁巳 17 二	戊午 18 三	己未 19 四	庚申 20 五	辛酉 21 六	壬戌 22 日	癸亥 23 一	甲子 24 二	乙丑 25 三	丙寅 26 四	丁卯 27 五	戊辰 28 六	己巳 29 日	庚午 30 一	辛未 31 二	壬申 (2) 三	癸酉 2 四	甲戌 3 五	乙亥 4 六	丙子 5 日	丁丑 6 一	戊寅 7 二	甲寅大寒 己巳立春

宋寧宗嘉定十年（丁丑 牛年） 公元 1217 ~ 1218 年

夏曆月序		中西曆日對照	初一	初二	初三	初四	初五	初六	初七	初八	初九	初十	十一	十二	十三	十四	十五	十六	十七	十八	十九	二十	二一	二二	二三	二四	二五	二六	二七	二八	二九	三十	節氣與天象
正月小	壬寅	干支 西曆 天地星期	己卯 8 三	庚辰 9 四	辛巳 10 五	壬午 11 六	癸未 12 日	甲申 13 一	乙酉 14 二	丙戌 15 三	丁亥 16 四	戊子 17 五	己丑 18 六	庚寅 19 日	辛卯 20 一	壬辰 21 二	癸巳 22 三	甲午 23 四	乙未 24 五	丙申 25 六	丁酉 26 日	戊戌 27 一	己亥 28 二	庚子 (3) 三	辛丑 2 四	壬寅 3 五	癸卯 4 六	甲辰 5 日	乙巳 6 一	丙午 7 二	丁未 8 三		甲申雨水 己亥驚蟄
二月大	癸卯	干支 西曆 天地星期	戊申 9 四	己酉 10 五	庚戌 11 六	辛亥 12 日	壬子 13 一	癸丑 14 二	甲寅 15 三	乙卯 16 四	丙辰 17 五	丁巳 18 六	戊午 19 日	己未 20 一	庚申 21 二	辛酉 22 三	壬戌 23 四	癸亥 24 五	甲子 25 六	乙丑 26 日	丙寅 27 一	丁卯 28 二	戊辰 29 三	己巳 30 四	庚午 31 五	辛未 (4) 六	壬申 2 日	癸酉 3 一	甲戌 4 二	乙亥 5 三	丙子 6 四	丁丑 7 五	甲寅春分 庚午清明
三月小	甲辰	干支 西曆 天地星期	戊寅 8 六	己卯 9 日	庚辰 10 一	辛巳 11 二	壬午 12 三	癸未 13 四	甲申 14 五	乙酉 15 六	丙戌 16 日	丁亥 17 一	戊子 18 二	己丑 19 三	庚寅 20 四	辛卯 21 五	壬辰 22 六	癸巳 23 日	甲午 24 一	乙未 25 二	丙申 26 三	丁酉 27 四	戊戌 28 五	己亥 29 六	庚子 30 日	辛丑 (5) 一	壬寅 2 二	癸卯 3 三	甲辰 4 四	乙巳 5 五	丙午 6 六		乙酉穀雨 庚子立夏
四月大	乙巳	干支 西曆 天地星期	丁未 7 日	戊申 8 一	己酉 9 二	庚戌 10 三	辛亥 11 四	壬子 12 五	癸丑 13 六	甲寅 14 日	乙卯 15 一	丙辰 16 二	丁巳 17 三	戊午 18 四	己未 19 五	庚申 20 六	辛酉 21 日	壬戌 22 一	癸亥 23 二	甲子 24 三	乙丑 25 四	丙寅 26 五	丁卯 27 六	戊辰 28 日	己巳 29 一	庚午 30 二	辛未 31 三	壬申 (6) 四	癸酉 2 五	甲戌 3 六	乙亥 4 日	丙子 5 一	乙卯小滿 辛未芒種
五月大	丙午	干支 西曆 天地星期	丁丑 6 二	戊寅 7 三	己卯 8 四	庚辰 9 五	辛巳 10 六	壬午 11 日	癸未 12 一	甲申 13 二	乙酉 14 三	丙戌 15 四	丁亥 16 五	戊子 17 六	己丑 18 日	庚寅 19 一	辛卯 20 二	壬辰 21 三	癸巳 22 四	甲午 23 五	乙未 24 六	丙申 25 日	丁酉 26 一	戊戌 27 二	己亥 28 三	庚子 29 四	辛丑 30 五	壬寅 (7) 六	癸卯 2 日	甲辰 3 一	乙巳 4 二	丙午 5 三	丙戌夏至 辛丑小暑
六月小	丁未	干支 西曆 天地星期	丁未 6 四	戊申 7 五	己酉 8 六	庚戌 9 日	辛亥 10 一	壬子 11 二	癸丑 12 三	甲寅 13 四	乙卯 14 五	丙辰 15 六	丁巳 16 日	戊午 17 一	己未 18 二	庚申 19 三	辛酉 20 四	壬戌 21 五	癸亥 22 六	甲子 23 日	乙丑 24 一	丙寅 25 二	丁卯 26 三	戊辰 27 四	己巳 28 五	庚午 29 六	辛未 30 日	壬申 31 一	癸酉 (8) 二	甲戌 2 三	乙亥 3 四		丙辰大暑 辛未立秋
七月大	戊申	干支 西曆 天地星期	丙子 4 五	丁丑 5 六	戊寅 6 日	己卯 7 一	庚辰 8 二	辛巳 9 三	壬午 10 四	癸未 11 五	甲申 12 六	乙酉 13 日	丙戌 14 一	丁亥 15 二	戊子 16 三	己丑 17 四	庚寅 18 五	辛卯 19 六	壬辰 20 日	癸巳 21 一	甲午 22 二	乙未 23 三	丙申 24 四	丁酉 25 五	戊戌 26 六	己亥 27 日	庚子 28 一	辛丑 29 二	壬寅 30 三	癸卯 31 四	甲辰 (9) 五	乙巳 2 六	丁亥處暑 壬寅白露 丙子日食
八月小	己酉	干支 西曆 天地星期	丙午 3 日	丁未 4 一	戊申 5 二	己酉 6 三	庚戌 7 四	辛亥 8 五	壬子 9 六	癸丑 10 日	甲寅 11 一	乙卯 12 二	丙辰 13 三	丁巳 14 四	戊午 15 五	己未 16 六	庚申 17 日	辛酉 18 一	壬戌 19 二	癸亥 20 三	甲子 21 四	乙丑 22 五	丙寅 23 六	丁卯 24 日	戊辰 25 一	己巳 26 二	庚午 27 三	辛未 28 四	壬申 29 五	癸酉 30 六	甲戌 (10) 日		丁巳秋分 壬申寒露
九月大	庚戌	干支 西曆 天地星期	乙亥 2 一	丙子 3 二	丁丑 4 三	戊寅 5 四	己卯 6 五	庚辰 7 六	辛巳 8 日	壬午 9 一	癸未 10 二	甲申 11 三	乙酉 12 四	丙戌 13 五	丁亥 14 六	戊子 15 日	己丑 16 一	庚寅 17 二	辛卯 18 三	壬辰 19 四	癸巳 20 五	甲午 21 六	乙未 22 日	丙申 23 一	丁酉 24 二	戊戌 25 三	己亥 26 四	庚子 27 五	辛丑 28 六	壬寅 29 日	癸卯 30 一	甲辰 31 二	丁亥霜降 癸卯立冬
十月大	辛亥	干支 西曆 天地星期	乙巳 (11) 三	丙午 2 四	丁未 3 五	戊申 4 六	己酉 5 日	庚戌 6 一	辛亥 7 二	壬子 8 三	癸丑 9 四	甲寅 10 五	乙卯 11 六	丙辰 12 日	丁巳 13 一	戊午 14 二	己未 15 三	庚申 16 四	辛酉 17 五	壬戌 18 六	癸亥 19 日	甲子 20 一	乙丑 21 二	丙寅 22 三	丁卯 23 四	戊辰 24 五	己巳 25 六	庚午 26 日	辛未 27 一	壬申 28 二	癸酉 29 三	甲戌 30 四	戊午小雪 癸酉大雪
十一月小	壬子	干支 西曆 天地星期	乙亥 (12) 五	丙子 2 六	丁丑 3 日	戊寅 4 一	己卯 5 二	庚辰 6 三	辛巳 7 四	壬午 8 五	癸未 9 六	甲申 10 日	乙酉 11 一	丙戌 12 二	丁亥 13 三	戊子 14 四	己丑 15 五	庚寅 16 六	辛卯 17 日	壬辰 18 一	癸巳 19 二	甲午 20 三	乙未 21 四	丙申 22 五	丁酉 23 六	戊戌 24 日	己亥 25 一	庚子 26 二	辛丑 27 三	壬寅 28 四	癸卯 29 五		戊子冬至
十二月小	癸丑	干支 西曆 天地星期	甲辰 30 六	乙巳 31 日	丙午 (1) 一	丁未 2 二	戊申 3 三	己酉 4 四	庚戌 5 五	辛亥 6 六	壬子 7 日	癸丑 8 一	甲寅 9 二	乙卯 10 三	丙辰 11 四	丁巳 12 五	戊午 13 六	己未 14 日	庚申 15 一	辛酉 16 二	壬戌 17 三	癸亥 18 四	甲子 19 五	乙丑 20 六	丙寅 21 日	丁卯 22 一	戊辰 23 二	己巳 24 三	庚午 25 四	辛未 26 五	壬申 27 六		甲辰小寒 己未大寒

宋寧宗嘉定十一年（戊寅 虎年） 公元1218～1219年

夏曆月序	中西曆日對照		初一	初二	初三	初四	初五	初六	初七	初八	初九	初十	十一	十二	十三	十四	十五	十六	十七	十八	十九	二十	二一	二二	二三	二四	二五	二六	二七	二八	二九	三十	節氣與天象
正月大	甲寅	天干地支 西曆 星期	癸酉 28 日	甲戌 29 一	乙亥 30 二	丙子 31 三	丁丑 (2) 四	戊寅 2 五	己卯 3 六	庚辰 4 日	辛巳 5 一	壬午 6 二	癸未 7 三	甲申 8 四	乙酉 9 五	丙戌 10 六	丁亥 11 日	戊子 12 一	己丑 13 二	庚寅 14 三	辛卯 15 四	壬辰 16 五	癸巳 17 六	甲午 18 日	乙未 19 一	丙申 20 二	丁酉 21 三	戊戌 22 四	己亥 23 五	庚子 24 六	辛丑 25 日	壬寅 26 一	甲戌立春 己丑雨水
二月小	乙卯	天干地支 西曆 星期	癸卯 27 二	甲辰 28 三	乙巳 (3) 四	丙午 2 五	丁未 3 六	戊申 4 日	己酉 5 一	庚戌 6 二	辛亥 7 三	壬子 8 四	癸丑 9 五	甲寅 10 六	乙卯 11 日	丙辰 12 一	丁巳 13 二	戊午 14 三	己未 15 四	庚申 16 五	辛酉 17 六	壬戌 18 日	癸亥 19 一	甲子 20 二	乙丑 21 三	丙寅 22 四	丁卯 23 五	戊辰 24 六	己巳 25 日	庚午 26 一	辛未 27 二		甲辰驚蟄 庚申春分
三月大	丙辰	天干地支 西曆 星期	壬申 28 三	癸酉 29 四	甲戌 30 五	乙亥 31 六	丙子 (4) 日	丁丑 2 一	戊寅 3 二	己卯 4 三	庚辰 5 四	辛巳 6 五	壬午 7 六	癸未 8 日	甲申 9 一	乙酉 10 二	丙戌 11 三	丁亥 12 四	戊子 13 五	己丑 14 六	庚寅 15 日	辛卯 16 一	壬辰 17 二	癸巳 18 三	甲午 19 四	乙未 20 五	丙申 21 六	丁酉 22 日	戊戌 23 一	己亥 24 二	庚子 25 三	辛丑 26 四	乙亥清明 庚寅穀雨
四月小	丁巳	天干地支 西曆 星期	壬寅 27 五	癸卯 28 六	甲辰 29 日	乙巳 30 一	丙午 (5) 二	丁未 2 三	戊申 3 四	己酉 4 五	庚戌 5 六	辛亥 6 日	壬子 7 一	癸丑 8 二	甲寅 9 三	乙卯 10 四	丙辰 11 五	丁巳 12 六	戊午 13 日	己未 14 一	庚申 15 二	辛酉 16 三	壬戌 17 四	癸亥 18 五	甲子 19 六	乙丑 20 日	丙寅 21 一	丁卯 22 二	戊辰 23 三	己巳 24 四	庚午 25 五		乙巳立夏 辛酉小滿
五月大	戊午	天干地支 西曆 星期	辛未 26 六	壬申 27 日	癸酉 28 一	甲戌 29 二	乙亥 30 三	丙子 31 四	丁丑 (6) 五	戊寅 2 六	己卯 3 日	庚辰 4 一	辛巳 5 二	壬午 6 三	癸未 7 四	甲申 8 五	乙酉 9 六	丙戌 10 日	丁亥 11 一	戊子 12 二	己丑 13 三	庚寅 14 四	辛卯 15 五	壬辰 16 六	癸巳 17 日	甲午 18 一	乙未 19 二	丙申 20 三	丁酉 21 四	戊戌 22 五	己亥 23 六	庚子 24 日	丙子芒種 辛卯夏至
六月小	己未	天干地支 西曆 星期	辛丑 25 一	壬寅 26 二	癸卯 27 三	甲辰 28 四	乙巳 29 五	丙午 30 六	丁未 (7) 日	戊申 2 一	己酉 3 二	庚戌 4 三	辛亥 5 四	壬子 6 五	癸丑 7 六	甲寅 8 日	乙卯 9 一	丙辰 10 二	丁巳 11 三	戊午 12 四	己未 13 五	庚申 14 六	辛酉 15 日	壬戌 16 一	癸亥 17 二	甲子 18 三	乙丑 19 四	丙寅 20 五	丁卯 21 六	戊辰 22 日	己巳 23 一		丙午小暑 辛酉大暑
七月大	庚申	天干地支 西曆 星期	庚午 24 二	辛未 25 三	壬申 26 四	癸酉 27 五	甲戌 28 六	乙亥 29 日	丙子 30 一	丁丑 31 二	戊寅 (8) 三	己卯 2 四	庚辰 3 五	辛巳 4 六	壬午 5 日	癸未 6 一	甲申 7 二	乙酉 8 三	丙戌 9 四	丁亥 10 五	戊子 11 六	己丑 12 日	庚寅 13 一	辛卯 14 二	壬辰 15 三	癸巳 16 四	甲午 17 五	乙未 18 六	丙申 19 日	丁酉 20 一	戊戌 21 二	己亥 22 三	丁丑立秋 壬辰處暑 庚午日食
八月大	辛酉	天干地支 西曆 星期	庚子 23 四	辛丑 24 五	壬寅 25 六	癸卯 26 日	甲辰 27 一	乙巳 28 二	丙午 29 三	丁未 30 四	戊申 31 五	己酉 (9) 六	庚戌 2 日	辛亥 3 一	壬子 4 二	癸丑 5 三	甲寅 6 四	乙卯 7 五	丙辰 8 六	丁巳 9 日	戊午 10 一	己未 11 二	庚申 12 三	辛酉 13 四	壬戌 14 五	癸亥 15 六	甲子 16 日	乙丑 17 一	丙寅 18 二	丁卯 19 三	戊辰 20 四	己巳 21 五	丁未白露 壬戌秋分
九月小	壬戌	天干地支 西曆 星期	庚午 22 六	辛未 23 日	壬申 24 一	癸酉 25 二	甲戌 26 三	乙亥 27 四	丙子 28 五	丁丑 29 六	戊寅 30 日	己卯 (10) 一	庚辰 2 二	辛巳 3 三	壬午 4 四	癸未 5 五	甲申 6 六	乙酉 7 日	丙戌 8 一	丁亥 9 二	戊子 10 三	己丑 11 四	庚寅 12 五	辛卯 13 六	壬辰 14 日	癸巳 15 一	甲午 16 二	乙未 17 三	丙申 18 四	丁酉 19 五	戊戌 20 六		戊寅寒露 癸巳霜降
十月大	癸亥	天干地支 西曆 星期	己亥 21 日	庚子 22 一	辛丑 23 二	壬寅 24 三	癸卯 25 四	甲辰 26 五	乙巳 27 六	丙午 28 日	丁未 29 一	戊申 30 二	己酉 31 三	庚戌 (11) 四	辛亥 2 五	壬子 3 六	癸丑 4 日	甲寅 5 一	乙卯 6 二	丙辰 7 三	丁巳 8 四	戊午 9 五	己未 10 六	庚申 11 日	辛酉 12 一	壬戌 13 二	癸亥 14 三	甲子 15 四	乙丑 16 五	丙寅 17 六	丁卯 18 日	戊辰 19 一	戊申立冬 癸亥小雪
十一月大	甲子	天干地支 西曆 星期	己巳 20 二	庚午 21 三	辛未 22 四	壬申 23 五	癸酉 24 六	甲戌 25 日	乙亥 26 一	丙子 27 二	丁丑 28 三	戊寅 29 四	己卯 30 五	庚辰 (12) 六	辛巳 2 日	壬午 3 一	癸未 4 二	甲申 5 三	乙酉 6 四	丙戌 7 五	丁亥 8 六	戊子 9 日	己丑 10 一	庚寅 11 二	辛卯 12 三	壬辰 13 四	癸巳 14 五	甲午 15 六	乙未 16 日	丙申 17 一	丁酉 18 二	戊戌 19 三	戊寅大雪 甲午冬至
十二月小	乙丑	天干地支 西曆 星期	己亥 20 四	庚子 21 五	辛丑 22 六	壬寅 23 日	癸卯 24 一	甲辰 25 二	乙巳 26 三	丙午 27 四	丁未 28 五	戊申 29 六	己酉 30 日	庚戌 31 一	辛亥 (1) 二	壬子 2 三	癸丑 3 四	甲寅 4 五	乙卯 5 六	丙辰 6 日	丁巳 7 一	戊午 8 二	己未 9 三	庚申 10 四	辛酉 11 五	壬戌 12 六	癸亥 13 日	甲子 14 一	乙丑 15 二	丙寅 16 三	丁卯 17 四		己酉小寒 甲子大寒

宋寧宗嘉定十二年（己卯 兔年） 公元 1219 ~ 1220 年

夏曆月序		中西曆日對照	初一	初二	初三	初四	初五	初六	初七	初八	初九	初十	十一	十二	十三	十四	十五	十六	十七	十八	十九	二十	二一	二二	二三	二四	二五	二六	二七	二八	二九	三十	節氣與天象
正月大	丙寅	天干地支 西曆星期	戊辰18五	己巳19六	庚午20日	辛未21一	壬申22二	癸酉23三	甲戌24四	乙亥25五	丙子26六	丁丑27日	戊寅28一	己卯29二	庚辰30三	辛巳31四	壬午(2)五	癸未2六	甲申3日	乙酉4一	丙戌5二	丁亥6三	戊子7四	己丑8五	庚寅9六	辛卯10日	壬辰11一	癸巳12二	甲午13三	乙未14四	丙申15五	丁酉16六	己卯立春 甲午雨水
二月小	丁卯	天干地支 西曆星期	戊戌17日	己亥18一	庚子19二	辛丑20三	壬寅21四	癸卯22五	甲辰23六	乙巳24日	丙午25一	丁未26二	戊申27三	己酉28四	庚戌(3)五	辛亥2六	壬子3日	癸丑4一	甲寅5二	乙卯6三	丙辰7四	丁巳8五	戊午9六	己未10日	庚申11一	辛酉12二	壬戌13三	癸亥14四	甲子15五	乙丑16六	丙寅17日		庚戌驚蟄 乙丑春分
三月小	戊辰	天干地支 西曆星期	丁卯18一	戊辰19二	己巳20三	庚午21四	辛未22五	壬申23六	癸酉24日	甲戌25一	乙亥26二	丙子27三	丁丑28四	戊寅29五	己卯30六	庚辰31日	辛巳(4)一	壬午2二	癸未3三	甲申4四	乙酉5五	丙戌6六	丁亥7日	戊子8一	己丑9二	庚寅10三	辛卯11四	壬辰12五	癸巳13六	甲午14日	乙未15一		庚辰清明 乙未穀雨
閏三月大	戊辰	天干地支 西曆星期	丙申16二	丁酉17三	戊戌18四	己亥19五	庚子20六	辛丑21日	壬寅22一	癸卯23二	甲辰24三	乙巳25四	丙午26五	丁未27六	戊申28日	己酉29一	庚戌30二	辛亥(5)三	壬子2四	癸丑3五	甲寅4六	乙卯5日	丙辰6一	丁巳7二	戊午8三	己未9四	庚申10五	辛酉11六	壬戌12日	癸亥13一	甲子14二	乙丑15三	辛亥立夏
四月小	己巳	天干地支 西曆星期	丙寅16四	丁卯17五	戊辰18六	己巳19日	庚午20一	辛未21二	壬申22三	癸酉23四	甲戌24五	乙亥25六	丙子26日	丁丑27一	戊寅28二	己卯29三	庚辰30四	辛巳31五	壬午(6)六	癸未2日	甲申3一	乙酉4二	丙戌5三	丁亥6四	戊子7五	己丑8六	庚寅9日	辛卯10一	壬辰11二	癸巳12三	甲午13四		丙寅小滿 辛巳芒種
五月小	庚午	天干地支 西曆星期	乙未14五	丙申15六	丁酉16日	戊戌17一	己亥18二	庚子19三	辛丑20四	壬寅21五	癸卯22六	甲辰23日	乙巳24一	丙午25二	丁未26三	戊申27四	己酉28五	庚戌29六	辛亥30日	壬子(7)一	癸丑2二	甲寅3三	乙卯4四	丙辰5五	丁巳6六	戊午7日	己未8一	庚申9二	辛酉10三	壬戌11四	癸亥12五		丙申夏至 辛亥小暑
六月大	辛未	天干地支 西曆星期	甲子13六	乙丑14日	丙寅15一	丁卯16二	戊辰17三	己巳18四	庚午19五	辛未20六	壬申21日	癸酉22一	甲戌23二	乙亥24三	丙子25四	丁丑26五	戊寅27六	己卯28日	庚辰29一	辛巳30二	壬午31三	癸未(8)四	甲申2五	乙酉3六	丙戌4日	丁亥5一	戊子6二	己丑7三	庚寅8四	辛卯9五	壬辰10六	癸巳11日	丁卯大暑 壬午立秋
七月大	壬申	天干地支 西曆星期	甲午12一	乙未13二	丙申14三	丁酉15四	戊戌16五	己亥17六	庚子18日	辛丑19一	壬寅20二	癸卯21三	甲辰22四	乙巳23五	丙午24六	丁未25日	戊申26一	己酉27二	庚戌28三	辛亥29四	壬子30五	癸丑31六	甲寅(9)日	乙卯2一	丙辰3二	丁巳4三	戊午5四	己未6五	庚申7六	辛酉8日	壬戌9一	癸亥10二	丁酉處暑 壬子白露
八月小	癸酉	天干地支 西曆星期	甲子11三	乙丑12四	丙寅13五	丁卯14六	戊辰15日	己巳16一	庚午17二	辛未18三	壬申19四	癸酉20五	甲戌21六	乙亥22日	丙子23一	丁丑24二	戊寅25三	己卯26四	庚辰27五	辛巳28六	壬午29日	癸未30一	甲申(10)二	乙酉2三	丙戌3四	丁亥4五	戊子5六	己丑6日	庚寅7一	辛卯8二	壬辰9三		戊辰秋分 癸未寒露
九月大	甲戌	天干地支 西曆星期	癸巳10四	甲午11五	乙未12六	丙申13日	丁酉14一	戊戌15二	己亥16三	庚子17四	辛丑18五	壬寅19六	癸卯20日	甲辰21一	乙巳22二	丙午23三	丁未24四	戊申25五	己酉26六	庚戌27日	辛亥28一	壬子29二	癸丑30三	甲寅31四	乙卯(11)五	丙辰2六	丁巳3日	戊午4一	己未5二	庚申6三	辛酉7四	壬戌8五	戊戌霜降 癸丑立冬
十月大	乙亥	天干地支 西曆星期	癸亥9六	甲子10日	乙丑11一	丙寅12二	丁卯13三	戊辰14四	己巳15五	庚午16六	辛未17日	壬申18一	癸酉19二	甲戌20三	乙亥21四	丙子22五	丁丑23六	戊寅24日	己卯25一	庚辰26二	辛巳27三	壬午28四	癸未29五	甲申30六	乙酉(12)日	丙戌2一	丁亥3二	戊子4三	己丑5四	庚寅6五	辛卯7六	壬辰8日	戊辰小雪 甲申大雪
十一月大	丙子	天干地支 西曆星期	癸巳9一	甲午10二	乙未11三	丙申12四	丁酉13五	戊戌14六	己亥15日	庚子16一	辛丑17二	壬寅18三	癸卯19四	甲辰20五	乙巳21六	丙午22日	丁未23一	戊申24二	己酉25三	庚戌26四	辛亥27五	壬子28六	癸丑29日	甲寅30一	乙卯31二	丙辰(1)三	丁巳2四	戊午3五	己未4六	庚申5日	辛酉6一	壬戌7二	己亥冬至 甲寅小寒
十二月小	丁丑	天干地支 西曆星期	癸亥8三	甲子9四	乙丑10五	丙寅11六	丁卯12日	戊辰13一	己巳14二	庚午15三	辛未16四	壬申17五	癸酉18六	甲戌19日	乙亥20一	丙子21二	丁丑22三	戊寅23四	己卯24五	庚辰25六	辛巳26日	壬午27一	癸未28二	甲申29三	乙酉30四	丙戌31五	丁亥(2)六	戊子2日	己丑3一	庚寅4二	辛卯5三		己巳大寒 甲申立春

宋寧宗嘉定十三年（庚辰 龍年） 公元 1220 ~ 1221 年

夏曆月序		中西曆日對照	初一	初二	初三	初四	初五	初六	初七	初八	初九	初十	十一	十二	十三	十四	十五	十六	十七	十八	十九	二十	二一	二二	二三	二四	二五	二六	二七	二八	二九	三十	節氣與天象
正月大	戊寅	天干地支 西曆 星期	壬辰 6 四	癸巳 7 五	甲午 8 六	乙未 9 日	丙申 10 一	丁酉 11 二	戊戌 12 三	己亥 13 四	庚子 14 五	辛丑 15 六	壬寅 16 日	癸卯 17 一	甲辰 18 二	乙巳 19 三	丙午 20 四	丁未 21 五	戊申 22 六	己酉 23 日	庚戌 24 一	辛亥 25 二	壬子 26 三	癸丑 27 四	甲寅 28 五	乙卯 29 六	丙辰 (3) 日	丁巳 2 一	戊午 3 二	己未 4 三	庚申 5 四	辛酉 6 五	庚子雨水 乙卯驚蟄
二月小	己卯	天干地支 西曆 星期	壬戌 7 六	癸亥 8 日	甲子 9 一	乙丑 10 二	丙寅 11 三	丁卯 12 四	戊辰 13 五	己巳 14 六	庚午 15 日	辛未 16 一	壬申 17 二	癸酉 18 三	甲戌 19 四	乙亥 20 五	丙子 21 六	丁丑 22 日	戊寅 23 一	己卯 24 二	庚辰 25 三	辛巳 26 四	壬午 27 五	癸未 28 六	甲申 29 日	乙酉 30 一	丙戌 31 二	丁亥 (4) 三	戊子 2 四	己丑 3 五	庚寅 4 六		庚午春分 乙酉清明
三月小	庚辰	天干地支 西曆 星期	辛卯 5 日	壬辰 6 一	癸巳 7 二	甲午 8 三	乙未 9 四	丙申 10 五	丁酉 11 六	戊戌 12 日	己亥 13 一	庚子 14 二	辛丑 15 三	壬寅 16 四	癸卯 17 五	甲辰 18 六	乙巳 19 日	丙午 20 一	丁未 21 二	戊申 22 三	己酉 23 四	庚戌 24 五	辛亥 25 六	壬子 26 日	癸丑 27 一	甲寅 28 二	乙卯 29 三	丙辰 30 四	丁巳 (5) 五	戊午 2 六	己未 3 日		辛丑穀雨 丙辰立夏
四月大	辛巳	天干地支 西曆 星期	庚申 4 一	辛酉 5 二	壬戌 6 三	癸亥 7 四	甲子 8 五	乙丑 9 六	丙寅 10 日	丁卯 11 一	戊辰 12 二	己巳 13 三	庚午 14 四	辛未 15 五	壬申 16 六	癸酉 17 日	甲戌 18 一	乙亥 19 二	丙子 20 三	丁丑 21 四	戊寅 22 五	己卯 23 六	庚辰 24 日	辛巳 25 一	壬午 26 二	癸未 27 三	甲申 28 四	乙酉 29 五	丙戌 30 六	丁亥 31 日	戊子 (6) 一	己丑 2 二	辛未小滿 丙戌芒種
五月小	壬午	天干地支 西曆 星期	庚寅 3 三	辛卯 4 四	壬辰 5 五	癸巳 6 六	甲午 7 日	乙未 8 一	丙申 9 二	丁酉 10 三	戊戌 11 四	己亥 12 五	庚子 13 六	辛丑 14 日	壬寅 15 一	癸卯 16 二	甲辰 17 三	乙巳 18 四	丙午 19 五	丁未 20 六	戊申 21 日	己酉 22 一	庚戌 23 二	辛亥 24 三	壬子 25 四	癸丑 26 五	甲寅 27 六	乙卯 28 日	丙辰 29 一	丁巳 30 二	戊午 (7) 三		辛丑夏至 丁巳小暑
六月小	癸未	天干地支 西曆 星期	己未 2 四	庚申 3 五	辛酉 4 六	壬戌 5 日	癸亥 6 一	甲子 7 二	乙丑 8 三	丙寅 9 四	丁卯 10 五	戊辰 11 六	己巳 12 日	庚午 13 一	辛未 14 二	壬申 15 三	癸酉 16 四	甲戌 17 五	乙亥 18 六	丙子 19 日	丁丑 20 一	戊寅 21 二	己卯 22 三	庚辰 23 四	辛巳 24 五	壬午 25 六	癸未 26 日	甲申 27 一	乙酉 28 二	丙戌 29 三	丁亥 30 四		壬申大暑 丁亥立秋
七月大	甲申	天干地支 西曆 星期	戊子 31 五	己丑 (8) 六	庚寅 2 日	辛卯 3 一	壬辰 4 二	癸巳 5 三	甲午 6 四	乙未 7 五	丙申 8 六	丁酉 9 日	戊戌 10 一	己亥 11 二	庚子 12 三	辛丑 13 四	壬寅 14 五	癸卯 15 六	甲辰 16 日	乙巳 17 一	丙午 18 二	丁未 19 三	戊申 20 四	己酉 21 五	庚戌 22 六	辛亥 23 日	壬子 24 一	癸丑 25 二	甲寅 26 三	乙卯 27 四	丙辰 28 五	丁巳 29 六	壬寅處暑
八月小	乙酉	天干地支 西曆 星期	戊午 30 日	己未 31 一	庚申 (9) 二	辛酉 2 三	壬戌 3 四	癸亥 4 五	甲子 5 六	乙丑 6 日	丙寅 7 一	丁卯 8 二	戊辰 9 三	己巳 10 四	庚午 11 五	辛未 12 六	壬申 13 日	癸酉 14 一	甲戌 15 二	乙亥 16 三	丙子 17 四	丁丑 18 五	戊寅 19 六	己卯 20 日	庚辰 21 一	辛巳 22 二	壬午 23 三	癸未 24 四	甲申 25 五	乙酉 26 六	丙戌 27 日		戊午白露 癸酉秋分
九月大	丙戌	天干地支 西曆 星期	丁亥 28 一	戊子 29 二	己丑 30 三	庚寅 (10) 四	辛卯 2 五	壬辰 3 六	癸巳 4 日	甲午 5 一	乙未 6 二	丙申 7 三	丁酉 8 四	戊戌 9 五	己亥 10 六	庚子 11 日	辛丑 12 一	壬寅 13 二	癸卯 14 三	甲辰 15 四	乙巳 16 五	丙午 17 六	丁未 18 日	戊申 19 一	己酉 20 二	庚戌 21 三	辛亥 22 四	壬子 23 五	癸丑 24 六	甲寅 25 日	乙卯 26 一	丙辰 27 二	戊子寒露 癸卯霜降
十月大	丁亥	天干地支 西曆 星期	丁巳 28 三	戊午 29 四	己未 30 五	庚申 31 六	辛酉 (11) 日	壬戌 2 一	癸亥 3 二	甲子 4 三	乙丑 5 四	丙寅 6 五	丁卯 7 六	戊辰 8 日	己巳 9 一	庚午 10 二	辛未 11 三	壬申 12 四	癸酉 13 五	甲戌 14 六	乙亥 15 日	丙子 16 一	丁丑 17 二	戊寅 18 三	己卯 19 四	庚辰 20 五	辛巳 21 六	壬午 22 日	癸未 23 一	甲申 24 二	乙酉 25 三	丙戌 26 四	戊午立冬 甲戌小雪
十一月大	戊子	天干地支 西曆 星期	丁亥 27 五	戊子 28 六	己丑 29 日	庚寅 30 一	辛卯 (12) 二	壬辰 2 三	癸巳 3 四	甲午 4 五	乙未 5 六	丙申 6 日	丁酉 7 一	戊戌 8 二	己亥 9 三	庚子 10 四	辛丑 11 五	壬寅 12 六	癸卯 13 日	甲辰 14 一	乙巳 15 二	丙午 16 三	丁未 17 四	戊申 18 五	己酉 19 六	庚戌 20 日	辛亥 21 一	壬子 22 二	癸丑 23 三	甲寅 24 四	乙卯 25 五	丙辰 26 六	己丑大雪 甲辰冬至
十二月小	己丑	天干地支 西曆 星期	丁巳 27 日	戊午 28 一	己未 29 二	庚申 30 三	辛酉 31 四	壬戌 (1) 五	癸亥 2 六	甲子 3 日	乙丑 4 一	丙寅 5 二	丁卯 6 三	戊辰 7 四	己巳 8 五	庚午 9 六	辛未 10 日	壬申 11 一	癸酉 12 二	甲戌 13 三	乙亥 14 四	丙子 15 五	丁丑 16 六	戊寅 17 日	己卯 18 一	庚辰 19 二	辛巳 20 三	壬午 21 四	癸未 22 五	甲申 23 六	乙酉 24 日		己未小寒 乙亥大寒

宋寧宗嘉定十四年（辛巳 蛇年） 公元 1221 ~ 1222 年

夏曆月序		中西曆日對照	初一	初二	初三	初四	初五	初六	初七	初八	初九	初十	十一	十二	十三	十四	十五	十六	十七	十八	十九	二十	二一	二二	二三	二四	二五	二六	二七	二八	二九	三十	節氣與天象
正月大	庚寅	天干地支 西曆 星期	丙戌 25 一	丁亥 26 二	戊子 27 三	己丑 28 四	庚寅 29 五	辛卯 30 六	壬辰 31 日	癸巳 (2) 一	甲午 2 二	乙未 3 三	丙申 4 四	丁酉 5 五	戊戌 6 六	己亥 7 日	庚子 8 一	辛丑 9 二	壬寅 10 三	癸卯 11 四	甲辰 12 五	乙巳 13 六	丙午 14 日	丁未 15 一	戊申 16 二	己酉 17 三	庚戌 18 四	辛亥 19 五	壬子 20 六	癸丑 21 日	甲寅 22 一	乙卯 23 二	庚寅立春 乙巳雨水
二月大	辛卯	天干地支 西曆 星期	丙辰 24 三	丁巳 25 四	戊午 26 五	己未 27 六	庚申 28 日	辛酉 (3) 一	壬戌 2 二	癸亥 3 三	甲子 4 四	乙丑 5 五	丙寅 6 六	丁卯 7 日	戊辰 8 一	己巳 9 二	庚午 10 三	辛未 11 四	壬申 12 五	癸酉 13 六	甲戌 14 日	乙亥 15 一	丙子 16 二	丁丑 17 三	戊寅 18 四	己卯 19 五	庚辰 20 六	辛巳 21 日	壬午 22 一	癸未 23 二	甲申 24 三	乙酉 25 四	庚申驚蟄 乙亥春分
三月小	壬辰	天干地支 西曆 星期	丙戌 26 五	丁亥 27 六	戊子 28 日	己丑 29 一	庚寅 30 二	辛卯 31 三	壬辰 (4) 四	癸巳 2 五	甲午 3 六	乙未 4 日	丙申 5 一	丁酉 6 二	戊戌 7 三	己亥 8 四	庚子 9 五	辛丑 10 六	壬寅 11 日	癸卯 12 一	甲辰 13 二	乙巳 14 三	丙午 15 四	丁未 16 五	戊申 17 六	己酉 18 日	庚戌 19 一	辛亥 20 二	壬子 21 三	癸丑 22 四	甲寅 23 五		辛卯清明 丙午穀雨
四月小	癸巳	天干地支 西曆 星期	乙卯 24 六	丙辰 25 日	丁巳 26 一	戊午 27 二	己未 28 三	庚申 29 四	辛酉 30 五	壬戌 (5) 六	癸亥 2 日	甲子 3 一	乙丑 4 二	丙寅 5 三	丁卯 6 四	戊辰 7 五	己巳 8 六	庚午 9 日	辛未 10 一	壬申 11 二	癸酉 12 三	甲戌 13 四	乙亥 14 五	丙子 15 六	丁丑 16 日	戊寅 17 一	己卯 18 二	庚辰 19 三	辛巳 20 四	壬午 21 五	癸未 22 六		辛酉立夏 丙子小滿
五月大	甲午	天干地支 西曆 星期	甲申 23 日	乙酉 24 一	丙戌 25 二	丁亥 26 三	戊子 27 四	己丑 28 五	庚寅 29 六	辛卯 30 日	壬辰 31 一	癸巳 (6) 二	甲午 2 三	乙未 3 四	丙申 4 五	丁酉 5 六	戊戌 6 日	己亥 7 一	庚子 8 二	辛丑 9 三	壬寅 10 四	癸卯 11 五	甲辰 12 六	乙巳 13 日	丙午 14 一	丁未 15 二	戊申 16 三	己酉 17 四	庚戌 18 五	辛亥 19 六	壬子 20 日	癸丑 21 一	辛卯芒種 丁未夏至 甲申日食
六月小	乙未	天干地支 西曆 星期	甲寅 22 二	乙卯 23 三	丙辰 24 四	丁巳 25 五	戊午 26 六	己未 27 日	庚申 28 一	辛酉 29 二	壬戌 30 三	癸亥 (7) 四	甲子 2 五	乙丑 3 六	丙寅 4 日	丁卯 5 一	戊辰 6 二	己巳 7 三	庚午 8 四	辛未 9 五	壬申 10 六	癸酉 11 日	甲戌 12 一	乙亥 13 二	丙子 14 三	丁丑 15 四	戊寅 16 五	己卯 17 六	庚辰 18 日	辛巳 19 一	壬午 20 二		壬戌小暑 丁丑大暑
七月小	丙申	天干地支 西曆 星期	癸未 21 三	甲申 22 四	乙酉 23 五	丙戌 24 六	丁亥 25 日	戊子 26 一	己丑 27 二	庚寅 28 三	辛卯 29 四	壬辰 30 五	癸巳 31 六	甲午 (8) 日	乙未 2 一	丙申 3 二	丁酉 4 三	戊戌 5 四	己亥 6 五	庚子 7 六	辛丑 8 日	壬寅 9 一	癸卯 10 二	甲辰 11 三	乙巳 12 四	丙午 13 五	丁未 14 六	戊申 15 日	己酉 16 一	庚戌 17 二	辛亥 18 三		壬辰立秋 戊申處暑
八月大	丁酉	天干地支 西曆 星期	壬子 19 四	癸丑 20 五	甲寅 21 六	乙卯 22 日	丙辰 23 一	丁巳 24 二	戊午 25 三	己未 26 四	庚申 27 五	辛酉 28 六	壬戌 29 日	癸亥 30 一	甲子 31 二	乙丑 (9) 三	丙寅 2 四	丁卯 3 五	戊辰 4 六	己巳 5 日	庚午 6 一	辛未 7 二	壬申 8 三	癸酉 9 四	甲戌 10 五	乙亥 11 六	丙子 12 日	丁丑 13 一	戊寅 14 二	己卯 15 三	庚辰 16 四	辛巳 17 五	癸亥白露 戊寅秋分
九月小	戊戌	天干地支 西曆 星期	壬午 18 六	癸未 19 日	甲申 20 一	乙酉 21 二	丙戌 22 三	丁亥 23 四	戊子 24 五	己丑 25 六	庚寅 26 日	辛卯 27 一	壬辰 28 二	癸巳 29 三	甲午 30 四	乙未 (10) 五	丙申 2 六	丁酉 3 日	戊戌 4 一	己亥 5 二	庚子 6 三	辛丑 7 四	壬寅 8 五	癸卯 9 六	甲辰 10 日	乙巳 11 一	丙午 12 二	丁未 13 三	戊申 14 四	己酉 15 五	庚戌 16 六		癸巳寒露 戊申霜降
十月大	己亥	天干地支 西曆 星期	辛亥 17 日	壬子 18 一	癸丑 19 二	甲寅 20 三	乙卯 21 四	丙辰 22 五	丁巳 23 六	戊午 24 日	己未 25 一	庚申 26 二	辛酉 27 三	壬戌 28 四	癸亥 29 五	甲子 30 六	乙丑 31 日	丙寅 (11) 一	丁卯 2 二	戊辰 3 三	己巳 4 四	庚午 5 五	辛未 6 六	壬申 7 日	癸酉 8 一	甲戌 9 二	乙亥 10 三	丙子 11 四	丁丑 12 五	戊寅 13 六	己卯 14 日	庚辰 15 一	甲子立冬 己卯小雪
十一月大	庚子	天干地支 西曆 星期	辛巳 16 二	壬午 17 三	癸未 18 四	甲申 19 五	乙酉 20 六	丙戌 21 日	丁亥 22 一	戊子 23 二	己丑 24 三	庚寅 25 四	辛卯 26 五	壬辰 27 六	癸巳 28 日	甲午 29 一	乙未 30 二	丙申 (12) 三	丁酉 2 四	戊戌 3 五	己亥 4 六	庚子 5 日	辛丑 6 一	壬寅 7 二	癸卯 8 三	甲辰 9 四	乙巳 10 五	丙午 11 六	丁未 12 日	戊申 13 一	己酉 14 二	庚戌 15 三	甲午大雪 己酉冬至
十二月大	辛丑	天干地支 西曆 星期	辛亥 16 四	壬子 17 五	癸丑 18 六	甲寅 19 日	乙卯 20 一	丙辰 21 二	丁巳 22 三	戊午 23 四	己未 24 五	庚申 25 六	辛酉 26 日	壬戌 27 一	癸亥 28 二	甲子 29 三	乙丑 30 四	丙寅 31 五	丁卯 (1) 六	戊辰 2 日	己巳 3 一	庚午 4 二	辛未 5 三	壬申 6 四	癸酉 7 五	甲戌 8 六	乙亥 9 日	丙子 10 一	丁丑 11 二	戊寅 12 三	己卯 13 四	庚辰 14 五	乙丑小寒 庚辰大寒
閏十二小	辛丑	天干地支 西曆 星期	辛巳 15 六	壬午 16 日	癸未 17 一	甲申 18 二	乙酉 19 三	丙戌 20 四	丁亥 21 五	戊子 22 六	己丑 23 日	庚寅 24 一	辛卯 25 二	壬辰 26 三	癸巳 27 四	甲午 28 五	乙未 29 六	丙申 30 日	丁酉 31 一	戊戌 (2) 二	己亥 2 三	庚子 3 四	辛丑 4 五	壬寅 5 六	癸卯 6 日	甲辰 7 一	乙巳 8 二	丙午 9 三	丁未 10 四	戊申 11 五	己酉 12 六		乙未立春

宋寧宗嘉定十五年（壬午 馬年） 公元 1222 ~ 1223 年

夏曆月序		中西曆日對照	初一	初二	初三	初四	初五	初六	初七	初八	初九	初十	十一	十二	十三	十四	十五	十六	十七	十八	十九	二十	二一	二二	二三	二四	二五	二六	二七	二八	二九	三十	節氣與天象
正月大	壬寅	天干地支西曆星期	庚戌13日	辛亥14一	壬子15二	癸丑16三	甲寅17四	乙卯18五	丙辰19六	丁巳20日	戊午21一	己未22二	庚申23三	辛酉24四	壬戌25五	癸亥26六	甲子27日	乙丑28一	丙寅(3)二	丁卯2三	戊辰3四	己巳4五	庚午5六	辛未6日	壬申7一	癸酉8二	甲戌9三	乙亥10四	丙子11五	丁丑12六	戊寅13日	己卯14一	庚戌雨水 乙丑驚蟄
二月大	癸卯	天干地支西曆星期	庚辰15二	辛巳16三	壬午17四	癸未18五	甲申19六	乙酉20日	丙戌21一	丁亥22二	戊子23三	己丑24四	庚寅25五	辛卯26六	壬辰27日	癸巳28一	甲午29二	乙未30三	丙申31四	丁酉(4)五	戊戌2六	己亥3日	庚子4一	辛丑5二	壬寅6三	癸卯7四	甲辰8五	乙巳9六	丙午10日	丁未11一	戊申12二	己酉13三	辛巳春分 丙申清明
三月小	甲辰	天干地支西曆星期	庚戌14四	辛亥15五	壬子16六	癸丑17日	甲寅18一	乙卯19二	丙辰20三	丁巳21四	戊午22五	己未23六	庚申24日	辛酉25一	壬戌26二	癸亥27三	甲子28四	乙丑29五	丙寅30六	丁卯(5)日	戊辰2一	己巳3二	庚午4三	辛未5四	壬申6五	癸酉7六	甲戌8日	乙亥9一	丙子10二	丁丑11三	戊寅12四		辛亥穀雨 丙寅立夏
四月小	乙巳	天干地支西曆星期	己卯13五	庚辰14六	辛巳15日	壬午16一	癸未17二	甲申18三	乙酉19四	丙戌20五	丁亥21六	戊子22日	己丑23一	庚寅24二	辛卯25三	壬辰26四	癸巳27五	甲午28六	乙未29日	丙申30一	丁酉31二	戊戌(6)三	己亥2四	庚子3五	辛丑4六	壬寅5日	癸卯6一	甲辰7二	乙巳8三	丙午9四	丁未10五		壬午小滿 丁酉芒種
五月大	丙午	天干地支西曆星期	戊申11六	己酉12日	庚戌13一	辛亥14二	壬子15三	癸丑16四	甲寅17五	乙卯18六	丙辰19日	丁巳20一	戊午21二	己未22三	庚申23四	辛酉24五	壬戌25六	癸亥26日	甲子27一	乙丑28二	丙寅29三	丁卯30四	戊辰(7)五	己巳2六	庚午3日	辛未4一	壬申5二	癸酉6三	甲戌7四	乙亥8五	丙子9六	丁丑10日	壬子夏至 丁卯小暑
六月小	丁未	天干地支西曆星期	戊寅11一	己卯12二	庚辰13三	辛巳14四	壬午15五	癸未16六	甲申17日	乙酉18一	丙戌19二	丁亥20三	戊子21四	己丑22五	庚寅23六	辛卯24日	壬辰25一	癸巳26二	甲午27三	乙未28四	丙申29五	丁酉30六	戊戌31日	己亥(8)一	庚子2二	辛丑3三	壬寅4四	癸卯5五	甲辰6六	乙巳7日	丙午8一		壬午大暑 戊戌立秋
七月小	戊申	天干地支西曆星期	丁未9二	戊申10三	己酉11四	庚戌12五	辛亥13六	壬子14日	癸丑15一	甲寅16二	乙卯17三	丙辰18四	丁巳19五	戊午20六	己未21日	庚申22一	辛酉23二	壬戌24三	癸亥25四	甲子26五	乙丑27六	丙寅28日	丁卯29一	戊辰30二	己巳31三	庚午(9)四	辛未2五	壬申3六	癸酉4日	甲戌5一	乙亥6二		癸丑處暑 戊辰白露
八月大	己酉	天干地支西曆星期	丙子7三	丁丑8四	戊寅9五	己卯10六	庚辰11日	辛巳12一	壬午13二	癸未14三	甲申15四	乙酉16五	丙戌17六	丁亥18日	戊子19一	己丑20二	庚寅21三	辛卯22四	壬辰23五	癸巳24六	甲午25日	乙未26一	丙申27二	丁酉28三	戊戌29四	己亥30五	庚子(10)六	辛丑2日	壬寅3一	癸卯4二	甲辰5三	乙巳6四	癸未秋分 戊戌寒露
九月小	庚戌	天干地支西曆星期	丙午7五	丁未8六	戊申9日	己酉10一	庚戌11二	辛亥12三	壬子13四	癸丑14五	甲寅15六	乙卯16日	丙辰17一	丁巳18二	戊午19三	己未20四	庚申21五	辛酉22六	壬戌23日	癸亥24一	甲子25二	乙丑26三	丙寅27四	丁卯28五	戊辰29六	己巳30日	庚午31一	辛未(11)二	壬申2三	癸酉3四	甲戌4五		甲寅霜降 己巳立冬
十月大	辛亥	天干地支西曆星期	乙亥5六	丙子6日	丁丑7一	戊寅8二	己卯9三	庚辰10四	辛巳11五	壬午12六	癸未13日	甲申14一	乙酉15二	丙戌16三	丁亥17四	戊子18五	己丑19六	庚寅20日	辛卯21一	壬辰22二	癸巳23三	甲午24四	乙未25五	丙申26六	丁酉27日	戊戌28一	己亥29二	庚子30三	辛丑(12)四	壬寅2五	癸卯3六	甲辰4日	甲申小雪 己亥大雪
十一月大	壬子	天干地支西曆星期	乙巳5一	丙午6二	丁未7三	戊申8四	己酉9五	庚戌10六	辛亥11日	壬子12一	癸丑13二	甲寅14三	乙卯15四	丙辰16五	丁巳17六	戊午18日	己未19一	庚申20二	辛酉21三	壬戌22四	癸亥23五	甲子24六	乙丑25日	丙寅26一	丁卯27二	戊辰28三	己巳29四	庚午30五	辛未31六	壬申(1)日	癸酉2一	甲戌3二	乙卯冬至 庚午小寒
十二月小	癸丑	天干地支西曆星期	乙亥4三	丙子5四	丁丑6五	戊寅7六	己卯8日	庚辰9一	辛巳10二	壬午11三	癸未12四	甲申13五	乙酉14六	丙戌15日	丁亥16一	戊子17二	己丑18三	庚寅19四	辛卯20五	壬辰21六	癸巳22日	甲午23一	乙未24二	丙申25三	丁酉26四	戊戌27五	己亥28六	庚子29日	辛丑30一	壬寅31二	癸卯(2)三		乙酉大寒 庚子立春

宋寧宗嘉定十六年（癸未 羊年） 公元 1223 ~ 1224 年

夏曆月序	中西曆日對照		初一	初二	初三	初四	初五	初六	初七	初八	初九	初十	十一	十二	十三	十四	十五	十六	十七	十八	十九	二十	二一	二二	二三	二四	二五	二六	二七	二八	二九	三十	節氣與天象
正月大	甲寅	干支	甲辰	乙巳	丙午	丁未	戊申	己酉	庚戌	辛亥	壬子	癸丑	甲寅	乙卯	丙辰	丁巳	戊午	己未	庚申	辛酉	壬戌	癸亥	甲子	乙丑	丙寅	丁卯	戊辰	己巳	庚午	辛未	壬申	癸酉	乙卯雨水 辛未驚蟄
		西曆	2	3	4	5	6	7	8	9	10	11	12	13	14	15	16	17	18	19	20	21	22	23	24	25	26	27	28	(3)	2	3	
		星期	四	五	六	日	一	二	三	四	五	六	日	一	二	三	四	五	六	日	一	二	三	四	五	六	日	一	二	三	四	五	
二月大	乙卯	干支	甲戌	乙亥	丙子	丁丑	戊寅	己卯	庚辰	辛巳	壬午	癸未	甲申	乙酉	丙戌	丁亥	戊子	己丑	庚寅	辛卯	壬辰	癸巳	甲午	乙未	丙申	丁酉	戊戌	己亥	庚子	辛丑	壬寅	癸卯	丙戌春分 辛丑清明
		西曆	4	5	6	7	8	9	10	11	12	13	14	15	16	17	18	19	20	21	22	23	24	25	26	27	28	29	30	31	(4)	2	
		星期	六	日	一	二	三	四	五	六	日	一	二	三	四	五	六	日	一	二	三	四	五	六	日	一	二	三	四	五	六	日	
三月小	丙辰	干支	甲辰	乙巳	丙午	丁未	戊申	己酉	庚戌	辛亥	壬子	癸丑	甲寅	乙卯	丙辰	丁巳	戊午	己未	庚申	辛酉	壬戌	癸亥	甲子	乙丑	丙寅	丁卯	戊辰	己巳	庚午	辛未	壬申		丙辰穀雨 壬申立夏
		西曆	3	4	5	6	7	8	9	10	11	12	13	14	15	16	17	18	19	20	21	22	23	24	25	26	27	28	29	30	(5)		
		星期	一	二	三	四	五	六	日	一	二	三	四	五	六	日	一	二	三	四	五	六	日	一	二	三	四	五	六	日	一		
四月大	丁巳	干支	癸酉	甲戌	乙亥	丙子	丁丑	戊寅	己卯	庚辰	辛巳	壬午	癸未	甲申	乙酉	丙戌	丁亥	戊子	己丑	庚寅	辛卯	壬辰	癸巳	甲午	乙未	丙申	丁酉	戊戌	己亥	庚子	辛丑	壬寅	丁亥小滿 壬寅芒種
		西曆	2	3	4	5	6	7	8	9	10	11	12	13	14	15	16	17	18	19	20	21	22	23	24	25	26	27	28	29	30	31	
		星期	二	三	四	五	六	日	一	二	三	四	五	六	日	一	二	三	四	五	六	日	一	二	三	四	五	六	日	一	二	三	
五月小	戊午	干支	癸卯	甲辰	乙巳	丙午	丁未	戊申	己酉	庚戌	辛亥	壬子	癸丑	甲寅	乙卯	丙辰	丁巳	戊午	己未	庚申	辛酉	壬戌	癸亥	甲子	乙丑	丙寅	丁卯	戊辰	己巳	庚午	辛未		丁巳夏至
		西曆	(6)	2	3	4	5	6	7	8	9	10	11	12	13	14	15	16	17	18	19	20	21	22	23	24	25	26	27	28	29		
		星期	四	五	六	日	一	二	三	四	五	六	日	一	二	三	四	五	六	日	一	二	三	四	五	六	日	一	二	三	四		
六月大	己未	干支	壬申	癸酉	甲戌	乙亥	丙子	丁丑	戊寅	己卯	庚辰	辛巳	壬午	癸未	甲申	乙酉	丙戌	丁亥	戊子	己丑	庚寅	辛卯	壬辰	癸巳	甲午	乙未	丙申	丁酉	戊戌	己亥	庚子	辛丑	壬申小暑 戊子大暑
		西曆	30	(7)	2	3	4	5	6	7	8	9	10	11	12	13	14	15	16	17	18	19	20	21	22	23	24	25	26	27	28	29	
		星期	五	六	日	一	二	三	四	五	六	日	一	二	三	四	五	六	日	一	二	三	四	五	六	日	一	二	三	四	五	六	
七月小	庚申	干支	壬寅	癸卯	甲辰	乙巳	丙午	丁未	戊申	己酉	庚戌	辛亥	壬子	癸丑	甲寅	乙卯	丙辰	丁巳	戊午	己未	庚申	辛酉	壬戌	癸亥	甲子	乙丑	丙寅	丁卯	戊辰	己巳	庚午		癸卯立秋 戊午處暑
		西曆	30	31	(8)	2	3	4	5	6	7	8	9	10	11	12	13	14	15	16	17	18	19	20	21	22	23	24	25	26	27		
		星期	日	一	二	三	四	五	六	日	一	二	三	四	五	六	日	一	二	三	四	五	六	日	一	二	三	四	五	六	日		
八月小	辛酉	干支	辛未	壬申	癸酉	甲戌	乙亥	丙子	丁丑	戊寅	己卯	庚辰	辛巳	壬午	癸未	甲申	乙酉	丙戌	丁亥	戊子	己丑	庚寅	辛卯	壬辰	癸巳	甲午	乙未	丙申	丁酉	戊戌	己亥		癸酉白露 戊子秋分
		西曆	28	29	30	31	(9)	2	3	4	5	6	7	8	9	10	11	12	13	14	15	16	17	18	19	20	21	22	23	24	25		
		星期	一	二	三	四	五	六	日	一	二	三	四	五	六	日	一	二	三	四	五	六	日	一	二	三	四	五	六	日	一		
九月大	壬戌	干支	庚子	辛丑	壬寅	癸卯	甲辰	乙巳	丙午	丁未	戊申	己酉	庚戌	辛亥	壬子	癸丑	甲寅	乙卯	丙辰	丁巳	戊午	己未	庚申	辛酉	壬戌	癸亥	甲子	乙丑	丙寅	丁卯	戊辰	己巳	甲辰寒露 己未霜降 庚子日食
		西曆	26	27	28	29	30	(10)	2	3	4	5	6	7	8	9	10	11	12	13	14	15	16	17	18	19	20	21	22	23	24	25	
		星期	二	三	四	五	六	日	一	二	三	四	五	六	日	一	二	三	四	五	六	日	一	二	三	四	五	六	日	一	二	三	
十月小	癸亥	干支	庚午	辛未	壬申	癸酉	甲戌	乙亥	丙子	丁丑	戊寅	己卯	庚辰	辛巳	壬午	癸未	甲申	乙酉	丙戌	丁亥	戊子	己丑	庚寅	辛卯	壬辰	癸巳	甲午	乙未	丙申	丁酉	戊戌		甲戌立冬 己丑小雪
		西曆	26	27	28	29	30	31	(11)	2	3	4	5	6	7	8	9	10	11	12	13	14	15	16	17	18	19	20	21	22	23		
		星期	四	五	六	日	一	二	三	四	五	六	日	一	二	三	四	五	六	日	一	二	三	四	五	六	日	一	二	三	四		
十一月大	甲子	干支	己亥	庚子	辛丑	壬寅	癸卯	甲辰	乙巳	丙午	丁未	戊申	己酉	庚戌	辛亥	壬子	癸丑	甲寅	乙卯	丙辰	丁巳	戊午	己未	庚申	辛酉	壬戌	癸亥	甲子	乙丑	丙寅	丁卯	戊辰	乙巳大雪 庚申冬至
		西曆	24	25	26	27	28	29	30	(12)	2	3	4	5	6	7	8	9	10	11	12	13	14	15	16	17	18	19	20	21	22	23	
		星期	五	六	日	一	二	三	四	五	六	日	一	二	三	四	五	六	日	一	二	三	四	五	六	日	一	二	三	四	五	六	
十二月小	乙丑	干支	己巳	庚午	辛未	壬申	癸酉	甲戌	乙亥	丙子	丁丑	戊寅	己卯	庚辰	辛巳	壬午	癸未	甲申	乙酉	丙戌	丁亥	戊子	己丑	庚寅	辛卯	壬辰	癸巳	甲午	乙未	丙申	丁酉		乙亥小寒 庚寅大寒
		西曆	24	25	26	27	28	29	30	31	(1)	2	3	4	5	6	7	8	9	10	11	12	13	14	15	16	17	18	19	20	21		
		星期	日	一	二	三	四	五	六	日	一	二	三	四	五	六	日	一	二	三	四	五	六	日	一	二	三	四	五	六	日		

宋寧宗嘉定十七年 理宗嘉定十七年（甲申 猴年） 公元 1224 ~ 1225 年

夏曆月序		中西曆日對照	夏曆日序																														節氣與天象
			初一	初二	初三	初四	初五	初六	初七	初八	初九	初十	十一	十二	十三	十四	十五	十六	十七	十八	十九	二十	二一	二二	二三	二四	二五	二六	二七	二八	二九	三十	
正月大	丙寅	天干地支 西曆 星期	戊戌 22 一	己亥 23 二	庚子 24 三	辛丑 25 四	壬寅 26 五	癸卯 27 六	甲辰 28 日	乙巳 29 一	丙午 30 二	丁未 31 三	戊申 (2) 四	己酉 2 五	庚戌 3 六	辛亥 4 日	壬子 5 一	癸丑 6 二	甲寅 7 三	乙卯 8 四	丙辰 9 五	丁巳 10 六	戊午 11 日	己未 12 一	庚申 13 二	辛酉 14 三	壬戌 15 四	癸亥 16 五	甲子 17 六	乙丑 18 日	丙寅 19 一	丁卯 20 二	乙巳立春 辛酉雨水
二月大	丁卯	天干地支 西曆 星期	戊辰 21 三	己巳 22 四	庚午 23 五	辛未 24 六	壬申 25 日	癸酉 26 一	甲戌 27 二	乙亥 28 三	丙子 29 四	丁丑 (3) 五	戊寅 2 六	己卯 3 日	庚辰 4 一	辛巳 5 二	壬午 6 三	癸未 7 四	甲申 8 五	乙酉 9 六	丙戌 10 日	丁亥 11 一	戊子 12 二	己丑 13 三	庚寅 14 四	辛卯 15 五	壬辰 16 六	癸巳 17 日	甲午 18 一	乙未 19 二	丙申 20 三	丁酉 21 四	丙子驚蟄 辛卯春分
三月小	戊辰	天干地支 西曆 星期	戊戌 22 五	己亥 23 六	庚子 24 日	辛丑 25 一	壬寅 26 二	癸卯 27 三	甲辰 28 四	乙巳 29 五	丙午 30 六	丁未 31 日	戊申 (4) 一	己酉 2 二	庚戌 3 三	辛亥 4 四	壬子 5 五	癸丑 6 六	甲寅 7 日	乙卯 8 一	丙辰 9 二	丁巳 10 三	戊午 11 四	己未 12 五	庚申 13 六	辛酉 14 日	壬戌 15 一	癸亥 16 二	甲子 17 三	乙丑 18 四	丙寅 19 五		丙午清明 壬戌穀雨
四月大	己巳	天干地支 西曆 星期	丁卯 20 六	戊辰 21 日	己巳 22 一	庚午 23 二	辛未 24 三	壬申 25 四	癸酉 26 五	甲戌 27 六	乙亥 28 日	丙子 29 一	丁丑 30 二	戊寅 (5) 三	己卯 2 四	庚辰 3 五	辛巳 4 六	壬午 5 日	癸未 6 一	甲申 7 二	乙酉 8 三	丙戌 9 四	丁亥 10 五	戊子 11 六	己丑 12 日	庚寅 13 一	辛卯 14 二	壬辰 15 三	癸巳 16 四	甲午 17 五	乙未 18 六	丙申 19 日	丁丑立夏 壬辰小滿
五月大	庚午	天干地支 西曆 星期	丁酉 20 一	戊戌 21 二	己亥 22 三	庚子 23 四	辛丑 24 五	壬寅 25 六	癸卯 26 日	甲辰 27 一	乙巳 28 二	丙午 29 三	丁未 30 四	戊申 31 五	己酉 (6) 六	庚戌 2 日	辛亥 3 一	壬子 4 二	癸丑 5 三	甲寅 6 四	乙卯 7 五	丙辰 8 六	丁巳 9 日	戊午 10 一	己未 11 二	庚申 12 三	辛酉 13 四	壬戌 14 五	癸亥 15 六	甲子 16 日	乙丑 17 一	丙寅 18 二	丁未芒種 壬戌夏至
六月小	辛未	天干地支 西曆 星期	丁卯 19 三	戊辰 20 四	己巳 21 五	庚午 22 六	辛未 23 日	壬申 24 一	癸酉 25 二	甲戌 26 三	乙亥 27 四	丙子 28 五	丁丑 29 六	戊寅 30 日	己卯 (7) 一	庚辰 2 二	辛巳 3 三	壬午 4 四	癸未 5 五	甲申 6 六	乙酉 7 日	丙戌 8 一	丁亥 9 二	戊子 10 三	己丑 11 四	庚寅 12 五	辛卯 13 六	壬辰 14 日	癸巳 15 一	甲午 16 二	乙未 17 三		戊寅小暑 癸巳大暑
七月大	壬申	天干地支 西曆 星期	丙申 18 四	丁酉 19 五	戊戌 20 六	己亥 21 日	庚子 22 一	辛丑 23 二	壬寅 24 三	癸卯 25 四	甲辰 26 五	乙巳 27 六	丙午 28 日	丁未 29 一	戊申 30 二	己酉 31 三	庚戌 (8) 四	辛亥 2 五	壬子 3 六	癸丑 4 日	甲寅 5 一	乙卯 6 二	丙辰 7 三	丁巳 8 四	戊午 9 五	己未 10 六	庚申 11 日	辛酉 12 一	壬戌 13 二	癸亥 14 三	甲子 15 四	乙丑 16 五	戊申立秋 癸亥處暑
八月小	癸酉	天干地支 西曆 星期	丙寅 17 六	丁卯 18 日	戊辰 19 一	己巳 20 二	庚午 21 三	辛未 22 四	壬申 23 五	癸酉 24 六	甲戌 25 日	乙亥 26 一	丙子 27 二	丁丑 28 三	戊寅 29 四	己卯 30 五	庚辰 31 六	辛巳 (9) 日	壬午 2 一	癸未 3 二	甲申 4 三	乙酉 5 四	丙戌 6 五	丁亥 7 六	戊子 8 日	己丑 9 一	庚寅 10 二	辛卯 11 三	壬辰 12 四	癸巳 13 五	甲午 14 六		己卯白露 甲午秋分
閏八月小	癸酉	天干地支 西曆 星期	乙未 15 日	丙申 16 一	丁酉 17 二	戊戌 18 三	己亥 19 四	庚子 20 五	辛丑 21 六	壬寅 22 日	癸卯 23 一	甲辰 24 二	乙巳 25 三	丙午 26 四	丁未 27 五	戊申 28 六	己酉 29 日	庚戌 30 一	辛亥 (10) 二	壬子 2 三	癸丑 3 四	甲寅 4 五	乙卯 5 六	丙辰 6 日	丁巳 7 一	戊午 8 二	己未 9 三	庚申 10 四	辛酉 11 五	壬戌 12 六	癸亥 13 日		己酉寒露
九月大	甲戌	天干地支 西曆 星期	甲子 14 一	乙丑 15 二	丙寅 16 三	丁卯 17 四	戊辰 18 五	己巳 19 六	庚午 20 日	辛未 21 一	壬申 22 二	癸酉 23 三	甲戌 24 四	乙亥 25 五	丙子 26 六	丁丑 27 日	戊寅 28 一	己卯 29 二	庚辰 30 三	辛巳 31 四	壬午 (11) 五	癸未 2 六	甲申 3 日	乙酉 4 一	丙戌 5 二	丁亥 6 三	戊子 7 四	己丑 8 五	庚寅 9 六	辛卯 10 日	壬辰 11 一	癸巳 12 二	甲子霜降 己卯立冬
十月小	乙亥	天干地支 西曆 星期	甲午 13 三	乙未 14 四	丙申 15 五	丁酉 16 六	戊戌 17 日	己亥 18 一	庚子 19 二	辛丑 20 三	壬寅 21 四	癸卯 22 五	甲辰 23 六	乙巳 24 日	丙午 25 一	丁未 26 二	戊申 27 三	己酉 28 四	庚戌 29 五	辛亥 30 六	壬子 (12) 日	癸丑 2 一	甲寅 3 二	乙卯 4 三	丙辰 5 四	丁巳 6 五	戊午 7 六	己未 8 日	庚申 9 一	辛酉 10 二	壬戌 11 三		乙未小雪 庚戌大雪
十一月大	丙子	天干地支 西曆 星期	癸亥 12 四	甲子 13 五	乙丑 14 六	丙寅 15 日	丁卯 16 一	戊辰 17 二	己巳 18 三	庚午 19 四	辛未 20 五	壬申 21 六	癸酉 22 日	甲戌 23 一	乙亥 24 二	丙子 25 三	丁丑 26 四	戊寅 27 五	己卯 28 六	庚辰 29 日	辛巳 30 一	壬午 31 二	癸未 (1) 三	甲申 2 四	乙酉 3 五	丙戌 4 六	丁亥 5 日	戊子 6 一	己丑 7 二	庚寅 8 三	辛卯 9 四	壬辰 10 五	乙丑冬至 庚辰小寒
十二月小	丁丑	天干地支 西曆 星期	癸巳 11 六	甲午 12 日	乙未 13 一	丙申 14 二	丁酉 15 三	戊戌 16 四	己亥 17 五	庚子 18 六	辛丑 19 日	壬寅 20 一	癸卯 21 二	甲辰 22 三	乙巳 23 四	丙午 24 五	丁未 25 六	戊申 26 日	己酉 27 一	庚戌 28 二	辛亥 29 三	壬子 30 四	癸丑 31 五	甲寅 (2) 六	乙卯 2 日	丙辰 3 一	丁巳 4 二	戊午 5 三	己未 6 四	庚申 7 五	辛酉 8 六		乙未大寒 辛亥立春

* 閏八月丁酉（初三），宋寧宗死。趙昀即位，是爲理宗。

宋理宗寶慶元年（乙酉 鷄年） 公元1225 ~ 1226年

夏曆月序	中西曆日對照	初一	初二	初三	初四	初五	初六	初七	初八	初九	初十	十一	十二	十三	十四	十五	十六	十七	十八	十九	二十	二一	二二	二三	二四	二五	二六	二七	二八	二九	三十	節氣與天象
正月大 戊寅	干支 西曆 星期	壬戌 9 日	癸亥 10 一	甲子 11 二	乙丑 12 三	丙寅 13 四	丁卯 14 五	戊辰 15 六	己巳 16 日	庚午 17 一	辛未 18 二	壬申 19 三	癸酉 20 四	甲戌 21 五	乙亥 22 六	丙子 23 日	丁丑 24 一	戊寅 25 二	己卯 26 三	庚辰 27 四	辛巳 28 五	壬午 (3) 六	癸未 2 日	甲申 3 一	乙酉 4 二	丙戌 5 三	丁亥 6 四	戊子 7 五	己丑 8 六	庚寅 9 日	辛卯 10 一	丙寅雨水 辛巳驚蟄
二月小 己卯	干支 西曆 星期	壬辰 11 二	癸巳 12 三	甲午 13 四	乙未 14 五	丙申 15 六	丁酉 16 日	戊戌 17 一	己亥 18 二	庚子 19 三	辛丑 20 四	壬寅 21 五	癸卯 22 六	甲辰 23 日	乙巳 24 一	丙午 25 二	丁未 26 三	戊申 27 四	己酉 28 五	庚戌 29 六	辛亥 30 日	壬子 31 一	癸丑 (4) 二	甲寅 2 三	乙卯 3 四	丙辰 4 五	丁巳 5 六	戊午 6 日	己未 7 一	庚申 8 二		丙申春分 壬子清明
三月大 庚辰	干支 西曆 星期	辛酉 9 三	壬戌 10 四	癸亥 11 五	甲子 12 六	乙丑 13 日	丙寅 14 一	丁卯 15 二	戊辰 16 三	己巳 17 四	庚午 18 五	辛未 19 六	壬申 20 日	癸酉 21 一	甲戌 22 二	乙亥 23 三	丙子 24 四	丁丑 25 五	戊寅 26 六	己卯 27 日	庚辰 28 一	辛巳 29 二	壬午 30 三	癸未 (5) 四	甲申 2 五	乙酉 3 六	丙戌 4 日	丁亥 5 一	戊子 6 二	己丑 7 三	庚寅 8 四	丁卯穀雨 壬午立夏
四月大 辛巳	干支 西曆 星期	辛卯 9 五	壬辰 10 六	癸巳 11 日	甲午 12 一	乙未 13 二	丙申 14 三	丁酉 15 四	戊戌 16 五	己亥 17 六	庚子 18 日	辛丑 19 一	壬寅 20 二	癸卯 21 三	甲辰 22 四	乙巳 23 五	丙午 24 六	丁未 25 日	戊申 26 一	己酉 27 二	庚戌 28 三	辛亥 29 四	壬子 30 五	癸丑 31 六	甲寅 (6) 日	乙卯 2 一	丙辰 3 二	丁巳 4 三	戊午 5 四	己未 6 五	庚申 7 六	丁酉小滿 壬子芒種
五月小 壬午	干支 西曆 星期	辛酉 8 日	壬戌 9 一	癸亥 10 二	甲子 11 三	乙丑 12 四	丙寅 13 五	丁卯 14 六	戊辰 15 日	己巳 16 一	庚午 17 二	辛未 18 三	壬申 19 四	癸酉 20 五	甲戌 21 六	乙亥 22 日	丙子 23 一	丁丑 24 二	戊寅 25 三	己卯 26 四	庚辰 27 五	辛巳 28 六	壬午 29 日	癸未 30 一	甲申 (7) 二	乙酉 2 三	丙戌 3 四	丁亥 4 五	戊子 5 六	己丑 6 日		戊辰夏至 癸未小暑
六月大 癸未	干支 西曆 星期	庚寅 7 一	辛卯 8 二	壬辰 9 三	癸巳 10 四	甲午 11 五	乙未 12 六	丙申 13 日	丁酉 14 一	戊戌 15 二	己亥 16 三	庚子 17 四	辛丑 18 五	壬寅 19 六	癸卯 20 日	甲辰 21 一	乙巳 22 二	丙午 23 三	丁未 24 四	戊申 25 五	己酉 26 六	庚戌 27 日	辛亥 28 一	壬子 29 二	癸丑 30 三	甲寅 31 四	乙卯 (8) 五	丙辰 2 六	丁巳 3 日	戊午 4 一	己未 5 二	戊戌大暑 癸丑立秋
七月小 甲申	干支 西曆 星期	庚申 6 三	辛酉 7 四	壬戌 8 五	癸亥 9 六	甲子 10 日	乙丑 11 一	丙寅 12 二	丁卯 13 三	戊辰 14 四	己巳 15 五	庚午 16 六	辛未 17 日	壬申 18 一	癸酉 19 二	甲戌 20 三	乙亥 21 四	丙子 22 五	丁丑 23 六	戊寅 24 日	己卯 25 一	庚辰 26 二	辛巳 27 三	壬午 28 四	癸未 29 五	甲申 30 六	乙酉 31 日	丙戌 (9) 一	丁亥 2 二	戊子 3 三		己巳處暑 甲申白露
八月大 乙酉	干支 西曆 星期	己丑 4 四	庚寅 5 五	辛卯 6 六	壬辰 7 日	癸巳 8 一	甲午 9 二	乙未 10 三	丙申 11 四	丁酉 12 五	戊戌 13 六	己亥 14 日	庚子 15 一	辛丑 16 二	壬寅 17 三	癸卯 18 四	甲辰 19 五	乙巳 20 六	丙午 21 日	丁未 22 一	戊申 23 二	己酉 24 三	庚戌 25 四	辛亥 26 五	壬子 27 六	癸丑 28 日	甲寅 29 一	乙卯 30 二	丙辰 (10) 三	丁巳 2 四	戊午 3 五	己亥秋分 甲寅寒露
九月小 丙戌	干支 西曆 星期	己未 4 六	庚申 5 日	辛酉 6 一	壬戌 7 二	癸亥 8 三	甲子 9 四	乙丑 10 五	丙寅 11 六	丁卯 12 日	戊辰 13 一	己巳 14 二	庚午 15 三	辛未 16 四	壬申 17 五	癸酉 18 六	甲戌 19 日	乙亥 20 一	丙子 21 二	丁丑 22 三	戊寅 23 四	己卯 24 五	庚辰 25 六	辛巳 26 日	壬午 27 一	癸未 28 二	甲申 29 三	乙酉 30 四	丙戌 31 五	丁亥 (11) 六		己巳霜降 乙酉立冬
十月大 丁亥	干支 西曆 星期	戊子 2 日	己丑 3 一	庚寅 4 二	辛卯 5 三	壬辰 6 四	癸巳 7 五	甲午 8 六	乙未 9 日	丙申 10 一	丁酉 11 二	戊戌 12 三	己亥 13 四	庚子 14 五	辛丑 15 六	壬寅 16 日	癸卯 17 一	甲辰 18 二	乙巳 19 三	丙午 20 四	丁未 21 五	戊申 22 六	己酉 23 日	庚戌 24 一	辛亥 25 二	壬子 26 三	癸丑 27 四	甲寅 28 五	乙卯 29 六	丙辰 30 日	丁巳 (12) 一	庚子小雪 乙卯大雪
十一月小 戊子	干支 西曆 星期	戊午 2 二	己未 3 三	庚申 4 四	辛酉 5 五	壬戌 6 六	癸亥 7 日	甲子 8 一	乙丑 9 二	丙寅 10 三	丁卯 11 四	戊辰 12 五	己巳 13 六	庚午 14 日	辛未 15 一	壬申 16 二	癸酉 17 三	甲戌 18 四	乙亥 19 五	丙子 20 六	丁丑 21 日	戊寅 22 一	己卯 23 二	庚辰 24 三	辛巳 25 四	壬午 26 五	癸未 27 六	甲申 28 日	乙酉 29 一	丙戌 30 二		庚午冬至 丙戌小寒
十二月大 己丑	干支 西曆 星期	丁亥 31 三	戊子 (1) 四	己丑 2 五	庚寅 3 六	辛卯 4 日	壬辰 5 一	癸巳 6 二	甲午 7 三	乙未 8 四	丙申 9 五	丁酉 10 六	戊戌 11 日	己亥 12 一	庚子 13 二	辛丑 14 三	壬寅 15 四	癸卯 16 五	甲辰 17 六	乙巳 18 日	丙午 19 一	丁未 20 二	戊申 21 三	己酉 22 四	庚戌 23 五	辛亥 24 六	壬子 25 日	癸丑 26 一	甲寅 27 二	乙卯 28 三	丙辰 29 四	辛丑大寒 丙辰立春

* 正月壬戌（初一），改元寶慶。

宋理宗寶慶二年（丙戌 狗年） 公元 1226 ~ 1227 年

夏曆月序		中西曆日對照	初一	初二	初三	初四	初五	初六	初七	初八	初九	初十	十一	十二	十三	十四	十五	十六	十七	十八	十九	二十	二一	二二	二三	二四	二五	二六	二七	二八	二九	三十	節氣與天象
正月小	庚寅	天干地支西曆星期	丁巳30五	戊午31六	己未(2)日	庚申2一	辛酉3二	壬戌4三	癸亥5四	甲子6五	乙丑7六	丙寅8日	丁卯9一	戊辰10二	己巳11三	庚午12四	辛未13五	壬申14六	癸酉15日	甲戌16一	乙亥17二	丙子18三	丁丑19四	戊寅20五	己卯21六	庚辰22日	辛巳23一	壬午24二	癸未25三	甲申26四	乙酉27五		辛未雨水
二月大	辛卯	天干地支西曆星期	丙戌28六	丁亥(3)日	戊子2一	己丑3二	庚寅4三	辛卯5四	壬辰6五	癸巳7六	甲午8日	乙未9一	丙申10二	丁酉11三	戊戌12四	己亥13五	庚子14六	辛丑15日	壬寅16一	癸卯17二	甲辰18三	乙巳19四	丙午20五	丁未21六	戊申22日	己酉23一	庚戌24二	辛亥25三	壬子26四	癸丑27五	甲寅28六	乙卯29日	丙戌驚蟄 壬寅春分
三月小	壬辰	天干地支西曆星期	丙辰30一	丁巳31二	戊午(4)三	己未2四	庚申3五	辛酉4六	壬戌5日	癸亥6一	甲子7二	乙丑8三	丙寅9四	丁卯10五	戊辰11六	己巳12日	庚午13一	辛未14二	壬申15三	癸酉16四	甲戌17五	乙亥18六	丙子19日	丁丑20一	戊寅21二	己卯22三	庚辰23四	辛巳24五	壬午25六	癸未26日	甲申27一		丁巳清明 壬申穀雨
四月大	癸巳	天干地支西曆星期	乙酉28二	丙戌29三	丁亥30四	戊子(5)五	己丑2六	庚寅3日	辛卯4一	壬辰5二	癸巳6三	甲午7四	乙未8五	丙申9六	丁酉10日	戊戌11一	己亥12二	庚子13三	辛丑14四	壬寅15五	癸卯16六	甲辰17日	乙巳18一	丙午19二	丁未20三	戊申21四	己酉22五	庚戌23六	辛亥24日	壬子25一	癸丑26二	甲寅27三	丁亥立夏 壬寅小滿
五月小	甲午	天干地支西曆星期	乙卯28四	丙辰29五	丁巳30六	戊午31日	己未(6)一	庚申2二	辛酉3三	壬戌4四	癸亥5五	甲子6六	乙丑7日	丙寅8一	丁卯9二	戊辰10三	己巳11四	庚午12五	辛未13六	壬申14日	癸酉15一	甲戌16二	乙亥17三	丙子18四	丁丑19五	戊寅20六	己卯21日	庚辰22一	辛巳23二	壬午24三	癸未25四		戊午芒種 癸酉夏至
六月大	乙未	天干地支西曆星期	甲申26五	乙酉27六	丙戌28日	丁亥29一	戊子30二	己丑(7)三	庚寅2四	辛卯3五	壬辰4六	癸巳5日	甲午6一	乙未7二	丙申8三	丁酉9四	戊戌10五	己亥11六	庚子12日	辛丑13一	壬寅14二	癸卯15三	甲辰16四	乙巳17五	丙午18六	丁未19日	戊申20一	己酉21二	庚戌22三	辛亥23四	壬子24五	癸丑25六	戊子小暑 癸卯大暑
七月大	丙申	天干地支西曆星期	甲寅26日	乙卯27一	丙辰28二	丁巳29三	戊午30四	己未31五	庚申(8)六	辛酉2日	壬戌3一	癸亥4二	甲子5三	乙丑6四	丙寅7五	丁卯8六	戊辰9日	己巳10一	庚午11二	辛未12三	壬申13四	癸酉14五	甲戌15六	乙亥16日	丙子17一	丁丑18二	戊寅19三	己卯20四	庚辰21五	辛巳22六	壬午23日	癸未24一	己未立秋 甲戌處暑
八月小	丁酉	天干地支西曆星期	甲申25二	乙酉26三	丙戌27四	丁亥28五	戊子29六	己丑30日	庚寅31一	辛卯(9)二	壬辰2三	癸巳3四	甲午4五	乙未5六	丙申6日	丁酉7一	戊戌8二	己亥9三	庚子10四	辛丑11五	壬寅12六	癸卯13日	甲辰14一	乙巳15二	丙午16三	丁未17四	戊申18五	己酉19六	庚戌20日	辛亥21一	壬子22二		己丑白露 甲辰秋分
九月大	戊戌	天干地支西曆星期	癸丑23三	甲寅24四	乙卯25五	丙辰26六	丁巳27日	戊午28一	己未29二	庚申30三	辛酉(10)四	壬戌2五	癸亥3六	甲子4日	乙丑5一	丙寅6二	丁卯7三	戊辰8四	己巳9五	庚午10六	辛未11日	壬申12一	癸酉13二	甲戌14三	乙亥15四	丙子16五	丁丑17六	戊寅18日	己卯19一	庚辰20二	辛巳21三	壬午22四	己未寒露 乙亥霜降
十月小	己亥	天干地支西曆星期	癸未23五	甲申24六	乙酉25日	丙戌26一	丁亥27二	戊子28三	己丑29四	庚寅30五	辛卯31六	壬辰(11)日	癸巳2一	甲午3二	乙未4三	丙申5四	丁酉6五	戊戌7六	己亥8日	庚子9一	辛丑10二	壬寅11三	癸卯12四	甲辰13五	乙巳14六	丙午15日	丁未16一	戊申17二	己酉18三	庚戌19四	辛亥20五		庚寅立冬 乙巳小雪
十一月大	庚子	天干地支西曆星期	壬子21六	癸丑22日	甲寅23一	乙卯24二	丙辰25三	丁巳26四	戊午27五	己未28六	庚申29日	辛酉30一	壬戌(12)二	癸亥2三	甲子3四	乙丑4五	丙寅5六	丁卯6日	戊辰7一	己巳8二	庚午9三	辛未10四	壬申11五	癸酉12六	甲戌13日	乙亥14一	丙子15二	丁丑16三	戊寅17四	己卯18五	庚辰19六	辛巳20日	庚申大雪 丙子冬至
十二月小	辛丑	天干地支西曆星期	壬午21一	癸未22二	甲申23三	乙酉24四	丙戌25五	丁亥26六	戊子27日	己丑28一	庚寅29二	辛卯30三	壬辰31四	癸巳(1)五	甲午2六	乙未3日	丙申4一	丁酉5二	戊戌6三	己亥7四	庚子8五	辛丑9六	壬寅10日	癸卯11一	甲辰12二	乙巳13三	丙午14四	丁未15五	戊申16六	己酉17日	庚戌18一		辛卯小寒 丙午大寒

宋理宗寶慶三年（丁亥 猪年） 公元 1227 ~ 1228 年

夏曆月序		中西曆日對照	初一	初二	初三	初四	初五	初六	初七	初八	初九	初十	十一	十二	十三	十四	十五	十六	十七	十八	十九	二十	二一	二二	二三	二四	二五	二六	二七	二八	二九	三十	節氣與天象
正月大	壬寅	天干地支 西曆 星期	辛亥 19 二	壬子 20 三	癸丑 21 四	甲寅 22 五	乙卯 23 六	丙辰 24 日	丁巳 25 一	戊午 26 二	己未 27 三	庚申 28 四	辛酉 29 五	壬戌 30 六	癸亥 31 日	甲子 (2) 一	乙丑 2 二	丙寅 3 三	丁卯 4 四	戊辰 5 五	己巳 6 六	庚午 7 日	辛未 8 一	壬申 9 二	癸酉 10 三	甲戌 11 四	乙亥 12 五	丙子 13 六	丁丑 14 日	戊寅 15 一	己卯 16 二	庚辰 17 三	辛酉立春 丙子雨水
二月小	癸卯	天干地支 西曆 星期	辛巳 18 四	壬午 19 五	癸未 20 六	甲申 21 日	乙酉 22 一	丙戌 23 二	丁亥 24 三	戊子 25 四	己丑 26 五	庚寅 27 六	辛卯 28 日	壬辰 (3) 一	癸巳 2 二	甲午 3 三	乙未 4 四	丙申 5 五	丁酉 6 六	戊戌 7 日	己亥 8 一	庚子 9 二	辛丑 10 三	壬寅 11 四	癸卯 12 五	甲辰 13 六	乙巳 14 日	丙午 15 一	丁未 16 二	戊申 17 三	己酉 18 四		壬辰驚蟄 丁未春分
三月大	甲辰	天干地支 西曆 星期	庚戌 19 五	辛亥 20 六	壬子 21 日	癸丑 22 一	甲寅 23 二	乙卯 24 三	丙辰 25 四	丁巳 26 五	戊午 27 六	己未 28 日	庚申 29 一	辛酉 30 二	壬戌 31 三	癸亥 (4) 四	甲子 2 五	乙丑 3 六	丙寅 4 日	丁卯 5 一	戊辰 6 二	己巳 7 三	庚午 8 四	辛未 9 五	壬申 10 六	癸酉 11 日	甲戌 12 一	乙亥 13 二	丙子 14 三	丁丑 15 四	戊寅 16 五	己卯 17 六	壬戌清明 丁丑穀雨
四月小	乙巳	天干地支 西曆 星期	庚辰 18 日	辛巳 19 一	壬午 20 二	癸未 21 三	甲申 22 四	乙酉 23 五	丙戌 24 六	丁亥 25 日	戊子 26 一	己丑 27 二	庚寅 28 三	辛卯 29 四	壬辰 30 五	癸巳 (5) 六	甲午 2 日	乙未 3 一	丙申 4 二	丁酉 5 三	戊戌 6 四	己亥 7 五	庚子 8 六	辛丑 9 日	壬寅 10 一	癸卯 11 二	甲辰 12 三	乙巳 13 四	丙午 14 五	丁未 15 六	戊申 16 日		癸巳立夏 戊申小滿
五月大	丙午	天干地支 西曆 星期	己酉 17 一	庚戌 18 二	辛亥 19 三	壬子 20 四	癸丑 21 五	甲寅 22 六	乙卯 23 日	丙辰 24 一	丁巳 25 二	戊午 26 三	己未 27 四	庚申 28 五	辛酉 29 六	壬戌 30 日	癸亥 31 一	甲子 (6) 二	乙丑 2 三	丙寅 3 四	丁卯 4 五	戊辰 5 六	己巳 6 日	庚午 7 一	辛未 8 二	壬申 9 三	癸酉 10 四	甲戌 11 五	乙亥 12 六	丙子 13 日	丁丑 14 一	戊寅 15 二	癸亥芒種 戊寅夏至
閏五月小	丙午	天干地支 西曆 星期	己卯 16 三	庚辰 17 四	辛巳 18 五	壬午 19 六	癸未 20 日	甲申 21 一	乙酉 22 二	丙戌 23 三	丁亥 24 四	戊子 25 五	己丑 26 六	庚寅 27 日	辛卯 28 一	壬辰 29 二	癸巳 30 三	甲午 (7) 四	乙未 2 五	丙申 3 六	丁酉 4 日	戊戌 5 一	己亥 6 二	庚子 7 三	辛丑 8 四	壬寅 9 五	癸卯 10 六	甲辰 11 日	乙巳 12 一	丙午 13 二	丁未 14 三		癸巳小暑
六月大	丁未	天干地支 西曆 星期	戊申 15 四	己酉 16 五	庚戌 17 六	辛亥 18 日	壬子 19 一	癸丑 20 二	甲寅 21 三	乙卯 22 四	丙辰 23 五	丁巳 24 六	戊午 25 日	己未 26 一	庚申 27 二	辛酉 28 三	壬戌 29 四	癸亥 30 五	甲子 31 六	乙丑 (8) 日	丙寅 2 一	丁卯 3 二	戊辰 4 三	己巳 5 四	庚午 6 五	辛未 7 六	壬申 8 日	癸酉 9 一	甲戌 10 二	乙亥 11 三	丙子 12 四	丁丑 13 五	己酉大暑 甲子立秋 戊申日食
七月小	戊申	天干地支 西曆 星期	戊寅 14 六	己卯 15 日	庚辰 16 一	辛巳 17 二	壬午 18 三	癸未 19 四	甲申 20 五	乙酉 21 六	丙戌 22 日	丁亥 23 一	戊子 24 二	己丑 25 三	庚寅 26 四	辛卯 27 五	壬辰 28 六	癸巳 29 日	甲午 30 一	乙未 31 二	丙申 (9) 三	丁酉 2 四	戊戌 3 五	己亥 4 六	庚子 5 日	辛丑 6 一	壬寅 7 二	癸卯 8 三	甲辰 9 四	乙巳 10 五	丙午 11 六		己卯處暑 甲午白露
八月大	己酉	天干地支 西曆 星期	丁未 12 日	戊申 13 一	己酉 14 二	庚戌 15 三	辛亥 16 四	壬子 17 五	癸丑 18 六	甲寅 19 日	乙卯 20 一	丙辰 21 二	丁巳 22 三	戊午 23 四	己未 24 五	庚申 25 六	辛酉 26 日	壬戌 27 一	癸亥 28 二	甲子 29 三	乙丑 30 四	丙寅 (10) 五	丁卯 2 六	戊辰 3 日	己巳 4 一	庚午 5 二	辛未 6 三	壬申 7 四	癸酉 8 五	甲戌 9 六	乙亥 10 日	丙子 11 一	己酉秋分 乙丑寒露
九月大	庚戌	天干地支 西曆 星期	丁丑 12 二	戊寅 13 三	己卯 14 四	庚辰 15 五	辛巳 16 六	壬午 17 日	癸未 18 一	甲申 19 二	乙酉 20 三	丙戌 21 四	丁亥 22 五	戊子 23 六	己丑 24 日	庚寅 25 一	辛卯 26 二	壬辰 27 三	癸巳 28 四	甲午 29 五	乙未 30 六	丙申 31 日	丁酉 (11) 一	戊戌 2 二	己亥 3 三	庚子 4 四	辛丑 5 五	壬寅 6 六	癸卯 7 日	甲辰 8 一	乙巳 9 二	丙午 10 三	庚辰霜降 乙未立冬
十月小	辛亥	天干地支 西曆 星期	丁未 11 四	戊申 12 五	己酉 13 六	庚戌 14 日	辛亥 15 一	壬子 16 二	癸丑 17 三	甲寅 18 四	乙卯 19 五	丙辰 20 六	丁巳 21 日	戊午 22 一	己未 23 二	庚申 24 三	辛酉 25 四	壬戌 26 五	癸亥 27 六	甲子 28 日	乙丑 29 一	丙寅 30 二	丁卯 (12) 三	戊辰 2 四	己巳 3 五	庚午 4 六	辛未 5 日	壬申 6 一	癸酉 7 二	甲戌 8 三	乙亥 9 四		庚戌小雪 丙寅大雪
十一月大	壬子	天干地支 西曆 星期	丙子 10 五	丁丑 11 六	戊寅 12 日	己卯 13 一	庚辰 14 二	辛巳 15 三	壬午 16 四	癸未 17 五	甲申 18 六	乙酉 19 日	丙戌 20 一	丁亥 21 二	戊子 22 三	己丑 23 四	庚寅 24 五	辛卯 25 六	壬辰 26 日	癸巳 27 一	甲午 28 二	乙未 29 三	丙申 30 四	丁酉 31 五	戊戌 (1) 六	己亥 2 日	庚子 3 一	辛丑 4 二	壬寅 5 三	癸卯 6 四	甲辰 7 五	乙巳 8 六	辛巳冬至 丙申小寒
十二月大	癸丑	天干地支 西曆 星期	丙午 9 日	丁未 10 一	戊申 11 二	己酉 12 三	庚戌 13 四	辛亥 14 五	壬子 15 六	癸丑 16 日	甲寅 17 一	乙卯 18 二	丙辰 19 三	丁巳 20 四	戊午 21 五	己未 22 六	庚申 23 日	辛酉 24 一	壬戌 25 二	癸亥 26 三	甲子 27 四	乙丑 28 五	丙寅 29 六	丁卯 30 日	戊辰 31 一	己巳 (2) 二	庚午 2 三	辛未 3 四	壬申 4 五	癸酉 5 六	甲戌 6 日	乙亥 7 一	辛亥大寒 丙寅立春

宋理宗紹定元年（戊子 鼠年） 公元1228～1229年

夏曆月序		中西曆對照	初一	初二	初三	初四	初五	初六	初七	初八	初九	初十	十一	十二	十三	十四	十五	十六	十七	十八	十九	二十	二一	二二	二三	二四	二五	二六	二七	二八	二九	三十	節氣與天象
正月小	甲寅	天干地支 西曆 星期	丙子 8 二	丁丑 9 三	戊寅 10 四	己卯 11 五	庚辰 12 六	辛巳 13 日	壬午 14 一	癸未 15 二	甲申 16 三	乙酉 17 四	丙戌 18 五	丁亥 19 六	戊子 20 日	己丑 21 一	庚寅 22 二	辛卯 23 三	壬辰 24 四	癸巳 25 五	甲午 26 六	乙未 27 日	丙申 28 一	丁酉 29 二	戊戌 (3) 三	己亥 2 四	庚子 3 五	辛丑 4 六	壬寅 5 日	癸卯 6 一	甲辰 7 二		壬午雨水 丁酉驚蟄
二月小	乙卯	天干地支 西曆 星期	乙巳 8 三	丙午 9 四	丁未 10 五	戊申 11 六	己酉 12 日	庚戌 13 一	辛亥 14 二	壬子 15 三	癸丑 16 四	甲寅 17 五	乙卯 18 六	丙辰 19 日	丁巳 20 一	戊午 21 二	己未 22 三	庚申 23 四	辛酉 24 五	壬戌 25 六	癸亥 26 日	甲子 27 一	乙丑 28 二	丙寅 29 三	丁卯 30 四	戊辰 31 五	己巳 (4) 六	庚午 2 日	辛未 3 一	壬申 4 二	癸酉 5 三		壬子春分 丁卯清明
三月大	丙辰	天干地支 西曆 星期	甲戌 6 四	乙亥 7 五	丙子 8 六	丁丑 9 日	戊寅 10 一	己卯 11 二	庚辰 12 三	辛巳 13 四	壬午 14 五	癸未 15 六	甲申 16 日	乙酉 17 一	丙戌 18 二	丁亥 19 三	戊子 20 四	己丑 21 五	庚寅 22 六	辛卯 23 日	壬辰 24 一	癸巳 25 二	甲午 26 三	乙未 27 四	丙申 28 五	丁酉 29 六	戊戌 30 日	己亥 (5) 一	庚子 2 二	辛丑 3 三	壬寅 4 四	癸卯 5 五	癸未穀雨 戊戌立夏
四月小	丁巳	天干地支 西曆 星期	甲辰 6 六	乙巳 7 日	丙午 8 一	丁未 9 二	戊申 10 三	己酉 11 四	庚戌 12 五	辛亥 13 六	壬子 14 日	癸丑 15 一	甲寅 16 二	乙卯 17 三	丙辰 18 四	丁巳 19 五	戊午 20 六	己未 21 日	庚申 22 一	辛酉 23 二	壬戌 24 三	癸亥 25 四	甲子 26 五	乙丑 27 六	丙寅 28 日	丁卯 29 一	戊辰 30 二	己巳 31 三	庚午 (6) 四	辛未 2 五	壬申 3 六		癸丑小滿 戊辰芒種
五月小	戊午	天干地支 西曆 星期	癸酉 4 日	甲戌 5 一	乙亥 6 二	丙子 7 三	丁丑 8 四	戊寅 9 五	己卯 10 六	庚辰 11 日	辛巳 12 一	壬午 13 二	癸未 14 三	甲申 15 四	乙酉 16 五	丙戌 17 六	丁亥 18 日	戊子 19 一	己丑 20 二	庚寅 21 三	辛卯 22 四	壬辰 23 五	癸巳 24 六	甲午 25 日	乙未 26 一	丙申 27 二	丁酉 28 三	戊戌 29 四	己亥 30 五	庚子 (7) 六	辛丑 2 日		癸未夏至 己亥小暑
六月大	己未	天干地支 西曆 星期	壬寅 3 一	癸卯 4 二	甲辰 5 三	乙巳 6 四	丙午 7 五	丁未 8 六	戊申 9 日	己酉 10 一	庚戌 11 二	辛亥 12 三	壬子 13 四	癸丑 14 五	甲寅 15 六	乙卯 16 日	丙辰 17 一	丁巳 18 二	戊午 19 三	己未 20 四	庚申 21 五	辛酉 22 六	壬戌 23 日	癸亥 24 一	甲子 25 二	乙丑 26 三	丙寅 27 四	丁卯 28 五	戊辰 29 六	己巳 30 日	庚午 31 一	辛未 (8) 二	甲寅大暑 己巳立秋 壬寅日食
七月小	庚申	天干地支 西曆 星期	壬申 2 三	癸酉 3 四	甲戌 4 五	乙亥 5 六	丙子 6 日	丁丑 7 一	戊寅 8 二	己卯 9 三	庚辰 10 四	辛巳 11 五	壬午 12 六	癸未 13 日	甲申 14 一	乙酉 15 二	丙戌 16 三	丁亥 17 四	戊子 18 五	己丑 19 六	庚寅 20 日	辛卯 21 一	壬辰 22 二	癸巳 23 三	甲午 24 四	乙未 25 五	丙申 26 六	丁酉 27 日	戊戌 28 一	己亥 29 二	庚子 30 三		甲申處暑 己亥白露
八月大	辛酉	天干地支 西曆 星期	辛丑 31 四	壬寅 (9) 五	癸卯 2 六	甲辰 3 日	乙巳 4 一	丙午 5 二	丁未 6 三	戊申 7 四	己酉 8 五	庚戌 9 六	辛亥 10 日	壬子 11 一	癸丑 12 二	甲寅 13 三	乙卯 14 四	丙辰 15 五	丁巳 16 六	戊午 17 日	己未 18 一	庚申 19 二	辛酉 20 三	壬戌 21 四	癸亥 22 五	甲子 23 六	乙丑 24 日	丙寅 25 一	丁卯 26 二	戊辰 27 三	己巳 28 四	庚午 29 五	乙卯秋分 庚午寒露
九月大	壬戌	天干地支 西曆 星期	辛未 30 六	壬申 (10) 日	癸酉 2 一	甲戌 3 二	乙亥 4 三	丙子 5 四	丁丑 6 五	戊寅 7 六	己卯 8 日	庚辰 9 一	辛巳 10 二	壬午 11 三	癸未 12 四	甲申 13 五	乙酉 14 六	丙戌 15 日	丁亥 16 一	戊子 17 二	己丑 18 三	庚寅 19 四	辛卯 20 五	壬辰 21 六	癸巳 22 日	甲午 23 一	乙未 24 二	丙申 25 三	丁酉 26 四	戊戌 27 五	己亥 28 六	庚子 29 日	乙酉霜降 庚子立冬
十月大	癸亥	天干地支 西曆 星期	辛丑 30 一	壬寅 31 二	癸卯 (11) 三	甲辰 2 四	乙巳 3 五	丙午 4 六	丁未 5 日	戊申 6 一	己酉 7 二	庚戌 8 三	辛亥 9 四	壬子 10 五	癸丑 11 六	甲寅 12 日	乙卯 13 一	丙辰 14 二	丁巳 15 三	戊午 16 四	己未 17 五	庚申 18 六	辛酉 19 日	壬戌 20 一	癸亥 21 二	甲子 22 三	乙丑 23 四	丙寅 24 五	丁卯 25 六	戊辰 26 日	己巳 27 一	庚午 28 二	丙辰小雪
十一月小	甲子	天干地支 西曆 星期	辛未 29 三	壬申 30 四	癸酉 (12) 五	甲戌 2 六	乙亥 3 日	丙子 4 一	丁丑 5 二	戊寅 6 三	己卯 7 四	庚辰 8 五	辛巳 9 六	壬午 10 日	癸未 11 一	甲申 12 二	乙酉 13 三	丙戌 14 四	丁亥 15 五	戊子 16 六	己丑 17 日	庚寅 18 一	辛卯 19 二	壬辰 20 三	癸巳 21 四	甲午 22 五	乙未 23 六	丙申 24 日	丁酉 25 一	戊戌 26 二	己亥 27 三		辛未大雪 丙戌冬至
十二月大	乙丑	天干地支 西曆 星期	庚子 28 四	辛丑 29 五	壬寅 30 六	癸卯 31 日	甲辰 (1) 一	乙巳 2 二	丙午 3 三	丁未 4 四	戊申 5 五	己酉 6 六	庚戌 7 日	辛亥 8 一	壬子 9 二	癸丑 10 三	甲寅 11 四	乙卯 12 五	丙辰 13 六	丁巳 14 日	戊午 15 一	己未 16 二	庚申 17 三	辛酉 18 四	壬戌 19 五	癸亥 20 六	甲子 21 日	乙丑 22 一	丙寅 23 二	丁卯 24 三	戊辰 25 四	己巳 26 五	辛丑小寒 丙辰大寒 庚子日食

* 正月丙子（初一），改元紹定。

宋理宗紹定二年（己丑 牛年） 公元1229 ~ 1230年

夏曆月序		中西曆日對照	初一	初二	初三	初四	初五	初六	初七	初八	初九	初十	十一	十二	十三	十四	十五	十六	十七	十八	十九	二十	二一	二二	二三	二四	二五	二六	二七	二八	二九	三十	節氣與天象
正月大	丙寅	天干 地支 西曆 星期	庚午 27 六	辛未 28 日	壬申 29 一	癸酉 30 二	甲戌 31 三	乙亥 (2) 四	丙子 2 五	丁丑 3 六	戊寅 4 日	己卯 5 一	庚辰 6 二	辛巳 7 三	壬午 8 四	癸未 9 五	甲申 10 六	乙酉 11 日	丙戌 12 一	丁亥 13 二	戊子 14 三	己丑 15 四	庚寅 16 五	辛卯 17 六	壬辰 18 日	癸巳 19 一	甲午 20 二	乙未 21 三	丙申 22 四	丁酉 23 五	戊戌 24 六	己亥 25 日	壬申立春 丁亥雨水
二月小	丁卯	天干 地支 西曆 星期	庚子 26 一	辛丑 27 二	壬寅 28 三	癸卯 (3) 四	甲辰 2 五	乙巳 3 六	丙午 4 日	丁未 5 一	戊申 6 二	己酉 7 三	庚戌 8 四	辛亥 9 五	壬子 10 六	癸丑 11 日	甲寅 12 一	乙卯 13 二	丙辰 14 三	丁巳 15 四	戊午 16 五	己未 17 六	庚申 18 日	辛酉 19 一	壬戌 20 二	癸亥 21 三	甲子 22 四	乙丑 23 五	丙寅 24 六	丁卯 25 日	戊辰 26 一		壬寅驚蟄 丁巳春分
三月小	戊辰	天干 地支 西曆 星期	己巳 27 二	庚午 28 三	辛未 29 四	壬申 30 五	癸酉 31 六	甲戌 (4) 日	乙亥 2 一	丙子 3 二	丁丑 4 三	戊寅 5 四	己卯 6 五	庚辰 7 六	辛巳 8 日	壬午 9 一	癸未 10 二	甲申 11 三	乙酉 12 四	丙戌 13 五	丁亥 14 六	戊子 15 日	己丑 16 一	庚寅 17 二	辛卯 18 三	壬辰 19 四	癸巳 20 五	甲午 21 六	乙未 22 日	丙申 23 一	丁酉 24 二		癸酉清明 戊子穀雨
四月大	己巳	天干 地支 西曆 星期	戊戌 25 三	己亥 26 四	庚子 27 五	辛丑 28 六	壬寅 29 日	癸卯 30 一	甲辰 (5) 二	乙巳 2 三	丙午 3 四	丁未 4 五	戊申 5 六	己酉 6 日	庚戌 7 一	辛亥 8 二	壬子 9 三	癸丑 10 四	甲寅 11 五	乙卯 12 六	丙辰 13 日	丁巳 14 一	戊午 15 二	己未 16 三	庚申 17 四	辛酉 18 五	壬戌 19 六	癸亥 20 日	甲子 21 一	乙丑 22 二	丙寅 23 三	丁卯 24 四	癸卯立夏 戊午小滿
五月小	庚午	天干 地支 西曆 星期	戊辰 25 五	己巳 26 六	庚午 27 日	辛未 28 一	壬申 29 二	癸酉 30 三	甲戌 31 四	乙亥 (6) 五	丙子 2 六	丁丑 3 日	戊寅 4 一	己卯 5 二	庚辰 6 三	辛巳 7 四	壬午 8 五	癸未 9 六	甲申 10 日	乙酉 11 一	丙戌 12 二	丁亥 13 三	戊子 14 四	己丑 15 五	庚寅 16 六	辛卯 17 日	壬辰 18 一	癸巳 19 二	甲午 20 三	乙未 21 四	丙申 22 五		癸酉芒種 己丑夏至
六月小	辛未	天干 地支 西曆 星期	丁酉 23 六	戊戌 24 日	己亥 25 一	庚子 26 二	辛丑 27 三	壬寅 28 四	癸卯 29 五	甲辰 30 六	乙巳 (7) 日	丙午 2 一	丁未 3 二	戊申 4 三	己酉 5 四	庚戌 6 五	辛亥 7 六	壬子 8 日	癸丑 9 一	甲寅 10 二	乙卯 11 三	丙辰 12 四	丁巳 13 五	戊午 14 六	己未 15 日	庚申 16 一	辛酉 17 二	壬戌 18 三	癸亥 19 四	甲子 20 五	乙丑 21 六		甲辰小暑 己未大暑
七月大	壬申	天干 地支 西曆 星期	丙寅 22 日	丁卯 23 一	戊辰 24 二	己巳 25 三	庚午 26 四	辛未 27 五	壬申 28 六	癸酉 29 日	甲戌 30 一	乙亥 31 二	丙子 (8) 三	丁丑 2 四	戊寅 3 五	己卯 4 六	庚辰 5 日	辛巳 6 一	壬午 7 二	癸未 8 三	甲申 9 四	乙酉 10 五	丙戌 11 六	丁亥 12 日	戊子 13 一	己丑 14 二	庚寅 15 三	辛卯 16 四	壬辰 17 五	癸巳 18 六	甲午 19 日	乙未 20 一	甲戌立秋 庚寅處暑
八月小	癸酉	天干 地支 西曆 星期	丙申 21 二	丁酉 22 三	戊戌 23 四	己亥 24 五	庚子 25 六	辛丑 26 日	壬寅 27 一	癸卯 28 二	甲辰 29 三	乙巳 30 四	丙午 31 五	丁未 (9) 六	戊申 2 日	己酉 3 一	庚戌 4 二	辛亥 5 三	壬子 6 四	癸丑 7 五	甲寅 8 六	乙卯 9 日	丙辰 10 一	丁巳 11 二	戊午 12 三	己未 13 四	庚申 14 五	辛酉 15 六	壬戌 16 日	癸亥 17 一	甲子 18 二		乙巳白露 庚申秋分
九月大	甲戌	天干 地支 西曆 星期	乙丑 19 三	丙寅 20 四	丁卯 21 五	戊辰 22 六	己巳 23 日	庚午 24 一	辛未 25 二	壬申 26 三	癸酉 27 四	甲戌 28 五	乙亥 29 六	丙子 30 日	丁丑 (10) 一	戊寅 2 二	己卯 3 三	庚辰 4 四	辛巳 5 五	壬午 6 六	癸未 7 日	甲申 8 一	乙酉 9 二	丙戌 10 三	丁亥 11 四	戊子 12 五	己丑 13 六	庚寅 14 日	辛卯 15 一	壬辰 16 二	癸巳 17 三	甲午 18 四	乙亥寒露 庚寅霜降
十月大	乙亥	天干 地支 西曆 星期	乙未 19 五	丙申 20 六	丁酉 21 日	戊戌 22 一	己亥 23 二	庚子 24 三	辛丑 25 四	壬寅 26 五	癸卯 27 六	甲辰 28 日	乙巳 29 一	丙午 30 二	丁未 31 三	戊申 (11) 四	己酉 2 五	庚戌 3 六	辛亥 4 日	壬子 5 一	癸丑 6 二	甲寅 7 三	乙卯 8 四	丙辰 9 五	丁巳 10 六	戊午 11 日	己未 12 一	庚申 13 二	辛酉 14 三	壬戌 15 四	癸亥 16 五	甲子 17 六	丙午立冬 辛酉小雪
十一月大	丙子	天干 地支 西曆 星期	乙丑 18 日	丙寅 19 一	丁卯 20 二	戊辰 21 三	己巳 22 四	庚午 23 五	辛未 24 六	壬申 25 日	癸酉 26 一	甲戌 27 二	乙亥 28 三	丙子 29 四	丁丑 30 五	戊寅 (12) 六	己卯 2 日	庚辰 3 一	辛巳 4 二	壬午 5 三	癸未 6 四	甲申 7 五	乙酉 8 六	丙戌 9 日	丁亥 10 一	戊子 11 二	己丑 12 三	庚寅 13 四	辛卯 14 五	壬辰 15 六	癸巳 16 日	甲午 17 一	丙子大雪 辛卯冬至
十二月小	丁丑	天干 地支 西曆 星期	乙未 18 二	丙申 19 三	丁酉 20 四	戊戌 21 五	己亥 22 六	庚子 23 日	辛丑 24 一	壬寅 25 二	癸卯 26 三	甲辰 27 四	乙巳 28 五	丙午 29 六	丁未 30 日	戊申 31 一	己酉 (1) 二	庚戌 2 三	辛亥 3 四	壬子 4 五	癸丑 5 六	甲寅 6 日	乙卯 7 一	丙辰 8 二	丁巳 9 三	戊午 10 四	己未 11 五	庚申 12 六	辛酉 13 日	壬戌 14 一	癸亥 15 二		丙午小寒 壬戌大寒

宋理宗紹定三年（庚寅 虎年） 公元 1230 ~ 1231 年

夏曆月序		中西曆日對照	初一	初二	初三	初四	初五	初六	初七	初八	初九	初十	十一	十二	十三	十四	十五	十六	十七	十八	十九	二十	二一	二二	二三	二四	二五	二六	二七	二八	二九	三十	節氣與天象
正月大	戊寅	天干地支 西曆 星期	甲子 16 三	乙丑 17 四	丙寅 18 五	丁卯 19 六	戊辰 20 日	己巳 21 一	庚午 22 二	辛未 23 三	壬申 24 四	癸酉 25 五	甲戌 26 六	乙亥 27 日	丙子 28 一	丁丑 29 二	戊寅 30 三	己卯 31 四	庚辰 (2) 五	辛巳 2 六	壬午 3 日	癸未 4 一	甲申 5 二	乙酉 6 三	丙戌 7 四	丁亥 8 五	戊子 9 六	己丑 10 日	庚寅 11 一	辛卯 12 二	壬辰 13 三	癸巳 14 四	丁丑立春 壬辰雨水
二月大	己卯	天干地支 西曆 星期	甲午 15 五	乙未 16 六	丙申 17 日	丁酉 18 一	戊戌 19 二	己亥 20 三	庚子 21 四	辛丑 22 五	壬寅 23 六	癸卯 24 日	甲辰 25 一	乙巳 26 二	丙午 27 三	丁未 28 四	戊申 (3) 五	己酉 2 六	庚戌 3 日	辛亥 4 一	壬子 5 二	癸丑 6 三	甲寅 7 四	乙卯 8 五	丙辰 9 六	丁巳 10 日	戊午 11 一	己未 12 二	庚申 13 三	辛酉 14 四	壬戌 15 五	癸亥 16 六	丁未驚蟄 癸亥春分
閏二月小	己卯	天干地支 西曆 星期	甲子 17 日	乙丑 18 一	丙寅 19 二	丁卯 20 三	戊辰 21 四	己巳 22 五	庚午 23 六	辛未 24 日	壬申 25 一	癸酉 26 二	甲戌 27 三	乙亥 28 四	丙子 29 五	丁丑 30 六	戊寅 31 日	己卯 (4) 一	庚辰 2 二	辛巳 3 三	壬午 4 四	癸未 5 五	甲申 6 六	乙酉 7 日	丙戌 8 一	丁亥 9 二	戊子 10 三	己丑 11 四	庚寅 12 五	辛卯 13 六	壬辰 14 日		戊寅清明
三月小	庚辰	天干地支 西曆 星期	癸巳 15 一	甲午 16 二	乙未 17 三	丙申 18 四	丁酉 19 五	戊戌 20 六	己亥 21 日	庚子 22 一	辛丑 23 二	壬寅 24 三	癸卯 25 四	甲辰 26 五	乙巳 27 六	丙午 28 日	丁未 29 一	戊申 30 二	己酉 (5) 三	庚戌 2 四	辛亥 3 五	壬子 4 六	癸丑 5 日	甲寅 6 一	乙卯 7 二	丙辰 8 三	丁巳 9 四	戊午 10 五	己未 11 六	庚申 12 日	辛酉 13 一		癸巳穀雨 戊申立夏
四月大	辛巳	天干地支 西曆 星期	壬戌 14 二	癸亥 15 三	甲子 16 四	乙丑 17 五	丙寅 18 六	丁卯 19 日	戊辰 20 一	己巳 21 二	庚午 22 三	辛未 23 四	壬申 24 五	癸酉 25 六	甲戌 26 日	乙亥 27 一	丙子 28 二	丁丑 29 三	戊寅 30 四	己卯 31 五	庚辰 (6) 六	辛巳 2 日	壬午 3 一	癸未 4 二	甲申 5 三	乙酉 6 四	丙戌 7 五	丁亥 8 六	戊子 9 日	己丑 10 一	庚寅 11 二	辛卯 12 三	癸亥小滿 己卯芒種
五月小	壬午	天干地支 西曆 星期	壬辰 13 四	癸巳 14 五	甲午 15 六	乙未 16 日	丙申 17 一	丁酉 18 二	戊戌 19 三	己亥 20 四	庚子 21 五	辛丑 22 六	壬寅 23 日	癸卯 24 一	甲辰 25 二	乙巳 26 三	丙午 27 四	丁未 28 五	戊申 29 六	己酉 30 日	庚戌 (7) 一	辛亥 2 二	壬子 3 三	癸丑 4 四	甲寅 5 五	乙卯 6 六	丙辰 7 日	丁巳 8 一	戊午 9 二	己未 10 三	庚申 11 四		甲午夏至 己酉小暑
六月小	癸未	天干地支 西曆 星期	辛酉 12 五	壬戌 13 六	癸亥 14 日	甲子 15 一	乙丑 16 二	丙寅 17 三	丁卯 18 四	戊辰 19 五	己巳 20 六	庚午 21 日	辛未 22 一	壬申 23 二	癸酉 24 三	甲戌 25 四	乙亥 26 五	丙子 27 六	丁丑 28 日	戊寅 29 一	己卯 30 二	庚辰 31 三	辛巳 (8) 四	壬午 2 五	癸未 3 六	甲申 4 日	乙酉 5 一	丙戌 6 二	丁亥 7 三	戊子 8 四	己丑 9 五		甲子大暑 庚辰立秋
七月大	甲申	天干地支 西曆 星期	庚寅 10 六	辛卯 11 日	壬辰 12 一	癸巳 13 二	甲午 14 三	乙未 15 四	丙申 16 五	丁酉 17 六	戊戌 18 日	己亥 19 一	庚子 20 二	辛丑 21 三	壬寅 22 四	癸卯 23 五	甲辰 24 六	乙巳 25 日	丙午 26 一	丁未 27 二	戊申 28 三	己酉 29 四	庚戌 30 五	辛亥 31 六	壬子 (9) 日	癸丑 2 一	甲寅 3 二	乙卯 4 三	丙辰 5 四	丁巳 6 五	戊午 7 六	己未 8 日	乙未處暑 庚戌白露
八月小	乙酉	天干地支 西曆 星期	庚申 9 一	辛酉 10 二	壬戌 11 三	癸亥 12 四	甲子 13 五	乙丑 14 六	丙寅 15 日	丁卯 16 一	戊辰 17 二	己巳 18 三	庚午 19 四	辛未 20 五	壬申 21 六	癸酉 22 日	甲戌 23 一	乙亥 24 二	丙子 25 三	丁丑 26 四	戊寅 27 五	己卯 28 六	庚辰 29 日	辛巳 30 一	壬午 (10) 二	癸未 2 三	甲申 3 四	乙酉 4 五	丙戌 5 六	丁亥 6 日	戊子 7 一		乙丑秋分 庚辰寒露
九月大	丙戌	天干地支 西曆 星期	己丑 8 二	庚寅 9 三	辛卯 10 四	壬辰 11 五	癸巳 12 六	甲午 13 日	乙未 14 一	丙申 15 二	丁酉 16 三	戊戌 17 四	己亥 18 五	庚子 19 六	辛丑 20 日	壬寅 21 一	癸卯 22 二	甲辰 23 三	乙巳 24 四	丙午 25 五	丁未 26 六	戊申 27 日	己酉 28 一	庚戌 29 二	辛亥 30 三	壬子 31 四	癸丑 (11) 五	甲寅 2 六	乙卯 3 日	丙辰 4 一	丁巳 5 二	戊午 6 三	丙申霜降 辛亥立冬
十月小	丁亥	天干地支 西曆 星期	己未 7 四	庚申 8 五	辛酉 9 六	壬戌 10 日	癸亥 11 一	甲子 12 二	乙丑 13 三	丙寅 14 四	丁卯 15 五	戊辰 16 六	己巳 17 日	庚午 18 一	辛未 19 二	壬申 20 三	癸酉 21 四	甲戌 22 五	乙亥 23 六	丙子 24 日	丁丑 25 一	戊寅 26 二	己卯 27 三	庚辰 28 四	辛巳 29 五	壬午 30 六	癸未 (12) 日	甲申 2 一	乙酉 3 二	丙戌 4 三	丁亥 5 四		丙寅小雪 辛巳大雪
十一月大	戊子	天干地支 西曆 星期	戊子 6 五	己丑 7 六	庚寅 8 日	辛卯 9 一	壬辰 10 二	癸巳 11 三	甲午 12 四	乙未 13 五	丙申 14 六	丁酉 15 日	戊戌 16 一	己亥 17 二	庚子 18 三	辛丑 19 四	壬寅 20 五	癸卯 21 六	甲辰 22 日	乙巳 23 一	丙午 24 二	丁未 25 三	戊申 26 四	己酉 27 五	庚戌 28 六	辛亥 29 日	壬子 30 一	癸丑 31 二	甲寅 (1) 三	乙卯 2 四	丙辰 3 五	丁巳 4 六	丁酉冬至 壬子小寒
十二月大	己丑	天干地支 西曆 星期	戊午 5 日	己未 6 一	庚申 7 二	辛酉 8 三	壬戌 9 四	癸亥 10 五	甲子 11 六	乙丑 12 日	丙寅 13 一	丁卯 14 二	戊辰 15 三	己巳 16 四	庚午 17 五	辛未 18 六	壬申 19 日	癸酉 20 一	甲戌 21 二	乙亥 22 三	丙子 23 四	丁丑 24 五	戊寅 25 六	己卯 26 日	庚辰 27 一	辛巳 28 二	壬午 29 三	癸未 30 四	甲申 31 五	乙酉 (2) 六	丙戌 2 日	丁亥 3 一	丁卯大寒 壬午立春

宋理宗紹定四年（辛卯 兔年） 公元 1231 ~ 1232 年

夏曆月序		中西曆日對照	初一	初二	初三	初四	初五	初六	初七	初八	初九	初十	十一	十二	十三	十四	十五	十六	十七	十八	十九	二十	二一	二二	二三	二四	二五	二六	二七	二八	二九	三十	節氣與天象
正月大	庚寅	天干地支 西曆星期	戊子 4 二	己丑 5 三	庚寅 6 四	辛卯 7 五	壬辰 8 六	癸巳 9 日	甲午 10 一	乙未 11 二	丙申 12 三	丁酉 13 四	戊戌 14 五	己亥 15 六	庚子 16 日	辛丑 17 一	壬寅 18 二	癸卯 19 三	甲辰 20 四	乙巳 21 五	丙午 22 六	丁未 23 日	戊申 24 一	己酉 25 二	庚戌 26 三	辛亥 27 四	壬子 28 五	癸丑 (3) 六	甲寅 2 日	乙卯 3 一	丙辰 4 二	丁巳 5 三	丁酉雨水 癸丑驚蟄
二月小	辛卯	天干地支 西曆星期	戊午 6 四	己未 7 五	庚申 8 六	辛酉 9 日	壬戌 10 一	癸亥 11 二	甲子 12 三	乙丑 13 四	丙寅 14 五	丁卯 15 六	戊辰 16 日	己巳 17 一	庚午 18 二	辛未 19 三	壬申 20 四	癸酉 21 五	甲戌 22 六	乙亥 23 日	丙子 24 一	丁丑 25 二	戊寅 26 三	己卯 27 四	庚辰 28 五	辛巳 29 六	壬午 30 日	癸未 31 一	甲申 (4) 二	乙酉 2 三	丙戌 3 四		戊辰春分 癸未清明
三月大	壬辰	天干地支 西曆星期	丁亥 4 五	戊子 5 六	己丑 6 日	庚寅 7 一	辛卯 8 二	壬辰 9 三	癸巳 10 四	甲午 11 五	乙未 12 六	丙申 13 日	丁酉 14 一	戊戌 15 二	己亥 16 三	庚子 17 四	辛丑 18 五	壬寅 19 六	癸卯 20 日	甲辰 21 一	乙巳 22 二	丙午 23 三	丁未 24 四	戊申 25 五	己酉 26 六	庚戌 27 日	辛亥 28 一	壬子 29 二	癸丑 30 三	甲寅 (5) 四	乙卯 2 五	丙辰 3 六	戊戌穀雨 癸丑立夏
四月小	癸巳	天干地支 西曆星期	丁巳 4 日	戊午 5 一	己未 6 二	庚申 7 三	辛酉 8 四	壬戌 9 五	癸亥 10 六	甲子 11 日	乙丑 12 一	丙寅 13 二	丁卯 14 三	戊辰 15 四	己巳 16 五	庚午 17 六	辛未 18 日	壬申 19 一	癸酉 20 二	甲戌 21 三	乙亥 22 四	丙子 23 五	丁丑 24 六	戊寅 25 日	己卯 26 一	庚辰 27 二	辛巳 28 三	壬午 29 四	癸未 30 五	甲申 31 六	乙酉 (6) 日		己巳小滿 甲申芒種
五月大	甲午	天干地支 西曆星期	丙戌 2 一	丁亥 3 二	戊子 4 三	己丑 5 四	庚寅 6 五	辛卯 7 六	壬辰 8 日	癸巳 9 一	甲午 10 二	乙未 11 三	丙申 12 四	丁酉 13 五	戊戌 14 六	己亥 15 日	庚子 16 一	辛丑 17 二	壬寅 18 三	癸卯 19 四	甲辰 20 五	乙巳 21 六	丙午 22 日	丁未 23 一	戊申 24 二	己酉 25 三	庚戌 26 四	辛亥 27 五	壬子 28 六	癸丑 29 日	甲寅 30 一	乙卯 (7) 二	己亥夏至 甲寅小暑
六月小	乙未	天干地支 西曆星期	丙辰 2 三	丁巳 3 四	戊午 4 五	己未 5 六	庚申 6 日	辛酉 7 一	壬戌 8 二	癸亥 9 三	甲子 10 四	乙丑 11 五	丙寅 12 六	丁卯 13 日	戊辰 14 一	己巳 15 二	庚午 16 三	辛未 17 四	壬申 18 五	癸酉 19 六	甲戌 20 日	乙亥 21 一	丙子 22 二	丁丑 23 三	戊寅 24 四	己卯 25 五	庚辰 26 六	辛巳 27 日	壬午 28 一	癸未 29 二	甲申 30 三		庚午大暑
七月小	丙申	天干地支 西曆星期	乙酉 31 四	丙戌 (8) 五	丁亥 2 六	戊子 3 日	己丑 4 一	庚寅 5 二	辛卯 6 三	壬辰 7 四	癸巳 8 五	甲午 9 六	乙未 10 日	丙申 11 一	丁酉 12 二	戊戌 13 三	己亥 14 四	庚子 15 五	辛丑 16 六	壬寅 17 日	癸卯 18 一	甲辰 19 二	乙巳 20 三	丙午 21 四	丁未 22 五	戊申 23 六	己酉 24 日	庚戌 25 一	辛亥 26 二	壬子 27 三	癸丑 28 四		乙酉立秋 庚子處暑
八月大	丁酉	天干地支 西曆星期	甲寅 29 五	乙卯 30 六	丙辰 31 日	丁巳 (9) 一	戊午 2 二	己未 3 三	庚申 4 四	辛酉 5 五	壬戌 6 六	癸亥 7 日	甲子 8 一	乙丑 9 二	丙寅 10 三	丁卯 11 四	戊辰 12 五	己巳 13 六	庚午 14 日	辛未 15 一	壬申 16 二	癸酉 17 三	甲戌 18 四	乙亥 19 五	丙子 20 六	丁丑 21 日	戊寅 22 一	己卯 23 二	庚辰 24 三	辛巳 25 四	壬午 26 五	癸未 27 六	乙卯白露 庚午秋分
九月小	戊戌	天干地支 西曆星期	甲申 28 日	乙酉 29 一	丙戌 30 二	丁亥 (10) 三	戊子 2 四	己丑 3 五	庚寅 4 六	辛卯 5 日	壬辰 6 一	癸巳 7 二	甲午 8 三	乙未 9 四	丙申 10 五	丁酉 11 六	戊戌 12 日	己亥 13 一	庚子 14 二	辛丑 15 三	壬寅 16 四	癸卯 17 五	甲辰 18 六	乙巳 19 日	丙午 20 一	丁未 21 二	戊申 22 三	己酉 23 四	庚戌 24 五	辛亥 25 六	壬子 26 日		丙戌寒露 辛丑霜降
十月大	己亥	天干地支 西曆星期	癸丑 27 一	甲寅 28 二	乙卯 29 三	丙辰 30 四	丁巳 31 五	戊午 (11) 六	己未 2 日	庚申 3 一	辛酉 4 二	壬戌 5 三	癸亥 6 四	甲子 7 五	乙丑 8 六	丙寅 9 日	丁卯 10 一	戊辰 11 二	己巳 12 三	庚午 13 四	辛未 14 五	壬申 15 六	癸酉 16 日	甲戌 17 一	乙亥 18 二	丙子 19 三	丁丑 20 四	戊寅 21 五	己卯 22 六	庚辰 23 日	辛巳 24 一	壬午 25 二	丙辰立冬 辛未小雪
十一月小	庚子	天干地支 西曆星期	癸未 26 三	甲申 27 四	乙酉 28 五	丙戌 29 六	丁亥 30 日	戊子 (12) 一	己丑 2 二	庚寅 3 三	辛卯 4 四	壬辰 5 五	癸巳 6 六	甲午 7 日	乙未 8 一	丙申 9 二	丁酉 10 三	戊戌 11 四	己亥 12 五	庚子 13 六	辛丑 14 日	壬寅 15 一	癸卯 16 二	甲辰 17 三	乙巳 18 四	丙午 19 五	丁未 20 六	戊申 21 日	己酉 22 一	庚戌 23 二	辛亥 24 三		丁亥大雪 壬寅冬至
十二月大	辛丑	天干地支 西曆星期	壬子 25 四	癸丑 26 五	甲寅 27 六	乙卯 28 日	丙辰 29 一	丁巳 30 二	戊午 31 三	己未 (1) 四	庚申 2 五	辛酉 3 六	壬戌 4 日	癸亥 5 一	甲子 6 二	乙丑 7 三	丙寅 8 四	丁卯 9 五	戊辰 10 六	己巳 11 日	庚午 12 一	辛未 13 二	壬申 14 三	癸酉 15 四	甲戌 16 五	乙亥 17 六	丙子 18 日	丁丑 19 一	戊寅 20 二	己卯 21 三	庚辰 22 四	辛巳 23 五	丁巳小寒 壬申大寒

宋理宗紹定五年（壬辰 龍年） 公元1232 ~ 1233年

夏曆月序		中西曆日對照	初一	初二	初三	初四	初五	初六	初七	初八	初九	初十	十一	十二	十三	十四	十五	十六	十七	十八	十九	二十	二一	二二	二三	二四	二五	二六	二七	二八	二九	三十	節氣與天象
正月大	壬寅	天干地支 西曆星期	壬午24六	癸未25日	甲申26一	乙酉27二	丙戌28三	丁亥29四	戊子30五	己丑31六	庚寅(2)日	辛卯2一	壬辰3二	癸巳4三	甲午5四	乙未6五	丙申7六	丁酉8日	戊戌9一	己亥10二	庚子11三	辛丑12四	壬寅13五	癸卯14六	甲辰15日	乙巳16一	丙午17二	丁未18三	戊申19四	己酉20五	庚戌21六	辛亥22日	丁亥立春 癸卯雨水
二月大	癸卯	天干地支 西曆星期	壬子23一	癸丑24二	甲寅25三	乙卯26四	丙辰27五	丁巳28六	戊午29日	己未(3)一	庚申2二	辛酉3三	壬戌4四	癸亥5五	甲子6六	乙丑7日	丙寅8一	丁卯9二	戊辰10三	己巳11四	庚午12五	辛未13六	壬申14日	癸酉15一	甲戌16二	乙亥17三	丙子18四	丁丑19五	戊寅20六	己卯21日	庚辰22一	辛巳23二	戊午驚蟄 癸酉春分
三月小	甲辰	天干地支 西曆星期	壬午24三	癸未25四	甲申26五	乙酉27六	丙戌28日	丁亥29一	戊子30二	己丑31三	庚寅(4)四	辛卯2五	壬辰3六	癸巳4日	甲午5一	乙未6二	丙申7三	丁酉8四	戊戌9五	己亥10六	庚子11日	辛丑12一	壬寅13二	癸卯14三	甲辰15四	乙巳16五	丙午17六	丁未18日	戊申19一	己酉20二	庚戌21三		戊子清明 甲辰穀雨
四月大	乙巳	天干地支 西曆星期	辛亥22四	壬子23五	癸丑24六	甲寅25日	乙卯26一	丙辰27二	丁巳28三	戊午29四	己未30五	庚申(5)六	辛酉2日	壬戌3一	癸亥4二	甲子5三	乙丑6四	丙寅7五	丁卯8六	戊辰9日	己巳10一	庚午11二	辛未12三	壬申13四	癸酉14五	甲戌15六	乙亥16日	丙子17一	丁丑18二	戊寅19三	己卯20四	庚辰21五	己未立夏 甲戌小滿
五月小	丙午	天干地支 西曆星期	辛巳22六	壬午23日	癸未24一	甲申25二	乙酉26三	丙戌27四	丁亥28五	戊子29六	己丑30日	庚寅31一	辛卯(6)二	壬辰2三	癸巳3四	甲午4五	乙未5六	丙申6日	丁酉7一	戊戌8二	己亥9三	庚子10四	辛丑11五	壬寅12六	癸卯13日	甲辰14一	乙巳15二	丙午16三	丁未17四	戊申18五	己酉19六		己丑芒種 甲辰夏至
六月大	丁未	天干地支 西曆星期	庚戌20日	辛亥21一	壬子22二	癸丑23三	甲寅24四	乙卯25五	丙辰26六	丁巳27日	戊午28一	己未29二	庚申30三	辛酉(7)四	壬戌2五	癸亥3六	甲子4日	乙丑5一	丙寅6二	丁卯7三	戊辰8四	己巳9五	庚午10六	辛未11日	壬申12一	癸酉13二	甲戌14三	乙亥15四	丙子16五	丁丑17六	戊寅18日	己卯19一	庚申小暑 乙亥大暑
七月小	戊申	天干地支 西曆星期	庚辰20二	辛巳21三	壬午22四	癸未23五	甲申24六	乙酉25日	丙戌26一	丁亥27二	戊子28三	己丑29四	庚寅30五	辛卯31六	壬辰(8)日	癸巳2一	甲午3二	乙未4三	丙申5四	丁酉6五	戊戌7六	己亥8日	庚子9一	辛丑10二	壬寅11三	癸卯12四	甲辰13五	乙巳14六	丙午15日	丁未16一	戊申17二		庚寅立秋 乙巳處暑
八月小	己酉	天干地支 西曆星期	己酉18三	庚戌19四	辛亥20五	壬子21六	癸丑22日	甲寅23一	乙卯24二	丙辰25三	丁巳26四	戊午27五	己未28六	庚申29日	辛酉30一	壬戌31二	癸亥(9)三	甲子2四	乙丑3五	丙寅4六	丁卯5日	戊辰6一	己巳7二	庚午8三	辛未9四	壬申10五	癸酉11六	甲戌12日	乙亥13一	丙子14二	丁丑15三		庚申白露 丙子秋分
九月大	庚戌	天干地支 西曆星期	戊寅16四	己卯17五	庚辰18六	辛巳19日	壬午20一	癸未21二	甲申22三	乙酉23四	丙戌24五	丁亥25六	戊子26日	己丑27一	庚寅28二	辛卯29三	壬辰30四	癸巳(10)五	甲午2六	乙未3日	丙申4一	丁酉5二	戊戌6三	己亥7四	庚子8五	辛丑9六	壬寅10日	癸卯11一	甲辰12二	乙巳13三	丙午14四	丁未15五	辛卯寒露 丙午霜降
閏九月小	庚戌	天干地支 西曆星期	戊申16六	己酉17日	庚戌18一	辛亥19二	壬子20三	癸丑21四	甲寅22五	乙卯23六	丙辰24日	丁巳25一	戊午26二	己未27三	庚申28四	辛酉29五	壬戌30六	癸亥31日	甲子(11)一	乙丑2二	丙寅3三	丁卯4四	戊辰5五	己巳6六	庚午7日	辛未8一	壬申9二	癸酉10三	甲戌11四	乙亥12五	丙子13六		辛酉立冬
十月大	辛亥	天干地支 西曆星期	丁丑14日	戊寅15一	己卯16二	庚辰17三	辛巳18四	壬午19五	癸未20六	甲申21日	乙酉22一	丙戌23二	丁亥24三	戊子25四	己丑26五	庚寅27六	辛卯28日	壬辰29一	癸巳30二	甲午(12)三	乙未2四	丙申3五	丁酉4六	戊戌5日	己亥6一	庚子7二	辛丑8三	壬寅9四	癸卯10五	甲辰11六	乙巳12日	丙午13一	丁丑小雪 壬辰大雪
十一月小	壬子	天干地支 西曆星期	丁未14二	戊申15三	己酉16四	庚戌17五	辛亥18六	壬子19日	癸丑20一	甲寅21二	乙卯22三	丙辰23四	丁巳24五	戊午25六	己未26日	庚申27一	辛酉28二	壬戌29三	癸亥30四	甲子31五	乙丑(1)六	丙寅2日	丁卯3一	戊辰4二	己巳5三	庚午6四	辛未7五	壬申8六	癸酉9日	甲戌10一	乙亥11二		丁未冬至 壬戌小寒
十二月大	癸丑	天干地支 西曆星期	丙子12三	丁丑13四	戊寅14五	己卯15六	庚辰16日	辛巳17一	壬午18二	癸未19三	甲申20四	乙酉21五	丙戌22六	丁亥23日	戊子24一	己丑25二	庚寅26三	辛卯27四	壬辰28五	癸巳29六	甲午30日	乙未31一	丙申(2)二	丁酉2三	戊戌3四	己亥4五	庚子5六	辛丑6日	壬寅7一	癸卯8二	甲辰9三	乙巳10四	丁丑大寒 癸巳立春

宋理宗紹定六年（癸巳 蛇年） 公元 1233 ~ 1234 年

夏曆月序		中西曆日對照	夏曆日序																														節氣與天象
			初一	初二	初三	初四	初五	初六	初七	初八	初九	初十	十一	十二	十三	十四	十五	十六	十七	十八	十九	二十	二一	二二	二三	二四	二五	二六	二七	二八	二九	三十	
正月大	甲寅	天干地支 西曆星期	丙午 11 五	丁未 12 六	戊申 13 日	己酉 14 一	庚戌 15 二	辛亥 16 三	壬子 17 四	癸丑 18 五	甲寅 19 六	乙卯 20 日	丙辰 21 一	丁巳 22 二	戊午 23 三	己未 24 四	庚申 25 五	辛酉 26 六	壬戌 27 日	癸亥 28 一	甲子 (3) 二	乙丑 2 三	丙寅 3 四	丁卯 4 五	戊辰 5 六	己巳 6 日	庚午 7 一	辛未 8 二	壬申 9 三	癸酉 10 四	甲戌 11 五	乙亥 12 六	戊申雨水 癸亥驚蟄
二月小	乙卯	天干地支 西曆星期	丙子 13 日	丁丑 14 一	戊寅 15 二	己卯 16 三	庚辰 17 四	辛巳 18 五	壬午 19 六	癸未 20 日	甲申 21 一	乙酉 22 二	丙戌 23 三	丁亥 24 四	戊子 25 五	己丑 26 六	庚寅 27 日	辛卯 28 一	壬辰 29 二	癸巳 30 三	甲午 31 四	乙未 (4) 五	丙申 2 六	丁酉 3 日	戊戌 4 一	己亥 5 二	庚子 6 三	辛丑 7 四	壬寅 8 五	癸卯 9 六	甲辰 10 日		戊寅春分 甲午清明
三月大	丙辰	天干地支 西曆星期	乙巳 11 一	丙午 12 二	丁未 13 三	戊申 14 四	己酉 15 五	庚戌 16 六	辛亥 17 日	壬子 18 一	癸丑 19 二	甲寅 20 三	乙卯 21 四	丙辰 22 五	丁巳 23 六	戊午 24 日	己未 25 一	庚申 26 二	辛酉 27 三	壬戌 28 四	癸亥 29 五	甲子 30 六	乙丑 (5) 日	丙寅 2 一	丁卯 3 二	戊辰 4 三	己巳 5 四	庚午 6 五	辛未 7 六	壬申 8 日	癸酉 9 一	甲戌 10 二	己酉穀雨 甲子立夏
四月大	丁巳	天干地支 西曆星期	乙亥 11 三	丙子 12 四	丁丑 13 五	戊寅 14 六	己卯 15 日	庚辰 16 一	辛巳 17 二	壬午 18 三	癸未 19 四	甲申 20 五	乙酉 21 六	丙戌 22 日	丁亥 23 一	戊子 24 二	己丑 25 三	庚寅 26 四	辛卯 27 五	壬辰 28 六	癸巳 29 日	甲午 30 一	乙未 31 二	丙申 (6) 三	丁酉 2 四	戊戌 3 五	己亥 4 六	庚子 5 日	辛丑 6 一	壬寅 7 二	癸卯 8 三	甲辰 9 四	己卯小滿 甲午芒種
五月小	戊午	天干地支 西曆星期	乙巳 10 五	丙午 11 六	丁未 12 日	戊申 13 一	己酉 14 二	庚戌 15 三	辛亥 16 四	壬子 17 五	癸丑 18 六	甲寅 19 日	乙卯 20 一	丙辰 21 二	丁巳 22 三	戊午 23 四	己未 24 五	庚申 25 六	辛酉 26 日	壬戌 27 一	癸亥 28 二	甲子 29 三	乙丑 30 四	丙寅 (7) 五	丁卯 2 六	戊辰 3 日	己巳 4 一	庚午 5 二	辛未 6 三	壬申 7 四	癸酉 8 五		庚戌夏至 乙丑小暑
六月小	己未	天干地支 西曆星期	甲戌 9 六	乙亥 10 日	丙子 11 一	丁丑 12 二	戊寅 13 三	己卯 14 四	庚辰 15 五	辛巳 16 六	壬午 17 日	癸未 18 一	甲申 19 二	乙酉 20 三	丙戌 21 四	丁亥 22 五	戊子 23 六	己丑 24 日	庚寅 25 一	辛卯 26 二	壬辰 27 三	癸巳 28 四	甲午 29 五	乙未 30 六	丙申 31 日	丁酉 (8) 一	戊戌 2 二	己亥 3 三	庚子 4 四	辛丑 5 五	壬寅 6 六		庚辰大暑 乙未立秋
七月大	庚申	天干地支 西曆星期	癸卯 7 日	甲辰 8 一	乙巳 9 二	丙午 10 三	丁未 11 四	戊申 12 五	己酉 13 六	庚戌 14 日	辛亥 15 一	壬子 16 二	癸丑 17 三	甲寅 18 四	乙卯 19 五	丙辰 20 六	丁巳 21 日	戊午 22 一	己未 23 二	庚申 24 三	辛酉 25 四	壬戌 26 五	癸亥 27 六	甲子 28 日	乙丑 29 一	丙寅 30 二	丁卯 31 三	戊辰 (9) 四	己巳 2 五	庚午 3 六	辛未 4 日	壬申 5 一	庚戌處暑 丙寅白露
八月小	辛酉	天干地支 西曆星期	癸酉 6 二	甲戌 7 三	乙亥 8 四	丙子 9 五	丁丑 10 六	戊寅 11 日	己卯 12 一	庚辰 13 二	辛巳 14 三	壬午 15 四	癸未 16 五	甲申 17 六	乙酉 18 日	丙戌 19 一	丁亥 20 二	戊子 21 三	己丑 22 四	庚寅 23 五	辛卯 24 六	壬辰 25 日	癸巳 26 一	甲午 27 二	乙未 28 三	丙申 29 四	丁酉 30 五	戊戌 (10) 六	己亥 2 日	庚子 3 一	辛丑 4 二		辛巳秋分 丙申寒露
九月大	壬戌	天干地支 西曆星期	壬寅 5 三	癸卯 6 四	甲辰 7 五	乙巳 8 六	丙午 9 日	丁未 10 一	戊申 11 二	己酉 12 三	庚戌 13 四	辛亥 14 五	壬子 15 六	癸丑 16 日	甲寅 17 一	乙卯 18 二	丙辰 19 三	丁巳 20 四	戊午 21 五	己未 22 六	庚申 23 日	辛酉 24 一	壬戌 25 二	癸亥 26 三	甲子 27 四	乙丑 28 五	丙寅 29 六	丁卯 30 日	戊辰 31 一	己巳 (11) 二	庚午 2 三	辛未 3 四	辛亥霜降 丁卯立冬 壬寅日食
十月小	癸亥	天干地支 西曆星期	壬申 4 五	癸酉 5 六	甲戌 6 日	乙亥 7 一	丙子 8 二	丁丑 9 三	戊寅 10 四	己卯 11 五	庚辰 12 六	辛巳 13 日	壬午 14 一	癸未 15 二	甲申 16 三	乙酉 17 四	丙戌 18 五	丁亥 19 六	戊子 20 日	己丑 21 一	庚寅 22 二	辛卯 23 三	壬辰 24 四	癸巳 25 五	甲午 26 六	乙未 27 日	丙申 28 一	丁酉 29 二	戊戌 30 三	己亥 (12) 四	庚子 2 五		壬午小雪 丁酉大雪
十一月大	甲子	天干地支 西曆星期	辛丑 3 六	壬寅 4 日	癸卯 5 一	甲辰 6 二	乙巳 7 三	丙午 8 四	丁未 9 五	戊申 10 六	己酉 11 日	庚戌 12 一	辛亥 13 二	壬子 14 三	癸丑 15 四	甲寅 16 五	乙卯 17 六	丙辰 18 日	丁巳 19 一	戊午 20 二	己未 21 三	庚申 22 四	辛酉 23 五	壬戌 24 六	癸亥 25 日	甲子 26 一	乙丑 27 二	丙寅 28 三	丁卯 29 四	戊辰 30 五	己巳 31 六	庚午 (1) 日	壬子冬至 丁卯小寒
十二月小	乙丑	天干地支 西曆星期	辛未 2 一	壬申 3 二	癸酉 4 三	甲戌 5 四	乙亥 6 五	丙子 7 六	丁丑 8 日	戊寅 9 一	己卯 10 二	庚辰 11 三	辛巳 12 四	壬午 13 五	癸未 14 六	甲申 15 日	乙酉 16 一	丙戌 17 二	丁亥 18 三	戊子 19 四	己丑 20 五	庚寅 21 六	辛卯 22 日	壬辰 23 一	癸巳 24 二	甲午 25 三	乙未 26 四	丙申 27 五	丁酉 28 六	戊戌 29 日	己亥 30 一		癸未大寒 戊戌立春

宋理宗端平元年（甲午 馬年） 公元 1234 ~ 1235 年

夏曆月序	中西曆日對照	初一	初二	初三	初四	初五	初六	初七	初八	初九	初十	十一	十二	十三	十四	十五	十六	十七	十八	十九	二十	二一	二二	二三	二四	二五	二六	二七	二八	二九	三十	節氣與天象
正月大 丙寅	天干地支	庚子	辛丑	壬寅	癸卯	甲辰	乙巳	丙午	丁未	戊申	己酉	庚戌	辛亥	壬子	癸丑	甲寅	乙卯	丙辰	丁巳	戊午	己未	庚申	辛酉	壬戌	癸亥	甲子	乙丑	丙寅	丁卯	戊辰	己巳	癸丑雨水 戊辰驚蟄
	西曆	31	(2)	2	3	4	5	6	7	8	9	10	11	12	13	14	15	16	17	18	19	20	21	22	23	24	25	26	27	28	(3)	
	星期	二	三	四	五	六	日	一	二	三	四	五	六	日	一	二	三	四	五	六	日	一	二	三	四	五	六	日	一	二	三	
二月小 丁卯	天干地支	庚午	辛未	壬申	癸酉	甲戌	乙亥	丙子	丁丑	戊寅	己卯	庚辰	辛巳	壬午	癸未	甲申	乙酉	丙戌	丁亥	戊子	己丑	庚寅	辛卯	壬辰	癸巳	甲午	乙未	丙申	丁酉	戊戌		甲申春分
	西曆	2	3	4	5	6	7	8	9	10	11	12	13	14	15	16	17	18	19	20	21	22	23	24	25	26	27	28	29	30		
	星期	四	五	六	日	一	二	三	四	五	六	日	一	二	三	四	五	六	日	一	二	三	四	五	六	日	一	二	三	四		
三月大 戊辰	天干地支	己亥	庚子	辛丑	壬寅	癸卯	甲辰	乙巳	丙午	丁未	戊申	己酉	庚戌	辛亥	壬子	癸丑	甲寅	乙卯	丙辰	丁巳	戊午	己未	庚申	辛酉	壬戌	癸亥	甲子	乙丑	丙寅	丁卯	戊辰	己亥清明 甲寅穀雨
	西曆	31	(4)	2	3	4	5	6	7	8	9	10	11	12	13	14	15	16	17	18	19	20	21	22	23	24	25	26	27	28	29	
	星期	五	六	日	一	二	三	四	五	六	日	一	二	三	四	五	六	日	一	二	三	四	五	六	日	一	二	三	四	五	六	
四月大 己巳	天干地支	己巳	庚午	辛未	壬申	癸酉	甲戌	乙亥	丙子	丁丑	戊寅	己卯	庚辰	辛巳	壬午	癸未	甲申	乙酉	丙戌	丁亥	戊子	己丑	庚寅	辛卯	壬辰	癸巳	甲午	乙未	丙申	丁酉	戊戌	己巳立夏 甲申小滿
	西曆	30	(5)	2	3	4	5	6	7	8	9	10	11	12	13	14	15	16	17	18	19	20	21	22	23	24	25	26	27	28	29	
	星期	日	一	二	三	四	五	六	日	一	二	三	四	五	六	日	一	二	三	四	五	六	日	一	二	三	四	五	六	日	一	
五月小 庚午	天干地支	己亥	庚子	辛丑	壬寅	癸卯	甲辰	乙巳	丙午	丁未	戊申	己酉	庚戌	辛亥	壬子	癸丑	甲寅	乙卯	丙辰	丁巳	戊午	己未	庚申	辛酉	壬戌	癸亥	甲子	乙丑	丙寅	丁卯		庚子芒種 乙卯夏至
	西曆	30	31	(6)	2	3	4	5	6	7	8	9	10	11	12	13	14	15	16	17	18	19	20	21	22	23	24	25	26	27		
	星期	二	三	四	五	六	日	一	二	三	四	五	六	日	一	二	三	四	五	六	日	一	二	三	四	五	六	日	一	二		
六月大 辛未	天干地支	戊辰	己巳	庚午	辛未	壬申	癸酉	甲戌	乙亥	丙子	丁丑	戊寅	己卯	庚辰	辛巳	壬午	癸未	甲申	乙酉	丙戌	丁亥	戊子	己丑	庚寅	辛卯	壬辰	癸巳	甲午	乙未	丙申	丁酉	庚午小暑 乙酉大暑
	西曆	28	29	30	(7)	2	3	4	5	6	7	8	9	10	11	12	13	14	15	16	17	18	19	20	21	22	23	24	25	26	27	
	星期	三	四	五	六	日	一	二	三	四	五	六	日	一	二	三	四	五	六	日	一	二	三	四	五	六	日	一	二	三	四	
七月小 壬申	天干地支	戊戌	己亥	庚子	辛丑	壬寅	癸卯	甲辰	乙巳	丙午	丁未	戊申	己酉	庚戌	辛亥	壬子	癸丑	甲寅	乙卯	丙辰	丁巳	戊午	己未	庚申	辛酉	壬戌	癸亥	甲子	乙丑	丙寅		辛丑立秋 丙辰處暑
	西曆	28	29	30	31	(8)	2	3	4	5	6	7	8	9	10	11	12	13	14	15	16	17	18	19	20	21	22	23	24	25		
	星期	五	六	日	一	二	三	四	五	六	日	一	二	三	四	五	六	日	一	二	三	四	五	六	日	一	二	三	四	五		
八月大 癸酉	天干地支	丁卯	戊辰	己巳	庚午	辛未	壬申	癸酉	甲戌	乙亥	丙子	丁丑	戊寅	己卯	庚辰	辛巳	壬午	癸未	甲申	乙酉	丙戌	丁亥	戊子	己丑	庚寅	辛卯	壬辰	癸巳	甲午	乙未	丙申	辛未白露 丙戌秋分
	西曆	26	27	28	29	30	31	(9)	2	3	4	5	6	7	8	9	10	11	12	13	14	15	16	17	18	19	20	21	22	23	24	
	星期	六	日	一	二	三	四	五	六	日	一	二	三	四	五	六	日	一	二	三	四	五	六	日	一	二	三	四	五	六	日	
九月小 甲戌	天干地支	丁酉	戊戌	己亥	庚子	辛丑	壬寅	癸卯	甲辰	乙巳	丙午	丁未	戊申	己酉	庚戌	辛亥	壬子	癸丑	甲寅	乙卯	丙辰	丁巳	戊午	己未	庚申	辛酉	壬戌	癸亥	甲子	乙丑		辛丑寒露 丁巳霜降
	西曆	25	26	27	28	29	30	(10)	2	3	4	5	6	7	8	9	10	11	12	13	14	15	16	17	18	19	20	21	22	23		
	星期	一	二	三	四	五	六	日	一	二	三	四	五	六	日	一	二	三	四	五	六	日	一	二	三	四	五	六	日	一		
十月大 乙亥	天干地支	丙寅	丁卯	戊辰	己巳	庚午	辛未	壬申	癸酉	甲戌	乙亥	丙子	丁丑	戊寅	己卯	庚辰	辛巳	壬午	癸未	甲申	乙酉	丙戌	丁亥	戊子	己丑	庚寅	辛卯	壬辰	癸巳	甲午	乙未	壬申立冬 丁亥小雪
	西曆	24	25	26	27	28	29	30	31	(11)	2	3	4	5	6	7	8	9	10	11	12	13	14	15	16	17	18	19	20	21	22	
	星期	二	三	四	五	六	日	一	二	三	四	五	六	日	一	二	三	四	五	六	日	一	二	三	四	五	六	日	一	二	三	
十一月小 丙子	天干地支	丙申	丁酉	戊戌	己亥	庚子	辛丑	壬寅	癸卯	甲辰	乙巳	丙午	丁未	戊申	己酉	庚戌	辛亥	壬子	癸丑	甲寅	乙卯	丙辰	丁巳	戊午	己未	庚申	辛酉	壬戌	癸亥	甲子		壬寅大雪 丁巳冬至
	西曆	23	24	25	26	27	28	29	30	(12)	2	3	4	5	6	7	8	9	10	11	12	13	14	15	16	17	18	19	20	21		
	星期	四	五	六	日	一	二	三	四	五	六	日	一	二	三	四	五	六	日	一	二	三	四	五	六	日	一	二	三	四		
十二月大 丁丑	天干地支	乙丑	丙寅	丁卯	戊辰	己巳	庚午	辛未	壬申	癸酉	甲戌	乙亥	丙子	丁丑	戊寅	己卯	庚辰	辛巳	壬午	癸未	甲申	乙酉	丙戌	丁亥	戊子	己丑	庚寅	辛卯	壬辰	癸巳	甲午	癸酉小寒 戊子大寒
	西曆	22	23	24	25	26	27	28	29	30	31	(1)	2	3	4	5	6	7	8	9	10	11	12	13	14	15	16	17	18	19	20	
	星期	五	六	日	一	二	三	四	五	六	日	一	二	三	四	五	六	日	一	二	三	四	五	六	日	一	二	三	四	五	六	

* 正月庚子（初一），改元端平。

宋理宗端平二年（乙未 羊年） 公元 1235 ~ 1236 年

夏曆月序		中西曆對照	初一	初二	初三	初四	初五	初六	初七	初八	初九	初十	十一	十二	十三	十四	十五	十六	十七	十八	十九	二十	二一	二二	二三	二四	二五	二六	二七	二八	二九	三十	節氣與天象
正月小	戊寅	天干地支 西曆 星期	乙未 21 日	丙申 22 一	丁酉 23 二	戊戌 24 三	己亥 25 四	庚子 26 五	辛丑 27 六	壬寅 28 日	癸卯 29 一	甲辰 30 二	乙巳 31 三	丙午 (2) 四	丁未 2 五	戊申 3 六	己酉 4 日	庚戌 5 一	辛亥 6 二	壬子 7 三	癸丑 8 四	甲寅 9 五	乙卯 10 六	丙辰 11 日	丁巳 12 一	戊午 13 二	己未 14 三	庚申 15 四	辛酉 16 五	壬戌 17 六	癸亥 18 日		癸卯立春 戊午雨水
二月大	己卯	天干地支 西曆 星期	甲子 19 一	乙丑 20 二	丙寅 21 三	丁卯 22 四	戊辰 23 五	己巳 24 六	庚午 25 日	辛未 26 一	壬申 27 二	癸酉 28 三	甲戌 (3) 四	乙亥 2 五	丙子 3 六	丁丑 4 日	戊寅 5 一	己卯 6 二	庚辰 7 三	辛巳 8 四	壬午 9 五	癸未 10 六	甲申 11 日	乙酉 12 一	丙戌 13 二	丁亥 14 三	戊子 15 四	己丑 16 五	庚寅 17 六	辛卯 18 日	壬辰 19 一	癸巳 20 二	甲戌驚蟄 己丑春分
三月小	庚辰	天干地支 西曆 星期	甲午 21 三	乙未 22 四	丙申 23 五	丁酉 24 六	戊戌 25 日	己亥 26 一	庚子 27 二	辛丑 28 三	壬寅 29 四	癸卯 30 五	甲辰 31 六	乙巳 (4) 日	丙午 2 一	丁未 3 二	戊申 4 三	己酉 5 四	庚戌 6 五	辛亥 7 六	壬子 8 日	癸丑 9 一	甲寅 10 二	乙卯 11 三	丙辰 12 四	丁巳 13 五	戊午 14 六	己未 15 日	庚申 16 一	辛酉 17 二	壬戌 18 三		甲辰清明 己未穀雨
四月大	辛巳	天干地支 西曆 星期	癸亥 19 四	甲子 20 五	乙丑 21 六	丙寅 22 日	丁卯 23 一	戊辰 24 二	己巳 25 三	庚午 26 四	辛未 27 五	壬申 28 六	癸酉 29 日	甲戌 30 一	乙亥 (5) 二	丙子 2 三	丁丑 3 四	戊寅 4 五	己卯 5 六	庚辰 6 日	辛巳 7 一	壬午 8 二	癸未 9 三	甲申 10 四	乙酉 11 五	丙戌 12 六	丁亥 13 日	戊子 14 一	己丑 15 二	庚寅 16 三	辛卯 17 四	壬辰 18 五	甲戌立夏 庚寅小滿
五月小	壬午	天干地支 西曆 星期	癸巳 19 六	甲午 20 日	乙未 21 一	丙申 22 二	丁酉 23 三	戊戌 24 四	己亥 25 五	庚子 26 六	辛丑 27 日	壬寅 28 一	癸卯 29 二	甲辰 30 三	乙巳 31 四	丙午 (6) 五	丁未 2 六	戊申 3 日	己酉 4 一	庚戌 5 二	辛亥 6 三	壬子 7 四	癸丑 8 五	甲寅 9 六	乙卯 10 日	丙辰 11 一	丁巳 12 二	戊午 13 三	己未 14 四	庚申 15 五	辛酉 16 六		乙巳芒種 庚申夏至
六月大	癸未	天干地支 西曆 星期	壬戌 17 日	癸亥 18 一	甲子 19 二	乙丑 20 三	丙寅 21 四	丁卯 22 五	戊辰 23 六	己巳 24 日	庚午 25 一	辛未 26 二	壬申 27 三	癸酉 28 四	甲戌 29 五	乙亥 30 六	丙子 (7) 日	丁丑 2 一	戊寅 3 二	己卯 4 三	庚辰 5 四	辛巳 6 五	壬午 7 六	癸未 8 日	甲申 9 一	乙酉 10 二	丙戌 11 三	丁亥 12 四	戊子 13 五	己丑 14 六	庚寅 15 日	辛卯 16 一	乙亥小暑 辛卯大暑
七月大	甲申	天干地支 西曆 星期	壬辰 17 二	癸巳 18 三	甲午 19 四	乙未 20 五	丙申 21 六	丁酉 22 日	戊戌 23 一	己亥 24 二	庚子 25 三	辛丑 26 四	壬寅 27 五	癸卯 28 六	甲辰 29 日	乙巳 30 一	丙午 31 二	丁未 (8) 三	戊申 2 四	己酉 3 五	庚戌 4 六	辛亥 5 日	壬子 6 一	癸丑 7 二	甲寅 8 三	乙卯 9 四	丙辰 10 五	丁巳 11 六	戊午 12 日	己未 13 一	庚申 14 二	辛酉 15 三	丙午立秋 辛酉處暑
閏七月小	甲申	天干地支 西曆 星期	壬戌 16 四	癸亥 17 五	甲子 18 六	乙丑 19 日	丙寅 20 一	丁卯 21 二	戊辰 22 三	己巳 23 四	庚午 24 五	辛未 25 六	壬申 26 日	癸酉 27 一	甲戌 28 二	乙亥 29 三	丙子 30 四	丁丑 31 五	戊寅 (9) 六	己卯 2 日	庚辰 3 一	辛巳 4 二	壬午 5 三	癸未 6 四	甲申 7 五	乙酉 8 六	丙戌 9 日	丁亥 10 一	戊子 11 二	己丑 12 三	庚寅 13 四		丙子白露
八月大	乙酉	天干地支 西曆 星期	辛卯 14 五	壬辰 15 六	癸巳 16 日	甲午 17 一	乙未 18 二	丙申 19 三	丁酉 20 四	戊戌 21 五	己亥 22 六	庚子 23 日	辛丑 24 一	壬寅 25 二	癸卯 26 三	甲辰 27 四	乙巳 28 五	丙午 29 六	丁未 30 日	戊申 (10) 一	己酉 2 二	庚戌 3 三	辛亥 4 四	壬子 5 五	癸丑 6 六	甲寅 7 日	乙卯 8 一	丙辰 9 二	丁巳 10 三	戊午 11 四	己未 12 五	庚申 13 六	辛卯秋分 丁未寒露
九月小	丙戌	天干地支 西曆 星期	辛酉 14 日	壬戌 15 一	癸亥 16 二	甲子 17 三	乙丑 18 四	丙寅 19 五	丁卯 20 六	戊辰 21 日	己巳 22 一	庚午 23 二	辛未 24 三	壬申 25 四	癸酉 26 五	甲戌 27 六	乙亥 28 日	丙子 29 一	丁丑 30 二	戊寅 31 三	己卯 (11) 四	庚辰 2 五	辛巳 3 六	壬午 4 日	癸未 5 一	甲申 6 二	乙酉 7 三	丙戌 8 四	丁亥 9 五	戊子 10 六	己丑 11 日		壬戌霜降 丁丑立冬
十月大	丁亥	天干地支 西曆 星期	庚寅 12 一	辛卯 13 二	壬辰 14 三	癸巳 15 四	甲午 16 五	乙未 17 六	丙申 18 日	丁酉 19 一	戊戌 20 二	己亥 21 三	庚子 22 四	辛丑 23 五	壬寅 24 六	癸卯 25 日	甲辰 26 一	乙巳 27 二	丙午 28 三	丁未 29 四	戊申 30 五	己酉 (12) 六	庚戌 2 日	辛亥 3 一	壬子 4 二	癸丑 5 三	甲寅 6 四	乙卯 7 五	丙辰 8 六	丁巳 9 日	戊午 10 一	己未 11 二	壬辰小雪 戊申大雪
十一月小	戊子	天干地支 西曆 星期	庚申 12 三	辛酉 13 四	壬戌 14 五	癸亥 15 六	甲子 16 日	乙丑 17 一	丙寅 18 二	丁卯 19 三	戊辰 20 四	己巳 21 五	庚午 22 六	辛未 23 日	壬申 24 一	癸酉 25 二	甲戌 26 三	乙亥 27 四	丙子 28 五	丁丑 29 六	戊寅 30 日	己卯 31 一	庚辰 (1) 二	辛巳 2 三	壬午 3 四	癸未 4 五	甲申 5 六	乙酉 6 日	丙戌 7 一	丁亥 8 二	戊子 9 三		癸亥冬至 戊寅小寒
十二月大	己丑	天干地支 西曆 星期	己丑 10 四	庚寅 11 五	辛卯 12 六	壬辰 13 日	癸巳 14 一	甲午 15 二	乙未 16 三	丙申 17 四	丁酉 18 五	戊戌 19 六	己亥 20 日	庚子 21 一	辛丑 22 二	壬寅 23 三	癸卯 24 四	甲辰 25 五	乙巳 26 六	丙午 27 日	丁未 28 一	戊申 29 二	己酉 30 三	庚戌 31 四	辛亥 (2) 五	壬子 2 六	癸丑 3 日	甲寅 4 一	乙卯 5 二	丙辰 6 三	丁巳 7 四	戊午 8 五	癸巳大寒 戊申立春

宋理宗端平三年（丙申 猴年） 公元 1236 ~ 1237 年

夏曆月序		中西曆日對照	初一	初二	初三	初四	初五	初六	初七	初八	初九	初十	十一	十二	十三	十四	十五	十六	十七	十八	十九	二十	二一	二二	二三	二四	二五	二六	二七	二八	二九	三十	節氣與天象
正月小	庚寅	天干地支西曆星期	己未9六	庚申10日	辛酉11一	壬戌12二	癸亥13三	甲子14四	乙丑15五	丙寅16六	丁卯17日	戊辰18一	己巳19二	庚午20三	辛未21四	壬申22五	癸酉23六	甲戌24日	乙亥25一	丙子26二	丁丑27三	戊寅28四	己卯29五	庚辰(3)六	辛巳2日	壬午3一	癸未4二	甲申5三	乙酉6四	丙戌7五	丁亥8六		甲子雨水 己卯驚蟄
二月大	辛卯	天干地支西曆星期	戊子9日	己丑10一	庚寅11二	辛卯12三	壬辰13四	癸巳14五	甲午15六	乙未16日	丙申17一	丁酉18二	戊戌19三	己亥20四	庚子21五	辛丑22六	壬寅23日	癸卯24一	甲辰25二	乙巳26三	丙午27四	丁未28五	戊申29六	己酉30日	庚戌31一	辛亥(4)二	壬子2三	癸丑3四	甲寅4五	乙卯5六	丙辰6日	丁巳7一	甲午春分 己酉清明
三月小	壬辰	天干地支西曆星期	戊午8二	己未9三	庚申10四	辛酉11五	壬戌12六	癸亥13日	甲子14一	乙丑15二	丙寅16三	丁卯17四	戊辰18五	己巳19六	庚午20日	辛未21一	壬申22二	癸酉23三	甲戌24四	乙亥25五	丙子26六	丁丑27日	戊寅28一	己卯29二	庚辰30三	辛巳(5)四	壬午2五	癸未3六	甲申4日	乙酉5一	丙戌6二		甲子穀雨 庚辰立夏
四月小	癸巳	天干地支西曆星期	丁亥7三	戊子8四	己丑9五	庚寅10六	辛卯11日	壬辰12一	癸巳13二	甲午14三	乙未15四	丙申16五	丁酉17六	戊戌18日	己亥19一	庚子20二	辛丑21三	壬寅22四	癸卯23五	甲辰24六	乙巳25日	丙午26一	丁未27二	戊申28三	己酉29四	庚戌30五	辛亥31六	壬子(6)日	癸丑2一	甲寅3二	乙卯4三		乙未小滿 庚戌芒種
五月大	甲午	天干地支西曆星期	丙辰5四	丁巳6五	戊午7六	己未8日	庚申9一	辛酉10二	壬戌11三	癸亥12四	甲子13五	乙丑14六	丙寅15日	丁卯16一	戊辰17二	己巳18三	庚午19四	辛未20五	壬申21六	癸酉22日	甲戌23一	乙亥24二	丙子25三	丁丑26四	戊寅27五	己卯28六	庚辰29日	辛巳30一	壬午(7)二	癸未2三	甲申3四	乙酉4五	乙丑夏至 辛巳小暑
六月大	乙未	天干地支西曆星期	丙戌5六	丁亥6日	戊子7一	己丑8二	庚寅9三	辛卯10四	壬辰11五	癸巳12六	甲午13日	乙未14一	丙申15二	丁酉16三	戊戌17四	己亥18五	庚子19六	辛丑20日	壬寅21一	癸卯22二	甲辰23三	乙巳24四	丙午25五	丁未26六	戊申27日	己酉28一	庚戌29二	辛亥30三	壬子31四	癸丑(8)五	甲寅2六	乙卯3日	丙申大暑 辛亥立秋 乙卯日食
七月小	丙申	天干地支西曆星期	丙辰4一	丁巳5二	戊午6三	己未7四	庚申8五	辛酉9六	壬戌10日	癸亥11一	甲子12二	乙丑13三	丙寅14四	丁卯15五	戊辰16六	己巳17日	庚午18一	辛未19二	壬申20三	癸酉21四	甲戌22五	乙亥23六	丙子24日	丁丑25一	戊寅26二	己卯27三	庚辰28四	辛巳29五	壬午30六	癸未31日	甲申(9)一		丙寅處暑 辛巳白露
八月大	丁酉	天干地支西曆星期	乙酉2二	丙戌3三	丁亥4四	戊子5五	己丑6六	庚寅7日	辛卯8一	壬辰9二	癸巳10三	甲午11四	乙未12五	丙申13六	丁酉14日	戊戌15一	己亥16二	庚子17三	辛丑18四	壬寅19五	癸卯20六	甲辰21日	乙巳22一	丙午23二	丁未24三	戊申25四	己酉26五	庚戌27六	辛亥28日	壬子29一	癸丑30二	甲寅(10)三	丁酉秋分 壬子寒露
九月大	戊戌	天干地支西曆星期	乙卯2四	丙辰3五	丁巳4六	戊午5日	己未6一	庚申7二	辛酉8三	壬戌9四	癸亥10五	甲子11六	乙丑12日	丙寅13一	丁卯14二	戊辰15三	己巳16四	庚午17五	辛未18六	壬申19日	癸酉20一	甲戌21二	乙亥22三	丙子23四	丁丑24五	戊寅25六	己卯26日	庚辰27一	辛巳28二	壬午29三	癸未30四	甲申31五	丁卯霜降 壬午立冬
十月小	己亥	天干地支西曆星期	乙酉(11)六	丙戌2日	丁亥3一	戊子4二	己丑5三	庚寅6四	辛卯7五	壬辰8六	癸巳9日	甲午10一	乙未11二	丙申12三	丁酉13四	戊戌14五	己亥15六	庚子16日	辛丑17一	壬寅18二	癸卯19三	甲辰20四	乙巳21五	丙午22六	丁未23日	戊申24一	己酉25二	庚戌26三	辛亥27四	壬子28五	癸丑29六		戊戌小雪 癸丑大雪
十一月大	庚子	天干地支西曆星期	甲寅30日	乙卯(12)一	丙辰2二	丁巳3三	戊午4四	己未5五	庚申6六	辛酉7日	壬戌8一	癸亥9二	甲子10三	乙丑11四	丙寅12五	丁卯13六	戊辰14日	己巳15一	庚午16二	辛未17三	壬申18四	癸酉19五	甲戌20六	乙亥21日	丙子22一	丁丑23二	戊寅24三	己卯25四	庚辰26五	辛巳27六	壬午28日	癸未29一	戊辰冬至 癸未小寒
十二月小	辛丑	天干地支西曆星期	甲申30二	乙酉31三	丙戌(1)四	丁亥2五	戊子3六	己丑4日	庚寅5一	辛卯6二	壬辰7三	癸巳8四	甲午9五	乙未10六	丙申11日	丁酉12一	戊戌13二	己亥14三	庚子15四	辛丑16五	壬寅17六	癸卯18日	甲辰19一	乙巳20二	丙午21三	丁未22四	戊申23五	己酉24六	庚戌25日	辛亥26一	壬子27二		戊戌大寒

宋理宗嘉熙元年（丁酉 鷄年） 公元 1237 ~ 1238 年

夏曆月序		中西曆日對照	初一	初二	初三	初四	初五	初六	初七	初八	初九	初十	十一	十二	十三	十四	十五	十六	十七	十八	十九	二十	廿一	廿二	廿三	廿四	廿五	廿六	廿七	廿八	廿九	三十	節氣與天象
正月大	壬寅	天干地支 西曆星期	癸丑28三	甲寅29四	乙卯30五	丙辰31六	丁巳(2)日	戊午2一	己未3二	庚申4三	辛酉5四	壬戌6五	癸亥7六	甲子8日	乙丑9一	丙寅10二	丁卯11三	戊辰12四	己巳13五	庚午14六	辛未15日	壬申16一	癸酉17二	甲戌18三	乙亥19四	丙子20五	丁丑21六	戊寅22日	己卯23一	庚辰24二	辛巳25三	壬午26四	甲寅立春 己巳雨水
二月小	癸卯	天干地支 西曆星期	癸未27五	甲申28六	乙酉(3)日	丙戌2一	丁亥3二	戊子4三	己丑5四	庚寅6五	辛卯7六	壬辰8日	癸巳9一	甲午10二	乙未11三	丙申12四	丁酉13五	戊戌14六	己亥15日	庚子16一	辛丑17二	壬寅18三	癸卯19四	甲辰20五	乙巳21六	丙午22日	丁未23一	戊申24二	己酉25三	庚戌26四	辛亥27五		甲申驚蟄 己亥春分
三月大	甲辰	天干地支 西曆星期	壬子28六	癸丑29日	甲寅30一	乙卯31二	丙辰(4)三	丁巳2四	戊午3五	己未4六	庚申5日	辛酉6一	壬戌7二	癸亥8三	甲子9四	乙丑10五	丙寅11六	丁卯12日	戊辰13一	己巳14二	庚午15三	辛未16四	壬申17五	癸酉18六	甲戌19日	乙亥20一	丙子21二	丁丑22三	戊寅23四	己卯24五	庚辰25六	辛巳26日	甲寅清明 庚午穀雨
四月小	乙巳	天干地支 西曆星期	壬午27一	癸未28二	甲申29三	乙酉30四	丙戌(5)五	丁亥2六	戊子3日	己丑4一	庚寅5二	辛卯6三	壬辰7四	癸巳8五	甲午9六	乙未10日	丙申11一	丁酉12二	戊戌13三	己亥14四	庚子15五	辛丑16六	壬寅17日	癸卯18一	甲辰19二	乙巳20三	丙午21四	丁未22五	戊申23六	己酉24日	庚戌25一		乙酉立夏 庚子小滿
五月小	丙午	天干地支 西曆星期	辛亥26二	壬子27三	癸丑28四	甲寅29五	乙卯30六	丙辰31日	丁巳(6)一	戊午2二	己未3三	庚申4四	辛酉5五	壬戌6六	癸亥7日	甲子8一	乙丑9二	丙寅10三	丁卯11四	戊辰12五	己巳13六	庚午14日	辛未15一	壬申16二	癸酉17三	甲戌18四	乙亥19五	丙子20六	丁丑21日	戊寅22一	己卯23二		乙卯芒種 辛未夏至
六月大	丁未	天干地支 西曆星期	庚辰24三	辛巳25四	壬午26五	癸未27六	甲申28日	乙酉29一	丙戌30二	丁亥(7)三	戊子2四	己丑3五	庚寅4六	辛卯5日	壬辰6一	癸巳7二	甲午8三	乙未9四	丙申10五	丁酉11六	戊戌12日	己亥13一	庚子14二	辛丑15三	壬寅16四	癸卯17五	甲辰18六	乙巳19日	丙午20一	丁未21二	戊申22三	己酉23四	丙戌小暑 辛丑大暑
七月小	戊申	天干地支 西曆星期	庚戌24五	辛亥25六	壬子26日	癸丑27一	甲寅28二	乙卯29三	丙辰30四	丁巳31五	戊午(8)六	己未2日	庚申3一	辛酉4二	壬戌5三	癸亥6四	甲子7五	乙丑8六	丙寅9日	丁卯10一	戊辰11二	己巳12三	庚午13四	辛未14五	壬申15六	癸酉16日	甲戌17一	乙亥18二	丙子19三	丁丑20四	戊寅21五		丙辰立秋 辛未處暑
八月大	己酉	天干地支 西曆星期	己卯22六	庚辰23日	辛巳24一	壬午25二	癸未26三	甲申27四	乙酉28五	丙戌29六	丁亥30日	戊子31一	己丑(9)二	庚寅2三	辛卯3四	壬辰4五	癸巳5六	甲午6日	乙未7一	丙申8二	丁酉9三	戊戌10四	己亥11五	庚子12六	辛丑13日	壬寅14一	癸卯15二	甲辰16三	乙巳17四	丙午18五	丁未19六	戊申20日	丁亥白露 壬寅秋分
九月大	庚戌	天干地支 西曆星期	己酉21一	庚戌22二	辛亥23三	壬子24四	癸丑25五	甲寅26六	乙卯27日	丙辰28一	丁巳29二	戊午30三	己未(10)四	庚申2五	辛酉3六	壬戌4日	癸亥5一	甲子6二	乙丑7三	丙寅8四	丁卯9五	戊辰10六	己巳11日	庚午12一	辛未13二	壬申14三	癸酉15四	甲戌16五	乙亥17六	丙子18日	丁丑19一	戊寅20二	丁巳寒露 壬申霜降
十月小	辛亥	天干地支 西曆星期	己卯21三	庚辰22四	辛巳23五	壬午24六	癸未25日	甲申26一	乙酉27二	丙戌28三	丁亥29四	戊子30五	己丑31六	庚寅(11)日	辛卯2一	壬辰3二	癸巳4三	甲午5四	乙未6五	丙申7六	丁酉8日	戊戌9一	己亥10二	庚子11三	辛丑12四	壬寅13五	癸卯14六	甲辰15日	乙巳16一	丙午17二	丁未18三		戊子立冬 癸卯小雪
十一月大	壬子	天干地支 西曆星期	戊申19四	己酉20五	庚戌21六	辛亥22日	壬子23一	癸丑24二	甲寅25三	乙卯26四	丙辰27五	丁巳28六	戊午29日	己未30一	庚申(12)二	辛酉2三	壬戌3四	癸亥4五	甲子5六	乙丑6日	丙寅7一	丁卯8二	戊辰9三	己巳10四	庚午11五	辛未12六	壬申13日	癸酉14一	甲戌15二	乙亥16三	丙子17四	丁丑18五	戊午大雪 癸酉冬至
十二月大	癸丑	天干地支 西曆星期	戊寅19六	己卯20日	庚辰21一	辛巳22二	壬午23三	癸未24四	甲申25五	乙酉26六	丙戌27日	丁亥28一	戊子29二	己丑30三	庚寅31四	辛卯(1)五	壬辰2六	癸巳3日	甲午4一	乙未5二	丙申6三	丁酉7四	戊戌8五	己亥9六	庚子10日	辛丑11一	壬寅12二	癸卯13三	甲辰14四	乙巳15五	丙午16六	丁未17日	戊子小寒 甲辰大寒 戊寅日食

* 正月癸丑（初一），改元嘉熙。

宋理宗嘉熙二年（戊戌 狗年） 公元 1238 ~ 1239 年

夏曆月序	中西曆日對照	初一	初二	初三	初四	初五	初六	初七	初八	初九	初十	十一	十二	十三	十四	十五	十六	十七	十八	十九	二十	二一	二二	二三	二四	二五	二六	二七	二八	二九	三十	節氣與天象
正月小	甲寅 天干地支 西曆星期	戊申18一	己酉19二	庚戌20三	辛亥21四	壬子22五	癸丑23六	甲寅24日	乙卯25一	丙辰26二	丁巳27三	戊午28四	己未29五	庚申30六	辛酉31日	壬戌(2)一	癸亥2二	甲子3三	乙丑4四	丙寅5五	丁卯6六	戊辰7日	己巳8一	庚午9二	辛未10三	壬申11四	癸酉12五	甲戌13六	乙亥14日	丙子15一		己未立春 甲戌雨水
二月大	乙卯 天干地支 西曆星期	丁丑16二	戊寅17三	己卯18四	庚辰19五	辛巳20六	壬午21日	癸未22一	甲申23二	乙酉24三	丙戌25四	丁亥26五	戊子27六	己丑28日	庚寅(3)一	辛卯2二	壬辰3三	癸巳4四	甲午5五	乙未6六	丙申7日	丁酉8一	戊戌9二	己亥10三	庚子11四	辛丑12五	壬寅13六	癸卯14日	甲辰15一	乙巳16二	丙午17三	己丑驚蟄 乙巳春分
三月小	丙辰 天干地支 西曆星期	丁未18四	戊申19五	己酉20六	庚戌21日	辛亥22一	壬子23二	癸丑24三	甲寅25四	乙卯26五	丙辰27六	丁巳28日	戊午29一	己未30二	庚申31三	辛酉(4)四	壬戌2五	癸亥3六	甲子4日	乙丑5一	丙寅6二	丁卯7三	戊辰8四	己巳9五	庚午10六	辛未11日	壬申12一	癸酉13二	甲戌14三	乙亥15四		庚申清明 乙亥穀雨
四月大	丁巳 天干地支 西曆星期	丙子16五	丁丑17六	戊寅18日	己卯19一	庚辰20二	辛巳21三	壬午22四	癸未23五	甲申24六	乙酉25日	丙戌26一	丁亥27二	戊子28三	己丑29四	庚寅30五	辛卯(5)六	壬辰2日	癸巳3一	甲午4二	乙未5三	丙申6四	丁酉7五	戊戌8六	己亥9日	庚子10一	辛丑11二	壬寅12三	癸卯13四	甲辰14五	乙巳15六	庚寅立夏 乙巳小滿
閏四月小	丁巳 天干地支 西曆星期	丙午16日	丁未17一	戊申18二	己酉19三	庚戌20四	辛亥21五	壬子22六	癸丑23日	甲寅24一	乙卯25二	丙辰26三	丁巳27四	戊午28五	己未29六	庚申30日	辛酉31一	壬戌(6)二	癸亥2三	甲子3四	乙丑4五	丙寅5六	丁卯6日	戊辰7一	己巳8二	庚午9三	辛未10四	壬申11五	癸酉12六	甲戌13日		辛酉芒種
五月小	戊午 天干地支 西曆星期	乙亥14一	丙子15二	丁丑16三	戊寅17四	己卯18五	庚辰19六	辛巳20日	壬午21一	癸未22二	甲申23三	乙酉24四	丙戌25五	丁亥26六	戊子27日	己丑28一	庚寅29二	辛卯30三	壬辰(7)四	癸巳2五	甲午3六	乙未4日	丙申5一	丁酉6二	戊戌7三	己亥8四	庚子9五	辛丑10六	壬寅11日	癸卯12一		丙子夏至 辛卯小暑
六月大	己未 天干地支 西曆星期	甲辰13二	乙巳14三	丙午15四	丁未16五	戊申17六	己酉18日	庚戌19一	辛亥20二	壬子21三	癸丑22四	甲寅23五	乙卯24六	丙辰25日	丁巳26一	戊午27二	己未28三	庚申29四	辛酉30五	壬戌31六	癸亥(8)日	甲子2一	乙丑3二	丙寅4三	丁卯5四	戊辰6五	己巳7六	庚午8日	辛未9一	壬申10二	癸酉11三	丙午大暑 辛酉立秋
七月小	庚申 天干地支 西曆星期	甲戌12四	乙亥13五	丙子14六	丁丑15日	戊寅16一	己卯17二	庚辰18三	辛巳19四	壬午20五	癸未21六	甲申22日	乙酉23一	丙戌24二	丁亥25三	戊子26四	己丑27五	庚寅28六	辛卯29日	壬辰30一	癸巳31二	甲午(9)三	乙未2四	丙申3五	丁酉4六	戊戌5日	己亥6一	庚子7二	辛丑8三	壬寅9四		丁丑處暑 壬辰白露
八月大	辛酉 天干地支 西曆星期	癸卯10五	甲辰11六	乙巳12日	丙午13一	丁未14二	戊申15三	己酉16四	庚戌17五	辛亥18六	壬子19日	癸丑20一	甲寅21二	乙卯22三	丙辰23四	丁巳24五	戊午25六	己未26日	庚申27一	辛酉28二	壬戌29三	癸亥30四	甲子(10)五	乙丑2六	丙寅3日	丁卯4一	戊辰5二	己巳6三	庚午7四	辛未8五	壬申9六	丁未秋分 壬戌寒露
九月小	壬戌 天干地支 西曆星期	癸酉10日	甲戌11一	乙亥12二	丙子13三	丁丑14四	戊寅15五	己卯16六	庚辰17日	辛巳18一	壬午19二	癸未20三	甲申21四	乙酉22五	丙戌23六	丁亥24日	戊子25一	己丑26二	庚寅27三	辛卯28四	壬辰29五	癸巳30六	甲午31日	乙未(11)一	丙申2二	丁酉3三	戊戌4四	己亥5五	庚子6六	辛丑7日		戊寅霜降 癸巳立冬
十月大	癸亥 天干地支 西曆星期	壬寅8一	癸卯9二	甲辰10三	乙巳11四	丙午12五	丁未13六	戊申14日	己酉15一	庚戌16二	辛亥17三	壬子18四	癸丑19五	甲寅20六	乙卯21日	丙辰22一	丁巳23二	戊午24三	己未25四	庚申26五	辛酉27六	壬戌28日	癸亥29一	甲子30二	乙丑(12)三	丙寅2四	丁卯3五	戊辰4六	己巳5日	庚午6一	辛未7二	戊申小雪 癸亥大雪
十一月大	甲子 天干地支 西曆星期	壬申8三	癸酉9四	甲戌10五	乙亥11六	丙子12日	丁丑13一	戊寅14二	己卯15三	庚辰16四	辛巳17五	壬午18六	癸未19日	甲申20一	乙酉21二	丙戌22三	丁亥23四	戊子24五	己丑25六	庚寅26日	辛卯27一	壬辰28二	癸巳29三	甲午30四	乙未31五	丙申(1)六	丁酉2日	戊戌3一	己亥4二	庚子5三	辛丑6四	戊寅冬至 甲午小寒
十二月大	乙丑 天干地支 西曆星期	壬寅7五	癸卯8六	甲辰9日	乙巳10一	丙午11二	丁未12三	戊申13四	己酉14五	庚戌15六	辛亥16日	壬子17一	癸丑18二	甲寅19三	乙卯20四	丙辰21五	丁巳22六	戊午23日	己未24一	庚申25二	辛酉26三	壬戌27四	癸亥28五	甲子29六	乙丑30日	丙寅31一	丁卯(2)二	戊辰2三	己巳3四	庚午4五	辛未5六	己酉大寒 甲子立春

宋理宗嘉熙三年（己亥 猪年） 公元 1239 ~ 1240 年

夏曆月序		中西曆日對照	初一	初二	初三	初四	初五	初六	初七	初八	初九	初十	十一	十二	十三	十四	十五	十六	十七	十八	十九	二十	二一	二二	二三	二四	二五	二六	二七	二八	二九	三十	節氣與天象
正月小	丙寅	干支 西曆 天地 星期	壬申 6 日	癸酉 7 一	甲戌 8 二	乙亥 9 三	丙子 10 四	丁丑 11 五	戊寅 12 六	己卯 13 日	庚辰 14 一	辛巳 15 二	壬午 16 三	癸未 17 四	甲申 18 五	乙酉 19 六	丙戌 20 日	丁亥 21 一	戊子 22 二	己丑 23 三	庚寅 24 四	辛卯 25 五	壬辰 26 六	癸巳 27 日	甲午 28 一	乙未 (3) 二	丙申 2 三	丁酉 3 四	戊戌 4 五	己亥 5 六	庚子 6 日		己卯雨水 乙未驚蟄
二月大	丁卯	干支 西曆 天地 星期	辛丑 7 一	壬寅 8 二	癸卯 9 三	甲辰 10 四	乙巳 11 五	丙午 12 六	丁未 13 日	戊申 14 一	己酉 15 二	庚戌 16 三	辛亥 17 四	壬子 18 五	癸丑 19 六	甲寅 20 日	乙卯 21 一	丙辰 22 二	丁巳 23 三	戊午 24 四	己未 25 五	庚申 26 六	辛酉 27 日	壬戌 28 一	癸亥 29 二	甲子 30 三	乙丑 31 四	丙寅 (4) 五	丁卯 2 六	戊辰 3 日	己巳 4 一	庚午 5 二	庚戌春分 乙丑清明
三月小	戊辰	干支 西曆 天地 星期	辛未 6 三	壬申 7 四	癸酉 8 五	甲戌 9 六	乙亥 10 日	丙子 11 一	丁丑 12 二	戊寅 13 三	己卯 14 四	庚辰 15 五	辛巳 16 六	壬午 17 日	癸未 18 一	甲申 19 二	乙酉 20 三	丙戌 21 四	丁亥 22 五	戊子 23 六	己丑 24 日	庚寅 25 一	辛卯 26 二	壬辰 27 三	癸巳 28 四	甲午 29 五	乙未 30 六	丙申 (5) 日	丁酉 2 一	戊戌 3 二	己亥 4 三		庚辰穀雨 乙未立夏
四月大	己巳	干支 西曆 天地 星期	庚子 5 四	辛丑 6 五	壬寅 7 六	癸卯 8 日	甲辰 9 一	乙巳 10 二	丙午 11 三	丁未 12 四	戊申 13 五	己酉 14 六	庚戌 15 日	辛亥 16 一	壬子 17 二	癸丑 18 三	甲寅 19 四	乙卯 20 五	丙辰 21 六	丁巳 22 日	戊午 23 一	己未 24 二	庚申 25 三	辛酉 26 四	壬戌 27 五	癸亥 28 六	甲子 29 日	乙丑 30 一	丙寅 31 二	丁卯 (6) 三	戊辰 2 四	己巳 3 五	辛亥小滿 丙寅芒種
五月小	庚午	干支 西曆 天地 星期	庚午 4 六	辛未 5 日	壬申 6 一	癸酉 7 二	甲戌 8 三	乙亥 9 四	丙子 10 五	丁丑 11 六	戊寅 12 日	己卯 13 一	庚辰 14 二	辛巳 15 三	壬午 16 四	癸未 17 五	甲申 18 六	乙酉 19 日	丙戌 20 一	丁亥 21 二	戊子 22 三	己丑 23 四	庚寅 24 五	辛卯 25 六	壬辰 26 日	癸巳 27 一	甲午 28 二	乙未 29 三	丙申 30 四	丁酉 (7) 五	戊戌 2 六		辛巳夏至 丙申小暑
六月小	辛未	干支 西曆 天地 星期	己亥 3 日	庚子 4 一	辛丑 5 二	壬寅 6 三	癸卯 7 四	甲辰 8 五	乙巳 9 六	丙午 10 日	丁未 11 一	戊申 12 二	己酉 13 三	庚戌 14 四	辛亥 15 五	壬子 16 六	癸丑 17 日	甲寅 18 一	乙卯 19 二	丙辰 20 三	丁巳 21 四	戊午 22 五	己未 23 六	庚申 24 日	辛酉 25 一	壬戌 26 二	癸亥 27 三	甲子 28 四	乙丑 29 五	丙寅 30 六	丁卯 31 日		壬子大暑 丁卯立秋
七月大	壬申	干支 西曆 天地 星期	戊辰 (8) 一	己巳 2 二	庚午 3 三	辛未 4 四	壬申 5 五	癸酉 6 六	甲戌 7 日	乙亥 8 一	丙子 9 二	丁丑 10 三	戊寅 11 四	己卯 12 五	庚辰 13 六	辛巳 14 日	壬午 15 一	癸未 16 二	甲申 17 三	乙酉 18 四	丙戌 19 五	丁亥 20 六	戊子 21 日	己丑 22 一	庚寅 23 二	辛卯 24 三	壬辰 25 四	癸巳 26 五	甲午 27 六	乙未 28 日	丙申 29 一	丁酉 30 二	壬午處暑 丁酉白露
八月小	癸酉	干支 西曆 天地 星期	戊戌 31 三	己亥 (9) 四	庚子 2 五	辛丑 3 六	壬寅 4 日	癸卯 5 一	甲辰 6 二	乙巳 7 三	丙午 8 四	丁未 9 五	戊申 10 六	己酉 11 日	庚戌 12 一	辛亥 13 二	壬子 14 三	癸丑 15 四	甲寅 16 五	乙卯 17 六	丙辰 18 日	丁巳 19 一	戊午 20 二	己未 21 三	庚申 22 四	辛酉 23 五	壬戌 24 六	癸亥 25 日	甲子 26 一	乙丑 27 二	丙寅 28 三		壬子秋分
九月大	甲戌	干支 西曆 天地 星期	丁卯 29 四	戊辰 30 五	己巳 (10) 六	庚午 2 日	辛未 3 一	壬申 4 二	癸酉 5 三	甲戌 6 四	乙亥 7 五	丙子 8 六	丁丑 9 日	戊寅 10 一	己卯 11 二	庚辰 12 三	辛巳 13 四	壬午 14 五	癸未 15 六	甲申 16 日	乙酉 17 一	丙戌 18 二	丁亥 19 三	戊子 20 四	己丑 21 五	庚寅 22 六	辛卯 23 日	壬辰 24 一	癸巳 25 二	甲午 26 三	乙未 27 四	丙申 28 五	戊辰寒露 癸未霜降
十月小	乙亥	干支 西曆 天地 星期	丁酉 29 六	戊戌 30 日	己亥 31 一	庚子 (11) 二	辛丑 2 三	壬寅 3 四	癸卯 4 五	甲辰 5 六	乙巳 6 日	丙午 7 一	丁未 8 二	戊申 9 三	己酉 10 四	庚戌 11 五	辛亥 12 六	壬子 13 日	癸丑 14 一	甲寅 15 二	乙卯 16 三	丙辰 17 四	丁巳 18 五	戊午 19 六	己未 20 日	庚申 21 一	辛酉 22 二	壬戌 23 三	癸亥 24 四	甲子 25 五	乙丑 26 六		戊戌立冬 癸丑小雪
十一月大	丙子	干支 西曆 天地 星期	丙寅 27 日	丁卯 28 一	戊辰 29 二	己巳 30 三	庚午 (12) 四	辛未 2 五	壬申 3 六	癸酉 4 日	甲戌 5 一	乙亥 6 二	丙子 7 三	丁丑 8 四	戊寅 9 五	己卯 10 六	庚辰 11 日	辛巳 12 一	壬午 13 二	癸未 14 三	甲申 15 四	乙酉 16 五	丙戌 17 六	丁亥 18 日	戊子 19 一	己丑 20 二	庚寅 21 三	辛卯 22 四	壬辰 23 五	癸巳 24 六	甲午 25 日	乙未 26 一	戊辰大雪 甲申冬至
十二月大	丁丑	干支 西曆 天地 星期	丙申 27 二	丁酉 28 三	戊戌 29 四	己亥 30 五	庚子 31 六	辛丑 (1) 日	壬寅 2 一	癸卯 3 二	甲辰 4 三	乙巳 5 四	丙午 6 五	丁未 7 六	戊申 8 日	己酉 9 一	庚戌 10 二	辛亥 11 三	壬子 12 四	癸丑 13 五	甲寅 14 六	乙卯 15 日	丙辰 16 一	丁巳 17 二	戊午 18 三	己未 19 四	庚申 20 五	辛酉 21 六	壬戌 22 日	癸亥 23 一	甲子 24 二	乙丑 25 三	己亥小寒 甲寅大寒

宋理宗嘉熙四年（庚子 鼠年） 公元1240 ~ 1241年

夏曆月序		中西曆對照	初一	初二	初三	初四	初五	初六	初七	初八	初九	初十	十一	十二	十三	十四	十五	十六	十七	十八	十九	二十	二一	二二	二三	二四	二五	二六	二七	二八	二九	三十	節氣與天象
正月大	戊寅	干支 西曆 星期	丙寅 26 四	丁卯 27 五	戊辰 28 六	己巳 29 日	庚午 30 一	辛未 31 二	壬申 (2) 三	癸酉 2 四	甲戌 3 五	乙亥 4 六	丙子 5 日	丁丑 6 一	戊寅 7 二	己卯 8 三	庚辰 9 四	辛巳 10 五	壬午 11 六	癸未 12 日	甲申 13 一	乙酉 14 二	丙戌 15 三	丁亥 16 四	戊子 17 五	己丑 18 六	庚寅 19 日	辛卯 20 一	壬辰 21 二	癸巳 22 三	甲午 23 四	乙未 24 五	己巳立春 乙酉雨水
二月小	己卯	干支 西曆 星期	丙申 25 六	丁酉 26 日	戊戌 27 一	己亥 28 二	庚子 29 三	辛丑 (3) 四	壬寅 2 五	癸卯 3 六	甲辰 4 日	乙巳 5 一	丙午 6 二	丁未 7 三	戊申 8 四	己酉 9 五	庚戌 10 六	辛亥 11 日	壬子 12 一	癸丑 13 二	甲寅 14 三	乙卯 15 四	丙辰 16 五	丁巳 17 六	戊午 18 日	己未 19 一	庚申 20 二	辛酉 21 三	壬戌 22 四	癸亥 23 五	甲子 24 六		庚子驚蟄 乙卯春分
三月大	庚辰	干支 西曆 星期	乙丑 25 日	丙寅 26 一	丁卯 27 二	戊辰 28 三	己巳 29 四	庚午 30 五	辛未 31 六	壬申 (4) 日	癸酉 2 一	甲戌 3 二	乙亥 4 三	丙子 5 四	丁丑 6 五	戊寅 7 六	己卯 8 日	庚辰 9 一	辛巳 10 二	壬午 11 三	癸未 12 四	甲申 13 五	乙酉 14 六	丙戌 15 日	丁亥 16 一	戊子 17 二	己丑 18 三	庚寅 19 四	辛卯 20 五	壬辰 21 六	癸巳 22 日	甲午 23 一	庚午清明 乙酉穀雨
四月小	辛巳	干支 西曆 星期	乙未 24 二	丙申 25 三	丁酉 26 四	戊戌 27 五	己亥 28 六	庚子 29 日	辛丑 30 一	壬寅 (5) 二	癸卯 2 三	甲辰 3 四	乙巳 4 五	丙午 5 六	丁未 6 日	戊申 7 一	己酉 8 二	庚戌 9 三	辛亥 10 四	壬子 11 五	癸丑 12 六	甲寅 13 日	乙卯 14 一	丙辰 15 二	丁巳 16 三	戊午 17 四	己未 18 五	庚申 19 六	辛酉 20 日	壬戌 21 一	癸亥 22 二		辛丑立夏 丙辰小滿
五月大	壬午	干支 西曆 星期	甲子 23 三	乙丑 24 四	丙寅 25 五	丁卯 26 六	戊辰 27 日	己巳 28 一	庚午 29 二	辛未 30 三	壬申 31 四	癸酉 (6) 五	甲戌 2 六	乙亥 3 日	丙子 4 一	丁丑 5 二	戊寅 6 三	己卯 7 四	庚辰 8 五	辛巳 9 六	壬午 10 日	癸未 11 一	甲申 12 二	乙酉 13 三	丙戌 14 四	丁亥 15 五	戊子 16 六	己丑 17 日	庚寅 18 一	辛卯 19 二	壬辰 20 三	癸巳 21 四	辛未芒種 丙戌夏至
六月小	癸未	干支 西曆 星期	甲午 22 五	乙未 23 六	丙申 24 日	丁酉 25 一	戊戌 26 二	己亥 27 三	庚子 28 四	辛丑 29 五	壬寅 30 六	癸卯 (7) 日	甲辰 2 一	乙巳 3 二	丙午 4 三	丁未 5 四	戊申 6 五	己酉 7 六	庚戌 8 日	辛亥 9 一	壬子 10 二	癸丑 11 三	甲寅 12 四	乙卯 13 五	丙辰 14 六	丁巳 15 日	戊午 16 一	己未 17 二	庚申 18 三	辛酉 19 四	壬戌 20 五		壬寅小暑 丁巳大暑
七月小	甲申	干支 西曆 星期	癸亥 21 六	甲子 22 日	乙丑 23 一	丙寅 24 二	丁卯 25 三	戊辰 26 四	己巳 27 五	庚午 28 六	辛未 29 日	壬申 30 一	癸酉 31 二	甲戌 (8) 三	乙亥 2 四	丙子 3 五	丁丑 4 六	戊寅 5 日	己卯 6 一	庚辰 7 二	辛巳 8 三	壬午 9 四	癸未 10 五	甲申 11 六	乙酉 12 日	丙戌 13 一	丁亥 14 二	戊子 15 三	己丑 16 四	庚寅 17 五	辛卯 18 六		壬申立秋 丁亥處暑
八月大	乙酉	干支 西曆 星期	壬辰 19 日	癸巳 20 一	甲午 21 二	乙未 22 三	丙申 23 四	丁酉 24 五	戊戌 25 六	己亥 26 日	庚子 27 一	辛丑 28 二	壬寅 29 三	癸卯 30 四	甲辰 31 五	乙巳 (9) 六	丙午 2 日	丁未 3 一	戊申 4 二	己酉 5 三	庚戌 6 四	辛亥 7 五	壬子 8 六	癸丑 9 日	甲寅 10 一	乙卯 11 二	丙辰 12 三	丁巳 13 四	戊午 14 五	己未 15 六	庚申 16 日	辛酉 17 一	壬寅白露 戊午秋分
九月小	丙戌	干支 西曆 星期	壬戌 18 二	癸亥 19 三	甲子 20 四	乙丑 21 五	丙寅 22 六	丁卯 23 日	戊辰 24 一	己巳 25 二	庚午 26 三	辛未 27 四	壬申 28 五	癸酉 29 六	甲戌 30 日	乙亥 (10) 一	丙子 2 二	丁丑 3 三	戊寅 4 四	己卯 5 五	庚辰 6 六	辛巳 7 日	壬午 8 一	癸未 9 二	甲申 10 三	乙酉 11 四	丙戌 12 五	丁亥 13 六	戊子 14 日	己丑 15 一	庚寅 16 二		癸酉寒露 戊子霜降
十月小	丁亥	干支 西曆 星期	辛卯 17 三	壬辰 18 四	癸巳 19 五	甲午 20 六	乙未 21 日	丙申 22 一	丁酉 23 二	戊戌 24 三	己亥 25 四	庚子 26 五	辛丑 27 六	壬寅 28 日	癸卯 29 一	甲辰 30 二	乙巳 31 三	丙午 (11) 四	丁未 2 五	戊申 3 六	己酉 4 日	庚戌 5 一	辛亥 6 二	壬子 7 三	癸丑 8 四	甲寅 9 五	乙卯 10 六	丙辰 11 日	丁巳 12 一	戊午 13 二	己未 14 三		癸卯立冬 己未小雪
十一月大	戊子	干支 西曆 星期	庚申 15 四	辛酉 16 五	壬戌 17 六	癸亥 18 日	甲子 19 一	乙丑 20 二	丙寅 21 三	丁卯 22 四	戊辰 23 五	己巳 24 六	庚午 25 日	辛未 26 一	壬申 27 二	癸酉 28 三	甲戌 29 四	乙亥 30 五	丙子 (12) 六	丁丑 2 日	戊寅 3 一	己卯 4 二	庚辰 5 三	辛巳 6 四	壬午 7 五	癸未 8 六	甲申 9 日	乙酉 10 一	丙戌 11 二	丁亥 12 三	戊子 13 四	己丑 14 五	甲戌大雪 己丑冬至
十二月大	己丑	干支 西曆 星期	庚寅 15 六	辛卯 16 日	壬辰 17 一	癸巳 18 二	甲午 19 三	乙未 20 四	丙申 21 五	丁酉 22 六	戊戌 23 日	己亥 24 一	庚子 25 二	辛丑 26 三	壬寅 27 四	癸卯 28 五	甲辰 29 六	乙巳 30 日	丙午 31 一	丁未 (1) 二	戊申 2 三	己酉 3 四	庚戌 4 五	辛亥 5 六	壬子 6 日	癸丑 7 一	甲寅 8 二	乙卯 9 三	丙辰 10 四	丁巳 11 五	戊午 12 六	己未 13 日	甲辰小寒 己未大寒
閏十二月大	己丑	干支 西曆 星期	庚申 14 一	辛酉 15 二	壬戌 16 三	癸亥 17 四	甲子 18 五	乙丑 19 六	丙寅 20 日	丁卯 21 一	戊辰 22 二	己巳 23 三	庚午 24 四	辛未 25 五	壬申 26 六	癸酉 27 日	甲戌 28 一	乙亥 29 二	丙子 30 三	丁丑 31 四	戊寅 (2) 五	己卯 2 六	庚辰 3 日	辛巳 4 一	壬午 5 二	癸未 6 三	甲申 7 四	乙酉 8 五	丙戌 9 六	丁亥 10 日	戊子 11 一	己丑 12 二	乙亥立春

宋理宗淳祐元年（辛丑 牛年） 公元 **1241** ~ 1242 年

夏曆月序		中西曆日對照	初一	初二	初三	初四	初五	初六	初七	初八	初九	初十	十一	十二	十三	十四	十五	十六	十七	十八	十九	二十	二一	二二	二三	二四	二五	二六	二七	二八	二九	三十	節氣與天象
正月小	庚寅	天干地支 西曆 星期	庚寅 13 三	辛卯 14 四	壬辰 15 五	癸巳 16 六	甲午 17 日	乙未 18 一	丙申 19 二	丁酉 20 三	戊戌 21 四	己亥 22 五	庚子 23 六	辛丑 24 日	壬寅 25 一	癸卯 26 二	甲辰 27 三	乙巳 28 四	丙午 (3) 五	丁未 2 六	戊申 3 日	己酉 4 一	庚戌 5 二	辛亥 6 三	壬子 7 四	癸丑 8 五	甲寅 9 六	乙卯 10 日	丙辰 11 一	丁巳 12 二	戊午 13 三		庚寅雨水 乙巳驚蟄
二月大	辛卯	天干地支 西曆 星期	己未 14 四	庚申 15 五	辛酉 16 六	壬戌 17 日	癸亥 18 一	甲子 19 二	乙丑 20 三	丙寅 21 四	丁卯 22 五	戊辰 23 六	己巳 24 日	庚午 25 一	辛未 26 二	壬申 27 三	癸酉 28 四	甲戌 29 五	乙亥 30 六	丙子 31 日	丁丑 (4) 一	戊寅 2 二	己卯 3 三	庚辰 4 四	辛巳 5 五	壬午 6 六	癸未 7 日	甲申 8 一	乙酉 9 二	丙戌 10 三	丁亥 11 四	戊子 12 五	庚申春分 乙亥清明
三月大	壬辰	天干地支 西曆 星期	己丑 13 六	庚寅 14 日	辛卯 15 一	壬辰 16 二	癸巳 17 三	甲午 18 四	乙未 19 五	丙申 20 六	丁酉 21 日	戊戌 22 一	己亥 23 二	庚子 24 三	辛丑 25 四	壬寅 26 五	癸卯 27 六	甲辰 28 日	乙巳 29 一	丙午 30 二	丁未 (5) 三	戊申 2 四	己酉 3 五	庚戌 4 六	辛亥 5 日	壬子 6 一	癸丑 7 二	甲寅 8 三	乙卯 9 四	丙辰 10 五	丁巳 11 六	戊午 12 日	辛卯穀雨 丙午立夏
四月小	癸巳	天干地支 西曆 星期	己未 13 一	庚申 14 二	辛酉 15 三	壬戌 16 四	癸亥 17 五	甲子 18 六	乙丑 19 日	丙寅 20 一	丁卯 21 二	戊辰 22 三	己巳 23 四	庚午 24 五	辛未 25 六	壬申 26 日	癸酉 27 一	甲戌 28 二	乙亥 29 三	丙子 30 四	丁丑 31 五	戊寅 (6) 六	己卯 2 日	庚辰 3 一	辛巳 4 二	壬午 5 三	癸未 6 四	甲申 7 五	乙酉 8 六	丙戌 9 日	丁亥 10 一		辛酉小滿 丙子芒種
五月大	甲午	天干地支 西曆 星期	戊子 11 二	己丑 12 三	庚寅 13 四	辛卯 14 五	壬辰 15 六	癸巳 16 日	甲午 17 一	乙未 18 二	丙申 19 三	丁酉 20 四	戊戌 21 五	己亥 22 六	庚子 23 日	辛丑 24 一	壬寅 25 二	癸卯 26 三	甲辰 27 四	乙巳 28 五	丙午 29 六	丁未 30 日	戊申 (7) 一	己酉 2 二	庚戌 3 三	辛亥 4 四	壬子 5 五	癸丑 6 六	甲寅 7 日	乙卯 8 一	丙辰 9 二	丁巳 10 三	壬辰夏至 丁未小暑
六月小	乙未	天干地支 西曆 星期	戊午 11 四	己未 12 五	庚申 13 六	辛酉 14 日	壬戌 15 一	癸亥 16 二	甲子 17 三	乙丑 18 四	丙寅 19 五	丁卯 20 六	戊辰 21 日	己巳 22 一	庚午 23 二	辛未 24 三	壬申 25 四	癸酉 26 五	甲戌 27 六	乙亥 28 日	丙子 29 一	丁丑 30 二	戊寅 31 三	己卯 (8) 四	庚辰 2 五	辛巳 3 六	壬午 4 日	癸未 5 一	甲申 6 二	乙酉 7 三	丙戌 8 四		壬戌大暑 丁丑立秋
七月小	丙申	天干地支 西曆 星期	丁亥 9 五	戊子 10 六	己丑 11 日	庚寅 12 一	辛卯 13 二	壬辰 14 三	癸巳 15 四	甲午 16 五	乙未 17 六	丙申 18 日	丁酉 19 一	戊戌 20 二	己亥 21 三	庚子 22 四	辛丑 23 五	壬寅 24 六	癸卯 25 日	甲辰 26 一	乙巳 27 二	丙午 28 三	丁未 29 四	戊申 30 五	己酉 31 六	庚戌 (9) 日	辛亥 2 一	壬子 3 二	癸丑 4 三	甲寅 5 四	乙卯 6 五		壬辰處暑 戊申白露
八月大	丁酉	天干地支 西曆 星期	丙辰 7 六	丁巳 8 日	戊午 9 一	己未 10 二	庚申 11 三	辛酉 12 四	壬戌 13 五	癸亥 14 六	甲子 15 日	乙丑 16 一	丙寅 17 二	丁卯 18 三	戊辰 19 四	己巳 20 五	庚午 21 六	辛未 22 日	壬申 23 一	癸酉 24 二	甲戌 25 三	乙亥 26 四	丙子 27 五	丁丑 28 六	戊寅 29 日	己卯 30 一	庚辰 (10) 二	辛巳 2 三	壬午 3 四	癸未 4 五	甲申 5 六	乙酉 6 日	癸亥秋分 戊寅寒露
九月小	戊戌	天干地支 西曆 星期	丙戌 7 一	丁亥 8 二	戊子 9 三	己丑 10 四	庚寅 11 五	辛卯 12 六	壬辰 13 日	癸巳 14 一	甲午 15 二	乙未 16 三	丙申 17 四	丁酉 18 五	戊戌 19 六	己亥 20 日	庚子 21 一	辛丑 22 二	壬寅 23 三	癸卯 24 四	甲辰 25 五	乙巳 26 六	丙午 27 日	丁未 28 一	戊申 29 二	己酉 30 三	庚戌 31 四	辛亥 (11) 五	壬子 2 六	癸丑 3 日	甲寅 4 一		癸巳霜降 己酉立冬
十月小	己亥	天干地支 西曆 星期	乙卯 5 二	丙辰 6 三	丁巳 7 四	戊午 8 五	己未 9 六	庚申 10 日	辛酉 11 一	壬戌 12 二	癸亥 13 三	甲子 14 四	乙丑 15 五	丙寅 16 六	丁卯 17 日	戊辰 18 一	己巳 19 二	庚午 20 三	辛未 21 四	壬申 22 五	癸酉 23 六	甲戌 24 日	乙亥 25 一	丙子 26 二	丁丑 27 三	戊寅 28 四	己卯 29 五	庚辰 30 六	辛巳 (12) 日	壬午 2 一	癸未 3 二		甲子小雪 己卯大雪
十一月大	庚子	天干地支 西曆 星期	甲申 4 三	乙酉 5 四	丙戌 6 五	丁亥 7 六	戊子 8 日	己丑 9 一	庚寅 10 二	辛卯 11 三	壬辰 12 四	癸巳 13 五	甲午 14 六	乙未 15 日	丙申 16 一	丁酉 17 二	戊戌 18 三	己亥 19 四	庚子 20 五	辛丑 21 六	壬寅 22 日	癸卯 23 一	甲辰 24 二	乙巳 25 三	丙午 26 四	丁未 27 五	戊申 28 六	己酉 29 日	庚戌 30 一	辛亥 31 二	壬子 (1) 三	癸丑 2 四	甲午冬至 己酉小寒
十二月大	辛丑	天干地支 西曆 星期	甲寅 3 五	乙卯 4 六	丙辰 5 日	丁巳 6 一	戊午 7 二	己未 8 三	庚申 9 四	辛酉 10 五	壬戌 11 六	癸亥 12 日	甲子 13 一	乙丑 14 二	丙寅 15 三	丁卯 16 四	戊辰 17 五	己巳 18 六	庚午 19 日	辛未 20 一	壬申 21 二	癸酉 22 三	甲戌 23 四	乙亥 24 五	丙子 25 六	丁丑 26 日	戊寅 27 一	己卯 28 二	庚辰 29 三	辛巳 30 四	壬午 31 五	癸未 (2) 六	乙丑大寒 庚辰立春

* 正月庚寅（初一），改元淳祐。

宋理宗淳祐二年（壬寅 虎年） 公元 1242 ~ 1243 年

夏曆月序		中西曆日對照	初一	初二	初三	初四	初五	初六	初七	初八	初九	初十	十一	十二	十三	十四	十五	十六	十七	十八	十九	二十	二一	二二	二三	二四	二五	二六	二七	二八	二九	三十	節氣與天象
正月小	壬寅	天干地支 西曆 星期	甲申 2 日	乙酉 3 一	丙戌 4 二	丁亥 5 三	戊子 6 四	己丑 7 五	庚寅 8 六	辛卯 9 日	壬辰 10 一	癸巳 11 二	甲午 12 三	乙未 13 四	丙申 14 五	丁酉 15 六	戊戌 16 日	己亥 17 一	庚子 18 二	辛丑 19 三	壬寅 20 四	癸卯 21 五	甲辰 22 六	乙巳 23 日	丙午 24 一	丁未 25 二	戊申 26 三	己酉 27 四	庚戌 28 五	辛亥 (3) 六	壬子 2 日		乙未雨水 庚戌驚蟄
二月大	癸卯	天干地支 西曆 星期	癸丑 3 一	甲寅 4 二	乙卯 5 三	丙辰 6 四	丁巳 7 五	戊午 8 六	己未 9 日	庚申 10 一	辛酉 11 二	壬戌 12 三	癸亥 13 四	甲子 14 五	乙丑 15 六	丙寅 16 日	丁卯 17 一	戊辰 18 二	己巳 19 三	庚午 20 四	辛未 21 五	壬申 22 六	癸酉 23 日	甲戌 24 一	乙亥 25 二	丙子 26 三	丁丑 27 四	戊寅 28 五	己卯 29 六	庚辰 30 日	辛巳 31 一	壬午 (4) 二	乙丑春分 辛巳清明
三月大	甲辰	天干地支 西曆 星期	癸未 2 三	甲申 3 四	乙酉 4 五	丙戌 5 六	丁亥 6 日	戊子 7 一	己丑 8 二	庚寅 9 三	辛卯 10 四	壬辰 11 五	癸巳 12 六	甲午 13 日	乙未 14 一	丙申 15 二	丁酉 16 三	戊戌 17 四	己亥 18 五	庚子 19 六	辛丑 20 日	壬寅 21 一	癸卯 22 二	甲辰 23 三	乙巳 24 四	丙午 25 五	丁未 26 六	戊申 27 日	己酉 28 一	庚戌 29 二	辛亥 30 三	壬子 (5) 四	丙申穀雨 辛亥立夏
四月小	乙巳	天干地支 西曆 星期	癸丑 2 五	甲寅 3 六	乙卯 4 日	丙辰 5 一	丁巳 6 二	戊午 7 三	己未 8 四	庚申 9 五	辛酉 10 六	壬戌 11 日	癸亥 12 一	甲子 13 二	乙丑 14 三	丙寅 15 四	丁卯 16 五	戊辰 17 六	己巳 18 日	庚午 19 一	辛未 20 二	壬申 21 三	癸酉 22 四	甲戌 23 五	乙亥 24 六	丙子 25 日	丁丑 26 一	戊寅 27 二	己卯 28 三	庚辰 29 四	辛巳 30 五		丙寅小滿
五月大	丙午	天干地支 西曆 星期	壬午 31 六	癸未 (6) 日	甲申 2 一	乙酉 3 二	丙戌 4 三	丁亥 5 四	戊子 6 五	己丑 7 六	庚寅 8 日	辛卯 9 一	壬辰 10 二	癸巳 11 三	甲午 12 四	乙未 13 五	丙申 14 六	丁酉 15 日	戊戌 16 一	己亥 17 二	庚子 18 三	辛丑 19 四	壬寅 20 五	癸卯 21 六	甲辰 22 日	乙巳 23 一	丙午 24 二	丁未 25 三	戊申 26 四	己酉 27 五	庚戌 28 六	辛亥 29 日	壬午芒種 丁酉夏至
六月小	丁未	天干地支 西曆 星期	壬子 30 一	癸丑 (7) 二	甲寅 2 三	乙卯 3 四	丙辰 4 五	丁巳 5 六	戊午 6 日	己未 7 一	庚申 8 二	辛酉 9 三	壬戌 10 四	癸亥 11 五	甲子 12 六	乙丑 13 日	丙寅 14 一	丁卯 15 二	戊辰 16 三	己巳 17 四	庚午 18 五	辛未 19 六	壬申 20 日	癸酉 21 一	甲戌 22 二	乙亥 23 三	丙子 24 四	丁丑 25 五	戊寅 26 六	己卯 27 日	庚辰 28 一		壬子小暑 丁卯大暑
七月大	戊申	天干地支 西曆 星期	辛巳 29 二	壬午 30 三	癸未 31 四	甲申 (8) 五	乙酉 2 六	丙戌 3 日	丁亥 4 一	戊子 5 二	己丑 6 三	庚寅 7 四	辛卯 8 五	壬辰 9 六	癸巳 10 日	甲午 11 一	乙未 12 二	丙申 13 三	丁酉 14 四	戊戌 15 五	己亥 16 六	庚子 17 日	辛丑 18 一	壬寅 19 二	癸卯 20 三	甲辰 21 四	乙巳 22 五	丙午 23 六	丁未 24 日	戊申 25 一	己酉 26 二	庚戌 27 三	壬午立秋 戊戌處暑
八月小	己酉	天干地支 西曆 星期	辛亥 28 四	壬子 29 五	癸丑 30 六	甲寅 31 日	乙卯 (9) 一	丙辰 2 二	丁巳 3 三	戊午 4 四	己未 5 五	庚申 6 六	辛酉 7 日	壬戌 8 一	癸亥 9 二	甲子 10 三	乙丑 11 四	丙寅 12 五	丁卯 13 六	戊辰 14 日	己巳 15 一	庚午 16 二	辛未 17 三	壬申 18 四	癸酉 19 五	甲戌 20 六	乙亥 21 日	丙子 22 一	丁丑 23 二	戊寅 24 三	己卯 25 四		癸丑白露 戊辰秋分
九月大	庚戌	天干地支 西曆 星期	庚辰 26 五	辛巳 27 六	壬午 28 日	癸未 29 一	甲申 30 二	乙酉 (10) 三	丙戌 2 四	丁亥 3 五	戊子 4 六	己丑 5 日	庚寅 6 一	辛卯 7 二	壬辰 8 三	癸巳 9 四	甲午 10 五	乙未 11 六	丙申 12 日	丁酉 13 一	戊戌 14 二	己亥 15 三	庚子 16 四	辛丑 17 五	壬寅 18 六	癸卯 19 日	甲辰 20 一	乙巳 21 二	丙午 22 三	丁未 23 四	戊申 24 五	己酉 25 六	癸未寒露 己亥霜降 庚辰日食
十月小	辛亥	天干地支 西曆 星期	庚戌 26 日	辛亥 27 一	壬子 28 二	癸丑 29 三	甲寅 30 四	乙卯 31 五	丙辰 (11) 六	丁巳 2 日	戊午 3 一	己未 4 二	庚申 5 三	辛酉 6 四	壬戌 7 五	癸亥 8 六	甲子 9 日	乙丑 10 一	丙寅 11 二	丁卯 12 三	戊辰 13 四	己巳 14 五	庚午 15 六	辛未 16 日	壬申 17 一	癸酉 18 二	甲戌 19 三	乙亥 20 四	丙子 21 五	丁丑 22 六	戊寅 23 日		甲寅立冬 己巳小雪
十一月大	壬子	天干地支 西曆 星期	己卯 24 一	庚辰 25 二	辛巳 26 三	壬午 27 四	癸未 28 五	甲申 29 六	乙酉 30 日	丙戌 (12) 一	丁亥 2 二	戊子 3 三	己丑 4 四	庚寅 5 五	辛卯 6 六	壬辰 7 日	癸巳 8 一	甲午 9 二	乙未 10 三	丙申 11 四	丁酉 12 五	戊戌 13 六	己亥 14 日	庚子 15 一	辛丑 16 二	壬寅 17 三	癸卯 18 四	甲辰 19 五	乙巳 20 六	丙午 21 日	丁未 22 一	戊申 23 二	甲申大雪 己亥冬至
十二月小	癸丑	天干地支 西曆 星期	己酉 24 三	庚戌 25 四	辛亥 26 五	壬子 27 六	癸丑 28 日	甲寅 29 一	乙卯 30 二	丙辰 31 三	丁巳 (1) 四	戊午 2 五	己未 3 六	庚申 4 日	辛酉 5 一	壬戌 6 二	癸亥 7 三	甲子 8 四	乙丑 9 五	丙寅 10 六	丁卯 11 日	戊辰 12 一	己巳 13 二	庚午 14 三	辛未 15 四	壬申 16 五	癸酉 17 六	甲戌 18 日	乙亥 19 一	丙子 20 二	丁丑 21 三		乙卯小寒 庚午大寒

宋理宗淳祐三年（癸卯 兔年） 公元 1243 ~ 1244 年

夏曆月序		中西曆日對照	初一	初二	初三	初四	初五	初六	初七	初八	初九	初十	十一	十二	十三	十四	十五	十六	十七	十八	十九	二十	二一	二二	二三	二四	二五	二六	二七	二八	二九	三十	節氣與天象
正月大	甲寅	天干地支 西曆 星期	戊寅 22 四	己卯 23 五	庚辰 24 六	辛巳 25 日	壬午 26 一	癸未 27 二	甲申 28 三	乙酉 29 四	丙戌 30 五	丁亥 31 六	戊子 (2) 日	己丑 2 一	庚寅 3 二	辛卯 4 三	壬辰 5 四	癸巳 6 五	甲午 7 六	乙未 8 日	丙申 9 一	丁酉 10 二	戊戌 11 三	己亥 12 四	庚子 13 五	辛丑 14 六	壬寅 15 日	癸卯 16 一	甲辰 17 二	乙巳 18 三	丙午 19 四	丁未 20 五	乙酉立春 庚子雨水
二月小	乙卯	天干地支 西曆 星期	戊申 21 六	己酉 22 日	庚戌 23 一	辛亥 24 二	壬子 25 三	癸丑 26 四	甲寅 27 五	乙卯 28 六	丙辰 (3) 日	丁巳 2 一	戊午 3 二	己未 4 三	庚申 5 四	辛酉 6 五	壬戌 7 六	癸亥 8 日	甲子 9 一	乙丑 10 二	丙寅 11 三	丁卯 12 四	戊辰 13 五	己巳 14 六	庚午 15 日	辛未 16 一	壬申 17 二	癸酉 18 三	甲戌 19 四	乙亥 20 五	丙子 21 六		丙辰驚蟄 辛未春分
三月大	丙辰	天干地支 西曆 星期	丁丑 22 日	戊寅 23 一	己卯 24 二	庚辰 25 三	辛巳 26 四	壬午 27 五	癸未 28 六	甲申 29 日	乙酉 30 一	丙戌 31 二	丁亥 (4) 三	戊子 2 四	己丑 3 五	庚寅 4 六	辛卯 5 日	壬辰 6 一	癸巳 7 二	甲午 8 三	乙未 9 四	丙申 10 五	丁酉 11 六	戊戌 12 日	己亥 13 一	庚子 14 二	辛丑 15 三	壬寅 16 四	癸卯 17 五	甲辰 18 六	乙巳 19 日	丙午 20 一	丙戌清明 辛丑穀雨 丁丑日食
四月小	丁巳	天干地支 西曆 星期	丁未 21 二	戊申 22 三	己酉 23 四	庚戌 24 五	辛亥 25 六	壬子 26 日	癸丑 27 一	甲寅 28 二	乙卯 29 三	丙辰 30 四	丁巳 (5) 五	戊午 2 六	己未 3 日	庚申 4 一	辛酉 5 二	壬戌 6 三	癸亥 7 四	甲子 8 五	乙丑 9 六	丙寅 10 日	丁卯 11 一	戊辰 12 二	己巳 13 三	庚午 14 四	辛未 15 五	壬申 16 六	癸酉 17 日	甲戌 18 一	乙亥 19 二		丙辰立夏 壬申小滿
五月大	戊午	天干地支 西曆 星期	丙子 20 三	丁丑 21 四	戊寅 22 五	己卯 23 六	庚辰 24 日	辛巳 25 一	壬午 26 二	癸未 27 三	甲申 28 四	乙酉 29 五	丙戌 30 六	丁亥 31 日	戊子 (6) 一	己丑 2 二	庚寅 3 三	辛卯 4 四	壬辰 5 五	癸巳 6 六	甲午 7 日	乙未 8 一	丙申 9 二	丁酉 10 三	戊戌 11 四	己亥 12 五	庚子 13 六	辛丑 14 日	壬寅 15 一	癸卯 16 二	甲辰 17 三	乙巳 18 四	丁亥芒種 壬寅夏至
六月大	己未	天干地支 西曆 星期	丙午 19 五	丁未 20 六	戊申 21 日	己酉 22 一	庚戌 23 二	辛亥 24 三	壬子 25 四	癸丑 26 五	甲寅 27 六	乙卯 28 日	丙辰 29 一	丁巳 30 二	戊午 (7) 三	己未 2 四	庚申 3 五	辛酉 4 六	壬戌 5 日	癸亥 6 一	甲子 7 二	乙丑 8 三	丙寅 9 四	丁卯 10 五	戊辰 11 六	己巳 12 日	庚午 13 一	辛未 14 二	壬申 15 三	癸酉 16 四	甲戌 17 五	乙亥 18 六	丁巳小暑 壬申大暑
七月小	庚申	天干地支 西曆 星期	丙子 19 日	丁丑 20 一	戊寅 21 二	己卯 22 三	庚辰 23 四	辛巳 24 五	壬午 25 六	癸未 26 日	甲申 27 一	乙酉 28 二	丙戌 29 三	丁亥 30 四	戊子 31 五	己丑 (8) 六	庚寅 2 日	辛卯 3 一	壬辰 4 二	癸巳 5 三	甲午 6 四	乙未 7 五	丙申 8 六	丁酉 9 日	戊戌 10 一	己亥 11 二	庚子 12 三	辛丑 13 四	壬寅 14 五	癸卯 15 六	甲辰 16 日		戊子立秋 癸卯處暑
八月大	辛酉	天干地支 西曆 星期	乙巳 17 一	丙午 18 二	丁未 19 三	戊申 20 四	己酉 21 五	庚戌 22 六	辛亥 23 日	壬子 24 一	癸丑 25 二	甲寅 26 三	乙卯 27 四	丙辰 28 五	丁巳 29 六	戊午 30 日	己未 31 一	庚申 (9) 二	辛酉 2 三	壬戌 3 四	癸亥 4 五	甲子 5 六	乙丑 6 日	丙寅 7 一	丁卯 8 二	戊辰 9 三	己巳 10 四	庚午 11 五	辛未 12 六	壬申 13 日	癸酉 14 一	甲戌 15 二	戊午白露 癸酉秋分
閏八月小	辛酉	天干地支 西曆 星期	乙亥 16 三	丙子 17 四	丁丑 18 五	戊寅 19 六	己卯 20 日	庚辰 21 一	辛巳 22 二	壬午 23 三	癸未 24 四	甲申 25 五	乙酉 26 六	丙戌 27 日	丁亥 28 一	戊子 29 二	己丑 30 三	庚寅 (10) 四	辛卯 2 五	壬辰 3 六	癸巳 4 日	甲午 5 一	乙未 6 二	丙申 7 三	丁酉 8 四	戊戌 9 五	己亥 10 六	庚子 11 日	辛丑 12 一	壬寅 13 二	癸卯 14 三		己丑寒露
九月大	壬戌	天干地支 西曆 星期	甲辰 15 四	乙巳 16 五	丙午 17 六	丁未 18 日	戊申 19 一	己酉 20 二	庚戌 21 三	辛亥 22 四	壬子 23 五	癸丑 24 六	甲寅 25 日	乙卯 26 一	丙辰 27 二	丁巳 28 三	戊午 29 四	己未 30 五	庚申 31 六	辛酉 (11) 日	壬戌 2 一	癸亥 3 二	甲子 4 三	乙丑 5 四	丙寅 6 五	丁卯 7 六	戊辰 8 日	己巳 9 一	庚午 10 二	辛未 11 三	壬申 12 四	癸酉 13 五	甲辰霜降 己未立冬
十月小	癸亥	天干地支 西曆 星期	甲戌 14 六	乙亥 15 日	丙子 16 一	丁丑 17 二	戊寅 18 三	己卯 19 四	庚辰 20 五	辛巳 21 六	壬午 22 日	癸未 23 一	甲申 24 二	乙酉 25 三	丙戌 26 四	丁亥 27 五	戊子 28 六	己丑 29 日	庚寅 30 一	辛卯 (12) 二	壬辰 2 三	癸巳 3 四	甲午 4 五	乙未 5 六	丙申 6 日	丁酉 7 一	戊戌 8 二	己亥 9 三	庚子 10 四	辛丑 11 五	壬寅 12 六		甲戌小雪 己丑大雪
十一月大	甲子	天干地支 西曆 星期	癸卯 13 日	甲辰 14 一	乙巳 15 二	丙午 16 三	丁未 17 四	戊申 18 五	己酉 19 六	庚戌 20 日	辛亥 21 一	壬子 22 二	癸丑 23 三	甲寅 24 四	乙卯 25 五	丙辰 26 六	丁巳 27 日	戊午 28 一	己未 29 二	庚申 30 三	辛酉 31 四	壬戌 (1) 五	癸亥 2 六	甲子 3 日	乙丑 4 一	丙寅 5 二	丁卯 6 三	戊辰 7 四	己巳 8 五	庚午 9 六	辛未 10 日	壬申 11 一	乙巳冬至 庚申小寒
十二月小	乙丑	天干地支 西曆 星期	癸酉 12 二	甲戌 13 三	乙亥 14 四	丙子 15 五	丁丑 16 六	戊寅 17 日	己卯 18 一	庚辰 19 二	辛巳 20 三	壬午 21 四	癸未 22 五	甲申 23 六	乙酉 24 日	丙戌 25 一	丁亥 26 二	戊子 27 三	己丑 28 四	庚寅 29 五	辛卯 30 六	壬辰 31 日	癸巳 (2) 一	甲午 2 二	乙未 3 三	丙申 4 四	丁酉 5 五	戊戌 6 六	己亥 7 日	庚子 8 一	辛丑 9 二		乙亥大寒 庚寅立春

宋理宗淳祐四年（甲辰 龍年） 公元 1244 ~ 1245 年

夏曆月序	中西曆日對照	初一	初二	初三	初四	初五	初六	初七	初八	初九	初十	十一	十二	十三	十四	十五	十六	十七	十八	十九	二十	二一	二二	二三	二四	二五	二六	二七	二八	二九	三十	節氣與天象
正月大 丙寅	天干地支 西曆 星期	壬寅 10 三	癸卯 11 四	甲辰 12 五	乙巳 13 六	丙午 14 日	丁未 15 一	戊申 16 二	己酉 17 三	庚戌 18 四	辛亥 19 五	壬子 20 六	癸丑 21 日	甲寅 22 一	乙卯 23 二	丙辰 24 三	丁巳 25 四	戊午 26 五	己未 27 六	庚申 28 日	辛酉 29 一	壬戌 (3) 二	癸亥 2 三	甲子 3 四	乙丑 4 五	丙寅 5 六	丁卯 6 日	戊辰 7 一	己巳 8 二	庚午 9 三	辛未 10 四	丙午雨水 辛酉驚蟄
二月小 丁卯	天干地支 西曆 星期	壬申 11 五	癸酉 12 六	甲戌 13 日	乙亥 14 一	丙子 15 二	丁丑 16 三	戊寅 17 四	己卯 18 五	庚辰 19 六	辛巳 20 日	壬午 21 一	癸未 22 二	甲申 23 三	乙酉 24 四	丙戌 25 五	丁亥 26 六	戊子 27 日	己丑 28 一	庚寅 29 二	辛卯 30 三	壬辰 31 四	癸巳 (4) 五	甲午 2 六	乙未 3 日	丙申 4 一	丁酉 5 二	戊戌 6 三	己亥 7 四	庚子 8 五		丙子春分 辛卯清明
三月大 戊辰	天干地支 西曆 星期	辛丑 9 六	壬寅 10 日	癸卯 11 一	甲辰 12 二	乙巳 13 三	丙午 14 四	丁未 15 五	戊申 16 六	己酉 17 日	庚戌 18 一	辛亥 19 二	壬子 20 三	癸丑 21 四	甲寅 22 五	乙卯 23 六	丙辰 24 日	丁巳 25 一	戊午 26 二	己未 27 三	庚申 28 四	辛酉 29 五	壬戌 30 六	癸亥 (5) 日	甲子 2 一	乙丑 3 二	丙寅 4 三	丁卯 5 四	戊辰 6 五	己巳 7 六	庚午 8 日	丙午穀雨 壬戌立夏
四月小 己巳	天干地支 西曆 星期	辛未 9 一	壬申 10 二	癸酉 11 三	甲戌 12 四	乙亥 13 五	丙子 14 六	丁丑 15 日	戊寅 16 一	己卯 17 二	庚辰 18 三	辛巳 19 四	壬午 20 五	癸未 21 六	甲申 22 日	乙酉 23 一	丙戌 24 二	丁亥 25 三	戊子 26 四	己丑 27 五	庚寅 28 六	辛卯 29 日	壬辰 30 一	癸巳 31 二	甲午 (6) 三	乙未 2 四	丙申 3 五	丁酉 4 六	戊戌 5 日	己亥 6 一		丁丑小滿 壬辰芒種
五月大 庚午	天干地支 西曆 星期	庚子 7 二	辛丑 8 三	壬寅 9 四	癸卯 10 五	甲辰 11 六	乙巳 12 日	丙午 13 一	丁未 14 二	戊申 15 三	己酉 16 四	庚戌 17 五	辛亥 18 六	壬子 19 日	癸丑 20 一	甲寅 21 二	乙卯 22 三	丙辰 23 四	丁巳 24 五	戊午 25 六	己未 26 日	庚申 27 一	辛酉 28 二	壬戌 29 三	癸亥 30 四	甲子 (7) 五	乙丑 2 六	丙寅 3 日	丁卯 4 一	戊辰 5 二	己巳 6 三	丁未夏至 癸亥小暑
六月小 辛未	天干地支 西曆 星期	庚午 7 四	辛未 8 五	壬申 9 六	癸酉 10 日	甲戌 11 一	乙亥 12 二	丙子 13 三	丁丑 14 四	戊寅 15 五	己卯 16 六	庚辰 17 日	辛巳 18 一	壬午 19 二	癸未 20 三	甲申 21 四	乙酉 22 五	丙戌 23 六	丁亥 24 日	戊子 25 一	己丑 26 二	庚寅 27 三	辛卯 28 四	壬辰 29 五	癸巳 30 六	甲午 31 日	乙未 (8) 一	丙申 2 二	丁酉 3 三	戊戌 4 四		戊寅大暑 癸巳立秋
七月大 壬申	天干地支 西曆 星期	己亥 5 五	庚子 6 六	辛丑 7 日	壬寅 8 一	癸卯 9 二	甲辰 10 三	乙巳 11 四	丙午 12 五	丁未 13 六	戊申 14 日	己酉 15 一	庚戌 16 二	辛亥 17 三	壬子 18 四	癸丑 19 五	甲寅 20 六	乙卯 21 日	丙辰 22 一	丁巳 23 二	戊午 24 三	己未 25 四	庚申 26 五	辛酉 27 六	壬戌 28 日	癸亥 29 一	甲子 30 二	乙丑 31 三	丙寅 (9) 四	丁卯 2 五	戊辰 3 六	戊申處暑 癸亥白露
八月大 癸酉	天干地支 西曆 星期	己巳 4 日	庚午 5 一	辛未 6 二	壬申 7 三	癸酉 8 四	甲戌 9 五	乙亥 10 六	丙子 11 日	丁丑 12 一	戊寅 13 二	己卯 14 三	庚辰 15 四	辛巳 16 五	壬午 17 六	癸未 18 日	甲申 19 一	乙酉 20 二	丙戌 21 三	丁亥 22 四	戊子 23 五	己丑 24 六	庚寅 25 日	辛卯 26 一	壬辰 27 二	癸巳 28 三	甲午 29 四	乙未 30 五	丙申 (10) 六	丁酉 2 日	戊戌 3 一	己卯秋分 甲午寒露
九月小 甲戌	天干地支 西曆 星期	己亥 4 二	庚子 5 三	辛丑 6 四	壬寅 7 五	癸卯 8 六	甲辰 9 日	乙巳 10 一	丙午 11 二	丁未 12 三	戊申 13 四	己酉 14 五	庚戌 15 六	辛亥 16 日	壬子 17 一	癸丑 18 二	甲寅 19 三	乙卯 20 四	丙辰 21 五	丁巳 22 六	戊午 23 日	己未 24 一	庚申 25 二	辛酉 26 三	壬戌 27 四	癸亥 28 五	甲子 29 六	乙丑 30 日	丙寅 31 一	丁卯 (11) 二		己酉霜降 甲子立冬
十月大 乙亥	天干地支 西曆 星期	戊辰 2 三	己巳 3 四	庚午 4 五	辛未 5 六	壬申 6 日	癸酉 7 一	甲戌 8 二	乙亥 9 三	丙子 10 四	丁丑 11 五	戊寅 12 六	己卯 13 日	庚辰 14 一	辛巳 15 二	壬午 16 三	癸未 17 四	甲申 18 五	乙酉 19 六	丙戌 20 日	丁亥 21 一	戊子 22 二	己丑 23 三	庚寅 24 四	辛卯 25 五	壬辰 26 六	癸巳 27 日	甲午 28 一	乙未 29 二	丙申 30 三	丁酉 (12) 四	己卯小雪 乙未大雪
十一月小 丙子	天干地支 西曆 星期	戊戌 2 五	己亥 3 六	庚子 4 日	辛丑 5 一	壬寅 6 二	癸卯 7 三	甲辰 8 四	乙巳 9 五	丙午 10 六	丁未 11 日	戊申 12 一	己酉 13 二	庚戌 14 三	辛亥 15 四	壬子 16 五	癸丑 17 六	甲寅 18 日	乙卯 19 一	丙辰 20 二	丁巳 21 三	戊午 22 四	己未 23 五	庚申 24 六	辛酉 25 日	壬戌 26 一	癸亥 27 二	甲子 28 三	乙丑 29 四	丙寅 30 五		庚戌冬至 乙丑小寒
十二月大 丁丑	天干地支 西曆 星期	丁卯 31 六	戊辰 (1) 日	己巳 2 一	庚午 3 二	辛未 4 三	壬申 5 四	癸酉 6 五	甲戌 7 六	乙亥 8 日	丙子 9 一	丁丑 10 二	戊寅 11 三	己卯 12 四	庚辰 13 五	辛巳 14 六	壬午 15 日	癸未 16 一	甲申 17 二	乙酉 18 三	丙戌 19 四	丁亥 20 五	戊子 21 六	己丑 22 日	庚寅 23 一	辛卯 24 二	壬辰 25 三	癸巳 26 四	甲午 27 五	乙未 28 六	丙申 29 日	庚辰大寒 丙申立春

宋理宗淳祐五年（乙巳 蛇年） 公元 1245 ~ 1246 年

夏曆月序		中西曆日對照	夏曆日序																														節氣與天象
			初一	初二	初三	初四	初五	初六	初七	初八	初九	初十	十一	十二	十三	十四	十五	十六	十七	十八	十九	二十	二一	二二	二三	二四	二五	二六	二七	二八	二九	三十	
正月小	戊寅	天干 地支 西曆 星期	丁酉 30 一	戊戌 31 二	己亥 (2) 三	庚子 2 四	辛丑 3 五	壬寅 4 六	癸卯 5 日	甲辰 6 一	乙巳 7 二	丙午 8 三	丁未 9 四	戊申 10 五	己酉 11 六	庚戌 12 日	辛亥 13 一	壬子 14 二	癸丑 15 三	甲寅 16 四	乙卯 17 五	丙辰 18 六	丁巳 19 日	戊午 20 一	己未 21 二	庚申 22 三	辛酉 23 四	壬戌 24 五	癸亥 25 六	甲子 26 日	乙丑 27 一		辛亥雨水
二月大	己卯	天干 地支 西曆 星期	丙寅 28 二	丁卯 (3) 三	戊辰 2 四	己巳 3 五	庚午 4 六	辛未 5 日	壬申 6 一	癸酉 7 二	甲戌 8 三	乙亥 9 四	丙子 10 五	丁丑 11 六	戊寅 12 日	己卯 13 一	庚辰 14 二	辛巳 15 三	壬午 16 四	癸未 17 五	甲申 18 六	乙酉 19 日	丙戌 20 一	丁亥 21 二	戊子 22 三	己丑 23 四	庚寅 24 五	辛卯 25 六	壬辰 26 日	癸巳 27 一	甲午 28 二	乙未 29 三	丙寅驚蟄 辛巳春分
三月小	庚辰	天干 地支 西曆 星期	丙申 30 四	丁酉 31 五	戊戌 (4) 六	己亥 2 日	庚子 3 一	辛丑 4 二	壬寅 5 三	癸卯 6 四	甲辰 7 五	乙巳 8 六	丙午 9 日	丁未 10 一	戊申 11 二	己酉 12 三	庚戌 13 四	辛亥 14 五	壬子 15 六	癸丑 16 日	甲寅 17 一	乙卯 18 二	丙辰 19 三	丁巳 20 四	戊午 21 五	己未 22 六	庚申 23 日	辛酉 24 一	壬戌 25 二	癸亥 26 三	甲子 27 四		丙申清明 壬子穀雨
四月小	辛巳	天干 地支 西曆 星期	乙丑 28 五	丙寅 29 六	丁卯 30 日	戊辰 (5) 一	己巳 2 二	庚午 3 三	辛未 4 四	壬申 5 五	癸酉 6 六	甲戌 7 日	乙亥 8 一	丙子 9 二	丁丑 10 三	戊寅 11 四	己卯 12 五	庚辰 13 六	辛巳 14 日	壬午 15 一	癸未 16 二	甲申 17 三	乙酉 18 四	丙戌 19 五	丁亥 20 六	戊子 21 日	己丑 22 一	庚寅 23 二	辛卯 24 三	壬辰 25 四	癸巳 26 五		丁卯立夏 壬午小滿
五月大	壬午	天干 地支 西曆 星期	甲午 27 六	乙未 28 日	丙申 29 一	丁酉 30 二	戊戌 31 三	己亥 (6) 四	庚子 2 五	辛丑 3 六	壬寅 4 日	癸卯 5 一	甲辰 6 二	乙巳 7 三	丙午 8 四	丁未 9 五	戊申 10 六	己酉 11 日	庚戌 12 一	辛亥 13 二	壬子 14 三	癸丑 15 四	甲寅 16 五	乙卯 17 六	丙辰 18 日	丁巳 19 一	戊午 20 二	己未 21 三	庚申 22 四	辛酉 23 五	壬戌 24 六	癸亥 25 日	丁酉芒種 癸丑夏至
六月小	癸未	天干 地支 西曆 星期	甲子 26 一	乙丑 27 二	丙寅 28 三	丁卯 29 四	戊辰 30 五	己巳 (7) 六	庚午 2 日	辛未 3 一	壬申 4 二	癸酉 5 三	甲戌 6 四	乙亥 7 五	丙子 8 六	丁丑 9 日	戊寅 10 一	己卯 11 二	庚辰 12 三	辛巳 13 四	壬午 14 五	癸未 15 六	甲申 16 日	乙酉 17 一	丙戌 18 二	丁亥 19 三	戊子 20 四	己丑 21 五	庚寅 22 六	辛卯 23 日	壬辰 24 一		戊辰小暑 癸未大暑
七月大	甲申	天干 地支 西曆 星期	癸巳 25 二	甲午 26 三	乙未 27 四	丙申 28 五	丁酉 29 六	戊戌 30 日	己亥 31 一	庚子 (8) 二	辛丑 2 三	壬寅 3 四	癸卯 4 五	甲辰 5 六	乙巳 6 日	丙午 7 一	丁未 8 二	戊申 9 三	己酉 10 四	庚戌 11 五	辛亥 12 六	壬子 13 日	癸丑 14 一	甲寅 15 二	乙卯 16 三	丙辰 17 四	丁巳 18 五	戊午 19 六	己未 20 日	庚申 21 一	辛酉 22 二	壬戌 23 三	戊戌立秋 癸丑處暑 癸巳日食
八月大	乙酉	天干 地支 西曆 星期	癸亥 24 四	甲子 25 五	乙丑 26 六	丙寅 27 日	丁卯 28 一	戊辰 29 二	己巳 30 三	庚午 31 四	辛未 (9) 五	壬申 2 六	癸酉 3 日	甲戌 4 一	乙亥 5 二	丙子 6 三	丁丑 7 四	戊寅 8 五	己卯 9 六	庚辰 10 日	辛巳 11 一	壬午 12 二	癸未 13 三	甲申 14 四	乙酉 15 五	丙戌 16 六	丁亥 17 日	戊子 18 一	己丑 19 二	庚寅 20 三	辛卯 21 四	壬辰 22 五	己巳白露 甲申秋分
九月小	丙戌	天干 地支 西曆 星期	癸巳 23 六	甲午 24 日	乙未 25 一	丙申 26 二	丁酉 27 三	戊戌 28 四	己亥 29 五	庚子 30 六	辛丑 (10) 日	壬寅 2 一	癸卯 3 二	甲辰 4 三	乙巳 5 四	丙午 6 五	丁未 7 六	戊申 8 日	己酉 9 一	庚戌 10 二	辛亥 11 三	壬子 12 四	癸丑 13 五	甲寅 14 六	乙卯 15 日	丙辰 16 一	丁巳 17 二	戊午 18 三	己未 19 四	庚申 20 五	辛酉 21 六		己亥寒露 甲寅霜降
十月大	丁亥	天干 地支 西曆 星期	壬戌 22 日	癸亥 23 一	甲子 24 二	乙丑 25 三	丙寅 26 四	丁卯 27 五	戊辰 28 六	己巳 29 日	庚午 30 一	辛未 31 二	壬申 (11) 三	癸酉 2 四	甲戌 3 五	乙亥 4 六	丙子 5 日	丁丑 6 一	戊寅 7 二	己卯 8 三	庚辰 9 四	辛巳 10 五	壬午 11 六	癸未 12 日	甲申 13 一	乙酉 14 二	丙戌 15 三	丁亥 16 四	戊子 17 五	己丑 18 六	庚寅 19 日	辛卯 20 一	庚午立冬 乙酉小雪
十一月大	戊子	天干 地支 西曆 星期	壬辰 21 二	癸巳 22 三	甲午 23 四	乙未 24 五	丙申 25 六	丁酉 26 日	戊戌 27 一	己亥 28 二	庚子 29 三	辛丑 30 四	壬寅 (12) 五	癸卯 2 六	甲辰 3 日	乙巳 4 一	丙午 5 二	丁未 6 三	戊申 7 四	己酉 8 五	庚戌 9 六	辛亥 10 日	壬子 11 一	癸丑 12 二	甲寅 13 三	乙卯 14 四	丙辰 15 五	丁巳 16 六	戊午 17 日	己未 18 一	庚申 19 二	辛酉 20 三	庚子大雪 乙卯冬至
十二月小	己丑	天干 地支 西曆 星期	壬戌 21 四	癸亥 22 五	甲子 23 六	乙丑 24 日	丙寅 25 一	丁卯 26 二	戊辰 27 三	己巳 28 四	庚午 29 五	辛未 30 六	壬申 31 日	癸酉 (1) 一	甲戌 2 二	乙亥 3 三	丙子 4 四	丁丑 5 五	戊寅 6 六	己卯 7 日	庚辰 8 一	辛巳 9 二	壬午 10 三	癸未 11 四	甲申 12 五	乙酉 13 六	丙戌 14 日	丁亥 15 一	戊子 16 二	己丑 17 三	庚寅 18 四		庚午小寒 丙戌大寒

宋理宗淳祐六年（丙午 馬年） 公元1246～1247年

夏曆月序	中西曆日對照	初一	初二	初三	初四	初五	初六	初七	初八	初九	初十	十一	十二	十三	十四	十五	十六	十七	十八	十九	二十	二一	二二	二三	二四	二五	二六	二七	二八	二九	三十	節氣與天象
正月大	庚寅 天干地支 西曆星期	辛卯19五	壬辰20六	癸巳21日	甲午22一	乙未23二	丙申24三	丁酉25四	戊戌26五	己亥27六	庚子28日	辛丑29一	壬寅30二	癸卯31三	甲辰(2)四	乙巳2五	丙午3六	丁未4日	戊申5一	己酉6二	庚戌7三	辛亥8四	壬子9五	癸丑10六	甲寅11日	乙卯12一	丙辰13二	丁巳14三	戊午15四	己未16五	庚申17六	辛丑立春 丙辰雨水 辛卯日食
二月小	辛卯 天干地支 西曆星期	辛酉18日	壬戌19一	癸亥20二	甲子21三	乙丑22四	丙寅23五	丁卯24六	戊辰25日	己巳26一	庚午27二	辛未28三	壬申(3)四	癸酉2五	甲戌3六	乙亥4日	丙子5一	丁丑6二	戊寅7三	己卯8四	庚辰9五	辛巳10六	壬午11日	癸未12一	甲申13二	乙酉14三	丙戌15四	丁亥16五	戊子17六	己丑18日		辛未驚蟄 丙戌春分
三月大	壬辰 天干地支 西曆星期	庚寅19一	辛卯20二	壬辰21三	癸巳22四	甲午23五	乙未24六	丙申25日	丁酉26一	戊戌27二	己亥28三	庚子29四	辛丑30五	壬寅31六	癸卯(4)日	甲辰2一	乙巳3二	丙午4三	丁未5四	戊申6五	己酉7六	庚戌8日	辛亥9一	壬子10二	癸丑11三	甲寅12四	乙卯13五	丙辰14六	丁巳15日	戊午16一	己未17二	壬寅清明 丁巳穀雨
四月小	癸巳 天干地支 西曆星期	庚申18三	辛酉19四	壬戌20五	癸亥21六	甲子22日	乙丑23一	丙寅24二	丁卯25三	戊辰26四	己巳27五	庚午28六	辛未29日	壬申30一	癸酉(5)二	甲戌2三	乙亥3四	丙子4五	丁丑5六	戊寅6日	己卯7一	庚辰8二	辛巳9三	壬午10四	癸未11五	甲申12六	乙酉13日	丙戌14一	丁亥15二	戊子16三		壬申立夏 丁亥小滿
闰四月小	癸巳 天干地支 西曆星期	己丑17四	庚寅18五	辛卯19六	壬辰20日	癸巳21一	甲午22二	乙未23三	丙申24四	丁酉25五	戊戌26六	己亥27日	庚子28一	辛丑29二	壬寅30三	癸卯31四	甲辰(6)五	乙巳2六	丙午3日	丁未4一	戊申5二	己酉6三	庚戌7四	辛亥8五	壬子9六	癸丑10日	甲寅11一	乙卯12二	丙辰13三	丁巳14四		癸卯芒種
五月大	甲午 天干地支 西曆星期	戊午15五	己未16六	庚申17日	辛酉18一	壬戌19二	癸亥20三	甲子21四	乙丑22五	丙寅23六	丁卯24日	戊辰25一	己巳26二	庚午27三	辛未28四	壬申29五	癸酉30六	甲戌(7)日	乙亥2一	丙子3二	丁丑4三	戊寅5四	己卯6五	庚辰7六	辛巳8日	壬午9一	癸未10二	甲申11三	乙酉12四	丙戌13五	丁亥14六	戊午夏至 癸酉小暑
六月小	乙未 天干地支 西曆星期	戊子15日	己丑16一	庚寅17二	辛卯18三	壬辰19四	癸巳20五	甲午21六	乙未22日	丙申23一	丁酉24二	戊戌25三	己亥26四	庚子27五	辛丑28六	壬寅29日	癸卯30一	甲辰31二	乙巳(8)三	丙午2四	丁未3五	戊申4六	己酉5日	庚戌6一	辛亥7二	壬子8三	癸丑9四	甲寅10五	乙卯11六	丙辰12日		戊子大暑 癸卯立秋
七月大	丙申 天干地支 西曆星期	丁巳13一	戊午14二	己未15三	庚申16四	辛酉17五	壬戌18六	癸亥19日	甲子20一	乙丑21二	丙寅22三	丁卯23四	戊辰24五	己巳25六	庚午26日	辛未27一	壬申28二	癸酉29三	甲戌30四	乙亥31五	丙子(9)六	丁丑2日	戊寅3一	己卯4二	庚辰5三	辛巳6四	壬午7五	癸未8六	甲申9日	乙酉10一	丙戌11二	己未處暑 甲戌白露
八月小	丁酉 天干地支 西曆星期	丁亥12三	戊子13四	己丑14五	庚寅15六	辛卯16日	壬辰17一	癸巳18二	甲午19三	乙未20四	丙申21五	丁酉22六	戊戌23日	己亥24一	庚子25二	辛丑26三	壬寅27四	癸卯28五	甲辰29六	乙巳30日	丙午(10)一	丁未2二	戊申3三	己酉4四	庚戌5五	辛亥6六	壬子7日	癸丑8一	甲寅9二	乙卯10三		己丑秋分 甲辰寒露
九月大	戊戌 天干地支 西曆星期	丙辰11四	丁巳12五	戊午13六	己未14日	庚申15一	辛酉16二	壬戌17三	癸亥18四	甲子19五	乙丑20六	丙寅21日	丁卯22一	戊辰23二	己巳24三	庚午25四	辛未26五	壬申27六	癸酉28日	甲戌29一	乙亥30二	丙子31三	丁丑(11)四	戊寅2五	己卯3六	庚辰4日	辛巳5一	壬午6二	癸未7三	甲申8四	乙酉9五	庚申霜降 乙亥立冬
十月大	己亥 天干地支 西曆星期	丙戌10六	丁亥11日	戊子12一	己丑13二	庚寅14三	辛卯15四	壬辰16五	癸巳17六	甲午18日	乙未19一	丙申20二	丁酉21三	戊戌22四	己亥23五	庚子24六	辛丑25日	壬寅26一	癸卯27二	甲辰28三	乙巳29四	丙午30五	丁未(12)六	戊申2日	己酉3一	庚戌4二	辛亥5三	壬子6四	癸丑7五	甲寅8六	乙卯9日	庚寅小雪 乙巳大雪
十一月大	庚子 天干地支 西曆星期	丙辰10一	丁巳11二	戊午12三	己未13四	庚申14五	辛酉15六	壬戌16日	癸亥17一	甲子18二	乙丑19三	丙寅20四	丁卯21五	戊辰22六	己巳23日	庚午24一	辛未25二	壬申26三	癸酉27四	甲戌28五	乙亥29六	丙子30日	丁丑31一	戊寅(1)二	己卯2三	庚辰3四	辛巳4五	壬午5六	癸未6日	甲申7一	乙酉8二	庚申冬至 丙子小寒
十二月小	辛丑 天干地支 西曆星期	丙戌9三	丁亥10四	戊子11五	己丑12六	庚寅13日	辛卯14一	壬辰15二	癸巳16三	甲午17四	乙未18五	丙申19六	丁酉20日	戊戌21一	己亥22二	庚子23三	辛丑24四	壬寅25五	癸卯26六	甲辰27日	乙巳28一	丙午29二	丁未30三	戊申31四	己酉(2)五	庚戌2六	辛亥3日	壬子4一	癸丑5二	甲寅6三		辛卯大寒 丙午立春

宋理宗淳祐七年（丁未 羊年） 公元 1247 ~ 1248 年

夏曆月序		中西曆日對照	初一	初二	初三	初四	初五	初六	初七	初八	初九	初十	十一	十二	十三	十四	十五	十六	十七	十八	十九	二十	二一	二二	二三	二四	二五	二六	二七	二八	二九	三十	節氣與天象
正月大	壬寅	天干地支	乙卯	丙辰	丁巳	戊午	己未	庚申	辛酉	壬戌	癸亥	甲子	乙丑	丙寅	丁卯	戊辰	己巳	庚午	辛未	壬申	癸酉	甲戌	乙亥	丙子	丁丑	戊寅	己卯	庚辰	辛巳	壬午	癸未	甲申	辛酉雨水 丙子驚蟄
		西曆	7	8	9	10	11	12	13	14	15	16	17	18	19	20	21	22	23	24	25	26	27	28	(3)	2	3	4	5	6	7	8	
		星期	四	五	六	日	一	二	三	四	五	六	日	一	二	三	四	五	六	日	一	二	三	四	五	六	日	一	二	三	四	五	
二月小	癸卯	天干地支	乙酉	丙戌	丁亥	戊子	己丑	庚寅	辛卯	壬辰	癸巳	甲午	乙未	丙申	丁酉	戊戌	己亥	庚子	辛丑	壬寅	癸卯	甲辰	乙巳	丙午	丁未	戊申	己酉	庚戌	辛亥	壬子	癸丑		壬辰春分 丁未清明
		西曆	9	10	11	12	13	14	15	16	17	18	19	20	21	22	23	24	25	26	27	28	29	30	31	(4)	2	3	4	5	6		
		星期	六	日	一	二	三	四	五	六	日	一	二	三	四	五	六	日	一	二	三	四	五	六	日	一	二	三	四	五	六		
三月大	甲辰	天干地支	甲寅	乙卯	丙辰	丁巳	戊午	己未	庚申	辛酉	壬戌	癸亥	甲子	乙丑	丙寅	丁卯	戊辰	己巳	庚午	辛未	壬申	癸酉	甲戌	乙亥	丙子	丁丑	戊寅	己卯	庚辰	辛巳	壬午	癸未	壬戌穀雨 丁丑立夏
		西曆	7	8	9	10	11	12	13	14	15	16	17	18	19	20	21	22	23	24	25	26	27	28	29	30	(5)	2	3	4	5	6	
		星期	日	一	二	三	四	五	六	日	一	二	三	四	五	六	日	一	二	三	四	五	六	日	一	二	三	四	五	六	日	一	
四月小	乙巳	天干地支	甲申	乙酉	丙戌	丁亥	戊子	己丑	庚寅	辛卯	壬辰	癸巳	甲午	乙未	丙申	丁酉	戊戌	己亥	庚子	辛丑	壬寅	癸卯	甲辰	乙巳	丙午	丁未	戊申	己酉	庚戌	辛亥	壬子		癸巳小滿 戊申芒種
		西曆	7	8	9	10	11	12	13	14	15	16	17	18	19	20	21	22	23	24	25	26	27	28	29	30	31	(6)	2	3	4		
		星期	二	三	四	五	六	日	一	二	三	四	五	六	日	一	二	三	四	五	六	日	一	二	三	四	五	六	日	一	二		
五月小	丙午	天干地支	癸丑	甲寅	乙卯	丙辰	丁巳	戊午	己未	庚申	辛酉	壬戌	癸亥	甲子	乙丑	丙寅	丁卯	戊辰	己巳	庚午	辛未	壬申	癸酉	甲戌	乙亥	丙子	丁丑	戊寅	己卯	庚辰	辛巳		癸亥夏至 戊寅小暑
		西曆	5	6	7	8	9	10	11	12	13	14	15	16	17	18	19	20	21	22	23	24	25	26	27	28	29	30	(7)	2	3		
		星期	三	四	五	六	日	一	二	三	四	五	六	日	一	二	三	四	五	六	日	一	二	三	四	五	六	日	一	二	三		
六月大	丁未	天干地支	壬午	癸未	甲申	乙酉	丙戌	丁亥	戊子	己丑	庚寅	辛卯	壬辰	癸巳	甲午	乙未	丙申	丁酉	戊戌	己亥	庚子	辛丑	壬寅	癸卯	甲辰	乙巳	丙午	丁未	戊申	己酉	庚戌	辛亥	癸巳大暑 己酉立秋
		西曆	4	5	6	7	8	9	10	11	12	13	14	15	16	17	18	19	20	21	22	23	24	25	26	27	28	29	30	31	(8)	2	
		星期	四	五	六	日	一	二	三	四	五	六	日	一	二	三	四	五	六	日	一	二	三	四	五	六	日	一	二	三	四	五	
七月小	戊申	天干地支	壬子	癸丑	甲寅	乙卯	丙辰	丁巳	戊午	己未	庚申	辛酉	壬戌	癸亥	甲子	乙丑	丙寅	丁卯	戊辰	己巳	庚午	辛未	壬申	癸酉	甲戌	乙亥	丙子	丁丑	戊寅	己卯	庚辰		甲子處暑 己卯白露
		西曆	3	4	5	6	7	8	9	10	11	12	13	14	15	16	17	18	19	20	21	22	23	24	25	26	27	28	29	30	31		
		星期	六	日	一	二	三	四	五	六	日	一	二	三	四	五	六	日	一	二	三	四	五	六	日	一	二	三	四	五	六		
八月大	己酉	天干地支	辛巳	壬午	癸未	甲申	乙酉	丙戌	丁亥	戊子	己丑	庚寅	辛卯	壬辰	癸巳	甲午	乙未	丙申	丁酉	戊戌	己亥	庚子	辛丑	壬寅	癸卯	甲辰	乙巳	丙午	丁未	戊申	己酉	庚戌	甲午秋分 庚戌寒露
		西曆	(9)	2	3	4	5	6	7	8	9	10	11	12	13	14	15	16	17	18	19	20	21	22	23	24	25	26	27	28	29	30	
		星期	日	一	二	三	四	五	六	日	一	二	三	四	五	六	日	一	二	三	四	五	六	日	一	二	三	四	五	六	日	一	
九月小	庚戌	天干地支	辛亥	壬子	癸丑	甲寅	乙卯	丙辰	丁巳	戊午	己未	庚申	辛酉	壬戌	癸亥	甲子	乙丑	丙寅	丁卯	戊辰	己巳	庚午	辛未	壬申	癸酉	甲戌	乙亥	丙子	丁丑	戊寅	己卯		乙丑霜降
		西曆	(10)	2	3	4	5	6	7	8	9	10	11	12	13	14	15	16	17	18	19	20	21	22	23	24	25	26	27	28	29		
		星期	二	三	四	五	六	日	一	二	三	四	五	六	日	一	二	三	四	五	六	日	一	二	三	四	五	六	日	一	二		
十月大	辛亥	天干地支	庚辰	辛巳	壬午	癸未	甲申	乙酉	丙戌	丁亥	戊子	己丑	庚寅	辛卯	壬辰	癸巳	甲午	乙未	丙申	丁酉	戊戌	己亥	庚子	辛丑	壬寅	癸卯	甲辰	乙巳	丙午	丁未	戊申	己酉	庚辰立冬 乙未小雪
		西曆	30	31	(11)	2	3	4	5	6	7	8	9	10	11	12	13	14	15	16	17	18	19	20	21	22	23	24	25	26	27	28	
		星期	三	四	五	六	日	一	二	三	四	五	六	日	一	二	三	四	五	六	日	一	二	三	四	五	六	日	一	二	三	四	
十一月大	壬子	天干地支	庚戌	辛亥	壬子	癸丑	甲寅	乙卯	丙辰	丁巳	戊午	己未	庚申	辛酉	壬戌	癸亥	甲子	乙丑	丙寅	丁卯	戊辰	己巳	庚午	辛未	壬申	癸酉	甲戌	乙亥	丙子	丁丑	戊寅	己卯	庚戌大雪 丙寅冬至
		西曆	29	30	(12)	2	3	4	5	6	7	8	9	10	11	12	13	14	15	16	17	18	19	20	21	22	23	24	25	26	27	28	
		星期	五	六	日	一	二	三	四	五	六	日	一	二	三	四	五	六	日	一	二	三	四	五	六	日	一	二	三	四	五	六	
十二月大	癸丑	天干地支	庚辰	辛巳	壬午	癸未	甲申	乙酉	丙戌	丁亥	戊子	己丑	庚寅	辛卯	壬辰	癸巳	甲午	乙未	丙申	丁酉	戊戌	己亥	庚子	辛丑	壬寅	癸卯	甲辰	乙巳	丙午	丁未	戊申	己酉	辛巳小寒 丙申大寒
		西曆	29	30	31	(1)	2	3	4	5	6	7	8	9	10	11	12	13	14	15	16	17	18	19	20	21	22	23	24	25	26	27	
		星期	日	一	二	三	四	五	六	日	一	二	三	四	五	六	日	一	二	三	四	五	六	日	一	二	三	四	五	六	日	一	

宋理宗淳祐八年（戊申 猴年） 公元 1248 ~ 1249 年

夏曆月序		中西曆日對照	初一	初二	初三	初四	初五	初六	初七	初八	初九	初十	十一	十二	十三	十四	十五	十六	十七	十八	十九	二十	二一	二二	二三	二四	二五	二六	二七	二八	二九	三十	節氣與天象
正月小	甲寅	天干地支西曆星期	庚戌28二	辛亥29三	壬子30四	癸丑31五	甲寅(2)六	乙卯2日	丙辰3一	丁巳4二	戊午5三	己未6四	庚申7五	辛酉8六	壬戌9日	癸亥10一	甲子11二	乙丑12三	丙寅13四	丁卯14五	戊辰15六	己巳16日	庚午17一	辛未18二	壬申19三	癸酉20四	甲戌21五	乙亥22六	丙子23日	丁丑24一	戊寅25二		辛亥立春 丁卯雨水
二月大	乙卯	天干地支西曆星期	己卯26三	庚辰27四	辛巳28五	壬午29六	癸未(3)日	甲申2一	乙酉3二	丙戌4三	丁亥5四	戊子6五	己丑7六	庚寅8日	辛卯9一	壬辰10二	癸巳11三	甲午12四	乙未13五	丙申14六	丁酉15日	戊戌16一	己亥17二	庚子18三	辛丑19四	壬寅20五	癸卯21六	甲辰22日	乙巳23一	丙午24二	丁未25三	戊申26四	壬午驚蟄 丁酉春分
三月小	丙辰	天干地支西曆星期	己酉27五	庚戌28六	辛亥29日	壬子30一	癸丑31二	甲寅(4)三	乙卯2四	丙辰3五	丁巳4六	戊午5日	己未6一	庚申7二	辛酉8三	壬戌9四	癸亥10五	甲子11六	乙丑12日	丙寅13一	丁卯14二	戊辰15三	己巳16四	庚午17五	辛未18六	壬申19日	癸酉20一	甲戌21二	乙亥22三	丙子23四	丁丑24五		壬子清明 丁卯穀雨
四月大	丁巳	天干地支西曆星期	戊寅25六	己卯26日	庚辰27一	辛巳28二	壬午29三	癸未30四	甲申(5)五	乙酉2六	丙戌3日	丁亥4一	戊子5二	己丑6三	庚寅7四	辛卯8五	壬辰9六	癸巳10日	甲午11一	乙未12二	丙申13三	丁酉14四	戊戌15五	己亥16六	庚子17日	辛丑18一	壬寅19二	癸卯20三	甲辰21四	乙巳22五	丙午23六	丁未24日	癸未立夏 戊戌小滿
五月小	戊午	天干地支西曆星期	戊申25一	己酉26二	庚戌27三	辛亥28四	壬子29五	癸丑30六	甲寅31日	乙卯(6)一	丙辰2二	丁巳3三	戊午4四	己未5五	庚申6六	辛酉7日	壬戌8一	癸亥9二	甲子10三	乙丑11四	丙寅12五	丁卯13六	戊辰14日	己巳15一	庚午16二	辛未17三	壬申18四	癸酉19五	甲戌20六	乙亥21日	丙子22一		癸丑芒種 戊辰夏至
六月小	己未	天干地支西曆星期	丁丑23二	戊寅24三	己卯25四	庚辰26五	辛巳27六	壬午28日	癸未29一	甲申30二	乙酉(7)三	丙戌2四	丁亥3五	戊子4六	己丑5日	庚寅6一	辛卯7二	壬辰8三	癸巳9四	甲午10五	乙未11六	丙申12日	丁酉13一	戊戌14二	己亥15三	庚子16四	辛丑17五	壬寅18六	癸卯19日	甲辰20一	乙巳21二		癸未小暑 己亥大暑
七月大	庚申	天干地支西曆星期	丙午22三	丁未23四	戊申24五	己酉25六	庚戌26日	辛亥27一	壬子28二	癸丑29三	甲寅30四	乙卯31五	丙辰(8)六	丁巳2日	戊午3一	己未4二	庚申5三	辛酉6四	壬戌7五	癸亥8六	甲子9日	乙丑10一	丙寅11二	丁卯12三	戊辰13四	己巳14五	庚午15六	辛未16日	壬申17一	癸酉18二	甲戌19三	乙亥20四	甲寅立秋 己巳處暑
八月小	辛酉	天干地支西曆星期	丙子21五	丁丑22六	戊寅23日	己卯24一	庚辰25二	辛巳26三	壬午27四	癸未28五	甲申29六	乙酉30日	丙戌31一	丁亥(9)二	戊子2三	己丑3四	庚寅4五	辛卯5六	壬辰6日	癸巳7一	甲午8二	乙未9三	丙申10四	丁酉11五	戊戌12六	己亥13日	庚子14一	辛丑15二	壬寅16三	癸卯17四	甲辰18五		甲申白露 庚子秋分
九月小	壬戌	天干地支西曆星期	乙巳19六	丙午20日	丁未21一	戊申22二	己酉23三	庚戌24四	辛亥25五	壬子26六	癸丑27日	甲寅28一	乙卯29二	丙辰30三	丁巳(10)四	戊午2五	己未3六	庚申4日	辛酉5一	壬戌6二	癸亥7三	甲子8四	乙丑9五	丙寅10六	丁卯11日	戊辰12一	己巳13二	庚午14三	辛未15四	壬申16五	癸酉17六		乙卯寒露 庚午霜降
十月大	癸亥	天干地支西曆星期	甲戌18日	乙亥19一	丙子20二	丁丑21三	戊寅22四	己卯23五	庚辰24六	辛巳25日	壬午26一	癸未27二	甲申28三	乙酉29四	丙戌30五	丁亥31六	戊子(11)日	己丑2一	庚寅3二	辛卯4三	壬辰5四	癸巳6五	甲午7六	乙未8日	丙申9一	丁酉10二	戊戌11三	己亥12四	庚子13五	辛丑14六	壬寅15日	癸卯16一	乙酉立冬 庚子小雪
十一月大	甲子	天干地支西曆星期	甲辰17二	乙巳18三	丙午19四	丁未20五	戊申21六	己酉22日	庚戌23一	辛亥24二	壬子25三	癸丑26四	甲寅27五	乙卯28六	丙辰29日	丁巳30一	戊午(12)二	己未2三	庚申3四	辛酉4五	壬戌5六	癸亥6日	甲子7一	乙丑8二	丙寅9三	丁卯10四	戊辰11五	己巳12六	庚午13日	辛未14一	壬申15二	癸酉16三	丙辰大雪 辛未冬至
十二月大	乙丑	天干地支西曆星期	甲戌17四	乙亥18五	丙子19六	丁丑20日	戊寅21一	己卯22二	庚辰23三	辛巳24四	壬午25五	癸未26六	甲申27日	乙酉28一	丙戌29二	丁亥30三	戊子31四	己丑(1)五	庚寅2六	辛卯3日	壬辰4一	癸巳5二	甲午6三	乙未7四	丙申8五	丁酉9六	戊戌10日	己亥11一	庚子12二	辛丑13三	壬寅14四	癸卯15五	丙戌小寒 辛丑大寒

宋理宗淳祐九年（己酉 鷄年） 公元1249～1250年

夏曆月序	中西曆日對照	初一	初二	初三	初四	初五	初六	初七	初八	初九	初十	十一	十二	十三	十四	十五	十六	十七	十八	十九	二十	二一	二二	二三	二四	二五	二六	二七	二八	二九	三十	節氣與天象
正月小 丙寅	天干地支西曆星期	甲辰16六	乙巳17日	丙午18一	丁未19二	戊申20三	己酉21四	庚戌22五	辛亥23六	壬子24日	癸丑25一	甲寅26二	乙卯27三	丙辰28四	丁巳29五	戊午30六	己未31日	庚申(2)一	辛酉2二	壬戌3三	癸亥4四	甲子5五	乙丑6六	丙寅7日	丁卯8一	戊辰9二	己巳10三	庚午11四	辛未12五	壬申13六		丁巳立春 壬申雨水
二月大 丁卯	天干地支西曆星期	癸酉14日	甲戌15一	乙亥16二	丙子17三	丁丑18四	戊寅19五	己卯20六	庚辰21日	辛巳22一	壬午23二	癸未24三	甲申25四	乙酉26五	丙戌27六	丁亥28日	戊子(3)一	己丑2二	庚寅3三	辛卯4四	壬辰5五	癸巳6六	甲午7日	乙未8一	丙申9二	丁酉10三	戊戌11四	己亥12五	庚子13六	辛丑14日	壬寅15一	丁亥驚蟄 壬寅春分
閏二月大 丁卯	天干地支西曆星期	癸卯16二	甲辰17三	乙巳18四	丙午19五	丁未20六	戊申21日	己酉22一	庚戌23二	辛亥24三	壬子25四	癸丑26五	甲寅27六	乙卯28日	丙辰29一	丁巳30二	戊午31三	己未(4)四	庚申2五	辛酉3六	壬戌4日	癸亥5一	甲子6二	乙丑7三	丙寅8四	丁卯9五	戊辰10六	己巳11日	庚午12一	辛未13二	壬申14三	丁巳清明
三月小 戊辰	天干地支西曆星期	癸酉15四	甲戌16五	乙亥17六	丙子18日	丁丑19一	戊寅20二	己卯21三	庚辰22四	辛巳23五	壬午24六	癸未25日	甲申26一	乙酉27二	丙戌28三	丁亥29四	戊子30五	己丑(5)六	庚寅2日	辛卯3一	壬辰4二	癸巳5三	甲午6四	乙未7五	丙申8六	丁酉9日	戊戌10一	己亥11二	庚子12三	辛丑13四		癸酉穀雨 戊子立夏
四月大 己巳	天干地支西曆星期	壬寅14五	癸卯15六	甲辰16日	乙巳17一	丙午18二	丁未19三	戊申20四	己酉21五	庚戌22六	辛亥23日	壬子24一	癸丑25二	甲寅26三	乙卯27四	丙辰28五	丁巳29六	戊午30日	己未31一	庚申(6)二	辛酉2三	壬戌3四	癸亥4五	甲子5六	乙丑6日	丙寅7一	丁卯8二	戊辰9三	己巳10四	庚午11五	辛未12六	癸卯小滿 戊午芒種 壬寅日食
五月小 庚午	天干地支西曆星期	壬申13日	癸酉14一	甲戌15二	乙亥16三	丙子17四	丁丑18五	戊寅19六	己卯20日	庚辰21一	辛巳22二	壬午23三	癸未24四	甲申25五	乙酉26六	丙戌27日	丁亥28一	戊子29二	己丑30三	庚寅(7)四	辛卯2五	壬辰3六	癸巳4日	甲午5一	乙未6二	丙申7三	丁酉8四	戊戌9五	己亥10六	庚子11日		甲戌夏至 己丑小暑
六月小 辛未	天干地支西曆星期	辛丑12一	壬寅13二	癸卯14三	甲辰15四	乙巳16五	丙午17六	丁未18日	戊申19一	己酉20二	庚戌21三	辛亥22四	壬子23五	癸丑24六	甲寅25日	乙卯26一	丙辰27二	丁巳28三	戊午29四	己未30五	庚申31六	辛酉(8)日	壬戌2一	癸亥3二	甲子4三	乙丑5四	丙寅6五	丁卯7六	戊辰8日	己巳9一		甲辰大暑 己未立秋
七月大 壬申	天干地支西曆星期	庚午10二	辛未11三	壬申12四	癸酉13五	甲戌14六	乙亥15日	丙子16一	丁丑17二	戊寅18三	己卯19四	庚辰20五	辛巳21六	壬午22日	癸未23一	甲申24二	乙酉25三	丙戌26四	丁亥27五	戊子28六	己丑29日	庚寅30一	辛卯31二	壬辰(9)三	癸巳2四	甲午3五	乙未4六	丙申5日	丁酉6一	戊戌7二	己亥8三	甲戌處暑 庚寅白露
八月小 癸酉	天干地支西曆星期	庚子9四	辛丑10五	壬寅11六	癸卯12日	甲辰13一	乙巳14二	丙午15三	丁未16四	戊申17五	己酉18六	庚戌19日	辛亥20一	壬子21二	癸丑22三	甲寅23四	乙卯24五	丙辰25六	丁巳26日	戊午27一	己未28二	庚申29三	辛酉30四	壬戌(10)五	癸亥2六	甲子3日	乙丑4一	丙寅5二	丁卯6三	戊辰7四		乙巳秋分 庚申寒露
九月小 甲戌	天干地支西曆星期	己巳8五	庚午9六	辛未10日	壬申11一	癸酉12二	甲戌13三	乙亥14四	丙子15五	丁丑16六	戊寅17日	己卯18一	庚辰19二	辛巳20三	壬午21四	癸未22五	甲申23六	乙酉24日	丙戌25一	丁亥26二	戊子27三	己丑28四	庚寅29五	辛卯30六	壬辰31日	癸巳(11)一	甲午2二	乙未3三	丙申4四	丁酉5五		乙亥霜降 庚寅立冬
十月大 乙亥	天干地支西曆星期	戊戌6六	己亥7日	庚子8一	辛丑9二	壬寅10三	癸卯11四	甲辰12五	乙巳13六	丙午14日	丁未15一	戊申16二	己酉17三	庚戌18四	辛亥19五	壬子20六	癸丑21日	甲寅22一	乙卯23二	丙辰24三	丁巳25四	戊午26五	己未27六	庚申28日	辛酉29一	壬戌30二	癸亥(12)三	甲子2四	乙丑3五	丙寅4六	丁卯5日	丙午小雪 辛酉大雪
十一月大 丙子	天干地支西曆星期	戊辰6一	己巳7二	庚午8三	辛未9四	壬申10五	癸酉11六	甲戌12日	乙亥13一	丙子14二	丁丑15三	戊寅16四	己卯17五	庚辰18六	辛巳19日	壬午20一	癸未21二	甲申22三	乙酉23四	丙戌24五	丁亥25六	戊子26日	己丑27一	庚寅28二	辛卯29三	壬辰30四	癸巳31五	甲午(1)六	乙未2日	丙申3一	丁酉4二	丙子冬至 辛卯小寒
十二月小 丁丑	天干地支西曆星期	戊戌5三	己亥6四	庚子7五	辛丑8六	壬寅9日	癸卯10一	甲辰11二	乙巳12三	丙午13四	丁未14五	戊申15六	己酉16日	庚戌17一	辛亥18二	壬子19三	癸丑20四	甲寅21五	乙卯22六	丙辰23日	丁巳24一	戊午25二	己未26三	庚申27四	辛酉28五	壬戌29六	癸亥30日	甲子31一	乙丑(2)二	丙寅2三		丁未大寒 壬戌立春

宋理宗淳祐十年（庚戌 狗年） 公元 **1250** ~ 1251 年

夏曆月序		中西曆日對照	初一	初二	初三	初四	初五	初六	初七	初八	初九	初十	十一	十二	十三	十四	十五	十六	十七	十八	十九	二十	二一	二二	二三	二四	二五	二六	二七	二八	二九	三十	節氣與天象
正月大	戊寅	天干地支 西曆 星期	丁卯 3 四	戊辰 4 五	己巳 5 六	庚午 6 日	辛未 7 一	壬申 8 二	癸酉 9 三	甲戌 10 四	乙亥 11 五	丙子 12 六	丁丑 13 日	戊寅 14 一	己卯 15 二	庚辰 16 三	辛巳 17 四	壬午 18 五	癸未 19 六	甲申 20 日	乙酉 21 一	丙戌 22 二	丁亥 23 三	戊子 24 四	己丑 25 五	庚寅 26 六	辛卯 27 日	壬辰 28 一	癸巳 (3) 二	甲午 2 三	乙未 3 四	丙申 4 五	丁丑雨水 壬辰驚蟄
二月大	己卯	天干地支 西曆 星期	丁酉 5 六	戊戌 6 日	己亥 7 一	庚子 8 二	辛丑 9 三	壬寅 10 四	癸卯 11 五	甲辰 12 六	乙巳 13 日	丙午 14 一	丁未 15 二	戊申 16 三	己酉 17 四	庚戌 18 五	辛亥 19 六	壬子 20 日	癸丑 21 一	甲寅 22 二	乙卯 23 三	丙辰 24 四	丁巳 25 五	戊午 26 六	己未 27 日	庚申 28 一	辛酉 29 二	壬戌 30 三	癸亥 31 四	甲子 (4) 五	乙丑 2 六	丙寅 3 日	丁未春分 癸亥清明
三月大	庚辰	天干地支 西曆 星期	丁卯 4 一	戊辰 5 二	己巳 6 三	庚午 7 四	辛未 8 五	壬申 9 六	癸酉 10 日	甲戌 11 一	乙亥 12 二	丙子 13 三	丁丑 14 四	戊寅 15 五	己卯 16 六	庚辰 17 日	辛巳 18 一	壬午 19 二	癸未 20 三	甲申 21 四	乙酉 22 五	丙戌 23 六	丁亥 24 日	戊子 25 一	己丑 26 二	庚寅 27 三	辛卯 28 四	壬辰 29 五	癸巳 30 六	甲午 (5) 日	乙未 2 一	丙申 3 二	戊寅穀雨 癸巳立夏
四月小	辛巳	天干地支 西曆 星期	丁酉 4 三	戊戌 5 四	己亥 6 五	庚子 7 六	辛丑 8 日	壬寅 9 一	癸卯 10 二	甲辰 11 三	乙巳 12 四	丙午 13 五	丁未 14 六	戊申 15 日	己酉 16 一	庚戌 17 二	辛亥 18 三	壬子 19 四	癸丑 20 五	甲寅 21 六	乙卯 22 日	丙辰 23 一	丁巳 24 二	戊午 25 三	己未 26 四	庚申 27 五	辛酉 28 六	壬戌 29 日	癸亥 30 一	甲子 31 二	乙丑 (6) 三		戊申小滿 甲子芒種
五月小	壬午	天干地支 西曆 星期	丙寅 2 四	丁卯 3 五	戊辰 4 六	己巳 5 日	庚午 6 一	辛未 7 二	壬申 8 三	癸酉 9 四	甲戌 10 五	乙亥 11 六	丙子 12 日	丁丑 13 一	戊寅 14 二	己卯 15 三	庚辰 16 四	辛巳 17 五	壬午 18 六	癸未 19 日	甲申 20 一	乙酉 21 二	丙戌 22 三	丁亥 23 四	戊子 24 五	己丑 25 六	庚寅 26 日	辛卯 27 一	壬辰 28 二	癸巳 29 三	甲午 30 四		己卯夏至 甲午小暑
六月大	癸未	天干地支 西曆 星期	乙未 (7) 五	丙申 2 六	丁酉 3 日	戊戌 4 一	己亥 5 二	庚子 6 三	辛丑 7 四	壬寅 8 五	癸卯 9 六	甲辰 10 日	乙巳 11 一	丙午 12 二	丁未 13 三	戊申 14 四	己酉 15 五	庚戌 16 六	辛亥 17 日	壬子 18 一	癸丑 19 二	甲寅 20 三	乙卯 21 四	丙辰 22 五	丁巳 23 六	戊午 24 日	己未 25 一	庚申 26 二	辛酉 27 三	壬戌 28 四	癸亥 29 五	甲子 30 六	己酉大暑 甲子立秋
七月小	甲申	天干地支 西曆 星期	乙丑 31 日	丙寅 (8) 一	丁卯 2 二	戊辰 3 三	己巳 4 四	庚午 5 五	辛未 6 六	壬申 7 日	癸酉 8 一	甲戌 9 二	乙亥 10 三	丙子 11 四	丁丑 12 五	戊寅 13 六	己卯 14 日	庚辰 15 一	辛巳 16 二	壬午 17 三	癸未 18 四	甲申 19 五	乙酉 20 六	丙戌 21 日	丁亥 22 一	戊子 23 二	己丑 24 三	庚寅 25 四	辛卯 26 五	壬辰 27 六	癸巳 28 日		庚辰處暑
八月大	乙酉	天干地支 西曆 星期	甲午 29 一	乙未 30 二	丙申 31 三	丁酉 (9) 四	戊戌 2 五	己亥 3 六	庚子 4 日	辛丑 5 一	壬寅 6 二	癸卯 7 三	甲辰 8 四	乙巳 9 五	丙午 10 六	丁未 11 日	戊申 12 一	己酉 13 二	庚戌 14 三	辛亥 15 四	壬子 16 五	癸丑 17 六	甲寅 18 日	乙卯 19 一	丙辰 20 二	丁巳 21 三	戊午 22 四	己未 23 五	庚申 24 六	辛酉 25 日	壬戌 26 一	癸亥 27 二	乙未白露 庚戌秋分
九月小	丙戌	天干地支 西曆 星期	甲子 28 三	乙丑 29 四	丙寅 30 五	丁卯 (10) 六	戊辰 2 日	己巳 3 一	庚午 4 二	辛未 5 三	壬申 6 四	癸酉 7 五	甲戌 8 六	乙亥 9 日	丙子 10 一	丁丑 11 二	戊寅 12 三	己卯 13 四	庚辰 14 五	辛巳 15 六	壬午 16 日	癸未 17 一	甲申 18 二	乙酉 19 三	丙戌 20 四	丁亥 21 五	戊子 22 六	己丑 23 日	庚寅 24 一	辛卯 25 二	壬辰 26 三		乙丑寒露 庚辰霜降
十月小	丁亥	天干地支 西曆 星期	癸巳 27 四	甲午 28 五	乙未 29 六	丙申 30 日	丁酉 31 一	戊戌 (11) 二	己亥 2 三	庚子 3 四	辛丑 4 五	壬寅 5 六	癸卯 6 日	甲辰 7 一	乙巳 8 二	丙午 9 三	丁未 10 四	戊申 11 五	己酉 12 六	庚戌 13 日	辛亥 14 一	壬子 15 二	癸丑 16 三	甲寅 17 四	乙卯 18 五	丙辰 19 六	丁巳 20 日	戊午 21 一	己未 22 二	庚申 23 三	辛酉 24 四		丙申立冬 辛亥小雪
十一月大	戊子	天干地支 西曆 星期	壬戌 25 五	癸亥 26 六	甲子 27 日	乙丑 28 一	丙寅 29 二	丁卯 30 三	戊辰 (12) 四	己巳 2 五	庚午 3 六	辛未 4 日	壬申 5 一	癸酉 6 二	甲戌 7 三	乙亥 8 四	丙子 9 五	丁丑 10 六	戊寅 11 日	己卯 12 一	庚辰 13 二	辛巳 14 三	壬午 15 四	癸未 16 五	甲申 17 六	乙酉 18 日	丙戌 19 一	丁亥 20 二	戊子 21 三	己丑 22 四	庚寅 23 五	辛卯 24 六	丙寅大雪 辛巳冬至
十二月大	己丑	天干地支 西曆 星期	壬辰 25 日	癸巳 26 一	甲午 27 二	乙未 28 三	丙申 29 四	丁酉 30 五	戊戌 31 六	己亥 (1) 日	庚子 2 一	辛丑 3 二	壬寅 4 三	癸卯 5 四	甲辰 6 五	乙巳 7 六	丙午 8 日	丁未 9 一	戊申 10 二	己酉 11 三	庚戌 12 四	辛亥 13 五	壬子 14 六	癸丑 15 日	甲寅 16 一	乙卯 17 二	丙辰 18 三	丁巳 19 四	戊午 20 五	己未 21 六	庚申 22 日	辛酉 23 一	丁酉小寒 壬子大寒

宋理宗淳祐十一年（辛亥 猪年） 公元 1251 ~ 1252 年

夏曆月序		中西曆日對照	夏曆日序																														節氣與天象
			初一	初二	初三	初四	初五	初六	初七	初八	初九	初十	十一	十二	十三	十四	十五	十六	十七	十八	十九	二十	二一	二二	二三	二四	二五	二六	二七	二八	二九	三十	
正月小	庚寅	天干 地支 西曆 星期	壬戌 24 二	癸亥 25 三	甲子 26 四	乙丑 27 五	丙寅 28 六	丁卯 29 日	戊辰 30 一	己巳 31 二	庚午 (2) 三	辛未 2 四	壬申 3 五	癸酉 4 六	甲戌 5 日	乙亥 6 一	丙子 7 二	丁丑 8 三	戊寅 9 四	己卯 10 五	庚辰 11 六	辛巳 12 日	壬午 13 一	癸未 14 二	甲申 15 三	乙酉 16 四	丙戌 17 五	丁亥 18 六	戊子 19 日	己丑 20 一	庚寅 21 二		丁卯立春 壬午雨水
二月大	辛卯	天干 地支 西曆 星期	辛卯 22 三	壬辰 23 四	癸巳 24 五	甲午 25 六	乙未 26 日	丙申 27 一	丁酉 28 二	戊戌 (3) 三	己亥 2 四	庚子 3 五	辛丑 4 六	壬寅 5 日	癸卯 6 一	甲辰 7 二	乙巳 8 三	丙午 9 四	丁未 10 五	戊申 11 六	己酉 12 日	庚戌 13 一	辛亥 14 二	壬子 15 三	癸丑 16 四	甲寅 17 五	乙卯 18 六	丙辰 19 日	丁巳 20 一	戊午 21 二	己未 22 三	庚申 23 四	丁酉驚蟄 癸丑春分
三月大	壬辰	天干 地支 西曆 星期	辛酉 24 五	壬戌 25 六	癸亥 26 日	甲子 27 一	乙丑 28 二	丙寅 29 三	丁卯 30 四	戊辰 31 五	己巳 (4) 六	庚午 2 日	辛未 3 一	壬申 4 二	癸酉 5 三	甲戌 6 四	乙亥 7 五	丙子 8 六	丁丑 9 日	戊寅 10 一	己卯 11 二	庚辰 12 三	辛巳 13 四	壬午 14 五	癸未 15 六	甲申 16 日	乙酉 17 一	丙戌 18 二	丁亥 19 三	戊子 20 四	己丑 21 五	庚寅 22 六	戊辰清明 癸未穀雨
四月小	癸巳	天干 地支 西曆 星期	辛卯 23 日	壬辰 24 一	癸巳 25 二	甲午 26 三	乙未 27 四	丙申 28 五	丁酉 29 六	戊戌 30 日	己亥 (5) 一	庚子 2 二	辛丑 3 三	壬寅 4 四	癸卯 5 五	甲辰 6 六	乙巳 7 日	丙午 8 一	丁未 9 二	戊申 10 三	己酉 11 四	庚戌 12 五	辛亥 13 六	壬子 14 日	癸丑 15 一	甲寅 16 二	乙卯 17 三	丙辰 18 四	丁巳 19 五	戊午 20 六	己未 21 日		戊戌立夏 癸丑小滿
五月大	甲午	天干 地支 西曆 星期	庚申 22 一	辛酉 23 二	壬戌 24 三	癸亥 25 四	甲子 26 五	乙丑 27 六	丙寅 28 日	丁卯 29 一	戊辰 30 二	己巳 31 三	庚午 (6) 四	辛未 2 五	壬申 3 六	癸酉 4 日	甲戌 5 一	乙亥 6 二	丙子 7 三	丁丑 8 四	戊寅 9 五	己卯 10 六	庚辰 11 日	辛巳 12 一	壬午 13 二	癸未 14 三	甲申 15 四	乙酉 16 五	丙戌 17 六	丁亥 18 日	戊子 19 一	己丑 20 二	己巳芒種 甲申夏至
六月大	乙未	天干 地支 西曆 星期	庚寅 21 三	辛卯 22 四	壬辰 23 五	癸巳 24 六	甲午 25 日	乙未 26 一	丙申 27 二	丁酉 28 三	戊戌 29 四	己亥 30 五	庚子 (7) 六	辛丑 2 日	壬寅 3 一	癸卯 4 二	甲辰 5 三	乙巳 6 四	丙午 7 五	丁未 8 六	戊申 9 日	己酉 10 一	庚戌 11 二	辛亥 12 三	壬子 13 四	癸丑 14 五	甲寅 15 六	乙卯 16 日	丙辰 17 一	丁巳 18 二	戊午 19 三	己未 20 四	己亥小暑 甲寅大暑
七月小	丙申	天干 地支 西曆 星期	庚申 21 五	辛酉 22 六	壬戌 23 日	癸亥 24 一	甲子 25 二	乙丑 26 三	丙寅 27 四	丁卯 28 五	戊辰 29 六	己巳 30 日	庚午 31 一	辛未 (8) 二	壬申 2 三	癸酉 3 四	甲戌 4 五	乙亥 5 六	丙子 6 日	丁丑 7 一	戊寅 8 二	己卯 9 三	庚辰 10 四	辛巳 11 五	壬午 12 六	癸未 13 日	甲申 14 一	乙酉 15 二	丙戌 16 三	丁亥 17 四	戊子 18 五		庚午立秋 乙酉處暑
八月小	丁酉	天干 地支 西曆 星期	己丑 19 六	庚寅 20 日	辛卯 21 一	壬辰 22 二	癸巳 23 三	甲午 24 四	乙未 25 五	丙申 26 六	丁酉 27 日	戊戌 28 一	己亥 29 二	庚子 30 三	辛丑 31 四	壬寅 (9) 五	癸卯 2 六	甲辰 3 日	乙巳 4 一	丙午 5 二	丁未 6 三	戊申 7 四	己酉 8 五	庚戌 9 六	辛亥 10 日	壬子 11 一	癸丑 12 二	甲寅 13 三	乙卯 14 四	丙辰 15 五	丁巳 16 六		庚子白露 乙卯秋分
九月大	戊戌	天干 地支 西曆 星期	戊午 17 日	己未 18 一	庚申 19 二	辛酉 20 三	壬戌 21 四	癸亥 22 五	甲子 23 六	乙丑 24 日	丙寅 25 一	丁卯 26 二	戊辰 27 三	己巳 28 四	庚午 29 五	辛未 30 六	壬申 (10) 日	癸酉 2 一	甲戌 3 二	乙亥 4 三	丙子 5 四	丁丑 6 五	戊寅 7 六	己卯 8 日	庚辰 9 一	辛巳 10 二	壬午 11 三	癸未 12 四	甲申 13 五	乙酉 14 六	丙戌 15 日	丁亥 16 一	庚午寒露 丙戌霜降
十月小	己亥	天干 地支 西曆 星期	戊子 17 二	己丑 18 三	庚寅 19 四	辛卯 20 五	壬辰 21 六	癸巳 22 日	甲午 23 一	乙未 24 二	丙申 25 三	丁酉 26 四	戊戌 27 五	己亥 28 六	庚子 29 日	辛丑 30 一	壬寅 31 二	癸卯 (11) 三	甲辰 2 四	乙巳 3 五	丙午 4 六	丁未 5 日	戊申 6 一	己酉 7 二	庚戌 8 三	辛亥 9 四	壬子 10 五	癸丑 11 六	甲寅 12 日	乙卯 13 一	丙辰 14 二		辛丑立冬 丙辰小雪
閏十月小	己亥	天干 地支 西曆 星期	丁巳 15 三	戊午 16 四	己未 17 五	庚申 18 六	辛酉 19 日	壬戌 20 一	癸亥 21 二	甲子 22 三	乙丑 23 四	丙寅 24 五	丁卯 25 六	戊辰 26 日	己巳 27 一	庚午 28 二	辛未 29 三	壬申 30 四	癸酉 (12) 五	甲戌 2 六	乙亥 3 日	丙子 4 一	丁丑 5 二	戊寅 6 三	己卯 7 四	庚辰 8 五	辛巳 9 六	壬午 10 日	癸未 11 一	甲申 12 二	乙酉 13 三		辛未大雪
十一月大	庚子	天干 地支 西曆 星期	丙戌 14 四	丁亥 15 五	戊子 16 六	己丑 17 日	庚寅 18 一	辛卯 19 二	壬辰 20 三	癸巳 21 四	甲午 22 五	乙未 23 六	丙申 24 日	丁酉 25 一	戊戌 26 二	己亥 27 三	庚子 28 四	辛丑 29 五	壬寅 30 六	癸卯 31 日	甲辰 (1) 一	乙巳 2 二	丙午 3 三	丁未 4 四	戊申 5 五	己酉 6 六	庚戌 7 日	辛亥 8 一	壬子 9 二	癸丑 10 三	甲寅 11 四	乙卯 12 五	丁亥冬至 壬寅小寒
十二月大	辛丑	天干 地支 西曆 星期	丙辰 13 六	丁巳 14 日	戊午 15 一	己未 16 二	庚申 17 三	辛酉 18 四	壬戌 19 五	癸亥 20 六	甲子 21 日	乙丑 22 一	丙寅 23 二	丁卯 24 三	戊辰 25 四	己巳 26 五	庚午 27 六	辛未 28 日	壬申 29 一	癸酉 30 二	甲戌 31 三	乙亥 (2) 四	丙子 2 五	丁丑 3 六	戊寅 4 日	己卯 5 一	庚辰 6 二	辛巳 7 三	壬午 8 四	癸未 9 五	甲申 10 六	乙酉 11 日	丁巳大寒 壬申立春

宋理宗淳祐十二年（壬子 鼠年） 公元1252 ~ 1253年

夏曆月序	中西曆日對照	初一	初二	初三	初四	初五	初六	初七	初八	初九	初十	十一	十二	十三	十四	十五	十六	十七	十八	十九	二十	二一	二二	二三	二四	二五	二六	二七	二八	二九	三十	節氣與天象
正月小 壬寅	天干地支 西曆 星期	丙戌 12 一	丁亥 13 二	戊子 14 三	己丑 15 四	庚寅 16 五	辛卯 17 六	壬辰 18 日	癸巳 19 一	甲午 20 二	乙未 21 三	丙申 22 四	丁酉 23 五	戊戌 24 六	己亥 25 日	庚子 26 一	辛丑 27 二	壬寅 28 三	癸卯 29 四	甲辰 (3) 五	乙巳 2 六	丙午 3 日	丁未 4 一	戊申 5 二	己酉 6 三	庚戌 7 四	辛亥 8 五	壬子 9 六	癸丑 10 日	甲寅 11 一		丁亥雨水 癸卯驚蟄
二月大 癸卯	天干地支 西曆 星期	乙卯 12 二	丙辰 13 三	丁巳 14 四	戊午 15 五	己未 16 六	庚申 17 日	辛酉 18 一	壬戌 19 二	癸亥 20 三	甲子 21 四	乙丑 22 五	丙寅 23 六	丁卯 24 日	戊辰 25 一	己巳 26 二	庚午 27 三	辛未 28 四	壬申 29 五	癸酉 30 六	甲戌 31 日	乙亥 (4) 一	丙子 2 二	丁丑 3 三	戊寅 4 四	己卯 5 五	庚辰 6 六	辛巳 7 日	壬午 8 一	癸未 9 二	甲申 10 三	戊午春分 癸酉清明 乙卯日食
三月小 甲辰	天干地支 西曆 星期	乙酉 11 四	丙戌 12 五	丁亥 13 六	戊子 14 日	己丑 15 一	庚寅 16 二	辛卯 17 三	壬辰 18 四	癸巳 19 五	甲午 20 六	乙未 21 日	丙申 22 一	丁酉 23 二	戊戌 24 三	己亥 25 四	庚子 26 五	辛丑 27 六	壬寅 28 日	癸卯 29 一	甲辰 30 二	乙巳 (5) 三	丙午 2 四	丁未 3 五	戊申 4 六	己酉 5 日	庚戌 6 一	辛亥 7 二	壬子 8 三	癸丑 9 四		戊子穀雨 甲辰立夏
四月大 乙巳	天干地支 西曆 星期	甲寅 10 五	乙卯 11 六	丙辰 12 日	丁巳 13 一	戊午 14 二	己未 15 三	庚申 16 四	辛酉 17 五	壬戌 18 六	癸亥 19 日	甲子 20 一	乙丑 21 二	丙寅 22 三	丁卯 23 四	戊辰 24 五	己巳 25 六	庚午 26 日	辛未 27 一	壬申 28 二	癸酉 29 三	甲戌 30 四	乙亥 31 五	丙子 (6) 六	丁丑 2 日	戊寅 3 一	己卯 4 二	庚辰 5 三	辛巳 6 四	壬午 7 五	癸未 8 六	己未小滿 甲戌芒種
五月小 丙午	天干地支 西曆 星期	甲申 9 日	乙酉 10 一	丙戌 11 二	丁亥 12 三	戊子 13 四	己丑 14 五	庚寅 15 六	辛卯 16 日	壬辰 17 一	癸巳 18 二	甲午 19 三	乙未 20 四	丙申 21 五	丁酉 22 六	戊戌 23 日	己亥 24 一	庚子 25 二	辛丑 26 三	壬寅 27 四	癸卯 28 五	甲辰 29 六	乙巳 30 日	丙午 (7) 一	丁未 2 二	戊申 3 三	己酉 4 四	庚戌 5 五	辛亥 6 六	壬子 7 日		己丑夏至 甲辰小暑
六月大 丁未	天干地支 西曆 星期	癸丑 8 一	甲寅 9 二	乙卯 10 三	丙辰 11 四	丁巳 12 五	戊午 13 六	己未 14 日	庚申 15 一	辛酉 16 二	壬戌 17 三	癸亥 18 四	甲子 19 五	乙丑 20 六	丙寅 21 日	丁卯 22 一	戊辰 23 二	己巳 24 三	庚午 25 四	辛未 26 五	壬申 27 六	癸酉 28 日	甲戌 29 一	乙亥 30 二	丙子 31 三	丁丑 (8) 四	戊寅 2 五	己卯 3 六	庚辰 4 日	辛巳 5 一	壬午 6 二	庚申大暑 乙亥立秋
七月大 戊申	天干地支 西曆 星期	癸未 7 三	甲申 8 四	乙酉 9 五	丙戌 10 六	丁亥 11 日	戊子 12 一	己丑 13 二	庚寅 14 三	辛卯 15 四	壬辰 16 五	癸巳 17 六	甲午 18 日	乙未 19 一	丙申 20 二	丁酉 21 三	戊戌 22 四	己亥 23 五	庚子 24 六	辛丑 25 日	壬寅 26 一	癸卯 27 二	甲辰 28 三	乙巳 29 四	丙午 30 五	丁未 31 六	戊申 (9) 日	己酉 2 一	庚戌 3 二	辛亥 4 三	壬子 5 四	庚寅處暑 乙巳白露
八月小 己酉	天干地支 西曆 星期	癸丑 6 五	甲寅 7 六	乙卯 8 日	丙辰 9 一	丁巳 10 二	戊午 11 三	己未 12 四	庚申 13 五	辛酉 14 六	壬戌 15 日	癸亥 16 一	甲子 17 二	乙丑 18 三	丙寅 19 四	丁卯 20 五	戊辰 21 六	己巳 22 日	庚午 23 一	辛未 24 二	壬申 25 三	癸酉 26 四	甲戌 27 五	乙亥 28 六	丙子 29 日	丁丑 30 一	戊寅 (10) 二	己卯 2 三	庚辰 3 四	辛巳 4 五		庚申秋分 丙子寒露
九月大 庚戌	天干地支 西曆 星期	壬午 5 六	癸未 6 日	甲申 7 一	乙酉 8 二	丙戌 9 三	丁亥 10 四	戊子 11 五	己丑 12 六	庚寅 13 日	辛卯 14 一	壬辰 15 二	癸巳 16 三	甲午 17 四	乙未 18 五	丙申 19 六	丁酉 20 日	戊戌 21 一	己亥 22 二	庚子 23 三	辛丑 24 四	壬寅 25 五	癸卯 26 六	甲辰 27 日	乙巳 28 一	丙午 29 二	丁未 30 三	戊申 31 四	己酉 (11) 五	庚戌 2 六	辛亥 3 日	辛卯霜降 丙午立冬
十月小 辛亥	天干地支 西曆 星期	壬子 4 一	癸丑 5 二	甲寅 6 三	乙卯 7 四	丙辰 8 五	丁巳 9 六	戊午 10 日	己未 11 一	庚申 12 二	辛酉 13 三	壬戌 14 四	癸亥 15 五	甲子 16 六	乙丑 17 日	丙寅 18 一	丁卯 19 二	戊辰 20 三	己巳 21 四	庚午 22 五	辛未 23 六	壬申 24 日	癸酉 25 一	甲戌 26 二	乙亥 27 三	丙子 28 四	丁丑 29 五	戊寅 30 六	己卯 (12) 日	庚辰 2 一		辛酉小雪 丁丑大雪
十一月大 壬子	天干地支 西曆 星期	辛巳 3 二	壬午 4 三	癸未 5 四	甲申 6 五	乙酉 7 六	丙戌 8 日	丁亥 9 一	戊子 10 二	己丑 11 三	庚寅 12 四	辛卯 13 五	壬辰 14 六	癸巳 15 日	甲午 16 一	乙未 17 二	丙申 18 三	丁酉 19 四	戊戌 20 五	己亥 21 六	庚子 22 日	辛丑 23 一	壬寅 24 二	癸卯 25 三	甲辰 26 四	乙巳 27 五	丙午 28 六	丁未 29 日	戊申 30 一	己酉 31 二	庚戌 (1) 三	壬辰冬至 丁未小寒
十二月小 癸丑	天干地支 西曆 星期	辛亥 2 四	壬子 3 五	癸丑 4 六	甲寅 5 日	乙卯 6 一	丙辰 7 二	丁巳 8 三	戊午 9 四	己未 10 五	庚申 11 六	辛酉 12 日	壬戌 13 一	癸亥 14 二	甲子 15 三	乙丑 16 四	丙寅 17 五	丁卯 18 六	戊辰 19 日	己巳 20 一	庚午 21 二	辛未 22 三	壬申 23 四	癸酉 24 五	甲戌 25 六	乙亥 26 日	丙子 27 一	丁丑 28 二	戊寅 29 三	己卯 30 四		壬戌大寒 丁丑立春

宋理宗寶祐元年（癸丑 牛年） 公元 1253 ~ 1254 年

夏曆月序		中西曆日對照	初一	初二	初三	初四	初五	初六	初七	初八	初九	初十	十一	十二	十三	十四	十五	十六	十七	十八	十九	二十	二一	二二	二三	二四	二五	二六	二七	二八	二九	三十	節氣與天象
正月小	甲寅	干支 西曆 星期	庚辰 31 五	辛巳 (2) 六	壬午 2 日	癸未 3 一	甲申 4 二	乙酉 5 三	丙戌 6 四	丁亥 7 五	戊子 8 六	己丑 9 日	庚寅 10 一	辛卯 11 二	壬辰 12 三	癸巳 13 四	甲午 14 五	乙未 15 六	丙申 16 日	丁酉 17 一	戊戌 18 二	己亥 19 三	庚子 20 四	辛丑 21 五	壬寅 22 六	癸卯 23 日	甲辰 24 一	乙巳 25 二	丙午 26 三	丁未 27 四	戊申 28 五		癸巳雨水 戊申驚蟄
二月大	乙卯	干支 西曆 星期	己酉 (3) 六	庚戌 2 日	辛亥 3 一	壬子 4 二	癸丑 5 三	甲寅 6 四	乙卯 7 五	丙辰 8 六	丁巳 9 日	戊午 10 一	己未 11 二	庚申 12 三	辛酉 13 四	壬戌 14 五	癸亥 15 六	甲子 16 日	乙丑 17 一	丙寅 18 二	丁卯 19 三	戊辰 20 四	己巳 21 五	庚午 22 六	辛未 23 日	壬申 24 一	癸酉 25 二	甲戌 26 三	乙亥 27 四	丙子 28 五	丁丑 29 六	戊寅 30 日	癸亥春分 戊寅清明 己酉日食
三月小	丙辰	干支 西曆 星期	己卯 31 一	庚辰 (4) 二	辛巳 2 三	壬午 3 四	癸未 4 五	甲申 5 六	乙酉 6 日	丙戌 7 一	丁亥 8 二	戊子 9 三	己丑 10 四	庚寅 11 五	辛卯 12 六	壬辰 13 日	癸巳 14 一	甲午 15 二	乙未 16 三	丙申 17 四	丁酉 18 五	戊戌 19 六	己亥 20 日	庚子 21 一	辛丑 22 二	壬寅 23 三	癸卯 24 四	甲辰 25 五	乙巳 26 六	丙午 27 日	丁未 28 一		甲午穀雨
四月大	丁巳	干支 西曆 星期	戊申 29 二	己酉 30 三	庚戌 (5) 四	辛亥 2 五	壬子 3 六	癸丑 4 日	甲寅 5 一	乙卯 6 二	丙辰 7 三	丁巳 8 四	戊午 9 五	己未 10 六	庚申 11 日	辛酉 12 一	壬戌 13 二	癸亥 14 三	甲子 15 四	乙丑 16 五	丙寅 17 六	丁卯 18 日	戊辰 19 一	己巳 20 二	庚午 21 三	辛未 22 四	壬申 23 五	癸酉 24 六	甲戌 25 日	乙亥 26 一	丙子 27 二	丁丑 28 三	己酉立夏 甲子小滿
五月大	戊午	干支 西曆 星期	戊寅 29 四	己卯 30 五	庚辰 31 六	辛巳 (6) 日	壬午 2 一	癸未 3 二	甲申 4 三	乙酉 5 四	丙戌 6 五	丁亥 7 六	戊子 8 日	己丑 9 一	庚寅 10 二	辛卯 11 三	壬辰 12 四	癸巳 13 五	甲午 14 六	乙未 15 日	丙申 16 一	丁酉 17 二	戊戌 18 三	己亥 19 四	庚子 20 五	辛丑 21 六	壬寅 22 日	癸卯 23 一	甲辰 24 二	乙巳 25 三	丙午 26 四	丁未 27 五	己卯芒種 甲午夏至
六月小	己未	干支 西曆 星期	戊申 28 六	己酉 29 日	庚戌 30 一	辛亥 (7) 二	壬子 2 三	癸丑 3 四	甲寅 4 五	乙卯 5 六	丙辰 6 日	丁巳 7 一	戊午 8 二	己未 9 三	庚申 10 四	辛酉 11 五	壬戌 12 六	癸亥 13 日	甲子 14 一	乙丑 15 二	丙寅 16 三	丁卯 17 四	戊辰 18 五	己巳 19 六	庚午 20 日	辛未 21 一	壬申 22 二	癸酉 23 三	甲戌 24 四	乙亥 25 五	丙子 26 六		庚戌小暑 乙丑大暑
七月大	庚申	干支 西曆 星期	丁丑 27 日	戊寅 28 一	己卯 29 二	庚辰 30 三	辛巳 31 四	壬午 (8) 五	癸未 2 六	甲申 3 日	乙酉 4 一	丙戌 5 二	丁亥 6 三	戊子 7 四	己丑 8 五	庚寅 9 六	辛卯 10 日	壬辰 11 一	癸巳 12 二	甲午 13 三	乙未 14 四	丙申 15 五	丁酉 16 六	戊戌 17 日	己亥 18 一	庚子 19 二	辛丑 20 三	壬寅 21 四	癸卯 22 五	甲辰 23 六	乙巳 24 日	丙午 25 一	庚辰立秋 乙未處暑
八月大	辛酉	干支 西曆 星期	丁未 26 二	戊申 27 三	己酉 28 四	庚戌 29 五	辛亥 30 六	壬子 31 日	癸丑 (9) 一	甲寅 2 二	乙卯 3 三	丙辰 4 四	丁巳 5 五	戊午 6 六	己未 7 日	庚申 8 一	辛酉 9 二	壬戌 10 三	癸亥 11 四	甲子 12 五	乙丑 13 六	丙寅 14 日	丁卯 15 一	戊辰 16 二	己巳 17 三	庚午 18 四	辛未 19 五	壬申 20 六	癸酉 21 日	甲戌 22 一	乙亥 23 二	丙子 24 三	辛亥白露 丙寅秋分
九月小	壬戌	干支 西曆 星期	丁丑 25 四	戊寅 26 五	己卯 27 六	庚辰 28 日	辛巳 29 一	壬午 30 二	癸未 (10) 三	甲申 2 四	乙酉 3 五	丙戌 4 六	丁亥 5 日	戊子 6 一	己丑 7 二	庚寅 8 三	辛卯 9 四	壬辰 10 五	癸巳 11 六	甲午 12 日	乙未 13 一	丙申 14 二	丁酉 15 三	戊戌 16 四	己亥 17 五	庚子 18 六	辛丑 19 日	壬寅 20 一	癸卯 21 二	甲辰 22 三	乙巳 23 四		辛巳寒露 丙申霜降
十月大	癸亥	干支 西曆 星期	丙午 24 五	丁未 25 六	戊申 26 日	己酉 27 一	庚戌 28 二	辛亥 29 三	壬子 30 四	癸丑 31 五	甲寅 (11) 六	乙卯 2 日	丙辰 3 一	丁巳 4 二	戊午 5 三	己未 6 四	庚申 7 五	辛酉 8 六	壬戌 9 日	癸亥 10 一	甲子 11 二	乙丑 12 三	丙寅 13 四	丁卯 14 五	戊辰 15 六	己巳 16 日	庚午 17 一	辛未 18 二	壬申 19 三	癸酉 20 四	甲戌 21 五	乙亥 22 六	辛亥立冬 丁卯小雪
十一月小	甲子	干支 西曆 星期	丙子 23 日	丁丑 24 一	戊寅 25 二	己卯 26 三	庚辰 27 四	辛巳 28 五	壬午 29 六	癸未 30 日	甲申 (12) 一	乙酉 2 二	丙戌 3 三	丁亥 4 四	戊子 5 五	己丑 6 六	庚寅 7 日	辛卯 8 一	壬辰 9 二	癸巳 10 三	甲午 11 四	乙未 12 五	丙申 13 六	丁酉 14 日	戊戌 15 一	己亥 16 二	庚子 17 三	辛丑 18 四	壬寅 19 五	癸卯 20 六	甲辰 21 日		壬午大雪 丁酉冬至
十二月大	乙丑	干支 西曆 星期	乙巳 22 一	丙午 23 二	丁未 24 三	戊申 25 四	己酉 26 五	庚戌 27 六	辛亥 28 日	壬子 29 一	癸丑 30 二	甲寅 31 三	乙卯 (1) 四	丙辰 2 五	丁巳 3 六	戊午 4 日	己未 5 一	庚申 6 二	辛酉 7 三	壬戌 8 四	癸亥 9 五	甲子 10 六	乙丑 11 日	丙寅 12 一	丁卯 13 二	戊辰 14 三	己巳 15 四	庚午 16 五	辛未 17 六	壬申 18 日	癸酉 19 一	甲戌 20 二	壬子小寒 丁卯大寒

* 正月庚辰（初一），改元寶祐。

宋理宗寶祐二年（甲寅 虎年） 公元1254 ~ 1255年

夏曆月序		中西曆日對照	初一	初二	初三	初四	初五	初六	初七	初八	初九	初十	十一	十二	十三	十四	十五	十六	十七	十八	十九	二十	二一	二二	二三	二四	二五	二六	二七	二八	二九	三十	節氣與天象
正月小	丙寅	天干地支西曆星期	乙亥21三	丙子22四	丁丑23五	戊寅24六	己卯25日	庚辰26一	辛巳27二	壬午28三	癸未29四	甲申30五	乙酉31六	丙戌(2)日	丁亥2一	戊子3二	己丑4三	庚寅5四	辛卯6五	壬辰7六	癸巳8日	甲午9一	乙未10二	丙申11三	丁酉12四	戊戌13五	己亥14六	庚子15日	辛丑16一	壬寅17二	癸卯18三		癸未立春 戊戌雨水
二月大	丁卯	天干地支西曆星期	甲辰19四	乙巳20五	丙午21六	丁未22日	戊申23一	己酉24二	庚戌25三	辛亥26四	壬子27五	癸丑28六	甲寅(3)日	乙卯2一	丙辰3二	丁巳4三	戊午5四	己未6五	庚申7六	辛酉8日	壬戌9一	癸亥10二	甲子11三	乙丑12四	丙寅13五	丁卯14六	戊辰15日	己巳16一	庚午17二	辛未18三	壬申19四	癸酉20五	癸丑驚蟄 戊辰春分
三月小	戊辰	天干地支西曆星期	甲戌21六	乙亥22日	丙子23一	丁丑24二	戊寅25三	己卯26四	庚辰27五	辛巳28六	壬午29日	癸未30一	甲申31二	乙酉(4)三	丙戌2四	丁亥3五	戊子4六	己丑5日	庚寅6一	辛卯7二	壬辰8三	癸巳9四	甲午10五	乙未11六	丙申12日	丁酉13一	戊戌14二	己亥15三	庚子16四	辛丑17五	壬寅18六		甲申清明 己亥穀雨
四月小	己巳	天干地支西曆星期	癸卯19日	甲辰20一	乙巳21二	丙午22三	丁未23四	戊申24五	己酉25六	庚戌26日	辛亥27一	壬子28二	癸丑29三	甲寅30四	乙卯(5)五	丙辰2六	丁巳3日	戊午4一	己未5二	庚申6三	辛酉7四	壬戌8五	癸亥9六	甲子10日	乙丑11一	丙寅12二	丁卯13三	戊辰14四	己巳15五	庚午16六	辛未17日		甲寅立夏 己巳小滿
五月大	庚午	天干地支西曆星期	壬申18一	癸酉19二	甲戌20三	乙亥21四	丙子22五	丁丑23六	戊寅24日	己卯25一	庚辰26二	辛巳27三	壬午28四	癸未29五	甲申30六	乙酉31日	丙戌(6)一	丁亥2二	戊子3三	己丑4四	庚寅5五	辛卯6六	壬辰7日	癸巳8一	甲午9二	乙未10三	丙申11四	丁酉12五	戊戌13六	己亥14日	庚子15一	辛丑16二	甲申芒種 庚子夏至
六月小	辛未	天干地支西曆星期	壬寅17三	癸卯18四	甲辰19五	乙巳20六	丙午21日	丁未22一	戊申23二	己酉24三	庚戌25四	辛亥26五	壬子27六	癸丑28日	甲寅29一	乙卯30二	丙辰(7)三	丁巳2四	戊午3五	己未4六	庚申5日	辛酉6一	壬戌7二	癸亥8三	甲子9四	乙丑10五	丙寅11六	丁卯12日	戊辰13一	己巳14二	庚午15三		乙卯小暑 庚午大暑
閏六月大	辛未	天干地支西曆星期	辛未16四	壬申17五	癸酉18六	甲戌19日	乙亥20一	丙子21二	丁丑22三	戊寅23四	己卯24五	庚辰25六	辛巳26日	壬午27一	癸未28二	甲申29三	乙酉30四	丙戌31五	丁亥(8)六	戊子2日	己丑3一	庚寅4二	辛卯5三	壬辰6四	癸巳7五	甲午8六	乙未9日	丙申10一	丁酉11二	戊戌12三	己亥13四	庚子14五	乙酉立秋
七月大	壬申	天干地支西曆星期	辛丑15六	壬寅16日	癸卯17一	甲辰18二	乙巳19三	丙午20四	丁未21五	戊申22六	己酉23日	庚戌24一	辛亥25二	壬子26三	癸丑27四	甲寅28五	乙卯29六	丙辰30日	丁巳31一	戊午(9)二	己未2三	庚申3四	辛酉4五	壬戌5六	癸亥6日	甲子7一	乙丑8二	丙寅9三	丁卯10四	戊辰11五	己巳12六	庚午13日	辛丑處暑 丙辰白露
八月小	癸酉	天干地支西曆星期	辛未14一	壬申15二	癸酉16三	甲戌17四	乙亥18五	丙子19六	丁丑20日	戊寅21一	己卯22二	庚辰23三	辛巳24四	壬午25五	癸未26六	甲申27日	乙酉28一	丙戌29二	丁亥30三	戊子(10)四	己丑2五	庚寅3六	辛卯4日	壬辰5一	癸巳6二	甲午7三	乙未8四	丙申9五	丁酉10六	戊戌11日	己亥12一		辛未秋分 丙戌寒露
九月大	甲戌	天干地支西曆星期	庚子13二	辛丑14三	壬寅15四	癸卯16五	甲辰17六	乙巳18日	丙午19一	丁未20二	戊申21三	己酉22四	庚戌23五	辛亥24六	壬子25日	癸丑26一	甲寅27二	乙卯28三	丙辰29四	丁巳30五	戊午31六	己未(11)日	庚申2一	辛酉3二	壬戌4三	癸亥5四	甲子6五	乙丑7六	丙寅8日	丁卯9一	戊辰10二	己巳11三	辛丑霜降 丁巳立冬
十月大	乙亥	天干地支西曆星期	庚午12四	辛未13五	壬申14六	癸酉15日	甲戌16一	乙亥17二	丙子18三	丁丑19四	戊寅20五	己卯21六	庚辰22日	辛巳23一	壬午24二	癸未25三	甲申26四	乙酉27五	丙戌28六	丁亥29日	戊子30一	己丑(12)二	庚寅2三	辛卯3四	壬辰4五	癸巳5六	甲午6日	乙未7一	丙申8二	丁酉9三	戊戌10四	己亥11五	壬申小雪 丁亥大雪
十一月小	丙子	天干地支西曆星期	庚子12六	辛丑13日	壬寅14一	癸卯15二	甲辰16三	乙巳17四	丙午18五	丁未19六	戊申20日	己酉21一	庚戌22二	辛亥23三	壬子24四	癸丑25五	甲寅26六	乙卯27日	丙辰28一	丁巳29二	戊午30三	己未31四	庚申(1)五	辛酉2六	壬戌3日	癸亥4一	甲子5二	乙丑6三	丙寅7四	丁卯8五	戊辰9六		壬寅冬至 丁巳小寒
十二月大	丁丑	天干地支西曆星期	己巳10日	庚午11一	辛未12二	壬申13三	癸酉14四	甲戌15五	乙亥16六	丙子17日	丁丑18一	戊寅19二	己卯20三	庚辰21四	辛巳22五	壬午23六	癸未24日	甲申25一	乙酉26二	丙戌27三	丁亥28四	戊子29五	己丑30六	庚寅31日	辛卯(2)一	壬辰2二	癸巳3三	甲午4四	乙未5五	丙申6六	丁酉7日	戊戌8一	癸酉大寒 戊子立春

宋理宗寶祐三年（乙卯 兔年） 公元1255 ~ 1256年

夏曆月序		中西曆日對照	初一	初二	初三	初四	初五	初六	初七	初八	初九	初十	十一	十二	十三	十四	十五	十六	十七	十八	十九	二十	二一	二二	二三	二四	二五	二六	二七	二八	二九	三十	節氣與天象
正月小	戊寅	天干地支 西曆 星期	己亥9二	庚子10三	辛丑11四	壬寅12五	癸卯13六	甲辰14日	乙巳15一	丙午16二	丁未17三	戊申18四	己酉19五	庚戌20六	辛亥21日	壬子22一	癸丑23二	甲寅24三	乙卯25四	丙辰26五	丁巳27六	戊午28日	己未(3)一	庚申2二	辛酉3三	壬戌4四	癸亥5五	甲子6六	乙丑7日	丙寅8一	丁卯9二		癸卯雨水 戊午驚蟄
二月大	己卯	天干地支 西曆 星期	戊辰10三	己巳11四	庚午12五	辛未13六	壬申14日	癸酉15一	甲戌16二	乙亥17三	丙子18四	丁丑19五	戊寅20六	己卯21日	庚辰22一	辛巳23二	壬午24三	癸未25四	甲申26五	乙酉27六	丙戌28日	丁亥29一	戊子30二	己丑31三	庚寅(4)四	辛卯2五	壬辰3六	癸巳4日	甲午5一	乙未6二	丙申7三	丁酉8四	甲戌春分 己丑清明
三月小	庚辰	天干地支 西曆 星期	戊戌9五	己亥10六	庚子11日	辛丑12一	壬寅13二	癸卯14三	甲辰15四	乙巳16五	丙午17六	丁未18日	戊申19一	己酉20二	庚戌21三	辛亥22四	壬子23五	癸丑24六	甲寅25日	乙卯26一	丙辰27二	丁巳28三	戊午29四	己未30五	庚申(5)六	辛酉2日	壬戌3一	癸亥4二	甲子5三	乙丑6四	丙寅7五		甲辰穀雨 己未立夏
四月小	辛巳	天干地支 西曆 星期	丁卯8六	戊辰9日	己巳10一	庚午11二	辛未12三	壬申13四	癸酉14五	甲戌15六	乙亥16日	丙子17一	丁丑18二	戊寅19三	己卯20四	庚辰21五	辛巳22六	壬午23日	癸未24一	甲申25二	乙酉26三	丙戌27四	丁亥28五	戊子29六	己丑30日	庚寅31一	辛卯(6)二	壬辰2三	癸巳3四	甲午4五	乙未5六		甲戌小滿 庚寅芒種
五月大	壬午	天干地支 西曆 星期	丙申6日	丁酉7一	戊戌8二	己亥9三	庚子10四	辛丑11五	壬寅12六	癸卯13日	甲辰14一	乙巳15二	丙午16三	丁未17四	戊申18五	己酉19六	庚戌20日	辛亥21一	壬子22二	癸丑23三	甲寅24四	乙卯25五	丙辰26六	丁巳27日	戊午28一	己未29二	庚申30三	辛酉(7)四	壬戌2五	癸亥3六	甲子4日	乙丑5一	乙巳夏至 庚申小暑
六月小	癸未	天干地支 西曆 星期	丙寅6二	丁卯7三	戊辰8四	己巳9五	庚午10六	辛未11日	壬申12一	癸酉13二	甲戌14三	乙亥15四	丙子16五	丁丑17六	戊寅18日	己卯19一	庚辰20二	辛巳21三	壬午22四	癸未23五	甲申24六	乙酉25日	丙戌26一	丁亥27二	戊子28三	己丑29四	庚寅30五	辛卯31六	壬辰(8)日	癸巳2一	甲午3二		乙亥大暑 辛卯立秋
七月大	甲申	天干地支 西曆 星期	乙未4三	丙申5四	丁酉6五	戊戌7六	己亥8日	庚子9一	辛丑10二	壬寅11三	癸卯12四	甲辰13五	乙巳14六	丙午15日	丁未16一	戊申17二	己酉18三	庚戌19四	辛亥20五	壬子21六	癸丑22日	甲寅23一	乙卯24二	丙辰25三	丁巳26四	戊午27五	己未28六	庚申29日	辛酉30一	壬戌31二	癸亥(9)三	甲子2四	丙午處暑 辛酉白露
八月小	乙酉	天干地支 西曆 星期	乙丑3五	丙寅4六	丁卯5日	戊辰6一	己巳7二	庚午8三	辛未9四	壬申10五	癸酉11六	甲戌12日	乙亥13一	丙子14二	丁丑15三	戊寅16四	己卯17五	庚辰18六	辛巳19日	壬午20一	癸未21二	甲申22三	乙酉23四	丙戌24五	丁亥25六	戊子26日	己丑27一	庚寅28二	辛卯29三	壬辰30四	癸巳(10)五		丙子秋分 辛卯寒露
九月大	丙戌	天干地支 西曆 星期	甲午2六	乙未3日	丙申4一	丁酉5二	戊戌6三	己亥7四	庚子8五	辛丑9六	壬寅10日	癸卯11一	甲辰12二	乙巳13三	丙午14四	丁未15五	戊申16六	己酉17日	庚戌18一	辛亥19二	壬子20三	癸丑21四	甲寅22五	乙卯23六	丙辰24日	丁巳25一	戊午26二	己未27三	庚申28四	辛酉29五	壬戌30六	癸亥31日	丁未霜降 壬戌立冬
十月大	丁亥	天干地支 西曆 星期	甲子(11)一	乙丑2二	丙寅3三	丁卯4四	戊辰5五	己巳6六	庚午7日	辛未8一	壬申9二	癸酉10三	甲戌11四	乙亥12五	丙子13六	丁丑14日	戊寅15一	己卯16二	庚辰17三	辛巳18四	壬午19五	癸未20六	甲申21日	乙酉22一	丙戌23二	丁亥24三	戊子25四	己丑26五	庚寅27六	辛卯28日	壬辰29一	癸巳30二	丁丑小雪 壬辰大雪
十一月大	戊子	天干地支 西曆 星期	甲午(12)三	乙未2四	丙申3五	丁酉4六	戊戌5日	己亥6一	庚子7二	辛丑8三	壬寅9四	癸卯10五	甲辰11六	乙巳12日	丙午13一	丁未14二	戊申15三	己酉16四	庚戌17五	辛亥18六	壬子19日	癸丑20一	甲寅21二	乙卯22三	丙辰23四	丁巳24五	戊午25六	己未26日	庚申27一	辛酉28二	壬戌29三	癸亥30四	戊申冬至 癸亥小寒
十二月小	己丑	天干地支 西曆 星期	甲子31五	乙丑(1)六	丙寅2日	丁卯3一	戊辰4二	己巳5三	庚午6四	辛未7五	壬申8六	癸酉9日	甲戌10一	乙亥11二	丙子12三	丁丑13四	戊寅14五	己卯15六	庚辰16日	辛巳17一	壬午18二	癸未19三	甲申20四	乙酉21五	丙戌22六	丁亥23日	戊子24一	己丑25二	庚寅26三	辛卯27四	壬辰28五		戊寅大寒

宋理宗寶祐四年（丙辰 龍年） 公元1256 ~ 1257年

夏曆月序		中西曆日對照	初一	初二	初三	初四	初五	初六	初七	初八	初九	初十	十一	十二	十三	十四	十五	十六	十七	十八	十九	二十	二一	二二	二三	二四	二五	二六	二七	二八	二九	三十	節氣與天象
正月大	庚寅	天干地支西曆星期	癸巳29六	甲午30日	乙未31一	丙申(2)二	丁酉2三	戊戌3四	己亥4五	庚子5六	辛丑6日	壬寅7一	癸卯8二	甲辰9三	乙巳10四	丙午11五	丁未12六	戊申13日	己酉14一	庚戌15二	辛亥16三	壬子17四	癸丑18五	甲寅19六	乙卯20日	丙辰21一	丁巳22二	戊午23三	己未24四	庚申25五	辛酉26六	壬戌27日	癸巳立春 戊申雨水
二月小	辛卯	天干地支西曆星期	癸亥28一	甲子29二	乙丑(3)三	丙寅2四	丁卯3五	戊辰4六	己巳5日	庚午6一	辛未7二	壬申8三	癸酉9四	甲戌10五	乙亥11六	丙子12日	丁丑13一	戊寅14二	己卯15三	庚辰16四	辛巳17五	壬午18六	癸未19日	甲申20一	乙酉21二	丙戌22三	丁亥23四	戊子24五	己丑25六	庚寅26日	辛卯27一		甲子驚蟄 己卯春分
三月大	壬辰	天干地支西曆星期	壬辰28二	癸巳29三	甲午30四	乙未31五	丙申(4)六	丁酉2日	戊戌3一	己亥4二	庚子5三	辛丑6四	壬寅7五	癸卯8六	甲辰9日	乙巳10一	丙午11二	丁未12三	戊申13四	己酉14五	庚戌15六	辛亥16日	壬子17一	癸丑18二	甲寅19三	乙卯20四	丙辰21五	丁巳22六	戊午23日	己未24一	庚申25二	辛酉26三	甲午清明 己酉穀雨
四月小	癸巳	天干地支西曆星期	壬戌27四	癸亥28五	甲子29六	乙丑30日	丙寅(5)一	丁卯2二	戊辰3三	己巳4四	庚午5五	辛未6六	壬申7日	癸酉8一	甲戌9二	乙亥10三	丙子11四	丁丑12五	戊寅13六	己卯14日	庚辰15一	辛巳16二	壬午17三	癸未18四	甲申19五	乙酉20六	丙戌21日	丁亥22一	戊子23二	己丑24三	庚寅25四		甲子立夏 庚辰小滿
五月小	甲午	天干地支西曆星期	辛卯26五	壬辰27六	癸巳28日	甲午29一	乙未30二	丙申31三	丁酉(6)四	戊戌2五	己亥3六	庚子4日	辛丑5一	壬寅6二	癸卯7三	甲辰8四	乙巳9五	丙午10六	丁未11日	戊申12一	己酉13二	庚戌14三	辛亥15四	壬子16五	癸丑17六	甲寅18日	乙卯19一	丙辰20二	丁巳21三	戊午22四	己未23五		乙未芒種 庚戌夏至
六月大	乙未	天干地支西曆星期	庚申24六	辛酉25日	壬戌26一	癸亥27二	甲子28三	乙丑29四	丙寅30五	丁卯(7)六	戊辰2日	己巳3一	庚午4二	辛未5三	壬申6四	癸酉7五	甲戌8六	乙亥9日	丙子10一	丁丑11二	戊寅12三	己卯13四	庚辰14五	辛巳15六	壬午16日	癸未17一	甲申18二	乙酉19三	丙戌20四	丁亥21五	戊子22六	己丑23日	乙丑小暑 辛巳大暑
七月小	丙申	天干地支西曆星期	庚寅24一	辛卯25二	壬辰26三	癸巳27四	甲午28五	乙未29六	丙申30日	丁酉31一	戊戌(8)二	己亥2三	庚子3四	辛丑4五	壬寅5六	癸卯6日	甲辰7一	乙巳8二	丙午9三	丁未10四	戊申11五	己酉12六	庚戌13日	辛亥14一	壬子15二	癸丑16三	甲寅17四	乙卯18五	丙辰19六	丁巳20日	戊午21一		丙申立秋 辛亥處暑
八月小	丁酉	天干地支西曆星期	己未22二	庚申23三	辛酉24四	壬戌25五	癸亥26六	甲子27日	乙丑28一	丙寅29二	丁卯30三	戊辰31四	己巳(9)五	庚午2六	辛未3日	壬申4一	癸酉5二	甲戌6三	乙亥7四	丙子8五	丁丑9六	戊寅10日	己卯11一	庚辰12二	辛巳13三	壬午14四	癸未15五	甲申16六	乙酉17日	丙戌18一	丁亥19二		丙寅白露 辛巳秋分
九月大	戊戌	天干地支西曆星期	戊子20三	己丑21四	庚寅22五	辛卯23六	壬辰24日	癸巳25一	甲午26二	乙未27三	丙申28四	丁酉29五	戊戌30六	己亥(10)日	庚子2一	辛丑3二	壬寅4三	癸卯5四	甲辰6五	乙巳7六	丙午8日	丁未9一	戊申10二	己酉11三	庚戌12四	辛亥13五	壬子14六	癸丑15日	甲寅16一	乙卯17二	丙辰18三	丁巳19四	丁酉寒露 壬子霜降
十月大	己亥	天干地支西曆星期	戊午20五	己未21六	庚申22日	辛酉23一	壬戌24二	癸亥25三	甲子26四	乙丑27五	丙寅28六	丁卯29日	戊辰30一	己巳31二	庚午(11)三	辛未2四	壬申3五	癸酉4六	甲戌5日	乙亥6一	丙子7二	丁丑8三	戊寅9四	己卯10五	庚辰11六	辛巳12日	壬午13一	癸未14二	甲申15三	乙酉16四	丙戌17五	丁亥18六	丁卯立冬 壬午小雪
十一月大	庚子	天干地支西曆星期	戊子19日	己丑20一	庚寅21二	辛卯22三	壬辰23四	癸巳24五	甲午25六	乙未26日	丙申27一	丁酉28二	戊戌29三	己亥30四	庚子(12)五	辛丑2六	壬寅3日	癸卯4一	甲辰5二	乙巳6三	丙午7四	丁未8五	戊申9六	己酉10日	庚戌11一	辛亥12二	壬子13三	癸丑14四	甲寅15五	乙卯16六	丙辰17日	丁巳18一	戊戌大雪 癸丑冬至
十二月小	辛丑	天干地支西曆星期	戊午19二	己未20三	庚申21四	辛酉22五	壬戌23六	癸亥24日	甲子25一	乙丑26二	丙寅27三	丁卯28四	戊辰29五	己巳30六	庚午31日	辛未(1)一	壬申2二	癸酉3三	甲戌4四	乙亥5五	丙子6六	丁丑7日	戊寅8一	己卯9二	庚辰10三	辛巳11四	壬午12五	癸未13六	甲申14日	乙酉15一	丙戌16二		戊辰小寒 癸未大寒

宋理宗寶祐五年（丁巳 蛇年） 公元 1257 ~ 1258 年

夏曆月序		中西曆日對照	夏曆日序																														節氣與天象
			初一	初二	初三	初四	初五	初六	初七	初八	初九	初十	十一	十二	十三	十四	十五	十六	十七	十八	十九	二十	二一	二二	二三	二四	二五	二六	二七	二八	二九	三十	
正月大	壬寅	天干地支 西曆 星期	丁亥 17 三	戊子 18 四	己丑 19 五	庚寅 20 六	辛卯 21 日	壬辰 22 一	癸巳 23 二	甲午 24 三	乙未 25 四	丙申 26 五	丁酉 27 六	戊戌 28 日	己亥 29 一	庚子 30 二	辛丑 31 三	壬寅 (2) 四	癸卯 2 五	甲辰 3 六	乙巳 4 日	丙午 5 一	丁未 6 二	戊申 7 三	己酉 8 四	庚戌 9 五	辛亥 10 六	壬子 11 日	癸丑 12 一	甲寅 13 二	乙卯 14 三	丙辰 15 四	戊戌立春 甲寅雨水
二月大	癸卯	天干地支 西曆 星期	丁巳 16 五	戊午 17 六	己未 18 日	庚申 19 一	辛酉 20 二	壬戌 21 三	癸亥 22 四	甲子 23 五	乙丑 24 六	丙寅 25 日	丁卯 26 一	戊辰 27 二	己巳 28 三	庚午 (3) 四	辛未 2 五	壬申 3 六	癸酉 4 日	甲戌 5 一	乙亥 6 二	丙子 7 三	丁丑 8 四	戊寅 9 五	己卯 10 六	庚辰 11 日	辛巳 12 一	壬午 13 二	癸未 14 三	甲申 15 四	乙酉 16 五	丙戌 17 六	己巳驚蟄 甲申春分
三月小	甲辰	天干地支 西曆 星期	丁亥 18 日	戊子 19 一	己丑 20 二	庚寅 21 三	辛卯 22 四	壬辰 23 五	癸巳 24 六	甲午 25 日	乙未 26 一	丙申 27 二	丁酉 28 三	戊戌 29 四	己亥 30 五	庚子 31 六	辛丑 (4) 日	壬寅 2 一	癸卯 3 二	甲辰 4 三	乙巳 5 四	丙午 6 五	丁未 7 六	戊申 8 日	己酉 9 一	庚戌 10 二	辛亥 11 三	壬子 12 四	癸丑 13 五	甲寅 14 六	乙卯 15 日		己亥清明 乙卯穀雨
四月大	乙巳	天干地支 西曆 星期	丙辰 16 一	丁巳 17 二	戊午 18 三	己未 19 四	庚申 20 五	辛酉 21 六	壬戌 22 日	癸亥 23 一	甲子 24 二	乙丑 25 三	丙寅 26 四	丁卯 27 五	戊辰 28 六	己巳 29 日	庚午 30 一	辛未 (5) 二	壬申 2 三	癸酉 3 四	甲戌 4 五	乙亥 5 六	丙子 6 日	丁丑 7 一	戊寅 8 二	己卯 9 三	庚辰 10 四	辛巳 11 五	壬午 12 六	癸未 13 日	甲申 14 一	乙酉 15 二	庚午立夏 乙酉小滿
閏四月小	乙巳	天干地支 西曆 星期	丙戌 16 三	丁亥 17 四	戊子 18 五	己丑 19 六	庚寅 20 日	辛卯 21 一	壬辰 22 二	癸巳 23 三	甲午 24 四	乙未 25 五	丙申 26 六	丁酉 27 日	戊戌 28 一	己亥 29 二	庚子 30 三	辛丑 31 四	壬寅 (6) 五	癸卯 2 六	甲辰 3 日	乙巳 4 一	丙午 5 二	丁未 6 三	戊申 7 四	己酉 8 五	庚戌 9 六	辛亥 10 日	壬子 11 一	癸丑 12 二	甲寅 13 三		庚子芒種
五月小	丙午	天干地支 西曆 星期	乙卯 14 四	丙辰 15 五	丁巳 16 六	戊午 17 日	己未 18 一	庚申 19 二	辛酉 20 三	壬戌 21 四	癸亥 22 五	甲子 23 六	乙丑 24 日	丙寅 25 一	丁卯 26 二	戊辰 27 三	己巳 28 四	庚午 29 五	辛未 30 六	壬申 (7) 日	癸酉 2 一	甲戌 3 二	乙亥 4 三	丙子 5 四	丁丑 6 五	戊寅 7 六	己卯 8 日	庚辰 9 一	辛巳 10 二	壬午 11 三	癸未 12 四		乙卯夏至 辛未小暑
六月大	丁未	天干地支 西曆 星期	甲申 13 五	乙酉 14 六	丙戌 15 日	丁亥 16 一	戊子 17 二	己丑 18 三	庚寅 19 四	辛卯 20 五	壬辰 21 六	癸巳 22 日	甲午 23 一	乙未 24 二	丙申 25 三	丁酉 26 四	戊戌 27 五	己亥 28 六	庚子 29 日	辛丑 30 一	壬寅 31 二	癸卯 (8) 三	甲辰 2 四	乙巳 3 五	丙午 4 六	丁未 5 日	戊申 6 一	己酉 7 二	庚戌 8 三	辛亥 9 四	壬子 10 五	癸丑 11 六	丙戌大暑 辛丑立秋
七月小	戊申	天干地支 西曆 星期	甲寅 12 日	乙卯 13 一	丙辰 14 二	丁巳 15 三	戊午 16 四	己未 17 五	庚申 18 六	辛酉 19 日	壬戌 20 一	癸亥 21 二	甲子 22 三	乙丑 23 四	丙寅 24 五	丁卯 25 六	戊辰 26 日	己巳 27 一	庚午 28 二	辛未 29 三	壬申 30 四	癸酉 31 五	甲戌 (9) 六	乙亥 2 日	丙子 3 一	丁丑 4 二	戊寅 5 三	己卯 6 四	庚辰 7 五	辛巳 8 六	壬午 9 日		丙辰處暑 辛未白露
八月小	己酉	天干地支 西曆 星期	癸未 10 一	甲申 11 二	乙酉 12 三	丙戌 13 四	丁亥 14 五	戊子 15 六	己丑 16 日	庚寅 17 一	辛卯 18 二	壬辰 19 三	癸巳 20 四	甲午 21 五	乙未 22 六	丙申 23 日	丁酉 24 一	戊戌 25 二	己亥 26 三	庚子 27 四	辛丑 28 五	壬寅 29 六	癸卯 30 日	甲辰 (10) 一	乙巳 2 二	丙午 3 三	丁未 4 四	戊申 5 五	己酉 6 六	庚戌 7 日	辛亥 8 一		丁亥秋分 壬寅寒露
九月大	庚戌	天干地支 西曆 星期	壬子 9 二	癸丑 10 三	甲寅 11 四	乙卯 12 五	丙辰 13 六	丁巳 14 日	戊午 15 一	己未 16 二	庚申 17 三	辛酉 18 四	壬戌 19 五	癸亥 20 六	甲子 21 日	乙丑 22 一	丙寅 23 二	丁卯 24 三	戊辰 25 四	己巳 26 五	庚午 27 六	辛未 28 日	壬申 29 一	癸酉 30 二	甲戌 31 三	乙亥 (11) 四	丙子 2 五	丁丑 3 六	戊寅 4 日	己卯 5 一	庚辰 6 二	辛巳 7 三	丁巳霜降 壬申立冬
十月大	辛亥	天干地支 西曆 星期	壬午 8 四	癸未 9 五	甲申 10 六	乙酉 11 日	丙戌 12 一	丁亥 13 二	戊子 14 三	己丑 15 四	庚寅 16 五	辛卯 17 六	壬辰 18 日	癸巳 19 一	甲午 20 二	乙未 21 三	丙申 22 四	丁酉 23 五	戊戌 24 六	己亥 25 日	庚子 26 一	辛丑 27 二	壬寅 28 三	癸卯 29 四	甲辰 30 五	乙巳 (12) 六	丙午 2 日	丁未 3 一	戊申 4 二	己酉 5 三	庚戌 6 四	辛亥 7 五	戊子小雪 癸卯大雪
十一月小	壬子	天干地支 西曆 星期	壬子 8 六	癸丑 9 日	甲寅 10 一	乙卯 11 二	丙辰 12 三	丁巳 13 四	戊午 14 五	己未 15 六	庚申 16 日	辛酉 17 一	壬戌 18 二	癸亥 19 三	甲子 20 四	乙丑 21 五	丙寅 22 六	丁卯 23 日	戊辰 24 一	己巳 25 二	庚午 26 三	辛未 27 四	壬申 28 五	癸酉 29 六	甲戌 30 日	乙亥 31 一	丙子 (1) 二	丁丑 2 三	戊寅 3 四	己卯 4 五	庚辰 5 六		戊午冬至 癸酉小寒
十二月大	癸丑	天干地支 西曆 星期	辛巳 6 日	壬午 7 一	癸未 8 二	甲申 9 三	乙酉 10 四	丙戌 11 五	丁亥 12 六	戊子 13 日	己丑 14 一	庚寅 15 二	辛卯 16 三	壬辰 17 四	癸巳 18 五	甲午 19 六	乙未 20 日	丙申 21 一	丁酉 22 二	戊戌 23 三	己亥 24 四	庚子 25 五	辛丑 26 六	壬寅 27 日	癸卯 28 一	甲辰 29 二	乙巳 30 三	丙午 31 四	丁未 (2) 五	戊申 2 六	己酉 3 日	庚戌 4 一	戊子大寒 甲辰立春

宋理宗寶祐六年（戊午 馬年） 公元1258 ~ 1259年

夏曆月序		中西曆日對照	初一	初二	初三	初四	初五	初六	初七	初八	初九	初十	十一	十二	十三	十四	十五	十六	十七	十八	十九	二十	二一	二二	二三	二四	二五	二六	二七	二八	二九	三十	節氣與天象
正月大	甲寅	天干地支 西曆 星期	辛亥 5 二	壬子 6 三	癸丑 7 四	甲寅 8 五	乙卯 9 六	丙辰 10 日	丁巳 11 一	戊午 12 二	己未 13 三	庚申 14 四	辛酉 15 五	壬戌 16 六	癸亥 17 日	甲子 18 一	乙丑 19 二	丙寅 20 三	丁卯 21 四	戊辰 22 五	己巳 23 六	庚午 24 日	辛未 25 一	壬申 26 二	癸酉 27 三	甲戌 28 四	乙亥 (3) 五	丙子 2 六	丁丑 3 日	戊寅 4 一	己卯 5 二	庚辰 6 三	己未雨水 甲戌驚蟄
二月大	乙卯	天干地支 西曆 星期	辛巳 7 四	壬午 8 五	癸未 9 六	甲申 10 日	乙酉 11 一	丙戌 12 二	丁亥 13 三	戊子 14 四	己丑 15 五	庚寅 16 六	辛卯 17 日	壬辰 18 一	癸巳 19 二	甲午 20 三	乙未 21 四	丙申 22 五	丁酉 23 六	戊戌 24 日	己亥 25 一	庚子 26 二	辛丑 27 三	壬寅 28 四	癸卯 29 五	甲辰 30 六	乙巳 31 日	丙午 (4) 一	丁未 2 二	戊申 3 三	己酉 4 四	庚戌 5 五	己丑春分 乙巳清明
三月小	丙辰	天干地支 西曆 星期	辛亥 6 六	壬子 7 日	癸丑 8 一	甲寅 9 二	乙卯 10 三	丙辰 11 四	丁巳 12 五	戊午 13 六	己未 14 日	庚申 15 一	辛酉 16 二	壬戌 17 三	癸亥 18 四	甲子 19 五	乙丑 20 六	丙寅 21 日	丁卯 22 一	戊辰 23 二	己巳 24 三	庚午 25 四	辛未 26 五	壬申 27 六	癸酉 28 日	甲戌 29 一	乙亥 30 二	丙子 (5) 三	丁丑 2 四	戊寅 3 五	己卯 4 六		庚申穀雨 乙亥立夏
四月大	丁巳	天干地支 西曆 星期	庚辰 5 日	辛巳 6 一	壬午 7 二	癸未 8 三	甲申 9 四	乙酉 10 五	丙戌 11 六	丁亥 12 日	戊子 13 一	己丑 14 二	庚寅 15 三	辛卯 16 四	壬辰 17 五	癸巳 18 六	甲午 19 日	乙未 20 一	丙申 21 二	丁酉 22 三	戊戌 23 四	己亥 24 五	庚子 25 六	辛丑 26 日	壬寅 27 一	癸卯 28 二	甲辰 29 三	乙巳 30 四	丙午 31 五	丁未 (6) 六	戊申 2 日	己酉 3 一	庚寅小滿 乙巳芒種 己酉日食
五月小	戊午	天干地支 西曆 星期	庚戌 4 二	辛亥 5 三	壬子 6 四	癸丑 7 五	甲寅 8 六	乙卯 9 日	丙辰 10 一	丁巳 11 二	戊午 12 三	己未 13 四	庚申 14 五	辛酉 15 六	壬戌 16 日	癸亥 17 一	甲子 18 二	乙丑 19 三	丙寅 20 四	丁卯 21 五	戊辰 22 六	己巳 23 日	庚午 24 一	辛未 25 二	壬申 26 三	癸酉 27 四	甲戌 28 五	乙亥 29 六	丙子 30 日	丁丑 (7) 一	戊寅 2 二		辛酉夏至 丙子小暑
六月小	己未	天干地支 西曆 星期	己卯 3 三	庚辰 4 四	辛巳 5 五	壬午 6 六	癸未 7 日	甲申 8 一	乙酉 9 二	丙戌 10 三	丁亥 11 四	戊子 12 五	己丑 13 六	庚寅 14 日	辛卯 15 一	壬辰 16 二	癸巳 17 三	甲午 18 四	乙未 19 五	丙申 20 六	丁酉 21 日	戊戌 22 一	己亥 23 二	庚子 24 三	辛丑 25 四	壬寅 26 五	癸卯 27 六	甲辰 28 日	乙巳 29 一	丙午 30 二	丁未 31 三		辛卯大暑 丙午立秋
七月大	庚申	天干地支 西曆 星期	戊申 (8) 四	己酉 2 五	庚戌 3 六	辛亥 4 日	壬子 5 一	癸丑 6 二	甲寅 7 三	乙卯 8 四	丙辰 9 五	丁巳 10 六	戊午 11 日	己未 12 一	庚申 13 二	辛酉 14 三	壬戌 15 四	癸亥 16 五	甲子 17 六	乙丑 18 日	丙寅 19 一	丁卯 20 二	戊辰 21 三	己巳 22 四	庚午 23 五	辛未 24 六	壬申 25 日	癸酉 26 一	甲戌 27 二	乙亥 28 三	丙子 29 四	丁丑 30 五	辛酉處暑 丁丑白露
八月小	辛酉	天干地支 西曆 星期	戊寅 31 六	己卯 (9) 日	庚辰 2 一	辛巳 3 二	壬午 4 三	癸未 5 四	甲申 6 五	乙酉 7 六	丙戌 8 日	丁亥 9 一	戊子 10 二	己丑 11 三	庚寅 12 四	辛卯 13 五	壬辰 14 六	癸巳 15 日	甲午 16 一	乙未 17 二	丙申 18 三	丁酉 19 四	戊戌 20 五	己亥 21 六	庚子 22 日	辛丑 23 一	壬寅 24 二	癸卯 25 三	甲辰 26 四	乙巳 27 五	丙午 28 六		壬辰秋分
九月小	壬戌	天干地支 西曆 星期	丁未 29 日	戊申 30 一	己酉 (10) 二	庚戌 2 三	辛亥 3 四	壬子 4 五	癸丑 5 六	甲寅 6 日	乙卯 7 一	丙辰 8 二	丁巳 9 三	戊午 10 四	己未 11 五	庚申 12 六	辛酉 13 日	壬戌 14 一	癸亥 15 二	甲子 16 三	乙丑 17 四	丙寅 18 五	丁卯 19 六	戊辰 20 日	己巳 21 一	庚午 22 二	辛未 23 三	壬申 24 四	癸酉 25 五	甲戌 26 六	乙亥 27 日		丁未寒露 壬戌霜降
十月大	癸亥	天干地支 西曆 星期	丙子 28 一	丁丑 29 二	戊寅 30 三	己卯 31 四	庚辰 (11) 五	辛巳 2 六	壬午 3 日	癸未 4 一	甲申 5 二	乙酉 6 三	丙戌 7 四	丁亥 8 五	戊子 9 六	己丑 10 日	庚寅 11 一	辛卯 12 二	壬辰 13 三	癸巳 14 四	甲午 15 五	乙未 16 六	丙申 17 日	丁酉 18 一	戊戌 19 二	己亥 20 三	庚子 21 四	辛丑 22 五	壬寅 23 六	癸卯 24 日	甲辰 25 一	乙巳 26 二	戊寅立冬 癸巳小雪
十一月大	甲子	天干地支 西曆 星期	丙午 27 三	丁未 28 四	戊申 29 五	己酉 30 六	庚戌 (12) 日	辛亥 2 一	壬子 3 二	癸丑 4 三	甲寅 5 四	乙卯 6 五	丙辰 7 六	丁巳 8 日	戊午 9 一	己未 10 二	庚申 11 三	辛酉 12 四	壬戌 13 五	癸亥 14 六	甲子 15 日	乙丑 16 一	丙寅 17 二	丁卯 18 三	戊辰 19 四	己巳 20 五	庚午 21 六	辛未 22 日	壬申 23 一	癸酉 24 二	甲戌 25 三	乙亥 26 四	戊申大雪 癸亥冬至
十二月小	乙丑	天干地支 西曆 星期	丙子 27 五	丁丑 28 六	戊寅 29 日	己卯 30 一	庚辰 31 二	辛巳 (1) 三	壬午 2 四	癸未 3 五	甲申 4 六	乙酉 5 日	丙戌 6 一	丁亥 7 二	戊子 8 三	己丑 9 四	庚寅 10 五	辛卯 11 六	壬辰 12 日	癸巳 13 一	甲午 14 二	乙未 15 三	丙申 16 四	丁酉 17 五	戊戌 18 六	己亥 19 日	庚子 20 一	辛丑 21 二	壬寅 22 三	癸卯 23 四	甲辰 24 五		戊寅小寒 甲午大寒

宋理宗開慶元年（己未 羊年） 公元 1259 ~ 1260 年

夏曆月序		中西曆日對照	夏曆日序																														節氣與天象
			初一	初二	初三	初四	初五	初六	初七	初八	初九	初十	十一	十二	十三	十四	十五	十六	十七	十八	十九	二十	二一	二二	二三	二四	二五	二六	二七	二八	二九	三十	
正月大	丙寅	天干地支 西曆 星期	乙巳 25 六	丙午 26 日	丁未 27 一	戊申 28 二	己酉 29 三	庚戌 30 四	辛亥 31 五	壬子 (2) 六	癸丑 2 日	甲寅 3 一	乙卯 4 二	丙辰 5 三	丁巳 6 四	戊午 7 五	己未 8 六	庚申 9 日	辛酉 10 一	壬戌 11 二	癸亥 12 三	甲子 13 四	乙丑 14 五	丙寅 15 六	丁卯 16 日	戊辰 17 一	己巳 18 二	庚午 19 三	辛未 20 四	壬申 21 五	癸酉 22 六	甲戌 23 日	己酉立春 甲子雨水
二月大	丁卯	天干地支 西曆 星期	乙亥 24 一	丙子 25 二	丁丑 26 三	戊寅 27 四	己卯 28 五	庚辰 (3) 六	辛巳 2 日	壬午 3 一	癸未 4 二	甲申 5 三	乙酉 6 四	丙戌 7 五	丁亥 8 六	戊子 9 日	己丑 10 一	庚寅 11 二	辛卯 12 三	壬辰 13 四	癸巳 14 五	甲午 15 六	乙未 16 日	丙申 17 一	丁酉 18 二	戊戌 19 三	己亥 20 四	庚子 21 五	辛丑 22 六	壬寅 23 日	癸卯 24 一	甲辰 25 二	己卯驚蟄 乙未春分
三月小	戊辰	天干地支 西曆 星期	乙巳 26 三	丙午 27 四	丁未 28 五	戊申 29 六	己酉 30 日	庚戌 31 一	辛亥 (4) 二	壬子 2 三	癸丑 3 四	甲寅 4 五	乙卯 5 六	丙辰 6 日	丁巳 7 一	戊午 8 二	己未 9 三	庚申 10 四	辛酉 11 五	壬戌 12 六	癸亥 13 日	甲子 14 一	乙丑 15 二	丙寅 16 三	丁卯 17 四	戊辰 18 五	己巳 19 六	庚午 20 日	辛未 21 一	壬申 22 二	癸酉 23 三		庚戌清明 乙丑穀雨
四月大	己巳	天干地支 西曆 星期	甲戌 24 四	乙亥 25 五	丙子 26 六	丁丑 27 日	戊寅 28 一	己卯 29 二	庚辰 30 三	辛巳 (5) 四	壬午 2 五	癸未 3 六	甲申 4 日	乙酉 5 一	丙戌 6 二	丁亥 7 三	戊子 8 四	己丑 9 五	庚寅 10 六	辛卯 11 日	壬辰 12 一	癸巳 13 二	甲午 14 三	乙未 15 四	丙申 16 五	丁酉 17 六	戊戌 18 日	己亥 19 一	庚子 20 二	辛丑 21 三	壬寅 22 四	癸卯 23 五	庚辰立夏 乙未小滿
五月小	庚午	天干地支 西曆 星期	甲辰 24 六	乙巳 25 日	丙午 26 一	丁未 27 二	戊申 28 三	己酉 29 四	庚戌 30 五	辛亥 31 六	壬子 (6) 日	癸丑 2 一	甲寅 3 二	乙卯 4 三	丙辰 5 四	丁巳 6 五	戊午 7 六	己未 8 日	庚申 9 一	辛酉 10 二	壬戌 11 三	癸亥 12 四	甲子 13 五	乙丑 14 六	丙寅 15 日	丁卯 16 一	戊辰 17 二	己巳 18 三	庚午 19 四	辛未 20 五	壬申 21 六		辛亥芒種 丙寅夏至
六月大	辛未	天干地支 西曆 星期	癸酉 22 日	甲戌 23 一	乙亥 24 二	丙子 25 三	丁丑 26 四	戊寅 27 五	己卯 28 六	庚辰 29 日	辛巳 30 一	壬午 (7) 二	癸未 2 三	甲申 3 四	乙酉 4 五	丙戌 5 六	丁亥 6 日	戊子 7 一	己丑 8 二	庚寅 9 三	辛卯 10 四	壬辰 11 五	癸巳 12 六	甲午 13 日	乙未 14 一	丙申 15 二	丁酉 16 三	戊戌 17 四	己亥 18 五	庚子 19 六	辛丑 20 日	壬寅 21 一	辛巳小暑 丙申大暑
七月小	壬申	天干地支 西曆 星期	癸卯 22 二	甲辰 23 三	乙巳 24 四	丙午 25 五	丁未 26 六	戊申 27 日	己酉 28 一	庚戌 29 二	辛亥 30 三	壬子 31 四	癸丑 (8) 五	甲寅 2 六	乙卯 3 日	丙辰 4 一	丁巳 5 二	戊午 6 三	己未 7 四	庚申 8 五	辛酉 9 六	壬戌 10 日	癸亥 11 一	甲子 12 二	乙丑 13 三	丙寅 14 四	丁卯 15 五	戊辰 16 六	己巳 17 日	庚午 18 一	辛未 19 二		壬子立秋 丁卯處暑
八月大	癸酉	天干地支 西曆 星期	壬申 20 三	癸酉 21 四	甲戌 22 五	乙亥 23 六	丙子 24 日	丁丑 25 一	戊寅 26 二	己卯 27 三	庚辰 28 四	辛巳 29 五	壬午 30 六	癸未 31 日	甲申 (9) 一	乙酉 2 二	丙戌 3 三	丁亥 4 四	戊子 5 五	己丑 6 六	庚寅 7 日	辛卯 8 一	壬辰 9 二	癸巳 10 三	甲午 11 四	乙未 12 五	丙申 13 六	丁酉 14 日	戊戌 15 一	己亥 16 二	庚子 17 三	辛丑 18 四	壬午白露 丁酉秋分
九月小	甲戌	天干地支 西曆 星期	壬寅 19 五	癸卯 20 六	甲辰 21 日	乙巳 22 一	丙午 23 二	丁未 24 三	戊申 25 四	己酉 26 五	庚戌 27 六	辛亥 28 日	壬子 29 一	癸丑 30 二	甲寅 (10) 三	乙卯 2 四	丙辰 3 五	丁巳 4 六	戊午 5 日	己未 6 一	庚申 7 二	辛酉 8 三	壬戌 9 四	癸亥 10 五	甲子 11 六	乙丑 12 日	丙寅 13 一	丁卯 14 二	戊辰 15 三	己巳 16 四	庚午 17 五		壬子寒露 戊辰霜降
十月小	乙亥	天干地支 西曆 星期	辛未 18 六	壬申 19 日	癸酉 20 一	甲戌 21 二	乙亥 22 三	丙子 23 四	丁丑 24 五	戊寅 25 六	己卯 26 日	庚辰 27 一	辛巳 28 二	壬午 29 三	癸未 30 四	甲申 31 五	乙酉 (11) 六	丙戌 2 日	丁亥 3 一	戊子 4 二	己丑 5 三	庚寅 6 四	辛卯 7 五	壬辰 8 六	癸巳 9 日	甲午 10 一	乙未 11 二	丙申 12 三	丁酉 13 四	戊戌 14 五	己亥 15 六		癸未立冬 戊戌小雪
十一月大	丙子	天干地支 西曆 星期	庚子 16 日	辛丑 17 一	壬寅 18 二	癸卯 19 三	甲辰 20 四	乙巳 21 五	丙午 22 六	丁未 23 日	戊申 24 一	己酉 25 二	庚戌 26 三	辛亥 27 四	壬子 28 五	癸丑 29 六	甲寅 30 日	乙卯 (12) 一	丙辰 2 二	丁巳 3 三	戊午 4 四	己未 5 五	庚申 6 六	辛酉 7 日	壬戌 8 一	癸亥 9 二	甲子 10 三	乙丑 11 四	丙寅 12 五	丁卯 13 六	戊辰 14 日	己巳 15 一	癸丑大雪 戊辰冬至
閏十一小	丙子	天干地支 西曆 星期	庚午 16 二	辛未 17 三	壬申 18 四	癸酉 19 五	甲戌 20 六	乙亥 21 日	丙子 22 一	丁丑 23 二	戊寅 24 三	己卯 25 四	庚辰 26 五	辛巳 27 六	壬午 28 日	癸未 29 一	甲申 30 二	乙酉 31 三	丙戌 (1) 四	丁亥 2 五	戊子 3 六	己丑 4 日	庚寅 5 一	辛卯 6 二	壬辰 7 三	癸巳 8 四	甲午 9 五	乙未 10 六	丙申 11 日	丁酉 12 一	戊戌 13 二		甲申小寒
十二月大	丁丑	天干地支 西曆 星期	己亥 14 三	庚子 15 四	辛丑 16 五	壬寅 17 六	癸卯 18 日	甲辰 19 一	乙巳 20 二	丙午 21 三	丁未 22 四	戊申 23 五	己酉 24 六	庚戌 25 日	辛亥 26 一	壬子 27 二	癸丑 28 三	甲寅 29 四	乙卯 30 五	丙辰 31 六	丁巳 (2) 日	戊午 2 一	己未 3 二	庚申 4 三	辛酉 5 四	壬戌 6 五	癸亥 7 六	甲子 8 日	乙丑 9 一	丙寅 10 二	丁卯 11 三	戊辰 12 四	己亥大寒 甲寅立春

* 正月乙巳（初一），改元開慶。

宋理宗景定元年（庚申 猴年） 公元 1260 ~ 1261 年

夏曆月序		中西曆日對照	初一	初二	初三	初四	初五	初六	初七	初八	初九	初十	十一	十二	十三	十四	十五
正月大	戊寅	天干 地支 西曆 星期	己巳 13 五	庚午 14 六	辛未 15 日	壬申 16 一	癸酉 17 二	甲戌 18 三	乙亥 19 四	丙子 20 五	丁丑 21 六	戊寅 22 日	己卯 23 一	庚辰 24 二	辛巳 25 三	壬午 26 四	癸未 27 五
二月小	己卯	天干 地支 西曆 星期	己亥 14 日	庚子 15 一	辛丑 16 二	壬寅 17 三	癸卯 18 四	甲辰 19 五	乙巳 20 六	丙午 21 日	丁未 22 一	戊申 23 二	己酉 24 三	庚戌 25 四	辛亥 26 五	壬子 27 六	癸丑 28 日
三月大	庚辰	天干 地支 西曆 星期	戊辰 12 一	己巳 13 二	庚午 14 三	辛未 15 四	壬申 16 五	癸酉 17 六	甲戌 18 日	乙亥 19 一	丙子 20 二	丁丑 21 三	戊寅 22 四	己卯 23 五	庚辰 24 六	辛巳 25 日	壬午 26 一
四月大	辛巳	天干 地支 西曆 星期	戊戌 12 三	己亥 13 四	庚子 14 五	辛丑 15 六	壬寅 16 日	癸卯 17 一	甲辰 18 二	乙巳 19 三	丙午 20 四	丁未 21 五	戊申 22 六	己酉 23 日	庚戌 24 一	辛亥 25 二	壬子 26 三
五月小	壬午	天干 地支 西曆 星期	戊辰 11 五	己巳 12 六	庚午 13 日	辛未 14 一	壬申 15 二	癸酉 16 三	甲戌 17 四	乙亥 18 五	丙子 19 六	丁丑 20 日	戊寅 21 一	己卯 22 二	庚辰 23 三	辛巳 24 四	壬午 25 五
六月大	癸未	天干 地支 西曆 星期	丁酉 10 六	戊戌 11 日	己亥 12 一	庚子 13 二	辛丑 14 三	壬寅 15 四	癸卯 16 五	甲辰 17 六	乙巳 18 日	丙午 19 一	丁未 20 二	戊申 21 三	己酉 22 四	庚戌 23 五	辛亥 24 六
七月小	甲申	天干 地支 西曆 星期	丁卯 9 一	戊辰 10 二	己巳 11 三	庚午 12 四	辛未 13 五	壬申 14 六	癸酉 15 日	甲戌 16 一	乙亥 17 二	丙子 18 三	丁丑 19 四	戊寅 20 五	己卯 21 六	庚辰 22 日	辛巳 23 一
八月大	乙酉	天干 地支 西曆 星期	丙申 7 二	丁酉 8 三	戊戌 9 四	己亥 10 五	庚子 11 六	辛丑 12 日	壬寅 13 一	癸卯 14 二	甲辰 15 三	乙巳 16 四	丙午 17 五	丁未 18 六	戊申 19 日	己酉 20 一	庚戌 21 二
九月小	丙戌	天干 地支 西曆 星期	丙寅 7 四	丁卯 8 五	戊辰 9 六	己巳 10 日	庚午 11 一	辛未 12 二	壬申 13 三	癸酉 14 四	甲戌 15 五	乙亥 16 六	丙子 17 日	丁丑 18 一	戊寅 19 二	己卯 20 三	庚辰 21 四
十月小	丁亥	天干 地支 西曆 星期	乙未 5 五	丙申 6 六	丁酉 7 日	戊戌 8 一	己亥 9 二	庚子 10 三	辛丑 11 四	壬寅 12 五	癸卯 13 六	甲辰 14 日	乙巳 15 一	丙午 16 二	丁未 17 三	戊申 18 四	己酉 19 五
十一月大	戊子	天干 地支 西曆 星期	甲子 4 六	乙丑 5 日	丙寅 6 一	丁卯 7 二	戊辰 8 三	己巳 9 四	庚午 10 五	辛未 11 六	壬申 12 日	癸酉 13 一	甲戌 14 二	乙亥 15 三	丙子 16 四	丁丑 17 五	戊寅 18 六
十二月小	己丑	天干 地支 西曆 星期	甲午 3 一	乙未 4 二	丙申 5 三	丁酉 6 四	戊戌 7 五	己亥 8 六	庚子 9 日	辛丑 10 一	壬寅 11 二	癸卯 12 三	甲辰 13 四	乙巳 14 五	丙午 15 六	丁未 16 日	戊申 17 一

夏曆月序		中西曆日對照	十六	十七	十八	十九	二十	二一	二二	二三	二四	二五	二六	二七	二八	二九	三十	節氣與天象
正月大	戊寅	天干 地支 西曆 星期	甲申 28 六	乙酉 29 日	丙戌 (3) 一	丁亥 2 二	戊子 3 三	己丑 4 四	庚寅 5 五	辛卯 6 六	壬辰 7 日	癸巳 8 一	甲午 9 二	乙未 10 三	丙申 11 四	丁酉 12 五	戊戌 13 六	己巳雨水 乙酉驚蟄
二月小	己卯	天干 地支 西曆 星期	甲寅 29 一	乙卯 30 二	丙辰 31 三	丁巳 (4) 四	戊午 2 五	己未 3 六	庚申 4 日	辛酉 5 一	壬戌 6 二	癸亥 7 三	甲子 8 四	乙丑 9 五	丙寅 10 六	丁卯 11 日		庚子春分 乙卯清明
三月大	庚辰	天干 地支 西曆 星期	癸未 27 二	甲申 28 三	乙酉 29 四	丙戌 30 五	丁亥 (5) 六	戊子 2 日	己丑 3 一	庚寅 4 二	辛卯 5 三	壬辰 6 四	癸巳 7 五	甲午 8 六	乙未 9 日	丙申 10 一	丁酉 11 二	庚午穀雨 乙酉立夏 戊辰日食
四月大	辛巳	天干 地支 西曆 星期	癸丑 27 四	甲寅 28 五	乙卯 29 六	丙辰 30 日	丁巳 31 一	戊午 (6) 二	己未 2 三	庚申 3 四	辛酉 4 五	壬戌 5 六	癸亥 6 日	甲子 7 一	乙丑 8 二	丙寅 9 三	丁卯 10 四	辛丑小滿 丙辰芒種
五月小	壬午	天干 地支 西曆 星期	癸未 26 六	甲申 27 日	乙酉 28 一	丙戌 29 二	丁亥 30 三	戊子 (7) 四	己丑 2 五	庚寅 3 六	辛卯 4 日	壬辰 5 一	癸巳 6 二	甲午 7 三	乙未 8 四	丙申 9 五		辛未夏至 丙戌小暑
六月大	癸未	天干 地支 西曆 星期	壬子 25 日	癸丑 26 一	甲寅 27 二	乙卯 28 三	丙辰 29 四	丁巳 30 五	戊午 31 六	己未 (8) 日	庚申 2 一	辛酉 3 二	壬戌 4 三	癸亥 5 四	甲子 6 五	乙丑 7 六	丙寅 8 日	壬寅大暑 丁巳立秋
七月小	甲申	天干 地支 西曆 星期	壬午 24 二	癸未 25 三	甲申 26 四	乙酉 27 五	丙戌 28 六	丁亥 29 日	戊子 30 一	己丑 31 二	庚寅 (9) 三	辛卯 2 四	壬辰 3 五	癸巳 4 六	甲午 5 日	乙未 6 一		壬申處暑 丁亥白露
八月大	乙酉	天干 地支 西曆 星期	辛亥 22 三	壬子 23 四	癸丑 24 五	甲寅 25 六	乙卯 26 日	丙辰 27 一	丁巳 28 二	戊午 29 三	己未 30 四	庚申 (10) 五	辛酉 2 六	壬戌 3 日	癸亥 4 一	甲子 5 二	乙丑 6 三	壬寅秋分 戊午寒露
九月小	丙戌	天干 地支 西曆 星期	辛巳 22 五	壬午 23 六	癸未 24 日	甲申 25 一	乙酉 26 二	丙戌 27 三	丁亥 28 四	戊子 29 五	己丑 30 六	庚寅 31 日	辛卯 (11) 一	壬辰 2 二	癸巳 3 三	甲午 4 四		癸酉霜降 戊子立冬
十月小	丁亥	天干 地支 西曆 星期	庚戌 20 六	辛亥 21 日	壬子 22 一	癸丑 23 二	甲寅 24 三	乙卯 25 四	丙辰 26 五	丁巳 27 六	戊午 28 日	己未 29 一	庚申 30 二	辛酉 (12) 三	壬戌 2 四	癸亥 3 五		癸卯小雪 己未大雪
十一月大	戊子	天干 地支 西曆 星期	己卯 19 日	庚辰 20 一	辛巳 21 二	壬午 22 三	癸未 23 四	甲申 24 五	乙酉 25 六	丙戌 26 日	丁亥 27 一	戊子 28 二	己丑 29 三	庚寅 30 四	辛卯 31 五	壬辰 (1) 六	癸巳 2 日	甲戌冬至 己丑小寒
十二月小	己丑	天干 地支 西曆 星期	己酉 18 二	庚戌 19 三	辛亥 20 四	壬子 21 五	癸丑 22 六	甲寅 23 日	乙卯 24 一	丙辰 25 二	丁巳 26 三	戊午 27 四	己未 28 五	庚申 29 六	辛酉 30 日	壬戌 31 一		甲辰大寒 己未立春

* 正月己巳（初一），改元景定。

宋理宗景定二年（辛酉 鷄年） 公元 1261 ~ 1262 年

夏曆月序		中西曆對照	夏曆日序																														節氣與天象
			初一	初二	初三	初四	初五	初六	初七	初八	初九	初十	十一	十二	十三	十四	十五	十六	十七	十八	十九	二十	二一	二二	二三	二四	二五	二六	二七	二八	二九	三十	
正月大	庚寅	天干地支	癸亥	甲子	乙丑	丙寅	丁卯	戊辰	己巳	庚午	辛未	壬申	癸酉	甲戌	乙亥	丙子	丁丑	戊寅	己卯	庚辰	辛巳	壬午	癸未	甲申	乙酉	丙戌	丁亥	戊子	己丑	庚寅	辛卯	壬辰	乙亥雨水 庚寅驚蟄
		西曆	(2)	2	3	4	5	6	7	8	9	10	11	12	13	14	15	16	17	18	19	20	21	22	23	24	25	26	27	28	(3)	2	
		星期	二	三	四	五	六	日	一	二	三	四	五	六	日	一	二	三	四	五	六	日	一	二	三	四	五	六	日	一	二	三	
二月小	辛卯	天干地支	癸巳	甲午	乙未	丙申	丁酉	戊戌	己亥	庚子	辛丑	壬寅	癸卯	甲辰	乙巳	丙午	丁未	戊申	己酉	庚戌	辛亥	壬子	癸丑	甲寅	乙卯	丙辰	丁巳	戊午	己未	庚申	辛酉		乙巳春分 庚申清明
		西曆	3	4	5	6	7	8	9	10	11	12	13	14	15	16	17	18	19	20	21	22	23	24	25	26	27	28	29	30	31		
		星期	四	五	六	日	一	二	三	四	五	六	日	一	二	三	四	五	六	日	一	二	三	四	五	六	日	一	二	三	四		
三月大	壬辰	天干地支	壬戌	癸亥	甲子	乙丑	丙寅	丁卯	戊辰	己巳	庚午	辛未	壬申	癸酉	甲戌	乙亥	丙子	丁丑	戊寅	己卯	庚辰	辛巳	壬午	癸未	甲申	乙酉	丙戌	丁亥	戊子	己丑	庚寅	辛卯	乙亥穀雨 辛卯立夏 壬戌日食
		西曆	(4)	2	3	4	5	6	7	8	9	10	11	12	13	14	15	16	17	18	19	20	21	22	23	24	25	26	27	28	29	30	
		星期	五	六	日	一	二	三	四	五	六	日	一	二	三	四	五	六	日	一	二	三	四	五	六	日	一	二	三	四	五	六	
四月大	癸巳	天干地支	壬辰	癸巳	甲午	乙未	丙申	丁酉	戊戌	己亥	庚子	辛丑	壬寅	癸卯	甲辰	乙巳	丙午	丁未	戊申	己酉	庚戌	辛亥	壬子	癸丑	甲寅	乙卯	丙辰	丁巳	戊午	己未	庚申	辛酉	丙午小滿 辛酉芒種
		西曆	(5)	2	3	4	5	6	7	8	9	10	11	12	13	14	15	16	17	18	19	20	21	22	23	24	25	26	27	28	29	30	
		星期	日	一	二	三	四	五	六	日	一	二	三	四	五	六	日	一	二	三	四	五	六	日	一	二	三	四	五	六	日	一	
五月小	甲午	天干地支	壬戌	癸亥	甲子	乙丑	丙寅	丁卯	戊辰	己巳	庚午	辛未	壬申	癸酉	甲戌	乙亥	丙子	丁丑	戊寅	己卯	庚辰	辛巳	壬午	癸未	甲申	乙酉	丙戌	丁亥	戊子	己丑	庚寅		丙子夏至
		西曆	31	(6)	2	3	4	5	6	7	8	9	10	11	12	13	14	15	16	17	18	19	20	21	22	23	24	25	26	27	28		
		星期	二	三	四	五	六	日	一	二	三	四	五	六	日	一	二	三	四	五	六	日	一	二	三	四	五	六	日	一	二		
六月大	乙未	天干地支	辛卯	壬辰	癸巳	甲午	乙未	丙申	丁酉	戊戌	己亥	庚子	辛丑	壬寅	癸卯	甲辰	乙巳	丙午	丁未	戊申	己酉	庚戌	辛亥	壬子	癸丑	甲寅	乙卯	丙辰	丁巳	戊午	己未	庚申	壬辰小暑 丁未大暑
		西曆	29	30	(7)	2	3	4	5	6	7	8	9	10	11	12	13	14	15	16	17	18	19	20	21	22	23	24	25	26	27	28	
		星期	三	四	五	六	日	一	二	三	四	五	六	日	一	二	三	四	五	六	日	一	二	三	四	五	六	日	一	二	三	四	
七月大	丙申	天干地支	辛酉	壬戌	癸亥	甲子	乙丑	丙寅	丁卯	戊辰	己巳	庚午	辛未	壬申	癸酉	甲戌	乙亥	丙子	丁丑	戊寅	己卯	庚辰	辛巳	壬午	癸未	甲申	乙酉	丙戌	丁亥	戊子	己丑	庚寅	壬戌立秋 丁丑處暑
		西曆	29	30	31	(8)	2	3	4	5	6	7	8	9	10	11	12	13	14	15	16	17	18	19	20	21	22	23	24	25	26	27	
		星期	五	六	日	一	二	三	四	五	六	日	一	二	三	四	五	六	日	一	二	三	四	五	六	日	一	二	三	四	五	六	
八月小	丁酉	天干地支	辛卯	壬辰	癸巳	甲午	乙未	丙申	丁酉	戊戌	己亥	庚子	辛丑	壬寅	癸卯	甲辰	乙巳	丙午	丁未	戊申	己酉	庚戌	辛亥	壬子	癸丑	甲寅	乙卯	丙辰	丁巳	戊午	己未		壬辰白露 戊申秋分
		西曆	28	29	30	31	(9)	2	3	4	5	6	7	8	9	10	11	12	13	14	15	16	17	18	19	20	21	22	23	24	25		
		星期	日	一	二	三	四	五	六	日	一	二	三	四	五	六	日	一	二	三	四	五	六	日	一	二	三	四	五	六	日		
九月大	戊戌	天干地支	庚申	辛酉	壬戌	癸亥	甲子	乙丑	丙寅	丁卯	戊辰	己巳	庚午	辛未	壬申	癸酉	甲戌	乙亥	丙子	丁丑	戊寅	己卯	庚辰	辛巳	壬午	癸未	甲申	乙酉	丙戌	丁亥	戊子	己丑	癸亥寒露 戊寅霜降
		西曆	26	27	28	29	30	(10)	2	3	4	5	6	7	8	9	10	11	12	13	14	15	16	17	18	19	20	21	22	23	24	25	
		星期	一	二	三	四	五	六	日	一	二	三	四	五	六	日	一	二	三	四	五	六	日	一	二	三	四	五	六	日	一	二	
十月小	己亥	天干地支	庚寅	辛卯	壬辰	癸巳	甲午	乙未	丙申	丁酉	戊戌	己亥	庚子	辛丑	壬寅	癸卯	甲辰	乙巳	丙午	丁未	戊申	己酉	庚戌	辛亥	壬子	癸丑	甲寅	乙卯	丙辰	丁巳	戊午		癸巳立冬 己酉小雪
		西曆	26	27	28	29	30	31	(11)	2	3	4	5	6	7	8	9	10	11	12	13	14	15	16	17	18	19	20	21	22	23		
		星期	三	四	五	六	日	一	二	三	四	五	六	日	一	二	三	四	五	六	日	一	二	三	四	五	六	日	一	二	三		
十一月大	庚子	天干地支	己未	庚申	辛酉	壬戌	癸亥	甲子	乙丑	丙寅	丁卯	戊辰	己巳	庚午	辛未	壬申	癸酉	甲戌	乙亥	丙子	丁丑	戊寅	己卯	庚辰	辛巳	壬午	癸未	甲申	乙酉	丙戌	丁亥	戊子	甲子大雪 己卯冬至
		西曆	24	25	26	27	28	29	30	(12)	2	3	4	5	6	7	8	9	10	11	12	13	14	15	16	17	18	19	20	21	22	23	
		星期	四	五	六	日	一	二	三	四	五	六	日	一	二	三	四	五	六	日	一	二	三	四	五	六	日	一	二	三	四	五	
十二月小	辛丑	天干地支	己丑	庚寅	辛卯	壬辰	癸巳	甲午	乙未	丙申	丁酉	戊戌	己亥	庚子	辛丑	壬寅	癸卯	甲辰	乙巳	丙午	丁未	戊申	己酉	庚戌	辛亥	壬子	癸丑	甲寅	乙卯	丙辰	丁巳		甲午小寒 己酉大寒
		西曆	24	25	26	27	28	29	30	31	(1)	2	3	4	5	6	7	8	9	10	11	12	13	14	15	16	17	18	19	20	21		
		星期	六	日	一	二	三	四	五	六	日	一	二	三	四	五	六	日	一	二	三	四	五	六	日	一	二	三	四	五	六		

宋理宗景定三年（壬戌 狗年） 公元 1262 ~ 1263 年

夏曆月序		中西曆日對照	初一	初二	初三	初四	初五	初六	初七	初八	初九	初十	十一	十二	十三	十四	十五	十六	十七	十八	十九	二十	廿一	廿二	廿三	廿四	廿五	廿六	廿七	廿八	廿九	三十	節氣與天象
正月小	壬寅	天干地支 西曆星期	戊午 22 日	己未 23 一	庚申 24 二	辛酉 25 三	壬戌 26 四	癸亥 27 五	甲子 28 六	乙丑 29 日	丙寅 30 一	丁卯 31 二	戊辰 (2) 三	己巳 2 四	庚午 3 五	辛未 4 六	壬申 5 日	癸酉 6 一	甲戌 7 二	乙亥 8 三	丙子 9 四	丁丑 10 五	戊寅 11 六	己卯 12 日	庚辰 13 一	辛巳 14 二	壬午 15 三	癸未 16 四	甲申 17 五	乙酉 18 六	丙戌 19 日		乙丑立春 庚辰雨水
二月大	癸卯	天干地支 西曆星期	丁亥 20 一	戊子 21 二	己丑 22 三	庚寅 23 四	辛卯 24 五	壬辰 25 六	癸巳 26 日	甲午 27 一	乙未 28 二	丙申 (3) 三	丁酉 2 四	戊戌 3 五	己亥 4 六	庚子 5 日	辛丑 6 一	壬寅 7 二	癸卯 8 三	甲辰 9 四	乙巳 10 五	丙午 11 六	丁未 12 日	戊申 13 一	己酉 14 二	庚戌 15 三	辛亥 16 四	壬子 17 五	癸丑 18 六	甲寅 19 日	乙卯 20 一	丙辰 21 二	乙未驚蟄 庚戌春分
三月小	甲辰	天干地支 西曆星期	丁巳 22 三	戊午 23 四	己未 24 五	庚申 25 六	辛酉 26 日	壬戌 27 一	癸亥 28 二	甲子 29 三	乙丑 30 四	丙寅 31 五	丁卯 (4) 六	戊辰 2 日	己巳 3 一	庚午 4 二	辛未 5 三	壬申 6 四	癸酉 7 五	甲戌 8 六	乙亥 9 日	丙子 10 一	丁丑 11 二	戊寅 12 三	己卯 13 四	庚辰 14 五	辛巳 15 六	壬午 16 日	癸未 17 一	甲申 18 二	乙酉 19 三		丙寅清明 辛巳穀雨
四月大	乙巳	天干地支 西曆星期	丙戌 20 四	丁亥 21 五	戊子 22 六	己丑 23 日	庚寅 24 一	辛卯 25 二	壬辰 26 三	癸巳 27 四	甲午 28 五	乙未 29 六	丙申 30 日	丁酉 (5) 一	戊戌 2 二	己亥 3 三	庚子 4 四	辛丑 5 五	壬寅 6 六	癸卯 7 日	甲辰 8 一	乙巳 9 二	丙午 10 三	丁未 11 四	戊申 12 五	己酉 13 六	庚戌 14 日	辛亥 15 一	壬子 16 二	癸丑 17 三	甲寅 18 四	乙卯 19 五	丙申立夏 辛亥小滿
五月小	丙午	天干地支 西曆星期	丙辰 20 六	丁巳 21 日	戊午 22 一	己未 23 二	庚申 24 三	辛酉 25 四	壬戌 26 五	癸亥 27 六	甲子 28 日	乙丑 29 一	丙寅 30 二	丁卯 31 三	戊辰 (6) 四	己巳 2 五	庚午 3 六	辛未 4 日	壬申 5 一	癸酉 6 二	甲戌 7 三	乙亥 8 四	丙子 9 五	丁丑 10 六	戊寅 11 日	己卯 12 一	庚辰 13 二	辛巳 14 三	壬午 15 四	癸未 16 五	甲申 17 六		丙寅芒種 壬午夏至
六月大	丁未	天干地支 西曆星期	乙酉 18 日	丙戌 19 一	丁亥 20 二	戊子 21 三	己丑 22 四	庚寅 23 五	辛卯 24 六	壬辰 25 日	癸巳 26 一	甲午 27 二	乙未 28 三	丙申 29 四	丁酉 30 五	戊戌 (7) 六	己亥 2 日	庚子 3 一	辛丑 4 二	壬寅 5 三	癸卯 6 四	甲辰 7 五	乙巳 8 六	丙午 9 日	丁未 10 一	戊申 11 二	己酉 12 三	庚戌 13 四	辛亥 14 五	壬子 15 六	癸丑 16 日	甲寅 17 一	丁酉小暑 壬子大暑
七月大	戊申	天干地支 西曆星期	乙卯 18 二	丙辰 19 三	丁巳 20 四	戊午 21 五	己未 22 六	庚申 23 日	辛酉 24 一	壬戌 25 二	癸亥 26 三	甲子 27 四	乙丑 28 五	丙寅 29 六	丁卯 30 日	戊辰 31 一	己巳 (8) 二	庚午 2 三	辛未 3 四	壬申 4 五	癸酉 5 六	甲戌 6 日	乙亥 7 一	丙子 8 二	丁丑 9 三	戊寅 10 四	己卯 11 五	庚辰 12 六	辛巳 13 日	壬午 14 一	癸未 15 二	甲申 16 三	丁卯立秋 壬午處暑
八月小	己酉	天干地支 西曆星期	乙酉 17 四	丙戌 18 五	丁亥 19 六	戊子 20 日	己丑 21 一	庚寅 22 二	辛卯 23 三	壬辰 24 四	癸巳 25 五	甲午 26 六	乙未 27 日	丙申 28 一	丁酉 29 二	戊戌 30 三	己亥 31 四	庚子 (9) 五	辛丑 2 六	壬寅 3 日	癸卯 4 一	甲辰 5 二	乙巳 6 三	丙午 7 四	丁未 8 五	戊申 9 六	己酉 10 日	庚戌 11 一	辛亥 12 二	壬子 13 三	癸丑 14 四		戊戌白露 癸丑秋分
九月大	庚戌	天干地支 西曆星期	甲寅 15 五	乙卯 16 六	丙辰 17 日	丁巳 18 一	戊午 19 二	己未 20 三	庚申 21 四	辛酉 22 五	壬戌 23 六	癸亥 24 日	甲子 25 一	乙丑 26 二	丙寅 27 三	丁卯 28 四	戊辰 29 五	己巳 30 六	庚午 (10) 日	辛未 2 一	壬申 3 二	癸酉 4 三	甲戌 5 四	乙亥 6 五	丙子 7 六	丁丑 8 日	戊寅 9 一	己卯 10 二	庚辰 11 三	辛巳 12 四	壬午 13 五	癸未 14 六	戊辰寒露 癸未霜降
閏九月大	庚戌	天干地支 西曆星期	甲申 15 日	乙酉 16 一	丙戌 17 二	丁亥 18 三	戊子 19 四	己丑 20 五	庚寅 21 六	辛卯 22 日	壬辰 23 一	癸巳 24 二	甲午 25 三	乙未 26 四	丙申 27 五	丁酉 28 六	戊戌 29 日	己亥 30 一	庚子 31 二	辛丑 (11) 三	壬寅 2 四	癸卯 3 五	甲辰 4 六	乙巳 5 日	丙午 6 一	丁未 7 二	戊申 8 三	己酉 9 四	庚戌 10 五	辛亥 11 六	壬子 12 日	癸丑 13 一	己亥立冬
十月小	辛亥	天干地支 西曆星期	甲寅 14 二	乙卯 15 三	丙辰 16 四	丁巳 17 五	戊午 18 六	己未 19 日	庚申 20 一	辛酉 21 二	壬戌 22 三	癸亥 23 四	甲子 24 五	乙丑 25 六	丙寅 26 日	丁卯 27 一	戊辰 28 二	己巳 29 三	庚午 30 四	辛未 (12) 五	壬申 2 六	癸酉 3 日	甲戌 4 一	乙亥 5 二	丙子 6 三	丁丑 7 四	戊寅 8 五	己卯 9 六	庚辰 10 日	辛巳 11 一	壬午 12 二		甲寅小雪 己巳大雪
十一月大	壬子	天干地支 西曆星期	癸未 13 三	甲申 14 四	乙酉 15 五	丙戌 16 六	丁亥 17 日	戊子 18 一	己丑 19 二	庚寅 20 三	辛卯 21 四	壬辰 22 五	癸巳 23 六	甲午 24 日	乙未 25 一	丙申 26 二	丁酉 27 三	戊戌 28 四	己亥 29 五	庚子 30 六	辛丑 31 日	壬寅 (1) 一	癸卯 2 二	甲辰 3 三	乙巳 4 四	丙午 5 五	丁未 6 六	戊申 7 日	己酉 8 一	庚戌 9 二	辛亥 10 三	壬子 11 四	甲申冬至 己亥小寒
十二月小	癸丑	天干地支 西曆星期	癸丑 12 五	甲寅 13 六	乙卯 14 日	丙辰 15 一	丁巳 16 二	戊午 17 三	己未 18 四	庚申 19 五	辛酉 20 六	壬戌 21 日	癸亥 22 一	甲子 23 二	乙丑 24 三	丙寅 25 四	丁卯 26 五	戊辰 27 六	己巳 28 日	庚午 29 一	辛未 30 二	壬申 31 三	癸酉 (2) 四	甲戌 2 五	乙亥 3 六	丙子 4 日	丁丑 5 一	戊寅 6 二	己卯 7 三	庚辰 8 四	辛巳 9 五		乙卯大寒 庚午立春

宋理宗景定四年（癸亥 猪年） 公元 1263 ~ 1264 年

夏曆月序		中西曆日對照	初一	初二	初三	初四	初五	初六	初七	初八	初九	初十	十一	十二	十三	十四	十五	十六	十七	十八	十九	二十	二一	二二	二三	二四	二五	二六	二七	二八	二九	三十	節氣與天象
正月小	甲寅	天干地支 西曆星期	壬午10六	癸未11日	甲申12一	乙酉13二	丙戌14三	丁亥15四	戊子16五	己丑17六	庚寅18日	辛卯19一	壬辰20二	癸巳21三	甲午22四	乙未23五	丙申24六	丁酉25日	戊戌26一	己亥27二	庚子28三	辛丑(3)四	壬寅2五	癸卯3六	甲辰4日	乙巳5一	丙午6二	丁未7三	戊申8四	己酉9五	庚戌10六		乙酉雨水 庚子驚蟄
二月大	乙卯	天干地支 西曆星期	辛亥11日	壬子12一	癸丑13二	甲寅14三	乙卯15四	丙辰16五	丁巳17六	戊午18日	己未19一	庚申20二	辛酉21三	壬戌22四	癸亥23五	甲子24六	乙丑25日	丙寅26一	丁卯27二	戊辰28三	己巳29四	庚午30五	辛未31六	壬申(4)日	癸酉2一	甲戌3二	乙亥4三	丙子5四	丁丑6五	戊寅7六	己卯8日	庚辰9一	丙辰春分 辛未清明
三月小	丙辰	天干地支 西曆星期	辛巳10二	壬午11三	癸未12四	甲申13五	乙酉14六	丙戌15日	丁亥16一	戊子17二	己丑18三	庚寅19四	辛卯20五	壬辰21六	癸巳22日	甲午23一	乙未24二	丙申25三	丁酉26四	戊戌27五	己亥28六	庚子29日	辛丑30一	壬寅(5)二	癸卯2三	甲辰3四	乙巳4五	丙午5六	丁未6日	戊申7一	己酉8二		丙戌穀雨 辛丑立夏
四月大	丁巳	天干地支 西曆星期	庚戌9三	辛亥10四	壬子11五	癸丑12六	甲寅13日	乙卯14一	丙辰15二	丁巳16三	戊午17四	己未18五	庚申19六	辛酉20日	壬戌21一	癸亥22二	甲子23三	乙丑24四	丙寅25五	丁卯26六	戊辰27日	己巳28一	庚午29二	辛未30三	壬申31四	癸酉(6)五	甲戌2六	乙亥3日	丙子4一	丁丑5二	戊寅6三	己卯7四	丙辰小滿 壬申芒種
五月小	戊午	天干地支 西曆星期	庚辰8五	辛巳9六	壬午10日	癸未11一	甲申12二	乙酉13三	丙戌14四	丁亥15五	戊子16六	己丑17日	庚寅18一	辛卯19二	壬辰20三	癸巳21四	甲午22五	乙未23六	丙申24日	丁酉25一	戊戌26二	己亥27三	庚子28四	辛丑29五	壬寅30六	癸卯(7)日	甲辰2一	乙巳3二	丙午4三	丁未5四	戊申6五		丁亥夏至 壬寅小暑
六月大	己未	天干地支 西曆星期	己酉7六	庚戌8日	辛亥9一	壬子10二	癸丑11三	甲寅12四	乙卯13五	丙辰14六	丁巳15日	戊午16一	己未17二	庚申18三	辛酉19四	壬戌20五	癸亥21六	甲子22日	乙丑23一	丙寅24二	丁卯25三	戊辰26四	己巳27五	庚午28六	辛未29日	壬申30一	癸酉31二	甲戌(8)三	乙亥2四	丙子3五	丁丑4六	戊寅5日	丁巳大暑 壬申立秋
七月小	庚申	天干地支 西曆星期	己卯6一	庚辰7二	辛巳8三	壬午9四	癸未10五	甲申11六	乙酉12日	丙戌13一	丁亥14二	戊子15三	己丑16四	庚寅17五	辛卯18六	壬辰19日	癸巳20一	甲午21二	乙未22三	丙申23四	丁酉24五	戊戌25六	己亥26日	庚子27一	辛丑28二	壬寅29三	癸卯30四	甲辰31五	乙巳(9)六	丙午2日	丁未3一		戊子處暑 癸卯白露
八月大	辛酉	天干地支 西曆星期	戊申4二	己酉5三	庚戌6四	辛亥7五	壬子8六	癸丑9日	甲寅10一	乙卯11二	丙辰12三	丁巳13四	戊午14五	己未15六	庚申16日	辛酉17一	壬戌18二	癸亥19三	甲子20四	乙丑21五	丙寅22六	丁卯23日	戊辰24一	己巳25二	庚午26三	辛未27四	壬申28五	癸酉29六	甲戌30日	乙亥(10)一	丙子2二	丁丑3三	戊午秋分 癸酉寒露
九月小	壬戌	天干地支 西曆星期	戊寅4四	己卯5五	庚辰6六	辛巳7日	壬午8一	癸未9二	甲申10三	乙酉11四	丙戌12五	丁亥13六	戊子14日	己丑15一	庚寅16二	辛卯17三	壬辰18四	癸巳19五	甲午20六	乙未21日	丙申22一	丁酉23二	戊戌24三	己亥25四	庚子26五	辛丑27六	壬寅28日	癸卯29一	甲辰30二	乙巳31三	丙午(11)四		己丑霜降 甲辰立冬
十月大	癸亥	天干地支 西曆星期	丁未2五	戊申3六	己酉4日	庚戌5一	辛亥6二	壬子7三	癸丑8四	甲寅9五	乙卯10六	丙辰11日	丁巳12一	戊午13二	己未14三	庚申15四	辛酉16五	壬戌17六	癸亥18日	甲子19一	乙丑20二	丙寅21三	丁卯22四	戊辰23五	己巳24六	庚午25日	辛未26一	壬申27二	癸酉28三	甲戌29四	乙亥30五	丙子(12)六	己未小雪 甲戌大雪
十一月大	甲子	天干地支 西曆星期	丁丑2日	戊寅3一	己卯4二	庚辰5三	辛巳6四	壬午7五	癸未8六	甲申9日	乙酉10一	丙戌11二	丁亥12三	戊子13四	己丑14五	庚寅15六	辛卯16日	壬辰17一	癸巳18二	甲午19三	乙未20四	丙申21五	丁酉22六	戊戌23日	己亥24一	庚子25二	辛丑26三	壬寅27四	癸卯28五	甲辰29六	乙巳30日	丙午31一	己丑冬至 乙巳小寒
十二月大	乙丑	天干地支 西曆星期	丁未(1)二	戊申2三	己酉3四	庚戌4五	辛亥5六	壬子6日	癸丑7一	甲寅8二	乙卯9三	丙辰10四	丁巳11五	戊午12六	己未13日	庚申14一	辛酉15二	壬戌16三	癸亥17四	甲子18五	乙丑19六	丙寅20日	丁卯21一	戊辰22二	己巳23三	庚午24四	辛未25五	壬申26六	癸酉27日	甲戌28一	乙亥29二	丙子30三	庚申大寒 乙亥立春

宋理宗景定五年 度宗景定五年（甲子 鼠年） 公元 1264 ~ 1265 年

夏曆月序	中西曆日對照	初一	初二	初三	初四	初五	初六	初七	初八	初九	初十	十一	十二	十三	十四	十五	十六	十七	十八	十九	二十	二一	二二	二三	二四	二五	二六	二七	二八	二九	三十	節氣與天象
正月小 丙寅	天干地支	丁丑	戊寅	己卯	庚辰	辛巳	壬午	癸未	甲申	乙酉	丙戌	丁亥	戊子	己丑	庚寅	辛卯	壬辰	癸巳	甲午	乙未	丙申	丁酉	戊戌	己亥	庚子	辛丑	壬寅	癸卯	甲辰	乙巳		庚寅雨水
	西曆	31	(2)	2	3	4	5	6	7	8	9	10	11	12	13	14	15	16	17	18	19	20	21	22	23	24	25	26	27	28		
	星期	四	五	六	日	一	二	三	四	五	六	日	一	二	三	四	五	六	日	一	二	三	四	五	六	日	一	二	三	四		
二月大 丁卯	天干地支	丙午	丁未	戊申	己酉	庚戌	辛亥	壬子	癸丑	甲寅	乙卯	丙辰	丁巳	戊午	己未	庚申	辛酉	壬戌	癸亥	甲子	乙丑	丙寅	丁卯	戊辰	己巳	庚午	辛未	壬申	癸酉	甲戌	乙亥	丙午驚蟄 辛酉春分
	西曆	29	(3)	2	3	4	5	6	7	8	9	10	11	12	13	14	15	16	17	18	19	20	21	22	23	24	25	26	27	28	29	
	星期	五	六	日	一	二	三	四	五	六	日	一	二	三	四	五	六	日	一	二	三	四	五	六	日	一	二	三	四	五	六	
三月小 戊辰	天干地支	丙子	丁丑	戊寅	己卯	庚辰	辛巳	壬午	癸未	甲申	乙酉	丙戌	丁亥	戊子	己丑	庚寅	辛卯	壬辰	癸巳	甲午	乙未	丙申	丁酉	戊戌	己亥	庚子	辛丑	壬寅	癸卯	甲辰		丙子清明 辛卯穀雨
	西曆	30	31	(4)	2	3	4	5	6	7	8	9	10	11	12	13	14	15	16	17	18	19	20	21	22	23	24	25	26	27		
	星期	日	一	二	三	四	五	六	日	一	二	三	四	五	六	日	一	二	三	四	五	六	日	一	二	三	四	五	六	日		
四月小 己巳	天干地支	乙巳	丙午	丁未	戊申	己酉	庚戌	辛亥	壬子	癸丑	甲寅	乙卯	丙辰	丁巳	戊午	己未	庚申	辛酉	壬戌	癸亥	甲子	乙丑	丙寅	丁卯	戊辰	己巳	庚午	辛未	壬申	癸酉		丙午立夏 壬戌小滿
	西曆	28	29	30	(5)	2	3	4	5	6	7	8	9	10	11	12	13	14	15	16	17	18	19	20	21	22	23	24	25	26		
	星期	一	二	三	四	五	六	日	一	二	三	四	五	六	日	一	二	三	四	五	六	日	一	二	三	四	五	六	日	一		
五月大 庚午	天干地支	甲戌	乙亥	丙子	丁丑	戊寅	己卯	庚辰	辛巳	壬午	癸未	甲申	乙酉	丙戌	丁亥	戊子	己丑	庚寅	辛卯	壬辰	癸巳	甲午	乙未	丙申	丁酉	戊戌	己亥	庚子	辛丑	壬寅	癸卯	丁丑芒種 壬辰夏至
	西曆	27	28	29	30	31	(6)	2	3	4	5	6	7	8	9	10	11	12	13	14	15	16	17	18	19	20	21	22	23	24	25	
	星期	二	三	四	五	六	日	一	二	三	四	五	六	日	一	二	三	四	五	六	日	一	二	三	四	五	六	日	一	二	三	
六月小 辛未	天干地支	甲辰	乙巳	丙午	丁未	戊申	己酉	庚戌	辛亥	壬子	癸丑	甲寅	乙卯	丙辰	丁巳	戊午	己未	庚申	辛酉	壬戌	癸亥	甲子	乙丑	丙寅	丁卯	戊辰	己巳	庚午	辛未	壬申		丁未小暑 癸亥大暑
	西曆	26	27	28	29	30	(7)	2	3	4	5	6	7	8	9	10	11	12	13	14	15	16	17	18	19	20	21	22	23	24		
	星期	四	五	六	日	一	二	三	四	五	六	日	一	二	三	四	五	六	日	一	二	三	四	五	六	日	一	二	三	四		
七月小 壬申	天干地支	癸酉	甲戌	乙亥	丙子	丁丑	戊寅	己卯	庚辰	辛巳	壬午	癸未	甲申	乙酉	丙戌	丁亥	戊子	己丑	庚寅	辛卯	壬辰	癸巳	甲午	乙未	丙申	丁酉	戊戌	己亥	庚子	辛丑		戊寅立秋 癸巳處暑
	西曆	25	26	27	28	29	30	31	(8)	2	3	4	5	6	7	8	9	10	11	12	13	14	15	16	17	18	19	20	21	22		
	星期	五	六	日	一	二	三	四	五	六	日	一	二	三	四	五	六	日	一	二	三	四	五	六	日	一	二	三	四	五		
八月大 癸酉	天干地支	壬寅	癸卯	甲辰	乙巳	丙午	丁未	戊申	己酉	庚戌	辛亥	壬子	癸丑	甲寅	乙卯	丙辰	丁巳	戊午	己未	庚申	辛酉	壬戌	癸亥	甲子	乙丑	丙寅	丁卯	戊辰	己巳	庚午	辛未	戊申白露 癸亥秋分
	西曆	23	24	25	26	27	28	29	30	31	(9)	2	3	4	5	6	7	8	9	10	11	12	13	14	15	16	17	18	19	20	21	
	星期	六	日	一	二	三	四	五	六	日	一	二	三	四	五	六	日	一	二	三	四	五	六	日	一	二	三	四	五	六	日	
九月大 甲戌	天干地支	壬申	癸酉	甲戌	乙亥	丙子	丁丑	戊寅	己卯	庚辰	辛巳	壬午	癸未	甲申	乙酉	丙戌	丁亥	戊子	己丑	庚寅	辛卯	壬辰	癸巳	甲午	乙未	丙申	丁酉	戊戌	己亥	庚子	辛丑	己卯寒露 甲午霜降
	西曆	22	23	24	25	26	27	28	29	30	(10)	2	3	4	5	6	7	8	9	10	11	12	13	14	15	16	17	18	19	20	21	
	星期	一	二	三	四	五	六	日	一	二	三	四	五	六	日	一	二	三	四	五	六	日	一	二	三	四	五	六	日	一	二	
十月大 乙亥	天干地支	壬寅	癸卯	甲辰	乙巳	丙午	丁未	戊申	己酉	庚戌	辛亥	壬子	癸丑	甲寅	乙卯	丙辰	丁巳	戊午	己未	庚申	辛酉	壬戌	癸亥	甲子	乙丑	丙寅	丁卯	戊辰	己巳	庚午	辛未	己酉立冬 甲子小雪
	西曆	22	23	24	25	26	27	28	29	30	31	(11)	2	3	4	5	6	7	8	9	10	11	12	13	14	15	16	17	18	19	20	
	星期	三	四	五	六	日	一	二	三	四	五	六	日	一	二	三	四	五	六	日	一	二	三	四	五	六	日	一	二	三	四	
十一月小 丙子	天干地支	壬申	癸酉	甲戌	乙亥	丙子	丁丑	戊寅	己卯	庚辰	辛巳	壬午	癸未	甲申	乙酉	丙戌	丁亥	戊子	己丑	庚寅	辛卯	壬辰	癸巳	甲午	乙未	丙申	丁酉	戊戌	己亥	庚子		己卯大雪 乙未冬至
	西曆	21	22	23	24	25	26	27	28	29	30	(12)	2	3	4	5	6	7	8	9	10	11	12	13	14	15	16	17	18	19		
	星期	五	六	日	一	二	三	四	五	六	日	一	二	三	四	五	六	日	一	二	三	四	五	六	日	一	二	三	四	五		
十二月大 丁丑	天干地支	辛丑	壬寅	癸卯	甲辰	乙巳	丙午	丁未	戊申	己酉	庚戌	辛亥	壬子	癸丑	甲寅	乙卯	丙辰	丁巳	戊午	己未	庚申	辛酉	壬戌	癸亥	甲子	乙丑	丙寅	丁卯	戊辰	己巳	庚午	庚戌小寒 乙丑大寒
	西曆	20	21	22	23	24	25	26	27	28	29	30	31	(1)	2	3	4	5	6	7	8	9	10	11	12	13	14	15	16	17	18	
	星期	六	日	一	二	三	四	五	六	日	一	二	三	四	五	六	日	一	二	三	四	五	六	日	一	二	三	四	五	六	日	

* 十月丁卯（二十六日），宋理宗死。度宗即位，仍用景定年號。

宋度宗咸淳元年（乙丑 牛年） 公元 1265 ~ 1266 年

夏曆月序		中西曆日對照	初一	初二	初三	初四	初五	初六	初七	初八	初九	初十	十一	十二	十三	十四	十五	十六	十七	十八	十九	二十	二一	二二	二三	二四	二五	二六	二七	二八	二九	三十	節氣與天象
正月大	戊寅	天干地支 西曆 星期	辛未 19 一	壬申 20 二	癸酉 21 三	甲戌 22 四	乙亥 23 五	丙子 24 六	丁丑 25 日	戊寅 26 一	己卯 27 二	庚辰 28 三	辛巳 29 四	壬午 30 五	癸未 31 六	甲申 (2) 日	乙酉 2 一	丙戌 3 二	丁亥 4 三	戊子 5 四	己丑 6 五	庚寅 7 六	辛卯 8 日	壬辰 9 一	癸巳 10 二	甲午 11 三	乙未 12 四	丙申 13 五	丁酉 14 六	戊戌 15 日	己亥 16 一	庚子 17 二	庚辰立春 丙申雨水 辛未日食
二月小	己卯	天干地支 西曆 星期	辛丑 18 三	壬寅 19 四	癸卯 20 五	甲辰 21 六	乙巳 22 日	丙午 23 一	丁未 24 二	戊申 25 三	己酉 26 四	庚戌 27 五	辛亥 28 六	壬子 (3) 日	癸丑 2 一	甲寅 3 二	乙卯 4 三	丙辰 5 四	丁巳 6 五	戊午 7 六	己未 8 日	庚申 9 一	辛酉 10 二	壬戌 11 三	癸亥 12 四	甲子 13 五	乙丑 14 六	丙寅 15 日	丁卯 16 一	戊辰 17 二	己巳 18 三		辛亥驚蟄 丙寅春分
三月大	庚辰	天干地支 西曆 星期	庚午 19 四	辛未 20 五	壬申 21 六	癸酉 22 日	甲戌 23 一	乙亥 24 二	丙子 25 三	丁丑 26 四	戊寅 27 五	己卯 28 六	庚辰 29 日	辛巳 30 一	壬午 31 二	癸未 (4) 三	甲申 2 四	乙酉 3 五	丙戌 4 六	丁亥 5 日	戊子 6 一	己丑 7 二	庚寅 8 三	辛卯 9 四	壬辰 10 五	癸巳 11 六	甲午 12 日	乙未 13 一	丙申 14 二	丁酉 15 三	戊戌 16 四	己亥 17 五	辛巳清明 丙申穀雨
四月小	辛巳	天干地支 西曆 星期	庚子 18 六	辛丑 19 日	壬寅 20 一	癸卯 21 二	甲辰 22 三	乙巳 23 四	丙午 24 五	丁未 25 六	戊申 26 日	己酉 27 一	庚戌 28 二	辛亥 29 三	壬子 30 四	癸丑 (5) 五	甲寅 2 六	乙卯 3 日	丙辰 4 一	丁巳 5 二	戊午 6 三	己未 7 四	庚申 8 五	辛酉 9 六	壬戌 10 日	癸亥 11 一	甲子 12 二	乙丑 13 三	丙寅 14 四	丁卯 15 五	戊辰 16 六		壬子立夏 丁卯小滿
五月小	壬午	天干地支 西曆 星期	己巳 17 日	庚午 18 一	辛未 19 二	壬申 20 三	癸酉 21 四	甲戌 22 五	乙亥 23 六	丙子 24 日	丁丑 25 一	戊寅 26 二	己卯 27 三	庚辰 28 四	辛巳 29 五	壬午 30 六	癸未 31 日	甲申 (6) 一	乙酉 2 二	丙戌 3 三	丁亥 4 四	戊子 5 五	己丑 6 六	庚寅 7 日	辛卯 8 一	壬辰 9 二	癸巳 10 三	甲午 11 四	乙未 12 五	丙申 13 六	丁酉 14 日		壬午芒種 丁酉夏至
閏五月大	壬午	天干地支 西曆 星期	戊戌 15 一	己亥 16 二	庚子 17 三	辛丑 18 四	壬寅 19 五	癸卯 20 六	甲辰 21 日	乙巳 22 一	丙午 23 二	丁未 24 三	戊申 25 四	己酉 26 五	庚戌 27 六	辛亥 28 日	壬子 29 一	癸丑 30 二	甲寅 (7) 三	乙卯 2 四	丙辰 3 五	丁巳 4 六	戊午 5 日	己未 6 一	庚申 7 二	辛酉 8 三	壬戌 9 四	癸亥 10 五	甲子 11 六	乙丑 12 日	丙寅 13 一	丁卯 14 二	癸丑小暑
六月小	癸未	天干地支 西曆 星期	戊辰 15 三	己巳 16 四	庚午 17 五	辛未 18 六	壬申 19 日	癸酉 20 一	甲戌 21 二	乙亥 22 三	丙子 23 四	丁丑 24 五	戊寅 25 六	己卯 26 日	庚辰 27 一	辛巳 28 二	壬午 29 三	癸未 30 四	甲申 31 五	乙酉 (8) 六	丙戌 2 日	丁亥 3 一	戊子 4 二	己丑 5 三	庚寅 6 四	辛卯 7 五	壬辰 8 六	癸巳 9 日	甲午 10 一	乙未 11 二	丙申 12 三		戊辰大暑 癸未立秋
七月小	甲申	天干地支 西曆 星期	丁酉 13 四	戊戌 14 五	己亥 15 六	庚子 16 日	辛丑 17 一	壬寅 18 二	癸卯 19 三	甲辰 20 四	乙巳 21 五	丙午 22 六	丁未 23 日	戊申 24 一	己酉 25 二	庚戌 26 三	辛亥 27 四	壬子 28 五	癸丑 29 六	甲寅 30 日	乙卯 31 一	丙辰 (9) 二	丁巳 2 三	戊午 3 四	己未 4 五	庚申 5 六	辛酉 6 日	壬戌 7 一	癸亥 8 二	甲子 9 三	乙丑 10 四		戊戌處暑 癸丑白露
八月大	乙酉	天干地支 西曆 星期	丙寅 11 五	丁卯 12 六	戊辰 13 日	己巳 14 一	庚午 15 二	辛未 16 三	壬申 17 四	癸酉 18 五	甲戌 19 六	乙亥 20 日	丙子 21 一	丁丑 22 二	戊寅 23 三	己卯 24 四	庚辰 25 五	辛巳 26 六	壬午 27 日	癸未 28 一	甲申 29 二	乙酉 30 三	丙戌 (10) 四	丁亥 2 五	戊子 3 六	己丑 4 日	庚寅 5 一	辛卯 6 二	壬辰 7 三	癸巳 8 四	甲午 9 五	乙未 10 六	己巳秋分 甲申寒露
九月大	丙戌	天干地支 西曆 星期	丙申 11 日	丁酉 12 一	戊戌 13 二	己亥 14 三	庚子 15 四	辛丑 16 五	壬寅 17 六	癸卯 18 日	甲辰 19 一	乙巳 20 二	丙午 21 三	丁未 22 四	戊申 23 五	己酉 24 六	庚戌 25 日	辛亥 26 一	壬子 27 二	癸丑 28 三	甲寅 29 四	乙卯 30 五	丙辰 31 六	丁巳 (11) 日	戊午 2 一	己未 3 二	庚申 4 三	辛酉 5 四	壬戌 6 五	癸亥 7 六	甲子 8 日	乙丑 9 一	己亥霜降 甲寅立冬
十月小	丁亥	天干地支 西曆 星期	丙寅 10 二	丁卯 11 三	戊辰 12 四	己巳 13 五	庚午 14 六	辛未 15 日	壬申 16 一	癸酉 17 二	甲戌 18 三	乙亥 19 四	丙子 20 五	丁丑 21 六	戊寅 22 日	己卯 23 一	庚辰 24 二	辛巳 25 三	壬午 26 四	癸未 27 五	甲申 28 六	乙酉 29 日	丙戌 30 一	丁亥 (12) 二	戊子 2 三	己丑 3 四	庚寅 4 五	辛卯 5 六	壬辰 6 日	癸巳 7 一	甲午 8 二		庚午小雪 乙酉大雪
十一月大	戊子	天干地支 西曆 星期	乙未 9 三	丙申 10 四	丁酉 11 五	戊戌 12 六	己亥 13 日	庚子 14 一	辛丑 15 二	壬寅 16 三	癸卯 17 四	甲辰 18 五	乙巳 19 六	丙午 20 日	丁未 21 一	戊申 22 二	己酉 23 三	庚戌 24 四	辛亥 25 五	壬子 26 六	癸丑 27 日	甲寅 28 一	乙卯 29 二	丙辰 30 三	丁巳 31 四	戊午 (1) 五	己未 2 六	庚申 3 日	辛酉 4 一	壬戌 5 二	癸亥 6 三	甲子 7 四	庚子冬至 乙卯小寒
十二月大	己丑	天干地支 西曆 星期	乙丑 8 五	丙寅 9 六	丁卯 10 日	戊辰 11 一	己巳 12 二	庚午 13 三	辛未 14 四	壬申 15 五	癸酉 16 六	甲戌 17 日	乙亥 18 一	丙子 19 二	丁丑 20 三	戊寅 21 四	己卯 22 五	庚辰 23 六	辛巳 24 日	壬午 25 一	癸未 26 二	甲申 27 三	乙酉 28 四	丙戌 29 五	丁亥 30 六	戊子 31 日	己丑 (2) 一	庚寅 2 二	辛卯 3 三	壬辰 4 四	癸巳 5 五	甲午 6 六	庚午大寒 丙戌立春 乙丑日食

* 正月辛未（初一），改元咸淳。

宋度宗咸淳二年（丙寅 虎年） 公元1266 ~ 1267年

夏曆月序		中西曆日對照	初一	初二	初三	初四	初五	初六	初七	初八	初九	初十	十一	十二	十三	十四	十五	十六	十七	十八	十九	二十	二一	二二	二三	二四	二五	二六	二七	二八	二九	三十	節氣與天象
正月大	庚寅	天干地支	乙未	丙申	丁酉	戊戌	己亥	庚子	辛丑	壬寅	癸卯	甲辰	乙巳	丙午	丁未	戊申	己酉	庚戌	辛亥	壬子	癸丑	甲寅	乙卯	丙辰	丁巳	戊午	己未	庚申	辛酉	壬戌	癸亥	甲子	辛丑雨水 丙辰驚蟄
		西曆	7	8	9	10	11	12	13	14	15	16	17	18	19	20	21	22	23	24	25	26	27	28	(3)	2	3	4	5	6	7	8	
		星期	日	一	二	三	四	五	六	日	一	二	三	四	五	六	日	一	二	三	四	五	六	日	一	二	三	四	五	六	日	一	
二月小	辛卯	天干地支	乙丑	丙寅	丁卯	戊辰	己巳	庚午	辛未	壬申	癸酉	甲戌	乙亥	丙子	丁丑	戊寅	己卯	庚辰	辛巳	壬午	癸未	甲申	乙酉	丙戌	丁亥	戊子	己丑	庚寅	辛卯	壬辰	癸巳		辛未春分 丙戌清明
		西曆	9	10	11	12	13	14	15	16	17	18	19	20	21	22	23	24	25	26	27	28	29	30	31	(4)	2	3	4	5	6		
		星期	二	三	四	五	六	日	一	二	三	四	五	六	日	一	二	三	四	五	六	日	一	二	三	四	五	六	日	一	二		
三月大	壬辰	天干地支	甲午	乙未	丙申	丁酉	戊戌	己亥	庚子	辛丑	壬寅	癸卯	甲辰	乙巳	丙午	丁未	戊申	己酉	庚戌	辛亥	壬子	癸丑	甲寅	乙卯	丙辰	丁巳	戊午	己未	庚申	辛酉	壬戌	癸亥	壬寅穀雨 丁巳立夏
		西曆	7	8	9	10	11	12	13	14	15	16	17	18	19	20	21	22	23	24	25	26	27	28	29	30	(5)	2	3	4	5	6	
		星期	三	四	五	六	日	一	二	三	四	五	六	日	一	二	三	四	五	六	日	一	二	三	四	五	六	日	一	二	三	四	
四月小	癸巳	天干地支	甲子	乙丑	丙寅	丁卯	戊辰	己巳	庚午	辛未	壬申	癸酉	甲戌	乙亥	丙子	丁丑	戊寅	己卯	庚辰	辛巳	壬午	癸未	甲申	乙酉	丙戌	丁亥	戊子	己丑	庚寅	辛卯	壬辰		壬申小滿 丁亥芒種
		西曆	7	8	9	10	11	12	13	14	15	16	17	18	19	20	21	22	23	24	25	26	27	28	29	30	31	(6)	2	3	4		
		星期	五	六	日	一	二	三	四	五	六	日	一	二	三	四	五	六	日	一	二	三	四	五	六	日	一	二	三	四	五		
五月小	甲午	天干地支	癸巳	甲午	乙未	丙申	丁酉	戊戌	己亥	庚子	辛丑	壬寅	癸卯	甲辰	乙巳	丙午	丁未	戊申	己酉	庚戌	辛亥	壬子	癸丑	甲寅	乙卯	丙辰	丁巳	戊午	己未	庚申	辛酉		癸卯夏至 戊午小暑
		西曆	5	6	7	8	9	10	11	12	13	14	15	16	17	18	19	20	21	22	23	24	25	26	27	28	29	30	(7)	2	3		
		星期	六	日	一	二	三	四	五	六	日	一	二	三	四	五	六	日	一	二	三	四	五	六	日	一	二	三	四	五	六		
六月大	乙未	天干地支	壬戌	癸亥	甲子	乙丑	丙寅	丁卯	戊辰	己巳	庚午	辛未	壬申	癸酉	甲戌	乙亥	丙子	丁丑	戊寅	己卯	庚辰	辛巳	壬午	癸未	甲申	乙酉	丙戌	丁亥	戊子	己丑	庚寅	辛卯	癸酉大暑 戊子立秋
		西曆	4	5	6	7	8	9	10	11	12	13	14	15	16	17	18	19	20	21	22	23	24	25	26	27	28	29	30	31	(8)	2	
		星期	日	一	二	三	四	五	六	日	一	二	三	四	五	六	日	一	二	三	四	五	六	日	一	二	三	四	五	六	日	一	
七月小	丙申	天干地支	壬辰	癸巳	甲午	乙未	丙申	丁酉	戊戌	己亥	庚子	辛丑	壬寅	癸卯	甲辰	乙巳	丙午	丁未	戊申	己酉	庚戌	辛亥	壬子	癸丑	甲寅	乙卯	丙辰	丁巳	戊午	己未	庚申		癸卯處暑 己未白露
		西曆	3	4	5	6	7	8	9	10	11	12	13	14	15	16	17	18	19	20	21	22	23	24	25	26	27	28	29	30	31		
		星期	二	三	四	五	六	日	一	二	三	四	五	六	日	一	二	三	四	五	六	日	一	二	三	四	五	六	日	一	二		
八月小	丁酉	天干地支	辛酉	壬戌	癸亥	甲子	乙丑	丙寅	丁卯	戊辰	己巳	庚午	辛未	壬申	癸酉	甲戌	乙亥	丙子	丁丑	戊寅	己卯	庚辰	辛巳	壬午	癸未	甲申	乙酉	丙戌	丁亥	戊子	己丑		甲戌秋分 己丑寒露
		西曆	(9)	2	3	4	5	6	7	8	9	10	11	12	13	14	15	16	17	18	19	20	21	22	23	24	25	26	27	28	29		
		星期	三	四	五	六	日	一	二	三	四	五	六	日	一	二	三	四	五	六	日	一	二	三	四	五	六	日	一	二	三		
九月大	戊戌	天干地支	庚寅	辛卯	壬辰	癸巳	甲午	乙未	丙申	丁酉	戊戌	己亥	庚子	辛丑	壬寅	癸卯	甲辰	乙巳	丙午	丁未	戊申	己酉	庚戌	辛亥	壬子	癸丑	甲寅	乙卯	丙辰	丁巳	戊午	己未	甲辰霜降
		西曆	30	(10)	2	3	4	5	6	7	8	9	10	11	12	13	14	15	16	17	18	19	20	21	22	23	24	25	26	27	28	29	
		星期	四	五	六	日	一	二	三	四	五	六	日	一	二	三	四	五	六	日	一	二	三	四	五	六	日	一	二	三	四	五	
十月小	己亥	天干地支	庚申	辛酉	壬戌	癸亥	甲子	乙丑	丙寅	丁卯	戊辰	己巳	庚午	辛未	壬申	癸酉	甲戌	乙亥	丙子	丁丑	戊寅	己卯	庚辰	辛巳	壬午	癸未	甲申	乙酉	丙戌	丁亥	戊子		庚申立冬 乙亥小雪
		西曆	30	31	(11)	2	3	4	5	6	7	8	9	10	11	12	13	14	15	16	17	18	19	20	21	22	23	24	25	26	27		
		星期	六	日	一	二	三	四	五	六	日	一	二	三	四	五	六	日	一	二	三	四	五	六	日	一	二	三	四	五	六		
十一月大	庚子	天干地支	己丑	庚寅	辛卯	壬辰	癸巳	甲午	乙未	丙申	丁酉	戊戌	己亥	庚子	辛丑	壬寅	癸卯	甲辰	乙巳	丙午	丁未	戊申	己酉	庚戌	辛亥	壬子	癸丑	甲寅	乙卯	丙辰	丁巳	戊午	庚寅大雪 乙巳冬至
		西曆	28	29	30	(12)	2	3	4	5	6	7	8	9	10	11	12	13	14	15	16	17	18	19	20	21	22	23	24	25	26	27	
		星期	日	一	二	三	四	五	六	日	一	二	三	四	五	六	日	一	二	三	四	五	六	日	一	二	三	四	五	六	日	一	
十二月大	辛丑	天干地支	己未	庚申	辛酉	壬戌	癸亥	甲子	乙丑	丙寅	丁卯	戊辰	己巳	庚午	辛未	壬申	癸酉	甲戌	乙亥	丙子	丁丑	戊寅	己卯	庚辰	辛巳	壬午	癸未	甲申	乙酉	丙戌	丁亥	戊子	庚申小寒 丙子大寒
		西曆	28	29	30	31	(1)	2	3	4	5	6	7	8	9	10	11	12	13	14	15	16	17	18	19	20	21	22	23	24	25	26	
		星期	二	三	四	五	六	日	一	二	三	四	五	六	日	一	二	三	四	五	六	日	一	二	三	四	五	六	日	一	二	三	

宋度宗咸淳三年（丁卯 兔年） 公元 1267 ~ 1268 年

夏曆月序	中西曆日對照	初一	初二	初三	初四	初五	初六	初七	初八	初九	初十	十一	十二	十三	十四	十五	十六	十七	十八	十九	二十	二一	二二	二三	二四	二五	二六	二七	二八	二九	三十	節氣與天象
正月大 壬寅	天干地支 西曆 星期	己丑 27 四	庚寅 28 五	辛卯 29 六	壬辰 30 日	癸巳 31 一	甲午 (2) 二	乙未 2 三	丙申 3 四	丁酉 4 五	戊戌 5 六	己亥 6 日	庚子 7 一	辛丑 8 二	壬寅 9 三	癸卯 10 四	甲辰 11 五	乙巳 12 六	丙午 13 日	丁未 14 一	戊申 15 二	己酉 16 三	庚戌 17 四	辛亥 18 五	壬子 19 六	癸丑 20 日	甲寅 21 一	乙卯 22 二	丙辰 23 三	丁巳 24 四	戊午 25 五	辛卯立春 丙午雨水
二月小 癸卯	天干地支 西曆 星期	己未 26 六	庚申 27 日	辛酉 28 一	壬戌 (3) 二	癸亥 2 三	甲子 3 四	乙丑 4 五	丙寅 5 六	丁卯 6 日	戊辰 7 一	己巳 8 二	庚午 9 三	辛未 10 四	壬申 11 五	癸酉 12 六	甲戌 13 日	乙亥 14 一	丙子 15 二	丁丑 16 三	戊寅 17 四	己卯 18 五	庚辰 19 六	辛巳 20 日	壬午 21 一	癸未 22 二	甲申 23 三	乙酉 24 四	丙戌 25 五	丁亥 26 六		辛酉驚蟄 丙子春分
三月大 甲辰	天干地支 西曆 星期	戊子 27 日	己丑 28 一	庚寅 29 二	辛卯 30 三	壬辰 31 四	癸巳 (4) 五	甲午 2 六	乙未 3 日	丙申 4 一	丁酉 5 二	戊戌 6 三	己亥 7 四	庚子 8 五	辛丑 9 六	壬寅 10 日	癸卯 11 一	甲辰 12 二	乙巳 13 三	丙午 14 四	丁未 15 五	戊申 16 六	己酉 17 日	庚戌 18 一	辛亥 19 二	壬子 20 三	癸丑 21 四	甲寅 22 五	乙卯 23 六	丙辰 24 日	丁巳 25 一	壬辰清明 丁未穀雨
四月小 乙巳	天干地支 西曆 星期	戊午 26 二	己未 27 三	庚申 28 四	辛酉 29 五	壬戌 30 六	癸亥 (5) 日	甲子 2 一	乙丑 3 二	丙寅 4 三	丁卯 5 四	戊辰 6 五	己巳 7 六	庚午 8 日	辛未 9 一	壬申 10 二	癸酉 11 三	甲戌 12 四	乙亥 13 五	丙子 14 六	丁丑 15 日	戊寅 16 一	己卯 17 二	庚辰 18 三	辛巳 19 四	壬午 20 五	癸未 21 六	甲申 22 日	乙酉 23 一	丙戌 24 二		壬戌立夏 丁丑小滿
五月大 丙午	天干地支 西曆 星期	丁亥 25 三	戊子 26 四	己丑 27 五	庚寅 28 六	辛卯 29 日	壬辰 30 一	癸巳 31 二	甲午 (6) 三	乙未 2 四	丙申 3 五	丁酉 4 六	戊戌 5 日	己亥 6 一	庚子 7 二	辛丑 8 三	壬寅 9 四	癸卯 10 五	甲辰 11 六	乙巳 12 日	丙午 13 一	丁未 14 二	戊申 15 三	己酉 16 四	庚戌 17 五	辛亥 18 六	壬子 19 日	癸丑 20 一	甲寅 21 二	乙卯 22 三	丙辰 23 四	癸巳芒種 戊申夏至 丁亥日食
六月小 丁未	天干地支 西曆 星期	丁巳 24 五	戊午 25 六	己未 26 日	庚申 27 一	辛酉 28 二	壬戌 29 三	癸亥 30 四	甲子 (7) 五	乙丑 2 六	丙寅 3 日	丁卯 4 一	戊辰 5 二	己巳 6 三	庚午 7 四	辛未 8 五	壬申 9 六	癸酉 10 日	甲戌 11 一	乙亥 12 二	丙子 13 三	丁丑 14 四	戊寅 15 五	己卯 16 六	庚辰 17 日	辛巳 18 一	壬午 19 二	癸未 20 三	甲申 21 四	乙酉 22 五		癸亥小暑 戊寅大暑
七月大 戊申	天干地支 西曆 星期	丙戌 23 六	丁亥 24 日	戊子 25 一	己丑 26 二	庚寅 27 三	辛卯 28 四	壬辰 29 五	癸巳 30 六	甲午 31 日	乙未 (8) 一	丙申 2 二	丁酉 3 三	戊戌 4 四	己亥 5 五	庚子 6 六	辛丑 7 日	壬寅 8 一	癸卯 9 二	甲辰 10 三	乙巳 11 四	丙午 12 五	丁未 13 六	戊申 14 日	己酉 15 一	庚戌 16 二	辛亥 17 三	壬子 18 四	癸丑 19 五	甲寅 20 六	乙卯 21 日	癸巳立秋 己酉處暑
八月小 己酉	天干地支 西曆 星期	丙辰 22 一	丁巳 23 二	戊午 24 三	己未 25 四	庚申 26 五	辛酉 27 六	壬戌 28 日	癸亥 29 一	甲子 30 二	乙丑 31 三	丙寅 (9) 四	丁卯 2 五	戊辰 3 六	己巳 4 日	庚午 5 一	辛未 6 二	壬申 7 三	癸酉 8 四	甲戌 9 五	乙亥 10 六	丙子 11 日	丁丑 12 一	戊寅 13 二	己卯 14 三	庚辰 15 四	辛巳 16 五	壬午 17 六	癸未 18 日	甲申 19 一		甲子白露 己卯秋分
九月小 庚戌	天干地支 西曆 星期	乙酉 20 二	丙戌 21 三	丁亥 22 四	戊子 23 五	己丑 24 六	庚寅 25 日	辛卯 26 一	壬辰 27 二	癸巳 28 三	甲午 29 四	乙未 30 五	丙申 (10) 六	丁酉 2 日	戊戌 3 一	己亥 4 二	庚子 5 三	辛丑 6 四	壬寅 7 五	癸卯 8 六	甲辰 9 日	乙巳 10 一	丙午 11 二	丁未 12 三	戊申 13 四	己酉 14 五	庚戌 15 六	辛亥 16 日	壬子 17 一	癸丑 18 二		甲午寒露 庚戌霜降
十月大 辛亥	天干地支 西曆 星期	甲寅 19 三	乙卯 20 四	丙辰 21 五	丁巳 22 六	戊午 23 日	己未 24 一	庚申 25 二	辛酉 26 三	壬戌 27 四	癸亥 28 五	甲子 29 六	乙丑 30 日	丙寅 31 一	丁卯 (11) 二	戊辰 2 三	己巳 3 四	庚午 4 五	辛未 5 六	壬申 6 日	癸酉 7 一	甲戌 8 二	乙亥 9 三	丙子 10 四	丁丑 11 五	戊寅 12 六	己卯 13 日	庚辰 14 一	辛巳 15 二	壬午 16 三	癸未 17 四	乙丑立冬 庚辰小雪
十一月小 壬子	天干地支 西曆 星期	甲申 18 五	乙酉 19 六	丙戌 20 日	丁亥 21 一	戊子 22 二	己丑 23 三	庚寅 24 四	辛卯 25 五	壬辰 26 六	癸巳 27 日	甲午 28 一	乙未 29 二	丙申 30 三	丁酉 (12) 四	戊戌 2 五	己亥 3 六	庚子 4 日	辛丑 5 一	壬寅 6 二	癸卯 7 三	甲辰 8 四	乙巳 9 五	丙午 10 六	丁未 11 日	戊申 12 一	己酉 13 二	庚戌 14 三	辛亥 15 四	壬子 16 五		乙未大雪 庚戌冬至
十二月大 癸丑	天干地支 西曆 星期	癸丑 17 六	甲寅 18 日	乙卯 19 一	丙辰 20 二	丁巳 21 三	戊午 22 四	己未 23 五	庚申 24 六	辛酉 25 日	壬戌 26 一	癸亥 27 二	甲子 28 三	乙丑 29 四	丙寅 30 五	丁卯 31 六	戊辰 (1) 日	己巳 2 一	庚午 3 二	辛未 4 三	壬申 5 四	癸酉 6 五	甲戌 7 六	乙亥 8 日	丙子 9 一	丁丑 10 二	戊寅 11 三	己卯 12 四	庚辰 13 五	辛巳 14 六	壬午 15 日	丙寅小寒 辛巳大寒

宋度宗咸淳四年（戊辰 龍年） 公元 1268 ~ 1269 年

夏曆月序		中西曆日對照	初一	初二	初三	初四	初五	初六	初七	初八	初九	初十	十一	十二	十三	十四	十五	十六	十七	十八	十九	二十	二一	二二	二三	二四	二五	二六	二七	二八	二九	三十	節氣與天象
正月大	甲寅	天干地支 西曆星期	癸未 16 一	甲申 17 二	乙酉 18 三	丙戌 19 四	丁亥 20 五	戊子 21 六	己丑 22 日	庚寅 23 一	辛卯 24 二	壬辰 25 三	癸巳 26 四	甲午 27 五	乙未 28 六	丙申 29 日	丁酉 30 一	戊戌 31 二	己亥 (2) 三	庚子 2 四	辛丑 3 五	壬寅 4 六	癸卯 5 日	甲辰 6 一	乙巳 7 二	丙午 8 三	丁未 9 四	戊申 10 五	己酉 11 六	庚戌 12 日	辛亥 13 一	壬子 14 二	丙申立春 辛亥雨水
閏正月小	甲寅	天干地支 西曆星期	癸丑 15 三	甲寅 16 四	乙卯 17 五	丙辰 18 六	丁巳 19 日	戊午 20 一	己未 21 二	庚申 22 三	辛酉 23 四	壬戌 24 五	癸亥 25 六	甲子 26 日	乙丑 27 一	丙寅 28 二	丁卯 29 三	戊辰 (3) 四	己巳 2 五	庚午 3 六	辛未 4 日	壬申 5 一	癸酉 6 二	甲戌 7 三	乙亥 8 四	丙子 9 五	丁丑 10 六	戊寅 11 日	己卯 12 一	庚辰 13 二	辛巳 14 三		丁卯驚蟄
二月大	乙卯	天干地支 西曆星期	壬午 15 四	癸未 16 五	甲申 17 六	乙酉 18 日	丙戌 19 一	丁亥 20 二	戊子 21 三	己丑 22 四	庚寅 23 五	辛卯 24 六	壬辰 25 日	癸巳 26 一	甲午 27 二	乙未 28 三	丙申 29 四	丁酉 30 五	戊戌 31 六	己亥 (4) 日	庚子 2 一	辛丑 3 二	壬寅 4 三	癸卯 5 四	甲辰 6 五	乙巳 7 六	丙午 8 日	丁未 9 一	戊申 10 二	己酉 11 三	庚戌 12 四	辛亥 13 五	壬午春分 丁酉清明
三月大	丙辰	天干地支 西曆星期	壬子 14 六	癸丑 15 日	甲寅 16 一	乙卯 17 二	丙辰 18 三	丁巳 19 四	戊午 20 五	己未 21 六	庚申 22 日	辛酉 23 一	壬戌 24 二	癸亥 25 三	甲子 26 四	乙丑 27 五	丙寅 28 六	丁卯 29 日	戊辰 30 一	己巳 (5) 二	庚午 2 三	辛未 3 四	壬申 4 五	癸酉 5 六	甲戌 6 日	乙亥 7 一	丙子 8 二	丁丑 9 三	戊寅 10 四	己卯 11 五	庚辰 12 六	辛巳 13 日	壬子穀雨 丁卯立夏
四月小	丁巳	天干地支 西曆星期	壬午 14 一	癸未 15 二	甲申 16 三	乙酉 17 四	丙戌 18 五	丁亥 19 六	戊子 20 日	己丑 21 一	庚寅 22 二	辛卯 23 三	壬辰 24 四	癸巳 25 五	甲午 26 六	乙未 27 日	丙申 28 一	丁酉 29 二	戊戌 30 三	己亥 31 四	庚子 (6) 五	辛丑 2 六	壬寅 3 日	癸卯 4 一	甲辰 5 二	乙巳 6 三	丙午 7 四	丁未 8 五	戊申 9 六	己酉 10 日	庚戌 11 一		癸未小滿 戊戌芒種
五月大	戊午	天干地支 西曆星期	辛亥 12 二	壬子 13 三	癸丑 14 四	甲寅 15 五	乙卯 16 六	丙辰 17 日	丁巳 18 一	戊午 19 二	己未 20 三	庚申 21 四	辛酉 22 五	壬戌 23 六	癸亥 24 日	甲子 25 一	乙丑 26 二	丙寅 27 三	丁卯 28 四	戊辰 29 五	己巳 30 六	庚午 (7) 日	辛未 2 一	壬申 3 二	癸酉 4 三	甲戌 5 四	乙亥 6 五	丙子 7 六	丁丑 8 日	戊寅 9 一	己卯 10 二	庚辰 11 三	癸丑夏至 戊辰小暑
六月小	己未	天干地支 西曆星期	辛巳 12 四	壬午 13 五	癸未 14 六	甲申 15 日	乙酉 16 一	丙戌 17 二	丁亥 18 三	戊子 19 四	己丑 20 五	庚寅 21 六	辛卯 22 日	壬辰 23 一	癸巳 24 二	甲午 25 三	乙未 26 四	丙申 27 五	丁酉 28 六	戊戌 29 日	己亥 30 一	庚子 31 二	辛丑 (8) 三	壬寅 2 四	癸卯 3 五	甲辰 4 六	乙巳 5 日	丙午 6 一	丁未 7 二	戊申 8 三	己酉 9 四		癸未大暑 己亥立秋
七月大	庚申	天干地支 西曆星期	庚戌 10 五	辛亥 11 六	壬子 12 日	癸丑 13 一	甲寅 14 二	乙卯 15 三	丙辰 16 四	丁巳 17 五	戊午 18 六	己未 19 日	庚申 20 一	辛酉 21 二	壬戌 22 三	癸亥 23 四	甲子 24 五	乙丑 25 六	丙寅 26 日	丁卯 27 一	戊辰 28 二	己巳 29 三	庚午 30 四	辛未 31 五	壬申 (9) 六	癸酉 2 日	甲戌 3 一	乙亥 4 二	丙子 5 三	丁丑 6 四	戊寅 7 五	己卯 8 六	甲寅處暑 己巳白露
八月小	辛酉	天干地支 西曆星期	庚辰 9 日	辛巳 10 一	壬午 11 二	癸未 12 三	甲申 13 四	乙酉 14 五	丙戌 15 六	丁亥 16 日	戊子 17 一	己丑 18 二	庚寅 19 三	辛卯 20 四	壬辰 21 五	癸巳 22 六	甲午 23 日	乙未 24 一	丙申 25 二	丁酉 26 三	戊戌 27 四	己亥 28 五	庚子 29 六	辛丑 30 日	壬寅 (10) 一	癸卯 2 二	甲辰 3 三	乙巳 4 四	丙午 5 五	丁未 6 六	戊申 7 日		甲申秋分 庚子寒露
九月小	壬戌	天干地支 西曆星期	己酉 8 一	庚戌 9 二	辛亥 10 三	壬子 11 四	癸丑 12 五	甲寅 13 六	乙卯 14 日	丙辰 15 一	丁巳 16 二	戊午 17 三	己未 18 四	庚申 19 五	辛酉 20 六	壬戌 21 日	癸亥 22 一	甲子 23 二	乙丑 24 三	丙寅 25 四	丁卯 26 五	戊辰 27 六	己巳 28 日	庚午 29 一	辛未 30 二	壬申 31 三	癸酉 (11) 四	甲戌 2 五	乙亥 3 六	丙子 4 日	丁丑 5 一		乙卯霜降 庚午立冬
十月大	癸亥	天干地支 西曆星期	戊寅 6 二	己卯 7 三	庚辰 8 四	辛巳 9 五	壬午 10 六	癸未 11 日	甲申 12 一	乙酉 13 二	丙戌 14 三	丁亥 15 四	戊子 16 五	己丑 17 六	庚寅 18 日	辛卯 19 一	壬辰 20 二	癸巳 21 三	甲午 22 四	乙未 23 五	丙申 24 六	丁酉 25 日	戊戌 26 一	己亥 27 二	庚子 28 三	辛丑 29 四	壬寅 30 五	癸卯 (12) 六	甲辰 2 日	乙巳 3 一	丙午 4 二	丁未 5 三	乙酉小雪 庚子大雪 戊寅日食
十一月小	甲子	天干地支 西曆星期	戊申 6 四	己酉 7 五	庚戌 8 六	辛亥 9 日	壬子 10 一	癸丑 11 二	甲寅 12 三	乙卯 13 四	丙辰 14 五	丁巳 15 六	戊午 16 日	己未 17 一	庚申 18 二	辛酉 19 三	壬戌 20 四	癸亥 21 五	甲子 22 六	乙丑 23 日	丙寅 24 一	丁卯 25 二	戊辰 26 三	己巳 27 四	庚午 28 五	辛未 29 六	壬申 30 日	癸酉 31 一	甲戌 (1) 二	乙亥 2 三	丙子 3 四		丙辰冬至 辛未小寒
十二月大	乙丑	天干地支 西曆星期	丁丑 4 五	戊寅 5 六	己卯 6 日	庚辰 7 一	辛巳 8 二	壬午 9 三	癸未 10 四	甲申 11 五	乙酉 12 六	丙戌 13 日	丁亥 14 一	戊子 15 二	己丑 16 三	庚寅 17 四	辛卯 18 五	壬辰 19 六	癸巳 20 日	甲午 21 一	乙未 22 二	丙申 23 三	丁酉 24 四	戊戌 25 五	己亥 26 六	庚子 27 日	辛丑 28 一	壬寅 29 二	癸卯 30 三	甲辰 31 四	乙巳 (2) 五	丙午 2 六	丙戌大寒 辛丑立春

宋度宗咸淳五年（己巳 蛇年） 公元1269～1270年

夏曆月序		中西曆日對照	初一	初二	初三	初四	初五	初六	初七	初八	初九	初十	十一	十二	十三	十四	十五
正月大	丙寅	天干 地支 西曆 星期	丁未 3 日	戊申 4 一	己酉 5 二	庚戌 6 三	辛亥 7 四	壬子 8 五	癸丑 9 六	甲寅 10 日	乙卯 11 一	丙辰 12 二	丁巳 13 三	戊午 14 四	己未 15 五	庚申 16 六	辛酉 17 日
二月小	丁卯	天干 地支 西曆 星期	丁丑 5 二	戊寅 6 三	己卯 7 四	庚辰 8 五	辛巳 9 六	壬午 10 日	癸未 11 一	甲申 12 二	乙酉 13 三	丙戌 14 四	丁亥 15 五	戊子 16 六	己丑 17 日	庚寅 18 一	辛卯 19 二
三月大	戊辰	天干 地支 西曆 星期	丙午 3 三	丁未 4 四	戊申 5 五	己酉 6 六	庚戌 7 日	辛亥 8 一	壬子 9 二	癸丑 10 三	甲寅 11 四	乙卯 12 五	丙辰 13 六	丁巳 14 日	戊午 15 一	己未 16 二	庚申 17 三
四月大	己巳	天干 地支 西曆 星期	丙子 3 五	丁丑 4 六	戊寅 5 日	己卯 6 一	庚辰 7 二	辛巳 8 三	壬午 9 四	癸未 10 五	甲申 11 六	乙酉 12 日	丙戌 13 一	丁亥 14 二	戊子 15 三	己丑 16 四	庚寅 17 五
五月小	庚午	天干 地支 西曆 星期	丙午 2 日	丁未 3 一	戊申 4 二	己酉 5 三	庚戌 6 四	辛亥 7 五	壬子 8 六	癸丑 9 日	甲寅 10 一	乙卯 11 二	丙辰 12 三	丁巳 13 四	戊午 14 五	己未 15 六	庚申 16 日
六月大	辛未	天干 地支 西曆 星期	乙亥 (7) 一	丙子 2 二	丁丑 3 三	戊寅 4 四	己卯 5 五	庚辰 6 六	辛巳 7 日	壬午 8 一	癸未 9 二	甲申 10 三	乙酉 11 四	丙戌 12 五	丁亥 13 六	戊子 14 日	己丑 15 一
七月小	壬申	天干 地支 西曆 星期	乙巳 31 三	丙午 (8) 四	丁未 2 五	戊申 3 六	己酉 4 日	庚戌 5 一	辛亥 6 二	壬子 7 三	癸丑 8 四	甲寅 9 五	乙卯 10 六	丙辰 11 日	丁巳 12 一	戊午 13 二	己未 14 三
八月大	癸酉	天干 地支 西曆 星期	甲戌 29 四	乙亥 30 五	丙子 31 六	丁丑 (9) 日	戊寅 2 一	己卯 3 二	庚辰 4 三	辛巳 5 四	壬午 6 五	癸未 7 六	甲申 8 日	乙酉 9 一	丙戌 10 二	丁亥 11 三	戊子 12 四
九月小	甲戌	天干 地支 西曆 星期	甲辰 28 六	乙巳 29 日	丙午 30 一	丁未 (10) 二	戊申 2 三	己酉 3 四	庚戌 4 五	辛亥 5 六	壬子 6 日	癸丑 7 一	甲寅 8 二	乙卯 9 三	丙辰 10 四	丁巳 11 五	戊午 12 六
十月小	乙亥	天干 地支 西曆 星期	癸酉 27 日	甲戌 28 一	乙亥 29 二	丙子 30 三	丁丑 31 四	戊寅 (11) 五	己卯 2 六	庚辰 3 日	辛巳 4 一	壬午 5 二	癸未 6 三	甲申 7 四	乙酉 8 五	丙戌 9 六	丁亥 10 日
十一月大	丙子	天干 地支 西曆 星期	壬寅 25 一	癸卯 26 二	甲辰 27 三	乙巳 28 四	丙午 29 五	丁未 30 六	戊申 (12) 日	己酉 2 一	庚戌 3 二	辛亥 4 三	壬子 5 四	癸丑 6 五	甲寅 7 六	乙卯 8 日	丙辰 9 一
十二月小	丁丑	天干 地支 西曆 星期	壬申 25 三	癸酉 26 四	甲戌 27 五	乙亥 28 六	丙子 29 日	丁丑 30 一	戊寅 31 二	己卯 (1) 三	庚辰 2 四	辛巳 3 五	壬午 4 六	癸未 5 日	甲申 6 一	乙酉 7 二	丙戌 8 三

夏曆月序		十六	十七	十八	十九	二十	二一	二二	二三	二四	二五	二六	二七	二八	二九	三十	節氣與天象
正月大	丙寅	壬戌 18 一	癸亥 19 二	甲子 20 三	乙丑 21 四	丙寅 22 五	丁卯 23 六	戊辰 24 日	己巳 25 一	庚午 26 二	辛未 27 三	壬申 28 四	癸酉 (3) 五	甲戌 2 六	乙亥 3 日	丙子 4 一	丁巳雨水 壬申驚蟄
二月小	丁卯	壬辰 20 三	癸巳 21 四	甲午 22 五	乙未 23 六	丙申 24 日	丁酉 25 一	戊戌 26 二	己亥 27 三	庚子 28 四	辛丑 29 五	壬寅 30 六	癸卯 31 日	甲辰 (4) 一	乙巳 2 二		丁亥春分 壬寅清明
三月大	戊辰	辛酉 18 四	壬戌 19 五	癸亥 20 六	甲子 21 日	乙丑 22 一	丙寅 23 二	丁卯 24 三	戊辰 25 四	己巳 26 五	庚午 27 六	辛未 28 日	壬申 29 一	癸酉 30 二	甲戌 (5) 三	乙亥 2 四	丁巳穀雨 癸酉立夏
四月大	己巳	辛卯 18 六	壬辰 19 日	癸巳 20 一	甲午 21 二	乙未 22 三	丙申 23 四	丁酉 24 五	戊戌 25 六	己亥 26 日	庚子 27 一	辛丑 28 二	壬寅 29 三	癸卯 30 四	甲辰 31 五	乙巳 (6) 六	戊子小滿 癸卯芒種
五月小	庚午	辛酉 17 一	壬戌 18 二	癸亥 19 三	甲子 20 四	乙丑 21 五	丙寅 22 六	丁卯 23 日	戊辰 24 一	己巳 25 二	庚午 26 三	辛未 27 四	壬申 28 五	癸酉 29 六	甲戌 30 日		戊午夏至 甲戌小暑
六月大	辛未	庚寅 16 二	辛卯 17 三	壬辰 18 四	癸巳 19 五	甲午 20 六	乙未 21 日	丙申 22 一	丁酉 23 二	戊戌 24 三	己亥 25 四	庚子 26 五	辛丑 27 六	壬寅 28 日	癸卯 29 一	甲辰 30 二	己丑大暑 甲辰立秋
七月小	壬申	庚申 15 四	辛酉 16 五	壬戌 17 六	癸亥 18 日	甲子 19 一	乙丑 20 二	丙寅 21 三	丁卯 22 四	戊辰 23 五	己巳 24 六	庚午 25 日	辛未 26 一	壬申 27 二	癸酉 28 三		己未處暑
八月大	癸酉	己丑 13 五	庚寅 14 六	辛卯 15 日	壬辰 16 一	癸巳 17 二	甲午 18 三	乙未 19 四	丙申 20 五	丁酉 21 六	戊戌 22 日	己亥 23 一	庚子 24 二	辛丑 25 三	壬寅 26 四	癸卯 27 五	甲戌白露 庚寅秋分
九月小	甲戌	己未 13 日	庚申 14 一	辛酉 15 二	壬戌 16 三	癸亥 17 四	甲子 18 五	乙丑 19 六	丙寅 20 日	丁卯 21 一	戊辰 22 二	己巳 23 三	庚午 24 四	辛未 25 五	壬申 26 六		乙巳寒露 庚申霜降
十月小	乙亥	戊子 11 一	己丑 12 二	庚寅 13 三	辛卯 14 四	壬辰 15 五	癸巳 16 六	甲午 17 日	乙未 18 一	丙申 19 二	丁酉 20 三	戊戌 21 四	己亥 22 五	庚子 23 六	辛丑 24 日		乙亥立冬 庚寅小雪
十一月大	丙子	丁巳 10 二	戊午 11 三	己未 12 四	庚申 13 五	辛酉 14 六	壬戌 15 日	癸亥 16 一	甲子 17 二	乙丑 18 三	丙寅 19 四	丁卯 20 五	戊辰 21 六	己巳 22 日	庚午 23 一	辛未 24 二	丙午大雪 辛酉冬至
十二月小	丁丑	丁亥 9 四	戊子 10 五	己丑 11 六	庚寅 12 日	辛卯 13 一	壬辰 14 二	癸巳 15 三	甲午 16 四	乙未 17 五	丙申 18 六	丁酉 19 日	戊戌 20 一	己亥 21 二	庚子 22 三		丙子小寒 辛卯大寒

宋度宗咸淳六年（庚午 馬年） 公元 1270 ~ 1271 年

夏曆月序		中西曆日對照	夏曆日序																														節氣與天象
			初一	初二	初三	初四	初五	初六	初七	初八	初九	初十	十一	十二	十三	十四	十五	十六	十七	十八	十九	二十	二一	二二	二三	二四	二五	二六	二七	二八	二九	三十	
正月大	戊寅	天干地支 西曆 星期	辛丑 23 四	壬寅 24 五	癸卯 25 六	甲辰 26 日	乙巳 27 一	丙午 28 二	丁未 29 三	戊申 30 四	己酉 31 五	庚戌 (2) 六	辛亥 2 日	壬子 3 一	癸丑 4 二	甲寅 5 三	乙卯 6 四	丙辰 7 五	丁巳 8 六	戊午 9 日	己未 10 一	庚申 11 二	辛酉 12 三	壬戌 13 四	癸亥 14 五	甲子 15 六	乙丑 16 日	丙寅 17 一	丁卯 18 二	戊辰 19 三	己巳 20 四	庚午 21 五	丁未立春 壬戌雨水
二月小	己卯	天干地支 西曆 星期	辛未 22 六	壬申 23 日	癸酉 24 一	甲戌 25 二	乙亥 26 三	丙子 27 四	丁丑 28 五	戊寅 (3) 六	己卯 2 日	庚辰 3 一	辛巳 4 二	壬午 5 三	癸未 6 四	甲申 7 五	乙酉 8 六	丙戌 9 日	丁亥 10 一	戊子 11 二	己丑 12 三	庚寅 13 四	辛卯 14 五	壬辰 15 六	癸巳 16 日	甲午 17 一	乙未 18 二	丙申 19 三	丁酉 20 四	戊戌 21 五	己亥 22 六		丁丑驚蟄 壬辰春分
三月大	庚辰	天干地支 西曆 星期	庚子 23 日	辛丑 24 一	壬寅 25 二	癸卯 26 三	甲辰 27 四	乙巳 28 五	丙午 29 六	丁未 30 日	戊申 31 一	己酉 (4) 二	庚戌 2 三	辛亥 3 四	壬子 4 五	癸丑 5 六	甲寅 6 日	乙卯 7 一	丙辰 8 二	丁巳 9 三	戊午 10 四	己未 11 五	庚申 12 六	辛酉 13 日	壬戌 14 一	癸亥 15 二	甲子 16 三	乙丑 17 四	丙寅 18 五	丁卯 19 六	戊辰 20 日	己巳 21 一	丁未清明 癸亥穀雨 庚子日食
四月大	辛巳	天干地支 西曆 星期	庚午 22 二	辛未 23 三	壬申 24 四	癸酉 25 五	甲戌 26 六	乙亥 27 日	丙子 28 一	丁丑 29 二	戊寅 30 三	己卯 (5) 四	庚辰 2 五	辛巳 3 六	壬午 4 日	癸未 5 一	甲申 6 二	乙酉 7 三	丙戌 8 四	丁亥 9 五	戊子 10 六	己丑 11 日	庚寅 12 一	辛卯 13 二	壬辰 14 三	癸巳 15 四	甲午 16 五	乙未 17 六	丙申 18 日	丁酉 19 一	戊戌 20 二	己亥 21 三	戊寅立夏 癸巳小滿
五月小	壬午	天干地支 西曆 星期	庚子 22 四	辛丑 23 五	壬寅 24 六	癸卯 25 日	甲辰 26 一	乙巳 27 二	丙午 28 三	丁未 29 四	戊申 30 五	己酉 31 六	庚戌 (6) 日	辛亥 2 一	壬子 3 二	癸丑 4 三	甲寅 5 四	乙卯 6 五	丙辰 7 六	丁巳 8 日	戊午 9 一	己未 10 二	庚申 11 三	辛酉 12 四	壬戌 13 五	癸亥 14 六	甲子 15 日	乙丑 16 一	丙寅 17 二	丁卯 18 三	戊辰 19 四		戊申芒種 甲子夏至
六月大	癸未	天干地支 西曆 星期	己巳 20 五	庚午 21 六	辛未 22 日	壬申 23 一	癸酉 24 二	甲戌 25 三	乙亥 26 四	丙子 27 五	丁丑 28 六	戊寅 29 日	己卯 30 一	庚辰 (7) 二	辛巳 2 三	壬午 3 四	癸未 4 五	甲申 5 六	乙酉 6 日	丙戌 7 一	丁亥 8 二	戊子 9 三	己丑 10 四	庚寅 11 五	辛卯 12 六	壬辰 13 日	癸巳 14 一	甲午 15 二	乙未 16 三	丙申 17 四	丁酉 18 五	戊戌 19 六	己卯小暑 甲午大暑
七月小	甲申	天干地支 西曆 星期	己亥 20 日	庚子 21 一	辛丑 22 二	壬寅 23 三	癸卯 24 四	甲辰 25 五	乙巳 26 六	丙午 27 日	丁未 28 一	戊申 29 二	己酉 30 三	庚戌 31 四	辛亥 (8) 五	壬子 2 六	癸丑 3 日	甲寅 4 一	乙卯 5 二	丙辰 6 三	丁巳 7 四	戊午 8 五	己未 9 六	庚申 10 日	辛酉 11 一	壬戌 12 二	癸亥 13 三	甲子 14 四	乙丑 15 五	丙寅 16 六	丁卯 17 日		己酉立秋 甲子處暑
八月大	乙酉	天干地支 西曆 星期	戊辰 18 一	己巳 19 二	庚午 20 三	辛未 21 四	壬申 22 五	癸酉 23 六	甲戌 24 日	乙亥 25 一	丙子 26 二	丁丑 27 三	戊寅 28 四	己卯 29 五	庚辰 30 六	辛巳 31 日	壬午 (9) 一	癸未 2 二	甲申 3 三	乙酉 4 四	丙戌 5 五	丁亥 6 六	戊子 7 日	己丑 8 一	庚寅 9 二	辛卯 10 三	壬辰 11 四	癸巳 12 五	甲午 13 六	乙未 14 日	丙申 15 一	丁酉 16 二	庚辰白露 乙未秋分
九月大	丙戌	天干地支 西曆 星期	戊戌 17 三	己亥 18 四	庚子 19 五	辛丑 20 六	壬寅 21 日	癸卯 22 一	甲辰 23 二	乙巳 24 三	丙午 25 四	丁未 26 五	戊申 27 六	己酉 28 日	庚戌 29 一	辛亥 30 二	壬子 (10) 三	癸丑 2 四	甲寅 3 五	乙卯 4 六	丙辰 5 日	丁巳 6 一	戊午 7 二	己未 8 三	庚申 9 四	辛酉 10 五	壬戌 11 六	癸亥 12 日	甲子 13 一	乙丑 14 二	丙寅 15 三	丁卯 16 四	庚戌寒露 乙丑霜降
十月小	丁亥	天干地支 西曆 星期	戊辰 17 五	己巳 18 六	庚午 19 日	辛未 20 一	壬申 21 二	癸酉 22 三	甲戌 23 四	乙亥 24 五	丙子 25 六	丁丑 26 日	戊寅 27 一	己卯 28 二	庚辰 29 三	辛巳 30 四	壬午 31 五	癸未 (11) 六	甲申 2 日	乙酉 3 一	丙戌 4 二	丁亥 5 三	戊子 6 四	己丑 7 五	庚寅 8 六	辛卯 9 日	壬辰 10 一	癸巳 11 二	甲午 12 三	乙未 13 四	丙申 14 五		辛巳立冬 丙申小雪
閏十月小	丁亥	天干地支 西曆 星期	丁酉 15 六	戊戌 16 日	己亥 17 一	庚子 18 二	辛丑 19 三	壬寅 20 四	癸卯 21 五	甲辰 22 六	乙巳 23 日	丙午 24 一	丁未 25 二	戊申 26 三	己酉 27 四	庚戌 28 五	辛亥 29 六	壬子 30 日	癸丑 (12) 一	甲寅 2 二	乙卯 3 三	丙辰 4 四	丁巳 5 五	戊午 6 六	己未 7 日	庚申 8 一	辛酉 9 二	壬戌 10 三	癸亥 11 四	甲子 12 五	乙丑 13 六		辛亥大雪
十一月大	戊子	天干地支 西曆 星期	丙寅 14 日	丁卯 15 一	戊辰 16 二	己巳 17 三	庚午 18 四	辛未 19 五	壬申 20 六	癸酉 21 日	甲戌 22 一	乙亥 23 二	丙子 24 三	丁丑 25 四	戊寅 26 五	己卯 27 六	庚辰 28 日	辛巳 29 一	壬午 30 二	癸未 31 三	甲申 (1) 四	乙酉 2 五	丙戌 3 六	丁亥 4 日	戊子 5 一	己丑 6 二	庚寅 7 三	辛卯 8 四	壬辰 9 五	癸巳 10 六	甲午 11 日	乙未 12 一	丙寅冬至 辛巳小寒
十二月小	己丑	天干地支 西曆 星期	丙申 13 二	丁酉 14 三	戊戌 15 四	己亥 16 五	庚子 17 六	辛丑 18 日	壬寅 19 一	癸卯 20 二	甲辰 21 三	乙巳 22 四	丙午 23 五	丁未 24 六	戊申 25 日	己酉 26 一	庚戌 27 二	辛亥 28 三	壬子 29 四	癸丑 30 五	甲寅 31 六	乙卯 (2) 日	丙辰 2 一	丁巳 3 二	戊午 4 三	己未 5 四	庚申 6 五	辛酉 7 六	壬戌 8 日	癸亥 9 一	甲子 10 二		丁酉大寒 壬子立春

宋度宗咸淳七年（辛未 羊年） 公元 1271 ~ 1272 年

夏曆月序		中西曆對照	初一	初二	初三	初四	初五	初六	初七	初八	初九	初十	十一	十二	十三	十四	十五	十六	十七	十八	十九	二十	二一	二二	二三	二四	二五	二六	二七	二八	二九	三十	節氣與天象
正月大	庚寅	天干地支 西曆 星期	乙丑 11 三	丙寅 12 四	丁卯 13 五	戊辰 14 六	己巳 15 日	庚午 16 一	辛未 17 二	壬申 18 三	癸酉 19 四	甲戌 20 五	乙亥 21 六	丙子 22 日	丁丑 23 一	戊寅 24 二	己卯 25 三	庚辰 26 四	辛巳 27 五	壬午 28 六	癸未 (3) 日	甲申 2 一	乙酉 3 二	丙戌 4 三	丁亥 5 四	戊子 6 五	己丑 7 六	庚寅 8 日	辛卯 9 一	壬辰 10 二	癸巳 11 三	甲午 12 四	丁卯雨水 壬午驚蟄
二月小	辛卯	天干地支 西曆 星期	乙未 13 五	丙申 14 六	丁酉 15 日	戊戌 16 一	己亥 17 二	庚子 18 三	辛丑 19 四	壬寅 20 五	癸卯 21 六	甲辰 22 日	乙巳 23 一	丙午 24 二	丁未 25 三	戊申 26 四	己酉 27 五	庚戌 28 六	辛亥 29 日	壬子 30 一	癸丑 31 二	甲寅 (4) 三	乙卯 2 四	丙辰 3 五	丁巳 4 六	戊午 5 日	己未 6 一	庚申 7 二	辛酉 8 三	壬戌 9 四	癸亥 10 五		丁酉春分 癸丑清明
三月大	壬辰	天干地支 西曆 星期	甲子 11 六	乙丑 12 日	丙寅 13 一	丁卯 14 二	戊辰 15 三	己巳 16 四	庚午 17 五	辛未 18 六	壬申 19 日	癸酉 20 一	甲戌 21 二	乙亥 22 三	丙子 23 四	丁丑 24 五	戊寅 25 六	己卯 26 日	庚辰 27 一	辛巳 28 二	壬午 29 三	癸未 30 四	甲申 (5) 五	乙酉 2 六	丙戌 3 日	丁亥 4 一	戊子 5 二	己丑 6 三	庚寅 7 四	辛卯 8 五	壬辰 9 六	癸巳 10 日	戊辰穀雨 癸未立夏
四月小	癸巳	天干地支 西曆 星期	甲午 11 一	乙未 12 二	丙申 13 三	丁酉 14 四	戊戌 15 五	己亥 16 六	庚子 17 日	辛丑 18 一	壬寅 19 二	癸卯 20 三	甲辰 21 四	乙巳 22 五	丙午 23 六	丁未 24 日	戊申 25 一	己酉 26 二	庚戌 27 三	辛亥 28 四	壬子 29 五	癸丑 30 六	甲寅 31 日	乙卯 (6) 一	丙辰 2 二	丁巳 3 三	戊午 4 四	己未 5 五	庚申 6 六	辛酉 7 日	壬戌 8 一		戊戌小滿 甲寅芒種
五月大	甲午	天干地支 西曆 星期	癸亥 9 二	甲子 10 三	乙丑 11 四	丙寅 12 五	丁卯 13 六	戊辰 14 日	己巳 15 一	庚午 16 二	辛未 17 三	壬申 18 四	癸酉 19 五	甲戌 20 六	乙亥 21 日	丙子 22 一	丁丑 23 二	戊寅 24 三	己卯 25 四	庚辰 26 五	辛巳 27 六	壬午 28 日	癸未 29 一	甲申 30 二	乙酉 (7) 三	丙戌 2 四	丁亥 3 五	戊子 4 六	己丑 5 日	庚寅 6 一	辛卯 7 二	壬辰 8 三	己巳夏至 甲申小暑
六月小	乙未	天干地支 西曆 星期	癸巳 9 四	甲午 10 五	乙未 11 六	丙申 12 日	丁酉 13 一	戊戌 14 二	己亥 15 三	庚子 16 四	辛丑 17 五	壬寅 18 六	癸卯 19 日	甲辰 20 一	乙巳 21 二	丙午 22 三	丁未 23 四	戊申 24 五	己酉 25 六	庚戌 26 日	辛亥 27 一	壬子 28 二	癸丑 29 三	甲寅 30 四	乙卯 31 五	丙辰 (8) 六	丁巳 2 日	戊午 3 一	己未 4 二	庚申 5 三	辛酉 6 四		己亥大暑 甲寅立秋
七月大	丙申	天干地支 西曆 星期	壬戌 7 五	癸亥 8 六	甲子 9 日	乙丑 10 一	丙寅 11 二	丁卯 12 三	戊辰 13 四	己巳 14 五	庚午 15 六	辛未 16 日	壬申 17 一	癸酉 18 二	甲戌 19 三	乙亥 20 四	丙子 21 五	丁丑 22 六	戊寅 23 日	己卯 24 一	庚辰 25 二	辛巳 26 三	壬午 27 四	癸未 28 五	甲申 29 六	乙酉 30 日	丙戌 31 一	丁亥 (9) 二	戊子 2 三	己丑 3 四	庚寅 4 五	辛卯 5 六	庚午處暑 乙酉白露
八月大	丁酉	天干地支 西曆 星期	壬辰 6 日	癸巳 7 一	甲午 8 二	乙未 9 三	丙申 10 四	丁酉 11 五	戊戌 12 六	己亥 13 日	庚子 14 一	辛丑 15 二	壬寅 16 三	癸卯 17 四	甲辰 18 五	乙巳 19 六	丙午 20 日	丁未 21 一	戊申 22 二	己酉 23 三	庚戌 24 四	辛亥 25 五	壬子 26 六	癸丑 27 日	甲寅 28 一	乙卯 29 二	丙辰 30 三	丁巳 (10) 四	戊午 2 五	己未 3 六	庚申 4 日	辛酉 5 一	庚子秋分 乙卯寒露
九月小	戊戌	天干地支 西曆 星期	壬戌 6 二	癸亥 7 三	甲子 8 四	乙丑 9 五	丙寅 10 六	丁卯 11 日	戊辰 12 一	己巳 13 二	庚午 14 三	辛未 15 四	壬申 16 五	癸酉 17 六	甲戌 18 日	乙亥 19 一	丙子 20 二	丁丑 21 三	戊寅 22 四	己卯 23 五	庚辰 24 六	辛巳 25 日	壬午 26 一	癸未 27 二	甲申 28 三	乙酉 29 四	丙戌 30 五	丁亥 31 六	戊子 (11) 日	己丑 2 一	庚寅 3 二		辛未霜降 丙戌立冬
十月大	己亥	天干地支 西曆 星期	辛卯 4 三	壬辰 5 四	癸巳 6 五	甲午 7 六	乙未 8 日	丙申 9 一	丁酉 10 二	戊戌 11 三	己亥 12 四	庚子 13 五	辛丑 14 六	壬寅 15 日	癸卯 16 一	甲辰 17 二	乙巳 18 三	丙午 19 四	丁未 20 五	戊申 21 六	己酉 22 日	庚戌 23 一	辛亥 24 二	壬子 25 三	癸丑 26 四	甲寅 27 五	乙卯 28 六	丙辰 29 日	丁巳 30 一	戊午 (12) 二	己未 2 三	庚申 3 四	辛丑小雪 丙辰大雪
十一月大	庚子	天干地支 西曆 星期	辛酉 4 五	壬戌 5 六	癸亥 6 日	甲子 7 一	乙丑 8 二	丙寅 9 三	丁卯 10 四	戊辰 11 五	己巳 12 六	庚午 13 日	辛未 14 一	壬申 15 二	癸酉 16 三	甲戌 17 四	乙亥 18 五	丙子 19 六	丁丑 20 日	戊寅 21 一	己卯 22 二	庚辰 23 三	辛巳 24 四	壬午 25 五	癸未 26 六	甲申 27 日	乙酉 28 一	丙戌 29 二	丁亥 30 三	戊子 31 四	己丑 (1) 五	庚寅 2 六	辛未冬至 丁亥小寒
十二月小	辛丑	天干地支 西曆 星期	辛卯 3 日	壬辰 4 一	癸巳 5 二	甲午 6 三	乙未 7 四	丙申 8 五	丁酉 9 六	戊戌 10 日	己亥 11 一	庚子 12 二	辛丑 13 三	壬寅 14 四	癸卯 15 五	甲辰 16 六	乙巳 17 日	丙午 18 一	丁未 19 二	戊申 20 三	己酉 21 四	庚戌 22 五	辛亥 23 六	壬子 24 日	癸丑 25 一	甲寅 26 二	乙卯 27 三	丙辰 28 四	丁巳 29 五	戊午 30 六	己未 31 日		壬寅大寒 丁巳立春

宋度宗咸淳八年（壬申 猴年） 公元 1272 ~ 1273 年

夏曆月序		中西曆日對照	初一	初二	初三	初四	初五	初六	初七	初八	初九	初十	十一	十二	十三	十四	十五	十六	十七	十八	十九	二十	二一	二二	二三	二四	二五	二六	二七	二八	二九	三十	節氣與天象
正月大	壬寅	干支 天地 西曆 星期	庚申 (2) 一	辛酉 2 二	壬戌 3 三	癸亥 4 四	甲子 5 五	乙丑 6 六	丙寅 7 日	丁卯 8 一	戊辰 9 二	己巳 10 三	庚午 11 四	辛未 12 五	壬申 13 六	癸酉 14 日	甲戌 15 一	乙亥 16 二	丙子 17 三	丁丑 18 四	戊寅 19 五	己卯 20 六	庚辰 21 日	辛巳 22 一	壬午 23 二	癸未 24 三	甲申 25 四	乙酉 26 五	丙戌 27 六	丁亥 28 日	戊子 29 一	己丑 (3) 二	壬申雨水 丁亥驚蟄
二月小	癸卯	干支 天地 西曆 星期	庚寅 2 三	辛卯 3 四	壬辰 4 五	癸巳 5 六	甲午 6 日	乙未 7 一	丙申 8 二	丁酉 9 三	戊戌 10 四	己亥 11 五	庚子 12 六	辛丑 13 日	壬寅 14 一	癸卯 15 二	甲辰 16 三	乙巳 17 四	丙午 18 五	丁未 19 六	戊申 20 日	己酉 21 一	庚戌 22 二	辛亥 23 三	壬子 24 四	癸丑 25 五	甲寅 26 六	乙卯 27 日	丙辰 28 一	丁巳 29 二	戊午 30 三		癸卯春分 戊午清明
三月小	甲辰	干支 天地 西曆 星期	己未 31 四	庚申 (4) 五	辛酉 2 六	壬戌 3 日	癸亥 4 一	甲子 5 二	乙丑 6 三	丙寅 7 四	丁卯 8 五	戊辰 9 六	己巳 10 日	庚午 11 一	辛未 12 二	壬申 13 三	癸酉 14 四	甲戌 15 五	乙亥 16 六	丙子 17 日	丁丑 18 一	戊寅 19 二	己卯 20 三	庚辰 21 四	辛巳 22 五	壬午 23 六	癸未 24 日	甲申 25 一	乙酉 26 二	丙戌 27 三	丁亥 28 四		癸酉穀雨
四月大	乙巳	干支 天地 西曆 星期	戊子 29 五	己丑 30 六	庚寅 (5) 日	辛卯 2 一	壬辰 3 二	癸巳 4 三	甲午 5 四	乙未 6 五	丙申 7 六	丁酉 8 日	戊戌 9 一	己亥 10 二	庚子 11 三	辛丑 12 四	壬寅 13 五	癸卯 14 六	甲辰 15 日	乙巳 16 一	丙午 17 二	丁未 18 三	戊申 19 四	己酉 20 五	庚戌 21 六	辛亥 22 日	壬子 23 一	癸丑 24 二	甲寅 25 三	乙卯 26 四	丙辰 27 五	丁巳 28 六	戊子立夏 甲辰小滿
五月小	丙午	干支 天地 西曆 星期	戊午 29 日	己未 30 一	庚申 31 二	辛酉 (6) 三	壬戌 2 四	癸亥 3 五	甲子 4 六	乙丑 5 日	丙寅 6 一	丁卯 7 二	戊辰 8 三	己巳 9 四	庚午 10 五	辛未 11 六	壬申 12 日	癸酉 13 一	甲戌 14 二	乙亥 15 三	丙子 16 四	丁丑 17 五	戊寅 18 六	己卯 19 日	庚辰 20 一	辛巳 21 二	壬午 22 三	癸未 23 四	甲申 24 五	乙酉 25 六	丙戌 26 日		己未芒種 甲戌夏至
六月大	丁未	干支 天地 西曆 星期	丁亥 27 一	戊子 28 二	己丑 29 三	庚寅 30 四	辛卯 (7) 五	壬辰 2 六	癸巳 3 日	甲午 4 一	乙未 5 二	丙申 6 三	丁酉 7 四	戊戌 8 五	己亥 9 六	庚子 10 日	辛丑 11 一	壬寅 12 二	癸卯 13 三	甲辰 14 四	乙巳 15 五	丙午 16 六	丁未 17 日	戊申 18 一	己酉 19 二	庚戌 20 三	辛亥 21 四	壬子 22 五	癸丑 23 六	甲寅 24 日	乙卯 25 一	丙辰 26 二	己丑小暑 甲辰大暑
七月小	戊申	干支 天地 西曆 星期	丁巳 27 三	戊午 28 四	己未 29 五	庚申 30 六	辛酉 31 日	壬戌 (8) 一	癸亥 2 二	甲子 3 三	乙丑 4 四	丙寅 5 五	丁卯 6 六	戊辰 7 日	己巳 8 一	庚午 9 二	辛未 10 三	壬申 11 四	癸酉 12 五	甲戌 13 六	乙亥 14 日	丙子 15 一	丁丑 16 二	戊寅 17 三	己卯 18 四	庚辰 19 五	辛巳 20 六	壬午 21 日	癸未 22 一	甲申 23 二	乙酉 24 三		庚申立秋 乙亥處暑
八月大	己酉	干支 天地 西曆 星期	丙戌 25 四	丁亥 26 五	戊子 27 六	己丑 28 日	庚寅 29 一	辛卯 30 二	壬辰 31 三	癸巳 (9) 四	甲午 2 五	乙未 3 六	丙申 4 日	丁酉 5 一	戊戌 6 二	己亥 7 三	庚子 8 四	辛丑 9 五	壬寅 10 六	癸卯 11 日	甲辰 12 一	乙巳 13 二	丙午 14 三	丁未 15 四	戊申 16 五	己酉 17 六	庚戌 18 日	辛亥 19 一	壬子 20 二	癸丑 21 三	甲寅 22 四	乙卯 23 五	庚寅白露 乙巳秋分
九月大	庚戌	干支 天地 西曆 星期	丙辰 24 六	丁巳 25 日	戊午 26 一	己未 27 二	庚申 28 三	辛酉 29 四	壬戌 30 五	癸亥 (10) 六	甲子 2 日	乙丑 3 一	丙寅 4 二	丁卯 5 三	戊辰 6 四	己巳 7 五	庚午 8 六	辛未 9 日	壬申 10 一	癸酉 11 二	甲戌 12 三	乙亥 13 四	丙子 14 五	丁丑 15 六	戊寅 16 日	己卯 17 一	庚辰 18 二	辛巳 19 三	壬午 20 四	癸未 21 五	甲申 22 六	乙酉 23 日	辛酉寒露 丙子霜降
十月小	辛亥	干支 天地 西曆 星期	丙戌 24 一	丁亥 25 二	戊子 26 三	己丑 27 四	庚寅 28 五	辛卯 29 六	壬辰 30 日	癸巳 31 一	甲午 (11) 二	乙未 2 三	丙申 3 四	丁酉 4 五	戊戌 5 六	己亥 6 日	庚子 7 一	辛丑 8 二	壬寅 9 三	癸卯 10 四	甲辰 11 五	乙巳 12 六	丙午 13 日	丁未 14 一	戊申 15 二	己酉 16 三	庚戌 17 四	辛亥 18 五	壬子 19 六	癸丑 20 日	甲寅 21 一		辛卯立冬 丙午小雪
十一月大	壬子	干支 天地 西曆 星期	乙卯 22 二	丙辰 23 三	丁巳 24 四	戊午 25 五	己未 26 六	庚申 27 日	辛酉 28 一	壬戌 29 二	癸亥 30 三	甲子 (12) 四	乙丑 2 五	丙寅 3 六	丁卯 4 日	戊辰 5 一	己巳 6 二	庚午 7 三	辛未 8 四	壬申 9 五	癸酉 10 六	甲戌 11 日	乙亥 12 一	丙子 13 二	丁丑 14 三	戊寅 15 四	己卯 16 五	庚辰 17 六	辛巳 18 日	壬午 19 一	癸未 20 二	甲申 21 三	辛酉大雪 丁丑冬至
十二月大	癸丑	干支 天地 西曆 星期	乙酉 22 四	丙戌 23 五	丁亥 24 六	戊子 25 日	己丑 26 一	庚寅 27 二	辛卯 28 三	壬辰 29 四	癸巳 30 五	甲午 31 六	乙未 (1) 日	丙申 2 一	丁酉 3 二	戊戌 4 三	己亥 5 四	庚子 6 五	辛丑 7 六	壬寅 8 日	癸卯 9 一	甲辰 10 二	乙巳 11 三	丙午 12 四	丁未 13 五	戊申 14 六	己酉 15 日	庚戌 16 一	辛亥 17 二	壬子 18 三	癸丑 19 四	甲寅 20 五	壬辰小寒 丁未大寒

宋度宗咸淳九年（癸酉 鷄年） 公元1273 ~ 1274年

夏曆月序	中西曆日對照	夏曆日序																														節氣與天象
		初一	初二	初三	初四	初五	初六	初七	初八	初九	初十	十一	十二	十三	十四	十五	十六	十七	十八	十九	二十	二一	二二	二三	二四	二五	二六	二七	二八	二九	三十	
正月小	甲寅 干支 西曆 星期	乙卯 21 六	丙辰 22 日	丁巳 23 一	戊午 24 二	己未 25 三	庚申 26 四	辛酉 27 五	壬戌 28 六	癸亥 29 日	甲子 30 一	乙丑 31 二	丙寅 (2) 三	丁卯 2 四	戊辰 3 五	己巳 4 六	庚午 5 日	辛未 6 一	壬申 7 二	癸酉 8 三	甲戌 9 四	乙亥 10 五	丙子 11 六	丁丑 12 日	戊寅 13 一	己卯 14 二	庚辰 15 三	辛巳 16 四	壬午 17 五	癸未 18 六		壬戌立春 戊寅雨水
二月大	乙卯 干支 西曆 星期	甲申 19 日	乙酉 20 一	丙戌 21 二	丁亥 22 三	戊子 23 四	己丑 24 五	庚寅 25 六	辛卯 26 日	壬辰 27 一	癸巳 28 二	甲午 (3) 三	乙未 2 四	丙申 3 五	丁酉 4 六	戊戌 5 日	己亥 6 一	庚子 7 二	辛丑 8 三	壬寅 9 四	癸卯 10 五	甲辰 11 六	乙巳 12 日	丙午 13 一	丁未 14 二	戊申 15 三	己酉 16 四	庚戌 17 五	辛亥 18 六	壬子 19 日	癸丑 20 一	癸巳驚蟄 戊申春分
三月小	丙辰 干支 西曆 星期	甲寅 21 二	乙卯 22 三	丙辰 23 四	丁巳 24 五	戊午 25 六	己未 26 日	庚申 27 一	辛酉 28 二	壬戌 29 三	癸亥 30 四	甲子 31 五	乙丑 (4) 六	丙寅 2 日	丁卯 3 一	戊辰 4 二	己巳 5 三	庚午 6 四	辛未 7 五	壬申 8 六	癸酉 9 日	甲戌 10 一	乙亥 11 二	丙子 12 三	丁丑 13 四	戊寅 14 五	己卯 15 六	庚辰 16 日	辛巳 17 一	壬午 18 二		癸亥清明 戊寅穀雨
四月小	丁巳 干支 西曆 星期	癸未 19 三	甲申 20 四	乙酉 21 五	丙戌 22 六	丁亥 23 日	戊子 24 一	己丑 25 二	庚寅 26 三	辛卯 27 四	壬辰 28 五	癸巳 29 六	甲午 30 日	乙未 (5) 一	丙申 2 二	丁酉 3 三	戊戌 4 四	己亥 5 五	庚子 6 六	辛丑 7 日	壬寅 8 一	癸卯 9 二	甲辰 10 三	乙巳 11 四	丙午 12 五	丁未 13 六	戊申 14 日	己酉 15 一	庚戌 16 二	辛亥 17 三		甲午立夏 己酉小滿
五月大	戊午 干支 西曆 星期	壬子 18 四	癸丑 19 五	甲寅 20 六	乙卯 21 日	丙辰 22 一	丁巳 23 二	戊午 24 三	己未 25 四	庚申 26 五	辛酉 27 六	壬戌 28 日	癸亥 29 一	甲子 30 二	乙丑 31 三	丙寅 (6) 四	丁卯 2 五	戊辰 3 六	己巳 4 日	庚午 5 一	辛未 6 二	壬申 7 三	癸酉 8 四	甲戌 9 五	乙亥 10 六	丙子 11 日	丁丑 12 一	戊寅 13 二	己卯 14 三	庚辰 15 四	辛巳 16 五	甲子芒種 己卯夏至
六月小	己未 干支 西曆 星期	壬午 17 六	癸未 18 日	甲申 19 一	乙酉 20 二	丙戌 21 三	丁亥 22 四	戊子 23 五	己丑 24 六	庚寅 25 日	辛卯 26 一	壬辰 27 二	癸巳 28 三	甲午 29 四	乙未 30 五	丙申 (7) 六	丁酉 2 日	戊戌 3 一	己亥 4 二	庚子 5 三	辛丑 6 四	壬寅 7 五	癸卯 8 六	甲辰 9 日	乙巳 10 一	丙午 11 二	丁未 12 三	戊申 13 四	己酉 14 五	庚戌 15 六		甲午小暑 庚戌大暑
閏六月小	己未 干支 西曆 星期	辛亥 16 日	壬子 17 一	癸丑 18 二	甲寅 19 三	乙卯 20 四	丙辰 21 五	丁巳 22 六	戊午 23 日	己未 24 一	庚申 25 二	辛酉 26 三	壬戌 27 四	癸亥 28 五	甲子 29 六	乙丑 30 日	丙寅 31 一	丁卯 (8) 二	戊辰 2 三	己巳 3 四	庚午 4 五	辛未 5 六	壬申 6 日	癸酉 7 一	甲戌 8 二	乙亥 9 三	丙子 10 四	丁丑 11 五	戊寅 12 六	己卯 13 日		乙丑立秋
七月大	庚申 干支 西曆 星期	庚辰 14 一	辛巳 15 二	壬午 16 三	癸未 17 四	甲申 18 五	乙酉 19 六	丙戌 20 日	丁亥 21 一	戊子 22 二	己丑 23 三	庚寅 24 四	辛卯 25 五	壬辰 26 六	癸巳 27 日	甲午 28 一	乙未 29 二	丙申 30 三	丁酉 31 四	戊戌 (9) 五	己亥 2 六	庚子 3 日	辛丑 4 一	壬寅 5 二	癸卯 6 三	甲辰 7 四	乙巳 8 五	丙午 9 六	丁未 10 日	戊申 11 一	己酉 12 二	庚辰處暑 乙未白露
八月大	辛酉 干支 西曆 星期	庚戌 13 三	辛亥 14 四	壬子 15 五	癸丑 16 六	甲寅 17 日	乙卯 18 一	丙辰 19 二	丁巳 20 三	戊午 21 四	己未 22 五	庚申 23 六	辛酉 24 日	壬戌 25 一	癸亥 26 二	甲子 27 三	乙丑 28 四	丙寅 29 五	丁卯 30 六	戊辰 (10) 日	己巳 2 一	庚午 3 二	辛未 4 三	壬申 5 四	癸酉 6 五	甲戌 7 六	乙亥 8 日	丙子 9 一	丁丑 10 二	戊寅 11 三	己卯 12 四	辛亥秋分 丙寅寒露
九月小	壬戌 干支 西曆 星期	庚辰 13 五	辛巳 14 六	壬午 15 日	癸未 16 一	甲申 17 二	乙酉 18 三	丙戌 19 四	丁亥 20 五	戊子 21 六	己丑 22 日	庚寅 23 一	辛卯 24 二	壬辰 25 三	癸巳 26 四	甲午 27 五	乙未 28 六	丙申 29 日	丁酉 30 一	戊戌 31 二	己亥 (11) 三	庚子 2 四	辛丑 3 五	壬寅 4 六	癸卯 5 日	甲辰 6 一	乙巳 7 二	丙午 8 三	丁未 9 四	戊申 10 五		辛巳霜降 丙申立冬
十月大	癸亥 干支 西曆 星期	己酉 11 六	庚戌 12 日	辛亥 13 一	壬子 14 二	癸丑 15 三	甲寅 16 四	乙卯 17 五	丙辰 18 六	丁巳 19 日	戊午 20 一	己未 21 二	庚申 22 三	辛酉 23 四	壬戌 24 五	癸亥 25 六	甲子 26 日	乙丑 27 一	丙寅 28 二	丁卯 29 三	戊辰 30 四	己巳 (12) 五	庚午 2 六	辛未 3 日	壬申 4 一	癸酉 5 二	甲戌 6 三	乙亥 7 四	丙子 8 五	丁丑 9 六	戊寅 10 日	辛亥小雪 丁卯大雪
十一月大	甲子 干支 西曆 星期	己卯 11 一	庚辰 12 二	辛巳 13 三	壬午 14 四	癸未 15 五	甲申 16 六	乙酉 17 日	丙戌 18 一	丁亥 19 二	戊子 20 三	己丑 21 四	庚寅 22 五	辛卯 23 六	壬辰 24 日	癸巳 25 一	甲午 26 二	乙未 27 三	丙申 28 四	丁酉 29 五	戊戌 30 六	己亥 31 日	庚子 (1) 一	辛丑 2 二	壬寅 3 三	癸卯 4 四	甲辰 5 五	乙巳 6 六	丙午 7 日	丁未 8 一	戊申 9 二	壬午冬至 丁酉小寒
十二月大	乙丑 干支 西曆 星期	己酉 10 三	庚戌 11 四	辛亥 12 五	壬子 13 六	癸丑 14 日	甲寅 15 一	乙卯 16 二	丙辰 17 三	丁巳 18 四	戊午 19 五	己未 20 六	庚申 21 日	辛酉 22 一	壬戌 23 二	癸亥 24 三	甲子 25 四	乙丑 26 五	丙寅 27 六	丁卯 28 日	戊辰 29 一	己巳 30 二	庚午 31 三	辛未 (2) 四	壬申 2 五	癸酉 3 六	甲戌 4 日	乙亥 5 一	丙子 6 二	丁丑 7 三	戊寅 8 四	壬子大寒 戊辰立春

宋度宗咸淳十年 恭帝咸淳十年（甲戌 狗年） 公元 **1274** ~ 1275

夏曆月序		中西曆日對照	初一	初二	初三	初四	初五	初六	初七	初八	初九	初十	十一	十二	十三	十四	十五	十六	十七	十八	十九	二十	二一	二二	二三	二四	二五	二六	二七	二八	二九	三十	節氣與天象
正月小	丙寅	天干地支 西曆 星期	己卯 9 五	庚辰 10 六	辛巳 11 日	壬午 12 一	癸未 13 二	甲申 14 三	乙酉 15 四	丙戌 16 五	丁亥 17 六	戊子 18 日	己丑 19 一	庚寅 20 二	辛卯 21 三	壬辰 22 四	癸巳 23 五	甲午 24 六	乙未 25 日	丙申 26 一	丁酉 27 二	戊戌 28 三	己亥 (3) 四	庚子 2 五	辛丑 3 六	壬寅 4 日	癸卯 5 一	甲辰 6 二	乙巳 7 三	丙午 8 四	丁未 9 五		癸未雨水 戊戌驚蟄
二月大	丁卯	天干地支 西曆 星期	戊申 10 六	己酉 11 日	庚戌 12 一	辛亥 13 二	壬子 14 三	癸丑 15 四	甲寅 16 五	乙卯 17 六	丙辰 18 日	丁巳 19 一	戊午 20 二	己未 21 三	庚申 22 四	辛酉 23 五	壬戌 24 六	癸亥 25 日	甲子 26 一	乙丑 27 二	丙寅 28 三	丁卯 29 四	戊辰 30 五	己巳 31 六	庚午 (4) 日	辛未 2 一	壬申 3 二	癸酉 4 三	甲戌 5 四	乙亥 6 五	丙子 7 六	丁丑 8 日	癸丑春分 戊辰清明
三月小	戊辰	天干地支 西曆 星期	戊寅 9 一	己卯 10 二	庚辰 11 三	辛巳 12 四	壬午 13 五	癸未 14 六	甲申 15 日	乙酉 16 一	丙戌 17 二	丁亥 18 三	戊子 19 四	己丑 20 五	庚寅 21 六	辛卯 22 日	壬辰 23 一	癸巳 24 二	甲午 25 三	乙未 26 四	丙申 27 五	丁酉 28 六	戊戌 29 日	己亥 30 一	庚子 (5) 二	辛丑 2 三	壬寅 3 四	癸卯 4 五	甲辰 5 六	乙巳 6 日	丙午 7 一		甲申穀雨 己亥立夏
四月小	己巳	天干地支 西曆 星期	丁未 8 二	戊申 9 三	己酉 10 四	庚戌 11 五	辛亥 12 六	壬子 13 日	癸丑 14 一	甲寅 15 二	乙卯 16 三	丙辰 17 四	丁巳 18 五	戊午 19 六	己未 20 日	庚申 21 一	辛酉 22 二	壬戌 23 三	癸亥 24 四	甲子 25 五	乙丑 26 六	丙寅 27 日	丁卯 28 一	戊辰 29 二	己巳 30 三	庚午 31 四	辛未 (6) 五	壬申 2 六	癸酉 3 日	甲戌 4 一	乙亥 5 二		甲寅小滿 己巳芒種
五月大	庚午	天干地支 西曆 星期	丙子 6 三	丁丑 7 四	戊寅 8 五	己卯 9 六	庚辰 10 日	辛巳 11 一	壬午 12 二	癸未 13 三	甲申 14 四	乙酉 15 五	丙戌 16 六	丁亥 17 日	戊子 18 一	己丑 19 二	庚寅 20 三	辛卯 21 四	壬辰 22 五	癸巳 23 六	甲午 24 日	乙未 25 一	丙申 26 二	丁酉 27 三	戊戌 28 四	己亥 29 五	庚子 30 六	辛丑 (7) 日	壬寅 2 一	癸卯 3 二	甲辰 4 三	乙巳 5 四	甲申夏至 庚子小暑
六月小	辛未	天干地支 西曆 星期	丙午 6 五	丁未 7 六	戊申 8 日	己酉 9 一	庚戌 10 二	辛亥 11 三	壬子 12 四	癸丑 13 五	甲寅 14 六	乙卯 15 日	丙辰 16 一	丁巳 17 二	戊午 18 三	己未 19 四	庚申 20 五	辛酉 21 六	壬戌 22 日	癸亥 23 一	甲子 24 二	乙丑 25 三	丙寅 26 四	丁卯 27 五	戊辰 28 六	己巳 29 日	庚午 30 一	辛未 31 二	壬申 (8) 三	癸酉 2 四	甲戌 3 五		乙卯大暑 庚午立秋
七月小	壬申	天干地支 西曆 星期	乙亥 4 六	丙子 5 日	丁丑 6 一	戊寅 7 二	己卯 8 三	庚辰 9 四	辛巳 10 五	壬午 11 六	癸未 12 日	甲申 13 一	乙酉 14 二	丙戌 15 三	丁亥 16 四	戊子 17 五	己丑 18 六	庚寅 19 日	辛卯 20 一	壬辰 21 二	癸巳 22 三	甲午 23 四	乙未 24 五	丙申 25 六	丁酉 26 日	戊戌 27 一	己亥 28 二	庚子 29 三	辛丑 30 四	壬寅 31 五	癸卯 (9) 六		乙酉處暑 辛丑白露
八月大	癸酉	天干地支 西曆 星期	甲辰 2 日	乙巳 3 一	丙午 4 二	丁未 5 三	戊申 6 四	己酉 7 五	庚戌 8 六	辛亥 9 日	壬子 10 一	癸丑 11 二	甲寅 12 三	乙卯 13 四	丙辰 14 五	丁巳 15 六	戊午 16 日	己未 17 一	庚申 18 二	辛酉 19 三	壬戌 20 四	癸亥 21 五	甲子 22 六	乙丑 23 日	丙寅 24 一	丁卯 25 二	戊辰 26 三	己巳 27 四	庚午 28 五	辛未 29 六	壬申 30 日	癸酉 (10) 一	丙辰秋分 辛未寒露
九月小	甲戌	天干地支 西曆 星期	甲戌 2 二	乙亥 3 三	丙子 4 四	丁丑 5 五	戊寅 6 六	己卯 7 日	庚辰 8 一	辛巳 9 二	壬午 10 三	癸未 11 四	甲申 12 五	乙酉 13 六	丙戌 14 日	丁亥 15 一	戊子 16 二	己丑 17 三	庚寅 18 四	辛卯 19 五	壬辰 20 六	癸巳 21 日	甲午 22 一	乙未 23 二	丙申 24 三	丁酉 25 四	戊戌 26 五	己亥 27 六	庚子 28 日	辛丑 29 一	壬寅 30 二		丙戌霜降 辛丑立冬
十月大	乙亥	天干地支 西曆 星期	癸卯 31 三	甲辰 (11) 四	乙巳 2 五	丙午 3 六	丁未 4 日	戊申 5 一	己酉 6 二	庚戌 7 三	辛亥 8 四	壬子 9 五	癸丑 10 六	甲寅 11 日	乙卯 12 一	丙辰 13 二	丁巳 14 三	戊午 15 四	己未 16 五	庚申 17 六	辛酉 18 日	壬戌 19 一	癸亥 20 二	甲子 21 三	乙丑 22 四	丙寅 23 五	丁卯 24 六	戊辰 25 日	己巳 26 一	庚午 27 二	辛未 28 三	壬申 29 四	丁巳小雪 壬申大雪
十一月大	丙子	天干地支 西曆 星期	癸酉 30 五	甲戌 (12) 六	乙亥 2 日	丙子 3 一	丁丑 4 二	戊寅 5 三	己卯 6 四	庚辰 7 五	辛巳 8 六	壬午 9 日	癸未 10 一	甲申 11 二	乙酉 12 三	丙戌 13 四	丁亥 14 五	戊子 15 六	己丑 16 日	庚寅 17 一	辛卯 18 二	壬辰 19 三	癸巳 20 四	甲午 21 五	乙未 22 六	丙申 23 日	丁酉 24 一	戊戌 25 二	己亥 26 三	庚子 27 四	辛丑 28 五	壬寅 29 六	丁亥冬至 壬寅小寒
十二月大	丁丑	天干地支 西曆 星期	癸卯 30 日	甲辰 31 一	乙巳 (1) 二	丙午 2 三	丁未 3 四	戊申 4 五	己酉 5 六	庚戌 6 日	辛亥 7 一	壬子 8 二	癸丑 9 三	甲寅 10 四	乙卯 11 五	丙辰 12 六	丁巳 13 日	戊午 14 一	己未 15 二	庚申 16 三	辛酉 17 四	壬戌 18 五	癸亥 19 六	甲子 20 日	乙丑 21 一	丙寅 22 二	丁卯 23 三	戊辰 24 四	己巳 25 五	庚午 26 六	辛未 27 日	壬申 28 一	戊午大寒

* 七月癸未（初九），宋度宗死。瀛國公即位，是爲恭帝。

宋恭帝德祐元年（乙亥 猪年） 公元1275 ~ 1276年

夏曆月序		中西曆日對照	初一	初二	初三	初四	初五	初六	初七	初八	初九	初十	十一	十二	十三	十四	十五	十六	十七	十八	十九	二十	二一	二二	二三	二四	二五	二六	二七	二八	二九	三十	節氣與天象
正月小	戊寅	天干地支 西曆 星期	癸酉 29 二	甲戌 30 三	乙亥 31 四	丙子 (2) 五	丁丑 2 六	戊寅 3 日	己卯 4 一	庚辰 5 二	辛巳 6 三	壬午 7 四	癸未 8 五	甲申 9 六	乙酉 10 日	丙戌 11 一	丁亥 12 二	戊子 13 三	己丑 14 四	庚寅 15 五	辛卯 16 六	壬辰 17 日	癸巳 18 一	甲午 19 二	乙未 20 三	丙申 21 四	丁酉 22 五	戊戌 23 六	己亥 24 日	庚子 25 一	辛丑 26 二		癸酉立春 戊子雨水
二月大	己卯	天干地支 西曆 星期	壬寅 27 三	癸卯 28 四	甲辰 (3) 五	乙巳 2 六	丙午 3 日	丁未 4 一	戊申 5 二	己酉 6 三	庚戌 7 四	辛亥 8 五	壬子 9 六	癸丑 10 日	甲寅 11 一	乙卯 12 二	丙辰 13 三	丁巳 14 四	戊午 15 五	己未 16 六	庚申 17 日	辛酉 18 一	壬戌 19 二	癸亥 20 三	甲子 21 四	乙丑 22 五	丙寅 23 六	丁卯 24 日	戊辰 25 一	己巳 26 二	庚午 27 三	辛未 28 四	癸卯驚蟄 戊午春分
三月大	庚辰	天干地支 西曆 星期	壬申 29 五	癸酉 30 六	甲戌 31 日	乙亥 (4) 一	丙子 2 二	丁丑 3 三	戊寅 4 四	己卯 5 五	庚辰 6 六	辛巳 7 日	壬午 8 一	癸未 9 二	甲申 10 三	乙酉 11 四	丙戌 12 五	丁亥 13 六	戊子 14 日	己丑 15 一	庚寅 16 二	辛卯 17 三	壬辰 18 四	癸巳 19 五	甲午 20 六	乙未 21 日	丙申 22 一	丁酉 23 二	戊戌 24 三	己亥 25 四	庚子 26 五	辛丑 27 六	甲戌清明 己丑穀雨
四月小	辛巳	天干地支 西曆 星期	壬寅 28 日	癸卯 29 一	甲辰 30 二	乙巳 (5) 三	丙午 2 四	丁未 3 五	戊申 4 六	己酉 5 日	庚戌 6 一	辛亥 7 二	壬子 8 三	癸丑 9 四	甲寅 10 五	乙卯 11 六	丙辰 12 日	丁巳 13 一	戊午 14 二	己未 15 三	庚申 16 四	辛酉 17 五	壬戌 18 六	癸亥 19 日	甲子 20 一	乙丑 21 二	丙寅 22 三	丁卯 23 四	戊辰 24 五	己巳 25 六	庚午 26 日		甲辰立夏 己未小滿
五月小	壬午	天干地支 西曆 星期	辛未 27 一	壬申 28 二	癸酉 29 三	甲戌 30 四	乙亥 31 五	丙子 (6) 六	丁丑 2 日	戊寅 3 一	己卯 4 二	庚辰 5 三	辛巳 6 四	壬午 7 五	癸未 8 六	甲申 9 日	乙酉 10 一	丙戌 11 二	丁亥 12 三	戊子 13 四	己丑 14 五	庚寅 15 六	辛卯 16 日	壬辰 17 一	癸巳 18 二	甲午 19 三	乙未 20 四	丙申 21 五	丁酉 22 六	戊戌 23 日	己亥 24 一		乙亥芒種 庚寅夏至
六月大	癸未	天干地支 西曆 星期	庚子 25 二	辛丑 26 三	壬寅 27 四	癸卯 28 五	甲辰 29 六	乙巳 30 日	丙午 (7) 一	丁未 2 二	戊申 3 三	己酉 4 四	庚戌 5 五	辛亥 6 六	壬子 7 日	癸丑 8 一	甲寅 9 二	乙卯 10 三	丙辰 11 四	丁巳 12 五	戊午 13 六	己未 14 日	庚申 15 一	辛酉 16 二	壬戌 17 三	癸亥 18 四	甲子 19 五	乙丑 20 六	丙寅 21 日	丁卯 22 一	戊辰 23 二	己巳 24 三	乙巳小暑 庚申大暑
七月小	甲申	天干地支 西曆 星期	庚午 25 四	辛未 26 五	壬申 27 六	癸酉 28 日	甲戌 29 一	乙亥 30 二	丙子 31 三	丁丑 (8) 四	戊寅 2 五	己卯 3 六	庚辰 4 日	辛巳 5 一	壬午 6 二	癸未 7 三	甲申 8 四	乙酉 9 五	丙戌 10 六	丁亥 11 日	戊子 12 一	己丑 13 二	庚寅 14 三	辛卯 15 四	壬辰 16 五	癸巳 17 六	甲午 18 日	乙未 19 一	丙申 20 二	丁酉 21 三	戊戌 22 四		乙亥立秋 辛卯處暑
八月小	乙酉	天干地支 西曆 星期	己亥 23 五	庚子 24 六	辛丑 25 日	壬寅 26 一	癸卯 27 二	甲辰 28 三	乙巳 29 四	丙午 30 五	丁未 31 六	戊申 (9) 日	己酉 2 一	庚戌 3 二	辛亥 4 三	壬子 5 四	癸丑 6 五	甲寅 7 六	乙卯 8 日	丙辰 9 一	丁巳 10 二	戊午 11 三	己未 12 四	庚申 13 五	辛酉 14 六	壬戌 15 日	癸亥 16 一	甲子 17 二	乙丑 18 三	丙寅 19 四	丁卯 20 五		丙午白露 辛酉秋分
九月大	丙戌	天干地支 西曆 星期	戊辰 21 六	己巳 22 日	庚午 23 一	辛未 24 二	壬申 25 三	癸酉 26 四	甲戌 27 五	乙亥 28 六	丙子 29 日	丁丑 30 一	戊寅 (10) 二	己卯 2 三	庚辰 3 四	辛巳 4 五	壬午 5 六	癸未 6 日	甲申 7 一	乙酉 8 二	丙戌 9 三	丁亥 10 四	戊子 11 五	己丑 12 六	庚寅 13 日	辛卯 14 一	壬辰 15 二	癸巳 16 三	甲午 17 四	乙未 18 五	丙申 19 六	丁酉 20 日	丙子寒露 辛卯霜降
十月小	丁亥	天干地支 西曆 星期	戊戌 21 一	己亥 22 二	庚子 23 三	辛丑 24 四	壬寅 25 五	癸卯 26 六	甲辰 27 日	乙巳 28 一	丙午 29 二	丁未 30 三	戊申 31 四	己酉 (11) 五	庚戌 2 六	辛亥 3 日	壬子 4 一	癸丑 5 二	甲寅 6 三	乙卯 7 四	丙辰 8 五	丁巳 9 六	戊午 10 日	己未 11 一	庚申 12 二	辛酉 13 三	壬戌 14 四	癸亥 15 五	甲子 16 六	乙丑 17 日	丙寅 18 一		丁未立冬 壬戌小雪
十一月大	戊子	天干地支 西曆 星期	丁卯 19 二	戊辰 20 三	己巳 21 四	庚午 22 五	辛未 23 六	壬申 24 日	癸酉 25 一	甲戌 26 二	乙亥 27 三	丙子 28 四	丁丑 29 五	戊寅 30 六	己卯 (12) 日	庚辰 2 一	辛巳 3 二	壬午 4 三	癸未 5 四	甲申 6 五	乙酉 7 六	丙戌 8 日	丁亥 9 一	戊子 10 二	己丑 11 三	庚寅 12 四	辛卯 13 五	壬辰 14 六	癸巳 15 日	甲午 16 一	乙未 17 二	丙申 18 三	丁丑大雪 壬辰冬至
十二月大	己丑	天干地支 西曆 星期	丁酉 19 四	戊戌 20 五	己亥 21 六	庚子 22 日	辛丑 23 一	壬寅 24 二	癸卯 25 三	甲辰 26 四	乙巳 27 五	丙午 28 六	丁未 29 日	戊申 30 一	己酉 31 二	庚戌 (1) 三	辛亥 2 四	壬子 3 五	癸丑 4 六	甲寅 5 日	乙卯 6 一	丙辰 7 二	丁巳 8 三	戊午 9 四	己未 10 五	庚申 11 六	辛酉 12 日	壬戌 13 一	癸亥 14 二	甲子 15 三	乙丑 16 四	丙寅 17 五	戊申小寒 癸亥大寒

* 正月癸酉（初一），改元德祐。

宋恭帝德祐二年 端宗景炎元年（丙子 鼠年） 公元 1276 ~ 1277 年

夏曆月序		中西曆日對照	初一	初二	初三	初四	初五	初六	初七	初八	初九	初十	十一	十二	十三	十四	十五	十六	十七	十八	十九	二十	二一	二二	二三	二四	二五	二六	二七	二八	二九	三十	節氣與天象
正月大	庚寅	天干地支 西曆星期	丁卯 18 六	戊辰 19 日	己巳 20 一	庚午 21 二	辛未 22 三	壬申 23 四	癸酉 24 五	甲戌 25 六	乙亥 26 日	丙子 27 一	丁丑 28 二	戊寅 29 三	己卯 30 四	庚辰 31 五	辛巳 (2) 六	壬午 2 日	癸未 3 一	甲申 4 二	乙酉 5 三	丙戌 6 四	丁亥 7 五	戊子 8 六	己丑 9 日	庚寅 10 一	辛卯 11 二	壬辰 12 三	癸巳 13 四	甲午 14 五	乙未 15 六	丙申 16 日	戊寅立春 癸巳雨水
二月小	辛卯	天干地支 西曆星期	丁酉 17 一	戊戌 18 二	己亥 19 三	庚子 20 四	辛丑 21 五	壬寅 22 六	癸卯 23 日	甲辰 24 一	乙巳 25 二	丙午 26 三	丁未 27 四	戊申 28 五	己酉 29 六	庚戌 (3) 日	辛亥 2 一	壬子 3 二	癸丑 4 三	甲寅 5 四	乙卯 6 五	丙辰 7 六	丁巳 8 日	戊午 9 一	己未 10 二	庚申 11 三	辛酉 12 四	壬戌 13 五	癸亥 14 六	甲子 15 日	乙丑 16 一		戊申驚蟄 甲子春分
三月大	壬辰	天干地支 西曆星期	丙寅 17 二	丁卯 18 三	戊辰 19 四	己巳 20 五	庚午 21 六	辛未 22 日	壬申 23 一	癸酉 24 二	甲戌 25 三	乙亥 26 四	丙子 27 五	丁丑 28 六	戊寅 29 日	己卯 30 一	庚辰 31 二	辛巳 (4) 三	壬午 2 四	癸未 3 五	甲申 4 六	乙酉 5 日	丙戌 6 一	丁亥 7 二	戊子 8 三	己丑 9 四	庚寅 10 五	辛卯 11 六	壬辰 12 日	癸巳 13 一	甲午 14 二	乙未 15 三	己卯清明 甲午穀雨
閏三月小	壬辰	天干地支 西曆星期	丙申 16 四	丁酉 17 五	戊戌 18 六	己亥 19 日	庚子 20 一	辛丑 21 二	壬寅 22 三	癸卯 23 四	甲辰 24 五	乙巳 25 六	丙午 26 日	丁未 27 一	戊申 28 二	己酉 29 三	庚戌 30 四	辛亥 (5) 五	壬子 2 六	癸丑 3 日	甲寅 4 一	乙卯 5 二	丙辰 6 三	丁巳 7 四	戊午 8 五	己未 9 六	庚申 10 日	辛酉 11 一	壬戌 12 二	癸亥 13 三	甲子 14 四		己酉立夏
四月大	癸巳	天干地支 西曆星期	乙丑 15 五	丙寅 16 六	丁卯 17 日	戊辰 18 一	己巳 19 二	庚午 20 三	辛未 21 四	壬申 22 五	癸酉 23 六	甲戌 24 日	乙亥 25 一	丙子 26 二	丁丑 27 三	戊寅 28 四	己卯 29 五	庚辰 30 六	辛巳 31 日	壬午 (6) 一	癸未 2 二	甲申 3 三	乙酉 4 四	丙戌 5 五	丁亥 6 六	戊子 7 日	己丑 8 一	庚寅 9 二	辛卯 10 三	壬辰 11 四	癸巳 12 五	甲午 13 六	乙丑小滿 庚辰芒種
五月小	甲午	天干地支 西曆星期	乙未 14 日	丙申 15 一	丁酉 16 二	戊戌 17 三	己亥 18 四	庚子 19 五	辛丑 20 六	壬寅 21 日	癸卯 22 一	甲辰 23 二	乙巳 24 三	丙午 25 四	丁未 26 五	戊申 27 六	己酉 28 日	庚戌 29 一	辛亥 30 二	壬子 (7) 三	癸丑 2 四	甲寅 3 五	乙卯 4 六	丙辰 5 日	丁巳 6 一	戊午 7 二	己未 8 三	庚申 9 四	辛酉 10 五	壬戌 11 六	癸亥 12 日		乙未夏至 庚戌小暑
六月大	乙未	天干地支 西曆星期	甲子 13 一	乙丑 14 二	丙寅 15 三	丁卯 16 四	戊辰 17 五	己巳 18 六	庚午 19 日	辛未 20 一	壬申 21 二	癸酉 22 三	甲戌 23 四	乙亥 24 五	丙子 25 六	丁丑 26 日	戊寅 27 一	己卯 28 二	庚辰 29 三	辛巳 30 四	壬午 31 五	癸未 (8) 六	甲申 2 日	乙酉 3 一	丙戌 4 二	丁亥 5 三	戊子 6 四	己丑 7 五	庚寅 8 六	辛卯 9 日	壬辰 10 一	癸巳 11 二	乙丑大暑 辛巳立秋
七月小	丙申	天干地支 西曆星期	甲午 12 三	乙未 13 四	丙申 14 五	丁酉 15 六	戊戌 16 日	己亥 17 一	庚子 18 二	辛丑 19 三	壬寅 20 四	癸卯 21 五	甲辰 22 六	乙巳 23 日	丙午 24 一	丁未 25 二	戊申 26 三	己酉 27 四	庚戌 28 五	辛亥 29 六	壬子 30 日	癸丑 31 一	甲寅 (9) 二	乙卯 2 三	丙辰 3 四	丁巳 4 五	戊午 5 六	己未 6 日	庚申 7 一	辛酉 8 二	壬戌 9 三		丙申處暑 辛亥白露
八月小	丁酉	天干地支 西曆星期	癸亥 10 四	甲子 11 五	乙丑 12 六	丙寅 13 日	丁卯 14 一	戊辰 15 二	己巳 16 三	庚午 17 四	辛未 18 五	壬申 19 六	癸酉 20 日	甲戌 21 一	乙亥 22 二	丙子 23 三	丁丑 24 四	戊寅 25 五	己卯 26 六	庚辰 27 日	辛巳 28 一	壬午 29 二	癸未 30 三	甲申 (10) 四	乙酉 2 五	丙戌 3 六	丁亥 4 日	戊子 5 一	己丑 6 二	庚寅 7 三	辛卯 8 四		丙寅秋分 壬午寒露
九月大	戊戌	天干地支 西曆星期	壬辰 9 五	癸巳 10 六	甲午 11 日	乙未 12 一	丙申 13 二	丁酉 14 三	戊戌 15 四	己亥 16 五	庚子 17 六	辛丑 18 日	壬寅 19 一	癸卯 20 二	甲辰 21 三	乙巳 22 四	丙午 23 五	丁未 24 六	戊申 25 日	己酉 26 一	庚戌 27 二	辛亥 28 三	壬子 29 四	癸丑 30 五	甲寅 31 六	乙卯 (11) 日	丙辰 2 一	丁巳 3 二	戊午 4 三	己未 5 四	庚申 6 五	辛酉 7 六	丁酉霜降 壬子立冬
十月小	己亥	天干地支 西曆星期	壬戌 8 日	癸亥 9 一	甲子 10 二	乙丑 11 三	丙寅 12 四	丁卯 13 五	戊辰 14 六	己巳 15 日	庚午 16 一	辛未 17 二	壬申 18 三	癸酉 19 四	甲戌 20 五	乙亥 21 六	丙子 22 日	丁丑 23 一	戊寅 24 二	己卯 25 三	庚辰 26 四	辛巳 27 五	壬午 28 六	癸未 29 日	甲申 30 一	乙酉 (12) 二	丙戌 2 三	丁亥 3 四	戊子 4 五	己丑 5 六	庚寅 6 日		丁卯小雪 壬午大雪
十一月大	庚子	天干地支 西曆星期	辛卯 7 一	壬辰 8 二	癸巳 9 三	甲午 10 四	乙未 11 五	丙申 12 六	丁酉 13 日	戊戌 14 一	己亥 15 二	庚子 16 三	辛丑 17 四	壬寅 18 五	癸卯 19 六	甲辰 20 日	乙巳 21 一	丙午 22 二	丁未 23 三	戊申 24 四	己酉 25 五	庚戌 26 六	辛亥 27 日	壬子 28 一	癸丑 29 二	甲寅 30 三	乙卯 31 四	丙辰 (1) 五	丁巳 2 六	戊午 3 日	己未 4 一	庚申 5 二	戊戌冬至 癸丑小寒
十二月大	辛丑	天干地支 西曆星期	辛酉 6 三	壬戌 7 四	癸亥 8 五	甲子 9 六	乙丑 10 日	丙寅 11 一	丁卯 12 二	戊辰 13 三	己巳 14 四	庚午 15 五	辛未 16 六	壬申 17 日	癸酉 18 一	甲戌 19 二	乙亥 20 三	丙子 21 四	丁丑 22 五	戊寅 23 六	己卯 24 日	庚辰 25 一	辛巳 26 二	壬午 27 三	癸未 28 四	甲申 29 五	乙酉 30 六	丙戌 31 日	丁亥 (2) 一	戊子 2 二	己丑 3 三	庚寅 4 四	戊辰大寒 癸未立春

* 五月乙未（初一），端宗即位於福州，稱宋王，改元景炎。

宋端宗景炎二年（丁丑 牛年） 公元 1277 ~ 1278 年

夏曆月序	中西曆日對照	初一	初二	初三	初四	初五	初六	初七	初八	初九	初十	十一	十二	十三	十四	十五	十六	十七	十八	十九	二十	二一	二二	二三	二四	二五	二六	二七	二八	二九	三十	節氣與天象
正月小 壬寅	天干地支 西曆 星期	辛卯5五	壬辰6六	癸巳7日	甲午8一	乙未9二	丙申10三	丁酉11四	戊戌12五	己亥13六	庚子14日	辛丑15一	壬寅16二	癸卯17三	甲辰18四	乙巳19五	丙午20六	丁未21日	戊申22一	己酉23二	庚戌24三	辛亥25四	壬子26五	癸丑27六	甲寅28日	乙卯(3)一	丙辰2二	丁巳3三	戊午4四	己未5五		戊戌雨水 甲寅驚蟄
二月大 癸卯	天干地支 西曆 星期	庚申6六	辛酉7日	壬戌8一	癸亥9二	甲子10三	乙丑11四	丙寅12五	丁卯13六	戊辰14日	己巳15一	庚午16二	辛未17三	壬申18四	癸酉19五	甲戌20六	乙亥21日	丙子22一	丁丑23二	戊寅24三	己卯25四	庚辰26五	辛巳27六	壬午28日	癸未29一	甲申30二	乙酉31三	丙戌(4)四	丁亥2五	戊子3六	己丑4日	己巳春分 甲申清明
三月大 甲辰	天干地支 西曆 星期	庚寅5一	辛卯6二	壬辰7三	癸巳8四	甲午9五	乙未10六	丙申11日	丁酉12一	戊戌13二	己亥14三	庚子15四	辛丑16五	壬寅17六	癸卯18日	甲辰19一	乙巳20二	丙午21三	丁未22四	戊申23五	己酉24六	庚戌25日	辛亥26一	壬子27二	癸丑28三	甲寅29四	乙卯30五	丙辰(5)六	丁巳2日	戊午3一	己未4二	己亥穀雨 乙卯立夏
四月小 乙巳	天干地支 西曆 星期	庚申5三	辛酉6四	壬戌7五	癸亥8六	甲子9日	乙丑10一	丙寅11二	丁卯12三	戊辰13四	己巳14五	庚午15六	辛未16日	壬申17一	癸酉18二	甲戌19三	乙亥20四	丙子21五	丁丑22六	戊寅23日	己卯24一	庚辰25二	辛巳26三	壬午27四	癸未28五	甲申29六	乙酉30日	丙戌31一	丁亥(6)二	戊子2三		庚午小滿 乙酉芒種
五月大 丙午	天干地支 西曆 星期	己丑3四	庚寅4五	辛卯5六	壬辰6日	癸巳7一	甲午8二	乙未9三	丙申10四	丁酉11五	戊戌12六	己亥13日	庚子14一	辛丑15二	壬寅16三	癸卯17四	甲辰18五	乙巳19六	丙午20日	丁未21一	戊申22二	己酉23三	庚戌24四	辛亥25五	壬子26六	癸丑27日	甲寅28一	乙卯29二	丙辰30三	丁巳(7)四	戊午2五	庚子夏至 乙卯小暑
六月小 丁未	天干地支 西曆 星期	己未3六	庚申4日	辛酉5一	壬戌6二	癸亥7三	甲子8四	乙丑9五	丙寅10六	丁卯11日	戊辰12一	己巳13二	庚午14三	辛未15四	壬申16五	癸酉17六	甲戌18日	乙亥19一	丙子20二	丁丑21三	戊寅22四	己卯23五	庚辰24六	辛巳25日	壬午26一	癸未27二	甲申28三	乙酉29四	丙戌30五	丁亥31六		辛未大暑 丙戌立秋
七月大 戊申	天干地支 西曆 星期	戊子(8)日	己丑2一	庚寅3二	辛卯4三	壬辰5四	癸巳6五	甲午7六	乙未8日	丙申9一	丁酉10二	戊戌11三	己亥12四	庚子13五	辛丑14六	壬寅15日	癸卯16一	甲辰17二	乙巳18三	丙午19四	丁未20五	戊申21六	己酉22日	庚戌23一	辛亥24二	壬子25三	癸丑26四	甲寅27五	乙卯28六	丙辰29日	丁巳30一	辛丑處暑 丙辰白露
八月小 己酉	天干地支 西曆 星期	戊午31二	己未(9)三	庚申2四	辛酉3五	壬戌4六	癸亥5日	甲子6一	乙丑7二	丙寅8三	丁卯9四	戊辰10五	己巳11六	庚午12日	辛未13一	壬申14二	癸酉15三	甲戌16四	乙亥17五	丙子18六	丁丑19日	戊寅20一	己卯21二	庚辰22三	辛巳23四	壬午24五	癸未25六	甲申26日	乙酉27一	丙戌28二		壬申秋分
九月小 庚戌	天干地支 西曆 星期	丁亥29三	戊子30四	己丑(10)五	庚寅2六	辛卯3日	壬辰4一	癸巳5二	甲午6三	乙未7四	丙申8五	丁酉9六	戊戌10日	己亥11一	庚子12二	辛丑13三	壬寅14四	癸卯15五	甲辰16六	乙巳17日	丙午18一	丁未19二	戊申20三	己酉21四	庚戌22五	辛亥23六	壬子24日	癸丑25一	甲寅26二	乙卯27三		丁亥寒露 壬寅霜降
十月大 辛亥	天干地支 西曆 星期	丙辰28四	丁巳29五	戊午30六	己未31日	庚申(11)一	辛酉2二	壬戌3三	癸亥4四	甲子5五	乙丑6六	丙寅7日	丁卯8一	戊辰9二	己巳10三	庚午11四	辛未12五	壬申13六	癸酉14日	甲戌15一	乙亥16二	丙子17三	丁丑18四	戊寅19五	己卯20六	庚辰21日	辛巳22一	壬午23二	癸未24三	甲申25四	乙酉26五	丁巳立冬 壬申小雪
十一月小 壬子	天干地支 西曆 星期	丙戌27六	丁亥28日	戊子29一	己丑30二	庚寅(12)三	辛卯2四	壬辰3五	癸巳4六	甲午5日	乙未6一	丙申7二	丁酉8三	戊戌9四	己亥10五	庚子11六	辛丑12日	壬寅13一	癸卯14二	甲辰15三	乙巳16四	丙午17五	丁未18六	戊申19日	己酉20一	庚戌21二	辛亥22三	壬子23四	癸丑24五	甲寅25六		戊子大雪 癸卯冬至
十二月大 癸丑	天干地支 西曆 星期	乙卯26日	丙辰27一	丁巳28二	戊午29三	己未30四	庚申31五	辛酉(1)六	壬戌2日	癸亥3一	甲子4二	乙丑5三	丙寅6四	丁卯7五	戊辰8六	己巳9日	庚午10一	辛未11二	壬申12三	癸酉13四	甲戌14五	乙亥15六	丙子16日	丁丑17一	戊寅18二	己卯19三	庚辰20四	辛巳21五	壬午22六	癸未23日	甲申24一	戊午小寒 癸酉大寒

宋端宗景炎三年 帝昺祥興元年（戊寅 虎年） 公元1278 ~ 1279年

夏曆月序		中西曆日對照	初一	初二	初三	初四	初五	初六	初七	初八	初九	初十	十一	十二	十三	十四	十五	十六	十七	十八	十九	二十	二一	二二	二三	二四	二五	二六	二七	二八	二九	三十	節氣與天象
正月小	甲寅	干支 天地 西曆 星期	乙酉25二	丙戌26三	丁亥27四	戊子28五	己丑29六	庚寅30日	辛卯31一	壬辰(2)二	癸巳2三	甲午3四	乙未4五	丙申5六	丁酉6日	戊戌7一	己亥8二	庚子9三	辛丑10四	壬寅11五	癸卯12六	甲辰13日	乙巳14一	丙午15二	丁未16三	戊申17四	己酉18五	庚戌19六	辛亥20日	壬子21一	癸丑22二		己丑立春 甲辰雨水
二月大	乙卯	干支 天地 西曆 星期	甲寅23三	乙卯24四	丙辰25五	丁巳26六	戊午27日	己未28一	庚申(3)二	辛酉2三	壬戌3四	癸亥4五	甲子5六	乙丑6日	丙寅7一	丁卯8二	戊辰9三	己巳10四	庚午11五	辛未12六	壬申13日	癸酉14一	甲戌15二	乙亥16三	丙子17四	丁丑18五	戊寅19六	己卯20日	庚辰21一	辛巳22二	壬午23三	癸未24四	己未驚蟄 甲戌春分
三月大	丙辰	干支 天地 西曆 星期	甲申25五	乙酉26六	丙戌27日	丁亥28一	戊子29二	己丑30三	庚寅31四	辛卯(4)五	壬辰2六	癸巳3日	甲午4一	乙未5二	丙申6三	丁酉7四	戊戌8五	己亥9六	庚子10日	辛丑11一	壬寅12二	癸卯13三	甲辰14四	乙巳15五	丙午16六	丁未17日	戊申18一	己酉19二	庚戌20三	辛亥21四	壬子22五	癸丑23六	己丑清明 乙巳穀雨
四月小	丁巳	干支 天地 西曆 星期	甲寅24日	乙卯25一	丙辰26二	丁巳27三	戊午28四	己未29五	庚申30六	辛酉(5)日	壬戌2一	癸亥3二	甲子4三	乙丑5四	丙寅6五	丁卯7六	戊辰8日	己巳9一	庚午10二	辛未11三	壬申12四	癸酉13五	甲戌14六	乙亥15日	丙子16一	丁丑17二	戊寅18三	己卯19四	庚辰20五	辛巳21六	壬午22日		庚申立夏 乙亥小滿
五月大	戊午	干支 天地 西曆 星期	癸未23一	甲申24二	乙酉25三	丙戌26四	丁亥27五	戊子28六	己丑29日	庚寅30一	辛卯31二	壬辰(6)三	癸巳2四	甲午3五	乙未4六	丙申5日	丁酉6一	戊戌7二	己亥8三	庚子9四	辛丑10五	壬寅11六	癸卯12日	甲辰13一	乙巳14二	丙午15三	丁未16四	戊申17五	己酉18六	庚戌19日	辛亥20一	壬子21二	庚寅芒種 乙巳夏至
六月小	己未	干支 天地 西曆 星期	癸丑22三	甲寅23四	乙卯24五	丙辰25六	丁巳26日	戊午27一	己未28二	庚申29三	辛酉30四	壬戌(7)五	癸亥2六	甲子3日	乙丑4一	丙寅5二	丁卯6三	戊辰7四	己巳8五	庚午9六	辛未10日	壬申11一	癸酉12二	甲戌13三	乙亥14四	丙子15五	丁丑16六	戊寅17日	己卯18一	庚辰19二	辛巳20三		辛酉小暑 丙子大暑
七月大	庚申	干支 天地 西曆 星期	壬午21四	癸未22五	甲申23六	乙酉24日	丙戌25一	丁亥26二	戊子27三	己丑28四	庚寅29五	辛卯30六	壬辰31日	癸巳(8)一	甲午2二	乙未3三	丙申4四	丁酉5五	戊戌6六	己亥7日	庚子8一	辛丑9二	壬寅10三	癸卯11四	甲辰12五	乙巳13六	丙午14日	丁未15一	戊申16二	己酉17三	庚戌18四	辛亥19五	辛卯立秋 丙午處暑
八月大	辛酉	干支 天地 西曆 星期	壬子20六	癸丑21日	甲寅22一	乙卯23二	丙辰24三	丁巳25四	戊午26五	己未27六	庚申28日	辛酉29一	壬戌30二	癸亥31三	甲子(9)四	乙丑2五	丙寅3六	丁卯4日	戊辰5一	己巳6二	庚午7三	辛未8四	壬申9五	癸酉10六	甲戌11日	乙亥12一	丙子13二	丁丑14三	戊寅15四	己卯16五	庚辰17六	辛巳18日	壬戌白露 丁丑秋分
九月小	壬戌	干支 天地 西曆 星期	壬午19一	癸未20二	甲申21三	乙酉22四	丙戌23五	丁亥24六	戊子25日	己丑26一	庚寅27二	辛卯28三	壬辰29四	癸巳30五	甲午(10)六	乙未2日	丙申3一	丁酉4二	戊戌5三	己亥6四	庚子7五	辛丑8六	壬寅9日	癸卯10一	甲辰11二	乙巳12三	丙午13四	丁未14五	戊申15六	己酉16日	庚戌17一		壬辰寒露 丁未霜降
十月小	癸亥	干支 天地 西曆 星期	辛亥18二	壬子19三	癸丑20四	甲寅21五	乙卯22六	丙辰23日	丁巳24一	戊午25二	己未26三	庚申27四	辛酉28五	壬戌29六	癸亥30日	甲子31一	乙丑(11)二	丙寅2三	丁卯3四	戊辰4五	己巳5六	庚午6日	辛未7一	壬申8二	癸酉9三	甲戌10四	乙亥11五	丙子12六	丁丑13日	戊寅14一	己卯15二		壬戌立冬 戊寅小雪
十一月大	甲子	干支 天地 西曆 星期	庚辰16三	辛巳17四	壬午18五	癸未19六	甲申20日	乙酉21一	丙戌22二	丁亥23三	戊子24四	己丑25五	庚寅26六	辛卯27日	壬辰28一	癸巳29二	甲午30三	乙未(12)四	丙申2五	丁酉3六	戊戌4日	己亥5一	庚子6二	辛丑7三	壬寅8四	癸卯9五	甲辰10六	乙巳11日	丙午12一	丁未13二	戊申14三	己酉15四	癸巳大雪 戊申冬至
閏十一小	甲子	干支 天地 西曆 星期	庚戌16五	辛亥17六	壬子18日	癸丑19一	甲寅20二	乙卯21三	丙辰22四	丁巳23五	戊午24六	己未25日	庚申26一	辛酉27二	壬戌28三	癸亥29四	甲子30五	乙丑31六	丙寅(1)日	丁卯2一	戊辰3二	己巳4三	庚午5四	辛未6五	壬申7六	癸酉8日	甲戌9一	乙亥10二	丙子11三	丁丑12四	戊寅13五		癸亥小寒
十二月大	乙丑	干支 天地 西曆 星期	己卯14六	庚辰15日	辛巳16一	壬午17二	癸未18三	甲申19四	乙酉20五	丙戌21六	丁亥22日	戊子23一	己丑24二	庚寅25三	辛卯26四	壬辰27五	癸巳28六	甲午29日	乙未30一	丙申31二	丁酉(2)三	戊戌2四	己亥3五	庚子4六	辛丑5日	壬寅6一	癸卯7二	甲辰8三	乙巳9四	丙午10五	丁未11六	戊申12日	己卯大寒 甲午立春

* 四月，端宗死。庚午（十七日），衛王趙昺即位。五月癸未（初一），改元祥興。

宋帝昺祥興二年（己卯 兔年） 公元 1279 ~ 1280 年

夏曆月序		中西曆日對照	初一	初二	初三	初四	初五	初六	初七	初八	初九	初十	十一	十二	十三	十四	十五	十六	十七	十八	十九	二十	二一	二二	二三	二四	二五	二六	二七	二八	二九	三十	節氣與天象
正月小	丙寅	天干地支西曆星期	己酉13一	庚戌14二	辛亥15三	壬子16四	癸丑17五	甲寅18六	乙卯19日	丙辰20一	丁巳21二	戊午22三	己未23四	庚申24五	辛酉25六	壬戌26日	癸亥27一	甲子28二	乙丑(3)三	丙寅2四	丁卯3五	戊辰4六	己巳5日	庚午6一	辛未7二	壬申8三	癸酉9四	甲戌10五	乙亥11六	丙子12日	丁丑13一		己酉雨水 甲子驚蟄
二月大	丁卯	天干地支西曆星期	戊寅14二	己卯15三	庚辰16四	辛巳17五	壬午18六	癸未19日	甲申20一	乙酉21二	丙戌22三	丁亥23四	戊子24五	己丑25六	庚寅26日	辛卯27一	壬辰28二	癸巳29三	甲午30四	乙未31五	丙申(4)六	丁酉2日	戊戌3一	己亥4二	庚子5三	辛丑6四	壬寅7五	癸卯8六	甲辰9日	乙巳10一	丙午11二	丁未12三	己卯春分 乙未清明
三月小	戊辰	天干地支西曆星期	戊申13四	己酉14五	庚戌15六	辛亥16日	壬子17一	癸丑18二	甲寅19三	乙卯20四	丙辰21五	丁巳22六	戊午23日	己未24一	庚申25二	辛酉26三	壬戌27四	癸亥28五	甲子29六	乙丑30日	丙寅(5)一	丁卯2二	戊辰3三	己巳4四	庚午5五	辛未6六	壬申7日	癸酉8一	甲戌9二	乙亥10三	丙子11四		庚戌穀雨 乙丑立夏
四月大	己巳	天干地支西曆星期	丁丑12五	戊寅13六	己卯14日	庚辰15一	辛巳16二	壬午17三	癸未18四	甲申19五	乙酉20六	丙戌21日	丁亥22一	戊子23二	己丑24三	庚寅25四	辛卯26五	壬辰27六	癸巳28日	甲午29一	乙未30二	丙申31三	丁酉(6)四	戊戌2五	己亥3六	庚子4日	辛丑5一	壬寅6二	癸卯7三	甲辰8四	乙巳9五	丙午10六	庚辰小滿 乙未芒種
五月大	庚午	天干地支西曆星期	丁未11日	戊申12一	己酉13二	庚戌14三	辛亥15四	壬子16五	癸丑17六	甲寅18日	乙卯19一	丙辰20二	丁巳21三	戊午22四	己未23五	庚申24六	辛酉25日	壬戌26一	癸亥27二	甲子28三	乙丑29四	丙寅30五	丁卯(7)六	戊辰2日	己巳3一	庚午4二	辛未5三	壬申6四	癸酉7五	甲戌8六	乙亥9日	丙子10一	辛亥夏至 丙寅小暑
六月小	辛未	天干地支西曆星期	丁丑11二	戊寅12三	己卯13四	庚辰14五	辛巳15六	壬午16日	癸未17一	甲申18二	乙酉19三	丙戌20四	丁亥21五	戊子22六	己丑23日	庚寅24一	辛卯25二	壬辰26三	癸巳27四	甲午28五	乙未29六	丙申30日	丁酉31一	戊戌(8)二	己亥2三	庚子3四	辛丑4五	壬寅5六	癸卯6日	甲辰7一	乙巳8二		辛巳大暑 丙申立秋
七月大	壬申	天干地支西曆星期	丙午9三	丁未10四	戊申11五	己酉12六	庚戌13日	辛亥14一	壬子15二	癸丑16三	甲寅17四	乙卯18五	丙辰19六	丁巳20日	戊午21一	己未22二	庚申23三	辛酉24四	壬戌25五	癸亥26六	甲子27日	乙丑28一	丙寅29二	丁卯30三	戊辰31四	己巳(9)五	庚午2六	辛未3日	壬申4一	癸酉5二	甲戌6三	乙亥7四	壬子處暑 丁卯白露
八月小	癸酉	天干地支西曆星期	丙子8五	丁丑9六	戊寅10日	己卯11一	庚辰12二	辛巳13三	壬午14四	癸未15五	甲申16六	乙酉17日	丙戌18一	丁亥19二	戊子20三	己丑21四	庚寅22五	辛卯23六	壬辰24日	癸巳25一	甲午26二	乙未27三	丙申28四	丁酉29五	戊戌30六	己亥(10)日	庚子2一	辛丑3二	壬寅4三	癸卯5四	甲辰6五		壬午秋分 丁酉寒露
九月大	甲戌	天干地支西曆星期	乙巳7六	丙午8日	丁未9一	戊申10二	己酉11三	庚戌12四	辛亥13五	壬子14六	癸丑15日	甲寅16一	乙卯17二	丙辰18三	丁巳19四	戊午20五	己未21六	庚申22日	辛酉23一	壬戌24二	癸亥25三	甲子26四	乙丑27五	丙寅28六	丁卯29日	戊辰30一	己巳31二	庚午(11)三	辛未2四	壬申3五	癸酉4六	甲戌5日	壬子霜降 戊辰立冬
十月大	乙亥	天干地支西曆星期	乙亥6一	丙子7二	丁丑8三	戊寅9四	己卯10五	庚辰11六	辛巳12日	壬午13一	癸未14二	甲申15三	乙酉16四	丙戌17五	丁亥18六	戊子19日	己丑20一	庚寅21二	辛卯22三	壬辰23四	癸巳24五	甲午25六	乙未26日	丙申27一	丁酉28二	戊戌29三	己亥30四	庚子(12)五	辛丑2六	壬寅3日	癸卯4一	甲辰5二	癸未小雪 戊戌大雪
十一月小	丙子	天干地支西曆星期	乙巳6三	丙午7四	丁未8五	戊申9六	己酉10日	庚戌11一	辛亥12二	壬子13三	癸丑14四	甲寅15五	乙卯16六	丙辰17日	丁巳18一	戊午19二	己未20三	庚申21四	辛酉22五	壬戌23六	癸亥24日	甲子25一	乙丑26二	丙寅27三	丁卯28四	戊辰29五	己巳30六	庚午31日	辛未(1)一	壬申2二	癸酉3三		癸丑冬至 己巳小寒
十二月小	丁丑	天干地支西曆星期	甲戌4四	乙亥5五	丙子6六	丁丑7日	戊寅8一	己卯9二	庚辰10三	辛巳11四	壬午12五	癸未13六	甲申14日	乙酉15一	丙戌16二	丁亥17三	戊子18四	己丑19五	庚寅20六	辛卯21日	壬辰22一	癸巳23二	甲午24三	乙未25四	丙申26五	丁酉27六	戊戌28日	己亥29一	庚子30二	辛丑31三	壬寅(2)四		甲申大寒 己亥立春

* 二月癸未（初六），趙昺死，宋亡。

遼日曆

遼日曆

遼太祖元年（丁卯 兔年） 公元 907 ~ 908 年

夏曆月序		中西曆日對照	初一	初二	初三	初四	初五	初六	初七	初八	初九	初十	十一	十二	十三	十四	十五	十六	十七	十八	十九	二十	廿一	廿二	廿三	廿四	廿五	廿六	廿七	廿八	廿九	三十	節氣與天象
正月大	壬寅	天干地支 西曆星期	戊寅 15 日	己卯 16 一	庚辰 17 二	辛巳 18 三	壬午 19 四	癸未 20 五	甲申 21 六	乙酉 22 日	丙戌 23 一	丁亥 24 二	戊子 25 三	己丑 26 四	庚寅 27 五	辛卯 28 六	壬辰 (3) 日	癸巳 2 一	甲午 3 二	乙未 4 三	丙申 5 四	丁酉 6 五	戊戌 7 六	己亥 8 日	庚子 9 一	辛丑 10 二	壬寅 11 三	癸卯 12 四	甲辰 13 五	乙巳 14 六	丙午 15 日	丁未 16 一	己卯雨水 甲午驚蟄
二月大	癸卯	天干地支 西曆星期	戊申 17 二	己酉 18 三	庚戌 19 四	辛亥 20 五	壬子 21 六	癸丑 22 日	甲寅 23 一	乙卯 24 二	丙辰 25 三	丁巳 26 四	戊午 27 五	己未 28 六	庚申 29 日	辛酉 30 一	壬戌 31 二	癸亥 (4) 三	甲子 2 四	乙丑 3 五	丙寅 4 六	丁卯 5 日	戊辰 6 一	己巳 7 二	庚午 8 三	辛未 9 四	壬申 10 五	癸酉 11 六	甲戌 12 日	乙亥 13 一	丙子 14 二	丁丑 15 三	己酉春分 乙丑清明
三月小	甲辰	天干地支 西曆星期	戊寅 16 四	己卯 17 五	庚辰 18 六	辛巳 19 日	壬午 20 一	癸未 21 二	甲申 22 三	乙酉 23 四	丙戌 24 五	丁亥 25 六	戊子 26 日	己丑 27 一	庚寅 28 二	辛卯 29 三	壬辰 30 四	癸巳 (5) 五	甲午 2 六	乙未 3 日	丙申 4 一	丁酉 5 二	戊戌 6 三	己亥 7 四	庚子 8 五	辛丑 9 六	壬寅 10 日	癸卯 11 一	甲辰 12 二	乙巳 13 三	丙午 14 四		庚辰穀雨 乙未立夏
四月大	乙巳	天干地支 西曆星期	丁未 15 五	戊申 16 六	己酉 17 日	庚戌 18 一	辛亥 19 二	壬子 20 三	癸丑 21 四	甲寅 22 五	乙卯 23 六	丙辰 24 日	丁巳 25 一	戊午 26 二	己未 27 三	庚申 28 四	辛酉 29 五	壬戌 30 六	癸亥 31 日	甲子 (6) 一	乙丑 2 二	丙寅 3 三	丁卯 4 四	戊辰 5 五	己巳 6 六	庚午 7 日	辛未 8 一	壬申 9 二	癸酉 10 三	甲戌 11 四	乙亥 12 五	丙子 13 六	庚戌小滿 乙丑芒種
五月小	丙午	天干地支 西曆星期	丁丑 14 日	戊寅 15 一	己卯 16 二	庚辰 17 三	辛巳 18 四	壬午 19 五	癸未 20 六	甲申 21 日	乙酉 22 一	丙戌 23 二	丁亥 24 三	戊子 25 四	己丑 26 五	庚寅 27 六	辛卯 28 日	壬辰 29 一	癸巳 30 二	甲午 (7) 三	乙未 2 四	丙申 3 五	丁酉 4 六	戊戌 5 日	己亥 6 一	庚子 7 二	辛丑 8 三	壬寅 9 四	癸卯 10 五	甲辰 11 六	乙巳 12 日		辛巳夏至 丙申小暑
六月大	丁未	天干地支 西曆星期	丙午 13 一	丁未 14 二	戊申 15 三	己酉 16 四	庚戌 17 五	辛亥 18 六	壬子 19 日	癸丑 20 一	甲寅 21 二	乙卯 22 三	丙辰 23 四	丁巳 24 五	戊午 25 六	己未 26 日	庚申 27 一	辛酉 28 二	壬戌 29 三	癸亥 30 四	甲子 31 五	乙丑 (8) 六	丙寅 2 日	丁卯 3 一	戊辰 4 二	己巳 5 三	庚午 6 四	辛未 7 五	壬申 8 六	癸酉 9 日	甲戌 10 一	乙亥 11 二	辛亥大暑 丙寅立秋
七月大	戊申	天干地支 西曆星期	丙子 12 三	丁丑 13 四	戊寅 14 五	己卯 15 六	庚辰 16 日	辛巳 17 一	壬午 18 二	癸未 19 三	甲申 20 四	乙酉 21 五	丙戌 22 六	丁亥 23 日	戊子 24 一	己丑 25 二	庚寅 26 三	辛卯 27 四	壬辰 28 五	癸巳 29 六	甲午 30 日	乙未 31 一	丙申 (9) 二	丁酉 2 三	戊戌 3 四	己亥 4 五	庚子 5 六	辛丑 6 日	壬寅 7 一	癸卯 8 二	甲辰 9 三	乙巳 10 四	辛巳處暑 丁酉白露
八月小	己酉	天干地支 西曆星期	丙午 11 五	丁未 12 六	戊申 13 日	己酉 14 一	庚戌 15 二	辛亥 16 三	壬子 17 四	癸丑 18 五	甲寅 19 六	乙卯 20 日	丙辰 21 一	丁巳 22 二	戊午 23 三	己未 24 四	庚申 25 五	辛酉 26 六	壬戌 27 日	癸亥 28 一	甲子 29 二	乙丑 30 三	丙寅 (10) 四	丁卯 2 五	戊辰 3 六	己巳 4 日	庚午 5 一	辛未 6 二	壬申 7 三	癸酉 8 四	甲戌 9 五		壬子秋分 丁卯寒露
九月大	庚戌	天干地支 西曆星期	乙亥 10 六	丙子 11 日	丁丑 12 一	戊寅 13 二	己卯 14 三	庚辰 15 四	辛巳 16 五	壬午 17 六	癸未 18 日	甲申 19 一	乙酉 20 二	丙戌 21 三	丁亥 22 四	戊子 23 五	己丑 24 六	庚寅 25 日	辛卯 26 一	壬辰 27 二	癸巳 28 三	甲午 29 四	乙未 30 五	丙申 31 六	丁酉 (11) 日	戊戌 2 一	己亥 3 二	庚子 4 三	辛丑 5 四	壬寅 6 五	癸卯 7 六	甲辰 8 日	壬午霜降 戊戌立冬
十月小	辛亥	天干地支 西曆星期	乙巳 9 一	丙午 10 二	丁未 11 三	戊申 12 四	己酉 13 五	庚戌 14 六	辛亥 15 日	壬子 16 一	癸丑 17 二	甲寅 18 三	乙卯 19 四	丙辰 20 五	丁巳 21 六	戊午 22 日	己未 23 一	庚申 24 二	辛酉 25 三	壬戌 26 四	癸亥 27 五	甲子 28 六	乙丑 29 日	丙寅 30 一	丁卯 (12) 二	戊辰 2 三	己巳 3 四	庚午 4 五	辛未 5 六	壬申 6 日	癸酉 7 一		癸丑小雪 戊辰大雪
十一月大	壬子	天干地支 西曆星期	甲戌 8 二	乙亥 9 三	丙子 10 四	丁丑 11 五	戊寅 12 六	己卯 13 日	庚辰 14 一	辛巳 15 二	壬午 16 三	癸未 17 四	甲申 18 五	乙酉 19 六	丙戌 20 日	丁亥 21 一	戊子 22 二	己丑 23 三	庚寅 24 四	辛卯 25 五	壬辰 26 六	癸巳 27 日	甲午 28 一	乙未 29 二	丙申 30 三	丁酉 31 四	戊戌 (1) 五	己亥 2 六	庚子 3 日	辛丑 4 一	壬寅 5 二	癸卯 6 三	癸未冬至 戊戌小寒
十二月小	癸丑	天干地支 西曆星期	甲辰 7 四	乙巳 8 五	丙午 9 六	丁未 10 日	戊申 11 一	己酉 12 二	庚戌 13 三	辛亥 14 四	壬子 15 五	癸丑 16 六	甲寅 17 日	乙卯 18 一	丙辰 19 二	丁巳 20 三	戊午 21 四	己未 22 五	庚申 23 六	辛酉 24 日	壬戌 25 一	癸亥 26 二	甲子 27 三	乙丑 28 四	丙寅 29 五	丁卯 30 六	戊辰 31 日	己巳 (2) 一	庚午 2 二	辛未 3 三	壬申 4 四		甲寅大寒 己巳立春

* 正月庚寅（十三日），耶律阿保機建立契丹國，是爲遼太祖。

遼太祖二年（戊辰 龍年） 公元 **908** ~ **909** 年

夏曆月序		中西曆日對照	初一	初二	初三	初四	初五	初六	初七	初八	初九	初十	十一	十二	十三	十四	十五	十六	十七	十八	十九	二十	二一	二二	二三	二四	二五	二六	二七	二八	二九	三十	節氣與天象
正月小	甲寅	干支 天地 西曆 星期	癸酉 5 五	甲戌 6 六	乙亥 7 日	丙子 8 一	丁丑 9 二	戊寅 10 三	己卯 11 四	庚辰 12 五	辛巳 13 六	壬午 14 日	癸未 15 一	甲申 16 二	乙酉 17 三	丙戌 18 四	丁亥 19 五	戊子 20 六	己丑 21 日	庚寅 22 一	辛卯 23 二	壬辰 24 三	癸巳 25 四	甲午 26 五	乙未 27 六	丙申 28 日	丁酉 29 一	戊戌 (3) 二	己亥 2 三	庚子 3 四	辛丑 4 五		甲申雨水 己亥驚蟄
二月大	乙卯	干支 天地 西曆 星期	壬寅 5 六	癸卯 6 日	甲辰 7 一	乙巳 8 二	丙午 9 三	丁未 10 四	戊申 11 五	己酉 12 六	庚戌 13 日	辛亥 14 一	壬子 15 二	癸丑 16 三	甲寅 17 四	乙卯 18 五	丙辰 19 六	丁巳 20 日	戊午 21 一	己未 22 二	庚申 23 三	辛酉 24 四	壬戌 25 五	癸亥 26 六	甲子 27 日	乙丑 28 一	丙寅 29 二	丁卯 30 三	戊辰 31 四	己巳 (4) 五	庚午 2 六	辛未 3 日	乙卯春分 庚午清明
三月小	丙辰	干支 天地 西曆 星期	壬申 4 一	癸酉 5 二	甲戌 6 三	乙亥 7 四	丙子 8 五	丁丑 9 六	戊寅 10 日	己卯 11 一	庚辰 12 二	辛巳 13 三	壬午 14 四	癸未 15 五	甲申 16 六	乙酉 17 日	丙戌 18 一	丁亥 19 二	戊子 20 三	己丑 21 四	庚寅 22 五	辛卯 23 六	壬辰 24 日	癸巳 25 一	甲午 26 二	乙未 27 三	丙申 28 四	丁酉 29 五	戊戌 30 六	己亥 (5) 日	庚子 2 一		乙酉穀雨 庚子立夏
四月大	丁巳	干支 天地 西曆 星期	辛丑 3 二	壬寅 4 三	癸卯 5 四	甲辰 6 五	乙巳 7 六	丙午 8 日	丁未 9 一	戊申 10 二	己酉 11 三	庚戌 12 四	辛亥 13 五	壬子 14 六	癸丑 15 日	甲寅 16 一	乙卯 17 二	丙辰 18 三	丁巳 19 四	戊午 20 五	己未 21 六	庚申 22 日	辛酉 23 一	壬戌 24 二	癸亥 25 三	甲子 26 四	乙丑 27 五	丙寅 28 六	丁卯 29 日	戊辰 30 一	己巳 31 二	庚午 (6) 三	乙卯小滿
五月小	戊午	干支 天地 西曆 星期	辛未 2 四	壬申 3 五	癸酉 4 六	甲戌 5 日	乙亥 6 一	丙子 7 二	丁丑 8 三	戊寅 9 四	己卯 10 五	庚辰 11 六	辛巳 12 日	壬午 13 一	癸未 14 二	甲申 15 三	乙酉 16 四	丙戌 17 五	丁亥 18 六	戊子 19 日	己丑 20 一	庚寅 21 二	辛卯 22 三	壬辰 23 四	癸巳 24 五	甲午 25 六	乙未 26 日	丙申 27 一	丁酉 28 二	戊戌 29 三	己亥 30 四		辛未芒種 丙戌夏至
六月大	己未	干支 天地 西曆 星期	庚子 (7) 五	辛丑 2 六	壬寅 3 日	癸卯 4 一	甲辰 5 二	乙巳 6 三	丙午 7 四	丁未 8 五	戊申 9 六	己酉 10 日	庚戌 11 一	辛亥 12 二	壬子 13 三	癸丑 14 四	甲寅 15 五	乙卯 16 六	丙辰 17 日	丁巳 18 一	戊午 19 二	己未 20 三	庚申 21 四	辛酉 22 五	壬戌 23 六	癸亥 24 日	甲子 25 一	乙丑 26 二	丙寅 27 三	丁卯 28 四	戊辰 29 五	己巳 30 六	辛丑小暑 丙辰大暑
七月大	庚申	干支 天地 西曆 星期	庚午 31 日	辛未 (8) 一	壬申 2 二	癸酉 3 三	甲戌 4 四	乙亥 5 五	丙子 6 六	丁丑 7 日	戊寅 8 一	己卯 9 二	庚辰 10 三	辛巳 11 四	壬午 12 五	癸未 13 六	甲申 14 日	乙酉 15 一	丙戌 16 二	丁亥 17 三	戊子 18 四	己丑 19 五	庚寅 20 六	辛卯 21 日	壬辰 22 一	癸巳 23 二	甲午 24 三	乙未 25 四	丙申 26 五	丁酉 27 六	戊戌 28 日	己亥 29 一	壬申立秋 丁亥處暑
八月小	辛酉	干支 天地 西曆 星期	庚子 30 二	辛丑 31 三	壬寅 (9) 四	癸卯 2 五	甲辰 3 六	乙巳 4 日	丙午 5 一	丁未 6 二	戊申 7 三	己酉 8 四	庚戌 9 五	辛亥 10 六	壬子 11 日	癸丑 12 一	甲寅 13 二	乙卯 14 三	丙辰 15 四	丁巳 16 五	戊午 17 六	己未 18 日	庚申 19 一	辛酉 20 二	壬戌 21 三	癸亥 22 四	甲子 23 五	乙丑 24 六	丙寅 25 日	丁卯 26 一	戊辰 27 二		壬寅白露 丁巳秋分
九月大	壬戌	干支 天地 西曆 星期	己巳 28 三	庚午 29 四	辛未 30 五	壬申 (10) 六	癸酉 2 日	甲戌 3 一	乙亥 4 二	丙子 5 三	丁丑 6 四	戊寅 7 五	己卯 8 六	庚辰 9 日	辛巳 10 一	壬午 11 二	癸未 12 三	甲申 13 四	乙酉 14 五	丙戌 15 六	丁亥 16 日	戊子 17 一	己丑 18 二	庚寅 19 三	辛卯 20 四	壬辰 21 五	癸巳 22 六	甲午 23 日	乙未 24 一	丙申 25 二	丁酉 26 三	戊戌 27 四	壬申寒露 戊子霜降
十月大	癸亥	干支 天地 西曆 星期	己亥 28 五	庚子 29 六	辛丑 30 日	壬寅 31 一	癸卯 (11) 二	甲辰 2 三	乙巳 3 四	丙午 4 五	丁未 5 六	戊申 6 日	己酉 7 一	庚戌 8 二	辛亥 9 三	壬子 10 四	癸丑 11 五	甲寅 12 六	乙卯 13 日	丙辰 14 一	丁巳 15 二	戊午 16 三	己未 17 四	庚申 18 五	辛酉 19 六	壬戌 20 日	癸亥 21 一	甲子 22 二	乙丑 23 三	丙寅 24 四	丁卯 25 五	戊辰 26 六	癸卯立冬 戊午小雪
十一月小	甲子	干支 天地 西曆 星期	己巳 27 日	庚午 28 一	辛未 29 二	壬申 30 三	癸酉 (12) 四	甲戌 2 五	乙亥 3 六	丙子 4 日	丁丑 5 一	戊寅 6 二	己卯 7 三	庚辰 8 四	辛巳 9 五	壬午 10 六	癸未 11 日	甲申 12 一	乙酉 13 二	丙戌 14 三	丁亥 15 四	戊子 16 五	己丑 17 六	庚寅 18 日	辛卯 19 一	壬辰 20 二	癸巳 21 三	甲午 22 四	乙未 23 五	丙申 24 六	丁酉 25 日		癸酉大雪 戊子冬至
十二月大	乙丑	干支 天地 西曆 星期	戊戌 26 一	己亥 27 二	庚子 28 三	辛丑 29 四	壬寅 30 五	癸卯 31 六	甲辰 (1) 日	乙巳 2 一	丙午 3 二	丁未 4 三	戊申 5 四	己酉 6 五	庚戌 7 六	辛亥 8 日	壬子 9 一	癸丑 10 二	甲寅 11 三	乙卯 12 四	丙辰 13 五	丁巳 14 六	戊午 15 日	己未 16 一	庚申 17 二	辛酉 18 三	壬戌 19 四	癸亥 20 五	甲子 21 六	乙丑 22 日	丙寅 23 一	丁卯 24 二	甲辰小寒 己未大寒

遼太祖三年（己巳 蛇年） 公元 909 ~ 910 年

夏曆月序		中西曆日對照	初一	初二	初三	初四	初五	初六	初七	初八	初九	初十	十一	十二	十三	十四	十五	十六	十七	十八	十九	二十	二一	二二	二三	二四	二五	二六	二七	二八	二九	三十	節氣與天象
正月小	丙寅	天干 地支 西曆 星期	戊辰 25 三	己巳 26 四	庚午 27 五	辛未 28 六	壬申 29 日	癸酉 30 一	甲戌 31 二	乙亥 (2) 三	丙子 2 四	丁丑 3 五	戊寅 4 六	己卯 5 日	庚辰 6 一	辛巳 7 二	壬午 8 三	癸未 9 四	甲申 10 五	乙酉 11 六	丙戌 12 日	丁亥 13 一	戊子 14 二	己丑 15 三	庚寅 16 四	辛卯 17 五	壬辰 18 六	癸巳 19 日	甲午 20 一	乙未 21 二	丙申 22 三		甲戌立春 己丑雨水
二月小	丁卯	天干 地支 西曆 星期	丁酉 23 四	戊戌 24 五	己亥 25 六	庚子 26 日	辛丑 27 一	壬寅 28 二	癸卯 (3) 三	甲辰 2 四	乙巳 3 五	丙午 4 六	丁未 5 日	戊申 6 一	己酉 7 二	庚戌 8 三	辛亥 9 四	壬子 10 五	癸丑 11 六	甲寅 12 日	乙卯 13 一	丙辰 14 二	丁巳 15 三	戊午 16 四	己未 17 五	庚申 18 六	辛酉 19 日	壬戌 20 一	癸亥 21 二	甲子 22 三	乙丑 23 四		乙巳驚蟄 庚申春分
三月大	戊辰	天干 地支 西曆 星期	丙寅 24 五	丁卯 25 六	戊辰 26 日	己巳 27 一	庚午 28 二	辛未 29 三	壬申 30 四	癸酉 31 五	甲戌 (4) 六	乙亥 2 日	丙子 3 一	丁丑 4 二	戊寅 5 三	己卯 6 四	庚辰 7 五	辛巳 8 六	壬午 9 日	癸未 10 一	甲申 11 二	乙酉 12 三	丙戌 13 四	丁亥 14 五	戊子 15 六	己丑 16 日	庚寅 17 一	辛卯 18 二	壬辰 19 三	癸巳 20 四	甲午 21 五	乙未 22 六	乙亥清明 庚寅穀雨
四月小	己巳	天干 地支 西曆 星期	丙申 23 日	丁酉 24 一	戊戌 25 二	己亥 26 三	庚子 27 四	辛丑 28 五	壬寅 29 六	癸卯 30 日	甲辰 (5) 一	乙巳 2 二	丙午 3 三	丁未 4 四	戊申 5 五	己酉 6 六	庚戌 7 日	辛亥 8 一	壬子 9 二	癸丑 10 三	甲寅 11 四	乙卯 12 五	丙辰 13 六	丁巳 14 日	戊午 15 一	己未 16 二	庚申 17 三	辛酉 18 四	壬戌 19 五	癸亥 20 六	甲子 21 日		乙巳立夏 辛酉小滿
五月大	庚午	天干 地支 西曆 星期	乙丑 22 一	丙寅 23 二	丁卯 24 三	戊辰 25 四	己巳 26 五	庚午 27 六	辛未 28 日	壬申 29 一	癸酉 30 二	甲戌 31 三	乙亥 (6) 四	丙子 2 五	丁丑 3 六	戊寅 4 日	己卯 5 一	庚辰 6 二	辛巳 7 三	壬午 8 四	癸未 9 五	甲申 10 六	乙酉 11 日	丙戌 12 一	丁亥 13 二	戊子 14 三	己丑 15 四	庚寅 16 五	辛卯 17 六	壬辰 18 日	癸巳 19 一	甲午 20 二	丙子芒種 辛卯夏至
六月小	辛未	天干 地支 西曆 星期	乙未 21 三	丙申 22 四	丁酉 23 五	戊戌 24 六	己亥 25 日	庚子 26 一	辛丑 27 二	壬寅 28 三	癸卯 29 四	甲辰 30 五	乙巳 (7) 六	丙午 2 日	丁未 3 一	戊申 4 二	己酉 5 三	庚戌 6 四	辛亥 7 五	壬子 8 六	癸丑 9 日	甲寅 10 一	乙卯 11 二	丙辰 12 三	丁巳 13 四	戊午 14 五	己未 15 六	庚申 16 日	辛酉 17 一	壬戌 18 二	癸亥 19 三		丙午小暑 壬戌大暑
七月大	壬申	天干 地支 西曆 星期	甲子 20 四	乙丑 21 五	丙寅 22 六	丁卯 23 日	戊辰 24 一	己巳 25 二	庚午 26 三	辛未 27 四	壬申 28 五	癸酉 29 六	甲戌 30 日	乙亥 31 一	丙子 (8) 二	丁丑 2 三	戊寅 3 四	己卯 4 五	庚辰 5 六	辛巳 6 日	壬午 7 一	癸未 8 二	甲申 9 三	乙酉 10 四	丙戌 11 五	丁亥 12 六	戊子 13 日	己丑 14 一	庚寅 15 二	辛卯 16 三	壬辰 17 四	癸巳 18 五	丁丑立秋 壬辰處暑
八月小	癸酉	天干 地支 西曆 星期	甲午 19 六	乙未 20 日	丙申 21 一	丁酉 22 二	戊戌 23 三	己亥 24 四	庚子 25 五	辛丑 26 六	壬寅 27 日	癸卯 28 一	甲辰 29 二	乙巳 30 三	丙午 31 四	丁未 (9) 五	戊申 2 六	己酉 3 日	庚戌 4 一	辛亥 5 二	壬子 6 三	癸丑 7 四	甲寅 8 五	乙卯 9 六	丙辰 10 日	丁巳 11 一	戊午 12 二	己未 13 三	庚申 14 四	辛酉 15 五	壬戌 16 六		丁未白露 壬戌秋分
閏八月大	癸酉	天干 地支 西曆 星期	癸亥 17 日	甲子 18 一	乙丑 19 二	丙寅 20 三	丁卯 21 四	戊辰 22 五	己巳 23 六	庚午 24 日	辛未 25 一	壬申 26 二	癸酉 27 三	甲戌 28 四	乙亥 29 五	丙子 30 六	丁丑 (10) 日	戊寅 2 一	己卯 3 二	庚辰 4 三	辛巳 5 四	壬午 6 五	癸未 7 六	甲申 8 日	乙酉 9 一	丙戌 10 二	丁亥 11 三	戊子 12 四	己丑 13 五	庚寅 14 六	辛卯 15 日	壬辰 16 一	戊寅寒露
九月大	甲戌	天干 地支 西曆 星期	癸巳 17 二	甲午 18 三	乙未 19 四	丙申 20 五	丁酉 21 六	戊戌 22 日	己亥 23 一	庚子 24 二	辛丑 25 三	壬寅 26 四	癸卯 27 五	甲辰 28 六	乙巳 29 日	丙午 30 一	丁未 31 二	戊申 (11) 三	己酉 2 四	庚戌 3 五	辛亥 4 六	壬子 5 日	癸丑 6 一	甲寅 7 二	乙卯 8 三	丙辰 9 四	丁巳 10 五	戊午 11 六	己未 12 日	庚申 13 一	辛酉 14 二	壬戌 15 三	癸巳霜降 戊申立冬
十月大	乙亥	天干 地支 西曆 星期	癸亥 16 四	甲子 17 五	乙丑 18 六	丙寅 19 日	丁卯 20 一	戊辰 21 二	己巳 22 三	庚午 23 四	辛未 24 五	壬申 25 六	癸酉 26 日	甲戌 27 一	乙亥 28 二	丙子 29 三	丁丑 30 四	戊寅 (12) 五	己卯 2 六	庚辰 3 日	辛巳 4 一	壬午 5 二	癸未 6 三	甲申 7 四	乙酉 8 五	丙戌 9 六	丁亥 10 日	戊子 11 一	己丑 12 二	庚寅 13 三	辛卯 14 四	壬辰 15 五	癸亥小雪 己卯大雪
十一月小	丙子	天干 地支 西曆 星期	癸巳 16 六	甲午 17 日	乙未 18 一	丙申 19 二	丁酉 20 三	戊戌 21 四	己亥 22 五	庚子 23 六	辛丑 24 日	壬寅 25 一	癸卯 26 二	甲辰 27 三	乙巳 28 四	丙午 29 五	丁未 30 六	戊申 31 日	己酉 (1) 一	庚戌 2 二	辛亥 3 三	壬子 4 四	癸丑 5 五	甲寅 6 六	乙卯 7 日	丙辰 8 一	丁巳 9 二	戊午 10 三	己未 11 四	庚申 12 五	辛酉 13 六		甲午冬至 己酉小寒
十二月大	丁丑	天干 地支 西曆 星期	壬戌 14 日	癸亥 15 一	甲子 16 二	乙丑 17 三	丙寅 18 四	丁卯 19 五	戊辰 20 六	己巳 21 日	庚午 22 一	辛未 23 二	壬申 24 三	癸酉 25 四	甲戌 26 五	乙亥 27 六	丙子 28 日	丁丑 29 一	戊寅 30 二	己卯 31 三	庚辰 (2) 四	辛巳 2 五	壬午 3 六	癸未 4 日	甲申 5 一	乙酉 6 二	丙戌 7 三	丁亥 8 四	戊子 9 五	己丑 10 六	庚寅 11 日	辛卯 12 一	甲子大寒 己卯立春

遼太祖四年（庚午 馬年） 公元 910 ~ 911 年

夏曆月序		中西曆日對照	夏曆日序																														節氣與天象
			初一	初二	初三	初四	初五	初六	初七	初八	初九	初十	十一	十二	十三	十四	十五	十六	十七	十八	十九	二十	二一	二二	二三	二四	二五	二六	二七	二八	二九	三十	
正月小	戊寅	天干地支 西曆 星期	壬辰 13 二	癸巳 14 三	甲午 15 四	乙未 16 五	丙申 17 六	丁酉 18 日	戊戌 19 一	己亥 20 二	庚子 21 三	辛丑 22 四	壬寅 23 五	癸卯 24 六	甲辰 25 日	乙巳 26 一	丙午 27 二	丁未 28 三	戊申 (3) 四	己酉 2 五	庚戌 3 六	辛亥 4 日	壬子 5 一	癸丑 6 二	甲寅 7 三	乙卯 8 四	丙辰 9 五	丁巳 10 六	戊午 11 日	己未 12 一	庚申 13 二		乙未雨水 庚戌驚蟄
二月大	己卯	天干地支 西曆 星期	辛酉 14 三	壬戌 15 四	癸亥 16 五	甲子 17 六	乙丑 18 日	丙寅 19 一	丁卯 20 二	戊辰 21 三	己巳 22 四	庚午 23 五	辛未 24 六	壬申 25 日	癸酉 26 一	甲戌 27 二	乙亥 28 三	丙子 29 四	丁丑 30 五	戊寅 31 六	己卯 (4) 日	庚辰 2 一	辛巳 3 二	壬午 4 三	癸未 5 四	甲申 6 五	乙酉 7 六	丙戌 8 日	丁亥 9 一	戊子 10 二	己丑 11 三	庚寅 12 四	乙丑春分 庚辰清明
三月小	庚辰	天干地支 西曆 星期	辛卯 13 五	壬辰 14 六	癸巳 15 日	甲午 16 一	乙未 17 二	丙申 18 三	丁酉 19 四	戊戌 20 五	己亥 21 六	庚子 22 日	辛丑 23 一	壬寅 24 二	癸卯 25 三	甲辰 26 四	乙巳 27 五	丙午 28 六	丁未 29 日	戊申 30 一	己酉 (5) 二	庚戌 2 三	辛亥 3 四	壬子 4 五	癸丑 5 六	甲寅 6 日	乙卯 7 一	丙辰 8 二	丁巳 9 三	戊午 10 四	己未 11 五		乙未穀雨 辛亥立夏
四月小	辛巳	天干地支 西曆 星期	庚申 12 六	辛酉 13 日	壬戌 14 一	癸亥 15 二	甲子 16 三	乙丑 17 四	丙寅 18 五	丁卯 19 六	戊辰 20 日	己巳 21 一	庚午 22 二	辛未 23 三	壬申 24 四	癸酉 25 五	甲戌 26 六	乙亥 27 日	丙子 28 一	丁丑 29 二	戊寅 30 三	己卯 31 四	庚辰 (6) 五	辛巳 2 六	壬午 3 日	癸未 4 一	甲申 5 二	乙酉 6 三	丙戌 7 四	丁亥 8 五	戊子 9 六		丙寅小滿 辛巳芒種
五月大	壬午	天干地支 西曆 星期	己丑 10 日	庚寅 11 一	辛卯 12 二	壬辰 13 三	癸巳 14 四	甲午 15 五	乙未 16 六	丙申 17 日	丁酉 18 一	戊戌 19 二	己亥 20 三	庚子 21 四	辛丑 22 五	壬寅 23 六	癸卯 24 日	甲辰 25 一	乙巳 26 二	丙午 27 三	丁未 28 四	戊申 29 五	己酉 30 六	庚戌 (7) 日	辛亥 2 一	壬子 3 二	癸丑 4 三	甲寅 5 四	乙卯 6 五	丙辰 7 六	丁巳 8 日	戊午 9 一	丙申夏至 壬子小暑
六月小	癸未	天干地支 西曆 星期	己未 10 二	庚申 11 三	辛酉 12 四	壬戌 13 五	癸亥 14 六	甲子 15 日	乙丑 16 一	丙寅 17 二	丁卯 18 三	戊辰 19 四	己巳 20 五	庚午 21 六	辛未 22 日	壬申 23 一	癸酉 24 二	甲戌 25 三	乙亥 26 四	丙子 27 五	丁丑 28 六	戊寅 29 日	己卯 30 一	庚辰 31 二	辛巳 (8) 三	壬午 2 四	癸未 3 五	甲申 4 六	乙酉 5 日	丙戌 6 一	丁亥 7 二		丁卯大暑 壬午立秋
七月大	甲申	天干地支 西曆 星期	戊子 8 三	己丑 9 四	庚寅 10 五	辛卯 11 六	壬辰 12 日	癸巳 13 一	甲午 14 二	乙未 15 三	丙申 16 四	丁酉 17 五	戊戌 18 六	己亥 19 日	庚子 20 一	辛丑 21 二	壬寅 22 三	癸卯 23 四	甲辰 24 五	乙巳 25 六	丙午 26 日	丁未 27 一	戊申 28 二	己酉 29 三	庚戌 30 四	辛亥 31 五	壬子 (9) 六	癸丑 2 日	甲寅 3 一	乙卯 4 二	丙辰 5 三	丁巳 6 四	丁酉處暑 壬子白露
八月小	乙酉	天干地支 西曆 星期	戊午 7 五	己未 8 六	庚申 9 日	辛酉 10 一	壬戌 11 二	癸亥 12 三	甲子 13 四	乙丑 14 五	丙寅 15 六	丁卯 16 日	戊辰 17 一	己巳 18 二	庚午 19 三	辛未 20 四	壬申 21 五	癸酉 22 六	甲戌 23 日	乙亥 24 一	丙子 25 二	丁丑 26 三	戊寅 27 四	己卯 28 五	庚辰 29 六	辛巳 30 日	壬午 (10) 一	癸未 2 二	甲申 3 三	乙酉 4 四	丙戌 5 五		戊辰秋分 癸未寒露
九月大	丙戌	天干地支 西曆 星期	丁亥 6 六	戊子 7 日	己丑 8 一	庚寅 9 二	辛卯 10 三	壬辰 11 四	癸巳 12 五	甲午 13 六	乙未 14 日	丙申 15 一	丁酉 16 二	戊戌 17 三	己亥 18 四	庚子 19 五	辛丑 20 六	壬寅 21 日	癸卯 22 一	甲辰 23 二	乙巳 24 三	丙午 25 四	丁未 26 五	戊申 27 六	己酉 28 日	庚戌 29 一	辛亥 30 二	壬子 31 三	癸丑 (11) 四	甲寅 2 五	乙卯 3 六	丙辰 4 日	戊戌霜降 癸丑立冬
十月大	丁亥	天干地支 西曆 星期	丁巳 5 一	戊午 6 二	己未 7 三	庚申 8 四	辛酉 9 五	壬戌 10 六	癸亥 11 日	甲子 12 一	乙丑 13 二	丙寅 14 三	丁卯 15 四	戊辰 16 五	己巳 17 六	庚午 18 日	辛未 19 一	壬申 20 二	癸酉 21 三	甲戌 22 四	乙亥 23 五	丙子 24 六	丁丑 25 日	戊寅 26 一	己卯 27 二	庚辰 28 三	辛巳 29 四	壬午 30 五	癸未 (12) 六	甲申 2 日	乙酉 3 一	丙戌 4 二	己巳小雪 甲申大雪
十一月大	戊子	天干地支 西曆 星期	丁亥 5 三	戊子 6 四	己丑 7 五	庚寅 8 六	辛卯 9 日	壬辰 10 一	癸巳 11 二	甲午 12 三	乙未 13 四	丙申 14 五	丁酉 15 六	戊戌 16 日	己亥 17 一	庚子 18 二	辛丑 19 三	壬寅 20 四	癸卯 21 五	甲辰 22 六	乙巳 23 日	丙午 24 一	丁未 25 二	戊申 26 三	己酉 27 四	庚戌 28 五	辛亥 29 六	壬子 30 日	癸丑 31 一	甲寅 (1) 二	乙卯 2 三	丙辰 3 四	己亥冬至 甲寅小寒
十二月小	己丑	天干地支 西曆 星期	丁巳 4 五	戊午 5 六	己未 6 日	庚申 7 一	辛酉 8 二	壬戌 9 三	癸亥 10 四	甲子 11 五	乙丑 12 六	丙寅 13 日	丁卯 14 一	戊辰 15 二	己巳 16 三	庚午 17 四	辛未 18 五	壬申 19 六	癸酉 20 日	甲戌 21 一	乙亥 22 二	丙子 23 三	丁丑 24 四	戊寅 25 五	己卯 26 六	庚辰 27 日	辛巳 28 一	壬午 29 二	癸未 30 三	甲申 31 四	乙酉 (2) 五		己巳大寒 乙酉立春

遼太祖五年（辛未 羊年） 公元911 ~ 912年

夏曆月序		中西曆日對照	初一	初二	初三	初四	初五	初六	初七	初八	初九	初十	十一	十二	十三	十四	十五	十六	十七	十八	十九	二十	二一	二二	二三	二四	二五	二六	二七	二八	二九	三十	節氣與天象
正月大	庚寅	天干 地支 西曆 星期	丙戌 2 六	丁亥 3 日	戊子 4 一	己丑 5 二	庚寅 6 三	辛卯 7 四	壬辰 8 五	癸巳 9 六	甲午 10 日	乙未 11 一	丙申 12 二	丁酉 13 三	戊戌 14 四	己亥 15 五	庚子 16 六	辛丑 17 日	壬寅 18 一	癸卯 19 二	甲辰 20 三	乙巳 21 四	丙午 22 五	丁未 23 六	戊申 24 日	己酉 25 一	庚戌 26 二	辛亥 27 三	壬子 28 四	癸丑 (3) 五	甲寅 2 六	乙卯 3 日	庚子雨水 乙卯驚蟄
二月小	辛卯	天干 地支 西曆 星期	丙辰 4 一	丁巳 5 二	戊午 6 三	己未 7 四	庚申 8 五	辛酉 9 六	壬戌 10 日	癸亥 11 一	甲子 12 二	乙丑 13 三	丙寅 14 四	丁卯 15 五	戊辰 16 六	己巳 17 日	庚午 18 一	辛未 19 二	壬申 20 三	癸酉 21 四	甲戌 22 五	乙亥 23 六	丙子 24 日	丁丑 25 一	戊寅 26 二	己卯 27 三	庚辰 28 四	辛巳 29 五	壬午 30 六	癸未 31 日	甲申 (4) 一		庚午春分
三月大	壬辰	天干 地支 西曆 星期	乙酉 2 二	丙戌 3 三	丁亥 4 四	戊子 5 五	己丑 6 六	庚寅 7 日	辛卯 8 一	壬辰 9 二	癸巳 10 三	甲午 11 四	乙未 12 五	丙申 13 六	丁酉 14 日	戊戌 15 一	己亥 16 二	庚子 17 三	辛丑 18 四	壬寅 19 五	癸卯 20 六	甲辰 21 日	乙巳 22 一	丙午 23 二	丁未 24 三	戊申 25 四	己酉 26 五	庚戌 27 六	辛亥 28 日	壬子 29 一	癸丑 30 二	甲寅 (5) 三	丙戌清明 辛丑穀雨
四月小	癸巳	天干 地支 西曆 星期	乙卯 2 四	丙辰 3 五	丁巳 4 六	戊午 5 日	己未 6 一	庚申 7 二	辛酉 8 三	壬戌 9 四	癸亥 10 五	甲子 11 六	乙丑 12 日	丙寅 13 一	丁卯 14 二	戊辰 15 三	己巳 16 四	庚午 17 五	辛未 18 六	壬申 19 日	癸酉 20 一	甲戌 21 二	乙亥 22 三	丙子 23 四	丁丑 24 五	戊寅 25 六	己卯 26 日	庚辰 27 一	辛巳 28 二	壬午 29 三	癸未 30 四		丙辰立夏 辛未小滿
五月小	甲午	天干 地支 西曆 星期	甲申 31 五	乙酉 (6) 六	丙戌 2 日	丁亥 3 一	戊子 4 二	己丑 5 三	庚寅 6 四	辛卯 7 五	壬辰 8 六	癸巳 9 日	甲午 10 一	乙未 11 二	丙申 12 三	丁酉 13 四	戊戌 14 五	己亥 15 六	庚子 16 日	辛丑 17 一	壬寅 18 二	癸卯 19 三	甲辰 20 四	乙巳 21 五	丙午 22 六	丁未 23 日	戊申 24 一	己酉 25 二	庚戌 26 三	辛亥 27 四	壬子 28 五		丙戌芒種 壬寅夏至
六月小	乙未	天干 地支 西曆 星期	癸丑 29 六	甲寅 30 日	乙卯 (7) 一	丙辰 2 二	丁巳 3 三	戊午 4 四	己未 5 五	庚申 6 六	辛酉 7 日	壬戌 8 一	癸亥 9 二	甲子 10 三	乙丑 11 四	丙寅 12 五	丁卯 13 六	戊辰 14 日	己巳 15 一	庚午 16 二	辛未 17 三	壬申 18 四	癸酉 19 五	甲戌 20 六	乙亥 21 日	丙子 22 一	丁丑 23 二	戊寅 24 三	己卯 25 四	庚辰 26 五	辛巳 27 六		丁巳小暑 壬申大暑
七月大	丙申	天干 地支 西曆 星期	壬午 28 日	癸未 29 一	甲申 30 二	乙酉 31 三	丙戌 (8) 四	丁亥 2 五	戊子 3 六	己丑 4 日	庚寅 5 一	辛卯 6 二	壬辰 7 三	癸巳 8 四	甲午 9 五	乙未 10 六	丙申 11 日	丁酉 12 一	戊戌 13 二	己亥 14 三	庚子 15 四	辛丑 16 五	壬寅 17 六	癸卯 18 日	甲辰 19 一	乙巳 20 二	丙午 21 三	丁未 22 四	戊申 23 五	己酉 24 六	庚戌 25 日	辛亥 26 一	丁亥立秋 壬寅處暑
八月小	丁酉	天干 地支 西曆 星期	壬子 27 二	癸丑 28 三	甲寅 29 四	乙卯 30 五	丙辰 31 六	丁巳 (9) 日	戊午 2 一	己未 3 二	庚申 4 三	辛酉 5 四	壬戌 6 五	癸亥 7 六	甲子 8 日	乙丑 9 一	丙寅 10 二	丁卯 11 三	戊辰 12 四	己巳 13 五	庚午 14 六	辛未 15 日	壬申 16 一	癸酉 17 二	甲戌 18 三	乙亥 19 四	丙子 20 五	丁丑 21 六	戊寅 22 日	己卯 23 一	庚辰 24 二		戊午白露 癸酉秋分
九月大	戊戌	天干 地支 西曆 星期	辛巳 25 三	壬午 26 四	癸未 27 五	甲申 28 六	乙酉 29 日	丙戌 30 一	丁亥 (10) 二	戊子 2 三	己丑 3 四	庚寅 4 五	辛卯 5 六	壬辰 6 日	癸巳 7 一	甲午 8 二	乙未 9 三	丙申 10 四	丁酉 11 五	戊戌 12 六	己亥 13 日	庚子 14 一	辛丑 15 二	壬寅 16 三	癸卯 17 四	甲辰 18 五	乙巳 19 六	丙午 20 日	丁未 21 一	戊申 22 二	己酉 23 三	庚戌 24 四	戊子寒露 癸卯霜降
十月大	己亥	天干 地支 西曆 星期	辛亥 25 五	壬子 26 六	癸丑 27 日	甲寅 28 一	乙卯 29 二	丙辰 30 三	丁巳 31 四	戊午 (11) 五	己未 2 六	庚申 3 日	辛酉 4 一	壬戌 5 二	癸亥 6 三	甲子 7 四	乙丑 8 五	丙寅 9 六	丁卯 10 日	戊辰 11 一	己巳 12 二	庚午 13 三	辛未 14 四	壬申 15 五	癸酉 16 六	甲戌 17 日	乙亥 18 一	丙子 19 二	丁丑 20 三	戊寅 21 四	己卯 22 五	庚辰 23 六	己未立冬 甲戌小雪
十一月大	庚子	天干 地支 西曆 星期	辛巳 24 日	壬午 25 一	癸未 26 二	甲申 27 三	乙酉 28 四	丙戌 29 五	丁亥 30 六	戊子 (12) 日	己丑 2 一	庚寅 3 二	辛卯 4 三	壬辰 5 四	癸巳 6 五	甲午 7 六	乙未 8 日	丙申 9 一	丁酉 10 二	戊戌 11 三	己亥 12 四	庚子 13 五	辛丑 14 六	壬寅 15 日	癸卯 16 一	甲辰 17 二	乙巳 18 三	丙午 19 四	丁未 20 五	戊申 21 六	己酉 22 日	庚戌 23 一	己丑大雪 甲辰冬至
十二月小	辛丑	天干 地支 西曆 星期	辛亥 24 二	壬子 25 三	癸丑 26 四	甲寅 27 五	乙卯 28 六	丙辰 29 日	丁巳 30 一	戊午 31 二	己未 (1) 三	庚申 2 四	辛酉 3 五	壬戌 4 六	癸亥 5 日	甲子 6 一	乙丑 7 二	丙寅 8 三	丁卯 9 四	戊辰 10 五	己巳 11 六	庚午 12 日	辛未 13 一	壬申 14 二	癸酉 15 三	甲戌 16 四	乙亥 17 五	丙子 18 六	丁丑 19 日	戊寅 20 一	己卯 21 二		己未小寒 乙亥大寒

遼太祖六年（壬申 猴年） 公元 912 ~ 913 年

夏曆月序		中西曆日對照	初一	初二	初三	初四	初五	初六	初七	初八	初九	初十	十一	十二	十三	十四	十五	十六	十七	十八	十九	二十	二一	二二	二三	二四	二五	二六	二七	二八	二九	三十	節氣與天象
正月大	壬寅	干支 西曆 星期	庚辰 22 三	辛巳 23 四	壬午 24 五	癸未 25 六	甲申 26 日	乙酉 27 一	丙戌 28 二	丁亥 29 三	戊子 30 四	己丑 31 五	庚寅 (2) 六	辛卯 2 日	壬辰 3 一	癸巳 4 二	甲午 5 三	乙未 6 四	丙申 7 五	丁酉 8 六	戊戌 9 日	己亥 10 一	庚子 11 二	辛丑 12 三	壬寅 13 四	癸卯 14 五	甲辰 15 六	乙巳 16 日	丙午 17 一	丁未 18 二	戊申 19 三	己酉 20 四	庚寅立春 乙巳雨水
二月大	癸卯	干支 西曆 星期	庚戌 21 五	辛亥 22 六	壬子 23 日	癸丑 24 一	甲寅 25 二	乙卯 26 三	丙辰 27 四	丁巳 28 五	戊午 29 六	己未 (3) 日	庚申 2 一	辛酉 3 二	壬戌 4 三	癸亥 5 四	甲子 6 五	乙丑 7 六	丙寅 8 日	丁卯 9 一	戊辰 10 二	己巳 11 三	庚午 12 四	辛未 13 五	壬申 14 六	癸酉 15 日	甲戌 16 一	乙亥 17 二	丙子 18 三	丁丑 19 四	戊寅 20 五	己卯 21 六	庚申驚蟄 丙子春分
三月小	甲辰	干支 西曆 星期	庚辰 22 日	辛巳 23 一	壬午 24 二	癸未 25 三	甲申 26 四	乙酉 27 五	丙戌 28 六	丁亥 29 日	戊子 30 一	己丑 31 二	庚寅 (4) 三	辛卯 2 四	壬辰 3 五	癸巳 4 六	甲午 5 日	乙未 6 一	丙申 7 二	丁酉 8 三	戊戌 9 四	己亥 10 五	庚子 11 六	辛丑 12 日	壬寅 13 一	癸卯 14 二	甲辰 15 三	乙巳 16 四	丙午 17 五	丁未 18 六	戊申 19 日		辛卯清明 丙午穀雨
四月大	乙巳	干支 西曆 星期	己酉 20 一	庚戌 21 二	辛亥 22 三	壬子 23 四	癸丑 24 五	甲寅 25 六	乙卯 26 日	丙辰 27 一	丁巳 28 二	戊午 29 三	己未 30 四	庚申 (5) 五	辛酉 2 六	壬戌 3 日	癸亥 4 一	甲子 5 二	乙丑 6 三	丙寅 7 四	丁卯 8 五	戊辰 9 六	己巳 10 日	庚午 11 一	辛未 12 二	壬申 13 三	癸酉 14 四	甲戌 15 五	乙亥 16 六	丙子 17 日	丁丑 18 一	戊寅 19 二	辛酉立夏 丙子小滿
五月小	丙午	干支 西曆 星期	己卯 20 三	庚辰 21 四	辛巳 22 五	壬午 23 六	癸未 24 日	甲申 25 一	乙酉 26 二	丙戌 27 三	丁亥 28 四	戊子 29 五	己丑 30 六	庚寅 31 日	辛卯 (6) 一	壬辰 2 二	癸巳 3 三	甲午 4 四	乙未 5 五	丙申 6 六	丁酉 7 日	戊戌 8 一	己亥 9 二	庚子 10 三	辛丑 11 四	壬寅 12 五	癸卯 13 六	甲辰 14 日	乙巳 15 一	丙午 16 二	丁未 17 三		壬辰芒種 丁未夏至
閏五月小	丙午	干支 西曆 星期	戊申 18 四	己酉 19 五	庚戌 20 六	辛亥 21 日	壬子 22 一	癸丑 23 二	甲寅 24 三	乙卯 25 四	丙辰 26 五	丁巳 27 六	戊午 28 日	己未 29 一	庚申 30 二	辛酉 (7) 三	壬戌 2 四	癸亥 3 五	甲子 4 六	乙丑 5 日	丙寅 6 一	丁卯 7 二	戊辰 8 三	己巳 9 四	庚午 10 五	辛未 11 六	壬申 12 日	癸酉 13 一	甲戌 14 二	乙亥 15 三	丙子 16 四		壬戌小暑
六月小	丁未	干支 西曆 星期	丁丑 17 五	戊寅 18 六	己卯 19 日	庚辰 20 一	辛巳 21 二	壬午 22 三	癸未 23 四	甲申 24 五	乙酉 25 六	丙戌 26 日	丁亥 27 一	戊子 28 二	己丑 29 三	庚寅 30 四	辛卯 31 五	壬辰 (8) 六	癸巳 2 日	甲午 3 一	乙未 4 二	丙申 5 三	丁酉 6 四	戊戌 7 五	己亥 8 六	庚子 9 日	辛丑 10 一	壬寅 11 二	癸卯 12 三	甲辰 13 四	乙巳 14 五		丁丑大暑 壬辰立秋
七月大	戊申	干支 西曆 星期	丙午 15 六	丁未 16 日	戊申 17 一	己酉 18 二	庚戌 19 三	辛亥 20 四	壬子 21 五	癸丑 22 六	甲寅 23 日	乙卯 24 一	丙辰 25 二	丁巳 26 三	戊午 27 四	己未 28 五	庚申 29 六	辛酉 30 日	壬戌 31 一	癸亥 (9) 二	甲子 2 三	乙丑 3 四	丙寅 4 五	丁卯 5 六	戊辰 6 日	己巳 7 一	庚午 8 二	辛未 9 三	壬申 10 四	癸酉 11 五	甲戌 12 六	乙亥 13 日	戊申處暑 癸亥白露
八月小	己酉	干支 西曆 星期	丙子 14 一	丁丑 15 二	戊寅 16 三	己卯 17 四	庚辰 18 五	辛巳 19 六	壬午 20 日	癸未 21 一	甲申 22 二	乙酉 23 三	丙戌 24 四	丁亥 25 五	戊子 26 六	己丑 27 日	庚寅 28 一	辛卯 29 二	壬辰 30 三	癸巳 (10) 四	甲午 2 五	乙未 3 六	丙申 4 日	丁酉 5 一	戊戌 6 二	己亥 7 三	庚子 8 四	辛丑 9 五	壬寅 10 六	癸卯 11 日	甲辰 12 一		戊寅秋分 癸巳寒露
九月大	庚戌	干支 西曆 星期	乙巳 13 二	丙午 14 三	丁未 15 四	戊申 16 五	己酉 17 六	庚戌 18 日	辛亥 19 一	壬子 20 二	癸丑 21 三	甲寅 22 四	乙卯 23 五	丙辰 24 六	丁巳 25 日	戊午 26 一	己未 27 二	庚申 28 三	辛酉 29 四	壬戌 30 五	癸亥 31 六	甲子 (11) 日	乙丑 2 一	丙寅 3 二	丁卯 4 三	戊辰 5 四	己巳 6 五	庚午 7 六	辛未 8 日	壬申 9 一	癸酉 10 二	甲戌 11 三	己酉霜降 甲子立冬
十月大	辛亥	干支 西曆 星期	乙亥 12 四	丙子 13 五	丁丑 14 六	戊寅 15 日	己卯 16 一	庚辰 17 二	辛巳 18 三	壬午 19 四	癸未 20 五	甲申 21 六	乙酉 22 日	丙戌 23 一	丁亥 24 二	戊子 25 三	己丑 26 四	庚寅 27 五	辛卯 28 六	壬辰 29 日	癸巳 30 一	甲午 (12) 二	乙未 2 三	丙申 3 四	丁酉 4 五	戊戌 5 六	己亥 6 日	庚子 7 一	辛丑 8 二	壬寅 9 三	癸卯 10 四	甲辰 11 五	己卯小雪 甲午大雪
十一月小	壬子	干支 西曆 星期	乙巳 12 六	丙午 13 日	丁未 14 一	戊申 15 二	己酉 16 三	庚戌 17 四	辛亥 18 五	壬子 19 六	癸丑 20 日	甲寅 21 一	乙卯 22 二	丙辰 23 三	丁巳 24 四	戊午 25 五	己未 26 六	庚申 27 日	辛酉 28 一	壬戌 29 二	癸亥 30 三	甲子 31 四	乙丑 (1) 五	丙寅 2 六	丁卯 3 日	戊辰 4 一	己巳 5 二	庚午 6 三	辛未 7 四	壬申 8 五	癸酉 9 六		己酉冬至 乙丑小寒
十二月大	癸丑	干支 西曆 星期	甲戌 10 日	乙亥 11 一	丙子 12 二	丁丑 13 三	戊寅 14 四	己卯 15 五	庚辰 16 六	辛巳 17 日	壬午 18 一	癸未 19 二	甲申 20 三	乙酉 21 四	丙戌 22 五	丁亥 23 六	戊子 24 日	己丑 25 一	庚寅 26 二	辛卯 27 三	壬辰 28 四	癸巳 29 五	甲午 30 六	乙未 31 日	丙申 (2) 一	丁酉 2 二	戊戌 3 三	己亥 4 四	庚子 5 五	辛丑 6 六	壬寅 7 日	癸卯 8 一	庚辰大寒 乙未立春

遼太祖七年（癸酉鷄年） 公元 913 ~ 914 年

夏曆月序		中西曆日對照	初一	初二	初三	初四	初五	初六	初七	初八	初九	初十	十一	十二	十三	十四	十五	十六	十七	十八	十九	二十	二一	二二	二三	二四	二五	二六	二七	二八	二九	三十	節氣與天象
正月大	甲寅	天干 地支 西曆 星期	甲辰 9 二	乙巳 10 三	丙午 11 四	丁未 12 五	戊申 13 六	己酉 14 日	庚戌 15 一	辛亥 16 二	壬子 17 三	癸丑 18 四	甲寅 19 五	乙卯 20 六	丙辰 21 日	丁巳 22 一	戊午 23 二	己未 24 三	庚申 25 四	辛酉 26 五	壬戌 27 六	癸亥 28 日	甲子 (3) 一	乙丑 2 二	丙寅 3 三	丁卯 4 四	戊辰 5 五	己巳 6 六	庚午 7 日	辛未 8 一	壬申 9 二	癸酉 10 三	庚戌雨水 丙寅驚蟄
二月大	乙卯	天干 地支 西曆 星期	甲戌 11 四	乙亥 12 五	丙子 13 六	丁丑 14 日	戊寅 15 一	己卯 16 二	庚辰 17 三	辛巳 18 四	壬午 19 五	癸未 20 六	甲申 21 日	乙酉 22 一	丙戌 23 二	丁亥 24 三	戊子 25 四	己丑 26 五	庚寅 27 六	辛卯 28 日	壬辰 29 一	癸巳 30 二	甲午 31 三	乙未 (4) 四	丙申 2 五	丁酉 3 六	戊戌 4 日	己亥 5 一	庚子 6 二	辛丑 7 三	壬寅 8 四	癸卯 9 五	辛巳春分 丙申清明
三月小	丙辰	天干 地支 西曆 星期	甲辰 10 六	乙巳 11 日	丙午 12 一	丁未 13 二	戊申 14 三	己酉 15 四	庚戌 16 五	辛亥 17 六	壬子 18 日	癸丑 19 一	甲寅 20 二	乙卯 21 三	丙辰 22 四	丁巳 23 五	戊午 24 六	己未 25 日	庚申 26 一	辛酉 27 二	壬戌 28 三	癸亥 29 四	甲子 30 五	乙丑 (5) 六	丙寅 2 日	丁卯 3 一	戊辰 4 二	己巳 5 三	庚午 6 四	辛未 7 五	壬申 8 六		辛亥穀雨 丙寅立夏
四月小	丁巳	天干 地支 西曆 星期	癸酉 9 日	甲戌 10 一	乙亥 11 二	丙子 12 三	丁丑 13 四	戊寅 14 五	己卯 15 六	庚辰 16 日	辛巳 17 一	壬午 18 二	癸未 19 三	甲申 20 四	乙酉 21 五	丙戌 22 六	丁亥 23 日	戊子 24 一	己丑 25 二	庚寅 26 三	辛卯 27 四	壬辰 28 五	癸巳 29 六	甲午 30 日	乙未 31 一	丙申 (6) 二	丁酉 2 三	戊戌 3 四	己亥 4 五	庚子 5 六	辛丑 6 日		壬午小滿 丁酉芒種
五月大	戊午	天干 地支 西曆 星期	壬寅 7 一	癸卯 8 二	甲辰 9 三	乙巳 10 四	丙午 11 五	丁未 12 六	戊申 13 日	己酉 14 一	庚戌 15 二	辛亥 16 三	壬子 17 四	癸丑 18 五	甲寅 19 六	乙卯 20 日	丙辰 21 一	丁巳 22 二	戊午 23 三	己未 24 四	庚申 25 五	辛酉 26 六	壬戌 27 日	癸亥 28 一	甲子 29 二	乙丑 30 三	丙寅 (7) 四	丁卯 2 五	戊辰 3 六	己巳 4 日	庚午 5 一	辛未 6 二	壬子夏至 丁卯小暑
六月小	己未	天干 地支 西曆 星期	壬申 7 三	癸酉 8 四	甲戌 9 五	乙亥 10 六	丙子 11 日	丁丑 12 一	戊寅 13 二	己卯 14 三	庚辰 15 四	辛巳 16 五	壬午 17 六	癸未 18 日	甲申 19 一	乙酉 20 二	丙戌 21 三	丁亥 22 四	戊子 23 五	己丑 24 六	庚寅 25 日	辛卯 26 一	壬辰 27 二	癸巳 28 三	甲午 29 四	乙未 30 五	丙申 31 六	丁酉 (8) 日	戊戌 2 一	己亥 3 二	庚子 4 三		癸未大暑 戊戌立秋
七月小	庚申	天干 地支 西曆 星期	辛丑 5 四	壬寅 6 五	癸卯 7 六	甲辰 8 日	乙巳 9 一	丙午 10 二	丁未 11 三	戊申 12 四	己酉 13 五	庚戌 14 六	辛亥 15 日	壬子 16 一	癸丑 17 二	甲寅 18 三	乙卯 19 四	丙辰 20 五	丁巳 21 六	戊午 22 日	己未 23 一	庚申 24 二	辛酉 25 三	壬戌 26 四	癸亥 27 五	甲子 28 六	乙丑 29 日	丙寅 30 一	丁卯 31 二	戊辰 (9) 三	己巳 2 四		癸丑處暑 戊辰白露
八月大	辛酉	天干 地支 西曆 星期	庚午 3 五	辛未 4 六	壬申 5 日	癸酉 6 一	甲戌 7 二	乙亥 8 三	丙子 9 四	丁丑 10 五	戊寅 11 六	己卯 12 日	庚辰 13 一	辛巳 14 二	壬午 15 三	癸未 16 四	甲申 17 五	乙酉 18 六	丙戌 19 日	丁亥 20 一	戊子 21 二	己丑 22 三	庚寅 23 四	辛卯 24 五	壬辰 25 六	癸巳 26 日	甲午 27 一	乙未 28 二	丙申 29 三	丁酉 30 四	戊戌 (10) 五	己亥 2 六	癸未秋分 己亥寒露
九月小	壬戌	天干 地支 西曆 星期	庚子 3 日	辛丑 4 一	壬寅 5 二	癸卯 6 三	甲辰 7 四	乙巳 8 五	丙午 9 六	丁未 10 日	戊申 11 一	己酉 12 二	庚戌 13 三	辛亥 14 四	壬子 15 五	癸丑 16 六	甲寅 17 日	乙卯 18 一	丙辰 19 二	丁巳 20 三	戊午 21 四	己未 22 五	庚申 23 六	辛酉 24 日	壬戌 25 一	癸亥 26 二	甲子 27 三	乙丑 28 四	丙寅 29 五	丁卯 30 六	戊辰 31 日		甲寅霜降
十月大	癸亥	天干 地支 西曆 星期	己巳 (11) 一	庚午 2 二	辛未 3 三	壬申 4 四	癸酉 5 五	甲戌 6 六	乙亥 7 日	丙子 8 一	丁丑 9 二	戊寅 10 三	己卯 11 四	庚辰 12 五	辛巳 13 六	壬午 14 日	癸未 15 一	甲申 16 二	乙酉 17 三	丙戌 18 四	丁亥 19 五	戊子 20 六	己丑 21 日	庚寅 22 一	辛卯 23 二	壬辰 24 三	癸巳 25 四	甲午 26 五	乙未 27 六	丙申 28 日	丁酉 29 一	戊戌 30 二	己巳立冬 甲申小雪
十一月小	甲子	天干 地支 西曆 星期	己亥 (12) 三	庚子 2 四	辛丑 3 五	壬寅 4 六	癸卯 5 日	甲辰 6 一	乙巳 7 二	丙午 8 三	丁未 9 四	戊申 10 五	己酉 11 六	庚戌 12 日	辛亥 13 一	壬子 14 二	癸丑 15 三	甲寅 16 四	乙卯 17 五	丙辰 18 六	丁巳 19 日	戊午 20 一	己未 21 二	庚申 22 三	辛酉 23 四	壬戌 24 五	癸亥 25 六	甲子 26 日	乙丑 27 一	丙寅 28 二	丁卯 29 三		己亥大雪 乙卯冬至
十二月大	乙丑	天干 地支 西曆 星期	戊辰 30 四	己巳 31 五	庚午 (1) 六	辛未 2 日	壬申 3 一	癸酉 4 二	甲戌 5 三	乙亥 6 四	丙子 7 五	丁丑 8 六	戊寅 9 日	己卯 10 一	庚辰 11 二	辛巳 12 三	壬午 13 四	癸未 14 五	甲申 15 六	乙酉 16 日	丙戌 17 一	丁亥 18 二	戊子 19 三	己丑 20 四	庚寅 21 五	辛卯 22 六	壬辰 23 日	癸巳 24 一	甲午 25 二	乙未 26 三	丙申 27 四	丁酉 28 五	庚午小寒 乙酉大寒

遼太祖八年（甲戌 狗年） 公元914 ~ 915年

夏曆月序		中西曆日對照	夏曆日序																														節氣與天象
			初一	初二	初三	初四	初五	初六	初七	初八	初九	初十	十一	十二	十三	十四	十五	十六	十七	十八	十九	二十	二一	二二	二三	二四	二五	二六	二七	二八	二九	三十	
正月大	丙寅	天干 地支 西曆 星期	戊戌 29 六	己亥 30 日	庚子 31 一	辛丑 (2) 二	壬寅 2 三	癸卯 3 四	甲辰 4 五	乙巳 5 六	丙午 6 日	丁未 7 一	戊申 8 二	己酉 9 三	庚戌 10 四	辛亥 11 五	壬子 12 六	癸丑 13 日	甲寅 14 一	乙卯 15 二	丙辰 16 三	丁巳 17 四	戊午 18 五	己未 19 六	庚申 20 日	辛酉 21 一	壬戌 22 二	癸亥 23 三	甲子 24 四	乙丑 25 五	丙寅 26 六	丁卯 27 日	庚子立春 丙辰雨水
二月大	丁卯	天干 地支 西曆 星期	戊辰 28 一	己巳 (3) 二	庚午 2 三	辛未 3 四	壬申 4 五	癸酉 5 六	甲戌 6 日	乙亥 7 一	丙子 8 二	丁丑 9 三	戊寅 10 四	己卯 11 五	庚辰 12 六	辛巳 13 日	壬午 14 一	癸未 15 二	甲申 16 三	乙酉 17 四	丙戌 18 五	丁亥 19 六	戊子 20 日	己丑 21 一	庚寅 22 二	辛卯 23 三	壬辰 24 四	癸巳 25 五	甲午 26 六	乙未 27 日	丙申 28 一	丁酉 29 二	辛未驚蟄 丙戌春分
三月小	戊辰	天干 地支 西曆 星期	戊戌 30 三	己亥 31 四	庚子 (4) 五	辛丑 2 六	壬寅 3 日	癸卯 4 一	甲辰 5 二	乙巳 6 三	丙午 7 四	丁未 8 五	戊申 9 六	己酉 10 日	庚戌 11 一	辛亥 12 二	壬子 13 三	癸丑 14 四	甲寅 15 五	乙卯 16 六	丙辰 17 日	丁巳 18 一	戊午 19 二	己未 20 三	庚申 21 四	辛酉 22 五	壬戌 23 六	癸亥 24 日	甲子 25 一	乙丑 26 二	丙寅 27 三		辛丑清明 丙辰穀雨
四月大	己巳	天干 地支 西曆 星期	丁卯 28 四	戊辰 29 五	己巳 30 六	庚午 (5) 日	辛未 2 一	壬申 3 二	癸酉 4 三	甲戌 5 四	乙亥 6 五	丙子 7 六	丁丑 8 日	戊寅 9 一	己卯 10 二	庚辰 11 三	辛巳 12 四	壬午 13 五	癸未 14 六	甲申 15 日	乙酉 16 一	丙戌 17 二	丁亥 18 三	戊子 19 四	己丑 20 五	庚寅 21 六	辛卯 22 日	壬辰 23 一	癸巳 24 二	甲午 25 三	乙未 26 四	丙申 27 五	壬申立夏 丁亥小滿
五月小	庚午	天干 地支 西曆 星期	丁酉 28 六	戊戌 29 日	己亥 30 一	庚子 31 二	辛丑 (6) 三	壬寅 2 四	癸卯 3 五	甲辰 4 六	乙巳 5 日	丙午 6 一	丁未 7 二	戊申 8 三	己酉 9 四	庚戌 10 五	辛亥 11 六	壬子 12 日	癸丑 13 一	甲寅 14 二	乙卯 15 三	丙辰 16 四	丁巳 17 五	戊午 18 六	己未 19 日	庚申 20 一	辛酉 21 二	壬戌 22 三	癸亥 23 四	甲子 24 五	乙丑 25 六		壬寅芒種 丁巳夏至
六月大	辛未	天干 地支 西曆 星期	丙寅 26 日	丁卯 27 一	戊辰 28 二	己巳 29 三	庚午 30 四	辛未 (7) 五	壬申 2 六	癸酉 3 日	甲戌 4 一	乙亥 5 二	丙子 6 三	丁丑 7 四	戊寅 8 五	己卯 9 六	庚辰 10 日	辛巳 11 一	壬午 12 二	癸未 13 三	甲申 14 四	乙酉 15 五	丙戌 16 六	丁亥 17 日	戊子 18 一	己丑 19 二	庚寅 20 三	辛卯 21 四	壬辰 22 五	癸巳 23 六	甲午 24 日	乙未 25 一	癸酉小暑 戊子大暑
七月小	壬申	天干 地支 西曆 星期	丙申 26 二	丁酉 27 三	戊戌 28 四	己亥 29 五	庚子 30 六	辛丑 31 日	壬寅 (8) 一	癸卯 2 二	甲辰 3 三	乙巳 4 四	丙午 5 五	丁未 6 六	戊申 7 日	己酉 8 一	庚戌 9 二	辛亥 10 三	壬子 11 四	癸丑 12 五	甲寅 13 六	乙卯 14 日	丙辰 15 一	丁巳 16 二	戊午 17 三	己未 18 四	庚申 19 五	辛酉 20 六	壬戌 21 日	癸亥 22 一	甲子 23 二		癸卯立秋 戊午處暑
八月大	癸酉	天干 地支 西曆 星期	乙丑 24 三	丙寅 25 四	丁卯 26 五	戊辰 27 六	己巳 28 日	庚午 29 一	辛未 30 二	壬申 31 三	癸酉 (9) 四	甲戌 2 五	乙亥 3 六	丙子 4 日	丁丑 5 一	戊寅 6 二	己卯 7 三	庚辰 8 四	辛巳 9 五	壬午 10 六	癸未 11 日	甲申 12 一	乙酉 13 二	丙戌 14 三	丁亥 15 四	戊子 16 五	己丑 17 六	庚寅 18 日	辛卯 19 一	壬辰 20 二	癸巳 21 三	甲午 22 四	癸酉白露 己丑秋分
九月小	甲戌	天干 地支 西曆 星期	乙未 23 五	丙申 24 六	丁酉 25 日	戊戌 26 一	己亥 27 二	庚子 28 三	辛丑 29 四	壬寅 30 五	癸卯 (10) 六	甲辰 2 日	乙巳 3 一	丙午 4 二	丁未 5 三	戊申 6 四	己酉 7 五	庚戌 8 六	辛亥 9 日	壬子 10 一	癸丑 11 二	甲寅 12 三	乙卯 13 四	丙辰 14 五	丁巳 15 六	戊午 16 日	己未 17 一	庚申 18 二	辛酉 19 三	壬戌 20 四	癸亥 21 五		甲辰寒露 己未霜降
十月小	乙亥	天干 地支 西曆 星期	甲子 22 六	乙丑 23 日	丙寅 24 一	丁卯 25 二	戊辰 26 三	己巳 27 四	庚午 28 五	辛未 29 六	壬申 30 日	癸酉 31 一	甲戌 (11) 二	乙亥 2 三	丙子 3 四	丁丑 4 五	戊寅 5 六	己卯 6 日	庚辰 7 一	辛巳 8 二	壬午 9 三	癸未 10 四	甲申 11 五	乙酉 12 六	丙戌 13 日	丁亥 14 一	戊子 15 二	己丑 16 三	庚寅 17 四	辛卯 18 五	壬辰 19 六		甲戌立冬 庚寅小雪
十一月大	丙子	天干 地支 西曆 星期	癸巳 20 日	甲午 21 一	乙未 22 二	丙申 23 三	丁酉 24 四	戊戌 25 五	己亥 26 六	庚子 27 日	辛丑 28 一	壬寅 29 二	癸卯 30 三	甲辰 (12) 四	乙巳 2 五	丙午 3 六	丁未 4 日	戊申 5 一	己酉 6 二	庚戌 7 三	辛亥 8 四	壬子 9 五	癸丑 10 六	甲寅 11 日	乙卯 12 一	丙辰 13 二	丁巳 14 三	戊午 15 四	己未 16 五	庚申 17 六	辛酉 18 日	壬戌 19 一	乙巳大雪 庚申冬至
十二月小	丁丑	天干 地支 西曆 星期	癸亥 20 二	甲子 21 三	乙丑 22 四	丙寅 23 五	丁卯 24 六	戊辰 25 日	己巳 26 一	庚午 27 二	辛未 28 三	壬申 29 四	癸酉 30 五	甲戌 31 六	乙亥 (1) 日	丙子 2 一	丁丑 3 二	戊寅 4 三	己卯 5 四	庚辰 6 五	辛巳 7 六	壬午 8 日	癸未 9 一	甲申 10 二	乙酉 11 三	丙戌 12 四	丁亥 13 五	戊子 14 六	己丑 15 日	庚寅 16 一	辛卯 17 二		乙亥小寒 庚寅大寒

遼太祖九年（乙亥 猪年） 公元 915 ~ 916 年

夏曆月序		中西曆日對照	初一	初二	初三	初四	初五	初六	初七	初八	初九	初十	十一	十二	十三	十四	十五	十六	十七	十八	十九	二十	二一	二二	二三	二四	二五	二六	二七	二八	二九	三十	節氣與天象
正月大	戊寅	干支 西曆 天地 星期	壬辰 18 三	癸巳 19 四	甲午 20 五	乙未 21 六	丙申 22 日	丁酉 23 一	戊戌 24 二	己亥 25 三	庚子 26 四	辛丑 27 五	壬寅 28 六	癸卯 29 日	甲辰 30 一	乙巳 31 二	丙午 (2) 三	丁未 2 四	戊申 3 五	己酉 4 六	庚戌 5 日	辛亥 6 一	壬子 7 二	癸丑 8 三	甲寅 9 四	乙卯 10 五	丙辰 11 六	丁巳 12 日	戊午 13 一	己未 14 二	庚申 15 三	辛酉 16 四	丙午立春 辛酉雨水
二月大	己卯	干支 西曆 天地 星期	壬戌 17 五	癸亥 18 六	甲子 19 日	乙丑 20 一	丙寅 21 二	丁卯 22 三	戊辰 23 四	己巳 24 五	庚午 25 六	辛未 26 日	壬申 27 一	癸酉 28 二	甲戌 (3) 三	乙亥 2 四	丙子 3 五	丁丑 4 六	戊寅 5 日	己卯 6 一	庚辰 7 二	辛巳 8 三	壬午 9 四	癸未 10 五	甲申 11 六	乙酉 12 日	丙戌 13 一	丁亥 14 二	戊子 15 三	己丑 16 四	庚寅 17 五	辛卯 18 六	丙子驚蟄 辛卯春分
閏二月小	己卯	干支 西曆 天地 星期	壬辰 19 日	癸巳 20 一	甲午 21 二	乙未 22 三	丙申 23 四	丁酉 24 五	戊戌 25 六	己亥 26 日	庚子 27 一	辛丑 28 二	壬寅 29 三	癸卯 30 四	甲辰 31 五	乙巳 (4) 六	丙午 2 日	丁未 3 一	戊申 4 二	己酉 5 三	庚戌 6 四	辛亥 7 五	壬子 8 六	癸丑 9 日	甲寅 10 一	乙卯 11 二	丙辰 12 三	丁巳 13 四	戊午 14 五	己未 15 六	庚申 16 日		丙午清明
三月大	庚辰	干支 西曆 天地 星期	辛酉 17 一	壬戌 18 二	癸亥 19 三	甲子 20 四	乙丑 21 五	丙寅 22 六	丁卯 23 日	戊辰 24 一	己巳 25 二	庚午 26 三	辛未 27 四	壬申 28 五	癸酉 29 六	甲戌 30 日	乙亥 (5) 一	丙子 2 二	丁丑 3 三	戊寅 4 四	己卯 5 五	庚辰 6 六	辛巳 7 日	壬午 8 一	癸未 9 二	甲申 10 三	乙酉 11 四	丙戌 12 五	丁亥 13 六	戊子 14 日	己丑 15 一	庚寅 16 二	壬戌穀雨 丁丑立夏
四月大	辛巳	干支 西曆 天地 星期	辛卯 17 三	壬辰 18 四	癸巳 19 五	甲午 20 六	乙未 21 日	丙申 22 一	丁酉 23 二	戊戌 24 三	己亥 25 四	庚子 26 五	辛丑 27 六	壬寅 28 日	癸卯 29 一	甲辰 30 二	乙巳 31 三	丙午 (6) 四	丁未 2 五	戊申 3 六	己酉 4 日	庚戌 5 一	辛亥 6 二	壬子 7 三	癸丑 8 四	甲寅 9 五	乙卯 10 六	丙辰 11 日	丁巳 12 一	戊午 13 二	己未 14 三	庚申 15 四	壬辰小滿 丁未芒種
五月小	壬午	干支 西曆 天地 星期	辛酉 16 五	壬戌 17 六	癸亥 18 日	甲子 19 一	乙丑 20 二	丙寅 21 三	丁卯 22 四	戊辰 23 五	己巳 24 六	庚午 25 日	辛未 26 一	壬申 27 二	癸酉 28 三	甲戌 29 四	乙亥 30 五	丙子 (7) 六	丁丑 2 日	戊寅 3 一	己卯 4 二	庚辰 5 三	辛巳 6 四	壬午 7 五	癸未 8 六	甲申 9 日	乙酉 10 一	丙戌 11 二	丁亥 12 三	戊子 13 四	己丑 14 五		癸亥夏至 戊寅小暑
六月大	癸未	干支 西曆 天地 星期	庚寅 15 六	辛卯 16 日	壬辰 17 一	癸巳 18 二	甲午 19 三	乙未 20 四	丙申 21 五	丁酉 22 六	戊戌 23 日	己亥 24 一	庚子 25 二	辛丑 26 三	壬寅 27 四	癸卯 28 五	甲辰 29 六	乙巳 30 日	丙午 31 一	丁未 (8) 二	戊申 2 三	己酉 3 四	庚戌 4 五	辛亥 5 六	壬子 6 日	癸丑 7 一	甲寅 8 二	乙卯 9 三	丙辰 10 四	丁巳 11 五	戊午 12 六	己未 13 日	癸巳大暑 戊申立秋
七月小	甲申	干支 西曆 天地 星期	庚申 14 一	辛酉 15 二	壬戌 16 三	癸亥 17 四	甲子 18 五	乙丑 19 六	丙寅 20 日	丁卯 21 一	戊辰 22 二	己巳 23 三	庚午 24 四	辛未 25 五	壬申 26 六	癸酉 27 日	甲戌 28 一	乙亥 29 二	丙子 30 三	丁丑 31 四	戊寅 (9) 五	己卯 2 六	庚辰 3 日	辛巳 4 一	壬午 5 二	癸未 6 三	甲申 7 四	乙酉 8 五	丙戌 9 六	丁亥 10 日	戊子 11 一		癸亥處暑 己卯白露
八月大	乙酉	干支 西曆 天地 星期	己丑 12 二	庚寅 13 三	辛卯 14 四	壬辰 15 五	癸巳 16 六	甲午 17 日	乙未 18 一	丙申 19 二	丁酉 20 三	戊戌 21 四	己亥 22 五	庚子 23 六	辛丑 24 日	壬寅 25 一	癸卯 26 二	甲辰 27 三	乙巳 28 四	丙午 29 五	丁未 30 六	戊申 (10) 日	己酉 2 一	庚戌 3 二	辛亥 4 三	壬子 5 四	癸丑 6 五	甲寅 7 六	乙卯 8 日	丙辰 9 一	丁巳 10 二	戊午 11 三	甲午秋分 己酉寒露
九月小	丙戌	干支 西曆 天地 星期	己未 12 四	庚申 13 五	辛酉 14 六	壬戌 15 日	癸亥 16 一	甲子 17 二	乙丑 18 三	丙寅 19 四	丁卯 20 五	戊辰 21 六	己巳 22 日	庚午 23 一	辛未 24 二	壬申 25 三	癸酉 26 四	甲戌 27 五	乙亥 28 六	丙子 29 日	丁丑 30 一	戊寅 31 二	己卯 (11) 三	庚辰 2 四	辛巳 3 五	壬午 4 六	癸未 5 日	甲申 6 一	乙酉 7 二	丙戌 8 三	丁亥 9 四		甲子霜降 庚辰立冬
十月小	丁亥	干支 西曆 天地 星期	戊子 10 五	己丑 11 六	庚寅 12 日	辛卯 13 一	壬辰 14 二	癸巳 15 三	甲午 16 四	乙未 17 五	丙申 18 六	丁酉 19 日	戊戌 20 一	己亥 21 二	庚子 22 三	辛丑 23 四	壬寅 24 五	癸卯 25 六	甲辰 26 日	乙巳 27 一	丙午 28 二	丁未 29 三	戊申 30 四	己酉 (12) 五	庚戌 2 六	辛亥 3 日	壬子 4 一	癸丑 5 二	甲寅 6 三	乙卯 7 四	丙辰 8 五		乙未小雪 庚戌大雪
十一月大	戊子	干支 西曆 天地 星期	丁巳 9 六	戊午 10 日	己未 11 一	庚申 12 二	辛酉 13 三	壬戌 14 四	癸亥 15 五	甲子 16 六	乙丑 17 日	丙寅 18 一	丁卯 19 二	戊辰 20 三	己巳 21 四	庚午 22 五	辛未 23 六	壬申 24 日	癸酉 25 一	甲戌 26 二	乙亥 27 三	丙子 28 四	丁丑 29 五	戊寅 30 六	己卯 31 日	庚辰 (1) 一	辛巳 2 二	壬午 3 三	癸未 4 四	甲申 5 五	乙酉 6 六	丙戌 7 日	乙丑冬至 庚辰小寒
十二月小	己丑	干支 西曆 天地 星期	丁亥 8 一	戊子 9 二	己丑 10 三	庚寅 11 四	辛卯 12 五	壬辰 13 六	癸巳 14 日	甲午 15 一	乙未 16 二	丙申 17 三	丁酉 18 四	戊戌 19 五	己亥 20 六	庚子 21 日	辛丑 22 一	壬寅 23 二	癸卯 24 三	甲辰 25 四	乙巳 26 五	丙午 27 六	丁未 28 日	戊申 29 一	己酉 30 二	庚戌 31 三	辛亥 (2) 四	壬子 2 五	癸丑 3 六	甲寅 4 日	乙卯 5 一		丙申大寒 辛亥立春

遼太祖神册元年（丙子 鼠年） 公元 **916** ~ 917 年

夏曆月序		中西曆日對照	初一	初二	初三	初四	初五	初六	初七	初八	初九	初十	十一	十二	十三	十四	十五	十六	十七	十八	十九	二十	二一	二二	二三	二四	二五	二六	二七	二八	二九	三十	節氣與天象
正月大	庚寅	天干地支 西曆 星期	丙辰 6 二	丁巳 7 三	戊午 8 四	己未 9 五	庚申 10 六	辛酉 11 日	壬戌 12 一	癸亥 13 二	甲子 14 三	乙丑 15 四	丙寅 16 五	丁卯 17 六	戊辰 18 日	己巳 19 一	庚午 20 二	辛未 21 三	壬申 22 四	癸酉 23 五	甲戌 24 六	乙亥 25 日	丙子 26 一	丁丑 27 二	戊寅 28 三	己卯 29 四	庚辰 (3) 五	辛巳 2 六	壬午 3 日	癸未 4 一	甲申 5 二	乙酉 6 三	丙寅雨水 辛巳驚蟄
二月小	辛卯	天干地支 西曆 星期	丙戌 7 四	丁亥 8 五	戊子 9 六	己丑 10 日	庚寅 11 一	辛卯 12 二	壬辰 13 三	癸巳 14 四	甲午 15 五	乙未 16 六	丙申 17 日	丁酉 18 一	戊戌 19 二	己亥 20 三	庚子 21 四	辛丑 22 五	壬寅 23 六	癸卯 24 日	甲辰 25 一	乙巳 26 二	丙午 27 三	丁未 28 四	戊申 29 五	己酉 30 六	庚戌 31 日	辛亥 (4) 一	壬子 2 二	癸丑 3 三	甲寅 4 四		丁酉春分 壬子清明
三月大	壬辰	天干地支 西曆 星期	乙卯 5 五	丙辰 6 六	丁巳 7 日	戊午 8 一	己未 9 二	庚申 10 三	辛酉 11 四	壬戌 12 五	癸亥 13 六	甲子 14 日	乙丑 15 一	丙寅 16 二	丁卯 17 三	戊辰 18 四	己巳 19 五	庚午 20 六	辛未 21 日	壬申 22 一	癸酉 23 二	甲戌 24 三	乙亥 25 四	丙子 26 五	丁丑 27 六	戊寅 28 日	己卯 29 一	庚辰 30 二	辛巳 (5) 三	壬午 2 四	癸未 3 五	甲申 4 六	丁卯穀雨 壬午立夏
四月大	癸巳	天干地支 西曆 星期	乙酉 5 日	丙戌 6 一	丁亥 7 二	戊子 8 三	己丑 9 四	庚寅 10 五	辛卯 11 六	壬辰 12 日	癸巳 13 一	甲午 14 二	乙未 15 三	丙申 16 四	丁酉 17 五	戊戌 18 六	己亥 19 日	庚子 20 一	辛丑 21 二	壬寅 22 三	癸卯 23 四	甲辰 24 五	乙巳 25 六	丙午 26 日	丁未 27 一	戊申 28 二	己酉 29 三	庚戌 30 四	辛亥 31 五	壬子 (6) 六	癸丑 2 日	甲寅 3 一	丁酉小滿 癸丑芒種
五月小	甲午	天干地支 西曆 星期	乙卯 4 二	丙辰 5 三	丁巳 6 四	戊午 7 五	己未 8 六	庚申 9 日	辛酉 10 一	壬戌 11 二	癸亥 12 三	甲子 13 四	乙丑 14 五	丙寅 15 六	丁卯 16 日	戊辰 17 一	己巳 18 二	庚午 19 三	辛未 20 四	壬申 21 五	癸酉 22 六	甲戌 23 日	乙亥 24 一	丙子 25 二	丁丑 26 三	戊寅 27 四	己卯 28 五	庚辰 29 六	辛巳 30 日	壬午 (7) 一	癸未 2 二		戊辰夏至 癸未小暑
六月大	乙未	天干地支 西曆 星期	甲申 3 三	乙酉 4 四	丙戌 5 五	丁亥 6 六	戊子 7 日	己丑 8 一	庚寅 9 二	辛卯 10 三	壬辰 11 四	癸巳 12 五	甲午 13 六	乙未 14 日	丙申 15 一	丁酉 16 二	戊戌 17 三	己亥 18 四	庚子 19 五	辛丑 20 六	壬寅 21 日	癸卯 22 一	甲辰 23 二	乙巳 24 三	丙午 25 四	丁未 26 五	戊申 27 六	己酉 28 日	庚戌 29 一	辛亥 30 二	壬子 31 三	癸丑 (8) 四	戊戌大暑 癸丑立秋
七月小	丙申	天干地支 西曆 星期	甲寅 2 五	乙卯 3 六	丙辰 4 日	丁巳 5 一	戊午 6 二	己未 7 三	庚申 8 四	辛酉 9 五	壬戌 10 六	癸亥 11 日	甲子 12 一	乙丑 13 二	丙寅 14 三	丁卯 15 四	戊辰 16 五	己巳 17 六	庚午 18 日	辛未 19 一	壬申 20 二	癸酉 21 三	甲戌 22 四	乙亥 23 五	丙子 24 六	丁丑 25 日	戊寅 26 一	己卯 27 二	庚辰 28 三	辛巳 29 四	壬午 30 五		己巳處暑
八月大	丁酉	天干地支 西曆 星期	癸未 31 六	甲申 (9) 日	乙酉 2 一	丙戌 3 二	丁亥 4 三	戊子 5 四	己丑 6 五	庚寅 7 六	辛卯 8 日	壬辰 9 一	癸巳 10 二	甲午 11 三	乙未 12 四	丙申 13 五	丁酉 14 六	戊戌 15 日	己亥 16 一	庚子 17 二	辛丑 18 三	壬寅 19 四	癸卯 20 五	甲辰 21 六	乙巳 22 日	丙午 23 一	丁未 24 二	戊申 25 三	己酉 26 四	庚戌 27 五	辛亥 28 六	壬子 29 日	甲申白露 己亥秋分
九月大	戊戌	天干地支 西曆 星期	癸丑 30 一	甲寅 (10) 二	乙卯 2 三	丙辰 3 四	丁巳 4 五	戊午 5 六	己未 6 日	庚申 7 一	辛酉 8 二	壬戌 9 三	癸亥 10 四	甲子 11 五	乙丑 12 六	丙寅 13 日	丁卯 14 一	戊辰 15 二	己巳 16 三	庚午 17 四	辛未 18 五	壬申 19 六	癸酉 20 日	甲戌 21 一	乙亥 22 二	丙子 23 三	丁丑 24 四	戊寅 25 五	己卯 26 六	庚辰 27 日	辛巳 28 一	壬午 29 二	甲寅寒露 庚午霜降
十月小	己亥	天干地支 西曆 星期	癸未 30 三	甲申 31 四	乙酉 (11) 五	丙戌 2 六	丁亥 3 日	戊子 4 一	己丑 5 二	庚寅 6 三	辛卯 7 四	壬辰 8 五	癸巳 9 六	甲午 10 日	乙未 11 一	丙申 12 二	丁酉 13 三	戊戌 14 四	己亥 15 五	庚子 16 六	辛丑 17 日	壬寅 18 一	癸卯 19 二	甲辰 20 三	乙巳 21 四	丙午 22 五	丁未 23 六	戊申 24 日	己酉 25 一	庚戌 26 二	辛亥 27 三		乙酉立冬 庚子小雪
十一月大	庚子	天干地支 西曆 星期	壬子 28 四	癸丑 29 五	甲寅 30 六	乙卯 (12) 日	丙辰 2 一	丁巳 3 二	戊午 4 三	己未 5 四	庚申 6 五	辛酉 7 六	壬戌 8 日	癸亥 9 一	甲子 10 二	乙丑 11 三	丙寅 12 四	丁卯 13 五	戊辰 14 六	己巳 15 日	庚午 16 一	辛未 17 二	壬申 18 三	癸酉 19 四	甲戌 20 五	乙亥 21 六	丙子 22 日	丁丑 23 一	戊寅 24 二	己卯 25 三	庚辰 26 四	辛巳 27 五	乙卯大雪 庚午冬至
十二月小	辛丑	天干地支 西曆 星期	壬午 28 六	癸未 29 日	甲申 30 一	乙酉 31 二	丙戌 (1) 三	丁亥 2 四	戊子 3 五	己丑 4 六	庚寅 5 日	辛卯 6 一	壬辰 7 二	癸巳 8 三	甲午 9 四	乙未 10 五	丙申 11 六	丁酉 12 日	戊戌 13 一	己亥 14 二	庚子 15 三	辛丑 16 四	壬寅 17 五	癸卯 18 六	甲辰 19 日	乙巳 20 一	丙午 21 二	丁未 22 三	戊申 23 四	己酉 24 五	庚戌 25 六		丙戌小寒 辛丑大寒

* 二月丙申（十一日），建元神册，定都臨潢府（今内蒙古巴林左旗）。

遼太祖神册二年（丁丑 牛年） 公元 **917** ~ 918 年

夏曆月序	中西曆日對照	夏曆日序																														節氣與天象
		初一	初二	初三	初四	初五	初六	初七	初八	初九	初十	十一	十二	十三	十四	十五	十六	十七	十八	十九	二十	二一	二二	二三	二四	二五	二六	二七	二八	二九	三十	
正月小 壬寅	天干 地支 西曆 星期	辛亥 26 日	壬子 27 一	癸丑 28 二	甲寅 29 三	乙卯 30 四	丙辰 31 五	丁巳 (2) 六	戊午 2 日	己未 3 一	庚申 4 二	辛酉 5 三	壬戌 6 四	癸亥 7 五	甲子 8 六	乙丑 9 日	丙寅 10 一	丁卯 11 二	戊辰 12 三	己巳 13 四	庚午 14 五	辛未 15 六	壬申 16 日	癸酉 17 一	甲戌 18 二	乙亥 19 三	丙子 20 四	丁丑 21 五	戊寅 22 六	己卯 23 日		丙辰立春 辛未雨水
二月大 癸卯	天干 地支 西曆 星期	庚辰 24 一	辛巳 25 二	壬午 26 三	癸未 27 四	甲申 28 五	乙酉 (3) 六	丙戌 2 日	丁亥 3 一	戊子 4 二	己丑 5 三	庚寅 6 四	辛卯 7 五	壬辰 8 六	癸巳 9 日	甲午 10 一	乙未 11 二	丙申 12 三	丁酉 13 四	戊戌 14 五	己亥 15 六	庚子 16 日	辛丑 17 一	壬寅 18 二	癸卯 19 三	甲辰 20 四	乙巳 21 五	丙午 22 六	丁未 23 日	戊申 24 一	己酉 25 二	丁亥驚蟄 壬寅春分
三月小 甲辰	天干 地支 西曆 星期	庚戌 26 三	辛亥 27 四	壬子 28 五	癸丑 29 六	甲寅 30 日	乙卯 31 一	丙辰 (4) 二	丁巳 2 三	戊午 3 四	己未 4 五	庚申 5 六	辛酉 6 日	壬戌 7 一	癸亥 8 二	甲子 9 三	乙丑 10 四	丙寅 11 五	丁卯 12 六	戊辰 13 日	己巳 14 一	庚午 15 二	辛未 16 三	壬申 17 四	癸酉 18 五	甲戌 19 六	乙亥 20 日	丙子 21 一	丁丑 22 二	戊寅 23 三		丁巳清明 壬申穀雨
四月大 乙巳	天干 地支 西曆 星期	己卯 24 四	庚辰 25 五	辛巳 26 六	壬午 27 日	癸未 28 一	甲申 29 二	乙酉 30 三	丙戌 (5) 四	丁亥 2 五	戊子 3 六	己丑 4 日	庚寅 5 一	辛卯 6 二	壬辰 7 三	癸巳 8 四	甲午 9 五	乙未 10 六	丙申 11 日	丁酉 12 一	戊戌 13 二	己亥 14 三	庚子 15 四	辛丑 16 五	壬寅 17 六	癸卯 18 日	甲辰 19 一	乙巳 20 二	丙午 21 三	丁未 22 四	戊申 23 五	丁亥立夏 癸卯小滿
五月小 丙午	天干 地支 西曆 星期	己酉 24 六	庚戌 25 日	辛亥 26 一	壬子 27 二	癸丑 28 三	甲寅 29 四	乙卯 30 五	丙辰 31 六	丁巳 (6) 日	戊午 2 一	己未 3 二	庚申 4 三	辛酉 5 四	壬戌 6 五	癸亥 7 六	甲子 8 日	乙丑 9 一	丙寅 10 二	丁卯 11 三	戊辰 12 四	己巳 13 五	庚午 14 六	辛未 15 日	壬申 16 一	癸酉 17 二	甲戌 18 三	乙亥 19 四	丙子 20 五	丁丑 21 六		戊午芒種 癸酉夏至
六月大 丁未	天干 地支 西曆 星期	戊寅 22 日	己卯 23 一	庚辰 24 二	辛巳 25 三	壬午 26 四	癸未 27 五	甲申 28 六	乙酉 29 日	丙戌 30 一	丁亥 (7) 二	戊子 2 三	己丑 3 四	庚寅 4 五	辛卯 5 六	壬辰 6 日	癸巳 7 一	甲午 8 二	乙未 9 三	丙申 10 四	丁酉 11 五	戊戌 12 六	己亥 13 日	庚子 14 一	辛丑 15 二	壬寅 16 三	癸卯 17 四	甲辰 18 五	乙巳 19 六	丙午 20 日	丁未 21 一	戊子小暑 甲辰大暑
七月大 戊申	天干 地支 西曆 星期	戊申 22 二	己酉 23 三	庚戌 24 四	辛亥 25 五	壬子 26 六	癸丑 27 日	甲寅 28 一	乙卯 29 二	丙辰 30 三	丁巳 31 四	戊午 (8) 五	己未 2 六	庚申 3 日	辛酉 4 一	壬戌 5 二	癸亥 6 三	甲子 7 四	乙丑 8 五	丙寅 9 六	丁卯 10 日	戊辰 11 一	己巳 12 二	庚午 13 三	辛未 14 四	壬申 15 五	癸酉 16 六	甲戌 17 日	乙亥 18 一	丙子 19 二	丁丑 20 三	己未立秋 甲戌處暑
八月小 己酉	天干 地支 西曆 星期	戊寅 21 四	己卯 22 五	庚辰 23 六	辛巳 24 日	壬午 25 一	癸未 26 二	甲申 27 三	乙酉 28 四	丙戌 29 五	丁亥 30 六	戊子 31 日	己丑 (9) 一	庚寅 2 二	辛卯 3 三	壬辰 4 四	癸巳 5 五	甲午 6 六	乙未 7 日	丙申 8 一	丁酉 9 二	戊戌 10 三	己亥 11 四	庚子 12 五	辛丑 13 六	壬寅 14 日	癸卯 15 一	甲辰 16 二	乙巳 17 三	丙午 18 四		己丑白露 甲辰秋分
九月大 庚戌	天干 地支 西曆 星期	丁未 19 五	戊申 20 六	己酉 21 日	庚戌 22 一	辛亥 23 二	壬子 24 三	癸丑 25 四	甲寅 26 五	乙卯 27 六	丙辰 28 日	丁巳 29 一	戊午 30 二	己未 (10) 三	庚申 2 四	辛酉 3 五	壬戌 4 六	癸亥 5 日	甲子 6 一	乙丑 7 二	丙寅 8 三	丁卯 9 四	戊辰 10 五	己巳 11 六	庚午 12 日	辛未 13 一	壬申 14 二	癸酉 15 三	甲戌 16 四	乙亥 17 五	丙子 18 六	庚申寒露 乙亥霜降
十月大 辛亥	天干 地支 西曆 星期	丁丑 19 日	戊寅 20 一	己卯 21 二	庚辰 22 三	辛巳 23 四	壬午 24 五	癸未 25 六	甲申 26 日	乙酉 27 一	丙戌 28 二	丁亥 29 三	戊子 30 四	己丑 31 五	庚寅 (11) 六	辛卯 2 日	壬辰 3 一	癸巳 4 二	甲午 5 三	乙未 6 四	丙申 7 五	丁酉 8 六	戊戌 9 日	己亥 10 一	庚子 11 二	辛丑 12 三	壬寅 13 四	癸卯 14 五	甲辰 15 六	乙巳 16 日	丙午 17 一	庚寅立冬 乙巳小雪
閏十月小 辛亥	天干 地支 西曆 星期	丁未 18 二	戊申 19 三	己酉 20 四	庚戌 21 五	辛亥 22 六	壬子 23 日	癸丑 24 一	甲寅 25 二	乙卯 26 三	丙辰 27 四	丁巳 28 五	戊午 29 六	己未 30 日	庚申 (12) 一	辛酉 2 二	壬戌 3 三	癸亥 4 四	甲子 5 五	乙丑 6 六	丙寅 7 日	丁卯 8 一	戊辰 9 二	己巳 10 三	庚午 11 四	辛未 12 五	壬申 13 六	癸酉 14 日	甲戌 15 一	乙亥 16 二		庚申大雪
十一月大 壬子	天干 地支 西曆 星期	丙子 17 三	丁丑 18 四	戊寅 19 五	己卯 20 六	庚辰 21 日	辛巳 22 一	壬午 23 二	癸未 24 三	甲申 25 四	乙酉 26 五	丙戌 27 六	丁亥 28 日	戊子 29 一	己丑 30 二	庚寅 31 三	辛卯 (1) 四	壬辰 2 五	癸巳 3 六	甲午 4 日	乙未 5 一	丙申 6 二	丁酉 7 三	戊戌 8 四	己亥 9 五	庚子 10 六	辛丑 11 日	壬寅 12 一	癸卯 13 二	甲辰 14 三	乙巳 15 四	丙子冬至 辛卯小寒
十二月小 癸丑	天干 地支 西曆 星期	丙午 16 五	丁未 17 六	戊申 18 日	己酉 19 一	庚戌 20 二	辛亥 21 三	壬子 22 四	癸丑 23 五	甲寅 24 六	乙卯 25 日	丙辰 26 一	丁巳 27 二	戊午 28 三	己未 29 四	庚申 30 五	辛酉 31 六	壬戌 (2) 日	癸亥 2 一	甲子 3 二	乙丑 4 三	丙寅 5 四	丁卯 6 五	戊辰 7 六	己巳 8 日	庚午 9 一	辛未 10 二	壬申 11 三	癸酉 12 四	甲戌 13 五		丙午大寒 辛酉立春

遼太祖神册三年（戊寅 虎年） 公元 918 ~ 919 年

夏曆月序		中西曆日對照	初一	初二	初三	初四	初五	初六	初七	初八	初九	初十	十一	十二	十三	十四	十五	十六	十七	十八	十九	二十	二一	二二	二三	二四	二五	二六	二七	二八	二九	三十	節氣與天象
正月小	甲寅	天干地支西曆星期	乙亥14六	丙子15日	丁丑16一	戊寅17二	己卯18三	庚辰19四	辛巳20五	壬午21六	癸未22日	甲申23一	乙酉24二	丙戌25三	丁亥26四	戊子27五	己丑28六	庚寅(3)日	辛卯2一	壬辰3二	癸巳4三	甲午5四	乙未6五	丙申7六	丁酉8日	戊戌9一	己亥10二	庚子11三	辛丑12四	壬寅13五	癸卯14六		丁丑雨水 壬辰驚蟄
二月大	乙卯	天干地支西曆星期	甲辰15日	乙巳16一	丙午17二	丁未18三	戊申19四	己酉20五	庚戌21六	辛亥22日	壬子23一	癸丑24二	甲寅25三	乙卯26四	丙辰27五	丁巳28六	戊午29日	己未30一	庚申31二	辛酉(4)三	壬戌2四	癸亥3五	甲子4六	乙丑5日	丙寅6一	丁卯7二	戊辰8三	己巳9四	庚午10五	辛未11六	壬申12日	癸酉13一	丁未春分 壬戌清明
三月小	丙辰	天干地支西曆星期	甲戌14二	乙亥15三	丙子16四	丁丑17五	戊寅18六	己卯19日	庚辰20一	辛巳21二	壬午22三	癸未23四	甲申24五	乙酉25六	丙戌26日	丁亥27一	戊子28二	己丑29三	庚寅30四	辛卯(5)五	壬辰2六	癸巳3日	甲午4一	乙未5二	丙申6三	丁酉7四	戊戌8五	己亥9六	庚子10日	辛丑11一	壬寅12二		丁丑穀雨 癸巳立夏
四月大	丁巳	天干地支西曆星期	癸卯13三	甲辰14四	乙巳15五	丙午16六	丁未17日	戊申18一	己酉19二	庚戌20三	辛亥21四	壬子22五	癸丑23六	甲寅24日	乙卯25一	丙辰26二	丁巳27三	戊午28四	己未29五	庚申30六	辛酉31日	壬戌(6)一	癸亥2二	甲子3三	乙丑4四	丙寅5五	丁卯6六	戊辰7日	己巳8一	庚午9二	辛未10三	壬申11四	戊申小滿 癸亥芒種
五月小	戊午	天干地支西曆星期	癸酉12五	甲戌13六	乙亥14日	丙子15一	丁丑16二	戊寅17三	己卯18四	庚辰19五	辛巳20六	壬午21日	癸未22一	甲申23二	乙酉24三	丙戌25四	丁亥26五	戊子27六	己丑28日	庚寅29一	辛卯30二	壬辰(7)三	癸巳2四	甲午3五	乙未4六	丙申5日	丁酉6一	戊戌7二	己亥8三	庚子9四	辛丑10五		戊寅夏至 甲午小暑
六月大	己未	天干地支西曆星期	壬寅11六	癸卯12日	甲辰13一	乙巳14二	丙午15三	丁未16四	戊申17五	己酉18六	庚戌19日	辛亥20一	壬子21二	癸丑22三	甲寅23四	乙卯24五	丙辰25六	丁巳26日	戊午27一	己未28二	庚申29三	辛酉30四	壬戌31五	癸亥(8)六	甲子2日	乙丑3一	丙寅4二	丁卯5三	戊辰6四	己巳7五	庚午8六	辛未9日	己酉大暑 甲子立秋
七月小	庚申	天干地支西曆星期	壬申10一	癸酉11二	甲戌12三	乙亥13四	丙子14五	丁丑15六	戊寅16日	己卯17一	庚辰18二	辛巳19三	壬午20四	癸未21五	甲申22六	乙酉23日	丙戌24一	丁亥25二	戊子26三	己丑27四	庚寅28五	辛卯29六	壬辰30日	癸巳31一	甲午(9)二	乙未2三	丙申3四	丁酉4五	戊戌5六	己亥6日	庚子7一		己卯處暑 甲午白露
八月大	辛酉	天干地支西曆星期	辛丑8二	壬寅9三	癸卯10四	甲辰11五	乙巳12六	丙午13日	丁未14一	戊申15二	己酉16三	庚戌17四	辛亥18五	壬子19六	癸丑20日	甲寅21一	乙卯22二	丙辰23三	丁巳24四	戊午25五	己未26六	庚申27日	辛酉28一	壬戌29二	癸亥30三	甲子(10)四	乙丑2五	丙寅3六	丁卯4日	戊辰5一	己巳6二	庚午7三	庚戌秋分 乙丑寒露
九月大	壬戌	天干地支西曆星期	辛未8四	壬申9五	癸酉10六	甲戌11日	乙亥12一	丙子13二	丁丑14三	戊寅15四	己卯16五	庚辰17六	辛巳18日	壬午19一	癸未20二	甲申21三	乙酉22四	丙戌23五	丁亥24六	戊子25日	己丑26一	庚寅27二	辛卯28三	壬辰29四	癸巳30五	甲午31六	乙未(11)日	丙申2一	丁酉3二	戊戌4三	己亥5四	庚子6五	庚辰霜降 乙未立冬
十月小	癸亥	天干地支西曆星期	辛丑7六	壬寅8日	癸卯9一	甲辰10二	乙巳11三	丙午12四	丁未13五	戊申14六	己酉15日	庚戌16一	辛亥17二	壬子18三	癸丑19四	甲寅20五	乙卯21六	丙辰22日	丁巳23一	戊午24二	己未25三	庚申26四	辛酉27五	壬戌28六	癸亥29日	甲子30一	乙丑(12)二	丙寅2三	丁卯3四	戊辰4五	己巳5六		庚戌小雪 丙寅大雪
十一月大	甲子	天干地支西曆星期	庚午6日	辛未7一	壬申8二	癸酉9三	甲戌10四	乙亥11五	丙子12六	丁丑13日	戊寅14一	己卯15二	庚辰16三	辛巳17四	壬午18五	癸未19六	甲申20日	乙酉21一	丙戌22二	丁亥23三	戊子24四	己丑25五	庚寅26六	辛卯27日	壬辰28一	癸巳29二	甲午30三	乙未31四	丙申(1)五	丁酉2六	戊戌3日	己亥4一	辛巳冬至 丙申小寒
十二月大	乙丑	天干地支西曆星期	庚子5二	辛丑6三	壬寅7四	癸卯8五	甲辰9六	乙巳10日	丙午11一	丁未12二	戊申13三	己酉14四	庚戌15五	辛亥16六	壬子17日	癸丑18一	甲寅19二	乙卯20三	丙辰21四	丁巳22五	戊午23六	己未24日	庚申25一	辛酉26二	壬戌27三	癸亥28四	甲子29五	乙丑30六	丙寅31日	丁卯(2)一	戊辰2二	己巳3三	辛亥大寒 丁卯立春

遼太祖神册四年（己卯 兔年） 公元 919 ~ 920 年

夏曆月序	中西曆日對照		夏曆日序																														節氣與天象
			初一	初二	初三	初四	初五	初六	初七	初八	初九	初十	十一	十二	十三	十四	十五	十六	十七	十八	十九	二十	二一	二二	二三	二四	二五	二六	二七	二八	二九	三十	
正月小	丙寅	天干地支 西曆 星期	庚午 4 四	辛未 5 五	壬申 6 六	癸酉 7 日	甲戌 8 一	乙亥 9 二	丙子 10 三	丁丑 11 四	戊寅 12 五	己卯 13 六	庚辰 14 日	辛巳 15 一	壬午 16 二	癸未 17 三	甲申 18 四	乙酉 19 五	丙戌 20 六	丁亥 21 日	戊子 22 一	己丑 23 二	庚寅 24 三	辛卯 25 四	壬辰 26 五	癸巳 27 六	甲午 28 日	乙未 (3) 一	丙申 2 二	丁酉 3 三	戊戌 4 四		壬午雨水 丁酉驚蟄
二月大	丁卯	天干地支 西曆 星期	己亥 5 五	庚子 6 六	辛丑 7 日	壬寅 8 一	癸卯 9 二	甲辰 10 三	乙巳 11 四	丙午 12 五	丁未 13 六	戊申 14 日	己酉 15 一	庚戌 16 二	辛亥 17 三	壬子 18 四	癸丑 19 五	甲寅 20 六	乙卯 21 日	丙辰 22 一	丁巳 23 二	戊午 24 三	己未 25 四	庚申 26 五	辛酉 27 六	壬戌 28 日	癸亥 29 一	甲子 30 二	乙丑 31 三	丙寅 (4) 四	丁卯 2 五	戊辰 3 六	壬子春分 丁卯清明
三月小	戊辰	天干地支 西曆 星期	己巳 4 日	庚午 5 一	辛未 6 二	壬申 7 三	癸酉 8 四	甲戌 9 五	乙亥 10 六	丙子 11 日	丁丑 12 一	戊寅 13 二	己卯 14 三	庚辰 15 四	辛巳 16 五	壬午 17 六	癸未 18 日	甲申 19 一	乙酉 20 二	丙戌 21 三	丁亥 22 四	戊子 23 五	己丑 24 六	庚寅 25 日	辛卯 26 一	壬辰 27 二	癸巳 28 三	甲午 29 四	乙未 30 五	丙申 (5) 六	丁酉 2 日		癸未穀雨
四月小	己巳	天干地支 西曆 星期	戊戌 3 一	己亥 4 二	庚子 5 三	辛丑 6 四	壬寅 7 五	癸卯 8 六	甲辰 9 日	乙巳 10 一	丙午 11 二	丁未 12 三	戊申 13 四	己酉 14 五	庚戌 15 六	辛亥 16 日	壬子 17 一	癸丑 18 二	甲寅 19 三	乙卯 20 四	丙辰 21 五	丁巳 22 六	戊午 23 日	己未 24 一	庚申 25 二	辛酉 26 三	壬戌 27 四	癸亥 28 五	甲子 29 六	乙丑 30 日	丙寅 31 一		戊戌立夏 癸丑小滿
五月小	庚午	天干地支 西曆 星期	丁卯 (6) 二	戊辰 2 三	己巳 3 四	庚午 4 五	辛未 5 六	壬申 6 日	癸酉 7 一	甲戌 8 二	乙亥 9 三	丙子 10 四	丁丑 11 五	戊寅 12 六	己卯 13 日	庚辰 14 一	辛巳 15 二	壬午 16 三	癸未 17 四	甲申 18 五	乙酉 19 六	丙戌 20 日	丁亥 21 一	戊子 22 二	己丑 23 三	庚寅 24 四	辛卯 25 五	壬辰 26 六	癸巳 27 日	甲午 28 一	乙未 29 二		戊辰芒種 甲申夏至
六月大	辛未	天干地支 西曆 星期	丙申 30 三	丁酉 (7) 四	戊戌 2 五	己亥 3 六	庚子 4 日	辛丑 5 一	壬寅 6 二	癸卯 7 三	甲辰 8 四	乙巳 9 五	丙午 10 六	丁未 11 日	戊申 12 一	己酉 13 二	庚戌 14 三	辛亥 15 四	壬子 16 五	癸丑 17 六	甲寅 18 日	乙卯 19 一	丙辰 20 二	丁巳 21 三	戊午 22 四	己未 23 五	庚申 24 六	辛酉 25 日	壬戌 26 一	癸亥 27 二	甲子 28 三	乙丑 29 四	己亥小暑 甲寅大暑
七月小	壬申	天干地支 西曆 星期	丙寅 30 五	丁卯 31 六	戊辰 (8) 日	己巳 2 一	庚午 3 二	辛未 4 三	壬申 5 四	癸酉 6 五	甲戌 7 六	乙亥 8 日	丙子 9 一	丁丑 10 二	戊寅 11 三	己卯 12 四	庚辰 13 五	辛巳 14 六	壬午 15 日	癸未 16 一	甲申 17 二	乙酉 18 三	丙戌 19 四	丁亥 20 五	戊子 21 六	己丑 22 日	庚寅 23 一	辛卯 24 二	壬辰 25 三	癸巳 26 四	甲午 27 五		己巳立秋 甲申處暑
八月大	癸酉	天干地支 西曆 星期	乙未 28 六	丙申 29 日	丁酉 30 一	戊戌 31 二	己亥 (9) 三	庚子 2 四	辛丑 3 五	壬寅 4 六	癸卯 5 日	甲辰 6 一	乙巳 7 二	丙午 8 三	丁未 9 四	戊申 10 五	己酉 11 六	庚戌 12 日	辛亥 13 一	壬子 14 二	癸丑 15 三	甲寅 16 四	乙卯 17 五	丙辰 18 六	丁巳 19 日	戊午 20 一	己未 21 二	庚申 22 三	辛酉 23 四	壬戌 24 五	癸亥 25 六	甲子 26 日	庚子白露 乙卯秋分
九月大	甲戌	天干地支 西曆 星期	乙丑 27 一	丙寅 28 二	丁卯 29 三	戊辰 30 四	己巳 (10) 五	庚午 2 六	辛未 3 日	壬申 4 一	癸酉 5 二	甲戌 6 三	乙亥 7 四	丙子 8 五	丁丑 9 六	戊寅 10 日	己卯 11 一	庚辰 12 二	辛巳 13 三	壬午 14 四	癸未 15 五	甲申 16 六	乙酉 17 日	丙戌 18 一	丁亥 19 二	戊子 20 三	己丑 21 四	庚寅 22 五	辛卯 23 六	壬辰 24 日	癸巳 25 一	甲午 26 二	庚午寒露 乙酉霜降
十月大	乙亥	天干地支 西曆 星期	乙未 27 三	丙申 28 四	丁酉 29 五	戊戌 30 六	己亥 31 日	庚子 (11) 一	辛丑 2 二	壬寅 3 三	癸卯 4 四	甲辰 5 五	乙巳 6 六	丙午 7 日	丁未 8 一	戊申 9 二	己酉 10 三	庚戌 11 四	辛亥 12 五	壬子 13 六	癸丑 14 日	甲寅 15 一	乙卯 16 二	丙辰 17 三	丁巳 18 四	戊午 19 五	己未 20 六	庚申 21 日	辛酉 22 一	壬戌 23 二	癸亥 24 三	甲子 25 四	辛丑立冬 丙辰小雪
十一月小	丙子	天干地支 西曆 星期	乙丑 26 五	丙寅 27 六	丁卯 28 日	戊辰 29 一	己巳 30 二	庚午 (12) 三	辛未 2 四	壬申 3 五	癸酉 4 六	甲戌 5 日	乙亥 6 一	丙子 7 二	丁丑 8 三	戊寅 9 四	己卯 10 五	庚辰 11 六	辛巳 12 日	壬午 13 一	癸未 14 二	甲申 15 三	乙酉 16 四	丙戌 17 五	丁亥 18 六	戊子 19 日	己丑 20 一	庚寅 21 二	辛卯 22 三	壬辰 23 四	癸巳 24 五		辛未大雪 丙戌冬至
十二月大	丁丑	天干地支 西曆 星期	甲午 25 六	乙未 26 日	丙申 27 一	丁酉 28 二	戊戌 29 三	己亥 30 四	庚子 31 五	辛丑 (1) 六	壬寅 2 日	癸卯 3 一	甲辰 4 二	乙巳 5 三	丙午 6 四	丁未 7 五	戊申 8 六	己酉 9 日	庚戌 10 一	辛亥 11 二	壬子 12 三	癸丑 13 四	甲寅 14 五	乙卯 15 六	丙辰 16 日	丁巳 17 一	戊午 18 二	己未 19 三	庚申 20 四	辛酉 21 五	壬戌 22 六	癸亥 23 日	辛丑小寒 丁巳大寒

遼太祖神册五年（庚辰 龍年） 公元 920 ~ 921 年

夏曆月序		中西曆日對照	初一	初二	初三	初四	初五	初六	初七	初八	初九	初十	十一	十二	十三	十四	十五	十六	十七	十八	十九	二十	二一	二二	二三	二四	二五	二六	二七	二八	二九	三十	節氣與天象
正月大	戊寅	天干 地支 西曆 星期	甲子 24 一	乙丑 25 二	丙寅 26 三	丁卯 27 四	戊辰 28 五	己巳 29 六	庚午 30 日	辛未 31 一	壬申 (2) 二	癸酉 2 三	甲戌 3 四	乙亥 4 五	丙子 5 六	丁丑 6 日	戊寅 7 一	己卯 8 二	庚辰 9 三	辛巳 10 四	壬午 11 五	癸未 12 六	甲申 13 日	乙酉 14 一	丙戌 15 二	丁亥 16 三	戊子 17 四	己丑 18 五	庚寅 19 六	辛卯 20 日	壬辰 21 一	癸巳 22 二	壬申立春 丁亥雨水
二月小	己卯	天干 地支 西曆 星期	甲午 23 三	乙未 24 四	丙申 25 五	丁酉 26 六	戊戌 27 日	己亥 28 一	庚子 29 二	辛丑 (3) 三	壬寅 2 四	癸卯 3 五	甲辰 4 六	乙巳 5 日	丙午 6 一	丁未 7 二	戊申 8 三	己酉 9 四	庚戌 10 五	辛亥 11 六	壬子 12 日	癸丑 13 一	甲寅 14 二	乙卯 15 三	丙辰 16 四	丁巳 17 五	戊午 18 六	己未 19 日	庚申 20 一	辛酉 21 二	壬戌 22 三		壬寅驚蟄 丁巳春分
三月大	庚辰	天干 地支 西曆 星期	癸亥 23 四	甲子 24 五	乙丑 25 六	丙寅 26 日	丁卯 27 一	戊辰 28 二	己巳 29 三	庚午 30 四	辛未 31 五	壬申 (4) 六	癸酉 2 日	甲戌 3 一	乙亥 4 二	丙子 5 三	丁丑 6 四	戊寅 7 五	己卯 8 六	庚辰 9 日	辛巳 10 一	壬午 11 二	癸未 12 三	甲申 13 四	乙酉 14 五	丙戌 15 六	丁亥 16 日	戊子 17 一	己丑 18 二	庚寅 19 三	辛卯 20 四	壬辰 21 五	癸酉清明 戊子穀雨
四月小	辛巳	天干 地支 西曆 星期	癸巳 22 六	甲午 23 日	乙未 24 一	丙申 25 二	丁酉 26 三	戊戌 27 四	己亥 28 五	庚子 29 六	辛丑 30 日	壬寅 (5) 一	癸卯 2 二	甲辰 3 三	乙巳 4 四	丙午 5 五	丁未 6 六	戊申 7 日	己酉 8 一	庚戌 9 二	辛亥 10 三	壬子 11 四	癸丑 12 五	甲寅 13 六	乙卯 14 日	丙辰 15 一	丁巳 16 二	戊午 17 三	己未 18 四	庚申 19 五	辛酉 20 六		癸卯立夏 戊午小滿
五月小	壬午	天干 地支 西曆 星期	壬戌 21 日	癸亥 22 一	甲子 23 二	乙丑 24 三	丙寅 25 四	丁卯 26 五	戊辰 27 六	己巳 28 日	庚午 29 一	辛未 30 二	壬申 31 三	癸酉 (6) 四	甲戌 2 五	乙亥 3 六	丙子 4 日	丁丑 5 一	戊寅 6 二	己卯 7 三	庚辰 8 四	辛巳 9 五	壬午 10 六	癸未 11 日	甲申 12 一	乙酉 13 二	丙戌 14 三	丁亥 15 四	戊子 16 五	己丑 17 六	庚寅 18 日		甲戌芒種 己丑夏至
六月小	癸未	天干 地支 西曆 星期	辛卯 19 一	壬辰 20 二	癸巳 21 三	甲午 22 四	乙未 23 五	丙申 24 六	丁酉 25 日	戊戌 26 一	己亥 27 二	庚子 28 三	辛丑 29 四	壬寅 30 五	癸卯 (7) 六	甲辰 2 日	乙巳 3 一	丙午 4 二	丁未 5 三	戊申 6 四	己酉 7 五	庚戌 8 六	辛亥 9 日	壬子 10 一	癸丑 11 二	甲寅 12 三	乙卯 13 四	丙辰 14 五	丁巳 15 六	戊午 16 日	己未 17 一		甲辰小暑 己未大暑
閏六月大	癸未	天干 地支 西曆 星期	庚申 18 二	辛酉 19 三	壬戌 20 四	癸亥 21 五	甲子 22 六	乙丑 23 日	丙寅 24 一	丁卯 25 二	戊辰 26 三	己巳 27 四	庚午 28 五	辛未 29 六	壬申 30 日	癸酉 31 一	甲戌 (8) 二	乙亥 2 三	丙子 3 四	丁丑 4 五	戊寅 5 六	己卯 6 日	庚辰 7 一	辛巳 8 二	壬午 9 三	癸未 10 四	甲申 11 五	乙酉 12 六	丙戌 13 日	丁亥 14 一	戊子 15 二	己丑 16 三	甲戌立秋
七月小	甲申	天干 地支 西曆 星期	庚寅 17 四	辛卯 18 五	壬辰 19 六	癸巳 20 日	甲午 21 一	乙未 22 二	丙申 23 三	丁酉 24 四	戊戌 25 五	己亥 26 六	庚子 27 日	辛丑 28 一	壬寅 29 二	癸卯 30 三	甲辰 31 四	乙巳 (9) 五	丙午 2 六	丁未 3 日	戊申 4 一	己酉 5 二	庚戌 6 三	辛亥 7 四	壬子 8 五	癸丑 9 六	甲寅 10 日	乙卯 11 一	丙辰 12 二	丁巳 13 三	戊午 14 四		庚寅處暑 乙巳白露
八月大	乙酉	天干 地支 西曆 星期	己未 15 五	庚申 16 六	辛酉 17 日	壬戌 18 一	癸亥 19 二	甲子 20 三	乙丑 21 四	丙寅 22 五	丁卯 23 六	戊辰 24 日	己巳 25 一	庚午 26 二	辛未 27 三	壬申 28 四	癸酉 29 五	甲戌 30 六	乙亥 (10) 日	丙子 2 一	丁丑 3 二	戊寅 4 三	己卯 5 四	庚辰 6 五	辛巳 7 六	壬午 8 日	癸未 9 一	甲申 10 二	乙酉 11 三	丙戌 12 四	丁亥 13 五	戊子 14 六	庚申秋分 乙亥寒露
九月大	丙戌	天干 地支 西曆 星期	己丑 15 日	庚寅 16 一	辛卯 17 二	壬辰 18 三	癸巳 19 四	甲午 20 五	乙未 21 六	丙申 22 日	丁酉 23 一	戊戌 24 二	己亥 25 三	庚子 26 四	辛丑 27 五	壬寅 28 六	癸卯 29 日	甲辰 30 一	乙巳 31 二	丙午 (11) 三	丁未 2 四	戊申 3 五	己酉 4 六	庚戌 5 日	辛亥 6 一	壬子 7 二	癸丑 8 三	甲寅 9 四	乙卯 10 五	丙辰 11 六	丁巳 12 日	戊午 13 一	辛卯霜降 丙午立冬
十月小	丁亥	天干 地支 西曆 星期	己未 14 二	庚申 15 三	辛酉 16 四	壬戌 17 五	癸亥 18 六	甲子 19 日	乙丑 20 一	丙寅 21 二	丁卯 22 三	戊辰 23 四	己巳 24 五	庚午 25 六	辛未 26 日	壬申 27 一	癸酉 28 二	甲戌 29 三	乙亥 30 四	丙子 (12) 五	丁丑 2 六	戊寅 3 日	己卯 4 一	庚辰 5 二	辛巳 6 三	壬午 7 四	癸未 8 五	甲申 9 六	乙酉 10 日	丙戌 11 一	丁亥 12 二		辛酉小雪 丙子大雪
十一月大	戊子	天干 地支 西曆 星期	戊子 13 三	己丑 14 四	庚寅 15 五	辛卯 16 六	壬辰 17 日	癸巳 18 一	甲午 19 二	乙未 20 三	丙申 21 四	丁酉 22 五	戊戌 23 六	己亥 24 日	庚子 25 一	辛丑 26 二	壬寅 27 三	癸卯 28 四	甲辰 29 五	乙巳 30 六	丙午 31 日	丁未 (1) 一	戊申 2 二	己酉 3 三	庚戌 4 四	辛亥 5 五	壬子 6 六	癸丑 7 日	甲寅 8 一	乙卯 9 二	丙辰 10 三	丁巳 11 四	辛卯冬至 丁未小寒
十二月大	己丑	天干 地支 西曆 星期	戊午 12 五	己未 13 六	庚申 14 日	辛酉 15 一	壬戌 16 二	癸亥 17 三	甲子 18 四	乙丑 19 五	丙寅 20 六	丁卯 21 日	戊辰 22 一	己巳 23 二	庚午 24 三	辛未 25 四	壬申 26 五	癸酉 27 六	甲戌 28 日	乙亥 29 一	丙子 30 二	丁丑 31 三	戊寅 (2) 四	己卯 2 五	庚辰 3 六	辛巳 4 日	壬午 5 一	癸未 6 二	甲申 7 三	乙酉 8 四	丙戌 9 五	丁亥 10 六	壬戌大寒 丁丑立春

遼太祖神册六年（辛巳 蛇年） 公元 921 ~ 922 年

夏曆月序		中西曆日對照	初一	初二	初三	初四	初五	初六	初七	初八	初九	初十	十一	十二	十三	十四	十五	十六	十七	十八	十九	二十	二一	二二	二三	二四	二五	二六	二七	二八	二九	三十	節氣與天象
正月大	庚寅	天干地支 西曆 星期	戊子 11 日	己丑 12 一	庚寅 13 二	辛卯 14 三	壬辰 15 四	癸巳 16 五	甲午 17 六	乙未 18 日	丙申 19 一	丁酉 20 二	戊戌 21 三	己亥 22 四	庚子 23 五	辛丑 24 六	壬寅 25 日	癸卯 26 一	甲辰 27 二	乙巳 28 三	丙午 (3) 四	丁未 2 五	戊申 3 六	己酉 4 日	庚戌 5 一	辛亥 6 二	壬子 7 三	癸丑 8 四	甲寅 9 五	乙卯 10 六	丙辰 11 日	丁巳 12 一	壬辰雨水 戊申驚蟄
二月小	辛卯	天干地支 西曆 星期	戊午 13 二	己未 14 三	庚申 15 四	辛酉 16 五	壬戌 17 六	癸亥 18 日	甲子 19 一	乙丑 20 二	丙寅 21 三	丁卯 22 四	戊辰 23 五	己巳 24 六	庚午 25 日	辛未 26 一	壬申 27 二	癸酉 28 三	甲戌 29 四	乙亥 30 五	丙子 31 六	丁丑 (4) 日	戊寅 2 一	己卯 3 二	庚辰 4 三	辛巳 5 四	壬午 6 五	癸未 7 六	甲申 8 日	乙酉 9 一	丙戌 10 二		癸亥春分 戊寅清明
三月大	壬辰	天干地支 西曆 星期	丁亥 11 三	戊子 12 四	己丑 13 五	庚寅 14 六	辛卯 15 日	壬辰 16 一	癸巳 17 二	甲午 18 三	乙未 19 四	丙申 20 五	丁酉 21 六	戊戌 22 日	己亥 23 一	庚子 24 二	辛丑 25 三	壬寅 26 四	癸卯 27 五	甲辰 28 六	乙巳 29 日	丙午 30 一	丁未 (5) 二	戊申 2 三	己酉 3 四	庚戌 4 五	辛亥 5 六	壬子 6 日	癸丑 7 一	甲寅 8 二	乙卯 9 三	丙辰 10 四	癸巳穀雨 戊申立夏
四月小	癸巳	天干地支 西曆 星期	丁巳 11 五	戊午 12 六	己未 13 日	庚申 14 一	辛酉 15 二	壬戌 16 三	癸亥 17 四	甲子 18 五	乙丑 19 六	丙寅 20 日	丁卯 21 一	戊辰 22 二	己巳 23 三	庚午 24 四	辛未 25 五	壬申 26 六	癸酉 27 日	甲戌 28 一	乙亥 29 二	丙子 30 三	丁丑 31 四	戊寅 (6) 五	己卯 2 六	庚辰 3 日	辛巳 4 一	壬午 5 二	癸未 6 三	甲申 7 四	乙酉 8 五		甲子小滿 己卯芒種
五月小	甲午	天干地支 西曆 星期	丙戌 9 六	丁亥 10 日	戊子 11 一	己丑 12 二	庚寅 13 三	辛卯 14 四	壬辰 15 五	癸巳 16 六	甲午 17 日	乙未 18 一	丙申 19 二	丁酉 20 三	戊戌 21 四	己亥 22 五	庚子 23 六	辛丑 24 日	壬寅 25 一	癸卯 26 二	甲辰 27 三	乙巳 28 四	丙午 29 五	丁未 30 六	戊申 (7) 日	己酉 2 一	庚戌 3 二	辛亥 4 三	壬子 5 四	癸丑 6 五	甲寅 7 六		甲午夏至 己酉小暑
六月小	乙未	天干地支 西曆 星期	乙卯 8 日	丙辰 9 一	丁巳 10 二	戊午 11 三	己未 12 四	庚申 13 五	辛酉 14 六	壬戌 15 日	癸亥 16 一	甲子 17 二	乙丑 18 三	丙寅 19 四	丁卯 20 五	戊辰 21 六	己巳 22 日	庚午 23 一	辛未 24 二	壬申 25 三	癸酉 26 四	甲戌 27 五	乙亥 28 六	丙子 29 日	丁丑 30 一	戊寅 31 二	己卯 (8) 三	庚辰 2 四	辛巳 3 五	壬午 4 六	癸未 5 日		甲子大暑 庚辰立秋
七月大	丙申	天干地支 西曆 星期	甲申 6 一	乙酉 7 二	丙戌 8 三	丁亥 9 四	戊子 10 五	己丑 11 六	庚寅 12 日	辛卯 13 一	壬辰 14 二	癸巳 15 三	甲午 16 四	乙未 17 五	丙申 18 六	丁酉 19 日	戊戌 20 一	己亥 21 二	庚子 22 三	辛丑 23 四	壬寅 24 五	癸卯 25 六	甲辰 26 日	乙巳 27 一	丙午 28 二	丁未 29 三	戊申 30 四	己酉 31 五	庚戌 (9) 六	辛亥 2 日	壬子 3 一	癸丑 4 二	乙未處暑 庚戌白露
八月小	丁酉	天干地支 西曆 星期	甲寅 5 三	乙卯 6 四	丙辰 7 五	丁巳 8 六	戊午 9 日	己未 10 一	庚申 11 二	辛酉 12 三	壬戌 13 四	癸亥 14 五	甲子 15 六	乙丑 16 日	丙寅 17 一	丁卯 18 二	戊辰 19 三	己巳 20 四	庚午 21 五	辛未 22 六	壬申 23 日	癸酉 24 一	甲戌 25 二	乙亥 26 三	丙子 27 四	丁丑 28 五	戊寅 29 六	己卯 30 日	庚辰 (10) 一	辛巳 2 二	壬午 3 三		乙丑秋分 辛巳寒露
九月大	戊戌	天干地支 西曆 星期	癸未 4 四	甲申 5 五	乙酉 6 六	丙戌 7 日	丁亥 8 一	戊子 9 二	己丑 10 三	庚寅 11 四	辛卯 12 五	壬辰 13 六	癸巳 14 日	甲午 15 一	乙未 16 二	丙申 17 三	丁酉 18 四	戊戌 19 五	己亥 20 六	庚子 21 日	辛丑 22 一	壬寅 23 二	癸卯 24 三	甲辰 25 四	乙巳 26 五	丙午 27 六	丁未 28 日	戊申 29 一	己酉 30 二	庚戌 31 三	辛亥 (11) 四	壬子 2 五	丙申霜降 辛亥立冬
十月小	己亥	天干地支 西曆 星期	癸丑 3 六	甲寅 4 日	乙卯 5 一	丙辰 6 二	丁巳 7 三	戊午 8 四	己未 9 五	庚申 10 六	辛酉 11 日	壬戌 12 一	癸亥 13 二	甲子 14 三	乙丑 15 四	丙寅 16 五	丁卯 17 六	戊辰 18 日	己巳 19 一	庚午 20 二	辛未 21 三	壬申 22 四	癸酉 23 五	甲戌 24 六	乙亥 25 日	丙子 26 一	丁丑 27 二	戊寅 28 三	己卯 29 四	庚辰 30 五	辛巳 (12) 六		丙寅小雪 辛巳大雪
十一月大	庚子	天干地支 西曆 星期	壬午 2 日	癸未 3 一	甲申 4 二	乙酉 5 三	丙戌 6 四	丁亥 7 五	戊子 8 六	己丑 9 日	庚寅 10 一	辛卯 11 二	壬辰 12 三	癸巳 13 四	甲午 14 五	乙未 15 六	丙申 16 日	丁酉 17 一	戊戌 18 二	己亥 19 三	庚子 20 四	辛丑 21 五	壬寅 22 六	癸卯 23 日	甲辰 24 一	乙巳 25 二	丙午 26 三	丁未 27 四	戊申 28 五	己酉 29 六	庚戌 30 日	辛亥 31 一	丁酉冬至
十二月大	辛丑	天干地支 西曆 星期	壬子 (1) 二	癸丑 2 三	甲寅 3 四	乙卯 4 五	丙辰 5 六	丁巳 6 日	戊午 7 一	己未 8 二	庚申 9 三	辛酉 10 四	壬戌 11 五	癸亥 12 六	甲子 13 日	乙丑 14 一	丙寅 15 二	丁卯 16 三	戊辰 17 四	己巳 18 五	庚午 19 六	辛未 20 日	壬申 21 一	癸酉 22 二	甲戌 23 三	乙亥 24 四	丙子 25 五	丁丑 26 六	戊寅 27 日	己卯 28 一	庚辰 29 二	辛巳 30 三	壬子小寒 丁卯大寒

遼太祖神册七年 天贊元年（壬午 馬年） 公元 922 ~ 923 年

夏曆月序		中西曆日對照	初一	初二	初三	初四	初五	初六	初七	初八	初九	初十	十一	十二	十三	十四	十五	十六	十七	十八	十九	二十	二一	二二	二三	二四	二五	二六	二七	二八	二九	三十	節氣與天象
正月大	壬寅	干支 天地西曆 星期	壬午 31 四	癸未 (2) 五	甲申 2 六	乙酉 3 日	丙戌 4 一	丁亥 5 二	戊子 6 三	己丑 7 四	庚寅 8 五	辛卯 9 六	壬辰 10 日	癸巳 11 一	甲午 12 二	乙未 13 三	丙申 14 四	丁酉 15 五	戊戌 16 六	己亥 17 日	庚子 18 一	辛丑 19 二	壬寅 20 三	癸卯 21 四	甲辰 22 五	乙巳 23 六	丙午 24 日	丁未 25 一	戊申 26 二	己酉 27 三	庚戌 28 四	辛亥 (3) 五	壬午立春 戊戌雨水
二月小	癸卯	干支 天地西曆 星期	壬子 2 六	癸丑 3 日	甲寅 4 一	乙卯 5 二	丙辰 6 三	丁巳 7 四	戊午 8 五	己未 9 六	庚申 10 日	辛酉 11 一	壬戌 12 二	癸亥 13 三	甲子 14 四	乙丑 15 五	丙寅 16 六	丁卯 17 日	戊辰 18 一	己巳 19 二	庚午 20 三	辛未 21 四	壬申 22 五	癸酉 23 六	甲戌 24 日	乙亥 25 一	丙子 26 二	丁丑 27 三	戊寅 28 四	己卯 29 五	庚辰 30 六		癸丑驚蟄 戊辰春分
三月大	甲辰	干支 天地西曆 星期	辛巳 31 日	壬午 (4) 一	癸未 2 二	甲申 3 三	乙酉 4 四	丙戌 5 五	丁亥 6 六	戊子 7 日	己丑 8 一	庚寅 9 二	辛卯 10 三	壬辰 11 四	癸巳 12 五	甲午 13 六	乙未 14 日	丙申 15 一	丁酉 16 二	戊戌 17 三	己亥 18 四	庚子 19 五	辛丑 20 六	壬寅 21 日	癸卯 22 一	甲辰 23 二	乙巳 24 三	丙午 25 四	丁未 26 五	戊申 27 六	己酉 28 日	庚戌 29 一	癸未清明 戊戌穀雨
四月小	乙巳	干支 天地西曆 星期	辛亥 30 二	壬子 (5) 三	癸丑 2 四	甲寅 3 五	乙卯 4 六	丙辰 5 日	丁巳 6 一	戊午 7 二	己未 8 三	庚申 9 四	辛酉 10 五	壬戌 11 六	癸亥 12 日	甲子 13 一	乙丑 14 二	丙寅 15 三	丁卯 16 四	戊辰 17 五	己巳 18 六	庚午 19 日	辛未 20 一	壬申 21 二	癸酉 22 三	甲戌 23 四	乙亥 24 五	丙子 25 六	丁丑 26 日	戊寅 27 一	己卯 28 二		甲寅立夏 己巳小滿
五月大	丙午	干支 天地西曆 星期	庚辰 29 三	辛巳 30 四	壬午 31 五	癸未 (6) 六	甲申 2 日	乙酉 3 一	丙戌 4 二	丁亥 5 三	戊子 6 四	己丑 7 五	庚寅 8 六	辛卯 9 日	壬辰 10 一	癸巳 11 二	甲午 12 三	乙未 13 四	丙申 14 五	丁酉 15 六	戊戌 16 日	己亥 17 一	庚子 18 二	辛丑 19 三	壬寅 20 四	癸卯 21 五	甲辰 22 六	乙巳 23 日	丙午 24 一	丁未 25 二	戊申 26 三	己酉 27 四	甲申芒種 己亥夏至
六月小	丁未	干支 天地西曆 星期	庚戌 28 五	辛亥 29 六	壬子 30 日	癸丑 (7) 一	甲寅 2 二	乙卯 3 三	丙辰 4 四	丁巳 5 五	戊午 6 六	己未 7 日	庚申 8 一	辛酉 9 二	壬戌 10 三	癸亥 11 四	甲子 12 五	乙丑 13 六	丙寅 14 日	丁卯 15 一	戊辰 16 二	己巳 17 三	庚午 18 四	辛未 19 五	壬申 20 六	癸酉 21 日	甲戌 22 一	乙亥 23 二	丙子 24 三	丁丑 25 四	戊寅 26 五		乙卯小暑 庚午大暑
七月小	戊申	干支 天地西曆 星期	己卯 27 六	庚辰 28 日	辛巳 29 一	壬午 30 二	癸未 31 三	甲申 (8) 四	乙酉 2 五	丙戌 3 六	丁亥 4 日	戊子 5 一	己丑 6 二	庚寅 7 三	辛卯 8 四	壬辰 9 五	癸巳 10 六	甲午 11 日	乙未 12 一	丙申 13 二	丁酉 14 三	戊戌 15 四	己亥 16 五	庚子 17 六	辛丑 18 日	壬寅 19 一	癸卯 20 二	甲辰 21 三	乙巳 22 四	丙午 23 五	丁未 24 六		乙酉立秋 庚子處暑
八月大	己酉	干支 天地西曆 星期	戊申 25 日	己酉 26 一	庚戌 27 二	辛亥 28 三	壬子 29 四	癸丑 30 五	甲寅 31 六	乙卯 (9) 日	丙辰 2 一	丁巳 3 二	戊午 4 三	己未 5 四	庚申 6 五	辛酉 7 六	壬戌 8 日	癸亥 9 一	甲子 10 二	乙丑 11 三	丙寅 12 四	丁卯 13 五	戊辰 14 六	己巳 15 日	庚午 16 一	辛未 17 二	壬申 18 三	癸酉 19 四	甲戌 20 五	乙亥 21 六	丙子 22 日	丁丑 23 一	乙卯白露 辛未秋分
九月小	庚戌	干支 天地西曆 星期	戊寅 24 二	己卯 25 三	庚辰 26 四	辛巳 27 五	壬午 28 六	癸未 29 日	甲申 30 一	乙酉 (10) 二	丙戌 2 三	丁亥 3 四	戊子 4 五	己丑 5 六	庚寅 6 日	辛卯 7 一	壬辰 8 二	癸巳 9 三	甲午 10 四	乙未 11 五	丙申 12 六	丁酉 13 日	戊戌 14 一	己亥 15 二	庚子 16 三	辛丑 17 四	壬寅 18 五	癸卯 19 六	甲辰 20 日	乙巳 21 一	丙午 22 二		丙戌寒露 辛丑霜降
十月大	辛亥	干支 天地西曆 星期	丁未 23 三	戊申 24 四	己酉 25 五	庚戌 26 六	辛亥 27 日	壬子 28 一	癸丑 29 二	甲寅 30 三	乙卯 31 四	丙辰 (11) 五	丁巳 2 六	戊午 3 日	己未 4 一	庚申 5 二	辛酉 6 三	壬戌 7 四	癸亥 8 五	甲子 9 六	乙丑 10 日	丙寅 11 一	丁卯 12 二	戊辰 13 三	己巳 14 四	庚午 15 五	辛未 16 六	壬申 17 日	癸酉 18 一	甲戌 19 二	乙亥 20 三	子 21 四	丙辰立冬 辛未小雪
十一月小	壬子	干支 天地西曆 星期	丁丑 22 五	戊寅 23 六	己卯 24 日	庚辰 25 一	辛巳 26 二	壬午 27 三	癸未 28 四	甲申 29 五	乙酉 30 六	丙戌 (12) 日	丁亥 2 一	戊子 3 二	己丑 4 三	庚寅 5 四	辛卯 6 五	壬辰 7 六	癸巳 8 日	甲午 9 一	乙未 10 二	丙申 11 三	丁酉 12 四	戊戌 13 五	己亥 14 六	庚子 15 日	辛丑 16 一	壬寅 17 二	癸卯 18 三	甲辰 19 四	乙巳 20 五		丁亥大雪 壬寅冬至
十二月大	癸丑	干支 天地西曆 星期	丙午 21 六	丁未 22 日	戊申 23 一	己酉 24 二	庚戌 25 三	辛亥 26 四	壬子 27 五	癸丑 28 六	甲寅 29 日	乙卯 30 一	丙辰 31 二	丁巳 (1) 三	戊午 2 四	己未 3 五	庚申 4 六	辛酉 5 日	壬戌 6 一	癸亥 7 二	甲子 8 三	乙丑 9 四	丙寅 10 五	丁卯 11 六	戊辰 12 日	己巳 13 一	庚午 14 二	辛未 15 三	壬申 16 四	癸酉 17 五	甲戌 18 六	乙亥 19 日	丁巳小寒 壬申大寒

* 正月癸巳（十二日），改元天贊。

遼太祖天贊二年（癸未 羊年） 公元923 ~ 924年

夏曆月序		中西曆日對照	初一	初二	初三	初四	初五	初六	初七	初八	初九	初十	十一	十二	十三	十四	十五	十六	十七	十八	十九	二十	二一	二二	二三	二四	二五	二六	二七	二八	二九	三十	節氣與天象
正月大	甲寅	天干地支西曆星期	丙子20一	丁丑21二	戊寅22三	己卯23四	庚辰24五	辛巳25六	壬午26日	癸未27一	甲申28二	乙酉29三	丙戌30四	丁亥31五	戊子(2)六	己丑2日	庚寅3一	辛卯4二	壬辰5三	癸巳6四	甲午7五	乙未8六	丙申9日	丁酉10一	戊戌11二	己亥12三	庚子13四	辛丑14五	壬寅15六	癸卯16日	甲辰17一	乙巳18二	戊子立春 癸卯雨水
二月小	乙卯	天干地支西曆星期	丙午19三	丁未20四	戊申21五	己酉22六	庚戌23日	辛亥24一	壬子25二	癸丑26三	甲寅27四	乙卯28五	丙辰(3)六	丁巳2日	戊午3一	己未4二	庚申5三	辛酉6四	壬戌7五	癸亥8六	甲子9日	乙丑10一	丙寅11二	丁卯12三	戊辰13四	己巳14五	庚午15六	辛未16日	壬申17一	癸酉18二	甲戌19三		戊午驚蟄 癸酉春分
三月大	丙辰	天干地支西曆星期	乙亥20四	丙子21五	丁丑22六	戊寅23日	己卯24一	庚辰25二	辛巳26三	壬午27四	癸未28五	甲申29六	乙酉30日	丙戌31一	丁亥(4)二	戊子2三	己丑3四	庚寅4五	辛卯5六	壬辰6日	癸巳7一	甲午8二	乙未9三	丙申10四	丁酉11五	戊戌12六	己亥13日	庚子14一	辛丑15二	壬寅16三	癸卯17四	甲辰18五	戊子清明 甲辰穀雨
四月大	丁巳	天干地支西曆星期	乙巳19六	丙午20日	丁未21一	戊申22二	己酉23三	庚戌24四	辛亥25五	壬子26六	癸丑27日	甲寅28一	乙卯29二	丙辰30三	丁巳(5)四	戊午2五	己未3六	庚申4日	辛酉5一	壬戌6二	癸亥7三	甲子8四	乙丑9五	丙寅10六	丁卯11日	戊辰12一	己巳13二	庚午14三	辛未15四	壬申16五	癸酉17六	甲戌18日	己未立夏 甲戌小滿
閏四月小	丁巳	天干地支西曆星期	乙亥19一	丙子20二	丁丑21三	戊寅22四	己卯23五	庚辰24六	辛巳25日	壬午26一	癸未27二	甲申28三	乙酉29四	丙戌30五	丁亥31六	戊子(6)日	己丑2一	庚寅3二	辛卯4三	壬辰5四	癸巳6五	甲午7六	乙未8日	丙申9一	丁酉10二	戊戌11三	己亥12四	庚子13五	辛丑14六	壬寅15日	癸卯16一		己丑芒種
五月大	戊午	天干地支西曆星期	甲辰17二	乙巳18三	丙午19四	丁未20五	戊申21六	己酉22日	庚戌23一	辛亥24二	壬子25三	癸丑26四	甲寅27五	乙卯28六	丙辰29日	丁巳30一	戊午(7)二	己未2三	庚申3四	辛酉4五	壬戌5六	癸亥6日	甲子7一	乙丑8二	丙寅9三	丁卯10四	戊辰11五	己巳12六	庚午13日	辛未14一	壬申15二	癸酉16三	乙巳夏至 庚申小暑
六月小	己未	天干地支西曆星期	甲戌17四	乙亥18五	丙子19六	丁丑20日	戊寅21一	己卯22二	庚辰23三	辛巳24四	壬午25五	癸未26六	甲申27日	乙酉28一	丙戌29二	丁亥30三	戊子31四	己丑(8)五	庚寅2六	辛卯3日	壬辰4一	癸巳5二	甲午6三	乙未7四	丙申8五	丁酉9六	戊戌10日	己亥11一	庚子12二	辛丑13三	壬寅14四		乙亥大暑 庚寅立秋
七月小	庚申	天干地支西曆星期	癸卯15五	甲辰16六	乙巳17日	丙午18一	丁未19二	戊申20三	己酉21四	庚戌22五	辛亥23六	壬子24日	癸丑25一	甲寅26二	乙卯27三	丙辰28四	丁巳29五	戊午30六	己未31日	庚申(9)一	辛酉2二	壬戌3三	癸亥4四	甲子5五	乙丑6六	丙寅7日	丁卯8一	戊辰9二	己巳10三	庚午11四	辛未12五		乙巳處暑 辛酉白露
八月大	辛酉	天干地支西曆星期	壬申13六	癸酉14日	甲戌15一	乙亥16二	丙子17三	丁丑18四	戊寅19五	己卯20六	庚辰21日	辛巳22一	壬午23二	癸未24三	甲申25四	乙酉26五	丙戌27六	丁亥28日	戊子29一	己丑30二	庚寅(10)三	辛卯2四	壬辰3五	癸巳4六	甲午5日	乙未6一	丙申7二	丁酉8三	戊戌9四	己亥10五	庚子11六	辛丑12日	丙子秋分 辛卯寒露
九月小	壬戌	天干地支西曆星期	壬寅13一	癸卯14二	甲辰15三	乙巳16四	丙午17五	丁未18六	戊申19日	己酉20一	庚戌21二	辛亥22三	壬子23四	癸丑24五	甲寅25六	乙卯26日	丙辰27一	丁巳28二	戊午29三	己未30四	庚申31五	辛酉(11)六	壬戌2日	癸亥3一	甲子4二	乙丑5三	丙寅6四	丁卯7五	戊辰8六	己巳9日	庚午10一		丙午霜降 辛酉立冬
十月大	癸亥	天干地支西曆星期	辛未11二	壬申12三	癸酉13四	甲戌14五	乙亥15六	丙子16日	丁丑17一	戊寅18二	己卯19三	庚辰20四	辛巳21五	壬午22六	癸未23日	甲申24一	乙酉25二	丙戌26三	丁亥27四	戊子28五	己丑29六	庚寅30日	辛卯(12)一	壬辰2二	癸巳3三	甲午4四	乙未5五	丙申6六	丁酉7日	戊戌8一	己亥9二	庚子10三	丁丑小雪 壬辰大雪
十一月小	甲子	天干地支西曆星期	辛丑11四	壬寅12五	癸卯13六	甲辰14日	乙巳15一	丙午16二	丁未17三	戊申18四	己酉19五	庚戌20六	辛亥21日	壬子22一	癸丑23二	甲寅24三	乙卯25四	丙辰26五	丁巳27六	戊午28日	己未29一	庚申30二	辛酉31三	壬戌(1)四	癸亥2五	甲子3六	乙丑4日	丙寅5一	丁卯6二	戊辰7三	己巳8四		丁未冬至 壬戌小寒
十二月大	乙丑	天干地支西曆星期	庚午9五	辛未10六	壬申11日	癸酉12一	甲戌13二	乙亥14三	丙子15四	丁丑16五	戊寅17六	己卯18日	庚辰19一	辛巳20二	壬午21三	癸未22四	甲申23五	乙酉24六	丙戌25日	丁亥26一	戊子27二	己丑28三	庚寅29四	辛卯30五	壬辰31六	癸巳(2)日	甲午2一	乙未3二	丙申4三	丁酉5四	戊戌6五	己亥7六	戊寅大寒 癸巳立春

遼太祖天贊三年（甲申 猴年） 公元 924 ~ 925 年

夏曆月序		中西曆日對照	初一	初二	初三	初四	初五	初六	初七	初八	初九	初十	十一	十二	十三	十四	十五	十六	十七	十八	十九	二十	二一	二二	二三	二四	二五	二六	二七	二八	二九	三十	節氣與天象
正月小	丙寅	天干地支 西曆 星期	庚子 8 日	辛丑 9 一	壬寅 10 二	癸卯 11 三	甲辰 12 四	乙巳 13 五	丙午 14 六	丁未 15 日	戊申 16 一	己酉 17 二	庚戌 18 三	辛亥 19 四	壬子 20 五	癸丑 21 六	甲寅 22 日	乙卯 23 一	丙辰 24 二	丁巳 25 三	戊午 26 四	己未 27 五	庚申 28 六	辛酉 29 日	壬戌 (3) 一	癸亥 2 二	甲子 3 三	乙丑 4 四	丙寅 5 五	丁卯 6 六	戊辰 7 日		戊申雨水 癸亥驚蟄
二月大	丁卯	天干地支 西曆 星期	己巳 8 一	庚午 9 二	辛未 10 三	壬申 11 四	癸酉 12 五	甲戌 13 六	乙亥 14 日	丙子 15 一	丁丑 16 二	戊寅 17 三	己卯 18 四	庚辰 19 五	辛巳 20 六	壬午 21 日	癸未 22 一	甲申 23 二	乙酉 24 三	丙戌 25 四	丁亥 26 五	戊子 27 六	己丑 28 日	庚寅 29 一	辛卯 30 二	壬辰 31 三	癸巳 (4) 四	甲午 2 五	乙未 3 六	丙申 4 日	丁酉 5 一	戊戌 6 二	戊寅春分 甲午清明
三月大	戊辰	天干地支 西曆 星期	己亥 7 三	庚子 8 四	辛丑 9 五	壬寅 10 六	癸卯 11 日	甲辰 12 一	乙巳 13 二	丙午 14 三	丁未 15 四	戊申 16 五	己酉 17 六	庚戌 18 日	辛亥 19 一	壬子 20 二	癸丑 21 三	甲寅 22 四	乙卯 23 五	丙辰 24 六	丁巳 25 日	戊午 26 一	己未 27 二	庚申 28 三	辛酉 29 四	壬戌 30 五	癸亥 (5) 六	甲子 2 日	乙丑 3 一	丙寅 4 二	丁卯 5 三	戊辰 6 四	己酉穀雨 甲子立夏
四月小	己巳	天干地支 西曆 星期	己巳 7 五	庚午 8 六	辛未 9 日	壬申 10 一	癸酉 11 二	甲戌 12 三	乙亥 13 四	丙子 14 五	丁丑 15 六	戊寅 16 日	己卯 17 一	庚辰 18 二	辛巳 19 三	壬午 20 四	癸未 21 五	甲申 22 六	乙酉 23 日	丙戌 24 一	丁亥 25 二	戊子 26 三	己丑 27 四	庚寅 28 五	辛卯 29 六	壬辰 30 日	癸巳 31 一	甲午 (6) 二	乙未 2 三	丙申 3 四	丁酉 4 五		己卯小滿 乙未芒種
五月大	庚午	天干地支 西曆 星期	戊戌 5 六	己亥 6 日	庚子 7 一	辛丑 8 二	壬寅 9 三	癸卯 10 四	甲辰 11 五	乙巳 12 六	丙午 13 日	丁未 14 一	戊申 15 二	己酉 16 三	庚戌 17 四	辛亥 18 五	壬子 19 六	癸丑 20 日	甲寅 21 一	乙卯 22 二	丙辰 23 三	丁巳 24 四	戊午 25 五	己未 26 六	庚申 27 日	辛酉 28 一	壬戌 29 二	癸亥 30 三	甲子 (7) 四	乙丑 2 五	丙寅 3 六	丁卯 4 日	庚戌夏至 乙丑小暑
六月大	辛未	天干地支 西曆 星期	戊辰 5 一	己巳 6 二	庚午 7 三	辛未 8 四	壬申 9 五	癸酉 10 六	甲戌 11 日	乙亥 12 一	丙子 13 二	丁丑 14 三	戊寅 15 四	己卯 16 五	庚辰 17 六	辛巳 18 日	壬午 19 一	癸未 20 二	甲申 21 三	乙酉 22 四	丙戌 23 五	丁亥 24 六	戊子 25 日	己丑 26 一	庚寅 27 二	辛卯 28 三	壬辰 29 四	癸巳 30 五	甲午 31 六	乙未 (8) 日	丙申 2 一	丁酉 3 二	庚辰大暑 乙未立秋
七月小	壬申	天干地支 西曆 星期	戊戌 4 三	己亥 5 四	庚子 6 五	辛丑 7 六	壬寅 8 日	癸卯 9 一	甲辰 10 二	乙巳 11 三	丙午 12 四	丁未 13 五	戊申 14 六	己酉 15 日	庚戌 16 一	辛亥 17 二	壬子 18 三	癸丑 19 四	甲寅 20 五	乙卯 21 六	丙辰 22 日	丁巳 23 一	戊午 24 二	己未 25 三	庚申 26 四	辛酉 27 五	壬戌 28 六	癸亥 29 日	甲子 30 一	乙丑 31 二	丙寅 (9) 三		辛亥處暑 丙寅白露
八月大	癸酉	天干地支 西曆 星期	丁卯 2 四	戊辰 3 五	己巳 4 六	庚午 5 日	辛未 6 一	壬申 7 二	癸酉 8 三	甲戌 9 四	乙亥 10 五	丙子 11 六	丁丑 12 日	戊寅 13 一	己卯 14 二	庚辰 15 三	辛巳 16 四	壬午 17 五	癸未 18 六	甲申 19 日	乙酉 20 一	丙戌 21 二	丁亥 22 三	戊子 23 四	己丑 24 五	庚寅 25 六	辛卯 26 日	壬辰 27 一	癸巳 28 二	甲午 29 三	乙未 30 四	丙申 (10) 五	辛巳秋分 丙申寒露
九月小	甲戌	天干地支 西曆 星期	丁酉 2 六	戊戌 3 日	己亥 4 一	庚子 5 二	辛丑 6 三	壬寅 7 四	癸卯 8 五	甲辰 9 六	乙巳 10 日	丙午 11 一	丁未 12 二	戊申 13 三	己酉 14 四	庚戌 15 五	辛亥 16 六	壬子 17 日	癸丑 18 一	甲寅 19 二	乙卯 20 三	丙辰 21 四	丁巳 22 五	戊午 23 六	己未 24 日	庚申 25 一	辛酉 26 二	壬戌 27 三	癸亥 28 四	甲子 29 五	乙丑 30 六		壬子霜降
十月小	乙亥	天干地支 西曆 星期	丙寅 31 日	丁卯 (11) 一	戊辰 2 二	己巳 3 三	庚午 4 四	辛未 5 五	壬申 6 六	癸酉 7 日	甲戌 8 一	乙亥 9 二	丙子 10 三	丁丑 11 四	戊寅 12 五	己卯 13 六	庚辰 14 日	辛巳 15 一	壬午 16 二	癸未 17 三	甲申 18 四	乙酉 19 五	丙戌 20 六	丁亥 21 日	戊子 22 一	己丑 23 二	庚寅 24 三	辛卯 25 四	壬辰 26 五	癸巳 27 六	甲午 28 日		丁卯立冬 壬午小雪
十一月大	丙子	天干地支 西曆 星期	乙未 29 一	丙申 30 二	丁酉 (12) 三	戊戌 2 四	己亥 3 五	庚子 4 六	辛丑 5 日	壬寅 6 一	癸卯 7 二	甲辰 8 三	乙巳 9 四	丙午 10 五	丁未 11 六	戊申 12 日	己酉 13 一	庚戌 14 二	辛亥 15 三	壬子 16 四	癸丑 17 五	甲寅 18 六	乙卯 19 日	丙辰 20 一	丁巳 21 二	戊午 22 三	己未 23 四	庚申 24 五	辛酉 25 六	壬戌 26 日	癸亥 27 一	甲子 28 二	丁酉大雪 壬子冬至
十二月小	丁丑	天干地支 西曆 星期	乙丑 29 三	丙寅 30 四	丁卯 31 五	戊辰 (1) 六	己巳 2 日	庚午 3 一	辛未 4 二	壬申 5 三	癸酉 6 四	甲戌 7 五	乙亥 8 六	丙子 9 日	丁丑 10 一	戊寅 11 二	己卯 12 三	庚辰 13 四	辛巳 14 五	壬午 15 六	癸未 16 日	甲申 17 一	乙酉 18 二	丙戌 19 三	丁亥 20 四	戊子 21 五	己丑 22 六	庚寅 23 日	辛卯 24 一	壬辰 25 二	癸巳 26 三		戊辰小寒 癸未大寒

遼太祖天贊四年（乙酉 鷄年） 公元 925 ~ 926 年

夏曆月序		中西曆日對照	初一	初二	初三	初四	初五	初六	初七	初八	初九	初十	十一	十二	十三	十四	十五	十六	十七	十八	十九	二十	二一	二二	二三	二四	二五	二六	二七	二八	二九	三十	節氣與天象
正月大	戊寅	干支 天地 西曆 星期	甲午 27 四	乙未 28 五	丙申 29 六	丁酉 30 日	戊戌 31 一	己亥 (2) 二	庚子 2 三	辛丑 3 四	壬寅 4 五	癸卯 5 六	甲辰 6 日	乙巳 7 一	丙午 8 二	丁未 9 三	戊申 10 四	己酉 11 五	庚戌 12 六	辛亥 13 日	壬子 14 一	癸丑 15 二	甲寅 16 三	乙卯 17 四	丙辰 18 五	丁巳 19 六	戊午 20 日	己未 21 一	庚申 22 二	辛酉 23 三	壬戌 24 四	癸亥 25 五	戊戌立春 癸丑雨水
二月小	己卯	干支 天地 西曆 星期	甲子 26 六	乙丑 27 日	丙寅 28 一	丁卯 (3) 二	戊辰 2 三	己巳 3 四	庚午 4 五	辛未 5 六	壬申 6 日	癸酉 7 一	甲戌 8 二	乙亥 9 三	丙子 10 四	丁丑 11 五	戊寅 12 六	己卯 13 日	庚辰 14 一	辛巳 15 二	壬午 16 三	癸未 17 四	甲申 18 五	乙酉 19 六	丙戌 20 日	丁亥 21 一	戊子 22 二	己丑 23 三	庚寅 24 四	辛卯 25 五	壬辰 26 六		戊辰驚蟄 甲申春分
三月大	庚辰	干支 天地 西曆 星期	癸巳 27 日	甲午 28 一	乙未 29 二	丙申 30 三	丁酉 31 四	戊戌 (4) 五	己亥 2 六	庚子 3 日	辛丑 4 一	壬寅 5 二	癸卯 6 三	甲辰 7 四	乙巳 8 五	丙午 9 六	丁未 10 日	戊申 11 一	己酉 12 二	庚戌 13 三	辛亥 14 四	壬子 15 五	癸丑 16 六	甲寅 17 日	乙卯 18 一	丙辰 19 二	丁巳 20 三	戊午 21 四	己未 22 五	庚申 23 六	辛酉 24 日	壬戌 25 一	己亥清明 甲寅穀雨
四月小	辛巳	干支 天地 西曆 星期	癸亥 26 二	甲子 27 三	乙丑 28 四	丙寅 29 五	丁卯 30 六	戊辰 (5) 日	己巳 2 一	庚午 3 二	辛未 4 三	壬申 5 四	癸酉 6 五	甲戌 7 六	乙亥 8 日	丙子 9 一	丁丑 10 二	戊寅 11 三	己卯 12 四	庚辰 13 五	辛巳 14 六	壬午 15 日	癸未 16 一	甲申 17 二	乙酉 18 三	丙戌 19 四	丁亥 20 五	戊子 21 六	己丑 22 日	庚寅 23 一	辛卯 24 二		己巳立夏 乙酉小滿
五月大	壬午	干支 天地 西曆 星期	壬辰 25 三	癸巳 26 四	甲午 27 五	乙未 28 六	丙申 29 日	丁酉 30 一	戊戌 31 二	己亥 (6) 三	庚子 2 四	辛丑 3 五	壬寅 4 六	癸卯 5 日	甲辰 6 一	乙巳 7 二	丙午 8 三	丁未 9 四	戊申 10 五	己酉 11 六	庚戌 12 日	辛亥 13 一	壬子 14 二	癸丑 15 三	甲寅 16 四	乙卯 17 五	丙辰 18 六	丁巳 19 日	戊午 20 一	己未 21 二	庚申 22 三	辛酉 23 四	庚子芒種 乙卯夏至
六月大	癸未	干支 天地 西曆 星期	壬戌 24 五	癸亥 25 六	甲子 26 日	乙丑 27 一	丙寅 28 二	丁卯 29 三	戊辰 30 四	己巳 (7) 五	庚午 2 六	辛未 3 日	壬申 4 一	癸酉 5 二	甲戌 6 三	乙亥 7 四	丙子 8 五	丁丑 9 六	戊寅 10 日	己卯 11 一	庚辰 12 二	辛巳 13 三	壬午 14 四	癸未 15 五	甲申 16 六	乙酉 17 日	丙戌 18 一	丁亥 19 二	戊子 20 三	己丑 21 四	庚寅 22 五	辛卯 23 六	庚午小暑 乙酉大暑
七月小	甲申	干支 天地 西曆 星期	壬辰 24 日	癸巳 25 一	甲午 26 二	乙未 27 三	丙申 28 四	丁酉 29 五	戊戌 30 六	己亥 31 日	庚子 (8) 一	辛丑 2 二	壬寅 3 三	癸卯 4 四	甲辰 5 五	乙巳 6 六	丙午 7 日	丁未 8 一	戊申 9 二	己酉 10 三	庚戌 11 四	辛亥 12 五	壬子 13 六	癸丑 14 日	甲寅 15 一	乙卯 16 二	丙辰 17 三	丁巳 18 四	戊午 19 五	己未 20 六	庚申 21 日		辛丑立秋 丙辰處暑
八月大	乙酉	干支 天地 西曆 星期	辛酉 22 一	壬戌 23 二	癸亥 24 三	甲子 25 四	乙丑 26 五	丙寅 27 六	丁卯 28 日	戊辰 29 一	己巳 30 二	庚午 31 三	辛未 (9) 四	壬申 2 五	癸酉 3 六	甲戌 4 日	乙亥 5 一	丙子 6 二	丁丑 7 三	戊寅 8 四	己卯 9 五	庚辰 10 六	辛巳 11 日	壬午 12 一	癸未 13 二	甲申 14 三	乙酉 15 四	丙戌 16 五	丁亥 17 六	戊子 18 日	己丑 19 一	庚寅 20 二	辛未白露 丙戌秋分
九月小	丙戌	干支 天地 西曆 星期	辛卯 21 三	壬辰 22 四	癸巳 23 五	甲午 24 六	乙未 25 日	丙申 26 一	丁酉 27 二	戊戌 28 三	己亥 29 四	庚子 30 五	辛丑 (10) 六	壬寅 2 日	癸卯 3 一	甲辰 4 二	乙巳 5 三	丙午 6 四	丁未 7 五	戊申 8 六	己酉 9 日	庚戌 10 一	辛亥 11 二	壬子 12 三	癸丑 13 四	甲寅 14 五	乙卯 15 六	丙辰 16 日	丁巳 17 一	戊午 18 二	己未 19 三		壬寅寒露 丁巳霜降
十月大	丁亥	干支 天地 西曆 星期	庚申 20 四	辛酉 21 五	壬戌 22 六	癸亥 23 日	甲子 24 一	乙丑 25 二	丙寅 26 三	丁卯 27 四	戊辰 28 五	己巳 29 六	庚午 30 日	辛未 31 一	壬申 (11) 二	癸酉 2 三	甲戌 3 四	乙亥 4 五	丙子 5 六	丁丑 6 日	戊寅 7 一	己卯 8 二	庚辰 9 三	辛巳 10 四	壬午 11 五	癸未 12 六	甲申 13 日	乙酉 14 一	丙戌 15 二	丁亥 16 三	戊子 17 四	己丑 18 五	壬申立冬 丁亥小雪
十一月大	戊子	干支 天地 西曆 星期	庚寅 19 六	辛卯 20 日	壬辰 21 一	癸巳 22 二	甲午 23 三	乙未 24 四	丙申 25 五	丁酉 26 六	戊戌 27 日	己亥 28 一	庚子 29 二	辛丑 30 三	壬寅 (12) 四	癸卯 2 五	甲辰 3 六	乙巳 4 日	丙午 5 一	丁未 6 二	戊申 7 三	己酉 8 四	庚戌 9 五	辛亥 10 六	壬子 11 日	癸丑 12 一	甲寅 13 二	乙卯 14 三	丙辰 15 四	丁巳 16 五	戊午 17 六	己未 18 日	壬寅大雪 戊午冬至
十二月小	己丑	干支 天地 西曆 星期	庚申 19 一	辛酉 20 二	壬戌 21 三	癸亥 22 四	甲子 23 五	乙丑 24 六	丙寅 25 日	丁卯 26 一	戊辰 27 二	己巳 28 三	庚午 29 四	辛未 30 五	壬申 31 六	癸酉 (1) 日	甲戌 2 一	乙亥 3 二	丙子 4 三	丁丑 5 四	戊寅 6 五	己卯 7 六	庚辰 8 日	辛巳 9 一	壬午 10 二	癸未 11 三	甲申 12 四	乙酉 13 五	丙戌 14 六	丁亥 15 日	戊子 16 一		癸酉小寒 戊子大寒
閏十二小	己丑	干支 天地 西曆 星期	己丑 17 二	庚寅 18 三	辛卯 19 四	壬辰 20 五	癸巳 21 六	甲午 22 日	乙未 23 一	丙申 24 二	丁酉 25 三	戊戌 26 四	己亥 27 五	庚子 28 六	辛丑 29 日	壬寅 30 一	癸卯 31 二	甲辰 (2) 三	乙巳 2 四	丙午 3 五	丁未 4 六	戊申 5 日	己酉 6 一	庚戌 7 二	辛亥 8 三	壬子 9 四	癸丑 10 五	甲寅 11 六	乙卯 12 日	丙辰 13 一	丁巳 14 二		癸卯立春

遼太祖天贊五年 天顯元年（丙戌 狗年） 公元 926 ~ 927 年

夏曆月序		中西曆日對照	初一	初二	初三	初四	初五	初六	初七	初八	初九	初十	十一	十二	十三	十四	十五	十六	十七	十八	十九	二十	二一	二二	二三	二四	二五	二六	二七	二八	二九	三十	節氣與天象
正月大	庚寅	天干地支 西曆星期	戊午 15 三	己未 16 四	庚申 17 五	辛酉 18 六	壬戌 19 日	癸亥 20 一	甲子 21 二	乙丑 22 三	丙寅 23 四	丁卯 24 五	戊辰 25 六	己巳 26 日	庚午 27 一	辛未 28 二	壬申 (3) 三	癸酉 2 四	甲戌 3 五	乙亥 4 六	丙子 5 日	丁丑 6 一	戊寅 7 二	己卯 8 三	庚辰 9 四	辛巳 10 五	壬午 11 六	癸未 12 日	甲申 13 一	乙酉 14 二	丙戌 15 三	丁亥 16 四	己未雨水 甲戌驚蟄
二月小	辛卯	天干地支 西曆星期	戊子 17 五	己丑 18 六	庚寅 19 日	辛卯 20 一	壬辰 21 二	癸巳 22 三	甲午 23 四	乙未 24 五	丙申 25 六	丁酉 26 日	戊戌 27 一	己亥 28 二	庚子 29 三	辛丑 30 四	壬寅 31 五	癸卯 (4) 六	甲辰 2 日	乙巳 3 一	丙午 4 二	丁未 5 三	戊申 6 四	己酉 7 五	庚戌 8 六	辛亥 9 日	壬子 10 一	癸丑 11 二	甲寅 12 三	乙卯 13 四	丙辰 14 五		己丑春分 甲辰清明
三月大	壬辰	天干地支 西曆星期	丁巳 15 六	戊午 16 日	己未 17 一	庚申 18 二	辛酉 19 三	壬戌 20 四	癸亥 21 五	甲子 22 六	乙丑 23 日	丙寅 24 一	丁卯 25 二	戊辰 26 三	己巳 27 四	庚午 28 五	辛未 29 六	壬申 30 日	癸酉 (5) 一	甲戌 2 二	乙亥 3 三	丙子 4 四	丁丑 5 五	戊寅 6 六	己卯 7 日	庚辰 8 一	辛巳 9 二	壬午 10 三	癸未 11 四	甲申 12 五	乙酉 13 六	丙戌 14 日	己未穀雨 乙亥立夏
四月小	癸巳	天干地支 西曆星期	丁亥 15 一	戊子 16 二	己丑 17 三	庚寅 18 四	辛卯 19 五	壬辰 20 六	癸巳 21 日	甲午 22 一	乙未 23 二	丙申 24 三	丁酉 25 四	戊戌 26 五	己亥 27 六	庚子 28 日	辛丑 29 一	壬寅 30 二	癸卯 31 三	甲辰 (6) 四	乙巳 2 五	丙午 3 六	丁未 4 日	戊申 5 一	己酉 6 二	庚戌 7 三	辛亥 8 四	壬子 9 五	癸丑 10 六	甲寅 11 日	乙卯 12 一		庚寅小滿 乙巳芒種
五月大	甲午	天干地支 西曆星期	丙辰 13 二	丁巳 14 三	戊午 15 四	己未 16 五	庚申 17 六	辛酉 18 日	壬戌 19 一	癸亥 20 二	甲子 21 三	乙丑 22 四	丙寅 23 五	丁卯 24 六	戊辰 25 日	己巳 26 一	庚午 27 二	辛未 28 三	壬申 29 四	癸酉 30 五	甲戌 (7) 六	乙亥 2 日	丙子 3 一	丁丑 4 二	戊寅 5 三	己卯 6 四	庚辰 7 五	辛巳 8 六	壬午 9 日	癸未 10 一	甲申 11 二	乙酉 12 三	庚申夏至 乙亥小暑
六月小	乙未	天干地支 西曆星期	丙戌 13 四	丁亥 14 五	戊子 15 六	己丑 16 日	庚寅 17 一	辛卯 18 二	壬辰 19 三	癸巳 20 四	甲午 21 五	乙未 22 六	丙申 23 日	丁酉 24 一	戊戌 25 二	己亥 26 三	庚子 27 四	辛丑 28 五	壬寅 29 六	癸卯 30 日	甲辰 31 一	乙巳 (8) 二	丙午 2 三	丁未 3 四	戊申 4 五	己酉 5 六	庚戌 6 日	辛亥 7 一	壬子 8 二	癸丑 9 三	甲寅 10 四		辛卯大暑 丙午立秋
七月大	丙申	天干地支 西曆星期	乙卯 11 五	丙辰 12 六	丁巳 13 日	戊午 14 一	己未 15 二	庚申 16 三	辛酉 17 四	壬戌 18 五	癸亥 19 六	甲子 20 日	乙丑 21 一	丙寅 22 二	丁卯 23 三	戊辰 24 四	己巳 25 五	庚午 26 六	辛未 27 日	壬申 28 一	癸酉 29 二	甲戌 30 三	乙亥 31 四	丙子 (9) 五	丁丑 2 六	戊寅 3 日	己卯 4 一	庚辰 5 二	辛巳 6 三	壬午 7 四	癸未 8 五	甲申 9 六	辛酉處暑 丙子白露
八月大	丁酉	天干地支 西曆星期	乙酉 10 日	丙戌 11 一	丁亥 12 二	戊子 13 三	己丑 14 四	庚寅 15 五	辛卯 16 六	壬辰 17 日	癸巳 18 一	甲午 19 二	乙未 20 三	丙申 21 四	丁酉 22 五	戊戌 23 六	己亥 24 日	庚子 25 一	辛丑 26 二	壬寅 27 三	癸卯 28 四	甲辰 29 五	乙巳 30 六	丙午 (10) 日	丁未 2 一	戊申 3 二	己酉 4 三	庚戌 5 四	辛亥 6 五	壬子 7 六	癸丑 8 日	甲寅 9 一	壬辰秋分 丁未寒露
九月小	戊戌	天干地支 西曆星期	乙卯 10 二	丙辰 11 三	丁巳 12 四	戊午 13 五	己未 14 六	庚申 15 日	辛酉 16 一	壬戌 17 二	癸亥 18 三	甲子 19 四	乙丑 20 五	丙寅 21 六	丁卯 22 日	戊辰 23 一	己巳 24 二	庚午 25 三	辛未 26 四	壬申 27 五	癸酉 28 六	甲戌 29 日	乙亥 30 一	丙子 31 二	丁丑 (11) 三	戊寅 2 四	己卯 3 五	庚辰 4 六	辛巳 5 日	壬午 6 一	癸未 7 二		壬戌霜降 丁丑立冬
十月大	己亥	天干地支 西曆星期	甲申 8 三	乙酉 9 四	丙戌 10 五	丁亥 11 六	戊子 12 日	己丑 13 一	庚寅 14 二	辛卯 15 三	壬辰 16 四	癸巳 17 五	甲午 18 六	乙未 19 日	丙申 20 一	丁酉 21 二	戊戌 22 三	己亥 23 四	庚子 24 五	辛丑 25 六	壬寅 26 日	癸卯 27 一	甲辰 28 二	乙巳 29 三	丙午 30 四	丁未 (12) 五	戊申 2 六	己酉 3 日	庚戌 4 一	辛亥 5 二	壬子 6 三	癸丑 7 四	壬辰小雪 戊申大雪
十一月大	庚子	天干地支 西曆星期	甲寅 8 五	乙卯 9 六	丙辰 10 日	丁巳 11 一	戊午 12 二	己未 13 三	庚申 14 四	辛酉 15 五	壬戌 16 六	癸亥 17 日	甲子 18 一	乙丑 19 二	丙寅 20 三	丁卯 21 四	戊辰 22 五	己巳 23 六	庚午 24 日	辛未 25 一	壬申 26 二	癸酉 27 三	甲戌 28 四	乙亥 29 五	丙子 30 六	丁丑 31 日	戊寅 (1) 一	己卯 2 二	庚辰 3 三	辛巳 4 四	壬午 5 五	癸未 6 六	癸亥冬至 戊寅小寒
十二月小	辛丑	天干地支 西曆星期	甲申 7 日	乙酉 8 一	丙戌 9 二	丁亥 10 三	戊子 11 四	己丑 12 五	庚寅 13 六	辛卯 14 日	壬辰 15 一	癸巳 16 二	甲午 17 三	乙未 18 四	丙申 19 五	丁酉 20 六	戊戌 21 日	己亥 22 一	庚子 23 二	辛丑 24 三	壬寅 25 四	癸卯 26 五	甲辰 27 六	乙巳 28 日	丙午 29 一	丁未 30 二	戊申 31 三	己酉 (2) 四	庚戌 2 五	辛亥 3 六	壬子 4 日		癸巳大寒 己酉立春

* 二月壬辰（初五），改元天顯。七月，太祖死。皇后攝軍國事。

遼太祖天顯二年　太宗天顯二年（丁亥 猪年） 公元 **927** ~ 928 年

夏曆月序		中西曆日對照	初一	初二	初三	初四	初五	初六	初七	初八	初九	初十	十一	十二	十三	十四	十五	十六	十七	十八	十九	二十	二一	二二	二三	二四	二五	二六	二七	二八	二九	三十	節氣與天象
正月小	壬寅	天干地支 西曆 星期	癸丑5一	甲寅6二	乙卯7三	丙辰8四	丁巳9五	戊午10六	己未11日	庚申12一	辛酉13二	壬戌14三	癸亥15四	甲子16五	乙丑17六	丙寅18日	丁卯19一	戊辰20二	己巳21三	庚午22四	辛未23五	壬申24六	癸酉25日	甲戌26一	乙亥27二	丙子28三	丁丑(3)四	戊寅2五	己卯3六	庚辰4日	辛巳5一		甲子雨水 己卯驚蟄
二月大	癸卯	天干地支 西曆 星期	壬午6二	癸未7三	甲申8四	乙酉9五	丙戌10六	丁亥11日	戊子12一	己丑13二	庚寅14三	辛卯15四	壬辰16五	癸巳17六	甲午18日	乙未19一	丙申20二	丁酉21三	戊戌22四	己亥23五	庚子24六	辛丑25日	壬寅26一	癸卯27二	甲辰28三	乙巳29四	丙午30五	丁未31六	戊申(4)日	己酉2一	庚戌3二	辛亥4三	甲午春分 己酉清明
三月小	甲辰	天干地支 西曆 星期	壬子5四	癸丑6五	甲寅7六	乙卯8日	丙辰9一	丁巳10二	戊午11三	己未12四	庚申13五	辛酉14六	壬戌15日	癸亥16一	甲子17二	乙丑18三	丙寅19四	丁卯20五	戊辰21六	己巳22日	庚午23一	辛未24二	壬申25三	癸酉26四	甲戌27五	乙亥28六	丙子29日	丁丑30一	戊寅(5)二	己卯2三	庚辰3四		乙丑穀雨 庚辰立夏
四月大	乙巳	天干地支 西曆 星期	辛巳4五	壬午5六	癸未6日	甲申7一	乙酉8二	丙戌9三	丁亥10四	戊子11五	己丑12六	庚寅13日	辛卯14一	壬辰15二	癸巳16三	甲午17四	乙未18五	丙申19六	丁酉20日	戊戌21一	己亥22二	庚子23三	辛丑24四	壬寅25五	癸卯26六	甲辰27日	乙巳28一	丙午29二	丁未30三	戊申31四	己酉(6)五	庚戌2六	乙未小滿 庚戌芒種
五月小	丙午	天干地支 西曆 星期	辛亥3日	壬子4一	癸丑5二	甲寅6三	乙卯7四	丙辰8五	丁巳9六	戊午10日	己未11一	庚申12二	辛酉13三	壬戌14四	癸亥15五	甲子16六	乙丑17日	丙寅18一	丁卯19二	戊辰20三	己巳21四	庚午22五	辛未23六	壬申24日	癸酉25一	甲戌26二	乙亥27三	丙子28四	丁丑29五	戊寅30六	己卯(7)日		丙寅夏至
六月大	丁未	天干地支 西曆 星期	庚辰2一	辛巳3二	壬午4三	癸未5四	甲申6五	乙酉7六	丙戌8日	丁亥9一	戊子10二	己丑11三	庚寅12四	辛卯13五	壬辰14六	癸巳15日	甲午16一	乙未17二	丙申18三	丁酉19四	戊戌20五	己亥21六	庚子22日	辛丑23一	壬寅24二	癸卯25三	甲辰26四	乙巳27五	丙午28六	丁未29日	戊申30一	己酉31二	辛巳小暑 丙申大暑
七月小	戊申	天干地支 西曆 星期	庚戌(8)三	辛亥2四	壬子3五	癸丑4六	甲寅5日	乙卯6一	丙辰7二	丁巳8三	戊午9四	己未10五	庚申11六	辛酉12日	壬戌13一	癸亥14二	甲子15三	乙丑16四	丙寅17五	丁卯18六	戊辰19日	己巳20一	庚午21二	辛未22三	壬申23四	癸酉24五	甲戌25六	乙亥26日	丙子27一	丁丑28二	戊寅29三		辛亥立秋 丙寅處暑
八月大	己酉	天干地支 西曆 星期	己卯30四	庚辰31五	辛巳(9)六	壬午2日	癸未3一	甲申4二	乙酉5三	丙戌6四	丁亥7五	戊子8六	己丑9日	庚寅10一	辛卯11二	壬辰12三	癸巳13四	甲午14五	乙未15六	丙申16日	丁酉17一	戊戌18二	己亥19三	庚子20四	辛丑21五	壬寅22六	癸卯23日	甲辰24一	乙巳25二	丙午26三	丁未27四	戊申28五	壬午白露 丁酉秋分
九月大	庚戌	天干地支 西曆 星期	己酉29六	庚戌30日	辛亥(10)一	壬子2二	癸丑3三	甲寅4四	乙卯5五	丙辰6六	丁巳7日	戊午8一	己未9二	庚申10三	辛酉11四	壬戌12五	癸亥13六	甲子14日	乙丑15一	丙寅16二	丁卯17三	戊辰18四	己巳19五	庚午20六	辛未21日	壬申22一	癸酉23二	甲戌24三	乙亥25四	丙子26五	丁丑27六	戊寅28日	壬子寒露 丁卯霜降
十月小	辛亥	天干地支 西曆 星期	己卯29一	庚辰30二	辛巳31三	壬午(11)四	癸未2五	甲申3六	乙酉4日	丙戌5一	丁亥6二	戊子7三	己丑8四	庚寅9五	辛卯10六	壬辰11日	癸巳12一	甲午13二	乙未14三	丙申15四	丁酉16五	戊戌17六	己亥18日	庚子19一	辛丑20二	壬寅21三	癸卯22四	甲辰23五	乙巳24六	丙午25日	丁未26一		壬午立冬 戊戌小雪
十一月大	壬子	天干地支 西曆 星期	戊申27二	己酉28三	庚戌29四	辛亥30五	壬子(12)六	癸丑2日	甲寅3一	乙卯4二	丙辰5三	丁巳6四	戊午7五	己未8六	庚申9日	辛酉10一	壬戌11二	癸亥12三	甲子13四	乙丑14五	丙寅15六	丁卯16日	戊辰17一	己巳18二	庚午19三	辛未20四	壬申21五	癸酉22六	甲戌23日	乙亥24一	丙子25二	丁丑26三	癸丑大雪 戊辰冬至
十二月大	癸丑	天干地支 西曆 星期	戊寅27四	己卯28五	庚辰29六	辛巳30日	壬午31一	癸未(1)二	甲申2三	乙酉3四	丙戌4五	丁亥5六	戊子6日	己丑7一	庚寅8二	辛卯9三	壬辰10四	癸巳11五	甲午12六	乙未13日	丙申14一	丁酉15二	戊戌16三	己亥17四	庚子18五	辛丑19六	壬寅20日	癸卯21一	甲辰22二	乙巳23三	丙午24四	丁未25五	癸未小寒 己亥大寒

* 十一月壬戌（十五日），耶律德光即位，是爲遼太宗，仍用天顯年號。

遼太宗天顯三年（戊子 鼠年） 公元 928 ～ 929 年

夏曆月序		中西曆日對照	初一	初二	初三	初四	初五	初六	初七	初八	初九	初十	十一	十二	十三	十四	十五	十六	十七	十八	十九	二十	二一	二二	二三	二四	二五	二六	二七	二八	二九	三十	節氣與天象
正月小	甲寅	干支 天地 西曆 星期	戊申 26 六	己酉 27 日	庚戌 28 一	辛亥 29 二	壬子 30 三	癸丑 31 四	甲寅 (2) 五	乙卯 2 六	丙辰 3 日	丁巳 4 一	戊午 5 二	己未 6 三	庚申 7 四	辛酉 8 五	壬戌 9 六	癸亥 10 日	甲子 11 一	乙丑 12 二	丙寅 13 三	丁卯 14 四	戊辰 15 五	己巳 16 六	庚午 17 日	辛未 18 一	壬申 19 二	癸酉 20 三	甲戌 21 四	乙亥 22 五	丙子 23 六		甲寅立春 己巳雨水
二月大	乙卯	干支 天地 西曆 星期	丁丑 24 日	戊寅 25 一	己卯 26 二	庚辰 27 三	辛巳 28 四	壬午 29 五	癸未 (3) 六	甲申 2 日	乙酉 3 一	丙戌 4 二	丁亥 5 三	戊子 6 四	己丑 7 五	庚寅 8 六	辛卯 9 日	壬辰 10 一	癸巳 11 二	甲午 12 三	乙未 13 四	丙申 14 五	丁酉 15 六	戊戌 16 日	己亥 17 一	庚子 18 二	辛丑 19 三	壬寅 20 四	癸卯 21 五	甲辰 22 六	乙巳 23 日	丙午 24 一	甲申驚蟄 己亥春分
三月小	丙辰	干支 天地 西曆 星期	丁未 25 二	戊申 26 三	己酉 27 四	庚戌 28 五	辛亥 29 六	壬子 30 日	癸丑 31 一	甲寅 (4) 二	乙卯 2 三	丙辰 3 四	丁巳 4 五	戊午 5 六	己未 6 日	庚申 7 一	辛酉 8 二	壬戌 9 三	癸亥 10 四	甲子 11 五	乙丑 12 六	丙寅 13 日	丁卯 14 一	戊辰 15 二	己巳 16 三	庚午 17 四	辛未 18 五	壬申 19 六	癸酉 20 日	甲戌 21 一	乙亥 22 二		乙卯清明 庚午穀雨
四月小	丁巳	干支 天地 西曆 星期	丙子 23 三	丁丑 24 四	戊寅 25 五	己卯 26 六	庚辰 27 日	辛巳 28 一	壬午 29 二	癸未 30 三	甲申 (5) 四	乙酉 2 五	丙戌 3 六	丁亥 4 日	戊子 5 一	己丑 6 二	庚寅 7 三	辛卯 8 四	壬辰 9 五	癸巳 10 六	甲午 11 日	乙未 12 一	丙申 13 二	丁酉 14 三	戊戌 15 四	己亥 16 五	庚子 17 六	辛丑 18 日	壬寅 19 一	癸卯 20 二	甲辰 21 三		乙酉立夏 庚子小滿
五月小	戊午	干支 天地 西曆 星期	乙巳 22 四	丙午 23 五	丁未 24 六	戊申 25 日	己酉 26 一	庚戌 27 二	辛亥 28 三	壬子 29 四	癸丑 30 五	甲寅 31 六	乙卯 (6) 日	丙辰 2 一	丁巳 3 二	戊午 4 三	己未 5 四	庚申 6 五	辛酉 7 六	壬戌 8 日	癸亥 9 一	甲子 10 二	乙丑 11 三	丙寅 12 四	丁卯 13 五	戊辰 14 六	己巳 15 日	庚午 16 一	辛未 17 二	壬申 18 三	癸酉 19 四		丙辰芒種 辛未夏至
六月大	己未	干支 天地 西曆 星期	甲戌 20 五	乙亥 21 六	丙子 22 日	丁丑 23 一	戊寅 24 二	己卯 25 三	庚辰 26 四	辛巳 27 五	壬午 28 六	癸未 29 日	甲申 30 一	乙酉 (7) 二	丙戌 2 三	丁亥 3 四	戊子 4 五	己丑 5 六	庚寅 6 日	辛卯 7 一	壬辰 8 二	癸巳 9 三	甲午 10 四	乙未 11 五	丙申 12 六	丁酉 13 日	戊戌 14 一	己亥 15 二	庚子 16 三	辛丑 17 四	壬寅 18 五	癸卯 19 六	丙戌小暑 辛丑大暑
七月小	庚申	干支 天地 西曆 星期	甲辰 20 日	乙巳 21 一	丙午 22 二	丁未 23 三	戊申 24 四	己酉 25 五	庚戌 26 六	辛亥 27 日	壬子 28 一	癸丑 29 二	甲寅 30 三	乙卯 31 四	丙辰 (8) 五	丁巳 2 六	戊午 3 日	己未 4 一	庚申 5 二	辛酉 6 三	壬戌 7 四	癸亥 8 五	甲子 9 六	乙丑 10 日	丙寅 11 一	丁卯 12 二	戊辰 13 三	己巳 14 四	庚午 15 五	辛未 16 六	壬申 17 日		丙辰立秋 壬申處暑
八月大	辛酉	干支 天地 西曆 星期	癸酉 18 一	甲戌 19 二	乙亥 20 三	丙子 21 四	丁丑 22 五	戊寅 23 六	己卯 24 日	庚辰 25 一	辛巳 26 二	壬午 27 三	癸未 28 四	甲申 29 五	乙酉 30 六	丙戌 31 日	丁亥 (9) 一	戊子 2 二	己丑 3 三	庚寅 4 四	辛卯 5 五	壬辰 6 六	癸巳 7 日	甲午 8 一	乙未 9 二	丙申 10 三	丁酉 11 四	戊戌 12 五	己亥 13 六	庚子 14 日	辛丑 15 一	壬寅 16 二	丁亥白露 壬寅秋分
閏八月大	辛酉	干支 天地 西曆 星期	癸卯 17 三	甲辰 18 四	乙巳 19 五	丙午 20 六	丁未 21 日	戊申 22 一	己酉 23 二	庚戌 24 三	辛亥 25 四	壬子 26 五	癸丑 27 六	甲寅 28 日	乙卯 29 一	丙辰 30 二	丁巳 (10) 三	戊午 2 四	己未 3 五	庚申 4 六	辛酉 5 日	壬戌 6 一	癸亥 7 二	甲子 8 三	乙丑 9 四	丙寅 10 五	丁卯 11 六	戊辰 12 日	己巳 13 一	庚午 14 二	辛未 15 三	壬申 16 四	丁巳寒露
九月小	壬戌	干支 天地 西曆 星期	癸酉 17 五	甲戌 18 六	乙亥 19 日	丙子 20 一	丁丑 21 二	戊寅 22 三	己卯 23 四	庚辰 24 五	辛巳 25 六	壬午 26 日	癸未 27 一	甲申 28 二	乙酉 29 三	丙戌 30 四	丁亥 31 五	戊子 (11) 六	己丑 2 日	庚寅 3 一	辛卯 4 二	壬辰 5 三	癸巳 6 四	甲午 7 五	乙未 8 六	丙申 9 日	丁酉 10 一	戊戌 11 二	己亥 12 三	庚子 13 四	辛丑 14 五		癸酉霜降 戊子立冬
十月大	癸亥	干支 天地 西曆 星期	壬寅 15 六	癸卯 16 日	甲辰 17 一	乙巳 18 二	丙午 19 三	丁未 20 四	戊申 21 五	己酉 22 六	庚戌 23 日	辛亥 24 一	壬子 25 二	癸丑 26 三	甲寅 27 四	乙卯 28 五	丙辰 29 六	丁巳 30 日	戊午 (12) 一	己未 2 二	庚申 3 三	辛酉 4 四	壬戌 5 五	癸亥 6 六	甲子 7 日	乙丑 8 一	丙寅 9 二	丁卯 10 三	戊辰 11 四	己巳 12 五	庚午 13 六	辛未 14 日	癸卯小雪 戊午大雪
十一月大	甲子	干支 天地 西曆 星期	壬申 15 一	癸酉 16 二	甲戌 17 三	乙亥 18 四	丙子 19 五	丁丑 20 六	戊寅 21 日	己卯 22 一	庚辰 23 二	辛巳 24 三	壬午 25 四	癸未 26 五	甲申 27 六	乙酉 28 日	丙戌 29 一	丁亥 30 二	戊子 31 三	己丑 (1) 四	庚寅 2 五	辛卯 3 六	壬辰 4 日	癸巳 5 一	甲午 6 二	乙未 7 三	丙申 8 四	丁酉 9 五	戊戌 10 六	己亥 11 日	庚子 12 一	辛丑 13 二	癸酉冬至 己丑小寒
十二月大	乙丑	干支 天地 西曆 星期	壬寅 14 三	癸卯 15 四	甲辰 16 五	乙巳 17 六	丙午 18 日	丁未 19 一	戊申 20 二	己酉 21 三	庚戌 22 四	辛亥 23 五	壬子 24 六	癸丑 25 日	甲寅 26 一	乙卯 27 二	丙辰 28 三	丁巳 29 四	戊午 30 五	己未 31 六	庚申 (2) 日	辛酉 2 一	壬戌 3 二	癸亥 4 三	甲子 5 四	乙丑 6 五	丙寅 7 六	丁卯 8 日	戊辰 9 一	己巳 10 二	庚午 11 三	辛未 12 四	甲辰大寒 己未立春

遼太宗天顯四年（己丑 牛年） 公元929 ~ 930年

夏曆月序		中西曆日對照	初一	初二	初三	初四	初五	初六	初七	初八	初九	初十	十一	十二	十三	十四	十五	十六	十七	十八	十九	二十	二一	二二	二三	二四	二五	二六	二七	二八	二九	三十	節氣與天象
正月小	丙寅	天干地支 西曆星期	壬申 13 五	癸酉 14 六	甲戌 15 日	乙亥 16 一	丙子 17 二	丁丑 18 三	戊寅 19 四	己卯 20 五	庚辰 21 六	辛巳 22 日	壬午 23 一	癸未 24 二	甲申 25 三	乙酉 26 四	丙戌 27 五	丁亥 28 六	戊子 (3) 日	己丑 2 一	庚寅 3 二	辛卯 4 三	壬辰 5 四	癸巳 6 五	甲午 7 六	乙未 8 日	丙申 9 一	丁酉 10 二	戊戌 11 三	己亥 12 四	庚子 13 五		甲戌雨水 己丑驚蟄
二月大	丁卯	天干地支 西曆星期	辛丑 14 六	壬寅 15 日	癸卯 16 一	甲辰 17 二	乙巳 18 三	丙午 19 四	丁未 20 五	戊申 21 六	己酉 22 日	庚戌 23 一	辛亥 24 二	壬子 25 三	癸丑 26 四	甲寅 27 五	乙卯 28 六	丙辰 29 日	丁巳 30 一	戊午 31 二	己未 (4) 三	庚申 2 四	辛酉 3 五	壬戌 4 六	癸亥 5 日	甲子 6 一	乙丑 7 二	丙寅 8 三	丁卯 9 四	戊辰 10 五	己巳 11 六	庚午 12 日	乙巳春分 庚申清明
三月小	戊辰	天干地支 西曆星期	辛未 13 一	壬申 14 二	癸酉 15 三	甲戌 16 四	乙亥 17 五	丙子 18 六	丁丑 19 日	戊寅 20 一	己卯 21 二	庚辰 22 三	辛巳 23 四	壬午 24 五	癸未 25 六	甲申 26 日	乙酉 27 一	丙戌 28 二	丁亥 29 三	戊子 30 四	己丑 (5) 五	庚寅 2 六	辛卯 3 日	壬辰 4 一	癸巳 5 二	甲午 6 三	乙未 7 四	丙申 8 五	丁酉 9 六	戊戌 10 日	己亥 11 一		乙亥穀雨 庚寅立夏
四月小	己巳	天干地支 西曆星期	庚子 12 二	辛丑 13 三	壬寅 14 四	癸卯 15 五	甲辰 16 六	乙巳 17 日	丙午 18 一	丁未 19 二	戊申 20 三	己酉 21 四	庚戌 22 五	辛亥 23 六	壬子 24 日	癸丑 25 一	甲寅 26 二	乙卯 27 三	丙辰 28 四	丁巳 29 五	戊午 30 六	己未 31 日	庚申 (6) 一	辛酉 2 二	壬戌 3 三	癸亥 4 四	甲子 5 五	乙丑 6 六	丙寅 7 日	丁卯 8 一	戊辰 9 二		丙午小滿 辛酉芒種
五月小	庚午	天干地支 西曆星期	己巳 10 三	庚午 11 四	辛未 12 五	壬申 13 六	癸酉 14 日	甲戌 15 一	乙亥 16 二	丙子 17 三	丁丑 18 四	戊寅 19 五	己卯 20 六	庚辰 21 日	辛巳 22 一	壬午 23 二	癸未 24 三	甲申 25 四	乙酉 26 五	丙戌 27 六	丁亥 28 日	戊子 29 一	己丑 30 二	庚寅 (7) 三	辛卯 2 四	壬辰 3 五	癸巳 4 六	甲午 5 日	乙未 6 一	丙申 7 二	丁酉 8 三		丙子夏至 辛卯小暑
六月大	辛未	天干地支 西曆星期	戊戌 9 四	己亥 10 五	庚子 11 六	辛丑 12 日	壬寅 13 一	癸卯 14 二	甲辰 15 三	乙巳 16 四	丙午 17 五	丁未 18 六	戊申 19 日	己酉 20 一	庚戌 21 二	辛亥 22 三	壬子 23 四	癸丑 24 五	甲寅 25 六	乙卯 26 日	丙辰 27 一	丁巳 28 二	戊午 29 三	己未 30 四	庚申 31 五	辛酉 (8) 六	壬戌 2 日	癸亥 3 一	甲子 4 二	乙丑 5 三	丙寅 6 四	丁卯 7 五	丙午大暑 壬戌立秋
七月小	壬申	天干地支 西曆星期	戊辰 8 六	己巳 9 日	庚午 10 一	辛未 11 二	壬申 12 三	癸酉 13 四	甲戌 14 五	乙亥 15 六	丙子 16 日	丁丑 17 一	戊寅 18 二	己卯 19 三	庚辰 20 四	辛巳 21 五	壬午 22 六	癸未 23 日	甲申 24 一	乙酉 25 二	丙戌 26 三	丁亥 27 四	戊子 28 五	己丑 29 六	庚寅 30 日	辛卯 31 一	壬辰 (9) 二	癸巳 2 三	甲午 3 四	乙未 4 五	丙申 5 六		丁丑處暑 壬辰白露
八月大	癸酉	天干地支 西曆星期	丁酉 6 日	戊戌 7 一	己亥 8 二	庚子 9 三	辛丑 10 四	壬寅 11 五	癸卯 12 六	甲辰 13 日	乙巳 14 一	丙午 15 二	丁未 16 三	戊申 17 四	己酉 18 五	庚戌 19 六	辛亥 20 日	壬子 21 一	癸丑 22 二	甲寅 23 三	乙卯 24 四	丙辰 25 五	丁巳 26 六	戊午 27 日	己未 28 一	庚申 29 二	辛酉 30 三	壬戌 (10) 四	癸亥 2 五	甲子 3 六	乙丑 4 日	丙寅 5 一	丁未秋分 癸亥寒露
九月小	甲戌	天干地支 西曆星期	丁卯 6 二	戊辰 7 三	己巳 8 四	庚午 9 五	辛未 10 六	壬申 11 日	癸酉 12 一	甲戌 13 二	乙亥 14 三	丙子 15 四	丁丑 16 五	戊寅 17 六	己卯 18 日	庚辰 19 一	辛巳 20 二	壬午 21 三	癸未 22 四	甲申 23 五	乙酉 24 六	丙戌 25 日	丁亥 26 一	戊子 27 二	己丑 28 三	庚寅 29 四	辛卯 30 五	壬辰 31 六	癸巳 (11) 日	甲午 2 一	乙未 3 二		戊寅霜降 癸巳立冬
十月大	乙亥	天干地支 西曆星期	丙申 4 三	丁酉 5 四	戊戌 6 五	己亥 7 六	庚子 8 日	辛丑 9 一	壬寅 10 二	癸卯 11 三	甲辰 12 四	乙巳 13 五	丙午 14 六	丁未 15 日	戊申 16 一	己酉 17 二	庚戌 18 三	辛亥 19 四	壬子 20 五	癸丑 21 六	甲寅 22 日	乙卯 23 一	丙辰 24 二	丁巳 25 三	戊午 26 四	己未 27 五	庚申 28 六	辛酉 29 日	壬戌 30 一	癸亥 (12) 二	甲子 2 三	乙丑 3 四	戊申小雪 癸亥大雪
十一月大	丙子	天干地支 西曆星期	丙寅 4 五	丁卯 5 六	戊辰 6 日	己巳 7 一	庚午 8 二	辛未 9 三	壬申 10 四	癸酉 11 五	甲戌 12 六	乙亥 13 日	丙子 14 一	丁丑 15 二	戊寅 16 三	己卯 17 四	庚辰 18 五	辛巳 19 六	壬午 20 日	癸未 21 一	甲申 22 二	乙酉 23 三	丙戌 24 四	丁亥 25 五	戊子 26 六	己丑 27 日	庚寅 28 一	辛卯 29 二	壬辰 30 三	癸巳 31 四	甲午 (1) 五	乙未 2 六	己卯冬至 甲午小寒
十二月大	丁丑	天干地支 西曆星期	丙申 3 日	丁酉 4 一	戊戌 5 二	己亥 6 三	庚子 7 四	辛丑 8 五	壬寅 9 六	癸卯 10 日	甲辰 11 一	乙巳 12 二	丙午 13 三	丁未 14 四	戊申 15 五	己酉 16 六	庚戌 17 日	辛亥 18 一	壬子 19 二	癸丑 20 三	甲寅 21 四	乙卯 22 五	丙辰 23 六	丁巳 24 日	戊午 25 一	己未 26 二	庚申 27 三	辛酉 28 四	壬戌 29 五	癸亥 30 六	甲子 31 日	乙丑 (2) 一	己酉大寒 甲子立春

遼太宗天顯五年（庚寅 虎年） 公元930 ~ 931年

夏曆月序	中西曆日對照	初一	初二	初三	初四	初五	初六	初七	初八	初九	初十	十一	十二	十三	十四	十五	十六	十七	十八	十九	二十	二一	二二	二三	二四	二五	二六	二七	二八	二九	三十	節氣與天象
正月小 戊寅	天干地支 西曆 星期	丙寅2二	丁卯3三	戊辰4四	己巳5五	庚午6六	辛未7日	壬申8一	癸酉9二	甲戌10三	乙亥11四	丙子12五	丁丑13六	戊寅14日	己卯15一	庚辰16二	辛巳17三	壬午18四	癸未19五	甲申20六	乙酉21日	丙戌22一	丁亥23二	戊子24三	己丑25四	庚寅26五	辛卯27六	壬辰28日	癸巳(3)一	甲午2二		己卯雨水
二月大 己卯	天干地支 西曆 星期	乙未3三	丙申4四	丁酉5五	戊戌6六	己亥7日	庚子8一	辛丑9二	壬寅10三	癸卯11四	甲辰12五	乙巳13六	丙午14日	丁未15一	戊申16二	己酉17三	庚戌18四	辛亥19五	壬子20六	癸丑21日	甲寅22一	乙卯23二	丙辰24三	丁巳25四	戊午26五	己未27六	庚申28日	辛酉29一	壬戌30二	癸亥31三	甲子(4)四	乙未驚蟄 庚戌春分
三月小 庚辰	天干地支 西曆 星期	乙丑2五	丙寅3六	丁卯4日	戊辰5一	己巳6二	庚午7三	辛未8四	壬申9五	癸酉10六	甲戌11日	乙亥12一	丙子13二	丁丑14三	戊寅15四	己卯16五	庚辰17六	辛巳18日	壬午19一	癸未20二	甲申21三	乙酉22四	丙戌23五	丁亥24六	戊子25日	己丑26一	庚寅27二	辛卯28三	壬辰29四	癸巳30五		乙丑清明 庚辰穀雨
四月大 辛巳	天干地支 西曆 星期	甲午(5)六	乙未2日	丙申3一	丁酉4二	戊戌5三	己亥6四	庚子7五	辛丑8六	壬寅9日	癸卯10一	甲辰11二	乙巳12三	丙午13四	丁未14五	戊申15六	己酉16日	庚戌17一	辛亥18二	壬子19三	癸丑20四	甲寅21五	乙卯22六	丙辰23日	丁巳24一	戊午25二	己未26三	庚申27四	辛酉28五	壬戌29六	癸亥30日	丙申立夏 辛亥小滿
五月小 壬午	天干地支 西曆 星期	甲子31一	乙丑(6)二	丙寅2三	丁卯3四	戊辰4五	己巳5六	庚午6日	辛未7一	壬申8二	癸酉9三	甲戌10四	乙亥11五	丙子12六	丁丑13日	戊寅14一	己卯15二	庚辰16三	辛巳17四	壬午18五	癸未19六	甲申20日	乙酉21一	丙戌22二	丁亥23三	戊子24四	己丑25五	庚寅26六	辛卯27日	壬辰28一		丙寅芒種 辛巳夏至
六月小 癸未	天干地支 西曆 星期	癸巳29二	甲午30三	乙未(7)四	丙申2五	丁酉3六	戊戌4日	己亥5一	庚子6二	辛丑7三	壬寅8四	癸卯9五	甲辰10六	乙巳11日	丙午12一	丁未13二	戊申14三	己酉15四	庚戌16五	辛亥17六	壬子18日	癸丑19一	甲寅20二	乙卯21三	丙辰22四	丁巳23五	戊午24六	己未25日	庚申26一	辛酉27二		丙申小暑 壬子大暑
七月大 甲申	天干地支 西曆 星期	壬戌28三	癸亥29四	甲子30五	乙丑31六	丙寅(8)日	丁卯2一	戊辰3二	己巳4三	庚午5四	辛未6五	壬申7六	癸酉8日	甲戌9一	乙亥10二	丙子11三	丁丑12四	戊寅13五	己卯14六	庚辰15日	辛巳16一	壬午17二	癸未18三	甲申19四	乙酉20五	丙戌21六	丁亥22日	戊子23一	己丑24二	庚寅25三	辛卯26四	丁卯立秋 壬午處暑
八月小 乙酉	天干地支 西曆 星期	壬辰27五	癸巳28六	甲午29日	乙未30一	丙申31二	丁酉(9)三	戊戌2四	己亥3五	庚子4六	辛丑5日	壬寅6一	癸卯7二	甲辰8三	乙巳9四	丙午10五	丁未11六	戊申12日	己酉13一	庚戌14二	辛亥15三	壬子16四	癸丑17五	甲寅18六	乙卯19日	丙辰20一	丁巳21二	戊午22三	己未23四	庚申24五		丁酉白露 癸丑秋分
九月大 丙戌	天干地支 西曆 星期	辛酉25六	壬戌26日	癸亥27一	甲子28二	乙丑29三	丙寅30四	丁卯(10)五	戊辰2六	己巳3日	庚午4一	辛未5二	壬申6三	癸酉7四	甲戌8五	乙亥9六	丙子10日	丁丑11一	戊寅12二	己卯13三	庚辰14四	辛巳15五	壬午16六	癸未17日	甲申18一	乙酉19二	丙戌20三	丁亥21四	戊子22五	己丑23六	庚寅24日	戊辰寒露 癸未霜降
十月小 丁亥	天干地支 西曆 星期	辛卯25一	壬辰26二	癸巳27三	甲午28四	乙未29五	丙申30六	丁酉31日	戊戌(11)一	己亥2二	庚子3三	辛丑4四	壬寅5五	癸卯6六	甲辰7日	乙巳8一	丙午9二	丁未10三	戊申11四	己酉12五	庚戌13六	辛亥14日	壬子15一	癸丑16二	甲寅17三	乙卯18四	丙辰19五	丁巳20六	戊午21日	己未22一		戊戌立冬 癸丑小雪
十一月大 戊子	天干地支 西曆 星期	庚申23二	辛酉24三	壬戌25四	癸亥26五	甲子27六	乙丑28日	丙寅29一	丁卯30二	戊辰(12)三	己巳2四	庚午3五	辛未4六	壬申5日	癸酉6一	甲戌7二	乙亥8三	丙子9四	丁丑10五	戊寅11六	己卯12日	庚辰13一	辛巳14二	壬午15三	癸未16四	甲申17五	乙酉18六	丙戌19日	丁亥20一	戊子21二	己丑22三	己巳大雪 甲申冬至
十二月大 己丑	天干地支 西曆 星期	庚寅23四	辛卯24五	壬辰25六	癸巳26日	甲午27一	乙未28二	丙申29三	丁酉30四	戊戌31五	己亥(1)六	庚子2日	辛丑3一	壬寅4二	癸卯5三	甲辰6四	乙巳7五	丙午8六	丁未9日	戊申10一	己酉11二	庚戌12三	辛亥13四	壬子14五	癸丑15六	甲寅16日	乙卯17一	丙辰18二	丁巳19三	戊午20四	己未21五	己亥小寒 甲寅大寒

遼太宗天顯六年（辛卯 兔年） 公元 931 ~ 932 年

夏曆月序		中西曆日對照	初一	初二	初三	初四	初五	初六	初七	初八	初九	初十	十一	十二	十三	十四	十五	十六	十七	十八	十九	二十	二一	二二	二三	二四	二五	二六	二七	二八	二九	三十	節氣與天象
正月小	庚寅	天干地支 西曆星期	庚申 22 六	辛酉 23 日	壬戌 24 一	癸亥 25 二	甲子 26 三	乙丑 27 四	丙寅 28 五	丁卯 29 六	戊辰 30 日	己巳 31 一	庚午 (2) 二	辛未 2 三	壬申 3 四	癸酉 4 五	甲戌 5 六	乙亥 6 日	丙子 7 一	丁丑 8 二	戊寅 9 三	己卯 10 四	庚辰 11 五	辛巳 12 六	壬午 13 日	癸未 14 一	甲申 15 二	乙酉 16 三	丙戌 17 四	丁亥 18 五	戊子 19 六		庚午立春 乙酉雨水
二月大	辛卯	天干地支 西曆星期	己丑 20 日	庚寅 21 一	辛卯 22 二	壬辰 23 三	癸巳 24 四	甲午 25 五	乙未 26 六	丙申 27 日	丁酉 28 一	戊戌 (3) 二	己亥 2 三	庚子 3 四	辛丑 4 五	壬寅 5 六	癸卯 6 日	甲辰 7 一	乙巳 8 二	丙午 9 三	丁未 10 四	戊申 11 五	己酉 12 六	庚戌 13 日	辛亥 14 一	壬子 15 二	癸丑 16 三	甲寅 17 四	乙卯 18 五	丙辰 19 六	丁巳 20 日	戊午 21 一	庚子驚蟄 乙卯春分
三月大	壬辰	天干地支 西曆星期	己未 22 二	庚申 23 三	辛酉 24 四	壬戌 25 五	癸亥 26 六	甲子 27 日	乙丑 28 一	丙寅 29 二	丁卯 30 三	戊辰 31 四	己巳 (4) 五	庚午 2 六	辛未 3 日	壬申 4 一	癸酉 5 二	甲戌 6 三	乙亥 7 四	丙子 8 五	丁丑 9 六	戊寅 10 日	己卯 11 一	庚辰 12 二	辛巳 13 三	壬午 14 四	癸未 15 五	甲申 16 六	乙酉 17 日	丙戌 18 一	丁亥 19 二	戊子 20 三	庚午清明 丙戌穀雨
四月小	癸巳	天干地支 西曆星期	己丑 21 四	庚寅 22 五	辛卯 23 六	壬辰 24 日	癸巳 25 一	甲午 26 二	乙未 27 三	丙申 28 四	丁酉 29 五	戊戌 30 六	己亥 (5) 日	庚子 2 一	辛丑 3 二	壬寅 4 三	癸卯 5 四	甲辰 6 五	乙巳 7 六	丙午 8 日	丁未 9 一	戊申 10 二	己酉 11 三	庚戌 12 四	辛亥 13 五	壬子 14 六	癸丑 15 日	甲寅 16 一	乙卯 17 二	丙辰 18 三	丁巳 19 四		辛丑立夏 丙辰小滿
五月大	甲午	天干地支 西曆星期	戊午 20 五	己未 21 六	庚申 22 日	辛酉 23 一	壬戌 24 二	癸亥 25 三	甲子 26 四	乙丑 27 五	丙寅 28 六	丁卯 29 日	戊辰 30 一	己巳 31 二	庚午 (6) 三	辛未 2 四	壬申 3 五	癸酉 4 六	甲戌 5 日	乙亥 6 一	丙子 7 二	丁丑 8 三	戊寅 9 四	己卯 10 五	庚辰 11 六	辛巳 12 日	壬午 13 一	癸未 14 二	甲申 15 三	乙酉 16 四	丙戌 17 五	丁亥 18 六	辛未芒種 丙戌夏至
閏五月小	甲午	天干地支 西曆星期	戊子 19 日	己丑 20 一	庚寅 21 二	辛卯 22 三	壬辰 23 四	癸巳 24 五	甲午 25 六	乙未 26 日	丙申 27 一	丁酉 28 二	戊戌 29 三	己亥 30 四	庚子 (7) 五	辛丑 2 六	壬寅 3 日	癸卯 4 一	甲辰 5 二	乙巳 6 三	丙午 7 四	丁未 8 五	戊申 9 六	己酉 10 日	庚戌 11 一	辛亥 12 二	壬子 13 三	癸丑 14 四	甲寅 15 五	乙卯 16 六	丙辰 17 日		壬寅小暑
六月小	乙未	天干地支 西曆星期	丁巳 18 一	戊午 19 二	己未 20 三	庚申 21 四	辛酉 22 五	壬戌 23 六	癸亥 24 日	甲子 25 一	乙丑 26 二	丙寅 27 三	丁卯 28 四	戊辰 29 五	己巳 30 六	庚午 31 日	辛未 (8) 一	壬申 2 二	癸酉 3 三	甲戌 4 四	乙亥 5 五	丙子 6 六	丁丑 7 日	戊寅 8 一	己卯 9 二	庚辰 10 三	辛巳 11 四	壬午 12 五	癸未 13 六	甲申 14 日	乙酉 15 一		丁巳大暑 壬申立秋
七月大	丙申	天干地支 西曆星期	丙戌 16 二	丁亥 17 三	戊子 18 四	己丑 19 五	庚寅 20 六	辛卯 21 日	壬辰 22 一	癸巳 23 二	甲午 24 三	乙未 25 四	丙申 26 五	丁酉 27 六	戊戌 28 日	己亥 29 一	庚子 30 二	辛丑 31 三	壬寅 (9) 四	癸卯 2 五	甲辰 3 六	乙巳 4 日	丙午 5 一	丁未 6 二	戊申 7 三	己酉 8 四	庚戌 9 五	辛亥 10 六	壬子 11 日	癸丑 12 一	甲寅 13 二	乙卯 14 三	丁亥處暑 癸卯白露
八月小	丁酉	天干地支 西曆星期	丙辰 15 四	丁巳 16 五	戊午 17 六	己未 18 日	庚申 19 一	辛酉 20 二	壬戌 21 三	癸亥 22 四	甲子 23 五	乙丑 24 六	丙寅 25 日	丁卯 26 一	戊辰 27 二	己巳 28 三	庚午 29 四	辛未 30 五	壬申 (10) 六	癸酉 2 日	甲戌 3 一	乙亥 4 二	丙子 5 三	丁丑 6 四	戊寅 7 五	己卯 8 六	庚辰 9 日	辛巳 10 一	壬午 11 二	癸未 12 三	甲申 13 四		戊午秋分 癸酉寒露
九月大	戊戌	天干地支 西曆星期	乙酉 14 五	丙戌 15 六	丁亥 16 日	戊子 17 一	己丑 18 二	庚寅 19 三	辛卯 20 四	壬辰 21 五	癸巳 22 六	甲午 23 日	乙未 24 一	丙申 25 二	丁酉 26 三	戊戌 27 四	己亥 28 五	庚子 29 六	辛丑 30 日	壬寅 31 一	癸卯 (11) 二	甲辰 2 三	乙巳 3 四	丙午 4 五	丁未 5 六	戊申 6 日	己酉 7 一	庚戌 8 二	辛亥 9 三	壬子 10 四	癸丑 11 五	甲寅 12 六	戊子霜降 癸卯立冬
十月小	己亥	天干地支 西曆星期	乙卯 13 日	丙辰 14 一	丁巳 15 二	戊午 16 三	己未 17 四	庚申 18 五	辛酉 19 六	壬戌 20 日	癸亥 21 一	甲子 22 二	乙丑 23 三	丙寅 24 四	丁卯 25 五	戊辰 26 六	己巳 27 日	庚午 28 一	辛未 29 二	壬申 30 三	癸酉 (12) 四	甲戌 2 五	乙亥 3 六	丙子 4 日	丁丑 5 一	戊寅 6 二	己卯 7 三	庚辰 8 四	辛巳 9 五	壬午 10 六	癸未 11 日		己未小雪 甲戌大雪
十一月大	庚子	天干地支 西曆星期	甲申 12 一	乙酉 13 二	丙戌 14 三	丁亥 15 四	戊子 16 五	己丑 17 六	庚寅 18 日	辛卯 19 一	壬辰 20 二	癸巳 21 三	甲午 22 四	乙未 23 五	丙申 24 六	丁酉 25 日	戊戌 26 一	己亥 27 二	庚子 28 三	辛丑 29 四	壬寅 30 五	癸卯 31 六	甲辰 (1) 日	乙巳 2 一	丙午 3 二	丁未 4 三	戊申 5 四	己酉 6 五	庚戌 7 六	辛亥 8 日	壬子 9 一	癸丑 10 二	己丑冬至 甲辰小寒
十二月小	辛丑	天干地支 西曆星期	甲寅 11 三	乙卯 12 四	丙辰 13 五	丁巳 14 六	戊午 15 日	己未 16 一	庚申 17 二	辛酉 18 三	壬戌 19 四	癸亥 20 五	甲子 21 六	乙丑 22 日	丙寅 23 一	丁卯 24 二	戊辰 25 三	己巳 26 四	庚午 27 五	辛未 28 六	壬申 29 日	癸酉 30 一	甲戌 31 二	乙亥 (2) 三	丙子 2 四	丁丑 3 五	戊寅 4 六	己卯 5 日	庚辰 6 一	辛巳 7 二	壬午 8 三		庚申大寒 乙亥立春

遼太宗天顯七年（壬辰 龍年） 公元 932 ~ 933 年

夏曆月序		中西曆日對照	初一	初二	初三	初四	初五	初六	初七	初八	初九	初十	十一	十二	十三	十四	十五	十六	十七	十八	十九	二十	二一	二二	二三	二四	二五	二六	二七	二八	二九	三十	節氣與天象
正月大	壬寅	天干 地支 西曆 星期	癸未 9 四	甲申 10 五	乙酉 11 六	丙戌 12 日	丁亥 13 一	戊子 14 二	己丑 15 三	庚寅 16 四	辛卯 17 五	壬辰 18 六	癸巳 19 日	甲午 20 一	乙未 21 二	丙申 22 三	丁酉 23 四	戊戌 24 五	己亥 25 六	庚子 26 日	辛丑 27 一	壬寅 28 二	癸卯 29 三	甲辰 (3) 四	乙巳 2 五	丙午 3 六	丁未 4 日	戊申 5 一	己酉 6 二	庚戌 7 三	辛亥 8 四	壬子 9 五	庚寅雨水 乙巳驚蟄
二月大	癸卯	天干 地支 西曆 星期	癸丑 10 六	甲寅 11 日	乙卯 12 一	丙辰 13 二	丁巳 14 三	戊午 15 四	己未 16 五	庚申 17 六	辛酉 18 日	壬戌 19 一	癸亥 20 二	甲子 21 三	乙丑 22 四	丙寅 23 五	丁卯 24 六	戊辰 25 日	己巳 26 一	庚午 27 二	辛未 28 三	壬申 29 四	癸酉 30 五	甲戌 31 六	乙亥 (4) 日	丙子 2 一	丁丑 3 二	戊寅 4 三	己卯 5 四	庚辰 6 五	辛巳 7 六	壬午 8 日	庚申春分 丙子清明
三月大	甲辰	天干 地支 西曆 星期	癸未 9 一	甲申 10 二	乙酉 11 三	丙戌 12 四	丁亥 13 五	戊子 14 六	己丑 15 日	庚寅 16 一	辛卯 17 二	壬辰 18 三	癸巳 19 四	甲午 20 五	乙未 21 六	丙申 22 日	丁酉 23 一	戊戌 24 二	己亥 25 三	庚子 26 四	辛丑 27 五	壬寅 28 六	癸卯 29 日	甲辰 30 一	乙巳 (5) 二	丙午 2 三	丁未 3 四	戊申 4 五	己酉 5 六	庚戌 6 日	辛亥 7 一	壬子 8 二	辛卯穀雨 丙午立夏
四月小	乙巳	天干 地支 西曆 星期	癸丑 9 三	甲寅 10 四	乙卯 11 五	丙辰 12 六	丁巳 13 日	戊午 14 一	己未 15 二	庚申 16 三	辛酉 17 四	壬戌 18 五	癸亥 19 六	甲子 20 日	乙丑 21 一	丙寅 22 二	丁卯 23 三	戊辰 24 四	己巳 25 五	庚午 26 六	辛未 27 日	壬申 28 一	癸酉 29 二	甲戌 30 三	乙亥 31 四	丙子 (6) 五	丁丑 2 六	戊寅 3 日	己卯 4 一	庚辰 5 二	辛巳 6 三		辛酉小滿 丁丑芒種
五月大	丙午	天干 地支 西曆 星期	壬午 7 四	癸未 8 五	甲申 9 六	乙酉 10 日	丙戌 11 一	丁亥 12 二	戊子 13 三	己丑 14 四	庚寅 15 五	辛卯 16 六	壬辰 17 日	癸巳 18 一	甲午 19 二	乙未 20 三	丙申 21 四	丁酉 22 五	戊戌 23 六	己亥 24 日	庚子 25 一	辛丑 26 二	壬寅 27 三	癸卯 28 四	甲辰 29 五	乙巳 30 六	丙午 (7) 日	丁未 2 一	戊申 3 二	己酉 4 三	庚戌 5 四	辛亥 6 五	壬辰夏至 丁未小暑
六月小	丁未	天干 地支 西曆 星期	壬子 7 六	癸丑 8 日	甲寅 9 一	乙卯 10 二	丙辰 11 三	丁巳 12 四	戊午 13 五	己未 14 六	庚申 15 日	辛酉 16 一	壬戌 17 二	癸亥 18 三	甲子 19 四	乙丑 20 五	丙寅 21 六	丁卯 22 日	戊辰 23 一	己巳 24 二	庚午 25 三	辛未 26 四	壬申 27 五	癸酉 28 六	甲戌 29 日	乙亥 30 一	丙子 31 二	丁丑 (8) 三	戊寅 2 四	己卯 3 五	庚辰 4 六		壬戌大暑 丁丑立秋
七月小	戊申	天干 地支 西曆 星期	辛巳 5 日	壬午 6 一	癸未 7 二	甲申 8 三	乙酉 9 四	丙戌 10 五	丁亥 11 六	戊子 12 日	己丑 13 一	庚寅 14 二	辛卯 15 三	壬辰 16 四	癸巳 17 五	甲午 18 六	乙未 19 日	丙申 20 一	丁酉 21 二	戊戌 22 三	己亥 23 四	庚子 24 五	辛丑 25 六	壬寅 26 日	癸卯 27 一	甲辰 28 二	乙巳 29 三	丙午 30 四	丁未 31 五	戊申 (9) 六	己酉 2 日		癸巳處暑 戊申白露
八月大	己酉	天干 地支 西曆 星期	庚戌 3 一	辛亥 4 二	壬子 5 三	癸丑 6 四	甲寅 7 五	乙卯 8 六	丙辰 9 日	丁巳 10 一	戊午 11 二	己未 12 三	庚申 13 四	辛酉 14 五	壬戌 15 六	癸亥 16 日	甲子 17 一	乙丑 18 二	丙寅 19 三	丁卯 20 四	戊辰 21 五	己巳 22 六	庚午 23 日	辛未 24 一	壬申 25 二	癸酉 26 三	甲戌 27 四	乙亥 28 五	丙子 29 六	丁丑 30 日	戊寅 (10) 一	己卯 2 二	癸亥秋分 戊寅寒露
九月小	庚戌	天干 地支 西曆 星期	庚辰 3 三	辛巳 4 四	壬午 5 五	癸未 6 六	甲申 7 日	乙酉 8 一	丙戌 9 二	丁亥 10 三	戊子 11 四	己丑 12 五	庚寅 13 六	辛卯 14 日	壬辰 15 一	癸巳 16 二	甲午 17 三	乙未 18 四	丙申 19 五	丁酉 20 六	戊戌 21 日	己亥 22 一	庚子 23 二	辛丑 24 三	壬寅 25 四	癸卯 26 五	甲辰 27 六	乙巳 28 日	丙午 29 一	丁未 30 二	戊申 31 三		癸巳霜降
十月大	辛亥	天干 地支 西曆 星期	己酉 (11) 四	庚戌 2 五	辛亥 3 六	壬子 4 日	癸丑 5 一	甲寅 6 二	乙卯 7 三	丙辰 8 四	丁巳 9 五	戊午 10 六	己未 11 日	庚申 12 一	辛酉 13 二	壬戌 14 三	癸亥 15 四	甲子 16 五	乙丑 17 六	丙寅 18 日	丁卯 19 一	戊辰 20 二	己巳 21 三	庚午 22 四	辛未 23 五	壬申 24 六	癸酉 25 日	甲戌 26 一	乙亥 27 二	丙子 28 三	丁丑 29 四	戊寅 30 五	己酉立冬 甲子小雪
十一月小	壬子	天干 地支 西曆 星期	己卯 (12) 六	庚辰 2 日	辛巳 3 一	壬午 4 二	癸未 5 三	甲申 6 四	乙酉 7 五	丙戌 8 六	丁亥 9 日	戊子 10 一	己丑 11 二	庚寅 12 三	辛卯 13 四	壬辰 14 五	癸巳 15 六	甲午 16 日	乙未 17 一	丙申 18 二	丁酉 19 三	戊戌 20 四	己亥 21 五	庚子 22 六	辛丑 23 日	壬寅 24 一	癸卯 25 二	甲辰 26 三	乙巳 27 四	丙午 28 五	丁未 29 六		己卯大雪 甲午冬至
十二月大	癸丑	天干 地支 西曆 星期	戊申 30 日	己酉 31 一	庚戌 (1) 二	辛亥 2 三	壬子 3 四	癸丑 4 五	甲寅 5 六	乙卯 6 日	丙辰 7 一	丁巳 8 二	戊午 9 三	己未 10 四	庚申 11 五	辛酉 12 六	壬戌 13 日	癸亥 14 一	甲子 15 二	乙丑 16 三	丙寅 17 四	丁卯 18 五	戊辰 19 六	己巳 20 日	庚午 21 一	辛未 22 二	壬申 23 三	癸酉 24 四	甲戌 25 五	乙亥 26 六	丙子 27 日	丁丑 28 一	庚戌小寒 乙丑大寒

遼太宗天顯八年（癸巳 蛇年） 公元933 ~ 934年

夏曆月序		中西曆日對照	夏曆日序																														節氣與天象
			初一	初二	初三	初四	初五	初六	初七	初八	初九	初十	十一	十二	十三	十四	十五	十六	十七	十八	十九	二十	二一	二二	二三	二四	二五	二六	二七	二八	二九	三十	
正月小	甲寅	天干地支 西曆 星期	戊寅 29 二	己卯 30 三	庚辰 31 四	辛巳 (2) 五	壬午 2 六	癸未 3 日	甲申 4 一	乙酉 5 二	丙戌 6 三	丁亥 7 四	戊子 8 五	己丑 9 六	庚寅 10 日	辛卯 11 一	壬辰 12 二	癸巳 13 三	甲午 14 四	乙未 15 五	丙申 16 六	丁酉 17 日	戊戌 18 一	己亥 19 二	庚子 20 三	辛丑 21 四	壬寅 22 五	癸卯 23 六	甲辰 24 日	乙巳 25 一	丙午 26 二		庚辰立春 乙未雨水
二月大	乙卯	天干地支 西曆 星期	丁未 27 三	戊申 28 四	己酉 (3) 五	庚戌 2 六	辛亥 3 日	壬子 4 一	癸丑 5 二	甲寅 6 三	乙卯 7 四	丙辰 8 五	丁巳 9 六	戊午 10 日	己未 11 一	庚申 12 二	辛酉 13 三	壬戌 14 四	癸亥 15 五	甲子 16 六	乙丑 17 日	丙寅 18 一	丁卯 19 二	戊辰 20 三	己巳 21 四	庚午 22 五	辛未 23 六	壬申 24 日	癸酉 25 一	甲戌 26 二	乙亥 27 三	丙子 28 四	庚戌驚蟄 丙寅春分
三月大	丙辰	天干地支 西曆 星期	丁丑 29 五	戊寅 30 六	己卯 31 日	庚辰 (4) 一	辛巳 2 二	壬午 3 三	癸未 4 四	甲申 5 五	乙酉 6 六	丙戌 7 日	丁亥 8 一	戊子 9 二	己丑 10 三	庚寅 11 四	辛卯 12 五	壬辰 13 六	癸巳 14 日	甲午 15 一	乙未 16 二	丙申 17 三	丁酉 18 四	戊戌 19 五	己亥 20 六	庚子 21 日	辛丑 22 一	壬寅 23 二	癸卯 24 三	甲辰 25 四	乙巳 26 五	丙午 27 六	辛巳清明 丙申穀雨
四月小	丁巳	天干地支 西曆 星期	丁未 28 日	戊申 29 一	己酉 30 二	庚戌 (5) 三	辛亥 2 四	壬子 3 五	癸丑 4 六	甲寅 5 日	乙卯 6 一	丙辰 7 二	丁巳 8 三	戊午 9 四	己未 10 五	庚申 11 六	辛酉 12 日	壬戌 13 一	癸亥 14 二	甲子 15 三	乙丑 16 四	丙寅 17 五	丁卯 18 六	戊辰 19 日	己巳 20 一	庚午 21 二	辛未 22 三	壬申 23 四	癸酉 24 五	甲戌 25 六	乙亥 26 日		辛亥立夏 丁卯小滿
五月大	戊午	天干地支 西曆 星期	丙子 27 一	丁丑 28 二	戊寅 29 三	己卯 30 四	庚辰 31 五	辛巳 (6) 六	壬午 2 日	癸未 3 一	甲申 4 二	乙酉 5 三	丙戌 6 四	丁亥 7 五	戊子 8 六	己丑 9 日	庚寅 10 一	辛卯 11 二	壬辰 12 三	癸巳 13 四	甲午 14 五	乙未 15 六	丙申 16 日	丁酉 17 一	戊戌 18 二	己亥 19 三	庚子 20 四	辛丑 21 五	壬寅 22 六	癸卯 23 日	甲辰 24 一	乙巳 25 二	壬午芒種 丁酉夏至
六月小	己未	天干地支 西曆 星期	丙午 26 三	丁未 27 四	戊申 28 五	己酉 29 六	庚戌 30 日	辛亥 (7) 一	壬子 2 二	癸丑 3 三	甲寅 4 四	乙卯 5 五	丙辰 6 六	丁巳 7 日	戊午 8 一	己未 9 二	庚申 10 三	辛酉 11 四	壬戌 12 五	癸亥 13 六	甲子 14 日	乙丑 15 一	丙寅 16 二	丁卯 17 三	戊辰 18 四	己巳 19 五	庚午 20 六	辛未 21 日	壬申 22 一	癸酉 23 二	甲戌 24 三		壬子小暑 丁卯大暑
七月大	庚申	天干地支 西曆 星期	乙亥 25 四	丙子 26 五	丁丑 27 六	戊寅 28 日	己卯 29 一	庚辰 30 二	辛巳 31 三	壬午 (8) 四	癸未 2 五	甲申 3 六	乙酉 4 日	丙戌 5 一	丁亥 6 二	戊子 7 三	己丑 8 四	庚寅 9 五	辛卯 10 六	壬辰 11 日	癸巳 12 一	甲午 13 二	乙未 14 三	丙申 15 四	丁酉 16 五	戊戌 17 六	己亥 18 日	庚子 19 一	辛丑 20 二	壬寅 21 三	癸卯 22 四	甲辰 23 五	癸未立秋 戊戌處暑
八月小	辛酉	天干地支 西曆 星期	乙巳 24 六	丙午 25 日	丁未 26 一	戊申 27 二	己酉 28 三	庚戌 29 四	辛亥 30 五	壬子 31 六	癸丑 (9) 日	甲寅 2 一	乙卯 3 二	丙辰 4 三	丁巳 5 四	戊午 6 五	己未 7 六	庚申 8 日	辛酉 9 一	壬戌 10 二	癸亥 11 三	甲子 12 四	乙丑 13 五	丙寅 14 六	丁卯 15 日	戊辰 16 一	己巳 17 二	庚午 18 三	辛未 19 四	壬申 20 五	癸酉 21 六		癸丑白露 戊辰秋分
九月大	壬戌	天干地支 西曆 星期	甲戌 22 日	乙亥 23 一	丙子 24 二	丁丑 25 三	戊寅 26 四	己卯 27 五	庚辰 28 六	辛巳 29 日	壬午 30 一	癸未 (10) 二	甲申 2 三	乙酉 3 四	丙戌 4 五	丁亥 5 六	戊子 6 日	己丑 7 一	庚寅 8 二	辛卯 9 三	壬辰 10 四	癸巳 11 五	甲午 12 六	乙未 13 日	丙申 14 一	丁酉 15 二	戊戌 16 三	己亥 17 四	庚子 18 五	辛丑 19 六	壬寅 20 日	癸卯 21 一	甲申寒露 己亥霜降
十月小	癸亥	天干地支 西曆 星期	甲辰 22 二	乙巳 23 三	丙午 24 四	丁未 25 五	戊申 26 六	己酉 27 日	庚戌 28 一	辛亥 29 二	壬子 30 三	癸丑 31 四	甲寅 (11) 五	乙卯 2 六	丙辰 3 日	丁巳 4 一	戊午 5 二	己未 6 三	庚申 7 四	辛酉 8 五	壬戌 9 六	癸亥 10 日	甲子 11 一	乙丑 12 二	丙寅 13 三	丁卯 14 四	戊辰 15 五	己巳 16 六	庚午 17 日	辛未 18 一	壬申 19 二		甲寅立冬 己巳小雪
十一月大	甲子	天干地支 西曆 星期	癸酉 20 三	甲戌 21 四	乙亥 22 五	丙子 23 六	丁丑 24 日	戊寅 25 一	己卯 26 二	庚辰 27 三	辛巳 28 四	壬午 29 五	癸未 30 六	甲申 (12) 日	乙酉 2 一	丙戌 3 二	丁亥 4 三	戊子 5 四	己丑 6 五	庚寅 7 六	辛卯 8 日	壬辰 9 一	癸巳 10 二	甲午 11 三	乙未 12 四	丙申 13 五	丁酉 14 六	戊戌 15 日	己亥 16 一	庚子 17 二	辛丑 18 三	壬寅 19 四	甲申大雪 庚子冬至
十二月小	乙丑	天干地支 西曆 星期	癸卯 20 五	甲辰 21 六	乙巳 22 日	丙午 23 一	丁未 24 二	戊申 25 三	己酉 26 四	庚戌 27 五	辛亥 28 六	壬子 29 日	癸丑 30 一	甲寅 31 二	乙卯 (1) 三	丙辰 2 四	丁巳 3 五	戊午 4 六	己未 5 日	庚申 6 一	辛酉 7 二	壬戌 8 三	癸亥 9 四	甲子 10 五	乙丑 11 六	丙寅 12 日	丁卯 13 一	戊辰 14 二	己巳 15 三	庚午 16 四	辛未 17 五		乙卯小寒 庚午大寒

遼太宗天顯九年（甲午 馬年） 公元 934 ~ 935 年

夏曆月序		中西曆日對照	初一	初二	初三	初四	初五	初六	初七	初八	初九	初十	十一	十二	十三	十四	十五	十六	十七	十八	十九	二十	二十一	二十二	二十三	二十四	二十五	二十六	二十七	二十八	二十九	三十	節氣與天象
正月大	丙寅	天干地支西曆星期	壬申 18 六	癸酉 19 日	甲戌 20 一	乙亥 21 二	丙子 22 三	丁丑 23 四	戊寅 24 五	己卯 25 六	庚辰 26 日	辛巳 27 一	壬午 28 二	癸未 29 三	甲申 30 四	乙酉 31 五	丙戌 (2) 六	丁亥 2 日	戊子 3 一	己丑 4 二	庚寅 5 三	辛卯 6 四	壬辰 7 五	癸巳 8 六	甲午 9 日	乙未 10 一	丙申 11 二	丁酉 12 三	戊戌 13 四	己亥 14 五	庚子 15 六	辛丑 16 日	乙酉立春 庚子雨水
閏正月小	丙寅	天干地支西曆星期	壬寅 17 一	癸卯 18 二	甲辰 19 三	乙巳 20 四	丙午 21 五	丁未 22 六	戊申 23 日	己酉 24 一	庚戌 25 二	辛亥 26 三	壬子 27 四	癸丑 28 五	甲寅 (3) 六	乙卯 2 日	丙辰 3 一	丁巳 4 二	戊午 5 三	己未 6 四	庚申 7 五	辛酉 8 六	壬戌 9 日	癸亥 10 一	甲子 11 二	乙丑 12 三	丙寅 13 四	丁卯 14 五	戊辰 15 六	己巳 16 日	庚午 17 一		丙辰驚蟄
二月大	丁卯	天干地支西曆星期	辛未 18 二	壬申 19 三	癸酉 20 四	甲戌 21 五	乙亥 22 六	丙子 23 日	丁丑 24 一	戊寅 25 二	己卯 26 三	庚辰 27 四	辛巳 28 五	壬午 29 六	癸未 30 日	甲申 31 一	乙酉 (4) 二	丙戌 2 三	丁亥 3 四	戊子 4 五	己丑 5 六	庚寅 6 日	辛卯 7 一	壬辰 8 二	癸巳 9 三	甲午 10 四	乙未 11 五	丙申 12 六	丁酉 13 日	戊戌 14 一	己亥 15 二	庚子 16 三	辛未春分 丙戌清明
三月小	戊辰	天干地支西曆星期	辛丑 17 四	壬寅 18 五	癸卯 19 六	甲辰 20 日	乙巳 21 一	丙午 22 二	丁未 23 三	戊申 24 四	己酉 25 五	庚戌 26 六	辛亥 27 日	壬子 28 一	癸丑 29 二	甲寅 30 三	乙卯 (5) 四	丙辰 2 五	丁巳 3 六	戊午 4 日	己未 5 一	庚申 6 二	辛酉 7 三	壬戌 8 四	癸亥 9 五	甲子 10 六	乙丑 11 日	丙寅 12 一	丁卯 13 二	戊辰 14 三	己巳 15 四		辛丑穀雨 丁巳立夏
四月大	己巳	天干地支西曆星期	庚午 16 五	辛未 17 六	壬申 18 日	癸酉 19 一	甲戌 20 二	乙亥 21 三	丙子 22 四	丁丑 23 五	戊寅 24 六	己卯 25 日	庚辰 26 一	辛巳 27 二	壬午 28 三	癸未 29 四	甲申 30 五	乙酉 31 六	丙戌 (6) 日	丁亥 2 一	戊子 3 二	己丑 4 三	庚寅 5 四	辛卯 6 五	壬辰 7 六	癸巳 8 日	甲午 9 一	乙未 10 二	丙申 11 三	丁酉 12 四	戊戌 13 五	己亥 14 六	壬申小滿 丁亥芒種
五月大	庚午	天干地支西曆星期	庚子 15 日	辛丑 16 一	壬寅 17 二	癸卯 18 三	甲辰 19 四	乙巳 20 五	丙午 21 六	丁未 22 日	戊申 23 一	己酉 24 二	庚戌 25 三	辛亥 26 四	壬子 27 五	癸丑 28 六	甲寅 29 日	乙卯 30 一	丙辰 (7) 二	丁巳 2 三	戊午 3 四	己未 4 五	庚申 5 六	辛酉 6 日	壬戌 7 一	癸亥 8 二	甲子 9 三	乙丑 10 四	丙寅 11 五	丁卯 12 六	戊辰 13 日	己巳 14 一	壬寅夏至 丁巳小暑
六月小	辛未	天干地支西曆星期	庚午 15 二	辛未 16 三	壬申 17 四	癸酉 18 五	甲戌 19 六	乙亥 20 日	丙子 21 一	丁丑 22 二	戊寅 23 三	己卯 24 四	庚辰 25 五	辛巳 26 六	壬午 27 日	癸未 28 一	甲申 29 二	乙酉 30 三	丙戌 31 四	丁亥 (8) 五	戊子 2 六	己丑 3 日	庚寅 4 一	辛卯 5 二	壬辰 6 三	癸巳 7 四	甲午 8 五	乙未 9 六	丙申 10 日	丁酉 11 一	戊戌 12 二		癸酉大暑 戊子立秋
七月大	壬申	天干地支西曆星期	己亥 13 三	庚子 14 四	辛丑 15 五	壬寅 16 六	癸卯 17 日	甲辰 18 一	乙巳 19 二	丙午 20 三	丁未 21 四	戊申 22 五	己酉 23 六	庚戌 24 日	辛亥 25 一	壬子 26 二	癸丑 27 三	甲寅 28 四	乙卯 29 五	丙辰 30 六	丁巳 31 日	戊午 (9) 一	己未 2 二	庚申 3 三	辛酉 4 四	壬戌 5 五	癸亥 6 六	甲子 7 日	乙丑 8 一	丙寅 9 二	丁卯 10 三	戊辰 11 四	癸卯處暑 戊午白露
八月小	癸酉	天干地支西曆星期	己巳 12 五	庚午 13 六	辛未 14 日	壬申 15 一	癸酉 16 二	甲戌 17 三	乙亥 18 四	丙子 19 五	丁丑 20 六	戊寅 21 日	己卯 22 一	庚辰 23 二	辛巳 24 三	壬午 25 四	癸未 26 五	甲申 27 六	乙酉 28 日	丙戌 29 一	丁亥 30 二	戊子 (10) 三	己丑 2 四	庚寅 3 五	辛卯 4 六	壬辰 5 日	癸巳 6 一	甲午 7 二	乙未 8 三	丙申 9 四	丁酉 10 五		甲戌秋分 己丑寒露
九月大	甲戌	天干地支西曆星期	戊戌 11 六	己亥 12 日	庚子 13 一	辛丑 14 二	壬寅 15 三	癸卯 16 四	甲辰 17 五	乙巳 18 六	丙午 19 日	丁未 20 一	戊申 21 二	己酉 22 三	庚戌 23 四	辛亥 24 五	壬子 25 六	癸丑 26 日	甲寅 27 一	乙卯 28 二	丙辰 29 三	丁巳 30 四	戊午 31 五	己未 (11) 六	庚申 2 日	辛酉 3 一	壬戌 4 二	癸亥 5 三	甲子 6 四	乙丑 7 五	丙寅 8 六	丁卯 9 日	甲辰霜降 己未立冬
十月小	乙亥	天干地支西曆星期	戊辰 10 一	己巳 11 二	庚午 12 三	辛未 13 四	壬申 14 五	癸酉 15 六	甲戌 16 日	乙亥 17 一	丙子 18 二	丁丑 19 三	戊寅 20 四	己卯 21 五	庚辰 22 六	辛巳 23 日	壬午 24 一	癸未 25 二	甲申 26 三	乙酉 27 四	丙戌 28 五	丁亥 29 六	戊子 30 日	己丑 (12) 一	庚寅 2 二	辛卯 3 三	壬辰 4 四	癸巳 5 五	甲午 6 六	乙未 7 日	丙申 8 一		甲戌小雪 庚寅大雪
十一月大	丙子	天干地支西曆星期	丁酉 9 二	戊戌 10 三	己亥 11 四	庚子 12 五	辛丑 13 六	壬寅 14 日	癸卯 15 一	甲辰 16 二	乙巳 17 三	丙午 18 四	丁未 19 五	戊申 20 六	己酉 21 日	庚戌 22 一	辛亥 23 二	壬子 24 三	癸丑 25 四	甲寅 26 五	乙卯 27 六	丙辰 28 日	丁巳 29 一	戊午 30 二	己未 31 三	庚申 (1) 四	辛酉 2 五	壬戌 3 六	癸亥 4 日	甲子 5 一	乙丑 6 二	丙寅 7 三	乙巳冬至 庚申小寒
十二月小	丁丑	天干地支西曆星期	丁卯 8 四	戊辰 9 五	己巳 10 六	庚午 11 日	辛未 12 一	壬申 13 二	癸酉 14 三	甲戌 15 四	乙亥 16 五	丙子 17 六	丁丑 18 日	戊寅 19 一	己卯 20 二	庚辰 21 三	辛巳 22 四	壬午 23 五	癸未 24 六	甲申 25 日	乙酉 26 一	丙戌 27 二	丁亥 28 三	戊子 29 四	己丑 30 五	庚寅 31 六	辛卯 (2) 日	壬辰 2 一	癸巳 3 二	甲午 4 三	乙未 5 四		乙亥大寒 辛卯立春

遼太宗天顯十年（乙未 羊年） 公元 935 ~ 936 年

夏曆月序		中西曆日對照	初一	初二	初三	初四	初五	初六	初七	初八	初九	初十	十一	十二	十三	十四	十五	十六	十七	十八	十九	二十	二一	二二	二三	二四	二五	二六	二七	二八	二九	三十	節氣與天象
正月大	戊寅	干支 西曆 星期	丙申 6 五	丁酉 7 六	戊戌 8 日	己亥 9 一	庚子 10 二	辛丑 11 三	壬寅 12 四	癸卯 13 五	甲辰 14 六	乙巳 15 日	丙午 16 一	丁未 17 二	戊申 18 三	己酉 19 四	庚戌 20 五	辛亥 21 六	壬子 22 日	癸丑 23 一	甲寅 24 二	乙卯 25 三	丙辰 26 四	丁巳 27 五	戊午 28 六	己未 (3) 日	庚申 2 一	辛酉 3 二	壬戌 4 三	癸亥 5 四	甲子 6 五	乙丑 7 六	丙午雨水 辛酉驚蟄
二月小	己卯	干支 西曆 星期	丙寅 8 日	丁卯 9 一	戊辰 10 二	己巳 11 三	庚午 12 四	辛未 13 五	壬申 14 六	癸酉 15 日	甲戌 16 一	乙亥 17 二	丙子 18 三	丁丑 19 四	戊寅 20 五	己卯 21 六	庚辰 22 日	辛巳 23 一	壬午 24 二	癸未 25 三	甲申 26 四	乙酉 27 五	丙戌 28 六	丁亥 29 日	戊子 30 一	己丑 31 二	庚寅 (4) 三	辛卯 2 四	壬辰 3 五	癸巳 4 六	甲午 5 日		丙子春分 辛卯清明
三月大	庚辰	干支 西曆 星期	乙未 6 一	丙申 7 二	丁酉 8 三	戊戌 9 四	己亥 10 五	庚子 11 六	辛丑 12 日	壬寅 13 一	癸卯 14 二	甲辰 15 三	乙巳 16 四	丙午 17 五	丁未 18 六	戊申 19 日	己酉 20 一	庚戌 21 二	辛亥 22 三	壬子 23 四	癸丑 24 五	甲寅 25 六	乙卯 26 日	丙辰 27 一	丁巳 28 二	戊午 29 三	己未 30 四	庚申 (5) 五	辛酉 2 六	壬戌 3 日	癸亥 4 一	甲子 5 二	丁未穀雨 壬戌立夏
四月小	辛巳	干支 西曆 星期	乙丑 6 三	丙寅 7 四	丁卯 8 五	戊辰 9 六	己巳 10 日	庚午 11 一	辛未 12 二	壬申 13 三	癸酉 14 四	甲戌 15 五	乙亥 16 六	丙子 17 日	丁丑 18 一	戊寅 19 二	己卯 20 三	庚辰 21 四	辛巳 22 五	壬午 23 六	癸未 24 日	甲申 25 一	乙酉 26 二	丙戌 27 三	丁亥 28 四	戊子 29 五	己丑 30 六	庚寅 31 日	辛卯 (6) 一	壬辰 2 二	癸巳 3 三		丁丑小滿 壬辰芒種
五月大	壬午	干支 西曆 星期	甲午 4 四	乙未 5 五	丙申 6 六	丁酉 7 日	戊戌 8 一	己亥 9 二	庚子 10 三	辛丑 11 四	壬寅 12 五	癸卯 13 六	甲辰 14 日	乙巳 15 一	丙午 16 二	丁未 17 三	戊申 18 四	己酉 19 五	庚戌 20 六	辛亥 21 日	壬子 22 一	癸丑 23 二	甲寅 24 三	乙卯 25 四	丙辰 26 五	丁巳 27 六	戊午 28 日	己未 29 一	庚申 30 二	辛酉 (7) 三	壬戌 2 四	癸亥 3 五	丁未夏至 癸亥小暑
六月小	癸未	干支 西曆 星期	甲子 4 六	乙丑 5 日	丙寅 6 一	丁卯 7 二	戊辰 8 三	己巳 9 四	庚午 10 五	辛未 11 六	壬申 12 日	癸酉 13 一	甲戌 14 二	乙亥 15 三	丙子 16 四	丁丑 17 五	戊寅 18 六	己卯 19 日	庚辰 20 一	辛巳 21 二	壬午 22 三	癸未 23 四	甲申 24 五	乙酉 25 六	丙戌 26 日	丁亥 27 一	戊子 28 二	己丑 29 三	庚寅 30 四	辛卯 31 五	壬辰 (8) 六		戊寅大暑
七月大	甲申	干支 西曆 星期	癸巳 2 日	甲午 3 一	乙未 4 二	丙申 5 三	丁酉 6 四	戊戌 7 五	己亥 8 六	庚子 9 日	辛丑 10 一	壬寅 11 二	癸卯 12 三	甲辰 13 四	乙巳 14 五	丙午 15 六	丁未 16 日	戊申 17 一	己酉 18 二	庚戌 19 三	辛亥 20 四	壬子 21 五	癸丑 22 六	甲寅 23 日	乙卯 24 一	丙辰 25 二	丁巳 26 三	戊午 27 四	己未 28 五	庚申 29 六	辛酉 30 日	壬戌 31 一	癸巳立秋 戊申處暑
八月大	乙酉	干支 西曆 星期	癸亥 (9) 二	甲子 2 三	乙丑 3 四	丙寅 4 五	丁卯 5 六	戊辰 6 日	己巳 7 一	庚午 8 二	辛未 9 三	壬申 10 四	癸酉 11 五	甲戌 12 六	乙亥 13 日	丙子 14 一	丁丑 15 二	戊寅 16 三	己卯 17 四	庚辰 18 五	辛巳 19 六	壬午 20 日	癸未 21 一	甲申 22 二	乙酉 23 三	丙戌 24 四	丁亥 25 五	戊子 26 六	己丑 27 日	庚寅 28 一	辛卯 29 二	壬辰 30 三	甲子白露 己卯秋分
九月小	丙戌	干支 西曆 星期	癸巳 (10) 四	甲午 2 五	乙未 3 六	丙申 4 日	丁酉 5 一	戊戌 6 二	己亥 7 三	庚子 8 四	辛丑 9 五	壬寅 10 六	癸卯 11 日	甲辰 12 一	乙巳 13 二	丙午 14 三	丁未 15 四	戊申 16 五	己酉 17 六	庚戌 18 日	辛亥 19 一	壬子 20 二	癸丑 21 三	甲寅 22 四	乙卯 23 五	丙辰 24 六	丁巳 25 日	戊午 26 一	己未 27 二	庚申 28 三	辛酉 29 四		甲午寒露 己酉霜降
十月大	丁亥	干支 西曆 星期	壬戌 30 五	癸亥 31 六	甲子 (11) 日	乙丑 2 一	丙寅 3 二	丁卯 4 三	戊辰 5 四	己巳 6 五	庚午 7 六	辛未 8 日	壬申 9 一	癸酉 10 二	甲戌 11 三	乙亥 12 四	丙子 13 五	丁丑 14 六	戊寅 15 日	己卯 16 一	庚辰 17 二	辛巳 18 三	壬午 19 四	癸未 20 五	甲申 21 六	乙酉 22 日	丙戌 23 一	丁亥 24 二	戊子 25 三	己丑 26 四	庚寅 27 五	辛卯 28 六	甲子立冬 庚辰小雪
十一月大	戊子	干支 西曆 星期	壬辰 29 日	癸巳 30 一	甲午 (12) 二	乙未 2 三	丙申 3 四	丁酉 4 五	戊戌 5 六	己亥 6 日	庚子 7 一	辛丑 8 二	壬寅 9 三	癸卯 10 四	甲辰 11 五	乙巳 12 六	丙午 13 日	丁未 14 一	戊申 15 二	己酉 16 三	庚戌 17 四	辛亥 18 五	壬子 19 六	癸丑 20 日	甲寅 21 一	乙卯 22 二	丙辰 23 三	丁巳 24 四	戊午 25 五	己未 26 六	庚申 27 日	辛酉 28 一	乙未大雪 庚戌冬至
十二月小	己丑	干支 西曆 星期	壬戌 29 二	癸亥 30 三	甲子 31 四	乙丑 (1) 五	丙寅 2 六	丁卯 3 日	戊辰 4 一	己巳 5 二	庚午 6 三	辛未 7 四	壬申 8 五	癸酉 9 六	甲戌 10 日	乙亥 11 一	丙子 12 二	丁丑 13 三	戊寅 14 四	己卯 15 五	庚辰 16 六	辛巳 17 日	壬午 18 一	癸未 19 二	甲申 20 三	乙酉 21 四	丙戌 22 五	丁亥 23 六	戊子 24 日	己丑 25 一	庚寅 26 二		乙丑小寒 辛巳大寒

遼太宗天顯十一年（丙申 猴年） 公元 936 ~ 937 年

夏曆月序		中西曆日對照	初一	初二	初三	初四	初五	初六	初七	初八	初九	初十	十一	十二	十三	十四	十五	十六	十七	十八	十九	二十	二一	二二	二三	二四	二五	二六	二七	二八	二九	三十	節氣與天象
正月小	庚寅	天干地支 西曆星期	辛卯27三	壬辰28四	癸巳29五	甲午30六	乙未31日	丙申(2)一	丁酉2二	戊戌3三	己亥4四	庚子5五	辛丑6六	壬寅7日	癸卯8一	甲辰9二	乙巳10三	丙午11四	丁未12五	戊申13六	己酉14日	庚戌15一	辛亥16二	壬子17三	癸丑18四	甲寅19五	乙卯20六	丙辰21日	丁巳22一	戊午23二	己未24三		丙申立春 辛亥雨水
二月大	辛卯	天干地支 西曆星期	庚申25四	辛酉26五	壬戌27六	癸亥28日	甲子29一	乙丑(3)二	丙寅2三	丁卯3四	戊辰4五	己巳5六	庚午6日	辛未7一	壬申8二	癸酉9三	甲戌10四	乙亥11五	丙子12六	丁丑13日	戊寅14一	己卯15二	庚辰16三	辛巳17四	壬午18五	癸未19六	甲申20日	乙酉21一	丙戌22二	丁亥23三	戊子24四	己丑25五	丙寅驚蟄 辛巳春分
三月小	壬辰	天干地支 西曆星期	庚寅26六	辛卯27日	壬辰28一	癸巳29二	甲午30三	乙未31四	丙申(4)五	丁酉2六	戊戌3日	己亥4一	庚子5二	辛丑6三	壬寅7四	癸卯8五	甲辰9六	乙巳10日	丙午11一	丁未12二	戊申13三	己酉14四	庚戌15五	辛亥16六	壬子17日	癸丑18一	甲寅19二	乙卯20三	丙辰21四	丁巳22五	戊午23六		丁酉清明 壬子穀雨
四月大	癸巳	天干地支 西曆星期	己未24日	庚申25一	辛酉26二	壬戌27三	癸亥28四	甲子29五	乙丑30六	丙寅(5)日	丁卯2一	戊辰3二	己巳4三	庚午5四	辛未6五	壬申7六	癸酉8日	甲戌9一	乙亥10二	丙子11三	丁丑12四	戊寅13五	己卯14六	庚辰15日	辛巳16一	壬午17二	癸未18三	甲申19四	乙酉20五	丙戌21六	丁亥22日	戊子23一	丁卯立夏 壬午小滿
五月小	甲午	天干地支 西曆星期	己丑24二	庚寅25三	辛卯26四	壬辰27五	癸巳28六	甲午29日	乙未30一	丙申31二	丁酉(6)三	戊戌2四	己亥3五	庚子4六	辛丑5日	壬寅6一	癸卯7二	甲辰8三	乙巳9四	丙午10五	丁未11六	戊申12日	己酉13一	庚戌14二	辛亥15三	壬子16四	癸丑17五	甲寅18六	乙卯19日	丙辰20一	丁巳21二		丁酉芒種 癸丑夏至
六月小	乙未	天干地支 西曆星期	戊午22三	己未23四	庚申24五	辛酉25六	壬戌26日	癸亥27一	甲子28二	乙丑29三	丙寅30四	丁卯(7)五	戊辰2六	己巳3日	庚午4一	辛未5二	壬申6三	癸酉7四	甲戌8五	乙亥9六	丙子10日	丁丑11一	戊寅12二	己卯13三	庚辰14四	辛巳15五	壬午16六	癸未17日	甲申18一	乙酉19二	丙戌20三		戊辰小暑 癸未大暑
七月大	丙申	天干地支 西曆星期	丁亥21四	戊子22五	己丑23六	庚寅24日	辛卯25一	壬辰26二	癸巳27三	甲午28四	乙未29五	丙申30六	丁酉31日	戊戌(8)一	己亥2二	庚子3三	辛丑4四	壬寅5五	癸卯6六	甲辰7日	乙巳8一	丙午9二	丁未10三	戊申11四	己酉12五	庚戌13六	辛亥14日	壬子15一	癸丑16二	甲寅17三	乙卯18四	丙辰19五	戊戌立秋 甲寅處暑
八月大	丁酉	天干地支 西曆星期	丁巳20六	戊午21日	己未22一	庚申23二	辛酉24三	壬戌25四	癸亥26五	甲子27六	乙丑28日	丙寅29一	丁卯30二	戊辰31三	己巳(9)四	庚午2五	辛未3六	壬申4日	癸酉5一	甲戌6二	乙亥7三	丙子8四	丁丑9五	戊寅10六	己卯11日	庚辰12一	辛巳13二	壬午14三	癸未15四	甲申16五	乙酉17六	丙戌18日	己巳白露 甲申秋分
九月小	戊戌	天干地支 西曆星期	丁亥19一	戊子20二	己丑21三	庚寅22四	辛卯23五	壬辰24六	癸巳25日	甲午26一	乙未27二	丙申28三	丁酉29四	戊戌30五	己亥(10)六	庚子2日	辛丑3一	壬寅4二	癸卯5三	甲辰6四	乙巳7五	丙午8六	丁未9日	戊申10一	己酉11二	庚戌12三	辛亥13四	壬子14五	癸丑15六	甲寅16日	乙卯17一		己亥寒露 甲寅霜降
十月大	己亥	天干地支 西曆星期	丙辰18二	丁巳19三	戊午20四	己未21五	庚申22六	辛酉23日	壬戌24一	癸亥25二	甲子26三	乙丑27四	丙寅28五	丁卯29六	戊辰30日	己巳31一	庚午(11)二	辛未2三	壬申3四	癸酉4五	甲戌5六	乙亥6日	丙子7一	丁丑8二	戊寅9三	己卯10四	庚辰11五	辛巳12六	壬午13日	癸未14一	甲申15二	乙酉16三	庚午立冬 乙酉小雪
十一月大	庚子	天干地支 西曆星期	丙戌17四	丁亥18五	戊子19六	己丑20日	庚寅21一	辛卯22二	壬辰23三	癸巳24四	甲午25五	乙未26六	丙申27日	丁酉28一	戊戌29二	己亥30三	庚子(12)四	辛丑2五	壬寅3六	癸卯4日	甲辰5一	乙巳6二	丙午7三	丁未8四	戊申9五	己酉10六	庚戌11日	辛亥12一	壬子13二	癸丑14三	甲寅15四	乙卯16五	庚子大雪 乙卯冬至
閏十一小	庚子	天干地支 西曆星期	丙辰17六	丁巳18日	戊午19一	己未20二	庚申21三	辛酉22四	壬戌23五	癸亥24六	甲子25日	乙丑26一	丙寅27二	丁卯28三	戊辰29四	己巳30五	庚午31六	辛未(1)日	壬申2一	癸酉3二	甲戌4三	乙亥5四	丙子6五	丁丑7六	戊寅8日	己卯9一	庚辰10二	辛巳11三	壬午12四	癸未13五	甲申14六		辛未小寒
十二月小	辛丑	天干地支 西曆星期	乙酉15日	丙戌16一	丁亥17二	戊子18三	己丑19四	庚寅20五	辛卯21六	壬辰22日	癸巳23一	甲午24二	乙未25三	丙申26四	丁酉27五	戊戌28六	己亥29日	庚子30一	辛丑31二	壬寅(2)三	癸卯2四	甲辰3五	乙巳4六	丙午5日	丁未6一	戊申7二	己酉8三	庚戌9四	辛亥10五	壬子11六	癸丑12日		丙戌大寒 辛丑立春

遼太宗天顯十二年（丁酉 鷄年） 公元 937 ~ 938 年

夏曆月序		中西曆日對照	夏曆日序																														節氣與天象
			初一	初二	初三	初四	初五	初六	初七	初八	初九	初十	十一	十二	十三	十四	十五	十六	十七	十八	十九	二十	二一	二二	二三	二四	二五	二六	二七	二八	二九	三十	
正月大	壬寅	天干地支 西曆 星期	甲寅 13 一	乙卯 14 二	丙辰 15 三	丁巳 16 四	戊午 17 五	己未 18 六	庚申 19 日	辛酉 20 一	壬戌 21 二	癸亥 22 三	甲子 23 四	乙丑 24 五	丙寅 25 六	丁卯 26 日	戊辰 27 一	己巳 28 二	庚午 (3) 三	辛未 2 四	壬申 3 五	癸酉 4 六	甲戌 5 日	乙亥 6 一	丙子 7 二	丁丑 8 三	戊寅 9 四	己卯 10 五	庚辰 11 六	辛巳 12 日	壬午 13 一	癸未 14 二	丙辰雨水 辛未驚蟄
二月大	癸卯	天干地支 西曆 星期	甲申 15 三	乙酉 16 四	丙戌 17 五	丁亥 18 六	戊子 19 日	己丑 20 一	庚寅 21 二	辛卯 22 三	壬辰 23 四	癸巳 24 五	甲午 25 六	乙未 26 日	丙申 27 一	丁酉 28 二	戊戌 29 三	己亥 30 四	庚子 31 五	辛丑 (4) 六	壬寅 2 日	癸卯 3 一	甲辰 4 二	乙巳 5 三	丙午 6 四	丁未 7 五	戊申 8 六	己酉 9 日	庚戌 10 一	辛亥 11 二	壬子 12 三	癸丑 13 四	丁亥春分 壬寅清明
三月小	甲辰	天干地支 西曆 星期	甲寅 14 五	乙卯 15 六	丙辰 16 日	丁巳 17 一	戊午 18 二	己未 19 三	庚申 20 四	辛酉 21 五	壬戌 22 六	癸亥 23 日	甲子 24 一	乙丑 25 二	丙寅 26 三	丁卯 27 四	戊辰 28 五	己巳 29 六	庚午 30 日	辛未 (5) 一	壬申 2 二	癸酉 3 三	甲戌 4 四	乙亥 5 五	丙子 6 六	丁丑 7 日	戊寅 8 一	己卯 9 二	庚辰 10 三	辛巳 11 四	壬午 12 五		丁巳穀雨 壬申立夏
四月小	乙巳	天干地支 西曆 星期	癸未 13 六	甲申 14 日	乙酉 15 一	丙戌 16 二	丁亥 17 三	戊子 18 四	己丑 19 五	庚寅 20 六	辛卯 21 日	壬辰 22 一	癸巳 23 二	甲午 24 三	乙未 25 四	丙申 26 五	丁酉 27 六	戊戌 28 日	己亥 29 一	庚子 30 二	辛丑 31 三	壬寅 (6) 四	癸卯 2 五	甲辰 3 六	乙巳 4 日	丙午 5 一	丁未 6 二	戊申 7 三	己酉 8 四	庚戌 9 五	辛亥 10 六		戊子小滿 癸卯芒種
五月大	丙午	天干地支 西曆 星期	壬子 11 日	癸丑 12 一	甲寅 13 二	乙卯 14 三	丙辰 15 四	丁巳 16 五	戊午 17 六	己未 18 日	庚申 19 一	辛酉 20 二	壬戌 21 三	癸亥 22 四	甲子 23 五	乙丑 24 六	丙寅 25 日	丁卯 26 一	戊辰 27 二	己巳 28 三	庚午 29 四	辛未 30 五	壬申 (7) 六	癸酉 2 日	甲戌 3 一	乙亥 4 二	丙子 5 三	丁丑 6 四	戊寅 7 五	己卯 8 六	庚辰 9 日	辛巳 10 一	戊午夏至 癸酉小暑
六月小	丁未	天干地支 西曆 星期	壬午 11 二	癸未 12 三	甲申 13 四	乙酉 14 五	丙戌 15 六	丁亥 16 日	戊子 17 一	己丑 18 二	庚寅 19 三	辛卯 20 四	壬辰 21 五	癸巳 22 六	甲午 23 日	乙未 24 一	丙申 25 二	丁酉 26 三	戊戌 27 四	己亥 28 五	庚子 29 六	辛丑 30 日	壬寅 31 一	癸卯 (8) 二	甲辰 2 三	乙巳 3 四	丙午 4 五	丁未 5 六	戊申 6 日	己酉 7 一	庚戌 8 二		戊子大暑 甲辰立秋
七月大	戊申	天干地支 西曆 星期	辛亥 9 三	壬子 10 四	癸丑 11 五	甲寅 12 六	乙卯 13 日	丙辰 14 一	丁巳 15 二	戊午 16 三	己未 17 四	庚申 18 五	辛酉 19 六	壬戌 20 日	癸亥 21 一	甲子 22 二	乙丑 23 三	丙寅 24 四	丁卯 25 五	戊辰 26 六	己巳 27 日	庚午 28 一	辛未 29 二	壬申 30 三	癸酉 31 四	甲戌 (9) 五	乙亥 2 六	丙子 3 日	丁丑 4 一	戊寅 5 二	己卯 6 三	庚辰 7 四	己未處暑 甲戌白露
八月小	己酉	天干地支 西曆 星期	辛巳 8 五	壬午 9 六	癸未 10 日	甲申 11 一	乙酉 12 二	丙戌 13 三	丁亥 14 四	戊子 15 五	己丑 16 六	庚寅 17 日	辛卯 18 一	壬辰 19 二	癸巳 20 三	甲午 21 四	乙未 22 五	丙申 23 六	丁酉 24 日	戊戌 25 一	己亥 26 二	庚子 27 三	辛丑 28 四	壬寅 29 五	癸卯 30 六	甲辰 (10) 日	乙巳 2 一	丙午 3 二	丁未 4 三	戊申 5 四	己酉 6 五		己丑秋分 甲辰寒露
九月大	庚戌	天干地支 西曆 星期	庚戌 7 六	辛亥 8 日	壬子 9 一	癸丑 10 二	甲寅 11 三	乙卯 12 四	丙辰 13 五	丁巳 14 六	戊午 15 日	己未 16 一	庚申 17 二	辛酉 18 三	壬戌 19 四	癸亥 20 五	甲子 21 六	乙丑 22 日	丙寅 23 一	丁卯 24 二	戊辰 25 三	己巳 26 四	庚午 27 五	辛未 28 六	壬申 29 日	癸酉 30 一	甲戌 31 二	乙亥 (11) 三	丙子 2 四	丁丑 3 五	戊寅 4 六	己卯 5 日	庚申霜降 乙亥立冬
十月大	辛亥	天干地支 西曆 星期	庚辰 6 一	辛巳 7 二	壬午 8 三	癸未 9 四	甲申 10 五	乙酉 11 六	丙戌 12 日	丁亥 13 一	戊子 14 二	己丑 15 三	庚寅 16 四	辛卯 17 五	壬辰 18 六	癸巳 19 日	甲午 20 一	乙未 21 二	丙申 22 三	丁酉 23 四	戊戌 24 五	己亥 25 六	庚子 26 日	辛丑 27 一	壬寅 28 二	癸卯 29 三	甲辰 30 四	乙巳 (12) 五	丙午 2 六	丁未 3 日	戊申 4 一	己酉 5 二	庚寅小雪 乙巳大雪
十一月小	壬子	天干地支 西曆 星期	庚戌 6 三	辛亥 7 四	壬子 8 五	癸丑 9 六	甲寅 10 日	乙卯 11 一	丙辰 12 二	丁巳 13 三	戊午 14 四	己未 15 五	庚申 16 六	辛酉 17 日	壬戌 18 一	癸亥 19 二	甲子 20 三	乙丑 21 四	丙寅 22 五	丁卯 23 六	戊辰 24 日	己巳 25 一	庚午 26 二	辛未 27 三	壬申 28 四	癸酉 29 五	甲戌 30 六	乙亥 31 日	丙子 (1) 一	丁丑 2 二	戊寅 3 三		辛酉冬至 丙子小寒
十二月小	癸丑	天干地支 西曆 星期	己卯 4 四	庚辰 5 五	辛巳 6 六	壬午 7 日	癸未 8 一	甲申 9 二	乙酉 10 三	丙戌 11 四	丁亥 12 五	戊子 13 六	己丑 14 日	庚寅 15 一	辛卯 16 二	壬辰 17 三	癸巳 18 四	甲午 19 五	乙未 20 六	丙申 21 日	丁酉 22 一	戊戌 23 二	己亥 24 三	庚子 25 四	辛丑 26 五	壬寅 27 六	癸卯 28 日	甲辰 29 一	乙巳 30 二	丙午 31 三	丁未 (2) 四		辛卯大寒 丙午立春

遼太宗天顯十三年 會同元年（戊戌 狗年） 公元 **938** ~ 939 年

夏曆月序	中西曆日對照		初一	初二	初三	初四	初五	初六	初七	初八	初九	初十	十一	十二	十三	十四	十五	十六	十七	十八	十九	二十	二一	二二	二三	二四	二五	二六	二七	二八	二九	三十	節氣與天象
正月大	甲寅	干支 天地西曆 星期	戊申 2 五	己酉 3 六	庚戌 4 日	辛亥 5 一	壬子 6 二	癸丑 7 三	甲寅 8 四	乙卯 9 五	丙辰 10 六	丁巳 11 日	戊午 12 一	己未 13 二	庚申 14 三	辛酉 15 四	壬戌 16 五	癸亥 17 六	甲子 18 日	乙丑 19 一	丙寅 20 二	丁卯 21 三	戊辰 22 四	己巳 23 五	庚午 24 六	辛未 25 日	壬申 26 一	癸酉 27 二	甲戌 28 三	乙亥 (3) 四	丙子 2 五	丁丑 3 六	辛酉雨水 丁丑驚蟄
二月大	乙卯	干支 天地西曆 星期	戊寅 4 日	己卯 5 一	庚辰 6 二	辛巳 7 三	壬午 8 四	癸未 9 五	甲申 10 六	乙酉 11 日	丙戌 12 一	丁亥 13 二	戊子 14 三	己丑 15 四	庚寅 16 五	辛卯 17 六	壬辰 18 日	癸巳 19 一	甲午 20 二	乙未 21 三	丙申 22 四	丁酉 23 五	戊戌 24 六	己亥 25 日	庚子 26 一	辛丑 27 二	壬寅 28 三	癸卯 29 四	甲辰 30 五	乙巳 31 六	丙午 (4) 日	丁未 2 一	壬辰春分 丁未清明
三月大	丙辰	干支 天地西曆 星期	戊申 3 二	己酉 4 三	庚戌 5 四	辛亥 6 五	壬子 7 六	癸丑 8 日	甲寅 9 一	乙卯 10 二	丙辰 11 三	丁巳 12 四	戊午 13 五	己未 14 六	庚申 15 日	辛酉 16 一	壬戌 17 二	癸亥 18 三	甲子 19 四	乙丑 20 五	丙寅 21 六	丁卯 22 日	戊辰 23 一	己巳 24 二	庚午 25 三	辛未 26 四	壬申 27 五	癸酉 28 六	甲戌 29 日	乙亥 30 一	丙子 (5) 二	丁丑 2 三	壬戌穀雨
四月小	丁巳	干支 天地西曆 星期	戊寅 3 四	己卯 4 五	庚辰 5 六	辛巳 6 日	壬午 7 一	癸未 8 二	甲申 9 三	乙酉 10 四	丙戌 11 五	丁亥 12 六	戊子 13 日	己丑 14 一	庚寅 15 二	辛卯 16 三	壬辰 17 四	癸巳 18 五	甲午 19 六	乙未 20 日	丙申 21 一	丁酉 22 二	戊戌 23 三	己亥 24 四	庚子 25 五	辛丑 26 六	壬寅 27 日	癸卯 28 一	甲辰 29 二	乙巳 30 三	丙午 31 四		戊寅立夏 癸巳小滿
五月小	戊午	干支 天地西曆 星期	丁未 (6) 五	戊申 2 六	己酉 3 日	庚戌 4 一	辛亥 5 二	壬子 6 三	癸丑 7 四	甲寅 8 五	乙卯 9 六	丙辰 10 日	丁巳 11 一	戊午 12 二	己未 13 三	庚申 14 四	辛酉 15 五	壬戌 16 六	癸亥 17 日	甲子 18 一	乙丑 19 二	丙寅 20 三	丁卯 21 四	戊辰 22 五	己巳 23 六	庚午 24 日	辛未 25 一	壬申 26 二	癸酉 27 三	甲戌 28 四	乙亥 29 五		戊申芒種 癸亥夏至
六月大	己未	干支 天地西曆 星期	丙子 30 六	丁丑 (7) 日	戊寅 2 一	己卯 3 二	庚辰 4 三	辛巳 5 四	壬午 6 五	癸未 7 六	甲申 8 日	乙酉 9 一	丙戌 10 二	丁亥 11 三	戊子 12 四	己丑 13 五	庚寅 14 六	辛卯 15 日	壬辰 16 一	癸巳 17 二	甲午 18 三	乙未 19 四	丙申 20 五	丁酉 21 六	戊戌 22 日	己亥 23 一	庚子 24 二	辛丑 25 三	壬寅 26 四	癸卯 27 五	甲辰 28 六	乙巳 29 日	戊寅小暑 甲午大暑
七月小	庚申	干支 天地西曆 星期	丙午 30 一	丁未 31 二	戊申 (8) 三	己酉 2 四	庚戌 3 五	辛亥 4 六	壬子 5 日	癸丑 6 一	甲寅 7 二	乙卯 8 三	丙辰 9 四	丁巳 10 五	戊午 11 六	己未 12 日	庚申 13 一	辛酉 14 二	壬戌 15 三	癸亥 16 四	甲子 17 五	乙丑 18 六	丙寅 19 日	丁卯 20 一	戊辰 21 二	己巳 22 三	庚午 23 四	辛未 24 五	壬申 25 六	癸酉 26 日	甲戌 27 一		己酉立秋 甲子處暑
八月大	辛酉	干支 天地西曆 星期	乙亥 28 二	丙子 29 三	丁丑 30 四	戊寅 31 五	己卯 (9) 六	庚辰 2 日	辛巳 3 一	壬午 4 二	癸未 5 三	甲申 6 四	乙酉 7 五	丙戌 8 六	丁亥 9 日	戊子 10 一	己丑 11 二	庚寅 12 三	辛卯 13 四	壬辰 14 五	癸巳 15 六	甲午 16 日	乙未 17 一	丙申 18 二	丁酉 19 三	戊戌 20 四	己亥 21 五	庚子 22 六	辛丑 23 日	壬寅 24 一	癸卯 25 二	甲辰 26 三	己卯白露 乙未秋分
九月小	壬戌	干支 天地西曆 星期	乙巳 27 四	丙午 28 五	丁未 29 六	戊申 30 日	己酉 (10) 一	庚戌 2 二	辛亥 3 三	壬子 4 四	癸丑 5 五	甲寅 6 六	乙卯 7 日	丙辰 8 一	丁巳 9 二	戊午 10 三	己未 11 四	庚申 12 五	辛酉 13 六	壬戌 14 日	癸亥 15 一	甲子 16 二	乙丑 17 三	丙寅 18 四	丁卯 19 五	戊辰 20 六	己巳 21 日	庚午 22 一	辛未 23 二	壬申 24 三	癸酉 25 四		庚戌寒露 乙丑霜降
十月大	癸亥	干支 天地西曆 星期	甲戌 26 五	乙亥 27 六	丙子 28 日	丁丑 29 一	戊寅 30 二	己卯 31 三	庚辰 (11) 四	辛巳 2 五	壬午 3 六	癸未 4 日	甲申 5 一	乙酉 6 二	丙戌 7 三	丁亥 8 四	戊子 9 五	己丑 10 六	庚寅 11 日	辛卯 12 一	壬辰 13 二	癸巳 14 三	甲午 15 四	乙未 16 五	丙申 17 六	丁酉 18 日	戊戌 19 一	己亥 20 二	庚子 21 三	辛丑 22 四	壬寅 23 五	癸卯 24 六	庚辰立冬 乙未小雪
十一月大	甲子	干支 天地西曆 星期	甲辰 25 日	乙巳 26 一	丙午 27 二	丁未 28 三	戊申 29 四	己酉 30 五	庚戌 (12) 六	辛亥 2 日	壬子 3 一	癸丑 4 二	甲寅 5 三	乙卯 6 四	丙辰 7 五	丁巳 8 六	戊午 9 日	己未 10 一	庚申 11 二	辛酉 12 三	壬戌 13 四	癸亥 14 五	甲子 15 六	乙丑 16 日	丙寅 17 一	丁卯 18 二	戊辰 19 三	己巳 20 四	庚午 21 五	辛未 22 六	壬申 23 日	癸酉 24 一	辛亥大雪 丙寅冬至
十二月小	乙丑	干支 天地西曆 星期	甲戌 25 二	乙亥 26 三	丙子 27 四	丁丑 28 五	戊寅 29 六	己卯 30 日	庚辰 31 一	辛巳 (1) 二	壬午 2 三	癸未 3 四	甲申 4 五	乙酉 5 六	丙戌 6 日	丁亥 7 一	戊子 8 二	己丑 9 三	庚寅 10 四	辛卯 11 五	壬辰 12 六	癸巳 13 日	甲午 14 一	乙未 15 二	丙申 16 三	丁酉 17 四	戊戌 18 五	己亥 19 六	庚子 20 日	辛丑 21 一	壬寅 22 二		辛巳小寒 丙申大寒

* 十一月丙寅（二十三日），改元會同。

遼太宗會同二年（己亥 猪年） 公元 939 ~ 940 年

夏曆月序		中西曆日對照	初一	初二	初三	初四	初五	初六	初七	初八	初九	初十	十一	十二	十三	十四	十五	十六	十七	十八	十九	二十	二一	二二	二三	二四	二五	二六	二七	二八	二九	三十	節氣與天象
正月大	丙寅	天干地支西曆星期	癸卯23三	甲辰24四	乙巳25五	丙午26六	丁未27日	戊申28一	己酉29二	庚戌30三	辛亥31四	壬子(2)五	癸丑2六	甲寅3日	乙卯4一	丙辰5二	丁巳6三	戊午7四	己未8五	庚申9六	辛酉10日	壬戌11一	癸亥12二	甲子13三	乙丑14四	丙寅15五	丁卯16六	戊辰17日	己巳18一	庚午19二	辛未20三	壬申21四	辛亥立春 丁卯雨水
二月大	丁卯	天干地支西曆星期	癸酉22五	甲戌23六	乙亥24日	丙子25一	丁丑26二	戊寅27三	己卯28四	庚辰(3)五	辛巳2六	壬午3日	癸未4一	甲申5二	乙酉6三	丙戌7四	丁亥8五	戊子9六	己丑10日	庚寅11一	辛卯12二	壬辰13三	癸巳14四	甲午15五	乙未16六	丙申17日	丁酉18一	戊戌19二	己亥20三	庚子21四	辛丑22五	壬寅23六	壬午驚蟄 丁酉春分
三月小	戊辰	天干地支西曆星期	癸卯24日	甲辰25一	乙巳26二	丙午27三	丁未28四	戊申29五	己酉30六	庚戌31日	辛亥(4)一	壬子2二	癸丑3三	甲寅4四	乙卯5五	丙辰6六	丁巳7日	戊午8一	己未9二	庚申10三	辛酉11四	壬戌12五	癸亥13六	甲子14日	乙丑15一	丙寅16二	丁卯17三	戊辰18四	己巳19五	庚午20六	辛未21日		壬子清明 戊辰穀雨
四月大	己巳	天干地支西曆星期	壬申22一	癸酉23二	甲戌24三	乙亥25四	丙子26五	丁丑27六	戊寅28日	己卯29一	庚辰30二	辛巳(5)三	壬午2四	癸未3五	甲申4六	乙酉5日	丙戌6一	丁亥7二	戊子8三	己丑9四	庚寅10五	辛卯11六	壬辰12日	癸巳13一	甲午14二	乙未15三	丙申16四	丁酉17五	戊戌18六	己亥19日	庚子20一	辛丑21二	癸未立夏 戊戌小滿
五月小	庚午	天干地支西曆星期	壬寅22三	癸卯23四	甲辰24五	乙巳25六	丙午26日	丁未27一	戊申28二	己酉29三	庚戌30四	辛亥31五	壬子(6)六	癸丑2日	甲寅3一	乙卯4二	丙辰5三	丁巳6四	戊午7五	己未8六	庚申9日	辛酉10一	壬戌11二	癸亥12三	甲子13四	乙丑14五	丙寅15六	丁卯16日	戊辰17一	己巳18二	庚午19三		癸丑芒種 戊辰夏至
六月小	辛未	天干地支西曆星期	辛未20四	壬申21五	癸酉22六	甲戌23日	乙亥24一	丙子25二	丁丑26三	戊寅27四	己卯28五	庚辰29六	辛巳30日	壬午(7)一	癸未2二	甲申3三	乙酉4四	丙戌5五	丁亥6六	戊子7日	己丑8一	庚寅9二	辛卯10三	壬辰11四	癸巳12五	甲午13六	乙未14日	丙申15一	丁酉16二	戊戌17三	己亥18四		甲申小暑 己亥大暑
七月大	壬申	天干地支西曆星期	庚子19五	辛丑20六	壬寅21日	癸卯22一	甲辰23二	乙巳24三	丙午25四	丁未26五	戊申27六	己酉28日	庚戌29一	辛亥30二	壬子31三	癸丑(8)四	甲寅2五	乙卯3六	丙辰4日	丁巳5一	戊午6二	己未7三	庚申8四	辛酉9五	壬戌10六	癸亥11日	甲子12一	乙丑13二	丙寅14三	丁卯15四	戊辰16五	己巳17六	甲寅立秋 己巳處暑
閏七月小	壬申	天干地支西曆星期	庚午18日	辛未19一	壬申20二	癸酉21三	甲戌22四	乙亥23五	丙子24六	丁丑25日	戊寅26一	己卯27二	庚辰28三	辛巳29四	壬午30五	癸未31六	甲申(9)日	乙酉2一	丙戌3二	丁亥4三	戊子5四	己丑6五	庚寅7六	辛卯8日	壬辰9一	癸巳10二	甲午11三	乙未12四	丙申13五	丁酉14六	戊戌15日		乙酉白露
八月大	癸酉	天干地支西曆星期	己亥16一	庚子17二	辛丑18三	壬寅19四	癸卯20五	甲辰21六	乙巳22日	丙午23一	丁未24二	戊申25三	己酉26四	庚戌27五	辛亥28六	壬子29日	癸丑30一	甲寅(10)二	乙卯2三	丙辰3四	丁巳4五	戊午5六	己未6日	庚申7一	辛酉8二	壬戌9三	癸亥10四	甲子11五	乙丑12六	丙寅13日	丁卯14一	戊辰15二	庚子秋分 乙卯寒露
九月小	甲戌	天干地支西曆星期	己巳16三	庚午17四	辛未18五	壬申19六	癸酉20日	甲戌21一	乙亥22二	丙子23三	丁丑24四	戊寅25五	己卯26六	庚辰27日	辛巳28一	壬午29二	癸未30三	甲申31四	乙酉(11)五	丙戌2六	丁亥3日	戊子4一	己丑5二	庚寅6三	辛卯7四	壬辰8五	癸巳9六	甲午10日	乙未11一	丙申12二	丁酉13三		庚午霜降 乙酉立冬
十月大	乙亥	天干地支西曆星期	戊戌14四	己亥15五	庚子16六	辛丑17日	壬寅18一	癸卯19二	甲辰20三	乙巳21四	丙午22五	丁未23六	戊申24日	己酉25一	庚戌26二	辛亥27三	壬子28四	癸丑29五	甲寅30六	乙卯(12)日	丙辰2一	丁巳3二	戊午4三	己未5四	庚申6五	辛酉7六	壬戌8日	癸亥9一	甲子10二	乙丑11三	丙寅12四	丁卯13五	辛丑小雪 丙辰大雪
十一月小	丙子	天干地支西曆星期	戊辰14六	己巳15日	庚午16一	辛未17二	壬申18三	癸酉19四	甲戌20五	乙亥21六	丙子22日	丁丑23一	戊寅24二	己卯25三	庚辰26四	辛巳27五	壬午28六	癸未29日	甲申30一	乙酉31二	丙戌(1)三	丁亥2四	戊子3五	己丑4六	庚寅5日	辛卯6一	壬辰7二	癸巳8三	甲午9四	乙未10五	丙申11六		辛未冬至 丙戌小寒
十二月大	丁丑	天干地支西曆星期	丁酉12日	戊戌13一	己亥14二	庚子15三	辛丑16四	壬寅17五	癸卯18六	甲辰19日	乙巳20一	丙午21二	丁未22三	戊申23四	己酉24五	庚戌25六	辛亥26日	壬子27一	癸丑28二	甲寅29三	乙卯30四	丙辰31五	丁巳(2)六	戊午2日	己未3一	庚申4二	辛酉5三	壬戌6四	癸亥7五	甲子8六	乙丑9日	丙寅10一	壬寅大寒 丁巳立春

遼太宗會同三年（庚子 鼠年） 公元 940 ~ 941 年

夏曆月序		中西曆日對照	初一	初二	初三	初四	初五	初六	初七	初八	初九	初十	十一	十二	十三	十四	十五	十六	十七	十八	十九	二十	二一	二二	二三	二四	二五	二六	二七	二八	二九	三十	節氣與天象
正月大	戊寅	天干 地支 西曆 星期	丁卯 11 二	戊辰 12 三	己巳 13 四	庚午 14 五	辛未 15 六	壬申 16 日	癸酉 17 一	甲戌 18 二	乙亥 19 三	丙子 20 四	丁丑 21 五	戊寅 22 六	己卯 23 日	庚辰 24 一	辛巳 25 二	壬午 26 三	癸未 27 四	甲申 28 五	乙酉 29 六	丙戌 (3) 日	丁亥 2 一	戊子 3 二	己丑 4 三	庚寅 5 四	辛卯 6 五	壬辰 7 六	癸巳 8 日	甲午 9 一	乙未 10 二	丙申 11 三	壬申雨水 丁亥驚蟄
二月大	己卯	天干 地支 西曆 星期	丁酉 12 四	戊戌 13 五	己亥 14 六	庚子 15 日	辛丑 16 一	壬寅 17 二	癸卯 18 三	甲辰 19 四	乙巳 20 五	丙午 21 六	丁未 22 日	戊申 23 一	己酉 24 二	庚戌 25 三	辛亥 26 四	壬子 27 五	癸丑 28 六	甲寅 29 日	乙卯 30 一	丙辰 31 二	丁巳 (4) 三	戊午 2 四	己未 3 五	庚申 4 六	辛酉 5 日	壬戌 6 一	癸亥 7 二	甲子 8 三	乙丑 9 四	丙寅 10 五	壬寅春分 戊午清明
三月小	庚辰	天干 地支 西曆 星期	丁卯 11 六	戊辰 12 日	己巳 13 一	庚午 14 二	辛未 15 三	壬申 16 四	癸酉 17 五	甲戌 18 六	乙亥 19 日	丙子 20 一	丁丑 21 二	戊寅 22 三	己卯 23 四	庚辰 24 五	辛巳 25 六	壬午 26 日	癸未 27 一	甲申 28 二	乙酉 29 三	丙戌 30 四	丁亥 (5) 五	戊子 2 六	己丑 3 日	庚寅 4 一	辛卯 5 二	壬辰 6 三	癸巳 7 四	甲午 8 五	乙未 9 六		癸酉穀雨 戊子立夏
四月大	辛巳	天干 地支 西曆 星期	丙申 10 日	丁酉 11 一	戊戌 12 二	己亥 13 三	庚子 14 四	辛丑 15 五	壬寅 16 六	癸卯 17 日	甲辰 18 一	乙巳 19 二	丙午 20 三	丁未 21 四	戊申 22 五	己酉 23 六	庚戌 24 日	辛亥 25 一	壬子 26 二	癸丑 27 三	甲寅 28 四	乙卯 29 五	丙辰 30 六	丁巳 31 日	戊午 (6) 一	己未 2 二	庚申 3 三	辛酉 4 四	壬戌 5 五	癸亥 6 六	甲子 7 日	乙丑 8 一	癸卯小滿 午戊芒種
五月小	壬午	天干 地支 西曆 星期	丙寅 9 二	丁卯 10 三	戊辰 11 四	己巳 12 五	庚午 13 六	辛未 14 日	壬申 15 一	癸酉 16 二	甲戌 17 三	乙亥 18 四	丙子 19 五	丁丑 20 六	戊寅 21 日	己卯 22 一	庚辰 23 二	辛巳 24 三	壬午 25 四	癸未 26 五	甲申 27 六	乙酉 28 日	丙戌 29 一	丁亥 30 二	戊子 (7) 三	己丑 2 四	庚寅 3 五	辛卯 4 六	壬辰 5 日	癸巳 6 一	甲午 7 二		甲戌夏至 己丑小暑
六月小	癸未	天干 地支 西曆 星期	乙未 8 三	丙申 9 四	丁酉 10 五	戊戌 11 六	己亥 12 日	庚子 13 一	辛丑 14 二	壬寅 15 三	癸卯 16 四	甲辰 17 五	乙巳 18 六	丙午 19 日	丁未 20 一	戊申 21 二	己酉 22 三	庚戌 23 四	辛亥 24 五	壬子 25 六	癸丑 26 日	甲寅 27 一	乙卯 28 二	丙辰 29 三	丁巳 30 四	戊午 31 五	己未 (8) 六	庚申 2 日	辛酉 3 一	壬戌 4 二	癸亥 5 三		甲辰大暑 己未立秋
七月大	甲申	天干 地支 西曆 星期	甲子 6 四	乙丑 7 五	丙寅 8 六	丁卯 9 日	戊辰 10 一	己巳 11 二	庚午 12 三	辛未 13 四	壬申 14 五	癸酉 15 六	甲戌 16 日	乙亥 17 一	丙子 18 二	丁丑 19 三	戊寅 20 四	己卯 21 五	庚辰 22 六	辛巳 23 日	壬午 24 一	癸未 25 二	甲申 26 三	乙酉 27 四	丙戌 28 五	丁亥 29 六	戊子 30 日	己丑 31 一	庚寅 (9) 二	辛卯 2 三	壬辰 3 四	癸巳 4 五	乙亥處暑 庚寅白露
八月小	乙酉	天干 地支 西曆 星期	甲午 5 六	乙未 6 日	丙申 7 一	丁酉 8 二	戊戌 9 三	己亥 10 四	庚子 11 五	辛丑 12 六	壬寅 13 日	癸卯 14 一	甲辰 15 二	乙巳 16 三	丙午 17 四	丁未 18 五	戊申 19 六	己酉 20 日	庚戌 21 一	辛亥 22 二	壬子 23 三	癸丑 24 四	甲寅 25 五	乙卯 26 六	丙辰 27 日	丁巳 28 一	戊午 29 二	己未 30 三	庚申 (10) 四	辛酉 2 五	壬戌 3 六		乙巳秋分 庚申寒露
九月大	丙戌	天干 地支 西曆 星期	癸亥 4 日	甲子 5 一	乙丑 6 二	丙寅 7 三	丁卯 8 四	戊辰 9 五	己巳 10 六	庚午 11 日	辛未 12 一	壬申 13 二	癸酉 14 三	甲戌 15 四	乙亥 16 五	丙子 17 六	丁丑 18 日	戊寅 19 一	己卯 20 二	庚辰 21 三	辛巳 22 四	壬午 23 五	癸未 24 六	甲申 25 日	乙酉 26 一	丙戌 27 二	丁亥 28 三	戊子 29 四	己丑 30 五	庚寅 31 六	辛卯 (11) 日	壬辰 2 一	乙亥霜降 辛卯立冬
十月小	丁亥	天干 地支 西曆 星期	癸巳 3 二	甲午 4 三	乙未 5 四	丙申 6 五	丁酉 7 六	戊戌 8 日	己亥 9 一	庚子 10 二	辛丑 11 三	壬寅 12 四	癸卯 13 五	甲辰 14 六	乙巳 15 日	丙午 16 一	丁未 17 二	戊申 18 三	己酉 19 四	庚戌 20 五	辛亥 21 六	壬子 22 日	癸丑 23 一	甲寅 24 二	乙卯 25 三	丙辰 26 四	丁巳 27 五	戊午 28 六	己未 29 日	庚申 30 一	辛酉 (12) 二		丙午小雪 辛酉大雪
十一月大	戊子	天干 地支 西曆 星期	壬戌 2 三	癸亥 3 四	甲子 4 五	乙丑 5 六	丙寅 6 日	丁卯 7 一	戊辰 8 二	己巳 9 三	庚午 10 四	辛未 11 五	壬申 12 六	癸酉 13 日	甲戌 14 一	乙亥 15 二	丙子 16 三	丁丑 17 四	戊寅 18 五	己卯 19 六	庚辰 20 日	辛巳 21 一	壬午 22 二	癸未 23 三	甲申 24 四	乙酉 25 五	丙戌 26 六	丁亥 27 日	戊子 28 一	己丑 29 二	庚寅 30 三	辛卯 31 四	丙子冬至
十二月小	己丑	天干 地支 西曆 星期	壬辰 (1) 五	癸巳 2 六	甲午 3 日	乙未 4 一	丙申 5 二	丁酉 6 三	戊戌 7 四	己亥 8 五	庚子 9 六	辛丑 10 日	壬寅 11 一	癸卯 12 二	甲辰 13 三	乙巳 14 四	丙午 15 五	丁未 16 六	戊申 17 日	己酉 18 一	庚戌 19 二	辛亥 20 三	壬子 21 四	癸丑 22 五	甲寅 23 六	乙卯 24 日	丙辰 25 一	丁巳 26 二	戊午 27 三	己未 28 四	庚申 29 五		壬辰小寒 丁未大寒

遼太宗會同四年（辛丑 牛年） 公元 941 ~ 942 年

夏曆月序		中西曆日對照	夏曆日序																														節氣與天象
			初一	初二	初三	初四	初五	初六	初七	初八	初九	初十	十一	十二	十三	十四	十五	十六	十七	十八	十九	二十	二一	二二	二三	二四	二五	二六	二七	二八	二九	三十	
正月大	庚寅	天干 地支 西曆 星期	辛酉 30 六	壬戌 31 日	癸亥 (2) 一	甲子 2 二	乙丑 3 三	丙寅 4 四	丁卯 5 五	戊辰 6 六	己巳 7 日	庚午 8 一	辛未 9 二	壬申 10 三	癸酉 11 四	甲戌 12 五	乙亥 13 六	丙子 14 日	丁丑 15 一	戊寅 16 二	己卯 17 三	庚辰 18 四	辛巳 19 五	壬午 20 六	癸未 21 日	甲申 22 一	乙酉 23 二	丙戌 24 三	丁亥 25 四	戊子 26 五	己丑 27 六	庚寅 28 日	壬戌立春 丁丑雨水
二月大	辛卯	天干 地支 西曆 星期	辛卯 (3) 一	壬辰 2 二	癸巳 3 三	甲午 4 四	乙未 5 五	丙申 6 六	丁酉 7 日	戊戌 8 一	己亥 9 二	庚子 10 三	辛丑 11 四	壬寅 12 五	癸卯 13 六	甲辰 14 日	乙巳 15 一	丙午 16 二	丁未 17 三	戊申 18 四	己酉 19 五	庚戌 20 六	辛亥 21 日	壬子 22 一	癸丑 23 二	甲寅 24 三	乙卯 25 四	丙辰 26 五	丁巳 27 六	戊午 28 日	己未 29 一	庚申 30 二	壬辰驚蟄 戊申春分
三月小	壬辰	天干 地支 西曆 星期	辛酉 31 三	壬戌 (4) 四	癸亥 2 五	甲子 3 六	乙丑 4 日	丙寅 5 一	丁卯 6 二	戊辰 7 三	己巳 8 四	庚午 9 五	辛未 10 六	壬申 11 日	癸酉 12 一	甲戌 13 二	乙亥 14 三	丙子 15 四	丁丑 16 五	戊寅 17 六	己卯 18 日	庚辰 19 一	辛巳 20 二	壬午 21 三	癸未 22 四	甲申 23 五	乙酉 24 六	丙戌 25 日	丁亥 26 一	戊子 27 二	己丑 28 三		癸亥清明 戊寅穀雨
四月大	癸巳	天干 地支 西曆 星期	庚寅 29 四	辛卯 30 五	壬辰 (5) 六	癸巳 2 日	甲午 3 一	乙未 4 二	丙申 5 三	丁酉 6 四	戊戌 7 五	己亥 8 六	庚子 9 日	辛丑 10 一	壬寅 11 二	癸卯 12 三	甲辰 13 四	乙巳 14 五	丙午 15 六	丁未 16 日	戊申 17 一	己酉 18 二	庚戌 19 三	辛亥 20 四	壬子 21 五	癸丑 22 六	甲寅 23 日	乙卯 24 一	丙辰 25 二	丁巳 26 三	戊午 27 四	己未 28 五	癸巳立夏 戊申小滿
五月大	甲午	天干 地支 西曆 星期	庚申 29 六	辛酉 30 日	壬戌 31 一	癸亥 (6) 二	甲子 2 三	乙丑 3 四	丙寅 4 五	丁卯 5 六	戊辰 6 日	己巳 7 一	庚午 8 二	辛未 9 三	壬申 10 四	癸酉 11 五	甲戌 12 六	乙亥 13 日	丙子 14 一	丁丑 15 二	戊寅 16 三	己卯 17 四	庚辰 18 五	辛巳 19 六	壬午 20 日	癸未 21 一	甲申 22 二	乙酉 23 三	丙戌 24 四	丁亥 25 五	戊子 26 六	己丑 27 日	甲子芒種 己卯夏至
六月小	乙未	天干 地支 西曆 星期	庚寅 28 一	辛卯 29 二	壬辰 30 三	癸巳 (7) 四	甲午 2 五	乙未 3 六	丙申 4 日	丁酉 5 一	戊戌 6 二	己亥 7 三	庚子 8 四	辛丑 9 五	壬寅 10 六	癸卯 11 日	甲辰 12 一	乙巳 13 二	丙午 14 三	丁未 15 四	戊申 16 五	己酉 17 六	庚戌 18 日	辛亥 19 一	壬子 20 二	癸丑 21 三	甲寅 22 四	乙卯 23 五	丙辰 24 六	丁巳 25 日	戊午 26 一		甲午小暑 己酉大暑
七月小	丙申	天干 地支 西曆 星期	己未 27 二	庚申 28 三	辛酉 29 四	壬戌 30 五	癸亥 31 六	甲子 (8) 日	乙丑 2 一	丙寅 3 二	丁卯 4 三	戊辰 5 四	己巳 6 五	庚午 7 六	辛未 8 日	壬申 9 一	癸酉 10 二	甲戌 11 三	乙亥 12 四	丙子 13 五	丁丑 14 六	戊寅 15 日	己卯 16 一	庚辰 17 二	辛巳 18 三	壬午 19 四	癸未 20 五	甲申 21 六	乙酉 22 日	丙戌 23 一	丁亥 24 二		乙丑立秋 庚辰處暑
八月大	丁酉	天干 地支 西曆 星期	戊子 25 三	己丑 26 四	庚寅 27 五	辛卯 28 六	壬辰 29 日	癸巳 30 一	甲午 31 二	乙未 (9) 三	丙申 2 四	丁酉 3 五	戊戌 4 六	己亥 5 日	庚子 6 一	辛丑 7 二	壬寅 8 三	癸卯 9 四	甲辰 10 五	乙巳 11 六	丙午 12 日	丁未 13 一	戊申 14 二	己酉 15 三	庚戌 16 四	辛亥 17 五	壬子 18 六	癸丑 19 日	甲寅 20 一	乙卯 21 二	丙辰 22 三	丁巳 23 四	乙未白露 庚戌秋分
九月小	戊戌	天干 地支 西曆 星期	戊午 24 五	己未 25 六	庚申 26 日	辛酉 27 一	壬戌 28 二	癸亥 29 三	甲子 30 四	乙丑 (10) 五	丙寅 2 六	丁卯 3 日	戊辰 4 一	己巳 5 二	庚午 6 三	辛未 7 四	壬申 8 五	癸酉 9 六	甲戌 10 日	乙亥 11 一	丙子 12 二	丁丑 13 三	戊寅 14 四	己卯 15 五	庚辰 16 六	辛巳 17 日	壬午 18 一	癸未 19 二	甲申 20 三	乙酉 21 四	丙戌 22 五		乙丑寒露 辛巳霜降
十月大	己亥	天干 地支 西曆 星期	丁亥 23 六	戊子 24 日	己丑 25 一	庚寅 26 二	辛卯 27 三	壬辰 28 四	癸巳 29 五	甲午 30 六	乙未 31 日	丙申 (11) 一	丁酉 2 二	戊戌 3 三	己亥 4 四	庚子 5 五	辛丑 6 六	壬寅 7 日	癸卯 8 一	甲辰 9 二	乙巳 10 三	丙午 11 四	丁未 12 五	戊申 13 六	己酉 14 日	庚戌 15 一	辛亥 16 二	壬子 17 三	癸丑 18 四	甲寅 19 五	乙卯 20 六	丙辰 21 日	丙申立冬 辛亥小雪
十一月小	庚子	天干 地支 西曆 星期	丁巳 22 一	戊午 23 二	己未 24 三	庚申 25 四	辛酉 26 五	壬戌 27 六	癸亥 28 日	甲子 29 一	乙丑 30 二	丙寅 (12) 三	丁卯 2 四	戊辰 3 五	己巳 4 六	庚午 5 日	辛未 6 一	壬申 7 二	癸酉 8 三	甲戌 9 四	乙亥 10 五	丙子 11 六	丁丑 12 日	戊寅 13 一	己卯 14 二	庚辰 15 三	辛巳 16 四	壬午 17 五	癸未 18 六	甲申 19 日	乙酉 20 一		丙寅大雪 壬午冬至
十二月大	辛丑	天干 地支 西曆 星期	丙戌 21 二	丁亥 22 三	戊子 23 四	己丑 24 五	庚寅 25 六	辛卯 26 日	壬辰 27 一	癸巳 28 二	甲午 29 三	乙未 30 四	丙申 31 五	丁酉 (1) 六	戊戌 2 日	己亥 3 一	庚子 4 二	辛丑 5 三	壬寅 6 四	癸卯 7 五	甲辰 8 六	乙巳 9 日	丙午 10 一	丁未 11 二	戊申 12 三	己酉 13 四	庚戌 14 五	辛亥 15 六	壬子 16 日	癸丑 17 一	甲寅 18 二	乙卯 19 三	丁酉小寒 壬子大寒

遼太宗會同五年（壬寅 虎年） 公元 942 ~ 943 年

夏曆月序		中西曆日對照	初一	初二	初三	初四	初五	初六	初七	初八	初九	初十	十一	十二	十三	十四	十五	十六	十七	十八	十九	二十	二一	二二	二三	二四	二五	二六	二七	二八	二九	三十	節氣與天象
正月小	壬寅	天干地支 西曆 星期	丙辰 20 四	丁巳 21 五	戊午 22 六	己未 23 日	庚申 24 一	辛酉 25 二	壬戌 26 三	癸亥 27 四	甲子 28 五	乙丑 29 六	丙寅 30 日	丁卯 31 一	戊辰 (2) 二	己巳 2 三	庚午 3 四	辛未 4 五	壬申 5 六	癸酉 6 日	甲戌 7 一	乙亥 8 二	丙子 9 三	丁丑 10 四	戊寅 11 五	己卯 12 六	庚辰 13 日	辛巳 14 一	壬午 15 二	癸未 16 三	甲申 17 四		丁卯立春 壬午雨水
二月大	癸卯	天干地支 西曆 星期	乙酉 18 五	丙戌 19 六	丁亥 20 日	戊子 21 一	己丑 22 二	庚寅 23 三	辛卯 24 四	壬辰 25 五	癸巳 26 六	甲午 27 日	乙未 28 一	丙申 (3) 二	丁酉 2 三	戊戌 3 四	己亥 4 五	庚子 5 六	辛丑 6 日	壬寅 7 一	癸卯 8 二	甲辰 9 三	乙巳 10 四	丙午 11 五	丁未 12 六	戊申 13 日	己酉 14 一	庚戌 15 二	辛亥 16 三	壬子 17 四	癸丑 18 五	甲寅 19 六	戊戌驚蟄 癸丑春分
三月小	甲辰	天干地支 西曆 星期	乙卯 20 日	丙辰 21 一	丁巳 22 二	戊午 23 三	己未 24 四	庚申 25 五	辛酉 26 六	壬戌 27 日	癸亥 28 一	甲子 29 二	乙丑 30 三	丙寅 31 四	丁卯 (4) 五	戊辰 2 六	己巳 3 日	庚午 4 一	辛未 5 二	壬申 6 三	癸酉 7 四	甲戌 8 五	乙亥 9 六	丙子 10 日	丁丑 11 一	戊寅 12 二	己卯 13 三	庚辰 14 四	辛巳 15 五	壬午 16 六	癸未 17 日		戊辰清明 癸未穀雨
閏三月大	甲辰	天干地支 西曆 星期	甲申 18 一	乙酉 19 二	丙戌 20 三	丁亥 21 四	戊子 22 五	己丑 23 六	庚寅 24 日	辛卯 25 一	壬辰 26 二	癸巳 27 三	甲午 28 四	乙未 29 五	丙申 30 六	丁酉 (5) 日	戊戌 2 一	己亥 3 二	庚子 4 三	辛丑 5 四	壬寅 6 五	癸卯 7 六	甲辰 8 日	乙巳 9 一	丙午 10 二	丁未 11 三	戊申 12 四	己酉 13 五	庚戌 14 六	辛亥 15 日	壬子 16 一	癸丑 17 二	己亥立夏
四月大	乙巳	天干地支 西曆 星期	甲寅 18 三	乙卯 19 四	丙辰 20 五	丁巳 21 六	戊午 22 日	己未 23 一	庚申 24 二	辛酉 25 三	壬戌 26 四	癸亥 27 五	甲子 28 六	乙丑 29 日	丙寅 30 一	丁卯 31 二	戊辰 (6) 三	己巳 2 四	庚午 3 五	辛未 4 六	壬申 5 日	癸酉 6 一	甲戌 7 二	乙亥 8 三	丙子 9 四	丁丑 10 五	戊寅 11 六	己卯 12 日	庚辰 13 一	辛巳 14 二	壬午 15 三	癸未 16 四	甲寅小滿 己巳芒種
五月小	丙午	天干地支 西曆 星期	甲申 17 五	乙酉 18 六	丙戌 19 日	丁亥 20 一	戊子 21 二	己丑 22 三	庚寅 23 四	辛卯 24 五	壬辰 25 六	癸巳 26 日	甲午 27 一	乙未 28 二	丙申 29 三	丁酉 30 四	戊戌 (7) 五	己亥 2 六	庚子 3 日	辛丑 4 一	壬寅 5 二	癸卯 6 三	甲辰 7 四	乙巳 8 五	丙午 9 六	丁未 10 日	戊申 11 一	己酉 12 二	庚戌 13 三	辛亥 14 四	壬子 15 五		甲申夏至 己亥小暑
六月大	丁未	天干地支 西曆 星期	癸丑 16 六	甲寅 17 日	乙卯 18 一	丙辰 19 二	丁巳 20 三	戊午 21 四	己未 22 五	庚申 23 六	辛酉 24 日	壬戌 25 一	癸亥 26 二	甲子 27 三	乙丑 28 四	丙寅 29 五	丁卯 30 六	戊辰 31 日	己巳 (8) 一	庚午 2 二	辛未 3 三	壬申 4 四	癸酉 5 五	甲戌 6 六	乙亥 7 日	丙子 8 一	丁丑 9 二	戊寅 10 三	己卯 11 四	庚辰 12 五	辛巳 13 六	壬午 14 日	乙卯大暑 庚午立秋
七月小	戊申	天干地支 西曆 星期	癸未 15 一	甲申 16 二	乙酉 17 三	丙戌 18 四	丁亥 19 五	戊子 20 六	己丑 21 日	庚寅 22 一	辛卯 23 二	壬辰 24 三	癸巳 25 四	甲午 26 五	乙未 27 六	丙申 28 日	丁酉 29 一	戊戌 30 二	己亥 31 三	庚子 (9) 四	辛丑 2 五	壬寅 3 六	癸卯 4 日	甲辰 5 一	乙巳 6 二	丙午 7 三	丁未 8 四	戊申 9 五	己酉 10 六	庚戌 11 日	辛亥 12 一		乙酉處暑 庚子白露
八月大	己酉	天干地支 西曆 星期	壬子 13 二	癸丑 14 三	甲寅 15 四	乙卯 16 五	丙辰 17 六	丁巳 18 日	戊午 19 一	己未 20 二	庚申 21 三	辛酉 22 四	壬戌 23 五	癸亥 24 六	甲子 25 日	乙丑 26 一	丙寅 27 二	丁卯 28 三	戊辰 29 四	己巳 30 五	庚午 (10) 六	辛未 2 日	壬申 3 一	癸酉 4 二	甲戌 5 三	乙亥 6 四	丙子 7 五	丁丑 8 六	戊寅 9 日	己卯 10 一	庚辰 11 二	辛巳 12 三	乙卯秋分 辛未寒露
九月小	庚戌	天干地支 西曆 星期	壬午 13 四	癸未 14 五	甲申 15 六	乙酉 16 日	丙戌 17 一	丁亥 18 二	戊子 19 三	己丑 20 四	庚寅 21 五	辛卯 22 六	壬辰 23 日	癸巳 24 一	甲午 25 二	乙未 26 三	丙申 27 四	丁酉 28 五	戊戌 29 六	己亥 30 日	庚子 31 一	辛丑 (11) 二	壬寅 2 三	癸卯 3 四	甲辰 4 五	乙巳 5 六	丙午 6 日	丁未 7 一	戊申 8 二	己酉 9 三	庚戌 10 四		丙戌霜降 辛丑立冬
十月大	辛亥	天干地支 西曆 星期	辛亥 11 五	壬子 12 六	癸丑 13 日	甲寅 14 一	乙卯 15 二	丙辰 16 三	丁巳 17 四	戊午 18 五	己未 19 六	庚申 20 日	辛酉 21 一	壬戌 22 二	癸亥 23 三	甲子 24 四	乙丑 25 五	丙寅 26 六	丁卯 27 日	戊辰 28 一	己巳 29 二	庚午 30 三	辛未 (12) 四	壬申 2 五	癸酉 3 六	甲戌 4 日	乙亥 5 一	丙子 6 二	丁丑 7 三	戊寅 8 四	己卯 9 五	庚辰 10 六	丙辰小雪 壬申大雪
十一月小	壬子	天干地支 西曆 星期	辛巳 11 日	壬午 12 一	癸未 13 二	甲申 14 三	乙酉 15 四	丙戌 16 五	丁亥 17 六	戊子 18 日	己丑 19 一	庚寅 20 二	辛卯 21 三	壬辰 22 四	癸巳 23 五	甲午 24 六	乙未 25 日	丙申 26 一	丁酉 27 二	戊戌 28 三	己亥 29 四	庚子 30 五	辛丑 31 六	壬寅 (1) 日	癸卯 2 一	甲辰 3 二	乙巳 4 三	丙午 5 四	丁未 6 五	戊申 7 六	己酉 8 日		丁亥冬至 壬寅小寒
十二月大	癸丑	天干地支 西曆 星期	庚戌 9 一	辛亥 10 二	壬子 11 三	癸丑 12 四	甲寅 13 五	乙卯 14 六	丙辰 15 日	丁巳 16 一	戊午 17 二	己未 18 三	庚申 19 四	辛酉 20 五	壬戌 21 六	癸亥 22 日	甲子 23 一	乙丑 24 二	丙寅 25 三	丁卯 26 四	戊辰 27 五	己巳 28 六	庚午 29 日	辛未 30 一	壬申 31 二	癸酉 (2) 三	甲戌 2 四	乙亥 3 五	丙子 4 六	丁丑 5 日	戊寅 6 一	己卯 7 二	丁巳大寒 壬申立春

遼太宗會同六年（癸卯 兔年） 公元 943 ~ 944 年

夏曆月序		中西曆日對照	初一	初二	初三	初四	初五	初六	初七	初八	初九	初十	十一	十二	十三	十四	十五	十六	十七	十八	十九	二十	二一	二二	二三	二四	二五	二六	二七	二八	二九	三十	節氣與天象
正月小	甲寅	天干地支 西曆 星期	庚辰 8 三	辛巳 9 四	壬午 10 五	癸未 11 六	甲申 12 日	乙酉 13 一	丙戌 14 二	丁亥 15 三	戊子 16 四	己丑 17 五	庚寅 18 六	辛卯 19 日	壬辰 20 一	癸巳 21 二	甲午 22 三	乙未 23 四	丙申 24 五	丁酉 25 六	戊戌 26 日	己亥 27 一	庚子 28 二	辛丑 (3) 三	壬寅 2 四	癸卯 3 五	甲辰 4 六	乙巳 5 日	丙午 6 一	丁未 7 二	戊申 8 三		戊子雨水 癸卯驚蟄
二月大	乙卯	天干地支 西曆 星期	己酉 9 四	庚戌 10 五	辛亥 11 六	壬子 12 日	癸丑 13 一	甲寅 14 二	乙卯 15 三	丙辰 16 四	丁巳 17 五	戊午 18 六	己未 19 日	庚申 20 一	辛酉 21 二	壬戌 22 三	癸亥 23 四	甲子 24 五	乙丑 25 六	丙寅 26 日	丁卯 27 一	戊辰 28 二	己巳 29 三	庚午 30 四	辛未 31 五	壬申 (4) 六	癸酉 2 日	甲戌 3 一	乙亥 4 二	丙子 5 三	丁丑 6 四	戊寅 7 五	戊午春分 癸酉清明
三月小	丙辰	天干地支 西曆 星期	己卯 8 六	庚辰 9 日	辛巳 10 一	壬午 11 二	癸未 12 三	甲申 13 四	乙酉 14 五	丙戌 15 六	丁亥 16 日	戊子 17 一	己丑 18 二	庚寅 19 三	辛卯 20 四	壬辰 21 五	癸巳 22 六	甲午 23 日	乙未 24 一	丙申 25 二	丁酉 26 三	戊戌 27 四	己亥 28 五	庚子 29 六	辛丑 30 日	壬寅 (5) 一	癸卯 2 二	甲辰 3 三	乙巳 4 四	丙午 5 五	丁未 6 六		己丑穀雨 甲辰立夏
四月大	丁巳	天干地支 西曆 星期	戊申 7 日	己酉 8 一	庚戌 9 二	辛亥 10 三	壬子 11 四	癸丑 12 五	甲寅 13 六	乙卯 14 日	丙辰 15 一	丁巳 16 二	戊午 17 三	己未 18 四	庚申 19 五	辛酉 20 六	壬戌 21 日	癸亥 22 一	甲子 23 二	乙丑 24 三	丙寅 25 四	丁卯 26 五	戊辰 27 六	己巳 28 日	庚午 29 一	辛未 30 二	壬申 31 三	癸酉 (6) 四	甲戌 2 五	乙亥 3 六	丙子 4 日	丁丑 5 一	己未小滿 甲戌芒種
五月小	戊午	天干地支 西曆 星期	戊寅 6 二	己卯 7 三	庚辰 8 四	辛巳 9 五	壬午 10 六	癸未 11 日	甲申 12 一	乙酉 13 二	丙戌 14 三	丁亥 15 四	戊子 16 五	己丑 17 六	庚寅 18 日	辛卯 19 一	壬辰 20 二	癸巳 21 三	甲午 22 四	乙未 23 五	丙申 24 六	丁酉 25 日	戊戌 26 一	己亥 27 二	庚子 28 三	辛丑 29 四	壬寅 30 五	癸卯 (7) 六	甲辰 2 日	乙巳 3 一	丙午 4 二		己丑夏至 乙巳小暑
六月大	己未	天干地支 西曆 星期	丁未 5 三	戊申 6 四	己酉 7 五	庚戌 8 六	辛亥 9 日	壬子 10 一	癸丑 11 二	甲寅 12 三	乙卯 13 四	丙辰 14 五	丁巳 15 六	戊午 16 日	己未 17 一	庚申 18 二	辛酉 19 三	壬戌 20 四	癸亥 21 五	甲子 22 六	乙丑 23 日	丙寅 24 一	丁卯 25 二	戊辰 26 三	己巳 27 四	庚午 28 五	辛未 29 六	壬申 30 日	癸酉 31 一	甲戌 (8) 二	乙亥 2 三	丙子 3 四	庚申大暑 乙亥立秋
七月大	庚申	天干地支 西曆 星期	丁丑 4 五	戊寅 5 六	己卯 6 日	庚辰 7 一	辛巳 8 二	壬午 9 三	癸未 10 四	甲申 11 五	乙酉 12 六	丙戌 13 日	丁亥 14 一	戊子 15 二	己丑 16 三	庚寅 17 四	辛卯 18 五	壬辰 19 六	癸巳 20 日	甲午 21 一	乙未 22 二	丙申 23 三	丁酉 24 四	戊戌 25 五	己亥 26 六	庚子 27 日	辛丑 28 一	壬寅 29 二	癸卯 30 三	甲辰 31 四	乙巳 (9) 五	丙午 2 六	庚寅處暑 丙午白露
八月小	辛酉	天干地支 西曆 星期	丁未 3 日	戊申 4 一	己酉 5 二	庚戌 6 三	辛亥 7 四	壬子 8 五	癸丑 9 六	甲寅 10 日	乙卯 11 一	丙辰 12 二	丁巳 13 三	戊午 14 四	己未 15 五	庚申 16 六	辛酉 17 日	壬戌 18 一	癸亥 19 二	甲子 20 三	乙丑 21 四	丙寅 22 五	丁卯 23 六	戊辰 24 日	己巳 25 一	庚午 26 二	辛未 27 三	壬申 28 四	癸酉 29 五	甲戌 30 六	乙亥 (10) 日		辛酉秋分
九月大	壬戌	天干地支 西曆 星期	丙子 2 一	丁丑 3 二	戊寅 4 三	己卯 5 四	庚辰 6 五	辛巳 7 六	壬午 8 日	癸未 9 一	甲申 10 二	乙酉 11 三	丙戌 12 四	丁亥 13 五	戊子 14 六	己丑 15 日	庚寅 16 一	辛卯 17 二	壬辰 18 三	癸巳 19 四	甲午 20 五	乙未 21 六	丙申 22 日	丁酉 23 一	戊戌 24 二	己亥 25 三	庚子 26 四	辛丑 27 五	壬寅 28 六	癸卯 29 日	甲辰 30 一	乙巳 31 二	丙子寒露 辛卯霜降
十月小	癸亥	天干地支 西曆 星期	丙午 (11) 三	丁未 2 四	戊申 3 五	己酉 4 六	庚戌 5 日	辛亥 6 一	壬子 7 二	癸丑 8 三	甲寅 9 四	乙卯 10 五	丙辰 11 六	丁巳 12 日	戊午 13 一	己未 14 二	庚申 15 三	辛酉 16 四	壬戌 17 五	癸亥 18 六	甲子 19 日	乙丑 20 一	丙寅 21 二	丁卯 22 三	戊辰 23 四	己巳 24 五	庚午 25 六	辛未 26 日	壬申 27 一	癸酉 28 二	甲戌 29 三		丙午立冬 壬戌小雪
十一月大	甲子	天干地支 西曆 星期	乙亥 30 四	丙子 (12) 五	丁丑 2 六	戊寅 3 日	己卯 4 一	庚辰 5 二	辛巳 6 三	壬午 7 四	癸未 8 五	甲申 9 六	乙酉 10 日	丙戌 11 一	丁亥 12 二	戊子 13 三	己丑 14 四	庚寅 15 五	辛卯 16 六	壬辰 17 日	癸巳 18 一	甲午 19 二	乙未 20 三	丙申 21 四	丁酉 22 五	戊戌 23 六	己亥 24 日	庚子 25 一	辛丑 26 二	壬寅 27 三	癸卯 28 四	甲辰 29 五	丁丑大雪 壬辰冬至
十二月小	乙丑	天干地支 西曆 星期	乙巳 30 六	丙午 31 日	丁未 (1) 一	戊申 2 二	己酉 3 三	庚戌 4 四	辛亥 5 五	壬子 6 六	癸丑 7 日	甲寅 8 一	乙卯 9 二	丙辰 10 三	丁巳 11 四	戊午 12 五	己未 13 六	庚申 14 日	辛酉 15 一	壬戌 16 二	癸亥 17 三	甲子 18 四	乙丑 19 五	丙寅 20 六	丁卯 21 日	戊辰 22 一	己巳 23 二	庚午 24 三	辛未 25 四	壬申 26 五	癸酉 27 六		丁未小寒 壬戌大寒

遼太宗會同七年（甲辰 龍年） 公元 944 ~ 945 年

夏曆月序		中西曆日對照	夏曆日序																														節氣與天象
			初一	初二	初三	初四	初五	初六	初七	初八	初九	初十	十一	十二	十三	十四	十五	十六	十七	十八	十九	二十	二一	二二	二三	二四	二五	二六	二七	二八	二九	三十	
正月大	丙寅	天干地支 西曆星期	甲戌 28 日	乙亥 29 一	丙子 30 二	丁丑 31 三	戊寅 (2) 四	己卯 2 五	庚辰 3 六	辛巳 4 日	壬午 5 一	癸未 6 二	甲申 7 三	乙酉 8 四	丙戌 9 五	丁亥 10 六	戊子 11 日	己丑 12 一	庚寅 13 二	辛卯 14 三	壬辰 15 四	癸巳 16 五	甲午 17 六	乙未 18 日	丙申 19 一	丁酉 20 二	戊戌 21 三	己亥 22 四	庚子 23 五	辛丑 24 六	壬寅 25 日	癸卯 26 一	戊寅立春 癸巳雨水
二月小	丁卯	天干地支 西曆星期	甲辰 27 二	乙巳 28 三	丙午 29 四	丁未 (3) 五	戊申 2 六	己酉 3 日	庚戌 4 一	辛亥 5 二	壬子 6 三	癸丑 7 四	甲寅 8 五	乙卯 9 六	丙辰 10 日	丁巳 11 一	戊午 12 二	己未 13 三	庚申 14 四	辛酉 15 五	壬戌 16 六	癸亥 17 日	甲子 18 一	乙丑 19 二	丙寅 20 三	丁卯 21 四	戊辰 22 五	己巳 23 六	庚午 24 日	辛未 25 一	壬申 26 二		戊申驚蟄 癸亥春分
三月大	戊辰	天干地支 西曆星期	癸酉 27 三	甲戌 28 四	乙亥 29 五	丙子 30 六	丁丑 31 日	戊寅 (4) 一	己卯 2 二	庚辰 3 三	辛巳 4 四	壬午 5 五	癸未 6 六	甲申 7 日	乙酉 8 一	丙戌 9 二	丁亥 10 三	戊子 11 四	己丑 12 五	庚寅 13 六	辛卯 14 日	壬辰 15 一	癸巳 16 二	甲午 17 三	乙未 18 四	丙申 19 五	丁酉 20 六	戊戌 21 日	己亥 22 一	庚子 23 二	辛丑 24 三	壬寅 25 四	己卯清明 甲午穀雨
四月小	己巳	天干地支 西曆星期	癸卯 26 五	甲辰 27 六	乙巳 28 日	丙午 29 一	丁未 30 二	戊申 (5) 三	己酉 2 四	庚戌 3 五	辛亥 4 六	壬子 5 日	癸丑 6 一	甲寅 7 二	乙卯 8 三	丙辰 9 四	丁巳 10 五	戊午 11 六	己未 12 日	庚申 13 一	辛酉 14 二	壬戌 15 三	癸亥 16 四	甲子 17 五	乙丑 18 六	丙寅 19 日	丁卯 20 一	戊辰 21 二	己巳 22 三	庚午 23 四	辛未 24 五		己酉立夏 甲子小滿
五月小	庚午	天干地支 西曆星期	壬申 25 六	癸酉 26 日	甲戌 27 一	乙亥 28 二	丙子 29 三	丁丑 30 四	戊寅 31 五	己卯 (6) 六	庚辰 2 日	辛巳 3 一	壬午 4 二	癸未 5 三	甲申 6 四	乙酉 7 五	丙戌 8 六	丁亥 9 日	戊子 10 一	己丑 11 二	庚寅 12 三	辛卯 13 四	壬辰 14 五	癸巳 15 六	甲午 16 日	乙未 17 一	丙申 18 二	丁酉 19 三	戊戌 20 四	己亥 21 五	庚子 22 六		己卯芒種 乙未夏至
六月大	辛未	天干地支 西曆星期	辛丑 23 日	壬寅 24 一	癸卯 25 二	甲辰 26 三	乙巳 27 四	丙午 28 五	丁未 29 六	戊申 30 日	己酉 (7) 一	庚戌 2 二	辛亥 3 三	壬子 4 四	癸丑 5 五	甲寅 6 六	乙卯 7 日	丙辰 8 一	丁巳 9 二	戊午 10 三	己未 11 四	庚申 12 五	辛酉 13 六	壬戌 14 日	癸亥 15 一	甲子 16 二	乙丑 17 三	丙寅 18 四	丁卯 19 五	戊辰 20 六	己巳 21 日	庚午 22 一	庚戌小暑 乙丑大暑
七月大	壬申	天干地支 西曆星期	辛未 23 二	壬申 24 三	癸酉 25 四	甲戌 26 五	乙亥 27 六	丙子 28 日	丁丑 29 一	戊寅 30 二	己卯 31 三	庚辰 (8) 四	辛巳 2 五	壬午 3 六	癸未 4 日	甲申 5 一	乙酉 6 二	丙戌 7 三	丁亥 8 四	戊子 9 五	己丑 10 六	庚寅 11 日	辛卯 12 一	壬辰 13 二	癸巳 14 三	甲午 15 四	乙未 16 五	丙申 17 六	丁酉 18 日	戊戌 19 一	己亥 20 二	庚子 21 三	庚辰立秋 丙申處暑
八月小	癸酉	天干地支 西曆星期	辛丑 22 四	壬寅 23 五	癸卯 24 六	甲辰 25 日	乙巳 26 一	丙午 27 二	丁未 28 三	戊申 29 四	己酉 30 五	庚戌 31 六	辛亥 (9) 日	壬子 2 一	癸丑 3 二	甲寅 4 三	乙卯 5 四	丙辰 6 五	丁巳 7 六	戊午 8 日	己未 9 一	庚申 10 二	辛酉 11 三	壬戌 12 四	癸亥 13 五	甲子 14 六	乙丑 15 日	丙寅 16 一	丁卯 17 二	戊辰 18 三	己巳 19 四		辛亥白露 丙寅秋分
九月大	甲戌	天干地支 西曆星期	庚午 20 五	辛未 21 六	壬申 22 日	癸酉 23 一	甲戌 24 二	乙亥 25 三	丙子 26 四	丁丑 27 五	戊寅 28 六	己卯 29 日	庚辰 30 一	辛巳 (10) 二	壬午 2 三	癸未 3 四	甲申 4 五	乙酉 5 六	丙戌 6 日	丁亥 7 一	戊子 8 二	己丑 9 三	庚寅 10 四	辛卯 11 五	壬辰 12 六	癸巳 13 日	甲午 14 一	乙未 15 二	丙申 16 三	丁酉 17 四	戊戌 18 五	己亥 19 六	辛巳寒露 丙申霜降
十月大	乙亥	天干地支 西曆星期	庚子 20 日	辛丑 21 一	壬寅 22 二	癸卯 23 三	甲辰 24 四	乙巳 25 五	丙午 26 六	丁未 27 日	戊申 28 一	己酉 29 二	庚戌 30 三	辛亥 31 四	壬子 (11) 五	癸丑 2 六	甲寅 3 日	乙卯 4 一	丙辰 5 二	丁巳 6 三	戊午 7 四	己未 8 五	庚申 9 六	辛酉 10 日	壬戌 11 一	癸亥 12 二	甲子 13 三	乙丑 14 四	丙寅 15 五	丁卯 16 六	戊辰 17 日	己巳 18 一	壬子立冬 丁卯小雪
十一月小	丙子	天干地支 西曆星期	庚午 19 二	辛未 20 三	壬申 21 四	癸酉 22 五	甲戌 23 六	乙亥 24 日	丙子 25 一	丁丑 26 二	戊寅 27 三	己卯 28 四	庚辰 29 五	辛巳 30 六	壬午 (12) 日	癸未 2 一	甲申 3 二	乙酉 4 三	丙戌 5 四	丁亥 6 五	戊子 7 六	己丑 8 日	庚寅 9 一	辛卯 10 二	壬辰 11 三	癸巳 12 四	甲午 13 五	乙未 14 六	丙申 15 日	丁酉 16 一	戊戌 17 二		壬午大雪 丁酉冬至
十二月大	丁丑	天干地支 西曆星期	己亥 18 三	庚子 19 四	辛丑 20 五	壬寅 21 六	癸卯 22 日	甲辰 23 一	乙巳 24 二	丙午 25 三	丁未 26 四	戊申 27 五	己酉 28 六	庚戌 29 日	辛亥 30 一	壬子 31 二	癸丑 (1) 三	甲寅 2 四	乙卯 3 五	丙辰 4 六	丁巳 5 日	戊午 6 一	己未 7 二	庚申 8 三	辛酉 9 四	壬戌 10 五	癸亥 11 六	甲子 12 日	乙丑 13 一	丙寅 14 二	丁卯 15 三	戊辰 16 四	癸丑小寒 戊辰大寒
閏十二小	丁丑	天干地支 西曆星期	己巳 17 五	庚午 18 六	辛未 19 日	壬申 20 一	癸酉 21 二	甲戌 22 三	乙亥 23 四	丙子 24 五	丁丑 25 六	戊寅 26 日	己卯 27 一	庚辰 28 二	辛巳 29 三	壬午 30 四	癸未 31 五	甲申 (2) 六	乙酉 2 日	丙戌 3 一	丁亥 4 二	戊子 5 三	己丑 6 四	庚寅 7 五	辛卯 8 六	壬辰 9 日	癸巳 10 一	甲午 11 二	乙未 12 三	丙申 13 四	丁酉 14 五		癸未立春

遼太宗會同八年（乙巳 蛇年） 公元 945 ~ 946 年

夏曆月序		中西曆日對照	初一	初二	初三	初四	初五	初六	初七	初八	初九	初十	十一	十二	十三	十四	十五	十六	十七	十八	十九	二十	二一	二二	二三	二四	二五	二六	二七	二八	二九	三十	節氣與天象
正月大	戊寅	干支 西曆 天地 星期	戊戌 15 六	己亥 16 日	庚子 17 一	辛丑 18 二	壬寅 19 三	癸卯 20 四	甲辰 21 五	乙巳 22 六	丙午 23 日	丁未 24 一	戊申 25 二	己酉 26 三	庚戌 27 四	辛亥 28 五	壬子 (3) 六	癸丑 2 日	甲寅 3 一	乙卯 4 二	丙辰 5 三	丁巳 6 四	戊午 7 五	己未 8 六	庚申 9 日	辛酉 10 一	壬戌 11 二	癸亥 12 三	甲子 13 四	乙丑 14 五	丙寅 15 六	丁卯 16 日	戊戌雨水 癸丑驚蟄
二月小	己卯	干支 西曆 天地 星期	戊辰 17 一	己巳 18 二	庚午 19 三	辛未 20 四	壬申 21 五	癸酉 22 六	甲戌 23 日	乙亥 24 一	丙子 25 二	丁丑 26 三	戊寅 27 四	己卯 28 五	庚辰 29 六	辛巳 30 日	壬午 31 一	癸未 (4) 二	甲申 2 三	乙酉 3 四	丙戌 4 五	丁亥 5 六	戊子 6 日	己丑 7 一	庚寅 8 二	辛卯 9 三	壬辰 10 四	癸巳 11 五	甲午 12 六	乙未 13 日	丙申 14 一		己巳春分 甲申清明
三月小	庚辰	干支 西曆 天地 星期	丁酉 15 二	戊戌 16 三	己亥 17 四	庚子 18 五	辛丑 19 六	壬寅 20 日	癸卯 21 一	甲辰 22 二	乙巳 23 三	丙午 24 四	丁未 25 五	戊申 26 六	己酉 27 日	庚戌 28 一	辛亥 29 二	壬子 30 三	癸丑 (5) 四	甲寅 2 五	乙卯 3 六	丙辰 4 日	丁巳 5 一	戊午 6 二	己未 7 三	庚申 8 四	辛酉 9 五	壬戌 10 六	癸亥 11 日	甲子 12 一	乙丑 13 二		己亥穀雨 甲寅立夏
四月大	辛巳	干支 西曆 天地 星期	丙寅 14 三	丁卯 15 四	戊辰 16 五	己巳 17 六	庚午 18 日	辛未 19 一	壬申 20 二	癸酉 21 三	甲戌 22 四	乙亥 23 五	丙子 24 六	丁丑 25 日	戊寅 26 一	己卯 27 二	庚辰 28 三	辛巳 29 四	壬午 30 五	癸未 31 六	甲申 (6) 日	乙酉 2 一	丙戌 3 二	丁亥 4 三	戊子 5 四	己丑 6 五	庚寅 7 六	辛卯 8 日	壬辰 9 一	癸巳 10 二	甲午 11 三	乙未 12 四	己巳小滿 乙酉芒種
五月小	壬午	干支 西曆 天地 星期	丙申 13 五	丁酉 14 六	戊戌 15 日	己亥 16 一	庚子 17 二	辛丑 18 三	壬寅 19 四	癸卯 20 五	甲辰 21 六	乙巳 22 日	丙午 23 一	丁未 24 二	戊申 25 三	己酉 26 四	庚戌 27 五	辛亥 28 六	壬子 29 日	癸丑 30 一	甲寅 (7) 二	乙卯 2 三	丙辰 3 四	丁巳 4 五	戊午 5 六	己未 6 日	庚申 7 一	辛酉 8 二	壬戌 9 三	癸亥 10 四	甲子 11 五		庚子夏至 乙卯小暑
六月大	癸未	干支 西曆 天地 星期	乙丑 12 六	丙寅 13 日	丁卯 14 一	戊辰 15 二	己巳 16 三	庚午 17 四	辛未 18 五	壬申 19 六	癸酉 20 日	甲戌 21 一	乙亥 22 二	丙子 23 三	丁丑 24 四	戊寅 25 五	己卯 26 六	庚辰 27 日	辛巳 28 一	壬午 29 二	癸未 30 三	甲申 31 四	乙酉 (8) 五	丙戌 2 六	丁亥 3 日	戊子 4 一	己丑 5 二	庚寅 6 三	辛卯 7 四	壬辰 8 五	癸巳 9 六	甲午 10 日	庚午大暑 丙戌立秋
七月小	甲申	干支 西曆 天地 星期	乙未 11 一	丙申 12 二	丁酉 13 三	戊戌 14 四	己亥 15 五	庚子 16 六	辛丑 17 日	壬寅 18 一	癸卯 19 二	甲辰 20 三	乙巳 21 四	丙午 22 五	丁未 23 六	戊申 24 日	己酉 25 一	庚戌 26 二	辛亥 27 三	壬子 28 四	癸丑 29 五	甲寅 30 六	乙卯 31 日	丙辰 (9) 一	丁巳 2 二	戊午 3 三	己未 4 四	庚申 5 五	辛酉 6 六	壬戌 7 日	癸亥 8 一		辛丑處暑 丙辰白露
八月大	乙酉	干支 西曆 天地 星期	甲子 9 二	乙丑 10 三	丙寅 11 四	丁卯 12 五	戊辰 13 六	己巳 14 日	庚午 15 一	辛未 16 二	壬申 17 三	癸酉 18 四	甲戌 19 五	乙亥 20 六	丙子 21 日	丁丑 22 一	戊寅 23 二	己卯 24 三	庚辰 25 四	辛巳 26 五	壬午 27 六	癸未 28 日	甲申 29 一	乙酉 30 二	丙戌 (10) 三	丁亥 2 四	戊子 3 五	己丑 4 六	庚寅 5 日	辛卯 6 一	壬辰 7 二	癸巳 8 三	辛未秋分 丙戌寒露
九月大	丙戌	干支 西曆 天地 星期	甲午 9 四	乙未 10 五	丙申 11 六	丁酉 12 日	戊戌 13 一	己亥 14 二	庚子 15 三	辛丑 16 四	壬寅 17 五	癸卯 18 六	甲辰 19 日	乙巳 20 一	丙午 21 二	丁未 22 三	戊申 23 四	己酉 24 五	庚戌 25 六	辛亥 26 日	壬子 27 一	癸丑 28 二	甲寅 29 三	乙卯 30 四	丙辰 31 五	丁巳 (11) 六	戊午 2 日	己未 3 一	庚申 4 二	辛酉 5 三	壬戌 6 四	癸亥 7 五	壬寅霜降 丁巳立冬
十月大	丁亥	干支 西曆 天地 星期	甲子 8 六	乙丑 9 日	丙寅 10 一	丁卯 11 二	戊辰 12 三	己巳 13 四	庚午 14 五	辛未 15 六	壬申 16 日	癸酉 17 一	甲戌 18 二	乙亥 19 三	丙子 20 四	丁丑 21 五	戊寅 22 六	己卯 23 日	庚辰 24 一	辛巳 25 二	壬午 26 三	癸未 27 四	甲申 28 五	乙酉 29 六	丙戌 30 日	丁亥 (12) 一	戊子 2 二	己丑 3 三	庚寅 4 四	辛卯 5 五	壬辰 6 六	癸巳 7 日	壬申小雪 丁亥大雪
十一月小	戊子	干支 西曆 天地 星期	甲午 8 一	乙未 9 二	丙申 10 三	丁酉 11 四	戊戌 12 五	己亥 13 六	庚子 14 日	辛丑 15 一	壬寅 16 二	癸卯 17 三	甲辰 18 四	乙巳 19 五	丙午 20 六	丁未 21 日	戊申 22 一	己酉 23 二	庚戌 24 三	辛亥 25 四	壬子 26 五	癸丑 27 六	甲寅 28 日	乙卯 29 一	丙辰 30 二	丁巳 31 三	戊午 (1) 四	己未 2 五	庚申 3 六	辛酉 4 日	壬戌 5 一		癸卯冬至 戊午小寒
十二月大	己丑	干支 西曆 天地 星期	癸亥 6 二	甲子 7 三	乙丑 8 四	丙寅 9 五	丁卯 10 六	戊辰 11 日	己巳 12 一	庚午 13 二	辛未 14 三	壬申 15 四	癸酉 16 五	甲戌 17 六	乙亥 18 日	丙子 19 一	丁丑 20 二	戊寅 21 三	己卯 22 四	庚辰 23 五	辛巳 24 六	壬午 25 日	癸未 26 一	甲申 27 二	乙酉 28 三	丙戌 29 四	丁亥 30 五	戊子 31 六	己丑 (2) 日	庚寅 2 一	辛卯 3 二	壬辰 4 三	癸酉大寒 戊子立春

遼太宗會同九年（丙午 馬年） 公元 946 ~ 947 年

夏曆月序	中西曆日對照	初一	初二	初三	初四	初五	初六	初七	初八	初九	初十	十一	十二	十三	十四	十五	十六	十七	十八	十九	二十	二一	二二	二三	二四	二五	二六	二七	二八	二九	三十	節氣與天象
正月小 庚寅	天干 地支 西曆 星期	癸巳 5 四	甲午 6 五	乙未 7 六	丙申 8 日	丁酉 9 一	戊戌 10 二	己亥 11 三	庚子 12 四	辛丑 13 五	壬寅 14 六	癸卯 15 日	甲辰 16 一	乙巳 17 二	丙午 18 三	丁未 19 四	戊申 20 五	己酉 21 六	庚戌 22 日	辛亥 23 一	壬子 24 二	癸丑 25 三	甲寅 26 四	乙卯 27 五	丙辰 28 六	丁巳 (3) 日	戊午 2 一	己未 3 二	庚申 4 三	辛酉 5 四		癸卯雨水 己未驚蟄
二月大 辛卯	天干 地支 西曆 星期	壬戌 6 五	癸亥 7 六	甲子 8 日	乙丑 9 一	丙寅 10 二	丁卯 11 三	戊辰 12 四	己巳 13 五	庚午 14 六	辛未 15 日	壬申 16 一	癸酉 17 二	甲戌 18 三	乙亥 19 四	丙子 20 五	丁丑 21 六	戊寅 22 日	己卯 23 一	庚辰 24 二	辛巳 25 三	壬午 26 四	癸未 27 五	甲申 28 六	乙酉 29 日	丙戌 30 一	丁亥 31 二	戊子 (4) 三	己丑 2 四	庚寅 3 五	辛卯 4 六	甲戌春分 己丑清明
三月小 壬辰	天干 地支 西曆 星期	壬辰 5 日	癸巳 6 一	甲午 7 二	乙未 8 三	丙申 9 四	丁酉 10 五	戊戌 11 六	己亥 12 日	庚子 13 一	辛丑 14 二	壬寅 15 三	癸卯 16 四	甲辰 17 五	乙巳 18 六	丙午 19 日	丁未 20 一	戊申 21 二	己酉 22 三	庚戌 23 四	辛亥 24 五	壬子 25 六	癸丑 26 日	甲寅 27 一	乙卯 28 二	丙辰 29 三	丁巳 30 四	戊午 (5) 五	己未 2 六	庚申 3 日		甲辰穀雨 庚申立夏
四月小 癸巳	天干 地支 西曆 星期	辛酉 4 一	壬戌 5 二	癸亥 6 三	甲子 7 四	乙丑 8 五	丙寅 9 六	丁卯 10 日	戊辰 11 一	己巳 12 二	庚午 13 三	辛未 14 四	壬申 15 五	癸酉 16 六	甲戌 17 日	乙亥 18 一	丙子 19 二	丁丑 20 三	戊寅 21 四	己卯 22 五	庚辰 23 六	辛巳 24 日	壬午 25 一	癸未 26 二	甲申 27 三	乙酉 28 四	丙戌 29 五	丁亥 30 六	戊子 31 日	己丑 (6) 一		乙亥小滿
五月大 甲午	天干 地支 西曆 星期	庚寅 2 二	辛卯 3 三	壬辰 4 四	癸巳 5 五	甲午 6 六	乙未 7 日	丙申 8 一	丁酉 9 二	戊戌 10 三	己亥 11 四	庚子 12 五	辛丑 13 六	壬寅 14 日	癸卯 15 一	甲辰 16 二	乙巳 17 三	丙午 18 四	丁未 19 五	戊申 20 六	己酉 21 日	庚戌 22 一	辛亥 23 二	壬子 24 三	癸丑 25 四	甲寅 26 五	乙卯 27 六	丙辰 28 日	丁巳 29 一	戊午 30 二	己未 (7) 三	庚寅芒種 乙巳夏至
六月小 乙未	天干 地支 西曆 星期	庚申 2 四	辛酉 3 五	壬戌 4 六	癸亥 5 日	甲子 6 一	乙丑 7 二	丙寅 8 三	丁卯 9 四	戊辰 10 五	己巳 11 六	庚午 12 日	辛未 13 一	壬申 14 二	癸酉 15 三	甲戌 16 四	乙亥 17 五	丙子 18 六	丁丑 19 日	戊寅 20 一	己卯 21 二	庚辰 22 三	辛巳 23 四	壬午 24 五	癸未 25 六	甲申 26 日	乙酉 27 一	丙戌 28 二	丁亥 29 三	戊子 30 四		庚申小暑 丙子大暑
七月大 丙申	天干 地支 西曆 星期	己丑 31 五	庚寅 (8) 六	辛卯 2 日	壬辰 3 一	癸巳 4 二	甲午 5 三	乙未 6 四	丙申 7 五	丁酉 8 六	戊戌 9 日	己亥 10 一	庚子 11 二	辛丑 12 三	壬寅 13 四	癸卯 14 五	甲辰 15 六	乙巳 16 日	丙午 17 一	丁未 18 二	戊申 19 三	己酉 20 四	庚戌 21 五	辛亥 22 六	壬子 23 日	癸丑 24 一	甲寅 25 二	乙卯 26 三	丙辰 27 四	丁巳 28 五	戊午 29 六	辛卯立秋 丙午處暑
八月小 丁酉	天干 地支 西曆 星期	己未 30 日	庚申 31 一	辛酉 (9) 二	壬戌 2 三	癸亥 3 四	甲子 4 五	乙丑 5 六	丙寅 6 日	丁卯 7 一	戊辰 8 二	己巳 9 三	庚午 10 四	辛未 11 五	壬申 12 六	癸酉 13 日	甲戌 14 一	乙亥 15 二	丙子 16 三	丁丑 17 四	戊寅 18 五	己卯 19 六	庚辰 20 日	辛巳 21 一	壬午 22 二	癸未 23 三	甲申 24 四	乙酉 25 五	丙戌 26 六	丁亥 27 日		辛酉白露 丙子秋分
九月大 戊戌	天干 地支 西曆 星期	戊子 28 一	己丑 29 二	庚寅 30 三	辛卯 (10) 四	壬辰 2 五	癸巳 3 六	甲午 4 日	乙未 5 一	丙申 6 二	丁酉 7 三	戊戌 8 四	己亥 9 五	庚子 10 六	辛丑 11 日	壬寅 12 一	癸卯 13 二	甲辰 14 三	乙巳 15 四	丙午 16 五	丁未 17 六	戊申 18 日	己酉 19 一	庚戌 20 二	辛亥 21 三	壬子 22 四	癸丑 23 五	甲寅 24 六	乙卯 25 日	丙辰 26 一	丁巳 27 二	壬辰寒露 丁未霜降
十月大 己亥	天干 地支 西曆 星期	戊午 28 三	己未 29 四	庚申 30 五	辛酉 31 六	壬戌 (11) 日	癸亥 2 一	甲子 3 二	乙丑 4 三	丙寅 5 四	丁卯 6 五	戊辰 7 六	己巳 8 日	庚午 9 一	辛未 10 二	壬申 11 三	癸酉 12 四	甲戌 13 五	乙亥 14 六	丙子 15 日	丁丑 16 一	戊寅 17 二	己卯 18 三	庚辰 19 四	辛巳 20 五	壬午 21 六	癸未 22 日	甲申 23 一	乙酉 24 二	丙戌 25 三	丁亥 26 四	壬戌立冬 丁丑小雪
十一月小 庚子	天干 地支 西曆 星期	戊子 27 五	己丑 28 六	庚寅 29 日	辛卯 30 一	壬辰 (12) 二	癸巳 2 三	甲午 3 四	乙未 4 五	丙申 5 六	丁酉 6 日	戊戌 7 一	己亥 8 二	庚子 9 三	辛丑 10 四	壬寅 11 五	癸卯 12 六	甲辰 13 日	乙巳 14 一	丙午 15 二	丁未 16 三	戊申 17 四	己酉 18 五	庚戌 19 六	辛亥 20 日	壬子 21 一	癸丑 22 二	甲寅 23 三	乙卯 24 四	丙辰 25 五		癸巳大雪 戊申冬至
十二月大 辛丑	天干 地支 西曆 星期	丁巳 26 六	戊午 27 日	己未 28 一	庚申 29 二	辛酉 30 三	壬戌 31 四	癸亥 (1) 五	甲子 2 六	乙丑 3 日	丙寅 4 一	丁卯 5 二	戊辰 6 三	己巳 7 四	庚午 8 五	辛未 9 六	壬申 10 日	癸酉 11 一	甲戌 12 二	乙亥 13 三	丙子 14 四	丁丑 15 五	戊寅 16 六	己卯 17 日	庚辰 18 一	辛巳 19 二	壬午 20 三	癸未 21 四	甲申 22 五	乙酉 23 六	丙戌 24 日	癸亥小寒 戊寅大寒

遼太宗大同元年 世宗天禄元年（丁未 羊年） 公元 **947** ~ 948 年

夏曆月序		中西曆日對照	夏曆日序																														節氣與天象
			初一	初二	初三	初四	初五	初六	初七	初八	初九	初十	十一	十二	十三	十四	十五	十六	十七	十八	十九	二十	二一	二二	二三	二四	二五	二六	二七	二八	二九	三十	
正月大	壬寅	天干地支 西曆 星期	丁亥 25 一	戊子 26 二	己丑 27 三	庚寅 28 四	辛卯 29 五	壬辰 30 六	癸巳 31 日	甲午 (2) 一	乙未 2 二	丙申 3 三	丁酉 4 四	戊戌 5 五	己亥 6 六	庚子 7 日	辛丑 8 一	壬寅 9 二	癸卯 10 三	甲辰 11 四	乙巳 12 五	丙午 13 六	丁未 14 日	戊申 15 一	己酉 16 二	庚戌 17 三	辛亥 18 四	壬子 19 五	癸丑 20 六	甲寅 21 日	乙卯 22 一	丙辰 23 二	癸巳立春 己酉雨水
二月小	癸卯	天干地支 西曆 星期	丁巳 24 三	戊午 25 四	己未 26 五	庚申 27 六	辛酉 28 日	壬戌 (3) 一	癸亥 2 二	甲子 3 三	乙丑 4 四	丙寅 5 五	丁卯 6 六	戊辰 7 日	己巳 8 一	庚午 9 二	辛未 10 三	壬申 11 四	癸酉 12 五	甲戌 13 六	乙亥 14 日	丙子 15 一	丁丑 16 二	戊寅 17 三	己卯 18 四	庚辰 19 五	辛巳 20 六	壬午 21 日	癸未 22 一	甲申 23 二	乙酉 24 三		甲子驚蟄 己卯春分
三月大	甲辰	天干地支 西曆 星期	丙戌 25 四	丁亥 26 五	戊子 27 六	己丑 28 日	庚寅 29 一	辛卯 30 二	壬辰 31 三	癸巳 (4) 四	甲午 2 五	乙未 3 六	丙申 4 日	丁酉 5 一	戊戌 6 二	己亥 7 三	庚子 8 四	辛丑 9 五	壬寅 10 六	癸卯 11 日	甲辰 12 一	乙巳 13 二	丙午 14 三	丁未 15 四	戊申 16 五	己酉 17 六	庚戌 18 日	辛亥 19 一	壬子 20 二	癸丑 21 三	甲寅 22 四	乙卯 23 五	甲午清明 庚戌穀雨
四月小	乙巳	天干地支 西曆 星期	丙辰 24 六	丁巳 25 日	戊午 26 一	己未 27 二	庚申 28 三	辛酉 29 四	壬戌 30 五	癸亥 (5) 六	甲子 2 日	乙丑 3 一	丙寅 4 二	丁卯 5 三	戊辰 6 四	己巳 7 五	庚午 8 六	辛未 9 日	壬申 10 一	癸酉 11 二	甲戌 12 三	乙亥 13 四	丙子 14 五	丁丑 15 六	戊寅 16 日	己卯 17 一	庚辰 18 二	辛巳 19 三	壬午 20 四	癸未 21 五	甲申 22 六		乙丑立夏 庚辰小滿
五月小	丙午	天干地支 西曆 星期	乙酉 23 日	丙戌 24 一	丁亥 25 二	戊子 26 三	己丑 27 四	庚寅 28 五	辛卯 29 六	壬辰 30 日	癸巳 31 一	甲午 (6) 二	乙未 2 三	丙申 3 四	丁酉 4 五	戊戌 5 六	己亥 6 日	庚子 7 一	辛丑 8 二	壬寅 9 三	癸卯 10 四	甲辰 11 五	乙巳 12 六	丙午 13 日	丁未 14 一	戊申 15 二	己酉 16 三	庚戌 17 四	辛亥 18 五	壬子 19 六	癸丑 20 日		乙未芒種 庚戌夏至
六月大	丁未	天干地支 西曆 星期	甲寅 21 一	乙卯 22 二	丙辰 23 三	丁巳 24 四	戊午 25 五	己未 26 六	庚申 27 日	辛酉 28 一	壬戌 29 二	癸亥 30 三	甲子 (7) 四	乙丑 2 五	丙寅 3 六	丁卯 4 日	戊辰 5 一	己巳 6 二	庚午 7 三	辛未 8 四	壬申 9 五	癸酉 10 六	甲戌 11 日	乙亥 12 一	丙子 13 二	丁丑 14 三	戊寅 15 四	己卯 16 五	庚辰 17 六	辛巳 18 日	壬午 19 一	癸未 20 二	丙寅小暑 辛巳大暑
七月小	戊申	天干地支 西曆 星期	甲申 21 三	乙酉 22 四	丙戌 23 五	丁亥 24 六	戊子 25 日	己丑 26 一	庚寅 27 二	辛卯 28 三	壬辰 29 四	癸巳 30 五	甲午 31 六	乙未 (8) 日	丙申 2 一	丁酉 3 二	戊戌 4 三	己亥 5 四	庚子 6 五	辛丑 7 六	壬寅 8 日	癸卯 9 一	甲辰 10 二	乙巳 11 三	丙午 12 四	丁未 13 五	戊申 14 六	己酉 15 日	庚戌 16 一	辛亥 17 二	壬子 18 三		丙申立秋 辛亥處暑
閏七月小	戊申	天干地支 西曆 星期	癸丑 19 四	甲寅 20 五	乙卯 21 六	丙辰 22 日	丁巳 23 一	戊午 24 二	己未 25 三	庚申 26 四	辛酉 27 五	壬戌 28 六	癸亥 29 日	甲子 30 一	乙丑 31 二	丙寅 (9) 三	丁卯 2 四	戊辰 3 五	己巳 4 六	庚午 5 日	辛未 6 一	壬申 7 二	癸酉 8 三	甲戌 9 四	乙亥 10 五	丙子 11 六	丁丑 12 日	戊寅 13 一	己卯 14 二	庚辰 15 三	辛巳 16 四		丙寅白露
八月大	己酉	天干地支 西曆 星期	壬午 17 五	癸未 18 六	甲申 19 日	乙酉 20 一	丙戌 21 二	丁亥 22 三	戊子 23 四	己丑 24 五	庚寅 25 六	辛卯 26 日	壬辰 27 一	癸巳 28 二	甲午 29 三	乙未 30 四	丙申 (10) 五	丁酉 2 六	戊戌 3 日	己亥 4 一	庚子 5 二	辛丑 6 三	壬寅 7 四	癸卯 8 五	甲辰 9 六	乙巳 10 日	丙午 11 一	丁未 12 二	戊申 13 三	己酉 14 四	庚戌 15 五	辛亥 16 六	壬午秋分 丁酉寒露
九月大	庚戌	天干地支 西曆 星期	壬子 17 日	癸丑 18 一	甲寅 19 二	乙卯 20 三	丙辰 21 四	丁巳 22 五	戊午 23 六	己未 24 日	庚申 25 一	辛酉 26 二	壬戌 27 三	癸亥 28 四	甲子 29 五	乙丑 30 六	丙寅 31 日	丁卯 (11) 一	戊辰 2 二	己巳 3 三	庚午 4 四	辛未 5 五	壬申 6 六	癸酉 7 日	甲戌 8 一	乙亥 9 二	丙子 10 三	丁丑 11 四	戊寅 12 五	己卯 13 六	庚辰 14 日	辛巳 15 一	壬子霜降 丁卯立冬
十月小	辛亥	天干地支 西曆 星期	壬午 16 二	癸未 17 三	甲申 18 四	乙酉 19 五	丙戌 20 六	丁亥 21 日	戊子 22 一	己丑 23 二	庚寅 24 三	辛卯 25 四	壬辰 26 五	癸巳 27 六	甲午 28 日	乙未 29 一	丙申 30 二	丁酉 (12) 三	戊戌 2 四	己亥 3 五	庚子 4 六	辛丑 5 日	壬寅 6 一	癸卯 7 二	甲辰 8 三	乙巳 9 四	丙午 10 五	丁未 11 六	戊申 12 日	己酉 13 一	庚戌 14 二		癸未小雪 戊戌大雪
十一月大	壬子	天干地支 西曆 星期	辛亥 15 三	壬子 16 四	癸丑 17 五	甲寅 18 六	乙卯 19 日	丙辰 20 一	丁巳 21 二	戊午 22 三	己未 23 四	庚申 24 五	辛酉 25 六	壬戌 26 日	癸亥 27 一	甲子 28 二	乙丑 29 三	丙寅 30 四	丁卯 31 五	戊辰 (1) 六	己巳 2 日	庚午 3 一	辛未 4 二	壬申 5 三	癸酉 6 四	甲戌 7 五	乙亥 8 六	丙子 9 日	丁丑 10 一	戊寅 11 二	己卯 12 三	庚辰 13 四	癸丑冬至 戊辰小寒
十二月大	癸丑	天干地支 西曆 星期	辛巳 14 五	壬午 15 六	癸未 16 日	甲申 17 一	乙酉 18 二	丙戌 19 三	丁亥 20 四	戊子 21 五	己丑 22 六	庚寅 23 日	辛卯 24 一	壬辰 25 二	癸巳 26 三	甲午 27 四	乙未 28 五	丙申 29 六	丁酉 30 日	戊戌 31 一	己亥 (2) 二	庚子 2 三	辛丑 3 四	壬寅 4 五	癸卯 5 六	甲辰 6 日	乙巳 7 一	丙午 8 二	丁未 9 三	戊申 10 四	己酉 11 五	庚戌 12 六	癸未大寒 己亥立春

* 二月丁巳（初一），改元大同，國號大遼（983 年至 1066 年重稱契丹）。四月丁丑（二十二日），遼太宗死。戊寅（二十三日），耶律阮即位，是爲世宗。九月，改元天禄。

遼世宗天禄二年（戊申 猴年） 公元 948 ~ 949 年

夏曆月序	中西曆日對照	初一	初二	初三	初四	初五	初六	初七	初八	初九	初十	十一	十二	十三	十四	十五	十六	十七	十八	十九	二十	二一	二二	二三	二四	二五	二六	二七	二八	二九	三十	節氣與天象
正月大 甲寅	天干地支 西曆星期	辛亥13日	壬子14一	癸丑15二	甲寅16三	乙卯17四	丙辰18五	丁巳19六	戊午20日	己未21一	庚申22二	辛酉23三	壬戌24四	癸亥25五	甲子26六	乙丑27日	丙寅28一	丁卯29二	戊辰(3)三	己巳2四	庚午3五	辛未4六	壬申5日	癸酉6一	甲戌7二	乙亥8三	丙子9四	丁丑10五	戊寅11六	己卯12日	庚辰13一	甲寅雨水 己巳驚蟄
二月小 乙卯	天干地支 西曆星期	辛巳14二	壬午15三	癸未16四	甲申17五	乙酉18六	丙戌19日	丁亥20一	戊子21二	己丑22三	庚寅23四	辛卯24五	壬辰25六	癸巳26日	甲午27一	乙未28二	丙申29三	丁酉30四	戊戌31五	己亥(4)六	庚子2日	辛丑3一	壬寅4二	癸卯5三	甲辰6四	乙巳7五	丙午8六	丁未9日	戊申10一	己酉11二		甲申春分 庚子清明
三月大 丙辰	天干地支 西曆星期	庚戌12三	辛亥13四	壬子14五	癸丑15六	甲寅16日	乙卯17一	丙辰18二	丁巳19三	戊午20四	己未21五	庚申22六	辛酉23日	壬戌24一	癸亥25二	甲子26三	乙丑27四	丙寅28五	丁卯29六	戊辰30日	己巳(5)一	庚午2二	辛未3三	壬申4四	癸酉5五	甲戌6六	乙亥7日	丙子8一	丁丑9二	戊寅10三	己卯11四	乙卯穀雨 庚午立夏
四月小 丁巳	天干地支 西曆星期	庚辰12五	辛巳13六	壬午14日	癸未15一	甲申16二	乙酉17三	丙戌18四	丁亥19五	戊子20六	己丑21日	庚寅22一	辛卯23二	壬辰24三	癸巳25四	甲午26五	乙未27六	丙申28日	丁酉29一	戊戌30二	己亥31三	庚子(6)四	辛丑2五	壬寅3六	癸卯4日	甲辰5一	乙巳6二	丙午7三	丁未8四	戊申9五		乙酉小滿 庚子芒種
五月小 戊午	天干地支 西曆星期	己酉10六	庚戌11日	辛亥12一	壬子13二	癸丑14三	甲寅15四	乙卯16五	丙辰17六	丁巳18日	戊午19一	己未20二	庚申21三	辛酉22四	壬戌23五	癸亥24六	甲子25日	乙丑26一	丙寅27二	丁卯28三	戊辰29四	己巳30五	庚午(7)六	辛未2日	壬申3一	癸酉4二	甲戌5三	乙亥6四	丙子7五	丁丑8六		丙辰夏至 辛未小暑
六月大 己未	天干地支 西曆星期	戊寅9日	己卯10一	庚辰11二	辛巳12三	壬午13四	癸未14五	甲申15六	乙酉16日	丙戌17一	丁亥18二	戊子19三	己丑20四	庚寅21五	辛卯22六	壬辰23日	癸巳24一	甲午25二	乙未26三	丙申27四	丁酉28五	戊戌29六	己亥30日	庚子31一	辛丑(8)二	壬寅2三	癸卯3四	甲辰4五	乙巳5六	丙午6日	丁未7一	丙戌大暑 辛丑立秋
七月小 庚申	天干地支 西曆星期	戊申8二	己酉9三	庚戌10四	辛亥11五	壬子12六	癸丑13日	甲寅14一	乙卯15二	丙辰16三	丁巳17四	戊午18五	己未19六	庚申20日	辛酉21一	壬戌22二	癸亥23三	甲子24四	乙丑25五	丙寅26六	丁卯27日	戊辰28一	己巳29二	庚午30三	辛未31四	壬申(9)五	癸酉2六	甲戌3日	乙亥4一	丙子5二		丁巳處暑 壬申白露
八月小 辛酉	天干地支 西曆星期	丁丑6三	戊寅7四	己卯8五	庚辰9六	辛巳10日	壬午11一	癸未12二	甲申13三	乙酉14四	丙戌15五	丁亥16六	戊子17日	己丑18一	庚寅19二	辛卯20三	壬辰21四	癸巳22五	甲午23六	乙未24日	丙申25一	丁酉26二	戊戌27三	己亥28四	庚子29五	辛丑30六	壬寅(10)日	癸卯2一	甲辰3二	乙巳4三		丁亥秋分 壬寅寒露
九月大 壬戌	天干地支 西曆星期	丙午5四	丁未6五	戊申7六	己酉8日	庚戌9一	辛亥10二	壬子11三	癸丑12四	甲寅13五	乙卯14六	丙辰15日	丁巳16一	戊午17二	己未18三	庚申19四	辛酉20五	壬戌21六	癸亥22日	甲子23一	乙丑24二	丙寅25三	丁卯26四	戊辰27五	己巳28六	庚午29日	辛未30一	壬申31二	癸酉(11)三	甲戌2四	乙亥3五	丁巳霜降 癸酉立冬
十月大 癸亥	天干地支 西曆星期	丙子4六	丁丑5日	戊寅6一	己卯7二	庚辰8三	辛巳9四	壬午10五	癸未11六	甲申12日	乙酉13一	丙戌14二	丁亥15三	戊子16四	己丑17五	庚寅18六	辛卯19日	壬辰20一	癸巳21二	甲午22三	乙未23四	丙申24五	丁酉25六	戊戌26日	己亥27一	庚子28二	辛丑29三	壬寅30四	癸卯(12)五	甲辰2六	乙巳3日	戊子小雪 癸卯大雪
十一月小 甲子	天干地支 西曆星期	丙午4一	丁未5二	戊申6三	己酉7四	庚戌8五	辛亥9六	壬子10日	癸丑11一	甲寅12二	乙卯13三	丙辰14四	丁巳15五	戊午16六	己未17日	庚申18一	辛酉19二	壬戌20三	癸亥21四	甲子22五	乙丑23六	丙寅24日	丁卯25一	戊辰26二	己巳27三	庚午28四	辛未29五	壬申30六	癸酉31日	甲戌(1)一		戊午冬至 癸酉小寒
十二月大 乙丑	天干地支 西曆星期	乙亥2二	丙子3三	丁丑4四	戊寅5五	己卯6六	庚辰7日	辛巳8一	壬午9二	癸未10三	甲申11四	乙酉12五	丙戌13六	丁亥14日	戊子15一	己丑16二	庚寅17三	辛卯18四	壬辰19五	癸巳20六	甲午21日	乙未22一	丙申23二	丁酉24三	戊戌25四	己亥26五	庚子27六	辛丑28日	壬寅29一	癸卯30二	甲辰31三	己丑大寒 甲辰立春

遼世宗天祿三年（己酉 鷄年） 公元 949 ~ 950 年

夏曆月序	中西曆日對照	初一	初二	初三	初四	初五	初六	初七	初八	初九	初十	十一	十二	十三	十四	十五
正月大 丙寅	干支 西曆 星期	乙巳 (2) 四	丙午 2 五	丁未 3 六	戊申 4 日	己酉 5 一	庚戌 6 二	辛亥 7 三	壬子 8 四	癸丑 9 五	甲寅 10 六	乙卯 11 日	丙辰 12 一	丁巳 13 二	戊午 14 三	己未 15 四
二月小 丁卯	干支 西曆 星期	乙亥 3 六	丙子 4 日	丁丑 5 一	戊寅 6 二	己卯 7 三	庚辰 8 四	辛巳 9 五	壬午 10 六	癸未 11 日	甲申 12 一	乙酉 13 二	丙戌 14 三	丁亥 15 四	戊子 16 五	己丑 17 六
三月大 戊辰	干支 西曆 星期	甲辰 (4) 日	乙巳 2 一	丙午 3 二	丁未 4 三	戊申 5 四	己酉 6 五	庚戌 7 六	辛亥 8 日	壬子 9 一	癸丑 10 二	甲寅 11 三	乙卯 12 四	丙辰 13 五	丁巳 14 六	戊午 15 日
四月大 己巳	干支 西曆 星期	甲戌 (5) 二	乙亥 2 三	丙子 3 四	丁丑 4 五	戊寅 5 六	己卯 6 日	庚辰 7 一	辛巳 8 二	壬午 9 三	癸未 10 四	甲申 11 五	乙酉 12 六	丙戌 13 日	丁亥 14 一	戊子 15 二
五月小 庚午	干支 西曆 星期	甲辰 31 四	乙巳 (6) 五	丙午 2 六	丁未 3 日	戊申 4 一	己酉 5 二	庚戌 6 三	辛亥 7 四	壬子 8 五	癸丑 9 六	甲寅 10 日	乙卯 11 一	丙辰 12 二	丁巳 13 三	戊午 14 四
六月小 辛未	干支 西曆 星期	癸酉 29 五	甲戌 30 六	乙亥 (7) 日	丙子 2 一	丁丑 3 二	戊寅 4 三	己卯 5 四	庚辰 6 五	辛巳 7 六	壬午 8 日	癸未 9 一	甲申 10 二	乙酉 11 三	丙戌 12 四	丁亥 13 五
七月大 壬申	干支 西曆 星期	壬寅 28 六	癸卯 29 日	甲辰 30 一	乙巳 31 二	丙午 (8) 三	丁未 2 四	戊申 3 五	己酉 4 六	庚戌 5 日	辛亥 6 一	壬子 7 二	癸丑 8 三	甲寅 9 四	乙卯 10 五	丙辰 11 六
八月小 癸酉	干支 西曆 星期	壬申 27 一	癸酉 28 二	甲戌 29 三	乙亥 30 四	丙子 31 五	丁丑 (9) 六	戊寅 2 日	己卯 3 一	庚辰 4 二	辛巳 5 三	壬午 6 四	癸未 7 五	甲申 8 六	乙酉 9 日	丙戌 10 一
九月大 甲戌	干支 西曆 星期	辛丑 25 二	壬寅 26 三	癸卯 27 四	甲辰 28 五	乙巳 29 六	丙午 30 日	丁未 (10) 一	戊申 2 二	己酉 3 三	庚戌 4 四	辛亥 5 五	壬子 6 六	癸丑 7 日	甲寅 8 一	乙卯 9 二
十月小 乙亥	干支 西曆 星期	辛未 25 四	壬申 26 五	癸酉 27 六	甲戌 28 日	乙亥 29 一	丙子 30 二	丁丑 31 三	戊寅 (11) 四	己卯 2 五	庚辰 3 六	辛巳 4 日	壬午 5 一	癸未 6 二	甲申 7 三	乙酉 8 四
十一月大 丙子	干支 西曆 星期	庚子 23 五	辛丑 24 六	壬寅 25 日	癸卯 26 一	甲辰 27 二	乙巳 28 三	丙午 29 四	丁未 30 五	戊申 (12) 六	己酉 2 日	庚戌 3 一	辛亥 4 二	壬子 5 三	癸丑 6 四	甲寅 7 五
十二月小 丁丑	干支 西曆 星期	庚午 23 日	辛未 24 一	壬申 25 二	癸酉 26 三	甲戌 27 四	乙亥 28 五	丙子 29 六	丁丑 30 日	戊寅 31 一	己卯 (1) 二	庚辰 2 三	辛巳 3 四	壬午 4 五	癸未 5 六	甲申 6 日

夏曆月序	十六	十七	十八	十九	二十	二一	二二	二三	二四	二五	二六	二七	二八	二九	三十	節氣與天象
正月大 丙寅	庚申 16 五	辛酉 17 六	壬戌 18 日	癸亥 19 一	甲子 20 二	乙丑 21 三	丙寅 22 四	丁卯 23 五	戊辰 24 六	己巳 25 日	庚午 26 一	辛未 27 二	壬申 28 三	癸酉 (3) 四	甲戌 2 五	己未雨水 甲戌驚蟄
二月小 丁卯	庚寅 18 日	辛卯 19 一	壬辰 20 二	癸巳 21 三	甲午 22 四	乙未 23 五	丙申 24 六	丁酉 25 日	戊戌 26 一	己亥 27 二	庚子 28 三	辛丑 29 四	壬寅 30 五	癸卯 31 六		庚寅春分
三月大 戊辰	己未 16 一	庚申 17 二	辛酉 18 三	壬戌 19 四	癸亥 20 五	甲子 21 六	乙丑 22 日	丙寅 23 一	丁卯 24 二	戊辰 25 三	己巳 26 四	庚午 27 五	辛未 28 六	壬申 29 日	癸酉 30 一	乙巳清明 庚申穀雨
四月大 己巳	己丑 16 三	庚寅 17 四	辛卯 18 五	壬辰 19 六	癸巳 20 日	甲午 21 一	乙未 22 二	丙申 23 三	丁酉 24 四	戊戌 25 五	己亥 26 六	庚子 27 日	辛丑 28 一	壬寅 29 二	癸卯 30 三	乙亥立夏 庚寅小滿
五月小 庚午	己未 15 五	庚申 16 六	辛酉 17 日	壬戌 18 一	癸亥 19 二	甲子 20 三	乙丑 21 四	丙寅 22 五	丁卯 23 六	戊辰 24 日	己巳 25 一	庚午 26 二	辛未 27 三	壬申 28 四		丙午芒種 辛酉夏至
六月小 辛未	戊子 14 六	己丑 15 日	庚寅 16 一	辛卯 17 二	壬辰 18 三	癸巳 19 四	甲午 20 五	乙未 21 六	丙申 22 日	丁酉 23 一	戊戌 24 二	己亥 25 三	庚子 26 四	辛丑 27 五		丙子小暑 辛卯大暑 癸酉日食
七月大 壬申	丁巳 12 日	戊午 13 一	己未 14 二	庚申 15 三	辛酉 16 四	壬戌 17 五	癸亥 18 六	甲子 19 日	乙丑 20 一	丙寅 21 二	丁卯 22 三	戊辰 23 四	己巳 24 五	庚午 25 六	辛未 26 日	丁未立秋 壬戌處暑
八月小 癸酉	丁亥 11 二	戊子 12 三	己丑 13 四	庚寅 14 五	辛卯 15 六	壬辰 16 日	癸巳 17 一	甲午 18 二	乙未 19 三	丙申 20 四	丁酉 21 五	戊戌 22 六	己亥 23 日	庚子 24 一		丁丑白露 壬辰秋分
九月大 甲戌	丙辰 10 三	丁巳 11 四	戊午 12 五	己未 13 六	庚申 14 日	辛酉 15 一	壬戌 16 二	癸亥 17 三	甲子 18 四	乙丑 19 五	丙寅 20 六	丁卯 21 日	戊辰 22 一	己巳 23 二	庚午 24 三	丁未寒露 癸亥霜降
十月小 乙亥	丙戌 9 五	丁亥 10 六	戊子 11 日	己丑 12 一	庚寅 13 二	辛卯 14 三	壬辰 15 四	癸巳 16 五	甲午 17 六	乙未 18 日	丙申 19 一	丁酉 20 二	戊戌 21 三	己亥 22 四		戊寅立冬 癸巳小雪
十一月大 丙子	乙卯 8 六	丙辰 9 日	丁巳 10 一	戊午 11 二	己未 12 三	庚申 13 四	辛酉 14 五	壬戌 15 六	癸亥 16 日	甲子 17 一	乙丑 18 二	丙寅 19 三	丁卯 20 四	戊辰 21 五	己巳 22 六	戊申大雪 甲子冬至
十二月小 丁丑	乙酉 7 一	丙戌 8 二	丁亥 9 三	戊子 10 四	己丑 11 五	庚寅 12 六	辛卯 13 日	壬辰 14 一	癸巳 15 二	甲午 16 三	乙未 17 四	丙申 18 五	丁酉 19 六	戊戌 20 日		己卯小寒 甲午大寒

遼世宗天禄四年（庚戌 狗年） 公元 950 ～ 951 年

夏曆月序	中西曆日對照	初一	初二	初三	初四	初五	初六	初七	初八	初九	初十	十一	十二	十三	十四	十五	十六	十七	十八	十九	二十	二一	二二	二三	二四	二五	二六	二七	二八	二九	三十	節氣與天象
正月大 戊寅	天干地支 西曆星期	己亥21一	庚子22二	辛丑23三	壬寅24四	癸卯25五	甲辰26六	乙巳27日	丙午28一	丁未29二	戊申30三	己酉31四	庚戌(2)五	辛亥2六	壬子3日	癸丑4一	甲寅5二	乙卯6三	丙辰7四	丁巳8五	戊午9六	己未10日	庚申11一	辛酉12二	壬戌13三	癸亥14四	甲子15五	乙丑16六	丙寅17日	丁卯18一	戊辰19二	己酉立春 甲子雨水
二月小 己卯	天干地支 西曆星期	己巳20三	庚午21四	辛未22五	壬申23六	癸酉24日	甲戌25一	乙亥26二	丙子27三	丁丑28四	戊寅(3)五	己卯2六	庚辰3日	辛巳4一	壬午5二	癸未6三	甲申7四	乙酉8五	丙戌9六	丁亥10日	戊子11一	己丑12二	庚寅13三	辛卯14四	壬辰15五	癸巳16六	甲午17日	乙未18一	丙申19二	丁酉20三		庚辰驚蟄 乙未春分
三月大 庚辰	天干地支 西曆星期	戊戌21四	己亥22五	庚子23六	辛丑24日	壬寅25一	癸卯26二	甲辰27三	乙巳28四	丙午29五	丁未30六	戊申31日	己酉(4)一	庚戌2二	辛亥3三	壬子4四	癸丑5五	甲寅6六	乙卯7日	丙辰8一	丁巳9二	戊午10三	己未11四	庚申12五	辛酉13六	壬戌14日	癸亥15一	甲子16二	乙丑17三	丙寅18四	丁卯19五	庚戌清明 乙丑穀雨
四月大 辛巳	天干地支 西曆星期	戊辰20六	己巳21日	庚午22一	辛未23二	壬申24三	癸酉25四	甲戌26五	乙亥27六	丙子28日	丁丑29一	戊寅30二	己卯(5)三	庚辰2四	辛巳3五	壬午4六	癸未5日	甲申6一	乙酉7二	丙戌8三	丁亥9四	戊子10五	己丑11六	庚寅12日	辛卯13一	壬辰14二	癸巳15三	甲午16四	乙未17五	丙申18六	丁酉19日	庚辰立夏 丙申小滿
五月小 壬午	天干地支 西曆星期	戊戌20一	己亥21二	庚子22三	辛丑23四	壬寅24五	癸卯25六	甲辰26日	乙巳27一	丙午28二	丁未29三	戊申30四	己酉31五	庚戌(6)六	辛亥2日	壬子3一	癸丑4二	甲寅5三	乙卯6四	丙辰7五	丁巳8六	戊午9日	己未10一	庚申11二	辛酉12三	壬戌13四	癸亥14五	甲子15六	乙丑16日	丙寅17一		辛亥芒種 丙寅夏至
閏五月大 壬午	天干地支 西曆星期	丁卯18二	戊辰19三	己巳20四	庚午21五	辛未22六	壬申23日	癸酉24一	甲戌25二	乙亥26三	丙子27四	丁丑28五	戊寅29六	己卯30日	庚辰(7)一	辛巳2二	壬午3三	癸未4四	甲申5五	乙酉6六	丙戌7日	丁亥8一	戊子9二	己丑10三	庚寅11四	辛卯12五	壬辰13六	癸巳14日	甲午15一	乙未16二	丙申17三	辛巳小暑
六月小 癸未	天干地支 西曆星期	丁酉18四	戊戌19五	己亥20六	庚子21日	辛丑22一	壬寅23二	癸卯24三	甲辰25四	乙巳26五	丙午27六	丁未28日	戊申29一	己酉30二	庚戌31三	辛亥(8)四	壬子2五	癸丑3六	甲寅4日	乙卯5一	丙辰6二	丁巳7三	戊午8四	己未9五	庚申10六	辛酉11日	壬戌12一	癸亥13二	甲子14三	乙丑15四		丁酉大暑 壬子立秋
七月大 甲申	天干地支 西曆星期	丙寅16五	丁卯17六	戊辰18日	己巳19一	庚午20二	辛未21三	壬申22四	癸酉23五	甲戌24六	乙亥25日	丙子26一	丁丑27二	戊寅28三	己卯29四	庚辰30五	辛巳31六	壬午(9)日	癸未2一	甲申3二	乙酉4三	丙戌5四	丁亥6五	戊子7六	己丑8日	庚寅9一	辛卯10二	壬辰11三	癸巳12四	甲午13五	乙未14六	丁卯處暑 壬午白露
八月小 乙酉	天干地支 西曆星期	丙申15日	丁酉16一	戊戌17二	己亥18三	庚子19四	辛丑20五	壬寅21六	癸卯22日	甲辰23一	乙巳24二	丙午25三	丁未26四	戊申27五	己酉28六	庚戌29日	辛亥30一	壬子(10)二	癸丑2三	甲寅3四	乙卯4五	丙辰5六	丁巳6日	戊午7一	己未8二	庚申9三	辛酉10四	壬戌11五	癸亥12六	甲子13日		丁酉秋分 癸丑寒露
九月大 丙戌	天干地支 西曆星期	乙丑14一	丙寅15二	丁卯16三	戊辰17四	己巳18五	庚午19六	辛未20日	壬申21一	癸酉22二	甲戌23三	乙亥24四	丙子25五	丁丑26六	戊寅27日	己卯28一	庚辰29二	辛巳30三	壬午31四	癸未(11)五	甲申2六	乙酉3日	丙戌4一	丁亥5二	戊子6三	己丑7四	庚寅8五	辛卯9六	壬辰10日	癸巳11一	甲午12二	戊辰霜降 癸未立冬
十月小 丁亥	天干地支 西曆星期	乙未13三	丙申14四	丁酉15五	戊戌16六	己亥17日	庚子18一	辛丑19二	壬寅20三	癸卯21四	甲辰22五	乙巳23六	丙午24日	丁未25一	戊申26二	己酉27三	庚戌28四	辛亥29五	壬子30六	癸丑(12)日	甲寅2一	乙卯3二	丙辰4三	丁巳5四	戊午6五	己未7六	庚申8日	辛酉9一	壬戌10二	癸亥11三		戊戌小雪 甲寅大雪
十一月大 戊子	天干地支 西曆星期	甲子12四	乙丑13五	丙寅14六	丁卯15日	戊辰16一	己巳17二	庚午18三	辛未19四	壬申20五	癸酉21六	甲戌22日	乙亥23一	丙子24二	丁丑25三	戊寅26四	己卯27五	庚辰28六	辛巳29日	壬午30一	癸未31二	甲申(1)三	乙酉2四	丙戌3五	丁亥4六	戊子5日	己丑6一	庚寅7二	辛卯8三	壬辰9四	癸巳10五	己巳冬至 甲申小寒
十二月小 己丑	天干地支 西曆星期	甲午11六	乙未12日	丙申13一	丁酉14二	戊戌15三	己亥16四	庚子17五	辛丑18六	壬寅19日	癸卯20一	甲辰21二	乙巳22三	丙午23四	丁未24五	戊申25六	己酉26日	庚戌27一	辛亥28二	壬子29三	癸丑30四	甲寅31五	乙卯(2)六	丙辰2日	丁巳3一	戊午4二	己未5三	庚申6四	辛酉7五	壬戌8六		己亥大寒 甲寅立春

遼世宗天禄五年 穆宗應曆元年（辛亥 猪年） 公元 951 ~ 952 年

夏曆月序		中西曆日對照	初一	初二	初三	初四	初五	初六	初七	初八	初九	初十	十一	十二	十三	十四	十五	十六	十七	十八	十九	二十	二一	二二	二三	二四	二五	二六	二七	二八	二九	三十	節氣與天象
正月大	庚寅	天干地支 西曆 星期	癸亥 9 日	甲子 10 一	乙丑 11 二	丙寅 12 三	丁卯 13 四	戊辰 14 五	己巳 15 六	庚午 16 日	辛未 17 一	壬申 18 二	癸酉 19 三	甲戌 20 四	乙亥 21 五	丙子 22 六	丁丑 23 日	戊寅 24 一	己卯 25 二	庚辰 26 三	辛巳 27 四	壬午 28 五	癸未 (3) 六	甲申 2 日	乙酉 3 一	丙戌 4 二	丁亥 5 三	戊子 6 四	己丑 7 五	庚寅 8 六	辛卯 9 日	壬辰 10 一	庚午雨水 乙酉驚蟄
二月小	辛卯	天干地支 西曆 星期	癸巳 11 二	甲午 12 三	乙未 13 四	丙申 14 五	丁酉 15 六	戊戌 16 日	己亥 17 一	庚子 18 二	辛丑 19 三	壬寅 20 四	癸卯 21 五	甲辰 22 六	乙巳 23 日	丙午 24 一	丁未 25 二	戊申 26 三	己酉 27 四	庚戌 28 五	辛亥 29 六	壬子 30 日	癸丑 31 一	甲寅 (4) 二	乙卯 2 三	丙辰 3 四	丁巳 4 五	戊午 5 六	己未 6 日	庚申 7 一	辛酉 8 二		庚子春分 乙卯清明
三月大	壬辰	天干地支 西曆 星期	壬戌 9 三	癸亥 10 四	甲子 11 五	乙丑 12 六	丙寅 13 日	丁卯 14 一	戊辰 15 二	己巳 16 三	庚午 17 四	辛未 18 五	壬申 19 六	癸酉 20 日	甲戌 21 一	乙亥 22 二	丙子 23 三	丁丑 24 四	戊寅 25 五	己卯 26 六	庚辰 27 日	辛巳 28 一	壬午 29 二	癸未 30 三	甲申 (5) 四	乙酉 2 五	丙戌 3 六	丁亥 4 日	戊子 5 一	己丑 6 二	庚寅 7 三	辛卯 8 四	辛未穀雨 丙戌立夏
四月大	癸巳	天干地支 西曆 星期	壬辰 9 五	癸巳 10 六	甲午 11 日	乙未 12 一	丙申 13 二	丁酉 14 三	戊戌 15 四	己亥 16 五	庚子 17 六	辛丑 18 日	壬寅 19 一	癸卯 20 二	甲辰 21 三	乙巳 22 四	丙午 23 五	丁未 24 六	戊申 25 日	己酉 26 一	庚戌 27 二	辛亥 28 三	壬子 29 四	癸丑 30 五	甲寅 31 六	乙卯 (6) 日	丙辰 2 一	丁巳 3 二	戊午 4 三	己未 5 四	庚申 6 五	辛酉 7 六	辛丑小滿 丙辰芒種
五月小	甲午	天干地支 西曆 星期	壬戌 8 日	癸亥 9 一	甲子 10 二	乙丑 11 三	丙寅 12 四	丁卯 13 五	戊辰 14 六	己巳 15 日	庚午 16 一	辛未 17 二	壬申 18 三	癸酉 19 四	甲戌 20 五	乙亥 21 六	丙子 22 日	丁丑 23 一	戊寅 24 二	己卯 25 三	庚辰 26 四	辛巳 27 五	壬午 28 六	癸未 29 日	甲申 30 一	乙酉 (7) 二	丙戌 2 三	丁亥 3 四	戊子 4 五	己丑 5 六	庚寅 6 日		辛未夏至 丁亥小暑
六月大	乙未	天干地支 西曆 星期	辛卯 7 一	壬辰 8 二	癸巳 9 三	甲午 10 四	乙未 11 五	丙申 12 六	丁酉 13 日	戊戌 14 一	己亥 15 二	庚子 16 三	辛丑 17 四	壬寅 18 五	癸卯 19 六	甲辰 20 日	乙巳 21 一	丙午 22 二	丁未 23 三	戊申 24 四	己酉 25 五	庚戌 26 六	辛亥 27 日	壬子 28 一	癸丑 29 二	甲寅 30 三	乙卯 31 四	丙辰 (8) 五	丁巳 2 六	戊午 3 日	己未 4 一	庚申 5 二	壬寅大暑 丁巳立秋
七月小	丙申	天干地支 西曆 星期	辛酉 6 三	壬戌 7 四	癸亥 8 五	甲子 9 六	乙丑 10 日	丙寅 11 一	丁卯 12 二	戊辰 13 三	己巳 14 四	庚午 15 五	辛未 16 六	壬申 17 日	癸酉 18 一	甲戌 19 二	乙亥 20 三	丙子 21 四	丁丑 22 五	戊寅 23 六	己卯 24 日	庚辰 25 一	辛巳 26 二	壬午 27 三	癸未 28 四	甲申 29 五	乙酉 30 六	丙戌 31 日	丁亥 (9) 一	戊子 2 二	己丑 3 三		壬申處暑 丁亥白露
八月大	丁酉	天干地支 西曆 星期	庚寅 4 四	辛卯 5 五	壬辰 6 六	癸巳 7 日	甲午 8 一	乙未 9 二	丙申 10 三	丁酉 11 四	戊戌 12 五	己亥 13 六	庚子 14 日	辛丑 15 一	壬寅 16 二	癸卯 17 三	甲辰 18 四	乙巳 19 五	丙午 20 六	丁未 21 日	戊申 22 一	己酉 23 二	庚戌 24 三	辛亥 25 四	壬子 26 五	癸丑 27 六	甲寅 28 日	乙卯 29 一	丙辰 30 二	丁巳 (10) 三	戊午 2 四	己未 3 五	癸卯秋分 戊午寒露
九月小	戊戌	天干地支 西曆 星期	庚申 4 六	辛酉 5 日	壬戌 6 一	癸亥 7 二	甲子 8 三	乙丑 9 四	丙寅 10 五	丁卯 11 六	戊辰 12 日	己巳 13 一	庚午 14 二	辛未 15 三	壬申 16 四	癸酉 17 五	甲戌 18 六	乙亥 19 日	丙子 20 一	丁丑 21 二	戊寅 22 三	己卯 23 四	庚辰 24 五	辛巳 25 六	壬午 26 日	癸未 27 一	甲申 28 二	乙酉 29 三	丙戌 30 四	丁亥 31 五	戊子 (11) 六		癸酉霜降 戊子立冬
十月大	己亥	天干地支 西曆 星期	己丑 2 日	庚寅 3 一	辛卯 4 二	壬辰 5 三	癸巳 6 四	甲午 7 五	乙未 8 六	丙申 9 日	丁酉 10 一	戊戌 11 二	己亥 12 三	庚子 13 四	辛丑 14 五	壬寅 15 六	癸卯 16 日	甲辰 17 一	乙巳 18 二	丙午 19 三	丁未 20 四	戊申 21 五	己酉 22 六	庚戌 23 日	辛亥 24 一	壬子 25 二	癸丑 26 三	甲寅 27 四	乙卯 28 五	丙辰 29 六	丁巳 30 日	戊午 (12) 一	甲辰小雪
十一月小	庚子	天干地支 西曆 星期	己未 2 二	庚申 3 三	辛酉 4 四	壬戌 5 五	癸亥 6 六	甲子 7 日	乙丑 8 一	丙寅 9 二	丁卯 10 三	戊辰 11 四	己巳 12 五	庚午 13 六	辛未 14 日	壬申 15 一	癸酉 16 二	甲戌 17 三	乙亥 18 四	丙子 19 五	丁丑 20 六	戊寅 21 日	己卯 22 一	庚辰 23 二	辛巳 24 三	壬午 25 四	癸未 26 五	甲申 27 六	乙酉 28 日	丙戌 29 一	丁亥 30 二		己未大雪 甲戌冬至
十二月大	辛丑	天干地支 西曆 星期	戊子 31 三	己丑 (1) 四	庚寅 2 五	辛卯 3 六	壬辰 4 日	癸巳 5 一	甲午 6 二	乙未 7 三	丙申 8 四	丁酉 9 五	戊戌 10 六	己亥 11 日	庚子 12 一	辛丑 13 二	壬寅 14 三	癸卯 15 四	甲辰 16 五	乙巳 17 六	丙午 18 日	丁未 19 一	戊申 20 二	己酉 21 三	庚戌 22 四	辛亥 23 五	壬子 24 六	癸丑 25 日	甲寅 26 一	乙卯 27 二	丙辰 28 三	丁巳 29 四	己丑小寒 甲辰大寒

* 九月癸亥（初四），世宗被殺。丁卯（初八），耶律璟即位，改元應曆，是爲穆宗。

遼穆宗應曆二年（壬子 鼠年） 公元 952 ~ 953 年

夏曆月序		中西曆日對照	初一	初二	初三	初四	初五	初六	初七	初八	初九	初十	十一	十二	十三	十四	十五	十六	十七	十八	十九	二十	二一	二二	二三	二四	二五	二六	二七	二八	二九	三十	節氣與天象
正月小	壬寅	天干地支 西曆 星期	戊午 30 五	己未 31 六	庚申 (2) 日	辛酉 2 一	壬戌 3 二	癸亥 4 三	甲子 5 四	乙丑 6 五	丙寅 7 六	丁卯 8 日	戊辰 9 一	己巳 10 二	庚午 11 三	辛未 12 四	壬申 13 五	癸酉 14 六	甲戌 15 日	乙亥 16 一	丙子 17 二	丁丑 18 三	戊寅 19 四	己卯 20 五	庚辰 21 六	辛巳 22 日	壬午 23 一	癸未 24 二	甲申 25 三	乙酉 26 四	丙戌 27 五		庚申立春 乙亥雨水
二月大	癸卯	天干地支 西曆 星期	丁亥 28 六	戊子 29 日	己丑 (3) 一	庚寅 2 二	辛卯 3 三	壬辰 4 四	癸巳 5 五	甲午 6 六	乙未 7 日	丙申 8 一	丁酉 9 二	戊戌 10 三	己亥 11 四	庚子 12 五	辛丑 13 六	壬寅 14 日	癸卯 15 一	甲辰 16 二	乙巳 17 三	丙午 18 四	丁未 19 五	戊申 20 六	己酉 21 日	庚戌 22 一	辛亥 23 二	壬子 24 三	癸丑 25 四	甲寅 26 五	乙卯 27 六	丙辰 28 日	庚寅驚蟄 乙巳春分
三月小	甲辰	天干地支 西曆 星期	丁巳 29 一	戊午 30 二	己未 31 三	庚申 (4) 四	辛酉 2 五	壬戌 3 六	癸亥 4 日	甲子 5 一	乙丑 6 二	丙寅 7 三	丁卯 8 四	戊辰 9 五	己巳 10 六	庚午 11 日	辛未 12 一	壬申 13 二	癸酉 14 三	甲戌 15 四	乙亥 16 五	丙子 17 六	丁丑 18 日	戊寅 19 一	己卯 20 二	庚辰 21 三	辛巳 22 四	壬午 23 五	癸未 24 六	甲申 25 日	乙酉 26 一		辛酉清明 丙子穀雨
四月大	乙巳	天干地支 西曆 星期	丙戌 27 二	丁亥 28 三	戊子 29 四	己丑 30 五	庚寅 (5) 六	辛卯 2 日	壬辰 3 一	癸巳 4 二	甲午 5 三	乙未 6 四	丙申 7 五	丁酉 8 六	戊戌 9 日	己亥 10 一	庚子 11 二	辛丑 12 三	壬寅 13 四	癸卯 14 五	甲辰 15 六	乙巳 16 日	丙午 17 一	丁未 18 二	戊申 19 三	己酉 20 四	庚戌 21 五	辛亥 22 六	壬子 23 日	癸丑 24 一	甲寅 25 二	乙卯 26 三	辛卯立夏 丙午小滿
五月小	丙午	天干地支 西曆 星期	丙辰 27 四	丁巳 28 五	戊午 29 六	己未 30 日	庚申 31 一	辛酉 (6) 二	壬戌 2 三	癸亥 3 四	甲子 4 五	乙丑 5 六	丙寅 6 日	丁卯 7 一	戊辰 8 二	己巳 9 三	庚午 10 四	辛未 11 五	壬申 12 六	癸酉 13 日	甲戌 14 一	乙亥 15 二	丙子 16 三	丁丑 17 四	戊寅 18 五	己卯 19 六	庚辰 20 日	辛巳 21 一	壬午 22 二	癸未 23 三	甲申 24 四		辛酉芒種 丁丑夏至
六月大	丁未	天干地支 西曆 星期	乙酉 25 五	丙戌 26 六	丁亥 27 日	戊子 28 一	己丑 29 二	庚寅 30 三	辛卯 (7) 四	壬辰 2 五	癸巳 3 六	甲午 4 日	乙未 5 一	丙申 6 二	丁酉 7 三	戊戌 8 四	己亥 9 五	庚子 10 六	辛丑 11 日	壬寅 12 一	癸卯 13 二	甲辰 14 三	乙巳 15 四	丙午 16 五	丁未 17 六	戊申 18 日	己酉 19 一	庚戌 20 二	辛亥 21 三	壬子 22 四	癸丑 23 五	甲寅 24 六	壬辰小暑 丁未大暑
七月小	戊申	天干地支 西曆 星期	乙卯 25 日	丙辰 26 一	丁巳 27 二	戊午 28 三	己未 29 四	庚申 30 五	辛酉 31 六	壬戌 (8) 日	癸亥 2 一	甲子 3 二	乙丑 4 三	丙寅 5 四	丁卯 6 五	戊辰 7 六	己巳 8 日	庚午 9 一	辛未 10 二	壬申 11 三	癸酉 12 四	甲戌 13 五	乙亥 14 六	丙子 15 日	丁丑 16 一	戊寅 17 二	己卯 18 三	庚辰 19 四	辛巳 20 五	壬午 21 六	癸未 22 日		壬戌立秋 丁丑處暑
八月大	己酉	天干地支 西曆 星期	甲申 23 一	乙酉 24 二	丙戌 25 三	丁亥 26 四	戊子 27 五	己丑 28 六	庚寅 29 日	辛卯 30 一	壬辰 31 二	癸巳 (9) 三	甲午 2 四	乙未 3 五	丙申 4 六	丁酉 5 日	戊戌 6 一	己亥 7 二	庚子 8 三	辛丑 9 四	壬寅 10 五	癸卯 11 六	甲辰 12 日	乙巳 13 一	丙午 14 二	丁未 15 三	戊申 16 四	己酉 17 五	庚戌 18 六	辛亥 19 日	壬子 20 一	癸丑 21 二	癸巳白露 戊申秋分
九月大	庚戌	天干地支 西曆 星期	甲寅 22 三	乙卯 23 四	丙辰 24 五	丁巳 25 六	戊午 26 日	己未 27 一	庚申 28 二	辛酉 29 三	壬戌 30 四	癸亥 (10) 五	甲子 2 六	乙丑 3 日	丙寅 4 一	丁卯 5 二	戊辰 6 三	己巳 7 四	庚午 8 五	辛未 9 六	壬申 10 日	癸酉 11 一	甲戌 12 二	乙亥 13 三	丙子 14 四	丁丑 15 五	戊寅 16 六	己卯 17 日	庚辰 18 一	辛巳 19 二	壬午 20 三	癸未 21 四	癸亥寒露 戊寅霜降
十月小	辛亥	天干地支 西曆 星期	甲申 22 五	乙酉 23 六	丙戌 24 日	丁亥 25 一	戊子 26 二	己丑 27 三	庚寅 28 四	辛卯 29 五	壬辰 30 六	癸巳 31 日	甲午 (11) 一	乙未 2 二	丙申 3 三	丁酉 4 四	戊戌 5 五	己亥 6 六	庚子 7 日	辛丑 8 一	壬寅 9 二	癸卯 10 三	甲辰 11 四	乙巳 12 五	丙午 13 六	丁未 14 日	戊申 15 一	己酉 16 二	庚戌 17 三	辛亥 18 四	壬子 19 五		甲午立冬 己酉小雪
十一月大	壬子	天干地支 西曆 星期	癸丑 20 六	甲寅 21 日	乙卯 22 一	丙辰 23 二	丁巳 24 三	戊午 25 四	己未 26 五	庚申 27 六	辛酉 28 日	壬戌 29 一	癸亥 30 二	甲子 (12) 三	乙丑 2 四	丙寅 3 五	丁卯 4 六	戊辰 5 日	己巳 6 一	庚午 7 二	辛未 8 三	壬申 9 四	癸酉 10 五	甲戌 11 六	乙亥 12 日	丙子 13 一	丁丑 14 二	戊寅 15 三	己卯 16 四	庚辰 17 五	辛巳 18 六	壬午 19 日	甲子大雪 己卯冬至
十二月小	癸丑	天干地支 西曆 星期	癸未 20 一	甲申 21 二	乙酉 22 三	丙戌 23 四	丁亥 24 五	戊子 25 六	己丑 26 日	庚寅 27 一	辛卯 28 二	壬辰 29 三	癸巳 30 四	甲午 31 五	乙未 (1) 六	丙申 2 日	丁酉 3 一	戊戌 4 二	己亥 5 三	庚子 6 四	辛丑 7 五	壬寅 8 六	癸卯 9 日	甲辰 10 一	乙巳 11 二	丙午 12 三	丁未 13 四	戊申 14 五	己酉 15 六	庚戌 16 日	辛亥 17 一		甲午小寒 庚戌大寒

遼穆宗應曆三年（癸丑 牛年） 公元 953 ~ 954 年

夏曆月序		中西曆日對照	初一	初二	初三	初四	初五	初六	初七	初八	初九	初十	十一	十二	十三	十四	十五	十六	十七	十八	十九	二十	二一	二二	二三	二四	二五	二六	二七	二八	二九	三十	節氣與天象
正月大	甲寅	天干地支西曆星期	壬子18二	癸丑19三	甲寅20四	乙卯21五	丙辰22六	丁巳23日	戊午24一	己未25二	庚申26三	辛酉27四	壬戌28五	癸亥29六	甲子30日	乙丑31一	丙寅(2)二	丁卯2三	戊辰3四	己巳4五	庚午5六	辛未6日	壬申7一	癸酉8二	甲戌9三	乙亥10四	丙子11五	丁丑12六	戊寅13日	己卯14一	庚辰15二	辛巳16三	乙丑立春 庚辰雨水
閏正月小	甲寅	天干地支西曆星期	壬午17四	癸未18五	甲申19六	乙酉20日	丙戌21一	丁亥22二	戊子23三	己丑24四	庚寅25五	辛卯26六	壬辰27日	癸巳28一	甲午(3)二	乙未2三	丙申3四	丁酉4五	戊戌5六	己亥6日	庚子7一	辛丑8二	壬寅9三	癸卯10四	甲辰11五	乙巳12六	丙午13日	丁未14一	戊申15二	己酉16三	庚戌17四		乙未驚蟄
二月小	乙卯	天干地支西曆星期	辛亥18五	壬子19六	癸丑20日	甲寅21一	乙卯22二	丙辰23三	丁巳24四	戊午25五	己未26六	庚申27日	辛酉28一	壬戌29二	癸亥30三	甲子31四	乙丑(4)五	丙寅2六	丁卯3日	戊辰4一	己巳5二	庚午6三	辛未7四	壬申8五	癸酉9六	甲戌10日	乙亥11一	丙子12二	丁丑13三	戊寅14四	己卯15五		辛亥春分 丙寅清明
三月大	丙辰	天干地支西曆星期	庚辰16六	辛巳17日	壬午18一	癸未19二	甲申20三	乙酉21四	丙戌22五	丁亥23六	戊子24日	己丑25一	庚寅26二	辛卯27三	壬辰28四	癸巳29五	甲午30六	乙未(5)日	丙申2一	丁酉3二	戊戌4三	己亥5四	庚子6五	辛丑7六	壬寅8日	癸卯9一	甲辰10二	乙巳11三	丙午12四	丁未13五	戊申14六	己酉15日	辛巳穀雨 丙申立夏
四月小	丁巳	天干地支西曆星期	庚戌16一	辛亥17二	壬子18三	癸丑19四	甲寅20五	乙卯21六	丙辰22日	丁巳23一	戊午24二	己未25三	庚申26四	辛酉27五	壬戌28六	癸亥29日	甲子30一	乙丑31二	丙寅(6)三	丁卯2四	戊辰3五	己巳4六	庚午5日	辛未6一	壬申7二	癸酉8三	甲戌9四	乙亥10五	丙子11六	丁丑12日	戊寅13一		辛亥小滿 丁卯芒種
五月大	戊午	天干地支西曆星期	己卯14二	庚辰15三	辛巳16四	壬午17五	癸未18六	甲申19日	乙酉20一	丙戌21二	丁亥22三	戊子23四	己丑24五	庚寅25六	辛卯26日	壬辰27一	癸巳28二	甲午29三	乙未30四	丙申(7)五	丁酉2六	戊戌3日	己亥4一	庚子5二	辛丑6三	壬寅7四	癸卯8五	甲辰9六	乙巳10日	丙午11一	丁未12二	戊申13三	壬午夏至 丁酉小暑
六月小	己未	天干地支西曆星期	己酉14四	庚戌15五	辛亥16六	壬子17日	癸丑18一	甲寅19二	乙卯20三	丙辰21四	丁巳22五	戊午23六	己未24日	庚申25一	辛酉26二	壬戌27三	癸亥28四	甲子29五	乙丑30六	丙寅31日	丁卯(8)一	戊辰2二	己巳3三	庚午4四	辛未5五	壬申6六	癸酉7日	甲戌8一	乙亥9二	丙子10三	丁丑11四		壬子大暑 戊辰立秋
七月大	庚申	天干地支西曆星期	戊寅12五	己卯13六	庚辰14日	辛巳15一	壬午16二	癸未17三	甲申18四	乙酉19五	丙戌20六	丁亥21日	戊子22一	己丑23二	庚寅24三	辛卯25四	壬辰26五	癸巳27六	甲午28日	乙未29一	丙申30二	丁酉31三	戊戌(9)四	己亥2五	庚子3六	辛丑4日	壬寅5一	癸卯6二	甲辰7三	乙巳8四	丙午9五	丁未10六	癸未處暑 戊戌白露
八月大	辛酉	天干地支西曆星期	戊申11日	己酉12一	庚戌13二	辛亥14三	壬子15四	癸丑16五	甲寅17六	乙卯18日	丙辰19一	丁巳20二	戊午21三	己未22四	庚申23五	辛酉24六	壬戌25日	癸亥26一	甲子27二	乙丑28三	丙寅29四	丁卯30五	戊辰(10)六	己巳2日	庚午3一	辛未4二	壬申5三	癸酉6四	甲戌7五	乙亥8六	丙子9日	丁丑10一	癸丑秋分 戊辰寒露
九月大	壬戌	天干地支西曆星期	戊寅11二	己卯12三	庚辰13四	辛巳14五	壬午15六	癸未16日	甲申17一	乙酉18二	丙戌19三	丁亥20四	戊子21五	己丑22六	庚寅23日	辛卯24一	壬辰25二	癸巳26三	甲午27四	乙未28五	丙申29六	丁酉30日	戊戌31一	己亥(11)二	庚子2三	辛丑3四	壬寅4五	癸卯5六	甲辰6日	乙巳7一	丙午8二	丁未9三	甲申霜降 己亥立冬
十月小	癸亥	天干地支西曆星期	戊申10四	己酉11五	庚戌12六	辛亥13日	壬子14一	癸丑15二	甲寅16三	乙卯17四	丙辰18五	丁巳19六	戊午20日	己未21一	庚申22二	辛酉23三	壬戌24四	癸亥25五	甲子26六	乙丑27日	丙寅28一	丁卯29二	戊辰30三	己巳(12)四	庚午2五	辛未3六	壬申4日	癸酉5一	甲戌6二	乙亥7三	丙子8四		甲寅小雪 己巳大雪
十一月大	甲子	天干地支西曆星期	丁丑9五	戊寅10六	己卯11日	庚辰12一	辛巳13二	壬午14三	癸未15四	甲申16五	乙酉17六	丙戌18日	丁亥19一	戊子20二	己丑21三	庚寅22四	辛卯23五	壬辰24六	癸巳25日	甲午26一	乙未27二	丙申28三	丁酉29四	戊戌30五	己亥31六	庚子(1)日	辛丑2一	壬寅3二	癸卯4三	甲辰5四	乙巳6五	丙午7六	甲申冬至 庚子小寒
十二月小	乙丑	天干地支西曆星期	丁未8日	戊申9一	己酉10二	庚戌11三	辛亥12四	壬子13五	癸丑14六	甲寅15日	乙卯16一	丙辰17二	丁巳18三	戊午19四	己未20五	庚申21六	辛酉22日	壬戌23一	癸亥24二	甲子25三	乙丑26四	丙寅27五	丁卯28六	戊辰29日	己巳30一	庚午31二	辛未(2)三	壬申2四	癸酉3五	甲戌4六	乙亥5日		乙卯大寒 庚午立春

遼穆宗應曆四年（甲寅 虎年） 公元954 ~ 955年

夏曆月序		中西曆日對照	初一	初二	初三	初四	初五	初六	初七	初八	初九	初十	十一	十二	十三	十四	十五	十六	十七	十八	十九	二十	二一	二二	二三	二四	二五	二六	二七	二八	二九	三十	節氣與天象
正月大	丙寅	天干地支 西曆星期	丙子 6 一	丁丑 7 二	戊寅 8 三	己卯 9 四	庚辰 10 五	辛巳 11 六	壬午 12 日	癸未 13 一	甲申 14 二	乙酉 15 三	丙戌 16 四	丁亥 17 五	戊子 18 六	己丑 19 日	庚寅 20 一	辛卯 21 二	壬辰 22 三	癸巳 23 四	甲午 24 五	乙未 25 六	丙申 26 日	丁酉 27 一	戊戌 28 二	己亥 (3) 三	庚子 2 四	辛丑 3 五	壬寅 4 六	癸卯 5 日	甲辰 6 一	乙巳 7 二	乙酉雨水 辛丑驚蟄
二月小	丁卯	天干地支 西曆星期	丙午 8 三	丁未 9 四	戊申 10 五	己酉 11 六	庚戌 12 日	辛亥 13 一	壬子 14 二	癸丑 15 三	甲寅 16 四	乙卯 17 五	丙辰 18 六	丁巳 19 日	戊午 20 一	己未 21 二	庚申 22 三	辛酉 23 四	壬戌 24 五	癸亥 25 六	甲子 26 日	乙丑 27 一	丙寅 28 二	丁卯 29 三	戊辰 30 四	己巳 31 五	庚午 (4) 六	辛未 2 日	壬申 3 一	癸酉 4 二	甲戌 5 三		丙辰春分 辛未清明
三月小	戊辰	天干地支 西曆星期	乙亥 6 四	丙子 7 五	丁丑 8 六	戊寅 9 日	己卯 10 一	庚辰 11 二	辛巳 12 三	壬午 13 四	癸未 14 五	甲申 15 六	乙酉 16 日	丙戌 17 一	丁亥 18 二	戊子 19 三	己丑 20 四	庚寅 21 五	辛卯 22 六	壬辰 23 日	癸巳 24 一	甲午 25 二	乙未 26 三	丙申 27 四	丁酉 28 五	戊戌 29 六	己亥 30 日	庚子 (5) 一	辛丑 2 二	壬寅 3 三	癸卯 4 四		丙戌穀雨 辛丑立夏
四月大	己巳	天干地支 西曆星期	甲辰 5 五	乙巳 6 六	丙午 7 日	丁未 8 一	戊申 9 二	己酉 10 三	庚戌 11 四	辛亥 12 五	壬子 13 六	癸丑 14 日	甲寅 15 一	乙卯 16 二	丙辰 17 三	丁巳 18 四	戊午 19 五	己未 20 六	庚申 21 日	辛酉 22 一	壬戌 23 二	癸亥 24 三	甲子 25 四	乙丑 26 五	丙寅 27 六	丁卯 28 日	戊辰 29 一	己巳 30 二	庚午 31 三	辛未 (6) 四	壬申 2 五	癸酉 3 六	丁巳小滿 壬申芒種
五月小	庚午	天干地支 西曆星期	甲戌 4 日	乙亥 5 一	丙子 6 二	丁丑 7 三	戊寅 8 四	己卯 9 五	庚辰 10 六	辛巳 11 日	壬午 12 一	癸未 13 二	甲申 14 三	乙酉 15 四	丙戌 16 五	丁亥 17 六	戊子 18 日	己丑 19 一	庚寅 20 二	辛卯 21 三	壬辰 22 四	癸巳 23 五	甲午 24 六	乙未 25 日	丙申 26 一	丁酉 27 二	戊戌 28 三	己亥 29 四	庚子 30 五	辛丑 (7) 六	壬寅 2 日		丁亥夏至 壬寅小暑
六月大	辛未	天干地支 西曆星期	癸卯 3 一	甲辰 4 二	乙巳 5 三	丙午 6 四	丁未 7 五	戊申 8 六	己酉 9 日	庚戌 10 一	辛亥 11 二	壬子 12 三	癸丑 13 四	甲寅 14 五	乙卯 15 六	丙辰 16 日	丁巳 17 一	戊午 18 二	己未 19 三	庚申 20 四	辛酉 21 五	壬戌 22 六	癸亥 23 日	甲子 24 一	乙丑 25 二	丙寅 26 三	丁卯 27 四	戊辰 28 五	己巳 29 六	庚午 30 日	辛未 31 一	壬申 (8) 二	戊午大暑
七月小	壬申	天干地支 西曆星期	癸酉 2 三	甲戌 3 四	乙亥 4 五	丙子 5 六	丁丑 6 日	戊寅 7 一	己卯 8 二	庚辰 9 三	辛巳 10 四	壬午 11 五	癸未 12 六	甲申 13 日	乙酉 14 一	丙戌 15 二	丁亥 16 三	戊子 17 四	己丑 18 五	庚寅 19 六	辛卯 20 日	壬辰 21 一	癸巳 22 二	甲午 23 三	乙未 24 四	丙申 25 五	丁酉 26 六	戊戌 27 日	己亥 28 一	庚子 29 二	辛丑 30 三		癸酉立秋 戊子處暑
八月大	癸酉	天干地支 西曆星期	壬寅 31 四	癸卯 (9) 五	甲辰 2 六	乙巳 3 日	丙午 4 一	丁未 5 二	戊申 6 三	己酉 7 四	庚戌 8 五	辛亥 9 六	壬子 10 日	癸丑 11 一	甲寅 12 二	乙卯 13 三	丙辰 14 四	丁巳 15 五	戊午 16 六	己未 17 日	庚申 18 一	辛酉 19 二	壬戌 20 三	癸亥 21 四	甲子 22 五	乙丑 23 六	丙寅 24 日	丁卯 25 一	戊辰 26 二	己巳 27 三	庚午 28 四	辛未 29 五	癸卯白露 戊午秋分
九月大	甲戌	天干地支 西曆星期	壬申 30 六	癸酉 (10) 日	甲戌 2 一	乙亥 3 二	丙子 4 三	丁丑 5 四	戊寅 6 五	己卯 7 六	庚辰 8 日	辛巳 9 一	壬午 10 二	癸未 11 三	甲申 12 四	乙酉 13 五	丙戌 14 六	丁亥 15 日	戊子 16 一	己丑 17 二	庚寅 18 三	辛卯 19 四	壬辰 20 五	癸巳 21 六	甲午 22 日	乙未 23 一	丙申 24 二	丁酉 25 三	戊戌 26 四	己亥 27 五	庚子 28 六	辛丑 29 日	甲戌寒露 己丑霜降
十月小	乙亥	天干地支 西曆星期	壬寅 30 一	癸卯 31 二	甲辰 (11) 三	乙巳 2 四	丙午 3 五	丁未 4 六	戊申 5 日	己酉 6 一	庚戌 7 二	辛亥 8 三	壬子 9 四	癸丑 10 五	甲寅 11 六	乙卯 12 日	丙辰 13 一	丁巳 14 二	戊午 15 三	己未 16 四	庚申 17 五	辛酉 18 六	壬戌 19 日	癸亥 20 一	甲子 21 二	乙丑 22 三	丙寅 23 四	丁卯 24 五	戊辰 25 六	己巳 26 日	庚午 27 一		甲辰立冬 己未小雪
十一月大	丙子	天干地支 西曆星期	辛未 28 二	壬申 29 三	癸酉 30 四	甲戌 (12) 五	乙亥 2 六	丙子 3 日	丁丑 4 一	戊寅 5 二	己卯 6 三	庚辰 7 四	辛巳 8 五	壬午 9 六	癸未 10 日	甲申 11 一	乙酉 12 二	丙戌 13 三	丁亥 14 四	戊子 15 五	己丑 16 六	庚寅 17 日	辛卯 18 一	壬辰 19 二	癸巳 20 三	甲午 21 四	乙未 22 五	丙申 23 六	丁酉 24 日	戊戌 25 一	己亥 26 二	庚子 27 三	乙亥大雪 庚寅冬至
十二月大	丁丑	天干地支 西曆星期	辛丑 28 四	壬寅 29 五	癸卯 30 六	甲辰 31 日	乙巳 (1) 一	丙午 2 二	丁未 3 三	戊申 4 四	己酉 5 五	庚戌 6 六	辛亥 7 日	壬子 8 一	癸丑 9 二	甲寅 10 三	乙卯 11 四	丙辰 12 五	丁巳 13 六	戊午 14 日	己未 15 一	庚申 16 二	辛酉 17 三	壬戌 18 四	癸亥 19 五	甲子 20 六	乙丑 21 日	丙寅 22 一	丁卯 23 二	戊辰 24 三	己巳 25 四	庚午 26 五	乙巳小寒 庚申大寒

遼穆宗應曆五年（乙卯 兔年） 公元955 ~ 956年

夏曆月序		中西曆日對照	夏曆日序																														節氣與天象
			初一	初二	初三	初四	初五	初六	初七	初八	初九	初十	十一	十二	十三	十四	十五	十六	十七	十八	十九	二十	二一	二二	二三	二四	二五	二六	二七	二八	二九	三十	
正月小	戊寅	天干 地支 西曆 星期	辛未27六	壬申28日	癸酉29一	甲戌30二	乙亥31三	丙子(2)四	丁丑2五	戊寅3六	己卯4日	庚辰5一	辛巳6二	壬午7三	癸未8四	甲申9五	乙酉10六	丙戌11日	丁亥12一	戊子13二	己丑14三	庚寅15四	辛卯16五	壬辰17六	癸巳18日	甲午19一	乙未20二	丙申21三	丁酉22四	戊戌23五	己亥24六		乙亥立春 辛卯雨水
二月大	己卯	天干 地支 西曆 星期	庚子25日	辛丑26一	壬寅27二	癸卯28三	甲辰(3)四	乙巳2五	丙午3六	丁未4日	戊申5一	己酉6二	庚戌7三	辛亥8四	壬子9五	癸丑10六	甲寅11日	乙卯12一	丙辰13二	丁巳14三	戊午15四	己未16五	庚申17六	辛酉18日	壬戌19一	癸亥20二	甲子21三	乙丑22四	丙寅23五	丁卯24六	戊辰25日	己巳26一	丙午驚蟄 辛酉春分
三月小	庚辰	天干 地支 西曆 星期	庚午27二	辛未28三	壬申29四	癸酉30五	甲戌31六	乙亥(4)日	丙子2一	丁丑3二	戊寅4三	己卯5四	庚辰6五	辛巳7六	壬午8日	癸未9一	甲申10二	乙酉11三	丙戌12四	丁亥13五	戊子14六	己丑15日	庚寅16一	辛卯17二	壬辰18三	癸巳19四	甲午20五	乙未21六	丙申22日	丁酉23一	戊戌24二		丙子清明 辛卯穀雨
四月小	辛巳	天干 地支 西曆 星期	己亥25三	庚子26四	辛丑27五	壬寅28六	癸卯29日	甲辰30一	乙巳(5)二	丙午2三	丁未3四	戊申4五	己酉5六	庚戌6日	辛亥7一	壬子8二	癸丑9三	甲寅10四	乙卯11五	丙辰12六	丁巳13日	戊午14一	己未15二	庚申16三	辛酉17四	壬戌18五	癸亥19六	甲子20日	乙丑21一	丙寅22二	丁卯23三		丁未立夏 壬戌小滿
五月大	壬午	天干 地支 西曆 星期	戊辰24四	己巳25五	庚午26六	辛未27日	壬申28一	癸酉29二	甲戌30三	乙亥31四	丙子(6)五	丁丑2六	戊寅3日	己卯4一	庚辰5二	辛巳6三	壬午7四	癸未8五	甲申9六	乙酉10日	丙戌11一	丁亥12二	戊子13三	己丑14四	庚寅15五	辛卯16六	壬辰17日	癸巳18一	甲午19二	乙未20三	丙申21四	丁酉22五	丁丑芒種 壬辰夏至
六月小	癸未	天干 地支 西曆 星期	戊戌23六	己亥24日	庚子25一	辛丑26二	壬寅27三	癸卯28四	甲辰29五	乙巳30六	丙午(7)日	丁未2一	戊申3二	己酉4三	庚戌5四	辛亥6五	壬子7六	癸丑8日	甲寅9一	乙卯10二	丙辰11三	丁巳12四	戊午13五	己未14六	庚申15日	辛酉16一	壬戌17二	癸亥18三	甲子19四	乙丑20五	丙寅21六		戊申小暑 癸亥大暑
七月小	甲申	天干 地支 西曆 星期	丁卯22日	戊辰23一	己巳24二	庚午25三	辛未26四	壬申27五	癸酉28六	甲戌29日	乙亥30一	丙子31二	丁丑(8)三	戊寅2四	己卯3五	庚辰4六	辛巳5日	壬午6一	癸未7二	甲申8三	乙酉9四	丙戌10五	丁亥11六	戊子12日	己丑13一	庚寅14二	辛卯15三	壬辰16四	癸巳17五	甲午18六	乙未19日		戊寅立秋 癸巳處暑
八月大	乙酉	天干 地支 西曆 星期	丙申20一	丁酉21二	戊戌22三	己亥23四	庚子24五	辛丑25六	壬寅26日	癸卯27一	甲辰28二	乙巳29三	丙午30四	丁未31五	戊申(9)六	己酉2日	庚戌3一	辛亥4二	壬子5三	癸丑6四	甲寅7五	乙卯8六	丙辰9日	丁巳10一	戊午11二	己未12三	庚申13四	辛酉14五	壬戌15六	癸亥16日	甲子17一	乙丑18二	戊申白露 甲子秋分
九月大	丙戌	天干 地支 西曆 星期	丙寅19三	丁卯20四	戊辰21五	己巳22六	庚午23日	辛未24一	壬申25二	癸酉26三	甲戌27四	乙亥28五	丙子29六	丁丑30日	戊寅(10)一	己卯2二	庚辰3三	辛巳4四	壬午5五	癸未6六	甲申7日	乙酉8一	丙戌9二	丁亥10三	戊子11四	己丑12五	庚寅13六	辛卯14日	壬辰15一	癸巳16二	甲午17三	乙未18四	己卯寒露 甲午霜降
閏九月小	丙戌	天干 地支 西曆 星期	丙申19五	丁酉20六	戊戌21日	己亥22一	庚子23二	辛丑24三	壬寅25四	癸卯26五	甲辰27六	乙巳28日	丙午29一	丁未30二	戊申31三	己酉(11)四	庚戌2五	辛亥3六	壬子4日	癸丑5一	甲寅6二	乙卯7三	丙辰8四	丁巳9五	戊午10六	己未11日	庚申12一	辛酉13二	壬戌14三	癸亥15四	甲子16五		己酉立冬
十月大	丁亥	天干 地支 西曆 星期	乙丑17六	丙寅18日	丁卯19一	戊辰20二	己巳21三	庚午22四	辛未23五	壬申24六	癸酉25日	甲戌26一	乙亥27二	丙子28三	丁丑29四	戊寅30五	己卯(12)六	庚辰2日	辛巳3一	壬午4二	癸未5三	甲申6四	乙酉7五	丙戌8六	丁亥9日	戊子10一	己丑11二	庚寅12三	辛卯13四	壬辰14五	癸巳15六	甲午16日	乙丑小雪 庚辰大雪
十一月大	戊子	天干 地支 西曆 星期	乙未17一	丙申18二	丁酉19三	戊戌20四	己亥21五	庚子22六	辛丑23日	壬寅24一	癸卯25二	甲辰26三	乙巳27四	丙午28五	丁未29六	戊申30日	己酉31一	庚戌(1)二	辛亥2三	壬子3四	癸丑4五	甲寅5六	乙卯6日	丙辰7一	丁巳8二	戊午9三	己未10四	庚申11五	辛酉12六	壬戌13日	癸亥14一	甲子15二	乙未冬至 庚戌小寒
十二月大	己丑	天干 地支 西曆 星期	乙丑16三	丙寅17四	丁卯18五	戊辰19六	己巳20日	庚午21一	辛未22二	壬申23三	癸酉24四	甲戌25五	乙亥26六	丙子27日	丁丑28一	戊寅29二	己卯30三	庚辰31四	辛巳(2)五	壬午2六	癸未3日	甲申4一	乙酉5二	丙戌6三	丁亥7四	戊子8五	己丑9六	庚寅10日	辛卯11一	壬辰12二	癸巳13三	甲午14四	乙丑大寒 辛巳立春

遼穆宗應曆六年（丙辰 龍年） 公元956 ~ 957年

夏曆月序		中西曆日對照	初一	初二	初三	初四	初五	初六	初七	初八	初九	初十	十一	十二	十三	十四	十五	十六	十七	十八	十九	二十	二一	二二	二三	二四	二五	二六	二七	二八	二九	三十	節氣與天象
正月小	庚寅	干支 天地 西曆 星期	乙未15五	丙申16六	丁酉17日	戊戌18一	己亥19二	庚子20三	辛丑21四	壬寅22五	癸卯23六	甲辰24日	乙巳25一	丙午26二	丁未27三	戊申28四	己酉29五	庚戌(3)六	辛亥2日	壬子3一	癸丑4二	甲寅5三	乙卯6四	丙辰7五	丁巳8六	戊午9日	己未10一	庚申11二	辛酉12三	壬戌13四	癸亥14五		丙申雨水 辛亥驚蟄
二月大	辛卯	干支 天地 西曆 星期	甲子15六	乙丑16日	丙寅17一	丁卯18二	戊辰19三	己巳20四	庚午21五	辛未22六	壬申23日	癸酉24一	甲戌25二	乙亥26三	丙子27四	丁丑28五	戊寅29六	己卯30日	庚辰31一	辛巳(4)二	壬午2三	癸未3四	甲申4五	乙酉5六	丙戌6日	丁亥7一	戊子8二	己丑9三	庚寅10四	辛卯11五	壬辰12六	癸巳13日	丙寅春分 壬午清明
三月小	壬辰	干支 天地 西曆 星期	甲午14一	乙未15二	丙申16三	丁酉17四	戊戌18五	己亥19六	庚子20日	辛丑21一	壬寅22二	癸卯23三	甲辰24四	乙巳25五	丙午26六	丁未27日	戊申28一	己酉29二	庚戌30三	辛亥(5)四	壬子2五	癸丑3六	甲寅4日	乙卯5一	丙辰6二	丁巳7三	戊午8四	己未9五	庚申10六	辛酉11日	壬戌12一		丁酉穀雨 壬子立夏
四月小	癸巳	干支 天地 西曆 星期	癸亥13二	甲子14三	乙丑15四	丙寅16五	丁卯17六	戊辰18日	己巳19一	庚午20二	辛未21三	壬申22四	癸酉23五	甲戌24六	乙亥25日	丙子26一	丁丑27二	戊寅28三	己卯29四	庚辰30五	辛巳31六	壬午(6)日	癸未2一	甲申3二	乙酉4三	丙戌5四	丁亥6五	戊子7六	己丑8日	庚寅9一	辛卯10二		丁卯小滿 壬午芒種
五月大	甲午	干支 天地 西曆 星期	壬辰11三	癸巳12四	甲午13五	乙未14六	丙申15日	丁酉16一	戊戌17二	己亥18三	庚子19四	辛丑20五	壬寅21六	癸卯22日	甲辰23一	乙巳24二	丙午25三	丁未26四	戊申27五	己酉28六	庚戌29日	辛亥30一	壬子(7)二	癸丑2三	甲寅3四	乙卯4五	丙辰5六	丁巳6日	戊午7一	己未8二	庚申9三	辛酉10四	戊戌夏至 癸丑小暑
六月小	乙未	干支 天地 西曆 星期	壬戌11五	癸亥12六	甲子13日	乙丑14一	丙寅15二	丁卯16三	戊辰17四	己巳18五	庚午19六	辛未20日	壬申21一	癸酉22二	甲戌23三	乙亥24四	丙子25五	丁丑26六	戊寅27日	己卯28一	庚辰29二	辛巳30三	壬午31四	癸未(8)五	甲申2六	乙酉3日	丙戌4一	丁亥5二	戊子6三	己丑7四	庚寅8五		戊辰大暑 癸未立秋
七月小	丙申	干支 天地 西曆 星期	辛卯9六	壬辰10日	癸巳11一	甲午12二	乙未13三	丙申14四	丁酉15五	戊戌16六	己亥17日	庚子18一	辛丑19二	壬寅20三	癸卯21四	甲辰22五	乙巳23六	丙午24日	丁未25一	戊申26二	己酉27三	庚戌28四	辛亥29五	壬子30六	癸丑31日	甲寅(9)一	乙卯2二	丙辰3三	丁巳4四	戊午5五	己未6六		己亥處暑 甲寅白露
八月大	丁酉	干支 天地 西曆 星期	庚申7日	辛酉8一	壬戌9二	癸亥10三	甲子11四	乙丑12五	丙寅13六	丁卯14日	戊辰15一	己巳16二	庚午17三	辛未18四	壬申19五	癸酉20六	甲戌21日	乙亥22一	丙子23二	丁丑24三	戊寅25四	己卯26五	庚辰27六	辛巳28日	壬午29一	癸未30二	甲申(10)三	乙酉2四	丙戌3五	丁亥4六	戊子5日	己丑6一	己巳秋分 甲申寒露
九月大	戊戌	干支 天地 西曆 星期	庚寅7二	辛卯8三	壬辰9四	癸巳10五	甲午11六	乙未12日	丙申13一	丁酉14二	戊戌15三	己亥16四	庚子17五	辛丑18六	壬寅19日	癸卯20一	甲辰21二	乙巳22三	丙午23四	丁未24五	戊申25六	己酉26日	庚戌27一	辛亥28二	壬子29三	癸丑30四	甲寅31五	乙卯(11)六	丙辰2日	丁巳3一	戊午4二	己未5三	己亥霜降 乙卯立冬
十月小	己亥	干支 天地 西曆 星期	庚申6四	辛酉7五	壬戌8六	癸亥9日	甲子10一	乙丑11二	丙寅12三	丁卯13四	戊辰14五	己巳15六	庚午16日	辛未17一	壬申18二	癸酉19三	甲戌20四	乙亥21五	丙子22六	丁丑23日	戊寅24一	己卯25二	庚辰26三	辛巳27四	壬午28五	癸未29六	甲申30日	乙酉(12)一	丙戌2二	丁亥3三	戊子4四		庚午小雪 乙酉大雪
十一月大	庚子	干支 天地 西曆 星期	己丑5五	庚寅6六	辛卯7日	壬辰8一	癸巳9二	甲午10三	乙未11四	丙申12五	丁酉13六	戊戌14日	己亥15一	庚子16二	辛丑17三	壬寅18四	癸卯19五	甲辰20六	乙巳21日	丙午22一	丁未23二	戊申24三	己酉25四	庚戌26五	辛亥27六	壬子28日	癸丑29一	甲寅30二	乙卯31三	丙辰(1)四	丁巳2五	戊午3六	庚子冬至 乙卯小寒
十二月大	辛丑	干支 天地 西曆 星期	己未4日	庚申5一	辛酉6二	壬戌7三	癸亥8四	甲子9五	乙丑10六	丙寅11日	丁卯12一	戊辰13二	己巳14三	庚午15四	辛未16五	壬申17六	癸酉18日	甲戌19一	乙亥20二	丙子21三	丁丑22四	戊寅23五	己卯24六	庚辰25日	辛巳26一	壬午27二	癸未28三	甲申29四	乙酉30五	丙戌31六	丁亥(2)日	戊子2一	辛未大寒 丙戌立春

遼穆宗應曆七年（丁巳 蛇年） 公元 957 ~ 958 年

夏曆月序		中西曆日對照	初一	初二	初三	初四	初五	初六	初七	初八	初九	初十	十一	十二	十三	十四	十五	十六	十七	十八	十九	二十	二一	二二	二三	二四	二五	二六	二七	二八	二九	三十	節氣與天象
正月大	壬寅	天干地支 西曆 星期	己丑 3 二	庚寅 4 三	辛卯 5 四	壬辰 6 五	癸巳 7 六	甲午 8 日	乙未 9 一	丙申 10 二	丁酉 11 三	戊戌 12 四	己亥 13 五	庚子 14 六	辛丑 15 日	壬寅 16 一	癸卯 17 二	甲辰 18 三	乙巳 19 四	丙午 20 五	丁未 21 六	戊申 22 日	己酉 23 一	庚戌 24 二	辛亥 25 三	壬子 26 四	癸丑 27 五	甲寅 28 六	乙卯 (3) 日	丙辰 2 一	丁巳 3 二	戊午 4 三	辛丑雨水 丙辰驚蟄
二月小	癸卯	天干地支 西曆 星期	己未 5 四	庚申 6 五	辛酉 7 六	壬戌 8 日	癸亥 9 一	甲子 10 二	乙丑 11 三	丙寅 12 四	丁卯 13 五	戊辰 14 六	己巳 15 日	庚午 16 一	辛未 17 二	壬申 18 三	癸酉 19 四	甲戌 20 五	乙亥 21 六	丙子 22 日	丁丑 23 一	戊寅 24 二	己卯 25 三	庚辰 26 四	辛巳 27 五	壬午 28 六	癸未 29 日	甲申 30 一	乙酉 31 二	丙戌 (4) 三	丁亥 2 四		壬申春分 丁亥清明
三月大	甲辰	天干地支 西曆 星期	戊子 3 五	己丑 4 六	庚寅 5 日	辛卯 6 一	壬辰 7 二	癸巳 8 三	甲午 9 四	乙未 10 五	丙申 11 六	丁酉 12 日	戊戌 13 一	己亥 14 二	庚子 15 三	辛丑 16 四	壬寅 17 五	癸卯 18 六	甲辰 19 日	乙巳 20 一	丙午 21 二	丁未 22 三	戊申 23 四	己酉 24 五	庚戌 25 六	辛亥 26 日	壬子 27 一	癸丑 28 二	甲寅 29 三	乙卯 30 四	丙辰 (5) 五	丁巳 2 六	壬寅穀雨 丁巳立夏
四月小	乙巳	天干地支 西曆 星期	戊午 3 日	己未 4 一	庚申 5 二	辛酉 6 三	壬戌 7 四	癸亥 8 五	甲子 9 六	乙丑 10 日	丙寅 11 一	丁卯 12 二	戊辰 13 三	己巳 14 四	庚午 15 五	辛未 16 六	壬申 17 日	癸酉 18 一	甲戌 19 二	乙亥 20 三	丙子 21 四	丁丑 22 五	戊寅 23 六	己卯 24 日	庚辰 25 一	辛巳 26 二	壬午 27 三	癸未 28 四	甲申 29 五	乙酉 30 六	丙戌 31 日		壬申小滿
五月小	丙午	天干地支 西曆 星期	丁亥 (6) 一	戊子 2 二	己丑 3 三	庚寅 4 四	辛卯 5 五	壬辰 6 六	癸巳 7 日	甲午 8 一	乙未 9 二	丙申 10 三	丁酉 11 四	戊戌 12 五	己亥 13 六	庚子 14 日	辛丑 15 一	壬寅 16 二	癸卯 17 三	甲辰 18 四	乙巳 19 五	丙午 20 六	丁未 21 日	戊申 22 一	己酉 23 二	庚戌 24 三	辛亥 25 四	壬子 26 五	癸丑 27 六	甲寅 28 日	乙卯 29 一		戊子芒種 癸卯夏至
六月大	丁未	天干地支 西曆 星期	丙辰 30 二	丁巳 (7) 三	戊午 2 四	己未 3 五	庚申 4 六	辛酉 5 日	壬戌 6 一	癸亥 7 二	甲子 8 三	乙丑 9 四	丙寅 10 五	丁卯 11 六	戊辰 12 日	己巳 13 一	庚午 14 二	辛未 15 三	壬申 16 四	癸酉 17 五	甲戌 18 六	乙亥 19 日	丙子 20 一	丁丑 21 二	戊寅 22 三	己卯 23 四	庚辰 24 五	辛巳 25 六	壬午 26 日	癸未 27 一	甲申 28 二	乙酉 29 三	戊午小暑 癸酉大暑
七月小	戊申	天干地支 西曆 星期	丙戌 30 四	丁亥 31 五	戊子 (8) 六	己丑 2 日	庚寅 3 一	辛卯 4 二	壬辰 5 三	癸巳 6 四	甲午 7 五	乙未 8 六	丙申 9 日	丁酉 10 一	戊戌 11 二	己亥 12 三	庚子 13 四	辛丑 14 五	壬寅 15 六	癸卯 16 日	甲辰 17 一	乙巳 18 二	丙午 19 三	丁未 20 四	戊申 21 五	己酉 22 六	庚戌 23 日	辛亥 24 一	壬子 25 二	癸丑 26 三	甲寅 27 四		己丑立秋 甲辰處暑
八月小	己酉	天干地支 西曆 星期	乙卯 28 五	丙辰 29 六	丁巳 30 日	戊午 31 一	己未 (9) 二	庚申 2 三	辛酉 3 四	壬戌 4 五	癸亥 5 六	甲子 6 日	乙丑 7 一	丙寅 8 二	丁卯 9 三	戊辰 10 四	己巳 11 五	庚午 12 六	辛未 13 日	壬申 14 一	癸酉 15 二	甲戌 16 三	乙亥 17 四	丙子 18 五	丁丑 19 六	戊寅 20 日	己卯 21 一	庚辰 22 二	辛巳 23 三	壬午 24 四	癸未 25 五		己未白露 甲戌秋分
九月大	庚戌	天干地支 西曆 星期	甲申 26 六	乙酉 27 日	丙戌 28 一	丁亥 29 二	戊子 30 三	己丑 (10) 四	庚寅 2 五	辛卯 3 六	壬辰 4 日	癸巳 5 一	甲午 6 二	乙未 7 三	丙申 8 四	丁酉 9 五	戊戌 10 六	己亥 11 日	庚子 12 一	辛丑 13 二	壬寅 14 三	癸卯 15 四	甲辰 16 五	乙巳 17 六	丙午 18 日	丁未 19 一	戊申 20 二	己酉 21 三	庚戌 22 四	辛亥 23 五	壬子 24 六	癸丑 25 日	己丑寒露 乙巳霜降
十月小	辛亥	天干地支 西曆 星期	甲寅 26 一	乙卯 27 二	丙辰 28 三	丁巳 29 四	戊午 30 五	己未 31 六	庚申 (11) 日	辛酉 2 一	壬戌 3 二	癸亥 4 三	甲子 5 四	乙丑 6 五	丙寅 7 六	丁卯 8 日	戊辰 9 一	己巳 10 二	庚午 11 三	辛未 12 四	壬申 13 五	癸酉 14 六	甲戌 15 日	乙亥 16 一	丙子 17 二	丁丑 18 三	戊寅 19 四	己卯 20 五	庚辰 21 六	辛巳 22 日	壬午 23 一		庚申立冬 乙亥小雪
十一月大	壬子	天干地支 西曆 星期	癸未 24 二	甲申 25 三	乙酉 26 四	丙戌 27 五	丁亥 28 六	戊子 29 日	己丑 30 一	庚寅 (12) 二	辛卯 2 三	壬辰 3 四	癸巳 4 五	甲午 5 六	乙未 6 日	丙申 7 一	丁酉 8 二	戊戌 9 三	己亥 10 四	庚子 11 五	辛丑 12 六	壬寅 13 日	癸卯 14 一	甲辰 15 二	乙巳 16 三	丙午 17 四	丁未 18 五	戊申 19 六	己酉 20 日	庚戌 21 一	辛亥 22 二	壬子 23 三	庚寅大雪 丙午冬至
十二月大	癸丑	天干地支 西曆 星期	癸丑 24 四	甲寅 25 五	乙卯 26 六	丙辰 27 日	丁巳 28 一	戊午 29 二	己未 30 三	庚申 31 四	辛酉 (1) 五	壬戌 2 六	癸亥 3 日	甲子 4 一	乙丑 5 二	丙寅 6 三	丁卯 7 四	戊辰 8 五	己巳 9 六	庚午 10 日	辛未 11 一	壬申 12 二	癸酉 13 三	甲戌 14 四	乙亥 15 五	丙子 16 六	丁丑 17 日	戊寅 18 一	己卯 19 二	庚辰 20 三	辛巳 21 四	壬午 22 五	辛酉小寒 丙子大寒

遼穆宗應曆八年（戊午 馬年） 公元 958 ~ 959 年

夏曆月序		中西曆日對照	初一	初二	初三	初四	初五	初六	初七	初八	初九	初十	十一	十二	十三	十四	十五	十六	十七	十八	十九	二十	二一	二二	二三	二四	二五	二六	二七	二八	二九	三十	節氣與天象
正月大	甲寅	天干地支 西曆星期	癸未23六	甲申24日	乙酉25一	丙戌26二	丁亥27三	戊子28四	己丑29五	庚寅30六	辛卯31日	壬辰(2)一	癸巳2二	甲午3三	乙未4四	丙申5五	丁酉6六	戊戌7日	己亥8一	庚子9二	辛丑10三	壬寅11四	癸卯12五	甲辰13六	乙巳14日	丙午15一	丁未16二	戊申17三	己酉18四	庚戌19五	辛亥20六	壬子21日	辛卯立春 丙午雨水
二月小	乙卯	天干地支 西曆星期	癸丑22一	甲寅23二	乙卯24三	丙辰25四	丁巳26五	戊午27六	己未28日	庚申(3)一	辛酉2二	壬戌3三	癸亥4四	甲子5五	乙丑6六	丙寅7日	丁卯8一	戊辰9二	己巳10三	庚午11四	辛未12五	壬申13六	癸酉14日	甲戌15一	乙亥16二	丙子17三	丁丑18四	戊寅19五	己卯20六	庚辰21日	辛巳22一		壬戌驚蟄 丁丑春分
三月大	丙辰	天干地支 西曆星期	壬午23二	癸未24三	甲申25四	乙酉26五	丙戌27六	丁亥28日	戊子29一	己丑30二	庚寅31三	辛卯(4)四	壬辰2五	癸巳3六	甲午4日	乙未5一	丙申6二	丁酉7三	戊戌8四	己亥9五	庚子10六	辛丑11日	壬寅12一	癸卯13二	甲辰14三	乙巳15四	丙午16五	丁未17六	戊申18日	己酉19一	庚戌20二	辛亥21三	壬辰清明 丁未穀雨
四月小	丁巳	天干地支 西曆星期	壬子22四	癸丑23五	甲寅24六	乙卯25日	丙辰26一	丁巳27二	戊午28三	己未29四	庚申30五	辛酉(5)六	壬戌2日	癸亥3一	甲子4二	乙丑5三	丙寅6四	丁卯7五	戊辰8六	己巳9日	庚午10一	辛未11二	壬申12三	癸酉13四	甲戌14五	乙亥15六	丙子16日	丁丑17一	戊寅18二	己卯19三	庚辰20四		壬戌立夏 戊寅小滿
五月大	戊午	天干地支 西曆星期	辛巳21五	壬午22六	癸未23日	甲申24一	乙酉25二	丙戌26三	丁亥27四	戊子28五	己丑29六	庚寅30日	辛卯31一	壬辰(6)二	癸巳2三	甲午3四	乙未4五	丙申5六	丁酉6日	戊戌7一	己亥8二	庚子9三	辛丑10四	壬寅11五	癸卯12六	甲辰13日	乙巳14一	丙午15二	丁未16三	戊申17四	己酉18五	庚戌19六	癸巳芒種 戊申夏至
六月小	己未	天干地支 西曆星期	辛亥20日	壬子21一	癸丑22二	甲寅23三	乙卯24四	丙辰25五	丁巳26六	戊午27日	己未28一	庚申29二	辛酉30三	壬戌(7)四	癸亥2五	甲子3六	乙丑4日	丙寅5一	丁卯6二	戊辰7三	己巳8四	庚午9五	辛未10六	壬申11日	癸酉12一	甲戌13二	乙亥14三	丙子15四	丁丑16五	戊寅17六	己卯18日		癸亥小暑 己卯大暑
七月大	庚申	天干地支 西曆星期	庚辰19一	辛巳20二	壬午21三	癸未22四	甲申23五	乙酉24六	丙戌25日	丁亥26一	戊子27二	己丑28三	庚寅29四	辛卯30五	壬辰31六	癸巳(8)日	甲午2一	乙未3二	丙申4三	丁酉5四	戊戌6五	己亥7六	庚子8日	辛丑9一	壬寅10二	癸卯11三	甲辰12四	乙巳13五	丙午14六	丁未15日	戊申16一	己酉17二	甲午立秋 己酉處暑 庚辰日食
閏七月小	庚申	天干地支 西曆星期	庚戌18三	辛亥19四	壬子20五	癸丑21六	甲寅22日	乙卯23一	丙辰24二	丁巳25三	戊午26四	己未27五	庚申28六	辛酉29日	壬戌30一	癸亥31二	甲子(9)三	乙丑2四	丙寅3五	丁卯4六	戊辰5日	己巳6一	庚午7二	辛未8三	壬申9四	癸酉10五	甲戌11六	乙亥12日	丙子13一	丁丑14二	戊寅15三		甲子白露
八月小	辛酉	天干地支 西曆星期	己卯16四	庚辰17五	辛巳18六	壬午19日	癸未20一	甲申21二	乙酉22三	丙戌23四	丁亥24五	戊子25六	己丑26日	庚寅27一	辛卯28二	壬辰29三	癸巳30四	甲午(10)五	乙未2六	丙申3日	丁酉4一	戊戌5二	己亥6三	庚子7四	辛丑8五	壬寅9六	癸卯10日	甲辰11一	乙巳12二	丙午13三	丁未14四		己卯秋分 乙未寒露
九月大	壬戌	天干地支 西曆星期	戊申15五	己酉16六	庚戌17日	辛亥18一	壬子19二	癸丑20三	甲寅21四	乙卯22五	丙辰23六	丁巳24日	戊午25一	己未26二	庚申27三	辛酉28四	壬戌29五	癸亥30六	甲子31日	乙丑(11)一	丙寅2二	丁卯3三	戊辰4四	己巳5五	庚午6六	辛未7日	壬申8一	癸酉9二	甲戌10三	乙亥11四	丙子12五	丁丑13六	庚戌霜降 乙丑立冬
十月小	癸亥	天干地支 西曆星期	戊寅14日	己卯15一	庚辰16二	辛巳17三	壬午18四	癸未19五	甲申20六	乙酉21日	丙戌22一	丁亥23二	戊子24三	己丑25四	庚寅26五	辛卯27六	壬辰28日	癸巳29一	甲午30二	乙未(12)三	丙申2四	丁酉3五	戊戌4六	己亥5日	庚子6一	辛丑7二	壬寅8三	癸卯9四	甲辰10五	乙巳11六	丙午12日		庚辰小雪 丙申大雪
十一月大	甲子	天干地支 西曆星期	丁未13一	戊申14二	己酉15三	庚戌16四	辛亥17五	壬子18六	癸丑19日	甲寅20一	乙卯21二	丙辰22三	丁巳23四	戊午24五	己未25六	庚申26日	辛酉27一	壬戌28二	癸亥29三	甲子30四	乙丑31五	丙寅(1)六	丁卯2日	戊辰3一	己巳4二	庚午5三	辛未6四	壬申7五	癸酉8六	甲戌9日	乙亥10一	丙子11二	辛亥冬至 丙寅小寒
十二月大	乙丑	天干地支 西曆星期	丁丑12三	戊寅13四	己卯14五	庚辰15六	辛巳16日	壬午17一	癸未18二	甲申19三	乙酉20四	丙戌21五	丁亥22六	戊子23日	己丑24一	庚寅25二	辛卯26三	壬辰27四	癸巳28五	甲午29六	乙未30日	丙申31一	丁酉(2)二	戊戌2三	己亥3四	庚子4五	辛丑5六	壬寅6日	癸卯7一	甲辰8二	乙巳9三	丙午10四	辛巳大寒 丙申立春

遼穆宗應曆九年（己未 羊年） 公元 959 ~ 960 年

夏曆月序		中西曆日對照	初一	初二	初三	初四	初五	初六	初七	初八	初九	初十	十一	十二	十三	十四	十五	十六	十七	十八	十九	二十	二一	二二	二三	二四	二五	二六	二七	二八	二九	三十	節氣與天象
正月小	丙寅	干支 西曆 星期	丁未 11 五	戊申 12 六	己酉 13 日	庚戌 14 一	辛亥 15 二	壬子 16 三	癸丑 17 四	甲寅 18 五	乙卯 19 六	丙辰 20 日	丁巳 21 一	戊午 22 二	己未 23 三	庚申 24 四	辛酉 25 五	壬戌 26 六	癸亥 27 日	甲子 28 一	乙丑 (3) 二	丙寅 2 三	丁卯 3 四	戊辰 4 五	己巳 5 六	庚午 6 日	辛未 7 一	壬申 8 二	癸酉 9 三	甲戌 10 四	乙亥 11 五		壬子雨水 丁卯驚蟄
二月大	丁卯	干支 西曆 星期	丙子 12 六	丁丑 13 日	戊寅 14 一	己卯 15 二	庚辰 16 三	辛巳 17 四	壬午 18 五	癸未 19 六	甲申 20 日	乙酉 21 一	丙戌 22 二	丁亥 23 三	戊子 24 四	己丑 25 五	庚寅 26 六	辛卯 27 日	壬辰 28 一	癸巳 29 二	甲午 30 三	乙未 31 四	丙申 (4) 五	丁酉 2 六	戊戌 3 日	己亥 4 一	庚子 5 二	辛丑 6 三	壬寅 7 四	癸卯 8 五	甲辰 9 六	乙巳 10 日	壬午春分 丁酉清明
三月大	戊辰	干支 西曆 星期	丙午 11 一	丁未 12 二	戊申 13 三	己酉 14 四	庚戌 15 五	辛亥 16 六	壬子 17 日	癸丑 18 一	甲寅 19 二	乙卯 20 三	丙辰 21 四	丁巳 22 五	戊午 23 六	己未 24 日	庚申 25 一	辛酉 26 二	壬戌 27 三	癸亥 28 四	甲子 29 五	乙丑 30 六	丙寅 (5) 日	丁卯 2 一	戊辰 3 二	己巳 4 三	庚午 5 四	辛未 6 五	壬申 7 六	癸酉 8 日	甲戌 9 一	乙亥 10 二	壬子穀雨 戊辰立夏
四月小	己巳	干支 西曆 星期	丙子 11 三	丁丑 12 四	戊寅 13 五	己卯 14 六	庚辰 15 日	辛巳 16 一	壬午 17 二	癸未 18 三	甲申 19 四	乙酉 20 五	丙戌 21 六	丁亥 22 日	戊子 23 一	己丑 24 二	庚寅 25 三	辛卯 26 四	壬辰 27 五	癸巳 28 六	甲午 29 日	乙未 30 一	丙申 31 二	丁酉 (6) 三	戊戌 2 四	己亥 3 五	庚子 4 六	辛丑 5 日	壬寅 6 一	癸卯 7 二	甲辰 8 三		癸未小滿 戊戌芒種
五月大	庚午	干支 西曆 星期	乙巳 9 四	丙午 10 五	丁未 11 六	戊申 12 日	己酉 13 一	庚戌 14 二	辛亥 15 三	壬子 16 四	癸丑 17 五	甲寅 18 六	乙卯 19 日	丙辰 20 一	丁巳 21 二	戊午 22 三	己未 23 四	庚申 24 五	辛酉 25 六	壬戌 26 日	癸亥 27 一	甲子 28 二	乙丑 29 三	丙寅 30 四	丁卯 (7) 五	戊辰 2 六	己巳 3 日	庚午 4 一	辛未 5 二	壬申 6 三	癸酉 7 四	甲戌 8 五	癸丑夏至 己巳小暑
六月小	辛未	干支 西曆 星期	乙亥 9 六	丙子 10 日	丁丑 11 一	戊寅 12 二	己卯 13 三	庚辰 14 四	辛巳 15 五	壬午 16 六	癸未 17 日	甲申 18 一	乙酉 19 二	丙戌 20 三	丁亥 21 四	戊子 22 五	己丑 23 六	庚寅 24 日	辛卯 25 一	壬辰 26 二	癸巳 27 三	甲午 28 四	乙未 29 五	丙申 30 六	丁酉 31 日	戊戌 (8) 一	己亥 2 二	庚子 3 三	辛丑 4 四	壬寅 5 五	癸卯 6 六		甲申大暑 己亥立秋
七月大	壬申	干支 西曆 星期	甲辰 7 日	乙巳 8 一	丙午 9 二	丁未 10 三	戊申 11 四	己酉 12 五	庚戌 13 六	辛亥 14 日	壬子 15 一	癸丑 16 二	甲寅 17 三	乙卯 18 四	丙辰 19 五	丁巳 20 六	戊午 21 日	己未 22 一	庚申 23 二	辛酉 24 三	壬戌 25 四	癸亥 26 五	甲子 27 六	乙丑 28 日	丙寅 29 一	丁卯 30 二	戊辰 31 三	己巳 (9) 四	庚午 2 五	辛未 3 六	壬申 4 日	癸酉 5 一	甲寅處暑 己巳白露
八月小	癸酉	干支 西曆 星期	甲戌 6 二	乙亥 7 三	丙子 8 四	丁丑 9 五	戊寅 10 六	己卯 11 日	庚辰 12 一	辛巳 13 二	壬午 14 三	癸未 15 四	甲申 16 五	乙酉 17 六	丙戌 18 日	丁亥 19 一	戊子 20 二	己丑 21 三	庚寅 22 四	辛卯 23 五	壬辰 24 六	癸巳 25 日	甲午 26 一	乙未 27 二	丙申 28 三	丁酉 29 四	戊戌 30 五	己亥 (10) 六	庚子 2 日	辛丑 3 一	壬寅 4 二		乙酉秋分 庚子寒露
九月大	甲戌	干支 西曆 星期	癸卯 5 三	甲辰 6 四	乙巳 7 五	丙午 8 六	丁未 9 日	戊申 10 一	己酉 11 二	庚戌 12 三	辛亥 13 四	壬子 14 五	癸丑 15 六	甲寅 16 日	乙卯 17 一	丙辰 18 二	丁巳 19 三	戊午 20 四	己未 21 五	庚申 22 六	辛酉 23 日	壬戌 24 一	癸亥 25 二	甲子 26 三	乙丑 27 四	丙寅 28 五	丁卯 29 六	戊辰 30 日	己巳 31 一	庚午 (11) 二	辛未 2 三	壬申 3 四	乙卯霜降 庚午立冬
十月小	乙亥	干支 西曆 星期	癸酉 4 五	甲戌 5 六	乙亥 6 日	丙子 7 一	丁丑 8 二	戊寅 9 三	己卯 10 四	庚辰 11 五	辛巳 12 六	壬午 13 日	癸未 14 一	甲申 15 二	乙酉 16 三	丙戌 17 四	丁亥 18 五	戊子 19 六	己丑 20 日	庚寅 21 一	辛卯 22 二	壬辰 23 三	癸巳 24 四	甲午 25 五	乙未 26 六	丙申 27 日	丁酉 28 一	戊戌 29 二	己亥 30 三	庚子 (12) 四	辛丑 2 五		丙戌小雪 辛丑大雪
十一月小	丙子	干支 西曆 星期	壬寅 3 六	癸卯 4 日	甲辰 5 一	乙巳 6 二	丙午 7 三	丁未 8 四	戊申 9 五	己酉 10 六	庚戌 11 日	辛亥 12 一	壬子 13 二	癸丑 14 三	甲寅 15 四	乙卯 16 五	丙辰 17 六	丁巳 18 日	戊午 19 一	己未 20 二	庚申 21 三	辛酉 22 四	壬戌 23 五	癸亥 24 六	甲子 25 日	乙丑 26 一	丙寅 27 二	丁卯 28 三	戊辰 29 四	己巳 30 五	庚午 31 六		丙辰冬至
十二月大	丁丑	干支 西曆 星期	辛未 (1) 日	壬申 2 一	癸酉 3 二	甲戌 4 三	乙亥 5 四	丙子 6 五	丁丑 7 六	戊寅 8 日	己卯 9 一	庚辰 10 二	辛巳 11 三	壬午 12 四	癸未 13 五	甲申 14 六	乙酉 15 日	丙戌 16 一	丁亥 17 二	戊子 18 三	己丑 19 四	庚寅 20 五	辛卯 21 六	壬辰 22 日	癸巳 23 一	甲午 24 二	乙未 25 三	丙申 26 四	丁酉 27 五	戊戌 28 六	己亥 29 日	庚子 30 一	辛未小寒 丙戌大寒

遼穆宗應曆十年（庚申 猴年） 公元 960 ~ 961 年

夏曆月序		中西曆日對照	夏曆日序																														節氣與天象
			初一	初二	初三	初四	初五	初六	初七	初八	初九	初十	十一	十二	十三	十四	十五	十六	十七	十八	十九	二十	二一	二二	二三	二四	二五	二六	二七	二八	二九	三十	
正月大	戊寅	天干地支 西曆 星期	辛丑 31 二	壬寅 (2) 三	癸卯 2 四	甲辰 3 五	乙巳 4 六	丙午 5 日	丁未 6 一	戊申 7 二	己酉 8 三	庚戌 9 四	辛亥 10 五	壬子 11 六	癸丑 12 日	甲寅 13 一	乙卯 14 二	丙辰 15 三	丁巳 16 四	戊午 17 五	己未 18 六	庚申 19 日	辛酉 20 一	壬戌 21 二	癸亥 22 三	甲子 23 四	乙丑 24 五	丙寅 25 六	丁卯 26 日	戊辰 27 一	己巳 28 二	庚午 29 三	壬寅立春 丁巳雨水
二月小	己卯	天干地支 西曆 星期	辛未 (3) 四	壬申 2 五	癸酉 3 六	甲戌 4 日	乙亥 5 一	丙子 6 二	丁丑 7 三	戊寅 8 四	己卯 9 五	庚辰 10 六	辛巳 11 日	壬午 12 一	癸未 13 二	甲申 14 三	乙酉 15 四	丙戌 16 五	丁亥 17 六	戊子 18 日	己丑 19 一	庚寅 20 二	辛卯 21 三	壬辰 22 四	癸巳 23 五	甲午 24 六	乙未 25 日	丙申 26 一	丁酉 27 二	戊戌 28 三	己亥 29 四		壬申驚蟄 丁亥春分
三月大	庚辰	天干地支 西曆 星期	庚子 30 五	辛丑 31 六	壬寅 (4) 日	癸卯 2 一	甲辰 3 二	乙巳 4 三	丙午 5 四	丁未 6 五	戊申 7 六	己酉 8 日	庚戌 9 一	辛亥 10 二	壬子 11 三	癸丑 12 四	甲寅 13 五	乙卯 14 六	丙辰 15 日	丁巳 16 一	戊午 17 二	己未 18 三	庚申 19 四	辛酉 20 五	壬戌 21 六	癸亥 22 日	甲子 23 一	乙丑 24 二	丙寅 25 三	丁卯 26 四	戊辰 27 五	己巳 28 六	癸卯清明 戊午穀雨
四月小	辛巳	天干地支 西曆 星期	庚午 29 日	辛未 30 一	壬申 (5) 二	癸酉 2 三	甲戌 3 四	乙亥 4 五	丙子 5 六	丁丑 6 日	戊寅 7 一	己卯 8 二	庚辰 9 三	辛巳 10 四	壬午 11 五	癸未 12 六	甲申 13 日	乙酉 14 一	丙戌 15 二	丁亥 16 三	戊子 17 四	己丑 18 五	庚寅 19 六	辛卯 20 日	壬辰 21 一	癸巳 22 二	甲午 23 三	乙未 24 四	丙申 25 五	丁酉 26 六	戊戌 27 日		癸酉立夏 戊子小滿
五月大	壬午	天干地支 西曆 星期	己亥 28 一	庚子 29 二	辛丑 30 三	壬寅 31 四	癸卯 (6) 五	甲辰 2 六	乙巳 3 日	丙午 4 一	丁未 5 二	戊申 6 三	己酉 7 四	庚戌 8 五	辛亥 9 六	壬子 10 日	癸丑 11 一	甲寅 12 二	乙卯 13 三	丙辰 14 四	丁巳 15 五	戊午 16 六	己未 17 日	庚申 18 一	辛酉 19 二	壬戌 20 三	癸亥 21 四	甲子 22 五	乙丑 23 六	丙寅 24 日	丁卯 25 一	戊辰 26 二	癸卯芒種 己未夏至 己亥日食
六月大	癸未	天干地支 西曆 星期	己巳 27 三	庚午 28 四	辛未 29 五	壬申 30 六	癸酉 (7) 日	甲戌 2 一	乙亥 3 二	丙子 4 三	丁丑 5 四	戊寅 6 五	己卯 7 六	庚辰 8 日	辛巳 9 一	壬午 10 二	癸未 11 三	甲申 12 四	乙酉 13 五	丙戌 14 六	丁亥 15 日	戊子 16 一	己丑 17 二	庚寅 18 三	辛卯 19 四	壬辰 20 五	癸巳 21 六	甲午 22 日	乙未 23 一	丙申 24 二	丁酉 25 三	戊戌 26 四	甲戌小暑 己丑大暑
七月小	甲申	天干地支 西曆 星期	己亥 27 五	庚子 28 六	辛丑 29 日	壬寅 30 一	癸卯 31 二	甲辰 (8) 三	乙巳 2 四	丙午 3 五	丁未 4 六	戊申 5 日	己酉 6 一	庚戌 7 二	辛亥 8 三	壬子 9 四	癸丑 10 五	甲寅 11 六	乙卯 12 日	丙辰 13 一	丁巳 14 二	戊午 15 三	己未 16 四	庚申 17 五	辛酉 18 六	壬戌 19 日	癸亥 20 一	甲子 21 二	乙丑 22 三	丙寅 23 四	丁卯 24 五		甲辰立秋 己未處暑
八月大	乙酉	天干地支 西曆 星期	戊辰 25 六	己巳 26 日	庚午 27 一	辛未 28 二	壬申 29 三	癸酉 30 四	甲戌 31 五	乙亥 (9) 六	丙子 2 日	丁丑 3 一	戊寅 4 二	己卯 5 三	庚辰 6 四	辛巳 7 五	壬午 8 六	癸未 9 日	甲申 10 一	乙酉 11 二	丙戌 12 三	丁亥 13 四	戊子 14 五	己丑 15 六	庚寅 16 日	辛卯 17 一	壬辰 18 二	癸巳 19 三	甲午 20 四	乙未 21 五	丙申 22 六	丁酉 23 日	乙亥白露 庚寅秋分
九月小	丙戌	天干地支 西曆 星期	戊戌 24 一	己亥 25 二	庚子 26 三	辛丑 27 四	壬寅 28 五	癸卯 29 六	甲辰 30 日	乙巳 (10) 一	丙午 2 二	丁未 3 三	戊申 4 四	己酉 5 五	庚戌 6 六	辛亥 7 日	壬子 8 一	癸丑 9 二	甲寅 10 三	乙卯 11 四	丙辰 12 五	丁巳 13 六	戊午 14 日	己未 15 一	庚申 16 二	辛酉 17 三	壬戌 18 四	癸亥 19 五	甲子 20 六	乙丑 21 日	丙寅 22 一		乙巳寒露 庚申霜降
十月大	丁亥	天干地支 西曆 星期	丁卯 23 二	戊辰 24 三	己巳 25 四	庚午 26 五	辛未 27 六	壬申 28 日	癸酉 29 一	甲戌 30 二	乙亥 31 三	丙子 (11) 四	丁丑 2 五	戊寅 3 六	己卯 4 日	庚辰 5 一	辛巳 6 二	壬午 7 三	癸未 8 四	甲申 9 五	乙酉 10 六	丙戌 11 日	丁亥 12 一	戊子 13 二	己丑 14 三	庚寅 15 四	辛卯 16 五	壬辰 17 六	癸巳 18 日	甲午 19 一	乙未 20 二	丙申 21 三	丙子立冬 辛卯小雪
十一月小	戊子	天干地支 西曆 星期	丁酉 22 四	戊戌 23 五	己亥 24 六	庚子 25 日	辛丑 26 一	壬寅 27 二	癸卯 28 三	甲辰 29 四	乙巳 30 五	丙午 (12) 六	丁未 2 日	戊申 3 一	己酉 4 二	庚戌 5 三	辛亥 6 四	壬子 7 五	癸丑 8 六	甲寅 9 日	乙卯 10 一	丙辰 11 二	丁巳 12 三	戊午 13 四	己未 14 五	庚申 15 六	辛酉 16 日	壬戌 17 一	癸亥 18 二	甲子 19 三	乙丑 20 四		丙午大雪 辛酉冬至
十二月大	己丑	天干地支 西曆 星期	丙寅 21 五	丁卯 22 六	戊辰 23 日	己巳 24 一	庚午 25 二	辛未 26 三	壬申 27 四	癸酉 28 五	甲戌 29 六	乙亥 30 日	丙子 31 一	丁丑 (1) 二	戊寅 2 三	己卯 3 四	庚辰 4 五	辛巳 5 六	壬午 6 日	癸未 7 一	甲申 8 二	乙酉 9 三	丙戌 10 四	丁亥 11 五	戊子 12 六	己丑 13 日	庚寅 14 一	辛卯 15 二	壬辰 16 三	癸巳 17 四	甲午 18 五	乙未 19 六	丙子小寒 壬辰大寒

遼穆宗應曆十一年（辛酉 鷄年） 公元 961 ~ 962 年

夏曆月序		中西曆日對照	初一	初二	初三	初四	初五	初六	初七	初八	初九	初十	十一	十二	十三	十四	十五	十六	十七	十八	十九	二十	二一	二二	二三	二四	二五	二六	二七	二八	二九	三十	節氣與天象
正月小	庚寅	天干地支 西曆 星期	丙申 20 日	丁酉 21 一	戊戌 22 二	己亥 23 三	庚子 24 四	辛丑 25 五	壬寅 26 六	癸卯 27 日	甲辰 28 一	乙巳 29 二	丙午 30 三	丁未 31 四	戊申 (2) 五	己酉 2 六	庚戌 3 日	辛亥 4 一	壬子 5 二	癸丑 6 三	甲寅 7 四	乙卯 8 五	丙辰 9 六	丁巳 10 日	戊午 11 一	己未 12 二	庚申 13 三	辛酉 14 四	壬戌 15 五	癸亥 16 六	甲子 17 日		丁未立春 壬戌雨水
二月小	辛卯	天干地支 西曆 星期	乙丑 18 一	丙寅 19 二	丁卯 20 三	戊辰 21 四	己巳 22 五	庚午 23 六	辛未 24 日	壬申 25 一	癸酉 26 二	甲戌 27 三	乙亥 28 四	丙子 (3) 五	丁丑 2 六	戊寅 3 日	己卯 4 一	庚辰 5 二	辛巳 6 三	壬午 7 四	癸未 8 五	甲申 9 六	乙酉 10 日	丙戌 11 一	丁亥 12 二	戊子 13 三	己丑 14 四	庚寅 15 五	辛卯 16 六	壬辰 17 日	癸巳 18 一		丁丑驚蟄 癸巳春分
三月大	壬辰	天干地支 西曆 星期	甲午 19 二	乙未 20 三	丙申 21 四	丁酉 22 五	戊戌 23 六	己亥 24 日	庚子 25 一	辛丑 26 二	壬寅 27 三	癸卯 28 四	甲辰 29 五	乙巳 30 六	丙午 31 日	丁未 (4) 一	戊申 2 二	己酉 3 三	庚戌 4 四	辛亥 5 五	壬子 6 六	癸丑 7 日	甲寅 8 一	乙卯 9 二	丙辰 10 三	丁巳 11 四	戊午 12 五	己未 13 六	庚申 14 日	辛酉 15 一	壬戌 16 二	癸亥 17 三	戊申清明 癸亥穀雨
閏三月小	壬辰	天干地支 西曆 星期	甲子 18 四	乙丑 19 五	丙寅 20 六	丁卯 21 日	戊辰 22 一	己巳 23 二	庚午 24 三	辛未 25 四	壬申 26 五	癸酉 27 六	甲戌 28 日	乙亥 29 一	丙子 30 二	丁丑 (5) 三	戊寅 2 四	己卯 3 五	庚辰 4 六	辛巳 5 日	壬午 6 一	癸未 7 二	甲申 8 三	乙酉 9 四	丙戌 10 五	丁亥 11 六	戊子 12 日	己丑 13 一	庚寅 14 二	辛卯 15 三	壬辰 16 四		戊寅立夏
四月大	癸巳	天干地支 西曆 星期	癸巳 17 五	甲午 18 六	乙未 19 日	丙申 20 一	丁酉 21 二	戊戌 22 三	己亥 23 四	庚子 24 五	辛丑 25 六	壬寅 26 日	癸卯 27 一	甲辰 28 二	乙巳 29 三	丙午 30 四	丁未 31 五	戊申 (6) 六	己酉 2 日	庚戌 3 一	辛亥 4 二	壬子 5 三	癸丑 6 四	甲寅 7 五	乙卯 8 六	丙辰 9 日	丁巳 10 一	戊午 11 二	己未 12 三	庚申 13 四	辛酉 14 五	壬戌 15 六	癸巳小滿 己酉芒種
五月大	甲午	天干地支 西曆 星期	癸亥 16 日	甲子 17 一	乙丑 18 二	丙寅 19 三	丁卯 20 四	戊辰 21 五	己巳 22 六	庚午 23 日	辛未 24 一	壬申 25 二	癸酉 26 三	甲戌 27 四	乙亥 28 五	丙子 29 六	丁丑 30 日	戊寅 (7) 一	己卯 2 二	庚辰 3 三	辛巳 4 四	壬午 5 五	癸未 6 六	甲申 7 日	乙酉 8 一	丙戌 9 二	丁亥 10 三	戊子 11 四	己丑 12 五	庚寅 13 六	辛卯 14 日	壬辰 15 一	甲子夏至 己卯小暑
六月小	乙未	天干地支 西曆 星期	癸巳 16 二	甲午 17 三	乙未 18 四	丙申 19 五	丁酉 20 六	戊戌 21 日	己亥 22 一	庚子 23 二	辛丑 24 三	壬寅 25 四	癸卯 26 五	甲辰 27 六	乙巳 28 日	丙午 29 一	丁未 30 二	戊申 31 三	己酉 (8) 四	庚戌 2 五	辛亥 3 六	壬子 4 日	癸丑 5 一	甲寅 6 二	乙卯 7 三	丙辰 8 四	丁巳 9 五	戊午 10 六	己未 11 日	庚申 12 一	辛酉 13 二		甲午大暑 庚戌立秋
七月大	丙申	天干地支 西曆 星期	壬戌 14 三	癸亥 15 四	甲子 16 五	乙丑 17 六	丙寅 18 日	丁卯 19 一	戊辰 20 二	己巳 21 三	庚午 22 四	辛未 23 五	壬申 24 六	癸酉 25 日	甲戌 26 一	乙亥 27 二	丙子 28 三	丁丑 29 四	戊寅 30 五	己卯 31 六	庚辰 (9) 日	辛巳 2 一	壬午 3 二	癸未 4 三	甲申 5 四	乙酉 6 五	丙戌 7 六	丁亥 8 日	戊子 9 一	己丑 10 二	庚寅 11 三	辛卯 12 四	乙丑處暑 庚辰白露
八月大	丁酉	天干地支 西曆 星期	壬辰 13 五	癸巳 14 六	甲午 15 日	乙未 16 一	丙申 17 二	丁酉 18 三	戊戌 19 四	己亥 20 五	庚子 21 六	辛丑 22 日	壬寅 23 一	癸卯 24 二	甲辰 25 三	乙巳 26 四	丙午 27 五	丁未 28 六	戊申 29 日	己酉 30 一	庚戌 (10) 二	辛亥 2 三	壬子 3 四	癸丑 4 五	甲寅 5 六	乙卯 6 日	丙辰 7 一	丁巳 8 二	戊午 9 三	己未 10 四	庚申 11 五	辛酉 12 六	乙未秋分 庚戌寒露
九月小	戊戌	天干地支 西曆 星期	壬戌 13 日	癸亥 14 一	甲子 15 二	乙丑 16 三	丙寅 17 四	丁卯 18 五	戊辰 19 六	己巳 20 日	庚午 21 一	辛未 22 二	壬申 23 三	癸酉 24 四	甲戌 25 五	乙亥 26 六	丙子 27 日	丁丑 28 一	戊寅 29 二	己卯 30 三	庚辰 31 四	辛巳 (11) 五	壬午 2 六	癸未 3 日	甲申 4 一	乙酉 5 二	丙戌 6 三	丁亥 7 四	戊子 8 五	己丑 9 六	庚寅 10 日		丙寅霜降 辛巳立冬
十月大	己亥	天干地支 西曆 星期	辛卯 11 一	壬辰 12 二	癸巳 13 三	甲午 14 四	乙未 15 五	丙申 16 六	丁酉 17 日	戊戌 18 一	己亥 19 二	庚子 20 三	辛丑 21 四	壬寅 22 五	癸卯 23 六	甲辰 24 日	乙巳 25 一	丙午 26 二	丁未 27 三	戊申 28 四	己酉 29 五	庚戌 30 六	辛亥 (12) 日	壬子 2 一	癸丑 3 二	甲寅 4 三	乙卯 5 四	丙辰 6 五	丁巳 7 六	戊午 8 日	己未 9 一	庚申 10 二	丙申小雪 辛亥大雪
十一月小	庚子	天干地支 西曆 星期	辛酉 11 三	壬戌 12 四	癸亥 13 五	甲子 14 六	乙丑 15 日	丙寅 16 一	丁卯 17 二	戊辰 18 三	己巳 19 四	庚午 20 五	辛未 21 六	壬申 22 日	癸酉 23 一	甲戌 24 二	乙亥 25 三	丙子 26 四	丁丑 27 五	戊寅 28 六	己卯 29 日	庚辰 30 一	辛巳 31 二	壬午 (1) 三	癸未 2 四	甲申 3 五	乙酉 4 六	丙戌 5 日	丁亥 6 一	戊子 7 二	己丑 8 三		丙寅冬至 壬午小寒
十二月大	辛丑	天干地支 西曆 星期	庚寅 9 四	辛卯 10 五	壬辰 11 六	癸巳 12 日	甲午 13 一	乙未 14 二	丙申 15 三	丁酉 16 四	戊戌 17 五	己亥 18 六	庚子 19 日	辛丑 20 一	壬寅 21 二	癸卯 22 三	甲辰 23 四	乙巳 24 五	丙午 25 六	丁未 26 日	戊申 27 一	己酉 28 二	庚戌 29 三	辛亥 30 四	壬子 31 五	癸丑 (2) 六	甲寅 2 日	乙卯 3 一	丙辰 4 二	丁巳 5 三	戊午 6 四	己未 7 五	丁酉大寒 壬子立春

遼穆宗應曆十二年（壬戌 狗年） 公元962 ~ 963年

夏曆月序		中西曆日對照	夏曆日序																														節氣與天象
			初一	初二	初三	初四	初五	初六	初七	初八	初九	初十	十一	十二	十三	十四	十五	十六	十七	十八	十九	二十	二一	二二	二三	二四	二五	二六	二七	二八	二九	三十	
正月小	壬寅	干支 天地西曆 星期	庚申 8 六	辛酉 9 日	壬戌 10 一	癸亥 11 二	甲子 12 三	乙丑 13 四	丙寅 14 五	丁卯 15 六	戊辰 16 日	己巳 17 一	庚午 18 二	辛未 19 三	壬申 20 四	癸酉 21 五	甲戌 22 六	乙亥 23 日	丙子 24 一	丁丑 25 二	戊寅 26 三	己卯 27 四	庚辰 28 五	辛巳 (3) 六	壬午 2 日	癸未 3 一	甲申 4 二	乙酉 5 三	丙戌 6 四	丁亥 7 五	戊子 8 六		丁卯雨水 癸未驚蟄
二月小	癸卯	干支 天地西曆 星期	己丑 9 日	庚寅 10 一	辛卯 11 二	壬辰 12 三	癸巳 13 四	甲午 14 五	乙未 15 六	丙申 16 日	丁酉 17 一	戊戌 18 二	己亥 19 三	庚子 20 四	辛丑 21 五	壬寅 22 六	癸卯 23 日	甲辰 24 一	乙巳 25 二	丙午 26 三	丁未 27 四	戊申 28 五	己酉 29 六	庚戌 30 日	辛亥 31 一	壬子 (4) 二	癸丑 2 三	甲寅 3 四	乙卯 4 五	丙辰 5 六	丁巳 6 日		戊戌春分 癸丑清明
三月大	甲辰	干支 天地西曆 星期	戊午 7 一	己未 8 二	庚申 9 三	辛酉 10 四	壬戌 11 五	癸亥 12 六	甲子 13 日	乙丑 14 一	丙寅 15 二	丁卯 16 三	戊辰 17 四	己巳 18 五	庚午 19 六	辛未 20 日	壬申 21 一	癸酉 22 二	甲戌 23 三	乙亥 24 四	丙子 25 五	丁丑 26 六	戊寅 27 日	己卯 28 一	庚辰 29 二	辛巳 30 三	壬午 (5) 四	癸未 2 五	甲申 3 六	乙酉 4 日	丙戌 5 一	丁亥 6 二	戊辰穀雨 癸未立夏
四月小	乙巳	干支 天地西曆 星期	戊子 7 三	己丑 8 四	庚寅 9 五	辛卯 10 六	壬辰 11 日	癸巳 12 一	甲午 13 二	乙未 14 三	丙申 15 四	丁酉 16 五	戊戌 17 六	己亥 18 日	庚子 19 一	辛丑 20 二	壬寅 21 三	癸卯 22 四	甲辰 23 五	乙巳 24 六	丙午 25 日	丁未 26 一	戊申 27 二	己酉 28 三	庚戌 29 四	辛亥 30 五	壬子 31 六	癸丑 (6) 日	甲寅 2 一	乙卯 3 二	丙辰 4 三		己亥小滿 甲寅芒種
五月大	丙午	干支 天地西曆 星期	丁巳 5 四	戊午 6 五	己未 7 六	庚申 8 日	辛酉 9 一	壬戌 10 二	癸亥 11 三	甲子 12 四	乙丑 13 五	丙寅 14 六	丁卯 15 日	戊辰 16 一	己巳 17 二	庚午 18 三	辛未 19 四	壬申 20 五	癸酉 21 六	甲戌 22 日	乙亥 23 一	丙子 24 二	丁丑 25 三	戊寅 26 四	己卯 27 五	庚辰 28 六	辛巳 29 日	壬午 30 一	癸未 (7) 二	甲申 2 三	乙酉 3 四	丙戌 4 五	己巳夏至 甲申小暑
六月小	丁未	干支 天地西曆 星期	丁亥 5 六	戊子 6 日	己丑 7 一	庚寅 8 二	辛卯 9 三	壬辰 10 四	癸巳 11 五	甲午 12 六	乙未 13 日	丙申 14 一	丁酉 15 二	戊戌 16 三	己亥 17 四	庚子 18 五	辛丑 19 六	壬寅 20 日	癸卯 21 一	甲辰 22 二	乙巳 23 三	丙午 24 四	丁未 25 五	戊申 26 六	己酉 27 日	庚戌 28 一	辛亥 29 二	壬子 30 三	癸丑 31 四	甲寅 (8) 五	乙卯 2 六		庚子大暑 乙卯立秋
七月大	戊申	干支 天地西曆 星期	丙辰 3 日	丁巳 4 一	戊午 5 二	己未 6 三	庚申 7 四	辛酉 8 五	壬戌 9 六	癸亥 10 日	甲子 11 一	乙丑 12 二	丙寅 13 三	丁卯 14 四	戊辰 15 五	己巳 16 六	庚午 17 日	辛未 18 一	壬申 19 二	癸酉 20 三	甲戌 21 四	乙亥 22 五	丙子 23 六	丁丑 24 日	戊寅 25 一	己卯 26 二	庚辰 27 三	辛巳 28 四	壬午 29 五	癸未 30 六	甲申 31 日	乙酉 (9) 一	庚午處暑 乙酉白露
八月大	己酉	干支 天地西曆 星期	丙戌 2 二	丁亥 3 三	戊子 4 四	己丑 5 五	庚寅 6 六	辛卯 7 日	壬辰 8 一	癸巳 9 二	甲午 10 三	乙未 11 四	丙申 12 五	丁酉 13 六	戊戌 14 日	己亥 15 一	庚子 16 二	辛丑 17 三	壬寅 18 四	癸卯 19 五	甲辰 20 六	乙巳 21 日	丙午 22 一	丁未 23 二	戊申 24 三	己酉 25 四	庚戌 26 五	辛亥 27 六	壬子 28 日	癸丑 29 一	甲寅 30 二	乙卯 (10) 三	庚子秋分
九月小	庚戌	干支 天地西曆 星期	丙辰 2 四	丁巳 3 五	戊午 4 六	己未 5 日	庚申 6 一	辛酉 7 二	壬戌 8 三	癸亥 9 四	甲子 10 五	乙丑 11 六	丙寅 12 日	丁卯 13 一	戊辰 14 二	己巳 15 三	庚午 16 四	辛未 17 五	壬申 18 六	癸酉 19 日	甲戌 20 一	乙亥 21 二	丙子 22 三	丁丑 23 四	戊寅 24 五	己卯 25 六	庚辰 26 日	辛巳 27 一	壬午 28 二	癸未 29 三	甲申 30 四		丙辰寒露 辛未霜降
十月大	辛亥	干支 天地西曆 星期	乙酉 31 五	丙戌 (11) 六	丁亥 2 日	戊子 3 一	己丑 4 二	庚寅 5 三	辛卯 6 四	壬辰 7 五	癸巳 8 六	甲午 9 日	乙未 10 一	丙申 11 二	丁酉 12 三	戊戌 13 四	己亥 14 五	庚子 15 六	辛丑 16 日	壬寅 17 一	癸卯 18 二	甲辰 19 三	乙巳 20 四	丙午 21 五	丁未 22 六	戊申 23 日	己酉 24 一	庚戌 25 二	辛亥 26 三	壬子 27 四	癸丑 28 五	甲寅 29 六	丙戌立冬 辛丑小雪
十一月大	壬子	干支 天地西曆 星期	乙卯 30 日	丙辰 (12) 一	丁巳 2 二	戊午 3 三	己未 4 四	庚申 5 五	辛酉 6 六	壬戌 7 日	癸亥 8 一	甲子 9 二	乙丑 10 三	丙寅 11 四	丁卯 12 五	戊辰 13 六	己巳 14 日	庚午 15 一	辛未 16 二	壬申 17 三	癸酉 18 四	甲戌 19 五	乙亥 20 六	丙子 21 日	丁丑 22 一	戊寅 23 二	己卯 24 三	庚辰 25 四	辛巳 26 五	壬午 27 六	癸未 28 日	甲申 29 一	丁巳大雪 壬申冬至
十二月小	癸丑	干支 天地西曆 星期	乙酉 30 二	丙戌 31 三	丁亥 (1) 四	戊子 2 五	己丑 3 六	庚寅 4 日	辛卯 5 一	壬辰 6 二	癸巳 7 三	甲午 8 四	乙未 9 五	丙申 10 六	丁酉 11 日	戊戌 12 一	己亥 13 二	庚子 14 三	辛丑 15 四	壬寅 16 五	癸卯 17 六	甲辰 18 日	乙巳 19 一	丙午 20 二	丁未 21 三	戊申 22 四	己酉 23 五	庚戌 24 六	辛亥 25 日	壬子 26 一	癸丑 27 二		丁亥小寒 壬寅大寒

遼穆宗應曆十三年（癸亥 猪年） 公元 963 ~ 964 年

夏曆月序		中西曆日對照	初一	初二	初三	初四	初五	初六	初七	初八	初九	初十	十一	十二	十三	十四	十五	十六	十七	十八	十九	二十	二一	二二	二三	二四	二五	二六	二七	二八	二九	三十	節氣與天象
正月大	甲寅	天干地支 西曆 星期	甲寅 28 三	乙卯 29 四	丙辰 30 五	丁巳 31 六	戊午 (2) 日	己未 2 一	庚申 3 二	辛酉 4 三	壬戌 5 四	癸亥 6 五	甲子 7 六	乙丑 8 日	丙寅 9 一	丁卯 10 二	戊辰 11 三	己巳 12 四	庚午 13 五	辛未 14 六	壬申 15 日	癸酉 16 一	甲戌 17 二	乙亥 18 三	丙子 19 四	丁丑 20 五	戊寅 21 六	己卯 22 日	庚辰 23 一	辛巳 24 二	壬午 25 三	癸未 26 四	丁巳立春 癸酉雨水
二月小	乙卯	天干地支 西曆 星期	甲申 27 五	乙酉 28 六	丙戌 (3) 日	丁亥 2 一	戊子 3 二	己丑 4 三	庚寅 5 四	辛卯 6 五	壬辰 7 六	癸巳 8 日	甲午 9 一	乙未 10 二	丙申 11 三	丁酉 12 四	戊戌 13 五	己亥 14 六	庚子 15 日	辛丑 16 一	壬寅 17 二	癸卯 18 三	甲辰 19 四	乙巳 20 五	丙午 21 六	丁未 22 日	戊申 23 一	己酉 24 二	庚戌 25 三	辛亥 26 四	壬子 27 五		戊子驚蟄 癸卯春分
三月小	丙辰	天干地支 西曆 星期	癸丑 28 六	甲寅 29 日	乙卯 30 一	丙辰 31 二	丁巳 (4) 三	戊午 2 四	己未 3 五	庚申 4 六	辛酉 5 日	壬戌 6 一	癸亥 7 二	甲子 8 三	乙丑 9 四	丙寅 10 五	丁卯 11 六	戊辰 12 日	己巳 13 一	庚午 14 二	辛未 15 三	壬申 16 四	癸酉 17 五	甲戌 18 六	乙亥 19 日	丙子 20 一	丁丑 21 二	戊寅 22 三	己卯 23 四	庚辰 24 五	辛巳 25 六		戊午清明 癸酉穀雨
四月大	丁巳	天干地支 西曆 星期	壬午 26 日	癸未 27 一	甲申 28 二	乙酉 29 三	丙戌 30 四	丁亥 (5) 五	戊子 2 六	己丑 3 日	庚寅 4 一	辛卯 5 二	壬辰 6 三	癸巳 7 四	甲午 8 五	乙未 9 六	丙申 10 日	丁酉 11 一	戊戌 12 二	己亥 13 三	庚子 14 四	辛丑 15 五	壬寅 16 六	癸卯 17 日	甲辰 18 一	乙巳 19 二	丙午 20 三	丁未 21 四	戊申 22 五	己酉 23 六	庚戌 24 日	辛亥 25 一	己丑立夏 甲辰小滿
五月小	戊午	天干地支 西曆 星期	壬子 26 二	癸丑 27 三	甲寅 28 四	乙卯 29 五	丙辰 30 六	丁巳 31 日	戊午 (6) 一	己未 2 二	庚申 3 三	辛酉 4 四	壬戌 5 五	癸亥 6 六	甲子 7 日	乙丑 8 一	丙寅 9 二	丁卯 10 三	戊辰 11 四	己巳 12 五	庚午 13 六	辛未 14 日	壬申 15 一	癸酉 16 二	甲戌 17 三	乙亥 18 四	丙子 19 五	丁丑 20 六	戊寅 21 日	己卯 22 一	庚辰 23 二		己未芒種 甲戌夏至
六月大	己未	天干地支 西曆 星期	辛巳 24 三	壬午 25 四	癸未 26 五	甲申 27 六	乙酉 28 日	丙戌 29 一	丁亥 30 二	戊子 (7) 三	己丑 2 四	庚寅 3 五	辛卯 4 六	壬辰 5 日	癸巳 6 一	甲午 7 二	乙未 8 三	丙申 9 四	丁酉 10 五	戊戌 11 六	己亥 12 日	庚子 13 一	辛丑 14 二	壬寅 15 三	癸卯 16 四	甲辰 17 五	乙巳 18 六	丙午 19 日	丁未 20 一	戊申 21 二	己酉 22 三	庚戌 23 四	庚寅小暑 乙巳大暑
七月小	庚申	天干地支 西曆 星期	辛亥 24 五	壬子 25 六	癸丑 26 日	甲寅 27 一	乙卯 28 二	丙辰 29 三	丁巳 30 四	戊午 31 五	己未 (8) 六	庚申 2 日	辛酉 3 一	壬戌 4 二	癸亥 5 三	甲子 6 四	乙丑 7 五	丙寅 8 六	丁卯 9 日	戊辰 10 一	己巳 11 二	庚午 12 三	辛未 13 四	壬申 14 五	癸酉 15 六	甲戌 16 日	乙亥 17 一	丙子 18 二	丁丑 19 三	戊寅 20 四	己卯 21 五		庚申立秋 乙亥處暑
八月大	辛酉	天干地支 西曆 星期	庚辰 22 六	辛巳 23 日	壬午 24 一	癸未 25 二	甲申 26 三	乙酉 27 四	丙戌 28 五	丁亥 29 六	戊子 30 日	己丑 31 一	庚寅 (9) 二	辛卯 2 三	壬辰 3 四	癸巳 4 五	甲午 5 六	乙未 6 日	丙申 7 一	丁酉 8 二	戊戌 9 三	己亥 10 四	庚子 11 五	辛丑 12 六	壬寅 13 日	癸卯 14 一	甲辰 15 二	乙巳 16 三	丙午 17 四	丁未 18 五	戊申 19 六	己酉 20 日	庚寅白露 丙午秋分
九月小	壬戌	天干地支 西曆 星期	庚戌 21 一	辛亥 22 二	壬子 23 三	癸丑 24 四	甲寅 25 五	乙卯 26 六	丙辰 27 日	丁巳 28 一	戊午 29 二	己未 30 三	庚申 (10) 四	辛酉 2 五	壬戌 3 六	癸亥 4 日	甲子 5 一	乙丑 6 二	丙寅 7 三	丁卯 8 四	戊辰 9 五	己巳 10 六	庚午 11 日	辛未 12 一	壬申 13 二	癸酉 14 三	甲戌 15 四	乙亥 16 五	丙子 17 六	丁丑 18 日	戊寅 19 一		辛酉寒露 丙子霜降
十月大	癸亥	天干地支 西曆 星期	己卯 20 二	庚辰 21 三	辛巳 22 四	壬午 23 五	癸未 24 六	甲申 25 日	乙酉 26 一	丙戌 27 二	丁亥 28 三	戊子 29 四	己丑 30 五	庚寅 31 六	辛卯 (11) 日	壬辰 2 一	癸巳 3 二	甲午 4 三	乙未 5 四	丙申 6 五	丁酉 7 六	戊戌 8 日	己亥 9 一	庚子 10 二	辛丑 11 三	壬寅 12 四	癸卯 13 五	甲辰 14 六	乙巳 15 日	丙午 16 一	丁未 17 二	戊申 18 三	辛卯立冬 丁未小雪
十一月大	甲子	天干地支 西曆 星期	己酉 19 四	庚戌 20 五	辛亥 21 六	壬子 22 日	癸丑 23 一	甲寅 24 二	乙卯 25 三	丙辰 26 四	丁巳 27 五	戊午 28 六	己未 29 日	庚申 30 一	辛酉 (12) 二	壬戌 2 三	癸亥 3 四	甲子 4 五	乙丑 5 六	丙寅 6 日	丁卯 7 一	戊辰 8 二	己巳 9 三	庚午 10 四	辛未 11 五	壬申 12 六	癸酉 13 日	甲戌 14 一	乙亥 15 二	丙子 16 三	丁丑 17 四	戊寅 18 五	壬戌大雪 丁丑冬至
十二月大	乙丑	天干地支 西曆 星期	己卯 19 六	庚辰 20 日	辛巳 21 一	壬午 22 二	癸未 23 三	甲申 24 四	乙酉 25 五	丙戌 26 六	丁亥 27 日	戊子 28 一	己丑 29 二	庚寅 30 三	辛卯 31 四	壬辰 (1) 五	癸巳 2 六	甲午 3 日	乙未 4 一	丙申 5 二	丁酉 6 三	戊戌 7 四	己亥 8 五	庚子 9 六	辛丑 10 日	壬寅 11 一	癸卯 12 二	甲辰 13 三	乙巳 14 四	丙午 15 五	丁未 16 六	戊申 17 日	壬辰小寒 丁未大寒
閏十二小	乙丑	天干地支 西曆 星期	己酉 18 一	庚戌 19 二	辛亥 20 三	壬子 21 四	癸丑 22 五	甲寅 23 六	乙卯 24 日	丙辰 25 一	丁巳 26 二	戊午 27 三	己未 28 四	庚申 29 五	辛酉 30 六	壬戌 31 日	癸亥 (2) 一	甲子 2 二	乙丑 3 三	丙寅 4 四	丁卯 5 五	戊辰 6 六	己巳 7 日	庚午 8 一	辛未 9 二	壬申 10 三	癸酉 11 四	甲戌 12 五	乙亥 13 六	丙子 14 日	丁丑 15 一		癸亥立春

穆宗應曆十四年（甲子 鼠年） 公元964～965年

夏曆月序		中西曆日對照	初一	初二	初三	初四	初五	初六	初七	初八	初九	初十	十一	十二	十三	十四	十五	十六	十七	十八	十九	二十	二一	二二	二三	二四	二五	二六	二七	二八	二九	三十	節氣與天象
正月大	丙寅	天干地支日期星期	戊寅16二	己卯17三	庚辰18四	辛巳19五	壬午20六	癸未21日	甲申22一	乙酉23二	丙戌24三	丁亥25四	戊子26五	己丑27六	庚寅28日	辛卯29一	壬辰(3)二	癸巳2三	甲午3四	乙未4五	丙申5六	丁酉6日	戊戌7一	己亥8二	庚子9三	辛丑10四	壬寅11五	癸卯12六	甲辰13日	乙巳14一	丙午15二	丁未16三	戊寅雨水 癸巳驚蟄
二月小	丁卯	天干地支日期星期	戊申17四	己酉18五	庚戌19六	辛亥20日	壬子21一	癸丑22二	甲寅23三	乙卯24四	丙辰25五	丁巳26六	戊午27日	己未28一	庚申29二	辛酉30三	壬戌31四	癸亥(4)五	甲子2六	乙丑3日	丙寅4一	丁卯5二	戊辰6三	己巳7四	庚午8五	辛未9六	壬申10日	癸酉11一	甲戌12二	乙亥13三	丙子14四		戊申春分 甲子清明
三月小	戊辰	天干地支日期星期	丁丑15五	戊寅16六	己卯17日	庚辰18一	辛巳19二	壬午20三	癸未21四	甲申22五	乙酉23六	丙戌24日	丁亥25一	戊子26二	己丑27三	庚寅28四	辛卯29五	壬辰30六	癸巳(5)日	甲午2一	乙未3二	丙申4三	丁酉5四	戊戌6五	己亥7六	庚子8日	辛丑9一	壬寅10二	癸卯11三	甲辰12四	乙巳13五		己卯穀雨 甲午立夏
四月大	己巳	天干地支日期星期	丙午14六	丁未15日	戊申16一	己酉17二	庚戌18三	辛亥19四	壬子20五	癸丑21六	甲寅22日	乙卯23一	丙辰24二	丁巳25三	戊午26四	己未27五	庚申28六	辛酉29日	壬戌30一	癸亥31二	甲子(6)三	乙丑2四	丙寅3五	丁卯4六	戊辰5日	己巳6一	庚午7二	辛未8三	壬申9四	癸酉10五	甲戌11六	乙亥12日	己酉小滿 甲子芒種
五月大	庚午	天干地支日期星期	丙子13一	丁丑14二	戊寅15三	己卯16四	庚辰17五	辛巳18六	壬午19日	癸未20一	甲申21二	乙酉22三	丙戌23四	丁亥24五	戊子25六	己丑26日	庚寅27一	辛卯28二	壬辰29三	癸巳30四	甲午(7)五	乙未2六	丙申3日	丁酉4一	戊戌5二	己亥6三	庚子7四	辛丑8五	壬寅9六	癸卯10日	甲辰11一	乙巳12二	庚辰夏至 乙未小暑
六月小	辛未	天干地支日期星期	丙午13三	丁未14四	戊申15五	己酉16六	庚戌17日	辛亥18一	壬子19二	癸丑20三	甲寅21四	乙卯22五	丙辰23六	丁巳24日	戊午25一	己未26二	庚申27三	辛酉28四	壬戌29五	癸亥30六	甲子31日	乙丑(8)一	丙寅2二	丁卯3三	戊辰4四	己巳5五	庚午6六	辛未7日	壬申8一	癸酉9二	甲戌10三		庚戌大暑 乙丑立秋
七月小	壬申	天干地支日期星期	乙亥11四	丙子12五	丁丑13六	戊寅14日	己卯15一	庚辰16二	辛巳17三	壬午18四	癸未19五	甲申20六	乙酉21日	丙戌22一	丁亥23二	戊子24三	己丑25四	庚寅26五	辛卯27六	壬辰28日	癸巳29一	甲午30二	乙未31三	丙申(9)四	丁酉2五	戊戌3六	己亥4日	庚子5一	辛丑6二	壬寅7三	癸卯8四		庚辰處暑 丙申白露
八月大	癸酉	天干地支日期星期	甲辰9五	乙巳10六	丙午11日	丁未12一	戊申13二	己酉14三	庚戌15四	辛亥16五	壬子17六	癸丑18日	甲寅19一	乙卯20二	丙辰21三	丁巳22四	戊午23五	己未24六	庚申25日	辛酉26一	壬戌27二	癸亥28三	甲子29四	乙丑30五	丙寅(10)六	丁卯2日	戊辰3一	己巳4二	庚午5三	辛未6四	壬申7五	癸酉8六	辛亥秋分 丙寅寒露
九月小	甲戌	天干地支日期星期	甲戌9日	乙亥10一	丙子11二	丁丑12三	戊寅13四	己卯14五	庚辰15六	辛巳16日	壬午17一	癸未18二	甲申19三	乙酉20四	丙戌21五	丁亥22六	戊子23日	己丑24一	庚寅25二	辛卯26三	壬辰27四	癸巳28五	甲午29六	乙未30日	丙申31一	丁酉(11)二	戊戌2三	己亥3四	庚子4五	辛丑5六	壬寅6日		辛巳霜降 丁酉立冬
十月大	乙亥	天干地支日期星期	癸卯7一	甲辰8二	乙巳9三	丙午10四	丁未11五	戊申12六	己酉13日	庚戌14一	辛亥15二	壬子16三	癸丑17四	甲寅18五	乙卯19六	丙辰20日	丁巳21一	戊午22二	己未23三	庚申24四	辛酉25五	壬戌26六	癸亥27日	甲子28一	乙丑29二	丙寅30三	丁卯(12)四	戊辰2五	己巳3六	庚午4日	辛未5一	壬申6二	壬子小雪 丁卯大雪
十一月大	丙子	天干地支日期星期	癸酉7三	甲戌8四	乙亥9五	丙子10六	丁丑11日	戊寅12一	己卯13二	庚辰14三	辛巳15四	壬午16五	癸未17六	甲申18日	乙酉19一	丙戌20二	丁亥21三	戊子22四	己丑23五	庚寅24六	辛卯25日	壬辰26一	癸巳27二	甲午28三	乙未29四	丙申30五	丁酉31六	戊戌(1)日	己亥2一	庚子3二	辛丑4三	壬寅5四	壬午冬至 丁酉小寒
十二月大	丁丑	天干地支日期星期	癸卯6五	甲辰7六	乙巳8日	丙午9一	丁未10二	戊申11三	己酉12四	庚戌13五	辛亥14六	壬子15日	癸丑16一	甲寅17二	乙卯18三	丙辰19四	丁巳20五	戊午21六	己未22日	庚申23一	辛酉24二	壬戌25三	癸亥26四	甲子27五	乙丑28六	丙寅29日	丁卯30一	戊辰31二	己巳(2)三	庚午2四	辛未3五	壬申4六	癸丑大寒 戊辰立春

遼穆宗應曆十五年（乙丑 牛年） 公元 965 ~ 966 年

夏曆月序		中西曆日對照	初一	初二	初三	初四	初五	初六	初七	初八	初九	初十	十一	十二	十三	十四	十五	十六	十七	十八	十九	二十	二一	二二	二三	二四	二五	二六	二七	二八	二九	三十	節氣與天象
正月小	戊寅	干支 西曆 星期	癸酉 5 日	甲戌 6 一	乙亥 7 二	丙子 8 三	丁丑 9 四	戊寅 10 五	己卯 11 六	庚辰 12 日	辛巳 13 一	壬午 14 二	癸未 15 三	甲申 16 四	乙酉 17 五	丙戌 18 六	丁亥 19 日	戊子 20 一	己丑 21 二	庚寅 22 三	辛卯 23 四	壬辰 24 五	癸巳 25 六	甲午 26 日	乙未 27 一	丙申 28 二	丁酉 (3) 三	戊戌 2 四	己亥 3 五	庚子 4 六	辛丑 5 日		癸未雨水 戊戌驚蟄
二月大	己卯	干支 西曆 星期	壬寅 6 一	癸卯 7 二	甲辰 8 三	乙巳 9 四	丙午 10 五	丁未 11 六	戊申 12 日	己酉 13 一	庚戌 14 二	辛亥 15 三	壬子 16 四	癸丑 17 五	甲寅 18 六	乙卯 19 日	丙辰 20 一	丁巳 21 二	戊午 22 三	己未 23 四	庚申 24 五	辛酉 25 六	壬戌 26 日	癸亥 27 一	甲子 28 二	乙丑 29 三	丙寅 30 四	丁卯 31 五	戊辰 (4) 六	己巳 2 日	庚午 3 一	辛未 4 二	甲寅春分 己巳清明 壬寅日食
三月小	庚辰	干支 西曆 星期	壬申 5 三	癸酉 6 四	甲戌 7 五	乙亥 8 六	丙子 9 日	丁丑 10 一	戊寅 11 二	己卯 12 三	庚辰 13 四	辛巳 14 五	壬午 15 六	癸未 16 日	甲申 17 一	乙酉 18 二	丙戌 19 三	丁亥 20 四	戊子 21 五	己丑 22 六	庚寅 23 日	辛卯 24 一	壬辰 25 二	癸巳 26 三	甲午 27 四	乙未 28 五	丙申 29 六	丁酉 30 日	戊戌 (5) 一	己亥 2 二	庚子 3 三		甲申穀雨 己亥立夏
四月大	辛巳	干支 西曆 星期	辛丑 4 四	壬寅 5 五	癸卯 6 六	甲辰 7 日	乙巳 8 一	丙午 9 二	丁未 10 三	戊申 11 四	己酉 12 五	庚戌 13 六	辛亥 14 日	壬子 15 一	癸丑 16 二	甲寅 17 三	乙卯 18 四	丙辰 19 五	丁巳 20 六	戊午 21 日	己未 22 一	庚申 23 二	辛酉 24 三	壬戌 25 四	癸亥 26 五	甲子 27 六	乙丑 28 日	丙寅 29 一	丁卯 30 二	戊辰 31 三	己巳 (6) 四	庚午 2 五	甲寅小滿
五月小	壬午	干支 西曆 星期	辛未 3 六	壬申 4 日	癸酉 5 一	甲戌 6 二	乙亥 7 三	丙子 8 四	丁丑 9 五	戊寅 10 六	己卯 11 日	庚辰 12 一	辛巳 13 二	壬午 14 三	癸未 15 四	甲申 16 五	乙酉 17 六	丙戌 18 日	丁亥 19 一	戊子 20 二	己丑 21 三	庚寅 22 四	辛卯 23 五	壬辰 24 六	癸巳 25 日	甲午 26 一	乙未 27 二	丙申 28 三	丁酉 29 四	戊戌 30 五	己亥 (7) 六		乙酉夏至
六月小	癸未	干支 西曆 星期	庚子 2 日	辛丑 3 一	壬寅 4 二	癸卯 5 三	甲辰 6 四	乙巳 7 五	丙午 8 六	丁未 9 日	戊申 10 一	己酉 11 二	庚戌 12 三	辛亥 13 四	壬子 14 五	癸丑 15 六	甲寅 16 日	乙卯 17 一	丙辰 18 二	丁巳 19 三	戊午 20 四	己未 21 五	庚申 22 六	辛酉 23 日	壬戌 24 一	癸亥 25 二	甲子 26 三	乙丑 27 四	丙寅 28 五	丁卯 29 六	戊辰 30 日		庚子小暑 乙卯大暑
七月小	甲申	干支 西曆 星期	己巳 31 一	庚午 (8) 二	辛未 2 三	壬申 3 四	癸酉 4 五	甲戌 5 六	乙亥 6 日	丙子 7 一	丁丑 8 二	戊寅 9 三	己卯 10 四	庚辰 11 五	辛巳 12 六	壬午 13 日	癸未 14 一	甲申 15 二	乙酉 16 三	丙戌 17 四	丁亥 18 五	戊子 19 六	己丑 20 日	庚寅 21 一	辛卯 22 二	壬辰 23 三	癸巳 24 四	甲午 25 五	乙未 26 六	丙申 27 日	丁酉 28 一		辛未立秋 丙戌處暑
八月大	乙酉	干支 西曆 星期	戊戌 29 二	己亥 30 三	庚子 31 四	辛丑 (9) 五	壬寅 2 六	癸卯 3 日	甲辰 4 一	乙巳 5 二	丙午 6 三	丁未 7 四	戊申 8 五	己酉 9 六	庚戌 10 日	辛亥 11 一	壬子 12 二	癸丑 13 三	甲寅 14 四	乙卯 15 五	丙辰 16 六	丁巳 17 日	戊午 18 一	己未 19 二	庚申 20 三	辛酉 21 四	壬戌 22 五	癸亥 23 六	甲子 24 日	乙丑 25 一	丙寅 26 二	丁卯 27 三	辛丑白露 丙辰秋分
九月小	丙戌	干支 西曆 星期	戊辰 28 四	己巳 29 五	庚午 30 六	辛未 (10) 日	壬申 2 一	癸酉 3 二	甲戌 4 三	乙亥 5 四	丙子 6 五	丁丑 7 六	戊寅 8 日	己卯 9 一	庚辰 10 二	辛巳 11 三	壬午 12 四	癸未 13 五	甲申 14 六	乙酉 15 日	丙戌 16 一	丁亥 17 二	戊子 18 三	己丑 19 四	庚寅 20 五	辛卯 21 六	壬辰 22 日	癸巳 23 一	甲午 24 二	乙未 25 三	丙申 26 四		辛未寒露 丁亥霜降
十月大	丁亥	干支 西曆 星期	丁酉 27 五	戊戌 28 六	己亥 29 日	庚子 30 一	辛丑 31 二	壬寅 (11) 三	癸卯 2 四	甲辰 3 五	乙巳 4 六	丙午 5 日	丁未 6 一	戊申 7 二	己酉 8 三	庚戌 9 四	辛亥 10 五	壬子 11 六	癸丑 12 日	甲寅 13 一	乙卯 14 二	丙辰 15 三	丁巳 16 四	戊午 17 五	己未 18 六	庚申 19 日	辛酉 20 一	壬戌 21 二	癸亥 22 三	甲子 23 四	乙丑 24 五	丙寅 25 六	壬寅立冬 丁巳小雪
十一月大	戊子	干支 西曆 星期	丁卯 26 日	戊辰 27 一	己巳 28 二	庚午 29 三	辛未 30 四	壬申 (12) 五	癸酉 2 六	甲戌 3 日	乙亥 4 一	丙子 5 二	丁丑 6 三	戊寅 7 四	己卯 8 五	庚辰 9 六	辛巳 10 日	壬午 11 一	癸未 12 二	甲申 13 三	乙酉 14 四	丙戌 15 五	丁亥 16 六	戊子 17 日	己丑 18 一	庚寅 19 二	辛卯 20 三	壬辰 21 四	癸巳 22 五	甲午 23 六	乙未 24 日	丙申 25 一	壬申大雪 丁亥冬至
十二月大	己丑	干支 西曆 星期	丁酉 26 二	戊戌 27 三	己亥 28 四	庚子 29 五	辛丑 30 六	壬寅 31 日	癸卯 (1) 一	甲辰 2 二	乙巳 3 三	丙午 4 四	丁未 5 五	戊申 6 六	己酉 7 日	庚戌 8 一	辛亥 9 二	壬子 10 三	癸丑 11 四	甲寅 12 五	乙卯 13 六	丙辰 14 日	丁巳 15 一	戊午 16 二	己未 17 三	庚申 18 四	辛酉 19 五	壬戌 20 六	癸亥 21 日	甲子 22 一	乙丑 23 二	丙寅 24 三	癸卯小寒 戊午大寒

遼穆宗應曆十六年（丙寅 虎年） 公元966 ~ 967年

夏曆月序		中西曆日對照	初一	初二	初三	初四	初五	初六	初七	初八	初九	初十	十一	十二	十三	十四	十五	十六	十七	十八	十九	二十	二一	二二	二三	二四	二五	二六	二七	二八	二九	三十	節氣與天象
正月小	庚寅	天干地支西曆星期	丁卯25四	戊辰26五	己巳27六	庚午28日	辛未29一	壬申30二	癸酉31三	甲戌(2)四	乙亥2五	丙子3六	丁丑4日	戊寅5一	己卯6二	庚辰7三	辛巳8四	壬午9五	癸未10六	甲申11日	乙酉12一	丙戌13二	丁亥14三	戊子15四	己丑16五	庚寅17六	辛卯18日	壬辰19一	癸巳20二	甲午21三	乙未22四		癸酉立春 戊子雨水
二月大	辛卯	天干地支西曆星期	丙申23五	丁酉24六	戊戌25日	己亥26一	庚子27二	辛丑28三	壬寅(3)四	癸卯2五	甲辰3六	乙巳4日	丙午5一	丁未6二	戊申7三	己酉8四	庚戌9五	辛亥10六	壬子11日	癸丑12一	甲寅13二	乙卯14三	丙辰15四	丁巳16五	戊午17六	己未18日	庚申19一	辛酉20二	壬戌21三	癸亥22四	甲子23五	乙丑24六	甲辰驚蟄 己未春分
三月大	壬辰	天干地支西曆星期	丙寅25日	丁卯26一	戊辰27二	己巳28三	庚午29四	辛未30五	壬申31六	癸酉(4)日	甲戌2一	乙亥3二	丙子4三	丁丑5四	戊寅6五	己卯7六	庚辰8日	辛巳9一	壬午10二	癸未11三	甲申12四	乙酉13五	丙戌14六	丁亥15日	戊子16一	己丑17二	庚寅18三	辛卯19四	壬辰20五	癸巳21六	甲午22日	乙未23一	甲戌清明 己丑穀雨
四月小	癸巳	天干地支西曆星期	丙申24二	丁酉25三	戊戌26四	己亥27五	庚子28六	辛丑29日	壬寅30一	癸卯(5)二	甲辰2三	乙巳3四	丙午4五	丁未5六	戊申6日	己酉7一	庚戌8二	辛亥9三	壬子10四	癸丑11五	甲寅12六	乙卯13日	丙辰14一	丁巳15二	戊午16三	己未17四	庚申18五	辛酉19六	壬戌20日	癸亥21一	甲子22二		甲辰立夏 庚申小滿
五月小	甲午	天干地支西曆星期	乙丑23三	丙寅24四	丁卯25五	戊辰26六	己巳27日	庚午28一	辛未29二	壬申30三	癸酉31四	甲戌(6)五	乙亥2六	丙子3日	丁丑4一	戊寅5二	己卯6三	庚辰7四	辛巳8五	壬午9六	癸未10日	甲申11一	乙酉12二	丙戌13三	丁亥14四	戊子15五	己丑16六	庚寅17日	辛卯18一	壬辰19二	癸巳20三		乙亥芒種 庚寅夏至
六月大	乙未	天干地支西曆星期	甲午21四	乙未22五	丙申23六	丁酉24日	戊戌25一	己亥26二	庚子27三	辛丑28四	壬寅29五	癸卯30六	甲辰(7)日	乙巳2一	丙午3二	丁未4三	戊申5四	己酉6五	庚戌7六	辛亥8日	壬子9一	癸丑10二	甲寅11三	乙卯12四	丙辰13五	丁巳14六	戊午15日	己未16一	庚申17二	辛酉18三	壬戌19四	癸亥20五	乙巳小暑 辛酉大暑
七月小	丙申	天干地支西曆星期	甲子21六	乙丑22日	丙寅23一	丁卯24二	戊辰25三	己巳26四	庚午27五	辛未28六	壬申29日	癸酉30一	甲戌31二	乙亥(8)三	丙子2四	丁丑3五	戊寅4六	己卯5日	庚辰6一	辛巳7二	壬午8三	癸未9四	甲申10五	乙酉11六	丙戌12日	丁亥13一	戊子14二	己丑15三	庚寅16四	辛卯17五	壬辰18六		丙子立秋 辛卯處暑
八月小	丁酉	天干地支西曆星期	癸巳19日	甲午20一	乙未21二	丙申22三	丁酉23四	戊戌24五	己亥25六	庚子26日	辛丑27一	壬寅28二	癸卯29三	甲辰30四	乙巳31五	丙午(9)六	丁未2日	戊申3一	己酉4二	庚戌5三	辛亥6四	壬子7五	癸丑8六	甲寅9日	乙卯10一	丙辰11二	丁巳12三	戊午13四	己未14五	庚申15六	辛酉16日		丙午白露 辛酉秋分
閏八月大	丁酉	天干地支西曆星期	壬戌17一	癸亥18二	甲子19三	乙丑20四	丙寅21五	丁卯22六	戊辰23日	己巳24一	庚午25二	辛未26三	壬申27四	癸酉28五	甲戌29六	乙亥30日	丙子(10)一	丁丑2二	戊寅3三	己卯4四	庚辰5五	辛巳6六	壬午7日	癸未8一	甲申9二	乙酉10三	丙戌11四	丁亥12五	戊子13六	己丑14日	庚寅15一	辛卯16二	丁丑寒露
九月小	戊戌	天干地支西曆星期	壬辰17三	癸巳18四	甲午19五	乙未20六	丙申21日	丁酉22一	戊戌23二	己亥24三	庚子25四	辛丑26五	壬寅27六	癸卯28日	甲辰29一	乙巳30二	丙午31三	丁未(11)四	戊申2五	己酉3六	庚戌4日	辛亥5一	壬子6二	癸丑7三	甲寅8四	乙卯9五	丙辰10六	丁巳11日	戊午12一	己未13二	庚申14三		壬辰霜降 丁未立冬
十月大	己亥	天干地支西曆星期	辛酉15四	壬戌16五	癸亥17六	甲子18日	乙丑19一	丙寅20二	丁卯21三	戊辰22四	己巳23五	庚午24六	辛未25日	壬申26一	癸酉27二	甲戌28三	乙亥29四	丙子30五	丁丑(12)六	戊寅2日	己卯3一	庚辰4二	辛巳5三	壬午6四	癸未7五	甲申8六	乙酉9日	丙戌10一	丁亥11二	戊子12三	己丑13四	庚寅14五	壬戌小雪 戊寅大雪
十一月大	庚子	天干地支西曆星期	辛卯15六	壬辰16日	癸巳17一	甲午18二	乙未19三	丙申20四	丁酉21五	戊戌22六	己亥23日	庚子24一	辛丑25二	壬寅26三	癸卯27四	甲辰28五	乙巳29六	丙午30日	丁未31一	戊申(1)二	己酉2三	庚戌3四	辛亥4五	壬子5六	癸丑6日	甲寅7一	乙卯8二	丙辰9三	丁巳10四	戊午11五	己未12六	庚申13日	癸巳冬至 戊申小寒
十二月小	辛丑	天干地支西曆星期	辛酉14一	壬戌15二	癸亥16三	甲子17四	乙丑18五	丙寅19六	丁卯20日	戊辰21一	己巳22二	庚午23三	辛未24四	壬申25五	癸酉26六	甲戌27日	乙亥28一	丙子29二	丁丑30三	戊寅31四	己卯(2)五	庚辰2六	辛巳3日	壬午4一	癸未5二	甲申6三	乙酉7四	丙戌8五	丁亥9六	戊子10日	己丑11一		癸亥大寒 戊寅立春

遼穆宗應曆十七年（丁卯 兔年） 公元 967 ~ 968 年

夏曆月序		中西曆日對照	初一	初二	初三	初四	初五	初六	初七	初八	初九	初十	十一	十二	十三	十四	十五	十六	十七	十八	十九	二十	二一	二二	二三	二四	二五	二六	二七	二八	二九	三十	節氣與天象
正月大	壬寅	天干地支 西曆 星期	庚寅 12 二	辛卯 13 三	壬辰 14 四	癸巳 15 五	甲午 16 六	乙未 17 日	丙申 18 一	丁酉 19 二	戊戌 20 三	己亥 21 四	庚子 22 五	辛丑 23 六	壬寅 24 日	癸卯 25 一	甲辰 26 二	乙巳 27 三	丙午 28 四	丁未 (3) 五	戊申 2 六	己酉 3 日	庚戌 4 一	辛亥 5 二	壬子 6 三	癸丑 7 四	甲寅 8 五	乙卯 9 六	丙辰 10 日	丁巳 11 一	戊午 12 二	己未 13 三	甲午雨水 己酉驚蟄
二月大	癸卯	天干地支 西曆 星期	庚申 14 四	辛酉 15 五	壬戌 16 六	癸亥 17 日	甲子 18 一	乙丑 19 二	丙寅 20 三	丁卯 21 四	戊辰 22 五	己巳 23 六	庚午 24 日	辛未 25 一	壬申 26 二	癸酉 27 三	甲戌 28 四	乙亥 29 五	丙子 30 六	丁丑 31 日	戊寅 (4) 一	己卯 2 二	庚辰 3 三	辛巳 4 四	壬午 5 五	癸未 6 六	甲申 7 日	乙酉 8 一	丙戌 9 二	丁亥 10 三	戊子 11 四	己丑 12 五	甲子春分 己卯清明
三月小	甲辰	天干地支 西曆 星期	庚寅 13 六	辛卯 14 日	壬辰 15 一	癸巳 16 二	甲午 17 三	乙未 18 四	丙申 19 五	丁酉 20 六	戊戌 21 日	己亥 22 一	庚子 23 二	辛丑 24 三	壬寅 25 四	癸卯 26 五	甲辰 27 六	乙巳 28 日	丙午 29 一	丁未 30 二	戊申 (5) 三	己酉 2 四	庚戌 3 五	辛亥 4 六	壬子 5 日	癸丑 6 一	甲寅 7 二	乙卯 8 三	丙辰 9 四	丁巳 10 五	戊午 11 六		甲午穀雨 庚戌立夏
四月大	乙巳	天干地支 西曆 星期	己未 12 日	庚申 13 一	辛酉 14 二	壬戌 15 三	癸亥 16 四	甲子 17 五	乙丑 18 六	丙寅 19 日	丁卯 20 一	戊辰 21 二	己巳 22 三	庚午 23 四	辛未 24 五	壬申 25 六	癸酉 26 日	甲戌 27 一	乙亥 28 二	丙子 29 三	丁丑 30 四	戊寅 31 五	己卯 (6) 六	庚辰 2 日	辛巳 3 一	壬午 4 二	癸未 5 三	甲申 6 四	乙酉 7 五	丙戌 8 六	丁亥 9 日	戊子 10 一	乙丑小滿 庚辰芒種
五月小	丙午	天干地支 西曆 星期	己丑 11 二	庚寅 12 三	辛卯 13 四	壬辰 14 五	癸巳 15 六	甲午 16 日	乙未 17 一	丙申 18 二	丁酉 19 三	戊戌 20 四	己亥 21 五	庚子 22 六	辛丑 23 日	壬寅 24 一	癸卯 25 二	甲辰 26 三	乙巳 27 四	丙午 28 五	丁未 29 六	戊申 30 日	己酉 (7) 一	庚戌 2 二	辛亥 3 三	壬子 4 四	癸丑 5 五	甲寅 6 六	乙卯 7 日	丙辰 8 一	丁巳 9 二		乙未夏至 辛亥小暑
六月大	丁未	天干地支 西曆 星期	戊午 10 三	己未 11 四	庚申 12 五	辛酉 13 六	壬戌 14 日	癸亥 15 一	甲子 16 二	乙丑 17 三	丙寅 18 四	丁卯 19 五	戊辰 20 六	己巳 21 日	庚午 22 一	辛未 23 二	壬申 24 三	癸酉 25 四	甲戌 26 五	乙亥 27 六	丙子 28 日	丁丑 29 一	戊寅 30 二	己卯 31 三	庚辰 (8) 四	辛巳 2 五	壬午 3 六	癸未 4 日	甲申 5 一	乙酉 6 二	丙戌 7 三	丁亥 8 四	丙寅大暑 辛巳立秋 戊午日食
七月小	戊申	天干地支 西曆 星期	戊子 9 五	己丑 10 六	庚寅 11 日	辛卯 12 一	壬辰 13 二	癸巳 14 三	甲午 15 四	乙未 16 五	丙申 17 六	丁酉 18 日	戊戌 19 一	己亥 20 二	庚子 21 三	辛丑 22 四	壬寅 23 五	癸卯 24 六	甲辰 25 日	乙巳 26 一	丙午 27 二	丁未 28 三	戊申 29 四	己酉 30 五	庚戌 31 六	辛亥 (9) 日	壬子 2 一	癸丑 3 二	甲寅 4 三	乙卯 5 四	丙辰 6 五		丙申處暑 辛亥白露
八月小	己酉	天干地支 西曆 星期	丁巳 7 六	戊午 8 日	己未 9 一	庚申 10 二	辛酉 11 三	壬戌 12 四	癸亥 13 五	甲子 14 六	乙丑 15 日	丙寅 16 一	丁卯 17 二	戊辰 18 三	己巳 19 四	庚午 20 五	辛未 21 六	壬申 22 日	癸酉 23 一	甲戌 24 二	乙亥 25 三	丙子 26 四	丁丑 27 五	戊寅 28 六	己卯 29 日	庚辰 30 一	辛巳 (10) 二	壬午 2 三	癸未 3 四	甲申 4 五	乙酉 5 六		丁卯秋分 壬午寒露
九月大	庚戌	天干地支 西曆 星期	丙戌 6 日	丁亥 7 一	戊子 8 二	己丑 9 三	庚寅 10 四	辛卯 11 五	壬辰 12 六	癸巳 13 日	甲午 14 一	乙未 15 二	丙申 16 三	丁酉 17 四	戊戌 18 五	己亥 19 六	庚子 20 日	辛丑 21 一	壬寅 22 二	癸卯 23 三	甲辰 24 四	乙巳 25 五	丙午 26 六	丁未 27 日	戊申 28 一	己酉 29 二	庚戌 30 三	辛亥 31 四	壬子 (11) 五	癸丑 2 六	甲寅 3 日	乙卯 4 一	丁酉霜降 壬子立冬
十月小	辛亥	天干地支 西曆 星期	丙辰 5 二	丁巳 6 三	戊午 7 四	己未 8 五	庚申 9 六	辛酉 10 日	壬戌 11 一	癸亥 12 二	甲子 13 三	乙丑 14 四	丙寅 15 五	丁卯 16 六	戊辰 17 日	己巳 18 一	庚午 19 二	辛未 20 三	壬申 21 四	癸酉 22 五	甲戌 23 六	乙亥 24 日	丙子 25 一	丁丑 26 二	戊寅 27 三	己卯 28 四	庚辰 29 五	辛巳 30 六	壬午 (12) 日	癸未 2 一	甲申 3 二		戊辰小雪 癸未大雪
十一月大	壬子	天干地支 西曆 星期	乙酉 4 三	丙戌 5 四	丁亥 6 五	戊子 7 六	己丑 8 日	庚寅 9 一	辛卯 10 二	壬辰 11 三	癸巳 12 四	甲午 13 五	乙未 14 六	丙申 15 日	丁酉 16 一	戊戌 17 二	己亥 18 三	庚子 19 四	辛丑 20 五	壬寅 21 六	癸卯 22 日	甲辰 23 一	乙巳 24 二	丙午 25 三	丁未 26 四	戊申 27 五	己酉 28 六	庚戌 29 日	辛亥 30 一	壬子 31 二	癸丑 (1) 三	甲寅 2 四	戊戌冬至 癸丑小寒
十二月大	癸丑	天干地支 西曆 星期	乙卯 3 五	丙辰 4 六	丁巳 5 日	戊午 6 一	己未 7 二	庚申 8 三	辛酉 9 四	壬戌 10 五	癸亥 11 六	甲子 12 日	乙丑 13 一	丙寅 14 二	丁卯 15 三	戊辰 16 四	己巳 17 五	庚午 18 六	辛未 19 日	壬申 20 一	癸酉 21 二	甲戌 22 三	乙亥 23 四	丙子 24 五	丁丑 25 六	戊寅 26 日	己卯 27 一	庚辰 28 二	辛巳 29 三	壬午 30 四	癸未 31 五	甲申 (2) 六	戊辰大寒 甲申立春

遼穆宗應曆十八年（戊辰 龍年） 公元 968 ~ 969 年

夏曆月序		中西曆日對照	初一	初二	初三	初四	初五	初六	初七	初八	初九	初十	十一	十二	十三	十四	十五	十六	十七	十八	十九	二十	廿一	廿二	廿三	廿四	廿五	廿六	廿七	廿八	廿九	三十	節氣與天象
正月小	甲寅	干支 天地 西曆 星期	乙酉 2 日	丙戌 3 一	丁亥 4 二	戊子 5 三	己丑 6 四	庚寅 7 五	辛卯 8 六	壬辰 9 日	癸巳 10 一	甲午 11 二	乙未 12 三	丙申 13 四	丁酉 14 五	戊戌 15 六	己亥 16 日	庚子 17 一	辛丑 18 二	壬寅 19 三	癸卯 20 四	甲辰 21 五	乙巳 22 六	丙午 23 日	丁未 24 一	戊申 25 二	己酉 26 三	庚戌 27 四	辛亥 28 五	壬子 29 六	癸丑 (3) 日		己亥雨水
二月大	乙卯	干支 天地 西曆 星期	甲寅 2 一	乙卯 3 二	丙辰 4 三	丁巳 5 四	戊午 6 五	己未 7 六	庚申 8 日	辛酉 9 一	壬戌 10 二	癸亥 11 三	甲子 12 四	乙丑 13 五	丙寅 14 六	丁卯 15 日	戊辰 16 一	己巳 17 二	庚午 18 三	辛未 19 四	壬申 20 五	癸酉 21 六	甲戌 22 日	乙亥 23 一	丙子 24 二	丁丑 25 三	戊寅 26 四	己卯 27 五	庚辰 28 六	辛巳 29 日	壬午 30 一	癸未 31 二	甲寅驚蟄 己巳春分
三月小	丙辰	干支 天地 西曆 星期	甲申 (4) 三	乙酉 2 四	丙戌 3 五	丁亥 4 六	戊子 5 日	己丑 6 一	庚寅 7 二	辛卯 8 三	壬辰 9 四	癸巳 10 五	甲午 11 六	乙未 12 日	丙申 13 一	丁酉 14 二	戊戌 15 三	己亥 16 四	庚子 17 五	辛丑 18 六	壬寅 19 日	癸卯 20 一	甲辰 21 二	乙巳 22 三	丙午 23 四	丁未 24 五	戊申 25 六	己酉 26 日	庚戌 27 一	辛亥 28 二	壬子 29 三		乙酉清明 庚子穀雨
四月大	丁巳	干支 天地 西曆 星期	癸丑 30 四	甲寅 (5) 五	乙卯 2 六	丙辰 3 日	丁巳 4 一	戊午 5 二	己未 6 三	庚申 7 四	辛酉 8 五	壬戌 9 六	癸亥 10 日	甲子 11 一	乙丑 12 二	丙寅 13 三	丁卯 14 四	戊辰 15 五	己巳 16 六	庚午 17 日	辛未 18 一	壬申 19 二	癸酉 20 三	甲戌 21 四	乙亥 22 五	丙子 23 六	丁丑 24 日	戊寅 25 一	己卯 26 二	庚辰 27 三	辛巳 28 四	壬午 29 五	乙卯立夏 庚午小滿
五月大	戊午	干支 天地 西曆 星期	癸未 30 六	甲申 31 日	乙酉 (6) 一	丙戌 2 二	丁亥 3 三	戊子 4 四	己丑 5 五	庚寅 6 六	辛卯 7 日	壬辰 8 一	癸巳 9 二	甲午 10 三	乙未 11 四	丙申 12 五	丁酉 13 六	戊戌 14 日	己亥 15 一	庚子 16 二	辛丑 17 三	壬寅 18 四	癸卯 19 五	甲辰 20 六	乙巳 21 日	丙午 22 一	丁未 23 二	戊申 24 三	己酉 25 四	庚戌 26 五	辛亥 27 六	壬子 28 日	乙酉芒種 辛丑夏至
六月小	己未	干支 天地 西曆 星期	癸丑 29 一	甲寅 30 二	乙卯 (7) 三	丙辰 2 四	丁巳 3 五	戊午 4 六	己未 5 日	庚申 6 一	辛酉 7 二	壬戌 8 三	癸亥 9 四	甲子 10 五	乙丑 11 六	丙寅 12 日	丁卯 13 一	戊辰 14 二	己巳 15 三	庚午 16 四	辛未 17 五	壬申 18 六	癸酉 19 日	甲戌 20 一	乙亥 21 二	丙子 22 三	丁丑 23 四	戊寅 24 五	己卯 25 六	庚辰 26 日	辛巳 27 一		丙辰小暑 辛未大暑
七月大	庚申	干支 天地 西曆 星期	壬午 28 二	癸未 29 三	甲申 30 四	乙酉 31 五	丙戌 (8) 六	丁亥 2 日	戊子 3 一	己丑 4 二	庚寅 5 三	辛卯 6 四	壬辰 7 五	癸巳 8 六	甲午 9 日	乙未 10 一	丙申 11 二	丁酉 12 三	戊戌 13 四	己亥 14 五	庚子 15 六	辛丑 16 日	壬寅 17 一	癸卯 18 二	甲辰 19 三	乙巳 20 四	丙午 21 五	丁未 22 六	戊申 23 日	己酉 24 一	庚戌 25 二	辛亥 26 三	丙戌立秋 辛丑處暑
八月小	辛酉	干支 天地 西曆 星期	壬子 27 四	癸丑 28 五	甲寅 29 六	乙卯 30 日	丙辰 31 一	丁巳 (9) 二	戊午 2 三	己未 3 四	庚申 4 五	辛酉 5 六	壬戌 6 日	癸亥 7 一	甲子 8 二	乙丑 9 三	丙寅 10 四	丁卯 11 五	戊辰 12 六	己巳 13 日	庚午 14 一	辛未 15 二	壬申 16 三	癸酉 17 四	甲戌 18 五	乙亥 19 六	丙子 20 日	丁丑 21 一	戊寅 22 二	己卯 23 三	庚辰 24 四		丁巳白露 壬申秋分
九月大	壬戌	干支 天地 西曆 星期	辛巳 25 五	壬午 26 六	癸未 27 日	甲申 28 一	乙酉 29 二	丙戌 30 三	丁亥 (10) 四	戊子 2 五	己丑 3 六	庚寅 4 日	辛卯 5 一	壬辰 6 二	癸巳 7 三	甲午 8 四	乙未 9 五	丙申 10 六	丁酉 11 日	戊戌 12 一	己亥 13 二	庚子 14 三	辛丑 15 四	壬寅 16 五	癸卯 17 六	甲辰 18 日	乙巳 19 一	丙午 20 二	丁未 21 三	戊申 22 四	己酉 23 五	庚戌 24 六	丁亥寒露 壬寅霜降
十月小	癸亥	干支 天地 西曆 星期	辛亥 25 日	壬子 26 一	癸丑 27 二	甲寅 28 三	乙卯 29 四	丙辰 30 五	丁巳 31 六	戊午 (11) 日	己未 2 一	庚申 3 二	辛酉 4 三	壬戌 5 四	癸亥 6 五	甲子 7 六	乙丑 8 日	丙寅 9 一	丁卯 10 二	戊辰 11 三	己巳 12 四	庚午 13 五	辛未 14 六	壬申 15 日	癸酉 16 一	甲戌 17 二	乙亥 18 三	丙子 19 四	丁丑 20 五	戊寅 21 六	己卯 22 日		戊午立冬 癸酉小雪
十一月小	甲子	干支 天地 西曆 星期	庚辰 23 一	辛巳 24 二	壬午 25 三	癸未 26 四	甲申 27 五	乙酉 28 六	丙戌 29 日	丁亥 30 一	戊子 (12) 二	己丑 2 三	庚寅 3 四	辛卯 4 五	壬辰 5 六	癸巳 6 日	甲午 7 一	乙未 8 二	丙申 9 三	丁酉 10 四	戊戌 11 五	己亥 12 六	庚子 13 日	辛丑 14 一	壬寅 15 二	癸卯 16 三	甲辰 17 四	乙巳 18 五	丙午 19 六	丁未 20 日	戊申 21 一		戊子大雪 癸卯冬至
十二月大	乙丑	干支 天地 西曆 星期	己酉 22 二	庚戌 23 三	辛亥 24 四	壬子 25 五	癸丑 26 六	甲寅 27 日	乙卯 28 一	丙辰 29 二	丁巳 30 三	戊午 31 四	己未 (1) 五	庚申 2 六	辛酉 3 日	壬戌 4 一	癸亥 5 二	甲子 6 三	乙丑 7 四	丙寅 8 五	丁卯 9 六	戊辰 10 日	己巳 11 一	庚午 12 二	辛未 13 三	壬申 14 四	癸酉 15 五	甲戌 16 六	乙亥 17 日	丙子 18 一	丁丑 19 二	戊寅 20 三	戊午小寒 甲戌大寒

遼穆宗應曆十九年 景宗保寧元年（己巳 蛇年） 公元 969 ~ 970 年

夏曆月序		中西曆日對照	初一	初二	初三	初四	初五	初六	初七	初八	初九	初十	十一	十二	十三	十四	十五	十六	十七	十八	十九	二十	二一	二二	二三	二四	二五	二六	二七	二八	二九	三十	節氣與天象
正月小	丙寅	干支 西曆 星期	己卯21四	庚辰22五	辛巳23六	壬午24日	癸未25一	甲申26二	乙酉27三	丙戌28四	丁亥29五	戊子30六	己丑31日	庚寅(2)一	辛卯2二	壬辰3三	癸巳4四	甲午5五	乙未6六	丙申7日	丁酉8一	戊戌9二	己亥10三	庚子11四	辛丑12五	壬寅13六	癸卯14日	甲辰15一	乙巳16二	丙午17三	丁未18四		己丑立春 甲辰雨水
二月大	丁卯	干支 西曆 星期	戊申19五	己酉20六	庚戌21日	辛亥22一	壬子23二	癸丑24三	甲寅25四	乙卯26五	丙辰27六	丁巳28日	戊午(3)一	己未2二	庚申3三	辛酉4四	壬戌5五	癸亥6六	甲子7日	乙丑8一	丙寅9二	丁卯10三	戊辰11四	己巳12五	庚午13六	辛未14日	壬申15一	癸酉16二	甲戌17三	乙亥18四	丙子19五	丁丑20六	己未驚蟄 乙亥春分
三月大	戊辰	干支 西曆 星期	戊寅21日	己卯22一	庚辰23二	辛巳24三	壬午25四	癸未26五	甲申27六	乙酉28日	丙戌29一	丁亥30二	戊子31三	己丑(4)四	庚寅2五	辛卯3六	壬辰4日	癸巳5一	甲午6二	乙未7三	丙申8四	丁酉9五	戊戌10六	己亥11日	庚子12一	辛丑13二	壬寅14三	癸卯15四	甲辰16五	乙巳17六	丙午18日	丁未19一	庚寅清明 乙巳穀雨
四月小	己巳	干支 西曆 星期	戊申20二	己酉21三	庚戌22四	辛亥23五	壬子24六	癸丑25日	甲寅26一	乙卯27二	丙辰28三	丁巳29四	戊午30五	己未(5)六	庚申2日	辛酉3一	壬戌4二	癸亥5三	甲子6四	乙丑7五	丙寅8六	丁卯9日	戊辰10一	己巳11二	庚午12三	辛未13四	壬申14五	癸酉15六	甲戌16日	乙亥17一	丙子18二		庚申立夏 乙亥小滿
五月大	庚午	干支 西曆 星期	丁丑19三	戊寅20四	己卯21五	庚辰22六	辛巳23日	壬午24一	癸未25二	甲申26三	乙酉27四	丙戌28五	丁亥29六	戊子30日	己丑31一	庚寅(6)二	辛卯2三	壬辰3四	癸巳4五	甲午5六	乙未6日	丙申7一	丁酉8二	戊戌9三	己亥10四	庚子11五	辛丑12六	壬寅13日	癸卯14一	甲辰15二	乙巳16三	丙午17四	辛卯芒種 丙午夏至
閏五月小	庚午	干支 西曆 星期	丁未18五	戊申19六	己酉20日	庚戌21一	辛亥22二	壬子23三	癸丑24四	甲寅25五	乙卯26六	丙辰27日	丁巳28一	戊午29二	己未30三	庚申(7)四	辛酉2五	壬戌3六	癸亥4日	甲子5一	乙丑6二	丙寅7三	丁卯8四	戊辰9五	己巳10六	庚午11日	辛未12一	壬申13二	癸酉14三	甲戌15四	乙亥16五		辛酉小暑
六月大	辛未	干支 西曆 星期	丙子17六	丁丑18日	戊寅19一	己卯20二	庚辰21三	辛巳22四	壬午23五	癸未24六	甲申25日	乙酉26一	丙戌27二	丁亥28三	戊子29四	己丑30五	庚寅31六	辛卯(8)日	壬辰2一	癸巳3二	甲午4三	乙未5四	丙申6五	丁酉7六	戊戌8日	己亥9一	庚子10二	辛丑11三	壬寅12四	癸卯13五	甲辰14六	乙巳15日	丙子大暑 辛卯立秋
七月大	壬申	干支 西曆 星期	丙午16一	丁未17二	戊申18三	己酉19四	庚戌20五	辛亥21六	壬子22日	癸丑23一	甲寅24二	乙卯25三	丙辰26四	丁巳27五	戊午28六	己未29日	庚申30一	辛酉31二	壬戌(9)三	癸亥2四	甲子3五	乙丑4六	丙寅5日	丁卯6一	戊辰7二	己巳8三	庚午9四	辛未10五	壬申11六	癸酉12日	甲戌13一	乙亥14二	丁未處暑 壬戌白露
八月小	癸酉	干支 西曆 星期	丙子15三	丁丑16四	戊寅17五	己卯18六	庚辰19日	辛巳20一	壬午21二	癸未22三	甲申23四	乙酉24五	丙戌25六	丁亥26日	戊子27一	己丑28二	庚寅29三	辛卯30四	壬辰(10)五	癸巳2六	甲午3日	乙未4一	丙申5二	丁酉6三	戊戌7四	己亥8五	庚子9六	辛丑10日	壬寅11一	癸卯12二	甲辰13三		丁丑秋分 壬辰寒露
九月大	甲戌	干支 西曆 星期	乙巳14四	丙午15五	丁未16六	戊申17日	己酉18一	庚戌19二	辛亥20三	壬子21四	癸丑22五	甲寅23六	乙卯24日	丙辰25一	丁巳26二	戊午27三	己未28四	庚申29五	辛酉30六	壬戌31日	癸亥(11)一	甲子2二	乙丑3三	丙寅4四	丁卯5五	戊辰6六	己巳7日	庚午8一	辛未9二	壬申10三	癸酉11四	甲戌12五	戊申霜降 癸亥立冬
十月小	乙亥	干支 西曆 星期	乙亥13六	丙子14日	丁丑15一	戊寅16二	己卯17三	庚辰18四	辛巳19五	壬午20六	癸未21日	甲申22一	乙酉23二	丙戌24三	丁亥25四	戊子26五	己丑27六	庚寅28日	辛卯29一	壬辰30二	癸巳(12)三	甲午2四	乙未3五	丙申4六	丁酉5日	戊戌6一	己亥7二	庚子8三	辛丑9四	壬寅10五	癸卯11六		戊寅小雪 癸巳大雪
十一月大	丙子	干支 西曆 星期	甲辰12日	乙巳13一	丙午14二	丁未15三	戊申16四	己酉17五	庚戌18六	辛亥19日	壬子20一	癸丑21二	甲寅22三	乙卯23四	丙辰24五	丁巳25六	戊午26日	己未27一	庚申28二	辛酉29三	壬戌30四	癸亥31五	甲子(1)六	乙丑2日	丙寅3一	丁卯4二	戊辰5三	己巳6四	庚午7五	辛未8六	壬申9日	癸酉10一	戊申冬至 甲子小寒
十二月小	丁丑	干支 西曆 星期	甲戌11二	乙亥12三	丙子13四	丁丑14五	戊寅15六	己卯16日	庚辰17一	辛巳18二	壬午19三	癸未20四	甲申21五	乙酉22六	丙戌23日	丁亥24一	戊子25二	己丑26三	庚寅27四	辛卯28五	壬辰29六	癸巳30日	甲午31一	乙未(2)二	丙申2三	丁酉3四	戊戌4五	己亥5六	庚子6日	辛丑7一	壬寅8二		己卯大寒 甲午立春

* 二月己巳（二十二日），穆宗被殺。庚午（二十三日），耶律賢即位，改元保寧，是爲景宗。

遼景宗保寧二年（庚午 馬年） 公元970～971年

夏曆月序		中西曆日對照	初一	初二	初三	初四	初五	初六	初七	初八	初九	初十	十一	十二	十三	十四	十五	十六	十七	十八	十九	二十	二一	二二	二三	二四	二五	二六	二七	二八	二九	三十	節氣與天象
正月小	戊寅	干支 天地西曆 星期	癸卯9三	甲辰10四	乙巳11五	丙午12六	丁未13日	戊申14一	己酉15二	庚戌16三	辛亥17四	壬子18五	癸丑19六	甲寅20日	乙卯21一	丙辰22二	丁巳23三	戊午24四	己未25五	庚申26六	辛酉27日	壬戌28一	癸亥(3)二	甲子2三	乙丑3四	丙寅4五	丁卯5六	戊辰6日	己巳7一	庚午8二	辛未9三		己酉雨水 乙丑驚蟄
二月大	己卯	干支 天地西曆 星期	壬申10四	癸酉11五	甲戌12六	乙亥13日	丙子14一	丁丑15二	戊寅16三	己卯17四	庚辰18五	辛巳19六	壬午20日	癸未21一	甲申22二	乙酉23三	丙戌24四	丁亥25五	戊子26六	己丑27日	庚寅28一	辛卯29二	壬辰30三	癸巳31四	甲午(4)五	乙未2六	丙申3日	丁酉4一	戊戌5二	己亥6三	庚子7四	辛丑8五	庚辰春分 乙未清明
三月小	庚辰	干支 天地西曆 星期	壬寅9六	癸卯10日	甲辰11一	乙巳12二	丙午13三	丁未14四	戊申15五	己酉16六	庚戌17日	辛亥18一	壬子19二	癸丑20三	甲寅21四	乙卯22五	丙辰23六	丁巳24日	戊午25一	己未26二	庚申27三	辛酉28四	壬戌29五	癸亥30六	甲子(5)日	乙丑2一	丙寅3二	丁卯4三	戊辰5四	己巳6五	庚午7六		庚戌穀雨 乙丑立夏
四月大	辛巳	干支 天地西曆 星期	辛未8日	壬申9一	癸酉10二	甲戌11三	乙亥12四	丙子13五	丁丑14六	戊寅15日	己卯16一	庚辰17二	辛巳18三	壬午19四	癸未20五	甲申21六	乙酉22日	丙戌23一	丁亥24二	戊子25三	己丑26四	庚寅27五	辛卯28六	壬辰29日	癸巳30一	甲午31二	乙未(6)三	丙申2四	丁酉3五	戊戌4六	己亥5日	庚子6一	辛巳小滿 丙申芒種 辛未日食
五月小	壬午	干支 天地西曆 星期	辛丑7二	壬寅8三	癸卯9四	甲辰10五	乙巳11六	丙午12日	丁未13一	戊申14二	己酉15三	庚戌16四	辛亥17五	壬子18六	癸丑19日	甲寅20一	乙卯21二	丙辰22三	丁巳23四	戊午24五	己未25六	庚申26日	辛酉27一	壬戌28二	癸亥29三	甲子30四	乙丑(7)五	丙寅2六	丁卯3日	戊辰4一	己巳5二		辛亥夏至 丙寅小暑
六月大	癸未	干支 天地西曆 星期	庚午6三	辛未7四	壬申8五	癸酉9六	甲戌10日	乙亥11一	丙子12二	丁丑13三	戊寅14四	己卯15五	庚辰16六	辛巳17日	壬午18一	癸未19二	甲申20三	乙酉21四	丙戌22五	丁亥23六	戊子24日	己丑25一	庚寅26二	辛卯27三	壬辰28四	癸巳29五	甲午30六	乙未31日	丙申(8)一	丁酉2二	戊戌3三	己亥4四	壬午大暑 丁酉立秋
七月大	甲申	干支 天地西曆 星期	庚子5五	辛丑6六	壬寅7日	癸卯8一	甲辰9二	乙巳10三	丙午11四	丁未12五	戊申13六	己酉14日	庚戌15一	辛亥16二	壬子17三	癸丑18四	甲寅19五	乙卯20六	丙辰21日	丁巳22一	戊午23二	己未24三	庚申25四	辛酉26五	壬戌27六	癸亥28日	甲子29一	乙丑30二	丙寅31三	丁卯(9)四	戊辰2五	己巳3六	壬子處暑 丁卯白露
八月小	乙酉	干支 天地西曆 星期	庚午4日	辛未5一	壬申6二	癸酉7三	甲戌8四	乙亥9五	丙子10六	丁丑11日	戊寅12一	己卯13二	庚辰14三	辛巳15四	壬午16五	癸未17六	甲申18日	乙酉19一	丙戌20二	丁亥21三	戊子22四	己丑23五	庚寅24六	辛卯25日	壬辰26一	癸巳27二	甲午28三	乙未29四	丙申30五	丁酉(10)六	戊戌2日		壬午秋分 戊戌寒露
九月大	丙戌	干支 天地西曆 星期	己亥3一	庚子4二	辛丑5三	壬寅6四	癸卯7五	甲辰8六	乙巳9日	丙午10一	丁未11二	戊申12三	己酉13四	庚戌14五	辛亥15六	壬子16日	癸丑17一	甲寅18二	乙卯19三	丙辰20四	丁巳21五	戊午22六	己未23日	庚申24一	辛酉25二	壬戌26三	癸亥27四	甲子28五	乙丑29六	丙寅30日	丁卯31一	戊辰(11)二	癸丑霜降 戊辰立冬
十月大	丁亥	干支 天地西曆 星期	己巳2三	庚午3四	辛未4五	壬申5六	癸酉6日	甲戌7一	乙亥8二	丙子9三	丁丑10四	戊寅11五	己卯12六	庚辰13日	辛巳14一	壬午15二	癸未16三	甲申17四	乙酉18五	丙戌19六	丁亥20日	戊子21一	己丑22二	庚寅23三	辛卯24四	壬辰25五	癸巳26六	甲午27日	乙未28一	丙申29二	丁酉30三	戊戌(12)四	癸未小雪 戊戌大雪
十一月小	戊子	干支 天地西曆 星期	己亥2五	庚子3六	辛丑4日	壬寅5一	癸卯6二	甲辰7三	乙巳8四	丙午9五	丁未10六	戊申11日	己酉12一	庚戌13二	辛亥14三	壬子15四	癸丑16五	甲寅17六	乙卯18日	丙辰19一	丁巳20二	戊午21三	己未22四	庚申23五	辛酉24六	壬戌25日	癸亥26一	甲子27二	乙丑28三	丙寅29四	丁卯30五		甲寅冬至
十二月大	己丑	干支 天地西曆 星期	戊辰31六	己巳(1)日	庚午2一	辛未3二	壬申4三	癸酉5四	甲戌6五	乙亥7六	丙子8日	丁丑9一	戊寅10二	己卯11三	庚辰12四	辛巳13五	壬午14六	癸未15日	甲申16一	乙酉17二	丙戌18三	丁亥19四	戊子20五	己丑21六	庚寅22日	辛卯23一	壬辰24二	癸巳25三	甲午26四	乙未27五	丙申28六	丁酉29日	己巳小寒 甲申大寒

遼景宗保寧三年（辛未 羊年） 公元 971 ~ 972 年

夏曆月序		中西曆日對照	初一	初二	初三	初四	初五	初六	初七	初八	初九	初十	十一	十二	十三	十四	十五	十六	十七	十八	十九	二十	二一	二二	二三	二四	二五	二六	二七	二八	二九	三十	節氣與天象
正月小	庚寅	天干地支西曆星期	戊戌30一	己亥31二	庚子(2)三	辛丑2四	壬寅3五	癸卯4六	甲辰5日	乙巳6一	丙午7二	丁未8三	戊申9四	己酉10五	庚戌11六	辛亥12日	壬子13一	癸丑14二	甲寅15三	乙卯16四	丙辰17五	丁巳18六	戊午19日	己未20一	庚申21二	辛酉22三	壬戌23四	癸亥24五	甲子25六	乙丑26日	丙寅27一		己亥立春 乙卯雨水
二月小	辛卯	天干地支西曆星期	丁卯28二	戊辰(3)三	己巳2四	庚午3五	辛未4六	壬申5日	癸酉6一	甲戌7二	乙亥8三	丙子9四	丁丑10五	戊寅11六	己卯12日	庚辰13一	辛巳14二	壬午15三	癸未16四	甲申17五	乙酉18六	丙戌19日	丁亥20一	戊子21二	己丑22三	庚寅23四	辛卯24五	壬辰25六	癸巳26日	甲午27一	乙未28二		庚午驚蟄 乙酉春分
三月大	壬辰	天干地支西曆星期	丙申29三	丁酉30四	戊戌31五	己亥(4)六	庚子2日	辛丑3一	壬寅4二	癸卯5三	甲辰6四	乙巳7五	丙午8六	丁未9日	戊申10一	己酉11二	庚戌12三	辛亥13四	壬子14五	癸丑15六	甲寅16日	乙卯17一	丙辰18二	丁巳19三	戊午20四	己未21五	庚申22六	辛酉23日	壬戌24一	癸亥25二	甲子26三	乙丑27四	庚子清明 乙卯穀雨
四月小	癸巳	天干地支西曆星期	丙寅28五	丁卯29六	戊辰30日	己巳(5)一	庚午2二	辛未3三	壬申4四	癸酉5五	甲戌6六	乙亥7日	丙子8一	丁丑9二	戊寅10三	己卯11四	庚辰12五	辛巳13六	壬午14日	癸未15一	甲申16二	乙酉17三	丙戌18四	丁亥19五	戊子20六	己丑21日	庚寅22一	辛卯23二	壬辰24三	癸巳25四	甲午26五		辛未立夏 丙戌小滿
五月大	甲午	天干地支西曆星期	乙未27六	丙申28日	丁酉29一	戊戌30二	己亥31三	庚子(6)四	辛丑2五	壬寅3六	癸卯4日	甲辰5一	乙巳6二	丙午7三	丁未8四	戊申9五	己酉10六	庚戌11日	辛亥12一	壬子13二	癸丑14三	甲寅15四	乙卯16五	丙辰17六	丁巳18日	戊午19一	己未20二	庚申21三	辛酉22四	壬戌23五	癸亥24六	甲子25日	辛丑芒種 丙辰夏至
六月小	乙未	天干地支西曆星期	乙丑26一	丙寅27二	丁卯28三	戊辰29四	己巳30五	庚午(7)六	辛未2日	壬申3一	癸酉4二	甲戌5三	乙亥6四	丙子7五	丁丑8六	戊寅9日	己卯10一	庚辰11二	辛巳12三	壬午13四	癸未14五	甲申15六	乙酉16日	丙戌17一	丁亥18二	戊子19三	己丑20四	庚寅21五	辛卯22六	壬辰23日	癸巳24一		壬申小暑 丁亥大暑
七月大	丙申	天干地支西曆星期	甲午25二	乙未26三	丙申27四	丁酉28五	戊戌29六	己亥30日	庚子31一	辛丑(8)二	壬寅2三	癸卯3四	甲辰4五	乙巳5六	丙午6日	丁未7一	戊申8二	己酉9三	庚戌10四	辛亥11五	壬子12六	癸丑13日	甲寅14一	乙卯15二	丙辰16三	丁巳17四	戊午18五	己未19六	庚申20日	辛酉21一	壬戌22二	癸亥23三	壬寅立秋 丁巳處暑
八月小	丁酉	天干地支西曆星期	甲子24四	乙丑25五	丙寅26六	丁卯27日	戊辰28一	己巳29二	庚午30三	辛未31四	壬申(9)五	癸酉2六	甲戌3日	乙亥4一	丙子5二	丁丑6三	戊寅7四	己卯8五	庚辰9六	辛巳10日	壬午11一	癸未12二	甲申13三	乙酉14四	丙戌15五	丁亥16六	戊子17日	己丑18一	庚寅19二	辛卯20三	壬辰21四		壬申白露 戊子秋分
九月大	戊戌	天干地支西曆星期	癸巳22五	甲午23六	乙未24日	丙申25一	丁酉26二	戊戌27三	己亥28四	庚子29五	辛丑30六	壬寅(10)日	癸卯2一	甲辰3二	乙巳4三	丙午5四	丁未6五	戊申7六	己酉8日	庚戌9一	辛亥10二	壬子11三	癸丑12四	甲寅13五	乙卯14六	丙辰15日	丁巳16一	戊午17二	己未18三	庚申19四	辛酉20五	壬戌21六	癸卯寒露 戊午霜降
十月大	己亥	天干地支西曆星期	癸亥22日	甲子23一	乙丑24二	丙寅25三	丁卯26四	戊辰27五	己巳28六	庚午29日	辛未30一	壬申31二	癸酉(11)三	甲戌2四	乙亥3五	丙子4六	丁丑5日	戊寅6一	己卯7二	庚辰8三	辛巳9四	壬午10五	癸未11六	甲申12日	乙酉13一	丙戌14二	丁亥15三	戊子16四	己丑17五	庚寅18六	辛卯19日	壬辰20一	癸酉立冬 己丑小雪 癸亥日食
十一月大	庚子	天干地支西曆星期	癸巳21二	甲午22三	乙未23四	丙申24五	丁酉25六	戊戌26日	己亥27一	庚子28二	辛丑29三	壬寅30四	癸卯(12)五	甲辰2六	乙巳3日	丙午4一	丁未5二	戊申6三	己酉7四	庚戌8五	辛亥9六	壬子10日	癸丑11一	甲寅12二	乙卯13三	丙辰14四	丁巳15五	戊午16六	己未17日	庚申18一	辛酉19二	壬戌20三	甲辰大雪 己未冬至
十二月小	辛丑	天干地支西曆星期	癸亥21四	甲子22五	乙丑23六	丙寅24日	丁卯25一	戊辰26二	己巳27三	庚午28四	辛未29五	壬申30六	癸酉31日	甲戌(1)一	乙亥2二	丙子3三	丁丑4四	戊寅5五	己卯6六	庚辰7日	辛巳8一	壬午9二	癸未10三	甲申11四	乙酉12五	丙戌13六	丁亥14日	戊子15一	己丑16二	庚寅17三	辛卯18四		甲戌小寒 己丑大寒

遼景宗保寧四年（壬申 猴年） 公元 972 ~ 973 年

夏曆月序	中曆	西曆日對照	初一	初二	初三	初四	初五	初六	初七	初八	初九	初十	十一	十二	十三	十四	十五	十六	十七	十八	十九	二十	二一	二二	二三	二四	二五	二六	二七	二八	二九	三十	節氣與天象
正月大	壬寅	天干地支 西曆 星期	壬辰19五	癸巳20六	甲午21日	乙未22一	丙申23二	丁酉24三	戊戌25四	己亥26五	庚子27六	辛丑28日	壬寅29一	癸卯30二	甲辰31三	乙巳(2)四	丙午2五	丁未3六	戊申4日	己酉5一	庚戌6二	辛亥7三	壬子8四	癸丑9五	甲寅10六	乙卯11日	丙辰12一	丁巳13二	戊午14三	己未15四	庚申16五	辛酉17六	乙巳立春 庚申雨水
二月小	癸卯	天干地支 西曆 星期	壬戌18日	癸亥19一	甲子20二	乙丑21三	丙寅22四	丁卯23五	戊辰24六	己巳25日	庚午26一	辛未27二	壬申28三	癸酉29四	甲戌(3)五	乙亥2六	丙子3日	丁丑4一	戊寅5二	己卯6三	庚辰7四	辛巳8五	壬午9六	癸未10日	甲申11一	乙酉12二	丙戌13三	丁亥14四	戊子15五	己丑16六	庚寅17日		乙亥驚蟄 庚寅春分
閏二月小	癸卯	天干地支 西曆 星期	辛卯18一	壬辰19二	癸巳20三	甲午21四	乙未22五	丙申23六	丁酉24日	戊戌25一	己亥26二	庚子27三	辛丑28四	壬寅29五	癸卯30六	甲辰31日	乙巳(4)一	丙午2二	丁未3三	戊申4四	己酉5五	庚戌6六	辛亥7日	壬子8一	癸丑9二	甲寅10三	乙卯11四	丙辰12五	丁巳13六	戊午14日	己未15一		乙巳清明
三月大	甲辰	天干地支 西曆 星期	庚申16二	辛酉17三	壬戌18四	癸亥19五	甲子20六	乙丑21日	丙寅22一	丁卯23二	戊辰24三	己巳25四	庚午26五	辛未27六	壬申28日	癸酉29一	甲戌30二	乙亥(5)三	丙子2四	丁丑3五	戊寅4六	己卯5日	庚辰6一	辛巳7二	壬午8三	癸未9四	甲申10五	乙酉11六	丙戌12日	丁亥13一	戊子14二	己丑15三	辛酉穀雨 丙子立夏
四月小	乙巳	天干地支 西曆 星期	庚寅16四	辛卯17五	壬辰18六	癸巳19日	甲午20一	乙未21二	丙申22三	丁酉23四	戊戌24五	己亥25六	庚子26日	辛丑27一	壬寅28二	癸卯29三	甲辰30四	乙巳31五	丙午(6)六	丁未2日	戊申3一	己酉4二	庚戌5三	辛亥6四	壬子7五	癸丑8六	甲寅9日	乙卯10一	丙辰11二	丁巳12三	戊午13四		辛卯小滿 丙午芒種
五月小	丙午	天干地支 西曆 星期	己未14五	庚申15六	辛酉16日	壬戌17一	癸亥18二	甲子19三	乙丑20四	丙寅21五	丁卯22六	戊辰23日	己巳24一	庚午25二	辛未26三	壬申27四	癸酉28五	甲戌29六	乙亥30日	丙子(7)一	丁丑2二	戊寅3三	己卯4四	庚辰5五	辛巳6六	壬午7日	癸未8一	甲申9二	乙酉10三	丙戌11四	丁亥12五		壬戌夏至 丁丑小暑
六月大	丁未	天干地支 西曆 星期	戊子13六	己丑14日	庚寅15一	辛卯16二	壬辰17三	癸巳18四	甲午19五	乙未20六	丙申21日	丁酉22一	戊戌23二	己亥24三	庚子25四	辛丑26五	壬寅27六	癸卯28日	甲辰29一	乙巳30二	丙午31三	丁未(8)四	戊申2五	己酉3六	庚戌4日	辛亥5一	壬子6二	癸丑7三	甲寅8四	乙卯9五	丙辰10六	丁巳11日	壬辰大暑 丁未立秋
七月大	戊申	天干地支 西曆 星期	戊午12一	己未13二	庚申14三	辛酉15四	壬戌16五	癸亥17六	甲子18日	乙丑19一	丙寅20二	丁卯21三	戊辰22四	己巳23五	庚午24六	辛未25日	壬申26一	癸酉27二	甲戌28三	乙亥29四	丙子30五	丁丑31六	戊寅(9)日	己卯2一	庚辰3二	辛巳4三	壬午5四	癸未6五	甲申7六	乙酉8日	丙戌9一	丁亥10二	壬戌處暑 戊寅白露
八月小	己酉	天干地支 西曆 星期	戊子11三	己丑12四	庚寅13五	辛卯14六	壬辰15日	癸巳16一	甲午17二	乙未18三	丙申19四	丁酉20五	戊戌21六	己亥22日	庚子23一	辛丑24二	壬寅25三	癸卯26四	甲辰27五	乙巳28六	丙午29日	丁未30一	戊申(10)二	己酉2三	庚戌3四	辛亥4五	壬子5六	癸丑6日	甲寅7一	乙卯8二	丙辰9三		癸巳秋分 戊申寒露
九月大	庚戌	天干地支 西曆 星期	丁巳10四	戊午11五	己未12六	庚申13日	辛酉14一	壬戌15二	癸亥16三	甲子17四	乙丑18五	丙寅19六	丁卯20日	戊辰21一	己巳22二	庚午23三	辛未24四	壬申25五	癸酉26六	甲戌27日	乙亥28一	丙子29二	丁丑30三	戊寅31四	己卯(11)五	庚辰2六	辛巳3日	壬午4一	癸未5二	甲申6三	乙酉7四	丙戌8五	癸亥霜降 己卯立冬 丁巳日食
十月大	辛亥	天干地支 西曆 星期	丁亥9六	戊子10日	己丑11一	庚寅12二	辛卯13三	壬辰14四	癸巳15五	甲午16六	乙未17日	丙申18一	丁酉19二	戊戌20三	己亥21四	庚子22五	辛丑23六	壬寅24日	癸卯25一	甲辰26二	乙巳27三	丙午28四	丁未29五	戊申30六	己酉(12)日	庚戌2一	辛亥3二	壬子4三	癸丑5四	甲寅6五	乙卯7六	丙辰8日	甲午小雪 己酉大雪
十一月大	壬子	天干地支 西曆 星期	丁巳9一	戊午10二	己未11三	庚申12四	辛酉13五	壬戌14六	癸亥15日	甲子16一	乙丑17二	丙寅18三	丁卯19四	戊辰20五	己巳21六	庚午22日	辛未23一	壬申24二	癸酉25三	甲戌26四	乙亥27五	丙子28六	丁丑29日	戊寅30一	己卯31二	庚辰(1)三	辛巳2四	壬午3五	癸未4六	甲申5日	乙酉6一	丙戌7二	甲子冬至 己卯小寒
十二月小	癸丑	天干地支 西曆 星期	丁亥8三	戊子9四	己丑10五	庚寅11六	辛卯12日	壬辰13一	癸巳14二	甲午15三	乙未16四	丙申17五	丁酉18六	戊戌19日	己亥20一	庚子21二	辛丑22三	壬寅23四	癸卯24五	甲辰25六	乙巳26日	丙午27一	丁未28二	戊申29三	己酉30四	庚戌31五	辛亥(2)六	壬子2日	癸丑3一	甲寅4二	乙卯5三		乙未大寒 庚戌立春

遼景宗保寧五年（癸酉 鷄年） 公元973 ~ 974年

夏曆月序		中西曆日對照	初一	初二	初三	初四	初五	初六	初七	初八	初九	初十	十一	十二	十三	十四	十五	十六	十七	十八	十九	二十	二一	二二	二三	二四	二五	二六	二七	二八	二九	三十	節氣與天象
正月大	甲寅	干支	丙辰	丁巳	戊午	己未	庚申	辛酉	壬戌	癸亥	甲子	乙丑	丙寅	丁卯	戊辰	己巳	庚午	辛未	壬申	癸酉	甲戌	乙亥	丙子	丁丑	戊寅	己卯	庚辰	辛巳	壬午	癸未	甲申	乙酉	乙丑雨水 庚辰驚蟄
		西曆	6	7	8	9	10	11	12	13	14	15	16	17	18	19	20	21	22	23	24	25	26	27	28	(3)	2	3	4	5	6	7	
		星期	四	五	六	日	一	二	三	四	五	六	日	一	二	三	四	五	六	日	一	二	三	四	五	六	日	一	二	三	四	五	
二月小	乙卯	干支	丙戌	丁亥	戊子	己丑	庚寅	辛卯	壬辰	癸巳	甲午	乙未	丙申	丁酉	戊戌	己亥	庚子	辛丑	壬寅	癸卯	甲辰	乙巳	丙午	丁未	戊申	己酉	庚戌	辛亥	壬子	癸丑	甲寅		丙申春分 辛亥清明
		西曆	8	9	10	11	12	13	14	15	16	17	18	19	20	21	22	23	24	25	26	27	28	29	30	31	(4)	2	3	4	5		
		星期	六	日	一	二	三	四	五	六	日	一	二	三	四	五	六	日	一	二	三	四	五	六	日	一	二	三	四	五	六		
三月大	丙辰	干支	乙卯	丙辰	丁巳	戊午	己未	庚申	辛酉	壬戌	癸亥	甲子	乙丑	丙寅	丁卯	戊辰	己巳	庚午	辛未	壬申	癸酉	甲戌	乙亥	丙子	丁丑	戊寅	己卯	庚辰	辛巳	壬午	癸未	甲申	丙寅穀雨 辛巳立夏
		西曆	6	7	8	9	10	11	12	13	14	15	16	17	18	19	20	21	22	23	24	25	26	27	28	29	30	(5)	2	3	4	5	
		星期	日	一	二	三	四	五	六	日	一	二	三	四	五	六	日	一	二	三	四	五	六	日	一	二	三	四	五	六	日	一	
四月小	丁巳	干支	乙酉	丙戌	丁亥	戊子	己丑	庚寅	辛卯	壬辰	癸巳	甲午	乙未	丙申	丁酉	戊戌	己亥	庚子	辛丑	壬寅	癸卯	甲辰	乙巳	丙午	丁未	戊申	己酉	庚戌	辛亥	壬子	癸丑		丙申小滿 壬子芒種
		西曆	6	7	8	9	10	11	12	13	14	15	16	17	18	19	20	21	22	23	24	25	26	27	28	29	30	31	(6)	2	3		
		星期	二	三	四	五	六	日	一	二	三	四	五	六	日	一	二	三	四	五	六	日	一	二	三	四	五	六	日	一	二		
五月小	戊午	干支	甲寅	乙卯	丙辰	丁巳	戊午	己未	庚申	辛酉	壬戌	癸亥	甲子	乙丑	丙寅	丁卯	戊辰	己巳	庚午	辛未	壬申	癸酉	甲戌	乙亥	丙子	丁丑	戊寅	己卯	庚辰	辛巳	壬午		丁卯夏至 壬午小暑
		西曆	4	5	6	7	8	9	10	11	12	13	14	15	16	17	18	19	20	21	22	23	24	25	26	27	28	29	30	(7)	2		
		星期	三	四	五	六	日	一	二	三	四	五	六	日	一	二	三	四	五	六	日	一	二	三	四	五	六	日	一	二	三		
六月小	己未	干支	癸未	甲申	乙酉	丙戌	丁亥	戊子	己丑	庚寅	辛卯	壬辰	癸巳	甲午	乙未	丙申	丁酉	戊戌	己亥	庚子	辛丑	壬寅	癸卯	甲辰	乙巳	丙午	丁未	戊申	己酉	庚戌	辛亥		丁酉大暑
		西曆	3	4	5	6	7	8	9	10	11	12	13	14	15	16	17	18	19	20	21	22	23	24	25	26	27	28	29	30	31		
		星期	四	五	六	日	一	二	三	四	五	六	日	一	二	三	四	五	六	日	一	二	三	四	五	六	日	一	二	三	四		
七月大	庚申	干支	壬子	癸丑	甲寅	乙卯	丙辰	丁巳	戊午	己未	庚申	辛酉	壬戌	癸亥	甲子	乙丑	丙寅	丁卯	戊辰	己巳	庚午	辛未	壬申	癸酉	甲戌	乙亥	丙子	丁丑	戊寅	己卯	庚辰	辛巳	壬子立秋 戊辰處暑
		西曆	(8)	2	3	4	5	6	7	8	9	10	11	12	13	14	15	16	17	18	19	20	21	22	23	24	25	26	27	28	29	30	
		星期	五	六	日	一	二	三	四	五	六	日	一	二	三	四	五	六	日	一	二	三	四	五	六	日	一	二	三	四	五	六	
八月小	辛酉	干支	壬午	癸未	甲申	乙酉	丙戌	丁亥	戊子	己丑	庚寅	辛卯	壬辰	癸巳	甲午	乙未	丙申	丁酉	戊戌	己亥	庚子	辛丑	壬寅	癸卯	甲辰	乙巳	丙午	丁未	戊申	己酉	庚戌		癸未白露 戊戌秋分
		西曆	31	(9)	2	3	4	5	6	7	8	9	10	11	12	13	14	15	16	17	18	19	20	21	22	23	24	25	26	27	28		
		星期	日	一	二	三	四	五	六	日	一	二	三	四	五	六	日	一	二	三	四	五	六	日	一	二	三	四	五	六	日		
九月大	壬戌	干支	辛亥	壬子	癸丑	甲寅	乙卯	丙辰	丁巳	戊午	己未	庚申	辛酉	壬戌	癸亥	甲子	乙丑	丙寅	丁卯	戊辰	己巳	庚午	辛未	壬申	癸酉	甲戌	乙亥	丙子	丁丑	戊寅	己卯	庚辰	癸丑寒露 己巳霜降
		西曆	29	30	(10)	2	3	4	5	6	7	8	9	10	11	12	13	14	15	16	17	18	19	20	21	22	23	24	25	26	27	28	
		星期	一	二	三	四	五	六	日	一	二	三	四	五	六	日	一	二	三	四	五	六	日	一	二	三	四	五	六	日	一	二	
十月大	癸亥	干支	辛巳	壬午	癸未	甲申	乙酉	丙戌	丁亥	戊子	己丑	庚寅	辛卯	壬辰	癸巳	甲午	乙未	丙申	丁酉	戊戌	己亥	庚子	辛丑	壬寅	癸卯	甲辰	乙巳	丙午	丁未	戊申	己酉	庚戌	甲申立冬 己亥小雪
		西曆	29	30	31	(11)	2	3	4	5	6	7	8	9	10	11	12	13	14	15	16	17	18	19	20	21	22	23	24	25	26	27	
		星期	三	四	五	六	日	一	二	三	四	五	六	日	一	二	三	四	五	六	日	一	二	三	四	五	六	日	一	二	三	四	
十一月大	甲子	干支	辛亥	壬子	癸丑	甲寅	乙卯	丙辰	丁巳	戊午	己未	庚申	辛酉	壬戌	癸亥	甲子	乙丑	丙寅	丁卯	戊辰	己巳	庚午	辛未	壬申	癸酉	甲戌	乙亥	丙子	丁丑	戊寅	己卯	庚辰	甲寅大雪 己巳冬至
		西曆	28	29	30	(12)	2	3	4	5	6	7	8	9	10	11	12	13	14	15	16	17	18	19	20	21	22	23	24	25	26	27	
		星期	五	六	日	一	二	三	四	五	六	日	一	二	三	四	五	六	日	一	二	三	四	五	六	日	一	二	三	四	五	六	
十二月小	乙丑	干支	辛巳	壬午	癸未	甲申	乙酉	丙戌	丁亥	戊子	己丑	庚寅	辛卯	壬辰	癸巳	甲午	乙未	丙申	丁酉	戊戌	己亥	庚子	辛丑	壬寅	癸卯	甲辰	乙巳	丙午	丁未	戊申	己酉		乙酉小寒 庚子大寒
		西曆	28	29	30	31	(1)	2	3	4	5	6	7	8	9	10	11	12	13	14	15	16	17	18	19	20	21	22	23	24	25		
		星期	日	一	二	三	四	五	六	日	一	二	三	四	五	六	日	一	二	三	四	五	六	日	一	二	三	四	五	六	日		

遼景宗保寧六年（甲戌 狗年） 公元 974 ~ 975 年

夏曆月序		中西曆日對照	初一	初二	初三	初四	初五	初六	初七	初八	初九	初十	十一	十二	十三	十四	十五	十六	十七	十八	十九	二十	二一	二二	二三	二四	二五	二六	二七	二八	二九	三十	節氣與天象
正月大	丙寅	干支 西曆 星期	庚戌 26 一	辛亥 27 二	壬子 28 三	癸丑 29 四	甲寅 30 五	乙卯 31 六	丙辰 (2) 日	丁巳 2 一	戊午 3 二	己未 4 三	庚申 5 四	辛酉 6 五	壬戌 7 六	癸亥 8 日	甲子 9 一	乙丑 10 二	丙寅 11 三	丁卯 12 四	戊辰 13 五	己巳 14 六	庚午 15 日	辛未 16 一	壬申 17 二	癸酉 18 三	甲戌 19 四	乙亥 20 五	丙子 21 六	丁丑 22 日	戊寅 23 一	己卯 24 二	乙卯立春 庚午雨水
二月大	丁卯	干支 西曆 星期	庚辰 25 三	辛巳 26 四	壬午 27 五	癸未 28 六	甲申 (3) 日	乙酉 2 一	丙戌 3 二	丁亥 4 三	戊子 5 四	己丑 6 五	庚寅 7 六	辛卯 8 日	壬辰 9 一	癸巳 10 二	甲午 11 三	乙未 12 四	丙申 13 五	丁酉 14 六	戊戌 15 日	己亥 16 一	庚子 17 二	辛丑 18 三	壬寅 19 四	癸卯 20 五	甲辰 21 六	乙巳 22 日	丙午 23 一	丁未 24 二	戊申 25 三	己酉 26 四	丙戌驚蟄 辛丑春分 庚辰日食
三月小	戊辰	干支 西曆 星期	庚戌 27 五	辛亥 28 六	壬子 29 日	癸丑 30 一	甲寅 31 二	乙卯 (4) 三	丙辰 2 四	丁巳 3 五	戊午 4 六	己未 5 日	庚申 6 一	辛酉 7 二	壬戌 8 三	癸亥 9 四	甲子 10 五	乙丑 11 六	丙寅 12 日	丁卯 13 一	戊辰 14 二	己巳 15 三	庚午 16 四	辛未 17 五	壬申 18 六	癸酉 19 日	甲戌 20 一	乙亥 21 二	丙子 22 三	丁丑 23 四	戊寅 24 五		丙辰清明 辛未穀雨
四月小	己巳	干支 西曆 星期	己卯 25 六	庚辰 26 日	辛巳 27 一	壬午 28 二	癸未 29 三	甲申 30 四	乙酉 (5) 五	丙戌 2 六	丁亥 3 日	戊子 4 一	己丑 5 二	庚寅 6 三	辛卯 7 四	壬辰 8 五	癸巳 9 六	甲午 10 日	乙未 11 一	丙申 12 二	丁酉 13 三	戊戌 14 四	己亥 15 五	庚子 16 六	辛丑 17 日	壬寅 18 一	癸卯 19 二	甲辰 20 三	乙巳 21 四	丙午 22 五	丁未 23 六		丙戌立夏 壬寅小滿
五月大	庚午	干支 西曆 星期	戊申 24 日	己酉 25 一	庚戌 26 二	辛亥 27 三	壬子 28 四	癸丑 29 五	甲寅 30 六	乙卯 31 日	丙辰 (6) 一	丁巳 2 二	戊午 3 三	己未 4 四	庚申 5 五	辛酉 6 六	壬戌 7 日	癸亥 8 一	甲子 9 二	乙丑 10 三	丙寅 11 四	丁卯 12 五	戊辰 13 六	己巳 14 日	庚午 15 一	辛未 16 二	壬申 17 三	癸酉 18 四	甲戌 19 五	乙亥 20 六	丙子 21 日	丁丑 22 一	丁巳芒種 壬申夏至
六月小	辛未	干支 西曆 星期	戊寅 23 二	己卯 24 三	庚辰 25 四	辛巳 26 五	壬午 27 六	癸未 28 日	甲申 29 一	乙酉 30 二	丙戌 (7) 三	丁亥 2 四	戊子 3 五	己丑 4 六	庚寅 5 日	辛卯 6 一	壬辰 7 二	癸巳 8 三	甲午 9 四	乙未 10 五	丙申 11 六	丁酉 12 日	戊戌 13 一	己亥 14 二	庚子 15 三	辛丑 16 四	壬寅 17 五	癸卯 18 六	甲辰 19 日	乙巳 20 一	丙午 21 二		丁亥小暑 癸卯大暑
七月小	壬申	干支 西曆 星期	丁未 22 三	戊申 23 四	己酉 24 五	庚戌 25 六	辛亥 26 日	壬子 27 一	癸丑 28 二	甲寅 29 三	乙卯 30 四	丙辰 31 五	丁巳 (8) 六	戊午 2 日	己未 3 一	庚申 4 二	辛酉 5 三	壬戌 6 四	癸亥 7 五	甲子 8 六	乙丑 9 日	丙寅 10 一	丁卯 11 二	戊辰 12 三	己巳 13 四	庚午 14 五	辛未 15 六	壬申 16 日	癸酉 17 一	甲戌 18 二	乙亥 19 三		戊午立秋 癸酉處暑
八月大	癸酉	干支 西曆 星期	丙子 20 四	丁丑 21 五	戊寅 22 六	己卯 23 日	庚辰 24 一	辛巳 25 二	壬午 26 三	癸未 27 四	甲申 28 五	乙酉 29 六	丙戌 30 日	丁亥 31 一	戊子 (9) 二	己丑 2 三	庚寅 3 四	辛卯 4 五	壬辰 5 六	癸巳 6 日	甲午 7 一	乙未 8 二	丙申 9 三	丁酉 10 四	戊戌 11 五	己亥 12 六	庚子 13 日	辛丑 14 一	壬寅 15 二	癸卯 16 三	甲辰 17 四	乙巳 18 五	戊子白露 癸卯秋分
九月小	甲戌	干支 西曆 星期	丙午 19 六	丁未 20 日	戊申 21 一	己酉 22 二	庚戌 23 三	辛亥 24 四	壬子 25 五	癸丑 26 六	甲寅 27 日	乙卯 28 一	丙辰 29 二	丁巳 30 三	戊午 (10) 四	己未 2 五	庚申 3 六	辛酉 4 日	壬戌 5 一	癸亥 6 二	甲子 7 三	乙丑 8 四	丙寅 9 五	丁卯 10 六	戊辰 11 日	己巳 12 一	庚午 13 二	辛未 14 三	壬申 15 四	癸酉 16 五	甲戌 17 六		己未寒露 甲戌霜降
十月大	乙亥	干支 西曆 星期	乙亥 18 日	丙子 19 一	丁丑 20 二	戊寅 21 三	己卯 22 四	庚辰 23 五	辛巳 24 六	壬午 25 日	癸未 26 一	甲申 27 二	乙酉 28 三	丙戌 29 四	丁亥 30 五	戊子 31 六	己丑 (11) 日	庚寅 2 一	辛卯 3 二	壬辰 4 三	癸巳 5 四	甲午 6 五	乙未 7 六	丙申 8 日	丁酉 9 一	戊戌 10 二	己亥 11 三	庚子 12 四	辛丑 13 五	壬寅 14 六	癸卯 15 日	甲辰 16 一	己丑立冬 甲辰小雪
閏十月大	乙亥	干支 西曆 星期	乙巳 17 二	丙午 18 三	丁未 19 四	戊申 20 五	己酉 21 六	庚戌 22 日	辛亥 23 一	壬子 24 二	癸丑 25 三	甲寅 26 四	乙卯 27 五	丙辰 28 六	丁巳 29 日	戊午 30 一	己未 (12) 二	庚申 2 三	辛酉 3 四	壬戌 4 五	癸亥 5 六	甲子 6 日	乙丑 7 一	丙寅 8 二	丁卯 9 三	戊辰 10 四	己巳 11 五	庚午 12 六	辛未 13 日	壬申 14 一	癸酉 15 二	甲戌 16 三	己未大雪
十一月小	丙子	干支 西曆 星期	乙亥 17 四	丙子 18 五	丁丑 19 六	戊寅 20 日	己卯 21 一	庚辰 22 二	辛巳 23 三	壬午 24 四	癸未 25 五	甲申 26 六	乙酉 27 日	丙戌 28 一	丁亥 29 二	戊子 30 三	己丑 31 四	庚寅 (1) 五	辛卯 2 六	壬辰 3 日	癸巳 4 一	甲午 5 二	乙未 6 三	丙申 7 四	丁酉 8 五	戊戌 9 六	己亥 10 日	庚子 11 一	辛丑 12 二	壬寅 13 三	癸卯 14 四		乙亥冬至 庚寅小寒
十二月大	丁丑	干支 西曆 星期	甲辰 15 五	乙巳 16 六	丙午 17 日	丁未 18 一	戊申 19 二	己酉 20 三	庚戌 21 四	辛亥 22 五	壬子 23 六	癸丑 24 日	甲寅 25 一	乙卯 26 二	丙辰 27 三	丁巳 28 四	戊午 29 五	己未 30 六	庚申 31 日	辛酉 (2) 一	壬戌 2 二	癸亥 3 三	甲子 4 四	乙丑 5 五	丙寅 6 六	丁卯 7 日	戊辰 8 一	己巳 9 二	庚午 10 三	辛未 11 四	壬申 12 五	癸酉 13 六	乙巳大寒 庚申立春

遼景宗保寧七年（乙亥 猪年） 公元975 ~ 976年

夏曆月序		中西曆日對照	初一	初二	初三	初四	初五	初六	初七	初八	初九	初十	十一	十二	十三	十四	十五	十六	十七	十八	十九	二十	二一	二二	二三	二四	二五	二六	二七	二八	二九	三十	節氣與天象
正月大	戊寅	天干地支西曆星期	甲戌14日	乙亥15一	丙子16二	丁丑17三	戊寅18四	己卯19五	庚辰20六	辛巳21日	壬午22一	癸未23二	甲申24三	乙酉25四	丙戌26五	丁亥27六	戊子28日	己丑(3)一	庚寅2二	辛卯3三	壬辰4四	癸巳5五	甲午6六	乙未7日	丙申8一	丁酉9二	戊戌10三	己亥11四	庚子12五	辛丑13六	壬寅14日	癸卯15一	丙子雨水 辛卯驚蟄
二月小	己卯	天干地支西曆星期	甲辰16二	乙巳17三	丙午18四	丁未19五	戊申20六	己酉21日	庚戌22一	辛亥23二	壬子24三	癸丑25四	甲寅26五	乙卯27六	丙辰28日	丁巳29一	戊午30二	己未31三	庚申(4)四	辛酉2五	壬戌3六	癸亥4日	甲子5一	乙丑6二	丙寅7三	丁卯8四	戊辰9五	己巳10六	庚午11日	辛未12一	壬申13二		丙午春分 辛酉清明
三月大	庚辰	天干地支西曆星期	癸酉14三	甲戌15四	乙亥16五	丙子17六	丁丑18日	戊寅19一	己卯20二	庚辰21三	辛巳22四	壬午23五	癸未24六	甲申25日	乙酉26一	丙戌27二	丁亥28三	戊子29四	己丑30五	庚寅(5)六	辛卯2日	壬辰3一	癸巳4二	甲午5三	乙未6四	丙申7五	丁酉8六	戊戌9日	己亥10一	庚子11二	辛丑12三	壬寅13四	丙子穀雨 壬辰立夏
四月小	辛巳	天干地支西曆星期	癸卯14五	甲辰15六	乙巳16日	丙午17一	丁未18二	戊申19三	己酉20四	庚戌21五	辛亥22六	壬子23日	癸丑24一	甲寅25二	乙卯26三	丙辰27四	丁巳28五	戊午29六	己未30日	庚申31一	辛酉(6)二	壬戌2三	癸亥3四	甲子4五	乙丑5六	丙寅6日	丁卯7一	戊辰8二	己巳9三	庚午10四	辛未11五		丁未小滿 壬戌芒種
五月大	壬午	天干地支西曆星期	壬申12六	癸酉13日	甲戌14一	乙亥15二	丙子16三	丁丑17四	戊寅18五	己卯19六	庚辰20日	辛巳21一	壬午22二	癸未23三	甲申24四	乙酉25五	丙戌26六	丁亥27日	戊子28一	己丑29二	庚寅30三	辛卯(7)四	壬辰2五	癸巳3六	甲午4日	乙未5一	丙申6二	丁酉7三	戊戌8四	己亥9五	庚子10六	辛丑11日	丁丑夏至 癸巳小暑
六月小	癸未	天干地支西曆星期	壬寅12一	癸卯13二	甲辰14三	乙巳15四	丙午16五	丁未17六	戊申18日	己酉19一	庚戌20二	辛亥21三	壬子22四	癸丑23五	甲寅24六	乙卯25日	丙辰26一	丁巳27二	戊午28三	己未29四	庚申30五	辛酉31六	壬戌(8)日	癸亥2一	甲子3二	乙丑4三	丙寅5四	丁卯6五	戊辰7六	己巳8日	庚午9一		戊申大暑 癸亥立秋
七月小	甲申	天干地支西曆星期	辛未10二	壬申11三	癸酉12四	甲戌13五	乙亥14六	丙子15日	丁丑16一	戊寅17二	己卯18三	庚辰19四	辛巳20五	壬午21六	癸未22日	甲申23一	乙酉24二	丙戌25三	丁亥26四	戊子27五	己丑28六	庚寅29日	辛卯30一	壬辰31二	癸巳(9)三	甲午2四	乙未3五	丙申4六	丁酉5日	戊戌6一	己亥7二		戊寅處暑 癸巳白露 辛未日食
八月大	乙酉	天干地支西曆星期	庚子8三	辛丑9四	壬寅10五	癸卯11六	甲辰12日	乙巳13一	丙午14二	丁未15三	戊申16四	己酉17五	庚戌18六	辛亥19日	壬子20一	癸丑21二	甲寅22三	乙卯23四	丙辰24五	丁巳25六	戊午26日	己未27一	庚申28二	辛酉29三	壬戌30四	癸亥(10)五	甲子2六	乙丑3日	丙寅4一	丁卯5二	戊辰6三	己巳7四	己酉秋分 甲子寒露
九月小	丙戌	天干地支西曆星期	庚午8五	辛未9六	壬申10日	癸酉11一	甲戌12二	乙亥13三	丙子14四	丁丑15五	戊寅16六	己卯17日	庚辰18一	辛巳19二	壬午20三	癸未21四	甲申22五	乙酉23六	丙戌24日	丁亥25一	戊子26二	己丑27三	庚寅28四	辛卯29五	壬辰30六	癸巳31日	甲午(11)一	乙未2二	丙申3三	丁酉4四	戊戌5五		己卯霜降 甲午立冬
十月大	丁亥	天干地支西曆星期	己亥6六	庚子7日	辛丑8一	壬寅9二	癸卯10三	甲辰11四	乙巳12五	丙午13六	丁未14日	戊申15一	己酉16二	庚戌17三	辛亥18四	壬子19五	癸丑20六	甲寅21日	乙卯22一	丙辰23二	丁巳24三	戊午25四	己未26五	庚申27六	辛酉28日	壬戌29一	癸亥30二	甲子(12)三	乙丑2四	丙寅3五	丁卯4六	戊辰5日	己酉小雪 乙丑大雪
十一月小	戊子	天干地支西曆星期	己巳6一	庚午7二	辛未8三	壬申9四	癸酉10五	甲戌11六	乙亥12日	丙子13一	丁丑14二	戊寅15三	己卯16四	庚辰17五	辛巳18六	壬午19日	癸未20一	甲申21二	乙酉22三	丙戌23四	丁亥24五	戊子25六	己丑26日	庚寅27一	辛卯28二	壬辰29三	癸巳30四	甲午31五	乙未(1)六	丙申2日	丁酉3一		庚辰冬至 乙未小寒
十二月大	己丑	天干地支西曆星期	戊戌4二	己亥5三	庚子6四	辛丑7五	壬寅8六	癸卯9日	甲辰10一	乙巳11二	丙午12三	丁未13四	戊申14五	己酉15六	庚戌16日	辛亥17一	壬子18二	癸丑19三	甲寅20四	乙卯21五	丙辰22六	丁巳23日	戊午24一	己未25二	庚申26三	辛酉27四	壬戌28五	癸亥29六	甲子30日	乙丑31一	丙寅(2)二	丁卯3三	庚戌大寒 丙寅立春

遼景宗保寧八年（丙子 鼠年） 公元 976 ~ 977 年

夏曆月序		中西曆日對照	初一	初二	初三	初四	初五	初六	初七	初八	初九	初十	十一	十二	十三	十四	十五	十六	十七	十八	十九	二十	二一	二二	二三	二四	二五	二六	二七	二八	二九	三十	節氣與天象
正月大	庚寅	天干地支 西曆 星期	戊辰 3 四	己巳 4 五	庚午 5 六	辛未 6 日	壬申 7 一	癸酉 8 二	甲戌 9 三	乙亥 10 四	丙子 11 五	丁丑 12 六	戊寅 13 日	己卯 14 一	庚辰 15 二	辛巳 16 三	壬午 17 四	癸未 18 五	甲申 19 六	乙酉 20 日	丙戌 21 一	丁亥 22 二	戊子 23 三	己丑 24 四	庚寅 25 五	辛卯 26 六	壬辰 27 日	癸巳 28 一	甲午 29 二	乙未 (3) 三	丙申 2 四	丁酉 3 五	辛巳雨水 丙申驚蟄
二月大	辛卯	天干地支 西曆 星期	戊戌 4 六	己亥 5 日	庚子 6 一	辛丑 7 二	壬寅 8 三	癸卯 9 四	甲辰 10 五	乙巳 11 六	丙午 12 日	丁未 13 一	戊申 14 二	己酉 15 三	庚戌 16 四	辛亥 17 五	壬子 18 六	癸丑 19 日	甲寅 20 一	乙卯 21 二	丙辰 22 三	丁巳 23 四	戊午 24 五	己未 25 六	庚申 26 日	辛酉 27 一	壬戌 28 二	癸亥 29 三	甲子 30 四	乙丑 31 五	丙寅 (4) 六	丁卯 2 日	辛亥春分 丙寅清明
三月小	壬辰	天干地支 西曆 星期	戊辰 3 一	己巳 4 二	庚午 5 三	辛未 6 四	壬申 7 五	癸酉 8 六	甲戌 9 日	乙亥 10 一	丙子 11 二	丁丑 12 三	戊寅 13 四	己卯 14 五	庚辰 15 六	辛巳 16 日	壬午 17 一	癸未 18 二	甲申 19 三	乙酉 20 四	丙戌 21 五	丁亥 22 六	戊子 23 日	己丑 24 一	庚寅 25 二	辛卯 26 三	壬辰 27 四	癸巳 28 五	甲午 29 六	乙未 30 日	丙申 (5) 一		壬午穀雨
四月大	癸巳	天干地支 西曆 星期	丁酉 2 二	戊戌 3 三	己亥 4 四	庚子 5 五	辛丑 6 六	壬寅 7 日	癸卯 8 一	甲辰 9 二	乙巳 10 三	丙午 11 四	丁未 12 五	戊申 13 六	己酉 14 日	庚戌 15 一	辛亥 16 二	壬子 17 三	癸丑 18 四	甲寅 19 五	乙卯 20 六	丙辰 21 日	丁巳 22 一	戊午 23 二	己未 24 三	庚申 25 四	辛酉 26 五	壬戌 27 六	癸亥 28 日	甲子 29 一	乙丑 30 二	丙寅 31 三	丁酉立夏 壬子小滿
五月小	甲午	天干地支 西曆 星期	丁卯 (6) 四	戊辰 2 五	己巳 3 六	庚午 4 日	辛未 5 一	壬申 6 二	癸酉 7 三	甲戌 8 四	乙亥 9 五	丙子 10 六	丁丑 11 日	戊寅 12 一	己卯 13 二	庚辰 14 三	辛巳 15 四	壬午 16 五	癸未 17 六	甲申 18 日	乙酉 19 一	丙戌 20 二	丁亥 21 三	戊子 22 四	己丑 23 五	庚寅 24 六	辛卯 25 日	壬辰 26 一	癸巳 27 二	甲午 28 三	乙未 29 四		丁卯芒種 癸未夏至
六月大	乙未	天干地支 西曆 星期	丙申 30 五	丁酉 (7) 六	戊戌 2 日	己亥 3 一	庚子 4 二	辛丑 5 三	壬寅 6 四	癸卯 7 五	甲辰 8 六	乙巳 9 日	丙午 10 一	丁未 11 二	戊申 12 三	己酉 13 四	庚戌 14 五	辛亥 15 六	壬子 16 日	癸丑 17 一	甲寅 18 二	乙卯 19 三	丙辰 20 四	丁巳 21 五	戊午 22 六	己未 23 日	庚申 24 一	辛酉 25 二	壬戌 26 三	癸亥 27 四	甲子 28 五	乙丑 29 六	戊戌小暑 癸丑大暑
七月小	丙申	天干地支 西曆 星期	丙寅 30 日	丁卯 31 一	戊辰 (8) 二	己巳 2 三	庚午 3 四	辛未 4 五	壬申 5 六	癸酉 6 日	甲戌 7 一	乙亥 8 二	丙子 9 三	丁丑 10 四	戊寅 11 五	己卯 12 六	庚辰 13 日	辛巳 14 一	壬午 15 二	癸未 16 三	甲申 17 四	乙酉 18 五	丙戌 19 六	丁亥 20 日	戊子 21 一	己丑 22 二	庚寅 23 三	辛卯 24 四	壬辰 25 五	癸巳 26 六	甲午 27 日		戊辰立秋 癸未處暑
八月小	丁酉	天干地支 西曆 星期	乙未 28 一	丙申 29 二	丁酉 30 三	戊戌 31 四	己亥 (9) 五	庚子 2 六	辛丑 3 日	壬寅 4 一	癸卯 5 二	甲辰 6 三	乙巳 7 四	丙午 8 五	丁未 9 六	戊申 10 日	己酉 11 一	庚戌 12 二	辛亥 13 三	壬子 14 四	癸丑 15 五	甲寅 16 六	乙卯 17 日	丙辰 18 一	丁巳 19 二	戊午 20 三	己未 21 四	庚申 22 五	辛酉 23 六	壬戌 24 日	癸亥 25 一		己亥白露 甲寅秋分
九月大	戊戌	天干地支 西曆 星期	甲子 26 二	乙丑 27 三	丙寅 28 四	丁卯 29 五	戊辰 30 六	己巳 (10) 日	庚午 2 一	辛未 3 二	壬申 4 三	癸酉 5 四	甲戌 6 五	乙亥 7 六	丙子 8 日	丁丑 9 一	戊寅 10 二	己卯 11 三	庚辰 12 四	辛巳 13 五	壬午 14 六	癸未 15 日	甲申 16 一	乙酉 17 二	丙戌 18 三	丁亥 19 四	戊子 20 五	己丑 21 六	庚寅 22 日	辛卯 23 一	壬辰 24 二	癸巳 25 三	己巳寒露 甲申霜降
十月小	己亥	天干地支 西曆 星期	甲午 26 四	乙未 27 五	丙申 28 六	丁酉 29 日	戊戌 30 一	己亥 31 二	庚子 (11) 三	辛丑 2 四	壬寅 3 五	癸卯 4 六	甲辰 5 日	乙巳 6 一	丙午 7 二	丁未 8 三	戊申 9 四	己酉 10 五	庚戌 11 六	辛亥 12 日	壬子 13 一	癸丑 14 二	甲寅 15 三	乙卯 16 四	丙辰 17 五	丁巳 18 六	戊午 19 日	己未 20 一	庚申 21 二	辛酉 22 三	壬戌 23 四		庚子立冬 乙卯小雪
十一月大	庚子	天干地支 西曆 星期	癸亥 24 五	甲子 25 六	乙丑 26 日	丙寅 27 一	丁卯 28 二	戊辰 29 三	己巳 30 四	庚午 (12) 五	辛未 2 六	壬申 3 日	癸酉 4 一	甲戌 5 二	乙亥 6 三	丙子 7 四	丁丑 8 五	戊寅 9 六	己卯 10 日	庚辰 11 一	辛巳 12 二	壬午 13 三	癸未 14 四	甲申 15 五	乙酉 16 六	丙戌 17 日	丁亥 18 一	戊子 19 二	己丑 20 三	庚寅 21 四	辛卯 22 五	壬辰 23 六	庚午大雪 乙酉冬至
十二月小	辛丑	天干地支 西曆 星期	癸巳 24 日	甲午 25 一	乙未 26 二	丙申 27 三	丁酉 28 四	戊戌 29 五	己亥 30 六	庚子 31 日	辛丑 (1) 一	壬寅 2 二	癸卯 3 三	甲辰 4 四	乙巳 5 五	丙午 6 六	丁未 7 日	戊申 8 一	己酉 9 二	庚戌 10 三	辛亥 11 四	壬子 12 五	癸丑 13 六	甲寅 14 日	乙卯 15 一	丙辰 16 二	丁巳 17 三	戊午 18 四	己未 19 五	庚申 20 六	辛酉 21 日		庚子小寒 丙辰大寒

遼景宗保寧九年（丁丑 牛年） 公元 977 ~ 978 年

夏曆月序		中西曆日對照	初一	初二	初三	初四	初五	初六	初七	初八	初九	初十	十一	十二	十三	十四	十五	十六	十七	十八	十九	二十	二一	二二	二三	二四	二五	二六	二七	二八	二九	三十	節氣與天象
正月大	壬寅	天干地支 西曆 星期	壬戌 22 一	癸亥 23 二	甲子 24 三	乙丑 25 四	丙寅 26 五	丁卯 27 六	戊辰 28 日	己巳 29 一	庚午 30 二	辛未 31 三	壬申 (2) 四	癸酉 2 五	甲戌 3 六	乙亥 4 日	丙子 5 一	丁丑 6 二	戊寅 7 三	己卯 8 四	庚辰 9 五	辛巳 10 六	壬午 11 日	癸未 12 一	甲申 13 二	乙酉 14 三	丙戌 15 四	丁亥 16 五	戊子 17 六	己丑 18 日	庚寅 19 一	辛卯 20 二	辛未立春 丙戌雨水
二月大	癸卯	天干地支 西曆 星期	壬辰 21 三	癸巳 22 四	甲午 23 五	乙未 24 六	丙申 25 日	丁酉 26 一	戊戌 27 二	己亥 28 三	庚子 (3) 四	辛丑 2 五	壬寅 3 六	癸卯 4 日	甲辰 5 一	乙巳 6 二	丙午 7 三	丁未 8 四	戊申 9 五	己酉 10 六	庚戌 11 日	辛亥 12 一	壬子 13 二	癸丑 14 三	甲寅 15 四	乙卯 16 五	丙辰 17 六	丁巳 18 日	戊午 19 一	己未 20 二	庚申 21 三	辛酉 22 四	辛丑驚蟄 丙辰春分
三月小	甲辰	天干地支 西曆 星期	壬戌 23 五	癸亥 24 六	甲子 25 日	乙丑 26 一	丙寅 27 二	丁卯 28 三	戊辰 29 四	己巳 30 五	庚午 31 六	辛未 (4) 日	壬申 2 一	癸酉 3 二	甲戌 4 三	乙亥 5 四	丙子 6 五	丁丑 7 六	戊寅 8 日	己卯 9 一	庚辰 10 二	辛巳 11 三	壬午 12 四	癸未 13 五	甲申 14 六	乙酉 15 日	丙戌 16 一	丁亥 17 二	戊子 18 三	己丑 19 四	庚寅 20 五		壬申清明 丁亥穀雨
四月大	乙巳	天干地支 西曆 星期	辛卯 21 六	壬辰 22 日	癸巳 23 一	甲午 24 二	乙未 25 三	丙申 26 四	丁酉 27 五	戊戌 28 六	己亥 29 日	庚子 30 一	辛丑 (5) 二	壬寅 2 三	癸卯 3 四	甲辰 4 五	乙巳 5 六	丙午 6 日	丁未 7 一	戊申 8 二	己酉 9 三	庚戌 10 四	辛亥 11 五	壬子 12 六	癸丑 13 日	甲寅 14 一	乙卯 15 二	丙辰 16 三	丁巳 17 四	戊午 18 五	己未 19 六	庚申 20 日	壬寅立夏 丁巳小滿
五月大	丙午	天干地支 西曆 星期	辛酉 21 一	壬戌 22 二	癸亥 23 三	甲子 24 四	乙丑 25 五	丙寅 26 六	丁卯 27 日	戊辰 28 一	己巳 29 二	庚午 30 三	辛未 31 四	壬申 (6) 五	癸酉 2 六	甲戌 3 日	乙亥 4 一	丙子 5 二	丁丑 6 三	戊寅 7 四	己卯 8 五	庚辰 9 六	辛巳 10 日	壬午 11 一	癸未 12 二	甲申 13 三	乙酉 14 四	丙戌 15 五	丁亥 16 六	戊子 17 日	己丑 18 一	庚寅 19 二	癸酉芒種 戊子夏至
六月小	丁未	天干地支 西曆 星期	辛卯 20 三	壬辰 21 四	癸巳 22 五	甲午 23 六	乙未 24 日	丙申 25 一	丁酉 26 二	戊戌 27 三	己亥 28 四	庚子 29 五	辛丑 30 六	壬寅 (7) 日	癸卯 2 一	甲辰 3 二	乙巳 4 三	丙午 5 四	丁未 6 五	戊申 7 六	己酉 8 日	庚戌 9 一	辛亥 10 二	壬子 11 三	癸丑 12 四	甲寅 13 五	乙卯 14 六	丙辰 15 日	丁巳 16 一	戊午 17 二	己未 18 三		癸卯小暑 戊午大暑
七月大	戊申	天干地支 西曆 星期	庚申 19 四	辛酉 20 五	壬戌 21 六	癸亥 22 日	甲子 23 一	乙丑 24 二	丙寅 25 三	丁卯 26 四	戊辰 27 五	己巳 28 六	庚午 29 日	辛未 30 一	壬申 31 二	癸酉 (8) 三	甲戌 2 四	乙亥 3 五	丙子 4 六	丁丑 5 日	戊寅 6 一	己卯 7 二	庚辰 8 三	辛巳 9 四	壬午 10 五	癸未 11 六	甲申 12 日	乙酉 13 一	丙戌 14 二	丁亥 15 三	戊子 16 四	己丑 17 五	癸酉立秋 己丑處暑
閏七月小	戊申	天干地支 西曆 星期	庚寅 18 六	辛卯 19 日	壬辰 20 一	癸巳 21 二	甲午 22 三	乙未 23 四	丙申 24 五	丁酉 25 六	戊戌 26 日	己亥 27 一	庚子 28 二	辛丑 29 三	壬寅 30 四	癸卯 31 五	甲辰 (9) 六	乙巳 2 日	丙午 3 一	丁未 4 二	戊申 5 三	己酉 6 四	庚戌 7 五	辛亥 8 六	壬子 9 日	癸丑 10 一	甲寅 11 二	乙卯 12 三	丙辰 13 四	丁巳 14 五	戊午 15 六		甲辰白露
八月大	己酉	天干地支 西曆 星期	己未 16 日	庚申 17 一	辛酉 18 二	壬戌 19 三	癸亥 20 四	甲子 21 五	乙丑 22 六	丙寅 23 日	丁卯 24 一	戊辰 25 二	己巳 26 三	庚午 27 四	辛未 28 五	壬申 29 六	癸酉 30 日	甲戌 (10) 一	乙亥 2 二	丙子 3 三	丁丑 4 四	戊寅 5 五	己卯 6 六	庚辰 7 日	辛巳 8 一	壬午 9 二	癸未 10 三	甲申 11 四	乙酉 12 五	丙戌 13 六	丁亥 14 日	戊子 15 一	己未秋分 甲戌寒露
九月小	庚戌	天干地支 西曆 星期	己丑 16 二	庚寅 17 三	辛卯 18 四	壬辰 19 五	癸巳 20 六	甲午 21 日	乙未 22 一	丙申 23 二	丁酉 24 三	戊戌 25 四	己亥 26 五	庚子 27 六	辛丑 28 日	壬寅 29 一	癸卯 30 二	甲辰 31 三	乙巳 (11) 四	丙午 2 五	丁未 3 六	戊申 4 日	己酉 5 一	庚戌 6 二	辛亥 7 三	壬子 8 四	癸丑 9 五	甲寅 10 六	乙卯 11 日	丙辰 12 一	丁巳 13 二		庚寅霜降 乙巳立冬
十月小	辛亥	天干地支 西曆 星期	戊午 14 三	己未 15 四	庚申 16 五	辛酉 17 六	壬戌 18 日	癸亥 19 一	甲子 20 二	乙丑 21 三	丙寅 22 四	丁卯 23 五	戊辰 24 六	己巳 25 日	庚午 26 一	辛未 27 二	壬申 28 三	癸酉 29 四	甲戌 30 五	乙亥 (12) 六	丙子 2 日	丁丑 3 一	戊寅 4 二	己卯 5 三	庚辰 6 四	辛巳 7 五	壬午 8 六	癸未 9 日	甲申 10 一	乙酉 11 二	丙戌 12 三		庚申小雪 乙亥大雪
十一月大	壬子	天干地支 西曆 星期	丁亥 13 四	戊子 14 五	己丑 15 六	庚寅 16 日	辛卯 17 一	壬辰 18 二	癸巳 19 三	甲午 20 四	乙未 21 五	丙申 22 六	丁酉 23 日	戊戌 24 一	己亥 25 二	庚子 26 三	辛丑 27 四	壬寅 28 五	癸卯 29 六	甲辰 30 日	乙巳 31 一	丙午 (1) 二	丁未 2 三	戊申 3 四	己酉 4 五	庚戌 5 六	辛亥 6 日	壬子 7 一	癸丑 8 二	甲寅 9 三	乙卯 10 四	丙辰 11 五	庚寅冬至 丙午小寒 丁亥日食
十二月小	癸丑	天干地支 西曆 星期	丁巳 12 六	戊午 13 日	己未 14 一	庚申 15 二	辛酉 16 三	壬戌 17 四	癸亥 18 五	甲子 19 六	乙丑 20 日	丙寅 21 一	丁卯 22 二	戊辰 23 三	己巳 24 四	庚午 25 五	辛未 26 六	壬申 27 日	癸酉 28 一	甲戌 29 二	乙亥 30 三	丙子 31 四	丁丑 (2) 五	戊寅 2 六	己卯 3 日	庚辰 4 一	辛巳 5 二	壬午 6 三	癸未 7 四	甲申 8 五	乙酉 9 六		辛酉大寒 丙子立春

遼景宗保寧十年（戊寅 虎年） 公元 **978** ~ 979 年

夏曆月序		中西曆日對照	初一	初二	初三	初四	初五	初六	初七	初八	初九	初十	十一	十二	十三	十四	十五	十六	十七	十八	十九	二十	二一	二二	二三	二四	二五	二六	二七	二八	二九	三十	節氣與天象
正月大	甲寅	天干地支 西曆 星期	丙戌 10 日	丁亥 11 一	戊子 12 二	己丑 13 三	庚寅 14 四	辛卯 15 五	壬辰 16 六	癸巳 17 日	甲午 18 一	乙未 19 二	丙申 20 三	丁酉 21 四	戊戌 22 五	己亥 23 六	庚子 24 日	辛丑 25 一	壬寅 26 二	癸卯 27 三	甲辰 28 四	乙巳 (3) 五	丙午 2 六	丁未 3 日	戊申 4 一	己酉 5 二	庚戌 6 三	辛亥 7 四	壬子 8 五	癸丑 9 六	甲寅 10 日	乙卯 11 一	辛卯雨水 丁未驚蟄
二月小	乙卯	天干地支 西曆 星期	丙辰 12 二	丁巳 13 三	戊午 14 四	己未 15 五	庚申 16 六	辛酉 17 日	壬戌 18 一	癸亥 19 二	甲子 20 三	乙丑 21 四	丙寅 22 五	丁卯 23 六	戊辰 24 日	己巳 25 一	庚午 26 二	辛未 27 三	壬申 28 四	癸酉 29 五	甲戌 30 六	乙亥 31 日	丙子 (4) 一	丁丑 2 二	戊寅 3 三	己卯 4 四	庚辰 5 五	辛巳 6 六	壬午 7 日	癸未 8 一	甲申 9 二		壬戌春分 丁丑清明
三月大	丙辰	天干地支 西曆 星期	乙酉 10 三	丙戌 11 四	丁亥 12 五	戊子 13 六	己丑 14 日	庚寅 15 一	辛卯 16 二	壬辰 17 三	癸巳 18 四	甲午 19 五	乙未 20 六	丙申 21 日	丁酉 22 一	戊戌 23 二	己亥 24 三	庚子 25 四	辛丑 26 五	壬寅 27 六	癸卯 28 日	甲辰 29 一	乙巳 30 二	丙午 (5) 三	丁未 2 四	戊申 3 五	己酉 4 六	庚戌 5 日	辛亥 6 一	壬子 7 二	癸丑 8 三	甲寅 9 四	壬辰穀雨 丁未立夏
四月大	丁巳	天干地支 西曆 星期	乙卯 10 五	丙辰 11 六	丁巳 12 日	戊午 13 一	己未 14 二	庚申 15 三	辛酉 16 四	壬戌 17 五	癸亥 18 六	甲子 19 日	乙丑 20 一	丙寅 21 二	丁卯 22 三	戊辰 23 四	己巳 24 五	庚午 25 六	辛未 26 日	壬申 27 一	癸酉 28 二	甲戌 29 三	乙亥 30 四	丙子 31 五	丁丑 (6) 六	戊寅 2 日	己卯 3 一	庚辰 4 二	辛巳 5 三	壬午 6 四	癸未 7 五	甲申 8 六	癸亥小滿 戊寅芒種
五月小	戊午	天干地支 西曆 星期	乙酉 9 日	丙戌 10 一	丁亥 11 二	戊子 12 三	己丑 13 四	庚寅 14 五	辛卯 15 六	壬辰 16 日	癸巳 17 一	甲午 18 二	乙未 19 三	丙申 20 四	丁酉 21 五	戊戌 22 六	己亥 23 日	庚子 24 一	辛丑 25 二	壬寅 26 三	癸卯 27 四	甲辰 28 五	乙巳 29 六	丙午 30 日	丁未 (7) 一	戊申 2 二	己酉 3 三	庚戌 4 四	辛亥 5 五	壬子 6 六	癸丑 7 日		癸巳夏至 戊申小暑
六月大	己未	天干地支 西曆 星期	甲寅 8 一	乙卯 9 二	丙辰 10 三	丁巳 11 四	戊午 12 五	己未 13 六	庚申 14 日	辛酉 15 一	壬戌 16 二	癸亥 17 三	甲子 18 四	乙丑 19 五	丙寅 20 六	丁卯 21 日	戊辰 22 一	己巳 23 二	庚午 24 三	辛未 25 四	壬申 26 五	癸酉 27 六	甲戌 28 日	乙亥 29 一	丙子 30 二	丁丑 31 三	戊寅 (8) 四	己卯 2 五	庚辰 3 六	辛巳 4 日	壬午 5 一	癸未 6 二	癸亥大暑 己卯立秋
七月小	庚申	天干地支 西曆 星期	甲申 7 三	乙酉 8 四	丙戌 9 五	丁亥 10 六	戊子 11 日	己丑 12 一	庚寅 13 二	辛卯 14 三	壬辰 15 四	癸巳 16 五	甲午 17 六	乙未 18 日	丙申 19 一	丁酉 20 二	戊戌 21 三	己亥 22 四	庚子 23 五	辛丑 24 六	壬寅 25 日	癸卯 26 一	甲辰 27 二	乙巳 28 三	丙午 29 四	丁未 30 五	戊申 31 六	己酉 (9) 日	庚戌 2 一	辛亥 3 二	壬子 4 三		甲午處暑 己酉白露
八月大	辛酉	天干地支 西曆 星期	癸丑 5 四	甲寅 6 五	乙卯 7 六	丙辰 8 日	丁巳 9 一	戊午 10 二	己未 11 三	庚申 12 四	辛酉 13 五	壬戌 14 六	癸亥 15 日	甲子 16 一	乙丑 17 二	丙寅 18 三	丁卯 19 四	戊辰 20 五	己巳 21 六	庚午 22 日	辛未 23 一	壬申 24 二	癸酉 25 三	甲戌 26 四	乙亥 27 五	丙子 28 六	丁丑 29 日	戊寅 30 一	己卯 (10) 二	庚辰 2 三	辛巳 3 四	壬午 4 五	甲子秋分 庚辰寒露
九月大	壬戌	天干地支 西曆 星期	癸未 5 六	甲申 6 日	乙酉 7 一	丙戌 8 二	丁亥 9 三	戊子 10 四	己丑 11 五	庚寅 12 六	辛卯 13 日	壬辰 14 一	癸巳 15 二	甲午 16 三	乙未 17 四	丙申 18 五	丁酉 19 六	戊戌 20 日	己亥 21 一	庚子 22 二	辛丑 23 三	壬寅 24 四	癸卯 25 五	甲辰 26 六	乙巳 27 日	丙午 28 一	丁未 29 二	戊申 30 三	己酉 31 四	庚戌 (11) 五	辛亥 2 六	壬子 3 日	乙未霜降 庚戌立冬
十月小	癸亥	天干地支 西曆 星期	癸丑 4 一	甲寅 5 二	乙卯 6 三	丙辰 7 四	丁巳 8 五	戊午 9 六	己未 10 日	庚申 11 一	辛酉 12 二	壬戌 13 三	癸亥 14 四	甲子 15 五	乙丑 16 六	丙寅 17 日	丁卯 18 一	戊辰 19 二	己巳 20 三	庚午 21 四	辛未 22 五	壬申 23 六	癸酉 24 日	甲戌 25 一	乙亥 26 二	丙子 27 三	丁丑 28 四	戊寅 29 五	己卯 30 六	庚辰 (12) 日	辛巳 2 一		乙丑小雪 庚辰大雪
十一月大	甲子	天干地支 西曆 星期	壬午 3 二	癸未 4 三	甲申 5 四	乙酉 6 五	丙戌 7 六	丁亥 8 日	戊子 9 一	己丑 10 二	庚寅 11 三	辛卯 12 四	壬辰 13 五	癸巳 14 六	甲午 15 日	乙未 16 一	丙申 17 二	丁酉 18 三	戊戌 19 四	己亥 20 五	庚子 21 六	辛丑 22 日	壬寅 23 一	癸卯 24 二	甲辰 25 三	乙巳 26 四	丙午 27 五	丁未 28 六	戊申 29 日	己酉 30 一	庚戌 31 二	辛亥 (1) 三	丙申冬至 辛亥小寒
十二月小	乙丑	天干地支 西曆 星期	壬子 2 四	癸丑 3 五	甲寅 4 六	乙卯 5 日	丙辰 6 一	丁巳 7 二	戊午 8 三	己未 9 四	庚申 10 五	辛酉 11 六	壬戌 12 日	癸亥 13 一	甲子 14 二	乙丑 15 三	丙寅 16 四	丁卯 17 五	戊辰 18 六	己巳 19 日	庚午 20 一	辛未 21 二	壬申 22 三	癸酉 23 四	甲戌 24 五	乙亥 25 六	丙子 26 日	丁丑 27 一	戊寅 28 二	己卯 29 三	庚辰 30 四		丙寅大寒

遼景宗保寧十一年 乾亨元年（己卯 兔年） 公元979 ~ 980年

夏曆月序	中西曆日對照	初一	初二	初三	初四	初五	初六	初七	初八	初九	初十	十一	十二	十三	十四	十五	十六	十七	十八	十九	二十	二一	二二	二三	二四	二五	二六	二七	二八	二九	三十	節氣與天象
正月小 丙寅	天干地支	辛巳	壬午	癸未	甲申	乙酉	丙戌	丁亥	戊子	己丑	庚寅	辛卯	壬辰	癸巳	甲午	乙未	丙申	丁酉	戊戌	己亥	庚子	辛丑	壬寅	癸卯	甲辰	乙巳	丙午	丁未	戊申	己酉		辛巳立春 丁酉雨水
	西曆	31	(2)	2	3	4	5	6	7	8	9	10	11	12	13	14	15	16	17	18	19	20	21	22	23	24	25	26	27	28		
	星期	五	六	日	一	二	三	四	五	六	日	一	二	三	四	五	六	日	一	二	三	四	五	六	日	一	二	三	四	五		
二月大 丁卯	天干地支	庚戌	辛亥	壬子	癸丑	甲寅	乙卯	丙辰	丁巳	戊午	己未	庚申	辛酉	壬戌	癸亥	甲子	乙丑	丙寅	丁卯	戊辰	己巳	庚午	辛未	壬申	癸酉	甲戌	乙亥	丙子	丁丑	戊寅	己卯	壬子驚蟄 丁卯春分
	西曆	(3)	2	3	4	5	6	7	8	9	10	11	12	13	14	15	16	17	18	19	20	21	22	23	24	25	26	27	28	29	30	
	星期	六	日	一	二	三	四	五	六	日	一	二	三	四	五	六	日	一	二	三	四	五	六	日	一	二	三	四	五	六	日	
三月小 戊辰	天干地支	庚辰	辛巳	壬午	癸未	甲申	乙酉	丙戌	丁亥	戊子	己丑	庚寅	辛卯	壬辰	癸巳	甲午	乙未	丙申	丁酉	戊戌	己亥	庚子	辛丑	壬寅	癸卯	甲辰	乙巳	丙午	丁未	戊申		壬午清明 丁酉穀雨
	西曆	31	(4)	2	3	4	5	6	7	8	9	10	11	12	13	14	15	16	17	18	19	20	21	22	23	24	25	26	27	28		
	星期	一	二	三	四	五	六	日	一	二	三	四	五	六	日	一	二	三	四	五	六	日	一	二	三	四	五	六	日	一		
四月大 己巳	天干地支	己酉	庚戌	辛亥	壬子	癸丑	甲寅	乙卯	丙辰	丁巳	戊午	己未	庚申	辛酉	壬戌	癸亥	甲子	乙丑	丙寅	丁卯	戊辰	己巳	庚午	辛未	壬申	癸酉	甲戌	乙亥	丙子	丁丑	戊寅	癸丑立夏 戊辰小滿
	西曆	29	30	(5)	2	3	4	5	6	7	8	9	10	11	12	13	14	15	16	17	18	19	20	21	22	23	24	25	26	27	28	
	星期	二	三	四	五	六	日	一	二	三	四	五	六	日	一	二	三	四	五	六	日	一	二	三	四	五	六	日	一	二	三	
五月小 庚午	天干地支	己卯	庚辰	辛巳	壬午	癸未	甲申	乙酉	丙戌	丁亥	戊子	己丑	庚寅	辛卯	壬辰	癸巳	甲午	乙未	丙申	丁酉	戊戌	己亥	庚子	辛丑	壬寅	癸卯	甲辰	乙巳	丙午	丁未		癸未芒種 戊戌夏至
	西曆	29	30	31	(6)	2	3	4	5	6	7	8	9	10	11	12	13	14	15	16	17	18	19	20	21	22	23	24	25	26		
	星期	四	五	六	日	一	二	三	四	五	六	日	一	二	三	四	五	六	日	一	二	三	四	五	六	日	一	二	三	四		
六月大 辛未	天干地支	戊申	己酉	庚戌	辛亥	壬子	癸丑	甲寅	乙卯	丙辰	丁巳	戊午	己未	庚申	辛酉	壬戌	癸亥	甲子	乙丑	丙寅	丁卯	戊辰	己巳	庚午	辛未	壬申	癸酉	甲戌	乙亥	丙子	丁丑	甲寅小暑 己巳大暑
	西曆	27	28	29	30	(7)	2	3	4	5	6	7	8	9	10	11	12	13	14	15	16	17	18	19	20	21	22	23	24	25	26	
	星期	五	六	日	一	二	三	四	五	六	日	一	二	三	四	五	六	日	一	二	三	四	五	六	日	一	二	三	四	五	六	
七月大 壬申	天干地支	戊寅	己卯	庚辰	辛巳	壬午	癸未	甲申	乙酉	丙戌	丁亥	戊子	己丑	庚寅	辛卯	壬辰	癸巳	甲午	乙未	丙申	丁酉	戊戌	己亥	庚子	辛丑	壬寅	癸卯	甲辰	乙巳	丙午	丁未	甲申立秋 己亥處暑
	西曆	27	28	29	30	31	(8)	2	3	4	5	6	7	8	9	10	11	12	13	14	15	16	17	18	19	20	21	22	23	24	25	
	星期	日	一	二	三	四	五	六	日	一	二	三	四	五	六	日	一	二	三	四	五	六	日	一	二	三	四	五	六	日	一	
八月小 癸酉	天干地支	戊申	己酉	庚戌	辛亥	壬子	癸丑	甲寅	乙卯	丙辰	丁巳	戊午	己未	庚申	辛酉	壬戌	癸亥	甲子	乙丑	丙寅	丁卯	戊辰	己巳	庚午	辛未	壬申	癸酉	甲戌	乙亥	丙子		甲寅白露 庚午秋分
	西曆	26	27	28	29	30	31	(9)	2	3	4	5	6	7	8	9	10	11	12	13	14	15	16	17	18	19	20	21	22	23		
	星期	二	三	四	五	六	日	一	二	三	四	五	六	日	一	二	三	四	五	六	日	一	二	三	四	五	六	日	一	二		
九月大 甲戌	天干地支	丁丑	戊寅	己卯	庚辰	辛巳	壬午	癸未	甲申	乙酉	丙戌	丁亥	戊子	己丑	庚寅	辛卯	壬辰	癸巳	甲午	乙未	丙申	丁酉	戊戌	己亥	庚子	辛丑	壬寅	癸卯	甲辰	乙巳	丙午	乙酉寒露 庚子霜降
	西曆	24	25	26	27	28	29	30	(10)	2	3	4	5	6	7	8	9	10	11	12	13	14	15	16	17	18	19	20	21	22	23	
	星期	三	四	五	六	日	一	二	三	四	五	六	日	一	二	三	四	五	六	日	一	二	三	四	五	六	日	一	二	三	四	
十月大 乙亥	天干地支	丁未	戊申	己酉	庚戌	辛亥	壬子	癸丑	甲寅	乙卯	丙辰	丁巳	戊午	己未	庚申	辛酉	壬戌	癸亥	甲子	乙丑	丙寅	丁卯	戊辰	己巳	庚午	辛未	壬申	癸酉	甲戌	乙亥	丙子	乙卯立冬 庚午小雪
	西曆	24	25	26	27	28	29	30	31	(11)	2	3	4	5	6	7	8	9	10	11	12	13	14	15	16	17	18	19	20	21	22	
	星期	五	六	日	一	二	三	四	五	六	日	一	二	三	四	五	六	日	一	二	三	四	五	六	日	一	二	三	四	五	六	
十一月小 丙子	天干地支	丁丑	戊寅	己卯	庚辰	辛巳	壬午	癸未	甲申	乙酉	丙戌	丁亥	戊子	己丑	庚寅	辛卯	壬辰	癸巳	甲午	乙未	丙申	丁酉	戊戌	己亥	庚子	辛丑	壬寅	癸卯	甲辰	乙巳		丙戌大雪 辛丑冬至
	西曆	23	24	25	26	27	28	29	30	(12)	2	3	4	5	6	7	8	9	10	11	12	13	14	15	16	17	18	19	20	21		
	星期	日	一	二	三	四	五	六	日	一	二	三	四	五	六	日	一	二	三	四	五	六	日	一	二	三	四	五	六	日		
十二月大 丁丑	天干地支	丙午	丁未	戊申	己酉	庚戌	辛亥	壬子	癸丑	甲寅	乙卯	丙辰	丁巳	戊午	己未	庚申	辛酉	壬戌	癸亥	甲子	乙丑	丙寅	丁卯	戊辰	己巳	庚午	辛未	壬申	癸酉	甲戌	乙亥	丙辰小寒 辛未大寒
	西曆	22	23	24	25	26	27	28	29	30	31	(1)	2	3	4	5	6	7	8	9	10	11	12	13	14	15	16	17	18	19	20	
	星期	一	二	三	四	五	六	日	一	二	三	四	五	六	日	一	二	三	四	五	六	日	一	二	三	四	五	六	日	一	二	

* 十一月辛丑（二十五日），改元乾亨。

遼景宗乾亨二年（庚辰 龍年） 公元 980 ~ 981 年

夏曆月序		中西曆日對照	初一	初二	初三	初四	初五	初六	初七	初八	初九	初十	十一	十二	十三	十四	十五	十六	十七	十八	十九	二十	二一	二二	二三	二四	二五	二六	二七	二八	二九	三十	節氣與天象
正月小	戊寅	干支 天地 西曆 星期	丙子 21 三	丁丑 22 四	戊寅 23 五	己卯 24 六	庚辰 25 日	辛巳 26 一	壬午 27 二	癸未 28 三	甲申 29 四	乙酉 30 五	丙戌 31 六	丁亥 (2) 日	戊子 2 一	己丑 3 二	庚寅 4 三	辛卯 5 四	壬辰 6 五	癸巳 7 六	甲午 8 日	乙未 9 一	丙申 10 二	丁酉 11 三	戊戌 12 四	己亥 13 五	庚子 14 六	辛丑 15 日	壬寅 16 一	癸卯 17 二	甲辰 18 三		丁亥立春 壬寅雨水
二月小	己卯	干支 天地 西曆 星期	乙巳 19 四	丙午 20 五	丁未 21 六	戊申 22 日	己酉 23 一	庚戌 24 二	辛亥 25 三	壬子 26 四	癸丑 27 五	甲寅 28 六	乙卯 29 日	丙辰 (3) 一	丁巳 2 二	戊午 3 三	己未 4 四	庚申 5 五	辛酉 6 六	壬戌 7 日	癸亥 8 一	甲子 9 二	乙丑 10 三	丙寅 11 四	丁卯 12 五	戊辰 13 六	己巳 14 日	庚午 15 一	辛未 16 二	壬申 17 三	癸酉 18 四		丁巳驚蟄 壬申春分
三月大	庚辰	干支 天地 西曆 星期	甲戌 19 五	乙亥 20 六	丙子 21 日	丁丑 22 一	戊寅 23 二	己卯 24 三	庚辰 25 四	辛巳 26 五	壬午 27 六	癸未 28 日	甲申 29 一	乙酉 30 二	丙戌 31 三	丁亥 (4) 四	戊子 2 五	己丑 3 六	庚寅 4 日	辛卯 5 一	壬辰 6 二	癸巳 7 三	甲午 8 四	乙未 9 五	丙申 10 六	丁酉 11 日	戊戌 12 一	己亥 13 二	庚子 14 三	辛丑 15 四	壬寅 16 五	癸卯 17 六	丁亥清明 癸卯穀雨
閏三月小	庚辰	干支 天地 西曆 星期	甲辰 18 日	乙巳 19 一	丙午 20 二	丁未 21 三	戊申 22 四	己酉 23 五	庚戌 24 六	辛亥 25 日	壬子 26 一	癸丑 27 二	甲寅 28 三	乙卯 29 四	丙辰 30 五	丁巳 (5) 六	戊午 2 日	己未 3 一	庚申 4 二	辛酉 5 三	壬戌 6 四	癸亥 7 五	甲子 8 六	乙丑 9 日	丙寅 10 一	丁卯 11 二	戊辰 12 三	己巳 13 四	庚午 14 五	辛未 15 六	壬申 16 日		戊午立夏
四月大	辛巳	干支 天地 西曆 星期	癸酉 17 一	甲戌 18 二	乙亥 19 三	丙子 20 四	丁丑 21 五	戊寅 22 六	己卯 23 日	庚辰 24 一	辛巳 25 二	壬午 26 三	癸未 27 四	甲申 28 五	乙酉 29 六	丙戌 30 日	丁亥 31 一	戊子 (6) 二	己丑 2 三	庚寅 3 四	辛卯 4 五	壬辰 5 六	癸巳 6 日	甲午 7 一	乙未 8 二	丙申 9 三	丁酉 10 四	戊戌 11 五	己亥 12 六	庚子 13 日	辛丑 14 一	壬寅 15 二	癸酉小滿 戊子芒種
五月小	壬午	干支 天地 西曆 星期	癸卯 16 三	甲辰 17 四	乙巳 18 五	丙午 19 六	丁未 20 日	戊申 21 一	己酉 22 二	庚戌 23 三	辛亥 24 四	壬子 25 五	癸丑 26 六	甲寅 27 日	乙卯 28 一	丙辰 29 二	丁巳 30 三	戊午 (7) 四	己未 2 五	庚申 3 六	辛酉 4 日	壬戌 5 一	癸亥 6 二	甲子 7 三	乙丑 8 四	丙寅 9 五	丁卯 10 六	戊辰 11 日	己巳 12 一	庚午 13 二	辛未 14 三		甲辰夏至 己未小暑
六月大	癸未	干支 天地 西曆 星期	壬申 15 四	癸酉 16 五	甲戌 17 六	乙亥 18 日	丙子 19 一	丁丑 20 二	戊寅 21 三	己卯 22 四	庚辰 23 五	辛巳 24 六	壬午 25 日	癸未 26 一	甲申 27 二	乙酉 28 三	丙戌 29 四	丁亥 30 五	戊子 31 六	己丑 (8) 日	庚寅 2 一	辛卯 3 二	壬辰 4 三	癸巳 5 四	甲午 6 五	乙未 7 六	丙申 8 日	丁酉 9 一	戊戌 10 二	己亥 11 三	庚子 12 四	辛丑 13 五	甲戌大暑 己丑立秋
七月小	甲申	干支 天地 西曆 星期	壬寅 14 六	癸卯 15 日	甲辰 16 一	乙巳 17 二	丙午 18 三	丁未 19 四	戊申 20 五	己酉 21 六	庚戌 22 日	辛亥 23 一	壬子 24 二	癸丑 25 三	甲寅 26 四	乙卯 27 五	丙辰 28 六	丁巳 29 日	戊午 30 一	己未 31 二	庚申 (9) 三	辛酉 2 四	壬戌 3 五	癸亥 4 六	甲子 5 日	乙丑 6 一	丙寅 7 二	丁卯 8 三	戊辰 9 四	己巳 10 五	庚午 11 六		甲辰處暑 庚申白露
八月大	乙酉	干支 天地 西曆 星期	辛未 12 日	壬申 13 一	癸酉 14 二	甲戌 15 三	乙亥 16 四	丙子 17 五	丁丑 18 六	戊寅 19 日	己卯 20 一	庚辰 21 二	辛巳 22 三	壬午 23 四	癸未 24 五	甲申 25 六	乙酉 26 日	丙戌 27 一	丁亥 28 二	戊子 29 三	己丑 30 四	庚寅 (10) 五	辛卯 2 六	壬辰 3 日	癸巳 4 一	甲午 5 二	乙未 6 三	丙申 7 四	丁酉 8 五	戊戌 9 六	己亥 10 日	庚子 11 一	乙亥秋分 庚寅寒露
九月大	丙戌	干支 天地 西曆 星期	辛丑 12 二	壬寅 13 三	癸卯 14 四	甲辰 15 五	乙巳 16 六	丙午 17 日	丁未 18 一	戊申 19 二	己酉 20 三	庚戌 21 四	辛亥 22 五	壬子 23 六	癸丑 24 日	甲寅 25 一	乙卯 26 二	丙辰 27 三	丁巳 28 四	戊午 29 五	己未 30 六	庚申 31 日	辛酉 (11) 一	壬戌 2 二	癸亥 3 三	甲子 4 四	乙丑 5 五	丙寅 6 六	丁卯 7 日	戊辰 8 一	己巳 9 二	庚午 10 三	乙巳霜降 庚申立冬
十月小	丁亥	干支 天地 西曆 星期	辛未 11 四	壬申 12 五	癸酉 13 六	甲戌 14 日	乙亥 15 一	丙子 16 二	丁丑 17 三	戊寅 18 四	己卯 19 五	庚辰 20 六	辛巳 21 日	壬午 22 一	癸未 23 二	甲申 24 三	乙酉 25 四	丙戌 26 五	丁亥 27 六	戊子 28 日	己丑 29 一	庚寅 30 二	辛卯 (12) 三	壬辰 2 四	癸巳 3 五	甲午 4 六	乙未 5 日	丙申 6 一	丁酉 7 二	戊戌 8 三	己亥 9 四		丙子小雪 辛卯大雪
十一月大	戊子	干支 天地 西曆 星期	庚子 10 五	辛丑 11 六	壬寅 12 日	癸卯 13 一	甲辰 14 二	乙巳 15 三	丙午 16 四	丁未 17 五	戊申 18 六	己酉 19 日	庚戌 20 一	辛亥 21 二	壬子 22 三	癸丑 23 四	甲寅 24 五	乙卯 25 六	丙辰 26 日	丁巳 27 一	戊午 28 二	己未 29 三	庚申 30 四	辛酉 31 五	壬戌 (1) 六	癸亥 2 日	甲子 3 一	乙丑 4 二	丙寅 5 三	丁卯 6 四	戊辰 7 五	己巳 8 六	丙午冬至 辛酉小寒
十二月大	己丑	干支 天地 西曆 星期	庚午 9 日	辛未 10 一	壬申 11 二	癸酉 12 三	甲戌 13 四	乙亥 14 五	丙子 15 六	丁丑 16 日	戊寅 17 一	己卯 18 二	庚辰 19 三	辛巳 20 四	壬午 21 五	癸未 22 六	甲申 23 日	乙酉 24 一	丙戌 25 二	丁亥 26 三	戊子 27 四	己丑 28 五	庚寅 29 六	辛卯 30 日	壬辰 31 一	癸巳 (2) 二	甲午 2 三	乙未 3 四	丙申 4 五	丁酉 5 六	戊戌 6 日	己亥 7 一	丁丑大寒 壬辰立春

遼景宗乾亨三年（辛巳 蛇年） 公元 981 ~ 982 年

夏曆月序		中西曆日對照	初一	初二	初三	初四	初五	初六	初七	初八	初九	初十	十一	十二	十三	十四	十五	十六	十七	十八	十九	二十	二一	二二	二三	二四	二五	二六	二七	二八	二九	三十	節氣與天象
正月小	庚寅	天干 地支 西曆 星期	庚子 8 二	辛丑 9 三	壬寅 10 四	癸卯 11 五	甲辰 12 六	乙巳 13 日	丙午 14 一	丁未 15 二	戊申 16 三	己酉 17 四	庚戌 18 五	辛亥 19 六	壬子 20 日	癸丑 21 一	甲寅 22 二	乙卯 23 三	丙辰 24 四	丁巳 25 五	戊午 26 六	己未 27 日	庚申 28 一	辛酉 (3) 二	壬戌 2 三	癸亥 3 四	甲子 4 五	乙丑 5 六	丙寅 6 日	丁卯 7 一	戊辰 8 二		丁未雨水 壬戌驚蟄
二月小	辛卯	天干 地支 西曆 星期	己巳 9 三	庚午 10 四	辛未 11 五	壬申 12 六	癸酉 13 日	甲戌 14 一	乙亥 15 二	丙子 16 三	丁丑 17 四	戊寅 18 五	己卯 19 六	庚辰 20 日	辛巳 21 一	壬午 22 二	癸未 23 三	甲申 24 四	乙酉 25 五	丙戌 26 六	丁亥 27 日	戊子 28 一	己丑 29 二	庚寅 30 三	辛卯 31 四	壬辰 (4) 五	癸巳 2 六	甲午 3 日	乙未 4 一	丙申 5 二	丁酉 6 三		丁丑春分 癸巳清明
三月大	壬辰	天干 地支 西曆 星期	戊戌 7 四	己亥 8 五	庚子 9 六	辛丑 10 日	壬寅 11 一	癸卯 12 二	甲辰 13 三	乙巳 14 四	丙午 15 五	丁未 16 六	戊申 17 日	己酉 18 一	庚戌 19 二	辛亥 20 三	壬子 21 四	癸丑 22 五	甲寅 23 六	乙卯 24 日	丙辰 25 一	丁巳 26 二	戊午 27 三	己未 28 四	庚申 29 五	辛酉 30 六	壬戌 (5) 日	癸亥 2 一	甲子 3 二	乙丑 4 三	丙寅 5 四	丁卯 6 五	戊申穀雨 癸亥立夏
四月小	癸巳	天干 地支 西曆 星期	戊辰 7 六	己巳 8 日	庚午 9 一	辛未 10 二	壬申 11 三	癸酉 12 四	甲戌 13 五	乙亥 14 六	丙子 15 日	丁丑 16 一	戊寅 17 二	己卯 18 三	庚辰 19 四	辛巳 20 五	壬午 21 六	癸未 22 日	甲申 23 一	乙酉 24 二	丙戌 25 三	丁亥 26 四	戊子 27 五	己丑 28 六	庚寅 29 日	辛卯 30 一	壬辰 31 二	癸巳 (6) 三	甲午 2 四	乙未 3 五	丙申 4 六		戊寅小滿 甲午芒種
五月小	甲午	天干 地支 西曆 星期	丁酉 5 日	戊戌 6 一	己亥 7 二	庚子 8 三	辛丑 9 四	壬寅 10 五	癸卯 11 六	甲辰 12 日	乙巳 13 一	丙午 14 二	丁未 15 三	戊申 16 四	己酉 17 五	庚戌 18 六	辛亥 19 日	壬子 20 一	癸丑 21 二	甲寅 22 三	乙卯 23 四	丙辰 24 五	丁巳 25 六	戊午 26 日	己未 27 一	庚申 28 二	辛酉 29 三	壬戌 30 四	癸亥 (7) 五	甲子 2 六	乙丑 3 日		己酉夏至 甲子小暑
六月大	乙未	天干 地支 西曆 星期	丙寅 4 一	丁卯 5 二	戊辰 6 三	己巳 7 四	庚午 8 五	辛未 9 六	壬申 10 日	癸酉 11 一	甲戌 12 二	乙亥 13 三	丙子 14 四	丁丑 15 五	戊寅 16 六	己卯 17 日	庚辰 18 一	辛巳 19 二	壬午 20 三	癸未 21 四	甲申 22 五	乙酉 23 六	丙戌 24 日	丁亥 25 一	戊子 26 二	己丑 27 三	庚寅 28 四	辛卯 29 五	壬辰 30 六	癸巳 31 日	甲午 (8) 一	乙未 2 二	己卯大暑 甲午立秋
七月小	丙申	天干 地支 西曆 星期	丙申 3 三	丁酉 4 四	戊戌 5 五	己亥 6 六	庚子 7 日	辛丑 8 一	壬寅 9 二	癸卯 10 三	甲辰 11 四	乙巳 12 五	丙午 13 六	丁未 14 日	戊申 15 一	己酉 16 二	庚戌 17 三	辛亥 18 四	壬子 19 五	癸丑 20 六	甲寅 21 日	乙卯 22 一	丙辰 23 二	丁巳 24 三	戊午 25 四	己未 26 五	庚申 27 六	辛酉 28 日	壬戌 29 一	癸亥 30 二	甲子 31 三		庚戌處暑
八月大	丁酉	天干 地支 西曆 星期	乙丑 (9) 四	丙寅 2 五	丁卯 3 六	戊辰 4 日	己巳 5 一	庚午 6 二	辛未 7 三	壬申 8 四	癸酉 9 五	甲戌 10 六	乙亥 11 日	丙子 12 一	丁丑 13 二	戊寅 14 三	己卯 15 四	庚辰 16 五	辛巳 17 六	壬午 18 日	癸未 19 一	甲申 20 二	乙酉 21 三	丙戌 22 四	丁亥 23 五	戊子 24 六	己丑 25 日	庚寅 26 一	辛卯 27 二	壬辰 28 三	癸巳 29 四	甲午 30 五	乙丑白露 庚辰秋分
九月大	戊戌	天干 地支 西曆 星期	乙未 (10) 六	丙申 2 日	丁酉 3 一	戊戌 4 二	己亥 5 三	庚子 6 四	辛丑 7 五	壬寅 8 六	癸卯 9 日	甲辰 10 一	乙巳 11 二	丙午 12 三	丁未 13 四	戊申 14 五	己酉 15 六	庚戌 16 日	辛亥 17 一	壬子 18 二	癸丑 19 三	甲寅 20 四	乙卯 21 五	丙辰 22 六	丁巳 23 日	戊午 24 一	己未 25 二	庚申 26 三	辛酉 27 四	壬戌 28 五	癸亥 29 六	甲子 30 日	乙未寒露 辛亥霜降
十月大	己亥	天干 地支 西曆 星期	乙丑 31 一	丙寅 (11) 二	丁卯 2 三	戊辰 3 四	己巳 4 五	庚午 5 六	辛未 6 日	壬申 7 一	癸酉 8 二	甲戌 9 三	乙亥 10 四	丙子 11 五	丁丑 12 六	戊寅 13 日	己卯 14 一	庚辰 15 二	辛巳 16 三	壬午 17 四	癸未 18 五	甲申 19 六	乙酉 20 日	丙戌 21 一	丁亥 22 二	戊子 23 三	己丑 24 四	庚寅 25 五	辛卯 26 六	壬辰 27 日	癸巳 28 一	甲午 29 二	丙寅立冬 辛巳小雪
十一月小	庚子	天干 地支 西曆 星期	乙未 30 三	丙申 (12) 四	丁酉 2 五	戊戌 3 六	己亥 4 日	庚子 5 一	辛丑 6 二	壬寅 7 三	癸卯 8 四	甲辰 9 五	乙巳 10 六	丙午 11 日	丁未 12 一	戊申 13 二	己酉 14 三	庚戌 15 四	辛亥 16 五	壬子 17 六	癸丑 18 日	甲寅 19 一	乙卯 20 二	丙辰 21 三	丁巳 22 四	戊午 23 五	己未 24 六	庚申 25 日	辛酉 26 一	壬戌 27 二	癸亥 28 三		丙申大雪 辛亥冬至
十二月大	辛丑	天干 地支 西曆 星期	甲子 29 四	乙丑 30 五	丙寅 31 六	丁卯 (1) 日	戊辰 2 一	己巳 3 二	庚午 4 三	辛未 5 四	壬申 6 五	癸酉 7 六	甲戌 8 日	乙亥 9 一	丙子 10 二	丁丑 11 三	戊寅 12 四	己卯 13 五	庚辰 14 六	辛巳 15 日	壬午 16 一	癸未 17 二	甲申 18 三	乙酉 19 四	丙戌 20 五	丁亥 21 六	戊子 22 日	己丑 23 一	庚寅 24 二	辛卯 25 三	壬辰 26 四	癸巳 27 五	丁卯小寒 壬午大寒

遼景宗乾亨四年 聖宗乾亨四年（壬午 馬年） 公元 982 ~ 983 年

夏曆月序		中西曆日對照	初一	初二	初三	初四	初五	初六	初七	初八	初九	初十	十一	十二	十三	十四	十五	十六	十七	十八	十九	二十	二一	二二	二三	二四	二五	二六	二七	二八	二九	三十	節氣與天象
正月大	壬寅	天干地支 西曆 星期	甲午 28 六	乙未 29 日	丙申 30 一	丁酉 31 二	戊戌 (2) 三	己亥 2 四	庚子 3 五	辛丑 4 六	壬寅 5 日	癸卯 6 一	甲辰 7 二	乙巳 8 三	丙午 9 四	丁未 10 五	戊申 11 六	己酉 12 日	庚戌 13 一	辛亥 14 二	壬子 15 三	癸丑 16 四	甲寅 17 五	乙卯 18 六	丙辰 19 日	丁巳 20 一	戊午 21 二	己未 22 三	庚申 23 四	辛酉 24 五	壬戌 25 六	癸亥 26 日	丁酉立春 壬子雨水
二月小	癸卯	天干地支 西曆 星期	甲子 27 一	乙丑 28 二	丙寅 (3) 三	丁卯 2 四	戊辰 3 五	己巳 4 六	庚午 5 日	辛未 6 一	壬申 7 二	癸酉 8 三	甲戌 9 四	乙亥 10 五	丙子 11 六	丁丑 12 日	戊寅 13 一	己卯 14 二	庚辰 15 三	辛巳 16 四	壬午 17 五	癸未 18 六	甲申 19 日	乙酉 20 一	丙戌 21 二	丁亥 22 三	戊子 23 四	己丑 24 五	庚寅 25 六	辛卯 26 日	壬辰 27 一		丁卯驚蟄 癸未春分
三月小	甲辰	天干地支 西曆 星期	癸巳 28 二	甲午 29 三	乙未 30 四	丙申 31 五	丁酉 (4) 六	戊戌 2 日	己亥 3 一	庚子 4 二	辛丑 5 三	壬寅 6 四	癸卯 7 五	甲辰 8 六	乙巳 9 日	丙午 10 一	丁未 11 二	戊申 12 三	己酉 13 四	庚戌 14 五	辛亥 15 六	壬子 16 日	癸丑 17 一	甲寅 18 二	乙卯 19 三	丙辰 20 四	丁巳 21 五	戊午 22 六	己未 23 日	庚申 24 一	辛酉 25 二		戊戌清明 癸丑穀雨 癸巳日食
四月大	乙巳	天干地支 西曆 星期	壬戌 26 三	癸亥 27 四	甲子 28 五	乙丑 29 六	丙寅 30 日	丁卯 (5) 一	戊辰 2 二	己巳 3 三	庚午 4 四	辛未 5 五	壬申 6 六	癸酉 7 日	甲戌 8 一	乙亥 9 二	丙子 10 三	丁丑 11 四	戊寅 12 五	己卯 13 六	庚辰 14 日	辛巳 15 一	壬午 16 二	癸未 17 三	甲申 18 四	乙酉 19 五	丙戌 20 六	丁亥 21 日	戊子 22 一	己丑 23 二	庚寅 24 三	辛卯 25 四	戊辰立夏 甲申小滿
五月小	丙午	天干地支 西曆 星期	壬辰 26 五	癸巳 27 六	甲午 28 日	乙未 29 一	丙申 30 二	丁酉 31 三	戊戌 (6) 四	己亥 2 五	庚子 3 六	辛丑 4 日	壬寅 5 一	癸卯 6 二	甲辰 7 三	乙巳 8 四	丙午 9 五	丁未 10 六	戊申 11 日	己酉 12 一	庚戌 13 二	辛亥 14 三	壬子 15 四	癸丑 16 五	甲寅 17 六	乙卯 18 日	丙辰 19 一	丁巳 20 二	戊午 21 三	己未 22 四	庚申 23 五		己亥芒種 甲寅夏至
六月小	丁未	天干地支 西曆 星期	辛酉 24 六	壬戌 25 日	癸亥 26 一	甲子 27 二	乙丑 28 三	丙寅 29 四	丁卯 30 五	戊辰 (7) 六	己巳 2 日	庚午 3 一	辛未 4 二	壬申 5 三	癸酉 6 四	甲戌 7 五	乙亥 8 六	丙子 9 日	丁丑 10 一	戊寅 11 二	己卯 12 三	庚辰 13 四	辛巳 14 五	壬午 15 六	癸未 16 日	甲申 17 一	乙酉 18 二	丙戌 19 三	丁亥 20 四	戊子 21 五	己丑 22 六		己巳小暑 甲申大暑
七月大	戊申	天干地支 西曆 星期	庚寅 23 日	辛卯 24 一	壬辰 25 二	癸巳 26 三	甲午 27 四	乙未 28 五	丙申 29 六	丁酉 30 日	戊戌 31 一	己亥 (8) 二	庚子 2 三	辛丑 3 四	壬寅 4 五	癸卯 5 六	甲辰 6 日	乙巳 7 一	丙午 8 二	丁未 9 三	戊申 10 四	己酉 11 五	庚戌 12 六	辛亥 13 日	壬子 14 一	癸丑 15 二	甲寅 16 三	乙卯 17 四	丙辰 18 五	丁巳 19 六	戊午 20 日	己未 21 一	庚子立秋 乙卯處暑
八月小	己酉	天干地支 西曆 星期	庚申 22 二	辛酉 23 三	壬戌 24 四	癸亥 25 五	甲子 26 六	乙丑 27 日	丙寅 28 一	丁卯 29 二	戊辰 30 三	己巳 31 四	庚午 (9) 五	辛未 2 六	壬申 3 日	癸酉 4 一	甲戌 5 二	乙亥 6 三	丙子 7 四	丁丑 8 五	戊寅 9 六	己卯 10 日	庚辰 11 一	辛巳 12 二	壬午 13 三	癸未 14 四	甲申 15 五	乙酉 16 六	丙戌 17 日	丁亥 18 一	戊子 19 二		庚午白露 乙酉秋分
九月大	庚戌	天干地支 西曆 星期	己丑 20 三	庚寅 21 四	辛卯 22 五	壬辰 23 六	癸巳 24 日	甲午 25 一	乙未 26 二	丙申 27 三	丁酉 28 四	戊戌 29 五	己亥 30 六	庚子 (10) 日	辛丑 2 一	壬寅 3 二	癸卯 4 三	甲辰 5 四	乙巳 6 五	丙午 7 六	丁未 8 日	戊申 9 一	己酉 10 二	庚戌 11 三	辛亥 12 四	壬子 13 五	癸丑 14 六	甲寅 15 日	乙卯 16 一	丙辰 17 二	丁巳 18 三	戊午 19 四	辛丑寒露 丙辰霜降 己丑日食
十月大	辛亥	天干地支 西曆 星期	己未 20 五	庚申 21 六	辛酉 22 日	壬戌 23 一	癸亥 24 二	甲子 25 三	乙丑 26 四	丙寅 27 五	丁卯 28 六	戊辰 29 日	己巳 30 一	庚午 31 二	辛未 (11) 三	壬申 2 四	癸酉 3 五	甲戌 4 六	乙亥 5 日	丙子 6 一	丁丑 7 二	戊寅 8 三	己卯 9 四	庚辰 10 五	辛巳 11 六	壬午 12 日	癸未 13 一	甲申 14 二	乙酉 15 三	丙戌 16 四	丁亥 17 五	戊子 18 六	辛未立冬 丙戌小雪
十一月小	壬子	天干地支 西曆 星期	己丑 19 日	庚寅 20 一	辛卯 21 二	壬辰 22 三	癸巳 23 四	甲午 24 五	乙未 25 六	丙申 26 日	丁酉 27 一	戊戌 28 二	己亥 29 三	庚子 30 四	辛丑 (12) 五	壬寅 2 六	癸卯 3 日	甲辰 4 一	乙巳 5 二	丙午 6 三	丁未 7 四	戊申 8 五	己酉 9 六	庚戌 10 日	辛亥 11 一	壬子 12 二	癸丑 13 三	甲寅 14 四	乙卯 15 五	丙辰 16 六	丁巳 17 日		辛丑大雪 丁巳冬至
十二月大	癸丑	天干地支 西曆 星期	戊午 18 一	己未 19 二	庚申 20 三	辛酉 21 四	壬戌 22 五	癸亥 23 六	甲子 24 日	乙丑 25 一	丙寅 26 二	丁卯 27 三	戊辰 28 四	己巳 29 五	庚午 30 六	辛未 31 日	壬申 (1) 一	癸酉 2 二	甲戌 3 三	乙亥 4 四	丙子 5 五	丁丑 6 六	戊寅 7 日	己卯 8 一	庚辰 9 二	辛巳 10 三	壬午 11 四	癸未 12 五	甲申 13 六	乙酉 14 日	丙戌 15 一	丁亥 16 二	壬申小寒 丁亥大寒
閏十二大	癸丑	天干地支 西曆 星期	戊子 17 三	己丑 18 四	庚寅 19 五	辛卯 20 六	壬辰 21 日	癸巳 22 一	甲午 23 二	乙未 24 三	丙申 25 四	丁酉 26 五	戊戌 27 六	己亥 28 日	庚子 29 一	辛丑 30 二	壬寅 31 三	癸卯 (2) 四	甲辰 2 五	乙巳 3 六	丙午 4 日	丁未 5 一	戊申 6 二	己酉 7 三	庚戌 8 四	辛亥 9 五	壬子 10 六	癸丑 11 日	甲寅 12 一	乙卯 13 二	丙辰 14 三	丁巳 15 四	壬寅立春

* 九月壬子（二十四日），遼景宗死。癸丑（二十五日），耶律隆緒即位，是爲聖宗。

遼聖宗乾亨五年 統和元年（癸未 羊年） 公元 983 ~ 984 年

夏曆月序		中西曆日對照	初一	初二	初三	初四	初五	初六	初七	初八	初九	初十	十一	十二	十三	十四	十五	十六	十七	十八	十九	二十	二一	二二	二三	二四	二五	二六	二七	二八	二九	三十	節氣與天象
正月大	甲寅	天干地支 西曆 星期	戊午 16 五	己未 17 六	庚申 18 日	辛酉 19 一	壬戌 20 二	癸亥 21 三	甲子 22 四	乙丑 23 五	丙寅 24 六	丁卯 25 日	戊辰 26 一	己巳 27 二	庚午 28 三	辛未 (3) 四	壬申 2 五	癸酉 3 六	甲戌 4 日	乙亥 5 一	丙子 6 二	丁丑 7 三	戊寅 8 四	己卯 9 五	庚辰 10 六	辛巳 11 日	壬午 12 一	癸未 13 二	甲申 14 三	乙酉 15 四	丙戌 16 五	丁亥 17 六	戊午雨水 癸酉驚蟄
二月小	乙卯	天干地支 西曆 星期	戊子 18 日	己丑 19 一	庚寅 20 二	辛卯 21 三	壬辰 22 四	癸巳 23 五	甲午 24 六	乙未 25 日	丙申 26 一	丁酉 27 二	戊戌 28 三	己亥 29 四	庚子 30 五	辛丑 31 六	壬寅 (4) 日	癸卯 2 一	甲辰 3 二	乙巳 4 三	丙午 5 四	丁未 6 五	戊申 7 六	己酉 8 日	庚戌 9 一	辛亥 10 二	壬子 11 三	癸丑 12 四	甲寅 13 五	乙卯 14 六	丙辰 15 日		戊子春分 癸卯清明
三月小	丙辰	天干地支 西曆 星期	丁巳 16 一	戊午 17 二	己未 18 三	庚申 19 四	辛酉 20 五	壬戌 21 六	癸亥 22 日	甲子 23 一	乙丑 24 二	丙寅 25 三	丁卯 26 四	戊辰 27 五	己巳 28 六	庚午 29 日	辛未 30 一	壬申 (5) 二	癸酉 2 三	甲戌 3 四	乙亥 4 五	丙子 5 六	丁丑 6 日	戊寅 7 一	己卯 8 二	庚辰 9 三	辛巳 10 四	壬午 11 五	癸未 12 六	甲申 13 日	乙酉 14 一		戊午穀雨 甲戌立夏
四月大	丁巳	天干地支 西曆 星期	丙戌 15 二	丁亥 16 三	戊子 17 四	己丑 18 五	庚寅 19 六	辛卯 20 日	壬辰 21 一	癸巳 22 二	甲午 23 三	乙未 24 四	丙申 25 五	丁酉 26 六	戊戌 27 日	己亥 28 一	庚子 29 二	辛丑 30 三	壬寅 31 四	癸卯 (6) 五	甲辰 2 六	乙巳 3 日	丙午 4 一	丁未 5 二	戊申 6 三	己酉 7 四	庚戌 8 五	辛亥 9 六	壬子 10 日	癸丑 11 一	甲寅 12 二	乙卯 13 三	己丑小滿 甲辰芒種
五月小	戊午	天干地支 西曆 星期	丙辰 14 四	丁巳 15 五	戊午 16 六	己未 17 日	庚申 18 一	辛酉 19 二	壬戌 20 三	癸亥 21 四	甲子 22 五	乙丑 23 六	丙寅 24 日	丁卯 25 一	戊辰 26 二	己巳 27 三	庚午 28 四	辛未 29 五	壬申 30 六	癸酉 (7) 日	甲戌 2 一	乙亥 3 二	丙子 4 三	丁丑 5 四	戊寅 6 五	己卯 7 六	庚辰 8 日	辛巳 9 一	壬午 10 二	癸未 11 三	甲申 12 四		己未夏至 甲戌小暑
六月小	己未	天干地支 西曆 星期	乙酉 13 五	丙戌 14 六	丁亥 15 日	戊子 16 一	己丑 17 二	庚寅 18 三	辛卯 19 四	壬辰 20 五	癸巳 21 六	甲午 22 日	乙未 23 一	丙申 24 二	丁酉 25 三	戊戌 26 四	己亥 27 五	庚子 28 六	辛丑 29 日	壬寅 30 一	癸卯 31 二	甲辰 (8) 三	乙巳 2 四	丙午 3 五	丁未 4 六	戊申 5 日	己酉 6 一	庚戌 7 二	辛亥 8 三	壬子 9 四	癸丑 10 五		庚寅大暑 乙巳立秋
七月大	庚申	天干地支 西曆 星期	甲寅 11 六	乙卯 12 日	丙辰 13 一	丁巳 14 二	戊午 15 三	己未 16 四	庚申 17 五	辛酉 18 六	壬戌 19 日	癸亥 20 一	甲子 21 二	乙丑 22 三	丙寅 23 四	丁卯 24 五	戊辰 25 六	己巳 26 日	庚午 27 一	辛未 28 二	壬申 29 三	癸酉 30 四	甲戌 31 五	乙亥 (9) 六	丙子 2 日	丁丑 3 一	戊寅 4 二	己卯 5 三	庚辰 6 四	辛巳 7 五	壬午 8 六	癸未 9 日	庚申處暑 乙亥白露
八月小	辛酉	天干地支 西曆 星期	甲申 10 一	乙酉 11 二	丙戌 12 三	丁亥 13 四	戊子 14 五	己丑 15 六	庚寅 16 日	辛卯 17 一	壬辰 18 二	癸巳 19 三	甲午 20 四	乙未 21 五	丙申 22 六	丁酉 23 日	戊戌 24 一	己亥 25 二	庚子 26 三	辛丑 27 四	壬寅 28 五	癸卯 29 六	甲辰 30 日	乙巳 (10) 一	丙午 2 二	丁未 3 三	戊申 4 四	己酉 5 五	庚戌 6 六	辛亥 7 日	壬子 8 一		辛卯秋分 丙午寒露
九月大	壬戌	天干地支 西曆 星期	癸丑 9 二	甲寅 10 三	乙卯 11 四	丙辰 12 五	丁巳 13 六	戊午 14 日	己未 15 一	庚申 16 二	辛酉 17 三	壬戌 18 四	癸亥 19 五	甲子 20 六	乙丑 21 日	丙寅 22 一	丁卯 23 二	戊辰 24 三	己巳 25 四	庚午 26 五	辛未 27 六	壬申 28 日	癸酉 29 一	甲戌 30 二	乙亥 31 三	丙子 (11) 四	丁丑 2 五	戊寅 3 六	己卯 4 日	庚辰 5 一	辛巳 6 二	壬午 7 三	辛酉霜降 丙子立冬
十月小	癸亥	天干地支 西曆 星期	癸未 8 四	甲申 9 五	乙酉 10 六	丙戌 11 日	丁亥 12 一	戊子 13 二	己丑 14 三	庚寅 15 四	辛卯 16 五	壬辰 17 六	癸巳 18 日	甲午 19 一	乙未 20 二	丙申 21 三	丁酉 22 四	戊戌 23 五	己亥 24 六	庚子 25 日	辛丑 26 一	壬寅 27 二	癸卯 28 三	甲辰 29 四	乙巳 30 五	丙午 (12) 六	丁未 2 日	戊申 3 一	己酉 4 二	庚戌 5 三	辛亥 6 四		辛卯小雪 丁未大雪
十一月大	甲子	天干地支 西曆 星期	壬子 7 五	癸丑 8 六	甲寅 9 日	乙卯 10 一	丙辰 11 二	丁巳 12 三	戊午 13 四	己未 14 五	庚申 15 六	辛酉 16 日	壬戌 17 一	癸亥 18 二	甲子 19 三	乙丑 20 四	丙寅 21 五	丁卯 22 六	戊辰 23 日	己巳 24 一	庚午 25 二	辛未 26 三	壬申 27 四	癸酉 28 五	甲戌 29 六	乙亥 30 日	丙子 31 一	丁丑 (1) 二	戊寅 2 三	己卯 3 四	庚辰 4 五	辛巳 5 六	壬戌冬至 丁丑小寒
十二月大	乙丑	天干地支 西曆 星期	壬午 6 日	癸未 7 一	甲申 8 二	乙酉 9 三	丙戌 10 四	丁亥 11 五	戊子 12 六	己丑 13 日	庚寅 14 一	辛卯 15 二	壬辰 16 三	癸巳 17 四	甲午 18 五	乙未 19 六	丙申 20 日	丁酉 21 一	戊戌 22 二	己亥 23 三	庚子 24 四	辛丑 25 五	壬寅 26 六	癸卯 27 日	甲辰 28 一	乙巳 29 二	丙午 30 三	丁未 31 四	戊申 (2) 五	己酉 2 六	庚戌 3 日	辛亥 4 一	壬辰大寒 戊申立春

* 六月甲午（初十），改元統和。

遼聖宗統和二年（甲申 猴年） 公元 984 ~ 985 年

夏曆月序		中西曆日對照	初一	初二	初三	初四	初五	初六	初七	初八	初九	初十	十一	十二	十三	十四	十五	十六	十七	十八	十九	二十	二一	二二	二三	二四	二五	二六	二七	二八	二九	三十	節氣與天象
正月大	丙寅	天干地支 西曆 星期	壬子 5 二	癸丑 6 三	甲寅 7 四	乙卯 8 五	丙辰 9 六	丁巳 10 日	戊午 11 一	己未 12 二	庚申 13 三	辛酉 14 四	壬戌 15 五	癸亥 16 六	甲子 17 日	乙丑 18 一	丙寅 19 二	丁卯 20 三	戊辰 21 四	己巳 22 五	庚午 23 六	辛未 24 日	壬申 25 一	癸酉 26 二	甲戌 27 三	乙亥 28 四	丙子 29 五	丁丑 (3) 六	戊寅 2 日	己卯 3 一	庚辰 4 二	辛巳 5 三	癸亥雨水 戊寅驚蟄
二月小	丁卯	天干地支 西曆 星期	壬午 6 四	癸未 7 五	甲申 8 六	乙酉 9 日	丙戌 10 一	丁亥 11 二	戊子 12 三	己丑 13 四	庚寅 14 五	辛卯 15 六	壬辰 16 日	癸巳 17 一	甲午 18 二	乙未 19 三	丙申 20 四	丁酉 21 五	戊戌 22 六	己亥 23 日	庚子 24 一	辛丑 25 二	壬寅 26 三	癸卯 27 四	甲辰 28 五	乙巳 29 六	丙午 30 日	丁未 31 一	戊申 (4) 二	己酉 2 三	庚戌 3 四		癸巳春分 戊申清明
三月大	戊辰	天干地支 西曆 星期	辛亥 4 五	壬子 5 六	癸丑 6 日	甲寅 7 一	乙卯 8 二	丙辰 9 三	丁巳 10 四	戊午 11 五	己未 12 六	庚申 13 日	辛酉 14 一	壬戌 15 二	癸亥 16 三	甲子 17 四	乙丑 18 五	丙寅 19 六	丁卯 20 日	戊辰 21 一	己巳 22 二	庚午 23 三	辛未 24 四	壬申 25 五	癸酉 26 六	甲戌 27 日	乙亥 28 一	丙子 29 二	丁丑 30 三	戊寅 (5) 四	己卯 2 五	庚辰 3 六	甲子穀雨 己卯立夏
四月小	己巳	天干地支 西曆 星期	辛巳 4 日	壬午 5 一	癸未 6 二	甲申 7 三	乙酉 8 四	丙戌 9 五	丁亥 10 六	戊子 11 日	己丑 12 一	庚寅 13 二	辛卯 14 三	壬辰 15 四	癸巳 16 五	甲午 17 六	乙未 18 日	丙申 19 一	丁酉 20 二	戊戌 21 三	己亥 22 四	庚子 23 五	辛丑 24 六	壬寅 25 日	癸卯 26 一	甲辰 27 二	乙巳 28 三	丙午 29 四	丁未 30 五	戊申 31 六	己酉 (6) 日		甲午小滿 己酉芒種
五月大	庚午	天干地支 西曆 星期	庚戌 2 一	辛亥 3 二	壬子 4 三	癸丑 5 四	甲寅 6 五	乙卯 7 六	丙辰 8 日	丁巳 9 一	戊午 10 二	己未 11 三	庚申 12 四	辛酉 13 五	壬戌 14 六	癸亥 15 日	甲子 16 一	乙丑 17 二	丙寅 18 三	丁卯 19 四	戊辰 20 五	己巳 21 六	庚午 22 日	辛未 23 一	壬申 24 二	癸酉 25 三	甲戌 26 四	乙亥 27 五	丙子 28 六	丁丑 29 日	戊寅 30 一	己卯 (7) 二	甲子夏至
六月小	辛未	天干地支 西曆 星期	庚辰 2 三	辛巳 3 四	壬午 4 五	癸未 5 六	甲申 6 日	乙酉 7 一	丙戌 8 二	丁亥 9 三	戊子 10 四	己丑 11 五	庚寅 12 六	辛卯 13 日	壬辰 14 一	癸巳 15 二	甲午 16 三	乙未 17 四	丙申 18 五	丁酉 19 六	戊戌 20 日	己亥 21 一	庚子 22 二	辛丑 23 三	壬寅 24 四	癸卯 25 五	甲辰 26 六	乙巳 27 日	丙午 28 一	丁未 29 二	戊申 30 三		庚辰小暑 乙未大暑
七月小	壬申	天干地支 西曆 星期	己酉 31 四	庚戌 (8) 五	辛亥 2 六	壬子 3 日	癸丑 4 一	甲寅 5 二	乙卯 6 三	丙辰 7 四	丁巳 8 五	戊午 9 六	己未 10 日	庚申 11 一	辛酉 12 二	壬戌 13 三	癸亥 14 四	甲子 15 五	乙丑 16 六	丙寅 17 日	丁卯 18 一	戊辰 19 二	己巳 20 三	庚午 21 四	辛未 22 五	壬申 23 六	癸酉 24 日	甲戌 25 一	乙亥 26 二	丙子 27 三	丁丑 28 四		庚戌立秋 乙丑處暑
八月大	癸酉	天干地支 西曆 星期	戊寅 29 五	己卯 30 六	庚辰 31 日	辛巳 (9) 一	壬午 2 二	癸未 3 三	甲申 4 四	乙酉 5 五	丙戌 6 六	丁亥 7 日	戊子 8 一	己丑 9 二	庚寅 10 三	辛卯 11 四	壬辰 12 五	癸巳 13 六	甲午 14 日	乙未 15 一	丙申 16 二	丁酉 17 三	戊戌 18 四	己亥 19 五	庚子 20 六	辛丑 21 日	壬寅 22 一	癸卯 23 二	甲辰 24 三	乙巳 25 四	丙午 26 五	丁未 27 六	辛巳白露 丙申秋分
九月小	甲戌	天干地支 西曆 星期	戊申 28 日	己酉 29 一	庚戌 30 二	辛亥 (10) 三	壬子 2 四	癸丑 3 五	甲寅 4 六	乙卯 5 日	丙辰 6 一	丁巳 7 二	戊午 8 三	己未 9 四	庚申 10 五	辛酉 11 六	壬戌 12 日	癸亥 13 一	甲子 14 二	乙丑 15 三	丙寅 16 四	丁卯 17 五	戊辰 18 六	己巳 19 日	庚午 20 一	辛未 21 二	壬申 22 三	癸酉 23 四	甲戌 24 五	乙亥 25 六	丙子 26 日		辛亥寒露 丙寅霜降
十月大	乙亥	天干地支 西曆 星期	丁丑 27 一	戊寅 28 二	己卯 29 三	庚辰 30 四	辛巳 31 五	壬午 (11) 六	癸未 2 日	甲申 3 一	乙酉 4 二	丙戌 5 三	丁亥 6 四	戊子 7 五	己丑 8 六	庚寅 9 日	辛卯 10 一	壬辰 11 二	癸巳 12 三	甲午 13 四	乙未 14 五	丙申 15 六	丁酉 16 日	戊戌 17 一	己亥 18 二	庚子 19 三	辛丑 20 四	壬寅 21 五	癸卯 22 六	甲辰 23 日	乙巳 24 一	丙午 25 二	辛巳立冬 丁酉小雪
十一月小	丙子	天干地支 西曆 星期	丁未 26 三	戊申 27 四	己酉 28 五	庚戌 29 六	辛亥 30 日	壬子 (12) 一	癸丑 2 二	甲寅 3 三	乙卯 4 四	丙辰 5 五	丁巳 6 六	戊午 7 日	己未 8 一	庚申 9 二	辛酉 10 三	壬戌 11 四	癸亥 12 五	甲子 13 六	乙丑 14 日	丙寅 15 一	丁卯 16 二	戊辰 17 三	己巳 18 四	庚午 19 五	辛未 20 六	壬申 21 日	癸酉 22 一	甲戌 23 二	乙亥 24 三		壬子大雪 丁卯冬至
十二月大	丁丑	天干地支 西曆 星期	丙子 25 四	丁丑 26 五	戊寅 27 六	己卯 28 日	庚辰 29 一	辛巳 30 二	壬午 31 三	癸未 (1) 四	甲申 2 五	乙酉 3 六	丙戌 4 日	丁亥 5 一	戊子 6 二	己丑 7 三	庚寅 8 四	辛卯 9 五	壬辰 10 六	癸巳 11 日	甲午 12 一	乙未 13 二	丙申 14 三	丁酉 15 四	戊戌 16 五	己亥 17 六	庚子 18 日	辛丑 19 一	壬寅 20 二	癸卯 21 三	甲辰 22 四	乙巳 23 五	壬午小寒 戊戌大寒

遼聖宗統和三年（乙酉 鷄年） 公元 985 ~ 986 年

夏曆月序	中西曆日對照		初一	初二	初三	初四	初五	初六	初七	初八	初九	初十	十一	十二	十三	十四	十五	十六	十七	十八	十九	二十	二一	二二	二三	二四	二五	二六	二七	二八	二九	三十	節氣與天象
正月大	戊寅	天干地支 西曆 星期	丙午 24 六	丁未 25 日	戊申 26 一	己酉 27 二	庚戌 28 三	辛亥 29 四	壬子 30 五	癸丑 31 六	甲寅 (2) 日	乙卯 2 一	丙辰 3 二	丁巳 4 三	戊午 5 四	己未 6 五	庚申 7 六	辛酉 8 日	壬戌 9 一	癸亥 10 二	甲子 11 三	乙丑 12 四	丙寅 13 五	丁卯 14 六	戊辰 15 日	己巳 16 一	庚午 17 二	辛未 18 三	壬申 19 四	癸酉 20 五	甲戌 21 六	乙亥 22 日	癸丑立春 戊辰雨水
二月小	己卯	天干地支 西曆 星期	丙子 23 一	丁丑 24 二	戊寅 25 三	己卯 26 四	庚辰 27 五	辛巳 28 六	壬午 (3) 日	癸未 2 一	甲申 3 二	乙酉 4 三	丙戌 5 四	丁亥 6 五	戊子 7 六	己丑 8 日	庚寅 9 一	辛卯 10 二	壬辰 11 三	癸巳 12 四	甲午 13 五	乙未 14 六	丙申 15 日	丁酉 16 一	戊戌 17 二	己亥 18 三	庚子 19 四	辛丑 20 五	壬寅 21 六	癸卯 22 日	甲辰 23 一		癸未驚蟄 戊戌春分
三月大	庚辰	天干地支 西曆 星期	乙巳 24 二	丙午 25 三	丁未 26 四	戊申 27 五	己酉 28 六	庚戌 29 日	辛亥 30 一	壬子 31 二	癸丑 (4) 三	甲寅 2 四	乙卯 3 五	丙辰 4 六	丁巳 5 日	戊午 6 一	己未 7 二	庚申 8 三	辛酉 9 四	壬戌 10 五	癸亥 11 六	甲子 12 日	乙丑 13 一	丙寅 14 二	丁卯 15 三	戊辰 16 四	己巳 17 五	庚午 18 六	辛未 19 日	壬申 20 一	癸酉 21 二	甲戌 22 三	甲寅清明 己巳穀雨
四月大	辛巳	天干地支 西曆 星期	乙亥 23 四	丙子 24 五	丁丑 25 六	戊寅 26 日	己卯 27 一	庚辰 28 二	辛巳 29 三	壬午 30 四	癸未 (5) 五	甲申 2 六	乙酉 3 日	丙戌 4 一	丁亥 5 二	戊子 6 三	己丑 7 四	庚寅 8 五	辛卯 9 六	壬辰 10 日	癸巳 11 一	甲午 12 二	乙未 13 三	丙申 14 四	丁酉 15 五	戊戌 16 六	己亥 17 日	庚子 18 一	辛丑 19 二	壬寅 20 三	癸卯 21 四	甲辰 22 五	甲申立夏 己亥小滿
五月小	壬午	天干地支 西曆 星期	乙巳 23 六	丙午 24 日	丁未 25 一	戊申 26 二	己酉 27 三	庚戌 28 四	辛亥 29 五	壬子 30 六	癸丑 31 日	甲寅 (6) 一	乙卯 2 二	丙辰 3 三	丁巳 4 四	戊午 5 五	己未 6 六	庚申 7 日	辛酉 8 一	壬戌 9 二	癸亥 10 三	甲子 11 四	乙丑 12 五	丙寅 13 六	丁卯 14 日	戊辰 15 一	己巳 16 二	庚午 17 三	辛未 18 四	壬申 19 五	癸酉 20 六		乙卯芒種 庚午夏至
六月大	癸未	天干地支 西曆 星期	甲戌 21 日	乙亥 22 一	丙子 23 二	丁丑 24 三	戊寅 25 四	己卯 26 五	庚辰 27 六	辛巳 28 日	壬午 29 一	癸未 30 二	甲申 (7) 三	乙酉 2 四	丙戌 3 五	丁亥 4 六	戊子 5 日	己丑 6 一	庚寅 7 二	辛卯 8 三	壬辰 9 四	癸巳 10 五	甲午 11 六	乙未 12 日	丙申 13 一	丁酉 14 二	戊戌 15 三	己亥 16 四	庚子 17 五	辛丑 18 六	壬寅 19 日	癸卯 20 一	乙酉小暑 庚子大暑
七月小	甲申	天干地支 西曆 星期	甲辰 21 二	乙巳 22 三	丙午 23 四	丁未 24 五	戊申 25 六	己酉 26 日	庚戌 27 一	辛亥 28 二	壬子 29 三	癸丑 30 四	甲寅 31 五	乙卯 (8) 六	丙辰 2 日	丁巳 3 一	戊午 4 二	己未 5 三	庚申 6 四	辛酉 7 五	壬戌 8 六	癸亥 9 日	甲子 10 一	乙丑 11 二	丙寅 12 三	丁卯 13 四	戊辰 14 五	己巳 15 六	庚午 16 日	辛未 17 一	壬申 18 二		乙卯立秋 辛未處暑
八月小	乙酉	天干地支 西曆 星期	癸酉 19 三	甲戌 20 四	乙亥 21 五	丙子 22 六	丁丑 23 日	戊寅 24 一	己卯 25 二	庚辰 26 三	辛巳 27 四	壬午 28 五	癸未 29 六	甲申 30 日	乙酉 31 一	丙戌 (9) 二	丁亥 2 三	戊子 3 四	己丑 4 五	庚寅 5 六	辛卯 6 日	壬辰 7 一	癸巳 8 二	甲午 9 三	乙未 10 四	丙申 11 五	丁酉 12 六	戊戌 13 日	己亥 14 一	庚子 15 二	辛丑 16 三		丙戌白露 辛丑秋分
九月大	丙戌	天干地支 西曆 星期	壬寅 17 四	癸卯 18 五	甲辰 19 六	乙巳 20 日	丙午 21 一	丁未 22 二	戊申 23 三	己酉 24 四	庚戌 25 五	辛亥 26 六	壬子 27 日	癸丑 28 一	甲寅 29 二	乙卯 30 三	丙辰 (10) 四	丁巳 2 五	戊午 3 六	己未 4 日	庚申 5 一	辛酉 6 二	壬戌 7 三	癸亥 8 四	甲子 9 五	乙丑 10 六	丙寅 11 日	丁卯 12 一	戊辰 13 二	己巳 14 三	庚午 15 四	辛未 16 五	丙辰寒露 辛未霜降
閏九月小	丙戌	天干地支 西曆 星期	壬申 17 六	癸酉 18 日	甲戌 19 一	乙亥 20 二	丙子 21 三	丁丑 22 四	戊寅 23 五	己卯 24 六	庚辰 25 日	辛巳 26 一	壬午 27 二	癸未 28 三	甲申 29 四	乙酉 30 五	丙戌 31 六	丁亥 (11) 日	戊子 2 一	己丑 3 二	庚寅 4 三	辛卯 5 四	壬辰 6 五	癸巳 7 六	甲午 8 日	乙未 9 一	丙申 10 二	丁酉 11 三	戊戌 12 四	己亥 13 五	庚子 14 六		丁亥立冬
十月大	丁亥	天干地支 西曆 星期	辛丑 15 日	壬寅 16 一	癸卯 17 二	甲辰 18 三	乙巳 19 四	丙午 20 五	丁未 21 六	戊申 22 日	己酉 23 一	庚戌 24 二	辛亥 25 三	壬子 26 四	癸丑 27 五	甲寅 28 六	乙卯 29 日	丙辰 30 一	丁巳 (12) 二	戊午 2 三	己未 3 四	庚申 4 五	辛酉 5 六	壬戌 6 日	癸亥 7 一	甲子 8 二	乙丑 9 三	丙寅 10 四	丁卯 11 五	戊辰 12 六	己巳 13 日	庚午 14 一	壬寅小雪 丁巳大雪
十一月小	戊子	天干地支 西曆 星期	辛未 15 二	壬申 16 三	癸酉 17 四	甲戌 18 五	乙亥 19 六	丙子 20 日	丁丑 21 一	戊寅 22 二	己卯 23 三	庚辰 24 四	辛巳 25 五	壬午 26 六	癸未 27 日	甲申 28 一	乙酉 29 二	丙戌 30 三	丁亥 31 四	戊子 (1) 五	己丑 2 六	庚寅 3 日	辛卯 4 一	壬辰 5 二	癸巳 6 三	甲午 7 四	乙未 8 五	丙申 9 六	丁酉 10 日	戊戌 11 一	己亥 12 二		壬申冬至 戊子小寒
十二月大	己丑	天干地支 西曆 星期	庚子 13 三	辛丑 14 四	壬寅 15 五	癸卯 16 六	甲辰 17 日	乙巳 18 一	丙午 19 二	丁未 20 三	戊申 21 四	己酉 22 五	庚戌 23 六	辛亥 24 日	壬子 25 一	癸丑 26 二	甲寅 27 三	乙卯 28 四	丙辰 29 五	丁巳 30 六	戊午 31 日	己未 (2) 一	庚申 2 二	辛酉 3 三	壬戌 4 四	癸亥 5 五	甲子 6 六	乙丑 7 日	丙寅 8 一	丁卯 9 二	戊辰 10 三	己巳 11 四	癸卯大寒 戊午立春

遼聖宗統和四年（丙戌 狗年） 公元 986 ~ 987 年

夏曆月序		中西曆日對照	初一	初二	初三	初四	初五	初六	初七	初八	初九	初十	十一	十二	十三	十四	十五	十六	十七	十八	十九	二十	二一	二二	二三	二四	二五	二六	二七	二八	二九	三十	節氣與天象
正月小	庚寅	天干地支西曆星期	庚午12五	辛未13六	壬申14日	癸酉15一	甲戌16二	乙亥17三	丙子18四	丁丑19五	戊寅20六	己卯21日	庚辰22一	辛巳23二	壬午24三	癸未25四	甲申26五	乙酉27六	丙戌28日	丁亥(3)一	戊子2二	己丑3三	庚寅4四	辛卯5五	壬辰6六	癸巳7日	甲午8一	乙未9二	丙申10三	丁酉11四	戊戌12五		癸酉雨水 戊子驚蟄
二月大	辛卯	天干地支西曆星期	己亥13六	庚子14日	辛丑15一	壬寅16二	癸卯17三	甲辰18四	乙巳19五	丙午20六	丁未21日	戊申22一	己酉23二	庚戌24三	辛亥25四	壬子26五	癸丑27六	甲寅28日	乙卯29一	丙辰30二	丁巳31三	戊午(4)四	己未2五	庚申3六	辛酉4日	壬戌5一	癸亥6二	甲子7三	乙丑8四	丙寅9五	丁卯10六	戊辰11日	甲辰春分 己未清明
三月大	壬辰	天干地支西曆星期	己巳12一	庚午13二	辛未14三	壬申15四	癸酉16五	甲戌17六	乙亥18日	丙子19一	丁丑20二	戊寅21三	己卯22四	庚辰23五	辛巳24六	壬午25日	癸未26一	甲申27二	乙酉28三	丙戌29四	丁亥30五	戊子(5)六	己丑2日	庚寅3一	辛卯4二	壬辰5三	癸巳6四	甲午7五	乙未8六	丙申9日	丁酉10一	戊戌11二	甲戌穀雨 己丑立夏
四月小	癸巳	天干地支西曆星期	己亥12三	庚子13四	辛丑14五	壬寅15六	癸卯16日	甲辰17一	乙巳18二	丙午19三	丁未20四	戊申21五	己酉22六	庚戌23日	辛亥24一	壬子25二	癸丑26三	甲寅27四	乙卯28五	丙辰29六	丁巳30日	戊午31一	己未(6)二	庚申2三	辛酉3四	壬戌4五	癸亥5六	甲子6日	乙丑7一	丙寅8二	丁卯9三		乙巳小滿 庚申芒種
五月大	甲午	天干地支西曆星期	戊辰10四	己巳11五	庚午12六	辛未13日	壬申14一	癸酉15二	甲戌16三	乙亥17四	丙子18五	丁丑19六	戊寅20日	己卯21一	庚辰22二	辛巳23三	壬午24四	癸未25五	甲申26六	乙酉27日	丙戌28一	丁亥29二	戊子30三	己丑(7)四	庚寅2五	辛卯3六	壬辰4日	癸巳5一	甲午6二	乙未7三	丙申8四	丁酉9五	乙亥夏至 庚寅小暑
六月小	乙未	天干地支西曆星期	戊戌10六	己亥11日	庚子12一	辛丑13二	壬寅14三	癸卯15四	甲辰16五	乙巳17六	丙午18日	丁未19一	戊申20二	己酉21三	庚戌22四	辛亥23五	壬子24六	癸丑25日	甲寅26一	乙卯27二	丙辰28三	丁巳29四	戊午30五	己未31六	庚申(8)日	辛酉2一	壬戌3二	癸亥4三	甲子5四	乙丑6五	丙寅7六		乙巳大暑 辛酉立秋
七月大	丙申	天干地支西曆星期	丁卯8日	戊辰9一	己巳10二	庚午11三	辛未12四	壬申13五	癸酉14六	甲戌15日	乙亥16一	丙子17二	丁丑18三	戊寅19四	己卯20五	庚辰21六	辛巳22日	壬午23一	癸未24二	甲申25三	乙酉26四	丙戌27五	丁亥28六	戊子29日	己丑30一	庚寅31二	辛卯(9)三	壬辰2四	癸巳3五	甲午4六	乙未5日	丙申6一	丙子處暑 辛卯白露
八月小	丁酉	天干地支西曆星期	丁酉7二	戊戌8三	己亥9四	庚子10五	辛丑11六	壬寅12日	癸卯13一	甲辰14二	乙巳15三	丙午16四	丁未17五	戊申18六	己酉19日	庚戌20一	辛亥21二	壬子22三	癸丑23四	甲寅24五	乙卯25六	丙辰26日	丁巳27一	戊午28二	己未29三	庚申30四	辛酉(10)五	壬戌2六	癸亥3日	甲子4一	乙丑5二		丙午秋分 壬戌寒露
九月大	戊戌	天干地支西曆星期	丙寅6三	丁卯7四	戊辰8五	己巳9六	庚午10日	辛未11一	壬申12二	癸酉13三	甲戌14四	乙亥15五	丙子16六	丁丑17日	戊寅18一	己卯19二	庚辰20三	辛巳21四	壬午22五	癸未23六	甲申24日	乙酉25一	丙戌26二	丁亥27三	戊子28四	己丑29五	庚寅30六	辛卯31日	壬辰(11)一	癸巳2二	甲午3三	乙未4四	丁丑霜降 壬辰立冬
十月小	己亥	天干地支西曆星期	丙申5五	丁酉6六	戊戌7日	己亥8一	庚子9二	辛丑10三	壬寅11四	癸卯12五	甲辰13六	乙巳14日	丙午15一	丁未16二	戊申17三	己酉18四	庚戌19五	辛亥20六	壬子21日	癸丑22一	甲寅23二	乙卯24三	丙辰25四	丁巳26五	戊午27六	己未28日	庚申29一	辛酉30二	壬戌(12)三	癸亥2四	甲子3五		丁未小雪 壬戌大雪
十一月大	庚子	天干地支西曆星期	乙丑4六	丙寅5日	丁卯6一	戊辰7二	己巳8三	庚午9四	辛未10五	壬申11六	癸酉12日	甲戌13一	乙亥14二	丙子15三	丁丑16四	戊寅17五	己卯18六	庚辰19日	辛巳20一	壬午21二	癸未22三	甲申23四	乙酉24五	丙戌25六	丁亥26日	戊子27一	己丑28二	庚寅29三	辛卯30四	壬辰31五	癸巳(1)六	甲午2日	戊寅冬至 癸巳小寒
十二月小	辛丑	天干地支西曆星期	乙未3一	丙申4二	丁酉5三	戊戌6四	己亥7五	庚子8六	辛丑9日	壬寅10一	癸卯11二	甲辰12三	乙巳13四	丙午14五	丁未15六	戊申16日	己酉17一	庚戌18二	辛亥19三	壬子20四	癸丑21五	甲寅22六	乙卯23日	丙辰24一	丁巳25二	戊午26三	己未27四	庚申28五	辛酉29六	壬戌30日	癸亥31一		戊申大寒 癸亥立春

遼聖宗統和五年（丁亥 猪年） 公元987 ~ 988年

夏曆月序		中西曆日對照	初一	初二	初三	初四	初五	初六	初七	初八	初九	初十	十一	十二	十三	十四	十五	十六	十七	十八	十九	二十	二一	二二	二三	二四	二五	二六	二七	二八	二九	三十	節氣與天象
正月大	壬寅	天干 地支 西曆 星期	甲子 (2) 二	乙丑 2 三	丙寅 3 四	丁卯 4 五	戊辰 5 六	己巳 6 日	庚午 7 一	辛未 8 二	壬申 9 三	癸酉 10 四	甲戌 11 五	乙亥 12 六	丙子 13 日	丁丑 14 一	戊寅 15 二	己卯 16 三	庚辰 17 四	辛巳 18 五	壬午 19 六	癸未 20 日	甲申 21 一	乙酉 22 二	丙戌 23 三	丁亥 24 四	戊子 25 五	己丑 26 六	庚寅 27 日	辛卯 28 一	壬辰 (3) 二	癸巳 2 三	戊寅雨水
二月小	癸卯	天干 地支 西曆 星期	甲午 3 四	乙未 4 五	丙申 5 六	丁酉 6 日	戊戌 7 一	己亥 8 二	庚子 9 三	辛丑 10 四	壬寅 11 五	癸卯 12 六	甲辰 13 日	乙巳 14 一	丙午 15 二	丁未 16 三	戊申 17 四	己酉 18 五	庚戌 19 六	辛亥 20 日	壬子 21 一	癸丑 22 二	甲寅 23 三	乙卯 24 四	丙辰 25 五	丁巳 26 六	戊午 27 日	己未 28 一	庚申 29 二	辛酉 30 三	壬戌 31 四		甲午驚蟄 己酉春分
三月大	甲辰	天干 地支 西曆 星期	癸亥 (4) 五	甲子 2 六	乙丑 3 日	丙寅 4 一	丁卯 5 二	戊辰 6 三	己巳 7 四	庚午 8 五	辛未 9 六	壬申 10 日	癸酉 11 一	甲戌 12 二	乙亥 13 三	丙子 14 四	丁丑 15 五	戊寅 16 六	己卯 17 日	庚辰 18 一	辛巳 19 二	壬午 20 三	癸未 21 四	甲申 22 五	乙酉 23 六	丙戌 24 日	丁亥 25 一	戊子 26 二	己丑 27 三	庚寅 28 四	辛卯 29 五	壬辰 30 六	甲子清明 己卯穀雨
四月小	乙巳	天干 地支 西曆 星期	癸巳 (5) 日	甲午 2 一	乙未 3 二	丙申 4 三	丁酉 5 四	戊戌 6 五	己亥 7 六	庚子 8 日	辛丑 9 一	壬寅 10 二	癸卯 11 三	甲辰 12 四	乙巳 13 五	丙午 14 六	丁未 15 日	戊申 16 一	己酉 17 二	庚戌 18 三	辛亥 19 四	壬子 20 五	癸丑 21 六	甲寅 22 日	乙卯 23 一	丙辰 24 二	丁巳 25 三	戊午 26 四	己未 27 五	庚申 28 六	辛酉 29 日		乙未立夏 庚戌小滿
五月大	丙午	天干 地支 西曆 星期	壬戌 30 一	癸亥 31 二	甲子 (6) 三	乙丑 2 四	丙寅 3 五	丁卯 4 六	戊辰 5 日	己巳 6 一	庚午 7 二	辛未 8 三	壬申 9 四	癸酉 10 五	甲戌 11 六	乙亥 12 日	丙子 13 一	丁丑 14 二	戊寅 15 三	己卯 16 四	庚辰 17 五	辛巳 18 六	壬午 19 日	癸未 20 一	甲申 21 二	乙酉 22 三	丙戌 23 四	丁亥 24 五	戊子 25 六	己丑 26 日	庚寅 27 一	辛卯 28 二	乙丑芒種 庚辰夏至
六月大	丁未	天干 地支 西曆 星期	壬辰 29 三	癸巳 30 四	甲午 (7) 五	乙未 2 六	丙申 3 日	丁酉 4 一	戊戌 5 二	己亥 6 三	庚子 7 四	辛丑 8 五	壬寅 9 六	癸卯 10 日	甲辰 11 一	乙巳 12 二	丙午 13 三	丁未 14 四	戊申 15 五	己酉 16 六	庚戌 17 日	辛亥 18 一	壬子 19 二	癸丑 20 三	甲寅 21 四	乙卯 22 五	丙辰 23 六	丁巳 24 日	戊午 25 一	己未 26 二	庚申 27 三	辛酉 28 四	乙未小暑 辛亥大暑
七月小	戊申	天干 地支 西曆 星期	壬戌 29 五	癸亥 30 六	甲子 31 日	乙丑 (8) 一	丙寅 2 二	丁卯 3 三	戊辰 4 四	己巳 5 五	庚午 6 六	辛未 7 日	壬申 8 一	癸酉 9 二	甲戌 10 三	乙亥 11 四	丙子 12 五	丁丑 13 六	戊寅 14 日	己卯 15 一	庚辰 16 二	辛巳 17 三	壬午 18 四	癸未 19 五	甲申 20 六	乙酉 21 日	丙戌 22 一	丁亥 23 二	戊子 24 三	己丑 25 四	庚寅 26 五		丙寅立秋 辛巳處暑
八月大	己酉	天干 地支 西曆 星期	辛卯 27 六	壬辰 28 日	癸巳 29 一	甲午 30 二	乙未 31 三	丙申 (9) 四	丁酉 2 五	戊戌 3 六	己亥 4 日	庚子 5 一	辛丑 6 二	壬寅 7 三	癸卯 8 四	甲辰 9 五	乙巳 10 六	丙午 11 日	丁未 12 一	戊申 13 二	己酉 14 三	庚戌 15 四	辛亥 16 五	壬子 17 六	癸丑 18 日	甲寅 19 一	乙卯 20 二	丙辰 21 三	丁巳 22 四	戊午 23 五	己未 24 六	庚申 25 日	丙申白露 壬子秋分
九月小	庚戌	天干 地支 西曆 星期	辛酉 26 一	壬戌 27 二	癸亥 28 三	甲子 29 四	乙丑 30 五	丙寅 (10) 六	丁卯 2 日	戊辰 3 一	己巳 4 二	庚午 5 三	辛未 6 四	壬申 7 五	癸酉 8 六	甲戌 9 日	乙亥 10 一	丙子 11 二	丁丑 12 三	戊寅 13 四	己卯 14 五	庚辰 15 六	辛巳 16 日	壬午 17 一	癸未 18 二	甲申 19 三	乙酉 20 四	丙戌 21 五	丁亥 22 六	戊子 23 日	己丑 24 一		丁卯寒露 壬午霜降
十月大	辛亥	天干 地支 西曆 星期	庚寅 25 二	辛卯 26 三	壬辰 27 四	癸巳 28 五	甲午 29 六	乙未 30 日	丙申 31 一	丁酉 (11) 二	戊戌 2 三	己亥 3 四	庚子 4 五	辛丑 5 六	壬寅 6 日	癸卯 7 一	甲辰 8 二	乙巳 9 三	丙午 10 四	丁未 11 五	戊申 12 六	己酉 13 日	庚戌 14 一	辛亥 15 二	壬子 16 三	癸丑 17 四	甲寅 18 五	乙卯 19 六	丙辰 20 日	丁巳 21 一	戊午 22 二	己未 23 三	丁酉立冬 壬子小雪
十一月小	壬子	天干 地支 西曆 星期	庚申 24 四	辛酉 25 五	壬戌 26 六	癸亥 27 日	甲子 28 一	乙丑 29 二	丙寅 30 三	丁卯 (12) 四	戊辰 2 五	己巳 3 六	庚午 4 日	辛未 5 一	壬申 6 二	癸酉 7 三	甲戌 8 四	乙亥 9 五	丙子 10 六	丁丑 11 日	戊寅 12 一	己卯 13 二	庚辰 14 三	辛巳 15 四	壬午 16 五	癸未 17 六	甲申 18 日	乙酉 19 一	丙戌 20 二	丁亥 21 三	戊子 22 四		戊辰大雪 癸未冬至
十二月大	癸丑	天干 地支 西曆 星期	己丑 23 五	庚寅 24 六	辛卯 25 日	壬辰 26 一	癸巳 27 二	甲午 28 三	乙未 29 四	丙申 30 五	丁酉 31 六	戊戌 (1) 日	己亥 2 一	庚子 3 二	辛丑 4 三	壬寅 5 四	癸卯 6 五	甲辰 7 六	乙巳 8 日	丙午 9 一	丁未 10 二	戊申 11 三	己酉 12 四	庚戌 13 五	辛亥 14 六	壬子 15 日	癸丑 16 一	甲寅 17 二	乙卯 18 三	丙辰 19 四	丁巳 20 五	戊午 21 六	戊戌小寒 癸丑大寒

遼聖宗統和六年（戊子 鼠年） 公元988 ~ 989年

夏曆月序		中西曆日對照	初一	初二	初三	初四	初五	初六	初七	初八	初九	初十	十一	十二	十三	十四	十五	十六	十七	十八	十九	二十	二一	二二	二三	二四	二五	二六	二七	二八	二九	三十	節氣與天象
正月小	甲寅	天干地支 西曆 星期	己未22日	庚申23一	辛酉24二	壬戌25三	癸亥26四	甲子27五	乙丑28六	丙寅29日	丁卯30一	戊辰31二	己巳(2)三	庚午2四	辛未3五	壬申4六	癸酉5日	甲戌6一	乙亥7二	丙子8三	丁丑9四	戊寅10五	己卯11六	庚辰12日	辛巳13一	壬午14二	癸未15三	甲申16四	乙酉17五	丙戌18六	丁亥19日		己巳立春 甲申雨水
二月大	乙卯	天干地支 西曆 星期	戊子20一	己丑21二	庚寅22三	辛卯23四	壬辰24五	癸巳25六	甲午26日	乙未27一	丙申28二	丁酉29三	戊戌(3)四	己亥2五	庚子3六	辛丑4日	壬寅5一	癸卯6二	甲辰7三	乙巳8四	丙午9五	丁未10六	戊申11日	己酉12一	庚戌13二	辛亥14三	壬子15四	癸丑16五	甲寅17六	乙卯18日	丙辰19一	丁巳20二	己亥驚蟄 甲寅春分
三月小	丙辰	天干地支 西曆 星期	戊午21三	己未22四	庚申23五	辛酉24六	壬戌25日	癸亥26一	甲子27二	乙丑28三	丙寅29四	丁卯30五	戊辰31六	己巳(4)日	庚午2一	辛未3二	壬申4三	癸酉5四	甲戌6五	乙亥7六	丙子8日	丁丑9一	戊寅10二	己卯11三	庚辰12四	辛巳13五	壬午14六	癸未15日	甲申16一	乙酉17二	丙戌18三		己巳清明 乙酉穀雨
四月大	丁巳	天干地支 西曆 星期	丁亥19四	戊子20五	己丑21六	庚寅22日	辛卯23一	壬辰24二	癸巳25三	甲午26四	乙未27五	丙申28六	丁酉29日	戊戌30一	己亥(5)二	庚子2三	辛丑3四	壬寅4五	癸卯5六	甲辰6日	乙巳7一	丙午8二	丁未9三	戊申10四	己酉11五	庚戌12六	辛亥13日	壬子14一	癸丑15二	甲寅16三	乙卯17四	丙辰18五	庚子立夏 乙卯小滿
五月小	戊午	天干地支 西曆 星期	丁巳19六	戊午20日	己未21一	庚申22二	辛酉23三	壬戌24四	癸亥25五	甲子26六	乙丑27日	丙寅28一	丁卯29二	戊辰30三	己巳31四	庚午(6)五	辛未2六	壬申3日	癸酉4一	甲戌5二	乙亥6三	丙子7四	丁丑8五	戊寅9六	己卯10日	庚辰11一	辛巳12二	壬午13三	癸未14四	甲申15五	乙酉16六		庚午芒種 乙酉夏至
閏五月大	戊午	天干地支 西曆 星期	丙戌17日	丁亥18一	戊子19二	己丑20三	庚寅21四	辛卯22五	壬辰23六	癸巳24日	甲午25一	乙未26二	丙申27三	丁酉28四	戊戌29五	己亥30六	庚子(7)日	辛丑2一	壬寅3二	癸卯4三	甲辰5四	乙巳6五	丙午7六	丁未8日	戊申9一	己酉10二	庚戌11三	辛亥12四	壬子13五	癸丑14六	甲寅15日	乙卯16一	辛丑小暑
六月小	己未	天干地支 西曆 星期	丙辰17二	丁巳18三	戊午19四	己未20五	庚申21六	辛酉22日	壬戌23一	癸亥24二	甲子25三	乙丑26四	丙寅27五	丁卯28六	戊辰29日	己巳30一	庚午31二	辛未(8)三	壬申2四	癸酉3五	甲戌4六	乙亥5日	丙子6一	丁丑7二	戊寅8三	己卯9四	庚辰10五	辛巳11六	壬午12日	癸未13一	甲申14二		丙辰大暑 辛未立秋
七月大	庚申	天干地支 西曆 星期	乙酉15三	丙戌16四	丁亥17五	戊子18六	己丑19日	庚寅20一	辛卯21二	壬辰22三	癸巳23四	甲午24五	乙未25六	丙申26日	丁酉27一	戊戌28二	己亥29三	庚子30四	辛丑31五	壬寅(9)六	癸卯2日	甲辰3一	乙巳4二	丙午5三	丁未6四	戊申7五	己酉8六	庚戌9日	辛亥10一	壬子11二	癸丑12三	甲寅13四	丙戌處暑 壬寅白露
八月大	辛酉	天干地支 西曆 星期	乙卯14五	丙辰15六	丁巳16日	戊午17一	己未18二	庚申19三	辛酉20四	壬戌21五	癸亥22六	甲子23日	乙丑24一	丙寅25二	丁卯26三	戊辰27四	己巳28五	庚午29六	辛未30日	壬申(10)一	癸酉2二	甲戌3三	乙亥4四	丙子5五	丁丑6六	戊寅7日	己卯8一	庚辰9二	辛巳10三	壬午11四	癸未12五	甲申13六	丁巳秋分 壬申寒露
九月小	壬戌	天干地支 西曆 星期	乙酉14日	丙戌15一	丁亥16二	戊子17三	己丑18四	庚寅19五	辛卯20六	壬辰21日	癸巳22一	甲午23二	乙未24三	丙申25四	丁酉26五	戊戌27六	己亥28日	庚子29一	辛丑30二	壬寅31三	癸卯(11)四	甲辰2五	乙巳3六	丙午4日	丁未5一	戊申6二	己酉7三	庚戌8四	辛亥9五	壬子10六	癸丑11日		丁亥霜降 壬寅立冬
十月大	癸亥	天干地支 西曆 星期	甲寅12一	乙卯13二	丙辰14三	丁巳15四	戊午16五	己未17六	庚申18日	辛酉19一	壬戌20二	癸亥21三	甲子22四	乙丑23五	丙寅24六	丁卯25日	戊辰26一	己巳27二	庚午28三	辛未29四	壬申30五	癸酉(12)六	甲戌2日	乙亥3一	丙子4二	丁丑5三	戊寅6四	己卯7五	庚辰8六	辛巳9日	壬午10一	癸未11二	戊午小雪 癸酉大雪
十一月大	甲子	天干地支 西曆 星期	甲申12三	乙酉13四	丙戌14五	丁亥15六	戊子16日	己丑17一	庚寅18二	辛卯19三	壬辰20四	癸巳21五	甲午22六	乙未23日	丙申24一	丁酉25二	戊戌26三	己亥27四	庚子28五	辛丑29六	壬寅30日	癸卯31一	甲辰(1)二	乙巳2三	丙午3四	丁未4五	戊申5六	己酉6日	庚戌7一	辛亥8二	壬子9三	癸丑10四	戊子冬至 癸卯小寒
十二月小	乙丑	天干地支 西曆 星期	甲寅11五	乙卯12六	丙辰13日	丁巳14一	戊午15二	己未16三	庚申17四	辛酉18五	壬戌19六	癸亥20日	甲子21一	乙丑22二	丙寅23三	丁卯24四	戊辰25五	己巳26六	庚午27日	辛未28一	壬申29二	癸酉30三	甲戌31四	乙亥(2)五	丙子2六	丁丑3日	戊寅4一	己卯5二	庚辰6三	辛巳7四	壬午8五		己未大寒 甲戌立春

遼聖宗統和七年（己丑 牛年） 公元 989 ~ 990 年

夏曆月序		中西曆日對照	初一	初二	初三	初四	初五	初六	初七	初八	初九	初十	十一	十二	十三	十四	十五	十六	十七	十八	十九	二十	二一	二二	二三	二四	二五	二六	二七	二八	二九	三十	節氣與天象
正月小	丙寅	天干地支 西曆 星期	癸未 9 六	甲申 10 日	乙酉 11 一	丙戌 12 二	丁亥 13 三	戊子 14 四	己丑 15 五	庚寅 16 六	辛卯 17 日	壬辰 18 一	癸巳 19 二	甲午 20 三	乙未 21 四	丙申 22 五	丁酉 23 六	戊戌 24 日	己亥 25 一	庚子 26 二	辛丑 27 三	壬寅 28 四	癸卯 (3) 五	甲辰 2 六	乙巳 3 日	丙午 4 一	丁未 5 二	戊申 6 三	己酉 7 四	庚戌 8 五	辛亥 9 六		己丑雨水 甲辰驚蟄
二月大	丁卯	天干地支 西曆 星期	壬子 10 日	癸丑 11 一	甲寅 12 二	乙卯 13 三	丙辰 14 四	丁巳 15 五	戊午 16 六	己未 17 日	庚申 18 一	辛酉 19 二	壬戌 20 三	癸亥 21 四	甲子 22 五	乙丑 23 六	丙寅 24 日	丁卯 25 一	戊辰 26 二	己巳 27 三	庚午 28 四	辛未 29 五	壬申 30 六	癸酉 31 日	甲戌 (4) 一	乙亥 2 二	丙子 3 三	丁丑 4 四	戊寅 5 五	己卯 6 六	庚辰 7 日	辛巳 8 一	己未春分 乙亥清明
三月小	戊辰	天干地支 西曆 星期	壬午 9 二	癸未 10 三	甲申 11 四	乙酉 12 五	丙戌 13 六	丁亥 14 日	戊子 15 一	己丑 16 二	庚寅 17 三	辛卯 18 四	壬辰 19 五	癸巳 20 六	甲午 21 日	乙未 22 一	丙申 23 二	丁酉 24 三	戊戌 25 四	己亥 26 五	庚子 27 六	辛丑 28 日	壬寅 29 一	癸卯 30 二	甲辰 (5) 三	乙巳 2 四	丙午 3 五	丁未 4 六	戊申 5 日	己酉 6 一	庚戌 7 二		庚寅穀雨 乙巳立夏
四月小	己巳	天干地支 西曆 星期	辛亥 8 三	壬子 9 四	癸丑 10 五	甲寅 11 六	乙卯 12 日	丙辰 13 一	丁巳 14 二	戊午 15 三	己未 16 四	庚申 17 五	辛酉 18 六	壬戌 19 日	癸亥 20 一	甲子 21 二	乙丑 22 三	丙寅 23 四	丁卯 24 五	戊辰 25 六	己巳 26 日	庚午 27 一	辛未 28 二	壬申 29 三	癸酉 30 四	甲戌 31 五	乙亥 (6) 六	丙子 2 日	丁丑 3 一	戊寅 4 二	己卯 5 三		庚申小滿 乙亥芒種
五月大	庚午	天干地支 西曆 星期	庚辰 6 四	辛巳 7 五	壬午 8 六	癸未 9 日	甲申 10 一	乙酉 11 二	丙戌 12 三	丁亥 13 四	戊子 14 五	己丑 15 六	庚寅 16 日	辛卯 17 一	壬辰 18 二	癸巳 19 三	甲午 20 四	乙未 21 五	丙申 22 六	丁酉 23 日	戊戌 24 一	己亥 25 二	庚子 26 三	辛丑 27 四	壬寅 28 五	癸卯 29 六	甲辰 30 日	乙巳 (7) 一	丙午 2 二	丁未 3 三	戊申 4 四	己酉 5 五	辛卯夏至 丙午小暑
六月小	辛未	天干地支 西曆 星期	庚戌 6 六	辛亥 7 日	壬子 8 一	癸丑 9 二	甲寅 10 三	乙卯 11 四	丙辰 12 五	丁巳 13 六	戊午 14 日	己未 15 一	庚申 16 二	辛酉 17 三	壬戌 18 四	癸亥 19 五	甲子 20 六	乙丑 21 日	丙寅 22 一	丁卯 23 二	戊辰 24 三	己巳 25 四	庚午 26 五	辛未 27 六	壬申 28 日	癸酉 29 一	甲戌 30 二	乙亥 31 三	丙子 (8) 四	丁丑 2 五	戊寅 3 六		辛酉大暑 丙子立秋
七月大	壬申	天干地支 西曆 星期	己卯 4 日	庚辰 5 一	辛巳 6 二	壬午 7 三	癸未 8 四	甲申 9 五	乙酉 10 六	丙戌 11 日	丁亥 12 一	戊子 13 二	己丑 14 三	庚寅 15 四	辛卯 16 五	壬辰 17 六	癸巳 18 日	甲午 19 一	乙未 20 二	丙申 21 三	丁酉 22 四	戊戌 23 五	己亥 24 六	庚子 25 日	辛丑 26 一	壬寅 27 二	癸卯 28 三	甲辰 29 四	乙巳 30 五	丙午 31 六	丁未 (9) 日	戊申 2 一	壬辰處暑 丁未白露
八月大	癸酉	天干地支 西曆 星期	己酉 3 二	庚戌 4 三	辛亥 5 四	壬子 6 五	癸丑 7 六	甲寅 8 日	乙卯 9 一	丙辰 10 二	丁巳 11 三	戊午 12 四	己未 13 五	庚申 14 六	辛酉 15 日	壬戌 16 一	癸亥 17 二	甲子 18 三	乙丑 19 四	丙寅 20 五	丁卯 21 六	戊辰 22 日	己巳 23 一	庚午 24 二	辛未 25 三	壬申 26 四	癸酉 27 五	甲戌 28 六	乙亥 29 日	丙子 30 一	丁丑 (10) 二	戊寅 2 三	壬戌秋分 丁丑寒露
九月大	甲戌	天干地支 西曆 星期	己卯 3 四	庚辰 4 五	辛巳 5 六	壬午 6 日	癸未 7 一	甲申 8 二	乙酉 9 三	丙戌 10 四	丁亥 11 五	戊子 12 六	己丑 13 日	庚寅 14 一	辛卯 15 二	壬辰 16 三	癸巳 17 四	甲午 18 五	乙未 19 六	丙申 20 日	丁酉 21 一	戊戌 22 二	己亥 23 三	庚子 24 四	辛丑 25 五	壬寅 26 六	癸卯 27 日	甲辰 28 一	乙巳 29 二	丙午 30 三	丁未 31 四	戊申 (11) 五	壬辰霜降 戊申立冬
十月小	乙亥	天干地支 西曆 星期	己酉 2 六	庚戌 3 日	辛亥 4 一	壬子 5 二	癸丑 6 三	甲寅 7 四	乙卯 8 五	丙辰 9 六	丁巳 10 日	戊午 11 一	己未 12 二	庚申 13 三	辛酉 14 四	壬戌 15 五	癸亥 16 六	甲子 17 日	乙丑 18 一	丙寅 19 二	丁卯 20 三	戊辰 21 四	己巳 22 五	庚午 23 六	辛未 24 日	壬申 25 一	癸酉 26 二	甲戌 27 三	乙亥 28 四	丙子 29 五	丁丑 30 六		癸亥小雪
十一月大	丙子	天干地支 西曆 星期	戊寅 (12) 日	己卯 2 一	庚辰 3 二	辛巳 4 三	壬午 5 四	癸未 6 五	甲申 7 六	乙酉 8 日	丙戌 9 一	丁亥 10 二	戊子 11 三	己丑 12 四	庚寅 13 五	辛卯 14 六	壬辰 15 日	癸巳 16 一	甲午 17 二	乙未 18 三	丙申 19 四	丁酉 20 五	戊戌 21 六	己亥 22 日	庚子 23 一	辛丑 24 二	壬寅 25 三	癸卯 26 四	甲辰 27 五	乙巳 28 六	丙午 29 日	丁未 30 一	戊寅大雪 癸巳冬至
十二月大	丁丑	天干地支 西曆 星期	戊申 31 二	己酉 (1) 三	庚戌 2 四	辛亥 3 五	壬子 4 六	癸丑 5 日	甲寅 6 一	乙卯 7 二	丙辰 8 三	丁巳 9 四	戊午 10 五	己未 11 六	庚申 12 日	辛酉 13 一	壬戌 14 二	癸亥 15 三	甲子 16 四	乙丑 17 五	丙寅 18 六	丁卯 19 日	戊辰 20 一	己巳 21 二	庚午 22 三	辛未 23 四	壬申 24 五	癸酉 25 六	甲戌 26 日	乙亥 27 一	丙子 28 二	丁丑 29 三	己酉小寒 甲子大寒

遼聖宗統和八年（庚寅 虎年） 公元 990 ~ 991 年

夏曆月序		中西曆日對照	初一	初二	初三	初四	初五	初六	初七	初八	初九	初十	十一	十二	十三	十四	十五	十六	十七	十八	十九	二十	二一	二二	二三	二四	二五	二六	二七	二八	二九	三十	節氣與天象
正月小	戊寅	天干 地支 西曆 星期	戊 寅 30 四	己 卯 31 五	庚 辰 (2) 六	辛 巳 2 日	壬 午 3 一	癸 未 4 二	甲 申 5 三	乙 酉 6 四	丙 戌 7 五	丁 亥 8 六	戊 子 9 日	己 丑 10 一	庚 寅 11 二	辛 卯 12 三	壬 辰 13 四	癸 巳 14 五	甲 午 15 六	乙 未 16 日	丙 申 17 一	丁 酉 18 二	戊 戌 19 三	己 亥 20 四	庚 子 21 五	辛 丑 22 六	壬 寅 23 日	癸 卯 24 一	甲 辰 25 二	乙 巳 26 三	丙 午 27 四		己卯立春 甲午雨水
二月小	己卯	天干 地支 西曆 星期	丁 未 28 五	戊 申 (3) 六	己 酉 2 日	庚 戌 3 一	辛 亥 4 二	壬 子 5 三	癸 丑 6 四	甲 寅 7 五	乙 卯 8 六	丙 辰 9 日	丁 巳 10 一	戊 午 11 二	己 未 12 三	庚 申 13 四	辛 酉 14 五	壬 戌 15 六	癸 亥 16 日	甲 子 17 一	乙 丑 18 二	丙 寅 19 三	丁 卯 20 四	戊 辰 21 五	己 巳 22 六	庚 午 23 日	辛 未 24 一	壬 申 25 二	癸 酉 26 三	甲 戌 27 四	乙 亥 28 五		己酉驚蟄 乙丑春分
三月大	庚辰	天干 地支 西曆 星期	丙 子 29 六	丁 丑 30 日	戊 寅 31 一	己 卯 (4) 二	庚 辰 2 三	辛 巳 3 四	壬 午 4 五	癸 未 5 六	甲 申 6 日	乙 酉 7 一	丙 戌 8 二	丁 亥 9 三	戊 子 10 四	己 丑 11 五	庚 寅 12 六	辛 卯 13 日	壬 辰 14 一	癸 巳 15 二	甲 午 16 三	乙 未 17 四	丙 申 18 五	丁 酉 19 六	戊 戌 20 日	己 亥 21 一	庚 子 22 二	辛 丑 23 三	壬 寅 24 四	癸 卯 25 五	甲 辰 26 六	乙 巳 27 日	庚辰清明 乙未穀雨
四月小	辛巳	天干 地支 西曆 星期	丙 午 28 一	丁 未 29 二	戊 申 30 三	己 酉 (5) 四	庚 戌 2 五	辛 亥 3 六	壬 子 4 日	癸 丑 5 一	甲 寅 6 二	乙 卯 7 三	丙 辰 8 四	丁 巳 9 五	戊 午 10 六	己 未 11 日	庚 申 12 一	辛 酉 13 二	壬 戌 14 三	癸 亥 15 四	甲 子 16 五	乙 丑 17 六	丙 寅 18 日	丁 卯 19 一	戊 辰 20 二	己 巳 21 三	庚 午 22 四	辛 未 23 五	壬 申 24 六	癸 酉 25 日	甲 戌 26 一		庚戌立夏 丙寅小滿
五月小	壬午	天干 地支 西曆 星期	乙 亥 27 二	丙 子 28 三	丁 丑 29 四	戊 寅 30 五	己 卯 31 六	庚 辰 (6) 日	辛 巳 2 一	壬 午 3 二	癸 未 4 三	甲 申 5 四	乙 酉 6 五	丙 戌 7 六	丁 亥 8 日	戊 子 9 一	己 丑 10 二	庚 寅 11 三	辛 卯 12 四	壬 辰 13 五	癸 巳 14 六	甲 午 15 日	乙 未 16 一	丙 申 17 二	丁 酉 18 三	戊 戌 19 四	己 亥 20 五	庚 子 21 六	辛 丑 22 日	壬 寅 23 一	癸 卯 24 二		辛巳芒種 丙申夏至
六月大	癸未	天干 地支 西曆 星期	甲 辰 25 三	乙 巳 26 四	丙 午 27 五	丁 未 28 六	戊 申 29 日	己 酉 30 一	庚 戌 (7) 二	辛 亥 2 三	壬 子 3 四	癸 丑 4 五	甲 寅 5 六	乙 卯 6 日	丙 辰 7 一	丁 巳 8 二	戊 午 9 三	己 未 10 四	庚 申 11 五	辛 酉 12 六	壬 戌 13 日	癸 亥 14 一	甲 子 15 二	乙 丑 16 三	丙 寅 17 四	丁 卯 18 五	戊 辰 19 六	己 巳 20 日	庚 午 21 一	辛 未 22 二	壬 申 23 三	癸 酉 24 四	辛亥小暑 丙寅大暑
七月小	甲申	天干 地支 西曆 星期	甲 戌 25 五	乙 亥 26 六	丙 子 27 日	丁 丑 28 一	戊 寅 29 二	己 卯 30 三	庚 辰 31 四	辛 巳 (8) 五	壬 午 2 六	癸 未 3 日	甲 申 4 一	乙 酉 5 二	丙 戌 6 三	丁 亥 7 四	戊 子 8 五	己 丑 9 六	庚 寅 10 日	辛 卯 11 一	壬 辰 12 二	癸 巳 13 三	甲 午 14 四	乙 未 15 五	丙 申 16 六	丁 酉 17 日	戊 戌 18 一	己 亥 19 二	庚 子 20 三	辛 丑 21 四	壬 寅 22 五		壬午立秋 丁酉處暑
八月大	乙酉	天干 地支 西曆 星期	癸 卯 23 六	甲 辰 24 日	乙 巳 25 一	丙 午 26 二	丁 未 27 三	戊 申 28 四	己 酉 29 五	庚 戌 30 六	辛 亥 31 日	壬 子 (9) 一	癸 丑 2 二	甲 寅 3 三	乙 卯 4 四	丙 辰 5 五	丁 巳 6 六	戊 午 7 日	己 未 8 一	庚 申 9 二	辛 酉 10 三	壬 戌 11 四	癸 亥 12 五	甲 子 13 六	乙 丑 14 日	丙 寅 15 一	丁 卯 16 二	戊 辰 17 三	己 巳 18 四	庚 午 19 五	辛 未 20 六	壬 申 21 日	壬子白露 丁卯秋分
九月大	丙戌	天干 地支 西曆 星期	癸 酉 22 一	甲 戌 23 二	乙 亥 24 三	丙 子 25 四	丁 丑 26 五	戊 寅 27 六	己 卯 28 日	庚 辰 29 一	辛 巳 30 二	壬 午 (10) 三	癸 未 2 四	甲 申 3 五	乙 酉 4 六	丙 戌 5 日	丁 亥 6 一	戊 子 7 二	己 丑 8 三	庚 寅 9 四	辛 卯 10 五	壬 辰 11 六	癸 巳 12 日	甲 午 13 一	乙 未 14 二	丙 申 15 三	丁 酉 16 四	戊 戌 17 五	己 亥 18 六	庚 子 19 日	辛 丑 20 一	壬 寅 21 二	壬午寒露 戊戌霜降
十月小	丁亥	天干 地支 西曆 星期	癸 卯 22 三	甲 辰 23 四	乙 巳 24 五	丙 午 25 六	丁 未 26 日	戊 申 27 一	己 酉 28 二	庚 戌 29 三	辛 亥 30 四	壬 子 31 五	癸 丑 (11) 六	甲 寅 2 日	乙 卯 3 一	丙 辰 4 二	丁 巳 5 三	戊 午 6 四	己 未 7 五	庚 申 8 六	辛 酉 9 日	壬 戌 10 一	癸 亥 11 二	甲 子 12 三	乙 丑 13 四	丙 寅 14 五	丁 卯 15 六	戊 辰 16 日	己 巳 17 一	庚 午 18 二	辛 未 19 三		癸丑立冬 戊辰小雪
十一月大	戊子	天干 地支 西曆 星期	壬 申 20 四	癸 酉 21 五	甲 戌 22 六	乙 亥 23 日	丙 子 24 一	丁 丑 25 二	戊 寅 26 三	己 卯 27 四	庚 辰 28 五	辛 巳 29 六	壬 午 30 日	癸 未 (12) 一	甲 申 2 二	乙 酉 3 三	丙 戌 4 四	丁 亥 5 五	戊 子 6 六	己 丑 7 日	庚 寅 8 一	辛 卯 9 二	壬 辰 10 三	癸 巳 11 四	甲 午 12 五	乙 未 13 六	丙 申 14 日	丁 酉 15 一	戊 戌 16 二	己 亥 17 三	庚 子 18 四	辛 丑 19 五	癸未大雪 己亥冬至
十二月大	己丑	天干 地支 西曆 星期	壬 寅 20 六	癸 卯 21 日	甲 辰 22 一	乙 巳 23 二	丙 午 24 三	丁 未 25 四	戊 申 26 五	己 酉 27 六	庚 戌 28 日	辛 亥 29 一	壬 子 30 二	癸 丑 31 三	甲 寅 (1) 四	乙 卯 2 五	丙 辰 3 六	丁 巳 4 日	戊 午 5 一	己 未 6 二	庚 申 7 三	辛 酉 8 四	壬 戌 9 五	癸 亥 10 六	甲 子 11 日	乙 丑 12 一	丙 寅 13 二	丁 卯 14 三	戊 辰 15 四	己 巳 16 五	庚 午 17 六	辛 未 18 日	甲寅小寒 己巳大寒

遼聖宗統和九年（辛卯 兔年） 公元 991 ~ 992 年

夏曆月序		中西曆日對照	初一	初二	初三	初四	初五	初六	初七	初八	初九	初十	十一	十二	十三	十四	十五	十六	十七	十八	十九	二十	二一	二二	二三	二四	二五	二六	二七	二八	二九	三十	節氣與天象
正月大	庚寅	天干地支 西曆 星期	壬申 19 一	癸酉 20 二	甲戌 21 三	乙亥 22 四	丙子 23 五	丁丑 24 六	戊寅 25 日	己卯 26 一	庚辰 27 二	辛巳 28 三	壬午 29 四	癸未 30 五	甲申 31 六	乙酉 (2) 日	丙戌 2 一	丁亥 3 二	戊子 4 三	己丑 5 四	庚寅 6 五	辛卯 7 六	壬辰 8 日	癸巳 9 一	甲午 10 二	乙未 11 三	丙申 12 四	丁酉 13 五	戊戌 14 六	己亥 15 日	庚子 16 一	辛丑 17 二	甲申立春 己亥雨水
二月小	辛卯	天干地支 西曆 星期	壬寅 18 三	癸卯 19 四	甲辰 20 五	乙巳 21 六	丙午 22 日	丁未 23 一	戊申 24 二	己酉 25 三	庚戌 26 四	辛亥 27 五	壬子 28 六	癸丑 (3) 日	甲寅 2 一	乙卯 3 二	丙辰 4 三	丁巳 5 四	戊午 6 五	己未 7 六	庚申 8 日	辛酉 9 一	壬戌 10 二	癸亥 11 三	甲子 12 四	乙丑 13 五	丙寅 14 六	丁卯 15 日	戊辰 16 一	己巳 17 二	庚午 18 三		乙卯驚蟄 庚午春分
閏二月小	辛卯	天干地支 西曆 星期	辛未 19 四	壬申 20 五	癸酉 21 六	甲戌 22 日	乙亥 23 一	丙子 24 二	丁丑 25 三	戊寅 26 四	己卯 27 五	庚辰 28 六	辛巳 29 日	壬午 30 一	癸未 31 二	甲申 (4) 三	乙酉 2 四	丙戌 3 五	丁亥 4 六	戊子 5 日	己丑 6 一	庚寅 7 二	辛卯 8 三	壬辰 9 四	癸巳 10 五	甲午 11 六	乙未 12 日	丙申 13 一	丁酉 14 二	戊戌 15 三	己亥 16 四		乙酉清明 辛未日食
三月大	壬辰	天干地支 西曆 星期	庚子 17 五	辛丑 18 六	壬寅 19 日	癸卯 20 一	甲辰 21 二	乙巳 22 三	丙午 23 四	丁未 24 五	戊申 25 六	己酉 26 日	庚戌 27 一	辛亥 28 二	壬子 29 三	癸丑 30 四	甲寅 (5) 五	乙卯 2 六	丙辰 3 日	丁巳 4 一	戊午 5 二	己未 6 三	庚申 7 四	辛酉 8 五	壬戌 9 六	癸亥 10 日	甲子 11 一	乙丑 12 二	丙寅 13 三	丁卯 14 四	戊辰 15 五	己巳 16 六	庚子穀雨 丙辰立夏
四月小	癸巳	天干地支 西曆 星期	庚午 17 日	辛未 18 一	壬申 19 二	癸酉 20 三	甲戌 21 四	乙亥 22 五	丙子 23 六	丁丑 24 日	戊寅 25 一	己卯 26 二	庚辰 27 三	辛巳 28 四	壬午 29 五	癸未 30 六	甲申 31 日	乙酉 (6) 一	丙戌 2 二	丁亥 3 三	戊子 4 四	己丑 5 五	庚寅 6 六	辛卯 7 日	壬辰 8 一	癸巳 9 二	甲午 10 三	乙未 11 四	丙申 12 五	丁酉 13 六	戊戌 14 日		辛未小滿 丙戌芒種
五月小	甲午	天干地支 西曆 星期	己亥 15 一	庚子 16 二	辛丑 17 三	壬寅 18 四	癸卯 19 五	甲辰 20 六	乙巳 21 日	丙午 22 一	丁未 23 二	戊申 24 三	己酉 25 四	庚戌 26 五	辛亥 27 六	壬子 28 日	癸丑 29 一	甲寅 30 二	乙卯 (7) 三	丙辰 2 四	丁巳 3 五	戊午 4 六	己未 5 日	庚申 6 一	辛酉 7 二	壬戌 8 三	癸亥 9 四	甲子 10 五	乙丑 11 六	丙寅 12 日	丁卯 13 一		辛丑夏至 丙辰小暑
六月大	乙未	天干地支 西曆 星期	戊辰 14 二	己巳 15 三	庚午 16 四	辛未 17 五	壬申 18 六	癸酉 19 日	甲戌 20 一	乙亥 21 二	丙子 22 三	丁丑 23 四	戊寅 24 五	己卯 25 六	庚辰 26 日	辛巳 27 一	壬午 28 二	癸未 29 三	甲申 30 四	乙酉 31 五	丙戌 (8) 六	丁亥 2 日	戊子 3 一	己丑 4 二	庚寅 5 三	辛卯 6 四	壬辰 7 五	癸巳 8 六	甲午 9 日	乙未 10 一	丙申 11 二	丁酉 12 三	壬申大暑 丁亥立秋
七月小	丙申	天干地支 西曆 星期	戊戌 13 四	己亥 14 五	庚子 15 六	辛丑 16 日	壬寅 17 一	癸卯 18 二	甲辰 19 三	乙巳 20 四	丙午 21 五	丁未 22 六	戊申 23 日	己酉 24 一	庚戌 25 二	辛亥 26 三	壬子 27 四	癸丑 28 五	甲寅 29 六	乙卯 30 日	丙辰 31 一	丁巳 (9) 二	戊午 2 三	己未 3 四	庚申 4 五	辛酉 5 六	壬戌 6 日	癸亥 7 一	甲子 8 二	乙丑 9 三	丙寅 10 四		壬寅處暑 丁巳白露
八月大	丁酉	天干地支 西曆 星期	丁卯 11 五	戊辰 12 六	己巳 13 日	庚午 14 一	辛未 15 二	壬申 16 三	癸酉 17 四	甲戌 18 五	乙亥 19 六	丙子 20 日	丁丑 21 一	戊寅 22 二	己卯 23 三	庚辰 24 四	辛巳 25 五	壬午 26 六	癸未 27 日	甲申 28 一	乙酉 29 二	丙戌 30 三	丁亥 (10) 四	戊子 2 五	己丑 3 六	庚寅 4 日	辛卯 5 一	壬辰 6 二	癸巳 7 三	甲午 8 四	乙未 9 五	丙申 10 六	癸酉秋分 戊子寒露
九月小	戊戌	天干地支 西曆 星期	丁酉 11 日	戊戌 12 一	己亥 13 二	庚子 14 三	辛丑 15 四	壬寅 16 五	癸卯 17 六	甲辰 18 日	乙巳 19 一	丙午 20 二	丁未 21 三	戊申 22 四	己酉 23 五	庚戌 24 六	辛亥 25 日	壬子 26 一	癸丑 27 二	甲寅 28 三	乙卯 29 四	丙辰 30 五	丁巳 31 六	戊午 (11) 日	己未 2 一	庚申 3 二	辛酉 4 三	壬戌 5 四	癸亥 6 五	甲子 7 六	乙丑 8 日		癸卯霜降 戊午立冬
十月大	己亥	天干地支 西曆 星期	丙寅 9 一	丁卯 10 二	戊辰 11 三	己巳 12 四	庚午 13 五	辛未 14 六	壬申 15 日	癸酉 16 一	甲戌 17 二	乙亥 18 三	丙子 19 四	丁丑 20 五	戊寅 21 六	己卯 22 日	庚辰 23 一	辛巳 24 二	壬午 25 三	癸未 26 四	甲申 27 五	乙酉 28 六	丙戌 29 日	丁亥 30 一	戊子 (12) 二	己丑 2 三	庚寅 3 四	辛卯 4 五	壬辰 5 六	癸巳 6 日	甲午 7 一	乙未 8 二	癸酉小雪 己丑大雪
十一月大	庚子	天干地支 西曆 星期	丙申 9 三	丁酉 10 四	戊戌 11 五	己亥 12 六	庚子 13 日	辛丑 14 一	壬寅 15 二	癸卯 16 三	甲辰 17 四	乙巳 18 五	丙午 19 六	丁未 20 日	戊申 21 一	己酉 22 二	庚戌 23 三	辛亥 24 四	壬子 25 五	癸丑 26 六	甲寅 27 日	乙卯 28 一	丙辰 29 二	丁巳 30 三	戊午 31 四	己未 (1) 五	庚申 2 六	辛酉 3 日	壬戌 4 一	癸亥 5 二	甲子 6 三	乙丑 7 四	甲辰冬至 己未小寒
十二月大	辛丑	天干地支 西曆 星期	丙寅 8 五	丁卯 9 六	戊辰 10 日	己巳 11 一	庚午 12 二	辛未 13 三	壬申 14 四	癸酉 15 五	甲戌 16 六	乙亥 17 日	丙子 18 一	丁丑 19 二	戊寅 20 三	己卯 21 四	庚辰 22 五	辛巳 23 六	壬午 24 日	癸未 25 一	甲申 26 二	乙酉 27 三	丙戌 28 四	丁亥 29 五	戊子 30 六	己丑 31 日	庚寅 (2) 一	辛卯 2 二	壬辰 3 三	癸巳 4 四	甲午 5 五	乙未 6 六	甲戌大寒 己丑立春

遼聖宗統和十年（壬辰 龍年） 公元 992 ~ 993 年

夏曆月序		中西曆日對照	初一	初二	初三	初四	初五	初六	初七	初八	初九	初十	十一	十二	十三	十四	十五	十六	十七	十八	十九	二十	二一	二二	二三	二四	二五	二六	二七	二八	二九	三十	節氣與天象
正月小	壬寅	天干 地支 西曆 星期	丙申 7 日	丁酉 8 一	戊戌 9 二	己亥 10 三	庚子 11 四	辛丑 12 五	壬寅 13 六	癸卯 14 日	甲辰 15 一	乙巳 16 二	丙午 17 三	丁未 18 四	戊申 19 五	己酉 20 六	庚戌 21 日	辛亥 22 一	壬子 23 二	癸丑 24 三	甲寅 25 四	乙卯 26 五	丙辰 27 六	丁巳 28 日	戊午 29 一	己未 (3) 二	庚申 2 三	辛酉 3 四	壬戌 4 五	癸亥 5 六	甲子 6 日		乙巳雨水 庚申驚蟄
二月大	癸卯	天干 地支 西曆 星期	乙丑 7 一	丙寅 8 二	丁卯 9 三	戊辰 10 四	己巳 11 五	庚午 12 六	辛未 13 日	壬申 14 一	癸酉 15 二	甲戌 16 三	乙亥 17 四	丙子 18 五	丁丑 19 六	戊寅 20 日	己卯 21 一	庚辰 22 二	辛巳 23 三	壬午 24 四	癸未 25 五	甲申 26 六	乙酉 27 日	丙戌 28 一	丁亥 29 二	戊子 30 三	己丑 31 四	庚寅 (4) 五	辛卯 2 六	壬辰 3 日	癸巳 4 一	甲午 5 二	乙亥春分 庚寅清明 乙丑日食
三月小	甲辰	天干 地支 西曆 星期	乙未 6 三	丙申 7 四	丁酉 8 五	戊戌 9 六	己亥 10 日	庚子 11 一	辛丑 12 二	壬寅 13 三	癸卯 14 四	甲辰 15 五	乙巳 16 六	丙午 17 日	丁未 18 一	戊申 19 二	己酉 20 三	庚戌 21 四	辛亥 22 五	壬子 23 六	癸丑 24 日	甲寅 25 一	乙卯 26 二	丙辰 27 三	丁巳 28 四	戊午 29 五	己未 30 六	庚申 (5) 日	辛酉 2 一	壬戌 3 二	癸亥 4 三		丙午穀雨 辛酉立夏
四月大	乙巳	天干 地支 西曆 星期	甲子 5 四	乙丑 6 五	丙寅 7 六	丁卯 8 日	戊辰 9 一	己巳 10 二	庚午 11 三	辛未 12 四	壬申 13 五	癸酉 14 六	甲戌 15 日	乙亥 16 一	丙子 17 二	丁丑 18 三	戊寅 19 四	己卯 20 五	庚辰 21 六	辛巳 22 日	壬午 23 一	癸未 24 二	甲申 25 三	乙酉 26 四	丙戌 27 五	丁亥 28 六	戊子 29 日	己丑 30 一	庚寅 31 二	辛卯 (6) 三	壬辰 2 四	癸巳 3 五	丙子小滿 辛卯芒種
五月小	丙午	天干 地支 西曆 星期	甲午 4 六	乙未 5 日	丙申 6 一	丁酉 7 二	戊戌 8 三	己亥 9 四	庚子 10 五	辛丑 11 六	壬寅 12 日	癸卯 13 一	甲辰 14 二	乙巳 15 三	丙午 16 四	丁未 17 五	戊申 18 六	己酉 19 日	庚戌 20 一	辛亥 21 二	壬子 22 三	癸丑 23 四	甲寅 24 五	乙卯 25 六	丙辰 26 日	丁巳 27 一	戊午 28 二	己未 29 三	庚申 30 四	辛酉 (7) 五	壬戌 2 六		丙午夏至 壬戌小暑
六月小	丁未	天干 地支 西曆 星期	癸亥 3 日	甲子 4 一	乙丑 5 二	丙寅 6 三	丁卯 7 四	戊辰 8 五	己巳 9 六	庚午 10 日	辛未 11 一	壬申 12 二	癸酉 13 三	甲戌 14 四	乙亥 15 五	丙子 16 六	丁丑 17 日	戊寅 18 一	己卯 19 二	庚辰 20 三	辛巳 21 四	壬午 22 五	癸未 23 六	甲申 24 日	乙酉 25 一	丙戌 26 二	丁亥 27 三	戊子 28 四	己丑 29 五	庚寅 30 六	辛卯 31 日		丁丑大暑
七月大	戊申	天干 地支 西曆 星期	壬辰 (8) 一	癸巳 2 二	甲午 3 三	乙未 4 四	丙申 5 五	丁酉 6 六	戊戌 7 日	己亥 8 一	庚子 9 二	辛丑 10 三	壬寅 11 四	癸卯 12 五	甲辰 13 六	乙巳 14 日	丙午 15 一	丁未 16 二	戊申 17 三	己酉 18 四	庚戌 19 五	辛亥 20 六	壬子 21 日	癸丑 22 一	甲寅 23 二	乙卯 24 三	丙辰 25 四	丁巳 26 五	戊午 27 六	己未 28 日	庚申 29 一	辛酉 30 二	壬辰立秋 丁未處暑
八月小	己酉	天干 地支 西曆 星期	壬戌 31 三	癸亥 (9) 四	甲子 2 五	乙丑 3 六	丙寅 4 日	丁卯 5 一	戊辰 6 二	己巳 7 三	庚午 8 四	辛未 9 五	壬申 10 六	癸酉 11 日	甲戌 12 一	乙亥 13 二	丙子 14 三	丁丑 15 四	戊寅 16 五	己卯 17 六	庚辰 18 日	辛巳 19 一	壬午 20 二	癸未 21 三	甲申 22 四	乙酉 23 五	丙戌 24 六	丁亥 25 日	戊子 26 一	己丑 27 二	庚寅 28 三		癸亥白露 戊寅秋分
九月大	庚戌	天干 地支 西曆 星期	辛卯 29 四	壬辰 30 五	癸巳 (10) 六	甲午 2 日	乙未 3 一	丙申 4 二	丁酉 5 三	戊戌 6 四	己亥 7 五	庚子 8 六	辛丑 9 日	壬寅 10 一	癸卯 11 二	甲辰 12 三	乙巳 13 四	丙午 14 五	丁未 15 六	戊申 16 日	己酉 17 一	庚戌 18 二	辛亥 19 三	壬子 20 四	癸丑 21 五	甲寅 22 六	乙卯 23 日	丙辰 24 一	丁巳 25 二	戊午 26 三	己未 27 四	庚申 28 五	癸巳寒露 戊申霜降
十月小	辛亥	天干 地支 西曆 星期	辛酉 29 六	壬戌 30 日	癸亥 31 一	甲子 (11) 二	乙丑 2 三	丙寅 3 四	丁卯 4 五	戊辰 5 六	己巳 6 日	庚午 7 一	辛未 8 二	壬申 9 三	癸酉 10 四	甲戌 11 五	乙亥 12 六	丙子 13 日	丁丑 14 一	戊寅 15 二	己卯 16 三	庚辰 17 四	辛巳 18 五	壬午 19 六	癸未 20 日	甲申 21 一	乙酉 22 二	丙戌 23 三	丁亥 24 四	戊子 25 五	己丑 26 六		癸亥立冬 己卯小雪
十一月大	壬子	天干 地支 西曆 星期	庚寅 27 日	辛卯 28 一	壬辰 29 二	癸巳 30 三	甲午 (12) 四	乙未 2 五	丙申 3 六	丁酉 4 日	戊戌 5 一	己亥 6 二	庚子 7 三	辛丑 8 四	壬寅 9 五	癸卯 10 六	甲辰 11 日	乙巳 12 一	丙午 13 二	丁未 14 三	戊申 15 四	己酉 16 五	庚戌 17 六	辛亥 18 日	壬子 19 一	癸丑 20 二	甲寅 21 三	乙卯 22 四	丙辰 23 五	丁巳 24 六	戊午 25 日	己未 26 一	甲午大雪 己酉冬至
十二月大	癸丑	天干 地支 西曆 星期	庚申 27 二	辛酉 28 三	壬戌 29 四	癸亥 30 五	甲子 31 六	乙丑 (1) 日	丙寅 2 一	丁卯 3 二	戊辰 4 三	己巳 5 四	庚午 6 五	辛未 7 六	壬申 8 日	癸酉 9 一	甲戌 10 二	乙亥 11 三	丙子 12 四	丁丑 13 五	戊寅 14 六	己卯 15 日	庚辰 16 一	辛巳 17 二	壬午 18 三	癸未 19 四	甲申 20 五	乙酉 21 六	丙戌 22 日	丁亥 23 一	戊子 24 二	己丑 25 三	甲子小寒 庚辰大寒

遼聖宗統和十一年（癸巳 蛇年） 公元 993 ~ 994 年

夏曆月序		中西曆日對照	初一	初二	初三	初四	初五	初六	初七	初八	初九	初十	十一	十二	十三	十四	十五	十六	十七	十八	十九	二十	二一	二二	二三	二四	二五	二六	二七	二八	二九	三十	節氣與天象
正月小	甲寅	天干地支西曆星期	庚寅 26 四	辛卯 27 五	壬辰 28 六	癸巳 29 日	甲午 30 一	乙未 31 二	丙申 (2) 三	丁酉 2 四	戊戌 3 五	己亥 4 六	庚子 5 日	辛丑 6 一	壬寅 7 二	癸卯 8 三	甲辰 9 四	乙巳 10 五	丙午 11 六	丁未 12 日	戊申 13 一	己酉 14 二	庚戌 15 三	辛亥 16 四	壬子 17 五	癸丑 18 六	甲寅 19 日	乙卯 20 一	丙辰 21 二	丁巳 22 三	戊午 23 四		乙未立春 庚戌雨水
二月大	乙卯	天干地支西曆星期	己未 24 五	庚申 25 六	辛酉 26 日	壬戌 27 一	癸亥 28 二	甲子 (3) 三	乙丑 2 四	丙寅 3 五	丁卯 4 六	戊辰 5 日	己巳 6 一	庚午 7 二	辛未 8 三	壬申 9 四	癸酉 10 五	甲戌 11 六	乙亥 12 日	丙子 13 一	丁丑 14 二	戊寅 15 三	己卯 16 四	庚辰 17 五	辛巳 18 六	壬午 19 日	癸未 20 一	甲申 21 二	乙酉 22 三	丙戌 23 四	丁亥 24 五	戊子 25 六	乙丑驚蟄 庚辰春分
三月大	丙辰	天干地支西曆星期	己丑 26 日	庚寅 27 一	辛卯 28 二	壬辰 29 三	癸巳 30 四	甲午 31 五	乙未 (4) 六	丙申 2 日	丁酉 3 一	戊戌 4 二	己亥 5 三	庚子 6 四	辛丑 7 五	壬寅 8 六	癸卯 9 日	甲辰 10 一	乙巳 11 二	丙午 12 三	丁未 13 四	戊申 14 五	己酉 15 六	庚戌 16 日	辛亥 17 一	壬子 18 二	癸丑 19 三	甲寅 20 四	乙卯 21 五	丙辰 22 六	丁巳 23 日	戊午 24 一	丙申清明 辛亥穀雨
四月小	丁巳	天干地支西曆星期	己未 25 二	庚申 26 三	辛酉 27 四	壬戌 28 五	癸亥 29 六	甲子 30 日	乙丑 (5) 一	丙寅 2 二	丁卯 3 三	戊辰 4 四	己巳 5 五	庚午 6 六	辛未 7 日	壬申 8 一	癸酉 9 二	甲戌 10 三	乙亥 11 四	丙子 12 五	丁丑 13 六	戊寅 14 日	己卯 15 一	庚辰 16 二	辛巳 17 三	壬午 18 四	癸未 19 五	甲申 20 六	乙酉 21 日	丙戌 22 一	丁亥 23 二		丙寅立夏 辛巳小滿
五月大	戊午	天干地支西曆星期	戊子 24 三	己丑 25 四	庚寅 26 五	辛卯 27 六	壬辰 28 日	癸巳 29 一	甲午 30 二	乙未 31 三	丙申 (6) 四	丁酉 2 五	戊戌 3 六	己亥 4 日	庚子 5 一	辛丑 6 二	壬寅 7 三	癸卯 8 四	甲辰 9 五	乙巳 10 六	丙午 11 日	丁未 12 一	戊申 13 二	己酉 14 三	庚戌 15 四	辛亥 16 五	壬子 17 六	癸丑 18 日	甲寅 19 一	乙卯 20 二	丙辰 21 三	丁巳 22 四	丙申芒種 壬子夏至
六月小	己未	天干地支西曆星期	戊午 23 五	己未 24 六	庚申 25 日	辛酉 26 一	壬戌 27 二	癸亥 28 三	甲子 29 四	乙丑 30 五	丙寅 (7) 六	丁卯 2 日	戊辰 3 一	己巳 4 二	庚午 5 三	辛未 6 四	壬申 7 五	癸酉 8 六	甲戌 9 日	乙亥 10 一	丙子 11 二	丁丑 12 三	戊寅 13 四	己卯 14 五	庚辰 15 六	辛巳 16 日	壬午 17 一	癸未 18 二	甲申 19 三	乙酉 20 四	丙戌 21 五		丁卯小暑 壬午大暑
七月小	庚申	天干地支西曆星期	丁亥 22 六	戊子 23 日	己丑 24 一	庚寅 25 二	辛卯 26 三	壬辰 27 四	癸巳 28 五	甲午 29 六	乙未 30 日	丙申 31 一	丁酉 (8) 二	戊戌 2 三	己亥 3 四	庚子 4 五	辛丑 5 六	壬寅 6 日	癸卯 7 一	甲辰 8 二	乙巳 9 三	丙午 10 四	丁未 11 五	戊申 12 六	己酉 13 日	庚戌 14 一	辛亥 15 二	壬子 16 三	癸丑 17 四	甲寅 18 五	乙卯 19 六		丁酉立秋 癸丑處暑
八月大	辛酉	天干地支西曆星期	丙辰 20 日	丁巳 21 一	戊午 22 二	己未 23 三	庚申 24 四	辛酉 25 五	壬戌 26 六	癸亥 27 日	甲子 28 一	乙丑 29 二	丙寅 30 三	丁卯 31 四	戊辰 (9) 五	己巳 2 六	庚午 3 日	辛未 4 一	壬申 5 二	癸酉 6 三	甲戌 7 四	乙亥 8 五	丙子 9 六	丁丑 10 日	戊寅 11 一	己卯 12 二	庚辰 13 三	辛巳 14 四	壬午 15 五	癸未 16 六	甲申 17 日	乙酉 18 一	戊辰白露 癸未秋分
九月小	壬戌	天干地支西曆星期	丙戌 19 二	丁亥 20 三	戊子 21 四	己丑 22 五	庚寅 23 六	辛卯 24 日	壬辰 25 一	癸巳 26 二	甲午 27 三	乙未 28 四	丙申 29 五	丁酉 30 六	戊戌 (10) 日	己亥 2 一	庚子 3 二	辛丑 4 三	壬寅 5 四	癸卯 6 五	甲辰 7 六	乙巳 8 日	丙午 9 一	丁未 10 二	戊申 11 三	己酉 12 四	庚戌 13 五	辛亥 14 六	壬子 15 日	癸丑 16 一	甲寅 17 二		戊戌寒露 癸丑霜降
十月大	癸亥	天干地支西曆星期	乙卯 18 三	丙辰 19 四	丁巳 20 五	戊午 21 六	己未 22 日	庚申 23 一	辛酉 24 二	壬戌 25 三	癸亥 26 四	甲子 27 五	乙丑 28 六	丙寅 29 日	丁卯 30 一	戊辰 31 二	己巳 (11) 三	庚午 2 四	辛未 3 五	壬申 4 六	癸酉 5 日	甲戌 6 一	乙亥 7 二	丙子 8 三	丁丑 9 四	戊寅 10 五	己卯 11 六	庚辰 12 日	辛巳 13 一	壬午 14 二	癸未 15 三	甲申 16 四	己巳立冬 甲申小雪
閏十月小	癸亥	天干地支西曆星期	乙酉 17 五	丙戌 18 六	丁亥 19 日	戊子 20 一	己丑 21 二	庚寅 22 三	辛卯 23 四	壬辰 24 五	癸巳 25 六	甲午 26 日	乙未 27 一	丙申 28 二	丁酉 29 三	戊戌 30 四	己亥 (12) 五	庚子 2 六	辛丑 3 日	壬寅 4 一	癸卯 5 二	甲辰 6 三	乙巳 7 四	丙午 8 五	丁未 9 六	戊申 10 日	己酉 11 一	庚戌 12 二	辛亥 13 三	壬子 14 四	癸丑 15 五		己亥大雪
十一月大	甲子	天干地支西曆星期	甲寅 16 六	乙卯 17 日	丙辰 18 一	丁巳 19 二	戊午 20 三	己未 21 四	庚申 22 五	辛酉 23 六	壬戌 24 日	癸亥 25 一	甲子 26 二	乙丑 27 三	丙寅 28 四	丁卯 29 五	戊辰 30 六	己巳 31 日	庚午 (1) 一	辛未 2 二	壬申 3 三	癸酉 4 四	甲戌 5 五	乙亥 6 六	丙子 7 日	丁丑 8 一	戊寅 9 二	己卯 10 三	庚辰 11 四	辛巳 12 五	壬午 13 六	癸未 14 日	甲寅冬至 庚午小寒
十二月小	乙丑	天干地支西曆星期	甲申 15 一	乙酉 16 二	丙戌 17 三	丁亥 18 四	戊子 19 五	己丑 20 六	庚寅 21 日	辛卯 22 一	壬辰 23 二	癸巳 24 三	甲午 25 四	乙未 26 五	丙申 27 六	丁酉 28 日	戊戌 29 一	己亥 30 二	庚子 31 三	辛丑 (2) 四	壬寅 2 五	癸卯 3 六	甲辰 4 日	乙巳 5 一	丙午 6 二	丁未 7 三	戊申 8 四	己酉 9 五	庚戌 10 六	辛亥 11 日	壬子 12 一		乙酉大寒 庚子立春

遼聖宗統和十二年（甲午 馬年） 公元 994 ~ 995 年

干支 西曆 星期

夏曆月序	中西曆日對照	初一	初二	初三	初四	初五	初六	初七	初八	初九	初十
正月大	丙寅	癸丑 13 二	甲寅 14 三	乙卯 15 四	丙辰 16 五	丁巳 17 六	戊午 18 日	己未 19 一	庚申 20 二	辛酉 21 三	壬戌 22 四
二月大	丁卯	癸未 15 四	甲申 16 五	乙酉 17 六	丙戌 18 日	丁亥 19 一	戊子 20 二	己丑 21 三	庚寅 22 四	辛卯 23 五	壬辰 24 六
三月小	戊辰	癸丑 14 六	甲寅 15 日	乙卯 16 一	丙辰 17 二	丁巳 18 三	戊午 19 四	己未 20 五	庚申 21 六	辛酉 22 日	壬戌 23 一
四月大	己巳	壬午 13 日	癸未 14 一	甲申 15 二	乙酉 16 三	丙戌 17 四	丁亥 18 五	戊子 19 六	己丑 20 日	庚寅 21 一	辛卯 22 二
五月大	庚午	壬子 12 二	癸丑 13 三	甲寅 14 四	乙卯 15 五	丙辰 16 六	丁巳 17 日	戊午 18 一	己未 19 二	庚申 20 三	辛酉 21 四
六月小	辛未	壬午 12 四	癸未 13 五	甲申 14 六	乙酉 15 日	丙戌 16 一	丁亥 17 二	戊子 18 三	己丑 19 四	庚寅 20 五	辛卯 21 六
七月小	壬申	辛亥 10 五	壬子 11 六	癸丑 12 日	甲寅 13 一	乙卯 14 二	丙辰 15 三	丁巳 16 四	戊午 17 五	己未 18 六	庚申 19 日
八月大	癸酉	庚辰 8 六	辛巳 9 日	壬午 10 一	癸未 11 二	甲申 12 三	乙酉 13 四	丙戌 14 五	丁亥 15 六	戊子 16 日	己丑 17 一
九月小	甲戌	庚戌 8 一	辛亥 9 二	壬子 10 三	癸丑 11 四	甲寅 12 五	乙卯 13 六	丙辰 14 日	丁巳 15 一	戊午 16 二	己未 17 三
十月大	乙亥	己卯 6 二	庚辰 7 三	辛巳 8 四	壬午 9 五	癸未 10 六	甲申 11 日	乙酉 12 一	丙戌 13 二	丁亥 14 三	戊子 15 四
十一月小	丙子	己酉 6 四	庚戌 7 五	辛亥 8 六	壬子 9 日	癸丑 10 一	甲寅 11 二	乙卯 12 三	丙辰 13 四	丁巳 14 五	戊午 15 六
十二月大	丁丑	戊寅 4 五	己卯 5 六	庚辰 6 日	辛巳 7 一	壬午 8 二	癸未 9 三	甲申 10 四	乙酉 11 五	丙戌 12 六	丁亥 13 日

夏曆月序	中西曆日對照	十一	十二	十三	十四	十五	十六	十七	十八	十九	二十
正月大	丙寅	癸亥 23 五	甲子 24 六	乙丑 25 日	丙寅 26 一	丁卯 27 二	戊辰 28 三	己巳 (3) 四	庚午 2 五	辛未 3 六	壬申 4 日
二月大	丁卯	癸巳 25 日	甲午 26 一	乙未 27 二	丙申 28 三	丁酉 29 四	戊戌 30 五	己亥 31 六	庚子 (4) 日	辛丑 2 一	壬寅 3 二
三月小	戊辰	癸亥 24 二	甲子 25 三	乙丑 26 四	丙寅 27 五	丁卯 28 六	戊辰 29 日	己巳 30 一	庚午 (5) 二	辛未 2 三	壬申 3 四
四月大	己巳	壬辰 23 三	癸巳 24 四	甲午 25 五	乙未 26 六	丙申 27 日	丁酉 28 一	戊戌 29 二	己亥 30 三	庚子 31 四	辛丑 (6) 五
五月大	庚午	壬戌 22 五	癸亥 23 六	甲子 24 日	乙丑 25 一	丙寅 26 二	丁卯 27 三	戊辰 28 四	己巳 29 五	庚午 30 六	辛未 (7) 日
六月小	辛未	壬辰 22 日	癸巳 23 一	甲午 24 二	乙未 25 三	丙申 26 四	丁酉 27 五	戊戌 28 六	己亥 29 日	庚子 30 一	辛丑 31 二
七月小	壬申	辛酉 20 一	壬戌 21 二	癸亥 22 三	甲子 23 四	乙丑 24 五	丙寅 25 六	丁卯 26 日	戊辰 27 一	己巳 28 二	庚午 29 三
八月大	癸酉	庚寅 18 二	辛卯 19 三	壬辰 20 四	癸巳 21 五	甲午 22 六	乙未 23 日	丙申 24 一	丁酉 25 二	戊戌 26 三	己亥 27 四
九月小	甲戌	庚申 18 四	辛酉 19 五	壬戌 20 六	癸亥 21 日	甲子 22 一	乙丑 23 二	丙寅 24 三	丁卯 25 四	戊辰 26 五	己巳 27 六
十月大	乙亥	己丑 16 五	庚寅 17 六	辛卯 18 日	壬辰 19 一	癸巳 20 二	甲午 21 三	乙未 22 四	丙申 23 五	丁酉 24 六	戊戌 25 日
十一月小	丙子	己未 16 日	庚申 17 一	辛酉 18 二	壬戌 19 三	癸亥 20 四	甲子 21 五	乙丑 22 六	丙寅 23 日	丁卯 24 一	戊辰 25 二
十二月大	丁丑	戊子 14 一	己丑 15 二	庚寅 16 三	辛卯 17 四	壬辰 18 五	癸巳 19 六	甲午 20 日	乙未 21 一	丙申 22 二	丁酉 23 三

夏曆月序	中西曆日對照	二一	二二	二三	二四	二五	二六	二七	二八	二九	三十	節氣與天象
正月大	丙寅	癸酉 5 一	甲戌 6 二	乙亥 7 三	丙子 8 四	丁丑 9 五	戊寅 10 六	己卯 11 日	庚辰 12 一	辛巳 13 二	壬午 14 三	乙卯雨水 庚午驚蟄
二月大	丁卯	癸卯 4 三	甲辰 5 四	乙巳 6 五	丙午 7 六	丁未 8 日	戊申 9 一	己酉 10 二	庚戌 11 三	辛亥 12 四	壬子 13 五	丙戌春分 辛丑清明
三月小	戊辰	癸酉 4 五	甲戌 5 六	乙亥 6 日	丙子 7 一	丁丑 8 二	戊寅 9 三	己卯 10 四	庚辰 11 五	辛巳 12 六		丙辰穀雨 辛未立夏
四月大	己巳	壬寅 2 六	癸卯 3 日	甲辰 4 一	乙巳 5 二	丙午 6 三	丁未 7 四	戊申 8 五	己酉 9 六	庚戌 10 日	辛亥 11 一	丁亥小滿 壬寅芒種
五月大	庚午	壬申 2 一	癸酉 3 二	甲戌 4 三	乙亥 5 四	丙子 6 五	丁丑 7 六	戊寅 8 日	己卯 9 一	庚辰 10 二	辛巳 11 三	丁巳夏至 壬申小暑
六月小	辛未	壬寅 (8) 三	癸卯 2 四	甲辰 3 五	乙巳 4 六	丙午 5 日	丁未 6 一	戊申 7 二	己酉 8 三	庚戌 9 四		丁亥大暑 癸卯立秋
七月小	壬申	辛未 30 四	壬申 31 五	癸酉 (9) 六	甲戌 2 日	乙亥 3 一	丙子 4 二	丁丑 5 三	戊寅 6 四	己卯 7 五		戊午處暑 癸酉白露
八月大	癸酉	庚子 28 五	辛丑 29 六	壬寅 30 日	癸卯 (10) 一	甲辰 2 二	乙巳 3 三	丙午 4 四	丁未 5 五	戊申 6 六	己酉 7 日	戊子秋分 癸卯寒露
九月小	甲戌	庚午 28 日	辛未 29 一	壬申 30 二	癸酉 31 三	甲戌 (11) 四	乙亥 2 五	丙子 3 六	丁丑 4 日	戊寅 5 一		己未霜降 甲戌立冬
十月大	乙亥	己亥 26 一	庚子 27 二	辛丑 28 三	壬寅 29 四	癸卯 30 五	甲辰 (12) 六	乙巳 2 日	丙午 3 一	丁未 4 二	戊申 5 三	己丑小雪 甲辰大雪
十一月小	丙子	己巳 26 三	庚午 27 四	辛未 28 五	壬申 29 六	癸酉 30 日	甲戌 31 一	乙亥 (1) 二	丙子 2 三	丁丑 3 四		庚申冬至 乙亥小寒
十二月大	丁丑	戊戌 24 四	己亥 25 五	庚子 26 六	辛丑 27 日	壬寅 28 一	癸卯 29 二	甲辰 30 三	乙巳 31 四	丙午 (2) 五	丁未 2 六	庚寅大寒 乙巳立春

遼聖宗統和十三年（乙未 羊年） 公元995 ~ 996年

夏曆月序		中西曆日對照	初一	初二	初三	初四	初五	初六	初七	初八	初九	初十	十一	十二	十三	十四	十五	十六	十七	十八	十九	二十	二一	二二	二三	二四	二五	二六	二七	二八	二九	三十	節氣與天象
正月小	戊寅	天干地支西曆星期	戊申 3 日	己酉 4 一	庚戌 5 二	辛亥 6 三	壬子 7 四	癸丑 8 五	甲寅 9 六	乙卯 10 日	丙辰 11 一	丁巳 12 二	戊午 13 三	己未 14 四	庚申 15 五	辛酉 16 六	壬戌 17 日	癸亥 18 一	甲子 19 二	乙丑 20 三	丙寅 21 四	丁卯 22 五	戊辰 23 六	己巳 24 日	庚午 25 一	辛未 26 二	壬申 27 三	癸酉 28 四	甲戌 (3) 五	乙亥 2 六	丙子 3 日		庚申雨水 丙子驚蟄
二月大	己卯	天干地支西曆星期	丁丑 4 一	戊寅 5 二	己卯 6 三	庚辰 7 四	辛巳 8 五	壬午 9 六	癸未 10 日	甲申 11 一	乙酉 12 二	丙戌 13 三	丁亥 14 四	戊子 15 五	己丑 16 六	庚寅 17 日	辛卯 18 一	壬辰 19 二	癸巳 20 三	甲午 21 四	乙未 22 五	丙申 23 六	丁酉 24 日	戊戌 25 一	己亥 26 二	庚子 27 三	辛丑 28 四	壬寅 29 五	癸卯 30 六	甲辰 31 日	乙巳 (4) 一	丙午 2 二	辛卯春分 丙午清明
三月大	庚辰	天干地支西曆星期	丁未 3 三	戊申 4 四	己酉 5 五	庚戌 6 六	辛亥 7 日	壬子 8 一	癸丑 9 二	甲寅 10 三	乙卯 11 四	丙辰 12 五	丁巳 13 六	戊午 14 日	己未 15 一	庚申 16 二	辛酉 17 三	壬戌 18 四	癸亥 19 五	甲子 20 六	乙丑 21 日	丙寅 22 一	丁卯 23 二	戊辰 24 三	己巳 25 四	庚午 26 五	辛未 27 六	壬申 28 日	癸酉 29 一	甲戌 30 二	乙亥 (5) 三	丙子 2 四	辛酉穀雨
四月小	辛巳	天干地支西曆星期	丁丑 3 五	戊寅 4 六	己卯 5 日	庚辰 6 一	辛巳 7 二	壬午 8 三	癸未 9 四	甲申 10 五	乙酉 11 六	丙戌 12 日	丁亥 13 一	戊子 14 二	己丑 15 三	庚寅 16 四	辛卯 17 五	壬辰 18 六	癸巳 19 日	甲午 20 一	乙未 21 二	丙申 22 三	丁酉 23 四	戊戌 24 五	己亥 25 六	庚子 26 日	辛丑 27 一	壬寅 28 二	癸卯 29 三	甲辰 30 四	乙巳 31 五		丁丑立夏 壬辰小滿
五月大	壬午	天干地支西曆星期	丙午 (6) 六	丁未 2 日	戊申 3 一	己酉 4 二	庚戌 5 三	辛亥 6 四	壬子 7 五	癸丑 8 六	甲寅 9 日	乙卯 10 一	丙辰 11 二	丁巳 12 三	戊午 13 四	己未 14 五	庚申 15 六	辛酉 16 日	壬戌 17 一	癸亥 18 二	甲子 19 三	乙丑 20 四	丙寅 21 五	丁卯 22 六	戊辰 23 日	己巳 24 一	庚午 25 二	辛未 26 三	壬申 27 四	癸酉 28 五	甲戌 29 六	乙亥 30 日	丁未芒種 壬戌夏至
六月小	癸未	天干地支西曆星期	丙子 (7) 一	丁丑 2 二	戊寅 3 三	己卯 4 四	庚辰 5 五	辛巳 6 六	壬午 7 日	癸未 8 一	甲申 9 二	乙酉 10 三	丙戌 11 四	丁亥 12 五	戊子 13 六	己丑 14 日	庚寅 15 一	辛卯 16 二	壬辰 17 三	癸巳 18 四	甲午 19 五	乙未 20 六	丙申 21 日	丁酉 22 一	戊戌 23 二	己亥 24 三	庚子 25 四	辛丑 26 五	壬寅 27 六	癸卯 28 日	甲辰 29 一		丁丑小暑 癸巳大暑
七月大	甲申	天干地支西曆星期	乙巳 30 二	丙午 31 三	丁未 (8) 四	戊申 2 五	己酉 3 六	庚戌 4 日	辛亥 5 一	壬子 6 二	癸丑 7 三	甲寅 8 四	乙卯 9 五	丙辰 10 六	丁巳 11 日	戊午 12 一	己未 13 二	庚申 14 三	辛酉 15 四	壬戌 16 五	癸亥 17 六	甲子 18 日	乙丑 19 一	丙寅 20 二	丁卯 21 三	戊辰 22 四	己巳 23 五	庚午 24 六	辛未 25 日	壬申 26 一	癸酉 27 二	甲戌 28 三	戊申立秋 癸亥處暑
八月小	乙酉	天干地支西曆星期	乙亥 29 四	丙子 30 五	丁丑 31 六	戊寅 (9) 日	己卯 2 一	庚辰 3 二	辛巳 4 三	壬午 5 四	癸未 6 五	甲申 7 六	乙酉 8 日	丙戌 9 一	丁亥 10 二	戊子 11 三	己丑 12 四	庚寅 13 五	辛卯 14 六	壬辰 15 日	癸巳 16 一	甲午 17 二	乙未 18 三	丙申 19 四	丁酉 20 五	戊戌 21 六	己亥 22 日	庚子 23 一	辛丑 24 二	壬寅 25 三	癸卯 26 四		戊寅白露 癸巳秋分
九月大	丙戌	天干地支西曆星期	甲辰 27 五	乙巳 28 六	丙午 29 日	丁未 30 一	戊申 (10) 二	己酉 2 三	庚戌 3 四	辛亥 4 五	壬子 5 六	癸丑 6 日	甲寅 7 一	乙卯 8 二	丙辰 9 三	丁巳 10 四	戊午 11 五	己未 12 六	庚申 13 日	辛酉 14 一	壬戌 15 二	癸亥 16 三	甲子 17 四	乙丑 18 五	丙寅 19 六	丁卯 20 日	戊辰 21 一	己巳 22 二	庚午 23 三	辛未 24 四	壬申 25 五	癸酉 26 六	己酉寒露 甲子霜降
十月小	丁亥	天干地支西曆星期	甲戌 27 日	乙亥 28 一	丙子 29 二	丁丑 30 三	戊寅 31 四	己卯 (11) 五	庚辰 2 六	辛巳 3 日	壬午 4 一	癸未 5 二	甲申 6 三	乙酉 7 四	丙戌 8 五	丁亥 9 六	戊子 10 日	己丑 11 一	庚寅 12 二	辛卯 13 三	壬辰 14 四	癸巳 15 五	甲午 16 六	乙未 17 日	丙申 18 一	丁酉 19 二	戊戌 20 三	己亥 21 四	庚子 22 五	辛丑 23 六	壬寅 24 日		己卯立冬 甲午小雪
十一月大	戊子	天干地支西曆星期	癸卯 25 一	甲辰 26 二	乙巳 27 三	丙午 28 四	丁未 29 五	戊申 30 六	己酉 (12) 日	庚戌 2 一	辛亥 3 二	壬子 4 三	癸丑 5 四	甲寅 6 五	乙卯 7 六	丙辰 8 日	丁巳 9 一	戊午 10 二	己未 11 三	庚申 12 四	辛酉 13 五	壬戌 14 六	癸亥 15 日	甲子 16 一	乙丑 17 二	丙寅 18 三	丁卯 19 四	戊辰 20 五	己巳 21 六	庚午 22 日	辛未 23 一	壬申 24 二	庚戌大雪 乙丑冬至
十二月小	己丑	天干地支西曆星期	癸酉 25 三	甲戌 26 四	乙亥 27 五	丙子 28 六	丁丑 29 日	戊寅 30 一	己卯 31 二	庚辰 (1) 三	辛巳 2 四	壬午 3 五	癸未 4 六	甲申 5 日	乙酉 6 一	丙戌 7 二	丁亥 8 三	戊子 9 四	己丑 10 五	庚寅 11 六	辛卯 12 日	壬辰 13 一	癸巳 14 二	甲午 15 三	乙未 16 四	丙申 17 五	丁酉 18 六	戊戌 19 日	己亥 20 一	庚子 21 二	辛丑 22 三		庚辰小寒 乙未大寒

遼聖宗統和十四年（丙申 猴年） 公元 996 ~ 997 年

夏曆月序		中西曆日對照	初一	初二	初三	初四	初五	初六	初七	初八	初九	初十	十一	十二	十三	十四	十五	十六	十七	十八	十九	二十	二一	二二	二三	二四	二五	二六	二七	二八	二九	三十	節氣與天象
正月大	庚寅	天干地支 西曆 星期	壬寅 23 四	癸卯 24 五	甲辰 25 六	乙巳 26 日	丙午 27 一	丁未 28 二	戊申 29 三	己酉 30 四	庚戌 31 五	辛亥 (2) 六	壬子 2 日	癸丑 3 一	甲寅 4 二	乙卯 5 三	丙辰 6 四	丁巳 7 五	戊午 8 六	己未 9 日	庚申 10 一	辛酉 11 二	壬戌 12 三	癸亥 13 四	甲子 14 五	乙丑 15 六	丙寅 16 日	丁卯 17 一	戊辰 18 二	己巳 19 三	庚午 20 四	辛未 21 五	庚戌立春 丙寅雨水
二月小	辛卯	天干地支 西曆 星期	壬申 22 六	癸酉 23 日	甲戌 24 一	乙亥 25 二	丙子 26 三	丁丑 27 四	戊寅 28 五	己卯 29 六	庚辰 (3) 日	辛巳 2 一	壬午 3 二	癸未 4 三	甲申 5 四	乙酉 6 五	丙戌 7 六	丁亥 8 日	戊子 9 一	己丑 10 二	庚寅 11 三	辛卯 12 四	壬辰 13 五	癸巳 14 六	甲午 15 日	乙未 16 一	丙申 17 二	丁酉 18 三	戊戌 19 四	己亥 20 五	庚子 21 六		辛巳驚蟄 丙申春分
三月大	壬辰	天干地支 西曆 星期	辛丑 22 日	壬寅 23 一	癸卯 24 二	甲辰 25 三	乙巳 26 四	丙午 27 五	丁未 28 六	戊申 29 日	己酉 30 一	庚戌 31 二	辛亥 (4) 三	壬子 2 四	癸丑 3 五	甲寅 4 六	乙卯 5 日	丙辰 6 一	丁巳 7 二	戊午 8 三	己未 9 四	庚申 10 五	辛酉 11 六	壬戌 12 日	癸亥 13 一	甲子 14 二	乙丑 15 三	丙寅 16 四	丁卯 17 五	戊辰 18 六	己巳 19 日	庚午 20 一	辛亥清明 丁卯穀雨
四月小	癸巳	天干地支 西曆 星期	辛未 21 二	壬申 22 三	癸酉 23 四	甲戌 24 五	乙亥 25 六	丙子 26 日	丁丑 27 一	戊寅 28 二	己卯 29 三	庚辰 30 四	辛巳 (5) 五	壬午 2 六	癸未 3 日	甲申 4 一	乙酉 5 二	丙戌 6 三	丁亥 7 四	戊子 8 五	己丑 9 六	庚寅 10 日	辛卯 11 一	壬辰 12 二	癸巳 13 三	甲午 14 四	乙未 15 五	丙申 16 六	丁酉 17 日	戊戌 18 一	己亥 19 二		壬午立夏 丁酉小滿
五月大	甲午	天干地支 西曆 星期	庚子 20 三	辛丑 21 四	壬寅 22 五	癸卯 23 六	甲辰 24 日	乙巳 25 一	丙午 26 二	丁未 27 三	戊申 28 四	己酉 29 五	庚戌 30 六	辛亥 31 日	壬子 (6) 一	癸丑 2 二	甲寅 3 三	乙卯 4 四	丙辰 5 五	丁巳 6 六	戊午 7 日	己未 8 一	庚申 9 二	辛酉 10 三	壬戌 11 四	癸亥 12 五	甲子 13 六	乙丑 14 日	丙寅 15 一	丁卯 16 二	戊辰 17 三	己巳 18 四	壬子芒種 丁卯夏至
六月小	乙未	天干地支 西曆 星期	庚午 19 五	辛未 20 六	壬申 21 日	癸酉 22 一	甲戌 23 二	乙亥 24 三	丙子 25 四	丁丑 26 五	戊寅 27 六	己卯 28 日	庚辰 29 一	辛巳 30 二	壬午 (7) 三	癸未 2 四	甲申 3 五	乙酉 4 六	丙戌 5 日	丁亥 6 一	戊子 7 二	己丑 8 三	庚寅 9 四	辛卯 10 五	壬辰 11 六	癸巳 12 日	甲午 13 一	乙未 14 二	丙申 15 三	丁酉 16 四	戊戌 17 五		癸未小暑 戊戌大暑
七月大	丙申	天干地支 西曆 星期	己亥 18 六	庚子 19 日	辛丑 20 一	壬寅 21 二	癸卯 22 三	甲辰 23 四	乙巳 24 五	丙午 25 六	丁未 26 日	戊申 27 一	己酉 28 二	庚戌 29 三	辛亥 30 四	壬子 31 五	癸丑 (8) 六	甲寅 2 日	乙卯 3 一	丙辰 4 二	丁巳 5 三	戊午 6 四	己未 7 五	庚申 8 六	辛酉 9 日	壬戌 10 一	癸亥 11 二	甲子 12 三	乙丑 13 四	丙寅 14 五	丁卯 15 六	戊辰 16 日	癸丑立秋 戊辰處暑
閏七月大	丙申	天干地支 西曆 星期	己巳 17 一	庚午 18 二	辛未 19 三	壬申 20 四	癸酉 21 五	甲戌 22 六	乙亥 23 日	丙子 24 一	丁丑 25 二	戊寅 26 三	己卯 27 四	庚辰 28 五	辛巳 29 六	壬午 30 日	癸未 31 一	甲申 (9) 二	乙酉 2 三	丙戌 3 四	丁亥 4 五	戊子 5 六	己丑 6 日	庚寅 7 一	辛卯 8 二	壬辰 9 三	癸巳 10 四	甲午 11 五	乙未 12 六	丙申 13 日	丁酉 14 一	戊戌 15 二	甲申白露
八月小	丁酉	天干地支 西曆 星期	己亥 16 三	庚子 17 四	辛丑 18 五	壬寅 19 六	癸卯 20 日	甲辰 21 一	乙巳 22 二	丙午 23 三	丁未 24 四	戊申 25 五	己酉 26 六	庚戌 27 日	辛亥 28 一	壬子 29 二	癸丑 30 三	甲寅 (10) 四	乙卯 2 五	丙辰 3 六	丁巳 4 日	戊午 5 一	己未 6 二	庚申 7 三	辛酉 8 四	壬戌 9 五	癸亥 10 六	甲子 11 日	乙丑 12 一	丙寅 13 二	丁卯 14 三		己亥秋分 甲寅寒露
九月大	戊戌	天干地支 西曆 星期	戊辰 15 四	己巳 16 五	庚午 17 六	辛未 18 日	壬申 19 一	癸酉 20 二	甲戌 21 三	乙亥 22 四	丙子 23 五	丁丑 24 六	戊寅 25 日	己卯 26 一	庚辰 27 二	辛巳 28 三	壬午 29 四	癸未 30 五	甲申 31 六	乙酉 (11) 日	丙戌 2 一	丁亥 3 二	戊子 4 三	己丑 5 四	庚寅 6 五	辛卯 7 六	壬辰 8 日	癸巳 9 一	甲午 10 二	乙未 11 三	丙申 12 四	丁酉 13 五	己巳霜降 甲申立冬
十月小	己亥	天干地支 西曆 星期	戊戌 14 六	己亥 15 日	庚子 16 一	辛丑 17 二	壬寅 18 三	癸卯 19 四	甲辰 20 五	乙巳 21 六	丙午 22 日	丁未 23 一	戊申 24 二	己酉 25 三	庚戌 26 四	辛亥 27 五	壬子 28 六	癸丑 29 日	甲寅 30 一	乙卯 (12) 二	丙辰 2 三	丁巳 3 四	戊午 4 五	己未 5 六	庚申 6 日	辛酉 7 一	壬戌 8 二	癸亥 9 三	甲子 10 四	乙丑 11 五	丙寅 12 六		庚子小雪 乙卯大雪
十一月大	庚子	天干地支 西曆 星期	丁卯 13 日	戊辰 14 一	己巳 15 二	庚午 16 三	辛未 17 四	壬申 18 五	癸酉 19 六	甲戌 20 日	乙亥 21 一	丙子 22 二	丁丑 23 三	戊寅 24 四	己卯 25 五	庚辰 26 六	辛巳 27 日	壬午 28 一	癸未 29 二	甲申 30 三	乙酉 31 四	丙戌 (1) 五	丁亥 2 六	戊子 3 日	己丑 4 一	庚寅 5 二	辛卯 6 三	壬辰 7 四	癸巳 8 五	甲午 9 六	乙未 10 日	丙申 11 一	庚午冬至 乙酉小寒
十二月小	辛丑	天干地支 西曆 星期	丁酉 12 二	戊戌 13 三	己亥 14 四	庚子 15 五	辛丑 16 六	壬寅 17 日	癸卯 18 一	甲辰 19 二	乙巳 20 三	丙午 21 四	丁未 22 五	戊申 23 六	己酉 24 日	庚戌 25 一	辛亥 26 二	壬子 27 三	癸丑 28 四	甲寅 29 五	乙卯 30 六	丙辰 31 日	丁巳 (2) 一	戊午 2 二	己未 3 三	庚申 4 四	辛酉 5 五	壬戌 6 六	癸亥 7 日	甲子 8 一	乙丑 9 二		庚子大寒 丙辰立春

遼聖宗統和十五年（丁酉 鷄年） 公元 997 ~ 998 年

夏曆月序		中西曆日對照	初一	初二	初三	初四	初五	初六	初七	初八	初九	初十	十一	十二	十三	十四	十五	十六	十七	十八	十九	二十	二一	二二	二三	二四	二五	二六	二七	二八	二九	三十	節氣與天象
正月大	壬寅	天干地支 西曆 星期	丙寅 10 三	丁卯 11 四	戊辰 12 五	己巳 13 六	庚午 14 日	辛未 15 一	壬申 16 二	癸酉 17 三	甲戌 18 四	乙亥 19 五	丙子 20 六	丁丑 21 日	戊寅 22 一	己卯 23 二	庚辰 24 三	辛巳 25 四	壬午 26 五	癸未 27 六	甲申 28 日	乙酉 (3) 一	丙戌 2 二	丁亥 3 三	戊子 4 四	己丑 5 五	庚寅 6 六	辛卯 7 日	壬辰 8 一	癸巳 9 二	甲午 10 三	乙未 11 四	辛未雨水 丙戌驚蟄
二月小	癸卯	天干地支 西曆 星期	丙申 12 五	丁酉 13 六	戊戌 14 日	己亥 15 一	庚子 16 二	辛丑 17 三	壬寅 18 四	癸卯 19 五	甲辰 20 六	乙巳 21 日	丙午 22 一	丁未 23 二	戊申 24 三	己酉 25 四	庚戌 26 五	辛亥 27 六	壬子 28 日	癸丑 29 一	甲寅 30 二	乙卯 31 三	丙辰 (4) 四	丁巳 2 五	戊午 3 六	己未 4 日	庚申 5 一	辛酉 6 二	壬戌 7 三	癸亥 8 四	甲子 9 五		辛丑春分 丁巳清明
三月大	甲辰	天干地支 西曆 星期	乙丑 10 六	丙寅 11 日	丁卯 12 一	戊辰 13 二	己巳 14 三	庚午 15 四	辛未 16 五	壬申 17 六	癸酉 18 日	甲戌 19 一	乙亥 20 二	丙子 21 三	丁丑 22 四	戊寅 23 五	己卯 24 六	庚辰 25 日	辛巳 26 一	壬午 27 二	癸未 28 三	甲申 29 四	乙酉 30 五	丙戌 (5) 六	丁亥 2 日	戊子 3 一	己丑 4 二	庚寅 5 三	辛卯 6 四	壬辰 7 五	癸巳 8 六	甲午 9 日	壬申穀雨 丁亥立夏
四月小	乙巳	天干地支 西曆 星期	乙未 10 一	丙申 11 二	丁酉 12 三	戊戌 13 四	己亥 14 五	庚子 15 六	辛丑 16 日	壬寅 17 一	癸卯 18 二	甲辰 19 三	乙巳 20 四	丙午 21 五	丁未 22 六	戊申 23 日	己酉 24 一	庚戌 25 二	辛亥 26 三	壬子 27 四	癸丑 28 五	甲寅 29 六	乙卯 30 日	丙辰 31 一	丁巳 (6) 二	戊午 2 三	己未 3 四	庚申 4 五	辛酉 5 六	壬戌 6 日	癸亥 7 一		壬寅小滿 丁巳芒種
五月大	丙午	天干地支 西曆 星期	甲子 8 二	乙丑 9 三	丙寅 10 四	丁卯 11 五	戊辰 12 六	己巳 13 日	庚午 14 一	辛未 15 二	壬申 16 三	癸酉 17 四	甲戌 18 五	乙亥 19 六	丙子 20 日	丁丑 21 一	戊寅 22 二	己卯 23 三	庚辰 24 四	辛巳 25 五	壬午 26 六	癸未 27 日	甲申 28 一	乙酉 29 二	丙戌 30 三	丁亥 (7) 四	戊子 2 五	己丑 3 六	庚寅 4 日	辛卯 5 一	壬辰 6 二	癸巳 7 三	癸酉夏至 戊子小暑 甲子日食
六月小	丁未	天干地支 西曆 星期	甲午 8 四	乙未 9 五	丙申 10 六	丁酉 11 日	戊戌 12 一	己亥 13 二	庚子 14 三	辛丑 15 四	壬寅 16 五	癸卯 17 六	甲辰 18 日	乙巳 19 一	丙午 20 二	丁未 21 三	戊申 22 四	己酉 23 五	庚戌 24 六	辛亥 25 日	壬子 26 一	癸丑 27 二	甲寅 28 三	乙卯 29 四	丙辰 30 五	丁巳 31 六	戊午 (8) 日	己未 2 一	庚申 3 二	辛酉 4 三	壬戌 5 四		癸卯大暑 戊午立秋
七月大	戊申	天干地支 西曆 星期	癸亥 6 五	甲子 7 六	乙丑 8 日	丙寅 9 一	丁卯 10 二	戊辰 11 三	己巳 12 四	庚午 13 五	辛未 14 六	壬申 15 日	癸酉 16 一	甲戌 17 二	乙亥 18 三	丙子 19 四	丁丑 20 五	戊寅 21 六	己卯 22 日	庚辰 23 一	辛巳 24 二	壬午 25 三	癸未 26 四	甲申 27 五	乙酉 28 六	丙戌 29 日	丁亥 30 一	戊子 31 二	己丑 (9) 三	庚寅 2 四	辛卯 3 五	壬辰 4 六	甲戌處暑 己丑白露
八月大	己酉	天干地支 西曆 星期	癸巳 5 日	甲午 6 一	乙未 7 二	丙申 8 三	丁酉 9 四	戊戌 10 五	己亥 11 六	庚子 12 日	辛丑 13 一	壬寅 14 二	癸卯 15 三	甲辰 16 四	乙巳 17 五	丙午 18 六	丁未 19 日	戊申 20 一	己酉 21 二	庚戌 22 三	辛亥 23 四	壬子 24 五	癸丑 25 六	甲寅 26 日	乙卯 27 一	丙辰 28 二	丁巳 29 三	戊午 30 四	己未 (10) 五	庚申 2 六	辛酉 3 日	壬戌 4 一	甲辰秋分 己未寒露
九月小	庚戌	天干地支 西曆 星期	癸亥 5 二	甲子 6 三	乙丑 7 四	丙寅 8 五	丁卯 9 六	戊辰 10 日	己巳 11 一	庚午 12 二	辛未 13 三	壬申 14 四	癸酉 15 五	甲戌 16 六	乙亥 17 日	丙子 18 一	丁丑 19 二	戊寅 20 三	己卯 21 四	庚辰 22 五	辛巳 23 六	壬午 24 日	癸未 25 一	甲申 26 二	乙酉 27 三	丙戌 28 四	丁亥 29 五	戊子 30 六	己丑 31 日	庚寅 (11) 一	辛卯 2 二		甲戌霜降 庚寅立冬
十月大	辛亥	天干地支 西曆 星期	壬辰 3 三	癸巳 4 四	甲午 5 五	乙未 6 六	丙申 7 日	丁酉 8 一	戊戌 9 二	己亥 10 三	庚子 11 四	辛丑 12 五	壬寅 13 六	癸卯 14 日	甲辰 15 一	乙巳 16 二	丙午 17 三	丁未 18 四	戊申 19 五	己酉 20 六	庚戌 21 日	辛亥 22 一	壬子 23 二	癸丑 24 三	甲寅 25 四	乙卯 26 五	丙辰 27 六	丁巳 28 日	戊午 29 一	己未 30 二	庚申 (12) 三	辛酉 2 四	乙巳小雪 庚申大雪
十一月大	壬子	天干地支 西曆 星期	壬戌 3 五	癸亥 4 六	甲子 5 日	乙丑 6 一	丙寅 7 二	丁卯 8 三	戊辰 9 四	己巳 10 五	庚午 11 六	辛未 12 日	壬申 13 一	癸酉 14 二	甲戌 15 三	乙亥 16 四	丙子 17 五	丁丑 18 六	戊寅 19 日	己卯 20 一	庚辰 21 二	辛巳 22 三	壬午 23 四	癸未 24 五	甲申 25 六	乙酉 26 日	丙戌 27 一	丁亥 28 二	戊子 29 三	己丑 30 四	庚寅 31 五	辛卯 (1) 六	乙亥冬至 辛卯小寒
十二月小	癸丑	天干地支 西曆 星期	壬辰 2 日	癸巳 3 一	甲午 4 二	乙未 5 三	丙申 6 四	丁酉 7 五	戊戌 8 六	己亥 9 日	庚子 10 一	辛丑 11 二	壬寅 12 三	癸卯 13 四	甲辰 14 五	乙巳 15 六	丙午 16 日	丁未 17 一	戊申 18 二	己酉 19 三	庚戌 20 四	辛亥 21 五	壬子 22 六	癸丑 23 日	甲寅 24 一	乙卯 25 二	丙辰 26 三	丁巳 27 四	戊午 28 五	己未 29 六	庚申 30 日		丙午大寒

遼聖宗統和十六年（戊戌 狗年） 公元 998 ~ 999 年

夏曆月序	中西曆日對照	初一	初二	初三	初四	初五	初六	初七	初八	初九	初十	十一	十二	十三	十四	十五	十六	十七	十八	十九	二十	二一	二二	二三	二四	二五	二六	二七	二八	二九	三十	節氣與天象
正月小 甲寅	干支 西曆 星期 天地	辛酉 31 一	壬戌 (2) 二	癸亥 2 三	甲子 3 四	乙丑 4 五	丙寅 5 六	丁卯 6 日	戊辰 7 一	己巳 8 二	庚午 9 三	辛未 10 四	壬申 11 五	癸酉 12 六	甲戌 13 日	乙亥 14 一	丙子 15 二	丁丑 16 三	戊寅 17 四	己卯 18 五	庚辰 19 六	辛巳 20 日	壬午 21 一	癸未 22 二	甲申 23 三	乙酉 24 四	丙戌 25 五	丁亥 26 六	戊子 27 日	己丑 28 一		辛酉立春 丙子雨水
二月大 乙卯	干支 西曆 星期 天地	庚寅 (3) 二	辛卯 2 三	壬辰 3 四	癸巳 4 五	甲午 5 六	乙未 6 日	丙申 7 一	丁酉 8 二	戊戌 9 三	己亥 10 四	庚子 11 五	辛丑 12 六	壬寅 13 日	癸卯 14 一	甲辰 15 二	乙巳 16 三	丙午 17 四	丁未 18 五	戊申 19 六	己酉 20 日	庚戌 21 一	辛亥 22 二	壬子 23 三	癸丑 24 四	甲寅 25 五	乙卯 26 六	丙辰 27 日	丁巳 28 一	戊午 29 二	己未 30 三	辛卯驚蟄 丁未春分
三月小 丙辰	干支 西曆 星期 天地	庚申 31 四	辛酉 (4) 五	壬戌 2 六	癸亥 3 日	甲子 4 一	乙丑 5 二	丙寅 6 三	丁卯 7 四	戊辰 8 五	己巳 9 六	庚午 10 日	辛未 11 一	壬申 12 二	癸酉 13 三	甲戌 14 四	乙亥 15 五	丙子 16 六	丁丑 17 日	戊寅 18 一	己卯 19 二	庚辰 20 三	辛巳 21 四	壬午 22 五	癸未 23 六	甲申 24 日	乙酉 25 一	丙戌 26 二	丁亥 27 三	戊子 28 四		壬戌清明 丁丑穀雨
四月小 丁巳	干支 西曆 星期 天地	己丑 29 五	庚寅 30 六	辛卯 (5) 日	壬辰 2 一	癸巳 3 二	甲午 4 三	乙未 5 四	丙申 6 五	丁酉 7 六	戊戌 8 日	己亥 9 一	庚子 10 二	辛丑 11 三	壬寅 12 四	癸卯 13 五	甲辰 14 六	乙巳 15 日	丙午 16 一	丁未 17 二	戊申 18 三	己酉 19 四	庚戌 20 五	辛亥 21 六	壬子 22 日	癸丑 23 一	甲寅 24 二	乙卯 25 三	丙辰 26 四	丁巳 27 五		壬辰立夏 丁未小滿
五月大 戊午	干支 西曆 星期 天地	戊午 28 六	己未 29 日	庚申 30 一	辛酉 31 二	壬戌 (6) 三	癸亥 2 四	甲子 3 五	乙丑 4 六	丙寅 5 日	丁卯 6 一	戊辰 7 二	己巳 8 三	庚午 9 四	辛未 10 五	壬申 11 六	癸酉 12 日	甲戌 13 一	乙亥 14 二	丙子 15 三	丁丑 16 四	戊寅 17 五	己卯 18 六	庚辰 19 日	辛巳 20 一	壬午 21 二	癸未 22 三	甲申 23 四	乙酉 24 五	丙戌 25 六	丁亥 26 日	癸亥芒種 戊寅夏至
六月小 己未	干支 西曆 星期 天地	戊子 27 一	己丑 28 二	庚寅 29 三	辛卯 30 四	壬辰 (7) 五	癸巳 2 六	甲午 3 日	乙未 4 一	丙申 5 二	丁酉 6 三	戊戌 7 四	己亥 8 五	庚子 9 六	辛丑 10 日	壬寅 11 一	癸卯 12 二	甲辰 13 三	乙巳 14 四	丙午 15 五	丁未 16 六	戊申 17 日	己酉 18 一	庚戌 19 二	辛亥 20 三	壬子 21 四	癸丑 22 五	甲寅 23 六	乙卯 24 日	丙辰 25 一		癸巳小暑 戊申大暑
七月大 庚申	干支 西曆 星期 天地	丁巳 26 二	戊午 27 三	己未 28 四	庚申 29 五	辛酉 30 六	壬戌 31 日	癸亥 (8) 一	甲子 2 二	乙丑 3 三	丙寅 4 四	丁卯 5 五	戊辰 6 六	己巳 7 日	庚午 8 一	辛未 9 二	壬申 10 三	癸酉 11 四	甲戌 12 五	乙亥 13 六	丙子 14 日	丁丑 15 一	戊寅 16 二	己卯 17 三	庚辰 18 四	辛巳 19 五	壬午 20 六	癸未 21 日	甲申 22 一	乙酉 23 二	丙戌 24 三	甲子立秋 己卯處暑
八月大 辛酉	干支 西曆 星期 天地	丁亥 25 四	戊子 26 五	己丑 27 六	庚寅 28 日	辛卯 29 一	壬辰 30 二	癸巳 31 三	甲午 (9) 四	乙未 2 五	丙申 3 六	丁酉 4 日	戊戌 5 一	己亥 6 二	庚子 7 三	辛丑 8 四	壬寅 9 五	癸卯 10 六	甲辰 11 日	乙巳 12 一	丙午 13 二	丁未 14 三	戊申 15 四	己酉 16 五	庚戌 17 六	辛亥 18 日	壬子 19 一	癸丑 20 二	甲寅 21 三	乙卯 22 四	丙辰 23 五	甲午白露 己酉秋分
九月小 壬戌	干支 西曆 星期 天地	丁巳 24 六	戊午 25 日	己未 26 一	庚申 27 二	辛酉 28 三	壬戌 29 四	癸亥 30 五	甲子 (10) 六	乙丑 2 日	丙寅 3 一	丁卯 4 二	戊辰 5 三	己巳 6 四	庚午 7 五	辛未 8 六	壬申 9 日	癸酉 10 一	甲戌 11 二	乙亥 12 三	丙子 13 四	丁丑 14 五	戊寅 15 六	己卯 16 日	庚辰 17 一	辛巳 18 二	壬午 19 三	癸未 20 四	甲申 21 五	乙酉 22 六		甲子寒露 庚辰霜降
十月大 癸亥	干支 西曆 星期 天地	丙戌 23 日	丁亥 24 一	戊子 25 二	己丑 26 三	庚寅 27 四	辛卯 28 五	壬辰 29 六	癸巳 30 日	甲午 31 一	乙未 (11) 二	丙申 2 三	丁酉 3 四	戊戌 4 五	己亥 5 六	庚子 6 日	辛丑 7 一	壬寅 8 二	癸卯 9 三	甲辰 10 四	乙巳 11 五	丙午 12 六	丁未 13 日	戊申 14 一	己酉 15 二	庚戌 16 三	辛亥 17 四	壬子 18 五	癸丑 19 六	甲寅 20 日	乙卯 21 一	乙未立冬 庚戌小雪 丙戌日食
十一月大 甲子	干支 西曆 星期 天地	丙辰 22 二	丁巳 23 三	戊午 24 四	己未 25 五	庚申 26 六	辛酉 27 日	壬戌 28 一	癸亥 29 二	甲子 30 三	乙丑 (12) 四	丙寅 2 五	丁卯 3 六	戊辰 4 日	己巳 5 一	庚午 6 二	辛未 7 三	壬申 8 四	癸酉 9 五	甲戌 10 六	乙亥 11 日	丙子 12 一	丁丑 13 二	戊寅 14 三	己卯 15 四	庚辰 16 五	辛巳 17 六	壬午 18 日	癸未 19 一	甲申 20 二	乙酉 21 三	乙丑大雪 辛巳冬至
十二月小 乙丑	干支 西曆 星期 天地	丙戌 22 四	丁亥 23 五	戊子 24 六	己丑 25 日	庚寅 26 一	辛卯 27 二	壬辰 28 三	癸巳 29 四	甲午 30 五	乙未 31 六	丙申 (1) 日	丁酉 2 一	戊戌 3 二	己亥 4 三	庚子 5 四	辛丑 6 五	壬寅 7 六	癸卯 8 日	甲辰 9 一	乙巳 10 二	丙午 11 三	丁未 12 四	戊申 13 五	己酉 14 六	庚戌 15 日	辛亥 16 一	壬子 17 二	癸丑 18 三	甲寅 19 四		丙申小寒 辛亥大寒

遼聖宗統和十七年（己亥 猪年） 公元999 ~ 1000年

夏曆月序		中西曆日對照	初一	初二	初三	初四	初五	初六	初七	初八	初九	初十	十一	十二	十三	十四	十五	十六	十七	十八	十九	二十	二一	二二	二三	二四	二五	二六	二七	二八	二九	三十	節氣與天象
正月大	丙寅	天干地支西曆星期	乙卯20五	丙辰21六	丁巳22日	戊午23一	己未24二	庚申25三	辛酉26四	壬戌27五	癸亥28六	甲子29日	乙丑30一	丙寅31二	丁卯(2)三	戊辰2四	己巳3五	庚午4六	辛未5日	壬申6一	癸酉7二	甲戌8三	乙亥9四	丙子10五	丁丑11六	戊寅12日	己卯13一	庚辰14二	辛巳15三	壬午16四	癸未17五	甲申18六	丙寅立春 辛巳雨水
二月小	丁卯	天干地支西曆星期	乙酉19日	丙戌20一	丁亥21二	戊子22三	己丑23四	庚寅24五	辛卯25六	壬辰26日	癸巳27一	甲午28二	乙未(3)三	丙申2四	丁酉3五	戊戌4六	己亥5日	庚子6一	辛丑7二	壬寅8三	癸卯9四	甲辰10五	乙巳11六	丙午12日	丁未13一	戊申14二	己酉15三	庚戌16四	辛亥17五	壬子18六	癸丑19日		丁酉驚蟄 壬子春分
三月大	戊辰	天干地支西曆星期	甲寅20一	乙卯21二	丙辰22三	丁巳23四	戊午24五	己未25六	庚申26日	辛酉27一	壬戌28二	癸亥29三	甲子30四	乙丑31五	丙寅(4)六	丁卯2日	戊辰3一	己巳4二	庚午5三	辛未6四	壬申7五	癸酉8六	甲戌9日	乙亥10一	丙子11二	丁丑12三	戊寅13四	己卯14五	庚辰15六	辛巳16日	壬午17一	癸未18二	丁卯清明 壬午穀雨
四月小	己巳	天干地支西曆星期	甲申19三	乙酉20四	丙戌21五	丁亥22六	戊子23日	己丑24一	庚寅25二	辛卯26三	壬辰27四	癸巳28五	甲午29六	乙未30日	丙申(5)一	丁酉2二	戊戌3三	己亥4四	庚子5五	辛丑6六	壬寅7日	癸卯8一	甲辰9二	乙巳10三	丙午11四	丁未12五	戊申13六	己酉14日	庚戌15一	辛亥16二	壬子17三		戊戌立夏
閏四月小	己巳	天干地支西曆星期	癸丑18四	甲寅19五	乙卯20六	丙辰21日	丁巳22一	戊午23二	己未24三	庚申25四	辛酉26五	壬戌27六	癸亥28日	甲子29一	乙丑30二	丙寅31三	丁卯(6)四	戊辰2五	己巳3六	庚午4日	辛未5一	壬申6二	癸酉7三	甲戌8四	乙亥9五	丙子10六	丁丑11日	戊寅12一	己卯13二	庚辰14三	辛巳15四		癸丑小滿 戊辰芒種
五月大	庚午	天干地支西曆星期	壬午16五	癸未17六	甲申18日	乙酉19一	丙戌20二	丁亥21三	戊子22四	己丑23五	庚寅24六	辛卯25日	壬辰26一	癸巳27二	甲午28三	乙未29四	丙申30五	丁酉(7)六	戊戌2日	己亥3一	庚子4二	辛丑5三	壬寅6四	癸卯7五	甲辰8六	乙巳9日	丙午10一	丁未11二	戊申12三	己酉13四	庚戌14五	辛亥15六	癸未夏至 戊戌小暑
六月小	辛未	天干地支西曆星期	壬子16日	癸丑17一	甲寅18二	乙卯19三	丙辰20四	丁巳21五	戊午22六	己未23日	庚申24一	辛酉25二	壬戌26三	癸亥27四	甲子28五	乙丑29六	丙寅30日	丁卯31一	戊辰(8)二	己巳2三	庚午3四	辛未4五	壬申5六	癸酉6日	甲戌7一	乙亥8二	丙子9三	丁丑10四	戊寅11五	己卯12六	庚辰13日		甲寅大暑 己巳立秋
七月大	壬申	天干地支西曆星期	辛巳14一	壬午15二	癸未16三	甲申17四	乙酉18五	丙戌19六	丁亥20日	戊子21一	己丑22二	庚寅23三	辛卯24四	壬辰25五	癸巳26六	甲午27日	乙未28一	丙申29二	丁酉30三	戊戌31四	己亥(9)五	庚子2六	辛丑3日	壬寅4一	癸卯5二	甲辰6三	乙巳7四	丙午8五	丁未9六	戊申10日	己酉11一	庚戌12二	甲申處暑 己亥白露
八月小	癸酉	天干地支西曆星期	辛亥13三	壬子14四	癸丑15五	甲寅16六	乙卯17日	丙辰18一	丁巳19二	戊午20三	己未21四	庚申22五	辛酉23六	壬戌24日	癸亥25一	甲子26二	乙丑27三	丙寅28四	丁卯29五	戊辰30六	己巳(10)日	庚午2一	辛未3二	壬申4三	癸酉5四	甲戌6五	乙亥7六	丙子8日	丁丑9一	戊寅10二	己卯11三		甲寅秋分 庚午寒露
九月大	甲戌	天干地支西曆星期	庚辰12四	辛巳13五	壬午14六	癸未15日	甲申16一	乙酉17二	丙戌18三	丁亥19四	戊子20五	己丑21六	庚寅22日	辛卯23一	壬辰24二	癸巳25三	甲午26四	乙未27五	丙申28六	丁酉29日	戊戌30一	己亥31二	庚子(11)三	辛丑2四	壬寅3五	癸卯4六	甲辰5日	乙巳6一	丙午7二	丁未8三	戊申9四	己酉10五	乙酉霜降 庚子立冬
十月大	乙亥	天干地支西曆星期	庚戌11六	辛亥12日	壬子13一	癸丑14二	甲寅15三	乙卯16四	丙辰17五	丁巳18六	戊午19日	己未20一	庚申21二	辛酉22三	壬戌23四	癸亥24五	甲子25六	乙丑26日	丙寅27一	丁卯28二	戊辰29三	己巳30四	庚午(12)五	辛未2六	壬申3日	癸酉4一	甲戌5二	乙亥6三	丙子7四	丁丑8五	戊寅9六	己卯10日	乙卯小雪 辛未大雪
十一月大	丙子	天干地支西曆星期	庚辰11一	辛巳12二	壬午13三	癸未14四	甲申15五	乙酉16六	丙戌17日	丁亥18一	戊子19二	己丑20三	庚寅21四	辛卯22五	壬辰23六	癸巳24日	甲午25一	乙未26二	丙申27三	丁酉28四	戊戌29五	己亥30六	庚子31日	辛丑(1)一	壬寅2二	癸卯3三	甲辰4四	乙巳5五	丙午6六	丁未7日	戊申8一	己酉9二	丙戌冬至 辛丑小寒
十二月小	丁丑	天干地支西曆星期	庚戌10三	辛亥11四	壬子12五	癸丑13六	甲寅14日	乙卯15一	丙辰16二	丁巳17三	戊午18四	己未19五	庚申20六	辛酉21日	壬戌22一	癸亥23二	甲子24三	乙丑25四	丙寅26五	丁卯27六	戊辰28日	己巳29一	庚午30二	辛未31三	壬申(2)四	癸酉2五	甲戌3六	乙亥4日	丙子5一	丁丑6二	戊寅7三		丙辰大寒 辛未立春

遼聖宗統和十八年（庚子 鼠年） 公元 1000 ~ 1001 年

夏曆月序		中西曆日對照	初一	初二	初三	初四	初五	初六	初七	初八	初九	初十	十一	十二	十三	十四	十五	十六	十七	十八	十九	二十	二一	二二	二三	二四	二五	二六	二七	二八	二九	三十	節氣與天象
正月大	戊寅	天干地支 西曆 星期	己卯 8 四	庚辰 9 五	辛巳 10 六	壬午 11 日	癸未 12 一	甲申 13 二	乙酉 14 三	丙戌 15 四	丁亥 16 五	戊子 17 六	己丑 18 日	庚寅 19 一	辛卯 20 二	壬辰 21 三	癸巳 22 四	甲午 23 五	乙未 24 六	丙申 25 日	丁酉 26 一	戊戌 27 二	己亥 28 三	庚子 29 四	辛丑 (3) 五	壬寅 2 六	癸卯 3 日	甲辰 4 一	乙巳 5 二	丙午 6 三	丁未 7 四	戊申 8 五	丁亥雨水 壬寅驚蟄
二月小	己卯	天干地支 西曆 星期	己酉 9 六	庚戌 10 日	辛亥 11 一	壬子 12 二	癸丑 13 三	甲寅 14 四	乙卯 15 五	丙辰 16 六	丁巳 17 日	戊午 18 一	己未 19 二	庚申 20 三	辛酉 21 四	壬戌 22 五	癸亥 23 六	甲子 24 日	乙丑 25 一	丙寅 26 二	丁卯 27 三	戊辰 28 四	己巳 29 五	庚午 30 六	辛未 31 日	壬申 (4) 一	癸酉 2 二	甲戌 3 三	乙亥 4 四	丙子 5 五	丁丑 6 六		丁巳春分 壬申清明
三月大	庚辰	天干地支 西曆 星期	戊寅 7 日	己卯 8 一	庚辰 9 二	辛巳 10 三	壬午 11 四	癸未 12 五	甲申 13 六	乙酉 14 日	丙戌 15 一	丁亥 16 二	戊子 17 三	己丑 18 四	庚寅 19 五	辛卯 20 六	壬辰 21 日	癸巳 22 一	甲午 23 二	乙未 24 三	丙申 25 四	丁酉 26 五	戊戌 27 六	己亥 28 日	庚子 29 一	辛丑 30 二	壬寅 (5) 三	癸卯 2 四	甲辰 3 五	乙巳 4 六	丙午 5 日	丁未 6 一	戊子穀雨 癸卯立夏 戊寅日食
四月小	辛巳	天干地支 西曆 星期	戊申 7 二	己酉 8 三	庚戌 9 四	辛亥 10 五	壬子 11 六	癸丑 12 日	甲寅 13 一	乙卯 14 二	丙辰 15 三	丁巳 16 四	戊午 17 五	己未 18 六	庚申 19 日	辛酉 20 一	壬戌 21 二	癸亥 22 三	甲子 23 四	乙丑 24 五	丙寅 25 六	丁卯 26 日	戊辰 27 一	己巳 28 二	庚午 29 三	辛未 30 四	壬申 31 五	癸酉 (6) 六	甲戌 2 日	乙亥 3 一	丙子 4 二		戊午小滿 癸酉芒種
五月小	壬午	天干地支 西曆 星期	丁丑 5 三	戊寅 6 四	己卯 7 五	庚辰 8 六	辛巳 9 日	壬午 10 一	癸未 11 二	甲申 12 三	乙酉 13 四	丙戌 14 五	丁亥 15 六	戊子 16 日	己丑 17 一	庚寅 18 二	辛卯 19 三	壬辰 20 四	癸巳 21 五	甲午 22 六	乙未 23 日	丙申 24 一	丁酉 25 二	戊戌 26 三	己亥 27 四	庚子 28 五	辛丑 29 六	壬寅 30 日	癸卯 (7) 一	甲辰 2 二	乙巳 3 三		戊子夏至 甲辰小暑
六月大	癸未	天干地支 西曆 星期	丙午 4 四	丁未 5 五	戊申 6 六	己酉 7 日	庚戌 8 一	辛亥 9 二	壬子 10 三	癸丑 11 四	甲寅 12 五	乙卯 13 六	丙辰 14 日	丁巳 15 一	戊午 16 二	己未 17 三	庚申 18 四	辛酉 19 五	壬戌 20 六	癸亥 21 日	甲子 22 一	乙丑 23 二	丙寅 24 三	丁卯 25 四	戊辰 26 五	己巳 27 六	庚午 28 日	辛未 29 一	壬申 30 二	癸酉 31 三	甲戌 (8) 四	乙亥 2 五	己未大暑 甲戌立秋
七月小	甲申	天干地支 西曆 星期	丙子 3 六	丁丑 4 日	戊寅 5 一	己卯 6 二	庚辰 7 三	辛巳 8 四	壬午 9 五	癸未 10 六	甲申 11 日	乙酉 12 一	丙戌 13 二	丁亥 14 三	戊子 15 四	己丑 16 五	庚寅 17 六	辛卯 18 日	壬辰 19 一	癸巳 20 二	甲午 21 三	乙未 22 四	丙申 23 五	丁酉 24 六	戊戌 25 日	己亥 26 一	庚子 27 二	辛丑 28 三	壬寅 29 四	癸卯 30 五	甲辰 31 六		己丑處暑
八月大	乙酉	天干地支 西曆 星期	乙巳 (9) 日	丙午 2 一	丁未 3 二	戊申 4 三	己酉 5 四	庚戌 6 五	辛亥 7 六	壬子 8 日	癸丑 9 一	甲寅 10 二	乙卯 11 三	丙辰 12 四	丁巳 13 五	戊午 14 六	己未 15 日	庚申 16 一	辛酉 17 二	壬戌 18 三	癸亥 19 四	甲子 20 五	乙丑 21 六	丙寅 22 日	丁卯 23 一	戊辰 24 二	己巳 25 三	庚午 26 四	辛未 27 五	壬申 28 六	癸酉 29 日	甲戌 30 一	乙巳白露 庚申秋分
九月小	丙戌	天干地支 西曆 星期	乙亥 (10) 二	丙子 2 三	丁丑 3 四	戊寅 4 五	己卯 5 六	庚辰 6 日	辛巳 7 一	壬午 8 二	癸未 9 三	甲申 10 四	乙酉 11 五	丙戌 12 六	丁亥 13 日	戊子 14 一	己丑 15 二	庚寅 16 三	辛卯 17 四	壬辰 18 五	癸巳 19 六	甲午 20 日	乙未 21 一	丙申 22 二	丁酉 23 三	戊戌 24 四	己亥 25 五	庚子 26 六	辛丑 27 日	壬寅 28 一	癸卯 29 二		乙亥寒露 庚寅霜降
十月大	丁亥	天干地支 西曆 星期	甲辰 30 三	乙巳 31 四	丙午 (11) 五	丁未 2 六	戊申 3 日	己酉 4 一	庚戌 5 二	辛亥 6 三	壬子 7 四	癸丑 8 五	甲寅 9 六	乙卯 10 日	丙辰 11 一	丁巳 12 二	戊午 13 三	己未 14 四	庚申 15 五	辛酉 16 六	壬戌 17 日	癸亥 18 一	甲子 19 二	乙丑 20 三	丙寅 21 四	丁卯 22 五	戊辰 23 六	己巳 24 日	庚午 25 一	辛未 26 二	壬申 27 三	癸酉 28 四	乙巳立冬 辛酉小雪
十一月大	戊子	天干地支 西曆 星期	甲戌 29 五	乙亥 30 六	丙子 (12) 日	丁丑 2 一	戊寅 3 二	己卯 4 三	庚辰 5 四	辛巳 6 五	壬午 7 六	癸未 8 日	甲申 9 一	乙酉 10 二	丙戌 11 三	丁亥 12 四	戊子 13 五	己丑 14 六	庚寅 15 日	辛卯 16 一	壬辰 17 二	癸巳 18 三	甲午 19 四	乙未 20 五	丙申 21 六	丁酉 22 日	戊戌 23 一	己亥 24 二	庚子 25 三	辛丑 26 四	壬寅 27 五	癸卯 28 六	丙子大雪 辛卯冬至
十二月小	己丑	天干地支 西曆 星期	甲辰 29 日	乙巳 30 一	丙午 31 二	丁未 (1) 三	戊申 2 四	己酉 3 五	庚戌 4 六	辛亥 5 日	壬子 6 一	癸丑 7 二	甲寅 8 三	乙卯 9 四	丙辰 10 五	丁巳 11 六	戊午 12 日	己未 13 一	庚申 14 二	辛酉 15 三	壬戌 16 四	癸亥 17 五	甲子 18 六	乙丑 19 日	丙寅 20 一	丁卯 21 二	戊辰 22 三	己巳 23 四	庚午 24 五	辛未 25 六	壬申 26 日		丙午小寒 辛酉大寒

遼聖宗統和十九年（辛丑 牛年） 公元**1001** ~ 1002年

夏曆月序		中西曆日對照	初一	初二	初三	初四	初五	初六	初七	初八	初九	初十	十一	十二	十三	十四	十五	十六	十七	十八	十九	二十	二一	二二	二三	二四	二五	二六	二七	二八	二九	三十	節氣與天象
正月大	庚寅	天干地支西曆星期	癸酉27一	甲戌28二	乙亥29三	丙子30四	丁丑31五	戊寅(2)六	己卯2日	庚辰3一	辛巳4二	壬午5三	癸未6四	甲申7五	乙酉8六	丙戌9日	丁亥10一	戊子11二	己丑12三	庚寅13四	辛卯14五	壬辰15六	癸巳16日	甲午17一	乙未18二	丙申19三	丁酉20四	戊戌21五	己亥22六	庚子23日	辛丑24一	壬寅25二	丁丑立春 壬辰雨水
二月大	辛卯	天干地支西曆星期	癸卯26三	甲辰27四	乙巳28五	丙午(3)六	丁未2日	戊申3一	己酉4二	庚戌5三	辛亥6四	壬子7五	癸丑8六	甲寅9日	乙卯10一	丙辰11二	丁巳12三	戊午13四	己未14五	庚申15六	辛酉16日	壬戌17一	癸亥18二	甲子19三	乙丑20四	丙寅21五	丁卯22六	戊辰23日	己巳24一	庚午25二	辛未26三	壬申27四	丁未驚蟄 壬戌春分
三月小	壬辰	天干地支西曆星期	癸酉28五	甲戌29六	乙亥30日	丙子31一	丁丑(4)二	戊寅2三	己卯3四	庚辰4五	辛巳5六	壬午6日	癸未7一	甲申8二	乙酉9三	丙戌10四	丁亥11五	戊子12六	己丑13日	庚寅14一	辛卯15二	壬辰16三	癸巳17四	甲午18五	乙未19六	丙申20日	丁酉21一	戊戌22二	己亥23三	庚子24四	辛丑25五		戊寅清明 癸巳穀雨
四月大	癸巳	天干地支西曆星期	壬寅26六	癸卯27日	甲辰28一	乙巳29二	丙午30三	丁未(5)四	戊申2五	己酉3六	庚戌4日	辛亥5一	壬子6二	癸丑7三	甲寅8四	乙卯9五	丙辰10六	丁巳11日	戊午12一	己未13二	庚申14三	辛酉15四	壬戌16五	癸亥17六	甲子18日	乙丑19一	丙寅20二	丁卯21三	戊辰22四	己巳23五	庚午24六	辛未25日	戊申立夏 癸亥小滿
五月小	甲午	天干地支西曆星期	壬申26一	癸酉27二	甲戌28三	乙亥29四	丙子30五	丁丑31六	戊寅(6)日	己卯2一	庚辰3二	辛巳4三	壬午5四	癸未6五	甲申7六	乙酉8日	丙戌9一	丁亥10二	戊子11三	己丑12四	庚寅13五	辛卯14六	壬辰15日	癸巳16一	甲午17二	乙未18三	丙申19四	丁酉20五	戊戌21六	己亥22日	庚子23一		戊寅芒種 甲午夏至
六月小	乙未	天干地支西曆星期	辛丑24二	壬寅25三	癸卯26四	甲辰27五	乙巳28六	丙午29日	丁未30一	戊申(7)二	己酉2三	庚戌3四	辛亥4五	壬子5六	癸丑6日	甲寅7一	乙卯8二	丙辰9三	丁巳10四	戊午11五	己未12六	庚申13日	辛酉14一	壬戌15二	癸亥16三	甲子17四	乙丑18五	丙寅19六	丁卯20日	戊辰21一	己巳22二		己酉小暑 甲子大暑
七月大	丙申	天干地支西曆星期	庚午23三	辛未24四	壬申25五	癸酉26六	甲戌27日	乙亥28一	丙子29二	丁丑30三	戊寅31四	己卯(8)五	庚辰2六	辛巳3日	壬午4一	癸未5二	甲申6三	乙酉7四	丙戌8五	丁亥9六	戊子10日	己丑11一	庚寅12二	辛卯13三	壬辰14四	癸巳15五	甲午16六	乙未17日	丙申18一	丁酉19二	戊戌20三	己亥21四	己卯立秋 乙未處暑
八月小	丁酉	天干地支西曆星期	庚子22五	辛丑23六	壬寅24日	癸卯25一	甲辰26二	乙巳27三	丙午28四	丁未29五	戊申30六	己酉31日	庚戌(9)一	辛亥2二	壬子3三	癸丑4四	甲寅5五	乙卯6六	丙辰7日	丁巳8一	戊午9二	己未10三	庚申11四	辛酉12五	壬戌13六	癸亥14日	甲子15一	乙丑16二	丙寅17三	丁卯18四	戊辰19五		庚戌白露 乙丑秋分
九月小	戊戌	天干地支西曆星期	己巳20六	庚午21日	辛未22一	壬申23二	癸酉24三	甲戌25四	乙亥26五	丙子27六	丁丑28日	戊寅29一	己卯30二	庚辰(10)三	辛巳2四	壬午3五	癸未4六	甲申5日	乙酉6一	丙戌7二	丁亥8三	戊子9四	己丑10五	庚寅11六	辛卯12日	壬辰13一	癸巳14二	甲午15三	乙未16四	丙申17五	丁酉18六		庚辰寒露 乙未霜降
十月大	己亥	天干地支西曆星期	戊戌19日	己亥20一	庚子21二	辛丑22三	壬寅23四	癸卯24五	甲辰25六	乙巳26日	丙午27一	丁未28二	戊申29三	己酉30四	庚戌31五	辛亥(11)六	壬子2日	癸丑3一	甲寅4二	乙卯5三	丙辰6四	丁巳7五	戊午8六	己未9日	庚申10一	辛酉11二	壬戌12三	癸亥13四	甲子14五	乙丑15六	丙寅16日	丁卯17一	辛亥立冬 丙寅小雪
十一月大	庚子	天干地支西曆星期	戊辰18二	己巳19三	庚午20四	辛未21五	壬申22六	癸酉23日	甲戌24一	乙亥25二	丙子26三	丁丑27四	戊寅28五	己卯29六	庚辰30日	辛巳(12)一	壬午2二	癸未3三	甲申4四	乙酉5五	丙戌6六	丁亥7日	戊子8一	己丑9二	庚寅10三	辛卯11四	壬辰12五	癸巳13六	甲午14日	乙未15一	丙申16二	丁酉17三	辛巳大雪 丙申冬至
閏十一小	庚子	天干地支西曆星期	戊戌18四	己亥19五	庚子20六	辛丑21日	壬寅22一	癸卯23二	甲辰24三	乙巳25四	丙午26五	丁未27六	戊申28日	己酉29一	庚戌30二	辛亥31三	壬子(1)四	癸丑2五	甲寅3六	乙卯4日	丙辰5一	丁巳6二	戊午7三	己未8四	庚申9五	辛酉10六	壬戌11日	癸亥12一	甲子13二	乙丑14三	丙寅15四		辛亥小寒
十二月大	辛丑	天干地支西曆星期	丁卯16五	戊辰17六	己巳18日	庚午19一	辛未20二	壬申21三	癸酉22四	甲戌23五	乙亥24六	丙子25日	丁丑26一	戊寅27二	己卯28三	庚辰29四	辛巳30五	壬午31六	癸未(2)日	甲申2一	乙酉3二	丙戌4三	丁亥5四	戊子6五	己丑7六	庚寅8日	辛卯9一	壬辰10二	癸巳11三	甲午12四	乙未13五	丙申14六	丁卯大寒 壬午立春

遼聖宗統和二十年（壬寅 虎年） 公元 1002 ~ 1003 年

夏曆月序		中西曆日對照	初一	初二	初三	初四	初五	初六	初七	初八	初九	初十	十一	十二	十三	十四	十五	十六	十七	十八	十九	二十	二一	二二	二三	二四	二五	二六	二七	二八	二九	三十	節氣與天象
正月大	壬寅	天干地支 西曆 星期	丁酉 15 日	戊戌 16 一	己亥 17 二	庚子 18 三	辛丑 19 四	壬寅 20 五	癸卯 21 六	甲辰 22 日	乙巳 23 一	丙午 24 二	丁未 25 三	戊申 26 四	己酉 27 五	庚戌 28 六	辛亥 (3) 日	壬子 2 一	癸丑 3 二	甲寅 4 三	乙卯 5 四	丙辰 6 五	丁巳 7 六	戊午 8 日	己未 9 一	庚申 10 二	辛酉 11 三	壬戌 12 四	癸亥 13 五	甲子 14 六	乙丑 15 日	丙寅 16 一	丁酉雨水 壬子驚蟄
二月大	癸卯	天干地支 西曆 星期	丁卯 17 二	戊辰 18 三	己巳 19 四	庚午 20 五	辛未 21 六	壬申 22 日	癸酉 23 一	甲戌 24 二	乙亥 25 三	丙子 26 四	丁丑 27 五	戊寅 28 六	己卯 29 日	庚辰 30 一	辛巳 31 二	壬午 (4) 三	癸未 2 四	甲申 3 五	乙酉 4 六	丙戌 5 日	丁亥 6 一	戊子 7 二	己丑 8 三	庚寅 9 四	辛卯 10 五	壬辰 11 六	癸巳 12 日	甲午 13 一	乙未 14 二	丙申 15 三	戊辰春分 癸未清明
三月小	甲辰	天干地支 西曆 星期	丁酉 16 四	戊戌 17 五	己亥 18 六	庚子 19 日	辛丑 20 一	壬寅 21 二	癸卯 22 三	甲辰 23 四	乙巳 24 五	丙午 25 六	丁未 26 日	戊申 27 一	己酉 28 二	庚戌 29 三	辛亥 30 四	壬子 (5) 五	癸丑 2 六	甲寅 3 日	乙卯 4 一	丙辰 5 二	丁巳 6 三	戊午 7 四	己未 8 五	庚申 9 六	辛酉 10 日	壬戌 11 一	癸亥 12 二	甲子 13 三	乙丑 14 四		戊戌穀雨 癸丑立夏
四月大	乙巳	天干地支 西曆 星期	丙寅 15 五	丁卯 16 六	戊辰 17 日	己巳 18 一	庚午 19 二	辛未 20 三	壬申 21 四	癸酉 22 五	甲戌 23 六	乙亥 24 日	丙子 25 一	丁丑 26 二	戊寅 27 三	己卯 28 四	庚辰 29 五	辛巳 30 六	壬午 31 日	癸未 (6) 一	甲申 2 二	乙酉 3 三	丙戌 4 四	丁亥 5 五	戊子 6 六	己丑 7 日	庚寅 8 一	辛卯 9 二	壬辰 10 三	癸巳 11 四	甲午 12 五	乙未 13 六	戊辰小滿 甲申芒種
五月小	丙午	天干地支 西曆 星期	丙申 14 日	丁酉 15 一	戊戌 16 二	己亥 17 三	庚子 18 四	辛丑 19 五	壬寅 20 六	癸卯 21 日	甲辰 22 一	乙巳 23 二	丙午 24 三	丁未 25 四	戊申 26 五	己酉 27 六	庚戌 28 日	辛亥 29 一	壬子 30 二	癸丑 (7) 三	甲寅 2 四	乙卯 3 五	丙辰 4 六	丁巳 5 日	戊午 6 一	己未 7 二	庚申 8 三	辛酉 9 四	壬戌 10 五	癸亥 11 六	甲子 12 日		己亥夏至 甲寅小暑
六月小	丁未	天干地支 西曆 星期	乙丑 13 一	丙寅 14 二	丁卯 15 三	戊辰 16 四	己巳 17 五	庚午 18 六	辛未 19 日	壬申 20 一	癸酉 21 二	甲戌 22 三	乙亥 23 四	丙子 24 五	丁丑 25 六	戊寅 26 日	己卯 27 一	庚辰 28 二	辛巳 29 三	壬午 30 四	癸未 31 五	甲申 (8) 六	乙酉 2 日	丙戌 3 一	丁亥 4 二	戊子 5 三	己丑 6 四	庚寅 7 五	辛卯 8 六	壬辰 9 日	癸巳 10 一		己巳大暑 乙酉立秋
七月大	戊申	天干地支 西曆 星期	甲午 11 二	乙未 12 三	丙申 13 四	丁酉 14 五	戊戌 15 六	己亥 16 日	庚子 17 一	辛丑 18 二	壬寅 19 三	癸卯 20 四	甲辰 21 五	乙巳 22 六	丙午 23 日	丁未 24 一	戊申 25 二	己酉 26 三	庚戌 27 四	辛亥 28 五	壬子 29 六	癸丑 30 日	甲寅 31 一	乙卯 (9) 二	丙辰 2 三	丁巳 3 四	戊午 4 五	己未 5 六	庚申 6 日	辛酉 7 一	壬戌 8 二	癸亥 9 三	庚子處暑 乙卯白露
八月小	己酉	天干地支 西曆 星期	甲子 10 四	乙丑 11 五	丙寅 12 六	丁卯 13 日	戊辰 14 一	己巳 15 二	庚午 16 三	辛未 17 四	壬申 18 五	癸酉 19 六	甲戌 20 日	乙亥 21 一	丙子 22 二	丁丑 23 三	戊寅 24 四	己卯 25 五	庚辰 26 六	辛巳 27 日	壬午 28 一	癸未 29 二	甲申 30 三	乙酉 (10) 四	丙戌 2 五	丁亥 3 六	戊子 4 日	己丑 5 一	庚寅 6 二	辛卯 7 三	壬辰 8 四		庚午秋分 乙酉寒露
九月大	庚戌	天干地支 西曆 星期	癸巳 9 五	甲午 10 六	乙未 11 日	丙申 12 一	丁酉 13 二	戊戌 14 三	己亥 15 四	庚子 16 五	辛丑 17 六	壬寅 18 日	癸卯 19 一	甲辰 20 二	乙巳 21 三	丙午 22 四	丁未 23 五	戊申 24 六	己酉 25 日	庚戌 26 一	辛亥 27 二	壬子 28 三	癸丑 29 四	甲寅 30 五	乙卯 31 六	丙辰 (11) 日	丁巳 2 一	戊午 3 二	己未 4 三	庚申 5 四	辛酉 6 五	壬戌 7 六	辛丑霜降 丙辰立冬
十月小	辛亥	天干地支 西曆 星期	癸亥 8 日	甲子 9 一	乙丑 10 二	丙寅 11 三	丁卯 12 四	戊辰 13 五	己巳 14 六	庚午 15 日	辛未 16 一	壬申 17 二	癸酉 18 三	甲戌 19 四	乙亥 20 五	丙子 21 六	丁丑 22 日	戊寅 23 一	己卯 24 二	庚辰 25 三	辛巳 26 四	壬午 27 五	癸未 28 六	甲申 29 日	乙酉 30 一	丙戌 (12) 二	丁亥 2 三	戊子 3 四	己丑 4 五	庚寅 5 六	辛卯 6 日		辛未小雪 丙戌大雪
十一月大	壬子	天干地支 西曆 星期	壬辰 7 一	癸巳 8 二	甲午 9 三	乙未 10 四	丙申 11 五	丁酉 12 六	戊戌 13 日	己亥 14 一	庚子 15 二	辛丑 16 三	壬寅 17 四	癸卯 18 五	甲辰 19 六	乙巳 20 日	丙午 21 一	丁未 22 二	戊申 23 三	己酉 24 四	庚戌 25 五	辛亥 26 六	壬子 27 日	癸丑 28 一	甲寅 29 二	乙卯 30 三	丙辰 31 四	丁巳 (1) 五	戊午 2 六	己未 3 日	庚申 4 一	辛酉 5 二	壬寅冬至 丁巳小寒
十二月小	癸丑	天干地支 西曆 星期	壬戌 6 三	癸亥 7 四	甲子 8 五	乙丑 9 六	丙寅 10 日	丁卯 11 一	戊辰 12 二	己巳 13 三	庚午 14 四	辛未 15 五	壬申 16 六	癸酉 17 日	甲戌 18 一	乙亥 19 二	丙子 20 三	丁丑 21 四	戊寅 22 五	己卯 23 六	庚辰 24 日	辛巳 25 一	壬午 26 二	癸未 27 三	甲申 28 四	乙酉 29 五	丙戌 30 六	丁亥 31 日	戊子 (2) 一	己丑 2 二	庚寅 3 三		壬申大寒 丁亥立春

遼聖宗統和二十一年（癸卯 兔年） 公元 1003 ~ 1004 年

夏曆月序		中西曆日對照	初一	初二	初三	初四	初五	初六	初七	初八	初九	初十	十一	十二	十三	十四	十五	十六	十七	十八	十九	二十	二一	二二	二三	二四	二五	二六	二七	二八	二九	三十	節氣與天象
正月大	甲寅	天干地支 西曆星期	辛卯 4 四	壬辰 5 五	癸巳 6 六	甲午 7 日	乙未 8 一	丙申 9 二	丁酉 10 三	戊戌 11 四	己亥 12 五	庚子 13 六	辛丑 14 日	壬寅 15 一	癸卯 16 二	甲辰 17 三	乙巳 18 四	丙午 19 五	丁未 20 六	戊申 21 日	己酉 22 一	庚戌 23 二	辛亥 24 三	壬子 25 四	癸丑 26 五	甲寅 27 六	乙卯 28 日	丙辰 (3) 一	丁巳 2 二	戊午 3 三	己未 4 四	庚申 5 五	壬寅雨水 戊午驚蟄
二月大	乙卯	天干地支 西曆星期	辛酉 6 六	壬戌 7 日	癸亥 8 一	甲子 9 二	乙丑 10 三	丙寅 11 四	丁卯 12 五	戊辰 13 六	己巳 14 日	庚午 15 一	辛未 16 二	壬申 17 三	癸酉 18 四	甲戌 19 五	乙亥 20 六	丙子 21 日	丁丑 22 一	戊寅 23 二	己卯 24 三	庚辰 25 四	辛巳 26 五	壬午 27 六	癸未 28 日	甲申 29 一	乙酉 30 二	丙戌 31 三	丁亥 (4) 四	戊子 2 五	己丑 3 六	庚寅 4 日	癸酉春分 戊子清明
三月小	丙辰	天干地支 西曆星期	辛卯 5 一	壬辰 6 二	癸巳 7 三	甲午 8 四	乙未 9 五	丙申 10 六	丁酉 11 日	戊戌 12 一	己亥 13 二	庚子 14 三	辛丑 15 四	壬寅 16 五	癸卯 17 六	甲辰 18 日	乙巳 19 一	丙午 20 二	丁未 21 三	戊申 22 四	己酉 23 五	庚戌 24 六	辛亥 25 日	壬子 26 一	癸丑 27 二	甲寅 28 三	乙卯 29 四	丙辰 30 五	丁巳 (5) 六	戊午 2 日	己未 3 一		癸卯穀雨 戊午立夏
四月大	丁巳	天干地支 西曆星期	庚申 4 二	辛酉 5 三	壬戌 6 四	癸亥 7 五	甲子 8 六	乙丑 9 日	丙寅 10 一	丁卯 11 二	戊辰 12 三	己巳 13 四	庚午 14 五	辛未 15 六	壬申 16 日	癸酉 17 一	甲戌 18 二	乙亥 19 三	丙子 20 四	丁丑 21 五	戊寅 22 六	己卯 23 日	庚辰 24 一	辛巳 25 二	壬午 26 三	癸未 27 四	甲申 28 五	乙酉 29 六	丙戌 30 日	丁亥 31 一	戊子 (6) 二	己丑 2 三	甲戌小滿 己丑芒種
五月小	戊午	天干地支 西曆星期	庚寅 3 四	辛卯 4 五	壬辰 5 六	癸巳 6 日	甲午 7 一	乙未 8 二	丙申 9 三	丁酉 10 四	戊戌 11 五	己亥 12 六	庚子 13 日	辛丑 14 一	壬寅 15 二	癸卯 16 三	甲辰 17 四	乙巳 18 五	丙午 19 六	丁未 20 日	戊申 21 一	己酉 22 二	庚戌 23 三	辛亥 24 四	壬子 25 五	癸丑 26 六	甲寅 27 日	乙卯 28 一	丙辰 29 二	丁巳 30 三	戊午 (7) 四		甲辰夏至
六月大	己未	天干地支 西曆星期	己未 2 五	庚申 3 六	辛酉 4 日	壬戌 5 一	癸亥 6 二	甲子 7 三	乙丑 8 四	丙寅 9 五	丁卯 10 六	戊辰 11 日	己巳 12 一	庚午 13 二	辛未 14 三	壬申 15 四	癸酉 16 五	甲戌 17 六	乙亥 18 日	丙子 19 一	丁丑 20 二	戊寅 21 三	己卯 22 四	庚辰 23 五	辛巳 24 六	壬午 25 日	癸未 26 一	甲申 27 二	乙酉 28 三	丙戌 29 四	丁亥 30 五	戊子 31 六	己未小暑 乙亥大暑
七月小	庚申	天干地支 西曆星期	己丑 (8) 日	庚寅 2 一	辛卯 3 二	壬辰 4 三	癸巳 5 四	甲午 6 五	乙未 7 六	丙申 8 日	丁酉 9 一	戊戌 10 二	己亥 11 三	庚子 12 四	辛丑 13 五	壬寅 14 六	癸卯 15 日	甲辰 16 一	乙巳 17 二	丙午 18 三	丁未 19 四	戊申 20 五	己酉 21 六	庚戌 22 日	辛亥 23 一	壬子 24 二	癸丑 25 三	甲寅 26 四	乙卯 27 五	丙辰 28 六	丁巳 29 日		庚寅立秋 乙巳處暑
八月大	辛酉	天干地支 西曆星期	戊午 30 一	己未 31 二	庚申 (9) 三	辛酉 2 四	壬戌 3 五	癸亥 4 六	甲子 5 日	乙丑 6 一	丙寅 7 二	丁卯 8 三	戊辰 9 四	己巳 10 五	庚午 11 六	辛未 12 日	壬申 13 一	癸酉 14 二	甲戌 15 三	乙亥 16 四	丙子 17 五	丁丑 18 六	戊寅 19 日	己卯 20 一	庚辰 21 二	辛巳 22 三	壬午 23 四	癸未 24 五	甲申 25 六	乙酉 26 日	丙戌 27 一	丁亥 28 二	庚申白露 乙亥秋分
九月小	壬戌	天干地支 西曆星期	戊子 29 三	己丑 30 四	庚寅 (10) 五	辛卯 2 六	壬辰 3 日	癸巳 4 一	甲午 5 二	乙未 6 三	丙申 7 四	丁酉 8 五	戊戌 9 六	己亥 10 日	庚子 11 一	辛丑 12 二	壬寅 13 三	癸卯 14 四	甲辰 15 五	乙巳 16 六	丙午 17 日	丁未 18 一	戊申 19 二	己酉 20 三	庚戌 21 四	辛亥 22 五	壬子 23 六	癸丑 24 日	甲寅 25 一	乙卯 26 二	丙辰 27 三		辛卯寒露 丙午霜降
十月大	癸亥	天干地支 西曆星期	丁巳 28 四	戊午 29 五	己未 30 六	庚申 31 日	辛酉 (11) 一	壬戌 2 二	癸亥 3 三	甲子 4 四	乙丑 5 五	丙寅 6 六	丁卯 7 日	戊辰 8 一	己巳 9 二	庚午 10 三	辛未 11 四	壬申 12 五	癸酉 13 六	甲戌 14 日	乙亥 15 一	丙子 16 二	丁丑 17 三	戊寅 18 四	己卯 19 五	庚辰 20 六	辛巳 21 日	壬午 22 一	癸未 23 二	甲申 24 三	乙酉 25 四	丙戌 26 五	辛酉立冬 丙子小雪
十一月小	甲子	天干地支 西曆星期	丁亥 27 六	戊子 28 日	己丑 29 一	庚寅 30 二	辛卯 (12) 三	壬辰 2 四	癸巳 3 五	甲午 4 六	乙未 5 日	丙申 6 一	丁酉 7 二	戊戌 8 三	己亥 9 四	庚子 10 五	辛丑 11 六	壬寅 12 日	癸卯 13 一	甲辰 14 二	乙巳 15 三	丙午 16 四	丁未 17 五	戊申 18 六	己酉 19 日	庚戌 20 一	辛亥 21 二	壬子 22 三	癸丑 23 四	甲寅 24 五	乙卯 25 六		壬辰大雪 丁未冬至
十二月大	乙丑	天干地支 西曆星期	丙辰 26 日	丁巳 27 一	戊午 28 二	己未 29 三	庚申 30 四	辛酉 31 五	壬戌 (1) 六	癸亥 2 日	甲子 3 一	乙丑 4 二	丙寅 5 三	丁卯 6 四	戊辰 7 五	己巳 8 六	庚午 9 日	辛未 10 一	壬申 11 二	癸酉 12 三	甲戌 13 四	乙亥 14 五	丙子 15 六	丁丑 16 日	戊寅 17 一	己卯 18 二	庚辰 19 三	辛巳 20 四	壬午 21 五	癸未 22 六	甲申 23 日	乙酉 24 一	壬戌小寒 丁丑大寒

遼聖宗統和二十二年（甲辰 龍年） 公元 **1004** ~ 1005 年

夏曆月序		中西曆日對照	初一	初二	初三	初四	初五	初六	初七	初八	初九	初十	十一	十二	十三	十四	十五	十六	十七	十八	十九	二十	二一	二二	二三	二四	二五	二六	二七	二八	二九	三十	節氣與天象
正月小	丙寅	天干地支 西曆星期	丙戌25二	丁亥26三	戊子27四	己丑28五	庚寅29六	辛卯30日	壬辰31一	癸巳(2)二	甲午2三	乙未3四	丙申4五	丁酉5六	戊戌6日	己亥7一	庚子8二	辛丑9三	壬寅10四	癸卯11五	甲辰12六	乙巳13日	丙午14一	丁未15二	戊申16三	己酉17四	庚戌18五	辛亥19六	壬子20日	癸丑21一	甲寅22二		壬辰立春 戊申雨水
二月大	丁卯	天干地支 西曆星期	乙卯23三	丙辰24四	丁巳25五	戊午26六	己未27日	庚申28一	辛酉29二	壬戌(3)三	癸亥2四	甲子3五	乙丑4六	丙寅5日	丁卯6一	戊辰7二	己巳8三	庚午9四	辛未10五	壬申11六	癸酉12日	甲戌13一	乙亥14二	丙子15三	丁丑16四	戊寅17五	己卯18六	庚辰19日	辛巳20一	壬午21二	癸未22三	甲申23四	癸亥驚蟄 戊寅春分
三月小	戊辰	天干地支 西曆星期	乙酉24五	丙戌25六	丁亥26日	戊子27一	己丑28二	庚寅29三	辛卯30四	壬辰31五	癸巳(4)六	甲午2日	乙未3一	丙申4二	丁酉5三	戊戌6四	己亥7五	庚子8六	辛丑9日	壬寅10一	癸卯11二	甲辰12三	乙巳13四	丙午14五	丁未15六	戊申16日	己酉17一	庚戌18二	辛亥19三	壬子20四	癸丑21五		癸巳清明 己酉穀雨
四月大	己巳	天干地支 西曆星期	甲寅22六	乙卯23日	丙辰24一	丁巳25二	戊午26三	己未27四	庚申28五	辛酉29六	壬戌30日	癸亥(5)一	甲子2二	乙丑3三	丙寅4四	丁卯5五	戊辰6六	己巳7日	庚午8一	辛未9二	壬申10三	癸酉11四	甲戌12五	乙亥13六	丙子14日	丁丑15一	戊寅16二	己卯17三	庚辰18四	辛巳19五	壬午20六	癸未21日	甲子立夏 己卯小滿
五月大	庚午	天干地支 西曆星期	甲申22一	乙酉23二	丙戌24三	丁亥25四	戊子26五	己丑27六	庚寅28日	辛卯29一	壬辰30二	癸巳31三	甲午(6)四	乙未2五	丙申3六	丁酉4日	戊戌5一	己亥6二	庚子7三	辛丑8四	壬寅9五	癸卯10六	甲辰11日	乙巳12一	丙午13二	丁未14三	戊申15四	己酉16五	庚戌17六	辛亥18日	壬子19一	癸丑20二	甲午芒種 己酉夏至
六月小	辛未	天干地支 西曆星期	甲寅21三	乙卯22四	丙辰23五	丁巳24六	戊午25日	己未26一	庚申27二	辛酉28三	壬戌29四	癸亥30五	甲子(7)六	乙丑2日	丙寅3一	丁卯4二	戊辰5三	己巳6四	庚午7五	辛未8六	壬申9日	癸酉10一	甲戌11二	乙亥12三	丙子13四	丁丑14五	戊寅15六	己卯16日	庚辰17一	辛巳18二	壬午19三		乙丑小暑 庚辰大暑
七月大	壬申	天干地支 西曆星期	癸未20四	甲申21五	乙酉22六	丙戌23日	丁亥24一	戊子25二	己丑26三	庚寅27四	辛卯28五	壬辰29六	癸巳30日	甲午31一	乙未(8)二	丙申2三	丁酉3四	戊戌4五	己亥5六	庚子6日	辛丑7一	壬寅8二	癸卯9三	甲辰10四	乙巳11五	丙午12六	丁未13日	戊申14一	己酉15二	庚戌16三	辛亥17四	壬子18五	乙未立秋 庚戌處暑
八月小	癸酉	天干地支 西曆星期	癸丑19六	甲寅20日	乙卯21一	丙辰22二	丁巳23三	戊午24四	己未25五	庚申26六	辛酉27日	壬戌28一	癸亥29二	甲子30三	乙丑31四	丙寅(9)五	丁卯2六	戊辰3日	己巳4一	庚午5二	辛未6三	壬申7四	癸酉8五	甲戌9六	乙亥10日	丙子11一	丁丑12二	戊寅13三	己卯14四	庚辰15五	辛巳16六		乙丑白露 辛巳秋分
九月大	甲戌	天干地支 西曆星期	壬午17日	癸未18一	甲申19二	乙酉20三	丙戌21四	丁亥22五	戊子23六	己丑24日	庚寅25一	辛卯26二	壬辰27三	癸巳28四	甲午29五	乙未30六	丙申(10)日	丁酉2一	戊戌3二	己亥4三	庚子5四	辛丑6五	壬寅7六	癸卯8日	甲辰9一	乙巳10二	丙午11三	丁未12四	戊申13五	己酉14六	庚戌15日	辛亥16一	丙申寒露 辛亥霜降
閏九月小	甲戌	天干地支 西曆星期	壬子17二	癸丑18三	甲寅19四	乙卯20五	丙辰21六	丁巳22日	戊午23一	己未24二	庚申25三	辛酉26四	壬戌27五	癸亥28六	甲子29日	乙丑30一	丙寅31二	丁卯(11)三	戊辰2四	己巳3五	庚午4六	辛未5日	壬申6一	癸酉7二	甲戌8三	乙亥9四	丙子10五	丁丑11六	戊寅12日	己卯13一	庚辰14二		丙寅立冬
十月大	乙亥	天干地支 西曆星期	辛巳15三	壬午16四	癸未17五	甲申18六	乙酉19日	丙戌20一	丁亥21二	戊子22三	己丑23四	庚寅24五	辛卯25六	壬辰26日	癸巳27一	甲午28二	乙未29三	丙申30四	丁酉(12)五	戊戌2六	己亥3日	庚子4一	辛丑5二	壬寅6三	癸卯7四	甲辰8五	乙巳9六	丙午10日	丁未11一	戊申12二	己酉13三	庚戌14四	壬午小雪 丁酉大雪
十一月小	丙子	天干地支 西曆星期	辛亥15五	壬子16六	癸丑17日	甲寅18一	乙卯19二	丙辰20三	丁巳21四	戊午22五	己未23六	庚申24日	辛酉25一	壬戌26二	癸亥27三	甲子28四	乙丑29五	丙寅30六	丁卯31日	戊辰(1)一	己巳2二	庚午3三	辛未4四	壬申5五	癸酉6六	甲戌7日	乙亥8一	丙子9二	丁丑10三	戊寅11四	己卯12五		壬子冬至 丁卯小寒
十二月大	丁丑	天干地支 西曆星期	庚辰13六	辛巳14日	壬午15一	癸未16二	甲申17三	乙酉18四	丙戌19五	丁亥20六	戊子21日	己丑22一	庚寅23二	辛卯24三	壬辰25四	癸巳26五	甲午27六	乙未28日	丙申29一	丁酉30二	戊戌31三	己亥(2)四	庚子2五	辛丑3六	壬寅4日	癸卯5一	甲辰6二	乙巳7三	丙午8四	丁未9五	戊申10六	己酉11日	壬午大寒 戊戌立春

遼聖宗統和二十三年（乙巳 蛇年） 公元 1005 ~ 1006 年

夏曆月序		中西曆日對照	初一	初二	初三	初四	初五	初六	初七	初八	初九	初十	十一	十二	十三	十四	十五	十六	十七	十八	十九	二十	二一	二二	二三	二四	二五	二六	二七	二八	二九	三十	節氣與天象
正月小	戊寅	天干地支 西曆星期	庚戌 12 一	辛亥 13 二	壬子 14 三	癸丑 15 四	甲寅 16 五	乙卯 17 六	丙辰 18 日	丁巳 19 一	戊午 20 二	己未 21 三	庚申 22 四	辛酉 23 五	壬戌 24 六	癸亥 25 日	甲子 26 一	乙丑 27 二	丙寅 28 三	丁卯 (3) 四	戊辰 2 五	己巳 3 六	庚午 4 日	辛未 5 一	壬申 6 二	癸酉 7 三	甲戌 8 四	乙亥 9 五	丙子 10 六	丁丑 11 日	戊寅 12 一		癸丑雨水 戊辰驚蟄
二月大	己卯	天干地支 西曆星期	己卯 13 二	庚辰 14 三	辛巳 15 四	壬午 16 五	癸未 17 六	甲申 18 日	乙酉 19 一	丙戌 20 二	丁亥 21 三	戊子 22 四	己丑 23 五	庚寅 24 六	辛卯 25 日	壬辰 26 一	癸巳 27 二	甲午 28 三	乙未 29 四	丙申 30 五	丁酉 31 六	戊戌 (4) 日	己亥 2 一	庚子 3 二	辛丑 4 三	壬寅 5 四	癸卯 6 五	甲辰 7 六	乙巳 8 日	丙午 9 一	丁未 10 二	戊申 11 三	癸未春分 己亥清明
三月小	庚辰	天干地支 西曆星期	己酉 12 四	庚戌 13 五	辛亥 14 六	壬子 15 日	癸丑 16 一	甲寅 17 二	乙卯 18 三	丙辰 19 四	丁巳 20 五	戊午 21 六	己未 22 日	庚申 23 一	辛酉 24 二	壬戌 25 三	癸亥 26 四	甲子 27 五	乙丑 28 六	丙寅 29 日	丁卯 30 一	戊辰 (5) 二	己巳 2 三	庚午 3 四	辛未 4 五	壬申 5 六	癸酉 6 日	甲戌 7 一	乙亥 8 二	丙子 9 三	丁丑 10 四		甲寅穀雨 己巳立夏
四月大	辛巳	天干地支 西曆星期	戊寅 11 五	己卯 12 六	庚辰 13 日	辛巳 14 一	壬午 15 二	癸未 16 三	甲申 17 四	乙酉 18 五	丙戌 19 六	丁亥 20 日	戊子 21 一	己丑 22 二	庚寅 23 三	辛卯 24 四	壬辰 25 五	癸巳 26 六	甲午 27 日	乙未 28 一	丙申 29 二	丁酉 30 三	戊戌 31 四	己亥 (6) 五	庚子 2 六	辛丑 3 日	壬寅 4 一	癸卯 5 二	甲辰 6 三	乙巳 7 四	丙午 8 五	丁未 9 六	甲申小滿 己亥芒種
五月小	壬午	天干地支 西曆星期	戊申 10 日	己酉 11 一	庚戌 12 二	辛亥 13 三	壬子 14 四	癸丑 15 五	甲寅 16 六	乙卯 17 日	丙辰 18 一	丁巳 19 二	戊午 20 三	己未 21 四	庚申 22 五	辛酉 23 六	壬戌 24 日	癸亥 25 一	甲子 26 二	乙丑 27 三	丙寅 28 四	丁卯 29 五	戊辰 30 六	己巳 (7) 日	庚午 2 一	辛未 3 二	壬申 4 三	癸酉 5 四	甲戌 6 五	乙亥 7 六	丙子 8 日		乙卯夏至 庚午小暑
六月大	癸未	天干地支 西曆星期	丁丑 9 一	戊寅 10 二	己卯 11 三	庚辰 12 四	辛巳 13 五	壬午 14 六	癸未 15 日	甲申 16 一	乙酉 17 二	丙戌 18 三	丁亥 19 四	戊子 20 五	己丑 21 六	庚寅 22 日	辛卯 23 一	壬辰 24 二	癸巳 25 三	甲午 26 四	乙未 27 五	丙申 28 六	丁酉 29 日	戊戌 30 一	己亥 31 二	庚子 (8) 三	辛丑 2 四	壬寅 3 五	癸卯 4 六	甲辰 5 日	乙巳 6 一	丙午 7 二	乙酉大暑 庚子立秋
七月大	甲申	天干地支 西曆星期	丁未 8 三	戊申 9 四	己酉 10 五	庚戌 11 六	辛亥 12 日	壬子 13 一	癸丑 14 二	甲寅 15 三	乙卯 16 四	丙辰 17 五	丁巳 18 六	戊午 19 日	己未 20 一	庚申 21 二	辛酉 22 三	壬戌 23 四	癸亥 24 五	甲子 25 六	乙丑 26 日	丙寅 27 一	丁卯 28 二	戊辰 29 三	己巳 30 四	庚午 31 五	辛未 (9) 六	壬申 2 日	癸酉 3 一	甲戌 4 二	乙亥 5 三	丙子 6 四	丙辰處暑 辛未白露
八月小	乙酉	天干地支 西曆星期	丁丑 7 五	戊寅 8 六	己卯 9 日	庚辰 10 一	辛巳 11 二	壬午 12 三	癸未 13 四	甲申 14 五	乙酉 15 六	丙戌 16 日	丁亥 17 一	戊子 18 二	己丑 19 三	庚寅 20 四	辛卯 21 五	壬辰 22 六	癸巳 23 日	甲午 24 一	乙未 25 二	丙申 26 三	丁酉 27 四	戊戌 28 五	己亥 29 六	庚子 30 日	辛丑 (10) 一	壬寅 2 二	癸卯 3 三	甲辰 4 四	乙巳 5 五		丙戌秋分 辛丑寒露
九月大	丙戌	天干地支 西曆星期	丙午 6 六	丁未 7 日	戊申 8 一	己酉 9 二	庚戌 10 三	辛亥 11 四	壬子 12 五	癸丑 13 六	甲寅 14 日	乙卯 15 一	丙辰 16 二	丁巳 17 三	戊午 18 四	己未 19 五	庚申 20 六	辛酉 21 日	壬戌 22 一	癸亥 23 二	甲子 24 三	乙丑 25 四	丙寅 26 五	丁卯 27 六	戊辰 28 日	己巳 29 一	庚午 30 二	辛未 31 三	壬申 (11) 四	癸酉 2 五	甲戌 3 六	乙亥 4 日	丙辰霜降 壬申立冬
十月小	丁亥	天干地支 西曆星期	丙子 5 一	丁丑 6 二	戊寅 7 三	己卯 8 四	庚辰 9 五	辛巳 10 六	壬午 11 日	癸未 12 一	甲申 13 二	乙酉 14 三	丙戌 15 四	丁亥 16 五	戊子 17 六	己丑 18 日	庚寅 19 一	辛卯 20 二	壬辰 21 三	癸巳 22 四	甲午 23 五	乙未 24 六	丙申 25 日	丁酉 26 一	戊戌 27 二	己亥 28 三	庚子 29 四	辛丑 30 五	壬寅 (12) 六	癸卯 2 日	甲辰 3 一		丁亥小雪 壬寅大雪
十一月大	戊子	天干地支 西曆星期	乙巳 4 二	丙午 5 三	丁未 6 四	戊申 7 五	己酉 8 六	庚戌 9 日	辛亥 10 一	壬子 11 二	癸丑 12 三	甲寅 13 四	乙卯 14 五	丙辰 15 六	丁巳 16 日	戊午 17 一	己未 18 二	庚申 19 三	辛酉 20 四	壬戌 21 五	癸亥 22 六	甲子 23 日	乙丑 24 一	丙寅 25 二	丁卯 26 三	戊辰 27 四	己巳 28 五	庚午 29 六	辛未 30 日	壬申 31 一	癸酉 (1) 二	甲戌 2 三	丁巳冬至 壬申小寒
十二月小	己丑	天干地支 西曆星期	乙亥 3 四	丙子 4 五	丁丑 5 六	戊寅 6 日	己卯 7 一	庚辰 8 二	辛巳 9 三	壬午 10 四	癸未 11 五	甲申 12 六	乙酉 13 日	丙戌 14 一	丁亥 15 二	戊子 16 三	己丑 17 四	庚寅 18 五	辛卯 19 六	壬辰 20 日	癸巳 21 一	甲午 22 二	乙未 23 三	丙申 24 四	丁酉 25 五	戊戌 26 六	己亥 27 日	庚子 28 一	辛丑 29 二	壬寅 30 三	癸卯 31 四		戊子大寒 癸卯立春

遼聖宗統和二十四年（丙午 馬年） 公元 1006 ~ 1007 年

夏曆月序		中西曆日對照	夏曆日序																														節氣與天象
			初一	初二	初三	初四	初五	初六	初七	初八	初九	初十	十一	十二	十三	十四	十五	十六	十七	十八	十九	二十	二一	二二	二三	二四	二五	二六	二七	二八	二九	三十	
正月大	庚寅	天干地支 西曆 星期	甲辰 (2) 五	乙巳 2 六	丙午 3 日	丁未 4 一	戊申 5 二	己酉 6 三	庚戌 7 四	辛亥 8 五	壬子 9 六	癸丑 10 日	甲寅 11 一	乙卯 12 二	丙辰 13 三	丁巳 14 四	戊午 15 五	己未 16 六	庚申 17 日	辛酉 18 一	壬戌 19 二	癸亥 20 三	甲子 21 四	乙丑 22 五	丙寅 23 六	丁卯 24 日	戊辰 25 一	己巳 26 二	庚午 27 三	辛未 28 四	壬申 (3) 五	癸酉 2 六	戊午雨水 癸酉驚蟄
二月小	辛卯	天干地支 西曆 星期	甲戌 3 日	乙亥 4 一	丙子 5 二	丁丑 6 三	戊寅 7 四	己卯 8 五	庚辰 9 六	辛巳 10 日	壬午 11 一	癸未 12 二	甲申 13 三	乙酉 14 四	丙戌 15 五	丁亥 16 六	戊子 17 日	己丑 18 一	庚寅 19 二	辛卯 20 三	壬辰 21 四	癸巳 22 五	甲午 23 六	乙未 24 日	丙申 25 一	丁酉 26 二	戊戌 27 三	己亥 28 四	庚子 29 五	辛丑 30 六	壬寅 31 日		己丑春分
三月小	壬辰	天干地支 西曆 星期	癸卯 (4) 一	甲辰 2 二	乙巳 3 三	丙午 4 四	丁未 5 五	戊申 6 六	己酉 7 日	庚戌 8 一	辛亥 9 二	壬子 10 三	癸丑 11 四	甲寅 12 五	乙卯 13 六	丙辰 14 日	丁巳 15 一	戊午 16 二	己未 17 三	庚申 18 四	辛酉 19 五	壬戌 20 六	癸亥 21 日	甲子 22 一	乙丑 23 二	丙寅 24 三	丁卯 25 四	戊辰 26 五	己巳 27 六	庚午 28 日	辛未 29 一		甲辰清明 己未穀雨
四月大	癸巳	天干地支 西曆 星期	壬申 30 二	癸酉 (5) 三	甲戌 2 四	乙亥 3 五	丙子 4 六	丁丑 5 日	戊寅 6 一	己卯 7 二	庚辰 8 三	辛巳 9 四	壬午 10 五	癸未 11 六	甲申 12 日	乙酉 13 一	丙戌 14 二	丁亥 15 三	戊子 16 四	己丑 17 五	庚寅 18 六	辛卯 19 日	壬辰 20 一	癸巳 21 二	甲午 22 三	乙未 23 四	丙申 24 五	丁酉 25 六	戊戌 26 日	己亥 27 一	庚子 28 二	辛丑 29 三	甲戌立夏 己丑小滿
五月小	甲午	天干地支 西曆 星期	壬寅 30 四	癸卯 31 五	甲辰 (6) 六	乙巳 2 日	丙午 3 一	丁未 4 二	戊申 5 三	己酉 6 四	庚戌 7 五	辛亥 8 六	壬子 9 日	癸丑 10 一	甲寅 11 二	乙卯 12 三	丙辰 13 四	丁巳 14 五	戊午 15 六	己未 16 日	庚申 17 一	辛酉 18 二	壬戌 19 三	癸亥 20 四	甲子 21 五	乙丑 22 六	丙寅 23 日	丁卯 24 一	戊辰 25 二	己巳 26 三	庚午 27 四		乙巳芒種 庚申夏至
六月大	乙未	天干地支 西曆 星期	辛未 28 五	壬申 29 六	癸酉 30 日	甲戌 (7) 一	乙亥 2 二	丙子 3 三	丁丑 4 四	戊寅 5 五	己卯 6 六	庚辰 7 日	辛巳 8 一	壬午 9 二	癸未 10 三	甲申 11 四	乙酉 12 五	丙戌 13 六	丁亥 14 日	戊子 15 一	己丑 16 二	庚寅 17 三	辛卯 18 四	壬辰 19 五	癸巳 20 六	甲午 21 日	乙未 22 一	丙申 23 二	丁酉 24 三	戊戌 25 四	己亥 26 五	庚子 27 六	乙亥小暑 庚寅大暑
七月大	丙申	天干地支 西曆 星期	辛丑 28 日	壬寅 29 一	癸卯 30 二	甲辰 31 三	乙巳 (8) 四	丙午 2 五	丁未 3 六	戊申 4 日	己酉 5 一	庚戌 6 二	辛亥 7 三	壬子 8 四	癸丑 9 五	甲寅 10 六	乙卯 11 日	丙辰 12 一	丁巳 13 二	戊午 14 三	己未 15 四	庚申 16 五	辛酉 17 六	壬戌 18 日	癸亥 19 一	甲子 20 二	乙丑 21 三	丙寅 22 四	丁卯 23 五	戊辰 24 六	己巳 25 日	庚午 26 一	丙午立秋 辛酉處暑
八月小	丁酉	天干地支 西曆 星期	辛未 27 二	壬申 28 三	癸酉 29 四	甲戌 30 五	乙亥 31 六	丙子 (9) 日	丁丑 2 一	戊寅 3 二	己卯 4 三	庚辰 5 四	辛巳 6 五	壬午 7 六	癸未 8 日	甲申 9 一	乙酉 10 二	丙戌 11 三	丁亥 12 四	戊子 13 五	己丑 14 六	庚寅 15 日	辛卯 16 一	壬辰 17 二	癸巳 18 三	甲午 19 四	乙未 20 五	丙申 21 六	丁酉 22 日	戊戌 23 一	己亥 24 二		丙子白露 辛卯秋分
九月大	戊戌	天干地支 西曆 星期	庚子 25 三	辛丑 26 四	壬寅 27 五	癸卯 28 六	甲辰 29 日	乙巳 30 一	丙午 (10) 二	丁未 2 三	戊申 3 四	己酉 4 五	庚戌 5 六	辛亥 6 日	壬子 7 一	癸丑 8 二	甲寅 9 三	乙卯 10 四	丙辰 11 五	丁巳 12 六	戊午 13 日	己未 14 一	庚申 15 二	辛酉 16 三	壬戌 17 四	癸亥 18 五	甲子 19 六	乙丑 20 日	丙寅 21 一	丁卯 22 二	戊辰 23 三	己巳 24 四	丙午寒露 壬戌霜降
十月大	己亥	天干地支 西曆 星期	庚午 25 五	辛未 26 六	壬申 27 日	癸酉 28 一	甲戌 29 二	乙亥 30 三	丙子 31 四	丁丑 (11) 五	戊寅 2 六	己卯 3 日	庚辰 4 一	辛巳 5 二	壬午 6 三	癸未 7 四	甲申 8 五	乙酉 9 六	丙戌 10 日	丁亥 11 一	戊子 12 二	己丑 13 三	庚寅 14 四	辛卯 15 五	壬辰 16 六	癸巳 17 日	甲午 18 一	乙未 19 二	丙申 20 三	丁酉 21 四	戊戌 22 五	己亥 23 六	丁丑立冬 壬辰小雪
十一月小	庚子	天干地支 西曆 星期	庚子 24 日	辛丑 25 一	壬寅 26 二	癸卯 27 三	甲辰 28 四	乙巳 29 五	丙午 30 六	丁未 (12) 日	戊申 2 一	己酉 3 二	庚戌 4 三	辛亥 5 四	壬子 6 五	癸丑 7 六	甲寅 8 日	乙卯 9 一	丙辰 10 二	丁巳 11 三	戊午 12 四	己未 13 五	庚申 14 六	辛酉 15 日	壬戌 16 一	癸亥 17 二	甲子 18 三	乙丑 19 四	丙寅 20 五	丁卯 21 六	戊辰 22 日		丁未大雪 癸亥冬至
十二月大	辛丑	天干地支 西曆 星期	己巳 23 一	庚午 24 二	辛未 25 三	壬申 26 四	癸酉 27 五	甲戌 28 六	乙亥 29 日	丙子 30 一	丁丑 31 二	戊寅 (1) 三	己卯 2 四	庚辰 3 五	辛巳 4 六	壬午 5 日	癸未 6 一	甲申 7 二	乙酉 8 三	丙戌 9 四	丁亥 10 五	戊子 11 六	己丑 12 日	庚寅 13 一	辛卯 14 二	壬辰 15 三	癸巳 16 四	甲午 17 五	乙未 18 六	丙申 19 日	丁酉 20 一	戊戌 21 二	戊寅小寒 癸巳大寒

遼聖宗統和二十五年（丁未 羊年） 公元1007 ~ 1008年

夏曆月序		中西曆日對照	初一	初二	初三	初四	初五	初六	初七	初八	初九	初十	十一	十二	十三	十四	十五	十六	十七	十八	十九	二十	二一	二二	二三	二四	二五	二六	二七	二八	二九	三十	節氣與天象
正月小	壬寅	干支 西曆 星期	己亥 22 三	庚子 23 四	辛丑 24 五	壬寅 25 六	癸卯 26 日	甲辰 27 一	乙巳 28 二	丙午 29 三	丁未 30 四	戊申 31 五	己酉 (2) 六	庚戌 2 日	辛亥 3 一	壬子 4 二	癸丑 5 三	甲寅 6 四	乙卯 7 五	丙辰 8 六	丁巳 9 日	戊午 10 一	己未 11 二	庚申 12 三	辛酉 13 四	壬戌 14 五	癸亥 15 六	甲子 16 日	乙丑 17 一	丙寅 18 二	丁卯 19 三		戊申立春 癸亥雨水
二月大	癸卯	干支 西曆 星期	戊辰 20 四	己巳 21 五	庚午 22 六	辛未 23 日	壬申 24 一	癸酉 25 二	甲戌 26 三	乙亥 27 四	丙子 28 五	丁丑 (3) 六	戊寅 2 日	己卯 3 一	庚辰 4 二	辛巳 5 三	壬午 6 四	癸未 7 五	甲申 8 六	乙酉 9 日	丙戌 10 一	丁亥 11 二	戊子 12 三	己丑 13 四	庚寅 14 五	辛卯 15 六	壬辰 16 日	癸巳 17 一	甲午 18 二	乙未 19 三	丙申 20 四	丁酉 21 五	己卯驚蟄 甲午春分
三月小	甲辰	干支 西曆 星期	戊戌 22 六	己亥 23 日	庚子 24 一	辛丑 25 二	壬寅 26 三	癸卯 27 四	甲辰 28 五	乙巳 29 六	丙午 30 日	丁未 31 一	戊申 (4) 二	己酉 2 三	庚戌 3 四	辛亥 4 五	壬子 5 六	癸丑 6 日	甲寅 7 一	乙卯 8 二	丙辰 9 三	丁巳 10 四	戊午 11 五	己未 12 六	庚申 13 日	辛酉 14 一	壬戌 15 二	癸亥 16 三	甲子 17 四	乙丑 18 五	丙寅 19 六		己酉清明 甲子穀雨
四月小	乙巳	干支 西曆 星期	丁卯 20 日	戊辰 21 一	己巳 22 二	庚午 23 三	辛未 24 四	壬申 25 五	癸酉 26 六	甲戌 27 日	乙亥 28 一	丙子 29 二	丁丑 30 三	戊寅 (5) 四	己卯 2 五	庚辰 3 六	辛巳 4 日	壬午 5 一	癸未 6 二	甲申 7 三	乙酉 8 四	丙戌 9 五	丁亥 10 六	戊子 11 日	己丑 12 一	庚寅 13 二	辛卯 14 三	壬辰 15 四	癸巳 16 五	甲午 17 六	乙未 18 日		己卯立夏 乙未小滿
五月大	丙午	干支 西曆 星期	丙申 19 一	丁酉 20 二	戊戌 21 三	己亥 22 四	庚子 23 五	辛丑 24 六	壬寅 25 日	癸卯 26 一	甲辰 27 二	乙巳 28 三	丙午 29 四	丁未 30 五	戊申 31 六	己酉 (6) 日	庚戌 2 一	辛亥 3 二	壬子 4 三	癸丑 5 四	甲寅 6 五	乙卯 7 六	丙辰 8 日	丁巳 9 一	戊午 10 二	己未 11 三	庚申 12 四	辛酉 13 五	壬戌 14 六	癸亥 15 日	甲子 16 一	乙丑 17 二	庚戌芒種 乙丑夏至
閏五月小	丙午	干支 西曆 星期	丙寅 18 三	丁卯 19 四	戊辰 20 五	己巳 21 六	庚午 22 日	辛未 23 一	壬申 24 二	癸酉 25 三	甲戌 26 四	乙亥 27 五	丙子 28 六	丁丑 29 日	戊寅 30 一	己卯 (7) 二	庚辰 2 三	辛巳 3 四	壬午 4 五	癸未 5 六	甲申 6 日	乙酉 7 一	丙戌 8 二	丁亥 9 三	戊子 10 四	己丑 11 五	庚寅 12 六	辛卯 13 日	壬辰 14 一	癸巳 15 二	甲午 16 三		庚辰小暑
六月大	丁未	干支 西曆 星期	乙未 17 四	丙申 18 五	丁酉 19 六	戊戌 20 日	己亥 21 一	庚子 22 二	辛丑 23 三	壬寅 24 四	癸卯 25 五	甲辰 26 六	乙巳 27 日	丙午 28 一	丁未 29 二	戊申 30 三	己酉 31 四	庚戌 (8) 五	辛亥 2 六	壬子 3 日	癸丑 4 一	甲寅 5 二	乙卯 6 三	丙辰 7 四	丁巳 8 五	戊午 9 六	己未 10 日	庚申 11 一	辛酉 12 二	壬戌 13 三	癸亥 14 四	甲子 15 五	丙申大暑 辛亥立秋
七月小	戊申	干支 西曆 星期	乙丑 16 六	丙寅 17 日	丁卯 18 一	戊辰 19 二	己巳 20 三	庚午 21 四	辛未 22 五	壬申 23 六	癸酉 24 日	甲戌 25 一	乙亥 26 二	丙子 27 三	丁丑 28 四	戊寅 29 五	己卯 30 六	庚辰 31 日	辛巳 (9) 一	壬午 2 二	癸未 3 三	甲申 4 四	乙酉 5 五	丙戌 6 六	丁亥 7 日	戊子 8 一	己丑 9 二	庚寅 10 三	辛卯 11 四	壬辰 12 五	癸巳 13 六		丙寅處暑 辛巳白露
八月大	己酉	干支 西曆 星期	甲午 14 日	乙未 15 一	丙申 16 二	丁酉 17 三	戊戌 18 四	己亥 19 五	庚子 20 六	辛丑 21 日	壬寅 22 一	癸卯 23 二	甲辰 24 三	乙巳 25 四	丙午 26 五	丁未 27 六	戊申 28 日	己酉 29 一	庚戌 30 二	辛亥 (10) 三	壬子 2 四	癸丑 3 五	甲寅 4 六	乙卯 5 日	丙辰 6 一	丁巳 7 二	戊午 8 三	己未 9 四	庚申 10 五	辛酉 11 六	壬戌 12 日	癸亥 13 一	丙申秋分 壬子寒露
九月大	庚戌	干支 西曆 星期	甲子 14 二	乙丑 15 三	丙寅 16 四	丁卯 17 五	戊辰 18 六	己巳 19 日	庚午 20 一	辛未 21 二	壬申 22 三	癸酉 23 四	甲戌 24 五	乙亥 25 六	丙子 26 日	丁丑 27 一	戊寅 28 二	己卯 29 三	庚辰 30 四	辛巳 31 五	壬午 (11) 六	癸未 2 日	甲申 3 一	乙酉 4 二	丙戌 5 三	丁亥 6 四	戊子 7 五	己丑 8 六	庚寅 9 日	辛卯 10 一	壬辰 11 二	癸巳 12 三	丁卯霜降 壬午立冬
十月大	辛亥	干支 西曆 星期	甲午 13 四	乙未 14 五	丙申 15 六	丁酉 16 日	戊戌 17 一	己亥 18 二	庚子 19 三	辛丑 20 四	壬寅 21 五	癸卯 22 六	甲辰 23 日	乙巳 24 一	丙午 25 二	丁未 26 三	戊申 27 四	己酉 28 五	庚戌 29 六	辛亥 30 日	壬子 (12) 一	癸丑 2 二	甲寅 3 三	乙卯 4 四	丙辰 5 五	丁巳 6 六	戊午 7 日	己未 8 一	庚申 9 二	辛酉 10 三	壬戌 11 四	癸亥 12 五	丁酉小雪 癸丑大雪
十一月小	壬子	干支 西曆 星期	甲子 13 六	乙丑 14 日	丙寅 15 一	丁卯 16 二	戊辰 17 三	己巳 18 四	庚午 19 五	辛未 20 六	壬申 21 日	癸酉 22 一	甲戌 23 二	乙亥 24 三	丙子 25 四	丁丑 26 五	戊寅 27 六	己卯 28 日	庚辰 29 一	辛巳 30 二	壬午 31 三	癸未 (1) 四	甲申 2 五	乙酉 3 六	丙戌 4 日	丁亥 5 一	戊子 6 二	己丑 7 三	庚寅 8 四	辛卯 9 五	壬辰 10 六		戊辰冬至 癸未小寒
十二月大	癸丑	干支 西曆 星期	癸巳 11 日	甲午 12 一	乙未 13 二	丙申 14 三	丁酉 15 四	戊戌 16 五	己亥 17 六	庚子 18 日	辛丑 19 一	壬寅 20 二	癸卯 21 三	甲辰 22 四	乙巳 23 五	丙午 24 六	丁未 25 日	戊申 26 一	己酉 27 二	庚戌 28 三	辛亥 29 四	壬子 30 五	癸丑 31 六	甲寅 (2) 日	乙卯 2 一	丙辰 3 二	丁巳 4 三	戊午 5 四	己未 6 五	庚申 7 六	辛酉 8 日	壬戌 9 一	戊戌大寒 癸丑立春

遼聖宗統和二十六年（戊申 猴年） 公元1008～1009年

夏曆月序		中西曆日對照	初一	初二	初三	初四	初五	初六	初七	初八	初九	初十	十一	十二	十三	十四	十五	十六	十七	十八	十九	二十	二一	二二	二三	二四	二五	二六	二七	二八	二九	三十	節氣與天象
正月小	甲寅	干支 天地 西曆 星期	癸亥10二	甲子11三	乙丑12四	丙寅13五	丁卯14六	戊辰15日	己巳16一	庚午17二	辛未18三	壬申19四	癸酉20五	甲戌21六	乙亥22日	丙子23一	丁丑24二	戊寅25三	己卯26四	庚辰27五	辛巳28六	壬午29日	癸未(3)一	甲申2二	乙酉3三	丙戌4四	丁亥5五	戊子6六	己丑7日	庚寅8一	辛卯9二		己巳雨水 甲申驚蟄
二月大	乙卯	干支 天地 西曆 星期	壬辰10三	癸巳11四	甲午12五	乙未13六	丙申14日	丁酉15一	戊戌16二	己亥17三	庚子18四	辛丑19五	壬寅20六	癸卯21日	甲辰22一	乙巳23二	丙午24三	丁未25四	戊申26五	己酉27六	庚戌28日	辛亥29一	壬子30二	癸丑31三	甲寅(4)四	乙卯2五	丙辰3六	丁巳4日	戊午5一	己未6二	庚申7三	辛酉8四	己亥春分 甲寅清明
三月小	丙辰	干支 天地 西曆 星期	壬戌9五	癸亥10六	甲子11日	乙丑12一	丙寅13二	丁卯14三	戊辰15四	己巳16五	庚午17六	辛未18日	壬申19一	癸酉20二	甲戌21三	乙亥22四	丙子23五	丁丑24六	戊寅25日	己卯26一	庚辰27二	辛巳28三	壬午29四	癸未30五	甲申(5)六	乙酉2日	丙戌3一	丁亥4二	戊子5三	己丑6四	庚寅7五		己巳穀雨 乙酉立夏
四月小	丁巳	干支 天地 西曆 星期	辛卯8六	壬辰9日	癸巳10一	甲午11二	乙未12三	丙申13四	丁酉14五	戊戌15六	己亥16日	庚子17一	辛丑18二	壬寅19三	癸卯20四	甲辰21五	乙巳22六	丙午23日	丁未24一	戊申25二	己酉26三	庚戌27四	辛亥28五	壬子29六	癸丑30日	甲寅31一	乙卯(6)二	丙辰2三	丁巳3四	戊午4五	己未5六		庚子小滿 乙卯芒種
五月大	戊午	干支 天地 西曆 星期	庚申6日	辛酉7一	壬戌8二	癸亥9三	甲子10四	乙丑11五	丙寅12六	丁卯13日	戊辰14一	己巳15二	庚午16三	辛未17四	壬申18五	癸酉19六	甲戌20日	乙亥21一	丙子22二	丁丑23三	戊寅24四	己卯25五	庚辰26六	辛巳27日	壬午28一	癸未29二	甲申30三	乙酉(7)四	丙戌2五	丁亥3六	戊子4日	己丑5一	庚午夏至 丙戌小暑
六月小	己未	干支 天地 西曆 星期	庚寅6二	辛卯7三	壬辰8四	癸巳9五	甲午10六	乙未11日	丙申12一	丁酉13二	戊戌14三	己亥15四	庚子16五	辛丑17六	壬寅18日	癸卯19一	甲辰20二	乙巳21三	丙午22四	丁未23五	戊申24六	己酉25日	庚戌26一	辛亥27二	壬子28三	癸丑29四	甲寅30五	乙卯31六	丙辰(8)日	丁巳2一	戊午3二		辛丑大暑 丙辰立秋
七月大	庚申	干支 天地 西曆 星期	己未4三	庚申5四	辛酉6五	壬戌7六	癸亥8日	甲子9一	乙丑10二	丙寅11三	丁卯12四	戊辰13五	己巳14六	庚午15日	辛未16一	壬申17二	癸酉18三	甲戌19四	乙亥20五	丙子21六	丁丑22日	戊寅23一	己卯24二	庚辰25三	辛巳26四	壬午27五	癸未28六	甲申29日	乙酉30一	丙戌31二	丁亥(9)三	戊子2四	辛未處暑 丙戌白露
八月小	辛酉	干支 天地 西曆 星期	己丑3五	庚寅4六	辛卯5日	壬辰6一	癸巳7二	甲午8三	乙未9四	丙申10五	丁酉11六	戊戌12日	己亥13一	庚子14二	辛丑15三	壬寅16四	癸卯17五	甲辰18六	乙巳19日	丙午20一	丁未21二	戊申22三	己酉23四	庚戌24五	辛亥25六	壬子26日	癸丑27一	甲寅28二	乙卯29三	丙辰30四	丁巳(10)五		壬寅秋分 丁巳寒露
九月大	壬戌	干支 天地 西曆 星期	戊午2六	己未3日	庚申4一	辛酉5二	壬戌6三	癸亥7四	甲子8五	乙丑9六	丙寅10日	丁卯11一	戊辰12二	己巳13三	庚午14四	辛未15五	壬申16六	癸酉17日	甲戌18一	乙亥19二	丙子20三	丁丑21四	戊寅22五	己卯23六	庚辰24日	辛巳25一	壬午26二	癸未27三	甲申28四	乙酉29五	丙戌30六	丁亥31日	壬申霜降 丁亥立冬
十月大	癸亥	干支 天地 西曆 星期	戊子(11)一	己丑2二	庚寅3三	辛卯4四	壬辰5五	癸巳6六	甲午7日	乙未8一	丙申9二	丁酉10三	戊戌11四	己亥12五	庚子13六	辛丑14日	壬寅15一	癸卯16二	甲辰17三	乙巳18四	丙午19五	丁未20六	戊申21日	己酉22一	庚戌23二	辛亥24三	壬子25四	癸丑26五	甲寅27六	乙卯28日	丙辰29一	丁巳30二	癸卯小雪
十一月小	甲子	干支 天地 西曆 星期	戊午(12)三	己未2四	庚申3五	辛酉4六	壬戌5日	癸亥6一	甲子7二	乙丑8三	丙寅9四	丁卯10五	戊辰11六	己巳12日	庚午13一	辛未14二	壬申15三	癸酉16四	甲戌17五	乙亥18六	丙子19日	丁丑20一	戊寅21二	己卯22三	庚辰23四	辛巳24五	壬午25六	癸未26日	甲申27一	乙酉28二	丙戌29三		戊午小雪 癸酉冬至
十二月大	乙丑	干支 天地 西曆 星期	丁亥30四	戊子31五	己丑(1)六	庚寅2日	辛卯3一	壬辰4二	癸巳5三	甲午6四	乙未7五	丙申8六	丁酉9日	戊戌10一	己亥11二	庚子12三	辛丑13四	壬寅14五	癸卯15六	甲辰16日	乙巳17一	丙午18二	丁未19三	戊申20四	己酉21五	庚戌22六	辛亥23日	壬子24一	癸丑25二	甲寅26三	乙卯27四	丙辰28五	戊子小寒 癸卯大寒

遼聖宗統和二十七年（己酉 鷄年） 公元 1009 ~ 1010 年

夏曆月序		中西曆日對照	夏曆日序																														節氣與天象
			初一	初二	初三	初四	初五	初六	初七	初八	初九	初十	十一	十二	十三	十四	十五	十六	十七	十八	十九	二十	二一	二二	二三	二四	二五	二六	二七	二八	二九	三十	
正月大	丙寅	天干地支 西曆星期	丁巳 29 六	戊午 30 日	己未 31 一	庚申 (2) 二	辛酉 2 三	壬戌 3 四	癸亥 4 五	甲子 5 六	乙丑 6 日	丙寅 7 一	丁卯 8 二	戊辰 9 三	己巳 10 四	庚午 11 五	辛未 12 六	壬申 13 日	癸酉 14 一	甲戌 15 二	乙亥 16 三	丙子 17 四	丁丑 18 五	戊寅 19 六	己卯 20 日	庚辰 21 一	辛巳 22 二	壬午 23 三	癸未 24 四	甲申 25 五	乙酉 26 六	丙戌 27 日	己未立春 甲戌雨水
二月小	丁卯	天干地支 西曆星期	丁亥 28 一	戊子 (3) 二	己丑 2 三	庚寅 3 四	辛卯 4 五	壬辰 5 六	癸巳 6 日	甲午 7 一	乙未 8 二	丙申 9 三	丁酉 10 四	戊戌 11 五	己亥 12 六	庚子 13 日	辛丑 14 一	壬寅 15 二	癸卯 16 三	甲辰 17 四	乙巳 18 五	丙午 19 六	丁未 20 日	戊申 21 一	己酉 22 二	庚戌 23 三	辛亥 24 四	壬子 25 五	癸丑 26 六	甲寅 27 日	乙卯 28 一		己丑驚蟄 甲辰春分
三月大	戊辰	天干地支 西曆星期	丙辰 29 二	丁巳 30 三	戊午 31 四	己未 (4) 五	庚申 2 六	辛酉 3 日	壬戌 4 一	癸亥 5 二	甲子 6 三	乙丑 7 四	丙寅 8 五	丁卯 9 六	戊辰 10 日	己巳 11 一	庚午 12 二	辛未 13 三	壬申 14 四	癸酉 15 五	甲戌 16 六	乙亥 17 日	丙子 18 一	丁丑 19 二	戊寅 20 三	己卯 21 四	庚辰 22 五	辛巳 23 六	壬午 24 日	癸未 25 一	甲申 26 二	乙酉 27 三	庚申清明 乙亥穀雨
四月小	己巳	天干地支 西曆星期	丙戌 28 四	丁亥 29 五	戊子 30 六	己丑 (5) 日	庚寅 2 一	辛卯 3 二	壬辰 4 三	癸巳 5 四	甲午 6 五	乙未 7 六	丙申 8 日	丁酉 9 一	戊戌 10 二	己亥 11 三	庚子 12 四	辛丑 13 五	壬寅 14 六	癸卯 15 日	甲辰 16 一	乙巳 17 二	丙午 18 三	丁未 19 四	戊申 20 五	己酉 21 六	庚戌 22 日	辛亥 23 一	壬子 24 二	癸丑 25 三	甲寅 26 四		庚寅立夏 乙巳小滿
五月小	庚午	天干地支 西曆星期	乙卯 27 五	丙辰 28 六	丁巳 29 日	戊午 30 一	己未 31 二	庚申 (6) 三	辛酉 2 四	壬戌 3 五	癸亥 4 六	甲子 5 日	乙丑 6 一	丙寅 7 二	丁卯 8 三	戊辰 9 四	己巳 10 五	庚午 11 六	辛未 12 日	壬申 13 一	癸酉 14 二	甲戌 15 三	乙亥 16 四	丙子 17 五	丁丑 18 六	戊寅 19 日	己卯 20 一	庚辰 21 二	辛巳 22 三	壬午 23 四	癸未 24 五		庚申芒種 丙子夏至
六月大	辛未	天干地支 西曆星期	甲申 25 六	乙酉 26 日	丙戌 27 一	丁亥 28 二	戊子 29 三	己丑 30 四	庚寅 (7) 五	辛卯 2 六	壬辰 3 日	癸巳 4 一	甲午 5 二	乙未 6 三	丙申 7 四	丁酉 8 五	戊戌 9 六	己亥 10 日	庚子 11 一	辛丑 12 二	壬寅 13 三	癸卯 14 四	甲辰 15 五	乙巳 16 六	丙午 17 日	丁未 18 一	戊申 19 二	己酉 20 三	庚戌 21 四	辛亥 22 五	壬子 23 六	癸丑 24 日	辛卯小暑 丙午大暑
七月小	壬申	天干地支 西曆星期	甲寅 25 一	乙卯 26 二	丙辰 27 三	丁巳 28 四	戊午 29 五	己未 30 六	庚申 31 日	辛酉 (8) 一	壬戌 2 二	癸亥 3 三	甲子 4 四	乙丑 5 五	丙寅 6 六	丁卯 7 日	戊辰 8 一	己巳 9 二	庚午 10 三	辛未 11 四	壬申 12 五	癸酉 13 六	甲戌 14 日	乙亥 15 一	丙子 16 二	丁丑 17 三	戊寅 18 四	己卯 19 五	庚辰 20 六	辛巳 21 日	壬午 22 一		辛酉立秋 丙子處暑
八月小	癸酉	天干地支 西曆星期	癸未 23 二	甲申 24 三	乙酉 25 四	丙戌 26 五	丁亥 27 六	戊子 28 日	己丑 29 一	庚寅 30 二	辛卯 31 三	壬辰 (9) 四	癸巳 2 五	甲午 3 六	乙未 4 日	丙申 5 一	丁酉 6 二	戊戌 7 三	己亥 8 四	庚子 9 五	辛丑 10 六	壬寅 11 日	癸卯 12 一	甲辰 13 二	乙巳 14 三	丙午 15 四	丁未 16 五	戊申 17 六	己酉 18 日	庚戌 19 一	辛亥 20 二		壬辰白露 丁未秋分
九月大	甲戌	天干地支 西曆星期	壬子 21 三	癸丑 22 四	甲寅 23 五	乙卯 24 六	丙辰 25 日	丁巳 26 一	戊午 27 二	己未 28 三	庚申 29 四	辛酉 30 五	壬戌 (10) 六	癸亥 2 日	甲子 3 一	乙丑 4 二	丙寅 5 三	丁卯 6 四	戊辰 7 五	己巳 8 六	庚午 9 日	辛未 10 一	壬申 11 二	癸酉 12 三	甲戌 13 四	乙亥 14 五	丙子 15 六	丁丑 16 日	戊寅 17 一	己卯 18 二	庚辰 19 三	辛巳 20 四	壬戌寒露 丁丑霜降
十月大	乙亥	天干地支 西曆星期	壬午 21 五	癸未 22 六	甲申 23 日	乙酉 24 一	丙戌 25 二	丁亥 26 三	戊子 27 四	己丑 28 五	庚寅 29 六	辛卯 30 日	壬辰 31 一	癸巳 (11) 二	甲午 2 三	乙未 3 四	丙申 4 五	丁酉 5 六	戊戌 6 日	己亥 7 一	庚子 8 二	辛丑 9 三	壬寅 10 四	癸卯 11 五	甲辰 12 六	乙巳 13 日	丙午 14 一	丁未 15 二	戊申 16 三	己酉 17 四	庚戌 18 五	辛亥 19 六	癸巳立冬 戊申小雪
十一月小	丙子	天干地支 西曆星期	壬子 20 日	癸丑 21 一	甲寅 22 二	乙卯 23 三	丙辰 24 四	丁巳 25 五	戊午 26 六	己未 27 日	庚申 28 一	辛酉 29 二	壬戌 30 三	癸亥 (12) 四	甲子 2 五	乙丑 3 六	丙寅 4 日	丁卯 5 一	戊辰 6 二	己巳 7 三	庚午 8 四	辛未 9 五	壬申 10 六	癸酉 11 日	甲戌 12 一	乙亥 13 二	丙子 14 三	丁丑 15 四	戊寅 16 五	己卯 17 六	庚辰 18 日		癸亥大雪 戊寅冬至
十二月大	丁丑	天干地支 西曆星期	辛巳 19 一	壬午 20 二	癸未 21 三	甲申 22 四	乙酉 23 五	丙戌 24 六	丁亥 25 日	戊子 26 一	己丑 27 二	庚寅 28 三	辛卯 29 四	壬辰 30 五	癸巳 31 六	甲午 (1) 日	乙未 2 一	丙申 3 二	丁酉 4 三	戊戌 5 四	己亥 6 五	庚子 7 六	辛丑 8 日	壬寅 9 一	癸卯 10 二	甲辰 11 三	乙巳 12 四	丙午 13 五	丁未 14 六	戊申 15 日	己酉 16 一	庚戌 17 二	癸巳小寒 己酉大寒

遼聖宗統和二十八年（庚戌 狗年） 公元 1010 ~ 1011 年

夏曆月序		中西曆日對照	初一	初二	初三	初四	初五	初六	初七	初八	初九	初十	十一	十二	十三	十四	十五
正月大	戊寅	天干地支 西曆星期	辛亥 18 三	壬子 19 四	癸丑 20 五	甲寅 21 六	乙卯 22 日	丙辰 23 一	丁巳 24 二	戊午 25 三	己未 26 四	庚申 27 五	辛酉 28 六	壬戌 29 日	癸亥 30 一	甲子 31 二	乙丑 (2) 三
二月大	己卯	天干地支 西曆星期	辛巳 17 五	壬午 18 六	癸未 19 日	甲申 20 一	乙酉 21 二	丙戌 22 三	丁亥 23 四	戊子 24 五	己丑 25 六	庚寅 26 日	辛卯 27 一	壬辰 28 二	癸巳 (3) 三	甲午 2 四	乙未 3 五
閏二月小	己卯	天干地支 西曆星期	辛亥 19 日	壬子 20 一	癸丑 21 二	甲寅 22 三	乙卯 23 四	丙辰 24 五	丁巳 25 六	戊午 26 日	己未 27 一	庚申 28 二	辛酉 29 三	壬戌 30 四	癸亥 31 五	甲子 (4) 六	乙丑 2 日
三月大	庚辰	天干地支 西曆星期	庚辰 17 一	辛巳 18 二	壬午 19 三	癸未 20 四	甲申 21 五	乙酉 22 六	丙戌 23 日	丁亥 24 一	戊子 25 二	己丑 26 三	庚寅 27 四	辛卯 28 五	壬辰 29 六	癸巳 30 日	甲午 (5) 一
四月小	辛巳	天干地支 西曆星期	庚戌 17 三	辛亥 18 四	壬子 19 五	癸丑 20 六	甲寅 21 日	乙卯 22 一	丙辰 23 二	丁巳 24 三	戊午 25 四	己未 26 五	庚申 27 六	辛酉 28 日	壬戌 29 一	癸亥 30 二	甲子 31 三
五月小	壬午	天干地支 西曆星期	己卯 15 四	庚辰 16 五	辛巳 17 六	壬午 18 日	癸未 19 一	甲申 20 二	乙酉 21 三	丙戌 22 四	丁亥 23 五	戊子 24 六	己丑 25 日	庚寅 26 一	辛卯 27 二	壬辰 28 三	癸巳 29 四
六月大	癸未	天干地支 西曆星期	戊申 14 五	己酉 15 六	庚戌 16 日	辛亥 17 一	壬子 18 二	癸丑 19 三	甲寅 20 四	乙卯 21 五	丙辰 22 六	丁巳 23 日	戊午 24 一	己未 25 二	庚申 26 三	辛酉 27 四	壬戌 28 五
七月小	甲申	天干地支 西曆星期	戊寅 13 日	己卯 14 一	庚辰 15 二	辛巳 16 三	壬午 17 四	癸未 18 五	甲申 19 六	乙酉 20 日	丙戌 21 一	丁亥 22 二	戊子 23 三	己丑 24 四	庚寅 25 五	辛卯 26 六	壬辰 27 日
八月小	乙酉	天干地支 西曆星期	丁未 11 一	戊申 12 二	己酉 13 三	庚戌 14 四	辛亥 15 五	壬子 16 六	癸丑 17 日	甲寅 18 一	乙卯 19 二	丙辰 20 三	丁巳 21 四	戊午 22 五	己未 23 六	庚申 24 日	辛酉 25 一
九月大	丙戌	天干地支 西曆星期	丙子 10 二	丁丑 11 三	戊寅 12 四	己卯 13 五	庚辰 14 六	辛巳 15 日	壬午 16 一	癸未 17 二	甲申 18 三	乙酉 19 四	丙戌 20 五	丁亥 21 六	戊子 22 日	己丑 23 一	庚寅 24 二
十月大	丁亥	天干地支 西曆星期	丙午 9 四	丁未 10 五	戊申 11 六	己酉 12 日	庚戌 13 一	辛亥 14 二	壬子 15 三	癸丑 16 四	甲寅 17 五	乙卯 18 六	丙辰 19 日	丁巳 20 一	戊午 21 二	己未 22 三	庚申 23 四
十一月小	戊子	天干地支 西曆星期	丙子 9 六	丁丑 10 日	戊寅 11 一	己卯 12 二	庚辰 13 三	辛巳 14 四	壬午 15 五	癸未 16 六	甲申 17 日	乙酉 18 一	丙戌 19 二	丁亥 20 三	戊子 21 四	己丑 22 五	庚寅 23 六
十二月大	己丑	天干地支 西曆星期	乙巳 7 日	丙午 8 一	丁未 9 二	戊申 10 三	己酉 11 四	庚戌 12 五	辛亥 13 六	壬子 14 日	癸丑 15 一	甲寅 16 二	乙卯 17 三	丙辰 18 四	丁巳 19 五	戊午 20 六	己未 21 日

夏曆月序	十六	十七	十八	十九	二十	二一	二二	二三	二四	二五	二六	二七	二八	二九	三十	節氣與天象
正月大	丙寅 2 四	丁卯 3 五	戊辰 4 六	己巳 5 日	庚午 6 一	辛未 7 二	壬申 8 三	癸酉 9 四	甲戌 10 五	乙亥 11 六	丙子 12 日	丁丑 13 一	戊寅 14 二	己卯 15 三	庚辰 16 四	甲子立春 己卯雨水
二月大	丙申 4 六	丁酉 5 日	戊戌 6 一	己亥 7 二	庚子 8 三	辛丑 9 四	壬寅 10 五	癸卯 11 六	甲辰 12 日	乙巳 13 一	丙午 14 二	丁未 15 三	戊申 16 四	己酉 17 五	庚戌 18 六	甲午驚蟄 庚戌春分
閏二月小	丙寅 3 一	丁卯 4 二	戊辰 5 三	己巳 6 四	庚午 7 五	辛未 8 六	壬申 9 日	癸酉 10 一	甲戌 11 二	乙亥 12 三	丙子 13 四	丁丑 14 五	戊寅 15 六	己卯 16 日		乙丑清明
三月大	乙未 2 二	丙申 3 三	丁酉 4 四	戊戌 5 五	己亥 6 六	庚子 7 日	辛丑 8 一	壬寅 9 二	癸卯 10 三	甲辰 11 四	乙巳 12 五	丙午 13 六	丁未 14 日	戊申 15 一	己酉 16 二	庚辰穀雨 乙未立夏
四月小	乙丑 (6) 四	丙寅 2 五	丁卯 3 六	戊辰 4 日	己巳 5 一	庚午 6 二	辛未 7 三	壬申 8 四	癸酉 9 五	甲戌 10 六	乙亥 11 日	丙子 12 一	丁丑 13 二	戊寅 14 三		庚戌小滿 丙寅芒種
五月小	甲午 30 五	乙未 (7) 六	丙申 2 日	丁酉 3 一	戊戌 4 二	己亥 5 三	庚子 6 四	辛丑 7 五	壬寅 8 六	癸卯 9 日	甲辰 10 一	乙巳 11 二	丙午 12 三	丁未 13 四		辛巳夏至 丙申小暑
六月大	癸亥 29 六	甲子 30 日	乙丑 31 一	丙寅 (8) 二	丁卯 2 三	戊辰 3 四	己巳 4 五	庚午 5 六	辛未 6 日	壬申 7 一	癸酉 8 二	甲戌 9 三	乙亥 10 四	丙子 11 五	丁丑 12 六	辛亥大暑 丁卯立秋
七月小	癸巳 28 一	甲午 29 二	乙未 30 三	丙申 31 四	丁酉 (9) 五	戊戌 2 六	己亥 3 日	庚子 4 一	辛丑 5 二	壬寅 6 三	癸卯 7 四	甲辰 8 五	乙巳 9 六	丙午 10 日		壬午處暑 丁酉白露
八月小	壬戌 26 二	癸亥 27 三	甲子 28 四	乙丑 29 五	丙寅 30 六	丁卯 (10) 日	戊辰 2 一	己巳 3 二	庚午 4 三	辛未 5 四	壬申 6 五	癸酉 7 六	甲戌 8 日	乙亥 9 一		壬子秋分 丁卯寒露
九月大	辛卯 25 三	壬辰 26 四	癸巳 27 五	甲午 28 六	乙未 29 日	丙申 30 一	丁酉 31 二	戊戌 (11) 三	己亥 2 四	庚子 3 五	辛丑 4 六	壬寅 5 日	癸卯 6 一	甲辰 7 二	乙巳 8 三	癸未霜降 戊戌立冬
十月大	辛酉 24 五	壬戌 25 六	癸亥 26 日	甲子 27 一	乙丑 28 二	丙寅 29 三	丁卯 30 四	戊辰 (12) 五	己巳 2 六	庚午 3 日	辛未 4 一	壬申 5 二	癸酉 6 三	甲戌 7 四	乙亥 8 五	癸丑小雪 戊辰大雪
十一月小	辛卯 24 日	壬辰 25 一	癸巳 26 二	甲午 27 三	乙未 28 四	丙申 29 五	丁酉 30 六	戊戌 31 日	己亥 (1) 一	庚子 2 二	辛丑 3 三	壬寅 4 四	癸卯 5 五	甲辰 6 六		癸未冬至 己亥小寒
十二月大	庚申 22 一	辛酉 23 二	壬戌 24 三	癸亥 25 四	甲子 26 五	乙丑 27 六	丙寅 28 日	丁卯 29 一	戊辰 30 二	己巳 31 三	庚午 (2) 四	辛未 2 五	壬申 3 六	癸酉 4 日	甲戌 5 一	甲寅大寒 己巳立春

遼聖宗統和二十九年（辛亥 猪年） 公元 1011 ~ 1012 年

夏曆月序		中西曆日對照	初一	初二	初三	初四	初五	初六	初七	初八	初九	初十	十一	十二	十三	十四	十五	十六	十七	十八	十九	二十	二一	二二	二三	二四	二五	二六	二七	二八	二九	三十	節氣與天象
正月大	庚寅	干支 天地西星	乙亥 6 二	丙子 7 三	丁丑 8 四	戊寅 9 五	己卯 10 六	庚辰 11 日	辛巳 12 一	壬午 13 二	癸未 14 三	甲申 15 四	乙酉 16 五	丙戌 17 六	丁亥 18 日	戊子 19 一	己丑 20 二	庚寅 21 三	辛卯 22 四	壬辰 23 五	癸巳 24 六	甲午 25 日	乙未 26 一	丙申 27 二	丁酉 28 三	戊戌 (3) 四	己亥 2 五	庚子 3 六	辛丑 4 日	壬寅 5 一	癸卯 6 二	甲辰 7 三	甲申雨水 庚子驚蟄
二月小	辛卯	干支 天地西星	乙巳 8 四	丙午 9 五	丁未 10 六	戊申 11 日	己酉 12 一	庚戌 13 二	辛亥 14 三	壬子 15 四	癸丑 16 五	甲寅 17 六	乙卯 18 日	丙辰 19 一	丁巳 20 二	戊午 21 三	己未 22 四	庚申 23 五	辛酉 24 六	壬戌 25 日	癸亥 26 一	甲子 27 二	乙丑 28 三	丙寅 29 四	丁卯 30 五	戊辰 31 六	己巳 (4) 日	庚午 2 一	辛未 3 二	壬申 4 三	癸酉 5 四		乙卯春分 庚午清明
三月大	壬辰	干支 天地西星	甲戌 6 五	乙亥 7 六	丙子 8 日	丁丑 9 一	戊寅 10 二	己卯 11 三	庚辰 12 四	辛巳 13 五	壬午 14 六	癸未 15 日	甲申 16 一	乙酉 17 二	丙戌 18 三	丁亥 19 四	戊子 20 五	己丑 21 六	庚寅 22 日	辛卯 23 一	壬辰 24 二	癸巳 25 三	甲午 26 四	乙未 27 五	丙申 28 六	丁酉 29 日	戊戌 30 一	己亥 (5) 二	庚子 2 三	辛丑 3 四	壬寅 4 五	癸卯 5 六	乙酉穀雨 庚子立夏
四月大	癸巳	干支 天地西星	甲辰 6 日	乙巳 7 一	丙午 8 二	丁未 9 三	戊申 10 四	己酉 11 五	庚戌 12 六	辛亥 13 日	壬子 14 一	癸丑 15 二	甲寅 16 三	乙卯 17 四	丙辰 18 五	丁巳 19 六	戊午 20 日	己未 21 一	庚申 22 二	辛酉 23 三	壬戌 24 四	癸亥 25 五	甲子 26 六	乙丑 27 日	丙寅 28 一	丁卯 29 二	戊辰 30 三	己巳 31 四	庚午 (6) 五	辛未 2 六	壬申 3 日	癸酉 4 一	丙辰小滿 辛未芒種
五月小	甲午	干支 天地西星	甲戌 5 二	乙亥 6 三	丙子 7 四	丁丑 8 五	戊寅 9 六	己卯 10 日	庚辰 11 一	辛巳 12 二	壬午 13 三	癸未 14 四	甲申 15 五	乙酉 16 六	丙戌 17 日	丁亥 18 一	戊子 19 二	己丑 20 三	庚寅 21 四	辛卯 22 五	壬辰 23 六	癸巳 24 日	甲午 25 一	乙未 26 二	丙申 27 三	丁酉 28 四	戊戌 29 五	己亥 30 六	庚子 (7) 日	辛丑 2 一	壬寅 3 二		丙戌夏至 辛丑小暑
六月小	乙未	干支 天地西星	癸卯 4 三	甲辰 5 四	乙巳 6 五	丙午 7 六	丁未 8 日	戊申 9 一	己酉 10 二	庚戌 11 三	辛亥 12 四	壬子 13 五	癸丑 14 六	甲寅 15 日	乙卯 16 一	丙辰 17 二	丁巳 18 三	戊午 19 四	己未 20 五	庚申 21 六	辛酉 22 日	壬戌 23 一	癸亥 24 二	甲子 25 三	乙丑 26 四	丙寅 27 五	丁卯 28 六	戊辰 29 日	己巳 30 一	庚午 31 二	辛未 (8) 三		丁巳大暑
七月大	丙申	干支 天地西星	壬申 2 四	癸酉 3 五	甲戌 4 六	乙亥 5 日	丙子 6 一	丁丑 7 二	戊寅 8 三	己卯 9 四	庚辰 10 五	辛巳 11 六	壬午 12 日	癸未 13 一	甲申 14 二	乙酉 15 三	丙戌 16 四	丁亥 17 五	戊子 18 六	己丑 19 日	庚寅 20 一	辛卯 21 二	壬辰 22 三	癸巳 23 四	甲午 24 五	乙未 25 六	丙申 26 日	丁酉 27 一	戊戌 28 二	己亥 29 三	庚子 30 四	辛丑 31 五	壬申立秋 丁亥處暑
八月小	丁酉	干支 天地西星	壬寅 (9) 六	癸卯 2 日	甲辰 3 一	乙巳 4 二	丙午 5 三	丁未 6 四	戊申 7 五	己酉 8 六	庚戌 9 日	辛亥 10 一	壬子 11 二	癸丑 12 三	甲寅 13 四	乙卯 14 五	丙辰 15 六	丁巳 16 日	戊午 17 一	己未 18 二	庚申 19 三	辛酉 20 四	壬戌 21 五	癸亥 22 六	甲子 23 日	乙丑 24 一	丙寅 25 二	丁卯 26 三	戊辰 27 四	己巳 28 五	庚午 29 六		壬寅白露 丁巳秋分
九月小	戊戌	干支 天地西星	辛未 30 日	壬申 (10) 一	癸酉 2 二	甲戌 3 三	乙亥 4 四	丙子 5 五	丁丑 6 六	戊寅 7 日	己卯 8 一	庚辰 9 二	辛巳 10 三	壬午 11 四	癸未 12 五	甲申 13 六	乙酉 14 日	丙戌 15 一	丁亥 16 二	戊子 17 三	己丑 18 四	庚寅 19 五	辛卯 20 六	壬辰 21 日	癸巳 22 一	甲午 23 二	乙未 24 三	丙申 25 四	丁酉 26 五	戊戌 27 六	己亥 28 日		癸酉寒露 戊子霜降
十月大	己亥	干支 天地西星	庚子 29 一	辛丑 30 二	壬寅 31 三	癸卯 (11) 四	甲辰 2 五	乙巳 3 六	丙午 4 日	丁未 5 一	戊申 6 二	己酉 7 三	庚戌 8 四	辛亥 9 五	壬子 10 六	癸丑 11 日	甲寅 12 一	乙卯 13 二	丙辰 14 三	丁巳 15 四	戊午 16 五	己未 17 六	庚申 18 日	辛酉 19 一	壬戌 20 二	癸亥 21 三	甲子 22 四	乙丑 23 五	丙寅 24 六	丁卯 25 日	戊辰 26 一	己巳 27 二	癸卯立冬 戊午小雪
十一月大	庚子	干支 天地西星	庚午 28 三	辛未 29 四	壬申 30 五	癸酉 (12) 六	甲戌 2 日	乙亥 3 一	丙子 4 二	丁丑 5 三	戊寅 6 四	己卯 7 五	庚辰 8 六	辛巳 9 日	壬午 10 一	癸未 11 二	甲申 12 三	乙酉 13 四	丙戌 14 五	丁亥 15 六	戊子 16 日	己丑 17 一	庚寅 18 二	辛卯 19 三	壬辰 20 四	癸巳 21 五	甲午 22 六	乙未 23 日	丙申 24 一	丁酉 25 二	戊戌 26 三	己亥 27 四	甲戌大雪 己丑冬至
十二月小	辛丑	干支 天地西星	庚子 28 五	辛丑 29 六	壬寅 30 日	癸卯 31 一	甲辰 (1) 二	乙巳 2 三	丙午 3 四	丁未 4 五	戊申 5 六	己酉 6 日	庚戌 7 一	辛亥 8 二	壬子 9 三	癸丑 10 四	甲寅 11 五	乙卯 12 六	丙辰 13 日	丁巳 14 一	戊午 15 二	己未 16 三	庚申 17 四	辛酉 18 五	壬戌 19 六	癸亥 20 日	甲子 21 一	乙丑 22 二	丙寅 23 三	丁卯 24 四	戊辰 25 五		甲辰小寒 己未大寒

遼聖宗統和三十年 開泰元年（壬子 鼠年） 公元 1012 ~ 1013 年

夏曆月序	中西曆日對照	初一	初二	初三	初四	初五	初六	初七	初八	初九	初十	十一	十二	十三	十四	十五	十六	十七	十八	十九	二十	二一	二二	二三	二四	二五	二六	二七	二八	二九	三十	節氣與天象
正月大 壬寅	干支 西曆 天地 星期	己巳 26 六	庚午 27 日	辛未 28 一	壬申 29 二	癸酉 30 三	甲戌 31 四	乙亥 (2) 五	丙子 2 六	丁丑 3 日	戊寅 4 一	己卯 5 二	庚辰 6 三	辛巳 7 四	壬午 8 五	癸未 9 六	甲申 10 日	乙酉 11 一	丙戌 12 二	丁亥 13 三	戊子 14 四	己丑 15 五	庚寅 16 六	辛卯 17 日	壬辰 18 一	癸巳 19 二	甲午 20 三	乙未 21 四	丙申 22 五	丁酉 23 六	戊戌 24 日	甲戌立春 庚寅雨水
二月大 癸卯	干支 西曆 天地 星期	己亥 25 一	庚子 26 二	辛丑 27 三	壬寅 28 四	癸卯 29 五	甲辰 (3) 六	乙巳 2 日	丙午 3 一	丁未 4 二	戊申 5 三	己酉 6 四	庚戌 7 五	辛亥 8 六	壬子 9 日	癸丑 10 一	甲寅 11 二	乙卯 12 三	丙辰 13 四	丁巳 14 五	戊午 15 六	己未 16 日	庚申 17 一	辛酉 18 二	壬戌 19 三	癸亥 20 四	甲子 21 五	乙丑 22 六	丙寅 23 日	丁卯 24 一	戊辰 25 二	乙巳驚蟄 庚申春分
三月小 甲辰	干支 西曆 天地 星期	己巳 26 三	庚午 27 四	辛未 28 五	壬申 29 六	癸酉 30 日	甲戌 31 一	乙亥 (4) 二	丙子 2 三	丁丑 3 四	戊寅 4 五	己卯 5 六	庚辰 6 日	辛巳 7 一	壬午 8 二	癸未 9 三	甲申 10 四	乙酉 11 五	丙戌 12 六	丁亥 13 日	戊子 14 一	己丑 15 二	庚寅 16 三	辛卯 17 四	壬辰 18 五	癸巳 19 六	甲午 20 日	乙未 21 一	丙申 22 二	丁酉 23 三		乙亥清明 庚寅穀雨
四月大 乙巳	干支 西曆 天地 星期	戊戌 24 四	己亥 25 五	庚子 26 六	辛丑 27 日	壬寅 28 一	癸卯 29 二	甲辰 30 三	乙巳 (5) 四	丙午 2 五	丁未 3 六	戊申 4 日	己酉 5 一	庚戌 6 二	辛亥 7 三	壬子 8 四	癸丑 9 五	甲寅 10 六	乙卯 11 日	丙辰 12 一	丁巳 13 二	戊午 14 三	己未 15 四	庚申 16 五	辛酉 17 六	壬戌 18 日	癸亥 19 一	甲子 20 二	乙丑 21 三	丙寅 22 四	丁卯 23 五	丙午立夏 辛酉小滿
五月小 丙午	干支 西曆 天地 星期	戊辰 24 六	己巳 25 日	庚午 26 一	辛未 27 二	壬申 28 三	癸酉 29 四	甲戌 30 五	乙亥 31 六	丙子 (6) 日	丁丑 2 一	戊寅 3 二	己卯 4 三	庚辰 5 四	辛巳 6 五	壬午 7 六	癸未 8 日	甲申 9 一	乙酉 10 二	丙戌 11 三	丁亥 12 四	戊子 13 五	己丑 14 六	庚寅 15 日	辛卯 16 一	壬辰 17 二	癸巳 18 三	甲午 19 四	乙未 20 五	丙申 21 六		丙子芒種 辛卯夏至
六月大 丁未	干支 西曆 天地 星期	丁酉 22 日	戊戌 23 一	己亥 24 二	庚子 25 三	辛丑 26 四	壬寅 27 五	癸卯 28 六	甲辰 29 日	乙巳 30 一	丙午 (7) 二	丁未 2 三	戊申 3 四	己酉 4 五	庚戌 5 六	辛亥 6 日	壬子 7 一	癸丑 8 二	甲寅 9 三	乙卯 10 四	丙辰 11 五	丁巳 12 六	戊午 13 日	己未 14 一	庚申 15 二	辛酉 16 三	壬戌 17 四	癸亥 18 五	甲子 19 六	乙丑 20 日	丙寅 21 一	丁未小暑 壬戌大暑
七月小 戊申	干支 西曆 天地 星期	丁卯 22 二	戊辰 23 三	己巳 24 四	庚午 25 五	辛未 26 六	壬申 27 日	癸酉 28 一	甲戌 29 二	乙亥 30 三	丙子 31 四	丁丑 (8) 五	戊寅 2 六	己卯 3 日	庚辰 4 一	辛巳 5 二	壬午 6 三	癸未 7 四	甲申 8 五	乙酉 9 六	丙戌 10 日	丁亥 11 一	戊子 12 二	己丑 13 三	庚寅 14 四	辛卯 15 五	壬辰 16 六	癸巳 17 日	甲午 18 一	乙未 19 二		丁丑立秋 壬辰處暑
八月大 己酉	干支 西曆 天地 星期	丙申 20 三	丁酉 21 四	戊戌 22 五	己亥 23 六	庚子 24 日	辛丑 25 一	壬寅 26 二	癸卯 27 三	甲辰 28 四	乙巳 29 五	丙午 30 六	丁未 31 日	戊申 (9) 一	己酉 2 二	庚戌 3 三	辛亥 4 四	壬子 5 五	癸丑 6 六	甲寅 7 日	乙卯 8 一	丙辰 9 二	丁巳 10 三	戊午 11 四	己未 12 五	庚申 13 六	辛酉 14 日	壬戌 15 一	癸亥 16 二	甲子 17 三	乙丑 18 四	丁未白露 癸亥秋分 丙申日食
九月小 庚戌	干支 西曆 天地 星期	丙寅 19 五	丁卯 20 六	戊辰 21 日	己巳 22 一	庚午 23 二	辛未 24 三	壬申 25 四	癸酉 26 五	甲戌 27 六	乙亥 28 日	丙子 29 一	丁丑 30 二	戊寅 (10) 三	己卯 2 四	庚辰 3 五	辛巳 4 六	壬午 5 日	癸未 6 一	甲申 7 二	乙酉 8 三	丙戌 9 四	丁亥 10 五	戊子 11 六	己丑 12 日	庚寅 13 一	辛卯 14 二	壬辰 15 三	癸巳 16 四	甲午 17 五		戊寅寒露 癸巳霜降
十月大 辛亥	干支 西曆 天地 星期	乙未 18 六	丙申 19 日	丁酉 20 一	戊戌 21 二	己亥 22 三	庚子 23 四	辛丑 24 五	壬寅 25 六	癸卯 26 日	甲辰 27 一	乙巳 28 二	丙午 29 三	丁未 30 四	戊申 31 五	己酉 (11) 六	庚戌 2 日	辛亥 3 一	壬子 4 二	癸丑 5 三	甲寅 6 四	乙卯 7 五	丙辰 8 六	丁巳 9 日	戊午 10 一	己未 11 二	庚申 12 三	辛酉 13 四	壬戌 14 五	癸亥 15 六	甲子 16 日	戊申立冬 甲子小雪
閏十月小 辛亥	干支 西曆 天地 星期	乙丑 17 一	丙寅 18 二	丁卯 19 三	戊辰 20 四	己巳 21 五	庚午 22 六	辛未 23 日	壬申 24 一	癸酉 25 二	甲戌 26 三	乙亥 27 四	丙子 28 五	丁丑 29 六	戊寅 30 日	己卯 (12) 一	庚辰 2 二	辛巳 3 三	壬午 4 四	癸未 5 五	甲申 6 六	乙酉 7 日	丙戌 8 一	丁亥 9 二	戊子 10 三	己丑 11 四	庚寅 12 五	辛卯 13 六	壬辰 14 日	癸巳 15 一		己卯大雪
十一月大 壬子	干支 西曆 天地 星期	甲午 16 二	乙未 17 三	丙申 18 四	丁酉 19 五	戊戌 20 六	己亥 21 日	庚子 22 一	辛丑 23 二	壬寅 24 三	癸卯 25 四	甲辰 26 五	乙巳 27 六	丙午 28 日	丁未 29 一	戊申 30 二	己酉 31 三	庚戌 (1) 四	辛亥 2 五	壬子 3 六	癸丑 4 日	甲寅 5 一	乙卯 6 二	丙辰 7 三	丁巳 8 四	戊午 9 五	己未 10 六	庚申 11 日	辛酉 12 一	壬戌 13 二	癸亥 14 三	甲午冬至 己酉小寒
十二月小 癸丑	干支 西曆 天地 星期	甲子 15 四	乙丑 16 五	丙寅 17 六	丁卯 18 日	戊辰 19 一	己巳 20 二	庚午 21 三	辛未 22 四	壬申 23 五	癸酉 24 六	甲戌 25 日	乙亥 26 一	丙子 27 二	丁丑 28 三	戊寅 29 四	己卯 30 五	庚辰 31 六	辛巳 (2) 日	壬午 2 一	癸未 3 二	甲申 4 三	乙酉 5 四	丙戌 6 五	丁亥 7 六	戊子 8 日	己丑 9 一	庚寅 10 二	辛卯 11 三	壬辰 12 四		甲子大寒 庚辰立春

* 十一月甲午（初一），改元開泰。

遼聖宗開泰二年（癸丑 牛年） 公元1013 ~ 1014年

夏曆月序		中西曆日對照	夏曆日序																														節氣與天象
			初一	初二	初三	初四	初五	初六	初七	初八	初九	初十	十一	十二	十三	十四	十五	十六	十七	十八	十九	二十	二一	二二	二三	二四	二五	二六	二七	二八	二九	三十	
正月大	甲寅	天干地支	癸巳	甲午	乙未	丙申	丁酉	戊戌	己亥	庚子	辛丑	壬寅	癸卯	甲辰	乙巳	丙午	丁未	戊申	己酉	庚戌	辛亥	壬子	癸丑	甲寅	乙卯	丙辰	丁巳	戊午	己未	庚申	辛酉	壬戌	乙未雨水 庚戌驚蟄
		西曆	13	14	15	16	17	18	19	20	21	22	23	24	25	26	27	28	(3)	2	3	4	5	6	7	8	9	10	11	12	13	14	
		星期	五	六	日	一	二	三	四	五	六	日	一	二	三	四	五	六	日	一	二	三	四	五	六	日	一	二	三	四	五	六	
二月小	乙卯	天干地支	癸亥	甲子	乙丑	丙寅	丁卯	戊辰	己巳	庚午	辛未	壬申	癸酉	甲戌	乙亥	丙子	丁丑	戊寅	己卯	庚辰	辛巳	壬午	癸未	甲申	乙酉	丙戌	丁亥	戊子	己丑	庚寅	辛卯		乙丑春分 庚辰清明
		西曆	15	16	17	18	19	20	21	22	23	24	25	26	27	28	29	30	31	(4)	2	3	4	5	6	7	8	9	10	11	12		
		星期	日	一	二	三	四	五	六	日	一	二	三	四	五	六	日	一	二	三	四	五	六	日	一	二	三	四	五	六	日		
三月大	丙辰	天干地支	壬辰	癸巳	甲午	乙未	丙申	丁酉	戊戌	己亥	庚子	辛丑	壬寅	癸卯	甲辰	乙巳	丙午	丁未	戊申	己酉	庚戌	辛亥	壬子	癸丑	甲寅	乙卯	丙辰	丁巳	戊午	己未	庚申	辛酉	丙申穀雨 辛亥立夏
		西曆	13	14	15	16	17	18	19	20	21	22	23	24	25	26	27	28	29	30	(5)	2	3	4	5	6	7	8	9	10	11	12	
		星期	一	二	三	四	五	六	日	一	二	三	四	五	六	日	一	二	三	四	五	六	日	一	二	三	四	五	六	日	一	二	
四月小	丁巳	天干地支	壬戌	癸亥	甲子	乙丑	丙寅	丁卯	戊辰	己巳	庚午	辛未	壬申	癸酉	甲戌	乙亥	丙子	丁丑	戊寅	己卯	庚辰	辛巳	壬午	癸未	甲申	乙酉	丙戌	丁亥	戊子	己丑	庚寅		丙寅小滿 辛巳芒種
		西曆	13	14	15	16	17	18	19	20	21	22	23	24	25	26	27	28	29	30	31	(6)	2	3	4	5	6	7	8	9	10		
		星期	三	四	五	六	日	一	二	三	四	五	六	日	一	二	三	四	五	六	日	一	二	三	四	五	六	日	一	二	三		
五月大	戊午	天干地支	辛卯	壬辰	癸巳	甲午	乙未	丙申	丁酉	戊戌	己亥	庚子	辛丑	壬寅	癸卯	甲辰	乙巳	丙午	丁未	戊申	己酉	庚戌	辛亥	壬子	癸丑	甲寅	乙卯	丙辰	丁巳	戊午	己未	庚申	丁酉夏至 壬子小暑
		西曆	11	12	13	14	15	16	17	18	19	20	21	22	23	24	25	26	27	28	29	30	(7)	2	3	4	5	6	7	8	9	10	
		星期	四	五	六	日	一	二	三	四	五	六	日	一	二	三	四	五	六	日	一	二	三	四	五	六	日	一	二	三	四	五	
六月大	己未	天干地支	辛酉	壬戌	癸亥	甲子	乙丑	丙寅	丁卯	戊辰	己巳	庚午	辛未	壬申	癸酉	甲戌	乙亥	丙子	丁丑	戊寅	己卯	庚辰	辛巳	壬午	癸未	甲申	乙酉	丙戌	丁亥	戊子	己丑	庚寅	丁卯大暑 壬午立秋
		西曆	11	12	13	14	15	16	17	18	19	20	21	22	23	24	25	26	27	28	29	30	31	(8)	2	3	4	5	6	7	8	9	
		星期	六	日	一	二	三	四	五	六	日	一	二	三	四	五	六	日	一	二	三	四	五	六	日	一	二	三	四	五	六	日	
七月小	庚申	天干地支	辛卯	壬辰	癸巳	甲午	乙未	丙申	丁酉	戊戌	己亥	庚子	辛丑	壬寅	癸卯	甲辰	乙巳	丙午	丁未	戊申	己酉	庚戌	辛亥	壬子	癸丑	甲寅	乙卯	丙辰	丁巳	戊午	己未		丁酉處暑 癸丑白露
		西曆	10	11	12	13	14	15	16	17	18	19	20	21	22	23	24	25	26	27	28	29	30	31	(9)	2	3	4	5	6	7		
		星期	一	二	三	四	五	六	日	一	二	三	四	五	六	日	一	二	三	四	五	六	日	一	二	三	四	五	六	日	一		
八月大	辛酉	天干地支	庚申	辛酉	壬戌	癸亥	甲子	乙丑	丙寅	丁卯	戊辰	己巳	庚午	辛未	壬申	癸酉	甲戌	乙亥	丙子	丁丑	戊寅	己卯	庚辰	辛巳	壬午	癸未	甲申	乙酉	丙戌	丁亥	戊子	己丑	戊辰秋分 癸未寒露
		西曆	8	9	10	11	12	13	14	15	16	17	18	19	20	21	22	23	24	25	26	27	28	29	30	(10)	2	3	4	5	6	7	
		星期	二	三	四	五	六	日	一	二	三	四	五	六	日	一	二	三	四	五	六	日	一	二	三	四	五	六	日	一	二	三	
九月小	壬戌	天干地支	庚寅	辛卯	壬辰	癸巳	甲午	乙未	丙申	丁酉	戊戌	己亥	庚子	辛丑	壬寅	癸卯	甲辰	乙巳	丙午	丁未	戊申	己酉	庚戌	辛亥	壬子	癸丑	甲寅	乙卯	丙辰	丁巳	戊午		戊戌霜降 甲寅立冬
		西曆	8	9	10	11	12	13	14	15	16	17	18	19	20	21	22	23	24	25	26	27	28	29	30	31	(11)	2	3	4	5		
		星期	四	五	六	日	一	二	三	四	五	六	日	一	二	三	四	五	六	日	一	二	三	四	五	六	日	一	二	三	四		
十月大	癸亥	天干地支	己未	庚申	辛酉	壬戌	癸亥	甲子	乙丑	丙寅	丁卯	戊辰	己巳	庚午	辛未	壬申	癸酉	甲戌	乙亥	丙子	丁丑	戊寅	己卯	庚辰	辛巳	壬午	癸未	甲申	乙酉	丙戌	丁亥	戊子	己巳小雪 甲申大雪
		西曆	6	7	8	9	10	11	12	13	14	15	16	17	18	19	20	21	22	23	24	25	26	27	28	29	30	(12)	2	3	4	5	
		星期	五	六	日	一	二	三	四	五	六	日	一	二	三	四	五	六	日	一	二	三	四	五	六	日	一	二	三	四	五	六	
十一月小	甲子	天干地支	己丑	庚寅	辛卯	壬辰	癸巳	甲午	乙未	丙申	丁酉	戊戌	己亥	庚子	辛丑	壬寅	癸卯	甲辰	乙巳	丙午	丁未	戊申	己酉	庚戌	辛亥	壬子	癸丑	甲寅	乙卯	丙辰	丁巳		己亥冬至 甲寅小寒
		西曆	6	7	8	9	10	11	12	13	14	15	16	17	18	19	20	21	22	23	24	25	26	27	28	29	30	31	(1)	2	3		
		星期	日	一	二	三	四	五	六	日	一	二	三	四	五	六	日	一	二	三	四	五	六	日	一	二	三	四	五	六	日		
十二月大	乙丑	天干地支	戊午	己未	庚申	辛酉	壬戌	癸亥	甲子	乙丑	丙寅	丁卯	戊辰	己巳	庚午	辛未	壬申	癸酉	甲戌	乙亥	丙子	丁丑	戊寅	己卯	庚辰	辛巳	壬午	癸未	甲申	乙酉	丙戌	丁亥	庚午大寒 乙酉立春
		西曆	4	5	6	7	8	9	10	11	12	13	14	15	16	17	18	19	20	21	22	23	24	25	26	27	28	29	30	31	(2)	2	
		星期	一	二	三	四	五	六	日	一	二	三	四	五	六	日	一	二	三	四	五	六	日	一	二	三	四	五	六	日	一	二	

遼聖宗開泰三年（甲寅 虎年） 公元 1014 ~ 1015 年

夏曆月序		中西曆日對照	初一	初二	初三	初四	初五	初六	初七	初八	初九	初十	十一	十二	十三	十四	十五	十六	十七	十八	十九	二十	二一	二二	二三	二四	二五	二六	二七	二八	二九	三十	節氣與天象
正月小	丙寅	天干地支西曆星期	戊子 3 三	己丑 4 四	庚寅 5 五	辛卯 6 六	壬辰 7 日	癸巳 8 一	甲午 9 二	乙未 10 三	丙申 11 四	丁酉 12 五	戊戌 13 六	己亥 14 日	庚子 15 一	辛丑 16 二	壬寅 17 三	癸卯 18 四	甲辰 19 五	乙巳 20 六	丙午 21 日	丁未 22 一	戊申 23 二	己酉 24 三	庚戌 25 四	辛亥 26 五	壬子 27 六	癸丑 28 日	甲寅 (3) 一	乙卯 2 二	丙辰 3 三		庚子雨水 乙卯驚蟄
二月小	丁卯	天干地支西曆星期	丁巳 4 四	戊午 5 五	己未 6 六	庚申 7 日	辛酉 8 一	壬戌 9 二	癸亥 10 三	甲子 11 四	乙丑 12 五	丙寅 13 六	丁卯 14 日	戊辰 15 一	己巳 16 二	庚午 17 三	辛未 18 四	壬申 19 五	癸酉 20 六	甲戌 21 日	乙亥 22 一	丙子 23 二	丁丑 24 三	戊寅 25 四	己卯 26 五	庚辰 27 六	辛巳 28 日	壬午 29 一	癸未 30 二	甲申 31 三	乙酉 (4) 四		辛未春分
三月大	戊辰	天干地支西曆星期	丙戌 2 五	丁亥 3 六	戊子 4 日	己丑 5 一	庚寅 6 二	辛卯 7 三	壬辰 8 四	癸巳 9 五	甲午 10 六	乙未 11 日	丙申 12 一	丁酉 13 二	戊戌 14 三	己亥 15 四	庚子 16 五	辛丑 17 六	壬寅 18 日	癸卯 19 一	甲辰 20 二	乙巳 21 三	丙午 22 四	丁未 23 五	戊申 24 六	己酉 25 日	庚戌 26 一	辛亥 27 二	壬子 28 三	癸丑 29 四	甲寅 30 五	乙卯 (5) 六	丙戌清明 辛丑穀雨
四月大	己巳	天干地支西曆星期	丙辰 2 日	丁巳 3 一	戊午 4 二	己未 5 三	庚申 6 四	辛酉 7 五	壬戌 8 六	癸亥 9 日	甲子 10 一	乙丑 11 二	丙寅 12 三	丁卯 13 四	戊辰 14 五	己巳 15 六	庚午 16 日	辛未 17 一	壬申 18 二	癸酉 19 三	甲戌 20 四	乙亥 21 五	丙子 22 六	丁丑 23 日	戊寅 24 一	己卯 25 二	庚辰 26 三	辛巳 27 四	壬午 28 五	癸未 29 六	甲申 30 日	乙酉 31 一	丙辰立夏 辛未小滿
五月小	庚午	天干地支西曆星期	丙戌 (6) 二	丁亥 2 三	戊子 3 四	己丑 4 五	庚寅 5 六	辛卯 6 日	壬辰 7 一	癸巳 8 二	甲午 9 三	乙未 10 四	丙申 11 五	丁酉 12 六	戊戌 13 日	己亥 14 一	庚子 15 二	辛丑 16 三	壬寅 17 四	癸卯 18 五	甲辰 19 六	乙巳 20 日	丙午 21 一	丁未 22 二	戊申 23 三	己酉 24 四	庚戌 25 五	辛亥 26 六	壬子 27 日	癸丑 28 一	甲寅 29 二		丁亥芒種 壬寅夏至
六月大	辛未	天干地支西曆星期	乙卯 30 三	丙辰 (7) 四	丁巳 2 五	戊午 3 六	己未 4 日	庚申 5 一	辛酉 6 二	壬戌 7 三	癸亥 8 四	甲子 9 五	乙丑 10 六	丙寅 11 日	丁卯 12 一	戊辰 13 二	己巳 14 三	庚午 15 四	辛未 16 五	壬申 17 六	癸酉 18 日	甲戌 19 一	乙亥 20 二	丙子 21 三	丁丑 22 四	戊寅 23 五	己卯 24 六	庚辰 25 日	辛巳 26 一	壬午 27 二	癸未 28 三	甲申 29 四	丁巳小暑 壬申大暑
七月小	壬申	天干地支西曆星期	乙酉 30 五	丙戌 31 六	丁亥 (8) 日	戊子 2 一	己丑 3 二	庚寅 4 三	辛卯 5 四	壬辰 6 五	癸巳 7 六	甲午 8 日	乙未 9 一	丙申 10 二	丁酉 11 三	戊戌 12 四	己亥 13 五	庚子 14 六	辛丑 15 日	壬寅 16 一	癸卯 17 二	甲辰 18 三	乙巳 19 四	丙午 20 五	丁未 21 六	戊申 22 日	己酉 23 一	庚戌 24 二	辛亥 25 三	壬子 26 四	癸丑 27 五		丁亥立秋 癸卯處暑
八月大	癸酉	天干地支西曆星期	甲寅 28 六	乙卯 29 日	丙辰 30 一	丁巳 31 二	戊午 (9) 三	己未 2 四	庚申 3 五	辛酉 4 六	壬戌 5 日	癸亥 6 一	甲子 7 二	乙丑 8 三	丙寅 9 四	丁卯 10 五	戊辰 11 六	己巳 12 日	庚午 13 一	辛未 14 二	壬申 15 三	癸酉 16 四	甲戌 17 五	乙亥 18 六	丙子 19 日	丁丑 20 一	戊寅 21 二	己卯 22 三	庚辰 23 四	辛巳 24 五	壬午 25 六	癸未 26 日	戊午白露 癸酉秋分
九月大	甲戌	天干地支西曆星期	甲申 27 一	乙酉 28 二	丙戌 29 三	丁亥 30 四	戊子 (10) 五	己丑 2 六	庚寅 3 日	辛卯 4 一	壬辰 5 二	癸巳 6 三	甲午 7 四	乙未 8 五	丙申 9 六	丁酉 10 日	戊戌 11 一	己亥 12 二	庚子 13 三	辛丑 14 四	壬寅 15 五	癸卯 16 六	甲辰 17 日	乙巳 18 一	丙午 19 二	丁未 20 三	戊申 21 四	己酉 22 五	庚戌 23 六	辛亥 24 日	壬子 25 一	癸丑 26 二	戊子寒露 甲辰霜降
十月小	乙亥	天干地支西曆星期	甲寅 27 三	乙卯 28 四	丙辰 29 五	丁巳 30 六	戊午 31 日	己未 (11) 一	庚申 2 二	辛酉 3 三	壬戌 4 四	癸亥 5 五	甲子 6 六	乙丑 7 日	丙寅 8 一	丁卯 9 二	戊辰 10 三	己巳 11 四	庚午 12 五	辛未 13 六	壬申 14 日	癸酉 15 一	甲戌 16 二	乙亥 17 三	丙子 18 四	丁丑 19 五	戊寅 20 六	己卯 21 日	庚辰 22 一	辛巳 23 二	壬午 24 三		己未立冬 甲戌小雪
十一月大	丙子	天干地支西曆星期	癸未 25 四	甲申 26 五	乙酉 27 六	丙戌 28 日	丁亥 29 一	戊子 30 二	己丑 (12) 三	庚寅 2 四	辛卯 3 五	壬辰 4 六	癸巳 5 日	甲午 6 一	乙未 7 二	丙申 8 三	丁酉 9 四	戊戌 10 五	己亥 11 六	庚子 12 日	辛丑 13 一	壬寅 14 二	癸卯 15 三	甲辰 16 四	乙巳 17 五	丙午 18 六	丁未 19 日	戊申 20 一	己酉 21 二	庚戌 22 三	辛亥 23 四	壬子 24 五	己丑大雪 甲辰冬至
十二月小	丁丑	天干地支西曆星期	癸丑 25 六	甲寅 26 日	乙卯 27 一	丙辰 28 二	丁巳 29 三	戊午 30 四	己未 31 五	庚申 (1) 六	辛酉 2 日	壬戌 3 一	癸亥 4 二	甲子 5 三	乙丑 6 四	丙寅 7 五	丁卯 8 六	戊辰 9 日	己巳 10 一	庚午 11 二	辛未 12 三	壬申 13 四	癸酉 14 五	甲戌 15 六	乙亥 16 日	丙子 17 一	丁丑 18 二	戊寅 19 三	己卯 20 四	庚辰 21 五	辛巳 22 六		庚申小寒 乙亥大寒

遼聖宗開泰四年（乙卯 兔年） 公元 1015 ~ 1016 年

夏曆月序		中西曆日對照	夏曆日序																														節氣與天象
			初一	初二	初三	初四	初五	初六	初七	初八	初九	初十	十一	十二	十三	十四	十五	十六	十七	十八	十九	二十	二一	二二	二三	二四	二五	二六	二七	二八	二九	三十	
正月大	戊寅	天干地支 西曆 星期	壬午 23 日	癸未 24 一	甲申 25 二	乙酉 26 三	丙戌 27 四	丁亥 28 五	戊子 29 六	己丑 30 日	庚寅 31 一	辛卯 (2) 二	壬辰 2 三	癸巳 3 四	甲午 4 五	乙未 5 六	丙申 6 日	丁酉 7 一	戊戌 8 二	己亥 9 三	庚子 10 四	辛丑 11 五	壬寅 12 六	癸卯 13 日	甲辰 14 一	乙巳 15 二	丙午 16 三	丁未 17 四	戊申 18 五	己酉 19 六	庚戌 20 日	辛亥 21 一	庚寅立春 乙巳雨水
二月小	己卯	天干地支 西曆 星期	壬子 22 二	癸丑 23 三	甲寅 24 四	乙卯 25 五	丙辰 26 六	丁巳 27 日	戊午 28 一	己未 (3) 二	庚申 2 三	辛酉 3 四	壬戌 4 五	癸亥 5 六	甲子 6 日	乙丑 7 一	丙寅 8 二	丁卯 9 三	戊辰 10 四	己巳 11 五	庚午 12 六	辛未 13 日	壬申 14 一	癸酉 15 二	甲戌 16 三	乙亥 17 四	丙子 18 五	丁丑 19 六	戊寅 20 日	己卯 21 一	庚辰 22 二		辛酉驚蟄 丙子春分
三月小	庚辰	天干地支 西曆 星期	辛巳 23 三	壬午 24 四	癸未 25 五	甲申 26 六	乙酉 27 日	丙戌 28 一	丁亥 29 二	戊子 30 三	己丑 31 四	庚寅 (4) 五	辛卯 2 六	壬辰 3 日	癸巳 4 一	甲午 5 二	乙未 6 三	丙申 7 四	丁酉 8 五	戊戌 9 六	己亥 10 日	庚子 11 一	辛丑 12 二	壬寅 13 三	癸卯 14 四	甲辰 15 五	乙巳 16 六	丙午 17 日	丁未 18 一	戊申 19 二	己酉 20 三		辛卯清明 丙午穀雨
四月大	辛巳	天干地支 西曆 星期	庚戌 21 四	辛亥 22 五	壬子 23 六	癸丑 24 日	甲寅 25 一	乙卯 26 二	丙辰 27 三	丁巳 28 四	戊午 29 五	己未 30 六	庚申 (5) 日	辛酉 2 一	壬戌 3 二	癸亥 4 三	甲子 5 四	乙丑 6 五	丙寅 7 六	丁卯 8 日	戊辰 9 一	己巳 10 二	庚午 11 三	辛未 12 四	壬申 13 五	癸酉 14 六	甲戌 15 日	乙亥 16 一	丙子 17 二	丁丑 18 三	戊寅 19 四	己卯 20 五	辛酉立夏 丁丑小滿
五月小	壬午	天干地支 西曆 星期	庚辰 21 六	辛巳 22 日	壬午 23 一	癸未 24 二	甲申 25 三	乙酉 26 四	丙戌 27 五	丁亥 28 六	戊子 29 日	己丑 30 一	庚寅 31 二	辛卯 (6) 三	壬辰 2 四	癸巳 3 五	甲午 4 六	乙未 5 日	丙申 6 一	丁酉 7 二	戊戌 8 三	己亥 9 四	庚子 10 五	辛丑 11 六	壬寅 12 日	癸卯 13 一	甲辰 14 二	乙巳 15 三	丙午 16 四	丁未 17 五	戊申 18 六		壬辰芒種 丁未夏至
六月大	癸未	天干地支 西曆 星期	己酉 19 日	庚戌 20 一	辛亥 21 二	壬子 22 三	癸丑 23 四	甲寅 24 五	乙卯 25 六	丙辰 26 日	丁巳 27 一	戊午 28 二	己未 29 三	庚申 30 四	辛酉 (7) 五	壬戌 2 六	癸亥 3 日	甲子 4 一	乙丑 5 二	丙寅 6 三	丁卯 7 四	戊辰 8 五	己巳 9 六	庚午 10 日	辛未 11 一	壬申 12 二	癸酉 13 三	甲戌 14 四	乙亥 15 五	丙子 16 六	丁丑 17 日	戊寅 18 一	壬戌小暑 戊寅大暑 己酉日食
七月小	甲申	天干地支 西曆 星期	己卯 19 二	庚辰 20 三	辛巳 21 四	壬午 22 五	癸未 23 六	甲申 24 日	乙酉 25 一	丙戌 26 二	丁亥 27 三	戊子 28 四	己丑 29 五	庚寅 30 六	辛卯 31 日	壬辰 (8) 一	癸巳 2 二	甲午 3 三	乙未 4 四	丙申 5 五	丁酉 6 六	戊戌 7 日	己亥 8 一	庚子 9 二	辛丑 10 三	壬寅 11 四	癸卯 12 五	甲辰 13 六	乙巳 14 日	丙午 15 一	丁未 16 二		癸巳立秋
閏七月大	甲申	天干地支 西曆 星期	戊申 17 三	己酉 18 四	庚戌 19 五	辛亥 20 六	壬子 21 日	癸丑 22 一	甲寅 23 二	乙卯 24 三	丙辰 25 四	丁巳 26 五	戊午 27 六	己未 28 日	庚申 29 一	辛酉 30 二	壬戌 31 三	癸亥 (9) 四	甲子 2 五	乙丑 3 六	丙寅 4 日	丁卯 5 一	戊辰 6 二	己巳 7 三	庚午 8 四	辛未 9 五	壬申 10 六	癸酉 11 日	甲戌 12 一	乙亥 13 二	丙子 14 三	丁丑 15 四	戊申處暑 癸亥白露
八月大	乙酉	天干地支 西曆 星期	戊寅 16 五	己卯 17 六	庚辰 18 日	辛巳 19 一	壬午 20 二	癸未 21 三	甲申 22 四	乙酉 23 五	丙戌 24 六	丁亥 25 日	戊子 26 一	己丑 27 二	庚寅 28 三	辛卯 29 四	壬辰 30 五	癸巳 (10) 六	甲午 2 日	乙未 3 一	丙申 4 二	丁酉 5 三	戊戌 6 四	己亥 7 五	庚子 8 六	辛丑 9 日	壬寅 10 一	癸卯 11 二	甲辰 12 三	乙巳 13 四	丙午 14 五	丁未 15 六	戊寅秋分 甲午寒露
九月大	丙戌	天干地支 西曆 星期	戊申 16 日	己酉 17 一	庚戌 18 二	辛亥 19 三	壬子 20 四	癸丑 21 五	甲寅 22 六	乙卯 23 日	丙辰 24 一	丁巳 25 二	戊午 26 三	己未 27 四	庚申 28 五	辛酉 29 六	壬戌 30 日	癸亥 31 一	甲子 (11) 二	乙丑 2 三	丙寅 3 四	丁卯 4 五	戊辰 5 六	己巳 6 日	庚午 7 一	辛未 8 二	壬申 9 三	癸酉 10 四	甲戌 11 五	乙亥 12 六	丙子 13 日	丁丑 14 一	己酉霜降 甲子立冬
十月小	丁亥	天干地支 西曆 星期	戊寅 15 二	己卯 16 三	庚辰 17 四	辛巳 18 五	壬午 19 六	癸未 20 日	甲申 21 一	乙酉 22 二	丙戌 23 三	丁亥 24 四	戊子 25 五	己丑 26 六	庚寅 27 日	辛卯 28 一	壬辰 29 二	癸巳 30 三	甲午 (12) 四	乙未 2 五	丙申 3 六	丁酉 4 日	戊戌 5 一	己亥 6 二	庚子 7 三	辛丑 8 四	壬寅 9 五	癸卯 10 六	甲辰 11 日	乙巳 12 一	丙午 13 二		己卯小雪 甲午大雪
十一月大	戊子	天干地支 西曆 星期	丁未 14 三	戊申 15 四	己酉 16 五	庚戌 17 六	辛亥 18 日	壬子 19 一	癸丑 20 二	甲寅 21 三	乙卯 22 四	丙辰 23 五	丁巳 24 六	戊午 25 日	己未 26 一	庚申 27 二	辛酉 28 三	壬戌 29 四	癸亥 30 五	甲子 31 六	乙丑 (1) 日	丙寅 2 一	丁卯 3 二	戊辰 4 三	己巳 5 四	庚午 6 五	辛未 7 六	壬申 8 日	癸酉 9 一	甲戌 10 二	乙亥 11 三	丙子 12 四	庚戌冬至 乙丑小寒
十二月小	己丑	天干地支 西曆 星期	丁丑 13 五	戊寅 14 六	己卯 15 日	庚辰 16 一	辛巳 17 二	壬午 18 三	癸未 19 四	甲申 20 五	乙酉 21 六	丙戌 22 日	丁亥 23 一	戊子 24 二	己丑 25 三	庚寅 26 四	辛卯 27 五	壬辰 28 六	癸巳 29 日	甲午 30 一	乙未 31 二	丙申 (2) 三	丁酉 2 四	戊戌 3 五	己亥 4 六	庚子 5 日	辛丑 6 一	壬寅 7 二	癸卯 8 三	甲辰 9 四	乙巳 10 五		庚辰大寒 乙未立春

遼聖宗開泰五年（丙辰 龍年） 公元1016 ~ 1017年

夏曆月序		中西曆日對照	初一	初二	初三	初四	初五	初六	初七	初八	初九	初十	十一	十二	十三	十四	十五	十六	十七	十八	十九	二十	二一	二二	二三	二四	二五	二六	二七	二八	二九	三十	節氣與天象
正月大	庚寅	干支 西曆 星期	丙午 11 六	丁未 12 日	戊申 13 一	己酉 14 二	庚戌 15 三	辛亥 16 四	壬子 17 五	癸丑 18 六	甲寅 19 日	乙卯 20 一	丙辰 21 二	丁巳 22 三	戊午 23 四	己未 24 五	庚申 25 六	辛酉 26 日	壬戌 27 一	癸亥 28 二	甲子 29 三	乙丑 (3) 四	丙寅 2 五	丁卯 3 六	戊辰 4 日	己巳 5 一	庚午 6 二	辛未 7 三	壬申 8 四	癸酉 9 五	甲戌 10 六	乙亥 11 日	辛亥雨水 丙寅驚蟄
二月小	辛卯	干支 西曆 星期	丙子 12 一	丁丑 13 二	戊寅 14 三	己卯 15 四	庚辰 16 五	辛巳 17 六	壬午 18 日	癸未 19 一	甲申 20 二	乙酉 21 三	丙戌 22 四	丁亥 23 五	戊子 24 六	己丑 25 日	庚寅 26 一	辛卯 27 二	壬辰 28 三	癸巳 29 四	甲午 30 五	乙未 31 六	丙申 (4) 日	丁酉 2 一	戊戌 3 二	己亥 4 三	庚子 5 四	辛丑 6 五	壬寅 7 六	癸卯 8 日	甲辰 9 一		辛巳春分 丙申清明
三月小	壬辰	干支 西曆 星期	乙巳 10 二	丙午 11 三	丁未 12 四	戊申 13 五	己酉 14 六	庚戌 15 日	辛亥 16 一	壬子 17 二	癸丑 18 三	甲寅 19 四	乙卯 20 五	丙辰 21 六	丁巳 22 日	戊午 23 一	己未 24 二	庚申 25 三	辛酉 26 四	壬戌 27 五	癸亥 28 六	甲子 29 日	乙丑 30 一	丙寅 (5) 二	丁卯 2 三	戊辰 3 四	己巳 4 五	庚午 5 六	辛未 6 日	壬申 7 一	癸酉 8 二		辛亥穀雨 丁卯立夏
四月大	癸巳	干支 西曆 星期	甲戌 9 三	乙亥 10 四	丙子 11 五	丁丑 12 六	戊寅 13 日	己卯 14 一	庚辰 15 二	辛巳 16 三	壬午 17 四	癸未 18 五	甲申 19 六	乙酉 20 日	丙戌 21 一	丁亥 22 二	戊子 23 三	己丑 24 四	庚寅 25 五	辛卯 26 六	壬辰 27 日	癸巳 28 一	甲午 29 二	乙未 30 三	丙申 31 四	丁酉 (6) 五	戊戌 2 六	己亥 3 日	庚子 4 一	辛丑 5 二	壬寅 6 三	癸卯 7 四	壬午小滿 丁酉芒種
五月小	甲午	干支 西曆 星期	甲辰 8 五	乙巳 9 六	丙午 10 日	丁未 11 一	戊申 12 二	己酉 13 三	庚戌 14 四	辛亥 15 五	壬子 16 六	癸丑 17 日	甲寅 18 一	乙卯 19 二	丙辰 20 三	丁巳 21 四	戊午 22 五	己未 23 六	庚申 24 日	辛酉 25 一	壬戌 26 二	癸亥 27 三	甲子 28 四	乙丑 29 五	丙寅 30 六	丁卯 (7) 日	戊辰 2 一	己巳 3 二	庚午 4 三	辛未 5 四	壬申 6 五		壬子夏至 戊辰小暑
六月大	乙未	干支 西曆 星期	癸酉 7 六	甲戌 8 日	乙亥 9 一	丙子 10 二	丁丑 11 三	戊寅 12 四	己卯 13 五	庚辰 14 六	辛巳 15 日	壬午 16 一	癸未 17 二	甲申 18 三	乙酉 19 四	丙戌 20 五	丁亥 21 六	戊子 22 日	己丑 23 一	庚寅 24 二	辛卯 25 三	壬辰 26 四	癸巳 27 五	甲午 28 六	乙未 29 日	丙申 30 一	丁酉 31 二	戊戌 (8) 三	己亥 2 四	庚子 3 五	辛丑 4 六	壬寅 5 日	癸未大暑 戊戌立秋
七月小	丙申	干支 西曆 星期	癸卯 6 一	甲辰 7 二	乙巳 8 三	丙午 9 四	丁未 10 五	戊申 11 六	己酉 12 日	庚戌 13 一	辛亥 14 二	壬子 15 三	癸丑 16 四	甲寅 17 五	乙卯 18 六	丙辰 19 日	丁巳 20 一	戊午 21 二	己未 22 三	庚申 23 四	辛酉 24 五	壬戌 25 六	癸亥 26 日	甲子 27 一	乙丑 28 二	丙寅 29 三	丁卯 30 四	戊辰 31 五	己巳 (9) 六	庚午 2 日	辛未 3 一		癸丑處暑 戊辰白露
八月大	丁酉	干支 西曆 星期	壬申 4 二	癸酉 5 三	甲戌 6 四	乙亥 7 五	丙子 8 六	丁丑 9 日	戊寅 10 一	己卯 11 二	庚辰 12 三	辛巳 13 四	壬午 14 五	癸未 15 六	甲申 16 日	乙酉 17 一	丙戌 18 二	丁亥 19 三	戊子 20 四	己丑 21 五	庚寅 22 六	辛卯 23 日	壬辰 24 一	癸巳 25 二	甲午 26 三	乙未 27 四	丙申 28 五	丁酉 29 六	戊戌 30 日	己亥 (10) 一	庚子 2 二	辛丑 3 三	甲申秋分 己亥寒露
九月大	戊戌	干支 西曆 星期	壬寅 4 四	癸卯 5 五	甲辰 6 六	乙巳 7 日	丙午 8 一	丁未 9 二	戊申 10 三	己酉 11 四	庚戌 12 五	辛亥 13 六	壬子 14 日	癸丑 15 一	甲寅 16 二	乙卯 17 三	丙辰 18 四	丁巳 19 五	戊午 20 六	己未 21 日	庚申 22 一	辛酉 23 二	壬戌 24 三	癸亥 25 四	甲子 26 五	乙丑 27 六	丙寅 28 日	丁卯 29 一	戊辰 30 二	己巳 31 三	庚午 (11) 四	辛未 2 五	甲寅霜降 己巳立冬
十月小	己亥	干支 西曆 星期	壬申 3 六	癸酉 4 日	甲戌 5 一	乙亥 6 二	丙子 7 三	丁丑 8 四	戊寅 9 五	己卯 10 六	庚辰 11 日	辛巳 12 一	壬午 13 二	癸未 14 三	甲申 15 四	乙酉 16 五	丙戌 17 六	丁亥 18 日	戊子 19 一	己丑 20 二	庚寅 21 三	辛卯 22 四	壬辰 23 五	癸巳 24 六	甲午 25 日	乙未 26 一	丙申 27 二	丁酉 28 三	戊戌 29 四	己亥 30 五	庚子 (12) 六		乙酉小雪 庚子大雪
十一月大	庚子	干支 西曆 星期	辛丑 2 日	壬寅 3 一	癸卯 4 二	甲辰 5 三	乙巳 6 四	丙午 7 五	丁未 8 六	戊申 9 日	己酉 10 一	庚戌 11 二	辛亥 12 三	壬子 13 四	癸丑 14 五	甲寅 15 六	乙卯 16 日	丙辰 17 一	丁巳 18 二	戊午 19 三	己未 20 四	庚申 21 五	辛酉 22 六	壬戌 23 日	癸亥 24 一	甲子 25 二	乙丑 26 三	丙寅 27 四	丁卯 28 五	戊辰 29 六	己巳 30 日	庚午 31 一	乙卯冬至 庚午小寒
十二月大	辛丑	干支 西曆 星期	辛未 (1) 二	壬申 2 三	癸酉 3 四	甲戌 4 五	乙亥 5 六	丙子 6 日	丁丑 7 一	戊寅 8 二	己卯 9 三	庚辰 10 四	辛巳 11 五	壬午 12 六	癸未 13 日	甲申 14 一	乙酉 15 二	丙戌 16 三	丁亥 17 四	戊子 18 五	己丑 19 六	庚寅 20 日	辛卯 21 一	壬辰 22 二	癸巳 23 三	甲午 24 四	乙未 25 五	丙申 26 六	丁酉 27 日	戊戌 28 一	己亥 29 二	庚子 30 三	乙酉大寒

遼聖宗開泰六年（丁巳 蛇年） 公元 1017 ~ 1018 年

夏曆月序		中西曆日對照	初一	初二	初三	初四	初五	初六	初七	初八	初九	初十	十一	十二	十三	十四	十五	十六	十七	十八	十九	二十	二一	二二	二三	二四	二五	二六	二七	二八	二九	三十	節氣與天象
正月小	壬寅	天干地支西曆星期	辛丑31四	壬寅(2)五	癸卯2六	甲辰3日	乙巳4一	丙午5二	丁未6三	戊申7四	己酉8五	庚戌9六	辛亥10日	壬子11一	癸丑12二	甲寅13三	乙卯14四	丙辰15五	丁巳16六	戊午17日	己未18一	庚申19二	辛酉20三	壬戌21四	癸亥22五	甲子23六	乙丑24日	丙寅25一	丁卯26二	戊辰27三	己巳28四		辛丑立春 丙辰雨水
二月大	癸卯	天干地支西曆星期	庚午(3)五	辛未2六	壬申3日	癸酉4一	甲戌5二	乙亥6三	丙子7四	丁丑8五	戊寅9六	己卯10日	庚辰11一	辛巳12二	壬午13三	癸未14四	甲申15五	乙酉16六	丙戌17日	丁亥18一	戊子19二	己丑20三	庚寅21四	辛卯22五	壬辰23六	癸巳24日	甲午25一	乙未26二	丙申27三	丁酉28四	戊戌29五	己亥30六	辛未驚蟄 丙戌春分
三月小	甲辰	天干地支西曆星期	庚子31日	辛丑(4)一	壬寅2二	癸卯3三	甲辰4四	乙巳5五	丙午6六	丁未7日	戊申8一	己酉9二	庚戌10三	辛亥11四	壬子12五	癸丑13六	甲寅14日	乙卯15一	丙辰16二	丁巳17三	戊午18四	己未19五	庚申20六	辛酉21日	壬戌22一	癸亥23二	甲子24三	乙丑25四	丙寅26五	丁卯27六	戊辰28日		辛丑清明 丁巳穀雨
四月小	乙巳	天干地支西曆星期	己巳29一	庚午30二	辛未(5)三	壬申2四	癸酉3五	甲戌4六	乙亥5日	丙子6一	丁丑7二	戊寅8三	己卯9四	庚辰10五	辛巳11六	壬午12日	癸未13一	甲申14二	乙酉15三	丙戌16四	丁亥17五	戊子18六	己丑19日	庚寅20一	辛卯21二	壬辰22三	癸巳23四	甲午24五	乙未25六	丙申26日	丁酉27一		壬申立夏 丁亥小滿
五月大	丙午	天干地支西曆星期	戊戌28二	己亥29三	庚子30四	辛丑31五	壬寅(6)六	癸卯2日	甲辰3一	乙巳4二	丙午5三	丁未6四	戊申7五	己酉8六	庚戌9日	辛亥10一	壬子11二	癸丑12三	甲寅13四	乙卯14五	丙辰15六	丁巳16日	戊午17一	己未18二	庚申19三	辛酉20四	壬戌21五	癸亥22六	甲子23日	乙丑24一	丙寅25二	丁卯26三	壬寅芒種 戊午夏至
六月小	丁未	天干地支西曆星期	戊辰27四	己巳28五	庚午29六	辛未30日	壬申(7)一	癸酉2二	甲戌3三	乙亥4四	丙子5五	丁丑6六	戊寅7日	己卯8一	庚辰9二	辛巳10三	壬午11四	癸未12五	甲申13六	乙酉14日	丙戌15一	丁亥16二	戊子17三	己丑18四	庚寅19五	辛卯20六	壬辰21日	癸巳22一	甲午23二	乙未24三	丙申25四		癸酉小暑 戊子大暑
七月小	戊申	天干地支西曆星期	丁酉26五	戊戌27六	己亥28日	庚子29一	辛丑30二	壬寅31三	癸卯(8)四	甲辰2五	乙巳3六	丙午4日	丁未5一	戊申6二	己酉7三	庚戌8四	辛亥9五	壬子10六	癸丑11日	甲寅12一	乙卯13二	丙辰14三	丁巳15四	戊午16五	己未17六	庚申18日	辛酉19一	壬戌20二	癸亥21三	甲子22四	乙丑23五		癸卯立秋 戊午處暑
八月大	己酉	天干地支西曆星期	丙寅24六	丁卯25日	戊辰26一	己巳27二	庚午28三	辛未29四	壬申30五	癸酉31六	甲戌(9)日	乙亥2一	丙子3二	丁丑4三	戊寅5四	己卯6五	庚辰7六	辛巳8日	壬午9一	癸未10二	甲申11三	乙酉12四	丙戌13五	丁亥14六	戊子15日	己丑16一	庚寅17二	辛卯18三	壬辰19四	癸巳20五	甲午21六	乙未22日	甲戌白露 己丑秋分
九月大	庚戌	天干地支西曆星期	丙申23一	丁酉24二	戊戌25三	己亥26四	庚子27五	辛丑28六	壬寅29日	癸卯30一	甲辰(10)二	乙巳2三	丙午3四	丁未4五	戊申5六	己酉6日	庚戌7一	辛亥8二	壬子9三	癸丑10四	甲寅11五	乙卯12六	丙辰13日	丁巳14一	戊午15二	己未16三	庚申17四	辛酉18五	壬戌19六	癸亥20日	甲子21一	乙丑22二	甲辰寒露 己未霜降
十月小	辛亥	天干地支西曆星期	丙寅23三	丁卯24四	戊辰25五	己巳26六	庚午27日	辛未28一	壬申29二	癸酉30三	甲戌31四	乙亥(11)五	丙子2六	丁丑3日	戊寅4一	己卯5二	庚辰6三	辛巳7四	壬午8五	癸未9六	甲申10日	乙酉11一	丙戌12二	丁亥13三	戊子14四	己丑15五	庚寅16六	辛卯17日	壬辰18一	癸巳19二	甲午20三		乙亥立冬 庚寅小雪
十一月大	壬子	天干地支西曆星期	乙未21四	丙申22五	丁酉23六	戊戌24日	己亥25一	庚子26二	辛丑27三	壬寅28四	癸卯29五	甲辰30六	乙巳(12)日	丙午2一	丁未3二	戊申4三	己酉5四	庚戌6五	辛亥7六	壬子8日	癸丑9一	甲寅10二	乙卯11三	丙辰12四	丁巳13五	戊午14六	己未15日	庚申16一	辛酉17二	壬戌18三	癸亥19四	甲子20五	乙巳大雪 庚申冬至
十二月大	癸丑	天干地支西曆星期	乙丑21六	丙寅22日	丁卯23一	戊辰24二	己巳25三	庚午26四	辛未27五	壬申28六	癸酉29日	甲戌30一	乙亥31二	丙子(1)三	丁丑2四	戊寅3五	己卯4六	庚辰5日	辛巳6一	壬午7二	癸未8三	甲申9四	乙酉10五	丙戌11六	丁亥12日	戊子13一	己丑14二	庚寅15三	辛卯16四	壬辰17五	癸巳18六	甲午19日	乙亥小寒 辛卯大寒

遼聖宗開泰七年（戊午 馬年） 公元 1018 ~ 1019 年

夏曆月序		中西曆日對照	初一	初二	初三	初四	初五	初六	初七	初八	初九	初十	十一	十二	十三	十四	十五	十六	十七	十八	十九	二十	二一	二二	二三	二四	二五	二六	二七	二八	二九	三十	節氣與天象
正月大	甲寅	天干 地支 西曆 星期	乙未 20 一	丙申 21 二	丁酉 22 三	戊戌 23 四	己亥 24 五	庚子 25 六	辛丑 26 日	壬寅 27 一	癸卯 28 二	甲辰 29 三	乙巳 30 四	丙午 31 五	丁未 (2) 六	戊申 2 日	己酉 3 一	庚戌 4 二	辛亥 5 三	壬子 6 四	癸丑 7 五	甲寅 8 六	乙卯 9 日	丙辰 10 一	丁巳 11 二	戊午 12 三	己未 13 四	庚申 14 五	辛酉 15 六	壬戌 16 日	癸亥 17 一	甲子 18 二	丙午立春 辛酉雨水
二月小	乙卯	天干 地支 西曆 星期	乙丑 19 三	丙寅 20 四	丁卯 21 五	戊辰 22 六	己巳 23 日	庚午 24 一	辛未 25 二	壬申 26 三	癸酉 27 四	甲戌 28 五	乙亥 (3) 六	丙子 2 日	丁丑 3 一	戊寅 4 二	己卯 5 三	庚辰 6 四	辛巳 7 五	壬午 8 六	癸未 9 日	甲申 10 一	乙酉 11 二	丙戌 12 三	丁亥 13 四	戊子 14 五	己丑 15 六	庚寅 16 日	辛卯 17 一	壬辰 18 二	癸巳 19 三		丙子驚蟄 壬辰春分
三月大	丙辰	天干 地支 西曆 星期	甲午 20 四	乙未 21 五	丙申 22 六	丁酉 23 日	戊戌 24 一	己亥 25 二	庚子 26 三	辛丑 27 四	壬寅 28 五	癸卯 29 六	甲辰 30 日	乙巳 31 一	丙午 (4) 二	丁未 2 三	戊申 3 四	己酉 4 五	庚戌 5 六	辛亥 6 日	壬子 7 一	癸丑 8 二	甲寅 9 三	乙卯 10 四	丙辰 11 五	丁巳 12 六	戊午 13 日	己未 14 一	庚申 15 二	辛酉 16 三	壬戌 17 四	癸亥 18 五	丁未清明 壬戌穀雨
四月小	丁巳	天干 地支 西曆 星期	甲子 19 六	乙丑 20 日	丙寅 21 一	丁卯 22 二	戊辰 23 三	己巳 24 四	庚午 25 五	辛未 26 六	壬申 27 日	癸酉 28 一	甲戌 29 二	乙亥 30 三	丙子 (5) 四	丁丑 2 五	戊寅 3 六	己卯 4 日	庚辰 5 一	辛巳 6 二	壬午 7 三	癸未 8 四	甲申 9 五	乙酉 10 六	丙戌 11 日	丁亥 12 一	戊子 13 二	己丑 14 三	庚寅 15 四	辛卯 16 五	壬辰 17 六		丁丑立夏 壬辰小滿
閏四月小	丁巳	天干 地支 西曆 星期	癸巳 18 日	甲午 19 一	乙未 20 二	丙申 21 三	丁酉 22 四	戊戌 23 五	己亥 24 六	庚子 25 日	辛丑 26 一	壬寅 27 二	癸卯 28 三	甲辰 29 四	乙巳 30 五	丙午 31 六	丁未 (6) 日	戊申 2 一	己酉 3 二	庚戌 4 三	辛亥 5 四	壬子 6 五	癸丑 7 六	甲寅 8 日	乙卯 9 一	丙辰 10 二	丁巳 11 三	戊午 12 四	己未 13 五	庚申 14 六	辛酉 15 日		戊申芒種
五月大	戊午	天干 地支 西曆 星期	壬戌 16 一	癸亥 17 二	甲子 18 三	乙丑 19 四	丙寅 20 五	丁卯 21 六	戊辰 22 日	己巳 23 一	庚午 24 二	辛未 25 三	壬申 26 四	癸酉 27 五	甲戌 28 六	乙亥 29 日	丙子 30 一	丁丑 (7) 二	戊寅 2 三	己卯 3 四	庚辰 4 五	辛巳 5 六	壬午 6 日	癸未 7 一	甲申 8 二	乙酉 9 三	丙戌 10 四	丁亥 11 五	戊子 12 六	己丑 13 日	庚寅 14 一	辛卯 15 二	癸亥夏至 戊寅小暑
六月小	己未	天干 地支 西曆 星期	壬辰 16 三	癸巳 17 四	甲午 18 五	乙未 19 六	丙申 20 日	丁酉 21 一	戊戌 22 二	己亥 23 三	庚子 24 四	辛丑 25 五	壬寅 26 六	癸卯 27 日	甲辰 28 一	乙巳 29 二	丙午 30 三	丁未 31 四	戊申 (8) 五	己酉 2 六	庚戌 3 日	辛亥 4 一	壬子 5 二	癸丑 6 三	甲寅 7 四	乙卯 8 五	丙辰 9 六	丁巳 10 日	戊午 11 一	己未 12 二	庚申 13 三		癸巳大暑 戊申立秋
七月小	庚申	天干 地支 西曆 星期	辛酉 14 四	壬戌 15 五	癸亥 16 六	甲子 17 日	乙丑 18 一	丙寅 19 二	丁卯 20 三	戊辰 21 四	己巳 22 五	庚午 23 六	辛未 24 日	壬申 25 一	癸酉 26 二	甲戌 27 三	乙亥 28 四	丙子 29 五	丁丑 30 六	戊寅 31 日	己卯 (9) 一	庚辰 2 二	辛巳 3 三	壬午 4 四	癸未 5 五	甲申 6 六	乙酉 7 日	丙戌 8 一	丁亥 9 二	戊子 10 三	己丑 11 四		甲子處暑 己卯白露
八月大	辛酉	天干 地支 西曆 星期	庚寅 12 五	辛卯 13 六	壬辰 14 日	癸巳 15 一	甲午 16 二	乙未 17 三	丙申 18 四	丁酉 19 五	戊戌 20 六	己亥 21 日	庚子 22 一	辛丑 23 二	壬寅 24 三	癸卯 25 四	甲辰 26 五	乙巳 27 六	丙午 28 日	丁未 29 一	戊申 30 二	己酉 (10) 三	庚戌 2 四	辛亥 3 五	壬子 4 六	癸丑 5 日	甲寅 6 一	乙卯 7 二	丙辰 8 三	丁巳 9 四	戊午 10 五	己未 11 六	甲午秋分 己酉寒露
九月大	壬戌	天干 地支 西曆 星期	庚申 12 日	辛酉 13 一	壬戌 14 二	癸亥 15 三	甲子 16 四	乙丑 17 五	丙寅 18 六	丁卯 19 日	戊辰 20 一	己巳 21 二	庚午 22 三	辛未 23 四	壬申 24 五	癸酉 25 六	甲戌 26 日	乙亥 27 一	丙子 28 二	丁丑 29 三	戊寅 30 四	己卯 31 五	庚辰 (11) 六	辛巳 2 日	壬午 3 一	癸未 4 二	甲申 5 三	乙酉 6 四	丙戌 7 五	丁亥 8 六	戊子 9 日	己丑 10 一	乙丑霜降 庚辰立冬
十月小	癸亥	天干 地支 西曆 星期	庚寅 11 二	辛卯 12 三	壬辰 13 四	癸巳 14 五	甲午 15 六	乙未 16 日	丙申 17 一	丁酉 18 二	戊戌 19 三	己亥 20 四	庚子 21 五	辛丑 22 六	壬寅 23 日	癸卯 24 一	甲辰 25 二	乙巳 26 三	丙午 27 四	丁未 28 五	戊申 29 六	己酉 30 日	庚戌 (12) 一	辛亥 2 二	壬子 3 三	癸丑 4 四	甲寅 5 五	乙卯 6 六	丙辰 7 日	丁巳 8 一	戊午 9 二		乙未小雪 庚戌大雪
十一月大	甲子	天干 地支 西曆 星期	己未 10 三	庚申 11 四	辛酉 12 五	壬戌 13 六	癸亥 14 日	甲子 15 一	乙丑 16 二	丙寅 17 三	丁卯 18 四	戊辰 19 五	己巳 20 六	庚午 21 日	辛未 22 一	壬申 23 二	癸酉 24 三	甲戌 25 四	乙亥 26 五	丙子 27 六	丁丑 28 日	戊寅 29 一	己卯 30 二	庚辰 31 三	辛巳 (1) 四	壬午 2 五	癸未 3 六	甲申 4 日	乙酉 5 一	丙戌 6 二	丁亥 7 三	戊子 8 四	乙丑冬至 辛巳小寒
十二月大	乙丑	天干 地支 西曆 星期	己丑 9 五	庚寅 10 六	辛卯 11 日	壬辰 12 一	癸巳 13 二	甲午 14 三	乙未 15 四	丙申 16 五	丁酉 17 六	戊戌 18 日	己亥 19 一	庚子 20 二	辛丑 21 三	壬寅 22 四	癸卯 23 五	甲辰 24 六	乙巳 25 日	丙午 26 一	丁未 27 二	戊申 28 三	己酉 29 四	庚戌 30 五	辛亥 31 六	壬子 (2) 日	癸丑 2 一	甲寅 3 二	乙卯 4 三	丙辰 5 四	丁巳 6 五	戊午 7 六	丙申大寒 辛亥立春

遼聖宗開泰八年（己未 羊年） 公元 1019 ~ 1020 年

夏曆月序		中西曆日對照	初一	初二	初三	初四	初五	初六	初七	初八	初九	初十	十一	十二	十三	十四	十五	十六	十七	十八	十九	二十	二一	二二	二三	二四	二五	二六	二七	二八	二九	三十	節氣與天象
正月大	丙寅	天干地支西曆星期	己未8日	庚申9一	辛酉10二	壬戌11三	癸亥12四	甲子13五	乙丑14六	丙寅15日	丁卯16一	戊辰17二	己巳18三	庚午19四	辛未20五	壬申21六	癸酉22日	甲戌23一	乙亥24二	丙子25三	丁丑26四	戊寅27五	己卯28六	庚辰(3)日	辛巳2一	壬午3二	癸未4三	甲申5四	乙酉6五	丙戌7六	丁亥8日	戊子9一	丙寅雨水 壬午驚蟄
二月小	丁卯	天干地支西曆星期	己丑10二	庚寅11三	辛卯12四	壬辰13五	癸巳14六	甲午15日	乙未16一	丙申17二	丁酉18三	戊戌19四	己亥20五	庚子21六	辛丑22日	壬寅23一	癸卯24二	甲辰25三	乙巳26四	丙午27五	丁未28六	戊申29日	己酉30一	庚戌31二	辛亥(4)三	壬子2四	癸丑3五	甲寅4六	乙卯5日	丙辰6一	丁巳7二		丁酉春分 壬子清明
三月大	戊辰	天干地支西曆星期	戊午8三	己未9四	庚申10五	辛酉11六	壬戌12日	癸亥13一	甲子14二	乙丑15三	丙寅16四	丁卯17五	戊辰18六	己巳19日	庚午20一	辛未21二	壬申22三	癸酉23四	甲戌24五	乙亥25六	丙子26日	丁丑27一	戊寅28二	己卯29三	庚辰30四	辛巳(5)五	壬午2六	癸未3日	甲申4一	乙酉5二	丙戌6三	丁亥7四	丁卯穀雨 壬午立夏
四月小	己巳	天干地支西曆星期	戊子8五	己丑9六	庚寅10日	辛卯11一	壬辰12二	癸巳13三	甲午14四	乙未15五	丙申16六	丁酉17日	戊戌18一	己亥19二	庚子20三	辛丑21四	壬寅22五	癸卯23六	甲辰24日	乙巳25一	丙午26二	丁未27三	戊申28四	己酉29五	庚戌30六	辛亥31日	壬子(6)一	癸丑2二	甲寅3三	乙卯4四	丙辰5五		戊戌小滿 癸丑芒種
五月小	庚午	天干地支西曆星期	丁巳6六	戊午7日	己未8一	庚申9二	辛酉10三	壬戌11四	癸亥12五	甲子13六	乙丑14日	丙寅15一	丁卯16二	戊辰17三	己巳18四	庚午19五	辛未20六	壬申21日	癸酉22一	甲戌23二	乙亥24三	丙子25四	丁丑26五	戊寅27六	己卯28日	庚辰29一	辛巳30二	壬午(7)三	癸未2四	甲申3五	乙酉4六		戊辰夏至 癸未小暑
六月大	辛未	天干地支西曆星期	丙戌5日	丁亥6一	戊子7二	己丑8三	庚寅9四	辛卯10五	壬辰11六	癸巳12日	甲午13一	乙未14二	丙申15三	丁酉16四	戊戌17五	己亥18六	庚子19日	辛丑20一	壬寅21二	癸卯22三	甲辰23四	乙巳24五	丙午25六	丁未26日	戊申27一	己酉28二	庚戌29三	辛亥30四	壬子31五	癸丑(8)六	甲寅2日	乙卯3一	戊戌大暑 甲寅立秋
七月小	壬申	天干地支西曆星期	丙辰4二	丁巳5三	戊午6四	己未7五	庚申8六	辛酉9日	壬戌10一	癸亥11二	甲子12三	乙丑13四	丙寅14五	丁卯15六	戊辰16日	己巳17一	庚午18二	辛未19三	壬申20四	癸酉21五	甲戌22六	乙亥23日	丙子24一	丁丑25二	戊寅26三	己卯27四	庚辰28五	辛巳29六	壬午30日	癸未31一	甲申(9)二		己巳處暑 甲申白露
八月小	癸酉	天干地支西曆星期	乙酉2三	丙戌3四	丁亥4五	戊子5六	己丑6日	庚寅7一	辛卯8二	壬辰9三	癸巳10四	甲午11五	乙未12六	丙申13日	丁酉14一	戊戌15二	己亥16三	庚子17四	辛丑18五	壬寅19六	癸卯20日	甲辰21一	乙巳22二	丙午23三	丁未24四	戊申25五	己酉26六	庚戌27日	辛亥28一	壬子29二	癸丑30三		己亥秋分
九月大	甲戌	天干地支西曆星期	甲寅(10)四	乙卯2五	丙辰3六	丁巳4日	戊午5一	己未6二	庚申7三	辛酉8四	壬戌9五	癸亥10六	甲子11日	乙丑12一	丙寅13二	丁卯14三	戊辰15四	己巳16五	庚午17六	辛未18日	壬申19一	癸酉20二	甲戌21三	乙亥22四	丙子23五	丁丑24六	戊寅25日	己卯26一	庚辰27二	辛巳28三	壬午29四	癸未30五	乙卯寒露 庚午霜降
十月小	乙亥	天干地支西曆星期	甲申31六	乙酉(11)日	丙戌2一	丁亥3二	戊子4三	己丑5四	庚寅6五	辛卯7六	壬辰8日	癸巳9一	甲午10二	乙未11三	丙申12四	丁酉13五	戊戌14六	己亥15日	庚子16一	辛丑17二	壬寅18三	癸卯19四	甲辰20五	乙巳21六	丙午22日	丁未23一	戊申24二	己酉25三	庚戌26四	辛亥27五	壬子28六		乙酉立冬 庚子小雪
十一月大	丙子	天干地支西曆星期	癸丑29日	甲寅30一	乙卯(12)二	丙辰2三	丁巳3四	戊午4五	己未5六	庚申6日	辛酉7一	壬戌8二	癸亥9三	甲子10四	乙丑11五	丙寅12六	丁卯13日	戊辰14一	己巳15二	庚午16三	辛未17四	壬申18五	癸酉19六	甲戌20日	乙亥21一	丙子22二	丁丑23三	戊寅24四	己卯25五	庚辰26六	辛巳27日	壬午28一	乙卯大雪 辛未冬至
十二月大	丁丑	天干地支西曆星期	癸未29二	甲申30三	乙酉31四	丙戌(1)五	丁亥2六	戊子3日	己丑4一	庚寅5二	辛卯6三	壬辰7四	癸巳8五	甲午9六	乙未10日	丙申11一	丁酉12二	戊戌13三	己亥14四	庚子15五	辛丑16六	壬寅17日	癸卯18一	甲辰19二	乙巳20三	丙午21四	丁未22五	戊申23六	己酉24日	庚戌25一	辛亥26二	壬子27三	丙戌小寒 辛丑大寒

遼聖宗開泰九年（庚申 猴年） 公元1020 ~ 1021年

夏曆月序		中西曆日對照	初一	初二	初三	初四	初五	初六	初七	初八	初九	初十	十一	十二	十三	十四	十五	十六	十七	十八	十九	二十	二一	二二	二三	二四	二五	二六	二七	二八	二九	三十	節氣與天象
正月大	戊寅	天干地支 西曆 星期	癸丑 28 四	甲寅 29 五	乙卯 30 六	丙辰 31 日	丁巳 (2) 一	戊午 2 二	己未 3 三	庚申 4 四	辛酉 5 五	壬戌 6 六	癸亥 7 日	甲子 8 一	乙丑 9 二	丙寅 10 三	丁卯 11 四	戊辰 12 五	己巳 13 六	庚午 14 日	辛未 15 一	壬申 16 二	癸酉 17 三	甲戌 18 四	乙亥 19 五	丙子 20 六	丁丑 21 日	戊寅 22 一	己卯 23 二	庚辰 24 三	辛巳 25 四	壬午 26 五	丙辰立春 壬申雨水
二月小	己卯	天干地支 西曆 星期	癸未 27 六	甲申 28 日	乙酉 29 一	丙戌 (3) 二	丁亥 2 三	戊子 3 四	己丑 4 五	庚寅 5 六	辛卯 6 日	壬辰 7 一	癸巳 8 二	甲午 9 三	乙未 10 四	丙申 11 五	丁酉 12 六	戊戌 13 日	己亥 14 一	庚子 15 二	辛丑 16 三	壬寅 17 四	癸卯 18 五	甲辰 19 六	乙巳 20 日	丙午 21 一	丁未 22 二	戊申 23 三	己酉 24 四	庚戌 25 五	辛亥 26 六		丁亥驚蟄 壬寅春分
三月大	庚辰	天干地支 西曆 星期	壬子 27 日	癸丑 28 一	甲寅 29 二	乙卯 30 三	丙辰 31 四	丁巳 (4) 五	戊午 2 六	己未 3 日	庚申 4 一	辛酉 5 二	壬戌 6 三	癸亥 7 四	甲子 8 五	乙丑 9 六	丙寅 10 日	丁卯 11 一	戊辰 12 二	己巳 13 三	庚午 14 四	辛未 15 五	壬申 16 六	癸酉 17 日	甲戌 18 一	乙亥 19 二	丙子 20 三	丁丑 21 四	戊寅 22 五	己卯 23 六	庚辰 24 日	辛巳 25 一	丁巳清明 壬申穀雨
四月大	辛巳	天干地支 西曆 星期	壬午 26 二	癸未 27 三	甲申 28 四	乙酉 29 五	丙戌 30 六	丁亥 (5) 日	戊子 2 一	己丑 3 二	庚寅 4 三	辛卯 5 四	壬辰 6 五	癸巳 7 六	甲午 8 日	乙未 9 一	丙申 10 二	丁酉 11 三	戊戌 12 四	己亥 13 五	庚子 14 六	辛丑 15 日	壬寅 16 一	癸卯 17 二	甲辰 18 三	乙巳 19 四	丙午 20 五	丁未 21 六	戊申 22 日	己酉 23 一	庚戌 24 二	辛亥 25 三	戊子立夏 癸卯小滿
五月小	壬午	天干地支 西曆 星期	壬子 26 四	癸丑 27 五	甲寅 28 六	乙卯 29 日	丙辰 30 一	丁巳 31 二	戊午 (6) 三	己未 2 四	庚申 3 五	辛酉 4 六	壬戌 5 日	癸亥 6 一	甲子 7 二	乙丑 8 三	丙寅 9 四	丁卯 10 五	戊辰 11 六	己巳 12 日	庚午 13 一	辛未 14 二	壬申 15 三	癸酉 16 四	甲戌 17 五	乙亥 18 六	丙子 19 日	丁丑 20 一	戊寅 21 二	己卯 22 三	庚辰 23 四		戊午芒種 癸酉夏至
六月小	癸未	天干地支 西曆 星期	辛巳 24 五	壬午 25 六	癸未 26 日	甲申 27 一	乙酉 28 二	丙戌 29 三	丁亥 30 四	戊子 (7) 五	己丑 2 六	庚寅 3 日	辛卯 4 一	壬辰 5 二	癸巳 6 三	甲午 7 四	乙未 8 五	丙申 9 六	丁酉 10 日	戊戌 11 一	己亥 12 二	庚子 13 三	辛丑 14 四	壬寅 15 五	癸卯 16 六	甲辰 17 日	乙巳 18 一	丙午 19 二	丁未 20 三	戊申 21 四	己酉 22 五		己丑小暑 甲辰大暑
七月大	甲申	天干地支 西曆 星期	庚戌 23 六	辛亥 24 日	壬子 25 一	癸丑 26 二	甲寅 27 三	乙卯 28 四	丙辰 29 五	丁巳 30 六	戊午 31 日	己未 (8) 一	庚申 2 二	辛酉 3 三	壬戌 4 四	癸亥 5 五	甲子 6 六	乙丑 7 日	丙寅 8 一	丁卯 9 二	戊辰 10 三	己巳 11 四	庚午 12 五	辛未 13 六	壬申 14 日	癸酉 15 一	甲戌 16 二	乙亥 17 三	丙子 18 四	丁丑 19 五	戊寅 20 六	己卯 21 日	己未立秋 甲戌處暑
八月小	乙酉	天干地支 西曆 星期	庚辰 22 一	辛巳 23 二	壬午 24 三	癸未 25 四	甲申 26 五	乙酉 27 六	丙戌 28 日	丁亥 29 一	戊子 30 二	己丑 31 三	庚寅 (9) 四	辛卯 2 五	壬辰 3 六	癸巳 4 日	甲午 5 一	乙未 6 二	丙申 7 三	丁酉 8 四	戊戌 9 五	己亥 10 六	庚子 11 日	辛丑 12 一	壬寅 13 二	癸卯 14 三	甲辰 15 四	乙巳 16 五	丙午 17 六	丁未 18 日	戊申 19 一		己丑白露 乙巳秋分
九月小	丙戌	天干地支 西曆 星期	己酉 20 二	庚戌 21 三	辛亥 22 四	壬子 23 五	癸丑 24 六	甲寅 25 日	乙卯 26 一	丙辰 27 二	丁巳 28 三	戊午 29 四	己未 30 五	庚申 (10) 六	辛酉 2 日	壬戌 3 一	癸亥 4 二	甲子 5 三	乙丑 6 四	丙寅 7 五	丁卯 8 六	戊辰 9 日	己巳 10 一	庚午 11 二	辛未 12 三	壬申 13 四	癸酉 14 五	甲戌 15 六	乙亥 16 日	丙子 17 一	丁丑 18 二		庚申寒露 乙亥霜降
十月大	丁亥	天干地支 西曆 星期	戊寅 19 三	己卯 20 四	庚辰 21 五	辛巳 22 六	壬午 23 日	癸未 24 一	甲申 25 二	乙酉 26 三	丙戌 27 四	丁亥 28 五	戊子 29 六	己丑 30 日	庚寅 31 一	辛卯 (11) 二	壬辰 2 三	癸巳 3 四	甲午 4 五	乙未 5 六	丙申 6 日	丁酉 7 一	戊戌 8 二	己亥 9 三	庚子 10 四	辛丑 11 五	壬寅 12 六	癸卯 13 日	甲辰 14 一	乙巳 15 二	丙午 16 三	丁未 17 四	庚寅立冬 乙巳小雪
十一月小	戊子	天干地支 西曆 星期	戊申 18 五	己酉 19 六	庚戌 20 日	辛亥 21 一	壬子 22 二	癸丑 23 三	甲寅 24 四	乙卯 25 五	丙辰 26 六	丁巳 27 日	戊午 28 一	己未 29 二	庚申 30 三	辛酉 (12) 四	壬戌 2 五	癸亥 3 六	甲子 4 日	乙丑 5 一	丙寅 6 二	丁卯 7 三	戊辰 8 四	己巳 9 五	庚午 10 六	辛未 11 日	壬申 12 一	癸酉 13 二	甲戌 14 三	乙亥 15 四	丙子 16 五		辛酉大雪 丙子冬至
十二月大	己丑	天干地支 西曆 星期	丁丑 17 六	戊寅 18 日	己卯 19 一	庚辰 20 二	辛巳 21 三	壬午 22 四	癸未 23 五	甲申 24 六	乙酉 25 日	丙戌 26 一	丁亥 27 二	戊子 28 三	己丑 29 四	庚寅 30 五	辛卯 31 六	壬辰 (1) 日	癸巳 2 一	甲午 3 二	乙未 4 三	丙申 5 四	丁酉 6 五	戊戌 7 六	己亥 8 日	庚子 9 一	辛丑 10 二	壬寅 11 三	癸卯 12 四	甲辰 13 五	乙巳 14 六	丙午 15 日	辛卯小寒 丙午大寒
閏十二月大	己丑	天干地支 西曆 星期	丁未 16 一	戊申 17 二	己酉 18 三	庚戌 19 四	辛亥 20 五	壬子 21 六	癸丑 22 日	甲寅 23 一	乙卯 24 二	丙辰 25 三	丁巳 26 四	戊午 27 五	己未 28 六	庚申 29 日	辛酉 30 一	壬戌 31 二	癸亥 (2) 三	甲子 2 四	乙丑 3 五	丙寅 4 六	丁卯 5 日	戊辰 6 一	己巳 7 二	庚午 8 三	辛未 9 四	壬申 10 五	癸酉 11 六	甲戌 12 日	乙亥 13 一	丙子 14 二	壬戌立春

遼聖宗開泰十年 太平元年（辛酉 鷄年） 公元 1021 ~ 1022 年

夏曆月序		中西曆日對照	初一	初二	初三	初四	初五	初六	初七	初八	初九	初十	十一	十二	十三	十四	十五	十六	十七	十八	十九	二十	二一	二二	二三	二四	二五	二六	二七	二八	二九	三十	節氣與天象
正月小	庚寅	干支 西曆 星期	丁丑 15 三	戊寅 16 四	己卯 17 五	庚辰 18 六	辛巳 19 日	壬午 20 一	癸未 21 二	甲申 22 三	乙酉 23 四	丙戌 24 五	丁亥 25 六	戊子 26 日	己丑 27 一	庚寅 28 二	辛卯 (3) 三	壬辰 2 四	癸巳 3 五	甲午 4 六	乙未 5 日	丙申 6 一	丁酉 7 二	戊戌 8 三	己亥 9 四	庚子 10 五	辛丑 11 六	壬寅 12 日	癸卯 13 一	甲辰 14 二	乙巳 15 三		丁丑雨水 壬辰驚蟄
二月大	辛卯	干支 西曆 星期	丙午 16 四	丁未 17 五	戊申 18 六	己酉 19 日	庚戌 20 一	辛亥 21 二	壬子 22 三	癸丑 23 四	甲寅 24 五	乙卯 25 六	丙辰 26 日	丁巳 27 一	戊午 28 二	己未 29 三	庚申 30 四	辛酉 31 五	壬戌 (4) 六	癸亥 2 日	甲子 3 一	乙丑 4 二	丙寅 5 三	丁卯 6 四	戊辰 7 五	己巳 8 六	庚午 9 日	辛未 10 一	壬申 11 二	癸酉 12 三	甲戌 13 四	乙亥 14 五	丁未春分 壬戌清明
三月大	壬辰	干支 西曆 星期	丙子 15 六	丁丑 16 日	戊寅 17 一	己卯 18 二	庚辰 19 三	辛巳 20 四	壬午 21 五	癸未 22 六	甲申 23 日	乙酉 24 一	丙戌 25 二	丁亥 26 三	戊子 27 四	己丑 28 五	庚寅 29 六	辛卯 30 日	壬辰 (5) 一	癸巳 2 二	甲午 3 三	乙未 4 四	丙申 5 五	丁酉 6 六	戊戌 7 日	己亥 8 一	庚子 9 二	辛丑 10 三	壬寅 11 四	癸卯 12 五	甲辰 13 六	乙巳 14 日	戊寅穀雨 癸巳立夏
四月小	癸巳	干支 西曆 星期	丙午 15 一	丁未 16 二	戊申 17 三	己酉 18 四	庚戌 19 五	辛亥 20 六	壬子 21 日	癸丑 22 一	甲寅 23 二	乙卯 24 三	丙辰 25 四	丁巳 26 五	戊午 27 六	己未 28 日	庚申 29 一	辛酉 30 二	壬戌 31 三	癸亥 (6) 四	甲子 2 五	乙丑 3 六	丙寅 4 日	丁卯 5 一	戊辰 6 二	己巳 7 三	庚午 8 四	辛未 9 五	壬申 10 六	癸酉 11 日	甲戌 12 一		戊申小滿 癸亥芒種
五月大	甲午	干支 西曆 星期	乙亥 13 二	丙子 14 三	丁丑 15 四	戊寅 16 五	己卯 17 六	庚辰 18 日	辛巳 19 一	壬午 20 二	癸未 21 三	甲申 22 四	乙酉 23 五	丙戌 24 六	丁亥 25 日	戊子 26 一	己丑 27 二	庚寅 28 三	辛卯 29 四	壬辰 30 五	癸巳 (7) 六	甲午 2 日	乙未 3 一	丙申 4 二	丁酉 5 三	戊戌 6 四	己亥 7 五	庚子 8 六	辛丑 9 日	壬寅 10 一	癸卯 11 二	甲辰 12 三	己卯夏至 甲午小暑
六月小	乙未	干支 西曆 星期	乙巳 13 四	丙午 14 五	丁未 15 六	戊申 16 日	己酉 17 一	庚戌 18 二	辛亥 19 三	壬子 20 四	癸丑 21 五	甲寅 22 六	乙卯 23 日	丙辰 24 一	丁巳 25 二	戊午 26 三	己未 27 四	庚申 28 五	辛酉 29 六	壬戌 30 日	癸亥 31 一	甲子 (8) 二	乙丑 2 三	丙寅 3 四	丁卯 4 五	戊辰 5 六	己巳 6 日	庚午 7 一	辛未 8 二	壬申 9 三	癸酉 10 四		己酉大暑 甲子立秋
七月大	丙申	干支 西曆 星期	甲戌 11 五	乙亥 12 六	丙子 13 日	丁丑 14 一	戊寅 15 二	己卯 16 三	庚辰 17 四	辛巳 18 五	壬午 19 六	癸未 20 日	甲申 21 一	乙酉 22 二	丙戌 23 三	丁亥 24 四	戊子 25 五	己丑 26 六	庚寅 27 日	辛卯 28 一	壬辰 29 二	癸巳 30 三	甲午 31 四	乙未 (9) 五	丙申 2 六	丁酉 3 日	戊戌 4 一	己亥 5 二	庚子 6 三	辛丑 7 四	壬寅 8 五	癸卯 9 六	己卯處暑 乙未白露 甲戌日食
八月小	丁酉	干支 西曆 星期	甲辰 10 日	乙巳 11 一	丙午 12 二	丁未 13 三	戊申 14 四	己酉 15 五	庚戌 16 六	辛亥 17 日	壬子 18 一	癸丑 19 二	甲寅 20 三	乙卯 21 四	丙辰 22 五	丁巳 23 六	戊午 24 日	己未 25 一	庚申 26 二	辛酉 27 三	壬戌 28 四	癸亥 29 五	甲子 30 六	乙丑 (10) 日	丙寅 2 一	丁卯 3 二	戊辰 4 三	己巳 5 四	庚午 6 五	辛未 7 六	壬申 8 日		庚戌秋分 乙丑寒露
九月大	戊戌	干支 西曆 星期	癸酉 9 一	甲戌 10 二	乙亥 11 三	丙子 12 四	丁丑 13 五	戊寅 14 六	己卯 15 日	庚辰 16 一	辛巳 17 二	壬午 18 三	癸未 19 四	甲申 20 五	乙酉 21 六	丙戌 22 日	丁亥 23 一	戊子 24 二	己丑 25 三	庚寅 26 四	辛卯 27 五	壬辰 28 六	癸巳 29 日	甲午 30 一	乙未 31 二	丙申 (11) 三	丁酉 2 四	戊戌 3 五	己亥 4 六	庚子 5 日	辛丑 6 一	壬寅 7 二	庚辰霜降 丙申立冬
十月小	己亥	干支 西曆 星期	癸卯 8 三	甲辰 9 四	乙巳 10 五	丙午 11 六	丁未 12 日	戊申 13 一	己酉 14 二	庚戌 15 三	辛亥 16 四	壬子 17 五	癸丑 18 六	甲寅 19 日	乙卯 20 一	丙辰 21 二	丁巳 22 三	戊午 23 四	己未 24 五	庚申 25 六	辛酉 26 日	壬戌 27 一	癸亥 28 二	甲子 29 三	乙丑 30 四	丙寅 (12) 五	丁卯 2 六	戊辰 3 日	己巳 4 一	庚午 5 二	辛未 6 三		辛亥小雪 丙寅大雪
十一月小	庚子	干支 西曆 星期	壬申 7 四	癸酉 8 五	甲戌 9 六	乙亥 10 日	丙子 11 一	丁丑 12 二	戊寅 13 三	己卯 14 四	庚辰 15 五	辛巳 16 六	壬午 17 日	癸未 18 一	甲申 19 二	乙酉 20 三	丙戌 21 四	丁亥 22 五	戊子 23 六	己丑 24 日	庚寅 25 一	辛卯 26 二	壬辰 27 三	癸巳 28 四	甲午 29 五	乙未 30 六	丙申 31 日	丁酉 (1) 一	戊戌 2 二	己亥 3 三	庚子 4 四		辛巳冬至 丙申小寒
十二月大	辛丑	干支 西曆 星期	辛丑 5 五	壬寅 6 六	癸卯 7 日	甲辰 8 一	乙巳 9 二	丙午 10 三	丁未 11 四	戊申 12 五	己酉 13 六	庚戌 14 日	辛亥 15 一	壬子 16 二	癸丑 17 三	甲寅 18 四	乙卯 19 五	丙辰 20 六	丁巳 21 日	戊午 22 一	己未 23 二	庚申 24 三	辛酉 25 四	壬戌 26 五	癸亥 27 六	甲子 28 日	乙丑 29 一	丙寅 30 二	丁卯 31 三	戊辰 (2) 四	己巳 2 五	庚午 3 六	壬子大寒 丁卯立春

* 十一月癸未（十二日），改元太平。

遼聖宗太平二年（壬戌 狗年） 公元 1022 ~ 1023 年

夏曆月序		中西曆日對照	初一	初二	初三	初四	初五	初六	初七	初八	初九	初十	十一	十二	十三	十四	十五	十六	十七	十八	十九	二十	二一	二二	二三	二四	二五	二六	二七	二八	二九	三十	節氣與天象
正月小	壬寅	天干地支 西曆 星期	辛未 4 日	壬申 5 一	癸酉 6 二	甲戌 7 三	乙亥 8 四	丙子 9 五	丁丑 10 六	戊寅 11 日	己卯 12 一	庚辰 13 二	辛巳 14 三	壬午 15 四	癸未 16 五	甲申 17 六	乙酉 18 日	丙戌 19 一	丁亥 20 二	戊子 21 三	己丑 22 四	庚寅 23 五	辛卯 24 六	壬辰 25 日	癸巳 26 一	甲午 27 二	乙未 28 三	丙申 (3) 四	丁酉 2 五	戊戌 3 六	己亥 4 日		壬午雨水 丁酉驚蟄
二月大	癸卯	天干地支 西曆 星期	庚子 5 一	辛丑 6 二	壬寅 7 三	癸卯 8 四	甲辰 9 五	乙巳 10 六	丙午 11 日	丁未 12 一	戊申 13 二	己酉 14 三	庚戌 15 四	辛亥 16 五	壬子 17 六	癸丑 18 日	甲寅 19 一	乙卯 20 二	丙辰 21 三	丁巳 22 四	戊午 23 五	己未 24 六	庚申 25 日	辛酉 26 一	壬戌 27 二	癸亥 28 三	甲子 29 四	乙丑 30 五	丙寅 31 六	丁卯 (4) 日	戊辰 2 一	己巳 3 二	壬子春分 戊辰清明
三月大	甲辰	天干地支 西曆 星期	庚午 4 三	辛未 5 四	壬申 6 五	癸酉 7 六	甲戌 8 日	乙亥 9 一	丙子 10 二	丁丑 11 三	戊寅 12 四	己卯 13 五	庚辰 14 六	辛巳 15 日	壬午 16 一	癸未 17 二	甲申 18 三	乙酉 19 四	丙戌 20 五	丁亥 21 六	戊子 22 日	己丑 23 一	庚寅 24 二	辛卯 25 三	壬辰 26 四	癸巳 27 五	甲午 28 六	乙未 29 日	丙申 30 一	丁酉 (5) 二	戊戌 2 三	己亥 3 四	癸未穀雨 戊戌立夏
四月小	乙巳	天干地支 西曆 星期	庚子 4 五	辛丑 5 六	壬寅 6 日	癸卯 7 一	甲辰 8 二	乙巳 9 三	丙午 10 四	丁未 11 五	戊申 12 六	己酉 13 日	庚戌 14 一	辛亥 15 二	壬子 16 三	癸丑 17 四	甲寅 18 五	乙卯 19 六	丙辰 20 日	丁巳 21 一	戊午 22 二	己未 23 三	庚申 24 四	辛酉 25 五	壬戌 26 六	癸亥 27 日	甲子 28 一	乙丑 29 二	丙寅 30 三	丁卯 31 四	戊辰 (6) 五		癸丑小滿
五月大	丙午	天干地支 西曆 星期	己巳 2 六	庚午 3 日	辛未 4 一	壬申 5 二	癸酉 6 三	甲戌 7 四	乙亥 8 五	丙子 9 六	丁丑 10 日	戊寅 11 一	己卯 12 二	庚辰 13 三	辛巳 14 四	壬午 15 五	癸未 16 六	甲申 17 日	乙酉 18 一	丙戌 19 二	丁亥 20 三	戊子 21 四	己丑 22 五	庚寅 23 六	辛卯 24 日	壬辰 25 一	癸巳 26 二	甲午 27 三	乙未 28 四	丙申 29 五	丁酉 30 六	戊戌 (7) 日	己巳芒種 甲申夏至
六月大	丁未	天干地支 西曆 星期	己亥 2 一	庚子 3 二	辛丑 4 三	壬寅 5 四	癸卯 6 五	甲辰 7 六	乙巳 8 日	丙午 9 一	丁未 10 二	戊申 11 三	己酉 12 四	庚戌 13 五	辛亥 14 六	壬子 15 日	癸丑 16 一	甲寅 17 二	乙卯 18 三	丙辰 19 四	丁巳 20 五	戊午 21 六	己未 22 日	庚申 23 一	辛酉 24 二	壬戌 25 三	癸亥 26 四	甲子 27 五	乙丑 28 六	丙寅 29 日	丁卯 30 一	戊辰 31 二	己亥小暑 甲寅大暑
七月小	戊申	天干地支 西曆 星期	己巳 (8) 三	庚午 2 四	辛未 3 五	壬申 4 六	癸酉 5 日	甲戌 6 一	乙亥 7 二	丙子 8 三	丁丑 9 四	戊寅 10 五	己卯 11 六	庚辰 12 日	辛巳 13 一	壬午 14 二	癸未 15 三	甲申 16 四	乙酉 17 五	丙戌 18 六	丁亥 19 日	戊子 20 一	己丑 21 二	庚寅 22 三	辛卯 23 四	壬辰 24 五	癸巳 25 六	甲午 26 日	乙未 27 一	丙申 28 二	丁酉 29 三		己巳立秋 乙酉處暑
八月大	己酉	天干地支 西曆 星期	戊戌 30 四	己亥 31 五	庚子 (9) 六	辛丑 2 日	壬寅 3 一	癸卯 4 二	甲辰 5 三	乙巳 6 四	丙午 7 五	丁未 8 六	戊申 9 日	己酉 10 一	庚戌 11 二	辛亥 12 三	壬子 13 四	癸丑 14 五	甲寅 15 六	乙卯 16 日	丙辰 17 一	丁巳 18 二	戊午 19 三	己未 20 四	庚申 21 五	辛酉 22 六	壬戌 23 日	癸亥 24 一	甲子 25 二	乙丑 26 三	丙寅 27 四	丁卯 28 五	庚子白露 乙卯秋分
九月小	庚戌	天干地支 西曆 星期	戊辰 29 六	己巳 30 日	庚午 (10) 一	辛未 2 二	壬申 3 三	癸酉 4 四	甲戌 5 五	乙亥 6 六	丙子 7 日	丁丑 8 一	戊寅 9 二	己卯 10 三	庚辰 11 四	辛巳 12 五	壬午 13 六	癸未 14 日	甲申 15 一	乙酉 16 二	丙戌 17 三	丁亥 18 四	戊子 19 五	己丑 20 六	庚寅 21 日	辛卯 22 一	壬辰 23 二	癸巳 24 三	甲午 25 四	乙未 26 五	丙申 27 六		庚午寒露 丙戌霜降
十月大	辛亥	天干地支 西曆 星期	丁酉 28 日	戊戌 29 一	己亥 30 二	庚子 31 三	辛丑 (11) 四	壬寅 2 五	癸卯 3 六	甲辰 4 日	乙巳 5 一	丙午 6 二	丁未 7 三	戊申 8 四	己酉 9 五	庚戌 10 六	辛亥 11 日	壬子 12 一	癸丑 13 二	甲寅 14 三	乙卯 15 四	丙辰 16 五	丁巳 17 六	戊午 18 日	己未 19 一	庚申 20 二	辛酉 21 三	壬戌 22 四	癸亥 23 五	甲子 24 六	乙丑 25 日	丙寅 26 一	辛丑立冬 丙辰小雪
十一月小	壬子	天干地支 西曆 星期	丁卯 27 二	戊辰 28 三	己巳 29 四	庚午 30 五	辛未 (12) 六	壬申 2 日	癸酉 3 一	甲戌 4 二	乙亥 5 三	丙子 6 四	丁丑 7 五	戊寅 8 六	己卯 9 日	庚辰 10 一	辛巳 11 二	壬午 12 三	癸未 13 四	甲申 14 五	乙酉 15 六	丙戌 16 日	丁亥 17 一	戊子 18 二	己丑 19 三	庚寅 20 四	辛卯 21 五	壬辰 22 六	癸巳 23 日	甲午 24 一	乙未 25 二		辛未大雪 丙戌冬至
十二月大	癸丑	天干地支 西曆 星期	丙申 26 三	丁酉 27 四	戊戌 28 五	己亥 29 六	庚子 30 日	辛丑 31 一	壬寅 (1) 二	癸卯 2 三	甲辰 3 四	乙巳 4 五	丙午 5 六	丁未 6 日	戊申 7 一	己酉 8 二	庚戌 9 三	辛亥 10 四	壬子 11 五	癸丑 12 六	甲寅 13 日	乙卯 14 一	丙辰 15 二	丁巳 16 三	戊午 17 四	己未 18 五	庚申 19 六	辛酉 20 日	壬戌 21 一	癸亥 22 二	甲子 23 三	乙丑 24 四	壬寅小寒 丁巳大寒

遼聖宗太平三年（癸亥 猪年） 公元 1023 ~ 1024 年

夏曆月序		中西曆日對照	初一	初二	初三	初四	初五	初六	初七	初八	初九	初十	十一	十二	十三	十四	十五	十六	十七	十八	十九	二十	二一	二二	二三	二四	二五	二六	二七	二八	二九	三十	節氣與天象
正月小	甲寅	天干地支西曆星期	丙寅25五	丁卯26六	戊辰27日	己巳28一	庚午29二	辛未30三	壬申31四	癸酉(2)五	甲戌2六	乙亥3日	丙子4一	丁丑5二	戊寅6三	己卯7四	庚辰8五	辛巳9六	壬午10日	癸未11一	甲申12二	乙酉13三	丙戌14四	丁亥15五	戊子16六	己丑17日	庚寅18一	辛卯19二	壬辰20三	癸巳21四	甲午22五		壬申立春 丁亥雨水
二月小	乙卯	天干地支西曆星期	乙未23六	丙申24日	丁酉25一	戊戌26二	己亥27三	庚子28四	辛丑(3)五	壬寅2六	癸卯3日	甲辰4一	乙巳5二	丙午6三	丁未7四	戊申8五	己酉9六	庚戌10日	辛亥11一	壬子12二	癸丑13三	甲寅14四	乙卯15五	丙辰16六	丁巳17日	戊午18一	己未19二	庚申20三	辛酉21四	壬戌22五	癸亥23六		癸卯驚蟄 戊午春分
三月大	丙辰	天干地支西曆星期	甲子24日	乙丑25一	丙寅26二	丁卯27三	戊辰28四	己巳29五	庚午30六	辛未31日	壬申(4)一	癸酉2二	甲戌3三	乙亥4四	丙子5五	丁丑6六	戊寅7日	己卯8一	庚辰9二	辛巳10三	壬午11四	癸未12五	甲申13六	乙酉14日	丙戌15一	丁亥16二	戊子17三	己丑18四	庚寅19五	辛卯20六	壬辰21日	癸巳22一	癸酉清明 戊子穀雨
四月小	丁巳	天干地支西曆星期	甲午23二	乙未24三	丙申25四	丁酉26五	戊戌27六	己亥28日	庚子29一	辛丑30二	壬寅(5)三	癸卯2四	甲辰3五	乙巳4六	丙午5日	丁未6一	戊申7二	己酉8三	庚戌9四	辛亥10五	壬子11六	癸丑12日	甲寅13一	乙卯14二	丙辰15三	丁巳16四	戊午17五	己未18六	庚申19日	辛酉20一	壬戌21二		癸卯立夏 己未小滿
五月大	戊午	天干地支西曆星期	癸亥22三	甲子23四	乙丑24五	丙寅25六	丁卯26日	戊辰27一	己巳28二	庚午29三	辛未30四	壬申31五	癸酉(6)六	甲戌2日	乙亥3一	丙子4二	丁丑5三	戊寅6四	己卯7五	庚辰8六	辛巳9日	壬午10一	癸未11二	甲申12三	乙酉13四	丙戌14五	丁亥15六	戊子16日	己丑17一	庚寅18二	辛卯19三	壬辰20四	甲戌芒種 己丑夏至
六月大	己未	天干地支西曆星期	癸巳21五	甲午22六	乙未23日	丙申24一	丁酉25二	戊戌26三	己亥27四	庚子28五	辛丑29六	壬寅30日	癸卯(7)一	甲辰2二	乙巳3三	丙午4四	丁未5五	戊申6六	己酉7日	庚戌8一	辛亥9二	壬子10三	癸丑11四	甲寅12五	乙卯13六	丙辰14日	丁巳15一	戊午16二	己未17三	庚申18四	辛酉19五	壬戌20六	甲辰小暑 己未大暑
七月小	庚申	天干地支西曆星期	癸亥21日	甲子22一	乙丑23二	丙寅24三	丁卯25四	戊辰26五	己巳27六	庚午28日	辛未29一	壬申30二	癸酉31三	甲戌(8)四	乙亥2五	丙子3六	丁丑4日	戊寅5一	己卯6二	庚辰7三	辛巳8四	壬午9五	癸未10六	甲申11日	乙酉12一	丙戌13二	丁亥14三	戊子15四	己丑16五	庚寅17六	辛卯18日		乙亥立秋 庚寅處暑
八月大	辛酉	天干地支西曆星期	壬辰19一	癸巳20二	甲午21三	乙未22四	丙申23五	丁酉24六	戊戌25日	己亥26一	庚子27二	辛丑28三	壬寅29四	癸卯30五	甲辰31六	乙巳(9)日	丙午2一	丁未3二	戊申4三	己酉5四	庚戌6五	辛亥7六	壬子8日	癸丑9一	甲寅10二	乙卯11三	丙辰12四	丁巳13五	戊午14六	己未15日	庚申16一	辛酉17二	乙巳白露 庚申秋分
九月大	壬戌	天干地支西曆星期	壬戌18三	癸亥19四	甲子20五	乙丑21六	丙寅22日	丁卯23一	戊辰24二	己巳25三	庚午26四	辛未27五	壬申28六	癸酉29日	甲戌30一	乙亥(10)二	丙子2三	丁丑3四	戊寅4五	己卯5六	庚辰6日	辛巳7一	壬午8二	癸未9三	甲申10四	乙酉11五	丙戌12六	丁亥13日	戊子14一	己丑15二	庚寅16三	辛卯17四	丙子寒露 辛卯霜降
閏九月小	壬戌	天干地支西曆星期	壬辰18五	癸巳19六	甲午20日	乙未21一	丙申22二	丁酉23三	戊戌24四	己亥25五	庚子26六	辛丑27日	壬寅28一	癸卯29二	甲辰30三	乙巳31四	丙午(11)五	丁未2六	戊申3日	己酉4一	庚戌5二	辛亥6三	壬子7四	癸丑8五	甲寅9六	乙卯10日	丙辰11一	丁巳12二	戊午13三	己未14四	庚申15五		丙午立冬
十月大	癸亥	天干地支西曆星期	辛酉16六	壬戌17日	癸亥18一	甲子19二	乙丑20三	丙寅21四	丁卯22五	戊辰23六	己巳24日	庚午25一	辛未26二	壬申27三	癸酉28四	甲戌29五	乙亥30六	丙子(12)日	丁丑2一	戊寅3二	己卯4三	庚辰5四	辛巳6五	壬午7六	癸未8日	甲申9一	乙酉10二	丙戌11三	丁亥12四	戊子13五	己丑14六	庚寅15日	辛酉小雪 丙子大雪
十一月小	甲子	天干地支西曆星期	辛卯16一	壬辰17二	癸巳18三	甲午19四	乙未20五	丙申21六	丁酉22日	戊戌23一	己亥24二	庚子25三	辛丑26四	壬寅27五	癸卯28六	甲辰29日	乙巳30一	丙午31二	丁未(1)三	戊申2四	己酉3五	庚戌4六	辛亥5日	壬子6一	癸丑7二	甲寅8三	乙卯9四	丙辰10五	丁巳11六	戊午12日	己未13一		壬辰冬至 丁未小寒
十二月大	乙丑	天干地支西曆星期	庚申14二	辛酉15三	壬戌16四	癸亥17五	甲子18六	乙丑19日	丙寅20一	丁卯21二	戊辰22三	己巳23四	庚午24五	辛未25六	壬申26日	癸酉27一	甲戌28二	乙亥29三	丙子30四	丁丑31五	戊寅(2)六	己卯2日	庚辰3一	辛巳4二	壬午5三	癸未6四	甲申7五	乙酉8六	丙戌9日	丁亥10一	戊子11二	己丑12三	壬戌大寒 丁丑立春

遼聖宗太平四年（甲子 鼠年） 公元1024～1025年

夏曆月序		中西曆日對照	初一	初二	初三	初四	初五	初六	初七	初八	初九	初十	十一	十二	十三	十四	十五	十六	十七	十八	十九	二十	二一	二二	二三	二四	二五	二六	二七	二八	二九	三十	節氣與天象
正月小	丙寅	天干地支 西曆 星期	庚寅 13 四	辛卯 14 五	壬辰 15 六	癸巳 16 日	甲午 17 一	乙未 18 二	丙申 19 三	丁酉 20 四	戊戌 21 五	己亥 22 六	庚子 23 日	辛丑 24 一	壬寅 25 二	癸卯 26 三	甲辰 27 四	乙巳 28 五	丙午 29 六	丁未 (3) 日	戊申 2 一	己酉 3 二	庚戌 4 三	辛亥 5 四	壬子 6 五	癸丑 7 六	甲寅 8 日	乙卯 9 一	丙辰 10 二	丁巳 11 三	戊午 12 四		癸巳雨水 戊申驚蟄
二月小	丁卯	天干地支 西曆 星期	己未 13 五	庚申 14 六	辛酉 15 日	壬戌 16 一	癸亥 17 二	甲子 18 三	乙丑 19 四	丙寅 20 五	丁卯 21 六	戊辰 22 日	己巳 23 一	庚午 24 二	辛未 25 三	壬申 26 四	癸酉 27 五	甲戌 28 六	乙亥 29 日	丙子 30 一	丁丑 31 二	戊寅 (4) 三	己卯 2 四	庚辰 3 五	辛巳 4 六	壬午 5 日	癸未 6 一	甲申 7 二	乙酉 8 三	丙戌 9 四	丁亥 10 五		癸亥春分 戊寅清明
三月大	戊辰	天干地支 西曆 星期	戊子 11 六	己丑 12 日	庚寅 13 一	辛卯 14 二	壬辰 15 三	癸巳 16 四	甲午 17 五	乙未 18 六	丙申 19 日	丁酉 20 一	戊戌 21 二	己亥 22 三	庚子 23 四	辛丑 24 五	壬寅 25 六	癸卯 26 日	甲辰 27 一	乙巳 28 二	丙午 29 三	丁未 30 四	戊申 (5) 五	己酉 2 六	庚戌 3 日	辛亥 4 一	壬子 5 二	癸丑 6 三	甲寅 7 四	乙卯 8 五	丙辰 9 六	丁巳 10 日	癸巳穀雨 己酉立夏
四月小	己巳	天干地支 西曆 星期	戊午 11 一	己未 12 二	庚申 13 三	辛酉 14 四	壬戌 15 五	癸亥 16 六	甲子 17 日	乙丑 18 一	丙寅 19 二	丁卯 20 三	戊辰 21 四	己巳 22 五	庚午 23 六	辛未 24 日	壬申 25 一	癸酉 26 二	甲戌 27 三	乙亥 28 四	丙子 29 五	丁丑 30 六	戊寅 31 日	己卯 (6) 一	庚辰 2 二	辛巳 3 三	壬午 4 四	癸未 5 五	甲申 6 六	乙酉 7 日	丙戌 8 一		甲子小滿 己卯芒種
五月大	庚午	天干地支 西曆 星期	丁亥 9 二	戊子 10 三	己丑 11 四	庚寅 12 五	辛卯 13 六	壬辰 14 日	癸巳 15 一	甲午 16 二	乙未 17 三	丙申 18 四	丁酉 19 五	戊戌 20 六	己亥 21 日	庚子 22 一	辛丑 23 二	壬寅 24 三	癸卯 25 四	甲辰 26 五	乙巳 27 六	丙午 28 日	丁未 29 一	戊申 30 二	己酉 (7) 三	庚戌 2 四	辛亥 3 五	壬子 4 六	癸丑 5 日	甲寅 6 一	乙卯 7 二	丙辰 8 三	甲午夏至 己酉小暑
六月小	辛未	天干地支 西曆 星期	丁巳 9 四	戊午 10 五	己未 11 六	庚申 12 日	辛酉 13 一	壬戌 14 二	癸亥 15 三	甲子 16 四	乙丑 17 五	丙寅 18 六	丁卯 19 日	戊辰 20 一	己巳 21 二	庚午 22 三	辛未 23 四	壬申 24 五	癸酉 25 六	甲戌 26 日	乙亥 27 一	丙子 28 二	丁丑 29 三	戊寅 30 四	己卯 31 五	庚辰 (8) 六	辛巳 2 日	壬午 3 一	癸未 4 二	甲申 5 三	乙酉 6 四		乙丑大暑 庚辰立秋
七月大	壬申	天干地支 西曆 星期	丙戌 7 五	丁亥 8 六	戊子 9 日	己丑 10 一	庚寅 11 二	辛卯 12 三	壬辰 13 四	癸巳 14 五	甲午 15 六	乙未 16 日	丙申 17 一	丁酉 18 二	戊戌 19 三	己亥 20 四	庚子 21 五	辛丑 22 六	壬寅 23 日	癸卯 24 一	甲辰 25 二	乙巳 26 三	丙午 27 四	丁未 28 五	戊申 29 六	己酉 30 日	庚戌 31 一	辛亥 (9) 二	壬子 2 三	癸丑 3 四	甲寅 4 五	乙卯 5 六	乙未處暑 庚戌白露
八月大	癸酉	天干地支 西曆 星期	丙辰 6 日	丁巳 7 一	戊午 8 二	己未 9 三	庚申 10 四	辛酉 11 五	壬戌 12 六	癸亥 13 日	甲子 14 一	乙丑 15 二	丙寅 16 三	丁卯 17 四	戊辰 18 五	己巳 19 六	庚午 20 日	辛未 21 一	壬申 22 二	癸酉 23 三	甲戌 24 四	乙亥 25 五	丙子 26 六	丁丑 27 日	戊寅 28 一	己卯 29 二	庚辰 30 三	辛巳 (10) 四	壬午 2 五	癸未 3 六	甲申 4 日	乙酉 5 一	丙寅秋分 辛巳寒露
九月小	甲戌	天干地支 西曆 星期	丙戌 6 二	丁亥 7 三	戊子 8 四	己丑 9 五	庚寅 10 六	辛卯 11 日	壬辰 12 一	癸巳 13 二	甲午 14 三	乙未 15 四	丙申 16 五	丁酉 17 六	戊戌 18 日	己亥 19 一	庚子 20 二	辛丑 21 三	壬寅 22 四	癸卯 23 五	甲辰 24 六	乙巳 25 日	丙午 26 一	丁未 27 二	戊申 28 三	己酉 29 四	庚戌 30 五	辛亥 31 六	壬子 (11) 日	癸丑 2 一	甲寅 3 二		丙申霜降 辛亥立冬
十月大	乙亥	天干地支 西曆 星期	乙卯 4 三	丙辰 5 四	丁巳 6 五	戊午 7 六	己未 8 日	庚申 9 一	辛酉 10 二	壬戌 11 三	癸亥 12 四	甲子 13 五	乙丑 14 六	丙寅 15 日	丁卯 16 一	戊辰 17 二	己巳 18 三	庚午 19 四	辛未 20 五	壬申 21 六	癸酉 22 日	甲戌 23 一	乙亥 24 二	丙子 25 三	丁丑 26 四	戊寅 27 五	己卯 28 六	庚辰 29 日	辛巳 30 一	壬午 (12) 二	癸未 2 三	甲申 3 四	丙寅小雪 壬午大雪
十一月大	丙子	天干地支 西曆 星期	乙酉 4 五	丙戌 5 六	丁亥 6 日	戊子 7 一	己丑 8 二	庚寅 9 三	辛卯 10 四	壬辰 11 五	癸巳 12 六	甲午 13 日	乙未 14 一	丙申 15 二	丁酉 16 三	戊戌 17 四	己亥 18 五	庚子 19 六	辛丑 20 日	壬寅 21 一	癸卯 22 二	甲辰 23 三	乙巳 24 四	丙午 25 五	丁未 26 六	戊申 27 日	己酉 28 一	庚戌 29 二	辛亥 30 三	壬子 31 四	癸丑 (1) 五	甲寅 2 六	丁酉冬至 壬子小寒
十二月小	丁丑	天干地支 西曆 星期	乙卯 3 日	丙辰 4 一	丁巳 5 二	戊午 6 三	己未 7 四	庚申 8 五	辛酉 9 六	壬戌 10 日	癸亥 11 一	甲子 12 二	乙丑 13 三	丙寅 14 四	丁卯 15 五	戊辰 16 六	己巳 17 日	庚午 18 一	辛未 19 二	壬申 20 三	癸酉 21 四	甲戌 22 五	乙亥 23 六	丙子 24 日	丁丑 25 一	戊寅 26 二	己卯 27 三	庚辰 28 四	辛巳 29 五	壬午 30 六	癸未 31 日		丁卯大寒 癸未立春

遼聖宗太平五年（乙丑 牛年） 公元1025～1026年

夏曆月序		中西曆日對照	初一	初二	初三	初四	初五	初六	初七	初八	初九	初十	十一	十二	十三	十四	十五	十六	十七	十八	十九	二十	二一	二二	二三	二四	二五	二六	二七	二八	二九	三十	節氣與天象
正月大	戊寅	天干地支西曆星期	甲申(2)一	乙酉2二	丙戌3三	丁亥4四	戊子5五	己丑6六	庚寅7日	辛卯8一	壬辰9二	癸巳10三	甲午11四	乙未12五	丙申13六	丁酉14日	戊戌15一	己亥16二	庚子17三	辛丑18四	壬寅19五	癸卯20六	甲辰21日	乙巳22一	丙午23二	丁未24三	戊申25四	己酉26五	庚戌27六	辛亥28日	壬子(3)一	癸丑2二	戊戌雨水 癸丑驚蟄
二月小	己卯	天干地支西曆星期	甲寅3三	乙卯4四	丙辰5五	丁巳6六	戊午7日	己未8一	庚申9二	辛酉10三	壬戌11四	癸亥12五	甲子13六	乙丑14日	丙寅15一	丁卯16二	戊辰17三	己巳18四	庚午19五	辛未20六	壬申21日	癸酉22一	甲戌23二	乙亥24三	丙子25四	丁丑26五	戊寅27六	己卯28日	庚辰29一	辛巳30二	壬午31三		戊辰春分
三月小	庚辰	天干地支西曆星期	癸未(4)四	甲申2五	乙酉3六	丙戌4日	丁亥5一	戊子6二	己丑7三	庚寅8四	辛卯9五	壬辰10六	癸巳11日	甲午12一	乙未13二	丙申14三	丁酉15四	戊戌16五	己亥17六	庚子18日	辛丑19一	壬寅20二	癸卯21三	甲辰22四	乙巳23五	丙午24六	丁未25日	戊申26一	己酉27二	庚戌28三	辛亥29四		癸未清明 己亥穀雨
四月大	辛巳	天干地支西曆星期	壬子30五	癸丑(5)六	甲寅2日	乙卯3一	丙辰4二	丁巳5三	戊午6四	己未7五	庚申8六	辛酉9日	壬戌10一	癸亥11二	甲子12三	乙丑13四	丙寅14五	丁卯15六	戊辰16日	己巳17一	庚午18二	辛未19三	壬申20四	癸酉21五	甲戌22六	乙亥23日	丙子24一	丁丑25二	戊寅26三	己卯27四	庚辰28五	辛巳29六	甲寅立夏 己巳小滿
五月小	壬午	天干地支西曆星期	壬午30日	癸未31一	甲申(6)二	乙酉2三	丙戌3四	丁亥4五	戊子5六	己丑6日	庚寅7一	辛卯8二	壬辰9三	癸巳10四	甲午11五	乙未12六	丙申13日	丁酉14一	戊戌15二	己亥16三	庚子17四	辛丑18五	壬寅19六	癸卯20日	甲辰21一	乙巳22二	丙午23三	丁未24四	戊申25五	己酉26六	庚戌27日		甲申芒種 庚子夏至
六月大	癸未	天干地支西曆星期	辛亥28一	壬子29二	癸丑30三	甲寅(7)四	乙卯2五	丙辰3六	丁巳4日	戊午5一	己未6二	庚申7三	辛酉8四	壬戌9五	癸亥10六	甲子11日	乙丑12一	丙寅13二	丁卯14三	戊辰15四	己巳16五	庚午17六	辛未18日	壬申19一	癸酉20二	甲戌21三	乙亥22四	丙子23五	丁丑24六	戊寅25日	己卯26一	庚辰27二	乙卯小暑 庚午大暑
七月小	甲申	天干地支西曆星期	辛巳28三	壬午29四	癸未30五	甲申31六	乙酉(8)日	丙戌2一	丁亥3二	戊子4三	己丑5四	庚寅6五	辛卯7六	壬辰8日	癸巳9一	甲午10二	乙未11三	丙申12四	丁酉13五	戊戌14六	己亥15日	庚子16一	辛丑17二	壬寅18三	癸卯19四	甲辰20五	乙巳21六	丙午22日	丁未23一	戊申24二	己酉25三		乙酉立秋 庚子處暑
八月大	乙酉	天干地支西曆星期	庚戌26四	辛亥27五	壬子28六	癸丑29日	甲寅30一	乙卯31二	丙辰(9)三	丁巳2四	戊午3五	己未4六	庚申5日	辛酉6一	壬戌7二	癸亥8三	甲子9四	乙丑10五	丙寅11六	丁卯12日	戊辰13一	己巳14二	庚午15三	辛未16四	壬申17五	癸酉18六	甲戌19日	乙亥20一	丙子21二	丁丑22三	戊寅23四	己卯24五	丙辰白露 辛未秋分
九月小	丙戌	天干地支西曆星期	庚辰25六	辛巳26日	壬午27一	癸未28二	甲申29三	乙酉30四	丙戌(10)五	丁亥2六	戊子3日	己丑4一	庚寅5二	辛卯6三	壬辰7四	癸巳8五	甲午9六	乙未10日	丙申11一	丁酉12二	戊戌13三	己亥14四	庚子15五	辛丑16六	壬寅17日	癸卯18一	甲辰19二	乙巳20三	丙午21四	丁未22五	戊申23六		丙戌寒露 辛丑霜降
十月大	丁亥	天干地支西曆星期	己酉24日	庚戌25一	辛亥26二	壬子27三	癸丑28四	甲寅29五	乙卯30六	丙辰31日	丁巳(11)一	戊午2二	己未3三	庚申4四	辛酉5五	壬戌6六	癸亥7日	甲子8一	乙丑9二	丙寅10三	丁卯11四	戊辰12五	己巳13六	庚午14日	辛未15一	壬申16二	癸酉17三	甲戌18四	乙亥19五	丙子20六	丁丑21日	戊寅22一	丙辰立冬 壬申小雪
十一月大	戊子	天干地支西曆星期	己卯23二	庚辰24三	辛巳25四	壬午26五	癸未27六	甲申28日	乙酉29一	丙戌30二	丁亥(12)三	戊子2四	己丑3五	庚寅4六	辛卯5日	壬辰6一	癸巳7二	甲午8三	乙未9四	丙申10五	丁酉11六	戊戌12日	己亥13一	庚子14二	辛丑15三	壬寅16四	癸卯17五	甲辰18六	乙巳19日	丙午20一	丁未21二	戊申22三	丁亥大雪 壬寅冬至 己卯日食
十二月大	己丑	天干地支西曆星期	己酉23四	庚戌24五	辛亥25六	壬子26日	癸丑27一	甲寅28二	乙卯29三	丙辰30四	丁巳31五	戊午(1)六	己未2日	庚申3一	辛酉4二	壬戌5三	癸亥6四	甲子7五	乙丑8六	丙寅9日	丁卯10一	戊辰11二	己巳12三	庚午13四	辛未14五	壬申15六	癸酉16日	甲戌17一	乙亥18二	丙子19三	丁丑20四	戊寅21五	丁巳小寒 癸酉大寒

遼聖宗太平六年（丙寅 虎年） 公元 1026 ~ 1027 年

夏曆月序		中西曆日對照	夏曆日序																														節氣與天象
			初一	初二	初三	初四	初五	初六	初七	初八	初九	初十	十一	十二	十三	十四	十五	十六	十七	十八	十九	二十	二一	二二	二三	二四	二五	二六	二七	二八	二九	三十	
正月小	庚寅	天干 地支 西曆 星期	己卯 22 六	庚辰 23 日	辛巳 24 一	壬午 25 二	癸未 26 三	甲申 27 四	乙酉 28 五	丙戌 29 六	丁亥 30 日	戊子 31 一	己丑 (2) 二	庚寅 2 三	辛卯 3 四	壬辰 4 五	癸巳 5 六	甲午 6 日	乙未 7 一	丙申 8 二	丁酉 9 三	戊戌 10 四	己亥 11 五	庚子 12 六	辛丑 13 日	壬寅 14 一	癸卯 15 二	甲辰 16 三	乙巳 17 四	丙午 18 五	丁未 19 六		戊子立春 癸卯雨水
二月大	辛卯	天干 地支 西曆 星期	戊申 20 日	己酉 21 一	庚戌 22 二	辛亥 23 三	壬子 24 四	癸丑 25 五	甲寅 26 六	乙卯 27 日	丙辰 28 一	丁巳 (3) 二	戊午 2 三	己未 3 四	庚申 4 五	辛酉 5 六	壬戌 6 日	癸亥 7 一	甲子 8 二	乙丑 9 三	丙寅 10 四	丁卯 11 五	戊辰 12 六	己巳 13 日	庚午 14 一	辛未 15 二	壬申 16 三	癸酉 17 四	甲戌 18 五	乙亥 19 六	丙子 20 日	丁丑 21 一	戊午驚蟄 癸酉春分
三月小	壬辰	天干 地支 西曆 星期	戊寅 22 二	己卯 23 三	庚辰 24 四	辛巳 25 五	壬午 26 六	癸未 27 日	甲申 28 一	乙酉 29 二	丙戌 30 三	丁亥 31 四	戊子 (4) 五	己丑 2 六	庚寅 3 日	辛卯 4 一	壬辰 5 二	癸巳 6 三	甲午 7 四	乙未 8 五	丙申 9 六	丁酉 10 日	戊戌 11 一	己亥 12 二	庚子 13 三	辛丑 14 四	壬寅 15 五	癸卯 16 六	甲辰 17 日	乙巳 18 一	丙午 19 二		己丑清明 甲辰穀雨
四月小	癸巳	天干 地支 西曆 星期	丁未 20 三	戊申 21 四	己酉 22 五	庚戌 23 六	辛亥 24 日	壬子 25 一	癸丑 26 二	甲寅 27 三	乙卯 28 四	丙辰 29 五	丁巳 30 六	戊午 (5) 日	己未 2 一	庚申 3 二	辛酉 4 三	壬戌 5 四	癸亥 6 五	甲子 7 六	乙丑 8 日	丙寅 9 一	丁卯 10 二	戊辰 11 三	己巳 12 四	庚午 13 五	辛未 14 六	壬申 15 日	癸酉 16 一	甲戌 17 二	乙亥 18 三		己未立夏 甲戌小滿
五月大	甲午	天干 地支 西曆 星期	丙子 19 四	丁丑 20 五	戊寅 21 六	己卯 22 日	庚辰 23 一	辛巳 24 二	壬午 25 三	癸未 26 四	甲申 27 五	乙酉 28 六	丙戌 29 日	丁亥 30 一	戊子 31 二	己丑 (6) 三	庚寅 2 四	辛卯 3 五	壬辰 4 六	癸巳 5 日	甲午 6 一	乙未 7 二	丙申 8 三	丁酉 9 四	戊戌 10 五	己亥 11 六	庚子 12 日	辛丑 13 一	壬寅 14 二	癸卯 15 三	甲辰 16 四	乙巳 17 五	庚寅芒種 乙巳夏至
閏五月小	甲午	天干 地支 西曆 星期	丙午 18 六	丁未 19 日	戊申 20 一	己酉 21 二	庚戌 22 三	辛亥 23 四	壬子 24 五	癸丑 25 六	甲寅 26 日	乙卯 27 一	丙辰 28 二	丁巳 29 三	戊午 30 四	己未 (7) 五	庚申 2 六	辛酉 3 日	壬戌 4 一	癸亥 5 二	甲子 6 三	乙丑 7 四	丙寅 8 五	丁卯 9 六	戊辰 10 日	己巳 11 一	庚午 12 二	辛未 13 三	壬申 14 四	癸酉 15 五	甲戌 16 六		庚申小暑
六月小	乙未	天干 地支 西曆 星期	乙亥 17 日	丙子 18 一	丁丑 19 二	戊寅 20 三	己卯 21 四	庚辰 22 五	辛巳 23 六	壬午 24 日	癸未 25 一	甲申 26 二	乙酉 27 三	丙戌 28 四	丁亥 29 五	戊子 30 六	己丑 31 日	庚寅 (8) 一	辛卯 2 二	壬辰 3 三	癸巳 4 四	甲午 5 五	乙未 6 六	丙申 7 日	丁酉 8 一	戊戌 9 二	己亥 10 三	庚子 11 四	辛丑 12 五	壬寅 13 六	癸卯 14 日		乙亥大暑 庚寅立秋
七月大	丙申	天干 地支 西曆 星期	甲辰 15 一	乙巳 16 二	丙午 17 三	丁未 18 四	戊申 19 五	己酉 20 六	庚戌 21 日	辛亥 22 一	壬子 23 二	癸丑 24 三	甲寅 25 四	乙卯 26 五	丙辰 27 六	丁巳 28 日	戊午 29 一	己未 30 二	庚申 31 三	辛酉 (9) 四	壬戌 2 五	癸亥 3 六	甲子 4 日	乙丑 5 一	丙寅 6 二	丁卯 7 三	戊辰 8 四	己巳 9 五	庚午 10 六	辛未 11 日	壬申 12 一	癸酉 13 二	丙午處暑 辛酉白露
八月小	丁酉	天干 地支 西曆 星期	甲戌 14 三	乙亥 15 四	丙子 16 五	丁丑 17 六	戊寅 18 日	己卯 19 一	庚辰 20 二	辛巳 21 三	壬午 22 四	癸未 23 五	甲申 24 六	乙酉 25 日	丙戌 26 一	丁亥 27 二	戊子 28 三	己丑 29 四	庚寅 30 五	辛卯 (10) 六	壬辰 2 日	癸巳 3 一	甲午 4 二	乙未 5 三	丙申 6 四	丁酉 7 五	戊戌 8 六	己亥 9 日	庚子 10 一	辛丑 11 二	壬寅 12 三		丙子秋分 辛卯寒露
九月大	戊戌	天干 地支 西曆 星期	癸卯 13 四	甲辰 14 五	乙巳 15 六	丙午 16 日	丁未 17 一	戊申 18 二	己酉 19 三	庚戌 20 四	辛亥 21 五	壬子 22 六	癸丑 23 日	甲寅 24 一	乙卯 25 二	丙辰 26 三	丁巳 27 四	戊午 28 五	己未 29 六	庚申 30 日	辛酉 31 一	壬戌 (11) 二	癸亥 2 三	甲子 3 四	乙丑 4 五	丙寅 5 六	丁卯 6 日	戊辰 7 一	己巳 8 二	庚午 9 三	辛未 10 四	壬申 11 五	丁未霜降 壬戌立冬
十月大	己亥	天干 地支 西曆 星期	癸酉 12 六	甲戌 13 日	乙亥 14 一	丙子 15 二	丁丑 16 三	戊寅 17 四	己卯 18 五	庚辰 19 六	辛巳 20 日	壬午 21 一	癸未 22 二	甲申 23 三	乙酉 24 四	丙戌 25 五	丁亥 26 六	戊子 27 日	己丑 28 一	庚寅 29 二	辛卯 30 三	壬辰 (12) 四	癸巳 2 五	甲午 3 六	乙未 4 日	丙申 5 一	丁酉 6 二	戊戌 7 三	己亥 8 四	庚子 9 五	辛丑 10 六	壬寅 11 日	丁丑小雪 壬辰大雪
十一月大	庚子	天干 地支 西曆 星期	癸卯 12 一	甲辰 13 二	乙巳 14 三	丙午 15 四	丁未 16 五	戊申 17 六	己酉 18 日	庚戌 19 一	辛亥 20 二	壬子 21 三	癸丑 22 四	甲寅 23 五	乙卯 24 六	丙辰 25 日	丁巳 26 一	戊午 27 二	己未 28 三	庚申 29 四	辛酉 30 五	壬戌 31 六	癸亥 (1) 日	甲子 2 一	乙丑 3 二	丙寅 4 三	丁卯 5 四	戊辰 6 五	己巳 7 六	庚午 8 日	辛未 9 一	壬申 10 二	丁未冬至 癸亥小寒
十二月小	辛丑	天干 地支 西曆 星期	癸酉 11 三	甲戌 12 四	乙亥 13 五	丙子 14 六	丁丑 15 日	戊寅 16 一	己卯 17 二	庚辰 18 三	辛巳 19 四	壬午 20 五	癸未 21 六	甲申 22 日	乙酉 23 一	丙戌 24 二	丁亥 25 三	戊子 26 四	己丑 27 五	庚寅 28 六	辛卯 29 日	壬辰 30 一	癸巳 31 二	甲午 (2) 三	乙未 2 四	丙申 3 五	丁酉 4 六	戊戌 5 日	己亥 6 一	庚子 7 二	辛丑 8 三		戊寅大寒 癸巳立春

遼聖宗太平七年（丁卯 兔年） 公元 1027 ~ 1028 年

夏曆月序		中西曆日對照	初一	初二	初三	初四	初五	初六	初七	初八	初九	初十	十一	十二	十三	十四	十五	十六	十七	十八	十九	二十	二一	二二	二三	二四	二五	二六	二七	二八	二九	三十	節氣與天象
正月大	壬寅	天干 地支 西曆 星期	壬寅 9 四	癸卯 10 五	甲辰 11 六	乙巳 12 日	丙午 13 一	丁未 14 二	戊申 15 三	己酉 16 四	庚戌 17 五	辛亥 18 六	壬子 19 日	癸丑 20 一	甲寅 21 二	乙卯 22 三	丙辰 23 四	丁巳 24 五	戊午 25 六	己未 26 日	庚申 27 一	辛酉 28 二	壬戌 (3) 三	癸亥 2 四	甲子 3 五	乙丑 4 六	丙寅 5 日	丁卯 6 一	戊辰 7 二	己巳 8 三	庚午 9 四	辛未 10 五	戊申雨水 癸亥驚蟄
二月大	癸卯	天干 地支 西曆 星期	壬申 11 六	癸酉 12 日	甲戌 13 一	乙亥 14 二	丙子 15 三	丁丑 16 四	戊寅 17 五	己卯 18 六	庚辰 19 日	辛巳 20 一	壬午 21 二	癸未 22 三	甲申 23 四	乙酉 24 五	丙戌 25 六	丁亥 26 日	戊子 27 一	己丑 28 二	庚寅 29 三	辛卯 30 四	壬辰 31 五	癸巳 (4) 六	甲午 2 日	乙未 3 一	丙申 4 二	丁酉 5 三	戊戌 6 四	己亥 7 五	庚子 8 六	辛丑 9 日	己卯春分 甲午清明
三月小	甲辰	天干 地支 西曆 星期	壬寅 10 一	癸卯 11 二	甲辰 12 三	乙巳 13 四	丙午 14 五	丁未 15 六	戊申 16 日	己酉 17 一	庚戌 18 二	辛亥 19 三	壬子 20 四	癸丑 21 五	甲寅 22 六	乙卯 23 日	丙辰 24 一	丁巳 25 二	戊午 26 三	己未 27 四	庚申 28 五	辛酉 29 六	壬戌 30 日	癸亥 (5) 一	甲子 2 二	乙丑 3 三	丙寅 4 四	丁卯 5 五	戊辰 6 六	己巳 7 日	庚午 8 一		己酉穀雨 甲子立夏
四月小	乙巳	天干 地支 西曆 星期	辛未 9 二	壬申 10 三	癸酉 11 四	甲戌 12 五	乙亥 13 六	丙子 14 日	丁丑 15 一	戊寅 16 二	己卯 17 三	庚辰 18 四	辛巳 19 五	壬午 20 六	癸未 21 日	甲申 22 一	乙酉 23 二	丙戌 24 三	丁亥 25 四	戊子 26 五	己丑 27 六	庚寅 28 日	辛卯 29 一	壬辰 30 二	癸巳 31 三	甲午 (6) 四	乙未 2 五	丙申 3 六	丁酉 4 日	戊戌 5 一	己亥 6 二		庚辰小滿 乙未芒種
五月大	丙午	天干 地支 西曆 星期	庚子 7 三	辛丑 8 四	壬寅 9 五	癸卯 10 六	甲辰 11 日	乙巳 12 一	丙午 13 二	丁未 14 三	戊申 15 四	己酉 16 五	庚戌 17 六	辛亥 18 日	壬子 19 一	癸丑 20 二	甲寅 21 三	乙卯 22 四	丙辰 23 五	丁巳 24 六	戊午 25 日	己未 26 一	庚申 27 二	辛酉 28 三	壬戌 29 四	癸亥 30 五	甲子 (7) 六	乙丑 2 日	丙寅 3 一	丁卯 4 二	戊辰 5 三	己巳 6 四	庚戌夏至 乙丑小暑
六月小	丁未	天干 地支 西曆 星期	庚午 7 五	辛未 8 六	壬申 9 日	癸酉 10 一	甲戌 11 二	乙亥 12 三	丙子 13 四	丁丑 14 五	戊寅 15 六	己卯 16 日	庚辰 17 一	辛巳 18 二	壬午 19 三	癸未 20 四	甲申 21 五	乙酉 22 六	丙戌 23 日	丁亥 24 一	戊子 25 二	己丑 26 三	庚寅 27 四	辛卯 28 五	壬辰 29 六	癸巳 30 日	甲午 31 一	乙未 (8) 二	丙申 2 三	丁酉 3 四	戊戌 4 五		庚辰大暑 丙申立秋
七月小	戊申	天干 地支 西曆 星期	己亥 5 六	庚子 6 日	辛丑 7 一	壬寅 8 二	癸卯 9 三	甲辰 10 四	乙巳 11 五	丙午 12 六	丁未 13 日	戊申 14 一	己酉 15 二	庚戌 16 三	辛亥 17 四	壬子 18 五	癸丑 19 六	甲寅 20 日	乙卯 21 一	丙辰 22 二	丁巳 23 三	戊午 24 四	己未 25 五	庚申 26 六	辛酉 27 日	壬戌 28 一	癸亥 29 二	甲子 30 三	乙丑 31 四	丙寅 (9) 五	丁卯 2 六		辛亥處暑 丙寅白露
八月大	己酉	天干 地支 西曆 星期	戊辰 3 日	己巳 4 一	庚午 5 二	辛未 6 三	壬申 7 四	癸酉 8 五	甲戌 9 六	乙亥 10 日	丙子 11 一	丁丑 12 二	戊寅 13 三	己卯 14 四	庚辰 15 五	辛巳 16 六	壬午 17 日	癸未 18 一	甲申 19 二	乙酉 20 三	丙戌 21 四	丁亥 22 五	戊子 23 六	己丑 24 日	庚寅 25 一	辛卯 26 二	壬辰 27 三	癸巳 28 四	甲午 29 五	乙未 30 六	丙申 (10) 日	丁酉 2 一	辛巳秋分 丁酉寒露
九月小	庚戌	天干 地支 西曆 星期	戊戌 3 二	己亥 4 三	庚子 5 四	辛丑 6 五	壬寅 7 六	癸卯 8 日	甲辰 9 一	乙巳 10 二	丙午 11 三	丁未 12 四	戊申 13 五	己酉 14 六	庚戌 15 日	辛亥 16 一	壬子 17 二	癸丑 18 三	甲寅 19 四	乙卯 20 五	丙辰 21 六	丁巳 22 日	戊午 23 一	己未 24 二	庚申 25 三	辛酉 26 四	壬戌 27 五	癸亥 28 六	甲子 29 日	乙丑 30 一	丙寅 31 二		壬子霜降
十月大	辛亥	天干 地支 西曆 星期	丁卯 (11) 三	戊辰 2 四	己巳 3 五	庚午 4 六	辛未 5 日	壬申 6 一	癸酉 7 二	甲戌 8 三	乙亥 9 四	丙子 10 五	丁丑 11 六	戊寅 12 日	己卯 13 一	庚辰 14 二	辛巳 15 三	壬午 16 四	癸未 17 五	甲申 18 六	乙酉 19 日	丙戌 20 一	丁亥 21 二	戊子 22 三	己丑 23 四	庚寅 24 五	辛卯 25 六	壬辰 26 日	癸巳 27 一	甲午 28 二	乙未 29 三	丙申 30 四	丁卯立冬 壬午小雪
十一月大	壬子	天干 地支 西曆 星期	丁酉 (12) 五	戊戌 2 六	己亥 3 日	庚子 4 一	辛丑 5 二	壬寅 6 三	癸卯 7 四	甲辰 8 五	乙巳 9 六	丙午 10 日	丁未 11 一	戊申 12 二	己酉 13 三	庚戌 14 四	辛亥 15 五	壬子 16 六	癸丑 17 日	甲寅 18 一	乙卯 19 二	丙辰 20 三	丁巳 21 四	戊午 22 五	己未 23 六	庚申 24 日	辛酉 25 一	壬戌 26 二	癸亥 27 三	甲子 28 四	乙丑 29 五	丙寅 30 六	丁酉大雪 癸丑冬至
十二月大	癸丑	天干 地支 西曆 星期	丁卯 31 日	戊辰 (1) 一	己巳 2 二	庚午 3 三	辛未 4 四	壬申 5 五	癸酉 6 六	甲戌 7 日	乙亥 8 一	丙子 9 二	丁丑 10 三	戊寅 11 四	己卯 12 五	庚辰 13 六	辛巳 14 日	壬午 15 一	癸未 16 二	甲申 17 三	乙酉 18 四	丙戌 19 五	丁亥 20 六	戊子 21 日	己丑 22 一	庚寅 23 二	辛卯 24 三	壬辰 25 四	癸巳 26 五	甲午 27 六	乙未 28 日	丙申 29 一	戊辰小寒 癸未大寒

遼聖宗太平八年（戊辰 龍年） 公元 **1028** ~ 1029 年

夏曆月序		中西曆日對照	初一	初二	初三	初四	初五	初六	初七	初八	初九	初十	十一	十二	十三	十四	十五	十六	十七	十八	十九	二十	二一	二二	二三	二四	二五	二六	二七	二八	二九	三十	節氣與天象
正月小	甲寅	天干地支西曆星期	丁酉30二	戊戌31三	己亥(2)四	庚子2五	辛丑3六	壬寅4日	癸卯5一	甲辰6二	乙巳7三	丙午8四	丁未9五	戊申10六	己酉11日	庚戌12一	辛亥13二	壬子14三	癸丑15四	甲寅16五	乙卯17六	丙辰18日	丁巳19一	戊午20二	己未21三	庚申22四	辛酉23五	壬戌24六	癸亥25日	甲子26一	乙丑27二		戊戌立春 甲寅雨水
二月大	乙卯	天干地支西曆星期	丙寅28三	丁卯29四	戊辰(3)五	己巳2六	庚午3日	辛未4一	壬申5二	癸酉6三	甲戌7四	乙亥8五	丙子9六	丁丑10日	戊寅11一	己卯12二	庚辰13三	辛巳14四	壬午15五	癸未16六	甲申17日	乙酉18一	丙戌19二	丁亥20三	戊子21四	己丑22五	庚寅23六	辛卯24日	壬辰25一	癸巳26二	甲午27三	乙未28四	己巳驚蟄 甲申春分
三月大	丙辰	天干地支西曆星期	丙申29五	丁酉30六	戊戌31日	己亥(4)一	庚子2二	辛丑3三	壬寅4四	癸卯5五	甲辰6六	乙巳7日	丙午8一	丁未9二	戊申10三	己酉11四	庚戌12五	辛亥13六	壬子14日	癸丑15一	甲寅16二	乙卯17三	丙辰18四	丁巳19五	戊午20六	己未21日	庚申22一	辛酉23二	壬戌24三	癸亥25四	甲子26五	乙丑27六	己亥清明 甲寅穀雨
四月小	丁巳	天干地支西曆星期	丙寅28日	丁卯29一	戊辰30二	己巳(5)三	庚午2四	辛未3五	壬申4六	癸酉5日	甲戌6一	乙亥7二	丙子8三	丁丑9四	戊寅10五	己卯11六	庚辰12日	辛巳13一	壬午14二	癸未15三	甲申16四	乙酉17五	丙戌18六	丁亥19日	戊子20一	己丑21二	庚寅22三	辛卯23四	壬辰24五	癸巳25六	甲午26日		庚午立夏 乙酉小滿
五月小	戊午	天干地支西曆星期	乙未27一	丙申28二	丁酉29三	戊戌30四	己亥31五	庚子(6)六	辛丑2日	壬寅3一	癸卯4二	甲辰5三	乙巳6四	丙午7五	丁未8六	戊申9日	己酉10一	庚戌11二	辛亥12三	壬子13四	癸丑14五	甲寅15六	乙卯16日	丙辰17一	丁巳18二	戊午19三	己未20四	庚申21五	辛酉22六	壬戌23日	癸亥24一		庚子芒種 乙卯夏至
六月大	己未	天干地支西曆星期	甲子25二	乙丑26三	丙寅27四	丁卯28五	戊辰29六	己巳30日	庚午(7)一	辛未2二	壬申3三	癸酉4四	甲戌5五	乙亥6六	丙子7日	丁丑8一	戊寅9二	己卯10三	庚辰11四	辛巳12五	壬午13六	癸未14日	甲申15一	乙酉16二	丙戌17三	丁亥18四	戊子19五	己丑20六	庚寅21日	辛卯22一	壬辰23二	癸巳24三	庚午小暑 丙戌大暑
七月小	庚申	天干地支西曆星期	甲午25四	乙未26五	丙申27六	丁酉28日	戊戌29一	己亥30二	庚子31三	辛丑(8)四	壬寅2五	癸卯3六	甲辰4日	乙巳5一	丙午6二	丁未7三	戊申8四	己酉9五	庚戌10六	辛亥11日	壬子12一	癸丑13二	甲寅14三	乙卯15四	丙辰16五	丁巳17六	戊午18日	己未19一	庚申20二	辛酉21三	壬戌22四		辛丑立秋 丙辰處暑
八月小	辛酉	天干地支西曆星期	癸亥23五	甲子24六	乙丑25日	丙寅26一	丁卯27二	戊辰28三	己巳29四	庚午30五	辛未31六	壬申(9)日	癸酉2一	甲戌3二	乙亥4三	丙子5四	丁丑6五	戊寅7六	己卯8日	庚辰9一	辛巳10二	壬午11三	癸未12四	甲申13五	乙酉14六	丙戌15日	丁亥16一	戊子17二	己丑18三	庚寅19四	辛卯20五		辛未白露 丁亥秋分
九月大	壬戌	天干地支西曆星期	壬辰21六	癸巳22日	甲午23一	乙未24二	丙申25三	丁酉26四	戊戌27五	己亥28六	庚子29日	辛丑30一	壬寅(10)二	癸卯2三	甲辰3四	乙巳4五	丙午5六	丁未6日	戊申7一	己酉8二	庚戌9三	辛亥10四	壬子11五	癸丑12六	甲寅13日	乙卯14一	丙辰15二	丁巳16三	戊午17四	己未18五	庚申19六	辛酉20日	壬寅寒露 丁巳霜降
十月小	癸亥	天干地支西曆星期	壬戌21一	癸亥22二	甲子23三	乙丑24四	丙寅25五	丁卯26六	戊辰27日	己巳28一	庚午29二	辛未30三	壬申31四	癸酉(11)五	甲戌2六	乙亥3日	丙子4一	丁丑5二	戊寅6三	己卯7四	庚辰8五	辛巳9六	壬午10日	癸未11一	甲申12二	乙酉13三	丙戌14四	丁亥15五	戊子16六	己丑17日	庚寅18一		壬申立冬 丁亥小雪
十一月大	甲子	天干地支西曆星期	辛卯19二	壬辰20三	癸巳21四	甲午22五	乙未23六	丙申24日	丁酉25一	戊戌26二	己亥27三	庚子28四	辛丑29五	壬寅30六	癸卯(12)日	甲辰2一	乙巳3二	丙午4三	丁未5四	戊申6五	己酉7六	庚戌8日	辛亥9一	壬子10二	癸丑11三	甲寅12四	乙卯13五	丙辰14六	丁巳15日	戊午16一	己未17二	庚申18三	癸卯大雪 戊午冬至
十二月大	乙丑	天干地支西曆星期	辛酉19四	壬戌20五	癸亥21六	甲子22日	乙丑23一	丙寅24二	丁卯25三	戊辰26四	己巳27五	庚午28六	辛未29日	壬申30一	癸酉31二	甲戌(1)三	乙亥2四	丙子3五	丁丑4六	戊寅5日	己卯6一	庚辰7二	辛巳8三	壬午9四	癸未10五	甲申11六	乙酉12日	丙戌13一	丁亥14二	戊子15三	己丑16四	庚寅17五	癸酉小寒 戊子大寒

遼聖宗太平九年（己巳 蛇年） 公元 1029 ~ 1030 年

夏曆月序		中西曆日對照	初一	初二	初三	初四	初五	初六	初七	初八	初九	初十	十一	十二	十三	十四	十五	十六	十七	十八	十九	二十	二一	二二	二三	二四	二五	二六	二七	二八	二九	三十	節氣與天象
正月小	丙寅	天干地支 西曆 星期	辛卯18六	壬辰19日	癸巳20一	甲午21二	乙未22三	丙申23四	丁酉24五	戊戌25六	己亥26日	庚子27一	辛丑28二	壬寅29三	癸卯30四	甲辰31五	乙巳(2)六	丙午2日	丁未3一	戊申4二	己酉5三	庚戌6四	辛亥7五	壬子8六	癸丑9日	甲寅10一	乙卯11二	丙辰12三	丁巳13四	戊午14五	己未15六		甲辰立春 己未雨水
二月大	丁卯	天干地支 西曆 星期	庚申16日	辛酉17一	壬戌18二	癸亥19三	甲子20四	乙丑21五	丙寅22六	丁卯23日	戊辰24一	己巳25二	庚午26三	辛未27四	壬申28五	癸酉(3)六	甲戌2日	乙亥3一	丙子4二	丁丑5三	戊寅6四	己卯7五	庚辰8六	辛巳9日	壬午10一	癸未11二	甲申12三	乙酉13四	丙戌14五	丁亥15六	戊子16日	己丑17一	甲戌驚蟄 己丑春分
三月大	戊辰	天干地支 西曆 星期	庚寅18二	辛卯19三	壬辰20四	癸巳21五	甲午22六	乙未23日	丙申24一	丁酉25二	戊戌26三	己亥27四	庚子28五	辛丑29六	壬寅30日	癸卯31一	甲辰(4)二	乙巳2三	丙午3四	丁未4五	戊申5六	己酉6日	庚戌7一	辛亥8二	壬子9三	癸丑10四	甲寅11五	乙卯12六	丙辰13日	丁巳14一	戊午15二	己未16三	甲辰清明
閏三月小	戊辰	天干地支 西曆 星期	庚申17四	辛酉18五	壬戌19六	癸亥20日	甲子21一	乙丑22二	丙寅23三	丁卯24四	戊辰25五	己巳26六	庚午27日	辛未28一	壬申29二	癸酉30三	甲戌(5)四	乙亥2五	丙子3六	丁丑4日	戊寅5一	己卯6二	庚辰7三	辛巳8四	壬午9五	癸未10六	甲申11日	乙酉12一	丙戌13二	丁亥14三	戊子15四		庚申穀雨 乙亥立夏
四月大	己巳	天干地支 西曆 星期	己丑16五	庚寅17六	辛卯18日	壬辰19一	癸巳20二	甲午21三	乙未22四	丙申23五	丁酉24六	戊戌25日	己亥26一	庚子27二	辛丑28三	壬寅29四	癸卯30五	甲辰31六	乙巳(6)日	丙午2一	丁未3二	戊申4三	己酉5四	庚戌6五	辛亥7六	壬子8日	癸丑9一	甲寅10二	乙卯11三	丙辰12四	丁巳13五	戊午14六	庚寅小滿 乙巳芒種
五月小	庚午	天干地支 西曆 星期	己未15日	庚申16一	辛酉17二	壬戌18三	癸亥19四	甲子20五	乙丑21六	丙寅22日	丁卯23一	戊辰24二	己巳25三	庚午26四	辛未27五	壬申28六	癸酉29日	甲戌30一	乙亥(7)二	丙子2三	丁丑3四	戊寅4五	己卯5六	庚辰6日	辛巳7一	壬午8二	癸未9三	甲申10四	乙酉11五	丙戌12六	丁亥13日		辛酉夏至 丙子小暑
六月大	辛未	天干地支 西曆 星期	戊子14一	己丑15二	庚寅16三	辛卯17四	壬辰18五	癸巳19六	甲午20日	乙未21一	丙申22二	丁酉23三	戊戌24四	己亥25五	庚子26六	辛丑27日	壬寅28一	癸卯29二	甲辰30三	乙巳31四	丙午(8)五	丁未2六	戊申3日	己酉4一	庚戌5二	辛亥6三	壬子7四	癸丑8五	甲寅9六	乙卯10日	丙辰11一	丁巳12二	辛卯大暑 丙午立秋
七月小	壬申	天干地支 西曆 星期	戊午13三	己未14四	庚申15五	辛酉16六	壬戌17日	癸亥18一	甲子19二	乙丑20三	丙寅21四	丁卯22五	戊辰23六	己巳24日	庚午25一	辛未26二	壬申27三	癸酉28四	甲戌29五	乙亥30六	丙子31日	丁丑(9)一	戊寅2二	己卯3三	庚辰4四	辛巳5五	壬午6六	癸未7日	甲申8一	乙酉9二	丙戌10三		辛酉處暑 丁丑白露
八月小	癸酉	天干地支 西曆 星期	丁亥11四	戊子12五	己丑13六	庚寅14日	辛卯15一	壬辰16二	癸巳17三	甲午18四	乙未19五	丙申20六	丁酉21日	戊戌22一	己亥23二	庚子24三	辛丑25四	壬寅26五	癸卯27六	甲辰28日	乙巳29一	丙午30二	丁未(10)三	戊申2四	己酉3五	庚戌4六	辛亥5日	壬子6一	癸丑7二	甲寅8三	乙卯9四		壬辰秋分 丁未寒露 丁亥日食
九月大	甲戌	天干地支 西曆 星期	丙辰10五	丁巳11六	戊午12日	己未13一	庚申14二	辛酉15三	壬戌16四	癸亥17五	甲子18六	乙丑19日	丙寅20一	丁卯21二	戊辰22三	己巳23四	庚午24五	辛未25六	壬申26日	癸酉27一	甲戌28二	乙亥29三	丙子30四	丁丑31五	戊寅(11)六	己卯2日	庚辰3一	辛巳4二	壬午5三	癸未6四	甲申7五	乙酉8六	壬戌霜降 丁丑立冬
十月小	乙亥	天干地支 西曆 星期	丙戌9日	丁亥10一	戊子11二	己丑12三	庚寅13四	辛卯14五	壬辰15六	癸巳16日	甲午17一	乙未18二	丙申19三	丁酉20四	戊戌21五	己亥22六	庚子23日	辛丑24一	壬寅25二	癸卯26三	甲辰27四	乙巳28五	丙午29六	丁未30日	戊申(12)一	己酉2二	庚戌3三	辛亥4四	壬子5五	癸丑6六	甲寅7日		癸巳小雪 戊申大雪
十一月大	丙子	天干地支 西曆 星期	乙卯8一	丙辰9二	丁巳10三	戊午11四	己未12五	庚申13六	辛酉14日	壬戌15一	癸亥16二	甲子17三	乙丑18四	丙寅19五	丁卯20六	戊辰21日	己巳22一	庚午23二	辛未24三	壬申25四	癸酉26五	甲戌27六	乙亥28日	丙子29一	丁丑30二	戊寅31三	己卯(1)四	庚辰2五	辛巳3六	壬午4日	癸未5一	甲申6二	癸亥冬至 戊寅小寒
十二月小	丁丑	天干地支 西曆 星期	乙酉7三	丙戌8四	丁亥9五	戊子10六	己丑11日	庚寅12一	辛卯13二	壬辰14三	癸巳15四	甲午16五	乙未17六	丙申18日	丁酉19一	戊戌20二	己亥21三	庚子22四	辛丑23五	壬寅24六	癸卯25日	甲辰26一	乙巳27二	丙午28三	丁未29四	戊申30五	己酉31六	庚戌(2)日	辛亥2一	壬子3二	癸丑4三		甲午大寒 己酉立春

遼聖宗太平十年（庚午 馬年） 公元1030 ~ 1031年

夏曆月序		中西曆日對照	夏曆日序																														節氣與天象
			初一	初二	初三	初四	初五	初六	初七	初八	初九	初十	十一	十二	十三	十四	十五	十六	十七	十八	十九	二十	二一	二二	二三	二四	二五	二六	二七	二八	二九	三十	
正月大	戊寅	天干地支 西曆 星期	甲寅 5 四	乙卯 6 五	丙辰 7 六	丁巳 8 日	戊午 9 一	己未 10 二	庚申 11 三	辛酉 12 四	壬戌 13 五	癸亥 14 六	甲子 15 日	乙丑 16 一	丙寅 17 二	丁卯 18 三	戊辰 19 四	己巳 20 五	庚午 21 六	辛未 22 日	壬申 23 一	癸酉 24 二	甲戌 25 三	乙亥 26 四	丙子 27 五	丁丑 28 六	戊寅 (3) 日	己卯 2 一	庚辰 3 二	辛巳 4 三	壬午 5 四	癸未 6 五	甲子雨水 己卯驚蟄
二月大	己卯	天干地支 西曆 星期	甲申 7 六	乙酉 8 日	丙戌 9 一	丁亥 10 二	戊子 11 三	己丑 12 四	庚寅 13 五	辛卯 14 六	壬辰 15 日	癸巳 16 一	甲午 17 二	乙未 18 三	丙申 19 四	丁酉 20 五	戊戌 21 六	己亥 22 日	庚子 23 一	辛丑 24 二	壬寅 25 三	癸卯 26 四	甲辰 27 五	乙巳 28 六	丙午 29 日	丁未 30 一	戊申 31 二	己酉 (4) 三	庚戌 2 四	辛亥 3 五	壬子 4 六	癸丑 5 日	甲午春分 庚戌清明
三月小	庚辰	天干地支 西曆 星期	甲寅 6 一	乙卯 7 二	丙辰 8 三	丁巳 9 四	戊午 10 五	己未 11 六	庚申 12 日	辛酉 13 一	壬戌 14 二	癸亥 15 三	甲子 16 四	乙丑 17 五	丙寅 18 六	丁卯 19 日	戊辰 20 一	己巳 21 二	庚午 22 三	辛未 23 四	壬申 24 五	癸酉 25 六	甲戌 26 日	乙亥 27 一	丙子 28 二	丁丑 29 三	戊寅 30 四	己卯 (5) 五	庚辰 2 六	辛巳 3 日	壬午 4 一		乙丑穀雨 庚辰立夏
四月大	辛巳	天干地支 西曆 星期	癸未 5 二	甲申 6 三	乙酉 7 四	丙戌 8 五	丁亥 9 六	戊子 10 日	己丑 11 一	庚寅 12 二	辛卯 13 三	壬辰 14 四	癸巳 15 五	甲午 16 六	乙未 17 日	丙申 18 一	丁酉 19 二	戊戌 20 三	己亥 21 四	庚子 22 五	辛丑 23 六	壬寅 24 日	癸卯 25 一	甲辰 26 二	乙巳 27 三	丙午 28 四	丁未 29 五	戊申 30 六	己酉 31 日	庚戌 (6) 一	辛亥 2 二	壬子 3 三	乙未小滿 辛亥芒種
五月大	壬午	天干地支 西曆 星期	癸丑 4 四	甲寅 5 五	乙卯 6 六	丙辰 7 日	丁巳 8 一	戊午 9 二	己未 10 三	庚申 11 四	辛酉 12 五	壬戌 13 六	癸亥 14 日	甲子 15 一	乙丑 16 二	丙寅 17 三	丁卯 18 四	戊辰 19 五	己巳 20 六	庚午 21 日	辛未 22 一	壬申 23 二	癸酉 24 三	甲戌 25 四	乙亥 26 五	丙子 27 六	丁丑 28 日	戊寅 29 一	己卯 30 二	庚辰 (7) 三	辛巳 2 四	壬午 3 五	丙寅夏至 辛巳小暑
六月小	癸未	天干地支 西曆 星期	癸未 4 六	甲申 5 日	乙酉 6 一	丙戌 7 二	丁亥 8 三	戊子 9 四	己丑 10 五	庚寅 11 六	辛卯 12 日	壬辰 13 一	癸巳 14 二	甲午 15 三	乙未 16 四	丙申 17 五	丁酉 18 六	戊戌 19 日	己亥 20 一	庚子 21 二	辛丑 22 三	壬寅 23 四	癸卯 24 五	甲辰 25 六	乙巳 26 日	丙午 27 一	丁未 28 二	戊申 29 三	己酉 30 四	庚戌 31 五	辛亥 (8) 六		丙申大暑 辛亥立秋
七月大	甲申	天干地支 西曆 星期	壬子 2 日	癸丑 3 一	甲寅 4 二	乙卯 5 三	丙辰 6 四	丁巳 7 五	戊午 8 六	己未 9 日	庚申 10 一	辛酉 11 二	壬戌 12 三	癸亥 13 四	甲子 14 五	乙丑 15 六	丙寅 16 日	丁卯 17 一	戊辰 18 二	己巳 19 三	庚午 20 四	辛未 21 五	壬申 22 六	癸酉 23 日	甲戌 24 一	乙亥 25 二	丙子 26 三	丁丑 27 四	戊寅 28 五	己卯 29 六	庚辰 30 日	辛巳 31 一	丁卯處暑
八月小	乙酉	天干地支 西曆 星期	壬午 (9) 二	癸未 2 三	甲申 3 四	乙酉 4 五	丙戌 5 六	丁亥 6 日	戊子 7 一	己丑 8 二	庚寅 9 三	辛卯 10 四	壬辰 11 五	癸巳 12 六	甲午 13 日	乙未 14 一	丙申 15 二	丁酉 16 三	戊戌 17 四	己亥 18 五	庚子 19 六	辛丑 20 日	壬寅 21 一	癸卯 22 二	甲辰 23 三	乙巳 24 四	丙午 25 五	丁未 26 六	戊申 27 日	己酉 28 一	庚戌 29 二		壬午白露 丁酉秋分
九月大	丙戌	天干地支 西曆 星期	辛亥 30 三	壬子 (10) 四	癸丑 2 五	甲寅 3 六	乙卯 4 日	丙辰 5 一	丁巳 6 二	戊午 7 三	己未 8 四	庚申 9 五	辛酉 10 六	壬戌 11 日	癸亥 12 一	甲子 13 二	乙丑 14 三	丙寅 15 四	丁卯 16 五	戊辰 17 六	己巳 18 日	庚午 19 一	辛未 20 二	壬申 21 三	癸酉 22 四	甲戌 23 五	乙亥 24 六	丙子 25 日	丁丑 26 一	戊寅 27 二	己卯 28 三	庚辰 29 四	壬子寒露 丁卯霜降
十月小	丁亥	天干地支 西曆 星期	辛巳 30 五	壬午 31 六	癸未 (11) 日	甲申 2 一	乙酉 3 二	丙戌 4 三	丁亥 5 四	戊子 6 五	己丑 7 六	庚寅 8 日	辛卯 9 一	壬辰 10 二	癸巳 11 三	甲午 12 四	乙未 13 五	丙申 14 六	丁酉 15 日	戊戌 16 一	己亥 17 二	庚子 18 三	辛丑 19 四	壬寅 20 五	癸卯 21 六	甲辰 22 日	乙巳 23 一	丙午 24 二	丁未 25 三	戊申 26 四	己酉 27 五		癸未立冬 戊戌小雪
十一月小	戊子	天干地支 西曆 星期	庚戌 28 六	辛亥 29 日	壬子 30 一	癸丑 (12) 二	甲寅 2 三	乙卯 3 四	丙辰 4 五	丁巳 5 六	戊午 6 日	己未 7 一	庚申 8 二	辛酉 9 三	壬戌 10 四	癸亥 11 五	甲子 12 六	乙丑 13 日	丙寅 14 一	丁卯 15 二	戊辰 16 三	己巳 17 四	庚午 18 五	辛未 19 六	壬申 20 日	癸酉 21 一	甲戌 22 二	乙亥 23 三	丙子 24 四	丁丑 25 五	戊寅 26 六		癸丑大雪 戊辰冬至
十二月大	己丑	天干地支 西曆 星期	己卯 27 日	庚辰 28 一	辛巳 29 二	壬午 30 三	癸未 31 四	甲申 (1) 五	乙酉 2 六	丙戌 3 日	丁亥 4 一	戊子 5 二	己丑 6 三	庚寅 7 四	辛卯 8 五	壬辰 9 六	癸巳 10 日	甲午 11 一	乙未 12 二	丙申 13 三	丁酉 14 四	戊戌 15 五	己亥 16 六	庚子 17 日	辛丑 18 一	壬寅 19 二	癸卯 20 三	甲辰 21 四	乙巳 22 五	丙午 23 六	丁未 24 日	戊申 25 一	甲申小寒 己亥大寒

遼聖宗太平十一年 興宗景福元年（辛未 羊年） 公元 1031 ~ 1032 年

夏曆月序		中西曆日對照	初一	初二	初三	初四	初五	初六	初七	初八	初九	初十	十一	十二	十三	十四	十五	十六	十七	十八	十九	二十	二一	二二	二三	二四	二五	二六	二七	二八	二九	三十	節氣與天象
正月小	庚寅	干支 西曆 天地 星期	己酉 26 二	庚戌 27 三	辛亥 28 四	壬子 29 五	癸丑 30 六	甲寅 31 日	乙卯 (2) 一	丙辰 2 二	丁巳 3 三	戊午 4 四	己未 5 五	庚申 6 六	辛酉 7 日	壬戌 8 一	癸亥 9 二	甲子 10 三	乙丑 11 四	丙寅 12 五	丁卯 13 六	戊辰 14 日	己巳 15 一	庚午 16 二	辛未 17 三	壬申 18 四	癸酉 19 五	甲戌 20 六	乙亥 21 日	丙子 22 一	丁丑 23 二		甲寅立春 己巳雨水
二月大	辛卯	干支 西曆 天地 星期	戊寅 24 三	己卯 25 四	庚辰 26 五	辛巳 27 六	壬午 28 日	癸未 (3) 一	甲申 2 二	乙酉 3 三	丙戌 4 四	丁亥 5 五	戊子 6 六	己丑 7 日	庚寅 8 一	辛卯 9 二	壬辰 10 三	癸巳 11 四	甲午 12 五	乙未 13 六	丙申 14 日	丁酉 15 一	戊戌 16 二	己亥 17 三	庚子 18 四	辛丑 19 五	壬寅 20 六	癸卯 21 日	甲辰 22 一	乙巳 23 二	丙午 24 三	丁未 25 四	甲申驚蟄 庚子春分
三月大	壬辰	干支 西曆 天地 星期	戊申 26 五	己酉 27 六	庚戌 28 日	辛亥 29 一	壬子 30 二	癸丑 31 三	甲寅 (4) 四	乙卯 2 五	丙辰 3 六	丁巳 4 日	戊午 5 一	己未 6 二	庚申 7 三	辛酉 8 四	壬戌 9 五	癸亥 10 六	甲子 11 日	乙丑 12 一	丙寅 13 二	丁卯 14 三	戊辰 15 四	己巳 16 五	庚午 17 六	辛未 18 日	壬申 19 一	癸酉 20 二	甲戌 21 三	乙亥 22 四	丙子 23 五	丁丑 24 六	乙卯清明 庚午穀雨
四月小	癸巳	干支 西曆 天地 星期	戊寅 25 日	己卯 26 一	庚辰 27 二	辛巳 28 三	壬午 29 四	癸未 30 五	甲申 (5) 六	乙酉 2 日	丙戌 3 一	丁亥 4 二	戊子 5 三	己丑 6 四	庚寅 7 五	辛卯 8 六	壬辰 9 日	癸巳 10 一	甲午 11 二	乙未 12 三	丙申 13 四	丁酉 14 五	戊戌 15 六	己亥 16 日	庚子 17 一	辛丑 18 二	壬寅 19 三	癸卯 20 四	甲辰 21 五	乙巳 22 六	丙午 23 日		乙酉立夏 辛丑小滿
五月大	甲午	干支 西曆 天地 星期	丁未 24 一	戊申 25 二	己酉 26 三	庚戌 27 四	辛亥 28 五	壬子 29 六	癸丑 30 日	甲寅 31 一	乙卯 (6) 二	丙辰 2 三	丁巳 3 四	戊午 4 五	己未 5 六	庚申 6 日	辛酉 7 一	壬戌 8 二	癸亥 9 三	甲子 10 四	乙丑 11 五	丙寅 12 六	丁卯 13 日	戊辰 14 一	己巳 15 二	庚午 16 三	辛未 17 四	壬申 18 五	癸酉 19 六	甲戌 20 日	乙亥 21 一	丙子 22 二	丙辰芒種 辛未夏至
六月小	乙未	干支 西曆 天地 星期	丁丑 23 三	戊寅 24 四	己卯 25 五	庚辰 26 六	辛巳 27 日	壬午 28 一	癸未 29 二	甲申 30 三	乙酉 (7) 四	丙戌 2 五	丁亥 3 六	戊子 4 日	己丑 5 一	庚寅 6 二	辛卯 7 三	壬辰 8 四	癸巳 9 五	甲午 10 六	乙未 11 日	丙申 12 一	丁酉 13 二	戊戌 14 三	己亥 15 四	庚子 16 五	辛丑 17 六	壬寅 18 日	癸卯 19 一	甲辰 20 二	乙巳 21 三		丙戌小暑 辛丑大暑
七月大	丙申	干支 西曆 天地 星期	丙午 22 四	丁未 23 五	戊申 24 六	己酉 25 日	庚戌 26 一	辛亥 27 二	壬子 28 三	癸丑 29 四	甲寅 30 五	乙卯 31 六	丙辰 (8) 日	丁巳 2 一	戊午 3 二	己未 4 三	庚申 5 四	辛酉 6 五	壬戌 7 六	癸亥 8 日	甲子 9 一	乙丑 10 二	丙寅 11 三	丁卯 12 四	戊辰 13 五	己巳 14 六	庚午 15 日	辛未 16 一	壬申 17 二	癸酉 18 三	甲戌 19 四	乙亥 20 五	丁巳立秋 壬申處暑
八月大	丁酉	干支 西曆 天地 星期	丙子 21 六	丁丑 22 日	戊寅 23 一	己卯 24 二	庚辰 25 三	辛巳 26 四	壬午 27 五	癸未 28 六	甲申 29 日	乙酉 30 一	丙戌 31 二	丁亥 (9) 三	戊子 2 四	己丑 3 五	庚寅 4 六	辛卯 5 日	壬辰 6 一	癸巳 7 二	甲午 8 三	乙未 9 四	丙申 10 五	丁酉 11 六	戊戌 12 日	己亥 13 一	庚子 14 二	辛丑 15 三	壬寅 16 四	癸卯 17 五	甲辰 18 六	乙巳 19 日	丁亥白露 壬寅秋分
九月小	戊戌	干支 西曆 天地 星期	丙午 20 一	丁未 21 二	戊申 22 三	己酉 23 四	庚戌 24 五	辛亥 25 六	壬子 26 日	癸丑 27 一	甲寅 28 二	乙卯 29 三	丙辰 30 四	丁巳 (10) 五	戊午 2 六	己未 3 日	庚申 4 一	辛酉 5 二	壬戌 6 三	癸亥 7 四	甲子 8 五	乙丑 9 六	丙寅 10 日	丁卯 11 一	戊辰 12 二	己巳 13 三	庚午 14 四	辛未 15 五	壬申 16 六	癸酉 17 日	甲戌 18 一		戊午寒露 癸酉霜降
十月大	己亥	干支 西曆 天地 星期	乙亥 19 二	丙子 20 三	丁丑 21 四	戊寅 22 五	己卯 23 六	庚辰 24 日	辛巳 25 一	壬午 26 二	癸未 27 三	甲申 28 四	乙酉 29 五	丙戌 30 六	丁亥 31 日	戊子 (11) 一	己丑 2 二	庚寅 3 三	辛卯 4 四	壬辰 5 五	癸巳 6 六	甲午 7 日	乙未 8 一	丙申 9 二	丁酉 10 三	戊戌 11 四	己亥 12 五	庚子 13 六	辛丑 14 日	壬寅 15 一	癸卯 16 二	甲辰 17 三	戊子立冬 癸卯小雪
閏十月小	己亥	干支 西曆 天地 星期	乙巳 18 四	丙午 19 五	丁未 20 六	戊申 21 日	己酉 22 一	庚戌 23 二	辛亥 24 三	壬子 25 四	癸丑 26 五	甲寅 27 六	乙卯 28 日	丙辰 29 一	丁巳 30 二	戊午 (12) 三	己未 2 四	庚申 3 五	辛酉 4 六	壬戌 5 日	癸亥 6 一	甲子 7 二	乙丑 8 三	丙寅 9 四	丁卯 10 五	戊辰 11 六	己巳 12 日	庚午 13 一	辛未 14 二	壬申 15 三	癸酉 16 四		戊午大雪
十一月大	庚子	干支 西曆 天地 星期	甲戌 17 五	乙亥 18 六	丙子 19 日	丁丑 20 一	戊寅 21 二	己卯 22 三	庚辰 23 四	辛巳 24 五	壬午 25 六	癸未 26 日	甲申 27 一	乙酉 28 二	丙戌 29 三	丁亥 30 四	戊子 31 五	己丑 (1) 六	庚寅 2 日	辛卯 3 一	壬辰 4 二	癸巳 5 三	甲午 6 四	乙未 7 五	丙申 8 六	丁酉 9 日	戊戌 10 一	己亥 11 二	庚子 12 三	辛丑 13 四	壬寅 14 五	癸卯 15 六	甲戌冬至 己丑小寒
十二月小	辛丑	干支 西曆 天地 星期	甲辰 16 日	乙巳 17 一	丙午 18 二	丁未 19 三	戊申 20 四	己酉 21 五	庚戌 22 六	辛亥 23 日	壬子 24 一	癸丑 25 二	甲寅 26 三	乙卯 27 四	丙辰 28 五	丁巳 29 六	戊午 30 日	己未 31 一	庚申 (2) 二	辛酉 2 三	壬戌 3 四	癸亥 4 五	甲子 5 六	乙丑 6 日	丙寅 7 一	丁卯 8 二	戊辰 9 三	己巳 10 四	庚午 11 五	辛未 12 六	壬申 13 日		甲辰大寒 己未立春

* 六月己卯（初三），遼聖宗死，耶律宗真即位，是爲興宗。辛卯（十五日），改元景福。

遼興宗景福二年 重熙元年（壬申 猴年） 公元 1032 ~ 1033 年

夏曆月序		中西曆日對照	初一	初二	初三	初四	初五	初六	初七	初八	初九	初十	十一	十二	十三	十四	十五	十六	十七	十八	十九	二十	二一	二二	二三	二四	二五	二六	二七	二八	二九	三十	節氣與天象
正月小	壬寅	干支 天地西曆 星期	癸酉14一	甲戌15二	乙亥16三	丙子17四	丁丑18五	戊寅19六	己卯20日	庚辰21一	辛巳22二	壬午23三	癸未24四	甲申25五	乙酉26六	丙戌27日	丁亥28一	戊子29二	己丑(3)三	庚寅2四	辛卯3五	壬辰4六	癸巳5日	甲午6一	乙未7二	丙申8三	丁酉9四	戊戌10五	己亥11六	庚子12日	辛丑13一		甲戌雨水 庚寅驚蟄
二月大	癸卯	干支 天地西曆 星期	壬寅14二	癸卯15三	甲辰16四	乙巳17五	丙午18六	丁未19日	戊申20一	己酉21二	庚戌22三	辛亥23四	壬子24五	癸丑25六	甲寅26日	乙卯27一	丙辰28二	丁巳29三	戊午30四	己未31五	庚申(4)六	辛酉2日	壬戌3一	癸亥4二	甲子5三	乙丑6四	丙寅7五	丁卯8六	戊辰9日	己巳10一	庚午11二	辛未12三	乙巳春分 庚申清明
三月小	甲辰	干支 天地西曆 星期	壬申13四	癸酉14五	甲戌15六	乙亥16日	丙子17一	丁丑18二	戊寅19三	己卯20四	庚辰21五	辛巳22六	壬午23日	癸未24一	甲申25二	乙酉26三	丙戌27四	丁亥28五	戊子29六	己丑30日	庚寅(5)一	辛卯2二	壬辰3三	癸巳4四	甲午5五	乙未6六	丙申7日	丁酉8一	戊戌9二	己亥10三	庚子11四		乙亥穀雨 辛卯立夏
四月大	乙巳	干支 天地西曆 星期	辛丑12五	壬寅13六	癸卯14日	甲辰15一	乙巳16二	丙午17三	丁未18四	戊申19五	己酉20六	庚戌21日	辛亥22一	壬子23二	癸丑24三	甲寅25四	乙卯26五	丙辰27六	丁巳28日	戊午29一	己未30二	庚申31三	辛酉(6)四	壬戌2五	癸亥3六	甲子4日	乙丑5一	丙寅6二	丁卯7三	戊辰8四	己巳9五	庚午10六	丙午小滿 辛酉芒種
五月小	丙午	干支 天地西曆 星期	辛未11日	壬申12一	癸酉13二	甲戌14三	乙亥15四	丙子16五	丁丑17六	戊寅18日	己卯19一	庚辰20二	辛巳21三	壬午22四	癸未23五	甲申24六	乙酉25日	丙戌26一	丁亥27二	戊子28三	己丑29四	庚寅30五	辛卯(7)六	壬辰2日	癸巳3一	甲午4二	乙未5三	丙申6四	丁酉7五	戊戌8六	己亥9日		丙子夏至 辛卯小暑
六月大	丁未	干支 天地西曆 星期	庚子10一	辛丑11二	壬寅12三	癸卯13四	甲辰14五	乙巳15六	丙午16日	丁未17一	戊申18二	己酉19三	庚戌20四	辛亥21五	壬子22六	癸丑23日	甲寅24一	乙卯25二	丙辰26三	丁巳27四	戊午28五	己未29六	庚申30日	辛酉31一	壬戌(8)二	癸亥2三	甲子3四	乙丑4五	丙寅5六	丁卯6日	戊辰7一	己巳8二	丁未大暑 壬戌立秋
七月大	戊申	干支 天地西曆 星期	庚午9三	辛未10四	壬申11五	癸酉12六	甲戌13日	乙亥14一	丙子15二	丁丑16三	戊寅17四	己卯18五	庚辰19六	辛巳20日	壬午21一	癸未22二	甲申23三	乙酉24四	丙戌25五	丁亥26六	戊子27日	己丑28一	庚寅29二	辛卯30三	壬辰31四	癸巳(9)五	甲午2六	乙未3日	丙申4一	丁酉5二	戊戌6三	己亥7四	丁丑處暑 壬辰白露
八月小	己酉	干支 天地西曆 星期	庚子8五	辛丑9六	壬寅10日	癸卯11一	甲辰12二	乙巳13三	丙午14四	丁未15五	戊申16六	己酉17日	庚戌18一	辛亥19二	壬子20三	癸丑21四	甲寅22五	乙卯23六	丙辰24日	丁巳25一	戊午26二	己未27三	庚申28四	辛酉29五	壬戌30六	癸亥(10)日	甲子2一	乙丑3二	丙寅4三	丁卯5四	戊辰6五		戊申秋分 癸亥寒露
九月大	庚戌	干支 天地西曆 星期	己巳7六	庚午8日	辛未9一	壬申10二	癸酉11三	甲戌12四	乙亥13五	丙子14六	丁丑15日	戊寅16一	己卯17二	庚辰18三	辛巳19四	壬午20五	癸未21六	甲申22日	乙酉23一	丙戌24二	丁亥25三	戊子26四	己丑27五	庚寅28六	辛卯29日	壬辰30一	癸巳31二	甲午(11)三	乙未2四	丙申3五	丁酉4六	戊戌5日	戊寅霜降 癸巳立冬
十月大	辛亥	干支 天地西曆 星期	己亥6一	庚子7二	辛丑8三	壬寅9四	癸卯10五	甲辰11六	乙巳12日	丙午13一	丁未14二	戊申15三	己酉16四	庚戌17五	辛亥18六	壬子19日	癸丑20一	甲寅21二	乙卯22三	丙辰23四	丁巳24五	戊午25六	己未26日	庚申27一	辛酉28二	壬戌29三	癸亥30四	甲子(12)五	乙丑2六	丙寅3日	丁卯4一	戊辰5二	戊申小雪 甲子大雪
十一月小	壬子	干支 天地西曆 星期	己巳6三	庚午7四	辛未8五	壬申9六	癸酉10日	甲戌11一	乙亥12二	丙子13三	丁丑14四	戊寅15五	己卯16六	庚辰17日	辛巳18一	壬午19二	癸未20三	甲申21四	乙酉22五	丙戌23六	丁亥24日	戊子25一	己丑26二	庚寅27三	辛卯28四	壬辰29五	癸巳30六	甲午31日	乙未(1)一	丙申2二	丁酉3三		己卯冬至 甲午小寒
十二月大	癸丑	干支 天地西曆 星期	戊戌4四	己亥5五	庚子6六	辛丑7日	壬寅8一	癸卯9二	甲辰10三	乙巳11四	丙午12五	丁未13六	戊申14日	己酉15一	庚戌16二	辛亥17三	壬子18四	癸丑19五	甲寅20六	乙卯21日	丙辰22一	丁巳23二	戊午24三	己未25四	庚申26五	辛酉27六	壬戌28日	癸亥29一	甲子30二	乙丑31三	丙寅(2)四	丁卯2五	己酉大寒 乙丑立春

* 十一月己卯（十一日），改元重熙。

遼興宗重熙二年（癸酉 鷄年） 公元 1033 ~ 1034 年

夏曆月序	中西曆日對照	初一	初二	初三	初四	初五	初六	初七	初八	初九	初十	十一	十二	十三	十四	十五	十六	十七	十八	十九	二十	二一	二二	二三	二四	二五	二六	二七	二八	二九	三十	節氣與天象
正月小 甲寅	天干地支 西曆 星期	戊辰 3 六	己巳 4 日	庚午 5 一	辛未 6 二	壬申 7 三	癸酉 8 四	甲戌 9 五	乙亥 10 六	丙子 11 日	丁丑 12 一	戊寅 13 二	己卯 14 三	庚辰 15 四	辛巳 16 五	壬午 17 六	癸未 18 日	甲申 19 一	乙酉 20 二	丙戌 21 三	丁亥 22 四	戊子 23 五	己丑 24 六	庚寅 25 日	辛卯 26 一	壬辰 27 二	癸巳 28 三	甲午 (3) 四	乙未 2 五	丙申 3 六		庚辰雨水 乙未驚蟄
二月小 乙卯	天干地支 西曆 星期	丁酉 4 日	戊戌 5 一	己亥 6 二	庚子 7 三	辛丑 8 四	壬寅 9 五	癸卯 10 六	甲辰 11 日	乙巳 12 一	丙午 13 二	丁未 14 三	戊申 15 四	己酉 16 五	庚戌 17 六	辛亥 18 日	壬子 19 一	癸丑 20 二	甲寅 21 三	乙卯 22 四	丙辰 23 五	丁巳 24 六	戊午 25 日	己未 26 一	庚申 27 二	辛酉 28 三	壬戌 29 四	癸亥 30 五	甲子 31 六	乙丑 (4) 日		庚戌春分 乙丑清明
三月大 丙辰	天干地支 西曆 星期	丙寅 2 一	丁卯 3 二	戊辰 4 三	己巳 5 四	庚午 6 五	辛未 7 六	壬申 8 日	癸酉 9 一	甲戌 10 二	乙亥 11 三	丙子 12 四	丁丑 13 五	戊寅 14 六	己卯 15 日	庚辰 16 一	辛巳 17 二	壬午 18 三	癸未 19 四	甲申 20 五	乙酉 21 六	丙戌 22 日	丁亥 23 一	戊子 24 二	己丑 25 三	庚寅 26 四	辛卯 27 五	壬辰 28 六	癸巳 29 日	甲午 30 一	乙未 (5) 二	辛巳穀雨
四月小 丁巳	天干地支 西曆 星期	丙申 2 三	丁酉 3 四	戊戌 4 五	己亥 5 六	庚子 6 日	辛丑 7 一	壬寅 8 二	癸卯 9 三	甲辰 10 四	乙巳 11 五	丙午 12 六	丁未 13 日	戊申 14 一	己酉 15 二	庚戌 16 三	辛亥 17 四	壬子 18 五	癸丑 19 六	甲寅 20 日	乙卯 21 一	丙辰 22 二	丁巳 23 三	戊午 24 四	己未 25 五	庚申 26 六	辛酉 27 日	壬戌 28 一	癸亥 29 二	甲子 30 三		丙申立夏 辛亥小滿
五月小 戊午	天干地支 西曆 星期	乙丑 31 四	丙寅 (6) 五	丁卯 2 六	戊辰 3 日	己巳 4 一	庚午 5 二	辛未 6 三	壬申 7 四	癸酉 8 五	甲戌 9 六	乙亥 10 日	丙子 11 一	丁丑 12 二	戊寅 13 三	己卯 14 四	庚辰 15 五	辛巳 16 六	壬午 17 日	癸未 18 一	甲申 19 二	乙酉 20 三	丙戌 21 四	丁亥 22 五	戊子 23 六	己丑 24 日	庚寅 25 一	辛卯 26 二	壬辰 27 三	癸巳 28 四		丙寅芒種 辛巳夏至
六月大 己未	天干地支 西曆 星期	甲午 29 五	乙未 30 六	丙申 (7) 日	丁酉 2 一	戊戌 3 二	己亥 4 三	庚子 5 四	辛丑 6 五	壬寅 7 六	癸卯 8 日	甲辰 9 一	乙巳 10 二	丙午 11 三	丁未 12 四	戊申 13 五	己酉 14 六	庚戌 15 日	辛亥 16 一	壬子 17 二	癸丑 18 三	甲寅 19 四	乙卯 20 五	丙辰 21 六	丁巳 22 日	戊午 23 一	己未 24 二	庚申 25 三	辛酉 26 四	壬戌 27 五	癸亥 28 六	丁酉小暑 壬子大暑
七月大 庚申	天干地支 西曆 星期	甲子 29 日	乙丑 30 一	丙寅 31 二	丁卯 (8) 三	戊辰 2 四	己巳 3 五	庚午 4 六	辛未 5 日	壬申 6 一	癸酉 7 二	甲戌 8 三	乙亥 9 四	丙子 10 五	丁丑 11 六	戊寅 12 日	己卯 13 一	庚辰 14 二	辛巳 15 三	壬午 16 四	癸未 17 五	甲申 18 六	乙酉 19 日	丙戌 20 一	丁亥 21 二	戊子 22 三	己丑 23 四	庚寅 24 五	辛卯 25 六	壬辰 26 日	癸巳 27 一	丁卯立秋 壬午處暑
八月小 辛酉	天干地支 西曆 星期	甲午 28 二	乙未 29 三	丙申 30 四	丁酉 31 五	戊戌 (9) 六	己亥 2 日	庚子 3 一	辛丑 4 二	壬寅 5 三	癸卯 6 四	甲辰 7 五	乙巳 8 六	丙午 9 日	丁未 10 一	戊申 11 二	己酉 12 三	庚戌 13 四	辛亥 14 五	壬子 15 六	癸丑 16 日	甲寅 17 一	乙卯 18 二	丙辰 19 三	丁巳 20 四	戊午 21 五	己未 22 六	庚申 23 日	辛酉 24 一	壬戌 25 二		戊戌白露 癸丑秋分
九月大 壬戌	天干地支 西曆 星期	癸亥 26 三	甲子 27 四	乙丑 28 五	丙寅 29 六	丁卯 30 日	戊辰 (10) 一	己巳 2 二	庚午 3 三	辛未 4 四	壬申 5 五	癸酉 6 六	甲戌 7 日	乙亥 8 一	丙子 9 二	丁丑 10 三	戊寅 11 四	己卯 12 五	庚辰 13 六	辛巳 14 日	壬午 15 一	癸未 16 二	甲申 17 三	乙酉 18 四	丙戌 19 五	丁亥 20 六	戊子 21 日	己丑 22 一	庚寅 23 二	辛卯 24 三	壬辰 25 四	戊辰寒露 癸未霜降
十月大 癸亥	天干地支 西曆 星期	癸巳 26 五	甲午 27 六	乙未 28 日	丙申 29 一	丁酉 30 二	戊戌 31 三	己亥 (11) 四	庚子 2 五	辛丑 3 六	壬寅 4 日	癸卯 5 一	甲辰 6 二	乙巳 7 三	丙午 8 四	丁未 9 五	戊申 10 六	己酉 11 日	庚戌 12 一	辛亥 13 二	壬子 14 三	癸丑 15 四	甲寅 16 五	乙卯 17 六	丙辰 18 日	丁巳 19 一	戊午 20 二	己未 21 三	庚申 22 四	辛酉 23 五	壬戌 24 六	戊戌立冬 甲寅小雪
十一月大 甲子	天干地支 西曆 星期	癸亥 25 日	甲子 26 一	乙丑 27 二	丙寅 28 三	丁卯 29 四	戊辰 30 五	己巳 (12) 六	庚午 2 日	辛未 3 一	壬申 4 二	癸酉 5 三	甲戌 6 四	乙亥 7 五	丙子 8 六	丁丑 9 日	戊寅 10 一	己卯 11 二	庚辰 12 三	辛巳 13 四	壬午 14 五	癸未 15 六	甲申 16 日	乙酉 17 一	丙戌 18 二	丁亥 19 三	戊子 20 四	己丑 21 五	庚寅 22 六	辛卯 23 日	壬辰 24 一	己巳大雪 甲申冬至
十二月小 乙丑	天干地支 西曆 星期	癸巳 25 二	甲午 26 三	乙未 27 四	丙申 28 五	丁酉 29 六	戊戌 30 日	己亥 31 一	庚子 (1) 二	辛丑 2 三	壬寅 3 四	癸卯 4 五	甲辰 5 六	乙巳 6 日	丙午 7 一	丁未 8 二	戊申 9 三	己酉 10 四	庚戌 11 五	辛亥 12 六	壬子 13 日	癸丑 14 一	甲寅 15 二	乙卯 16 三	丙辰 17 四	丁巳 18 五	戊午 19 六	己未 20 日	庚申 21 一	辛酉 22 二		己亥小寒 乙卯大寒

遼興宗重熙三年（甲戌 狗年） 公元 1034 ~ 1035 年

夏曆月序		中西曆日對照	初一	初二	初三	初四	初五	初六	初七	初八	初九	初十	十一	十二	十三	十四	十五	十六	十七	十八	十九	二十	二一	二二	二三	二四	二五	二六	二七	二八	二九	三十	節氣與天象
正月大	丙寅	天干地支 西曆 星期	壬戌 23 三	癸亥 24 四	甲子 25 五	乙丑 26 六	丙寅 27 日	丁卯 28 一	戊辰 29 二	己巳 30 三	庚午 31 四	辛未 (2) 五	壬申 2 六	癸酉 3 日	甲戌 4 一	乙亥 5 二	丙子 6 三	丁丑 7 四	戊寅 8 五	己卯 9 六	庚辰 10 日	辛巳 11 一	壬午 12 二	癸未 13 三	甲申 14 四	乙酉 15 五	丙戌 16 六	丁亥 17 日	戊子 18 一	己丑 19 二	庚寅 20 三	辛卯 21 四	庚午立春 乙酉雨水
二月小	丁卯	天干地支 西曆 星期	壬辰 22 五	癸巳 23 六	甲午 24 日	乙未 25 一	丙申 26 二	丁酉 27 三	戊戌 28 四	己亥 (3) 五	庚子 2 六	辛丑 3 日	壬寅 4 一	癸卯 5 二	甲辰 6 三	乙巳 7 四	丙午 8 五	丁未 9 六	戊申 10 日	己酉 11 一	庚戌 12 二	辛亥 13 三	壬子 14 四	癸丑 15 五	甲寅 16 六	乙卯 17 日	丙辰 18 一	丁巳 19 二	戊午 20 三	己未 21 四	庚申 22 五		庚子驚蟄 乙卯春分
三月小	戊辰	天干地支 西曆 星期	辛酉 23 六	壬戌 24 日	癸亥 25 一	甲子 26 二	乙丑 27 三	丙寅 28 四	丁卯 29 五	戊辰 30 六	己巳 31 日	庚午 (4) 一	辛未 2 二	壬申 3 三	癸酉 4 四	甲戌 5 五	乙亥 6 六	丙子 7 日	丁丑 8 一	戊寅 9 二	己卯 10 三	庚辰 11 四	辛巳 12 五	壬午 13 六	癸未 14 日	甲申 15 一	乙酉 16 二	丙戌 17 三	丁亥 18 四	戊子 19 五	己丑 20 六		辛未清明 丙戌穀雨
四月大	己巳	天干地支 西曆 星期	庚寅 21 日	辛卯 22 一	壬辰 23 二	癸巳 24 三	甲午 25 四	乙未 26 五	丙申 27 六	丁酉 28 日	戊戌 29 一	己亥 30 二	庚子 (5) 三	辛丑 2 四	壬寅 3 五	癸卯 4 六	甲辰 5 日	乙巳 6 一	丙午 7 二	丁未 8 三	戊申 9 四	己酉 10 五	庚戌 11 六	辛亥 12 日	壬子 13 一	癸丑 14 二	甲寅 15 三	乙卯 16 四	丙辰 17 五	丁巳 18 六	戊午 19 日	己未 20 一	辛丑立夏 丙辰小滿
五月小	庚午	天干地支 西曆 星期	庚申 21 二	辛酉 22 三	壬戌 23 四	癸亥 24 五	甲子 25 六	乙丑 26 日	丙寅 27 一	丁卯 28 二	戊辰 29 三	己巳 30 四	庚午 31 五	辛未 (6) 六	壬申 2 日	癸酉 3 一	甲戌 4 二	乙亥 5 三	丙子 6 四	丁丑 7 五	戊寅 8 六	己卯 9 日	庚辰 10 一	辛巳 11 二	壬午 12 三	癸未 13 四	甲申 14 五	乙酉 15 六	丙戌 16 日	丁亥 17 一	戊子 18 二		壬申芒種 丁亥夏至
六月小	辛未	天干地支 西曆 星期	己丑 19 三	庚寅 20 四	辛卯 21 五	壬辰 22 六	癸巳 23 日	甲午 24 一	乙未 25 二	丙申 26 三	丁酉 27 四	戊戌 28 五	己亥 29 六	庚子 30 日	辛丑 (7) 一	壬寅 2 二	癸卯 3 三	甲辰 4 四	乙巳 5 五	丙午 6 六	丁未 7 日	戊申 8 一	己酉 9 二	庚戌 10 三	辛亥 11 四	壬子 12 五	癸丑 13 六	甲寅 14 日	乙卯 15 一	丙辰 16 二	丁巳 17 三		壬寅小暑 丁巳大暑
閏六月大	辛未	天干地支 西曆 星期	戊午 18 四	己未 19 五	庚申 20 六	辛酉 21 日	壬戌 22 一	癸亥 23 二	甲子 24 三	乙丑 25 四	丙寅 26 五	丁卯 27 六	戊辰 28 日	己巳 29 一	庚午 30 二	辛未 31 三	壬申 (8) 四	癸酉 2 五	甲戌 3 六	乙亥 4 日	丙子 5 一	丁丑 6 二	戊寅 7 三	己卯 8 四	庚辰 9 五	辛巳 10 六	壬午 11 日	癸未 12 一	甲申 13 二	乙酉 14 三	丙戌 15 四	丁亥 16 五	壬申立秋
七月大	壬申	天干地支 西曆 星期	戊子 17 六	己丑 18 日	庚寅 19 一	辛卯 20 二	壬辰 21 三	癸巳 22 四	甲午 23 五	乙未 24 六	丙申 25 日	丁酉 26 一	戊戌 27 二	己亥 28 三	庚子 29 四	辛丑 30 五	壬寅 31 六	癸卯 (9) 日	甲辰 2 一	乙巳 3 二	丙午 4 三	丁未 5 四	戊申 6 五	己酉 7 六	庚戌 8 日	辛亥 9 一	壬子 10 二	癸丑 11 三	甲寅 12 四	乙卯 13 五	丙辰 14 六	丁巳 15 日	戊子處暑 癸卯白露
八月小	癸酉	天干地支 西曆 星期	戊午 16 一	己未 17 二	庚申 18 三	辛酉 19 四	壬戌 20 五	癸亥 21 六	甲子 22 日	乙丑 23 一	丙寅 24 二	丁卯 25 三	戊辰 26 四	己巳 27 五	庚午 28 六	辛未 29 日	壬申 30 一	癸酉 (10) 二	甲戌 2 三	乙亥 3 四	丙子 4 五	丁丑 5 六	戊寅 6 日	己卯 7 一	庚辰 8 二	辛巳 9 三	壬午 10 四	癸未 11 五	甲申 12 六	乙酉 13 日	丙戌 14 一		戊午秋分 癸酉寒露
九月大	甲戌	天干地支 西曆 星期	丁亥 15 二	戊子 16 三	己丑 17 四	庚寅 18 五	辛卯 19 六	壬辰 20 日	癸巳 21 一	甲午 22 二	乙未 23 三	丙申 24 四	丁酉 25 五	戊戌 26 六	己亥 27 日	庚子 28 一	辛丑 29 二	壬寅 30 三	癸卯 31 四	甲辰 (11) 五	乙巳 2 六	丙午 3 日	丁未 4 一	戊申 5 二	己酉 6 三	庚戌 7 四	辛亥 8 五	壬子 9 六	癸丑 10 日	甲寅 11 一	乙卯 12 二	丙辰 13 三	戊子霜降 甲辰立冬
十月大	乙亥	天干地支 西曆 星期	丁巳 14 四	戊午 15 五	己未 16 六	庚申 17 日	辛酉 18 一	壬戌 19 二	癸亥 20 三	甲子 21 四	乙丑 22 五	丙寅 23 六	丁卯 24 日	戊辰 25 一	己巳 26 二	庚午 27 三	辛未 28 四	壬申 29 五	癸酉 30 六	甲戌 (12) 日	乙亥 2 一	丙子 3 二	丁丑 4 三	戊寅 5 四	己卯 6 五	庚辰 7 六	辛巳 8 日	壬午 9 一	癸未 10 二	甲申 11 三	乙酉 12 四	丙戌 13 五	己未小雪 甲戌大雪
十一月大	丙子	天干地支 西曆 星期	丁亥 14 六	戊子 15 日	己丑 16 一	庚寅 17 二	辛卯 18 三	壬辰 19 四	癸巳 20 五	甲午 21 六	乙未 22 日	丙申 23 一	丁酉 24 二	戊戌 25 三	己亥 26 四	庚子 27 五	辛丑 28 六	壬寅 29 日	癸卯 30 一	甲辰 31 二	乙巳 (1) 三	丙午 2 四	丁未 3 五	戊申 4 六	己酉 5 日	庚戌 6 一	辛亥 7 二	壬子 8 三	癸丑 9 四	甲寅 10 五	乙卯 11 六	丙辰 12 日	己丑冬至 乙巳小寒
十二月小	丁丑	天干地支 西曆 星期	丁巳 13 一	戊午 14 二	己未 15 三	庚申 16 四	辛酉 17 五	壬戌 18 六	癸亥 19 日	甲子 20 一	乙丑 21 二	丙寅 22 三	丁卯 23 四	戊辰 24 五	己巳 25 六	庚午 26 日	辛未 27 一	壬申 28 二	癸酉 29 三	甲戌 30 四	乙亥 31 五	丙子 (2) 六	丁丑 2 日	戊寅 3 一	己卯 4 二	庚辰 5 三	辛巳 6 四	壬午 7 五	癸未 8 六	甲申 9 日	乙酉 10 一		庚申大寒 乙亥立春

遼興宗重熙四年（乙亥 猪年） 公元 1035 ~ 1036 年

夏曆月序		中西曆日對照	初一	初二	初三	初四	初五	初六	初七	初八	初九	初十	十一	十二	十三	十四	十五
正月大	戊寅	干支 西曆 星期	丙戌 11 二	丁亥 12 三	戊子 13 四	己丑 14 五	庚寅 15 六	辛卯 16 日	壬辰 17 一	癸巳 18 二	甲午 19 三	乙未 20 四	丙申 21 五	丁酉 22 六	戊戌 23 日	己亥 24 一	庚子 25 二
二月小	己卯	干支 西曆 星期	丙辰 13 四	丁巳 14 五	戊午 15 六	己未 16 日	庚申 17 一	辛酉 18 二	壬戌 19 三	癸亥 20 四	甲子 21 五	乙丑 22 六	丙寅 23 日	丁卯 24 一	戊辰 25 二	己巳 26 三	庚午 27 四
三月小	庚辰	干支 西曆 星期	乙酉 11 五	丙戌 12 六	丁亥 13 日	戊子 14 一	己丑 15 二	庚寅 16 三	辛卯 17 四	壬辰 18 五	癸巳 19 六	甲午 20 日	乙未 21 一	丙申 22 二	丁酉 23 三	戊戌 24 四	己亥 25 五
四月大	辛巳	干支 西曆 星期	甲寅 10 六	乙卯 11 日	丙辰 12 一	丁巳 13 二	戊午 14 三	己未 15 四	庚申 16 五	辛酉 17 六	壬戌 18 日	癸亥 19 一	甲子 20 二	乙丑 21 三	丙寅 22 四	丁卯 23 五	戊辰 24 六
五月小	壬午	干支 西曆 星期	甲申 9 一	乙酉 10 二	丙戌 11 三	丁亥 12 四	戊子 13 五	己丑 14 六	庚寅 15 日	辛卯 16 一	壬辰 17 二	癸巳 18 三	甲午 19 四	乙未 20 五	丙申 21 六	丁酉 22 日	戊戌 23 一
六月小	癸未	干支 西曆 星期	癸丑 8 二	甲寅 9 三	乙卯 10 四	丙辰 11 五	丁巳 12 六	戊午 13 日	己未 14 一	庚申 15 二	辛酉 16 三	壬戌 17 四	癸亥 18 五	甲子 19 六	乙丑 20 日	丙寅 21 一	丁卯 22 二
七月大	甲申	干支 西曆 星期	壬午 6 三	癸未 7 四	甲申 8 五	乙酉 9 六	丙戌 10 日	丁亥 11 一	戊子 12 二	己丑 13 三	庚寅 14 四	辛卯 15 五	壬辰 16 六	癸巳 17 日	甲午 18 一	乙未 19 二	丙申 20 三
八月小	乙酉	干支 西曆 星期	壬子 5 五	癸丑 6 六	甲寅 7 日	乙卯 8 一	丙辰 9 二	丁巳 10 三	戊午 11 四	己未 12 五	庚申 13 六	辛酉 14 日	壬戌 15 一	癸亥 16 二	甲子 17 三	乙丑 18 四	丙寅 19 五
九月大	丙戌	干支 西曆 星期	辛巳 4 六	壬午 5 日	癸未 6 一	甲申 7 二	乙酉 8 三	丙戌 9 四	丁亥 10 五	戊子 11 六	己丑 12 日	庚寅 13 一	辛卯 14 二	壬辰 15 三	癸巳 16 四	甲午 17 五	乙未 18 六
十月大	丁亥	干支 西曆 星期	辛亥 3 一	壬子 4 二	癸丑 5 三	甲寅 6 四	乙卯 7 五	丙辰 8 六	丁巳 9 日	戊午 10 一	己未 11 二	庚申 12 三	辛酉 13 四	壬戌 14 五	癸亥 15 六	甲子 16 日	乙丑 17 一
十一月大	戊子	干支 西曆 星期	辛巳 3 三	壬午 4 四	癸未 5 五	甲申 6 六	乙酉 7 日	丙戌 8 一	丁亥 9 二	戊子 10 三	己丑 11 四	庚寅 12 五	辛卯 13 六	壬辰 14 日	癸巳 15 一	甲午 16 二	乙未 17 三
十二月小	己丑	干支 西曆 星期	辛亥 2 五	壬子 3 六	癸丑 4 日	甲寅 5 一	乙卯 6 二	丙辰 7 三	丁巳 8 四	戊午 9 五	己未 10 六	庚申 11 日	辛酉 12 一	壬戌 13 二	癸亥 14 三	甲子 15 四	乙丑 16 五

夏曆月序		十六	十七	十八	十九	二十	二一	二二	二三	二四	二五	二六	二七	二八	二九	三十	節氣與天象
正月大	戊寅	辛丑 26 三	壬寅 27 四	癸卯 28 五	甲辰 (3) 六	乙巳 2 日	丙午 3 一	丁未 4 二	戊申 5 三	己酉 6 四	庚戌 7 五	辛亥 8 六	壬子 9 日	癸丑 10 一	甲寅 11 二	乙卯 12 三	庚寅雨水 乙巳驚蟄
二月小	己卯	辛未 28 五	壬申 29 六	癸酉 30 日	甲戌 31 一	乙亥 (4) 二	丙子 2 三	丁丑 3 四	戊寅 4 五	己卯 5 六	庚辰 6 日	辛巳 7 一	壬午 8 二	癸未 9 三	甲申 10 四		辛酉春分 丙子清明
三月小	庚辰	庚子 26 六	辛丑 27 日	壬寅 28 一	癸卯 29 二	甲辰 30 三	乙巳 (5) 四	丙午 2 五	丁未 3 六	戊申 4 日	己酉 5 一	庚戌 6 二	辛亥 7 三	壬子 8 四	癸丑 9 五		辛卯穀雨 丙午立夏
四月大	辛巳	己巳 25 日	庚午 26 一	辛未 27 二	壬申 28 三	癸酉 29 四	甲戌 30 五	乙亥 31 六	丙子 (6) 日	丁丑 2 一	戊寅 3 二	己卯 4 三	庚辰 5 四	辛巳 6 五	壬午 7 六	癸未 8 日	壬戌小滿 丁丑芒種
五月小	壬午	己亥 24 二	庚子 25 三	辛丑 26 四	壬寅 27 五	癸卯 28 六	甲辰 29 日	乙巳 30 一	丙午 (7) 二	丁未 2 三	戊申 3 四	己酉 4 五	庚戌 5 六	辛亥 6 日	壬子 7 一		壬辰夏至 丁未小暑
六月小	癸未	戊辰 23 三	己巳 24 四	庚午 25 五	辛未 26 六	壬申 27 日	癸酉 28 一	甲戌 29 二	乙亥 30 三	丙子 31 四	丁丑 (8) 五	戊寅 2 六	己卯 3 日	庚辰 4 一	辛巳 5 二		壬戌大暑 戊寅立秋
七月大	甲申	丁酉 21 四	戊戌 22 五	己亥 23 六	庚子 24 日	辛丑 25 一	壬寅 26 二	癸卯 27 三	甲辰 28 四	乙巳 29 五	丙午 30 六	丁未 31 日	戊申 (9) 一	己酉 2 二	庚戌 3 三	辛亥 4 四	癸巳處暑 戊申白露
八月小	乙酉	丁卯 20 六	戊辰 21 日	己巳 22 一	庚午 23 二	辛未 24 三	壬申 25 四	癸酉 26 五	甲戌 27 六	乙亥 28 日	丙子 29 一	丁丑 30 二	戊寅 (10) 三	己卯 2 四	庚辰 3 五		癸亥秋分 己卯寒露
九月大	丙戌	丙申 19 日	丁酉 20 一	戊戌 21 二	己亥 22 三	庚子 23 四	辛丑 24 五	壬寅 25 六	癸卯 26 日	甲辰 27 一	乙巳 28 二	丙午 29 三	丁未 30 四	戊申 31 五	己酉 (11) 六	庚戌 2 日	甲午霜降 己酉立冬
十月大	丁亥	丙寅 18 二	丁卯 19 三	戊辰 20 四	己巳 21 五	庚午 22 六	辛未 23 日	壬申 24 一	癸酉 25 二	甲戌 26 三	乙亥 27 四	丙子 28 五	丁丑 29 六	戊寅 30 日	己卯 (12) 一	庚辰 2 二	甲子小雪 己卯大雪
十一月大	戊子	丙申 18 四	丁酉 19 五	戊戌 20 六	己亥 21 日	庚子 22 一	辛丑 23 二	壬寅 24 三	癸卯 25 四	甲辰 26 五	乙巳 27 六	丙午 28 日	丁未 29 一	戊申 30 二	己酉 31 三	庚戌 (1) 四	乙未冬至 庚戌小寒
十二月小	己丑	丙寅 17 六	丁卯 18 日	戊辰 19 一	己巳 20 二	庚午 21 三	辛未 22 四	壬申 23 五	癸酉 24 六	甲戌 25 日	乙亥 26 一	丙子 27 二	丁丑 28 三	戊寅 29 四	己卯 30 五		乙丑大寒

遼興宗重熙五年（丙子 鼠年） 公元1036 ~ 1037年

夏曆月序		中西曆日對照	初一	初二	初三	初四	初五	初六	初七	初八	初九	初十	十一	十二	十三	十四	十五	十六	十七	十八	十九	二十	二一	二二	二三	二四	二五	二六	二七	二八	二九	三十	節氣與天象
正月大	庚寅	天干地支 西曆星期	庚辰 31 六	辛巳 (2) 日	壬午 2 一	癸未 3 二	甲申 4 三	乙酉 5 四	丙戌 6 五	丁亥 7 六	戊子 8 日	己丑 9 一	庚寅 10 二	辛卯 11 三	壬辰 12 四	癸巳 13 五	甲午 14 六	乙未 15 日	丙申 16 一	丁酉 17 二	戊戌 18 三	己亥 19 四	庚子 20 五	辛丑 21 六	壬寅 22 日	癸卯 23 一	甲辰 24 二	乙巳 25 三	丙午 26 四	丁未 27 五	戊申 28 六	己酉 29 日	庚辰立春 乙未雨水
二月大	辛卯	天干地支 西曆星期	庚戌 (3) 一	辛亥 2 二	壬子 3 三	癸丑 4 四	甲寅 5 五	乙卯 6 六	丙辰 7 日	丁巳 8 一	戊午 9 二	己未 10 三	庚申 11 四	辛酉 12 五	壬戌 13 六	癸亥 14 日	甲子 15 一	乙丑 16 二	丙寅 17 三	丁卯 18 四	戊辰 19 五	己巳 20 六	庚午 21 日	辛未 22 一	壬申 23 二	癸酉 24 三	甲戌 25 四	乙亥 26 五	丙子 27 六	丁丑 28 日	戊寅 29 一	己卯 30 二	辛亥驚蟄 丙寅春分
三月小	壬辰	天干地支 西曆星期	庚辰 31 三	辛巳 (4) 四	壬午 2 五	癸未 3 六	甲申 4 日	乙酉 5 一	丙戌 6 二	丁亥 7 三	戊子 8 四	己丑 9 五	庚寅 10 六	辛卯 11 日	壬辰 12 一	癸巳 13 二	甲午 14 三	乙未 15 四	丙申 16 五	丁酉 17 六	戊戌 18 日	己亥 19 一	庚子 20 二	辛丑 21 三	壬寅 22 四	癸卯 23 五	甲辰 24 六	乙巳 25 日	丙午 26 一	丁未 27 二	戊申 28 三		辛巳清明 丙申穀雨
四月小	癸巳	天干地支 西曆星期	己酉 29 四	庚戌 30 五	辛亥 (5) 六	壬子 2 日	癸丑 3 一	甲寅 4 二	乙卯 5 三	丙辰 6 四	丁巳 7 五	戊午 8 六	己未 9 日	庚申 10 一	辛酉 11 二	壬戌 12 三	癸亥 13 四	甲子 14 五	乙丑 15 六	丙寅 16 日	丁卯 17 一	戊辰 18 二	己巳 19 三	庚午 20 四	辛未 21 五	壬申 22 六	癸酉 23 日	甲戌 24 一	乙亥 25 二	丙子 26 三	丁丑 27 四		壬子立夏 丁卯小滿
五月大	甲午	天干地支 西曆星期	戊寅 28 五	己卯 29 六	庚辰 30 日	辛巳 31 一	壬午 (6) 二	癸未 2 三	甲申 3 四	乙酉 4 五	丙戌 5 六	丁亥 6 日	戊子 7 一	己丑 8 二	庚寅 9 三	辛卯 10 四	壬辰 11 五	癸巳 12 六	甲午 13 日	乙未 14 一	丙申 15 二	丁酉 16 三	戊戌 17 四	己亥 18 五	庚子 19 六	辛丑 20 日	壬寅 21 一	癸卯 22 二	甲辰 23 三	乙巳 24 四	丙午 25 五	丁未 26 六	壬午芒種 丁酉夏至
六月小	乙未	天干地支 西曆星期	戊申 27 日	己酉 28 一	庚戌 29 二	辛亥 30 三	壬子 (7) 四	癸丑 2 五	甲寅 3 六	乙卯 4 日	丙辰 5 一	丁巳 6 二	戊午 7 三	己未 8 四	庚申 9 五	辛酉 10 六	壬戌 11 日	癸亥 12 一	甲子 13 二	乙丑 14 三	丙寅 15 四	丁卯 16 五	戊辰 17 六	己巳 18 日	庚午 19 一	辛未 20 二	壬申 21 三	癸酉 22 四	甲戌 23 五	乙亥 24 六	丙子 25 日		壬子小暑 戊辰大暑
七月小	丙申	天干地支 西曆星期	丁丑 26 一	戊寅 27 二	己卯 28 三	庚辰 29 四	辛巳 30 五	壬午 31 六	癸未 (8) 日	甲申 2 一	乙酉 3 二	丙戌 4 三	丁亥 5 四	戊子 6 五	己丑 7 六	庚寅 8 日	辛卯 9 一	壬辰 10 二	癸巳 11 三	甲午 12 四	乙未 13 五	丙申 14 六	丁酉 15 日	戊戌 16 一	己亥 17 二	庚子 18 三	辛丑 19 四	壬寅 20 五	癸卯 21 六	甲辰 22 日	乙巳 23 一		癸未立秋 戊戌處暑
八月大	丁酉	天干地支 西曆星期	丙午 24 二	丁未 25 三	戊申 26 四	己酉 27 五	庚戌 28 六	辛亥 29 日	壬子 30 一	癸丑 31 二	甲寅 (9) 三	乙卯 2 四	丙辰 3 五	丁巳 4 六	戊午 5 日	己未 6 一	庚申 7 二	辛酉 8 三	壬戌 9 四	癸亥 10 五	甲子 11 六	乙丑 12 日	丙寅 13 一	丁卯 14 二	戊辰 15 三	己巳 16 四	庚午 17 五	辛未 18 六	壬申 19 日	癸酉 20 一	甲戌 21 二	乙亥 22 三	癸丑白露 己巳秋分
九月小	戊戌	天干地支 西曆星期	丙子 23 四	丁丑 24 五	戊寅 25 六	己卯 26 日	庚辰 27 一	辛巳 28 二	壬午 29 三	癸未 30 四	甲申 (10) 五	乙酉 2 六	丙戌 3 日	丁亥 4 一	戊子 5 二	己丑 6 三	庚寅 7 四	辛卯 8 五	壬辰 9 六	癸巳 10 日	甲午 11 一	乙未 12 二	丙申 13 三	丁酉 14 四	戊戌 15 五	己亥 16 六	庚子 17 日	辛丑 18 一	壬寅 19 二	癸卯 20 三	甲辰 21 四		甲申寒露 己亥霜降
十月大	己亥	天干地支 西曆星期	乙巳 22 五	丙午 23 六	丁未 24 日	戊申 25 一	己酉 26 二	庚戌 27 三	辛亥 28 四	壬子 29 五	癸丑 30 六	甲寅 31 日	乙卯 (11) 一	丙辰 2 二	丁巳 3 三	戊午 4 四	己未 5 五	庚申 6 六	辛酉 7 日	壬戌 8 一	癸亥 9 二	甲子 10 三	乙丑 11 四	丙寅 12 五	丁卯 13 六	戊辰 14 日	己巳 15 一	庚午 16 二	辛未 17 三	壬申 18 四	癸酉 19 五	甲戌 20 六	甲寅立冬 己巳小雪
十一月大	庚子	天干地支 西曆星期	乙亥 21 日	丙子 22 一	丁丑 23 二	戊寅 24 三	己卯 25 四	庚辰 26 五	辛巳 27 六	壬午 28 日	癸未 29 一	甲申 30 二	乙酉 (12) 三	丙戌 2 四	丁亥 3 五	戊子 4 六	己丑 5 日	庚寅 6 一	辛卯 7 二	壬辰 8 三	癸巳 9 四	甲午 10 五	乙未 11 六	丙申 12 日	丁酉 13 一	戊戌 14 二	己亥 15 三	庚子 16 四	辛丑 17 五	壬寅 18 六	癸卯 19 日	甲辰 20 一	乙酉大雪 庚子冬至
十二月小	辛丑	天干地支 西曆星期	乙巳 21 二	丙午 22 三	丁未 23 四	戊申 24 五	己酉 25 六	庚戌 26 日	辛亥 27 一	壬子 28 二	癸丑 29 三	甲寅 30 四	乙卯 31 五	丙辰 (1) 六	丁巳 2 日	戊午 3 一	己未 4 二	庚申 5 三	辛酉 6 四	壬戌 7 五	癸亥 8 六	甲子 9 日	乙丑 10 一	丙寅 11 二	丁卯 12 三	戊辰 13 四	己巳 14 五	庚午 15 六	辛未 16 日	壬申 17 一	癸酉 18 二		乙卯小寒 庚午大寒

遼興宗重熙六年（丁丑 牛年） 公元 1037 ~ 1038 年

夏曆月序		中西曆日對照	夏曆日序																														節氣與天象
			初一	初二	初三	初四	初五	初六	初七	初八	初九	初十	十一	十二	十三	十四	十五	十六	十七	十八	十九	二十	二一	二二	二三	二四	二五	二六	二七	二八	二九	三十	
正月大	壬寅	天干地支 西曆 星期	甲戌 19 三	乙亥 20 四	丙子 21 五	丁丑 22 六	戊寅 23 日	己卯 24 一	庚辰 25 二	辛巳 26 三	壬午 27 四	癸未 28 五	甲申 29 六	乙酉 30 日	丙戌 31 一	丁亥 (2) 二	戊子 2 三	己丑 3 四	庚寅 4 五	辛卯 5 六	壬辰 6 日	癸巳 7 一	甲午 8 二	乙未 9 三	丙申 10 四	丁酉 11 五	戊戌 12 六	己亥 13 日	庚子 14 一	辛丑 15 二	壬寅 16 三	癸卯 17 四	乙酉立春 辛丑雨水
二月大	癸卯	天干地支 西曆 星期	甲辰 18 五	乙巳 19 六	丙午 20 日	丁未 21 一	戊申 22 二	己酉 23 三	庚戌 24 四	辛亥 25 五	壬子 26 六	癸丑 27 日	甲寅 28 一	乙卯 (3) 二	丙辰 2 三	丁巳 3 四	戊午 4 五	己未 5 六	庚申 6 日	辛酉 7 一	壬戌 8 二	癸亥 9 三	甲子 10 四	乙丑 11 五	丙寅 12 六	丁卯 13 日	戊辰 14 一	己巳 15 二	庚午 16 三	辛未 17 四	壬申 18 五	癸酉 19 六	丙辰驚蟄 辛未春分
三月小	甲辰	天干地支 西曆 星期	甲戌 20 日	乙亥 21 一	丙子 22 二	丁丑 23 三	戊寅 24 四	己卯 25 五	庚辰 26 六	辛巳 27 日	壬午 28 一	癸未 29 二	甲申 30 三	乙酉 31 四	丙戌 (4) 五	丁亥 2 六	戊子 3 日	己丑 4 一	庚寅 5 二	辛卯 6 三	壬辰 7 四	癸巳 8 五	甲午 9 六	乙未 10 日	丙申 11 一	丁酉 12 二	戊戌 13 三	己亥 14 四	庚子 15 五	辛丑 16 六	壬寅 17 日		丙戌清明 壬寅穀雨
四月大	乙巳	天干地支 西曆 星期	癸卯 18 一	甲辰 19 二	乙巳 20 三	丙午 21 四	丁未 22 五	戊申 23 六	己酉 24 日	庚戌 25 一	辛亥 26 二	壬子 27 三	癸丑 28 四	甲寅 29 五	乙卯 30 六	丙辰 (5) 日	丁巳 2 一	戊午 3 二	己未 4 三	庚申 5 四	辛酉 6 五	壬戌 7 六	癸亥 8 日	甲子 9 一	乙丑 10 二	丙寅 11 三	丁卯 12 四	戊辰 13 五	己巳 14 六	庚午 15 日	辛未 16 一	壬申 17 二	丁巳立夏 壬申小滿
閏四月小	乙巳	天干地支 西曆 星期	癸酉 18 三	甲戌 19 四	乙亥 20 五	丙子 21 六	丁丑 22 日	戊寅 23 一	己卯 24 二	庚辰 25 三	辛巳 26 四	壬午 27 五	癸未 28 六	甲申 29 日	乙酉 30 一	丙戌 31 二	丁亥 (6) 三	戊子 2 四	己丑 3 五	庚寅 4 六	辛卯 5 日	壬辰 6 一	癸巳 7 二	甲午 8 三	乙未 9 四	丙申 10 五	丁酉 11 六	戊戌 12 日	己亥 13 一	庚子 14 二	辛丑 15 三		丁亥芒種
五月大	丙午	天干地支 西曆 星期	壬寅 16 四	癸卯 17 五	甲辰 18 六	乙巳 19 日	丙午 20 一	丁未 21 二	戊申 22 三	己酉 23 四	庚戌 24 五	辛亥 25 六	壬子 26 日	癸丑 27 一	甲寅 28 二	乙卯 29 三	丙辰 30 四	丁巳 (7) 五	戊午 2 六	己未 3 日	庚申 4 一	辛酉 5 二	壬戌 6 三	癸亥 7 四	甲子 8 五	乙丑 9 六	丙寅 10 日	丁卯 11 一	戊辰 12 二	己巳 13 三	庚午 14 四	辛未 15 五	壬寅夏至 戊午小暑
六月小	丁未	天干地支 西曆 星期	壬申 16 六	癸酉 17 日	甲戌 18 一	乙亥 19 二	丙子 20 三	丁丑 21 四	戊寅 22 五	己卯 23 六	庚辰 24 日	辛巳 25 一	壬午 26 二	癸未 27 三	甲申 28 四	乙酉 29 五	丙戌 30 六	丁亥 31 日	戊子 (8) 一	己丑 2 二	庚寅 3 三	辛卯 4 四	壬辰 5 五	癸巳 6 六	甲午 7 日	乙未 8 一	丙申 9 二	丁酉 10 三	戊戌 11 四	己亥 12 五	庚子 13 六		癸酉大暑 戊子立秋
七月小	戊申	天干地支 西曆 星期	辛丑 14 日	壬寅 15 一	癸卯 16 二	甲辰 17 三	乙巳 18 四	丙午 19 五	丁未 20 六	戊申 21 日	己酉 22 一	庚戌 23 二	辛亥 24 三	壬子 25 四	癸丑 26 五	甲寅 27 六	乙卯 28 日	丙辰 29 一	丁巳 30 二	戊午 31 三	己未 (9) 四	庚申 2 五	辛酉 3 六	壬戌 4 日	癸亥 5 一	甲子 6 二	乙丑 7 三	丙寅 8 四	丁卯 9 五	戊辰 10 六	己巳 11 日		癸卯處暑 己未白露
八月大	己酉	天干地支 西曆 星期	庚午 12 一	辛未 13 二	壬申 14 三	癸酉 15 四	甲戌 16 五	乙亥 17 六	丙子 18 日	丁丑 19 一	戊寅 20 二	己卯 21 三	庚辰 22 四	辛巳 23 五	壬午 24 六	癸未 25 日	甲申 26 一	乙酉 27 二	丙戌 28 三	丁亥 29 四	戊子 30 五	己丑 (10) 六	庚寅 2 日	辛卯 3 一	壬辰 4 二	癸巳 5 三	甲午 6 四	乙未 7 五	丙申 8 六	丁酉 9 日	戊戌 10 一	己亥 11 二	甲戌秋分 己丑寒露
九月小	庚戌	天干地支 西曆 星期	庚子 12 三	辛丑 13 四	壬寅 14 五	癸卯 15 六	甲辰 16 日	乙巳 17 一	丙午 18 二	丁未 19 三	戊申 20 四	己酉 21 五	庚戌 22 六	辛亥 23 日	壬子 24 一	癸丑 25 二	甲寅 26 三	乙卯 27 四	丙辰 28 五	丁巳 29 六	戊午 30 日	己未 31 一	庚申 (11) 二	辛酉 2 三	壬戌 3 四	癸亥 4 五	甲子 5 六	乙丑 6 日	丙寅 7 一	丁卯 8 二	戊辰 9 三		甲辰霜降 己未立冬
十月大	辛亥	天干地支 西曆 星期	己巳 10 四	庚午 11 五	辛未 12 六	壬申 13 日	癸酉 14 一	甲戌 15 二	乙亥 16 三	丙子 17 四	丁丑 18 五	戊寅 19 六	己卯 20 日	庚辰 21 一	辛巳 22 二	壬午 23 三	癸未 24 四	甲申 25 五	乙酉 26 六	丙戌 27 日	丁亥 28 一	戊子 29 二	己丑 30 三	庚寅 (12) 四	辛卯 2 五	壬辰 3 六	癸巳 4 日	甲午 5 一	乙未 6 二	丙申 7 三	丁酉 8 四	戊戌 9 五	乙亥小雪 庚寅大雪
十一月小	壬子	天干地支 西曆 星期	己亥 10 六	庚子 11 日	辛丑 12 一	壬寅 13 二	癸卯 14 三	甲辰 15 四	乙巳 16 五	丙午 17 六	丁未 18 日	戊申 19 一	己酉 20 二	庚戌 21 三	辛亥 22 四	壬子 23 五	癸丑 24 六	甲寅 25 日	乙卯 26 一	丙辰 27 二	丁巳 28 三	戊午 29 四	己未 30 五	庚申 31 六	辛酉 (1) 日	壬戌 2 一	癸亥 3 二	甲子 4 三	乙丑 5 四	丙寅 6 五	丁卯 7 六		乙巳冬至 庚申小寒
十二月大	癸丑	天干地支 西曆 星期	戊辰 8 日	己巳 9 一	庚午 10 二	辛未 11 三	壬申 12 四	癸酉 13 五	甲戌 14 六	乙亥 15 日	丙子 16 一	丁丑 17 二	戊寅 18 三	己卯 19 四	庚辰 20 五	辛巳 21 六	壬午 22 日	癸未 23 一	甲申 24 二	乙酉 25 三	丙戌 26 四	丁亥 27 五	戊子 28 六	己丑 29 日	庚寅 30 一	辛卯 31 二	壬辰 (2) 三	癸巳 2 四	甲午 3 五	乙未 4 六	丙申 5 日	丁酉 6 一	丙子大寒 辛卯立春

遼興宗重熙七年（戊寅 虎年） 公元 1038 ~ 1039 年

夏曆月序		中西曆日對照	初一	初二	初三	初四	初五	初六	初七	初八	初九	初十	十一	十二	十三	十四	十五	十六	十七	十八	十九	二十	二一	二二	二三	二四	二五	二六	二七	二八	二九	三十	節氣與天象
正月大	甲寅	天干 地支 西曆 星期	戊 戌 7 二	己 亥 8 三	庚 子 9 四	辛 丑 10 五	壬 寅 11 六	癸 卯 12 日	甲 辰 13 一	乙 巳 14 二	丙 午 15 三	丁 未 16 四	戊 申 17 五	己 酉 18 六	庚 戌 19 日	辛 亥 20 一	壬 子 21 二	癸 丑 22 三	甲 寅 23 四	乙 卯 24 五	丙 辰 25 六	丁 巳 26 日	戊 午 27 一	己 未 28 二	庚 申 (3) 三	辛 酉 2 四	壬 戌 3 五	癸 亥 4 六	甲 子 5 日	乙 丑 6 一	丙 寅 7 二	丁 卯 8 三	丙午雨水 辛酉驚蟄
二月大	乙卯	天干 地支 西曆 星期	戊 辰 9 四	己 巳 10 五	庚 午 11 六	辛 未 12 日	壬 申 13 一	癸 酉 14 二	甲 戌 15 三	乙 亥 16 四	丙 子 17 五	丁 丑 18 六	戊 寅 19 日	己 卯 20 一	庚 辰 21 二	辛 巳 22 三	壬 午 23 四	癸 未 24 五	甲 申 25 六	乙 酉 26 日	丙 戌 27 一	丁 亥 28 二	戊 子 29 三	己 丑 30 四	庚 寅 31 五	辛 卯 (4) 六	壬 辰 2 日	癸 巳 3 一	甲 午 4 二	乙 未 5 三	丙 申 6 四	丁 酉 7 五	丙子春分 壬辰清明
三月小	丙辰	天干 地支 西曆 星期	戊 戌 8 六	己 亥 9 日	庚 子 10 一	辛 丑 11 二	壬 寅 12 三	癸 卯 13 四	甲 辰 14 五	乙 巳 15 六	丙 午 16 日	丁 未 17 一	戊 申 18 二	己 酉 19 三	庚 戌 20 四	辛 亥 21 五	壬 子 22 六	癸 丑 23 日	甲 寅 24 一	乙 卯 25 二	丙 辰 26 三	丁 巳 27 四	戊 午 28 五	己 未 29 六	庚 申 30 日	辛 酉 (5) 一	壬 戌 2 二	癸 亥 3 三	甲 子 4 四	乙 丑 5 五	丙 寅 6 六		丁未穀雨 壬戌立夏
四月大	丁巳	天干 地支 西曆 星期	丁 卯 7 日	戊 辰 8 一	己 巳 9 二	庚 午 10 三	辛 未 11 四	壬 申 12 五	癸 酉 13 六	甲 戌 14 日	乙 亥 15 一	丙 子 16 二	丁 丑 17 三	戊 寅 18 四	己 卯 19 五	庚 辰 20 六	辛 巳 21 日	壬 午 22 一	癸 未 23 二	甲 申 24 三	乙 酉 25 四	丙 戌 26 五	丁 亥 27 六	戊 子 28 日	己 丑 29 一	庚 寅 30 二	辛 卯 31 三	壬 辰 (6) 四	癸 巳 2 五	甲 午 3 六	乙 未 4 日	丙 申 5 一	丁丑小滿 壬辰芒種
五月小	戊午	天干 地支 西曆 星期	丁 酉 6 二	戊 戌 7 三	己 亥 8 四	庚 子 9 五	辛 丑 10 六	壬 寅 11 日	癸 卯 12 一	甲 辰 13 二	乙 巳 14 三	丙 午 15 四	丁 未 16 五	戊 申 17 六	己 酉 18 日	庚 戌 19 一	辛 亥 20 二	壬 子 21 三	癸 丑 22 四	甲 寅 23 五	乙 卯 24 六	丙 辰 25 日	丁 巳 26 一	戊 午 27 二	己 未 28 三	庚 申 29 四	辛 酉 30 五	壬 戌 (7) 六	癸 亥 2 日	甲 子 3 一	乙 丑 4 二		戊申夏至 癸亥小暑
六月大	己未	天干 地支 西曆 星期	丙 寅 5 三	丁 卯 6 四	戊 辰 7 五	己 巳 8 六	庚 午 9 日	辛 未 10 一	壬 申 11 二	癸 酉 12 三	甲 戌 13 四	乙 亥 14 五	丙 子 15 六	丁 丑 16 日	戊 寅 17 一	己 卯 18 二	庚 辰 19 三	辛 巳 20 四	壬 午 21 五	癸 未 22 六	甲 申 23 日	乙 酉 24 一	丙 戌 25 二	丁 亥 26 三	戊 子 27 四	己 丑 28 五	庚 寅 29 六	辛 卯 30 日	壬 辰 31 一	癸 巳 (8) 二	甲 午 2 三	乙 未 3 四	戊寅大暑 癸巳立秋
七月小	庚申	天干 地支 西曆 星期	丙 申 4 五	丁 酉 5 六	戊 戌 6 日	己 亥 7 一	庚 子 8 二	辛 丑 9 三	壬 寅 10 四	癸 卯 11 五	甲 辰 12 六	乙 巳 13 日	丙 午 14 一	丁 未 15 二	戊 申 16 三	己 酉 17 四	庚 戌 18 五	辛 亥 19 六	壬 子 20 日	癸 丑 21 一	甲 寅 22 二	乙 卯 23 三	丙 辰 24 四	丁 巳 25 五	戊 午 26 六	己 未 27 日	庚 申 28 一	辛 酉 29 二	壬 戌 30 三	癸 亥 31 四	甲 子 (9) 五		己酉處暑 甲子白露
八月小	辛酉	天干 地支 西曆 星期	乙 丑 2 六	丙 寅 3 日	丁 卯 4 一	戊 辰 5 二	己 巳 6 三	庚 午 7 四	辛 未 8 五	壬 申 9 六	癸 酉 10 日	甲 戌 11 一	乙 亥 12 二	丙 子 13 三	丁 丑 14 四	戊 寅 15 五	己 卯 16 六	庚 辰 17 日	辛 巳 18 一	壬 午 19 二	癸 未 20 三	甲 申 21 四	乙 酉 22 五	丙 戌 23 六	丁 亥 24 日	戊 子 25 一	己 丑 26 二	庚 寅 27 三	辛 卯 28 四	壬 辰 29 五	癸 巳 30 六		己卯秋分
九月大	壬戌	天干 地支 西曆 星期	甲 午 (10) 日	乙 未 2 一	丙 申 3 二	丁 酉 4 三	戊 戌 5 四	己 亥 6 五	庚 子 7 六	辛 丑 8 日	壬 寅 9 一	癸 卯 10 二	甲 辰 11 三	乙 巳 12 四	丙 午 13 五	丁 未 14 六	戊 申 15 日	己 酉 16 一	庚 戌 17 二	辛 亥 18 三	壬 子 19 四	癸 丑 20 五	甲 寅 21 六	乙 卯 22 日	丙 辰 23 一	丁 巳 24 二	戊 午 25 三	己 未 26 四	庚 申 27 五	辛 酉 28 六	壬 戌 29 日	癸 亥 30 一	甲午寒露 己酉霜降
十月小	癸亥	天干 地支 西曆 星期	甲 子 31 二	乙 丑 (11) 三	丙 寅 2 四	丁 卯 3 五	戊 辰 4 六	己 巳 5 日	庚 午 6 一	辛 未 7 二	壬 申 8 三	癸 酉 9 四	甲 戌 10 五	乙 亥 11 六	丙 子 12 日	丁 丑 13 一	戊 寅 14 二	己 卯 15 三	庚 辰 16 四	辛 巳 17 五	壬 午 18 六	癸 未 19 日	甲 申 20 一	乙 酉 21 二	丙 戌 22 三	丁 亥 23 四	戊 子 24 五	己 丑 25 六	庚 寅 26 日	辛 卯 27 一	壬 辰 28 二		乙丑立冬 庚辰小雪
十一月大	甲子	天干 地支 西曆 星期	癸 巳 29 三	甲 午 30 四	乙 未 (12) 五	丙 申 2 六	丁 酉 3 日	戊 戌 4 一	己 亥 5 二	庚 子 6 三	辛 丑 7 四	壬 寅 8 五	癸 卯 9 六	甲 辰 10 日	乙 巳 11 一	丙 午 12 二	丁 未 13 三	戊 申 14 四	己 酉 15 五	庚 戌 16 六	辛 亥 17 日	壬 子 18 一	癸 丑 19 二	甲 寅 20 三	乙 卯 21 四	丙 辰 22 五	丁 巳 23 六	戊 午 24 日	己 未 25 一	庚 申 26 二	辛 酉 27 三	壬 戌 28 四	乙未大雪 庚戌冬至
十二月小	乙丑	天干 地支 西曆 星期	癸 亥 29 五	甲 子 30 六	乙 丑 31 日	丙 寅 (1) 一	丁 卯 2 二	戊 辰 3 三	己 巳 4 四	庚 午 5 五	辛 未 6 六	壬 申 7 日	癸 酉 8 一	甲 戌 9 二	乙 亥 10 三	丙 子 11 四	丁 丑 12 五	戊 寅 13 六	己 卯 14 日	庚 辰 15 一	辛 巳 16 二	壬 午 17 三	癸 未 18 四	甲 申 19 五	乙 酉 20 六	丙 戌 21 日	丁 亥 22 一	戊 子 23 二	己 丑 24 三	庚 寅 25 四	辛 卯 26 五		丙寅小寒 辛巳大寒

遼興宗重熙八年（己卯 兔年） 公元1039 ~ 1040年

夏曆月序		中西曆日對照	初一	初二	初三	初四	初五	初六	初七	初八	初九	初十	十一	十二	十三	十四	十五	十六	十七	十八	十九	二十	二一	二二	二三	二四	二五	二六	二七	二八	二九	三十	節氣與天象
正月大	丙寅	天干地支 西曆 星期	壬辰 27 六	癸巳 28 日	甲午 29 一	乙未 30 二	丙申 31 三	丁酉 (2) 四	戊戌 2 五	己亥 3 六	庚子 4 日	辛丑 5 一	壬寅 6 二	癸卯 7 三	甲辰 8 四	乙巳 9 五	丙午 10 六	丁未 11 日	戊申 12 一	己酉 13 二	庚戌 14 三	辛亥 15 四	壬子 16 五	癸丑 17 六	甲寅 18 日	乙卯 19 一	丙辰 20 二	丁巳 21 三	戊午 22 四	己未 23 五	庚申 24 六	辛酉 25 日	丙申立春 辛亥雨水
二月大	丁卯	天干地支 西曆 星期	壬戌 26 一	癸亥 27 二	甲子 28 三	乙丑 (3) 四	丙寅 2 五	丁卯 3 六	戊辰 4 日	己巳 5 一	庚午 6 二	辛未 7 三	壬申 8 四	癸酉 9 五	甲戌 10 六	乙亥 11 日	丙子 12 一	丁丑 13 二	戊寅 14 三	己卯 15 四	庚辰 16 五	辛巳 17 六	壬午 18 日	癸未 19 一	甲申 20 二	乙酉 21 三	丙戌 22 四	丁亥 23 五	戊子 24 六	己丑 25 日	庚寅 26 一	辛卯 27 二	丙寅驚蟄 壬午春分
三月小	戊辰	天干地支 西曆 星期	壬辰 28 三	癸巳 29 四	甲午 30 五	乙未 31 六	丙申 (4) 日	丁酉 2 一	戊戌 3 二	己亥 4 三	庚子 5 四	辛丑 6 五	壬寅 7 六	癸卯 8 日	甲辰 9 一	乙巳 10 二	丙午 11 三	丁未 12 四	戊申 13 五	己酉 14 六	庚戌 15 日	辛亥 16 一	壬子 17 二	癸丑 18 三	甲寅 19 四	乙卯 20 五	丙辰 21 六	丁巳 22 日	戊午 23 一	己未 24 二	庚申 25 三		丁酉清明 壬子穀雨
四月大	己巳	天干地支 西曆 星期	辛酉 26 四	壬戌 27 五	癸亥 28 六	甲子 29 日	乙丑 30 一	丙寅 (5) 二	丁卯 2 三	戊辰 3 四	己巳 4 五	庚午 5 六	辛未 6 日	壬申 7 一	癸酉 8 二	甲戌 9 三	乙亥 10 四	丙子 11 五	丁丑 12 六	戊寅 13 日	己卯 14 一	庚辰 15 二	辛巳 16 三	壬午 17 四	癸未 18 五	甲申 19 六	乙酉 20 日	丙戌 21 一	丁亥 22 二	戊子 23 三	己丑 24 四	庚寅 25 五	丁卯立夏 癸未小滿
五月大	庚午	天干地支 西曆 星期	辛卯 26 六	壬辰 27 日	癸巳 28 一	甲午 29 二	乙未 30 三	丙申 31 四	丁酉 (6) 五	戊戌 2 六	己亥 3 日	庚子 4 一	辛丑 5 二	壬寅 6 三	癸卯 7 四	甲辰 8 五	乙巳 9 六	丙午 10 日	丁未 11 一	戊申 12 二	己酉 13 三	庚戌 14 四	辛亥 15 五	壬子 16 六	癸丑 17 日	甲寅 18 一	乙卯 19 二	丙辰 20 三	丁巳 21 四	戊午 22 五	己未 23 六	庚申 24 日	戊戌芒種 癸丑夏至
六月小	辛未	天干地支 西曆 星期	辛酉 25 一	壬戌 26 二	癸亥 27 三	甲子 28 四	乙丑 29 五	丙寅 30 六	丁卯 (7) 日	戊辰 2 一	己巳 3 二	庚午 4 三	辛未 5 四	壬申 6 五	癸酉 7 六	甲戌 8 日	乙亥 9 一	丙子 10 二	丁丑 11 三	戊寅 12 四	己卯 13 五	庚辰 14 六	辛巳 15 日	壬午 16 一	癸未 17 二	甲申 18 三	乙酉 19 四	丙戌 20 五	丁亥 21 六	戊子 22 日	己丑 23 一		戊辰小暑 癸未大暑
七月大	壬申	天干地支 西曆 星期	庚寅 24 二	辛卯 25 三	壬辰 26 四	癸巳 27 五	甲午 28 六	乙未 29 日	丙申 30 一	丁酉 31 二	戊戌 (8) 三	己亥 2 四	庚子 3 五	辛丑 4 六	壬寅 5 日	癸卯 6 一	甲辰 7 二	乙巳 8 三	丙午 9 四	丁未 10 五	戊申 11 六	己酉 12 日	庚戌 13 一	辛亥 14 二	壬子 15 三	癸丑 16 四	甲寅 17 五	乙卯 18 六	丙辰 19 日	丁巳 20 一	戊午 21 二	己未 22 三	己亥立秋 甲寅處暑
八月小	癸酉	天干地支 西曆 星期	庚申 23 四	辛酉 24 五	壬戌 25 六	癸亥 26 日	甲子 27 一	乙丑 28 二	丙寅 29 三	丁卯 30 四	戊辰 31 五	己巳 (9) 六	庚午 2 日	辛未 3 一	壬申 4 二	癸酉 5 三	甲戌 6 四	乙亥 7 五	丙子 8 六	丁丑 9 日	戊寅 10 一	己卯 11 二	庚辰 12 三	辛巳 13 四	壬午 14 五	癸未 15 六	甲申 16 日	乙酉 17 一	丙戌 18 二	丁亥 19 三	戊子 20 四		己巳白露 甲申秋分
九月大	甲戌	天干地支 西曆 星期	己丑 21 五	庚寅 22 六	辛卯 23 日	壬辰 24 一	癸巳 25 二	甲午 26 三	乙未 27 四	丙申 28 五	丁酉 29 六	戊戌 30 日	己亥 (10) 一	庚子 2 二	辛丑 3 三	壬寅 4 四	癸卯 5 五	甲辰 6 六	乙巳 7 日	丙午 8 一	丁未 9 二	戊申 10 三	己酉 11 四	庚戌 12 五	辛亥 13 六	壬子 14 日	癸丑 15 一	甲寅 16 二	乙卯 17 三	丙辰 18 四	丁巳 19 五	戊午 20 六	己亥寒露 乙卯霜降
十月小	乙亥	天干地支 西曆 星期	己未 21 日	庚申 22 一	辛酉 23 二	壬戌 24 三	癸亥 25 四	甲子 26 五	乙丑 27 六	丙寅 28 日	丁卯 29 一	戊辰 30 二	己巳 31 三	庚午 (11) 四	辛未 2 五	壬申 3 六	癸酉 4 日	甲戌 5 一	乙亥 6 二	丙子 7 三	丁丑 8 四	戊寅 9 五	己卯 10 六	庚辰 11 日	辛巳 12 一	壬午 13 二	癸未 14 三	甲申 15 四	乙酉 16 五	丙戌 17 六	丁亥 18 日		庚午立冬 乙酉小雪
十一月小	丙子	天干地支 西曆 星期	戊子 19 一	己丑 20 二	庚寅 21 三	辛卯 22 四	壬辰 23 五	癸巳 24 六	甲午 25 日	乙未 26 一	丙申 27 二	丁酉 28 三	戊戌 29 四	己亥 30 五	庚子 (12) 六	辛丑 2 日	壬寅 3 一	癸卯 4 二	甲辰 5 三	乙巳 6 四	丙午 7 五	丁未 8 六	戊申 9 日	己酉 10 一	庚戌 11 二	辛亥 12 三	壬子 13 四	癸丑 14 五	甲寅 15 六	乙卯 16 日	丙辰 17 一		庚子大雪 丙辰冬至
十二月大	丁丑	天干地支 西曆 星期	丁巳 18 二	戊午 19 三	己未 20 四	庚申 21 五	辛酉 22 六	壬戌 23 日	癸亥 24 一	甲子 25 二	乙丑 26 三	丙寅 27 四	丁卯 28 五	戊辰 29 六	己巳 30 日	庚午 31 一	辛未 (1) 二	壬申 2 三	癸酉 3 四	甲戌 4 五	乙亥 5 六	丙子 6 日	丁丑 7 一	戊寅 8 二	己卯 9 三	庚辰 10 四	辛巳 11 五	壬午 12 六	癸未 13 日	甲申 14 一	乙酉 15 二	丙戌 16 三	辛未小寒 丙戌大寒
閏十二小	丁丑	天干地支 西曆 星期	丁亥 17 四	戊子 18 五	己丑 19 六	庚寅 20 日	辛卯 21 一	壬辰 22 二	癸巳 23 三	甲午 24 四	乙未 25 五	丙申 26 六	丁酉 27 日	戊戌 28 一	己亥 29 二	庚子 30 三	辛丑 31 四	壬寅 (2) 五	癸卯 2 六	甲辰 3 日	乙巳 4 一	丙午 5 二	丁未 6 三	戊申 7 四	己酉 8 五	庚戌 9 六	辛亥 10 日	壬子 11 一	癸丑 12 二	甲寅 13 三	乙卯 14 四		辛丑立春

遼興宗重熙九年（庚辰 龍年） 公元1040 ~ 1041年

夏曆月序	中西曆日對照	初一	初二	初三	初四	初五	初六	初七	初八	初九	初十	十一	十二	十三	十四	十五	十六	十七	十八	十九	二十	二一	二二	二三	二四	二五	二六	二七	二八	二九	三十	節氣與天象
正月大 戊寅	干支 天地 西曆 星期	丙辰15五	丁巳16六	戊午17日	己未18一	庚申19二	辛酉20三	壬戌21四	癸亥22五	甲子23六	乙丑24日	丙寅25一	丁卯26二	戊辰27三	己巳28四	庚午29五	辛未(3)六	壬申2日	癸酉3一	甲戌4二	乙亥5三	丙子6四	丁丑7五	戊寅8六	己卯9日	庚辰10一	辛巳11二	壬午12三	癸未13四	甲申14五	乙酉15六	丙辰雨水 壬申驚蟄
二月小 己卯	干支 天地 西曆 星期	丙戌16日	丁亥17一	戊子18二	己丑19三	庚寅20四	辛卯21五	壬辰22六	癸巳23日	甲午24一	乙未25二	丙申26三	丁酉27四	戊戌28五	己亥29六	庚子30日	辛丑31一	壬寅(4)二	癸卯2三	甲辰3四	乙巳4五	丙午5六	丁未6日	戊申7一	己酉8二	庚戌9三	辛亥10四	壬子11五	癸丑12六	甲寅13日		丁亥春分 壬寅清明
三月大 庚辰	干支 天地 西曆 星期	乙卯14一	丙辰15二	丁巳16三	戊午17四	己未18五	庚申19六	辛酉20日	壬戌21一	癸亥22二	甲子23三	乙丑24四	丙寅25五	丁卯26六	戊辰27日	己巳28一	庚午29二	辛未30三	壬申(5)四	癸酉2五	甲戌3六	乙亥4日	丙子5一	丁丑6二	戊寅7三	己卯8四	庚辰9五	辛巳10六	壬午11日	癸未12一	甲申13二	丁巳穀雨 癸酉立夏
四月大 辛巳	干支 天地 西曆 星期	乙酉14三	丙戌15四	丁亥16五	戊子17六	己丑18日	庚寅19一	辛卯20二	壬辰21三	癸巳22四	甲午23五	乙未24六	丙申25日	丁酉26一	戊戌27二	己亥28三	庚子29四	辛丑30五	壬寅31六	癸卯(6)日	甲辰2一	乙巳3二	丙午4三	丁未5四	戊申6五	己酉7六	庚戌8日	辛亥9一	壬子10二	癸丑11三	甲寅12四	戊子小滿 癸卯芒種
五月小 壬午	干支 天地 西曆 星期	乙卯13五	丙辰14六	丁巳15日	戊午16一	己未17二	庚申18三	辛酉19四	壬戌20五	癸亥21六	甲子22日	乙丑23一	丙寅24二	丁卯25三	戊辰26四	己巳27五	庚午28六	辛未29日	壬申30一	癸酉(7)二	甲戌2三	乙亥3四	丙子4五	丁丑5六	戊寅6日	己卯7一	庚辰8二	辛巳9三	壬午10四	癸未11五		戊午夏至 癸酉小暑
六月大 癸未	干支 天地 西曆 星期	甲申12六	乙酉13日	丙戌14一	丁亥15二	戊子16三	己丑17四	庚寅18五	辛卯19六	壬辰20日	癸巳21一	甲午22二	乙未23三	丙申24四	丁酉25五	戊戌26六	己亥27日	庚子28一	辛丑29二	壬寅30三	癸卯31四	甲辰(8)五	乙巳2六	丙午3日	丁未4一	戊申5二	己酉6三	庚戌7四	辛亥8五	壬子9六	癸丑10日	己丑大暑 甲辰立秋
七月小 甲申	干支 天地 西曆 星期	甲寅11一	乙卯12二	丙辰13三	丁巳14四	戊午15五	己未16六	庚申17日	辛酉18一	壬戌19二	癸亥20三	甲子21四	乙丑22五	丙寅23六	丁卯24日	戊辰25一	己巳26二	庚午27三	辛未28四	壬申29五	癸酉30六	甲戌31日	乙亥(9)一	丙子2二	丁丑3三	戊寅4四	己卯5五	庚辰6六	辛巳7日	壬午8一		己未處暑 甲戌白露
八月大 乙酉	干支 天地 西曆 星期	癸未9二	甲申10三	乙酉11四	丙戌12五	丁亥13六	戊子14日	己丑15一	庚寅16二	辛卯17三	壬辰18四	癸巳19五	甲午20六	乙未21日	丙申22一	丁酉23二	戊戌24三	己亥25四	庚子26五	辛丑27六	壬寅28日	癸卯29一	甲辰30二	乙巳(10)三	丙午2四	丁未3五	戊申4六	己酉5日	庚戌6一	辛亥7二	壬子8三	庚寅秋分 乙巳寒露
九月大 丙戌	干支 天地 西曆 星期	癸丑9四	甲寅10五	乙卯11六	丙辰12日	丁巳13一	戊午14二	己未15三	庚申16四	辛酉17五	壬戌18六	癸亥19日	甲子20一	乙丑21二	丙寅22三	丁卯23四	戊辰24五	己巳25六	庚午26日	辛未27一	壬申28二	癸酉29三	甲戌30四	乙亥31五	丙子(11)六	丁丑2日	戊寅3一	己卯4二	庚辰5三	辛巳6四	壬午7五	庚申霜降 乙亥立冬
十月小 丁亥	干支 天地 西曆 星期	癸未8六	甲申9日	乙酉10一	丙戌11二	丁亥12三	戊子13四	己丑14五	庚寅15六	辛卯16日	壬辰17一	癸巳18二	甲午19三	乙未20四	丙申21五	丁酉22六	戊戌23日	己亥24一	庚子25二	辛丑26三	壬寅27四	癸卯28五	甲辰29六	乙巳30日	丙午(12)一	丁未2二	戊申3三	己酉4四	庚戌5五	辛亥6六		庚寅小雪 丙午大雪
十一月大 戊子	干支 天地 西曆 星期	壬子7日	癸丑8一	甲寅9二	乙卯10三	丙辰11四	丁巳12五	戊午13六	己未14日	庚申15一	辛酉16二	壬戌17三	癸亥18四	甲子19五	乙丑20六	丙寅21日	丁卯22一	戊辰23二	己巳24三	庚午25四	辛未26五	壬申27六	癸酉28日	甲戌29一	乙亥30二	丙子31三	丁丑(1)四	戊寅2五	己卯3六	庚辰4日	辛巳5一	辛酉冬至 丙子小寒
十二月小 己丑	干支 天地 西曆 星期	壬午6二	癸未7三	甲申8四	乙酉9五	丙戌10六	丁亥11日	戊子12一	己丑13二	庚寅14三	辛卯15四	壬辰16五	癸巳17六	甲午18日	乙未19一	丙申20二	丁酉21三	戊戌22四	己亥23五	庚子24六	辛丑25日	壬寅26一	癸卯27二	甲辰28三	乙巳29四	丙午30五	丁未31六	戊申(2)日	己酉2一	庚戌3二		辛卯大寒 丙午立春

遼興宗重熙十年（辛巳 蛇年） 公元 1041 ~ 1042 年

夏曆月序		中西曆日對照	初一	初二	初三	初四	初五	初六	初七	初八	初九	初十	十一	十二	十三	十四	十五	十六	十七	十八	十九	二十	二一	二二	二三	二四	二五	二六	二七	二八	二九	三十	節氣與天象
正月小	庚寅	天干地支 西曆 星期	辛亥 4 三	壬子 5 四	癸丑 6 五	甲寅 7 六	乙卯 8 日	丙辰 9 一	丁巳 10 二	戊午 11 三	己未 12 四	庚申 13 五	辛酉 14 六	壬戌 15 日	癸亥 16 一	甲子 17 二	乙丑 18 三	丙寅 19 四	丁卯 20 五	戊辰 21 六	己巳 22 日	庚午 23 一	辛未 24 二	壬申 25 三	癸酉 26 四	甲戌 27 五	乙亥 28 六	丙子 (3) 日	丁丑 2 一	戊寅 3 二	己卯 4 三		壬戌雨水 丁丑驚蟄
二月大	辛卯	天干地支 西曆 星期	庚辰 5 四	辛巳 6 五	壬午 7 六	癸未 8 日	甲申 9 一	乙酉 10 二	丙戌 11 三	丁亥 12 四	戊子 13 五	己丑 14 六	庚寅 15 日	辛卯 16 一	壬辰 17 二	癸巳 18 三	甲午 19 四	乙未 20 五	丙申 21 六	丁酉 22 日	戊戌 23 一	己亥 24 二	庚子 25 三	辛丑 26 四	壬寅 27 五	癸卯 28 六	甲辰 29 日	乙巳 30 一	丙午 31 二	丁未 (4) 三	戊申 2 四	己酉 3 五	壬辰春分 丁未清明
三月小	壬辰	天干地支 西曆 星期	庚戌 4 六	辛亥 5 日	壬子 6 一	癸丑 7 二	甲寅 8 三	乙卯 9 四	丙辰 10 五	丁巳 11 六	戊午 12 日	己未 13 一	庚申 14 二	辛酉 15 三	壬戌 16 四	癸亥 17 五	甲子 18 六	乙丑 19 日	丙寅 20 一	丁卯 21 二	戊辰 22 三	己巳 23 四	庚午 24 五	辛未 25 六	壬申 26 日	癸酉 27 一	甲戌 28 二	乙亥 29 三	丙子 30 四	丁丑 (5) 五	戊寅 2 六		癸亥穀雨 戊寅立夏
四月大	癸巳	天干地支 西曆 星期	己卯 3 日	庚辰 4 一	辛巳 5 二	壬午 6 三	癸未 7 四	甲申 8 五	乙酉 9 六	丙戌 10 日	丁亥 11 一	戊子 12 二	己丑 13 三	庚寅 14 四	辛卯 15 五	壬辰 16 六	癸巳 17 日	甲午 18 一	乙未 19 二	丙申 20 三	丁酉 21 四	戊戌 22 五	己亥 23 六	庚子 24 日	辛丑 25 一	壬寅 26 二	癸卯 27 三	甲辰 28 四	乙巳 29 五	丙午 30 六	丁未 31 日	戊申 (6) 一	癸巳小滿 戊申芒種
五月小	甲午	天干地支 西曆 星期	己酉 2 二	庚戌 3 三	辛亥 4 四	壬子 5 五	癸丑 6 六	甲寅 7 日	乙卯 8 一	丙辰 9 二	丁巳 10 三	戊午 11 四	己未 12 五	庚申 13 六	辛酉 14 日	壬戌 15 一	癸亥 16 二	甲子 17 三	乙丑 18 四	丙寅 19 五	丁卯 20 六	戊辰 21 日	己巳 22 一	庚午 23 二	辛未 24 三	壬申 25 四	癸酉 26 五	甲戌 27 六	乙亥 28 日	丙子 29 一	丁丑 30 二		癸亥夏至
六月大	乙未	天干地支 西曆 星期	戊寅 (7) 三	己卯 2 四	庚辰 3 五	辛巳 4 六	壬午 5 日	癸未 6 一	甲申 7 二	乙酉 8 三	丙戌 9 四	丁亥 10 五	戊子 11 六	己丑 12 日	庚寅 13 一	辛卯 14 二	壬辰 15 三	癸巳 16 四	甲午 17 五	乙未 18 六	丙申 19 日	丁酉 20 一	戊戌 21 二	己亥 22 三	庚子 23 四	辛丑 24 五	壬寅 25 六	癸卯 26 日	甲辰 27 一	乙巳 28 二	丙午 29 三	丁未 30 四	己卯小暑 甲午大暑
七月大	丙申	天干地支 西曆 星期	戊申 31 五	己酉 (8) 六	庚戌 2 日	辛亥 3 一	壬子 4 二	癸丑 5 三	甲寅 6 四	乙卯 7 五	丙辰 8 六	丁巳 9 日	戊午 10 一	己未 11 二	庚申 12 三	辛酉 13 四	壬戌 14 五	癸亥 15 六	甲子 16 日	乙丑 17 一	丙寅 18 二	丁卯 19 三	戊辰 20 四	己巳 21 五	庚午 22 六	辛未 23 日	壬申 24 一	癸酉 25 二	甲戌 26 三	乙亥 27 四	丙子 28 五	丁丑 29 六	己酉立秋 甲子處暑
八月小	丁酉	天干地支 西曆 星期	戊寅 30 日	己卯 31 一	庚辰 (9) 二	辛巳 2 三	壬午 3 四	癸未 4 五	甲申 5 六	乙酉 6 日	丙戌 7 一	丁亥 8 二	戊子 9 三	己丑 10 四	庚寅 11 五	辛卯 12 六	壬辰 13 日	癸巳 14 一	甲午 15 二	乙未 16 三	丙申 17 四	丁酉 18 五	戊戌 19 六	己亥 20 日	庚子 21 一	辛丑 22 二	壬寅 23 三	癸卯 24 四	甲辰 25 五	乙巳 26 六	丙午 27 日		庚辰白露 乙未秋分
九月大	戊戌	天干地支 西曆 星期	丁未 28 一	戊申 29 二	己酉 30 三	庚戌 (10) 四	辛亥 2 五	壬子 3 六	癸丑 4 日	甲寅 5 一	乙卯 6 二	丙辰 7 三	丁巳 8 四	戊午 9 五	己未 10 六	庚申 11 日	辛酉 12 一	壬戌 13 二	癸亥 14 三	甲子 15 四	乙丑 16 五	丙寅 17 六	丁卯 18 日	戊辰 19 一	己巳 20 二	庚午 21 三	辛未 22 四	壬申 23 五	癸酉 24 六	甲戌 25 日	乙亥 26 一	丙子 27 二	庚戌寒露 乙丑霜降
十月大	己亥	天干地支 西曆 星期	丁丑 28 三	戊寅 29 四	己卯 30 五	庚辰 31 六	辛巳 (11) 日	壬午 2 一	癸未 3 二	甲申 4 三	乙酉 5 四	丙戌 6 五	丁亥 7 六	戊子 8 日	己丑 9 一	庚寅 10 二	辛卯 11 三	壬辰 12 四	癸巳 13 五	甲午 14 六	乙未 15 日	丙申 16 一	丁酉 17 二	戊戌 18 三	己亥 19 四	庚子 20 五	辛丑 21 六	壬寅 22 日	癸卯 23 一	甲辰 24 二	乙巳 25 三	丙午 26 四	庚辰立冬 丙申小雪
十一月小	庚子	天干地支 西曆 星期	丁未 27 五	戊申 28 六	己酉 29 日	庚戌 30 一	辛亥 (12) 二	壬子 2 三	癸丑 3 四	甲寅 4 五	乙卯 5 六	丙辰 6 日	丁巳 7 一	戊午 8 二	己未 9 三	庚申 10 四	辛酉 11 五	壬戌 12 六	癸亥 13 日	甲子 14 一	乙丑 15 二	丙寅 16 三	丁卯 17 四	戊辰 18 五	己巳 19 六	庚午 20 日	辛未 21 一	壬申 22 二	癸酉 23 三	甲戌 24 四	乙亥 25 五		辛亥大雪 丙寅冬至
十二月大	辛丑	天干地支 西曆 星期	丙子 26 六	丁丑 27 日	戊寅 28 一	己卯 29 二	庚辰 30 三	辛巳 31 四	壬午 (1) 五	癸未 2 六	甲申 3 日	乙酉 4 一	丙戌 5 二	丁亥 6 三	戊子 7 四	己丑 8 五	庚寅 9 六	辛卯 10 日	壬辰 11 一	癸巳 12 二	甲午 13 三	乙未 14 四	丙申 15 五	丁酉 16 六	戊戌 17 日	己亥 18 一	庚子 19 二	辛丑 20 三	壬寅 21 四	癸卯 22 五	甲辰 23 六	乙巳 24 日	辛巳小寒 丙申大寒

遼興宗重熙十一年（壬午 馬年） 公元 1042 ~ 1043 年

夏曆月序		中西曆日對照	夏曆日序																														節氣與天象
			初一	初二	初三	初四	初五	初六	初七	初八	初九	初十	十一	十二	十三	十四	十五	十六	十七	十八	十九	二十	二一	二二	二三	二四	二五	二六	二七	二八	二九	三十	
正月小	壬寅	天干 地支 西曆 星期	丙午 25 一	丁未 26 二	戊申 27 三	己酉 28 四	庚戌 29 五	辛亥 30 六	壬子 31 日	癸丑 (2) 一	甲寅 2 二	乙卯 3 三	丙辰 4 四	丁巳 5 五	戊午 6 六	己未 7 日	庚申 8 一	辛酉 9 二	壬戌 10 三	癸亥 11 四	甲子 12 五	乙丑 13 六	丙寅 14 日	丁卯 15 一	戊辰 16 二	己巳 17 三	庚午 18 四	辛未 19 五	壬申 20 六	癸酉 21 日	甲戌 22 一		壬子立春 丁卯雨水
二月小	癸卯	天干 地支 西曆 星期	乙亥 23 二	丙子 24 三	丁丑 25 四	戊寅 26 五	己卯 27 六	庚辰 28 日	辛巳 (3) 一	壬午 2 二	癸未 3 三	甲申 4 四	乙酉 5 五	丙戌 6 六	丁亥 7 日	戊子 8 一	己丑 9 二	庚寅 10 三	辛卯 11 四	壬辰 12 五	癸巳 13 六	甲午 14 日	乙未 15 一	丙申 16 二	丁酉 17 三	戊戌 18 四	己亥 19 五	庚子 20 六	辛丑 21 日	壬寅 22 一	癸卯 23 二		壬午驚蟄 丁酉春分
三月大	甲辰	天干 地支 西曆 星期	甲辰 24 三	乙巳 25 四	丙午 26 五	丁未 27 六	戊申 28 日	己酉 29 一	庚戌 30 二	辛亥 31 三	壬子 (4) 四	癸丑 2 五	甲寅 3 六	乙卯 4 日	丙辰 5 一	丁巳 6 二	戊午 7 三	己未 8 四	庚申 9 五	辛酉 10 六	壬戌 11 日	癸亥 12 一	甲子 13 二	乙丑 14 三	丙寅 15 四	丁卯 16 五	戊辰 17 六	己巳 18 日	庚午 19 一	辛未 20 二	壬申 21 三	癸酉 22 四	癸丑清明 戊辰穀雨
四月小	乙巳	天干 地支 西曆 星期	甲戌 23 五	乙亥 24 六	丙子 25 日	丁丑 26 一	戊寅 27 二	己卯 28 三	庚辰 29 四	辛巳 30 五	壬午 (5) 六	癸未 2 日	甲申 3 一	乙酉 4 二	丙戌 5 三	丁亥 6 四	戊子 7 五	己丑 8 六	庚寅 9 日	辛卯 10 一	壬辰 11 二	癸巳 12 三	甲午 13 四	乙未 14 五	丙申 15 六	丁酉 16 日	戊戌 17 一	己亥 18 二	庚子 19 三	辛丑 20 四	壬寅 21 五		癸未立夏 戊戌小滿
五月小	丙午	天干 地支 西曆 星期	癸卯 22 六	甲辰 23 日	乙巳 24 一	丙午 25 二	丁未 26 三	戊申 27 四	己酉 28 五	庚戌 29 六	辛亥 30 日	壬子 31 一	癸丑 (6) 二	甲寅 2 三	乙卯 3 四	丙辰 4 五	丁巳 5 六	戊午 6 日	己未 7 一	庚申 8 二	辛酉 9 三	壬戌 10 四	癸亥 11 五	甲子 12 六	乙丑 13 日	丙寅 14 一	丁卯 15 二	戊辰 16 三	己巳 17 四	庚午 18 五	辛未 19 六		癸丑芒種 己巳夏至
六月大	丁未	天干 地支 西曆 星期	壬申 20 日	癸酉 21 一	甲戌 22 二	乙亥 23 三	丙子 24 四	丁丑 25 五	戊寅 26 六	己卯 27 日	庚辰 28 一	辛巳 29 二	壬午 30 三	癸未 (7) 四	甲申 2 五	乙酉 3 六	丙戌 4 日	丁亥 5 一	戊子 6 二	己丑 7 三	庚寅 8 四	辛卯 9 五	壬辰 10 六	癸巳 11 日	甲午 12 一	乙未 13 二	丙申 14 三	丁酉 15 四	戊戌 16 五	己亥 17 六	庚子 18 日	辛丑 19 一	甲申小暑 己亥大暑
七月大	戊申	天干 地支 西曆 星期	壬寅 20 二	癸卯 21 三	甲辰 22 四	乙巳 23 五	丙午 24 六	丁未 25 日	戊申 26 一	己酉 27 二	庚戌 28 三	辛亥 29 四	壬子 30 五	癸丑 31 六	甲寅 (8) 日	乙卯 2 一	丙辰 3 二	丁巳 4 三	戊午 5 四	己未 6 五	庚申 7 六	辛酉 8 日	壬戌 9 一	癸亥 10 二	甲子 11 三	乙丑 12 四	丙寅 13 五	丁卯 14 六	戊辰 15 日	己巳 16 一	庚午 17 二	辛未 18 三	甲寅立秋 庚午處暑
八月小	己酉	天干 地支 西曆 星期	壬申 19 四	癸酉 20 五	甲戌 21 六	乙亥 22 日	丙子 23 一	丁丑 24 二	戊寅 25 三	己卯 26 四	庚辰 27 五	辛巳 28 六	壬午 29 日	癸未 30 一	甲申 31 二	乙酉 (9) 三	丙戌 2 四	丁亥 3 五	戊子 4 六	己丑 5 日	庚寅 6 一	辛卯 7 二	壬辰 8 三	癸巳 9 四	甲午 10 五	乙未 11 六	丙申 12 日	丁酉 13 一	戊戌 14 二	己亥 15 三	庚子 16 四		乙酉白露 庚子秋分
九月大	庚戌	天干 地支 西曆 星期	辛丑 17 五	壬寅 18 六	癸卯 19 日	甲辰 20 一	乙巳 21 二	丙午 22 三	丁未 23 四	戊申 24 五	己酉 25 六	庚戌 26 日	辛亥 27 一	壬子 28 二	癸丑 29 三	甲寅 30 四	乙卯 (10) 五	丙辰 2 六	丁巳 3 日	戊午 4 一	己未 5 二	庚申 6 三	辛酉 7 四	壬戌 8 五	癸亥 9 六	甲子 10 日	乙丑 11 一	丙寅 12 二	丁卯 13 三	戊辰 14 四	己巳 15 五	庚午 16 六	乙卯寒露 庚午霜降
閏九月大	庚戌	天干 地支 西曆 星期	辛未 17 日	壬申 18 一	癸酉 19 二	甲戌 20 三	乙亥 21 四	丙子 22 五	丁丑 23 六	戊寅 24 日	己卯 25 一	庚辰 26 二	辛巳 27 三	壬午 28 四	癸未 29 五	甲申 30 六	乙酉 31 日	丙戌 (11) 一	丁亥 2 二	戊子 3 三	己丑 4 四	庚寅 5 五	辛卯 6 六	壬辰 7 日	癸巳 8 一	甲午 9 二	乙未 10 三	丙申 11 四	丁酉 12 五	戊戌 13 六	己亥 14 日	庚子 15 一	丙戌立冬
十月小	辛亥	天干 地支 西曆 星期	辛丑 16 二	壬寅 17 三	癸卯 18 四	甲辰 19 五	乙巳 20 六	丙午 21 日	丁未 22 一	戊申 23 二	己酉 24 三	庚戌 25 四	辛亥 26 五	壬子 27 六	癸丑 28 日	甲寅 29 一	乙卯 30 二	丙辰 (12) 三	丁巳 2 四	戊午 3 五	己未 4 六	庚申 5 日	辛酉 6 一	壬戌 7 二	癸亥 8 三	甲子 9 四	乙丑 10 五	丙寅 11 六	丁卯 12 日	戊辰 13 一	己巳 14 二		辛丑小雪 丙辰大雪
十一月大	壬子	天干 地支 西曆 星期	庚午 15 三	辛未 16 四	壬申 17 五	癸酉 18 六	甲戌 19 日	乙亥 20 一	丙子 21 二	丁丑 22 三	戊寅 23 四	己卯 24 五	庚辰 25 六	辛巳 26 日	壬午 27 一	癸未 28 二	甲申 29 三	乙酉 30 四	丙戌 31 五	丁亥 (1) 六	戊子 2 日	己丑 3 一	庚寅 4 二	辛卯 5 三	壬辰 6 四	癸巳 7 五	甲午 8 六	乙未 9 日	丙申 10 一	丁酉 11 二	戊戌 12 三	己亥 13 四	辛未冬至 丁亥小寒
十二月大	癸丑	天干 地支 西曆 星期	庚子 14 五	辛丑 15 六	壬寅 16 日	癸卯 17 一	甲辰 18 二	乙巳 19 三	丙午 20 四	丁未 21 五	戊申 22 六	己酉 23 日	庚戌 24 一	辛亥 25 二	壬子 26 三	癸丑 27 四	甲寅 28 五	乙卯 29 六	丙辰 30 日	丁巳 31 一	戊午 (2) 二	己未 2 三	庚申 3 四	辛酉 4 五	壬戌 5 六	癸亥 6 日	甲子 7 一	乙丑 8 二	丙寅 9 三	丁卯 10 四	戊辰 11 五	己巳 12 六	壬寅大寒 丁巳立春

遼興宗重熙十二年（癸未 羊年） 公元 1043 ~ 1044 年

夏曆月序	中西曆日對照	初一	初二	初三	初四	初五	初六	初七	初八	初九	初十	十一	十二	十三	十四	十五	十六	十七	十八	十九	二十	二一	二二	二三	二四	二五	二六	二七	二八	二九	三十	節氣與天象
正月小 甲寅	天干地支 西曆 星期	庚午 13 日	辛未 14 一	壬申 15 二	癸酉 16 三	甲戌 17 四	乙亥 18 五	丙子 19 六	丁丑 20 日	戊寅 21 一	己卯 22 二	庚辰 23 三	辛巳 24 四	壬午 25 五	癸未 26 六	甲申 27 日	乙酉 28 一	丙戌 (3) 二	丁亥 2 三	戊子 3 四	己丑 4 五	庚寅 5 六	辛卯 6 日	壬辰 7 一	癸巳 8 二	甲午 9 三	乙未 10 四	丙申 11 五	丁酉 12 六	戊戌 13 日		壬申雨水 丁亥驚蟄
二月小 乙卯	天干地支 西曆 星期	己亥 14 一	庚子 15 二	辛丑 16 三	壬寅 17 四	癸卯 18 五	甲辰 19 六	乙巳 20 日	丙午 21 一	丁未 22 二	戊申 23 三	己酉 24 四	庚戌 25 五	辛亥 26 六	壬子 27 日	癸丑 28 一	甲寅 29 二	乙卯 30 三	丙辰 31 四	丁巳 (4) 五	戊午 2 六	己未 3 日	庚申 4 一	辛酉 5 二	壬戌 6 三	癸亥 7 四	甲子 8 五	乙丑 9 六	丙寅 10 日	丁卯 11 一		癸卯春分 戊午清明
三月大 丙辰	天干地支 西曆 星期	戊辰 12 二	己巳 13 三	庚午 14 四	辛未 15 五	壬申 16 六	癸酉 17 日	甲戌 18 一	乙亥 19 二	丙子 20 三	丁丑 21 四	戊寅 22 五	己卯 23 六	庚辰 24 日	辛巳 25 一	壬午 26 二	癸未 27 三	甲申 28 四	乙酉 29 五	丙戌 30 六	丁亥 (5) 日	戊子 2 一	己丑 3 二	庚寅 4 三	辛卯 5 四	壬辰 6 五	癸巳 7 六	甲午 8 日	乙未 9 一	丙申 10 二	丁酉 11 三	癸酉穀雨 戊子立夏
四月小 丁巳	天干地支 西曆 星期	戊戌 12 四	己亥 13 五	庚子 14 六	辛丑 15 日	壬寅 16 一	癸卯 17 二	甲辰 18 三	乙巳 19 四	丙午 20 五	丁未 21 六	戊申 22 日	己酉 23 一	庚戌 24 二	辛亥 25 三	壬子 26 四	癸丑 27 五	甲寅 28 六	乙卯 29 日	丙辰 30 一	丁巳 31 二	戊午 (6) 三	己未 2 四	庚申 3 五	辛酉 4 六	壬戌 5 日	癸亥 6 一	甲子 7 二	乙丑 8 三	丙寅 9 四		癸卯小滿 己未芒種
五月小 戊午	天干地支 西曆 星期	丁卯 10 五	戊辰 11 六	己巳 12 日	庚午 13 一	辛未 14 二	壬申 15 三	癸酉 16 四	甲戌 17 五	乙亥 18 六	丙子 19 日	丁丑 20 一	戊寅 21 二	己卯 22 三	庚辰 23 四	辛巳 24 五	壬午 25 六	癸未 26 日	甲申 27 一	乙酉 28 二	丙戌 29 三	丁亥 30 四	戊子 (7) 五	己丑 2 六	庚寅 3 日	辛卯 4 一	壬辰 5 二	癸巳 6 三	甲午 7 四	乙未 8 五		甲戌夏至 己丑小暑
六月大 己未	天干地支 西曆 星期	丙申 9 六	丁酉 10 日	戊戌 11 一	己亥 12 二	庚子 13 三	辛丑 14 四	壬寅 15 五	癸卯 16 六	甲辰 17 日	乙巳 18 一	丙午 19 二	丁未 20 三	戊申 21 四	己酉 22 五	庚戌 23 六	辛亥 24 日	壬子 25 一	癸丑 26 二	甲寅 27 三	乙卯 28 四	丙辰 29 五	丁巳 30 六	戊午 31 日	己未 (8) 一	庚申 2 二	辛酉 3 三	壬戌 4 四	癸亥 5 五	甲子 6 六	乙丑 7 日	甲辰大暑 庚申立秋
七月小 庚申	天干地支 西曆 星期	丙寅 8 一	丁卯 9 二	戊辰 10 三	己巳 11 四	庚午 12 五	辛未 13 六	壬申 14 日	癸酉 15 一	甲戌 16 二	乙亥 17 三	丙子 18 四	丁丑 19 五	戊寅 20 六	己卯 21 日	庚辰 22 一	辛巳 23 二	壬午 24 三	癸未 25 四	甲申 26 五	乙酉 27 六	丙戌 28 日	丁亥 29 一	戊子 30 二	己丑 31 三	庚寅 (9) 四	辛卯 2 五	壬辰 3 六	癸巳 4 日	甲午 5 一		乙亥處暑 庚寅白露
八月大 辛酉	天干地支 西曆 星期	乙未 6 二	丙申 7 三	丁酉 8 四	戊戌 9 五	己亥 10 六	庚子 11 日	辛丑 12 一	壬寅 13 二	癸卯 14 三	甲辰 15 四	乙巳 16 五	丙午 17 六	丁未 18 日	戊申 19 一	己酉 20 二	庚戌 21 三	辛亥 22 四	壬子 23 五	癸丑 24 六	甲寅 25 日	乙卯 26 一	丙辰 27 二	丁巳 28 三	戊午 29 四	己未 30 五	庚申 (10) 六	辛酉 2 日	壬戌 3 一	癸亥 4 二	甲子 5 三	乙巳秋分 庚申寒露
九月大 壬戌	天干地支 西曆 星期	乙丑 6 四	丙寅 7 五	丁卯 8 六	戊辰 9 日	己巳 10 一	庚午 11 二	辛未 12 三	壬申 13 四	癸酉 14 五	甲戌 15 六	乙亥 16 日	丙子 17 一	丁丑 18 二	戊寅 19 三	己卯 20 四	庚辰 21 五	辛巳 22 六	壬午 23 日	癸未 24 一	甲申 25 二	乙酉 26 三	丙戌 27 四	丁亥 28 五	戊子 29 六	己丑 30 日	庚寅 31 一	辛卯 (11) 二	壬辰 2 三	癸巳 3 四	甲午 4 五	丙子霜降 辛卯立冬
十月大 癸亥	天干地支 西曆 星期	乙未 5 六	丙申 6 日	丁酉 7 一	戊戌 8 二	己亥 9 三	庚子 10 四	辛丑 11 五	壬寅 12 六	癸卯 13 日	甲辰 14 一	乙巳 15 二	丙午 16 三	丁未 17 四	戊申 18 五	己酉 19 六	庚戌 20 日	辛亥 21 一	壬子 22 二	癸丑 23 三	甲寅 24 四	乙卯 25 五	丙辰 26 六	丁巳 27 日	戊午 28 一	己未 29 二	庚申 30 三	辛酉 (12) 四	壬戌 2 五	癸亥 3 六	甲子 4 日	丙午小雪 辛酉大雪
十一月小 甲子	天干地支 西曆 星期	乙丑 5 一	丙寅 6 二	丁卯 7 三	戊辰 8 四	己巳 9 五	庚午 10 六	辛未 11 日	壬申 12 一	癸酉 13 二	甲戌 14 三	乙亥 15 四	丙子 16 五	丁丑 17 六	戊寅 18 日	己卯 19 一	庚辰 20 二	辛巳 21 三	壬午 22 四	癸未 23 五	甲申 24 六	乙酉 25 日	丙戌 26 一	丁亥 27 二	戊子 28 三	己丑 29 四	庚寅 30 五	辛卯 31 六	壬辰 (1) 日	癸巳 2 一		丁丑冬至 壬辰小寒
十二月大 乙丑	天干地支 西曆 星期	甲午 3 二	乙未 4 三	丙申 5 四	丁酉 6 五	戊戌 7 六	己亥 8 日	庚子 9 一	辛丑 10 二	壬寅 11 三	癸卯 12 四	甲辰 13 五	乙巳 14 六	丙午 15 日	丁未 16 一	戊申 17 二	己酉 18 三	庚戌 19 四	辛亥 20 五	壬子 21 六	癸丑 22 日	甲寅 23 一	乙卯 24 二	丙辰 25 三	丁巳 26 四	戊午 27 五	己未 28 六	庚申 29 日	辛酉 30 一	壬戌 31 二	癸亥 (2) 三	丁未大寒 壬戌立春

遼興宗重熙十三年（甲申 猴年） 公元 1044 ~ 1045 年

夏曆月序		中西曆日對照	初一	初二	初三	初四	初五	初六	初七	初八	初九	初十	十一	十二	十三	十四	十五	十六	十七	十八	十九	二十	二一	二二	二三	二四	二五	二六	二七	二八	二九	三十	節氣與天象
正月大	丙寅	天干地支 西曆 星期	甲子 2 四	乙丑 3 五	丙寅 4 六	丁卯 5 日	戊辰 6 一	己巳 7 二	庚午 8 三	辛未 9 四	壬申 10 五	癸酉 11 六	甲戌 12 日	乙亥 13 一	丙子 14 二	丁丑 15 三	戊寅 16 四	己卯 17 五	庚辰 18 六	辛巳 19 日	壬午 20 一	癸未 21 二	甲申 22 三	乙酉 23 四	丙戌 24 五	丁亥 25 六	戊子 26 日	己丑 27 一	庚寅 28 二	辛卯 29 三	壬辰 (3) 四	癸巳 2 五	丁丑雨水 癸巳驚蟄
二月小	丁卯	天干地支 西曆 星期	甲午 3 六	乙未 4 日	丙申 5 一	丁酉 6 二	戊戌 7 三	己亥 8 四	庚子 9 五	辛丑 10 六	壬寅 11 日	癸卯 12 一	甲辰 13 二	乙巳 14 三	丙午 15 四	丁未 16 五	戊申 17 六	己酉 18 日	庚戌 19 一	辛亥 20 二	壬子 21 三	癸丑 22 四	甲寅 23 五	乙卯 24 六	丙辰 25 日	丁巳 26 一	戊午 27 二	己未 28 三	庚申 29 四	辛酉 30 五	壬戌 31 六		戊申春分
三月小	戊辰	天干地支 西曆 星期	癸亥 (4) 日	甲子 2 一	乙丑 3 二	丙寅 4 三	丁卯 5 四	戊辰 6 五	己巳 7 六	庚午 8 日	辛未 9 一	壬申 10 二	癸酉 11 三	甲戌 12 四	乙亥 13 五	丙子 14 六	丁丑 15 日	戊寅 16 一	己卯 17 二	庚辰 18 三	辛巳 19 四	壬午 20 五	癸未 21 六	甲申 22 日	乙酉 23 一	丙戌 24 二	丁亥 25 三	戊子 26 四	己丑 27 五	庚寅 28 六	辛卯 29 日		癸亥清明 戊寅穀雨
四月大	己巳	天干地支 西曆 星期	壬辰 30 一	癸巳 (5) 二	甲午 2 三	乙未 3 四	丙申 4 五	丁酉 5 六	戊戌 6 日	己亥 7 一	庚子 8 二	辛丑 9 三	壬寅 10 四	癸卯 11 五	甲辰 12 六	乙巳 13 日	丙午 14 一	丁未 15 二	戊申 16 三	己酉 17 四	庚戌 18 五	辛亥 19 六	壬子 20 日	癸丑 21 一	甲寅 22 二	乙卯 23 三	丙辰 24 四	丁巳 25 五	戊午 26 六	己未 27 日	庚申 28 一	辛酉 29 二	甲午立夏 己酉小滿
五月小	庚午	天干地支 西曆 星期	壬戌 30 三	癸亥 31 四	甲子 (6) 五	乙丑 2 六	丙寅 3 日	丁卯 4 一	戊辰 5 二	己巳 6 三	庚午 7 四	辛未 8 五	壬申 9 六	癸酉 10 日	甲戌 11 一	乙亥 12 二	丙子 13 三	丁丑 14 四	戊寅 15 五	己卯 16 六	庚辰 17 日	辛巳 18 一	壬午 19 二	癸未 20 三	甲申 21 四	乙酉 22 五	丙戌 23 六	丁亥 24 日	戊子 25 一	己丑 26 二	庚寅 27 三		甲子芒種 己卯夏至
六月小	辛未	天干地支 西曆 星期	辛卯 28 四	壬辰 29 五	癸巳 30 六	甲午 (7) 日	乙未 2 一	丙申 3 二	丁酉 4 三	戊戌 5 四	己亥 6 五	庚子 7 六	辛丑 8 日	壬寅 9 一	癸卯 10 二	甲辰 11 三	乙巳 12 四	丙午 13 五	丁未 14 六	戊申 15 日	己酉 16 一	庚戌 17 二	辛亥 18 三	壬子 19 四	癸丑 20 五	甲寅 21 六	乙卯 22 日	丙辰 23 一	丁巳 24 二	戊午 25 三	己未 26 四		甲午小暑 庚戌大暑
七月大	壬申	天干地支 西曆 星期	庚申 27 五	辛酉 28 六	壬戌 29 日	癸亥 30 一	甲子 31 二	乙丑 (8) 三	丙寅 2 四	丁卯 3 五	戊辰 4 六	己巳 5 日	庚午 6 一	辛未 7 二	壬申 8 三	癸酉 9 四	甲戌 10 五	乙亥 11 六	丙子 12 日	丁丑 13 一	戊寅 14 二	己卯 15 三	庚辰 16 四	辛巳 17 五	壬午 18 六	癸未 19 日	甲申 20 一	乙酉 21 二	丙戌 22 三	丁亥 23 四	戊子 24 五	己丑 25 六	乙丑立秋 庚辰處暑
八月小	癸酉	天干地支 西曆 星期	庚寅 26 日	辛卯 27 一	壬辰 28 二	癸巳 29 三	甲午 30 四	乙未 31 五	丙申 (9) 六	丁酉 2 日	戊戌 3 一	己亥 4 二	庚子 5 三	辛丑 6 四	壬寅 7 五	癸卯 8 六	甲辰 9 日	乙巳 10 一	丙午 11 二	丁未 12 三	戊申 13 四	己酉 14 五	庚戌 15 六	辛亥 16 日	壬子 17 一	癸丑 18 二	甲寅 19 三	乙卯 20 四	丙辰 21 五	丁巳 22 六	戊午 23 日		乙未白露 庚戌秋分
九月大	甲戌	天干地支 西曆 星期	己未 24 一	庚申 25 二	辛酉 26 三	壬戌 27 四	癸亥 28 五	甲子 29 六	乙丑 30 日	丙寅 (10) 一	丁卯 2 二	戊辰 3 三	己巳 4 四	庚午 5 五	辛未 6 六	壬申 7 日	癸酉 8 一	甲戌 9 二	乙亥 10 三	丙子 11 四	丁丑 12 五	戊寅 13 六	己卯 14 日	庚辰 15 一	辛巳 16 二	壬午 17 三	癸未 18 四	甲申 19 五	乙酉 20 六	丙戌 21 日	丁亥 22 一	戊子 23 二	丙寅寒露 辛巳霜降
十月大	乙亥	天干地支 西曆 星期	己丑 24 三	庚寅 25 四	辛卯 26 五	壬辰 27 六	癸巳 28 日	甲午 29 一	乙未 30 二	丙申 31 三	丁酉 (11) 四	戊戌 2 五	己亥 3 六	庚子 4 日	辛丑 5 一	壬寅 6 二	癸卯 7 三	甲辰 8 四	乙巳 9 五	丙午 10 六	丁未 11 日	戊申 12 一	己酉 13 二	庚戌 14 三	辛亥 15 四	壬子 16 五	癸丑 17 六	甲寅 18 日	乙卯 19 一	丙辰 20 二	丁巳 21 三	戊午 22 四	丙申立冬 辛亥小雪
十一月小	丙子	天干地支 西曆 星期	己未 23 五	庚申 24 六	辛酉 25 日	壬戌 26 一	癸亥 27 二	甲子 28 三	乙丑 29 四	丙寅 30 五	丁卯 (12) 六	戊辰 2 日	己巳 3 一	庚午 4 二	辛未 5 三	壬申 6 四	癸酉 7 五	甲戌 8 六	乙亥 9 日	丙子 10 一	丁丑 11 二	戊寅 12 三	己卯 13 四	庚辰 14 五	辛巳 15 六	壬午 16 日	癸未 17 一	甲申 18 二	乙酉 19 三	丙戌 20 四	丁亥 21 五		丁卯大雪 壬午冬至
十二月大	丁丑	天干地支 西曆 星期	戊子 22 六	己丑 23 日	庚寅 24 一	辛卯 25 二	壬辰 26 三	癸巳 27 四	甲午 28 五	乙未 29 六	丙申 30 日	丁酉 31 一	戊戌 (1) 二	己亥 2 三	庚子 3 四	辛丑 4 五	壬寅 5 六	癸卯 6 日	甲辰 7 一	乙巳 8 二	丙午 9 三	丁未 10 四	戊申 11 五	己酉 12 六	庚戌 13 日	辛亥 14 一	壬子 15 二	癸丑 16 三	甲寅 17 四	乙卯 18 五	丙辰 19 六	丁巳 20 日	丁酉小寒 壬子大寒

遼興宗重熙十四年（乙酉 鷄年） 公元 1045 ~ 1046 年

夏曆月序		中西曆日對照	初一	初二	初三	初四	初五	初六	初七	初八	初九	初十	十一	十二	十三	十四	十五	十六	十七	十八	十九	二十	二一	二二	二三	二四	二五	二六	二七	二八	二九	三十	節氣與天象
正月大	戊寅	干支 天地 西曆 星期	戊午 21 一	己未 22 二	庚申 23 三	辛酉 24 四	壬戌 25 五	癸亥 26 六	甲子 27 日	乙丑 28 一	丙寅 29 二	丁卯 30 三	戊辰 31 四	己巳 (2) 五	庚午 2 六	辛未 3 日	壬申 4 一	癸酉 5 二	甲戌 6 三	乙亥 7 四	丙子 8 五	丁丑 9 六	戊寅 10 日	己卯 11 一	庚辰 12 二	辛巳 13 三	壬午 14 四	癸未 15 五	甲申 16 六	乙酉 17 日	丙戌 18 一	丁亥 19 二	丁卯立春 癸未雨水
二月大	己卯	干支 天地 西曆 星期	戊子 20 三	己丑 21 四	庚寅 22 五	辛卯 23 六	壬辰 24 日	癸巳 25 一	甲午 26 二	乙未 27 三	丙申 28 四	丁酉 (3) 五	戊戌 2 六	己亥 3 日	庚子 4 一	辛丑 5 二	壬寅 6 三	癸卯 7 四	甲辰 8 五	乙巳 9 六	丙午 10 日	丁未 11 一	戊申 12 二	己酉 13 三	庚戌 14 四	辛亥 15 五	壬子 16 六	癸丑 17 日	甲寅 18 一	乙卯 19 二	丙辰 20 三	丁巳 21 四	戊戌驚蟄 癸丑春分
三月小	庚辰	干支 天地 西曆 星期	戊午 22 五	己未 23 六	庚申 24 日	辛酉 25 一	壬戌 26 二	癸亥 27 三	甲子 28 四	乙丑 29 五	丙寅 30 六	丁卯 31 日	戊辰 (4) 一	己巳 2 二	庚午 3 三	辛未 4 四	壬申 5 五	癸酉 6 六	甲戌 7 日	乙亥 8 一	丙子 9 二	丁丑 10 三	戊寅 11 四	己卯 12 五	庚辰 13 六	辛巳 14 日	壬午 15 一	癸未 16 二	甲申 17 三	乙酉 18 四	丙戌 19 五		戊辰清明 甲申穀雨
四月小	辛巳	干支 天地 西曆 星期	丁亥 20 六	戊子 21 日	己丑 22 一	庚寅 23 二	辛卯 24 三	壬辰 25 四	癸巳 26 五	甲午 27 六	乙未 28 日	丙申 29 一	丁酉 30 二	戊戌 (5) 三	己亥 2 四	庚子 3 五	辛丑 4 六	壬寅 5 日	癸卯 6 一	甲辰 7 二	乙巳 8 三	丙午 9 四	丁未 10 五	戊申 11 六	己酉 12 日	庚戌 13 一	辛亥 14 二	壬子 15 三	癸丑 16 四	甲寅 17 五	乙卯 18 六		己亥立夏 甲寅小滿
五月大	壬午	干支 天地 西曆 星期	丙辰 19 日	丁巳 20 一	戊午 21 二	己未 22 三	庚申 23 四	辛酉 24 五	壬戌 25 六	癸亥 26 日	甲子 27 一	乙丑 28 二	丙寅 29 三	丁卯 30 四	戊辰 31 五	己巳 (6) 六	庚午 2 日	辛未 3 一	壬申 4 二	癸酉 5 三	甲戌 6 四	乙亥 7 五	丙子 8 六	丁丑 9 日	戊寅 10 一	己卯 11 二	庚辰 12 三	辛巳 13 四	壬午 14 五	癸未 15 六	甲申 16 日	乙酉 17 一	己巳芒種 甲申夏至
閏五月小	壬午	干支 天地 西曆 星期	丙戌 18 二	丁亥 19 三	戊子 20 四	己丑 21 五	庚寅 22 六	辛卯 23 日	壬辰 24 一	癸巳 25 二	甲午 26 三	乙未 27 四	丙申 28 五	丁酉 29 六	戊戌 30 日	己亥 (7) 一	庚子 2 二	辛丑 3 三	壬寅 4 四	癸卯 5 五	甲辰 6 六	乙巳 7 日	丙午 8 一	丁未 9 二	戊申 10 三	己酉 11 四	庚戌 12 五	辛亥 13 六	壬子 14 日	癸丑 15 一	甲寅 16 二		庚子小暑
六月小	癸未	干支 天地 西曆 星期	乙卯 17 三	丙辰 18 四	丁巳 19 五	戊午 20 六	己未 21 日	庚申 22 一	辛酉 23 二	壬戌 24 三	癸亥 25 四	甲子 26 五	乙丑 27 六	丙寅 28 日	丁卯 29 一	戊辰 30 二	己巳 31 三	庚午 (8) 四	辛未 2 五	壬申 3 六	癸酉 4 日	甲戌 5 一	乙亥 6 二	丙子 7 三	丁丑 8 四	戊寅 9 五	己卯 10 六	庚辰 11 日	辛巳 12 一	壬午 13 二	癸未 14 三		乙卯大暑 庚午立秋
七月大	甲申	干支 天地 西曆 星期	甲申 15 四	乙酉 16 五	丙戌 17 六	丁亥 18 日	戊子 19 一	己丑 20 二	庚寅 21 三	辛卯 22 四	壬辰 23 五	癸巳 24 六	甲午 25 日	乙未 26 一	丙申 27 二	丁酉 28 三	戊戌 29 四	己亥 30 五	庚子 31 六	辛丑 (9) 日	壬寅 2 一	癸卯 3 二	甲辰 4 三	乙巳 5 四	丙午 6 五	丁未 7 六	戊申 8 日	己酉 9 一	庚戌 10 二	辛亥 11 三	壬子 12 四	癸丑 13 五	乙酉處暑 辛丑白露
八月小	乙酉	干支 天地 西曆 星期	甲寅 14 六	乙卯 15 日	丙辰 16 一	丁巳 17 二	戊午 18 三	己未 19 四	庚申 20 五	辛酉 21 六	壬戌 22 日	癸亥 23 一	甲子 24 二	乙丑 25 三	丙寅 26 四	丁卯 27 五	戊辰 28 六	己巳 29 日	庚午 30 一	辛未 (10) 二	壬申 2 三	癸酉 3 四	甲戌 4 五	乙亥 5 六	丙子 6 日	丁丑 7 一	戊寅 8 二	己卯 9 三	庚辰 10 四	辛巳 11 五	壬午 12 六		丙辰秋分 辛未寒露
九月大	丙戌	干支 天地 西曆 星期	癸未 13 日	甲申 14 一	乙酉 15 二	丙戌 16 三	丁亥 17 四	戊子 18 五	己丑 19 六	庚寅 20 日	辛卯 21 一	壬辰 22 二	癸巳 23 三	甲午 24 四	乙未 25 五	丙申 26 六	丁酉 27 日	戊戌 28 一	己亥 29 二	庚子 30 三	辛丑 31 四	壬寅 (11) 五	癸卯 2 六	甲辰 3 日	乙巳 4 一	丙午 5 二	丁未 6 三	戊申 7 四	己酉 8 五	庚戌 9 六	辛亥 10 日	壬子 11 一	丙戌霜降 辛丑立冬
十月小	丁亥	干支 天地 西曆 星期	癸丑 12 二	甲寅 13 三	乙卯 14 四	丙辰 15 五	丁巳 16 六	戊午 17 日	己未 18 一	庚申 19 二	辛酉 20 三	壬戌 21 四	癸亥 22 五	甲子 23 六	乙丑 24 日	丙寅 25 一	丁卯 26 二	戊辰 27 三	己巳 28 四	庚午 29 五	辛未 30 六	壬申 (12) 日	癸酉 2 一	甲戌 3 二	乙亥 4 三	丙子 5 四	丁丑 6 五	戊寅 7 六	己卯 8 日	庚辰 9 一	辛巳 10 二		丁巳小雪 壬申大雪
十一月大	戊子	干支 天地 西曆 星期	壬午 11 三	癸未 12 四	甲申 13 五	乙酉 14 六	丙戌 15 日	丁亥 16 一	戊子 17 二	己丑 18 三	庚寅 19 四	辛卯 20 五	壬辰 21 六	癸巳 22 日	甲午 23 一	乙未 24 二	丙申 25 三	丁酉 26 四	戊戌 27 五	己亥 28 六	庚子 29 日	辛丑 30 一	壬寅 31 二	癸卯 (1) 三	甲辰 2 四	乙巳 3 五	丙午 4 六	丁未 5 日	戊申 6 一	己酉 7 二	庚戌 8 三	辛亥 9 四	丁亥冬至 壬寅小寒
十二月大	己丑	干支 天地 西曆 星期	壬子 10 五	癸丑 11 六	甲寅 12 日	乙卯 13 一	丙辰 14 二	丁巳 15 三	戊午 16 四	己未 17 五	庚申 18 六	辛酉 19 日	壬戌 20 一	癸亥 21 二	甲子 22 三	乙丑 23 四	丙寅 24 五	丁卯 25 六	戊辰 26 日	己巳 27 一	庚午 28 二	辛未 29 三	壬申 30 四	癸酉 31 五	甲戌 (2) 六	乙亥 2 日	丙子 3 一	丁丑 4 二	戊寅 5 三	己卯 6 四	庚辰 7 五	辛巳 8 六	丁巳大寒 癸酉立春

遼興宗重熙十五年（丙戌 狗年） 公元 1046 ~ 1047 年

夏曆月序		中西曆日對照	初一	初二	初三	初四	初五	初六	初七	初八	初九	初十	十一	十二	十三	十四	十五	十六	十七	十八	十九	二十	二一	二二	二三	二四	二五	二六	二七	二八	二九	三十	節氣與天象
正月大	庚寅	天干地支 西曆 星期	壬午 9 日	癸未 10 一	甲申 11 二	乙酉 12 三	丙戌 13 四	丁亥 14 五	戊子 15 六	己丑 16 日	庚寅 17 一	辛卯 18 二	壬辰 19 三	癸巳 20 四	甲午 21 五	乙未 22 六	丙申 23 日	丁酉 24 一	戊戌 25 二	己亥 26 三	庚子 27 四	辛丑 28 五	壬寅 (3) 六	癸卯 2 日	甲辰 3 一	乙巳 4 二	丙午 5 三	丁未 6 四	戊申 7 五	己酉 8 六	庚戌 9 日	辛亥 10 一	戊子雨水 癸卯驚蟄
二月小	辛卯	天干地支 西曆 星期	壬子 11 二	癸丑 12 三	甲寅 13 四	乙卯 14 五	丙辰 15 六	丁巳 16 日	戊午 17 一	己未 18 二	庚申 19 三	辛酉 20 四	壬戌 21 五	癸亥 22 六	甲子 23 日	乙丑 24 一	丙寅 25 二	丁卯 26 三	戊辰 27 四	己巳 28 五	庚午 29 六	辛未 30 日	壬申 31 一	癸酉 (4) 二	甲戌 2 三	乙亥 3 四	丙子 4 五	丁丑 5 六	戊寅 6 日	己卯 7 一	庚辰 8 二		戊午春分 甲戌清明
三月大	壬辰	天干地支 西曆 星期	辛巳 9 三	壬午 10 四	癸未 11 五	甲申 12 六	乙酉 13 日	丙戌 14 一	丁亥 15 二	戊子 16 三	己丑 17 四	庚寅 18 五	辛卯 19 六	壬辰 20 日	癸巳 21 一	甲午 22 二	乙未 23 三	丙申 24 四	丁酉 25 五	戊戌 26 六	己亥 27 日	庚子 28 一	辛丑 29 二	壬寅 30 三	癸卯 (5) 四	甲辰 2 五	乙巳 3 六	丙午 4 日	丁未 5 一	戊申 6 二	己酉 7 三	庚戌 8 四	己丑穀雨 甲辰立夏
四月小	癸巳	天干地支 西曆 星期	辛亥 9 五	壬子 10 六	癸丑 11 日	甲寅 12 一	乙卯 13 二	丙辰 14 三	丁巳 15 四	戊午 16 五	己未 17 六	庚申 18 日	辛酉 19 一	壬戌 20 二	癸亥 21 三	甲子 22 四	乙丑 23 五	丙寅 24 六	丁卯 25 日	戊辰 26 一	己巳 27 二	庚午 28 三	辛未 29 四	壬申 30 五	癸酉 31 六	甲戌 (6) 日	乙亥 2 一	丙子 3 二	丁丑 4 三	戊寅 5 四	己卯 6 五		己未小滿 甲戌芒種
五月大	甲午	天干地支 西曆 星期	庚辰 7 六	辛巳 8 日	壬午 9 一	癸未 10 二	甲申 11 三	乙酉 12 四	丙戌 13 五	丁亥 14 六	戊子 15 日	己丑 16 一	庚寅 17 二	辛卯 18 三	壬辰 19 四	癸巳 20 五	甲午 21 六	乙未 22 日	丙申 23 一	丁酉 24 二	戊戌 25 三	己亥 26 四	庚子 27 五	辛丑 28 六	壬寅 29 日	癸卯 30 一	甲辰 (7) 二	乙巳 2 三	丙午 3 四	丁未 4 五	戊申 5 六	己酉 6 日	庚寅夏至 乙巳小暑
六月小	乙未	天干地支 西曆 星期	庚戌 7 一	辛亥 8 二	壬子 9 三	癸丑 10 四	甲寅 11 五	乙卯 12 六	丙辰 13 日	丁巳 14 一	戊午 15 二	己未 16 三	庚申 17 四	辛酉 18 五	壬戌 19 六	癸亥 20 日	甲子 21 一	乙丑 22 二	丙寅 23 三	丁卯 24 四	戊辰 25 五	己巳 26 六	庚午 27 日	辛未 28 一	壬申 29 二	癸酉 30 三	甲戌 31 四	乙亥 (8) 五	丙子 2 六	丁丑 3 日	戊寅 4 一		庚申大暑 乙亥立秋
七月小	丙申	天干地支 西曆 星期	己卯 5 二	庚辰 6 三	辛巳 7 四	壬午 8 五	癸未 9 六	甲申 10 日	乙酉 11 一	丙戌 12 二	丁亥 13 三	戊子 14 四	己丑 15 五	庚寅 16 六	辛卯 17 日	壬辰 18 一	癸巳 19 二	甲午 20 三	乙未 21 四	丙申 22 五	丁酉 23 六	戊戌 24 日	己亥 25 一	庚子 26 二	辛丑 27 三	壬寅 28 四	癸卯 29 五	甲辰 30 六	乙巳 31 日	丙午 (9) 一	丁未 2 二		辛卯處暑 丙午白露
八月大	丁酉	天干地支 西曆 星期	戊申 3 三	己酉 4 四	庚戌 5 五	辛亥 6 六	壬子 7 日	癸丑 8 一	甲寅 9 二	乙卯 10 三	丙辰 11 四	丁巳 12 五	戊午 13 六	己未 14 日	庚申 15 一	辛酉 16 二	壬戌 17 三	癸亥 18 四	甲子 19 五	乙丑 20 六	丙寅 21 日	丁卯 22 一	戊辰 23 二	己巳 24 三	庚午 25 四	辛未 26 五	壬申 27 六	癸酉 28 日	甲戌 29 一	乙亥 30 二	丙子 (10) 三	丁丑 2 四	辛酉秋分 丙子寒露
九月小	戊戌	天干地支 西曆 星期	戊寅 3 五	己卯 4 六	庚辰 5 日	辛巳 6 一	壬午 7 二	癸未 8 三	甲申 9 四	乙酉 10 五	丙戌 11 六	丁亥 12 日	戊子 13 一	己丑 14 二	庚寅 15 三	辛卯 16 四	壬辰 17 五	癸巳 18 六	甲午 19 日	乙未 20 一	丙申 21 二	丁酉 22 三	戊戌 23 四	己亥 24 五	庚子 25 六	辛丑 26 日	壬寅 27 一	癸卯 28 二	甲辰 29 三	乙巳 30 四	丙午 31 五		辛卯霜降
十月大	己亥	天干地支 西曆 星期	丁未 (11) 六	戊申 2 日	己酉 3 一	庚戌 4 二	辛亥 5 三	壬子 6 四	癸丑 7 五	甲寅 8 六	乙卯 9 日	丙辰 10 一	丁巳 11 二	戊午 12 三	己未 13 四	庚申 14 五	辛酉 15 六	壬戌 16 日	癸亥 17 一	甲子 18 二	乙丑 19 三	丙寅 20 四	丁卯 21 五	戊辰 22 六	己巳 23 日	庚午 24 一	辛未 25 二	壬申 26 三	癸酉 27 四	甲戌 28 五	乙亥 29 六	丙子 30 日	丁未立冬 壬戌小雪
十一月小	庚子	天干地支 西曆 星期	丁丑 (12) 一	戊寅 2 二	己卯 3 三	庚辰 4 四	辛巳 5 五	壬午 6 六	癸未 7 日	甲申 8 一	乙酉 9 二	丙戌 10 三	丁亥 11 四	戊子 12 五	己丑 13 六	庚寅 14 日	辛卯 15 一	壬辰 16 二	癸巳 17 三	甲午 18 四	乙未 19 五	丙申 20 六	丁酉 21 日	戊戌 22 一	己亥 23 二	庚子 24 三	辛丑 25 四	壬寅 26 五	癸卯 27 六	甲辰 28 日	乙巳 29 一		丁丑大雪 壬辰冬至
十二月大	辛丑	天干地支 西曆 星期	丙午 30 二	丁未 31 三	戊申 (1) 四	己酉 2 五	庚戌 3 六	辛亥 4 日	壬子 5 一	癸丑 6 二	甲寅 7 三	乙卯 8 四	丙辰 9 五	丁巳 10 六	戊午 11 日	己未 12 一	庚申 13 二	辛酉 14 三	壬戌 15 四	癸亥 16 五	甲子 17 六	乙丑 18 日	丙寅 19 一	丁卯 20 二	戊辰 21 三	己巳 22 四	庚午 23 五	辛未 24 六	壬申 25 日	癸酉 26 一	甲戌 27 二	乙亥 28 三	戊申小寒 癸亥大寒

遼興宗重熙十六年（丁亥 猪年） 公元 **1047** ~ 1048 年

夏曆月序		中西曆日對照	初一	初二	初三	初四	初五	初六	初七	初八	初九	初十	十一	十二	十三	十四	十五	十六	十七	十八	十九	二十	二一	二二	二三	二四	二五	二六	二七	二八	二九	三十	節氣與天象
正月大	壬寅	天干地支 西曆 星期	丙子 29 四	丁丑 30 五	戊寅 31 六	己卯 (2) 日	庚辰 2 一	辛巳 3 二	壬午 4 三	癸未 5 四	甲申 6 五	乙酉 7 六	丙戌 8 日	丁亥 9 一	戊子 10 二	己丑 11 三	庚寅 12 四	辛卯 13 五	壬辰 14 六	癸巳 15 日	甲午 16 一	乙未 17 二	丙申 18 三	丁酉 19 四	戊戌 20 五	己亥 21 六	庚子 22 日	辛丑 23 一	壬寅 24 二	癸卯 25 三	甲辰 26 四	乙巳 27 五	戊寅立春 癸巳雨水
二月小	癸卯	天干地支 西曆 星期	丙午 28 六	丁未 (3) 日	戊申 2 一	己酉 3 二	庚戌 4 三	辛亥 5 四	壬子 6 五	癸丑 7 六	甲寅 8 日	乙卯 9 一	丙辰 10 二	丁巳 11 三	戊午 12 四	己未 13 五	庚申 14 六	辛酉 15 日	壬戌 16 一	癸亥 17 二	甲子 18 三	乙丑 19 四	丙寅 20 五	丁卯 21 六	戊辰 22 日	己巳 23 一	庚午 24 二	辛未 25 三	壬申 26 四	癸酉 27 五	甲戌 28 六		戊申驚蟄 甲子春分
三月大	甲辰	天干地支 西曆 星期	乙亥 29 日	丙子 30 一	丁丑 31 二	戊寅 (4) 三	己卯 2 四	庚辰 3 五	辛巳 4 六	壬午 5 日	癸未 6 一	甲申 7 二	乙酉 8 三	丙戌 9 四	丁亥 10 五	戊子 11 六	己丑 12 日	庚寅 13 一	辛卯 14 二	壬辰 15 三	癸巳 16 四	甲午 17 五	乙未 18 六	丙申 19 日	丁酉 20 一	戊戌 21 二	己亥 22 三	庚子 23 四	辛丑 24 五	壬寅 25 六	癸卯 26 日	甲辰 27 一	己卯清明 甲午穀雨
四月大	乙巳	天干地支 西曆 星期	乙巳 28 二	丙午 29 三	丁未 30 四	戊申 (5) 五	己酉 2 六	庚戌 3 日	辛亥 4 一	壬子 5 二	癸丑 6 三	甲寅 7 四	乙卯 8 五	丙辰 9 六	丁巳 10 日	戊午 11 一	己未 12 二	庚申 13 三	辛酉 14 四	壬戌 15 五	癸亥 16 六	甲子 17 日	乙丑 18 一	丙寅 19 二	丁卯 20 三	戊辰 21 四	己巳 22 五	庚午 23 六	辛未 24 日	壬申 25 一	癸酉 26 二	甲戌 27 三	己酉立夏 甲子小滿
五月小	丙午	天干地支 西曆 星期	乙亥 28 四	丙子 29 五	丁丑 30 六	戊寅 31 日	己卯 (6) 一	庚辰 2 二	辛巳 3 三	壬午 4 四	癸未 5 五	甲申 6 六	乙酉 7 日	丙戌 8 一	丁亥 9 二	戊子 10 三	己丑 11 四	庚寅 12 五	辛卯 13 六	壬辰 14 日	癸巳 15 一	甲午 16 二	乙未 17 三	丙申 18 四	丁酉 19 五	戊戌 20 六	己亥 21 日	庚子 22 一	辛丑 23 二	壬寅 24 三	癸卯 25 四		庚辰芒種 乙未夏至
六月大	丁未	天干地支 西曆 星期	甲辰 26 五	乙巳 27 六	丙午 28 日	丁未 29 一	戊申 30 二	己酉 (7) 三	庚戌 2 四	辛亥 3 五	壬子 4 六	癸丑 5 日	甲寅 6 一	乙卯 7 二	丙辰 8 三	丁巳 9 四	戊午 10 五	己未 11 六	庚申 12 日	辛酉 13 一	壬戌 14 二	癸亥 15 三	甲子 16 四	乙丑 17 五	丙寅 18 六	丁卯 19 日	戊辰 20 一	己巳 21 二	庚午 22 三	辛未 23 四	壬申 24 五	癸酉 25 六	庚戌小暑 乙丑大暑
七月小	戊申	天干地支 西曆 星期	甲戌 26 日	乙亥 27 一	丙子 28 二	丁丑 29 三	戊寅 30 四	己卯 31 五	庚辰 (8) 六	辛巳 2 日	壬午 3 一	癸未 4 二	甲申 5 三	乙酉 6 四	丙戌 7 五	丁亥 8 六	戊子 9 日	己丑 10 一	庚寅 11 二	辛卯 12 三	壬辰 13 四	癸巳 14 五	甲午 15 六	乙未 16 日	丙申 17 一	丁酉 18 二	戊戌 19 三	己亥 20 四	庚子 21 五	辛丑 22 六	壬寅 23 日		辛巳立秋 丙申處暑
八月小	己酉	天干地支 西曆 星期	癸卯 24 一	甲辰 25 二	乙巳 26 三	丙午 27 四	丁未 28 五	戊申 29 六	己酉 30 日	庚戌 31 一	辛亥 (9) 二	壬子 2 三	癸丑 3 四	甲寅 4 五	乙卯 5 六	丙辰 6 日	丁巳 7 一	戊午 8 二	己未 9 三	庚申 10 四	辛酉 11 五	壬戌 12 六	癸亥 13 日	甲子 14 一	乙丑 15 二	丙寅 16 三	丁卯 17 四	戊辰 18 五	己巳 19 六	庚午 20 日	辛未 21 一		辛亥白露 丙寅秋分
九月大	庚戌	天干地支 西曆 星期	壬申 22 二	癸酉 23 三	甲戌 24 四	乙亥 25 五	丙子 26 六	丁丑 27 日	戊寅 28 一	己卯 29 二	庚辰 30 三	辛巳 (10) 四	壬午 2 五	癸未 3 六	甲申 4 日	乙酉 5 一	丙戌 6 二	丁亥 7 三	戊子 8 四	己丑 9 五	庚寅 10 六	辛卯 11 日	壬辰 12 一	癸巳 13 二	甲午 14 三	乙未 15 四	丙申 16 五	丁酉 17 六	戊戌 18 日	己亥 19 一	庚子 20 二	辛丑 21 三	辛巳寒露 丁酉霜降
十月小	辛亥	天干地支 西曆 星期	壬寅 22 四	癸卯 23 五	甲辰 24 六	乙巳 25 日	丙午 26 一	丁未 27 二	戊申 28 三	己酉 29 四	庚戌 30 五	辛亥 31 六	壬子 (11) 日	癸丑 2 一	甲寅 3 二	乙卯 4 三	丙辰 5 四	丁巳 6 五	戊午 7 六	己未 8 日	庚申 9 一	辛酉 10 二	壬戌 11 三	癸亥 12 四	甲子 13 五	乙丑 14 六	丙寅 15 日	丁卯 16 一	戊辰 17 二	己巳 18 三	庚午 19 四		壬子立冬 丁卯小雪
十一月大	壬子	天干地支 西曆 星期	辛未 20 五	壬申 21 六	癸酉 22 日	甲戌 23 一	乙亥 24 二	丙子 25 三	丁丑 26 四	戊寅 27 五	己卯 28 六	庚辰 29 日	辛巳 30 一	壬午 (12) 二	癸未 2 三	甲申 3 四	乙酉 4 五	丙戌 5 六	丁亥 6 日	戊子 7 一	己丑 8 二	庚寅 9 三	辛卯 10 四	壬辰 11 五	癸巳 12 六	甲午 13 日	乙未 14 一	丙申 15 二	丁酉 16 三	戊戌 17 四	己亥 18 五	庚子 19 六	壬午大雪 戊戌冬至
十二月小	癸丑	天干地支 西曆 星期	辛丑 20 日	壬寅 21 一	癸卯 22 二	甲辰 23 三	乙巳 24 四	丙午 25 五	丁未 26 六	戊申 27 日	己酉 28 一	庚戌 29 二	辛亥 30 三	壬子 31 四	癸丑 (1) 五	甲寅 2 六	乙卯 3 日	丙辰 4 一	丁巳 5 二	戊午 6 三	己未 7 四	庚申 8 五	辛酉 9 六	壬戌 10 日	癸亥 11 一	甲子 12 二	乙丑 13 三	丙寅 14 四	丁卯 15 五	戊辰 16 六	己巳 17 日		癸丑小寒 戊辰大寒

遼興宗重熙十七年（戊子 鼠年） 公元1048～1049年

夏曆月序		中西曆日對照	初一	初二	初三	初四	初五	初六	初七	初八	初九	初十	十一	十二	十三	十四	十五	十六	十七	十八	十九	二十	二一	二二	二三	二四	二五	二六	二七	二八	二九	三十	節氣與天象
正月大	甲寅	天干地支 西曆 星期	庚午 18 一	辛未 19 二	壬申 20 三	癸酉 21 四	甲戌 22 五	乙亥 23 六	丙子 24 日	丁丑 25 一	戊寅 26 二	己卯 27 三	庚辰 28 四	辛巳 29 五	壬午 30 六	癸未 31 日	甲申 (2) 一	乙酉 2 二	丙戌 3 三	丁亥 4 四	戊子 5 五	己丑 6 六	庚寅 7 日	辛卯 8 一	壬辰 9 二	癸巳 10 三	甲午 11 四	乙未 12 五	丙申 13 六	丁酉 14 日	戊戌 15 一	己亥 16 二	癸未立春 戊戌雨水
閏正月小	甲寅	天干地支 西曆 星期	庚子 17 三	辛丑 18 四	壬寅 19 五	癸卯 20 六	甲辰 21 日	乙巳 22 一	丙午 23 二	丁未 24 三	戊申 25 四	己酉 26 五	庚戌 27 六	辛亥 28 日	壬子 29 一	癸丑 (3) 二	甲寅 2 三	乙卯 3 四	丙辰 4 五	丁巳 5 六	戊午 6 日	己未 7 一	庚申 8 二	辛酉 9 三	壬戌 10 四	癸亥 11 五	甲子 12 六	乙丑 13 日	丙寅 14 一	丁卯 15 二	戊辰 16 三		甲寅驚蟄
二月大	乙卯	天干地支 西曆 星期	己巳 17 四	庚午 18 五	辛未 19 六	壬申 20 日	癸酉 21 一	甲戌 22 二	乙亥 23 三	丙子 24 四	丁丑 25 五	戊寅 26 六	己卯 27 日	庚辰 28 一	辛巳 29 二	壬午 30 三	癸未 31 四	甲申 (4) 五	乙酉 2 六	丙戌 3 日	丁亥 4 一	戊子 5 二	己丑 6 三	庚寅 7 四	辛卯 8 五	壬辰 9 六	癸巳 10 日	甲午 11 一	乙未 12 二	丙申 13 三	丁酉 14 四	戊戌 15 五	己巳春分 甲申清明
三月大	丙辰	天干地支 西曆 星期	己亥 16 六	庚子 17 日	辛丑 18 一	壬寅 19 二	癸卯 20 三	甲辰 21 四	乙巳 22 五	丙午 23 六	丁未 24 日	戊申 25 一	己酉 26 二	庚戌 27 三	辛亥 28 四	壬子 29 五	癸丑 30 六	甲寅 (5) 日	乙卯 2 一	丙辰 3 二	丁巳 4 三	戊午 5 四	己未 6 五	庚申 7 六	辛酉 8 日	壬戌 9 一	癸亥 10 二	甲子 11 三	乙丑 12 四	丙寅 13 五	丁卯 14 六	戊辰 15 日	己亥穀雨 甲寅立夏
四月小	丁巳	天干地支 西曆 星期	己巳 16 一	庚午 17 二	辛未 18 三	壬申 19 四	癸酉 20 五	甲戌 21 六	乙亥 22 日	丙子 23 一	丁丑 24 二	戊寅 25 三	己卯 26 四	庚辰 27 五	辛巳 28 六	壬午 29 日	癸未 30 一	甲申 31 二	乙酉 (6) 三	丙戌 2 四	丁亥 3 五	戊子 4 六	己丑 5 日	庚寅 6 一	辛卯 7 二	壬辰 8 三	癸巳 9 四	甲午 10 五	乙未 11 六	丙申 12 日	丁酉 13 一		庚午小滿 乙酉芒種
五月大	戊午	天干地支 西曆 星期	戊戌 14 二	己亥 15 三	庚子 16 四	辛丑 17 五	壬寅 18 六	癸卯 19 日	甲辰 20 一	乙巳 21 二	丙午 22 三	丁未 23 四	戊申 24 五	己酉 25 六	庚戌 26 日	辛亥 27 一	壬子 28 二	癸丑 29 三	甲寅 30 四	乙卯 (7) 五	丙辰 2 六	丁巳 3 日	戊午 4 一	己未 5 二	庚申 6 三	辛酉 7 四	壬戌 8 五	癸亥 9 六	甲子 10 日	乙丑 11 一	丙寅 12 二	丁卯 13 三	庚子夏至 乙卯小暑
六月小	己未	天干地支 西曆 星期	戊辰 14 四	己巳 15 五	庚午 16 六	辛未 17 日	壬申 18 一	癸酉 19 二	甲戌 20 三	乙亥 21 四	丙子 22 五	丁丑 23 六	戊寅 24 日	己卯 25 一	庚辰 26 二	辛巳 27 三	壬午 28 四	癸未 29 五	甲申 30 六	乙酉 31 日	丙戌 (8) 一	丁亥 2 二	戊子 3 三	己丑 4 四	庚寅 5 五	辛卯 6 六	壬辰 7 日	癸巳 8 一	甲午 9 二	乙未 10 三	丙申 11 四		辛未大暑 丙戌立秋
七月大	庚申	天干地支 西曆 星期	丁酉 12 五	戊戌 13 六	己亥 14 日	庚子 15 一	辛丑 16 二	壬寅 17 三	癸卯 18 四	甲辰 19 五	乙巳 20 六	丙午 21 日	丁未 22 一	戊申 23 二	己酉 24 三	庚戌 25 四	辛亥 26 五	壬子 27 六	癸丑 28 日	甲寅 29 一	乙卯 30 二	丙辰 31 三	丁巳 (9) 四	戊午 2 五	己未 3 六	庚申 4 日	辛酉 5 一	壬戌 6 二	癸亥 7 三	甲子 8 四	乙丑 9 五	丙寅 10 六	辛丑處暑 丙辰白露
八月小	辛酉	天干地支 西曆 星期	丁卯 11 日	戊辰 12 一	己巳 13 二	庚午 14 三	辛未 15 四	壬申 16 五	癸酉 17 六	甲戌 18 日	乙亥 19 一	丙子 20 二	丁丑 21 三	戊寅 22 四	己卯 23 五	庚辰 24 六	辛巳 25 日	壬午 26 一	癸未 27 二	甲申 28 三	乙酉 29 四	丙戌 30 五	丁亥 (10) 六	戊子 2 日	己丑 3 一	庚寅 4 二	辛卯 5 三	壬辰 6 四	癸巳 7 五	甲午 8 六	乙未 9 日		辛未秋分 丁亥寒露
九月大	壬戌	天干地支 西曆 星期	丙申 10 一	丁酉 11 二	戊戌 12 三	己亥 13 四	庚子 14 五	辛丑 15 六	壬寅 16 日	癸卯 17 一	甲辰 18 二	乙巳 19 三	丙午 20 四	丁未 21 五	戊申 22 六	己酉 23 日	庚戌 24 一	辛亥 25 二	壬子 26 三	癸丑 27 四	甲寅 28 五	乙卯 29 六	丙辰 30 日	丁巳 31 一	戊午 (11) 二	己未 2 三	庚申 3 四	辛酉 4 五	壬戌 5 六	癸亥 6 日	甲子 7 一	乙丑 8 二	壬寅霜降 丁巳立冬
十月小	癸亥	天干地支 西曆 星期	丙寅 9 三	丁卯 10 四	戊辰 11 五	己巳 12 六	庚午 13 日	辛未 14 一	壬申 15 二	癸酉 16 三	甲戌 17 四	乙亥 18 五	丙子 19 六	丁丑 20 日	戊寅 21 一	己卯 22 二	庚辰 23 三	辛巳 24 四	壬午 25 五	癸未 26 六	甲申 27 日	乙酉 28 一	丙戌 29 二	丁亥 30 三	戊子 (12) 四	己丑 2 五	庚寅 3 六	辛卯 4 日	壬辰 5 一	癸巳 6 二	甲午 7 三		壬申小雪 戊子大雪
十一月大	甲子	天干地支 西曆 星期	乙未 8 四	丙申 9 五	丁酉 10 六	戊戌 11 日	己亥 12 一	庚子 13 二	辛丑 14 三	壬寅 15 四	癸卯 16 五	甲辰 17 六	乙巳 18 日	丙午 19 一	丁未 20 二	戊申 21 三	己酉 22 四	庚戌 23 五	辛亥 24 六	壬子 25 日	癸丑 26 一	甲寅 27 二	乙卯 28 三	丙辰 29 四	丁巳 30 五	戊午 31 六	己未 (1) 日	庚申 2 一	辛酉 3 二	壬戌 4 三	癸亥 5 四	甲子 6 五	癸卯冬至 戊午小寒
十二月小	乙丑	天干地支 西曆 星期	乙丑 7 六	丙寅 8 日	丁卯 9 一	戊辰 10 二	己巳 11 三	庚午 12 四	辛未 13 五	壬申 14 六	癸酉 15 日	甲戌 16 一	乙亥 17 二	丙子 18 三	丁丑 19 四	戊寅 20 五	己卯 21 六	庚辰 22 日	辛巳 23 一	壬午 24 二	癸未 25 三	甲申 26 四	乙酉 27 五	丙戌 28 六	丁亥 29 日	戊子 30 一	己丑 31 二	庚寅 (2) 三	辛卯 2 四	壬辰 3 五	癸巳 4 六		癸酉大寒 戊子立春

遼興宗重熙十八年（己丑 牛年） 公元 1049 ~ 1050 年

夏曆月序		中西曆日對照	初一	初二	初三	初四	初五	初六	初七	初八	初九	初十	十一	十二	十三	十四	十五	十六	十七	十八	十九	二十	二一	二二	二三	二四	二五	二六	二七	二八	二九	三十	節氣與天象
正月大	丙寅	天干地支 西曆 星期	甲午 5 日	乙未 6 一	丙申 7 二	丁酉 8 三	戊戌 9 四	己亥 10 五	庚子 11 六	辛丑 12 日	壬寅 13 一	癸卯 14 二	甲辰 15 三	乙巳 16 四	丙午 17 五	丁未 18 六	戊申 19 日	己酉 20 一	庚戌 21 二	辛亥 22 三	壬子 23 四	癸丑 24 五	甲寅 25 六	乙卯 26 日	丙辰 27 一	丁巳 28 二	戊午 (3) 三	己未 2 四	庚申 3 五	辛酉 4 六	壬戌 5 日	癸亥 6 一	甲辰雨水 己未驚蟄
二月小	丁卯	天干地支 西曆 星期	甲子 7 二	乙丑 8 三	丙寅 9 四	丁卯 10 五	戊辰 11 六	己巳 12 日	庚午 13 一	辛未 14 二	壬申 15 三	癸酉 16 四	甲戌 17 五	乙亥 18 六	丙子 19 日	丁丑 20 一	戊寅 21 二	己卯 22 三	庚辰 23 四	辛巳 24 五	壬午 25 六	癸未 26 日	甲申 27 一	乙酉 28 二	丙戌 29 三	丁亥 30 四	戊子 31 五	己丑 (4) 六	庚寅 2 日	辛卯 3 一	壬辰 4 二		甲戌春分 己丑清明
三月大	戊辰	天干地支 西曆 星期	癸巳 5 三	甲午 6 四	乙未 7 五	丙申 8 六	丁酉 9 日	戊戌 10 一	己亥 11 二	庚子 12 三	辛丑 13 四	壬寅 14 五	癸卯 15 六	甲辰 16 日	乙巳 17 一	丙午 18 二	丁未 19 三	戊申 20 四	己酉 21 五	庚戌 22 六	辛亥 23 日	壬子 24 一	癸丑 25 二	甲寅 26 三	乙卯 27 四	丙辰 28 五	丁巳 29 六	戊午 30 日	己未 (5) 一	庚申 2 二	辛酉 3 三	壬戌 4 四	乙巳穀雨 庚申立夏
四月小	己巳	天干地支 西曆 星期	癸亥 5 五	甲子 6 六	乙丑 7 日	丙寅 8 一	丁卯 9 二	戊辰 10 三	己巳 11 四	庚午 12 五	辛未 13 六	壬申 14 日	癸酉 15 一	甲戌 16 二	乙亥 17 三	丙子 18 四	丁丑 19 五	戊寅 20 六	己卯 21 日	庚辰 22 一	辛巳 23 二	壬午 24 三	癸未 25 四	甲申 26 五	乙酉 27 六	丙戌 28 日	丁亥 29 一	戊子 30 二	己丑 31 三	庚寅 (6) 四	辛卯 2 五		乙亥小滿 庚寅芒種
五月大	庚午	天干地支 西曆 星期	壬辰 3 六	癸巳 4 日	甲午 5 一	乙未 6 二	丙申 7 三	丁酉 8 四	戊戌 9 五	己亥 10 六	庚子 11 日	辛丑 12 一	壬寅 13 二	癸卯 14 三	甲辰 15 四	乙巳 16 五	丙午 17 六	丁未 18 日	戊申 19 一	己酉 20 二	庚戌 21 三	辛亥 22 四	壬子 23 五	癸丑 24 六	甲寅 25 日	乙卯 26 一	丙辰 27 二	丁巳 28 三	戊午 29 四	己未 30 五	庚申 (7) 六	辛酉 2 日	乙巳夏至 辛酉小暑
六月大	辛未	天干地支 西曆 星期	壬戌 3 一	癸亥 4 二	甲子 5 三	乙丑 6 四	丙寅 7 五	丁卯 8 六	戊辰 9 日	己巳 10 一	庚午 11 二	辛未 12 三	壬申 13 四	癸酉 14 五	甲戌 15 六	乙亥 16 日	丙子 17 一	丁丑 18 二	戊寅 19 三	己卯 20 四	庚辰 21 五	辛巳 22 六	壬午 23 日	癸未 24 一	甲申 25 二	乙酉 26 三	丙戌 27 四	丁亥 28 五	戊子 29 六	己丑 30 日	庚寅 31 一	辛卯 (8) 二	丙子大暑 辛卯立秋
七月小	壬申	天干地支 西曆 星期	壬辰 2 三	癸巳 3 四	甲午 4 五	乙未 5 六	丙申 6 日	丁酉 7 一	戊戌 8 二	己亥 9 三	庚子 10 四	辛丑 11 五	壬寅 12 六	癸卯 13 日	甲辰 14 一	乙巳 15 二	丙午 16 三	丁未 17 四	戊申 18 五	己酉 19 六	庚戌 20 日	辛亥 21 一	壬子 22 二	癸丑 23 三	甲寅 24 四	乙卯 25 五	丙辰 26 六	丁巳 27 日	戊午 28 一	己未 29 二	庚申 30 三		丙午處暑
八月大	癸酉	天干地支 西曆 星期	辛酉 31 四	壬戌 (9) 五	癸亥 2 六	甲子 3 日	乙丑 4 一	丙寅 5 二	丁卯 6 三	戊辰 7 四	己巳 8 五	庚午 9 六	辛未 10 日	壬申 11 一	癸酉 12 二	甲戌 13 三	乙亥 14 四	丙子 15 五	丁丑 16 六	戊寅 17 日	己卯 18 一	庚辰 19 二	辛巳 20 三	壬午 21 四	癸未 22 五	甲申 23 六	乙酉 24 日	丙戌 25 一	丁亥 26 二	戊子 27 三	己丑 28 四	庚寅 29 五	辛酉白露 丁丑秋分
九月小	甲戌	天干地支 西曆 星期	辛卯 30 六	壬辰 (10) 日	癸巳 2 一	甲午 3 二	乙未 4 三	丙申 5 四	丁酉 6 五	戊戌 7 六	己亥 8 日	庚子 9 一	辛丑 10 二	壬寅 11 三	癸卯 12 四	甲辰 13 五	乙巳 14 六	丙午 15 日	丁未 16 一	戊申 17 二	己酉 18 三	庚戌 19 四	辛亥 20 五	壬子 21 六	癸丑 22 日	甲寅 23 一	乙卯 24 二	丙辰 25 三	丁巳 26 四	戊午 27 五	己未 28 六		壬辰寒露 丁未霜降
十月大	乙亥	天干地支 西曆 星期	庚申 29 日	辛酉 30 一	壬戌 31 二	癸亥 (11) 三	甲子 2 四	乙丑 3 五	丙寅 4 六	丁卯 5 日	戊辰 6 一	己巳 7 二	庚午 8 三	辛未 9 四	壬申 10 五	癸酉 11 六	甲戌 12 日	乙亥 13 一	丙子 14 二	丁丑 15 三	戊寅 16 四	己卯 17 五	庚辰 18 六	辛巳 19 日	壬午 20 一	癸未 21 二	甲申 22 三	乙酉 23 四	丙戌 24 五	丁亥 25 六	戊子 26 日	己丑 27 一	壬戌立冬 戊寅小雪
十一月小	丙子	天干地支 西曆 星期	庚寅 28 二	辛卯 29 三	壬辰 30 四	癸巳 (12) 五	甲午 2 六	乙未 3 日	丙申 4 一	丁酉 5 二	戊戌 6 三	己亥 7 四	庚子 8 五	辛丑 9 六	壬寅 10 日	癸卯 11 一	甲辰 12 二	乙巳 13 三	丙午 14 四	丁未 15 五	戊申 16 六	己酉 17 日	庚戌 18 一	辛亥 19 二	壬子 20 三	癸丑 21 四	甲寅 22 五	乙卯 23 六	丙辰 24 日	丁巳 25 一	戊午 26 二		癸巳大雪 戊申冬至
十二月大	丁丑	天干地支 西曆 星期	己未 27 三	庚申 28 四	辛酉 29 五	壬戌 30 六	癸亥 31 日	甲子 (1) 一	乙丑 2 二	丙寅 3 三	丁卯 4 四	戊辰 5 五	己巳 6 六	庚午 7 日	辛未 8 一	壬申 9 二	癸酉 10 三	甲戌 11 四	乙亥 12 五	丙子 13 六	丁丑 14 日	戊寅 15 一	己卯 16 二	庚辰 17 三	辛巳 18 四	壬午 19 五	癸未 20 六	甲申 21 日	乙酉 22 一	丙戌 23 二	丁亥 24 三	戊子 25 四	癸亥小寒 戊寅大寒

遼興宗重熙十九年（庚寅 虎年） 公元 1050 ~ 1051 年

夏曆月序		中西曆日對照	初一	初二	初三	初四	初五	初六	初七	初八	初九	初十	十一	十二	十三	十四	十五	十六	十七	十八	十九	二十	二一	二二	二三	二四	二五	二六	二七	二八	二九	三十	節氣與天象
正月小	戊寅	天干 地支 西曆 星期	己丑 26 五	庚寅 27 六	辛卯 28 日	壬辰 29 一	癸巳 30 二	甲午 31 三	乙未 (2) 四	丙申 2 五	丁酉 3 六	戊戌 4 日	己亥 5 一	庚子 6 二	辛丑 7 三	壬寅 8 四	癸卯 9 五	甲辰 10 六	乙巳 11 日	丙午 12 一	丁未 13 二	戊申 14 三	己酉 15 四	庚戌 16 五	辛亥 17 六	壬子 18 日	癸丑 19 一	甲寅 20 二	乙卯 21 三	丙辰 22 四	丁巳 23 五		甲午立春 己酉雨水
二月大	己卯	天干 地支 西曆 星期	戊午 24 六	己未 25 日	庚申 26 一	辛酉 27 二	壬戌 28 三	癸亥 (3) 四	甲子 2 五	乙丑 3 六	丙寅 4 日	丁卯 5 一	戊辰 6 二	己巳 7 三	庚午 8 四	辛未 9 五	壬申 10 六	癸酉 11 日	甲戌 12 一	乙亥 13 二	丙子 14 三	丁丑 15 四	戊寅 16 五	己卯 17 六	庚辰 18 日	辛巳 19 一	壬午 20 二	癸未 21 三	甲申 22 四	乙酉 23 五	丙戌 24 六	丁亥 25 日	甲子驚蟄 己卯春分
三月小	庚辰	天干 地支 西曆 星期	戊子 26 一	己丑 27 二	庚寅 28 三	辛卯 29 四	壬辰 30 五	癸巳 31 六	甲午 (4) 日	乙未 2 一	丙申 3 二	丁酉 4 三	戊戌 5 四	己亥 6 五	庚子 7 六	辛丑 8 日	壬寅 9 一	癸卯 10 二	甲辰 11 三	乙巳 12 四	丙午 13 五	丁未 14 六	戊申 15 日	己酉 16 一	庚戌 17 二	辛亥 18 三	壬子 19 四	癸丑 20 五	甲寅 21 六	乙卯 22 日	丙辰 23 一		乙未清明 庚戌穀雨
四月大	辛巳	天干 地支 西曆 星期	丁巳 24 二	戊午 25 三	己未 26 四	庚申 27 五	辛酉 28 六	壬戌 29 日	癸亥 30 一	甲子 (5) 二	乙丑 2 三	丙寅 3 四	丁卯 4 五	戊辰 5 六	己巳 6 日	庚午 7 一	辛未 8 二	壬申 9 三	癸酉 10 四	甲戌 11 五	乙亥 12 六	丙子 13 日	丁丑 14 一	戊寅 15 二	己卯 16 三	庚辰 17 四	辛巳 18 五	壬午 19 六	癸未 20 日	甲申 21 一	乙酉 22 二	丙戌 23 三	乙丑立夏 庚辰小滿
五月小	壬午	天干 地支 西曆 星期	丁亥 24 四	戊子 25 五	己丑 26 六	庚寅 27 日	辛卯 28 一	壬辰 29 二	癸巳 30 三	甲午 31 四	乙未 (6) 五	丙申 2 六	丁酉 3 日	戊戌 4 一	己亥 5 二	庚子 6 三	辛丑 7 四	壬寅 8 五	癸卯 9 六	甲辰 10 日	乙巳 11 一	丙午 12 二	丁未 13 三	戊申 14 四	己酉 15 五	庚戌 16 六	辛亥 17 日	壬子 18 一	癸丑 19 二	甲寅 20 三	乙卯 21 四		乙未芒種 辛亥夏至
六月大	癸未	天干 地支 西曆 星期	丙辰 22 五	丁巳 23 六	戊午 24 日	己未 25 一	庚申 26 二	辛酉 27 三	壬戌 28 四	癸亥 29 五	甲子 30 六	乙丑 (7) 日	丙寅 2 一	丁卯 3 二	戊辰 4 三	己巳 5 四	庚午 6 五	辛未 7 六	壬申 8 日	癸酉 9 一	甲戌 10 二	乙亥 11 三	丙子 12 四	丁丑 13 五	戊寅 14 六	己卯 15 日	庚辰 16 一	辛巳 17 二	壬午 18 三	癸未 19 四	甲申 20 五	乙酉 21 六	丙寅小暑 辛巳大暑
七月小	甲申	天干 地支 西曆 星期	丙戌 22 日	丁亥 23 一	戊子 24 二	己丑 25 三	庚寅 26 四	辛卯 27 五	壬辰 28 六	癸巳 29 日	甲午 30 一	乙未 31 二	丙申 (8) 三	丁酉 2 四	戊戌 3 五	己亥 4 六	庚子 5 日	辛丑 6 一	壬寅 7 二	癸卯 8 三	甲辰 9 四	乙巳 10 五	丙午 11 六	丁未 12 日	戊申 13 一	己酉 14 二	庚戌 15 三	辛亥 16 四	壬子 17 五	癸丑 18 六	甲寅 19 日		丙申立秋 壬子處暑
八月大	乙酉	天干 地支 西曆 星期	乙卯 20 一	丙辰 21 二	丁巳 22 三	戊午 23 四	己未 24 五	庚申 25 六	辛酉 26 日	壬戌 27 一	癸亥 28 二	甲子 29 三	乙丑 30 四	丙寅 31 五	丁卯 (9) 六	戊辰 2 日	己巳 3 一	庚午 4 二	辛未 5 三	壬申 6 四	癸酉 7 五	甲戌 8 六	乙亥 9 日	丙子 10 一	丁丑 11 二	戊寅 12 三	己卯 13 四	庚辰 14 五	辛巳 15 六	壬午 16 日	癸未 17 一	甲申 18 二	丁卯白露 壬午秋分
九月大	丙戌	天干 地支 西曆 星期	乙酉 19 三	丙戌 20 四	丁亥 21 五	戊子 22 六	己丑 23 日	庚寅 24 一	辛卯 25 二	壬辰 26 三	癸巳 27 四	甲午 28 五	乙未 29 六	丙申 30 日	丁酉 (10) 一	戊戌 2 二	己亥 3 三	庚子 4 四	辛丑 5 五	壬寅 6 六	癸卯 7 日	甲辰 8 一	乙巳 9 二	丙午 10 三	丁未 11 四	戊申 12 五	己酉 13 六	庚戌 14 日	辛亥 15 一	壬子 16 二	癸丑 17 三	甲寅 18 四	丁酉寒露 壬子霜降
十月小	丁亥	天干 地支 西曆 星期	乙卯 19 五	丙辰 20 六	丁巳 21 日	戊午 22 一	己未 23 二	庚申 24 三	辛酉 25 四	壬戌 26 五	癸亥 27 六	甲子 28 日	乙丑 29 一	丙寅 30 二	丁卯 31 三	戊辰 (11) 四	己巳 2 五	庚午 3 六	辛未 4 日	壬申 5 一	癸酉 6 二	甲戌 7 三	乙亥 8 四	丙子 9 五	丁丑 10 六	戊寅 11 日	己卯 12 一	庚辰 13 二	辛巳 14 三	壬午 15 四	癸未 16 五		戊辰立冬 癸未小雪
十一月大	戊子	天干 地支 西曆 星期	甲申 17 六	乙酉 18 日	丙戌 19 一	丁亥 20 二	戊子 21 三	己丑 22 四	庚寅 23 五	辛卯 24 六	壬辰 25 日	癸巳 26 一	甲午 27 二	乙未 28 三	丙申 29 四	丁酉 30 五	戊戌 (12) 六	己亥 2 日	庚子 3 一	辛丑 4 二	壬寅 5 三	癸卯 6 四	甲辰 7 五	乙巳 8 六	丙午 9 日	丁未 10 一	戊申 11 二	己酉 12 三	庚戌 13 四	辛亥 14 五	壬子 15 六	癸丑 16 日	戊戌大雪 癸丑冬至
閏十一大	戊子	天干 地支 西曆 星期	甲寅 17 一	乙卯 18 二	丙辰 19 三	丁巳 20 四	戊午 21 五	己未 22 六	庚申 23 日	辛酉 24 一	壬戌 25 二	癸亥 26 三	甲子 27 四	乙丑 28 五	丙寅 29 六	丁卯 30 日	戊辰 31 一	己巳 (1) 二	庚午 2 三	辛未 3 四	壬申 4 五	癸酉 5 六	甲戌 6 日	乙亥 7 一	丙子 8 二	丁丑 9 三	戊寅 10 四	己卯 11 五	庚辰 12 六	辛巳 13 日	壬午 14 一	癸未 15 二	戊辰小寒
十二月小	己丑	天干 地支 西曆 星期	甲申 16 三	乙酉 17 四	丙戌 18 五	丁亥 19 六	戊子 20 日	己丑 21 一	庚寅 22 二	辛卯 23 三	壬辰 24 四	癸巳 25 五	甲午 26 六	乙未 27 日	丙申 28 一	丁酉 29 二	戊戌 30 三	己亥 31 四	庚子 (2) 五	辛丑 2 六	壬寅 3 日	癸卯 4 一	甲辰 5 二	乙巳 6 三	丙午 7 四	丁未 8 五	戊申 9 六	己酉 10 日	庚戌 11 一	辛亥 12 二	壬子 13 三		甲申大寒 己亥立春

遼興宗重熙二十年（辛卯 兔年） 公元 1051 ~ 1052 年

夏曆月序		中西曆日對照	初一	初二	初三	初四	初五	初六	初七	初八	初九	初十	十一	十二	十三	十四	十五	十六	十七	十八	十九	二十	二一	二二	二三	二四	二五	二六	二七	二八	二九	三十	節氣與天象
正月小	庚寅	天干 地支 西曆 星期	癸丑 14 四	甲寅 15 五	乙卯 16 六	丙辰 17 日	丁巳 18 一	戊午 19 二	己未 20 三	庚申 21 四	辛酉 22 五	壬戌 23 六	癸亥 24 日	甲子 25 一	乙丑 26 二	丙寅 27 三	丁卯 28 四	戊辰 (3) 五	己巳 2 六	庚午 3 日	辛未 4 一	壬申 5 二	癸酉 6 三	甲戌 7 四	乙亥 8 五	丙子 9 六	丁丑 10 日	戊寅 11 一	己卯 12 二	庚辰 13 三	辛巳 14 四		甲寅雨水 己巳驚蟄
二月大	辛卯	天干 地支 西曆 星期	壬午 15 五	癸未 16 六	甲申 17 日	乙酉 18 一	丙戌 19 二	丁亥 20 三	戊子 21 四	己丑 22 五	庚寅 23 六	辛卯 24 日	壬辰 25 一	癸巳 26 二	甲午 27 三	乙未 28 四	丙申 29 五	丁酉 30 六	戊戌 31 日	己亥 (4) 一	庚子 2 二	辛丑 3 三	壬寅 4 四	癸卯 5 五	甲辰 6 六	乙巳 7 日	丙午 8 一	丁未 9 二	戊申 10 三	己酉 11 四	庚戌 12 五	辛亥 13 六	乙酉春分 庚子清明
三月小	壬辰	天干 地支 西曆 星期	壬子 14 日	癸丑 15 一	甲寅 16 二	乙卯 17 三	丙辰 18 四	丁巳 19 五	戊午 20 六	己未 21 日	庚申 22 一	辛酉 23 二	壬戌 24 三	癸亥 25 四	甲子 26 五	乙丑 27 六	丙寅 28 日	丁卯 29 一	戊辰 30 二	己巳 (5) 三	庚午 2 四	辛未 3 五	壬申 4 六	癸酉 5 日	甲戌 6 一	乙亥 7 二	丙子 8 三	丁丑 9 四	戊寅 10 五	己卯 11 六	庚辰 12 日		乙卯穀雨 庚午立夏
四月小	癸巳	天干 地支 西曆 星期	辛巳 13 一	壬午 14 二	癸未 15 三	甲申 16 四	乙酉 17 五	丙戌 18 六	丁亥 19 日	戊子 20 一	己丑 21 二	庚寅 22 三	辛卯 23 四	壬辰 24 五	癸巳 25 六	甲午 26 日	乙未 27 一	丙申 28 二	丁酉 29 三	戊戌 30 四	己亥 31 五	庚子 (6) 六	辛丑 2 日	壬寅 3 一	癸卯 4 二	甲辰 5 三	乙巳 6 四	丙午 7 五	丁未 8 六	戊申 9 日	己酉 10 一		乙酉小滿 辛丑芒種
五月大	甲午	天干 地支 西曆 星期	庚戌 11 二	辛亥 12 三	壬子 13 四	癸丑 14 五	甲寅 15 六	乙卯 16 日	丙辰 17 一	丁巳 18 二	戊午 19 三	己未 20 四	庚申 21 五	辛酉 22 六	壬戌 23 日	癸亥 24 一	甲子 25 二	乙丑 26 三	丙寅 27 四	丁卯 28 五	戊辰 29 六	己巳 30 日	庚午 (7) 一	辛未 2 二	壬申 3 三	癸酉 4 四	甲戌 5 五	乙亥 6 六	丙子 7 日	丁丑 8 一	戊寅 9 二	己卯 10 三	丙辰夏至 辛未小暑
六月小	乙未	天干 地支 西曆 星期	庚辰 11 四	辛巳 12 五	壬午 13 六	癸未 14 日	甲申 15 一	乙酉 16 二	丙戌 17 三	丁亥 18 四	戊子 19 五	己丑 20 六	庚寅 21 日	辛卯 22 一	壬辰 23 二	癸巳 24 三	甲午 25 四	乙未 26 五	丙申 27 六	丁酉 28 日	戊戌 29 一	己亥 30 二	庚子 31 三	辛丑 (8) 四	壬寅 2 五	癸卯 3 六	甲辰 4 日	乙巳 5 一	丙午 6 二	丁未 7 三	戊申 8 四		丙戌大暑 壬寅立秋
七月大	丙申	天干 地支 西曆 星期	己酉 9 五	庚戌 10 六	辛亥 11 日	壬子 12 一	癸丑 13 二	甲寅 14 三	乙卯 15 四	丙辰 16 五	丁巳 17 六	戊午 18 日	己未 19 一	庚申 20 二	辛酉 21 三	壬戌 22 四	癸亥 23 五	甲子 24 六	乙丑 25 日	丙寅 26 一	丁卯 27 二	戊辰 28 三	己巳 29 四	庚午 30 五	辛未 31 六	壬申 (9) 日	癸酉 2 一	甲戌 3 二	乙亥 4 三	丙子 5 四	丁丑 6 五	戊寅 7 六	丁巳處暑 壬申白露
八月大	丁酉	天干 地支 西曆 星期	己卯 8 日	庚辰 9 一	辛巳 10 二	壬午 11 三	癸未 12 四	甲申 13 五	乙酉 14 六	丙戌 15 日	丁亥 16 一	戊子 17 二	己丑 18 三	庚寅 19 四	辛卯 20 五	壬辰 21 六	癸巳 22 日	甲午 23 一	乙未 24 二	丙申 25 三	丁酉 26 四	戊戌 27 五	己亥 28 六	庚子 29 日	辛丑 30 一	壬寅 (10) 二	癸卯 2 三	甲辰 3 四	乙巳 4 五	丙午 5 六	丁未 6 日	戊申 7 一	丁亥秋分 壬寅寒露
九月大	戊戌	天干 地支 西曆 星期	己酉 8 二	庚戌 9 三	辛亥 10 四	壬子 11 五	癸丑 12 六	甲寅 13 日	乙卯 14 一	丙辰 15 二	丁巳 16 三	戊午 17 四	己未 18 五	庚申 19 六	辛酉 20 日	壬戌 21 一	癸亥 22 二	甲子 23 三	乙丑 24 四	丙寅 25 五	丁卯 26 六	戊辰 27 日	己巳 28 一	庚午 29 二	辛未 30 三	壬申 31 四	癸酉 (11) 五	甲戌 2 六	乙亥 3 日	丙子 4 一	丁丑 5 二	戊寅 6 三	戊午霜降 癸酉立冬
十月小	己亥	天干 地支 西曆 星期	己卯 7 四	庚辰 8 五	辛巳 9 六	壬午 10 日	癸未 11 一	甲申 12 二	乙酉 13 三	丙戌 14 四	丁亥 15 五	戊子 16 六	己丑 17 日	庚寅 18 一	辛卯 19 二	壬辰 20 三	癸巳 21 四	甲午 22 五	乙未 23 六	丙申 24 日	丁酉 25 一	戊戌 26 二	己亥 27 三	庚子 28 四	辛丑 29 五	壬寅 30 六	癸卯 (12) 日	甲辰 2 一	乙巳 3 二	丙午 4 三	丁未 5 四		戊子小雪 癸卯大雪
十一月大	庚子	天干 地支 西曆 星期	戊申 6 五	己酉 7 六	庚戌 8 日	辛亥 9 一	壬子 10 二	癸丑 11 三	甲寅 12 四	乙卯 13 五	丙辰 14 六	丁巳 15 日	戊午 16 一	己未 17 二	庚申 18 三	辛酉 19 四	壬戌 20 五	癸亥 21 六	甲子 22 日	乙丑 23 一	丙寅 24 二	丁卯 25 三	戊辰 26 四	己巳 27 五	庚午 28 六	辛未 29 日	壬申 30 一	癸酉 31 二	甲戌 (1) 三	乙亥 2 四	丙子 3 五	丁丑 4 六	己未冬至 甲戌小寒
十二月大	辛丑	天干 地支 西曆 星期	戊寅 5 日	己卯 6 一	庚辰 7 二	辛巳 8 三	壬午 9 四	癸未 10 五	甲申 11 六	乙酉 12 日	丙戌 13 一	丁亥 14 二	戊子 15 三	己丑 16 四	庚寅 17 五	辛卯 18 六	壬辰 19 日	癸巳 20 一	甲午 21 二	乙未 22 三	丙申 23 四	丁酉 24 五	戊戌 25 六	己亥 26 日	庚子 27 一	辛丑 28 二	壬寅 29 三	癸卯 30 四	甲辰 31 五	乙巳 (2) 六	丙午 2 日	丁未 3 一	己丑大寒 甲辰立春

遼興宗重熙二十一年（壬辰 龍年） 公元 1052 ~ 1053 年

夏曆月序		中西曆日對照	夏曆日序																													節氣與天象
			初一	初二	初三	初四	初五	初六	初七	初八	初九	初十	十一	十二	十三	十四	十五	十六	十七	十八	十九	二十	二一	二二	二三	二四	二五	二六	二七	二八	二九	三十	
正月小	壬寅	天干地支 西曆星期	戊申 4 二	己酉 5 三	庚戌 6 四	辛亥 7 五	壬子 8 六	癸丑 9 日	甲寅 10 一	乙卯 11 二	丙辰 12 三	丁巳 13 四	戊午 14 五	己未 15 六	庚申 16 日	辛酉 17 一	壬戌 18 二	癸亥 19 三	甲子 20 四	乙丑 21 五	丙寅 22 六	丁卯 23 日	戊辰 24 一	己巳 25 二	庚午 26 三	辛未 27 四	壬申 28 五	癸酉 29 六	甲戌 (3) 日	乙亥 2 一	丙子 3 二		己未雨水 乙亥驚蟄
二月小	癸卯	天干地支 西曆星期	丁丑 4 三	戊寅 5 四	己卯 6 五	庚辰 7 六	辛巳 8 日	壬午 9 一	癸未 10 二	甲申 11 三	乙酉 12 四	丙戌 13 五	丁亥 14 六	戊子 15 日	己丑 16 一	庚寅 17 二	辛卯 18 三	壬辰 19 四	癸巳 20 五	甲午 21 六	乙未 22 日	丙申 23 一	丁酉 24 二	戊戌 25 三	己亥 26 四	庚子 27 五	辛丑 28 六	壬寅 29 日	癸卯 30 一	甲辰 31 二	乙巳 (4) 三		庚寅春分 乙巳清明
三月大	甲辰	天干地支 西曆星期	丙午 2 四	丁未 3 五	戊申 4 六	己酉 5 日	庚戌 6 一	辛亥 7 二	壬子 8 三	癸丑 9 四	甲寅 10 五	乙卯 11 六	丙辰 12 日	丁巳 13 一	戊午 14 二	己未 15 三	庚申 16 四	辛酉 17 五	壬戌 18 六	癸亥 19 日	甲子 20 一	乙丑 21 二	丙寅 22 三	丁卯 23 四	戊辰 24 五	己巳 25 六	庚午 26 日	辛未 27 一	壬申 28 二	癸酉 29 三	甲戌 30 四	乙亥 (5) 五	庚申穀雨 乙亥立夏
四月小	乙巳	天干地支 西曆星期	丙子 2 六	丁丑 3 日	戊寅 4 一	己卯 5 二	庚辰 6 三	辛巳 7 四	壬午 8 五	癸未 9 六	甲申 10 日	乙酉 11 一	丙戌 12 二	丁亥 13 三	戊子 14 四	己丑 15 五	庚寅 16 六	辛卯 17 日	壬辰 18 一	癸巳 19 二	甲午 20 三	乙未 21 四	丙申 22 五	丁酉 23 六	戊戌 24 日	己亥 25 一	庚子 26 二	辛丑 27 三	壬寅 28 四	癸卯 29 五	甲辰 30 六		辛卯小滿
五月小	丙午	天干地支 西曆星期	乙巳 31 日	丙午 (6) 一	丁未 2 二	戊申 3 三	己酉 4 四	庚戌 5 五	辛亥 6 六	壬子 7 日	癸丑 8 一	甲寅 9 二	乙卯 10 三	丙辰 11 四	丁巳 12 五	戊午 13 六	己未 14 日	庚申 15 一	辛酉 16 二	壬戌 17 三	癸亥 18 四	甲子 19 五	乙丑 20 六	丙寅 21 日	丁卯 22 一	戊辰 23 二	己巳 24 三	庚午 25 四	辛未 26 五	壬申 27 六	癸酉 28 日		丙午芒種 辛酉夏至
六月大	丁未	天干地支 西曆星期	甲戌 29 一	乙亥 30 二	丙子 (7) 三	丁丑 2 四	戊寅 3 五	己卯 4 六	庚辰 5 日	辛巳 6 一	壬午 7 二	癸未 8 三	甲申 9 四	乙酉 10 五	丙戌 11 六	丁亥 12 日	戊子 13 一	己丑 14 二	庚寅 15 三	辛卯 16 四	壬辰 17 五	癸巳 18 六	甲午 19 日	乙未 20 一	丙申 21 二	丁酉 22 三	戊戌 23 四	己亥 24 五	庚子 25 六	辛丑 26 日	壬寅 27 一	癸卯 28 二	丙子小暑 壬辰大暑
七月小	戊申	天干地支 西曆星期	甲辰 29 三	乙巳 30 四	丙午 31 五	丁未 (8) 六	戊申 2 日	己酉 3 一	庚戌 4 二	辛亥 5 三	壬子 6 四	癸丑 7 五	甲寅 8 六	乙卯 9 日	丙辰 10 一	丁巳 11 二	戊午 12 三	己未 13 四	庚申 14 五	辛酉 15 六	壬戌 16 日	癸亥 17 一	甲子 18 二	乙丑 19 三	丙寅 20 四	丁卯 21 五	戊辰 22 六	己巳 23 日	庚午 24 一	辛未 25 二	壬申 26 三		丁未立秋 壬戌處暑
八月大	己酉	天干地支 西曆星期	癸酉 27 四	甲戌 28 五	乙亥 29 六	丙子 30 日	丁丑 31 一	戊寅 (9) 二	己卯 2 三	庚辰 3 四	辛巳 4 五	壬午 5 六	癸未 6 日	甲申 7 一	乙酉 8 二	丙戌 9 三	丁亥 10 四	戊子 11 五	己丑 12 六	庚寅 13 日	辛卯 14 一	壬辰 15 二	癸巳 16 三	甲午 17 四	乙未 18 五	丙申 19 六	丁酉 20 日	戊戌 21 一	己亥 22 二	庚子 23 三	辛丑 24 四	壬寅 25 五	丁丑白露 壬辰秋分
九月大	庚戌	天干地支 西曆星期	癸卯 26 六	甲辰 27 日	乙巳 28 一	丙午 29 二	丁未 30 三	戊申 (10) 四	己酉 2 五	庚戌 3 六	辛亥 4 日	壬子 5 一	癸丑 6 二	甲寅 7 三	乙卯 8 四	丙辰 9 五	丁巳 10 六	戊午 11 日	己未 12 一	庚申 13 二	辛酉 14 三	壬戌 15 四	癸亥 16 五	甲子 17 六	乙丑 18 日	丙寅 19 一	丁卯 20 二	戊辰 21 三	己巳 22 四	庚午 23 五	辛未 24 六	壬申 25 日	戊申寒露 癸亥霜降
十月小	辛亥	天干地支 西曆星期	癸酉 26 一	甲戌 27 二	乙亥 28 三	丙子 29 四	丁丑 30 五	戊寅 31 六	己卯 (11) 日	庚辰 2 一	辛巳 3 二	壬午 4 三	癸未 5 四	甲申 6 五	乙酉 7 六	丙戌 8 日	丁亥 9 一	戊子 10 二	己丑 11 三	庚寅 12 四	辛卯 13 五	壬辰 14 六	癸巳 15 日	甲午 16 一	乙未 17 二	丙申 18 三	丁酉 19 四	戊戌 20 五	己亥 21 六	庚子 22 日	辛丑 23 一		戊寅立冬 癸巳小雪
十一月大	壬子	天干地支 西曆星期	壬寅 24 二	癸卯 25 三	甲辰 26 四	乙巳 27 五	丙午 28 六	丁未 29 日	戊申 30 一	己酉 (12) 二	庚戌 2 三	辛亥 3 四	壬子 4 五	癸丑 5 六	甲寅 6 日	乙卯 7 一	丙辰 8 二	丁巳 9 三	戊午 10 四	己未 11 五	庚申 12 六	辛酉 13 日	壬戌 14 一	癸亥 15 二	甲子 16 三	乙丑 17 四	丙寅 18 五	丁卯 19 六	戊辰 20 日	己巳 21 一	庚午 22 二	辛未 23 三	己酉大雪 甲子冬至
十二月大	癸丑	天干地支 西曆星期	壬申 24 四	癸酉 25 五	甲戌 26 六	乙亥 27 日	丙子 28 一	丁丑 29 二	戊寅 30 三	己卯 31 四	庚辰 (1) 五	辛巳 2 六	壬午 3 日	癸未 4 一	甲申 5 二	乙酉 6 三	丙戌 7 四	丁亥 8 五	戊子 9 六	己丑 10 日	庚寅 11 一	辛卯 12 二	壬辰 13 三	癸巳 14 四	甲午 15 五	乙未 16 六	丙申 17 日	丁酉 18 一	戊戌 19 二	己亥 20 三	庚子 21 四	辛丑 22 五	己卯小寒 甲午大寒

遼興宗重熙二十二年（癸巳 蛇年） 公元 1053 ~ 1054 年

夏曆月序		中西曆日對照	初一	初二	初三	初四	初五	初六	初七	初八	初九	初十	十一	十二	十三	十四	十五	十六	十七	十八	十九	二十	二一	二二	二三	二四	二五	二六	二七	二八	二九	三十	節氣與天象
正月大	甲寅	天干地支 西曆 星期	壬寅 23 六	癸卯 24 日	甲辰 25 一	乙巳 26 二	丙午 27 三	丁未 28 四	戊申 29 五	己酉 30 六	庚戌 31 日	辛亥 (2) 一	壬子 2 二	癸丑 3 三	甲寅 4 四	乙卯 5 五	丙辰 6 六	丁巳 7 日	戊午 8 一	己未 9 二	庚申 10 三	辛酉 11 四	壬戌 12 五	癸亥 13 六	甲子 14 日	乙丑 15 一	丙寅 16 二	丁卯 17 三	戊辰 18 四	己巳 19 五	庚午 20 六	辛未 21 日	己酉立春 乙丑雨水
二月小	乙卯	天干地支 西曆 星期	壬申 22 一	癸酉 23 二	甲戌 24 三	乙亥 25 四	丙子 26 五	丁丑 27 六	戊寅 28 日	己卯 (3) 一	庚辰 2 二	辛巳 3 三	壬午 4 四	癸未 5 五	甲申 6 六	乙酉 7 日	丙戌 8 一	丁亥 9 二	戊子 10 三	己丑 11 四	庚寅 12 五	辛卯 13 六	壬辰 14 日	癸巳 15 一	甲午 16 二	乙未 17 三	丙申 18 四	丁酉 19 五	戊戌 20 六	己亥 21 日	庚子 22 一		庚辰驚蟄 乙未春分
三月小	丙辰	天干地支 西曆 星期	辛丑 23 二	壬寅 24 三	癸卯 25 四	甲辰 26 五	乙巳 27 六	丙午 28 日	丁未 29 一	戊申 30 二	己酉 31 三	庚戌 (4) 四	辛亥 2 五	壬子 3 六	癸丑 4 日	甲寅 5 一	乙卯 6 二	丙辰 7 三	丁巳 8 四	戊午 9 五	己未 10 六	庚申 11 日	辛酉 12 一	壬戌 13 二	癸亥 14 三	甲子 15 四	乙丑 16 五	丙寅 17 六	丁卯 18 日	戊辰 19 一	己巳 20 二		庚戌清明 乙丑穀雨
四月大	丁巳	天干地支 西曆 星期	庚午 21 三	辛未 22 四	壬申 23 五	癸酉 24 六	甲戌 25 日	乙亥 26 一	丙子 27 二	丁丑 28 三	戊寅 29 四	己卯 30 五	庚辰 (5) 六	辛巳 2 日	壬午 3 一	癸未 4 二	甲申 5 三	乙酉 6 四	丙戌 7 五	丁亥 8 六	戊子 9 日	己丑 10 一	庚寅 11 二	辛卯 12 三	壬辰 13 四	癸巳 14 五	甲午 15 六	乙未 16 日	丙申 17 一	丁酉 18 二	戊戌 19 三	己亥 20 四	辛巳立夏 丙申小滿
五月小	戊午	天干地支 西曆 星期	庚子 21 五	辛丑 22 六	壬寅 23 日	癸卯 24 一	甲辰 25 二	乙巳 26 三	丙午 27 四	丁未 28 五	戊申 29 六	己酉 30 日	庚戌 31 一	辛亥 (6) 二	壬子 2 三	癸丑 3 四	甲寅 4 五	乙卯 5 六	丙辰 6 日	丁巳 7 一	戊午 8 二	己未 9 三	庚申 10 四	辛酉 11 五	壬戌 12 六	癸亥 13 日	甲子 14 一	乙丑 15 二	丙寅 16 三	丁卯 17 四	戊辰 18 五		辛亥芒種 丙寅夏至
六月小	己未	天干地支 西曆 星期	己巳 19 六	庚午 20 日	辛未 21 一	壬申 22 二	癸酉 23 三	甲戌 24 四	乙亥 25 五	丙子 26 六	丁丑 27 日	戊寅 28 一	己卯 29 二	庚辰 30 三	辛巳 (7) 四	壬午 2 五	癸未 3 六	甲申 4 日	乙酉 5 一	丙戌 6 二	丁亥 7 三	戊子 8 四	己丑 9 五	庚寅 10 六	辛卯 11 日	壬辰 12 一	癸巳 13 二	甲午 14 三	乙未 15 四	丙申 16 五	丁酉 17 六		壬午小暑 丁酉大暑
七月大	庚申	天干地支 西曆 星期	戊戌 18 日	己亥 19 一	庚子 20 二	辛丑 21 三	壬寅 22 四	癸卯 23 五	甲辰 24 六	乙巳 25 日	丙午 26 一	丁未 27 二	戊申 28 三	己酉 29 四	庚戌 30 五	辛亥 31 六	壬子 (8) 日	癸丑 2 一	甲寅 3 二	乙卯 4 三	丙辰 5 四	丁巳 6 五	戊午 7 六	己未 8 日	庚申 9 一	辛酉 10 二	壬戌 11 三	癸亥 12 四	甲子 13 五	乙丑 14 六	丙寅 15 日	丁卯 16 一	壬子立秋 丁卯處暑
閏七月小	庚申	天干地支 西曆 星期	戊辰 17 二	己巳 18 三	庚午 19 四	辛未 20 五	壬申 21 六	癸酉 22 日	甲戌 23 一	乙亥 24 二	丙子 25 三	丁丑 26 四	戊寅 27 五	己卯 28 六	庚辰 29 日	辛巳 30 一	壬午 31 二	癸未 (9) 三	甲申 2 四	乙酉 3 五	丙戌 4 六	丁亥 5 日	戊子 6 一	己丑 7 二	庚寅 8 三	辛卯 9 四	壬辰 10 五	癸巳 11 六	甲午 12 日	乙未 13 一	丙申 14 二		壬午白露
八月大	辛酉	天干地支 西曆 星期	丁酉 15 三	戊戌 16 四	己亥 17 五	庚子 18 六	辛丑 19 日	壬寅 20 一	癸卯 21 二	甲辰 22 三	乙巳 23 四	丙午 24 五	丁未 25 六	戊申 26 日	己酉 27 一	庚戌 28 二	辛亥 29 三	壬子 30 四	癸丑 (10) 五	甲寅 2 六	乙卯 3 日	丙辰 4 一	丁巳 5 二	戊午 6 三	己未 7 四	庚申 8 五	辛酉 9 六	壬戌 10 日	癸亥 11 一	甲子 12 二	乙丑 13 三	丙寅 14 四	戊戌秋分 癸丑寒露
九月小	壬戌	天干地支 西曆 星期	丁卯 15 五	戊辰 16 六	己巳 17 日	庚午 18 一	辛未 19 二	壬申 20 三	癸酉 21 四	甲戌 22 五	乙亥 23 六	丙子 24 日	丁丑 25 一	戊寅 26 二	己卯 27 三	庚辰 28 四	辛巳 29 五	壬午 30 六	癸未 31 日	甲申 (11) 一	乙酉 2 二	丙戌 3 三	丁亥 4 四	戊子 5 五	己丑 6 六	庚寅 7 日	辛卯 8 一	壬辰 9 二	癸巳 10 三	甲午 11 四	乙未 12 五		戊辰霜降 癸未立冬
十月大	癸亥	天干地支 西曆 星期	丙申 13 六	丁酉 14 日	戊戌 15 一	己亥 16 二	庚子 17 三	辛丑 18 四	壬寅 19 五	癸卯 20 六	甲辰 21 日	乙巳 22 一	丙午 23 二	丁未 24 三	戊申 25 四	己酉 26 五	庚戌 27 六	辛亥 28 日	壬子 29 一	癸丑 30 二	甲寅 (12) 三	乙卯 2 四	丙辰 3 五	丁巳 4 六	戊午 5 日	己未 6 一	庚申 7 二	辛酉 8 三	壬戌 9 四	癸亥 10 五	甲子 11 六	乙丑 12 日	己亥小雪 甲寅大雪 丙申日食
十一月大	甲子	天干地支 西曆 星期	丙寅 13 一	丁卯 14 二	戊辰 15 三	己巳 16 四	庚午 17 五	辛未 18 六	壬申 19 日	癸酉 20 一	甲戌 21 二	乙亥 22 三	丙子 23 四	丁丑 24 五	戊寅 25 六	己卯 26 日	庚辰 27 一	辛巳 28 二	壬午 29 三	癸未 30 四	甲申 31 五	乙酉 (1) 六	丙戌 2 日	丁亥 3 一	戊子 4 二	己丑 5 三	庚寅 6 四	辛卯 7 五	壬辰 8 六	癸巳 9 日	甲午 10 一	乙未 11 二	己巳冬至 甲申小寒
十二月大	乙丑	天干地支 西曆 星期	丙申 12 三	丁酉 13 四	戊戌 14 五	己亥 15 六	庚子 16 日	辛丑 17 一	壬寅 18 二	癸卯 19 三	甲辰 20 四	乙巳 21 五	丙午 22 六	丁未 23 日	戊申 24 一	己酉 25 二	庚戌 26 三	辛亥 27 四	壬子 28 五	癸丑 29 六	甲寅 30 日	乙卯 31 一	丙辰 (2) 二	丁巳 2 三	戊午 3 四	己未 4 五	庚申 5 六	辛酉 6 日	壬戌 7 一	癸亥 8 二	甲子 9 三	乙丑 10 四	己亥大寒 乙卯立春

遼興宗重熙二十三年（甲午 馬年） 公元 1054 ~ 1055 年

夏曆月序		中西曆日對照	初一	初二	初三	初四	初五	初六	初七	初八	初九	初十	十一	十二	十三	十四	十五	十六	十七	十八	十九	二十	二一	二二	二三	二四	二五	二六	二七	二八	二九	三十	節氣與天象
正月小	丙寅	天干地支 西曆星期	丙寅11五	丁卯12六	戊辰13日	己巳14一	庚午15二	辛未16三	壬申17四	癸酉18五	甲戌19六	乙亥20日	丙子21一	丁丑22二	戊寅23三	己卯24四	庚辰25五	辛巳26六	壬午27日	癸未28一	甲申(3)二	乙酉2三	丙戌3四	丁亥4五	戊子5六	己丑6日	庚寅7一	辛卯8二	壬辰9三	癸巳10四	甲午11五		庚午雨水 乙酉驚蟄
二月大	丁卯	天干地支 西曆星期	乙未12六	丙申13日	丁酉14一	戊戌15二	己亥16三	庚子17四	辛丑18五	壬寅19六	癸卯20日	甲辰21一	乙巳22二	丙午23三	丁未24四	戊申25五	己酉26六	庚戌27日	辛亥28一	壬子29二	癸丑30三	甲寅31四	乙卯(4)五	丙辰2六	丁巳3日	戊午4一	己未5二	庚申6三	辛酉7四	壬戌8五	癸亥9六	甲子10日	庚子春分 丙辰清明
三月小	戊辰	天干地支 西曆星期	乙丑11一	丙寅12二	丁卯13三	戊辰14四	己巳15五	庚午16六	辛未17日	壬申18一	癸酉19二	甲戌20三	乙亥21四	丙子22五	丁丑23六	戊寅24日	己卯25一	庚辰26二	辛巳27三	壬午28四	癸未29五	甲申30六	乙酉(5)日	丙戌2一	丁亥3二	戊子4三	己丑5四	庚寅6五	辛卯7六	壬辰8日	癸巳9一		辛未穀雨 丙戌立夏
四月大	己巳	天干地支 西曆星期	甲午10二	乙未11三	丙申12四	丁酉13五	戊戌14六	己亥15日	庚子16一	辛丑17二	壬寅18三	癸卯19四	甲辰20五	乙巳21六	丙午22日	丁未23一	戊申24二	己酉25三	庚戌26四	辛亥27五	壬子28六	癸丑29日	甲寅30一	乙卯31二	丙辰(6)三	丁巳2四	戊午3五	己未4六	庚申5日	辛酉6一	壬戌7二	癸亥8三	辛丑小滿 丙辰芒種
五月小	庚午	天干地支 西曆星期	甲子9四	乙丑10五	丙寅11六	丁卯12日	戊辰13一	己巳14二	庚午15三	辛未16四	壬申17五	癸酉18六	甲戌19日	乙亥20一	丙子21二	丁丑22三	戊寅23四	己卯24五	庚辰25六	辛巳26日	壬午27一	癸未28二	甲申29三	乙酉30四	丙戌(7)五	丁亥2六	戊子3日	己丑4一	庚寅5二	辛卯6三	壬辰7四		壬申夏至 丁亥小暑
六月小	辛未	天干地支 西曆星期	癸巳8五	甲午9六	乙未10日	丙申11一	丁酉12二	戊戌13三	己亥14四	庚子15五	辛丑16六	壬寅17日	癸卯18一	甲辰19二	乙巳20三	丙午21四	丁未22五	戊申23六	己酉24日	庚戌25一	辛亥26二	壬子27三	癸丑28四	甲寅29五	乙卯30六	丙辰31日	丁巳(8)一	戊午2二	己未3三	庚申4四	辛酉5五		壬寅大暑 丁巳立秋
七月大	壬申	天干地支 西曆星期	壬戌6六	癸亥7日	甲子8一	乙丑9二	丙寅10三	丁卯11四	戊辰12五	己巳13六	庚午14日	辛未15一	壬申16二	癸酉17三	甲戌18四	乙亥19五	丙子20六	丁丑21日	戊寅22一	己卯23二	庚辰24三	辛巳25四	壬午26五	癸未27六	甲申28日	乙酉29一	丙戌30二	丁亥31三	戊子(9)四	己丑2五	庚寅3六	辛卯4日	壬申處暑 戊子白露
八月小	癸酉	天干地支 西曆星期	壬辰5一	癸巳6二	甲午7三	乙未8四	丙申9五	丁酉10六	戊戌11日	己亥12一	庚子13二	辛丑14三	壬寅15四	癸卯16五	甲辰17六	乙巳18日	丙午19一	丁未20二	戊申21三	己酉22四	庚戌23五	辛亥24六	壬子25日	癸丑26一	甲寅27二	乙卯28三	丙辰29四	丁巳30五	戊午(10)六	己未2日	庚申3一		癸卯秋分 戊午寒露
九月大	甲戌	天干地支 西曆星期	辛酉4二	壬戌5三	癸亥6四	甲子7五	乙丑8六	丙寅9日	丁卯10一	戊辰11二	己巳12三	庚午13四	辛未14五	壬申15六	癸酉16日	甲戌17一	乙亥18二	丙子19三	丁丑20四	戊寅21五	己卯22六	庚辰23日	辛巳24一	壬午25二	癸未26三	甲申27四	乙酉28五	丙戌29六	丁亥30日	戊子31一	己丑(11)二	庚寅2三	癸酉霜降 己丑立冬
十月小	乙亥	天干地支 西曆星期	辛卯3四	壬辰4五	癸巳5六	甲午6日	乙未7一	丙申8二	丁酉9三	戊戌10四	己亥11五	庚子12六	辛丑13日	壬寅14一	癸卯15二	甲辰16三	乙巳17四	丙午18五	丁未19六	戊申20日	己酉21一	庚戌22二	辛亥23三	壬子24四	癸丑25五	甲寅26六	乙卯27日	丙辰28一	丁巳29二	戊午30三	己未(12)四		甲辰小雪 己未大雪
十一月大	丙子	天干地支 西曆星期	庚申2五	辛酉3六	壬戌4日	癸亥5一	甲子6二	乙丑7三	丙寅8四	丁卯9五	戊辰10六	己巳11日	庚午12一	辛未13二	壬申14三	癸酉15四	甲戌16五	乙亥17六	丙子18日	丁丑19一	戊寅20二	己卯21三	庚辰22四	辛巳23五	壬午24六	癸未25日	甲申26一	乙酉27二	丙戌28三	丁亥29四	戊子30五	己丑31六	甲戌冬至 己丑小寒
十二月大	丁丑	天干地支 西曆星期	庚寅(1)日	辛卯2一	壬辰3二	癸巳4三	甲午5四	乙未6五	丙申7六	丁酉8日	戊戌9一	己亥10二	庚子11三	辛丑12四	壬寅13五	癸卯14六	甲辰15日	乙巳16一	丙午17二	丁未18三	戊申19四	己酉20五	庚戌21六	辛亥22日	壬子23一	癸丑24二	甲寅25三	乙卯26四	丙辰27五	丁巳28六	戊午29日	己未30一	乙巳大寒

遼興宗重熙二十四年 道宗清寧元年（乙未 羊年） 公元 1055 ~ 1056 年

夏曆月序	中西曆日對照	初一	初二	初三	初四	初五	初六	初七	初八	初九	初十	十一	十二	十三	十四	十五	十六	十七	十八	十九	二十	二一	二二	二三	二四	二五	二六	二七	二八	二九	三十	節氣與天象
正月小	戊寅 天干地支 西曆星期	庚申 31 二	辛酉 (2) 三	壬戌 2 四	癸亥 3 五	甲子 4 六	乙丑 5 日	丙寅 6 一	丁卯 7 二	戊辰 8 三	己巳 9 四	庚午 10 五	辛未 11 六	壬申 12 日	癸酉 13 一	甲戌 14 二	乙亥 15 三	丙子 16 四	丁丑 17 五	戊寅 18 六	己卯 19 日	庚辰 20 一	辛巳 21 二	壬午 22 三	癸未 23 四	甲申 24 五	乙酉 25 六	丙戌 26 日	丁亥 27 一	戊子 28 二		庚申立春 乙亥雨水
二月大	己卯 天干地支 西曆星期	己丑 (3) 三	庚寅 2 四	辛卯 3 五	壬辰 4 六	癸巳 5 日	甲午 6 一	乙未 7 二	丙申 8 三	丁酉 9 四	戊戌 10 五	己亥 11 六	庚子 12 日	辛丑 13 一	壬寅 14 二	癸卯 15 三	甲辰 16 四	乙巳 17 五	丙午 18 六	丁未 19 日	戊申 20 一	己酉 21 二	庚戌 22 三	辛亥 23 四	壬子 24 五	癸丑 25 六	甲寅 26 日	乙卯 27 一	丙辰 28 二	丁巳 29 三	戊午 30 四	庚寅驚蟄 丙午春分
三月大	庚辰 天干地支 西曆星期	己未 31 五	庚申 (4) 六	辛酉 2 日	壬戌 3 一	癸亥 4 二	甲子 5 三	乙丑 6 四	丙寅 7 五	丁卯 8 六	戊辰 9 日	己巳 10 一	庚午 11 二	辛未 12 三	壬申 13 四	癸酉 14 五	甲戌 15 六	乙亥 16 日	丙子 17 一	丁丑 18 二	戊寅 19 三	己卯 20 四	庚辰 21 五	辛巳 22 六	壬午 23 日	癸未 24 一	甲申 25 二	乙酉 26 三	丙戌 27 四	丁亥 28 五	戊子 29 六	辛酉清明 丙子穀雨
四月小	辛巳 天干地支 西曆星期	己丑 30 日	庚寅 (5) 一	辛卯 2 二	壬辰 3 三	癸巳 4 四	甲午 5 五	乙未 6 六	丙申 7 日	丁酉 8 一	戊戌 9 二	己亥 10 三	庚子 11 四	辛丑 12 五	壬寅 13 六	癸卯 14 日	甲辰 15 一	乙巳 16 二	丙午 17 三	丁未 18 四	戊申 19 五	己酉 20 六	庚戌 21 日	辛亥 22 一	壬子 23 二	癸丑 24 三	甲寅 25 四	乙卯 26 五	丙辰 27 六	丁巳 28 日		辛卯立夏 丙午小滿
五月大	壬午 天干地支 西曆星期	戊午 29 一	己未 30 二	庚申 31 三	辛酉 (6) 四	壬戌 2 五	癸亥 3 六	甲子 4 日	乙丑 5 一	丙寅 6 二	丁卯 7 三	戊辰 8 四	己巳 9 五	庚午 10 六	辛未 11 日	壬申 12 一	癸酉 13 二	甲戌 14 三	乙亥 15 四	丙子 16 五	丁丑 17 六	戊寅 18 日	己卯 19 一	庚辰 20 二	辛巳 21 三	壬午 22 四	癸未 23 五	甲申 24 六	乙酉 25 日	丙戌 26 一	丁亥 27 二	壬戌芒種 丁丑夏至
六月小	癸未 天干地支 西曆星期	戊子 28 三	己丑 29 四	庚寅 30 五	辛卯 (7) 六	壬辰 2 日	癸巳 3 一	甲午 4 二	乙未 5 三	丙申 6 四	丁酉 7 五	戊戌 8 六	己亥 9 日	庚子 10 一	辛丑 11 二	壬寅 12 三	癸卯 13 四	甲辰 14 五	乙巳 15 六	丙午 16 日	丁未 17 一	戊申 18 二	己酉 19 三	庚戌 20 四	辛亥 21 五	壬子 22 六	癸丑 23 日	甲寅 24 一	乙卯 25 二	丙辰 26 三		壬辰小暑 丁未大暑
七月小	甲申 天干地支 西曆星期	丁巳 27 四	戊午 28 五	己未 29 六	庚申 30 日	辛酉 31 一	壬戌 (8) 二	癸亥 2 三	甲子 3 四	乙丑 4 五	丙寅 5 六	丁卯 6 日	戊辰 7 一	己巳 8 二	庚午 9 三	辛未 10 四	壬申 11 五	癸酉 12 六	甲戌 13 日	乙亥 14 一	丙子 15 二	丁丑 16 三	戊寅 17 四	己卯 18 五	庚辰 19 六	辛巳 20 日	壬午 21 一	癸未 22 二	甲申 23 三	乙酉 24 四		癸亥立秋 戊寅處暑
八月大	乙酉 天干地支 西曆星期	丙戌 25 五	丁亥 26 六	戊子 27 日	己丑 28 一	庚寅 29 二	辛卯 30 三	壬辰 31 四	癸巳 (9) 五	甲午 2 六	乙未 3 日	丙申 4 一	丁酉 5 二	戊戌 6 三	己亥 7 四	庚子 8 五	辛丑 9 六	壬寅 10 日	癸卯 11 一	甲辰 12 二	乙巳 13 三	丙午 14 四	丁未 15 五	戊申 16 六	己酉 17 日	庚戌 18 一	辛亥 19 二	壬子 20 三	癸丑 21 四	甲寅 22 五	乙卯 23 六	癸巳白露 戊申秋分
九月小	丙戌 天干地支 西曆星期	丙辰 24 日	丁巳 25 一	戊午 26 二	己未 27 三	庚申 28 四	辛酉 29 五	壬戌 30 六	癸亥 (10) 日	甲子 2 一	乙丑 3 二	丙寅 4 三	丁卯 5 四	戊辰 6 五	己巳 7 六	庚午 8 日	辛未 9 一	壬申 10 二	癸酉 11 三	甲戌 12 四	乙亥 13 五	丙子 14 六	丁丑 15 日	戊寅 16 一	己卯 17 二	庚辰 18 三	辛巳 19 四	壬午 20 五	癸未 21 六	甲申 22 日		癸亥寒露 己卯霜降
十月大	丁亥 天干地支 西曆星期	乙酉 23 一	丙戌 24 二	丁亥 25 三	戊子 26 四	己丑 27 五	庚寅 28 六	辛卯 29 日	壬辰 30 一	癸巳 31 二	甲午 (11) 三	乙未 2 四	丙申 3 五	丁酉 4 六	戊戌 5 日	己亥 6 一	庚子 7 二	辛丑 8 三	壬寅 9 四	癸卯 10 五	甲辰 11 六	乙巳 12 日	丙午 13 一	丁未 14 二	戊申 15 三	己酉 16 四	庚戌 17 五	辛亥 18 六	壬子 19 日	癸丑 20 一	甲寅 21 二	甲午立冬 己酉小雪
十一月小	戊子 天干地支 西曆星期	乙卯 22 三	丙辰 23 四	丁巳 24 五	戊午 25 六	己未 26 日	庚申 27 一	辛酉 28 二	壬戌 29 三	癸亥 30 四	甲子 (12) 五	乙丑 2 六	丙寅 3 日	丁卯 4 一	戊辰 5 二	己巳 6 三	庚午 7 四	辛未 8 五	壬申 9 六	癸酉 10 日	甲戌 11 一	乙亥 12 二	丙子 13 三	丁丑 14 四	戊寅 15 五	己卯 16 六	庚辰 17 日	辛巳 18 一	壬午 19 二	癸未 20 三		甲子大雪 己卯冬至
十二月大	己丑 天干地支 西曆星期	甲申 21 四	乙酉 22 五	丙戌 23 六	丁亥 24 日	戊子 25 一	己丑 26 二	庚寅 27 三	辛卯 28 四	壬辰 29 五	癸巳 30 六	甲午 31 日	乙未 (1) 一	丙申 2 二	丁酉 3 三	戊戌 4 四	己亥 5 五	庚子 6 六	辛丑 7 日	壬寅 8 一	癸卯 9 二	甲辰 10 三	乙巳 11 四	丙午 12 五	丁未 13 六	戊申 14 日	己酉 15 一	庚戌 16 二	辛亥 17 三	壬子 18 四	癸丑 19 五	乙未小寒 庚戌大寒

* 八月己丑（初四），遼興宗死，耶律洪基即位，是爲道宗。辛丑（十六日），改元清寧。

遼道宗清寧二年（丙申 猴年） 公元 **1056** ~ 1057 年

夏曆月序		中西曆日對照	夏曆日序																														節氣與天象
			初一	初二	初三	初四	初五	初六	初七	初八	初九	初十	十一	十二	十三	十四	十五	十六	十七	十八	十九	二十	二一	二二	二三	二四	二五	二六	二七	二八	二九	三十	
正月小	庚寅	天干 地支 西曆 星期	甲寅 20 六	乙卯 21 日	丙辰 22 一	丁巳 23 二	戊午 24 三	己未 25 四	庚申 26 五	辛酉 27 六	壬戌 28 日	癸亥 29 一	甲子 30 二	乙丑 31 三	丙寅 (2) 四	丁卯 2 五	戊辰 3 六	己巳 4 日	庚午 5 一	辛未 6 二	壬申 7 三	癸酉 8 四	甲戌 9 五	乙亥 10 六	丙子 11 日	丁丑 12 一	戊寅 13 二	己卯 14 三	庚辰 15 四	辛巳 16 五	壬午 17 六		乙丑立春 庚辰雨水
二月大	辛卯	天干 地支 西曆 星期	癸未 18 日	甲申 19 一	乙酉 20 二	丙戌 21 三	丁亥 22 四	戊子 23 五	己丑 24 六	庚寅 25 日	辛卯 26 一	壬辰 27 二	癸巳 28 三	甲午 29 四	乙未 (3) 五	丙申 2 六	丁酉 3 日	戊戌 4 一	己亥 5 二	庚子 6 三	辛丑 7 四	壬寅 8 五	癸卯 9 六	甲辰 10 日	乙巳 11 一	丙午 12 二	丁未 13 三	戊申 14 四	己酉 15 五	庚戌 16 六	辛亥 17 日	壬子 18 一	丙申驚蟄 辛亥春分
三月大	壬辰	天干 地支 西曆 星期	癸丑 19 二	甲寅 20 三	乙卯 21 四	丙辰 22 五	丁巳 23 六	戊午 24 日	己未 25 一	庚申 26 二	辛酉 27 三	壬戌 28 四	癸亥 29 五	甲子 30 六	乙丑 31 日	丙寅 (4) 一	丁卯 2 二	戊辰 3 三	己巳 4 四	庚午 5 五	辛未 6 六	壬申 7 日	癸酉 8 一	甲戌 9 二	乙亥 10 三	丙子 11 四	丁丑 12 五	戊寅 13 六	己卯 14 日	庚辰 15 一	辛巳 16 二	壬午 17 三	丙寅清明 辛巳穀雨
閏三月小	壬辰	天干 地支 西曆 星期	癸未 18 四	甲申 19 五	乙酉 20 六	丙戌 21 日	丁亥 22 一	戊子 23 二	己丑 24 三	庚寅 25 四	辛卯 26 五	壬辰 27 六	癸巳 28 日	甲午 29 一	乙未 30 二	丙申 (5) 三	丁酉 2 四	戊戌 3 五	己亥 4 六	庚子 5 日	辛丑 6 一	壬寅 7 二	癸卯 8 三	甲辰 9 四	乙巳 10 五	丙午 11 六	丁未 12 日	戊申 13 一	己酉 14 二	庚戌 15 三	辛亥 16 四		丙申立夏
四月大	癸巳	天干 地支 西曆 星期	壬子 17 五	癸丑 18 六	甲寅 19 日	乙卯 20 一	丙辰 21 二	丁巳 22 三	戊午 23 四	己未 24 五	庚申 25 六	辛酉 26 日	壬戌 27 一	癸亥 28 二	甲子 29 三	乙丑 30 四	丙寅 31 五	丁卯 (6) 六	戊辰 2 日	己巳 3 一	庚午 4 二	辛未 5 三	壬申 6 四	癸酉 7 五	甲戌 8 六	乙亥 9 日	丙子 10 一	丁丑 11 二	戊寅 12 三	己卯 13 四	庚辰 14 五	辛巳 15 六	壬子小滿 丁卯芒種
五月大	甲午	天干 地支 西曆 星期	壬午 16 日	癸未 17 一	甲申 18 二	乙酉 19 三	丙戌 20 四	丁亥 21 五	戊子 22 六	己丑 23 日	庚寅 24 一	辛卯 25 二	壬辰 26 三	癸巳 27 四	甲午 28 五	乙未 29 六	丙申 30 日	丁酉 (7) 一	戊戌 2 二	己亥 3 三	庚子 4 四	辛丑 5 五	壬寅 6 六	癸卯 7 日	甲辰 8 一	乙巳 9 二	丙午 10 三	丁未 11 四	戊申 12 五	己酉 13 六	庚戌 14 日	辛亥 15 一	壬午夏至 丁酉小暑
六月小	乙未	天干 地支 西曆 星期	壬子 16 二	癸丑 17 三	甲寅 18 四	乙卯 19 五	丙辰 20 六	丁巳 21 日	戊午 22 一	己未 23 二	庚申 24 三	辛酉 25 四	壬戌 26 五	癸亥 27 六	甲子 28 日	乙丑 29 一	丙寅 30 二	丁卯 31 三	戊辰 (8) 四	己巳 2 五	庚午 3 六	辛未 4 日	壬申 5 一	癸酉 6 二	甲戌 7 三	乙亥 8 四	丙子 9 五	丁丑 10 六	戊寅 11 日	己卯 12 一	庚辰 13 二		癸丑大暑 戊辰立秋
七月小	丙申	天干 地支 西曆 星期	辛巳 14 三	壬午 15 四	癸未 16 五	甲申 17 六	乙酉 18 日	丙戌 19 一	丁亥 20 二	戊子 21 三	己丑 22 四	庚寅 23 五	辛卯 24 六	壬辰 25 日	癸巳 26 一	甲午 27 二	乙未 28 三	丙申 29 四	丁酉 30 五	戊戌 31 六	己亥 (9) 日	庚子 2 一	辛丑 3 二	壬寅 4 三	癸卯 5 四	甲辰 6 五	乙巳 7 六	丙午 8 日	丁未 9 一	戊申 10 二	己酉 11 三		癸未處暑 戊戌白露
八月大	丁酉	天干 地支 西曆 星期	庚戌 12 四	辛亥 13 五	壬子 14 六	癸丑 15 日	甲寅 16 一	乙卯 17 二	丙辰 18 三	丁巳 19 四	戊午 20 五	己未 21 六	庚申 22 日	辛酉 23 一	壬戌 24 二	癸亥 25 三	甲子 26 四	乙丑 27 五	丙寅 28 六	丁卯 29 日	戊辰 30 一	己巳 (10) 二	庚午 2 三	辛未 3 四	壬申 4 五	癸酉 5 六	甲戌 6 日	乙亥 7 一	丙子 8 二	丁丑 9 三	戊寅 10 四	己卯 11 五	癸丑秋分 己巳寒露 庚戌日食
九月小	戊戌	天干 地支 西曆 星期	庚辰 12 六	辛巳 13 日	壬午 14 一	癸未 15 二	甲申 16 三	乙酉 17 四	丙戌 18 五	丁亥 19 六	戊子 20 日	己丑 21 一	庚寅 22 二	辛卯 23 三	壬辰 24 四	癸巳 25 五	甲午 26 六	乙未 27 日	丙申 28 一	丁酉 29 二	戊戌 30 三	己亥 31 四	庚子 (11) 五	辛丑 2 六	壬寅 3 日	癸卯 4 一	甲辰 5 二	乙巳 6 三	丙午 7 四	丁未 8 五	戊申 9 六		甲申霜降 己亥立冬
十月大	己亥	天干 地支 西曆 星期	己酉 10 日	庚戌 11 一	辛亥 12 二	壬子 13 三	癸丑 14 四	甲寅 15 五	乙卯 16 六	丙辰 17 日	丁巳 18 一	戊午 19 二	己未 20 三	庚申 21 四	辛酉 22 五	壬戌 23 六	癸亥 24 日	甲子 25 一	乙丑 26 二	丙寅 27 三	丁卯 28 四	戊辰 29 五	己巳 30 六	庚午 (12) 日	辛未 2 一	壬申 3 二	癸酉 4 三	甲戌 5 四	乙亥 6 五	丙子 7 六	丁丑 8 日	戊寅 9 一	甲寅小雪 庚午大雪
十一月小	庚子	天干 地支 西曆 星期	己卯 10 二	庚辰 11 三	辛巳 12 四	壬午 13 五	癸未 14 六	甲申 15 日	乙酉 16 一	丙戌 17 二	丁亥 18 三	戊子 19 四	己丑 20 五	庚寅 21 六	辛卯 22 日	壬辰 23 一	癸巳 24 二	甲午 25 三	乙未 26 四	丙申 27 五	丁酉 28 六	戊戌 29 日	己亥 30 一	庚子 31 二	辛丑 (1) 三	壬寅 2 四	癸卯 3 五	甲辰 4 六	乙巳 5 日	丙午 6 一	丁未 7 二		乙酉冬至 庚子小寒
十二月大	辛丑	天干 地支 西曆 星期	戊申 8 三	己酉 9 四	庚戌 10 五	辛亥 11 六	壬子 12 日	癸丑 13 一	甲寅 14 二	乙卯 15 三	丙辰 16 四	丁巳 17 五	戊午 18 六	己未 19 日	庚申 20 一	辛酉 21 二	壬戌 22 三	癸亥 23 四	甲子 24 五	乙丑 25 六	丙寅 26 日	丁卯 27 一	戊辰 28 二	己巳 29 三	庚午 30 四	辛未 31 五	壬申 (2) 六	癸酉 2 日	甲戌 3 一	乙亥 4 二	丙子 5 三	丁丑 6 四	乙卯大寒 庚午立春

遼道宗清寧三年（丁酉 鷄年） 公元 1057 ~ 1058 年

夏曆月序		中西曆日對照	初一	初二	初三	初四	初五	初六	初七	初八	初九	初十	十一	十二	十三	十四	十五	十六	十七	十八	十九	二十	二一	二二	二三	二四	二五	二六	二七	二八	二九	三十	節氣與天象
正月小	壬寅	天干 地支 西曆 星期	戊寅 7 五	己卯 8 六	庚辰 9 日	辛巳 10 一	壬午 11 二	癸未 12 三	甲申 13 四	乙酉 14 五	丙戌 15 六	丁亥 16 日	戊子 17 一	己丑 18 二	庚寅 19 三	辛卯 20 四	壬辰 21 五	癸巳 22 六	甲午 23 日	乙未 24 一	丙申 25 二	丁酉 26 三	戊戌 27 四	己亥 28 五	庚子 (3) 六	辛丑 2 日	壬寅 3 一	癸卯 4 二	甲辰 5 三	乙巳 6 四	丙午 7 五		丙戌雨水 辛丑驚蟄
二月大	癸卯	天干 地支 西曆 星期	丁未 8 六	戊申 9 日	己酉 10 一	庚戌 11 二	辛亥 12 三	壬子 13 四	癸丑 14 五	甲寅 15 六	乙卯 16 日	丙辰 17 一	丁巳 18 二	戊午 19 三	己未 20 四	庚申 21 五	辛酉 22 六	壬戌 23 日	癸亥 24 一	甲子 25 二	乙丑 26 三	丙寅 27 四	丁卯 28 五	戊辰 29 六	己巳 30 日	庚午 31 一	辛未 (4) 二	壬申 2 三	癸酉 3 四	甲戌 4 五	乙亥 5 六	丙子 6 日	丙辰春分 辛未清明
三月大	甲辰	天干 地支 西曆 星期	丁丑 7 一	戊寅 8 二	己卯 9 三	庚辰 10 四	辛巳 11 五	壬午 12 六	癸未 13 日	甲申 14 一	乙酉 15 二	丙戌 16 三	丁亥 17 四	戊子 18 五	己丑 19 六	庚寅 20 日	辛卯 21 一	壬辰 22 二	癸巳 23 三	甲午 24 四	乙未 25 五	丙申 26 六	丁酉 27 日	戊戌 28 一	己亥 29 二	庚子 30 三	辛丑 (5) 四	壬寅 2 五	癸卯 3 六	甲辰 4 日	乙巳 5 一	丙午 6 二	丙戌穀雨 壬寅立夏
四月小	乙巳	天干 地支 西曆 星期	丁未 7 三	戊申 8 四	己酉 9 五	庚戌 10 六	辛亥 11 日	壬子 12 一	癸丑 13 二	甲寅 14 三	乙卯 15 四	丙辰 16 五	丁巳 17 六	戊午 18 日	己未 19 一	庚申 20 二	辛酉 21 三	壬戌 22 四	癸亥 23 五	甲子 24 六	乙丑 25 日	丙寅 26 一	丁卯 27 二	戊辰 28 三	己巳 29 四	庚午 30 五	辛未 31 六	壬申 (6) 日	癸酉 2 一	甲戌 3 二	乙亥 4 三		丁巳小滿 壬申芒種
五月大	丙午	天干 地支 西曆 星期	丙子 5 四	丁丑 6 五	戊寅 7 六	己卯 8 日	庚辰 9 一	辛巳 10 二	壬午 11 三	癸未 12 四	甲申 13 五	乙酉 14 六	丙戌 15 日	丁亥 16 一	戊子 17 二	己丑 18 三	庚寅 19 四	辛卯 20 五	壬辰 21 六	癸巳 22 日	甲午 23 一	乙未 24 二	丙申 25 三	丁酉 26 四	戊戌 27 五	己亥 28 六	庚子 29 日	辛丑 30 一	壬寅 (7) 二	癸卯 2 三	甲辰 3 四	乙巳 4 五	丁亥夏至 癸卯小暑
六月小	丁未	天干 地支 西曆 星期	丙午 5 六	丁未 6 日	戊申 7 一	己酉 8 二	庚戌 9 三	辛亥 10 四	壬子 11 五	癸丑 12 六	甲寅 13 日	乙卯 14 一	丙辰 15 二	丁巳 16 三	戊午 17 四	己未 18 五	庚申 19 六	辛酉 20 日	壬戌 21 一	癸亥 22 二	甲子 23 三	乙丑 24 四	丙寅 25 五	丁卯 26 六	戊辰 27 日	己巳 28 一	庚午 29 二	辛未 30 三	壬申 31 四	癸酉 (8) 五	甲戌 2 六		戊午大暑 癸酉立秋
七月大	戊申	天干 地支 西曆 星期	乙亥 3 日	丙子 4 一	丁丑 5 二	戊寅 6 三	己卯 7 四	庚辰 8 五	辛巳 9 六	壬午 10 日	癸未 11 一	甲申 12 二	乙酉 13 三	丙戌 14 四	丁亥 15 五	戊子 16 六	己丑 17 日	庚寅 18 一	辛卯 19 二	壬辰 20 三	癸巳 21 四	甲午 22 五	乙未 23 六	丙申 24 日	丁酉 25 一	戊戌 26 二	己亥 27 三	庚子 28 四	辛丑 29 五	壬寅 30 六	癸卯 31 日	甲辰 (9) 一	戊子處暑 癸卯白露
八月小	己酉	天干 地支 西曆 星期	乙巳 2 二	丙午 3 三	丁未 4 四	戊申 5 五	己酉 6 六	庚戌 7 日	辛亥 8 一	壬子 9 二	癸丑 10 三	甲寅 11 四	乙卯 12 五	丙辰 13 六	丁巳 14 日	戊午 15 一	己未 16 二	庚申 17 三	辛酉 18 四	壬戌 19 五	癸亥 20 六	甲子 21 日	乙丑 22 一	丙寅 23 二	丁卯 24 三	戊辰 25 四	己巳 26 五	庚午 27 六	辛未 28 日	壬申 29 一	癸酉 30 二		己未秋分
九月大	庚戌	天干 地支 西曆 星期	甲戌 (10) 三	乙亥 2 四	丙子 3 五	丁丑 4 六	戊寅 5 日	己卯 6 一	庚辰 7 二	辛巳 8 三	壬午 9 四	癸未 10 五	甲申 11 六	乙酉 12 日	丙戌 13 一	丁亥 14 二	戊子 15 三	己丑 16 四	庚寅 17 五	辛卯 18 六	壬辰 19 日	癸巳 20 一	甲午 21 二	乙未 22 三	丙申 23 四	丁酉 24 五	戊戌 25 六	己亥 26 日	庚子 27 一	辛丑 28 二	壬寅 29 三	癸卯 30 四	甲戌寒露 己丑霜降
十月小	辛亥	天干 地支 西曆 星期	甲辰 31 五	乙巳 (11) 六	丙午 2 日	丁未 3 一	戊申 4 二	己酉 5 三	庚戌 6 四	辛亥 7 五	壬子 8 六	癸丑 9 日	甲寅 10 一	乙卯 11 二	丙辰 12 三	丁巳 13 四	戊午 14 五	己未 15 六	庚申 16 日	辛酉 17 一	壬戌 18 二	癸亥 19 三	甲子 20 四	乙丑 21 五	丙寅 22 六	丁卯 23 日	戊辰 24 一	己巳 25 二	庚午 26 三	辛未 27 四	壬申 28 五		甲辰立冬 庚申小雪
十一月大	壬子	天干 地支 西曆 星期	癸酉 29 六	甲戌 30 日	乙亥 (12) 一	丙子 2 二	丁丑 3 三	戊寅 4 四	己卯 5 五	庚辰 6 六	辛巳 7 日	壬午 8 一	癸未 9 二	甲申 10 三	乙酉 11 四	丙戌 12 五	丁亥 13 六	戊子 14 日	己丑 15 一	庚寅 16 二	辛卯 17 三	壬辰 18 四	癸巳 19 五	甲午 20 六	乙未 21 日	丙申 22 一	丁酉 23 二	戊戌 24 三	己亥 25 四	庚子 26 五	辛丑 27 六	壬寅 28 日	乙亥大雪 庚寅冬至
十二月小	癸丑	天干 地支 西曆 星期	癸卯 29 一	甲辰 30 二	乙巳 31 三	丙午 (1) 四	丁未 2 五	戊申 3 六	己酉 4 日	庚戌 5 一	辛亥 6 二	壬子 7 三	癸丑 8 四	甲寅 9 五	乙卯 10 六	丙辰 11 日	丁巳 12 一	戊午 13 二	己未 14 三	庚申 15 四	辛酉 16 五	壬戌 17 六	癸亥 18 日	甲子 19 一	乙丑 20 二	丙寅 21 三	丁卯 22 四	戊辰 23 五	己巳 24 六	庚午 25 日	辛未 26 一		乙巳小寒 庚申大寒

遼道宗清寧四年（戊戌 狗年） 公元 1058 ~ 1059 年

夏曆月序		中西曆日對照	初一	初二	初三	初四	初五	初六	初七	初八	初九	初十	十一	十二	十三	十四	十五	十六	十七	十八	十九	二十	廿一	廿二	廿三	廿四	廿五	廿六	廿七	廿八	廿九	三十	節氣與天象
正月大	甲寅	天干地支 西曆 星期	壬申 27 二	癸酉 28 三	甲戌 29 四	乙亥 30 五	丙子 31 六	丁丑 (2) 日	戊寅 2 一	己卯 3 二	庚辰 4 三	辛巳 5 四	壬午 6 五	癸未 7 六	甲申 8 日	乙酉 9 一	丙戌 10 二	丁亥 11 三	戊子 12 四	己丑 13 五	庚寅 14 六	辛卯 15 日	壬辰 16 一	癸巳 17 二	甲午 18 三	乙未 19 四	丙申 20 五	丁酉 21 六	戊戌 22 日	己亥 23 一	庚子 24 二	辛丑 25 三	丙子立春 辛卯雨水
二月小	乙卯	天干地支 西曆 星期	壬寅 26 四	癸卯 27 五	甲辰 28 六	乙巳 (3) 日	丙午 2 一	丁未 3 二	戊申 4 三	己酉 5 四	庚戌 6 五	辛亥 7 六	壬子 8 日	癸丑 9 一	甲寅 10 二	乙卯 11 三	丙辰 12 四	丁巳 13 五	戊午 14 六	己未 15 日	庚申 16 一	辛酉 17 二	壬戌 18 三	癸亥 19 四	甲子 20 五	乙丑 21 六	丙寅 22 日	丁卯 23 一	戊辰 24 二	己巳 25 三	庚午 26 四		丙午驚蟄 辛酉春分
三月大	丙辰	天干地支 西曆 星期	辛未 27 五	壬申 28 六	癸酉 29 日	甲戌 30 一	乙亥 31 二	丙子 (4) 三	丁丑 2 四	戊寅 3 五	己卯 4 六	庚辰 5 日	辛巳 6 一	壬午 7 二	癸未 8 三	甲申 9 四	乙酉 10 五	丙戌 11 六	丁亥 12 日	戊子 13 一	己丑 14 二	庚寅 15 三	辛卯 16 四	壬辰 17 五	癸巳 18 六	甲午 19 日	乙未 20 一	丙申 21 二	丁酉 22 三	戊戌 23 四	己亥 24 五	庚子 25 六	丁丑清明 壬辰穀雨
四月小	丁巳	天干地支 西曆 星期	辛丑 26 日	壬寅 27 一	癸卯 28 二	甲辰 29 三	乙巳 30 四	丙午 (5) 五	丁未 2 六	戊申 3 日	己酉 4 一	庚戌 5 二	辛亥 6 三	壬子 7 四	癸丑 8 五	甲寅 9 六	乙卯 10 日	丙辰 11 一	丁巳 12 二	戊午 13 三	己未 14 四	庚申 15 五	辛酉 16 六	壬戌 17 日	癸亥 18 一	甲子 19 二	乙丑 20 三	丙寅 21 四	丁卯 22 五	戊辰 23 六	己巳 24 日		丁未立夏 壬戌小滿
五月大	戊午	天干地支 西曆 星期	庚午 25 一	辛未 26 二	壬申 27 三	癸酉 28 四	甲戌 29 五	乙亥 30 六	丙子 31 日	丁丑 (6) 一	戊寅 2 二	己卯 3 三	庚辰 4 四	辛巳 5 五	壬午 6 六	癸未 7 日	甲申 8 一	乙酉 9 二	丙戌 10 三	丁亥 11 四	戊子 12 五	己丑 13 六	庚寅 14 日	辛卯 15 一	壬辰 16 二	癸巳 17 三	甲午 18 四	乙未 19 五	丙申 20 六	丁酉 21 日	戊戌 22 一	己亥 23 二	丁丑芒種 癸巳夏至
六月小	己未	天干地支 西曆 星期	庚子 24 三	辛丑 25 四	壬寅 26 五	癸卯 27 六	甲辰 28 日	乙巳 29 一	丙午 30 二	丁未 (7) 三	戊申 2 四	己酉 3 五	庚戌 4 六	辛亥 5 日	壬子 6 一	癸丑 7 二	甲寅 8 三	乙卯 9 四	丙辰 10 五	丁巳 11 六	戊午 12 日	己未 13 一	庚申 14 二	辛酉 15 三	壬戌 16 四	癸亥 17 五	甲子 18 六	乙丑 19 日	丙寅 20 一	丁卯 21 二	戊辰 22 三		戊申小暑 癸亥大暑
七月大	庚申	天干地支 西曆 星期	己巳 23 四	庚午 24 五	辛未 25 六	壬申 26 日	癸酉 27 一	甲戌 28 二	乙亥 29 三	丙子 30 四	丁丑 31 五	戊寅 (8) 六	己卯 2 日	庚辰 3 一	辛巳 4 二	壬午 5 三	癸未 6 四	甲申 7 五	乙酉 8 六	丙戌 9 日	丁亥 10 一	戊子 11 二	己丑 12 三	庚寅 13 四	辛卯 14 五	壬辰 15 六	癸巳 16 日	甲午 17 一	乙未 18 二	丙申 19 三	丁酉 20 四	戊戌 21 五	戊寅立秋 癸巳處暑
八月大	辛酉	天干地支 西曆 星期	己亥 22 六	庚子 23 日	辛丑 24 一	壬寅 25 二	癸卯 26 三	甲辰 27 四	乙巳 28 五	丙午 29 六	丁未 30 日	戊申 31 一	己酉 (9) 二	庚戌 2 三	辛亥 3 四	壬子 4 五	癸丑 5 六	甲寅 6 日	乙卯 7 一	丙辰 8 二	丁巳 9 三	戊午 10 四	己未 11 五	庚申 12 六	辛酉 13 日	壬戌 14 一	癸亥 15 二	甲子 16 三	乙丑 17 四	丙寅 18 五	丁卯 19 六	戊辰 20 日	己酉白露 甲子秋分
九月小	壬戌	天干地支 西曆 星期	己巳 21 一	庚午 22 二	辛未 23 三	壬申 24 四	癸酉 25 五	甲戌 26 六	乙亥 27 日	丙子 28 一	丁丑 29 二	戊寅 30 三	己卯 (10) 四	庚辰 2 五	辛巳 3 六	壬午 4 日	癸未 5 一	甲申 6 二	乙酉 7 三	丙戌 8 四	丁亥 9 五	戊子 10 六	己丑 11 日	庚寅 12 一	辛卯 13 二	壬辰 14 三	癸巳 15 四	甲午 16 五	乙未 17 六	丙申 18 日	丁酉 19 一		己卯寒露 甲午霜降
十月大	癸亥	天干地支 西曆 星期	戊戌 20 二	己亥 21 三	庚子 22 四	辛丑 23 五	壬寅 24 六	癸卯 25 日	甲辰 26 一	乙巳 27 二	丙午 28 三	丁未 29 四	戊申 30 五	己酉 31 六	庚戌 (11) 日	辛亥 2 一	壬子 3 二	癸丑 4 三	甲寅 5 四	乙卯 6 五	丙辰 7 六	丁巳 8 日	戊午 9 一	己未 10 二	庚申 11 三	辛酉 12 四	壬戌 13 五	癸亥 14 六	甲子 15 日	乙丑 16 一	丙寅 17 二	丁卯 18 三	庚戌立冬 乙丑小雪
十一月小	甲子	天干地支 西曆 星期	戊辰 19 四	己巳 20 五	庚午 21 六	辛未 22 日	壬申 23 一	癸酉 24 二	甲戌 25 三	乙亥 26 四	丙子 27 五	丁丑 28 六	戊寅 29 日	己卯 30 一	庚辰 (12) 二	辛巳 2 三	壬午 3 四	癸未 4 五	甲申 5 六	乙酉 6 日	丙戌 7 一	丁亥 8 二	戊子 9 三	己丑 10 四	庚寅 11 五	辛卯 12 六	壬辰 13 日	癸巳 14 一	甲午 15 二	乙未 16 三	丙申 17 四		庚辰大雪 乙未冬至
十二月大	乙丑	天干地支 西曆 星期	丁酉 18 五	戊戌 19 六	己亥 20 日	庚子 21 一	辛丑 22 二	壬寅 23 三	癸卯 24 四	甲辰 25 五	乙巳 26 六	丙午 27 日	丁未 28 一	戊申 29 二	己酉 30 三	庚戌 31 四	辛亥 (1) 五	壬子 2 六	癸丑 3 日	甲寅 4 一	乙卯 5 二	丙辰 6 三	丁巳 7 四	戊午 8 五	己未 9 六	庚申 10 日	辛酉 11 一	壬戌 12 二	癸亥 13 三	甲子 14 四	乙丑 15 五	丙寅 16 六	庚戌小寒 丙寅大寒
閏十二小	乙丑	天干地支 西曆 星期	丁卯 17 日	戊辰 18 一	己巳 19 二	庚午 20 三	辛未 21 四	壬申 22 五	癸酉 23 六	甲戌 24 日	乙亥 25 一	丙子 26 二	丁丑 27 三	戊寅 28 四	己卯 29 五	庚辰 30 六	辛巳 31 日	壬午 (2) 一	癸未 2 二	甲申 3 三	乙酉 4 四	丙戌 5 五	丁亥 6 六	戊子 7 日	己丑 8 一	庚寅 9 二	辛卯 10 三	壬辰 11 四	癸巳 12 五	甲午 13 六	乙未 14 日		辛巳立春

遼道宗清寧五年（己亥 猪年） 公元 1059 ~ 1060 年

夏曆月序		中西曆日對照	初一	初二	初三	初四	初五	初六	初七	初八	初九	初十	十一	十二	十三	十四	十五	十六	十七	十八	十九	二十	二一	二二	二三	二四	二五	二六	二七	二八	二九	三十	節氣與天象
正月大	丙寅	天干 地支 西曆 星期	丙申 15 一	丁酉 16 二	戊戌 17 三	己亥 18 四	庚子 19 五	辛丑 20 六	壬寅 21 日	癸卯 22 一	甲辰 23 二	乙巳 24 三	丙午 25 四	丁未 26 五	戊申 27 六	己酉 28 日	庚戌 (3) 一	辛亥 2 二	壬子 3 三	癸丑 4 四	甲寅 5 五	乙卯 6 六	丙辰 7 日	丁巳 8 一	戊午 9 二	己未 10 三	庚申 11 四	辛酉 12 五	壬戌 13 六	癸亥 14 日	甲子 15 一	乙丑 16 二	丙申雨水 辛亥驚蟄
二月小	丁卯	天干 地支 西曆 星期	丙寅 17 三	丁卯 18 四	戊辰 19 五	己巳 20 六	庚午 21 日	辛未 22 一	壬申 23 二	癸酉 24 三	甲戌 25 四	乙亥 26 五	丙子 27 六	丁丑 28 日	戊寅 29 一	己卯 30 二	庚辰 31 三	辛巳 (4) 四	壬午 2 五	癸未 3 六	甲申 4 日	乙酉 5 一	丙戌 6 二	丁亥 7 三	戊子 8 四	己丑 9 五	庚寅 10 六	辛卯 11 日	壬辰 12 一	癸巳 13 二	甲午 14 三		丁卯春分 壬午清明
三月小	戊辰	天干 地支 西曆 星期	乙未 15 四	丙申 16 五	丁酉 17 六	戊戌 18 日	己亥 19 一	庚子 20 二	辛丑 21 三	壬寅 22 四	癸卯 23 五	甲辰 24 六	乙巳 25 日	丙午 26 一	丁未 27 二	戊申 28 三	己酉 29 四	庚戌 30 五	辛亥 (5) 六	壬子 2 日	癸丑 3 一	甲寅 4 二	乙卯 5 三	丙辰 6 四	丁巳 7 五	戊午 8 六	己未 9 日	庚申 10 一	辛酉 11 二	壬戌 12 三	癸亥 13 四		丁酉穀雨 壬子立夏
四月大	己巳	天干 地支 西曆 星期	甲子 14 五	乙丑 15 六	丙寅 16 日	丁卯 17 一	戊辰 18 二	己巳 19 三	庚午 20 四	辛未 21 五	壬申 22 六	癸酉 23 日	甲戌 24 一	乙亥 25 二	丙子 26 三	丁丑 27 四	戊寅 28 五	己卯 29 六	庚辰 30 日	辛巳 31 一	壬午 (6) 二	癸未 2 三	甲申 3 四	乙酉 4 五	丙戌 5 六	丁亥 6 日	戊子 7 一	己丑 8 二	庚寅 9 三	辛卯 10 四	壬辰 11 五	癸巳 12 六	丁卯小滿 癸未芒種
五月大	庚午	天干 地支 西曆 星期	甲午 13 日	乙未 14 一	丙申 15 二	丁酉 16 三	戊戌 17 四	己亥 18 五	庚子 19 六	辛丑 20 日	壬寅 21 一	癸卯 22 二	甲辰 23 三	乙巳 24 四	丙午 25 五	丁未 26 六	戊申 27 日	己酉 28 一	庚戌 29 二	辛亥 30 三	壬子 (7) 四	癸丑 2 五	甲寅 3 六	乙卯 4 日	丙辰 5 一	丁巳 6 二	戊午 7 三	己未 8 四	庚申 9 五	辛酉 10 六	壬戌 11 日	癸亥 12 一	戊戌夏至 癸丑小暑
六月小	辛未	天干 地支 西曆 星期	甲子 13 二	乙丑 14 三	丙寅 15 四	丁卯 16 五	戊辰 17 六	己巳 18 日	庚午 19 一	辛未 20 二	壬申 21 三	癸酉 22 四	甲戌 23 五	乙亥 24 六	丙子 25 日	丁丑 26 一	戊寅 27 二	己卯 28 三	庚辰 29 四	辛巳 30 五	壬午 31 六	癸未 (8) 日	甲申 2 一	乙酉 3 二	丙戌 4 三	丁亥 5 四	戊子 6 五	己丑 7 六	庚寅 8 日	辛卯 9 一	壬辰 10 二		戊辰大暑 癸未立秋
七月大	壬申	天干 地支 西曆 星期	癸巳 11 三	甲午 12 四	乙未 13 五	丙申 14 六	丁酉 15 日	戊戌 16 一	己亥 17 二	庚子 18 三	辛丑 19 四	壬寅 20 五	癸卯 21 六	甲辰 22 日	乙巳 23 一	丙午 24 二	丁未 25 三	戊申 26 四	己酉 27 五	庚戌 28 六	辛亥 29 日	壬子 30 一	癸丑 31 二	甲寅 (9) 三	乙卯 2 四	丙辰 3 五	丁巳 4 六	戊午 5 日	己未 6 一	庚申 7 二	辛酉 8 三	壬戌 9 四	己亥處暑 甲寅白露
八月大	癸酉	天干 地支 西曆 星期	癸亥 10 五	甲子 11 六	乙丑 12 日	丙寅 13 一	丁卯 14 二	戊辰 15 三	己巳 16 四	庚午 17 五	辛未 18 六	壬申 19 日	癸酉 20 一	甲戌 21 二	乙亥 22 三	丙子 23 四	丁丑 24 五	戊寅 25 六	己卯 26 日	庚辰 27 一	辛巳 28 二	壬午 29 三	癸未 30 四	甲申 (10) 五	乙酉 2 六	丙戌 3 日	丁亥 4 一	戊子 5 二	己丑 6 三	庚寅 7 四	辛卯 8 五	壬辰 9 六	己巳秋分 甲申寒露
九月小	甲戌	天干 地支 西曆 星期	癸巳 10 日	甲午 11 一	乙未 12 二	丙申 13 三	丁酉 14 四	戊戌 15 五	己亥 16 六	庚子 17 日	辛丑 18 一	壬寅 19 二	癸卯 20 三	甲辰 21 四	乙巳 22 五	丙午 23 六	丁未 24 日	戊申 25 一	己酉 26 二	庚戌 27 三	辛亥 28 四	壬子 29 五	癸丑 30 六	甲寅 31 日	乙卯 (11) 一	丙辰 2 二	丁巳 3 三	戊午 4 四	己未 5 五	庚申 6 六	辛酉 7 日		庚子霜降 乙卯立冬
十月大	乙亥	天干 地支 西曆 星期	壬戌 8 一	癸亥 9 二	甲子 10 三	乙丑 11 四	丙寅 12 五	丁卯 13 六	戊辰 14 日	己巳 15 一	庚午 16 二	辛未 17 三	壬申 18 四	癸酉 19 五	甲戌 20 六	乙亥 21 日	丙子 22 一	丁丑 23 二	戊寅 24 三	己卯 25 四	庚辰 26 五	辛巳 27 六	壬午 28 日	癸未 29 一	甲申 30 二	乙酉 (12) 三	丙戌 2 四	丁亥 3 五	戊子 4 六	己丑 5 日	庚寅 6 一	辛卯 7 二	庚午小雪 乙酉大雪
十一月大	丙子	天干 地支 西曆 星期	壬辰 8 三	癸巳 9 四	甲午 10 五	乙未 11 六	丙申 12 日	丁酉 13 一	戊戌 14 二	己亥 15 三	庚子 16 四	辛丑 17 五	壬寅 18 六	癸卯 19 日	甲辰 20 一	乙巳 21 二	丙午 22 三	丁未 23 四	戊申 24 五	己酉 25 六	庚戌 26 日	辛亥 27 一	壬子 28 二	癸丑 29 三	甲寅 30 四	乙卯 31 五	丙辰 (1) 六	丁巳 2 日	戊午 3 一	己未 4 二	庚申 5 三	辛酉 6 四	庚子冬至 丙辰小寒
十二月小	丁丑	天干 地支 西曆 星期	壬戌 7 五	癸亥 8 六	甲子 9 日	乙丑 10 一	丙寅 11 二	丁卯 12 三	戊辰 13 四	己巳 14 五	庚午 15 六	辛未 16 日	壬申 17 一	癸酉 18 二	甲戌 19 三	乙亥 20 四	丙子 21 五	丁丑 22 六	戊寅 23 日	己卯 24 一	庚辰 25 二	辛巳 26 三	壬午 27 四	癸未 28 五	甲申 29 六	乙酉 30 日	丙戌 31 一	丁亥 (2) 二	戊子 2 三	己丑 3 四	庚寅 4 五		辛未大寒 丙戌立春

遼道宗清寧六年（庚子 鼠年） 公元1060 ~ 1061年

夏曆月序		中西曆日對照	夏曆日序																													節氣與天象
			初一	初二	初三	初四	初五	初六	初七	初八	初九	初十	十一	十二	十三	十四	十五	十六	十七	十八	十九	二十	二一	二二	二三	二四	二五	二六	二七	二八	二九	三十	
正月小	戊寅	天干 地支 西曆 星期	辛卯 5 六	壬辰 6 日	癸巳 7 一	甲午 8 二	乙未 9 三	丙申 10 四	丁酉 11 五	戊戌 12 六	己亥 13 日	庚子 14 一	辛丑 15 二	壬寅 16 三	癸卯 17 四	甲辰 18 五	乙巳 19 六	丙午 20 日	丁未 21 一	戊申 22 二	己酉 23 三	庚戌 24 四	辛亥 25 五	壬子 26 六	癸丑 27 日	甲寅 28 一	乙卯 29 二	丙辰 (3) 三	丁巳 2 四	戊午 3 五	己未 4 六		辛丑雨水 丁巳驚蟄
二月大	己卯	天干 地支 西曆 星期	庚申 5 日	辛酉 6 一	壬戌 7 二	癸亥 8 三	甲子 9 四	乙丑 10 五	丙寅 11 六	丁卯 12 日	戊辰 13 一	己巳 14 二	庚午 15 三	辛未 16 四	壬申 17 五	癸酉 18 六	甲戌 19 日	乙亥 20 一	丙子 21 二	丁丑 22 三	戊寅 23 四	己卯 24 五	庚辰 25 六	辛巳 26 日	壬午 27 一	癸未 28 二	甲申 29 三	乙酉 30 四	丙戌 31 五	丁亥 (4) 六	戊子 2 日	己丑 3 一	壬申春分 丁亥清明
三月小	庚辰	天干 地支 西曆 星期	庚寅 4 二	辛卯 5 三	壬辰 6 四	癸巳 7 五	甲午 8 六	乙未 9 日	丙申 10 一	丁酉 11 二	戊戌 12 三	己亥 13 四	庚子 14 五	辛丑 15 六	壬寅 16 日	癸卯 17 一	甲辰 18 二	乙巳 19 三	丙午 20 四	丁未 21 五	戊申 22 六	己酉 23 日	庚戌 24 一	辛亥 25 二	壬子 26 三	癸丑 27 四	甲寅 28 五	乙卯 29 六	丙辰 30 日	丁巳 (5) 一	戊午 2 二		壬寅穀雨 丁巳立夏
四月小	辛巳	天干 地支 西曆 星期	己未 3 三	庚申 4 四	辛酉 5 五	壬戌 6 六	癸亥 7 日	甲子 8 一	乙丑 9 二	丙寅 10 三	丁卯 11 四	戊辰 12 五	己巳 13 六	庚午 14 日	辛未 15 一	壬申 16 二	癸酉 17 三	甲戌 18 四	乙亥 19 五	丙子 20 六	丁丑 21 日	戊寅 22 一	己卯 23 二	庚辰 24 三	辛巳 25 四	壬午 26 五	癸未 27 六	甲申 28 日	乙酉 29 一	丙戌 30 二	丁亥 31 三		癸酉小滿
五月大	壬午	天干 地支 西曆 星期	戊子 (6) 四	己丑 2 五	庚寅 3 六	辛卯 4 日	壬辰 5 一	癸巳 6 二	甲午 7 三	乙未 8 四	丙申 9 五	丁酉 10 六	戊戌 11 日	己亥 12 一	庚子 13 二	辛丑 14 三	壬寅 15 四	癸卯 16 五	甲辰 17 六	乙巳 18 日	丙午 19 一	丁未 20 二	戊申 21 三	己酉 22 四	庚戌 23 五	辛亥 24 六	壬子 25 日	癸丑 26 一	甲寅 27 二	乙卯 28 三	丙辰 29 四	丁巳 30 五	戊子芒種 癸卯夏至
六月小	癸未	天干 地支 西曆 星期	戊午 (7) 六	己未 2 日	庚申 3 一	辛酉 4 二	壬戌 5 三	癸亥 6 四	甲子 7 五	乙丑 8 六	丙寅 9 日	丁卯 10 一	戊辰 11 二	己巳 12 三	庚午 13 四	辛未 14 五	壬申 15 六	癸酉 16 日	甲戌 17 一	乙亥 18 二	丙子 19 三	丁丑 20 四	戊寅 21 五	己卯 22 六	庚辰 23 日	辛巳 24 一	壬午 25 二	癸未 26 三	甲申 27 四	乙酉 28 五	丙戌 29 六		戊午小暑 甲戌大暑
七月大	甲申	天干 地支 西曆 星期	丁亥 30 日	戊子 31 一	己丑 (8) 二	庚寅 2 三	辛卯 3 四	壬辰 4 五	癸巳 5 六	甲午 6 日	乙未 7 一	丙申 8 二	丁酉 9 三	戊戌 10 四	己亥 11 五	庚子 12 六	辛丑 13 日	壬寅 14 一	癸卯 15 二	甲辰 16 三	乙巳 17 四	丙午 18 五	丁未 19 六	戊申 20 日	己酉 21 一	庚戌 22 二	辛亥 23 三	壬子 24 四	癸丑 25 五	甲寅 26 六	乙卯 27 日	丙辰 28 一	己丑立秋 甲辰處暑
八月大	乙酉	天干 地支 西曆 星期	丁巳 29 二	戊午 30 三	己未 31 四	庚申 (9) 五	辛酉 2 六	壬戌 3 日	癸亥 4 一	甲子 5 二	乙丑 6 三	丙寅 7 四	丁卯 8 五	戊辰 9 六	己巳 10 日	庚午 11 一	辛未 12 二	壬申 13 三	癸酉 14 四	甲戌 15 五	乙亥 16 六	丙子 17 日	丁丑 18 一	戊寅 19 二	己卯 20 三	庚辰 21 四	辛巳 22 五	壬午 23 六	癸未 24 日	甲申 25 一	乙酉 26 二	丙戌 27 三	己未白露 甲戌秋分
九月小	丙戌	天干 地支 西曆 星期	丁亥 28 四	戊子 29 五	己丑 30 六	庚寅 (10) 日	辛卯 2 一	壬辰 3 二	癸巳 4 三	甲午 5 四	乙未 6 五	丙申 7 六	丁酉 8 日	戊戌 9 一	己亥 10 二	庚子 11 三	辛丑 12 四	壬寅 13 五	癸卯 14 六	甲辰 15 日	乙巳 16 一	丙午 17 二	丁未 18 三	戊申 19 四	己酉 20 五	庚戌 21 六	辛亥 22 日	壬子 23 一	癸丑 24 二	甲寅 25 三	乙卯 26 四		庚寅寒露 乙巳霜降
十月大	丁亥	天干 地支 西曆 星期	丙辰 27 五	丁巳 28 六	戊午 29 日	己未 30 一	庚申 31 二	辛酉 (11) 三	壬戌 2 四	癸亥 3 五	甲子 4 六	乙丑 5 日	丙寅 6 一	丁卯 7 二	戊辰 8 三	己巳 9 四	庚午 10 五	辛未 11 六	壬申 12 日	癸酉 13 一	甲戌 14 二	乙亥 15 三	丙子 16 四	丁丑 17 五	戊寅 18 六	己卯 19 日	庚辰 20 一	辛巳 21 二	壬午 22 三	癸未 23 四	甲申 24 五	乙酉 25 六	庚申立冬 乙亥小雪
十一月大	戊子	天干 地支 西曆 星期	丙戌 26 日	丁亥 27 一	戊子 28 二	己丑 29 三	庚寅 30 四	辛卯 (12) 五	壬辰 2 六	癸巳 3 日	甲午 4 一	乙未 5 二	丙申 6 三	丁酉 7 四	戊戌 8 五	己亥 9 六	庚子 10 日	辛丑 11 一	壬寅 12 二	癸卯 13 三	甲辰 14 四	乙巳 15 五	丙午 16 六	丁未 17 日	戊申 18 一	己酉 19 二	庚戌 20 三	辛亥 21 四	壬子 22 五	癸丑 23 六	甲寅 24 日	乙卯 25 一	庚寅大雪 丙午冬至
十二月小	己丑	天干 地支 西曆 星期	丙辰 26 二	丁巳 27 三	戊午 28 四	己未 29 五	庚申 30 六	辛酉 31 日	壬戌 (1) 一	癸亥 2 二	甲子 3 三	乙丑 4 四	丙寅 5 五	丁卯 6 六	戊辰 7 日	己巳 8 一	庚午 9 二	辛未 10 三	壬申 11 四	癸酉 12 五	甲戌 13 六	乙亥 14 日	丙子 15 一	丁丑 16 二	戊寅 17 三	己卯 18 四	庚辰 19 五	辛巳 20 六	壬午 21 日	癸未 22 一	甲申 23 二		辛酉小寒 丙子大寒

遼道宗清寧七年（辛丑 牛年） 公元 1061 ~ 1062 年

夏曆月序		中西曆日對照	初一	初二	初三	初四	初五	初六	初七	初八	初九	初十	十一	十二	十三	十四	十五	十六	十七	十八	十九	二十	二一	二二	二三	二四	二五	二六	二七	二八	二九	三十	節氣與天象
正月大	庚寅	天干 地支 西曆 星期	乙酉24三	丙戌25四	丁亥26五	戊子27六	己丑28日	庚寅29一	辛卯30二	壬辰31三	癸巳(2)四	甲午2五	乙未3六	丙申4日	丁酉5一	戊戌6二	己亥7三	庚子8四	辛丑9五	壬寅10六	癸卯11日	甲辰12一	乙巳13二	丙午14三	丁未15四	戊申16五	己酉17六	庚戌18日	辛亥19一	壬子20二	癸丑21三	甲寅22四	辛卯立春 丁未雨水
二月小	辛卯	天干 地支 西曆 星期	乙卯23五	丙辰24六	丁巳25日	戊午26一	己未27二	庚申28三	辛酉(3)四	壬戌2五	癸亥3六	甲子4日	乙丑5一	丙寅6二	丁卯7三	戊辰8四	己巳9五	庚午10六	辛未11日	壬申12一	癸酉13二	甲戌14三	乙亥15四	丙子16五	丁丑17六	戊寅18日	己卯19一	庚辰20二	辛巳21三	壬午22四	癸未23五		壬戌驚蟄 丁丑春分
三月大	壬辰	天干 地支 西曆 星期	甲申24六	乙酉25日	丙戌26一	丁亥27二	戊子28三	己丑29四	庚寅30五	辛卯31六	壬辰(4)日	癸巳2一	甲午3二	乙未4三	丙申5四	丁酉6五	戊戌7六	己亥8日	庚子9一	辛丑10二	壬寅11三	癸卯12四	甲辰13五	乙巳14六	丙午15日	丁未16一	戊申17二	己酉18三	庚戌19四	辛亥20五	壬子21六	癸丑22日	壬辰清明 丁未穀雨
四月小	癸巳	天干 地支 西曆 星期	甲寅23一	乙卯24二	丙辰25三	丁巳26四	戊午27五	己未28六	庚申29日	辛酉30一	壬戌(5)二	癸亥2三	甲子3四	乙丑4五	丙寅5六	丁卯6日	戊辰7一	己巳8二	庚午9三	辛未10四	壬申11五	癸酉12六	甲戌13日	乙亥14一	丙子15二	丁丑16三	戊寅17四	己卯18五	庚辰19六	辛巳20日	壬午21一		癸亥立夏 戊寅小滿
五月小	甲午	天干 地支 西曆 星期	癸未22二	甲申23三	乙酉24四	丙戌25五	丁亥26六	戊子27日	己丑28一	庚寅29二	辛卯30三	壬辰31四	癸巳(6)五	甲午2六	乙未3日	丙申4一	丁酉5二	戊戌6三	己亥7四	庚子8五	辛丑9六	壬寅10日	癸卯11一	甲辰12二	乙巳13三	丙午14四	丁未15五	戊申16六	己酉17日	庚戌18一	辛亥19二		癸巳芒種 戊申夏至
六月大	乙未	天干 地支 西曆 星期	壬子20三	癸丑21四	甲寅22五	乙卯23六	丙辰24日	丁巳25一	戊午26二	己未27三	庚申28四	辛酉29五	壬戌30六	癸亥(7)日	甲子2一	乙丑3二	丙寅4三	丁卯5四	戊辰6五	己巳7六	庚午8日	辛未9一	壬申10二	癸酉11三	甲戌12四	乙亥13五	丙子14六	丁丑15日	戊寅16一	己卯17二	庚辰18三	辛巳19四	甲子小暑 己卯大暑
七月小	丙申	天干 地支 西曆 星期	壬午20五	癸未21六	甲申22日	乙酉23一	丙戌24二	丁亥25三	戊子26四	己丑27五	庚寅28六	辛卯29日	壬辰30一	癸巳31二	甲午(8)三	乙未2四	丙申3五	丁酉4六	戊戌5日	己亥6一	庚子7二	辛丑8三	壬寅9四	癸卯10五	甲辰11六	乙巳12日	丙午13一	丁未14二	戊申15三	己酉16四	庚戌17五		甲午立秋 己酉處暑
八月大	丁酉	天干 地支 西曆 星期	辛亥18六	壬子19日	癸丑20一	甲寅21二	乙卯22三	丙辰23四	丁巳24五	戊午25六	己未26日	庚申27一	辛酉28二	壬戌29三	癸亥30四	甲子31五	乙丑(9)六	丙寅2日	丁卯3一	戊辰4二	己巳5三	庚午6四	辛未7五	壬申8六	癸酉9日	甲戌10一	乙亥11二	丙子12三	丁丑13四	戊寅14五	己卯15六	庚辰16日	甲子白露 庚辰秋分
閏八月小	丁酉	天干 地支 西曆 星期	辛巳17一	壬午18二	癸未19三	甲申20四	乙酉21五	丙戌22六	丁亥23日	戊子24一	己丑25二	庚寅26三	辛卯27四	壬辰28五	癸巳29六	甲午30日	乙未(10)一	丙申2二	丁酉3三	戊戌4四	己亥5五	庚子6六	辛丑7日	壬寅8一	癸卯9二	甲辰10三	乙巳11四	丙午12五	丁未13六	戊申14日	己酉15一		乙未寒露
九月大	戊戌	天干 地支 西曆 星期	庚戌16二	辛亥17三	壬子18四	癸丑19五	甲寅20六	乙卯21日	丙辰22一	丁巳23二	戊午24三	己未25四	庚申26五	辛酉27六	壬戌28日	癸亥29一	甲子30二	乙丑31三	丙寅(11)四	丁卯2五	戊辰3六	己巳4日	庚午5一	辛未6二	壬申7三	癸酉8四	甲戌9五	乙亥10六	丙子11日	丁丑12一	戊寅13二	己卯14三	庚戌霜降 乙丑立冬
十月大	己亥	天干 地支 西曆 星期	庚辰15四	辛巳16五	壬午17六	癸未18日	甲申19一	乙酉20二	丙戌21三	丁亥22四	戊子23五	己丑24六	庚寅25日	辛卯26一	壬辰27二	癸巳28三	甲午29四	乙未30五	丙申(12)六	丁酉2日	戊戌3一	己亥4二	庚子5三	辛丑6四	壬寅7五	癸卯8六	甲辰9日	乙巳10一	丙午11二	丁未12三	戊申13四	己酉14五	辛巳小雪 丙申大雪
十一月大	庚子	天干 地支 西曆 星期	庚戌15六	辛亥16日	壬子17一	癸丑18二	甲寅19三	乙卯20四	丙辰21五	丁巳22六	戊午23日	己未24一	庚申25二	辛酉26三	壬戌27四	癸亥28五	甲子29六	乙丑30日	丙寅31一	丁卯(1)二	戊辰2三	己巳3四	庚午4五	辛未5六	壬申6日	癸酉7一	甲戌8二	乙亥9三	丙子10四	丁丑11五	戊寅12六	己卯13日	辛亥冬至 丙寅小寒
十二月小	辛丑	天干 地支 西曆 星期	庚辰14一	辛巳15二	壬午16三	癸未17四	甲申18五	乙酉19六	丙戌20日	丁亥21一	戊子22二	己丑23三	庚寅24四	辛卯25五	壬辰26六	癸巳27日	甲午28一	乙未29二	丙申30三	丁酉31四	戊戌(2)五	己亥2六	庚子3日	辛丑4一	壬寅5二	癸卯6三	甲辰7四	乙巳8五	丙午9六	丁未10日	戊申11一		辛巳大寒 丁酉立春

遼道宗清寧八年（壬寅 虎年） 公元 1062 ~ 1063 年

夏曆月序		中西曆日對照	初一	初二	初三	初四	初五	初六	初七	初八	初九	初十	十一	十二	十三	十四	十五	十六	十七	十八	十九	二十	二一	二二	二三	二四	二五	二六	二七	二八	二九	三十	節氣與天象
正月大	壬寅	干支 西曆 星期	己酉 12 二	庚戌 13 三	辛亥 14 四	壬子 15 五	癸丑 16 六	甲寅 17 日	乙卯 18 一	丙辰 19 二	丁巳 20 三	戊午 21 四	己未 22 五	庚申 23 六	辛酉 24 日	壬戌 25 一	癸亥 26 二	甲子 27 三	乙丑 28 四	丙寅 (3) 五	丁卯 2 六	戊辰 3 日	己巳 4 一	庚午 5 二	辛未 6 三	壬申 7 四	癸酉 8 五	甲戌 9 六	乙亥 10 日	丙子 11 一	丁丑 12 二	戊寅 13 三	壬子雨水 丁卯驚蟄
二月小	癸卯	干支 西曆 星期	己卯 14 四	庚辰 15 五	辛巳 16 六	壬午 17 日	癸未 18 一	甲申 19 二	乙酉 20 三	丙戌 21 四	丁亥 22 五	戊子 23 六	己丑 24 日	庚寅 25 一	辛卯 26 二	壬辰 27 三	癸巳 28 四	甲午 29 五	乙未 30 六	丙申 31 日	丁酉 (4) 一	戊戌 2 二	己亥 3 三	庚子 4 四	辛丑 5 五	壬寅 6 六	癸卯 7 日	甲辰 8 一	乙巳 9 二	丙午 10 三	丁未 11 四		壬午春分 丁酉清明
三月大	甲辰	干支 西曆 星期	戊申 12 五	己酉 13 六	庚戌 14 日	辛亥 15 一	壬子 16 二	癸丑 17 三	甲寅 18 四	乙卯 19 五	丙辰 20 六	丁巳 21 日	戊午 22 一	己未 23 二	庚申 24 三	辛酉 25 四	壬戌 26 五	癸亥 27 六	甲子 28 日	乙丑 29 一	丙寅 30 二	丁卯 (5) 三	戊辰 2 四	己巳 3 五	庚午 4 六	辛未 5 日	壬申 6 一	癸酉 7 二	甲戌 8 三	乙亥 9 四	丙子 10 五	丁丑 11 六	癸丑穀雨 戊辰立夏
四月小	乙巳	干支 西曆 星期	戊寅 12 日	己卯 13 一	庚辰 14 二	辛巳 15 三	壬午 16 四	癸未 17 五	甲申 18 六	乙酉 19 日	丙戌 20 一	丁亥 21 二	戊子 22 三	己丑 23 四	庚寅 24 五	辛卯 25 六	壬辰 26 日	癸巳 27 一	甲午 28 二	乙未 29 三	丙申 30 四	丁酉 31 五	戊戌 (6) 六	己亥 2 日	庚子 3 一	辛丑 4 二	壬寅 5 三	癸卯 6 四	甲辰 7 五	乙巳 8 六	丙午 9 日		癸未小滿 戊戌芒種
五月小	丙午	干支 西曆 星期	丁未 10 一	戊申 11 二	己酉 12 三	庚戌 13 四	辛亥 14 五	壬子 15 六	癸丑 16 日	甲寅 17 一	乙卯 18 二	丙辰 19 三	丁巳 20 四	戊午 21 五	己未 22 六	庚申 23 日	辛酉 24 一	壬戌 25 二	癸亥 26 三	甲子 27 四	乙丑 28 五	丙寅 29 六	丁卯 30 日	戊辰 (7) 一	己巳 2 二	庚午 3 三	辛未 4 四	壬申 5 五	癸酉 6 六	甲戌 7 日	乙亥 8 一		甲寅夏至 己巳小暑
六月大	丁未	干支 西曆 星期	丙子 9 二	丁丑 10 三	戊寅 11 四	己卯 12 五	庚辰 13 六	辛巳 14 日	壬午 15 一	癸未 16 二	甲申 17 三	乙酉 18 四	丙戌 19 五	丁亥 20 六	戊子 21 日	己丑 22 一	庚寅 23 二	辛卯 24 三	壬辰 25 四	癸巳 26 五	甲午 27 六	乙未 28 日	丙申 29 一	丁酉 30 二	戊戌 31 三	己亥 (8) 四	庚子 2 五	辛丑 3 六	壬寅 4 日	癸卯 5 一	甲辰 6 二	乙巳 7 三	甲申大暑 己亥立秋
七月小	戊申	干支 西曆 星期	丙午 8 四	丁未 9 五	戊申 10 六	己酉 11 日	庚戌 12 一	辛亥 13 二	壬子 14 三	癸丑 15 四	甲寅 16 五	乙卯 17 六	丙辰 18 日	丁巳 19 一	戊午 20 二	己未 21 三	庚申 22 四	辛酉 23 五	壬戌 24 六	癸亥 25 日	甲子 26 一	乙丑 27 二	丙寅 28 三	丁卯 29 四	戊辰 30 五	己巳 31 六	庚午 (9) 日	辛未 2 一	壬申 3 二	癸酉 4 三	甲戌 5 四		甲寅處暑 庚午白露
八月大	己酉	干支 西曆 星期	乙亥 6 五	丙子 7 六	丁丑 8 日	戊寅 9 一	己卯 10 二	庚辰 11 三	辛巳 12 四	壬午 13 五	癸未 14 六	甲申 15 日	乙酉 16 一	丙戌 17 二	丁亥 18 三	戊子 19 四	己丑 20 五	庚寅 21 六	辛卯 22 日	壬辰 23 一	癸巳 24 二	甲午 25 三	乙未 26 四	丙申 27 五	丁酉 28 六	戊戌 29 日	己亥 30 一	庚子 (10) 二	辛丑 2 三	壬寅 3 四	癸卯 4 五	甲辰 5 六	乙酉秋分 庚子寒露
九月小	庚戌	干支 西曆 星期	乙巳 6 日	丙午 7 一	丁未 8 二	戊申 9 三	己酉 10 四	庚戌 11 五	辛亥 12 六	壬子 13 日	癸丑 14 一	甲寅 15 二	乙卯 16 三	丙辰 17 四	丁巳 18 五	戊午 19 六	己未 20 日	庚申 21 一	辛酉 22 二	壬戌 23 三	癸亥 24 四	甲子 25 五	乙丑 26 六	丙寅 27 日	丁卯 28 一	戊辰 29 二	己巳 30 三	庚午 31 四	辛未 (11) 五	壬申 2 六	癸酉 3 日		乙卯霜降 辛未立冬
十月大	辛亥	干支 西曆 星期	甲戌 4 一	乙亥 5 二	丙子 6 三	丁丑 7 四	戊寅 8 五	己卯 9 六	庚辰 10 日	辛巳 11 一	壬午 12 二	癸未 13 三	甲申 14 四	乙酉 15 五	丙戌 16 六	丁亥 17 日	戊子 18 一	己丑 19 二	庚寅 20 三	辛卯 21 四	壬辰 22 五	癸巳 23 六	甲午 24 日	乙未 25 一	丙申 26 二	丁酉 27 三	戊戌 28 四	己亥 29 五	庚子 30 六	辛丑 (12) 日	壬寅 2 一	癸卯 3 二	丙戌小雪 辛丑大雪
十一月大	壬子	干支 西曆 星期	甲辰 4 三	乙巳 5 四	丙午 6 五	丁未 7 六	戊申 8 日	己酉 9 一	庚戌 10 二	辛亥 11 三	壬子 12 四	癸丑 13 五	甲寅 14 六	乙卯 15 日	丙辰 16 一	丁巳 17 二	戊午 18 三	己未 19 四	庚申 20 五	辛酉 21 六	壬戌 22 日	癸亥 23 一	甲子 24 二	乙丑 25 三	丙寅 26 四	丁卯 27 五	戊辰 28 六	己巳 29 日	庚午 30 一	辛未 31 二	壬申 (1) 三	癸酉 2 四	丙辰冬至 辛未小寒
十二月小	癸丑	干支 西曆 星期	甲戌 3 五	乙亥 4 六	丙子 5 日	丁丑 6 一	戊寅 7 二	己卯 8 三	庚辰 9 四	辛巳 10 五	壬午 11 六	癸未 12 日	甲申 13 一	乙酉 14 二	丙戌 15 三	丁亥 16 四	戊子 17 五	己丑 18 六	庚寅 19 日	辛卯 20 一	壬辰 21 二	癸巳 22 三	甲午 23 四	乙未 24 五	丙申 25 六	丁酉 26 日	戊戌 27 一	己亥 28 二	庚子 29 三	辛丑 30 四	壬寅 31 五		丁亥大寒 壬寅立春

遼道宗清寧九年（癸卯 兔年） 公元 **1063** ~ 1064 年

夏曆月序	中西曆日對照	夏曆日序																													節氣與天象
		初一	初二	初三	初四	初五	初六	初七	初八	初九	初十	十一	十二	十三	十四	十五	十六	十七	十八	十九	二十	二一	二二	二三	二四	二五	二六	二七	二八	二九	三十	
正月大 甲寅	天干 地支 西曆 星期	癸卯 (2) 六	甲辰 2 日	乙巳 3 一	丙午 4 二	丁未 5 三	戊申 6 四	己酉 7 五	庚戌 8 六	辛亥 9 日	壬子 10 一	癸丑 11 二	甲寅 12 三	乙卯 13 四	丙辰 14 五	丁巳 15 六	戊午 16 日	己未 17 一	庚申 18 二	辛酉 19 三	壬戌 20 四	癸亥 21 五	甲子 22 六	乙丑 23 日	丙寅 24 一	丁卯 25 二	戊辰 26 三	己巳 27 四	庚午 28 五	辛未 (3) 六	壬申 2 日	丁巳雨水 壬申驚蟄
二月大 乙卯	天干 地支 西曆 星期	癸酉 3 一	甲戌 4 二	乙亥 5 三	丙子 6 四	丁丑 7 五	戊寅 8 六	己卯 9 日	庚辰 10 一	辛巳 11 二	壬午 12 三	癸未 13 四	甲申 14 五	乙酉 15 六	丙戌 16 日	丁亥 17 一	戊子 18 二	己丑 19 三	庚寅 20 四	辛卯 21 五	壬辰 22 六	癸巳 23 日	甲午 24 一	乙未 25 二	丙申 26 三	丁酉 27 四	戊戌 28 五	己亥 29 六	庚子 30 日	辛丑 31 一	壬寅 (4) 二	戊子春分
三月小 丙辰	天干 地支 西曆 星期	癸卯 2 三	甲辰 3 四	乙巳 4 五	丙午 5 六	丁未 6 日	戊申 7 一	己酉 8 二	庚戌 9 三	辛亥 10 四	壬子 11 五	癸丑 12 六	甲寅 13 日	乙卯 14 一	丙辰 15 二	丁巳 16 三	戊午 17 四	己未 18 五	庚申 19 六	辛酉 20 日	壬戌 21 一	癸亥 22 二	甲子 23 三	乙丑 24 四	丙寅 25 五	丁卯 26 六	戊辰 27 日	己巳 28 一	庚午 29 二	辛未 30 三		癸卯清明 戊午穀雨
四月大 丁巳	天干 地支 西曆 星期	壬申 (5) 四	癸酉 2 五	甲戌 3 六	乙亥 4 日	丙子 5 一	丁丑 6 二	戊寅 7 三	己卯 8 四	庚辰 9 五	辛巳 10 六	壬午 11 日	癸未 12 一	甲申 13 二	乙酉 14 三	丙戌 15 四	丁亥 16 五	戊子 17 六	己丑 18 日	庚寅 19 一	辛卯 20 二	壬辰 21 三	癸巳 22 四	甲午 23 五	乙未 24 六	丙申 25 日	丁酉 26 一	戊戌 27 二	己亥 28 三	庚子 29 四	辛丑 30 五	癸酉立夏 戊子小滿
五月小 戊午	天干 地支 西曆 星期	壬寅 31 六	癸卯 (6) 日	甲辰 2 一	乙巳 3 二	丙午 4 三	丁未 5 四	戊申 6 五	己酉 7 六	庚戌 8 日	辛亥 9 一	壬子 10 二	癸丑 11 三	甲寅 12 四	乙卯 13 五	丙辰 14 六	丁巳 15 日	戊午 16 一	己未 17 二	庚申 18 三	辛酉 19 四	壬戌 20 五	癸亥 21 六	甲子 22 日	乙丑 23 一	丙寅 24 二	丁卯 25 三	戊辰 26 四	己巳 27 五	庚午 28 六		甲辰芒種 己未夏至
六月小 己未	天干 地支 西曆 星期	辛未 29 日	壬申 30 一	癸酉 (7) 二	甲戌 2 三	乙亥 3 四	丙子 4 五	丁丑 5 六	戊寅 6 日	己卯 7 一	庚辰 8 二	辛巳 9 三	壬午 10 四	癸未 11 五	甲申 12 六	乙酉 13 日	丙戌 14 一	丁亥 15 二	戊子 16 三	己丑 17 四	庚寅 18 五	辛卯 19 六	壬辰 20 日	癸巳 21 一	甲午 22 二	乙未 23 三	丙申 24 四	丁酉 25 五	戊戌 26 六	己亥 27 日		甲戌小暑 己丑大暑
七月大 庚申	天干 地支 西曆 星期	庚子 28 一	辛丑 29 二	壬寅 30 三	癸卯 31 四	甲辰 (8) 五	乙巳 2 六	丙午 3 日	丁未 4 一	戊申 5 二	己酉 6 三	庚戌 7 四	辛亥 8 五	壬子 9 六	癸丑 10 日	甲寅 11 一	乙卯 12 二	丙辰 13 三	丁巳 14 四	戊午 15 五	己未 16 六	庚申 17 日	辛酉 18 一	壬戌 19 二	癸亥 20 三	甲子 21 四	乙丑 22 五	丙寅 23 六	丁卯 24 日	戊辰 25 一	己巳 26 二	甲辰立秋 庚申處暑
八月小 辛酉	天干 地支 西曆 星期	庚午 27 三	辛未 28 四	壬申 29 五	癸酉 30 六	甲戌 31 日	乙亥 (9) 一	丙子 2 二	丁丑 3 三	戊寅 4 四	己卯 5 五	庚辰 6 六	辛巳 7 日	壬午 8 一	癸未 9 二	甲申 10 三	乙酉 11 四	丙戌 12 五	丁亥 13 六	戊子 14 日	己丑 15 一	庚寅 16 二	辛卯 17 三	壬辰 18 四	癸巳 19 五	甲午 20 六	乙未 21 日	丙申 22 一	丁酉 23 二	戊戌 24 三		乙亥白露 庚寅秋分
九月小 壬戌	天干 地支 西曆 星期	己亥 25 四	庚子 26 五	辛丑 27 六	壬寅 28 日	癸卯 29 一	甲辰 30 二	乙巳 (10) 三	丙午 2 四	丁未 3 五	戊申 4 六	己酉 5 日	庚戌 6 一	辛亥 7 二	壬子 8 三	癸丑 9 四	甲寅 10 五	乙卯 11 六	丙辰 12 日	丁巳 13 一	戊午 14 二	己未 15 三	庚申 16 四	辛酉 17 五	壬戌 18 六	癸亥 19 日	甲子 20 一	乙丑 21 二	丙寅 22 三	丁卯 23 四		乙巳寒露 辛酉霜降
十月大 癸亥	天干 地支 西曆 星期	戊辰 24 五	己巳 25 六	庚午 26 日	辛未 27 一	壬申 28 二	癸酉 29 三	甲戌 30 四	乙亥 31 五	丙子 (11) 六	丁丑 2 日	戊寅 3 一	己卯 4 二	庚辰 5 三	辛巳 6 四	壬午 7 五	癸未 8 六	甲申 9 日	乙酉 10 一	丙戌 11 二	丁亥 12 三	戊子 13 四	己丑 14 五	庚寅 15 六	辛卯 16 日	壬辰 17 一	癸巳 18 二	甲午 19 三	乙未 20 四	丙申 21 五	丁酉 22 六	丙子立冬 辛卯小雪
十一月大 甲子	天干 地支 西曆 星期	戊戌 23 日	己亥 24 一	庚子 25 二	辛丑 26 三	壬寅 27 四	癸卯 28 五	甲辰 29 六	乙巳 30 日	丙午 (12) 一	丁未 2 二	戊申 3 三	己酉 4 四	庚戌 5 五	辛亥 6 六	壬子 7 日	癸丑 8 一	甲寅 9 二	乙卯 10 三	丙辰 11 四	丁巳 12 五	戊午 13 六	己未 14 日	庚申 15 一	辛酉 16 二	壬戌 17 三	癸亥 18 四	甲子 19 五	乙丑 20 六	丙寅 21 日	丁卯 22 一	丙午大雪 辛酉冬至
十二月小 乙丑	天干 地支 西曆 星期	戊辰 23 二	己巳 24 三	庚午 25 四	辛未 26 五	壬申 27 六	癸酉 28 日	甲戌 29 一	乙亥 30 二	丙子 31 三	丁丑 (1) 四	戊寅 2 五	己卯 3 六	庚辰 4 日	辛巳 5 一	壬午 6 二	癸未 7 三	甲申 8 四	乙酉 9 五	丙戌 10 六	丁亥 11 日	戊子 12 一	己丑 13 二	庚寅 14 三	辛卯 15 四	壬辰 16 五	癸巳 17 六	甲午 18 日	乙未 19 一	丙申 20 二		丁丑小寒 壬辰大寒

遼道宗清寧十年（甲辰 龍年） 公元1064 ~ 1065年

夏曆月序		中西曆日對照	初一	初二	初三	初四	初五	初六	初七	初八	初九	初十	十一	十二	十三	十四	十五	十六	十七	十八	十九	二十	二一	二二	二三	二四	二五	二六	二七	二八	二九	三十	節氣與天象
正月大	丙寅	天干地支西曆星期	丁酉21三	戊戌22四	己亥23五	庚子24六	辛丑25日	壬寅26一	癸卯27二	甲辰28三	乙巳29四	丙午30五	丁未31六	戊申(2)日	己酉2一	庚戌3二	辛亥4三	壬子5四	癸丑6五	甲寅7六	乙卯8日	丙辰9一	丁巳10二	戊午11三	己未12四	庚申13五	辛酉14六	壬戌15日	癸亥16一	甲子17二	乙丑18三	丙寅19四	丁未立春 壬戌雨水
二月大	丁卯	天干地支西曆星期	丁卯20五	戊辰21六	己巳22日	庚午23一	辛未24二	壬申25三	癸酉26四	甲戌27五	乙亥28六	丙子29日	丁丑(3)一	戊寅2二	己卯3三	庚辰4四	辛巳5五	壬午6六	癸未7日	甲申8一	乙酉9二	丙戌10三	丁亥11四	戊子12五	己丑13六	庚寅14日	辛卯15一	壬辰16二	癸巳17三	甲午18四	乙未19五	丙申20六	戊寅驚蟄 癸巳春分
三月大	戊辰	天干地支西曆星期	丁酉21日	戊戌22一	己亥23二	庚子24三	辛丑25四	壬寅26五	癸卯27六	甲辰28日	乙巳29一	丙午30二	丁未31三	戊申(4)四	己酉2五	庚戌3六	辛亥4日	壬子5一	癸丑6二	甲寅7三	乙卯8四	丙辰9五	丁巳10六	戊午11日	己未12一	庚申13二	辛酉14三	壬戌15四	癸亥16五	甲子17六	乙丑18日	丙寅19一	戊申清明 癸亥穀雨
四月小	己巳	天干地支西曆星期	丁卯20二	戊辰21三	己巳22四	庚午23五	辛未24六	壬申25日	癸酉26一	甲戌27二	乙亥28三	丙子29四	丁丑30五	戊寅(5)六	己卯2日	庚辰3一	辛巳4二	壬午5三	癸未6四	甲申7五	乙酉8六	丙戌9日	丁亥10一	戊子11二	己丑12三	庚寅13四	辛卯14五	壬辰15六	癸巳16日	甲午17一	乙未18二		戊寅立夏 甲午小滿
五月大	庚午	天干地支西曆星期	丙申19三	丁酉20四	戊戌21五	己亥22六	庚子23日	辛丑24一	壬寅25二	癸卯26三	甲辰27四	乙巳28五	丙午29六	丁未30日	戊申31一	己酉(6)二	庚戌2三	辛亥3四	壬子4五	癸丑5六	甲寅6日	乙卯7一	丙辰8二	丁巳9三	戊午10四	己未11五	庚申12六	辛酉13日	壬戌14一	癸亥15二	甲子16三	乙丑17四	己酉芒種 甲子夏至
六月小	辛未	天干地支西曆星期	丙寅18五	丁卯19六	戊辰20日	己巳21一	庚午22二	辛未23三	壬申24四	癸酉25五	甲戌26六	乙亥27日	丙子28一	丁丑29二	戊寅30三	己卯(7)四	庚辰2五	辛巳3六	壬午4日	癸未5一	甲申6二	乙酉7三	丙戌8四	丁亥9五	戊子10六	己丑11日	庚寅12一	辛卯13二	壬辰14三	癸巳15四	甲午16五		己卯小暑
閏六月小	辛未	天干地支西曆星期	乙未17六	丙申18日	丁酉19一	戊戌20二	己亥21三	庚子22四	辛丑23五	壬寅24六	癸卯25日	甲辰26一	乙巳27二	丙午28三	丁未29四	戊申30五	己酉31六	庚戌(8)日	辛亥2一	壬子3二	癸丑4三	甲寅5四	乙卯6五	丙辰7六	丁巳8日	戊午9一	己未10二	庚申11三	辛酉12四	壬戌13五	癸亥14六		乙未大暑 庚戌立秋
七月大	壬申	天干地支西曆星期	甲子15日	乙丑16一	丙寅17二	丁卯18三	戊辰19四	己巳20五	庚午21六	辛未22日	壬申23一	癸酉24二	甲戌25三	乙亥26四	丙子27五	丁丑28六	戊寅29日	己卯30一	庚辰31二	辛巳(9)三	壬午2四	癸未3五	甲申4六	乙酉5日	丙戌6一	丁亥7二	戊子8三	己丑9四	庚寅10五	辛卯11六	壬辰12日	癸巳13一	乙丑處暑 庚辰白露
八月小	癸酉	天干地支西曆星期	甲午14二	乙未15三	丙申16四	丁酉17五	戊戌18六	己亥19日	庚子20一	辛丑21二	壬寅22三	癸卯23四	甲辰24五	乙巳25六	丙午26日	丁未27一	戊申28二	己酉29三	庚戌30四	辛亥(10)五	壬子2六	癸丑3日	甲寅4一	乙卯5二	丙辰6三	丁巳7四	戊午8五	己未9六	庚申10日	辛酉11一	壬戌12二		乙未秋分 辛亥寒露
九月小	甲戌	天干地支西曆星期	癸亥13三	甲子14四	乙丑15五	丙寅16六	丁卯17日	戊辰18一	己巳19二	庚午20三	辛未21四	壬申22五	癸酉23六	甲戌24日	乙亥25一	丙子26二	丁丑27三	戊寅28四	己卯29五	庚辰30六	辛巳31日	壬午(11)一	癸未2二	甲申3三	乙酉4四	丙戌5五	丁亥6六	戊子7日	己丑8一	庚寅9二	辛卯10三		丙寅霜降 辛巳立冬
十月大	乙亥	天干地支西曆星期	壬辰11四	癸巳12五	甲午13六	乙未14日	丙申15一	丁酉16二	戊戌17三	己亥18四	庚子19五	辛丑20六	壬寅21日	癸卯22一	甲辰23二	乙巳24三	丙午25四	丁未26五	戊申27六	己酉28日	庚戌29一	辛亥30二	壬子(12)三	癸丑2四	甲寅3五	乙卯4六	丙辰5日	丁巳6一	戊午7二	己未8三	庚申9四	辛酉10五	丙申小雪 辛亥大雪
十一月大	丙子	天干地支西曆星期	壬戌11六	癸亥12日	甲子13一	乙丑14二	丙寅15三	丁卯16四	戊辰17五	己巳18六	庚午19日	辛未20一	壬申21二	癸酉22三	甲戌23四	乙亥24五	丙子25六	丁丑26日	戊寅27一	己卯28二	庚辰29三	辛巳30四	壬午31五	癸未(1)六	甲申2日	乙酉3一	丙戌4二	丁亥5三	戊子6四	己丑7五	庚寅8六	辛卯9日	丙寅冬至 辛巳小寒
十二月小	丁丑	天干地支西曆星期	壬辰10一	癸巳11二	甲午12三	乙未13四	丙申14五	丁酉15六	戊戌16日	己亥17一	庚子18二	辛丑19三	壬寅20四	癸卯21五	甲辰22六	乙巳23日	丙午24一	丁未25二	戊申26三	己酉27四	庚戌28五	辛亥29六	壬子30日	癸丑31一	甲寅(2)二	乙卯2三	丙辰3四	丁巳4五	戊午5六	己未6日	庚申7一		丁酉大寒 壬子立春

遼道宗咸雍元年（乙巳 蛇年） 公元 1065 ~ 1066 年

夏曆月序		中西曆日對照	初一	初二	初三	初四	初五	初六	初七	初八	初九	初十	十一	十二	十三	十四	十五
正月大	戊寅	天干地支 西曆星期	辛酉 8 二	壬戌 9 三	癸亥 10 四	甲子 11 五	乙丑 12 六	丙寅 13 日	丁卯 14 一	戊辰 15 二	己巳 16 三	庚午 17 四	辛未 18 五	壬申 19 六	癸酉 20 日	甲戌 21 一	乙亥 22 二
二月大	己卯	天干地支 西曆星期	辛卯 10 四	壬辰 11 五	癸巳 12 六	甲午 13 日	乙未 14 一	丙申 15 二	丁酉 16 三	戊戌 17 四	己亥 18 五	庚子 19 六	辛丑 20 日	壬寅 21 一	癸卯 22 二	甲辰 23 三	乙巳 24 四
三月小	庚辰	天干地支 西曆星期	辛酉 9 六	壬戌 10 日	癸亥 11 一	甲子 12 二	乙丑 13 三	丙寅 14 四	丁卯 15 五	戊辰 16 六	己巳 17 日	庚午 18 一	辛未 19 二	壬申 20 三	癸酉 21 四	甲戌 22 五	乙亥 23 六
四月大	辛巳	天干地支 西曆星期	庚寅 8 日	辛卯 9 一	壬辰 10 二	癸巳 11 三	甲午 12 四	乙未 13 五	丙申 14 六	丁酉 15 日	戊戌 16 一	己亥 17 二	庚子 18 三	辛丑 19 四	壬寅 20 五	癸卯 21 六	甲辰 22 日
五月小	壬午	天干地支 西曆星期	庚申 7 二	辛酉 8 三	壬戌 9 四	癸亥 10 五	甲子 11 六	乙丑 12 日	丙寅 13 一	丁卯 14 二	戊辰 15 三	己巳 16 四	庚午 17 五	辛未 18 六	壬申 19 日	癸酉 20 一	甲戌 21 二
六月大	癸未	天干地支 西曆星期	己丑 6 三	庚寅 7 四	辛卯 8 五	壬辰 9 六	癸巳 10 日	甲午 11 一	乙未 12 二	丙申 13 三	丁酉 14 四	戊戌 15 五	己亥 16 六	庚子 17 日	辛丑 18 一	壬寅 19 二	癸卯 20 三
七月小	甲申	天干地支 西曆星期	己未 5 五	庚申 6 六	辛酉 7 日	壬戌 8 一	癸亥 9 二	甲子 10 三	乙丑 11 四	丙寅 12 五	丁卯 13 六	戊辰 14 日	己巳 15 一	庚午 16 二	辛未 17 三	壬申 18 四	癸酉 19 五
八月大	乙酉	天干地支 西曆星期	戊子 3 六	己丑 4 日	庚寅 5 一	辛卯 6 二	壬辰 7 三	癸巳 8 四	甲午 9 五	乙未 10 六	丙申 11 日	丁酉 12 一	戊戌 13 二	己亥 14 三	庚子 15 四	辛丑 16 五	壬寅 17 六
九月小	丙戌	天干地支 西曆星期	戊午 3 一	己未 4 二	庚申 5 三	辛酉 6 四	壬戌 7 五	癸亥 8 六	甲子 9 日	乙丑 10 一	丙寅 11 二	丁卯 12 三	戊辰 13 四	己巳 14 五	庚午 15 六	辛未 16 日	壬申 17 一
十月大	丁亥	天干地支 西曆星期	丁亥 (11) 二	戊子 2 三	己丑 3 四	庚寅 4 五	辛卯 5 六	壬辰 6 日	癸巳 7 一	甲午 8 二	乙未 9 三	丙申 10 四	丁酉 11 五	戊戌 12 六	己亥 13 日	庚子 14 一	辛丑 15 二
十一月小	戊子	天干地支 西曆星期	丁巳 (12) 四	戊午 2 五	己未 3 六	庚申 4 日	辛酉 5 一	壬戌 6 二	癸亥 7 三	甲子 8 四	乙丑 9 五	丙寅 10 六	丁卯 11 日	戊辰 12 一	己巳 13 二	庚午 14 三	辛未 15 四
十二月大	己丑	天干地支 西曆星期	丙戌 30 五	丁亥 31 六	戊子 (1) 日	己丑 2 一	庚寅 3 二	辛卯 4 三	壬辰 5 四	癸巳 6 五	甲午 7 六	乙未 8 日	丙申 9 一	丁酉 10 二	戊戌 11 三	己亥 12 四	庚子 13 五

夏曆月序		中西曆日對照	十六	十七	十八	十九	二十	二一	二二	二三	二四	二五	二六	二七	二八	二九	三十	節氣與天象
正月大	戊寅	天干地支 西曆星期	丙子 23 三	丁丑 24 四	戊寅 25 五	己卯 26 六	庚辰 27 日	辛巳 28 一	壬午 (3) 二	癸未 2 三	甲申 3 四	乙酉 4 五	丙戌 5 六	丁亥 6 日	戊子 7 一	己丑 8 二	庚寅 9 三	丁卯雨水 壬午驚蟄
二月大	己卯	天干地支 西曆星期	丙午 25 五	丁未 26 六	戊申 27 日	己酉 28 一	庚戌 29 二	辛亥 30 三	壬子 31 四	癸丑 (4) 五	甲寅 2 六	乙卯 3 日	丙辰 4 一	丁巳 5 二	戊午 6 三	己未 7 四	庚申 8 五	丁酉春分 癸丑清明
三月小	庚辰	天干地支 西曆星期	丙子 24 日	丁丑 25 一	戊寅 26 二	己卯 27 三	庚辰 28 四	辛巳 29 五	壬午 30 六	癸未 (5) 日	甲申 2 一	乙酉 3 二	丙戌 4 三	丁亥 5 四	戊子 6 五	己丑 7 六		戊辰穀雨 癸未立夏
四月大	辛巳	天干地支 西曆星期	乙巳 23 一	丙午 24 二	丁未 25 三	戊申 26 四	己酉 27 五	庚戌 28 六	辛亥 29 日	壬子 30 一	癸丑 31 二	甲寅 (6) 三	乙卯 2 四	丙辰 3 五	丁巳 4 六	戊午 5 日	己未 6 一	戊戌小滿 甲寅芒種
五月小	壬午	天干地支 西曆星期	乙亥 22 三	丙子 23 四	丁丑 24 五	戊寅 25 六	己卯 26 日	庚辰 27 一	辛巳 28 二	壬午 29 三	癸未 30 四	甲申 (7) 五	乙酉 2 六	丙戌 3 日	丁亥 4 一	戊子 5 二		己巳夏至 甲申小暑
六月大	癸未	天干地支 西曆星期	甲辰 21 四	乙巳 22 五	丙午 23 六	丁未 24 日	戊申 25 一	己酉 26 二	庚戌 27 三	辛亥 28 四	壬子 29 五	癸丑 30 六	甲寅 31 日	乙卯 (8) 一	丙辰 2 二	丁巳 3 三	戊午 4 四	己亥大暑 甲寅立秋
七月小	甲申	天干地支 西曆星期	甲戌 20 六	乙亥 21 日	丙子 22 一	丁丑 23 二	戊寅 24 三	己卯 25 四	庚辰 26 五	辛巳 27 六	壬午 28 日	癸未 29 一	甲申 30 二	乙酉 31 三	丙戌 (9) 四	丁亥 2 五		庚午處暑 乙酉白露
八月大	乙酉	天干地支 西曆星期	癸卯 18 日	甲辰 19 一	乙巳 20 二	丙午 21 三	丁未 22 四	戊申 23 五	己酉 24 六	庚戌 25 日	辛亥 26 一	壬子 27 二	癸丑 28 三	甲寅 29 四	乙卯 30 五	丙辰 (10) 六	丁巳 2 日	庚子秋分 乙卯寒露
九月小	丙戌	天干地支 西曆星期	癸酉 18 二	甲戌 19 三	乙亥 20 四	丙子 21 五	丁丑 22 六	戊寅 23 日	己卯 24 一	庚辰 25 二	辛巳 26 三	壬午 27 四	癸未 28 五	甲申 29 六	乙酉 30 日	丙戌 31 一		辛未霜降 丙戌立冬
十月大	丁亥	天干地支 西曆星期	壬寅 16 三	癸卯 17 四	甲辰 18 五	乙巳 19 六	丙午 20 日	丁未 21 一	戊申 22 二	己酉 23 三	庚戌 24 四	辛亥 25 五	壬子 26 六	癸丑 27 日	甲寅 28 一	乙卯 29 二	丙辰 30 三	辛丑小雪 丙辰大雪
十一月小	戊子	天干地支 西曆星期	壬申 16 五	癸酉 17 六	甲戌 18 日	乙亥 19 一	丙子 20 二	丁丑 21 三	戊寅 22 四	己卯 23 五	庚辰 24 六	辛巳 25 日	壬午 26 一	癸未 27 二	甲申 28 三	乙酉 29 四		辛未冬至
十二月大	己丑	天干地支 西曆星期	辛丑 14 六	壬寅 15 日	癸卯 16 一	甲辰 17 二	乙巳 18 三	丙午 19 四	丁未 20 五	戊申 21 六	己酉 22 日	庚戌 23 一	辛亥 24 二	壬子 25 三	癸丑 26 四	甲寅 27 五	乙卯 28 六	丁亥小寒 壬寅大寒

* 正月辛酉（初一），改元咸雍。

遼道宗咸雍二年（丙午 馬年） 公元 1066 ~ 1067 年

夏曆月序		中西曆日對照	初一	初二	初三	初四	初五	初六	初七	初八	初九	初十	十一	十二	十三	十四	十五	十六	十七	十八	十九	二十	二一	二二	二三	二四	二五	二六	二七	二八	二九	三十	節氣與天象
正月小	庚寅	天干地支	丙辰	丁巳	戊午	己未	庚申	辛酉	壬戌	癸亥	甲子	乙丑	丙寅	丁卯	戊辰	己巳	庚午	辛未	壬申	癸酉	甲戌	乙亥	丙子	丁丑	戊寅	己卯	庚辰	辛巳	壬午	癸未	甲申		丁巳立春 壬申雨水
		西曆	29	30	31	(2)	2	3	4	5	6	7	8	9	10	11	12	13	14	15	16	17	18	19	20	21	22	23	24	25	26		
		星期	日	一	二	三	四	五	六	日	一	二	三	四	五	六	日	一	二	三	四	五	六	日	一	二	三	四	五	六	日		
二月大	辛卯	天干地支	乙酉	丙戌	丁亥	戊子	己丑	庚寅	辛卯	壬辰	癸巳	甲午	乙未	丙申	丁酉	戊戌	己亥	庚子	辛丑	壬寅	癸卯	甲辰	乙巳	丙午	丁未	戊申	己酉	庚戌	辛亥	壬子	癸丑	甲寅	戊子驚蟄 癸卯春分
		西曆	27	28	(3)	2	3	4	5	6	7	8	9	10	11	12	13	14	15	16	17	18	19	20	21	22	23	24	25	26	27	28	
		星期	一	二	三	四	五	六	日	一	二	三	四	五	六	日	一	二	三	四	五	六	日	一	二	三	四	五	六	日	一	二	
三月小	壬辰	天干地支	乙卯	丙辰	丁巳	戊午	己未	庚申	辛酉	壬戌	癸亥	甲子	乙丑	丙寅	丁卯	戊辰	己巳	庚午	辛未	壬申	癸酉	甲戌	乙亥	丙子	丁丑	戊寅	己卯	庚辰	辛巳	壬午	癸未		戊午清明 癸酉穀雨
		西曆	29	30	31	(4)	2	3	4	5	6	7	8	9	10	11	12	13	14	15	16	17	18	19	20	21	22	23	24	25	26		
		星期	三	四	五	六	日	一	二	三	四	五	六	日	一	二	三	四	五	六	日	一	二	三	四	五	六	日	一	二	三		
四月大	癸巳	天干地支	甲申	乙酉	丙戌	丁亥	戊子	己丑	庚寅	辛卯	壬辰	癸巳	甲午	乙未	丙申	丁酉	戊戌	己亥	庚子	辛丑	壬寅	癸卯	甲辰	乙巳	丙午	丁未	戊申	己酉	庚戌	辛亥	壬子	癸丑	戊子立夏 甲辰小滿
		西曆	27	28	29	30	(5)	2	3	4	5	6	7	8	9	10	11	12	13	14	15	16	17	18	19	20	21	22	23	24	25	26	
		星期	四	五	六	日	一	二	三	四	五	六	日	一	二	三	四	五	六	日	一	二	三	四	五	六	日	一	二	三	四	五	
五月大	甲午	天干地支	甲寅	乙卯	丙辰	丁巳	戊午	己未	庚申	辛酉	壬戌	癸亥	甲子	乙丑	丙寅	丁卯	戊辰	己巳	庚午	辛未	壬申	癸酉	甲戌	乙亥	丙子	丁丑	戊寅	己卯	庚辰	辛巳	壬午	癸未	己未芒種 甲戌夏至
		西曆	27	28	29	30	31	(6)	2	3	4	5	6	7	8	9	10	11	12	13	14	15	16	17	18	19	20	21	22	23	24	25	
		星期	六	日	一	二	三	四	五	六	日	一	二	三	四	五	六	日	一	二	三	四	五	六	日	一	二	三	四	五	六	日	
六月小	乙未	天干地支	甲申	乙酉	丙戌	丁亥	戊子	己丑	庚寅	辛卯	壬辰	癸巳	甲午	乙未	丙申	丁酉	戊戌	己亥	庚子	辛丑	壬寅	癸卯	甲辰	乙巳	丙午	丁未	戊申	己酉	庚戌	辛亥	壬子		己丑小暑 甲辰大暑
		西曆	26	27	28	29	30	(7)	2	3	4	5	6	7	8	9	10	11	12	13	14	15	16	17	18	19	20	21	22	23	24		
		星期	一	二	三	四	五	六	日	一	二	三	四	五	六	日	一	二	三	四	五	六	日	一	二	三	四	五	六	日	一		
七月大	丙申	天干地支	癸丑	甲寅	乙卯	丙辰	丁巳	戊午	己未	庚申	辛酉	壬戌	癸亥	甲子	乙丑	丙寅	丁卯	戊辰	己巳	庚午	辛未	壬申	癸酉	甲戌	乙亥	丙子	丁丑	戊寅	己卯	庚辰	辛巳	壬午	庚申立秋 乙亥處暑
		西曆	25	26	27	28	29	30	31	(8)	2	3	4	5	6	7	8	9	10	11	12	13	14	15	16	17	18	19	20	21	22	23	
		星期	二	三	四	五	六	日	一	二	三	四	五	六	日	一	二	三	四	五	六	日	一	二	三	四	五	六	日	一	二	三	
八月小	丁酉	天干地支	癸未	甲申	乙酉	丙戌	丁亥	戊子	己丑	庚寅	辛卯	壬辰	癸巳	甲午	乙未	丙申	丁酉	戊戌	己亥	庚子	辛丑	壬寅	癸卯	甲辰	乙巳	丙午	丁未	戊申	己酉	庚戌	辛亥		庚寅白露 乙巳秋分
		西曆	24	25	26	27	28	29	30	31	(9)	2	3	4	5	6	7	8	9	10	11	12	13	14	15	16	17	18	19	20	21		
		星期	四	五	六	日	一	二	三	四	五	六	日	一	二	三	四	五	六	日	一	二	三	四	五	六	日	一	二	三	四		
九月大	戊戌	天干地支	壬子	癸丑	甲寅	乙卯	丙辰	丁巳	戊午	己未	庚申	辛酉	壬戌	癸亥	甲子	乙丑	丙寅	丁卯	戊辰	己巳	庚午	辛未	壬申	癸酉	甲戌	乙亥	丙子	丁丑	戊寅	己卯	庚辰	辛巳	辛酉寒露 丙子霜降
		西曆	22	23	24	25	26	27	28	29	30	(10)	2	3	4	5	6	7	8	9	10	11	12	13	14	15	16	17	18	19	20	21	
		星期	五	六	日	一	二	三	四	五	六	日	一	二	三	四	五	六	日	一	二	三	四	五	六	日	一	二	三	四	五	六	
十月小	己亥	天干地支	壬午	癸未	甲申	乙酉	丙戌	丁亥	戊子	己丑	庚寅	辛卯	壬辰	癸巳	甲午	乙未	丙申	丁酉	戊戌	己亥	庚子	辛丑	壬寅	癸卯	甲辰	乙巳	丙午	丁未	戊申	己酉	庚戌		辛卯立冬 丙午小雪
		西曆	22	23	24	25	26	27	28	29	30	31	(11)	2	3	4	5	6	7	8	9	10	11	12	13	14	15	16	17	18	19		
		星期	日	一	二	三	四	五	六	日	一	二	三	四	五	六	日	一	二	三	四	五	六	日	一	二	三	四	五	六	日		
十一月大	庚子	天干地支	辛亥	壬子	癸丑	甲寅	乙卯	丙辰	丁巳	戊午	己未	庚申	辛酉	壬戌	癸亥	甲子	乙丑	丙寅	丁卯	戊辰	己巳	庚午	辛未	壬申	癸酉	甲戌	乙亥	丙子	丁丑	戊寅	己卯	庚辰	辛酉大雪 丁丑冬至
		西曆	20	21	22	23	24	25	26	27	28	29	30	(12)	2	3	4	5	6	7	8	9	10	11	12	13	14	15	16	17	18	19	
		星期	一	二	三	四	五	六	日	一	二	三	四	五	六	日	一	二	三	四	五	六	日	一	二	三	四	五	六	日	一	二	
十二月小	辛丑	天干地支	辛巳	壬午	癸未	甲申	乙酉	丙戌	丁亥	戊子	己丑	庚寅	辛卯	壬辰	癸巳	甲午	乙未	丙申	丁酉	戊戌	己亥	庚子	辛丑	壬寅	癸卯	甲辰	乙巳	丙午	丁未	戊申	己酉		壬辰小寒 丁未大寒
		西曆	20	21	22	23	24	25	26	27	28	29	30	31	(1)	2	3	4	5	6	7	8	9	10	11	12	13	14	15	16	17		
		星期	三	四	五	六	日	一	二	三	四	五	六	日	一	二	三	四	五	六	日	一	二	三	四	五	六	日	一	二	三		

遼道宗咸雍三年（丁未 羊年） 公元 **1067** ~ 1068 年

夏曆月序		中西曆日對照	初一	初二	初三	初四	初五	初六	初七	初八	初九	初十	十一	十二	十三	十四	十五	十六	十七	十八	十九	二十	二一	二二	二三	二四	二五	二六	二七	二八	二九	三十	節氣與天象
正月大	壬寅	天干地支西曆星期	庚戌18四	辛亥19五	壬子20六	癸丑21日	甲寅22一	乙卯23二	丙辰24三	丁巳25四	戊午26五	己未27六	庚申28日	辛酉29一	壬戌30二	癸亥31三	甲子(2)四	乙丑2五	丙寅3六	丁卯4日	戊辰5一	己巳6二	庚午7三	辛未8四	壬申9五	癸酉10六	甲戌11日	乙亥12一	丙子13二	丁丑14三	戊寅15四	己卯16五	壬戌立春 戊寅雨水
二月小	癸卯	天干地支西曆星期	庚辰17六	辛巳18日	壬午19一	癸未20二	甲申21三	乙酉22四	丙戌23五	丁亥24六	戊子25日	己丑26一	庚寅27二	辛卯28三	壬辰(3)四	癸巳2五	甲午3六	乙未4日	丙申5一	丁酉6二	戊戌7三	己亥8四	庚子9五	辛丑10六	壬寅11日	癸卯12一	甲辰13二	乙巳14三	丙午15四	丁未16五	戊申17六		癸巳驚蟄 戊申春分
三月大	甲辰	天干地支西曆星期	己酉18日	庚戌19一	辛亥20二	壬子21三	癸丑22四	甲寅23五	乙卯24六	丙辰25日	丁巳26一	戊午27二	己未28三	庚申29四	辛酉30五	壬戌31六	癸亥(4)日	甲子2一	乙丑3二	丙寅4三	丁卯5四	戊辰6五	己巳7六	庚午8日	辛未9一	壬申10二	癸酉11三	甲戌12四	乙亥13五	丙子14六	丁丑15日	戊寅16一	癸亥清明 戊寅穀雨
閏三月小	甲辰	天干地支西曆星期	己卯17二	庚辰18三	辛巳19四	壬午20五	癸未21六	甲申22日	乙酉23一	丙戌24二	丁亥25三	戊子26四	己丑27五	庚寅28六	辛卯29日	壬辰30一	癸巳(5)二	甲午2三	乙未3四	丙申4五	丁酉5六	戊戌6日	己亥7一	庚子8二	辛丑9三	壬寅10四	癸卯11五	甲辰12六	乙巳13日	丙午14一	丁未15二		甲午立夏
四月大	乙巳	天干地支西曆星期	戊申16三	己酉17四	庚戌18五	辛亥19六	壬子20日	癸丑21一	甲寅22二	乙卯23三	丙辰24四	丁巳25五	戊午26六	己未27日	庚申28一	辛酉29二	壬戌30三	癸亥31四	甲子(6)五	乙丑2六	丙寅3日	丁卯4一	戊辰5二	己巳6三	庚午7四	辛未8五	壬申9六	癸酉10日	甲戌11一	乙亥12二	丙子13三	丁丑14四	己酉小滿 甲子芒種
五月小	丙午	天干地支西曆星期	戊寅15五	己卯16六	庚辰17日	辛巳18一	壬午19二	癸未20三	甲申21四	乙酉22五	丙戌23六	丁亥24日	戊子25一	己丑26二	庚寅27三	辛卯28四	壬辰29五	癸巳30六	甲午(7)日	乙未2一	丙申3二	丁酉4三	戊戌5四	己亥6五	庚子7六	辛丑8日	壬寅9一	癸卯10二	甲辰11三	乙巳12四	丙午13五		己卯夏至 乙未小暑
六月大	丁未	天干地支西曆星期	丁未14六	戊申15日	己酉16一	庚戌17二	辛亥18三	壬子19四	癸丑20五	甲寅21六	乙卯22日	丙辰23一	丁巳24二	戊午25三	己未26四	庚申27五	辛酉28六	壬戌29日	癸亥30一	甲子31二	乙丑(8)三	丙寅2四	丁卯3五	戊辰4六	己巳5日	庚午6一	辛未7二	壬申8三	癸酉9四	甲戌10五	乙亥11六	丙子12日	庚戌大暑 乙丑立秋
七月大	戊申	天干地支西曆星期	丁丑13一	戊寅14二	己卯15三	庚辰16四	辛巳17五	壬午18六	癸未19日	甲申20一	乙酉21二	丙戌22三	丁亥23四	戊子24五	己丑25六	庚寅26日	辛卯27一	壬辰28二	癸巳29三	甲午30四	乙未31五	丙申(9)六	丁酉2日	戊戌3一	己亥4二	庚子5三	辛丑6四	壬寅7五	癸卯8六	甲辰9日	乙巳10一	丙午11二	庚辰處暑 乙未白露
八月小	己酉	天干地支西曆星期	丁未12三	戊申13四	己酉14五	庚戌15六	辛亥16日	壬子17一	癸丑18二	甲寅19三	乙卯20四	丙辰21五	丁巳22六	戊午23日	己未24一	庚申25二	辛酉26三	壬戌27四	癸亥28五	甲子29六	乙丑30日	丙寅(10)一	丁卯2二	戊辰3三	己巳4四	庚午5五	辛未6六	壬申7日	癸酉8一	甲戌9二	乙亥10三		辛亥秋分 丙寅寒露
九月大	庚戌	天干地支西曆星期	丙子11四	丁丑12五	戊寅13六	己卯14日	庚辰15一	辛巳16二	壬午17三	癸未18四	甲申19五	乙酉20六	丙戌21日	丁亥22一	戊子23二	己丑24三	庚寅25四	辛卯26五	壬辰27六	癸巳28日	甲午29一	乙未30二	丙申31三	丁酉(11)四	戊戌2五	己亥3六	庚子4日	辛丑5一	壬寅6二	癸卯7三	甲辰8四	乙巳9五	辛巳霜降 丙申立冬
十月小	辛亥	天干地支西曆星期	丙午10六	丁未11日	戊申12一	己酉13二	庚戌14三	辛亥15四	壬子16五	癸丑17六	甲寅18日	乙卯19一	丙辰20二	丁巳21三	戊午22四	己未23五	庚申24六	辛酉25日	壬戌26一	癸亥27二	甲子28三	乙丑29四	丙寅30五	丁卯(12)六	戊辰2日	己巳3一	庚午4二	辛未5三	壬申6四	癸酉7五	甲戌8六		辛亥小雪 丁卯大雪
十一月大	壬子	天干地支西曆星期	乙亥9日	丙子10一	丁丑11二	戊寅12三	己卯13四	庚辰14五	辛巳15六	壬午16日	癸未17一	甲申18二	乙酉19三	丙戌20四	丁亥21五	戊子22六	己丑23日	庚寅24一	辛卯25二	壬辰26三	癸巳27四	甲午28五	乙未29六	丙申30日	丁酉31一	戊戌(1)二	己亥2三	庚子3四	辛丑4五	壬寅5六	癸卯6日	甲辰7一	壬午冬至 丁酉小寒
十二月小	癸丑	天干地支西曆星期	乙巳8二	丙午9三	丁未10四	戊申11五	己酉12六	庚戌13日	辛亥14一	壬子15二	癸丑16三	甲寅17四	乙卯18五	丙辰19六	丁巳20日	戊午21一	己未22二	庚申23三	辛酉24四	壬戌25五	癸亥26六	甲子27日	乙丑28一	丙寅29二	丁卯30三	戊辰31四	己巳(2)五	庚午2六	辛未3日	壬申4一	癸酉5二		壬子大寒 戊辰立春

遼道宗咸雍四年（戊申 猴年） 公元 1068 ~ 1069 年

夏曆月序		中西曆日對照	夏曆日序																													節氣與天象
			初一	初二	初三	初四	初五	初六	初七	初八	初九	初十	十一	十二	十三	十四	十五	十六	十七	十八	十九	二十	二一	二二	二三	二四	二五	二六	二七	二八	二九	三十	
正月大	甲寅	天干地支 西曆 星期	甲戌 6 三	乙亥 7 四	丙子 8 五	丁丑 9 六	戊寅 10 日	己卯 11 一	庚辰 12 二	辛巳 13 三	壬午 14 四	癸未 15 五	甲申 16 六	乙酉 17 日	丙戌 18 一	丁亥 19 二	戊子 20 三	己丑 21 四	庚寅 22 五	辛卯 23 六	壬辰 24 日	癸巳 25 一	甲午 26 二	乙未 27 三	丙申 28 四	丁酉 29 五	戊戌 (3) 六	己亥 2 日	庚子 3 一	辛丑 4 二	壬寅 5 三	癸卯 6 四	癸未雨水 己亥驚蟄
二月小	乙卯	天干地支 西曆 星期	甲辰 7 五	乙巳 8 六	丙午 9 日	丁未 10 一	戊申 11 二	己酉 12 三	庚戌 13 四	辛亥 14 五	壬子 15 六	癸丑 16 日	甲寅 17 一	乙卯 18 二	丙辰 19 三	丁巳 20 四	戊午 21 五	己未 22 六	庚申 23 日	辛酉 24 一	壬戌 25 二	癸亥 26 三	甲子 27 四	乙丑 28 五	丙寅 29 六	丁卯 30 日	戊辰 31 一	己巳 (4) 二	庚午 2 三	辛未 3 四	壬申 4 五		甲寅春分 己巳清明
三月小	丙辰	天干地支 西曆 星期	癸酉 5 六	甲戌 6 日	乙亥 7 一	丙子 8 二	丁丑 9 三	戊寅 10 四	己卯 11 五	庚辰 12 六	辛巳 13 日	壬午 14 一	癸未 15 二	甲申 16 三	乙酉 17 四	丙戌 18 五	丁亥 19 六	戊子 20 日	己丑 21 一	庚寅 22 二	辛卯 23 三	壬辰 24 四	癸巳 25 五	甲午 26 六	乙未 27 日	丙申 28 一	丁酉 29 二	戊戌 30 三	己亥 (5) 四	庚子 2 五	辛丑 3 六		甲申穀雨 己亥立夏
四月大	丁巳	天干地支 西曆 星期	壬寅 4 日	癸卯 5 一	甲辰 6 二	乙巳 7 三	丙午 8 四	丁未 9 五	戊申 10 六	己酉 11 日	庚戌 12 一	辛亥 13 二	壬子 14 三	癸丑 15 四	甲寅 16 五	乙卯 17 六	丙辰 18 日	丁巳 19 一	戊午 20 二	己未 21 三	庚申 22 四	辛酉 23 五	壬戌 24 六	癸亥 25 日	甲子 26 一	乙丑 27 二	丙寅 28 三	丁卯 29 四	戊辰 30 五	己巳 31 六	庚午 (6) 日	辛未 2 一	乙卯小滿 庚午芒種
五月小	戊午	天干地支 西曆 星期	壬申 3 二	癸酉 4 三	甲戌 5 四	乙亥 6 五	丙子 7 六	丁丑 8 日	戊寅 9 一	己卯 10 二	庚辰 11 三	辛巳 12 四	壬午 13 五	癸未 14 六	甲申 15 日	乙酉 16 一	丙戌 17 二	丁亥 18 三	戊子 19 四	己丑 20 五	庚寅 21 六	辛卯 22 日	壬辰 23 一	癸巳 24 二	甲午 25 三	乙未 26 四	丙申 27 五	丁酉 28 六	戊戌 29 日	己亥 30 一	庚子 (7) 二		乙酉夏至 庚子小暑
六月大	己未	天干地支 西曆 星期	辛丑 2 三	壬寅 3 四	癸卯 4 五	甲辰 5 六	乙巳 6 日	丙午 7 一	丁未 8 二	戊申 9 三	己酉 10 四	庚戌 11 五	辛亥 12 六	壬子 13 日	癸丑 14 一	甲寅 15 二	乙卯 16 三	丙辰 17 四	丁巳 18 五	戊午 19 六	己未 20 日	庚申 21 一	辛酉 22 二	壬戌 23 三	癸亥 24 四	甲子 25 五	乙丑 26 六	丙寅 27 日	丁卯 28 一	戊辰 29 二	己巳 30 三	庚午 31 四	乙卯大暑
七月大	庚申	天干地支 西曆 星期	辛未 (8) 五	壬申 2 六	癸酉 3 日	甲戌 4 一	乙亥 5 二	丙子 6 三	丁丑 7 四	戊寅 8 五	己卯 9 六	庚辰 10 日	辛巳 11 一	壬午 12 二	癸未 13 三	甲申 14 四	乙酉 15 五	丙戌 16 六	丁亥 17 日	戊子 18 一	己丑 19 二	庚寅 20 三	辛卯 21 四	壬辰 22 五	癸巳 23 六	甲午 24 日	乙未 25 一	丙申 26 二	丁酉 27 三	戊戌 28 四	己亥 29 五	庚子 30 六	辛未立秋 丙戌處暑
八月小	辛酉	天干地支 西曆 星期	辛丑 31 日	壬寅 (9) 一	癸卯 2 二	甲辰 3 三	乙巳 4 四	丙午 5 五	丁未 6 六	戊申 7 日	己酉 8 一	庚戌 9 二	辛亥 10 三	壬子 11 四	癸丑 12 五	甲寅 13 六	乙卯 14 日	丙辰 15 一	丁巳 16 二	戊午 17 三	己未 18 四	庚申 19 五	辛酉 20 六	壬戌 21 日	癸亥 22 一	甲子 23 二	乙丑 24 三	丙寅 25 四	丁卯 26 五	戊辰 27 六	己巳 28 日		辛丑白露 丙辰秋分
九月大	壬戌	天干地支 西曆 星期	庚午 29 一	辛未 30 二	壬申 (10) 三	癸酉 2 四	甲戌 3 五	乙亥 4 六	丙子 5 日	丁丑 6 一	戊寅 7 二	己卯 8 三	庚辰 9 四	辛巳 10 五	壬午 11 六	癸未 12 日	甲申 13 一	乙酉 14 二	丙戌 15 三	丁亥 16 四	戊子 17 五	己丑 18 六	庚寅 19 日	辛卯 20 一	壬辰 21 二	癸巳 22 三	甲午 23 四	乙未 24 五	丙申 25 六	丁酉 26 日	戊戌 27 一	己亥 28 二	壬申寒露 丁亥霜降
十月大	癸亥	天干地支 西曆 星期	庚子 29 三	辛丑 30 四	壬寅 31 五	癸卯 (11) 六	甲辰 2 日	乙巳 3 一	丙午 4 二	丁未 5 三	戊申 6 四	己酉 7 五	庚戌 8 六	辛亥 9 日	壬子 10 一	癸丑 11 二	甲寅 12 三	乙卯 13 四	丙辰 14 五	丁巳 15 六	戊午 16 日	己未 17 一	庚申 18 二	辛酉 19 三	壬戌 20 四	癸亥 21 五	甲子 22 六	乙丑 23 日	丙寅 24 一	丁卯 25 二	戊辰 26 三	己巳 27 四	壬寅立冬 丁巳小雪
十一月小	甲子	天干地支 西曆 星期	庚午 28 五	辛未 29 六	壬申 30 日	癸酉 (12) 一	甲戌 2 二	乙亥 3 三	丙子 4 四	丁丑 5 五	戊寅 6 六	己卯 7 日	庚辰 8 一	辛巳 9 二	壬午 10 三	癸未 11 四	甲申 12 五	乙酉 13 六	丙戌 14 日	丁亥 15 一	戊子 16 二	己丑 17 三	庚寅 18 四	辛卯 19 五	壬辰 20 六	癸巳 21 日	甲午 22 一	乙未 23 二	丙申 24 三	丁酉 25 四	戊戌 26 五		壬申大雪 戊子冬至
十二月大	乙丑	天干地支 西曆 星期	己亥 27 六	庚子 28 日	辛丑 29 一	壬寅 30 二	癸卯 31 三	甲辰 (1) 四	乙巳 2 五	丙午 3 六	丁未 4 日	戊申 5 一	己酉 6 二	庚戌 7 三	辛亥 8 四	壬子 9 五	癸丑 10 六	甲寅 11 日	乙卯 12 一	丙辰 13 二	丁巳 14 三	戊午 15 四	己未 16 五	庚申 17 六	辛酉 18 日	壬戌 19 一	癸亥 20 二	甲子 21 三	乙丑 22 四	丙寅 23 五	丁卯 24 六	戊辰 25 日	癸卯小寒 戊午大寒

遼道宗咸雍五年（己酉 鷄年） 公元1069 ~ 1070年

夏曆月序		中西曆日對照	初一	初二	初三	初四	初五	初六	初七	初八	初九	初十	十一	十二	十三	十四	十五	十六	十七	十八	十九	二十	二一	二二	二三	二四	二五	二六	二七	二八	二九	三十	節氣與天象
正月小	丙寅	天干地支西曆星期	己巳26一	庚午27二	辛未28三	壬申29四	癸酉30五	甲戌31六	乙亥(2)日	丙子2一	丁丑3二	戊寅4三	己卯5四	庚辰6五	辛巳7六	壬午8日	癸未9一	甲申10二	乙酉11三	丙戌12四	丁亥13五	戊子14六	己丑15日	庚寅16一	辛卯17二	壬辰18三	癸巳19四	甲午20五	乙未21六	丙申22日	丁酉23一		癸酉立春 己丑雨水
二月大	丁卯	天干地支西曆星期	戊戌24二	己亥25三	庚子26四	辛丑27五	壬寅28六	癸卯(3)日	甲辰2一	乙巳3二	丙午4三	丁未5四	戊申6五	己酉7六	庚戌8日	辛亥9一	壬子10二	癸丑11三	甲寅12四	乙卯13五	丙辰14六	丁巳15日	戊午16一	己未17二	庚申18三	辛酉19四	壬戌20五	癸亥21六	甲子22日	乙丑23一	丙寅24二	丁卯25三	甲辰驚蟄 己未春分
三月小	戊辰	天干地支西曆星期	戊辰26四	己巳27五	庚午28六	辛未29日	壬申30一	癸酉31二	甲戌(4)三	乙亥2四	丙子3五	丁丑4六	戊寅5日	己卯6一	庚辰7二	辛巳8三	壬午9四	癸未10五	甲申11六	乙酉12日	丙戌13一	丁亥14二	戊子15三	己丑16四	庚寅17五	辛卯18六	壬辰19日	癸巳20一	甲午21二	乙未22三	丙申23四		甲戌清明 己丑穀雨
四月小	己巳	天干地支西曆星期	丁酉24五	戊戌25六	己亥26日	庚子27一	辛丑28二	壬寅29三	癸卯30四	甲辰(5)五	乙巳2六	丙午3日	丁未4一	戊申5二	己酉6三	庚戌7四	辛亥8五	壬子9六	癸丑10日	甲寅11一	乙卯12二	丙辰13三	丁巳14四	戊午15五	己未16六	庚申17日	辛酉18一	壬戌19二	癸亥20三	甲子21四	乙丑22五		乙巳立夏 庚申小滿
五月大	庚午	天干地支西曆星期	丙寅23六	丁卯24日	戊辰25一	己巳26二	庚午27三	辛未28四	壬申29五	癸酉30六	甲戌31日	乙亥(6)一	丙子2二	丁丑3三	戊寅4四	己卯5五	庚辰6六	辛巳7日	壬午8一	癸未9二	甲申10三	乙酉11四	丙戌12五	丁亥13六	戊子14日	己丑15一	庚寅16二	辛卯17三	壬辰18四	癸巳19五	甲午20六	乙未21日	乙亥芒種 庚寅夏至
六月小	辛未	天干地支西曆星期	丙申22一	丁酉23二	戊戌24三	己亥25四	庚子26五	辛丑27六	壬寅28日	癸卯29一	甲辰30二	乙巳(7)三	丙午2四	丁未3五	戊申4六	己酉5日	庚戌6一	辛亥7二	壬子8三	癸丑9四	甲寅10五	乙卯11六	丙辰12日	丁巳13一	戊午14二	己未15三	庚申16四	辛酉17五	壬戌18六	癸亥19日	甲子20一		丙午小暑 辛酉大暑
七月大	壬申	天干地支西曆星期	乙丑21二	丙寅22三	丁卯23四	戊辰24五	己巳25六	庚午26日	辛未27一	壬申28二	癸酉29三	甲戌30四	乙亥31五	丙子(8)六	丁丑2日	戊寅3一	己卯4二	庚辰5三	辛巳6四	壬午7五	癸未8六	甲申9日	乙酉10一	丙戌11二	丁亥12三	戊子13四	己丑14五	庚寅15六	辛卯16日	壬辰17一	癸巳18二	甲午19三	丙子立秋 辛卯處暑
八月小	癸酉	天干地支西曆星期	乙未20四	丙申21五	丁酉22六	戊戌23日	己亥24一	庚子25二	辛丑26三	壬寅27四	癸卯28五	甲辰29六	乙巳30日	丙午31一	丁未(9)二	戊申2三	己酉3四	庚戌4五	辛亥5六	壬子6日	癸丑7一	甲寅8二	乙卯9三	丙辰10四	丁巳11五	戊午12六	己未13日	庚申14一	辛酉15二	壬戌16三	癸亥17四		丙午白露 壬戌秋分
九月大	甲戌	天干地支西曆星期	甲子18五	乙丑19六	丙寅20日	丁卯21一	戊辰22二	己巳23三	庚午24四	辛未25五	壬申26六	癸酉27日	甲戌28一	乙亥29二	丙子30三	丁丑(10)四	戊寅2五	己卯3六	庚辰4日	辛巳5一	壬午6二	癸未7三	甲申8四	乙酉9五	丙戌10六	丁亥11日	戊子12一	己丑13二	庚寅14三	辛卯15四	壬辰16五	癸巳17六	丁丑寒露 壬辰霜降
十月大	乙亥	天干地支西曆星期	甲午18日	乙未19一	丙申20二	丁酉21三	戊戌22四	己亥23五	庚子24六	辛丑25日	壬寅26一	癸卯27二	甲辰28三	乙巳29四	丙午30五	丁未31六	戊申(11)日	己酉2一	庚戌3二	辛亥4三	壬子5四	癸丑6五	甲寅7六	乙卯8日	丙辰9一	丁巳10二	戊午11三	己未12四	庚申13五	辛酉14六	壬戌15日	癸亥16一	丁未立冬 壬戌小雪
十一月大	丙子	天干地支西曆星期	甲子17二	乙丑18三	丙寅19四	丁卯20五	戊辰21六	己巳22日	庚午23一	辛未24二	壬申25三	癸酉26四	甲戌27五	乙亥28六	丙子29日	丁丑30一	戊寅(12)二	己卯2三	庚辰3四	辛巳4五	壬午5六	癸未6日	甲申7一	乙酉8二	丙戌9三	丁亥10四	戊子11五	己丑12六	庚寅13日	辛卯14一	壬辰15二	癸巳16三	戊寅大雪 癸巳冬至
閏十一月小	丙子	天干地支西曆星期	甲午17四	乙未18五	丙申19六	丁酉20日	戊戌21一	己亥22二	庚子23三	辛丑24四	壬寅25五	癸卯26六	甲辰27日	乙巳28一	丙午29二	丁未30三	戊申31四	己酉(1)五	庚戌2六	辛亥3日	壬子4一	癸丑5二	甲寅6三	乙卯7四	丙辰8五	丁巳9六	戊午10日	己未11一	庚申12二	辛酉13三	壬戌14四		戊申小寒
十二月大	丁丑	天干地支西曆星期	癸亥15五	甲子16六	乙丑17日	丙寅18一	丁卯19二	戊辰20三	己巳21四	庚午22五	辛未23六	壬申24日	癸酉25一	甲戌26二	乙亥27三	丙子28四	丁丑29五	戊寅30六	己卯31日	庚辰(2)一	辛巳2二	壬午3三	癸未4四	甲申5五	乙酉6六	丙戌7日	丁亥8一	戊子9二	己丑10三	庚寅11四	辛卯12五	壬辰13六	癸亥大寒 己卯立春

遼道宗咸雍六年（庚戌 狗年） 公元 **1070** ~ 1071 年

夏曆月序		中西曆日對照	初一	初二	初三	初四	初五	初六	初七	初八	初九	初十	十一	十二	十三	十四	十五	十六	十七	十八	十九	二十	二一	二二	二三	二四	二五	二六	二七	二八	二九	三十	節氣與天象
正月小	戊寅	天干地支 西曆星期	癸巳 14 日	甲午 15 一	乙未 16 二	丙申 17 三	丁酉 18 四	戊戌 19 五	己亥 20 六	庚子 21 日	辛丑 22 一	壬寅 23 二	癸卯 24 三	甲辰 25 四	乙巳 26 五	丙午 27 六	丁未 28 日	戊申 (3) 一	己酉 2 二	庚戌 3 三	辛亥 4 四	壬子 5 五	癸丑 6 六	甲寅 7 日	乙卯 8 一	丙辰 9 二	丁巳 10 三	戊午 11 四	己未 12 五	庚申 13 六	辛酉 14 日		甲午雨水 己酉驚蟄
二月大	己卯	天干地支 西曆星期	壬戌 15 一	癸亥 16 二	甲子 17 三	乙丑 18 四	丙寅 19 五	丁卯 20 六	戊辰 21 日	己巳 22 一	庚午 23 二	辛未 24 三	壬申 25 四	癸酉 26 五	甲戌 27 六	乙亥 28 日	丙子 29 一	丁丑 30 二	戊寅 31 三	己卯 (4) 四	庚辰 2 五	辛巳 3 六	壬午 4 日	癸未 5 一	甲申 6 二	乙酉 7 三	丙戌 8 四	丁亥 9 五	戊子 10 六	己丑 11 日	庚寅 12 一	辛卯 13 二	甲子春分 己卯清明
三月小	庚辰	天干地支 西曆星期	壬辰 14 三	癸巳 15 四	甲午 16 五	乙未 17 六	丙申 18 日	丁酉 19 一	戊戌 20 二	己亥 21 三	庚子 22 四	辛丑 23 五	壬寅 24 六	癸卯 25 日	甲辰 26 一	乙巳 27 二	丙午 28 三	丁未 29 四	戊申 30 五	己酉 (5) 六	庚戌 2 日	辛亥 3 一	壬子 4 二	癸丑 5 三	甲寅 6 四	乙卯 7 五	丙辰 8 六	丁巳 9 日	戊午 10 一	己未 11 二	庚申 12 三		乙未穀雨 庚戌立夏
四月小	辛巳	天干地支 西曆星期	辛酉 13 四	壬戌 14 五	癸亥 15 六	甲子 16 日	乙丑 17 一	丙寅 18 二	丁卯 19 三	戊辰 20 四	己巳 21 五	庚午 22 六	辛未 23 日	壬申 24 一	癸酉 25 二	甲戌 26 三	乙亥 27 四	丙子 28 五	丁丑 29 六	戊寅 30 日	己卯 31 一	庚辰 (6) 二	辛巳 2 三	壬午 3 四	癸未 4 五	甲申 5 六	乙酉 6 日	丙戌 7 一	丁亥 8 二	戊子 9 三	己丑 10 四		乙丑小滿 庚辰芒種
五月大	壬午	天干地支 西曆星期	庚寅 11 五	辛卯 12 六	壬辰 13 日	癸巳 14 一	甲午 15 二	乙未 16 三	丙申 17 四	丁酉 18 五	戊戌 19 六	己亥 20 日	庚子 21 一	辛丑 22 二	壬寅 23 三	癸卯 24 四	甲辰 25 五	乙巳 26 六	丙午 27 日	丁未 28 一	戊申 29 二	己酉 30 三	庚戌 (7) 四	辛亥 2 五	壬子 3 六	癸丑 4 日	甲寅 5 一	乙卯 6 二	丙辰 7 三	丁巳 8 四	戊午 9 五	己未 10 六	丙申夏至 辛亥小暑
六月小	癸未	天干地支 西曆星期	庚申 11 日	辛酉 12 一	壬戌 13 二	癸亥 14 三	甲子 15 四	乙丑 16 五	丙寅 17 六	丁卯 18 日	戊辰 19 一	己巳 20 二	庚午 21 三	辛未 22 四	壬申 23 五	癸酉 24 六	甲戌 25 日	乙亥 26 一	丙子 27 二	丁丑 28 三	戊寅 29 四	己卯 30 五	庚辰 31 六	辛巳 (8) 日	壬午 2 一	癸未 3 二	甲申 4 三	乙酉 5 四	丙戌 6 五	丁亥 7 六	戊子 8 日		丙寅大暑 辛巳立秋
七月大	甲申	天干地支 西曆星期	己丑 9 一	庚寅 10 二	辛卯 11 三	壬辰 12 四	癸巳 13 五	甲午 14 六	乙未 15 日	丙申 16 一	丁酉 17 二	戊戌 18 三	己亥 19 四	庚子 20 五	辛丑 21 六	壬寅 22 日	癸卯 23 一	甲辰 24 二	乙巳 25 三	丙午 26 四	丁未 27 五	戊申 28 六	己酉 29 日	庚戌 30 一	辛亥 31 二	壬子 (9) 三	癸丑 2 四	甲寅 3 五	乙卯 4 六	丙辰 5 日	丁巳 6 一	戊午 7 二	丙申處暑 壬子白露
八月小	乙酉	天干地支 西曆星期	己未 8 三	庚申 9 四	辛酉 10 五	壬戌 11 六	癸亥 12 日	甲子 13 一	乙丑 14 二	丙寅 15 三	丁卯 16 四	戊辰 17 五	己巳 18 六	庚午 19 日	辛未 20 一	壬申 21 二	癸酉 22 三	甲戌 23 四	乙亥 24 五	丙子 25 六	丁丑 26 日	戊寅 27 一	己卯 28 二	庚辰 29 三	辛巳 30 四	壬午 (10) 五	癸未 2 六	甲申 3 日	乙酉 4 一	丙戌 5 二	丁亥 6 三		丁卯秋分 壬午寒露
九月大	丙戌	天干地支 西曆星期	戊子 7 四	己丑 8 五	庚寅 9 六	辛卯 10 日	壬辰 11 一	癸巳 12 二	甲午 13 三	乙未 14 四	丙申 15 五	丁酉 16 六	戊戌 17 日	己亥 18 一	庚子 19 二	辛丑 20 三	壬寅 21 四	癸卯 22 五	甲辰 23 六	乙巳 24 日	丙午 25 一	丁未 26 二	戊申 27 三	己酉 28 四	庚戌 29 五	辛亥 30 六	壬子 31 日	癸丑 (11) 一	甲寅 2 二	乙卯 3 三	丙辰 4 四	丁巳 5 五	丁酉霜降 壬子立冬
十月大	丁亥	天干地支 西曆星期	戊午 6 六	己未 7 日	庚申 8 一	辛酉 9 二	壬戌 10 三	癸亥 11 四	甲子 12 五	乙丑 13 六	丙寅 14 日	丁卯 15 一	戊辰 16 二	己巳 17 三	庚午 18 四	辛未 19 五	壬申 20 六	癸酉 21 日	甲戌 22 一	乙亥 23 二	丙子 24 三	丁丑 25 四	戊寅 26 五	己卯 27 六	庚辰 28 日	辛巳 29 一	壬午 30 二	癸未 (12) 三	甲申 2 四	乙酉 3 五	丙戌 4 六	丁亥 5 日	戊辰小雪 癸未大雪
十一月小	戊子	天干地支 西曆星期	戊子 6 一	己丑 7 二	庚寅 8 三	辛卯 9 四	壬辰 10 五	癸巳 11 六	甲午 12 日	乙未 13 一	丙申 14 二	丁酉 15 三	戊戌 16 四	己亥 17 五	庚子 18 六	辛丑 19 日	壬寅 20 一	癸卯 21 二	甲辰 22 三	乙巳 23 四	丙午 24 五	丁未 25 六	戊申 26 日	己酉 27 一	庚戌 28 二	辛亥 29 三	壬子 30 四	癸丑 31 五	甲寅 (1) 六	乙卯 2 日	丙辰 3 一		戊戌冬至 癸丑小寒
十二月大	己丑	天干地支 西曆星期	丁巳 4 二	戊午 5 三	己未 6 四	庚申 7 五	辛酉 8 六	壬戌 9 日	癸亥 10 一	甲子 11 二	乙丑 12 三	丙寅 13 四	丁卯 14 五	戊辰 15 六	己巳 16 日	庚午 17 一	辛未 18 二	壬申 19 三	癸酉 20 四	甲戌 21 五	乙亥 22 六	丙子 23 日	丁丑 24 一	戊寅 25 二	己卯 26 三	庚辰 27 四	辛巳 28 五	壬午 29 六	癸未 30 日	甲申 31 一	乙酉 (2) 二	丙戌 2 三	己巳大寒 甲申立春

遼道宗咸雍七年（辛亥 猪年） 公元 **1071** ~ 1072 年

夏曆月序		中西曆日對照	初一	初二	初三	初四	初五	初六	初七	初八	初九	初十	十一	十二	十三	十四	十五	十六	十七	十八	十九	二十	二一	二二	二三	二四	二五	二六	二七	二八	二九	三十	節氣與天象
正月大	庚寅	干支 西曆 星期	丁亥 3 四	戊子 4 五	己丑 5 六	庚寅 6 日	辛卯 7 一	壬辰 8 二	癸巳 9 三	甲午 10 四	乙未 11 五	丙申 12 六	丁酉 13 日	戊戌 14 一	己亥 15 二	庚子 16 三	辛丑 17 四	壬寅 18 五	癸卯 19 六	甲辰 20 日	乙巳 21 一	丙午 22 二	丁未 23 三	戊申 24 四	己酉 25 五	庚戌 26 六	辛亥 27 日	壬子 28 一	癸丑 (3) 二	甲寅 2 三	乙卯 3 四	丙辰 4 五	己亥雨水 甲寅驚蟄
二月小	辛卯	干支 西曆 星期	丁巳 5 六	戊午 6 日	己未 7 一	庚申 8 二	辛酉 9 三	壬戌 10 四	癸亥 11 五	甲子 12 六	乙丑 13 日	丙寅 14 一	丁卯 15 二	戊辰 16 三	己巳 17 四	庚午 18 五	辛未 19 六	壬申 20 日	癸酉 21 一	甲戌 22 二	乙亥 23 三	丙子 24 四	丁丑 25 五	戊寅 26 六	己卯 27 日	庚辰 28 一	辛巳 29 二	壬午 30 三	癸未 31 四	甲申 (4) 五	乙酉 2 六		己巳春分 乙酉清明
三月大	壬辰	干支 西曆 星期	丙戌 3 日	丁亥 4 一	戊子 5 二	己丑 6 三	庚寅 7 四	辛卯 8 五	壬辰 9 六	癸巳 10 日	甲午 11 一	乙未 12 二	丙申 13 三	丁酉 14 四	戊戌 15 五	己亥 16 六	庚子 17 日	辛丑 18 一	壬寅 19 二	癸卯 20 三	甲辰 21 四	乙巳 22 五	丙午 23 六	丁未 24 日	戊申 25 一	己酉 26 二	庚戌 27 三	辛亥 28 四	壬子 29 五	癸丑 30 六	甲寅 (5) 日	乙卯 2 一	庚子穀雨 乙卯立夏
四月小	癸巳	干支 西曆 星期	丙辰 3 二	丁巳 4 三	戊午 5 四	己未 6 五	庚申 7 六	辛酉 8 日	壬戌 9 一	癸亥 10 二	甲子 11 三	乙丑 12 四	丙寅 13 五	丁卯 14 六	戊辰 15 日	己巳 16 一	庚午 17 二	辛未 18 三	壬申 19 四	癸酉 20 五	甲戌 21 六	乙亥 22 日	丙子 23 一	丁丑 24 二	戊寅 25 三	己卯 26 四	庚辰 27 五	辛巳 28 六	壬午 29 日	癸未 30 一	甲申 31 二		庚午小滿
五月小	甲午	干支 西曆 星期	乙酉 (6) 三	丙戌 2 四	丁亥 3 五	戊子 4 六	己丑 5 日	庚寅 6 一	辛卯 7 二	壬辰 8 三	癸巳 9 四	甲午 10 五	乙未 11 六	丙申 12 日	丁酉 13 一	戊戌 14 二	己亥 15 三	庚子 16 四	辛丑 17 五	壬寅 18 六	癸卯 19 日	甲辰 20 一	乙巳 21 二	丙午 22 三	丁未 23 四	戊申 24 五	己酉 25 六	庚戌 26 日	辛亥 27 一	壬子 28 二	癸丑 29 三		丙戌芒種 辛丑夏至
六月大	乙未	干支 西曆 星期	甲寅 30 四	乙卯 (7) 五	丙辰 2 六	丁巳 3 日	戊午 4 一	己未 5 二	庚申 6 三	辛酉 7 四	壬戌 8 五	癸亥 9 六	甲子 10 日	乙丑 11 一	丙寅 12 二	丁卯 13 三	戊辰 14 四	己巳 15 五	庚午 16 六	辛未 17 日	壬申 18 一	癸酉 19 二	甲戌 20 三	乙亥 21 四	丙子 22 五	丁丑 23 六	戊寅 24 日	己卯 25 一	庚辰 26 二	辛巳 27 三	壬午 28 四	癸未 29 五	丙辰小暑 辛未大暑
七月小	丙申	干支 西曆 星期	甲申 30 六	乙酉 31 日	丙戌 (8) 一	丁亥 2 二	戊子 3 三	己丑 4 四	庚寅 5 五	辛卯 6 六	壬辰 7 日	癸巳 8 一	甲午 9 二	乙未 10 三	丙申 11 四	丁酉 12 五	戊戌 13 六	己亥 14 日	庚子 15 一	辛丑 16 二	壬寅 17 三	癸卯 18 四	甲辰 19 五	乙巳 20 六	丙午 21 日	丁未 22 一	戊申 23 二	己酉 24 三	庚戌 25 四	辛亥 26 五	壬子 27 六		丙戌立秋 壬寅處暑
八月小	丁酉	干支 西曆 星期	癸丑 28 日	甲寅 29 一	乙卯 30 二	丙辰 31 三	丁巳 (9) 四	戊午 2 五	己未 3 六	庚申 4 日	辛酉 5 一	壬戌 6 二	癸亥 7 三	甲子 8 四	乙丑 9 五	丙寅 10 六	丁卯 11 日	戊辰 12 一	己巳 13 二	庚午 14 三	辛未 15 四	壬申 16 五	癸酉 17 六	甲戌 18 日	乙亥 19 一	丙子 20 二	丁丑 21 三	戊寅 22 四	己卯 23 五	庚辰 24 六	辛巳 25 日		丁巳白露 壬申秋分
九月大	戊戌	干支 西曆 星期	壬午 26 一	癸未 27 二	甲申 28 三	乙酉 29 四	丙戌 30 五	丁亥 (10) 六	戊子 2 日	己丑 3 一	庚寅 4 二	辛卯 5 三	壬辰 6 四	癸巳 7 五	甲午 8 六	乙未 9 日	丙申 10 一	丁酉 11 二	戊戌 12 三	己亥 13 四	庚子 14 五	辛丑 15 六	壬寅 16 日	癸卯 17 一	甲辰 18 二	乙巳 19 三	丙午 20 四	丁未 21 五	戊申 22 六	己酉 23 日	庚戌 24 一	辛亥 25 二	丁亥寒露 癸卯霜降
十月大	己亥	干支 西曆 星期	壬子 26 三	癸丑 27 四	甲寅 28 五	乙卯 29 六	丙辰 30 日	丁巳 31 一	戊午 (11) 二	己未 2 三	庚申 3 四	辛酉 4 五	壬戌 5 六	癸亥 6 日	甲子 7 一	乙丑 8 二	丙寅 9 三	丁卯 10 四	戊辰 11 五	己巳 12 六	庚午 13 日	辛未 14 一	壬申 15 二	癸酉 16 三	甲戌 17 四	乙亥 18 五	丙子 19 六	丁丑 20 日	戊寅 21 一	己卯 22 二	庚辰 23 三	辛巳 24 四	戊午立冬 癸酉小雪
十一月小	庚子	干支 西曆 星期	壬午 25 五	癸未 26 六	甲申 27 日	乙酉 28 一	丙戌 29 二	丁亥 30 三	戊子 (12) 四	己丑 2 五	庚寅 3 六	辛卯 4 日	壬辰 5 一	癸巳 6 二	甲午 7 三	乙未 8 四	丙申 9 五	丁酉 10 六	戊戌 11 日	己亥 12 一	庚子 13 二	辛丑 14 三	壬寅 15 四	癸卯 16 五	甲辰 17 六	乙巳 18 日	丙午 19 一	丁未 20 二	戊申 21 三	己酉 22 四	庚戌 23 五		戊子大雪 癸卯冬至
十二月大	辛丑	干支 西曆 星期	辛亥 24 六	壬子 25 日	癸丑 26 一	甲寅 27 二	乙卯 28 三	丙辰 29 四	丁巳 30 五	戊午 31 六	己未 (1) 日	庚申 2 一	辛酉 3 二	壬戌 4 三	癸亥 5 四	甲子 6 五	乙丑 7 六	丙寅 8 日	丁卯 9 一	戊辰 10 二	己巳 11 三	庚午 12 四	辛未 13 五	壬申 14 六	癸酉 15 日	甲戌 16 一	乙亥 17 二	丙子 18 三	丁丑 19 四	戊寅 20 五	己卯 21 六	庚辰 22 日	己未小寒 甲戌大寒

遼道宗咸雍八年（壬子 鼠年） 公元 **1072** ~ 1073 年

夏曆月序	中西曆日對照	初一	初二	初三	初四	初五	初六	初七	初八	初九	初十	十一	十二	十三	十四	十五	十六	十七	十八	十九	二十	二一	二二	二三	二四	二五	二六	二七	二八	二九	三十	節氣與天象
正月大 壬寅	天干地支西曆星期	辛巳23一	壬午24二	癸未25三	甲申26四	乙酉27五	丙戌28六	丁亥29日	戊子30一	己丑31二	庚寅(2)三	辛卯2四	壬辰3五	癸巳4六	甲午5日	乙未6一	丙申7二	丁酉8三	戊戌9四	己亥10五	庚子11六	辛丑12日	壬寅13一	癸卯14二	甲辰15三	乙巳16四	丙午17五	丁未18六	戊申19日	己酉20一	庚戌21二	己丑立春 甲辰雨水
二月大 癸卯	天干地支西曆星期	辛亥22三	壬子23四	癸丑24五	甲寅25六	乙卯26日	丙辰27一	丁巳28二	戊午29三	己未(3)四	庚申2五	辛酉3六	壬戌4日	癸亥5一	甲子6二	乙丑7三	丙寅8四	丁卯9五	戊辰10六	己巳11日	庚午12一	辛未13二	壬申14三	癸酉15四	甲戌16五	乙亥17六	丙子18日	丁丑19一	戊寅20二	己卯21三	庚辰22四	己未驚蟄 乙亥春分
三月小 甲辰	天干地支西曆星期	辛巳23五	壬午24六	癸未25日	甲申26一	乙酉27二	丙戌28三	丁亥29四	戊子30五	己丑31六	庚寅(4)日	辛卯2一	壬辰3二	癸巳4三	甲午5四	乙未6五	丙申7六	丁酉8日	戊戌9一	己亥10二	庚子11三	辛丑12四	壬寅13五	癸卯14六	甲辰15日	乙巳16一	丙午17二	丁未18三	戊申19四	己酉20五		庚寅清明 乙巳穀雨
四月大 乙巳	天干地支西曆星期	庚戌21六	辛亥22日	壬子23一	癸丑24二	甲寅25三	乙卯26四	丙辰27五	丁巳28六	戊午29日	己未30一	庚申(5)二	辛酉2三	壬戌3四	癸亥4五	甲子5六	乙丑6日	丙寅7一	丁卯8二	戊辰9三	己巳10四	庚午11五	辛未12六	壬申13日	癸酉14一	甲戌15二	乙亥16三	丙子17四	丁丑18五	戊寅19六	己卯20日	庚申立夏 丙子小滿
五月小 丙午	天干地支西曆星期	庚辰21一	辛巳22二	壬午23三	癸未24四	甲申25五	乙酉26六	丙戌27日	丁亥28一	戊子29二	己丑30三	庚寅31四	辛卯(6)五	壬辰2六	癸巳3日	甲午4一	乙未5二	丙申6三	丁酉7四	戊戌8五	己亥9六	庚子10日	辛丑11一	壬寅12二	癸卯13三	甲辰14四	乙巳15五	丙午16六	丁未17日	戊申18一		辛卯芒種 丙午夏至
六月小 丁未	天干地支西曆星期	己酉19二	庚戌20三	辛亥21四	壬子22五	癸丑23六	甲寅24日	乙卯25一	丙辰26二	丁巳27三	戊午28四	己未29五	庚申30六	辛酉(7)日	壬戌2一	癸亥3二	甲子4三	乙丑5四	丙寅6五	丁卯7六	戊辰8日	己巳9一	庚午10二	辛未11三	壬申12四	癸酉13五	甲戌14六	乙亥15日	丙子16一	丁丑17二		辛酉小暑 丙子大暑
七月大 戊申	天干地支西曆星期	戊寅18三	己卯19四	庚辰20五	辛巳21六	壬午22日	癸未23一	甲申24二	乙酉25三	丙戌26四	丁亥27五	戊子28六	己丑29日	庚寅30一	辛卯31二	壬辰(8)三	癸巳2四	甲午3五	乙未4六	丙申5日	丁酉6一	戊戌7二	己亥8三	庚子9四	辛丑10五	壬寅11六	癸卯12日	甲辰13一	乙巳14二	丙午15三	丁未16四	壬辰立秋 丁未處暑
閏七月小 戊申	天干地支西曆星期	戊申17五	己酉18六	庚戌19日	辛亥20一	壬子21二	癸丑22三	甲寅23四	乙卯24五	丙辰25六	丁巳26日	戊午27一	己未28二	庚申29三	辛酉30四	壬戌31五	癸亥(9)六	甲子2日	乙丑3一	丙寅4二	丁卯5三	戊辰6四	己巳7五	庚午8六	辛未9日	壬申10一	癸酉11二	甲戌12三	乙亥13四	丙子14五		壬戌白露
八月小 己酉	天干地支西曆星期	丁丑15六	戊寅16日	己卯17一	庚辰18二	辛巳19三	壬午20四	癸未21五	甲申22六	乙酉23日	丙戌24一	丁亥25二	戊子26三	己丑27四	庚寅28五	辛卯29六	壬辰30日	癸巳(10)一	甲午2二	乙未3三	丙申4四	丁酉5五	戊戌6六	己亥7日	庚子8一	辛丑9二	壬寅10三	癸卯11四	甲辰12五	乙巳13六		丁丑秋分 癸巳寒露
九月大 庚戌	天干地支西曆星期	丙午14日	丁未15一	戊申16二	己酉17三	庚戌18四	辛亥19五	壬子20六	癸丑21日	甲寅22一	乙卯23二	丙辰24三	丁巳25四	戊午26五	己未27六	庚申28日	辛酉29一	壬戌30二	癸亥31三	甲子(11)四	乙丑2五	丙寅3六	丁卯4日	戊辰5一	己巳6二	庚午7三	辛未8四	壬申9五	癸酉10六	甲戌11日	乙亥12一	戊申霜降 癸亥立冬
十月大 辛亥	天干地支西曆星期	丙子13二	丁丑14三	戊寅15四	己卯16五	庚辰17六	辛巳18日	壬午19一	癸未20二	甲申21三	乙酉22四	丙戌23五	丁亥24六	戊子25日	己丑26一	庚寅27二	辛卯28三	壬辰29四	癸巳30五	甲午(12)六	乙未2日	丙申3一	丁酉4二	戊戌5三	己亥6四	庚子7五	辛丑8六	壬寅9日	癸卯10一	甲辰11二	乙巳12三	戊寅小雪 癸巳大雪
十一月小 壬子	天干地支西曆星期	丙午13四	丁未14五	戊申15六	己酉16日	庚戌17一	辛亥18二	壬子19三	癸丑20四	甲寅21五	乙卯22六	丙辰23日	丁巳24一	戊午25二	己未26三	庚申27四	辛酉28五	壬戌29六	癸亥30日	甲子31一	乙丑(1)二	丙寅2三	丁卯3四	戊辰4五	己巳5六	庚午6日	辛未7一	壬申8二	癸酉9三	甲戌10四		己酉冬至 甲子小寒
十二月大 癸丑	天干地支西曆星期	乙亥11五	丙子12六	丁丑13日	戊寅14一	己卯15二	庚辰16三	辛巳17四	壬午18五	癸未19六	甲申20日	乙酉21一	丙戌22二	丁亥23三	戊子24四	己丑25五	庚寅26六	辛卯27日	壬辰28一	癸巳29二	甲午30三	乙未31四	丙申(2)五	丁酉2六	戊戌3日	己亥4一	庚子5二	辛丑6三	壬寅7四	癸卯8五	甲辰9六	己卯大寒 甲午立春

遼道宗咸雍九年（癸丑 牛年） 公元**1073** ~ 1074 年

夏曆月序		中西曆日對照	夏曆日序																													節氣與天象
			初一	初二	初三	初四	初五	初六	初七	初八	初九	初十	十一	十二	十三	十四	十五	十六	十七	十八	十九	二十	二一	二二	二三	二四	二五	二六	二七	二八	二九	三十	
正月大	甲寅	天干地支西曆星期	乙巳10日	丙午11一	丁未12二	戊申13三	己酉14四	庚戌15五	辛亥16六	壬子17日	癸丑18一	甲寅19二	乙卯20三	丙辰21四	丁巳22五	戊午23六	己未24日	庚申25一	辛酉26二	壬戌27三	癸亥28四	甲子(3)五	乙丑2六	丙寅3日	丁卯4一	戊辰5二	己巳6三	庚午7四	辛未8五	壬申9六	癸酉10日	甲戌11一	庚戌雨水 乙丑驚蟄
二月小	乙卯	天干地支西曆星期	乙亥12二	丙子13三	丁丑14四	戊寅15五	己卯16六	庚辰17日	辛巳18一	壬午19二	癸未20三	甲申21四	乙酉22五	丙戌23六	丁亥24日	戊子25一	己丑26二	庚寅27三	辛卯28四	壬辰29五	癸巳30六	甲午31日	乙未(4)一	丙申2二	丁酉3三	戊戌4四	己亥5五	庚子6六	辛丑7日	壬寅8一	癸卯9二		庚辰春分 乙未清明
三月大	丙辰	天干地支西曆星期	甲辰10三	乙巳11四	丙午12五	丁未13六	戊申14日	己酉15一	庚戌16二	辛亥17三	壬子18四	癸丑19五	甲寅20六	乙卯21日	丙辰22一	丁巳23二	戊午24三	己未25四	庚申26五	辛酉27六	壬戌28日	癸亥29一	甲子30二	乙丑(5)三	丙寅2四	丁卯3五	戊辰4六	己巳5日	庚午6一	辛未7二	壬申8三	癸酉9四	庚戌穀雨 丙寅立夏
四月大	丁巳	天干地支西曆星期	甲戌10五	乙亥11六	丙子12日	丁丑13一	戊寅14二	己卯15三	庚辰16四	辛巳17五	壬午18六	癸未19日	甲申20一	乙酉21二	丙戌22三	丁亥23四	戊子24五	己丑25六	庚寅26日	辛卯27一	壬辰28二	癸巳29三	甲午30四	乙未31五	丙申(6)六	丁酉2日	戊戌3一	己亥4二	庚子5三	辛丑6四	壬寅7五	癸卯8六	辛巳小滿 丙申芒種 甲戌日食
五月小	戊午	天干地支西曆星期	甲辰9日	乙巳10一	丙午11二	丁未12三	戊申13四	己酉14五	庚戌15六	辛亥16日	壬子17一	癸丑18二	甲寅19三	乙卯20四	丙辰21五	丁巳22六	戊午23日	己未24一	庚申25二	辛酉26三	壬戌27四	癸亥28五	甲子29六	乙丑30日	丙寅(7)一	丁卯2二	戊辰3三	己巳4四	庚午5五	辛未6六	壬申7日		辛亥夏至 丙寅小暑
六月小	己未	天干地支西曆星期	癸酉8一	甲戌9二	乙亥10三	丙子11四	丁丑12五	戊寅13六	己卯14日	庚辰15一	辛巳16二	壬午17三	癸未18四	甲申19五	乙酉20六	丙戌21日	丁亥22一	戊子23二	己丑24三	庚寅25四	辛卯26五	壬辰27六	癸巳28日	甲午29一	乙未30二	丙申31三	丁酉(8)四	戊戌2五	己亥3六	庚子4日	辛丑5一		壬午大暑 丁酉立秋
七月大	庚申	天干地支西曆星期	壬寅6二	癸卯7三	甲辰8四	乙巳9五	丙午10六	丁未11日	戊申12一	己酉13二	庚戌14三	辛亥15四	壬子16五	癸丑17六	甲寅18日	乙卯19一	丙辰20二	丁巳21三	戊午22四	己未23五	庚申24六	辛酉25日	壬戌26一	癸亥27二	甲子28三	乙丑29四	丙寅30五	丁卯31六	戊辰(9)日	己巳2一	庚午3二	辛未4三	壬子處暑 丁卯白露
八月小	辛酉	天干地支西曆星期	壬申5四	癸酉6五	甲戌7六	乙亥8日	丙子9一	丁丑10二	戊寅11三	己卯12四	庚辰13五	辛巳14六	壬午15日	癸未16一	甲申17二	乙酉18三	丙戌19四	丁亥20五	戊子21六	己丑22日	庚寅23一	辛卯24二	壬辰25三	癸巳26四	甲午27五	乙未28六	丙申29日	丁酉30一	戊戌(10)二	己亥2三	庚子3四		癸未秋分 戊戌寒露
九月小	壬戌	天干地支西曆星期	辛丑4五	壬寅5六	癸卯6日	甲辰7一	乙巳8二	丙午9三	丁未10四	戊申11五	己酉12六	庚戌13日	辛亥14一	壬子15二	癸丑16三	甲寅17四	乙卯18五	丙辰19六	丁巳20日	戊午21一	己未22二	庚申23三	辛酉24四	壬戌25五	癸亥26六	甲子27日	乙丑28一	丙寅29二	丁卯30三	戊辰31四	己巳(11)五		癸丑霜降 戊辰立冬
十月大	癸亥	天干地支西曆星期	庚午2六	辛未3日	壬申4一	癸酉5二	甲戌6三	乙亥7四	丙子8五	丁丑9六	戊寅10日	己卯11一	庚辰12二	辛巳13三	壬午14四	癸未15五	甲申16六	乙酉17日	丙戌18一	丁亥19二	戊子20三	己丑21四	庚寅22五	辛卯23六	壬辰24日	癸巳25一	甲午26二	乙未27三	丙申28四	丁酉29五	戊戌30六	己亥(12)日	癸未小雪 己亥大雪
十一月小	甲子	天干地支西曆星期	庚子2一	辛丑3二	壬寅4三	癸卯5四	甲辰6五	乙巳7六	丙午8日	丁未9一	戊申10二	己酉11三	庚戌12四	辛亥13五	壬子14六	癸丑15日	甲寅16一	乙卯17二	丙辰18三	丁巳19四	戊午20五	己未21六	庚申22日	辛酉23一	壬戌24二	癸亥25三	甲子26四	乙丑27五	丙寅28六	丁卯29日	戊辰30一		甲寅冬至
十二月大	乙丑	天干地支西曆星期	己巳31二	庚午(1)三	辛未2四	壬申3五	癸酉4六	甲戌5日	乙亥6一	丙子7二	丁丑8三	戊寅9四	己卯10五	庚辰11六	辛巳12日	壬午13一	癸未14二	甲申15三	乙酉16四	丙戌17五	丁亥18六	戊子19日	己丑20一	庚寅21二	辛卯22三	壬辰23四	癸巳24五	甲午25六	乙未26日	丙申27一	丁酉28二	戊戌29三	己巳小寒 甲申大寒

遼道宗咸雍十年（甲寅 虎年） 公元 1074 ~ 1075 年

夏曆月序		中西曆日對照	初一	初二	初三	初四	初五	初六	初七	初八	初九	初十	十一	十二	十三	十四	十五	十六	十七	十八	十九	二十	二一	二二	二三	二四	二五	二六	二七	二八	二九	三十	節氣與天象
正月大	丙寅	天干 地支 西曆 星期	己亥 30 四	庚子 31 五	辛丑 (2) 六	壬寅 2 日	癸卯 3 一	甲辰 4 二	乙巳 5 三	丙午 6 四	丁未 7 五	戊申 8 六	己酉 9 日	庚戌 10 一	辛亥 11 二	壬子 12 三	癸丑 13 四	甲寅 14 五	乙卯 15 六	丙辰 16 日	丁巳 17 一	戊午 18 二	己未 19 三	庚申 20 四	辛酉 21 五	壬戌 22 六	癸亥 23 日	甲子 24 一	乙丑 25 二	丙寅 26 三	丁卯 27 四	戊辰 28 五	庚子立春 乙卯雨水
二月小	丁卯	天干 地支 西曆 星期	己巳 (3) 六	庚午 2 日	辛未 3 一	壬申 4 二	癸酉 5 三	甲戌 6 四	乙亥 7 五	丙子 8 六	丁丑 9 日	戊寅 10 一	己卯 11 二	庚辰 12 三	辛巳 13 四	壬午 14 五	癸未 15 六	甲申 16 日	乙酉 17 一	丙戌 18 二	丁亥 19 三	戊子 20 四	己丑 21 五	庚寅 22 六	辛卯 23 日	壬辰 24 一	癸巳 25 二	甲午 26 三	乙未 27 四	丙申 28 五	丁酉 29 六		庚午驚蟄 乙酉春分
三月大	戊辰	天干 地支 西曆 星期	戊戌 30 日	己亥 31 一	庚子 (4) 二	辛丑 2 三	壬寅 3 四	癸卯 4 五	甲辰 5 六	乙巳 6 日	丙午 7 一	丁未 8 二	戊申 9 三	己酉 10 四	庚戌 11 五	辛亥 12 六	壬子 13 日	癸丑 14 一	甲寅 15 二	乙卯 16 三	丙辰 17 四	丁巳 18 五	戊午 19 六	己未 20 日	庚申 21 一	辛酉 22 二	壬戌 23 三	癸亥 24 四	甲子 25 五	乙丑 26 六	丙寅 27 日	丁卯 28 一	庚子清明 丙辰穀雨
四月大	己巳	天干 地支 西曆 星期	戊辰 29 二	己巳 30 三	庚午 (5) 四	辛未 2 五	壬申 3 六	癸酉 4 日	甲戌 5 一	乙亥 6 二	丙子 7 三	丁丑 8 四	戊寅 9 五	己卯 10 六	庚辰 11 日	辛巳 12 一	壬午 13 二	癸未 14 三	甲申 15 四	乙酉 16 五	丙戌 17 六	丁亥 18 日	戊子 19 一	己丑 20 二	庚寅 21 三	辛卯 22 四	壬辰 23 五	癸巳 24 六	甲午 25 日	乙未 26 一	丙申 27 二	丁酉 28 三	辛未立夏 丙戌小滿
五月小	庚午	天干 地支 西曆 星期	戊戌 29 四	己亥 30 五	庚子 31 六	辛丑 (6) 日	壬寅 2 一	癸卯 3 二	甲辰 4 三	乙巳 5 四	丙午 6 五	丁未 7 六	戊申 8 日	己酉 9 一	庚戌 10 二	辛亥 11 三	壬子 12 四	癸丑 13 五	甲寅 14 六	乙卯 15 日	丙辰 16 一	丁巳 17 二	戊午 18 三	己未 19 四	庚申 20 五	辛酉 21 六	壬戌 22 日	癸亥 23 一	甲子 24 二	乙丑 25 三	丙寅 26 四		辛丑芒種 丁巳夏至
六月大	辛未	天干 地支 西曆 星期	丁卯 27 五	戊辰 28 六	己巳 29 日	庚午 30 一	辛未 (7) 二	壬申 2 三	癸酉 3 四	甲戌 4 五	乙亥 5 六	丙子 6 日	丁丑 7 一	戊寅 8 二	己卯 9 三	庚辰 10 四	辛巳 11 五	壬午 12 六	癸未 13 日	甲申 14 一	乙酉 15 二	丙戌 16 三	丁亥 17 四	戊子 18 五	己丑 19 六	庚寅 20 日	辛卯 21 一	壬辰 22 二	癸巳 23 三	甲午 24 四	乙未 25 五	丙申 26 六	壬申小暑 丁亥大暑
七月小	壬申	天干 地支 西曆 星期	丁酉 27 日	戊戌 28 一	己亥 29 二	庚子 30 三	辛丑 31 四	壬寅 (8) 五	癸卯 2 六	甲辰 3 日	乙巳 4 一	丙午 5 二	丁未 6 三	戊申 7 四	己酉 8 五	庚戌 9 六	辛亥 10 日	壬子 11 一	癸丑 12 二	甲寅 13 三	乙卯 14 四	丙辰 15 五	丁巳 16 六	戊午 17 日	己未 18 一	庚申 19 二	辛酉 20 三	壬戌 21 四	癸亥 22 五	甲子 23 六	乙丑 24 日		壬寅立秋 丁巳處暑
八月大	癸酉	天干 地支 西曆 星期	丙寅 25 一	丁卯 26 二	戊辰 27 三	己巳 28 四	庚午 29 五	辛未 30 六	壬申 31 日	癸酉 (9) 一	甲戌 2 二	乙亥 3 三	丙子 4 四	丁丑 5 五	戊寅 6 六	己卯 7 日	庚辰 8 一	辛巳 9 二	壬午 10 三	癸未 11 四	甲申 12 五	乙酉 13 六	丙戌 14 日	丁亥 15 一	戊子 16 二	己丑 17 三	庚寅 18 四	辛卯 19 五	壬辰 20 六	癸巳 21 日	甲午 22 一	乙未 23 二	癸酉白露 戊子秋分
九月小	甲戌	天干 地支 西曆 星期	丙申 24 三	丁酉 25 四	戊戌 26 五	己亥 27 六	庚子 28 日	辛丑 29 一	壬寅 30 二	癸卯 (10) 三	甲辰 2 四	乙巳 3 五	丙午 4 六	丁未 5 日	戊申 6 一	己酉 7 二	庚戌 8 三	辛亥 9 四	壬子 10 五	癸丑 11 六	甲寅 12 日	乙卯 13 一	丙辰 14 二	丁巳 15 三	戊午 16 四	己未 17 五	庚申 18 六	辛酉 19 日	壬戌 20 一	癸亥 21 二	甲子 22 三		癸卯寒露 戊午霜降
十月大	乙亥	天干 地支 西曆 星期	乙丑 23 四	丙寅 24 五	丁卯 25 六	戊辰 26 日	己巳 27 一	庚午 28 二	辛未 29 三	壬申 30 四	癸酉 31 五	甲戌 (11) 六	乙亥 2 日	丙子 3 一	丁丑 4 二	戊寅 5 三	己卯 6 四	庚辰 7 五	辛巳 8 六	壬午 9 日	癸未 10 一	甲申 11 二	乙酉 12 三	丙戌 13 四	丁亥 14 五	戊子 15 六	己丑 16 日	庚寅 17 一	辛卯 18 二	壬辰 19 三	癸巳 20 四	甲午 21 五	癸酉立冬 己丑小雪
十一月小	丙子	天干 地支 西曆 星期	乙未 22 六	丙申 23 日	丁酉 24 一	戊戌 25 二	己亥 26 三	庚子 27 四	辛丑 28 五	壬寅 29 六	癸卯 30 日	甲辰 (12) 一	乙巳 2 二	丙午 3 三	丁未 4 四	戊申 5 五	己酉 6 六	庚戌 7 日	辛亥 8 一	壬子 9 二	癸丑 10 三	甲寅 11 四	乙卯 12 五	丙辰 13 六	丁巳 14 日	戊午 15 一	己未 16 二	庚申 17 三	辛酉 18 四	壬戌 19 五	癸亥 20 六		甲辰大雪 己未冬至
十二月小	丁丑	天干 地支 西曆 星期	甲子 21 日	乙丑 22 一	丙寅 23 二	丁卯 24 三	戊辰 25 四	己巳 26 五	庚午 27 六	辛未 28 日	壬申 29 一	癸酉 30 二	甲戌 31 三	乙亥 (1) 四	丙子 2 五	丁丑 3 六	戊寅 4 日	己卯 5 一	庚辰 6 二	辛巳 7 三	壬午 8 四	癸未 9 五	甲申 10 六	乙酉 11 日	丙戌 12 一	丁亥 13 二	戊子 14 三	己丑 15 四	庚寅 16 五	辛卯 17 六	壬辰 18 日		甲戌小寒 庚寅大寒

遼道宗大康元年（乙卯 兔年） 公元 1075 ~ 1076 年

夏曆月序		中西曆日對照	初一	初二	初三	初四	初五	初六	初七	初八	初九	初十	十一	十二	十三	十四	十五	十六	十七	十八	十九	二十	二一	二二	二三	二四	二五	二六	二七	二八	二九	三十	節氣與天象
正月大	戊寅	干支	癸巳	甲午	乙未	丙申	丁酉	戊戌	己亥	庚子	辛丑	壬寅	癸卯	甲辰	乙巳	丙午	丁未	戊申	己酉	庚戌	辛亥	壬子	癸丑	甲寅	乙卯	丙辰	丁巳	戊午	己未	庚申	辛酉	壬戌	甲辰立春 己未雨水
		西曆	19	20	21	22	23	24	25	26	27	28	29	30	31	(2)	2	3	4	5	6	7	8	9	10	11	12	13	14	15	16	17	
		星期	一	二	三	四	五	六	日	一	二	三	四	五	六	日	一	二	三	四	五	六	日	一	二	三	四	五	六	日	一	二	
二月大	己卯	干支	癸亥	甲子	乙丑	丙寅	丁卯	戊辰	己巳	庚午	辛未	壬申	癸酉	甲戌	乙亥	丙子	丁丑	戊寅	己卯	庚辰	辛巳	壬午	癸未	甲申	乙酉	丙戌	丁亥	戊子	己丑	庚寅	辛卯	壬辰	乙亥驚蟄 庚寅春分
		西曆	18	19	20	21	22	23	24	25	26	27	28	(3)	2	3	4	5	6	7	8	9	10	11	12	13	14	15	16	17	18	19	
		星期	三	四	五	六	日	一	二	三	四	五	六	日	一	二	三	四	五	六	日	一	二	三	四	五	六	日	一	二	三	四	
三月小	庚辰	干支	癸巳	甲午	乙未	丙申	丁酉	戊戌	己亥	庚子	辛丑	壬寅	癸卯	甲辰	乙巳	丙午	丁未	戊申	己酉	庚戌	辛亥	壬子	癸丑	甲寅	乙卯	丙辰	丁巳	戊午	己未	庚申	辛酉		乙巳清明 庚申穀雨
		西曆	20	21	22	23	24	25	26	27	28	29	30	31	(4)	2	3	4	5	6	7	8	9	10	11	12	13	14	15	16	17		
		星期	五	六	日	一	二	三	四	五	六	日	一	二	三	四	五	六	日	一	二	三	四	五	六	日	一	二	三	四	五		
四月大	辛巳	干支	壬戌	癸亥	甲子	乙丑	丙寅	丁卯	戊辰	己巳	庚午	辛未	壬申	癸酉	甲戌	乙亥	丙子	丁丑	戊寅	己卯	庚辰	辛巳	壬午	癸未	甲申	乙酉	丙戌	丁亥	戊子	己丑	庚寅	辛卯	丙子立夏 辛卯小滿
		西曆	18	19	20	21	22	23	24	25	26	27	28	29	30	(5)	2	3	4	5	6	7	8	9	10	11	12	13	14	15	16	17	
		星期	六	日	一	二	三	四	五	六	日	一	二	三	四	五	六	日	一	二	三	四	五	六	日	一	二	三	四	五	六	日	
閏四月小	辛巳	干支	壬辰	癸巳	甲午	乙未	丙申	丁酉	戊戌	己亥	庚子	辛丑	壬寅	癸卯	甲辰	乙巳	丙午	丁未	戊申	己酉	庚戌	辛亥	壬子	癸丑	甲寅	乙卯	丙辰	丁巳	戊午	己未	庚申		丙午芒種
		西曆	18	19	20	21	22	23	24	25	26	27	28	29	30	31	(6)	2	3	4	5	6	7	8	9	10	11	12	13	14	15		
		星期	一	二	三	四	五	六	日	一	二	三	四	五	六	日	一	二	三	四	五	六	日	一	二	三	四	五	六	日	一		
五月大	壬午	干支	辛酉	壬戌	癸亥	甲子	乙丑	丙寅	丁卯	戊辰	己巳	庚午	辛未	壬申	癸酉	甲戌	乙亥	丙子	丁丑	戊寅	己卯	庚辰	辛巳	壬午	癸未	甲申	乙酉	丙戌	丁亥	戊子	己丑	庚寅	辛酉夏至 丙子小暑
		西曆	16	17	18	19	20	21	22	23	24	25	26	27	28	29	30	(7)	2	3	4	5	6	7	8	9	10	11	12	13	14	15	
		星期	二	三	四	五	六	日	一	二	三	四	五	六	日	一	二	三	四	五	六	日	一	二	三	四	五	六	日	一	二	三	
六月大	癸未	干支	辛卯	壬辰	癸巳	甲午	乙未	丙申	丁酉	戊戌	己亥	庚子	辛丑	壬寅	癸卯	甲辰	乙巳	丙午	丁未	戊申	己酉	庚戌	辛亥	壬子	癸丑	甲寅	乙卯	丙辰	丁巳	戊午	己未	庚申	壬辰大暑 丁未立秋
		西曆	16	17	18	19	20	21	22	23	24	25	26	27	28	29	30	31	(8)	2	3	4	5	6	7	8	9	10	11	12	13	14	
		星期	四	五	六	日	一	二	三	四	五	六	日	一	二	三	四	五	六	日	一	二	三	四	五	六	日	一	二	三	四	五	
七月小	甲申	干支	辛酉	壬戌	癸亥	甲子	乙丑	丙寅	丁卯	戊辰	己巳	庚午	辛未	壬申	癸酉	甲戌	乙亥	丙子	丁丑	戊寅	己卯	庚辰	辛巳	壬午	癸未	甲申	乙酉	丙戌	丁亥	戊子	己丑		壬戌處暑 丁丑白露
		西曆	15	16	17	18	19	20	21	22	23	24	25	26	27	28	29	30	31	(9)	2	3	4	5	6	7	8	9	10	11	12		
		星期	六	日	一	二	三	四	五	六	日	一	二	三	四	五	六	日	一	二	三	四	五	六	日	一	二	三	四	五	六		
八月大	乙酉	干支	庚寅	辛卯	壬辰	癸巳	甲午	乙未	丙申	丁酉	戊戌	己亥	庚子	辛丑	壬寅	癸卯	甲辰	乙巳	丙午	丁未	戊申	己酉	庚戌	辛亥	壬子	癸丑	甲寅	乙卯	丙辰	丁巳	戊午	己未	癸巳秋分 戊申寒露 庚寅日食
		西曆	13	14	15	16	17	18	19	20	21	22	23	24	25	26	27	28	29	30	(10)	2	3	4	5	6	7	8	9	10	11	12	
		星期	日	一	二	三	四	五	六	日	一	二	三	四	五	六	日	一	二	三	四	五	六	日	一	二	三	四	五	六	日	一	
九月小	丙戌	干支	庚申	辛酉	壬戌	癸亥	甲子	乙丑	丙寅	丁卯	戊辰	己巳	庚午	辛未	壬申	癸酉	甲戌	乙亥	丙子	丁丑	戊寅	己卯	庚辰	辛巳	壬午	癸未	甲申	乙酉	丙戌	丁亥	戊子		癸亥霜降 戊寅立冬
		西曆	13	14	15	16	17	18	19	20	21	22	23	24	25	26	27	28	29	30	31	(11)	2	3	4	5	6	7	8	9	10		
		星期	二	三	四	五	六	日	一	二	三	四	五	六	日	一	二	三	四	五	六	日	一	二	三	四	五	六	日	一	二		
十月大	丁亥	干支	己丑	庚寅	辛卯	壬辰	癸巳	甲午	乙未	丙申	丁酉	戊戌	己亥	庚子	辛丑	壬寅	癸卯	甲辰	乙巳	丙午	丁未	戊申	己酉	庚戌	辛亥	壬子	癸丑	甲寅	乙卯	丙辰	丁巳	戊午	癸巳小雪 己酉大雪
		西曆	11	12	13	14	15	16	17	18	19	20	21	22	23	24	25	26	27	28	29	30	(12)	2	3	4	5	6	7	8	9	10	
		星期	三	四	五	六	日	一	二	三	四	五	六	日	一	二	三	四	五	六	日	一	二	三	四	五	六	日	一	二	三	四	
十一月小	戊子	干支	己未	庚申	辛酉	壬戌	癸亥	甲子	乙丑	丙寅	丁卯	戊辰	己巳	庚午	辛未	壬申	癸酉	甲戌	乙亥	丙子	丁丑	戊寅	己卯	庚辰	辛巳	壬午	癸未	甲申	乙酉	丙戌	丁亥		甲子冬至 己卯小寒
		西曆	11	12	13	14	15	16	17	18	19	20	21	22	23	24	25	26	27	28	29	30	31	(1)	2	3	4	5	6	7	8		
		星期	五	六	日	一	二	三	四	五	六	日	一	二	三	四	五	六	日	一	二	三	四	五	六	日	一	二	三	四	五		
十二月大	己丑	干支	戊子	己丑	庚寅	辛卯	壬辰	癸巳	甲午	乙未	丙申	丁酉	戊戌	己亥	庚子	辛丑	壬寅	癸卯	甲辰	乙巳	丙午	丁未	戊申	己酉	庚戌	辛亥	壬子	癸丑	甲寅	乙卯	丙辰	丁巳	甲午大寒 庚戌立春
		西曆	9	10	11	12	13	14	15	16	17	18	19	20	21	22	23	24	25	26	27	28	29	30	31	(2)	2	3	4	5	6	7	
		星期	六	日	一	二	三	四	五	六	日	一	二	三	四	五	六	日	一	二	三	四	五	六	日	一	二	三	四	五	六	日	

* 正月癸巳（初一），改元大康。

遼道宗大康二年（丙辰 龍年） 公元 1076 ~ 1077 年

夏曆月序		中西曆日期對照	初一	初二	初三	初四	初五	初六	初七	初八	初九	初十	十一	十二	十三	十四	十五	十六	十七	十八	十九	二十	二一	二二	二三	二四	二五	二六	二七	二八	二九	三十	節氣與天象
正月小	庚寅	天干地支 西曆 星期	戊午 8 一	己未 9 二	庚申 10 三	辛酉 11 四	壬戌 12 五	癸亥 13 六	甲子 14 日	乙丑 15 一	丙寅 16 二	丁卯 17 三	戊辰 18 四	己巳 19 五	庚午 20 六	辛未 21 日	壬申 22 一	癸酉 23 二	甲戌 24 三	乙亥 25 四	丙子 26 五	丁丑 27 六	戊寅 28 日	己卯 29 一	庚辰 (3) 二	辛巳 2 三	壬午 3 四	癸未 4 五	甲申 5 六	乙酉 6 日	丙戌 7 一		乙丑雨水 庚辰驚蟄
二月小	辛卯	天干地支 西曆 星期	丁亥 8 二	戊子 9 三	己丑 10 四	庚寅 11 五	辛卯 12 六	壬辰 13 日	癸巳 14 一	甲午 15 二	乙未 16 三	丙申 17 四	丁酉 18 五	戊戌 19 六	己亥 20 日	庚子 21 一	辛丑 22 二	壬寅 23 三	癸卯 24 四	甲辰 25 五	乙巳 26 六	丙午 27 日	丁未 28 一	戊申 29 二	己酉 30 三	庚戌 31 四	辛亥 (4) 五	壬子 2 六	癸丑 3 日	甲寅 4 一	乙卯 5 二		乙未春分 庚戌清明
三月大	壬辰	天干地支 西曆 星期	丙辰 6 三	丁巳 7 四	戊午 8 五	己未 9 六	庚申 10 日	辛酉 11 一	壬戌 12 二	癸亥 13 三	甲子 14 四	乙丑 15 五	丙寅 16 六	丁卯 17 日	戊辰 18 一	己巳 19 二	庚午 20 三	辛未 21 四	壬申 22 五	癸酉 23 六	甲戌 24 日	乙亥 25 一	丙子 26 二	丁丑 27 三	戊寅 28 四	己卯 29 五	庚辰 30 六	辛巳 (5) 日	壬午 2 一	癸未 3 二	甲申 4 三	乙酉 5 四	丙寅穀雨 辛巳立夏
四月大	癸巳	天干地支 西曆 星期	丙戌 6 五	丁亥 7 六	戊子 8 日	己丑 9 一	庚寅 10 二	辛卯 11 三	壬辰 12 四	癸巳 13 五	甲午 14 六	乙未 15 日	丙申 16 一	丁酉 17 二	戊戌 18 三	己亥 19 四	庚子 20 五	辛丑 21 六	壬寅 22 日	癸卯 23 一	甲辰 24 二	乙巳 25 三	丙午 26 四	丁未 27 五	戊申 28 六	己酉 29 日	庚戌 30 一	辛亥 31 二	壬子 (6) 三	癸丑 2 四	甲寅 3 五	乙卯 4 六	丙申小滿 辛亥芒種
五月小	甲午	天干地支 西曆 星期	丙辰 5 日	丁巳 6 一	戊午 7 二	己未 8 三	庚申 9 四	辛酉 10 五	壬戌 11 六	癸亥 12 日	甲子 13 一	乙丑 14 二	丙寅 15 三	丁卯 16 四	戊辰 17 五	己巳 18 六	庚午 19 日	辛未 20 一	壬申 21 二	癸酉 22 三	甲戌 23 四	乙亥 24 五	丙子 25 六	丁丑 26 日	戊寅 27 一	己卯 28 二	庚辰 29 三	辛巳 30 四	壬午 (7) 五	癸未 2 六	甲申 3 日		丙寅夏至 壬午小暑
六月大	乙未	天干地支 西曆 星期	乙酉 4 一	丙戌 5 二	丁亥 6 三	戊子 7 四	己丑 8 五	庚寅 9 六	辛卯 10 日	壬辰 11 一	癸巳 12 二	甲午 13 三	乙未 14 四	丙申 15 五	丁酉 16 六	戊戌 17 日	己亥 18 一	庚子 19 二	辛丑 20 三	壬寅 21 四	癸卯 22 五	甲辰 23 六	乙巳 24 日	丙午 25 一	丁未 26 二	戊申 27 三	己酉 28 四	庚戌 29 五	辛亥 30 六	壬子 31 日	癸丑 (8) 一	甲寅 2 二	丁酉大暑 壬子立秋
七月小	丙申	天干地支 西曆 星期	乙卯 3 三	丙辰 4 四	丁巳 5 五	戊午 6 六	己未 7 日	庚申 8 一	辛酉 9 二	壬戌 10 三	癸亥 11 四	甲子 12 五	乙丑 13 六	丙寅 14 日	丁卯 15 一	戊辰 16 二	己巳 17 三	庚午 18 四	辛未 19 五	壬申 20 六	癸酉 21 日	甲戌 22 一	乙亥 23 二	丙子 24 三	丁丑 25 四	戊寅 26 五	己卯 27 六	庚辰 28 日	辛巳 29 一	壬午 30 二	癸未 31 三		丁卯處暑 癸未白露
八月大	丁酉	天干地支 西曆 星期	甲申 (9) 四	乙酉 2 五	丙戌 3 六	丁亥 4 日	戊子 5 一	己丑 6 二	庚寅 7 三	辛卯 8 四	壬辰 9 五	癸巳 10 六	甲午 11 日	乙未 12 一	丙申 13 二	丁酉 14 三	戊戌 15 四	己亥 16 五	庚子 17 六	辛丑 18 日	壬寅 19 一	癸卯 20 二	甲辰 21 三	乙巳 22 四	丙午 23 五	丁未 24 六	戊申 25 日	己酉 26 一	庚戌 27 二	辛亥 28 三	壬子 29 四	癸丑 30 五	戊戌秋分 癸丑寒露
九月大	戊戌	天干地支 西曆 星期	甲寅 (10) 六	乙卯 2 日	丙辰 3 一	丁巳 4 二	戊午 5 三	己未 6 四	庚申 7 五	辛酉 8 六	壬戌 9 日	癸亥 10 一	甲子 11 二	乙丑 12 三	丙寅 13 四	丁卯 14 五	戊辰 15 六	己巳 16 日	庚午 17 一	辛未 18 二	壬申 19 三	癸酉 20 四	甲戌 21 五	乙亥 22 六	丙子 23 日	丁丑 24 一	戊寅 25 二	己卯 26 三	庚辰 27 四	辛巳 28 五	壬午 29 六	癸未 30 日	戊辰霜降 癸未立冬
十月小	己亥	天干地支 西曆 星期	甲申 31 一	乙酉 (11) 二	丙戌 2 三	丁亥 3 四	戊子 4 五	己丑 5 六	庚寅 6 日	辛卯 7 一	壬辰 8 二	癸巳 9 三	甲午 10 四	乙未 11 五	丙申 12 六	丁酉 13 日	戊戌 14 一	己亥 15 二	庚子 16 三	辛丑 17 四	壬寅 18 五	癸卯 19 六	甲辰 20 日	乙巳 21 一	丙午 22 二	丁未 23 三	戊申 24 四	己酉 25 五	庚戌 26 六	辛亥 27 日	壬子 28 一		己亥小雪
十一月大	庚子	天干地支 西曆 星期	癸丑 29 二	甲寅 30 三	乙卯 (12) 四	丙辰 2 五	丁巳 3 六	戊午 4 日	己未 5 一	庚申 6 二	辛酉 7 三	壬戌 8 四	癸亥 9 五	甲子 10 六	乙丑 11 日	丙寅 12 一	丁卯 13 二	戊辰 14 三	己巳 15 四	庚午 16 五	辛未 17 六	壬申 18 日	癸酉 19 一	甲戌 20 二	乙亥 21 三	丙子 22 四	丁丑 23 五	戊寅 24 六	己卯 25 日	庚辰 26 一	辛巳 27 二	壬午 28 三	甲寅大雪 己巳冬至
十二月小	辛丑	天干地支 西曆 星期	癸未 29 四	甲申 30 五	乙酉 31 六	丙戌 (1) 日	丁亥 2 一	戊子 3 二	己丑 4 三	庚寅 5 四	辛卯 6 五	壬辰 7 六	癸巳 8 日	甲午 9 一	乙未 10 二	丙申 11 三	丁酉 12 四	戊戌 13 五	己亥 14 六	庚子 15 日	辛丑 16 一	壬寅 17 二	癸卯 18 三	甲辰 19 四	乙巳 20 五	丙午 21 六	丁未 22 日	戊申 23 一	己酉 24 二	庚戌 25 三	辛亥 26 四		甲申小寒 庚子大寒

遼道宗大康三年（丁巳 蛇年） 公元 **1077** ~ 1078 年

夏曆月序		中西曆日對照	初一	初二	初三	初四	初五	初六	初七	初八	初九	初十	十一	十二	十三	十四	十五	十六	十七	十八	十九	二十	二一	二二	二三	二四	二五	二六	二七	二八	二九	三十	節氣與天象
正月大	壬寅	天干地支 西曆 星期	壬子 27 五	癸丑 28 六	甲寅 29 日	乙卯 30 一	丙辰 31 二	丁巳 (2) 三	戊午 2 四	己未 3 五	庚申 4 六	辛酉 5 日	壬戌 6 一	癸亥 7 二	甲子 8 三	乙丑 9 四	丙寅 10 五	丁卯 11 六	戊辰 12 日	己巳 13 一	庚午 14 二	辛未 15 三	壬申 16 四	癸酉 17 五	甲戌 18 六	乙亥 19 日	丙子 20 一	丁丑 21 二	戊寅 22 三	己卯 23 四	庚辰 24 五	辛巳 25 六	乙卯立春 庚午雨水
二月小	癸卯	天干地支 西曆 星期	壬午 26 日	癸未 27 一	甲申 28 二	乙酉 (3) 三	丙戌 2 四	丁亥 3 五	戊子 4 六	己丑 5 日	庚寅 6 一	辛卯 7 二	壬辰 8 三	癸巳 9 四	甲午 10 五	乙未 11 六	丙申 12 日	丁酉 13 一	戊戌 14 二	己亥 15 三	庚子 16 四	辛丑 17 五	壬寅 18 六	癸卯 19 日	甲辰 20 一	乙巳 21 二	丙午 22 三	丁未 23 四	戊申 24 五	己酉 25 六	庚戌 26 日		乙酉驚蟄 庚子春分
三月小	甲辰	天干地支 西曆 星期	辛亥 27 一	壬子 28 二	癸丑 29 三	甲寅 30 四	乙卯 31 五	丙辰 (4) 六	丁巳 2 日	戊午 3 一	己未 4 二	庚申 5 三	辛酉 6 四	壬戌 7 五	癸亥 8 六	甲子 9 日	乙丑 10 一	丙寅 11 二	丁卯 12 三	戊辰 13 四	己巳 14 五	庚午 15 六	辛未 16 日	壬申 17 一	癸酉 18 二	甲戌 19 三	乙亥 20 四	丙子 21 五	丁丑 22 六	戊寅 23 日	己卯 24 一		丙辰清明 辛未穀雨
四月大	乙巳	天干地支 西曆 星期	庚辰 25 二	辛巳 26 三	壬午 27 四	癸未 28 五	甲申 29 六	乙酉 30 日	丙戌 (5) 一	丁亥 2 二	戊子 3 三	己丑 4 四	庚寅 5 五	辛卯 6 六	壬辰 7 日	癸巳 8 一	甲午 9 二	乙未 10 三	丙申 11 四	丁酉 12 五	戊戌 13 六	己亥 14 日	庚子 15 一	辛丑 16 二	壬寅 17 三	癸卯 18 四	甲辰 19 五	乙巳 20 六	丙午 21 日	丁未 22 一	戊申 23 二	己酉 24 三	丙戌立夏 辛丑小滿
五月小	丙午	天干地支 西曆 星期	庚戌 25 四	辛亥 26 五	壬子 27 六	癸丑 28 日	甲寅 29 一	乙卯 30 二	丙辰 31 三	丁巳 (6) 四	戊午 2 五	己未 3 六	庚申 4 日	辛酉 5 一	壬戌 6 二	癸亥 7 三	甲子 8 四	乙丑 9 五	丙寅 10 六	丁卯 11 日	戊辰 12 一	己巳 13 二	庚午 14 三	辛未 15 四	壬申 16 五	癸酉 17 六	甲戌 18 日	乙亥 19 一	丙子 20 二	丁丑 21 三	戊寅 22 四		丁巳芒種 壬申夏至
六月大	丁未	天干地支 西曆 星期	己卯 23 五	庚辰 24 六	辛巳 25 日	壬午 26 一	癸未 27 二	甲申 28 三	乙酉 29 四	丙戌 30 五	丁亥 (7) 六	戊子 2 日	己丑 3 一	庚寅 4 二	辛卯 5 三	壬辰 6 四	癸巳 7 五	甲午 8 六	乙未 9 日	丙申 10 一	丁酉 11 二	戊戌 12 三	己亥 13 四	庚子 14 五	辛丑 15 六	壬寅 16 日	癸卯 17 一	甲辰 18 二	乙巳 19 三	丙午 20 四	丁未 21 五	戊申 22 六	丁亥小暑 壬寅大暑
七月小	戊申	天干地支 西曆 星期	己酉 23 日	庚戌 24 一	辛亥 25 二	壬子 26 三	癸丑 27 四	甲寅 28 五	乙卯 29 六	丙辰 30 日	丁巳 31 一	戊午 (8) 二	己未 2 三	庚申 3 四	辛酉 4 五	壬戌 5 六	癸亥 6 日	甲子 7 一	乙丑 8 二	丙寅 9 三	丁卯 10 四	戊辰 11 五	己巳 12 六	庚午 13 日	辛未 14 一	壬申 15 二	癸酉 16 三	甲戌 17 四	乙亥 18 五	丙子 19 六	丁丑 20 日		丁巳立秋 癸酉處暑
八月大	己酉	天干地支 西曆 星期	戊寅 21 一	己卯 22 二	庚辰 23 三	辛巳 24 四	壬午 25 五	癸未 26 六	甲申 27 日	乙酉 28 一	丙戌 29 二	丁亥 30 三	戊子 31 四	己丑 (9) 五	庚寅 2 六	辛卯 3 日	壬辰 4 一	癸巳 5 二	甲午 6 三	乙未 7 四	丙申 8 五	丁酉 9 六	戊戌 10 日	己亥 11 一	庚子 12 二	辛丑 13 三	壬寅 14 四	癸卯 15 五	甲辰 16 六	乙巳 17 日	丙午 18 一	丁未 19 二	戊子白露 癸卯秋分
九月大	庚戌	天干地支 西曆 星期	戊申 20 三	己酉 21 四	庚戌 22 五	辛亥 23 六	壬子 24 日	癸丑 25 一	甲寅 26 二	乙卯 27 三	丙辰 28 四	丁巳 29 五	戊午 30 六	己未 (10) 日	庚申 2 一	辛酉 3 二	壬戌 4 三	癸亥 5 四	甲子 6 五	乙丑 7 六	丙寅 8 日	丁卯 9 一	戊辰 10 二	己巳 11 三	庚午 12 四	辛未 13 五	壬申 14 六	癸酉 15 日	甲戌 16 一	乙亥 17 二	丙子 18 三	丁丑 19 四	戊午寒露 癸酉霜降
十月大	辛亥	天干地支 西曆 星期	戊寅 20 五	己卯 21 六	庚辰 22 日	辛巳 23 一	壬午 24 二	癸未 25 三	甲申 26 四	乙酉 27 五	丙戌 28 六	丁亥 29 日	戊子 30 一	己丑 31 二	庚寅 (11) 三	辛卯 2 四	壬辰 3 五	癸巳 4 六	甲午 5 日	乙未 6 一	丙申 7 二	丁酉 8 三	戊戌 9 四	己亥 10 五	庚子 11 六	辛丑 12 日	壬寅 13 一	癸卯 14 二	甲辰 15 三	乙巳 16 四	丙午 17 五	丁未 18 六	己丑立冬 甲辰小雪
十一月小	壬子	天干地支 西曆 星期	戊申 19 日	己酉 20 一	庚戌 21 二	辛亥 22 三	壬子 23 四	癸丑 24 五	甲寅 25 六	乙卯 26 日	丙辰 27 一	丁巳 28 二	戊午 29 三	己未 30 四	庚申 (12) 五	辛酉 2 六	壬戌 3 日	癸亥 4 一	甲子 5 二	乙丑 6 三	丙寅 7 四	丁卯 8 五	戊辰 9 六	己巳 10 日	庚午 11 一	辛未 12 二	壬申 13 三	癸酉 14 四	甲戌 15 五	乙亥 16 六	丙子 17 日		己未大雪 甲戌冬至
十二月大	癸丑	天干地支 西曆 星期	丁丑 18 一	戊寅 19 二	己卯 20 三	庚辰 21 四	辛巳 22 五	壬午 23 六	癸未 24 日	甲申 25 一	乙酉 26 二	丙戌 27 三	丁亥 28 四	戊子 29 五	己丑 30 六	庚寅 31 日	辛卯 (1) 一	壬辰 2 二	癸巳 3 三	甲午 4 四	乙未 5 五	丙申 6 六	丁酉 7 日	戊戌 8 一	己亥 9 二	庚子 10 三	辛丑 11 四	壬寅 12 五	癸卯 13 六	甲辰 14 日	乙巳 15 一	丙午 16 二	庚寅小寒 乙巳大寒
閏十二小	癸丑	天干地支 西曆 星期	丁未 17 三	戊申 18 四	己酉 19 五	庚戌 20 六	辛亥 21 日	壬子 22 一	癸丑 23 二	甲寅 24 三	乙卯 25 四	丙辰 26 五	丁巳 27 六	戊午 28 日	己未 29 一	庚申 30 二	辛酉 31 三	壬戌 (2) 四	癸亥 2 五	甲子 3 六	乙丑 4 日	丙寅 5 一	丁卯 6 二	戊辰 7 三	己巳 8 四	庚午 9 五	辛未 10 六	壬申 11 日	癸酉 12 一	甲戌 13 二	乙亥 14 三		庚申立春 乙亥雨水

遼道宗大康四年（戊午 馬年） 公元 1078 ~ 1079 年

夏曆月序		中西曆日對照	初一	初二	初三	初四	初五	初六	初七	初八	初九	初十	十一	十二	十三	十四	十五	十六	十七	十八	十九	二十	二一	二二	二三	二四	二五	二六	二七	二八	二九	三十	節氣與天象
正月大	甲寅	天干地支 西曆星期	丙子15四	丁丑16五	戊寅17六	己卯18日	庚辰19一	辛巳20二	壬午21三	癸未22四	甲申23五	乙酉24六	丙戌25日	丁亥26一	戊子27二	己丑28三	庚寅(3)四	辛卯2五	壬辰3六	癸巳4日	甲午5一	乙未6二	丙申7三	丁酉8四	戊戌9五	己亥10六	庚子11日	辛丑12一	壬寅13二	癸卯14三	甲辰15四	乙巳16五	庚寅驚蟄
二月小	乙卯	天干地支 西曆星期	丙午17六	丁未18日	戊申19一	己酉20二	庚戌21三	辛亥22四	壬子23五	癸丑24六	甲寅25日	乙卯26一	丙辰27二	丁巳28三	戊午29四	己未30五	庚申31六	辛酉(4)日	壬戌2一	癸亥3二	甲子4三	乙丑5四	丙寅6五	丁卯7六	戊辰8日	己巳9一	庚午10二	辛未11三	壬申12四	癸酉13五	甲戌14六		丙午春分 辛酉清明
三月小	丙辰	天干地支 西曆星期	乙亥15日	丙子16一	丁丑17二	戊寅18三	己卯19四	庚辰20五	辛巳21六	壬午22日	癸未23一	甲申24二	乙酉25三	丙戌26四	丁亥27五	戊子28六	己丑29日	庚寅30一	辛卯(5)二	壬辰2三	癸巳3四	甲午4五	乙未5六	丙申6日	丁酉7一	戊戌8二	己亥9三	庚子10四	辛丑11五	壬寅12六	癸卯13日		丙子穀雨 辛卯立夏
四月大	丁巳	天干地支 西曆星期	甲辰14一	乙巳15二	丙午16三	丁未17四	戊申18五	己酉19六	庚戌20日	辛亥21一	壬子22二	癸丑23三	甲寅24四	乙卯25五	丙辰26六	丁巳27日	戊午28一	己未29二	庚申30三	辛酉31四	壬戌(6)五	癸亥2六	甲子3日	乙丑4一	丙寅5二	丁卯6三	戊辰7四	己巳8五	庚午9六	辛未10日	壬申11一	癸酉12二	丁未小滿 壬戌芒種
五月小	戊午	天干地支 西曆星期	甲戌13三	乙亥14四	丙子15五	丁丑16六	戊寅17日	己卯18一	庚辰19二	辛巳20三	壬午21四	癸未22五	甲申23六	乙酉24日	丙戌25一	丁亥26二	戊子27三	己丑28四	庚寅29五	辛卯30六	壬辰(7)日	癸巳2一	甲午3二	乙未4三	丙申5四	丁酉6五	戊戌7六	己亥8日	庚子9一	辛丑10二	壬寅11三		丁丑夏至 壬辰小暑
六月大	己未	天干地支 西曆星期	癸卯12四	甲辰13五	乙巳14六	丙午15日	丁未16一	戊申17二	己酉18三	庚戌19四	辛亥20五	壬子21六	癸丑22日	甲寅23一	乙卯24二	丙辰25三	丁巳26四	戊午27五	己未28六	庚申29日	辛酉30一	壬戌31二	癸亥(8)三	甲子2四	乙丑3五	丙寅4六	丁卯5日	戊辰6一	己巳7二	庚午8三	辛未9四	壬申10五	丁未大暑 癸亥立秋
七月小	庚申	天干地支 西曆星期	癸酉11六	甲戌12日	乙亥13一	丙子14二	丁丑15三	戊寅16四	己卯17五	庚辰18六	辛巳19日	壬午20一	癸未21二	甲申22三	乙酉23四	丙戌24五	丁亥25六	戊子26日	己丑27一	庚寅28二	辛卯29三	壬辰30四	癸巳31五	甲午(9)六	乙未2日	丙申3一	丁酉4二	戊戌5三	己亥6四	庚子7五	辛丑8六		戊寅處暑 癸巳白露
八月大	辛酉	天干地支 西曆星期	壬寅9日	癸卯10一	甲辰11二	乙巳12三	丙午13四	丁未14五	戊申15六	己酉16日	庚戌17一	辛亥18二	壬子19三	癸丑20四	甲寅21五	乙卯22六	丙辰23日	丁巳24一	戊午25二	己未26三	庚申27四	辛酉28五	壬戌29六	癸亥30日	甲子(10)一	乙丑2二	丙寅3三	丁卯4四	戊辰5五	己巳6六	庚午7日	辛未8一	戊申秋分 甲子寒露
九月大	壬戌	天干地支 西曆星期	壬申9二	癸酉10三	甲戌11四	乙亥12五	丙子13六	丁丑14日	戊寅15一	己卯16二	庚辰17三	辛巳18四	壬午19五	癸未20六	甲申21日	乙酉22一	丙戌23二	丁亥24三	戊子25四	己丑26五	庚寅27六	辛卯28日	壬辰29一	癸巳30二	甲午31三	乙未(11)四	丙申2五	丁酉3六	戊戌4日	己亥5一	庚子6二	辛丑7三	己卯霜降 甲午立冬
十月小	癸亥	天干地支 西曆星期	壬寅8四	癸卯9五	甲辰10六	乙巳11日	丙午12一	丁未13二	戊申14三	己酉15四	庚戌16五	辛亥17六	壬子18日	癸丑19一	甲寅20二	乙卯21三	丙辰22四	丁巳23五	戊午24六	己未25日	庚申26一	辛酉27二	壬戌28三	癸亥29四	甲子30五	乙丑(12)六	丙寅2日	丁卯3一	戊辰4二	己巳5三	庚午6四		己酉小雪 甲子大雪
十一月大	甲子	天干地支 西曆星期	辛未7五	壬申8六	癸酉9日	甲戌10一	乙亥11二	丙子12三	丁丑13四	戊寅14五	己卯15六	庚辰16日	辛巳17一	壬午18二	癸未19三	甲申20四	乙酉21五	丙戌22六	丁亥23日	戊子24一	己丑25二	庚寅26三	辛卯27四	壬辰28五	癸巳29六	甲午30日	乙未31一	丙申(1)二	丁酉2三	戊戌3四	己亥4五	庚子5六	庚辰冬至 乙未小寒
十二月大	乙丑	天干地支 西曆星期	辛丑6日	壬寅7一	癸卯8二	甲辰9三	乙巳10四	丙午11五	丁未12六	戊申13日	己酉14一	庚戌15二	辛亥16三	壬子17四	癸丑18五	甲寅19六	乙卯20日	丙辰21一	丁巳22二	戊午23三	己未24四	庚申25五	辛酉26六	壬戌27日	癸亥28一	甲子29二	乙丑30三	丙寅31四	丁卯(2)五	戊辰2六	己巳3日	庚午4一	庚戌大寒 乙丑立春

遼道宗大康五年（己未 羊年） 公元 1079 ~ 1080 年

夏曆月序		中西曆日對照	夏曆日序																													節氣與天象
			初一	初二	初三	初四	初五	初六	初七	初八	初九	初十	十一	十二	十三	十四	十五	十六	十七	十八	十九	二十	二一	二二	二三	二四	二五	二六	二七	二八	二九	三十	
正月小	丙寅	天干地支 西曆 星期	辛未 5 二	壬申 6 三	癸酉 7 四	甲戌 8 五	乙亥 9 六	丙子 10 日	丁丑 11 一	戊寅 12 二	己卯 13 三	庚辰 14 四	辛巳 15 五	壬午 16 六	癸未 17 日	甲申 18 一	乙酉 19 二	丙戌 20 三	丁亥 21 四	戊子 22 五	己丑 23 六	庚寅 24 日	辛卯 25 一	壬辰 26 二	癸巳 27 三	甲午 28 四	乙未 (3) 五	丙申 2 六	丁酉 3 日	戊戌 4 一	己亥 5 二		庚辰雨水 丙申驚蟄
二月大	丁卯	天干地支 西曆 星期	庚子 6 三	辛丑 7 四	壬寅 8 五	癸卯 9 六	甲辰 10 日	乙巳 11 一	丙午 12 二	丁未 13 三	戊申 14 四	己酉 15 五	庚戌 16 六	辛亥 17 日	壬子 18 一	癸丑 19 二	甲寅 20 三	乙卯 21 四	丙辰 22 五	丁巳 23 六	戊午 24 日	己未 25 一	庚申 26 二	辛酉 27 三	壬戌 28 四	癸亥 29 五	甲子 30 六	乙丑 31 日	丙寅 (4) 一	丁卯 2 二	戊辰 3 三	己巳 4 四	辛亥春分 丙寅清明
三月小	戊辰	天干地支 西曆 星期	庚午 5 五	辛未 6 六	壬申 7 日	癸酉 8 一	甲戌 9 二	乙亥 10 三	丙子 11 四	丁丑 12 五	戊寅 13 六	己卯 14 日	庚辰 15 一	辛巳 16 二	壬午 17 三	癸未 18 四	甲申 19 五	乙酉 20 六	丙戌 21 日	丁亥 22 一	戊子 23 二	己丑 24 三	庚寅 25 四	辛卯 26 五	壬辰 27 六	癸巳 28 日	甲午 29 一	乙未 30 二	丙申 (5) 三	丁酉 2 四	戊戌 3 五		辛巳穀雨 丁酉立夏
四月小	己巳	天干地支 西曆 星期	己亥 4 六	庚子 5 日	辛丑 6 一	壬寅 7 二	癸卯 8 三	甲辰 9 四	乙巳 10 五	丙午 11 六	丁未 12 日	戊申 13 一	己酉 14 二	庚戌 15 三	辛亥 16 四	壬子 17 五	癸丑 18 六	甲寅 19 日	乙卯 20 一	丙辰 21 二	丁巳 22 三	戊午 23 四	己未 24 五	庚申 25 六	辛酉 26 日	壬戌 27 一	癸亥 28 二	甲子 29 三	乙丑 30 四	丙寅 31 五	丁卯 (6) 六		壬子小滿 丁卯芒種
五月大	庚午	天干地支 西曆 星期	戊辰 2 日	己巳 3 一	庚午 4 二	辛未 5 三	壬申 6 四	癸酉 7 五	甲戌 8 六	乙亥 9 日	丙子 10 一	丁丑 11 二	戊寅 12 三	己卯 13 四	庚辰 14 五	辛巳 15 六	壬午 16 日	癸未 17 一	甲申 18 二	乙酉 19 三	丙戌 20 四	丁亥 21 五	戊子 22 六	己丑 23 日	庚寅 24 一	辛卯 25 二	壬辰 26 三	癸巳 27 四	甲午 28 五	乙未 29 六	丙申 30 日	丁酉 (7) 一	壬午夏至 丁酉小暑
六月小	辛未	天干地支 西曆 星期	戊戌 2 二	己亥 3 三	庚子 4 四	辛丑 5 五	壬寅 6 六	癸卯 7 日	甲辰 8 一	乙巳 9 二	丙午 10 三	丁未 11 四	戊申 12 五	己酉 13 六	庚戌 14 日	辛亥 15 一	壬子 16 二	癸丑 17 三	甲寅 18 四	乙卯 19 五	丙辰 20 六	丁巳 21 日	戊午 22 一	己未 23 二	庚申 24 三	辛酉 25 四	壬戌 26 五	癸亥 27 六	甲子 28 日	乙丑 29 一	丙寅 30 二		癸丑大暑
七月小	壬申	天干地支 西曆 星期	丁卯 31 三	戊辰 (8) 四	己巳 2 五	庚午 3 六	辛未 4 日	壬申 5 一	癸酉 6 二	甲戌 7 三	乙亥 8 四	丙子 9 五	丁丑 10 六	戊寅 11 日	己卯 12 一	庚辰 13 二	辛巳 14 三	壬午 15 四	癸未 16 五	甲申 17 六	乙酉 18 日	丙戌 19 一	丁亥 20 二	戊子 21 三	己丑 22 四	庚寅 23 五	辛卯 24 六	壬辰 25 日	癸巳 26 一	甲午 27 二	乙未 28 三		戊辰立秋 癸未處暑
八月大	癸酉	天干地支 西曆 星期	丙申 29 四	丁酉 30 五	戊戌 31 六	己亥 (9) 日	庚子 2 一	辛丑 3 二	壬寅 4 三	癸卯 5 四	甲辰 6 五	乙巳 7 六	丙午 8 日	丁未 9 一	戊申 10 二	己酉 11 三	庚戌 12 四	辛亥 13 五	壬子 14 六	癸丑 15 日	甲寅 16 一	乙卯 17 二	丙辰 18 三	丁巳 19 四	戊午 20 五	己未 21 六	庚申 22 日	辛酉 23 一	壬戌 24 二	癸亥 25 三	甲子 26 四	乙丑 27 五	戊戌白露 甲寅秋分
九月大	甲戌	天干地支 西曆 星期	丙寅 28 六	丁卯 29 日	戊辰 30 一	己巳 (10) 二	庚午 2 三	辛未 3 四	壬申 4 五	癸酉 5 六	甲戌 6 日	乙亥 7 一	丙子 8 二	丁丑 9 三	戊寅 10 四	己卯 11 五	庚辰 12 六	辛巳 13 日	壬午 14 一	癸未 15 二	甲申 16 三	乙酉 17 四	丙戌 18 五	丁亥 19 六	戊子 20 日	己丑 21 一	庚寅 22 二	辛卯 23 三	壬辰 24 四	癸巳 25 五	甲午 26 六	乙未 27 日	己巳寒露 甲申霜降
十月小	乙亥	天干地支 西曆 星期	丙申 28 一	丁酉 29 二	戊戌 30 三	己亥 31 四	庚子 (11) 五	辛丑 2 六	壬寅 3 日	癸卯 4 一	甲辰 5 二	乙巳 6 三	丙午 7 四	丁未 8 五	戊申 9 六	己酉 10 日	庚戌 11 一	辛亥 12 二	壬子 13 三	癸丑 14 四	甲寅 15 五	乙卯 16 六	丙辰 17 日	丁巳 18 一	戊午 19 二	己未 20 三	庚申 21 四	辛酉 22 五	壬戌 23 六	癸亥 24 日	甲子 25 一		己亥立冬 甲寅小雪
十一月大	丙子	天干地支 西曆 星期	乙丑 26 二	丙寅 27 三	丁卯 28 四	戊辰 29 五	己巳 30 六	庚午 (12) 日	辛未 2 一	壬申 3 二	癸酉 4 三	甲戌 5 四	乙亥 6 五	丙子 7 六	丁丑 8 日	戊寅 9 一	己卯 10 二	庚辰 11 三	辛巳 12 四	壬午 13 五	癸未 14 六	甲申 15 日	乙酉 16 一	丙戌 17 二	丁亥 18 三	戊子 19 四	己丑 20 五	庚寅 21 六	辛卯 22 日	壬辰 23 一	癸巳 24 二	甲午 25 三	庚午大雪 乙酉冬至
十二月大	丁丑	天干地支 西曆 星期	乙未 26 四	丙申 27 五	丁酉 28 六	戊戌 29 日	己亥 30 一	庚子 31 二	辛丑 (1) 三	壬寅 2 四	癸卯 3 五	甲辰 4 六	乙巳 5 日	丙午 6 一	丁未 7 二	戊申 8 三	己酉 9 四	庚戌 10 五	辛亥 11 六	壬子 12 日	癸丑 13 一	甲寅 14 二	乙卯 15 三	丙辰 16 四	丁巳 17 五	戊午 18 六	己未 19 日	庚申 20 一	辛酉 21 二	壬戌 22 三	癸亥 23 四	甲子 24 五	庚子小寒 乙卯大寒

遼道宗大康六年（庚申 猴年） 公元1080～1081年

夏曆月序		中西曆日對照	初一	初二	初三	初四	初五	初六	初七	初八	初九	初十	十一	十二	十三	十四	十五	十六	十七	十八	十九	二十	二一	二二	二三	二四	二五	二六	二七	二八	二九	三十	節氣與天象
正月大	戊寅	天干地支 西曆 星期	乙丑 25 六	丙寅 26 日	丁卯 27 一	戊辰 28 二	己巳 29 三	庚午 30 四	辛未 31 五	壬申 (2) 六	癸酉 2 日	甲戌 3 一	乙亥 4 二	丙子 5 三	丁丑 6 四	戊寅 7 五	己卯 8 六	庚辰 9 日	辛巳 10 一	壬午 11 二	癸未 12 三	甲申 13 四	乙酉 14 五	丙戌 15 六	丁亥 16 日	戊子 17 一	己丑 18 二	庚寅 19 三	辛卯 20 四	壬辰 21 五	癸巳 22 六	甲午 23 日	庚午立春 丙戌雨水
二月小	己卯	天干地支 西曆 星期	乙未 24 一	丙申 25 二	丁酉 26 三	戊戌 27 四	己亥 28 五	庚子 29 六	辛丑 (3) 日	壬寅 2 一	癸卯 3 二	甲辰 4 三	乙巳 5 四	丙午 6 五	丁未 7 六	戊申 8 日	己酉 9 一	庚戌 10 二	辛亥 11 三	壬子 12 四	癸丑 13 五	甲寅 14 六	乙卯 15 日	丙辰 16 一	丁巳 17 二	戊午 18 三	己未 19 四	庚申 20 五	辛酉 21 六	壬戌 22 日	癸亥 23 一		辛丑驚蟄 丙辰春分
三月大	庚辰	天干地支 西曆 星期	甲子 24 二	乙丑 25 三	丙寅 26 四	丁卯 27 五	戊辰 28 六	己巳 29 日	庚午 30 一	辛未 31 二	壬申 (4) 三	癸酉 2 四	甲戌 3 五	乙亥 4 六	丙子 5 日	丁丑 6 一	戊寅 7 二	己卯 8 三	庚辰 9 四	辛巳 10 五	壬午 11 六	癸未 12 日	甲申 13 一	乙酉 14 二	丙戌 15 三	丁亥 16 四	戊子 17 五	己丑 18 六	庚寅 19 日	辛卯 20 一	壬辰 21 二	癸巳 22 三	辛未清明 丁亥穀雨
四月小	辛巳	天干地支 西曆 星期	甲午 23 四	乙未 24 五	丙申 25 六	丁酉 26 日	戊戌 27 一	己亥 28 二	庚子 29 三	辛丑 30 四	壬寅 (5) 五	癸卯 2 六	甲辰 3 日	乙巳 4 一	丙午 5 二	丁未 6 三	戊申 7 四	己酉 8 五	庚戌 9 六	辛亥 10 日	壬子 11 一	癸丑 12 二	甲寅 13 三	乙卯 14 四	丙辰 15 五	丁巳 16 六	戊午 17 日	己未 18 一	庚申 19 二	辛酉 20 三	壬戌 21 四		壬寅立夏 丁巳小滿
五月小	壬午	天干地支 西曆 星期	癸亥 22 五	甲子 23 六	乙丑 24 日	丙寅 25 一	丁卯 26 二	戊辰 27 三	己巳 28 四	庚午 29 五	辛未 30 六	壬申 31 日	癸酉 (6) 一	甲戌 2 二	乙亥 3 三	丙子 4 四	丁丑 5 五	戊寅 6 六	己卯 7 日	庚辰 8 一	辛巳 9 二	壬午 10 三	癸未 11 四	甲申 12 五	乙酉 13 六	丙戌 14 日	丁亥 15 一	戊子 16 二	己丑 17 三	庚寅 18 四	辛卯 19 五		壬申芒種 丁亥夏至
六月大	癸未	天干地支 西曆 星期	壬辰 20 六	癸巳 21 日	甲午 22 一	乙未 23 二	丙申 24 三	丁酉 25 四	戊戌 26 五	己亥 27 六	庚子 28 日	辛丑 29 一	壬寅 30 二	癸卯 (7) 三	甲辰 2 四	乙巳 3 五	丙午 4 六	丁未 5 日	戊申 6 一	己酉 7 二	庚戌 8 三	辛亥 9 四	壬子 10 五	癸丑 11 六	甲寅 12 日	乙卯 13 一	丙辰 14 二	丁巳 15 三	戊午 16 四	己未 17 五	庚申 18 六	辛酉 19 日	癸卯小暑 戊午大暑
七月小	甲申	天干地支 西曆 星期	壬戌 20 一	癸亥 21 二	甲子 22 三	乙丑 23 四	丙寅 24 五	丁卯 25 六	戊辰 26 日	己巳 27 一	庚午 28 二	辛未 29 三	壬申 30 四	癸酉 31 五	甲戌 (8) 六	乙亥 2 日	丙子 3 一	丁丑 4 二	戊寅 5 三	己卯 6 四	庚辰 7 五	辛巳 8 六	壬午 9 日	癸未 10 一	甲申 11 二	乙酉 12 三	丙戌 13 四	丁亥 14 五	戊子 15 六	己丑 16 日	庚寅 17 一		癸酉立秋 戊子處暑
八月小	乙酉	天干地支 西曆 星期	辛卯 18 二	壬辰 19 三	癸巳 20 四	甲午 21 五	乙未 22 六	丙申 23 日	丁酉 24 一	戊戌 25 二	己亥 26 三	庚子 27 四	辛丑 28 五	壬寅 29 六	癸卯 30 日	甲辰 31 一	乙巳 (9) 二	丙午 2 三	丁未 3 四	戊申 4 五	己酉 5 六	庚戌 6 日	辛亥 7 一	壬子 8 二	癸丑 9 三	甲寅 10 四	乙卯 11 五	丙辰 12 六	丁巳 13 日	戊午 14 一	己未 15 二		甲辰白露 己未秋分
閏八月大	乙酉	天干地支 西曆 星期	庚申 16 三	辛酉 17 四	壬戌 18 五	癸亥 19 六	甲子 20 日	乙丑 21 一	丙寅 22 二	丁卯 23 三	戊辰 24 四	己巳 25 五	庚午 26 六	辛未 27 日	壬申 28 一	癸酉 29 二	甲戌 30 三	乙亥 (10) 四	丙子 2 五	丁丑 3 六	戊寅 4 日	己卯 5 一	庚辰 6 二	辛巳 7 三	壬午 8 四	癸未 9 五	甲申 10 六	乙酉 11 日	丙戌 12 一	丁亥 13 二	戊子 14 三	己丑 15 四	甲戌寒露 己丑霜降
九月小	丙戌	天干地支 西曆 星期	庚寅 16 五	辛卯 17 六	壬辰 18 日	癸巳 19 一	甲午 20 二	乙未 21 三	丙申 22 四	丁酉 23 五	戊戌 24 六	己亥 25 日	庚子 26 一	辛丑 27 二	壬寅 28 三	癸卯 29 四	甲辰 30 五	乙巳 31 六	丙午 (11) 日	丁未 2 一	戊申 3 二	己酉 4 三	庚戌 5 四	辛亥 6 五	壬子 7 六	癸丑 8 日	甲寅 9 一	乙卯 10 二	丙辰 11 三	丁巳 12 四	戊午 13 五		甲辰立冬
十月大	丁亥	天干地支 西曆 星期	己未 14 六	庚申 15 日	辛酉 16 一	壬戌 17 二	癸亥 18 三	甲子 19 四	乙丑 20 五	丙寅 21 六	丁卯 22 日	戊辰 23 一	己巳 24 二	庚午 25 三	辛未 26 四	壬申 27 五	癸酉 28 六	甲戌 29 日	乙亥 30 一	丙子 (12) 二	丁丑 2 三	戊寅 3 四	己卯 4 五	庚辰 5 六	辛巳 6 日	壬午 7 一	癸未 8 二	甲申 9 三	乙酉 10 四	丙戌 11 五	丁亥 12 六	戊子 13 日	庚申小雪 乙亥大雪
十一月大	戊子	天干地支 西曆 星期	己丑 14 一	庚寅 15 二	辛卯 16 三	壬辰 17 四	癸巳 18 五	甲午 19 六	乙未 20 日	丙申 21 一	丁酉 22 二	戊戌 23 三	己亥 24 四	庚子 25 五	辛丑 26 六	壬寅 27 日	癸卯 28 一	甲辰 29 二	乙巳 30 三	丙午 31 四	丁未 (1) 五	戊申 2 六	己酉 3 日	庚戌 4 一	辛亥 5 二	壬子 6 三	癸丑 7 四	甲寅 8 五	乙卯 9 六	丙辰 10 日	丁巳 11 一	戊午 12 二	庚寅冬至 乙巳小寒 己丑日食
十二月大	己丑	天干地支 西曆 星期	己未 13 三	庚申 14 四	辛酉 15 五	壬戌 16 六	癸亥 17 日	甲子 18 一	乙丑 19 二	丙寅 20 三	丁卯 21 四	戊辰 22 五	己巳 23 六	庚午 24 日	辛未 25 一	壬申 26 二	癸酉 27 三	甲戌 28 四	乙亥 29 五	丙子 30 六	丁丑 31 日	戊寅 (2) 一	己卯 2 二	庚辰 3 三	辛巳 4 四	壬午 5 五	癸未 6 六	甲申 7 日	乙酉 8 一	丙戌 9 二	丁亥 10 三	戊子 11 四	辛酉大寒 丙子立春

遼道宗大康七年（辛酉 鷄年） 公元1081 ~ 1082年

夏曆月序		中西曆日對照	初一	初二	初三	初四	初五	初六	初七	初八	初九	初十	十一	十二	十三	十四	十五	十六	十七	十八	十九	二十	二一	二二	二三	二四	二五	二六	二七	二八	二九	三十	節氣與天象
正月小	庚寅	干支 西曆 星期	己丑 12 五	庚寅 13 六	辛卯 14 日	壬辰 15 一	癸巳 16 二	甲午 17 三	乙未 18 四	丙申 19 五	丁酉 20 六	戊戌 21 日	己亥 22 一	庚子 23 二	辛丑 24 三	壬寅 25 四	癸卯 26 五	甲辰 27 六	乙巳 28 日	丙午 (3) 一	丁未 2 二	戊申 3 三	己酉 4 四	庚戌 5 五	辛亥 6 六	壬子 7 日	癸丑 8 一	甲寅 9 二	乙卯 10 三	丙辰 11 四	丁巳 12 五		辛卯雨水 丙午驚蟄
二月大	辛卯	干支 西曆 星期	戊午 13 六	己未 14 日	庚申 15 一	辛酉 16 二	壬戌 17 三	癸亥 18 四	甲子 19 五	乙丑 20 六	丙寅 21 日	丁卯 22 一	戊辰 23 二	己巳 24 三	庚午 25 四	辛未 26 五	壬申 27 六	癸酉 28 日	甲戌 29 一	乙亥 30 二	丙子 31 三	丁丑 (4) 四	戊寅 2 五	己卯 3 六	庚辰 4 日	辛巳 5 一	壬午 6 二	癸未 7 三	甲申 8 四	乙酉 9 五	丙戌 10 六	丁亥 11 日	辛酉春分 丁丑清明
三月大	壬辰	干支 西曆 星期	戊子 12 一	己丑 13 二	庚寅 14 三	辛卯 15 四	壬辰 16 五	癸巳 17 六	甲午 18 日	乙未 19 一	丙申 20 二	丁酉 21 三	戊戌 22 四	己亥 23 五	庚子 24 六	辛丑 25 日	壬寅 26 一	癸卯 27 二	甲辰 28 三	乙巳 29 四	丙午 30 五	丁未 (5) 六	戊申 2 日	己酉 3 一	庚戌 4 二	辛亥 5 三	壬子 6 四	癸丑 7 五	甲寅 8 六	乙卯 9 日	丙辰 10 一	丁巳 11 二	壬辰穀雨 丁未立夏
四月小	癸巳	干支 西曆 星期	戊午 12 三	己未 13 四	庚申 14 五	辛酉 15 六	壬戌 16 日	癸亥 17 一	甲子 18 二	乙丑 19 三	丙寅 20 四	丁卯 21 五	戊辰 22 六	己巳 23 日	庚午 24 一	辛未 25 二	壬申 26 三	癸酉 27 四	甲戌 28 五	乙亥 29 六	丙子 30 日	丁丑 31 一	戊寅 (6) 二	己卯 2 三	庚辰 3 四	辛巳 4 五	壬午 5 六	癸未 6 日	甲申 7 一	乙酉 8 二	丙戌 9 三		壬戌小滿 丁丑芒種
五月小	甲午	干支 西曆 星期	丁亥 10 四	戊子 11 五	己丑 12 六	庚寅 13 日	辛卯 14 一	壬辰 15 二	癸巳 16 三	甲午 17 四	乙未 18 五	丙申 19 六	丁酉 20 日	戊戌 21 一	己亥 22 二	庚子 23 三	辛丑 24 四	壬寅 25 五	癸卯 26 六	甲辰 27 日	乙巳 28 一	丙午 29 二	丁未 30 三	戊申 (7) 四	己酉 2 五	庚戌 3 六	辛亥 4 日	壬子 5 一	癸丑 6 二	甲寅 7 三	乙卯 8 四		癸巳夏至 戊申小暑
六月大	乙未	干支 西曆 星期	丙辰 9 五	丁巳 10 六	戊午 11 日	己未 12 一	庚申 13 二	辛酉 14 三	壬戌 15 四	癸亥 16 五	甲子 17 六	乙丑 18 日	丙寅 19 一	丁卯 20 二	戊辰 21 三	己巳 22 四	庚午 23 五	辛未 24 六	壬申 25 日	癸酉 26 一	甲戌 27 二	乙亥 28 三	丙子 29 四	丁丑 30 五	戊寅 31 六	己卯 (8) 日	庚辰 2 一	辛巳 3 二	壬午 4 三	癸未 5 四	甲申 6 五	乙酉 7 六	癸亥大暑 戊寅立秋
七月小	丙申	干支 西曆 星期	丙戌 8 日	丁亥 9 一	戊子 10 二	己丑 11 三	庚寅 12 四	辛卯 13 五	壬辰 14 六	癸巳 15 日	甲午 16 一	乙未 17 二	丙申 18 三	丁酉 19 四	戊戌 20 五	己亥 21 六	庚子 22 日	辛丑 23 一	壬寅 24 二	癸卯 25 三	甲辰 26 四	乙巳 27 五	丙午 28 六	丁未 29 日	戊申 30 一	己酉 31 二	庚戌 (9) 三	辛亥 2 四	壬子 3 五	癸丑 4 六	甲寅 5 日		甲午處暑 己酉白露
八月小	丁酉	干支 西曆 星期	乙卯 6 一	丙辰 7 二	丁巳 8 三	戊午 9 四	己未 10 五	庚申 11 六	辛酉 12 日	壬戌 13 一	癸亥 14 二	甲子 15 三	乙丑 16 四	丙寅 17 五	丁卯 18 六	戊辰 19 日	己巳 20 一	庚午 21 二	辛未 22 三	壬申 23 四	癸酉 24 五	甲戌 25 六	乙亥 26 日	丙子 27 一	丁丑 28 二	戊寅 29 三	己卯 30 四	庚辰 (10) 五	辛巳 2 六	壬午 3 日	癸未 4 一		甲子秋分 己卯寒露
九月大	戊戌	干支 西曆 星期	甲申 5 二	乙酉 6 三	丙戌 7 四	丁亥 8 五	戊子 9 六	己丑 10 日	庚寅 11 一	辛卯 12 二	壬辰 13 三	癸巳 14 四	甲午 15 五	乙未 16 六	丙申 17 日	丁酉 18 一	戊戌 19 二	己亥 20 三	庚子 21 四	辛丑 22 五	壬寅 23 六	癸卯 24 日	甲辰 25 一	乙巳 26 二	丙午 27 三	丁未 28 四	戊申 29 五	己酉 30 六	庚戌 31 日	辛亥 (11) 一	壬子 2 二	癸丑 3 三	甲午霜降 庚戌立冬
十月小	己亥	干支 西曆 星期	甲寅 4 四	乙卯 5 五	丙辰 6 六	丁巳 7 日	戊午 8 一	己未 9 二	庚申 10 三	辛酉 11 四	壬戌 12 五	癸亥 13 六	甲子 14 日	乙丑 15 一	丙寅 16 二	丁卯 17 三	戊辰 18 四	己巳 19 五	庚午 20 六	辛未 21 日	壬申 22 一	癸酉 23 二	甲戌 24 三	乙亥 25 四	丙子 26 五	丁丑 27 六	戊寅 28 日	己卯 29 一	庚辰 30 二	辛巳 (12) 三	壬午 2 四		乙丑小雪 庚辰大雪
十一月大	庚子	干支 西曆 星期	癸未 3 五	甲申 4 六	乙酉 5 日	丙戌 6 一	丁亥 7 二	戊子 8 三	己丑 9 四	庚寅 10 五	辛卯 11 六	壬辰 12 日	癸巳 13 一	甲午 14 二	乙未 15 三	丙申 16 四	丁酉 17 五	戊戌 18 六	己亥 19 日	庚子 20 一	辛丑 21 二	壬寅 22 三	癸卯 23 四	甲辰 24 五	乙巳 25 六	丙午 26 日	丁未 27 一	戊申 28 二	己酉 29 三	庚戌 30 四	辛亥 31 五	壬子 (1) 六	乙未冬至 辛亥小寒
十二月大	辛丑	干支 西曆 星期	癸丑 2 日	甲寅 3 一	乙卯 4 二	丙辰 5 三	丁巳 6 四	戊午 7 五	己未 8 六	庚申 9 日	辛酉 10 一	壬戌 11 二	癸亥 12 三	甲子 13 四	乙丑 14 五	丙寅 15 六	丁卯 16 日	戊辰 17 一	己巳 18 二	庚午 19 三	辛未 20 四	壬申 21 五	癸酉 22 六	甲戌 23 日	乙亥 24 一	丙子 25 二	丁丑 26 三	戊寅 27 四	己卯 28 五	庚辰 29 六	辛巳 30 日	壬午 31 一	丙寅大寒 辛巳立春

遼道宗大康八年（壬戌 狗年） 公元 1082 ~ 1083 年

夏曆月序		中西曆日對照	初一	初二	初三	初四	初五	初六	初七	初八	初九	初十	十一	十二	十三	十四	十五	十六	十七	十八	十九	二十	二一	二二	二三	二四	二五	二六	二七	二八	二九	三十	節氣與天象
正月大	壬寅	天干地支 西曆 星期	癸未 (2) 二	甲申 2 三	乙酉 3 四	丙戌 4 五	丁亥 5 六	戊子 6 日	己丑 7 一	庚寅 8 二	辛卯 9 三	壬辰 10 四	癸巳 11 五	甲午 12 六	乙未 13 日	丙申 14 一	丁酉 15 二	戊戌 16 三	己亥 17 四	庚子 18 五	辛丑 19 六	壬寅 20 日	癸卯 21 一	甲辰 22 二	乙巳 23 三	丙午 24 四	丁未 25 五	戊申 26 六	己酉 27 日	庚戌 28 一	辛亥 (3) 二	壬子 2 三	丙申雨水 辛亥驚蟄
二月小	癸卯	天干地支 西曆 星期	癸丑 3 四	甲寅 4 五	乙卯 5 六	丙辰 6 日	丁巳 7 一	戊午 8 二	己未 9 三	庚申 10 四	辛酉 11 五	壬戌 12 六	癸亥 13 日	甲子 14 一	乙丑 15 二	丙寅 16 三	丁卯 17 四	戊辰 18 五	己巳 19 六	庚午 20 日	辛未 21 一	壬申 22 二	癸酉 23 三	甲戌 24 四	乙亥 25 五	丙子 26 六	丁丑 27 日	戊寅 28 一	己卯 29 二	庚辰 30 三	辛巳 31 四		丁卯春分
三月大	甲辰	天干地支 西曆 星期	壬午 (4) 五	癸未 2 六	甲申 3 日	乙酉 4 一	丙戌 5 二	丁亥 6 三	戊子 7 四	己丑 8 五	庚寅 9 六	辛卯 10 日	壬辰 11 一	癸巳 12 二	甲午 13 三	乙未 14 四	丙申 15 五	丁酉 16 六	戊戌 17 日	己亥 18 一	庚子 19 二	辛丑 20 三	壬寅 21 四	癸卯 22 五	甲辰 23 六	乙巳 24 日	丙午 25 一	丁未 26 二	戊申 27 三	己酉 28 四	庚戌 29 五	辛亥 30 六	壬午清明 丁酉穀雨
四月小	乙巳	天干地支 西曆 星期	壬子 (5) 日	癸丑 2 一	甲寅 3 二	乙卯 4 三	丙辰 5 四	丁巳 6 五	戊午 7 六	己未 8 日	庚申 9 一	辛酉 10 二	壬戌 11 三	癸亥 12 四	甲子 13 五	乙丑 14 六	丙寅 15 日	丁卯 16 一	戊辰 17 二	己巳 18 三	庚午 19 四	辛未 20 五	壬申 21 六	癸酉 22 日	甲戌 23 一	乙亥 24 二	丙子 25 三	丁丑 26 四	戊寅 27 五	己卯 28 六	庚辰 29 日		壬子立夏 戊辰小滿
五月大	丙午	天干地支 西曆 星期	辛巳 30 一	壬午 31 二	癸未 (6) 三	甲申 2 四	乙酉 3 五	丙戌 4 六	丁亥 5 日	戊子 6 一	己丑 7 二	庚寅 8 三	辛卯 9 四	壬辰 10 五	癸巳 11 六	甲午 12 日	乙未 13 一	丙申 14 二	丁酉 15 三	戊戌 16 四	己亥 17 五	庚子 18 六	辛丑 19 日	壬寅 20 一	癸卯 21 二	甲辰 22 三	乙巳 23 四	丙午 24 五	丁未 25 六	戊申 26 日	己酉 27 一	庚戌 28 二	癸未芒種 戊戌夏至
六月小	丁未	天干地支 西曆 星期	辛亥 29 三	壬子 30 四	癸丑 (7) 五	甲寅 2 六	乙卯 3 日	丙辰 4 一	丁巳 5 二	戊午 6 三	己未 7 四	庚申 8 五	辛酉 9 六	壬戌 10 日	癸亥 11 一	甲子 12 二	乙丑 13 三	丙寅 14 四	丁卯 15 五	戊辰 16 六	己巳 17 日	庚午 18 一	辛未 19 二	壬申 20 三	癸酉 21 四	甲戌 22 五	乙亥 23 六	丙子 24 日	丁丑 25 一	戊寅 26 二	己卯 27 三		癸丑小暑 戊辰大暑
七月大	戊申	天干地支 西曆 星期	庚辰 28 四	辛巳 29 五	壬午 30 六	癸未 31 日	甲申 (8) 一	乙酉 2 二	丙戌 3 三	丁亥 4 四	戊子 5 五	己丑 6 六	庚寅 7 日	辛卯 8 一	壬辰 9 二	癸巳 10 三	甲午 11 四	乙未 12 五	丙申 13 六	丁酉 14 日	戊戌 15 一	己亥 16 二	庚子 17 三	辛丑 18 四	壬寅 19 五	癸卯 20 六	甲辰 21 日	乙巳 22 一	丙午 23 二	丁未 24 三	戊申 25 四	己酉 26 五	甲申立秋 己亥處暑
八月小	己酉	天干地支 西曆 星期	庚戌 27 六	辛亥 28 日	壬子 29 一	癸丑 30 二	甲寅 31 三	乙卯 (9) 四	丙辰 2 五	丁巳 3 六	戊午 4 日	己未 5 一	庚申 6 二	辛酉 7 三	壬戌 8 四	癸亥 9 五	甲子 10 六	乙丑 11 日	丙寅 12 一	丁卯 13 二	戊辰 14 三	己巳 15 四	庚午 16 五	辛未 17 六	壬申 18 日	癸酉 19 一	甲戌 20 二	乙亥 21 三	丙子 22 四	丁丑 23 五	戊寅 24 六		甲寅白露 己巳秋分
九月小	庚戌	天干地支 西曆 星期	己卯 25 日	庚辰 26 一	辛巳 27 二	壬午 28 三	癸未 29 四	甲申 30 五	乙酉 (10) 六	丙戌 2 日	丁亥 3 一	戊子 4 二	己丑 5 三	庚寅 6 四	辛卯 7 五	壬辰 8 六	癸巳 9 日	甲午 10 一	乙未 11 二	丙申 12 三	丁酉 13 四	戊戌 14 五	己亥 15 六	庚子 16 日	辛丑 17 一	壬寅 18 二	癸卯 19 三	甲辰 20 四	乙巳 21 五	丙午 22 六	丁未 23 日		甲申寒露 庚子霜降
十月大	辛亥	天干地支 西曆 星期	戊申 24 一	己酉 25 二	庚戌 26 三	辛亥 27 四	壬子 28 五	癸丑 29 六	甲寅 30 日	乙卯 31 一	丙辰 (11) 二	丁巳 2 三	戊午 3 四	己未 4 五	庚申 5 六	辛酉 6 日	壬戌 7 一	癸亥 8 二	甲子 9 三	乙丑 10 四	丙寅 11 五	丁卯 12 六	戊辰 13 日	己巳 14 一	庚午 15 二	辛未 16 三	壬申 17 四	癸酉 18 五	甲戌 19 六	乙亥 20 日	丙子 21 一	丁丑 22 二	乙卯立冬 庚午小雪
十一月小	壬子	天干地支 西曆 星期	戊寅 23 三	己卯 24 四	庚辰 25 五	辛巳 26 六	壬午 27 日	癸未 28 一	甲申 29 二	乙酉 30 三	丙戌 (12) 四	丁亥 2 五	戊子 3 六	己丑 4 日	庚寅 5 一	辛卯 6 二	壬辰 7 三	癸巳 8 四	甲午 9 五	乙未 10 六	丙申 11 日	丁酉 12 一	戊戌 13 二	己亥 14 三	庚子 15 四	辛丑 16 五	壬寅 17 六	癸卯 18 日	甲辰 19 一	乙巳 20 二	丙午 21 三		乙酉大雪 辛丑冬至
十二月大	癸丑	天干地支 西曆 星期	丁未 22 四	戊申 23 五	己酉 24 六	庚戌 25 日	辛亥 26 一	壬子 27 二	癸丑 28 三	甲寅 29 四	乙卯 30 五	丙辰 31 六	丁巳 (1) 日	戊午 2 一	己未 3 二	庚申 4 三	辛酉 5 四	壬戌 6 五	癸亥 7 六	甲子 8 日	乙丑 9 一	丙寅 10 二	丁卯 11 三	戊辰 12 四	己巳 13 五	庚午 14 六	辛未 15 日	壬申 16 一	癸酉 17 二	甲戌 18 三	乙亥 19 四	丙子 20 五	丙辰小寒 辛未大寒

遼道宗大康九年（癸亥 猪年） 公元1083 ~ 1084年

夏曆月序		中西曆日對照	初一	初二	初三	初四	初五	初六	初七	初八	初九	初十	十一	十二	十三	十四	十五	十六	十七	十八	十九	二十	二一	二二	二三	二四	二五	二六	二七	二八	二九	三十	節氣與天象
正月大	甲寅	天干地支西曆星期	丁丑 21 六	戊寅 22 日	己卯 23 一	庚辰 24 二	辛巳 25 三	壬午 26 四	癸未 27 五	甲申 28 六	乙酉 29 日	丙戌 30 一	丁亥 31 二	戊子 (2) 三	己丑 2 四	庚寅 3 五	辛卯 4 六	壬辰 5 日	癸巳 6 一	甲午 7 二	乙未 8 三	丙申 9 四	丁酉 10 五	戊戌 11 六	己亥 12 日	庚子 13 一	辛丑 14 二	壬寅 15 三	癸卯 16 四	甲辰 17 五	乙巳 18 六	丙午 19 日	丙戌立春 辛丑雨水
二月小	乙卯	天干地支西曆星期	丁未 20 一	戊申 21 二	己酉 22 三	庚戌 23 四	辛亥 24 五	壬子 25 六	癸丑 26 日	甲寅 27 一	乙卯 28 二	丙辰 (3) 三	丁巳 2 四	戊午 3 五	己未 4 六	庚申 5 日	辛酉 6 一	壬戌 7 二	癸亥 8 三	甲子 9 四	乙丑 10 五	丙寅 11 六	丁卯 12 日	戊辰 13 一	己巳 14 二	庚午 15 三	辛未 16 四	壬申 17 五	癸酉 18 六	甲戌 19 日	乙亥 20 一		丁巳驚蟄 壬申春分
三月大	丙辰	天干地支西曆星期	丙子 21 二	丁丑 22 三	戊寅 23 四	己卯 24 五	庚辰 25 六	辛巳 26 日	壬午 27 一	癸未 28 二	甲申 29 三	乙酉 30 四	丙戌 31 五	丁亥 (4) 六	戊子 2 日	己丑 3 一	庚寅 4 二	辛卯 5 三	壬辰 6 四	癸巳 7 五	甲午 8 六	乙未 9 日	丙申 10 一	丁酉 11 二	戊戌 12 三	己亥 13 四	庚子 14 五	辛丑 15 六	壬寅 16 日	癸卯 17 一	甲辰 18 二	乙巳 19 三	丁亥清明 壬寅穀雨
四月大	丁巳	天干地支西曆星期	丙午 20 四	丁未 21 五	戊申 22 六	己酉 23 日	庚戌 24 一	辛亥 25 二	壬子 26 三	癸丑 27 四	甲寅 28 五	乙卯 29 六	丙辰 30 日	丁巳 (5) 一	戊午 2 二	己未 3 三	庚申 4 四	辛酉 5 五	壬戌 6 六	癸亥 7 日	甲子 8 一	乙丑 9 二	丙寅 10 三	丁卯 11 四	戊辰 12 五	己巳 13 六	庚午 14 日	辛未 15 一	壬申 16 二	癸酉 17 三	甲戌 18 四	乙亥 19 五	戊午立夏 癸酉小滿
五月小	戊午	天干地支西曆星期	丙子 20 六	丁丑 21 日	戊寅 22 一	己卯 23 二	庚辰 24 三	辛巳 25 四	壬午 26 五	癸未 27 六	甲申 28 日	乙酉 29 一	丙戌 30 二	丁亥 31 三	戊子 (6) 四	己丑 2 五	庚寅 3 六	辛卯 4 日	壬辰 5 一	癸巳 6 二	甲午 7 三	乙未 8 四	丙申 9 五	丁酉 10 六	戊戌 11 日	己亥 12 一	庚子 13 二	辛丑 14 三	壬寅 15 四	癸卯 16 五	甲辰 17 六		戊子芒種 癸卯夏至
六月大	己未	天干地支西曆星期	乙巳 18 日	丙午 19 一	丁未 20 二	戊申 21 三	己酉 22 四	庚戌 23 五	辛亥 24 六	壬子 25 日	癸丑 26 一	甲寅 27 二	乙卯 28 三	丙辰 29 四	丁巳 30 五	戊午 (7) 六	己未 2 日	庚申 3 一	辛酉 4 二	壬戌 5 三	癸亥 6 四	甲子 7 五	乙丑 8 六	丙寅 9 日	丁卯 10 一	戊辰 11 二	己巳 12 三	庚午 13 四	辛未 14 五	壬申 15 六	癸酉 16 日	甲戌 17 一	戊午小暑 甲戌大暑
閏六月小	己未	天干地支西曆星期	乙亥 18 二	丙子 19 三	丁丑 20 四	戊寅 21 五	己卯 22 六	庚辰 23 日	辛巳 24 一	壬午 25 二	癸未 26 三	甲申 27 四	乙酉 28 五	丙戌 29 六	丁亥 30 日	戊子 31 一	己丑 (8) 二	庚寅 2 三	辛卯 3 四	壬辰 4 五	癸巳 5 六	甲午 6 日	乙未 7 一	丙申 8 二	丁酉 9 三	戊戌 10 四	己亥 11 五	庚子 12 六	辛丑 13 日	壬寅 14 一	癸卯 15 二		己丑立秋
七月大	庚申	天干地支西曆星期	甲辰 16 三	乙巳 17 四	丙午 18 五	丁未 19 六	戊申 20 日	己酉 21 一	庚戌 22 二	辛亥 23 三	壬子 24 四	癸丑 25 五	甲寅 26 六	乙卯 27 日	丙辰 28 一	丁巳 29 二	戊午 30 三	己未 31 四	庚申 (9) 五	辛酉 2 六	壬戌 3 日	癸亥 4 一	甲子 5 二	乙丑 6 三	丙寅 7 四	丁卯 8 五	戊辰 9 六	己巳 10 日	庚午 11 一	辛未 12 二	壬申 13 三	癸酉 14 四	甲辰處暑 己未白露
八月小	辛酉	天干地支西曆星期	甲戌 15 五	乙亥 16 六	丙子 17 日	丁丑 18 一	戊寅 19 二	己卯 20 三	庚辰 21 四	辛巳 22 五	壬午 23 六	癸未 24 日	甲申 25 一	乙酉 26 二	丙戌 27 三	丁亥 28 四	戊子 29 五	己丑 30 六	庚寅 (10) 日	辛卯 2 一	壬辰 3 二	癸巳 4 三	甲午 5 四	乙未 6 五	丙申 7 六	丁酉 8 日	戊戌 9 一	己亥 10 二	庚子 11 三	辛丑 12 四	壬寅 13 五		乙亥秋分 庚寅寒露
九月大	壬戌	天干地支西曆星期	癸卯 14 六	甲辰 15 日	乙巳 16 一	丙午 17 二	丁未 18 三	戊申 19 四	己酉 20 五	庚戌 21 六	辛亥 22 日	壬子 23 一	癸丑 24 二	甲寅 25 三	乙卯 26 四	丙辰 27 五	丁巳 28 六	戊午 29 日	己未 30 一	庚申 31 二	辛酉 (11) 三	壬戌 2 四	癸亥 3 五	甲子 4 六	乙丑 5 日	丙寅 6 一	丁卯 7 二	戊辰 8 三	己巳 9 四	庚午 10 五	辛未 11 六	壬申 12 日	乙巳霜降 庚申立冬
十月小	癸亥	天干地支西曆星期	癸酉 13 一	甲戌 14 二	乙亥 15 三	丙子 16 四	丁丑 17 五	戊寅 18 六	己卯 19 日	庚辰 20 一	辛巳 21 二	壬午 22 三	癸未 23 四	甲申 24 五	乙酉 25 六	丙戌 26 日	丁亥 27 一	戊子 28 二	己丑 29 三	庚寅 30 四	辛卯 (12) 五	壬辰 2 六	癸巳 3 日	甲午 4 一	乙未 5 二	丙申 6 三	丁酉 7 四	戊戌 8 五	己亥 9 六	庚子 10 日	辛丑 11 一		乙亥小雪 辛卯大雪
十一月小	甲子	天干地支西曆星期	壬寅 12 二	癸卯 13 三	甲辰 14 四	乙巳 15 五	丙午 16 六	丁未 17 日	戊申 18 一	己酉 19 二	庚戌 20 三	辛亥 21 四	壬子 22 五	癸丑 23 六	甲寅 24 日	乙卯 25 一	丙辰 26 二	丁巳 27 三	戊午 28 四	己未 29 五	庚申 30 六	辛酉 31 日	壬戌 (1) 一	癸亥 2 二	甲子 3 三	乙丑 4 四	丙寅 5 五	丁卯 6 六	戊辰 7 日	己巳 8 一	庚午 9 二		丙午冬至 辛酉小寒
十二月大	乙丑	天干地支西曆星期	辛未 10 三	壬申 11 四	癸酉 12 五	甲戌 13 六	乙亥 14 日	丙子 15 一	丁丑 16 二	戊寅 17 三	己卯 18 四	庚辰 19 五	辛巳 20 六	壬午 21 日	癸未 22 一	甲申 23 二	乙酉 24 三	丙戌 25 四	丁亥 26 五	戊子 27 六	己丑 28 日	庚寅 29 一	辛卯 30 二	壬辰 31 三	癸巳 (2) 四	甲午 2 五	乙未 3 六	丙申 4 日	丁酉 5 一	戊戌 6 二	己亥 7 三	庚子 8 四	丙子大寒 辛卯立春

遼道宗大康十年（甲子 鼠年） 公元 1084 ~ 1085 年

夏曆月序		中西曆日對照	初一	初二	初三	初四	初五	初六	初七	初八	初九	初十	十一	十二	十三	十四	十五	十六	十七	十八	十九	二十	二一	二二	二三	二四	二五	二六	二七	二八	二九	三十	節氣與天象
正月小	丙寅	天干地支西曆星期	辛丑9五	壬寅10六	癸卯11日	甲辰12一	乙巳13二	丙午14三	丁未15四	戊申16五	己酉17六	庚戌18日	辛亥19一	壬子20二	癸丑21三	甲寅22四	乙卯23五	丙辰24六	丁巳25日	戊午26一	己未27二	庚申28三	辛酉29四	壬戌(3)五	癸亥2六	甲子3日	乙丑4一	丙寅5二	丁卯6三	戊辰7四	己巳8五		丁未雨水 壬戌驚蟄
二月大	丁卯	天干地支西曆星期	庚午9六	辛未10日	壬申11一	癸酉12二	甲戌13三	乙亥14四	丙子15五	丁丑16六	戊寅17日	己卯18一	庚辰19二	辛巳20三	壬午21四	癸未22五	甲申23六	乙酉24日	丙戌25一	丁亥26二	戊子27三	己丑28四	庚寅29五	辛卯30六	壬辰31日	癸巳(4)一	甲午2二	乙未3三	丙申4四	丁酉5五	戊戌6六	己亥7日	丁丑春分 壬辰清明
三月大	戊辰	天干地支西曆星期	庚子8一	辛丑9二	壬寅10三	癸卯11四	甲辰12五	乙巳13六	丙午14日	丁未15一	戊申16二	己酉17三	庚戌18四	辛亥19五	壬子20六	癸丑21日	甲寅22一	乙卯23二	丙辰24三	丁巳25四	戊午26五	己未27六	庚申28日	辛酉29一	壬戌30二	癸亥(5)三	甲子2四	乙丑3五	丙寅4六	丁卯5日	戊辰6一	己巳7二	戊申穀雨 癸亥立夏
四月小	己巳	天干地支西曆星期	庚午8三	辛未9四	壬申10五	癸酉11六	甲戌12日	乙亥13一	丙子14二	丁丑15三	戊寅16四	己卯17五	庚辰18六	辛巳19日	壬午20一	癸未21二	甲申22三	乙酉23四	丙戌24五	丁亥25六	戊子26日	己丑27一	庚寅28二	辛卯29三	壬辰30四	癸巳31五	甲午(6)六	乙未2日	丙申3一	丁酉4二	戊戌5三		戊寅小滿 癸巳芒種
五月大	庚午	天干地支西曆星期	己亥6四	庚子7五	辛丑8六	壬寅9日	癸卯10一	甲辰11二	乙巳12三	丙午13四	丁未14五	戊申15六	己酉16日	庚戌17一	辛亥18二	壬子19三	癸丑20四	甲寅21五	乙卯22六	丙辰23日	丁巳24一	戊午25二	己未26三	庚申27四	辛酉28五	壬戌29六	癸亥30日	甲子(7)一	乙丑2二	丙寅3三	丁卯4四	戊辰5五	戊申夏至 甲子小暑
六月小	辛未	天干地支西曆星期	己巳6六	庚午7日	辛未8一	壬申9二	癸酉10三	甲戌11四	乙亥12五	丙子13六	丁丑14日	戊寅15一	己卯16二	庚辰17三	辛巳18四	壬午19五	癸未20六	甲申21日	乙酉22一	丙戌23二	丁亥24三	戊子25四	己丑26五	庚寅27六	辛卯28日	壬辰29一	癸巳30二	甲午31三	乙未(8)四	丙申2五	丁酉3六		己卯大暑 甲午立秋
七月大	壬申	天干地支西曆星期	戊戌4日	己亥5一	庚子6二	辛丑7三	壬寅8四	癸卯9五	甲辰10六	乙巳11日	丙午12一	丁未13二	戊申14三	己酉15四	庚戌16五	辛亥17六	壬子18日	癸丑19一	甲寅20二	乙卯21三	丙辰22四	丁巳23五	戊午24六	己未25日	庚申26一	辛酉27二	壬戌28三	癸亥29四	甲子30五	乙丑31六	丙寅(9)日	丁卯2一	己酉處暑 乙丑白露
八月大	癸酉	天干地支西曆星期	戊辰3二	己巳4三	庚午5四	辛未6五	壬申7六	癸酉8日	甲戌9一	乙亥10二	丙子11三	丁丑12四	戊寅13五	己卯14六	庚辰15日	辛巳16一	壬午17二	癸未18三	甲申19四	乙酉20五	丙戌21六	丁亥22日	戊子23一	己丑24二	庚寅25三	辛卯26四	壬辰27五	癸巳28六	甲午29日	乙未30一	丙申(10)二	丁酉2三	庚辰秋分 乙未寒露
九月小	甲戌	天干地支西曆星期	戊戌3四	己亥4五	庚子5六	辛丑6日	壬寅7一	癸卯8二	甲辰9三	乙巳10四	丙午11五	丁未12六	戊申13日	己酉14一	庚戌15二	辛亥16三	壬子17四	癸丑18五	甲寅19六	乙卯20日	丙辰21一	丁巳22二	戊午23三	己未24四	庚申25五	辛酉26六	壬戌27日	癸亥28一	甲子29二	乙丑30三	丙寅31四		庚戌霜降 乙丑立冬
十月大	乙亥	天干地支西曆星期	丁卯(11)五	戊辰2六	己巳3日	庚午4一	辛未5二	壬申6三	癸酉7四	甲戌8五	乙亥9六	丙子10日	丁丑11一	戊寅12二	己卯13三	庚辰14四	辛巳15五	壬午16六	癸未17日	甲申18一	乙酉19二	丙戌20三	丁亥21四	戊子22五	己丑23六	庚寅24日	辛卯25一	壬辰26二	癸巳27三	甲午28四	乙未29五	丙申30六	辛巳小雪 丙申大雪
十一月小	丙子	天干地支西曆星期	丁酉(12)日	戊戌2一	己亥3二	庚子4三	辛丑5四	壬寅6五	癸卯7六	甲辰8日	乙巳9一	丙午10二	丁未11三	戊申12四	己酉13五	庚戌14六	辛亥15日	壬子16一	癸丑17二	甲寅18三	乙卯19四	丙辰20五	丁巳21六	戊午22日	己未23一	庚申24二	辛酉25三	壬戌26四	癸亥27五	甲子28六	乙丑29日		辛亥冬至
十二月大	丁丑	天干地支西曆星期	丙寅30一	丁卯31二	戊辰(1)三	己巳2四	庚午3五	辛未4六	壬申5日	癸酉6一	甲戌7二	乙亥8三	丙子9四	丁丑10五	戊寅11六	己卯12日	庚辰13一	辛巳14二	壬午15三	癸未16四	甲申17五	乙酉18六	丙戌19日	丁亥20一	戊子21二	己丑22三	庚寅23四	辛卯24五	壬辰25六	癸巳26日	甲午27一	乙未28二	丙寅小寒 辛巳大寒

遼道宗大安元年（乙丑 牛年） 公元 1085 ~ 1086 年

夏曆月序		中西曆日對照	夏曆日序																													節氣與天象
			初一	初二	初三	初四	初五	初六	初七	初八	初九	初十	十一	十二	十三	十四	十五	十六	十七	十八	十九	二十	二一	二二	二三	二四	二五	二六	二七	二八	二九	三十	
正月小	戊寅	天干地支西曆星期	丙申29三	丁酉30四	戊戌31五	己亥(2)六	庚子2日	辛丑3一	壬寅4二	癸卯5三	甲辰6四	乙巳7五	丙午8六	丁未9日	戊申10一	己酉11二	庚戌12三	辛亥13四	壬子14五	癸丑15六	甲寅16日	乙卯17一	丙辰18二	丁巳19三	戊午20四	己未21五	庚申22六	辛酉23日	壬戌24一	癸亥25二	甲子26三		丁酉立春 壬子雨水
二月小	己卯	天干地支西曆星期	乙丑27四	丙寅28五	丁卯(3)六	戊辰2日	己巳3一	庚午4二	辛未5三	壬申6四	癸酉7五	甲戌8六	乙亥9日	丙子10一	丁丑11二	戊寅12三	己卯13四	庚辰14五	辛巳15六	壬午16日	癸未17一	甲申18二	乙酉19三	丙戌20四	丁亥21五	戊子22六	己丑23日	庚寅24一	辛卯25二	壬辰26三	癸巳27四		丁卯驚蟄 壬午春分
三月大	庚辰	天干地支西曆星期	甲午28五	乙未29六	丙申30日	丁酉31一	戊戌(4)二	己亥2三	庚子3四	辛丑4五	壬寅5六	癸卯6日	甲辰7一	乙巳8二	丙午9三	丁未10四	戊申11五	己酉12六	庚戌13日	辛亥14一	壬子15二	癸丑16三	甲寅17四	乙卯18五	丙辰19六	丁巳20日	戊午21一	己未22二	庚申23三	辛酉24四	壬戌25五	癸亥26六	戊戌清明 癸丑穀雨
四月小	辛巳	天干地支西曆星期	甲子27日	乙丑28一	丙寅29二	丁卯30三	戊辰(5)四	己巳2五	庚午3六	辛未4日	壬申5一	癸酉6二	甲戌7三	乙亥8四	丙子9五	丁丑10六	戊寅11日	己卯12一	庚辰13二	辛巳14三	壬午15四	癸未16五	甲申17六	乙酉18日	丙戌19一	丁亥20二	戊子21三	己丑22四	庚寅23五	辛卯24六	壬辰25日		戊辰立夏 癸未小滿
五月大	壬午	天干地支西曆星期	癸巳26一	甲午27二	乙未28三	丙申29四	丁酉30五	戊戌31六	己亥(6)日	庚子2一	辛丑3二	壬寅4三	癸卯5四	甲辰6五	乙巳7六	丙午8日	丁未9一	戊申10二	己酉11三	庚戌12四	辛亥13五	壬子14六	癸丑15日	甲寅16一	乙卯17二	丙辰18三	丁巳19四	戊午20五	己未21六	庚申22日	辛酉23一	壬戌24二	戊戌芒種 甲寅夏至
六月大	癸未	天干地支西曆星期	癸亥25三	甲子26四	乙丑27五	丙寅28六	丁卯29日	戊辰30一	己巳(7)二	庚午2三	辛未3四	壬申4五	癸酉5六	甲戌6日	乙亥7一	丙子8二	丁丑9三	戊寅10四	己卯11五	庚辰12六	辛巳13日	壬午14一	癸未15二	甲申16三	乙酉17四	丙戌18五	丁亥19六	戊子20日	己丑21一	庚寅22二	辛卯23三	壬辰24四	己巳小暑 甲申大暑
七月小	甲申	天干地支西曆星期	癸巳25五	甲午26六	乙未27日	丙申28一	丁酉29二	戊戌30三	己亥31四	庚子(8)五	辛丑2六	壬寅3日	癸卯4一	甲辰5二	乙巳6三	丙午7四	丁未8五	戊申9六	己酉10日	庚戌11一	辛亥12二	壬子13三	癸丑14四	甲寅15五	乙卯16六	丙辰17日	丁巳18一	戊午19二	己未20三	庚申21四	辛酉22五		己亥立秋 乙卯處暑
八月大	乙酉	天干地支西曆星期	壬戌23六	癸亥24日	甲子25一	乙丑26二	丙寅27三	丁卯28四	戊辰29五	己巳30六	庚午31日	辛未(9)一	壬申2二	癸酉3三	甲戌4四	乙亥5五	丙子6六	丁丑7日	戊寅8一	己卯9二	庚辰10三	辛巳11四	壬午12五	癸未13六	甲申14日	乙酉15一	丙戌16二	丁亥17三	戊子18四	己丑19五	庚寅20六	辛卯21日	庚午白露 乙酉秋分
九月大	丙戌	天干地支西曆星期	壬辰22一	癸巳23二	甲午24三	乙未25四	丙申26五	丁酉27六	戊戌28日	己亥29一	庚子30二	辛丑(10)三	壬寅2四	癸卯3五	甲辰4六	乙巳5日	丙午6一	丁未7二	戊申8三	己酉9四	庚戌10五	辛亥11六	壬子12日	癸丑13一	甲寅14二	乙卯15三	丙辰16四	丁巳17五	戊午18六	己未19日	庚申20一	辛酉21二	庚子寒露 乙卯霜降
十月小	丁亥	天干地支西曆星期	壬戌22三	癸亥23四	甲子24五	乙丑25六	丙寅26日	丁卯27一	戊辰28二	己巳29三	庚午30四	辛未31五	壬申(11)六	癸酉2日	甲戌3一	乙亥4二	丙子5三	丁丑6四	戊寅7五	己卯8六	庚辰9日	辛巳10一	壬午11二	癸未12三	甲申13四	乙酉14五	丙戌15六	丁亥16日	戊子17一	己丑18二	庚寅19三		辛未立冬 丙戌小雪
十一月大	戊子	天干地支西曆星期	辛卯20四	壬辰21五	癸巳22六	甲午23日	乙未24一	丙申25二	丁酉26三	戊戌27四	己亥28五	庚子29六	辛丑30日	壬寅(12)一	癸卯2二	甲辰3三	乙巳4四	丙午5五	丁未6六	戊申7日	己酉8一	庚戌9二	辛亥10三	壬子11四	癸丑12五	甲寅13六	乙卯14日	丙辰15一	丁巳16二	戊午17三	己未18四	庚申19五	辛丑大雪 丙辰冬至
十二月小	己丑	天干地支西曆星期	辛酉20六	壬戌21日	癸亥22一	甲子23二	乙丑24三	丙寅25四	丁卯26五	戊辰27六	己巳28日	庚午29一	辛未30二	壬申31三	癸酉(1)四	甲戌2五	乙亥3六	丙子4日	丁丑5一	戊寅6二	己卯7三	庚辰8四	辛巳9五	壬午10六	癸未11日	甲申12一	乙酉13二	丙戌14三	丁亥15四	戊子16五	己丑17六		壬申小寒 丁亥大寒

* 正月丙申（初一），改元大安。

遼道宗大安二年（丙寅 虎年） 公元 **1086** ~ 1087 年

夏曆月序		中西曆日對照	初一	初二	初三	初四	初五	初六	初七	初八	初九	初十	十一	十二	十三	十四	十五	十六	十七	十八	十九	二十	二十一	二十二	二十三	二十四	二十五	二十六	二十七	二十八	二十九	三十	節氣與天象
正月大	庚寅	天干地支西曆星期	庚寅18日	辛卯19一	壬辰20二	癸巳21三	甲午22四	乙未23五	丙申24六	丁酉25日	戊戌26一	己亥27二	庚子28三	辛丑29四	壬寅30五	癸卯31六	甲辰(2)日	乙巳2一	丙午3二	丁未4三	戊申5四	己酉6五	庚戌7六	辛亥8日	壬子9一	癸丑10二	甲寅11三	乙卯12四	丙辰13五	丁巳14六	戊午15日	己未16一	壬寅立春 丁巳雨水
二月小	辛卯	天干地支西曆星期	庚申17二	辛酉18三	壬戌19四	癸亥20五	甲子21六	乙丑22日	丙寅23一	丁卯24二	戊辰25三	己巳26四	庚午27五	辛未28六	壬申(3)日	癸酉2一	甲戌3二	乙亥4三	丙子5四	丁丑6五	戊寅7六	己卯8日	庚辰9一	辛巳10二	壬午11三	癸未12四	甲申13五	乙酉14六	丙戌15日	丁亥16一	戊子17二		壬申驚蟄 戊子春分
閏二月小	辛卯	天干地支西曆星期	己丑18三	庚寅19四	辛卯20五	壬辰21六	癸巳22日	甲午23一	乙未24二	丙申25三	丁酉26四	戊戌27五	己亥28六	庚子29日	辛丑30一	壬寅31二	癸卯(4)三	甲辰2四	乙巳3五	丙午4六	丁未5日	戊申6一	己酉7二	庚戌8三	辛亥9四	壬子10五	癸丑11六	甲寅12日	乙卯13一	丙辰14二	丁巳15三		癸卯清明
三月大	壬辰	天干地支西曆星期	戊午16四	己未17五	庚申18六	辛酉19日	壬戌20一	癸亥21二	甲子22三	乙丑23四	丙寅24五	丁卯25六	戊辰26日	己巳27一	庚午28二	辛未29三	壬申30四	癸酉(5)五	甲戌2六	乙亥3日	丙子4一	丁丑5二	戊寅6三	己卯7四	庚辰8五	辛巳9六	壬午10日	癸未11一	甲申12二	乙酉13三	丙戌14四	丁亥15五	戊午穀雨 癸酉立夏
四月小	癸巳	天干地支西曆星期	戊子16六	己丑17日	庚寅18一	辛卯19二	壬辰20三	癸巳21四	甲午22五	乙未23六	丙申24日	丁酉25一	戊戌26二	己亥27三	庚子28四	辛丑29五	壬寅30六	癸卯31日	甲辰(6)一	乙巳2二	丙午3三	丁未4四	戊申5五	己酉6六	庚戌7日	辛亥8一	壬子9二	癸丑10三	甲寅11四	乙卯12五	丙辰13六		戊子小滿 甲辰芒種
五月大	甲午	天干地支西曆星期	丁巳14日	戊午15一	己未16二	庚申17三	辛酉18四	壬戌19五	癸亥20六	甲子21日	乙丑22一	丙寅23二	丁卯24三	戊辰25四	己巳26五	庚午27六	辛未28日	壬申29一	癸酉30二	甲戌(7)三	乙亥2四	丙子3五	丁丑4六	戊寅5日	己卯6一	庚辰7二	辛巳8三	壬午9四	癸未10五	甲申11六	乙酉12日	丙戌13一	己未夏至 甲戌小暑
六月小	乙未	天干地支西曆星期	丁亥14二	戊子15三	己丑16四	庚寅17五	辛卯18六	壬辰19日	癸巳20一	甲午21二	乙未22三	丙申23四	丁酉24五	戊戌25六	己亥26日	庚子27一	辛丑28二	壬寅29三	癸卯30四	甲辰31五	乙巳(8)六	丙午2日	丁未3一	戊申4二	己酉5三	庚戌6四	辛亥7五	壬子8六	癸丑9日	甲寅10一	乙卯11二		己丑大暑 乙巳立秋
七月大	丙申	天干地支西曆星期	丙辰12三	丁巳13四	戊午14五	己未15六	庚申16日	辛酉17一	壬戌18二	癸亥19三	甲子20四	乙丑21五	丙寅22六	丁卯23日	戊辰24一	己巳25二	庚午26三	辛未27四	壬申28五	癸酉29六	甲戌30日	乙亥31一	丙子(9)二	丁丑2三	戊寅3四	己卯4五	庚辰5六	辛巳6日	壬午7一	癸未8二	甲申9三	乙酉10四	庚申處暑 乙亥白露
八月大	丁酉	天干地支西曆星期	丙戌11五	丁亥12六	戊子13日	己丑14一	庚寅15二	辛卯16三	壬辰17四	癸巳18五	甲午19六	乙未20日	丙申21一	丁酉22二	戊戌23三	己亥24四	庚子25五	辛丑26六	壬寅27日	癸卯28一	甲辰29二	乙巳30三	丙午(10)四	丁未2五	戊申3六	己酉4日	庚戌5一	辛亥6二	壬子7三	癸丑8四	甲寅9五	乙卯10六	庚寅秋分 乙巳寒露
九月小	戊戌	天干地支西曆星期	丙辰11日	丁巳12一	戊午13二	己未14三	庚申15四	辛酉16五	壬戌17六	癸亥18日	甲子19一	乙丑20二	丙寅21三	丁卯22四	戊辰23五	己巳24六	庚午25日	辛未26一	壬申27二	癸酉28三	甲戌29四	乙亥30五	丙子31六	丁丑(11)日	戊寅2一	己卯3二	庚辰4三	辛巳5四	壬午6五	癸未7六	甲申8日		辛酉霜降 丙子立冬
十月大	己亥	天干地支西曆星期	乙酉9一	丙戌10二	丁亥11三	戊子12四	己丑13五	庚寅14六	辛卯15日	壬辰16一	癸巳17二	甲午18三	乙未19四	丙申20五	丁酉21六	戊戌22日	己亥23一	庚子24二	辛丑25三	壬寅26四	癸卯27五	甲辰28六	乙巳29日	丙午30一	丁未(12)二	戊申2三	己酉3四	庚戌4五	辛亥5六	壬子6日	癸丑7一	甲寅8二	辛卯小雪 丙午大雪
十一月大	庚子	天干地支西曆星期	乙卯9三	丙辰10四	丁巳11五	戊午12六	己未13日	庚申14一	辛酉15二	壬戌16三	癸亥17四	甲子18五	乙丑19六	丙寅20日	丁卯21一	戊辰22二	己巳23三	庚午24四	辛未25五	壬申26六	癸酉27日	甲戌28一	乙亥29二	丙子30三	丁丑31四	戊寅(1)五	己卯2六	庚辰3日	辛巳4一	壬午5二	癸未6三	甲申7四	壬戌冬至 丁丑小寒
十二月小	辛丑	天干地支西曆星期	乙酉8五	丙戌9六	丁亥10日	戊子11一	己丑12二	庚寅13三	辛卯14四	壬辰15五	癸巳16六	甲午17日	乙未18一	丙申19二	丁酉20三	戊戌21四	己亥22五	庚子23六	辛丑24日	壬寅25一	癸卯26二	甲辰27三	乙巳28四	丙午29五	丁未30六	戊申31日	己酉(2)一	庚戌2二	辛亥3三	壬子4四	癸丑5五		壬辰大寒 丁未立春

遼道宗大安三年（丁卯 兔年） 公元 1087 ~ 1088 年

夏曆月序		中西曆日對照	初一	初二	初三	初四	初五	初六	初七	初八	初九	初十	十一	十二	十三	十四	十五	十六	十七	十八	十九	二十	二一	二二	二三	二四	二五	二六	二七	二八	二九	三十	節氣與天象
正月大	壬寅	天干地支 西曆 星期	甲寅 6 六	乙卯 7 日	丙辰 8 一	丁巳 9 二	戊午 10 三	己未 11 四	庚申 12 五	辛酉 13 六	壬戌 14 日	癸亥 15 一	甲子 16 二	乙丑 17 三	丙寅 18 四	丁卯 19 五	戊辰 20 六	己巳 21 日	庚午 22 一	辛未 23 二	壬申 24 三	癸酉 25 四	甲戌 26 五	乙亥 27 六	丙子 28 日	丁丑 (3) 一	戊寅 2 二	己卯 3 三	庚辰 4 四	辛巳 5 五	壬午 6 六	癸未 7 日	壬戌雨水 戊寅驚蟄
二月小	癸卯	天干地支 西曆 星期	甲申 8 一	乙酉 9 二	丙戌 10 三	丁亥 11 四	戊子 12 五	己丑 13 六	庚寅 14 日	辛卯 15 一	壬辰 16 二	癸巳 17 三	甲午 18 四	乙未 19 五	丙申 20 六	丁酉 21 日	戊戌 22 一	己亥 23 二	庚子 24 三	辛丑 25 四	壬寅 26 五	癸卯 27 六	甲辰 28 日	乙巳 29 一	丙午 30 二	丁未 31 三	戊申 (4) 四	己酉 2 五	庚戌 3 六	辛亥 4 日	壬子 5 一		癸巳春分 戊申清明
三月小	甲辰	天干地支 西曆 星期	癸丑 6 二	甲寅 7 三	乙卯 8 四	丙辰 9 五	丁巳 10 六	戊午 11 日	己未 12 一	庚申 13 二	辛酉 14 三	壬戌 15 四	癸亥 16 五	甲子 17 六	乙丑 18 日	丙寅 19 一	丁卯 20 二	戊辰 21 三	己巳 22 四	庚午 23 五	辛未 24 六	壬申 25 日	癸酉 26 一	甲戌 27 二	乙亥 28 三	丙子 29 四	丁丑 30 五	戊寅 (5) 六	己卯 2 日	庚辰 3 一	辛巳 4 二		癸亥穀雨 己卯立夏
四月大	乙巳	天干地支 西曆 星期	壬午 5 三	癸未 6 四	甲申 7 五	乙酉 8 六	丙戌 9 日	丁亥 10 一	戊子 11 二	己丑 12 三	庚寅 13 四	辛卯 14 五	壬辰 15 六	癸巳 16 日	甲午 17 一	乙未 18 二	丙申 19 三	丁酉 20 四	戊戌 21 五	己亥 22 六	庚子 23 日	辛丑 24 一	壬寅 25 二	癸卯 26 三	甲辰 27 四	乙巳 28 五	丙午 29 六	丁未 30 日	戊申 31 一	己酉 (6) 二	庚戌 2 三	辛亥 3 四	甲午小滿 己酉芒種
五月小	丙午	天干地支 西曆 星期	壬子 4 五	癸丑 5 六	甲寅 6 日	乙卯 7 一	丙辰 8 二	丁巳 9 三	戊午 10 四	己未 11 五	庚申 12 六	辛酉 13 日	壬戌 14 一	癸亥 15 二	甲子 16 三	乙丑 17 四	丙寅 18 五	丁卯 19 六	戊辰 20 日	己巳 21 一	庚午 22 二	辛未 23 三	壬申 24 四	癸酉 25 五	甲戌 26 六	乙亥 27 日	丙子 28 一	丁丑 29 二	戊寅 30 三	己卯 (7) 四	庚辰 2 五		甲子夏至 己卯小暑
六月小	丁未	天干地支 西曆 星期	辛巳 3 六	壬午 4 日	癸未 5 一	甲申 6 二	乙酉 7 三	丙戌 8 四	丁亥 9 五	戊子 10 六	己丑 11 日	庚寅 12 一	辛卯 13 二	壬辰 14 三	癸巳 15 四	甲午 16 五	乙未 17 六	丙申 18 日	丁酉 19 一	戊戌 20 二	己亥 21 三	庚子 22 四	辛丑 23 五	壬寅 24 六	癸卯 25 日	甲辰 26 一	乙巳 27 二	丙午 28 三	丁未 29 四	戊申 30 五	己酉 31 六		乙未大暑
七月大	戊申	天干地支 西曆 星期	庚戌 (8) 日	辛亥 2 一	壬子 3 二	癸丑 4 三	甲寅 5 四	乙卯 6 五	丙辰 7 六	丁巳 8 日	戊午 9 一	己未 10 二	庚申 11 三	辛酉 12 四	壬戌 13 五	癸亥 14 六	甲子 15 日	乙丑 16 一	丙寅 17 二	丁卯 18 三	戊辰 19 四	己巳 20 五	庚午 21 六	辛未 22 日	壬申 23 一	癸酉 24 二	甲戌 25 三	乙亥 26 四	丙子 27 五	丁丑 28 六	戊寅 29 日	己卯 30 一	庚戌立秋 乙丑處暑
八月大	己酉	天干地支 西曆 星期	庚辰 31 二	辛巳 (9) 三	壬午 2 四	癸未 3 五	甲申 4 六	乙酉 5 日	丙戌 6 一	丁亥 7 二	戊子 8 三	己丑 9 四	庚寅 10 五	辛卯 11 六	壬辰 12 日	癸巳 13 一	甲午 14 二	乙未 15 三	丙申 16 四	丁酉 17 五	戊戌 18 六	己亥 19 日	庚子 20 一	辛丑 21 二	壬寅 22 三	癸卯 23 四	甲辰 24 五	乙巳 25 六	丙午 26 日	丁未 27 一	戊申 28 二	己酉 29 三	庚辰白露 乙未秋分
九月小	庚戌	天干地支 西曆 星期	庚戌 30 四	辛亥 (10) 五	壬子 2 六	癸丑 3 日	甲寅 4 一	乙卯 5 二	丙辰 6 三	丁巳 7 四	戊午 8 五	己未 9 六	庚申 10 日	辛酉 11 一	壬戌 12 二	癸亥 13 三	甲子 14 四	乙丑 15 五	丙寅 16 六	丁卯 17 日	戊辰 18 一	己巳 19 二	庚午 20 三	辛未 21 四	壬申 22 五	癸酉 23 六	甲戌 24 日	乙亥 25 一	丙子 26 二	丁丑 27 三	戊寅 28 四		辛亥寒露 丙寅霜降
十月大	辛亥	天干地支 西曆 星期	己卯 29 五	庚辰 30 六	辛巳 31 日	壬午 (11) 一	癸未 2 二	甲申 3 三	乙酉 4 四	丙戌 5 五	丁亥 6 六	戊子 7 日	己丑 8 一	庚寅 9 二	辛卯 10 三	壬辰 11 四	癸巳 12 五	甲午 13 六	乙未 14 日	丙申 15 一	丁酉 16 二	戊戌 17 三	己亥 18 四	庚子 19 五	辛丑 20 六	壬寅 21 日	癸卯 22 一	甲辰 23 二	乙巳 24 三	丙午 25 四	丁未 26 五	戊申 27 六	辛巳立冬 丙申小雪
十一月大	壬子	天干地支 西曆 星期	己酉 28 日	庚戌 29 一	辛亥 30 二	壬子 (12) 三	癸丑 2 四	甲寅 3 五	乙卯 4 六	丙辰 5 日	丁巳 6 一	戊午 7 二	己未 8 三	庚申 9 四	辛酉 10 五	壬戌 11 六	癸亥 12 日	甲子 13 一	乙丑 14 二	丙寅 15 三	丁卯 16 四	戊辰 17 五	己巳 18 六	庚午 19 日	辛未 20 一	壬申 21 二	癸酉 22 三	甲戌 23 四	乙亥 24 五	丙子 25 六	丁丑 26 日	戊寅 27 一	壬子大雪 丁卯冬至
十二月大	癸丑	天干地支 西曆 星期	己卯 28 二	庚辰 29 三	辛巳 30 四	壬午 31 五	癸未 (1) 六	甲申 2 日	乙酉 3 一	丙戌 4 二	丁亥 5 三	戊子 6 四	己丑 7 五	庚寅 8 六	辛卯 9 日	壬辰 10 一	癸巳 11 二	甲午 12 三	乙未 13 四	丙申 14 五	丁酉 15 六	戊戌 16 日	己亥 17 一	庚子 18 二	辛丑 19 三	壬寅 20 四	癸卯 21 五	甲辰 22 六	乙巳 23 日	丙午 24 一	丁未 25 二	戊申 26 三	壬午小寒 丁酉大寒

遼道宗大安四年（戊辰 龍年） 公元1088 ~ 1089年

夏曆月序		中西曆日對照	初一	初二	初三	初四	初五	初六	初七	初八	初九	初十	十一	十二	十三	十四	十五	十六	十七	十八	十九	二十	二一	二二	二三	二四	二五	二六	二七	二八	二九	三十	節氣與天象
正月小	甲寅	天干地支 西曆 星期	己酉 27 四	庚戌 28 五	辛亥 29 六	壬子 30 日	癸丑 31 一	甲寅 (2) 二	乙卯 2 三	丙辰 3 四	丁巳 4 五	戊午 5 六	己未 6 日	庚申 7 一	辛酉 8 二	壬戌 9 三	癸亥 10 四	甲子 11 五	乙丑 12 六	丙寅 13 日	丁卯 14 一	戊辰 15 二	己巳 16 三	庚午 17 四	辛未 18 五	壬申 19 六	癸酉 20 日	甲戌 21 一	乙亥 22 二	丙子 23 三	丁丑 24 四		壬子立春 戊辰雨水
二月大	乙卯	天干地支 西曆 星期	戊寅 25 五	己卯 26 六	庚辰 27 日	辛巳 28 一	壬午 29 二	癸未 (3) 三	甲申 2 四	乙酉 3 五	丙戌 4 六	丁亥 5 日	戊子 6 一	己丑 7 二	庚寅 8 三	辛卯 9 四	壬辰 10 五	癸巳 11 六	甲午 12 日	乙未 13 一	丙申 14 二	丁酉 15 三	戊戌 16 四	己亥 17 五	庚子 18 六	辛丑 19 日	壬寅 20 一	癸卯 21 二	甲辰 22 三	乙巳 23 四	丙午 24 五	丁未 25 六	癸未驚蟄 戊戌春分
三月小	丙辰	天干地支 西曆 星期	戊申 26 日	己酉 27 一	庚戌 28 二	辛亥 29 三	壬子 30 四	癸丑 31 五	甲寅 (4) 六	乙卯 2 日	丙辰 3 一	丁巳 4 二	戊午 5 三	己未 6 四	庚申 7 五	辛酉 8 六	壬戌 9 日	癸亥 10 一	甲子 11 二	乙丑 12 三	丙寅 13 四	丁卯 14 五	戊辰 15 六	己巳 16 日	庚午 17 一	辛未 18 二	壬申 19 三	癸酉 20 四	甲戌 21 五	乙亥 22 六	丙子 23 日		癸丑清明 己巳穀雨
四月小	丁巳	天干地支 西曆 星期	丁丑 24 一	戊寅 25 二	己卯 26 三	庚辰 27 四	辛巳 28 五	壬午 29 六	癸未 30 日	甲申 (5) 一	乙酉 2 二	丙戌 3 三	丁亥 4 四	戊子 5 五	己丑 6 六	庚寅 7 日	辛卯 8 一	壬辰 9 二	癸巳 10 三	甲午 11 四	乙未 12 五	丙申 13 六	丁酉 14 日	戊戌 15 一	己亥 16 二	庚子 17 三	辛丑 18 四	壬寅 19 五	癸卯 20 六	甲辰 21 日	乙巳 22 一		甲申立夏 己亥小滿
五月大	戊午	天干地支 西曆 星期	丙午 23 二	丁未 24 三	戊申 25 四	己酉 26 五	庚戌 27 六	辛亥 28 日	壬子 29 一	癸丑 30 二	甲寅 31 三	乙卯 (6) 四	丙辰 2 五	丁巳 3 六	戊午 4 日	己未 5 一	庚申 6 二	辛酉 7 三	壬戌 8 四	癸亥 9 五	甲子 10 六	乙丑 11 日	丙寅 12 一	丁卯 13 二	戊辰 14 三	己巳 15 四	庚午 16 五	辛未 17 六	壬申 18 日	癸酉 19 一	甲戌 20 二	乙亥 21 三	甲寅芒種 己巳夏至
六月小	己未	天干地支 西曆 星期	丙子 22 四	丁丑 23 五	戊寅 24 六	己卯 25 日	庚辰 26 一	辛巳 27 二	壬午 28 三	癸未 29 四	甲申 30 五	乙酉 (7) 六	丙戌 2 日	丁亥 3 一	戊子 4 二	己丑 5 三	庚寅 6 四	辛卯 7 五	壬辰 8 六	癸巳 9 日	甲午 10 一	乙未 11 二	丙申 12 三	丁酉 13 四	戊戌 14 五	己亥 15 六	庚子 16 日	辛丑 17 一	壬寅 18 二	癸卯 19 三	甲辰 20 四		乙酉小暑 庚子大暑
七月小	庚申	天干地支 西曆 星期	乙巳 21 五	丙午 22 六	丁未 23 日	戊申 24 一	己酉 25 二	庚戌 26 三	辛亥 27 四	壬子 28 五	癸丑 29 六	甲寅 30 日	乙卯 31 一	丙辰 (8) 二	丁巳 2 三	戊午 3 四	己未 4 五	庚申 5 六	辛酉 6 日	壬戌 7 一	癸亥 8 二	甲子 9 三	乙丑 10 四	丙寅 11 五	丁卯 12 六	戊辰 13 日	己巳 14 一	庚午 15 二	辛未 16 三	壬申 17 四	癸酉 18 五		乙卯立秋 庚午處暑
八月大	辛酉	天干地支 西曆 星期	甲戌 19 六	乙亥 20 日	丙子 21 一	丁丑 22 二	戊寅 23 三	己卯 24 四	庚辰 25 五	辛巳 26 六	壬午 27 日	癸未 28 一	甲申 29 二	乙酉 30 三	丙戌 31 四	丁亥 (9) 五	戊子 2 六	己丑 3 日	庚寅 4 一	辛卯 5 二	壬辰 6 三	癸巳 7 四	甲午 8 五	乙未 9 六	丙申 10 日	丁酉 11 一	戊戌 12 二	己亥 13 三	庚子 14 四	辛丑 15 五	壬寅 16 六	癸卯 17 日	丙戌白露 辛丑秋分
九月小	壬戌	天干地支 西曆 星期	甲辰 18 一	乙巳 19 二	丙午 20 三	丁未 21 四	戊申 22 五	己酉 23 六	庚戌 24 日	辛亥 25 一	壬子 26 二	癸丑 27 三	甲寅 28 四	乙卯 29 五	丙辰 30 六	丁巳 (10) 日	戊午 2 一	己未 3 二	庚申 4 三	辛酉 5 四	壬戌 6 五	癸亥 7 六	甲子 8 日	乙丑 9 一	丙寅 10 二	丁卯 11 三	戊辰 12 四	己巳 13 五	庚午 14 六	辛未 15 日	壬申 16 一		丙辰寒露 辛未霜降
十月大	癸亥	天干地支 西曆 星期	癸酉 17 二	甲戌 18 三	乙亥 19 四	丙子 20 五	丁丑 21 六	戊寅 22 日	己卯 23 一	庚辰 24 二	辛巳 25 三	壬午 26 四	癸未 27 五	甲申 28 六	乙酉 29 日	丙戌 30 一	丁亥 31 二	戊子 (11) 三	己丑 2 四	庚寅 3 五	辛卯 4 六	壬辰 5 日	癸巳 6 一	甲午 7 二	乙未 8 三	丙申 9 四	丁酉 10 五	戊戌 11 六	己亥 12 日	庚子 13 一	辛丑 14 二	壬寅 15 三	丙戌立冬 壬寅小雪
十一月大	甲子	天干地支 西曆 星期	癸卯 16 四	甲辰 17 五	乙巳 18 六	丙午 19 日	丁未 20 一	戊申 21 二	己酉 22 三	庚戌 23 四	辛亥 24 五	壬子 25 六	癸丑 26 日	甲寅 27 一	乙卯 28 二	丙辰 29 三	丁巳 30 四	戊午 (12) 五	己未 2 六	庚申 3 日	辛酉 4 一	壬戌 5 二	癸亥 6 三	甲子 7 四	乙丑 8 五	丙寅 9 六	丁卯 10 日	戊辰 11 一	己巳 12 二	庚午 13 三	辛未 14 四	壬申 15 五	丁巳大雪 壬申冬至
十二月大	乙丑	天干地支 西曆 星期	癸酉 16 六	甲戌 17 日	乙亥 18 一	丙子 19 二	丁丑 20 三	戊寅 21 四	己卯 22 五	庚辰 23 六	辛巳 24 日	壬午 25 一	癸未 26 二	甲申 27 三	乙酉 28 四	丙戌 29 五	丁亥 30 六	戊子 31 日	己丑 (1) 一	庚寅 2 二	辛卯 3 三	壬辰 4 四	癸巳 5 五	甲午 6 六	乙未 7 日	丙申 8 一	丁酉 9 二	戊戌 10 三	己亥 11 四	庚子 12 五	辛丑 13 六	壬寅 14 日	丁亥小寒 壬寅大寒
閏十二小	乙丑	天干地支 西曆 星期	癸卯 15 一	甲辰 16 二	乙巳 17 三	丙午 18 四	丁未 19 五	戊申 20 六	己酉 21 日	庚戌 22 一	辛亥 23 二	壬子 24 三	癸丑 25 四	甲寅 26 五	乙卯 27 六	丙辰 28 日	丁巳 29 一	戊午 30 二	己未 31 三	庚申 (2) 四	辛酉 2 五	壬戌 3 六	癸亥 4 日	甲子 5 一	乙丑 6 二	丙寅 7 三	丁卯 8 四	戊辰 9 五	己巳 10 六	庚午 11 日	辛未 12 一		戊午立春

遼道宗大安五年（己巳 蛇年） 公元 1089 ~ 1090 年

夏曆月序	中西曆日對照	夏曆日序																													節氣與天象
		初一	初二	初三	初四	初五	初六	初七	初八	初九	初十	十一	十二	十三	十四	十五	十六	十七	十八	十九	二十	二一	二二	二三	二四	二五	二六	二七	二八	二九	三十	
正月大 丙寅	干支 西曆 星期	壬申 13 二	癸酉 14 三	甲戌 15 四	乙亥 16 五	丙子 17 六	丁丑 18 日	戊寅 19 一	己卯 20 二	庚辰 21 三	辛巳 22 四	壬午 23 五	癸未 24 六	甲申 25 日	乙酉 26 一	丙戌 27 二	丁亥 28 三	戊子 (3) 四	己丑 2 五	庚寅 3 六	辛卯 4 日	壬辰 5 一	癸巳 6 二	甲午 7 三	乙未 8 四	丙申 9 五	丁酉 10 六	戊戌 11 日	己亥 12 一	庚子 13 二	辛丑 14 三	癸酉雨水 戊子驚蟄
二月大 丁卯	干支 西曆 星期	壬寅 15 四	癸卯 16 五	甲辰 17 六	乙巳 18 日	丙午 19 一	丁未 20 二	戊申 21 三	己酉 22 四	庚戌 23 五	辛亥 24 六	壬子 25 日	癸丑 26 一	甲寅 27 二	乙卯 28 三	丙辰 29 四	丁巳 30 五	戊午 31 六	己未 (4) 日	庚申 2 一	辛酉 3 二	壬戌 4 三	癸亥 5 四	甲子 6 五	乙丑 7 六	丙寅 8 日	丁卯 9 一	戊辰 10 二	己巳 11 三	庚午 12 四	辛未 13 五	癸卯春分 己未清明
三月小 戊辰	干支 西曆 星期	壬申 14 六	癸酉 15 日	甲戌 16 一	乙亥 17 二	丙子 18 三	丁丑 19 四	戊寅 20 五	己卯 21 六	庚辰 22 日	辛巳 23 一	壬午 24 二	癸未 25 三	甲申 26 四	乙酉 27 五	丙戌 28 六	丁亥 29 日	戊子 30 一	己丑 (5) 二	庚寅 2 三	辛卯 3 四	壬辰 4 五	癸巳 5 六	甲午 6 日	乙未 7 一	丙申 8 二	丁酉 9 三	戊戌 10 四	己亥 11 五	庚子 12 六		甲戌穀雨 己丑立夏
四月小 己巳	干支 西曆 星期	辛丑 13 日	壬寅 14 一	癸卯 15 二	甲辰 16 三	乙巳 17 四	丙午 18 五	丁未 19 六	戊申 20 日	己酉 21 一	庚戌 22 二	辛亥 23 三	壬子 24 四	癸丑 25 五	甲寅 26 六	乙卯 27 日	丙辰 28 一	丁巳 29 二	戊午 30 三	己未 31 四	庚申 (6) 五	辛酉 2 六	壬戌 3 日	癸亥 4 一	甲子 5 二	乙丑 6 三	丙寅 7 四	丁卯 8 五	戊辰 9 六	己巳 10 日		甲辰小滿 己未芒種
五月大 庚午	干支 西曆 星期	庚午 11 一	辛未 12 二	壬申 13 三	癸酉 14 四	甲戌 15 五	乙亥 16 六	丙子 17 日	丁丑 18 一	戊寅 19 二	己卯 20 三	庚辰 21 四	辛巳 22 五	壬午 23 六	癸未 24 日	甲申 25 一	乙酉 26 二	丙戌 27 三	丁亥 28 四	戊子 29 五	己丑 30 六	庚寅 (7) 日	辛卯 2 一	壬辰 3 二	癸巳 4 三	甲午 5 四	乙未 6 五	丙申 7 六	丁酉 8 日	戊戌 9 一	己亥 10 二	乙亥夏至 庚寅小暑
六月小 辛未	干支 西曆 星期	庚子 11 三	辛丑 12 四	壬寅 13 五	癸卯 14 六	甲辰 15 日	乙巳 16 一	丙午 17 二	丁未 18 三	戊申 19 四	己酉 20 五	庚戌 21 六	辛亥 22 日	壬子 23 一	癸丑 24 二	甲寅 25 三	乙卯 26 四	丙辰 27 五	丁巳 28 六	戊午 29 日	己未 30 一	庚申 31 二	辛酉 (8) 三	壬戌 2 四	癸亥 3 五	甲子 4 六	乙丑 5 日	丙寅 6 一	丁卯 7 二	戊辰 8 三		乙巳大暑 庚申立秋
七月小 壬申	干支 西曆 星期	己巳 9 四	庚午 10 五	辛未 11 六	壬申 12 日	癸酉 13 一	甲戌 14 二	乙亥 15 三	丙子 16 四	丁丑 17 五	戊寅 18 六	己卯 19 日	庚辰 20 一	辛巳 21 二	壬午 22 三	癸未 23 四	甲申 24 五	乙酉 25 六	丙戌 26 日	丁亥 27 一	戊子 28 二	己丑 29 三	庚寅 30 四	辛卯 31 五	壬辰 (9) 六	癸巳 2 日	甲午 3 一	乙未 4 二	丙申 5 三	丁酉 6 四		丙子處暑 辛卯白露
八月大 癸酉	干支 西曆 星期	戊戌 7 五	己亥 8 六	庚子 9 日	辛丑 10 一	壬寅 11 二	癸卯 12 三	甲辰 13 四	乙巳 14 五	丙午 15 六	丁未 16 日	戊申 17 一	己酉 18 二	庚戌 19 三	辛亥 20 四	壬子 21 五	癸丑 22 六	甲寅 23 日	乙卯 24 一	丙辰 25 二	丁巳 26 三	戊午 27 四	己未 28 五	庚申 29 六	辛酉 30 日	壬戌 (10) 一	癸亥 2 二	甲子 3 三	乙丑 4 四	丙寅 5 五	丁卯 6 六	丙午秋分 辛酉寒露
九月小 甲戌	干支 西曆 星期	戊辰 7 日	己巳 8 一	庚午 9 二	辛未 10 三	壬申 11 四	癸酉 12 五	甲戌 13 六	乙亥 14 日	丙子 15 一	丁丑 16 二	戊寅 17 三	己卯 18 四	庚辰 19 五	辛巳 20 六	壬午 21 日	癸未 22 一	甲申 23 二	乙酉 24 三	丙戌 25 四	丁亥 26 五	戊子 27 六	己丑 28 日	庚寅 29 一	辛卯 30 二	壬辰 31 三	癸巳 (11) 四	甲午 2 五	乙未 3 六	丙申 4 日		丙子霜降 壬辰立冬
十月大 乙亥	干支 西曆 星期	丁酉 5 一	戊戌 6 二	己亥 7 三	庚子 8 四	辛丑 9 五	壬寅 10 六	癸卯 11 日	甲辰 12 一	乙巳 13 二	丙午 14 三	丁未 15 四	戊申 16 五	己酉 17 六	庚戌 18 日	辛亥 19 一	壬子 20 二	癸丑 21 三	甲寅 22 四	乙卯 23 五	丙辰 24 六	丁巳 25 日	戊午 26 一	己未 27 二	庚申 28 三	辛酉 29 四	壬戌 30 五	癸亥 (12) 六	甲子 2 日	乙丑 3 一	丙寅 4 二	丁未小雪 壬戌大雪
十一月大 丙子	干支 西曆 星期	丁卯 5 三	戊辰 6 四	己巳 7 五	庚午 8 六	辛未 9 日	壬申 10 一	癸酉 11 二	甲戌 12 三	乙亥 13 四	丙子 14 五	丁丑 15 六	戊寅 16 日	己卯 17 一	庚辰 18 二	辛巳 19 三	壬午 20 四	癸未 21 五	甲申 22 六	乙酉 23 日	丙戌 24 一	丁亥 25 二	戊子 26 三	己丑 27 四	庚寅 28 五	辛卯 29 六	壬辰 30 日	癸巳 31 一	甲午 (1) 二	乙未 2 三	丙申 3 四	丁丑冬至 壬辰小寒
十二月大 丁丑	干支 西曆 星期	丁酉 4 五	戊戌 5 六	己亥 6 日	庚子 7 一	辛丑 8 二	壬寅 9 三	癸卯 10 四	甲辰 11 五	乙巳 12 六	丙午 13 日	丁未 14 一	戊申 15 二	己酉 16 三	庚戌 17 四	辛亥 18 五	壬子 19 六	癸丑 20 日	甲寅 21 一	乙卯 22 二	丙辰 23 三	丁巳 24 四	戊午 25 五	己未 26 六	庚申 27 日	辛酉 28 一	壬戌 29 二	癸亥 30 三	甲子 31 四	乙丑 (2) 五	丙寅 2 六	戊申大寒 癸亥立春

遼道宗大安六年（庚午 馬年） 公元 1090 ~ 1091 年

夏曆月序		中西曆日對照	初一	初二	初三	初四	初五	初六	初七	初八	初九	初十	十一	十二	十三	十四	十五	十六	十七	十八	十九	二十	二一	二二	二三	二四	二五	二六	二七	二八	二九	三十	節氣與天象
正月小	戊寅	天干地支 西曆 星期	丁卯 3 日	戊辰 4 一	己巳 5 二	庚午 6 三	辛未 7 四	壬申 8 五	癸酉 9 六	甲戌 10 日	乙亥 11 一	丙子 12 二	丁丑 13 三	戊寅 14 四	己卯 15 五	庚辰 16 六	辛巳 17 日	壬午 18 一	癸未 19 二	甲申 20 三	乙酉 21 四	丙戌 22 五	丁亥 23 六	戊子 24 日	己丑 25 一	庚寅 26 二	辛卯 27 三	壬辰 28 四	癸巳 (3) 五	甲午 2 六	乙未 3 日		戊寅雨水 癸巳驚蟄
二月大	己卯	天干地支 西曆 星期	丙申 4 一	丁酉 5 二	戊戌 6 三	己亥 7 四	庚子 8 五	辛丑 9 六	壬寅 10 日	癸卯 11 一	甲辰 12 二	乙巳 13 三	丙午 14 四	丁未 15 五	戊申 16 六	己酉 17 日	庚戌 18 一	辛亥 19 二	壬子 20 三	癸丑 21 四	甲寅 22 五	乙卯 23 六	丙辰 24 日	丁巳 25 一	戊午 26 二	己未 27 三	庚申 28 四	辛酉 29 五	壬戌 30 六	癸亥 31 日	甲子 (4) 一	乙丑 2 二	己酉春分 甲子清明
三月大	庚辰	天干地支 西曆 星期	丙寅 3 三	丁卯 4 四	戊辰 5 五	己巳 6 六	庚午 7 日	辛未 8 一	壬申 9 二	癸酉 10 三	甲戌 11 四	乙亥 12 五	丙子 13 六	丁丑 14 日	戊寅 15 一	己卯 16 二	庚辰 17 三	辛巳 18 四	壬午 19 五	癸未 20 六	甲申 21 日	乙酉 22 一	丙戌 23 二	丁亥 24 三	戊子 25 四	己丑 26 五	庚寅 27 六	辛卯 28 日	壬辰 29 一	癸巳 30 二	甲午 (5) 三	乙未 2 四	己卯穀雨 甲午立夏
四月小	辛巳	天干地支 西曆 星期	丙申 3 五	丁酉 4 六	戊戌 5 日	己亥 6 一	庚子 7 二	辛丑 8 三	壬寅 9 四	癸卯 10 五	甲辰 11 六	乙巳 12 日	丙午 13 一	丁未 14 二	戊申 15 三	己酉 16 四	庚戌 17 五	辛亥 18 六	壬子 19 日	癸丑 20 一	甲寅 21 二	乙卯 22 三	丙辰 23 四	丁巳 24 五	戊午 25 六	己未 26 日	庚申 27 一	辛酉 28 二	壬戌 29 三	癸亥 30 四	甲子 31 五		己酉小滿
五月小	壬午	天干地支 西曆 星期	乙丑 (6) 六	丙寅 2 日	丁卯 3 一	戊辰 4 二	己巳 5 三	庚午 6 四	辛未 7 五	壬申 8 六	癸酉 9 日	甲戌 10 一	乙亥 11 二	丙子 12 三	丁丑 13 四	戊寅 14 五	己卯 15 六	庚辰 16 日	辛巳 17 一	壬午 18 二	癸未 19 三	甲申 20 四	乙酉 21 五	丙戌 22 六	丁亥 23 日	戊子 24 一	己丑 25 二	庚寅 26 三	辛卯 27 四	壬辰 28 五	癸巳 29 六		乙丑芒種 庚辰夏至
六月大	癸未	天干地支 西曆 星期	甲午 30 日	乙未 (7) 一	丙申 2 二	丁酉 3 三	戊戌 4 四	己亥 5 五	庚子 6 六	辛丑 7 日	壬寅 8 一	癸卯 9 二	甲辰 10 三	乙巳 11 四	丙午 12 五	丁未 13 六	戊申 14 日	己酉 15 一	庚戌 16 二	辛亥 17 三	壬子 18 四	癸丑 19 五	甲寅 20 六	乙卯 21 日	丙辰 22 一	丁巳 23 二	戊午 24 三	己未 25 四	庚申 26 五	辛酉 27 六	壬戌 28 日	癸亥 29 一	乙未小暑 庚戌大暑
七月小	甲申	天干地支 西曆 星期	甲子 30 二	乙丑 31 三	丙寅 (8) 四	丁卯 2 五	戊辰 3 六	己巳 4 日	庚午 5 一	辛未 6 二	壬申 7 三	癸酉 8 四	甲戌 9 五	乙亥 10 六	丙子 11 日	丁丑 12 一	戊寅 13 二	己卯 14 三	庚辰 15 四	辛巳 16 五	壬午 17 六	癸未 18 日	甲申 19 一	乙酉 20 二	丙戌 21 三	丁亥 22 四	戊子 23 五	己丑 24 六	庚寅 25 日	辛卯 26 一	壬辰 27 二		丙寅立秋 辛巳處暑
八月小	乙酉	天干地支 西曆 星期	癸巳 28 三	甲午 29 四	乙未 30 五	丙申 31 六	丁酉 (9) 日	戊戌 2 一	己亥 3 二	庚子 4 三	辛丑 5 四	壬寅 6 五	癸卯 7 六	甲辰 8 日	乙巳 9 一	丙午 10 二	丁未 11 三	戊申 12 四	己酉 13 五	庚戌 14 六	辛亥 15 日	壬子 16 一	癸丑 17 二	甲寅 18 三	乙卯 19 四	丙辰 20 五	丁巳 21 六	戊午 22 日	己未 23 一	庚申 24 二	辛酉 25 三		丙申白露 辛亥秋分
九月大	丙戌	天干地支 西曆 星期	壬戌 26 四	癸亥 27 五	甲子 28 六	乙丑 29 日	丙寅 30 一	丁卯 (10) 二	戊辰 2 三	己巳 3 四	庚午 4 五	辛未 5 六	壬申 6 日	癸酉 7 一	甲戌 8 二	乙亥 9 三	丙子 10 四	丁丑 11 五	戊寅 12 六	己卯 13 日	庚辰 14 一	辛巳 15 二	壬午 16 三	癸未 17 四	甲申 18 五	乙酉 19 六	丙戌 20 日	丁亥 21 一	戊子 22 二	己丑 23 三	庚寅 24 四	辛卯 25 五	丙寅寒露 壬午霜降
十月小	丁亥	天干地支 西曆 星期	壬辰 26 六	癸巳 27 日	甲午 28 一	乙未 29 二	丙申 30 三	丁酉 31 四	戊戌 (11) 五	己亥 2 六	庚子 3 日	辛丑 4 一	壬寅 5 二	癸卯 6 三	甲辰 7 四	乙巳 8 五	丙午 9 六	丁未 10 日	戊申 11 一	己酉 12 二	庚戌 13 三	辛亥 14 四	壬子 15 五	癸丑 16 六	甲寅 17 日	乙卯 18 一	丙辰 19 二	丁巳 20 三	戊午 21 四	己未 22 五	庚申 23 六		丁酉立冬 壬子小雪
十一月大	戊子	天干地支 西曆 星期	辛酉 24 日	壬戌 25 一	癸亥 26 二	甲子 27 三	乙丑 28 四	丙寅 29 五	丁卯 30 六	戊辰 (12) 日	己巳 2 一	庚午 3 二	辛未 4 三	壬申 5 四	癸酉 6 五	甲戌 7 六	乙亥 8 日	丙子 9 一	丁丑 10 二	戊寅 11 三	己卯 12 四	庚辰 13 五	辛巳 14 六	壬午 15 日	癸未 16 一	甲申 17 二	乙酉 18 三	丙戌 19 四	丁亥 20 五	戊子 21 六	己丑 22 日	庚寅 23 一	丁卯大雪 癸未冬至
十二月大	己丑	天干地支 西曆 星期	辛卯 24 二	壬辰 25 三	癸巳 26 四	甲午 27 五	乙未 28 六	丙申 29 日	丁酉 30 一	戊戌 31 二	己亥 (1) 三	庚子 2 四	辛丑 3 五	壬寅 4 六	癸卯 5 日	甲辰 6 一	乙巳 7 二	丙午 8 三	丁未 9 四	戊申 10 五	己酉 11 六	庚戌 12 日	辛亥 13 一	壬子 14 二	癸丑 15 三	甲寅 16 四	乙卯 17 五	丙辰 18 六	丁巳 19 日	戊午 20 一	己未 21 二	庚申 22 三	戊戌小寒 癸丑大寒

遼道宗大安七年（辛未 羊年） 公元 1091 ~ 1092 年

夏曆月序	中西曆日對照		初一	初二	初三	初四	初五	初六	初七	初八	初九	初十	十一	十二	十三	十四	十五	十六	十七	十八	十九	二十	二一	二二	二三	二四	二五	二六	二七	二八	二九	三十	節氣與天象
正月小	庚寅	天干地支 西曆星期	辛酉 23 四	壬戌 24 五	癸亥 25 六	甲子 26 日	乙丑 27 一	丙寅 28 二	丁卯 29 三	戊辰 30 四	己巳 31 五	庚午 (2) 六	辛未 2 日	壬申 3 一	癸酉 4 二	甲戌 5 三	乙亥 6 四	丙子 7 五	丁丑 8 六	戊寅 9 日	己卯 10 一	庚辰 11 二	辛巳 12 三	壬午 13 四	癸未 14 五	甲申 15 六	乙酉 16 日	丙戌 17 一	丁亥 18 二	戊子 19 三	己丑 20 四		戊辰立春 癸未雨水
二月大	辛卯	天干地支 西曆星期	庚寅 21 五	辛卯 22 六	壬辰 23 日	癸巳 24 一	甲午 25 二	乙未 26 三	丙申 27 四	丁酉 28 五	戊戌 (3) 六	己亥 2 日	庚子 3 一	辛丑 4 二	壬寅 5 三	癸卯 6 四	甲辰 7 五	乙巳 8 六	丙午 9 日	丁未 10 一	戊申 11 二	己酉 12 三	庚戌 13 四	辛亥 14 五	壬子 15 六	癸丑 16 日	甲寅 17 一	乙卯 18 二	丙辰 19 三	丁巳 20 四	戊午 21 五	己未 22 六	己亥驚蟄 甲寅春分
三月大	壬辰	天干地支 西曆星期	庚申 23 日	辛酉 24 一	壬戌 25 二	癸亥 26 三	甲子 27 四	乙丑 28 五	丙寅 29 六	丁卯 30 日	戊辰 31 一	己巳 (4) 二	庚午 2 三	辛未 3 四	壬申 4 五	癸酉 5 六	甲戌 6 日	乙亥 7 一	丙子 8 二	丁丑 9 三	戊寅 10 四	己卯 11 五	庚辰 12 六	辛巳 13 日	壬午 14 一	癸未 15 二	甲申 16 三	乙酉 17 四	丙戌 18 五	丁亥 19 六	戊子 20 日	己丑 21 一	己巳清明 甲申穀雨
四月小	癸巳	天干地支 西曆星期	庚寅 22 二	辛卯 23 三	壬辰 24 四	癸巳 25 五	甲午 26 六	乙未 27 日	丙申 28 一	丁酉 29 二	戊戌 30 三	己亥 (5) 四	庚子 2 五	辛丑 3 六	壬寅 4 日	癸卯 5 一	甲辰 6 二	乙巳 7 三	丙午 8 四	丁未 9 五	戊申 10 六	己酉 11 日	庚戌 12 一	辛亥 13 二	壬子 14 三	癸丑 15 四	甲寅 16 五	乙卯 17 六	丙辰 18 日	丁巳 19 一	戊午 20 二		己亥立夏 乙卯小滿
五月大	甲午	天干地支 西曆星期	己未 21 三	庚申 22 四	辛酉 23 五	壬戌 24 六	癸亥 25 日	甲子 26 一	乙丑 27 二	丙寅 28 三	丁卯 29 四	戊辰 30 五	己巳 31 六	庚午 (6) 日	辛未 2 一	壬申 3 二	癸酉 4 三	甲戌 5 四	乙亥 6 五	丙子 7 六	丁丑 8 日	戊寅 9 一	己卯 10 二	庚辰 11 三	辛巳 12 四	壬午 13 五	癸未 14 六	甲申 15 日	乙酉 16 一	丙戌 17 二	丁亥 18 三	戊子 19 四	庚午芒種 乙酉夏至
六月小	乙未	天干地支 西曆星期	己丑 20 五	庚寅 21 六	辛卯 22 日	壬辰 23 一	癸巳 24 二	甲午 25 三	乙未 26 四	丙申 27 五	丁酉 28 六	戊戌 29 日	己亥 30 一	庚子 (7) 二	辛丑 2 三	壬寅 3 四	癸卯 4 五	甲辰 5 六	乙巳 6 日	丙午 7 一	丁未 8 二	戊申 9 三	己酉 10 四	庚戌 11 五	辛亥 12 六	壬子 13 日	癸丑 14 一	甲寅 15 二	乙卯 16 三	丙辰 17 四	丁巳 18 五		庚子小暑 丙辰大暑
七月大	丙申	天干地支 西曆星期	戊午 19 六	己未 20 日	庚申 21 一	辛酉 22 二	壬戌 23 三	癸亥 24 四	甲子 25 五	乙丑 26 六	丙寅 27 日	丁卯 28 一	戊辰 29 二	己巳 30 三	庚午 31 四	辛未 (8) 五	壬申 2 六	癸酉 3 日	甲戌 4 一	乙亥 5 二	丙子 6 三	丁丑 7 四	戊寅 8 五	己卯 9 六	庚辰 10 日	辛巳 11 一	壬午 12 二	癸未 13 三	甲申 14 四	乙酉 15 五	丙戌 16 六	丁亥 17 日	辛未立秋 丙戌處暑
八月小	丁酉	天干地支 西曆星期	戊子 18 一	己丑 19 二	庚寅 20 三	辛卯 21 四	壬辰 22 五	癸巳 23 六	甲午 24 日	乙未 25 一	丙申 26 二	丁酉 27 三	戊戌 28 四	己亥 29 五	庚子 30 六	辛丑 31 日	壬寅 (9) 一	癸卯 2 二	甲辰 3 三	乙巳 4 四	丙午 5 五	丁未 6 六	戊申 7 日	己酉 8 一	庚戌 9 二	辛亥 10 三	壬子 11 四	癸丑 12 五	甲寅 13 六	乙卯 14 日	丙辰 15 一		辛丑白露 丙辰秋分
閏八月小	丁酉	天干地支 西曆星期	丁巳 16 二	戊午 17 三	己未 18 四	庚申 19 五	辛酉 20 六	壬戌 21 日	癸亥 22 一	甲子 23 二	乙丑 24 三	丙寅 25 四	丁卯 26 五	戊辰 27 六	己巳 28 日	庚午 29 一	辛未 30 二	壬申 (10) 三	癸酉 2 四	甲戌 3 五	乙亥 4 六	丙子 5 日	丁丑 6 一	戊寅 7 二	己卯 8 三	庚辰 9 四	辛巳 10 五	壬午 11 六	癸未 12 日	甲申 13 一	乙酉 14 二		壬申寒露
九月大	戊戌	天干地支 西曆星期	丙戌 15 三	丁亥 16 四	戊子 17 五	己丑 18 六	庚寅 19 日	辛卯 20 一	壬辰 21 二	癸巳 22 三	甲午 23 四	乙未 24 五	丙申 25 六	丁酉 26 日	戊戌 27 一	己亥 28 二	庚子 29 三	辛丑 30 四	壬寅 31 五	癸卯 (11) 六	甲辰 2 日	乙巳 3 一	丙午 4 二	丁未 5 三	戊申 6 四	己酉 7 五	庚戌 8 六	辛亥 9 日	壬子 10 一	癸丑 11 二	甲寅 12 三	乙卯 13 四	丁亥霜降 壬寅立冬
十月小	己亥	天干地支 西曆星期	丙辰 14 五	丁巳 15 六	戊午 16 日	己未 17 一	庚申 18 二	辛酉 19 三	壬戌 20 四	癸亥 21 五	甲子 22 六	乙丑 23 日	丙寅 24 一	丁卯 25 二	戊辰 26 三	己巳 27 四	庚午 28 五	辛未 29 六	壬申 30 日	癸酉 (12) 一	甲戌 2 二	乙亥 3 三	丙子 4 四	丁丑 5 五	戊寅 6 六	己卯 7 日	庚辰 8 一	辛巳 9 二	壬午 10 三	癸未 11 四	甲申 12 五		丁巳小雪 癸酉大雪
十一月大	庚子	天干地支 西曆星期	乙酉 13 六	丙戌 14 日	丁亥 15 一	戊子 16 二	己丑 17 三	庚寅 18 四	辛卯 19 五	壬辰 20 六	癸巳 21 日	甲午 22 一	乙未 23 二	丙申 24 三	丁酉 25 四	戊戌 26 五	己亥 27 六	庚子 28 日	辛丑 29 一	壬寅 30 二	癸卯 31 三	甲辰 (1) 四	乙巳 2 五	丙午 3 六	丁未 4 日	戊申 5 一	己酉 6 二	庚戌 7 三	辛亥 8 四	壬子 9 五	癸丑 10 六	甲寅 11 日	戊子冬至 癸卯小寒
十二月小	辛丑	天干地支 西曆星期	乙卯 12 一	丙辰 13 二	丁巳 14 三	戊午 15 四	己未 16 五	庚申 17 六	辛酉 18 日	壬戌 19 一	癸亥 20 二	甲子 21 三	乙丑 22 四	丙寅 23 五	丁卯 24 六	戊辰 25 日	己巳 26 一	庚午 27 二	辛未 28 三	壬申 29 四	癸酉 30 五	甲戌 31 六	乙亥 (2) 日	丙子 2 一	丁丑 3 二	戊寅 4 三	己卯 5 四	庚辰 6 五	辛巳 7 六	壬午 8 日	癸未 9 一		戊午大寒 癸酉立春

遼道宗大安八年（壬申 猴年） 公元**1092** ~ 1093年

夏曆月序		中西曆日對照	初一	初二	初三	初四	初五	初六	初七	初八	初九	初十	十一	十二	十三	十四	十五	十六	十七	十八	十九	二十	二一	二二	二三	二四	二五	二六	二七	二八	二九	三十	節氣與天象
正月大	壬寅	天干地支 西曆 星期	甲申 10 二	乙酉 11 三	丙戌 12 四	丁亥 13 五	戊子 14 六	己丑 15 日	庚寅 16 一	辛卯 17 二	壬辰 18 三	癸巳 19 四	甲午 20 五	乙未 21 六	丙申 22 日	丁酉 23 一	戊戌 24 二	己亥 25 三	庚子 26 四	辛丑 27 五	壬寅 28 六	癸卯 29 日	甲辰 (3) 一	乙巳 2 二	丙午 3 三	丁未 4 四	戊申 5 五	己酉 6 六	庚戌 7 日	辛亥 8 一	壬子 9 二	癸丑 10 三	己丑雨水 甲辰驚蟄
二月大	癸卯	天干地支 西曆 星期	甲寅 11 四	乙卯 12 五	丙辰 13 六	丁巳 14 日	戊午 15 一	己未 16 二	庚申 17 三	辛酉 18 四	壬戌 19 五	癸亥 20 六	甲子 21 日	乙丑 22 一	丙寅 23 二	丁卯 24 三	戊辰 25 四	己巳 26 五	庚午 27 六	辛未 28 日	壬申 29 一	癸酉 30 二	甲戌 31 三	乙亥 (4) 四	丙子 2 五	丁丑 3 六	戊寅 4 日	己卯 5 一	庚辰 6 二	辛巳 7 三	壬午 8 四	癸未 9 五	己未春分 甲戌清明
三月小	甲辰	天干地支 西曆 星期	甲申 10 六	乙酉 11 日	丙戌 12 一	丁亥 13 二	戊子 14 三	己丑 15 四	庚寅 16 五	辛卯 17 六	壬辰 18 日	癸巳 19 一	甲午 20 二	乙未 21 三	丙申 22 四	丁酉 23 五	戊戌 24 六	己亥 25 日	庚子 26 一	辛丑 27 二	壬寅 28 三	癸卯 29 四	甲辰 30 五	乙巳 (5) 六	丙午 2 日	丁未 3 一	戊申 4 二	己酉 5 三	庚戌 6 四	辛亥 7 五	壬子 8 六		庚寅穀雨 乙巳立夏
四月大	乙巳	天干地支 西曆 星期	癸丑 9 日	甲寅 10 一	乙卯 11 二	丙辰 12 三	丁巳 13 四	戊午 14 五	己未 15 六	庚申 16 日	辛酉 17 一	壬戌 18 二	癸亥 19 三	甲子 20 四	乙丑 21 五	丙寅 22 六	丁卯 23 日	戊辰 24 一	己巳 25 二	庚午 26 三	辛未 27 四	壬申 28 五	癸酉 29 六	甲戌 30 日	乙亥 31 一	丙子 (6) 二	丁丑 2 三	戊寅 3 四	己卯 4 五	庚辰 5 六	辛巳 6 日	壬午 7 一	庚申小滿 乙亥芒種
五月大	丙午	天干地支 西曆 星期	癸未 8 二	甲申 9 三	乙酉 10 四	丙戌 11 五	丁亥 12 六	戊子 13 日	己丑 14 一	庚寅 15 二	辛卯 16 三	壬辰 17 四	癸巳 18 五	甲午 19 六	乙未 20 日	丙申 21 一	丁酉 22 二	戊戌 23 三	己亥 24 四	庚子 25 五	辛丑 26 六	壬寅 27 日	癸卯 28 一	甲辰 29 二	乙巳 30 三	丙午 (7) 四	丁未 2 五	戊申 3 六	己酉 4 日	庚戌 5 一	辛亥 6 二	壬子 7 三	庚寅夏至 丙午小暑
六月小	丁未	天干地支 西曆 星期	癸丑 8 四	甲寅 9 五	乙卯 10 六	丙辰 11 日	丁巳 12 一	戊午 13 二	己未 14 三	庚申 15 四	辛酉 16 五	壬戌 17 六	癸亥 18 日	甲子 19 一	乙丑 20 二	丙寅 21 三	丁卯 22 四	戊辰 23 五	己巳 24 六	庚午 25 日	辛未 26 一	壬申 27 二	癸酉 28 三	甲戌 29 四	乙亥 30 五	丙子 31 六	丁丑 (8) 日	戊寅 2 一	己卯 3 二	庚辰 4 三	辛巳 5 四		辛酉大暑 丙子立秋
七月大	戊申	天干地支 西曆 星期	壬午 6 五	癸未 7 六	甲申 8 日	乙酉 9 一	丙戌 10 二	丁亥 11 三	戊子 12 四	己丑 13 五	庚寅 14 六	辛卯 15 日	壬辰 16 一	癸巳 17 二	甲午 18 三	乙未 19 四	丙申 20 五	丁酉 21 六	戊戌 22 日	己亥 23 一	庚子 24 二	辛丑 25 三	壬寅 26 四	癸卯 27 五	甲辰 28 六	乙巳 29 日	丙午 30 一	丁未 31 二	戊申 (9) 三	己酉 2 四	庚戌 3 五	辛亥 4 六	辛卯處暑 丙午白露
八月小	己酉	天干地支 西曆 星期	壬子 5 日	癸丑 6 一	甲寅 7 二	乙卯 8 三	丙辰 9 四	丁巳 10 五	戊午 11 六	己未 12 日	庚申 13 一	辛酉 14 二	壬戌 15 三	癸亥 16 四	甲子 17 五	乙丑 18 六	丙寅 19 日	丁卯 20 一	戊辰 21 二	己巳 22 三	庚午 23 四	辛未 24 五	壬申 25 六	癸酉 26 日	甲戌 27 一	乙亥 28 二	丙子 29 三	丁丑 30 四	戊寅 (10) 五	己卯 2 六	庚辰 3 日		壬戌秋分 丁丑寒露
九月小	庚戌	天干地支 西曆 星期	辛巳 4 一	壬午 5 二	癸未 6 三	甲申 7 四	乙酉 8 五	丙戌 9 六	丁亥 10 日	戊子 11 一	己丑 12 二	庚寅 13 三	辛卯 14 四	壬辰 15 五	癸巳 16 六	甲午 17 日	乙未 18 一	丙申 19 二	丁酉 20 三	戊戌 21 四	己亥 22 五	庚子 23 六	辛丑 24 日	壬寅 25 一	癸卯 26 二	甲辰 27 三	乙巳 28 四	丙午 29 五	丁未 30 六	戊申 31 日	己酉 (11) 一		壬辰霜降 丁未立冬
十月大	辛亥	天干地支 西曆 星期	庚戌 2 二	辛亥 3 三	壬子 4 四	癸丑 5 五	甲寅 6 六	乙卯 7 日	丙辰 8 一	丁巳 9 二	戊午 10 三	己未 11 四	庚申 12 五	辛酉 13 六	壬戌 14 日	癸亥 15 一	甲子 16 二	乙丑 17 三	丙寅 18 四	丁卯 19 五	戊辰 20 六	己巳 21 日	庚午 22 一	辛未 23 二	壬申 24 三	癸酉 25 四	甲戌 26 五	乙亥 27 六	丙子 28 日	丁丑 29 一	戊寅 30 二	己卯 (12) 三	癸亥小雪 戊寅大雪
十一月小	壬子	天干地支 西曆 星期	庚辰 2 四	辛巳 3 五	壬午 4 六	癸未 5 日	甲申 6 一	乙酉 7 二	丙戌 8 三	丁亥 9 四	戊子 10 五	己丑 11 六	庚寅 12 日	辛卯 13 一	壬辰 14 二	癸巳 15 三	甲午 16 四	乙未 17 五	丙申 18 六	丁酉 19 日	戊戌 20 一	己亥 21 二	庚子 22 三	辛丑 23 四	壬寅 24 五	癸卯 25 六	甲辰 26 日	乙巳 27 一	丙午 28 二	丁未 29 三	戊申 30 四		癸巳冬至 戊申小寒
十二月大	癸丑	天干地支 西曆 星期	己酉 31 五	庚戌 (1) 六	辛亥 2 日	壬子 3 一	癸丑 4 二	甲寅 5 三	乙卯 6 四	丙辰 7 五	丁巳 8 六	戊午 9 日	己未 10 一	庚申 11 二	辛酉 12 三	壬戌 13 四	癸亥 14 五	甲子 15 六	乙丑 16 日	丙寅 17 一	丁卯 18 二	戊辰 19 三	己巳 20 四	庚午 21 五	辛未 22 六	壬申 23 日	癸酉 24 一	甲戌 25 二	乙亥 26 三	丙子 27 四	丁丑 28 五	戊寅 29 六	癸亥大寒

遼道宗大安九年（癸酉 鷄年） 公元 1093 ~ 1094 年

夏曆月序		中西曆日對照	夏曆日序																													節氣與天象
			初一	初二	初三	初四	初五	初六	初七	初八	初九	初十	十一	十二	十三	十四	十五	十六	十七	十八	十九	二十	二一	二二	二三	二四	二五	二六	二七	二八	二九	三十	
正月小	甲寅	天干地支西曆星期	己卯30日	庚辰31一	辛巳(2)二	壬午2三	癸未3四	甲申4五	乙酉5六	丙戌6日	丁亥7一	戊子8二	己丑9三	庚寅10四	辛卯11五	壬辰12六	癸巳13日	甲午14一	乙未15二	丙申16三	丁酉17四	戊戌18五	己亥19六	庚子20日	辛丑21一	壬寅22二	癸卯23三	甲辰24四	乙巳25五	丙午26六	丁未27日		己卯立春 甲午雨水
二月大	乙卯	天干地支西曆星期	戊申28一	己酉(3)二	庚戌2三	辛亥3四	壬子4五	癸丑5六	甲寅6日	乙卯7一	丙辰8二	丁巳9三	戊午10四	己未11五	庚申12六	辛酉13日	壬戌14一	癸亥15二	甲子16三	乙丑17四	丙寅18五	丁卯19六	戊辰20日	己巳21一	庚午22二	辛未23三	壬申24四	癸酉25五	甲戌26六	乙亥27日	丙子28一	丁丑29二	己酉驚蟄 甲子春分
三月小	丙辰	天干地支西曆星期	戊寅30三	己卯31四	庚辰(4)五	辛巳2六	壬午3日	癸未4一	甲申5二	乙酉6三	丙戌7四	丁亥8五	戊子9六	己丑10日	庚寅11一	辛卯12二	壬辰13三	癸巳14四	甲午15五	乙未16六	丙申17日	丁酉18一	戊戌19二	己亥20三	庚子21四	辛丑22五	壬寅23六	癸卯24日	甲辰25一	乙巳26二	丙午27三		庚辰清明 乙未穀雨
四月大	丁巳	天干地支西曆星期	丁未28四	戊申29五	己酉30六	庚戌(5)日	辛亥2一	壬子3二	癸丑4三	甲寅5四	乙卯6五	丙辰7六	丁巳8日	戊午9一	己未10二	庚申11三	辛酉12四	壬戌13五	癸亥14六	甲子15日	乙丑16一	丙寅17二	丁卯18三	戊辰19四	己巳20五	庚午21六	辛未22日	壬申23一	癸酉24二	甲戌25三	乙亥26四	丙子27五	庚戌立夏 乙丑小滿
五月大	戊午	天干地支西曆星期	丁丑28六	戊寅29日	己卯30一	庚辰31二	辛巳(6)三	壬午2四	癸未3五	甲申4六	乙酉5日	丙戌6一	丁亥7二	戊子8三	己丑9四	庚寅10五	辛卯11六	壬辰12日	癸巳13一	甲午14二	乙未15三	丙申16四	丁酉17五	戊戌18六	己亥19日	庚子20一	辛丑21二	壬寅22三	癸卯23四	甲辰24五	乙巳25六	丙午26日	庚辰芒種 丙申夏至
六月小	己未	天干地支西曆星期	丁未27一	戊申28二	己酉29三	庚戌30四	辛亥(7)五	壬子2六	癸丑3日	甲寅4一	乙卯5二	丙辰6三	丁巳7四	戊午8五	己未9六	庚申10日	辛酉11一	壬戌12二	癸亥13三	甲子14四	乙丑15五	丙寅16六	丁卯17日	戊辰18一	己巳19二	庚午20三	辛未21四	壬申22五	癸酉23六	甲戌24日	乙亥25一		辛亥小暑 丙寅大暑
七月大	庚申	天干地支西曆星期	丙子26二	丁丑27三	戊寅28四	己卯29五	庚辰30六	辛巳31日	壬午(8)一	癸未2二	甲申3三	乙酉4四	丙戌5五	丁亥6六	戊子7日	己丑8一	庚寅9二	辛卯10三	壬辰11四	癸巳12五	甲午13六	乙未14日	丙申15一	丁酉16二	戊戌17三	己亥18四	庚子19五	辛丑20六	壬寅21日	癸卯22一	甲辰23二	乙巳24三	辛巳立秋 丁酉處暑
八月大	辛酉	天干地支西曆星期	丙午25四	丁未26五	戊申27六	己酉28日	庚戌29一	辛亥30二	壬子31三	癸丑(9)四	甲寅2五	乙卯3六	丙辰4日	丁巳5一	戊午6二	己未7三	庚申8四	辛酉9五	壬戌10六	癸亥11日	甲子12一	乙丑13二	丙寅14三	丁卯15四	戊辰16五	己巳17六	庚午18日	辛未19一	壬申20二	癸酉21三	甲戌22四	乙亥23五	壬子白露 丁卯秋分
九月小	壬戌	天干地支西曆星期	丙子24六	丁丑25日	戊寅26一	己卯27二	庚辰28三	辛巳29四	壬午30五	癸未(10)六	甲申2日	乙酉3一	丙戌4二	丁亥5三	戊子6四	己丑7五	庚寅8六	辛卯9日	壬辰10一	癸巳11二	甲午12三	乙未13四	丙申14五	丁酉15六	戊戌16日	己亥17一	庚子18二	辛丑19三	壬寅20四	癸卯21五	甲辰22六		壬午寒露 丁酉霜降
十月大	癸亥	天干地支西曆星期	乙巳23日	丙午24一	丁未25二	戊申26三	己酉27四	庚戌28五	辛亥29六	壬子30日	癸丑31一	甲寅(11)二	乙卯2三	丙辰3四	丁巳4五	戊午5六	己未6日	庚申7一	辛酉8二	壬戌9三	癸亥10四	甲子11五	乙丑12六	丙寅13日	丁卯14一	戊辰15二	己巳16三	庚午17四	辛未18五	壬申19六	癸酉20日	甲戌21一	癸丑立冬 戊辰小雪
十一月小	甲子	天干地支西曆星期	乙亥22二	丙子23三	丁丑24四	戊寅25五	己卯26六	庚辰27日	辛巳28一	壬午29二	癸未30三	甲申(12)四	乙酉2五	丙戌3六	丁亥4日	戊子5一	己丑6二	庚寅7三	辛卯8四	壬辰9五	癸巳10六	甲午11日	乙未12一	丙申13二	丁酉14三	戊戌15四	己亥16五	庚子17六	辛丑18日	壬寅19一	癸卯20二		癸未大雪 戊戌冬至
十二月大	乙丑	天干地支西曆星期	甲辰21三	乙巳22四	丙午23五	丁未24六	戊申25日	己酉26一	庚戌27二	辛亥28三	壬子29四	癸丑30五	甲寅31六	乙卯(1)日	丙辰2一	丁巳3二	戊午4三	己未5四	庚申6五	辛酉7六	壬戌8日	癸亥9一	甲子10二	乙丑11三	丙寅12四	丁卯13五	戊辰14六	己巳15日	庚午16一	辛未17二	壬申18三	癸酉19四	癸丑小寒 己巳大寒

遼道宗大安十年（甲戌 狗年） 公元1094 ~ 1095年

夏曆月序		中西曆日對照	初一	初二	初三	初四	初五	初六	初七	初八	初九	初十	十一	十二	十三	十四	十五	十六	十七	十八	十九	二十	二一	二二	二三	二四	二五	二六	二七	二八	二九	三十	節氣與天象
正月小	丙寅	天干 地支 西曆 星期	甲戌 20 五	乙亥 21 六	丙子 22 日	丁丑 23 一	戊寅 24 二	己卯 25 三	庚辰 26 四	辛巳 27 五	壬午 28 六	癸未 29 日	甲申 30 一	乙酉 31 二	丙戌 (2) 三	丁亥 2 四	戊子 3 五	己丑 4 六	庚寅 5 日	辛卯 6 一	壬辰 7 二	癸巳 8 三	甲午 9 四	乙未 10 五	丙申 11 六	丁酉 12 日	戊戌 13 一	己亥 14 二	庚子 15 三	辛丑 16 四	壬寅 17 五		甲申立春 己亥雨水
二月小	丁卯	天干 地支 西曆 星期	癸卯 18 六	甲辰 19 日	乙巳 20 一	丙午 21 二	丁未 22 三	戊申 23 四	己酉 24 五	庚戌 25 六	辛亥 26 日	壬子 27 一	癸丑 28 二	甲寅 (3) 三	乙卯 2 四	丙辰 3 五	丁巳 4 六	戊午 5 日	己未 6 一	庚申 7 二	辛酉 8 三	壬戌 9 四	癸亥 10 五	甲子 11 六	乙丑 12 日	丙寅 13 一	丁卯 14 二	戊辰 15 三	己巳 16 四	庚午 17 五	辛未 18 六		甲寅驚蟄 己巳春分
三月大	戊辰	天干 地支 西曆 星期	壬申 19 日	癸酉 20 一	甲戌 21 二	乙亥 22 三	丙子 23 四	丁丑 24 五	戊寅 25 六	己卯 26 日	庚辰 27 一	辛巳 28 二	壬午 29 三	癸未 30 四	甲申 31 五	乙酉 (4) 六	丙戌 2 日	丁亥 3 一	戊子 4 二	己丑 5 三	庚寅 6 四	辛卯 7 五	壬辰 8 六	癸巳 9 日	甲午 10 一	乙未 11 二	丙申 12 三	丁酉 13 四	戊戌 14 五	己亥 15 六	庚子 16 日	辛丑 17 一	乙酉清明 庚子穀雨 壬申日食
四月小	己巳	天干 地支 西曆 星期	壬寅 18 二	癸卯 19 三	甲辰 20 四	乙巳 21 五	丙午 22 六	丁未 23 日	戊申 24 一	己酉 25 二	庚戌 26 三	辛亥 27 四	壬子 28 五	癸丑 29 六	甲寅 30 日	乙卯 (5) 一	丙辰 2 二	丁巳 3 三	戊午 4 四	己未 5 五	庚申 6 六	辛酉 7 日	壬戌 8 一	癸亥 9 二	甲子 10 三	乙丑 11 四	丙寅 12 五	丁卯 13 六	戊辰 14 日	己巳 15 一	庚午 16 二		乙卯立夏 庚午小滿
閏四月大	己巳	天干 地支 西曆 星期	辛未 17 三	壬申 18 四	癸酉 19 五	甲戌 20 六	乙亥 21 日	丙子 22 一	丁丑 23 二	戊寅 24 三	己卯 25 四	庚辰 26 五	辛巳 27 六	壬午 28 日	癸未 29 一	甲申 30 二	乙酉 31 三	丙戌 (6) 四	丁亥 2 五	戊子 3 六	己丑 4 日	庚寅 5 一	辛卯 6 二	壬辰 7 三	癸巳 8 四	甲午 9 五	乙未 10 六	丙申 11 日	丁酉 12 一	戊戌 13 二	己亥 14 三	庚子 15 四	丙戌芒種
五月小	庚午	天干 地支 西曆 星期	辛丑 16 五	壬寅 17 六	癸卯 18 日	甲辰 19 一	乙巳 20 二	丙午 21 三	丁未 22 四	戊申 23 五	己酉 24 六	庚戌 25 日	辛亥 26 一	壬子 27 二	癸丑 28 三	甲寅 29 四	乙卯 30 五	丙辰 (7) 六	丁巳 2 日	戊午 3 一	己未 4 二	庚申 5 三	辛酉 6 四	壬戌 7 五	癸亥 8 六	甲子 9 日	乙丑 10 一	丙寅 11 二	丁卯 12 三	戊辰 13 四	己巳 14 五		辛丑夏至 丙辰小暑
六月大	辛未	天干 地支 西曆 星期	庚午 15 六	辛未 16 日	壬申 17 一	癸酉 18 二	甲戌 19 三	乙亥 20 四	丙子 21 五	丁丑 22 六	戊寅 23 日	己卯 24 一	庚辰 25 二	辛巳 26 三	壬午 27 四	癸未 28 五	甲申 29 六	乙酉 30 日	丙戌 31 一	丁亥 (8) 二	戊子 2 三	己丑 3 四	庚寅 4 五	辛卯 5 六	壬辰 6 日	癸巳 7 一	甲午 8 二	乙未 9 三	丙申 10 四	丁酉 11 五	戊戌 12 六	己亥 13 日	辛未大暑 丙戌立秋
七月大	壬申	天干 地支 西曆 星期	庚子 14 一	辛丑 15 二	壬寅 16 三	癸卯 17 四	甲辰 18 五	乙巳 19 六	丙午 20 日	丁未 21 一	戊申 22 二	己酉 23 三	庚戌 24 四	辛亥 25 五	壬子 26 六	癸丑 27 日	甲寅 28 一	乙卯 29 二	丙辰 30 三	丁巳 31 四	戊午 (9) 五	己未 2 六	庚申 3 日	辛酉 4 一	壬戌 5 二	癸亥 6 三	甲子 7 四	乙丑 8 五	丙寅 9 六	丁卯 10 日	戊辰 11 一	己巳 12 二	壬寅處暑 丁巳白露
八月小	癸酉	天干 地支 西曆 星期	庚午 13 三	辛未 14 四	壬申 15 五	癸酉 16 六	甲戌 17 日	乙亥 18 一	丙子 19 二	丁丑 20 三	戊寅 21 四	己卯 22 五	庚辰 23 六	辛巳 24 日	壬午 25 一	癸未 26 二	甲申 27 三	乙酉 28 四	丙戌 29 五	丁亥 30 六	戊子 (10) 日	己丑 2 一	庚寅 3 二	辛卯 4 三	壬辰 5 四	癸巳 6 五	甲午 7 六	乙未 8 日	丙申 9 一	丁酉 10 二	戊戌 11 三		壬申秋分 丁亥寒露
九月大	甲戌	天干 地支 西曆 星期	己亥 12 四	庚子 13 五	辛丑 14 六	壬寅 15 日	癸卯 16 一	甲辰 17 二	乙巳 18 三	丙午 19 四	丁未 20 五	戊申 21 六	己酉 22 日	庚戌 23 一	辛亥 24 二	壬子 25 三	癸丑 26 四	甲寅 27 五	乙卯 28 六	丙辰 29 日	丁巳 30 一	戊午 31 二	己未 (11) 三	庚申 2 四	辛酉 3 五	壬戌 4 六	癸亥 5 日	甲子 6 一	乙丑 7 二	丙寅 8 三	丁卯 9 四	戊辰 10 五	癸卯霜降 戊午立冬
十月大	乙亥	天干 地支 西曆 星期	己巳 11 六	庚午 12 日	辛未 13 一	壬申 14 二	癸酉 15 三	甲戌 16 四	乙亥 17 五	丙子 18 六	丁丑 19 日	戊寅 20 一	己卯 21 二	庚辰 22 三	辛巳 23 四	壬午 24 五	癸未 25 六	甲申 26 日	乙酉 27 一	丙戌 28 二	丁亥 29 三	戊子 30 四	己丑 (12) 五	庚寅 2 六	辛卯 3 日	壬辰 4 一	癸巳 5 二	甲午 6 三	乙未 7 四	丙申 8 五	丁酉 9 六	戊戌 10 日	癸酉小雪 戊子大雪
十一月小	丙子	天干 地支 西曆 星期	己亥 11 一	庚子 12 二	辛丑 13 三	壬寅 14 四	癸卯 15 五	甲辰 16 六	乙巳 17 日	丙午 18 一	丁未 19 二	戊申 20 三	己酉 21 四	庚戌 22 五	辛亥 23 六	壬子 24 日	癸丑 25 一	甲寅 26 二	乙卯 27 三	丙辰 28 四	丁巳 29 五	戊午 30 六	己未 31 日	庚申 (1) 一	辛酉 2 二	壬戌 3 三	癸亥 4 四	甲子 5 五	乙丑 6 六	丙寅 7 日	丁卯 8 一		癸卯冬至 己未小寒
十二月大	丁丑	天干 地支 西曆 星期	戊辰 9 二	己巳 10 三	庚午 11 四	辛未 12 五	壬申 13 六	癸酉 14 日	甲戌 15 一	乙亥 16 二	丙子 17 三	丁丑 18 四	戊寅 19 五	己卯 20 六	庚辰 21 日	辛巳 22 一	壬午 23 二	癸未 24 三	甲申 25 四	乙酉 26 五	丙戌 27 六	丁亥 28 日	戊子 29 一	己丑 30 二	庚寅 31 三	辛卯 (2) 四	壬辰 2 五	癸巳 3 六	甲午 4 日	乙未 5 一	丙申 6 二	丁酉 7 三	甲戌大寒 己丑立春

遼道宗壽昌元年（乙亥 猪年） 公元 **1095** ~ 1096 年

夏曆月序		中西曆日對照	夏曆日序																														節氣與天象
			初一	初二	初三	初四	初五	初六	初七	初八	初九	初十	十一	十二	十三	十四	十五	十六	十七	十八	十九	二十	二一	二二	二三	二四	二五	二六	二七	二八	二九	三十	
正月小	戊寅	干支 天地西曆 星期	戊戌 8 四	己亥 9 五	庚子 10 六	辛丑 11 日	壬寅 12 一	癸卯 13 二	甲辰 14 三	乙巳 15 四	丙午 16 五	丁未 17 六	戊申 18 日	己酉 19 一	庚戌 20 二	辛亥 21 三	壬子 22 四	癸丑 23 五	甲寅 24 六	乙卯 25 日	丙辰 26 一	丁巳 27 二	戊午 28 三	己未 (3) 四	庚申 2 五	辛酉 3 六	壬戌 4 日	癸亥 5 一	甲子 6 二	乙丑 7 三	丙寅 8 四		甲辰雨水 庚申驚蟄
二月小	己卯	干支 天地西曆 星期	丁卯 9 五	戊辰 10 六	己巳 11 日	庚午 12 一	辛未 13 二	壬申 14 三	癸酉 15 四	甲戌 16 五	乙亥 17 六	丙子 18 日	丁丑 19 一	戊寅 20 二	己卯 21 三	庚辰 22 四	辛巳 23 五	壬午 24 六	癸未 25 日	甲申 26 一	乙酉 27 二	丙戌 28 三	丁亥 29 四	戊子 30 五	己丑 31 六	庚寅 (4) 日	辛卯 2 一	壬辰 3 二	癸巳 4 三	甲午 5 四	乙未 6 五		乙亥春分 庚寅清明
三月大	庚辰	干支 天地西曆 星期	丙申 7 六	丁酉 8 日	戊戌 9 一	己亥 10 二	庚子 11 三	辛丑 12 四	壬寅 13 五	癸卯 14 六	甲辰 15 日	乙巳 16 一	丙午 17 二	丁未 18 三	戊申 19 四	己酉 20 五	庚戌 21 六	辛亥 22 日	壬子 23 一	癸丑 24 二	甲寅 25 三	乙卯 26 四	丙辰 27 五	丁巳 28 六	戊午 29 日	己未 30 一	庚申 (5) 二	辛酉 2 三	壬戌 3 四	癸亥 4 五	甲子 5 六	乙丑 6 日	乙巳穀雨 庚申立夏
四月小	辛巳	干支 天地西曆 星期	丙寅 7 一	丁卯 8 二	戊辰 9 三	己巳 10 四	庚午 11 五	辛未 12 六	壬申 13 日	癸酉 14 一	甲戌 15 二	乙亥 16 三	丙子 17 四	丁丑 18 五	戊寅 19 六	己卯 20 日	庚辰 21 一	辛巳 22 二	壬午 23 三	癸未 24 四	甲申 25 五	乙酉 26 六	丙戌 27 日	丁亥 28 一	戊子 29 二	己丑 30 三	庚寅 31 四	辛卯 (6) 五	壬辰 2 六	癸巳 3 日	甲午 4 一		丙子小滿 辛卯芒種
五月大	壬午	干支 天地西曆 星期	乙未 5 二	丙申 6 三	丁酉 7 四	戊戌 8 五	己亥 9 六	庚子 10 日	辛丑 11 一	壬寅 12 二	癸卯 13 三	甲辰 14 四	乙巳 15 五	丙午 16 六	丁未 17 日	戊申 18 一	己酉 19 二	庚戌 20 三	辛亥 21 四	壬子 22 五	癸丑 23 六	甲寅 24 日	乙卯 25 一	丙辰 26 二	丁巳 27 三	戊午 28 四	己未 29 五	庚申 30 六	辛酉 (7) 日	壬戌 2 一	癸亥 3 二	甲子 4 三	丙午夏至 辛酉小暑
六月小	癸未	干支 天地西曆 星期	乙丑 5 四	丙寅 6 五	丁卯 7 六	戊辰 8 日	己巳 9 一	庚午 10 二	辛未 11 三	壬申 12 四	癸酉 13 五	甲戌 14 六	乙亥 15 日	丙子 16 一	丁丑 17 二	戊寅 18 三	己卯 19 四	庚辰 20 五	辛巳 21 六	壬午 22 日	癸未 23 一	甲申 24 二	乙酉 25 三	丙戌 26 四	丁亥 27 五	戊子 28 六	己丑 29 日	庚寅 30 一	辛卯 31 二	壬辰 (8) 三	癸巳 2 四		丙子大暑 壬辰立秋
七月大	甲申	干支 天地西曆 星期	甲午 3 五	乙未 4 六	丙申 5 日	丁酉 6 一	戊戌 7 二	己亥 8 三	庚子 9 四	辛丑 10 五	壬寅 11 六	癸卯 12 日	甲辰 13 一	乙巳 14 二	丙午 15 三	丁未 16 四	戊申 17 五	己酉 18 六	庚戌 19 日	辛亥 20 一	壬子 21 二	癸丑 22 三	甲寅 23 四	乙卯 24 五	丙辰 25 六	丁巳 26 日	戊午 27 一	己未 28 二	庚申 29 三	辛酉 30 四	壬戌 31 五	癸亥 (9) 六	丁未處暑 壬戌白露
八月小	乙酉	干支 天地西曆 星期	甲子 2 日	乙丑 3 一	丙寅 4 二	丁卯 5 三	戊辰 6 四	己巳 7 五	庚午 8 六	辛未 9 日	壬申 10 一	癸酉 11 二	甲戌 12 三	乙亥 13 四	丙子 14 五	丁丑 15 六	戊寅 16 日	己卯 17 一	庚辰 18 二	辛巳 19 三	壬午 20 四	癸未 21 五	甲申 22 六	乙酉 23 日	丙戌 24 一	丁亥 25 二	戊子 26 三	己丑 27 四	庚寅 28 五	辛卯 29 六	壬辰 30 日		丁丑秋分
九月大	丙戌	干支 天地西曆 星期	癸巳 (10) 一	甲午 2 二	乙未 3 三	丙申 4 四	丁酉 5 五	戊戌 6 六	己亥 7 日	庚子 8 一	辛丑 9 二	壬寅 10 三	癸卯 11 四	甲辰 12 五	乙巳 13 六	丙午 14 日	丁未 15 一	戊申 16 二	己酉 17 三	庚戌 18 四	辛亥 19 五	壬子 20 六	癸丑 21 日	甲寅 22 一	乙卯 23 二	丙辰 24 三	丁巳 25 四	戊午 26 五	己未 27 六	庚申 28 日	辛酉 29 一	壬戌 30 二	癸巳寒露 戊申霜降
十月大	丁亥	干支 天地西曆 星期	癸亥 31 三	甲子 (11) 四	乙丑 2 五	丙寅 3 六	丁卯 4 日	戊辰 5 一	己巳 6 二	庚午 7 三	辛未 8 四	壬申 9 五	癸酉 10 六	甲戌 11 日	乙亥 12 一	丙子 13 二	丁丑 14 三	戊寅 15 四	己卯 16 五	庚辰 17 六	辛巳 18 日	壬午 19 一	癸未 20 二	甲申 21 三	乙酉 22 四	丙戌 23 五	丁亥 24 六	戊子 25 日	己丑 26 一	庚寅 27 二	辛卯 28 三	壬辰 29 四	癸亥立冬 戊寅小雪
十一月大	戊子	干支 天地西曆 星期	癸巳 30 五	甲午 (12) 六	乙未 2 日	丙申 3 一	丁酉 4 二	戊戌 5 三	己亥 6 四	庚子 7 五	辛丑 8 六	壬寅 9 日	癸卯 10 一	甲辰 11 二	乙巳 12 三	丙午 13 四	丁未 14 五	戊申 15 六	己酉 16 日	庚戌 17 一	辛亥 18 二	壬子 19 三	癸丑 20 四	甲寅 21 五	乙卯 22 六	丙辰 23 日	丁巳 24 一	戊午 25 二	己未 26 三	庚申 27 四	辛酉 28 五	壬戌 29 六	癸巳大雪 己酉冬至
十二月小	己丑	干支 天地西曆 星期	癸亥 30 日	甲子 31 一	乙丑 (1) 二	丙寅 2 三	丁卯 3 四	戊辰 4 五	己巳 5 六	庚午 6 日	辛未 7 一	壬申 8 二	癸酉 9 三	甲戌 10 四	乙亥 11 五	丙子 12 六	丁丑 13 日	戊寅 14 一	己卯 15 二	庚辰 16 三	辛巳 17 四	壬午 18 五	癸未 19 六	甲申 20 日	乙酉 21 一	丙戌 22 二	丁亥 23 三	戊子 24 四	己丑 25 五	庚寅 26 六	辛卯 27 日		甲子小寒 己卯大寒

* 正月初一（戊戌），改元壽昌。

遼道宗壽昌二年（丙子 鼠年） 公元1096 ~ 1097年

夏曆月序		中西曆日對照	夏曆日序																														節氣與天象
			初一	初二	初三	初四	初五	初六	初七	初八	初九	初十	十一	十二	十三	十四	十五	十六	十七	十八	十九	二十	二一	二二	二三	二四	二五	二六	二七	二八	二九	三十	
正月大	庚寅	天干地支 西曆 星期	壬辰 28 一	癸巳 29 二	甲午 30 三	乙未 31 四	丙申 (2) 五	丁酉 2 六	戊戌 3 日	己亥 4 一	庚子 5 二	辛丑 6 三	壬寅 7 四	癸卯 8 五	甲辰 9 六	乙巳 10 日	丙午 11 一	丁未 12 二	戊申 13 三	己酉 14 四	庚戌 15 五	辛亥 16 六	壬子 17 日	癸丑 18 一	甲寅 19 二	乙卯 20 三	丙辰 21 四	丁巳 22 五	戊午 23 六	己未 24 日	庚申 25 一	辛酉 26 二	甲午立春 庚戌雨水
二月小	辛卯	天干地支 西曆 星期	壬戌 27 三	癸亥 28 四	甲子 29 五	乙丑 (3) 六	丙寅 2 日	丁卯 3 一	戊辰 4 二	己巳 5 三	庚午 6 四	辛未 7 五	壬申 8 六	癸酉 9 日	甲戌 10 一	乙亥 11 二	丙子 12 三	丁丑 13 四	戊寅 14 五	己卯 15 六	庚辰 16 日	辛巳 17 一	壬午 18 二	癸未 19 三	甲申 20 四	乙酉 21 五	丙戌 22 六	丁亥 23 日	戊子 24 一	己丑 25 二	庚寅 26 三		乙丑驚蟄 庚辰春分
三月小	壬辰	天干地支 西曆 星期	辛卯 27 四	壬辰 28 五	癸巳 29 六	甲午 30 日	乙未 31 一	丙申 (4) 二	丁酉 2 三	戊戌 3 四	己亥 4 五	庚子 5 六	辛丑 6 日	壬寅 7 一	癸卯 8 二	甲辰 9 三	乙巳 10 四	丙午 11 五	丁未 12 六	戊申 13 日	己酉 14 一	庚戌 15 二	辛亥 16 三	壬子 17 四	癸丑 18 五	甲寅 19 六	乙卯 20 日	丙辰 21 一	丁巳 22 二	戊午 23 三	己未 24 四		乙未清明 庚戌穀雨
四月大	癸巳	天干地支 西曆 星期	庚申 25 五	辛酉 26 六	壬戌 27 日	癸亥 28 一	甲子 29 二	乙丑 30 三	丙寅 (5) 四	丁卯 2 五	戊辰 3 六	己巳 4 日	庚午 5 一	辛未 6 二	壬申 7 三	癸酉 8 四	甲戌 9 五	乙亥 10 六	丙子 11 日	丁丑 12 一	戊寅 13 二	己卯 14 三	庚辰 15 四	辛巳 16 五	壬午 17 六	癸未 18 日	甲申 19 一	乙酉 20 二	丙戌 21 三	丁亥 22 四	戊子 23 五	己丑 24 六	丙寅立夏 辛巳小滿
五月小	甲午	天干地支 西曆 星期	庚寅 25 日	辛卯 26 一	壬辰 27 二	癸巳 28 三	甲午 29 四	乙未 30 五	丙申 31 六	丁酉 (6) 日	戊戌 2 一	己亥 3 二	庚子 4 三	辛丑 5 四	壬寅 6 五	癸卯 7 六	甲辰 8 日	乙巳 9 一	丙午 10 二	丁未 11 三	戊申 12 四	己酉 13 五	庚戌 14 六	辛亥 15 日	壬子 16 一	癸丑 17 二	甲寅 18 三	乙卯 19 四	丙辰 20 五	丁巳 21 六	戊午 22 日		丙申芒種 辛亥夏至
六月小	乙未	天干地支 西曆 星期	己未 23 一	庚申 24 二	辛酉 25 三	壬戌 26 四	癸亥 27 五	甲子 28 六	乙丑 29 日	丙寅 30 一	丁卯 (7) 二	戊辰 2 三	己巳 3 四	庚午 4 五	辛未 5 六	壬申 6 日	癸酉 7 一	甲戌 8 二	乙亥 9 三	丙子 10 四	丁丑 11 五	戊寅 12 六	己卯 13 日	庚辰 14 一	辛巳 15 二	壬午 16 三	癸未 17 四	甲申 18 五	乙酉 19 六	丙戌 20 日	丁亥 21 一		丁卯小暑 壬午大暑
七月大	丙申	天干地支 西曆 星期	戊子 22 二	己丑 23 三	庚寅 24 四	辛卯 25 五	壬辰 26 六	癸巳 27 日	甲午 28 一	乙未 29 二	丙申 30 三	丁酉 31 四	戊戌 (8) 五	己亥 2 六	庚子 3 日	辛丑 4 一	壬寅 5 二	癸卯 6 三	甲辰 7 四	乙巳 8 五	丙午 9 六	丁未 10 日	戊申 11 一	己酉 12 二	庚戌 13 三	辛亥 14 四	壬子 15 五	癸丑 16 六	甲寅 17 日	乙卯 18 一	丙辰 19 二	丁巳 20 三	丁酉立秋 壬子處暑
八月小	丁酉	天干地支 西曆 星期	戊午 21 四	己未 22 五	庚申 23 六	辛酉 24 日	壬戌 25 一	癸亥 26 二	甲子 27 三	乙丑 28 四	丙寅 29 五	丁卯 30 六	戊辰 31 日	己巳 (9) 一	庚午 2 二	辛未 3 三	壬申 4 四	癸酉 5 五	甲戌 6 六	乙亥 7 日	丙子 8 一	丁丑 9 二	戊寅 10 三	己卯 11 四	庚辰 12 五	辛巳 13 六	壬午 14 日	癸未 15 一	甲申 16 二	乙酉 17 三	丙戌 18 四		丁卯白露 癸未秋分
九月大	戊戌	天干地支 西曆 星期	丁亥 19 五	戊子 20 六	己丑 21 日	庚寅 22 一	辛卯 23 二	壬辰 24 三	癸巳 25 四	甲午 26 五	乙未 27 六	丙申 28 日	丁酉 29 一	戊戌 30 二	己亥 (10) 三	庚子 2 四	辛丑 3 五	壬寅 4 六	癸卯 5 日	甲辰 6 一	乙巳 7 二	丙午 8 三	丁未 9 四	戊申 10 五	己酉 11 六	庚戌 12 日	辛亥 13 一	壬子 14 二	癸丑 15 三	甲寅 16 四	乙卯 17 五	丙辰 18 六	戊戌寒露 癸丑霜降
十月大	己亥	天干地支 西曆 星期	丁巳 19 日	戊午 20 一	己未 21 二	庚申 22 三	辛酉 23 四	壬戌 24 五	癸亥 25 六	甲子 26 日	乙丑 27 一	丙寅 28 二	丁卯 29 三	戊辰 30 四	己巳 31 五	庚午 (11) 六	辛未 2 日	壬申 3 一	癸酉 4 二	甲戌 5 三	乙亥 6 四	丙子 7 五	丁丑 8 六	戊寅 9 日	己卯 10 一	庚辰 11 二	辛巳 12 三	壬午 13 四	癸未 14 五	甲申 15 六	乙酉 16 日	丙戌 17 一	戊辰立冬 癸未小雪
十一月大	庚子	天干地支 西曆 星期	丁亥 18 二	戊子 19 三	己丑 20 四	庚寅 21 五	辛卯 22 六	壬辰 23 日	癸巳 24 一	甲午 25 二	乙未 26 三	丙申 27 四	丁酉 28 五	戊戌 29 六	己亥 30 日	庚子 (12) 一	辛丑 2 二	壬寅 3 三	癸卯 4 四	甲辰 5 五	乙巳 6 六	丙午 7 日	丁未 8 一	戊申 9 二	己酉 10 三	庚戌 11 四	辛亥 12 五	壬子 13 六	癸丑 14 日	甲寅 15 一	乙卯 16 二	丙辰 17 三	己亥大雪 甲寅冬至
十二月小	辛丑	天干地支 西曆 星期	丁巳 18 四	戊午 19 五	己未 20 六	庚申 21 日	辛酉 22 一	壬戌 23 二	癸亥 24 三	甲子 25 四	乙丑 26 五	丙寅 27 六	丁卯 28 日	戊辰 29 一	己巳 30 二	庚午 31 三	辛未 (1) 四	壬申 2 五	癸酉 3 六	甲戌 4 日	乙亥 5 一	丙子 6 二	丁丑 7 三	戊寅 8 四	己卯 9 五	庚辰 10 六	辛巳 11 日	壬午 12 一	癸未 13 二	甲申 14 三	乙酉 15 四		己巳小寒 甲申大寒

遼道宗壽昌三年（丁丑 牛年） 公元 **1097** ~ 1098 年

夏曆月序		中西曆日對照	夏曆日序																													節氣與天象
			初一	初二	初三	初四	初五	初六	初七	初八	初九	初十	十一	十二	十三	十四	十五	十六	十七	十八	十九	二十	二一	二二	二三	二四	二五	二六	二七	二八	二九	三十	
正月大	壬寅	天干地支 西曆 星期	丙戌 16 五	丁亥 17 六	戊子 18 日	己丑 19 一	庚寅 20 二	辛卯 21 三	壬辰 22 四	癸巳 23 五	甲午 24 六	乙未 25 日	丙申 26 一	丁酉 27 二	戊戌 28 三	己亥 29 四	庚子 30 五	辛丑 31 六	壬寅 (2) 日	癸卯 2 一	甲辰 3 二	乙巳 4 三	丙午 5 四	丁未 6 五	戊申 7 六	己酉 8 日	庚戌 9 一	辛亥 10 二	壬子 11 三	癸丑 12 四	甲寅 13 五	乙卯 14 六	庚子立春 乙卯雨水
二月大	癸卯	天干地支 西曆 星期	丙辰 15 日	丁巳 16 一	戊午 17 二	己未 18 三	庚申 19 四	辛酉 20 五	壬戌 21 六	癸亥 22 日	甲子 23 一	乙丑 24 二	丙寅 25 三	丁卯 26 四	戊辰 27 五	己巳 28 六	庚午 (3) 日	辛未 2 一	壬申 3 二	癸酉 4 三	甲戌 5 四	乙亥 6 五	丙子 7 六	丁丑 8 日	戊寅 9 一	己卯 10 二	庚辰 11 三	辛巳 12 四	壬午 13 五	癸未 14 六	甲申 15 日	乙酉 16 一	庚午驚蟄 乙酉春分
閏二月小	癸卯	天干地支 西曆 星期	丙戌 17 二	丁亥 18 三	戊子 19 四	己丑 20 五	庚寅 21 六	辛卯 22 日	壬辰 23 一	癸巳 24 二	甲午 25 三	乙未 26 四	丙申 27 五	丁酉 28 六	戊戌 29 日	己亥 30 一	庚子 31 二	辛丑 (4) 三	壬寅 2 四	癸卯 3 五	甲辰 4 六	乙巳 5 日	丙午 6 一	丁未 7 二	戊申 8 三	己酉 9 四	庚戌 10 五	辛亥 11 六	壬子 12 日	癸丑 13 一	甲寅 14 二		庚子清明
三月小	甲辰	天干地支 西曆 星期	乙卯 15 三	丙辰 16 四	丁巳 17 五	戊午 18 六	己未 19 日	庚申 20 一	辛酉 21 二	壬戌 22 三	癸亥 23 四	甲子 24 五	乙丑 25 六	丙寅 26 日	丁卯 27 一	戊辰 28 二	己巳 29 三	庚午 30 四	辛未 (5) 五	壬申 2 六	癸酉 3 日	甲戌 4 一	乙亥 5 二	丙子 6 三	丁丑 7 四	戊寅 8 五	己卯 9 六	庚辰 10 日	辛巳 11 一	壬午 12 二	癸未 13 三		丙辰穀雨 辛未立夏
四月大	乙巳	天干地支 西曆 星期	甲申 14 四	乙酉 15 五	丙戌 16 六	丁亥 17 日	戊子 18 一	己丑 19 二	庚寅 20 三	辛卯 21 四	壬辰 22 五	癸巳 23 六	甲午 24 日	乙未 25 一	丙申 26 二	丁酉 27 三	戊戌 28 四	己亥 29 五	庚子 30 六	辛丑 31 日	壬寅 (6) 一	癸卯 2 二	甲辰 3 三	乙巳 4 四	丙午 5 五	丁未 6 六	戊申 7 日	己酉 8 一	庚戌 9 二	辛亥 10 三	壬子 11 四	癸丑 12 五	丙戌小滿 辛丑芒種
五月小	丙午	天干地支 西曆 星期	甲寅 13 六	乙卯 14 日	丙辰 15 一	丁巳 16 二	戊午 17 三	己未 18 四	庚申 19 五	辛酉 20 六	壬戌 21 日	癸亥 22 一	甲子 23 二	乙丑 24 三	丙寅 25 四	丁卯 26 五	戊辰 27 六	己巳 28 日	庚午 29 一	辛未 30 二	壬申 (7) 三	癸酉 2 四	甲戌 3 五	乙亥 4 六	丙子 5 日	丁丑 6 一	戊寅 7 二	己卯 8 三	庚辰 9 四	辛巳 10 五	壬午 11 六		丁巳夏至 壬申小暑
六月小	丁未	天干地支 西曆 星期	癸未 12 日	甲申 13 一	乙酉 14 二	丙戌 15 三	丁亥 16 四	戊子 17 五	己丑 18 六	庚寅 19 日	辛卯 20 一	壬辰 21 二	癸巳 22 三	甲午 23 四	乙未 24 五	丙申 25 六	丁酉 26 日	戊戌 27 一	己亥 28 二	庚子 29 三	辛丑 30 四	壬寅 31 五	癸卯 (8) 六	甲辰 2 日	乙巳 3 一	丙午 4 二	丁未 5 三	戊申 6 四	己酉 7 五	庚戌 8 六	辛亥 9 日		丁亥大暑 壬寅立秋
七月大	戊申	天干地支 西曆 星期	壬子 10 一	癸丑 11 二	甲寅 12 三	乙卯 13 四	丙辰 14 五	丁巳 15 六	戊午 16 日	己未 17 一	庚申 18 二	辛酉 19 三	壬戌 20 四	癸亥 21 五	甲子 22 六	乙丑 23 日	丙寅 24 一	丁卯 25 二	戊辰 26 三	己巳 27 四	庚午 28 五	辛未 29 六	壬申 30 日	癸酉 31 一	甲戌 (9) 二	乙亥 2 三	丙子 3 四	丁丑 4 五	戊寅 5 六	己卯 6 日	庚辰 7 一	辛巳 8 二	丁巳處暑 癸酉白露
八月小	己酉	天干地支 西曆 星期	壬午 9 三	癸未 10 四	甲申 11 五	乙酉 12 六	丙戌 13 日	丁亥 14 一	戊子 15 二	己丑 16 三	庚寅 17 四	辛卯 18 五	壬辰 19 六	癸巳 20 日	甲午 21 一	乙未 22 二	丙申 23 三	丁酉 24 四	戊戌 25 五	己亥 26 六	庚子 27 日	辛丑 28 一	壬寅 29 二	癸卯 30 三	甲辰 (10) 四	乙巳 2 五	丙午 3 六	丁未 4 日	戊申 5 一	己酉 6 二	庚戌 7 三		戊子秋分 癸卯寒露
九月大	庚戌	天干地支 西曆 星期	辛亥 8 四	壬子 9 五	癸丑 10 六	甲寅 11 日	乙卯 12 一	丙辰 13 二	丁巳 14 三	戊午 15 四	己未 16 五	庚申 17 六	辛酉 18 日	壬戌 19 一	癸亥 20 二	甲子 21 三	乙丑 22 四	丙寅 23 五	丁卯 24 六	戊辰 25 日	己巳 26 一	庚午 27 二	辛未 28 三	壬申 29 四	癸酉 30 五	甲戌 31 六	乙亥 (11) 日	丙子 2 一	丁丑 3 二	戊寅 4 三	己卯 5 四	庚辰 6 五	戊午霜降 癸酉立冬
十月大	辛亥	天干地支 西曆 星期	辛巳 7 六	壬午 8 日	癸未 9 一	甲申 10 二	乙酉 11 三	丙戌 12 四	丁亥 13 五	戊子 14 六	己丑 15 日	庚寅 16 一	辛卯 17 二	壬辰 18 三	癸巳 19 四	甲午 20 五	乙未 21 六	丙申 22 日	丁酉 23 一	戊戌 24 二	己亥 25 三	庚子 26 四	辛丑 27 五	壬寅 28 六	癸卯 29 日	甲辰 30 一	乙巳 (12) 二	丙午 2 三	丁未 3 四	戊申 4 五	己酉 5 六	庚戌 6 日	己丑小雪 甲辰大雪
十一月大	壬子	天干地支 西曆 星期	辛亥 7 一	壬子 8 二	癸丑 9 三	甲寅 10 四	乙卯 11 五	丙辰 12 六	丁巳 13 日	戊午 14 一	己未 15 二	庚申 16 三	辛酉 17 四	壬戌 18 五	癸亥 19 六	甲子 20 日	乙丑 21 一	丙寅 22 二	丁卯 23 三	戊辰 24 四	己巳 25 五	庚午 26 六	辛未 27 日	壬申 28 一	癸酉 29 二	甲戌 30 三	乙亥 31 四	丙子 (1) 五	丁丑 2 六	戊寅 3 日	己卯 4 一	庚辰 5 二	己未冬至 甲戌小寒
十二月小	癸丑	天干地支 西曆 星期	辛巳 6 三	壬午 7 四	癸未 8 五	甲申 9 六	乙酉 10 日	丙戌 11 一	丁亥 12 二	戊子 13 三	己丑 14 四	庚寅 15 五	辛卯 16 六	壬辰 17 日	癸巳 18 一	甲午 19 二	乙未 20 三	丙申 21 四	丁酉 22 五	戊戌 23 六	己亥 24 日	庚子 25 一	辛丑 26 二	壬寅 27 三	癸卯 28 四	甲辰 29 五	乙巳 30 六	丙午 31 日	丁未 (2) 一	戊申 2 二	己酉 3 三		庚寅大寒 乙巳立春

遼道宗壽昌四年（戊寅 虎年） 公元 1098 ~ 1099 年

夏曆月序		中西曆日對照	初一	初二	初三	初四	初五	初六	初七	初八	初九	初十	十一	十二	十三	十四	十五	十六	十七	十八	十九	二十	二一	二二	二三	二四	二五	二六	二七	二八	二九	三十	節氣與天象
正月大	甲寅	干支 天地 西曆 星期	庚戌 4 四	辛亥 5 五	壬子 6 六	癸丑 7 日	甲寅 8 一	乙卯 9 二	丙辰 10 三	丁巳 11 四	戊午 12 五	己未 13 六	庚申 14 日	辛酉 15 一	壬戌 16 二	癸亥 17 三	甲子 18 四	乙丑 19 五	丙寅 20 六	丁卯 21 日	戊辰 22 一	己巳 23 二	庚午 24 三	辛未 25 四	壬申 26 五	癸酉 27 六	甲戌 28 日	乙亥 (3) 一	丙子 2 二	丁丑 3 三	戊寅 4 四	己卯 5 五	庚申雨水 乙亥驚蟄
二月大	乙卯	干支 天地 西曆 星期	庚辰 6 六	辛巳 7 日	壬午 8 一	癸未 9 二	甲申 10 三	乙酉 11 四	丙戌 12 五	丁亥 13 六	戊子 14 日	己丑 15 一	庚寅 16 二	辛卯 17 三	壬辰 18 四	癸巳 19 五	甲午 20 六	乙未 21 日	丙申 22 一	丁酉 23 二	戊戌 24 三	己亥 25 四	庚子 26 五	辛丑 27 六	壬寅 28 日	癸卯 29 一	甲辰 30 二	乙巳 31 三	丙午 (4) 四	丁未 2 五	戊申 3 六	己酉 4 日	庚寅春分 丙午清明
三月小	丙辰	干支 天地 西曆 星期	庚戌 5 一	辛亥 6 二	壬子 7 三	癸丑 8 四	甲寅 9 五	乙卯 10 六	丙辰 11 日	丁巳 12 一	戊午 13 二	己未 14 三	庚申 15 四	辛酉 16 五	壬戌 17 六	癸亥 18 日	甲子 19 一	乙丑 20 二	丙寅 21 三	丁卯 22 四	戊辰 23 五	己巳 24 六	庚午 25 日	辛未 26 一	壬申 27 二	癸酉 28 三	甲戌 29 四	乙亥 30 五	丙子 (5) 六	丁丑 2 日	戊寅 3 一		辛酉穀雨 丙子立夏
四月小	丁巳	干支 天地 西曆 星期	己卯 4 二	庚辰 5 三	辛巳 6 四	壬午 7 五	癸未 8 六	甲申 9 日	乙酉 10 一	丙戌 11 二	丁亥 12 三	戊子 13 四	己丑 14 五	庚寅 15 六	辛卯 16 日	壬辰 17 一	癸巳 18 二	甲午 19 三	乙未 20 四	丙申 21 五	丁酉 22 六	戊戌 23 日	己亥 24 一	庚子 25 二	辛丑 26 三	壬寅 27 四	癸卯 28 五	甲辰 29 六	乙巳 30 日	丙午 31 一	丁未 (6) 二		辛卯小滿 丁未芒種
五月大	戊午	干支 天地 西曆 星期	戊申 2 三	己酉 3 四	庚戌 4 五	辛亥 5 六	壬子 6 日	癸丑 7 一	甲寅 8 二	乙卯 9 三	丙辰 10 四	丁巳 11 五	戊午 12 六	己未 13 日	庚申 14 一	辛酉 15 二	壬戌 16 三	癸亥 17 四	甲子 18 五	乙丑 19 六	丙寅 20 日	丁卯 21 一	戊辰 22 二	己巳 23 三	庚午 24 四	辛未 25 五	壬申 26 六	癸酉 27 日	甲戌 28 一	乙亥 29 二	丙子 30 三	丁丑 (7) 四	壬戌夏至 丁丑小暑
六月小	己未	干支 天地 西曆 星期	戊寅 2 五	己卯 3 六	庚辰 4 日	辛巳 5 一	壬午 6 二	癸未 7 三	甲申 8 四	乙酉 9 五	丙戌 10 六	丁亥 11 日	戊子 12 一	己丑 13 二	庚寅 14 三	辛卯 15 四	壬辰 16 五	癸巳 17 六	甲午 18 日	乙未 19 一	丙申 20 二	丁酉 21 三	戊戌 22 四	己亥 23 五	庚子 24 六	辛丑 25 日	壬寅 26 一	癸卯 27 二	甲辰 28 三	乙巳 29 四	丙午 30 五		壬辰大暑
七月小	庚申	干支 天地 西曆 星期	丁未 31 六	戊申 (8) 日	己酉 2 一	庚戌 3 二	辛亥 4 三	壬子 5 四	癸丑 6 五	甲寅 7 六	乙卯 8 日	丙辰 9 一	丁巳 10 二	戊午 11 三	己未 12 四	庚申 13 五	辛酉 14 六	壬戌 15 日	癸亥 16 一	甲子 17 二	乙丑 18 三	丙寅 19 四	丁卯 20 五	戊辰 21 六	己巳 22 日	庚午 23 一	辛未 24 二	壬申 25 三	癸酉 26 四	甲戌 27 五	乙亥 28 六		丁未立秋 癸亥處暑
八月大	辛酉	干支 天地 西曆 星期	丙子 29 日	丁丑 30 一	戊寅 31 二	己卯 (9) 三	庚辰 2 四	辛巳 3 五	壬午 4 六	癸未 5 日	甲申 6 一	乙酉 7 二	丙戌 8 三	丁亥 9 四	戊子 10 五	己丑 11 六	庚寅 12 日	辛卯 13 一	壬辰 14 二	癸巳 15 三	甲午 16 四	乙未 17 五	丙申 18 六	丁酉 19 日	戊戌 20 一	己亥 21 二	庚子 22 三	辛丑 23 四	壬寅 24 五	癸卯 25 六	甲辰 26 日	乙巳 27 一	戊寅白露 癸巳秋分
九月小	壬戌	干支 天地 西曆 星期	丙午 28 二	丁未 29 三	戊申 30 四	己酉 (10) 五	庚戌 2 六	辛亥 3 日	壬子 4 一	癸丑 5 二	甲寅 6 三	乙卯 7 四	丙辰 8 五	丁巳 9 六	戊午 10 日	己未 11 一	庚申 12 二	辛酉 13 三	壬戌 14 四	癸亥 15 五	甲子 16 六	乙丑 17 日	丙寅 18 一	丁卯 19 二	戊辰 20 三	己巳 21 四	庚午 22 五	辛未 23 六	壬申 24 日	癸酉 25 一	甲戌 26 二		戊申寒露 甲子霜降
十月大	癸亥	干支 天地 西曆 星期	乙亥 27 三	丙子 28 四	丁丑 29 五	戊寅 30 六	己卯 31 日	庚辰 (11) 一	辛巳 2 二	壬午 3 三	癸未 4 四	甲申 5 五	乙酉 6 六	丙戌 7 日	丁亥 8 一	戊子 9 二	己丑 10 三	庚寅 11 四	辛卯 12 五	壬辰 13 六	癸巳 14 日	甲午 15 一	乙未 16 二	丙申 17 三	丁酉 18 四	戊戌 19 五	己亥 20 六	庚子 21 日	辛丑 22 一	壬寅 23 二	癸卯 24 三	甲辰 25 四	己卯立冬 甲午小雪
十一月大	甲子	干支 天地 西曆 星期	乙巳 26 五	丙午 27 六	丁未 28 日	戊申 29 一	己酉 30 二	庚戌 (12) 三	辛亥 2 四	壬子 3 五	癸丑 4 六	甲寅 5 日	乙卯 6 一	丙辰 7 二	丁巳 8 三	戊午 9 四	己未 10 五	庚申 11 六	辛酉 12 日	壬戌 13 一	癸亥 14 二	甲子 15 三	乙丑 16 四	丙寅 17 五	丁卯 18 六	戊辰 19 日	己巳 20 一	庚午 21 二	辛未 22 三	壬申 23 四	癸酉 24 五	甲戌 25 六	己酉大雪 甲子冬至
十二月小	乙丑	干支 天地 西曆 星期	乙亥 26 日	丙子 27 一	丁丑 28 二	戊寅 29 三	己卯 30 四	庚辰 31 五	辛巳 (1) 六	壬午 2 日	癸未 3 一	甲申 4 二	乙酉 5 三	丙戌 6 四	丁亥 7 五	戊子 8 六	己丑 9 日	庚寅 10 一	辛卯 11 二	壬辰 12 三	癸巳 13 四	甲午 14 五	乙未 15 六	丙申 16 日	丁酉 17 一	戊戌 18 二	己亥 19 三	庚子 20 四	辛丑 21 五	壬寅 22 六	癸卯 23 日		庚辰小寒 乙未大寒

遼道宗壽昌五年（己卯兔年） 公元 1099 ~ 1100 年

夏曆月序		中西曆日對照	初一	初二	初三	初四	初五	初六	初七	初八	初九	初十	十一	十二	十三	十四	十五	十六	十七	十八	十九	二十	二一	二二	二三	二四	二五	二六	二七	二八	二九	三十	節氣與天象
正月大	丙寅	天干地支 西曆 星期	甲辰24一	乙巳25二	丙午26三	丁未27四	戊申28五	己酉29六	庚戌30日	辛亥31一	壬子(2)二	癸丑2三	甲寅3四	乙卯4五	丙辰5六	丁巳6日	戊午7一	己未8二	庚申9三	辛酉10四	壬戌11五	癸亥12六	甲子13日	乙丑14一	丙寅15二	丁卯16三	戊辰17四	己巳18五	庚午19六	辛未20日	壬申21一	癸酉22二	庚戌立春 乙丑雨水
二月大	丁卯	天干地支 西曆 星期	甲戌23三	乙亥24四	丙子25五	丁丑26六	戊寅27日	己卯28一	庚辰(3)二	辛巳2三	壬午3四	癸未4五	甲申5六	乙酉6日	丙戌7一	丁亥8二	戊子9三	己丑10四	庚寅11五	辛卯12六	壬辰13日	癸巳14一	甲午15二	乙未16三	丙申17四	丁酉18五	戊戌19六	己亥20日	庚子21一	辛丑22二	壬寅23三	癸卯24四	庚辰驚蟄 丙申春分
三月小	戊辰	天干地支 西曆 星期	甲辰25五	乙巳26六	丙午27日	丁未28一	戊申29二	己酉30三	庚戌31四	辛亥(4)五	壬子2六	癸丑3日	甲寅4一	乙卯5二	丙辰6三	丁巳7四	戊午8五	己未9六	庚申10日	辛酉11一	壬戌12二	癸亥13三	甲子14四	乙丑15五	丙寅16六	丁卯17日	戊辰18一	己巳19二	庚午20三	辛未21四	壬申22五		辛亥清明 丙寅穀雨
四月大	己巳	天干地支 西曆 星期	癸酉23六	甲戌24日	乙亥25一	丙子26二	丁丑27三	戊寅28四	己卯29五	庚辰30六	辛巳(5)日	壬午2一	癸未3二	甲申4三	乙酉5四	丙戌6五	丁亥7六	戊子8日	己丑9一	庚寅10二	辛卯11三	壬辰12四	癸巳13五	甲午14六	乙未15日	丙申16一	丁酉17二	戊戌18三	己亥19四	庚子20五	辛丑21六	壬寅22日	辛巳立夏 丁酉小滿
五月小	庚午	天干地支 西曆 星期	癸卯23一	甲辰24二	乙巳25三	丙午26四	丁未27五	戊申28六	己酉29日	庚戌30一	辛亥31二	壬子(6)三	癸丑2四	甲寅3五	乙卯4六	丙辰5日	丁巳6一	戊午7二	己未8三	庚申9四	辛酉10五	壬戌11六	癸亥12日	甲子13一	乙丑14二	丙寅15三	丁卯16四	戊辰17五	己巳18六	庚午19日	辛未20一		壬子芒種 丁卯夏至
六月大	辛未	天干地支 西曆 星期	壬申21二	癸酉22三	甲戌23四	乙亥24五	丙子25六	丁丑26日	戊寅27一	己卯28二	庚辰29三	辛巳30四	壬午(7)五	癸未2六	甲申3日	乙酉4一	丙戌5二	丁亥6三	戊子7四	己丑8五	庚寅9六	辛卯10日	壬辰11一	癸巳12二	甲午13三	乙未14四	丙申15五	丁酉16六	戊戌17日	己亥18一	庚子19二	辛丑20三	壬午小暑 丁酉大暑
七月小	壬申	天干地支 西曆 星期	壬寅21四	癸卯22五	甲辰23六	乙巳24日	丙午25一	丁未26二	戊申27三	己酉28四	庚戌29五	辛亥30六	壬子31日	癸丑(8)一	甲寅2二	乙卯3三	丙辰4四	丁巳5五	戊午6六	己未7日	庚申8一	辛酉9二	壬戌10三	癸亥11四	甲子12五	乙丑13六	丙寅14日	丁卯15一	戊辰16二	己巳17三	庚午18四		癸丑立秋 戊辰處暑
八月小	癸酉	天干地支 西曆 星期	辛未19五	壬申20六	癸酉21日	甲戌22一	乙亥23二	丙子24三	丁丑25四	戊寅26五	己卯27六	庚辰28日	辛巳29一	壬午30二	癸未31三	甲申(9)四	乙酉2五	丙戌3六	丁亥4日	戊子5一	己丑6二	庚寅7三	辛卯8四	壬辰9五	癸巳10六	甲午11日	乙未12一	丙申13二	丁酉14三	戊戌15四	己亥16五		癸未白露 戊戌秋分
九月大	甲戌	天干地支 西曆 星期	庚子17六	辛丑18日	壬寅19一	癸卯20二	甲辰21三	乙巳22四	丙午23五	丁未24六	戊申25日	己酉26一	庚戌27二	辛亥28三	壬子29四	癸丑30五	甲寅(10)六	乙卯2日	丙辰3一	丁巳4二	戊午5三	己未6四	庚申7五	辛酉8六	壬戌9日	癸亥10一	甲子11二	乙丑12三	丙寅13四	丁卯14五	戊辰15六	己巳16日	甲寅寒露 己巳霜降
閏九月小	甲戌	天干地支 西曆 星期	庚午17一	辛未18二	壬申19三	癸酉20四	甲戌21五	乙亥22六	丙子23日	丁丑24一	戊寅25二	己卯26三	庚辰27四	辛巳28五	壬午29六	癸未30日	甲申31一	乙酉(11)二	丙戌2三	丁亥3四	戊子4五	己丑5六	庚寅6日	辛卯7一	壬辰8二	癸巳9三	甲午10四	乙未11五	丙申12六	丁酉13日	戊戌14一		甲申立冬
十月大	乙亥	天干地支 西曆 星期	己亥15二	庚子16三	辛丑17四	壬寅18五	癸卯19六	甲辰20日	乙巳21一	丙午22二	丁未23三	戊申24四	己酉25五	庚戌26六	辛亥27日	壬子28一	癸丑29二	甲寅30三	乙卯(12)四	丙辰2五	丁巳3六	戊午4日	己未5一	庚申6二	辛酉7三	壬戌8四	癸亥9五	甲子10六	乙丑11日	丙寅12一	丁卯13二	戊辰14三	己亥小雪 甲寅大雪
十一月小	丙子	天干地支 西曆 星期	己巳15四	庚午16五	辛未17六	壬申18日	癸酉19一	甲戌20二	乙亥21三	丙子22四	丁丑23五	戊寅24六	己卯25日	庚辰26一	辛巳27二	壬午28三	癸未29四	甲申30五	乙酉31六	丙戌(1)日	丁亥2一	戊子3二	己丑4三	庚寅5四	辛卯6五	壬辰7六	癸巳8日	甲午9一	乙未10二	丙申11三	丁酉12四		庚午冬至 乙酉小寒
十二月大	丁丑	天干地支 西曆 星期	戊戌13五	己亥14六	庚子15日	辛丑16一	壬寅17二	癸卯18三	甲辰19四	乙巳20五	丙午21六	丁未22日	戊申23一	己酉24二	庚戌25三	辛亥26四	壬子27五	癸丑28六	甲寅29日	乙卯30一	丙辰31二	丁巳(2)三	戊午2四	己未3五	庚申4六	辛酉5日	壬戌6一	癸亥7二	甲子8三	乙丑9四	丙寅10五	丁卯11六	庚子大寒 乙卯立春

遼道宗壽昌六年（庚辰 龍年） 公元1100 ~ 1101年

夏曆月序		中西曆日對照	初一	初二	初三	初四	初五	初六	初七	初八	初九	初十	十一	十二	十三	十四	十五	十六	十七	十八	十九	二十	二一	二二	二三	二四	二五	二六	二七	二八	二九	三十	節氣與天象
正月大	戊寅	干支 天地 西曆 星期	戊辰12日	己巳13一	庚午14二	辛未15三	壬申16四	癸酉17五	甲戌18六	乙亥19日	丙子20一	丁丑21二	戊寅22三	己卯23四	庚辰24五	辛巳25六	壬午26日	癸未27一	甲申28二	乙酉29三	丙戌(3)四	丁亥2五	戊子3六	己丑4日	庚寅5一	辛卯6二	壬辰7三	癸巳8四	甲午9五	乙未10六	丙申11日	丁酉12一	辛未雨水 丙戌驚蟄
二月大	己卯	干支 天地 西曆 星期	戊戌13二	己亥14三	庚子15四	辛丑16五	壬寅17六	癸卯18日	甲辰19一	乙巳20二	丙午21三	丁未22四	戊申23五	己酉24六	庚戌25日	辛亥26一	壬子27二	癸丑28三	甲寅29四	乙卯30五	丙辰31六	丁巳(4)日	戊午2一	己未3二	庚申4三	辛酉5四	壬戌6五	癸亥7六	甲子8日	乙丑9一	丙寅10二	丁卯11三	辛丑春分 丙辰清明
三月小	庚辰	干支 天地 西曆 星期	戊辰12四	己巳13五	庚午14六	辛未15日	壬申16一	癸酉17二	甲戌18三	乙亥19四	丙子20五	丁丑21六	戊寅22日	己卯23一	庚辰24二	辛巳25三	壬午26四	癸未27五	甲申28六	乙酉29日	丙戌30一	丁亥(5)二	戊子2三	己丑3四	庚寅4五	辛卯5六	壬辰6日	癸巳7一	甲午8二	乙未9三	丙申10四		辛未穀雨 丁亥立夏
四月大	辛巳	干支 天地 西曆 星期	丁酉11五	戊戌12六	己亥13日	庚子14一	辛丑15二	壬寅16三	癸卯17四	甲辰18五	乙巳19六	丙午20日	丁未21一	戊申22二	己酉23三	庚戌24四	辛亥25五	壬子26六	癸丑27日	甲寅28一	乙卯29二	丙辰30三	丁巳31四	戊午(6)五	己未2六	庚申3日	辛酉4一	壬戌5二	癸亥6三	甲子7四	乙丑8五	丙寅9六	壬寅小滿 丁巳芒種
五月小	壬午	干支 天地 西曆 星期	丁卯10日	戊辰11一	己巳12二	庚午13三	辛未14四	壬申15五	癸酉16六	甲戌17日	乙亥18一	丙子19二	丁丑20三	戊寅21四	己卯22五	庚辰23六	辛巳24日	壬午25一	癸未26二	甲申27三	乙酉28四	丙戌29五	丁亥30六	戊子(7)日	己丑2一	庚寅3二	辛卯4三	壬辰5四	癸巳6五	甲午7六	乙未8日		壬申夏至 丁亥小暑
六月大	癸未	干支 天地 西曆 星期	丙申9一	丁酉10二	戊戌11三	己亥12四	庚子13五	辛丑14六	壬寅15日	癸卯16一	甲辰17二	乙巳18三	丙午19四	丁未20五	戊申21六	己酉22日	庚戌23一	辛亥24二	壬子25三	癸丑26四	甲寅27五	乙卯28六	丙辰29日	丁巳30一	戊午31二	己未(8)三	庚申2四	辛酉3五	壬戌4六	癸亥5日	甲子6一	乙丑7二	癸卯大暑 戊午立秋
七月小	甲申	干支 天地 西曆 星期	丙寅8三	丁卯9四	戊辰10五	己巳11六	庚午12日	辛未13一	壬申14二	癸酉15三	甲戌16四	乙亥17五	丙子18六	丁丑19日	戊寅20一	己卯21二	庚辰22三	辛巳23四	壬午24五	癸未25六	甲申26日	乙酉27一	丙戌28二	丁亥29三	戊子30四	己丑31五	庚寅(9)六	辛卯2日	壬辰3一	癸巳4二	甲午5三		癸酉處暑 戊子白露
八月小	乙酉	干支 天地 西曆 星期	乙未6四	丙申7五	丁酉8六	戊戌9日	己亥10一	庚子11二	辛丑12三	壬寅13四	癸卯14五	甲辰15六	乙巳16日	丙午17一	丁未18二	戊申19三	己酉20四	庚戌21五	辛亥22六	壬子23日	癸丑24一	甲寅25二	乙卯26三	丙辰27四	丁巳28五	戊午29六	己未30日	庚申(10)一	辛酉2二	壬戌3三	癸亥4四		甲辰秋分 己未寒露
九月大	丙戌	干支 天地 西曆 星期	甲子5五	乙丑6六	丙寅7日	丁卯8一	戊辰9二	己巳10三	庚午11四	辛未12五	壬申13六	癸酉14日	甲戌15一	乙亥16二	丙子17三	丁丑18四	戊寅19五	己卯20六	庚辰21日	辛巳22一	壬午23二	癸未24三	甲申25四	乙酉26五	丙戌27六	丁亥28日	戊子29一	己丑30二	庚寅31三	辛卯(11)四	壬辰2五	癸巳3六	甲戌霜降 己丑立冬
十月小	丁亥	干支 天地 西曆 星期	甲午4日	乙未5一	丙申6二	丁酉7三	戊戌8四	己亥9五	庚子10六	辛丑11日	壬寅12一	癸卯13二	甲辰14三	乙巳15四	丙午16五	丁未17六	戊申18日	己酉19一	庚戌20二	辛亥21三	壬子22四	癸丑23五	甲寅24六	乙卯25日	丙辰26一	丁巳27二	戊午28三	己未29四	庚申30五	辛酉(12)六	壬戌2日		甲辰小雪 庚申大雪
十一月大	戊子	干支 天地 西曆 星期	癸亥3一	甲子4二	乙丑5三	丙寅6四	丁卯7五	戊辰8六	己巳9日	庚午10一	辛未11二	壬申12三	癸酉13四	甲戌14五	乙亥15六	丙子16日	丁丑17一	戊寅18二	己卯19三	庚辰20四	辛巳21五	壬午22六	癸未23日	甲申24一	乙酉25二	丙戌26三	丁亥27四	戊子28五	己丑29六	庚寅30日	辛卯31一	壬辰(1)二	乙亥冬至 庚寅小寒
十二月小	己丑	干支 天地 西曆 星期	癸巳2三	甲午3四	乙未4五	丙申5六	丁酉6日	戊戌7一	己亥8二	庚子9三	辛丑10四	壬寅11五	癸卯12六	甲辰13日	乙巳14一	丙午15二	丁未16三	戊申17四	己酉18五	庚戌19六	辛亥20日	壬子21一	癸丑22二	甲寅23三	乙卯24四	丙辰25五	丁巳26六	戊午27日	己未28一	庚申29二	辛酉30三		乙巳大寒 辛酉立春

遼道宗壽昌七年 天祚帝乾統元年（辛巳 蛇年）公元 1101 ~ 1102 年

夏曆月序		中西曆日對照	初一	初二	初三	初四	初五	初六	初七	初八	初九	初十	十一	十二	十三	十四	十五	十六	十七	十八	十九	二十	二一	二二	二三	二四	二五	二六	二七	二八	二九	三十	節氣與天象
正月大	庚寅	干支 天地 西曆 星期	壬戌 31 四	癸亥 (2) 五	甲子 2 六	乙丑 3 日	丙寅 4 一	丁卯 5 二	戊辰 6 三	己巳 7 四	庚午 8 五	辛未 9 六	壬申 10 日	癸酉 11 一	甲戌 12 二	乙亥 13 三	丙子 14 四	丁丑 15 五	戊寅 16 六	己卯 17 日	庚辰 18 一	辛巳 19 二	壬午 20 三	癸未 21 四	甲申 22 五	乙酉 23 六	丙戌 24 日	丁亥 25 一	戊子 26 二	己丑 27 三	庚寅 28 四	辛卯 (3) 五	丙子雨水 辛卯驚蟄
二月大	辛卯	干支 天地 西曆 星期	壬辰 2 六	癸巳 3 日	甲午 4 一	乙未 5 二	丙申 6 三	丁酉 7 四	戊戌 8 五	己亥 9 六	庚子 10 日	辛丑 11 一	壬寅 12 二	癸卯 13 三	甲辰 14 四	乙巳 15 五	丙午 16 六	丁未 17 日	戊申 18 一	己酉 19 二	庚戌 20 三	辛亥 21 四	壬子 22 五	癸丑 23 六	甲寅 24 日	乙卯 25 一	丙辰 26 二	丁巳 27 三	戊午 28 四	己未 29 五	庚申 30 六	辛酉 31 日	丙午春分 辛酉清明
三月小	壬辰	干支 天地 西曆 星期	壬戌 (4) 一	癸亥 2 二	甲子 3 三	乙丑 4 四	丙寅 5 五	丁卯 6 六	戊辰 7 日	己巳 8 一	庚午 9 二	辛未 10 三	壬申 11 四	癸酉 12 五	甲戌 13 六	乙亥 14 日	丙子 15 一	丁丑 16 二	戊寅 17 三	己卯 18 四	庚辰 19 五	辛巳 20 六	壬午 21 日	癸未 22 一	甲申 23 二	乙酉 24 三	丙戌 25 四	丁亥 26 五	戊子 27 六	己丑 28 日	庚寅 29 一		丁丑穀雨
四月大	癸巳	干支 天地 西曆 星期	辛卯 30 二	壬辰 (5) 三	癸巳 2 四	甲午 3 五	乙未 4 六	丙申 5 日	丁酉 6 一	戊戌 7 二	己亥 8 三	庚子 9 四	辛丑 10 五	壬寅 11 六	癸卯 12 日	甲辰 13 一	乙巳 14 二	丙午 15 三	丁未 16 四	戊申 17 五	己酉 18 六	庚戌 19 日	辛亥 20 一	壬子 21 二	癸丑 22 三	甲寅 23 四	乙卯 24 五	丙辰 25 六	丁巳 26 日	戊午 27 一	己未 28 二	庚申 29 三	壬辰立夏 丁未小滿
五月小	甲午	干支 天地 西曆 星期	辛酉 30 四	壬戌 31 五	癸亥 (6) 六	甲子 2 日	乙丑 3 一	丙寅 4 二	丁卯 5 三	戊辰 6 四	己巳 7 五	庚午 8 六	辛未 9 日	壬申 10 一	癸酉 11 二	甲戌 12 三	乙亥 13 四	丙子 14 五	丁丑 15 六	戊寅 16 日	己卯 17 一	庚辰 18 二	辛巳 19 三	壬午 20 四	癸未 21 五	甲申 22 六	乙酉 23 日	丙戌 24 一	丁亥 25 二	戊子 26 三	己丑 27 四		壬戌芒種 戊寅夏至
六月大	乙未	干支 天地 西曆 星期	庚寅 28 五	辛卯 29 六	壬辰 30 日	癸巳 (7) 一	甲午 2 二	乙未 3 三	丙申 4 四	丁酉 5 五	戊戌 6 六	己亥 7 日	庚子 8 一	辛丑 9 二	壬寅 10 三	癸卯 11 四	甲辰 12 五	乙巳 13 六	丙午 14 日	丁未 15 一	戊申 16 二	己酉 17 三	庚戌 18 四	辛亥 19 五	壬子 20 六	癸丑 21 日	甲寅 22 一	乙卯 23 二	丙辰 24 三	丁巳 25 四	戊午 26 五	己未 27 六	癸巳小暑 戊申大暑
七月大	丙申	干支 天地 西曆 星期	庚申 28 日	辛酉 29 一	壬戌 30 二	癸亥 31 三	甲子 (8) 四	乙丑 2 五	丙寅 3 六	丁卯 4 日	戊辰 5 一	己巳 6 二	庚午 7 三	辛未 8 四	壬申 9 五	癸酉 10 六	甲戌 11 日	乙亥 12 一	丙子 13 二	丁丑 14 三	戊寅 15 四	己卯 16 五	庚辰 17 六	辛巳 18 日	壬午 19 一	癸未 20 二	甲申 21 三	乙酉 22 四	丙戌 23 五	丁亥 24 六	戊子 25 日	己丑 26 一	癸亥立秋 戊寅處暑
八月小	丁酉	干支 天地 西曆 星期	庚寅 27 二	辛卯 28 三	壬辰 29 四	癸巳 30 五	甲午 31 六	乙未 (9) 日	丙申 2 一	丁酉 3 二	戊戌 4 三	己亥 5 四	庚子 6 五	辛丑 7 六	壬寅 8 日	癸卯 9 一	甲辰 10 二	乙巳 11 三	丙午 12 四	丁未 13 五	戊申 14 六	己酉 15 日	庚戌 16 一	辛亥 17 二	壬子 18 三	癸丑 19 四	甲寅 20 五	乙卯 21 六	丙辰 22 日	丁巳 23 一	戊午 24 二		甲午白露 己酉秋分
九月小	戊戌	干支 天地 西曆 星期	己未 25 三	庚申 26 四	辛酉 27 五	壬戌 28 六	癸亥 29 日	甲子 30 一	乙丑 (10) 二	丙寅 2 三	丁卯 3 四	戊辰 4 五	己巳 5 六	庚午 6 日	辛未 7 一	壬申 8 二	癸酉 9 三	甲戌 10 四	乙亥 11 五	丙子 12 六	丁丑 13 日	戊寅 14 一	己卯 15 二	庚辰 16 三	辛巳 17 四	壬午 18 五	癸未 19 六	甲申 20 日	乙酉 21 一	丙戌 22 二	丁亥 23 三		甲子寒露 己卯霜降
十月大	己亥	干支 天地 西曆 星期	戊子 24 四	己丑 25 五	庚寅 26 六	辛卯 27 日	壬辰 28 一	癸巳 29 二	甲午 30 三	乙未 31 四	丙申 (11) 五	丁酉 2 六	戊戌 3 日	己亥 4 一	庚子 5 二	辛丑 6 三	壬寅 7 四	癸卯 8 五	甲辰 9 六	乙巳 10 日	丙午 11 一	丁未 12 二	戊申 13 三	己酉 14 四	庚戌 15 五	辛亥 16 六	壬子 17 日	癸丑 18 一	甲寅 19 二	乙卯 20 三	丙辰 21 四	丁巳 22 五	甲午立冬 庚戌小雪
十一月小	庚子	干支 天地 西曆 星期	戊午 23 六	己未 24 日	庚申 25 一	辛酉 26 二	壬戌 27 三	癸亥 28 四	甲子 29 五	乙丑 30 六	丙寅 (12) 日	丁卯 2 一	戊辰 3 二	己巳 4 三	庚午 5 四	辛未 6 五	壬申 7 六	癸酉 8 日	甲戌 9 一	乙亥 10 二	丙子 11 三	丁丑 12 四	戊寅 13 五	己卯 14 六	庚辰 15 日	辛巳 16 一	壬午 17 二	癸未 18 三	甲申 19 四	乙酉 20 五	丙戌 21 六		乙丑大雪 庚辰冬至
十二月大	辛丑	干支 天地 西曆 星期	丁亥 22 日	戊子 23 一	己丑 24 二	庚寅 25 三	辛卯 26 四	壬辰 27 五	癸巳 28 六	甲午 29 日	乙未 30 一	丙申 31 二	丁酉 (1) 三	戊戌 2 四	己亥 3 五	庚子 4 六	辛丑 5 日	壬寅 6 一	癸卯 7 二	甲辰 8 三	乙巳 9 四	丙午 10 五	丁未 11 六	戊申 12 日	己酉 13 一	庚戌 14 二	辛亥 15 三	壬子 16 四	癸丑 17 五	甲寅 18 六	乙卯 19 日	丙辰 20 一	乙未小寒 辛亥大寒

* 正月甲戌（十三日），遼道宗死，耶律延禧即位，是爲天祚帝。二月壬辰（初一），改元乾統。

遼天祚帝乾統二年（壬午 馬年） 公元 1102 ~ 1103 年

夏曆月序		中西曆日對照	初一	初二	初三	初四	初五	初六	初七	初八	初九	初十	十一	十二	十三	十四	十五	十六	十七	十八	十九	二十	二一	二二	二三	二四	二五	二六	二七	二八	二九	三十	節氣與天象
正月小	壬寅	天干地支 西曆星期	丁巳 21二	戊午 22三	己未 23四	庚申 24五	辛酉 25六	壬戌 26日	癸亥 27一	甲子 28二	乙丑 29三	丙寅 30四	丁卯 31五	戊辰 (2)六	己巳 2日	庚午 3一	辛未 4二	壬申 5三	癸酉 6四	甲戌 7五	乙亥 8六	丙子 9日	丁丑 10一	戊寅 11二	己卯 12三	庚辰 13四	辛巳 14五	壬午 15六	癸未 16日	甲申 17一	乙酉 18二		丙寅立春 辛巳雨水
二月大	癸卯	天干地支 西曆星期	丙戌 19三	丁亥 20四	戊子 21五	己丑 22六	庚寅 23日	辛卯 24一	壬辰 25二	癸巳 26三	甲午 27四	乙未 28五	丙申 (3)六	丁酉 2日	戊戌 3一	己亥 4二	庚子 5三	辛丑 6四	壬寅 7五	癸卯 8六	甲辰 9日	乙巳 10一	丙午 11二	丁未 12三	戊申 13四	己酉 14五	庚戌 15六	辛亥 16日	壬子 17一	癸丑 18二	甲寅 19三	乙卯 20四	丙申驚蟄 辛亥春分
三月小	甲辰	天干地支 西曆星期	丙辰 21五	丁巳 22六	戊午 23日	己未 24一	庚申 25二	辛酉 26三	壬戌 27四	癸亥 28五	甲子 29六	乙丑 30日	丙寅 31一	丁卯 (4)二	戊辰 2三	己巳 3四	庚午 4五	辛未 5六	壬申 6日	癸酉 7一	甲戌 8二	乙亥 9三	丙子 10四	丁丑 11五	戊寅 12六	己卯 13日	庚辰 14一	辛巳 15二	壬午 16三	癸未 17四	甲申 18五		丁卯清明 壬午穀雨
四月大	乙巳	天干地支 西曆星期	乙酉 19六	丙戌 20日	丁亥 21一	戊子 22二	己丑 23三	庚寅 24四	辛卯 25五	壬辰 26六	癸巳 27日	甲午 28一	乙未 29二	丙申 30三	丁酉 (5)四	戊戌 2五	己亥 3六	庚子 4日	辛丑 5一	壬寅 6二	癸卯 7三	甲辰 8四	乙巳 9五	丙午 10六	丁未 11日	戊申 12一	己酉 13二	庚戌 14三	辛亥 15四	壬子 16五	癸丑 17六	甲寅 18日	丁酉立夏 壬子小滿
五月大	丙午	天干地支 西曆星期	乙卯 19一	丙辰 20二	丁巳 21三	戊午 22四	己未 23五	庚申 24六	辛酉 25日	壬戌 26一	癸亥 27二	甲子 28三	乙丑 29四	丙寅 30五	丁卯 31六	戊辰 (6)日	己巳 2一	庚午 3二	辛未 4三	壬申 5四	癸酉 6五	甲戌 7六	乙亥 8日	丙子 9一	丁丑 10二	戊寅 11三	己卯 12四	庚辰 13五	辛巳 14六	壬午 15日	癸未 16一	甲申 17二	戊辰芒種 癸未夏至
六月小	丁未	天干地支 西曆星期	乙酉 18三	丙戌 19四	丁亥 20五	戊子 21六	己丑 22日	庚寅 23一	辛卯 24二	壬辰 25三	癸巳 26四	甲午 27五	乙未 28六	丙申 29日	丁酉 30一	戊戌 (7)二	己亥 2三	庚子 3四	辛丑 4五	壬寅 5六	癸卯 6日	甲辰 7一	乙巳 8二	丙午 9三	丁未 10四	戊申 11五	己酉 12六	庚戌 13日	辛亥 14一	壬子 15二	癸丑 16三		戊戌小暑 癸丑大暑
閏六月大	丁未	天干地支 西曆星期	甲寅 17四	乙卯 18五	丙辰 19六	丁巳 20日	戊午 21一	己未 22二	庚申 23三	辛酉 24四	壬戌 25五	癸亥 26六	甲子 27日	乙丑 28一	丙寅 29二	丁卯 30三	戊辰 31四	己巳 (8)五	庚午 2六	辛未 3日	壬申 4一	癸酉 5二	甲戌 6三	乙亥 7四	丙子 8五	丁丑 9六	戊寅 10日	己卯 11一	庚辰 12二	辛巳 13三	壬午 14四	癸未 15五	戊辰立秋
七月小	戊申	天干地支 西曆星期	甲申 16六	乙酉 17日	丙戌 18一	丁亥 19二	戊子 20三	己丑 21四	庚寅 22五	辛卯 23六	壬辰 24日	癸巳 25一	甲午 26二	乙未 27三	丙申 28四	丁酉 29五	戊戌 30六	己亥 31日	庚子 (9)一	辛丑 2二	壬寅 3三	癸卯 4四	甲辰 5五	乙巳 6六	丙午 7日	丁未 8一	戊申 9二	己酉 10三	庚戌 11四	辛亥 12五	壬子 13六		甲申處暑 己亥白露
八月大	己酉	天干地支 西曆星期	癸丑 14日	甲寅 15一	乙卯 16二	丙辰 17三	丁巳 18四	戊午 19五	己未 20六	庚申 21日	辛酉 22一	壬戌 23二	癸亥 24三	甲子 25四	乙丑 26五	丙寅 27六	丁卯 28日	戊辰 29一	己巳 30二	庚午 (10)三	辛未 2四	壬申 3五	癸酉 4六	甲戌 5日	乙亥 6一	丙子 7二	丁丑 8三	戊寅 9四	己卯 10五	庚辰 11六	辛巳 12日	壬午 13一	甲寅秋分 己巳寒露
九月大	庚戌	天干地支 西曆星期	癸未 14二	甲申 15三	乙酉 16四	丙戌 17五	丁亥 18六	戊子 19日	己丑 20一	庚寅 21二	辛卯 22三	壬辰 23四	癸巳 24五	甲午 25六	乙未 26日	丙申 27一	丁酉 28二	戊戌 29三	己亥 30四	庚子 31五	辛丑 (11)六	壬寅 2日	癸卯 3一	甲辰 4二	乙巳 5三	丙午 6四	丁未 7五	戊申 8六	己酉 9日	庚戌 10一	辛亥 11二	壬子 12三	甲申霜降 庚子立冬
十月小	辛亥	天干地支 西曆星期	癸丑 13四	甲寅 14五	乙卯 15六	丙辰 16日	丁巳 17一	戊午 18二	己未 19三	庚申 20四	辛酉 21五	壬戌 22六	癸亥 23日	甲子 24一	乙丑 25二	丙寅 26三	丁卯 27四	戊辰 28五	己巳 29六	庚午 30日	辛未 (12)一	壬申 2二	癸酉 3三	甲戌 4四	乙亥 5五	丙子 6六	丁丑 7日	戊寅 8一	己卯 9二	庚辰 10三	辛巳 11四		乙卯小雪 庚午大雪
十一月小	壬子	天干地支 西曆星期	壬午 12五	癸未 13六	甲申 14日	乙酉 15一	丙戌 16二	丁亥 17三	戊子 18四	己丑 19五	庚寅 20六	辛卯 21日	壬辰 22一	癸巳 23二	甲午 24三	乙未 25四	丙申 26五	丁酉 27六	戊戌 28日	己亥 29一	庚子 30二	辛丑 31三	壬寅 (1)四	癸卯 2五	甲辰 3六	乙巳 4日	丙午 5一	丁未 6二	戊申 7三	己酉 8四	庚戌 9五		乙酉冬至 辛丑小寒
十二月大	癸丑	天干地支 西曆星期	辛亥 10六	壬子 11日	癸丑 12一	甲寅 13二	乙卯 14三	丙辰 15四	丁巳 16五	戊午 17六	己未 18日	庚申 19一	辛酉 20二	壬戌 21三	癸亥 22四	甲子 23五	乙丑 24六	丙寅 25日	丁卯 26一	戊辰 27二	己巳 28三	庚午 29四	辛未 30五	壬申 31六	癸酉 (2)日	甲戌 2一	乙亥 3二	丙子 4三	丁丑 5四	戊寅 6五	己卯 7六	庚辰 8日	丙辰大寒 辛未立春

遼天祚帝乾統三年（癸未 羊年） 公元 1103 ~ 1104 年

夏曆月序		中西曆日對照	初一	初二	初三	初四	初五	初六	初七	初八	初九	初十	十一	十二	十三	十四	十五	十六	十七	十八	十九	二十	二一	二二	二三	二四	二五	二六	二七	二八	二九	三十	節氣與天象
正月小	甲寅	天干地支 西曆星期	辛巳 9 一	壬午 10 二	癸未 11 三	甲申 12 四	乙酉 13 五	丙戌 14 六	丁亥 15 日	戊子 16 一	己丑 17 二	庚寅 18 三	辛卯 19 四	壬辰 20 五	癸巳 21 六	甲午 22 日	乙未 23 一	丙申 24 二	丁酉 25 三	戊戌 26 四	己亥 27 五	庚子 28 六	辛丑 (3) 日	壬寅 2 一	癸卯 3 二	甲辰 4 三	乙巳 5 四	丙午 6 五	丁未 7 六	戊申 8 日	己酉 9 一		丙戌雨水 壬寅驚蟄
二月大	乙卯	天干地支 西曆星期	庚戌 10 二	辛亥 11 三	壬子 12 四	癸丑 13 五	甲寅 14 六	乙卯 15 日	丙辰 16 一	丁巳 17 二	戊午 18 三	己未 19 四	庚申 20 五	辛酉 21 六	壬戌 22 日	癸亥 23 一	甲子 24 二	乙丑 25 三	丙寅 26 四	丁卯 27 五	戊辰 28 六	己巳 29 日	庚午 30 一	辛未 31 二	壬申 (4) 三	癸酉 2 四	甲戌 3 五	乙亥 4 六	丙子 5 日	丁丑 6 一	戊寅 7 二	己卯 8 三	丁巳春分 壬申清明
三月小	丙辰	天干地支 西曆星期	庚辰 9 四	辛巳 10 五	壬午 11 六	癸未 12 日	甲申 13 一	乙酉 14 二	丙戌 15 三	丁亥 16 四	戊子 17 五	己丑 18 六	庚寅 19 日	辛卯 20 一	壬辰 21 二	癸巳 22 三	甲午 23 四	乙未 24 五	丙申 25 六	丁酉 26 日	戊戌 27 一	己亥 28 二	庚子 29 三	辛丑 30 四	壬寅 (5) 五	癸卯 2 六	甲辰 3 日	乙巳 4 一	丙午 5 二	丁未 6 三	戊申 7 四		丁亥穀雨 壬寅立夏
四月大	丁巳	天干地支 西曆星期	己酉 8 五	庚戌 9 六	辛亥 10 日	壬子 11 一	癸丑 12 二	甲寅 13 三	乙卯 14 四	丙辰 15 五	丁巳 16 六	戊午 17 日	己未 18 一	庚申 19 二	辛酉 20 三	壬戌 21 四	癸亥 22 五	甲子 23 六	乙丑 24 日	丙寅 25 一	丁卯 26 二	戊辰 27 三	己巳 28 四	庚午 29 五	辛未 30 六	壬申 31 日	癸酉 (6) 一	甲戌 2 二	乙亥 3 三	丙子 4 四	丁丑 5 五	戊寅 6 六	戊午小滿 癸酉芒種
五月小	戊午	天干地支 西曆星期	己卯 7 日	庚辰 8 一	辛巳 9 二	壬午 10 三	癸未 11 四	甲申 12 五	乙酉 13 六	丙戌 14 日	丁亥 15 一	戊子 16 二	己丑 17 三	庚寅 18 四	辛卯 19 五	壬辰 20 六	癸巳 21 日	甲午 22 一	乙未 23 二	丙申 24 三	丁酉 25 四	戊戌 26 五	己亥 27 六	庚子 28 日	辛丑 29 一	壬寅 30 二	癸卯 (7) 三	甲辰 2 四	乙巳 3 五	丙午 4 六	丁未 5 日		戊子夏至 癸卯小暑
六月大	己未	天干地支 西曆星期	戊申 6 一	己酉 7 二	庚戌 8 三	辛亥 9 四	壬子 10 五	癸丑 11 六	甲寅 12 日	乙卯 13 一	丙辰 14 二	丁巳 15 三	戊午 16 四	己未 17 五	庚申 18 六	辛酉 19 日	壬戌 20 一	癸亥 21 二	甲子 22 三	乙丑 23 四	丙寅 24 五	丁卯 25 六	戊辰 26 日	己巳 27 一	庚午 28 二	辛未 29 三	壬申 30 四	癸酉 31 五	甲戌 (8) 六	乙亥 2 日	丙子 3 一	丁丑 4 二	戊午大暑 甲戌立秋
七月大	庚申	天干地支 西曆星期	戊寅 5 三	己卯 6 四	庚辰 7 五	辛巳 8 六	壬午 9 日	癸未 10 一	甲申 11 二	乙酉 12 三	丙戌 13 四	丁亥 14 五	戊子 15 六	己丑 16 日	庚寅 17 一	辛卯 18 二	壬辰 19 三	癸巳 20 四	甲午 21 五	乙未 22 六	丙申 23 日	丁酉 24 一	戊戌 25 二	己亥 26 三	庚子 27 四	辛丑 28 五	壬寅 29 六	癸卯 30 日	甲辰 31 一	乙巳 (9) 二	丙午 2 三	丁未 3 四	己丑處暑 甲辰白露
八月小	辛酉	天干地支 西曆星期	戊申 4 五	己酉 5 六	庚戌 6 日	辛亥 7 一	壬子 8 二	癸丑 9 三	甲寅 10 四	乙卯 11 五	丙辰 12 六	丁巳 13 日	戊午 14 一	己未 15 二	庚申 16 三	辛酉 17 四	壬戌 18 五	癸亥 19 六	甲子 20 日	乙丑 21 一	丙寅 22 二	丁卯 23 三	戊辰 24 四	己巳 25 五	庚午 26 六	辛未 27 日	壬申 28 一	癸酉 29 二	甲戌 30 三	乙亥 (10) 四	丙子 2 五		己未秋分 乙亥寒露
九月大	壬戌	天干地支 西曆星期	丁丑 3 六	戊寅 4 日	己卯 5 一	庚辰 6 二	辛巳 7 三	壬午 8 四	癸未 9 五	甲申 10 六	乙酉 11 日	丙戌 12 一	丁亥 13 二	戊子 14 三	己丑 15 四	庚寅 16 五	辛卯 17 六	壬辰 18 日	癸巳 19 一	甲午 20 二	乙未 21 三	丙申 22 四	丁酉 23 五	戊戌 24 六	己亥 25 日	庚子 26 一	辛丑 27 二	壬寅 28 三	癸卯 29 四	甲辰 30 五	乙巳 31 六	丙午 (11) 日	庚寅霜降 乙巳立冬
十月大	癸亥	天干地支 西曆星期	丁未 2 一	戊申 3 二	己酉 4 三	庚戌 5 四	辛亥 6 五	壬子 7 六	癸丑 8 日	甲寅 9 一	乙卯 10 二	丙辰 11 三	丁巳 12 四	戊午 13 五	己未 14 六	庚申 15 日	辛酉 16 一	壬戌 17 二	癸亥 18 三	甲子 19 四	乙丑 20 五	丙寅 21 六	丁卯 22 日	戊辰 23 一	己巳 24 二	庚午 25 三	辛未 26 四	壬申 27 五	癸酉 28 六	甲戌 29 日	乙亥 30 一	丙子 (12) 二	庚申小雪 乙亥大雪
十一月小	甲子	天干地支 西曆星期	丁丑 2 三	戊寅 3 四	己卯 4 五	庚辰 5 六	辛巳 6 日	壬午 7 一	癸未 8 二	甲申 9 三	乙酉 10 四	丙戌 11 五	丁亥 12 六	戊子 13 日	己丑 14 一	庚寅 15 二	辛卯 16 三	壬辰 17 四	癸巳 18 五	甲午 19 六	乙未 20 日	丙申 21 一	丁酉 22 二	戊戌 23 三	己亥 24 四	庚子 25 五	辛丑 26 六	壬寅 27 日	癸卯 28 一	甲辰 29 二	乙巳 30 三		辛卯冬至
十二月大	乙丑	天干地支 西曆星期	丙午 31 四	丁未 (1) 五	戊申 2 六	己酉 3 日	庚戌 4 一	辛亥 5 二	壬子 6 三	癸丑 7 四	甲寅 8 五	乙卯 9 六	丙辰 10 日	丁巳 11 一	戊午 12 二	己未 13 三	庚申 14 四	辛酉 15 五	壬戌 16 六	癸亥 17 日	甲子 18 一	乙丑 19 二	丙寅 20 三	丁卯 21 四	戊辰 22 五	己巳 23 六	庚午 24 日	辛未 25 一	壬申 26 二	癸酉 27 三	甲戌 28 四	乙亥 29 五	丙午小寒 辛酉大寒

遼天祚帝乾統四年（甲申 猴年） 公元 **1104** ~ 1105 年

夏曆月序		中西曆日對照	初一	初二	初三	初四	初五	初六	初七	初八	初九	初十	十一	十二	十三	十四	十五	十六	十七	十八	十九	二十	二一	二二	二三	二四	二五	二六	二七	二八	二九	三十	節氣與天象
正月小	丙寅	天干地支 西曆星期	丙子 30 六	丁丑 31 日	戊寅 (2) 一	己卯 2 二	庚辰 3 三	辛巳 4 四	壬午 5 五	癸未 6 六	甲申 7 日	乙酉 8 一	丙戌 9 二	丁亥 10 三	戊子 11 四	己丑 12 五	庚寅 13 六	辛卯 14 日	壬辰 15 一	癸巳 16 二	甲午 17 三	乙未 18 四	丙申 19 五	丁酉 20 六	戊戌 21 日	己亥 22 一	庚子 23 二	辛丑 24 三	壬寅 25 四	癸卯 26 五	甲辰 27 六		丙子立春 壬辰雨水
二月小	丁卯	天干地支 西曆星期	乙巳 28 日	丙午 29 一	丁未 (3) 二	戊申 2 三	己酉 3 四	庚戌 4 五	辛亥 5 六	壬子 6 日	癸丑 7 一	甲寅 8 二	乙卯 9 三	丙辰 10 四	丁巳 11 五	戊午 12 六	己未 13 日	庚申 14 一	辛酉 15 二	壬戌 16 三	癸亥 17 四	甲子 18 五	乙丑 19 六	丙寅 20 日	丁卯 21 一	戊辰 22 二	己巳 23 三	庚午 24 四	辛未 25 五	壬申 26 六	癸酉 27 日		丁未驚蟄 壬戌春分
三月大	戊辰	天干地支 西曆星期	甲戌 28 一	乙亥 29 二	丙子 30 三	丁丑 31 四	戊寅 (4) 五	己卯 2 六	庚辰 3 日	辛巳 4 一	壬午 5 二	癸未 6 三	甲申 7 四	乙酉 8 五	丙戌 9 六	丁亥 10 日	戊子 11 一	己丑 12 二	庚寅 13 三	辛卯 14 四	壬辰 15 五	癸巳 16 六	甲午 17 日	乙未 18 一	丙申 19 二	丁酉 20 三	戊戌 21 四	己亥 22 五	庚子 23 六	辛丑 24 日	壬寅 25 一	癸卯 26 二	丁丑清明 壬辰穀雨
四月小	己巳	天干地支 西曆星期	甲辰 27 三	乙巳 28 四	丙午 29 五	丁未 30 六	戊申 (5) 日	己酉 2 一	庚戌 3 二	辛亥 4 三	壬子 5 四	癸丑 6 五	甲寅 7 六	乙卯 8 日	丙辰 9 一	丁巳 10 二	戊午 11 三	己未 12 四	庚申 13 五	辛酉 14 六	壬戌 15 日	癸亥 16 一	甲子 17 二	乙丑 18 三	丙寅 19 四	丁卯 20 五	戊辰 21 六	己巳 22 日	庚午 23 一	辛未 24 二	壬申 25 三		戊申立夏 癸亥小滿
五月小	庚午	天干地支 西曆星期	癸酉 26 四	甲戌 27 五	乙亥 28 六	丙子 29 日	丁丑 30 一	戊寅 31 二	己卯 (6) 三	庚辰 2 四	辛巳 3 五	壬午 4 六	癸未 5 日	甲申 6 一	乙酉 7 二	丙戌 8 三	丁亥 9 四	戊子 10 五	己丑 11 六	庚寅 12 日	辛卯 13 一	壬辰 14 二	癸巳 15 三	甲午 16 四	乙未 17 五	丙申 18 六	丁酉 19 日	戊戌 20 一	己亥 21 二	庚子 22 三	辛丑 23 四		戊寅芒種 癸巳夏至
六月大	辛未	天干地支 西曆星期	壬寅 24 五	癸卯 25 六	甲辰 26 日	乙巳 27 一	丙午 28 二	丁未 29 三	戊申 30 四	己酉 (7) 五	庚戌 2 六	辛亥 3 日	壬子 4 一	癸丑 5 二	甲寅 6 三	乙卯 7 四	丙辰 8 五	丁巳 9 六	戊午 10 日	己未 11 一	庚申 12 二	辛酉 13 三	壬戌 14 四	癸亥 15 五	甲子 16 六	乙丑 17 日	丙寅 18 一	丁卯 19 二	戊辰 20 三	己巳 21 四	庚午 22 五	辛未 23 六	己酉小暑 甲子大暑
七月大	壬申	天干地支 西曆星期	壬申 24 日	癸酉 25 一	甲戌 26 二	乙亥 27 三	丙子 28 四	丁丑 29 五	戊寅 30 六	己卯 31 日	庚辰 (8) 一	辛巳 2 二	壬午 3 三	癸未 4 四	甲申 5 五	乙酉 6 六	丙戌 7 日	丁亥 8 一	戊子 9 二	己丑 10 三	庚寅 11 四	辛卯 12 五	壬辰 13 六	癸巳 14 日	甲午 15 一	乙未 16 二	丙申 17 三	丁酉 18 四	戊戌 19 五	己亥 20 六	庚子 21 日	辛丑 22 一	己卯立秋 甲午處暑
八月小	癸酉	天干地支 西曆星期	壬寅 23 二	癸卯 24 三	甲辰 25 四	乙巳 26 五	丙午 27 六	丁未 28 日	戊申 29 一	己酉 30 二	庚戌 31 三	辛亥 (9) 四	壬子 2 五	癸丑 3 六	甲寅 4 日	乙卯 5 一	丙辰 6 二	丁巳 7 三	戊午 8 四	己未 9 五	庚申 10 六	辛酉 11 日	壬戌 12 一	癸亥 13 二	甲子 14 三	乙丑 15 四	丙寅 16 五	丁卯 17 六	戊辰 18 日	己巳 19 一	庚午 20 二		己酉白露 乙丑秋分
九月大	甲戌	天干地支 西曆星期	辛未 21 三	壬申 22 四	癸酉 23 五	甲戌 24 六	乙亥 25 日	丙子 26 一	丁丑 27 二	戊寅 28 三	己卯 29 四	庚辰 30 五	辛巳 (10) 六	壬午 2 日	癸未 3 一	甲申 4 二	乙酉 5 三	丙戌 6 四	丁亥 7 五	戊子 8 六	己丑 9 日	庚寅 10 一	辛卯 11 二	壬辰 12 三	癸巳 13 四	甲午 14 五	乙未 15 六	丙申 16 日	丁酉 17 一	戊戌 18 二	己亥 19 三	庚子 20 四	庚辰寒露 乙未霜降
十月大	乙亥	天干地支 西曆星期	辛丑 21 五	壬寅 22 六	癸卯 23 日	甲辰 24 一	乙巳 25 二	丙午 26 三	丁未 27 四	戊申 28 五	己酉 29 六	庚戌 30 日	辛亥 31 一	壬子 (11) 二	癸丑 2 三	甲寅 3 四	乙卯 4 五	丙辰 5 六	丁巳 6 日	戊午 7 一	己未 8 二	庚申 9 三	辛酉 10 四	壬戌 11 五	癸亥 12 六	甲子 13 日	乙丑 14 一	丙寅 15 二	丁卯 16 三	戊辰 17 四	己巳 18 五	庚午 19 六	庚戌立冬 乙丑小雪
十一月小	丙子	天干地支 西曆星期	辛未 20 日	壬申 21 一	癸酉 22 二	甲戌 23 三	乙亥 24 四	丙子 25 五	丁丑 26 六	戊寅 27 日	己卯 28 一	庚辰 29 二	辛巳 30 三	壬午 (12) 四	癸未 2 五	甲申 3 六	乙酉 4 日	丙戌 5 一	丁亥 6 二	戊子 7 三	己丑 8 四	庚寅 9 五	辛卯 10 六	壬辰 11 日	癸巳 12 一	甲午 13 二	乙未 14 三	丙申 15 四	丁酉 16 五	戊戌 17 六	己亥 18 日		辛巳大雪 丙申冬至
十二月大	丁丑	天干地支 西曆星期	庚子 19 一	辛丑 20 二	壬寅 21 三	癸卯 22 四	甲辰 23 五	乙巳 24 六	丙午 25 日	丁未 26 一	戊申 27 二	己酉 28 三	庚戌 29 四	辛亥 30 五	壬子 31 六	癸丑 (1) 日	甲寅 2 一	乙卯 3 二	丙辰 4 三	丁巳 5 四	戊午 6 五	己未 7 六	庚申 8 日	辛酉 9 一	壬戌 10 二	癸亥 11 三	甲子 12 四	乙丑 13 五	丙寅 14 六	丁卯 15 日	戊辰 16 一	己巳 17 二	辛亥小寒 丙寅大寒

遼天祚帝乾統五年（乙酉 鷄年） 公元 1105 ~ 1106 年

夏曆月序		中西曆日對照	初一	初二	初三	初四	初五	初六	初七	初八	初九	初十	十一	十二	十三	十四	十五	十六	十七	十八	十九	二十	二一	二二	二三	二四	二五	二六	二七	二八	二九	三十	節氣與天象
正月大	戊寅	天干地支 西曆 星期	庚午 18 三	辛未 19 四	壬申 20 五	癸酉 21 六	甲戌 22 日	乙亥 23 一	丙子 24 二	丁丑 25 三	戊寅 26 四	己卯 27 五	庚辰 28 六	辛巳 29 日	壬午 30 一	癸未 31 二	甲申 (2) 三	乙酉 2 四	丙戌 3 五	丁亥 4 六	戊子 5 日	己丑 6 一	庚寅 7 二	辛卯 8 三	壬辰 9 四	癸巳 10 五	甲午 11 六	乙未 12 日	丙申 13 一	丁酉 14 二	戊戌 15 三	己亥 16 四	壬午立春 丁酉雨水
二月小	己卯	天干地支 西曆 星期	庚子 17 五	辛丑 18 六	壬寅 19 日	癸卯 20 一	甲辰 21 二	乙巳 22 三	丙午 23 四	丁未 24 五	戊申 25 六	己酉 26 日	庚戌 27 一	辛亥 28 二	壬子 (3) 三	癸丑 2 四	甲寅 3 五	乙卯 4 六	丙辰 5 日	丁巳 6 一	戊午 7 二	己未 8 三	庚申 9 四	辛酉 10 五	壬戌 11 六	癸亥 12 日	甲子 13 一	乙丑 14 二	丙寅 15 三	丁卯 16 四	戊辰 17 五		壬子驚蟄 丁卯春分
三月大	庚辰	天干地支 西曆 星期	己巳 18 六	庚午 19 日	辛未 20 一	壬申 21 二	癸酉 22 三	甲戌 23 四	乙亥 24 五	丙子 25 六	丁丑 26 日	戊寅 27 一	己卯 28 二	庚辰 29 三	辛巳 30 四	壬午 31 五	癸未 (4) 六	甲申 2 日	乙酉 3 一	丙戌 4 二	丁亥 5 三	戊子 6 四	己丑 7 五	庚寅 8 六	辛卯 9 日	壬辰 10 一	癸巳 11 二	甲午 12 三	乙未 13 四	丙申 14 五	丁酉 15 六	戊戌 16 日	壬午清明 戊戌穀雨
閏三月小	庚辰	天干地支 西曆 星期	己亥 17 一	庚子 18 二	辛丑 19 三	壬寅 20 四	癸卯 21 五	甲辰 22 六	乙巳 23 日	丙午 24 一	丁未 25 二	戊申 26 三	己酉 27 四	庚戌 28 五	辛亥 29 六	壬子 30 日	癸丑 (5) 一	甲寅 2 二	乙卯 3 三	丙辰 4 四	丁巳 5 五	戊午 6 六	己未 7 日	庚申 8 一	辛酉 9 二	壬戌 10 三	癸亥 11 四	甲子 12 五	乙丑 13 六	丙寅 14 日	丁卯 15 一		癸丑立夏
四月小	辛巳	天干地支 西曆 星期	戊辰 16 二	己巳 17 三	庚午 18 四	辛未 19 五	壬申 20 六	癸酉 21 日	甲戌 22 一	乙亥 23 二	丙子 24 三	丁丑 25 四	戊寅 26 五	己卯 27 六	庚辰 28 日	辛巳 29 一	壬午 30 二	癸未 31 三	甲申 (6) 四	乙酉 2 五	丙戌 3 六	丁亥 4 日	戊子 5 一	己丑 6 二	庚寅 7 三	辛卯 8 四	壬辰 9 五	癸巳 10 六	甲午 11 日	乙未 12 一	丙申 13 二		戊辰小滿 癸未芒種
五月小	壬午	天干地支 西曆 星期	丁酉 14 三	戊戌 15 四	己亥 16 五	庚子 17 六	辛丑 18 日	壬寅 19 一	癸卯 20 二	甲辰 21 三	乙巳 22 四	丙午 23 五	丁未 24 六	戊申 25 日	己酉 26 一	庚戌 27 二	辛亥 28 三	壬子 29 四	癸丑 30 五	甲寅 (7) 六	乙卯 2 日	丙辰 3 一	丁巳 4 二	戊午 5 三	己未 6 四	庚申 7 五	辛酉 8 六	壬戌 9 日	癸亥 10 一	甲子 11 二	乙丑 12 三		己亥夏至 甲寅小暑
六月大	癸未	天干地支 西曆 星期	丙寅 13 四	丁卯 14 五	戊辰 15 六	己巳 16 日	庚午 17 一	辛未 18 二	壬申 19 三	癸酉 20 四	甲戌 21 五	乙亥 22 六	丙子 23 日	丁丑 24 一	戊寅 25 二	己卯 26 三	庚辰 27 四	辛巳 28 五	壬午 29 六	癸未 30 日	甲申 31 一	乙酉 (8) 二	丙戌 2 三	丁亥 3 四	戊子 4 五	己丑 5 六	庚寅 6 日	辛卯 7 一	壬辰 8 二	癸巳 9 三	甲午 10 四	乙未 11 五	己巳大暑 甲申立秋
七月小	甲申	天干地支 西曆 星期	丙申 12 六	丁酉 13 日	戊戌 14 一	己亥 15 二	庚子 16 三	辛丑 17 四	壬寅 18 五	癸卯 19 六	甲辰 20 日	乙巳 21 一	丙午 22 二	丁未 23 三	戊申 24 四	己酉 25 五	庚戌 26 六	辛亥 27 日	壬子 28 一	癸丑 29 二	甲寅 30 三	乙卯 31 四	丙辰 (9) 五	丁巳 2 六	戊午 3 日	己未 4 一	庚申 5 二	辛酉 6 三	壬戌 7 四	癸亥 8 五	甲子 9 六		己亥處暑 乙卯白露
八月大	乙酉	天干地支 西曆 星期	乙丑 10 日	丙寅 11 一	丁卯 12 二	戊辰 13 三	己巳 14 四	庚午 15 五	辛未 16 六	壬申 17 日	癸酉 18 一	甲戌 19 二	乙亥 20 三	丙子 21 四	丁丑 22 五	戊寅 23 六	己卯 24 日	庚辰 25 一	辛巳 26 二	壬午 27 三	癸未 28 四	甲申 29 五	乙酉 30 六	丙戌 (10) 日	丁亥 2 一	戊子 3 二	己丑 4 三	庚寅 5 四	辛卯 6 五	壬辰 7 六	癸巳 8 日	甲午 9 一	庚午秋分 乙酉寒露
九月大	丙戌	天干地支 西曆 星期	乙未 10 二	丙申 11 三	丁酉 12 四	戊戌 13 五	己亥 14 六	庚子 15 日	辛丑 16 一	壬寅 17 二	癸卯 18 三	甲辰 19 四	乙巳 20 五	丙午 21 六	丁未 22 日	戊申 23 一	己酉 24 二	庚戌 25 三	辛亥 26 四	壬子 27 五	癸丑 28 六	甲寅 29 日	乙卯 30 一	丙辰 31 二	丁巳 (11) 三	戊午 2 四	己未 3 五	庚申 4 六	辛酉 5 日	壬戌 6 一	癸亥 7 二	甲子 8 三	庚子霜降 丙辰立冬
十月大	丁亥	天干地支 西曆 星期	乙丑 9 四	丙寅 10 五	丁卯 11 六	戊辰 12 日	己巳 13 一	庚午 14 二	辛未 15 三	壬申 16 四	癸酉 17 五	甲戌 18 六	乙亥 19 日	丙子 20 一	丁丑 21 二	戊寅 22 三	己卯 23 四	庚辰 24 五	辛巳 25 六	壬午 26 日	癸未 27 一	甲申 28 二	乙酉 29 三	丙戌 30 四	丁亥 (12) 五	戊子 2 六	己丑 3 日	庚寅 4 一	辛卯 5 二	壬辰 6 三	癸巳 7 四	甲午 8 五	辛未小雪 丙戌大雪
十一月小	戊子	天干地支 西曆 星期	乙未 9 六	丙申 10 日	丁酉 11 一	戊戌 12 二	己亥 13 三	庚子 14 四	辛丑 15 五	壬寅 16 六	癸卯 17 日	甲辰 18 一	乙巳 19 二	丙午 20 三	丁未 21 四	戊申 22 五	己酉 23 六	庚戌 24 日	辛亥 25 一	壬子 26 二	癸丑 27 三	甲寅 28 四	乙卯 29 五	丙辰 30 六	丁巳 31 日	戊午 (1) 一	己未 2 二	庚申 3 三	辛酉 4 四	壬戌 5 五	癸亥 6 六		辛丑冬至 丙辰小寒
十二月大	己丑	天干地支 西曆 星期	甲子 7 日	乙丑 8 一	丙寅 9 二	丁卯 10 三	戊辰 11 四	己巳 12 五	庚午 13 六	辛未 14 日	壬申 15 一	癸酉 16 二	甲戌 17 三	乙亥 18 四	丙子 19 五	丁丑 20 六	戊寅 21 日	己卯 22 一	庚辰 23 二	辛巳 24 三	壬午 25 四	癸未 26 五	甲申 27 六	乙酉 28 日	丙戌 29 一	丁亥 30 二	戊子 31 三	己丑 (2) 四	庚寅 2 五	辛卯 3 六	壬辰 4 日	癸巳 5 一	壬申大寒 丁亥立春

遼天祚帝乾統六年（丙戌 狗年） 公元 **1106** ~ 1107 年

夏曆月序		中西曆日對照	初一	初二	初三	初四	初五	初六	初七	初八	初九	初十	十一	十二	十三	十四	十五	十六	十七	十八	十九	二十	二一	二二	二三	二四	二五	二六	二七	二八	二九	三十	節氣與天象
正月大	庚寅	天干 地支 西曆 星期	甲午 6 二	乙未 7 三	丙申 8 四	丁酉 9 五	戊戌 10 六	己亥 11 日	庚子 12 一	辛丑 13 二	壬寅 14 三	癸卯 15 四	甲辰 16 五	乙巳 17 六	丙午 18 日	丁未 19 一	戊申 20 二	己酉 21 三	庚戌 22 四	辛亥 23 五	壬子 24 六	癸丑 25 日	甲寅 26 一	乙卯 27 二	丙辰 28 三	丁巳 (3) 四	戊午 2 五	己未 3 六	庚申 4 日	辛酉 5 一	壬戌 6 二	癸亥 7 三	壬寅雨水 丁巳驚蟄
二月小	辛卯	天干 地支 西曆 星期	甲子 8 四	乙丑 9 五	丙寅 10 六	丁卯 11 日	戊辰 12 一	己巳 13 二	庚午 14 三	辛未 15 四	壬申 16 五	癸酉 17 六	甲戌 18 日	乙亥 19 一	丙子 20 二	丁丑 21 三	戊寅 22 四	己卯 23 五	庚辰 24 六	辛巳 25 日	壬午 26 一	癸未 27 二	甲申 28 三	乙酉 29 四	丙戌 30 五	丁亥 31 六	戊子 (4) 日	己丑 2 一	庚寅 3 二	辛卯 4 三	壬辰 5 四		壬申春分 戊子清明
三月小	壬辰	天干 地支 西曆 星期	癸巳 6 五	甲午 7 六	乙未 8 日	丙申 9 一	丁酉 10 二	戊戌 11 三	己亥 12 四	庚子 13 五	辛丑 14 六	壬寅 15 日	癸卯 16 一	甲辰 17 二	乙巳 18 三	丙午 19 四	丁未 20 五	戊申 21 六	己酉 22 日	庚戌 23 一	辛亥 24 二	壬子 25 三	癸丑 26 四	甲寅 27 五	乙卯 28 六	丙辰 29 日	丁巳 30 一	戊午 (5) 二	己未 2 三	庚申 3 四	辛酉 4 五		癸卯穀雨 戊午立夏
四月大	癸巳	天干 地支 西曆 星期	壬戌 5 六	癸亥 6 日	甲子 7 一	乙丑 8 二	丙寅 9 三	丁卯 10 四	戊辰 11 五	己巳 12 六	庚午 13 日	辛未 14 一	壬申 15 二	癸酉 16 三	甲戌 17 四	乙亥 18 五	丙子 19 六	丁丑 20 日	戊寅 21 一	己卯 22 二	庚辰 23 三	辛巳 24 四	壬午 25 五	癸未 26 六	甲申 27 日	乙酉 28 一	丙戌 29 二	丁亥 30 三	戊子 31 四	己丑 (6) 五	庚寅 2 六	辛卯 3 日	癸酉小滿 己丑芒種
五月小	甲午	天干 地支 西曆 星期	壬辰 4 一	癸巳 5 二	甲午 6 三	乙未 7 四	丙申 8 五	丁酉 9 六	戊戌 10 日	己亥 11 一	庚子 12 二	辛丑 13 三	壬寅 14 四	癸卯 15 五	甲辰 16 六	乙巳 17 日	丙午 18 一	丁未 19 二	戊申 20 三	己酉 21 四	庚戌 22 五	辛亥 23 六	壬子 24 日	癸丑 25 一	甲寅 26 二	乙卯 27 三	丙辰 28 四	丁巳 29 五	戊午 30 六	己未 (7) 日	庚申 2 一		甲辰夏至 己未小暑
六月小	乙未	天干 地支 西曆 星期	辛酉 3 二	壬戌 4 三	癸亥 5 四	甲子 6 五	乙丑 7 六	丙寅 8 日	丁卯 9 一	戊辰 10 二	己巳 11 三	庚午 12 四	辛未 13 五	壬申 14 六	癸酉 15 日	甲戌 16 一	乙亥 17 二	丙子 18 三	丁丑 19 四	戊寅 20 五	己卯 21 六	庚辰 22 日	辛巳 23 一	壬午 24 二	癸未 25 三	甲申 26 四	乙酉 27 五	丙戌 28 六	丁亥 29 日	戊子 30 一	己丑 31 二		甲戌大暑 己丑立秋
七月大	丙申	天干 地支 西曆 星期	庚寅 (8) 三	辛卯 2 四	壬辰 3 五	癸巳 4 六	甲午 5 日	乙未 6 一	丙申 7 二	丁酉 8 三	戊戌 9 四	己亥 10 五	庚子 11 六	辛丑 12 日	壬寅 13 一	癸卯 14 二	甲辰 15 三	乙巳 16 四	丙午 17 五	丁未 18 六	戊申 19 日	己酉 20 一	庚戌 21 二	辛亥 22 三	壬子 23 四	癸丑 24 五	甲寅 25 六	乙卯 26 日	丙辰 27 一	丁巳 28 二	戊午 29 三	己未 30 四	乙巳處暑
八月小	丁酉	天干 地支 西曆 星期	庚申 31 五	辛酉 (9) 六	壬戌 2 日	癸亥 3 一	甲子 4 二	乙丑 5 三	丙寅 6 四	丁卯 7 五	戊辰 8 六	己巳 9 日	庚午 10 一	辛未 11 二	壬申 12 三	癸酉 13 四	甲戌 14 五	乙亥 15 六	丙子 16 日	丁丑 17 一	戊寅 18 二	己卯 19 三	庚辰 20 四	辛巳 21 五	壬午 22 六	癸未 23 日	甲申 24 一	乙酉 25 二	丙戌 26 三	丁亥 27 四	戊子 28 五		庚申白露 乙亥秋分
九月大	戊戌	天干 地支 西曆 星期	己丑 29 六	庚寅 30 日	辛卯 (10) 一	壬辰 2 二	癸巳 3 三	甲午 4 四	乙未 5 五	丙申 6 六	丁酉 7 日	戊戌 8 一	己亥 9 二	庚子 10 三	辛丑 11 四	壬寅 12 五	癸卯 13 六	甲辰 14 日	乙巳 15 一	丙午 16 二	丁未 17 三	戊申 18 四	己酉 19 五	庚戌 20 六	辛亥 21 日	壬子 22 一	癸丑 23 二	甲寅 24 三	乙卯 25 四	丙辰 26 五	丁巳 27 六	戊午 28 日	庚寅寒露 乙巳霜降
十月小	己亥	天干 地支 西曆 星期	己未 29 一	庚申 30 二	辛酉 31 三	壬戌 (11) 四	癸亥 2 五	甲子 3 六	乙丑 4 日	丙寅 5 一	丁卯 6 二	戊辰 7 三	己巳 8 四	庚午 9 五	辛未 10 六	壬申 11 日	癸酉 12 一	甲戌 13 二	乙亥 14 三	丙子 15 四	丁丑 16 五	戊寅 17 六	己卯 18 日	庚辰 19 一	辛巳 20 二	壬午 21 三	癸未 22 四	甲申 23 五	乙酉 24 六	丙戌 25 日	丁亥 26 一		辛酉立冬 丙子小雪
十一月大	庚子	天干 地支 西曆 星期	戊子 27 二	己丑 28 三	庚寅 29 四	辛卯 30 五	壬辰 (12) 六	癸巳 2 日	甲午 3 一	乙未 4 二	丙申 5 三	丁酉 6 四	戊戌 7 五	己亥 8 六	庚子 9 日	辛丑 10 一	壬寅 11 二	癸卯 12 三	甲辰 13 四	乙巳 14 五	丙午 15 六	丁未 16 日	戊申 17 一	己酉 18 二	庚戌 19 三	辛亥 20 四	壬子 21 五	癸丑 22 六	甲寅 23 日	乙卯 24 一	丙辰 25 二	丁巳 26 三	辛卯大雪 丙子冬至
十二月大	辛丑	天干 地支 西曆 星期	戊午 27 四	己未 28 五	庚申 29 六	辛酉 30 日	壬戌 31 一	癸亥 (1) 二	甲子 2 三	乙丑 3 四	丙寅 4 五	丁卯 5 六	戊辰 6 日	己巳 7 一	庚午 8 二	辛未 9 三	壬申 10 四	癸酉 11 五	甲戌 12 六	乙亥 13 日	丙子 14 一	丁丑 15 二	戊寅 16 三	己卯 17 四	庚辰 18 五	辛巳 19 六	壬午 20 日	癸未 21 一	甲申 22 二	乙酉 23 三	丙戌 24 四	丁亥 25 五	壬戌小寒 丁丑大寒

遼天祚帝乾統七年（丁亥 猪年） 公元 1107 ~ 1108 年

夏曆月序		中西曆日對照	初一	初二	初三	初四	初五	初六	初七	初八	初九	初十	十一	十二	十三	十四	十五	十六	十七	十八	十九	二十	二一	二二	二三	二四	二五	二六	二七	二八	二九	三十	節氣與天象
正月大	壬寅	天干 地支 西曆 星期	戊子 26 六	己丑 27 日	庚寅 28 一	辛卯 29 二	壬辰 30 三	癸巳 31 四	甲午 (2) 五	乙未 2 六	丙申 3 日	丁酉 4 一	戊戌 5 二	己亥 6 三	庚子 7 四	辛丑 8 五	壬寅 9 六	癸卯 10 日	甲辰 11 一	乙巳 12 二	丙午 13 三	丁未 14 四	戊申 15 五	己酉 16 六	庚戌 17 日	辛亥 18 一	壬子 19 二	癸丑 20 三	甲寅 21 四	乙卯 22 五	丙辰 23 六	丁巳 24 日	壬辰立春 丁未雨水
二月小	癸卯	天干 地支 西曆 星期	戊午 25 一	己未 26 二	庚申 27 三	辛酉 28 四	壬戌 (3) 五	癸亥 2 六	甲子 3 日	乙丑 4 一	丙寅 5 二	丁卯 6 三	戊辰 7 四	己巳 8 五	庚午 9 六	辛未 10 日	壬申 11 一	癸酉 12 二	甲戌 13 三	乙亥 14 四	丙子 15 五	丁丑 16 六	戊寅 17 日	己卯 18 一	庚辰 19 二	辛巳 20 三	壬午 21 四	癸未 22 五	甲申 23 六	乙酉 24 日	丙戌 25 一		壬戌驚蟄 戊寅春分
三月大	甲辰	天干 地支 西曆 星期	丁亥 26 二	戊子 27 三	己丑 28 四	庚寅 29 五	辛卯 30 六	壬辰 31 日	癸巳 (4) 一	甲午 2 二	乙未 3 三	丙申 4 四	丁酉 5 五	戊戌 6 六	己亥 7 日	庚子 8 一	辛丑 9 二	壬寅 10 三	癸卯 11 四	甲辰 12 五	乙巳 13 六	丙午 14 日	丁未 15 一	戊申 16 二	己酉 17 三	庚戌 18 四	辛亥 19 五	壬子 20 六	癸丑 21 日	甲寅 22 一	乙卯 23 二	丙辰 24 三	癸巳清明 戊申穀雨
四月小	乙巳	天干 地支 西曆 星期	丁巳 25 四	戊午 26 五	己未 27 六	庚申 28 日	辛酉 29 一	壬戌 30 二	癸亥 (5) 三	甲子 2 四	乙丑 3 五	丙寅 4 六	丁卯 5 日	戊辰 6 一	己巳 7 二	庚午 8 三	辛未 9 四	壬申 10 五	癸酉 11 六	甲戌 12 日	乙亥 13 一	丙子 14 二	丁丑 15 三	戊寅 16 四	己卯 17 五	庚辰 18 六	辛巳 19 日	壬午 20 一	癸未 21 二	甲申 22 三	乙酉 23 四		癸亥立夏 己卯小滿
五月大	丙午	天干 地支 西曆 星期	丙戌 24 五	丁亥 25 六	戊子 26 日	己丑 27 一	庚寅 28 二	辛卯 29 三	壬辰 30 四	癸巳 31 五	甲午 (6) 六	乙未 2 日	丙申 3 一	丁酉 4 二	戊戌 5 三	己亥 6 四	庚子 7 五	辛丑 8 六	壬寅 9 日	癸卯 10 一	甲辰 11 二	乙巳 12 三	丙午 13 四	丁未 14 五	戊申 15 六	己酉 16 日	庚戌 17 一	辛亥 18 二	壬子 19 三	癸丑 20 四	甲寅 21 五	乙卯 22 六	甲午芒種 己酉夏至
六月小	丁未	天干 地支 西曆 星期	丙辰 23 日	丁巳 24 一	戊午 25 二	己未 26 三	庚申 27 四	辛酉 28 五	壬戌 29 六	癸亥 30 日	甲子 (7) 一	乙丑 2 二	丙寅 3 三	丁卯 4 四	戊辰 5 五	己巳 6 六	庚午 7 日	辛未 8 一	壬申 9 二	癸酉 10 三	甲戌 11 四	乙亥 12 五	丙子 13 六	丁丑 14 日	戊寅 15 一	己卯 16 二	庚辰 17 三	辛巳 18 四	壬午 19 五	癸未 20 六	甲申 21 日		甲子小暑 己卯大暑
七月小	戊申	天干 地支 西曆 星期	乙酉 22 一	丙戌 23 二	丁亥 24 三	戊子 25 四	己丑 26 五	庚寅 27 六	辛卯 28 日	壬辰 29 一	癸巳 30 二	甲午 31 三	乙未 (8) 四	丙申 2 五	丁酉 3 六	戊戌 4 日	己亥 5 一	庚子 6 二	辛丑 7 三	壬寅 8 四	癸卯 9 五	甲辰 10 六	乙巳 11 日	丙午 12 一	丁未 13 二	戊申 14 三	己酉 15 四	庚戌 16 五	辛亥 17 六	壬子 18 日	癸丑 19 一		乙未立秋 庚戌處暑
八月大	己酉	天干 地支 西曆 星期	甲寅 20 二	乙卯 21 三	丙辰 22 四	丁巳 23 五	戊午 24 六	己未 25 日	庚申 26 一	辛酉 27 二	壬戌 28 三	癸亥 29 四	甲子 30 五	乙丑 31 六	丙寅 (9) 日	丁卯 2 一	戊辰 3 二	己巳 4 三	庚午 5 四	辛未 6 五	壬申 7 六	癸酉 8 日	甲戌 9 一	乙亥 10 二	丙子 11 三	丁丑 12 四	戊寅 13 五	己卯 14 六	庚辰 15 日	辛巳 16 一	壬午 17 二	癸未 18 三	乙丑白露 庚辰秋分
九月小	庚戌	天干 地支 西曆 星期	甲申 19 四	乙酉 20 五	丙戌 21 六	丁亥 22 日	戊子 23 一	己丑 24 二	庚寅 25 三	辛卯 26 四	壬辰 27 五	癸巳 28 六	甲午 29 日	乙未 30 一	丙申 (10) 二	丁酉 2 三	戊戌 3 四	己亥 4 五	庚子 5 六	辛丑 6 日	壬寅 7 一	癸卯 8 二	甲辰 9 三	乙巳 10 四	丙午 11 五	丁未 12 六	戊申 13 日	己酉 14 一	庚戌 15 二	辛亥 16 三	壬子 17 四		丙申寒露 辛亥霜降
十月大	辛亥	天干 地支 西曆 星期	癸丑 18 五	甲寅 19 六	乙卯 20 日	丙辰 21 一	丁巳 22 二	戊午 23 三	己未 24 四	庚申 25 五	辛酉 26 六	壬戌 27 日	癸亥 28 一	甲子 29 二	乙丑 30 三	丙寅 31 四	丁卯 (11) 五	戊辰 2 六	己巳 3 日	庚午 4 一	辛未 5 二	壬申 6 三	癸酉 7 四	甲戌 8 五	乙亥 9 六	丙子 10 日	丁丑 11 一	戊寅 12 二	己卯 13 三	庚辰 14 四	辛巳 15 五	壬午 16 六	丙寅立冬 辛巳小雪
閏十月小	辛亥	天干 地支 西曆 星期	癸未 17 日	甲申 18 一	乙酉 19 二	丙戌 20 三	丁亥 21 四	戊子 22 五	己丑 23 六	庚寅 24 日	辛卯 25 一	壬辰 26 二	癸巳 27 三	甲午 28 四	乙未 29 五	丙申 30 六	丁酉 (12) 日	戊戌 2 一	己亥 3 二	庚子 4 三	辛丑 5 四	壬寅 6 五	癸卯 7 六	甲辰 8 日	乙巳 9 一	丙午 10 二	丁未 11 三	戊申 12 四	己酉 13 五	庚戌 14 六	辛亥 15 日		丙申大雪
十一月大	壬子	天干 地支 西曆 星期	壬子 16 一	癸丑 17 二	甲寅 18 三	乙卯 19 四	丙辰 20 五	丁巳 21 六	戊午 22 日	己未 23 一	庚申 24 二	辛酉 25 三	壬戌 26 四	癸亥 27 五	甲子 28 六	乙丑 29 日	丙寅 30 一	丁卯 31 二	戊辰 (1) 三	己巳 2 四	庚午 3 五	辛未 4 六	壬申 5 日	癸酉 6 一	甲戌 7 二	乙亥 8 三	丙子 9 四	丁丑 10 五	戊寅 11 六	己卯 12 日	庚辰 13 一	辛巳 14 二	壬子冬至 丁卯小寒
十二月大	癸丑	天干 地支 西曆 星期	壬午 15 三	癸未 16 四	甲申 17 五	乙酉 18 六	丙戌 19 日	丁亥 20 一	戊子 21 二	己丑 22 三	庚寅 23 四	辛卯 24 五	壬辰 25 六	癸巳 26 日	甲午 27 一	乙未 28 二	丙申 29 三	丁酉 30 四	戊戌 31 五	己亥 (2) 六	庚子 2 日	辛丑 3 一	壬寅 4 二	癸卯 5 三	甲辰 6 四	乙巳 7 五	丙午 8 六	丁未 9 日	戊申 10 一	己酉 11 二	庚戌 12 三	辛亥 13 四	壬午大寒 丁酉立春

遼天祚帝乾統八年（戊子 鼠年） 公元 1108 ~ 1109 年

夏曆月序	中西曆日對照	初一	初二	初三	初四	初五	初六	初七	初八	初九	初十	十一	十二	十三	十四	十五	十六	十七	十八	十九	二十	二一	二二	二三	二四	二五	二六	二七	二八	二九	三十	節氣與天象
正月大 甲寅	天干地支 西曆 星期	壬子 14 五	癸丑 15 六	甲寅 16 日	乙卯 17 一	丙辰 18 二	丁巳 19 三	戊午 20 四	己未 21 五	庚申 22 六	辛酉 23 日	壬戌 24 一	癸亥 25 二	甲子 26 三	乙丑 27 四	丙寅 28 五	丁卯 29 六	戊辰 (3) 日	己巳 2 一	庚午 3 二	辛未 4 三	壬申 5 四	癸酉 6 五	甲戌 7 六	乙亥 8 日	丙子 9 一	丁丑 10 二	戊寅 11 三	己卯 12 四	庚辰 13 五	辛巳 14 六	壬子雨水 戊辰驚蟄
二月小 乙卯	天干地支 西曆 星期	壬午 15 日	癸未 16 一	甲申 17 二	乙酉 18 三	丙戌 19 四	丁亥 20 五	戊子 21 六	己丑 22 日	庚寅 23 一	辛卯 24 二	壬辰 25 三	癸巳 26 四	甲午 27 五	乙未 28 六	丙申 29 日	丁酉 30 一	戊戌 31 二	己亥 (4) 三	庚子 2 四	辛丑 3 五	壬寅 4 六	癸卯 5 日	甲辰 6 一	乙巳 7 二	丙午 8 三	丁未 9 四	戊申 10 五	己酉 11 六	庚戌 12 日		癸未春分 戊戌清明
三月大 丙辰	天干地支 西曆 星期	辛亥 13 一	壬子 14 二	癸丑 15 三	甲寅 16 四	乙卯 17 五	丙辰 18 六	丁巳 19 日	戊午 20 一	己未 21 二	庚申 22 三	辛酉 23 四	壬戌 24 五	癸亥 25 六	甲子 26 日	乙丑 27 一	丙寅 28 二	丁卯 29 三	戊辰 30 四	己巳 (5) 五	庚午 2 六	辛未 3 日	壬申 4 一	癸酉 5 二	甲戌 6 三	乙亥 7 四	丙子 8 五	丁丑 9 六	戊寅 10 日	己卯 11 一	庚辰 12 二	癸丑穀雨 己巳立夏
四月小 丁巳	天干地支 西曆 星期	辛巳 13 三	壬午 14 四	癸未 15 五	甲申 16 六	乙酉 17 日	丙戌 18 一	丁亥 19 二	戊子 20 三	己丑 21 四	庚寅 22 五	辛卯 23 六	壬辰 24 日	癸巳 25 一	甲午 26 二	乙未 27 三	丙申 28 四	丁酉 29 五	戊戌 30 六	己亥 31 日	庚子 (6) 一	辛丑 2 二	壬寅 3 三	癸卯 4 四	甲辰 5 五	乙巳 6 六	丙午 7 日	丁未 8 一	戊申 9 二	己酉 10 三		甲申小滿 己亥芒種
五月大 戊午	天干地支 西曆 星期	庚戌 11 四	辛亥 12 五	壬子 13 六	癸丑 14 日	甲寅 15 一	乙卯 16 二	丙辰 17 三	丁巳 18 四	戊午 19 五	己未 20 六	庚申 21 日	辛酉 22 一	壬戌 23 二	癸亥 24 三	甲子 25 四	乙丑 26 五	丙寅 27 六	丁卯 28 日	戊辰 29 一	己巳 30 二	庚午 (7) 三	辛未 2 四	壬申 3 五	癸酉 4 六	甲戌 5 日	乙亥 6 一	丙子 7 二	丁丑 8 三	戊寅 9 四	己卯 10 五	甲寅夏至 己巳小暑
六月小 己未	天干地支 西曆 星期	庚辰 11 六	辛巳 12 日	壬午 13 一	癸未 14 二	甲申 15 三	乙酉 16 四	丙戌 17 五	丁亥 18 六	戊子 19 日	己丑 20 一	庚寅 21 二	辛卯 22 三	壬辰 23 四	癸巳 24 五	甲午 25 六	乙未 26 日	丙申 27 一	丁酉 28 二	戊戌 29 三	己亥 30 四	庚子 31 五	辛丑 (8) 六	壬寅 2 日	癸卯 3 一	甲辰 4 二	乙巳 5 三	丙午 6 四	丁未 7 五	戊申 8 六		乙酉大暑 庚子立秋
七月小 庚申	天干地支 西曆 星期	己酉 9 日	庚戌 10 一	辛亥 11 二	壬子 12 三	癸丑 13 四	甲寅 14 五	乙卯 15 六	丙辰 16 日	丁巳 17 一	戊午 18 二	己未 19 三	庚申 20 四	辛酉 21 五	壬戌 22 六	癸亥 23 日	甲子 24 一	乙丑 25 二	丙寅 26 三	丁卯 27 四	戊辰 28 五	己巳 29 六	庚午 30 日	辛未 31 一	壬申 (9) 二	癸酉 2 三	甲戌 3 四	乙亥 4 五	丙子 5 六	丁丑 6 日		乙卯處暑 庚午白露
八月大 辛酉	天干地支 西曆 星期	戊寅 7 一	己卯 8 二	庚辰 9 三	辛巳 10 四	壬午 11 五	癸未 12 六	甲申 13 日	乙酉 14 一	丙戌 15 二	丁亥 16 三	戊子 17 四	己丑 18 五	庚寅 19 六	辛卯 20 日	壬辰 21 一	癸巳 22 二	甲午 23 三	乙未 24 四	丙申 25 五	丁酉 26 六	戊戌 27 日	己亥 28 一	庚子 29 二	辛丑 30 三	壬寅 (10) 四	癸卯 2 五	甲辰 3 六	乙巳 4 日	丙午 5 一	丁未 6 二	丙戌秋分 辛丑寒露
九月小 壬戌	天干地支 西曆 星期	戊申 7 三	己酉 8 四	庚戌 9 五	辛亥 10 六	壬子 11 日	癸丑 12 一	甲寅 13 二	乙卯 14 三	丙辰 15 四	丁巳 16 五	戊午 17 六	己未 18 日	庚申 19 一	辛酉 20 二	壬戌 21 三	癸亥 22 四	甲子 23 五	乙丑 24 六	丙寅 25 日	丁卯 26 一	戊辰 27 二	己巳 28 三	庚午 29 四	辛未 30 五	壬申 31 六	癸酉 (11) 日	甲戌 2 一	乙亥 3 二	丙子 4 三		丙辰霜降 辛未立冬
十月大 癸亥	天干地支 西曆 星期	丁丑 5 四	戊寅 6 五	己卯 7 六	庚辰 8 日	辛巳 9 一	壬午 10 二	癸未 11 三	甲申 12 四	乙酉 13 五	丙戌 14 六	丁亥 15 日	戊子 16 一	己丑 17 二	庚寅 18 三	辛卯 19 四	壬辰 20 五	癸巳 21 六	甲午 22 日	乙未 23 一	丙申 24 二	丁酉 25 三	戊戌 26 四	己亥 27 五	庚子 28 六	辛丑 29 日	壬寅 30 一	癸卯 (12) 二	甲辰 2 三	乙巳 3 四	丙午 4 五	丙戌小雪 壬寅大雪
十一月小 甲子	天干地支 西曆 星期	丁未 5 六	戊申 6 日	己酉 7 一	庚戌 8 二	辛亥 9 三	壬子 10 四	癸丑 11 五	甲寅 12 六	乙卯 13 日	丙辰 14 一	丁巳 15 二	戊午 16 三	己未 17 四	庚申 18 五	辛酉 19 六	壬戌 20 日	癸亥 21 一	甲子 22 二	乙丑 23 三	丙寅 24 四	丁卯 25 五	戊辰 26 六	己巳 27 日	庚午 28 一	辛未 29 二	壬申 30 三	癸酉 31 四	甲戌 (1) 五	乙亥 2 六		丁巳冬至 壬申小寒
十二月大 乙丑	天干地支 西曆 星期	丙子 3 日	丁丑 4 一	戊寅 5 二	己卯 6 三	庚辰 7 四	辛巳 8 五	壬午 9 六	癸未 10 日	甲申 11 一	乙酉 12 二	丙戌 13 三	丁亥 14 四	戊子 15 五	己丑 16 六	庚寅 17 日	辛卯 18 一	壬辰 19 二	癸巳 20 三	甲午 21 四	乙未 22 五	丙申 23 六	丁酉 24 日	戊戌 25 一	己亥 26 二	庚子 27 三	辛丑 28 四	壬寅 29 五	癸卯 30 六	甲辰 31 日	乙巳 (2) 一	丁亥大寒 癸卯立春

遼天祚帝乾統九年（己丑 牛年） 公元 1109 ~ 1110 年

夏曆月序		中西曆日對照	初一	初二	初三	初四	初五	初六	初七	初八	初九	初十	十一	十二	十三	十四	十五
正月大	丙寅	干支 西曆 星期	丙午 2 二	丁未 3 三	戊申 4 四	己酉 5 五	庚戌 6 六	辛亥 7 日	壬子 8 一	癸丑 9 二	甲寅 10 三	乙卯 11 四	丙辰 12 五	丁巳 13 六	戊午 14 日	己未 15 一	庚申 16 二
二月小	丁卯	干支 西曆 星期	丙子 4 四	丁丑 5 五	戊寅 6 六	己卯 7 日	庚辰 8 一	辛巳 9 二	壬午 10 三	癸未 11 四	甲申 12 五	乙酉 13 六	丙戌 14 日	丁亥 15 一	戊子 16 二	己丑 17 三	庚寅 18 四
三月大	戊辰	干支 西曆 星期	乙巳 2 五	丙午 3 六	丁未 4 日	戊申 5 一	己酉 6 二	庚戌 7 三	辛亥 8 四	壬子 9 五	癸丑 10 六	甲寅 11 日	乙卯 12 一	丙辰 13 二	丁巳 14 三	戊午 15 四	己未 16 五
四月大	己巳	干支 西曆 星期	乙亥 2 日	丙子 3 一	丁丑 4 二	戊寅 5 三	己卯 6 四	庚辰 7 五	辛巳 8 六	壬午 9 日	癸未 10 一	甲申 11 二	乙酉 12 三	丙戌 13 四	丁亥 14 五	戊子 15 六	己丑 16 日
五月小	庚午	干支 西曆 星期	乙巳 (6) 二	丙午 2 三	丁未 3 四	戊申 4 五	己酉 5 六	庚戌 6 日	辛亥 7 一	壬子 8 二	癸丑 9 三	甲寅 10 四	乙卯 11 五	丙辰 12 六	丁巳 13 日	戊午 14 一	己未 15 二
六月大	辛未	干支 西曆 星期	甲戌 30 三	乙亥 (7) 四	丙子 2 五	丁丑 3 六	戊寅 4 日	己卯 5 一	庚辰 6 二	辛巳 7 三	壬午 8 四	癸未 9 五	甲申 10 六	乙酉 11 日	丙戌 12 一	丁亥 13 二	戊子 14 三
七月小	壬申	干支 西曆 星期	甲辰 30 五	乙巳 31 六	丙午 (8) 日	丁未 2 一	戊申 3 二	己酉 4 三	庚戌 5 四	辛亥 6 五	壬子 7 六	癸丑 8 日	甲寅 9 一	乙卯 10 二	丙辰 11 三	丁巳 12 四	戊午 13 五
八月小	癸酉	干支 西曆 星期	癸酉 28 六	甲戌 29 日	乙亥 30 一	丙子 31 二	丁丑 (9) 三	戊寅 2 四	己卯 3 五	庚辰 4 六	辛巳 5 日	壬午 6 一	癸未 7 二	甲申 8 三	乙酉 9 四	丙戌 10 五	丁亥 11 六
九月大	甲戌	干支 西曆 星期	壬寅 26 日	癸卯 27 一	甲辰 28 二	乙巳 29 三	丙午 30 四	丁未 (10) 五	戊申 2 六	己酉 3 日	庚戌 4 一	辛亥 5 二	壬子 6 三	癸丑 7 四	甲寅 8 五	乙卯 9 六	丙辰 10 日
十月小	乙亥	干支 西曆 星期	壬申 26 二	癸酉 27 三	甲戌 28 四	乙亥 29 五	丙子 30 六	丁丑 31 日	戊寅 (11) 一	己卯 2 二	庚辰 3 三	辛巳 4 四	壬午 5 五	癸未 6 六	甲申 7 日	乙酉 8 一	丙戌 9 二
十一月大	丙子	干支 西曆 星期	辛丑 24 三	壬寅 25 四	癸卯 26 五	甲辰 27 六	乙巳 28 日	丙午 29 一	丁未 30 二	戊申 (12) 三	己酉 2 四	庚戌 3 五	辛亥 4 六	壬子 5 日	癸丑 6 一	甲寅 7 二	乙卯 8 三
十二月小	丁丑	干支 西曆 星期	辛未 24 五	壬申 25 六	癸酉 26 日	甲戌 27 一	乙亥 28 二	丙子 29 三	丁丑 30 四	戊寅 31 五	己卯 (1) 六	庚辰 2 日	辛巳 3 一	壬午 4 二	癸未 5 三	甲申 6 四	乙酉 7 五

夏曆月序		十六	十七	十八	十九	二十	二一	二二	二三	二四	二五	二六	二七	二八	二九	三十	節氣與天象
正月大	丙寅	辛酉 17 三	壬戌 18 四	癸亥 19 五	甲子 20 六	乙丑 21 日	丙寅 22 一	丁卯 23 二	戊辰 24 三	己巳 25 四	庚午 26 五	辛未 27 六	壬申 28 日	癸酉 (3) 一	甲戌 2 二	乙亥 3 三	戊午雨水 癸酉驚蟄
二月小	丁卯	辛卯 19 五	壬辰 20 六	癸巳 21 日	甲午 22 一	乙未 23 二	丙申 24 三	丁酉 25 四	戊戌 26 五	己亥 27 六	庚子 28 日	辛丑 29 一	壬寅 30 二	癸卯 31 三	甲辰 (4) 四		戊子春分 癸卯清明
三月大	戊辰	庚申 17 六	辛酉 18 日	壬戌 19 一	癸亥 20 二	甲子 21 三	乙丑 22 四	丙寅 23 五	丁卯 24 六	戊辰 25 日	己巳 26 一	庚午 27 二	辛未 28 三	壬申 29 四	癸酉 30 五	甲戌 (5) 六	己未穀雨 甲戌立夏
四月大	己巳	庚寅 17 一	辛卯 18 二	壬辰 19 三	癸巳 20 四	甲午 21 五	乙未 22 六	丙申 23 日	丁酉 24 一	戊戌 25 二	己亥 26 三	庚子 27 四	辛丑 28 五	壬寅 29 六	癸卯 30 日	甲辰 31 一	己丑小滿 甲辰芒種
五月小	庚午	庚申 16 三	辛酉 17 四	壬戌 18 五	癸亥 19 六	甲子 20 日	乙丑 21 一	丙寅 22 二	丁卯 23 三	戊辰 24 四	己巳 25 五	庚午 26 六	辛未 27 日	壬申 28 一	癸酉 29 二		己未夏至
六月大	辛未	己丑 15 四	庚寅 16 五	辛卯 17 六	壬辰 18 日	癸巳 19 一	甲午 20 二	乙未 21 三	丙申 22 四	丁酉 23 五	戊戌 24 六	己亥 25 日	庚子 26 一	辛丑 27 二	壬寅 28 三	癸卯 29 四	乙亥小暑 庚寅大暑
七月小	壬申	己未 14 六	庚申 15 日	辛酉 16 一	壬戌 17 二	癸亥 18 三	甲子 19 四	乙丑 20 五	丙寅 21 六	丁卯 22 日	戊辰 23 一	己巳 24 二	庚午 25 三	辛未 26 四	壬申 27 五		乙巳立秋 庚申處暑
八月小	癸酉	戊子 12 日	己丑 13 一	庚寅 14 二	辛卯 15 三	壬辰 16 四	癸巳 17 五	甲午 18 六	乙未 19 日	丙申 20 一	丁酉 21 二	戊戌 22 三	己亥 23 四	庚子 24 五	辛丑 25 六		丙子白露 辛卯秋分
九月大	甲戌	丁巳 11 一	戊午 12 二	己未 13 三	庚申 14 四	辛酉 15 五	壬戌 16 六	癸亥 17 日	甲子 18 一	乙丑 19 二	丙寅 20 三	丁卯 21 四	戊辰 22 五	己巳 23 六	庚午 24 日	辛未 25 一	丙午寒露 辛酉霜降
十月小	乙亥	丁亥 10 三	戊子 11 四	己丑 12 五	庚寅 13 六	辛卯 14 日	壬辰 15 一	癸巳 16 二	甲午 17 三	乙未 18 四	丙申 19 五	丁酉 20 六	戊戌 21 日	己亥 22 一	庚子 23 二		丙子立冬 壬辰小雪
十一月大	丙子	丙辰 9 四	丁巳 10 五	戊午 11 六	己未 12 日	庚申 13 一	辛酉 14 二	壬戌 15 三	癸亥 16 四	甲子 17 五	乙丑 18 六	丙寅 19 日	丁卯 20 一	戊辰 21 二	己巳 22 三	庚午 23 四	丁未大雪 壬戌冬至
十二月小	丁丑	丙戌 8 六	丁亥 9 日	戊子 10 一	己丑 11 二	庚寅 12 三	辛卯 13 四	壬辰 14 五	癸巳 15 六	甲午 16 日	乙未 17 一	丙申 18 二	丁酉 19 三	戊戌 20 四	己亥 21 五		丁丑小寒 癸巳大寒

遼天祚帝乾統十年（庚寅 虎年） 公元 1110 ~ 1111 年

夏曆月序		中西曆日對照	初一	初二	初三	初四	初五	初六	初七	初八	初九	初十	十一	十二	十三	十四	十五	十六	十七	十八	十九	二十	二一	二二	二三	二四	二五	二六	二七	二八	二九	三十	節氣與天象
正月大	戊寅	天干地支 西曆星期	庚子22六	辛丑23日	壬寅24一	癸卯25二	甲辰26三	乙巳27四	丙午28五	丁未29六	戊申30日	己酉31一	庚戌(2)二	辛亥2三	壬子3四	癸丑4五	甲寅5六	乙卯6日	丙辰7一	丁巳8二	戊午9三	己未10四	庚申11五	辛酉12六	壬戌13日	癸亥14一	甲子15二	乙丑16三	丙寅17四	丁卯18五	戊辰19六	己巳20日	戊申立春 癸亥雨水
二月小	己卯	天干地支 西曆星期	庚午21一	辛未22二	壬申23三	癸酉24四	甲戌25五	乙亥26六	丙子27日	丁丑28一	戊寅(3)二	己卯2三	庚辰3四	辛巳4五	壬午5六	癸未6日	甲申7一	乙酉8二	丙戌9三	丁亥10四	戊子11五	己丑12六	庚寅13日	辛卯14一	壬辰15二	癸巳16三	甲午17四	乙未18五	丙申19六	丁酉20日	戊戌21一		戊寅驚蟄 癸巳春分
三月大	庚辰	天干地支 西曆星期	己亥22二	庚子23三	辛丑24四	壬寅25五	癸卯26六	甲辰27日	乙巳28一	丙午29二	丁未30三	戊申31四	己酉(4)五	庚戌2六	辛亥3日	壬子4一	癸丑5二	甲寅6三	乙卯7四	丙辰8五	丁巳9六	戊午10日	己未11一	庚申12二	辛酉13三	壬戌14四	癸亥15五	甲子16六	乙丑17日	丙寅18一	丁卯19二	戊辰20三	己酉清明 甲子穀雨
四月大	辛巳	天干地支 西曆星期	己巳21四	庚午22五	辛未23六	壬申24日	癸酉25一	甲戌26二	乙亥27三	丙子28四	丁丑29五	戊寅30六	己卯(5)日	庚辰2一	辛巳3二	壬午4三	癸未5四	甲申6五	乙酉7六	丙戌8日	丁亥9一	戊子10二	己丑11三	庚寅12四	辛卯13五	壬辰14六	癸巳15日	甲午16一	乙未17二	丙申18三	丁酉19四	戊戌20五	己卯立夏 甲午小滿
五月小	壬午	天干地支 西曆星期	己亥21六	庚子22日	辛丑23一	壬寅24二	癸卯25三	甲辰26四	乙巳27五	丙午28六	丁未29日	戊申30一	己酉31二	庚戌(6)三	辛亥2四	壬子3五	癸丑4六	甲寅5日	乙卯6一	丙辰7二	丁巳8三	戊午9四	己未10五	庚申11六	辛酉12日	壬戌13一	癸亥14二	甲子15三	乙丑16四	丙寅17五	丁卯18六		庚戌芒種 乙丑夏至
六月大	癸未	天干地支 西曆星期	戊辰19日	己巳20一	庚午21二	辛未22三	壬申23四	癸酉24五	甲戌25六	乙亥26日	丙子27一	丁丑28二	戊寅29三	己卯30四	庚辰(7)五	辛巳2六	壬午3日	癸未4一	甲申5二	乙酉6三	丙戌7四	丁亥8五	戊子9六	己丑10日	庚寅11一	辛卯12二	壬辰13三	癸巳14四	甲午15五	乙未16六	丙申17日	丁酉18一	庚辰小暑 乙未大暑
七月小	甲申	天干地支 西曆星期	戊戌19二	己亥20三	庚子21四	辛丑22五	壬寅23六	癸卯24日	甲辰25一	乙巳26二	丙午27三	丁未28四	戊申29五	己酉30六	庚戌31日	辛亥(8)一	壬子2二	癸丑3三	甲寅4四	乙卯5五	丙辰6六	丁巳7日	戊午8一	己未9二	庚申10三	辛酉11四	壬戌12五	癸亥13六	甲子14日	乙丑15一	丙寅16二		庚戌立秋 丙寅處暑
八月大	乙酉	天干地支 西曆星期	丁卯17三	戊辰18四	己巳19五	庚午20六	辛未21日	壬申22一	癸酉23二	甲戌24三	乙亥25四	丙子26五	丁丑27六	戊寅28日	己卯29一	庚辰30二	辛巳31三	壬午(9)四	癸未2五	甲申3六	乙酉4日	丙戌5一	丁亥6二	戊子7三	己丑8四	庚寅9五	辛卯10六	壬辰11日	癸巳12一	甲午13二	乙未14三	丙申15四	辛巳白露 丙申秋分
閏八月小	乙酉	天干地支 西曆星期	丁酉16五	戊戌17六	己亥18日	庚子19一	辛丑20二	壬寅21三	癸卯22四	甲辰23五	乙巳24六	丙午25日	丁未26一	戊申27二	己酉28三	庚戌29四	辛亥30五	壬子(10)六	癸丑2日	甲寅3一	乙卯4二	丙辰5三	丁巳6四	戊午7五	己未8六	庚申9日	辛酉10一	壬戌11二	癸亥12三	甲子13四	乙丑14五		辛亥寒露
九月大	丙戌	天干地支 西曆星期	丙寅15六	丁卯16日	戊辰17一	己巳18二	庚午19三	辛未20四	壬申21五	癸酉22六	甲戌23日	乙亥24一	丙子25二	丁丑26三	戊寅27四	己卯28五	庚辰29六	辛巳30日	壬午31一	癸未(11)二	甲申2三	乙酉3四	丙戌4五	丁亥5六	戊子6日	己丑7一	庚寅8二	辛卯9三	壬辰10四	癸巳11五	甲午12六	乙未13日	丙寅霜降 壬午立冬
十月小	丁亥	天干地支 西曆星期	丙申14一	丁酉15二	戊戌16三	己亥17四	庚子18五	辛丑19六	壬寅20日	癸卯21一	甲辰22二	乙巳23三	丙午24四	丁未25五	戊申26六	己酉27日	庚戌28一	辛亥29二	壬子30三	癸丑(12)四	甲寅2五	乙卯3六	丙辰4日	丁巳5一	戊午6二	己未7三	庚申8四	辛酉9五	壬戌10六	癸亥11日	甲子12一		丁酉小雪 壬子大雪
十一月大	戊子	天干地支 西曆星期	乙丑13二	丙寅14三	丁卯15四	戊辰16五	己巳17六	庚午18日	辛未19一	壬申20二	癸酉21三	甲戌22四	乙亥23五	丙子24六	丁丑25日	戊寅26一	己卯27二	庚辰28三	辛巳29四	壬午30五	癸未31六	甲申(1)日	乙酉2一	丙戌3二	丁亥4三	戊子5四	己丑6五	庚寅7六	辛卯8日	壬辰9一	癸巳10二	甲午11三	丁卯冬至 癸未小寒
十二月小	己丑	天干地支 西曆星期	乙未12四	丙申13五	丁酉14六	戊戌15日	己亥16一	庚子17二	辛丑18三	壬寅19四	癸卯20五	甲辰21六	乙巳22日	丙午23一	丁未24二	戊申25三	己酉26四	庚戌27五	辛亥28六	壬子29日	癸丑30一	甲寅31二	乙卯(2)三	丙辰2四	丁巳3五	戊午4六	己未5日	庚申6一	辛酉7二	壬戌8三	癸亥9四		戊戌大寒 癸丑立春

遼天祚帝天慶元年（辛卯 兔年） 公元 1111 ~ 1112 年

夏曆月序		中西曆日對照	初一	初二	初三	初四	初五	初六	初七	初八	初九	初十	十一	十二	十三	十四	十五	十六	十七	十八	十九	二十	二一	二二	二三	二四	二五	二六	二七	二八	二九	三十	節氣與天象
正月大	庚寅	干支 天地 西曆 星期	甲子 10 五	乙丑 11 六	丙寅 12 日	丁卯 13 一	戊辰 14 二	己巳 15 三	庚午 16 四	辛未 17 五	壬申 18 六	癸酉 19 日	甲戌 20 一	乙亥 21 二	丙子 22 三	丁丑 23 四	戊寅 24 五	己卯 25 六	庚辰 26 日	辛巳 27 一	壬午 28 二	癸未 (3) 三	甲申 2 四	乙酉 3 五	丙戌 4 六	丁亥 5 日	戊子 6 一	己丑 7 二	庚寅 8 三	辛卯 9 四	壬辰 10 五	癸巳 11 六	戊辰雨水 癸未驚蟄
二月小	辛卯	干支 天地 西曆 星期	甲午 12 日	乙未 13 一	丙申 14 二	丁酉 15 三	戊戌 16 四	己亥 17 五	庚子 18 六	辛丑 19 日	壬寅 20 一	癸卯 21 二	甲辰 22 三	乙巳 23 四	丙午 24 五	丁未 25 六	戊申 26 日	己酉 27 一	庚戌 28 二	辛亥 29 三	壬子 30 四	癸丑 31 五	甲寅 (4) 六	乙卯 2 日	丙辰 3 一	丁巳 4 二	戊午 5 三	己未 6 四	庚申 7 五	辛酉 8 六	壬戌 9 日		己亥春分 甲寅清明
三月大	壬辰	干支 天地 西曆 星期	癸亥 10 一	甲子 11 二	乙丑 12 三	丙寅 13 四	丁卯 14 五	戊辰 15 六	己巳 16 日	庚午 17 一	辛未 18 二	壬申 19 三	癸酉 20 四	甲戌 21 五	乙亥 22 六	丙子 23 日	丁丑 24 一	戊寅 25 二	己卯 26 三	庚辰 27 四	辛巳 28 五	壬午 29 六	癸未 30 日	甲申 (5) 一	乙酉 2 二	丙戌 3 三	丁亥 4 四	戊子 5 五	己丑 6 六	庚寅 7 日	辛卯 8 一	壬辰 9 二	己巳穀雨 甲申立夏
四月小	癸巳	干支 天地 西曆 星期	癸巳 10 三	甲午 11 四	乙未 12 五	丙申 13 六	丁酉 14 日	戊戌 15 一	己亥 16 二	庚子 17 三	辛丑 18 四	壬寅 19 五	癸卯 20 六	甲辰 21 日	乙巳 22 一	丙午 23 二	丁未 24 三	戊申 25 四	己酉 26 五	庚戌 27 六	辛亥 28 日	壬子 29 一	癸丑 30 二	甲寅 31 三	乙卯 (6) 四	丙辰 2 五	丁巳 3 六	戊午 4 日	己未 5 一	庚申 6 二	辛酉 7 三		庚子小滿 乙卯芒種
五月大	甲午	干支 天地 西曆 星期	壬戌 8 四	癸亥 9 五	甲子 10 六	乙丑 11 日	丙寅 12 一	丁卯 13 二	戊辰 14 三	己巳 15 四	庚午 16 五	辛未 17 六	壬申 18 日	癸酉 19 一	甲戌 20 二	乙亥 21 三	丙子 22 四	丁丑 23 五	戊寅 24 六	己卯 25 日	庚辰 26 一	辛巳 27 二	壬午 28 三	癸未 29 四	甲申 30 五	乙酉 (7) 六	丙戌 2 日	丁亥 3 一	戊子 4 二	己丑 5 三	庚寅 6 四	辛卯 7 五	庚午夏至 乙酉小暑
六月大	乙未	干支 天地 西曆 星期	壬辰 8 六	癸巳 9 日	甲午 10 一	乙未 11 二	丙申 12 三	丁酉 13 四	戊戌 14 五	己亥 15 六	庚子 16 日	辛丑 17 一	壬寅 18 二	癸卯 19 三	甲辰 20 四	乙巳 21 五	丙午 22 六	丁未 23 日	戊申 24 一	己酉 25 二	庚戌 26 三	辛亥 27 四	壬子 28 五	癸丑 29 六	甲寅 30 日	乙卯 31 一	丙辰 (8) 二	丁巳 2 三	戊午 3 四	己未 4 五	庚申 5 六	辛酉 6 日	庚子大暑 丙辰立秋
七月小	丙申	干支 天地 西曆 星期	壬戌 7 一	癸亥 8 二	甲子 9 三	乙丑 10 四	丙寅 11 五	丁卯 12 六	戊辰 13 日	己巳 14 一	庚午 15 二	辛未 16 三	壬申 17 四	癸酉 18 五	甲戌 19 六	乙亥 20 日	丙子 21 一	丁丑 22 二	戊寅 23 三	己卯 24 四	庚辰 25 五	辛巳 26 六	壬午 27 日	癸未 28 一	甲申 29 二	乙酉 30 三	丙戌 31 四	丁亥 (9) 五	戊子 2 六	己丑 3 日	庚寅 4 一		辛未處暑 丙戌白露
八月大	丁酉	干支 天地 西曆 星期	辛卯 5 二	壬辰 6 三	癸巳 7 四	甲午 8 五	乙未 9 六	丙申 10 日	丁酉 11 一	戊戌 12 二	己亥 13 三	庚子 14 四	辛丑 15 五	壬寅 16 六	癸卯 17 日	甲辰 18 一	乙巳 19 二	丙午 20 三	丁未 21 四	戊申 22 五	己酉 23 六	庚戌 24 日	辛亥 25 一	壬子 26 二	癸丑 27 三	甲寅 28 四	乙卯 29 五	丙辰 30 六	丁巳 (10) 日	戊午 2 一	己未 3 二	庚申 4 三	辛丑秋分 丙辰寒露
九月小	戊戌	干支 天地 西曆 星期	辛酉 5 四	壬戌 6 五	癸亥 7 六	甲子 8 日	乙丑 9 一	丙寅 10 二	丁卯 11 三	戊辰 12 四	己巳 13 五	庚午 14 六	辛未 15 日	壬申 16 一	癸酉 17 二	甲戌 18 三	乙亥 19 四	丙子 20 五	丁丑 21 六	戊寅 22 日	己卯 23 一	庚辰 24 二	辛巳 25 三	壬午 26 四	癸未 27 五	甲申 28 六	乙酉 29 日	丙戌 30 一	丁亥 31 二	戊子 (11) 三	己丑 2 四		壬申霜降 丁亥立冬
十月大	己亥	干支 天地 西曆 星期	庚寅 3 五	辛卯 4 六	壬辰 5 日	癸巳 6 一	甲午 7 二	乙未 8 三	丙申 9 四	丁酉 10 五	戊戌 11 六	己亥 12 日	庚子 13 一	辛丑 14 二	壬寅 15 三	癸卯 16 四	甲辰 17 五	乙巳 18 六	丙午 19 日	丁未 20 一	戊申 21 二	己酉 22 三	庚戌 23 四	辛亥 24 五	壬子 25 六	癸丑 26 日	甲寅 27 一	乙卯 28 二	丙辰 29 三	丁巳 30 四	戊午 (12) 五	己未 2 六	壬寅小雪 丁巳大雪
十一月小	庚子	干支 天地 西曆 星期	庚申 3 日	辛酉 4 一	壬戌 5 二	癸亥 6 三	甲子 7 四	乙丑 8 五	丙寅 9 六	丁卯 10 日	戊辰 11 一	己巳 12 二	庚午 13 三	辛未 14 四	壬申 15 五	癸酉 16 六	甲戌 17 日	乙亥 18 一	丙子 19 二	丁丑 20 三	戊寅 21 四	己卯 22 五	庚辰 23 六	辛巳 24 日	壬午 25 一	癸未 26 二	甲申 27 三	乙酉 28 四	丙戌 29 五	丁亥 30 六	戊子 31 日		癸酉冬至 戊子小寒
十二月大	辛丑	干支 天地 西曆 星期	己丑 (1) 一	庚寅 2 二	辛卯 3 三	壬辰 4 四	癸巳 5 五	甲午 6 六	乙未 7 日	丙申 8 一	丁酉 9 二	戊戌 10 三	己亥 11 四	庚子 12 五	辛丑 13 六	壬寅 14 日	癸卯 15 一	甲辰 16 二	乙巳 17 三	丙午 18 四	丁未 19 五	戊申 20 六	己酉 21 日	庚戌 22 一	辛亥 23 二	壬子 24 三	癸丑 25 四	甲寅 26 五	乙卯 27 六	丙辰 28 日	丁巳 29 一	戊午 30 二	癸卯大寒 戊午立春

* 正月甲子（初一），改元天慶。

遼天祚帝天慶二年（壬辰 龍年） 公元 1112 ~ 1113 年

夏曆月序	中西曆日對照	初一	初二	初三	初四	初五	初六	初七	初八	初九	初十	十一	十二	十三	十四	十五	十六	十七	十八	十九	二十	二一	二二	二三	二四	二五	二六	二七	二八	二九	三十	節氣與天象
正月小 壬寅	干支 西曆 星期	己未 31 三	庚申 (2) 四	辛酉 2 五	壬戌 3 六	癸亥 4 日	甲子 5 一	乙丑 6 二	丙寅 7 三	丁卯 8 四	戊辰 9 五	己巳 10 六	庚午 11 日	辛未 12 一	壬申 13 二	癸酉 14 三	甲戌 15 四	乙亥 16 五	丙子 17 六	丁丑 18 日	戊寅 19 一	己卯 20 二	庚辰 21 三	辛巳 22 四	壬午 23 五	癸未 24 六	甲申 25 日	乙酉 26 一	丙戌 27 二	丁亥 28 三		癸酉雨水
二月大 癸卯	干支 西曆 星期	戊子 29 四	己丑 (3) 五	庚寅 2 六	辛卯 3 日	壬辰 4 一	癸巳 5 二	甲午 6 三	乙未 7 四	丙申 8 五	丁酉 9 六	戊戌 10 日	己亥 11 一	庚子 12 二	辛丑 13 三	壬寅 14 四	癸卯 15 五	甲辰 16 六	乙巳 17 日	丙午 18 一	丁未 19 二	戊申 20 三	己酉 21 四	庚戌 22 五	辛亥 23 六	壬子 24 日	癸丑 25 一	甲寅 26 二	乙卯 27 三	丙辰 28 四	丁巳 29 五	己丑驚蟄 甲辰春分
三月小 甲辰	干支 西曆 星期	戊午 30 六	己未 31 日	庚申 (4) 一	辛酉 2 二	壬戌 3 三	癸亥 4 四	甲子 5 五	乙丑 6 六	丙寅 7 日	丁卯 8 一	戊辰 9 二	己巳 10 三	庚午 11 四	辛未 12 五	壬申 13 六	癸酉 14 日	甲戌 15 一	乙亥 16 二	丙子 17 三	丁丑 18 四	戊寅 19 五	己卯 20 六	庚辰 21 日	辛巳 22 一	壬午 23 二	癸未 24 三	甲申 25 四	乙酉 26 五	丙戌 27 六		己未清明 甲戌穀雨
四月大 乙巳	干支 西曆 星期	丁亥 28 日	戊子 29 一	己丑 30 二	庚寅 (5) 三	辛卯 2 四	壬辰 3 五	癸巳 4 六	甲午 5 日	乙未 6 一	丙申 7 二	丁酉 8 三	戊戌 9 四	己亥 10 五	庚子 11 六	辛丑 12 日	壬寅 13 一	癸卯 14 二	甲辰 15 三	乙巳 16 四	丙午 17 五	丁未 18 六	戊申 19 日	己酉 20 一	庚戌 21 二	辛亥 22 三	壬子 23 四	癸丑 24 五	甲寅 25 六	乙卯 26 日	丙辰 27 一	庚寅立夏 乙巳小滿
五月小 丙午	干支 西曆 星期	丁巳 28 二	戊午 29 三	己未 30 四	庚申 31 五	辛酉 (6) 六	壬戌 2 日	癸亥 3 一	甲子 4 二	乙丑 5 三	丙寅 6 四	丁卯 7 五	戊辰 8 六	己巳 9 日	庚午 10 一	辛未 11 二	壬申 12 三	癸酉 13 四	甲戌 14 五	乙亥 15 六	丙子 16 日	丁丑 17 一	戊寅 18 二	己卯 19 三	庚辰 20 四	辛巳 21 五	壬午 22 六	癸未 23 日	甲申 24 一	乙酉 25 二		庚申芒種 乙亥夏至
六月大 丁未	干支 西曆 星期	丙戌 26 三	丁亥 27 四	戊子 28 五	己丑 29 六	庚寅 30 日	辛卯 (7) 一	壬辰 2 二	癸巳 3 三	甲午 4 四	乙未 5 五	丙申 6 六	丁酉 7 日	戊戌 8 一	己亥 9 二	庚子 10 三	辛丑 11 四	壬寅 12 五	癸卯 13 六	甲辰 14 日	乙巳 15 一	丙午 16 二	丁未 17 三	戊申 18 四	己酉 19 五	庚戌 20 六	辛亥 21 日	壬子 22 一	癸丑 23 二	甲寅 24 三	乙卯 25 四	庚寅小暑 丙午大暑
七月小 戊申	干支 西曆 星期	丙辰 26 五	丁巳 27 六	戊午 28 日	己未 29 一	庚申 30 二	辛酉 31 三	壬戌 (8) 四	癸亥 2 五	甲子 3 六	乙丑 4 日	丙寅 5 一	丁卯 6 二	戊辰 7 三	己巳 8 四	庚午 9 五	辛未 10 六	壬申 11 日	癸酉 12 一	甲戌 13 二	乙亥 14 三	丙子 15 四	丁丑 16 五	戊寅 17 六	己卯 18 日	庚辰 19 一	辛巳 20 二	壬午 21 三	癸未 22 四	甲申 23 五		辛酉立秋 丙子處暑
八月大 己酉	干支 西曆 星期	乙酉 24 六	丙戌 25 日	丁亥 26 一	戊子 27 二	己丑 28 三	庚寅 29 四	辛卯 30 五	壬辰 31 六	癸巳 (9) 日	甲午 2 一	乙未 3 二	丙申 4 三	丁酉 5 四	戊戌 6 五	己亥 7 六	庚子 8 日	辛丑 9 一	壬寅 10 二	癸卯 11 三	甲辰 12 四	乙巳 13 五	丙午 14 六	丁未 15 日	戊申 16 一	己酉 17 二	庚戌 18 三	辛亥 19 四	壬子 20 五	癸丑 21 六	甲寅 22 日	辛卯白露 丁未秋分
九月大 庚戌	干支 西曆 星期	乙卯 23 一	丙辰 24 二	丁巳 25 三	戊午 26 四	己未 27 五	庚申 28 六	辛酉 29 日	壬戌 30 一	癸亥 (10) 二	甲子 2 三	乙丑 3 四	丙寅 4 五	丁卯 5 六	戊辰 6 日	己巳 7 一	庚午 8 二	辛未 9 三	壬申 10 四	癸酉 11 五	甲戌 12 六	乙亥 13 日	丙子 14 一	丁丑 15 二	戊寅 16 三	己卯 17 四	庚辰 18 五	辛巳 19 六	壬午 20 日	癸未 21 一	甲申 22 二	壬戌寒露 丁丑霜降
十月小 辛亥	干支 西曆 星期	乙酉 23 三	丙戌 24 四	丁亥 25 五	戊子 26 六	己丑 27 日	庚寅 28 一	辛卯 29 二	壬辰 30 三	癸巳 31 四	甲午 (11) 五	乙未 2 六	丙申 3 日	丁酉 4 一	戊戌 5 二	己亥 6 三	庚子 7 四	辛丑 8 五	壬寅 9 六	癸卯 10 日	甲辰 11 一	乙巳 12 二	丙午 13 三	丁未 14 四	戊申 15 五	己酉 16 六	庚戌 17 日	辛亥 18 一	壬子 19 二	癸丑 20 三		壬辰立冬 丁未小雪
十一月大 壬子	干支 西曆 星期	甲寅 21 四	乙卯 22 五	丙辰 23 六	丁巳 24 日	戊午 25 一	己未 26 二	庚申 27 三	辛酉 28 四	壬戌 29 五	癸亥 30 六	甲子 (12) 日	乙丑 2 一	丙寅 3 二	丁卯 4 三	戊辰 5 四	己巳 6 五	庚午 7 六	辛未 8 日	壬申 9 一	癸酉 10 二	甲戌 11 三	乙亥 12 四	丙子 13 五	丁丑 14 六	戊寅 15 日	己卯 16 一	庚辰 17 二	辛巳 18 三	壬午 19 四	癸未 20 五	癸亥大雪 戊寅冬至
十二月大 癸丑	干支 西曆 星期	甲申 21 六	乙酉 22 日	丙戌 23 一	丁亥 24 二	戊子 25 三	己丑 26 四	庚寅 27 五	辛卯 28 六	壬辰 29 日	癸巳 30 一	甲午 31 二	乙未 (1) 三	丙申 2 四	丁酉 3 五	戊戌 4 六	己亥 5 日	庚子 6 一	辛丑 7 二	壬寅 8 三	癸卯 9 四	甲辰 10 五	乙巳 11 六	丙午 12 日	丁未 13 一	戊申 14 二	己酉 15 三	庚戌 16 四	辛亥 17 五	壬子 18 六	癸丑 19 日	癸巳小寒 戊申大寒

遼天祚帝天慶三年（癸巳 蛇年） 公元 1113 ~ 1114 年

夏曆月序		中西曆日對照	初一	初二	初三	初四	初五	初六	初七	初八	初九	初十	十一	十二	十三	十四	十五	十六	十七	十八	十九	二十	二一	二二	二三	二四	二五	二六	二七	二八	二九	三十	節氣與天象
正月小	甲寅	天干地支西曆星期	甲寅20一	乙卯21二	丙辰22三	丁巳23四	戊午24五	己未25六	庚申26日	辛酉27一	壬戌28二	癸亥29三	甲子30四	乙丑31五	丙寅(2)六	丁卯2日	戊辰3一	己巳4二	庚午5三	辛未6四	壬申7五	癸酉8六	甲戌9日	乙亥10一	丙子11二	丁丑12三	戊寅13四	己卯14五	庚辰15六	辛巳16日	壬午17一		癸亥立春 己卯雨水
二月小	乙卯	天干地支西曆星期	癸未18二	甲申19三	乙酉20四	丙戌21五	丁亥22六	戊子23日	己丑24一	庚寅25二	辛卯26三	壬辰27四	癸巳28五	甲午(3)六	乙未2日	丙申3一	丁酉4二	戊戌5三	己亥6四	庚子7五	辛丑8六	壬寅9日	癸卯10一	甲辰11二	乙巳12三	丙午13四	丁未14五	戊申15六	己酉16日	庚戌17一	辛亥18二		甲午驚蟄 己酉春分
三月大	丙辰	天干地支西曆星期	壬子19三	癸丑20四	甲寅21五	乙卯22六	丙辰23日	丁巳24一	戊午25二	己未26三	庚申27四	辛酉28五	壬戌29六	癸亥30日	甲子31一	乙丑(4)二	丙寅2三	丁卯3四	戊辰4五	己巳5六	庚午6日	辛未7一	壬申8二	癸酉9三	甲戌10四	乙亥11五	丙子12六	丁丑13日	戊寅14一	己卯15二	庚辰16三	辛巳17四	甲子清明 庚辰穀雨 壬子日食
四月小	丁巳	天干地支西曆星期	壬午18五	癸未19六	甲申20日	乙酉21一	丙戌22二	丁亥23三	戊子24四	己丑25五	庚寅26六	辛卯27日	壬辰28一	癸巳29二	甲午30三	乙未(5)四	丙申2五	丁酉3六	戊戌4日	己亥5一	庚子6二	辛丑7三	壬寅8四	癸卯9五	甲辰10六	乙巳11日	丙午12一	丁未13二	戊申14三	己酉15四	庚戌16五		乙未立夏 庚戌小滿
閏四月小	丁巳	天干地支西曆星期	辛亥17六	壬子18日	癸丑19一	甲寅20二	乙卯21三	丙辰22四	丁巳23五	戊午24六	己未25日	庚申26一	辛酉27二	壬戌28三	癸亥29四	甲子30五	乙丑31六	丙寅(6)日	丁卯2一	戊辰3二	己巳4三	庚午5四	辛未6五	壬申7六	癸酉8日	甲戌9一	乙亥10二	丙子11三	丁丑12四	戊寅13五	己卯14六		乙丑芒種
五月大	戊午	天干地支西曆星期	庚辰15日	辛巳16一	壬午17二	癸未18三	甲申19四	乙酉20五	丙戌21六	丁亥22日	戊子23一	己丑24二	庚寅25三	辛卯26四	壬辰27五	癸巳28六	甲午29日	乙未30一	丙申(7)二	丁酉2三	戊戌3四	己亥4五	庚子5六	辛丑6日	壬寅7一	癸卯8二	甲辰9三	乙巳10四	丙午11五	丁未12六	戊申13日	己酉14一	庚辰夏至 丙申小暑
六月小	己未	天干地支西曆星期	庚戌15二	辛亥16三	壬子17四	癸丑18五	甲寅19六	乙卯20日	丙辰21一	丁巳22二	戊午23三	己未24四	庚申25五	辛酉26六	壬戌27日	癸亥28一	甲子29二	乙丑30三	丙寅31四	丁卯(8)五	戊辰2六	己巳3日	庚午4一	辛未5二	壬申6三	癸酉7四	甲戌8五	乙亥9六	丙子10日	丁丑11一	戊寅12二		辛亥大暑 丙寅立秋
七月大	庚申	天干地支西曆星期	己卯13三	庚辰14四	辛巳15五	壬午16六	癸未17日	甲申18一	乙酉19二	丙戌20三	丁亥21四	戊子22五	己丑23六	庚寅24日	辛卯25一	壬辰26二	癸巳27三	甲午28四	乙未29五	丙申30六	丁酉31日	戊戌(9)一	己亥2二	庚子3三	辛丑4四	壬寅5五	癸卯6六	甲辰7日	乙巳8一	丙午9二	丁未10三	戊申11四	辛巳處暑 丁酉白露
八月大	辛酉	天干地支西曆星期	己酉12五	庚戌13六	辛亥14日	壬子15一	癸丑16二	甲寅17三	乙卯18四	丙辰19五	丁巳20六	戊午21日	己未22一	庚申23二	辛酉24三	壬戌25四	癸亥26五	甲子27六	乙丑28日	丙寅29一	丁卯30二	戊辰(10)三	己巳2四	庚午3五	辛未4六	壬申5日	癸酉6一	甲戌7二	乙亥8三	丙子9四	丁丑10五	戊寅11六	壬子秋分 丁卯寒露
九月大	壬戌	天干地支西曆星期	己卯12日	庚辰13一	辛巳14二	壬午15三	癸未16四	甲申17五	乙酉18六	丙戌19日	丁亥20一	戊子21二	己丑22三	庚寅23四	辛卯24五	壬辰25六	癸巳26日	甲午27一	乙未28二	丙申29三	丁酉30四	戊戌31五	己亥(11)六	庚子2日	辛丑3一	壬寅4二	癸卯5三	甲辰6四	乙巳7五	丙午8六	丁未9日	戊申10一	壬午霜降 丁酉立冬
十月小	癸亥	天干地支西曆星期	己酉11二	庚戌12三	辛亥13四	壬子14五	癸丑15六	甲寅16日	乙卯17一	丙辰18二	丁巳19三	戊午20四	己未21五	庚申22六	辛酉23日	壬戌24一	癸亥25二	甲子26三	乙丑27四	丙寅28五	丁卯29六	戊辰30日	己巳(12)一	庚午2二	辛未3三	壬申4四	癸酉5五	甲戌6六	乙亥7日	丙子8一	丁丑9二		癸丑小雪 戊辰大雪
十一月大	甲子	天干地支西曆星期	戊寅10三	己卯11四	庚辰12五	辛巳13六	壬午14日	癸未15一	甲申16二	乙酉17三	丙戌18四	丁亥19五	戊子20六	己丑21日	庚寅22一	辛卯23二	壬辰24三	癸巳25四	甲午26五	乙未27六	丙申28日	丁酉29一	戊戌30二	己亥31三	庚子(1)四	辛丑2五	壬寅3六	癸卯4日	甲辰5一	乙巳6二	丙午7三	丁未8四	癸未冬至 戊戌小寒
十二月大	乙丑	天干地支西曆星期	戊申9五	己酉10六	庚戌11日	辛亥12一	壬子13二	癸丑14三	甲寅15四	乙卯16五	丙辰17六	丁巳18日	戊午19一	己未20二	庚申21三	辛酉22四	壬戌23五	癸亥24六	甲子25日	乙丑26一	丙寅27二	丁卯28三	戊辰29四	己巳30五	庚午31六	辛未(2)日	壬申2一	癸酉3二	甲戌4三	乙亥5四	丙子6五	丁丑7六	甲寅大寒 己巳立春

遼天祚帝天慶四年（甲午 馬年） 公元 **1114** ~ 1115 年

夏曆月序		中西曆日對照	初一	初二	初三	初四	初五	初六	初七	初八	初九	初十	十一	十二	十三	十四	十五	十六	十七	十八	十九	二十	二一	二二	二三	二四	二五	二六	二七	二八	二九	三十	節氣與天象
正月小	丙寅	天干地支西曆星期	戊寅8日	己卯9一	庚辰10二	辛巳11三	壬午12四	癸未13五	甲申14六	乙酉15日	丙戌16一	丁亥17二	戊子18三	己丑19四	庚寅20五	辛卯21六	壬辰22日	癸巳23一	甲午24二	乙未25三	丙申26四	丁酉27五	戊戌28六	己亥(3)日	庚子2一	辛丑3二	壬寅4三	癸卯5四	甲辰6五	乙巳7六	丙午8日		甲申雨水 己亥驚蟄
二月小	丁卯	天干地支西曆星期	丁未9一	戊申10二	己酉11三	庚戌12四	辛亥13五	壬子14六	癸丑15日	甲寅16一	乙卯17二	丙辰18三	丁巳19四	戊午20五	己未21六	庚申22日	辛酉23一	壬戌24二	癸亥25三	甲子26四	乙丑27五	丙寅28六	丁卯29日	戊辰30一	己巳31二	庚午(4)三	辛未2四	壬申3五	癸酉4六	甲戌5日	乙亥6一		甲寅春分 庚午清明
三月大	戊辰	天干地支西曆星期	丙子7二	丁丑8三	戊寅9四	己卯10五	庚辰11六	辛巳12日	壬午13一	癸未14二	甲申15三	乙酉16四	丙戌17五	丁亥18六	戊子19日	己丑20一	庚寅21二	辛卯22三	壬辰23四	癸巳24五	甲午25六	乙未26日	丙申27一	丁酉28二	戊戌29三	己亥30四	庚子(5)五	辛丑2六	壬寅3日	癸卯4一	甲辰5二	乙巳6三	乙酉穀雨 庚子立夏
四月小	己巳	天干地支西曆星期	丙午7四	丁未8五	戊申9六	己酉10日	庚戌11一	辛亥12二	壬子13三	癸丑14四	甲寅15五	乙卯16六	丙辰17日	丁巳18一	戊午19二	己未20三	庚申21四	辛酉22五	壬戌23六	癸亥24日	甲子25一	乙丑26二	丙寅27三	丁卯28四	戊辰29五	己巳30六	庚午31日	辛未(6)一	壬申2二	癸酉3三	甲戌4四		乙卯小滿 庚午芒種
五月小	庚午	天干地支西曆星期	乙亥5五	丙子6六	丁丑7日	戊寅8一	己卯9二	庚辰10三	辛巳11四	壬午12五	癸未13六	甲申14日	乙酉15一	丙戌16二	丁亥17三	戊子18四	己丑19五	庚寅20六	辛卯21日	壬辰22一	癸巳23二	甲午24三	乙未25四	丙申26五	丁酉27六	戊戌28日	己亥29一	庚子30二	辛丑(7)三	壬寅2四	癸卯3五		丙戌夏至 辛丑小暑
六月大	辛未	天干地支西曆星期	甲辰4六	乙巳5日	丙午6一	丁未7二	戊申8三	己酉9四	庚戌10五	辛亥11六	壬子12日	癸丑13一	甲寅14二	乙卯15三	丙辰16四	丁巳17五	戊午18六	己未19日	庚申20一	辛酉21二	壬戌22三	癸亥23四	甲子24五	乙丑25六	丙寅26日	丁卯27一	戊辰28二	己巳29三	庚午30四	辛未31五	壬申(8)六	癸酉2日	丙辰大暑 辛未立秋
七月小	壬申	天干地支西曆星期	甲戌3一	乙亥4二	丙子5三	丁丑6四	戊寅7五	己卯8六	庚辰9日	辛巳10一	壬午11二	癸未12三	甲申13四	乙酉14五	丙戌15六	丁亥16日	戊子17一	己丑18二	庚寅19三	辛卯20四	壬辰21五	癸巳22六	甲午23日	乙未24一	丙申25二	丁酉26三	戊戌27四	己亥28五	庚子29六	辛丑30日	壬寅31一		丁亥處暑 壬寅白露
八月大	癸酉	天干地支西曆星期	癸卯(9)二	甲辰2三	乙巳3四	丙午4五	丁未5六	戊申6日	己酉7一	庚戌8二	辛亥9三	壬子10四	癸丑11五	甲寅12六	乙卯13日	丙辰14一	丁巳15二	戊午16三	己未17四	庚申18五	辛酉19六	壬戌20日	癸亥21一	甲子22二	乙丑23三	丙寅24四	丁卯25五	戊辰26六	己巳27日	庚午28一	辛未29二	壬申30三	丁巳秋分 壬申寒露
九月小	甲戌	天干地支西曆星期	癸酉(10)四	甲戌2五	乙亥3六	丙子4日	丁丑5一	戊寅6二	己卯7三	庚辰8四	辛巳9五	壬午10六	癸未11日	甲申12一	乙酉13二	丙戌14三	丁亥15四	戊子16五	己丑17六	庚寅18日	辛卯19一	壬辰20二	癸巳21三	甲午22四	乙未23五	丙申24六	丁酉25日	戊戌26一	己亥27二	庚子28三	辛丑29四		丁亥霜降
十月大	乙亥	天干地支西曆星期	壬寅30五	癸卯31六	甲辰(11)日	乙巳2一	丙午3二	丁未4三	戊申5四	己酉6五	庚戌7六	辛亥8日	壬子9一	癸丑10二	甲寅11三	乙卯12四	丙辰13五	丁巳14六	戊午15日	己未16一	庚申17二	辛酉18三	壬戌19四	癸亥20五	甲子21六	乙丑22日	丙寅23一	丁卯24二	戊辰25三	己巳26四	庚午27五	辛未28六	癸卯立冬 戊午小雪
十一月大	丙子	天干地支西曆星期	壬申29日	癸酉30一	甲戌(12)二	乙亥2三	丙子3四	丁丑4五	戊寅5六	己卯6日	庚辰7一	辛巳8二	壬午9三	癸未10四	甲申11五	乙酉12六	丙戌13日	丁亥14一	戊子15二	己丑16三	庚寅17四	辛卯18五	壬辰19六	癸巳20日	甲午21一	乙未22二	丙申23三	丁酉24四	戊戌25五	己亥26六	庚子27日	辛丑28一	癸酉大雪 戊子冬至
十二月大	丁丑	天干地支西曆星期	壬寅29二	癸卯30三	甲辰31四	乙巳(1)五	丙午2六	丁未3日	戊申4一	己酉5二	庚戌6三	辛亥7四	壬子8五	癸丑9六	甲寅10日	乙卯11一	丙辰12二	丁巳13三	戊午14四	己未15五	庚申16六	辛酉17日	壬戌18一	癸亥19二	甲子20三	乙丑21四	丙寅22五	丁卯23六	戊辰24日	己巳25一	庚午26二	辛未27三	甲辰小寒 己未大寒

遼天祚帝天慶五年（乙未 羊年） 公元 1115 ~ 1116 年

夏曆月序		中西曆日對照	初一	初二	初三	初四	初五	初六	初七	初八	初九	初十	十一	十二	十三	十四	十五	十六	十七	十八	十九	二十	二一	二二	二三	二四	二五	二六	二七	二八	二九	三十	節氣與天象
正月小	戊寅	干支 天地 西曆 星期	壬申28四	癸酉29五	甲戌30六	乙亥31日	丙子(2)一	丁丑2二	戊寅3三	己卯4四	庚辰5五	辛巳6六	壬午7日	癸未8一	甲申9二	乙酉10三	丙戌11四	丁亥12五	戊子13六	己丑14日	庚寅15一	辛卯16二	壬辰17三	癸巳18四	甲午19五	乙未20六	丙申21日	丁酉22一	戊戌23二	己亥24三	庚子25四		甲戌立春 己丑雨水
二月大	己卯	干支 天地 西曆 星期	辛丑26五	壬寅27六	癸卯28日	甲辰(3)一	乙巳2二	丙午3三	丁未4四	戊申5五	己酉6六	庚戌7日	辛亥8一	壬子9二	癸丑10三	甲寅11四	乙卯12五	丙辰13六	丁巳14日	戊午15一	己未16二	庚申17三	辛酉18四	壬戌19五	癸亥20六	甲子21日	乙丑22一	丙寅23二	丁卯24三	戊辰25四	己巳26五	庚午27六	甲辰驚蟄 庚申春分
三月小	庚辰	干支 天地 西曆 星期	辛未28日	壬申29一	癸酉30二	甲戌31三	乙亥(4)四	丙子2五	丁丑3六	戊寅4日	己卯5一	庚辰6二	辛巳7三	壬午8四	癸未9五	甲申10六	乙酉11日	丙戌12一	丁亥13二	戊子14三	己丑15四	庚寅16五	辛卯17六	壬辰18日	癸巳19一	甲午20二	乙未21三	丙申22四	丁酉23五	戊戌24六	己亥25日		乙亥清明 庚寅穀雨
四月大	辛巳	干支 天地 西曆 星期	庚子26一	辛丑27二	壬寅28三	癸卯29四	甲辰30五	乙巳(5)六	丙午2日	丁未3一	戊申4二	己酉5三	庚戌6四	辛亥7五	壬子8六	癸丑9日	甲寅10一	乙卯11二	丙辰12三	丁巳13四	戊午14五	己未15六	庚申16日	辛酉17一	壬戌18二	癸亥19三	甲子20四	乙丑21五	丙寅22六	丁卯23日	戊辰24一	己巳25二	乙巳立夏 庚申小滿
五月小	壬午	干支 天地 西曆 星期	庚午26三	辛未27四	壬申28五	癸酉29六	甲戌30日	乙亥31一	丙子(6)二	丁丑2三	戊寅3四	己卯4五	庚辰5六	辛巳6日	壬午7一	癸未8二	甲申9三	乙酉10四	丙戌11五	丁亥12六	戊子13日	己丑14一	庚寅15二	辛卯16三	壬辰17四	癸巳18五	甲午19六	乙未20日	丙申21一	丁酉22二	戊戌23三		丙子芒種 辛卯夏至
六月小	癸未	干支 天地 西曆 星期	己亥24四	庚子25五	辛丑26六	壬寅27日	癸卯28一	甲辰29二	乙巳30三	丙午(7)四	丁未2五	戊申3六	己酉4日	庚戌5一	辛亥6二	壬子7三	癸丑8四	甲寅9五	乙卯10六	丙辰11日	丁巳12一	戊午13二	己未14三	庚申15四	辛酉16五	壬戌17六	癸亥18日	甲子19一	乙丑20二	丙寅21三	丁卯22四		丙午小暑 辛酉大暑
七月大	甲申	干支 天地 西曆 星期	戊辰23五	己巳24六	庚午25日	辛未26一	壬申27二	癸酉28三	甲戌29四	乙亥30五	丙子31六	丁丑(8)日	戊寅2一	己卯3二	庚辰4三	辛巳5四	壬午6五	癸未7六	甲申8日	乙酉9一	丙戌10二	丁亥11三	戊子12四	己丑13五	庚寅14六	辛卯15日	壬辰16一	癸巳17二	甲午18三	乙未19四	丙申20五	丁酉21六	丁丑立秋 壬辰處暑
八月小	乙酉	干支 天地 西曆 星期	戊戌22日	己亥23一	庚子24二	辛丑25三	壬寅26四	癸卯27五	甲辰28六	乙巳29日	丙午30一	丁未31二	戊申(9)三	己酉2四	庚戌3五	辛亥4六	壬子5日	癸丑6一	甲寅7二	乙卯8三	丙辰9四	丁巳10五	戊午11六	己未12日	庚申13一	辛酉14二	壬戌15三	癸亥16四	甲子17五	乙丑18六	丙寅19日		丁未白露 壬戌秋分
九月大	丙戌	干支 天地 西曆 星期	丁卯20一	戊辰21二	己巳22三	庚午23四	辛未24五	壬申25六	癸酉26日	甲戌27一	乙亥28二	丙子29三	丁丑30四	戊寅(10)五	己卯2六	庚辰3日	辛巳4一	壬午5二	癸未6三	甲申7四	乙酉8五	丙戌9六	丁亥10日	戊子11一	己丑12二	庚寅13三	辛卯14四	壬辰15五	癸巳16六	甲午17日	乙未18一	丙申19二	丁丑寒露 癸巳霜降
十月小	丁亥	干支 天地 西曆 星期	丁酉20三	戊戌21四	己亥22五	庚子23六	辛丑24日	壬寅25一	癸卯26二	甲辰27三	乙巳28四	丙午29五	丁未30六	戊申31日	己酉(11)一	庚戌2二	辛亥3三	壬子4四	癸丑5五	甲寅6六	乙卯7日	丙辰8一	丁巳9二	戊午10三	己未11四	庚申12五	辛酉13六	壬戌14日	癸亥15一	甲子16二	乙丑17三		戊申立冬 癸亥小雪
十一月大	戊子	干支 天地 西曆 星期	丙寅18四	丁卯19五	戊辰20六	己巳21日	庚午22一	辛未23二	壬申24三	癸酉25四	甲戌26五	乙亥27六	丙子28日	丁丑29一	戊寅30二	己卯(12)三	庚辰2四	辛巳3五	壬午4六	癸未5日	甲申6一	乙酉7二	丙戌8三	丁亥9四	戊子10五	己丑11六	庚寅12日	辛卯13一	壬辰14二	癸巳15三	甲午16四	乙未17五	戊寅大雪 甲午冬至
十二月大	己丑	干支 天地 西曆 星期	丙申18六	丁酉19日	戊戌20一	己亥21二	庚子22三	辛丑23四	壬寅24五	癸卯25六	甲辰26日	乙巳27一	丙午28二	丁未29三	戊申30四	己酉31五	庚戌(1)六	辛亥2日	壬子3一	癸丑4二	甲寅5三	乙卯6四	丙辰7五	丁巳8六	戊午9日	己未10一	庚申11二	辛酉12三	壬戌13四	癸亥14五	甲子15六	乙丑16日	己酉小寒 甲子大寒

遼天祚帝天慶六年（丙申 猴年） 公元1116 ~ 1117年

夏曆月序		中西曆日對照	夏曆日序																													節氣與天象
			初一	初二	初三	初四	初五	初六	初七	初八	初九	初十	十一	十二	十三	十四	十五	十六	十七	十八	十九	二十	二一	二二	二三	二四	二五	二六	二七	二八	二九	三十	
正月大	庚寅	天干地支 西曆 星期	丙寅17一	丁卯18二	戊辰19三	己巳20四	庚午21五	辛未22六	壬申23日	癸酉24一	甲戌25二	乙亥26三	丙子27四	丁丑28五	戊寅29六	己卯30日	庚辰31一	辛巳(2)二	壬午2三	癸未3四	甲申4五	乙酉5六	丙戌6日	丁亥7一	戊子8二	己丑9三	庚寅10四	辛卯11五	壬辰12六	癸巳13日	甲午14一	乙未15二	己卯立春 甲午雨水
閏正月小	庚寅	天干地支 西曆 星期	丙申16三	丁酉17四	戊戌18五	己亥19六	庚子20日	辛丑21一	壬寅22二	癸卯23三	甲辰24四	乙巳25五	丙午26六	丁未27日	戊申28一	己酉29二	庚戌(3)三	辛亥2四	壬子3五	癸丑4六	甲寅5日	乙卯6一	丙辰7二	丁巳8三	戊午9四	己未10五	庚申11六	辛酉12日	壬戌13一	癸亥14二	甲子15三		庚戌驚蟄
二月大	辛卯	天干地支 西曆 星期	乙丑16四	丙寅17五	丁卯18六	戊辰19日	己巳20一	庚午21二	辛未22三	壬申23四	癸酉24五	甲戌25六	乙亥26日	丙子27一	丁丑28二	戊寅29三	己卯30四	庚辰31五	辛巳(4)六	壬午2日	癸未3一	甲申4二	乙酉5三	丙戌6四	丁亥7五	戊子8六	己丑9日	庚寅10一	辛卯11二	壬辰12三	癸巳13四	甲午14五	乙丑春分 庚辰清明
三月小	壬辰	天干地支 西曆 星期	乙未15六	丙申16日	丁酉17一	戊戌18二	己亥19三	庚子20四	辛丑21五	壬寅22六	癸卯23日	甲辰24一	乙巳25二	丙午26三	丁未27四	戊申28五	己酉29六	庚戌30日	辛亥(5)一	壬子2二	癸丑3三	甲寅4四	乙卯5五	丙辰6六	丁巳7日	戊午8一	己未9二	庚申10三	辛酉11四	壬戌12五	癸亥13六		乙未穀雨 辛亥立夏
四月大	癸巳	天干地支 西曆 星期	甲子14日	乙丑15一	丙寅16二	丁卯17三	戊辰18四	己巳19五	庚午20六	辛未21日	壬申22一	癸酉23二	甲戌24三	乙亥25四	丙子26五	丁丑27六	戊寅28日	己卯29一	庚辰30二	辛巳31三	壬午(6)四	癸未2五	甲申3六	乙酉4日	丙戌5一	丁亥6二	戊子7三	己丑8四	庚寅9五	辛卯10六	壬辰11日	癸巳12一	丙寅小滿 辛巳芒種
五月小	甲午	天干地支 西曆 星期	甲午13二	乙未14三	丙申15四	丁酉16五	戊戌17六	己亥18日	庚子19一	辛丑20二	壬寅21三	癸卯22四	甲辰23五	乙巳24六	丙午25日	丁未26一	戊申27二	己酉28三	庚戌29四	辛亥30五	壬子(7)六	癸丑2日	甲寅3一	乙卯4二	丙辰5三	丁巳6四	戊午7五	己未8六	庚申9日	辛酉10一	壬戌11二		丙申夏至 辛亥小暑
六月小	乙未	天干地支 西曆 星期	癸亥12三	甲子13四	乙丑14五	丙寅15六	丁卯16日	戊辰17一	己巳18二	庚午19三	辛未20四	壬申21五	癸酉22六	甲戌23日	乙亥24一	丙子25二	丁丑26三	戊寅27四	己卯28五	庚辰29六	辛巳30日	壬午31一	癸未(8)二	甲申2三	乙酉3四	丙戌4五	丁亥5六	戊子6日	己丑7一	庚寅8二	辛卯9三		丁卯大暑 壬午立秋
七月大	丙申	天干地支 西曆 星期	壬辰10四	癸巳11五	甲午12六	乙未13日	丙申14一	丁酉15二	戊戌16三	己亥17四	庚子18五	辛丑19六	壬寅20日	癸卯21一	甲辰22二	乙巳23三	丙午24四	丁未25五	戊申26六	己酉27日	庚戌28一	辛亥29二	壬子30三	癸丑31四	甲寅(9)五	乙卯2六	丙辰3日	丁巳4一	戊午5二	己未6三	庚申7四	辛酉8五	丁酉處暑 壬子白露
八月小	丁酉	天干地支 西曆 星期	壬戌9六	癸亥10日	甲子11一	乙丑12二	丙寅13三	丁卯14四	戊辰15五	己巳16六	庚午17日	辛未18一	壬申19二	癸酉20三	甲戌21四	乙亥22五	丙子23六	丁丑24日	戊寅25一	己卯26二	庚辰27三	辛巳28四	壬午29五	癸未30六	甲申(10)日	乙酉2一	丙戌3二	丁亥4三	戊子5四	己丑6五	庚寅7六		丁卯秋分 癸未寒露
九月大	戊戌	天干地支 西曆 星期	辛卯8日	壬辰9一	癸巳10二	甲午11三	乙未12四	丙申13五	丁酉14六	戊戌15日	己亥16一	庚子17二	辛丑18三	壬寅19四	癸卯20五	甲辰21六	乙巳22日	丙午23一	丁未24二	戊申25三	己酉26四	庚戌27五	辛亥28六	壬子29日	癸丑30一	甲寅31二	乙卯(11)三	丙辰2四	丁巳3五	戊午4六	己未5日	庚申6一	戊戌霜降 癸丑立冬
十月小	己亥	天干地支 西曆 星期	辛酉7二	壬戌8三	癸亥9四	甲子10五	乙丑11六	丙寅12日	丁卯13一	戊辰14二	己巳15三	庚午16四	辛未17五	壬申18六	癸酉19日	甲戌20一	乙亥21二	丙子22三	丁丑23四	戊寅24五	己卯25六	庚辰26日	辛巳27一	壬午28二	癸未29三	甲申30四	乙酉(12)五	丙戌2六	丁亥3日	戊子4一	己丑5二		戊辰小雪 甲申大雪
十一月大	庚子	天干地支 西曆 星期	庚寅6三	辛卯7四	壬辰8五	癸巳9六	甲午10日	乙未11一	丙申12二	丁酉13三	戊戌14四	己亥15五	庚子16六	辛丑17日	壬寅18一	癸卯19二	甲辰20三	乙巳21四	丙午22五	丁未23六	戊申24日	己酉25一	庚戌26二	辛亥27三	壬子28四	癸丑29五	甲寅30六	乙卯31日	丙辰(1)一	丁巳2二	戊午3三	己未4四	己亥冬至 甲寅小寒
十二月大	辛丑	天干地支 西曆 星期	庚申5五	辛酉6六	壬戌7日	癸亥8一	甲子9二	乙丑10三	丙寅11四	丁卯12五	戊辰13六	己巳14日	庚午15一	辛未16二	壬申17三	癸酉18四	甲戌19五	乙亥20六	丙子21日	丁丑22一	戊寅23二	己卯24三	庚辰25四	辛巳26五	壬午27六	癸未28日	甲申29一	乙酉30二	丙戌31三	丁亥(2)四	戊子2五	己丑3六	己巳大寒 甲申立春

遼天祚帝天慶七年（丁酉 鷄年） 公元 1117 ~ 1118 年

夏曆月序		中西曆日對照	初一	初二	初三	初四	初五	初六	初七	初八	初九	初十	十一	十二	十三	十四	十五	十六	十七	十八	十九	二十	二一	二二	二三	二四	二五	二六	二七	二八	二九	三十	節氣與天象
正月小	壬寅	天干 地支 西曆 星期	庚寅 4 日	辛卯 5 一	壬辰 6 二	癸巳 7 三	甲午 8 四	乙未 9 五	丙申 10 六	丁酉 11 日	戊戌 12 一	己亥 13 二	庚子 14 三	辛丑 15 四	壬寅 16 五	癸卯 17 六	甲辰 18 日	乙巳 19 一	丙午 20 二	丁未 21 三	戊申 22 四	己酉 23 五	庚戌 24 六	辛亥 25 日	壬子 26 一	癸丑 27 二	甲寅 28 三	乙卯 (3) 四	丙辰 2 五	丁巳 3 六	戊午 4 日		庚子雨水 乙卯驚蟄
二月大	癸卯	天干 地支 西曆 星期	己未 5 一	庚申 6 二	辛酉 7 三	壬戌 8 四	癸亥 9 五	甲子 10 六	乙丑 11 日	丙寅 12 一	丁卯 13 二	戊辰 14 三	己巳 15 四	庚午 16 五	辛未 17 六	壬申 18 日	癸酉 19 一	甲戌 20 二	乙亥 21 三	丙子 22 四	丁丑 23 五	戊寅 24 六	己卯 25 日	庚辰 26 一	辛巳 27 二	壬午 28 三	癸未 29 四	甲申 30 五	乙酉 31 六	丙戌 (4) 日	丁亥 2 一	戊子 3 二	庚午春分 乙酉清明
三月大	甲辰	天干 地支 西曆 星期	己丑 4 三	庚寅 5 四	辛卯 6 五	壬辰 7 六	癸巳 8 日	甲午 9 一	乙未 10 二	丙申 11 三	丁酉 12 四	戊戌 13 五	己亥 14 六	庚子 15 日	辛丑 16 一	壬寅 17 二	癸卯 18 三	甲辰 19 四	乙巳 20 五	丙午 21 六	丁未 22 日	戊申 23 一	己酉 24 二	庚戌 25 三	辛亥 26 四	壬子 27 五	癸丑 28 六	甲寅 29 日	乙卯 30 一	丙辰 (5) 二	丁巳 2 三	戊午 3 四	辛丑穀雨 丙辰立夏
四月小	乙巳	天干 地支 西曆 星期	己未 4 五	庚申 5 六	辛酉 6 日	壬戌 7 一	癸亥 8 二	甲子 9 三	乙丑 10 四	丙寅 11 五	丁卯 12 六	戊辰 13 日	己巳 14 一	庚午 15 二	辛未 16 三	壬申 17 四	癸酉 18 五	甲戌 19 六	乙亥 20 日	丙子 21 一	丁丑 22 二	戊寅 23 三	己卯 24 四	庚辰 25 五	辛巳 26 六	壬午 27 日	癸未 28 一	甲申 29 二	乙酉 30 三	丙戌 31 四	丁亥 (6) 五		辛未小滿 丙戌芒種
五月大	丙午	天干 地支 西曆 星期	戊子 2 六	己丑 3 日	庚寅 4 一	辛卯 5 二	壬辰 6 三	癸巳 7 四	甲午 8 五	乙未 9 六	丙申 10 日	丁酉 11 一	戊戌 12 二	己亥 13 三	庚子 14 四	辛丑 15 五	壬寅 16 六	癸卯 17 日	甲辰 18 一	乙巳 19 二	丙午 20 三	丁未 21 四	戊申 22 五	己酉 23 六	庚戌 24 日	辛亥 25 一	壬子 26 二	癸丑 27 三	甲寅 28 四	乙卯 29 五	丙辰 30 六	丁巳 (7) 日	辛丑夏至 丁巳小暑
六月小	丁未	天干 地支 西曆 星期	戊午 2 一	己未 3 二	庚申 4 三	辛酉 5 四	壬戌 6 五	癸亥 7 六	甲子 8 日	乙丑 9 一	丙寅 10 二	丁卯 11 三	戊辰 12 四	己巳 13 五	庚午 14 六	辛未 15 日	壬申 16 一	癸酉 17 二	甲戌 18 三	乙亥 19 四	丙子 20 五	丁丑 21 六	戊寅 22 日	己卯 23 一	庚辰 24 二	辛巳 25 三	壬午 26 四	癸未 27 五	甲申 28 六	乙酉 29 日	丙戌 30 一		壬申大暑
七月小	戊申	天干 地支 西曆 星期	丁亥 31 二	戊子 (8) 三	己丑 2 四	庚寅 3 五	辛卯 4 六	壬辰 5 日	癸巳 6 一	甲午 7 二	乙未 8 三	丙申 9 四	丁酉 10 五	戊戌 11 六	己亥 12 日	庚子 13 一	辛丑 14 二	壬寅 15 三	癸卯 16 四	甲辰 17 五	乙巳 18 六	丙午 19 日	丁未 20 一	戊申 21 二	己酉 22 三	庚戌 23 四	辛亥 24 五	壬子 25 六	癸丑 26 日	甲寅 27 一	乙卯 28 二		丁亥立秋 壬寅處暑
八月大	己酉	天干 地支 西曆 星期	丙辰 29 三	丁巳 30 四	戊午 31 五	己未 (9) 六	庚申 2 日	辛酉 3 一	壬戌 4 二	癸亥 5 三	甲子 6 四	乙丑 7 五	丙寅 8 六	丁卯 9 日	戊辰 10 一	己巳 11 二	庚午 12 三	辛未 13 四	壬申 14 五	癸酉 15 六	甲戌 16 日	乙亥 17 一	丙子 18 二	丁丑 19 三	戊寅 20 四	己卯 21 五	庚辰 22 六	辛巳 23 日	壬午 24 一	癸未 25 二	甲申 26 三	乙酉 27 四	戊午白露 癸酉秋分
九月小	庚戌	天干 地支 西曆 星期	丙戌 28 五	丁亥 29 六	戊子 30 日	己丑 (10) 一	庚寅 2 二	辛卯 3 三	壬辰 4 四	癸巳 5 五	甲午 6 六	乙未 7 日	丙申 8 一	丁酉 9 二	戊戌 10 三	己亥 11 四	庚子 12 五	辛丑 13 六	壬寅 14 日	癸卯 15 一	甲辰 16 二	乙巳 17 三	丙午 18 四	丁未 19 五	戊申 20 六	己酉 21 日	庚戌 22 一	辛亥 23 二	壬子 24 三	癸丑 25 四	甲寅 26 五		戊子寒露 癸卯霜降
十月大	辛亥	天干 地支 西曆 星期	乙卯 27 六	丙辰 28 日	丁巳 29 一	戊午 30 二	己未 31 三	庚申 (11) 四	辛酉 2 五	壬戌 3 六	癸亥 4 日	甲子 5 一	乙丑 6 二	丙寅 7 三	丁卯 8 四	戊辰 9 五	己巳 10 六	庚午 11 日	辛未 12 一	壬申 13 二	癸酉 14 三	甲戌 15 四	乙亥 16 五	丙子 17 六	丁丑 18 日	戊寅 19 一	己卯 20 二	庚辰 21 三	辛巳 22 四	壬午 23 五	癸未 24 六	甲申 25 日	戊午立冬 甲戌小雪
十一月小	壬子	天干 地支 西曆 星期	乙酉 26 一	丙戌 27 二	丁亥 28 三	戊子 29 四	己丑 30 五	庚寅 (12) 六	辛卯 2 日	壬辰 3 一	癸巳 4 二	甲午 5 三	乙未 6 四	丙申 7 五	丁酉 8 六	戊戌 9 日	己亥 10 一	庚子 11 二	辛丑 12 三	壬寅 13 四	癸卯 14 五	甲辰 15 六	乙巳 16 日	丙午 17 一	丁未 18 二	戊申 19 三	己酉 20 四	庚戌 21 五	辛亥 22 六	壬子 23 日	癸丑 24 一		己丑大雪 甲辰冬至
十二月大	癸丑	天干 地支 西曆 星期	甲寅 25 二	乙卯 26 三	丙辰 27 四	丁巳 28 五	戊午 29 六	己未 30 日	庚申 31 一	辛酉 (1) 二	壬戌 2 三	癸亥 3 四	甲子 4 五	乙丑 5 六	丙寅 6 日	丁卯 7 一	戊辰 8 二	己巳 9 三	庚午 10 四	辛未 11 五	壬申 12 六	癸酉 13 日	甲戌 14 一	乙亥 15 二	丙子 16 三	丁丑 17 四	戊寅 18 五	己卯 19 六	庚辰 20 日	辛巳 21 一	壬午 22 二	癸未 23 三	己未小寒 甲戌大寒

遼天祚帝天慶八年（戊戌 狗年） 公元 **1118** ~ 1119 年

夏曆月序		中西曆日對照	初一	初二	初三	初四	初五	初六	初七	初八	初九	初十	十一	十二	十三	十四	十五	十六	十七	十八	十九	二十	二一	二二	二三	二四	二五	二六	二七	二八	二九	三十	節氣與天象
正月小	甲寅	天干地支 西曆 星期	甲申 24 四	乙酉 25 五	丙戌 26 六	丁亥 27 日	戊子 28 一	己丑 29 二	庚寅 30 三	辛卯 31 四	壬辰 (2) 五	癸巳 2 六	甲午 3 日	乙未 4 一	丙申 5 二	丁酉 6 三	戊戌 7 四	己亥 8 五	庚子 9 六	辛丑 10 日	壬寅 11 一	癸卯 12 二	甲辰 13 三	乙巳 14 四	丙午 15 五	丁未 16 六	戊申 17 日	己酉 18 一	庚戌 19 二	辛亥 20 三	壬子 21 四		庚寅立春 乙巳雨水
二月大	乙卯	天干地支 西曆 星期	癸丑 22 五	甲寅 23 六	乙卯 24 日	丙辰 25 一	丁巳 26 二	戊午 27 三	己未 28 四	庚申 (3) 五	辛酉 2 六	壬戌 3 日	癸亥 4 一	甲子 5 二	乙丑 6 三	丙寅 7 四	丁卯 8 五	戊辰 9 六	己巳 10 日	庚午 11 一	辛未 12 二	壬申 13 三	癸酉 14 四	甲戌 15 五	乙亥 16 六	丙子 17 日	丁丑 18 一	戊寅 19 二	己卯 20 三	庚辰 21 四	辛巳 22 五	壬午 23 六	庚申驚蟄 乙亥春分
三月大	丙辰	天干地支 西曆 星期	癸未 24 日	甲申 25 一	乙酉 26 二	丙戌 27 三	丁亥 28 四	戊子 29 五	己丑 30 六	庚寅 31 日	辛卯 (4) 一	壬辰 2 二	癸巳 3 三	甲午 4 四	乙未 5 五	丙申 6 六	丁酉 7 日	戊戌 8 一	己亥 9 二	庚子 10 三	辛丑 11 四	壬寅 12 五	癸卯 13 六	甲辰 14 日	乙巳 15 一	丙午 16 二	丁未 17 三	戊申 18 四	己酉 19 五	庚戌 20 六	辛亥 21 日	壬子 22 一	辛卯清明 丙午穀雨
四月小	丁巳	天干地支 西曆 星期	癸丑 23 二	甲寅 24 三	乙卯 25 四	丙辰 26 五	丁巳 27 六	戊午 28 日	己未 29 一	庚申 30 二	辛酉 (5) 三	壬戌 2 四	癸亥 3 五	甲子 4 六	乙丑 5 日	丙寅 6 一	丁卯 7 二	戊辰 8 三	己巳 9 四	庚午 10 五	辛未 11 六	壬申 12 日	癸酉 13 一	甲戌 14 二	乙亥 15 三	丙子 16 四	丁丑 17 五	戊寅 18 六	己卯 19 日	庚辰 20 一	辛巳 21 二		辛酉立夏 丙子小滿
五月大	戊午	天干地支 西曆 星期	壬午 22 三	癸未 23 四	甲申 24 五	乙酉 25 六	丙戌 26 日	丁亥 27 一	戊子 28 二	己丑 29 三	庚寅 30 四	辛卯 31 五	壬辰 (6) 六	癸巳 2 日	甲午 3 一	乙未 4 二	丙申 5 三	丁酉 6 四	戊戌 7 五	己亥 8 六	庚子 9 日	辛丑 10 一	壬寅 11 二	癸卯 12 三	甲辰 13 四	乙巳 14 五	丙午 15 六	丁未 16 日	戊申 17 一	己酉 18 二	庚戌 19 三	辛亥 20 四	辛卯芒種 丁未夏至
六月小	己未	天干地支 西曆 星期	壬子 21 五	癸丑 22 六	甲寅 23 日	乙卯 24 一	丙辰 25 二	丁巳 26 三	戊午 27 四	己未 28 五	庚申 29 六	辛酉 30 日	壬戌 (7) 一	癸亥 2 二	甲子 3 三	乙丑 4 四	丙寅 5 五	丁卯 6 六	戊辰 7 日	己巳 8 一	庚午 9 二	辛未 10 三	壬申 11 四	癸酉 12 五	甲戌 13 六	乙亥 14 日	丙子 15 一	丁丑 16 二	戊寅 17 三	己卯 18 四	庚辰 19 五		壬戌小暑 丁丑大暑
七月大	庚申	天干地支 西曆 星期	辛巳 20 六	壬午 21 日	癸未 22 一	甲申 23 二	乙酉 24 三	丙戌 25 四	丁亥 26 五	戊子 27 六	己丑 28 日	庚寅 29 一	辛卯 30 二	壬辰 31 三	癸巳 (8) 四	甲午 2 五	乙未 3 六	丙申 4 日	丁酉 5 一	戊戌 6 二	己亥 7 三	庚子 8 四	辛丑 9 五	壬寅 10 六	癸卯 11 日	甲辰 12 一	乙巳 13 二	丙午 14 三	丁未 15 四	戊申 16 五	己酉 17 六	庚戌 18 日	壬辰立秋 戊申處暑
八月小	辛酉	天干地支 西曆 星期	辛亥 19 一	壬子 20 二	癸丑 21 三	甲寅 22 四	乙卯 23 五	丙辰 24 六	丁巳 25 日	戊午 26 一	己未 27 二	庚申 28 三	辛酉 29 四	壬戌 30 五	癸亥 31 六	甲子 (9) 日	乙丑 2 一	丙寅 3 二	丁卯 4 三	戊辰 5 四	己巳 6 五	庚午 7 六	辛未 8 日	壬申 9 一	癸酉 10 二	甲戌 11 三	乙亥 12 四	丙子 13 五	丁丑 14 六	戊寅 15 日	己卯 16 一		癸亥白露 戊寅秋分
九月大	壬戌	天干地支 西曆 星期	庚辰 17 二	辛巳 18 三	壬午 19 四	癸未 20 五	甲申 21 六	乙酉 22 日	丙戌 23 一	丁亥 24 二	戊子 25 三	己丑 26 四	庚寅 27 五	辛卯 28 六	壬辰 29 日	癸巳 30 一	甲午 (10) 二	乙未 2 三	丙申 3 四	丁酉 4 五	戊戌 5 六	己亥 6 日	庚子 7 一	辛丑 8 二	壬寅 9 三	癸卯 10 四	甲辰 11 五	乙巳 12 六	丙午 13 日	丁未 14 一	戊申 15 二	己酉 16 三	癸巳寒露 戊申霜降
閏九月小	壬戌	天干地支 西曆 星期	庚戌 17 四	辛亥 18 五	壬子 19 六	癸丑 20 日	甲寅 21 一	乙卯 22 二	丙辰 23 三	丁巳 24 四	戊午 25 五	己未 26 六	庚申 27 日	辛酉 28 一	壬戌 29 二	癸亥 30 三	甲子 31 四	乙丑 (11) 五	丙寅 2 六	丁卯 3 日	戊辰 4 一	己巳 5 二	庚午 6 三	辛未 7 四	壬申 8 五	癸酉 9 六	甲戌 10 日	乙亥 11 一	丙子 12 二	丁丑 13 三	戊寅 14 四		甲子立冬
十月大	癸亥	天干地支 西曆 星期	己卯 15 五	庚辰 16 六	辛巳 17 日	壬午 18 一	癸未 19 二	甲申 20 三	乙酉 21 四	丙戌 22 五	丁亥 23 六	戊子 24 日	己丑 25 一	庚寅 26 二	辛卯 27 三	壬辰 28 四	癸巳 29 五	甲午 30 六	乙未 (12) 日	丙申 2 一	丁酉 3 二	戊戌 4 三	己亥 5 四	庚子 6 五	辛丑 7 六	壬寅 8 日	癸卯 9 一	甲辰 10 二	乙巳 11 三	丙午 12 四	丁未 13 五	戊申 14 六	己卯小雪 甲午大雪
十一月小	甲子	天干地支 西曆 星期	己酉 15 日	庚戌 16 一	辛亥 17 二	壬子 18 三	癸丑 19 四	甲寅 20 五	乙卯 21 六	丙辰 22 日	丁巳 23 一	戊午 24 二	己未 25 三	庚申 26 四	辛酉 27 五	壬戌 28 六	癸亥 29 日	甲子 30 一	乙丑 31 二	丙寅 (1) 三	丁卯 2 四	戊辰 3 五	己巳 4 六	庚午 5 日	辛未 6 一	壬申 7 二	癸酉 8 三	甲戌 9 四	乙亥 10 五	丙子 11 六	丁丑 12 日		己酉冬至 乙丑小寒
十二月大	乙丑	天干地支 西曆 星期	戊寅 13 一	己卯 14 二	庚辰 15 三	辛巳 16 四	壬午 17 五	癸未 18 六	甲申 19 日	乙酉 20 一	丙戌 21 二	丁亥 22 三	戊子 23 四	己丑 24 五	庚寅 25 六	辛卯 26 日	壬辰 27 一	癸巳 28 二	甲午 29 三	乙未 30 四	丙申 31 五	丁酉 (2) 六	戊戌 2 日	己亥 3 一	庚子 4 二	辛丑 5 三	壬寅 6 四	癸卯 7 五	甲辰 8 六	乙巳 9 日	丙午 10 一	丁未 11 二	庚辰大寒 乙未立春

遼天祚帝天慶九年（己亥 猪年） 公元 1119 ~ 1120 年

夏曆月序		中西曆日對照	初一	初二	初三	初四	初五	初六	初七	初八	初九	初十	十一	十二	十三	十四	十五	十六	十七	十八	十九	二十	二一	二二	二三	二四	二五	二六	二七	二八	二九	三十	節氣與天象
正月小	丙寅	天干地支 西曆 星期	戊申 12 三	己酉 13 四	庚戌 14 五	辛亥 15 六	壬子 16 日	癸丑 17 一	甲寅 18 二	乙卯 19 三	丙辰 20 四	丁巳 21 五	戊午 22 六	己未 23 日	庚申 24 一	辛酉 25 二	壬戌 26 三	癸亥 27 四	甲子 28 五	乙丑 (3) 六	丙寅 2 日	丁卯 3 一	戊辰 4 二	己巳 5 三	庚午 6 四	辛未 7 五	壬申 8 六	癸酉 9 日	甲戌 10 一	乙亥 11 二	丙子 12 三		庚戌雨水 乙丑驚蟄
二月大	丁卯	天干地支 西曆 星期	丁丑 13 四	戊寅 14 五	己卯 15 六	庚辰 16 日	辛巳 17 一	壬午 18 二	癸未 19 三	甲申 20 四	乙酉 21 五	丙戌 22 六	丁亥 23 日	戊子 24 一	己丑 25 二	庚寅 26 三	辛卯 27 四	壬辰 28 五	癸巳 29 六	甲午 30 日	乙未 31 一	丙申 (4) 二	丁酉 2 三	戊戌 3 四	己亥 4 五	庚子 5 六	辛丑 6 日	壬寅 7 一	癸卯 8 二	甲辰 9 三	乙巳 10 四	丙午 11 五	辛巳春分 丙申清明
三月小	戊辰	天干地支 西曆 星期	丁未 12 六	戊申 13 日	己酉 14 一	庚戌 15 二	辛亥 16 三	壬子 17 四	癸丑 18 五	甲寅 19 六	乙卯 20 日	丙辰 21 一	丁巳 22 二	戊午 23 三	己未 24 四	庚申 25 五	辛酉 26 六	壬戌 27 日	癸亥 28 一	甲子 29 二	乙丑 30 三	丙寅 (5) 四	丁卯 2 五	戊辰 3 六	己巳 4 日	庚午 5 一	辛未 6 二	壬申 7 三	癸酉 8 四	甲戌 9 五	乙亥 10 六		辛亥穀雨 丙寅立夏
四月大	己巳	天干地支 西曆 星期	丙子 11 日	丁丑 12 一	戊寅 13 二	己卯 14 三	庚辰 15 四	辛巳 16 五	壬午 17 六	癸未 18 日	甲申 19 一	乙酉 20 二	丙戌 21 三	丁亥 22 四	戊子 23 五	己丑 24 六	庚寅 25 日	辛卯 26 一	壬辰 27 二	癸巳 28 三	甲午 29 四	乙未 30 五	丙申 31 六	丁酉 (6) 日	戊戌 2 一	己亥 3 二	庚子 4 三	辛丑 5 四	壬寅 6 五	癸卯 7 六	甲辰 8 日	乙巳 9 一	辛巳小滿 丁酉芒種
五月大	庚午	天干地支 西曆 星期	丙午 10 二	丁未 11 三	戊申 12 四	己酉 13 五	庚戌 14 六	辛亥 15 日	壬子 16 一	癸丑 17 二	甲寅 18 三	乙卯 19 四	丙辰 20 五	丁巳 21 六	戊午 22 日	己未 23 一	庚申 24 二	辛酉 25 三	壬戌 26 四	癸亥 27 五	甲子 28 六	乙丑 29 日	丙寅 30 一	丁卯 (7) 二	戊辰 2 三	己巳 3 四	庚午 4 五	辛未 5 六	壬申 6 日	癸酉 7 一	甲戌 8 二	乙亥 9 三	壬子夏至 丁卯小暑
六月小	辛未	天干地支 西曆 星期	丙子 10 四	丁丑 11 五	戊寅 12 六	己卯 13 日	庚辰 14 一	辛巳 15 二	壬午 16 三	癸未 17 四	甲申 18 五	乙酉 19 六	丙戌 20 日	丁亥 21 一	戊子 22 二	己丑 23 三	庚寅 24 四	辛卯 25 五	壬辰 26 六	癸巳 27 日	甲午 28 一	乙未 29 二	丙申 30 三	丁酉 31 四	戊戌 (8) 五	己亥 2 六	庚子 3 日	辛丑 4 一	壬寅 5 二	癸卯 6 三	甲辰 7 四		壬午大暑 戊戌立秋
七月大	壬申	天干地支 西曆 星期	乙巳 8 五	丙午 9 六	丁未 10 日	戊申 11 一	己酉 12 二	庚戌 13 三	辛亥 14 四	壬子 15 五	癸丑 16 六	甲寅 17 日	乙卯 18 一	丙辰 19 二	丁巳 20 三	戊午 21 四	己未 22 五	庚申 23 六	辛酉 24 日	壬戌 25 一	癸亥 26 二	甲子 27 三	乙丑 28 四	丙寅 29 五	丁卯 30 六	戊辰 31 日	己巳 (9) 一	庚午 2 二	辛未 3 三	壬申 4 四	癸酉 5 五	甲戌 6 六	癸丑處暑 戊辰白露
八月小	癸酉	天干地支 西曆 星期	乙亥 7 日	丙子 8 一	丁丑 9 二	戊寅 10 三	己卯 11 四	庚辰 12 五	辛巳 13 六	壬午 14 日	癸未 15 一	甲申 16 二	乙酉 17 三	丙戌 18 四	丁亥 19 五	戊子 20 六	己丑 21 日	庚寅 22 一	辛卯 23 二	壬辰 24 三	癸巳 25 四	甲午 26 五	乙未 27 六	丙申 28 日	丁酉 29 一	戊戌 30 二	己亥 (10) 三	庚子 2 四	辛丑 3 五	壬寅 4 六	癸卯 5 日		癸未秋分 戊戌寒露
九月大	甲戌	天干地支 西曆 星期	甲辰 6 一	乙巳 7 二	丙午 8 三	丁未 9 四	戊申 10 五	己酉 11 六	庚戌 12 日	辛亥 13 一	壬子 14 二	癸丑 15 三	甲寅 16 四	乙卯 17 五	丙辰 18 六	丁巳 19 日	戊午 20 一	己未 21 二	庚申 22 三	辛酉 23 四	壬戌 24 五	癸亥 25 六	甲子 26 日	乙丑 27 一	丙寅 28 二	丁卯 29 三	戊辰 30 四	己巳 31 五	庚午 (11) 六	辛未 2 日	壬申 3 一	癸酉 4 二	甲寅霜降 己巳立冬
十月小	乙亥	天干地支 西曆 星期	甲戌 5 三	乙亥 6 四	丙子 7 五	丁丑 8 六	戊寅 9 日	己卯 10 一	庚辰 11 二	辛巳 12 三	壬午 13 四	癸未 14 五	甲申 15 六	乙酉 16 日	丙戌 17 一	丁亥 18 二	戊子 19 三	己丑 20 四	庚寅 21 五	辛卯 22 六	壬辰 23 日	癸巳 24 一	甲午 25 二	乙未 26 三	丙申 27 四	丁酉 28 五	戊戌 29 六	己亥 30 日	庚子 (12) 一	辛丑 2 二	壬寅 3 三		甲申小雪 己亥大雪
十一月大	丙子	天干地支 西曆 星期	癸卯 4 四	甲辰 5 五	乙巳 6 六	丙午 7 日	丁未 8 一	戊申 9 二	己酉 10 三	庚戌 11 四	辛亥 12 五	壬子 13 六	癸丑 14 日	甲寅 15 一	乙卯 16 二	丙辰 17 三	丁巳 18 四	戊午 19 五	己未 20 六	庚申 21 日	辛酉 22 一	壬戌 23 二	癸亥 24 三	甲子 25 四	乙丑 26 五	丙寅 27 六	丁卯 28 日	戊辰 29 一	己巳 30 二	庚午 31 三	辛未 (1) 四	壬申 2 五	乙卯冬至 庚午小寒
十二月小	丁丑	天干地支 西曆 星期	癸酉 3 六	甲戌 4 日	乙亥 5 一	丙子 6 二	丁丑 7 三	戊寅 8 四	己卯 9 五	庚辰 10 六	辛巳 11 日	壬午 12 一	癸未 13 二	甲申 14 三	乙酉 15 四	丙戌 16 五	丁亥 17 六	戊子 18 日	己丑 19 一	庚寅 20 二	辛卯 21 三	壬辰 22 四	癸巳 23 五	甲午 24 六	乙未 25 日	丙申 26 一	丁酉 27 二	戊戌 28 三	己亥 29 四	庚子 30 五	辛丑 31 六		乙酉大寒 庚子立春

遼天祚帝天慶十年（庚子 鼠年） 公元 1120 ~ 1121 年

夏曆月序		中西曆日對照	初一	初二	初三	初四	初五	初六	初七	初八	初九	初十	十一	十二	十三	十四	十五	十六	十七	十八	十九	二十	二一	二二	二三	二四	二五	二六	二七	二八	二九	三十	節氣與天象
正月大	戊寅	干支 西曆 天地 星期	壬寅 (2) 日	癸卯 2 一	甲辰 3 二	乙巳 4 三	丙午 5 四	丁未 6 五	戊申 7 六	己酉 8 日	庚戌 9 一	辛亥 10 二	壬子 11 三	癸丑 12 四	甲寅 13 五	乙卯 14 六	丙辰 15 日	丁巳 16 一	戊午 17 二	己未 18 三	庚申 19 四	辛酉 20 五	壬戌 21 六	癸亥 22 日	甲子 23 一	乙丑 24 二	丙寅 25 三	丁卯 26 四	戊辰 27 五	己巳 28 六	庚午 29 日	辛未 (3) 一	乙卯雨水 辛未驚蟄
二月小	己卯	干支 西曆 天地 星期	壬申 2 二	癸酉 3 三	甲戌 4 四	乙亥 5 五	丙子 6 六	丁丑 7 日	戊寅 8 一	己卯 9 二	庚辰 10 三	辛巳 11 四	壬午 12 五	癸未 13 六	甲申 14 日	乙酉 15 一	丙戌 16 二	丁亥 17 三	戊子 18 四	己丑 19 五	庚寅 20 六	辛卯 21 日	壬辰 22 一	癸巳 23 二	甲午 24 三	乙未 25 四	丙申 26 五	丁酉 27 六	戊戌 28 日	己亥 29 一	庚子 30 二		丙戌春分
三月大	庚辰	干支 西曆 天地 星期	辛丑 31 三	壬寅 (4) 四	癸卯 2 五	甲辰 3 六	乙巳 4 日	丙午 5 一	丁未 6 二	戊申 7 三	己酉 8 四	庚戌 9 五	辛亥 10 六	壬子 11 日	癸丑 12 一	甲寅 13 二	乙卯 14 三	丙辰 15 四	丁巳 16 五	戊午 17 六	己未 18 日	庚申 19 一	辛酉 20 二	壬戌 21 三	癸亥 22 四	甲子 23 五	乙丑 24 六	丙寅 25 日	丁卯 26 一	戊辰 27 二	己巳 28 三	庚午 29 四	辛丑清明 丙辰穀雨
四月小	辛巳	干支 西曆 天地 星期	辛未 30 五	壬申 (5) 六	癸酉 2 日	甲戌 3 一	乙亥 4 二	丙子 5 三	丁丑 6 四	戊寅 7 五	己卯 8 六	庚辰 9 日	辛巳 10 一	壬午 11 二	癸未 12 三	甲申 13 四	乙酉 14 五	丙戌 15 六	丁亥 16 日	戊子 17 一	己丑 18 二	庚寅 19 三	辛卯 20 四	壬辰 21 五	癸巳 22 六	甲午 23 日	乙未 24 一	丙申 25 二	丁酉 26 三	戊戌 27 四	己亥 28 五		辛未立夏 丁亥小滿
五月大	壬午	干支 西曆 天地 星期	庚子 29 六	辛丑 30 日	壬寅 31 一	癸卯 (6) 二	甲辰 2 三	乙巳 3 四	丙午 4 五	丁未 5 六	戊申 6 日	己酉 7 一	庚戌 8 二	辛亥 9 三	壬子 10 四	癸丑 11 五	甲寅 12 六	乙卯 13 日	丙辰 14 一	丁巳 15 二	戊午 16 三	己未 17 四	庚申 18 五	辛酉 19 六	壬戌 20 日	癸亥 21 一	甲子 22 二	乙丑 23 三	丙寅 24 四	丁卯 25 五	戊辰 26 六	己巳 27 日	壬寅芒種 丁巳夏至
六月小	癸未	干支 西曆 天地 星期	庚午 28 一	辛未 29 二	壬申 30 三	癸酉 (7) 四	甲戌 2 五	乙亥 3 六	丙子 4 日	丁丑 5 一	戊寅 6 二	己卯 7 三	庚辰 8 四	辛巳 9 五	壬午 10 六	癸未 11 日	甲申 12 一	乙酉 13 二	丙戌 14 三	丁亥 15 四	戊子 16 五	己丑 17 六	庚寅 18 日	辛卯 19 一	壬辰 20 二	癸巳 21 三	甲午 22 四	乙未 23 五	丙申 24 六	丁酉 25 日	戊戌 26 一		壬申小暑 戊子大暑
七月大	甲申	干支 西曆 天地 星期	己亥 27 二	庚子 28 三	辛丑 29 四	壬寅 30 五	癸卯 31 六	甲辰 (8) 日	乙巳 2 一	丙午 3 二	丁未 4 三	戊申 5 四	己酉 6 五	庚戌 7 六	辛亥 8 日	壬子 9 一	癸丑 10 二	甲寅 11 三	乙卯 12 四	丙辰 13 五	丁巳 14 六	戊午 15 日	己未 16 一	庚申 17 二	辛酉 18 三	壬戌 19 四	癸亥 20 五	甲子 21 六	乙丑 22 日	丙寅 23 一	丁卯 24 二	戊辰 25 三	癸卯立秋 戊午處暑
八月大	乙酉	干支 西曆 天地 星期	己巳 26 四	庚午 27 五	辛未 28 六	壬申 29 日	癸酉 30 一	甲戌 31 二	乙亥 (9) 三	丙子 2 四	丁丑 3 五	戊寅 4 六	己卯 5 日	庚辰 6 一	辛巳 7 二	壬午 8 三	癸未 9 四	甲申 10 五	乙酉 11 六	丙戌 12 日	丁亥 13 一	戊子 14 二	己丑 15 三	庚寅 16 四	辛卯 17 五	壬辰 18 六	癸巳 19 日	甲午 20 一	乙未 21 二	丙申 22 三	丁酉 23 四	戊戌 24 五	癸酉白露 戊子秋分
九月小	丙戌	干支 西曆 天地 星期	己亥 25 六	庚子 26 日	辛丑 27 一	壬寅 28 二	癸卯 29 三	甲辰 30 四	乙巳 (10) 五	丙午 2 六	丁未 3 日	戊申 4 一	己酉 5 二	庚戌 6 三	辛亥 7 四	壬子 8 五	癸丑 9 六	甲寅 10 日	乙卯 11 一	丙辰 12 二	丁巳 13 三	戊午 14 四	己未 15 五	庚申 16 六	辛酉 17 日	壬戌 18 一	癸亥 19 二	甲子 20 三	乙丑 21 四	丙寅 22 五	丁卯 23 六		甲辰寒露 己未霜降
十月大	丁亥	干支 西曆 天地 星期	戊辰 24 日	己巳 25 一	庚午 26 二	辛未 27 三	壬申 28 四	癸酉 29 五	甲戌 30 六	乙亥 31 日	丙子 (11) 一	丁丑 2 二	戊寅 3 三	己卯 4 四	庚辰 5 五	辛巳 6 六	壬午 7 日	癸未 8 一	甲申 9 二	乙酉 10 三	丙戌 11 四	丁亥 12 五	戊子 13 六	己丑 14 日	庚寅 15 一	辛卯 16 二	壬辰 17 三	癸巳 18 四	甲午 19 五	乙未 20 六	丙申 21 日	丁酉 22 一	甲戌立冬 己丑小雪
十一月小	戊子	干支 西曆 天地 星期	戊戌 23 二	己亥 24 三	庚子 25 四	辛丑 26 五	壬寅 27 六	癸卯 28 日	甲辰 29 一	乙巳 30 二	丙午 (12) 三	丁未 2 四	戊申 3 五	己酉 4 六	庚戌 5 日	辛亥 6 一	壬子 7 二	癸丑 8 三	甲寅 9 四	乙卯 10 五	丙辰 11 六	丁巳 12 日	戊午 13 一	己未 14 二	庚申 15 三	辛酉 16 四	壬戌 17 五	癸亥 18 六	甲子 19 日	乙丑 20 一	丙寅 21 二		乙巳大雪 庚申冬至
十二月大	己丑	干支 西曆 天地 星期	丁卯 22 三	戊辰 23 四	己巳 24 五	庚午 25 六	辛未 26 日	壬申 27 一	癸酉 28 二	甲戌 29 三	乙亥 30 四	丙子 31 五	丁丑 (1) 六	戊寅 2 日	己卯 3 一	庚辰 4 二	辛巳 5 三	壬午 6 四	癸未 7 五	甲申 8 六	乙酉 9 日	丙戌 10 一	丁亥 11 二	戊子 12 三	己丑 13 四	庚寅 14 五	辛卯 15 六	壬辰 16 日	癸巳 17 一	甲午 18 二	乙未 19 三	丙申 20 四	乙亥小寒 庚寅大寒

遼天祚帝保大元年（辛丑 牛年） 公元 1121 ~ 1122 年

夏曆月序		中西曆日對照	夏曆日序																														節氣與天象
			初一	初二	初三	初四	初五	初六	初七	初八	初九	初十	十一	十二	十三	十四	十五	十六	十七	十八	十九	二十	二一	二二	二三	二四	二五	二六	二七	二八	二九	三十	
正月小	庚寅	干支 天地 西曆 星期	丁酉 21 五	戊戌 22 六	己亥 23 日	庚子 24 一	辛丑 25 二	壬寅 26 三	癸卯 27 四	甲辰 28 五	乙巳 29 六	丙午 30 日	丁未 31 一	戊申 (2) 二	己酉 2 三	庚戌 3 四	辛亥 4 五	壬子 5 六	癸丑 6 日	甲寅 7 一	乙卯 8 二	丙辰 9 三	丁巳 10 四	戊午 11 五	己未 12 六	庚申 13 日	辛酉 14 一	壬戌 15 二	癸亥 16 三	甲子 17 四	乙丑 18 五		乙巳立春 辛酉雨水
二月大	辛卯	干支 天地 西曆 星期	丙寅 19 六	丁卯 20 日	戊辰 21 一	己巳 22 二	庚午 23 三	辛未 24 四	壬申 25 五	癸酉 26 六	甲戌 27 日	乙亥 28 一	丙子 (3) 二	丁丑 2 三	戊寅 3 四	己卯 4 五	庚辰 5 六	辛巳 6 日	壬午 7 一	癸未 8 二	甲申 9 三	乙酉 10 四	丙戌 11 五	丁亥 12 六	戊子 13 日	己丑 14 一	庚寅 15 二	辛卯 16 三	壬辰 17 四	癸巳 18 五	甲午 19 六	乙未 20 日	丙子驚蟄 辛卯春分
三月小	壬辰	干支 天地 西曆 星期	丙申 21 一	丁酉 22 二	戊戌 23 三	己亥 24 四	庚子 25 五	辛丑 26 六	壬寅 27 日	癸卯 28 一	甲辰 29 二	乙巳 30 三	丙午 31 四	丁未 (4) 五	戊申 2 六	己酉 3 日	庚戌 4 一	辛亥 5 二	壬子 6 三	癸丑 7 四	甲寅 8 五	乙卯 9 六	丙辰 10 日	丁巳 11 一	戊午 12 二	己未 13 三	庚申 14 四	辛酉 15 五	壬戌 16 六	癸亥 17 日	甲子 18 一		丙午清明 壬戌穀雨
四月小	癸巳	干支 天地 西曆 星期	乙丑 19 二	丙寅 20 三	丁卯 21 四	戊辰 22 五	己巳 23 六	庚午 24 日	辛未 25 一	壬申 26 二	癸酉 27 三	甲戌 28 四	乙亥 29 五	丙子 30 六	丁丑 (5) 日	戊寅 2 一	己卯 3 二	庚辰 4 三	辛巳 5 四	壬午 6 五	癸未 7 六	甲申 8 日	乙酉 9 一	丙戌 10 二	丁亥 11 三	戊子 12 四	己丑 13 五	庚寅 14 六	辛卯 15 日	壬辰 16 一	癸巳 17 二		丁丑立夏 壬辰小滿
五月大	甲午	干支 天地 西曆 星期	甲午 18 三	乙未 19 四	丙申 20 五	丁酉 21 六	戊戌 22 日	己亥 23 一	庚子 24 二	辛丑 25 三	壬寅 26 四	癸卯 27 五	甲辰 28 六	乙巳 29 日	丙午 30 一	丁未 31 二	戊申 (6) 三	己酉 2 四	庚戌 3 五	辛亥 4 六	壬子 5 日	癸丑 6 一	甲寅 7 二	乙卯 8 三	丙辰 9 四	丁巳 10 五	戊午 11 六	己未 12 日	庚申 13 一	辛酉 14 二	壬戌 15 三	癸亥 16 四	丁未芒種 壬戌夏至
閏五月小	甲午	干支 天地 西曆 星期	甲子 17 五	乙丑 18 六	丙寅 19 日	丁卯 20 一	戊辰 21 二	己巳 22 三	庚午 23 四	辛未 24 五	壬申 25 六	癸酉 26 日	甲戌 27 一	乙亥 28 二	丙子 29 三	丁丑 30 四	戊寅 (7) 五	己卯 2 六	庚辰 3 日	辛巳 4 一	壬午 5 二	癸未 6 三	甲申 7 四	乙酉 8 五	丙戌 9 六	丁亥 10 日	戊子 11 一	己丑 12 二	庚寅 13 三	辛卯 14 四	壬辰 15 五		戊寅小暑
六月大	乙未	干支 天地 西曆 星期	癸巳 16 六	甲午 17 日	乙未 18 一	丙申 19 二	丁酉 20 三	戊戌 21 四	己亥 22 五	庚子 23 六	辛丑 24 日	壬寅 25 一	癸卯 26 二	甲辰 27 三	乙巳 28 四	丙午 29 五	丁未 30 六	戊申 31 日	己酉 (8) 一	庚戌 2 二	辛亥 3 三	壬子 4 四	癸丑 5 五	甲寅 6 六	乙卯 7 日	丙辰 8 一	丁巳 9 二	戊午 10 三	己未 11 四	庚申 12 五	辛酉 13 六	壬戌 14 日	癸巳大暑 戊申立秋
七月大	丙申	干支 天地 西曆 星期	癸亥 15 一	甲子 16 二	乙丑 17 三	丙寅 18 四	丁卯 19 五	戊辰 20 六	己巳 21 日	庚午 22 一	辛未 23 二	壬申 24 三	癸酉 25 四	甲戌 26 五	乙亥 27 六	丙子 28 日	丁丑 29 一	戊寅 30 二	己卯 31 三	庚辰 (9) 四	辛巳 2 五	壬午 3 六	癸未 4 日	甲申 5 一	乙酉 6 二	丙戌 7 三	丁亥 8 四	戊子 9 五	己丑 10 六	庚寅 11 日	辛卯 12 一	壬辰 13 二	癸亥處暑 戊寅白露
八月大	丁酉	干支 天地 西曆 星期	癸巳 14 三	甲午 15 四	乙未 16 五	丙申 17 六	丁酉 18 日	戊戌 19 一	己亥 20 二	庚子 21 三	辛丑 22 四	壬寅 23 五	癸卯 24 六	甲辰 25 日	乙巳 26 一	丙午 27 二	丁未 28 三	戊申 29 四	己酉 30 五	庚戌 (10) 六	辛亥 2 日	壬子 3 一	癸丑 4 二	甲寅 5 三	乙卯 6 四	丙辰 7 五	丁巳 8 六	戊午 9 日	己未 10 一	庚申 11 二	辛酉 12 三	壬戌 13 四	甲午秋分 己酉寒露
九月小	戊戌	干支 天地 西曆 星期	癸亥 14 五	甲子 15 六	乙丑 16 日	丙寅 17 一	丁卯 18 二	戊辰 19 三	己巳 20 四	庚午 21 五	辛未 22 六	壬申 23 日	癸酉 24 一	甲戌 25 二	乙亥 26 三	丙子 27 四	丁丑 28 五	戊寅 29 六	己卯 30 日	庚辰 31 一	辛巳 (11) 二	壬午 2 三	癸未 3 四	甲申 4 五	乙酉 5 六	丙戌 6 日	丁亥 7 一	戊子 8 二	己丑 9 三	庚寅 10 四	辛卯 11 五		甲子霜降 己卯立冬
十月大	己亥	干支 天地 西曆 星期	壬辰 12 六	癸巳 13 日	甲午 14 一	乙未 15 二	丙申 16 三	丁酉 17 四	戊戌 18 五	己亥 19 六	庚子 20 日	辛丑 21 一	壬寅 22 二	癸卯 23 三	甲辰 24 四	乙巳 25 五	丙午 26 六	丁未 27 日	戊申 28 一	己酉 29 二	庚戌 30 三	辛亥 (12) 四	壬子 2 五	癸丑 3 六	甲寅 4 日	乙卯 5 一	丙辰 6 二	丁巳 7 三	戊午 8 四	己未 9 五	庚申 10 六	辛酉 11 日	乙未小雪 庚戌大雪
十一月小	庚子	干支 天地 西曆 星期	壬戌 12 一	癸亥 13 二	甲子 14 三	乙丑 15 四	丙寅 16 五	丁卯 17 六	戊辰 18 日	己巳 19 一	庚午 20 二	辛未 21 三	壬申 22 四	癸酉 23 五	甲戌 24 六	乙亥 25 日	丙子 26 一	丁丑 27 二	戊寅 28 三	己卯 29 四	庚辰 30 五	辛巳 31 六	壬午 (1) 日	癸未 2 一	甲申 3 二	乙酉 4 三	丙戌 5 四	丁亥 6 五	戊子 7 六	己丑 8 日	庚寅 9 一		乙丑冬至 庚辰小寒
十二月大	辛丑	干支 天地 西曆 星期	辛卯 10 二	壬辰 11 三	癸巳 12 四	甲午 13 五	乙未 14 六	丙申 15 日	丁酉 16 一	戊戌 17 二	己亥 18 三	庚子 19 四	辛丑 20 五	壬寅 21 六	癸卯 22 日	甲辰 23 一	乙巳 24 二	丙午 25 三	丁未 26 四	戊申 27 五	己酉 28 六	庚戌 29 日	辛亥 30 一	壬子 31 二	癸丑 (2) 三	甲寅 2 四	乙卯 3 五	丙辰 4 六	丁巳 5 日	戊午 6 一	己未 7 二	庚申 8 三	乙未大寒 辛亥立春

* 正月丁酉（初一），改元保大。

遼天祚帝保大二年（壬寅 虎年） 公元1122～1123年

夏曆月序		中曆日西曆對照	初一	初二	初三	初四	初五	初六	初七	初八	初九	初十	十一	十二	十三	十四	十五	十六	十七	十八	十九	二十	二一	二二	二三	二四	二五	二六	二七	二八	二九	三十	節氣與天象
正月小	壬寅	天干地支 西曆 星期	辛酉 9 四	壬戌 10 五	癸亥 11 六	甲子 12 日	乙丑 13 一	丙寅 14 二	丁卯 15 三	戊辰 16 四	己巳 17 五	庚午 18 六	辛未 19 日	壬申 20 一	癸酉 21 二	甲戌 22 三	乙亥 23 四	丙子 24 五	丁丑 25 六	戊寅 26 日	己卯 27 一	庚辰 28 二	辛巳 (3) 三	壬午 2 四	癸未 3 五	甲申 4 六	乙酉 5 日	丙戌 6 一	丁亥 7 二	戊子 8 三	己丑 9 四		丙寅雨水 辛巳驚蟄
二月大	癸卯	天干地支 西曆 星期	庚寅 10 五	辛卯 11 六	壬辰 12 日	癸巳 13 一	甲午 14 二	乙未 15 三	丙申 16 四	丁酉 17 五	戊戌 18 六	己亥 19 日	庚子 20 一	辛丑 21 二	壬寅 22 三	癸卯 23 四	甲辰 24 五	乙巳 25 六	丙午 26 日	丁未 27 一	戊申 28 二	己酉 29 三	庚戌 30 四	辛亥 31 五	壬子 (4) 六	癸丑 2 日	甲寅 3 一	乙卯 4 二	丙辰 5 三	丁巳 6 四	戊午 7 五	己未 8 六	丙申春分 壬子清明
三月小	甲辰	天干地支 西曆 星期	庚申 9 日	辛酉 10 一	壬戌 11 二	癸亥 12 三	甲子 13 四	乙丑 14 五	丙寅 15 六	丁卯 16 日	戊辰 17 一	己巳 18 二	庚午 19 三	辛未 20 四	壬申 21 五	癸酉 22 六	甲戌 23 日	乙亥 24 一	丙子 25 二	丁丑 26 三	戊寅 27 四	己卯 28 五	庚辰 29 六	辛巳 30 日	壬午 (5) 一	癸未 2 二	甲申 3 三	乙酉 4 四	丙戌 5 五	丁亥 6 六	戊子 7 日		丁卯穀雨 壬午立夏
四月小	乙巳	天干地支 西曆 星期	己丑 8 一	庚寅 9 二	辛卯 10 三	壬辰 11 四	癸巳 12 五	甲午 13 六	乙未 14 日	丙申 15 一	丁酉 16 二	戊戌 17 三	己亥 18 四	庚子 19 五	辛丑 20 六	壬寅 21 日	癸卯 22 一	甲辰 23 二	乙巳 24 三	丙午 25 四	丁未 26 五	戊申 27 六	己酉 28 日	庚戌 29 一	辛亥 30 二	壬子 31 三	癸丑 (6) 四	甲寅 2 五	乙卯 3 六	丙辰 4 日	丁巳 5 一		丁酉小滿 壬子芒種
五月大	丙午	天干地支 西曆 星期	戊午 6 二	己未 7 三	庚申 8 四	辛酉 9 五	壬戌 10 六	癸亥 11 日	甲子 12 一	乙丑 13 二	丙寅 14 三	丁卯 15 四	戊辰 16 五	己巳 17 六	庚午 18 日	辛未 19 一	壬申 20 二	癸酉 21 三	甲戌 22 四	乙亥 23 五	丙子 24 六	丁丑 25 日	戊寅 26 一	己卯 27 二	庚辰 28 三	辛巳 29 四	壬午 30 五	癸未 (7) 六	甲申 2 日	乙酉 3 一	丙戌 4 二	丁亥 5 三	戊辰夏至 癸未小暑
六月小	丁未	天干地支 西曆 星期	戊子 6 四	己丑 7 五	庚寅 8 六	辛卯 9 日	壬辰 10 一	癸巳 11 二	甲午 12 三	乙未 13 四	丙申 14 五	丁酉 15 六	戊戌 16 日	己亥 17 一	庚子 18 二	辛丑 19 三	壬寅 20 四	癸卯 21 五	甲辰 22 六	乙巳 23 日	丙午 24 一	丁未 25 二	戊申 26 三	己酉 27 四	庚戌 28 五	辛亥 29 六	壬子 30 日	癸丑 31 一	甲寅 (8) 二	乙卯 2 三	丙辰 3 四		戊戌大暑 癸丑立秋
七月大	戊申	天干地支 西曆 星期	丁巳 4 五	戊午 5 六	己未 6 日	庚申 7 一	辛酉 8 二	壬戌 9 三	癸亥 10 四	甲子 11 五	乙丑 12 六	丙寅 13 日	丁卯 14 一	戊辰 15 二	己巳 16 三	庚午 17 四	辛未 18 五	壬申 19 六	癸酉 20 日	甲戌 21 一	乙亥 22 二	丙子 23 三	丁丑 24 四	戊寅 25 五	己卯 26 六	庚辰 27 日	辛巳 28 一	壬午 29 二	癸未 30 三	甲申 31 四	乙酉 (9) 五	丙戌 2 六	己巳處暑 甲申白露
八月大	己酉	天干地支 西曆 星期	丁亥 3 日	戊子 4 一	己丑 5 二	庚寅 6 三	辛卯 7 四	壬辰 8 五	癸巳 9 六	甲午 10 日	乙未 11 一	丙申 12 二	丁酉 13 三	戊戌 14 四	己亥 15 五	庚子 16 六	辛丑 17 日	壬寅 18 一	癸卯 19 二	甲辰 20 三	乙巳 21 四	丙午 22 五	丁未 23 六	戊申 24 日	己酉 25 一	庚戌 26 二	辛亥 27 三	壬子 28 四	癸丑 29 五	甲寅 30 六	乙卯 (10) 日	丙辰 2 一	己亥秋分 甲寅寒露
九月小	庚戌	天干地支 西曆 星期	丁巳 3 二	戊午 4 三	己未 5 四	庚申 6 五	辛酉 7 六	壬戌 8 日	癸亥 9 一	甲子 10 二	乙丑 11 三	丙寅 12 四	丁卯 13 五	戊辰 14 六	己巳 15 日	庚午 16 一	辛未 17 二	壬申 18 三	癸酉 19 四	甲戌 20 五	乙亥 21 六	丙子 22 日	丁丑 23 一	戊寅 24 二	己卯 25 三	庚辰 26 四	辛巳 27 五	壬午 28 六	癸未 29 日	甲申 30 一	乙酉 31 二		己巳霜降 乙酉立冬
十月大	辛亥	天干地支 西曆 星期	丙戌 (11) 三	丁亥 2 四	戊子 3 五	己丑 4 六	庚寅 5 日	辛卯 6 一	壬辰 7 二	癸巳 8 三	甲午 9 四	乙未 10 五	丙申 11 六	丁酉 12 日	戊戌 13 一	己亥 14 二	庚子 15 三	辛丑 16 四	壬寅 17 五	癸卯 18 六	甲辰 19 日	乙巳 20 一	丙午 21 二	丁未 22 三	戊申 23 四	己酉 24 五	庚戌 25 六	辛亥 26 日	壬子 27 一	癸丑 28 二	甲寅 29 三	乙卯 30 四	庚子小雪 乙卯大雪
十一月大	壬子	天干地支 西曆 星期	丙辰 (12) 五	丁巳 2 六	戊午 3 日	己未 4 一	庚申 5 二	辛酉 6 三	壬戌 7 四	癸亥 8 五	甲子 9 六	乙丑 10 日	丙寅 11 一	丁卯 12 二	戊辰 13 三	己巳 14 四	庚午 15 五	辛未 16 六	壬申 17 日	癸酉 18 一	甲戌 19 二	乙亥 20 三	丙子 21 四	丁丑 22 五	戊寅 23 六	己卯 24 日	庚辰 25 一	辛巳 26 二	壬午 27 三	癸未 28 四	甲申 29 五	乙酉 30 六	庚午冬至 乙酉小寒
十二月小	癸丑	天干地支 西曆 星期	丙戌 31 日	丁亥 (1) 一	戊子 2 二	己丑 3 三	庚寅 4 四	辛卯 5 五	壬辰 6 六	癸巳 7 日	甲午 8 一	乙未 9 二	丙申 10 三	丁酉 11 四	戊戌 12 五	己亥 13 六	庚子 14 日	辛丑 15 一	壬寅 16 二	癸卯 17 三	甲辰 18 四	乙巳 19 五	丙午 20 六	丁未 21 日	戊申 22 一	己酉 23 二	庚戌 24 三	辛亥 25 四	壬子 26 五	癸丑 27 六	甲寅 28 日		辛丑大寒

遼天祚帝保大三年（癸卯 兔年） 公元 1123 ~ 1124 年

夏曆月序		中西曆日對照	夏曆日序																														節氣與天象
			初一	初二	初三	初四	初五	初六	初七	初八	初九	初十	十一	十二	十三	十四	十五	十六	十七	十八	十九	二十	二一	二二	二三	二四	二五	二六	二七	二八	二九	三十	
正月大	甲寅	天干 地支 西曆 星期	乙卯 29 一	丙辰 30 二	丁巳 31 三	戊午 (2) 四	己未 2 五	庚申 3 六	辛酉 4 日	壬戌 5 一	癸亥 6 二	甲子 7 三	乙丑 8 四	丙寅 9 五	丁卯 10 六	戊辰 11 日	己巳 12 一	庚午 13 二	辛未 14 三	壬申 15 四	癸酉 16 五	甲戌 17 六	乙亥 18 日	丙子 19 一	丁丑 20 二	戊寅 21 三	己卯 22 四	庚辰 23 五	辛巳 24 六	壬午 25 日	癸未 26 一	甲申 27 二	丙辰立春 辛未雨水
二月小	乙卯	天干 地支 西曆 星期	乙酉 28 三	丙戌 (3) 四	丁亥 2 五	戊子 3 六	己丑 4 日	庚寅 5 一	辛卯 6 二	壬辰 7 三	癸巳 8 四	甲午 9 五	乙未 10 六	丙申 11 日	丁酉 12 一	戊戌 13 二	己亥 14 三	庚子 15 四	辛丑 16 五	壬寅 17 六	癸卯 18 日	甲辰 19 一	乙巳 20 二	丙午 21 三	丁未 22 四	戊申 23 五	己酉 24 六	庚戌 25 日	辛亥 26 一	壬子 27 二	癸丑 28 三		丙戌驚蟄 壬寅春分
三月大	丙辰	天干 地支 西曆 星期	甲寅 29 四	乙卯 30 五	丙辰 31 六	丁巳 (4) 日	戊午 2 一	己未 3 二	庚申 4 三	辛酉 5 四	壬戌 6 五	癸亥 7 六	甲子 8 日	乙丑 9 一	丙寅 10 二	丁卯 11 三	戊辰 12 四	己巳 13 五	庚午 14 六	辛未 15 日	壬申 16 一	癸酉 17 二	甲戌 18 三	乙亥 19 四	丙子 20 五	丁丑 21 六	戊寅 22 日	己卯 23 一	庚辰 24 二	辛巳 25 三	壬午 26 四	癸未 27 五	丁巳清明 壬申穀雨
四月小	丁巳	天干 地支 西曆 星期	甲申 28 六	乙酉 29 日	丙戌 30 一	丁亥 (5) 二	戊子 2 三	己丑 3 四	庚寅 4 五	辛卯 5 六	壬辰 6 日	癸巳 7 一	甲午 8 二	乙未 9 三	丙申 10 四	丁酉 11 五	戊戌 12 六	己亥 13 日	庚子 14 一	辛丑 15 二	壬寅 16 三	癸卯 17 四	甲辰 18 五	乙巳 19 六	丙午 20 日	丁未 21 一	戊申 22 二	己酉 23 三	庚戌 24 四	辛亥 25 五	壬子 26 六		丁亥立夏 壬寅小滿
五月小	戊午	天干 地支 西曆 星期	癸丑 27 日	甲寅 28 一	乙卯 29 二	丙辰 30 三	丁巳 31 四	戊午 (6) 五	己未 2 六	庚申 3 日	辛酉 4 一	壬戌 5 二	癸亥 6 三	甲子 7 四	乙丑 8 五	丙寅 9 六	丁卯 10 日	戊辰 11 一	己巳 12 二	庚午 13 三	辛未 14 四	壬申 15 五	癸酉 16 六	甲戌 17 日	乙亥 18 一	丙子 19 二	丁丑 20 三	戊寅 21 四	己卯 22 五	庚辰 23 六	辛巳 24 日		戊午芒種 癸酉夏至
六月大	己未	天干 地支 西曆 星期	壬午 25 一	癸未 26 二	甲申 27 三	乙酉 28 四	丙戌 29 五	丁亥 30 六	戊子 (7) 日	己丑 2 一	庚寅 3 二	辛卯 4 三	壬辰 5 四	癸巳 6 五	甲午 7 六	乙未 8 日	丙申 9 一	丁酉 10 二	戊戌 11 三	己亥 12 四	庚子 13 五	辛丑 14 六	壬寅 15 日	癸卯 16 一	甲辰 17 二	乙巳 18 三	丙午 19 四	丁未 20 五	戊申 21 六	己酉 22 日	庚戌 23 一	辛亥 24 二	戊子小暑 癸卯大暑
七月小	庚申	天干 地支 西曆 星期	壬子 25 三	癸丑 26 四	甲寅 27 五	乙卯 28 六	丙辰 29 日	丁巳 30 一	戊午 31 二	己未 (8) 三	庚申 2 四	辛酉 3 五	壬戌 4 六	癸亥 5 日	甲子 6 一	乙丑 7 二	丙寅 8 三	丁卯 9 四	戊辰 10 五	己巳 11 六	庚午 12 日	辛未 13 一	壬申 14 二	癸酉 15 三	甲戌 16 四	乙亥 17 五	丙子 18 六	丁丑 19 日	戊寅 20 一	己卯 21 二	庚辰 22 三		己未立秋 甲戌處暑
八月大	辛酉	天干 地支 西曆 星期	辛巳 23 四	壬午 24 五	癸未 25 六	甲申 26 日	乙酉 27 一	丙戌 28 二	丁亥 29 三	戊子 30 四	己丑 31 五	庚寅 (9) 六	辛卯 2 日	壬辰 3 一	癸巳 4 二	甲午 5 三	乙未 6 四	丙申 7 五	丁酉 8 六	戊戌 9 日	己亥 10 一	庚子 11 二	辛丑 12 三	壬寅 13 四	癸卯 14 五	甲辰 15 六	乙巳 16 日	丙午 17 一	丁未 18 二	戊申 19 三	己酉 20 四	庚戌 21 五	己丑白露 甲辰秋分
九月小	壬戌	天干 地支 西曆 星期	辛亥 22 六	壬子 23 日	癸丑 24 一	甲寅 25 二	乙卯 26 三	丙辰 27 四	丁巳 28 五	戊午 29 六	己未 30 日	庚申 (10) 一	辛酉 2 二	壬戌 3 三	癸亥 4 四	甲子 5 五	乙丑 6 六	丙寅 7 日	丁卯 8 一	戊辰 9 二	己巳 10 三	庚午 11 四	辛未 12 五	壬申 13 六	癸酉 14 日	甲戌 15 一	乙亥 16 二	丙子 17 三	丁丑 18 四	戊寅 19 五	己卯 20 六		己未寒露 乙亥霜降
十月大	癸亥	天干 地支 西曆 星期	庚辰 21 日	辛巳 22 一	壬午 23 二	癸未 24 三	甲申 25 四	乙酉 26 五	丙戌 27 六	丁亥 28 日	戊子 29 一	己丑 30 二	庚寅 31 三	辛卯 (11) 四	壬辰 2 五	癸巳 3 六	甲午 4 日	乙未 5 一	丙申 6 二	丁酉 7 三	戊戌 8 四	己亥 9 五	庚子 10 六	辛丑 11 日	壬寅 12 一	癸卯 13 二	甲辰 14 三	乙巳 15 四	丙午 16 五	丁未 17 六	戊申 18 日	己酉 19 一	庚寅立冬 乙巳小雪
十一月大	甲子	天干 地支 西曆 星期	庚戌 20 二	辛亥 21 三	壬子 22 四	癸丑 23 五	甲寅 24 六	乙卯 25 日	丙辰 26 一	丁巳 27 二	戊午 28 三	己未 29 四	庚申 30 五	辛酉 (12) 六	壬戌 2 日	癸亥 3 一	甲子 4 二	乙丑 5 三	丙寅 6 四	丁卯 7 五	戊辰 8 六	己巳 9 日	庚午 10 一	辛未 11 二	壬申 12 三	癸酉 13 四	甲戌 14 五	乙亥 15 六	丙子 16 日	丁丑 17 一	戊寅 18 二	己卯 19 三	庚申大雪 丙子冬至
十二月大	乙丑	天干 地支 西曆 星期	庚辰 20 四	辛巳 21 五	壬午 22 六	癸未 23 日	甲申 24 一	乙酉 25 二	丙戌 26 三	丁亥 27 四	戊子 28 五	己丑 29 六	庚寅 30 日	辛卯 31 一	壬辰 (1) 二	癸巳 2 三	甲午 3 四	乙未 4 五	丙申 5 六	丁酉 6 日	戊戌 7 一	己亥 8 二	庚子 9 三	辛丑 10 四	壬寅 11 五	癸卯 12 六	甲辰 13 日	乙巳 14 一	丙午 15 二	丁未 16 三	戊申 17 四	己酉 18 五	辛卯小寒 丙午大寒

遼天祚帝保大四年（甲辰 龍年） 公元 1124 ~ 1125 年

夏曆月序	中西曆日對照	夏曆日序																														節氣與天象
		初一	初二	初三	初四	初五	初六	初七	初八	初九	初十	十一	十二	十三	十四	十五	十六	十七	十八	十九	二十	二一	二二	二三	二四	二五	二六	二七	二八	二九	三十	
正月小 丙寅	天干地支 西曆 星期	庚戌19六	辛亥20日	壬子21一	癸丑22二	甲寅23三	乙卯24四	丙辰25五	丁巳26六	戊午27日	己未28一	庚申29二	辛酉30三	壬戌31四	癸亥(2)五	甲子2六	乙丑3日	丙寅4一	丁卯5二	戊辰6三	己巳7四	庚午8五	辛未9六	壬申10日	癸酉11一	甲戌12二	乙亥13三	丙子14四	丁丑15五	戊寅16六		辛酉立春 丙子雨水
二月大 丁卯	天干地支 西曆 星期	己卯17日	庚辰18一	辛巳19二	壬午20三	癸未21四	甲申22五	乙酉23六	丙戌24日	丁亥25一	戊子26二	己丑27三	庚寅28四	辛卯29五	壬辰(3)六	癸巳2日	甲午3一	乙未4二	丙申5三	丁酉6四	戊戌7五	己亥8六	庚子9日	辛丑10一	壬寅11二	癸卯12三	甲辰13四	乙巳14五	丙午15六	丁未16日	戊申17一	壬辰驚蟄 丁未春分
三月小 戊辰	天干地支 西曆 星期	己酉18二	庚戌19三	辛亥20四	壬子21五	癸丑22六	甲寅23日	乙卯24一	丙辰25二	丁巳26三	戊午27四	己未28五	庚申29六	辛酉30日	壬戌31一	癸亥(4)二	甲子2三	乙丑3四	丙寅4五	丁卯5六	戊辰6日	己巳7一	庚午8二	辛未9三	壬申10四	癸酉11五	甲戌12六	乙亥13日	丙子14一	丁丑15二		壬戌清明 丁丑穀雨
閏三月大 戊辰	天干地支 西曆 星期	戊寅16三	己卯17四	庚辰18五	辛巳19六	壬午20日	癸未21一	甲申22二	乙酉23三	丙戌24四	丁亥25五	戊子26六	己丑27日	庚寅28一	辛卯29二	壬辰30三	癸巳(5)四	甲午2五	乙未3六	丙申4日	丁酉5一	戊戌6二	己亥7三	庚子8四	辛丑9五	壬寅10六	癸卯11日	甲辰12一	乙巳13二	丙午14三	丁未15四	壬辰立夏
四月小 己巳	天干地支 西曆 星期	戊申16五	己酉17六	庚戌18日	辛亥19一	壬子20二	癸丑21三	甲寅22四	乙卯23五	丙辰24六	丁巳25日	戊午26一	己未27二	庚申28三	辛酉29四	壬戌30五	癸亥31六	甲子(6)日	乙丑2一	丙寅3二	丁卯4三	戊辰5四	己巳6五	庚午7六	辛未8日	壬申9一	癸酉10二	甲戌11三	乙亥12四	丙子13五		戊申小滿 癸亥芒種
五月小 庚午	天干地支 西曆 星期	丁丑14六	戊寅15日	己卯16一	庚辰17二	辛巳18三	壬午19四	癸未20五	甲申21六	乙酉22日	丙戌23一	丁亥24二	戊子25三	己丑26四	庚寅27五	辛卯28六	壬辰29日	癸巳30一	甲午(7)二	乙未2三	丙申3四	丁酉4五	戊戌5六	己亥6日	庚子7一	辛丑8二	壬寅9三	癸卯10四	甲辰11五	乙巳12六		戊寅夏至 癸巳小暑
六月大 辛未	天干地支 西曆 星期	丙午13日	丁未14一	戊申15二	己酉16三	庚戌17四	辛亥18五	壬子19六	癸丑20日	甲寅21一	乙卯22二	丙辰23三	丁巳24四	戊午25五	己未26六	庚申27日	辛酉28一	壬戌29二	癸亥30三	甲子31四	乙丑(8)五	丙寅2六	丁卯3日	戊辰4一	己巳5二	庚午6三	辛未7四	壬申8五	癸酉9六	甲戌10日	乙亥11一	己酉大暑 甲子立秋
七月小 壬申	天干地支 西曆 星期	丙子12二	丁丑13三	戊寅14四	己卯15五	庚辰16六	辛巳17日	壬午18一	癸未19二	甲申20三	乙酉21四	丙戌22五	丁亥23六	戊子24日	己丑25一	庚寅26二	辛卯27三	壬辰28四	癸巳29五	甲午30六	乙未31日	丙申(9)一	丁酉2二	戊戌3三	己亥4四	庚子5五	辛丑6六	壬寅7日	癸卯8一	甲辰9二		己卯處暑 甲午白露
八月小 癸酉	天干地支 西曆 星期	乙巳10三	丙午11四	丁未12五	戊申13六	己酉14日	庚戌15一	辛亥16二	壬子17三	癸丑18四	甲寅19五	乙卯20六	丙辰21日	丁巳22一	戊午23二	己未24三	庚申25四	辛酉26五	壬戌27六	癸亥28日	甲子29一	乙丑30二	丙寅(10)三	丁卯2四	戊辰3五	己巳4六	庚午5日	辛未6一	壬申7二	癸酉8三		己酉秋分 乙丑寒露
九月大 甲戌	天干地支 西曆 星期	甲戌9四	乙亥10五	丙子11六	丁丑12日	戊寅13一	己卯14二	庚辰15三	辛巳16四	壬午17五	癸未18六	甲申19日	乙酉20一	丙戌21二	丁亥22三	戊子23四	己丑24五	庚寅25六	辛卯26日	壬辰27一	癸巳28二	甲午29三	乙未30四	丙申31五	丁酉(11)六	戊戌2日	己亥3一	庚子4二	辛丑5三	壬寅6四	癸卯7五	庚辰霜降 乙未立冬
十月大 乙亥	天干地支 西曆 星期	甲辰8六	乙巳9日	丙午10一	丁未11二	戊申12三	己酉13四	庚戌14五	辛亥15六	壬子16日	癸丑17一	甲寅18二	乙卯19三	丙辰20四	丁巳21五	戊午22六	己未23日	庚申24一	辛酉25二	壬戌26三	癸亥27四	甲子28五	乙丑29六	丙寅30日	丁卯(12)一	戊辰2二	己巳3三	庚午4四	辛未5五	壬申6六	癸酉7日	庚戌小雪 丙寅大雪
十一月大 丙子	天干地支 西曆 星期	甲戌8一	乙亥9二	丙子10三	丁丑11四	戊寅12五	己卯13六	庚辰14日	辛巳15一	壬午16二	癸未17三	甲申18四	乙酉19五	丙戌20六	丁亥21日	戊子22一	己丑23二	庚寅24三	辛卯25四	壬辰26五	癸巳27六	甲午28日	乙未29一	丙申30二	丁酉31三	戊戌(1)四	己亥2五	庚子3六	辛丑4日	壬寅5一	癸卯6二	辛巳冬至 丙申小寒
十二月小 丁丑	天干地支 西曆 星期	甲辰7三	乙巳8四	丙午9五	丁未10六	戊申11日	己酉12一	庚戌13二	辛亥14三	壬子15四	癸丑16五	甲寅17六	乙卯18日	丙辰19一	丁巳20二	戊午21三	己未22四	庚申23五	辛酉24六	壬戌25日	癸亥26一	甲子27二	乙丑28三	丙寅29四	丁卯30五	戊辰31六	己巳(2)日	庚午2一	辛未3二	壬申4三		辛亥大寒 丙寅立春

遼天祚帝保大五年（乙巳 蛇年） 公元 1125 ~ 1126 年

夏曆月序		中西曆日對照	夏曆日序																														節氣與天象
			初一	初二	初三	初四	初五	初六	初七	初八	初九	初十	十一	十二	十三	十四	十五	十六	十七	十八	十九	二十	二一	二二	二三	二四	二五	二六	二七	二八	二九	三十	
正月大	戊寅	天干地支 西曆星期	癸酉 5 四	甲戌 6 五	乙亥 7 六	丙子 8 日	丁丑 9 一	戊寅 10 二	己卯 11 三	庚辰 12 四	辛巳 13 五	壬午 14 六	癸未 15 日	甲申 16 一	乙酉 17 二	丙戌 18 三	丁亥 19 四	戊子 20 五	己丑 21 六	庚寅 22 日	辛卯 23 一	壬辰 24 二	癸巳 25 三	甲午 26 四	乙未 27 五	丙申 28 六	丁酉 (3) 日	戊戌 2 一	己亥 3 二	庚子 4 三	辛丑 5 四	壬寅 6 五	壬午雨水 丁酉驚蟄
二月大	己卯	天干地支 西曆星期	癸卯 7 六	甲辰 8 日	乙巳 9 一	丙午 10 二	丁未 11 三	戊申 12 四	己酉 13 五	庚戌 14 六	辛亥 15 日	壬子 16 一	癸丑 17 二	甲寅 18 三	乙卯 19 四	丙辰 20 五	丁巳 21 六	戊午 22 日	己未 23 一	庚申 24 二	辛酉 25 三	壬戌 26 四	癸亥 27 五	甲子 28 六	乙丑 29 日	丙寅 30 一	丁卯 31 二	戊辰 (4) 三	己巳 2 四	庚午 3 五	辛未 4 六	壬申 5 日	壬子春分 丁卯清明
三月小	庚辰	天干地支 西曆星期	癸酉 6 一	甲戌 7 二	乙亥 8 三	丙子 9 四	丁丑 10 五	戊寅 11 六	己卯 12 日	庚辰 13 一	辛巳 14 二	壬午 15 三	癸未 16 四	甲申 17 五	乙酉 18 六	丙戌 19 日	丁亥 20 一	戊子 21 二	己丑 22 三	庚寅 23 四	辛卯 24 五	壬辰 25 六	癸巳 26 日	甲午 27 一	乙未 28 二	丙申 29 三	丁酉 30 四	戊戌 (5) 五	己亥 2 六	庚子 3 日	辛丑 4 一		壬午穀雨 戊戌立夏
四月大	辛巳	天干地支 西曆星期	壬寅 5 二	癸卯 6 三	甲辰 7 四	乙巳 8 五	丙午 9 六	丁未 10 日	戊申 11 一	己酉 12 二	庚戌 13 三	辛亥 14 四	壬子 15 五	癸丑 16 六	甲寅 17 日	乙卯 18 一	丙辰 19 二	丁巳 20 三	戊午 21 四	己未 22 五	庚申 23 六	辛酉 24 日	壬戌 25 一	癸亥 26 二	甲子 27 三	乙丑 28 四	丙寅 29 五	丁卯 30 六	戊辰 31 日	己巳 (6) 一	庚午 2 二	辛未 3 三	癸丑小滿 戊辰芒種
五月小	壬午	天干地支 西曆星期	壬申 4 四	癸酉 5 五	甲戌 6 六	乙亥 7 日	丙子 8 一	丁丑 9 二	戊寅 10 三	己卯 11 四	庚辰 12 五	辛巳 13 六	壬午 14 日	癸未 15 一	甲申 16 二	乙酉 17 三	丙戌 18 四	丁亥 19 五	戊子 20 六	己丑 21 日	庚寅 22 一	辛卯 23 二	壬辰 24 三	癸巳 25 四	甲午 26 五	乙未 27 六	丙申 28 日	丁酉 29 一	戊戌 30 二	己亥 (7) 三	庚子 2 四		癸未夏至 己亥小暑
六月小	癸未	天干地支 西曆星期	辛丑 3 五	壬寅 4 六	癸卯 5 日	甲辰 6 一	乙巳 7 二	丙午 8 三	丁未 9 四	戊申 10 五	己酉 11 六	庚戌 12 日	辛亥 13 一	壬子 14 二	癸丑 15 三	甲寅 16 四	乙卯 17 五	丙辰 18 六	丁巳 19 日	戊午 20 一	己未 21 二	庚申 22 三	辛酉 23 四	壬戌 24 五	癸亥 25 六	甲子 26 日	乙丑 27 一	丙寅 28 二	丁卯 29 三	戊辰 30 四	己巳 31 五		甲寅大暑 己巳立秋
七月大	甲申	天干地支 西曆星期	庚午 (8) 六	辛未 2 日	壬申 3 一	癸酉 4 二	甲戌 5 三	乙亥 6 四	丙子 7 五	丁丑 8 六	戊寅 9 日	己卯 10 一	庚辰 11 二	辛巳 12 三	壬午 13 四	癸未 14 五	甲申 15 六	乙酉 16 日	丙戌 17 一	丁亥 18 二	戊子 19 三	己丑 20 四	庚寅 21 五	辛卯 22 六	壬辰 23 日	癸巳 24 一	甲午 25 二	乙未 26 三	丙申 27 四	丁酉 28 五	戊戌 29 六	己亥 30 日	甲申處暑 己亥白露
八月小	乙酉	天干地支 西曆星期	庚子 31 一	辛丑 (9) 二	壬寅 2 三	癸卯 3 四	甲辰 4 五	乙巳 5 六	丙午 6 日	丁未 7 一	戊申 8 二	己酉 9 三	庚戌 10 四	辛亥 11 五	壬子 12 六	癸丑 13 日	甲寅 14 一	乙卯 15 二	丙辰 16 三	丁巳 17 四	戊午 18 五	己未 19 六	庚申 20 日	辛酉 21 一	壬戌 22 二	癸亥 23 三	甲子 24 四	乙丑 25 五	丙寅 26 六	丁卯 27 日	戊辰 28 一		乙卯秋分
九月小	丙戌	天干地支 西曆星期	己巳 29 二	庚午 30 三	辛未 (10) 四	壬申 2 五	癸酉 3 六	甲戌 4 日	乙亥 5 一	丙子 6 二	丁丑 7 三	戊寅 8 四	己卯 9 五	庚辰 10 六	辛巳 11 日	壬午 12 一	癸未 13 二	甲申 14 三	乙酉 15 四	丙戌 16 五	丁亥 17 六	戊子 18 日	己丑 19 一	庚寅 20 二	辛卯 21 三	壬辰 22 四	癸巳 23 五	甲午 24 六	乙未 25 日	丙申 26 一	丁酉 27 二		庚午寒露 乙酉霜降
十月大	丁亥	天干地支 西曆星期	戊戌 28 三	己亥 29 四	庚子 30 五	辛丑 31 六	壬寅 (11) 日	癸卯 2 一	甲辰 3 二	乙巳 4 三	丙午 5 四	丁未 6 五	戊申 7 六	己酉 8 日	庚戌 9 一	辛亥 10 二	壬子 11 三	癸丑 12 四	甲寅 13 五	乙卯 14 六	丙辰 15 日	丁巳 16 一	戊午 17 二	己未 18 三	庚申 19 四	辛酉 20 五	壬戌 21 六	癸亥 22 日	甲子 23 一	乙丑 24 二	丙寅 25 三	丁卯 26 四	庚子立冬 丙辰小雪
十一月大	戊子	天干地支 西曆星期	戊辰 27 五	己巳 28 六	庚午 29 日	辛未 30 一	壬申 (12) 二	癸酉 2 三	甲戌 3 四	乙亥 4 五	丙子 5 六	丁丑 6 日	戊寅 7 一	己卯 8 二	庚辰 9 三	辛巳 10 四	壬午 11 五	癸未 12 六	甲申 13 日	乙酉 14 一	丙戌 15 二	丁亥 16 三	戊子 17 四	己丑 18 五	庚寅 19 六	辛卯 20 日	壬辰 21 一	癸巳 22 二	甲午 23 三	乙未 24 四	丙申 25 五	丁酉 26 六	辛未大雪 丙戌冬至
十二月小	己丑	天干地支 西曆星期	戊戌 27 日	己亥 28 一	庚子 29 二	辛丑 30 三	壬寅 31 四	癸卯 (1) 五	甲辰 2 六	乙巳 3 日	丙午 4 一	丁未 5 二	戊申 6 三	己酉 7 四	庚戌 8 五	辛亥 9 六	壬子 10 日	癸丑 11 一	甲寅 12 二	乙卯 13 三	丙辰 14 四	丁巳 15 五	戊午 16 六	己未 17 日	庚申 18 一	辛酉 19 二	壬戌 20 三	癸亥 21 四	甲子 22 五	乙丑 23 六	丙寅 24 日		辛丑小寒 丙辰大寒

* 二月，天祚帝被俘，遼亡。

“十三五”国家重点图书出版规划项目

中华通历

宋辽金元 下

主编：王双怀

编者：王双怀　陈佳荣　方　骏
董海鹏　张锦华　樊英峰

陕西师范大学出版总社

目録

CONTENTS

545 四、金日曆

667 五、蒙古日曆

733 六、元日曆

831 附録

832 1. 中國曆法通用表

835 2. 宋遼金元帝王世系表

838 3. 宋遼金元頒行曆法數據表

840 4. 宋遼金元中西年代對照表

853 5. 宋遼金元年號索引

855 主要參考書目

金日曆

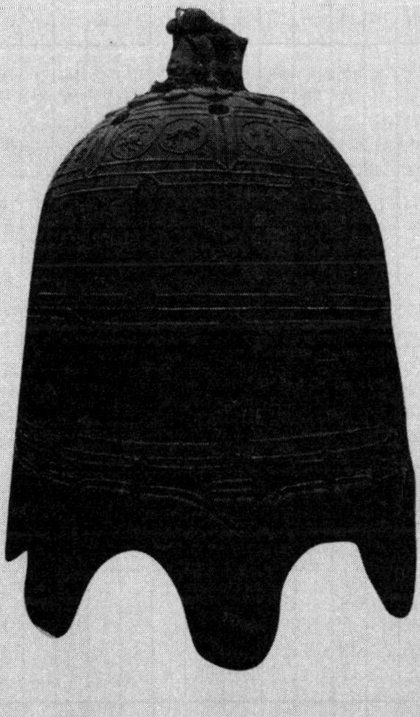

金日曆

金太祖收國元年（乙未 羊年） 公元 1115 ~ 1116 年

夏曆月序	中西曆日對照	初一	初二	初三	初四	初五	初六	初七	初八	初九	初十	十一	十二	十三	十四	十五	十六	十七	十八	十九	二十	二一	二二	二三	二四	二五	二六	二七	二八	二九	三十	節氣與天象
正月小 戊寅	天干地支 西曆 星期	壬申 28 四	癸酉 29 五	甲戌 30 六	乙亥 31 日	丙子 (2) 一	丁丑 2 二	戊寅 3 三	己卯 4 四	庚辰 5 五	辛巳 6 六	壬午 7 日	癸未 8 一	甲申 9 二	乙酉 10 三	丙戌 11 四	丁亥 12 五	戊子 13 六	己丑 14 日	庚寅 15 一	辛卯 16 二	壬辰 17 三	癸巳 18 四	甲午 19 五	乙未 20 六	丙申 21 日	丁酉 22 一	戊戌 23 二	己亥 24 三	庚子 25 四		甲戌立春 己丑雨水
二月大 己卯	天干地支 西曆 星期	辛丑 26 五	壬寅 27 六	癸卯 28 日	甲辰 (3) 一	乙巳 2 二	丙午 3 三	丁未 4 四	戊申 5 五	己酉 6 六	庚戌 7 日	辛亥 8 一	壬子 9 二	癸丑 10 三	甲寅 11 四	乙卯 12 五	丙辰 13 六	丁巳 14 日	戊午 15 一	己未 16 二	庚申 17 三	辛酉 18 四	壬戌 19 五	癸亥 20 六	甲子 21 日	乙丑 22 一	丙寅 23 二	丁卯 24 三	戊辰 25 四	己巳 26 五	庚午 27 六	甲辰驚蟄 庚申春分
三月小 庚辰	天干地支 西曆 星期	辛未 28 日	壬申 29 一	癸酉 30 二	甲戌 31 三	乙亥 (4) 四	丙子 2 五	丁丑 3 六	戊寅 4 日	己卯 5 一	庚辰 6 二	辛巳 7 三	壬午 8 四	癸未 9 五	甲申 10 六	乙酉 11 日	丙戌 12 一	丁亥 13 二	戊子 14 三	己丑 15 四	庚寅 16 五	辛卯 17 六	壬辰 18 日	癸巳 19 一	甲午 20 二	乙未 21 三	丙申 22 四	丁酉 23 五	戊戌 24 六	己亥 25 日		乙亥清明 庚寅穀雨
四月大 辛巳	天干地支 西曆 星期	庚子 26 一	辛丑 27 二	壬寅 28 三	癸卯 29 四	甲辰 30 五	乙巳 (5) 六	丙午 2 日	丁未 3 一	戊申 4 二	己酉 5 三	庚戌 6 四	辛亥 7 五	壬子 8 六	癸丑 9 日	甲寅 10 一	乙卯 11 二	丙辰 12 三	丁巳 13 四	戊午 14 五	己未 15 六	庚申 16 日	辛酉 17 一	壬戌 18 二	癸亥 19 三	甲子 20 四	乙丑 21 五	丙寅 22 六	丁卯 23 日	戊辰 24 一	己巳 25 二	乙巳立夏 庚申小滿
五月小 壬午	天干地支 西曆 星期	庚午 26 三	辛未 27 四	壬申 28 五	癸酉 29 六	甲戌 30 日	乙亥 31 一	丙子 (6) 二	丁丑 2 三	戊寅 3 四	己卯 4 五	庚辰 5 六	辛巳 6 日	壬午 7 一	癸未 8 二	甲申 9 三	乙酉 10 四	丙戌 11 五	丁亥 12 六	戊子 13 日	己丑 14 一	庚寅 15 二	辛卯 16 三	壬辰 17 四	癸巳 18 五	甲午 19 六	乙未 20 日	丙申 21 一	丁酉 22 二	戊戌 23 三		丙子芒種 辛卯夏至
六月小 癸未	天干地支 西曆 星期	己亥 24 四	庚子 25 五	辛丑 26 六	壬寅 27 日	癸卯 28 一	甲辰 29 二	乙巳 30 三	丙午 (7) 四	丁未 2 五	戊申 3 六	己酉 4 日	庚戌 5 一	辛亥 6 二	壬子 7 三	癸丑 8 四	甲寅 9 五	乙卯 10 六	丙辰 11 日	丁巳 12 一	戊午 13 二	己未 14 三	庚申 15 四	辛酉 16 五	壬戌 17 六	癸亥 18 日	甲子 19 一	乙丑 20 二	丙寅 21 三	丁卯 22 四		丙午小暑 辛酉大暑
七月大 甲申	天干地支 西曆 星期	戊辰 23 五	己巳 24 六	庚午 25 日	辛未 26 一	壬申 27 二	癸酉 28 三	甲戌 29 四	乙亥 30 五	丙子 31 六	丁丑 (8) 日	戊寅 2 一	己卯 3 二	庚辰 4 三	辛巳 5 四	壬午 6 五	癸未 7 六	甲申 8 日	乙酉 9 一	丙戌 10 二	丁亥 11 三	戊子 12 四	己丑 13 五	庚寅 14 六	辛卯 15 日	壬辰 16 一	癸巳 17 二	甲午 18 三	乙未 19 四	丙申 20 五	丁酉 21 六	丁丑立秋 壬辰處暑
八月小 乙酉	天干地支 西曆 星期	戊戌 22 日	己亥 23 一	庚子 24 二	辛丑 25 三	壬寅 26 四	癸卯 27 五	甲辰 28 六	乙巳 29 日	丙午 30 一	丁未 31 二	戊申 (9) 三	己酉 2 四	庚戌 3 五	辛亥 4 六	壬子 5 日	癸丑 6 一	甲寅 7 二	乙卯 8 三	丙辰 9 四	丁巳 10 五	戊午 11 六	己未 12 日	庚申 13 一	辛酉 14 二	壬戌 15 三	癸亥 16 四	甲子 17 五	乙丑 18 六	丙寅 19 日		丁未白露 壬戌秋分
九月大 丙戌	天干地支 西曆 星期	丁卯 20 一	戊辰 21 二	己巳 22 三	庚午 23 四	辛未 24 五	壬申 25 六	癸酉 26 日	甲戌 27 一	乙亥 28 二	丙子 29 三	丁丑 30 四	戊寅 (10) 五	己卯 2 六	庚辰 3 日	辛巳 4 一	壬午 5 二	癸未 6 三	甲申 7 四	乙酉 8 五	丙戌 9 六	丁亥 10 日	戊子 11 一	己丑 12 二	庚寅 13 三	辛卯 14 四	壬辰 15 五	癸巳 16 六	甲午 17 日	乙未 18 一	丙申 19 二	丁丑寒露 癸巳霜降
十月小 丁亥	天干地支 西曆 星期	丁酉 20 三	戊戌 21 四	己亥 22 五	庚子 23 六	辛丑 24 日	壬寅 25 一	癸卯 26 二	甲辰 27 三	乙巳 28 四	丙午 29 五	丁未 30 六	戊申 31 日	己酉 (11) 一	庚戌 2 二	辛亥 3 三	壬子 4 四	癸丑 5 五	甲寅 6 六	乙卯 7 日	丙辰 8 一	丁巳 9 二	戊午 10 三	己未 11 四	庚申 12 五	辛酉 13 六	壬戌 14 日	癸亥 15 一	甲子 16 二	乙丑 17 三		戊申立冬 癸亥小雪
十一月大 戊子	天干地支 西曆 星期	丙寅 18 四	丁卯 19 五	戊辰 20 六	己巳 21 日	庚午 22 一	辛未 23 二	壬申 24 三	癸酉 25 四	甲戌 26 五	乙亥 27 六	丙子 28 日	丁丑 29 一	戊寅 30 二	己卯 (12) 三	庚辰 2 四	辛巳 3 五	壬午 4 六	癸未 5 日	甲申 6 一	乙酉 7 二	丙戌 8 三	丁亥 9 四	戊子 10 五	己丑 11 六	庚寅 12 日	辛卯 13 一	壬辰 14 二	癸巳 15 三	甲午 16 四	乙未 17 五	戊寅大雪 甲午冬至
十二月大 己丑	天干地支 西曆 星期	丙申 18 六	丁酉 19 日	戊戌 20 一	己亥 21 二	庚子 22 三	辛丑 23 四	壬寅 24 五	癸卯 25 六	甲辰 26 日	乙巳 27 一	丙午 28 二	丁未 29 三	戊申 30 四	己酉 31 五	庚戌 (1) 六	辛亥 2 日	壬子 3 一	癸丑 4 二	甲寅 5 三	乙卯 6 四	丙辰 7 五	丁巳 8 六	戊午 9 日	己未 10 一	庚申 11 二	辛酉 12 三	壬戌 13 四	癸亥 14 五	甲子 15 六	乙丑 16 日	己酉小寒 甲子大寒

* 正月壬申（初一），完顏阿骨打建立金國，年號收國，定都上京會寧府（今黑龍江省哈爾濱市阿城區南）。

金太祖收國二年（丙申 猴年） 公元 1116～1117 年

夏曆月序		中西曆日對照	初一	初二	初三	初四	初五	初六	初七	初八	初九	初十	十一	十二	十三	十四	十五	十六	十七	十八	十九	二十	二一	二二	二三	二四	二五	二六	二七	二八	二九	三十	節氣與天象
正月大	庚寅	天干 地支 西曆 星期	丙寅 17 一	丁卯 18 二	戊辰 19 三	己巳 20 四	庚午 21 五	辛未 22 六	壬申 23 日	癸酉 24 一	甲戌 25 二	乙亥 26 三	丙子 27 四	丁丑 28 五	戊寅 29 六	己卯 30 日	庚辰 31 一	辛巳 (2) 二	壬午 2 三	癸未 3 四	甲申 4 五	乙酉 5 六	丙戌 6 日	丁亥 7 一	戊子 8 二	己丑 9 三	庚寅 10 四	辛卯 11 五	壬辰 12 六	癸巳 13 日	甲午 14 一	乙未 15 二	己卯立春 甲午雨水
閏正月小	庚寅	天干 地支 西曆 星期	丙申 16 三	丁酉 17 四	戊戌 18 五	己亥 19 六	庚子 20 日	辛丑 21 一	壬寅 22 二	癸卯 23 三	甲辰 24 四	乙巳 25 五	丙午 26 六	丁未 27 日	戊申 28 一	己酉 29 二	庚戌 (3) 三	辛亥 2 四	壬子 3 五	癸丑 4 六	甲寅 5 日	乙卯 6 一	丙辰 7 二	丁巳 8 三	戊午 9 四	己未 10 五	庚申 11 六	辛酉 12 日	壬戌 13 一	癸亥 14 二	甲子 15 三		庚戌驚蟄
二月大	辛卯	天干 地支 西曆 星期	乙丑 16 四	丙寅 17 五	丁卯 18 六	戊辰 19 日	己巳 20 一	庚午 21 二	辛未 22 三	壬申 23 四	癸酉 24 五	甲戌 25 六	乙亥 26 日	丙子 27 一	丁丑 28 二	戊寅 29 三	己卯 30 四	庚辰 31 五	辛巳 (4) 六	壬午 2 日	癸未 3 一	甲申 4 二	乙酉 5 三	丙戌 6 四	丁亥 7 五	戊子 8 六	己丑 9 日	庚寅 10 一	辛卯 11 二	壬辰 12 三	癸巳 13 四	甲午 14 五	乙丑春分 庚辰清明
三月小	壬辰	天干 地支 西曆 星期	乙未 15 六	丙申 16 日	丁酉 17 一	戊戌 18 二	己亥 19 三	庚子 20 四	辛丑 21 五	壬寅 22 六	癸卯 23 日	甲辰 24 一	乙巳 25 二	丙午 26 三	丁未 27 四	戊申 28 五	己酉 29 六	庚戌 30 日	辛亥 (5) 一	壬子 2 二	癸丑 3 三	甲寅 4 四	乙卯 5 五	丙辰 6 六	丁巳 7 日	戊午 8 一	己未 9 二	庚申 10 三	辛酉 11 四	壬戌 12 五	癸亥 13 六		乙未穀雨 辛亥立夏
四月大	癸巳	天干 地支 西曆 星期	甲子 14 日	乙丑 15 一	丙寅 16 二	丁卯 17 三	戊辰 18 四	己巳 19 五	庚午 20 六	辛未 21 日	壬申 22 一	癸酉 23 二	甲戌 24 三	乙亥 25 四	丙子 26 五	丁丑 27 六	戊寅 28 日	己卯 29 一	庚辰 30 二	辛巳 31 三	壬午 (6) 四	癸未 2 五	甲申 3 六	乙酉 4 日	丙戌 5 一	丁亥 6 二	戊子 7 三	己丑 8 四	庚寅 9 五	辛卯 10 六	壬辰 11 日	癸巳 12 一	丙寅小滿 辛巳芒種
五月小	甲午	天干 地支 西曆 星期	甲午 13 二	乙未 14 三	丙申 15 四	丁酉 16 五	戊戌 17 六	己亥 18 日	庚子 19 一	辛丑 20 二	壬寅 21 三	癸卯 22 四	甲辰 23 五	乙巳 24 六	丙午 25 日	丁未 26 一	戊申 27 二	己酉 28 三	庚戌 29 四	辛亥 30 五	壬子 (7) 六	癸丑 2 日	甲寅 3 一	乙卯 4 二	丙辰 5 三	丁巳 6 四	戊午 7 五	己未 8 六	庚申 9 日	辛酉 10 一	壬戌 11 二		丙申夏至 辛亥小暑
六月小	乙未	天干 地支 西曆 星期	癸亥 12 三	甲子 13 四	乙丑 14 五	丙寅 15 六	丁卯 16 日	戊辰 17 一	己巳 18 二	庚午 19 三	辛未 20 四	壬申 21 五	癸酉 22 六	甲戌 23 日	乙亥 24 一	丙子 25 二	丁丑 26 三	戊寅 27 四	己卯 28 五	庚辰 29 六	辛巳 30 日	壬午 31 一	癸未 (8) 二	甲申 2 三	乙酉 3 四	丙戌 4 五	丁亥 5 六	戊子 6 日	己丑 7 一	庚寅 8 二	辛卯 9 三		丁卯大暑 壬午立秋
七月大	丙申	天干 地支 西曆 星期	壬辰 10 四	癸巳 11 五	甲午 12 六	乙未 13 日	丙申 14 一	丁酉 15 二	戊戌 16 三	己亥 17 四	庚子 18 五	辛丑 19 六	壬寅 20 日	癸卯 21 一	甲辰 22 二	乙巳 23 三	丙午 24 四	丁未 25 五	戊申 26 六	己酉 27 日	庚戌 28 一	辛亥 29 二	壬子 30 三	癸丑 31 四	甲寅 (9) 五	乙卯 2 六	丙辰 3 日	丁巳 4 一	戊午 5 二	己未 6 三	庚申 7 四	辛酉 8 五	丁酉處暑 壬子白露
八月小	丁酉	天干 地支 西曆 星期	壬戌 9 六	癸亥 10 日	甲子 11 一	乙丑 12 二	丙寅 13 三	丁卯 14 四	戊辰 15 五	己巳 16 六	庚午 17 日	辛未 18 一	壬申 19 二	癸酉 20 三	甲戌 21 四	乙亥 22 五	丙子 23 六	丁丑 24 日	戊寅 25 一	己卯 26 二	庚辰 27 三	辛巳 28 四	壬午 29 五	癸未 30 六	甲申 (10) 日	乙酉 2 一	丙戌 3 二	丁亥 4 三	戊子 5 四	己丑 6 五	庚寅 7 六		丁卯秋分 癸未寒露
九月大	戊戌	天干 地支 西曆 星期	辛卯 8 日	壬辰 9 一	癸巳 10 二	甲午 11 三	乙未 12 四	丙申 13 五	丁酉 14 六	戊戌 15 日	己亥 16 一	庚子 17 二	辛丑 18 三	壬寅 19 四	癸卯 20 五	甲辰 21 六	乙巳 22 日	丙午 23 一	丁未 24 二	戊申 25 三	己酉 26 四	庚戌 27 五	辛亥 28 六	壬子 29 日	癸丑 30 一	甲寅 31 二	乙卯 (11) 三	丙辰 2 四	丁巳 3 五	戊午 4 六	己未 5 日	庚申 6 一	戊戌霜降 癸丑立冬
十月小	己亥	天干 地支 西曆 星期	辛酉 7 二	壬戌 8 三	癸亥 9 四	甲子 10 五	乙丑 11 六	丙寅 12 日	丁卯 13 一	戊辰 14 二	己巳 15 三	庚午 16 四	辛未 17 五	壬申 18 六	癸酉 19 日	甲戌 20 一	乙亥 21 二	丙子 22 三	丁丑 23 四	戊寅 24 五	己卯 25 六	庚辰 26 日	辛巳 27 一	壬午 28 二	癸未 29 三	甲申 30 四	乙酉 (12) 五	丙戌 2 六	丁亥 3 日	戊子 4 一	己丑 5 二		戊辰小雪 甲申大雪
十一月大	庚子	天干 地支 西曆 星期	庚寅 6 三	辛卯 7 四	壬辰 8 五	癸巳 9 六	甲午 10 日	乙未 11 一	丙申 12 二	丁酉 13 三	戊戌 14 四	己亥 15 五	庚子 16 六	辛丑 17 日	壬寅 18 一	癸卯 19 二	甲辰 20 三	乙巳 21 四	丙午 22 五	丁未 23 六	戊申 24 日	己酉 25 一	庚戌 26 二	辛亥 27 三	壬子 28 四	癸丑 29 五	甲寅 30 六	乙卯 31 日	丙辰 (1) 一	丁巳 2 二	戊午 3 三	己未 4 四	己亥冬至 甲寅小寒
十二月大	辛丑	天干 地支 西曆 星期	庚申 5 五	辛酉 6 六	壬戌 7 日	癸亥 8 一	甲子 9 二	乙丑 10 三	丙寅 11 四	丁卯 12 五	戊辰 13 六	己巳 14 日	庚午 15 一	辛未 16 二	壬申 17 三	癸酉 18 四	甲戌 19 五	乙亥 20 六	丙子 21 日	丁丑 22 一	戊寅 23 二	己卯 24 三	庚辰 25 四	辛巳 26 五	壬午 27 六	癸未 28 日	甲申 29 一	乙酉 30 二	丙戌 31 三	丁亥 (2) 四	戊子 2 五	己丑 3 六	己巳大寒 甲申立春

金太祖天輔元年（丁酉 鷄年） 公元 1117 ~ 1118 年

夏曆月序		中西曆日對照	夏曆日序																													節氣與天象
			初一	初二	初三	初四	初五	初六	初七	初八	初九	初十	十一	十二	十三	十四	十五	十六	十七	十八	十九	二十	二一	二二	二三	二四	二五	二六	二七	二八	二九	三十	
正月小	壬寅	天干地支 西曆 星期	庚寅 4 日	辛卯 5 一	壬辰 6 二	癸巳 7 三	甲午 8 四	乙未 9 五	丙申 10 六	丁酉 11 日	戊戌 12 一	己亥 13 二	庚子 14 三	辛丑 15 四	壬寅 16 五	癸卯 17 六	甲辰 18 日	乙巳 19 一	丙午 20 二	丁未 21 三	戊申 22 四	己酉 23 五	庚戌 24 六	辛亥 25 日	壬子 26 一	癸丑 27 二	甲寅 28 三	乙卯 (3) 四	丙辰 2 五	丁巳 3 六	戊午 4 日		庚子雨水 乙卯驚蟄
二月大	癸卯	天干地支 西曆 星期	己未 5 一	庚申 6 二	辛酉 7 三	壬戌 8 四	癸亥 9 五	甲子 10 六	乙丑 11 日	丙寅 12 一	丁卯 13 二	戊辰 14 三	己巳 15 四	庚午 16 五	辛未 17 六	壬申 18 日	癸酉 19 一	甲戌 20 二	乙亥 21 三	丙子 22 四	丁丑 23 五	戊寅 24 六	己卯 25 日	庚辰 26 一	辛巳 27 二	壬午 28 三	癸未 29 四	甲申 30 五	乙酉 31 六	丙戌 (4) 日	丁亥 2 一	戊子 3 二	庚午春分 乙酉清明
三月大	甲辰	天干地支 西曆 星期	己丑 4 三	庚寅 5 四	辛卯 6 五	壬辰 7 六	癸巳 8 日	甲午 9 一	乙未 10 二	丙申 11 三	丁酉 12 四	戊戌 13 五	己亥 14 六	庚子 15 日	辛丑 16 一	壬寅 17 二	癸卯 18 三	甲辰 19 四	乙巳 20 五	丙午 21 六	丁未 22 日	戊申 23 一	己酉 24 二	庚戌 25 三	辛亥 26 四	壬子 27 五	癸丑 28 六	甲寅 29 日	乙卯 30 一	丙辰 (5) 二	丁巳 2 三	戊午 3 四	辛丑穀雨 丙辰立夏
四月小	乙巳	天干地支 西曆 星期	己未 4 五	庚申 5 六	辛酉 6 日	壬戌 7 一	癸亥 8 二	甲子 9 三	乙丑 10 四	丙寅 11 五	丁卯 12 六	戊辰 13 日	己巳 14 一	庚午 15 二	辛未 16 三	壬申 17 四	癸酉 18 五	甲戌 19 六	乙亥 20 日	丙子 21 一	丁丑 22 二	戊寅 23 三	己卯 24 四	庚辰 25 五	辛巳 26 六	壬午 27 日	癸未 28 一	甲申 29 二	乙酉 30 三	丙戌 31 四	丁亥 (6) 五		辛未小滿 丙戌芒種
五月大	丙午	天干地支 西曆 星期	戊子 2 六	己丑 3 日	庚寅 4 一	辛卯 5 二	壬辰 6 三	癸巳 7 四	甲午 8 五	乙未 9 六	丙申 10 日	丁酉 11 一	戊戌 12 二	己亥 13 三	庚子 14 四	辛丑 15 五	壬寅 16 六	癸卯 17 日	甲辰 18 一	乙巳 19 二	丙午 20 三	丁未 21 四	戊申 22 五	己酉 23 六	庚戌 24 日	辛亥 25 一	壬子 26 二	癸丑 27 三	甲寅 28 四	乙卯 29 五	丙辰 30 六	丁巳 (7) 日	辛丑夏至 丁巳小暑
六月小	丁未	天干地支 西曆 星期	戊午 2 一	己未 3 二	庚申 4 三	辛酉 5 四	壬戌 6 五	癸亥 7 六	甲子 8 日	乙丑 9 一	丙寅 10 二	丁卯 11 三	戊辰 12 四	己巳 13 五	庚午 14 六	辛未 15 日	壬申 16 一	癸酉 17 二	甲戌 18 三	乙亥 19 四	丙子 20 五	丁丑 21 六	戊寅 22 日	己卯 23 一	庚辰 24 二	辛巳 25 三	壬午 26 四	癸未 27 五	甲申 28 六	乙酉 29 日	丙戌 30 一		壬申大暑
七月小	戊申	天干地支 西曆 星期	丁亥 31 二	戊子 (8) 三	己丑 2 四	庚寅 3 五	辛卯 4 六	壬辰 5 日	癸巳 6 一	甲午 7 二	乙未 8 三	丙申 9 四	丁酉 10 五	戊戌 11 六	己亥 12 日	庚子 13 一	辛丑 14 二	壬寅 15 三	癸卯 16 四	甲辰 17 五	乙巳 18 六	丙午 19 日	丁未 20 一	戊申 21 二	己酉 22 三	庚戌 23 四	辛亥 24 五	壬子 25 六	癸丑 26 日	甲寅 27 一	乙卯 28 二		丁亥立秋 壬寅處暑
八月大	己酉	天干地支 西曆 星期	丙辰 29 三	丁巳 30 四	戊午 31 五	己未 (9) 六	庚申 2 日	辛酉 3 一	壬戌 4 二	癸亥 5 三	甲子 6 四	乙丑 7 五	丙寅 8 六	丁卯 9 日	戊辰 10 一	己巳 11 二	庚午 12 三	辛未 13 四	壬申 14 五	癸酉 15 六	甲戌 16 日	乙亥 17 一	丙子 18 二	丁丑 19 三	戊寅 20 四	己卯 21 五	庚辰 22 六	辛巳 23 日	壬午 24 一	癸未 25 二	甲申 26 三	乙酉 27 四	戊午白露 癸酉秋分
九月小	庚戌	天干地支 西曆 星期	丙戌 28 五	丁亥 29 六	戊子 30 日	己丑 (10) 一	庚寅 2 二	辛卯 3 三	壬辰 4 四	癸巳 5 五	甲午 6 六	乙未 7 日	丙申 8 一	丁酉 9 二	戊戌 10 三	己亥 11 四	庚子 12 五	辛丑 13 六	壬寅 14 日	癸卯 15 一	甲辰 16 二	乙巳 17 三	丙午 18 四	丁未 19 五	戊申 20 六	己酉 21 日	庚戌 22 一	辛亥 23 二	壬子 24 三	癸丑 25 四	甲寅 26 五		戊子寒露 癸卯霜降
十月大	辛亥	天干地支 西曆 星期	乙卯 27 六	丙辰 28 日	丁巳 29 一	戊午 30 二	己未 31 三	庚申 (11) 四	辛酉 2 五	壬戌 3 六	癸亥 4 日	甲子 5 一	乙丑 6 二	丙寅 7 三	丁卯 8 四	戊辰 9 五	己巳 10 六	庚午 11 日	辛未 12 一	壬申 13 二	癸酉 14 三	甲戌 15 四	乙亥 16 五	丙子 17 六	丁丑 18 日	戊寅 19 一	己卯 20 二	庚辰 21 三	辛巳 22 四	壬午 23 五	癸未 24 六	甲申 25 日	戊午立冬 甲戌小雪
十一月小	壬子	天干地支 西曆 星期	乙酉 26 一	丙戌 27 二	丁亥 28 三	戊子 29 四	己丑 30 五	庚寅 (12) 六	辛卯 2 日	壬辰 3 一	癸巳 4 二	甲午 5 三	乙未 6 四	丙申 7 五	丁酉 8 六	戊戌 9 日	己亥 10 一	庚子 11 二	辛丑 12 三	壬寅 13 四	癸卯 14 五	甲辰 15 六	乙巳 16 日	丙午 17 一	丁未 18 二	戊申 19 三	己酉 20 四	庚戌 21 五	辛亥 22 六	壬子 23 日	癸丑 24 一		己丑大雪 甲辰冬至
十二月大	癸丑	天干地支 西曆 星期	甲寅 25 二	乙卯 26 三	丙辰 27 四	丁巳 28 五	戊午 29 六	己未 30 日	庚申 31 一	辛酉 (1) 二	壬戌 2 三	癸亥 3 四	甲子 4 五	乙丑 5 六	丙寅 6 日	丁卯 7 一	戊辰 8 二	己巳 9 三	庚午 10 四	辛未 11 五	壬申 12 六	癸酉 13 日	甲戌 14 一	乙亥 15 二	丙子 16 三	丁丑 17 四	戊寅 18 五	己卯 19 六	庚辰 20 日	辛巳 21 一	壬午 22 二	癸未 23 三	己未小寒 甲戌大寒

* 正月庚寅（初一），改元天輔。

金太祖天輔二年（戊戌 狗年） 公元 1118 ~ 1119 年

夏曆月序		中西曆日對照	夏曆日序																														節氣與天象
			初一	初二	初三	初四	初五	初六	初七	初八	初九	初十	十一	十二	十三	十四	十五	十六	十七	十八	十九	二十	二一	二二	二三	二四	二五	二六	二七	二八	二九	三十	
正月小	甲寅	干支 天地西曆 星期	甲申 24 四	乙酉 25 五	丙戌 26 六	丁亥 27 日	戊子 28 一	己丑 29 二	庚寅 30 三	辛卯 31 四	壬辰 (2) 五	癸巳 2 六	甲午 3 日	乙未 4 一	丙申 5 二	丁酉 6 三	戊戌 7 四	己亥 8 五	庚子 9 六	辛丑 10 日	壬寅 11 一	癸卯 12 二	甲辰 13 三	乙巳 14 四	丙午 15 五	丁未 16 六	戊申 17 日	己酉 18 一	庚戌 19 二	辛亥 20 三	壬子 21 四		庚寅立春 乙巳雨水
二月大	乙卯	干支 天地西曆 星期	癸丑 22 五	甲寅 23 六	乙卯 24 日	丙辰 25 一	丁巳 26 二	戊午 27 三	己未 28 四	庚申 (3) 五	辛酉 2 六	壬戌 3 日	癸亥 4 一	甲子 5 二	乙丑 6 三	丙寅 7 四	丁卯 8 五	戊辰 9 六	己巳 10 日	庚午 11 一	辛未 12 二	壬申 13 三	癸酉 14 四	甲戌 15 五	乙亥 16 六	丙子 17 日	丁丑 18 一	戊寅 19 二	己卯 20 三	庚辰 21 四	辛巳 22 五	壬午 23 六	庚申驚蟄 乙亥春分
三月大	丙辰	干支 天地西曆 星期	癸未 24 日	甲申 25 一	乙酉 26 二	丙戌 27 三	丁亥 28 四	戊子 29 五	己丑 30 六	庚寅 31 日	辛卯 (4) 一	壬辰 2 二	癸巳 3 三	甲午 4 四	乙未 5 五	丙申 6 六	丁酉 7 日	戊戌 8 一	己亥 9 二	庚子 10 三	辛丑 11 四	壬寅 12 五	癸卯 13 六	甲辰 14 日	乙巳 15 一	丙午 16 二	丁未 17 三	戊申 18 四	己酉 19 五	庚戌 20 六	辛亥 21 日	壬子 22 一	辛卯清明 丙午穀雨
四月小	丁巳	干支 天地西曆 星期	癸丑 23 二	甲寅 24 三	乙卯 25 四	丙辰 26 五	丁巳 27 六	戊午 28 日	己未 29 一	庚申 30 二	辛酉 (5) 三	壬戌 2 四	癸亥 3 五	甲子 4 六	乙丑 5 日	丙寅 6 一	丁卯 7 二	戊辰 8 三	己巳 9 四	庚午 10 五	辛未 11 六	壬申 12 日	癸酉 13 一	甲戌 14 二	乙亥 15 三	丙子 16 四	丁丑 17 五	戊寅 18 六	己卯 19 日	庚辰 20 一	辛巳 21 二		辛酉立夏 丙子小滿
五月大	戊午	干支 天地西曆 星期	壬午 22 三	癸未 23 四	甲申 24 五	乙酉 25 六	丙戌 26 日	丁亥 27 一	戊子 28 二	己丑 29 三	庚寅 30 四	辛卯 31 五	壬辰 (6) 六	癸巳 2 日	甲午 3 一	乙未 4 二	丙申 5 三	丁酉 6 四	戊戌 7 五	己亥 8 六	庚子 9 日	辛丑 10 一	壬寅 11 二	癸卯 12 三	甲辰 13 四	乙巳 14 五	丙午 15 六	丁未 16 日	戊申 17 一	己酉 18 二	庚戌 19 三	辛亥 20 四	辛卯芒種 丁未夏至
六月小	己未	干支 天地西曆 星期	壬子 21 五	癸丑 22 六	甲寅 23 日	乙卯 24 一	丙辰 25 二	丁巳 26 三	戊午 27 四	己未 28 五	庚申 29 六	辛酉 30 日	壬戌 (7) 一	癸亥 2 二	甲子 3 三	乙丑 4 四	丙寅 5 五	丁卯 6 六	戊辰 7 日	己巳 8 一	庚午 9 二	辛未 10 三	壬申 11 四	癸酉 12 五	甲戌 13 六	乙亥 14 日	丙子 15 一	丁丑 16 二	戊寅 17 三	己卯 18 四	庚辰 19 五		壬戌小暑 丁丑大暑
七月大	庚申	干支 天地西曆 星期	辛巳 20 六	壬午 21 日	癸未 22 一	甲申 23 二	乙酉 24 三	丙戌 25 四	丁亥 26 五	戊子 27 六	己丑 28 日	庚寅 29 一	辛卯 30 二	壬辰 31 三	癸巳 (8) 四	甲午 2 五	乙未 3 六	丙申 4 日	丁酉 5 一	戊戌 6 二	己亥 7 三	庚子 8 四	辛丑 9 五	壬寅 10 六	癸卯 11 日	甲辰 12 一	乙巳 13 二	丙午 14 三	丁未 15 四	戊申 16 五	己酉 17 六	庚戌 18 日	壬辰立秋 戊申處暑
八月小	辛酉	干支 天地西曆 星期	辛亥 19 一	壬子 20 二	癸丑 21 三	甲寅 22 四	乙卯 23 五	丙辰 24 六	丁巳 25 日	戊午 26 一	己未 27 二	庚申 28 三	辛酉 29 四	壬戌 30 五	癸亥 31 六	甲子 (9) 日	乙丑 2 一	丙寅 3 二	丁卯 4 三	戊辰 5 四	己巳 6 五	庚午 7 六	辛未 8 日	壬申 9 一	癸酉 10 二	甲戌 11 三	乙亥 12 四	丙子 13 五	丁丑 14 六	戊寅 15 日	己卯 16 一		癸亥白露 戊寅秋分
九月大	壬戌	干支 天地西曆 星期	庚辰 17 二	辛巳 18 三	壬午 19 四	癸未 20 五	甲申 21 六	乙酉 22 日	丙戌 23 一	丁亥 24 二	戊子 25 三	己丑 26 四	庚寅 27 五	辛卯 28 六	壬辰 29 日	癸巳 30 一	甲午 (10) 二	乙未 2 三	丙申 3 四	丁酉 4 五	戊戌 5 六	己亥 6 日	庚子 7 一	辛丑 8 二	壬寅 9 三	癸卯 10 四	甲辰 11 五	乙巳 12 六	丙午 13 日	丁未 14 一	戊申 15 二	己酉 16 三	癸巳寒露 戊申霜降
閏九月小	壬戌	干支 天地西曆 星期	庚戌 17 四	辛亥 18 五	壬子 19 六	癸丑 20 日	甲寅 21 一	乙卯 22 二	丙辰 23 三	丁巳 24 四	戊午 25 五	己未 26 六	庚申 27 日	辛酉 28 一	壬戌 29 二	癸亥 30 三	甲子 31 四	乙丑 (11) 五	丙寅 2 六	丁卯 3 日	戊辰 4 一	己巳 5 二	庚午 6 三	辛未 7 四	壬申 8 五	癸酉 9 六	甲戌 10 日	乙亥 11 一	丙子 12 二	丁丑 13 三	戊寅 14 四		甲子立冬
十月大	癸亥	干支 天地西曆 星期	己卯 15 五	庚辰 16 六	辛巳 17 日	壬午 18 一	癸未 19 二	甲申 20 三	乙酉 21 四	丙戌 22 五	丁亥 23 六	戊子 24 日	己丑 25 一	庚寅 26 二	辛卯 27 三	壬辰 28 四	癸巳 29 五	甲午 30 六	乙未 (12) 日	丙申 2 一	丁酉 3 二	戊戌 4 三	己亥 5 四	庚子 6 五	辛丑 7 六	壬寅 8 日	癸卯 9 一	甲辰 10 二	乙巳 11 三	丙午 12 四	丁未 13 五	戊申 14 六	己卯小雪 甲午大雪
十一月小	甲子	干支 天地西曆 星期	己酉 15 日	庚戌 16 一	辛亥 17 二	壬子 18 三	癸丑 19 四	甲寅 20 五	乙卯 21 六	丙辰 22 日	丁巳 23 一	戊午 24 二	己未 25 三	庚申 26 四	辛酉 27 五	壬戌 28 六	癸亥 29 日	甲子 30 一	乙丑 31 二	丙寅 (1) 三	丁卯 2 四	戊辰 3 五	己巳 4 六	庚午 5 日	辛未 6 一	壬申 7 二	癸酉 8 三	甲戌 9 四	乙亥 10 五	丙子 11 六	丁丑 12 日		己酉冬至 乙丑小寒
十二月大	乙丑	干支 天地西曆 星期	戊寅 13 一	己卯 14 二	庚辰 15 三	辛巳 16 四	壬午 17 五	癸未 18 六	甲申 19 日	乙酉 20 一	丙戌 21 二	丁亥 22 三	戊子 23 四	己丑 24 五	庚寅 25 六	辛卯 26 日	壬辰 27 一	癸巳 28 二	甲午 29 三	乙未 30 四	丙申 31 五	丁酉 (2) 六	戊戌 2 日	己亥 3 一	庚子 4 二	辛丑 5 三	壬寅 6 四	癸卯 7 五	甲辰 8 六	乙巳 9 日	丙午 10 一	丁未 11 二	庚辰大寒 乙未立春

金太祖天輔三年（己亥 猪年） 公元 1119 ~ 1120 年

夏曆月序	中西曆日對照	夏曆日序 初一	初二	初三	初四	初五	初六	初七	初八	初九	初十	十一	十二	十三	十四	十五	十六	十七	十八	十九	二十	二一	二二	二三	二四	二五	二六	二七	二八	二九	三十	節氣與天象
正月小 丙寅	天干地支 西曆 星期	戊申 12 三	己酉 13 四	庚戌 14 五	辛亥 15 六	壬子 16 日	癸丑 17 一	甲寅 18 二	乙卯 19 三	丙辰 20 四	丁巳 21 五	戊午 22 六	己未 23 日	庚申 24 一	辛酉 25 二	壬戌 26 三	癸亥 27 四	甲子 28 五	乙丑 (3) 六	丙寅 2 日	丁卯 3 一	戊辰 4 二	己巳 5 三	庚午 6 四	辛未 7 五	壬申 8 六	癸酉 9 日	甲戌 10 一	乙亥 11 二	丙子 12 三		庚戌雨水 乙丑驚蟄
二月大 丁卯	天干地支 西曆 星期	丁丑 13 四	戊寅 14 五	己卯 15 六	庚辰 16 日	辛巳 17 一	壬午 18 二	癸未 19 三	甲申 20 四	乙酉 21 五	丙戌 22 六	丁亥 23 日	戊子 24 一	己丑 25 二	庚寅 26 三	辛卯 27 四	壬辰 28 五	癸巳 29 六	甲午 30 日	乙未 31 一	丙申 (4) 二	丁酉 2 三	戊戌 3 四	己亥 4 五	庚子 5 六	辛丑 6 日	壬寅 7 一	癸卯 8 二	甲辰 9 三	乙巳 10 四	丙午 11 五	辛巳春分 丙申清明
三月小 戊辰	天干地支 西曆 星期	丁未 12 六	戊申 13 日	己酉 14 一	庚戌 15 二	辛亥 16 三	壬子 17 四	癸丑 18 五	甲寅 19 六	乙卯 20 日	丙辰 21 一	丁巳 22 二	戊午 23 三	己未 24 四	庚申 25 五	辛酉 26 六	壬戌 27 日	癸亥 28 一	甲子 29 二	乙丑 30 三	丙寅 (5) 四	丁卯 2 五	戊辰 3 六	己巳 4 日	庚午 5 一	辛未 6 二	壬申 7 三	癸酉 8 四	甲戌 9 五	乙亥 10 六		辛亥穀雨 丙寅立夏
四月大 己巳	天干地支 西曆 星期	丙子 11 日	丁丑 12 一	戊寅 13 二	己卯 14 三	庚辰 15 四	辛巳 16 五	壬午 17 六	癸未 18 日	甲申 19 一	乙酉 20 二	丙戌 21 三	丁亥 22 四	戊子 23 五	己丑 24 六	庚寅 25 日	辛卯 26 一	壬辰 27 二	癸巳 28 三	甲午 29 四	乙未 30 五	丙申 31 六	丁酉 (6) 日	戊戌 2 一	己亥 3 二	庚子 4 三	辛丑 5 四	壬寅 6 五	癸卯 7 六	甲辰 8 日	乙巳 9 一	辛巳小滿 丁酉芒種
五月大 庚午	天干地支 西曆 星期	丙午 10 二	丁未 11 三	戊申 12 四	己酉 13 五	庚戌 14 六	辛亥 15 日	壬子 16 一	癸丑 17 二	甲寅 18 三	乙卯 19 四	丙辰 20 五	丁巳 21 六	戊午 22 日	己未 23 一	庚申 24 二	辛酉 25 三	壬戌 26 四	癸亥 27 五	甲子 28 六	乙丑 29 日	丙寅 30 一	丁卯 (7) 二	戊辰 2 三	己巳 3 四	庚午 4 五	辛未 5 六	壬申 6 日	癸酉 7 一	甲戌 8 二	乙亥 9 三	壬子夏至 丁卯小暑
六月小 辛未	天干地支 西曆 星期	丙子 10 四	丁丑 11 五	戊寅 12 六	己卯 13 日	庚辰 14 一	辛巳 15 二	壬午 16 三	癸未 17 四	甲申 18 五	乙酉 19 六	丙戌 20 日	丁亥 21 一	戊子 22 二	己丑 23 三	庚寅 24 四	辛卯 25 五	壬辰 26 六	癸巳 27 日	甲午 28 一	乙未 29 二	丙申 30 三	丁酉 31 四	戊戌 (8) 五	己亥 2 六	庚子 3 日	辛丑 4 一	壬寅 5 二	癸卯 6 三	甲辰 7 四		壬午大暑 戊戌立秋
七月大 壬申	天干地支 西曆 星期	乙巳 8 五	丙午 9 六	丁未 10 日	戊申 11 一	己酉 12 二	庚戌 13 三	辛亥 14 四	壬子 15 五	癸丑 16 六	甲寅 17 日	乙卯 18 一	丙辰 19 二	丁巳 20 三	戊午 21 四	己未 22 五	庚申 23 六	辛酉 24 日	壬戌 25 一	癸亥 26 二	甲子 27 三	乙丑 28 四	丙寅 29 五	丁卯 30 六	戊辰 31 日	己巳 (9) 一	庚午 2 二	辛未 3 三	壬申 4 四	癸酉 5 五	甲戌 6 六	癸丑處暑 戊辰白露
八月小 癸酉	天干地支 西曆 星期	乙亥 7 日	丙子 8 一	丁丑 9 二	戊寅 10 三	己卯 11 四	庚辰 12 五	辛巳 13 六	壬午 14 日	癸未 15 一	甲申 16 二	乙酉 17 三	丙戌 18 四	丁亥 19 五	戊子 20 六	己丑 21 日	庚寅 22 一	辛卯 23 二	壬辰 24 三	癸巳 25 四	甲午 26 五	乙未 27 六	丙申 28 日	丁酉 29 一	戊戌 30 二	己亥 (10) 三	庚子 2 四	辛丑 3 五	壬寅 4 六	癸卯 5 日		癸未秋分 戊戌寒露
九月大 甲戌	天干地支 西曆 星期	甲辰 6 一	乙巳 7 二	丙午 8 三	丁未 9 四	戊申 10 五	己酉 11 六	庚戌 12 日	辛亥 13 一	壬子 14 二	癸丑 15 三	甲寅 16 四	乙卯 17 五	丙辰 18 六	丁巳 19 日	戊午 20 一	己未 21 二	庚申 22 三	辛酉 23 四	壬戌 24 五	癸亥 25 六	甲子 26 日	乙丑 27 一	丙寅 28 二	丁卯 29 三	戊辰 30 四	己巳 31 五	庚午 (11) 六	辛未 2 日	壬申 3 一	癸酉 4 二	甲寅霜降 己巳立冬
十月小 乙亥	天干地支 西曆 星期	甲戌 5 三	乙亥 6 四	丙子 7 五	丁丑 8 六	戊寅 9 日	己卯 10 一	庚辰 11 二	辛巳 12 三	壬午 13 四	癸未 14 五	甲申 15 六	乙酉 16 日	丙戌 17 一	丁亥 18 二	戊子 19 三	己丑 20 四	庚寅 21 五	辛卯 22 六	壬辰 23 日	癸巳 24 一	甲午 25 二	乙未 26 三	丙申 27 四	丁酉 28 五	戊戌 29 六	己亥 30 日	庚子 (12) 一	辛丑 2 二	壬寅 3 三		甲申小雪 己亥大雪
十一月大 丙子	天干地支 西曆 星期	癸卯 4 四	甲辰 5 五	乙巳 6 六	丙午 7 日	丁未 8 一	戊申 9 二	己酉 10 三	庚戌 11 四	辛亥 12 五	壬子 13 六	癸丑 14 日	甲寅 15 一	乙卯 16 二	丙辰 17 三	丁巳 18 四	戊午 19 五	己未 20 六	庚申 21 日	辛酉 22 一	壬戌 23 二	癸亥 24 三	甲子 25 四	乙丑 26 五	丙寅 27 六	丁卯 28 日	戊辰 29 一	己巳 30 二	庚午 31 三	辛未 (1) 四	壬申 2 五	乙卯冬至 庚午小寒
十二月小 丁丑	天干地支 西曆 星期	癸酉 3 六	甲戌 4 日	乙亥 5 一	丙子 6 二	丁丑 7 三	戊寅 8 四	己卯 9 五	庚辰 10 六	辛巳 11 日	壬午 12 一	癸未 13 二	甲申 14 三	乙酉 15 四	丙戌 16 五	丁亥 17 六	戊子 18 日	己丑 19 一	庚寅 20 二	辛卯 21 三	壬辰 22 四	癸巳 23 五	甲午 24 六	乙未 25 日	丙申 26 一	丁酉 27 二	戊戌 28 三	己亥 29 四	庚子 30 五	辛丑 31 六		乙酉大寒 庚子立春

金太祖天輔四年（庚子 鼠年） 公元 1120 ~ 1121 年

夏曆月序		中西曆日對照	初一	初二	初三	初四	初五	初六	初七	初八	初九	初十	十一	十二	十三	十四	十五	十六	十七	十八	十九	二十	二一	二二	二三	二四	二五	二六	二七	二八	二九	三十	節氣與天象
正月大	戊寅	天干地支 西曆 星期	壬寅 (2) 日	癸卯 2 一	甲辰 3 二	乙巳 4 三	丙午 5 四	丁未 6 五	戊申 7 六	己酉 8 日	庚戌 9 一	辛亥 10 二	壬子 11 三	癸丑 12 四	甲寅 13 五	乙卯 14 六	丙辰 15 日	丁巳 16 一	戊午 17 二	己未 18 三	庚申 19 四	辛酉 20 五	壬戌 21 六	癸亥 22 日	甲子 23 一	乙丑 24 二	丙寅 25 三	丁卯 26 四	戊辰 27 五	己巳 28 六	庚午 29 日	辛未 (3) 一	乙卯雨水 辛未驚蟄
二月小	己卯	天干地支 西曆 星期	壬申 2 二	癸酉 3 三	甲戌 4 四	乙亥 5 五	丙子 6 六	丁丑 7 日	戊寅 8 一	己卯 9 二	庚辰 10 三	辛巳 11 四	壬午 12 五	癸未 13 六	甲申 14 日	乙酉 15 一	丙戌 16 二	丁亥 17 三	戊子 18 四	己丑 19 五	庚寅 20 六	辛卯 21 日	壬辰 22 一	癸巳 23 二	甲午 24 三	乙未 25 四	丙申 26 五	丁酉 27 六	戊戌 28 日	己亥 29 一	庚子 30 二		丙戌春分
三月大	庚辰	天干地支 西曆 星期	辛丑 31 三	壬寅 (4) 四	癸卯 2 五	甲辰 3 六	乙巳 4 日	丙午 5 一	丁未 6 二	戊申 7 三	己酉 8 四	庚戌 9 五	辛亥 10 六	壬子 11 日	癸丑 12 一	甲寅 13 二	乙卯 14 三	丙辰 15 四	丁巳 16 五	戊午 17 六	己未 18 日	庚申 19 一	辛酉 20 二	壬戌 21 三	癸亥 22 四	甲子 23 五	乙丑 24 六	丙寅 25 日	丁卯 26 一	戊辰 27 二	己巳 28 三	庚午 29 四	辛丑清明 丙辰穀雨
四月小	辛巳	天干地支 西曆 星期	辛未 30 五	壬申 (5) 六	癸酉 2 日	甲戌 3 一	乙亥 4 二	丙子 5 三	丁丑 6 四	戊寅 7 五	己卯 8 六	庚辰 9 日	辛巳 10 一	壬午 11 二	癸未 12 三	甲申 13 四	乙酉 14 五	丙戌 15 六	丁亥 16 日	戊子 17 一	己丑 18 二	庚寅 19 三	辛卯 20 四	壬辰 21 五	癸巳 22 六	甲午 23 日	乙未 24 一	丙申 25 二	丁酉 26 三	戊戌 27 四	己亥 28 五		辛未立夏 丁亥小滿
五月大	壬午	天干地支 西曆 星期	庚子 29 六	辛丑 30 日	壬寅 31 一	癸卯 (6) 二	甲辰 2 三	乙巳 3 四	丙午 4 五	丁未 5 六	戊申 6 日	己酉 7 一	庚戌 8 二	辛亥 9 三	壬子 10 四	癸丑 11 五	甲寅 12 六	乙卯 13 日	丙辰 14 一	丁巳 15 二	戊午 16 三	己未 17 四	庚申 18 五	辛酉 19 六	壬戌 20 日	癸亥 21 一	甲子 22 二	乙丑 23 三	丙寅 24 四	丁卯 25 五	戊辰 26 六	己巳 27 日	壬寅芒種 丁巳夏至
六月小	癸未	天干地支 西曆 星期	庚午 28 一	辛未 29 二	壬申 30 三	癸酉 (7) 四	甲戌 2 五	乙亥 3 六	丙子 4 日	丁丑 5 一	戊寅 6 二	己卯 7 三	庚辰 8 四	辛巳 9 五	壬午 10 六	癸未 11 日	甲申 12 一	乙酉 13 二	丙戌 14 三	丁亥 15 四	戊子 16 五	己丑 17 六	庚寅 18 日	辛卯 19 一	壬辰 20 二	癸巳 21 三	甲午 22 四	乙未 23 五	丙申 24 六	丁酉 25 日	戊戌 26 一		壬申小暑 戊子大暑
七月大	甲申	天干地支 西曆 星期	己亥 27 二	庚子 28 三	辛丑 29 四	壬寅 30 五	癸卯 31 六	甲辰 (8) 日	乙巳 2 一	丙午 3 二	丁未 4 三	戊申 5 四	己酉 6 五	庚戌 7 六	辛亥 8 日	壬子 9 一	癸丑 10 二	甲寅 11 三	乙卯 12 四	丙辰 13 五	丁巳 14 六	戊午 15 日	己未 16 一	庚申 17 二	辛酉 18 三	壬戌 19 四	癸亥 20 五	甲子 21 六	乙丑 22 日	丙寅 23 一	丁卯 24 二	戊辰 25 三	癸卯立秋 戊午處暑
八月大	乙酉	天干地支 西曆 星期	己巳 26 四	庚午 27 五	辛未 28 六	壬申 29 日	癸酉 30 一	甲戌 31 二	乙亥 (9) 三	丙子 2 四	丁丑 3 五	戊寅 4 六	己卯 5 日	庚辰 6 一	辛巳 7 二	壬午 8 三	癸未 9 四	甲申 10 五	乙酉 11 六	丙戌 12 日	丁亥 13 一	戊子 14 二	己丑 15 三	庚寅 16 四	辛卯 17 五	壬辰 18 六	癸巳 19 日	甲午 20 一	乙未 21 二	丙申 22 三	丁酉 23 四	戊戌 24 五	癸酉白露 戊子秋分
九月小	丙戌	天干地支 西曆 星期	己亥 25 六	庚子 26 日	辛丑 27 一	壬寅 28 二	癸卯 29 三	甲辰 30 四	乙巳 (10) 五	丙午 2 六	丁未 3 日	戊申 4 一	己酉 5 二	庚戌 6 三	辛亥 7 四	壬子 8 五	癸丑 9 六	甲寅 10 日	乙卯 11 一	丙辰 12 二	丁巳 13 三	戊午 14 四	己未 15 五	庚申 16 六	辛酉 17 日	壬戌 18 一	癸亥 19 二	甲子 20 三	乙丑 21 四	丙寅 22 五	丁卯 23 六		甲辰寒露 己未霜降
十月大	丁亥	天干地支 西曆 星期	戊辰 24 日	己巳 25 一	庚午 26 二	辛未 27 三	壬申 28 四	癸酉 29 五	甲戌 30 六	乙亥 31 日	丙子 (11) 一	丁丑 2 二	戊寅 3 三	己卯 4 四	庚辰 5 五	辛巳 6 六	壬午 7 日	癸未 8 一	甲申 9 二	乙酉 10 三	丙戌 11 四	丁亥 12 五	戊子 13 六	己丑 14 日	庚寅 15 一	辛卯 16 二	壬辰 17 三	癸巳 18 四	甲午 19 五	乙未 20 六	丙申 21 日	丁酉 22 一	甲戌立冬 己丑小雪
十一月小	戊子	天干地支 西曆 星期	戊戌 23 二	己亥 24 三	庚子 25 四	辛丑 26 五	壬寅 27 六	癸卯 28 日	甲辰 29 一	乙巳 30 二	丙午 (12) 三	丁未 2 四	戊申 3 五	己酉 4 六	庚戌 5 日	辛亥 6 一	壬子 7 二	癸丑 8 三	甲寅 9 四	乙卯 10 五	丙辰 11 六	丁巳 12 日	戊午 13 一	己未 14 二	庚申 15 三	辛酉 16 四	壬戌 17 五	癸亥 18 六	甲子 19 日	乙丑 20 一	丙寅 21 二		乙巳大雪 庚申冬至
十二月大	己丑	天干地支 西曆 星期	丁卯 22 三	戊辰 23 四	己巳 24 五	庚午 25 六	辛未 26 日	壬申 27 一	癸酉 28 二	甲戌 29 三	乙亥 30 四	丙子 31 五	丁丑 (1) 六	戊寅 2 日	己卯 3 一	庚辰 4 二	辛巳 5 三	壬午 6 四	癸未 7 五	甲申 8 六	乙酉 9 日	丙戌 10 一	丁亥 11 二	戊子 12 三	己丑 13 四	庚寅 14 五	辛卯 15 六	壬辰 16 日	癸巳 17 一	甲午 18 二	乙未 19 三	丙申 20 四	乙亥小寒 庚寅大寒

金太祖天輔五年（辛丑 牛年） 公元 1121 ~ 1122 年

夏曆月序		中西曆日對照	初一	初二	初三	初四	初五	初六	初七	初八	初九	初十	十一	十二	十三	十四	十五	十六	十七	十八	十九	二十	廿一	廿二	廿三	廿四	廿五	廿六	廿七	廿八	廿九	三十	節氣與天象
正月小	庚寅	天干地支 西曆 星期	丁酉 21 五	戊戌 22 六	己亥 23 日	庚子 24 一	辛丑 25 二	壬寅 26 三	癸卯 27 四	甲辰 28 五	乙巳 29 六	丙午 30 日	丁未 31 一	戊申 (2) 二	己酉 2 三	庚戌 3 四	辛亥 4 五	壬子 5 六	癸丑 6 日	甲寅 7 一	乙卯 8 二	丙辰 9 三	丁巳 10 四	戊午 11 五	己未 12 六	庚申 13 日	辛酉 14 一	壬戌 15 二	癸亥 16 三	甲子 17 四	乙丑 18 五		乙巳立春 辛酉雨水
二月大	辛卯	天干地支 西曆 星期	丙寅 19 六	丁卯 20 日	戊辰 21 一	己巳 22 二	庚午 23 三	辛未 24 四	壬申 25 五	癸酉 26 六	甲戌 27 日	乙亥 28 一	丙子 (3) 二	丁丑 2 三	戊寅 3 四	己卯 4 五	庚辰 5 六	辛巳 6 日	壬午 7 一	癸未 8 二	甲申 9 三	乙酉 10 四	丙戌 11 五	丁亥 12 六	戊子 13 日	己丑 14 一	庚寅 15 二	辛卯 16 三	壬辰 17 四	癸巳 18 五	甲午 19 六	乙未 20 日	丙子驚蟄 辛卯春分
三月小	壬辰	天干地支 西曆 星期	丙申 21 一	丁酉 22 二	戊戌 23 三	己亥 24 四	庚子 25 五	辛丑 26 六	壬寅 27 日	癸卯 28 一	甲辰 29 二	乙巳 30 三	丙午 31 四	丁未 (4) 五	戊申 2 六	己酉 3 日	庚戌 4 一	辛亥 5 二	壬子 6 三	癸丑 7 四	甲寅 8 五	乙卯 9 六	丙辰 10 日	丁巳 11 一	戊午 12 二	己未 13 三	庚申 14 四	辛酉 15 五	壬戌 16 六	癸亥 17 日	甲子 18 一		丙午清明 壬戌穀雨
四月小	癸巳	天干地支 西曆 星期	乙丑 19 二	丙寅 20 三	丁卯 21 四	戊辰 22 五	己巳 23 六	庚午 24 日	辛未 25 一	壬申 26 二	癸酉 27 三	甲戌 28 四	乙亥 29 五	丙子 30 六	丁丑 (5) 日	戊寅 2 一	己卯 3 二	庚辰 4 三	辛巳 5 四	壬午 6 五	癸未 7 六	甲申 8 日	乙酉 9 一	丙戌 10 二	丁亥 11 三	戊子 12 四	己丑 13 五	庚寅 14 六	辛卯 15 日	壬辰 16 一	癸巳 17 二		丁丑立夏 壬辰小滿
五月大	甲午	天干地支 西曆 星期	甲午 18 三	乙未 19 四	丙申 20 五	丁酉 21 六	戊戌 22 日	己亥 23 一	庚子 24 二	辛丑 25 三	壬寅 26 四	癸卯 27 五	甲辰 28 六	乙巳 29 日	丙午 30 一	丁未 31 二	戊申 (6) 三	己酉 2 四	庚戌 3 五	辛亥 4 六	壬子 5 日	癸丑 6 一	甲寅 7 二	乙卯 8 三	丙辰 9 四	丁巳 10 五	戊午 11 六	己未 12 日	庚申 13 一	辛酉 14 二	壬戌 15 三	癸亥 16 四	丁未芒種 壬戌夏至
閏五月小	甲午	天干地支 西曆 星期	甲子 17 五	乙丑 18 六	丙寅 19 日	丁卯 20 一	戊辰 21 二	己巳 22 三	庚午 23 四	辛未 24 五	壬申 25 六	癸酉 26 日	甲戌 27 一	乙亥 28 二	丙子 29 三	丁丑 30 四	戊寅 (7) 五	己卯 2 六	庚辰 3 日	辛巳 4 一	壬午 5 二	癸未 6 三	甲申 7 四	乙酉 8 五	丙戌 9 六	丁亥 10 日	戊子 11 一	己丑 12 二	庚寅 13 三	辛卯 14 四	壬辰 15 五		戊寅小暑
六月大	乙未	天干地支 西曆 星期	癸巳 16 六	甲午 17 日	乙未 18 一	丙申 19 二	丁酉 20 三	戊戌 21 四	己亥 22 五	庚子 23 六	辛丑 24 日	壬寅 25 一	癸卯 26 二	甲辰 27 三	乙巳 28 四	丙午 29 五	丁未 30 六	戊申 31 日	己酉 (8) 一	庚戌 2 二	辛亥 3 三	壬子 4 四	癸丑 5 五	甲寅 6 六	乙卯 7 日	丙辰 8 一	丁巳 9 二	戊午 10 三	己未 11 四	庚申 12 五	辛酉 13 六	壬戌 14 日	癸巳大暑 戊申立秋
七月大	丙申	天干地支 西曆 星期	癸亥 15 一	甲子 16 二	乙丑 17 三	丙寅 18 四	丁卯 19 五	戊辰 20 六	己巳 21 日	庚午 22 一	辛未 23 二	壬申 24 三	癸酉 25 四	甲戌 26 五	乙亥 27 六	丙子 28 日	丁丑 29 一	戊寅 30 二	己卯 31 三	庚辰 (9) 四	辛巳 2 五	壬午 3 六	癸未 4 日	甲申 5 一	乙酉 6 二	丙戌 7 三	丁亥 8 四	戊子 9 五	己丑 10 六	庚寅 11 日	辛卯 12 一	壬辰 13 二	癸亥處暑 戊寅白露
八月小	丁酉	天干地支 西曆 星期	癸巳 14 三	甲午 15 四	乙未 16 五	丙申 17 六	丁酉 18 日	戊戌 19 一	己亥 20 二	庚子 21 三	辛丑 22 四	壬寅 23 五	癸卯 24 六	甲辰 25 日	乙巳 26 一	丙午 27 二	丁未 28 三	戊申 29 四	己酉 30 五	庚戌 (10) 六	辛亥 2 日	壬子 3 一	癸丑 4 二	甲寅 5 三	乙卯 6 四	丙辰 7 五	丁巳 8 六	戊午 9 日	己未 10 一	庚申 11 二	辛酉 12 三		甲午秋分 己酉寒露
九月大	戊戌	天干地支 西曆 星期	壬戌 13 四	癸亥 14 五	甲子 15 六	乙丑 16 日	丙寅 17 一	丁卯 18 二	戊辰 19 三	己巳 20 四	庚午 21 五	辛未 22 六	壬申 23 日	癸酉 24 一	甲戌 25 二	乙亥 26 三	丙子 27 四	丁丑 28 五	戊寅 29 六	己卯 30 日	庚辰 31 一	辛巳 (11) 二	壬午 2 三	癸未 3 四	甲申 4 五	乙酉 5 六	丙戌 6 日	丁亥 7 一	戊子 8 二	己丑 9 三	庚寅 10 四	辛卯 11 五	甲子霜降 己卯立冬
十月大	己亥	天干地支 西曆 星期	壬辰 12 六	癸巳 13 日	甲午 14 一	乙未 15 二	丙申 16 三	丁酉 17 四	戊戌 18 五	己亥 19 六	庚子 20 日	辛丑 21 一	壬寅 22 二	癸卯 23 三	甲辰 24 四	乙巳 25 五	丙午 26 六	丁未 27 日	戊申 28 一	己酉 29 二	庚戌 30 三	辛亥 (12) 四	壬子 2 五	癸丑 3 六	甲寅 4 日	乙卯 5 一	丙辰 6 二	丁巳 7 三	戊午 8 四	己未 9 五	庚申 10 六	辛酉 11 日	乙未小雪 庚戌大雪
十一月小	庚子	天干地支 西曆 星期	壬戌 12 一	癸亥 13 二	甲子 14 三	乙丑 15 四	丙寅 16 五	丁卯 17 六	戊辰 18 日	己巳 19 一	庚午 20 二	辛未 21 三	壬申 22 四	癸酉 23 五	甲戌 24 六	乙亥 25 日	丙子 26 一	丁丑 27 二	戊寅 28 三	己卯 29 四	庚辰 30 五	辛巳 31 六	壬午 (1) 日	癸未 2 一	甲申 3 二	乙酉 4 三	丙戌 5 四	丁亥 6 五	戊子 7 六	己丑 8 日	庚寅 9 一		乙丑冬至 庚辰小寒
十二月大	辛丑	天干地支 西曆 星期	辛卯 10 二	壬辰 11 三	癸巳 12 四	甲午 13 五	乙未 14 六	丙申 15 日	丁酉 16 一	戊戌 17 二	己亥 18 三	庚子 19 四	辛丑 20 五	壬寅 21 六	癸卯 22 日	甲辰 23 一	乙巳 24 二	丙午 25 三	丁未 26 四	戊申 27 五	己酉 28 六	庚戌 29 日	辛亥 30 一	壬子 31 二	癸丑 (2) 三	甲寅 2 四	乙卯 3 五	丙辰 4 六	丁巳 5 日	戊午 6 一	己未 7 二	庚申 8 三	乙未大寒 辛亥立春

金太祖天輔六年（壬寅 虎年） 公元 1122 ~ 1123 年

夏曆月序		中西曆日對照	初一	初二	初三	初四	初五	初六	初七	初八	初九	初十	十一	十二	十三	十四	十五	十六	十七	十八	十九	二十	二一	二二	二三	二四	二五	二六	二七	二八	二九	三十	節氣與天象
正月小	壬寅	天干地支西曆星期	辛酉 9 四	壬戌 10 五	癸亥 11 六	甲子 12 日	乙丑 13 一	丙寅 14 二	丁卯 15 三	戊辰 16 四	己巳 17 五	庚午 18 六	辛未 19 日	壬申 20 一	癸酉 21 二	甲戌 22 三	乙亥 23 四	丙子 24 五	丁丑 25 六	戊寅 26 日	己卯 27 一	庚辰 28 二	辛巳 (3) 三	壬午 2 四	癸未 3 五	甲申 4 六	乙酉 5 日	丙戌 6 一	丁亥 7 二	戊子 8 三	己丑 9 四		丙寅雨水 辛巳驚蟄
二月大	癸卯	天干地支西曆星期	庚寅 10 五	辛卯 11 六	壬辰 12 日	癸巳 13 一	甲午 14 二	乙未 15 三	丙申 16 四	丁酉 17 五	戊戌 18 六	己亥 19 日	庚子 20 一	辛丑 21 二	壬寅 22 三	癸卯 23 四	甲辰 24 五	乙巳 25 六	丙午 26 日	丁未 27 一	戊申 28 二	己酉 29 三	庚戌 30 四	辛亥 31 五	壬子 (4) 六	癸丑 2 日	甲寅 3 一	乙卯 4 二	丙辰 5 三	丁巳 6 四	戊午 7 五	己未 8 六	丙申春分 壬子清明
三月小	甲辰	天干地支西曆星期	庚申 9 日	辛酉 10 一	壬戌 11 二	癸亥 12 三	甲子 13 四	乙丑 14 五	丙寅 15 六	丁卯 16 日	戊辰 17 一	己巳 18 二	庚午 19 三	辛未 20 四	壬申 21 五	癸酉 22 六	甲戌 23 日	乙亥 24 一	丙子 25 二	丁丑 26 三	戊寅 27 四	己卯 28 五	庚辰 29 六	辛巳 30 日	壬午 (5) 一	癸未 2 二	甲申 3 三	乙酉 4 四	丙戌 5 五	丁亥 6 六	戊子 7 日		丁卯穀雨 壬午立夏
四月小	乙巳	天干地支西曆星期	己丑 8 一	庚寅 9 二	辛卯 10 三	壬辰 11 四	癸巳 12 五	甲午 13 六	乙未 14 日	丙申 15 一	丁酉 16 二	戊戌 17 三	己亥 18 四	庚子 19 五	辛丑 20 六	壬寅 21 日	癸卯 22 一	甲辰 23 二	乙巳 24 三	丙午 25 四	丁未 26 五	戊申 27 六	己酉 28 日	庚戌 29 一	辛亥 30 二	壬子 31 三	癸丑 (6) 四	甲寅 2 五	乙卯 3 六	丙辰 4 日	丁巳 5 一		丁酉小滿 壬子芒種
五月大	丙午	天干地支西曆星期	戊午 6 二	己未 7 三	庚申 8 四	辛酉 9 五	壬戌 10 六	癸亥 11 日	甲子 12 一	乙丑 13 二	丙寅 14 三	丁卯 15 四	戊辰 16 五	己巳 17 六	庚午 18 日	辛未 19 一	壬申 20 二	癸酉 21 三	甲戌 22 四	乙亥 23 五	丙子 24 六	丁丑 25 日	戊寅 26 一	己卯 27 二	庚辰 28 三	辛巳 29 四	壬午 30 五	癸未 (7) 六	甲申 2 日	乙酉 3 一	丙戌 4 二	丁亥 5 三	戊辰夏至 癸未小暑
六月小	丁未	天干地支西曆星期	戊子 6 四	己丑 7 五	庚寅 8 六	辛卯 9 日	壬辰 10 一	癸巳 11 二	甲午 12 三	乙未 13 四	丙申 14 五	丁酉 15 六	戊戌 16 日	己亥 17 一	庚子 18 二	辛丑 19 三	壬寅 20 四	癸卯 21 五	甲辰 22 六	乙巳 23 日	丙午 24 一	丁未 25 二	戊申 26 三	己酉 27 四	庚戌 28 五	辛亥 29 六	壬子 30 日	癸丑 31 一	甲寅 (8) 二	乙卯 2 三	丙辰 3 四		戊戌大暑 癸丑立秋
七月大	戊申	天干地支西曆星期	丁巳 4 五	戊午 5 六	己未 6 日	庚申 7 一	辛酉 8 二	壬戌 9 三	癸亥 10 四	甲子 11 五	乙丑 12 六	丙寅 13 日	丁卯 14 一	戊辰 15 二	己巳 16 三	庚午 17 四	辛未 18 五	壬申 19 六	癸酉 20 日	甲戌 21 一	乙亥 22 二	丙子 23 三	丁丑 24 四	戊寅 25 五	己卯 26 六	庚辰 27 日	辛巳 28 一	壬午 29 二	癸未 30 三	甲申 31 四	乙酉 (9) 五	丙戌 2 六	己巳處暑 甲申白露
八月大	己酉	天干地支西曆星期	丁亥 3 日	戊子 4 一	己丑 5 二	庚寅 6 三	辛卯 7 四	壬辰 8 五	癸巳 9 六	甲午 10 日	乙未 11 一	丙申 12 二	丁酉 13 三	戊戌 14 四	己亥 15 五	庚子 16 六	辛丑 17 日	壬寅 18 一	癸卯 19 二	甲辰 20 三	乙巳 21 四	丙午 22 五	丁未 23 六	戊申 24 日	己酉 25 一	庚戌 26 二	辛亥 27 三	壬子 28 四	癸丑 29 五	甲寅 30 六	乙卯 (10) 日	丙辰 2 一	己亥秋分 甲寅寒露
九月小	庚戌	天干地支西曆星期	丁巳 3 二	戊午 4 三	己未 5 四	庚申 6 五	辛酉 7 六	壬戌 8 日	癸亥 9 一	甲子 10 二	乙丑 11 三	丙寅 12 四	丁卯 13 五	戊辰 14 六	己巳 15 日	庚午 16 一	辛未 17 二	壬申 18 三	癸酉 19 四	甲戌 20 五	乙亥 21 六	丙子 22 日	丁丑 23 一	戊寅 24 二	己卯 25 三	庚辰 26 四	辛巳 27 五	壬午 28 六	癸未 29 日	甲申 30 一	乙酉 31 二		己巳霜降 乙酉立冬
十月大	辛亥	天干地支西曆星期	丙戌 (11) 三	丁亥 2 四	戊子 3 五	己丑 4 六	庚寅 5 日	辛卯 6 一	壬辰 7 二	癸巳 8 三	甲午 9 四	乙未 10 五	丙申 11 六	丁酉 12 日	戊戌 13 一	己亥 14 二	庚子 15 三	辛丑 16 四	壬寅 17 五	癸卯 18 六	甲辰 19 日	乙巳 20 一	丙午 21 二	丁未 22 三	戊申 23 四	己酉 24 五	庚戌 25 六	辛亥 26 日	壬子 27 一	癸丑 28 二	甲寅 29 三	乙卯 30 四	庚子小雪 乙卯大雪
十一月大	壬子	天干地支西曆星期	丙辰 (12) 五	丁巳 2 六	戊午 3 日	己未 4 一	庚申 5 二	辛酉 6 三	壬戌 7 四	癸亥 8 五	甲子 9 六	乙丑 10 日	丙寅 11 一	丁卯 12 二	戊辰 13 三	己巳 14 四	庚午 15 五	辛未 16 六	壬申 17 日	癸酉 18 一	甲戌 19 二	乙亥 20 三	丙子 21 四	丁丑 22 五	戊寅 23 六	己卯 24 日	庚辰 25 一	辛巳 26 二	壬午 27 三	癸未 28 四	甲申 29 五	乙酉 30 六	庚午冬至 乙酉小寒
十二月小	癸丑	天干地支西曆星期	丙戌 31 日	丁亥 (1) 一	戊子 2 二	己丑 3 三	庚寅 4 四	辛卯 5 五	壬辰 6 六	癸巳 7 日	甲午 8 一	乙未 9 二	丙申 10 三	丁酉 11 四	戊戌 12 五	己亥 13 六	庚子 14 日	辛丑 15 一	壬寅 16 二	癸卯 17 三	甲辰 18 四	乙巳 19 五	丙午 20 六	丁未 21 日	戊申 22 一	己酉 23 二	庚戌 24 三	辛亥 25 四	壬子 26 五	癸丑 27 六	甲寅 28 日		辛丑大寒

金太祖天輔七年 太宗天輔七年 天會元年
（癸卯 兔年） 公元 1123 ~ 1124 年

夏曆月序		中西曆日對照	初一	初二	初三	初四	初五	初六	初七	初八	初九	初十	十一	十二	十三	十四	十五	十六	十七	十八	十九	二十	二一	二二	二三	二四	二五	二六	二七	二八	二九	三十	節氣與天象
正月大	甲寅	干支	乙卯	丙辰	丁巳	戊午	己未	庚申	辛酉	壬戌	癸亥	甲子	乙丑	丙寅	丁卯	戊辰	己巳	庚午	辛未	壬申	癸酉	甲戌	乙亥	丙子	丁丑	戊寅	己卯	庚辰	辛巳	壬午	癸未	甲申	丙辰立春 辛未雨水
		西曆	29	30	31	(2)	2	3	4	5	6	7	8	9	10	11	12	13	14	15	16	17	18	19	20	21	22	23	24	25	26	27	
		星期	一	二	三	四	五	六	日	一	二	三	四	五	六	日	一	二	三	四	五	六	日	一	二	三	四	五	六	日	一	二	
二月小	乙卯	干支	乙酉	丙戌	丁亥	戊子	己丑	庚寅	辛卯	壬辰	癸巳	甲午	乙未	丙申	丁酉	戊戌	己亥	庚子	辛丑	壬寅	癸卯	甲辰	乙巳	丙午	丁未	戊申	己酉	庚戌	辛亥	壬子	癸丑		丙戌驚蟄 壬寅春分
		西曆	28	(3)	2	3	4	5	6	7	8	9	10	11	12	13	14	15	16	17	18	19	20	21	22	23	24	25	26	27	28		
		星期	三	四	五	六	日	一	二	三	四	五	六	日	一	二	三	四	五	六	日	一	二	三	四	五	六	日	一	二	三		
三月大	丙辰	干支	甲寅	乙卯	丙辰	丁巳	戊午	己未	庚申	辛酉	壬戌	癸亥	甲子	乙丑	丙寅	丁卯	戊辰	己巳	庚午	辛未	壬申	癸酉	甲戌	乙亥	丙子	丁丑	戊寅	己卯	庚辰	辛巳	壬午	癸未	丁巳清明 壬申穀雨
		西曆	29	30	31	(4)	2	3	4	5	6	7	8	9	10	11	12	13	14	15	16	17	18	19	20	21	22	23	24	25	26	27	
		星期	四	五	六	日	一	二	三	四	五	六	日	一	二	三	四	五	六	日	一	二	三	四	五	六	日	一	二	三	四	五	
四月小	丁巳	干支	甲申	乙酉	丙戌	丁亥	戊子	己丑	庚寅	辛卯	壬辰	癸巳	甲午	乙未	丙申	丁酉	戊戌	己亥	庚子	辛丑	壬寅	癸卯	甲辰	乙巳	丙午	丁未	戊申	己酉	庚戌	辛亥	壬子		丁亥立夏 壬寅小滿
		西曆	28	29	30	(5)	2	3	4	5	6	7	8	9	10	11	12	13	14	15	16	17	18	19	20	21	22	23	24	25	26		
		星期	六	日	一	二	三	四	五	六	日	一	二	三	四	五	六	日	一	二	三	四	五	六	日	一	二	三	四	五	六		
五月小	戊午	干支	癸丑	甲寅	乙卯	丙辰	丁巳	戊午	己未	庚申	辛酉	壬戌	癸亥	甲子	乙丑	丙寅	丁卯	戊辰	己巳	庚午	辛未	壬申	癸酉	甲戌	乙亥	丙子	丁丑	戊寅	己卯	庚辰	辛巳		戊午芒種 癸酉夏至
		西曆	27	28	29	30	31	(6)	2	3	4	5	6	7	8	9	10	11	12	13	14	15	16	17	18	19	20	21	22	23	24		
		星期	日	一	二	三	四	五	六	日	一	二	三	四	五	六	日	一	二	三	四	五	六	日	一	二	三	四	五	六	日		
六月大	己未	干支	壬午	癸未	甲申	乙酉	丙戌	丁亥	戊子	己丑	庚寅	辛卯	壬辰	癸巳	甲午	乙未	丙申	丁酉	戊戌	己亥	庚子	辛丑	壬寅	癸卯	甲辰	乙巳	丙午	丁未	戊申	己酉	庚戌	辛亥	戊子小暑 癸卯大暑
		西曆	25	26	27	28	29	30	(7)	2	3	4	5	6	7	8	9	10	11	12	13	14	15	16	17	18	19	20	21	22	23	24	
		星期	一	二	三	四	五	六	日	一	二	三	四	五	六	日	一	二	三	四	五	六	日	一	二	三	四	五	六	日	一	二	
七月小	庚申	干支	壬子	癸丑	甲寅	乙卯	丙辰	丁巳	戊午	己未	庚申	辛酉	壬戌	癸亥	甲子	乙丑	丙寅	丁卯	戊辰	己巳	庚午	辛未	壬申	癸酉	甲戌	乙亥	丙子	丁丑	戊寅	己卯	庚辰		己未立秋 甲戌處暑
		西曆	25	26	27	28	29	30	31	(8)	2	3	4	5	6	7	8	9	10	11	12	13	14	15	16	17	18	19	20	21	22		
		星期	三	四	五	六	日	一	二	三	四	五	六	日	一	二	三	四	五	六	日	一	二	三	四	五	六	日	一	二	三		
八月大	辛酉	干支	辛巳	壬午	癸未	甲申	乙酉	丙戌	丁亥	戊子	己丑	庚寅	辛卯	壬辰	癸巳	甲午	乙未	丙申	丁酉	戊戌	己亥	庚子	辛丑	壬寅	癸卯	甲辰	乙巳	丙午	丁未	戊申	己酉	庚戌	己丑白露 甲辰秋分
		西曆	23	24	25	26	27	28	29	30	31	(9)	2	3	4	5	6	7	8	9	10	11	12	13	14	15	16	17	18	19	20	21	
		星期	四	五	六	日	一	二	三	四	五	六	日	一	二	三	四	五	六	日	一	二	三	四	五	六	日	一	二	三	四	五	
九月小	壬戌	干支	辛亥	壬子	癸丑	甲寅	乙卯	丙辰	丁巳	戊午	己未	庚申	辛酉	壬戌	癸亥	甲子	乙丑	丙寅	丁卯	戊辰	己巳	庚午	辛未	壬申	癸酉	甲戌	乙亥	丙子	丁丑	戊寅	己卯		己未寒露 乙亥霜降
		西曆	22	23	24	25	26	27	28	29	30	(10)	2	3	4	5	6	7	8	9	10	11	12	13	14	15	16	17	18	19	20		
		星期	六	日	一	二	三	四	五	六	日	一	二	三	四	五	六	日	一	二	三	四	五	六	日	一	二	三	四	五	六		
十月大	癸亥	干支	庚辰	辛巳	壬午	癸未	甲申	乙酉	丙戌	丁亥	戊子	己丑	庚寅	辛卯	壬辰	癸巳	甲午	乙未	丙申	丁酉	戊戌	己亥	庚子	辛丑	壬寅	癸卯	甲辰	乙巳	丙午	丁未	戊申	己酉	庚寅立冬 乙巳小雪
		西曆	21	22	23	24	25	26	27	28	29	30	31	(11)	2	3	4	5	6	7	8	9	10	11	12	13	14	15	16	17	18	19	
		星期	日	一	二	三	四	五	六	日	一	二	三	四	五	六	日	一	二	三	四	五	六	日	一	二	三	四	五	六	日	一	
十一月大	甲子	干支	庚戌	辛亥	壬子	癸丑	甲寅	乙卯	丙辰	丁巳	戊午	己未	庚申	辛酉	壬戌	癸亥	甲子	乙丑	丙寅	丁卯	戊辰	己巳	庚午	辛未	壬申	癸酉	甲戌	乙亥	丙子	丁丑	戊寅	己卯	庚申大雪 丙子冬至
		西曆	20	21	22	23	24	25	26	27	28	29	30	(12)	2	3	4	5	6	7	8	9	10	11	12	13	14	15	16	17	18	19	
		星期	二	三	四	五	六	日	一	二	三	四	五	六	日	一	二	三	四	五	六	日	一	二	三	四	五	六	日	一	二	三	
十二月大	乙丑	干支	庚辰	辛巳	壬午	癸未	甲申	乙酉	丙戌	丁亥	戊子	己丑	庚寅	辛卯	壬辰	癸巳	甲午	乙未	丙申	丁酉	戊戌	己亥	庚子	辛丑	壬寅	癸卯	甲辰	乙巳	丙午	丁未	戊申	己酉	辛卯小寒 丙午大寒
		西曆	20	21	22	23	24	25	26	27	28	29	30	31	(1)	2	3	4	5	6	7	8	9	10	11	12	13	14	15	16	17	18	
		星期	四	五	六	日	一	二	三	四	五	六	日	一	二	三	四	五	六	日	一	二	三	四	五	六	日	一	二	三	四	五	

* 八月戊申（二十八日），金太祖死。九月丙辰（初六），完顏晟即位，是爲金太宗。丙寅（十六日），改元天會。

金太宗天會二年（甲辰 龍年） 公元1124～1125年

夏曆月序		中西曆日對照	初一	初二	初三	初四	初五	初六	初七	初八	初九	初十	十一	十二	十三	十四	十五	十六	十七	十八	十九	二十	二一	二二	二三	二四	二五	二六	二七	二八	二九	三十	節氣與天象
正月小	丙寅	天干地支西曆星期	庚戌19六	辛亥20日	壬子21一	癸丑22二	甲寅23三	乙卯24四	丙辰25五	丁巳26六	戊午27日	己未28一	庚申29二	辛酉30三	壬戌31四	癸亥(2)五	甲子2六	乙丑3日	丙寅4一	丁卯5二	戊辰6三	己巳7四	庚午8五	辛未9六	壬申10日	癸酉11一	甲戌12二	乙亥13三	丙子14四	丁丑15五	戊寅16六		辛酉立春 丙子雨水
二月大	丁卯	天干地支西曆星期	己卯17日	庚辰18一	辛巳19二	壬午20三	癸未21四	甲申22五	乙酉23六	丙戌24日	丁亥25一	戊子26二	己丑27三	庚寅28四	辛卯29五	壬辰(3)六	癸巳2日	甲午3一	乙未4二	丙申5三	丁酉6四	戊戌7五	己亥8六	庚子9日	辛丑10一	壬寅11二	癸卯12三	甲辰13四	乙巳14五	丙午15六	丁未16日	戊申17一	壬辰驚蟄 丁未春分
三月小	戊辰	天干地支西曆星期	己酉18二	庚戌19三	辛亥20四	壬子21五	癸丑22六	甲寅23日	乙卯24一	丙辰25二	丁巳26三	戊午27四	己未28五	庚申29六	辛酉30日	壬戌31一	癸亥(4)二	甲子2三	乙丑3四	丙寅4五	丁卯5六	戊辰6日	己巳7一	庚午8二	辛未9三	壬申10四	癸酉11五	甲戌12六	乙亥13日	丙子14一	丁丑15二		壬戌清明 丁丑穀雨
閏三月大	戊辰	天干地支西曆星期	戊寅16三	己卯17四	庚辰18五	辛巳19六	壬午20日	癸未21一	甲申22二	乙酉23三	丙戌24四	丁亥25五	戊子26六	己丑27日	庚寅28一	辛卯29二	壬辰30三	癸巳(5)四	甲午2五	乙未3六	丙申4日	丁酉5一	戊戌6二	己亥7三	庚子8四	辛丑9五	壬寅10六	癸卯11日	甲辰12一	乙巳13二	丙午14三	丁未15四	壬辰立夏
四月小	己巳	天干地支西曆星期	戊申16五	己酉17六	庚戌18日	辛亥19一	壬子20二	癸丑21三	甲寅22四	乙卯23五	丙辰24六	丁巳25日	戊午26一	己未27二	庚申28三	辛酉29四	壬戌30五	癸亥31六	甲子(6)日	乙丑2一	丙寅3二	丁卯4三	戊辰5四	己巳6五	庚午7六	辛未8日	壬申9一	癸酉10二	甲戌11三	乙亥12四	丙子13五		戊申小滿 癸亥芒種
五月小	庚午	天干地支西曆星期	丁丑14六	戊寅15日	己卯16一	庚辰17二	辛巳18三	壬午19四	癸未20五	甲申21六	乙酉22日	丙戌23一	丁亥24二	戊子25三	己丑26四	庚寅27五	辛卯28六	壬辰29日	癸巳30一	甲午(7)二	乙未2三	丙申3四	丁酉4五	戊戌5六	己亥6日	庚子7一	辛丑8二	壬寅9三	癸卯10四	甲辰11五	乙巳12六		戊寅夏至 癸巳小暑
六月大	辛未	天干地支西曆星期	丙午13日	丁未14一	戊申15二	己酉16三	庚戌17四	辛亥18五	壬子19六	癸丑20日	甲寅21一	乙卯22二	丙辰23三	丁巳24四	戊午25五	己未26六	庚申27日	辛酉28一	壬戌29二	癸亥30三	甲子31四	乙丑(8)五	丙寅2六	丁卯3日	戊辰4一	己巳5二	庚午6三	辛未7四	壬申8五	癸酉9六	甲戌10日	乙亥11一	己酉大暑 甲子立秋
七月小	壬申	天干地支西曆星期	丙子12二	丁丑13三	戊寅14四	己卯15五	庚辰16六	辛巳17日	壬午18一	癸未19二	甲申20三	乙酉21四	丙戌22五	丁亥23六	戊子24日	己丑25一	庚寅26二	辛卯27三	壬辰28四	癸巳29五	甲午30六	乙未31日	丙申(9)一	丁酉2二	戊戌3三	己亥4四	庚子5五	辛丑6六	壬寅7日	癸卯8一	甲辰9二		己卯處暑 甲午白露
八月小	癸酉	天干地支西曆星期	乙巳10三	丙午11四	丁未12五	戊申13六	己酉14日	庚戌15一	辛亥16二	壬子17三	癸丑18四	甲寅19五	乙卯20六	丙辰21日	丁巳22一	戊午23二	己未24三	庚申25四	辛酉26五	壬戌27六	癸亥28日	甲子29一	乙丑30二	丙寅(10)三	丁卯2四	戊辰3五	己巳4六	庚午5日	辛未6一	壬申7二	癸酉8三		己酉秋分 乙丑寒露
九月大	甲戌	天干地支西曆星期	甲戌9四	乙亥10五	丙子11六	丁丑12日	戊寅13一	己卯14二	庚辰15三	辛巳16四	壬午17五	癸未18六	甲申19日	乙酉20一	丙戌21二	丁亥22三	戊子23四	己丑24五	庚寅25六	辛卯26日	壬辰27一	癸巳28二	甲午29三	乙未30四	丙申31五	丁酉(11)六	戊戌2日	己亥3一	庚子4二	辛丑5三	壬寅6四	癸卯7五	庚辰霜降 乙未立冬
十月大	乙亥	天干地支西曆星期	甲辰8六	乙巳9日	丙午10一	丁未11二	戊申12三	己酉13四	庚戌14五	辛亥15六	壬子16日	癸丑17一	甲寅18二	乙卯19三	丙辰20四	丁巳21五	戊午22六	己未23日	庚申24一	辛酉25二	壬戌26三	癸亥27四	甲子28五	乙丑29六	丙寅30日	丁卯(12)一	戊辰2二	己巳3三	庚午4四	辛未5五	壬申6六	癸酉7日	庚戌小雪 丙寅大雪
十一月大	丙子	天干地支西曆星期	甲戌8一	乙亥9二	丙子10三	丁丑11四	戊寅12五	己卯13六	庚辰14日	辛巳15一	壬午16二	癸未17三	甲申18四	乙酉19五	丙戌20六	丁亥21日	戊子22一	己丑23二	庚寅24三	辛卯25四	壬辰26五	癸巳27六	甲午28日	乙未29一	丙申30二	丁酉31三	戊戌(1)四	己亥2五	庚子3六	辛丑4日	壬寅5一	癸卯6二	辛巳冬至 丙申小寒
十二月小	丁丑	天干地支西曆星期	甲辰7三	乙巳8四	丙午9五	丁未10六	戊申11日	己酉12一	庚戌13二	辛亥14三	壬子15四	癸丑16五	甲寅17六	乙卯18日	丙辰19一	丁巳20二	戊午21三	己未22四	庚申23五	辛酉24六	壬戌25日	癸亥26一	甲子27二	乙丑28三	丙寅29四	丁卯30五	戊辰31六	己巳(2)日	庚午2一	辛未3二	壬申4三		辛亥大寒 丙寅立春

金太宗天會三年（乙巳 蛇年） 公元 1125 ~ 1126 年

夏曆月序		中西曆日對照	初一	初二	初三	初四	初五	初六	初七	初八	初九	初十	十一	十二	十三	十四	十五	十六	十七	十八	十九	二十	二一	二二	二三	二四	二五	二六	二七	二八	二九	三十	節氣與天象
正月大	戊寅	干支 西曆 星期	癸酉 5 四	甲戌 6 五	乙亥 7 六	丙子 8 日	丁丑 9 一	戊寅 10 二	己卯 11 三	庚辰 12 四	辛巳 13 五	壬午 14 六	癸未 15 日	甲申 16 一	乙酉 17 二	丙戌 18 三	丁亥 19 四	戊子 20 五	己丑 21 六	庚寅 22 日	辛卯 23 一	壬辰 24 二	癸巳 25 三	甲午 26 四	乙未 27 五	丙申 28 六	丁酉 (3) 日	戊戌 2 一	己亥 3 二	庚子 4 三	辛丑 5 四	壬寅 6 五	壬午雨水 丁酉驚蟄
二月大	己卯	干支 西曆 星期	癸卯 7 六	甲辰 8 日	乙巳 9 一	丙午 10 二	丁未 11 三	戊申 12 四	己酉 13 五	庚戌 14 六	辛亥 15 日	壬子 16 一	癸丑 17 二	甲寅 18 三	乙卯 19 四	丙辰 20 五	丁巳 21 六	戊午 22 日	己未 23 一	庚申 24 二	辛酉 25 三	壬戌 26 四	癸亥 27 五	甲子 28 六	乙丑 29 日	丙寅 30 一	丁卯 31 二	戊辰 (4) 三	己巳 2 四	庚午 3 五	辛未 4 六	壬申 5 日	壬子春分 丁卯清明
三月小	庚辰	干支 西曆 星期	癸酉 6 一	甲戌 7 二	乙亥 8 三	丙子 9 四	丁丑 10 五	戊寅 11 六	己卯 12 日	庚辰 13 一	辛巳 14 二	壬午 15 三	癸未 16 四	甲申 17 五	乙酉 18 六	丙戌 19 日	丁亥 20 一	戊子 21 二	己丑 22 三	庚寅 23 四	辛卯 24 五	壬辰 25 六	癸巳 26 日	甲午 27 一	乙未 28 二	丙申 29 三	丁酉 30 四	戊戌 (5) 五	己亥 2 六	庚子 3 日	辛丑 4 一		壬午穀雨 戊戌立夏
四月大	辛巳	干支 西曆 星期	壬寅 5 二	癸卯 6 三	甲辰 7 四	乙巳 8 五	丙午 9 六	丁未 10 日	戊申 11 一	己酉 12 二	庚戌 13 三	辛亥 14 四	壬子 15 五	癸丑 16 六	甲寅 17 日	乙卯 18 一	丙辰 19 二	丁巳 20 三	戊午 21 四	己未 22 五	庚申 23 六	辛酉 24 日	壬戌 25 一	癸亥 26 二	甲子 27 三	乙丑 28 四	丙寅 29 五	丁卯 30 六	戊辰 31 日	己巳 (6) 一	庚午 2 二	辛未 3 三	癸丑小滿 戊辰芒種
五月小	壬午	干支 西曆 星期	壬申 4 四	癸酉 5 五	甲戌 6 六	乙亥 7 日	丙子 8 一	丁丑 9 二	戊寅 10 三	己卯 11 四	庚辰 12 五	辛巳 13 六	壬午 14 日	癸未 15 一	甲申 16 二	乙酉 17 三	丙戌 18 四	丁亥 19 五	戊子 20 六	己丑 21 日	庚寅 22 一	辛卯 23 二	壬辰 24 三	癸巳 25 四	甲午 26 五	乙未 27 六	丙申 28 日	丁酉 29 一	戊戌 30 二	己亥 (7) 三	庚子 2 四		癸未夏至 己亥小暑
六月小	癸未	干支 西曆 星期	辛丑 3 五	壬寅 4 六	癸卯 5 日	甲辰 6 一	乙巳 7 二	丙午 8 三	丁未 9 四	戊申 10 五	己酉 11 六	庚戌 12 日	辛亥 13 一	壬子 14 二	癸丑 15 三	甲寅 16 四	乙卯 17 五	丙辰 18 六	丁巳 19 日	戊午 20 一	己未 21 二	庚申 22 三	辛酉 23 四	壬戌 24 五	癸亥 25 六	甲子 26 日	乙丑 27 一	丙寅 28 二	丁卯 29 三	戊辰 30 四	己巳 31 五		甲寅大暑 己巳立秋
七月大	甲申	干支 西曆 星期	庚午 (8) 六	辛未 2 日	壬申 3 一	癸酉 4 二	甲戌 5 三	乙亥 6 四	丙子 7 五	丁丑 8 六	戊寅 9 日	己卯 10 一	庚辰 11 二	辛巳 12 三	壬午 13 四	癸未 14 五	甲申 15 六	乙酉 16 日	丙戌 17 一	丁亥 18 二	戊子 19 三	己丑 20 四	庚寅 21 五	辛卯 22 六	壬辰 23 日	癸巳 24 一	甲午 25 二	乙未 26 三	丙申 27 四	丁酉 28 五	戊戌 29 六	己亥 30 日	甲申處暑 己亥白露
八月小	乙酉	干支 西曆 星期	庚子 31 一	辛丑 (9) 二	壬寅 2 三	癸卯 3 四	甲辰 4 五	乙巳 5 六	丙午 6 日	丁未 7 一	戊申 8 二	己酉 9 三	庚戌 10 四	辛亥 11 五	壬子 12 六	癸丑 13 日	甲寅 14 一	乙卯 15 二	丙辰 16 三	丁巳 17 四	戊午 18 五	己未 19 六	庚申 20 日	辛酉 21 一	壬戌 22 二	癸亥 23 三	甲子 24 四	乙丑 25 五	丙寅 26 六	丁卯 27 日	戊辰 28 一		乙卯秋分
九月小	丙戌	干支 西曆 星期	己巳 29 二	庚午 30 三	辛未 (10) 四	壬申 2 五	癸酉 3 六	甲戌 4 日	乙亥 5 一	丙子 6 二	丁丑 7 三	戊寅 8 四	己卯 9 五	庚辰 10 六	辛巳 11 日	壬午 12 一	癸未 13 二	甲申 14 三	乙酉 15 四	丙戌 16 五	丁亥 17 六	戊子 18 日	己丑 19 一	庚寅 20 二	辛卯 21 三	壬辰 22 四	癸巳 23 五	甲午 24 六	乙未 25 日	丙申 26 一	丁酉 27 二		庚午寒露 乙酉霜降
十月大	丁亥	干支 西曆 星期	戊戌 28 三	己亥 29 四	庚子 30 五	辛丑 31 六	壬寅 (11) 日	癸卯 2 一	甲辰 3 二	乙巳 4 三	丙午 5 四	丁未 6 五	戊申 7 六	己酉 8 日	庚戌 9 一	辛亥 10 二	壬子 11 三	癸丑 12 四	甲寅 13 五	乙卯 14 六	丙辰 15 日	丁巳 16 一	戊午 17 二	己未 18 三	庚申 19 四	辛酉 20 五	壬戌 21 六	癸亥 22 日	甲子 23 一	乙丑 24 二	丙寅 25 三	丁卯 26 四	庚子立冬 丙辰小雪
十一月大	戊子	干支 西曆 星期	戊辰 27 五	己巳 28 六	庚午 29 日	辛未 30 一	壬申 (12) 二	癸酉 2 三	甲戌 3 四	乙亥 4 五	丙子 5 六	丁丑 6 日	戊寅 7 一	己卯 8 二	庚辰 9 三	辛巳 10 四	壬午 11 五	癸未 12 六	甲申 13 日	乙酉 14 一	丙戌 15 二	丁亥 16 三	戊子 17 四	己丑 18 五	庚寅 19 六	辛卯 20 日	壬辰 21 一	癸巳 22 二	甲午 23 三	乙未 24 四	丙申 25 五	丁酉 26 六	辛未大雪 丙戌冬至
十二月小	己丑	干支 西曆 星期	戊戌 27 日	己亥 28 一	庚子 29 二	辛丑 30 三	壬寅 31 四	癸卯 (1) 五	甲辰 2 六	乙巳 3 日	丙午 4 一	丁未 5 二	戊申 6 三	己酉 7 四	庚戌 8 五	辛亥 9 六	壬子 10 日	癸丑 11 一	甲寅 12 二	乙卯 13 三	丙辰 14 四	丁巳 15 五	戊午 16 六	己未 17 日	庚申 18 一	辛酉 19 二	壬戌 20 三	癸亥 21 四	甲子 22 五	乙丑 23 六	丙寅 24 日		辛丑小寒 丙辰大寒

金太宗天會四年（丙午 馬年） 公元 1126 ~ 1127 年

夏曆月序		中西曆日對照	夏曆日序																														節氣與天象
			初一	初二	初三	初四	初五	初六	初七	初八	初九	初十	十一	十二	十三	十四	十五	十六	十七	十八	十九	二十	二一	二二	二三	二四	二五	二六	二七	二八	二九	三十	
正月大	庚寅	天干 地支 西曆 星期	丁卯 25 一	戊辰 26 二	己巳 27 三	庚午 28 四	辛未 29 五	壬申 30 六	癸酉 31 日	甲戌 (2) 一	乙亥 2 二	丙子 3 三	丁丑 4 四	戊寅 5 五	己卯 6 六	庚辰 7 日	辛巳 8 一	壬午 9 二	癸未 10 三	甲申 11 四	乙酉 12 五	丙戌 13 六	丁亥 14 日	戊子 15 一	己丑 16 二	庚寅 17 三	辛卯 18 四	壬辰 19 五	癸巳 20 六	甲午 21 日	乙未 22 一	丙申 23 二	壬申立春 丁亥雨水
二月大	辛卯	天干 地支 西曆 星期	丁酉 24 三	戊戌 25 四	己亥 26 五	庚子 27 六	辛丑 28 日	壬寅 (3) 一	癸卯 2 二	甲辰 3 三	乙巳 4 四	丙午 5 五	丁未 6 六	戊申 7 日	己酉 8 一	庚戌 9 二	辛亥 10 三	壬子 11 四	癸丑 12 五	甲寅 13 六	乙卯 14 日	丙辰 15 一	丁巳 16 二	戊午 17 三	己未 18 四	庚申 19 五	辛酉 20 六	壬戌 21 日	癸亥 22 一	甲子 23 二	乙丑 24 三	丙寅 25 四	壬寅驚蟄 丁巳春分
三月大	壬辰	天干 地支 西曆 星期	丁卯 26 五	戊辰 27 六	己巳 28 日	庚午 29 一	辛未 30 二	壬申 31 三	癸酉 (4) 四	甲戌 2 五	乙亥 3 六	丙子 4 日	丁丑 5 一	戊寅 6 二	己卯 7 三	庚辰 8 四	辛巳 9 五	壬午 10 六	癸未 11 日	甲申 12 一	乙酉 13 二	丙戌 14 三	丁亥 15 四	戊子 16 五	己丑 17 六	庚寅 18 日	辛卯 19 一	壬辰 20 二	癸巳 21 三	甲午 22 四	乙未 23 五	丙申 24 六	癸酉清明 戊子穀雨
四月小	癸巳	天干 地支 西曆 星期	丁酉 25 日	戊戌 26 一	己亥 27 二	庚子 28 三	辛丑 29 四	壬寅 30 五	癸卯 (5) 六	甲辰 2 日	乙巳 3 一	丙午 4 二	丁未 5 三	戊申 6 四	己酉 7 五	庚戌 8 六	辛亥 9 日	壬子 10 一	癸丑 11 二	甲寅 12 三	乙卯 13 四	丙辰 14 五	丁巳 15 六	戊午 16 日	己未 17 一	庚申 18 二	辛酉 19 三	壬戌 20 四	癸亥 21 五	甲子 22 六	乙丑 23 日		癸卯立夏 戊午小滿
五月大	甲午	天干 地支 西曆 星期	丙寅 24 一	丁卯 25 二	戊辰 26 三	己巳 27 四	庚午 28 五	辛未 29 六	壬申 30 日	癸酉 31 一	甲戌 (6) 二	乙亥 2 三	丙子 3 四	丁丑 4 五	戊寅 5 六	己卯 6 日	庚辰 7 一	辛巳 8 二	壬午 9 三	癸未 10 四	甲申 11 五	乙酉 12 六	丙戌 13 日	丁亥 14 一	戊子 15 二	己丑 16 三	庚寅 17 四	辛卯 18 五	壬辰 19 六	癸巳 20 日	甲午 21 一	乙未 22 二	癸酉芒種 己丑夏至
六月小	乙未	天干 地支 西曆 星期	丙申 23 三	丁酉 24 四	戊戌 25 五	己亥 26 六	庚子 27 日	辛丑 28 一	壬寅 29 二	癸卯 30 三	甲辰 (7) 四	乙巳 2 五	丙午 3 六	丁未 4 日	戊申 5 一	己酉 6 二	庚戌 7 三	辛亥 8 四	壬子 9 五	癸丑 10 六	甲寅 11 日	乙卯 12 一	丙辰 13 二	丁巳 14 三	戊午 15 四	己未 16 五	庚申 17 六	辛酉 18 日	壬戌 19 一	癸亥 20 二	甲子 21 三		甲辰小暑 己未大暑
七月小	丙申	天干 地支 西曆 星期	乙丑 22 四	丙寅 23 五	丁卯 24 六	戊辰 25 日	己巳 26 一	庚午 27 二	辛未 28 三	壬申 29 四	癸酉 30 五	甲戌 31 六	乙亥 (8) 日	丙子 2 一	丁丑 3 二	戊寅 4 三	己卯 5 四	庚辰 6 五	辛巳 7 六	壬午 8 日	癸未 9 一	甲申 10 二	乙酉 11 三	丙戌 12 四	丁亥 13 五	戊子 14 六	己丑 15 日	庚寅 16 一	辛卯 17 二	壬辰 18 三	癸巳 19 四		甲戌立秋 己丑處暑
八月大	丁酉	天干 地支 西曆 星期	甲午 20 五	乙未 21 六	丙申 22 日	丁酉 23 一	戊戌 24 二	己亥 25 三	庚子 26 四	辛丑 27 五	壬寅 28 六	癸卯 29 日	甲辰 30 一	乙巳 31 二	丙午 (9) 三	丁未 2 四	戊申 3 五	己酉 4 六	庚戌 5 日	辛亥 6 一	壬子 7 二	癸丑 8 三	甲寅 9 四	乙卯 10 五	丙辰 11 六	丁巳 12 日	戊午 13 一	己未 14 二	庚申 15 三	辛酉 16 四	壬戌 17 五	癸亥 18 六	乙巳白露 庚申秋分
九月小	戊戌	天干 地支 西曆 星期	甲子 19 日	乙丑 20 一	丙寅 21 二	丁卯 22 三	戊辰 23 四	己巳 24 五	庚午 25 六	辛未 26 日	壬申 27 一	癸酉 28 二	甲戌 29 三	乙亥 30 四	丙子 (10) 五	丁丑 2 六	戊寅 3 日	己卯 4 一	庚辰 5 二	辛巳 6 三	壬午 7 四	癸未 8 五	甲申 9 六	乙酉 10 日	丙戌 11 一	丁亥 12 二	戊子 13 三	己丑 14 四	庚寅 15 五	辛卯 16 六	壬辰 17 日		乙亥寒露 庚寅霜降
十月小	己亥	天干 地支 西曆 星期	癸巳 18 一	甲午 19 二	乙未 20 三	丙申 21 四	丁酉 22 五	戊戌 23 六	己亥 24 日	庚子 25 一	辛丑 26 二	壬寅 27 三	癸卯 28 四	甲辰 29 五	乙巳 30 六	丙午 31 日	丁未 (11) 一	戊申 2 二	己酉 3 三	庚戌 4 四	辛亥 5 五	壬子 6 六	癸丑 7 日	甲寅 8 一	乙卯 9 二	丙辰 10 三	丁巳 11 四	戊午 12 五	己未 13 六	庚申 14 日	辛酉 15 一		丙午立冬 辛酉小雪
十一月大	庚子	天干 地支 西曆 星期	壬戌 16 二	癸亥 17 三	甲子 18 四	乙丑 19 五	丙寅 20 六	丁卯 21 日	戊辰 22 一	己巳 23 二	庚午 24 三	辛未 25 四	壬申 26 五	癸酉 27 六	甲戌 28 日	乙亥 29 一	丙子 30 二	丁丑 (12) 三	戊寅 2 四	己卯 3 五	庚辰 4 六	辛巳 5 日	壬午 6 一	癸未 7 二	甲申 8 三	乙酉 9 四	丙戌 10 五	丁亥 11 六	戊子 12 日	己丑 13 一	庚寅 14 二	辛卯 15 三	丙子大雪 辛卯冬至
閏十一大	庚子	天干 地支 西曆 星期	壬辰 16 四	癸巳 17 五	甲午 18 六	乙未 19 日	丙申 20 一	丁酉 21 二	戊戌 22 三	己亥 23 四	庚子 24 五	辛丑 25 六	壬寅 26 日	癸卯 27 一	甲辰 28 二	乙巳 29 三	丙午 30 四	丁未 31 五	戊申 (1) 六	己酉 2 日	庚戌 3 一	辛亥 4 二	壬子 5 三	癸丑 6 四	甲寅 7 五	乙卯 8 六	丙辰 9 日	丁巳 10 一	戊午 11 二	己未 12 三	庚申 13 四	辛酉 14 五	丙午小寒
十二月小	辛丑	天干 地支 西曆 星期	壬戌 15 六	癸亥 16 日	甲子 17 一	乙丑 18 二	丙寅 19 三	丁卯 20 四	戊辰 21 五	己巳 22 六	庚午 23 日	辛未 24 一	壬申 25 二	癸酉 26 三	甲戌 27 四	乙亥 28 五	丙子 29 六	丁丑 30 日	戊寅 31 一	己卯 (2) 二	庚辰 2 三	辛巳 3 四	壬午 4 五	癸未 5 六	甲申 6 日	乙酉 7 一	丙戌 8 二	丁亥 9 三	戊子 10 四	己丑 11 五	庚寅 12 六		壬戌大寒 丁丑立春

金太宗天會五年（丁未 羊年） 公元 1127 ~ 1128 年

夏曆月序		中西曆日對照	初一	初二	初三	初四	初五	初六	初七	初八	初九	初十	十一	十二	十三	十四	十五	十六	十七	十八	十九	二十	二一	二二	二三	二四	二五	二六	二七	二八	二九	三十	節氣與天象
正月大	壬寅	干支 西曆 星期	辛卯 13 日	壬辰 14 一	癸巳 15 二	甲午 16 三	乙未 17 四	丙申 18 五	丁酉 19 六	戊戌 20 日	己亥 21 一	庚子 22 二	辛丑 23 三	壬寅 24 四	癸卯 25 五	甲辰 26 六	乙巳 27 日	丙午 28 一	丁未 (3) 二	戊申 2 三	己酉 3 四	庚戌 4 五	辛亥 5 六	壬子 6 日	癸丑 7 一	甲寅 8 二	乙卯 9 三	丙辰 10 四	丁巳 11 五	戊午 12 六	己未 13 日	庚申 14 一	壬辰雨水 丁未驚蟄
二月大	癸卯	干支 西曆 星期	辛酉 15 二	壬戌 16 三	癸亥 17 四	甲子 18 五	乙丑 19 六	丙寅 20 日	丁卯 21 一	戊辰 22 二	己巳 23 三	庚午 24 四	辛未 25 五	壬申 26 六	癸酉 27 日	甲戌 28 一	乙亥 29 二	丙子 30 三	丁丑 31 四	戊寅 (4) 五	己卯 2 六	庚辰 3 日	辛巳 4 一	壬午 5 二	癸未 6 三	甲申 7 四	乙酉 8 五	丙戌 9 六	丁亥 10 日	戊子 11 一	己丑 12 二	庚寅 13 三	癸亥春分 戊寅清明
三月小	甲辰	干支 西曆 星期	辛卯 14 四	壬辰 15 五	癸巳 16 六	甲午 17 日	乙未 18 一	丙申 19 二	丁酉 20 三	戊戌 21 四	己亥 22 五	庚子 23 六	辛丑 24 日	壬寅 25 一	癸卯 26 二	甲辰 27 三	乙巳 28 四	丙午 29 五	丁未 30 六	戊申 (5) 日	己酉 2 一	庚戌 3 二	辛亥 4 三	壬子 5 四	癸丑 6 五	甲寅 7 六	乙卯 8 日	丙辰 9 一	丁巳 10 二	戊午 11 三	己未 12 四		癸巳穀雨 戊申立夏
四月大	乙巳	干支 西曆 星期	庚申 13 五	辛酉 14 六	壬戌 15 日	癸亥 16 一	甲子 17 二	乙丑 18 三	丙寅 19 四	丁卯 20 五	戊辰 21 六	己巳 22 日	庚午 23 一	辛未 24 二	壬申 25 三	癸酉 26 四	甲戌 27 五	乙亥 28 六	丙子 29 日	丁丑 30 一	戊寅 31 二	己卯 (6) 三	庚辰 2 四	辛巳 3 五	壬午 4 六	癸未 5 日	甲申 6 一	乙酉 7 二	丙戌 8 三	丁亥 9 四	戊子 10 五	己丑 11 六	癸亥小滿 己卯芒種
五月小	丙午	干支 西曆 星期	庚寅 12 日	辛卯 13 一	壬辰 14 二	癸巳 15 三	甲午 16 四	乙未 17 五	丙申 18 六	丁酉 19 日	戊戌 20 一	己亥 21 二	庚子 22 三	辛丑 23 四	壬寅 24 五	癸卯 25 六	甲辰 26 日	乙巳 27 一	丙午 28 二	丁未 29 三	戊申 30 四	己酉 (7) 五	庚戌 2 六	辛亥 3 日	壬子 4 一	癸丑 5 二	甲寅 6 三	乙卯 7 四	丙辰 8 五	丁巳 9 六	戊午 10 日		甲午夏至 己酉小暑
六月大	丁未	干支 西曆 星期	己未 11 一	庚申 12 二	辛酉 13 三	壬戌 14 四	癸亥 15 五	甲子 16 六	乙丑 17 日	丙寅 18 一	丁卯 19 二	戊辰 20 三	己巳 21 四	庚午 22 五	辛未 23 六	壬申 24 日	癸酉 25 一	甲戌 26 二	乙亥 27 三	丙子 28 四	丁丑 29 五	戊寅 30 六	己卯 31 日	庚辰 (8) 一	辛巳 2 二	壬午 3 三	癸未 4 四	甲申 5 五	乙酉 6 六	丙戌 7 日	丁亥 8 一	戊子 9 二	甲子大暑 庚辰立秋
七月小	戊申	干支 西曆 星期	己丑 10 三	庚寅 11 四	辛卯 12 五	壬辰 13 六	癸巳 14 日	甲午 15 一	乙未 16 二	丙申 17 三	丁酉 18 四	戊戌 19 五	己亥 20 六	庚子 21 日	辛丑 22 一	壬寅 23 二	癸卯 24 三	甲辰 25 四	乙巳 26 五	丙午 27 六	丁未 28 日	戊申 29 一	己酉 30 二	庚戌 31 三	辛亥 (9) 四	壬子 2 五	癸丑 3 六	甲寅 4 日	乙卯 5 一	丙辰 6 二	丁巳 7 三		乙未處暑 庚戌白露
八月大	己酉	干支 西曆 星期	戊午 8 四	己未 9 五	庚申 10 六	辛酉 11 日	壬戌 12 一	癸亥 13 二	甲子 14 三	乙丑 15 四	丙寅 16 五	丁卯 17 六	戊辰 18 日	己巳 19 一	庚午 20 二	辛未 21 三	壬申 22 四	癸酉 23 五	甲戌 24 六	乙亥 25 日	丙子 26 一	丁丑 27 二	戊寅 28 三	己卯 29 四	庚辰 30 五	辛巳 (10) 六	壬午 2 日	癸未 3 一	甲申 4 二	乙酉 5 三	丙戌 6 四	丁亥 7 五	乙丑秋分 庚辰寒露
九月小	庚戌	干支 西曆 星期	戊子 8 六	己丑 9 日	庚寅 10 一	辛卯 11 二	壬辰 12 三	癸巳 13 四	甲午 14 五	乙未 15 六	丙申 16 日	丁酉 17 一	戊戌 18 二	己亥 19 三	庚子 20 四	辛丑 21 五	壬寅 22 六	癸卯 23 日	甲辰 24 一	乙巳 25 二	丙午 26 三	丁未 27 四	戊申 28 五	己酉 29 六	庚戌 30 日	辛亥 31 一	壬子 (11) 二	癸丑 2 三	甲寅 3 四	乙卯 4 五	丙辰 5 六		丙申霜降 辛亥立冬
十月大	辛亥	干支 西曆 星期	丁巳 6 日	戊午 7 一	己未 8 二	庚申 9 三	辛酉 10 四	壬戌 11 五	癸亥 12 六	甲子 13 日	乙丑 14 一	丙寅 15 二	丁卯 16 三	戊辰 17 四	己巳 18 五	庚午 19 六	辛未 20 日	壬申 21 一	癸酉 22 二	甲戌 23 三	乙亥 24 四	丙子 25 五	丁丑 26 六	戊寅 27 日	己卯 28 一	庚辰 29 二	辛巳 30 三	壬午 (12) 四	癸未 2 五	甲申 3 六	乙酉 4 日	丙戌 5 一	丙寅小雪 辛巳大雪
十一月小	壬子	干支 西曆 星期	丁亥 6 二	戊子 7 三	己丑 8 四	庚寅 9 五	辛卯 10 六	壬辰 11 日	癸巳 12 一	甲午 13 二	乙未 14 三	丙申 15 四	丁酉 16 五	戊戌 17 六	己亥 18 日	庚子 19 一	辛丑 20 二	壬寅 21 三	癸卯 22 四	甲辰 23 五	乙巳 24 六	丙午 25 日	丁未 26 一	戊申 27 二	己酉 28 三	庚戌 29 四	辛亥 30 五	壬子 31 六	癸丑 (1) 日	甲寅 2 一	乙卯 3 二		丙申冬至 壬子小寒
十二月大	癸丑	干支 西曆 星期	丙辰 4 三	丁巳 5 四	戊午 6 五	己未 7 六	庚申 8 日	辛酉 9 一	壬戌 10 二	癸亥 11 三	甲子 12 四	乙丑 13 五	丙寅 14 六	丁卯 15 日	戊辰 16 一	己巳 17 二	庚午 18 三	辛未 19 四	壬申 20 五	癸酉 21 六	甲戌 22 日	乙亥 23 一	丙子 24 二	丁丑 25 三	戊寅 26 四	己卯 27 五	庚辰 28 六	辛巳 29 日	壬午 30 一	癸未 31 二	甲申 (2) 三	乙酉 2 四	丁卯大寒 壬午立春

金太宗天會六年（戊申 猴年） 公元 1128 ~ 1129 年

夏曆月序		中西曆日對照	夏曆日序																														節氣與天象
			初一	初二	初三	初四	初五	初六	初七	初八	初九	初十	十一	十二	十三	十四	十五	十六	十七	十八	十九	二十	二一	二二	二三	二四	二五	二六	二七	二八	二九	三十	
正月小	甲寅	天干地支 西曆 星期	丙戌 3 五	丁亥 4 六	戊子 5 日	己丑 6 一	庚寅 7 二	辛卯 8 三	壬辰 9 四	癸巳 10 五	甲午 11 六	乙未 12 日	丙申 13 一	丁酉 14 二	戊戌 15 三	己亥 16 四	庚子 17 五	辛丑 18 六	壬寅 19 日	癸卯 20 一	甲辰 21 二	乙巳 22 三	丙午 23 四	丁未 24 五	戊申 25 六	己酉 26 日	庚戌 27 一	辛亥 28 二	壬子 29 三	癸丑 (3) 四	甲寅 2 五		丁酉雨水 癸丑驚蟄
二月大	乙卯	天干地支 西曆 星期	乙卯 3 六	丙辰 4 日	丁巳 5 一	戊午 6 二	己未 7 三	庚申 8 四	辛酉 9 五	壬戌 10 六	癸亥 11 日	甲子 12 一	乙丑 13 二	丙寅 14 三	丁卯 15 四	戊辰 16 五	己巳 17 六	庚午 18 日	辛未 19 一	壬申 20 二	癸酉 21 三	甲戌 22 四	乙亥 23 五	丙子 24 六	丁丑 25 日	戊寅 26 一	己卯 27 二	庚辰 28 三	辛巳 29 四	壬午 30 五	癸未 31 六	甲申 (4) 日	戊辰春分 癸未清明
三月小	丙辰	天干地支 西曆 星期	乙酉 2 一	丙戌 3 二	丁亥 4 三	戊子 5 四	己丑 6 五	庚寅 7 六	辛卯 8 日	壬辰 9 一	癸巳 10 二	甲午 11 三	乙未 12 四	丙申 13 五	丁酉 14 六	戊戌 15 日	己亥 16 一	庚子 17 二	辛丑 18 三	壬寅 19 四	癸卯 20 五	甲辰 21 六	乙巳 22 日	丙午 23 一	丁未 24 二	戊申 25 三	己酉 26 四	庚戌 27 五	辛亥 28 六	壬子 29 日	癸丑 30 一		戊戌穀雨 癸丑立夏
四月大	丁巳	天干地支 西曆 星期	甲寅 (5) 二	乙卯 2 三	丙辰 3 四	丁巳 4 五	戊午 5 六	己未 6 日	庚申 7 一	辛酉 8 二	壬戌 9 三	癸亥 10 四	甲子 11 五	乙丑 12 六	丙寅 13 日	丁卯 14 一	戊辰 15 二	己巳 16 三	庚午 17 四	辛未 18 五	壬申 19 六	癸酉 20 日	甲戌 21 一	乙亥 22 二	丙子 23 三	丁丑 24 四	戊寅 25 五	己卯 26 六	庚辰 27 日	辛巳 28 一	壬午 29 二	癸未 30 三	己巳小滿
五月大	戊午	天干地支 西曆 星期	甲申 31 四	乙酉 (6) 五	丙戌 2 六	丁亥 3 日	戊子 4 一	己丑 5 二	庚寅 6 三	辛卯 7 四	壬辰 8 五	癸巳 9 六	甲午 10 日	乙未 11 一	丙申 12 二	丁酉 13 三	戊戌 14 四	己亥 15 五	庚子 16 六	辛丑 17 日	壬寅 18 一	癸卯 19 二	甲辰 20 三	乙巳 21 四	丙午 22 五	丁未 23 六	戊申 24 日	己酉 25 一	庚戌 26 二	辛亥 27 三	壬子 28 四	癸丑 29 五	甲申芒種 己亥夏至
六月小	己未	天干地支 西曆 星期	甲寅 30 六	乙卯 (7) 日	丙辰 2 一	丁巳 3 二	戊午 4 三	己未 5 四	庚申 6 五	辛酉 7 六	壬戌 8 日	癸亥 9 一	甲子 10 二	乙丑 11 三	丙寅 12 四	丁卯 13 五	戊辰 14 六	己巳 15 日	庚午 16 一	辛未 17 二	壬申 18 三	癸酉 19 四	甲戌 20 五	乙亥 21 六	丙子 22 日	丁丑 23 一	戊寅 24 二	己卯 25 三	庚辰 26 四	辛巳 27 五	壬午 28 六		甲寅小暑 庚午大暑
七月大	庚申	天干地支 西曆 星期	癸未 29 日	甲申 30 一	乙酉 31 二	丙戌 (8) 三	丁亥 2 四	戊子 3 五	己丑 4 六	庚寅 5 日	辛卯 6 一	壬辰 7 二	癸巳 8 三	甲午 9 四	乙未 10 五	丙申 11 六	丁酉 12 日	戊戌 13 一	己亥 14 二	庚子 15 三	辛丑 16 四	壬寅 17 五	癸卯 18 六	甲辰 19 日	乙巳 20 一	丙午 21 二	丁未 22 三	戊申 23 四	己酉 24 五	庚戌 25 六	辛亥 26 日	壬子 27 一	乙酉立秋 庚子處暑
八月小	辛酉	天干地支 西曆 星期	癸丑 28 二	甲寅 29 三	乙卯 30 四	丙辰 31 五	丁巳 (9) 六	戊午 2 日	己未 3 一	庚申 4 二	辛酉 5 三	壬戌 6 四	癸亥 7 五	甲子 8 六	乙丑 9 日	丙寅 10 一	丁卯 11 二	戊辰 12 三	己巳 13 四	庚午 14 五	辛未 15 六	壬申 16 日	癸酉 17 一	甲戌 18 二	乙亥 19 三	丙子 20 四	丁丑 21 五	戊寅 22 六	己卯 23 日	庚辰 24 一	辛巳 25 二		乙卯白露 庚午秋分
九月大	壬戌	天干地支 西曆 星期	壬午 26 三	癸未 27 四	甲申 28 五	乙酉 29 六	丙戌 30 日	丁亥 (10) 一	戊子 2 二	己丑 3 三	庚寅 4 四	辛卯 5 五	壬辰 6 六	癸巳 7 日	甲午 8 一	乙未 9 二	丙申 10 三	丁酉 11 四	戊戌 12 五	己亥 13 六	庚子 14 日	辛丑 15 一	壬寅 16 二	癸卯 17 三	甲辰 18 四	乙巳 19 五	丙午 20 六	丁未 21 日	戊申 22 一	己酉 23 二	庚戌 24 三	辛亥 25 四	丙戌寒露 辛丑霜降
十月小	癸亥	天干地支 西曆 星期	壬子 26 五	癸丑 27 六	甲寅 28 日	乙卯 29 一	丙辰 30 二	丁巳 31 三	戊午 (11) 四	己未 2 五	庚申 3 六	辛酉 4 日	壬戌 5 一	癸亥 6 二	甲子 7 三	乙丑 8 四	丙寅 9 五	丁卯 10 六	戊辰 11 日	己巳 12 一	庚午 13 二	辛未 14 三	壬申 15 四	癸酉 16 五	甲戌 17 六	乙亥 18 日	丙子 19 一	丁丑 20 二	戊寅 21 三	己卯 22 四	庚辰 23 五		丙辰立冬 辛未小雪
十一月大	甲子	天干地支 西曆 星期	辛巳 24 六	壬午 25 日	癸未 26 一	甲申 27 二	乙酉 28 三	丙戌 29 四	丁亥 30 五	戊子 (12) 六	己丑 2 日	庚寅 3 一	辛卯 4 二	壬辰 5 三	癸巳 6 四	甲午 7 五	乙未 8 六	丙申 9 日	丁酉 10 一	戊戌 11 二	己亥 12 三	庚子 13 四	辛丑 14 五	壬寅 15 六	癸卯 16 日	甲辰 17 一	乙巳 18 二	丙午 19 三	丁未 20 四	戊申 21 五	己酉 22 六	庚戌 23 日	丁亥大雪 壬寅冬至
十二月小	乙丑	天干地支 西曆 星期	辛亥 24 一	壬子 25 二	癸丑 26 三	甲寅 27 四	乙卯 28 五	丙辰 29 六	丁巳 30 日	戊午 31 一	己未 (1) 二	庚申 2 三	辛酉 3 四	壬戌 4 五	癸亥 5 六	甲子 6 日	乙丑 7 一	丙寅 8 二	丁卯 9 三	戊辰 10 四	己巳 11 五	庚午 12 六	辛未 13 日	壬申 14 一	癸酉 15 二	甲戌 16 三	乙亥 17 四	丙子 18 五	丁丑 19 六	戊寅 20 日	己卯 21 一		丁巳小寒 壬申大寒

金太宗天會七年（己酉 鷄年） 公元 1129 ~ 1130 年

夏曆月序	中西曆日對照	初一	初二	初三	初四	初五	初六	初七	初八	初九	初十	十一	十二	十三	十四	十五	十六	十七	十八	十九	二十	二一	二二	二三	二四	二五	二六	二七	二八	二九	三十	節氣與天象
正月大 丙寅	天干地支 西曆 星期	庚辰 22 二	辛巳 23 三	壬午 24 四	癸未 25 五	甲申 26 六	乙酉 27 日	丙戌 28 一	丁亥 29 二	戊子 30 三	己丑 31 四	庚寅 (2) 五	辛卯 2 六	壬辰 3 日	癸巳 4 一	甲午 5 二	乙未 6 三	丙申 7 四	丁酉 8 五	戊戌 9 六	己亥 10 日	庚子 11 一	辛丑 12 二	壬寅 13 三	癸卯 14 四	甲辰 15 五	乙巳 16 六	丙午 17 日	丁未 18 一	戊申 19 二	己酉 20 三	丁亥立春 癸卯雨水
二月小 丁卯	天干地支 西曆 星期	庚戌 21 四	辛亥 22 五	壬子 23 六	癸丑 24 日	甲寅 25 一	乙卯 26 二	丙辰 27 三	丁巳 28 四	戊午 (3) 五	己未 2 六	庚申 3 日	辛酉 4 一	壬戌 5 二	癸亥 6 三	甲子 7 四	乙丑 8 五	丙寅 9 六	丁卯 10 日	戊辰 11 一	己巳 12 二	庚午 13 三	辛未 14 四	壬申 15 五	癸酉 16 六	甲戌 17 日	乙亥 18 一	丙子 19 二	丁丑 20 三	戊寅 21 四		戊午驚蟄 癸酉春分
三月大 戊辰	天干地支 西曆 星期	己卯 22 五	庚辰 23 六	辛巳 24 日	壬午 25 一	癸未 26 二	甲申 27 三	乙酉 28 四	丙戌 29 五	丁亥 30 六	戊子 31 日	己丑 (4) 一	庚寅 2 二	辛卯 3 三	壬辰 4 四	癸巳 5 五	甲午 6 六	乙未 7 日	丙申 8 一	丁酉 9 二	戊戌 10 三	己亥 11 四	庚子 12 五	辛丑 13 六	壬寅 14 日	癸卯 15 一	甲辰 16 二	乙巳 17 三	丙午 18 四	丁未 19 五	戊申 20 六	戊子清明 癸卯穀雨
四月小 己巳	天干地支 西曆 星期	己酉 21 日	庚戌 22 一	辛亥 23 二	壬子 24 三	癸丑 25 四	甲寅 26 五	乙卯 27 六	丙辰 28 日	丁巳 29 一	戊午 30 二	己未 (5) 三	庚申 2 四	辛酉 3 五	壬戌 4 六	癸亥 5 日	甲子 6 一	乙丑 7 二	丙寅 8 三	丁卯 9 四	戊辰 10 五	己巳 11 六	庚午 12 日	辛未 13 一	壬申 14 二	癸酉 15 三	甲戌 16 四	乙亥 17 五	丙子 18 六	丁丑 19 日		己未立夏 甲戌小滿
五月大 庚午	天干地支 西曆 星期	戊寅 20 一	己卯 21 二	庚辰 22 三	辛巳 23 四	壬午 24 五	癸未 25 六	甲申 26 日	乙酉 27 一	丙戌 28 二	丁亥 29 三	戊子 30 四	己丑 31 五	庚寅 (6) 六	辛卯 2 日	壬辰 3 一	癸巳 4 二	甲午 5 三	乙未 6 四	丙申 7 五	丁酉 8 六	戊戌 9 日	己亥 10 一	庚子 11 二	辛丑 12 三	壬寅 13 四	癸卯 14 五	甲辰 15 六	乙巳 16 日	丙午 17 一	丁未 18 二	己丑芒種 甲辰夏至
六月小 辛未	天干地支 西曆 星期	戊申 19 三	己酉 20 四	庚戌 21 五	辛亥 22 六	壬子 23 日	癸丑 24 一	甲寅 25 二	乙卯 26 三	丙辰 27 四	丁巳 28 五	戊午 29 六	己未 30 日	庚申 (7) 一	辛酉 2 二	壬戌 3 三	癸亥 4 四	甲子 5 五	乙丑 6 六	丙寅 7 日	丁卯 8 一	戊辰 9 二	己巳 10 三	庚午 11 四	辛未 12 五	壬申 13 六	癸酉 14 日	甲戌 15 一	乙亥 16 二	丙子 17 三		庚申小暑 乙亥大暑
七月大 壬申	天干地支 西曆 星期	丁丑 18 四	戊寅 19 五	己卯 20 六	庚辰 21 日	辛巳 22 一	壬午 23 二	癸未 24 三	甲申 25 四	乙酉 26 五	丙戌 27 六	丁亥 28 日	戊子 29 一	己丑 30 二	庚寅 31 三	辛卯 (8) 四	壬辰 2 五	癸巳 3 六	甲午 4 日	乙未 5 一	丙申 6 二	丁酉 7 三	戊戌 8 四	己亥 9 五	庚子 10 六	辛丑 11 日	壬寅 12 一	癸卯 13 二	甲辰 14 三	乙巳 15 四	丙午 16 五	庚寅立秋 乙巳處暑
八月大 癸酉	天干地支 西曆 星期	丁未 17 六	戊申 18 日	己酉 19 一	庚戌 20 二	辛亥 21 三	壬子 22 四	癸丑 23 五	甲寅 24 六	乙卯 25 日	丙辰 26 一	丁巳 27 二	戊午 28 三	己未 29 四	庚申 30 五	辛酉 31 六	壬戌 (9) 日	癸亥 2 一	甲子 3 二	乙丑 4 三	丙寅 5 四	丁卯 6 五	戊辰 7 六	己巳 8 日	庚午 9 一	辛未 10 二	壬申 11 三	癸酉 12 四	甲戌 13 五	乙亥 14 六	丙子 15 日	庚申白露 丙子秋分
閏八月小 癸酉	天干地支 西曆 星期	丁丑 16 一	戊寅 17 二	己卯 18 三	庚辰 19 四	辛巳 20 五	壬午 21 六	癸未 22 日	甲申 23 一	乙酉 24 二	丙戌 25 三	丁亥 26 四	戊子 27 五	己丑 28 六	庚寅 29 日	辛卯 30 一	壬辰 (10) 二	癸巳 2 三	甲午 3 四	乙未 4 五	丙申 5 六	丁酉 6 日	戊戌 7 一	己亥 8 二	庚子 9 三	辛丑 10 四	壬寅 11 五	癸卯 12 六	甲辰 13 日	乙巳 14 一		辛卯寒露
九月大 甲戌	天干地支 西曆 星期	丙午 15 二	丁未 16 三	戊申 17 四	己酉 18 五	庚戌 19 六	辛亥 20 日	壬子 21 一	癸丑 22 二	甲寅 23 三	乙卯 24 四	丙辰 25 五	丁巳 26 六	戊午 27 日	己未 28 一	庚申 29 二	辛酉 30 三	壬戌 31 四	癸亥 (11) 五	甲子 2 六	乙丑 3 日	丙寅 4 一	丁卯 5 二	戊辰 6 三	己巳 7 四	庚午 8 五	辛未 9 六	壬申 10 日	癸酉 11 一	甲戌 12 二	乙亥 13 三	丙午霜降 辛酉立冬
十月小 乙亥	天干地支 西曆 星期	丙子 14 四	丁丑 15 五	戊寅 16 六	己卯 17 日	庚辰 18 一	辛巳 19 二	壬午 20 三	癸未 21 四	甲申 22 五	乙酉 23 六	丙戌 24 日	丁亥 25 一	戊子 26 二	己丑 27 三	庚寅 28 四	辛卯 29 五	壬辰 30 六	癸巳 (12) 日	甲午 2 一	乙未 3 二	丙申 4 三	丁酉 5 四	戊戌 6 五	己亥 7 六	庚子 8 日	辛丑 9 一	壬寅 10 二	癸卯 11 三	甲辰 12 四		丁丑小雪 壬辰大雪
十一月大 丙子	天干地支 西曆 星期	乙巳 13 五	丙午 14 六	丁未 15 日	戊申 16 一	己酉 17 二	庚戌 18 三	辛亥 19 四	壬子 20 五	癸丑 21 六	甲寅 22 日	乙卯 23 一	丙辰 24 二	丁巳 25 三	戊午 26 四	己未 27 五	庚申 28 六	辛酉 29 日	壬戌 30 一	癸亥 31 二	甲子 (1) 三	乙丑 2 四	丙寅 3 五	丁卯 4 六	戊辰 5 日	己巳 6 一	庚午 7 二	辛未 8 三	壬申 9 四	癸酉 10 五	甲戌 11 六	丁未冬至 壬戌小寒
十二月小 丁丑	天干地支 西曆 星期	乙亥 12 日	丙子 13 一	丁丑 14 二	戊寅 15 三	己卯 16 四	庚辰 17 五	辛巳 18 六	壬午 19 日	癸未 20 一	甲申 21 二	乙酉 22 三	丙戌 23 四	丁亥 24 五	戊子 25 六	己丑 26 日	庚寅 27 一	辛卯 28 二	壬辰 29 三	癸巳 30 四	甲午 31 五	乙未 (2) 六	丙申 2 日	丁酉 3 一	戊戌 4 二	己亥 5 三	庚子 6 四	辛丑 7 五	壬寅 8 六	癸卯 9 日		丁丑大寒 癸巳立春

金太宗天會八年（庚戌 狗年） 公元 1130 ~ 1131 年

夏曆月序		中西曆日對照	初一	初二	初三	初四	初五	初六	初七	初八	初九	初十	十一	十二	十三	十四	十五	十六	十七	十八	十九	二十	二一	二二	二三	二四	二五	二六	二七	二八	二九	三十	節氣與天象
正月大	戊寅	天干地支 西曆 星期	甲辰 10 一	乙巳 11 二	丙午 12 三	丁未 13 四	戊申 14 五	己酉 15 六	庚戌 16 日	辛亥 17 一	壬子 18 二	癸丑 19 三	甲寅 20 四	乙卯 21 五	丙辰 22 六	丁巳 23 日	戊午 24 一	己未 25 二	庚申 26 三	辛酉 27 四	壬戌 28 五	癸亥 (3) 六	甲子 2 日	乙丑 3 一	丙寅 4 二	丁卯 5 三	戊辰 6 四	己巳 7 五	庚午 8 六	辛未 9 日	壬申 10 一	癸酉 11 二	戊申雨水 癸亥驚蟄
二月小	己卯	天干地支 西曆 星期	甲戌 12 三	乙亥 13 四	丙子 14 五	丁丑 15 六	戊寅 16 日	己卯 17 一	庚辰 18 二	辛巳 19 三	壬午 20 四	癸未 21 五	甲申 22 六	乙酉 23 日	丙戌 24 一	丁亥 25 二	戊子 26 三	己丑 27 四	庚寅 28 五	辛卯 29 六	壬辰 30 日	癸巳 31 一	甲午 (4) 二	乙未 2 三	丙申 3 四	丁酉 4 五	戊戌 5 六	己亥 6 日	庚子 7 一	辛丑 8 二	壬寅 9 三		戊寅春分 癸巳清明
三月小	庚辰	天干地支 西曆 星期	癸卯 10 四	甲辰 11 五	乙巳 12 六	丙午 13 日	丁未 14 一	戊申 15 二	己酉 16 三	庚戌 17 四	辛亥 18 五	壬子 19 六	癸丑 20 日	甲寅 21 一	乙卯 22 二	丙辰 23 三	丁巳 24 四	戊午 25 五	己未 26 六	庚申 27 日	辛酉 28 一	壬戌 29 二	癸亥 30 三	甲子 (5) 四	乙丑 2 五	丙寅 3 六	丁卯 4 日	戊辰 5 一	己巳 6 二	庚午 7 三	辛未 8 四		己酉穀雨 甲子立夏
四月大	辛巳	天干地支 西曆 星期	壬申 9 五	癸酉 10 六	甲戌 11 日	乙亥 12 一	丙子 13 二	丁丑 14 三	戊寅 15 四	己卯 16 五	庚辰 17 六	辛巳 18 日	壬午 19 一	癸未 20 二	甲申 21 三	乙酉 22 四	丙戌 23 五	丁亥 24 六	戊子 25 日	己丑 26 一	庚寅 27 二	辛卯 28 三	壬辰 29 四	癸巳 30 五	甲午 31 六	乙未 (6) 日	丙申 2 一	丁酉 3 二	戊戌 4 三	己亥 5 四	庚子 6 五	辛丑 7 六	己卯小滿 甲午芒種
五月小	壬午	天干地支 西曆 星期	壬寅 8 日	癸卯 9 一	甲辰 10 二	乙巳 11 三	丙午 12 四	丁未 13 五	戊申 14 六	己酉 15 日	庚戌 16 一	辛亥 17 二	壬子 18 三	癸丑 19 四	甲寅 20 五	乙卯 21 六	丙辰 22 日	丁巳 23 一	戊午 24 二	己未 25 三	庚申 26 四	辛酉 27 五	壬戌 28 六	癸亥 29 日	甲子 30 一	乙丑 (7) 二	丙寅 2 三	丁卯 3 四	戊辰 4 五	己巳 5 六	庚午 6 日		庚戌夏至 乙丑小暑
六月大	癸未	天干地支 西曆 星期	辛未 7 一	壬申 8 二	癸酉 9 三	甲戌 10 四	乙亥 11 五	丙子 12 六	丁丑 13 日	戊寅 14 一	己卯 15 二	庚辰 16 三	辛巳 17 四	壬午 18 五	癸未 19 六	甲申 20 日	乙酉 21 一	丙戌 22 二	丁亥 23 三	戊子 24 四	己丑 25 五	庚寅 26 六	辛卯 27 日	壬辰 28 一	癸巳 29 二	甲午 30 三	乙未 31 四	丙申 (8) 五	丁酉 2 六	戊戌 3 日	己亥 4 一	庚子 5 二	庚辰大暑 乙未立秋
七月大	甲申	天干地支 西曆 星期	辛丑 6 三	壬寅 7 四	癸卯 8 五	甲辰 9 六	乙巳 10 日	丙午 11 一	丁未 12 二	戊申 13 三	己酉 14 四	庚戌 15 五	辛亥 16 六	壬子 17 日	癸丑 18 一	甲寅 19 二	乙卯 20 三	丙辰 21 四	丁巳 22 五	戊午 23 六	己未 24 日	庚申 25 一	辛酉 26 二	壬戌 27 三	癸亥 28 四	甲子 29 五	乙丑 30 六	丙寅 31 日	丁卯 (9) 一	戊辰 2 二	己巳 3 三	庚午 4 四	庚戌處暑 丙寅白露
八月小	乙酉	天干地支 西曆 星期	辛未 5 五	壬申 6 六	癸酉 7 日	甲戌 8 一	乙亥 9 二	丙子 10 三	丁丑 11 四	戊寅 12 五	己卯 13 六	庚辰 14 日	辛巳 15 一	壬午 16 二	癸未 17 三	甲申 18 四	乙酉 19 五	丙戌 20 六	丁亥 21 日	戊子 22 一	己丑 23 二	庚寅 24 三	辛卯 25 四	壬辰 26 五	癸巳 27 六	甲午 28 日	乙未 29 一	丙申 30 二	丁酉 (10) 三	戊戌 2 四	己亥 3 五		辛巳秋分 丙申寒露
九月大	丙戌	天干地支 西曆 星期	庚子 4 六	辛丑 5 日	壬寅 6 一	癸卯 7 二	甲辰 8 三	乙巳 9 四	丙午 10 五	丁未 11 六	戊申 12 日	己酉 13 一	庚戌 14 二	辛亥 15 三	壬子 16 四	癸丑 17 五	甲寅 18 六	乙卯 19 日	丙辰 20 一	丁巳 21 二	戊午 22 三	己未 23 四	庚申 24 五	辛酉 25 六	壬戌 26 日	癸亥 27 一	甲子 28 二	乙丑 29 三	丙寅 30 四	丁卯 31 五	戊辰 (11) 六	己巳 2 日	辛亥霜降 丁卯立冬
十月大	丁亥	天干地支 西曆 星期	庚午 3 一	辛未 4 二	壬申 5 三	癸酉 6 四	甲戌 7 五	乙亥 8 六	丙子 9 日	丁丑 10 一	戊寅 11 二	己卯 12 三	庚辰 13 四	辛巳 14 五	壬午 15 六	癸未 16 日	甲申 17 一	乙酉 18 二	丙戌 19 三	丁亥 20 四	戊子 21 五	己丑 22 六	庚寅 23 日	辛卯 24 一	壬辰 25 二	癸巳 26 三	甲午 27 四	乙未 28 五	丙申 29 六	丁酉 30 日	戊戌 (12) 一	己亥 2 二	壬午小雪 丁酉大雪
十一月小	戊子	天干地支 西曆 星期	庚子 3 三	辛丑 4 四	壬寅 5 五	癸卯 6 六	甲辰 7 日	乙巳 8 一	丙午 9 二	丁未 10 三	戊申 11 四	己酉 12 五	庚戌 13 六	辛亥 14 日	壬子 15 一	癸丑 16 二	甲寅 17 三	乙卯 18 四	丙辰 19 五	丁巳 20 六	戊午 21 日	己未 22 一	庚申 23 二	辛酉 24 三	壬戌 25 四	癸亥 26 五	甲子 27 六	乙丑 28 日	丙寅 29 一	丁卯 30 二	戊辰 31 三		壬子冬至 丁卯小寒
十二月大	己丑	天干地支 西曆 星期	己巳 (1) 四	庚午 2 五	辛未 3 六	壬申 4 日	癸酉 5 一	甲戌 6 二	乙亥 7 三	丙子 8 四	丁丑 9 五	戊寅 10 六	己卯 11 日	庚辰 12 一	辛巳 13 二	壬午 14 三	癸未 15 四	甲申 16 五	乙酉 17 六	丙戌 18 日	丁亥 19 一	戊子 20 二	己丑 21 三	庚寅 22 四	辛卯 23 五	壬辰 24 六	癸巳 25 日	甲午 26 一	乙未 27 二	丙申 28 三	丁酉 29 四	戊戌 30 五	癸未大寒 戊戌立春

金太宗天會九年（辛亥 猪年） 公元 1131 ~ 1132 年

夏曆月序		中西曆日對照	夏曆日序														
			初一	初二	初三	初四	初五	初六	初七	初八	初九	初十	十一	十二	十三	十四	十五
正月小	庚寅	天干地支西曆星期	己亥31六	庚子(2)日	辛丑2一	壬寅3二	癸卯4三	甲辰5四	乙巳6五	丙午7六	丁未8日	戊申9一	己酉10二	庚戌11三	辛亥12四	壬子13五	癸丑14六
二月大	辛卯	天干地支西曆星期	戊辰(3)日	己巳2一	庚午3二	辛未4三	壬申5四	癸酉6五	甲戌7六	乙亥8日	丙子9一	丁丑10二	戊寅11三	己卯12四	庚辰13五	辛巳14六	壬午15日
三月小	壬辰	天干地支西曆星期	戊戌31二	己亥(4)三	庚子2四	辛丑3五	壬寅4六	癸卯5日	甲辰6一	乙巳7二	丙午8三	丁未9四	戊申10五	己酉11六	庚戌12日	辛亥13一	壬子14二
四月小	癸巳	天干地支西曆星期	丁卯29三	戊辰30四	己巳(5)五	庚午2六	辛未3日	壬申4一	癸酉5二	甲戌6三	乙亥7四	丙子8五	丁丑9六	戊寅10日	己卯11一	庚辰12二	辛巳13三
五月大	甲午	天干地支西曆星期	丙申28四	丁酉29五	戊戌30六	己亥31日	庚子(6)一	辛丑2二	壬寅3三	癸卯4四	甲辰5五	乙巳6六	丙午7日	丁未8一	戊申9二	己酉10三	庚戌11四
六月小	乙未	天干地支西曆星期	丙寅27六	丁卯28日	戊辰29一	己巳30二	庚午(7)三	辛未2四	壬申3五	癸酉4六	甲戌5日	乙亥6一	丙子7二	丁丑8三	戊寅9四	己卯10五	庚辰11六
七月大	丙申	天干地支西曆星期	乙未26日	丙申27一	丁酉28二	戊戌29三	己亥30四	庚子31五	辛丑(8)六	壬寅2日	癸卯3一	甲辰4二	乙巳5三	丙午6四	丁未7五	戊申8六	己酉9日
八月小	丁酉	天干地支西曆星期	乙丑25二	丙寅26三	丁卯27四	戊辰28五	己巳29六	庚午30日	辛未31一	壬申(9)二	癸酉2三	甲戌3四	乙亥4五	丙子5六	丁丑6日	戊寅7一	己卯8二
九月大	戊戌	天干地支西曆星期	甲午23三	乙未24四	丙申25五	丁酉26六	戊戌27日	己亥28一	庚子29二	辛丑30三	壬寅(10)四	癸卯2五	甲辰3六	乙巳4日	丙午5一	丁未6二	戊申7三
十月大	己亥	天干地支西曆星期	甲子23五	乙丑24六	丙寅25日	丁卯26一	戊辰27二	己巳28三	庚午29四	辛未30五	壬申31六	癸酉(11)日	甲戌2一	乙亥3二	丙子4三	丁丑5四	戊寅6五
十一月大	庚子	天干地支西曆星期	甲午22日	乙未23一	丙申24二	丁酉25三	戊戌26四	己亥27五	庚子28六	辛丑29日	壬寅30一	癸卯(12)二	甲辰2三	乙巳3四	丙午4五	丁未5六	戊申6日
十二月小	辛丑	天干地支西曆星期	甲子22二	乙丑23三	丙寅24四	丁卯25五	戊辰26六	己巳27日	庚午28一	辛未29二	壬申30三	癸酉31四	甲戌(1)五	乙亥2六	丙子3日	丁丑4一	戊寅5二

夏曆月序		中西曆日對照	夏曆日序															節氣與天象
			十六	十七	十八	十九	二十	二一	二二	二三	二四	二五	二六	二七	二八	二九	三十	
正月小	庚寅	天干地支西曆星期	甲寅15日	乙卯16一	丙辰17二	丁巳18三	戊午19四	己未20五	庚申21六	辛酉22日	壬戌23一	癸亥24二	甲子25三	乙丑26四	丙寅27五	丁卯28六		癸丑雨水
二月大	辛卯	天干地支西曆星期	癸未16一	甲申17二	乙酉18三	丙戌19四	丁亥20五	戊子21六	己丑22日	庚寅23一	辛卯24二	壬辰25三	癸巳26四	甲午27五	乙未28六	丙申29日	丁酉30一	戊辰驚蟄 甲申春分
三月小	壬辰	天干地支西曆星期	癸丑15三	甲寅16四	乙卯17五	丙辰18六	丁巳19日	戊午20一	己未21二	庚申22三	辛酉23四	壬戌24五	癸亥25六	甲子26日	乙丑27一	丙寅28二		己亥清明 甲寅穀雨
四月小	癸巳	天干地支西曆星期	壬午14四	癸未15五	甲申16六	乙酉17日	丙戌18一	丁亥19二	戊子20三	己丑21四	庚寅22五	辛卯23六	壬辰24日	癸巳25一	甲午26二	乙未27三		己巳立夏 甲申小滿
五月大	甲午	天干地支西曆星期	辛亥12五	壬子13六	癸丑14日	甲寅15一	乙卯16二	丙辰17三	丁巳18四	戊午19五	己未20六	庚申21日	辛酉22一	壬戌23二	癸亥24三	甲子25四	乙丑26五	庚子芒種 乙卯夏至
六月小	乙未	天干地支西曆星期	辛巳12日	壬午13一	癸未14二	甲申15三	乙酉16四	丙戌17五	丁亥18六	戊子19日	己丑20一	庚寅21二	辛卯22三	壬辰23四	癸巳24五	甲午25六		庚午小暑 乙酉大暑
七月大	丙申	天干地支西曆星期	庚戌10一	辛亥11二	壬子12三	癸丑13四	甲寅14五	乙卯15六	丙辰16日	丁巳17一	戊午18二	己未19三	庚申20四	辛酉21五	壬戌22六	癸亥23日	甲子24一	庚子立秋 丙辰處暑
八月小	丁酉	天干地支西曆星期	庚辰9三	辛巳10四	壬午11五	癸未12六	甲申13日	乙酉14一	丙戌15二	丁亥16三	戊子17四	己丑18五	庚寅19六	辛卯20日	壬辰21一	癸巳22二		辛未白露 丙戌秋分
九月大	戊戌	天干地支西曆星期	己酉8四	庚戌9五	辛亥10六	壬子11日	癸丑12一	甲寅13二	乙卯14三	丙辰15四	丁巳16五	戊午17六	己未18日	庚申19一	辛酉20二	壬戌21三	癸亥22四	辛丑寒露 丁巳霜降
十月大	己亥	天干地支西曆星期	己卯7六	庚辰8日	辛巳9一	壬午10二	癸未11三	甲申12四	乙酉13五	丙戌14六	丁亥15日	戊子16一	己丑17二	庚寅18三	辛卯19四	壬辰20五	癸巳21六	壬申立冬 丁亥小雪
十一月大	庚子	天干地支西曆星期	己酉7一	庚戌8二	辛亥9三	壬子10四	癸丑11五	甲寅12六	乙卯13日	丙辰14一	丁巳15二	戊午16三	己未17四	庚申18五	辛酉19六	壬戌20日	癸亥21一	壬寅大雪 丁巳冬至
十二月小	辛丑	天干地支西曆星期	己卯6三	庚辰7四	辛巳8五	壬午9六	癸未10日	甲申11一	乙酉12二	丙戌13三	丁亥14四	戊子15五	己丑16六	庚寅17日	辛卯18一	壬辰19二		癸酉小寒 戊子大寒

金太宗天會十年（壬子 鼠年） 公元 1132 ~ 1133 年

夏曆月序		中西曆日對照	初一	初二	初三	初四	初五	初六	初七	初八	初九	初十	十一	十二	十三	十四	十五	十六	十七	十八	十九	二十	二一	二二	二三	二四	二五	二六	二七	二八	二九	三十	節氣與天象
正月大	壬寅	天干地支 西曆 星期	癸巳 20 三	甲午 21 四	乙未 22 五	丙申 23 六	丁酉 24 日	戊戌 25 一	己亥 26 二	庚子 27 三	辛丑 28 四	壬寅 29 五	癸卯 30 六	甲辰 31 日	乙巳 (2) 一	丙午 2 二	丁未 3 三	戊申 4 四	己酉 5 五	庚戌 6 六	辛亥 7 日	壬子 8 一	癸丑 9 二	甲寅 10 三	乙卯 11 四	丙辰 12 五	丁巳 13 六	戊午 14 日	己未 15 一	庚申 16 二	辛酉 17 三	壬戌 18 四	癸卯立春 戊午雨水
二月小	癸卯	天干地支 西曆 星期	癸亥 19 五	甲子 20 六	乙丑 21 日	丙寅 22 一	丁卯 23 二	戊辰 24 三	己巳 25 四	庚午 26 五	辛未 27 六	壬申 28 日	癸酉 29 一	甲戌 (3) 二	乙亥 2 三	丙子 3 四	丁丑 4 五	戊寅 5 六	己卯 6 日	庚辰 7 一	辛巳 8 二	壬午 9 三	癸未 10 四	甲申 11 五	乙酉 12 六	丙戌 13 日	丁亥 14 一	戊子 15 二	己丑 16 三	庚寅 17 四	辛卯 18 五		甲戌驚蟄 己丑春分
三月大	甲辰	天干地支 西曆 星期	壬辰 19 六	癸巳 20 日	甲午 21 一	乙未 22 二	丙申 23 三	丁酉 24 四	戊戌 25 五	己亥 26 六	庚子 27 日	辛丑 28 一	壬寅 29 二	癸卯 30 三	甲辰 31 四	乙巳 (4) 五	丙午 2 六	丁未 3 日	戊申 4 一	己酉 5 二	庚戌 6 三	辛亥 7 四	壬子 8 五	癸丑 9 六	甲寅 10 日	乙卯 11 一	丙辰 12 二	丁巳 13 三	戊午 14 四	己未 15 五	庚申 16 六	辛酉 17 日	甲辰清明 己未穀雨
四月小	乙巳	天干地支 西曆 星期	壬戌 18 一	癸亥 19 二	甲子 20 三	乙丑 21 四	丙寅 22 五	丁卯 23 六	戊辰 24 日	己巳 25 一	庚午 26 二	辛未 27 三	壬申 28 四	癸酉 29 五	甲戌 30 六	乙亥 (5) 日	丙子 2 一	丁丑 3 二	戊寅 4 三	己卯 5 四	庚辰 6 五	辛巳 7 六	壬午 8 日	癸未 9 一	甲申 10 二	乙酉 11 三	丙戌 12 四	丁亥 13 五	戊子 14 六	己丑 15 日	庚寅 16 一		甲戌立夏 庚寅小滿
閏四月小	乙巳	天干地支 西曆 星期	辛卯 17 二	壬辰 18 三	癸巳 19 四	甲午 20 五	乙未 21 六	丙申 22 日	丁酉 23 一	戊戌 24 二	己亥 25 三	庚子 26 四	辛丑 27 五	壬寅 28 六	癸卯 29 日	甲辰 30 一	乙巳 31 二	丙午 (6) 三	丁未 2 四	戊申 3 五	己酉 4 六	庚戌 5 日	辛亥 6 一	壬子 7 二	癸丑 8 三	甲寅 9 四	乙卯 10 五	丙辰 11 六	丁巳 12 日	戊午 13 一	己未 14 二		乙巳芒種
五月大	丙午	天干地支 西曆 星期	庚申 15 三	辛酉 16 四	壬戌 17 五	癸亥 18 六	甲子 19 日	乙丑 20 一	丙寅 21 二	丁卯 22 三	戊辰 23 四	己巳 24 五	庚午 25 六	辛未 26 日	壬申 27 一	癸酉 28 二	甲戌 29 三	乙亥 30 四	丙子 (7) 五	丁丑 2 六	戊寅 3 日	己卯 4 一	庚辰 5 二	辛巳 6 三	壬午 7 四	癸未 8 五	甲申 9 六	乙酉 10 日	丙戌 11 一	丁亥 12 二	戊子 13 三	己丑 14 四	庚申夏至 乙亥小暑
六月小	丁未	天干地支 西曆 星期	庚寅 15 五	辛卯 16 六	壬辰 17 日	癸巳 18 一	甲午 19 二	乙未 20 三	丙申 21 四	丁酉 22 五	戊戌 23 六	己亥 24 日	庚子 25 一	辛丑 26 二	壬寅 27 三	癸卯 28 四	甲辰 29 五	乙巳 30 六	丙午 31 日	丁未 (8) 一	戊申 2 二	己酉 3 三	庚戌 4 四	辛亥 5 五	壬子 6 六	癸丑 7 日	甲寅 8 一	乙卯 9 二	丙辰 10 三	丁巳 11 四	戊午 12 五		辛卯大暑 丙午立秋
七月小	戊申	天干地支 西曆 星期	己未 13 六	庚申 14 日	辛酉 15 一	壬戌 16 二	癸亥 17 三	甲子 18 四	乙丑 19 五	丙寅 20 六	丁卯 21 日	戊辰 22 一	己巳 23 二	庚午 24 三	辛未 25 四	壬申 26 五	癸酉 27 六	甲戌 28 日	乙亥 29 一	丙子 30 二	丁丑 31 三	戊寅 (9) 四	己卯 2 五	庚辰 3 六	辛巳 4 日	壬午 5 一	癸未 6 二	甲申 7 三	乙酉 8 四	丙戌 9 五	丁亥 10 六		辛酉處暑 丙子白露
八月大	己酉	天干地支 西曆 星期	戊子 11 日	己丑 12 一	庚寅 13 二	辛卯 14 三	壬辰 15 四	癸巳 16 五	甲午 17 六	乙未 18 日	丙申 19 一	丁酉 20 二	戊戌 21 三	己亥 22 四	庚子 23 五	辛丑 24 六	壬寅 25 日	癸卯 26 一	甲辰 27 二	乙巳 28 三	丙午 29 四	丁未 30 五	戊申 (10) 六	己酉 2 日	庚戌 3 一	辛亥 4 二	壬子 5 三	癸丑 6 四	甲寅 7 五	乙卯 8 六	丙辰 9 日	丁巳 10 一	辛卯秋分 丁未寒露
九月大	庚戌	天干地支 西曆 星期	戊午 11 二	己未 12 三	庚申 13 四	辛酉 14 五	壬戌 15 六	癸亥 16 日	甲子 17 一	乙丑 18 二	丙寅 19 三	丁卯 20 四	戊辰 21 五	己巳 22 六	庚午 23 日	辛未 24 一	壬申 25 二	癸酉 26 三	甲戌 27 四	乙亥 28 五	丙子 29 六	丁丑 30 日	戊寅 31 一	己卯 (11) 二	庚辰 2 三	辛巳 3 四	壬午 4 五	癸未 5 六	甲申 6 日	乙酉 7 一	丙戌 8 二	丁亥 9 三	壬戌霜降 丁丑立冬
十月大	辛亥	天干地支 西曆 星期	戊子 10 四	己丑 11 五	庚寅 12 六	辛卯 13 日	壬辰 14 一	癸巳 15 二	甲午 16 三	乙未 17 四	丙申 18 五	丁酉 19 六	戊戌 20 日	己亥 21 一	庚子 22 二	辛丑 23 三	壬寅 24 四	癸卯 25 五	甲辰 26 六	乙巳 27 日	丙午 28 一	丁未 29 二	戊申 30 三	己酉 (12) 四	庚戌 2 五	辛亥 3 六	壬子 4 日	癸丑 5 一	甲寅 6 二	乙卯 7 三	丙辰 8 四	丁巳 9 五	壬辰小雪 丁未大雪
十一月小	壬子	天干地支 西曆 星期	戊午 10 六	己未 11 日	庚申 12 一	辛酉 13 二	壬戌 14 三	癸亥 15 四	甲子 16 五	乙丑 17 六	丙寅 18 日	丁卯 19 一	戊辰 20 二	己巳 21 三	庚午 22 四	辛未 23 五	壬申 24 六	癸酉 25 日	甲戌 26 一	乙亥 27 二	丙子 28 三	丁丑 29 四	戊寅 30 五	己卯 31 六	庚辰 (1) 日	辛巳 2 一	壬午 3 二	癸未 4 三	甲申 5 四	乙酉 6 五	丙戌 7 六		癸亥冬至 戊寅小寒
十二月大	癸丑	天干地支 西曆 星期	丁亥 8 日	戊子 9 一	己丑 10 二	庚寅 11 三	辛卯 12 四	壬辰 13 五	癸巳 14 六	甲午 15 日	乙未 16 一	丙申 17 二	丁酉 18 三	戊戌 19 四	己亥 20 五	庚子 21 六	辛丑 22 日	壬寅 23 一	癸卯 24 二	甲辰 25 三	乙巳 26 四	丙午 27 五	丁未 28 六	戊申 29 日	己酉 30 一	庚戌 31 二	辛亥 (2) 三	壬子 2 四	癸丑 3 五	甲寅 4 六	乙卯 5 日	丙辰 6 一	癸巳大寒 戊申立春

金太宗天會十一年（癸丑 牛年） 公元 1133 ~ 1134 年

夏曆月序	中西曆日對照	初一	初二	初三	初四	初五	初六	初七	初八	初九	初十	十一	十二	十三	十四	十五	十六	十七	十八	十九	二十	二一	二二	二三	二四	二五	二六	二七	二八	二九	三十	節氣與天象
正月大 甲寅	天干地支 西曆 星期	丁巳 7 二	戊午 8 三	己未 9 四	庚申 10 五	辛酉 11 六	壬戌 12 日	癸亥 13 一	甲子 14 二	乙丑 15 三	丙寅 16 四	丁卯 17 五	戊辰 18 六	己巳 19 日	庚午 20 一	辛未 21 二	壬申 22 三	癸酉 23 四	甲戌 24 五	乙亥 25 六	丙子 26 日	丁丑 27 一	戊寅 28 二	己卯 (3) 三	庚辰 2 四	辛巳 3 五	壬午 4 六	癸未 5 日	甲申 6 一	乙酉 7 二	丙戌 8 三	甲子雨水 己卯驚蟄
二月小 乙卯	天干地支 西曆 星期	丁亥 9 四	戊子 10 五	己丑 11 六	庚寅 12 日	辛卯 13 一	壬辰 14 二	癸巳 15 三	甲午 16 四	乙未 17 五	丙申 18 六	丁酉 19 日	戊戌 20 一	己亥 21 二	庚子 22 三	辛丑 23 四	壬寅 24 五	癸卯 25 六	甲辰 26 日	乙巳 27 一	丙午 28 二	丁未 29 三	戊申 30 四	己酉 31 五	庚戌 (4) 六	辛亥 2 日	壬子 3 一	癸丑 4 二	甲寅 5 三	乙卯 6 四		甲午春分 己酉清明
三月大 丙辰	天干地支 西曆 星期	丙辰 7 五	丁巳 8 六	戊午 9 日	己未 10 一	庚申 11 二	辛酉 12 三	壬戌 13 四	癸亥 14 五	甲子 15 六	乙丑 16 日	丙寅 17 一	丁卯 18 二	戊辰 19 三	己巳 20 四	庚午 21 五	辛未 22 六	壬申 23 日	癸酉 24 一	甲戌 25 二	乙亥 26 三	丙子 27 四	丁丑 28 五	戊寅 29 六	己卯 30 日	庚辰 (5) 一	辛巳 2 二	壬午 3 三	癸未 4 四	甲申 5 五	乙酉 6 六	甲子穀雨 庚辰立夏
四月小 丁巳	天干地支 西曆 星期	丙戌 7 日	丁亥 8 一	戊子 9 二	己丑 10 三	庚寅 11 四	辛卯 12 五	壬辰 13 六	癸巳 14 日	甲午 15 一	乙未 16 二	丙申 17 三	丁酉 18 四	戊戌 19 五	己亥 20 六	庚子 21 日	辛丑 22 一	壬寅 23 二	癸卯 24 三	甲辰 25 四	乙巳 26 五	丙午 27 六	丁未 28 日	戊申 29 一	己酉 30 二	庚戌 31 三	辛亥 (6) 四	壬子 2 五	癸丑 3 六	甲寅 4 日		乙未小滿 庚戌芒種
五月小 戊午	天干地支 西曆 星期	乙卯 5 一	丙辰 6 二	丁巳 7 三	戊午 8 四	己未 9 五	庚申 10 六	辛酉 11 日	壬戌 12 一	癸亥 13 二	甲子 14 三	乙丑 15 四	丙寅 16 五	丁卯 17 六	戊辰 18 日	己巳 19 一	庚午 20 二	辛未 21 三	壬申 22 四	癸酉 23 五	甲戌 24 六	乙亥 25 日	丙子 26 一	丁丑 27 二	戊寅 28 三	己卯 29 四	庚辰 30 五	辛巳 (7) 六	壬午 2 日	癸未 3 一		乙丑夏至 辛巳小暑
六月大 己未	天干地支 西曆 星期	甲申 4 二	乙酉 5 三	丙戌 6 四	丁亥 7 五	戊子 8 六	己丑 9 日	庚寅 10 一	辛卯 11 二	壬辰 12 三	癸巳 13 四	甲午 14 五	乙未 15 六	丙申 16 日	丁酉 17 一	戊戌 18 二	己亥 19 三	庚子 20 四	辛丑 21 五	壬寅 22 六	癸卯 23 日	甲辰 24 一	乙巳 25 二	丙午 26 三	丁未 27 四	戊申 28 五	己酉 29 六	庚戌 30 日	辛亥 31 一	壬子 (8) 二	癸丑 2 三	丙申大暑 辛亥立秋
七月小 庚申	天干地支 西曆 星期	甲寅 3 四	乙卯 4 五	丙辰 5 六	丁巳 6 日	戊午 7 一	己未 8 二	庚申 9 三	辛酉 10 四	壬戌 11 五	癸亥 12 六	甲子 13 日	乙丑 14 一	丙寅 15 二	丁卯 16 三	戊辰 17 四	己巳 18 五	庚午 19 六	辛未 20 日	壬申 21 一	癸酉 22 二	甲戌 23 三	乙亥 24 四	丙子 25 五	丁丑 26 六	戊寅 27 日	己卯 28 一	庚辰 29 二	辛巳 30 三	壬午 31 四		丙寅處暑 辛巳白露
八月小 辛酉	天干地支 西曆 星期	癸未 (9) 五	甲申 2 六	乙酉 3 日	丙戌 4 一	丁亥 5 二	戊子 6 三	己丑 7 四	庚寅 8 五	辛卯 9 六	壬辰 10 日	癸巳 11 一	甲午 12 二	乙未 13 三	丙申 14 四	丁酉 15 五	戊戌 16 六	己亥 17 日	庚子 18 一	辛丑 19 二	壬寅 20 三	癸卯 21 四	甲辰 22 五	乙巳 23 六	丙午 24 日	丁未 25 一	戊申 26 二	己酉 27 三	庚戌 28 四	辛亥 29 五		丁酉秋分
九月大 壬戌	天干地支 西曆 星期	壬子 30 六	癸丑 (10) 日	甲寅 2 一	乙卯 3 二	丙辰 4 三	丁巳 5 四	戊午 6 五	己未 7 六	庚申 8 日	辛酉 9 一	壬戌 10 二	癸亥 11 三	甲子 12 四	乙丑 13 五	丙寅 14 六	丁卯 15 日	戊辰 16 一	己巳 17 二	庚午 18 三	辛未 19 四	壬申 20 五	癸酉 21 六	甲戌 22 日	乙亥 23 一	丙子 24 二	丁丑 25 三	戊寅 26 四	己卯 27 五	庚辰 28 六	辛巳 29 日	壬子寒露 丁卯霜降
十月大 癸亥	天干地支 西曆 星期	壬午 30 一	癸未 31 二	甲申 (11) 三	乙酉 2 四	丙戌 3 五	丁亥 4 六	戊子 5 日	己丑 6 一	庚寅 7 二	辛卯 8 三	壬辰 9 四	癸巳 10 五	甲午 11 六	乙未 12 日	丙申 13 一	丁酉 14 二	戊戌 15 三	己亥 16 四	庚子 17 五	辛丑 18 六	壬寅 19 日	癸卯 20 一	甲辰 21 二	乙巳 22 三	丙午 23 四	丁未 24 五	戊申 25 六	己酉 26 日	庚戌 27 一	辛亥 28 二	壬午立冬 戊戌小雪
十一月小 甲子	天干地支 西曆 星期	壬子 29 三	癸丑 30 四	甲寅 (12) 五	乙卯 2 六	丙辰 3 日	丁巳 4 一	戊午 5 二	己未 6 三	庚申 7 四	辛酉 8 五	壬戌 9 六	癸亥 10 日	甲子 11 一	乙丑 12 二	丙寅 13 三	丁卯 14 四	戊辰 15 五	己巳 16 六	庚午 17 日	辛未 18 一	壬申 19 二	癸酉 20 三	甲戌 21 四	乙亥 22 五	丙子 23 六	丁丑 24 日	戊寅 25 一	己卯 26 二	庚辰 27 三		癸丑大雪 戊辰冬至
十二月大 乙丑	天干地支 西曆 星期	辛巳 28 四	壬午 29 五	癸未 30 六	甲申 31 日	乙酉 (1) 一	丙戌 2 二	丁亥 3 三	戊子 4 四	己丑 5 五	庚寅 6 六	辛卯 7 日	壬辰 8 一	癸巳 9 二	甲午 10 三	乙未 11 四	丙申 12 五	丁酉 13 六	戊戌 14 日	己亥 15 一	庚子 16 二	辛丑 17 三	壬寅 18 四	癸卯 19 五	甲辰 20 六	乙巳 21 日	丙午 22 一	丁未 23 二	戊申 24 三	己酉 25 四	庚戌 26 五	癸未小寒 戊戌大寒

金太宗天會十二年（甲寅 虎年） 公元 1134 ~ 1135 年

夏曆月序		中西曆日對照	初一	初二	初三	初四	初五	初六	初七	初八	初九	初十	十一	十二	十三	十四	十五	十六	十七	十八	十九	二十	二一	二二	二三	二四	二五	二六	二七	二八	二九	三十	節氣與天象
正月大	丙寅	天干 地支 西曆 星期	辛亥 27 六	壬子 28 日	癸丑 29 一	甲寅 30 二	乙卯 31 三	丙辰 (2) 四	丁巳 2 五	戊午 3 六	己未 4 日	庚申 5 一	辛酉 6 二	壬戌 7 三	癸亥 8 四	甲子 9 五	乙丑 10 六	丙寅 11 日	丁卯 12 一	戊辰 13 二	己巳 14 三	庚午 15 四	辛未 16 五	壬申 17 六	癸酉 18 日	甲戌 19 一	乙亥 20 二	丙子 21 三	丁丑 22 四	戊寅 23 五	己卯 24 六	庚辰 25 日	甲寅立春 己巳雨水
二月大	丁卯	天干 地支 西曆 星期	辛巳 26 一	壬午 27 二	癸未 28 三	甲申 (3) 四	乙酉 2 五	丙戌 3 六	丁亥 4 日	戊子 5 一	己丑 6 二	庚寅 7 三	辛卯 8 四	壬辰 9 五	癸巳 10 六	甲午 11 日	乙未 12 一	丙申 13 二	丁酉 14 三	戊戌 15 四	己亥 16 五	庚子 17 六	辛丑 18 日	壬寅 19 一	癸卯 20 二	甲辰 21 三	乙巳 22 四	丙午 23 五	丁未 24 六	戊申 25 日	己酉 26 一	庚戌 27 二	甲申驚蟄 己亥春分
三月小	戊辰	天干 地支 西曆 星期	辛亥 28 三	壬子 29 四	癸丑 30 五	甲寅 31 六	乙卯 (4) 日	丙辰 2 一	丁巳 3 二	戊午 4 三	己未 5 四	庚申 6 五	辛酉 7 六	壬戌 8 日	癸亥 9 一	甲子 10 二	乙丑 11 三	丙寅 12 四	丁卯 13 五	戊辰 14 六	己巳 15 日	庚午 16 一	辛未 17 二	壬申 18 三	癸酉 19 四	甲戌 20 五	乙亥 21 六	丙子 22 日	丁丑 23 一	戊寅 24 二	己卯 25 三		甲寅清明 庚午穀雨
四月大	己巳	天干 地支 西曆 星期	庚辰 26 四	辛巳 27 五	壬午 28 六	癸未 29 日	甲申 30 一	乙酉 (5) 二	丙戌 2 三	丁亥 3 四	戊子 4 五	己丑 5 六	庚寅 6 日	辛卯 7 一	壬辰 8 二	癸巳 9 三	甲午 10 四	乙未 11 五	丙申 12 六	丁酉 13 日	戊戌 14 一	己亥 15 二	庚子 16 三	辛丑 17 四	壬寅 18 五	癸卯 19 六	甲辰 20 日	乙巳 21 一	丙午 22 二	丁未 23 三	戊申 24 四	己酉 25 五	乙酉立夏 庚子小滿
五月小	庚午	天干 地支 西曆 星期	庚戌 26 六	辛亥 27 日	壬子 28 一	癸丑 29 二	甲寅 30 三	乙卯 31 四	丙辰 (6) 五	丁巳 2 六	戊午 3 日	己未 4 一	庚申 5 二	辛酉 6 三	壬戌 7 四	癸亥 8 五	甲子 9 六	乙丑 10 日	丙寅 11 一	丁卯 12 二	戊辰 13 三	己巳 14 四	庚午 15 五	辛未 16 六	壬申 17 日	癸酉 18 一	甲戌 19 二	乙亥 20 三	丙子 21 四	丁丑 22 五	戊寅 23 六		乙卯芒種 辛未夏至
六月小	辛未	天干 地支 西曆 星期	己卯 24 日	庚辰 25 一	辛巳 26 二	壬午 27 三	癸未 28 四	甲申 29 五	乙酉 30 六	丙戌 (7) 日	丁亥 2 一	戊子 3 二	己丑 4 三	庚寅 5 四	辛卯 6 五	壬辰 7 六	癸巳 8 日	甲午 9 一	乙未 10 二	丙申 11 三	丁酉 12 四	戊戌 13 五	己亥 14 六	庚子 15 日	辛丑 16 一	壬寅 17 二	癸卯 18 三	甲辰 19 四	乙巳 20 五	丙午 21 六	丁未 22 日		丙戌小暑 辛丑大暑
七月大	壬申	天干 地支 西曆 星期	戊申 23 一	己酉 24 二	庚戌 25 三	辛亥 26 四	壬子 27 五	癸丑 28 六	甲寅 29 日	乙卯 30 一	丙辰 31 二	丁巳 (8) 三	戊午 2 四	己未 3 五	庚申 4 六	辛酉 5 日	壬戌 6 一	癸亥 7 二	甲子 8 三	乙丑 9 四	丙寅 10 五	丁卯 11 六	戊辰 12 日	己巳 13 一	庚午 14 二	辛未 15 三	壬申 16 四	癸酉 17 五	甲戌 18 六	乙亥 19 日	丙子 20 一	丁丑 21 二	丙辰立秋 辛未處暑
八月小	癸酉	天干 地支 西曆 星期	戊寅 22 三	己卯 23 四	庚辰 24 五	辛巳 25 六	壬午 26 日	癸未 27 一	甲申 28 二	乙酉 29 三	丙戌 30 四	丁亥 31 五	戊子 (9) 六	己丑 2 日	庚寅 3 一	辛卯 4 二	壬辰 5 三	癸巳 6 四	甲午 7 五	乙未 8 六	丙申 9 日	丁酉 10 一	戊戌 11 二	己亥 12 三	庚子 13 四	辛丑 14 五	壬寅 15 六	癸卯 16 日	甲辰 17 一	乙巳 18 二	丙午 19 三		丁亥白露 壬寅秋分
九月小	甲戌	天干 地支 西曆 星期	丁未 20 四	戊申 21 五	己酉 22 六	庚戌 23 日	辛亥 24 一	壬子 25 二	癸丑 26 三	甲寅 27 四	乙卯 28 五	丙辰 29 六	丁巳 30 日	戊午 (10) 一	己未 2 二	庚申 3 三	辛酉 4 四	壬戌 5 五	癸亥 6 六	甲子 7 日	乙丑 8 一	丙寅 9 二	丁卯 10 三	戊辰 11 四	己巳 12 五	庚午 13 六	辛未 14 日	壬申 15 一	癸酉 16 二	甲戌 17 三	乙亥 18 四		丁巳寒露 壬申霜降
十月大	乙亥	天干 地支 西曆 星期	丙子 19 五	丁丑 20 六	戊寅 21 日	己卯 22 一	庚辰 23 二	辛巳 24 三	壬午 25 四	癸未 26 五	甲申 27 六	乙酉 28 日	丙戌 29 一	丁亥 30 二	戊子 31 三	己丑 (11) 四	庚寅 2 五	辛卯 3 六	壬辰 4 日	癸巳 5 一	甲午 6 二	乙未 7 三	丙申 8 四	丁酉 9 五	戊戌 10 六	己亥 11 日	庚子 12 一	辛丑 13 二	壬寅 14 三	癸卯 15 四	甲辰 16 五	乙巳 17 六	戊子立冬 癸卯小雪
十一月大	丙子	天干 地支 西曆 星期	丙午 18 日	丁未 19 一	戊申 20 二	己酉 21 三	庚戌 22 四	辛亥 23 五	壬子 24 六	癸丑 25 日	甲寅 26 一	乙卯 27 二	丙辰 28 三	丁巳 29 四	戊午 30 五	己未 (12) 六	庚申 2 日	辛酉 3 一	壬戌 4 二	癸亥 5 三	甲子 6 四	乙丑 7 五	丙寅 8 六	丁卯 9 日	戊辰 10 一	己巳 11 二	庚午 12 三	辛未 13 四	壬申 14 五	癸酉 15 六	甲戌 16 日	乙亥 17 一	戊午大雪 癸酉冬至
十二月小	丁丑	天干 地支 西曆 星期	丙子 18 二	丁丑 19 三	戊寅 20 四	己卯 21 五	庚辰 22 六	辛巳 23 日	壬午 24 一	癸未 25 二	甲申 26 三	乙酉 27 四	丙戌 28 五	丁亥 29 六	戊子 30 日	己丑 31 一	庚寅 (1) 二	辛卯 2 三	壬辰 3 四	癸巳 4 五	甲午 5 六	乙未 6 日	丙申 7 一	丁酉 8 二	戊戌 9 三	己亥 10 四	庚子 11 五	辛丑 12 六	壬寅 13 日	癸卯 14 一	甲辰 15 二		戊子小寒 甲辰大寒

金太宗天會十三年 熙宗天會十三年（乙卯 兔年） 公元 1135 ~ 1136 年

夏曆月序		中西曆日對照	初一	初二	初三	初四	初五	初六	初七	初八	初九	初十	十一	十二	十三	十四	十五	十六	十七	十八	十九	二十	二一	二二	二三	二四	二五	二六	二七	二八	二九	三十	節氣與天象
正月大	戊寅	天干 地支 西曆 星期	乙巳 16 三	丙午 17 四	丁未 18 五	戊申 19 六	己酉 20 日	庚戌 21 一	辛亥 22 二	壬子 23 三	癸丑 24 四	甲寅 25 五	乙卯 26 六	丙辰 27 日	丁巳 28 一	戊午 29 二	己未 30 三	庚申 31 四	辛酉 (2) 五	壬戌 2 六	癸亥 3 日	甲子 4 一	乙丑 5 二	丙寅 6 三	丁卯 7 四	戊辰 8 五	己巳 9 六	庚午 10 日	辛未 11 一	壬申 12 二	癸酉 13 三	甲戌 14 四	己未立春 甲戌雨水
二月大	己卯	天干 地支 西曆 星期	乙亥 15 五	丙子 16 六	丁丑 17 日	戊寅 18 一	己卯 19 二	庚辰 20 三	辛巳 21 四	壬午 22 五	癸未 23 六	甲申 24 日	乙酉 25 一	丙戌 26 二	丁亥 27 三	戊子 28 四	己丑 (3) 五	庚寅 2 六	辛卯 3 日	壬辰 4 一	癸巳 5 二	甲午 6 三	乙未 7 四	丙申 8 五	丁酉 9 六	戊戌 10 日	己亥 11 一	庚子 12 二	辛丑 13 三	壬寅 14 四	癸卯 15 五	甲辰 16 六	己丑驚蟄 甲辰春分
閏二月小	己卯	天干 地支 西曆 星期	乙巳 17 日	丙午 18 一	丁未 19 二	戊申 20 三	己酉 21 四	庚戌 22 五	辛亥 23 六	壬子 24 日	癸丑 25 一	甲寅 26 二	乙卯 27 三	丙辰 28 四	丁巳 29 五	戊午 30 六	己未 31 日	庚申 (4) 一	辛酉 2 二	壬戌 3 三	癸亥 4 四	甲子 5 五	乙丑 6 六	丙寅 7 日	丁卯 8 一	戊辰 9 二	己巳 10 三	庚午 11 四	辛未 12 五	壬申 13 六	癸酉 14 日		庚申清明
三月大	庚辰	天干 地支 西曆 星期	甲戌 15 一	乙亥 16 二	丙子 17 三	丁丑 18 四	戊寅 19 五	己卯 20 六	庚辰 21 日	辛巳 22 一	壬午 23 二	癸未 24 三	甲申 25 四	乙酉 26 五	丙戌 27 六	丁亥 28 日	戊子 29 一	己丑 30 二	庚寅 (5) 三	辛卯 2 四	壬辰 3 五	癸巳 4 六	甲午 5 日	乙未 6 一	丙申 7 二	丁酉 8 三	戊戌 9 四	己亥 10 五	庚子 11 六	辛丑 12 日	壬寅 13 一	癸卯 14 二	乙亥穀雨 庚寅立夏
四月大	辛巳	天干 地支 西曆 星期	甲辰 15 三	乙巳 16 四	丙午 17 五	丁未 18 六	戊申 19 日	己酉 20 一	庚戌 21 二	辛亥 22 三	壬子 23 四	癸丑 24 五	甲寅 25 六	乙卯 26 日	丙辰 27 一	丁巳 28 二	戊午 29 三	己未 30 四	庚申 31 五	辛酉 (6) 六	壬戌 2 日	癸亥 3 一	甲子 4 二	乙丑 5 三	丙寅 6 四	丁卯 7 五	戊辰 8 六	己巳 9 日	庚午 10 一	辛未 11 二	壬申 12 三	癸酉 13 四	乙巳小滿 辛酉芒種
五月小	壬午	天干 地支 西曆 星期	甲戌 14 五	乙亥 15 六	丙子 16 日	丁丑 17 一	戊寅 18 二	己卯 19 三	庚辰 20 四	辛巳 21 五	壬午 22 六	癸未 23 日	甲申 24 一	乙酉 25 二	丙戌 26 三	丁亥 27 四	戊子 28 五	己丑 29 六	庚寅 30 日	辛卯 (7) 一	壬辰 2 二	癸巳 3 三	甲午 4 四	乙未 5 五	丙申 6 六	丁酉 7 日	戊戌 8 一	己亥 9 二	庚子 10 三	辛丑 11 四	壬寅 12 五		丙子夏至 辛卯小暑
六月小	癸未	天干 地支 西曆 星期	癸卯 13 六	甲辰 14 日	乙巳 15 一	丙午 16 二	丁未 17 三	戊申 18 四	己酉 19 五	庚戌 20 六	辛亥 21 日	壬子 22 一	癸丑 23 二	甲寅 24 三	乙卯 25 四	丙辰 26 五	丁巳 27 六	戊午 28 日	己未 29 一	庚申 30 二	辛酉 31 三	壬戌 (8) 四	癸亥 2 五	甲子 3 六	乙丑 4 日	丙寅 5 一	丁卯 6 二	戊辰 7 三	己巳 8 四	庚午 9 五	辛未 10 六		丙午大暑 辛酉立秋
七月大	甲申	天干 地支 西曆 星期	壬申 11 日	癸酉 12 一	甲戌 13 二	乙亥 14 三	丙子 15 四	丁丑 16 五	戊寅 17 六	己卯 18 日	庚辰 19 一	辛巳 20 二	壬午 21 三	癸未 22 四	甲申 23 五	乙酉 24 六	丙戌 25 日	丁亥 26 一	戊子 27 二	己丑 28 三	庚寅 29 四	辛卯 30 五	壬辰 31 六	癸巳 (9) 日	甲午 2 一	乙未 3 二	丙申 4 三	丁酉 5 四	戊戌 6 五	己亥 7 六	庚子 8 日	辛丑 9 一	丁丑處暑 壬辰白露
八月小	乙酉	天干 地支 西曆 星期	壬寅 10 二	癸卯 11 三	甲辰 12 四	乙巳 13 五	丙午 14 六	丁未 15 日	戊申 16 一	己酉 17 二	庚戌 18 三	辛亥 19 四	壬子 20 五	癸丑 21 六	甲寅 22 日	乙卯 23 一	丙辰 24 二	丁巳 25 三	戊午 26 四	己未 27 五	庚申 28 六	辛酉 29 日	壬戌 30 一	癸亥 (10) 二	甲子 2 三	乙丑 3 四	丙寅 4 五	丁卯 5 六	戊辰 6 日	己巳 7 一	庚午 8 二		丁未秋分 壬戌寒露
九月小	丙戌	天干 地支 西曆 星期	辛未 9 三	壬申 10 四	癸酉 11 五	甲戌 12 六	乙亥 13 日	丙子 14 一	丁丑 15 二	戊寅 16 三	己卯 17 四	庚辰 18 五	辛巳 19 六	壬午 20 日	癸未 21 一	甲申 22 二	乙酉 23 三	丙戌 24 四	丁亥 25 五	戊子 26 六	己丑 27 日	庚寅 28 一	辛卯 29 二	壬辰 30 三	癸巳 31 四	甲午 (11) 五	乙未 2 六	丙申 3 日	丁酉 4 一	戊戌 5 二	己亥 6 三		戊寅霜降 癸巳立冬
十月大	丁亥	天干 地支 西曆 星期	庚子 7 四	辛丑 8 五	壬寅 9 六	癸卯 10 日	甲辰 11 一	乙巳 12 二	丙午 13 三	丁未 14 四	戊申 15 五	己酉 16 六	庚戌 17 日	辛亥 18 一	壬子 19 二	癸丑 20 三	甲寅 21 四	乙卯 22 五	丙辰 23 六	丁巳 24 日	戊午 25 一	己未 26 二	庚申 27 三	辛酉 28 四	壬戌 29 五	癸亥 30 六	甲子 (12) 日	乙丑 2 一	丙寅 3 二	丁卯 4 三	戊辰 5 四	己巳 6 五	戊申小雪 癸亥大雪
十一月小	戊子	天干 地支 西曆 星期	庚午 7 六	辛未 8 日	壬申 9 一	癸酉 10 二	甲戌 11 三	乙亥 12 四	丙子 13 五	丁丑 14 六	戊寅 15 日	己卯 16 一	庚辰 17 二	辛巳 18 三	壬午 19 四	癸未 20 五	甲申 21 六	乙酉 22 日	丙戌 23 一	丁亥 24 二	戊子 25 三	己丑 26 四	庚寅 27 五	辛卯 28 六	壬辰 29 日	癸巳 30 一	甲午 31 二	乙未 (1) 三	丙申 2 四	丁酉 3 五	戊戌 4 六		戊寅冬至 甲午小寒
十二月大	己丑	天干 地支 西曆 星期	己亥 5 日	庚子 6 一	辛丑 7 二	壬寅 8 三	癸卯 9 四	甲辰 10 五	乙巳 11 六	丙午 12 日	丁未 13 一	戊申 14 二	己酉 15 三	庚戌 16 四	辛亥 17 五	壬子 18 六	癸丑 19 日	甲寅 20 一	乙卯 21 二	丙辰 22 三	丁巳 23 四	戊午 24 五	己未 25 六	庚申 26 日	辛酉 27 一	壬戌 28 二	癸亥 29 三	甲子 30 四	乙丑 31 五	丙寅 (2) 六	丁卯 2 日	戊辰 3 一	己酉大寒 甲子立春

* 正月己巳（二十五日），金太宗死。庚午（二十六日），完顔亶即位，是爲熙宗，仍用天會年號。

金熙宗天會十四年（丙辰 龍年）公元 1136 ~ 1137 年

夏曆月序		中西曆日對照	初一	初二	初三	初四	初五	初六	初七	初八	初九	初十	十一	十二	十三	十四	十五	十六	十七	十八	十九	二十	二一	二二	二三	二四	二五	二六	二七	二八	二九	三十	節氣與天象
正月大	庚寅	天干地支 西曆 星期	己巳 4 二	庚午 5 三	辛未 6 四	壬申 7 五	癸酉 8 六	甲戌 9 日	乙亥 10 一	丙子 11 二	丁丑 12 三	戊寅 13 四	己卯 14 五	庚辰 15 六	辛巳 16 日	壬午 17 一	癸未 18 二	甲申 19 三	乙酉 20 四	丙戌 21 五	丁亥 22 六	戊子 23 日	己丑 24 一	庚寅 25 二	辛卯 26 三	壬辰 27 四	癸巳 28 五	甲午 29 六	乙未 (3) 日	丙申 2 一	丁酉 3 二	戊戌 4 三	己卯雨水 乙未驚蟄
二月小	辛卯	天干地支 西曆 星期	己亥 5 四	庚子 6 五	辛丑 7 六	壬寅 8 日	癸卯 9 一	甲辰 10 二	乙巳 11 三	丙午 12 四	丁未 13 五	戊申 14 六	己酉 15 日	庚戌 16 一	辛亥 17 二	壬子 18 三	癸丑 19 四	甲寅 20 五	乙卯 21 六	丙辰 22 日	丁巳 23 一	戊午 24 二	己未 25 三	庚申 26 四	辛酉 27 五	壬戌 28 六	癸亥 29 日	甲子 30 一	乙丑 31 二	丙寅 (4) 三	丁卯 2 四		庚戌春分 乙丑清明
三月大	壬辰	天干地支 西曆 星期	戊辰 3 五	己巳 4 六	庚午 5 日	辛未 6 一	壬申 7 二	癸酉 8 三	甲戌 9 四	乙亥 10 五	丙子 11 六	丁丑 12 日	戊寅 13 一	己卯 14 二	庚辰 15 三	辛巳 16 四	壬午 17 五	癸未 18 六	甲申 19 日	乙酉 20 一	丙戌 21 二	丁亥 22 三	戊子 23 四	己丑 24 五	庚寅 25 六	辛卯 26 日	壬辰 27 一	癸巳 28 二	甲午 29 三	乙未 30 四	丙申 (5) 五	丁酉 2 六	庚辰穀雨 乙未立夏
四月大	癸巳	天干地支 西曆 星期	戊戌 3 日	己亥 4 一	庚子 5 二	辛丑 6 三	壬寅 7 四	癸卯 8 五	甲辰 9 六	乙巳 10 日	丙午 11 一	丁未 12 二	戊申 13 三	己酉 14 四	庚戌 15 五	辛亥 16 六	壬子 17 日	癸丑 18 一	甲寅 19 二	乙卯 20 三	丙辰 21 四	丁巳 22 五	戊午 23 六	己未 24 日	庚申 25 一	辛酉 26 二	壬戌 27 三	癸亥 28 四	甲子 29 五	乙丑 30 六	丙寅 31 日	丁卯 (6) 一	辛亥小滿 丙寅芒種
五月小	甲午	天干地支 西曆 星期	戊辰 2 二	己巳 3 三	庚午 4 四	辛未 5 五	壬申 6 六	癸酉 7 日	甲戌 8 一	乙亥 9 二	丙子 10 三	丁丑 11 四	戊寅 12 五	己卯 13 六	庚辰 14 日	辛巳 15 一	壬午 16 二	癸未 17 三	甲申 18 四	乙酉 19 五	丙戌 20 六	丁亥 21 日	戊子 22 一	己丑 23 二	庚寅 24 三	辛卯 25 四	壬辰 26 五	癸巳 27 六	甲午 28 日	乙未 29 一	丙申 30 二		辛巳夏至 丙申小暑
六月大	乙未	天干地支 西曆 星期	丁酉 (7) 三	戊戌 2 四	己亥 3 五	庚子 4 六	辛丑 5 日	壬寅 6 一	癸卯 7 二	甲辰 8 三	乙巳 9 四	丙午 10 五	丁未 11 六	戊申 12 日	己酉 13 一	庚戌 14 二	辛亥 15 三	壬子 16 四	癸丑 17 五	甲寅 18 六	乙卯 19 日	丙辰 20 一	丁巳 21 二	戊午 22 三	己未 23 四	庚申 24 五	辛酉 25 六	壬戌 26 日	癸亥 27 一	甲子 28 二	乙丑 29 三	丙寅 30 四	辛亥大暑
七月小	丙申	天干地支 西曆 星期	丁卯 31 五	戊辰 (8) 六	己巳 2 日	庚午 3 一	辛未 4 二	壬申 5 三	癸酉 6 四	甲戌 7 五	乙亥 8 六	丙子 9 日	丁丑 10 一	戊寅 11 二	己卯 12 三	庚辰 13 四	辛巳 14 五	壬午 15 六	癸未 16 日	甲申 17 一	乙酉 18 二	丙戌 19 三	丁亥 20 四	戊子 21 五	己丑 22 六	庚寅 23 日	辛卯 24 一	壬辰 25 二	癸巳 26 三	甲午 27 四	乙未 28 五		丁卯立秋 壬午處暑
八月大	丁酉	天干地支 西曆 星期	丙申 29 六	丁酉 30 日	戊戌 31 一	己亥 (9) 二	庚子 2 三	辛丑 3 四	壬寅 4 五	癸卯 5 六	甲辰 6 日	乙巳 7 一	丙午 8 二	丁未 9 三	戊申 10 四	己酉 11 五	庚戌 12 六	辛亥 13 日	壬子 14 一	癸丑 15 二	甲寅 16 三	乙卯 17 四	丙辰 18 五	丁巳 19 六	戊午 20 日	己未 21 一	庚申 22 二	辛酉 23 三	壬戌 24 四	癸亥 25 五	甲子 26 六	乙丑 27 日	丁酉白露 壬子秋分
九月小	戊戌	天干地支 西曆 星期	丙寅 28 一	丁卯 29 二	戊辰 30 三	己巳 (10) 四	庚午 2 五	辛未 3 六	壬申 4 日	癸酉 5 一	甲戌 6 二	乙亥 7 三	丙子 8 四	丁丑 9 五	戊寅 10 六	己卯 11 日	庚辰 12 一	辛巳 13 二	壬午 14 三	癸未 15 四	甲申 16 五	乙酉 17 六	丙戌 18 日	丁亥 19 一	戊子 20 二	己丑 21 三	庚寅 22 四	辛卯 23 五	壬辰 24 六	癸巳 25 日	甲午 26 一		戊辰寒露 癸未霜降
十月大	己亥	天干地支 西曆 星期	乙未 27 二	丙申 28 三	丁酉 29 四	戊戌 30 五	己亥 31 六	庚子 (11) 日	辛丑 2 一	壬寅 3 二	癸卯 4 三	甲辰 5 四	乙巳 6 五	丙午 7 六	丁未 8 日	戊申 9 一	己酉 10 二	庚戌 11 三	辛亥 12 四	壬子 13 五	癸丑 14 六	甲寅 15 日	乙卯 16 一	丙辰 17 二	丁巳 18 三	戊午 19 四	己未 20 五	庚申 21 六	辛酉 22 日	壬戌 23 一	癸亥 24 二	甲子 25 三	戊戌立冬 癸丑小雪
十一月小	庚子	天干地支 西曆 星期	乙丑 26 四	丙寅 27 五	丁卯 28 六	戊辰 29 日	己巳 30 一	庚午 (12) 二	辛未 2 三	壬申 3 四	癸酉 4 五	甲戌 5 六	乙亥 6 日	丙子 7 一	丁丑 8 二	戊寅 9 三	己卯 10 四	庚辰 11 五	辛巳 12 六	壬午 13 日	癸未 14 一	甲申 15 二	乙酉 16 三	丙戌 17 四	丁亥 18 五	戊子 19 六	己丑 20 日	庚寅 21 一	辛卯 22 二	壬辰 23 三	癸巳 24 四		戊辰大雪 甲申冬至
十二月小	辛丑	天干地支 西曆 星期	甲午 25 五	乙未 26 六	丙申 27 日	丁酉 28 一	戊戌 29 二	己亥 30 三	庚子 31 四	辛丑 (1) 五	壬寅 2 六	癸卯 3 日	甲辰 4 一	乙巳 5 二	丙午 6 三	丁未 7 四	戊申 8 五	己酉 9 六	庚戌 10 日	辛亥 11 一	壬子 12 二	癸丑 13 三	甲寅 14 四	乙卯 15 五	丙辰 16 六	丁巳 17 日	戊午 18 一	己未 19 二	庚申 20 三	辛酉 21 四	壬戌 22 五		己亥小寒 甲寅大寒

金熙宗天會十五年（丁巳 蛇年）公元 1137 ~ 1138 年

夏曆月序		中西曆日對照	夏曆日序																														節氣與天象
			初一	初二	初三	初四	初五	初六	初七	初八	初九	初十	十一	十二	十三	十四	十五	十六	十七	十八	十九	二十	二一	二二	二三	二四	二五	二六	二七	二八	二九	三十	
正月大	壬寅	天干地支 西曆 星期	癸亥23六	甲子24日	乙丑25一	丙寅26二	丁卯27三	戊辰28四	己巳29五	庚午30六	辛未31日	壬申(2)一	癸酉2二	甲戌3三	乙亥4四	丙子5五	丁丑6六	戊寅7日	己卯8一	庚辰9二	辛巳10三	壬午11四	癸未12五	甲申13六	乙酉14日	丙戌15一	丁亥16二	戊子17三	己丑18四	庚寅19五	辛卯20六	壬辰21日	己巳立春 乙酉雨水
二月大	癸卯	天干地支 西曆 星期	癸巳22一	甲午23二	乙未24三	丙申25四	丁酉26五	戊戌27六	己亥28日	庚子(3)一	辛丑2二	壬寅3三	癸卯4四	甲辰5五	乙巳6六	丙午7日	丁未8一	戊申9二	己酉10三	庚戌11四	辛亥12五	壬子13六	癸丑14日	甲寅15一	乙卯16二	丙辰17三	丁巳18四	戊午19五	己未20六	庚申21日	辛酉22一	壬戌23二	庚子驚蟄 乙卯春分
三月小	甲辰	天干地支 西曆 星期	癸亥24三	甲子25四	乙丑26五	丙寅27六	丁卯28日	戊辰29一	己巳30二	庚午31三	辛未(4)四	壬申2五	癸酉3六	甲戌4日	乙亥5一	丙子6二	丁丑7三	戊寅8四	己卯9五	庚辰10六	辛巳11日	壬午12一	癸未13二	甲申14三	乙酉15四	丙戌16五	丁亥17六	戊子18日	己丑19一	庚寅20二	辛卯21三		庚午清明 乙酉穀雨
四月大	乙巳	天干地支 西曆 星期	壬辰22四	癸巳23五	甲午24六	乙未25日	丙申26一	丁酉27二	戊戌28三	己亥29四	庚子30五	辛丑(5)六	壬寅2日	癸卯3一	甲辰4二	乙巳5三	丙午6四	丁未7五	戊申8六	己酉9日	庚戌10一	辛亥11二	壬子12三	癸丑13四	甲寅14五	乙卯15六	丙辰16日	丁巳17一	戊午18二	己未19三	庚申20四	辛酉21五	辛丑立夏 丙辰小滿
五月小	丙午	天干地支 西曆 星期	壬戌22六	癸亥23日	甲子24一	乙丑25二	丙寅26三	丁卯27四	戊辰28五	己巳29六	庚午30日	辛未31一	壬申(6)二	癸酉2三	甲戌3四	乙亥4五	丙子5六	丁丑6日	戊寅7一	己卯8二	庚辰9三	辛巳10四	壬午11五	癸未12六	甲申13日	乙酉14一	丙戌15二	丁亥16三	戊子17四	己丑18五	庚寅19六		辛未芒種 丙戌夏至
六月大	丁未	天干地支 西曆 星期	辛卯20日	壬辰21一	癸巳22二	甲午23三	乙未24四	丙申25五	丁酉26六	戊戌27日	己亥28一	庚子29二	辛丑30三	壬寅(7)四	癸卯2五	甲辰3六	乙巳4日	丙午5一	丁未6二	戊申7三	己酉8四	庚戌9五	辛亥10六	壬子11日	癸丑12一	甲寅13二	乙卯14三	丙辰15四	丁巳16五	戊午17六	己未18日	庚申19一	壬寅小暑 丁巳大暑
七月大	戊申	天干地支 西曆 星期	辛酉20二	壬戌21三	癸亥22四	甲子23五	乙丑24六	丙寅25日	丁卯26一	戊辰27二	己巳28三	庚午29四	辛未30五	壬申31六	癸酉(8)日	甲戌2一	乙亥3二	丙子4三	丁丑5四	戊寅6五	己卯7六	庚辰8日	辛巳9一	壬午10二	癸未11三	甲申12四	乙酉13五	丙戌14六	丁亥15日	戊子16一	己丑17二	庚寅18三	壬申立秋 丁亥處暑
八月小	己酉	天干地支 西曆 星期	辛卯19四	壬辰20五	癸巳21六	甲午22日	乙未23一	丙申24二	丁酉25三	戊戌26四	己亥27五	庚子28六	辛丑29日	壬寅30一	癸卯31二	甲辰(9)三	乙巳2四	丙午3五	丁未4六	戊申5日	己酉6一	庚戌7二	辛亥8三	壬子9四	癸丑10五	甲寅11六	乙卯12日	丙辰13一	丁巳14二	戊午15三	己未16四		壬寅白露 戊午秋分
九月大	庚戌	天干地支 西曆 星期	庚申17五	辛酉18六	壬戌19日	癸亥20一	甲子21二	乙丑22三	丙寅23四	丁卯24五	戊辰25六	己巳26日	庚午27一	辛未28二	壬申29三	癸酉30四	甲戌(10)五	乙亥2六	丙子3日	丁丑4一	戊寅5二	己卯6三	庚辰7四	辛巳8五	壬午9六	癸未10日	甲申11一	乙酉12二	丙戌13三	丁亥14四	戊子15五	己丑16六	癸酉寒露 戊子霜降
十月小	辛亥	天干地支 西曆 星期	庚寅17日	辛卯18一	壬辰19二	癸巳20三	甲午21四	乙未22五	丙申23六	丁酉24日	戊戌25一	己亥26二	庚子27三	辛丑28四	壬寅29五	癸卯30六	甲辰31日	乙巳(11)一	丙午2二	丁未3三	戊申4四	己酉5五	庚戌6六	辛亥7日	壬子8一	癸丑9二	甲寅10三	乙卯11四	丙辰12五	丁巳13六	戊午14日		癸卯立冬 戊午小雪
閏十月大	辛亥	天干地支 西曆 星期	己未15一	庚申16二	辛酉17三	壬戌18四	癸亥19五	甲子20六	乙丑21日	丙寅22一	丁卯23二	戊辰24三	己巳25四	庚午26五	辛未27六	壬申28日	癸酉29一	甲戌30二	乙亥(12)三	丙子2四	丁丑3五	戊寅4六	己卯5日	庚辰6一	辛巳7二	壬午8三	癸未9四	甲申10五	乙酉11六	丙戌12日	丁亥13一	戊子14二	甲戌大雪
十一月小	壬子	天干地支 西曆 星期	己丑15三	庚寅16四	辛卯17五	壬辰18六	癸巳19日	甲午20一	乙未21二	丙申22三	丁酉23四	戊戌24五	己亥25六	庚子26日	辛丑27一	壬寅28二	癸卯29三	甲辰30四	乙巳31五	丙午(1)六	丁未2日	戊申3一	己酉4二	庚戌5三	辛亥6四	壬子7五	癸丑8六	甲寅9日	乙卯10一	丙辰11二	丁巳12三		己丑冬至 甲辰小寒
十二月大	癸丑	天干地支 西曆 星期	戊午13四	己未14五	庚申15六	辛酉16日	壬戌17一	癸亥18二	甲子19三	乙丑20四	丙寅21五	丁卯22六	戊辰23日	己巳24一	庚午25二	辛未26三	壬申27四	癸酉28五	甲戌29六	乙亥30日	丙子31一	丁丑(2)二	戊寅2三	己卯3四	庚辰4五	辛巳5六	壬午6日	癸未7一	甲申8二	乙酉9三	丙戌10四	丁亥11五	己未大寒 乙亥立春

金熙宗天眷元年（戊午 馬年） 公元 1138 ~ 1139 年

夏曆月序		中西曆日對照	夏曆日序																														節氣與天象
			初一	初二	初三	初四	初五	初六	初七	初八	初九	初十	十一	十二	十三	十四	十五	十六	十七	十八	十九	二十	二一	二二	二三	二四	二五	二六	二七	二八	二九	三十	
正月小	甲寅	天干地支 西曆 星期	戊子 12 六	己丑 13 日	庚寅 14 一	辛卯 15 二	壬辰 16 三	癸巳 17 四	甲午 18 五	乙未 19 六	丙申 20 日	丁酉 21 一	戊戌 22 二	己亥 23 三	庚子 24 四	辛丑 25 五	壬寅 26 六	癸卯 27 日	甲辰 28 一	乙巳 (3) 二	丙午 2 三	丁未 3 四	戊申 4 五	己酉 5 六	庚戌 6 日	辛亥 7 一	壬子 8 二	癸丑 9 三	甲寅 10 四	乙卯 11 五	丙辰 12 六		庚寅雨水 乙巳驚蟄
二月小	乙卯	天干地支 西曆 星期	丁巳 13 日	戊午 14 一	己未 15 二	庚申 16 三	辛酉 17 四	壬戌 18 五	癸亥 19 六	甲子 20 日	乙丑 21 一	丙寅 22 二	丁卯 23 三	戊辰 24 四	己巳 25 五	庚午 26 六	辛未 27 日	壬申 28 一	癸酉 29 二	甲戌 30 三	乙亥 31 四	丙子 (4) 五	丁丑 2 六	戊寅 3 日	己卯 4 一	庚辰 5 二	辛巳 6 三	壬午 7 四	癸未 8 五	甲申 9 六	乙酉 10 日		庚申春分 乙亥清明
三月大	丙辰	天干地支 西曆 星期	丙戌 11 一	丁亥 12 二	戊子 13 三	己丑 14 四	庚寅 15 五	辛卯 16 六	壬辰 17 日	癸巳 18 一	甲午 19 二	乙未 20 三	丙申 21 四	丁酉 22 五	戊戌 23 六	己亥 24 日	庚子 25 一	辛丑 26 二	壬寅 27 三	癸卯 28 四	甲辰 29 五	乙巳 30 六	丙午 (5) 日	丁未 2 一	戊申 3 二	己酉 4 三	庚戌 5 四	辛亥 6 五	壬子 7 六	癸丑 8 日	甲寅 9 一	乙卯 10 二	辛卯穀雨 丙午立夏
四月小	丁巳	天干地支 西曆 星期	丙辰 11 三	丁巳 12 四	戊午 13 五	己未 14 六	庚申 15 日	辛酉 16 一	壬戌 17 二	癸亥 18 三	甲子 19 四	乙丑 20 五	丙寅 21 六	丁卯 22 日	戊辰 23 一	己巳 24 二	庚午 25 三	辛未 26 四	壬申 27 五	癸酉 28 六	甲戌 29 日	乙亥 30 一	丙子 31 二	丁丑 (6) 三	戊寅 2 四	己卯 3 五	庚辰 4 六	辛巳 5 日	壬午 6 一	癸未 7 二	甲申 8 三		辛酉小滿 丙子芒種
五月大	戊午	天干地支 西曆 星期	乙酉 9 四	丙戌 10 五	丁亥 11 六	戊子 12 日	己丑 13 一	庚寅 14 二	辛卯 15 三	壬辰 16 四	癸巳 17 五	甲午 18 六	乙未 19 日	丙申 20 一	丁酉 21 二	戊戌 22 三	己亥 23 四	庚子 24 五	辛丑 25 六	壬寅 26 日	癸卯 27 一	甲辰 28 二	乙巳 29 三	丙午 30 四	丁未 (7) 五	戊申 2 六	己酉 3 日	庚戌 4 一	辛亥 5 二	壬子 6 三	癸丑 7 四	甲寅 8 五	壬辰夏至 丁未小暑
六月大	己未	天干地支 西曆 星期	乙卯 9 六	丙辰 10 日	丁巳 11 一	戊午 12 二	己未 13 三	庚申 14 四	辛酉 15 五	壬戌 16 六	癸亥 17 日	甲子 18 一	乙丑 19 二	丙寅 20 三	丁卯 21 四	戊辰 22 五	己巳 23 六	庚午 24 日	辛未 25 一	壬申 26 二	癸酉 27 三	甲戌 28 四	乙亥 29 五	丙子 30 六	丁丑 31 日	戊寅 (8) 一	己卯 2 二	庚辰 3 三	辛巳 4 四	壬午 5 五	癸未 6 六	甲申 7 日	壬戌大暑 丁丑立秋
七月小	庚申	天干地支 西曆 星期	乙酉 8 一	丙戌 9 二	丁亥 10 三	戊子 11 四	己丑 12 五	庚寅 13 六	辛卯 14 日	壬辰 15 一	癸巳 16 二	甲午 17 三	乙未 18 四	丙申 19 五	丁酉 20 六	戊戌 21 日	己亥 22 一	庚子 23 二	辛丑 24 三	壬寅 25 四	癸卯 26 五	甲辰 27 六	乙巳 28 日	丙午 29 一	丁未 30 二	戊申 31 三	己酉 (9) 四	庚戌 2 五	辛亥 3 六	壬子 4 日	癸丑 5 一		壬辰處暑 戊申白露
八月大	辛酉	天干地支 西曆 星期	甲寅 6 二	乙卯 7 三	丙辰 8 四	丁巳 9 五	戊午 10 六	己未 11 日	庚申 12 一	辛酉 13 二	壬戌 14 三	癸亥 15 四	甲子 16 五	乙丑 17 六	丙寅 18 日	丁卯 19 一	戊辰 20 二	己巳 21 三	庚午 22 四	辛未 23 五	壬申 24 六	癸酉 25 日	甲戌 26 一	乙亥 27 二	丙子 28 三	丁丑 29 四	戊寅 30 五	己卯 (10) 六	庚辰 2 日	辛巳 3 一	壬午 4 二	癸未 5 三	癸亥秋分 戊寅寒露
九月大	壬戌	天干地支 西曆 星期	甲申 6 四	乙酉 7 五	丙戌 8 六	丁亥 9 日	戊子 10 一	己丑 11 二	庚寅 12 三	辛卯 13 四	壬辰 14 五	癸巳 15 六	甲午 16 日	乙未 17 一	丙申 18 二	丁酉 19 三	戊戌 20 四	己亥 21 五	庚子 22 六	辛丑 23 日	壬寅 24 一	癸卯 25 二	甲辰 26 三	乙巳 27 四	丙午 28 五	丁未 29 六	戊申 30 日	己酉 31 一	庚戌 (11) 二	辛亥 2 三	壬子 3 四	癸丑 4 五	癸巳霜降 己酉立冬
十月小	癸亥	天干地支 西曆 星期	甲寅 5 六	乙卯 6 日	丙辰 7 一	丁巳 8 二	戊午 9 三	己未 10 四	庚申 11 五	辛酉 12 六	壬戌 13 日	癸亥 14 一	甲子 15 二	乙丑 16 三	丙寅 17 四	丁卯 18 五	戊辰 19 六	己巳 20 日	庚午 21 一	辛未 22 二	壬申 23 三	癸酉 24 四	甲戌 25 五	乙亥 26 六	丙子 27 日	丁丑 28 一	戊寅 29 二	己卯 30 三	庚辰 (12) 四	辛巳 2 五	壬午 3 六		甲子小雪 己卯大雪
十一月大	甲子	天干地支 西曆 星期	癸未 4 日	甲申 5 一	乙酉 6 二	丙戌 7 三	丁亥 8 四	戊子 9 五	己丑 10 六	庚寅 11 日	辛卯 12 一	壬辰 13 二	癸巳 14 三	甲午 15 四	乙未 16 五	丙申 17 六	丁酉 18 日	戊戌 19 一	己亥 20 二	庚子 21 三	辛丑 22 四	壬寅 23 五	癸卯 24 六	甲辰 25 日	乙巳 26 一	丙午 27 二	丁未 28 三	戊申 29 四	己酉 30 五	庚戌 31 六	辛亥 (1) 日	壬子 2 一	甲午冬至 己酉小寒
十二月小	乙丑	天干地支 西曆 星期	癸丑 3 二	甲寅 4 三	乙卯 5 四	丙辰 6 五	丁巳 7 六	戊午 8 日	己未 9 一	庚申 10 二	辛酉 11 三	壬戌 12 四	癸亥 13 五	甲子 14 六	乙丑 15 日	丙寅 16 一	丁卯 17 二	戊辰 18 三	己巳 19 四	庚午 20 五	辛未 21 六	壬申 22 日	癸酉 23 一	甲戌 24 二	乙亥 25 三	丙子 26 四	丁丑 27 五	戊寅 28 六	己卯 29 日	庚辰 30 一	辛巳 31 二		乙丑大寒 庚辰立春

* 正月戊子（初一），改元天眷。

金熙宗天眷二年（己未 羊年） 公元1139~1140年

夏曆月序		中西曆日對照	初一	初二	初三	初四	初五	初六	初七	初八	初九	初十	十一	十二	十三	十四	十五	十六	十七	十八	十九	二十	二一	二二	二三	二四	二五	二六	二七	二八	二九	三十	節氣與天象
正月大	丙寅	天干地支 西曆 星期	壬午 (2) 三	癸未 2 四	甲申 3 五	乙酉 4 六	丙戌 5 日	丁亥 6 一	戊子 7 二	己丑 8 三	庚寅 9 四	辛卯 10 五	壬辰 11 六	癸巳 12 日	甲午 13 一	乙未 14 二	丙申 15 三	丁酉 16 四	戊戌 17 五	己亥 18 六	庚子 19 日	辛丑 20 一	壬寅 21 二	癸卯 22 三	甲辰 23 四	乙巳 24 五	丙午 25 六	丁未 26 日	戊申 27 一	己酉 28 二	庚戌 (3) 三	辛亥 2 四	乙未雨水 庚戌驚蟄
二月小	丁卯	天干地支 西曆 星期	壬子 3 五	癸丑 4 六	甲寅 5 日	乙卯 6 一	丙辰 7 二	丁巳 8 三	戊午 9 四	己未 10 五	庚申 11 六	辛酉 12 日	壬戌 13 一	癸亥 14 二	甲子 15 三	乙丑 16 四	丙寅 17 五	丁卯 18 六	戊辰 19 日	己巳 20 一	庚午 21 二	辛未 22 三	壬申 23 四	癸酉 24 五	甲戌 25 六	乙亥 26 日	丙子 27 一	丁丑 28 二	戊寅 29 三	己卯 30 四	庚辰 31 五		乙丑春分
三月小	戊辰	天干地支 西曆 星期	辛巳 (4) 六	壬午 2 日	癸未 3 一	甲申 4 二	乙酉 5 三	丙戌 6 四	丁亥 7 五	戊子 8 六	己丑 9 日	庚寅 10 一	辛卯 11 二	壬辰 12 三	癸巳 13 四	甲午 14 五	乙未 15 六	丙申 16 日	丁酉 17 一	戊戌 18 二	己亥 19 三	庚子 20 四	辛丑 21 五	壬寅 22 六	癸卯 23 日	甲辰 24 一	乙巳 25 二	丙午 26 三	丁未 27 四	戊申 28 五	己酉 29 六		辛巳清明 丙申穀雨
四月大	己巳	天干地支 西曆 星期	庚戌 30 日	辛亥 (5) 一	壬子 2 二	癸丑 3 三	甲寅 4 四	乙卯 5 五	丙辰 6 六	丁巳 7 日	戊午 8 一	己未 9 二	庚申 10 三	辛酉 11 四	壬戌 12 五	癸亥 13 六	甲子 14 日	乙丑 15 一	丙寅 16 二	丁卯 17 三	戊辰 18 四	己巳 19 五	庚午 20 六	辛未 21 日	壬申 22 一	癸酉 23 二	甲戌 24 三	乙亥 25 四	丙子 26 五	丁丑 27 六	戊寅 28 日	己卯 29 一	辛亥立夏 丙寅小滿
五月小	庚午	天干地支 西曆 星期	庚辰 30 二	辛巳 31 三	壬午 (6) 四	癸未 2 五	甲申 3 六	乙酉 4 日	丙戌 5 一	丁亥 6 二	戊子 7 三	己丑 8 四	庚寅 9 五	辛卯 10 六	壬辰 11 日	癸巳 12 一	甲午 13 二	乙未 14 三	丙申 15 四	丁酉 16 五	戊戌 17 六	己亥 18 日	庚子 19 一	辛丑 20 二	壬寅 21 三	癸卯 22 四	甲辰 23 五	乙巳 24 六	丙午 25 日	丁未 26 一	戊申 27 二		壬午芒種 丁酉夏至
六月大	辛未	天干地支 西曆 星期	己酉 28 三	庚戌 29 四	辛亥 30 五	壬子 (7) 六	癸丑 2 日	甲寅 3 一	乙卯 4 二	丙辰 5 三	丁巳 6 四	戊午 7 五	己未 8 六	庚申 9 日	辛酉 10 一	壬戌 11 二	癸亥 12 三	甲子 13 四	乙丑 14 五	丙寅 15 六	丁卯 16 日	戊辰 17 一	己巳 18 二	庚午 19 三	辛未 20 四	壬申 21 五	癸酉 22 六	甲戌 23 日	乙亥 24 一	丙子 25 二	丁丑 26 三	戊寅 27 四	壬子小暑 丁卯大暑
七月小	壬申	天干地支 西曆 星期	己卯 28 五	庚辰 29 六	辛巳 30 日	壬午 31 一	癸未 (8) 二	甲申 2 三	乙酉 3 四	丙戌 4 五	丁亥 5 六	戊子 6 日	己丑 7 一	庚寅 8 二	辛卯 9 三	壬辰 10 四	癸巳 11 五	甲午 12 六	乙未 13 日	丙申 14 一	丁酉 15 二	戊戌 16 三	己亥 17 四	庚子 18 五	辛丑 19 六	壬寅 20 日	癸卯 21 一	甲辰 22 二	乙巳 23 三	丙午 24 四	丁未 25 五		壬午立秋 戊戌處暑
八月大	癸酉	天干地支 西曆 星期	戊申 26 六	己酉 27 日	庚戌 28 一	辛亥 29 二	壬子 30 三	癸丑 31 四	甲寅 (9) 五	乙卯 2 六	丙辰 3 日	丁巳 4 一	戊午 5 二	己未 6 三	庚申 7 四	辛酉 8 五	壬戌 9 六	癸亥 10 日	甲子 11 一	乙丑 12 二	丙寅 13 三	丁卯 14 四	戊辰 15 五	己巳 16 六	庚午 17 日	辛未 18 一	壬申 19 二	癸酉 20 三	甲戌 21 四	乙亥 22 五	丙子 23 六	丁丑 24 日	癸丑白露 戊辰秋分
九月大	甲戌	天干地支 西曆 星期	戊寅 25 一	己卯 26 二	庚辰 27 三	辛巳 28 四	壬午 29 五	癸未 30 六	甲申 (10) 日	乙酉 2 一	丙戌 3 二	丁亥 4 三	戊子 5 四	己丑 6 五	庚寅 7 六	辛卯 8 日	壬辰 9 一	癸巳 10 二	甲午 11 三	乙未 12 四	丙申 13 五	丁酉 14 六	戊戌 15 日	己亥 16 一	庚子 17 二	辛丑 18 三	壬寅 19 四	癸卯 20 五	甲辰 21 六	乙巳 22 日	丙午 23 一	丁未 24 二	癸未寒露 己亥霜降
十月大	乙亥	天干地支 西曆 星期	戊申 25 三	己酉 26 四	庚戌 27 五	辛亥 28 六	壬子 29 日	癸丑 30 一	甲寅 31 二	乙卯 (11) 三	丙辰 2 四	丁巳 3 五	戊午 4 六	己未 5 日	庚申 6 一	辛酉 7 二	壬戌 8 三	癸亥 9 四	甲子 10 五	乙丑 11 六	丙寅 12 日	丁卯 13 一	戊辰 14 二	己巳 15 三	庚午 16 四	辛未 17 五	壬申 18 六	癸酉 19 日	甲戌 20 一	乙亥 21 二	丙子 22 三	丁丑 23 四	甲寅立冬 己巳小雪
十一月小	丙子	天干地支 西曆 星期	戊寅 24 五	己卯 25 六	庚辰 26 日	辛巳 27 一	壬午 28 二	癸未 29 三	甲申 30 四	乙酉 (12) 五	丙戌 2 六	丁亥 3 日	戊子 4 一	己丑 5 二	庚寅 6 三	辛卯 7 四	壬辰 8 五	癸巳 9 六	甲午 10 日	乙未 11 一	丙申 12 二	丁酉 13 三	戊戌 14 四	己亥 15 五	庚子 16 六	辛丑 17 日	壬寅 18 一	癸卯 19 二	甲辰 20 三	乙巳 21 四	丙午 22 五		甲申大雪 己亥冬至
十二月大	丁丑	天干地支 西曆 星期	丁未 23 六	戊申 24 日	己酉 25 一	庚戌 26 二	辛亥 27 三	壬子 28 四	癸丑 29 五	甲寅 30 六	乙卯 31 日	丙辰 (1) 一	丁巳 2 二	戊午 3 三	己未 4 四	庚申 5 五	辛酉 6 六	壬戌 7 日	癸亥 8 一	甲子 9 二	乙丑 10 三	丙寅 11 四	丁卯 12 五	戊辰 13 六	己巳 14 日	庚午 15 一	辛未 16 二	壬申 17 三	癸酉 18 四	甲戌 19 五	乙亥 20 六	丙子 21 日	乙卯小寒 庚午大寒

金熙宗天眷三年（庚申 猴年） 公元1140～1141年

夏曆月序		中西曆日對照	初一	初二	初三	初四	初五	初六	初七	初八	初九	初十	十一	十二	十三	十四	十五	十六	十七	十八	十九	二十	二一	二二	二三	二四	二五	二六	二七	二八	二九	三十	節氣與天象
正月小	戊寅	天干 地支 西曆 星期	丁丑 22 一	戊寅 23 二	己卯 24 三	庚辰 25 四	辛巳 26 五	壬午 27 六	癸未 28 日	甲申 29 一	乙酉 30 二	丙戌 31 三	丁亥 (2) 四	戊子 2 五	己丑 3 六	庚寅 4 日	辛卯 5 一	壬辰 6 二	癸巳 7 三	甲午 8 四	乙未 9 五	丙申 10 六	丁酉 11 日	戊戌 12 一	己亥 13 二	庚子 14 三	辛丑 15 四	壬寅 16 五	癸卯 17 六	甲辰 18 日	乙巳 19 一		乙酉立春 庚子雨水
二月大	己卯	天干 地支 西曆 星期	丙午 20 二	丁未 21 三	戊申 22 四	己酉 23 五	庚戌 24 六	辛亥 25 日	壬子 26 一	癸丑 27 二	甲寅 28 三	乙卯 29 四	丙辰 (3) 五	丁巳 2 六	戊午 3 日	己未 4 一	庚申 5 二	辛酉 6 三	壬戌 7 四	癸亥 8 五	甲子 9 六	乙丑 10 日	丙寅 11 一	丁卯 12 二	戊辰 13 三	己巳 14 四	庚午 15 五	辛未 16 六	壬申 17 日	癸酉 18 一	甲戌 19 二	乙亥 20 三	丙辰驚蟄 辛未春分
三月小	庚辰	天干 地支 西曆 星期	丙子 21 四	丁丑 22 五	戊寅 23 六	己卯 24 日	庚辰 25 一	辛巳 26 二	壬午 27 三	癸未 28 四	甲申 29 五	乙酉 30 六	丙戌 31 日	丁亥 (4) 一	戊子 2 二	己丑 3 三	庚寅 4 四	辛卯 5 五	壬辰 6 六	癸巳 7 日	甲午 8 一	乙未 9 二	丙申 10 三	丁酉 11 四	戊戌 12 五	己亥 13 六	庚子 14 日	辛丑 15 一	壬寅 16 二	癸卯 17 三	甲辰 18 四		丙戌清明 辛丑穀雨
四月小	辛巳	天干 地支 西曆 星期	乙巳 19 五	丙午 20 六	丁未 21 日	戊申 22 一	己酉 23 二	庚戌 24 三	辛亥 25 四	壬子 26 五	癸丑 27 六	甲寅 28 日	乙卯 29 一	丙辰 30 二	丁巳 (5) 三	戊午 2 四	己未 3 五	庚申 4 六	辛酉 5 日	壬戌 6 一	癸亥 7 二	甲子 8 三	乙丑 9 四	丙寅 10 五	丁卯 11 六	戊辰 12 日	己巳 13 一	庚午 14 二	辛未 15 三	壬申 16 四	癸酉 17 五		丙辰立夏 壬申小滿
五月大	壬午	天干 地支 西曆 星期	甲戌 18 六	乙亥 19 日	丙子 20 一	丁丑 21 二	戊寅 22 三	己卯 23 四	庚辰 24 五	辛巳 25 六	壬午 26 日	癸未 27 一	甲申 28 二	乙酉 29 三	丙戌 30 四	丁亥 31 五	戊子 (6) 六	己丑 2 日	庚寅 3 一	辛卯 4 二	壬辰 5 三	癸巳 6 四	甲午 7 五	乙未 8 六	丙申 9 日	丁酉 10 一	戊戌 11 二	己亥 12 三	庚子 13 四	辛丑 14 五	壬寅 15 六	癸卯 16 日	丁亥芒種 壬寅夏至
六月小	癸未	天干 地支 西曆 星期	甲辰 17 一	乙巳 18 二	丙午 19 三	丁未 20 四	戊申 21 五	己酉 22 六	庚戌 23 日	辛亥 24 一	壬子 25 二	癸丑 26 三	甲寅 27 四	乙卯 28 五	丙辰 29 六	丁巳 30 日	戊午 (7) 一	己未 2 二	庚申 3 三	辛酉 4 四	壬戌 5 五	癸亥 6 六	甲子 7 日	乙丑 8 一	丙寅 9 二	丁卯 10 三	戊辰 11 四	己巳 12 五	庚午 13 六	辛未 14 日	壬申 15 一		丁巳小暑 壬申大暑
閏六月大	癸未	天干 地支 西曆 星期	癸酉 16 二	甲戌 17 三	乙亥 18 四	丙子 19 五	丁丑 20 六	戊寅 21 日	己卯 22 一	庚辰 23 二	辛巳 24 三	壬午 25 四	癸未 26 五	甲申 27 六	乙酉 28 日	丙戌 29 一	丁亥 30 二	戊子 31 三	己丑 (8) 四	庚寅 2 五	辛卯 3 六	壬辰 4 日	癸巳 5 一	甲午 6 二	乙未 7 三	丙申 8 四	丁酉 9 五	戊戌 10 六	己亥 11 日	庚子 12 一	辛丑 13 二	壬寅 14 三	戊子立秋
七月小	甲申	天干 地支 西曆 星期	癸卯 15 四	甲辰 16 五	乙巳 17 六	丙午 18 日	丁未 19 一	戊申 20 二	己酉 21 三	庚戌 22 四	辛亥 23 五	壬子 24 六	癸丑 25 日	甲寅 26 一	乙卯 27 二	丙辰 28 三	丁巳 29 四	戊午 30 五	己未 31 六	庚申 (9) 日	辛酉 2 一	壬戌 3 二	癸亥 4 三	甲子 5 四	乙丑 6 五	丙寅 7 六	丁卯 8 日	戊辰 9 一	己巳 10 二	庚午 11 三	辛未 12 四		癸卯處暑 戊午白露
八月大	乙酉	天干 地支 西曆 星期	壬申 13 五	癸酉 14 六	甲戌 15 日	乙亥 16 一	丙子 17 二	丁丑 18 三	戊寅 19 四	己卯 20 五	庚辰 21 六	辛巳 22 日	壬午 23 一	癸未 24 二	甲申 25 三	乙酉 26 四	丙戌 27 五	丁亥 28 六	戊子 29 日	己丑 30 一	庚寅 (10) 二	辛卯 2 三	壬辰 3 四	癸巳 4 五	甲午 5 六	乙未 6 日	丙申 7 一	丁酉 8 二	戊戌 9 三	己亥 10 四	庚子 11 五	辛丑 12 六	癸酉秋分 己丑寒露
九月大	丙戌	天干 地支 西曆 星期	壬寅 13 日	癸卯 14 一	甲辰 15 二	乙巳 16 三	丙午 17 四	丁未 18 五	戊申 19 六	己酉 20 日	庚戌 21 一	辛亥 22 二	壬子 23 三	癸丑 24 四	甲寅 25 五	乙卯 26 六	丙辰 27 日	丁巳 28 一	戊午 29 二	己未 30 三	庚申 31 四	辛酉 (11) 五	壬戌 2 六	癸亥 3 日	甲子 4 一	乙丑 5 二	丙寅 6 三	丁卯 7 四	戊辰 8 五	己巳 9 六	庚午 10 日	辛未 11 一	甲辰霜降 己未立冬
十月小	丁亥	天干 地支 西曆 星期	壬申 12 二	癸酉 13 三	甲戌 14 四	乙亥 15 五	丙子 16 六	丁丑 17 日	戊寅 18 一	己卯 19 二	庚辰 20 三	辛巳 21 四	壬午 22 五	癸未 23 六	甲申 24 日	乙酉 25 一	丙戌 26 二	丁亥 27 三	戊子 28 四	己丑 29 五	庚寅 30 六	辛卯 (12) 日	壬辰 2 一	癸巳 3 二	甲午 4 三	乙未 5 四	丙申 6 五	丁酉 7 六	戊戌 8 日	己亥 9 一	庚子 10 二		甲戌小雪 己丑大雪
十一月大	戊子	天干 地支 西曆 星期	辛丑 11 三	壬寅 12 四	癸卯 13 五	甲辰 14 六	乙巳 15 日	丙午 16 一	丁未 17 二	戊申 18 三	己酉 19 四	庚戌 20 五	辛亥 21 六	壬子 22 日	癸丑 23 一	甲寅 24 二	乙卯 25 三	丙辰 26 四	丁巳 27 五	戊午 28 六	己未 29 日	庚申 30 一	辛酉 31 二	壬戌 (1) 三	癸亥 2 四	甲子 3 五	乙丑 4 六	丙寅 5 日	丁卯 6 一	戊辰 7 二	己巳 8 三	庚午 9 四	乙巳冬至 庚申小寒
十二月大	己丑	天干 地支 西曆 星期	辛未 10 五	壬申 11 六	癸酉 12 日	甲戌 13 一	乙亥 14 二	丙子 15 三	丁丑 16 四	戊寅 17 五	己卯 18 六	庚辰 19 日	辛巳 20 一	壬午 21 二	癸未 22 三	甲申 23 四	乙酉 24 五	丙戌 25 六	丁亥 26 日	戊子 27 一	己丑 28 二	庚寅 29 三	辛卯 30 四	壬辰 31 五	癸巳 (2) 六	甲午 2 日	乙未 3 一	丙申 4 二	丁酉 5 三	戊戌 6 四	己亥 7 五	庚子 8 六	乙亥大寒 庚寅立春

金熙宗皇統元年（辛酉 鷄年） 公元 1141 ~ 1142 年

夏曆月序		中西曆日對照	夏曆日序																													節氣與天象
			初一	初二	初三	初四	初五	初六	初七	初八	初九	初十	十一	十二	十三	十四	十五	十六	十七	十八	十九	二十	二一	二二	二三	二四	二五	二六	二七	二八	二九	三十	
正月小	庚寅	天干地支西曆星期	辛丑9日	壬寅10一	癸卯11二	甲辰12三	乙巳13四	丙午14五	丁未15六	戊申16日	己酉17一	庚戌18二	辛亥19三	壬子20四	癸丑21五	甲寅22六	乙卯23日	丙辰24一	丁巳25二	戊午26三	己未27四	庚申28五	辛酉(3)六	壬戌2日	癸亥3一	甲子4二	乙丑5三	丙寅6四	丁卯7五	戊辰8六	己巳9日		丙午雨水 辛酉驚蟄
二月大	辛卯	天干地支西曆星期	庚午10一	辛未11二	壬申12三	癸酉13四	甲戌14五	乙亥15六	丙子16日	丁丑17一	戊寅18二	己卯19三	庚辰20四	辛巳21五	壬午22六	癸未23日	甲申24一	乙酉25二	丙戌26三	丁亥27四	戊子28五	己丑29六	庚寅30日	辛卯31一	壬辰(4)二	癸巳2三	甲午3四	乙未4五	丙申5六	丁酉6日	戊戌7一	己亥8二	丙子春分 辛卯清明
三月小	壬辰	天干地支西曆星期	庚子9三	辛丑10四	壬寅11五	癸卯12六	甲辰13日	乙巳14一	丙午15二	丁未16三	戊申17四	己酉18五	庚戌19六	辛亥20日	壬子21一	癸丑22二	甲寅23三	乙卯24四	丙辰25五	丁巳26六	戊午27日	己未28一	庚申29二	辛酉30三	壬戌(5)四	癸亥2五	甲子3六	乙丑4日	丙寅5一	丁卯6二	戊辰7三		丙午穀雨 壬戌立夏
四月小	癸巳	天干地支西曆星期	己巳8四	庚午9五	辛未10六	壬申11日	癸酉12一	甲戌13二	乙亥14三	丙子15四	丁丑16五	戊寅17六	己卯18日	庚辰19一	辛巳20二	壬午21三	癸未22四	甲申23五	乙酉24六	丙戌25日	丁亥26一	戊子27二	己丑28三	庚寅29四	辛卯30五	壬辰31六	癸巳(6)日	甲午2一	乙未3二	丙申4三	丁酉5四		丁丑小滿 壬辰芒種
五月大	甲午	天干地支西曆星期	戊戌6五	己亥7六	庚子8日	辛丑9一	壬寅10二	癸卯11三	甲辰12四	乙巳13五	丙午14六	丁未15日	戊申16一	己酉17二	庚戌18三	辛亥19四	壬子20五	癸丑21六	甲寅22日	乙卯23一	丙辰24二	丁巳25三	戊午26四	己未27五	庚申28六	辛酉29日	壬戌30一	癸亥(7)二	甲子2三	乙丑3四	丙寅4五	丁卯5六	丁未夏至 壬戌小暑
六月小	乙未	天干地支西曆星期	戊辰6日	己巳7一	庚午8二	辛未9三	壬申10四	癸酉11五	甲戌12六	乙亥13日	丙子14一	丁丑15二	戊寅16三	己卯17四	庚辰18五	辛巳19六	壬午20日	癸未21一	甲申22二	乙酉23三	丙戌24四	丁亥25五	戊子26六	己丑27日	庚寅28一	辛卯29二	壬辰30三	癸巳31四	甲午(8)五	乙未2六	丙申3日		戊寅大暑 癸巳立秋
七月小	丙申	天干地支西曆星期	丁酉4一	戊戌5二	己亥6三	庚子7四	辛丑8五	壬寅9六	癸卯10日	甲辰11一	乙巳12二	丙午13三	丁未14四	戊申15五	己酉16六	庚戌17日	辛亥18一	壬子19二	癸丑20三	甲寅21四	乙卯22五	丙辰23六	丁巳24日	戊午25一	己未26二	庚申27三	辛酉28四	壬戌29五	癸亥30六	甲子31日	乙丑(9)一		戊申處暑 癸亥白露
八月大	丁酉	天干地支西曆星期	丙寅2二	丁卯3三	戊辰4四	己巳5五	庚午6六	辛未7日	壬申8一	癸酉9二	甲戌10三	乙亥11四	丙子12五	丁丑13六	戊寅14日	己卯15一	庚辰16二	辛巳17三	壬午18四	癸未19五	甲申20六	乙酉21日	丙戌22一	丁亥23二	戊子24三	己丑25四	庚寅26五	辛卯27六	壬辰28日	癸巳29一	甲午30二	乙未(10)三	己卯秋分 甲午寒露
九月大	戊戌	天干地支西曆星期	丙申2四	丁酉3五	戊戌4六	己亥5日	庚子6一	辛丑7二	壬寅8三	癸卯9四	甲辰10五	乙巳11六	丙午12日	丁未13一	戊申14二	己酉15三	庚戌16四	辛亥17五	壬子18六	癸丑19日	甲寅20一	乙卯21二	丙辰22三	丁巳23四	戊午24五	己未25六	庚申26日	辛酉27一	壬戌28二	癸亥29三	甲子30四	乙丑31五	己酉霜降 甲子立冬
十月小	己亥	天干地支西曆星期	丙寅(11)六	丁卯2日	戊辰3一	己巳4二	庚午5三	辛未6四	壬申7五	癸酉8六	甲戌9日	乙亥10一	丙子11二	丁丑12三	戊寅13四	己卯14五	庚辰15六	辛巳16日	壬午17一	癸未18二	甲申19三	乙酉20四	丙戌21五	丁亥22六	戊子23日	己丑24一	庚寅25二	辛卯26三	壬辰27四	癸巳28五	甲午29六		己卯小雪
十一月大	庚子	天干地支西曆星期	乙未30日	丙申(12)一	丁酉2二	戊戌3三	己亥4四	庚子5五	辛丑6六	壬寅7日	癸卯8一	甲辰9二	乙巳10三	丙午11四	丁未12五	戊申13六	己酉14日	庚戌15一	辛亥16二	壬子17三	癸丑18四	甲寅19五	乙卯20六	丙辰21日	丁巳22一	戊午23二	己未24三	庚申25四	辛酉26五	壬戌27六	癸亥28日	甲子29一	乙未大雪 庚戌冬至
十二月大	辛丑	天干地支西曆星期	乙丑30二	丙寅31三	丁卯(1)四	戊辰2五	己巳3六	庚午4日	辛未5一	壬申6二	癸酉7三	甲戌8四	乙亥9五	丙子10六	丁丑11日	戊寅12一	己卯13二	庚辰14三	辛巳15四	壬午16五	癸未17六	甲申18日	乙酉19一	丙戌20二	丁亥21三	戊子22四	己丑23五	庚寅24六	辛卯25日	壬辰26一	癸巳27二	甲午28三	乙丑小寒 庚辰大寒

* 正月癸丑（十三日），改元皇統。

金熙宗皇統二年（壬戌 狗年） 公元 **1142** ~ 1143 年

夏曆月序		中西曆日對照	初一	初二	初三	初四	初五	初六	初七	初八	初九	初十	十一	十二	十三	十四	十五	十六	十七	十八	十九	二十	二一	二二	二三	二四	二五	二六	二七	二八	二九	三十	節氣與天象
正月大	壬寅	天干地支 西曆星期	乙未 29 四	丙申 30 五	丁酉 31 六	戊戌 (2) 日	己亥 2 一	庚子 3 二	辛丑 4 三	壬寅 5 四	癸卯 6 五	甲辰 7 六	乙巳 8 日	丙午 9 一	丁未 10 二	戊申 11 三	己酉 12 四	庚戌 13 五	辛亥 14 六	壬子 15 日	癸丑 16 一	甲寅 17 二	乙卯 18 三	丙辰 19 四	丁巳 20 五	戊午 21 六	己未 22 日	庚申 23 一	辛酉 24 二	壬戌 25 三	癸亥 26 四	甲子 27 五	丙申立春 辛亥雨水
二月小	癸卯	天干地支 西曆星期	乙丑 28 六	丙寅 (3) 日	丁卯 2 一	戊辰 3 二	己巳 4 三	庚午 5 四	辛未 6 五	壬申 7 六	癸酉 8 日	甲戌 9 一	乙亥 10 二	丙子 11 三	丁丑 12 四	戊寅 13 五	己卯 14 六	庚辰 15 日	辛巳 16 一	壬午 17 二	癸未 18 三	甲申 19 四	乙酉 20 五	丙戌 21 六	丁亥 22 日	戊子 23 一	己丑 24 二	庚寅 25 三	辛卯 26 四	壬辰 27 五	癸巳 28 六		丙寅驚蟄 辛巳春分
三月大	甲辰	天干地支 西曆星期	甲午 29 日	乙未 30 一	丙申 31 二	丁酉 (4) 三	戊戌 2 四	己亥 3 五	庚子 4 六	辛丑 5 日	壬寅 6 一	癸卯 7 二	甲辰 8 三	乙巳 9 四	丙午 10 五	丁未 11 六	戊申 12 日	己酉 13 一	庚戌 14 二	辛亥 15 三	壬子 16 四	癸丑 17 五	甲寅 18 六	乙卯 19 日	丙辰 20 一	丁巳 21 二	戊午 22 三	己未 23 四	庚申 24 五	辛酉 25 六	壬戌 26 日	癸亥 27 一	丙申清明 壬子穀雨
四月小	乙巳	天干地支 西曆星期	甲子 28 二	乙丑 29 三	丙寅 30 四	丁卯 (5) 五	戊辰 2 六	己巳 3 日	庚午 4 一	辛未 5 二	壬申 6 三	癸酉 7 四	甲戌 8 五	乙亥 9 六	丙子 10 日	丁丑 11 一	戊寅 12 二	己卯 13 三	庚辰 14 四	辛巳 15 五	壬午 16 六	癸未 17 日	甲申 18 一	乙酉 19 二	丙戌 20 三	丁亥 21 四	戊子 22 五	己丑 23 六	庚寅 24 日	辛卯 25 一	壬辰 26 二		丁卯立夏 壬午小滿
五月小	丙午	天干地支 西曆星期	癸巳 27 三	甲午 28 四	乙未 29 五	丙申 30 六	丁酉 31 日	戊戌 (6) 一	己亥 2 二	庚子 3 三	辛丑 4 四	壬寅 5 五	癸卯 6 六	甲辰 7 日	乙巳 8 一	丙午 9 二	丁未 10 三	戊申 11 四	己酉 12 五	庚戌 13 六	辛亥 14 日	壬子 15 一	癸丑 16 二	甲寅 17 三	乙卯 18 四	丙辰 19 五	丁巳 20 六	戊午 21 日	己未 22 一	庚申 23 二	辛酉 24 三		丁酉芒種 癸丑夏至
六月大	丁未	天干地支 西曆星期	壬戌 25 四	癸亥 26 五	甲子 27 六	乙丑 28 日	丙寅 29 一	丁卯 30 二	戊辰 (7) 三	己巳 2 四	庚午 3 五	辛未 4 六	壬申 5 日	癸酉 6 一	甲戌 7 二	乙亥 8 三	丙子 9 四	丁丑 10 五	戊寅 11 六	己卯 12 日	庚辰 13 一	辛巳 14 二	壬午 15 三	癸未 16 四	甲申 17 五	乙酉 18 六	丙戌 19 日	丁亥 20 一	戊子 21 二	己丑 22 三	庚寅 23 四	辛卯 24 五	戊辰小暑 癸未大暑
七月小	戊申	天干地支 西曆星期	壬辰 25 六	癸巳 26 日	甲午 27 一	乙未 28 二	丙申 29 三	丁酉 30 四	戊戌 31 五	己亥 (8) 六	庚子 2 日	辛丑 3 一	壬寅 4 二	癸卯 5 三	甲辰 6 四	乙巳 7 五	丙午 8 六	丁未 9 日	戊申 10 一	己酉 11 二	庚戌 12 三	辛亥 13 四	壬子 14 五	癸丑 15 六	甲寅 16 日	乙卯 17 一	丙辰 18 二	丁巳 19 三	戊午 20 四	己未 21 五	庚申 22 六		戊戌立秋 癸丑處暑
八月小	己酉	天干地支 西曆星期	辛酉 23 日	壬戌 24 一	癸亥 25 二	甲子 26 三	乙丑 27 四	丙寅 28 五	丁卯 29 六	戊辰 30 日	己巳 31 一	庚午 (9) 二	辛未 2 三	壬申 3 四	癸酉 4 五	甲戌 5 六	乙亥 6 日	丙子 7 一	丁丑 8 二	戊寅 9 三	己卯 10 四	庚辰 11 五	辛巳 12 六	壬午 13 日	癸未 14 一	甲申 15 二	乙酉 16 三	丙戌 17 四	丁亥 18 五	戊子 19 六	己丑 20 日		己巳白露 甲申秋分
九月大	庚戌	天干地支 西曆星期	庚寅 21 一	辛卯 22 二	壬辰 23 三	癸巳 24 四	甲午 25 五	乙未 26 六	丙申 27 日	丁酉 28 一	戊戌 29 二	己亥 30 三	庚子 (10) 四	辛丑 2 五	壬寅 3 六	癸卯 4 日	甲辰 5 一	乙巳 6 二	丙午 7 三	丁未 8 四	戊申 9 五	己酉 10 六	庚戌 11 日	辛亥 12 一	壬子 13 二	癸丑 14 三	甲寅 15 四	乙卯 16 五	丙辰 17 六	丁巳 18 日	戊午 19 一	己未 20 二	己亥寒露 甲寅霜降
十月小	辛亥	天干地支 西曆星期	庚申 21 三	辛酉 22 四	壬戌 23 五	癸亥 24 六	甲子 25 日	乙丑 26 一	丙寅 27 二	丁卯 28 三	戊辰 29 四	己巳 30 五	庚午 31 六	辛未 (11) 日	壬申 2 一	癸酉 3 二	甲戌 4 三	乙亥 5 四	丙子 6 五	丁丑 7 六	戊寅 8 日	己卯 9 一	庚辰 10 二	辛巳 11 三	壬午 12 四	癸未 13 五	甲申 14 六	乙酉 15 日	丙戌 16 一	丁亥 17 二	戊子 18 三		己巳立冬 乙酉小雪
十一月大	壬子	天干地支 西曆星期	己丑 19 四	庚寅 20 五	辛卯 21 六	壬辰 22 日	癸巳 23 一	甲午 24 二	乙未 25 三	丙申 26 四	丁酉 27 五	戊戌 28 六	己亥 29 日	庚子 30 一	辛丑 (12) 二	壬寅 2 三	癸卯 3 四	甲辰 4 五	乙巳 5 六	丙午 6 日	丁未 7 一	戊申 8 二	己酉 9 三	庚戌 10 四	辛亥 11 五	壬子 12 六	癸丑 13 日	甲寅 14 一	乙卯 15 二	丙辰 16 三	丁巳 17 四	戊午 18 五	庚子大雪 乙卯冬至
十二月大	癸丑	天干地支 西曆星期	己未 19 六	庚申 20 日	辛酉 21 一	壬戌 22 二	癸亥 23 三	甲子 24 四	乙丑 25 五	丙寅 26 六	丁卯 27 日	戊辰 28 一	己巳 29 二	庚午 30 三	辛未 31 四	壬申 (1) 五	癸酉 2 六	甲戌 3 日	乙亥 4 一	丙子 5 二	丁丑 6 三	戊寅 7 四	己卯 8 五	庚辰 9 六	辛巳 10 日	壬午 11 一	癸未 12 二	甲申 13 三	乙酉 14 四	丙戌 15 五	丁亥 16 六	戊子 17 日	庚午小寒 丙戌大寒

金熙宗皇統三年（癸亥 猪年） 公元 1143 ~ 1144 年

夏曆月序		中西曆日對照	初一	初二	初三	初四	初五	初六	初七	初八	初九	初十	十一	十二	十三	十四	十五	十六	十七	十八	十九	二十	二一	二二	二三	二四	二五	二六	二七	二八	二九	三十	節氣與天象
正月大	甲寅	干支 西曆 星期	己丑 18 一	庚寅 19 二	辛卯 20 三	壬辰 21 四	癸巳 22 五	甲午 23 六	乙未 24 日	丙申 25 一	丁酉 26 二	戊戌 27 三	己亥 28 四	庚子 29 五	辛丑 30 六	壬寅 31 日	癸卯 (2) 一	甲辰 2 二	乙巳 3 三	丙午 4 四	丁未 5 五	戊申 6 六	己酉 7 日	庚戌 8 一	辛亥 9 二	壬子 10 三	癸丑 11 四	甲寅 12 五	乙卯 13 六	丙辰 14 日	丁巳 15 一	戊午 16 二	辛丑立春 丙辰雨水
二月小	乙卯	干支 西曆 星期	己未 17 三	庚申 18 四	辛酉 19 五	壬戌 20 六	癸亥 21 日	甲子 22 一	乙丑 23 二	丙寅 24 三	丁卯 25 四	戊辰 26 五	己巳 27 六	庚午 28 日	辛未 (3) 一	壬申 2 二	癸酉 3 三	甲戌 4 四	乙亥 5 五	丙子 6 六	丁丑 7 日	戊寅 8 一	己卯 9 二	庚辰 10 三	辛巳 11 四	壬午 12 五	癸未 13 六	甲申 14 日	乙酉 15 一	丙戌 16 二	丁亥 17 三		辛未驚蟄 丙戌春分
三月大	丙辰	干支 西曆 星期	戊子 18 四	己丑 19 五	庚寅 20 六	辛卯 21 日	壬辰 22 一	癸巳 23 二	甲午 24 三	乙未 25 四	丙申 26 五	丁酉 27 六	戊戌 28 日	己亥 29 一	庚子 30 二	辛丑 31 三	壬寅 (4) 四	癸卯 2 五	甲辰 3 六	乙巳 4 日	丙午 5 一	丁未 6 二	戊申 7 三	己酉 8 四	庚戌 9 五	辛亥 10 六	壬子 11 日	癸丑 12 一	甲寅 13 二	乙卯 14 三	丙辰 15 四	丁巳 16 五	壬寅清明 丁巳穀雨
四月大	丁巳	干支 西曆 星期	戊午 17 六	己未 18 日	庚申 19 一	辛酉 20 二	壬戌 21 三	癸亥 22 四	甲子 23 五	乙丑 24 六	丙寅 25 日	丁卯 26 一	戊辰 27 二	己巳 28 三	庚午 29 四	辛未 30 五	壬申 (5) 六	癸酉 2 日	甲戌 3 一	乙亥 4 二	丙子 5 三	丁丑 6 四	戊寅 7 五	己卯 8 六	庚辰 9 日	辛巳 10 一	壬午 11 二	癸未 12 三	甲申 13 四	乙酉 14 五	丙戌 15 六	丁亥 16 日	壬申立夏 丁亥小滿
閏四月小	丁巳	干支 西曆 星期	戊子 17 一	己丑 18 二	庚寅 19 三	辛卯 20 四	壬辰 21 五	癸巳 22 六	甲午 23 日	乙未 24 一	丙申 25 二	丁酉 26 三	戊戌 27 四	己亥 28 五	庚子 29 六	辛丑 30 日	壬寅 31 一	癸卯 (6) 二	甲辰 2 三	乙巳 3 四	丙午 4 五	丁未 5 六	戊申 6 日	己酉 7 一	庚戌 8 二	辛亥 9 三	壬子 10 四	癸丑 11 五	甲寅 12 六	乙卯 13 日	丙辰 14 一		癸卯芒種
五月小	戊午	干支 西曆 星期	丁巳 15 二	戊午 16 三	己未 17 四	庚申 18 五	辛酉 19 六	壬戌 20 日	癸亥 21 一	甲子 22 二	乙丑 23 三	丙寅 24 四	丁卯 25 五	戊辰 26 六	己巳 27 日	庚午 28 一	辛未 29 二	壬申 30 三	癸酉 (7) 四	甲戌 2 五	乙亥 3 六	丙子 4 日	丁丑 5 一	戊寅 6 二	己卯 7 三	庚辰 8 四	辛巳 9 五	壬午 10 六	癸未 11 日	甲申 12 一	乙酉 13 二		戊午夏至 癸酉小暑
六月大	己未	干支 西曆 星期	丙戌 14 三	丁亥 15 四	戊子 16 五	己丑 17 六	庚寅 18 日	辛卯 19 一	壬辰 20 二	癸巳 21 三	甲午 22 四	乙未 23 五	丙申 24 六	丁酉 25 日	戊戌 26 一	己亥 27 二	庚子 28 三	辛丑 29 四	壬寅 30 五	癸卯 31 六	甲辰 (8) 日	乙巳 2 一	丙午 3 二	丁未 4 三	戊申 5 四	己酉 6 五	庚戌 7 六	辛亥 8 日	壬子 9 一	癸丑 10 二	甲寅 11 三	乙卯 12 四	戊子大暑 癸卯立秋
七月小	庚申	干支 西曆 星期	丙辰 13 五	丁巳 14 六	戊午 15 日	己未 16 一	庚申 17 二	辛酉 18 三	壬戌 19 四	癸亥 20 五	甲子 21 六	乙丑 22 日	丙寅 23 一	丁卯 24 二	戊辰 25 三	己巳 26 四	庚午 27 五	辛未 28 六	壬申 29 日	癸酉 30 一	甲戌 31 二	乙亥 (9) 三	丙子 2 四	丁丑 3 五	戊寅 4 六	己卯 5 日	庚辰 6 一	辛巳 7 二	壬午 8 三	癸未 9 四	甲申 10 五		己未處暑 甲戌白露
八月小	辛酉	干支 西曆 星期	乙酉 11 六	丙戌 12 日	丁亥 13 一	戊子 14 二	己丑 15 三	庚寅 16 四	辛卯 17 五	壬辰 18 六	癸巳 19 日	甲午 20 一	乙未 21 二	丙申 22 三	丁酉 23 四	戊戌 24 五	己亥 25 六	庚子 26 日	辛丑 27 一	壬寅 28 二	癸卯 29 三	甲辰 30 四	乙巳 (10) 五	丙午 2 六	丁未 3 日	戊申 4 一	己酉 5 二	庚戌 6 三	辛亥 7 四	壬子 8 五	癸丑 9 六		己丑秋分 甲辰寒露
九月大	壬戌	干支 西曆 星期	甲寅 10 日	乙卯 11 一	丙辰 12 二	丁巳 13 三	戊午 14 四	己未 15 五	庚申 16 六	辛酉 17 日	壬戌 18 一	癸亥 19 二	甲子 20 三	乙丑 21 四	丙寅 22 五	丁卯 23 六	戊辰 24 日	己巳 25 一	庚午 26 二	辛未 27 三	壬申 28 四	癸酉 29 五	甲戌 30 六	乙亥 31 日	丙子 (11) 一	丁丑 2 二	戊寅 3 三	己卯 4 四	庚辰 5 五	辛巳 6 六	壬午 7 日	癸未 8 一	庚申霜降 乙亥立冬
十月小	癸亥	干支 西曆 星期	甲申 9 二	乙酉 10 三	丙戌 11 四	丁亥 12 五	戊子 13 六	己丑 14 日	庚寅 15 一	辛卯 16 二	壬辰 17 三	癸巳 18 四	甲午 19 五	乙未 20 六	丙申 21 日	丁酉 22 一	戊戌 23 二	己亥 24 三	庚子 25 四	辛丑 26 五	壬寅 27 六	癸卯 28 日	甲辰 29 一	乙巳 30 二	丙午 (12) 三	丁未 2 四	戊申 3 五	己酉 4 六	庚戌 5 日	辛亥 6 一	壬子 7 二		庚寅小雪 乙巳大雪
十一月大	甲子	干支 西曆 星期	癸丑 8 三	甲寅 9 四	乙卯 10 五	丙辰 11 六	丁巳 12 日	戊午 13 一	己未 14 二	庚申 15 三	辛酉 16 四	壬戌 17 五	癸亥 18 六	甲子 19 日	乙丑 20 一	丙寅 21 二	丁卯 22 三	戊辰 23 四	己巳 24 五	庚午 25 六	辛未 26 日	壬申 27 一	癸酉 28 二	甲戌 29 三	乙亥 30 四	丙子 31 五	丁丑 (1) 六	戊寅 2 日	己卯 3 一	庚辰 4 二	辛巳 5 三	壬午 6 四	庚申冬至 丙子小寒
十二月大	乙丑	干支 西曆 星期	癸未 7 五	甲申 8 六	乙酉 9 日	丙戌 10 一	丁亥 11 二	戊子 12 三	己丑 13 四	庚寅 14 五	辛卯 15 六	壬辰 16 日	癸巳 17 一	甲午 18 二	乙未 19 三	丙申 20 四	丁酉 21 五	戊戌 22 六	己亥 23 日	庚子 24 一	辛丑 25 二	壬寅 26 三	癸卯 27 四	甲辰 28 五	乙巳 29 六	丙午 30 日	丁未 31 一	戊申 (2) 二	己酉 2 三	庚戌 3 四	辛亥 4 五	壬子 5 六	辛卯大寒 丙午立春

金熙宗皇統四年（甲子 鼠年） 公元 1144 ~ 1145 年

夏曆月序		中西曆日對照	初一	初二	初三	初四	初五	初六	初七	初八	初九	初十	十一	十二	十三	十四	十五	十六	十七	十八	十九	二十	二一	二二	二三	二四	二五	二六	二七	二八	二九	三十	節氣與天象
正月小	丙寅	天干地支 西曆 星期	癸丑 6 日	甲寅 7 一	乙卯 8 二	丙辰 9 三	丁巳 10 四	戊午 11 五	己未 12 六	庚申 13 日	辛酉 14 一	壬戌 15 二	癸亥 16 三	甲子 17 四	乙丑 18 五	丙寅 19 六	丁卯 20 日	戊辰 21 一	己巳 22 二	庚午 23 三	辛未 24 四	壬申 25 五	癸酉 26 六	甲戌 27 日	乙亥 28 一	丙子 29 二	丁丑 (3) 三	戊寅 2 四	己卯 3 五	庚辰 4 六	辛巳 5 日		辛酉雨水 丙子驚蟄
二月大	丁卯	天干地支 西曆 星期	壬午 6 一	癸未 7 二	甲申 8 三	乙酉 9 四	丙戌 10 五	丁亥 11 六	戊子 12 日	己丑 13 一	庚寅 14 二	辛卯 15 三	壬辰 16 四	癸巳 17 五	甲午 18 六	乙未 19 日	丙申 20 一	丁酉 21 二	戊戌 22 三	己亥 23 四	庚子 24 五	辛丑 25 六	壬寅 26 日	癸卯 27 一	甲辰 28 二	乙巳 29 三	丙午 30 四	丁未 31 五	戊申 (4) 六	己酉 2 日	庚戌 3 一	辛亥 4 二	壬辰春分 丁未清明
三月大	戊辰	天干地支 西曆 星期	壬子 5 三	癸丑 6 四	甲寅 7 五	乙卯 8 六	丙辰 9 日	丁巳 10 一	戊午 11 二	己未 12 三	庚申 13 四	辛酉 14 五	壬戌 15 六	癸亥 16 日	甲子 17 一	乙丑 18 二	丙寅 19 三	丁卯 20 四	戊辰 21 五	己巳 22 六	庚午 23 日	辛未 24 一	壬申 25 二	癸酉 26 三	甲戌 27 四	乙亥 28 五	丙子 29 六	丁丑 30 日	戊寅 (5) 一	己卯 2 二	庚辰 3 三	辛巳 4 四	壬戌穀雨 丁丑立夏
四月小	己巳	天干地支 西曆 星期	壬午 5 五	癸未 6 六	甲申 7 日	乙酉 8 一	丙戌 9 二	丁亥 10 三	戊子 11 四	己丑 12 五	庚寅 13 六	辛卯 14 日	壬辰 15 一	癸巳 16 二	甲午 17 三	乙未 18 四	丙申 19 五	丁酉 20 六	戊戌 21 日	己亥 22 一	庚子 23 二	辛丑 24 三	壬寅 25 四	癸卯 26 五	甲辰 27 六	乙巳 28 日	丙午 29 一	丁未 30 二	戊申 31 三	己酉 (6) 四	庚戌 2 五		癸巳小滿 戊申芒種
五月大	庚午	天干地支 西曆 星期	辛亥 3 六	壬子 4 日	癸丑 5 一	甲寅 6 二	乙卯 7 三	丙辰 8 四	丁巳 9 五	戊午 10 六	己未 11 日	庚申 12 一	辛酉 13 二	壬戌 14 三	癸亥 15 四	甲子 16 五	乙丑 17 六	丙寅 18 日	丁卯 19 一	戊辰 20 二	己巳 21 三	庚午 22 四	辛未 23 五	壬申 24 六	癸酉 25 日	甲戌 26 一	乙亥 27 二	丙子 28 三	丁丑 29 四	戊寅 30 五	己卯 (7) 六	庚辰 2 日	癸亥夏至 戊寅小暑
六月小	辛未	天干地支 西曆 星期	辛巳 3 一	壬午 4 二	癸未 5 三	甲申 6 四	乙酉 7 五	丙戌 8 六	丁亥 9 日	戊子 10 一	己丑 11 二	庚寅 12 三	辛卯 13 四	壬辰 14 五	癸巳 15 六	甲午 16 日	乙未 17 一	丙申 18 二	丁酉 19 三	戊戌 20 四	己亥 21 五	庚子 22 六	辛丑 23 日	壬寅 24 一	癸卯 25 二	甲辰 26 三	乙巳 27 四	丙午 28 五	丁未 29 六	戊申 30 日	己酉 31 一		癸巳大暑 己酉立秋
七月大	壬申	天干地支 西曆 星期	庚戌 (8) 二	辛亥 2 三	壬子 3 四	癸丑 4 五	甲寅 5 六	乙卯 6 日	丙辰 7 一	丁巳 8 二	戊午 9 三	己未 10 四	庚申 11 五	辛酉 12 六	壬戌 13 日	癸亥 14 一	甲子 15 二	乙丑 16 三	丙寅 17 四	丁卯 18 五	戊辰 19 六	己巳 20 日	庚午 21 一	辛未 22 二	壬申 23 三	癸酉 24 四	甲戌 25 五	乙亥 26 六	丙子 27 日	丁丑 28 一	戊寅 29 二	己卯 30 三	甲子處暑 己卯白露
八月小	癸酉	天干地支 西曆 星期	庚辰 31 四	辛巳 (9) 五	壬午 2 六	癸未 3 日	甲申 4 一	乙酉 5 二	丙戌 6 三	丁亥 7 四	戊子 8 五	己丑 9 六	庚寅 10 日	辛卯 11 一	壬辰 12 二	癸巳 13 三	甲午 14 四	乙未 15 五	丙申 16 六	丁酉 17 日	戊戌 18 一	己亥 19 二	庚子 20 三	辛丑 21 四	壬寅 22 五	癸卯 23 六	甲辰 24 日	乙巳 25 一	丙午 26 二	丁未 27 三	戊申 28 四		甲午秋分
九月小	甲戌	天干地支 西曆 星期	己酉 29 五	庚戌 30 六	辛亥 (10) 日	壬子 2 一	癸丑 3 二	甲寅 4 三	乙卯 5 四	丙辰 6 五	丁巳 7 六	戊午 8 日	己未 9 一	庚申 10 二	辛酉 11 三	壬戌 12 四	癸亥 13 五	甲子 14 六	乙丑 15 日	丙寅 16 一	丁卯 17 二	戊辰 18 三	己巳 19 四	庚午 20 五	辛未 21 六	壬申 22 日	癸酉 23 一	甲戌 24 二	乙亥 25 三	丙子 26 四	丁丑 27 五		庚戌寒露 乙丑霜降
十月大	乙亥	天干地支 西曆 星期	戊寅 28 六	己卯 29 日	庚辰 30 一	辛巳 31 二	壬午 (11) 三	癸未 2 四	甲申 3 五	乙酉 4 六	丙戌 5 日	丁亥 6 一	戊子 7 二	己丑 8 三	庚寅 9 四	辛卯 10 五	壬辰 11 六	癸巳 12 日	甲午 13 一	乙未 14 二	丙申 15 三	丁酉 16 四	戊戌 17 五	己亥 18 六	庚子 19 日	辛丑 20 一	壬寅 21 二	癸卯 22 三	甲辰 23 四	乙巳 24 五	丙午 25 六	丁未 26 日	庚辰立冬 乙未小雪
十一月小	丙子	天干地支 西曆 星期	戊申 27 一	己酉 28 二	庚戌 29 三	辛亥 30 四	壬子 (12) 五	癸丑 2 六	甲寅 3 日	乙卯 4 一	丙辰 5 二	丁巳 6 三	戊午 7 四	己未 8 五	庚申 9 六	辛酉 10 日	壬戌 11 一	癸亥 12 二	甲子 13 三	乙丑 14 四	丙寅 15 五	丁卯 16 六	戊辰 17 日	己巳 18 一	庚午 19 二	辛未 20 三	壬申 21 四	癸酉 22 五	甲戌 23 六	乙亥 24 日	丙子 25 一		庚戌大雪 丙寅冬至
十二月大	丁丑	天干地支 西曆 星期	丁丑 26 二	戊寅 27 三	己卯 28 四	庚辰 29 五	辛巳 30 六	壬午 31 日	癸未 (1) 一	甲申 2 二	乙酉 3 三	丙戌 4 四	丁亥 5 五	戊子 6 六	己丑 7 日	庚寅 8 一	辛卯 9 二	壬辰 10 三	癸巳 11 四	甲午 12 五	乙未 13 六	丙申 14 日	丁酉 15 一	戊戌 16 二	己亥 17 三	庚子 18 四	辛丑 19 五	壬寅 20 六	癸卯 21 日	甲辰 22 一	乙巳 23 二	丙午 24 三	辛巳小寒 丙申大寒

金熙宗皇統五年（乙丑 牛年） 公元 1145 ~ 1146 年

夏曆月序		中西曆日對照	初一	初二	初三	初四	初五	初六	初七	初八	初九	初十	十一	十二	十三	十四	十五	十六	十七	十八	十九	二十	二一	二二	二三	二四	二五	二六	二七	二八	二九	三十	節氣與天象
正月大	戊寅	天干地支 西曆 星期	丁未 25 四	戊申 26 五	己酉 27 六	庚戌 28 日	辛亥 29 一	壬子 30 二	癸丑 31 三	甲寅 (2) 四	乙卯 2 五	丙辰 3 六	丁巳 4 日	戊午 5 一	己未 6 二	庚申 7 三	辛酉 8 四	壬戌 9 五	癸亥 10 六	甲子 11 日	乙丑 12 一	丙寅 13 二	丁卯 14 三	戊辰 15 四	己巳 16 五	庚午 17 六	辛未 18 日	壬申 19 一	癸酉 20 二	甲戌 21 三	乙亥 22 四	丙子 23 五	辛亥立春 丁卯雨水
二月小	己卯	天干地支 西曆 星期	丁丑 24 六	戊寅 25 日	己卯 26 一	庚辰 27 二	辛巳 28 三	壬午 (3) 四	癸未 2 五	甲申 3 六	乙酉 4 日	丙戌 5 一	丁亥 6 二	戊子 7 三	己丑 8 四	庚寅 9 五	辛卯 10 六	壬辰 11 日	癸巳 12 一	甲午 13 二	乙未 14 三	丙申 15 四	丁酉 16 五	戊戌 17 六	己亥 18 日	庚子 19 一	辛丑 20 二	壬寅 21 三	癸卯 22 四	甲辰 23 五	乙巳 24 六		壬午驚蟄 丁酉春分
三月大	庚辰	天干地支 西曆 星期	丙午 25 日	丁未 26 一	戊申 27 二	己酉 28 三	庚戌 29 四	辛亥 30 五	壬子 31 六	癸丑 (4) 日	甲寅 2 一	乙卯 3 二	丙辰 4 三	丁巳 5 四	戊午 6 五	己未 7 六	庚申 8 日	辛酉 9 一	壬戌 10 二	癸亥 11 三	甲子 12 四	乙丑 13 五	丙寅 14 六	丁卯 15 日	戊辰 16 一	己巳 17 二	庚午 18 三	辛未 19 四	壬申 20 五	癸酉 21 六	甲戌 22 日	乙亥 23 一	壬子清明 丁卯穀雨
四月大	辛巳	天干地支 西曆 星期	丙子 24 二	丁丑 25 三	戊寅 26 四	己卯 27 五	庚辰 28 六	辛巳 29 日	壬午 30 一	癸未 (5) 二	甲申 2 三	乙酉 3 四	丙戌 4 五	丁亥 5 六	戊子 6 日	己丑 7 一	庚寅 8 二	辛卯 9 三	壬辰 10 四	癸巳 11 五	甲午 12 六	乙未 13 日	丙申 14 一	丁酉 15 二	戊戌 16 三	己亥 17 四	庚子 18 五	辛丑 19 六	壬寅 20 日	癸卯 21 一	甲辰 22 二	乙巳 23 三	癸未立夏 戊戌小滿
五月小	壬午	天干地支 西曆 星期	丙午 24 四	丁未 25 五	戊申 26 六	己酉 27 日	庚戌 28 一	辛亥 29 二	壬子 30 三	癸丑 31 四	甲寅 (6) 五	乙卯 2 六	丙辰 3 日	丁巳 4 一	戊午 5 二	己未 6 三	庚申 7 四	辛酉 8 五	壬戌 9 六	癸亥 10 日	甲子 11 一	乙丑 12 二	丙寅 13 三	丁卯 14 四	戊辰 15 五	己巳 16 六	庚午 17 日	辛未 18 一	壬申 19 二	癸酉 20 三	甲戌 21 四		癸丑芒種 戊辰夏至
六月大	癸未	天干地支 西曆 星期	乙亥 22 五	丙子 23 六	丁丑 24 日	戊寅 25 一	己卯 26 二	庚辰 27 三	辛巳 28 四	壬午 29 五	癸未 30 六	甲申 (7) 日	乙酉 2 一	丙戌 3 二	丁亥 4 三	戊子 5 四	己丑 6 五	庚寅 7 六	辛卯 8 日	壬辰 9 一	癸巳 10 二	甲午 11 三	乙未 12 四	丙申 13 五	丁酉 14 六	戊戌 15 日	己亥 16 一	庚子 17 二	辛丑 18 三	壬寅 19 四	癸卯 20 五	甲辰 21 六	癸未小暑 己亥大暑
七月小	甲申	天干地支 西曆 星期	乙巳 22 日	丙午 23 一	丁未 24 二	戊申 25 三	己酉 26 四	庚戌 27 五	辛亥 28 六	壬子 29 日	癸丑 30 一	甲寅 31 二	乙卯 (8) 三	丙辰 2 四	丁巳 3 五	戊午 4 六	己未 5 日	庚申 6 一	辛酉 7 二	壬戌 8 三	癸亥 9 四	甲子 10 五	乙丑 11 六	丙寅 12 日	丁卯 13 一	戊辰 14 二	己巳 15 三	庚午 16 四	辛未 17 五	壬申 18 六	癸酉 19 日		甲寅立秋 己巳處暑
八月大	乙酉	天干地支 西曆 星期	甲戌 20 一	乙亥 21 二	丙子 22 三	丁丑 23 四	戊寅 24 五	己卯 25 六	庚辰 26 日	辛巳 27 一	壬午 28 二	癸未 29 三	甲申 30 四	乙酉 31 五	丙戌 (9) 六	丁亥 2 日	戊子 3 一	己丑 4 二	庚寅 5 三	辛卯 6 四	壬辰 7 五	癸巳 8 六	甲午 9 日	乙未 10 一	丙申 11 二	丁酉 12 三	戊戌 13 四	己亥 14 五	庚子 15 六	辛丑 16 日	壬寅 17 一	癸卯 18 二	甲申白露 庚子秋分
九月小	丙戌	天干地支 西曆 星期	甲辰 19 三	乙巳 20 四	丙午 21 五	丁未 22 六	戊申 23 日	己酉 24 一	庚戌 25 二	辛亥 26 三	壬子 27 四	癸丑 28 五	甲寅 29 六	乙卯 30 日	丙辰 (10) 一	丁巳 2 二	戊午 3 三	己未 4 四	庚申 5 五	辛酉 6 六	壬戌 7 日	癸亥 8 一	甲子 9 二	乙丑 10 三	丙寅 11 四	丁卯 12 五	戊辰 13 六	己巳 14 日	庚午 15 一	辛未 16 二	壬申 17 三		乙卯寒露 庚午霜降
十月大	丁亥	天干地支 西曆 星期	癸酉 18 四	甲戌 19 五	乙亥 20 六	丙子 21 日	丁丑 22 一	戊寅 23 二	己卯 24 三	庚辰 25 四	辛巳 26 五	壬午 27 六	癸未 28 日	甲申 29 一	乙酉 30 二	丙戌 31 三	丁亥 (11) 四	戊子 2 五	己丑 3 六	庚寅 4 日	辛卯 5 一	壬辰 6 二	癸巳 7 三	甲午 8 四	乙未 9 五	丙申 10 六	丁酉 11 日	戊戌 12 一	己亥 13 二	庚子 14 三	辛丑 15 四	壬寅 16 五	乙酉立冬 庚子小雪
十一月小	戊子	天干地支 西曆 星期	癸卯 17 六	甲辰 18 日	乙巳 19 一	丙午 20 二	丁未 21 三	戊申 22 四	己酉 23 五	庚戌 24 六	辛亥 25 日	壬子 26 一	癸丑 27 二	甲寅 28 三	乙卯 29 四	丙辰 30 五	丁巳 (12) 六	戊午 2 日	己未 3 一	庚申 4 二	辛酉 5 三	壬戌 6 四	癸亥 7 五	甲子 8 六	乙丑 9 日	丙寅 10 一	丁卯 11 二	戊辰 12 三	己巳 13 四	庚午 14 五	辛未 15 六		丙辰大雪 辛未冬至
閏十一小	戊子	天干地支 西曆 星期	壬申 16 日	癸酉 17 一	甲戌 18 二	乙亥 19 三	丙子 20 四	丁丑 21 五	戊寅 22 六	己卯 23 日	庚辰 24 一	辛巳 25 二	壬午 26 三	癸未 27 四	甲申 28 五	乙酉 29 六	丙戌 30 日	丁亥 31 一	戊子 (1) 二	己丑 2 三	庚寅 3 四	辛卯 4 五	壬辰 5 六	癸巳 6 日	甲午 7 一	乙未 8 二	丙申 9 三	丁酉 10 四	戊戌 11 五	己亥 12 六	庚子 13 日		丙戌小寒
十二月大	丑	天干地支 西曆 星期	辛丑 14 一	壬寅 15 二	癸卯 16 三	甲辰 17 四	乙巳 18 五	丙午 19 六	丁未 20 日	戊申 21 一	己酉 22 二	庚戌 23 三	辛亥 24 四	壬子 25 五	癸丑 26 六	甲寅 27 日	乙卯 28 一	丙辰 29 二	丁巳 30 三	戊午 31 四	己未 (2) 五	庚申 2 六	辛酉 3 日	壬戌 4 一	癸亥 5 二	甲子 6 三	乙丑 7 四	丙寅 8 五	丁卯 9 六	戊辰 10 日	己巳 11 一	庚午 12 二	辛丑大寒 丁巳立春

金熙宗皇統六年（丙寅 虎年） 公元1146～1147年

夏曆月序		中西曆日對照	初一	初二	初三	初四	初五	初六	初七	初八	初九	初十	十一	十二	十三	十四	十五	十六	十七	十八	十九	二十	二一	二二	二三	二四	二五	二六	二七	二八	二九	三十	節氣與天象
正月小	庚寅	天干地支西曆星期	辛未13三	壬申14四	癸酉15五	甲戌16六	乙亥17日	丙子18一	丁丑19二	戊寅20三	己卯21四	庚辰22五	辛巳23六	壬午24日	癸未25一	甲申26二	乙酉27三	丙戌28四	丁亥(3)五	戊子2六	己丑3日	庚寅4一	辛卯5二	壬辰6三	癸巳7四	甲午8五	乙未9六	丙申10日	丁酉11一	戊戌12二	己亥13三		壬申雨水 丁亥驚蟄
二月大	辛卯	天干地支西曆星期	庚子14四	辛丑15五	壬寅16六	癸卯17日	甲辰18一	乙巳19二	丙午20三	丁未21四	戊申22五	己酉23六	庚戌24日	辛亥25一	壬子26二	癸丑27三	甲寅28四	乙卯29五	丙辰30六	丁巳31日	戊午(4)一	己未2二	庚申3三	辛酉4四	壬戌5五	癸亥6六	甲子7日	乙丑8一	丙寅9二	丁卯10三	戊辰11四	己巳12五	壬寅春分 丁巳清明
三月大	壬辰	天干地支西曆星期	庚午13六	辛未14日	壬申15一	癸酉16二	甲戌17三	乙亥18四	丙子19五	丁丑20六	戊寅21日	己卯22一	庚辰23二	辛巳24三	壬午25四	癸未26五	甲申27六	乙酉28日	丙戌29一	丁亥30二	戊子(5)三	己丑2四	庚寅3五	辛卯4六	壬辰5日	癸巳6一	甲午7二	乙未8三	丙申9四	丁酉10五	戊戌11六	己亥12日	癸酉穀雨 戊子立夏
四月小	癸巳	天干地支西曆星期	庚子13一	辛丑14二	壬寅15三	癸卯16四	甲辰17五	乙巳18六	丙午19日	丁未20一	戊申21二	己酉22三	庚戌23四	辛亥24五	壬子25六	癸丑26日	甲寅27一	乙卯28二	丙辰29三	丁巳30四	戊午31五	己未(6)六	庚申2日	辛酉3一	壬戌4二	癸亥5三	甲子6四	乙丑7五	丙寅8六	丁卯9日	戊辰10一		癸卯小滿 戊午芒種
五月大	甲午	天干地支西曆星期	己巳11二	庚午12三	辛未13四	壬申14五	癸酉15六	甲戌16日	乙亥17一	丙子18二	丁丑19三	戊寅20四	己卯21五	庚辰22六	辛巳23日	壬午24一	癸未25二	甲申26三	乙酉27四	丙戌28五	丁亥29六	戊子30日	己丑(7)一	庚寅2二	辛卯3三	壬辰4四	癸巳5五	甲午6六	乙未7日	丙申8一	丁酉9二	戊戌10三	癸酉夏至 己丑小暑
六月小	乙未	天干地支西曆星期	己亥11四	庚子12五	辛丑13六	壬寅14日	癸卯15一	甲辰16二	乙巳17三	丙午18四	丁未19五	戊申20六	己酉21日	庚戌22一	辛亥23二	壬子24三	癸丑25四	甲寅26五	乙卯27六	丙辰28日	丁巳29一	戊午30二	己未31三	庚申(8)四	辛酉2五	壬戌3六	癸亥4日	甲子5一	乙丑6二	丙寅7三	丁卯8四		甲辰大暑 己未立秋
七月大	丙申	天干地支西曆星期	戊辰9五	己巳10六	庚午11日	辛未12一	壬申13二	癸酉14三	甲戌15四	乙亥16五	丙子17六	丁丑18日	戊寅19一	己卯20二	庚辰21三	辛巳22四	壬午23五	癸未24六	甲申25日	乙酉26一	丙戌27二	丁亥28三	戊子29四	己丑30五	庚寅31六	辛卯(9)日	壬辰2一	癸巳3二	甲午4三	乙未5四	丙申6五	丁酉7六	甲戌處暑 庚寅白露
八月大	丁酉	天干地支西曆星期	戊戌8日	己亥9一	庚子10二	辛丑11三	壬寅12四	癸卯13五	甲辰14六	乙巳15日	丙午16一	丁未17二	戊申18三	己酉19四	庚戌20五	辛亥21六	壬子22日	癸丑23一	甲寅24二	乙卯25三	丙辰26四	丁巳27五	戊午28六	己未29日	庚申30一	辛酉(10)二	壬戌2三	癸亥3四	甲子4五	乙丑5六	丙寅6日	丁卯7一	乙巳秋分 庚申寒露
九月小	戊戌	天干地支西曆星期	戊辰8二	己巳9三	庚午10四	辛未11五	壬申12六	癸酉13日	甲戌14一	乙亥15二	丙子16三	丁丑17四	戊寅18五	己卯19六	庚辰20日	辛巳21一	壬午22二	癸未23三	甲申24四	乙酉25五	丙戌26六	丁亥27日	戊子28一	己丑29二	庚寅30三	辛卯31四	壬辰(11)五	癸巳2六	甲午3日	乙未4一	丙申5二		乙亥霜降 庚寅立冬
十月大	己亥	天干地支西曆星期	丁酉6三	戊戌7四	己亥8五	庚子9六	辛丑10日	壬寅11一	癸卯12二	甲辰13三	乙巳14四	丙午15五	丁未16六	戊申17日	己酉18一	庚戌19二	辛亥20三	壬子21四	癸丑22五	甲寅23六	乙卯24日	丙辰25一	丁巳26二	戊午27三	己未28四	庚申29五	辛酉30六	壬戌(12)日	癸亥2一	甲子3二	乙丑4三	丙寅5四	丙午小雪 辛酉大雪
十一月小	庚子	天干地支西曆星期	丁卯6五	戊辰7六	己巳8日	庚午9一	辛未10二	壬申11三	癸酉12四	甲戌13五	乙亥14六	丙子15日	丁丑16一	戊寅17二	己卯18三	庚辰19四	辛巳20五	壬午21六	癸未22日	甲申23一	乙酉24二	丙戌25三	丁亥26四	戊子27五	己丑28六	庚寅29日	辛卯30一	壬辰31二	癸巳(1)三	甲午2四	乙未3五		丙子冬至 辛卯小寒
十二月小	辛丑	天干地支西曆星期	丙申4六	丁酉5日	戊戌6一	己亥7二	庚子8三	辛丑9四	壬寅10五	癸卯11六	甲辰12日	乙巳13一	丙午14二	丁未15三	戊申16四	己酉17五	庚戌18六	辛亥19日	壬子20一	癸丑21二	甲寅22三	乙卯23四	丙辰24五	丁巳25六	戊午26日	己未27一	庚申28二	辛酉29三	壬戌30四	癸亥31五	甲子(2)六		丁未大寒 壬戌立春

金熙宗皇統七年（丁卯 兔年） 公元 1147 ~ 1148 年

夏曆月序		中西曆日對照	初一	初二	初三	初四	初五	初六	初七	初八	初九	初十	十一	十二	十三	十四	十五	十六	十七	十八	十九	二十	二一	二二	二三	二四	二五	二六	二七	二八	二九	三十	節氣與天象
正月大	壬寅	天干地支 西曆 星期	乙丑 2 日	丙寅 3 一	丁卯 4 二	戊辰 5 三	己巳 6 四	庚午 7 五	辛未 8 六	壬申 9 日	癸酉 10 一	甲戌 11 二	乙亥 12 三	丙子 13 四	丁丑 14 五	戊寅 15 六	己卯 16 日	庚辰 17 一	辛巳 18 二	壬午 19 三	癸未 20 四	甲申 21 五	乙酉 22 六	丙戌 23 日	丁亥 24 一	戊子 25 二	己丑 26 三	庚寅 27 四	辛卯 28 五	壬辰 3 六	癸巳 2 日	甲午 3 一	丁丑雨水 壬辰驚蟄
二月大	癸卯	天干地支 西曆 星期	乙未 4 二	丙申 5 三	丁酉 6 四	戊戌 7 五	己亥 8 六	庚子 9 日	辛丑 10 一	壬寅 11 二	癸卯 12 三	甲辰 13 四	乙巳 14 五	丙午 15 六	丁未 16 日	戊申 17 一	己酉 18 二	庚戌 19 三	辛亥 20 四	壬子 21 五	癸丑 22 六	甲寅 23 日	乙卯 24 一	丙辰 25 二	丁巳 26 三	戊午 27 四	己未 28 五	庚申 29 六	辛酉 30 日	壬戌 31 一	癸亥 4 二	甲子 2 三	丁未春分 癸亥清明
三月小	甲辰	天干地支 西曆 星期	乙丑 3 四	丙寅 4 五	丁卯 5 六	戊辰 6 日	己巳 7 一	庚午 8 二	辛未 9 三	壬申 10 四	癸酉 11 五	甲戌 12 六	乙亥 13 日	丙子 14 一	丁丑 15 二	戊寅 16 三	己卯 17 四	庚辰 18 五	辛巳 19 六	壬午 20 日	癸未 21 一	甲申 22 二	乙酉 23 三	丙戌 24 四	丁亥 25 五	戊子 26 六	己丑 27 日	庚寅 28 一	辛卯 29 二	壬辰 30 三	癸巳 5 四		戊寅穀雨 癸巳立夏
四月小	乙巳	天干地支 西曆 星期	甲午 2 五	乙未 3 六	丙申 4 日	丁酉 5 一	戊戌 6 二	己亥 7 三	庚子 8 四	辛丑 9 五	壬寅 10 六	癸卯 11 日	甲辰 12 一	乙巳 13 二	丙午 14 三	丁未 15 四	戊申 16 五	己酉 17 六	庚戌 18 日	辛亥 19 一	壬子 20 二	癸丑 21 三	甲寅 22 四	乙卯 23 五	丙辰 24 六	丁巳 25 日	戊午 26 一	己未 27 二	庚申 28 三	辛酉 29 四	壬戌 30 五		戊申小滿
五月大	丙午	天干地支 西曆 星期	癸亥 31 六	甲子 6 日	乙丑 2 一	丙寅 3 二	丁卯 4 三	戊辰 5 四	己巳 6 五	庚午 7 六	辛未 8 日	壬申 9 一	癸酉 10 二	甲戌 11 三	乙亥 12 四	丙子 13 五	丁丑 14 六	戊寅 15 日	己卯 16 一	庚辰 17 二	辛巳 18 三	壬午 19 四	癸未 20 五	甲申 21 六	乙酉 22 日	丙戌 23 一	丁亥 24 二	戊子 25 三	己丑 26 四	庚寅 27 五	辛卯 28 六	壬辰 29 日	甲子芒種 己卯夏至
六月大	丁未	天干地支 西曆 星期	癸巳 30 一	甲午 7 二	乙未 2 三	丙申 3 四	丁酉 4 五	戊戌 5 六	己亥 6 日	庚子 7 一	辛丑 8 二	壬寅 9 三	癸卯 10 四	甲辰 11 五	乙巳 12 六	丙午 13 日	丁未 14 一	戊申 15 二	己酉 16 三	庚戌 17 四	辛亥 18 五	壬子 19 六	癸丑 20 日	甲寅 21 一	乙卯 22 二	丙辰 23 三	丁巳 24 四	戊午 25 五	己未 26 六	庚申 27 日	辛酉 28 一	壬戌 29 二	甲午小暑 己酉大暑
七月小	戊申	天干地支 西曆 星期	癸亥 30 三	甲子 31 四	乙丑 8 五	丙寅 2 六	丁卯 3 日	戊辰 4 一	己巳 5 二	庚午 6 三	辛未 7 四	壬申 8 五	癸酉 9 六	甲戌 10 日	乙亥 11 一	丙子 12 二	丁丑 13 三	戊寅 14 四	己卯 15 五	庚辰 16 六	辛巳 17 日	壬午 18 一	癸未 19 二	甲申 20 三	乙酉 21 四	丙戌 22 五	丁亥 23 六	戊子 24 日	己丑 25 一	庚寅 26 二	辛卯 27 三		甲子立秋 庚辰處暑
八月大	己酉	天干地支 西曆 星期	壬辰 28 四	癸巳 29 五	甲午 30 六	乙未 31 日	丙申 9 一	丁酉 2 二	戊戌 3 三	己亥 4 四	庚子 5 五	辛丑 6 六	壬寅 7 日	癸卯 8 一	甲辰 9 二	乙巳 10 三	丙午 11 四	丁未 12 五	戊申 13 六	己酉 14 日	庚戌 15 一	辛亥 16 二	壬子 17 三	癸丑 18 四	甲寅 19 五	乙卯 20 六	丙辰 21 日	丁巳 22 一	戊午 23 二	己未 24 三	庚申 25 四	辛酉 26 五	乙未白露 庚戌秋分
九月小	庚戌	天干地支 西曆 星期	壬戌 27 六	癸亥 28 日	甲子 29 一	乙丑 30 二	丙寅 10 三	丁卯 2 四	戊辰 3 五	己巳 4 六	庚午 5 日	辛未 6 一	壬申 7 二	癸酉 8 三	甲戌 9 四	乙亥 10 五	丙子 11 六	丁丑 12 日	戊寅 13 一	己卯 14 二	庚辰 15 三	辛巳 16 四	壬午 17 五	癸未 18 六	甲申 19 日	乙酉 20 一	丙戌 21 二	丁亥 22 三	戊子 23 四	己丑 24 五	庚寅 25 六		乙丑寒露 庚辰霜降
十月大	辛亥	天干地支 西曆 星期	辛卯 26 日	壬辰 27 一	癸巳 28 二	甲午 29 三	乙未 30 四	丙申 31 五	丁酉 11 六	戊戌 2 日	己亥 3 一	庚子 4 二	辛丑 5 三	壬寅 6 四	癸卯 7 五	甲辰 8 六	乙巳 9 日	丙午 10 一	丁未 11 二	戊申 12 三	己酉 13 四	庚戌 14 五	辛亥 15 六	壬子 16 日	癸丑 17 一	甲寅 18 二	乙卯 19 三	丙辰 20 四	丁巳 21 五	戊午 22 六	己未 23 日	庚申 24 一	丙申立冬 辛亥小雪
十一月大	壬子	天干地支 西曆 星期	辛酉 25 二	壬戌 26 三	癸亥 27 四	甲子 28 五	乙丑 29 六	丙寅 30 日	丁卯 12 一	戊辰 2 二	己巳 3 三	庚午 4 四	辛未 5 五	壬申 6 六	癸酉 7 日	甲戌 8 一	乙亥 9 二	丙子 10 三	丁丑 11 四	戊寅 12 五	己卯 13 六	庚辰 14 日	辛巳 15 一	壬午 16 二	癸未 17 三	甲申 18 四	乙酉 19 五	丙戌 20 六	丁亥 21 日	戊子 22 一	己丑 23 二	庚寅 24 三	丙寅大雪 辛巳冬至
十二月小	癸丑	天干地支 西曆 星期	辛卯 25 四	壬辰 26 五	癸巳 27 六	甲午 28 日	乙未 29 一	丙申 30 二	丁酉 31 三	戊戌 1 四	己亥 2 五	庚子 3 六	辛丑 4 日	壬寅 5 一	癸卯 6 二	甲辰 7 三	乙巳 8 四	丙午 9 五	丁未 10 六	戊申 11 日	己酉 12 一	庚戌 13 二	辛亥 14 三	壬子 15 四	癸丑 16 五	甲寅 17 六	乙卯 18 日	丙辰 19 一	丁巳 20 二	戊午 21 三	己未 22 四		丁酉小寒 壬子大寒

金熙宗皇統八年（戊辰 龍年） 公元 **1148** ~ 1149 年

夏曆月序		中西曆日對照	夏曆日序																														節氣與天象
			初一	初二	初三	初四	初五	初六	初七	初八	初九	初十	十一	十二	十三	十四	十五	十六	十七	十八	十九	二十	二一	二二	二三	二四	二五	二六	二七	二八	二九	三十	
正月大	甲寅	天干地支 西曆星期	庚申 23 五	辛酉 24 六	壬戌 25 日	癸亥 26 一	甲子 27 二	乙丑 28 三	丙寅 29 四	丁卯 30 五	戊辰 31 六	己巳 (2) 日	庚午 2 一	辛未 3 二	壬申 4 三	癸酉 5 四	甲戌 6 五	乙亥 7 六	丙子 8 日	丁丑 9 一	戊寅 10 二	己卯 11 三	庚辰 12 四	辛巳 13 五	壬午 14 六	癸未 15 日	甲申 16 一	乙酉 17 二	丙戌 18 三	丁亥 19 四	戊子 20 五	己丑 21 六	丁卯立春 壬午雨水
二月小	乙卯	天干地支 西曆星期	庚寅 22 日	辛卯 23 一	壬辰 24 二	癸巳 25 三	甲午 26 四	乙未 27 五	丙申 28 六	丁酉 29 日	戊戌 (3) 一	己亥 2 二	庚子 3 三	辛丑 4 四	壬寅 5 五	癸卯 6 六	甲辰 7 日	乙巳 8 一	丙午 9 二	丁未 10 三	戊申 11 四	己酉 12 五	庚戌 13 六	辛亥 14 日	壬子 15 一	癸丑 16 二	甲寅 17 三	乙卯 18 四	丙辰 19 五	丁巳 20 六	戊午 21 日		丁酉驚蟄 癸丑春分
三月小	丙辰	天干地支 西曆星期	己未 22 一	庚申 23 二	辛酉 24 三	壬戌 25 四	癸亥 26 五	甲子 27 六	乙丑 28 日	丙寅 29 一	丁卯 30 二	戊辰 31 三	己巳 (4) 四	庚午 2 五	辛未 3 六	壬申 4 日	癸酉 5 一	甲戌 6 二	乙亥 7 三	丙子 8 四	丁丑 9 五	戊寅 10 六	己卯 11 日	庚辰 12 一	辛巳 13 二	壬午 14 三	癸未 15 四	甲申 16 五	乙酉 17 六	丙戌 18 日	丁亥 19 一		戊辰清明 癸未穀雨
四月大	丁巳	天干地支 西曆星期	戊子 20 二	己丑 21 三	庚寅 22 四	辛卯 23 五	壬辰 24 六	癸巳 25 日	甲午 26 一	乙未 27 二	丙申 28 三	丁酉 29 四	戊戌 30 五	己亥 (5) 六	庚子 2 日	辛丑 3 一	壬寅 4 二	癸卯 5 三	甲辰 6 四	乙巳 7 五	丙午 8 六	丁未 9 日	戊申 10 一	己酉 11 二	庚戌 12 三	辛亥 13 四	壬子 14 五	癸丑 15 六	甲寅 16 日	乙卯 17 一	丙辰 18 二	丁巳 19 三	戊戌立夏 甲寅小滿
五月小	戊午	天干地支 西曆星期	戊午 20 四	己未 21 五	庚申 22 六	辛酉 23 日	壬戌 24 一	癸亥 25 二	甲子 26 三	乙丑 27 四	丙寅 28 五	丁卯 29 六	戊辰 30 日	己巳 31 一	庚午 (6) 二	辛未 2 三	壬申 3 四	癸酉 4 五	甲戌 5 六	乙亥 6 日	丙子 7 一	丁丑 8 二	戊寅 9 三	己卯 10 四	庚辰 11 五	辛巳 12 六	壬午 13 日	癸未 14 一	甲申 15 二	乙酉 16 三	丙戌 17 四		己巳芒種 甲申夏至
六月大	己未	天干地支 西曆星期	丁亥 18 五	戊子 19 六	己丑 20 日	庚寅 21 一	辛卯 22 二	壬辰 23 三	癸巳 24 四	甲午 25 五	乙未 26 六	丙申 27 日	丁酉 28 一	戊戌 29 二	己亥 30 三	庚子 (7) 四	辛丑 2 五	壬寅 3 六	癸卯 4 日	甲辰 5 一	乙巳 6 二	丙午 7 三	丁未 8 四	戊申 9 五	己酉 10 六	庚戌 11 日	辛亥 12 一	壬子 13 二	癸丑 14 三	甲寅 15 四	乙卯 16 五	丙辰 17 六	己亥小暑 甲寅大暑
七月小	庚申	天干地支 西曆星期	丁巳 18 日	戊午 19 一	己未 20 二	庚申 21 三	辛酉 22 四	壬戌 23 五	癸亥 24 六	甲子 25 日	乙丑 26 一	丙寅 27 二	丁卯 28 三	戊辰 29 四	己巳 30 五	庚午 31 六	辛未 (8) 日	壬申 2 一	癸酉 3 二	甲戌 4 三	乙亥 5 四	丙子 6 五	丁丑 7 六	戊寅 8 日	己卯 9 一	庚辰 10 二	辛巳 11 三	壬午 12 四	癸未 13 五	甲申 14 六	乙酉 15 日		庚午立秋 乙酉處暑
八月大	辛酉	天干地支 西曆星期	丙戌 16 一	丁亥 17 二	戊子 18 三	己丑 19 四	庚寅 20 五	辛卯 21 六	壬辰 22 日	癸巳 23 一	甲午 24 二	乙未 25 三	丙申 26 四	丁酉 27 五	戊戌 28 六	己亥 29 日	庚子 30 一	辛丑 31 二	壬寅 (9) 三	癸卯 2 四	甲辰 3 五	乙巳 4 六	丙午 5 日	丁未 6 一	戊申 7 二	己酉 8 三	庚戌 9 四	辛亥 10 五	壬子 11 六	癸丑 12 日	甲寅 13 一	乙卯 14 二	庚子白露 乙卯秋分
閏八月大	辛酉	天干地支 西曆星期	丙辰 15 三	丁巳 16 四	戊午 17 五	己未 18 六	庚申 19 日	辛酉 20 一	壬戌 21 二	癸亥 22 三	甲子 23 四	乙丑 24 五	丙寅 25 六	丁卯 26 日	戊辰 27 一	己巳 28 二	庚午 29 三	辛未 30 四	壬申 (10) 五	癸酉 2 六	甲戌 3 日	乙亥 4 一	丙子 5 二	丁丑 6 三	戊寅 7 四	己卯 8 五	庚辰 9 六	辛巳 10 日	壬午 11 一	癸未 12 二	甲申 13 三	乙酉 14 四	辛未寒露
九月小	壬戌	天干地支 西曆星期	丙戌 15 五	丁亥 16 六	戊子 17 日	己丑 18 一	庚寅 19 二	辛卯 20 三	壬辰 21 四	癸巳 22 五	甲午 23 六	乙未 24 日	丙申 25 一	丁酉 26 二	戊戌 27 三	己亥 28 四	庚子 29 五	辛丑 30 六	壬寅 31 日	癸卯 (11) 一	甲辰 2 二	乙巳 3 三	丙午 4 四	丁未 5 五	戊申 6 六	己酉 7 日	庚戌 8 一	辛亥 9 二	壬子 10 三	癸丑 11 四	甲寅 12 五		丙戌霜降 辛丑立冬
十月大	癸亥	天干地支 西曆星期	乙卯 13 六	丙辰 14 日	丁巳 15 一	戊午 16 二	己未 17 三	庚申 18 四	辛酉 19 五	壬戌 20 六	癸亥 21 日	甲子 22 一	乙丑 23 二	丙寅 24 三	丁卯 25 四	戊辰 26 五	己巳 27 六	庚午 28 日	辛未 29 一	壬申 30 二	癸酉 (12) 三	甲戌 2 四	乙亥 3 五	丙子 4 六	丁丑 5 日	戊寅 6 一	己卯 7 二	庚辰 8 三	辛巳 9 四	壬午 10 五	癸未 11 六	甲申 12 日	丙辰小雪 辛未大雪
十一月大	甲子	天干地支 西曆星期	乙酉 13 一	丙戌 14 二	丁亥 15 三	戊子 16 四	己丑 17 五	庚寅 18 六	辛卯 19 日	壬辰 20 一	癸巳 21 二	甲午 22 三	乙未 23 四	丙申 24 五	丁酉 25 六	戊戌 26 日	己亥 27 一	庚子 28 二	辛丑 29 三	壬寅 30 四	癸卯 31 五	甲辰 (1) 六	乙巳 2 日	丙午 3 一	丁未 4 二	戊申 5 三	己酉 6 四	庚戌 7 五	辛亥 8 六	壬子 9 日	癸丑 10 一	甲寅 11 二	丁亥冬至 壬寅小寒
十二月小	乙丑	天干地支 西曆星期	乙卯 12 三	丙辰 13 四	丁巳 14 五	戊午 15 六	己未 16 日	庚申 17 一	辛酉 18 二	壬戌 19 三	癸亥 20 四	甲子 21 五	乙丑 22 六	丙寅 23 日	丁卯 24 一	戊辰 25 二	己巳 26 三	庚午 27 四	辛未 28 五	壬申 29 六	癸酉 30 日	甲戌 31 一	乙亥 (2) 二	丙子 2 三	丁丑 3 四	戊寅 4 五	己卯 5 六	庚辰 6 日	辛巳 7 一	壬午 8 二	癸未 9 三		丁巳大寒 壬申立春

金熙宗皇統九年 海陵王天德元年（己巳 蛇年）公元 1149 ~ 1150 年

夏曆月序	中西曆日對照	初一	初二	初三	初四	初五	初六	初七	初八	初九	初十	十一	十二	十三	十四	十五	十六	十七	十八	十九	二十	二一	二二	二三	二四	二五	二六	二七	二八	二九	三十	節氣與天象
正月大 丙寅	天干地支 西曆 星期	甲申10四	乙酉11五	丙戌12六	丁亥13日	戊子14一	己丑15二	庚寅16三	辛卯17四	壬辰18五	癸巳19六	甲午20日	乙未21一	丙申22二	丁酉23三	戊戌24四	己亥25五	庚子26六	辛丑27日	壬寅28一	癸卯(3)二	甲辰2三	乙巳3四	丙午4五	丁未5六	戊申6日	己酉7一	庚戌8二	辛亥9三	壬子10四	癸丑11五	丁亥雨水 癸卯驚蟄
二月小 丁卯	天干地支 西曆 星期	甲寅12六	乙卯13日	丙辰14一	丁巳15二	戊午16三	己未17四	庚申18五	辛酉19六	壬戌20日	癸亥21一	甲子22二	乙丑23三	丙寅24四	丁卯25五	戊辰26六	己巳27日	庚午28一	辛未29二	壬申30三	癸酉31四	甲戌(4)五	乙亥2六	丙子3日	丁丑4一	戊寅5二	己卯6三	庚辰7四	辛巳8五	壬午9六		戊午春分 癸酉清明
三月小 戊辰	天干地支 西曆 星期	癸未10日	甲申11一	乙酉12二	丙戌13三	丁亥14四	戊子15五	己丑16六	庚寅17日	辛卯18一	壬辰19二	癸巳20三	甲午21四	乙未22五	丙申23六	丁酉24日	戊戌25一	己亥26二	庚子27三	辛丑28四	壬寅29五	癸卯30六	甲辰(5)日	乙巳2一	丙午3二	丁未4三	戊申5四	己酉6五	庚戌7六	辛亥8日		戊子穀雨 甲辰立夏
四月大 己巳	天干地支 西曆 星期	壬子9一	癸丑10二	甲寅11三	乙卯12四	丙辰13五	丁巳14六	戊午15日	己未16一	庚申17二	辛酉18三	壬戌19四	癸亥20五	甲子21六	乙丑22日	丙寅23一	丁卯24二	戊辰25三	己巳26四	庚午27五	辛未28六	壬申29日	癸酉30一	甲戌31二	乙亥(6)三	丙子2四	丁丑3五	戊寅4六	己卯5日	庚辰6一	辛巳7二	己未小滿 甲戌芒種
五月小 庚午	天干地支 西曆 星期	壬午8三	癸未9四	甲申10五	乙酉11六	丙戌12日	丁亥13一	戊子14二	己丑15三	庚寅16四	辛卯17五	壬辰18六	癸巳19日	甲午20一	乙未21二	丙申22三	丁酉23四	戊戌24五	己亥25六	庚子26日	辛丑27一	壬寅28二	癸卯29三	甲辰30四	乙巳(7)五	丙午2六	丁未3日	戊申4一	己酉5二	庚戌6三		己丑夏至 甲辰小暑
六月小 辛未	天干地支 西曆 星期	辛亥7四	壬子8五	癸丑9六	甲寅10日	乙卯11一	丙辰12二	丁巳13三	戊午14四	己未15五	庚申16六	辛酉17日	壬戌18一	癸亥19二	甲子20三	乙丑21四	丙寅22五	丁卯23六	戊辰24日	己巳25一	庚午26二	辛未27三	壬申28四	癸酉29五	甲戌30六	乙亥31日	丙子(8)一	丁丑2二	戊寅3三	己卯4四		庚申大暑 乙亥立秋
七月大 壬申	天干地支 西曆 星期	庚辰5五	辛巳6六	壬午7日	癸未8一	甲申9二	乙酉10三	丙戌11四	丁亥12五	戊子13六	己丑14日	庚寅15一	辛卯16二	壬辰17三	癸巳18四	甲午19五	乙未20六	丙申21日	丁酉22一	戊戌23二	己亥24三	庚子25四	辛丑26五	壬寅27六	癸卯28日	甲辰29一	乙巳30二	丙午31三	丁未(9)四	戊申2五	己酉3六	庚寅處暑 乙巳白露
八月大 癸酉	天干地支 西曆 星期	庚戌4日	辛亥5一	壬子6二	癸丑7三	甲寅8四	乙卯9五	丙辰10六	丁巳11日	戊午12一	己未13二	庚申14三	辛酉15四	壬戌16五	癸亥17六	甲子18日	乙丑19一	丙寅20二	丁卯21三	戊辰22四	己巳23五	庚午24六	辛未25日	壬申26一	癸酉27二	甲戌28三	乙亥29四	丙子30五	丁丑(10)六	戊寅2日	己卯3一	辛酉秋分 丙子寒露
九月小 甲戌	天干地支 西曆 星期	庚辰4二	辛巳5三	壬午6四	癸未7五	甲申8六	乙酉9日	丙戌10一	丁亥11二	戊子12三	己丑13四	庚寅14五	辛卯15六	壬辰16日	癸巳17一	甲午18二	乙未19三	丙申20四	丁酉21五	戊戌22六	己亥23日	庚子24一	辛丑25二	壬寅26三	癸卯27四	甲辰28五	乙巳29六	丙午30日	丁未31一	戊申(11)二		辛卯霜降 丙午立冬
十月大 乙亥	天干地支 西曆 星期	己酉2三	庚戌3四	辛亥4五	壬子5六	癸丑6日	甲寅7一	乙卯8二	丙辰9三	丁巳10四	戊午11五	己未12六	庚申13日	辛酉14一	壬戌15二	癸亥16三	甲子17四	乙丑18五	丙寅19六	丁卯20日	戊辰21一	己巳22二	庚午23三	辛未24四	壬申25五	癸酉26六	甲戌27日	乙亥28一	丙子29二	丁丑30三	戊寅(12)四	辛酉小雪 丁丑大雪
十一月大 丙子	天干地支 西曆 星期	己卯2五	庚辰3六	辛巳4日	壬午5一	癸未6二	甲申7三	乙酉8四	丙戌9五	丁亥10六	戊子11日	己丑12一	庚寅13二	辛卯14三	壬辰15四	癸巳16五	甲午17六	乙未18日	丙申19一	丁酉20二	戊戌21三	己亥22四	庚子23五	辛丑24六	壬寅25日	癸卯26一	甲辰27二	乙巳28三	丙午29四	丁未30五	戊申31六	壬辰冬至 丁未小寒
十二月大 丁丑	天干地支 西曆 星期	己酉(1)日	庚戌2一	辛亥3二	壬子4三	癸丑5四	甲寅6五	乙卯7六	丙辰8日	丁巳9一	戊午10二	己未11三	庚申12四	辛酉13五	壬戌14六	癸亥15日	甲子16一	乙丑17二	丙寅18三	丁卯19四	戊辰20五	己巳21六	庚午22日	辛未23一	壬申24二	癸酉25三	甲戌26四	乙亥27五	丙子28六	丁丑29日	戊寅30一	壬戌大寒 戊寅立春

* 十二月丁巳（初九），金熙宗被殺，完顏亮即位，是爲海陵王。己未（十一日），改元天德。

金海陵王天德二年（庚午 馬年） 公元 1150 ~ 1151 年

夏曆月序		中西曆日對照	初一	初二	初三	初四	初五	初六	初七	初八	初九	初十	十一	十二	十三	十四	十五	十六	十七	十八	十九	二十	二一	二二	二三	二四	二五	二六	二七	二八	二九	三十	節氣與天象
正月小	戊寅	天干地支 西曆 星期	己卯 31 二	庚辰 (2) 三	辛巳 2 四	壬午 3 五	癸未 4 六	甲申 5 日	乙酉 6 一	丙戌 7 二	丁亥 8 三	戊子 9 四	己丑 10 五	庚寅 11 六	辛卯 12 日	壬辰 13 一	癸巳 14 二	甲午 15 三	乙未 16 四	丙申 17 五	丁酉 18 六	戊戌 19 日	己亥 20 一	庚子 21 二	辛丑 22 三	壬寅 23 四	癸卯 24 五	甲辰 25 六	乙巳 26 日	丙午 27 一	丁未 28 二		癸巳雨水
二月大	己卯	天干地支 西曆 星期	戊申 (3) 三	己酉 2 四	庚戌 3 五	辛亥 4 六	壬子 5 日	癸丑 6 一	甲寅 7 二	乙卯 8 三	丙辰 9 四	丁巳 10 五	戊午 11 六	己未 12 日	庚申 13 一	辛酉 14 二	壬戌 15 三	癸亥 16 四	甲子 17 五	乙丑 18 六	丙寅 19 日	丁卯 20 一	戊辰 21 二	己巳 22 三	庚午 23 四	辛未 24 五	壬申 25 六	癸酉 26 日	甲戌 27 一	乙亥 28 二	丙子 29 三	丁丑 30 四	戊申驚蟄 癸亥春分
三月小	庚辰	天干地支 西曆 星期	戊寅 31 五	己卯 (4) 六	庚辰 2 日	辛巳 3 一	壬午 4 二	癸未 5 三	甲申 6 四	乙酉 7 五	丙戌 8 六	丁亥 9 日	戊子 10 一	己丑 11 二	庚寅 12 三	辛卯 13 四	壬辰 14 五	癸巳 15 六	甲午 16 日	乙未 17 一	丙申 18 二	丁酉 19 三	戊戌 20 四	己亥 21 五	庚子 22 六	辛丑 23 日	壬寅 24 一	癸卯 25 二	甲辰 26 三	乙巳 27 四	丙午 28 五		戊寅清明 甲午穀雨
四月小	辛巳	天干地支 西曆 星期	丁未 29 六	戊申 30 日	己酉 (5) 一	庚戌 2 二	辛亥 3 三	壬子 4 四	癸丑 5 五	甲寅 6 六	乙卯 7 日	丙辰 8 一	丁巳 9 二	戊午 10 三	己未 11 四	庚申 12 五	辛酉 13 六	壬戌 14 日	癸亥 15 一	甲子 16 二	乙丑 17 三	丙寅 18 四	丁卯 19 五	戊辰 20 六	己巳 21 日	庚午 22 一	辛未 23 二	壬申 24 三	癸酉 25 四	甲戌 26 五	乙亥 27 六		己酉立夏 甲子小滿
五月大	壬午	天干地支 西曆 星期	丙子 28 日	丁丑 29 一	戊寅 30 二	己卯 31 三	庚辰 (6) 四	辛巳 2 五	壬午 3 六	癸未 4 日	甲申 5 一	乙酉 6 二	丙戌 7 三	丁亥 8 四	戊子 9 五	己丑 10 六	庚寅 11 日	辛卯 12 一	壬辰 13 二	癸巳 14 三	甲午 15 四	乙未 16 五	丙申 17 六	丁酉 18 日	戊戌 19 一	己亥 20 二	庚子 21 三	辛丑 22 四	壬寅 23 五	癸卯 24 六	甲辰 25 日	乙巳 26 一	己卯芒種 甲午夏至
六月小	癸未	天干地支 西曆 星期	丙午 27 二	丁未 28 三	戊申 29 四	己酉 30 五	庚戌 (7) 六	辛亥 2 日	壬子 3 一	癸丑 4 二	甲寅 5 三	乙卯 6 四	丙辰 7 五	丁巳 8 六	戊午 9 日	己未 10 一	庚申 11 二	辛酉 12 三	壬戌 13 四	癸亥 14 五	甲子 15 六	乙丑 16 日	丙寅 17 一	丁卯 18 二	戊辰 19 三	己巳 20 四	庚午 21 五	辛未 22 六	壬申 23 日	癸酉 24 一	甲戌 25 二		庚戌小暑 乙丑大暑
七月小	甲申	天干地支 西曆 星期	乙亥 26 三	丙子 27 四	丁丑 28 五	戊寅 29 六	己卯 30 日	庚辰 31 一	辛巳 (8) 二	壬午 2 三	癸未 3 四	甲申 4 五	乙酉 5 六	丙戌 6 日	丁亥 7 一	戊子 8 二	己丑 9 三	庚寅 10 四	辛卯 11 五	壬辰 12 六	癸巳 13 日	甲午 14 一	乙未 15 二	丙申 16 三	丁酉 17 四	戊戌 18 五	己亥 19 六	庚子 20 日	辛丑 21 一	壬寅 22 二	癸卯 23 三		庚辰立秋 乙未處暑
八月大	乙酉	天干地支 西曆 星期	甲辰 24 四	乙巳 25 五	丙午 26 六	丁未 27 日	戊申 28 一	己酉 29 二	庚戌 30 三	辛亥 31 四	壬子 (9) 五	癸丑 2 六	甲寅 3 日	乙卯 4 一	丙辰 5 二	丁巳 6 三	戊午 7 四	己未 8 五	庚申 9 六	辛酉 10 日	壬戌 11 一	癸亥 12 二	甲子 13 三	乙丑 14 四	丙寅 15 五	丁卯 16 六	戊辰 17 日	己巳 18 一	庚午 19 二	辛未 20 三	壬申 21 四	癸酉 22 五	辛亥白露 丙寅秋分
九月小	丙戌	天干地支 西曆 星期	甲戌 23 六	乙亥 24 日	丙子 25 一	丁丑 26 二	戊寅 27 三	己卯 28 四	庚辰 29 五	辛巳 30 六	壬午 (10) 日	癸未 2 一	甲申 3 二	乙酉 4 三	丙戌 5 四	丁亥 6 五	戊子 7 六	己丑 8 日	庚寅 9 一	辛卯 10 二	壬辰 11 三	癸巳 12 四	甲午 13 五	乙未 14 六	丙申 15 日	丁酉 16 一	戊戌 17 二	己亥 18 三	庚子 19 四	辛丑 20 五	壬寅 21 六		辛巳寒露 丙申霜降
十月大	丁亥	天干地支 西曆 星期	癸卯 22 日	甲辰 23 一	乙巳 24 二	丙午 25 三	丁未 26 四	戊申 27 五	己酉 28 六	庚戌 29 日	辛亥 30 一	壬子 31 二	癸丑 (11) 三	甲寅 2 四	乙卯 3 五	丙辰 4 六	丁巳 5 日	戊午 6 一	己未 7 二	庚申 8 三	辛酉 9 四	壬戌 10 五	癸亥 11 六	甲子 12 日	乙丑 13 一	丙寅 14 二	丁卯 15 三	戊辰 16 四	己巳 17 五	庚午 18 六	辛未 19 日	壬申 20 一	辛亥立冬 丁卯小雪
十一月大	戊子	天干地支 西曆 星期	癸酉 21 二	甲戌 22 三	乙亥 23 四	丙子 24 五	丁丑 25 六	戊寅 26 日	己卯 27 一	庚辰 28 二	辛巳 29 三	壬午 30 四	癸未 (12) 五	甲申 2 六	乙酉 3 日	丙戌 4 一	丁亥 5 二	戊子 6 三	己丑 7 四	庚寅 8 五	辛卯 9 六	壬辰 10 日	癸巳 11 一	甲午 12 二	乙未 13 三	丙申 14 四	丁酉 15 五	戊戌 16 六	己亥 17 日	庚子 18 一	辛丑 19 二	壬寅 20 三	壬午大雪 丁酉冬至
十二月大	己丑	天干地支 西曆 星期	癸卯 21 四	甲辰 22 五	乙巳 23 六	丙午 24 日	丁未 25 一	戊申 26 二	己酉 27 三	庚戌 28 四	辛亥 29 五	壬子 30 六	癸丑 31 日	甲寅 (1) 一	乙卯 2 二	丙辰 3 三	丁巳 4 四	戊午 5 五	己未 6 六	庚申 7 日	辛酉 8 一	壬戌 9 二	癸亥 10 三	甲子 11 四	乙丑 12 五	丙寅 13 六	丁卯 14 日	戊辰 15 一	己巳 16 二	庚午 17 三	辛未 18 四	壬申 19 五	壬子小寒 戊辰大寒

金海陵王天德三年（辛未 羊年）公元 1151 ~ 1152 年

夏曆月序		中西曆日對照	初一	初二	初三	初四	初五	初六	初七	初八	初九	初十	十一	十二	十三	十四	十五	十六	十七	十八	十九	二十	二一	二二	二三	二四	二五	二六	二七	二八	二九	三十	節氣與天象
正月小	庚寅	天干地支 西曆 星期	癸酉20六	甲戌21日	乙亥22一	丙子23二	丁丑24三	戊寅25四	己卯26五	庚辰27六	辛巳28日	壬午29一	癸未30二	甲申31三	乙酉(2)四	丙戌2五	丁亥3六	戊子4日	己丑5一	庚寅6二	辛卯7三	壬辰8四	癸巳9五	甲午10六	乙未11日	丙申12一	丁酉13二	戊戌14三	己亥15四	庚子16五	辛丑17六		癸未立春 戊戌雨水
二月大	辛卯	天干地支 西曆 星期	壬寅18日	癸卯19一	甲辰20二	乙巳21三	丙午22四	丁未23五	戊申24六	己酉25日	庚戌26一	辛亥27二	壬子28三	癸丑(3)四	甲寅2五	乙卯3六	丙辰4日	丁巳5一	戊午6二	己未7三	庚申8四	辛酉9五	壬戌10六	癸亥11日	甲子12一	乙丑13二	丙寅14三	丁卯15四	戊辰16五	己巳17六	庚午18日	辛未19一	癸丑驚蟄 戊辰春分
三月大	壬辰	天干地支 西曆 星期	壬申20二	癸酉21三	甲戌22四	乙亥23五	丙子24六	丁丑25日	戊寅26一	己卯27二	庚辰28三	辛巳29四	壬午30五	癸未31六	甲申(4)日	乙酉2一	丙戌3二	丁亥4三	戊子5四	己丑6五	庚寅7六	辛卯8日	壬辰9一	癸巳10二	甲午11三	乙未12四	丙申13五	丁酉14六	戊戌15日	己亥16一	庚子17二	辛丑18三	甲申清明 己亥穀雨
四月小	癸巳	天干地支 西曆 星期	壬寅19四	癸卯20五	甲辰21六	乙巳22日	丙午23一	丁未24二	戊申25三	己酉26四	庚戌27五	辛亥28六	壬子29日	癸丑30一	甲寅(5)二	乙卯2三	丙辰3四	丁巳4五	戊午5六	己未6日	庚申7一	辛酉8二	壬戌9三	癸亥10四	甲子11五	乙丑12六	丙寅13日	丁卯14一	戊辰15二	己巳16三	庚午17四		甲寅立夏 己巳小滿
閏四月小	癸巳	天干地支 西曆 星期	辛未18五	壬申19六	癸酉20日	甲戌21一	乙亥22二	丙子23三	丁丑24四	戊寅25五	己卯26六	庚辰27日	辛巳28一	壬午29二	癸未30三	甲申31四	乙酉(6)五	丙戌2六	丁亥3日	戊子4一	己丑5二	庚寅6三	辛卯7四	壬辰8五	癸巳9六	甲午10日	乙未11一	丙申12二	丁酉13三	戊戌14四	己亥15五		甲申芒種
五月大	甲午	天干地支 西曆 星期	庚子16六	辛丑17日	壬寅18一	癸卯19二	甲辰20三	乙巳21四	丙午22五	丁未23六	戊申24日	己酉25一	庚戌26二	辛亥27三	壬子28四	癸丑29五	甲寅30六	乙卯(7)日	丙辰2一	丁巳3二	戊午4三	己未5四	庚申6五	辛酉7六	壬戌8日	癸亥9一	甲子10二	乙丑11三	丙寅12四	丁卯13五	戊辰14六	己巳15日	庚子夏至 乙卯小暑
六月小	乙未	天干地支 西曆 星期	庚午16一	辛未17二	壬申18三	癸酉19四	甲戌20五	乙亥21六	丙子22日	丁丑23一	戊寅24二	己卯25三	庚辰26四	辛巳27五	壬午28六	癸未29日	甲申30一	乙酉31二	丙戌(8)三	丁亥2四	戊子3五	己丑4六	庚寅5日	辛卯6一	壬辰7二	癸巳8三	甲午9四	乙未10五	丙申11六	丁酉12日	戊戌13一		庚午大暑 乙酉立秋
七月小	丙申	天干地支 西曆 星期	己亥14二	庚子15三	辛丑16四	壬寅17五	癸卯18六	甲辰19日	乙巳20一	丙午21二	丁未22三	戊申23四	己酉24五	庚戌25六	辛亥26日	壬子27一	癸丑28二	甲寅29三	乙卯30四	丙辰31五	丁巳(9)六	戊午2日	己未3一	庚申4二	辛酉5三	壬戌6四	癸亥7五	甲子8六	乙丑9日	丙寅10一	丁卯11二		辛丑處暑 丙辰白露
八月大	丁酉	天干地支 西曆 星期	戊辰12三	己巳13四	庚午14五	辛未15六	壬申16日	癸酉17一	甲戌18二	乙亥19三	丙子20四	丁丑21五	戊寅22六	己卯23日	庚辰24一	辛巳25二	壬午26三	癸未27四	甲申28五	乙酉29六	丙戌30日	丁亥(10)一	戊子2二	己丑3三	庚寅4四	辛卯5五	壬辰6六	癸巳7日	甲午8一	乙未9二	丙申10三	丁酉11四	辛未秋分 丙戌寒露
九月小	戊戌	天干地支 西曆 星期	戊戌12五	己亥13六	庚子14日	辛丑15一	壬寅16二	癸卯17三	甲辰18四	乙巳19五	丙午20六	丁未21日	戊申22一	己酉23二	庚戌24三	辛亥25四	壬子26五	癸丑27六	甲寅28日	乙卯29一	丙辰30二	丁巳31三	戊午(11)四	己未2五	庚申3六	辛酉4日	壬戌5一	癸亥6二	甲子7三	乙丑8四	丙寅9五		辛丑霜降 丁巳立冬
十月大	己亥	天干地支 西曆 星期	丁卯10六	戊辰11日	己巳12一	庚午13二	辛未14三	壬申15四	癸酉16五	甲戌17六	乙亥18日	丙子19一	丁丑20二	戊寅21三	己卯22四	庚辰23五	辛巳24六	壬午25日	癸未26一	甲申27二	乙酉28三	丙戌29四	丁亥30五	戊子(12)六	己丑2日	庚寅3一	辛卯4二	壬辰5三	癸巳6四	甲午7五	乙未8六	丙申9日	壬申小雪 丁亥大雪
十一月大	庚子	天干地支 西曆 星期	丁酉10一	戊戌11二	己亥12三	庚子13四	辛丑14五	壬寅15六	癸卯16日	甲辰17一	乙巳18二	丙午19三	丁未20四	戊申21五	己酉22六	庚戌23日	辛亥24一	壬子25二	癸丑26三	甲寅27四	乙卯28五	丙辰29六	丁巳30日	戊午31一	己未(1)二	庚申2三	辛酉3四	壬戌4五	癸亥5六	甲子6日	乙丑7一	丙寅8二	壬寅冬至 戊午小寒
十二月大	辛丑	天干地支 西曆 星期	丁卯9三	戊辰10四	己巳11五	庚午12六	辛未13日	壬申14一	癸酉15二	甲戌16三	乙亥17四	丙子18五	丁丑19六	戊寅20日	己卯21一	庚辰22二	辛巳23三	壬午24四	癸未25五	甲申26六	乙酉27日	丙戌28一	丁亥29二	戊子30三	己丑31四	庚寅(2)五	辛卯2六	壬辰3日	癸巳4一	甲午5二	乙未6三	丙申7四	癸酉大寒 戊子立春

金海陵王天德四年（壬申 猴年） 公元 1152 ~ 1153 年

夏曆月序		中西曆日對照	初一	初二	初三	初四	初五	初六	初七	初八	初九	初十	十一	十二	十三	十四	十五	十六	十七	十八	十九	二十	二一	二二	二三	二四	二五	二六	二七	二八	二九	三十	節氣與天象
正月小	壬寅	天干 地支 西曆 星期	丁酉 8 五	戊戌 9 六	己亥 10 日	庚子 11 一	辛丑 12 二	壬寅 13 三	癸卯 14 四	甲辰 15 五	乙巳 16 六	丙午 17 日	丁未 18 一	戊申 19 二	己酉 20 三	庚戌 21 四	辛亥 22 五	壬子 23 六	癸丑 24 日	甲寅 25 一	乙卯 26 二	丙辰 27 三	丁巳 28 四	戊午 29 五	己未 (3) 六	庚申 2 日	辛酉 3 一	壬戌 4 二	癸亥 5 三	甲子 6 四	乙丑 7 五		癸卯雨水 戊午驚蟄
二月大	癸卯	天干 地支 西曆 星期	丙寅 8 六	丁卯 9 日	戊辰 10 一	己巳 11 二	庚午 12 三	辛未 13 四	壬申 14 五	癸酉 15 六	甲戌 16 日	乙亥 17 一	丙子 18 二	丁丑 19 三	戊寅 20 四	己卯 21 五	庚辰 22 六	辛巳 23 日	壬午 24 一	癸未 25 二	甲申 26 三	乙酉 27 四	丙戌 28 五	丁亥 29 六	戊子 30 日	己丑 31 一	庚寅 (4) 二	辛卯 2 三	壬辰 3 四	癸巳 4 五	甲午 5 六	乙未 6 日	甲戌春分 己丑清明
三月大	甲辰	天干 地支 西曆 星期	丙申 7 一	丁酉 8 二	戊戌 9 三	己亥 10 四	庚子 11 五	辛丑 12 六	壬寅 13 日	癸卯 14 一	甲辰 15 二	乙巳 16 三	丙午 17 四	丁未 18 五	戊申 19 六	己酉 20 日	庚戌 21 一	辛亥 22 二	壬子 23 三	癸丑 24 四	甲寅 25 五	乙卯 26 六	丙辰 27 日	丁巳 28 一	戊午 29 二	己未 30 三	庚申 (5) 四	辛酉 2 五	壬戌 3 六	癸亥 4 日	甲子 5 一	乙丑 6 二	甲辰穀雨 己未立夏
四月小	乙巳	天干 地支 西曆 星期	丙寅 7 三	丁卯 8 四	戊辰 9 五	己巳 10 六	庚午 11 日	辛未 12 一	壬申 13 二	癸酉 14 三	甲戌 15 四	乙亥 16 五	丙子 17 六	丁丑 18 日	戊寅 19 一	己卯 20 二	庚辰 21 三	辛巳 22 四	壬午 23 五	癸未 24 六	甲申 25 日	乙酉 26 一	丙戌 27 二	丁亥 28 三	戊子 29 四	己丑 30 五	庚寅 31 六	辛卯 (6) 日	壬辰 2 一	癸巳 3 二	甲午 4 三		乙亥小滿 庚寅芒種
五月小	丙午	天干 地支 西曆 星期	乙未 5 四	丙申 6 五	丁酉 7 六	戊戌 8 日	己亥 9 一	庚子 10 二	辛丑 11 三	壬寅 12 四	癸卯 13 五	甲辰 14 六	乙巳 15 日	丙午 16 一	丁未 17 二	戊申 18 三	己酉 19 四	庚戌 20 五	辛亥 21 六	壬子 22 日	癸丑 23 一	甲寅 24 二	乙卯 25 三	丙辰 26 四	丁巳 27 五	戊午 28 六	己未 29 日	庚申 30 一	辛酉 (7) 二	壬戌 2 三	癸亥 3 四		乙巳夏至 庚申小暑
六月大	丁未	天干 地支 西曆 星期	甲子 4 五	乙丑 5 六	丙寅 6 日	丁卯 7 一	戊辰 8 二	己巳 9 三	庚午 10 四	辛未 11 五	壬申 12 六	癸酉 13 日	甲戌 14 一	乙亥 15 二	丙子 16 三	丁丑 17 四	戊寅 18 五	己卯 19 六	庚辰 20 日	辛巳 21 一	壬午 22 二	癸未 23 三	甲申 24 四	乙酉 25 五	丙戌 26 六	丁亥 27 日	戊子 28 一	己丑 29 二	庚寅 30 三	辛卯 31 四	壬辰 (8) 五	癸巳 2 六	乙亥大暑 辛卯立秋
七月小	戊申	天干 地支 西曆 星期	甲午 3 日	乙未 4 一	丙申 5 二	丁酉 6 三	戊戌 7 四	己亥 8 五	庚子 9 六	辛丑 10 日	壬寅 11 一	癸卯 12 二	甲辰 13 三	乙巳 14 四	丙午 15 五	丁未 16 六	戊申 17 日	己酉 18 一	庚戌 19 二	辛亥 20 三	壬子 21 四	癸丑 22 五	甲寅 23 六	乙卯 24 日	丙辰 25 一	丁巳 26 二	戊午 27 三	己未 28 四	庚申 29 五	辛酉 30 六	壬戌 31 日		丙午處暑 辛酉白露
八月小	己酉	天干 地支 西曆 星期	癸亥 (9) 一	甲子 2 二	乙丑 3 三	丙寅 4 四	丁卯 5 五	戊辰 6 六	己巳 7 日	庚午 8 一	辛未 9 二	壬申 10 三	癸酉 11 四	甲戌 12 五	乙亥 13 六	丙子 14 日	丁丑 15 一	戊寅 16 二	己卯 17 三	庚辰 18 四	辛巳 19 五	壬午 20 六	癸未 21 日	甲申 22 一	乙酉 23 二	丙戌 24 三	丁亥 25 四	戊子 26 五	己丑 27 六	庚寅 28 日	辛卯 29 一		丙子秋分 辛卯寒露
九月大	庚戌	天干 地支 西曆 星期	壬辰 30 二	癸巳 (10) 三	甲午 2 四	乙未 3 五	丙申 4 六	丁酉 5 日	戊戌 6 一	己亥 7 二	庚子 8 三	辛丑 9 四	壬寅 10 五	癸卯 11 六	甲辰 12 日	乙巳 13 一	丙午 14 二	丁未 15 三	戊申 16 四	己酉 17 五	庚戌 18 六	辛亥 19 日	壬子 20 一	癸丑 21 二	甲寅 22 三	乙卯 23 四	丙辰 24 五	丁巳 25 六	戊午 26 日	己未 27 一	庚申 28 二	辛酉 29 三	丁未霜降
十月小	辛亥	天干 地支 西曆 星期	壬戌 30 四	癸亥 31 五	甲子 (11) 六	乙丑 2 日	丙寅 3 一	丁卯 4 二	戊辰 5 三	己巳 6 四	庚午 7 五	辛未 8 六	壬申 9 日	癸酉 10 一	甲戌 11 二	乙亥 12 三	丙子 13 四	丁丑 14 五	戊寅 15 六	己卯 16 日	庚辰 17 一	辛巳 18 二	壬午 19 三	癸未 20 四	甲申 21 五	乙酉 22 六	丙戌 23 日	丁亥 24 一	戊子 25 二	己丑 26 三	庚寅 27 四		壬戌立冬 丁丑小雪
十一月大	壬子	天干 地支 西曆 星期	辛卯 28 五	壬辰 29 六	癸巳 30 日	甲午 (12) 一	乙未 2 二	丙申 3 三	丁酉 4 四	戊戌 5 五	己亥 6 六	庚子 7 日	辛丑 8 一	壬寅 9 二	癸卯 10 三	甲辰 11 四	乙巳 12 五	丙午 13 六	丁未 14 日	戊申 15 一	己酉 16 二	庚戌 17 三	辛亥 18 四	壬子 19 五	癸丑 20 六	甲寅 21 日	乙卯 22 一	丙辰 23 二	丁巳 24 三	戊午 25 四	己未 26 五	庚申 27 六	壬辰大雪 戊申冬至
十二月大	癸丑	天干 地支 西曆 星期	辛酉 28 日	壬戌 29 一	癸亥 30 二	甲子 31 三	乙丑 (1) 四	丙寅 2 五	丁卯 3 六	戊辰 4 日	己巳 5 一	庚午 6 二	辛未 7 三	壬申 8 四	癸酉 9 五	甲戌 10 六	乙亥 11 日	丙子 12 一	丁丑 13 二	戊寅 14 三	己卯 15 四	庚辰 16 五	辛巳 17 六	壬午 18 日	癸未 19 一	甲申 20 二	乙酉 21 三	丙戌 22 四	丁亥 23 五	戊子 24 六	己丑 25 日	庚寅 26 一	癸亥小寒 戊寅大寒

金海陵王天德五年 貞元元年（癸酉 鷄年）公元 **1153** ~ 1154 年

夏曆月序		中西曆日對照	初一	初二	初三	初四	初五	初六	初七	初八	初九	初十	十一	十二	十三	十四	十五	十六	十七	十八	十九	二十	廿一	廿二	廿三	廿四	廿五	廿六	廿七	廿八	廿九	三十	節氣與天象
正月小	甲寅	天干地支 西曆 星期	辛卯 27 二	壬辰 28 三	癸巳 29 四	甲午 30 五	乙未 31 六	丙申 (2) 日	丁酉 2 一	戊戌 3 二	己亥 4 三	庚子 5 四	辛丑 6 五	壬寅 7 六	癸卯 8 日	甲辰 9 一	乙巳 10 二	丙午 11 三	丁未 12 四	戊申 13 五	己酉 14 六	庚戌 15 日	辛亥 16 一	壬子 17 二	癸丑 18 三	甲寅 19 四	乙卯 20 五	丙辰 21 六	丁巳 22 日	戊午 23 一	己未 24 二		癸巳立春 戊申雨水
二月大	乙卯	天干地支 西曆 星期	庚申 25 三	辛酉 26 四	壬戌 27 五	癸亥 28 六	甲子 (3) 日	乙丑 2 一	丙寅 3 二	丁卯 4 三	戊辰 5 四	己巳 6 五	庚午 7 六	辛未 8 日	壬申 9 一	癸酉 10 二	甲戌 11 三	乙亥 12 四	丙子 13 五	丁丑 14 六	戊寅 15 日	己卯 16 一	庚辰 17 二	辛巳 18 三	壬午 19 四	癸未 20 五	甲申 21 六	乙酉 22 日	丙戌 23 一	丁亥 24 二	戊子 25 三	己丑 26 四	甲子驚蟄 己卯春分
三月大	丙辰	天干地支 西曆 星期	庚寅 27 五	辛卯 28 六	壬辰 29 日	癸巳 30 一	甲午 31 二	乙未 (4) 三	丙申 2 四	丁酉 3 五	戊戌 4 六	己亥 5 日	庚子 6 一	辛丑 7 二	壬寅 8 三	癸卯 9 四	甲辰 10 五	乙巳 11 六	丙午 12 日	丁未 13 一	戊申 14 二	己酉 15 三	庚戌 16 四	辛亥 17 五	壬子 18 六	癸丑 19 日	甲寅 20 一	乙卯 21 二	丙辰 22 三	丁巳 23 四	戊午 24 五	己未 25 六	甲午清明 己酉穀雨
四月小	丁巳	天干地支 西曆 星期	庚申 26 日	辛酉 27 一	壬戌 28 二	癸亥 29 三	甲子 30 四	乙丑 (5) 五	丙寅 2 六	丁卯 3 日	戊辰 4 一	己巳 5 二	庚午 6 三	辛未 7 四	壬申 8 五	癸酉 9 六	甲戌 10 日	乙亥 11 一	丙子 12 二	丁丑 13 三	戊寅 14 四	己卯 15 五	庚辰 16 六	辛巳 17 日	壬午 18 一	癸未 19 二	甲申 20 三	乙酉 21 四	丙戌 22 五	丁亥 23 六	戊子 24 日		乙丑立夏 庚辰小滿
五月大	戊午	天干地支 西曆 星期	己丑 25 一	庚寅 26 二	辛卯 27 三	壬辰 28 四	癸巳 29 五	甲午 30 六	乙未 31 日	丙申 (6) 一	丁酉 2 二	戊戌 3 三	己亥 4 四	庚子 5 五	辛丑 6 六	壬寅 7 日	癸卯 8 一	甲辰 9 二	乙巳 10 三	丙午 11 四	丁未 12 五	戊申 13 六	己酉 14 日	庚戌 15 一	辛亥 16 二	壬子 17 三	癸丑 18 四	甲寅 19 五	乙卯 20 六	丙辰 21 日	丁巳 22 一	戊午 23 二	乙未芒種 庚戌夏至
六月小	己未	天干地支 西曆 星期	己未 24 三	庚申 25 四	辛酉 26 五	壬戌 27 六	癸亥 28 日	甲子 29 一	乙丑 30 二	丙寅 (7) 三	丁卯 2 四	戊辰 3 五	己巳 4 六	庚午 5 日	辛未 6 一	壬申 7 二	癸酉 8 三	甲戌 9 四	乙亥 10 五	丙子 11 六	丁丑 12 日	戊寅 13 一	己卯 14 二	庚辰 15 三	辛巳 16 四	壬午 17 五	癸未 18 六	甲申 19 日	乙酉 20 一	丙戌 21 二	丁亥 22 三		乙丑小暑 辛巳大暑
七月大	庚申	天干地支 西曆 星期	戊子 23 四	己丑 24 五	庚寅 25 六	辛卯 26 日	壬辰 27 一	癸巳 28 二	甲午 29 三	乙未 30 四	丙申 31 五	丁酉 (8) 六	戊戌 2 日	己亥 3 一	庚子 4 二	辛丑 5 三	壬寅 6 四	癸卯 7 五	甲辰 8 六	乙巳 9 日	丙午 10 一	丁未 11 二	戊申 12 三	己酉 13 四	庚戌 14 五	辛亥 15 六	壬子 16 日	癸丑 17 一	甲寅 18 二	乙卯 19 三	丙辰 20 四	丁巳 21 五	丙申立秋 辛亥處暑
八月小	辛酉	天干地支 西曆 星期	戊午 22 六	己未 23 日	庚申 24 一	辛酉 25 二	壬戌 26 三	癸亥 27 四	甲子 28 五	乙丑 29 六	丙寅 30 日	丁卯 31 一	戊辰 (9) 二	己巳 2 三	庚午 3 四	辛未 4 五	壬申 5 六	癸酉 6 日	甲戌 7 一	乙亥 8 二	丙子 9 三	丁丑 10 四	戊寅 11 五	己卯 12 六	庚辰 13 日	辛巳 14 一	壬午 15 二	癸未 16 三	甲申 17 四	乙酉 18 五	丙戌 19 六		丙寅白露 壬午秋分
九月小	壬戌	天干地支 西曆 星期	丁亥 20 日	戊子 21 一	己丑 22 二	庚寅 23 三	辛卯 24 四	壬辰 25 五	癸巳 26 六	甲午 27 日	乙未 28 一	丙申 29 二	丁酉 30 三	戊戌 (10) 四	己亥 2 五	庚子 3 六	辛丑 4 日	壬寅 5 一	癸卯 6 二	甲辰 7 三	乙巳 8 四	丙午 9 五	丁未 10 六	戊申 11 日	己酉 12 一	庚戌 13 二	辛亥 14 三	壬子 15 四	癸丑 16 五	甲寅 17 六	乙卯 18 日		丁酉寒露 壬子霜降
十月大	癸亥	天干地支 西曆 星期	丙辰 19 一	丁巳 20 二	戊午 21 三	己未 22 四	庚申 23 五	辛酉 24 六	壬戌 25 日	癸亥 26 一	甲子 27 二	乙丑 28 三	丙寅 29 四	丁卯 30 五	戊辰 31 六	己巳 (11) 日	庚午 2 一	辛未 3 二	壬申 4 三	癸酉 5 四	甲戌 6 五	乙亥 7 六	丙子 8 日	丁丑 9 一	戊寅 10 二	己卯 11 三	庚辰 12 四	辛巳 13 五	壬午 14 六	癸未 15 日	甲申 16 一	乙酉 17 二	丁卯立冬 壬午小雪
十一月小	甲子	天干地支 西曆 星期	丙戌 18 三	丁亥 19 四	戊子 20 五	己丑 21 六	庚寅 22 日	辛卯 23 一	壬辰 24 二	癸巳 25 三	甲午 26 四	乙未 27 五	丙申 28 六	丁酉 29 日	戊戌 30 一	己亥 (12) 二	庚子 2 三	辛丑 3 四	壬寅 4 五	癸卯 5 六	甲辰 6 日	乙巳 7 一	丙午 8 二	丁未 9 三	戊申 10 四	己酉 11 五	庚戌 12 六	辛亥 13 日	壬子 14 一	癸丑 15 二	甲寅 16 三		戊戌大雪 癸丑冬至
十二月大	乙丑	天干地支 西曆 星期	乙卯 17 四	丙辰 18 五	丁巳 19 六	戊午 20 日	己未 21 一	庚申 22 二	辛酉 23 三	壬戌 24 四	癸亥 25 五	甲子 26 六	乙丑 27 日	丙寅 28 一	丁卯 29 二	戊辰 30 三	己巳 31 四	庚午 (1) 五	辛未 2 六	壬申 3 日	癸酉 4 一	甲戌 5 二	乙亥 6 三	丙子 7 四	丁丑 8 五	戊寅 9 六	己卯 10 日	庚辰 11 一	辛巳 12 二	壬午 13 三	癸未 14 四	甲申 15 五	戊辰小寒 癸未大寒
閏十二月小	乙丑	天干地支 西曆 星期	乙酉 16 六	丙戌 17 日	丁亥 18 一	戊子 19 二	己丑 20 三	庚寅 21 四	辛卯 22 五	壬辰 23 六	癸巳 24 日	甲午 25 一	乙未 26 二	丙申 27 三	丁酉 28 四	戊戌 29 五	己亥 30 六	庚子 31 日	辛丑 (2) 一	壬寅 2 二	癸卯 3 三	甲辰 4 四	乙巳 5 五	丙午 6 六	丁未 7 日	戊申 8 一	己酉 9 二	庚戌 10 三	辛亥 11 四	壬子 12 五	癸丑 13 六		戊戌立春

* 三月乙卯（二十六日），改元貞元。是年，遷都北京，定名中都。

金海陵王貞元二年（甲戌 狗年） 公元 **1154** ~ 1155 年

夏曆月序		中西曆日對照	初一	初二	初三	初四	初五	初六	初七	初八	初九	初十	十一	十二	十三	十四	十五	十六	十七	十八	十九	二十	二一	二二	二三	二四	二五	二六	二七	二八	二九	三十	節氣與天象
正月大	丙寅	干支 西曆 星期	甲寅 14 日	乙卯 15 一	丙辰 16 二	丁巳 17 三	戊午 18 四	己未 19 五	庚申 20 六	辛酉 21 日	壬戌 22 一	癸亥 23 二	甲子 24 三	乙丑 25 四	丙寅 26 五	丁卯 27 六	戊辰 28 日	己巳 (3) 一	庚午 2 二	辛未 3 三	壬申 4 四	癸酉 5 五	甲戌 6 六	乙亥 7 日	丙子 8 一	丁丑 9 二	戊寅 10 三	己卯 11 四	庚辰 12 五	辛巳 13 六	壬午 14 日	癸未 15 一	甲寅雨水 己巳驚蟄
二月大	丁卯	干支 西曆 星期	甲申 16 二	乙酉 17 三	丙戌 18 四	丁亥 19 五	戊子 20 六	己丑 21 日	庚寅 22 一	辛卯 23 二	壬辰 24 三	癸巳 25 四	甲午 26 五	乙未 27 六	丙申 28 日	丁酉 29 一	戊戌 30 二	己亥 31 三	庚子 (4) 四	辛丑 2 五	壬寅 3 六	癸卯 4 日	甲辰 5 一	乙巳 6 二	丙午 7 三	丁未 8 四	戊申 9 五	己酉 10 六	庚戌 11 日	辛亥 12 一	壬子 13 二	癸丑 14 三	甲申春分 己亥清明
三月小	戊辰	干支 西曆 星期	甲寅 15 四	乙卯 16 五	丙辰 17 六	丁巳 18 日	戊午 19 一	己未 20 二	庚申 21 三	辛酉 22 四	壬戌 23 五	癸亥 24 六	甲子 25 日	乙丑 26 一	丙寅 27 二	丁卯 28 三	戊辰 29 四	己巳 30 五	庚午 (5) 六	辛未 2 日	壬申 3 一	癸酉 4 二	甲戌 5 三	乙亥 6 四	丙子 7 五	丁丑 8 六	戊寅 9 日	己卯 10 一	庚辰 11 二	辛巳 12 三	壬午 13 四		乙卯穀雨 庚午立夏
四月大	己巳	干支 西曆 星期	癸未 14 五	甲申 15 六	乙酉 16 日	丙戌 17 一	丁亥 18 二	戊子 19 三	己丑 20 四	庚寅 21 五	辛卯 22 六	壬辰 23 日	癸巳 24 一	甲午 25 二	乙未 26 三	丙申 27 四	丁酉 28 五	戊戌 29 六	己亥 30 日	庚子 31 一	辛丑 (6) 二	壬寅 2 三	癸卯 3 四	甲辰 4 五	乙巳 5 六	丙午 6 日	丁未 7 一	戊申 8 二	己酉 9 三	庚戌 10 四	辛亥 11 五	壬子 12 六	乙酉小滿 庚子芒種
五月大	庚午	干支 西曆 星期	癸丑 13 日	甲寅 14 一	乙卯 15 二	丙辰 16 三	丁巳 17 四	戊午 18 五	己未 19 六	庚申 20 日	辛酉 21 一	壬戌 22 二	癸亥 23 三	甲子 24 四	乙丑 25 五	丙寅 26 六	丁卯 27 日	戊辰 28 一	己巳 29 二	庚午 30 三	辛未 (7) 四	壬申 2 五	癸酉 3 六	甲戌 4 日	乙亥 5 一	丙子 6 二	丁丑 7 三	戊寅 8 四	己卯 9 五	庚辰 10 六	辛巳 11 日	壬午 12 一	乙卯夏至 辛未小暑
六月小	辛未	干支 西曆 星期	癸未 13 二	甲申 14 三	乙酉 15 四	丙戌 16 五	丁亥 17 六	戊子 18 日	己丑 19 一	庚寅 20 二	辛卯 21 三	壬辰 22 四	癸巳 23 五	甲午 24 六	乙未 25 日	丙申 26 一	丁酉 27 二	戊戌 28 三	己亥 29 四	庚子 30 五	辛丑 31 六	壬寅 (8) 日	癸卯 2 一	甲辰 3 二	乙巳 4 三	丙午 5 四	丁未 6 五	戊申 7 六	己酉 8 日	庚戌 9 一	辛亥 10 二		丙戌大暑 辛丑立秋
七月大	壬申	干支 西曆 星期	壬子 11 三	癸丑 12 四	甲寅 13 五	乙卯 14 六	丙辰 15 日	丁巳 16 一	戊午 17 二	己未 18 三	庚申 19 四	辛酉 20 五	壬戌 21 六	癸亥 22 日	甲子 23 一	乙丑 24 二	丙寅 25 三	丁卯 26 四	戊辰 27 五	己巳 28 六	庚午 29 日	辛未 30 一	壬申 31 二	癸酉 (9) 三	甲戌 2 四	乙亥 3 五	丙子 4 六	丁丑 5 日	戊寅 6 一	己卯 7 二	庚辰 8 三	辛巳 9 四	丙辰處暑 壬申白露
八月小	癸酉	干支 西曆 星期	壬午 10 五	癸未 11 六	甲申 12 日	乙酉 13 一	丙戌 14 二	丁亥 15 三	戊子 16 四	己丑 17 五	庚寅 18 六	辛卯 19 日	壬辰 20 一	癸巳 21 二	甲午 22 三	乙未 23 四	丙申 24 五	丁酉 25 六	戊戌 26 日	己亥 27 一	庚子 28 二	辛丑 29 三	壬寅 30 四	癸卯 (10) 五	甲辰 2 六	乙巳 3 日	丙午 4 一	丁未 5 二	戊申 6 三	己酉 7 四	庚戌 8 五		丁亥秋分 壬寅寒露
九月小	甲戌	干支 西曆 星期	辛亥 9 六	壬子 10 日	癸丑 11 一	甲寅 12 二	乙卯 13 三	丙辰 14 四	丁巳 15 五	戊午 16 六	己未 17 日	庚申 18 一	辛酉 19 二	壬戌 20 三	癸亥 21 四	甲子 22 五	乙丑 23 六	丙寅 24 日	丁卯 25 一	戊辰 26 二	己巳 27 三	庚午 28 四	辛未 29 五	壬申 30 六	癸酉 31 日	甲戌 (11) 一	乙亥 2 二	丙子 3 三	丁丑 4 四	戊寅 5 五	己卯 6 六		丁巳霜降 壬申立冬
十月大	乙亥	干支 西曆 星期	庚辰 7 日	辛巳 8 一	壬午 9 二	癸未 10 三	甲申 11 四	乙酉 12 五	丙戌 13 六	丁亥 14 日	戊子 15 一	己丑 16 二	庚寅 17 三	辛卯 18 四	壬辰 19 五	癸巳 20 六	甲午 21 日	乙未 22 一	丙申 23 二	丁酉 24 三	戊戌 25 四	己亥 26 五	庚子 27 六	辛丑 28 日	壬寅 29 一	癸卯 30 二	甲辰 (12) 三	乙巳 2 四	丙午 3 五	丁未 4 六	戊申 5 日	己酉 6 一	戊子小雪 癸卯大雪
十一月小	丙子	干支 西曆 星期	庚戌 7 二	辛亥 8 三	壬子 9 四	癸丑 10 五	甲寅 11 六	乙卯 12 日	丙辰 13 一	丁巳 14 二	戊午 15 三	己未 16 四	庚申 17 五	辛酉 18 六	壬戌 19 日	癸亥 20 一	甲子 21 二	乙丑 22 三	丙寅 23 四	丁卯 24 五	戊辰 25 六	己巳 26 日	庚午 27 一	辛未 28 二	壬申 29 三	癸酉 30 四	甲戌 31 五	乙亥 (1) 六	丙子 2 日	丁丑 3 一	戊寅 4 二		戊午冬至 癸酉小寒
十二月大	丁丑	干支 西曆 星期	己卯 5 三	庚辰 6 四	辛巳 7 五	壬午 8 六	癸未 9 日	甲申 10 一	乙酉 11 二	丙戌 12 三	丁亥 13 四	戊子 14 五	己丑 15 六	庚寅 16 日	辛卯 17 一	壬辰 18 二	癸巳 19 三	甲午 20 四	乙未 21 五	丙申 22 六	丁酉 23 日	戊戌 24 一	己亥 25 二	庚子 26 三	辛丑 27 四	壬寅 28 五	癸卯 29 六	甲辰 30 日	乙巳 31 一	丙午 (2) 二	丁未 2 三	戊申 3 四	戊子大寒 甲辰立春

金海陵王貞元三年（乙亥 猪年） 公元1155～1156年

夏曆月序		中西曆日對照	初一	初二	初三	初四	初五	初六	初七	初八	初九	初十	十一	十二	十三	十四	十五	十六	十七	十八	十九	二十	二一	二二	二三	二四	二五	二六	二七	二八	二九	三十	節氣與天象
正月小	戊寅	天干地支 西曆 星期	己酉 4 五	庚戌 5 六	辛亥 6 日	壬子 7 一	癸丑 8 二	甲寅 9 三	乙卯 10 四	丙辰 11 五	丁巳 12 六	戊午 13 日	己未 14 一	庚申 15 二	辛酉 16 三	壬戌 17 四	癸亥 18 五	甲子 19 六	乙丑 20 日	丙寅 21 一	丁卯 22 二	戊辰 23 三	己巳 24 四	庚午 25 五	辛未 26 六	壬申 27 日	癸酉 28 一	甲戌 (3) 二	乙亥 2 三	丙子 3 四	丁丑 4 五		己未雨水 甲戌驚蟄
二月大	己卯	天干地支 西曆 星期	戊寅 5 六	己卯 6 日	庚辰 7 一	辛巳 8 二	壬午 9 三	癸未 10 四	甲申 11 五	乙酉 12 六	丙戌 13 日	丁亥 14 一	戊子 15 二	己丑 16 三	庚寅 17 四	辛卯 18 五	壬辰 19 六	癸巳 20 日	甲午 21 一	乙未 22 二	丙申 23 三	丁酉 24 四	戊戌 25 五	己亥 26 六	庚子 27 日	辛丑 28 一	壬寅 29 二	癸卯 30 三	甲辰 31 四	乙巳 (4) 五	丙午 2 六	丁未 3 日	己丑春分 乙巳清明
三月小	庚辰	天干地支 西曆 星期	戊申 4 一	己酉 5 二	庚戌 6 三	辛亥 7 四	壬子 8 五	癸丑 9 六	甲寅 10 日	乙卯 11 一	丙辰 12 二	丁巳 13 三	戊午 14 四	己未 15 五	庚申 16 六	辛酉 17 日	壬戌 18 一	癸亥 19 二	甲子 20 三	乙丑 21 四	丙寅 22 五	丁卯 23 六	戊辰 24 日	己巳 25 一	庚午 26 二	辛未 27 三	壬申 28 四	癸酉 29 五	甲戌 30 六	乙亥 (5) 日	丙子 2 一		庚申穀雨 乙亥立夏
四月大	辛巳	天干地支 西曆 星期	丁丑 3 二	戊寅 4 三	己卯 5 四	庚辰 6 五	辛巳 7 六	壬午 8 日	癸未 9 一	甲申 10 二	乙酉 11 三	丙戌 12 四	丁亥 13 五	戊子 14 六	己丑 15 日	庚寅 16 一	辛卯 17 二	壬辰 18 三	癸巳 19 四	甲午 20 五	乙未 21 六	丙申 22 日	丁酉 23 一	戊戌 24 二	己亥 25 三	庚子 26 四	辛丑 27 五	壬寅 28 六	癸卯 29 日	甲辰 30 一	乙巳 31 二	丙午 (6) 三	庚寅小滿 乙巳芒種
五月大	壬午	天干地支 西曆 星期	丁未 2 四	戊申 3 五	己酉 4 六	庚戌 5 日	辛亥 6 一	壬子 7 二	癸丑 8 三	甲寅 9 四	乙卯 10 五	丙辰 11 六	丁巳 12 日	戊午 13 一	己未 14 二	庚申 15 三	辛酉 16 四	壬戌 17 五	癸亥 18 六	甲子 19 日	乙丑 20 一	丙寅 21 二	丁卯 22 三	戊辰 23 四	己巳 24 五	庚午 25 六	辛未 26 日	壬申 27 一	癸酉 28 二	甲戌 29 三	乙亥 30 四	丙子 (7) 五	辛酉夏至 丙子小暑
六月小	癸未	天干地支 西曆 星期	丁丑 2 六	戊寅 3 日	己卯 4 一	庚辰 5 二	辛巳 6 三	壬午 7 四	癸未 8 五	甲申 9 六	乙酉 10 日	丙戌 11 一	丁亥 12 二	戊子 13 三	己丑 14 四	庚寅 15 五	辛卯 16 六	壬辰 17 日	癸巳 18 一	甲午 19 二	乙未 20 三	丙申 21 四	丁酉 22 五	戊戌 23 六	己亥 24 日	庚子 25 一	辛丑 26 二	壬寅 27 三	癸卯 28 四	甲辰 29 五	乙巳 30 六		辛卯大暑
七月大	甲申	天干地支 西曆 星期	丙午 31 日	丁未 (8) 一	戊申 2 二	己酉 3 三	庚戌 4 四	辛亥 5 五	壬子 6 六	癸丑 7 日	甲寅 8 一	乙卯 9 二	丙辰 10 三	丁巳 11 四	戊午 12 五	己未 13 六	庚申 14 日	辛酉 15 一	壬戌 16 二	癸亥 17 三	甲子 18 四	乙丑 19 五	丙寅 20 六	丁卯 21 日	戊辰 22 一	己巳 23 二	庚午 24 三	辛未 25 四	壬申 26 五	癸酉 27 六	甲戌 28 日	乙亥 29 一	丙午立秋 壬戌處暑
八月大	乙酉	天干地支 西曆 星期	丙子 30 二	丁丑 31 三	戊寅 (9) 四	己卯 2 五	庚辰 3 六	辛巳 4 日	壬午 5 一	癸未 6 二	甲申 7 三	乙酉 8 四	丙戌 9 五	丁亥 10 六	戊子 11 日	己丑 12 一	庚寅 13 二	辛卯 14 三	壬辰 15 四	癸巳 16 五	甲午 17 六	乙未 18 日	丙申 19 一	丁酉 20 二	戊戌 21 三	己亥 22 四	庚子 23 五	辛丑 24 六	壬寅 25 日	癸卯 26 一	甲辰 27 二	乙巳 28 三	丁丑白露 壬辰秋分
九月小	丙戌	天干地支 西曆 星期	丙巳 28 三	丁未 30 五	戊申 (10) 六	己酉 2 日	庚戌 3 一	辛亥 4 二	壬子 5 三	癸丑 6 四	甲寅 7 五	乙卯 8 六	丙辰 9 日	丁巳 10 一	戊午 11 二	己未 12 三	庚申 13 四	辛酉 14 五	壬戌 15 六	癸亥 16 日	甲子 17 一	乙丑 18 二	丙寅 19 三	丁卯 20 四	戊辰 21 五	己巳 22 六	庚午 23 日	辛未 24 一	壬申 25 二	癸酉 26 三	甲戌 27 四		丁未寒露 壬戌霜降
十月大	丁亥	天干地支 西曆 星期	乙亥 28 五	丙子 29 六	丁丑 30 日	戊寅 31 一	己卯 (11) 二	庚辰 2 三	辛巳 3 四	壬午 4 五	癸未 5 六	甲申 6 日	乙酉 7 一	丙戌 8 二	丁亥 9 三	戊子 10 四	己丑 11 五	庚寅 12 六	辛卯 13 日	壬辰 14 一	癸巳 15 二	甲午 16 三	乙未 17 四	丙申 18 五	丁酉 19 六	戊戌 20 日	己亥 21 一	庚子 22 二	辛丑 23 三	壬寅 24 四	癸卯 25 五	甲辰 26 六	戊寅立冬 癸巳小雪
十一月小	戊子	天干地支 西曆 星期	乙巳 27 日	丙午 28 一	丁未 29 二	戊申 30 三	己酉 (12) 四	庚戌 2 五	辛亥 3 六	壬子 4 日	癸丑 5 一	甲寅 6 二	乙卯 7 三	丙辰 8 四	丁巳 9 五	戊午 10 六	己未 11 日	庚申 12 一	辛酉 13 二	壬戌 14 三	癸亥 15 四	甲子 16 五	乙丑 17 六	丙寅 18 日	丁卯 19 一	戊辰 20 二	己巳 21 三	庚午 22 四	辛未 23 五	壬申 24 六	癸酉 25 日		戊申大雪 癸亥冬至
十二月小	己丑	天干地支 西曆 星期	甲戌 26 一	乙亥 27 二	丙子 28 三	丁丑 29 四	戊寅 30 五	己卯 31 六	庚辰 (1) 日	辛巳 2 一	壬午 3 二	癸未 4 三	甲申 5 四	乙酉 6 五	丙戌 7 六	丁亥 8 日	戊子 9 一	己丑 10 二	庚寅 11 三	辛卯 12 四	壬辰 13 五	癸巳 14 六	甲午 15 日	乙未 16 一	丙申 17 二	丁酉 18 三	戊戌 19 四	己亥 20 五	庚子 21 六	辛丑 22 日	壬寅 23 一		己卯小寒 甲午大寒

金海陵王貞元四年 正隆元年（丙子 鼠年）公元 1156 ~ 1157 年

夏曆月序		中西曆日對照	初一	初二	初三	初四	初五	初六	初七	初八	初九	初十	十一	十二	十三	十四	十五	十六	十七	十八	十九	二十	二一	二二	二三	二四	二五	二六	二七	二八	二九	三十	節氣與天象
正月大	庚寅	干支 天地 西曆 星期	癸卯 24 二	甲辰 25 三	乙巳 26 四	丙午 27 五	丁未 28 六	戊申 29 日	己酉 30 一	庚戌 31 二	辛亥 (2) 三	壬子 2 四	癸丑 3 五	甲寅 4 六	乙卯 5 日	丙辰 6 一	丁巳 7 二	戊午 8 三	己未 9 四	庚申 10 五	辛酉 11 六	壬戌 12 日	癸亥 13 一	甲子 14 二	乙丑 15 三	丙寅 16 四	丁卯 17 五	戊辰 18 六	己巳 19 日	庚午 20 一	辛未 21 二	壬申 22 三	己酉立春 甲子雨水
二月小	辛卯	干支 天地 西曆 星期	癸酉 23 四	甲戌 24 五	乙亥 25 六	丙子 26 日	丁丑 27 一	戊寅 28 二	己卯 29 三	庚辰 (3) 四	辛巳 2 五	壬午 3 六	癸未 4 日	甲申 5 一	乙酉 6 二	丙戌 7 三	丁亥 8 四	戊子 9 五	己丑 10 六	庚寅 11 日	辛卯 12 一	壬辰 13 二	癸巳 14 三	甲午 15 四	乙未 16 五	丙申 17 六	丁酉 18 日	戊戌 19 一	己亥 20 二	庚子 21 三	辛丑 22 四		己卯驚蟄 乙未春分
三月大	壬辰	干支 天地 西曆 星期	壬寅 23 五	癸卯 24 六	甲辰 25 日	乙巳 26 一	丙午 27 二	丁未 28 三	戊申 29 四	己酉 30 五	庚戌 31 六	辛亥 (4) 日	壬子 2 一	癸丑 3 二	甲寅 4 三	乙卯 5 四	丙辰 6 五	丁巳 7 六	戊午 8 日	己未 9 一	庚申 10 二	辛酉 11 三	壬戌 12 四	癸亥 13 五	甲子 14 六	乙丑 15 日	丙寅 16 一	丁卯 17 二	戊辰 18 三	己巳 19 四	庚午 20 五	辛未 21 六	庚戌清明 乙丑穀雨
四月小	癸巳	干支 天地 西曆 星期	壬申 22 日	癸酉 23 一	甲戌 24 二	乙亥 25 三	丙子 26 四	丁丑 27 五	戊寅 28 六	己卯 29 日	庚辰 30 一	辛巳 (5) 二	壬午 2 三	癸未 3 四	甲申 4 五	乙酉 5 六	丙戌 6 日	丁亥 7 一	戊子 8 二	己丑 9 三	庚寅 10 四	辛卯 11 五	壬辰 12 六	癸巳 13 日	甲午 14 一	乙未 15 二	丙申 16 三	丁酉 17 四	戊戌 18 五	己亥 19 六	庚子 20 日		庚辰立夏 乙未小滿
五月大	甲午	干支 天地 西曆 星期	辛丑 21 一	壬寅 22 二	癸卯 23 三	甲辰 24 四	乙巳 25 五	丙午 26 六	丁未 27 日	戊申 28 一	己酉 29 二	庚戌 30 三	辛亥 31 四	壬子 (6) 五	癸丑 2 六	甲寅 3 日	乙卯 4 一	丙辰 5 二	丁巳 6 三	戊午 7 四	己未 8 五	庚申 9 六	辛酉 10 日	壬戌 11 一	癸亥 12 二	甲子 13 三	乙丑 14 四	丙寅 15 五	丁卯 16 六	戊辰 17 日	己巳 18 一	庚午 19 二	辛亥芒種 丙寅立夏
六月小	乙未	干支 天地 西曆 星期	辛未 20 三	壬申 21 四	癸酉 22 五	甲戌 23 六	乙亥 24 日	丙子 25 一	丁丑 26 二	戊寅 27 三	己卯 28 四	庚辰 29 五	辛巳 30 六	壬午 (7) 日	癸未 2 一	甲申 3 二	乙酉 4 三	丙戌 5 四	丁亥 6 五	戊子 7 六	己丑 8 日	庚寅 9 一	辛卯 10 二	壬辰 11 三	癸巳 12 四	甲午 13 五	乙未 14 六	丙申 15 日	丁酉 16 一	戊戌 17 二	己亥 18 三		辛巳小暑 丙申大暑
七月大	丙申	干支 天地 西曆 星期	庚子 19 四	辛丑 20 五	壬寅 21 六	癸卯 22 日	甲辰 23 一	乙巳 24 二	丙午 25 三	丁未 26 四	戊申 27 五	己酉 28 六	庚戌 29 日	辛亥 30 一	壬子 31 二	癸丑 (8) 三	甲寅 2 四	乙卯 3 五	丙辰 4 六	丁巳 5 日	戊午 6 一	己未 7 二	庚申 8 三	辛酉 9 四	壬戌 10 五	癸亥 11 六	甲子 12 日	乙丑 13 一	丙寅 14 二	丁卯 15 三	戊辰 16 四	己巳 17 五	壬子立秋 丁卯處暑
八月大	丁酉	干支 天地 西曆 星期	庚午 18 六	辛未 19 日	壬申 20 一	癸酉 21 二	甲戌 22 三	乙亥 23 四	丙子 24 五	丁丑 25 六	戊寅 26 日	己卯 27 一	庚辰 28 二	辛巳 29 三	壬午 30 四	癸未 31 五	甲申 (9) 六	乙酉 2 日	丙戌 3 一	丁亥 4 二	戊子 5 三	己丑 6 四	庚寅 7 五	辛卯 8 六	壬辰 9 日	癸巳 10 一	甲午 11 二	乙未 12 三	丙申 13 四	丁酉 14 五	戊戌 15 六	己亥 16 日	壬午白露 丁酉秋分
九月小	戊戌	干支 天地 西曆 星期	庚子 17 一	辛丑 18 二	壬寅 19 三	癸卯 20 四	甲辰 21 五	乙巳 22 六	丙午 23 日	丁未 24 一	戊申 25 二	己酉 26 三	庚戌 27 四	辛亥 28 五	壬子 29 六	癸丑 30 日	甲寅 (10) 一	乙卯 2 二	丙辰 3 三	丁巳 4 四	戊午 5 五	己未 6 六	庚申 7 日	辛酉 8 一	壬戌 9 二	癸亥 10 三	甲子 11 四	乙丑 12 五	丙寅 13 六	丁卯 14 日	戊辰 15 一		壬子寒露 戊辰霜降
十月大	己亥	干支 天地 西曆 星期	己巳 16 二	庚午 17 三	辛未 18 四	壬申 19 五	癸酉 20 六	甲戌 21 日	乙亥 22 一	丙子 23 二	丁丑 24 三	戊寅 25 四	己卯 26 五	庚辰 27 六	辛巳 28 日	壬午 29 一	癸未 30 二	甲申 31 三	乙酉 (11) 四	丙戌 2 五	丁亥 3 六	戊子 4 日	己丑 5 一	庚寅 6 二	辛卯 7 三	壬辰 8 四	癸巳 9 五	甲午 10 六	乙未 11 日	丙申 12 一	丁酉 13 二	戊戌 14 三	癸未立冬 戊戌小雪
閏十月大	己亥	干支 天地 西曆 星期	己亥 15 四	庚子 16 五	辛丑 17 六	壬寅 18 日	癸卯 19 一	甲辰 20 二	乙巳 21 三	丙午 22 四	丁未 23 五	戊申 24 六	己酉 25 日	庚戌 26 一	辛亥 27 二	壬子 28 三	癸丑 29 四	甲寅 30 五	乙卯 (12) 六	丙辰 2 日	丁巳 3 一	戊午 4 二	己未 5 三	庚申 6 四	辛酉 7 五	壬戌 8 六	癸亥 9 日	甲子 10 一	乙丑 11 二	丙寅 12 三	丁卯 13 四	戊辰 14 五	癸丑大雪
十一月小	庚子	干支 天地 西曆 星期	己巳 15 六	庚午 16 日	辛未 17 一	壬申 18 二	癸酉 19 三	甲戌 20 四	乙亥 21 五	丙子 22 六	丁丑 23 日	戊寅 24 一	己卯 25 二	庚辰 26 三	辛巳 27 四	壬午 28 五	癸未 29 六	甲申 30 日	乙酉 31 一	丙戌 (1) 二	丁亥 2 三	戊子 3 四	己丑 4 五	庚寅 5 六	辛卯 6 日	壬辰 7 一	癸巳 8 二	甲午 9 三	乙未 10 四	丙申 11 五	丁酉 12 六		己巳冬至 甲申小寒
十二月大	辛丑	干支 天地 西曆 星期	戊戌 13 日	己亥 14 一	庚子 15 二	辛丑 16 三	壬寅 17 四	癸卯 18 五	甲辰 19 六	乙巳 20 日	丙午 21 一	丁未 22 二	戊申 23 三	己酉 24 四	庚戌 25 五	辛亥 26 六	壬子 27 日	癸丑 28 一	甲寅 29 二	乙卯 30 三	丙辰 31 四	丁巳 (2) 五	戊午 2 六	己未 3 日	庚申 4 一	辛酉 5 二	壬戌 6 三	癸亥 7 四	甲子 8 五	乙丑 9 六	丙寅 10 日	丁卯 11 一	己亥大寒 甲寅立春

＊二月癸酉（初一），改元正隆。

金海陵王正隆二年（丁丑 牛年） 公元 1157 ~ 1158 年

夏曆月序		中西曆日對照	初一	初二	初三	初四	初五	初六	初七	初八	初九	初十	十一	十二	十三	十四	十五	十六	十七	十八	十九	二十	二一	二二	二三	二四	二五	二六	二七	二八	二九	三十	節氣與天象
正月小	壬寅	天干地支 西曆 星期	戊辰 12 二	己巳 13 三	庚午 14 四	辛未 15 五	壬申 16 六	癸酉 17 日	甲戌 18 一	乙亥 19 二	丙子 20 三	丁丑 21 四	戊寅 22 五	己卯 23 六	庚辰 24 日	辛巳 25 一	壬午 26 二	癸未 27 三	甲申 28 四	乙酉 (3) 五	丙戌 2 六	丁亥 3 日	戊子 4 一	己丑 5 二	庚寅 6 三	辛卯 7 四	壬辰 8 五	癸巳 9 六	甲午 10 日	乙未 11 一	丙申 12 二		己巳雨水 乙酉驚蟄
二月小	癸卯	天干地支 西曆 星期	丁酉 13 三	戊戌 14 四	己亥 15 五	庚子 16 六	辛丑 17 日	壬寅 18 一	癸卯 19 二	甲辰 20 三	乙巳 21 四	丙午 22 五	丁未 23 六	戊申 24 日	己酉 25 一	庚戌 26 二	辛亥 27 三	壬子 28 四	癸丑 29 五	甲寅 30 六	乙卯 31 日	丙辰 (4) 一	丁巳 2 二	戊午 3 三	己未 4 四	庚申 5 五	辛酉 6 六	壬戌 7 日	癸亥 8 一	甲子 9 二	乙丑 10 三		庚子春分 乙卯清明
三月大	甲辰	天干地支 西曆 星期	丙寅 11 四	丁卯 12 五	戊辰 13 六	己巳 14 日	庚午 15 一	辛未 16 二	壬申 17 三	癸酉 18 四	甲戌 19 五	乙亥 20 六	丙子 21 日	丁丑 22 一	戊寅 23 二	己卯 24 三	庚辰 25 四	辛巳 26 五	壬午 27 六	癸未 28 日	甲申 29 一	乙酉 30 二	丙戌 (5) 三	丁亥 2 四	戊子 3 五	己丑 4 六	庚寅 5 日	辛卯 6 一	壬辰 7 二	癸巳 8 三	甲午 9 四	乙未 10 五	庚午穀雨 丙戌立夏
四月小	乙巳	天干地支 西曆 星期	丙申 11 六	丁酉 12 日	戊戌 13 一	己亥 14 二	庚子 15 三	辛丑 16 四	壬寅 17 五	癸卯 18 六	甲辰 19 日	乙巳 20 一	丙午 21 二	丁未 22 三	戊申 23 四	己酉 24 五	庚戌 25 六	辛亥 26 日	壬子 27 一	癸丑 28 二	甲寅 29 三	乙卯 30 四	丙辰 31 五	丁巳 (6) 六	戊午 2 日	己未 3 一	庚申 4 二	辛酉 5 三	壬戌 6 四	癸亥 7 五	甲子 8 六		辛丑小滿 丙辰芒種
五月小	丙午	天干地支 西曆 星期	乙丑 9 日	丙寅 10 一	丁卯 11 二	戊辰 12 三	己巳 13 四	庚午 14 五	辛未 15 六	壬申 16 日	癸酉 17 一	甲戌 18 二	乙亥 19 三	丙子 20 四	丁丑 21 五	戊寅 22 六	己卯 23 日	庚辰 24 一	辛巳 25 二	壬午 26 三	癸未 27 四	甲申 28 五	乙酉 29 六	丙戌 30 日	丁亥 (7) 一	戊子 2 二	己丑 3 三	庚寅 4 四	辛卯 5 五	壬辰 6 六	癸巳 7 日		辛未夏至 丙戌小暑
六月大	丁未	天干地支 西曆 星期	甲午 8 一	乙未 9 二	丙申 10 三	丁酉 11 四	戊戌 12 五	己亥 13 六	庚子 14 日	辛丑 15 一	壬寅 16 二	癸卯 17 三	甲辰 18 四	乙巳 19 五	丙午 20 六	丁未 21 日	戊申 22 一	己酉 23 二	庚戌 24 三	辛亥 25 四	壬子 26 五	癸丑 27 六	甲寅 28 日	乙卯 29 一	丙辰 30 二	丁巳 31 三	戊午 (8) 四	己未 2 五	庚申 3 六	辛酉 4 日	壬戌 5 一	癸亥 6 二	壬寅大暑 丁巳立秋
七月大	戊申	天干地支 西曆 星期	甲子 7 三	乙丑 8 四	丙寅 9 五	丁卯 10 六	戊辰 11 日	己巳 12 一	庚午 13 二	辛未 14 三	壬申 15 四	癸酉 16 五	甲戌 17 六	乙亥 18 日	丙子 19 一	丁丑 20 二	戊寅 21 三	己卯 22 四	庚辰 23 五	辛巳 24 六	壬午 25 日	癸未 26 一	甲申 27 二	乙酉 28 三	丙戌 29 四	丁亥 30 五	戊子 31 六	己丑 (9) 日	庚寅 2 一	辛卯 3 二	壬辰 4 三	癸巳 5 四	壬申處暑 丁亥白露
八月小	己酉	天干地支 西曆 星期	甲午 6 五	乙未 7 六	丙申 8 日	丁酉 9 一	戊戌 10 二	己亥 11 三	庚子 12 四	辛丑 13 五	壬寅 14 六	癸卯 15 日	甲辰 16 一	乙巳 17 二	丙午 18 三	丁未 19 四	戊申 20 五	己酉 21 六	庚戌 22 日	辛亥 23 一	壬子 24 二	癸丑 25 三	甲寅 26 四	乙卯 27 五	丙辰 28 六	丁巳 29 日	戊午 30 一	己未 (10) 二	庚申 2 三	辛酉 3 四	壬戌 4 五		壬寅秋分 戊午寒露
九月大	庚戌	天干地支 西曆 星期	癸亥 5 六	甲子 6 日	乙丑 7 一	丙寅 8 二	丁卯 9 三	戊辰 10 四	己巳 11 五	庚午 12 六	辛未 13 日	壬申 14 一	癸酉 15 二	甲戌 16 三	乙亥 17 四	丙子 18 五	丁丑 19 六	戊寅 20 日	己卯 21 一	庚辰 22 二	辛巳 23 三	壬午 24 四	癸未 25 五	甲申 26 六	乙酉 27 日	丙戌 28 一	丁亥 29 二	戊子 30 三	己丑 31 四	庚寅 (11) 五	辛卯 2 六	壬辰 3 日	癸酉霜降 戊子立冬
十月大	辛亥	天干地支 西曆 星期	癸巳 4 一	甲午 5 二	乙未 6 三	丙申 7 四	丁酉 8 五	戊戌 9 六	己亥 10 日	庚子 11 一	辛丑 12 二	壬寅 13 三	癸卯 14 四	甲辰 15 五	乙巳 16 六	丙午 17 日	丁未 18 一	戊申 19 二	己酉 20 三	庚戌 21 四	辛亥 22 五	壬子 23 六	癸丑 24 日	甲寅 25 一	乙卯 26 二	丙辰 27 三	丁巳 28 四	戊午 29 五	己未 30 六	庚申 (12) 日	辛酉 2 一	壬戌 3 二	癸卯小雪 己未大雪
十一月大	壬子	天干地支 西曆 星期	癸亥 4 三	甲子 5 四	乙丑 6 五	丙寅 7 六	丁卯 8 日	戊辰 9 一	己巳 10 二	庚午 11 三	辛未 12 四	壬申 13 五	癸酉 14 六	甲戌 15 日	乙亥 16 一	丙子 17 二	丁丑 18 三	戊寅 19 四	己卯 20 五	庚辰 21 六	辛巳 22 日	壬午 23 一	癸未 24 二	甲申 25 三	乙酉 26 四	丙戌 27 五	丁亥 28 六	戊子 29 日	己丑 30 一	庚寅 31 二	辛卯 (1) 三	壬辰 2 四	甲戌冬至 己丑小寒
十二月小	癸丑	天干地支 西曆 星期	癸巳 3 五	甲午 4 六	乙未 5 日	丙申 6 一	丁酉 7 二	戊戌 8 三	己亥 9 四	庚子 10 五	辛丑 11 六	壬寅 12 日	癸卯 13 一	甲辰 14 二	乙巳 15 三	丙午 16 四	丁未 17 五	戊申 18 六	己酉 19 日	庚戌 20 一	辛亥 21 二	壬子 22 三	癸丑 23 四	甲寅 24 五	乙卯 25 六	丙辰 26 日	丁巳 27 一	戊午 28 二	己未 29 三	庚申 30 四	辛酉 31 五		甲辰大寒 己未立春

金海陵王正隆三年（戊寅 虎年） 公元 1158 ~ 1159 年

夏曆月序		中西曆日對照	初一	初二	初三	初四	初五	初六	初七	初八	初九	初十	十一	十二	十三	十四	十五	十六	十七	十八	十九	二十	二一	二二	二三	二四	二五	二六	二七	二八	二九	三十	節氣與天象
正月大	甲寅	干支	壬戌	癸亥	甲子	乙丑	丙寅	丁卯	戊辰	己巳	庚午	辛未	壬申	癸酉	甲戌	乙亥	丙子	丁丑	戊寅	己卯	庚辰	辛巳	壬午	癸未	甲申	乙酉	丙戌	丁亥	戊子	己丑	庚寅	辛卯	乙亥雨水 庚寅驚蟄
		西曆	(2)	2	3	4	5	6	7	8	9	10	11	12	13	14	15	16	17	18	19	20	21	22	23	24	25	26	27	28	(3)	2	
		星期	六	日	一	二	三	四	五	六	日	一	二	三	四	五	六	日	一	二	三	四	五	六	日	一	二	三	四	五	六	日	
二月小	乙卯	干支	壬辰	癸巳	甲午	乙未	丙申	丁酉	戊戌	己亥	庚子	辛丑	壬寅	癸卯	甲辰	乙巳	丙午	丁未	戊申	己酉	庚戌	辛亥	壬子	癸丑	甲寅	乙卯	丙辰	丁巳	戊午	己未	庚申		乙巳春分 庚申清明
		西曆	3	4	5	6	7	8	9	10	11	12	13	14	15	16	17	18	19	20	21	22	23	24	25	26	27	28	29	30	31		
		星期	一	二	三	四	五	六	日	一	二	三	四	五	六	日	一	二	三	四	五	六	日	一	二	三	四	五	六	日	一		
三月小	丙辰	干支	辛酉	壬戌	癸亥	甲子	乙丑	丙寅	丁卯	戊辰	己巳	庚午	辛未	壬申	癸酉	甲戌	乙亥	丙子	丁丑	戊寅	己卯	庚辰	辛巳	壬午	癸未	甲申	乙酉	丙戌	丁亥	戊子	己丑		丙子穀雨
		西曆	(4)	2	3	4	5	6	7	8	9	10	11	12	13	14	15	16	17	18	19	20	21	22	23	24	25	26	27	28	29		
		星期	二	三	四	五	六	日	一	二	三	四	五	六	日	一	二	三	四	五	六	日	一	二	三	四	五	六	日	一	二		
四月大	丁巳	干支	庚寅	辛卯	壬辰	癸巳	甲午	乙未	丙申	丁酉	戊戌	己亥	庚子	辛丑	壬寅	癸卯	甲辰	乙巳	丙午	丁未	戊申	己酉	庚戌	辛亥	壬子	癸丑	甲寅	乙卯	丙辰	丁巳	戊午	己未	辛卯立夏 丙午小滿
		西曆	30	(5)	2	3	4	5	6	7	8	9	10	11	12	13	14	15	16	17	18	19	20	21	22	23	24	25	26	27	28	29	
		星期	三	四	五	六	日	一	二	三	四	五	六	日	一	二	三	四	五	六	日	一	二	三	四	五	六	日	一	二	三	四	
五月小	戊午	干支	庚申	辛酉	壬戌	癸亥	甲子	乙丑	丙寅	丁卯	戊辰	己巳	庚午	辛未	壬申	癸酉	甲戌	乙亥	丙子	丁丑	戊寅	己卯	庚辰	辛巳	壬午	癸未	甲申	乙酉	丙戌	丁亥	戊子		辛酉芒種 丙子立夏
		西曆	30	31	(6)	2	3	4	5	6	7	8	9	10	11	12	13	14	15	16	17	18	19	20	21	22	23	24	25	26	27		
		星期	五	六	日	一	二	三	四	五	六	日	一	二	三	四	五	六	日	一	二	三	四	五	六	日	一	二	三	四	五		
六月小	己未	干支	己丑	庚寅	辛卯	壬辰	癸巳	甲午	乙未	丙申	丁酉	戊戌	己亥	庚子	辛丑	壬寅	癸卯	甲辰	乙巳	丙午	丁未	戊申	己酉	庚戌	辛亥	壬子	癸丑	甲寅	乙卯	丙辰	丁巳		壬辰小暑 丁未大暑
		西曆	28	29	30	(7)	2	3	4	5	6	7	8	9	10	11	12	13	14	15	16	17	18	19	20	21	22	23	24	25	26		
		星期	六	日	一	二	三	四	五	六	日	一	二	三	四	五	六	日	一	二	三	四	五	六	日	一	二	三	四	五	六		
七月大	庚申	干支	戊午	己未	庚申	辛酉	壬戌	癸亥	甲子	乙丑	丙寅	丁卯	戊辰	己巳	庚午	辛未	壬申	癸酉	甲戌	乙亥	丙子	丁丑	戊寅	己卯	庚辰	辛巳	壬午	癸未	甲申	乙酉	丙戌	丁亥	壬戌立秋 丁丑處暑
		西曆	27	28	29	30	31	(8)	2	3	4	5	6	7	8	9	10	11	12	13	14	15	16	17	18	19	20	21	22	23	24	25	
		星期	日	一	二	三	四	五	六	日	一	二	三	四	五	六	日	一	二	三	四	五	六	日	一	二	三	四	五	六	日	一	
八月小	辛酉	干支	戊子	己丑	庚寅	辛卯	壬辰	癸巳	甲午	乙未	丙申	丁酉	戊戌	己亥	庚子	辛丑	壬寅	癸卯	甲辰	乙巳	丙午	丁未	戊申	己酉	庚戌	辛亥	壬子	癸丑	甲寅	乙卯	丙辰		癸巳白露 戊申秋分
		西曆	26	27	28	29	30	31	(9)	2	3	4	5	6	7	8	9	10	11	12	13	14	15	16	17	18	19	20	21	22	23		
		星期	二	三	四	五	六	日	一	二	三	四	五	六	日	一	二	三	四	五	六	日	一	二	三	四	五	六	日	一	二		
九月大	壬戌	干支	丁巳	戊午	己未	庚申	辛酉	壬戌	癸亥	甲子	乙丑	丙寅	丁卯	戊辰	己巳	庚午	辛未	壬申	癸酉	甲戌	乙亥	丙子	丁丑	戊寅	己卯	庚辰	辛巳	壬午	癸未	甲申	乙酉	丙戌	癸亥寒露 戊寅霜降
		西曆	24	25	26	27	28	29	30	(10)	2	3	4	5	6	7	8	9	10	11	12	13	14	15	16	17	18	19	20	21	22	23	
		星期	三	四	五	六	日	一	二	三	四	五	六	日	一	二	三	四	五	六	日	一	二	三	四	五	六	日	一	二	三	四	
十月大	癸亥	干支	丁亥	戊子	己丑	庚寅	辛卯	壬辰	癸巳	甲午	乙未	丙申	丁酉	戊戌	己亥	庚子	辛丑	壬寅	癸卯	甲辰	乙巳	丙午	丁未	戊申	己酉	庚戌	辛亥	壬子	癸丑	甲寅	乙卯	丙辰	癸巳立冬 己酉小雪
		西曆	24	25	26	27	28	29	30	31	(11)	2	3	4	5	6	7	8	9	10	11	12	13	14	15	16	17	18	19	20	21	22	
		星期	五	六	日	一	二	三	四	五	六	日	一	二	三	四	五	六	日	一	二	三	四	五	六	日	一	二	三	四	五	六	
十一月大	甲子	干支	丁巳	戊午	己未	庚申	辛酉	壬戌	癸亥	甲子	乙丑	丙寅	丁卯	戊辰	己巳	庚午	辛未	壬申	癸酉	甲戌	乙亥	丙子	丁丑	戊寅	己卯	庚辰	辛巳	壬午	癸未	甲申	乙酉	丙戌	甲子大雪 己卯冬至
		西曆	23	24	25	26	27	28	29	30	(12)	2	3	4	5	6	7	8	9	10	11	12	13	14	15	16	17	18	19	20	21	22	
		星期	日	一	二	三	四	五	六	日	一	二	三	四	五	六	日	一	二	三	四	五	六	日	一	二	三	四	五	六	日	一	
十二月小	乙丑	干支	丁亥	戊子	己丑	庚寅	辛卯	壬辰	癸巳	甲午	乙未	丙申	丁酉	戊戌	己亥	庚子	辛丑	壬寅	癸卯	甲辰	乙巳	丙午	丁未	戊申	己酉	庚戌	辛亥	壬子	癸丑	甲寅	乙卯		甲午小寒 己酉大寒
		西曆	23	24	25	26	27	28	29	30	31	(1)	2	3	4	5	6	7	8	9	10	11	12	13	14	15	16	17	18	19	20		
		星期	二	三	四	五	六	日	一	二	三	四	五	六	日	一	二	三	四	五	六	日	一	二	三	四	五	六	日	一	二		

金海陵王正隆四年（己卯 兔年） 公元 1159 ~ 1160 年

夏曆月序		中西曆日對照	夏曆日序																														節氣與天象
			初一	初二	初三	初四	初五	初六	初七	初八	初九	初十	十一	十二	十三	十四	十五	十六	十七	十八	十九	二十	二一	二二	二三	二四	二五	二六	二七	二八	二九	三十	
正月大	丙寅	天干地支 西曆星期	丙辰21三	丁巳22四	戊午23五	己未24六	庚申25日	辛酉26一	壬戌27二	癸亥28三	甲子29四	乙丑30五	丙寅31六	丁卯(2)日	戊辰2一	己巳3二	庚午4三	辛未5四	壬申6五	癸酉7六	甲戌8日	乙亥9一	丙子10二	丁丑11三	戊寅12四	己卯13五	庚辰14六	辛巳15日	壬午16一	癸未17二	甲申18三	乙酉19四	乙丑立春 庚辰雨水
二月大	丁卯	天干地支 西曆星期	丙戌20五	丁亥21六	戊子22日	己丑23一	庚寅24二	辛卯25三	壬辰26四	癸巳27五	甲午28六	乙未(3)日	丙申2一	丁酉3二	戊戌4三	己亥5四	庚子6五	辛丑7六	壬寅8日	癸卯9一	甲辰10二	乙巳11三	丙午12四	丁未13五	戊申14六	己酉15日	庚戌16一	辛亥17二	壬子18三	癸丑19四	甲寅20五	乙卯21六	乙未驚蟄 庚戌春分
三月小	戊辰	天干地支 西曆星期	丙辰22日	丁巳23一	戊午24二	己未25三	庚申26四	辛酉27五	壬戌28六	癸亥29日	甲子30一	乙丑31二	丙寅(4)三	丁卯2四	戊辰3五	己巳4六	庚午5日	辛未6一	壬申7二	癸酉8三	甲戌9四	乙亥10五	丙子11六	丁丑12日	戊寅13一	己卯14二	庚辰15三	辛巳16四	壬午17五	癸未18六	甲申19日		丙寅清明 辛巳穀雨
四月小	己巳	天干地支 西曆星期	乙酉20一	丙戌21二	丁亥22三	戊子23四	己丑24五	庚寅25六	辛卯26日	壬辰27一	癸巳28二	甲午29三	乙未30四	丙申(5)五	丁酉2六	戊戌3日	己亥4一	庚子5二	辛丑6三	壬寅7四	癸卯8五	甲辰9六	乙巳10日	丙午11一	丁未12二	戊申13三	己酉14四	庚戌15五	辛亥16六	壬子17日	癸丑18一		丙申立夏 辛亥小滿
五月大	庚午	天干地支 西曆星期	甲寅19二	乙卯20三	丙辰21四	丁巳22五	戊午23六	己未24日	庚申25一	辛酉26二	壬戌27三	癸亥28四	甲子29五	乙丑30六	丙寅31日	丁卯(6)一	戊辰2二	己巳3三	庚午4四	辛未5五	壬申6六	癸酉7日	甲戌8一	乙亥9二	丙子10三	丁丑11四	戊寅12五	己卯13六	庚辰14日	辛巳15一	壬午16二	癸未17三	丙寅芒種 壬午夏至
六月小	辛未	天干地支 西曆星期	甲申18四	乙酉19五	丙戌20六	丁亥21日	戊子22一	己丑23二	庚寅24三	辛卯25四	壬辰26五	癸巳27六	甲午28日	乙未29一	丙申30二	丁酉(7)三	戊戌2四	己亥3五	庚子4六	辛丑5日	壬寅6一	癸卯7二	甲辰8三	乙巳9四	丙午10五	丁未11六	戊申12日	己酉13一	庚戌14二	辛亥15三	壬子16四		丁酉小暑 壬子大暑
閏六月小	辛未	天干地支 西曆星期	癸丑17五	甲寅18六	乙卯19日	丙辰20一	丁巳21二	戊午22三	己未23四	庚申24五	辛酉25六	壬戌26日	癸亥27一	甲子28二	乙丑29三	丙寅30四	丁卯31五	戊辰(8)六	己巳2日	庚午3一	辛未4二	壬申5三	癸酉6四	甲戌7五	乙亥8六	丙子9日	丁丑10一	戊寅11二	己卯12三	庚辰13四	辛巳14五		丁卯立秋
七月大	壬申	天干地支 西曆星期	壬午15六	癸未16日	甲申17一	乙酉18二	丙戌19三	丁亥20四	戊子21五	己丑22六	庚寅23日	辛卯24一	壬辰25二	癸巳26三	甲午27四	乙未28五	丙申29六	丁酉30日	戊戌31一	己亥(9)二	庚子2三	辛丑3四	壬寅4五	癸卯5六	甲辰6日	乙巳7一	丙午8二	丁未9三	戊申10四	己酉11五	庚戌12六	辛亥13日	癸未處暑 戊戌白露
八月小	癸酉	天干地支 西曆星期	壬子14一	癸丑15二	甲寅16三	乙卯17四	丙辰18五	丁巳19六	戊午20日	己未21一	庚申22二	辛酉23三	壬戌24四	癸亥25五	甲子26六	乙丑27日	丙寅28一	丁卯29二	戊辰30三	己巳(10)四	庚午2五	辛未3六	壬申4日	癸酉5一	甲戌6二	乙亥7三	丙子8四	丁丑9五	戊寅10六	己卯11日	庚辰12一		癸丑秋分 戊辰寒露
九月大	甲戌	天干地支 西曆星期	辛巳13二	壬午14三	癸未15四	甲申16五	乙酉17六	丙戌18日	丁亥19一	戊子20二	己丑21三	庚寅22四	辛卯23五	壬辰24六	癸巳25日	甲午26一	乙未27二	丙申28三	丁酉29四	戊戌30五	己亥31六	庚子(11)日	辛丑2一	壬寅3二	癸卯4三	甲辰5四	乙巳6五	丙午7六	丁未8日	戊申9一	己酉10二	庚戌11三	癸未霜降 己亥立冬
十月大	乙亥	天干地支 西曆星期	辛亥12四	壬子13五	癸丑14六	甲寅15日	乙卯16一	丙辰17二	丁巳18三	戊午19四	己未20五	庚申21六	辛酉22日	壬戌23一	癸亥24二	甲子25三	乙丑26四	丙寅27五	丁卯28六	戊辰29日	己巳30一	庚午(12)二	辛未2三	壬申3四	癸酉4五	甲戌5六	乙亥6日	丙子7一	丁丑8二	戊寅9三	己卯10四	庚辰11五	甲寅小雪 己巳大雪
十一月大	丙子	天干地支 西曆星期	辛巳12六	壬午13日	癸未14一	甲申15二	乙酉16三	丙戌17四	丁亥18五	戊子19六	己丑20日	庚寅21一	辛卯22二	壬辰23三	癸巳24四	甲午25五	乙未26六	丙申27日	丁酉28一	戊戌29二	己亥30三	庚子31四	辛丑(1)五	壬寅2六	癸卯3日	甲辰4一	乙巳5二	丙午6三	丁未7四	戊申8五	己酉9六	庚戌10日	甲申冬至 己亥小寒
十二月小	丁丑	天干地支 西曆星期	辛亥11一	壬子12二	癸丑13三	甲寅14四	乙卯15五	丙辰16六	丁巳17日	戊午18一	己未19二	庚申20三	辛酉21四	壬戌22五	癸亥23六	甲子24日	乙丑25一	丙寅26二	丁卯27三	戊辰28四	己巳29五	庚午30六	辛未31日	壬申(2)一	癸酉2二	甲戌3三	乙亥4四	丙子5五	丁丑6六	戊寅7日	己卯8一		乙卯大寒 庚午立春

金海陵王正隆五年（庚辰 龍年） 公元 1160 ~ 1161 年

夏曆月序		中西曆日對照	初一	初二	初三	初四	初五	初六	初七	初八	初九	初十	十一	十二	十三	十四	十五	十六	十七	十八	十九	二十	二一	二二	二三	二四	二五	二六	二七	二八	二九	三十	節氣與天象
正月大	戊寅	天干地支 西曆 星期	庚辰 9 二	辛巳 10 三	壬午 11 四	癸未 12 五	甲申 13 六	乙酉 14 日	丙戌 15 一	丁亥 16 二	戊子 17 三	己丑 18 四	庚寅 19 五	辛卯 20 六	壬辰 21 日	癸巳 22 一	甲午 23 二	乙未 24 三	丙申 25 四	丁酉 26 五	戊戌 27 六	己亥 28 日	庚子 29 一	辛丑 (3) 二	壬寅 2 三	癸卯 3 四	甲辰 4 五	乙巳 5 六	丙午 6 日	丁未 7 一	戊申 8 二	己酉 9 三	乙酉雨水 庚子驚蟄
二月大	己卯	天干地支 西曆 星期	庚戌 10 四	辛亥 11 五	壬子 12 六	癸丑 13 日	甲寅 14 一	乙卯 15 二	丙辰 16 三	丁巳 17 四	戊午 18 五	己未 19 六	庚申 20 日	辛酉 21 一	壬戌 22 二	癸亥 23 三	甲子 24 四	乙丑 25 五	丙寅 26 六	丁卯 27 日	戊辰 28 一	己巳 29 二	庚午 30 三	辛未 31 四	壬申 (4) 五	癸酉 2 六	甲戌 3 日	乙亥 4 一	丙子 5 二	丁丑 6 三	戊寅 7 四	己卯 8 五	丙辰春分 辛未清明
三月小	庚辰	天干地支 西曆 星期	庚辰 9 六	辛巳 10 日	壬午 11 一	癸未 12 二	甲申 13 三	乙酉 14 四	丙戌 15 五	丁亥 16 六	戊子 17 日	己丑 18 一	庚寅 19 二	辛卯 20 三	壬辰 21 四	癸巳 22 五	甲午 23 六	乙未 24 日	丙申 25 一	丁酉 26 二	戊戌 27 三	己亥 28 四	庚子 29 五	辛丑 30 六	壬寅 (5) 日	癸卯 2 一	甲辰 3 二	乙巳 4 三	丙午 5 四	丁未 6 五	戊申 7 六		丙戌穀雨 辛丑立夏
四月小	辛巳	天干地支 西曆 星期	己酉 8 日	庚戌 9 一	辛亥 10 二	壬子 11 三	癸丑 12 四	甲寅 13 五	乙卯 14 六	丙辰 15 日	丁巳 16 一	戊午 17 二	己未 18 三	庚申 19 四	辛酉 20 五	壬戌 21 六	癸亥 22 日	甲子 23 一	乙丑 24 二	丙寅 25 三	丁卯 26 四	戊辰 27 五	己巳 28 六	庚午 29 日	辛未 30 一	壬申 31 二	癸酉 (6) 三	甲戌 2 四	乙亥 3 五	丙子 4 六	丁丑 5 日		丙辰小滿 壬申芒種
五月大	壬午	天干地支 西曆 星期	戊寅 6 一	己卯 7 二	庚辰 8 三	辛巳 9 四	壬午 10 五	癸未 11 六	甲申 12 日	乙酉 13 一	丙戌 14 二	丁亥 15 三	戊子 16 四	己丑 17 五	庚寅 18 六	辛卯 19 日	壬辰 20 一	癸巳 21 二	甲午 22 三	乙未 23 四	丙申 24 五	丁酉 25 六	戊戌 26 日	己亥 27 一	庚子 28 二	辛丑 29 三	壬寅 30 四	癸卯 (7) 五	甲辰 2 六	乙巳 3 日	丙午 4 一	丁未 5 二	丁亥夏至 壬寅小暑
六月小	癸未	天干地支 西曆 星期	戊申 6 三	己酉 7 四	庚戌 8 五	辛亥 9 六	壬子 10 日	癸丑 11 一	甲寅 12 二	乙卯 13 三	丙辰 14 四	丁巳 15 五	戊午 16 六	己未 17 日	庚申 18 一	辛酉 19 二	壬戌 20 三	癸亥 21 四	甲子 22 五	乙丑 23 六	丙寅 24 日	丁卯 25 一	戊辰 26 二	己巳 27 三	庚午 28 四	辛未 29 五	壬申 30 六	癸酉 31 日	甲戌 (8) 一	乙亥 2 二	丙子 3 三		丁巳大暑 癸酉立秋
七月小	甲申	天干地支 西曆 星期	丁丑 4 四	戊寅 5 五	己卯 6 六	庚辰 7 日	辛巳 8 一	壬午 9 二	癸未 10 三	甲申 11 四	乙酉 12 五	丙戌 13 六	丁亥 14 日	戊子 15 一	己丑 16 二	庚寅 17 三	辛卯 18 四	壬辰 19 五	癸巳 20 六	甲午 21 日	乙未 22 一	丙申 23 二	丁酉 24 三	戊戌 25 四	己亥 26 五	庚子 27 六	辛丑 28 日	壬寅 29 一	癸卯 30 二	甲辰 31 三	乙巳 (9) 四		戊子處暑 癸卯白露
八月大	乙酉	天干地支 西曆 星期	丙午 2 五	丁未 3 六	戊申 4 日	己酉 5 一	庚戌 6 二	辛亥 7 三	壬子 8 四	癸丑 9 五	甲寅 10 六	乙卯 11 日	丙辰 12 一	丁巳 13 二	戊午 14 三	己未 15 四	庚申 16 五	辛酉 17 六	壬戌 18 日	癸亥 19 一	甲子 20 二	乙丑 21 三	丙寅 22 四	丁卯 23 五	戊辰 24 六	己巳 25 日	庚午 26 一	辛未 27 二	壬申 28 三	癸酉 29 四	甲戌 30 五	乙亥 (10) 六	戊午秋分 癸酉寒露
九月小	丙戌	天干地支 西曆 星期	丙子 2 日	丁丑 3 一	戊寅 4 二	己卯 5 三	庚辰 6 四	辛巳 7 五	壬午 8 六	癸未 9 日	甲申 10 一	乙酉 11 二	丙戌 12 三	丁亥 13 四	戊子 14 五	己丑 15 六	庚寅 16 日	辛卯 17 一	壬辰 18 二	癸巳 19 三	甲午 20 四	乙未 21 五	丙申 22 六	丁酉 23 日	戊戌 24 一	己亥 25 二	庚子 26 三	辛丑 27 四	壬寅 28 五	癸卯 29 六	甲辰 30 日		己丑霜降 甲辰立冬
十月大	丁亥	天干地支 西曆 星期	乙巳 31 一	丙午 (11) 二	丁未 2 三	戊申 3 四	己酉 4 五	庚戌 5 六	辛亥 6 日	壬子 7 一	癸丑 8 二	甲寅 9 三	乙卯 10 四	丙辰 11 五	丁巳 12 六	戊午 13 日	己未 14 一	庚申 15 二	辛酉 16 三	壬戌 17 四	癸亥 18 五	甲子 19 六	乙丑 20 日	丙寅 21 一	丁卯 22 二	戊辰 23 三	己巳 24 四	庚午 25 五	辛未 26 六	壬申 27 日	癸酉 28 一	甲戌 29 二	己未小雪 甲戌大雪
十一月大	戊子	天干地支 西曆 星期	乙亥 30 三	丙子 (12) 四	丁丑 2 五	戊寅 3 六	己卯 4 日	庚辰 5 一	辛巳 6 二	壬午 7 三	癸未 8 四	甲申 9 五	乙酉 10 六	丙戌 11 日	丁亥 12 一	戊子 13 二	己丑 14 三	庚寅 15 四	辛卯 16 五	壬辰 17 六	癸巳 18 日	甲午 19 一	乙未 20 二	丙申 21 三	丁酉 22 四	戊戌 23 五	己亥 24 六	庚子 25 日	辛丑 26 一	壬寅 27 二	癸卯 28 三	甲辰 29 四	庚寅冬至
十二月小	己丑	天干地支 西曆 星期	乙巳 30 五	丙午 31 六	丁未 (1) 日	戊申 2 一	己酉 3 二	庚戌 4 三	辛亥 5 四	壬子 6 五	癸丑 7 六	甲寅 8 日	乙卯 9 一	丙辰 10 二	丁巳 11 三	戊午 12 四	己未 13 五	庚申 14 六	辛酉 15 日	壬戌 16 一	癸亥 17 二	甲子 18 三	乙丑 19 四	丙寅 20 五	丁卯 21 六	戊辰 22 日	己巳 23 一	庚午 24 二	辛未 25 三	壬申 26 四	癸酉 27 五		乙巳小寒 庚申大寒

金海陵王正隆六年 世宗大定元年（辛巳 蛇年）公元 **1161** ~ 1162 年

夏曆月序		中西曆日對照	初一	初二	初三	初四	初五	初六	初七	初八	初九	初十	十一	十二	十三	十四	十五	十六	十七	十八	十九	二十	二一	二二	二三	二四	二五	二六	二七	二八	二九	三十	節氣與天象
正月大	庚寅	干支 西曆 星期	甲戌 28 六	乙亥 29 日	丙子 30 一	丁丑 31 二	戊寅 (2) 三	己卯 2 四	庚辰 3 五	辛巳 4 六	壬午 5 日	癸未 6 一	甲申 7 二	乙酉 8 三	丙戌 9 四	丁亥 10 五	戊子 11 六	己丑 12 日	庚寅 13 一	辛卯 14 二	壬辰 15 三	癸巳 16 四	甲午 17 五	乙未 18 六	丙申 19 日	丁酉 20 一	戊戌 21 二	己亥 22 三	庚子 23 四	辛丑 24 五	壬寅 25 六	癸卯 26 日	乙亥立春 庚寅雨水
二月大	辛卯	干支 西曆 星期	甲辰 27 一	乙巳 28 二	丙午 (3) 三	丁未 2 四	戊申 3 五	己酉 4 六	庚戌 5 日	辛亥 6 一	壬子 7 二	癸丑 8 三	甲寅 9 四	乙卯 10 五	丙辰 11 六	丁巳 12 日	戊午 13 一	己未 14 二	庚申 15 三	辛酉 16 四	壬戌 17 五	癸亥 18 六	甲子 19 日	乙丑 20 一	丙寅 21 二	丁卯 22 三	戊辰 23 四	己巳 24 五	庚午 25 六	辛未 26 日	壬申 27 一	癸酉 28 二	丙午驚蟄 辛酉春分
三月小	壬辰	干支 西曆 星期	甲戌 29 三	乙亥 30 四	丙子 31 五	丁丑 (4) 六	戊寅 2 日	己卯 3 一	庚辰 4 二	辛巳 5 三	壬午 6 四	癸未 7 五	甲申 8 六	乙酉 9 日	丙戌 10 一	丁亥 11 二	戊子 12 三	己丑 13 四	庚寅 14 五	辛卯 15 六	壬辰 16 日	癸巳 17 一	甲午 18 二	乙未 19 三	丙申 20 四	丁酉 21 五	戊戌 22 六	己亥 23 日	庚子 24 一	辛丑 25 二	壬寅 26 三		丙子清明 辛卯穀雨
四月大	癸巳	干支 西曆 星期	癸卯 27 四	甲辰 28 五	乙巳 29 六	丙午 30 日	丁未 (5) 一	戊申 2 二	己酉 3 三	庚戌 4 四	辛亥 5 五	壬子 6 六	癸丑 7 日	甲寅 8 一	乙卯 9 二	丙辰 10 三	丁巳 11 四	戊午 12 五	己未 13 六	庚申 14 日	辛酉 15 一	壬戌 16 二	癸亥 17 三	甲子 18 四	乙丑 19 五	丙寅 20 六	丁卯 21 日	戊辰 22 一	己巳 23 二	庚午 24 三	辛未 25 四	壬申 26 五	丙午立夏 壬戌小滿
五月小	甲午	干支 西曆 星期	癸酉 27 六	甲戌 28 日	乙亥 29 一	丙子 30 二	丁丑 31 三	戊寅 (6) 四	己卯 2 五	庚辰 3 六	辛巳 4 日	壬午 5 一	癸未 6 二	甲申 7 三	乙酉 8 四	丙戌 9 五	丁亥 10 六	戊子 11 日	己丑 12 一	庚寅 13 二	辛卯 14 三	壬辰 15 四	癸巳 16 五	甲午 17 六	乙未 18 日	丙申 19 一	丁酉 20 二	戊戌 21 三	己亥 22 四	庚子 23 五	辛丑 24 六		丁丑芒種 壬辰夏至
六月大	乙未	干支 西曆 星期	壬寅 25 日	癸卯 26 一	甲辰 27 二	乙巳 28 三	丙午 29 四	丁未 30 五	戊申 (7) 六	己酉 2 日	庚戌 3 一	辛亥 4 二	壬子 5 三	癸丑 6 四	甲寅 7 五	乙卯 8 六	丙辰 9 日	丁巳 10 一	戊午 11 二	己未 12 三	庚申 13 四	辛酉 14 五	壬戌 15 六	癸亥 16 日	甲子 17 一	乙丑 18 二	丙寅 19 三	丁卯 20 四	戊辰 21 五	己巳 22 六	庚午 23 日	辛未 24 一	丁未小暑 癸亥大暑
七月小	丙申	干支 西曆 星期	壬申 25 二	癸酉 26 三	甲戌 27 四	乙亥 28 五	丙子 29 六	丁丑 30 日	戊寅 31 一	己卯 (8) 二	庚辰 2 三	辛巳 3 四	壬午 4 五	癸未 5 六	甲申 6 日	乙酉 7 一	丙戌 8 二	丁亥 9 三	戊子 10 四	己丑 11 五	庚寅 12 六	辛卯 13 日	壬辰 14 一	癸巳 15 二	甲午 16 三	乙未 17 四	丙申 18 五	丁酉 19 六	戊戌 20 日	己亥 21 一	庚子 22 二		戊寅立秋 癸巳處暑
八月小	丁酉	干支 西曆 星期	辛丑 23 三	壬寅 24 四	癸卯 25 五	甲辰 26 六	乙巳 27 日	丙午 28 一	丁未 29 二	戊申 30 三	己酉 31 四	庚戌 (9) 五	辛亥 2 六	壬子 3 日	癸丑 4 一	甲寅 5 二	乙卯 6 三	丙辰 7 四	丁巳 8 五	戊午 9 六	己未 10 日	庚申 11 一	辛酉 12 二	壬戌 13 三	癸亥 14 四	甲子 15 五	乙丑 16 六	丙寅 17 日	丁卯 18 一	戊辰 19 二	己巳 20 三		戊申白露 癸亥秋分
九月大	戊戌	干支 西曆 星期	庚午 21 四	辛未 22 五	壬申 23 六	癸酉 24 日	甲戌 25 一	乙亥 26 二	丙子 27 三	丁丑 28 四	戊寅 29 五	己卯 30 六	庚辰 (10) 日	辛巳 2 一	壬午 3 二	癸未 4 三	甲申 5 四	乙酉 6 五	丙戌 7 六	丁亥 8 日	戊子 9 一	己丑 10 二	庚寅 11 三	辛卯 12 四	壬辰 13 五	癸巳 14 六	甲午 15 日	乙未 16 一	丙申 17 二	丁酉 18 三	戊戌 19 四	己亥 20 五	己卯寒露 甲午霜降
十月小	己亥	干支 西曆 星期	庚子 21 六	辛丑 22 日	壬寅 23 一	癸卯 24 二	甲辰 25 三	乙巳 26 四	丙午 27 五	丁未 28 六	戊申 29 日	己酉 30 一	庚戌 31 二	辛亥 (11) 三	壬子 2 四	癸丑 3 五	甲寅 4 六	乙卯 5 日	丙辰 6 一	丁巳 7 二	戊午 8 三	己未 9 四	庚申 10 五	辛酉 11 六	壬戌 12 日	癸亥 13 一	甲子 14 二	乙丑 15 三	丙寅 16 四	丁卯 17 五	戊辰 18 六		己酉立冬 甲子小雪
十一月大	庚子	干支 西曆 星期	己巳 19 日	庚午 20 一	辛未 21 二	壬申 22 三	癸酉 23 四	甲戌 24 五	乙亥 25 六	丙子 26 日	丁丑 27 一	戊寅 28 二	己卯 29 三	庚辰 30 四	辛巳 (12) 五	壬午 2 六	癸未 3 日	甲申 4 一	乙酉 5 二	丙戌 6 三	丁亥 7 四	戊子 8 五	己丑 9 六	庚寅 10 日	辛卯 11 一	壬辰 12 二	癸巳 13 三	甲午 14 四	乙未 15 五	丙申 16 六	丁酉 17 日	戊戌 18 一	庚辰大雪 乙未冬至
十二月小	辛丑	干支 西曆 星期	己亥 19 二	庚子 20 三	辛丑 21 四	壬寅 22 五	癸卯 23 六	甲辰 24 日	乙巳 25 一	丙午 26 二	丁未 27 三	戊申 28 四	己酉 29 五	庚戌 30 六	辛亥 31 日	壬子 (1) 一	癸丑 2 二	甲寅 3 三	乙卯 4 四	丙辰 5 五	丁巳 6 六	戊午 7 日	己未 8 一	庚申 9 二	辛酉 10 三	壬戌 11 四	癸亥 12 五	甲子 13 六	乙丑 14 日	丙寅 15 一	丁卯 16 二		庚戌小寒 乙丑大寒

* 十月，完顏雍即位于遼陽，是爲世宗。丙午（初七），改元大定。十一月乙未（二十七日），海陵王被殺。

金世宗大定二年（壬午 馬年） 公元 1162 ~ 1163 年

夏曆月序		中西曆對照	初一	初二	初三	初四	初五	初六	初七	初八	初九	初十	十一	十二	十三	十四	十五	十六	十七	十八	十九	二十	二一	二二	二三	二四	二五	二六	二七	二八	二九	三十	節氣與天象
正月大	壬寅	天干地支 西曆星期	戊辰 17 三	己巳 18 四	庚午 19 五	辛未 20 六	壬申 21 日	癸酉 22 一	甲戌 23 二	乙亥 24 三	丙子 25 四	丁丑 26 五	戊寅 27 六	己卯 28 日	庚辰 29 一	辛巳 30 二	壬午 31 三	癸未 (2) 四	甲申 2 五	乙酉 3 六	丙戌 4 日	丁亥 5 一	戊子 6 二	己丑 7 三	庚寅 8 四	辛卯 9 五	壬辰 10 六	癸巳 11 日	甲午 12 一	乙未 13 二	丙申 14 三	丁酉 15 四	庚辰立春 丙申雨水
二月大	癸卯	天干地支 西曆星期	戊戌 16 五	己亥 17 六	庚子 18 日	辛丑 19 一	壬寅 20 二	癸卯 21 三	甲辰 22 四	乙巳 23 五	丙午 24 六	丁未 25 日	戊申 26 一	己酉 27 二	庚戌 28 三	辛亥 (3) 四	壬子 2 五	癸丑 3 六	甲寅 4 日	乙卯 5 一	丙辰 6 二	丁巳 7 三	戊午 8 四	己未 9 五	庚申 10 六	辛酉 11 日	壬戌 12 一	癸亥 13 二	甲子 14 三	乙丑 15 四	丙寅 16 五	丁卯 17 六	辛亥驚蟄 丙寅春分
閏二月小	癸卯	天干地支 西曆星期	戊辰 18 日	己巳 19 一	庚午 20 二	辛未 21 三	壬申 22 四	癸酉 23 五	甲戌 24 六	乙亥 25 日	丙子 26 一	丁丑 27 二	戊寅 28 三	己卯 29 四	庚辰 30 五	辛巳 31 六	壬午 (4) 日	癸未 2 一	甲申 3 二	乙酉 4 三	丙戌 5 四	丁亥 6 五	戊子 7 六	己丑 8 日	庚寅 9 一	辛卯 10 二	壬辰 11 三	癸巳 12 四	甲午 13 五	乙未 14 六	丙申 15 日		辛巳清明
三月大	甲辰	天干地支 西曆星期	丁酉 16 一	戊戌 17 二	己亥 18 三	庚子 19 四	辛丑 20 五	壬寅 21 六	癸卯 22 日	甲辰 23 一	乙巳 24 二	丙午 25 三	丁未 26 四	戊申 27 五	己酉 28 六	庚戌 29 日	辛亥 30 一	壬子 (5) 二	癸丑 2 三	甲寅 3 四	乙卯 4 五	丙辰 5 六	丁巳 6 日	戊午 7 一	己未 8 二	庚申 9 三	辛酉 10 四	壬戌 11 五	癸亥 12 六	甲子 13 日	乙丑 14 一	丙寅 15 二	丁酉穀雨 壬子立夏
四月大	乙巳	天干地支 西曆星期	丁卯 16 三	戊辰 17 四	己巳 18 五	庚午 19 六	辛未 20 日	壬申 21 一	癸酉 22 二	甲戌 23 三	乙亥 24 四	丙子 25 五	丁丑 26 六	戊寅 27 日	己卯 28 一	庚辰 29 二	辛巳 30 三	壬午 31 四	癸未 (6) 五	甲申 2 六	乙酉 3 日	丙戌 4 一	丁亥 5 二	戊子 6 三	己丑 7 四	庚寅 8 五	辛卯 9 六	壬辰 10 日	癸巳 11 一	甲午 12 二	乙未 13 三	丙申 14 四	丁卯小滿 壬午芒種
五月小	丙午	天干地支 西曆星期	丁酉 15 五	戊戌 16 六	己亥 17 日	庚子 18 一	辛丑 19 二	壬寅 20 三	癸卯 21 四	甲辰 22 五	乙巳 23 六	丙午 24 日	丁未 25 一	戊申 26 二	己酉 27 三	庚戌 28 四	辛亥 29 五	壬子 30 六	癸丑 (7) 日	甲寅 2 一	乙卯 3 二	丙辰 4 三	丁巳 5 四	戊午 6 五	己未 7 六	庚申 8 日	辛酉 9 一	壬戌 10 二	癸亥 11 三	甲子 12 四	乙丑 13 五		丁酉夏至 癸丑小暑
六月大	丁未	天干地支 西曆星期	丙寅 14 六	丁卯 15 日	戊辰 16 一	己巳 17 二	庚午 18 三	辛未 19 四	壬申 20 五	癸酉 21 六	甲戌 22 日	乙亥 23 一	丙子 24 二	丁丑 25 三	戊寅 26 四	己卯 27 五	庚辰 28 六	辛巳 29 日	壬午 30 一	癸未 31 二	甲申 (8) 三	乙酉 2 四	丙戌 3 五	丁亥 4 六	戊子 5 日	己丑 6 一	庚寅 7 二	辛卯 8 三	壬辰 9 四	癸巳 10 五	甲午 11 六	乙未 12 日	戊辰大暑 癸未立秋
七月小	戊申	天干地支 西曆星期	丙申 13 一	丁酉 14 二	戊戌 15 三	己亥 16 四	庚子 17 五	辛丑 18 六	壬寅 19 日	癸卯 20 一	甲辰 21 二	乙巳 22 三	丙午 23 四	丁未 24 五	戊申 25 六	己酉 26 日	庚戌 27 一	辛亥 28 二	壬子 29 三	癸丑 30 四	甲寅 31 五	乙卯 (9) 六	丙辰 2 日	丁巳 3 一	戊午 4 二	己未 5 三	庚申 6 四	辛酉 7 五	壬戌 8 六	癸亥 9 日	甲子 10 一		戊戌處暑 癸丑白露
八月小	己酉	天干地支 西曆星期	乙丑 11 二	丙寅 12 三	丁卯 13 四	戊辰 14 五	己巳 15 六	庚午 16 日	辛未 17 一	壬申 18 二	癸酉 19 三	甲戌 20 四	乙亥 21 五	丙子 22 六	丁丑 23 日	戊寅 24 一	己卯 25 二	庚辰 26 三	辛巳 27 四	壬午 28 五	癸未 29 六	甲申 30 日	乙酉 (10) 一	丙戌 2 二	丁亥 3 三	戊子 4 四	己丑 5 五	庚寅 6 六	辛卯 7 日	壬辰 8 一	癸巳 9 二		己巳秋分 甲申寒露
九月大	庚戌	天干地支 西曆星期	甲午 10 三	乙未 11 四	丙申 12 五	丁酉 13 六	戊戌 14 日	己亥 15 一	庚子 16 二	辛丑 17 三	壬寅 18 四	癸卯 19 五	甲辰 20 六	乙巳 21 日	丙午 22 一	丁未 23 二	戊申 24 三	己酉 25 四	庚戌 26 五	辛亥 27 六	壬子 28 日	癸丑 29 一	甲寅 30 二	乙卯 31 三	丙辰 (11) 四	丁巳 2 五	戊午 3 六	己未 4 日	庚申 5 一	辛酉 6 二	壬戌 7 三	癸亥 8 四	己亥霜降 甲寅立冬
十月小	辛亥	天干地支 西曆星期	甲子 9 五	乙丑 10 六	丙寅 11 日	丁卯 12 一	戊辰 13 二	己巳 14 三	庚午 15 四	辛未 16 五	壬申 17 六	癸酉 18 日	甲戌 19 一	乙亥 20 二	丙子 21 三	丁丑 22 四	戊寅 23 五	己卯 24 六	庚辰 25 日	辛巳 26 一	壬午 27 二	癸未 28 三	甲申 29 四	乙酉 30 五	丙戌 (12) 六	丁亥 2 日	戊子 3 一	己丑 4 二	庚寅 5 三	辛卯 6 四	壬辰 7 五		庚午小雪 乙酉大雪
十一月大	壬子	天干地支 西曆星期	癸巳 8 六	甲午 9 日	乙未 10 一	丙申 11 二	丁酉 12 三	戊戌 13 四	己亥 14 五	庚子 15 六	辛丑 16 日	壬寅 17 一	癸卯 18 二	甲辰 19 三	乙巳 20 四	丙午 21 五	丁未 22 六	戊申 23 日	己酉 24 一	庚戌 25 二	辛亥 26 三	壬子 27 四	癸丑 28 五	甲寅 29 六	乙卯 30 日	丙辰 31 一	丁巳 (1) 二	戊午 2 三	己未 3 四	庚申 4 五	辛酉 5 六	壬戌 6 日	庚子冬至 乙卯小寒
十二月小	癸丑	天干地支 西曆星期	癸亥 7 一	甲子 8 二	乙丑 9 三	丙寅 10 四	丁卯 11 五	戊辰 12 六	己巳 13 日	庚午 14 一	辛未 15 二	壬申 16 三	癸酉 17 四	甲戌 18 五	乙亥 19 六	丙子 20 日	丁丑 21 一	戊寅 22 二	己卯 23 三	庚辰 24 四	辛巳 25 五	壬午 26 六	癸未 27 日	甲申 28 一	乙酉 29 二	丙戌 30 三	丁亥 31 四	戊子 (2) 五	己丑 2 六	庚寅 3 日	辛卯 4 一		庚午大寒 丙戌立春

金世宗大定三年（癸未 羊年） 公元 1163 ~ 1164 年

夏曆月序		中西曆日對照	夏曆日序																														節氣與天象
			初一	初二	初三	初四	初五	初六	初七	初八	初九	初十	十一	十二	十三	十四	十五	十六	十七	十八	十九	二十	二一	二二	二三	二四	二五	二六	二七	二八	二九	三十	
正月大	甲寅	天干地支西曆星期	壬辰5二	癸巳6三	甲午7四	乙未8五	丙申9六	丁酉10日	戊戌11一	己亥12二	庚子13三	辛丑14四	壬寅15五	癸卯16六	甲辰17日	乙巳18一	丙午19二	丁未20三	戊申21四	己酉22五	庚戌23六	辛亥24日	壬子25一	癸丑26二	甲寅27三	乙卯28四	丙辰(3)五	丁巳2六	戊午3日	己未4一	庚申5二	辛酉6三	辛丑雨水 丙辰驚蟄
二月大	乙卯	天干地支西曆星期	壬戌7四	癸亥8五	甲子9六	乙丑10日	丙寅11一	丁卯12二	戊辰13三	己巳14四	庚午15五	辛未16六	壬申17日	癸酉18一	甲戌19二	乙亥20三	丙子21四	丁丑22五	戊寅23六	己卯24日	庚辰25一	辛巳26二	壬午27三	癸未28四	甲申29五	乙酉30六	丙戌31日	丁亥(4)一	戊子2二	己丑3三	庚寅4四	辛卯5五	辛未春分 丁亥清明
三月小	丙辰	天干地支西曆星期	壬辰6六	癸巳7日	甲午8一	乙未9二	丙申10三	丁酉11四	戊戌12五	己亥13六	庚子14日	辛丑15一	壬寅16二	癸卯17三	甲辰18四	乙巳19五	丙午20六	丁未21日	戊申22一	己酉23二	庚戌24三	辛亥25四	壬子26五	癸丑27六	甲寅28日	乙卯29一	丙辰30二	丁巳(5)三	戊午2四	己未3五	庚申4六		壬寅穀雨 丁巳立夏
四月大	丁巳	天干地支西曆星期	辛酉5日	壬戌6一	癸亥7二	甲子8三	乙丑9四	丙寅10五	丁卯11六	戊辰12日	己巳13一	庚午14二	辛未15三	壬申16四	癸酉17五	甲戌18六	乙亥19日	丙子20一	丁丑21二	戊寅22三	己卯23四	庚辰24五	辛巳25六	壬午26日	癸未27一	甲申28二	乙酉29三	丙戌30四	丁亥31五	戊子(6)六	己丑2日	庚寅3一	壬申小滿 丁亥芒種
五月小	戊午	天干地支西曆星期	辛卯4二	壬辰5三	癸巳6四	甲午7五	乙未8六	丙申9日	丁酉10一	戊戌11二	己亥12三	庚子13四	辛丑14五	壬寅15六	癸卯16日	甲辰17一	乙巳18二	丙午19三	丁未20四	戊申21五	己酉22六	庚戌23日	辛亥24一	壬子25二	癸丑26三	甲寅27四	乙卯28五	丙辰29六	丁巳30日	戊午(7)一	己未2二		癸卯夏至 戊午小暑
六月大	己未	天干地支西曆星期	庚申3三	辛酉4四	壬戌5五	癸亥6六	甲子7日	乙丑8一	丙寅9二	丁卯10三	戊辰11四	己巳12五	庚午13六	辛未14日	壬申15一	癸酉16二	甲戌17三	乙亥18四	丙子19五	丁丑20六	戊寅21日	己卯22一	庚辰23二	辛巳24三	壬午25四	癸未26五	甲申27六	乙酉28日	丙戌29一	丁亥30二	戊子31三	己丑(8)四	癸酉大暑 戊子立秋
七月大	庚申	天干地支西曆星期	庚寅2五	辛卯3六	壬辰4日	癸巳5一	甲午6二	乙未7三	丙申8四	丁酉9五	戊戌10六	己亥11日	庚子12一	辛丑13二	壬寅14三	癸卯15四	甲辰16五	乙巳17六	丙午18日	丁未19一	戊申20二	己酉21三	庚戌22四	辛亥23五	壬子24六	癸丑25日	甲寅26一	乙卯27二	丙辰28三	丁巳29四	戊午30五	己未31六	甲辰處暑 己未白露
八月小	辛酉	天干地支西曆星期	庚申(9)日	辛酉2一	壬戌3二	癸亥4三	甲子5四	乙丑6五	丙寅7六	丁卯8日	戊辰9一	己巳10二	庚午11三	辛未12四	壬申13五	癸酉14六	甲戌15日	乙亥16一	丙子17二	丁丑18三	戊寅19四	己卯20五	庚辰21六	辛巳22日	壬午23一	癸未24二	甲申25三	乙酉26四	丙戌27五	丁亥28六	戊子29日		甲戌秋分
九月小	壬戌	天干地支西曆星期	己丑30一	庚寅(10)二	辛卯2三	壬辰3四	癸巳4五	甲午5六	乙未6日	丙申7一	丁酉8二	戊戌9三	己亥10四	庚子11五	辛丑12六	壬寅13日	癸卯14一	甲辰15二	乙巳16三	丙午17四	丁未18五	戊申19六	己酉20日	庚戌21一	辛亥22二	壬子23三	癸丑24四	甲寅25五	乙卯26六	丙辰27日	丁巳28一		己丑寒露 甲辰霜降
十月大	癸亥	天干地支西曆星期	戊午29二	己未30三	庚申31四	辛酉(11)五	壬戌2六	癸亥3日	甲子4一	乙丑5二	丙寅6三	丁卯7四	戊辰8五	己巳9六	庚午10日	辛未11一	壬申12二	癸酉13三	甲戌14四	乙亥15五	丙子16六	丁丑17日	戊寅18一	己卯19二	庚辰20三	辛巳21四	壬午22五	癸未23六	甲申24日	乙酉25一	丙戌26二	丁亥27三	庚申立冬 乙亥小雪
十一月小	甲子	天干地支西曆星期	戊子28四	己丑29五	庚寅30六	辛卯(12)日	壬辰2一	癸巳3二	甲午4三	乙未5四	丙申6五	丁酉7六	戊戌8日	己亥9一	庚子10二	辛丑11三	壬寅12四	癸卯13五	甲辰14六	乙巳15日	丙午16一	丁未17二	戊申18三	己酉19四	庚戌20五	辛亥21六	壬子22日	癸丑23一	甲寅24二	乙卯25三	丙辰26四		庚寅大雪 乙巳冬至
十二月大	乙丑	天干地支西曆星期	丁巳27五	戊午28六	己未29日	庚申30一	辛酉31二	壬戌(1)三	癸亥2四	甲子3五	乙丑4六	丙寅5日	丁卯6一	戊辰7二	己巳8三	庚午9四	辛未10五	壬申11六	癸酉12日	甲戌13一	乙亥14二	丙子15三	丁丑16四	戊寅17五	己卯18六	庚辰19日	辛巳20一	壬午21二	癸未22三	甲申23四	乙酉24五	丙戌25六	庚申小寒 丙子大寒

金世宗大定四年（甲申 猴年） 公元 1164 ~ 1165 年

夏曆月序		中西曆日對照	初一	初二	初三	初四	初五	初六	初七	初八	初九	初十	十一	十二	十三	十四	十五	十六	十七	十八	十九	二十	二一	二二	二三	二四	二五	二六	二七	二八	二九	三十	節氣與天象
正月小	丙寅	天干地支 西曆 星期	丁亥 26 日	戊子 27 一	己丑 28 二	庚寅 29 三	辛卯 30 四	壬辰 31 五	癸巳 (2) 六	甲午 2 日	乙未 3 一	丙申 4 二	丁酉 5 三	戊戌 6 四	己亥 7 五	庚子 8 六	辛丑 9 日	壬寅 10 一	癸卯 11 二	甲辰 12 三	乙巳 13 四	丙午 14 五	丁未 15 六	戊申 16 日	己酉 17 一	庚戌 18 二	辛亥 19 三	壬子 20 四	癸丑 21 五	甲寅 22 六	乙卯 23 日		辛卯立春 丙午雨水
二月大	丁卯	天干地支 西曆 星期	丙辰 24 一	丁巳 25 二	戊午 26 三	己未 27 四	庚申 28 五	辛酉 29 六	壬戌 (3) 日	癸亥 2 一	甲子 3 二	乙丑 4 三	丙寅 5 四	丁卯 6 五	戊辰 7 六	己巳 8 日	庚午 9 一	辛未 10 二	壬申 11 三	癸酉 12 四	甲戌 13 五	乙亥 14 六	丙子 15 日	丁丑 16 一	戊寅 17 二	己卯 18 三	庚辰 19 四	辛巳 20 五	壬午 21 六	癸未 22 日	甲申 23 一	乙酉 24 二	辛酉驚蟄 丁丑春分
三月小	戊辰	天干地支 西曆 星期	丙戌 25 三	丁亥 26 四	戊子 27 五	己丑 28 六	庚寅 29 日	辛卯 30 一	壬辰 31 二	癸巳 (4) 三	甲午 2 四	乙未 3 五	丙申 4 六	丁酉 5 日	戊戌 6 一	己亥 7 二	庚子 8 三	辛丑 9 四	壬寅 10 五	癸卯 11 六	甲辰 12 日	乙巳 13 一	丙午 14 二	丁未 15 三	戊申 16 四	己酉 17 五	庚戌 18 六	辛亥 19 日	壬子 20 一	癸丑 21 二	甲寅 22 三		壬辰清明 丁未穀雨
四月大	己巳	天干地支 西曆 星期	乙卯 23 四	丙辰 24 五	丁巳 25 六	戊午 26 日	己未 27 一	庚申 28 二	辛酉 29 三	壬戌 30 四	癸亥 (5) 五	甲子 2 六	乙丑 3 日	丙寅 4 一	丁卯 5 二	戊辰 6 三	己巳 7 四	庚午 8 五	辛未 9 六	壬申 10 日	癸酉 11 一	甲戌 12 二	乙亥 13 三	丙子 14 四	丁丑 15 五	戊寅 16 六	己卯 17 日	庚辰 18 一	辛巳 19 二	壬午 20 三	癸未 21 四	甲申 22 五	壬戌立夏 丁丑小滿
五月小	庚午	天干地支 西曆 星期	乙酉 23 六	丙戌 24 日	丁亥 25 一	戊子 26 二	己丑 27 三	庚寅 28 四	辛卯 29 五	壬辰 30 六	癸巳 31 日	甲午 (6) 一	乙未 2 二	丙申 3 三	丁酉 4 四	戊戌 5 五	己亥 6 六	庚子 7 日	辛丑 8 一	壬寅 9 二	癸卯 10 三	甲辰 11 四	乙巳 12 五	丙午 13 六	丁未 14 日	戊申 15 一	己酉 16 二	庚戌 17 三	辛亥 18 四	壬子 19 五	癸丑 20 六		癸巳芒種 戊申夏至
六月大	辛未	天干地支 西曆 星期	甲寅 21 日	乙卯 22 一	丙辰 23 二	丁巳 24 三	戊午 25 四	己未 26 五	庚申 27 六	辛酉 28 日	壬戌 29 一	癸亥 30 二	甲子 (7) 三	乙丑 2 四	丙寅 3 五	丁卯 4 六	戊辰 5 日	己巳 6 一	庚午 7 二	辛未 8 三	壬申 9 四	癸酉 10 五	甲戌 11 六	乙亥 12 日	丙子 13 一	丁丑 14 二	戊寅 15 三	己卯 16 四	庚辰 17 五	辛巳 18 六	壬午 19 日	癸未 20 一	癸亥小暑 戊寅大暑
七月大	壬申	天干地支 西曆 星期	甲申 21 二	乙酉 22 三	丙戌 23 四	丁亥 24 五	戊子 25 六	己丑 26 日	庚寅 27 一	辛卯 28 二	壬辰 29 三	癸巳 30 四	甲午 31 五	乙未 (8) 六	丙申 2 日	丁酉 3 一	戊戌 4 二	己亥 5 三	庚子 6 四	辛丑 7 五	壬寅 8 六	癸卯 9 日	甲辰 10 一	乙巳 11 二	丙午 12 三	丁未 13 四	戊申 14 五	己酉 15 六	庚戌 16 日	辛亥 17 一	壬子 18 二	癸丑 19 三	甲午立秋 己酉處暑
八月小	癸酉	天干地支 西曆 星期	甲寅 20 四	乙卯 21 五	丙辰 22 六	丁巳 23 日	戊午 24 一	己未 25 二	庚申 26 三	辛酉 27 四	壬戌 28 五	癸亥 29 六	甲子 30 日	乙丑 31 一	丙寅 (9) 二	丁卯 2 三	戊辰 3 四	己巳 4 五	庚午 5 六	辛未 6 日	壬申 7 一	癸酉 8 二	甲戌 9 三	乙亥 10 四	丙子 11 五	丁丑 12 六	戊寅 13 日	己卯 14 一	庚辰 15 二	辛巳 16 三	壬午 17 四		甲子白露 己卯秋分
九月大	甲戌	天干地支 西曆 星期	癸未 18 五	甲申 19 六	乙酉 20 日	丙戌 21 一	丁亥 22 二	戊子 23 三	己丑 24 四	庚寅 25 五	辛卯 26 六	壬辰 27 日	癸巳 28 一	甲午 29 二	乙未 30 三	丙申 (10) 四	丁酉 2 五	戊戌 3 六	己亥 4 日	庚子 5 一	辛丑 6 二	壬寅 7 三	癸卯 8 四	甲辰 9 五	乙巳 10 六	丙午 11 日	丁未 12 一	戊申 13 二	己酉 14 三	庚戌 15 四	辛亥 16 五	壬子 17 六	甲午寒露 庚戌霜降
十月小	乙亥	天干地支 西曆 星期	癸丑 18 日	甲寅 19 一	乙卯 20 二	丙辰 21 三	丁巳 22 四	戊午 23 五	己未 24 六	庚申 25 日	辛酉 26 一	壬戌 27 二	癸亥 28 三	甲子 29 四	乙丑 30 五	丙寅 31 六	丁卯 (11) 日	戊辰 2 一	己巳 3 二	庚午 4 三	辛未 5 四	壬申 6 五	癸酉 7 六	甲戌 8 日	乙亥 9 一	丙子 10 二	丁丑 11 三	戊寅 12 四	己卯 13 五	庚辰 14 六	辛巳 15 日		乙丑立冬 庚辰小雪
十一月大	丙子	天干地支 西曆 星期	壬午 16 一	癸未 17 二	甲申 18 三	乙酉 19 四	丙戌 20 五	丁亥 21 六	戊子 22 日	己丑 23 一	庚寅 24 二	辛卯 25 三	壬辰 26 四	癸巳 27 五	甲午 28 六	乙未 29 日	丙申 30 一	丁酉 (12) 二	戊戌 2 三	己亥 3 四	庚子 4 五	辛丑 5 六	壬寅 6 日	癸卯 7 一	甲辰 8 二	乙巳 9 三	丙午 10 四	丁未 11 五	戊申 12 六	己酉 13 日	庚戌 14 一	辛亥 15 二	乙未大雪 庚戌冬至
閏十一小	丙子	天干地支 西曆 星期	壬子 16 三	癸丑 17 四	甲寅 18 五	乙卯 19 六	丙辰 20 日	丁巳 21 一	戊午 22 二	己未 23 三	庚申 24 四	辛酉 25 五	壬戌 26 六	癸亥 27 日	甲子 28 一	乙丑 29 二	丙寅 30 三	丁卯 31 四	戊辰 (1) 五	己巳 2 六	庚午 3 日	辛未 4 一	壬申 5 二	癸酉 6 三	甲戌 7 四	乙亥 8 五	丙子 9 六	丁丑 10 日	戊寅 11 一	己卯 12 二	庚辰 13 三		丙寅小寒
十二月大	丁丑	天干地支 西曆 星期	辛巳 14 四	壬午 15 五	癸未 16 六	甲申 17 日	乙酉 18 一	丙戌 19 二	丁亥 20 三	戊子 21 四	己丑 22 五	庚寅 23 六	辛卯 24 日	壬辰 25 一	癸巳 26 二	甲午 27 三	乙未 28 四	丙申 29 五	丁酉 30 六	戊戌 31 日	己亥 (2) 一	庚子 2 二	辛丑 3 三	壬寅 4 四	癸卯 5 五	甲辰 6 六	乙巳 7 日	丙午 8 一	丁未 9 二	戊申 10 三	己酉 11 四	庚戌 12 五	辛巳大寒 丙申立春

金世宗大定五年（乙酉 鷄年） 公元 1165 ~ 1166 年

夏曆月序	中西曆日對照		夏曆日序																														節氣與天象
			初一	初二	初三	初四	初五	初六	初七	初八	初九	初十	十一	十二	十三	十四	十五	十六	十七	十八	十九	二十	二一	二二	二三	二四	二五	二六	二七	二八	二九	三十	
正月小	戊寅	天干地支 西曆 星期	辛亥 13 六	壬子 14 日	癸丑 15 一	甲寅 16 二	乙卯 17 三	丙辰 18 四	丁巳 19 五	戊午 20 六	己未 21 日	庚申 22 一	辛酉 23 二	壬戌 24 三	癸亥 25 四	甲子 26 五	乙丑 27 六	丙寅 28 日	丁卯 (3) 一	戊辰 2 二	己巳 3 三	庚午 4 四	辛未 5 五	壬申 6 六	癸酉 7 日	甲戌 8 一	乙亥 9 二	丙子 10 三	丁丑 11 四	戊寅 12 五	己卯 13 六		辛亥雨水 丁卯驚蟄
二月大	己卯	天干地支 西曆 星期	庚辰 14 日	辛巳 15 一	壬午 16 二	癸未 17 三	甲申 18 四	乙酉 19 五	丙戌 20 六	丁亥 21 日	戊子 22 一	己丑 23 二	庚寅 24 三	辛卯 25 四	壬辰 26 五	癸巳 27 六	甲午 28 日	乙未 29 一	丙申 30 二	丁酉 31 三	戊戌 (4) 四	己亥 2 五	庚子 3 六	辛丑 4 日	壬寅 5 一	癸卯 6 二	甲辰 7 三	乙巳 8 四	丙午 9 五	丁未 10 六	戊申 11 日	己酉 12 一	壬午春分 丁酉清明
三月小	庚辰	天干地支 西曆 星期	庚戌 13 二	辛亥 14 三	壬子 15 四	癸丑 16 五	甲寅 17 六	乙卯 18 日	丙辰 19 一	丁巳 20 二	戊午 21 三	己未 22 四	庚申 23 五	辛酉 24 六	壬戌 25 日	癸亥 26 一	甲子 27 二	乙丑 28 三	丙寅 29 四	丁卯 30 五	戊辰 (5) 六	己巳 2 日	庚午 3 一	辛未 4 二	壬申 5 三	癸酉 6 四	甲戌 7 五	乙亥 8 六	丙子 9 日	丁丑 10 一	戊寅 11 二		壬子穀雨 丁卯立夏
四月大	辛巳	天干地支 西曆 星期	己卯 12 三	庚辰 13 四	辛巳 14 五	壬午 15 六	癸未 16 日	甲申 17 一	乙酉 18 二	丙戌 19 三	丁亥 20 四	戊子 21 五	己丑 22 六	庚寅 23 日	辛卯 24 一	壬辰 25 二	癸巳 26 三	甲午 27 四	乙未 28 五	丙申 29 六	丁酉 30 日	戊戌 31 一	己亥 (6) 二	庚子 2 三	辛丑 3 四	壬寅 4 五	癸卯 5 六	甲辰 6 日	乙巳 7 一	丙午 8 二	丁未 9 三	戊申 10 四	癸未小滿 戊戌芒種
五月小	壬午	天干地支 西曆 星期	己酉 11 五	庚戌 12 六	辛亥 13 日	壬子 14 一	癸丑 15 二	甲寅 16 三	乙卯 17 四	丙辰 18 五	丁巳 19 六	戊午 20 日	己未 21 一	庚申 22 二	辛酉 23 三	壬戌 24 四	癸亥 25 五	甲子 26 六	乙丑 27 日	丙寅 28 一	丁卯 29 二	戊辰 30 三	己巳 (7) 四	庚午 2 五	辛未 3 六	壬申 4 日	癸酉 5 一	甲戌 6 二	乙亥 7 三	丙子 8 四	丁丑 9 五		癸丑夏至 戊辰小暑
六月大	癸未	天干地支 西曆 星期	戊寅 10 六	己卯 11 日	庚辰 12 一	辛巳 13 二	壬午 14 三	癸未 15 四	甲申 16 五	乙酉 17 六	丙戌 18 日	丁亥 19 一	戊子 20 二	己丑 21 三	庚寅 22 四	辛卯 23 五	壬辰 24 六	癸巳 25 日	甲午 26 一	乙未 27 二	丙申 28 三	丁酉 29 四	戊戌 30 五	己亥 31 六	庚子 (8) 日	辛丑 2 一	壬寅 3 二	癸卯 4 三	甲辰 5 四	乙巳 6 五	丙午 7 六	丁未 8 日	甲申大暑 己亥立秋
七月小	甲申	天干地支 西曆 星期	戊申 9 一	己酉 10 二	庚戌 11 三	辛亥 12 四	壬子 13 五	癸丑 14 六	甲寅 15 日	乙卯 16 一	丙辰 17 二	丁巳 18 三	戊午 19 四	己未 20 五	庚申 21 六	辛酉 22 日	壬戌 23 一	癸亥 24 二	甲子 25 三	乙丑 26 四	丙寅 27 五	丁卯 28 六	戊辰 29 日	己巳 30 一	庚午 31 二	辛未 (9) 三	壬申 2 四	癸酉 3 五	甲戌 4 六	乙亥 5 日	丙子 6 一		甲寅處暑 己巳白露
八月大	乙酉	天干地支 西曆 星期	丁丑 7 二	戊寅 8 三	己卯 9 四	庚辰 10 五	辛巳 11 六	壬午 12 日	癸未 13 一	甲申 14 二	乙酉 15 三	丙戌 16 四	丁亥 17 五	戊子 18 六	己丑 19 日	庚寅 20 一	辛卯 21 二	壬辰 22 三	癸巳 23 四	甲午 24 五	乙未 25 六	丙申 26 日	丁酉 27 一	戊戌 28 二	己亥 29 三	庚子 30 四	辛丑 (10) 五	壬寅 2 六	癸卯 3 日	甲辰 4 一	乙巳 5 二	丙午 6 三	甲申秋分 庚子寒露
九月大	丙戌	天干地支 西曆 星期	丁未 7 四	戊申 8 五	己酉 9 六	庚戌 10 日	辛亥 11 一	壬子 12 二	癸丑 13 三	甲寅 14 四	乙卯 15 五	丙辰 16 六	丁巳 17 日	戊午 18 一	己未 19 二	庚申 20 三	辛酉 21 四	壬戌 22 五	癸亥 23 六	甲子 24 日	乙丑 25 一	丙寅 26 二	丁卯 27 三	戊辰 28 四	己巳 29 五	庚午 30 六	辛未 31 日	壬申 (11) 一	癸酉 2 二	甲戌 3 三	乙亥 4 四	丙子 5 五	乙卯霜降 庚午立冬
十月小	丁亥	天干地支 西曆 星期	丁丑 6 六	戊寅 7 日	己卯 8 一	庚辰 9 二	辛巳 10 三	壬午 11 四	癸未 12 五	甲申 13 六	乙酉 14 日	丙戌 15 一	丁亥 16 二	戊子 17 三	己丑 18 四	庚寅 19 五	辛卯 20 六	壬辰 21 日	癸巳 22 一	甲午 23 二	乙未 24 三	丙申 25 四	丁酉 26 五	戊戌 27 六	己亥 28 日	庚子 29 一	辛丑 30 二	壬寅 (12) 三	癸卯 2 四	甲辰 3 五	乙巳 4 六		乙酉小雪 辛丑大雪
十一月大	戊子	天干地支 西曆 星期	丙午 5 日	丁未 6 一	戊申 7 二	己酉 8 三	庚戌 9 四	辛亥 10 五	壬子 11 六	癸丑 12 日	甲寅 13 一	乙卯 14 二	丙辰 15 三	丁巳 16 四	戊午 17 五	己未 18 六	庚申 19 日	辛酉 20 一	壬戌 21 二	癸亥 22 三	甲子 23 四	乙丑 24 五	丙寅 25 六	丁卯 26 日	戊辰 27 一	己巳 28 二	庚午 29 三	辛未 30 四	壬申 31 五	癸酉 (1) 六	甲戌 2 日	乙亥 3 一	丙辰冬至 辛未小寒
十二月大	己丑	天干地支 西曆 星期	丙子 4 二	丁丑 5 三	戊寅 6 四	己卯 7 五	庚辰 8 六	辛巳 9 日	壬午 10 一	癸未 11 二	甲申 12 三	乙酉 13 四	丙戌 14 五	丁亥 15 六	戊子 16 日	己丑 17 一	庚寅 18 二	辛卯 19 三	壬辰 20 四	癸巳 21 五	甲午 22 六	乙未 23 日	丙申 24 一	丁酉 25 二	戊戌 26 三	己亥 27 四	庚子 28 五	辛丑 29 六	壬寅 30 日	癸卯 31 一	甲辰 (2) 二	乙巳 2 三	丙戌大寒 辛丑立春

金世宗大定六年（丙戌 狗年） 公元 1166 ~ 1167 年

夏曆月序		中西曆日對照	初一	初二	初三	初四	初五	初六	初七	初八	初九	初十	十一	十二	十三	十四	十五	十六	十七	十八	十九	二十	二一	二二	二三	二四	二五	二六	二七	二八	二九	三十	節氣與天象
正月小	庚寅	天干 地支 西曆 星期	丙午 3 四	丁未 4 五	戊申 5 六	己酉 6 日	庚戌 7 一	辛亥 8 二	壬子 9 三	癸丑 10 四	甲寅 11 五	乙卯 12 六	丙辰 13 日	丁巳 14 一	戊午 15 二	己未 16 三	庚申 17 四	辛酉 18 五	壬戌 19 六	癸亥 20 日	甲子 21 一	乙丑 22 二	丙寅 23 三	丁卯 24 四	戊辰 25 五	己巳 26 六	庚午 27 日	辛未 28 一	壬申 (3) 二	癸酉 2 三	甲戌 3 四		丁巳雨水 壬申驚蟄
二月小	辛卯	天干 地支 西曆 星期	乙亥 4 五	丙子 5 六	丁丑 6 日	戊寅 7 一	己卯 8 二	庚辰 9 三	辛巳 10 四	壬午 11 五	癸未 12 六	甲申 13 日	乙酉 14 一	丙戌 15 二	丁亥 16 三	戊子 17 四	己丑 18 五	庚寅 19 六	辛卯 20 日	壬辰 21 一	癸巳 22 二	甲午 23 三	乙未 24 四	丙申 25 五	丁酉 26 六	戊戌 27 日	己亥 28 一	庚子 29 二	辛丑 30 三	壬寅 31 四	癸卯 (4) 五		丁亥春分 壬寅清明
三月大	壬辰	天干 地支 西曆 星期	甲辰 2 六	乙巳 3 日	丙午 4 一	丁未 5 二	戊申 6 三	己酉 7 四	庚戌 8 五	辛亥 9 六	壬子 10 日	癸丑 11 一	甲寅 12 二	乙卯 13 三	丙辰 14 四	丁巳 15 五	戊午 16 六	己未 17 日	庚申 18 一	辛酉 19 二	壬戌 20 三	癸亥 21 四	甲子 22 五	乙丑 23 六	丙寅 24 日	丁卯 25 一	戊辰 26 二	己巳 27 三	庚午 28 四	辛未 29 五	壬申 30 六	癸酉 (5) 日	丁巳穀雨 癸酉立夏
四月小	癸巳	天干 地支 西曆 星期	甲戌 2 一	乙亥 3 二	丙子 4 三	丁丑 5 四	戊寅 6 五	己卯 7 六	庚辰 8 日	辛巳 9 一	壬午 10 二	癸未 11 三	甲申 12 四	乙酉 13 五	丙戌 14 六	丁亥 15 日	戊子 16 一	己丑 17 二	庚寅 18 三	辛卯 19 四	壬辰 20 五	癸巳 21 六	甲午 22 日	乙未 23 一	丙申 24 二	丁酉 25 三	戊戌 26 四	己亥 27 五	庚子 28 六	辛丑 29 日	壬寅 30 一		戊子小滿
五月小	甲午	天干 地支 西曆 星期	癸卯 31 二	甲辰 (6) 三	乙巳 2 四	丙午 3 五	丁未 4 六	戊申 5 日	己酉 6 一	庚戌 7 二	辛亥 8 三	壬子 9 四	癸丑 10 五	甲寅 11 六	乙卯 12 日	丙辰 13 一	丁巳 14 二	戊午 15 三	己未 16 四	庚申 17 五	辛酉 18 六	壬戌 19 日	癸亥 20 一	甲子 21 二	乙丑 22 三	丙寅 23 四	丁卯 24 五	戊辰 25 六	己巳 26 日	庚午 27 一	辛未 28 二		癸卯芒種 戊午夏至
六月大	乙未	天干 地支 西曆 星期	壬申 29 三	癸酉 30 四	甲戌 (7) 五	乙亥 2 六	丙子 3 日	丁丑 4 一	戊寅 5 二	己卯 6 三	庚辰 7 四	辛巳 8 五	壬午 9 六	癸未 10 日	甲申 11 一	乙酉 12 二	丙戌 13 三	丁亥 14 四	戊子 15 五	己丑 16 六	庚寅 17 日	辛卯 18 一	壬辰 19 二	癸巳 20 三	甲午 21 四	乙未 22 五	丙申 23 六	丁酉 24 日	戊戌 25 一	己亥 26 二	庚子 27 三	辛丑 28 四	甲戌小暑 己丑大暑
七月小	丙申	天干 地支 西曆 星期	壬寅 29 五	癸卯 30 六	甲辰 31 日	乙巳 (8) 一	丙午 2 二	丁未 3 三	戊申 4 四	己酉 5 五	庚戌 6 六	辛亥 7 日	壬子 8 一	癸丑 9 二	甲寅 10 三	乙卯 11 四	丙辰 12 五	丁巳 13 六	戊午 14 日	己未 15 一	庚申 16 二	辛酉 17 三	壬戌 18 四	癸亥 19 五	甲子 20 六	乙丑 21 日	丙寅 22 一	丁卯 23 二	戊辰 24 三	己巳 25 四	庚午 26 五		甲辰立秋 己未處暑
八月大	丁酉	天干 地支 西曆 星期	辛未 27 六	壬申 28 日	癸酉 29 一	甲戌 30 二	乙亥 31 三	丙子 (9) 四	丁丑 2 五	戊寅 3 六	己卯 4 日	庚辰 5 一	辛巳 6 二	壬午 7 三	癸未 8 四	甲申 9 五	乙酉 10 六	丙戌 11 日	丁亥 12 一	戊子 13 二	己丑 14 三	庚寅 15 四	辛卯 16 五	壬辰 17 六	癸巳 18 日	甲午 19 一	乙未 20 二	丙申 21 三	丁酉 22 四	戊戌 23 五	己亥 24 六	庚子 25 日	甲戌白露 庚寅秋分
九月大	戊戌	天干 地支 西曆 星期	辛丑 26 一	壬寅 27 二	癸卯 28 三	甲辰 29 四	乙巳 30 五	丙午 (10) 六	丁未 2 日	戊申 3 一	己酉 4 二	庚戌 5 三	辛亥 6 四	壬子 7 五	癸丑 8 六	甲寅 9 日	乙卯 10 一	丙辰 11 二	丁巳 12 三	戊午 13 四	己未 14 五	庚申 15 六	辛酉 16 日	壬戌 17 一	癸亥 18 二	甲子 19 三	乙丑 20 四	丙寅 21 五	丁卯 22 六	戊辰 23 日	己巳 24 一	庚午 25 二	乙巳寒露 庚申霜降
十月大	己亥	天干 地支 西曆 星期	辛未 26 三	壬申 27 四	癸酉 28 五	甲戌 29 六	乙亥 30 日	丙子 31 一	丁丑 (11) 二	戊寅 2 三	己卯 3 四	庚辰 4 五	辛巳 5 六	壬午 6 日	癸未 7 一	甲申 8 二	乙酉 9 三	丙戌 10 四	丁亥 11 五	戊子 12 六	己丑 13 日	庚寅 14 一	辛卯 15 二	壬辰 16 三	癸巳 17 四	甲午 18 五	乙未 19 六	丙申 20 日	丁酉 21 一	戊戌 22 二	己亥 23 三	庚子 24 四	乙亥立冬 辛卯小雪
十一月小	庚子	天干 地支 西曆 星期	辛丑 25 五	壬寅 26 六	癸卯 27 日	甲辰 28 一	乙巳 29 二	丙午 30 三	丁未 (12) 四	戊申 2 五	己酉 3 六	庚戌 4 日	辛亥 5 一	壬子 6 二	癸丑 7 三	甲寅 8 四	乙卯 9 五	丙辰 10 六	丁巳 11 日	戊午 12 一	己未 13 二	庚申 14 三	辛酉 15 四	壬戌 16 五	癸亥 17 六	甲子 18 日	乙丑 19 一	丙寅 20 二	丁卯 21 三	戊辰 22 四	己巳 23 五		丙午大雪 辛酉冬至
十二月大	辛丑	天干 地支 西曆 星期	庚午 24 六	辛未 25 日	壬申 26 一	癸酉 27 二	甲戌 28 三	乙亥 29 四	丙子 30 五	丁丑 31 六	戊寅 (1) 日	己卯 2 一	庚辰 3 二	辛巳 4 三	壬午 5 四	癸未 6 五	甲申 7 六	乙酉 8 日	丙戌 9 一	丁亥 10 二	戊子 11 三	己丑 12 四	庚寅 13 五	辛卯 14 六	壬辰 15 日	癸巳 16 一	甲午 17 二	乙未 18 三	丙申 19 四	丁酉 20 五	戊戌 21 六	己亥 22 日	丙子小寒 辛卯大寒

金世宗大定七年（丁亥 猪年） 公元 1167 ~ 1168 年

夏曆月序		中西曆日對照	夏曆日序																														節氣與天象
			初一	初二	初三	初四	初五	初六	初七	初八	初九	初十	十一	十二	十三	十四	十五	十六	十七	十八	十九	二十	二一	二二	二三	二四	二五	二六	二七	二八	二九	三十	
正月大	壬寅	干支/西曆/星期	庚子 23 一	辛丑 24 二	壬寅 25 三	癸卯 26 四	甲辰 27 五	乙巳 28 六	丙午 29 日	丁未 30 一	戊申 31 二	己酉 (2) 三	庚戌 2 四	辛亥 3 五	壬子 4 六	癸丑 5 日	甲寅 6 一	乙卯 7 二	丙辰 8 三	丁巳 9 四	戊午 10 五	己未 11 六	庚申 12 日	辛酉 13 一	壬戌 14 二	癸亥 15 三	甲子 16 四	乙丑 17 五	丙寅 18 六	丁卯 19 日	戊辰 20 一	己巳 21 二	丁未立春 壬戌雨水
二月小	癸卯	干支/西曆/星期	庚午 22 三	辛未 23 四	壬申 24 五	癸酉 25 六	甲戌 26 日	乙亥 27 一	丙子 28 二	丁丑 (3) 三	戊寅 2 四	己卯 3 五	庚辰 4 六	辛巳 5 日	壬午 6 一	癸未 7 二	甲申 8 三	乙酉 9 四	丙戌 10 五	丁亥 11 六	戊子 12 日	己丑 13 一	庚寅 14 二	辛卯 15 三	壬辰 16 四	癸巳 17 五	甲午 18 六	乙未 19 日	丙申 20 一	丁酉 21 二	戊戌 22 三		丁丑驚蟄 壬辰春分
三月小	甲辰	干支/西曆/星期	己亥 23 四	庚子 24 五	辛丑 25 六	壬寅 26 日	癸卯 27 一	甲辰 28 二	乙巳 29 三	丙午 30 四	丁未 31 五	戊申 (4) 六	己酉 2 日	庚戌 3 一	辛亥 4 二	壬子 5 三	癸丑 6 四	甲寅 7 五	乙卯 8 六	丙辰 9 日	丁巳 10 一	戊午 11 二	己未 12 三	庚申 13 四	辛酉 14 五	壬戌 15 六	癸亥 16 日	甲子 17 一	乙丑 18 二	丙寅 19 三	丁卯 20 四		戊申清明 癸亥穀雨
四月大	乙巳	干支/西曆/星期	戊辰 21 五	己巳 22 六	庚午 23 日	辛未 24 一	壬申 25 二	癸酉 26 三	甲戌 27 四	乙亥 28 五	丙子 29 六	丁丑 30 日	戊寅 (5) 一	己卯 2 二	庚辰 3 三	辛巳 4 四	壬午 5 五	癸未 6 六	甲申 7 日	乙酉 8 一	丙戌 9 二	丁亥 10 三	戊子 11 四	己丑 12 五	庚寅 13 六	辛卯 14 日	壬辰 15 一	癸巳 16 二	甲午 17 三	乙未 18 四	丙申 19 五	丁酉 20 六	戊寅立夏 癸巳小滿
五月小	丙午	干支/西曆/星期	戊戌 21 日	己亥 22 一	庚子 23 二	辛丑 24 三	壬寅 25 四	癸卯 26 五	甲辰 27 六	乙巳 28 日	丙午 29 一	丁未 30 二	戊申 31 三	己酉 (6) 四	庚戌 2 五	辛亥 3 六	壬子 4 日	癸丑 5 一	甲寅 6 二	乙卯 7 三	丙辰 8 四	丁巳 9 五	戊午 10 六	己未 11 日	庚申 12 一	辛酉 13 二	壬戌 14 三	癸亥 15 四	甲子 16 五	乙丑 17 六	丙寅 18 日		戊申芒種 甲子夏至
六月小	丁未	干支/西曆/星期	丁卯 19 一	戊辰 20 二	己巳 21 三	庚午 22 四	辛未 23 五	壬申 24 六	癸酉 25 日	甲戌 26 一	乙亥 27 二	丙子 28 三	丁丑 29 四	戊寅 30 五	己卯 (7) 六	庚辰 2 日	辛巳 3 一	壬午 4 二	癸未 5 三	甲申 6 四	乙酉 7 五	丙戌 8 六	丁亥 9 日	戊子 10 一	己丑 11 二	庚寅 12 三	辛卯 13 四	壬辰 14 五	癸巳 15 六	甲午 16 日	乙未 17 一		己卯小暑 甲午大暑
七月大	戊申	干支/西曆/星期	丙申 18 二	丁酉 19 三	戊戌 20 四	己亥 21 五	庚子 22 六	辛丑 23 日	壬寅 24 一	癸卯 25 二	甲辰 26 三	乙巳 27 四	丙午 28 五	丁未 29 六	戊申 30 日	己酉 31 一	庚戌 (8) 二	辛亥 2 三	壬子 3 四	癸丑 4 五	甲寅 5 六	乙卯 6 日	丙辰 7 一	丁巳 8 二	戊午 9 三	己未 10 四	庚申 11 五	辛酉 12 六	壬戌 13 日	癸亥 14 一	甲子 15 二	乙丑 16 三	己酉立秋 甲子處暑
閏七月小	戊申	干支/西曆/星期	丙寅 17 四	丁卯 18 五	戊辰 19 六	己巳 20 日	庚午 21 一	辛未 22 二	壬申 23 三	癸酉 24 四	甲戌 25 五	乙亥 26 六	丙子 27 日	丁丑 28 一	戊寅 29 二	己卯 30 三	庚辰 31 四	辛巳 (9) 五	壬午 2 六	癸未 3 日	甲申 4 一	乙酉 5 二	丙戌 6 三	丁亥 7 四	戊子 8 五	己丑 9 六	庚寅 10 日	辛卯 11 一	壬辰 12 二	癸巳 13 三	甲午 14 四		庚辰白露
八月大	己酉	干支/西曆/星期	乙未 15 五	丙申 16 六	丁酉 17 日	戊戌 18 一	己亥 19 二	庚子 20 三	辛丑 21 四	壬寅 22 五	癸卯 23 六	甲辰 24 日	乙巳 25 一	丙午 26 二	丁未 27 三	戊申 28 四	己酉 29 五	庚戌 30 六	辛亥 (10) 日	壬子 2 一	癸丑 3 二	甲寅 4 三	乙卯 5 四	丙辰 6 五	丁巳 7 六	戊午 8 日	己未 9 一	庚申 10 二	辛酉 11 三	壬戌 12 四	癸亥 13 五	甲子 14 六	乙未秋分 庚戌寒露
九月大	庚戌	干支/西曆/星期	乙丑 15 日	丙寅 16 一	丁卯 17 二	戊辰 18 三	己巳 19 四	庚午 20 五	辛未 21 六	壬申 22 日	癸酉 23 一	甲戌 24 二	乙亥 25 三	丙子 26 四	丁丑 27 五	戊寅 28 六	己卯 29 日	庚辰 30 一	辛巳 31 二	壬午 (11) 三	癸未 2 四	甲申 3 五	乙酉 4 六	丙戌 5 日	丁亥 6 一	戊子 7 二	己丑 8 三	庚寅 9 四	辛卯 10 五	壬辰 11 六	癸巳 12 日	甲午 13 一	乙丑霜降 辛巳立冬
十月大	辛亥	干支/西曆/星期	乙未 14 二	丙申 15 三	丁酉 16 四	戊戌 17 五	己亥 18 六	庚子 19 日	辛丑 20 一	壬寅 21 二	癸卯 22 三	甲辰 23 四	乙巳 24 五	丙午 25 六	丁未 26 日	戊申 27 一	己酉 28 二	庚戌 29 三	辛亥 30 四	壬子 (12) 五	癸丑 2 六	甲寅 3 日	乙卯 4 一	丙辰 5 二	丁巳 6 三	戊午 7 四	己未 8 五	庚申 9 六	辛酉 10 日	壬戌 11 一	癸亥 12 二	甲子 13 三	丙申小雪 辛亥大雪
十一月小	壬子	干支/西曆/星期	乙丑 14 四	丙寅 15 五	丁卯 16 六	戊辰 17 日	己巳 18 一	庚午 19 二	辛未 20 三	壬申 21 四	癸酉 22 五	甲戌 23 六	乙亥 24 日	丙子 25 一	丁丑 26 二	戊寅 27 三	己卯 28 四	庚辰 29 五	辛巳 30 六	壬午 31 日	癸未 (1) 一	甲申 2 二	乙酉 3 三	丙戌 4 四	丁亥 5 五	戊子 6 六	己丑 7 日	庚寅 8 一	辛卯 9 二	壬辰 10 三	癸巳 11 四		丙寅冬至 辛巳小寒
十二月大	癸丑	干支/西曆/星期	甲午 12 五	乙未 13 六	丙申 14 日	丁酉 15 一	戊戌 16 二	己亥 17 三	庚子 18 四	辛丑 19 五	壬寅 20 六	癸卯 21 日	甲辰 22 一	乙巳 23 二	丙午 24 三	丁未 25 四	戊申 26 五	己酉 27 六	庚戌 28 日	辛亥 29 一	壬子 30 二	癸丑 31 三	甲寅 (2) 四	乙卯 2 五	丙辰 3 六	丁巳 4 日	戊午 5 一	己未 6 二	庚申 7 三	辛酉 8 四	壬戌 9 五	癸亥 10 六	丁酉大寒 壬子立春

金世宗大定八年（戊子 鼠年） 公元 **1168** ~ 1169 年

夏曆月序		中西曆日對照	夏曆日序																													節氣與天象
			初一	初二	初三	初四	初五	初六	初七	初八	初九	初十	十一	十二	十三	十四	十五	十六	十七	十八	十九	二十	二一	二二	二三	二四	二五	二六	二七	二八	二九	三十	
正月大	甲寅	天干地支 西曆 星期	甲子 11 日	乙丑 12 一	丙寅 13 二	丁卯 14 三	戊辰 15 四	己巳 16 五	庚午 17 六	辛未 18 日	壬申 19 一	癸酉 20 二	甲戌 21 三	乙亥 22 四	丙子 23 五	丁丑 24 六	戊寅 25 日	己卯 26 一	庚辰 27 二	辛巳 28 三	壬午 29 四	癸未 (3) 五	甲申 2 六	乙酉 3 日	丙戌 4 一	丁亥 5 二	戊子 6 三	己丑 7 四	庚寅 8 五	辛卯 9 六	壬辰 10 日	癸巳 11 一	丁卯雨水 壬午驚蟄
二月小	乙卯	天干地支 西曆 星期	甲午 12 二	乙未 13 三	丙申 14 四	丁酉 15 五	戊戌 16 六	己亥 17 日	庚子 18 一	辛丑 19 二	壬寅 20 三	癸卯 21 四	甲辰 22 五	乙巳 23 六	丙午 24 日	丁未 25 一	戊申 26 二	己酉 27 三	庚戌 28 四	辛亥 29 五	壬子 30 六	癸丑 31 日	甲寅 (4) 一	乙卯 2 二	丙辰 3 三	丁巳 4 四	戊午 5 五	己未 6 六	庚申 7 日	辛酉 8 一	壬戌 9 二		戊戌春分 癸丑清明
三月小	丙辰	天干地支 西曆 星期	癸亥 10 三	甲子 11 四	乙丑 12 五	丙寅 13 六	丁卯 14 日	戊辰 15 一	己巳 16 二	庚午 17 三	辛未 18 四	壬申 19 五	癸酉 20 六	甲戌 21 日	乙亥 22 一	丙子 23 二	丁丑 24 三	戊寅 25 四	己卯 26 五	庚辰 27 六	辛巳 28 日	壬午 29 一	癸未 30 二	甲申 (5) 三	乙酉 2 四	丙戌 3 五	丁亥 4 六	戊子 5 日	己丑 6 一	庚寅 7 二	辛卯 8 三		戊辰穀雨 癸未立夏
四月大	丁巳	天干地支 西曆 星期	壬辰 9 四	癸巳 10 五	甲午 11 六	乙未 12 日	丙申 13 一	丁酉 14 二	戊戌 15 三	己亥 16 四	庚子 17 五	辛丑 18 六	壬寅 19 日	癸卯 20 一	甲辰 21 二	乙巳 22 三	丙午 23 四	丁未 24 五	戊申 25 六	己酉 26 日	庚戌 27 一	辛亥 28 二	壬子 29 三	癸丑 30 四	甲寅 31 五	乙卯 (6) 六	丙辰 2 日	丁巳 3 一	戊午 4 二	己未 5 三	庚申 6 四	辛酉 7 五	戊戌小滿 甲寅芒種
五月小	戊午	天干地支 西曆 星期	壬戌 8 六	癸亥 9 日	甲子 10 一	乙丑 11 二	丙寅 12 三	丁卯 13 四	戊辰 14 五	己巳 15 六	庚午 16 日	辛未 17 一	壬申 18 二	癸酉 19 三	甲戌 20 四	乙亥 21 五	丙子 22 六	丁丑 23 日	戊寅 24 一	己卯 25 二	庚辰 26 三	辛巳 27 四	壬午 28 五	癸未 29 六	甲申 30 日	乙酉 (7) 一	丙戌 2 二	丁亥 3 三	戊子 4 四	己丑 5 五	庚寅 6 六		己巳夏至 甲申小暑
六月小	己未	天干地支 西曆 星期	辛卯 7 日	壬辰 8 一	癸巳 9 二	甲午 10 三	乙未 11 四	丙申 12 五	丁酉 13 六	戊戌 14 日	己亥 15 一	庚子 16 二	辛丑 17 三	壬寅 18 四	癸卯 19 五	甲辰 20 六	乙巳 21 日	丙午 22 一	丁未 23 二	戊申 24 三	己酉 25 四	庚戌 26 五	辛亥 27 六	壬子 28 日	癸丑 29 一	甲寅 30 二	乙卯 31 三	丙辰 (8) 四	丁巳 2 五	戊午 3 六	己未 4 日		己亥大暑 乙卯立秋
七月大	庚申	天干地支 西曆 星期	庚申 5 一	辛酉 6 二	壬戌 7 三	癸亥 8 四	甲子 9 五	乙丑 10 六	丙寅 11 日	丁卯 12 一	戊辰 13 二	己巳 14 三	庚午 15 四	辛未 16 五	壬申 17 六	癸酉 18 日	甲戌 19 一	乙亥 20 二	丙子 21 三	丁丑 22 四	戊寅 23 五	己卯 24 六	庚辰 25 日	辛巳 26 一	壬午 27 二	癸未 28 三	甲申 29 四	乙酉 30 五	丙戌 31 六	丁亥 (9) 日	戊子 2 一	己丑 3 二	庚午處暑 乙酉白露
八月小	辛酉	天干地支 西曆 星期	庚寅 4 三	辛卯 5 四	壬辰 6 五	癸巳 7 六	甲午 8 日	乙未 9 一	丙申 10 二	丁酉 11 三	戊戌 12 四	己亥 13 五	庚子 14 六	辛丑 15 日	壬寅 16 一	癸卯 17 二	甲辰 18 三	乙巳 19 四	丙午 20 五	丁未 21 六	戊申 22 日	己酉 23 一	庚戌 24 二	辛亥 25 三	壬子 26 四	癸丑 27 五	甲寅 28 六	乙卯 29 日	丙辰 30 一	丁巳 (10) 二	戊午 2 三		庚子秋分 乙卯寒露
九月大	壬戌	天干地支 西曆 星期	己未 3 四	庚申 4 五	辛酉 5 六	壬戌 6 日	癸亥 7 一	甲子 8 二	乙丑 9 三	丙寅 10 四	丁卯 11 五	戊辰 12 六	己巳 13 日	庚午 14 一	辛未 15 二	壬申 16 三	癸酉 17 四	甲戌 18 五	乙亥 19 六	丙子 20 日	丁丑 21 一	戊寅 22 二	己卯 23 三	庚辰 24 四	辛巳 25 五	壬午 26 六	癸未 27 日	甲申 28 一	乙酉 29 二	丙戌 30 三	丁亥 31 四	戊子 (11) 五	辛未霜降 丙戌立冬
十月小	癸亥	天干地支 西曆 星期	己丑 2 六	庚寅 3 日	辛卯 4 一	壬辰 5 二	癸巳 6 三	甲午 7 四	乙未 8 五	丙申 9 六	丁酉 10 日	戊戌 11 一	己亥 12 二	庚子 13 三	辛丑 14 四	壬寅 15 五	癸卯 16 六	甲辰 17 日	乙巳 18 一	丙午 19 二	丁未 20 三	戊申 21 四	己酉 22 五	庚戌 23 六	辛亥 24 日	壬子 25 一	癸丑 26 二	甲寅 27 三	乙卯 28 四	丙辰 29 五	丁巳 30 六		辛丑小雪 丙辰大雪
十一月大	甲子	天干地支 西曆 星期	戊午 (12) 日	己未 2 一	庚申 3 二	辛酉 4 三	壬戌 5 四	癸亥 6 五	甲子 7 六	乙丑 8 日	丙寅 9 一	丁卯 10 二	戊辰 11 三	己巳 12 四	庚午 13 五	辛未 14 六	壬申 15 日	癸酉 16 一	甲戌 17 二	乙亥 18 三	丙子 19 四	丁丑 20 五	戊寅 21 六	己卯 22 日	庚辰 23 一	辛巳 24 二	壬午 25 三	癸未 26 四	甲申 27 五	乙酉 28 六	丙戌 29 日	丁亥 30 一	辛未冬至 丁亥小寒
十二月大	乙丑	天干地支 西曆 星期	戊子 31 二	己丑 (1) 三	庚寅 2 四	辛卯 3 五	壬辰 4 六	癸巳 5 日	甲午 6 一	乙未 7 二	丙申 8 三	丁酉 9 四	戊戌 10 五	己亥 11 六	庚子 12 日	辛丑 13 一	壬寅 14 二	癸卯 15 三	甲辰 16 四	乙巳 17 五	丙午 18 六	丁未 19 日	戊申 20 一	己酉 21 二	庚戌 22 三	辛亥 23 四	壬子 24 五	癸丑 25 六	甲寅 26 日	乙卯 27 一	丙辰 28 二	丁巳 29 三	壬寅大寒 丁巳立春

金世宗大定九年（己丑 牛年） 公元 1169 ~ 1170 年

夏曆月序		中西曆日對照	初一	初二	初三	初四	初五	初六	初七	初八	初九	初十	十一	十二	十三	十四	十五	十六	十七	十八	十九	二十	二一	二二	二三	二四	二五	二六	二七	二八	二九	三十	節氣與天象
正月大	丙寅	天干地支 西曆 星期	戊午30四	己未31五	庚申(2)六	辛酉2日	壬戌3一	癸亥4二	甲子5三	乙丑6四	丙寅7五	丁卯8六	戊辰9日	己巳10一	庚午11二	辛未12三	壬申13四	癸酉14五	甲戌15六	乙亥16日	丙子17一	丁丑18二	戊寅19三	己卯20四	庚辰21五	辛巳22六	壬午23日	癸未24一	甲申25二	乙酉26三	丙戌27四	丁亥28五	壬申雨水
二月小	丁卯	天干地支 西曆 星期	戊子(3)六	己丑2日	庚寅3一	辛卯4二	壬辰5三	癸巳6四	甲午7五	乙未8六	丙申9日	丁酉10一	戊戌11二	己亥12三	庚子13四	辛丑14五	壬寅15六	癸卯16日	甲辰17一	乙巳18二	丙午19三	丁未20四	戊申21五	己酉22六	庚戌23日	辛亥24一	壬子25二	癸丑26三	甲寅27四	乙卯28五	丙辰29六		戊子驚蟄 癸卯春分
三月大	戊辰	天干地支 西曆 星期	丁巳30日	戊午31一	己未(4)二	庚申2三	辛酉3四	壬戌4五	癸亥5六	甲子6日	乙丑7一	丙寅8二	丁卯9三	戊辰10四	己巳11五	庚午12六	辛未13日	壬申14一	癸酉15二	甲戌16三	乙亥17四	丙子18五	丁丑19六	戊寅20日	己卯21一	庚辰22二	辛巳23三	壬午24四	癸未25五	甲申26六	乙酉27日	丙戌28一	戊午清明 癸酉穀雨
四月小	己巳	天干地支 西曆 星期	丁亥29二	戊子30三	己丑(5)四	庚寅2五	辛卯3六	壬辰4日	癸巳5一	甲午6二	乙未7三	丙申8四	丁酉9五	戊戌10六	己亥11日	庚子12一	辛丑13二	壬寅14三	癸卯15四	甲辰16五	乙巳17六	丙午18日	丁未19一	戊申20二	己酉21三	庚戌22四	辛亥23五	壬子24六	癸丑25日	甲寅26一	乙卯27二		戊子立夏 甲辰小滿
五月大	庚午	天干地支 西曆 星期	丙辰28三	丁巳29四	戊午30五	己未31六	庚申(6)日	辛酉2一	壬戌3二	癸亥4三	甲子5四	乙丑6五	丙寅7六	丁卯8日	戊辰9一	己巳10二	庚午11三	辛未12四	壬申13五	癸酉14六	甲戌15日	乙亥16一	丙子17二	丁丑18三	戊寅19四	己卯20五	庚辰21六	辛巳22日	壬午23一	癸未24二	甲申25三	乙酉26四	己未芒種 甲戌夏至
六月小	辛未	天干地支 西曆 星期	丙戌27五	丁亥28六	戊子29日	己丑30一	庚寅(7)二	辛卯2三	壬辰3四	癸巳4五	甲午5六	乙未6日	丙申7一	丁酉8二	戊戌9三	己亥10四	庚子11五	辛丑12六	壬寅13日	癸卯14一	甲辰15二	乙巳16三	丙午17四	丁未18五	戊申19六	己酉20日	庚戌21一	辛亥22二	壬子23三	癸丑24四	甲寅25五		己丑小暑 乙巳大暑
七月小	壬申	天干地支 西曆 星期	乙卯26六	丙辰27日	丁巳28一	戊午29二	己未30三	庚申31四	辛酉(8)五	壬戌2六	癸亥3日	甲子4一	乙丑5二	丙寅6三	丁卯7四	戊辰8五	己巳9六	庚午10日	辛未11一	壬申12二	癸酉13三	甲戌14四	乙亥15五	丙子16六	丁丑17日	戊寅18一	己卯19二	庚辰20三	辛巳21四	壬午22五	癸未23六		庚申立秋 乙亥處暑
八月大	癸酉	天干地支 西曆 星期	甲申24日	乙酉25一	丙戌26二	丁亥27三	戊子28四	己丑29五	庚寅30六	辛卯31日	壬辰(9)一	癸巳2二	甲午3三	乙未4四	丙申5五	丁酉6六	戊戌7日	己亥8一	庚子9二	辛丑10三	壬寅11四	癸卯12五	甲辰13六	乙巳14日	丙午15一	丁未16二	戊申17三	己酉18四	庚戌19五	辛亥20六	壬子21日	癸丑22一	庚寅白露 乙巳秋分
九月小	甲戌	天干地支 西曆 星期	甲寅23二	乙卯24三	丙辰25四	丁巳26五	戊午27六	己未28日	庚申29一	辛酉30二	壬戌(10)三	癸亥2四	甲子3五	乙丑4六	丙寅5日	丁卯6一	戊辰7二	己巳8三	庚午9四	辛未10五	壬申11六	癸酉12日	甲戌13一	乙亥14二	丙子15三	丁丑16四	戊寅17五	己卯18六	庚辰19日	辛巳20一	壬午21二		辛酉寒露 丙子霜降
十月大	乙亥	天干地支 西曆 星期	癸未22三	甲申23四	乙酉24五	丙戌25六	丁亥26日	戊子27一	己丑28二	庚寅29三	辛卯30四	壬辰31五	癸巳(11)六	甲午2日	乙未3一	丙申4二	丁酉5三	戊戌6四	己亥7五	庚子8六	辛丑9日	壬寅10一	癸卯11二	甲辰12三	乙巳13四	丙午14五	丁未15六	戊申16日	己酉17一	庚戌18二	辛亥19三	壬子20四	辛卯立冬 丙午小雪
十一月小	丙子	天干地支 西曆 星期	癸丑21五	甲寅22六	乙卯23日	丙辰24一	丁巳25二	戊午26三	己未27四	庚申28五	辛酉29六	壬戌30日	癸亥(12)一	甲子2二	乙丑3三	丙寅4四	丁卯5五	戊辰6六	己巳7日	庚午8一	辛未9二	壬申10三	癸酉11四	甲戌12五	乙亥13六	丙子14日	丁丑15一	戊寅16二	己卯17三	庚辰18四	辛巳19五		辛酉大雪 丁丑冬至
十二月大	丁丑	天干地支 西曆 星期	壬午20六	癸未21日	甲申22一	乙酉23二	丙戌24三	丁亥25四	戊子26五	己丑27六	庚寅28日	辛卯29一	壬辰30二	癸巳31三	甲午(1)四	乙未2五	丙申3六	丁酉4日	戊戌5一	己亥6二	庚子7三	辛丑8四	壬寅9五	癸卯10六	甲辰11日	乙巳12一	丙午13二	丁未14三	戊申15四	己酉16五	庚戌17六	辛亥18日	壬辰小寒 丁未大寒

金世宗大定十年（庚寅 虎年） 公元 1170 ~ 1171 年

夏曆月序		中西曆日對照	初一	初二	初三	初四	初五	初六	初七	初八	初九	初十	十一	十二	十三	十四	十五	十六	十七	十八	十九	二十	二一	二二	二三	二四	二五	二六	二七	二八	二九	三十	節氣與天象
正月大	戊寅	天干地支 西曆 星期	壬子19一	癸丑20二	甲寅21三	乙卯22四	丙辰23五	丁巳24六	戊午25日	己未26一	庚申27二	辛酉28三	壬戌29四	癸亥30五	甲子31六	乙丑(2)日	丙寅2一	丁卯3二	戊辰4三	己巳5四	庚午6五	辛未7六	壬申8日	癸酉9一	甲戌10二	乙亥11三	丙子12四	丁丑13五	戊寅14六	己卯15日	庚辰16一	辛巳17二	壬戌立春 戊寅雨水
二月大	己卯	天干地支 西曆 星期	壬午18三	癸未19四	甲申20五	乙酉21六	丙戌22日	丁亥23一	戊子24二	己丑25三	庚寅26四	辛卯27五	壬辰28六	癸巳(3)日	甲午2一	乙未3二	丙申4三	丁酉5四	戊戌6五	己亥7六	庚子8日	辛丑9一	壬寅10二	癸卯11三	甲辰12四	乙巳13五	丙午14六	丁未15日	戊申16一	己酉17二	庚戌18三	辛亥19四	癸巳驚蟄 戊申春分
三月小	庚辰	天干地支 西曆 星期	壬子20五	癸丑21六	甲寅22日	乙卯23一	丙辰24二	丁巳25三	戊午26四	己未27五	庚申28六	辛酉29日	壬戌30一	癸亥31二	甲子(4)三	乙丑2四	丙寅3五	丁卯4六	戊辰5日	己巳6一	庚午7二	辛未8三	壬申9四	癸酉10五	甲戌11六	乙亥12日	丙子13一	丁丑14二	戊寅15三	己卯16四	庚辰17五		癸亥清明 戊寅穀雨
四月大	辛巳	天干地支 西曆 星期	辛巳18六	壬午19日	癸未20一	甲申21二	乙酉22三	丙戌23四	丁亥24五	戊子25六	己丑26日	庚寅27一	辛卯28二	壬辰29三	癸巳30四	甲午(5)五	乙未2六	丙申3日	丁酉4一	戊戌5二	己亥6三	庚子7四	辛丑8五	壬寅9六	癸卯10日	甲辰11一	乙巳12二	丙午13三	丁未14四	戊申15五	己酉16六	庚戌17日	甲午立夏 己酉小滿
五月小	壬午	天干地支 西曆 星期	辛亥18一	壬子19二	癸丑20三	甲寅21四	乙卯22五	丙辰23六	丁巳24日	戊午25一	己未26二	庚申27三	辛酉28四	壬戌29五	癸亥30六	甲子31日	乙丑(6)一	丙寅2二	丁卯3三	戊辰4四	己巳5五	庚午6六	辛未7日	壬申8一	癸酉9二	甲戌10三	乙亥11四	丙子12五	丁丑13六	戊寅14日	己卯15一		甲子芒種 己卯夏至
閏五月大	壬午	天干地支 西曆 星期	庚辰16二	辛巳17三	壬午18四	癸未19五	甲申20六	乙酉21日	丙戌22一	丁亥23二	戊子24三	己丑25四	庚寅26五	辛卯27六	壬辰28日	癸巳29一	甲午30二	乙未(7)三	丙申2四	丁酉3五	戊戌4六	己亥5日	庚子6一	辛丑7二	壬寅8三	癸卯9四	甲辰10五	乙巳11六	丙午12日	丁未13一	戊申14二	己酉15三	乙未小暑
六月小	癸未	天干地支 西曆 星期	庚戌16四	辛亥17五	壬子18六	癸丑19日	甲寅20一	乙卯21二	丙辰22三	丁巳23四	戊午24五	己未25六	庚申26日	辛酉27一	壬戌28二	癸亥29三	甲子30四	乙丑31五	丙寅(8)六	丁卯2日	戊辰3一	己巳4二	庚午5三	辛未6四	壬申7五	癸酉8六	甲戌9日	乙亥10一	丙子11二	丁丑12三	戊寅13四		庚戌大暑 乙丑立秋
七月小	甲申	天干地支 西曆 星期	己卯14五	庚辰15六	辛巳16日	壬午17一	癸未18二	甲申19三	乙酉20四	丙戌21五	丁亥22六	戊子23日	己丑24一	庚寅25二	辛卯26三	壬辰27四	癸巳28五	甲午29六	乙未30日	丙申31一	丁酉(9)二	戊戌2三	己亥3四	庚子4五	辛丑5六	壬寅6日	癸卯7一	甲辰8二	乙巳9三	丙午10四	丁未11五		庚辰處暑 乙未白露
八月大	乙酉	天干地支 西曆 星期	戊申12六	己酉13日	庚戌14一	辛亥15二	壬子16三	癸丑17四	甲寅18五	乙卯19六	丙辰20日	丁巳21一	戊午22二	己未23三	庚申24四	辛酉25五	壬戌26六	癸亥27日	甲子28一	乙丑29二	丙寅30三	丁卯(10)四	戊辰2五	己巳3六	庚午4日	辛未5一	壬申6二	癸酉7三	甲戌8四	乙亥9五	丙子10六	丁丑11日	辛亥秋分 丙寅寒露
九月小	丙戌	天干地支 西曆 星期	戊寅12一	己卯13二	庚辰14三	辛巳15四	壬午16五	癸未17六	甲申18日	乙酉19一	丙戌20二	丁亥21三	戊子22四	己丑23五	庚寅24六	辛卯25日	壬辰26一	癸巳27二	甲午28三	乙未29四	丙申30五	丁酉31六	戊戌(11)日	己亥2一	庚子3二	辛丑4三	壬寅5四	癸卯6五	甲辰7六	乙巳8日	丙午9一		辛巳霜降 丙申立冬
十月大	丁亥	天干地支 西曆 星期	丁未10二	戊申11三	己酉12四	庚戌13五	辛亥14六	壬子15日	癸丑16一	甲寅17二	乙卯18三	丙辰19四	丁巳20五	戊午21六	己未22日	庚申23一	辛酉24二	壬戌25三	癸亥26四	甲子27五	乙丑28六	丙寅29日	丁卯30一	戊辰(12)二	己巳2三	庚午3四	辛未4五	壬申5六	癸酉6日	甲戌7一	乙亥8二	丙子9三	壬子小雪 丁卯大雪
十一月小	戊子	天干地支 西曆 星期	丁丑10四	戊寅11五	己卯12六	庚辰13日	辛巳14一	壬午15二	癸未16三	甲申17四	乙酉18五	丙戌19六	丁亥20日	戊子21一	己丑22二	庚寅23三	辛卯24四	壬辰25五	癸巳26六	甲午27日	乙未28一	丙申29二	丁酉30三	戊戌31四	己亥(1)五	庚子2六	辛丑3日	壬寅4一	癸卯5二	甲辰6三	乙巳7四		壬午冬至 丁酉小寒
十二月大	己丑	天干地支 西曆 星期	丙午8五	丁未9六	戊申10日	己酉11一	庚戌12二	辛亥13三	壬子14四	癸丑15五	甲寅16六	乙卯17日	丙辰18一	丁巳19二	戊午20三	己未21四	庚申22五	辛酉23六	壬戌24日	癸亥25一	甲子26二	乙丑27三	丙寅28四	丁卯29五	戊辰30六	己巳31日	庚午(2)一	辛未2二	壬申3三	癸酉4四	甲戌5五	乙亥6六	壬子大寒 戊辰立春

金世宗大定十一年（辛卯 兔年） 公元 1171 ~ 1172 年

夏曆月序		中西曆日對照	夏曆日序																														節氣與天象
			初一	初二	初三	初四	初五	初六	初七	初八	初九	初十	十一	十二	十三	十四	十五	十六	十七	十八	十九	二十	二一	二二	二三	二四	二五	二六	二七	二八	二九	三十	
正月大	庚寅	天干 地支 西曆 星期	丙子 7 日	丁丑 8 一	戊寅 9 二	己卯 10 三	庚辰 11 四	辛巳 12 五	壬午 13 六	癸未 14 日	甲申 15 一	乙酉 16 二	丙戌 17 三	丁亥 18 四	戊子 19 五	己丑 20 六	庚寅 21 日	辛卯 22 一	壬辰 23 二	癸巳 24 三	甲午 25 四	乙未 26 五	丙申 27 六	丁酉 28 日	戊戌 (3) 一	己亥 2 二	庚子 3 三	辛丑 4 四	壬寅 5 五	癸卯 6 六	甲辰 7 日	乙巳 8 一	癸未雨水 戊戌驚蟄
二月小	辛卯	天干 地支 西曆 星期	丙午 9 二	丁未 10 三	戊申 11 四	己酉 12 五	庚戌 13 六	辛亥 14 日	壬子 15 一	癸丑 16 二	甲寅 17 三	乙卯 18 四	丙辰 19 五	丁巳 20 六	戊午 21 日	己未 22 一	庚申 23 二	辛酉 24 三	壬戌 25 四	癸亥 26 五	甲子 27 六	乙丑 28 日	丙寅 29 一	丁卯 30 二	戊辰 31 三	己巳 (4) 四	庚午 2 五	辛未 3 六	壬申 4 日	癸酉 5 一	甲戌 6 二		癸丑春分 戊辰清明
三月大	壬辰	天干 地支 西曆 星期	乙亥 7 三	丙子 8 四	丁丑 9 五	戊寅 10 六	己卯 11 日	庚辰 12 一	辛巳 13 二	壬午 14 三	癸未 15 四	甲申 16 五	乙酉 17 六	丙戌 18 日	丁亥 19 一	戊子 20 二	己丑 21 三	庚寅 22 四	辛卯 23 五	壬辰 24 六	癸巳 25 日	甲午 26 一	乙未 27 二	丙申 28 三	丁酉 29 四	戊戌 30 五	己亥 (5) 六	庚子 2 日	辛丑 3 一	壬寅 4 二	癸卯 5 三	甲辰 6 四	甲申穀雨 己亥立夏
四月大	癸巳	天干 地支 西曆 星期	乙巳 7 五	丙午 8 六	丁未 9 日	戊申 10 一	己酉 11 二	庚戌 12 三	辛亥 13 四	壬子 14 五	癸丑 15 六	甲寅 16 日	乙卯 17 一	丙辰 18 二	丁巳 19 三	戊午 20 四	己未 21 五	庚申 22 六	辛酉 23 日	壬戌 24 一	癸亥 25 二	甲子 26 三	乙丑 27 四	丙寅 28 五	丁卯 29 六	戊辰 30 日	己巳 31 一	庚午 (6) 二	辛未 2 三	壬申 3 四	癸酉 4 五	甲戌 5 六	甲寅小滿 己巳芒種
五月小	甲午	天干 地支 西曆 星期	乙亥 6 日	丙子 7 一	丁丑 8 二	戊寅 9 三	己卯 10 四	庚辰 11 五	辛巳 12 六	壬午 13 日	癸未 14 一	甲申 15 二	乙酉 16 三	丙戌 17 四	丁亥 18 五	戊子 19 六	己丑 20 日	庚寅 21 一	辛卯 22 二	壬辰 23 三	癸巳 24 四	甲午 25 五	乙未 26 六	丙申 27 日	丁酉 28 一	戊戌 29 二	己亥 30 三	庚子 (7) 四	辛丑 2 五	壬寅 3 六	癸卯 4 日		乙酉夏至 庚子小暑
六月大	乙未	天干 地支 西曆 星期	甲辰 5 一	乙巳 6 二	丙午 7 三	丁未 8 四	戊申 9 五	己酉 10 六	庚戌 11 日	辛亥 12 一	壬子 13 二	癸丑 14 三	甲寅 15 四	乙卯 16 五	丙辰 17 六	丁巳 18 日	戊午 19 一	己未 20 二	庚申 21 三	辛酉 22 四	壬戌 23 五	癸亥 24 六	甲子 25 日	乙丑 26 一	丙寅 27 二	丁卯 28 三	戊辰 29 四	己巳 30 五	庚午 31 六	辛未 (8) 日	壬申 2 一	癸酉 3 二	乙卯大暑 庚午立秋
七月小	丙申	天干 地支 西曆 星期	甲戌 4 三	乙亥 5 四	丙子 6 五	丁丑 7 六	戊寅 8 日	己卯 9 一	庚辰 10 二	辛巳 11 三	壬午 12 四	癸未 13 五	甲申 14 六	乙酉 15 日	丙戌 16 一	丁亥 17 二	戊子 18 三	己丑 19 四	庚寅 20 五	辛卯 21 六	壬辰 22 日	癸巳 23 一	甲午 24 二	乙未 25 三	丙申 26 四	丁酉 27 五	戊戌 28 六	己亥 29 日	庚子 30 一	辛丑 31 二	壬寅 (9) 三		乙酉處暑 辛丑白露
八月小	丁酉	天干 地支 西曆 星期	癸卯 2 四	甲辰 3 五	乙巳 4 六	丙午 5 日	丁未 6 一	戊申 7 二	己酉 8 三	庚戌 9 四	辛亥 10 五	壬子 11 六	癸丑 12 日	甲寅 13 一	乙卯 14 二	丙辰 15 三	丁巳 16 四	戊午 17 五	己未 18 六	庚申 19 日	辛酉 20 一	壬戌 21 二	癸亥 22 三	甲子 23 四	乙丑 24 五	丙寅 25 六	丁卯 26 日	戊辰 27 一	己巳 28 二	庚午 29 三	辛未 30 四		丙辰秋分 辛未寒露
九月大	戊戌	天干 地支 西曆 星期	壬申 (10) 五	癸酉 2 六	甲戌 3 日	乙亥 4 一	丙子 5 二	丁丑 6 三	戊寅 7 四	己卯 8 五	庚辰 9 六	辛巳 10 日	壬午 11 一	癸未 12 二	甲申 13 三	乙酉 14 四	丙戌 15 五	丁亥 16 六	戊子 17 日	己丑 18 一	庚寅 19 二	辛卯 20 三	壬辰 21 四	癸巳 22 五	甲午 23 六	乙未 24 日	丙申 25 一	丁酉 26 二	戊戌 27 三	己亥 28 四	庚子 29 五	辛丑 30 六	丙戌霜降
十月小	己亥	天干 地支 西曆 星期	壬寅 31 日	癸卯 (11) 一	甲辰 2 二	乙巳 3 三	丙午 4 四	丁未 5 五	戊申 6 六	己酉 7 日	庚戌 8 一	辛亥 9 二	壬子 10 三	癸丑 11 四	甲寅 12 五	乙卯 13 六	丙辰 14 日	丁巳 15 一	戊午 16 二	己未 17 三	庚申 18 四	辛酉 19 五	壬戌 20 六	癸亥 21 日	甲子 22 一	乙丑 23 二	丙寅 24 三	丁卯 25 四	戊辰 26 五	己巳 27 六	庚午 28 日		壬寅立冬 丁巳小雪
十一月大	庚子	天干 地支 西曆 星期	辛未 29 一	壬申 30 二	癸酉 (12) 三	甲戌 2 四	乙亥 3 五	丙子 4 六	丁丑 5 日	戊寅 6 一	己卯 7 二	庚辰 8 三	辛巳 9 四	壬午 10 五	癸未 11 六	甲申 12 日	乙酉 13 一	丙戌 14 二	丁亥 15 三	戊子 16 四	己丑 17 五	庚寅 18 六	辛卯 19 日	壬辰 20 一	癸巳 21 二	甲午 22 三	乙未 23 四	丙申 24 五	丁酉 25 六	戊戌 26 日	己亥 27 一	庚子 28 二	壬申大雪 丁亥冬至
十二月小	辛丑	天干 地支 西曆 星期	辛丑 29 三	壬寅 30 四	癸卯 31 五	甲辰 (1) 六	乙巳 2 日	丙午 3 一	丁未 4 二	戊申 5 三	己酉 6 四	庚戌 7 五	辛亥 8 六	壬子 9 日	癸丑 10 一	甲寅 11 二	乙卯 12 三	丙辰 13 四	丁巳 14 五	戊午 15 六	己未 16 日	庚申 17 一	辛酉 18 二	壬戌 19 三	癸亥 20 四	甲子 21 五	乙丑 22 六	丙寅 23 日	丁卯 24 一	戊辰 25 二	己巳 26 三		壬寅小寒 戊午大寒

金世宗大定十二年（壬辰 龍年） 公元 1172 ~ 1173 年

夏曆月序		中西曆日對照	夏曆日序																														節氣與天象
		天干地支 西曆星期	初一	初二	初三	初四	初五	初六	初七	初八	初九	初十	十一	十二	十三	十四	十五	十六	十七	十八	十九	二十	二一	二二	二三	二四	二五	二六	二七	二八	二九	三十	
正月大	壬寅	天干地支 西曆星期	庚午27四	辛未28五	壬申29六	癸酉30日	甲戌31一	乙亥(2)二	丙子2三	丁丑3四	戊寅4五	己卯5六	庚辰6日	辛巳7一	壬午8二	癸未9三	甲申10四	乙酉11五	丙戌12六	丁亥13日	戊子14一	己丑15二	庚寅16三	辛卯17四	壬辰18五	癸巳19六	甲午20日	乙未21一	丙申22二	丁酉23三	戊戌24四	己亥25五	癸酉立春 戊子雨水
二月小	癸卯	天干地支 西曆星期	庚子26六	辛丑27日	壬寅28一	癸卯29二	甲辰(3)三	乙巳2四	丙午3五	丁未4六	戊申5日	己酉6一	庚戌7二	辛亥8三	壬子9四	癸丑10五	甲寅11六	乙卯12日	丙辰13一	丁巳14二	戊午15三	己未16四	庚申17五	辛酉18六	壬戌19日	癸亥20一	甲子21二	乙丑22三	丙寅23四	丁卯24五	戊辰25六		癸卯驚蟄 己未春分
三月大	甲辰	天干地支 西曆星期	己巳26日	庚午27一	辛未28二	壬申29三	癸酉30四	甲戌31五	乙亥(4)六	丙子2日	丁丑3一	戊寅4二	己卯5三	庚辰6四	辛巳7五	壬午8六	癸未9日	甲申10一	乙酉11二	丙戌12三	丁亥13四	戊子14五	己丑15六	庚寅16日	辛卯17一	壬辰18二	癸巳19三	甲午20四	乙未21五	丙申22六	丁酉23日	戊戌24一	甲戌清明 己丑穀雨
四月大	乙巳	天干地支 西曆星期	己亥25二	庚子26三	辛丑27四	壬寅28五	癸卯29六	甲辰30日	乙巳(5)一	丙午2二	丁未3三	戊申4四	己酉5五	庚戌6六	辛亥7日	壬子8一	癸丑9二	甲寅10三	乙卯11四	丙辰12五	丁巳13六	戊午14日	己未15一	庚申16二	辛酉17三	壬戌18四	癸亥19五	甲子20六	乙丑21日	丙寅22一	丁卯23二	戊辰24三	甲辰立夏 己未小滿
五月小	丙午	天干地支 西曆星期	己巳25四	庚午26五	辛未27六	壬申28日	癸酉29一	甲戌30二	乙亥31三	丙子(6)四	丁丑2五	戊寅3六	己卯4日	庚辰5一	辛巳6二	壬午7三	癸未8四	甲申9五	乙酉10六	丙戌11日	丁亥12一	戊子13二	己丑14三	庚寅15四	辛卯16五	壬辰17六	癸巳18日	甲午19一	乙未20二	丙申21三	丁酉22四		乙亥芒種 庚寅夏至
六月大	丁未	天干地支 西曆星期	戊戌23五	己亥24六	庚子25日	辛丑26一	壬寅27二	癸卯28三	甲辰29四	乙巳30五	丙午(7)六	丁未2日	戊申3一	己酉4二	庚戌5三	辛亥6四	壬子7五	癸丑8六	甲寅9日	乙卯10一	丙辰11二	丁巳12三	戊午13四	己未14五	庚申15六	辛酉16日	壬戌17一	癸亥18二	甲子19三	乙丑20四	丙寅21五	丁卯22六	乙巳小暑 庚申大暑
七月小	戊申	天干地支 西曆星期	戊辰23日	己巳24一	庚午25二	辛未26三	壬申27四	癸酉28五	甲戌29六	乙亥30日	丙子31一	丁丑(8)二	戊寅2三	己卯3四	庚辰4五	辛巳5六	壬午6日	癸未7一	甲申8二	乙酉9三	丙戌10四	丁亥11五	戊子12六	己丑13日	庚寅14一	辛卯15二	壬辰16三	癸巳17四	甲午18五	乙未19六	丙申20日		乙亥立秋 辛卯處暑
八月大	己酉	天干地支 西曆星期	丁酉21一	戊戌22二	己亥23三	庚子24四	辛丑25五	壬寅26六	癸卯27日	甲辰28一	乙巳29二	丙午30三	丁未31四	戊申(9)五	己酉2六	庚戌3日	辛亥4一	壬子5二	癸丑6三	甲寅7四	乙卯8五	丙辰9六	丁巳10日	戊午11一	己未12二	庚申13三	辛酉14四	壬戌15五	癸亥16六	甲子17日	乙丑18一	丙寅19二	丙午白露 辛酉秋分
九月小	庚戌	天干地支 西曆星期	丁卯20三	戊辰21四	己巳22五	庚午23六	辛未24日	壬申25一	癸酉26二	甲戌27三	乙亥28四	丙子29五	丁丑30六	戊寅(10)日	己卯2一	庚辰3二	辛巳4三	壬午5四	癸未6五	甲申7六	乙酉8日	丙戌9一	丁亥10二	戊子11三	己丑12四	庚寅13五	辛卯14六	壬辰15日	癸巳16一	甲午17二	乙未18三		丙子寒露 壬辰霜降
十月大	辛亥	天干地支 西曆星期	丙申19四	丁酉20五	戊戌21六	己亥22日	庚子23一	辛丑24二	壬寅25三	癸卯26四	甲辰27五	乙巳28六	丙午29日	丁未30一	戊申31二	己酉(11)三	庚戌2四	辛亥3五	壬子4六	癸丑5日	甲寅6一	乙卯7二	丙辰8三	丁巳9四	戊午10五	己未11六	庚申12日	辛酉13一	壬戌14二	癸亥15三	甲子16四	乙丑17五	丁未立冬 壬戌小雪
十一月小	壬子	天干地支 西曆星期	丙寅18六	丁卯19日	戊辰20一	己巳21二	庚午22三	辛未23四	壬申24五	癸酉25六	甲戌26日	乙亥27一	丙子28二	丁丑29三	戊寅30四	己卯(12)五	庚辰2六	辛巳3日	壬午4一	癸未5二	甲申6三	乙酉7四	丙戌8五	丁亥9六	戊子10日	己丑11一	庚寅12二	辛卯13三	壬辰14四	癸巳15五	甲午16六		丁丑大雪 壬辰冬至
十二月大	癸丑	天干地支 西曆星期	乙未17日	丙申18一	丁酉19二	戊戌20三	己亥21四	庚子22五	辛丑23六	壬寅24日	癸卯25一	甲辰26二	乙巳27三	丙午28四	丁未29五	戊申30六	己酉31日	庚戌(1)一	辛亥2二	壬子3三	癸丑4四	甲寅5五	乙卯6六	丙辰7日	丁巳8一	戊午9二	己未10三	庚申11四	辛酉12五	壬戌13六	癸亥14日	甲子15一	戊申小寒 癸亥大寒

金世宗大定十三年（癸巳 蛇年） 公元 1173 ~ 1174 年

夏曆月序		中西曆日對照	夏曆日序																														節氣與天象
			初一	初二	初三	初四	初五	初六	初七	初八	初九	初十	十一	十二	十三	十四	十五	十六	十七	十八	十九	二十	二一	二二	二三	二四	二五	二六	二七	二八	二九	三十	
正月小	甲寅	天干地支 西曆 星期	乙丑 16 二	丙寅 17 三	丁卯 18 四	戊辰 19 五	己巳 20 六	庚午 21 日	辛未 22 一	壬申 23 二	癸酉 24 三	甲戌 25 四	乙亥 26 五	丙子 27 六	丁丑 28 日	戊寅 29 一	己卯 30 二	庚辰 31 三	辛巳 (2) 四	壬午 2 五	癸未 3 六	甲申 4 日	乙酉 5 一	丙戌 6 二	丁亥 7 三	戊子 8 四	己丑 9 五	庚寅 10 六	辛卯 11 日	壬辰 12 一	癸巳 13 二		戊寅立春 癸巳雨水
閏正月大	甲寅	天干地支 西曆 星期	甲午 14 三	乙未 15 四	丙申 16 五	丁酉 17 六	戊戌 18 日	己亥 19 一	庚子 20 二	辛丑 21 三	壬寅 22 四	癸卯 23 五	甲辰 24 六	乙巳 25 日	丙午 26 一	丁未 27 二	戊申 28 三	己酉 (3) 四	庚戌 2 五	辛亥 3 六	壬子 4 日	癸丑 5 一	甲寅 6 二	乙卯 7 三	丙辰 8 四	丁巳 9 五	戊午 10 六	己未 11 日	庚申 12 一	辛酉 13 二	壬戌 14 三	癸亥 15 四	己酉驚蟄
二月小	乙卯	天干地支 西曆 星期	甲子 16 五	乙丑 17 六	丙寅 18 日	丁卯 19 一	戊辰 20 二	己巳 21 三	庚午 22 四	辛未 23 五	壬申 24 六	癸酉 25 日	甲戌 26 一	乙亥 27 二	丙子 28 三	丁丑 29 四	戊寅 30 五	己卯 31 六	庚辰 (4) 日	辛巳 2 一	壬午 3 二	癸未 4 三	甲申 5 四	乙酉 6 五	丙戌 7 六	丁亥 8 日	戊子 9 一	己丑 10 二	庚寅 11 三	辛卯 12 四	壬辰 13 五		甲子春分 己卯清明
三月大	丙辰	天干地支 西曆 星期	癸巳 14 六	甲午 15 日	乙未 16 一	丙申 17 二	丁酉 18 三	戊戌 19 四	己亥 20 五	庚子 21 六	辛丑 22 日	壬寅 23 一	癸卯 24 二	甲辰 25 三	乙巳 26 四	丙午 27 五	丁未 28 六	戊申 29 日	己酉 30 一	庚戌 (5) 二	辛亥 2 三	壬子 3 四	癸丑 4 五	甲寅 5 六	乙卯 6 日	丙辰 7 一	丁巳 8 二	戊午 9 三	己未 10 四	庚申 11 五	辛酉 12 六	壬戌 13 日	甲午穀雨 己酉立夏
四月小	丁巳	天干地支 西曆 星期	癸亥 14 一	甲子 15 二	乙丑 16 三	丙寅 17 四	丁卯 18 五	戊辰 19 六	己巳 20 日	庚午 21 一	辛未 22 二	壬申 23 三	癸酉 24 四	甲戌 25 五	乙亥 26 六	丙子 27 日	丁丑 28 一	戊寅 29 二	己卯 30 三	庚辰 31 四	辛巳 (6) 五	壬午 2 六	癸未 3 日	甲申 4 一	乙酉 5 二	丙戌 6 三	丁亥 7 四	戊子 8 五	己丑 9 六	庚寅 10 日	辛卯 11 一		乙丑小滿 庚辰芒種
五月大	戊午	天干地支 西曆 星期	壬辰 12 二	癸巳 13 三	甲午 14 四	乙未 15 五	丙申 16 六	丁酉 17 日	戊戌 18 一	己亥 19 二	庚子 20 三	辛丑 21 四	壬寅 22 五	癸卯 23 六	甲辰 24 日	乙巳 25 一	丙午 26 二	丁未 27 三	戊申 28 四	己酉 29 五	庚戌 30 六	辛亥 (7) 日	壬子 2 一	癸丑 3 二	甲寅 4 三	乙卯 5 四	丙辰 6 五	丁巳 7 六	戊午 8 日	己未 9 一	庚申 10 二	辛酉 11 三	乙未夏至 庚戌小暑
六月大	己未	天干地支 西曆 星期	壬戌 12 四	癸亥 13 五	甲子 14 六	乙丑 15 日	丙寅 16 一	丁卯 17 二	戊辰 18 三	己巳 19 四	庚午 20 五	辛未 21 六	壬申 22 日	癸酉 23 一	甲戌 24 二	乙亥 25 三	丙子 26 四	丁丑 27 五	戊寅 28 六	己卯 29 日	庚辰 30 一	辛巳 31 二	壬午 (8) 三	癸未 2 四	甲申 3 五	乙酉 4 六	丙戌 5 日	丁亥 6 一	戊子 7 二	己丑 8 三	庚寅 9 四	辛卯 10 五	丙寅大暑 辛巳立秋
七月小	庚申	天干地支 西曆 星期	壬辰 11 六	癸巳 12 日	甲午 13 一	乙未 14 二	丙申 15 三	丁酉 16 四	戊戌 17 五	己亥 18 六	庚子 19 日	辛丑 20 一	壬寅 21 二	癸卯 22 三	甲辰 23 四	乙巳 24 五	丙午 25 六	丁未 26 日	戊申 27 一	己酉 28 二	庚戌 29 三	辛亥 30 四	壬子 31 五	癸丑 (9) 六	甲寅 2 日	乙卯 3 一	丙辰 4 二	丁巳 5 三	戊午 6 四	己未 7 五	庚申 8 六		丙申處暑 辛亥白露
八月大	辛酉	天干地支 西曆 星期	辛酉 9 日	壬戌 10 一	癸亥 11 二	甲子 12 三	乙丑 13 四	丙寅 14 五	丁卯 15 六	戊辰 16 日	己巳 17 一	庚午 18 二	辛未 19 三	壬申 20 四	癸酉 21 五	甲戌 22 六	乙亥 23 日	丙子 24 一	丁丑 25 二	戊寅 26 三	己卯 27 四	庚辰 28 五	辛巳 29 六	壬午 30 日	癸未 (10) 一	甲申 2 二	乙酉 3 三	丙戌 4 四	丁亥 5 五	戊子 6 六	己丑 7 日	庚寅 8 一	丙寅秋分 壬午寒露
九月小	壬戌	天干地支 西曆 星期	辛卯 9 二	壬辰 10 三	癸巳 11 四	甲午 12 五	乙未 13 六	丙申 14 日	丁酉 15 一	戊戌 16 二	己亥 17 三	庚子 18 四	辛丑 19 五	壬寅 20 六	癸卯 21 日	甲辰 22 一	乙巳 23 二	丙午 24 三	丁未 25 四	戊申 26 五	己酉 27 六	庚戌 28 日	辛亥 29 一	壬子 30 二	癸丑 31 三	甲寅 (11) 四	乙卯 2 五	丙辰 3 六	丁巳 4 日	戊午 5 一	己未 6 二		丁酉霜降 壬子立冬
十月大	癸亥	天干地支 西曆 星期	庚申 7 三	辛酉 8 四	壬戌 9 五	癸亥 10 六	甲子 11 日	乙丑 12 一	丙寅 13 二	丁卯 14 三	戊辰 15 四	己巳 16 五	庚午 17 六	辛未 18 日	壬申 19 一	癸酉 20 二	甲戌 21 三	乙亥 22 四	丙子 23 五	丁丑 24 六	戊寅 25 日	己卯 26 一	庚辰 27 二	辛巳 28 三	壬午 29 四	癸未 30 五	甲申 (12) 六	乙酉 2 日	丙戌 3 一	丁亥 4 二	戊子 5 三	己丑 6 四	丁卯小雪 壬午大雪
十一月小	甲子	天干地支 西曆 星期	庚寅 7 五	辛卯 8 六	壬辰 9 日	癸巳 10 一	甲午 11 二	乙未 12 三	丙申 13 四	丁酉 14 五	戊戌 15 六	己亥 16 日	庚子 17 一	辛丑 18 二	壬寅 19 三	癸卯 20 四	甲辰 21 五	乙巳 22 六	丙午 23 日	丁未 24 一	戊申 25 二	己酉 26 三	庚戌 27 四	辛亥 28 五	壬子 29 六	癸丑 30 日	甲寅 31 一	乙卯 (1) 二	丙辰 2 三	丁巳 3 四	戊午 4 五		戊戌冬至 癸丑小寒
十二月大	乙丑	天干地支 西曆 星期	己未 5 六	庚申 6 日	辛酉 7 一	壬戌 8 二	癸亥 9 三	甲子 10 四	乙丑 11 五	丙寅 12 六	丁卯 13 日	戊辰 14 一	己巳 15 二	庚午 16 三	辛未 17 四	壬申 18 五	癸酉 19 六	甲戌 20 日	乙亥 21 一	丙子 22 二	丁丑 23 三	戊寅 24 四	己卯 25 五	庚辰 26 六	辛巳 27 日	壬午 28 一	癸未 29 二	甲申 30 三	乙酉 31 四	丙戌 (2) 五	丁亥 2 六	戊子 3 日	戊辰大寒 癸未立春

金世宗大定十四年（甲午 馬年） 公元 **1174** ~ 1175 年

夏曆月序		中西曆日對照	夏曆日序																													節氣與天象
			初一	初二	初三	初四	初五	初六	初七	初八	初九	初十	十一	十二	十三	十四	十五	十六	十七	十八	十九	二十	二一	二二	二三	二四	二五	二六	二七	二八	二九	三十	
正月小	丙寅	干支 西曆 天地 星期	己丑 4 一	庚寅 5 二	辛卯 6 三	壬辰 7 四	癸巳 8 五	甲午 9 六	乙未 10 日	丙申 11 一	丁酉 12 二	戊戌 13 三	己亥 14 四	庚子 15 五	辛丑 16 六	壬寅 17 日	癸卯 18 一	甲辰 19 二	乙巳 20 三	丙午 21 四	丁未 22 五	戊申 23 六	己酉 24 日	庚戌 25 一	辛亥 26 二	壬子 27 三	癸丑 28 四	甲寅 (3) 五	乙卯 2 六	丙辰 3 日	丁巳 4 一		己亥雨水 甲寅驚蟄
二月大	丁卯	干支 西曆 天地 星期	戊午 5 二	己未 6 三	庚申 7 四	辛酉 8 五	壬戌 9 六	癸亥 10 日	甲子 11 一	乙丑 12 二	丙寅 13 三	丁卯 14 四	戊辰 15 五	己巳 16 六	庚午 17 日	辛未 18 一	壬申 19 二	癸酉 20 三	甲戌 21 四	乙亥 22 五	丙子 23 六	丁丑 24 日	戊寅 25 一	己卯 26 二	庚辰 27 三	辛巳 28 四	壬午 29 五	癸未 30 六	甲申 31 日	乙酉 (4) 一	丙戌 2 二	丁亥 3 三	己巳春分 甲申清明
三月小	戊辰	干支 西曆 天地 星期	戊子 4 四	己丑 5 五	庚寅 6 六	辛卯 7 日	壬辰 8 一	癸巳 9 二	甲午 10 三	乙未 11 四	丙申 12 五	丁酉 13 六	戊戌 14 日	己亥 15 一	庚子 16 二	辛丑 17 三	壬寅 18 四	癸卯 19 五	甲辰 20 六	乙巳 21 日	丙午 22 一	丁未 23 二	戊申 24 三	己酉 25 四	庚戌 26 五	辛亥 27 六	壬子 28 日	癸丑 29 一	甲寅 30 二	乙卯 (5) 三	丙辰 2 四		己亥穀雨 乙卯立夏
四月小	己巳	干支 西曆 天地 星期	丁巳 3 五	戊午 4 六	己未 5 日	庚申 6 一	辛酉 7 二	壬戌 8 三	癸亥 9 四	甲子 10 五	乙丑 11 六	丙寅 12 日	丁卯 13 一	戊辰 14 二	己巳 15 三	庚午 16 四	辛未 17 五	壬申 18 六	癸酉 19 日	甲戌 20 一	乙亥 21 二	丙子 22 三	丁丑 23 四	戊寅 24 五	己卯 25 六	庚辰 26 日	辛巳 27 一	壬午 28 二	癸未 29 三	甲申 30 四	乙酉 31 五		庚午小滿 乙酉芒種
五月大	庚午	干支 西曆 天地 星期	丙戌 (6) 六	丁亥 2 日	戊子 3 一	己丑 4 二	庚寅 5 三	辛卯 6 四	壬辰 7 五	癸巳 8 六	甲午 9 日	乙未 10 一	丙申 11 二	丁酉 12 三	戊戌 13 四	己亥 14 五	庚子 15 六	辛丑 16 日	壬寅 17 一	癸卯 18 二	甲辰 19 三	乙巳 20 四	丙午 21 五	丁未 22 六	戊申 23 日	己酉 24 一	庚戌 25 二	辛亥 26 三	壬子 27 四	癸丑 28 五	甲寅 29 六	乙卯 30 日	庚子夏至
六月大	辛未	干支 西曆 天地 星期	丙辰 (7) 一	丁巳 2 二	戊午 3 三	己未 4 四	庚申 5 五	辛酉 6 六	壬戌 7 日	癸亥 8 一	甲子 9 二	乙丑 10 三	丙寅 11 四	丁卯 12 五	戊辰 13 六	己巳 14 日	庚午 15 一	辛未 16 二	壬申 17 三	癸酉 18 四	甲戌 19 五	乙亥 20 六	丙子 21 日	丁丑 22 一	戊寅 23 二	己卯 24 三	庚辰 25 四	辛巳 26 五	壬午 27 六	癸未 28 日	甲申 29 一	乙酉 30 二	丙辰小暑 辛未大暑
七月小	壬申	干支 西曆 天地 星期	丙戌 31 三	丁亥 (8) 四	戊子 2 五	己丑 3 六	庚寅 4 日	辛卯 5 一	壬辰 6 二	癸巳 7 三	甲午 8 四	乙未 9 五	丙申 10 六	丁酉 11 日	戊戌 12 一	己亥 13 二	庚子 14 三	辛丑 15 四	壬寅 16 五	癸卯 17 六	甲辰 18 日	乙巳 19 一	丙午 20 二	丁未 21 三	戊申 22 四	己酉 23 五	庚戌 24 六	辛亥 25 日	壬子 26 一	癸丑 27 二	甲寅 28 三		丙戌立秋 辛丑處暑
八月大	癸酉	干支 西曆 天地 星期	乙卯 29 四	丙辰 30 五	丁巳 31 六	戊午 (9) 日	己未 2 一	庚申 3 二	辛酉 4 三	壬戌 5 四	癸亥 6 五	甲子 7 六	乙丑 8 日	丙寅 9 一	丁卯 10 二	戊辰 11 三	己巳 12 四	庚午 13 五	辛未 14 六	壬申 15 日	癸酉 16 一	甲戌 17 二	乙亥 18 三	丙子 19 四	丁丑 20 五	戊寅 21 六	己卯 22 日	庚辰 23 一	辛巳 24 二	壬午 25 三	癸未 26 四	甲申 27 五	丙辰白露 壬申秋分
九月大	甲戌	干支 西曆 天地 星期	乙酉 28 六	丙戌 29 日	丁亥 30 一	戊子 (10) 二	己丑 2 三	庚寅 3 四	辛卯 4 五	壬辰 5 六	癸巳 6 日	甲午 7 一	乙未 8 二	丙申 9 三	丁酉 10 四	戊戌 11 五	己亥 12 六	庚子 13 日	辛丑 14 一	壬寅 15 二	癸卯 16 三	甲辰 17 四	乙巳 18 五	丙午 19 六	丁未 20 日	戊申 21 一	己酉 22 二	庚戌 23 三	辛亥 24 四	壬子 25 五	癸丑 26 六	甲寅 27 日	丁亥寒露 壬寅霜降
十月小	乙亥	干支 西曆 天地 星期	乙卯 28 一	丙辰 29 二	丁巳 30 三	戊午 31 四	己未 (11) 五	庚申 2 六	辛酉 3 日	壬戌 4 一	癸亥 5 二	甲子 6 三	乙丑 7 四	丙寅 8 五	丁卯 9 六	戊辰 10 日	己巳 11 一	庚午 12 二	辛未 13 三	壬申 14 四	癸酉 15 五	甲戌 16 六	乙亥 17 日	丙子 18 一	丁丑 19 二	戊寅 20 三	己卯 21 四	庚辰 22 五	辛巳 23 六	壬午 24 日	癸未 25 一		丁巳立冬 壬申小雪
十一月大	丙子	干支 西曆 天地 星期	甲申 26 二	乙酉 27 三	丙戌 28 四	丁亥 29 五	戊子 30 六	己丑 (12) 日	庚寅 2 一	辛卯 3 二	壬辰 4 三	癸巳 5 四	甲午 6 五	乙未 7 六	丙申 8 日	丁酉 9 一	戊戌 10 二	己亥 11 三	庚子 12 四	辛丑 13 五	壬寅 14 六	癸卯 15 日	甲辰 16 一	乙巳 17 二	丙午 18 三	丁未 19 四	戊申 20 五	己酉 21 六	庚戌 22 日	辛亥 23 一	壬子 24 二	癸丑 25 三	戊子大雪 癸卯冬至
十二月大	丁丑	干支 西曆 天地 星期	甲寅 26 四	乙卯 27 五	丙辰 28 六	丁巳 29 日	戊午 30 一	己未 31 二	庚申 (1) 三	辛酉 2 四	壬戌 3 五	癸亥 4 六	甲子 5 日	乙丑 6 一	丙寅 7 二	丁卯 8 三	戊辰 9 四	己巳 10 五	庚午 11 六	辛未 12 日	壬申 13 一	癸酉 14 二	甲戌 15 三	乙亥 16 四	丙子 17 五	丁丑 18 六	戊寅 19 日	己卯 20 一	庚辰 21 二	辛巳 22 三	壬午 23 四	癸未 24 五	戊午小寒 癸酉大寒

金世宗大定十五年（乙未 羊年） 公元 1175 ~ 1176 年

夏曆月序		中西曆日對照	初一	初二	初三	初四	初五	初六	初七	初八	初九	初十	十一	十二	十三	十四	十五	十六	十七	十八	十九	二十	二一	二二	二三	二四	二五	二六	二七	二八	二九	三十	節氣與天象
正月小	戊寅	天干地支 西曆星期	甲申25六	乙酉26日	丙戌27一	丁亥28二	戊子29三	己丑30四	庚寅31五	辛卯(2)六	壬辰2日	癸巳3一	甲午4二	乙未5三	丙申6四	丁酉7五	戊戌8六	己亥9日	庚子10一	辛丑11二	壬寅12三	癸卯13四	甲辰14五	乙巳15六	丙午16日	丁未17一	戊申18二	己酉19三	庚戌20四	辛亥21五	壬子22六		己丑立春 甲辰雨水
二月小	己卯	天干地支 西曆星期	癸丑23日	甲寅24一	乙卯25二	丙辰26三	丁巳27四	戊午28五	己未(3)六	庚申2日	辛酉3一	壬戌4二	癸亥5三	甲子6四	乙丑7五	丙寅8六	丁卯9日	戊辰10一	己巳11二	庚午12三	辛未13四	壬申14五	癸酉15六	甲戌16日	乙亥17一	丙子18二	丁丑19三	戊寅20四	己卯21五	庚辰22六	辛巳23日		己未驚蟄 甲戌春分
三月大	庚辰	天干地支 西曆星期	壬午24一	癸未25二	甲申26三	乙酉27四	丙戌28五	丁亥29六	戊子30日	己丑31一	庚寅(4)二	辛卯2三	壬辰3四	癸巳4五	甲午5六	乙未6日	丙申7一	丁酉8二	戊戌9三	己亥10四	庚子11五	辛丑12六	壬寅13日	癸卯14一	甲辰15二	乙巳16三	丙午17四	丁未18五	戊申19六	己酉20日	庚戌21一	辛亥22二	己丑清明 乙巳穀雨
四月小	辛巳	天干地支 西曆星期	壬子23三	癸丑24四	甲寅25五	乙卯26六	丙辰27日	丁巳28一	戊午29二	己未30三	庚申(5)四	辛酉2五	壬戌3六	癸亥4日	甲子5一	乙丑6二	丙寅7三	丁卯8四	戊辰9五	己巳10六	庚午11日	辛未12一	壬申13二	癸酉14三	甲戌15四	乙亥16五	丙子17六	丁丑18日	戊寅19一	己卯20二	庚辰21三		庚申立夏 乙亥小滿
五月小	壬午	天干地支 西曆星期	辛巳22四	壬午23五	癸未24六	甲申25日	乙酉26一	丙戌27二	丁亥28三	戊子29四	己丑30五	庚寅31六	辛卯(6)日	壬辰2一	癸巳3二	甲午4三	乙未5四	丙申6五	丁酉7六	戊戌8日	己亥9一	庚子10二	辛丑11三	壬寅12四	癸卯13五	甲辰14六	乙巳15日	丙午16一	丁未17二	戊申18三	己酉19四		庚寅芒種 丙午夏至
六月大	癸未	天干地支 西曆星期	庚戌20五	辛亥21六	壬子22日	癸丑23一	甲寅24二	乙卯25三	丙辰26四	丁巳27五	戊午28六	己未29日	庚申30一	辛酉(7)二	壬戌2三	癸亥3四	甲子4五	乙丑5六	丙寅6日	丁卯7一	戊辰8二	己巳9三	庚午10四	辛未11五	壬申12六	癸酉13日	甲戌14一	乙亥15二	丙子16三	丁丑17四	戊寅18五	己卯19六	辛酉小暑 丙子大暑
七月小	甲申	天干地支 西曆星期	庚辰20日	辛巳21一	壬午22二	癸未23三	甲申24四	乙酉25五	丙戌26六	丁亥27日	戊子28一	己丑29二	庚寅30三	辛卯31四	壬辰(8)五	癸巳2六	甲午3日	乙未4一	丙申5二	丁酉6三	戊戌7四	己亥8五	庚子9六	辛丑10日	壬寅11一	癸卯12二	甲辰13三	乙巳14四	丙午15五	丁未16六	戊申17日		辛卯立秋 丙午處暑
八月大	乙酉	天干地支 西曆星期	己酉18一	庚戌19二	辛亥20三	壬子21四	癸丑22五	甲寅23六	乙卯24日	丙辰25一	丁巳26二	戊午27三	己未28四	庚申29五	辛酉30六	壬戌31日	癸亥(9)一	甲子2二	乙丑3三	丙寅4四	丁卯5五	戊辰6六	己巳7日	庚午8一	辛未9二	壬申10三	癸酉11四	甲戌12五	乙亥13六	丙子14日	丁丑15一	戊寅16二	壬戌白露 丁丑秋分
九月大	丙戌	天干地支 西曆星期	己卯17三	庚辰18四	辛巳19五	壬午20六	癸未21日	甲申22一	乙酉23二	丙戌24三	丁亥25四	戊子26五	己丑27六	庚寅28日	辛卯29一	壬辰30二	癸巳(10)三	甲午2四	乙未3五	丙申4六	丁酉5日	戊戌6一	己亥7二	庚子8三	辛丑9四	壬寅10五	癸卯11六	甲辰12日	乙巳13一	丙午14二	丁未15三	戊申16四	壬辰寒露 丁未霜降
閏九月小	丙戌	天干地支 西曆星期	己酉17五	庚戌18六	辛亥19日	壬子20一	癸丑21二	甲寅22三	乙卯23四	丙辰24五	丁巳25六	戊午26日	己未27一	庚申28二	辛酉29三	壬戌30四	癸亥31五	甲子(11)六	乙丑2日	丙寅3一	丁卯4二	戊辰5三	己巳6四	庚午7五	辛未8六	壬申9日	癸酉10一	甲戌11二	乙亥12三	丙子13四	丁丑14五		癸亥立冬
十月大	丁亥	天干地支 西曆星期	戊寅15六	己卯16日	庚辰17一	辛巳18二	壬午19三	癸未20四	甲申21五	乙酉22六	丙戌23日	丁亥24一	戊子25二	己丑26三	庚寅27四	辛卯28五	壬辰29六	癸巳30日	甲午(12)一	乙未2二	丙申3三	丁酉4四	戊戌5五	己亥6六	庚子7日	辛丑8一	壬寅9二	癸卯10三	甲辰11四	乙巳12五	丙午13六	丁未14日	戊寅小雪 癸巳大雪
十一月大	戊子	天干地支 西曆星期	戊申15一	己酉16二	庚戌17三	辛亥18四	壬子19五	癸丑20六	甲寅21日	乙卯22一	丙辰23二	丁巳24三	戊午25四	己未26五	庚申27六	辛酉28日	壬戌29一	癸亥30二	甲子31三	乙丑(1)四	丙寅2五	丁卯3六	戊辰4日	己巳5一	庚午6二	辛未7三	壬申8四	癸酉9五	甲戌10六	乙亥11日	丙子12一	丁丑13二	戊申冬至 癸亥小寒
十二月大	己丑	天干地支 西曆星期	戊寅14三	己卯15四	庚辰16五	辛巳17六	壬午18日	癸未19一	甲申20二	乙酉21三	丙戌22四	丁亥23五	戊子24六	己丑25日	庚寅26一	辛卯27二	壬辰28三	癸巳29四	甲午30五	乙未31六	丙申(2)日	丁酉2一	戊戌3二	己亥4三	庚子5四	辛丑6五	壬寅7六	癸卯8日	甲辰9一	乙巳10二	丙午11三	丁未12四	己卯大寒 甲午立春

金世宗大定十六年（丙申 猴年） 公元 1176～1177 年

夏曆月序		中西曆日對照	夏曆日序																													節氣與天象
			初一	初二	初三	初四	初五	初六	初七	初八	初九	初十	十一	十二	十三	十四	十五	十六	十七	十八	十九	二十	二一	二二	二三	二四	二五	二六	二七	二八	二九	三十	
正月小	庚寅	天干地支 西曆 星期	戊申 13 五	己酉 14 六	庚戌 15 日	辛亥 16 一	壬子 17 二	癸丑 18 三	甲寅 19 四	乙卯 20 五	丙辰 21 六	丁巳 22 日	戊午 23 一	己未 24 二	庚申 25 三	辛酉 26 四	壬戌 27 五	癸亥 28 六	甲子 29 日	乙丑 (3) 一	丙寅 2 二	丁卯 3 三	戊辰 4 四	己巳 5 五	庚午 6 六	辛未 7 日	壬申 8 一	癸酉 9 二	甲戌 10 三	乙亥 11 四	丙子 12 五		己酉雨水 甲子驚蟄
二月小	辛卯	天干地支 西曆 星期	丁丑 13 六	戊寅 14 日	己卯 15 一	庚辰 16 二	辛巳 17 三	壬午 18 四	癸未 19 五	甲申 20 六	乙酉 21 日	丙戌 22 一	丁亥 23 二	戊子 24 三	己丑 25 四	庚寅 26 五	辛卯 27 六	壬辰 28 日	癸巳 29 一	甲午 30 二	乙未 31 三	丙申 (4) 四	丁酉 2 五	戊戌 3 六	己亥 4 日	庚子 5 一	辛丑 6 二	壬寅 7 三	癸卯 8 四	甲辰 9 五	乙巳 10 六		己卯春分 乙未清明
三月大	壬辰	天干地支 西曆 星期	丙午 11 日	丁未 12 一	戊申 13 二	己酉 14 三	庚戌 15 四	辛亥 16 五	壬子 17 六	癸丑 18 日	甲寅 19 一	乙卯 20 二	丙辰 21 三	丁巳 22 四	戊午 23 五	己未 24 六	庚申 25 日	辛酉 26 一	壬戌 27 二	癸亥 28 三	甲子 29 四	乙丑 30 五	丙寅 (5) 六	丁卯 2 日	戊辰 3 一	己巳 4 二	庚午 5 三	辛未 6 四	壬申 7 五	癸酉 8 六	甲戌 9 日	乙亥 10 一	庚戌穀雨 乙丑立夏
四月小	癸巳	天干地支 西曆 星期	丙子 11 二	丁丑 12 三	戊寅 13 四	己卯 14 五	庚辰 15 六	辛巳 16 日	壬午 17 一	癸未 18 二	甲申 19 三	乙酉 20 四	丙戌 21 五	丁亥 22 六	戊子 23 日	己丑 24 一	庚寅 25 二	辛卯 26 三	壬辰 27 四	癸巳 28 五	甲午 29 六	乙未 30 日	丙申 31 一	丁酉 (6) 二	戊戌 2 三	己亥 3 四	庚子 4 五	辛丑 5 六	壬寅 6 日	癸卯 7 一	甲辰 8 二		庚辰小滿 丙申芒種
五月小	甲午	天干地支 西曆 星期	乙巳 9 三	丙午 10 四	丁未 11 五	戊申 12 六	己酉 13 日	庚戌 14 一	辛亥 15 二	壬子 16 三	癸丑 17 四	甲寅 18 五	乙卯 19 六	丙辰 20 日	丁巳 21 一	戊午 22 二	己未 23 三	庚申 24 四	辛酉 25 五	壬戌 26 六	癸亥 27 日	甲子 28 一	乙丑 29 二	丙寅 30 三	丁卯 (7) 四	戊辰 2 五	己巳 3 六	庚午 4 日	辛未 5 一	壬申 6 二	癸酉 7 三		辛亥夏至 丙寅小暑
六月大	乙未	天干地支 西曆 星期	甲戌 8 四	乙亥 9 五	丙子 10 六	丁丑 11 日	戊寅 12 一	己卯 13 二	庚辰 14 三	辛巳 15 四	壬午 16 五	癸未 17 六	甲申 18 日	乙酉 19 一	丙戌 20 二	丁亥 21 三	戊子 22 四	己丑 23 五	庚寅 24 六	辛卯 25 日	壬辰 26 一	癸巳 27 二	甲午 28 三	乙未 29 四	丙申 30 五	丁酉 31 六	戊戌 (8) 日	己亥 2 一	庚子 3 二	辛丑 4 三	壬寅 5 四	癸卯 6 五	辛巳大暑 丙申立秋
七月小	丙申	天干地支 西曆 星期	甲辰 7 六	乙巳 8 日	丙午 9 一	丁未 10 二	戊申 11 三	己酉 12 四	庚戌 13 五	辛亥 14 六	壬子 15 日	癸丑 16 一	甲寅 17 二	乙卯 18 三	丙辰 19 四	丁巳 20 五	戊午 21 六	己未 22 日	庚申 23 一	辛酉 24 二	壬戌 25 三	癸亥 26 四	甲子 27 五	乙丑 28 六	丙寅 29 日	丁卯 30 一	戊辰 31 二	己巳 (9) 三	庚午 2 四	辛未 3 五	壬申 4 六		壬子處暑 丁卯白露
八月大	丁酉	天干地支 西曆 星期	癸酉 5 日	甲戌 6 一	乙亥 7 二	丙子 8 三	丁丑 9 四	戊寅 10 五	己卯 11 六	庚辰 12 日	辛巳 13 一	壬午 14 二	癸未 15 三	甲申 16 四	乙酉 17 五	丙戌 18 六	丁亥 19 日	戊子 20 一	己丑 21 二	庚寅 22 三	辛卯 23 四	壬辰 24 五	癸巳 25 六	甲午 26 日	乙未 27 一	丙申 28 二	丁酉 29 三	戊戌 30 四	己亥 (10) 五	庚子 2 六	辛丑 3 日	壬寅 4 一	壬午秋分 丁酉寒露
九月小	戊戌	天干地支 西曆 星期	癸卯 5 二	甲辰 6 三	乙巳 7 四	丙午 8 五	丁未 9 六	戊申 10 日	己酉 11 一	庚戌 12 二	辛亥 13 三	壬子 14 四	癸丑 15 五	甲寅 16 六	乙卯 17 日	丙辰 18 一	丁巳 19 二	戊午 20 三	己未 21 四	庚申 22 五	辛酉 23 六	壬戌 24 日	癸亥 25 一	甲子 26 二	乙丑 27 三	丙寅 28 四	丁卯 29 五	戊辰 30 六	己巳 31 日	庚午 (11) 一	辛未 2 二		癸丑霜降 戊辰立冬
十月大	己亥	天干地支 西曆 星期	壬申 3 三	癸酉 4 四	甲戌 5 五	乙亥 6 六	丙子 7 日	丁丑 8 一	戊寅 9 二	己卯 10 三	庚辰 11 四	辛巳 12 五	壬午 13 六	癸未 14 日	甲申 15 一	乙酉 16 二	丙戌 17 三	丁亥 18 四	戊子 19 五	己丑 20 六	庚寅 21 日	辛卯 22 一	壬辰 23 二	癸巳 24 三	甲午 25 四	乙未 26 五	丙申 27 六	丁酉 28 日	戊戌 29 一	己亥 30 二	庚子 (12) 三	辛丑 2 四	癸未小雪 戊戌大雪
十一月大	庚子	天干地支 西曆 星期	壬寅 3 五	癸卯 4 六	甲辰 5 日	乙巳 6 一	丙午 7 二	丁未 8 三	戊申 9 四	己酉 10 五	庚戌 11 六	辛亥 12 日	壬子 13 一	癸丑 14 二	甲寅 15 三	乙卯 16 四	丙辰 17 五	丁巳 18 六	戊午 19 日	己未 20 一	庚申 21 二	辛酉 22 三	壬戌 23 四	癸亥 24 五	甲子 25 六	乙丑 26 日	丙寅 27 一	丁卯 28 二	戊辰 29 三	己巳 30 四	庚午 31 五	辛未 (1) 六	癸丑冬至 己巳小寒
十二月大	辛丑	天干地支 西曆 星期	壬申 2 日	癸酉 3 一	甲戌 4 二	乙亥 5 三	丙子 6 四	丁丑 7 五	戊寅 8 六	己卯 9 日	庚辰 10 一	辛巳 11 二	壬午 12 三	癸未 13 四	甲申 14 五	乙酉 15 六	丙戌 16 日	丁亥 17 一	戊子 18 二	己丑 19 三	庚寅 20 四	辛卯 21 五	壬辰 22 六	癸巳 23 日	甲午 24 一	乙未 25 二	丙申 26 三	丁酉 27 四	戊戌 28 五	己亥 29 六	庚子 30 日	辛丑 31 一	甲申大寒 己亥立春

金世宗大定十七年（丁酉 鷄年） 公元 1177～1178 年

夏曆月序		中西曆日對照	初一	初二	初三	初四	初五	初六	初七	初八	初九	初十	十一	十二	十三	十四	十五	十六	十七	十八	十九	二十	二一	二二	二三	二四	二五	二六	二七	二八	二九	三十	節氣與天象
正月小	壬寅	天干地支 西曆 星期	壬寅 (2) 二	癸卯 2 三	甲辰 3 四	乙巳 4 五	丙午 5 六	丁未 6 日	戊申 7 一	己酉 8 二	庚戌 9 三	辛亥 10 四	壬子 11 五	癸丑 12 六	甲寅 13 日	乙卯 14 一	丙辰 15 二	丁巳 16 三	戊午 17 四	己未 18 五	庚申 19 六	辛酉 20 日	壬戌 21 一	癸亥 22 二	甲子 23 三	乙丑 24 四	丙寅 25 五	丁卯 26 六	戊辰 27 日	己巳 28 一	庚午 (3) 二		甲寅雨水 庚午驚蟄
二月大	癸卯	天干地支 西曆 星期	辛未 2 三	壬申 3 四	癸酉 4 五	甲戌 5 六	乙亥 6 日	丙子 7 一	丁丑 8 二	戊寅 9 三	己卯 10 四	庚辰 11 五	辛巳 12 六	壬午 13 日	癸未 14 一	甲申 15 二	乙酉 16 三	丙戌 17 四	丁亥 18 五	戊子 19 六	己丑 20 日	庚寅 21 一	辛卯 22 二	壬辰 23 三	癸巳 24 四	甲午 25 五	乙未 26 六	丙申 27 日	丁酉 28 一	戊戌 29 二	己亥 30 三	庚子 31 四	乙酉春分 庚子清明
三月小	甲辰	天干地支 西曆 星期	辛丑 (4) 五	壬寅 2 六	癸卯 3 日	甲辰 4 一	乙巳 5 二	丙午 6 三	丁未 7 四	戊申 8 五	己酉 9 六	庚戌 10 日	辛亥 11 一	壬子 12 二	癸丑 13 三	甲寅 14 四	乙卯 15 五	丙辰 16 六	丁巳 17 日	戊午 18 一	己未 19 二	庚申 20 三	辛酉 21 四	壬戌 22 五	癸亥 23 六	甲子 24 日	乙丑 25 一	丙寅 26 二	丁卯 27 三	戊辰 28 四	己巳 29 五		乙卯穀雨
四月大	乙巳	天干地支 西曆 星期	庚午 30 六	辛未 (5) 日	壬申 2 一	癸酉 3 二	甲戌 4 三	乙亥 5 四	丙子 6 五	丁丑 7 六	戊寅 8 日	己卯 9 一	庚辰 10 二	辛巳 11 三	壬午 12 四	癸未 13 五	甲申 14 六	乙酉 15 日	丙戌 16 一	丁亥 17 二	戊子 18 三	己丑 19 四	庚寅 20 五	辛卯 21 六	壬辰 22 日	癸巳 23 一	甲午 24 二	乙未 25 三	丙申 26 四	丁酉 27 五	戊戌 28 六	己亥 29 日	庚午立夏 丙戌小滿
五月小	丙午	天干地支 西曆 星期	庚子 30 一	辛丑 31 二	壬寅 (6) 三	癸卯 2 四	甲辰 3 五	乙巳 4 六	丙午 5 日	丁未 6 一	戊申 7 二	己酉 8 三	庚戌 9 四	辛亥 10 五	壬子 11 六	癸丑 12 日	甲寅 13 一	乙卯 14 二	丙辰 15 三	丁巳 16 四	戊午 17 五	己未 18 六	庚申 19 日	辛酉 20 一	壬戌 21 二	癸亥 22 三	甲子 23 四	乙丑 24 五	丙寅 25 六	丁卯 26 日	戊辰 27 一		辛丑芒種 丙辰夏至
六月小	丁未	天干地支 西曆 星期	己巳 28 二	庚午 29 三	辛未 30 四	壬申 (7) 五	癸酉 2 六	甲戌 3 日	乙亥 4 一	丙子 5 二	丁丑 6 三	戊寅 7 四	己卯 8 五	庚辰 9 六	辛巳 10 日	壬午 11 一	癸未 12 二	甲申 13 三	乙酉 14 四	丙戌 15 五	丁亥 16 六	戊子 17 日	己丑 18 一	庚寅 19 二	辛卯 20 三	壬辰 21 四	癸巳 22 五	甲午 23 六	乙未 24 日	丙申 25 一	丁酉 26 二		辛未小暑 丙戌大暑
七月大	戊申	天干地支 西曆 星期	戊戌 27 三	己亥 28 四	庚子 29 五	辛丑 30 六	壬寅 31 日	癸卯 (8) 一	甲辰 2 二	乙巳 3 三	丙午 4 四	丁未 5 五	戊申 6 六	己酉 7 日	庚戌 8 一	辛亥 9 二	壬子 10 三	癸丑 11 四	甲寅 12 五	乙卯 13 六	丙辰 14 日	丁巳 15 一	戊午 16 二	己未 17 三	庚申 18 四	辛酉 19 五	壬戌 20 六	癸亥 21 日	甲子 22 一	乙丑 23 二	丙寅 24 三	丁卯 25 四	壬寅立秋 丁巳處暑
八月小	己酉	天干地支 西曆 星期	戊辰 26 五	己巳 27 六	庚午 28 日	辛未 29 一	壬申 30 二	癸酉 31 三	甲戌 (9) 四	乙亥 2 五	丙子 3 六	丁丑 4 日	戊寅 5 一	己卯 6 二	庚辰 7 三	辛巳 8 四	壬午 9 五	癸未 10 六	甲申 11 日	乙酉 12 一	丙戌 13 二	丁亥 14 三	戊子 15 四	己丑 16 五	庚寅 17 六	辛卯 18 日	壬辰 19 一	癸巳 20 二	甲午 21 三	乙未 22 四	丙申 23 五		壬申白露 丁亥秋分
九月大	庚戌	天干地支 西曆 星期	丁酉 24 六	戊戌 25 日	己亥 26 一	庚子 27 二	辛丑 28 三	壬寅 29 四	癸卯 30 五	甲辰 (10) 六	乙巳 2 日	丙午 3 一	丁未 4 二	戊申 5 三	己酉 6 四	庚戌 7 五	辛亥 8 六	壬子 9 日	癸丑 10 一	甲寅 11 二	乙卯 12 三	丙辰 13 四	丁巳 14 五	戊午 15 六	己未 16 日	庚申 17 一	辛酉 18 二	壬戌 19 三	癸亥 20 四	甲子 21 五	乙丑 22 六	丙寅 23 日	癸卯寒露 戊午霜降
十月小	辛亥	天干地支 西曆 星期	丁卯 24 一	戊辰 25 二	己巳 26 三	庚午 27 四	辛未 28 五	壬申 29 六	癸酉 30 日	甲戌 31 一	乙亥 (11) 二	丙子 2 三	丁丑 3 四	戊寅 4 五	己卯 5 六	庚辰 6 日	辛巳 7 一	壬午 8 二	癸未 9 三	甲申 10 四	乙酉 11 五	丙戌 12 六	丁亥 13 日	戊子 14 一	己丑 15 二	庚寅 16 三	辛卯 17 四	壬辰 18 五	癸巳 19 六	甲午 20 日	乙未 21 一		癸酉立冬 戊子小雪
十一月大	壬子	天干地支 西曆 星期	丙申 22 二	丁酉 23 三	戊戌 24 四	己亥 25 五	庚子 26 六	辛丑 27 日	壬寅 28 一	癸卯 29 二	甲辰 30 三	乙巳 (12) 四	丙午 2 五	丁未 3 六	戊申 4 日	己酉 5 一	庚戌 6 二	辛亥 7 三	壬子 8 四	癸丑 9 五	甲寅 10 六	乙卯 11 日	丙辰 12 一	丁巳 13 二	戊午 14 三	己未 15 四	庚申 16 五	辛酉 17 六	壬戌 18 日	癸亥 19 一	甲子 20 二	乙丑 21 三	癸卯大雪 己未冬至
十二月大	癸丑	天干地支 西曆 星期	丙寅 22 四	丁卯 23 五	戊辰 24 六	己巳 25 日	庚午 26 一	辛未 27 二	壬申 28 三	癸酉 29 四	甲戌 30 五	乙亥 31 六	丙子 (1) 日	丁丑 2 一	戊寅 3 二	己卯 4 三	庚辰 5 四	辛巳 6 五	壬午 7 六	癸未 8 日	甲申 9 一	乙酉 10 二	丙戌 11 三	丁亥 12 四	戊子 13 五	己丑 14 六	庚寅 15 日	辛卯 16 一	壬辰 17 二	癸巳 18 三	甲午 19 四	乙未 20 五	甲戌小寒 己丑大寒

金世宗大定十八年（戊戌 狗年）公元 1178 ~ 1179 年

夏曆月序		中西曆日對照	初一	初二	初三	初四	初五	初六	初七	初八	初九	初十	十一	十二	十三	十四	十五	十六	十七	十八	十九	二十	二一	二二	二三	二四	二五	二六	二七	二八	二九	三十	節氣與天象
正月大	甲寅	天干地支西曆星期	丙申21六	丁酉22日	戊戌23一	己亥24二	庚子25三	辛丑26四	壬寅27五	癸卯28六	甲辰29日	乙巳30一	丙午31二	丁未(2)三	戊申2四	己酉3五	庚戌4六	辛亥5日	壬子6一	癸丑7二	甲寅8三	乙卯9四	丙辰10五	丁巳11六	戊午12日	己未13一	庚申14二	辛酉15三	壬戌16四	癸亥17五	甲子18六	乙丑19日	甲辰立春 庚申雨水
二月小	乙卯	天干地支西曆星期	丙寅20一	丁卯21二	戊辰22三	己巳23四	庚午24五	辛未25六	壬申26日	癸酉27一	甲戌28二	乙亥(3)三	丙子2四	丁丑3五	戊寅4六	己卯5日	庚辰6一	辛巳7二	壬午8三	癸未9四	甲申10五	乙酉11六	丙戌12日	丁亥13一	戊子14二	己丑15三	庚寅16四	辛卯17五	壬辰18六	癸巳19日	甲午20一		乙亥驚蟄 庚寅春分
三月大	丙辰	天干地支西曆星期	乙未21二	丙申22三	丁酉23四	戊戌24五	己亥25六	庚子26日	辛丑27一	壬寅28二	癸卯29三	甲辰30四	乙巳31五	丙午(4)六	丁未2日	戊申3一	己酉4二	庚戌5三	辛亥6四	壬子7五	癸丑8六	甲寅9日	乙卯10一	丙辰11二	丁巳12三	戊午13四	己未14五	庚申15六	辛酉16日	壬戌17一	癸亥18二	甲子19三	乙巳清明 庚申穀雨
四月小	丁巳	天干地支西曆星期	乙丑20四	丙寅21五	丁卯22六	戊辰23日	己巳24一	庚午25二	辛未26三	壬申27四	癸酉28五	甲戌29六	乙亥30日	丙子(5)一	丁丑2二	戊寅3三	己卯4四	庚辰5五	辛巳6六	壬午7日	癸未8一	甲申9二	乙酉10三	丙戌11四	丁亥12五	戊子13六	己丑14日	庚寅15一	辛卯16二	壬辰17三	癸巳18四		丙子立夏 辛卯小滿
五月大	戊午	天干地支西曆星期	甲午19五	乙未20六	丙申21日	丁酉22一	戊戌23二	己亥24三	庚子25四	辛丑26五	壬寅27六	癸卯28日	甲辰29一	乙巳30二	丙午31三	丁未(6)四	戊申2五	己酉3六	庚戌4日	辛亥5一	壬子6二	癸丑7三	甲寅8四	乙卯9五	丙辰10六	丁巳11日	戊午12一	己未13二	庚申14三	辛酉15四	壬戌16五	癸亥17六	丙午芒種 辛酉夏至
六月小	己未	天干地支西曆星期	甲子18日	乙丑19一	丙寅20二	丁卯21三	戊辰22四	己巳23五	庚午24六	辛未25日	壬申26一	癸酉27二	甲戌28三	乙亥29四	丙子30五	丁丑(7)六	戊寅2日	己卯3一	庚辰4二	辛巳5三	壬午6四	癸未7五	甲申8六	乙酉9日	丙戌10一	丁亥11二	戊子12三	己丑13四	庚寅14五	辛卯15六	壬辰16日		丙子小暑 壬辰大暑
閏六月小	己未	天干地支西曆星期	癸巳17一	甲午18二	乙未19三	丙申20四	丁酉21五	戊戌22六	己亥23日	庚子24一	辛丑25二	壬寅26三	癸卯27四	甲辰28五	乙巳29六	丙午30日	丁未31一	戊申(8)二	己酉2三	庚戌3四	辛亥4五	壬子5六	癸丑6日	甲寅7一	乙卯8二	丙辰9三	丁巳10四	戊午11五	己未12六	庚申13日	辛酉14一		丁未立秋
七月大	庚申	天干地支西曆星期	壬戌15二	癸亥16三	甲子17四	乙丑18五	丙寅19六	丁卯20日	戊辰21一	己巳22二	庚午23三	辛未24四	壬申25五	癸酉26六	甲戌27日	乙亥28一	丙子29二	丁丑30三	戊寅31四	己卯(9)五	庚辰2六	辛巳3日	壬午4一	癸未5二	甲申6三	乙酉7四	丙戌8五	丁亥9六	戊子10日	己丑11一	庚寅12二	辛卯13三	壬戌處暑 丁丑白露
八月小	辛酉	天干地支西曆星期	壬辰14四	癸巳15五	甲午16六	乙未17日	丙申18一	丁酉19二	戊戌20三	己亥21四	庚子22五	辛丑23六	壬寅24日	癸卯25一	甲辰26二	乙巳27三	丙午28四	丁未29五	戊申30六	己酉(10)日	庚戌2一	辛亥3二	壬子4三	癸丑5四	甲寅6五	乙卯7六	丙辰8日	丁巳9一	戊午10二	己未11三	庚申12四		癸巳秋分 戊申寒露
九月小	壬戌	天干地支西曆星期	辛酉13五	壬戌14六	癸亥15日	甲子16一	乙丑17二	丙寅18三	丁卯19四	戊辰20五	己巳21六	庚午22日	辛未23一	壬申24二	癸酉25三	甲戌26四	乙亥27五	丙子28六	丁丑29日	戊寅30一	己卯31二	庚辰(11)三	辛巳2四	壬午3五	癸未4六	甲申5日	乙酉6一	丙戌7二	丁亥8三	戊子9四	己丑10五		癸亥霜降 戊寅立冬
十月大	癸亥	天干地支西曆星期	庚寅11六	辛卯12日	壬辰13一	癸巳14二	甲午15三	乙未16四	丙申17五	丁酉18六	戊戌19日	己亥20一	庚子21二	辛丑22三	壬寅23四	癸卯24五	甲辰25六	乙巳26日	丙午27一	丁未28二	戊申29三	己酉30四	庚戌(12)五	辛亥2六	壬子3日	癸丑4一	甲寅5二	乙卯6三	丙辰7四	丁巳8五	戊午9六	己未10日	癸巳小雪 己酉大雪
十一月大	甲子	天干地支西曆星期	庚申11一	辛酉12二	壬戌13三	癸亥14四	甲子15五	乙丑16六	丙寅17日	丁卯18一	戊辰19二	己巳20三	庚午21四	辛未22五	壬申23六	癸酉24日	甲戌25一	乙亥26二	丙子27三	丁丑28四	戊寅29五	己卯30六	庚辰31日	辛巳(1)一	壬午2二	癸未3三	甲申4四	乙酉5五	丙戌6六	丁亥7日	戊子8一	己丑9二	甲子冬至 己卯小寒
十二月大	乙丑	天干地支西曆星期	庚寅10三	辛卯11四	壬辰12五	癸巳13六	甲午14日	乙未15一	丙申16二	丁酉17三	戊戌18四	己亥19五	庚子20六	辛丑21日	壬寅22一	癸卯23二	甲辰24三	乙巳25四	丙午26五	丁未27六	戊申28日	己酉29一	庚戌30二	辛亥31三	壬子(2)四	癸丑2五	甲寅3六	乙卯4日	丙辰5一	丁巳6二	戊午7三	己未8四	甲午大寒 庚戌立春

金世宗大定十九年（己亥 猪年） 公元 1179 ~ 1180 年

夏曆月序		中西曆日對照	初一	初二	初三	初四	初五	初六	初七	初八	初九	初十	十一	十二	十三	十四	十五	十六	十七	十八	十九	二十	二一	二二	二三	二四	二五	二六	二七	二八	二九	三十	節氣與天象
正月小	丙寅	干支 天地 西曆 星期	庚申 9 五	辛酉 10 六	壬戌 11 日	癸亥 12 一	甲子 13 二	乙丑 14 三	丙寅 15 四	丁卯 16 五	戊辰 17 六	己巳 18 日	庚午 19 一	辛未 20 二	壬申 21 三	癸酉 22 四	甲戌 23 五	乙亥 24 六	丙子 25 日	丁丑 26 一	戊寅 27 二	己卯 28 三	庚辰 (3) 四	辛巳 2 五	壬午 3 六	癸未 4 日	甲申 5 一	乙酉 6 二	丙戌 7 三	丁亥 8 四	戊子 9 五		乙丑雨水 庚辰驚蟄
二月大	丁卯	干支 天地 西曆 星期	己丑 10 六	庚寅 11 日	辛卯 12 一	壬辰 13 二	癸巳 14 三	甲午 15 四	乙未 16 五	丙申 17 六	丁酉 18 日	戊戌 19 一	己亥 20 二	庚子 21 三	辛丑 22 四	壬寅 23 五	癸卯 24 六	甲辰 25 日	乙巳 26 一	丙午 27 二	丁未 28 三	戊申 29 四	己酉 30 五	庚戌 31 六	辛亥 (4) 日	壬子 2 一	癸丑 3 二	甲寅 4 三	乙卯 5 四	丙辰 6 五	丁巳 7 六	戊午 8 日	乙未春分 庚戌清明
三月大	戊辰	干支 天地 西曆 星期	己未 9 一	庚申 10 二	辛酉 11 三	壬戌 12 四	癸亥 13 五	甲子 14 六	乙丑 15 日	丙寅 16 一	丁卯 17 二	戊辰 18 三	己巳 19 四	庚午 20 五	辛未 21 六	壬申 22 日	癸酉 23 一	甲戌 24 二	乙亥 25 三	丙子 26 四	丁丑 27 五	戊寅 28 六	己卯 29 日	庚辰 30 一	辛巳 (5) 二	壬午 2 三	癸未 3 四	甲申 4 五	乙酉 5 六	丙戌 6 日	丁亥 7 一	戊子 8 二	丙寅穀雨 辛巳立夏
四月小	己巳	干支 天地 西曆 星期	己丑 9 三	庚寅 10 四	辛卯 11 五	壬辰 12 六	癸巳 13 日	甲午 14 一	乙未 15 二	丙申 16 三	丁酉 17 四	戊戌 18 五	己亥 19 六	庚子 20 日	辛丑 21 一	壬寅 22 二	癸卯 23 三	甲辰 24 四	乙巳 25 五	丙午 26 六	丁未 27 日	戊申 28 一	己酉 29 二	庚戌 30 三	辛亥 31 四	壬子 (6) 五	癸丑 2 六	甲寅 3 日	乙卯 4 一	丙辰 5 二	丁巳 6 三		丙申小滿 辛亥芒種
五月大	庚午	干支 天地 西曆 星期	戊午 7 四	己未 8 五	庚申 9 六	辛酉 10 日	壬戌 11 一	癸亥 12 二	甲子 13 三	乙丑 14 四	丙寅 15 五	丁卯 16 六	戊辰 17 日	己巳 18 一	庚午 19 二	辛未 20 三	壬申 21 四	癸酉 22 五	甲戌 23 六	乙亥 24 日	丙子 25 一	丁丑 26 二	戊寅 27 三	己卯 28 四	庚辰 29 五	辛巳 30 六	壬午 (7) 日	癸未 2 一	甲申 3 二	乙酉 4 三	丙戌 5 四	丁亥 6 五	丁卯夏至 壬午小暑
六月小	辛未	干支 天地 西曆 星期	戊子 7 六	己丑 8 日	庚寅 9 一	辛卯 10 二	壬辰 11 三	癸巳 12 四	甲午 13 五	乙未 14 六	丙申 15 日	丁酉 16 一	戊戌 17 二	己亥 18 三	庚子 19 四	辛丑 20 五	壬寅 21 六	癸卯 22 日	甲辰 23 一	乙巳 24 二	丙午 25 三	丁未 26 四	戊申 27 五	己酉 28 六	庚戌 29 日	辛亥 30 一	壬子 31 二	癸丑 (8) 三	甲寅 2 四	乙卯 3 五	丙辰 4 六		丁酉大暑 壬子立秋
七月小	壬申	干支 天地 西曆 星期	丁巳 5 日	戊午 6 一	己未 7 二	庚申 8 三	辛酉 9 四	壬戌 10 五	癸亥 11 六	甲子 12 日	乙丑 13 一	丙寅 14 二	丁卯 15 三	戊辰 16 四	己巳 17 五	庚午 18 六	辛未 19 日	壬申 20 一	癸酉 21 二	甲戌 22 三	乙亥 23 四	丙子 24 五	丁丑 25 六	戊寅 26 日	己卯 27 一	庚辰 28 二	辛巳 29 三	壬午 30 四	癸未 31 五	甲申 (9) 六	乙酉 2 日		丁卯處暑 癸未白露
八月大	癸酉	干支 天地 西曆 星期	丙戌 3 一	丁亥 4 二	戊子 5 三	己丑 6 四	庚寅 7 五	辛卯 8 六	壬辰 9 日	癸巳 10 一	甲午 11 二	乙未 12 三	丙申 13 四	丁酉 14 五	戊戌 15 六	己亥 16 日	庚子 17 一	辛丑 18 二	壬寅 19 三	癸卯 20 四	甲辰 21 五	乙巳 22 六	丙午 23 日	丁未 24 一	戊申 25 二	己酉 26 三	庚戌 27 四	辛亥 28 五	壬子 29 六	癸丑 30 日	甲寅 (10) 一	乙卯 2 二	戊戌秋分 癸丑寒露
九月小	甲戌	干支 天地 西曆 星期	丙辰 3 三	丁巳 4 四	戊午 5 五	己未 6 六	庚申 7 日	辛酉 8 一	壬戌 9 二	癸亥 10 三	甲子 11 四	乙丑 12 五	丙寅 13 六	丁卯 14 日	戊辰 15 一	己巳 16 二	庚午 17 三	辛未 18 四	壬申 19 五	癸酉 20 六	甲戌 21 日	乙亥 22 一	丙子 23 二	丁丑 24 三	戊寅 25 四	己卯 26 五	庚辰 27 六	辛巳 28 日	壬午 29 一	癸未 30 二	甲申 31 三		戊辰霜降 癸未立冬
十月大	乙亥	干支 天地 西曆 星期	乙酉 (11) 四	丙戌 2 五	丁亥 3 六	戊子 4 日	己丑 5 一	庚寅 6 二	辛卯 7 三	壬辰 8 四	癸巳 9 五	甲午 10 六	乙未 11 日	丙申 12 一	丁酉 13 二	戊戌 14 三	己亥 15 四	庚子 16 五	辛丑 17 六	壬寅 18 日	癸卯 19 一	甲辰 20 二	乙巳 21 三	丙午 22 四	丁未 23 五	戊申 24 六	己酉 25 日	庚戌 26 一	辛亥 27 二	壬子 28 三	癸丑 29 四	甲寅 30 五	己亥小雪 甲寅大雪
十一月小	丙子	干支 天地 西曆 星期	乙卯 (12) 六	丙辰 2 日	丁巳 3 一	戊午 4 二	己未 5 三	庚申 6 四	辛酉 7 五	壬戌 8 六	癸亥 9 日	甲子 10 一	乙丑 11 二	丙寅 12 三	丁卯 13 四	戊辰 14 五	己巳 15 六	庚午 16 日	辛未 17 一	壬申 18 二	癸酉 19 三	甲戌 20 四	乙亥 21 五	丙子 22 六	丁丑 23 日	戊寅 24 一	己卯 25 二	庚辰 26 三	辛巳 27 四	壬午 28 五	癸未 29 六		己巳冬至
十二月大	丁丑	干支 天地 西曆 星期	甲申 30 日	乙酉 31 一	丙戌 (1) 二	丁亥 2 三	戊子 3 四	己丑 4 五	庚寅 5 六	辛卯 6 日	壬辰 7 一	癸巳 8 二	甲午 9 三	乙未 10 四	丙申 11 五	丁酉 12 六	戊戌 13 日	己亥 14 一	庚子 15 二	辛丑 16 三	壬寅 17 四	癸卯 18 五	甲辰 19 六	乙巳 20 日	丙午 21 一	丁未 22 二	戊申 23 三	己酉 24 四	庚戌 25 五	辛亥 26 六	壬子 27 日	癸丑 28 一	甲申小寒 庚子大寒

金世宗大定二十年（庚子 鼠年） 公元 1180 ~ 1181 年

夏曆月序		中西曆對照	初一	初二	初三	初四	初五	初六	初七	初八	初九	初十	十一	十二	十三	十四	十五	十六	十七	十八	十九	二十	二一	二二	二三	二四	二五	二六	二七	二八	二九	三十	節氣與天象
正月小	戊寅	天干地支 西曆 星期	甲寅 29 二	乙卯 30 三	丙辰 31 四	丁巳 (2) 五	戊午 2 六	己未 3 日	庚申 4 一	辛酉 5 二	壬戌 6 三	癸亥 7 四	甲子 8 五	乙丑 9 六	丙寅 10 日	丁卯 11 一	戊辰 12 二	己巳 13 三	庚午 14 四	辛未 15 五	壬申 16 六	癸酉 17 日	甲戌 18 一	乙亥 19 二	丙子 20 三	丁丑 21 四	戊寅 22 五	己卯 23 六	庚辰 24 日	辛巳 25 一	壬午 26 二		乙卯立春 庚午雨水
二月大	己卯	天干地支 西曆 星期	癸未 27 三	甲申 28 四	乙酉 29 五	丙戌 (3) 六	丁亥 2 日	戊子 3 一	己丑 4 二	庚寅 5 三	辛卯 6 四	壬辰 7 五	癸巳 8 六	甲午 9 日	乙未 10 一	丙申 11 二	丁酉 12 三	戊戌 13 四	己亥 14 五	庚子 15 六	辛丑 16 日	壬寅 17 一	癸卯 18 二	甲辰 19 三	乙巳 20 四	丙午 21 五	丁未 22 六	戊申 23 日	己酉 24 一	庚戌 25 二	辛亥 26 三	壬子 27 四	乙酉驚蟄 庚子春分
三月大	庚辰	天干地支 西曆 星期	癸丑 28 五	甲寅 29 六	乙卯 30 日	丙辰 31 一	丁巳 (4) 二	戊午 2 三	己未 3 四	庚申 4 五	辛酉 5 六	壬戌 6 日	癸亥 7 一	甲子 8 二	乙丑 9 三	丙寅 10 四	丁卯 11 五	戊辰 12 六	己巳 13 日	庚午 14 一	辛未 15 二	壬申 16 三	癸酉 17 四	甲戌 18 五	乙亥 19 六	丙子 20 日	丁丑 21 一	戊寅 22 二	己卯 23 三	庚辰 24 四	辛巳 25 五	壬午 26 六	丙辰清明 辛未穀雨
四月小	辛巳	天干地支 西曆 星期	癸未 27 日	甲申 28 一	乙酉 29 二	丙戌 30 三	丁亥 (5) 四	戊子 2 五	己丑 3 六	庚寅 4 日	辛卯 5 一	壬辰 6 二	癸巳 7 三	甲午 8 四	乙未 9 五	丙申 10 六	丁酉 11 日	戊戌 12 一	己亥 13 二	庚子 14 三	辛丑 15 四	壬寅 16 五	癸卯 17 六	甲辰 18 日	乙巳 19 一	丙午 20 二	丁未 21 三	戊申 22 四	己酉 23 五	庚戌 24 六	辛亥 25 日		丙戌立夏 辛丑小滿
五月大	壬午	天干地支 西曆 星期	壬子 26 一	癸丑 27 二	甲寅 28 三	乙卯 29 四	丙辰 30 五	丁巳 31 六	戊午 (6) 日	己未 2 一	庚申 3 二	辛酉 4 三	壬戌 5 四	癸亥 6 五	甲子 7 六	乙丑 8 日	丙寅 9 一	丁卯 10 二	戊辰 11 三	己巳 12 四	庚午 13 五	辛未 14 六	壬申 15 日	癸酉 16 一	甲戌 17 二	乙亥 18 三	丙子 19 四	丁丑 20 五	戊寅 21 六	己卯 22 日	庚辰 23 一	辛巳 24 二	丁巳芒種 壬申夏至
六月小	癸未	天干地支 西曆 星期	壬午 25 三	癸未 26 四	甲申 27 五	乙酉 28 六	丙戌 29 日	丁亥 30 一	戊子 (7) 二	己丑 2 三	庚寅 3 四	辛卯 4 五	壬辰 5 六	癸巳 6 日	甲午 7 一	乙未 8 二	丙申 9 三	丁酉 10 四	戊戌 11 五	己亥 12 六	庚子 13 日	辛丑 14 一	壬寅 15 二	癸卯 16 三	甲辰 17 四	乙巳 18 五	丙午 19 六	丁未 20 日	戊申 21 一	己酉 22 二	庚戌 23 三		丁亥小暑 壬寅大暑
七月大	甲申	天干地支 西曆 星期	辛亥 24 四	壬子 25 五	癸丑 26 六	甲寅 27 日	乙卯 28 一	丙辰 29 二	丁巳 30 三	戊午 31 四	己未 (8) 五	庚申 2 六	辛酉 3 日	壬戌 4 一	癸亥 5 二	甲子 6 三	乙丑 7 四	丙寅 8 五	丁卯 9 六	戊辰 10 日	己巳 11 一	庚午 12 二	辛未 13 三	壬申 14 四	癸酉 15 五	甲戌 16 六	乙亥 17 日	丙子 18 一	丁丑 19 二	戊寅 20 三	己卯 21 四	庚辰 22 五	丁巳立秋 癸酉處暑
八月小	乙酉	天干地支 西曆 星期	辛巳 23 六	壬午 24 日	癸未 25 一	甲申 26 二	乙酉 27 三	丙戌 28 四	丁亥 29 五	戊子 30 六	己丑 31 日	庚寅 (9) 一	辛卯 2 二	壬辰 3 三	癸巳 4 四	甲午 5 五	乙未 6 六	丙申 7 日	丁酉 8 一	戊戌 9 二	己亥 10 三	庚子 11 四	辛丑 12 五	壬寅 13 六	癸卯 14 日	甲辰 15 一	乙巳 16 二	丙午 17 三	丁未 18 四	戊申 19 五	己酉 20 六		戊子白露 癸卯秋分
九月大	丙戌	天干地支 西曆 星期	庚戌 21 日	辛亥 22 一	壬子 23 二	癸丑 24 三	甲寅 25 四	乙卯 26 五	丙辰 27 六	丁巳 28 日	戊午 29 一	己未 30 二	庚申 (10) 三	辛酉 2 四	壬戌 3 五	癸亥 4 六	甲子 5 日	乙丑 6 一	丙寅 7 二	丁卯 8 三	戊辰 9 四	己巳 10 五	庚午 11 六	辛未 12 日	壬申 13 一	癸酉 14 二	甲戌 15 三	乙亥 16 四	丙子 17 五	丁丑 18 六	戊寅 19 日	己卯 20 一	戊午寒露 甲戌霜降
十月小	丁亥	天干地支 西曆 星期	庚辰 21 二	辛巳 22 三	壬午 23 四	癸未 24 五	甲申 25 六	乙酉 26 日	丙戌 27 一	丁亥 28 二	戊子 29 三	己丑 30 四	庚寅 31 五	辛卯 (11) 六	壬辰 2 日	癸巳 3 一	甲午 4 二	乙未 5 三	丙申 6 四	丁酉 7 五	戊戌 8 六	己亥 9 日	庚子 10 一	辛丑 11 二	壬寅 12 三	癸卯 13 四	甲辰 14 五	乙巳 15 六	丙午 16 日	丁未 17 一	戊申 18 二		己丑立冬 甲辰小雪
十一月大	戊子	天干地支 西曆 星期	己酉 19 三	庚戌 20 四	辛亥 21 五	壬子 22 六	癸丑 23 日	甲寅 24 一	乙卯 25 二	丙辰 26 三	丁巳 27 四	戊午 28 五	己未 29 六	庚申 30 日	辛酉 (12) 一	壬戌 2 二	癸亥 3 三	甲子 4 四	乙丑 5 五	丙寅 6 六	丁卯 7 日	戊辰 8 一	己巳 9 二	庚午 10 三	辛未 11 四	壬申 12 五	癸酉 13 六	甲戌 14 日	乙亥 15 一	丙子 16 二	丁丑 17 三	戊寅 18 四	己未大雪 甲戌冬至
十二月小	己丑	天干地支 西曆 星期	己卯 19 五	庚辰 20 六	辛巳 21 日	壬午 22 一	癸未 23 二	甲申 24 三	乙酉 25 四	丙戌 26 五	丁亥 27 六	戊子 28 日	己丑 29 一	庚寅 30 二	辛卯 31 三	壬辰 (1) 四	癸巳 2 五	甲午 3 六	乙未 4 日	丙申 5 一	丁酉 6 二	戊戌 7 三	己亥 8 四	庚子 9 五	辛丑 10 六	壬寅 11 日	癸卯 12 一	甲辰 13 二	乙巳 14 三	丙午 15 四	丁未 16 五		庚寅小寒 乙巳大寒

金世宗大定二十一年（辛丑 牛年）公元 1181 ~ 1182 年

夏曆月序		中西曆日對照	初一	初二	初三	初四	初五	初六	初七	初八	初九	初十	十一	十二	十三	十四	十五	十六	十七	十八	十九	二十	二一	二二	二三	二四	二五	二六	二七	二八	二九	三十	節氣與天象
正月大	庚寅	天干地支 西曆 星期	戊申 17 六	己酉 18 日	庚戌 19 一	辛亥 20 二	壬子 21 三	癸丑 22 四	甲寅 23 五	乙卯 24 六	丙辰 25 日	丁巳 26 一	戊午 27 二	己未 28 三	庚申 29 四	辛酉 30 五	壬戌 31 六	癸亥 (2) 日	甲子 2 一	乙丑 3 二	丙寅 4 三	丁卯 5 四	戊辰 6 五	己巳 7 六	庚午 8 日	辛未 9 一	壬申 10 二	癸酉 11 三	甲戌 12 四	乙亥 13 五	丙子 14 六	丁丑 15 日	庚申立春 乙亥雨水
二月小	辛卯	天干地支 西曆 星期	戊寅 16 一	己卯 17 二	庚辰 18 三	辛巳 19 四	壬午 20 五	癸未 21 六	甲申 22 日	乙酉 23 一	丙戌 24 二	丁亥 25 三	戊子 26 四	己丑 27 五	庚寅 28 六	辛卯 (3) 日	壬辰 2 一	癸巳 3 二	甲午 4 三	乙未 5 四	丙申 6 五	丁酉 7 六	戊戌 8 日	己亥 9 一	庚子 10 二	辛丑 11 三	壬寅 12 四	癸卯 13 五	甲辰 14 六	乙巳 15 日	丙午 16 一		庚寅驚蟄 丙午春分
三月大	壬辰	天干地支 西曆 星期	丁未 17 二	戊申 18 三	己酉 19 四	庚戌 20 五	辛亥 21 六	壬子 22 日	癸丑 23 一	甲寅 24 二	乙卯 25 三	丙辰 26 四	丁巳 27 五	戊午 28 六	己未 29 日	庚申 30 一	辛酉 31 二	壬戌 (4) 三	癸亥 2 四	甲子 3 五	乙丑 4 六	丙寅 5 日	丁卯 6 一	戊辰 7 二	己巳 8 三	庚午 9 四	辛未 10 五	壬申 11 六	癸酉 12 日	甲戌 13 一	乙亥 14 二	丙子 15 三	辛酉清明 丙子穀雨
閏三月小	壬辰	天干地支 西曆 星期	丁丑 16 四	戊寅 17 五	己卯 18 六	庚辰 19 日	辛巳 20 一	壬午 21 二	癸未 22 三	甲申 23 四	乙酉 24 五	丙戌 25 六	丁亥 26 日	戊子 27 一	己丑 28 二	庚寅 29 三	辛卯 30 四	壬辰 (5) 五	癸巳 2 六	甲午 3 日	乙未 4 一	丙申 5 二	丁酉 6 三	戊戌 7 四	己亥 8 五	庚子 9 六	辛丑 10 日	壬寅 11 一	癸卯 12 二	甲辰 13 三	乙巳 14 四		辛卯立夏
四月大	癸巳	天干地支 西曆 星期	丙午 15 五	丁未 16 六	戊申 17 日	己酉 18 一	庚戌 19 二	辛亥 20 三	壬子 21 四	癸丑 22 五	甲寅 23 六	乙卯 24 日	丙辰 25 一	丁巳 26 二	戊午 27 三	己未 28 四	庚申 29 五	辛酉 30 六	壬戌 31 日	癸亥 (6) 一	甲子 2 二	乙丑 3 三	丙寅 4 四	丁卯 5 五	戊辰 6 六	己巳 7 日	庚午 8 一	辛未 9 二	壬申 10 三	癸酉 11 四	甲戌 12 五	乙亥 13 六	丁未小滿 壬戌芒種
五月大	甲午	天干地支 西曆 星期	丙子 14 日	丁丑 15 一	戊寅 16 二	己卯 17 三	庚辰 18 四	辛巳 19 五	壬午 20 六	癸未 21 日	甲申 22 一	乙酉 23 二	丙戌 24 三	丁亥 25 四	戊子 26 五	己丑 27 六	庚寅 28 日	辛卯 29 一	壬辰 30 二	癸巳 (7) 三	甲午 2 四	乙未 3 五	丙申 4 六	丁酉 5 日	戊戌 6 一	己亥 7 二	庚子 8 三	辛丑 9 四	壬寅 10 五	癸卯 11 六	甲辰 12 日	乙巳 13 一	丁丑夏至 壬辰小暑
六月小	乙未	天干地支 西曆 星期	丙午 14 二	丁未 15 三	戊申 16 四	己酉 17 五	庚戌 18 六	辛亥 19 日	壬子 20 一	癸丑 21 二	甲寅 22 三	乙卯 23 四	丙辰 24 五	丁巳 25 六	戊午 26 日	己未 27 一	庚申 28 二	辛酉 29 三	壬戌 30 四	癸亥 31 五	甲子 (8) 六	乙丑 2 日	丙寅 3 一	丁卯 4 二	戊辰 5 三	己巳 6 四	庚午 7 五	辛未 8 六	壬申 9 日	癸酉 10 一	甲戌 11 二		丁未大暑 癸亥立秋
七月大	丙申	天干地支 西曆 星期	乙亥 12 三	丙子 13 四	丁丑 14 五	戊寅 15 六	己卯 16 日	庚辰 17 一	辛巳 18 二	壬午 19 三	癸未 20 四	甲申 21 五	乙酉 22 六	丙戌 23 日	丁亥 24 一	戊子 25 二	己丑 26 三	庚寅 27 四	辛卯 28 五	壬辰 29 六	癸巳 30 日	甲午 31 一	乙未 (9) 二	丙申 2 三	丁酉 3 四	戊戌 4 五	己亥 5 六	庚子 6 日	辛丑 7 一	壬寅 8 二	癸卯 9 三	甲辰 10 四	戊寅處暑 癸巳白露
八月小	丁酉	天干地支 西曆 星期	乙巳 11 五	丙午 12 六	丁未 13 日	戊申 14 一	己酉 15 二	庚戌 16 三	辛亥 17 四	壬子 18 五	癸丑 19 六	甲寅 20 日	乙卯 21 一	丙辰 22 二	丁巳 23 三	戊午 24 四	己未 25 五	庚申 26 六	辛酉 27 日	壬戌 28 一	癸亥 29 二	甲子 30 三	乙丑 (10) 四	丙寅 2 五	丁卯 3 六	戊辰 4 日	己巳 5 一	庚午 6 二	辛未 7 三	壬申 8 四	癸酉 9 五		戊申秋分 甲子寒露
九月大	戊戌	天干地支 西曆 星期	甲戌 10 六	乙亥 11 日	丙子 12 一	丁丑 13 二	戊寅 14 三	己卯 15 四	庚辰 16 五	辛巳 17 六	壬午 18 日	癸未 19 一	甲申 20 二	乙酉 21 三	丙戌 22 四	丁亥 23 五	戊子 24 六	己丑 25 日	庚寅 26 一	辛卯 27 二	壬辰 28 三	癸巳 29 四	甲午 30 五	乙未 31 六	丙申 (11) 日	丁酉 2 一	戊戌 3 二	己亥 4 三	庚子 5 四	辛丑 6 五	壬寅 7 六	癸卯 8 日	己卯霜降 甲午立冬
十月小	己亥	天干地支 西曆 星期	甲辰 9 一	乙巳 10 二	丙午 11 三	丁未 12 四	戊申 13 五	己酉 14 六	庚戌 15 日	辛亥 16 一	壬子 17 二	癸丑 18 三	甲寅 19 四	乙卯 20 五	丙辰 21 六	丁巳 22 日	戊午 23 一	己未 24 二	庚申 25 三	辛酉 26 四	壬戌 27 五	癸亥 28 六	甲子 29 日	乙丑 30 一	丙寅 (12) 二	丁卯 2 三	戊辰 3 四	己巳 4 五	庚午 5 六	辛未 6 日	壬申 7 一		己酉小雪 甲子大雪
十一月大	庚子	天干地支 西曆 星期	癸酉 8 二	甲戌 9 三	乙亥 10 四	丙子 11 五	丁丑 12 六	戊寅 13 日	己卯 14 一	庚辰 15 二	辛巳 16 三	壬午 17 四	癸未 18 五	甲申 19 六	乙酉 20 日	丙戌 21 一	丁亥 22 二	戊子 23 三	己丑 24 四	庚寅 25 五	辛卯 26 六	壬辰 27 日	癸巳 28 一	甲午 29 二	乙未 30 三	丙申 31 四	丁酉 (1) 五	戊戌 2 六	己亥 3 日	庚子 4 一	辛丑 5 二	壬寅 6 三	庚辰冬至 乙未小寒
十二月小	辛丑	天干地支 西曆 星期	癸卯 7 四	甲辰 8 五	乙巳 9 六	丙午 10 日	丁未 11 一	戊申 12 二	己酉 13 三	庚戌 14 四	辛亥 15 五	壬子 16 六	癸丑 17 日	甲寅 18 一	乙卯 19 二	丙辰 20 三	丁巳 21 四	戊午 22 五	己未 23 六	庚申 24 日	辛酉 25 一	壬戌 26 二	癸亥 27 三	甲子 28 四	乙丑 29 五	丙寅 30 六	丁卯 31 日	戊辰 (2) 一	己巳 2 二	庚午 3 三	辛未 4 四		庚戌大寒 乙丑立春

金世宗大定二十二年（壬寅 虎年）公元1182～1183年

夏曆月序		中西曆日對照	初一	初二	初三	初四	初五	初六	初七	初八	初九	初十	十一	十二	十三	十四	十五	十六	十七	十八	十九	二十	二一	二二	二三	二四	二五	二六	二七	二八	二九	三十	節氣與天象
正月大	壬寅	天干地支 西曆星期	壬申5五	癸酉6六	甲戌7日	乙亥8一	丙子9二	丁丑10三	戊寅11四	己卯12五	庚辰13六	辛巳14日	壬午15一	癸未16二	甲申17三	乙酉18四	丙戌19五	丁亥20六	戊子21日	己丑22一	庚寅23二	辛卯24三	壬辰25四	癸巳26五	甲午27六	乙未28日	丙申(3)一	丁酉2二	戊戌3三	己亥4四	庚子5五	辛丑6六	辛巳雨水 丙申驚蟄
二月小	癸卯	天干地支 西曆星期	壬寅7日	癸卯8一	甲辰9二	乙巳10三	丙午11四	丁未12五	戊申13六	己酉14日	庚戌15一	辛亥16二	壬子17三	癸丑18四	甲寅19五	乙卯20六	丙辰21日	丁巳22一	戊午23二	己未24三	庚申25四	辛酉26五	壬戌27六	癸亥28日	甲子29一	乙丑30二	丙寅31三	丁卯(4)四	戊辰2五	己巳3六	庚午4日		辛亥春分 丙寅清明
三月大	甲辰	天干地支 西曆星期	辛未5一	壬申6二	癸酉7三	甲戌8四	乙亥9五	丙子10六	丁丑11日	戊寅12一	己卯13二	庚辰14三	辛巳15四	壬午16五	癸未17六	甲申18日	乙酉19一	丙戌20二	丁亥21三	戊子22四	己丑23五	庚寅24六	辛卯25日	壬辰26一	癸巳27二	甲午28三	乙未29四	丙申30五	丁酉(5)六	戊戌2日	己亥3一	庚子4二	辛巳穀雨 丁酉立夏
四月小	乙巳	天干地支 西曆星期	辛丑5三	壬寅6四	癸卯7五	甲辰8六	乙巳9日	丙午10一	丁未11二	戊申12三	己酉13四	庚戌14五	辛亥15六	壬子16日	癸丑17一	甲寅18二	乙卯19三	丙辰20四	丁巳21五	戊午22六	己未23日	庚申24一	辛酉25二	壬戌26三	癸亥27四	甲子28五	乙丑29六	丙寅30日	丁卯31一	戊辰(6)二	己巳2三		壬子小滿 丁卯芒種
五月大	丙午	天干地支 西曆星期	庚午3四	辛未4五	壬申5六	癸酉6日	甲戌7一	乙亥8二	丙子9三	丁丑10四	戊寅11五	己卯12六	庚辰13日	辛巳14一	壬午15二	癸未16三	甲申17四	乙酉18五	丙戌19六	丁亥20日	戊子21一	己丑22二	庚寅23三	辛卯24四	壬辰25五	癸巳26六	甲午27日	乙未28一	丙申29二	丁酉30三	戊戌(7)四	己亥2五	壬午夏至 丁酉小暑
六月小	丁未	天干地支 西曆星期	庚子3六	辛丑4日	壬寅5一	癸卯6二	甲辰7三	乙巳8四	丙午9五	丁未10六	戊申11日	己酉12一	庚戌13二	辛亥14三	壬子15四	癸丑16五	甲寅17六	乙卯18日	丙辰19一	丁巳20二	戊午21三	己未22四	庚申23五	辛酉24六	壬戌25日	癸亥26一	甲子27二	乙丑28三	丙寅29四	丁卯30五	戊辰31六		癸丑大暑 戊辰立秋
七月大	戊申	天干地支 西曆星期	己巳(8)日	庚午2一	辛未3二	壬申4三	癸酉5四	甲戌6五	乙亥7六	丙子8日	丁丑9一	戊寅10二	己卯11三	庚辰12四	辛巳13五	壬午14六	癸未15日	甲申16一	乙酉17二	丙戌18三	丁亥19四	戊子20五	己丑21六	庚寅22日	辛卯23一	壬辰24二	癸巳25三	甲午26四	乙未27五	丙申28六	丁酉29日	戊戌30一	癸未處暑 戊戌白露
八月大	己酉	天干地支 西曆星期	己亥31二	庚子(9)三	辛丑2四	壬寅3五	癸卯4六	甲辰5日	乙巳6一	丙午7二	丁未8三	戊申9四	己酉10五	庚戌11六	辛亥12日	壬子13一	癸丑14二	甲寅15三	乙卯16四	丙辰17五	丁巳18六	戊午19日	己未20一	庚申21二	辛酉22三	壬戌23四	癸亥24五	甲子25六	乙丑26日	丙寅27一	丁卯28二	戊辰29三	甲寅秋分
九月小	庚戌	天干地支 西曆星期	己巳30四	庚午(10)五	辛未2六	壬申3日	癸酉4一	甲戌5二	乙亥6三	丙子7四	丁丑8五	戊寅9六	己卯10日	庚辰11一	辛巳12二	壬午13三	癸未14四	甲申15五	乙酉16六	丙戌17日	丁亥18一	戊子19二	己丑20三	庚寅21四	辛卯22五	壬辰23六	癸巳24日	甲午25一	乙未26二	丙申27三	丁酉28四		己巳寒露 甲申霜降
十月大	辛亥	天干地支 西曆星期	戊戌29五	己亥30六	庚子31日	辛丑(11)一	壬寅2二	癸卯3三	甲辰4四	乙巳5五	丙午6六	丁未7日	戊申8一	己酉9二	庚戌10三	辛亥11四	壬子12五	癸丑13六	甲寅14日	乙卯15一	丙辰16二	丁巳17三	戊午18四	己未19五	庚申20六	辛酉21日	壬戌22一	癸亥23二	甲子24三	乙丑25四	丙寅26五	丁卯27六	己亥立冬 甲寅小雪
十一月小	壬子	天干地支 西曆星期	戊辰28日	己巳29一	庚午30二	辛未(12)三	壬申2四	癸酉3五	甲戌4六	乙亥5日	丙子6一	丁丑7二	戊寅8三	己卯9四	庚辰10五	辛巳11六	壬午12日	癸未13一	甲申14二	乙酉15三	丙戌16四	丁亥17五	戊子18六	己丑19日	庚寅20一	辛卯21二	壬辰22三	癸巳23四	甲午24五	乙未25六	丙申26日		庚午大雪 乙酉冬至
十二月大	癸丑	天干地支 西曆星期	丁酉27一	戊戌28二	己亥29三	庚子30四	辛丑31五	壬寅(1)六	癸卯2日	甲辰3一	乙巳4二	丙午5三	丁未6四	戊申7五	己酉8六	庚戌9日	辛亥10一	壬子11二	癸丑12三	甲寅13四	乙卯14五	丙辰15六	丁巳16日	戊午17一	己未18二	庚申19三	辛酉20四	壬戌21五	癸亥22六	甲子23日	乙丑24一	丙寅25二	庚子小寒 乙卯大寒

金世宗大定二十三年（癸卯 兔年）公元 **1183** ~ 1184 年

夏曆月序	中西曆日對照	初一	初二	初三	初四	初五	初六	初七	初八	初九	初十	十一	十二	十三	十四	十五	十六	十七	十八	十九	二十	二一	二二	二三	二四	二五	二六	二七	二八	二九	三十	節氣與天象
正月小 甲寅	天干地支西曆星期	丁卯26三	戊辰27四	己巳28五	庚午29六	辛未30日	壬申31一	癸酉(2)二	甲戌2三	乙亥3四	丙子4五	丁丑5六	戊寅6日	己卯7一	庚辰8二	辛巳9三	壬午10四	癸未11五	甲申12六	乙酉13日	丙戌14一	丁亥15二	戊子16三	己丑17四	庚寅18五	辛卯19六	壬辰20日	癸巳21一	甲午22二	乙未23三		辛未立春 丙戌雨水
二月大 乙卯	天干地支西曆星期	丙申24四	丁酉25五	戊戌26六	己亥27日	庚子28一	辛丑(3)二	壬寅2三	癸卯3四	甲辰4五	乙巳5六	丙午6日	丁未7一	戊申8二	己酉9三	庚戌10四	辛亥11五	壬子12六	癸丑13日	甲寅14一	乙卯15二	丙辰16三	丁巳17四	戊午18五	己未19六	庚申20日	辛酉21一	壬戌22二	癸亥23三	甲子24四	乙丑25五	辛丑驚蟄 丙辰春分
三月小 丙辰	天干地支西曆星期	丙寅26六	丁卯27日	戊辰28一	己巳29二	庚午30三	辛未31四	壬申(4)五	癸酉2六	甲戌3日	乙亥4一	丙子5二	丁丑6三	戊寅7四	己卯8五	庚辰9六	辛巳10日	壬午11一	癸未12二	甲申13三	乙酉14四	丙戌15五	丁亥16六	戊子17日	己丑18一	庚寅19二	辛卯20三	壬辰21四	癸巳22五	甲午23六		辛未清明 丁亥穀雨
四月小 丁巳	天干地支西曆星期	乙未24日	丙申25一	丁酉26二	戊戌27三	己亥28四	庚子29五	辛丑30六	壬寅(5)日	癸卯2一	甲辰3二	乙巳4三	丙午5四	丁未6五	戊申7六	己酉8日	庚戌9一	辛亥10二	壬子11三	癸丑12四	甲寅13五	乙卯14六	丙辰15日	丁巳16一	戊午17二	己未18三	庚申19四	辛酉20五	壬戌21六	癸亥22日		壬寅立夏 丁巳小滿
五月大 戊午	天干地支西曆星期	甲子23一	乙丑24二	丙寅25三	丁卯26四	戊辰27五	己巳28六	庚午29日	辛未30一	壬申31二	癸酉(6)三	甲戌2四	乙亥3五	丙子4六	丁丑5日	戊寅6一	己卯7二	庚辰8三	辛巳9四	壬午10五	癸未11六	甲申12日	乙酉13一	丙戌14二	丁亥15三	戊子16四	己丑17五	庚寅18六	辛卯19日	壬辰20一	癸巳21二	壬申芒種 丁亥夏至
六月小 己未	天干地支西曆星期	甲午22三	乙未23四	丙申24五	丁酉25六	戊戌26日	己亥27一	庚子28二	辛丑29三	壬寅30四	癸卯(7)五	甲辰2六	乙巳3日	丙午4一	丁未5二	戊申6三	己酉7四	庚戌8五	辛亥9六	壬子10日	癸丑11一	甲寅12二	乙卯13三	丙辰14四	丁巳15五	戊午16六	己未17日	庚申18一	辛酉19二	壬戌20三		癸卯小暑 戊午大暑
七月大 庚申	天干地支西曆星期	癸亥21四	甲子22五	乙丑23六	丙寅24日	丁卯25一	戊辰26二	己巳27三	庚午28四	辛未29五	壬申30六	癸酉31日	甲戌(8)一	乙亥2二	丙子3三	丁丑4四	戊寅5五	己卯6六	庚辰7日	辛巳8一	壬午9二	癸未10三	甲申11四	乙酉12五	丙戌13六	丁亥14日	戊子15一	己丑16二	庚寅17三	辛卯18四	壬辰19五	癸酉立秋 戊子處暑
八月大 辛酉	天干地支西曆星期	癸巳20六	甲午21日	乙未22一	丙申23二	丁酉24三	戊戌25四	己亥26五	庚子27六	辛丑28日	壬寅29一	癸卯30二	甲辰31三	乙巳(9)四	丙午2五	丁未3六	戊申4日	己酉5一	庚戌6二	辛亥7三	壬子8四	癸丑9五	甲寅10六	乙卯11日	丙辰12一	丁巳13二	戊午14三	己未15四	庚申16五	辛酉17六	壬戌18日	甲辰白露 己未秋分
九月小 壬戌	天干地支西曆星期	癸亥19一	甲子20二	乙丑21三	丙寅22四	丁卯23五	戊辰24六	己巳25日	庚午26一	辛未27二	壬申28三	癸酉29四	甲戌30五	乙亥(10)六	丙子2日	丁丑3一	戊寅4二	己卯5三	庚辰6四	辛巳7五	壬午8六	癸未9日	甲申10一	乙酉11二	丙戌12三	丁亥13四	戊子14五	己丑15六	庚寅16日	辛卯17一		甲戌寒露 己丑霜降
十月大 癸亥	天干地支西曆星期	壬辰18二	癸巳19三	甲午20四	乙未21五	丙申22六	丁酉23日	戊戌24一	己亥25二	庚子26三	辛丑27四	壬寅28五	癸卯29六	甲辰30日	乙巳31一	丙午(11)二	丁未2三	戊申3四	己酉4五	庚戌5六	辛亥6日	壬子7一	癸丑8二	甲寅9三	乙卯10四	丙辰11五	丁巳12六	戊午13日	己未14一	庚申15二	辛酉16三	甲辰立冬 庚申小雪
十一月大 甲子	天干地支西曆星期	壬戌17四	癸亥18五	甲子19六	乙丑20日	丙寅21一	丁卯22二	戊辰23三	己巳24四	庚午25五	辛未26六	壬申27日	癸酉28一	甲戌29二	乙亥30三	丙子(12)四	丁丑2五	戊寅3六	己卯4日	庚辰5一	辛巳6二	壬午7三	癸未8四	甲申9五	乙酉10六	丙戌11日	丁亥12一	戊子13二	己丑14三	庚寅15四	辛卯16五	乙亥大雪 庚寅冬至
閏十一月小 甲子	天干地支西曆星期	壬辰17六	癸巳18日	甲午19一	乙未20二	丙申21三	丁酉22四	戊戌23五	己亥24六	庚子25日	辛丑26一	壬寅27二	癸卯28三	甲辰29四	乙巳30五	丙午31六	丁未(1)日	戊申2一	己酉3二	庚戌4三	辛亥5四	壬子6五	癸丑7六	甲寅8日	乙卯9一	丙辰10二	丁巳11三	戊午12四	己未13五	庚申14六		乙巳小寒
十二月大 乙丑	天干地支西曆星期	辛酉15日	壬戌16一	癸亥17二	甲子18三	乙丑19四	丙寅20五	丁卯21六	戊辰22日	己巳23一	庚午24二	辛未25三	壬申26四	癸酉27五	甲戌28六	乙亥29日	丙子30一	丁丑31二	戊寅(2)三	己卯2四	庚辰3五	辛巳4六	壬午5日	癸未6一	甲申7二	乙酉8三	丙戌9四	丁亥10五	戊子11六	己丑12日	庚寅13一	辛酉大寒 丙子立春

金世宗大定二十四年（甲辰 龍年）公元 1184 ~ 1185 年

夏曆月序		中西曆日對照	初一	初二	初三	初四	初五	初六	初七	初八	初九	初十	十一	十二	十三	十四	十五	十六	十七	十八	十九	二十	二一	二二	二三	二四	二五	二六	二七	二八	二九	三十	節氣與天象
正月小	丙寅	天干地支 西曆 星期	辛卯 14 二	壬辰 15 三	癸巳 16 四	甲午 17 五	乙未 18 六	丙申 19 日	丁酉 20 一	戊戌 21 二	己亥 22 三	庚子 23 四	辛丑 24 五	壬寅 25 六	癸卯 26 日	甲辰 27 一	乙巳 28 二	丙午 29 三	丁未 (3) 四	戊申 2 五	己酉 3 六	庚戌 4 日	辛亥 5 一	壬子 6 二	癸丑 7 三	甲寅 8 四	乙卯 9 五	丙辰 10 六	丁巳 11 日	戊午 12 一	己未 13 二		辛卯雨水 丙午驚蟄
二月大	丁卯	天干地支 西曆 星期	庚申 14 三	辛酉 15 四	壬戌 16 五	癸亥 17 六	甲子 18 日	乙丑 19 一	丙寅 20 二	丁卯 21 三	戊辰 22 四	己巳 23 五	庚午 24 六	辛未 25 日	壬申 26 一	癸酉 27 二	甲戌 28 三	乙亥 29 四	丙子 30 五	丁丑 31 六	戊寅 (4) 日	己卯 2 一	庚辰 3 二	辛巳 4 三	壬午 5 四	癸未 6 五	甲申 7 六	乙酉 8 日	丙戌 9 一	丁亥 10 二	戊子 11 三	己丑 12 四	辛酉春分 丁丑清明
三月小	戊辰	天干地支 西曆 星期	庚寅 13 五	辛卯 14 六	壬辰 15 日	癸巳 16 一	甲午 17 二	乙未 18 三	丙申 19 四	丁酉 20 五	戊戌 21 六	己亥 22 日	庚子 23 一	辛丑 24 二	壬寅 25 三	癸卯 26 四	甲辰 27 五	乙巳 28 六	丙午 29 日	丁未 30 一	戊申 (5) 二	己酉 2 三	庚戌 3 四	辛亥 4 五	壬子 5 六	癸丑 6 日	甲寅 7 一	乙卯 8 二	丙辰 9 三	丁巳 10 四	戊午 11 五		壬辰穀雨 丁未立夏
四月小	己巳	天干地支 西曆 星期	己未 12 六	庚申 13 日	辛酉 14 一	壬戌 15 二	癸亥 16 三	甲子 17 四	乙丑 18 五	丙寅 19 六	丁卯 20 日	戊辰 21 一	己巳 22 二	庚午 23 三	辛未 24 四	壬申 25 五	癸酉 26 六	甲戌 27 日	乙亥 28 一	丙子 29 二	丁丑 30 三	戊寅 31 四	己卯 (6) 五	庚辰 2 六	辛巳 3 日	壬午 4 一	癸未 5 二	甲申 6 三	乙酉 7 四	丙戌 8 五	丁亥 9 六		壬戌小滿 戊寅芒種
五月大	庚午	天干地支 西曆 星期	戊子 10 日	己丑 11 一	庚寅 12 二	辛卯 13 三	壬辰 14 四	癸巳 15 五	甲午 16 六	乙未 17 日	丙申 18 一	丁酉 19 二	戊戌 20 三	己亥 21 四	庚子 22 五	辛丑 23 六	壬寅 24 日	癸卯 25 一	甲辰 26 二	乙巳 27 三	丙午 28 四	丁未 29 五	戊申 30 六	己酉 (7) 日	庚戌 2 一	辛亥 3 二	壬子 4 三	癸丑 5 四	甲寅 6 五	乙卯 7 六	丙辰 8 日	丁巳 9 一	癸巳夏至 戊申小暑
六月小	辛未	天干地支 西曆 星期	戊午 10 二	己未 11 三	庚申 12 四	辛酉 13 五	壬戌 14 六	癸亥 15 日	甲子 16 一	乙丑 17 二	丙寅 18 三	丁卯 19 四	戊辰 20 五	己巳 21 六	庚午 22 日	辛未 23 一	壬申 24 二	癸酉 25 三	甲戌 26 四	乙亥 27 五	丙子 28 六	丁丑 29 日	戊寅 30 一	己卯 31 二	庚辰 (8) 三	辛巳 2 四	壬午 3 五	癸未 4 六	甲申 5 日	乙酉 6 一	丙戌 7 二		癸亥大暑 戊寅立秋
七月大	壬申	天干地支 西曆 星期	丁亥 8 三	戊子 9 四	己丑 10 五	庚寅 11 六	辛卯 12 日	壬辰 13 一	癸巳 14 二	甲午 15 三	乙未 16 四	丙申 17 五	丁酉 18 六	戊戌 19 日	己亥 20 一	庚子 21 二	辛丑 22 三	壬寅 23 四	癸卯 24 五	甲辰 25 六	乙巳 26 日	丙午 27 一	丁未 28 二	戊申 29 三	己酉 30 四	庚戌 31 五	辛亥 (9) 六	壬子 2 日	癸丑 3 一	甲寅 4 二	乙卯 5 三	丙辰 6 四	甲午處暑 己酉白露
八月大	癸酉	天干地支 西曆 星期	丁巳 7 五	戊午 8 六	己未 9 日	庚申 10 一	辛酉 11 二	壬戌 12 三	癸亥 13 四	甲子 14 五	乙丑 15 六	丙寅 16 日	丁卯 17 一	戊辰 18 二	己巳 19 三	庚午 20 四	辛未 21 五	壬申 22 六	癸酉 23 日	甲戌 24 一	乙亥 25 二	丙子 26 三	丁丑 27 四	戊寅 28 五	己卯 29 六	庚辰 30 日	辛巳 (10) 一	壬午 2 二	癸未 3 三	甲申 4 四	乙酉 5 五	丙戌 6 六	甲子秋分 己卯寒露
九月小	甲戌	天干地支 西曆 星期	丁亥 7 日	戊子 8 一	己丑 9 二	庚寅 10 三	辛卯 11 四	壬辰 12 五	癸巳 13 六	甲午 14 日	乙未 15 一	丙申 16 二	丁酉 17 三	戊戌 18 四	己亥 19 五	庚子 20 六	辛丑 21 日	壬寅 22 一	癸卯 23 二	甲辰 24 三	乙巳 25 四	丙午 26 五	丁未 27 六	戊申 28 日	己酉 29 一	庚戌 30 二	辛亥 31 三	壬子 (11) 四	癸丑 2 五	甲寅 3 六	乙卯 4 日		甲午霜降 庚戌立冬
十月大	乙亥	天干地支 西曆 星期	丙辰 5 一	丁巳 6 二	戊午 7 三	己未 8 四	庚申 9 五	辛酉 10 六	壬戌 11 日	癸亥 12 一	甲子 13 二	乙丑 14 三	丙寅 15 四	丁卯 16 五	戊辰 17 六	己巳 18 日	庚午 19 一	辛未 20 二	壬申 21 三	癸酉 22 四	甲戌 23 五	乙亥 24 六	丙子 25 日	丁丑 26 一	戊寅 27 二	己卯 28 三	庚辰 29 四	辛巳 30 五	壬午 (12) 六	癸未 2 日	甲申 3 一	乙酉 4 二	乙丑小雪 庚辰大雪
十一月大	丙子	天干地支 西曆 星期	丙戌 5 三	丁亥 6 四	戊子 7 五	己丑 8 六	庚寅 9 日	辛卯 10 一	壬辰 11 二	癸巳 12 三	甲午 13 四	乙未 14 五	丙申 15 六	丁酉 16 日	戊戌 17 一	己亥 18 二	庚子 19 三	辛丑 20 四	壬寅 21 五	癸卯 22 六	甲辰 23 日	乙巳 24 一	丙午 25 二	丁未 26 三	戊申 27 四	己酉 28 五	庚戌 29 六	辛亥 30 日	壬子 31 一	癸丑 (1) 二	甲寅 2 三	乙卯 3 四	乙未冬至 辛亥小寒
十二月小	丁丑	天干地支 西曆 星期	丙辰 4 五	丁巳 5 六	戊午 6 日	己未 7 一	庚申 8 二	辛酉 9 三	壬戌 10 四	癸亥 11 五	甲子 12 六	乙丑 13 日	丙寅 14 一	丁卯 15 二	戊辰 16 三	己巳 17 四	庚午 18 五	辛未 19 六	壬申 20 日	癸酉 21 一	甲戌 22 二	乙亥 23 三	丙子 24 四	丁丑 25 五	戊寅 26 六	己卯 27 日	庚辰 28 一	辛巳 29 二	壬午 30 三	癸未 31 四	甲申 (2) 五		丙寅大寒 辛巳立春

金世宗大定二十五年（乙巳 蛇年）公元1185～1186年

夏曆月序	中西曆日對照	初一	初二	初三	初四	初五	初六	初七	初八	初九	初十	十一	十二	十三	十四	十五	十六	十七	十八	十九	二十	二一	二二	二三	二四	二五	二六	二七	二八	二九	三十	節氣與天象
正月大 戊寅	天干 地支 西曆 星期	乙酉 2 六	丙戌 3 日	丁亥 4 一	戊子 5 二	己丑 6 三	庚寅 7 四	辛卯 8 五	壬辰 9 六	癸巳 10 日	甲午 11 一	乙未 12 二	丙申 13 三	丁酉 14 四	戊戌 15 五	己亥 16 六	庚子 17 日	辛丑 18 一	壬寅 19 二	癸卯 20 三	甲辰 21 四	乙巳 22 五	丙午 23 六	丁未 24 日	戊申 25 一	己酉 26 二	庚戌 27 三	辛亥 28 四	壬子 (3) 五	癸丑 2 六	甲寅 3 日	丙申雨水 辛亥驚蟄
二月小 己卯	天干 地支 西曆 星期	乙卯 4 一	丙辰 5 二	丁巳 6 三	戊午 7 四	己未 8 五	庚申 9 六	辛酉 10 日	壬戌 11 一	癸亥 12 二	甲子 13 三	乙丑 14 四	丙寅 15 五	丁卯 16 六	戊辰 17 日	己巳 18 一	庚午 19 二	辛未 20 三	壬申 21 四	癸酉 22 五	甲戌 23 六	乙亥 24 日	丙子 25 一	丁丑 26 二	戊寅 27 三	己卯 28 四	庚辰 29 五	辛巳 30 六	壬午 31 日	癸未 (4) 一		丁卯春分 壬午清明
三月大 庚辰	天干 地支 西曆 星期	甲申 2 二	乙酉 3 三	丙戌 4 四	丁亥 5 五	戊子 6 六	己丑 7 日	庚寅 8 一	辛卯 9 二	壬辰 10 三	癸巳 11 四	甲午 12 五	乙未 13 六	丙申 14 日	丁酉 15 一	戊戌 16 二	己亥 17 三	庚子 18 四	辛丑 19 五	壬寅 20 六	癸卯 21 日	甲辰 22 一	乙巳 23 二	丙午 24 三	丁未 25 四	戊申 26 五	己酉 27 六	庚戌 28 日	辛亥 29 一	壬子 30 二	癸丑 (5) 三	丁酉穀雨 壬子立夏
四月小 辛巳	天干 地支 西曆 星期	甲寅 2 四	乙卯 3 五	丙辰 4 六	丁巳 5 日	戊午 6 一	己未 7 二	庚申 8 三	辛酉 9 四	壬戌 10 五	癸亥 11 六	甲子 12 日	乙丑 13 一	丙寅 14 二	丁卯 15 三	戊辰 16 四	己巳 17 五	庚午 18 六	辛未 19 日	壬申 20 一	癸酉 21 二	甲戌 22 三	乙亥 23 四	丙子 24 五	丁丑 25 六	戊寅 26 日	己卯 27 一	庚辰 28 二	辛巳 29 三	壬午 30 四		戊辰小滿
五月小 壬午	天干 地支 西曆 星期	癸未 31 五	甲申 (6) 六	乙酉 2 日	丙戌 3 一	丁亥 4 二	戊子 5 三	己丑 6 四	庚寅 7 五	辛卯 8 六	壬辰 9 日	癸巳 10 一	甲午 11 二	乙未 12 三	丙申 13 四	丁酉 14 五	戊戌 15 六	己亥 16 日	庚子 17 一	辛丑 18 二	壬寅 19 三	癸卯 20 四	甲辰 21 五	乙巳 22 六	丙午 23 日	丁未 24 一	戊申 25 二	己酉 26 三	庚戌 27 四	辛亥 28 五		癸未芒種 戊戌夏至
六月大 癸未	天干 地支 西曆 星期	壬子 29 六	癸丑 30 日	甲寅 (7) 一	乙卯 2 二	丙辰 3 三	丁巳 4 四	戊午 5 五	己未 6 六	庚申 7 日	辛酉 8 一	壬戌 9 二	癸亥 10 三	甲子 11 四	乙丑 12 五	丙寅 13 六	丁卯 14 日	戊辰 15 一	己巳 16 二	庚午 17 三	辛未 18 四	壬申 19 五	癸酉 20 六	甲戌 21 日	乙亥 22 一	丙子 23 二	丁丑 24 三	戊寅 25 四	己卯 26 五	庚辰 27 六	辛巳 28 日	癸丑小暑 戊辰大暑
七月小 甲申	天干 地支 西曆 星期	壬午 29 一	癸未 30 二	甲申 31 三	乙酉 (8) 四	丙戌 2 五	丁亥 3 六	戊子 4 日	己丑 5 一	庚寅 6 二	辛卯 7 三	壬辰 8 四	癸巳 9 五	甲午 10 六	乙未 11 日	丙申 12 一	丁酉 13 二	戊戌 14 三	己亥 15 四	庚子 16 五	辛丑 17 六	壬寅 18 日	癸卯 19 一	甲辰 20 二	乙巳 21 三	丙午 22 四	丁未 23 五	戊申 24 六	己酉 25 日	庚戌 26 一		甲申立秋 己亥處暑
八月大 乙酉	天干 地支 西曆 星期	辛亥 27 二	壬子 28 三	癸丑 29 四	甲寅 30 五	乙卯 31 六	丙辰 (9) 日	丁巳 2 一	戊午 3 二	己未 4 三	庚申 5 四	辛酉 6 五	壬戌 7 六	癸亥 8 日	甲子 9 一	乙丑 10 二	丙寅 11 三	丁卯 12 四	戊辰 13 五	己巳 14 六	庚午 15 日	辛未 16 一	壬申 17 二	癸酉 18 三	甲戌 19 四	乙亥 20 五	丙子 21 六	丁丑 22 日	戊寅 23 一	己卯 24 二	庚辰 25 三	甲寅白露 己巳秋分
九月小 丙戌	天干 地支 西曆 星期	辛巳 26 四	壬午 27 五	癸未 28 六	甲申 29 日	乙酉 30 一	丙戌 (10) 二	丁亥 2 三	戊子 3 四	己丑 4 五	庚寅 5 六	辛卯 6 日	壬辰 7 一	癸巳 8 二	甲午 9 三	乙未 10 四	丙申 11 五	丁酉 12 六	戊戌 13 日	己亥 14 一	庚子 15 二	辛丑 16 三	壬寅 17 四	癸卯 18 五	甲辰 19 六	乙巳 20 日	丙午 21 一	丁未 22 二	戊申 23 三	己酉 24 四		乙酉寒露 庚子霜降
十月大 丁亥	天干 地支 西曆 星期	庚戌 25 五	辛亥 26 六	壬子 27 日	癸丑 28 一	甲寅 29 二	乙卯 30 三	丙辰 31 四	丁巳 (11) 五	戊午 2 六	己未 3 日	庚申 4 一	辛酉 5 二	壬戌 6 三	癸亥 7 四	甲子 8 五	乙丑 9 六	丙寅 10 日	丁卯 11 一	戊辰 12 二	己巳 13 三	庚午 14 四	辛未 15 五	壬申 16 六	癸酉 17 日	甲戌 18 一	乙亥 19 二	丙子 20 三	丁丑 21 四	戊寅 22 五	己卯 23 六	乙卯立冬 庚午小雪
十一月大 戊子	天干 地支 西曆 星期	庚辰 24 日	辛巳 25 一	壬午 26 二	癸未 27 三	甲申 28 四	乙酉 29 五	丙戌 30 六	丁亥 (12) 日	戊子 2 一	己丑 3 二	庚寅 4 三	辛卯 5 四	壬辰 6 五	癸巳 7 六	甲午 8 日	乙未 9 一	丙申 10 二	丁酉 11 三	戊戌 12 四	己亥 13 五	庚子 14 六	辛丑 15 日	壬寅 16 一	癸卯 17 二	甲辰 18 三	乙巳 19 四	丙午 20 五	丁未 21 六	戊申 22 日	己酉 23 一	乙酉大雪 辛丑冬至
十二月大 己丑	天干 地支 西曆 星期	庚戌 24 二	辛亥 25 三	壬子 26 四	癸丑 27 五	甲寅 28 六	乙卯 29 日	丙辰 30 一	丁巳 31 二	戊午 (1) 三	己未 2 四	庚申 3 五	辛酉 4 六	壬戌 5 日	癸亥 6 一	甲子 7 二	乙丑 8 三	丙寅 9 四	丁卯 10 五	戊辰 11 六	己巳 12 日	庚午 13 一	辛未 14 二	壬申 15 三	癸酉 16 四	甲戌 17 五	乙亥 18 六	丙子 19 日	丁丑 20 一	戊寅 21 二	己卯 22 三	丙辰小寒 辛未大寒

金世宗大定二十六年（丙午 馬年）公元 1186 ~ 1187 年

夏曆月序	中西曆日對照	初一	初二	初三	初四	初五	初六	初七	初八	初九	初十	十一	十二	十三	十四	十五	十六	十七	十八	十九	二十	二一	二二	二三	二四	二五	二六	二七	二八	二九	三十	節氣與天象
正月小	庚寅 天干地支 西曆星期	庚辰 23 四	辛巳 24 五	壬午 25 六	癸未 26 日	甲申 27 一	乙酉 28 二	丙戌 29 三	丁亥 30 四	戊子 31 五	己丑 (2) 六	庚寅 2 日	辛卯 3 一	壬辰 4 二	癸巳 5 三	甲午 6 四	乙未 7 五	丙申 8 六	丁酉 9 日	戊戌 10 一	己亥 11 二	庚子 12 三	辛丑 13 四	壬寅 14 五	癸卯 15 六	甲辰 16 日	乙巳 17 一	丙午 18 二	丁未 19 三	戊申 20 四		丙戌立春 辛丑雨水
二月大	辛卯 天干地支 西曆星期	己酉 21 五	庚戌 22 六	辛亥 23 日	壬子 24 一	癸丑 25 二	甲寅 26 三	乙卯 27 四	丙辰 28 五	丁巳 (3) 六	戊午 2 日	己未 3 一	庚申 4 二	辛酉 5 三	壬戌 6 四	癸亥 7 五	甲子 8 六	乙丑 9 日	丙寅 10 一	丁卯 11 二	戊辰 12 三	己巳 13 四	庚午 14 五	辛未 15 六	壬申 16 日	癸酉 17 一	甲戌 18 二	乙亥 19 三	丙子 20 四	丁丑 21 五	戊寅 22 六	丁巳驚蟄 壬申春分
三月小	壬辰 天干地支 西曆星期	己卯 23 日	庚辰 24 一	辛巳 25 二	壬午 26 三	癸未 27 四	甲申 28 五	乙酉 29 六	丙戌 30 日	丁亥 31 一	戊子 (4) 二	己丑 2 三	庚寅 3 四	辛卯 4 五	壬辰 5 六	癸巳 6 日	甲午 7 一	乙未 8 二	丙申 9 三	丁酉 10 四	戊戌 11 五	己亥 12 六	庚子 13 日	辛丑 14 一	壬寅 15 二	癸卯 16 三	甲辰 17 四	乙巳 18 五	丙午 19 六	丁未 20 日		丁亥清明 壬寅穀雨
四月大	癸巳 天干地支 西曆星期	戊申 21 一	己酉 22 二	庚戌 23 三	辛亥 24 四	壬子 25 五	癸丑 26 六	甲寅 27 日	乙卯 28 一	丙辰 29 二	丁巳 30 三	戊午 (5) 四	己未 2 五	庚申 3 六	辛酉 4 日	壬戌 5 一	癸亥 6 二	甲子 7 三	乙丑 8 四	丙寅 9 五	丁卯 10 六	戊辰 11 日	己巳 12 一	庚午 13 二	辛未 14 三	壬申 15 四	癸酉 16 五	甲戌 17 六	乙亥 18 日	丙子 19 一	丁丑 20 二	戊午立夏 癸酉小滿
五月小	甲午 天干地支 西曆星期	戊寅 21 三	己卯 22 四	庚辰 23 五	辛巳 24 六	壬午 25 日	癸未 26 一	甲申 27 二	乙酉 28 三	丙戌 29 四	丁亥 30 五	戊子 31 六	己丑 (6) 日	庚寅 2 一	辛卯 3 二	壬辰 4 三	癸巳 5 四	甲午 6 五	乙未 7 六	丙申 8 日	丁酉 9 一	戊戌 10 二	己亥 11 三	庚子 12 四	辛丑 13 五	壬寅 14 六	癸卯 15 日	甲辰 16 一	乙巳 17 二	丙午 18 三		戊子芒種 癸卯夏至
六月小	乙未 天干地支 西曆星期	丁未 19 四	戊申 20 五	己酉 21 六	庚戌 22 日	辛亥 23 一	壬子 24 二	癸丑 25 三	甲寅 26 四	乙卯 27 五	丙辰 28 六	丁巳 29 日	戊午 30 一	己未 (7) 二	庚申 2 三	辛酉 3 四	壬戌 4 五	癸亥 5 六	甲子 6 日	乙丑 7 一	丙寅 8 二	丁卯 9 三	戊辰 10 四	己巳 11 五	庚午 12 六	辛未 13 日	壬申 14 一	癸酉 15 二	甲戌 16 三	乙亥 17 四		戊午小暑 甲戌大暑
七月大	丙申 天干地支 西曆星期	丙子 18 五	丁丑 19 六	戊寅 20 日	己卯 21 一	庚辰 22 二	辛巳 23 三	壬午 24 四	癸未 25 五	甲申 26 六	乙酉 27 日	丙戌 28 一	丁亥 29 二	戊子 30 三	己丑 31 四	庚寅 (8) 五	辛卯 2 六	壬辰 3 日	癸巳 4 一	甲午 5 二	乙未 6 三	丙申 7 四	丁酉 8 五	戊戌 9 六	己亥 10 日	庚子 11 一	辛丑 12 二	壬寅 13 三	癸卯 14 四	甲辰 15 五	乙巳 16 六	己丑立秋 甲辰處暑
閏七月小	丙申 天干地支 西曆星期	丙午 17 日	丁未 18 一	戊申 19 二	己酉 20 三	庚戌 21 四	辛亥 22 五	壬子 23 六	癸丑 24 日	甲寅 25 一	乙卯 26 二	丙辰 27 三	丁巳 28 四	戊午 29 五	己未 30 六	庚申 31 日	辛酉 (9) 一	壬戌 2 二	癸亥 3 三	甲子 4 四	乙丑 5 五	丙寅 6 六	丁卯 7 日	戊辰 8 一	己巳 9 二	庚午 10 三	辛未 11 四	壬申 12 五	癸酉 13 六	甲戌 14 日		己未白露
八月小	丁酉 天干地支 西曆星期	乙亥 15 一	丙子 16 二	丁丑 17 三	戊寅 18 四	己卯 19 五	庚辰 20 六	辛巳 21 日	壬午 22 一	癸未 23 二	甲申 24 三	乙酉 25 四	丙戌 26 五	丁亥 27 六	戊子 28 日	己丑 29 一	庚寅 30 二	辛卯 (10) 三	壬辰 2 四	癸巳 3 五	甲午 4 六	乙未 5 日	丙申 6 一	丁酉 7 二	戊戌 8 三	己亥 9 四	庚子 10 五	辛丑 11 六	壬寅 12 日	癸卯 13 一		乙亥秋分 庚寅寒露
九月大	戊戌 天干地支 西曆星期	甲辰 14 二	乙巳 15 三	丙午 16 四	丁未 17 五	戊申 18 六	己酉 19 日	庚戌 20 一	辛亥 21 二	壬子 22 三	癸丑 23 四	甲寅 24 五	乙卯 25 六	丙辰 26 日	丁巳 27 一	戊午 28 二	己未 29 三	庚申 30 四	辛酉 31 五	壬戌 (11) 六	癸亥 2 日	甲子 3 一	乙丑 4 二	丙寅 5 三	丁卯 6 四	戊辰 7 五	己巳 8 六	庚午 9 日	辛未 10 一	壬申 11 二	癸酉 12 三	乙巳霜降 庚申立冬
十月大	己亥 天干地支 西曆星期	甲戌 13 四	乙亥 14 五	丙子 15 六	丁丑 16 日	戊寅 17 一	己卯 18 二	庚辰 19 三	辛巳 20 四	壬午 21 五	癸未 22 六	甲申 23 日	乙酉 24 一	丙戌 25 二	丁亥 26 三	戊子 27 四	己丑 28 五	庚寅 29 六	辛卯 30 日	壬辰 (12) 一	癸巳 2 二	甲午 3 三	乙未 4 四	丙申 5 五	丁酉 6 六	戊戌 7 日	己亥 8 一	庚子 9 二	辛丑 10 三	壬寅 11 四	癸卯 12 五	乙亥小雪 辛卯大雪
十一月大	庚子 天干地支 西曆星期	甲辰 13 六	乙巳 14 日	丙午 15 一	丁未 16 二	戊申 17 三	己酉 18 四	庚戌 19 五	辛亥 20 六	壬子 21 日	癸丑 22 一	甲寅 23 二	乙卯 24 三	丙辰 25 四	丁巳 26 五	戊午 27 六	己未 28 日	庚申 29 一	辛酉 30 二	壬戌 31 三	癸亥 (1) 四	甲子 2 五	乙丑 3 六	丙寅 4 日	丁卯 5 一	戊辰 6 二	己巳 7 三	庚午 8 四	辛未 9 五	壬申 10 六	癸酉 11 日	丙午冬至 辛酉小寒
十二月小	辛丑 天干地支 西曆星期	甲戌 12 一	乙亥 13 二	丙子 14 三	丁丑 15 四	戊寅 16 五	己卯 17 六	庚辰 18 日	辛巳 19 一	壬午 20 二	癸未 21 三	甲申 22 四	乙酉 23 五	丙戌 24 六	丁亥 25 日	戊子 26 一	己丑 27 二	庚寅 28 三	辛卯 29 四	壬辰 30 五	癸巳 31 六	甲午 (2) 日	乙未 2 一	丙申 3 二	丁酉 4 三	戊戌 5 四	己亥 6 五	庚子 7 六	辛丑 8 日	壬寅 9 一		丙子大寒 壬辰立春

金世宗大定二十七年（丁未 羊年）公元 1187 ~ 1188 年

夏曆月序		中西曆日對照	初一	初二	初三	初四	初五	初六	初七	初八	初九	初十	十一	十二	十三	十四	十五	十六	十七	十八	十九	二十	二一	二二	二三	二四	二五	二六	二七	二八	二九	三十	節氣與天象
正月大	壬寅	天干地支 西曆 星期	癸卯 10 二	甲辰 11 三	乙巳 12 四	丙午 13 五	丁未 14 六	戊申 15 日	己酉 16 一	庚戌 17 二	辛亥 18 三	壬子 19 四	癸丑 20 五	甲寅 21 六	乙卯 22 日	丙辰 23 一	丁巳 24 二	戊午 25 三	己未 26 四	庚申 27 五	辛酉 28 六	壬戌 (3) 日	癸亥 2 一	甲子 3 二	乙丑 4 三	丙寅 5 四	丁卯 6 五	戊辰 7 六	己巳 8 日	庚午 9 一	辛未 10 二	壬申 11 三	丁未雨水 壬戌驚蟄
二月大	癸卯	天干地支 西曆 星期	癸酉 12 四	甲戌 13 五	乙亥 14 六	丙子 15 日	丁丑 16 一	戊寅 17 二	己卯 18 三	庚辰 19 四	辛巳 20 五	壬午 21 六	癸未 22 日	甲申 23 一	乙酉 24 二	丙戌 25 三	丁亥 26 四	戊子 27 五	己丑 28 六	庚寅 29 日	辛卯 30 一	壬辰 31 二	癸巳 (4) 三	甲午 2 四	乙未 3 五	丙申 4 六	丁酉 5 日	戊戌 6 一	己亥 7 二	庚子 8 三	辛丑 9 四	壬寅 10 五	丁丑春分 壬辰清明
三月小	甲辰	天干地支 西曆 星期	癸卯 11 六	甲辰 12 日	乙巳 13 一	丙午 14 二	丁未 15 三	戊申 16 四	己酉 17 五	庚戌 18 六	辛亥 19 日	壬子 20 一	癸丑 21 二	甲寅 22 三	乙卯 23 四	丙辰 24 五	丁巳 25 六	戊午 26 日	己未 27 一	庚申 28 二	辛酉 29 三	壬戌 30 四	癸亥 (5) 五	甲子 2 六	乙丑 3 日	丙寅 4 一	丁卯 5 二	戊辰 6 三	己巳 7 四	庚午 8 五	辛未 9 六		戊申穀雨 癸亥立夏
四月大	乙巳	天干地支 西曆 星期	壬申 10 日	癸酉 11 一	甲戌 12 二	乙亥 13 三	丙子 14 四	丁丑 15 五	戊寅 16 六	己卯 17 日	庚辰 18 一	辛巳 19 二	壬午 20 三	癸未 21 四	甲申 22 五	乙酉 23 六	丙戌 24 日	丁亥 25 一	戊子 26 二	己丑 27 三	庚寅 28 四	辛卯 29 五	壬辰 30 六	癸巳 31 日	甲午 (6) 一	乙未 2 二	丙申 3 三	丁酉 4 四	戊戌 5 五	己亥 6 六	庚子 7 日	辛丑 8 一	戊寅小滿 癸巳芒種
五月小	丙午	天干地支 西曆 星期	壬寅 9 二	癸卯 10 三	甲辰 11 四	乙巳 12 五	丙午 13 六	丁未 14 日	戊申 15 一	己酉 16 二	庚戌 17 三	辛亥 18 四	壬子 19 五	癸丑 20 六	甲寅 21 日	乙卯 22 一	丙辰 23 二	丁巳 24 三	戊午 25 四	己未 26 五	庚申 27 六	辛酉 28 日	壬戌 29 一	癸亥 30 二	甲子 (7) 三	乙丑 2 四	丙寅 3 五	丁卯 4 六	戊辰 5 日	己巳 6 一	庚午 7 二		戊申夏至 甲子小暑
六月小	丁未	天干地支 西曆 星期	辛未 8 三	壬申 9 四	癸酉 10 五	甲戌 11 六	乙亥 12 日	丙子 13 一	丁丑 14 二	戊寅 15 三	己卯 16 四	庚辰 17 五	辛巳 18 六	壬午 19 日	癸未 20 一	甲申 21 二	乙酉 22 三	丙戌 23 四	丁亥 24 五	戊子 25 六	己丑 26 日	庚寅 27 一	辛卯 28 二	壬辰 29 三	癸巳 30 四	甲午 31 五	乙未 (8) 六	丙申 2 日	丁酉 3 一	戊戌 4 二	己亥 5 三		己卯大暑 甲午立秋
七月大	戊申	天干地支 西曆 星期	庚子 6 四	辛丑 7 五	壬寅 8 六	癸卯 9 日	甲辰 10 一	乙巳 11 二	丙午 12 三	丁未 13 四	戊申 14 五	己酉 15 六	庚戌 16 日	辛亥 17 一	壬子 18 二	癸丑 19 三	甲寅 20 四	乙卯 21 五	丙辰 22 六	丁巳 23 日	戊午 24 一	己未 25 二	庚申 26 三	辛酉 27 四	壬戌 28 五	癸亥 29 六	甲子 30 日	乙丑 31 一	丙寅 (9) 二	丁卯 2 三	戊辰 3 四	己巳 4 五	己酉處暑 乙丑白露
八月小	己酉	天干地支 西曆 星期	庚午 5 六	辛未 6 日	壬申 7 一	癸酉 8 二	甲戌 9 三	乙亥 10 四	丙子 11 五	丁丑 12 六	戊寅 13 日	己卯 14 一	庚辰 15 二	辛巳 16 三	壬午 17 四	癸未 18 五	甲申 19 六	乙酉 20 日	丙戌 21 一	丁亥 22 二	戊子 23 三	己丑 24 四	庚寅 25 五	辛卯 26 六	壬辰 27 日	癸巳 28 一	甲午 29 二	乙未 30 三	丙申 (10) 四	丁酉 2 五	戊戌 3 六		庚辰秋分 乙未寒露
九月小	庚戌	天干地支 西曆 星期	己亥 4 日	庚子 5 一	辛丑 6 二	壬寅 7 三	癸卯 8 四	甲辰 9 五	乙巳 10 六	丙午 11 日	丁未 12 一	戊申 13 二	己酉 14 三	庚戌 15 四	辛亥 16 五	壬子 17 六	癸丑 18 日	甲寅 19 一	乙卯 20 二	丙辰 21 三	丁巳 22 四	戊午 23 五	己未 24 六	庚申 25 日	辛酉 26 一	壬戌 27 二	癸亥 28 三	甲子 29 四	乙丑 30 五	丙寅 31 六	丁卯 (11) 日		庚戌霜降 乙丑立冬
十月大	辛亥	天干地支 西曆 星期	戊辰 2 一	己巳 3 二	庚午 4 三	辛未 5 四	壬申 6 五	癸酉 7 六	甲戌 8 日	乙亥 9 一	丙子 10 二	丁丑 11 三	戊寅 12 四	己卯 13 五	庚辰 14 六	辛巳 15 日	壬午 16 一	癸未 17 二	甲申 18 三	乙酉 19 四	丙戌 20 五	丁亥 21 六	戊子 22 日	己丑 23 一	庚寅 24 二	辛卯 25 三	壬辰 26 四	癸巳 27 五	甲午 28 六	乙未 29 日	丙申 30 一	丁酉 (12) 二	辛巳小雪 丙申大雪
十一月大	壬子	天干地支 西曆 星期	戊戌 2 三	己亥 3 四	庚子 4 五	辛丑 5 六	壬寅 6 日	癸卯 7 一	甲辰 8 二	乙巳 9 三	丙午 10 四	丁未 11 五	戊申 12 六	己酉 13 日	庚戌 14 一	辛亥 15 二	壬子 16 三	癸丑 17 四	甲寅 18 五	乙卯 19 六	丙辰 20 日	丁巳 21 一	戊午 22 二	己未 23 三	庚申 24 四	辛酉 25 五	壬戌 26 六	癸亥 27 日	甲子 28 一	乙丑 29 二	丙寅 30 三	丁卯 31 四	辛亥冬至 丙寅小寒
十二月小	癸丑	天干地支 西曆 星期	戊辰 (1) 五	己巳 2 六	庚午 3 日	辛未 4 一	壬申 5 二	癸酉 6 三	甲戌 7 四	乙亥 8 五	丙子 9 六	丁丑 10 日	戊寅 11 一	己卯 12 二	庚辰 13 三	辛巳 14 四	壬午 15 五	癸未 16 六	甲申 17 日	乙酉 18 一	丙戌 19 二	丁亥 20 三	戊子 21 四	己丑 22 五	庚寅 23 六	辛卯 24 日	壬辰 25 一	癸巳 26 二	甲午 27 三	乙未 28 四	丙申 29 五		壬午大寒

金世宗大定二十八年（戊申 猴年）公元 1188 ~ 1189 年

夏曆月序		中西曆日對照	初一	初二	初三	初四	初五	初六	初七	初八	初九	初十	十一	十二	十三	十四	十五	十六	十七	十八	十九	二十	二一	二二	二三	二四	二五	二六	二七	二八	二九	三十	節氣與天象
正月大	甲寅	天干地支 西曆 星期	丁酉 30 六	戊戌 31 日	己亥 (2) 一	庚子 2 二	辛丑 3 三	壬寅 4 四	癸卯 5 五	甲辰 6 六	乙巳 7 日	丙午 8 一	丁未 9 二	戊申 10 三	己酉 11 四	庚戌 12 五	辛亥 13 六	壬子 14 日	癸丑 15 一	甲寅 16 二	乙卯 17 三	丙辰 18 四	丁巳 19 五	戊午 20 六	己未 21 日	庚申 22 一	辛酉 23 二	壬戌 24 三	癸亥 25 四	甲子 26 五	乙丑 27 六	丙寅 28 日	丁酉立春 壬子雨水
二月大	乙卯	天干地支 西曆 星期	丁卯 29 一	戊辰 (3) 二	己巳 2 三	庚午 3 四	辛未 4 五	壬申 5 六	癸酉 6 日	甲戌 7 一	乙亥 8 二	丙子 9 三	丁丑 10 四	戊寅 11 五	己卯 12 六	庚辰 13 日	辛巳 14 一	壬午 15 二	癸未 16 三	甲申 17 四	乙酉 18 五	丙戌 19 六	丁亥 20 日	戊子 21 一	己丑 22 二	庚寅 23 三	辛卯 24 四	壬辰 25 五	癸巳 26 六	甲午 27 日	乙未 28 一	丙申 29 二	丁卯驚蟄 壬午春分
三月大	丙辰	天干地支 西曆 星期	丁酉 30 三	戊戌 31 四	己亥 (4) 五	庚子 2 六	辛丑 3 日	壬寅 4 一	癸卯 5 二	甲辰 6 三	乙巳 7 四	丙午 8 五	丁未 9 六	戊申 10 日	己酉 11 一	庚戌 12 二	辛亥 13 三	壬子 14 四	癸丑 15 五	甲寅 16 六	乙卯 17 日	丙辰 18 一	丁巳 19 二	戊午 20 三	己未 21 四	庚申 22 五	辛酉 23 六	壬戌 24 日	癸亥 25 一	甲子 26 二	乙丑 27 三	丙寅 28 四	戊戌清明 癸丑穀雨
四月小	丁巳	天干地支 西曆 星期	丁卯 29 五	戊辰 30 六	己巳 (5) 日	庚午 2 一	辛未 3 二	壬申 4 三	癸酉 5 四	甲戌 6 五	乙亥 7 六	丙子 8 日	丁丑 9 一	戊寅 10 二	己卯 11 三	庚辰 12 四	辛巳 13 五	壬午 14 六	癸未 15 日	甲申 16 一	乙酉 17 二	丙戌 18 三	丁亥 19 四	戊子 20 五	己丑 21 六	庚寅 22 日	辛卯 23 一	壬辰 24 二	癸巳 25 三	甲午 26 四	乙未 27 五		戊辰立夏 癸未小滿
五月大	戊午	天干地支 西曆 星期	丙申 28 六	丁酉 29 日	戊戌 30 一	己亥 31 二	庚子 (6) 三	辛丑 2 四	壬寅 3 五	癸卯 4 六	甲辰 5 日	乙巳 6 一	丙午 7 二	丁未 8 三	戊申 9 四	己酉 10 五	庚戌 11 六	辛亥 12 日	壬子 13 一	癸丑 14 二	甲寅 15 三	乙卯 16 四	丙辰 17 五	丁巳 18 六	戊午 19 日	己未 20 一	庚申 21 二	辛酉 22 三	壬戌 23 四	癸亥 24 五	甲子 25 六	乙丑 26 日	戊戌芒種 甲寅夏至
六月小	己未	天干地支 西曆 星期	丙寅 27 一	丁卯 28 二	戊辰 29 三	己巳 30 四	庚午 (7) 五	辛未 2 六	壬申 3 日	癸酉 4 一	甲戌 5 二	乙亥 6 三	丙子 7 四	丁丑 8 五	戊寅 9 六	己卯 10 日	庚辰 11 一	辛巳 12 二	壬午 13 三	癸未 14 四	甲申 15 五	乙酉 16 六	丙戌 17 日	丁亥 18 一	戊子 19 二	己丑 20 三	庚寅 21 四	辛卯 22 五	壬辰 23 六	癸巳 24 日	甲午 25 一		己巳小暑 甲申大暑
七月小	庚申	天干地支 西曆 星期	乙未 26 二	丙申 27 三	丁酉 28 四	戊戌 29 五	己亥 30 六	庚子 31 日	辛丑 (8) 一	壬寅 2 二	癸卯 3 三	甲辰 4 四	乙巳 5 五	丙午 6 六	丁未 7 日	戊申 8 一	己酉 9 二	庚戌 10 三	辛亥 11 四	壬子 12 五	癸丑 13 六	甲寅 14 日	乙卯 15 一	丙辰 16 二	丁巳 17 三	戊午 18 四	己未 19 五	庚申 20 六	辛酉 21 日	壬戌 22 一	癸亥 23 二		己亥立秋 乙卯處暑
八月大	辛酉	天干地支 西曆 星期	甲子 24 三	乙丑 25 四	丙寅 26 五	丁卯 27 六	戊辰 28 日	己巳 29 一	庚午 30 二	辛未 31 三	壬申 (9) 四	癸酉 2 五	甲戌 3 六	乙亥 4 日	丙子 5 一	丁丑 6 二	戊寅 7 三	己卯 8 四	庚辰 9 五	辛巳 10 六	壬午 11 日	癸未 12 一	甲申 13 二	乙酉 14 三	丙戌 15 四	丁亥 16 五	戊子 17 六	己丑 18 日	庚寅 19 一	辛卯 20 二	壬辰 21 三	癸巳 22 四	庚午白露 乙酉秋分
九月小	壬戌	天干地支 西曆 星期	甲午 23 五	乙未 24 六	丙申 25 日	丁酉 26 一	戊戌 27 二	己亥 28 三	庚子 29 四	辛丑 30 五	壬寅 (10) 六	癸卯 2 日	甲辰 3 一	乙巳 4 二	丙午 5 三	丁未 6 四	戊申 7 五	己酉 8 六	庚戌 9 日	辛亥 10 一	壬子 11 二	癸丑 12 三	甲寅 13 四	乙卯 14 五	丙辰 15 六	丁巳 16 日	戊午 17 一	己未 18 二	庚申 19 三	辛酉 20 四	壬戌 21 五		庚子寒露 乙卯霜降
十月小	癸亥	天干地支 西曆 星期	癸亥 22 六	甲子 23 日	乙丑 24 一	丙寅 25 二	丁卯 26 三	戊辰 27 四	己巳 28 五	庚午 29 六	辛未 30 日	壬申 31 一	癸酉 (11) 二	甲戌 2 三	乙亥 3 四	丙子 4 五	丁丑 5 六	戊寅 6 日	己卯 7 一	庚辰 8 二	辛巳 9 三	壬午 10 四	癸未 11 五	甲申 12 六	乙酉 13 日	丙戌 14 一	丁亥 15 二	戊子 16 三	己丑 17 四	庚寅 18 五	辛卯 19 六		辛未立冬 丙戌小雪
十一月大	甲子	天干地支 西曆 星期	壬辰 20 日	癸巳 21 一	甲午 22 二	乙未 23 三	丙申 24 四	丁酉 25 五	戊戌 26 六	己亥 27 日	庚子 28 一	辛丑 29 二	壬寅 30 三	癸卯 (12) 四	甲辰 2 五	乙巳 3 六	丙午 4 日	丁未 5 一	戊申 6 二	己酉 7 三	庚戌 8 四	辛亥 9 五	壬子 10 六	癸丑 11 日	甲寅 12 一	乙卯 13 二	丙辰 14 三	丁巳 15 四	戊午 16 五	己未 17 六	庚申 18 日	辛酉 19 一	辛丑大雪 丙辰冬至
十二月大	乙丑	天干地支 西曆 星期	壬戌 20 二	癸亥 21 三	甲子 22 四	乙丑 23 五	丙寅 24 六	丁卯 25 日	戊辰 26 一	己巳 27 二	庚午 28 三	辛未 29 四	壬申 30 五	癸酉 31 六	甲戌 (1) 日	乙亥 2 一	丙子 3 二	丁丑 4 三	戊寅 5 四	己卯 6 五	庚辰 7 六	辛巳 8 日	壬午 9 一	癸未 10 二	甲申 11 三	乙酉 12 四	丙戌 13 五	丁亥 14 六	戊子 15 日	己丑 16 一	庚寅 17 二	辛卯 18 三	壬申小寒 丁亥大寒

金世宗大定二十九年 章宗大定二十九年（己酉 鷄年）公元 1189 ~ 1190 年

夏曆月序		中西曆日對照	夏曆日序																														節氣與天象
			初一	初二	初三	初四	初五	初六	初七	初八	初九	初十	十一	十二	十三	十四	十五	十六	十七	十八	十九	二十	二一	二二	二三	二四	二五	二六	二七	二八	二九	三十	
正月小	丙寅	天干地支 西曆 星期	壬辰 19 四	癸巳 20 五	甲午 21 六	乙未 22 日	丙申 23 一	丁酉 24 二	戊戌 25 三	己亥 26 四	庚子 27 五	辛丑 28 六	壬寅 29 日	癸卯 30 一	甲辰 31 二	乙巳 (2) 三	丙午 2 四	丁未 3 五	戊申 4 六	己酉 5 日	庚戌 6 一	辛亥 7 二	壬子 8 三	癸丑 9 四	甲寅 10 五	乙卯 11 六	丙辰 12 日	丁巳 13 一	戊午 14 二	己未 15 三	庚申 16 四		壬寅立春 丁巳雨水
二月大	丁卯	天干地支 西曆 星期	辛酉 17 五	壬戌 18 六	癸亥 19 日	甲子 20 一	乙丑 21 二	丙寅 22 三	丁卯 23 四	戊辰 24 五	己巳 25 六	庚午 26 日	辛未 27 一	壬申 28 二	癸酉 (3) 三	甲戌 2 四	乙亥 3 五	丙子 4 六	丁丑 5 日	戊寅 6 一	己卯 7 二	庚辰 8 三	辛巳 9 四	壬午 10 五	癸未 11 六	甲申 12 日	乙酉 13 一	丙戌 14 二	丁亥 15 三	戊子 16 四	己丑 17 五	庚寅 18 六	壬申驚蟄 戊子春分
三月大	戊辰	天干地支 西曆 星期	辛卯 19 日	壬辰 20 一	癸巳 21 二	甲午 22 三	乙未 23 四	丙申 24 五	丁酉 25 六	戊戌 26 日	己亥 27 一	庚子 28 二	辛丑 29 三	壬寅 30 四	癸卯 31 五	甲辰 (4) 六	乙巳 2 日	丙午 3 一	丁未 4 二	戊申 5 三	己酉 6 四	庚戌 7 五	辛亥 8 六	壬子 9 日	癸丑 10 一	甲寅 11 二	乙卯 12 三	丙辰 13 四	丁巳 14 五	戊午 15 六	己未 16 日	庚申 17 一	癸卯清明 戊午穀雨
四月小	己巳	天干地支 西曆 星期	辛酉 18 二	壬戌 19 三	癸亥 20 四	甲子 21 五	乙丑 22 六	丙寅 23 日	丁卯 24 一	戊辰 25 二	己巳 26 三	庚午 27 四	辛未 28 五	壬申 29 六	癸酉 30 日	甲戌 (5) 一	乙亥 2 二	丙子 3 三	丁丑 4 四	戊寅 5 五	己卯 6 六	庚辰 7 日	辛巳 8 一	壬午 9 二	癸未 10 三	甲申 11 四	乙酉 12 五	丙戌 13 六	丁亥 14 日	戊子 15 一	己丑 16 二		癸酉立夏 己丑小滿
五月大	庚午	天干地支 西曆 星期	庚寅 17 三	辛卯 18 四	壬辰 19 五	癸巳 20 六	甲午 21 日	乙未 22 一	丙申 23 二	丁酉 24 三	戊戌 25 四	己亥 26 五	庚子 27 六	辛丑 28 日	壬寅 29 一	癸卯 30 二	甲辰 31 三	乙巳 (6) 四	丙午 2 五	丁未 3 六	戊申 4 日	己酉 5 一	庚戌 6 二	辛亥 7 三	壬子 8 四	癸丑 9 五	甲寅 10 六	乙卯 11 日	丙辰 12 一	丁巳 13 二	戊午 14 三	己未 15 四	甲辰芒種 己未夏至
閏五月小	庚午	天干地支 西曆 星期	庚申 16 五	辛酉 17 六	壬戌 18 日	癸亥 19 一	甲子 20 二	乙丑 21 三	丙寅 22 四	丁卯 23 五	戊辰 24 六	己巳 25 日	庚午 26 一	辛未 27 二	壬申 28 三	癸酉 29 四	甲戌 30 五	乙亥 (7) 六	丙子 2 日	丁丑 3 一	戊寅 4 二	己卯 5 三	庚辰 6 四	辛巳 7 五	壬午 8 六	癸未 9 日	甲申 10 一	乙酉 11 二	丙戌 12 三	丁亥 13 四	戊子 14 五		甲戌小暑
六月大	辛未	天干地支 西曆 星期	己丑 15 六	庚寅 16 日	辛卯 17 一	壬辰 18 二	癸巳 19 三	甲午 20 四	乙未 21 五	丙申 22 六	丁酉 23 日	戊戌 24 一	己亥 25 二	庚子 26 三	辛丑 27 四	壬寅 28 五	癸卯 29 六	甲辰 30 日	乙巳 31 一	丙午 (8) 二	丁未 2 三	戊申 3 四	己酉 4 五	庚戌 5 六	辛亥 6 日	壬子 7 一	癸丑 8 二	甲寅 9 三	乙卯 10 四	丙辰 11 五	丁巳 12 六	戊午 13 日	己丑大暑 乙巳立秋
七月小	壬申	天干地支 西曆 星期	己未 14 一	庚申 15 二	辛酉 16 三	壬戌 17 四	癸亥 18 五	甲子 19 六	乙丑 20 日	丙寅 21 一	丁卯 22 二	戊辰 23 三	己巳 24 四	庚午 25 五	辛未 26 六	壬申 27 日	癸酉 28 一	甲戌 29 二	乙亥 30 三	丙子 31 四	丁丑 (9) 五	戊寅 2 六	己卯 3 日	庚辰 4 一	辛巳 5 二	壬午 6 三	癸未 7 四	甲申 8 五	乙酉 9 六	丙戌 10 日	丁亥 11 一		庚申處暑 乙亥白露
八月大	癸酉	天干地支 西曆 星期	戊子 12 二	己丑 13 三	庚寅 14 四	辛卯 15 五	壬辰 16 六	癸巳 17 日	甲午 18 一	乙未 19 二	丙申 20 三	丁酉 21 四	戊戌 22 五	己亥 23 六	庚子 24 日	辛丑 25 一	壬寅 26 二	癸卯 27 三	甲辰 28 四	乙巳 29 五	丙午 30 六	丁未 (10) 日	戊申 2 一	己酉 3 二	庚戌 4 三	辛亥 5 四	壬子 6 五	癸丑 7 六	甲寅 8 日	乙卯 9 一	丙辰 10 二	丁巳 11 三	庚寅秋分 乙巳寒露
九月小	甲戌	天干地支 西曆 星期	戊午 12 四	己未 13 五	庚申 14 六	辛酉 15 日	壬戌 16 一	癸亥 17 二	甲子 18 三	乙丑 19 四	丙寅 20 五	丁卯 21 六	戊辰 22 日	己巳 23 一	庚午 24 二	辛未 25 三	壬申 26 四	癸酉 27 五	甲戌 28 六	乙亥 29 日	丙子 30 一	丁丑 31 二	戊寅 (11) 三	己卯 2 四	庚辰 3 五	辛巳 4 六	壬午 5 日	癸未 6 一	甲申 7 二	乙酉 8 三	丙戌 9 四		辛酉霜降 丙子立冬
十月大	乙亥	天干地支 西曆 星期	丁亥 10 五	戊子 11 六	己丑 12 日	庚寅 13 一	辛卯 14 二	壬辰 15 三	癸巳 16 四	甲午 17 五	乙未 18 六	丙申 19 日	丁酉 20 一	戊戌 21 二	己亥 22 三	庚子 23 四	辛丑 24 五	壬寅 25 六	癸卯 26 日	甲辰 27 一	乙巳 28 二	丙午 29 三	丁未 30 四	戊申 (12) 五	己酉 2 六	庚戌 3 日	辛亥 4 一	壬子 5 二	癸丑 6 三	甲寅 7 四	乙卯 8 五	丙辰 9 六	辛卯小雪 丙午大雪
十一月小	丙子	天干地支 西曆 星期	丁巳 10 日	戊午 11 一	己未 12 二	庚申 13 三	辛酉 14 四	壬戌 15 五	癸亥 16 六	甲子 17 日	乙丑 18 一	丙寅 19 二	丁卯 20 三	戊辰 21 四	己巳 22 五	庚午 23 六	辛未 24 日	壬申 25 一	癸酉 26 二	甲戌 27 三	乙亥 28 四	丙子 29 五	丁丑 30 六	戊寅 31 日	己卯 (1) 一	庚辰 2 二	辛巳 3 三	壬午 4 四	癸未 5 五	甲申 6 六	乙酉 7 日		壬戌冬至 丁丑小寒
十二月大	丁丑	天干地支 西曆 星期	丙戌 8 一	丁亥 9 二	戊子 10 三	己丑 11 四	庚寅 12 五	辛卯 13 六	壬辰 14 日	癸巳 15 一	甲午 16 二	乙未 17 三	丙申 18 四	丁酉 19 五	戊戌 20 六	己亥 21 日	庚子 22 一	辛丑 23 二	壬寅 24 三	癸卯 25 四	甲辰 26 五	乙巳 27 六	丙午 28 日	丁未 29 一	戊申 30 二	己酉 31 三	庚戌 (2) 四	辛亥 2 五	壬子 3 六	癸丑 4 日	甲寅 5 一	乙卯 6 二	壬辰大寒 丁未立春

* 正月癸巳（初二），金世宗死，完顏璟即位，是爲章宗。仍用大定年號。

金章宗明昌元年（庚戌 狗年） 公元**1190**～1191年

夏曆月序		中西曆日對照	初一	初二	初三	初四	初五	初六	初七	初八	初九	初十	十一	十二	十三	十四	十五	十六	十七	十八	十九	二十	二一	二二	二三	二四	二五	二六	二七	二八	二九	三十	節氣與天象
正月小	戊寅	天干地支西曆星期	丙辰7三	丁巳8四	戊午9五	己未10六	庚申11日	辛酉12一	壬戌13二	癸亥14三	甲子15四	乙丑16五	丙寅17六	丁卯18日	戊辰19一	己巳20二	庚午21三	辛未22四	壬申23五	癸酉24六	甲戌25日	乙亥26一	丙子27二	丁丑28三	戊寅(3)四	己卯2五	庚辰3六	辛巳4日	壬午5一	癸未6二	甲申7三		壬戌雨水 戊寅驚蟄
二月大	己卯	天干地支西曆星期	乙酉8四	丙戌9五	丁亥10六	戊子11日	己丑12一	庚寅13二	辛卯14三	壬辰15四	癸巳16五	甲午17六	乙未18日	丙申19一	丁酉20二	戊戌21三	己亥22四	庚子23五	辛丑24六	壬寅25日	癸卯26一	甲辰27二	乙巳28三	丙午29四	丁未30五	戊申31六	己酉(4)日	庚戌2一	辛亥3二	壬子4三	癸丑5四	甲寅6五	癸巳春分 戊申清明
三月小	庚辰	天干地支西曆星期	乙卯7六	丙辰8日	丁巳9一	戊午10二	己未11三	庚申12四	辛酉13五	壬戌14六	癸亥15日	甲子16一	乙丑17二	丙寅18三	丁卯19四	戊辰20五	己巳21六	庚午22日	辛未23一	壬申24二	癸酉25三	甲戌26四	乙亥27五	丙子28六	丁丑29日	戊寅30一	己卯(5)二	庚辰2三	辛巳3四	壬午4五	癸未5六		癸亥穀雨 己卯立夏
四月大	辛巳	天干地支西曆星期	甲申6日	乙酉7一	丙戌8二	丁亥9三	戊子10四	己丑11五	庚寅12六	辛卯13日	壬辰14一	癸巳15二	甲午16三	乙未17四	丙申18五	丁酉19六	戊戌20日	己亥21一	庚子22二	辛丑23三	壬寅24四	癸卯25五	甲辰26六	乙巳27日	丙午28一	丁未29二	戊申30三	己酉31四	庚戌(6)五	辛亥2六	壬子3日	癸丑4一	甲午小滿 己酉芒種
五月大	壬午	天干地支西曆星期	甲寅5二	乙卯6三	丙辰7四	丁巳8五	戊午9六	己未10日	庚申11一	辛酉12二	壬戌13三	癸亥14四	甲子15五	乙丑16六	丙寅17日	丁卯18一	戊辰19二	己巳20三	庚午21四	辛未22五	壬申23六	癸酉24日	甲戌25一	乙亥26二	丙子27三	丁丑28四	戊寅29五	己卯30六	庚辰(7)日	辛巳2一	壬午3二	癸未4三	甲子夏至 己卯小暑
六月小	癸未	天干地支西曆星期	甲申5四	乙酉6五	丙戌7六	丁亥8日	戊子9一	己丑10二	庚寅11三	辛卯12四	壬辰13五	癸巳14六	甲午15日	乙未16一	丙申17二	丁酉18三	戊戌19四	己亥20五	庚子21六	辛丑22日	壬寅23一	癸卯24二	甲辰25三	乙巳26四	丙午27五	丁未28六	戊申29日	己酉30一	庚戌31二	辛亥(8)三	壬子2四		乙未大暑 庚戌立秋
七月大	甲申	天干地支西曆星期	癸丑3五	甲寅4六	乙卯5日	丙辰6一	丁巳7二	戊午8三	己未9四	庚申10五	辛酉11六	壬戌12日	癸亥13一	甲子14二	乙丑15三	丙寅16四	丁卯17五	戊辰18六	己巳19日	庚午20一	辛未21二	壬申22三	癸酉23四	甲戌24五	乙亥25六	丙子26日	丁丑27一	戊寅28二	己卯29三	庚辰30四	辛巳31五	壬午(9)六	乙丑處暑 庚辰白露
八月小	乙酉	天干地支西曆星期	癸未2日	甲申3一	乙酉4二	丙戌5三	丁亥6四	戊子7五	己丑8六	庚寅9日	辛卯10一	壬辰11二	癸巳12三	甲午13四	乙未14五	丙申15六	丁酉16日	戊戌17一	己亥18二	庚子19三	辛丑20四	壬寅21五	癸卯22六	甲辰23日	乙巳24一	丙午25二	丁未26三	戊申27四	己酉28五	庚戌29六	辛亥30日		丙申秋分 辛亥寒露
九月大	丙戌	天干地支西曆星期	壬子(10)一	癸丑2二	甲寅3三	乙卯4四	丙辰5五	丁巳6六	戊午7日	己未8一	庚申9二	辛酉10三	壬戌11四	癸亥12五	甲子13六	乙丑14日	丙寅15一	丁卯16二	戊辰17三	己巳18四	庚午19五	辛未20六	壬申21日	癸酉22一	甲戌23二	乙亥24三	丙子25四	丁丑26五	戊寅27六	己卯28日	庚辰29一	辛巳30二	丙寅霜降 辛巳立冬
十月小	丁亥	天干地支西曆星期	壬午31三	癸未(11)四	甲申2五	乙酉3六	丙戌4日	丁亥5一	戊子6二	己丑7三	庚寅8四	辛卯9五	壬辰10六	癸巳11日	甲午12一	乙未13二	丙申14三	丁酉15四	戊戌16五	己亥17六	庚子18日	辛丑19一	壬寅20二	癸卯21三	甲辰22四	乙巳23五	丙午24六	丁未25日	戊申26一	己酉27二	庚戌28三		丙申小雪
十一月大	戊子	天干地支西曆星期	辛亥29四	壬子30五	癸丑(12)六	甲寅2日	乙卯3一	丙辰4二	丁巳5三	戊午6四	己未7五	庚申8六	辛酉9日	壬戌10一	癸亥11二	甲子12三	乙丑13四	丙寅14五	丁卯15六	戊辰16日	己巳17一	庚午18二	辛未19三	壬申20四	癸酉21五	甲戌22六	乙亥23日	丙子24一	丁丑25二	戊寅26三	己卯27四	庚辰28五	壬子大雪 丁卯冬至
十二月小	己丑	天干地支西曆星期	辛巳29六	壬午30日	癸未31一	甲申(1)二	乙酉2三	丙戌3四	丁亥4五	戊子5六	己丑6日	庚寅7一	辛卯8二	壬辰9三	癸巳10四	甲午11五	乙未12六	丙申13日	丁酉14一	戊戌15二	己亥16三	庚子17四	辛丑18五	壬寅19六	癸卯20日	甲辰21一	乙巳22二	丙午23三	丁未24四	戊申25五	己酉26六		壬午小寒 丁酉大寒

＊正月丙辰（初一），改元明昌。

金章宗明昌二年（辛亥 猪年） 公元 1191 ~ 1192 年

夏曆月序		中西曆日對照	初一	初二	初三	初四	初五	初六	初七	初八	初九	初十	十一	十二	十三	十四	十五	十六	十七	十八	十九	二十	二一	二二	二三	二四	二五	二六	二七	二八	二九	三十	節氣與天象
正月大	庚寅	天干地支 西曆 星期	庚戌 27 日	辛亥 28 一	壬子 29 二	癸丑 30 三	甲寅 31 四	乙卯 (2) 五	丙辰 2 六	丁巳 3 日	戊午 4 一	己未 5 二	庚申 6 三	辛酉 7 四	壬戌 8 五	癸亥 9 六	甲子 10 日	乙丑 11 一	丙寅 12 二	丁卯 13 三	戊辰 14 四	己巳 15 五	庚午 16 六	辛未 17 日	壬申 18 一	癸酉 19 二	甲戌 20 三	乙亥 21 四	丙子 22 五	丁丑 23 六	戊寅 24 日	己卯 25 一	壬子立春 戊辰雨水
二月小	辛卯	天干地支 西曆 星期	庚辰 26 二	辛巳 27 三	壬午 28 四	癸未 (3) 五	甲申 2 六	乙酉 3 日	丙戌 4 一	丁亥 5 二	戊子 6 三	己丑 7 四	庚寅 8 五	辛卯 9 六	壬辰 10 日	癸巳 11 一	甲午 12 二	乙未 13 三	丙申 14 四	丁酉 15 五	戊戌 16 六	己亥 17 日	庚子 18 一	辛丑 19 二	壬寅 20 三	癸卯 21 四	甲辰 22 五	乙巳 23 六	丙午 24 日	丁未 25 一	戊申 26 二		癸未驚蟄 戊戌春分
三月小	壬辰	天干地支 西曆 星期	己酉 27 三	庚戌 28 四	辛亥 29 五	壬子 30 六	癸丑 31 日	甲寅 (4) 一	乙卯 2 二	丙辰 3 三	丁巳 4 四	戊午 5 五	己未 6 六	庚申 7 日	辛酉 8 一	壬戌 9 二	癸亥 10 三	甲子 11 四	乙丑 12 五	丙寅 13 六	丁卯 14 日	戊辰 15 一	己巳 16 二	庚午 17 三	辛未 18 四	壬申 19 五	癸酉 20 六	甲戌 21 日	乙亥 22 一	丙子 23 二	丁丑 24 三		癸丑清明 己巳穀雨
四月大	癸巳	天干地支 西曆 星期	戊寅 25 四	己卯 26 五	庚辰 27 六	辛巳 28 日	壬午 29 一	癸未 30 二	甲申 (5) 三	乙酉 2 四	丙戌 3 五	丁亥 4 六	戊子 5 日	己丑 6 一	庚寅 7 二	辛卯 8 三	壬辰 9 四	癸巳 10 五	甲午 11 六	乙未 12 日	丙申 13 一	丁酉 14 二	戊戌 15 三	己亥 16 四	庚子 17 五	辛丑 18 六	壬寅 19 日	癸卯 20 一	甲辰 21 二	乙巳 22 三	丙午 23 四	丁未 24 五	甲申立夏 己亥小滿
五月大	甲午	天干地支 西曆 星期	戊申 25 六	己酉 26 日	庚戌 27 一	辛亥 28 二	壬子 29 三	癸丑 30 四	甲寅 31 五	乙卯 (6) 六	丙辰 2 日	丁巳 3 一	戊午 4 二	己未 5 三	庚申 6 四	辛酉 7 五	壬戌 8 六	癸亥 9 日	甲子 10 一	乙丑 11 二	丙寅 12 三	丁卯 13 四	戊辰 14 五	己巳 15 六	庚午 16 日	辛未 17 一	壬申 18 二	癸酉 19 三	甲戌 20 四	乙亥 21 五	丙子 22 六	丁丑 23 日	甲寅芒種 己巳夏至
六月小	乙未	天干地支 西曆 星期	戊寅 24 一	己卯 25 二	庚辰 26 三	辛巳 27 四	壬午 28 五	癸未 29 六	甲申 30 日	乙酉 (7) 一	丙戌 2 二	丁亥 3 三	戊子 4 四	己丑 5 五	庚寅 6 六	辛卯 7 日	壬辰 8 一	癸巳 9 二	甲午 10 三	乙未 11 四	丙申 12 五	丁酉 13 六	戊戌 14 日	己亥 15 一	庚子 16 二	辛丑 17 三	壬寅 18 四	癸卯 19 五	甲辰 20 六	乙巳 21 日	丙午 22 一		乙酉小暑 庚子大暑
七月大	丙申	天干地支 西曆 星期	丁未 23 二	戊申 24 三	己酉 25 四	庚戌 26 五	辛亥 27 六	壬子 28 日	癸丑 29 一	甲寅 30 二	乙卯 31 三	丙辰 (8) 四	丁巳 2 五	戊午 3 六	己未 4 日	庚申 5 一	辛酉 6 二	壬戌 7 三	癸亥 8 四	甲子 9 五	乙丑 10 六	丙寅 11 日	丁卯 12 一	戊辰 13 二	己巳 14 三	庚午 15 四	辛未 16 五	壬申 17 六	癸酉 18 日	甲戌 19 一	乙亥 20 二	丙子 21 三	乙卯立秋 庚午處暑
八月大	丁酉	天干地支 西曆 星期	丁丑 22 四	戊寅 23 五	己卯 24 六	庚辰 25 日	辛巳 26 一	壬午 27 二	癸未 28 三	甲申 29 四	乙酉 30 五	丙戌 31 六	丁亥 (9) 日	戊子 2 一	己丑 3 二	庚寅 4 三	辛卯 5 四	壬辰 6 五	癸巳 7 六	甲午 8 日	乙未 9 一	丙申 10 二	丁酉 11 三	戊戌 12 四	己亥 13 五	庚子 14 六	辛丑 15 日	壬寅 16 一	癸卯 17 二	甲辰 18 三	乙巳 19 四	丙午 20 五	丙戌白露 辛丑秋分
九月小	戊戌	天干地支 西曆 星期	丁未 21 六	戊申 22 日	己酉 23 一	庚戌 24 二	辛亥 25 三	壬子 26 四	癸丑 27 五	甲寅 28 六	乙卯 29 日	丙辰 30 一	丁巳 (10) 二	戊午 2 三	己未 3 四	庚申 4 五	辛酉 5 六	壬戌 6 日	癸亥 7 一	甲子 8 二	乙丑 9 三	丙寅 10 四	丁卯 11 五	戊辰 12 六	己巳 13 日	庚午 14 一	辛未 15 二	壬申 16 三	癸酉 17 四	甲戌 18 五	乙亥 19 六		丙辰寒露 辛未霜降
十月大	己亥	天干地支 西曆 星期	丙子 20 日	丁丑 21 一	戊寅 22 二	己卯 23 三	庚辰 24 四	辛巳 25 五	壬午 26 六	癸未 27 日	甲申 28 一	乙酉 29 二	丙戌 30 三	丁亥 31 四	戊子 (11) 五	己丑 2 六	庚寅 3 日	辛卯 4 一	壬辰 5 二	癸巳 6 三	甲午 7 四	乙未 8 五	丙申 9 六	丁酉 10 日	戊戌 11 一	己亥 12 二	庚子 13 三	辛丑 14 四	壬寅 15 五	癸卯 16 六	甲辰 17 日	乙巳 18 一	丙戌立冬 壬寅小雪
十一月小	庚子	天干地支 西曆 星期	丙午 19 二	丁未 20 三	戊申 21 四	己酉 22 五	庚戌 23 六	辛亥 24 日	壬子 25 一	癸丑 26 二	甲寅 27 三	乙卯 28 四	丙辰 29 五	丁巳 30 六	戊午 (12) 日	己未 2 一	庚申 3 二	辛酉 4 三	壬戌 5 四	癸亥 6 五	甲子 7 六	乙丑 8 日	丙寅 9 一	丁卯 10 二	戊辰 11 三	己巳 12 四	庚午 13 五	辛未 14 六	壬申 15 日	癸酉 16 一	甲戌 17 二		丁巳大雪 壬申冬至
十二月大	辛丑	天干地支 西曆 星期	乙亥 18 三	丙子 19 四	丁丑 20 五	戊寅 21 六	己卯 22 日	庚辰 23 一	辛巳 24 二	壬午 25 三	癸未 26 四	甲申 27 五	乙酉 28 六	丙戌 29 日	丁亥 30 一	戊子 31 二	己丑 (1) 三	庚寅 2 四	辛卯 3 五	壬辰 4 六	癸巳 5 日	甲午 6 一	乙未 7 二	丙申 8 三	丁酉 9 四	戊戌 10 五	己亥 11 六	庚子 12 日	辛丑 13 一	壬寅 14 二	癸卯 15 三	甲辰 16 四	丁亥小寒 癸卯大寒

金章宗明昌三年（壬子 鼠年） 公元 **1192** ~ 1193 年

夏曆月序		中西曆日對照	初一	初二	初三	初四	初五	初六	初七	初八	初九	初十	十一	十二	十三	十四	十五	十六	十七	十八	十九	二十	二一	二二	二三	二四	二五	二六	二七	二八	二九	三十	節氣與天象
正月小	壬寅	天干地支西曆星期	乙巳17五	丙午18六	丁未19日	戊申20一	己酉21二	庚戌22三	辛亥23四	壬子24五	癸丑25六	甲寅26日	乙卯27一	丙辰28二	丁巳29三	戊午30四	己未31五	庚申(2)六	辛酉2日	壬戌3一	癸亥4二	甲子5三	乙丑6四	丙寅7五	丁卯8六	戊辰9日	己巳10一	庚午11二	辛未12三	壬申13四	癸酉14五		戊午立春 癸酉雨水
二月大	癸卯	天干地支西曆星期	甲戌15六	乙亥16日	丙子17一	丁丑18二	戊寅19三	己卯20四	庚辰21五	辛巳22六	壬午23日	癸未24一	甲申25二	乙酉26三	丙戌27四	丁亥28五	戊子29六	己丑(3)日	庚寅2一	辛卯3二	壬辰4三	癸巳5四	甲午6五	乙未7六	丙申8日	丁酉9一	戊戌10二	己亥11三	庚子12四	辛丑13五	壬寅14六	癸卯15日	戊子驚蟄 癸卯春分
閏二月小	癸卯	天干地支西曆星期	甲辰16一	乙巳17二	丙午18三	丁未19四	戊申20五	己酉21六	庚戌22日	辛亥23一	壬子24二	癸丑25三	甲寅26四	乙卯27五	丙辰28六	丁巳29日	戊午30一	己未31二	庚申(4)三	辛酉2四	壬戌3五	癸亥4六	甲子5日	乙丑6一	丙寅7二	丁卯8三	戊辰9四	己巳10五	庚午11六	辛未12日	壬申13一		己未清明
三月小	甲辰	天干地支西曆星期	癸酉14二	甲戌15三	乙亥16四	丙子17五	丁丑18六	戊寅19日	己卯20一	庚辰21二	辛巳22三	壬午23四	癸未24五	甲申25六	乙酉26日	丙戌27一	丁亥28二	戊子29三	己丑30四	庚寅(5)五	辛卯2六	壬辰3日	癸巳4一	甲午5二	乙未6三	丙申7四	丁酉8五	戊戌9六	己亥10日	庚子11一	辛丑12二		甲戌穀雨 己丑立夏
四月大	乙巳	天干地支西曆星期	壬寅13三	癸卯14四	甲辰15五	乙巳16六	丙午17日	丁未18一	戊申19二	己酉20三	庚戌21四	辛亥22五	壬子23六	癸丑24日	甲寅25一	乙卯26二	丙辰27三	丁巳28四	戊午29五	己未30六	庚申31日	辛酉(6)一	壬戌2二	癸亥3三	甲子4四	乙丑5五	丙寅6六	丁卯7日	戊辰8一	己巳9二	庚午10三	辛未11四	甲辰小滿 己未芒種
五月小	丙午	天干地支西曆星期	壬申12五	癸酉13六	甲戌14日	乙亥15一	丙子16二	丁丑17三	戊寅18四	己卯19五	庚辰20六	辛巳21日	壬午22一	癸未23二	甲申24三	乙酉25四	丙戌26五	丁亥27六	戊子28日	己丑29一	庚寅30二	辛卯(7)三	壬辰2四	癸巳3五	甲午4六	乙未5日	丙申6一	丁酉7二	戊戌8三	己亥9四	庚子10五		乙亥夏至 庚寅小暑
六月大	丁未	天干地支西曆星期	辛丑11六	壬寅12日	癸卯13一	甲辰14二	乙巳15三	丙午16四	丁未17五	戊申18六	己酉19日	庚戌20一	辛亥21二	壬子22三	癸丑23四	甲寅24五	乙卯25六	丙辰26日	丁巳27一	戊午28二	己未29三	庚申30四	辛酉31五	壬戌(8)六	癸亥2日	甲子3一	乙丑4二	丙寅5三	丁卯6四	戊辰7五	己巳8六	庚午9日	乙巳大暑 庚申立秋
七月大	戊申	天干地支西曆星期	辛未10一	壬申11二	癸酉12三	甲戌13四	乙亥14五	丙子15六	丁丑16日	戊寅17一	己卯18二	庚辰19三	辛巳20四	壬午21五	癸未22六	甲申23日	乙酉24一	丙戌25二	丁亥26三	戊子27四	己丑28五	庚寅29六	辛卯30日	壬辰31一	癸巳(9)二	甲午2三	乙未3四	丙申4五	丁酉5六	戊戌6日	己亥7一	庚子8二	丙子處暑 辛卯白露
八月小	己酉	天干地支西曆星期	辛丑9三	壬寅10四	癸卯11五	甲辰12六	乙巳13日	丙午14一	丁未15二	戊申16三	己酉17四	庚戌18五	辛亥19六	壬子20日	癸丑21一	甲寅22二	乙卯23三	丙辰24四	丁巳25五	戊午26六	己未27日	庚申28一	辛酉29二	壬戌30三	癸亥(10)四	甲子2五	乙丑3六	丙寅4日	丁卯5一	戊辰6二	己巳7三		丙午秋分 辛酉寒露
九月大	庚戌	天干地支西曆星期	庚午8四	辛未9五	壬申10六	癸酉11日	甲戌12一	乙亥13二	丙子14三	丁丑15四	戊寅16五	己卯17六	庚辰18日	辛巳19一	壬午20二	癸未21三	甲申22四	乙酉23五	丙戌24六	丁亥25日	戊子26一	己丑27二	庚寅28三	辛卯29四	壬辰30五	癸巳31六	甲午(11)日	乙未2一	丙申3二	丁酉4三	戊戌5四	己亥6五	丙子霜降 壬辰立冬
十月大	辛亥	天干地支西曆星期	庚子7六	辛丑8日	壬寅9一	癸卯10二	甲辰11三	乙巳12四	丙午13五	丁未14六	戊申15日	己酉16一	庚戌17二	辛亥18三	壬子19四	癸丑20五	甲寅21六	乙卯22日	丙辰23一	丁巳24二	戊午25三	己未26四	庚申27五	辛酉28六	壬戌29日	癸亥30一	甲子(12)二	乙丑2三	丙寅3四	丁卯4五	戊辰5六	己巳6日	丁未小雪 壬戌大雪
十一月小	壬子	天干地支西曆星期	庚午7一	辛未8二	壬申9三	癸酉10四	甲戌11五	乙亥12六	丙子13日	丁丑14一	戊寅15二	己卯16三	庚辰17四	辛巳18五	壬午19六	癸未20日	甲申21一	乙酉22二	丙戌23三	丁亥24四	戊子25五	己丑26六	庚寅27日	辛卯28一	壬辰29二	癸巳30三	甲午31四	乙未(1)五	丙申2六	丁酉3日	戊戌4一		丁丑冬至 癸巳小寒
十二月大	癸丑	天干地支西曆星期	己亥5二	庚子6三	辛丑7四	壬寅8五	癸卯9六	甲辰10日	乙巳11一	丙午12二	丁未13三	戊申14四	己酉15五	庚戌16六	辛亥17日	壬子18一	癸丑19二	甲寅20三	乙卯21四	丙辰22五	丁巳23六	戊午24日	己未25一	庚申26二	辛酉27三	壬戌28四	癸亥29五	甲子30六	乙丑31日	丙寅(2)一	丁卯2二	戊辰3三	戊申大寒 癸亥立春

金章宗明昌四年（癸丑 牛年） 公元 1193 ~ 1194 年

夏曆月序		中西曆日對照	夏曆日序																														節氣與天象
			初一	初二	初三	初四	初五	初六	初七	初八	初九	初十	十一	十二	十三	十四	十五	十六	十七	十八	十九	二十	二一	二二	二三	二四	二五	二六	二七	二八	二九	三十	
正月小	甲寅	天干 地支 西曆 星期	己巳 4 四	庚午 5 五	辛未 6 六	壬申 7 日	癸酉 8 一	甲戌 9 二	乙亥 10 三	丙子 11 四	丁丑 12 五	戊寅 13 六	己卯 14 日	庚辰 15 一	辛巳 16 二	壬午 17 三	癸未 18 四	甲申 19 五	乙酉 20 六	丙戌 21 日	丁亥 22 一	戊子 23 二	己丑 24 三	庚寅 25 四	辛卯 26 五	壬辰 27 六	癸巳 28 日	甲午 (3) 一	乙未 2 二	丙申 3 三	丁酉 4 四		戊寅雨水 癸巳驚蟄
二月大	乙卯	天干 地支 西曆 星期	戊戌 5 五	己亥 6 六	庚子 7 日	辛丑 8 一	壬寅 9 二	癸卯 10 三	甲辰 11 四	乙巳 12 五	丙午 13 六	丁未 14 日	戊申 15 一	己酉 16 二	庚戌 17 三	辛亥 18 四	壬子 19 五	癸丑 20 六	甲寅 21 日	乙卯 22 一	丙辰 23 二	丁巳 24 三	戊午 25 四	己未 26 五	庚申 27 六	辛酉 28 日	壬戌 29 一	癸亥 30 二	甲子 31 三	乙丑 (4) 四	丙寅 2 五	丁卯 3 六	己酉春分 甲子清明
三月小	丙辰	天干 地支 西曆 星期	戊辰 4 日	己巳 5 一	庚午 6 二	辛未 7 三	壬申 8 四	癸酉 9 五	甲戌 10 六	乙亥 11 日	丙子 12 一	丁丑 13 二	戊寅 14 三	己卯 15 四	庚辰 16 五	辛巳 17 六	壬午 18 日	癸未 19 一	甲申 20 二	乙酉 21 三	丙戌 22 四	丁亥 23 五	戊子 24 六	己丑 25 日	庚寅 26 一	辛卯 27 二	壬辰 28 三	癸巳 29 四	甲午 30 五	乙未 (5) 六	丙申 2 日		己卯穀雨 甲午立夏
四月小	丁巳	天干 地支 西曆 星期	丁酉 3 一	戊戌 4 二	己亥 5 三	庚子 6 四	辛丑 7 五	壬寅 8 六	癸卯 9 日	甲辰 10 一	乙巳 11 二	丙午 12 三	丁未 13 四	戊申 14 五	己酉 15 六	庚戌 16 日	辛亥 17 一	壬子 18 二	癸丑 19 三	甲寅 20 四	乙卯 21 五	丙辰 22 六	丁巳 23 日	戊午 24 一	己未 25 二	庚申 26 三	辛酉 27 四	壬戌 28 五	癸亥 29 六	甲子 30 日	乙丑 31 一		庚戌小滿 乙丑芒種
五月大	戊午	天干 地支 西曆 星期	丙寅 (6) 二	丁卯 2 三	戊辰 3 四	己巳 4 五	庚午 5 六	辛未 6 日	壬申 7 一	癸酉 8 二	甲戌 9 三	乙亥 10 四	丙子 11 五	丁丑 12 六	戊寅 13 日	己卯 14 一	庚辰 15 二	辛巳 16 三	壬午 17 四	癸未 18 五	甲申 19 六	乙酉 20 日	丙戌 21 一	丁亥 22 二	戊子 23 三	己丑 24 四	庚寅 25 五	辛卯 26 六	壬辰 27 日	癸巳 28 一	甲午 29 二	乙未 30 三	庚辰夏至 乙未小暑
六月小	己未	天干 地支 西曆 星期	丙申 (7) 四	丁酉 2 五	戊戌 3 六	己亥 4 日	庚子 5 一	辛丑 6 二	壬寅 7 三	癸卯 8 四	甲辰 9 五	乙巳 10 六	丙午 11 日	丁未 12 一	戊申 13 二	己酉 14 三	庚戌 15 四	辛亥 16 五	壬子 17 六	癸丑 18 日	甲寅 19 一	乙卯 20 二	丙辰 21 三	丁巳 22 四	戊午 23 五	己未 24 六	庚申 25 日	辛酉 26 一	壬戌 27 二	癸亥 28 三	甲子 29 四		庚戌大暑
七月大	庚申	天干 地支 西曆 星期	乙丑 30 五	丙寅 31 六	丁卯 (8) 日	戊辰 2 一	己巳 3 二	庚午 4 三	辛未 5 四	壬申 6 五	癸酉 7 六	甲戌 8 日	乙亥 9 一	丙子 10 二	丁丑 11 三	戊寅 12 四	己卯 13 五	庚辰 14 六	辛巳 15 日	壬午 16 一	癸未 17 二	甲申 18 三	乙酉 19 四	丙戌 20 五	丁亥 21 六	戊子 22 日	己丑 23 一	庚寅 24 二	辛卯 25 三	壬辰 26 四	癸巳 27 五	甲午 28 六	丙寅立秋 辛巳處暑
八月小	辛酉	天干 地支 西曆 星期	乙未 29 日	丙申 30 一	丁酉 31 二	戊戌 (9) 三	己亥 2 四	庚子 3 五	辛丑 4 六	壬寅 5 日	癸卯 6 一	甲辰 7 二	乙巳 8 三	丙午 9 四	丁未 10 五	戊申 11 六	己酉 12 日	庚戌 13 一	辛亥 14 二	壬子 15 三	癸丑 16 四	甲寅 17 五	乙卯 18 六	丙辰 19 日	丁巳 20 一	戊午 21 二	己未 22 三	庚申 23 四	辛酉 24 五	壬戌 25 六	癸亥 26 日		丙申白露 辛亥秋分
九月大	壬戌	天干 地支 西曆 星期	甲子 27 一	乙丑 28 二	丙寅 29 三	丁卯 30 四	戊辰 (10) 五	己巳 2 六	庚午 3 日	辛未 4 一	壬申 5 二	癸酉 6 三	甲戌 7 四	乙亥 8 五	丙子 9 六	丁丑 10 日	戊寅 11 一	己卯 12 二	庚辰 13 三	辛巳 14 四	壬午 15 五	癸未 16 六	甲申 17 日	乙酉 18 一	丙戌 19 二	丁亥 20 三	戊子 21 四	己丑 22 五	庚寅 23 六	辛卯 24 日	壬辰 25 一	癸巳 26 二	丙寅寒露 壬午霜降
十月大	癸亥	天干 地支 西曆 星期	甲午 27 三	乙未 28 四	丙申 29 五	丁酉 30 六	戊戌 31 日	己亥 (11) 一	庚子 2 二	辛丑 3 三	壬寅 4 四	癸卯 5 五	甲辰 6 六	乙巳 7 日	丙午 8 一	丁未 9 二	戊申 10 三	己酉 11 四	庚戌 12 五	辛亥 13 六	壬子 14 日	癸丑 15 一	甲寅 16 二	乙卯 17 三	丙辰 18 四	丁巳 19 五	戊午 20 六	己未 21 日	庚申 22 一	辛酉 23 二	壬戌 24 三	癸亥 25 四	丁酉立冬 壬子小雪
十一月大	甲子	天干 地支 西曆 星期	甲子 26 五	乙丑 27 六	丙寅 28 日	丁卯 29 一	戊辰 30 二	己巳 (12) 三	庚午 2 四	辛未 3 五	壬申 4 六	癸酉 5 日	甲戌 6 一	乙亥 7 二	丙子 8 三	丁丑 9 四	戊寅 10 五	己卯 11 六	庚辰 12 日	辛巳 13 一	壬午 14 二	癸未 15 三	甲申 16 四	乙酉 17 五	丙戌 18 六	丁亥 19 日	戊子 20 一	己丑 21 二	庚寅 22 三	辛卯 23 四	壬辰 24 五	癸巳 25 六	丁卯大雪 癸未冬至
十二月小	乙丑	天干 地支 西曆 星期	甲午 26 日	乙未 27 一	丙申 28 二	丁酉 29 三	戊戌 30 四	己亥 31 五	庚子 (1) 六	辛丑 2 日	壬寅 3 一	癸卯 4 二	甲辰 5 三	乙巳 6 四	丙午 7 五	丁未 8 六	戊申 9 日	己酉 10 一	庚戌 11 二	辛亥 12 三	壬子 13 四	癸丑 14 五	甲寅 15 六	乙卯 16 日	丙辰 17 一	丁巳 18 二	戊午 19 三	己未 20 四	庚申 21 五	辛酉 22 六	壬戌 23 日		戊戌小寒 癸丑大寒

金章宗明昌五年（甲寅 虎年） 公元 1194 ~ 1195 年

夏曆月序		中西曆日對照	夏曆日序																														節氣與天象
			初一	初二	初三	初四	初五	初六	初七	初八	初九	初十	十一	十二	十三	十四	十五	十六	十七	十八	十九	二十	二一	二二	二三	二四	二五	二六	二七	二八	二九	三十	
正月大	丙寅	天干 地支 西曆 星期	癸亥 24 一	甲子 25 二	乙丑 26 三	丙寅 27 四	丁卯 28 五	戊辰 29 六	己巳 30 日	庚午 31 一	辛未 (2) 二	壬申 2 三	癸酉 3 四	甲戌 4 五	乙亥 5 六	丙子 6 日	丁丑 7 一	戊寅 8 二	己卯 9 三	庚辰 10 四	辛巳 11 五	壬午 12 六	癸未 13 日	甲申 14 一	乙酉 15 二	丙戌 16 三	丁亥 17 四	戊子 18 五	己丑 19 六	庚寅 20 日	辛卯 21 一	壬辰 22 二	戊辰立春 癸未雨水
二月小	丁卯	天干 地支 西曆 星期	癸巳 23 三	甲午 24 四	乙未 25 五	丙申 26 六	丁酉 27 日	戊戌 28 一	己亥 (3) 二	庚子 2 三	辛丑 3 四	壬寅 4 五	癸卯 5 六	甲辰 6 日	乙巳 7 一	丙午 8 二	丁未 9 三	戊申 10 四	己酉 11 五	庚戌 12 六	辛亥 13 日	壬子 14 一	癸丑 15 二	甲寅 16 三	乙卯 17 四	丙辰 18 五	丁巳 19 六	戊午 20 日	己未 21 一	庚申 22 二	辛酉 23 三		己亥驚蟄 甲寅春分
三月大	戊辰	天干 地支 西曆 星期	壬戌 24 四	癸亥 25 五	甲子 26 六	乙丑 27 日	丙寅 28 一	丁卯 29 二	戊辰 30 三	己巳 31 四	庚午 (4) 五	辛未 2 六	壬申 3 日	癸酉 4 一	甲戌 5 二	乙亥 6 三	丙子 7 四	丁丑 8 五	戊寅 9 六	己卯 10 日	庚辰 11 一	辛巳 12 二	壬午 13 三	癸未 14 四	甲申 15 五	乙酉 16 六	丙戌 17 日	丁亥 18 一	戊子 19 二	己丑 20 三	庚寅 21 四	辛卯 22 五	己巳清明 甲申穀雨
四月小	己巳	天干 地支 西曆 星期	壬辰 23 六	癸巳 24 日	甲午 25 一	乙未 26 二	丙申 27 三	丁酉 28 四	戊戌 29 五	己亥 30 六	庚子 (5) 日	辛丑 2 一	壬寅 3 二	癸卯 4 三	甲辰 5 四	乙巳 6 五	丙午 7 六	丁未 8 日	戊申 9 一	己酉 10 二	庚戌 11 三	辛亥 12 四	壬子 13 五	癸丑 14 六	甲寅 15 日	乙卯 16 一	丙辰 17 二	丁巳 18 三	戊午 19 四	己未 20 五	庚申 21 六		庚子立夏 乙卯小滿
五月小	庚午	天干 地支 西曆 星期	辛酉 22 日	壬戌 23 一	癸亥 24 二	甲子 25 三	乙丑 26 四	丙寅 27 五	丁卯 28 六	戊辰 29 日	己巳 30 一	庚午 31 二	辛未 (6) 三	壬申 2 四	癸酉 3 五	甲戌 4 六	乙亥 5 日	丙子 6 一	丁丑 7 二	戊寅 8 三	己卯 9 四	庚辰 10 五	辛巳 11 六	壬午 12 日	癸未 13 一	甲申 14 二	乙酉 15 三	丙戌 16 四	丁亥 17 五	戊子 18 六	己丑 19 日		庚午芒種 乙酉夏至
六月大	辛未	天干 地支 西曆 星期	庚寅 20 一	辛卯 21 二	壬辰 22 三	癸巳 23 四	甲午 24 五	乙未 25 六	丙申 26 日	丁酉 27 一	戊戌 28 二	己亥 29 三	庚子 30 四	辛丑 (7) 五	壬寅 2 六	癸卯 3 日	甲辰 4 一	乙巳 5 二	丙午 6 三	丁未 7 四	戊申 8 五	己酉 9 六	庚戌 10 日	辛亥 11 一	壬子 12 二	癸丑 13 三	甲寅 14 四	乙卯 15 五	丙辰 16 六	丁巳 17 日	戊午 18 一	己未 19 二	庚子小暑 丙辰大暑
七月小	壬申	天干 地支 西曆 星期	庚申 20 三	辛酉 21 四	壬戌 22 五	癸亥 23 六	甲子 24 日	乙丑 25 一	丙寅 26 二	丁卯 27 三	戊辰 28 四	己巳 29 五	庚午 30 六	辛未 31 日	壬申 (8) 一	癸酉 2 二	甲戌 3 三	乙亥 4 四	丙子 5 五	丁丑 6 六	戊寅 7 日	己卯 8 一	庚辰 9 二	辛巳 10 三	壬午 11 四	癸未 12 五	甲申 13 六	乙酉 14 日	丙戌 15 一	丁亥 16 二	戊子 17 三		辛未立秋 丙戌處暑
八月小	癸酉	天干 地支 西曆 星期	己丑 18 四	庚寅 19 五	辛卯 20 六	壬辰 21 日	癸巳 22 一	甲午 23 二	乙未 24 三	丙申 25 四	丁酉 26 五	戊戌 27 六	己亥 28 日	庚子 29 一	辛丑 30 二	壬寅 31 三	癸卯 (9) 四	甲辰 2 五	乙巳 3 六	丙午 4 日	丁未 5 一	戊申 6 二	己酉 7 三	庚戌 8 四	辛亥 9 五	壬子 10 六	癸丑 11 日	甲寅 12 一	乙卯 13 二	丙辰 14 三	丁巳 15 四		辛丑白露 丙辰秋分
九月大	甲戌	天干 地支 西曆 星期	戊午 16 五	己未 17 六	庚申 18 日	辛酉 19 一	壬戌 20 二	癸亥 21 三	甲子 22 四	乙丑 23 五	丙寅 24 六	丁卯 25 日	戊辰 26 一	己巳 27 二	庚午 28 三	辛未 29 四	壬申 30 五	癸酉 (10) 六	甲戌 2 日	乙亥 3 一	丙子 4 二	丁丑 5 三	戊寅 6 四	己卯 7 五	庚辰 8 六	辛巳 9 日	壬午 10 一	癸未 11 二	甲申 12 三	乙酉 13 四	丙戌 14 五	丁亥 15 六	壬申寒露 丁亥霜降
十月大	乙亥	天干 地支 西曆 星期	戊子 16 日	己丑 17 一	庚寅 18 二	辛卯 19 三	壬辰 20 四	癸巳 21 五	甲午 22 六	乙未 23 日	丙申 24 一	丁酉 25 二	戊戌 26 三	己亥 27 四	庚子 28 五	辛丑 29 六	壬寅 30 日	癸卯 31 一	甲辰 (11) 二	乙巳 2 三	丙午 3 四	丁未 4 五	戊申 5 六	己酉 6 日	庚戌 7 一	辛亥 8 二	壬子 9 三	癸丑 10 四	甲寅 11 五	乙卯 12 六	丙辰 13 日	丁巳 14 一	壬寅立冬 丁巳小雪
閏十月大	乙亥	天干 地支 西曆 星期	戊午 15 二	己未 16 三	庚申 17 四	辛酉 18 五	壬戌 19 六	癸亥 20 日	甲子 21 一	乙丑 22 二	丙寅 23 三	丁卯 24 四	戊辰 25 五	己巳 26 六	庚午 27 日	辛未 28 一	壬申 29 二	癸酉 30 三	甲戌 (12) 四	乙亥 2 五	丙子 3 六	丁丑 4 日	戊寅 5 一	己卯 6 二	庚辰 7 三	辛巳 8 四	壬午 9 五	癸未 10 六	甲申 11 日	乙酉 12 一	丙戌 13 二	丁亥 14 三	癸酉大雪
十一月小	丙子	天干 地支 西曆 星期	戊子 15 四	己丑 16 五	庚寅 17 六	辛卯 18 日	壬辰 19 一	癸巳 20 二	甲午 21 三	乙未 22 四	丙申 23 五	丁酉 24 六	戊戌 25 日	己亥 26 一	庚子 27 二	辛丑 28 三	壬寅 29 四	癸卯 30 五	甲辰 31 六	乙巳 (1) 日	丙午 2 一	丁未 3 二	戊申 4 三	己酉 5 四	庚戌 6 五	辛亥 7 六	壬子 8 日	癸丑 9 一	甲寅 10 二	乙卯 11 三	丙辰 12 四		戊子冬至 癸卯小寒
十二月大	丁丑	天干 地支 西曆 星期	丁巳 13 五	戊午 14 六	己未 15 日	庚申 16 一	辛酉 17 二	壬戌 18 三	癸亥 19 四	甲子 20 五	乙丑 21 六	丙寅 22 日	丁卯 23 一	戊辰 24 二	己巳 25 三	庚午 26 四	辛未 27 五	壬申 28 六	癸酉 29 日	甲戌 30 一	乙亥 31 二	丙子 (2) 三	丁丑 2 四	戊寅 3 五	己卯 4 六	庚辰 5 日	辛巳 6 一	壬午 7 二	癸未 8 三	甲申 9 四	乙酉 10 五	丙戌 11 六	戊午大寒 癸酉立春

金章宗明昌六年（乙卯 兔年） 公元 1195 ~ 1196 年

夏曆月序	中西曆日對照	夏曆日序																														節氣與天象
		初一	初二	初三	初四	初五	初六	初七	初八	初九	初十	十一	十二	十三	十四	十五	十六	十七	十八	十九	二十	二一	二二	二三	二四	二五	二六	二七	二八	二九	三十	
正月大 戊寅	天干 地支 西曆 星期	丁亥 12 日	戊子 13 一	己丑 14 二	庚寅 15 三	辛卯 16 四	壬辰 17 五	癸巳 18 六	甲午 19 日	乙未 20 一	丙申 21 二	丁酉 22 三	戊戌 23 四	己亥 24 五	庚子 25 六	辛丑 26 日	壬寅 27 一	癸卯 28 二	甲辰 (3) 三	乙巳 2 四	丙午 3 五	丁未 4 六	戊申 5 日	己酉 6 一	庚戌 7 二	辛亥 8 三	壬子 9 四	癸丑 10 五	甲寅 11 六	乙卯 12 日	丙辰 13 一	己丑雨水 甲辰驚蟄
二月小 己卯	天干 地支 西曆 星期	丁巳 14 二	戊午 15 三	己未 16 四	庚申 17 五	辛酉 18 六	壬戌 19 日	癸亥 20 一	甲子 21 二	乙丑 22 三	丙寅 23 四	丁卯 24 五	戊辰 25 六	己巳 26 日	庚午 27 一	辛未 28 二	壬申 29 三	癸酉 30 四	甲戌 31 五	乙亥 (4) 六	丙子 2 日	丁丑 3 一	戊寅 4 二	己卯 5 三	庚辰 6 四	辛巳 7 五	壬午 8 六	癸未 9 日	甲申 10 一	乙酉 11 二		己未春分 甲戌清明
三月大 庚辰	天干 地支 西曆 星期	丙戌 12 三	丁亥 13 四	戊子 14 五	己丑 15 六	庚寅 16 日	辛卯 17 一	壬辰 18 二	癸巳 19 三	甲午 20 四	乙未 21 五	丙申 22 六	丁酉 23 日	戊戌 24 一	己亥 25 二	庚子 26 三	辛丑 27 四	壬寅 28 五	癸卯 29 六	甲辰 30 日	乙巳 (5) 一	丙午 2 二	丁未 3 三	戊申 4 四	己酉 5 五	庚戌 6 六	辛亥 7 日	壬子 8 一	癸丑 9 二	甲寅 10 三	乙卯 11 四	庚寅穀雨 乙巳立夏
四月小 辛巳	天干 地支 西曆 星期	丙辰 12 五	丁巳 13 六	戊午 14 日	己未 15 一	庚申 16 二	辛酉 17 三	壬戌 18 四	癸亥 19 五	甲子 20 六	乙丑 21 日	丙寅 22 一	丁卯 23 二	戊辰 24 三	己巳 25 四	庚午 26 五	辛未 27 六	壬申 28 日	癸酉 29 一	甲戌 30 二	乙亥 31 三	丙子 (6) 四	丁丑 2 五	戊寅 3 六	己卯 4 日	庚辰 5 一	辛巳 6 二	壬午 7 三	癸未 8 四	甲申 9 五		庚申小滿 乙亥芒種
五月小 壬午	天干 地支 西曆 星期	乙酉 10 六	丙戌 11 日	丁亥 12 一	戊子 13 二	己丑 14 三	庚寅 15 四	辛卯 16 五	壬辰 17 六	癸巳 18 日	甲午 19 一	乙未 20 二	丙申 21 三	丁酉 22 四	戊戌 23 五	己亥 24 六	庚子 25 日	辛丑 26 一	壬寅 27 二	癸卯 28 三	甲辰 29 四	乙巳 30 五	丙午 (7) 六	丁未 2 日	戊申 3 一	己酉 4 二	庚戌 5 三	辛亥 6 四	壬子 7 五	癸丑 8 六		庚寅夏至 丙午小暑
六月大 癸未	天干 地支 西曆 星期	甲寅 9 日	乙卯 10 一	丙辰 11 二	丁巳 12 三	戊午 13 四	己未 14 五	庚申 15 六	辛酉 16 日	壬戌 17 一	癸亥 18 二	甲子 19 三	乙丑 20 四	丙寅 21 五	丁卯 22 六	戊辰 23 日	己巳 24 一	庚午 25 二	辛未 26 三	壬申 27 四	癸酉 28 五	甲戌 29 六	乙亥 30 日	丙子 31 一	丁丑 (8) 二	戊寅 2 三	己卯 3 四	庚辰 4 五	辛巳 5 六	壬午 6 日	癸未 7 一	辛酉大暑 丙子立秋
七月小 甲申	天干 地支 西曆 星期	甲申 8 二	乙酉 9 三	丙戌 10 四	丁亥 11 五	戊子 12 六	己丑 13 日	庚寅 14 一	辛卯 15 二	壬辰 16 三	癸巳 17 四	甲午 18 五	乙未 19 六	丙申 20 日	丁酉 21 一	戊戌 22 二	己亥 23 三	庚子 24 四	辛丑 25 五	壬寅 26 六	癸卯 27 日	甲辰 28 一	乙巳 29 二	丙午 30 三	丁未 31 四	戊申 (9) 五	己酉 2 六	庚戌 3 日	辛亥 4 一	壬子 5 二		辛卯處暑 丁未白露
八月小 乙酉	天干 地支 西曆 星期	癸丑 6 三	甲寅 7 四	乙卯 8 五	丙辰 9 六	丁巳 10 日	戊午 11 一	己未 12 二	庚申 13 三	辛酉 14 四	壬戌 15 五	癸亥 16 六	甲子 17 日	乙丑 18 一	丙寅 19 二	丁卯 20 三	戊辰 21 四	己巳 22 五	庚午 23 六	辛未 24 日	壬申 25 一	癸酉 26 二	甲戌 27 三	乙亥 28 四	丙子 29 五	丁丑 30 六	戊寅 (10) 日	己卯 2 一	庚辰 3 二	辛巳 4 三		壬戌秋分 丁丑寒露
九月大 丙戌	天干 地支 西曆 星期	壬午 5 四	癸未 6 五	甲申 7 六	乙酉 8 日	丙戌 9 一	丁亥 10 二	戊子 11 三	己丑 12 四	庚寅 13 五	辛卯 14 六	壬辰 15 日	癸巳 16 一	甲午 17 二	乙未 18 三	丙申 19 四	丁酉 20 五	戊戌 21 六	己亥 22 日	庚子 23 一	辛丑 24 二	壬寅 25 三	癸卯 26 四	甲辰 27 五	乙巳 28 六	丙午 29 日	丁未 30 一	戊申 31 二	己酉 (11) 三	庚戌 2 四	辛亥 3 五	壬辰霜降 丁未立冬
十月大 丁亥	天干 地支 西曆 星期	壬子 4 六	癸丑 5 日	甲寅 6 一	乙卯 7 二	丙辰 8 三	丁巳 9 四	戊午 10 五	己未 11 六	庚申 12 日	辛酉 13 一	壬戌 14 二	癸亥 15 三	甲子 16 四	乙丑 17 五	丙寅 18 六	丁卯 19 日	戊辰 20 一	己巳 21 二	庚午 22 三	辛未 23 四	壬申 24 五	癸酉 25 六	甲戌 26 日	乙亥 27 一	丙子 28 二	丁丑 29 三	戊寅 30 四	己卯 (12) 五	庚辰 2 六	辛巳 3 日	癸亥小雪 戊寅大雪
十一月小 戊子	天干 地支 西曆 星期	壬午 4 一	癸未 5 二	甲申 6 三	乙酉 7 四	丙戌 8 五	丁亥 9 六	戊子 10 日	己丑 11 一	庚寅 12 二	辛卯 13 三	壬辰 14 四	癸巳 15 五	甲午 16 六	乙未 17 日	丙申 18 一	丁酉 19 二	戊戌 20 三	己亥 21 四	庚子 22 五	辛丑 23 六	壬寅 24 日	癸卯 25 一	甲辰 26 二	乙巳 27 三	丙午 28 四	丁未 29 五	戊申 30 六	己酉 31 日	庚戌 (1) 一		癸巳冬至 戊申小寒
十二月大 己丑	天干 地支 西曆 星期	辛亥 2 二	壬子 3 三	癸丑 4 四	甲寅 5 五	乙卯 6 六	丙辰 7 日	丁巳 8 一	戊午 9 二	己未 10 三	庚申 11 四	辛酉 12 五	壬戌 13 六	癸亥 14 日	甲子 15 一	乙丑 16 二	丙寅 17 三	丁卯 18 四	戊辰 19 五	己巳 20 六	庚午 21 日	辛未 22 一	壬申 23 二	癸酉 24 三	甲戌 25 四	乙亥 26 五	丙子 27 六	丁丑 28 日	戊寅 29 一	己卯 30 二	庚辰 31 三	癸亥大寒 己卯立春

金章宗明昌七年 承安元年（丙辰 龍年）公元 1196～1197 年

夏曆月序		中西曆日對照	夏曆日序																														節氣與天象
			初一	初二	初三	初四	初五	初六	初七	初八	初九	初十	十一	十二	十三	十四	十五	十六	十七	十八	十九	二十	二一	二二	二三	二四	二五	二六	二七	二八	二九	三十	
正月大	庚寅	天干 地支 西曆 星期	辛巳 (2) 四	壬午 2 五	癸未 3 六	甲申 4 日	乙酉 5 一	丙戌 6 二	丁亥 7 三	戊子 8 四	己丑 9 五	庚寅 10 六	辛卯 11 日	壬辰 12 一	癸巳 13 二	甲午 14 三	乙未 15 四	丙申 16 五	丁酉 17 六	戊戌 18 日	己亥 19 一	庚子 20 二	辛丑 21 三	壬寅 22 四	癸卯 23 五	甲辰 24 六	乙巳 25 日	丙午 26 一	丁未 27 二	戊申 28 三	己酉 29 四	庚戌 (3) 五	甲午雨水 己酉驚蟄
二月大	辛卯	天干 地支 西曆 星期	辛亥 2 六	壬子 3 日	癸丑 4 一	甲寅 5 二	乙卯 6 三	丙辰 7 四	丁巳 8 五	戊午 9 六	己未 10 日	庚申 11 一	辛酉 12 二	壬戌 13 三	癸亥 14 四	甲子 15 五	乙丑 16 六	丙寅 17 日	丁卯 18 一	戊辰 19 二	己巳 20 三	庚午 21 四	辛未 22 五	壬申 23 六	癸酉 24 日	甲戌 25 一	乙亥 26 二	丙子 27 三	丁丑 28 四	戊寅 29 五	己卯 30 六	庚辰 31 日	甲子春分 庚辰清明
三月小	壬辰	天干 地支 西曆 星期	辛巳 (4) 一	壬午 2 二	癸未 3 三	甲申 4 四	乙酉 5 五	丙戌 6 六	丁亥 7 日	戊子 8 一	己丑 9 二	庚寅 10 三	辛卯 11 四	壬辰 12 五	癸巳 13 六	甲午 14 日	乙未 15 一	丙申 16 二	丁酉 17 三	戊戌 18 四	己亥 19 五	庚子 20 六	辛丑 21 日	壬寅 22 一	癸卯 23 二	甲辰 24 三	乙巳 25 四	丙午 26 五	丁未 27 六	戊申 28 日	己酉 29 一		乙未穀雨
四月大	癸巳	天干 地支 西曆 星期	庚戌 30 二	辛亥 (5) 三	壬子 2 四	癸丑 3 五	甲寅 4 六	乙卯 5 日	丙辰 6 一	丁巳 7 二	戊午 8 三	己未 9 四	庚申 10 五	辛酉 11 六	壬戌 12 日	癸亥 13 一	甲子 14 二	乙丑 15 三	丙寅 16 四	丁卯 17 五	戊辰 18 六	己巳 19 日	庚午 20 一	辛未 21 二	壬申 22 三	癸酉 23 四	甲戌 24 五	乙亥 25 六	丙子 26 日	丁丑 27 一	戊寅 28 二	己卯 29 三	庚戌立夏 乙丑小滿
五月小	甲午	天干 地支 西曆 星期	庚辰 30 四	辛巳 31 五	壬午 (6) 六	癸未 2 日	甲申 3 一	乙酉 4 二	丙戌 5 三	丁亥 6 四	戊子 7 五	己丑 8 六	庚寅 9 日	辛卯 10 一	壬辰 11 二	癸巳 12 三	甲午 13 四	乙未 14 五	丙申 15 六	丁酉 16 日	戊戌 17 一	己亥 18 二	庚子 19 三	辛丑 20 四	壬寅 21 五	癸卯 22 六	甲辰 23 日	乙巳 24 一	丙午 25 二	丁未 26 三	戊申 27 四		庚辰芒種 丙申夏至
六月小	乙未	天干 地支 西曆 星期	己酉 28 五	庚戌 29 六	辛亥 30 日	壬子 (7) 一	癸丑 2 二	甲寅 3 三	乙卯 4 四	丙辰 5 五	丁巳 6 六	戊午 7 日	己未 8 一	庚申 9 二	辛酉 10 三	壬戌 11 四	癸亥 12 五	甲子 13 六	乙丑 14 日	丙寅 15 一	丁卯 16 二	戊辰 17 三	己巳 18 四	庚午 19 五	辛未 20 六	壬申 21 日	癸酉 22 一	甲戌 23 二	乙亥 24 三	丙子 25 四	丁丑 26 五		辛亥小暑 丙寅大暑
七月大	丙申	天干 地支 西曆 星期	戊寅 27 六	己卯 28 日	庚辰 29 一	辛巳 30 二	壬午 31 三	癸未 (8) 四	甲申 2 五	乙酉 3 六	丙戌 4 日	丁亥 5 一	戊子 6 二	己丑 7 三	庚寅 8 四	辛卯 9 五	壬辰 10 六	癸巳 11 日	甲午 12 一	乙未 13 二	丙申 14 三	丁酉 15 四	戊戌 16 五	己亥 17 六	庚子 18 日	辛丑 19 一	壬寅 20 二	癸卯 21 三	甲辰 22 四	乙巳 23 五	丙午 24 六	丁未 25 日	辛巳立秋 丁酉處暑
八月小	丁酉	天干 地支 西曆 星期	戊申 26 一	己酉 27 二	庚戌 28 三	辛亥 29 四	壬子 30 五	癸丑 31 六	甲寅 (9) 日	乙卯 2 一	丙辰 3 二	丁巳 4 三	戊午 5 四	己未 6 五	庚申 7 六	辛酉 8 日	壬戌 9 一	癸亥 10 二	甲子 11 三	乙丑 12 四	丙寅 13 五	丁卯 14 六	戊辰 15 日	己巳 16 一	庚午 17 二	辛未 18 三	壬申 19 四	癸酉 20 五	甲戌 21 六	乙亥 22 日	丙子 23 一		壬子白露 丁卯秋分
九月小	戊戌	天干 地支 西曆 星期	丁丑 24 二	戊寅 25 三	己卯 26 四	庚辰 27 五	辛巳 28 六	壬午 29 日	癸未 30 一	甲申 (10) 二	乙酉 2 三	丙戌 3 四	丁亥 4 五	戊子 5 六	己丑 6 日	庚寅 7 一	辛卯 8 二	壬辰 9 三	癸巳 10 四	甲午 11 五	乙未 12 六	丙申 13 日	丁酉 14 一	戊戌 15 二	己亥 16 三	庚子 17 四	辛丑 18 五	壬寅 19 六	癸卯 20 日	甲辰 21 一	乙巳 22 二		壬午寒露 丁酉霜降
十月大	己亥	天干 地支 西曆 星期	丙午 23 三	丁未 24 四	戊申 25 五	己酉 26 六	庚戌 27 日	辛亥 28 一	壬子 29 二	癸丑 30 三	甲寅 31 四	乙卯 (11) 五	丙辰 2 六	丁巳 3 日	戊午 4 一	己未 5 二	庚申 6 三	辛酉 7 四	壬戌 8 五	癸亥 9 六	甲子 10 日	乙丑 11 一	丙寅 12 二	丁卯 13 三	戊辰 14 四	己巳 15 五	庚午 16 六	辛未 17 日	壬申 18 一	癸酉 19 二	甲戌 20 三	乙亥 21 四	癸丑立冬 戊辰小雪
十一月大	庚子	天干 地支 西曆 星期	丙子 22 五	丁丑 23 六	戊寅 24 日	己卯 25 一	庚辰 26 二	辛巳 27 三	壬午 28 四	癸未 29 五	甲申 30 六	乙酉 (12) 日	丙戌 2 一	丁亥 3 二	戊子 4 三	己丑 5 四	庚寅 6 五	辛卯 7 六	壬辰 8 日	癸巳 9 一	甲午 10 二	乙未 11 三	丙申 12 四	丁酉 13 五	戊戌 14 六	己亥 15 日	庚子 16 一	辛丑 17 二	壬寅 18 三	癸卯 19 四	甲辰 20 五	乙巳 21 六	癸未大雪 戊戌冬至
十二月小	辛丑	天干 地支 西曆 星期	丙午 22 日	丁未 23 一	戊申 24 二	己酉 25 三	庚戌 26 四	辛亥 27 五	壬子 28 六	癸丑 29 日	甲寅 30 一	乙卯 31 二	丙辰 (1) 三	丁巳 2 四	戊午 3 五	己未 4 六	庚申 5 日	辛酉 6 一	壬戌 7 二	癸亥 8 三	甲子 9 四	乙丑 10 五	丙寅 11 六	丁卯 12 日	戊辰 13 一	己巳 14 二	庚午 15 三	辛未 16 四	壬申 17 五	癸酉 18 六	甲戌 19 日		甲寅小寒 己巳大寒

* 十一月戊戌（二十三日），改元承安。

金章宗承安二年（丁巳 蛇年） 公元 1197 ~ 1198 年

夏曆月序		中西曆日對照	初一	初二	初三	初四	初五	初六	初七	初八	初九	初十	十一	十二	十三	十四	十五	十六	十七	十八	十九	二十	二一	二二	二三	二四	二五	二六	二七	二八	二九	三十	節氣與天象
正月大	壬寅	干支 西曆 星期	乙亥 20 一	丙子 21 二	丁丑 22 三	戊寅 23 四	己卯 24 五	庚辰 25 六	辛巳 26 日	壬午 27 一	癸未 28 二	甲申 29 三	乙酉 30 四	丙戌 31 五	丁亥 (2) 六	戊子 2 日	己丑 3 一	庚寅 4 二	辛卯 5 三	壬辰 6 四	癸巳 7 五	甲午 8 六	乙未 9 日	丙申 10 一	丁酉 11 二	戊戌 12 三	己亥 13 四	庚子 14 五	辛丑 15 六	壬寅 16 日	癸卯 17 一	甲辰 18 二	甲申立春 己亥雨水
二月大	癸卯	干支 西曆 星期	乙巳 19 三	丙午 20 四	丁未 21 五	戊申 22 六	己酉 23 日	庚戌 24 一	辛亥 25 二	壬子 26 三	癸丑 27 四	甲寅 28 五	乙卯 (3) 六	丙辰 2 日	丁巳 3 一	戊午 4 二	己未 5 三	庚申 6 四	辛酉 7 五	壬戌 8 六	癸亥 9 日	甲子 10 一	乙丑 11 二	丙寅 12 三	丁卯 13 四	戊辰 14 五	己巳 15 六	庚午 16 日	辛未 17 一	壬申 18 二	癸酉 19 三	甲戌 20 四	甲寅驚蟄 庚午春分
三月小	甲辰	干支 西曆 星期	乙亥 21 五	丙子 22 六	丁丑 23 日	戊寅 24 一	己卯 25 二	庚辰 26 三	辛巳 27 四	壬午 28 五	癸未 29 六	甲申 30 日	乙酉 31 一	丙戌 (4) 二	丁亥 2 三	戊子 3 四	己丑 4 五	庚寅 5 六	辛卯 6 日	壬辰 7 一	癸巳 8 二	甲午 9 三	乙未 10 四	丙申 11 五	丁酉 12 六	戊戌 13 日	己亥 14 一	庚子 15 二	辛丑 16 三	壬寅 17 四	癸卯 18 五		乙酉清明 庚子穀雨
四月大	乙巳	干支 西曆 星期	甲辰 19 六	乙巳 20 日	丙午 21 一	丁未 22 二	戊申 23 三	己酉 24 四	庚戌 25 五	辛亥 26 六	壬子 27 日	癸丑 28 一	甲寅 29 二	乙卯 30 三	丙辰 (5) 四	丁巳 2 五	戊午 3 六	己未 4 日	庚申 5 一	辛酉 6 二	壬戌 7 三	癸亥 8 四	甲子 9 五	乙丑 10 六	丙寅 11 日	丁卯 12 一	戊辰 13 二	己巳 14 三	庚午 15 四	辛未 16 五	壬申 17 六	癸酉 18 日	乙卯立夏 庚午小滿
五月小	丙午	干支 西曆 星期	甲戌 19 一	乙亥 20 二	丙子 21 三	丁丑 22 四	戊寅 23 五	己卯 24 六	庚辰 25 日	辛巳 26 一	壬午 27 二	癸未 28 三	甲申 29 四	乙酉 30 五	丙戌 31 六	丁亥 (6) 日	戊子 2 一	己丑 3 二	庚寅 4 三	辛卯 5 四	壬辰 6 五	癸巳 7 六	甲午 8 日	乙未 9 一	丙申 10 二	丁酉 11 三	戊戌 12 四	己亥 13 五	庚子 14 六	辛丑 15 日	壬寅 16 一		丙戌芒種 辛丑夏至
六月大	丁未	干支 西曆 星期	癸卯 17 二	甲辰 18 三	乙巳 19 四	丙午 20 五	丁未 21 六	戊申 22 日	己酉 23 一	庚戌 24 二	辛亥 25 三	壬子 26 四	癸丑 27 五	甲寅 28 六	乙卯 29 日	丙辰 30 一	丁巳 (7) 二	戊午 2 三	己未 3 四	庚申 4 五	辛酉 5 六	壬戌 6 日	癸亥 7 一	甲子 8 二	乙丑 9 三	丙寅 10 四	丁卯 11 五	戊辰 12 六	己巳 13 日	庚午 14 一	辛未 15 二	壬申 16 三	丙辰小暑 辛未大暑
閏六月小	丁未	干支 西曆 星期	癸酉 17 四	甲戌 18 五	乙亥 19 六	丙子 20 日	丁丑 21 一	戊寅 22 二	己卯 23 三	庚辰 24 四	辛巳 25 五	壬午 26 六	癸未 27 日	甲申 28 一	乙酉 29 二	丙戌 30 三	丁亥 31 四	戊子 (8) 五	己丑 2 六	庚寅 3 日	辛卯 4 一	壬辰 5 二	癸巳 6 三	甲午 7 四	乙未 8 五	丙申 9 六	丁酉 10 日	戊戌 11 一	己亥 12 二	庚子 13 三	辛丑 14 四		丁亥立秋
七月大	戊申	干支 西曆 星期	壬寅 15 五	癸卯 16 六	甲辰 17 日	乙巳 18 一	丙午 19 二	丁未 20 三	戊申 21 四	己酉 22 五	庚戌 23 六	辛亥 24 日	壬子 25 一	癸丑 26 二	甲寅 27 三	乙卯 28 四	丙辰 29 五	丁巳 30 六	戊午 31 日	己未 (9) 一	庚申 2 二	辛酉 3 三	壬戌 4 四	癸亥 5 五	甲子 6 六	乙丑 7 日	丙寅 8 一	丁卯 9 二	戊辰 10 三	己巳 11 四	庚午 12 五	辛未 13 六	壬寅處暑 丁巳白露
八月小	己酉	干支 西曆 星期	壬申 14 日	癸酉 15 一	甲戌 16 二	乙亥 17 三	丙子 18 四	丁丑 19 五	戊寅 20 六	己卯 21 日	庚辰 22 一	辛巳 23 二	壬午 24 三	癸未 25 四	甲申 26 五	乙酉 27 六	丙戌 28 日	丁亥 29 一	戊子 30 二	己丑 (10) 三	庚寅 2 四	辛卯 3 五	壬辰 4 六	癸巳 5 日	甲午 6 一	乙未 7 二	丙申 8 三	丁酉 9 四	戊戌 10 五	己亥 11 六	庚子 12 日		壬申秋分 丁亥寒露
九月小	庚戌	干支 西曆 星期	辛丑 13 一	壬寅 14 二	癸卯 15 三	甲辰 16 四	乙巳 17 五	丙午 18 六	丁未 19 日	戊申 20 一	己酉 21 二	庚戌 22 三	辛亥 23 四	壬子 24 五	癸丑 25 六	甲寅 26 日	乙卯 27 一	丙辰 28 二	丁巳 29 三	戊午 30 四	己未 31 五	庚申 (11) 六	辛酉 2 日	壬戌 3 一	癸亥 4 二	甲子 5 三	乙丑 6 四	丙寅 7 五	丁卯 8 六	戊辰 9 日	己巳 10 一		癸卯霜降 戊午立冬
十月大	辛亥	干支 西曆 星期	庚午 11 二	辛未 12 三	壬申 13 四	癸酉 14 五	甲戌 15 六	乙亥 16 日	丙子 17 一	丁丑 18 二	戊寅 19 三	己卯 20 四	庚辰 21 五	辛巳 22 六	壬午 23 日	癸未 24 一	甲申 25 二	乙酉 26 三	丙戌 27 四	丁亥 28 五	戊子 29 六	己丑 30 日	庚寅 (12) 一	辛卯 2 二	壬辰 3 三	癸巳 4 四	甲午 5 五	乙未 6 六	丙申 7 日	丁酉 8 一	戊戌 9 二	己亥 10 三	癸酉小雪 戊子大雪
十一月小	壬子	干支 西曆 星期	庚子 11 四	辛丑 12 五	壬寅 13 六	癸卯 14 日	甲辰 15 一	乙巳 16 二	丙午 17 三	丁未 18 四	戊申 19 五	己酉 20 六	庚戌 21 日	辛亥 22 一	壬子 23 二	癸丑 24 三	甲寅 25 四	乙卯 26 五	丙辰 27 六	丁巳 28 日	戊午 29 一	己未 30 二	庚申 31 三	辛酉 (1) 四	壬戌 2 五	癸亥 3 六	甲子 4 日	乙丑 5 一	丙寅 6 二	丁卯 7 三	戊辰 8 四		甲辰冬至 己未小寒
十二月大	癸丑	干支 西曆 星期	己巳 9 五	庚午 10 六	辛未 11 日	壬申 12 一	癸酉 13 二	甲戌 14 三	乙亥 15 四	丙子 16 五	丁丑 17 六	戊寅 18 日	己卯 19 一	庚辰 20 二	辛巳 21 三	壬午 22 四	癸未 23 五	甲申 24 六	乙酉 25 日	丙戌 26 一	丁亥 27 二	戊子 28 三	己丑 29 四	庚寅 30 五	辛卯 31 六	壬辰 (2) 日	癸巳 2 一	甲午 3 二	乙未 4 三	丙申 5 四	丁酉 6 五	戊戌 7 六	甲戌大寒 己丑立春

金章宗承安三年（戊午 馬年） 公元 1198 ~ 1199 年

夏曆月序		中西曆日對照	初一	初二	初三	初四	初五	初六	初七	初八	初九	初十	十一	十二	十三	十四	十五	十六	十七	十八	十九	二十	二一	二二	二三	二四	二五	二六	二七	二八	二九	三十	節氣與天象
正月大	甲寅	天干地支 西曆 星期	己亥 8 日	庚子 9 一	辛丑 10 二	壬寅 11 三	癸卯 12 四	甲辰 13 五	乙巳 14 六	丙午 15 日	丁未 16 一	戊申 17 二	己酉 18 三	庚戌 19 四	辛亥 20 五	壬子 21 六	癸丑 22 日	甲寅 23 一	乙卯 24 二	丙辰 25 三	丁巳 26 四	戊午 27 五	己未 28 六	庚申 (3) 日	辛酉 2 一	壬戌 3 二	癸亥 4 三	甲子 5 四	乙丑 6 五	丙寅 7 六	丁卯 8 日	戊辰 9 一	甲辰雨水 庚申驚蟄
二月小	乙卯	天干地支 西曆 星期	己巳 10 二	庚午 11 三	辛未 12 四	壬申 13 五	癸酉 14 六	甲戌 15 日	乙亥 16 一	丙子 17 二	丁丑 18 三	戊寅 19 四	己卯 20 五	庚辰 21 六	辛巳 22 日	壬午 23 一	癸未 24 二	甲申 25 三	乙酉 26 四	丙戌 27 五	丁亥 28 六	戊子 29 日	己丑 30 一	庚寅 31 二	辛卯 (4) 三	壬辰 2 四	癸巳 3 五	甲午 4 六	乙未 5 日	丙申 6 一	丁酉 7 二		乙亥春分 庚寅清明
三月大	丙辰	天干地支 西曆 星期	戊戌 8 三	己亥 9 四	庚子 10 五	辛丑 11 六	壬寅 12 日	癸卯 13 一	甲辰 14 二	乙巳 15 三	丙午 16 四	丁未 17 五	戊申 18 六	己酉 19 日	庚戌 20 一	辛亥 21 二	壬子 22 三	癸丑 23 四	甲寅 24 五	乙卯 25 六	丙辰 26 日	丁巳 27 一	戊午 28 二	己未 29 三	庚申 30 四	辛酉 (5) 五	壬戌 2 六	癸亥 3 日	甲子 4 一	乙丑 5 二	丙寅 6 三	丁卯 7 四	乙巳穀雨 辛酉立夏
四月大	丁巳	天干地支 西曆 星期	戊辰 8 五	己巳 9 六	庚午 10 日	辛未 11 一	壬申 12 二	癸酉 13 三	甲戌 14 四	乙亥 15 五	丙子 16 六	丁丑 17 日	戊寅 18 一	己卯 19 二	庚辰 20 三	辛巳 21 四	壬午 22 五	癸未 23 六	甲申 24 日	乙酉 25 一	丙戌 26 二	丁亥 27 三	戊子 28 四	己丑 29 五	庚寅 30 六	辛卯 31 日	壬辰 (6) 一	癸巳 2 二	甲午 3 三	乙未 4 四	丙申 5 五	丁酉 6 六	丙子小滿 辛卯芒種
五月小	戊午	天干地支 西曆 星期	戊戌 7 日	己亥 8 一	庚子 9 二	辛丑 10 三	壬寅 11 四	癸卯 12 五	甲辰 13 六	乙巳 14 日	丙午 15 一	丁未 16 二	戊申 17 三	己酉 18 四	庚戌 19 五	辛亥 20 六	壬子 21 日	癸丑 22 一	甲寅 23 二	乙卯 24 三	丙辰 25 四	丁巳 26 五	戊午 27 六	己未 28 日	庚申 29 一	辛酉 30 二	壬戌 (7) 三	癸亥 2 四	甲子 3 五	乙丑 4 六	丙寅 5 日		丙午夏至 辛酉小暑
六月大	己未	天干地支 西曆 星期	丁卯 6 一	戊辰 7 二	己巳 8 三	庚午 9 四	辛未 10 五	壬申 11 六	癸酉 12 日	甲戌 13 一	乙亥 14 二	丙子 15 三	丁丑 16 四	戊寅 17 五	己卯 18 六	庚辰 19 日	辛巳 20 一	壬午 21 二	癸未 22 三	甲申 23 四	乙酉 24 五	丙戌 25 六	丁亥 26 日	戊子 27 一	己丑 28 二	庚寅 29 三	辛卯 30 四	壬辰 31 五	癸巳 (8) 六	甲午 2 日	乙未 3 一	丙申 4 二	丁丑大暑 壬辰立秋
七月小	庚申	天干地支 西曆 星期	丁酉 5 三	戊戌 6 四	己亥 7 五	庚子 8 六	辛丑 9 日	壬寅 10 一	癸卯 11 二	甲辰 12 三	乙巳 13 四	丙午 14 五	丁未 15 六	戊申 16 日	己酉 17 一	庚戌 18 二	辛亥 19 三	壬子 20 四	癸丑 21 五	甲寅 22 六	乙卯 23 日	丙辰 24 一	丁巳 25 二	戊午 26 三	己未 27 四	庚申 28 五	辛酉 29 六	壬戌 30 日	癸亥 31 一	甲子 (9) 二	乙丑 2 三		丁未處暑 壬戌白露
八月大	辛酉	天干地支 西曆 星期	丙寅 3 四	丁卯 4 五	戊辰 5 六	己巳 6 日	庚午 7 一	辛未 8 二	壬申 9 三	癸酉 10 四	甲戌 11 五	乙亥 12 六	丙子 13 日	丁丑 14 一	戊寅 15 二	己卯 16 三	庚辰 17 四	辛巳 18 五	壬午 19 六	癸未 20 日	甲申 21 一	乙酉 22 二	丙戌 23 三	丁亥 24 四	戊子 25 五	己丑 26 六	庚寅 27 日	辛卯 28 一	壬辰 29 二	癸巳 30 三	甲午 (10) 四	乙未 2 五	丁丑秋分 癸巳寒露
九月小	壬戌	天干地支 西曆 星期	丙申 3 六	丁酉 4 日	戊戌 5 一	己亥 6 二	庚子 7 三	辛丑 8 四	壬寅 9 五	癸卯 10 六	甲辰 11 日	乙巳 12 一	丙午 13 二	丁未 14 三	戊申 15 四	己酉 16 五	庚戌 17 六	辛亥 18 日	壬子 19 一	癸丑 20 二	甲寅 21 三	乙卯 22 四	丙辰 23 五	丁巳 24 六	戊午 25 日	己未 26 一	庚申 27 二	辛酉 28 三	壬戌 29 四	癸亥 30 五	甲子 31 六		戊申霜降 癸亥立冬
十月大	癸亥	天干地支 西曆 星期	乙丑 (11) 日	丙寅 2 一	丁卯 3 二	戊辰 4 三	己巳 5 四	庚午 6 五	辛未 7 六	壬申 8 日	癸酉 9 一	甲戌 10 二	乙亥 11 三	丙子 12 四	丁丑 13 五	戊寅 14 六	己卯 15 日	庚辰 16 一	辛巳 17 二	壬午 18 三	癸未 19 四	甲申 20 五	乙酉 21 六	丙戌 22 日	丁亥 23 一	戊子 24 二	己丑 25 三	庚寅 26 四	辛卯 27 五	壬辰 28 六	癸巳 29 日	甲午 30 一	戊寅小雪 甲午大雪
十一月小	甲子	天干地支 西曆 星期	乙未 (12) 二	丙申 2 三	丁酉 3 四	戊戌 4 五	己亥 5 六	庚子 6 日	辛丑 7 一	壬寅 8 二	癸卯 9 三	甲辰 10 四	乙巳 11 五	丙午 12 六	丁未 13 日	戊申 14 一	己酉 15 二	庚戌 16 三	辛亥 17 四	壬子 18 五	癸丑 19 六	甲寅 20 日	乙卯 21 一	丙辰 22 二	丁巳 23 三	戊午 24 四	己未 25 五	庚申 26 六	辛酉 27 日	壬戌 28 一	癸亥 29 二		己酉冬至
十二月小	乙丑	天干地支 西曆 星期	甲子 30 三	乙丑 31 四	丙寅 (1) 五	丁卯 2 六	戊辰 3 日	己巳 4 一	庚午 5 二	辛未 6 三	壬申 7 四	癸酉 8 五	甲戌 9 六	乙亥 10 日	丙子 11 一	丁丑 12 二	戊寅 13 三	己卯 14 四	庚辰 15 五	辛巳 16 六	壬午 17 日	癸未 18 一	甲申 19 二	乙酉 20 三	丙戌 21 四	丁亥 22 五	戊子 23 六	己丑 24 日	庚寅 25 一	辛卯 26 二	壬辰 27 三		甲子小寒 己卯大寒

金章宗承安四年（己未 羊年） 公元 1199 ~ 1200 年

夏曆月序		中西曆日對照	夏曆日序																														節氣與天象
			初一	初二	初三	初四	初五	初六	初七	初八	初九	初十	十一	十二	十三	十四	十五	十六	十七	十八	十九	二十	二一	二二	二三	二四	二五	二六	二七	二八	二九	三十	
正月大	丙寅	天干 地支 西曆 星期	癸巳 28 四	甲午 29 五	乙未 30 六	丙申 31 日	丁酉 (2) 一	戊戌 2 二	己亥 3 三	庚子 4 四	辛丑 5 五	壬寅 6 六	癸卯 7 日	甲辰 8 一	乙巳 9 二	丙午 10 三	丁未 11 四	戊申 12 五	己酉 13 六	庚戌 14 日	辛亥 15 一	壬子 16 二	癸丑 17 三	甲寅 18 四	乙卯 19 五	丙辰 20 六	丁巳 21 日	戊午 22 一	己未 23 二	庚申 24 三	辛酉 25 四	壬戌 26 五	甲午立春 庚戌雨水
二月大	丁卯	天干 地支 西曆 星期	癸亥 27 六	甲子 28 日	乙丑 (3) 一	丙寅 2 二	丁卯 3 三	戊辰 4 四	己巳 5 五	庚午 6 六	辛未 7 日	壬申 8 一	癸酉 9 二	甲戌 10 三	乙亥 11 四	丙子 12 五	丁丑 13 六	戊寅 14 日	己卯 15 一	庚辰 16 二	辛巳 17 三	壬午 18 四	癸未 19 五	甲申 20 六	乙酉 21 日	丙戌 22 一	丁亥 23 二	戊子 24 三	己丑 25 四	庚寅 26 五	辛卯 27 六	壬辰 28 日	乙丑驚蟄 庚辰春分
三月小	戊辰	天干 地支 西曆 星期	癸巳 29 一	甲午 30 二	乙未 31 三	丙申 (4) 四	丁酉 2 五	戊戌 3 六	己亥 4 日	庚子 5 一	辛丑 6 二	壬寅 7 三	癸卯 8 四	甲辰 9 五	乙巳 10 六	丙午 11 日	丁未 12 一	戊申 13 二	己酉 14 三	庚戌 15 四	辛亥 16 五	壬子 17 六	癸丑 18 日	甲寅 19 一	乙卯 20 二	丙辰 21 三	丁巳 22 四	戊午 23 五	己未 24 六	庚申 25 日	辛酉 26 一		乙未清明 庚戌穀雨
四月大	己巳	天干 地支 西曆 星期	壬戌 27 二	癸亥 28 三	甲子 29 四	乙丑 30 五	丙寅 (5) 六	丁卯 2 日	戊辰 3 一	己巳 4 二	庚午 5 三	辛未 6 四	壬申 7 五	癸酉 8 六	甲戌 9 日	乙亥 10 一	丙子 11 二	丁丑 12 三	戊寅 13 四	己卯 14 五	庚辰 15 六	辛巳 16 日	壬午 17 一	癸未 18 二	甲申 19 三	乙酉 20 四	丙戌 21 五	丁亥 22 六	戊子 23 日	己丑 24 一	庚寅 25 二	辛卯 26 三	丙寅立夏 辛巳小滿
五月小	庚午	天干 地支 西曆 星期	壬辰 27 四	癸巳 28 五	甲午 29 六	乙未 30 日	丙申 31 一	丁酉 (6) 二	戊戌 2 三	己亥 3 四	庚子 4 五	辛丑 5 六	壬寅 6 日	癸卯 7 一	甲辰 8 二	乙巳 9 三	丙午 10 四	丁未 11 五	戊申 12 六	己酉 13 日	庚戌 14 一	辛亥 15 二	壬子 16 三	癸丑 17 四	甲寅 18 五	乙卯 19 六	丙辰 20 日	丁巳 21 一	戊午 22 二	己未 23 三	庚申 24 四		丙申芒種 辛亥夏至
六月大	辛未	天干 地支 西曆 星期	辛酉 25 五	壬戌 26 六	癸亥 27 日	甲子 28 一	乙丑 29 二	丙寅 30 三	丁卯 (7) 四	戊辰 2 五	己巳 3 六	庚午 4 日	辛未 5 一	壬申 6 二	癸酉 7 三	甲戌 8 四	乙亥 9 五	丙子 10 六	丁丑 11 日	戊寅 12 一	己卯 13 二	庚辰 14 三	辛巳 15 四	壬午 16 五	癸未 17 六	甲申 18 日	乙酉 19 一	丙戌 20 二	丁亥 21 三	戊子 22 四	己丑 23 五	庚寅 24 六	丁卯小暑 壬午大暑
七月大	壬申	天干 地支 西曆 星期	辛卯 25 日	壬辰 26 一	癸巳 27 二	甲午 28 三	乙未 29 四	丙申 30 五	丁酉 31 六	戊戌 (8) 日	己亥 2 一	庚子 3 二	辛丑 4 三	壬寅 5 四	癸卯 6 五	甲辰 7 六	乙巳 8 日	丙午 9 一	丁未 10 二	戊申 11 三	己酉 12 四	庚戌 13 五	辛亥 14 六	壬子 15 日	癸丑 16 一	甲寅 17 二	乙卯 18 三	丙辰 19 四	丁巳 20 五	戊午 21 六	己未 22 日	庚申 23 一	丁酉立秋 壬子處暑
八月小	癸酉	天干 地支 西曆 星期	辛酉 24 二	壬戌 25 三	癸亥 26 四	甲子 27 五	乙丑 28 六	丙寅 29 日	丁卯 30 一	戊辰 31 二	己巳 (9) 三	庚午 2 四	辛未 3 五	壬申 4 六	癸酉 5 日	甲戌 6 一	乙亥 7 二	丙子 8 三	丁丑 9 四	戊寅 10 五	己卯 11 六	庚辰 12 日	辛巳 13 一	壬午 14 二	癸未 15 三	甲申 16 四	乙酉 17 五	丙戌 18 六	丁亥 19 日	戊子 20 一	己丑 21 二		丁卯白露 癸未秋分
九月大	甲戌	天干 地支 西曆 星期	庚寅 22 三	辛卯 23 四	壬辰 24 五	癸巳 25 六	甲午 26 日	乙未 27 一	丙申 28 二	丁酉 29 三	戊戌 30 四	己亥 (10) 五	庚子 2 六	辛丑 3 日	壬寅 4 一	癸卯 5 二	甲辰 6 三	乙巳 7 四	丙午 8 五	丁未 9 六	戊申 10 日	己酉 11 一	庚戌 12 二	辛亥 13 三	壬子 14 四	癸丑 15 五	甲寅 16 六	乙卯 17 日	丙辰 18 一	丁巳 19 二	戊午 20 三	己未 21 四	戊戌寒露 癸丑霜降
十月小	乙亥	天干 地支 西曆 星期	庚申 22 五	辛酉 23 六	壬戌 24 日	癸亥 25 一	甲子 26 二	乙丑 27 三	丙寅 28 四	丁卯 29 五	戊辰 30 六	己巳 31 日	庚午 (11) 一	辛未 2 二	壬申 3 三	癸酉 4 四	甲戌 5 五	乙亥 6 六	丙子 7 日	丁丑 8 一	戊寅 9 二	己卯 10 三	庚辰 11 四	辛巳 12 五	壬午 13 六	癸未 14 日	甲申 15 一	乙酉 16 二	丙戌 17 三	丁亥 18 四	戊子 19 五		戊辰立冬 癸未小雪
十一月大	丙子	天干 地支 西曆 星期	己丑 20 六	庚寅 21 日	辛卯 22 一	壬辰 23 二	癸巳 24 三	甲午 25 四	乙未 26 五	丙申 27 六	丁酉 28 日	戊戌 29 一	己亥 30 二	庚子 (12) 三	辛丑 2 四	壬寅 3 五	癸卯 4 六	甲辰 5 日	乙巳 6 一	丙午 7 二	丁未 8 三	戊申 9 四	己酉 10 五	庚戌 11 六	辛亥 12 日	壬子 13 一	癸丑 14 二	甲寅 15 三	乙卯 16 四	丙辰 17 五	丁巳 18 六	戊午 19 日	己亥大雪 甲寅冬至
十二月小	丁丑	天干 地支 西曆 星期	己未 20 一	庚申 21 二	辛酉 22 三	壬戌 23 四	癸亥 24 五	甲子 25 六	乙丑 26 日	丙寅 27 一	丁卯 28 二	戊辰 29 三	己巳 30 四	庚午 31 五	辛未 (1) 六	壬申 2 日	癸酉 3 一	甲戌 4 二	乙亥 5 三	丙子 6 四	丁丑 7 五	戊寅 8 六	己卯 9 日	庚辰 10 一	辛巳 11 二	壬午 12 三	癸未 13 四	甲申 14 五	乙酉 15 六	丙戌 16 日	丁亥 17 一		己巳小寒 甲申大寒

金章宗承安五年（庚申 猴年） 公元 1200 ~ 1201 年

夏曆月序		中西曆日對照	初一	初二	初三	初四	初五	初六	初七	初八	初九	初十	十一	十二	十三	十四	十五	十六	十七	十八	十九	二十	二一	二二	二三	二四	二五	二六	二七	二八	二九	三十	節氣與天象
正月小	戊寅	天干地支 西曆星期	戊子 18 二	己丑 19 三	庚寅 20 四	辛卯 21 五	壬辰 22 六	癸巳 23 日	甲午 24 一	乙未 25 二	丙申 26 三	丁酉 27 四	戊戌 28 五	己亥 29 六	庚子 30 日	辛丑 31 一	壬寅 (2) 二	癸卯 2 三	甲辰 3 四	乙巳 4 五	丙午 5 六	丁未 6 日	戊申 7 一	己酉 8 二	庚戌 9 三	辛亥 10 四	壬子 11 五	癸丑 12 六	甲寅 13 日	乙卯 14 一	丙辰 15 二		庚子立春 乙卯雨水
二月大	己卯	天干地支 西曆星期	丁巳 16 三	戊午 17 四	己未 18 五	庚申 19 六	辛酉 20 日	壬戌 21 一	癸亥 22 二	甲子 23 三	乙丑 24 四	丙寅 25 五	丁卯 26 六	戊辰 27 日	己巳 28 一	庚午 29 二	辛未 (3) 三	壬申 2 四	癸酉 3 五	甲戌 4 六	乙亥 5 日	丙子 6 一	丁丑 7 二	戊寅 8 三	己卯 9 四	庚辰 10 五	辛巳 11 六	壬午 12 日	癸未 13 一	甲申 14 二	乙酉 15 三	丙戌 16 四	庚午驚蟄 乙酉春分
閏二月小	己卯	天干地支 西曆星期	丁亥 17 五	戊子 18 六	己丑 19 日	庚寅 20 一	辛卯 21 二	壬辰 22 三	癸巳 23 四	甲午 24 五	乙未 25 六	丙申 26 日	丁酉 27 一	戊戌 28 二	己亥 29 三	庚子 30 四	辛丑 31 五	壬寅 (4) 六	癸卯 2 日	甲辰 3 一	乙巳 4 二	丙午 5 三	丁未 6 四	戊申 7 五	己酉 8 六	庚戌 9 日	辛亥 10 一	壬子 11 二	癸丑 12 三	甲寅 13 四	乙卯 14 五		庚子清明
三月大	庚辰	天干地支 西曆星期	丙辰 15 六	丁巳 16 日	戊午 17 一	己未 18 二	庚申 19 三	辛酉 20 四	壬戌 21 五	癸亥 22 六	甲子 23 日	乙丑 24 一	丙寅 25 二	丁卯 26 三	戊辰 27 四	己巳 28 五	庚午 29 六	辛未 30 日	壬申 (5) 一	癸酉 2 二	甲戌 3 三	乙亥 4 四	丙子 5 五	丁丑 6 六	戊寅 7 日	己卯 8 一	庚辰 9 二	辛巳 10 三	壬午 11 四	癸未 12 五	甲申 13 六	乙酉 14 日	丙辰穀雨 辛未立夏
四月小	辛巳	天干地支 西曆星期	丙戌 15 一	丁亥 16 二	戊子 17 三	己丑 18 四	庚寅 19 五	辛卯 20 六	壬辰 21 日	癸巳 22 一	甲午 23 二	乙未 24 三	丙申 25 四	丁酉 26 五	戊戌 27 六	己亥 28 日	庚子 29 一	辛丑 30 二	壬寅 31 三	癸卯 (6) 四	甲辰 2 五	乙巳 3 六	丙午 4 日	丁未 5 一	戊申 6 二	己酉 7 三	庚戌 8 四	辛亥 9 五	壬子 10 六	癸丑 11 日	甲寅 12 一		丙戌小滿 辛丑芒種
五月大	壬午	天干地支 西曆星期	乙卯 13 二	丙辰 14 三	丁巳 15 四	戊午 16 五	己未 17 六	庚申 18 日	辛酉 19 一	壬戌 20 二	癸亥 21 三	甲子 22 四	乙丑 23 五	丙寅 24 六	丁卯 25 日	戊辰 26 一	己巳 27 二	庚午 28 三	辛未 29 四	壬申 30 五	癸酉 (7) 六	甲戌 2 日	乙亥 3 一	丙子 4 二	丁丑 5 三	戊寅 6 四	己卯 7 五	庚辰 8 六	辛巳 9 日	壬午 10 一	癸未 11 二	甲申 12 三	丁巳夏至 壬申小暑
六月大	癸未	天干地支 西曆星期	乙酉 13 四	丙戌 14 五	丁亥 15 六	戊子 16 日	己丑 17 一	庚寅 18 二	辛卯 19 三	壬辰 20 四	癸巳 21 五	甲午 22 六	乙未 23 日	丙申 24 一	丁酉 25 二	戊戌 26 三	己亥 27 四	庚子 28 五	辛丑 29 六	壬寅 30 日	癸卯 31 一	甲辰 (8) 二	乙巳 2 三	丙午 3 四	丁未 4 五	戊申 5 六	己酉 6 日	庚戌 7 一	辛亥 8 二	壬子 9 三	癸丑 10 四	甲寅 11 五	丁亥大暑 壬寅立秋
七月小	甲申	天干地支 西曆星期	乙卯 12 六	丙辰 13 日	丁巳 14 一	戊午 15 二	己未 16 三	庚申 17 四	辛酉 18 五	壬戌 19 六	癸亥 20 日	甲子 21 一	乙丑 22 二	丙寅 23 三	丁卯 24 四	戊辰 25 五	己巳 26 六	庚午 27 日	辛未 28 一	壬申 29 二	癸酉 30 三	甲戌 31 四	乙亥 (9) 五	丙子 2 六	丁丑 3 日	戊寅 4 一	己卯 5 二	庚辰 6 三	辛巳 7 四	壬午 8 五	癸未 9 六		丁巳處暑 癸酉白露
八月大	乙酉	天干地支 西曆星期	甲申 10 日	乙酉 11 一	丙戌 12 二	丁亥 13 三	戊子 14 四	己丑 15 五	庚寅 16 六	辛卯 17 日	壬辰 18 一	癸巳 19 二	甲午 20 三	乙未 21 四	丙申 22 五	丁酉 23 六	戊戌 24 日	己亥 25 一	庚子 26 二	辛丑 27 三	壬寅 28 四	癸卯 29 五	甲辰 30 六	乙巳 (10) 日	丙午 2 一	丁未 3 二	戊申 4 三	己酉 5 四	庚戌 6 五	辛亥 7 六	壬子 8 日	癸丑 9 一	戊子秋分 癸卯寒露
九月大	丙戌	天干地支 西曆星期	甲寅 10 二	乙卯 11 三	丙辰 12 四	丁巳 13 五	戊午 14 六	己未 15 日	庚申 16 一	辛酉 17 二	壬戌 18 三	癸亥 19 四	甲子 20 五	乙丑 21 六	丙寅 22 日	丁卯 23 一	戊辰 24 二	己巳 25 三	庚午 26 四	辛未 27 五	壬申 28 六	癸酉 29 日	甲戌 30 一	乙亥 31 二	丙子 (11) 三	丁丑 2 四	戊寅 3 五	己卯 4 六	庚辰 5 日	辛巳 6 一	壬午 7 二	癸未 8 三	戊午霜降 癸酉立冬
十月小	丁亥	天干地支 西曆星期	甲申 9 四	乙酉 10 五	丙戌 11 六	丁亥 12 日	戊子 13 一	己丑 14 二	庚寅 15 三	辛卯 16 四	壬辰 17 五	癸巳 18 六	甲午 19 日	乙未 20 一	丙申 21 二	丁酉 22 三	戊戌 23 四	己亥 24 五	庚子 25 六	辛丑 26 日	壬寅 27 一	癸卯 28 二	甲辰 29 三	乙巳 30 四	丙午 (12) 五	丁未 2 六	戊申 3 日	己酉 4 一	庚戌 5 二	辛亥 6 三	壬子 7 四		己丑小雪 甲辰大雪
十一月大	戊子	天干地支 西曆星期	癸丑 8 五	甲寅 9 六	乙卯 10 日	丙辰 11 一	丁巳 12 二	戊午 13 三	己未 14 四	庚申 15 五	辛酉 16 六	壬戌 17 日	癸亥 18 一	甲子 19 二	乙丑 20 三	丙寅 21 四	丁卯 22 五	戊辰 23 六	己巳 24 日	庚午 25 一	辛未 26 二	壬申 27 三	癸酉 28 四	甲戌 29 五	乙亥 30 六	丙子 31 日	丁丑 (1) 一	戊寅 2 二	己卯 3 三	庚辰 4 四	辛巳 5 五	壬午 6 六	己未冬至 甲戌小寒
十二月小	己丑	天干地支 西曆星期	癸未 7 日	甲申 8 一	乙酉 9 二	丙戌 10 三	丁亥 11 四	戊子 12 五	己丑 13 六	庚寅 14 日	辛卯 15 一	壬辰 16 二	癸巳 17 三	甲午 18 四	乙未 19 五	丙申 20 六	丁酉 21 日	戊戌 22 一	己亥 23 二	庚子 24 三	辛丑 25 四	壬寅 26 五	癸卯 27 六	甲辰 28 日	乙巳 29 一	丙午 30 二	丁未 31 三	戊申 (2) 四	己酉 2 五	庚戌 3 六	辛亥 4 日		庚寅大寒 乙巳立春

金章宗泰和元年（辛酉 鷄年）公元 **1201** ~ 1202 年

夏曆月序		中西曆日對照	初一	初二	初三	初四	初五	初六	初七	初八	初九	初十	十一	十二	十三	十四	十五	十六	十七	十八	十九	二十	二一	二二	二三	二四	二五	二六	二七	二八	二九	三十	節氣與天象
正月大	庚寅	天干地支 西曆 星期	壬子 5 一	癸丑 6 二	甲寅 7 三	乙卯 8 四	丙辰 9 五	丁巳 10 六	戊午 11 日	己未 12 一	庚申 13 二	辛酉 14 三	壬戌 15 四	癸亥 16 五	甲子 17 六	乙丑 18 日	丙寅 19 一	丁卯 20 二	戊辰 21 三	己巳 22 四	庚午 23 五	辛未 24 六	壬申 25 日	癸酉 26 一	甲戌 27 二	乙亥 28 三	丙子 (3) 四	丁丑 2 五	戊寅 3 六	己卯 4 日	庚辰 5 一	辛巳 6 二	庚申雨水 乙亥驚蟄
二月小	辛卯	天干地支 西曆 星期	壬午 7 三	癸未 8 四	甲申 9 五	乙酉 10 六	丙戌 11 日	丁亥 12 一	戊子 13 二	己丑 14 三	庚寅 15 四	辛卯 16 五	壬辰 17 六	癸巳 18 日	甲午 19 一	乙未 20 二	丙申 21 三	丁酉 22 四	戊戌 23 五	己亥 24 六	庚子 25 日	辛丑 26 一	壬寅 27 二	癸卯 28 三	甲辰 29 四	乙巳 30 五	丙午 31 六	丁未 (4) 日	戊申 2 一	己酉 3 二	庚戌 4 三		庚寅春分 丙午清明
三月小	壬辰	天干地支 西曆 星期	辛亥 5 四	壬子 6 五	癸丑 7 六	甲寅 8 日	乙卯 9 一	丙辰 10 二	丁巳 11 三	戊午 12 四	己未 13 五	庚申 14 六	辛酉 15 日	壬戌 16 一	癸亥 17 二	甲子 18 三	乙丑 19 四	丙寅 20 五	丁卯 21 六	戊辰 22 日	己巳 23 一	庚午 24 二	辛未 25 三	壬申 26 四	癸酉 27 五	甲戌 28 六	乙亥 29 日	丙子 30 一	丁丑 (5) 二	戊寅 2 三	己卯 3 四		辛酉穀雨 丙子立夏
四月大	癸巳	天干地支 西曆 星期	庚辰 4 五	辛巳 5 六	壬午 6 日	癸未 7 一	甲申 8 二	乙酉 9 三	丙戌 10 四	丁亥 11 五	戊子 12 六	己丑 13 日	庚寅 14 一	辛卯 15 二	壬辰 16 三	癸巳 17 四	甲午 18 五	乙未 19 六	丙申 20 日	丁酉 21 一	戊戌 22 二	己亥 23 三	庚子 24 四	辛丑 25 五	壬寅 26 六	癸卯 27 日	甲辰 28 一	乙巳 29 二	丙午 30 三	丁未 31 四	戊申 (6) 五	己酉 2 六	辛卯小滿 丁未芒種
五月小	甲午	天干地支 西曆 星期	庚戌 3 日	辛亥 4 一	壬子 5 二	癸丑 6 三	甲寅 7 四	乙卯 8 五	丙辰 9 六	丁巳 10 日	戊午 11 一	己未 12 二	庚申 13 三	辛酉 14 四	壬戌 15 五	癸亥 16 六	甲子 17 日	乙丑 18 一	丙寅 19 二	丁卯 20 三	戊辰 21 四	己巳 22 五	庚午 23 六	辛未 24 日	壬申 25 一	癸酉 26 二	甲戌 27 三	乙亥 28 四	丙子 29 五	丁丑 30 六	戊寅 (7) 日		壬戌夏至 丁丑小暑
六月大	乙未	天干地支 西曆 星期	己卯 2 一	庚辰 3 二	辛巳 4 三	壬午 5 四	癸未 6 五	甲申 7 六	乙酉 8 日	丙戌 9 一	丁亥 10 二	戊子 11 三	己丑 12 四	庚寅 13 五	辛卯 14 六	壬辰 15 日	癸巳 16 一	甲午 17 二	乙未 18 三	丙申 19 四	丁酉 20 五	戊戌 21 六	己亥 22 日	庚子 23 一	辛丑 24 二	壬寅 25 三	癸卯 26 四	甲辰 27 五	乙巳 28 六	丙午 29 日	丁未 30 一	戊申 31 二	壬辰大暑 丁未立秋
七月小	丙申	天干地支 西曆 星期	己酉 (8) 三	庚戌 2 四	辛亥 3 五	壬子 4 六	癸丑 5 日	甲寅 6 一	乙卯 7 二	丙辰 8 三	丁巳 9 四	戊午 10 五	己未 11 六	庚申 12 日	辛酉 13 一	壬戌 14 二	癸亥 15 三	甲子 16 四	乙丑 17 五	丙寅 18 六	丁卯 19 日	戊辰 20 一	己巳 21 二	庚午 22 三	辛未 23 四	壬申 24 五	癸酉 25 六	甲戌 26 日	乙亥 27 一	丙子 28 二	丁丑 29 三		癸亥處暑
八月大	丁酉	天干地支 西曆 星期	戊寅 30 四	己卯 31 五	庚辰 (9) 六	辛巳 2 日	壬午 3 一	癸未 4 二	甲申 5 三	乙酉 6 四	丙戌 7 五	丁亥 8 六	戊子 9 日	己丑 10 一	庚寅 11 二	辛卯 12 三	壬辰 13 四	癸巳 14 五	甲午 15 六	乙未 16 日	丙申 17 一	丁酉 18 二	戊戌 19 三	己亥 20 四	庚子 21 五	辛丑 22 六	壬寅 23 日	癸卯 24 一	甲辰 25 二	乙巳 26 三	丙午 27 四	丁未 28 五	戊寅白露 癸巳秋分
九月大	戊戌	天干地支 西曆 星期	戊申 29 六	己酉 30 日	庚戌 (10) 一	辛亥 2 二	壬子 3 三	癸丑 4 四	甲寅 5 五	乙卯 6 六	丙辰 7 日	丁巳 8 一	戊午 9 二	己未 10 三	庚申 11 四	辛酉 12 五	壬戌 13 六	癸亥 14 日	甲子 15 一	乙丑 16 二	丙寅 17 三	丁卯 18 四	戊辰 19 五	己巳 20 六	庚午 21 日	辛未 22 一	壬申 23 二	癸酉 24 三	甲戌 25 四	乙亥 26 五	丙子 27 六	丁丑 28 日	戊申寒露 甲子霜降
十月大	己亥	天干地支 西曆 星期	戊寅 29 一	己卯 30 二	庚辰 31 三	辛巳 (11) 四	壬午 2 五	癸未 3 六	甲申 4 日	乙酉 5 一	丙戌 6 二	丁亥 7 三	戊子 8 四	己丑 9 五	庚寅 10 六	辛卯 11 日	壬辰 12 一	癸巳 13 二	甲午 14 三	乙未 15 四	丙申 16 五	丁酉 17 六	戊戌 18 日	己亥 19 一	庚子 20 二	辛丑 21 三	壬寅 22 四	癸卯 23 五	甲辰 24 六	乙巳 25 日	丙午 26 一	丁未 27 二	己卯立冬 甲午小雪
十一月小	庚子	天干地支 西曆 星期	戊申 28 三	己酉 29 四	庚戌 30 五	辛亥 (12) 六	壬子 2 日	癸丑 3 一	甲寅 4 二	乙卯 5 三	丙辰 6 四	丁巳 7 五	戊午 8 六	己未 9 日	庚申 10 一	辛酉 11 二	壬戌 12 三	癸亥 13 四	甲子 14 五	乙丑 15 六	丙寅 16 日	丁卯 17 一	戊辰 18 二	己巳 19 三	庚午 20 四	辛未 21 五	壬申 22 六	癸酉 23 日	甲戌 24 一	乙亥 25 二	丙子 26 三		己酉大雪 甲子冬至
十二月大	辛丑	天干地支 西曆 星期	丁丑 27 四	戊寅 28 五	己卯 29 六	庚辰 30 日	辛巳 31 一	壬午 (1) 二	癸未 2 三	甲申 3 四	乙酉 4 五	丙戌 5 六	丁亥 6 日	戊子 7 一	己丑 8 二	庚寅 9 三	辛卯 10 四	壬辰 11 五	癸巳 12 六	甲午 13 日	乙未 14 一	丙申 15 二	丁酉 16 三	戊戌 17 四	己亥 18 五	庚子 19 六	辛丑 20 日	壬寅 21 一	癸卯 22 二	甲辰 23 三	乙巳 24 四	丙午 25 五	庚辰小寒 乙未大寒

* 正月壬子（初一），改元泰和。

金章宗泰和二年（壬戌 狗年） 公元 1202 ~ 1203 年

夏曆月序		中西曆日對照	初一	初二	初三	初四	初五	初六	初七	初八	初九	初十	十一	十二	十三	十四	十五	十六	十七	十八	十九	二十	二一	二二	二三	二四	二五	二六	二七	二八	二九	三十	節氣與天象
正月小	壬寅	天干 地支 西曆 星期	丁未 26 六	戊申 27 日	己酉 28 一	庚戌 29 二	辛亥 30 三	壬子 31 四	癸丑 (2) 五	甲寅 2 六	乙卯 3 日	丙辰 4 一	丁巳 5 二	戊午 6 三	己未 7 四	庚申 8 五	辛酉 9 六	壬戌 10 日	癸亥 11 一	甲子 12 二	乙丑 13 三	丙寅 14 四	丁卯 15 五	戊辰 16 六	己巳 17 日	庚午 18 一	辛未 19 二	壬申 20 三	癸酉 21 四	甲戌 22 五	乙亥 23 六		庚戌立春 乙丑雨水
二月大	癸卯	天干 地支 西曆 星期	丙子 24 日	丁丑 25 一	戊寅 26 二	己卯 27 三	庚辰 28 四	辛巳 (3) 五	壬午 2 六	癸未 3 日	甲申 4 一	乙酉 5 二	丙戌 6 三	丁亥 7 四	戊子 8 五	己丑 9 六	庚寅 10 日	辛卯 11 一	壬辰 12 二	癸巳 13 三	甲午 14 四	乙未 15 五	丙申 16 六	丁酉 17 日	戊戌 18 一	己亥 19 二	庚子 20 三	辛丑 21 四	壬寅 22 五	癸卯 23 六	甲辰 24 日	乙巳 25 一	庚辰驚蟄 丙申春分
三月小	甲辰	天干 地支 西曆 星期	丙午 26 二	丁未 27 三	戊申 28 四	己酉 29 五	庚戌 30 六	辛亥 31 日	壬子 (4) 一	癸丑 2 二	甲寅 3 三	乙卯 4 四	丙辰 5 五	丁巳 6 六	戊午 7 日	己未 8 一	庚申 9 二	辛酉 10 三	壬戌 11 四	癸亥 12 五	甲子 13 六	乙丑 14 日	丙寅 15 一	丁卯 16 二	戊辰 17 三	己巳 18 四	庚午 19 五	辛未 20 六	壬申 21 日	癸酉 22 一	甲戌 23 二		辛亥清明 丙寅穀雨
四月小	乙巳	天干 地支 西曆 星期	乙亥 24 三	丙子 25 四	丁丑 26 五	戊寅 27 六	己卯 28 日	庚辰 29 一	辛巳 30 二	壬午 (5) 三	癸未 2 四	甲申 3 五	乙酉 4 六	丙戌 5 日	丁亥 6 一	戊子 7 二	己丑 8 三	庚寅 9 四	辛卯 10 五	壬辰 11 六	癸巳 12 日	甲午 13 一	乙未 14 二	丙申 15 三	丁酉 16 四	戊戌 17 五	己亥 18 六	庚子 19 日	辛丑 20 一	壬寅 21 二	癸卯 22 三		辛巳立夏 丁酉小滿
五月大	丙午	天干 地支 西曆 星期	甲辰 23 四	乙巳 24 五	丙午 25 六	丁未 26 日	戊申 27 一	己酉 28 二	庚戌 29 三	辛亥 30 四	壬子 31 五	癸丑 (6) 六	甲寅 2 日	乙卯 3 一	丙辰 4 二	丁巳 5 三	戊午 6 四	己未 7 五	庚申 8 六	辛酉 9 日	壬戌 10 一	癸亥 11 二	甲子 12 三	乙丑 13 四	丙寅 14 五	丁卯 15 六	戊辰 16 日	己巳 17 一	庚午 18 二	辛未 19 三	壬申 20 四	癸酉 21 五	壬子芒種 丁卯夏至
六月小	丁未	天干 地支 西曆 星期	甲戌 22 六	乙亥 23 日	丙子 24 一	丁丑 25 二	戊寅 26 三	己卯 27 四	庚辰 28 五	辛巳 29 六	壬午 30 日	癸未 (7) 一	甲申 2 二	乙酉 3 三	丙戌 4 四	丁亥 5 五	戊子 6 六	己丑 7 日	庚寅 8 一	辛卯 9 二	壬辰 10 三	癸巳 11 四	甲午 12 五	乙未 13 六	丙申 14 日	丁酉 15 一	戊戌 16 二	己亥 17 三	庚子 18 四	辛丑 19 五	壬寅 20 六		壬午小暑 丁酉大暑
七月小	戊申	天干 地支 西曆 星期	癸卯 21 日	甲辰 22 一	乙巳 23 二	丙午 24 三	丁未 25 四	戊申 26 五	己酉 27 六	庚戌 28 日	辛亥 29 一	壬子 30 二	癸丑 31 三	甲寅 (8) 四	乙卯 2 五	丙辰 3 六	丁巳 4 日	戊午 5 一	己未 6 二	庚申 7 三	辛酉 8 四	壬戌 9 五	癸亥 10 六	甲子 11 日	乙丑 12 一	丙寅 13 二	丁卯 14 三	戊辰 15 四	己巳 16 五	庚午 17 六	辛未 18 日		癸丑立秋 戊辰處暑
八月大	己酉	天干 地支 西曆 星期	壬申 19 一	癸酉 20 二	甲戌 21 三	乙亥 22 四	丙子 23 五	丁丑 24 六	戊寅 25 日	己卯 26 一	庚辰 27 二	辛巳 28 三	壬午 29 四	癸未 30 五	甲申 31 六	乙酉 (9) 日	丙戌 2 一	丁亥 3 二	戊子 4 三	己丑 5 四	庚寅 6 五	辛卯 7 六	壬辰 8 日	癸巳 9 一	甲午 10 二	乙未 11 三	丙申 12 四	丁酉 13 五	戊戌 14 六	己亥 15 日	庚子 16 一	辛丑 17 二	癸未白露 戊戌秋分
九月大	庚戌	天干 地支 西曆 星期	壬寅 18 三	癸卯 19 四	甲辰 20 五	乙巳 21 六	丙午 22 日	丁未 23 一	戊申 24 二	己酉 25 三	庚戌 26 四	辛亥 27 五	壬子 28 六	癸丑 29 日	甲寅 30 一	乙卯 (10) 二	丙辰 2 三	丁巳 3 四	戊午 4 五	己未 5 六	庚申 6 日	辛酉 7 一	壬戌 8 二	癸亥 9 三	甲子 10 四	乙丑 11 五	丙寅 12 六	丁卯 13 日	戊辰 14 一	己巳 15 二	庚午 16 三	辛未 17 四	甲寅寒露 己巳霜降
十月大	辛亥	天干 地支 西曆 星期	壬申 18 五	癸酉 19 六	甲戌 20 日	乙亥 21 一	丙子 22 二	丁丑 23 三	戊寅 24 四	己卯 25 五	庚辰 26 六	辛巳 27 日	壬午 28 一	癸未 29 二	甲申 30 三	乙酉 31 四	丙戌 (11) 五	丁亥 2 六	戊子 3 日	己丑 4 一	庚寅 5 二	辛卯 6 三	壬辰 7 四	癸巳 8 五	甲午 9 六	乙未 10 日	丙申 11 一	丁酉 12 二	戊戌 13 三	己亥 14 四	庚子 15 五	辛丑 16 六	甲申立冬 己亥小雪
十一月小	壬子	天干 地支 西曆 星期	壬寅 17 日	癸卯 18 一	甲辰 19 二	乙巳 20 三	丙午 21 四	丁未 22 五	戊申 23 六	己酉 24 日	庚戌 25 一	辛亥 26 二	壬子 27 三	癸丑 28 四	甲寅 29 五	乙卯 30 六	丙辰 (12) 日	丁巳 2 一	戊午 3 二	己未 4 三	庚申 5 四	辛酉 6 五	壬戌 7 六	癸亥 8 日	甲子 9 一	乙丑 10 二	丙寅 11 三	丁卯 12 四	戊辰 13 五	己巳 14 六	庚午 15 日		甲寅大雪 庚午冬至
十二月大	癸丑	天干 地支 西曆 星期	辛未 16 一	壬申 17 二	癸酉 18 三	甲戌 19 四	乙亥 20 五	丙子 21 六	丁丑 22 日	戊寅 23 一	己卯 24 二	庚辰 25 三	辛巳 26 四	壬午 27 五	癸未 28 六	甲申 29 日	乙酉 30 一	丙戌 31 二	丁亥 (1) 三	戊子 2 四	己丑 3 五	庚寅 4 六	辛卯 5 日	壬辰 6 一	癸巳 7 二	甲午 8 三	乙未 9 四	丙申 10 五	丁酉 11 六	戊戌 12 日	己亥 13 一	庚子 14 二	乙酉小寒 庚子大寒
閏十二大	癸丑	天干 地支 西曆 星期	辛丑 15 三	壬寅 16 四	癸卯 17 五	甲辰 18 六	乙巳 19 日	丙午 20 一	丁未 21 二	戊申 22 三	己酉 23 四	庚戌 24 五	辛亥 25 六	壬子 26 日	癸丑 27 一	甲寅 28 二	乙卯 29 三	丙辰 30 四	丁巳 31 五	戊午 (2) 六	己未 2 日	庚申 3 一	辛酉 4 二	壬戌 5 三	癸亥 6 四	甲子 7 五	乙丑 8 六	丙寅 9 日	丁卯 10 一	戊辰 11 二	己巳 12 三	庚午 13 四	乙卯立春

金章宗泰和三年（癸亥 猪年） 公元 1203 ~ 1204 年

夏曆月序		中西曆日對照	初一	初二	初三	初四	初五	初六	初七	初八	初九	初十	十一	十二	十三	十四	十五	十六	十七	十八	十九	二十	二一	二二	二三	二四	二五	二六	二七	二八	二九	三十	節氣與天象
正月小	甲寅	天干地支 西曆 星期	辛未 14 五	壬申 15 六	癸酉 16 日	甲戌 17 一	乙亥 18 二	丙子 19 三	丁丑 20 四	戊寅 21 五	己卯 22 六	庚辰 23 日	辛巳 24 一	壬午 25 二	癸未 26 三	甲申 27 四	乙酉 28 五	丙戌 (3) 六	丁亥 2 日	戊子 3 一	己丑 4 二	庚寅 5 三	辛卯 6 四	壬辰 7 五	癸巳 8 六	甲午 9 日	乙未 10 一	丙申 11 二	丁酉 12 三	戊戌 13 四	己亥 14 五		辛未雨水 丙戌驚蟄
二月大	乙卯	天干地支 西曆 星期	庚子 15 六	辛丑 16 日	壬寅 17 一	癸卯 18 二	甲辰 19 三	乙巳 20 四	丙午 21 五	丁未 22 六	戊申 23 日	己酉 24 一	庚戌 25 二	辛亥 26 三	壬子 27 四	癸丑 28 五	甲寅 29 六	乙卯 30 日	丙辰 31 一	丁巳 (4) 二	戊午 2 三	己未 3 四	庚申 4 五	辛酉 5 六	壬戌 6 日	癸亥 7 一	甲子 8 二	乙丑 9 三	丙寅 10 四	丁卯 11 五	戊辰 12 六	己巳 13 日	辛丑春分 丙辰清明
三月小	丙辰	天干地支 西曆 星期	庚午 14 一	辛未 15 二	壬申 16 三	癸酉 17 四	甲戌 18 五	乙亥 19 六	丙子 20 日	丁丑 21 一	戊寅 22 二	己卯 23 三	庚辰 24 四	辛巳 25 五	壬午 26 六	癸未 27 日	甲申 28 一	乙酉 29 二	丙戌 30 三	丁亥 (5) 四	戊子 2 五	己丑 3 六	庚寅 4 日	辛卯 5 一	壬辰 6 二	癸巳 7 三	甲午 8 四	乙未 9 五	丙申 10 六	丁酉 11 日	戊戌 12 一		辛未穀雨 丁亥立夏
四月小	丁巳	天干地支 西曆 星期	己亥 13 二	庚子 14 三	辛丑 15 四	壬寅 16 五	癸卯 17 六	甲辰 18 日	乙巳 19 一	丙午 20 二	丁未 21 三	戊申 22 四	己酉 23 五	庚戌 24 六	辛亥 25 日	壬子 26 一	癸丑 27 二	甲寅 28 三	乙卯 29 四	丙辰 30 五	丁巳 31 六	戊午 (6) 日	己未 2 一	庚申 3 二	辛酉 4 三	壬戌 5 四	癸亥 6 五	甲子 7 六	乙丑 8 日	丙寅 9 一	丁卯 10 二		壬寅小滿 丁巳芒種
五月大	戊午	天干地支 西曆 星期	戊辰 11 三	己巳 12 四	庚午 13 五	辛未 14 六	壬申 15 日	癸酉 16 一	甲戌 17 二	乙亥 18 三	丙子 19 四	丁丑 20 五	戊寅 21 六	己卯 22 日	庚辰 23 一	辛巳 24 二	壬午 25 三	癸未 26 四	甲申 27 五	乙酉 28 六	丙戌 29 日	丁亥 30 一	戊子 (7) 二	己丑 2 三	庚寅 3 四	辛卯 4 五	壬辰 5 六	癸巳 6 日	甲午 7 一	乙未 8 二	丙申 9 三	丁酉 10 四	壬申夏至 丁亥小暑
六月小	己未	天干地支 西曆 星期	戊戌 11 五	己亥 12 六	庚子 13 日	辛丑 14 一	壬寅 15 二	癸卯 16 三	甲辰 17 四	乙巳 18 五	丙午 19 六	丁未 20 日	戊申 21 一	己酉 22 二	庚戌 23 三	辛亥 24 四	壬子 25 五	癸丑 26 六	甲寅 27 日	乙卯 28 一	丙辰 29 二	丁巳 30 三	戊午 31 四	己未 (8) 五	庚申 2 六	辛酉 3 日	壬戌 4 一	癸亥 5 二	甲子 6 三	乙丑 7 四	丙寅 8 五		癸卯大暑 戊午立秋
七月小	庚申	天干地支 西曆 星期	丁卯 9 六	戊辰 10 日	己巳 11 一	庚午 12 二	辛未 13 三	壬申 14 四	癸酉 15 五	甲戌 16 六	乙亥 17 日	丙子 18 一	丁丑 19 二	戊寅 20 三	己卯 21 四	庚辰 22 五	辛巳 23 六	壬午 24 日	癸未 25 一	甲申 26 二	乙酉 27 三	丙戌 28 四	丁亥 29 五	戊子 30 六	己丑 31 日	庚寅 (9) 一	辛卯 2 二	壬辰 3 三	癸巳 4 四	甲午 5 五	乙未 6 六		癸酉處暑 戊子白露
八月大	辛酉	天干地支 西曆 星期	丙申 7 日	丁酉 8 一	戊戌 9 二	己亥 10 三	庚子 11 四	辛丑 12 五	壬寅 13 六	癸卯 14 日	甲辰 15 一	乙巳 16 二	丙午 17 三	丁未 18 四	戊申 19 五	己酉 20 六	庚戌 21 日	辛亥 22 一	壬子 23 二	癸丑 24 三	甲寅 25 四	乙卯 26 五	丙辰 27 六	丁巳 28 日	戊午 29 一	己未 30 二	庚申 (10) 三	辛酉 2 四	壬戌 3 五	癸亥 4 六	甲子 5 日	乙丑 6 一	甲辰秋分 己未寒露
九月大	壬戌	天干地支 西曆 星期	丙寅 7 二	丁卯 8 三	戊辰 9 四	己巳 10 五	庚午 11 六	辛未 12 日	壬申 13 一	癸酉 14 二	甲戌 15 三	乙亥 16 四	丙子 17 五	丁丑 18 六	戊寅 19 日	己卯 20 一	庚辰 21 二	辛巳 22 三	壬午 23 四	癸未 24 五	甲申 25 六	乙酉 26 日	丙戌 27 一	丁亥 28 二	戊子 29 三	己丑 30 四	庚寅 31 五	辛卯 (11) 六	壬辰 2 日	癸巳 3 一	甲午 4 二	乙未 5 三	甲戌霜降 己丑立冬
十月小	癸亥	天干地支 西曆 星期	丙申 6 四	丁酉 7 五	戊戌 8 六	己亥 9 日	庚子 10 一	辛丑 11 二	壬寅 12 三	癸卯 13 四	甲辰 14 五	乙巳 15 六	丙午 16 日	丁未 17 一	戊申 18 二	己酉 19 三	庚戌 20 四	辛亥 21 五	壬子 22 六	癸丑 23 日	甲寅 24 一	乙卯 25 二	丙辰 26 三	丁巳 27 四	戊午 28 五	己未 29 六	庚申 30 日	辛酉 (12) 一	壬戌 2 二	癸亥 3 三	甲子 4 四		甲辰小雪 庚申大雪
十一月大	甲子	天干地支 西曆 星期	乙丑 5 五	丙寅 6 六	丁卯 7 日	戊辰 8 一	己巳 9 二	庚午 10 三	辛未 11 四	壬申 12 五	癸酉 13 六	甲戌 14 日	乙亥 15 一	丙子 16 二	丁丑 17 三	戊寅 18 四	己卯 19 五	庚辰 20 六	辛巳 21 日	壬午 22 一	癸未 23 二	甲申 24 三	乙酉 25 四	丙戌 26 五	丁亥 27 六	戊子 28 日	己丑 29 一	庚寅 30 二	辛卯 31 三	壬辰 (1) 四	癸巳 2 五	甲午 3 六	乙亥冬至 庚寅小寒
十二月大	乙丑	天干地支 西曆 星期	乙未 4 日	丙申 5 一	丁酉 6 二	戊戌 7 三	己亥 8 四	庚子 9 五	辛丑 10 六	壬寅 11 日	癸卯 12 一	甲辰 13 二	乙巳 14 三	丙午 15 四	丁未 16 五	戊申 17 六	己酉 18 日	庚戌 19 一	辛亥 20 二	壬子 21 三	癸丑 22 四	甲寅 23 五	乙卯 24 六	丙辰 25 日	丁巳 26 一	戊午 27 二	己未 28 三	庚申 29 四	辛酉 30 五	壬戌 31 六	癸亥 (2) 日	甲子 2 一	乙巳大寒 辛酉立春

金章宗泰和四年（甲子 鼠年） 公元 1204 ~ 1205 年

夏曆月序		中西曆日對照	初一	初二	初三	初四	初五	初六	初七	初八	初九	初十	十一	十二	十三	十四	十五	十六	十七	十八	十九	二十	二一	二二	二三	二四	二五	二六	二七	二八	二九	三十	節氣與天象
正月大	丙寅	天干地支 西曆 星期	乙丑 3 二	丙寅 4 三	丁卯 5 四	戊辰 6 五	己巳 7 六	庚午 8 日	辛未 9 一	壬申 10 二	癸酉 11 三	甲戌 12 四	乙亥 13 五	丙子 14 六	丁丑 15 日	戊寅 16 一	己卯 17 二	庚辰 18 三	辛巳 19 四	壬午 20 五	癸未 21 六	甲申 22 日	乙酉 23 一	丙戌 24 二	丁亥 25 三	戊子 26 四	己丑 27 五	庚寅 28 六	辛卯 29 日	壬辰 (3) 一	癸巳 2 二	甲午 3 三	丙子雨水 辛卯驚蟄
二月小	丁卯	天干地支 西曆 星期	乙未 4 四	丙申 5 五	丁酉 6 六	戊戌 7 日	己亥 8 一	庚子 9 二	辛丑 10 三	壬寅 11 四	癸卯 12 五	甲辰 13 六	乙巳 14 日	丙午 15 一	丁未 16 二	戊申 17 三	己酉 18 四	庚戌 19 五	辛亥 20 六	壬子 21 日	癸丑 22 一	甲寅 23 二	乙卯 24 三	丙辰 25 四	丁巳 26 五	戊午 27 六	己未 28 日	庚申 29 一	辛酉 30 二	壬戌 31 三	癸亥 (4) 四		丙午春分 辛酉清明
三月大	戊辰	天干地支 西曆 星期	甲子 2 五	乙丑 3 六	丙寅 4 日	丁卯 5 一	戊辰 6 二	己巳 7 三	庚午 8 四	辛未 9 五	壬申 10 六	癸酉 11 日	甲戌 12 一	乙亥 13 二	丙子 14 三	丁丑 15 四	戊寅 16 五	己卯 17 六	庚辰 18 日	辛巳 19 一	壬午 20 二	癸未 21 三	甲申 22 四	乙酉 23 五	丙戌 24 六	丁亥 25 日	戊子 26 一	己丑 27 二	庚寅 28 三	辛卯 29 四	壬辰 30 五	癸巳 (5) 六	丁丑穀雨 壬辰立夏
四月小	己巳	天干地支 西曆 星期	甲午 2 日	乙未 3 一	丙申 4 二	丁酉 5 三	戊戌 6 四	己亥 7 五	庚子 8 六	辛丑 9 日	壬寅 10 一	癸卯 11 二	甲辰 12 三	乙巳 13 四	丙午 14 五	丁未 15 六	戊申 16 日	己酉 17 一	庚戌 18 二	辛亥 19 三	壬子 20 四	癸丑 21 五	甲寅 22 六	乙卯 23 日	丙辰 24 一	丁巳 25 二	戊午 26 三	己未 27 四	庚申 28 五	辛酉 29 六	壬戌 30 日		丁未小滿 壬戌芒種
五月小	庚午	天干地支 西曆 星期	癸亥 31 一	甲子 (6) 二	乙丑 2 三	丙寅 3 四	丁卯 4 五	戊辰 5 六	己巳 6 日	庚午 7 一	辛未 8 二	壬申 9 三	癸酉 10 四	甲戌 11 五	乙亥 12 六	丙子 13 日	丁丑 14 一	戊寅 15 二	己卯 16 三	庚辰 17 四	辛巳 18 五	壬午 19 六	癸未 20 日	甲申 21 一	乙酉 22 二	丙戌 23 三	丁亥 24 四	戊子 25 五	己丑 26 六	庚寅 27 日	辛卯 28 一		戊寅夏至
六月大	辛未	天干地支 西曆 星期	壬辰 29 二	癸巳 30 三	甲午 (7) 四	乙未 2 五	丙申 3 六	丁酉 4 日	戊戌 5 一	己亥 6 二	庚子 7 三	辛丑 8 四	壬寅 9 五	癸卯 10 六	甲辰 11 日	乙巳 12 一	丙午 13 二	丁未 14 三	戊申 15 四	己酉 16 五	庚戌 17 六	辛亥 18 日	壬子 19 一	癸丑 20 二	甲寅 21 三	乙卯 22 四	丙辰 23 五	丁巳 24 六	戊午 25 日	己未 26 一	庚申 27 二	辛酉 28 三	癸巳小暑 戊申大暑
七月小	壬申	天干地支 西曆 星期	壬戌 29 四	癸亥 30 五	甲子 31 六	乙丑 (8) 日	丙寅 2 一	丁卯 3 二	戊辰 4 三	己巳 5 四	庚午 6 五	辛未 7 六	壬申 8 日	癸酉 9 一	甲戌 10 二	乙亥 11 三	丙子 12 四	丁丑 13 五	戊寅 14 六	己卯 15 日	庚辰 16 一	辛巳 17 二	壬午 18 三	癸未 19 四	甲申 20 五	乙酉 21 六	丙戌 22 日	丁亥 23 一	戊子 24 二	己丑 25 三	庚寅 26 四		癸亥立秋 戊寅處暑
八月小	癸酉	天干地支 西曆 星期	辛卯 27 五	壬辰 28 六	癸巳 29 日	甲午 30 一	乙未 31 二	丙申 (9) 三	丁酉 2 四	戊戌 3 五	己亥 4 六	庚子 5 日	辛丑 6 一	壬寅 7 二	癸卯 8 三	甲辰 9 四	乙巳 10 五	丙午 11 六	丁未 12 日	戊申 13 一	己酉 14 二	庚戌 15 三	辛亥 16 四	壬子 17 五	癸丑 18 六	甲寅 19 日	乙卯 20 一	丙辰 21 二	丁巳 22 三	戊午 23 四	己未 24 五		甲午白露 己酉秋分
九月大	甲戌	天干地支 西曆 星期	庚申 25 六	辛酉 26 日	壬戌 27 一	癸亥 28 二	甲子 29 三	乙丑 30 四	丙寅 (10) 五	丁卯 2 六	戊辰 3 日	己巳 4 一	庚午 5 二	辛未 6 三	壬申 7 四	癸酉 8 五	甲戌 9 六	乙亥 10 日	丙子 11 一	丁丑 12 二	戊寅 13 三	己卯 14 四	庚辰 15 五	辛巳 16 六	壬午 17 日	癸未 18 一	甲申 19 二	乙酉 20 三	丙戌 21 四	丁亥 22 五	戊子 23 六	己丑 24 日	甲子寒露 己卯霜降
十月小	乙亥	天干地支 西曆 星期	庚寅 25 一	辛卯 26 二	壬辰 27 三	癸巳 28 四	甲午 29 五	乙未 30 六	丙申 31 日	丁酉 (11) 一	戊戌 2 二	己亥 3 三	庚子 4 四	辛丑 5 五	壬寅 6 六	癸卯 7 日	甲辰 8 一	乙巳 9 二	丙午 10 三	丁未 11 四	戊申 12 五	己酉 13 六	庚戌 14 日	辛亥 15 一	壬子 16 二	癸丑 17 三	甲寅 18 四	乙卯 19 五	丙辰 20 六	丁巳 21 日	戊午 22 一		甲午立冬 庚戌小雪
十一月大	丙子	天干地支 西曆 星期	己未 23 二	庚申 24 三	辛酉 25 四	壬戌 26 五	癸亥 27 六	甲子 28 日	乙丑 29 一	丙寅 30 二	丁卯 (12) 三	戊辰 2 四	己巳 3 五	庚午 4 六	辛未 5 日	壬申 6 一	癸酉 7 二	甲戌 8 三	乙亥 9 四	丙子 10 五	丁丑 11 六	戊寅 12 日	己卯 13 一	庚辰 14 二	辛巳 15 三	壬午 16 四	癸未 17 五	甲申 18 六	乙酉 19 日	丙戌 20 一	丁亥 21 二	戊子 22 三	乙丑大雪 庚辰冬至
十二月大	丁丑	天干地支 西曆 星期	己丑 23 四	庚寅 24 五	辛卯 25 六	壬辰 26 日	癸巳 27 一	甲午 28 二	乙未 29 三	丙申 30 四	丁酉 31 五	戊戌 (1) 六	己亥 2 日	庚子 3 一	辛丑 4 二	壬寅 5 三	癸卯 6 四	甲辰 7 五	乙巳 8 六	丙午 9 日	丁未 10 一	戊申 11 二	己酉 12 三	庚戌 13 四	辛亥 14 五	壬子 15 六	癸丑 16 日	甲寅 17 一	乙卯 18 二	丙辰 19 三	丁巳 20 四	戊午 21 五	乙未小寒 辛亥大寒

金章宗泰和五年（乙丑 牛年） 公元 1205 ~ 1206 年

夏曆月序		中西曆日對照	初一	初二	初三	初四	初五	初六	初七	初八	初九	初十	十一	十二	十三	十四	十五	十六	十七	十八	十九	二十	二一	二二	二三	二四	二五	二六	二七	二八	二九	三十	節氣與天象
正月大	戊寅	天干地支 西曆 星期	己未 22 六	庚申 23 日	辛酉 24 一	壬戌 25 二	癸亥 26 三	甲子 27 四	乙丑 28 五	丙寅 29 六	丁卯 30 日	戊辰 31 一	己巳 (2) 二	庚午 2 三	辛未 3 四	壬申 4 五	癸酉 5 六	甲戌 6 日	乙亥 7 一	丙子 8 二	丁丑 9 三	戊寅 10 四	己卯 11 五	庚辰 12 六	辛巳 13 日	壬午 14 一	癸未 15 二	甲申 16 三	乙酉 17 四	丙戌 18 五	丁亥 19 六	戊子 20 日	丙寅立春 辛巳雨水
二月小	己卯	天干地支 西曆 星期	己丑 21 一	庚寅 22 二	辛卯 23 三	壬辰 24 四	癸巳 25 五	甲午 26 六	乙未 27 日	丙申 28 一	丁酉 (3) 二	戊戌 2 三	己亥 3 四	庚子 4 五	辛丑 5 六	壬寅 6 日	癸卯 7 一	甲辰 8 二	乙巳 9 三	丙午 10 四	丁未 11 五	戊申 12 六	己酉 13 日	庚戌 14 一	辛亥 15 二	壬子 16 三	癸丑 17 四	甲寅 18 五	乙卯 19 六	丙辰 20 日	丁巳 21 一		丙申驚蟄 辛亥春分
三月大	庚辰	天干地支 西曆 星期	戊午 22 二	己未 23 三	庚申 24 四	辛酉 25 五	壬戌 26 六	癸亥 27 日	甲子 28 一	乙丑 29 二	丙寅 30 三	丁卯 31 四	戊辰 (4) 五	己巳 2 六	庚午 3 日	辛未 4 一	壬申 5 二	癸酉 6 三	甲戌 7 四	乙亥 8 五	丙子 9 六	丁丑 10 日	戊寅 11 一	己卯 12 二	庚辰 13 三	辛巳 14 四	壬午 15 五	癸未 16 六	甲申 17 日	乙酉 18 一	丙戌 19 二	丁亥 20 三	丁卯清明 壬午穀雨
四月小	辛巳	天干地支 西曆 星期	戊子 21 四	己丑 22 五	庚寅 23 六	辛卯 24 日	壬辰 25 一	癸巳 26 二	甲午 27 三	乙未 28 四	丙申 29 五	丁酉 30 六	戊戌 (5) 日	己亥 2 一	庚子 3 二	辛丑 4 三	壬寅 5 四	癸卯 6 五	甲辰 7 六	乙巳 8 日	丙午 9 一	丁未 10 二	戊申 11 三	己酉 12 四	庚戌 13 五	辛亥 14 六	壬子 15 日	癸丑 16 一	甲寅 17 二	乙卯 18 三	丙辰 19 四		丁酉立夏 壬子小滿
五月大	壬午	天干地支 西曆 星期	丁巳 20 五	戊午 21 六	己未 22 日	庚申 23 一	辛酉 24 二	壬戌 25 三	癸亥 26 四	甲子 27 五	乙丑 28 六	丙寅 29 日	丁卯 30 一	戊辰 31 二	己巳 (6) 三	庚午 2 四	辛未 3 五	壬申 4 六	癸酉 5 日	甲戌 6 一	乙亥 7 二	丙子 8 三	丁丑 9 四	戊寅 10 五	己卯 11 六	庚辰 12 日	辛巳 13 一	壬午 14 二	癸未 15 三	甲申 16 四	乙酉 17 五	丙戌 18 六	戊辰芒種 癸未夏至
六月小	癸未	天干地支 西曆 星期	丁亥 19 日	戊子 20 一	己丑 21 二	庚寅 22 三	辛卯 23 四	壬辰 24 五	癸巳 25 六	甲午 26 日	乙未 27 一	丙申 28 二	丁酉 29 三	戊戌 30 四	己亥 (7) 五	庚子 2 六	辛丑 3 日	壬寅 4 一	癸卯 5 二	甲辰 6 三	乙巳 7 四	丙午 8 五	丁未 9 六	戊申 10 日	己酉 11 一	庚戌 12 二	辛亥 13 三	壬子 14 四	癸丑 15 五	甲寅 16 六	乙卯 17 日		戊戌小暑 癸丑大暑
七月大	甲申	天干地支 西曆 星期	丙辰 18 一	丁巳 19 二	戊午 20 三	己未 21 四	庚申 22 五	辛酉 23 六	壬戌 24 日	癸亥 25 一	甲子 26 二	乙丑 27 三	丙寅 28 四	丁卯 29 五	戊辰 30 六	己巳 31 日	庚午 (8) 一	辛未 2 二	壬申 3 三	癸酉 4 四	甲戌 5 五	乙亥 6 六	丙子 7 日	丁丑 8 一	戊寅 9 二	己卯 10 三	庚辰 11 四	辛巳 12 五	壬午 13 六	癸未 14 日	甲申 15 一	乙酉 16 二	戊辰立秋 甲申處暑
八月小	乙酉	天干地支 西曆 星期	丙戌 17 三	丁亥 18 四	戊子 19 五	己丑 20 六	庚寅 21 日	辛卯 22 一	壬辰 23 二	癸巳 24 三	甲午 25 四	乙未 26 五	丙申 27 六	丁酉 28 日	戊戌 29 一	己亥 30 二	庚子 31 三	辛丑 (9) 四	壬寅 2 五	癸卯 3 六	甲辰 4 日	乙巳 5 一	丙午 6 二	丁未 7 三	戊申 8 四	己酉 9 五	庚戌 10 六	辛亥 11 日	壬子 12 一	癸丑 13 二	甲寅 14 三		己亥白露 甲寅秋分
閏八月小	乙酉	天干地支 西曆 星期	乙卯 15 四	丙辰 16 五	丁巳 17 六	戊午 18 日	己未 19 一	庚申 20 二	辛酉 21 三	壬戌 22 四	癸亥 23 五	甲子 24 六	乙丑 25 日	丙寅 26 一	丁卯 27 二	戊辰 28 三	己巳 29 四	庚午 30 五	辛未 (10) 六	壬申 2 日	癸酉 3 一	甲戌 4 二	乙亥 5 三	丙子 6 四	丁丑 7 五	戊寅 8 六	己卯 9 日	庚辰 10 一	辛巳 11 二	壬午 12 三	癸未 13 四		己巳寒露
九月大	丙戌	天干地支 西曆 星期	甲申 14 五	乙酉 15 六	丙戌 16 日	丁亥 17 一	戊子 18 二	己丑 19 三	庚寅 20 四	辛卯 21 五	壬辰 22 六	癸巳 23 日	甲午 24 一	乙未 25 二	丙申 26 三	丁酉 27 四	戊戌 28 五	己亥 29 六	庚子 30 日	辛丑 31 一	壬寅 (11) 二	癸卯 2 三	甲辰 3 四	乙巳 4 五	丙午 5 六	丁未 6 日	戊申 7 一	己酉 8 二	庚戌 9 三	辛亥 10 四	壬子 11 五	癸丑 12 六	甲申霜降 庚子立冬
十月小	丁亥	天干地支 西曆 星期	甲寅 13 日	乙卯 14 一	丙辰 15 二	丁巳 16 三	戊午 17 四	己未 18 五	庚申 19 六	辛酉 20 日	壬戌 21 一	癸亥 22 二	甲子 23 三	乙丑 24 四	丙寅 25 五	丁卯 26 六	戊辰 27 日	己巳 28 一	庚午 29 二	辛未 30 三	壬申 (12) 四	癸酉 2 五	甲戌 3 六	乙亥 4 日	丙子 5 一	丁丑 6 二	戊寅 7 三	己卯 8 四	庚辰 9 五	辛巳 10 六	壬午 11 日		乙卯小雪 庚午大雪
十一月大	戊子	天干地支 西曆 星期	癸未 12 一	甲申 13 二	乙酉 14 三	丙戌 15 四	丁亥 16 五	戊子 17 六	己丑 18 日	庚寅 19 一	辛卯 20 二	壬辰 21 三	癸巳 22 四	甲午 23 五	乙未 24 六	丙申 25 日	丁酉 26 一	戊戌 27 二	己亥 28 三	庚子 29 四	辛丑 30 五	壬寅 31 六	癸卯 (1) 日	甲辰 2 一	乙巳 3 二	丙午 4 三	丁未 5 四	戊申 6 五	己酉 7 六	庚戌 8 日	辛亥 9 一	壬子 10 二	乙酉冬至 辛丑小寒
十二月大	己丑	天干地支 西曆 星期	癸丑 11 三	甲寅 12 四	乙卯 13 五	丙辰 14 六	丁巳 15 日	戊午 16 一	己未 17 二	庚申 18 三	辛酉 19 四	壬戌 20 五	癸亥 21 六	甲子 22 日	乙丑 23 一	丙寅 24 二	丁卯 25 三	戊辰 26 四	己巳 27 五	庚午 28 六	辛未 29 日	壬申 30 一	癸酉 31 二	甲戌 (2) 三	乙亥 2 四	丙子 3 五	丁丑 4 六	戊寅 5 日	己卯 6 一	庚辰 7 二	辛巳 8 三	壬午 9 四	丙辰大寒 辛未立春

金章宗泰和六年（丙寅 虎年） 公元 1206 ~ 1207 年

夏曆月序		中西曆日對照	初一	初二	初三	初四	初五	初六	初七	初八	初九	初十	十一	十二	十三	十四	十五	十六	十七	十八	十九	二十	二一	二二	二三	二四	二五	二六	二七	二八	二九	三十	節氣與天象
正月小	庚寅	干支 西曆 星期	癸未 10 五	甲申 11 六	乙酉 12 日	丙戌 13 一	丁亥 14 二	戊子 15 三	己丑 16 四	庚寅 17 五	辛卯 18 六	壬辰 19 日	癸巳 20 一	甲午 21 二	乙未 22 三	丙申 23 四	丁酉 24 五	戊戌 25 六	己亥 26 日	庚子 27 一	辛丑 28 二	壬寅 (3) 三	癸卯 2 四	甲辰 3 五	乙巳 4 六	丙午 5 日	丁未 6 一	戊申 7 二	己酉 8 三	庚戌 9 四	辛亥 10 五		丙戌雨水 辛丑驚蟄
二月大	辛卯	干支 西曆 星期	壬子 11 六	癸丑 12 日	甲寅 13 一	乙卯 14 二	丙辰 15 三	丁巳 16 四	戊午 17 五	己未 18 六	庚申 19 日	辛酉 20 一	壬戌 21 二	癸亥 22 三	甲子 23 四	乙丑 24 五	丙寅 25 六	丁卯 26 日	戊辰 27 一	己巳 28 二	庚午 29 三	辛未 30 四	壬申 31 五	癸酉 (4) 六	甲戌 2 日	乙亥 3 一	丙子 4 二	丁丑 5 三	戊寅 6 四	己卯 7 五	庚辰 8 六	辛巳 9 日	丁巳春分 壬申清明
三月大	壬辰	干支 西曆 星期	壬午 10 一	癸未 11 二	甲申 12 三	乙酉 13 四	丙戌 14 五	丁亥 15 六	戊子 16 日	己丑 17 一	庚寅 18 二	辛卯 19 三	壬辰 20 四	癸巳 21 五	甲午 22 六	乙未 23 日	丙申 24 一	丁酉 25 二	戊戌 26 三	己亥 27 四	庚子 28 五	辛丑 29 六	壬寅 30 日	癸卯 (5) 一	甲辰 2 二	乙巳 3 三	丙午 4 四	丁未 5 五	戊申 6 六	己酉 7 日	庚戌 8 一	辛亥 9 二	丁亥穀雨 壬寅立夏
四月小	癸巳	干支 西曆 星期	壬子 10 三	癸丑 11 四	甲寅 12 五	乙卯 13 六	丙辰 14 日	丁巳 15 一	戊午 16 二	己未 17 三	庚申 18 四	辛酉 19 五	壬戌 20 六	癸亥 21 日	甲子 22 一	乙丑 23 二	丙寅 24 三	丁卯 25 四	戊辰 26 五	己巳 27 六	庚午 28 日	辛未 29 一	壬申 30 二	癸酉 31 三	甲戌 (6) 四	乙亥 2 五	丙子 3 六	丁丑 4 日	戊寅 5 一	己卯 6 二	庚辰 7 三		戊午小滿 癸酉芒種
五月大	甲午	干支 西曆 星期	辛巳 8 四	壬午 9 五	癸未 10 六	甲申 11 日	乙酉 12 一	丙戌 13 二	丁亥 14 三	戊子 15 四	己丑 16 五	庚寅 17 六	辛卯 18 日	壬辰 19 一	癸巳 20 二	甲午 21 三	乙未 22 四	丙申 23 五	丁酉 24 六	戊戌 25 日	己亥 26 一	庚子 27 二	辛丑 28 三	壬寅 29 四	癸卯 30 五	甲辰 (7) 六	乙巳 2 日	丙午 3 一	丁未 4 二	戊申 5 三	己酉 6 四	庚戌 7 五	戊子夏至 癸卯小暑
六月小	乙未	干支 西曆 星期	辛亥 8 六	壬子 9 日	癸丑 10 一	甲寅 11 二	乙卯 12 三	丙辰 13 四	丁巳 14 五	戊午 15 六	己未 16 日	庚申 17 一	辛酉 18 二	壬戌 19 三	癸亥 20 四	甲子 21 五	乙丑 22 六	丙寅 23 日	丁卯 24 一	戊辰 25 二	己巳 26 三	庚午 27 四	辛未 28 五	壬申 29 六	癸酉 30 日	甲戌 31 一	乙亥 (8) 二	丙子 2 三	丁丑 3 四	戊寅 4 五	己卯 5 六		戊午大暑 甲戌立秋
七月大	丙申	干支 西曆 星期	庚辰 6 日	辛巳 7 一	壬午 8 二	癸未 9 三	甲申 10 四	乙酉 11 五	丙戌 12 六	丁亥 13 日	戊子 14 一	己丑 15 二	庚寅 16 三	辛卯 17 四	壬辰 18 五	癸巳 19 六	甲午 20 日	乙未 21 一	丙申 22 二	丁酉 23 三	戊戌 24 四	己亥 25 五	庚子 26 六	辛丑 27 日	壬寅 28 一	癸卯 29 二	甲辰 30 三	乙巳 31 四	丙午 (9) 五	丁未 2 六	戊申 3 日	己酉 4 一	己丑處暑 甲辰白露
八月小	丁酉	干支 西曆 星期	庚戌 5 二	辛亥 6 三	壬子 7 四	癸丑 8 五	甲寅 9 六	乙卯 10 日	丙辰 11 一	丁巳 12 二	戊午 13 三	己未 14 四	庚申 15 五	辛酉 16 六	壬戌 17 日	癸亥 18 一	甲子 19 二	乙丑 20 三	丙寅 21 四	丁卯 22 五	戊辰 23 六	己巳 24 日	庚午 25 一	辛未 26 二	壬申 27 三	癸酉 28 四	甲戌 29 五	乙亥 30 六	丙子 (10) 日	丁丑 2 一	戊寅 3 二		己未秋分 乙亥寒露
九月小	戊戌	干支 西曆 星期	己卯 4 三	庚辰 5 四	辛巳 6 五	壬午 7 六	癸未 8 日	甲申 9 一	乙酉 10 二	丙戌 11 三	丁亥 12 四	戊子 13 五	己丑 14 六	庚寅 15 日	辛卯 16 一	壬辰 17 二	癸巳 18 三	甲午 19 四	乙未 20 五	丙申 21 六	丁酉 22 日	戊戌 23 一	己亥 24 二	庚子 25 三	辛丑 26 四	壬寅 27 五	癸卯 28 六	甲辰 29 日	乙巳 30 一	丙午 31 二	丁未 (11) 三		庚寅霜降 乙巳立冬
十月大	己亥	干支 西曆 星期	戊申 2 四	己酉 3 五	庚戌 4 六	辛亥 5 日	壬子 6 一	癸丑 7 二	甲寅 8 三	乙卯 9 四	丙辰 10 五	丁巳 11 六	戊午 12 日	己未 13 一	庚申 14 二	辛酉 15 三	壬戌 16 四	癸亥 17 五	甲子 18 六	乙丑 19 日	丙寅 20 一	丁卯 21 二	戊辰 22 三	己巳 23 四	庚午 24 五	辛未 25 六	壬申 26 日	癸酉 27 一	甲戌 28 二	乙亥 29 三	丙子 30 四	丁丑 (12) 五	庚申小雪 乙亥大雪
十一月小	庚子	干支 西曆 星期	戊寅 2 六	己卯 3 日	庚辰 4 一	辛巳 5 二	壬午 6 三	癸未 7 四	甲申 8 五	乙酉 9 六	丙戌 10 日	丁亥 11 一	戊子 12 二	己丑 13 三	庚寅 14 四	辛卯 15 五	壬辰 16 六	癸巳 17 日	甲午 18 一	乙未 19 二	丙申 20 三	丁酉 21 四	戊戌 22 五	己亥 23 六	庚子 24 日	辛丑 25 一	壬寅 26 二	癸卯 27 三	甲辰 28 四	乙巳 29 五	丙午 30 六		辛卯冬至 丙午小寒
十二月大	辛丑	干支 西曆 星期	丁未 31 日	戊申 (1) 一	己酉 2 二	庚戌 3 三	辛亥 4 四	壬子 5 五	癸丑 6 六	甲寅 7 日	乙卯 8 一	丙辰 9 二	丁巳 10 三	戊午 11 四	己未 12 五	庚申 13 六	辛酉 14 日	壬戌 15 一	癸亥 16 二	甲子 17 三	乙丑 18 四	丙寅 19 五	丁卯 20 六	戊辰 21 日	己巳 22 一	庚午 23 二	辛未 24 三	壬申 25 四	癸酉 26 五	甲戌 27 六	乙亥 28 日	丙子 29 一	辛酉大寒 丙子立春

金章宗泰和七年（丁卯 兔年） 公元1207～1208年

夏曆月序		中西曆日對照	初一	初二	初三	初四	初五	初六	初七	初八	初九	初十	十一	十二	十三	十四	十五	十六	十七	十八	十九	二十	二一	二二	二三	二四	二五	二六	二七	二八	二九	三十	節氣與天象
正月小	壬寅	干支 西历 星期	丁丑 30 二	戊寅 31 三	己卯 (2) 四	庚辰 2 五	辛巳 3 六	壬午 4 日	癸未 5 一	甲申 6 二	乙酉 7 三	丙戌 8 四	丁亥 9 五	戊子 10 六	己丑 11 日	庚寅 12 一	辛卯 13 二	壬辰 14 三	癸巳 15 四	甲午 16 五	乙未 17 六	丙申 18 日	丁酉 19 一	戊戌 20 二	己亥 21 三	庚子 22 四	辛丑 23 五	壬寅 24 六	癸卯 25 日	甲辰 26 一	乙巳 27 二		辛卯雨水
二月大	癸卯	干支 西历 星期	丙午 28 三	丁未 (3) 四	戊申 2 五	己酉 3 六	庚戌 4 日	辛亥 5 一	壬子 6 二	癸丑 7 三	甲寅 8 四	乙卯 9 五	丙辰 10 六	丁巳 11 日	戊午 12 一	己未 13 二	庚申 14 三	辛酉 15 四	壬戌 16 五	癸亥 17 六	甲子 18 日	乙丑 19 一	丙寅 20 二	丁卯 21 三	戊辰 22 四	己巳 23 五	庚午 24 六	辛未 25 日	壬申 26 一	癸酉 27 二	甲戌 28 三	乙亥 29 四	丁未驚蟄 壬戌春分
三月大	甲辰	干支 西历 星期	丙子 30 五	丁丑 31 六	戊寅 (4) 日	己卯 2 一	庚辰 3 二	辛巳 4 三	壬午 5 四	癸未 6 五	甲申 7 六	乙酉 8 日	丙戌 9 一	丁亥 10 二	戊子 11 三	己丑 12 四	庚寅 13 五	辛卯 14 六	壬辰 15 日	癸巳 16 一	甲午 17 二	乙未 18 三	丙申 19 四	丁酉 20 五	戊戌 21 六	己亥 22 日	庚子 23 一	辛丑 24 二	壬寅 25 三	癸卯 26 四	甲辰 27 五	乙巳 28 六	丁丑清明 壬辰穀雨
四月小	乙巳	干支 西历 星期	丙午 29 日	丁未 30 一	戊申 (5) 二	己酉 2 三	庚戌 3 四	辛亥 4 五	壬子 5 六	癸丑 6 日	甲寅 7 一	乙卯 8 二	丙辰 9 三	丁巳 10 四	戊午 11 五	己未 12 六	庚申 13 日	辛酉 14 一	壬戌 15 二	癸亥 16 三	甲子 17 四	乙丑 18 五	丙寅 19 六	丁卯 20 日	戊辰 21 一	己巳 22 二	庚午 23 三	辛未 24 四	壬申 25 五	癸酉 26 六	甲戌 27 日		戊申立夏 癸亥小滿
五月大	丙午	干支 西历 星期	乙亥 28 一	丙子 29 二	丁丑 30 三	戊寅 31 四	己卯 (6) 五	庚辰 2 六	辛巳 3 日	壬午 4 一	癸未 5 二	甲申 6 三	乙酉 7 四	丙戌 8 五	丁亥 9 六	戊子 10 日	己丑 11 一	庚寅 12 二	辛卯 13 三	壬辰 14 四	癸巳 15 五	甲午 16 六	乙未 17 日	丙申 18 一	丁酉 19 二	戊戌 20 三	己亥 21 四	庚子 22 五	辛丑 23 六	壬寅 24 日	癸卯 25 一	甲辰 26 二	戊寅芒種 癸巳夏至
六月大	丁未	干支 西历 星期	乙巳 27 三	丙午 28 四	丁未 29 五	戊申 30 六	己酉 (7) 日	庚戌 2 一	辛亥 3 二	壬子 4 三	癸丑 5 四	甲寅 6 五	乙卯 7 六	丙辰 8 日	丁巳 9 一	戊午 10 二	己未 11 三	庚申 12 四	辛酉 13 五	壬戌 14 六	癸亥 15 日	甲子 16 一	乙丑 17 二	丙寅 18 三	丁卯 19 四	戊辰 20 五	己巳 21 六	庚午 22 日	辛未 23 一	壬申 24 二	癸酉 25 三	甲戌 26 四	戊申小暑 甲子大暑
七月小	戊申	干支 西历 星期	乙亥 27 五	丙子 28 六	丁丑 29 日	戊寅 30 一	己卯 31 二	庚辰 (8) 三	辛巳 2 四	壬午 3 五	癸未 4 六	甲申 5 日	乙酉 6 一	丙戌 7 二	丁亥 8 三	戊子 9 四	己丑 10 五	庚寅 11 六	辛卯 12 日	壬辰 13 一	癸巳 14 二	甲午 15 三	乙未 16 四	丙申 17 五	丁酉 18 六	戊戌 19 日	己亥 20 一	庚子 21 二	辛丑 22 三	壬寅 23 四	癸卯 24 五		己卯立秋 甲午處暑
八月大	己酉	干支 西历 星期	甲辰 25 六	乙巳 26 日	丙午 27 一	丁未 28 二	戊申 29 三	己酉 30 四	庚戌 31 五	辛亥 (9) 六	壬子 2 日	癸丑 3 一	甲寅 4 二	乙卯 5 三	丙辰 6 四	丁巳 7 五	戊午 8 六	己未 9 日	庚申 10 一	辛酉 11 二	壬戌 12 三	癸亥 13 四	甲子 14 五	乙丑 15 六	丙寅 16 日	丁卯 17 一	戊辰 18 二	己巳 19 三	庚午 20 四	辛未 21 五	壬申 22 六	癸酉 23 日	己酉白露 乙丑秋分
九月小	庚戌	干支 西历 星期	甲戌 24 一	乙亥 25 二	丙子 26 三	丁丑 27 四	戊寅 28 五	己卯 29 六	庚辰 30 日	辛巳 (10) 一	壬午 2 二	癸未 3 三	甲申 4 四	乙酉 5 五	丙戌 6 六	丁亥 7 日	戊子 8 一	己丑 9 二	庚寅 10 三	辛卯 11 四	壬辰 12 五	癸巳 13 六	甲午 14 日	乙未 15 一	丙申 16 二	丁酉 17 三	戊戌 18 四	己亥 19 五	庚子 20 六	辛丑 21 日	壬寅 22 一		庚辰寒露 乙未霜降
十月小	辛亥	干支 西历 星期	癸卯 23 二	甲辰 24 三	乙巳 25 四	丙午 26 五	丁未 27 六	戊申 28 日	己酉 29 一	庚戌 30 二	辛亥 31 三	壬子 (11) 四	癸丑 2 五	甲寅 3 六	乙卯 4 日	丙辰 5 一	丁巳 6 二	戊午 7 三	己未 8 四	庚申 9 五	辛酉 10 六	壬戌 11 日	癸亥 12 一	甲子 13 二	乙丑 14 三	丙寅 15 四	丁卯 16 五	戊辰 17 六	己巳 18 日	庚午 19 一	辛未 20 二		庚戌立冬 乙丑小雪
十一月大	壬子	干支 西历 星期	壬申 21 三	癸酉 22 四	甲戌 23 五	乙亥 24 六	丙子 25 日	丁丑 26 一	戊寅 27 二	己卯 28 三	庚辰 29 四	辛巳 30 五	壬午 (12) 六	癸未 2 日	甲申 3 一	乙酉 4 二	丙戌 5 三	丁亥 6 四	戊子 7 五	己丑 8 六	庚寅 9 日	辛卯 10 一	壬辰 11 二	癸巳 12 三	甲午 13 四	乙未 14 五	丙申 15 六	丁酉 16 日	戊戌 17 一	己亥 18 二	庚子 19 三	辛丑 20 四	辛巳大雪 丙申冬至
十二月小	癸丑	干支 西历 星期	壬寅 21 五	癸卯 22 六	甲辰 23 日	乙巳 24 一	丙午 25 二	丁未 26 三	戊申 27 四	己酉 28 五	庚戌 29 六	辛亥 30 日	壬子 31 一	癸丑 (1) 二	甲寅 2 三	乙卯 3 四	丙辰 4 五	丁巳 5 六	戊午 6 日	己未 7 一	庚申 8 二	辛酉 9 三	壬戌 10 四	癸亥 11 五	甲子 12 六	乙丑 13 日	丙寅 14 一	丁卯 15 二	戊辰 16 三	己巳 17 四	庚午 18 五		辛亥小寒 丙寅大寒

金章宗泰和八年 衛紹王泰和八年（戊辰 龍年） 公元 1208～1209 年

夏曆月序		中西曆日對照	初一	初二	初三	初四	初五	初六	初七	初八	初九	初十	十一	十二	十三	十四	十五	十六	十七	十八	十九	二十	二一	二二	二三	二四	二五	二六	二七	二八	二九	三十	節氣與天象
正月大	甲寅	天干地支 西曆星期	辛未 19 六	壬申 20 日	癸酉 21 一	甲戌 22 二	乙亥 23 三	丙子 24 四	丁丑 25 五	戊寅 26 六	己卯 27 日	庚辰 28 一	辛巳 29 二	壬午 30 三	癸未 31 四	甲申 (2) 五	乙酉 2 六	丙戌 3 日	丁亥 4 一	戊子 5 二	己丑 6 三	庚寅 7 四	辛卯 8 五	壬辰 9 六	癸巳 10 日	甲午 11 一	乙未 12 二	丙申 13 三	丁酉 14 四	戊戌 15 五	己亥 16 六	庚子 17 日	壬午立春 丁酉雨水
二月小	乙卯	天干地支 西曆星期	辛丑 18 一	壬寅 19 二	癸卯 20 三	甲辰 21 四	乙巳 22 五	丙午 23 六	丁未 24 日	戊申 25 一	己酉 26 二	庚戌 27 三	辛亥 28 四	壬子 29 五	癸丑 (3) 六	甲寅 2 日	乙卯 3 一	丙辰 4 二	丁巳 5 三	戊午 6 四	己未 7 五	庚申 8 六	辛酉 9 日	壬戌 10 一	癸亥 11 二	甲子 12 三	乙丑 13 四	丙寅 14 五	丁卯 15 六	戊辰 16 日	己巳 17 一		壬子驚蟄 丁卯春分
三月大	丙辰	天干地支 西曆星期	庚午 18 二	辛未 19 三	壬申 20 四	癸酉 21 五	甲戌 22 六	乙亥 23 日	丙子 24 一	丁丑 25 二	戊寅 26 三	己卯 27 四	庚辰 28 五	辛巳 29 六	壬午 30 日	癸未 31 一	甲申 (4) 二	乙酉 2 三	丙戌 3 四	丁亥 4 五	戊子 5 六	己丑 6 日	庚寅 7 一	辛卯 8 二	壬辰 9 三	癸巳 10 四	甲午 11 五	乙未 12 六	丙申 13 日	丁酉 14 一	戊戌 15 二	己亥 16 三	壬午清明 戊戌穀雨
四月大	丁巳	天干地支 西曆星期	庚子 17 四	辛丑 18 五	壬寅 19 六	癸卯 20 日	甲辰 21 一	乙巳 22 二	丙午 23 三	丁未 24 四	戊申 25 五	己酉 26 六	庚戌 27 日	辛亥 28 一	壬子 29 二	癸丑 30 三	甲寅 (5) 四	乙卯 2 五	丙辰 3 六	丁巳 4 日	戊午 5 一	己未 6 二	庚申 7 三	辛酉 8 四	壬戌 9 五	癸亥 10 六	甲子 11 日	乙丑 12 一	丙寅 13 二	丁卯 14 三	戊辰 15 四	己巳 16 五	癸丑立夏 戊辰小滿
閏四月小	丁巳	天干地支 西曆星期	庚午 17 六	辛未 18 日	壬申 19 一	癸酉 20 二	甲戌 21 三	乙亥 22 四	丙子 23 五	丁丑 24 六	戊寅 25 日	己卯 26 一	庚辰 27 二	辛巳 28 三	壬午 29 四	癸未 30 五	甲申 31 六	乙酉 (6) 日	丙戌 2 一	丁亥 3 二	戊子 4 三	己丑 5 四	庚寅 6 五	辛卯 7 六	壬辰 8 日	癸巳 9 一	甲午 10 二	乙未 11 三	丙申 12 四	丁酉 13 五	戊戌 14 六		癸未芒種
五月大	戊午	天干地支 西曆星期	己亥 15 日	庚子 16 一	辛丑 17 二	壬寅 18 三	癸卯 19 四	甲辰 20 五	乙巳 21 六	丙午 22 日	丁未 23 一	戊申 24 二	己酉 25 三	庚戌 26 四	辛亥 27 五	壬子 28 六	癸丑 29 日	甲寅 30 一	乙卯 (7) 二	丙辰 2 三	丁巳 3 四	戊午 4 五	己未 5 六	庚申 6 日	辛酉 7 一	壬戌 8 二	癸亥 9 三	甲子 10 四	乙丑 11 五	丙寅 12 六	丁卯 13 日	戊辰 14 一	己亥夏至 甲寅小暑
六月小	己未	天干地支 西曆星期	己巳 15 二	庚午 16 三	辛未 17 四	壬申 18 五	癸酉 19 六	甲戌 20 日	乙亥 21 一	丙子 22 二	丁丑 23 三	戊寅 24 四	己卯 25 五	庚辰 26 六	辛巳 27 日	壬午 28 一	癸未 29 二	甲申 30 三	乙酉 31 四	丙戌 (8) 五	丁亥 2 六	戊子 3 日	己丑 4 一	庚寅 5 二	辛卯 6 三	壬辰 7 四	癸巳 8 五	甲午 9 六	乙未 10 日	丙申 11 一	丁酉 12 二		己巳大暑 甲申立秋
七月大	庚申	天干地支 西曆星期	戊戌 13 三	己亥 14 四	庚子 15 五	辛丑 16 六	壬寅 17 日	癸卯 18 一	甲辰 19 二	乙巳 20 三	丙午 21 四	丁未 22 五	戊申 23 六	己酉 24 日	庚戌 25 一	辛亥 26 二	壬子 27 三	癸丑 28 四	甲寅 29 五	乙卯 30 六	丙辰 31 日	丁巳 (9) 一	戊午 2 二	己未 3 三	庚申 4 四	辛酉 5 五	壬戌 6 六	癸亥 7 日	甲子 8 一	乙丑 9 二	丙寅 10 三	丁卯 11 四	己亥處暑 乙卯白露
八月大	辛酉	天干地支 西曆星期	戊辰 12 五	己巳 13 六	庚午 14 日	辛未 15 一	壬申 16 二	癸酉 17 三	甲戌 18 四	乙亥 19 五	丙子 20 六	丁丑 21 日	戊寅 22 一	己卯 23 二	庚辰 24 三	辛巳 25 四	壬午 26 五	癸未 27 六	甲申 28 日	乙酉 29 一	丙戌 30 二	丁亥 (10) 三	戊子 2 四	己丑 3 五	庚寅 4 六	辛卯 5 日	壬辰 6 一	癸巳 7 二	甲午 8 三	乙未 9 四	丙申 10 五	丁酉 11 六	庚午秋分 乙酉寒露
九月小	壬戌	天干地支 西曆星期	戊戌 12 日	己亥 13 一	庚子 14 二	辛丑 15 三	壬寅 16 四	癸卯 17 五	甲辰 18 六	乙巳 19 日	丙午 20 一	丁未 21 二	戊申 22 三	己酉 23 四	庚戌 24 五	辛亥 25 六	壬子 26 日	癸丑 27 一	甲寅 28 二	乙卯 29 三	丙辰 30 四	丁巳 31 五	戊午 (11) 六	己未 2 日	庚申 3 一	辛酉 4 二	壬戌 5 三	癸亥 6 四	甲子 7 五	乙丑 8 六	丙寅 9 日		庚子霜降 丙辰立冬
十月大	癸亥	天干地支 西曆星期	丁卯 10 一	戊辰 11 二	己巳 12 三	庚午 13 四	辛未 14 五	壬申 15 六	癸酉 16 日	甲戌 17 一	乙亥 18 二	丙子 19 三	丁丑 20 四	戊寅 21 五	己卯 22 六	庚辰 23 日	辛巳 24 一	壬午 25 二	癸未 26 三	甲申 27 四	乙酉 28 五	丙戌 29 六	丁亥 30 日	戊子 (12) 一	己丑 2 二	庚寅 3 三	辛卯 4 四	壬辰 5 五	癸巳 6 六	甲午 7 日	乙未 8 一	丙申 9 二	辛未小雪 丙戌大雪
十一月小	甲子	天干地支 西曆星期	丁酉 10 三	戊戌 11 四	己亥 12 五	庚子 13 六	辛丑 14 日	壬寅 15 一	癸卯 16 二	甲辰 17 三	乙巳 18 四	丙午 19 五	丁未 20 六	戊申 21 日	己酉 22 一	庚戌 23 二	辛亥 24 三	壬子 25 四	癸丑 26 五	甲寅 27 六	乙卯 28 日	丙辰 29 一	丁巳 30 二	戊午 31 三	己未 (1) 四	庚申 2 五	辛酉 3 六	壬戌 4 日	癸亥 5 一	甲子 6 二	乙丑 7 三		辛丑冬至 丙辰小寒
十二月大	乙丑	天干地支 西曆星期	丙寅 8 四	丁卯 9 五	戊辰 10 六	己巳 11 日	庚午 12 一	辛未 13 二	壬申 14 三	癸酉 15 四	甲戌 16 五	乙亥 17 六	丙子 18 日	丁丑 19 一	戊寅 20 二	己卯 21 三	庚辰 22 四	辛巳 23 五	壬午 24 六	癸未 25 日	甲申 26 一	乙酉 27 二	丙戌 28 三	丁亥 29 四	戊子 30 五	己丑 31 六	庚寅 (2) 日	辛卯 2 一	壬辰 3 二	癸巳 4 三	甲午 5 四	乙未 6 五	壬申大寒 丁亥立春

* 十一月丙辰（二十日），金章宗死，完顔永濟即位，是爲衛紹王。

金衛紹王大安元年（己巳 蛇年）公元 1209 ~ 1210 年

夏曆月序		中西曆日對照	初一	初二	初三	初四	初五	初六	初七	初八	初九	初十	十一	十二	十三	十四	十五	十六	十七	十八	十九	二十	二一	二二	二三	二四	二五	二六	二七	二八	二九	三十	節氣與天象
正月小	丙寅	天干地支 西曆星期	丙申 7 六	丁酉 8 日	戊戌 9 一	己亥 10 二	庚子 11 三	辛丑 12 四	壬寅 13 五	癸卯 14 六	甲辰 15 日	乙巳 16 一	丙午 17 二	丁未 18 三	戊申 19 四	己酉 20 五	庚戌 21 六	辛亥 22 日	壬子 23 一	癸丑 24 二	甲寅 25 三	乙卯 26 四	丙辰 27 五	丁巳 28 六	戊午 (3) 日	己未 2 一	庚申 3 二	辛酉 4 三	壬戌 5 四	癸亥 6 五	甲子 7 六		壬寅雨水 丁巳驚蟄
二月小	丁卯	天干地支 西曆星期	乙丑 8 日	丙寅 9 一	丁卯 10 二	戊辰 11 三	己巳 12 四	庚午 13 五	辛未 14 六	壬申 15 日	癸酉 16 一	甲戌 17 二	乙亥 18 三	丙子 19 四	丁丑 20 五	戊寅 21 六	己卯 22 日	庚辰 23 一	辛巳 24 二	壬午 25 三	癸未 26 四	甲申 27 五	乙酉 28 六	丙戌 29 日	丁亥 30 一	戊子 31 二	己丑 (4) 三	庚寅 2 四	辛卯 3 五	壬辰 4 六	癸巳 5 日		壬申春分 戊子清明
三月大	戊辰	天干地支 西曆星期	甲午 6 一	乙未 7 二	丙申 8 三	丁酉 9 四	戊戌 10 五	己亥 11 六	庚子 12 日	辛丑 13 一	壬寅 14 二	癸卯 15 三	甲辰 16 四	乙巳 17 五	丙午 18 六	丁未 19 日	戊申 20 一	己酉 21 二	庚戌 22 三	辛亥 23 四	壬子 24 五	癸丑 25 六	甲寅 26 日	乙卯 27 一	丙辰 28 二	丁巳 29 三	戊午 30 四	己未 (5) 五	庚申 2 六	辛酉 3 日	壬戌 4 一	癸亥 5 二	癸卯穀雨 戊午立夏
四月小	己巳	天干地支 西曆星期	甲子 6 三	乙丑 7 四	丙寅 8 五	丁卯 9 六	戊辰 10 日	己巳 11 一	庚午 12 二	辛未 13 三	壬申 14 四	癸酉 15 五	甲戌 16 六	乙亥 17 日	丙子 18 一	丁丑 19 二	戊寅 20 三	己卯 21 四	庚辰 22 五	辛巳 23 六	壬午 24 日	癸未 25 一	甲申 26 二	乙酉 27 三	丙戌 28 四	丁亥 29 五	戊子 30 六	己丑 31 日	庚寅 (6) 一	辛卯 2 二	壬辰 3 三		癸酉小滿 己丑芒種
五月大	庚午	天干地支 西曆星期	癸巳 4 四	甲午 5 五	乙未 6 六	丙申 7 日	丁酉 8 一	戊戌 9 二	己亥 10 三	庚子 11 四	辛丑 12 五	壬寅 13 六	癸卯 14 日	甲辰 15 一	乙巳 16 二	丙午 17 三	丁未 18 四	戊申 19 五	己酉 20 六	庚戌 21 日	辛亥 22 一	壬子 23 二	癸丑 24 三	甲寅 25 四	乙卯 26 五	丙辰 27 六	丁巳 28 日	戊午 29 一	己未 30 二	庚申 (7) 三	辛酉 2 四	壬戌 3 五	甲辰夏至 己未小暑
六月小	辛未	天干地支 西曆星期	癸亥 4 六	甲子 5 日	乙丑 6 一	丙寅 7 二	丁卯 8 三	戊辰 9 四	己巳 10 五	庚午 11 六	辛未 12 日	壬申 13 一	癸酉 14 二	甲戌 15 三	乙亥 16 四	丙子 17 五	丁丑 18 六	戊寅 19 日	己卯 20 一	庚辰 21 二	辛巳 22 三	壬午 23 四	癸未 24 五	甲申 25 六	乙酉 26 日	丙戌 27 一	丁亥 28 二	戊子 29 三	己丑 30 四	庚寅 31 五	辛卯 (8) 六		甲戌大暑 己丑立秋
七月大	壬申	天干地支 西曆星期	壬辰 2 日	癸巳 3 一	甲午 4 二	乙未 5 三	丙申 6 四	丁酉 7 五	戊戌 8 六	己亥 9 日	庚子 10 一	辛丑 11 二	壬寅 12 三	癸卯 13 四	甲辰 14 五	乙巳 15 六	丙午 16 日	丁未 17 一	戊申 18 二	己酉 19 三	庚戌 20 四	辛亥 21 五	壬子 22 六	癸丑 23 日	甲寅 24 一	乙卯 25 二	丙辰 26 三	丁巳 27 四	戊午 28 五	己未 29 六	庚申 30 日	辛酉 31 一	乙巳處暑 庚申白露
八月大	癸酉	天干地支 西曆星期	壬戌 (9) 二	癸亥 2 三	甲子 3 四	乙丑 4 五	丙寅 5 六	丁卯 6 日	戊辰 7 一	己巳 8 二	庚午 9 三	辛未 10 四	壬申 11 五	癸酉 12 六	甲戌 13 日	乙亥 14 一	丙子 15 二	丁丑 16 三	戊寅 17 四	己卯 18 五	庚辰 19 六	辛巳 20 日	壬午 21 一	癸未 22 二	甲申 23 三	乙酉 24 四	丙戌 25 五	丁亥 26 六	戊子 27 日	己丑 28 一	庚寅 29 二	辛卯 30 三	乙亥秋分 庚寅寒露
九月小	甲戌	天干地支 西曆星期	壬辰 (10) 四	癸巳 2 五	甲午 3 六	乙未 4 日	丙申 5 一	丁酉 6 二	戊戌 7 三	己亥 8 四	庚子 9 五	辛丑 10 六	壬寅 11 日	癸卯 12 一	甲辰 13 二	乙巳 14 三	丙午 15 四	丁未 16 五	戊申 17 六	己酉 18 日	庚戌 19 一	辛亥 20 二	壬子 21 三	癸丑 22 四	甲寅 23 五	乙卯 24 六	丙辰 25 日	丁巳 26 一	戊午 27 二	己未 28 三	庚申 29 四		丙午霜降
十月大	乙亥	天干地支 西曆星期	辛酉 30 五	壬戌 31 六	癸亥 (11) 日	甲子 2 一	乙丑 3 二	丙寅 4 三	丁卯 5 四	戊辰 6 五	己巳 7 六	庚午 8 日	辛未 9 一	壬申 10 二	癸酉 11 三	甲戌 12 四	乙亥 13 五	丙子 14 六	丁丑 15 日	戊寅 16 一	己卯 17 二	庚辰 18 三	辛巳 19 四	壬午 20 五	癸未 21 六	甲申 22 日	乙酉 23 一	丙戌 24 二	丁亥 25 三	戊子 26 四	己丑 27 五	庚寅 28 六	辛酉立冬 丙子小雪
十一月大	丙子	天干地支 西曆星期	辛卯 29 日	壬辰 30 一	癸巳 (12) 二	甲午 2 三	乙未 3 四	丙申 4 五	丁酉 5 六	戊戌 6 日	己亥 7 一	庚子 8 二	辛丑 9 三	壬寅 10 四	癸卯 11 五	甲辰 12 六	乙巳 13 日	丙午 14 一	丁未 15 二	戊申 16 三	己酉 17 四	庚戌 18 五	辛亥 19 六	壬子 20 日	癸丑 21 一	甲寅 22 二	乙卯 23 三	丙辰 24 四	丁巳 25 五	戊午 26 六	己未 27 日	庚申 28 一	辛卯大雪 丙午冬至
十二月小	丁丑	天干地支 西曆星期	辛酉 29 二	壬戌 30 三	癸亥 31 四	甲子 (1) 五	乙丑 2 六	丙寅 3 日	丁卯 4 一	戊辰 5 二	己巳 6 三	庚午 7 四	辛未 8 五	壬申 9 六	癸酉 10 日	甲戌 11 一	乙亥 12 二	丙子 13 三	丁丑 14 四	戊寅 15 五	己卯 16 六	庚辰 17 日	辛巳 18 一	壬午 19 二	癸未 20 三	甲申 21 四	乙酉 22 五	丙戌 23 六	丁亥 24 日	戊子 25 一	己丑 26 二		壬戌小寒 丁丑大寒

* 正月壬戌（二十七日），改元大安。

金衛紹王大安二年（庚午 馬年） 公元 1210 ~ 1211 年

夏曆月序		中西曆日對照	夏曆日序																														節氣與天象
			初一	初二	初三	初四	初五	初六	初七	初八	初九	初十	十一	十二	十三	十四	十五	十六	十七	十八	十九	二十	二一	二二	二三	二四	二五	二六	二七	二八	二九	三十	
正月大	戊寅	天干 地支 西曆 星期	庚寅 27 三	辛卯 28 四	壬辰 29 五	癸巳 30 六	甲午 31 日	乙未 (2) 一	丙申 2 二	丁酉 3 三	戊戌 4 四	己亥 5 五	庚子 6 六	辛丑 7 日	壬寅 8 一	癸卯 9 二	甲辰 10 三	乙巳 11 四	丙午 12 五	丁未 13 六	戊申 14 日	己酉 15 一	庚戌 16 二	辛亥 17 三	壬子 18 四	癸丑 19 五	甲寅 20 六	乙卯 21 日	丙辰 22 一	丁巳 23 二	戊午 24 三	己未 25 四	壬辰立春 丁未雨水
二月小	己卯	天干 地支 西曆 星期	庚申 26 五	辛酉 27 六	壬戌 28 日	癸亥 (3) 一	甲子 2 二	乙丑 3 三	丙寅 4 四	丁卯 5 五	戊辰 6 六	己巳 7 日	庚午 8 一	辛未 9 二	壬申 10 三	癸酉 11 四	甲戌 12 五	乙亥 13 六	丙子 14 日	丁丑 15 一	戊寅 16 二	己卯 17 三	庚辰 18 四	辛巳 19 五	壬午 20 六	癸未 21 日	甲申 22 一	乙酉 23 二	丙戌 24 三	丁亥 25 四	戊子 26 五		壬戌驚蟄 戊寅春分
三月小	庚辰	天干 地支 西曆 星期	己丑 27 六	庚寅 28 日	辛卯 29 一	壬辰 30 二	癸巳 31 三	甲午 (4) 四	乙未 2 五	丙申 3 六	丁酉 4 日	戊戌 5 一	己亥 6 二	庚子 7 三	辛丑 8 四	壬寅 9 五	癸卯 10 六	甲辰 11 日	乙巳 12 一	丙午 13 二	丁未 14 三	戊申 15 四	己酉 16 五	庚戌 17 六	辛亥 18 日	壬子 19 一	癸丑 20 二	甲寅 21 三	乙卯 22 四	丙辰 23 五	丁巳 24 六		癸巳清明 戊申穀雨
四月大	辛巳	天干 地支 西曆 星期	戊午 25 日	己未 26 一	庚申 27 二	辛酉 28 三	壬戌 29 四	癸亥 30 五	甲子 (5) 六	乙丑 2 日	丙寅 3 一	丁卯 4 二	戊辰 5 三	己巳 6 四	庚午 7 五	辛未 8 六	壬申 9 日	癸酉 10 一	甲戌 11 二	乙亥 12 三	丙子 13 四	丁丑 14 五	戊寅 15 六	己卯 16 日	庚辰 17 一	辛巳 18 二	壬午 19 三	癸未 20 四	甲申 21 五	乙酉 22 六	丙戌 23 日	丁亥 24 一	癸亥立夏 己卯小滿
五月小	壬午	天干 地支 西曆 星期	戊子 25 二	己丑 26 三	庚寅 27 四	辛卯 28 五	壬辰 29 六	癸巳 30 日	甲午 31 一	乙未 (6) 二	丙申 2 三	丁酉 3 四	戊戌 4 五	己亥 5 六	庚子 6 日	辛丑 7 一	壬寅 8 二	癸卯 9 三	甲辰 10 四	乙巳 11 五	丙午 12 六	丁未 13 日	戊申 14 一	己酉 15 二	庚戌 16 三	辛亥 17 四	壬子 18 五	癸丑 19 六	甲寅 20 日	乙卯 21 一	丙辰 22 二		甲午芒種 己酉夏至
六月大	癸未	天干 地支 西曆 星期	丁巳 23 三	戊午 24 四	己未 25 五	庚申 26 六	辛酉 27 日	壬戌 28 一	癸亥 29 二	甲子 30 三	乙丑 (7) 四	丙寅 2 五	丁卯 3 六	戊辰 4 日	己巳 5 一	庚午 6 二	辛未 7 三	壬申 8 四	癸酉 9 五	甲戌 10 六	乙亥 11 日	丙子 12 一	丁丑 13 二	戊寅 14 三	己卯 15 四	庚辰 16 五	辛巳 17 六	壬午 18 日	癸未 19 一	甲申 20 二	乙酉 21 三	丙戌 22 四	甲子小暑 己卯大暑
七月小	甲申	天干 地支 西曆 星期	丁亥 23 五	戊子 24 六	己丑 25 日	庚寅 26 一	辛卯 27 二	壬辰 28 三	癸巳 29 四	甲午 30 五	乙未 31 六	丙申 (8) 日	丁酉 2 一	戊戌 3 二	己亥 4 三	庚子 5 四	辛丑 6 五	壬寅 7 六	癸卯 8 日	甲辰 9 一	乙巳 10 二	丙午 11 三	丁未 12 四	戊申 13 五	己酉 14 六	庚戌 15 日	辛亥 16 一	壬子 17 二	癸丑 18 三	甲寅 19 四	乙卯 20 五		乙未立秋 庚戌處暑
八月大	乙酉	天干 地支 西曆 星期	丙辰 21 六	丁巳 22 日	戊午 23 一	己未 24 二	庚申 25 三	辛酉 26 四	壬戌 27 五	癸亥 28 六	甲子 29 日	乙丑 30 一	丙寅 31 二	丁卯 (9) 三	戊辰 2 四	己巳 3 五	庚午 4 六	辛未 5 日	壬申 6 一	癸酉 7 二	甲戌 8 三	乙亥 9 四	丙子 10 五	丁丑 11 六	戊寅 12 日	己卯 13 一	庚辰 14 二	辛巳 15 三	壬午 16 四	癸未 17 五	甲申 18 六	乙酉 19 日	乙丑白露 庚辰秋分
九月大	丙戌	天干 地支 西曆 星期	丙戌 20 一	丁亥 21 二	戊子 22 三	己丑 23 四	庚寅 24 五	辛卯 25 六	壬辰 26 日	癸巳 27 一	甲午 28 二	乙未 29 三	丙申 30 四	丁酉 (10) 五	戊戌 2 六	己亥 3 日	庚子 4 一	辛丑 5 二	壬寅 6 三	癸卯 7 四	甲辰 8 五	乙巳 9 六	丙午 10 日	丁未 11 一	戊申 12 二	己酉 13 三	庚戌 14 四	辛亥 15 五	壬子 16 六	癸丑 17 日	甲寅 18 一	乙卯 19 二	丙申寒露 辛亥霜降
十月小	丁亥	天干 地支 西曆 星期	丙辰 20 三	丁巳 21 四	戊午 22 五	己未 23 六	庚申 24 日	辛酉 25 一	壬戌 26 二	癸亥 27 三	甲子 28 四	乙丑 29 五	丙寅 30 六	丁卯 31 日	戊辰 (11) 一	己巳 2 二	庚午 3 三	辛未 4 四	壬申 5 五	癸酉 6 六	甲戌 7 日	乙亥 8 一	丙子 9 二	丁丑 10 三	戊寅 11 四	己卯 12 五	庚辰 13 六	辛巳 14 日	壬午 15 一	癸未 16 二	甲申 17 三		丙寅立冬 辛巳小雪
十一月大	戊子	天干 地支 西曆 星期	乙酉 18 四	丙戌 19 五	丁亥 20 六	戊子 21 日	己丑 22 一	庚寅 23 二	辛卯 24 三	壬辰 25 四	癸巳 26 五	甲午 27 六	乙未 28 日	丙申 29 一	丁酉 30 二	戊戌 (12) 三	己亥 2 四	庚子 3 五	辛丑 4 六	壬寅 5 日	癸卯 6 一	甲辰 7 二	乙巳 8 三	丙午 9 四	丁未 10 五	戊申 11 六	己酉 12 日	庚戌 13 一	辛亥 14 二	壬子 15 三	癸丑 16 四	甲寅 17 五	丙申大雪 壬子冬至
十二月大	己丑	天干 地支 西曆 星期	乙卯 18 六	丙辰 19 日	丁巳 20 一	戊午 21 二	己未 22 三	庚申 23 四	辛酉 24 五	壬戌 25 六	癸亥 26 日	甲子 27 一	乙丑 28 二	丙寅 29 三	丁卯 30 四	戊辰 31 五	己巳 (1) 六	庚午 2 日	辛未 3 一	壬申 4 二	癸酉 5 三	甲戌 6 四	乙亥 7 五	丙子 8 六	丁丑 9 日	戊寅 10 一	己卯 11 二	庚辰 12 三	辛巳 13 四	壬午 14 五	癸未 15 六	甲申 16 日	丁卯小寒 壬午大寒

金衛紹王大安三年（辛未 羊年）公元 1211 ~ 1212 年

夏曆月序		中西曆日對照	初一	初二	初三	初四	初五	初六	初七	初八	初九	初十	十一	十二	十三	十四	十五	十六	十七	十八	十九	二十	二一	二二	二三	二四	二五	二六	二七	二八	二九	三十	節氣與天象
正月小	庚寅	天干地支 西曆 星期	乙酉 17 一	丙戌 18 二	丁亥 19 三	戊子 20 四	己丑 21 五	庚寅 22 六	辛卯 23 日	壬辰 24 一	癸巳 25 二	甲午 26 三	乙未 27 四	丙申 28 五	丁酉 29 六	戊戌 30 日	己亥 31 一	庚子 (2) 二	辛丑 2 三	壬寅 3 四	癸卯 4 五	甲辰 5 六	乙巳 6 日	丙午 7 一	丁未 8 二	戊申 9 三	己酉 10 四	庚戌 11 五	辛亥 12 六	壬子 13 日	癸丑 14 一		丁酉立春 癸丑雨水
二月大	辛卯	天干地支 西曆 星期	甲寅 15 二	乙卯 16 三	丙辰 17 四	丁巳 18 五	戊午 19 六	己未 20 日	庚申 21 一	辛酉 22 二	壬戌 23 三	癸亥 24 四	甲子 25 五	乙丑 26 六	丙寅 27 日	丁卯 28 一	戊辰 (3) 二	己巳 2 三	庚午 3 四	辛未 4 五	壬申 5 六	癸酉 6 日	甲戌 7 一	乙亥 8 二	丙子 9 三	丁丑 10 四	戊寅 11 五	己卯 12 六	庚辰 13 日	辛巳 14 一	壬午 15 二	癸未 16 三	戊辰驚蟄 癸未春分
閏二月小	辛卯	天干地支 西曆 星期	甲申 17 四	乙酉 18 五	丙戌 19 六	丁亥 20 日	戊子 21 一	己丑 22 二	庚寅 23 三	辛卯 24 四	壬辰 25 五	癸巳 26 六	甲午 27 日	乙未 28 一	丙申 29 二	丁酉 30 三	戊戌 31 四	己亥 (4) 五	庚子 2 六	辛丑 3 日	壬寅 4 一	癸卯 5 二	甲辰 6 三	乙巳 7 四	丙午 8 五	丁未 9 六	戊申 10 日	己酉 11 一	庚戌 12 二	辛亥 13 三	壬子 14 四		戊戌清明
三月小	壬辰	天干地支 西曆 星期	癸丑 15 五	甲寅 16 六	乙卯 17 日	丙辰 18 一	丁巳 19 二	戊午 20 三	己未 21 四	庚申 22 五	辛酉 23 六	壬戌 24 日	癸亥 25 一	甲子 26 二	乙丑 27 三	丙寅 28 四	丁卯 29 五	戊辰 30 六	己巳 (5) 日	庚午 2 一	辛未 3 二	壬申 4 三	癸酉 5 四	甲戌 6 五	乙亥 7 六	丙子 8 日	丁丑 9 一	戊寅 10 二	己卯 11 三	庚辰 12 四	辛巳 13 五		癸丑穀雨 己巳立夏
四月大	癸巳	天干地支 西曆 星期	壬午 14 六	癸未 15 日	甲申 16 一	乙酉 17 二	丙戌 18 三	丁亥 19 四	戊子 20 五	己丑 21 六	庚寅 22 日	辛卯 23 一	壬辰 24 二	癸巳 25 三	甲午 26 四	乙未 27 五	丙申 28 六	丁酉 29 日	戊戌 30 一	己亥 31 二	庚子 (6) 三	辛丑 2 四	壬寅 3 五	癸卯 4 六	甲辰 5 日	乙巳 6 一	丙午 7 二	丁未 8 三	戊申 9 四	己酉 10 五	庚戌 11 六	辛亥 12 日	甲申小滿 己亥芒種
五月小	甲午	天干地支 西曆 星期	壬子 13 一	癸丑 14 二	甲寅 15 三	乙卯 16 四	丙辰 17 五	丁巳 18 六	戊午 19 日	己未 20 一	庚申 21 二	辛酉 22 三	壬戌 23 四	癸亥 24 五	甲子 25 六	乙丑 26 日	丙寅 27 一	丁卯 28 二	戊辰 29 三	己巳 30 四	庚午 (7) 五	辛未 2 六	壬申 3 日	癸酉 4 一	甲戌 5 二	乙亥 6 三	丙子 7 四	丁丑 8 五	戊寅 9 六	己卯 10 日	庚辰 11 一		甲寅夏至 己巳小暑
六月小	乙未	天干地支 西曆 星期	辛巳 12 二	壬午 13 三	癸未 14 四	甲申 15 五	乙酉 16 六	丙戌 17 日	丁亥 18 一	戊子 19 二	己丑 20 三	庚寅 21 四	辛卯 22 五	壬辰 23 六	癸巳 24 日	甲午 25 一	乙未 26 二	丙申 27 三	丁酉 28 四	戊戌 29 五	己亥 30 六	庚子 31 日	辛丑 (8) 一	壬寅 2 二	癸卯 3 三	甲辰 4 四	乙巳 5 五	丙午 6 六	丁未 7 日	戊申 8 一	己酉 9 二		乙酉大暑 庚子立秋
七月大	丙申	天干地支 西曆 星期	庚戌 10 三	辛亥 11 四	壬子 12 五	癸丑 13 六	甲寅 14 日	乙卯 15 一	丙辰 16 二	丁巳 17 三	戊午 18 四	己未 19 五	庚申 20 六	辛酉 21 日	壬戌 22 一	癸亥 23 二	甲子 24 三	乙丑 25 四	丙寅 26 五	丁卯 27 六	戊辰 28 日	己巳 29 一	庚午 30 二	辛未 31 三	壬申 (9) 四	癸酉 2 五	甲戌 3 六	乙亥 4 日	丙子 5 一	丁丑 6 二	戊寅 7 三	己卯 8 四	乙卯處暑 庚午白露
八月大	丁酉	天干地支 西曆 星期	庚辰 9 五	辛巳 10 六	壬午 11 日	癸未 12 一	甲申 13 二	乙酉 14 三	丙戌 15 四	丁亥 16 五	戊子 17 六	己丑 18 日	庚寅 19 一	辛卯 20 二	壬辰 21 三	癸巳 22 四	甲午 23 五	乙未 24 六	丙申 25 日	丁酉 26 一	戊戌 27 二	己亥 28 三	庚子 29 四	辛丑 30 五	壬寅 (10) 六	癸卯 2 日	甲辰 3 一	乙巳 4 二	丙午 5 三	丁未 6 四	戊申 7 五	己酉 8 六	丙戌秋分 辛丑寒露
九月小	戊戌	天干地支 西曆 星期	庚戌 9 日	辛亥 10 一	壬子 11 二	癸丑 12 三	甲寅 13 四	乙卯 14 五	丙辰 15 六	丁巳 16 日	戊午 17 一	己未 18 二	庚申 19 三	辛酉 20 四	壬戌 21 五	癸亥 22 六	甲子 23 日	乙丑 24 一	丙寅 25 二	丁卯 26 三	戊辰 27 四	己巳 28 五	庚午 29 六	辛未 30 日	壬申 31 一	癸酉 (11) 二	甲戌 2 三	乙亥 3 四	丙子 4 五	丁丑 5 六	戊寅 6 日		丙辰霜降 辛未立冬
十月大	己亥	天干地支 西曆 星期	己卯 7 一	庚辰 8 二	辛巳 9 三	壬午 10 四	癸未 11 五	甲申 12 六	乙酉 13 日	丙戌 14 一	丁亥 15 二	戊子 16 三	己丑 17 四	庚寅 18 五	辛卯 19 六	壬辰 20 日	癸巳 21 一	甲午 22 二	乙未 23 三	丙申 24 四	丁酉 25 五	戊戌 26 六	己亥 27 日	庚子 28 一	辛丑 29 二	壬寅 30 三	癸卯 (12) 四	甲辰 2 五	乙巳 3 六	丙午 4 日	丁未 5 一	戊申 6 二	丙戌小雪 壬寅大雪
十一月大	庚子	天干地支 西曆 星期	己酉 7 三	庚戌 8 四	辛亥 9 五	壬子 10 六	癸丑 11 日	甲寅 12 一	乙卯 13 二	丙辰 14 三	丁巳 15 四	戊午 16 五	己未 17 六	庚申 18 日	辛酉 19 一	壬戌 20 二	癸亥 21 三	甲子 22 四	乙丑 23 五	丙寅 24 六	丁卯 25 日	戊辰 26 一	己巳 27 二	庚午 28 三	辛未 29 四	壬申 30 五	癸酉 31 六	甲戌 (1) 日	乙亥 2 一	丙子 3 二	丁丑 4 三	戊寅 5 四	丁巳冬至 壬申小寒
十二月大	辛丑	天干地支 西曆 星期	己卯 6 五	庚辰 7 六	辛巳 8 日	壬午 9 一	癸未 10 二	甲申 11 三	乙酉 12 四	丙戌 13 五	丁亥 14 六	戊子 15 日	己丑 16 一	庚寅 17 二	辛卯 18 三	壬辰 19 四	癸巳 20 五	甲午 21 六	乙未 22 日	丙申 23 一	丁酉 24 二	戊戌 25 三	己亥 26 四	庚子 27 五	辛丑 28 六	壬寅 29 日	癸卯 30 一	甲辰 31 二	乙巳 (2) 三	丙午 2 四	丁未 3 五	戊申 4 六	丁亥大寒 癸卯立春

金衛紹王崇慶元年（壬申 猴年） 公元 1212 ~ 1213 年

夏曆月序		中西曆日對照	夏曆日序																														節氣與天象
			初一	初二	初三	初四	初五	初六	初七	初八	初九	初十	十一	十二	十三	十四	十五	十六	十七	十八	十九	二十	二一	二二	二三	二四	二五	二六	二七	二八	二九	三十	
正月小	壬寅	天干地支 西曆 星期	己酉 5 日	庚戌 6 一	辛亥 7 二	壬子 8 三	癸丑 9 四	甲寅 10 五	乙卯 11 六	丙辰 12 日	丁巳 13 一	戊午 14 二	己未 15 三	庚申 16 四	辛酉 17 五	壬戌 18 六	癸亥 19 日	甲子 20 一	乙丑 21 二	丙寅 22 三	丁卯 23 四	戊辰 24 五	己巳 25 六	庚午 26 日	辛未 27 一	壬申 28 二	癸酉 29 三	甲戌 (3) 四	乙亥 2 五	丙子 3 六	丁丑 4 日		戊午雨水 癸酉驚蟄
二月大	癸卯	天干地支 西曆 星期	戊寅 5 一	己卯 6 二	庚辰 7 三	辛巳 8 四	壬午 9 五	癸未 10 六	甲申 11 日	乙酉 12 一	丙戌 13 二	丁亥 14 三	戊子 15 四	己丑 16 五	庚寅 17 六	辛卯 18 日	壬辰 19 一	癸巳 20 二	甲午 21 三	乙未 22 四	丙申 23 五	丁酉 24 六	戊戌 25 日	己亥 26 一	庚子 27 二	辛丑 28 三	壬寅 29 四	癸卯 30 五	甲辰 31 六	乙巳 (4) 日	丙午 2 一	丁未 3 二	戊子春分 癸卯清明
三月小	甲辰	天干地支 西曆 星期	戊申 4 三	己酉 5 四	庚戌 6 五	辛亥 7 六	壬子 8 日	癸丑 9 一	甲寅 10 二	乙卯 11 三	丙辰 12 四	丁巳 13 五	戊午 14 六	己未 15 日	庚申 16 一	辛酉 17 二	壬戌 18 三	癸亥 19 四	甲子 20 五	乙丑 21 六	丙寅 22 日	丁卯 23 一	戊辰 24 二	己巳 25 三	庚午 26 四	辛未 27 五	壬申 28 六	癸酉 29 日	甲戌 30 一	乙亥 (5) 二	丙子 2 三		己未穀雨 甲戌立夏
四月小	乙巳	天干地支 西曆 星期	丁丑 3 四	戊寅 4 五	己卯 5 六	庚辰 6 日	辛巳 7 一	壬午 8 二	癸未 9 三	甲申 10 四	乙酉 11 五	丙戌 12 六	丁亥 13 日	戊子 14 一	己丑 15 二	庚寅 16 三	辛卯 17 四	壬辰 18 五	癸巳 19 六	甲午 20 日	乙未 21 一	丙申 22 二	丁酉 23 三	戊戌 24 四	己亥 25 五	庚子 26 六	辛丑 27 日	壬寅 28 一	癸卯 29 二	甲辰 30 三	乙巳 31 四		己丑小滿 甲辰芒種
五月大	丙午	天干地支 西曆 星期	丙午 (6) 五	丁未 2 六	戊申 3 日	己酉 4 一	庚戌 5 二	辛亥 6 三	壬子 7 四	癸丑 8 五	甲寅 9 六	乙卯 10 日	丙辰 11 一	丁巳 12 二	戊午 13 三	己未 14 四	庚申 15 五	辛酉 16 六	壬戌 17 日	癸亥 18 一	甲子 19 二	乙丑 20 三	丙寅 21 四	丁卯 22 五	戊辰 23 六	己巳 24 日	庚午 25 一	辛未 26 二	壬申 27 三	癸酉 28 四	甲戌 29 五	乙亥 30 六	庚申夏至 乙亥小暑
六月小	丁未	天干地支 西曆 星期	丙子 (7) 日	丁丑 2 一	戊寅 3 二	己卯 4 三	庚辰 5 四	辛巳 6 五	壬午 7 六	癸未 8 日	甲申 9 一	乙酉 10 二	丙戌 11 三	丁亥 12 四	戊子 13 五	己丑 14 六	庚寅 15 日	辛卯 16 一	壬辰 17 二	癸巳 18 三	甲午 19 四	乙未 20 五	丙申 21 六	丁酉 22 日	戊戌 23 一	己亥 24 二	庚子 25 三	辛丑 26 四	壬寅 27 五	癸卯 28 六	甲辰 29 日		庚寅大暑
七月小	戊申	天干地支 西曆 星期	乙巳 30 一	丙午 31 二	丁未 (8) 三	戊申 2 四	己酉 3 五	庚戌 4 六	辛亥 5 日	壬子 6 一	癸丑 7 二	甲寅 8 三	乙卯 9 四	丙辰 10 五	丁巳 11 六	戊午 12 日	己未 13 一	庚申 14 二	辛酉 15 三	壬戌 16 四	癸亥 17 五	甲子 18 六	乙丑 19 日	丙寅 20 一	丁卯 21 二	戊辰 22 三	己巳 23 四	庚午 24 五	辛未 25 六	壬申 26 日	癸酉 27 一		乙巳立秋 庚申處暑
八月大	己酉	天干地支 西曆 星期	甲戌 28 二	乙亥 29 三	丙子 30 四	丁丑 31 五	戊寅 (9) 六	己卯 2 日	庚辰 3 一	辛巳 4 二	壬午 5 三	癸未 6 四	甲申 7 五	乙酉 8 六	丙戌 9 日	丁亥 10 一	戊子 11 二	己丑 12 三	庚寅 13 四	辛卯 14 五	壬辰 15 六	癸巳 16 日	甲午 17 一	乙未 18 二	丙申 19 三	丁酉 20 四	戊戌 21 五	己亥 22 六	庚子 23 日	辛丑 24 一	壬寅 25 二	癸卯 26 三	丙子白露 辛卯秋分
九月小	庚戌	天干地支 西曆 星期	甲辰 27 四	乙巳 28 五	丙午 29 六	丁未 30 日	戊申 (10) 一	己酉 2 二	庚戌 3 三	辛亥 4 四	壬子 5 五	癸丑 6 六	甲寅 7 日	乙卯 8 一	丙辰 9 二	丁巳 10 三	戊午 11 四	己未 12 五	庚申 13 六	辛酉 14 日	壬戌 15 一	癸亥 16 二	甲子 17 三	乙丑 18 四	丙寅 19 五	丁卯 20 六	戊辰 21 日	己巳 22 一	庚午 23 二	辛未 24 三	壬申 25 四		丙午寒露 辛酉霜降
十月大	辛亥	天干地支 西曆 星期	癸酉 26 五	甲戌 27 六	乙亥 28 日	丙子 29 一	丁丑 30 二	戊寅 31 三	己卯 (11) 四	庚辰 2 五	辛巳 3 六	壬午 4 日	癸未 5 一	甲申 6 二	乙酉 7 三	丙戌 8 四	丁亥 9 五	戊子 10 六	己丑 11 日	庚寅 12 一	辛卯 13 二	壬辰 14 三	癸巳 15 四	甲午 16 五	乙未 17 六	丙申 18 日	丁酉 19 一	戊戌 20 二	己亥 21 三	庚子 22 四	辛丑 23 五	壬寅 24 六	丙子立冬 壬辰小雪
十一月大	壬子	天干地支 西曆 星期	癸卯 25 日	甲辰 26 一	乙巳 27 二	丙午 28 三	丁未 29 四	戊申 30 五	己酉 (12) 六	庚戌 2 日	辛亥 3 一	壬子 4 二	癸丑 5 三	甲寅 6 四	乙卯 7 五	丙辰 8 六	丁巳 9 日	戊午 10 一	己未 11 二	庚申 12 三	辛酉 13 四	壬戌 14 五	癸亥 15 六	甲子 16 日	乙丑 17 一	丙寅 18 二	丁卯 19 三	戊辰 20 四	己巳 21 五	庚午 22 六	辛未 23 日	壬申 24 一	丁未大雪 壬戌冬至
十二月大	癸丑	天干地支 西曆 星期	癸酉 25 二	甲戌 26 三	乙亥 27 四	丙子 28 五	丁丑 29 六	戊寅 30 日	己卯 31 一	庚辰 (1) 二	辛巳 2 三	壬午 3 四	癸未 4 五	甲申 5 六	乙酉 6 日	丙戌 7 一	丁亥 8 二	戊子 9 三	己丑 10 四	庚寅 11 五	辛卯 12 六	壬辰 13 日	癸巳 14 一	甲午 15 二	乙未 16 三	丙申 17 四	丁酉 18 五	戊戌 19 六	己亥 20 日	庚子 21 一	辛丑 22 二	壬寅 23 三	丁丑小寒 癸巳大寒

* 正月己酉（初一），改元崇慶。

金衛紹王崇慶二年 至寧元年 宣宗至寧元年 貞祐元年
（癸酉 鷄年）公元 **1213** ~ 1214 年

夏曆月序		中西曆日對照	夏曆日序																														節氣與天象
			初一	初二	初三	初四	初五	初六	初七	初八	初九	初十	十一	十二	十三	十四	十五	十六	十七	十八	十九	二十	二一	二二	二三	二四	二五	二六	二七	二八	二九	三十	
正月小	甲寅	天干地支 西曆 星期	癸卯 24 四	甲辰 25 五	乙巳 26 六	丙午 27 日	丁未 28 一	戊申 29 二	己酉 30 三	庚戌 31 四	辛亥 (2) 五	壬子 2 六	癸丑 3 日	甲寅 4 一	乙卯 5 二	丙辰 6 三	丁巳 7 四	戊午 8 五	己未 9 六	庚申 10 日	辛酉 11 一	壬戌 12 二	癸亥 13 三	甲子 14 四	乙丑 15 五	丙寅 16 六	丁卯 17 日	戊辰 18 一	己巳 19 二	庚午 20 三	辛未 21 四		戊申立春 癸亥雨水
二月大	乙卯	天干地支 西曆 星期	壬申 22 五	癸酉 23 六	甲戌 24 日	乙亥 25 一	丙子 26 二	丁丑 27 三	戊寅 28 四	己卯 (3) 五	庚辰 2 六	辛巳 3 日	壬午 4 一	癸未 5 二	甲申 6 三	乙酉 7 四	丙戌 8 五	丁亥 9 六	戊子 10 日	己丑 11 一	庚寅 12 二	辛卯 13 三	壬辰 14 四	癸巳 15 五	甲午 16 六	乙未 17 日	丙申 18 一	丁酉 19 二	戊戌 20 三	己亥 21 四	庚子 22 五	辛丑 23 六	戊寅驚蟄 癸巳春分
三月大	丙辰	天干地支 西曆 星期	壬寅 24 日	癸卯 25 一	甲辰 26 二	乙巳 27 三	丙午 28 四	丁未 29 五	戊申 30 六	己酉 31 日	庚戌 (4) 一	辛亥 2 二	壬子 3 三	癸丑 4 四	甲寅 5 五	乙卯 6 六	丙辰 7 日	丁巳 8 一	戊午 9 二	己未 10 三	庚申 11 四	辛酉 12 五	壬戌 13 六	癸亥 14 日	甲子 15 一	乙丑 16 二	丙寅 17 三	丁卯 18 四	戊辰 19 五	己巳 20 六	庚午 21 日	辛未 22 一	己酉清明 甲子穀雨
四月小	丁巳	天干地支 西曆 星期	壬申 23 二	癸酉 24 三	甲戌 25 四	乙亥 26 五	丙子 27 六	丁丑 28 日	戊寅 29 一	己卯 30 二	庚辰 (5) 三	辛巳 2 四	壬午 3 五	癸未 4 六	甲申 5 日	乙酉 6 一	丙戌 7 二	丁亥 8 三	戊子 9 四	己丑 10 五	庚寅 11 六	辛卯 12 日	壬辰 13 一	癸巳 14 二	甲午 15 三	乙未 16 四	丙申 17 五	丁酉 18 六	戊戌 19 日	己亥 20 一	庚子 21 二		己卯立夏 甲午小滿
五月小	戊午	天干地支 西曆 星期	辛丑 22 三	壬寅 23 四	癸卯 24 五	甲辰 25 六	乙巳 26 日	丙午 27 一	丁未 28 二	戊申 29 三	己酉 30 四	庚戌 31 五	辛亥 (6) 六	壬子 2 日	癸丑 3 一	甲寅 4 二	乙卯 5 三	丙辰 6 四	丁巳 7 五	戊午 8 六	己未 9 日	庚申 10 一	辛酉 11 二	壬戌 12 三	癸亥 13 四	甲子 14 五	乙丑 15 六	丙寅 16 日	丁卯 17 一	戊辰 18 二	己巳 19 三		庚戌芒種 乙丑夏至
六月大	己未	天干地支 西曆 星期	庚午 20 四	辛未 21 五	壬申 22 六	癸酉 23 日	甲戌 24 一	乙亥 25 二	丙子 26 三	丁丑 27 四	戊寅 28 五	己卯 29 六	庚辰 30 日	辛巳 (7) 一	壬午 2 二	癸未 3 三	甲申 4 四	乙酉 5 五	丙戌 6 六	丁亥 7 日	戊子 8 一	己丑 9 二	庚寅 10 三	辛卯 11 四	壬辰 12 五	癸巳 13 六	甲午 14 日	乙未 15 一	丙申 16 二	丁酉 17 三	戊戌 18 四	己亥 19 五	庚辰小暑 乙未大暑
七月小	庚申	天干地支 西曆 星期	庚子 20 六	辛丑 21 日	壬寅 22 一	癸卯 23 二	甲辰 24 三	乙巳 25 四	丙午 26 五	丁未 27 六	戊申 28 日	己酉 29 一	庚戌 30 二	辛亥 31 三	壬子 (8) 四	癸丑 2 五	甲寅 3 六	乙卯 4 日	丙辰 5 一	丁巳 6 二	戊午 7 三	己未 8 四	庚申 9 五	辛酉 10 六	壬戌 11 日	癸亥 12 一	甲子 13 二	乙丑 14 三	丙寅 15 四	丁卯 16 五	戊辰 17 六		庚戌立秋 丙寅處暑
八月小	辛酉	天干地支 西曆 星期	己巳 18 日	庚午 19 一	辛未 20 二	壬申 21 三	癸酉 22 四	甲戌 23 五	乙亥 24 六	丙子 25 日	丁丑 26 一	戊寅 27 二	己卯 28 三	庚辰 29 四	辛巳 30 五	壬午 31 六	癸未 (9) 日	甲申 2 一	乙酉 3 二	丙戌 4 三	丁亥 5 四	戊子 6 五	己丑 7 六	庚寅 8 日	辛卯 9 一	壬辰 10 二	癸巳 11 三	甲午 12 四	乙未 13 五	丙申 14 六	丁酉 15 日		辛巳白露 丙申秋分
九月大	壬戌	天干地支 西曆 星期	戊戌 16 一	己亥 17 二	庚子 18 三	辛丑 19 四	壬寅 20 五	癸卯 21 六	甲辰 22 日	乙巳 23 一	丙午 24 二	丁未 25 三	戊申 26 四	己酉 27 五	庚戌 28 六	辛亥 29 日	壬子 30 一	癸丑 (10) 二	甲寅 2 三	乙卯 3 四	丙辰 4 五	丁巳 5 六	戊午 6 日	己未 7 一	庚申 8 二	辛酉 9 三	壬戌 10 四	癸亥 11 五	甲子 12 六	乙丑 13 日	丙寅 14 一	丁卯 15 二	辛亥寒露 丁卯霜降
閏九月小	壬戌	天干地支 西曆 星期	戊辰 16 三	己巳 17 四	庚午 18 五	辛未 19 六	壬申 20 日	癸酉 21 一	甲戌 22 二	乙亥 23 三	丙子 24 四	丁丑 25 五	戊寅 26 六	己卯 27 日	庚辰 28 一	辛巳 29 二	壬午 30 三	癸未 31 四	甲申 (11) 五	乙酉 2 六	丙戌 3 日	丁亥 4 一	戊子 5 二	己丑 6 三	庚寅 7 四	辛卯 8 五	壬辰 9 六	癸巳 10 日	甲午 11 一	乙未 12 二	丙申 13 三		壬午立冬
十月大	癸亥	天干地支 西曆 星期	丁酉 14 四	戊戌 15 五	己亥 16 六	庚子 17 日	辛丑 18 一	壬寅 19 二	癸卯 20 三	甲辰 21 四	乙巳 22 五	丙午 23 六	丁未 24 日	戊申 25 一	己酉 26 二	庚戌 27 三	辛亥 28 四	壬子 29 五	癸丑 30 六	甲寅 (12) 日	乙卯 2 一	丙辰 3 二	丁巳 4 三	戊午 5 四	己未 6 五	庚申 7 六	辛酉 8 日	壬戌 9 一	癸亥 10 二	甲子 11 三	乙丑 12 四	丙寅 13 五	丁酉小雪 壬子大雪
十一月大	甲子	天干地支 西曆 星期	丁卯 14 六	戊辰 15 日	己巳 16 一	庚午 17 二	辛未 18 三	壬申 19 四	癸酉 20 五	甲戌 21 六	乙亥 22 日	丙子 23 一	丁丑 24 二	戊寅 25 三	己卯 26 四	庚辰 27 五	辛巳 28 六	壬午 29 日	癸未 30 一	甲申 31 二	乙酉 (1) 三	丙戌 2 四	丁亥 3 五	戊子 4 六	己丑 5 日	庚寅 6 一	辛卯 7 二	壬辰 8 三	癸巳 9 四	甲午 10 五	乙未 11 六	丙申 12 日	丁卯冬至 癸未小寒
十二月大	乙丑	天干地支 西曆 星期	丁酉 13 一	戊戌 14 二	己亥 15 三	庚子 16 四	辛丑 17 五	壬寅 18 六	癸卯 19 日	甲辰 20 一	乙巳 21 二	丙午 22 三	丁未 23 四	戊申 24 五	己酉 25 六	庚戌 26 日	辛亥 27 一	壬子 28 二	癸丑 29 三	甲寅 30 四	乙卯 31 五	丙辰 (2) 六	丁巳 2 日	戊午 3 一	己未 4 二	庚申 5 三	辛酉 6 四	壬戌 7 五	癸亥 8 六	甲子 9 日	乙丑 10 一	丙寅 11 二	戊戌大寒 癸丑立春

* 五月，改元至寧。八月，衛紹王被殺。九月甲辰（初七），完顏珣即位，是爲宣宗。壬子（十五日），改元貞祐。

金宣宗貞祐二年（甲戌 狗年） 公元 1214 ~ 1215 年

夏曆月序	中西曆日對照	初一	初二	初三	初四	初五	初六	初七	初八	初九	初十	十一	十二	十三	十四	十五	十六	十七	十八	十九	二十	二一	二二	二三	二四	二五	二六	二七	二八	二九	三十	節氣與天象
正月小 丙寅	天干地支 西曆 星期	丁卯 12 三	戊辰 13 四	己巳 14 五	庚午 15 六	辛未 16 日	壬申 17 一	癸酉 18 二	甲戌 19 三	乙亥 20 四	丙子 21 五	丁丑 22 六	戊寅 23 日	己卯 24 一	庚辰 25 二	辛巳 26 三	壬午 27 四	癸未 28 五	甲申 (3) 六	乙酉 2 日	丙戌 3 一	丁亥 4 二	戊子 5 三	己丑 6 四	庚寅 7 五	辛卯 8 六	壬辰 9 日	癸巳 10 一	甲午 11 二	乙未 12 三		戊辰雨水 癸未驚蟄
二月大 丁卯	天干地支 西曆 星期	丙申 13 四	丁酉 14 五	戊戌 15 六	己亥 16 日	庚子 17 一	辛丑 18 二	壬寅 19 三	癸卯 20 四	甲辰 21 五	乙巳 22 六	丙午 23 日	丁未 24 一	戊申 25 二	己酉 26 三	庚戌 27 四	辛亥 28 五	壬子 29 六	癸丑 30 日	甲寅 31 一	乙卯 (4) 二	丙辰 2 三	丁巳 3 四	戊午 4 五	己未 5 六	庚申 6 日	辛酉 7 一	壬戌 8 二	癸亥 9 三	甲子 10 四	乙丑 11 五	己亥春分 甲寅清明
三月小 戊辰	天干地支 西曆 星期	丙寅 12 六	丁卯 13 日	戊辰 14 一	己巳 15 二	庚午 16 三	辛未 17 四	壬申 18 五	癸酉 19 六	甲戌 20 日	乙亥 21 一	丙子 22 二	丁丑 23 三	戊寅 24 四	己卯 25 五	庚辰 26 六	辛巳 27 日	壬午 28 一	癸未 29 二	甲申 30 三	乙酉 (5) 四	丙戌 2 五	丁亥 3 六	戊子 4 日	己丑 5 一	庚寅 6 二	辛卯 7 三	壬辰 8 四	癸巳 9 五	甲午 10 六		己巳穀雨 甲申立夏
四月大 己巳	天干地支 西曆 星期	乙未 11 日	丙申 12 一	丁酉 13 二	戊戌 14 三	己亥 15 四	庚子 16 五	辛丑 17 六	壬寅 18 日	癸卯 19 一	甲辰 20 二	乙巳 21 三	丙午 22 四	丁未 23 五	戊申 24 六	己酉 25 日	庚戌 26 一	辛亥 27 二	壬子 28 三	癸丑 29 四	甲寅 30 五	乙卯 31 六	丙辰 (6) 日	丁巳 2 一	戊午 3 二	己未 4 三	庚申 5 四	辛酉 6 五	壬戌 7 六	癸亥 8 日	甲子 9 一	庚子小滿 乙卯芒種
五月小 庚午	天干地支 西曆 星期	乙丑 10 二	丙寅 11 三	丁卯 12 四	戊辰 13 五	己巳 14 六	庚午 15 日	辛未 16 一	壬申 17 二	癸酉 18 三	甲戌 19 四	乙亥 20 五	丙子 21 六	丁丑 22 日	戊寅 23 一	己卯 24 二	庚辰 25 三	辛巳 26 四	壬午 27 五	癸未 28 六	甲申 29 日	乙酉 30 一	丙戌 (7) 二	丁亥 2 三	戊子 3 四	己丑 4 五	庚寅 5 六	辛卯 6 日	壬辰 7 一	癸巳 8 二		庚午夏至 乙酉小暑
六月大 辛未	天干地支 西曆 星期	甲午 9 三	乙未 10 四	丙申 11 五	丁酉 12 六	戊戌 13 日	己亥 14 一	庚子 15 二	辛丑 16 三	壬寅 17 四	癸卯 18 五	甲辰 19 六	乙巳 20 日	丙午 21 一	丁未 22 二	戊申 23 三	己酉 24 四	庚戌 25 五	辛亥 26 六	壬子 27 日	癸丑 28 一	甲寅 29 二	乙卯 30 三	丙辰 31 四	丁巳 (8) 五	戊午 2 六	己未 3 日	庚申 4 一	辛酉 5 二	壬戌 6 三	癸亥 7 四	庚子大暑 丙辰立秋
七月小 壬申	天干地支 西曆 星期	甲子 8 五	乙丑 9 六	丙寅 10 日	丁卯 11 一	戊辰 12 二	己巳 13 三	庚午 14 四	辛未 15 五	壬申 16 六	癸酉 17 日	甲戌 18 一	乙亥 19 二	丙子 20 三	丁丑 21 四	戊寅 22 五	己卯 23 六	庚辰 24 日	辛巳 25 一	壬午 26 二	癸未 27 三	甲申 28 四	乙酉 29 五	丙戌 30 六	丁亥 31 日	戊子 (9) 一	己丑 2 二	庚寅 3 三	辛卯 4 四	壬辰 5 五		辛未處暑 丙戌白露
八月小 癸酉	天干地支 西曆 星期	癸巳 6 六	甲午 7 日	乙未 8 一	丙申 9 二	丁酉 10 三	戊戌 11 四	己亥 12 五	庚子 13 六	辛丑 14 日	壬寅 15 一	癸卯 16 二	甲辰 17 三	乙巳 18 四	丙午 19 五	丁未 20 六	戊申 21 日	己酉 22 一	庚戌 23 二	辛亥 24 三	壬子 25 四	癸丑 26 五	甲寅 27 六	乙卯 28 日	丙辰 29 一	丁巳 30 二	戊午 (10) 三	己未 2 四	庚申 3 五	辛酉 4 六		辛丑秋分 丁巳寒露
九月大 甲戌	天干地支 西曆 星期	壬戌 5 日	癸亥 6 一	甲子 7 二	乙丑 8 三	丙寅 9 四	丁卯 10 五	戊辰 11 六	己巳 12 日	庚午 13 一	辛未 14 二	壬申 15 三	癸酉 16 四	甲戌 17 五	乙亥 18 六	丙子 19 日	丁丑 20 一	戊寅 21 二	己卯 22 三	庚辰 23 四	辛巳 24 五	壬午 25 六	癸未 26 日	甲申 27 一	乙酉 28 二	丙戌 29 三	丁亥 30 四	戊子 31 五	己丑 (11) 六	庚寅 2 日	辛卯 3 一	壬申霜降 丁亥立冬
十月小 乙亥	天干地支 西曆 星期	壬辰 4 二	癸巳 5 三	甲午 6 四	乙未 7 五	丙申 8 六	丁酉 9 日	戊戌 10 一	己亥 11 二	庚子 12 三	辛丑 13 四	壬寅 14 五	癸卯 15 六	甲辰 16 日	乙巳 17 一	丙午 18 二	丁未 19 三	戊申 20 四	己酉 21 五	庚戌 22 六	辛亥 23 日	壬子 24 一	癸丑 25 二	甲寅 26 三	乙卯 27 四	丙辰 28 五	丁巳 29 六	戊午 30 日	己未 (12) 一	庚申 2 二		壬寅小雪 丁巳大雪
十一月大 丙子	天干地支 西曆 星期	辛酉 3 三	壬戌 4 四	癸亥 5 五	甲子 6 六	乙丑 7 日	丙寅 8 一	丁卯 9 二	戊辰 10 三	己巳 11 四	庚午 12 五	辛未 13 六	壬申 14 日	癸酉 15 一	甲戌 16 二	乙亥 17 三	丙子 18 四	丁丑 19 五	戊寅 20 六	己卯 21 日	庚辰 22 一	辛巳 23 二	壬午 24 三	癸未 25 四	甲申 26 五	乙酉 27 六	丙戌 28 日	丁亥 29 一	戊子 30 二	己丑 31 三	庚寅 (1) 四	癸酉冬至 戊子小寒
十二月大 丁丑	天干地支 西曆 星期	辛卯 2 五	壬辰 3 六	癸巳 4 日	甲午 5 一	乙未 6 二	丙申 7 三	丁酉 8 四	戊戌 9 五	己亥 10 六	庚子 11 日	辛丑 12 一	壬寅 13 二	癸卯 14 三	甲辰 15 四	乙巳 16 五	丙午 17 六	丁未 18 日	戊申 19 一	己酉 20 二	庚戌 21 三	辛亥 22 四	壬子 23 五	癸丑 24 六	甲寅 25 日	乙卯 26 一	丙辰 27 二	丁巳 28 三	戊午 29 四	己未 30 五	庚申 31 六	癸卯大寒 戊午立春

金宣宗貞祐三年（乙亥 猪年） 公元 1215 ~ 1216 年

夏曆月序		中西曆日對照	初一	初二	初三	初四	初五	初六	初七	初八	初九	初十	十一	十二	十三	十四	十五	十六	十七	十八	十九	二十	二一	二二	二三	二四	二五	二六	二七	二八	二九	三十	節氣與天象
正月小	戊寅	天干地支 西曆 星期	辛酉(2)日	壬戌2一	癸亥3二	甲子4三	乙丑5四	丙寅6五	丁卯7六	戊辰8日	己巳9一	庚午10二	辛未11三	壬申12四	癸酉13五	甲戌14六	乙亥15日	丙子16一	丁丑17二	戊寅18三	己卯19四	庚辰20五	辛巳21六	壬午22日	癸未23一	甲申24二	乙酉25三	丙戌26四	丁亥27五	戊子28六	己丑(3)日		癸酉雨水 己丑驚蟄
二月大	己卯	天干地支 西曆 星期	庚寅2一	辛卯3二	壬辰4三	癸巳5四	甲午6五	乙未7六	丙申8日	丁酉9一	戊戌10二	己亥11三	庚子12四	辛丑13五	壬寅14六	癸卯15日	甲辰16一	乙巳17二	丙午18三	丁未19四	戊申20五	己酉21六	庚戌22日	辛亥23一	壬子24二	癸丑25三	甲寅26四	乙卯27五	丙辰28六	丁巳29日	戊午30一	己未31二	甲辰春分 己未清明
三月大	庚辰	天干地支 西曆 星期	庚申(4)三	辛酉2四	壬戌3五	癸亥4六	甲子5日	乙丑6一	丙寅7二	丁卯8三	戊辰9四	己巳10五	庚午11六	辛未12日	壬申13一	癸酉14二	甲戌15三	乙亥16四	丙子17五	丁丑18六	戊寅19日	己卯20一	庚辰21二	辛巳22三	壬午23四	癸未24五	甲申25六	乙酉26日	丙戌27一	丁亥28二	戊子29三	己丑30四	甲戌穀雨
四月小	辛巳	天干地支 西曆 星期	庚寅(5)五	辛卯2六	壬辰3日	癸巳4一	甲午5二	乙未6三	丙申7四	丁酉8五	戊戌9六	己亥10日	庚子11一	辛丑12二	壬寅13三	癸卯14四	甲辰15五	乙巳16六	丙午17日	丁未18一	戊申19二	己酉20三	庚戌21四	辛亥22五	壬子23六	癸丑24日	甲寅25一	乙卯26二	丙辰27三	丁巳28四	戊午29五		庚寅立夏 乙巳小滿
五月大	壬午	天干地支 西曆 星期	己未30六	庚申31日	辛酉(6)一	壬戌2二	癸亥3三	甲子4四	乙丑5五	丙寅6六	丁卯7日	戊辰8一	己巳9二	庚午10三	辛未11四	壬申12五	癸酉13六	甲戌14日	乙亥15一	丙子16二	丁丑17三	戊寅18四	己卯19五	庚辰20六	辛巳21日	壬午22一	癸未23二	甲申24三	乙酉25四	丙戌26五	丁亥27六	戊子28日	庚申芒種 乙亥夏至
六月小	癸未	天干地支 西曆 星期	己丑29一	庚寅30二	辛卯(7)三	壬辰2四	癸巳3五	甲午4六	乙未5日	丙申6一	丁酉7二	戊戌8三	己亥9四	庚子10五	辛丑11六	壬寅12日	癸卯13一	甲辰14二	乙巳15三	丙午16四	丁未17五	戊申18六	己酉19日	庚戌20一	辛亥21二	壬子22三	癸丑23四	甲寅24五	乙卯25六	丙辰26日	丁巳27一		庚寅小暑 丙午大暑
七月大	甲申	天干地支 西曆 星期	戊午28二	己未29三	庚申30四	辛酉31五	壬戌(8)六	癸亥2日	甲子3一	乙丑4二	丙寅5三	丁卯6四	戊辰7五	己巳8六	庚午9日	辛未10一	壬申11二	癸酉12三	甲戌13四	乙亥14五	丙子15六	丁丑16日	戊寅17一	己卯18二	庚辰19三	辛巳20四	壬午21五	癸未22六	甲申23日	乙酉24一	丙戌25二	丁亥26三	辛酉立秋 丙子處暑
八月小	乙酉	天干地支 西曆 星期	戊子27四	己丑28五	庚寅29六	辛卯30日	壬辰31一	癸巳(9)二	甲午2三	乙未3四	丙申4五	丁酉5六	戊戌6日	己亥7一	庚子8二	辛丑9三	壬寅10四	癸卯11五	甲辰12六	乙巳13日	丙午14一	丁未15二	戊申16三	己酉17四	庚戌18五	辛亥19六	壬子20日	癸丑21一	甲寅22二	乙卯23三	丙辰24四		辛卯白露 丁未秋分
九月小	丙戌	天干地支 西曆 星期	丁巳25五	戊午26六	己未27日	庚申28一	辛酉29二	壬戌30三	癸亥(10)四	甲子2五	乙丑3六	丙寅4日	丁卯5一	戊辰6二	己巳7三	庚午8四	辛未9五	壬申10六	癸酉11日	甲戌12一	乙亥13二	丙子14三	丁丑15四	戊寅16五	己卯17六	庚辰18日	辛巳19一	壬午20二	癸未21三	甲申22四	乙酉23五		壬戌寒露 丁丑霜降
十月大	丁亥	天干地支 西曆 星期	丙戌24六	丁亥25日	戊子26一	己丑27二	庚寅28三	辛卯29四	壬辰30五	癸巳31六	甲午(11)日	乙未2一	丙申3二	丁酉4三	戊戌5四	己亥6五	庚子7六	辛丑8日	壬寅9一	癸卯10二	甲辰11三	乙巳12四	丙午13五	丁未14六	戊申15日	己酉16一	庚戌17二	辛亥18三	壬子19四	癸丑20五	甲寅21六	乙卯22日	壬辰立冬 丁未小雪
十一月小	戊子	天干地支 西曆 星期	丙辰23一	丁巳24二	戊午25三	己未26四	庚申27五	辛酉28六	壬戌29日	癸亥30一	甲子(12)二	乙丑2三	丙寅3四	丁卯4五	戊辰5六	己巳6日	庚午7一	辛未8二	壬申9三	癸酉10四	甲戌11五	乙亥12六	丙子13日	丁丑14一	戊寅15二	己卯16三	庚辰17四	辛巳18五	壬午19六	癸未20日	甲申21一		癸亥大雪 戊寅冬至
十二月大	己丑	天干地支 西曆 星期	乙酉22二	丙戌23三	丁亥24四	戊子25五	己丑26六	庚寅27日	辛卯28一	壬辰29二	癸巳30三	甲午31四	乙未(1)五	丙申2六	丁酉3日	戊戌4一	己亥5二	庚子6三	辛丑7四	壬寅8五	癸卯9六	甲辰10日	乙巳11一	丙午12二	丁未13三	戊申14四	己酉15五	庚戌16六	辛亥17日	壬子18一	癸丑19二	甲寅20三	癸巳小寒 戊申大寒

金宣宗貞祐四年（丙子 鼠年） 公元 1216 ~ 1217 年

夏曆月序	中西曆日對照	初一	初二	初三	初四	初五	初六	初七	初八	初九	初十	十一	十二	十三	十四	十五	十六	十七	十八	十九	二十	二一	二二	二三	二四	二五	二六	二七	二八	二九	三十	節氣與天象
正月小 庚寅	天干地支西曆星期	乙卯 21 四	丙辰 22 五	丁巳 23 六	戊午 24 日	己未 25 一	庚申 26 二	辛酉 27 三	壬戌 28 四	癸亥 29 五	甲子 30 六	乙丑 31 日	丙寅 (2) 一	丁卯 2 二	戊辰 3 三	己巳 4 四	庚午 5 五	辛未 6 六	壬申 7 日	癸酉 8 一	甲戌 9 二	乙亥 10 三	丙子 11 四	丁丑 12 五	戊寅 13 六	己卯 14 日	庚辰 15 一	辛巳 16 二	壬午 17 三	癸未 18 四		甲子立春 己卯雨水
二月大 辛卯	天干地支西曆星期	甲申 19 五	乙酉 20 六	丙戌 21 日	丁亥 22 一	戊子 23 二	己丑 24 三	庚寅 25 四	辛卯 26 五	壬辰 27 六	癸巳 28 日	甲午 29 一	乙未 (3) 二	丙申 2 三	丁酉 3 四	戊戌 4 五	己亥 5 六	庚子 6 日	辛丑 7 一	壬寅 8 二	癸卯 9 三	甲辰 10 四	乙巳 11 五	丙午 12 六	丁未 13 日	戊申 14 一	己酉 15 二	庚戌 16 三	辛亥 17 四	壬子 18 五	癸丑 19 六	甲午驚蟄 己酉春分
三月大 壬辰	天干地支西曆星期	甲寅 20 日	乙卯 21 一	丙辰 22 二	丁巳 23 三	戊午 24 四	己未 25 五	庚申 26 六	辛酉 27 日	壬戌 28 一	癸亥 29 二	甲子 30 三	乙丑 31 四	丙寅 (4) 五	丁卯 2 六	戊辰 3 日	己巳 4 一	庚午 5 二	辛未 6 三	壬申 7 四	癸酉 8 五	甲戌 9 六	乙亥 10 日	丙子 11 一	丁丑 12 二	戊寅 13 三	己卯 14 四	庚辰 15 五	辛巳 16 六	壬午 17 日	癸未 18 一	甲子清明 庚辰穀雨
四月小 癸巳	天干地支西曆星期	甲申 19 二	乙酉 20 三	丙戌 21 四	丁亥 22 五	戊子 23 六	己丑 24 日	庚寅 25 一	辛卯 26 二	壬辰 27 三	癸巳 28 四	甲午 29 五	乙未 30 六	丙申 (5) 日	丁酉 2 一	戊戌 3 二	己亥 4 三	庚子 5 四	辛丑 6 五	壬寅 7 六	癸卯 8 日	甲辰 9 一	乙巳 10 二	丙午 11 三	丁未 12 四	戊申 13 五	己酉 14 六	庚戌 15 日	辛亥 16 一	壬子 17 二		乙未立夏 庚戌小滿
五月大 甲午	天干地支西曆星期	癸丑 18 三	甲寅 19 四	乙卯 20 五	丙辰 21 六	丁巳 22 日	戊午 23 一	己未 24 二	庚申 25 三	辛酉 26 四	壬戌 27 五	癸亥 28 六	甲子 29 日	乙丑 30 一	丙寅 31 二	丁卯 (6) 三	戊辰 2 四	己巳 3 五	庚午 4 六	辛未 5 日	壬申 6 一	癸酉 7 二	甲戌 8 三	乙亥 9 四	丙子 10 五	丁丑 11 六	戊寅 12 日	己卯 13 一	庚辰 14 二	辛巳 15 三	壬午 16 四	乙丑芒種 庚辰夏至
六月大 乙未	天干地支西曆星期	癸未 17 五	甲申 18 六	乙酉 19 日	丙戌 20 一	丁亥 21 二	戊子 22 三	己丑 23 四	庚寅 24 五	辛卯 25 六	壬辰 26 日	癸巳 27 一	甲午 28 二	乙未 29 三	丙申 30 四	丁酉 (7) 五	戊戌 2 六	己亥 3 日	庚子 4 一	辛丑 5 二	壬寅 6 三	癸卯 7 四	甲辰 8 五	乙巳 9 六	丙午 10 日	丁未 11 一	戊申 12 二	己酉 13 三	庚戌 14 四	辛亥 15 五	壬子 16 六	丙申小暑 辛亥大暑
七月小 丙申	天干地支西曆星期	癸丑 17 日	甲寅 18 一	乙卯 19 二	丙辰 20 三	丁巳 21 四	戊午 22 五	己未 23 六	庚申 24 日	辛酉 25 一	壬戌 26 二	癸亥 27 三	甲子 28 四	乙丑 29 五	丙寅 30 六	丁卯 31 日	戊辰 (8) 一	己巳 2 二	庚午 3 三	辛未 4 四	壬申 5 五	癸酉 6 六	甲戌 7 日	乙亥 8 一	丙子 9 二	丁丑 10 三	戊寅 11 四	己卯 12 五	庚辰 13 六	辛巳 14 日		丙寅立秋 辛巳處暑
閏七月大 丙申	天干地支西曆星期	壬午 15 一	癸未 16 二	甲申 17 三	乙酉 18 四	丙戌 19 五	丁亥 20 六	戊子 21 日	己丑 22 一	庚寅 23 二	辛卯 24 三	壬辰 25 四	癸巳 26 五	甲午 27 六	乙未 28 日	丙申 29 一	丁酉 30 二	戊戌 31 三	己亥 (9) 四	庚子 2 五	辛丑 3 六	壬寅 4 日	癸卯 5 一	甲辰 6 二	乙巳 7 三	丙午 8 四	丁未 9 五	戊申 10 六	己酉 11 日	庚戌 12 一	辛亥 13 二	丁酉白露
八月小 丁酉	天干地支西曆星期	壬子 14 三	癸丑 15 四	甲寅 16 五	乙卯 17 六	丙辰 18 日	丁巳 19 一	戊午 20 二	己未 21 三	庚申 22 四	辛酉 23 五	壬戌 24 六	癸亥 25 日	甲子 26 一	乙丑 27 二	丙寅 28 三	丁卯 29 四	戊辰 30 五	己巳 (10) 六	庚午 2 日	辛未 3 一	壬申 4 二	癸酉 5 三	甲戌 6 四	乙亥 7 五	丙子 8 六	丁丑 9 日	戊寅 10 一	己卯 11 二	庚辰 12 三		壬子秋分 丁卯寒露
九月小 戊戌	天干地支西曆星期	辛巳 13 四	壬午 14 五	癸未 15 六	甲申 16 日	乙酉 17 一	丙戌 18 二	丁亥 19 三	戊子 20 四	己丑 21 五	庚寅 22 六	辛卯 23 日	壬辰 24 一	癸巳 25 二	甲午 26 三	乙未 27 四	丙申 28 五	丁酉 29 六	戊戌 30 日	己亥 31 一	庚子 (11) 二	辛丑 2 三	壬寅 3 四	癸卯 4 五	甲辰 5 六	乙巳 6 日	丙午 7 一	丁未 8 二	戊申 9 三	己酉 10 四		壬午霜降 丁酉立冬
十月大 己亥	天干地支西曆星期	庚戌 11 五	辛亥 12 六	壬子 13 日	癸丑 14 一	甲寅 15 二	乙卯 16 三	丙辰 17 四	丁巳 18 五	戊午 19 六	己未 20 日	庚申 21 一	辛酉 22 二	壬戌 23 三	癸亥 24 四	甲子 25 五	乙丑 26 六	丙寅 27 日	丁卯 28 一	戊辰 29 二	己巳 30 三	庚午 (12) 四	辛未 2 五	壬申 3 六	癸酉 4 日	甲戌 5 一	乙亥 6 二	丙子 7 三	丁丑 8 四	戊寅 9 五	己卯 10 六	癸丑小雪 戊辰大雪
十一月小 庚子	天干地支西曆星期	庚辰 11 日	辛巳 12 一	壬午 13 二	癸未 14 三	甲申 15 四	乙酉 16 五	丙戌 17 六	丁亥 18 日	戊子 19 一	己丑 20 二	庚寅 21 三	辛卯 22 四	壬辰 23 五	癸巳 24 六	甲午 25 日	乙未 26 一	丙申 27 二	丁酉 28 三	戊戌 29 四	己亥 30 五	庚子 31 六	辛丑 (1) 日	壬寅 2 一	癸卯 3 二	甲辰 4 三	乙巳 5 四	丙午 6 五	丁未 7 六	戊申 8 日		癸未冬至 戊戌小寒
十二月大 辛丑	天干地支西曆星期	己酉 9 一	庚戌 10 二	辛亥 11 三	壬子 12 四	癸丑 13 五	甲寅 14 六	乙卯 15 日	丙辰 16 一	丁巳 17 二	戊午 18 三	己未 19 四	庚申 20 五	辛酉 21 六	壬戌 22 日	癸亥 23 一	甲子 24 二	乙丑 25 三	丙寅 26 四	丁卯 27 五	戊辰 28 六	己巳 29 日	庚午 30 一	辛未 31 二	壬申 (2) 三	癸酉 2 四	甲戌 3 五	乙亥 4 六	丙子 5 日	丁丑 6 一	戊寅 7 二	甲寅大寒 己巳立春

金宣宗貞祐五年 興定元年（丁丑 牛年） 公元 1217 ~ 1218 年

夏曆月序		中西曆日對照	夏曆日序																														節氣與天象
			初一	初二	初三	初四	初五	初六	初七	初八	初九	初十	十一	十二	十三	十四	十五	十六	十七	十八	十九	二十	二一	二二	二三	二四	二五	二六	二七	二八	二九	三十	
正月小	壬寅	天干地支 西曆 星期	己卯 8 三	庚辰 9 四	辛巳 10 五	壬午 11 六	癸未 12 日	甲申 13 一	乙酉 14 二	丙戌 15 三	丁亥 16 四	戊子 17 五	己丑 18 六	庚寅 19 日	辛卯 20 一	壬辰 21 二	癸巳 22 三	甲午 23 四	乙未 24 五	丙申 25 六	丁酉 26 日	戊戌 27 一	己亥 28 二	庚子 (3) 三	辛丑 2 四	壬寅 3 五	癸卯 4 六	甲辰 5 日	乙巳 6 一	丙午 7 二	丁未 8 三		甲申雨水 己亥驚蟄
二月大	癸卯	天干地支 西曆 星期	戊申 9 四	己酉 10 五	庚戌 11 六	辛亥 12 日	壬子 13 一	癸丑 14 二	甲寅 15 三	乙卯 16 四	丙辰 17 五	丁巳 18 六	戊午 19 日	己未 20 一	庚申 21 二	辛酉 22 三	壬戌 23 四	癸亥 24 五	甲子 25 六	乙丑 26 日	丙寅 27 一	丁卯 28 二	戊辰 29 三	己巳 30 四	庚午 31 五	辛未 (4) 六	壬申 2 日	癸酉 3 一	甲戌 4 二	乙亥 5 三	丙子 6 四	丁丑 7 五	甲寅春分 庚午清明
三月小	甲辰	天干地支 西曆 星期	戊寅 8 六	己卯 9 日	庚辰 10 一	辛巳 11 二	壬午 12 三	癸未 13 四	甲申 14 五	乙酉 15 六	丙戌 16 日	丁亥 17 一	戊子 18 二	己丑 19 三	庚寅 20 四	辛卯 21 五	壬辰 22 六	癸巳 23 日	甲午 24 一	乙未 25 二	丙申 26 三	丁酉 27 四	戊戌 28 五	己亥 29 六	庚子 30 日	辛丑 (5) 一	壬寅 2 二	癸卯 3 三	甲辰 4 四	乙巳 5 五	丙午 6 六		乙酉穀雨 庚子立夏
四月大	乙巳	天干地支 西曆 星期	丁未 7 日	戊申 8 一	己酉 9 二	庚戌 10 三	辛亥 11 四	壬子 12 五	癸丑 13 六	甲寅 14 日	乙卯 15 一	丙辰 16 二	丁巳 17 三	戊午 18 四	己未 19 五	庚申 20 六	辛酉 21 日	壬戌 22 一	癸亥 23 二	甲子 24 三	乙丑 25 四	丙寅 26 五	丁卯 27 六	戊辰 28 日	己巳 29 一	庚午 30 二	辛未 31 三	壬申 (6) 四	癸酉 2 五	甲戌 3 六	乙亥 4 日	丙子 5 一	乙卯小滿 辛未芒種
五月大	丙午	天干地支 西曆 星期	丁丑 6 二	戊寅 7 三	己卯 8 四	庚辰 9 五	辛巳 10 六	壬午 11 日	癸未 12 一	甲申 13 二	乙酉 14 三	丙戌 15 四	丁亥 16 五	戊子 17 六	己丑 18 日	庚寅 19 一	辛卯 20 二	壬辰 21 三	癸巳 22 四	甲午 23 五	乙未 24 六	丙申 25 日	丁酉 26 一	戊戌 27 二	己亥 28 三	庚子 29 四	辛丑 30 五	壬寅 (7) 六	癸卯 2 日	甲辰 3 一	乙巳 4 二	丙午 5 三	丙戌夏至 辛丑小暑
六月小	丁未	天干地支 西曆 星期	丁未 6 四	戊申 7 五	己酉 8 六	庚戌 9 日	辛亥 10 一	壬子 11 二	癸丑 12 三	甲寅 13 四	乙卯 14 五	丙辰 15 六	丁巳 16 日	戊午 17 一	己未 18 二	庚申 19 三	辛酉 20 四	壬戌 21 五	癸亥 22 六	甲子 23 日	乙丑 24 一	丙寅 25 二	丁卯 26 三	戊辰 27 四	己巳 28 五	庚午 29 六	辛未 30 日	壬申 31 一	癸酉 (8) 二	甲戌 2 三	乙亥 3 四		丙辰大暑 辛未立秋
七月大	戊申	天干地支 西曆 星期	丙子 4 五	丁丑 5 六	戊寅 6 日	己卯 7 一	庚辰 8 二	辛巳 9 三	壬午 10 四	癸未 11 五	甲申 12 六	乙酉 13 日	丙戌 14 一	丁亥 15 二	戊子 16 三	己丑 17 四	庚寅 18 五	辛卯 19 六	壬辰 20 日	癸巳 21 一	甲午 22 二	乙未 23 三	丙申 24 四	丁酉 25 五	戊戌 26 六	己亥 27 日	庚子 28 一	辛丑 29 二	壬寅 30 三	癸卯 31 四	甲辰 (9) 五	乙巳 2 六	丁亥處暑 壬寅白露
八月小	己酉	天干地支 西曆 星期	丙午 3 日	丁未 4 一	戊申 5 二	己酉 6 三	庚戌 7 四	辛亥 8 五	壬子 9 六	癸丑 10 日	甲寅 11 一	乙卯 12 二	丙辰 13 三	丁巳 14 四	戊午 15 五	己未 16 六	庚申 17 日	辛酉 18 一	壬戌 19 二	癸亥 20 三	甲子 21 四	乙丑 22 五	丙寅 23 六	丁卯 24 日	戊辰 25 一	己巳 26 二	庚午 27 三	辛未 28 四	壬申 29 五	癸酉 30 六	甲戌 (10) 日		丁巳秋分 壬申寒露
九月大	庚戌	天干地支 西曆 星期	乙亥 2 一	丙子 3 二	丁丑 4 三	戊寅 5 四	己卯 6 五	庚辰 7 六	辛巳 8 日	壬午 9 一	癸未 10 二	甲申 11 三	乙酉 12 四	丙戌 13 五	丁亥 14 六	戊子 15 日	己丑 16 一	庚寅 17 二	辛卯 18 三	壬辰 19 四	癸巳 20 五	甲午 21 六	乙未 22 日	丙申 23 一	丁酉 24 二	戊戌 25 三	己亥 26 四	庚子 27 五	辛丑 28 六	壬寅 29 日	癸卯 30 一	甲辰 31 二	丁亥霜降 癸卯立冬
十月大	辛亥	天干地支 西曆 星期	乙巳 (11) 三	丙午 2 四	丁未 3 五	戊申 4 六	己酉 5 日	庚戌 6 一	辛亥 7 二	壬子 8 三	癸丑 9 四	甲寅 10 五	乙卯 11 六	丙辰 12 日	丁巳 13 一	戊午 14 二	己未 15 三	庚申 16 四	辛酉 17 五	壬戌 18 六	癸亥 19 日	甲子 20 一	乙丑 21 二	丙寅 22 三	丁卯 23 四	戊辰 24 五	己巳 25 六	庚午 26 日	辛未 27 一	壬申 28 二	癸酉 29 三	甲戌 30 四	戊午小雪 癸酉大雪
十一月小	壬子	天干地支 西曆 星期	乙亥 (12) 五	丙子 2 六	丁丑 3 日	戊寅 4 一	己卯 5 二	庚辰 6 三	辛巳 7 四	壬午 8 五	癸未 9 六	甲申 10 日	乙酉 11 一	丙戌 12 二	丁亥 13 三	戊子 14 四	己丑 15 五	庚寅 16 六	辛卯 17 日	壬辰 18 一	癸巳 19 二	甲午 20 三	乙未 21 四	丙申 22 五	丁酉 23 六	戊戌 24 日	己亥 25 一	庚子 26 二	辛丑 27 三	壬寅 28 四	癸卯 29 五		戊子冬至
十二月小	癸丑	天干地支 西曆 星期	甲辰 30 六	乙巳 31 日	丙午 (1) 一	丁未 2 二	戊申 3 三	己酉 4 四	庚戌 5 五	辛亥 6 六	壬子 7 日	癸丑 8 一	甲寅 9 二	乙卯 10 三	丙辰 11 四	丁巳 12 五	戊午 13 六	己未 14 日	庚申 15 一	辛酉 16 二	壬戌 17 三	癸亥 18 四	甲子 19 五	乙丑 20 六	丙寅 21 日	丁卯 22 一	戊辰 23 二	己巳 24 三	庚午 25 四	辛未 26 五	壬申 27 六		甲辰小寒 己未大寒

* 九月壬午（初八），改元興定。

金宣宗興定二年（戊寅 虎年） 公元 1218 ~ 1219 年

夏曆月序		中西曆日對照	初一	初二	初三	初四	初五	初六	初七	初八	初九	初十	十一	十二	十三	十四	十五	十六	十七	十八	十九	二十	二十一	二十二	二十三	二十四	二十五	二十六	二十七	二十八	二十九	三十	節氣與天象
正月大	甲寅	天干地支 西曆 星期	癸酉 28 日	甲戌 29 一	乙亥 30 二	丙子 31 三	丁丑 (2) 四	戊寅 2 五	己卯 3 六	庚辰 4 日	辛巳 5 一	壬午 6 二	癸未 7 三	甲申 8 四	乙酉 9 五	丙戌 10 六	丁亥 11 日	戊子 12 一	己丑 13 二	庚寅 14 三	辛卯 15 四	壬辰 16 五	癸巳 17 六	甲午 18 日	乙未 19 一	丙申 20 二	丁酉 21 三	戊戌 22 四	己亥 23 五	庚子 24 六	辛丑 25 日	壬寅 26 一	甲戌立春 己丑雨水
二月小	乙卯	天干地支 西曆 星期	癸卯 27 二	甲辰 28 三	乙巳 (3) 四	丙午 2 五	丁未 3 六	戊申 4 日	己酉 5 一	庚戌 6 二	辛亥 7 三	壬子 8 四	癸丑 9 五	甲寅 10 六	乙卯 11 日	丙辰 12 一	丁巳 13 二	戊午 14 三	己未 15 四	庚申 16 五	辛酉 17 六	壬戌 18 日	癸亥 19 一	甲子 20 二	乙丑 21 三	丙寅 22 四	丁卯 23 五	戊辰 24 六	己巳 25 日	庚午 26 一	辛未 27 二		甲辰驚蟄 庚申春分
三月大	丙辰	天干地支 西曆 星期	壬申 28 三	癸酉 29 四	甲戌 30 五	乙亥 31 六	丙子 (4) 日	丁丑 2 一	戊寅 3 二	己卯 4 三	庚辰 5 四	辛巳 6 五	壬午 7 六	癸未 8 日	甲申 9 一	乙酉 10 二	丙戌 11 三	丁亥 12 四	戊子 13 五	己丑 14 六	庚寅 15 日	辛卯 16 一	壬辰 17 二	癸巳 18 三	甲午 19 四	乙未 20 五	丙申 21 六	丁酉 22 日	戊戌 23 一	己亥 24 二	庚子 25 三	辛丑 26 四	乙亥清明 庚寅穀雨
四月小	丁巳	天干地支 西曆 星期	壬寅 27 五	癸卯 28 六	甲辰 29 日	乙巳 30 一	丙午 (5) 二	丁未 2 三	戊申 3 四	己酉 4 五	庚戌 5 六	辛亥 6 日	壬子 7 一	癸丑 8 二	甲寅 9 三	乙卯 10 四	丙辰 11 五	丁巳 12 六	戊午 13 日	己未 14 一	庚申 15 二	辛酉 16 三	壬戌 17 四	癸亥 18 五	甲子 19 六	乙丑 20 日	丙寅 21 一	丁卯 22 二	戊辰 23 三	己巳 24 四	庚午 25 五		乙巳立夏 辛酉小滿
五月大	戊午	天干地支 西曆 星期	辛未 26 六	壬申 27 日	癸酉 28 一	甲戌 29 二	乙亥 30 三	丙子 31 四	丁丑 (6) 五	戊寅 2 六	己卯 3 日	庚辰 4 一	辛巳 5 二	壬午 6 三	癸未 7 四	甲申 8 五	乙酉 9 六	丙戌 10 日	丁亥 11 一	戊子 12 二	己丑 13 三	庚寅 14 四	辛卯 15 五	壬辰 16 六	癸巳 17 日	甲午 18 一	乙未 19 二	丙申 20 三	丁酉 21 四	戊戌 22 五	己亥 23 六	庚子 24 日	丙子芒種 辛卯夏至
六月小	己未	天干地支 西曆 星期	辛丑 25 一	壬寅 26 二	癸卯 27 三	甲辰 28 四	乙巳 29 五	丙午 30 六	丁未 (7) 日	戊申 2 一	己酉 3 二	庚戌 4 三	辛亥 5 四	壬子 6 五	癸丑 7 六	甲寅 8 日	乙卯 9 一	丙辰 10 二	丁巳 11 三	戊午 12 四	己未 13 五	庚申 14 六	辛酉 15 日	壬戌 16 一	癸亥 17 二	甲子 18 三	乙丑 19 四	丙寅 20 五	丁卯 21 六	戊辰 22 日	己巳 23 一		丙午小暑 辛酉大暑
七月大	庚申	天干地支 西曆 星期	庚午 24 二	辛未 25 三	壬申 26 四	癸酉 27 五	甲戌 28 六	乙亥 29 日	丙子 30 一	丁丑 31 二	戊寅 (8) 三	己卯 2 四	庚辰 3 五	辛巳 4 六	壬午 5 日	癸未 6 一	甲申 7 二	乙酉 8 三	丙戌 9 四	丁亥 10 五	戊子 11 六	己丑 12 日	庚寅 13 一	辛卯 14 二	壬辰 15 三	癸巳 16 四	甲午 17 五	乙未 18 六	丙申 19 日	丁酉 20 一	戊戌 21 二	己亥 22 三	丁丑立秋 壬辰處暑
八月大	辛酉	天干地支 西曆 星期	庚子 23 四	辛丑 24 五	壬寅 25 六	癸卯 26 日	甲辰 27 一	乙巳 28 二	丙午 29 三	丁未 30 四	戊申 31 五	己酉 (9) 六	庚戌 2 日	辛亥 3 一	壬子 4 二	癸丑 5 三	甲寅 6 四	乙卯 7 五	丙辰 8 六	丁巳 9 日	戊午 10 一	己未 11 二	庚申 12 三	辛酉 13 四	壬戌 14 五	癸亥 15 六	甲子 16 日	乙丑 17 一	丙寅 18 二	丁卯 19 三	戊辰 20 四	己巳 21 五	丁未白露 壬戌秋分
九月小	壬戌	天干地支 西曆 星期	庚午 22 六	辛未 23 日	壬申 24 一	癸酉 25 二	甲戌 26 三	乙亥 27 四	丙子 28 五	丁丑 29 六	戊寅 30 日	己卯 (10) 一	庚辰 2 二	辛巳 3 三	壬午 4 四	癸未 5 五	甲申 6 六	乙酉 7 日	丙戌 8 一	丁亥 9 二	戊子 10 三	己丑 11 四	庚寅 12 五	辛卯 13 六	壬辰 14 日	癸巳 15 一	甲午 16 二	乙未 17 三	丙申 18 四	丁酉 19 五	戊戌 20 六		戊寅寒露 癸巳霜降
十月大	癸亥	天干地支 西曆 星期	己亥 21 日	庚子 22 一	辛丑 23 二	壬寅 24 三	癸卯 25 四	甲辰 26 五	乙巳 27 六	丙午 28 日	丁未 29 一	戊申 30 二	己酉 31 三	庚戌 (11) 四	辛亥 2 五	壬子 3 六	癸丑 4 日	甲寅 5 一	乙卯 6 二	丙辰 7 三	丁巳 8 四	戊午 9 五	己未 10 六	庚申 11 日	辛酉 12 一	壬戌 13 二	癸亥 14 三	甲子 15 四	乙丑 16 五	丙寅 17 六	丁卯 18 日	戊辰 19 一	戊申立冬 癸亥小雪
十一月大	甲子	天干地支 西曆 星期	己巳 20 二	庚午 21 三	辛未 22 四	壬申 23 五	癸酉 24 六	甲戌 25 日	乙亥 26 一	丙子 27 二	丁丑 28 三	戊寅 29 四	己卯 30 五	庚辰 (12) 六	辛巳 2 日	壬午 3 一	癸未 4 二	甲申 5 三	乙酉 6 四	丙戌 7 五	丁亥 8 六	戊子 9 日	己丑 10 一	庚寅 11 二	辛卯 12 三	壬辰 13 四	癸巳 14 五	甲午 15 六	乙未 16 日	丙申 17 一	丁酉 18 二	戊戌 19 三	戊寅大雪 甲午冬至
十二月小	乙丑	天干地支 西曆 星期	己亥 20 四	庚子 21 五	辛丑 22 六	壬寅 23 日	癸卯 24 一	甲辰 25 二	乙巳 26 三	丙午 27 四	丁未 28 五	戊申 29 六	己酉 30 日	庚戌 31 一	辛亥 (1) 二	壬子 2 三	癸丑 3 四	甲寅 4 五	乙卯 5 六	丙辰 6 日	丁巳 7 一	戊午 8 二	己未 9 三	庚申 10 四	辛酉 11 五	壬戌 12 六	癸亥 13 日	甲子 14 一	乙丑 15 二	丙寅 16 三	丁卯 17 四		己酉小寒 甲子大寒

金宣宗興定三年（己卯 兔年） 公元 1219～1220 年

夏曆月序		中西曆日對照	初一	初二	初三	初四	初五	初六	初七	初八	初九	初十	十一	十二	十三	十四	十五	十六	十七	十八	十九	二十	二一	二二	二三	二四	二五	二六	二七	二八	二九	三十	節氣與天象
正月大	丙寅	天干 地支 西曆 星期	戊辰18五	己巳19六	庚午20日	辛未21一	壬申22二	癸酉23三	甲戌24四	乙亥25五	丙子26六	丁丑27日	戊寅28一	己卯29二	庚辰30三	辛巳31四	壬午(2)五	癸未2六	甲申3日	乙酉4一	丙戌5二	丁亥6三	戊子7四	己丑8五	庚寅9六	辛卯10日	壬辰11一	癸巳12二	甲午13三	乙未14四	丙申15五	丁酉16六	己卯立春 甲午雨水
二月小	丁卯	天干 地支 西曆 星期	戊戌17日	己亥18一	庚子19二	辛丑20三	壬寅21四	癸卯22五	甲辰23六	乙巳24日	丙午25一	丁未26二	戊申27三	己酉28四	庚戌(3)五	辛亥2六	壬子3日	癸丑4一	甲寅5二	乙卯6三	丙辰7四	丁巳8五	戊午9六	己未10日	庚申11一	辛酉12二	壬戌13三	癸亥14四	甲子15五	乙丑16六	丙寅17日		庚戌驚蟄 乙丑春分
三月小	戊辰	天干 地支 西曆 星期	丁卯18一	戊辰19二	己巳20三	庚午21四	辛未22五	壬申23六	癸酉24日	甲戌25一	乙亥26二	丙子27三	丁丑28四	戊寅29五	己卯30六	庚辰31日	辛巳(4)一	壬午2二	癸未3三	甲申4四	乙酉5五	丙戌6六	丁亥7日	戊子8一	己丑9二	庚寅10三	辛卯11四	壬辰12五	癸巳13六	甲午14日	乙未15一		庚辰清明 乙未穀雨
閏三月大	戊辰	天干 地支 西曆 星期	丙申16二	丁酉17三	戊戌18四	己亥19五	庚子20六	辛丑21日	壬寅22一	癸卯23二	甲辰24三	乙巳25四	丙午26五	丁未27六	戊申28日	己酉29一	庚戌30二	辛亥(5)三	壬子2四	癸丑3五	甲寅4六	乙卯5日	丙辰6一	丁巳7二	戊午8三	己未9四	庚申10五	辛酉11六	壬戌12日	癸亥13一	甲子14二	乙丑15三	辛亥立夏
四月小	己巳	天干 地支 西曆 星期	丙寅16四	丁卯17五	戊辰18六	己巳19日	庚午20一	辛未21二	壬申22三	癸酉23四	甲戌24五	乙亥25六	丙子26日	丁丑27一	戊寅28二	己卯29三	庚辰30四	辛巳31五	壬午(6)六	癸未2日	甲申3一	乙酉4二	丙戌5三	丁亥6四	戊子7五	己丑8六	庚寅9日	辛卯10一	壬辰11二	癸巳12三	甲午13四		丙寅小滿 辛巳芒種
五月小	庚午	天干 地支 西曆 星期	乙未14五	丙申15六	丁酉16日	戊戌17一	己亥18二	庚子19三	辛丑20四	壬寅21五	癸卯22六	甲辰23日	乙巳24一	丙午25二	丁未26三	戊申27四	己酉28五	庚戌29六	辛亥30日	壬子(7)一	癸丑2二	甲寅3三	乙卯4四	丙辰5五	丁巳6六	戊午7日	己未8一	庚申9二	辛酉10三	壬戌11四	癸亥12五		丙申夏至 辛亥小暑
六月大	辛未	天干 地支 西曆 星期	甲子13六	乙丑14日	丙寅15一	丁卯16二	戊辰17三	己巳18四	庚午19五	辛未20六	壬申21日	癸酉22一	甲戌23二	乙亥24三	丙子25四	丁丑26五	戊寅27六	己卯28日	庚辰29一	辛巳30二	壬午31三	癸未(8)四	甲申2五	乙酉3六	丙戌4日	丁亥5一	戊子6二	己丑7三	庚寅8四	辛卯9五	壬辰10六	癸巳11日	丁卯大暑 壬午立秋
七月大	壬申	天干 地支 西曆 星期	甲午12一	乙未13二	丙申14三	丁酉15四	戊戌16五	己亥17六	庚子18日	辛丑19一	壬寅20二	癸卯21三	甲辰22四	乙巳23五	丙午24六	丁未25日	戊申26一	己酉27二	庚戌28三	辛亥29四	壬子30五	癸丑31六	甲寅(9)日	乙卯2一	丙辰3二	丁巳4三	戊午5四	己未6五	庚申7六	辛酉8日	壬戌9一	癸亥10二	丁酉處暑 壬子白露
八月小	癸酉	天干 地支 西曆 星期	甲子11三	乙丑12四	丙寅13五	丁卯14六	戊辰15日	己巳16一	庚午17二	辛未18三	壬申19四	癸酉20五	甲戌21六	乙亥22日	丙子23一	丁丑24二	戊寅25三	己卯26四	庚辰27五	辛巳28六	壬午29日	癸未30一	甲申(10)二	乙酉2三	丙戌3四	丁亥4五	戊子5六	己丑6日	庚寅7一	辛卯8二	壬辰9三		戊辰秋分 癸未寒露
九月大	甲戌	天干 地支 西曆 星期	癸巳10四	甲午11五	乙未12六	丙申13日	丁酉14一	戊戌15二	己亥16三	庚子17四	辛丑18五	壬寅19六	癸卯20日	甲辰21一	乙巳22二	丙午23三	丁未24四	戊申25五	己酉26六	庚戌27日	辛亥28一	壬子29二	癸丑30三	甲寅31四	乙卯(11)五	丙辰2六	丁巳3日	戊午4一	己未5二	庚申6三	辛酉7四	壬戌8五	戊戌霜降 癸丑立冬
十月大	乙亥	天干 地支 西曆 星期	癸亥9六	甲子10日	乙丑11一	丙寅12二	丁卯13三	戊辰14四	己巳15五	庚午16六	辛未17日	壬申18一	癸酉19二	甲戌20三	乙亥21四	丙子22五	丁丑23六	戊寅24日	己卯25一	庚辰26二	辛巳27三	壬午28四	癸未29五	甲申30六	乙酉(12)日	丙戌2一	丁亥3二	戊子4三	己丑5四	庚寅6五	辛卯7六	壬辰8日	戊辰小雪 甲申大雪
十一月大	丙子	天干 地支 西曆 星期	癸巳9一	甲午10二	乙未11三	丙申12四	丁酉13五	戊戌14六	己亥15日	庚子16一	辛丑17二	壬寅18三	癸卯19四	甲辰20五	乙巳21六	丙午22日	丁未23一	戊申24二	己酉25三	庚戌26四	辛亥27五	壬子28六	癸丑29日	甲寅30一	乙卯31二	丙辰(1)三	丁巳2四	戊午3五	己未4六	庚申5日	辛酉6一	壬戌7二	己亥冬至 甲寅小寒
十二月小	丁丑	天干 地支 西曆 星期	癸亥8三	甲子9四	乙丑10五	丙寅11六	丁卯12日	戊辰13一	己巳14二	庚午15三	辛未16四	壬申17五	癸酉18六	甲戌19日	乙亥20一	丙子21二	丁丑22三	戊寅23四	己卯24五	庚辰25六	辛巳26日	壬午27一	癸未28二	甲申29三	乙酉30四	丙戌31五	丁亥(2)六	戊子2日	己丑3一	庚寅4二	辛卯5三		己巳大寒 甲申立春

金宣宗興定四年（庚辰 龍年） 公元1220～1221年

夏曆月序		中西曆日對照	初一	初二	初三	初四	初五	初六	初七	初八	初九	初十	十一	十二	十三	十四	十五	十六	十七	十八	十九	二十	二一	二二	二三	二四	二五	二六	二七	二八	二九	三十	節氣與天象
正月大	戊寅	天干地支	壬辰	癸巳	甲午	乙未	丙申	丁酉	戊戌	己亥	庚子	辛丑	壬寅	癸卯	甲辰	乙巳	丙午	丁未	戊申	己酉	庚戌	辛亥	壬子	癸丑	甲寅	乙卯	丙辰	丁巳	戊午	己未	庚申	辛酉	庚子雨水 乙卯驚蟄
		西曆	6	7	8	9	10	11	12	13	14	15	16	17	18	19	20	21	22	23	24	25	26	27	28	29	(3)	2	3	4	5	6	
		星期	四	五	六	日	一	二	三	四	五	六	日	一	二	三	四	五	六	日	一	二	三	四	五	六	日	一	二	三	四	五	
二月小	己卯	天干地支	壬戌	癸亥	甲子	乙丑	丙寅	丁卯	戊辰	己巳	庚午	辛未	壬申	癸酉	甲戌	乙亥	丙子	丁丑	戊寅	己卯	庚辰	辛巳	壬午	癸未	甲申	乙酉	丙戌	丁亥	戊子	己丑	庚寅		庚午春分 乙酉清明
		西曆	7	8	9	10	11	12	13	14	15	16	17	18	19	20	21	22	23	24	25	26	27	28	29	30	31	(4)	2	3	4		
		星期	六	日	一	二	三	四	五	六	日	一	二	三	四	五	六	日	一	二	三	四	五	六	日	一	二	三	四	五	六		
三月小	庚辰	天干地支	辛卯	壬辰	癸巳	甲午	乙未	丙申	丁酉	戊戌	己亥	庚子	辛丑	壬寅	癸卯	甲辰	乙巳	丙午	丁未	戊申	己酉	庚戌	辛亥	壬子	癸丑	甲寅	乙卯	丙辰	丁巳	戊午	己未		辛丑穀雨 丙辰立夏
		西曆	5	6	7	8	9	10	11	12	13	14	15	16	17	18	19	20	21	22	23	24	25	26	27	28	29	30	(5)	2	3		
		星期	日	一	二	三	四	五	六	日	一	二	三	四	五	六	日	一	二	三	四	五	六	日	一	二	三	四	五	六	日		
四月大	辛巳	天干地支	庚申	辛酉	壬戌	癸亥	甲子	乙丑	丙寅	丁卯	戊辰	己巳	庚午	辛未	壬申	癸酉	甲戌	乙亥	丙子	丁丑	戊寅	己卯	庚辰	辛巳	壬午	癸未	甲申	乙酉	丙戌	丁亥	戊子	己丑	辛未小滿 丙戌芒種
		西曆	4	5	6	7	8	9	10	11	12	13	14	15	16	17	18	19	20	21	22	23	24	25	26	27	28	29	30	31	(6)	2	
		星期	一	二	三	四	五	六	日	一	二	三	四	五	六	日	一	二	三	四	五	六	日	一	二	三	四	五	六	日	一	二	
五月小	壬午	天干地支	庚寅	辛卯	壬辰	癸巳	甲午	乙未	丙申	丁酉	戊戌	己亥	庚子	辛丑	壬寅	癸卯	甲辰	乙巳	丙午	丁未	戊申	己酉	庚戌	辛亥	壬子	癸丑	甲寅	乙卯	丙辰	丁巳	戊午		辛丑夏至 丁巳小暑
		西曆	3	4	5	6	7	8	9	10	11	12	13	14	15	16	17	18	19	20	21	22	23	24	25	26	27	28	29	30	(7)		
		星期	三	四	五	六	日	一	二	三	四	五	六	日	一	二	三	四	五	六	日	一	二	三	四	五	六	日	一	二	三		
六月小	癸未	天干地支	己未	庚申	辛酉	壬戌	癸亥	甲子	乙丑	丙寅	丁卯	戊辰	己巳	庚午	辛未	壬申	癸酉	甲戌	乙亥	丙子	丁丑	戊寅	己卯	庚辰	辛巳	壬午	癸未	甲申	乙酉	丙戌	丁亥		壬申大暑 丁亥立秋
		西曆	2	3	4	5	6	7	8	9	10	11	12	13	14	15	16	17	18	19	20	21	22	23	24	25	26	27	28	29	30		
		星期	四	五	六	日	一	二	三	四	五	六	日	一	二	三	四	五	六	日	一	二	三	四	五	六	日	一	二	三	四		
七月大	甲申	天干地支	戊子	己丑	庚寅	辛卯	壬辰	癸巳	甲午	乙未	丙申	丁酉	戊戌	己亥	庚子	辛丑	壬寅	癸卯	甲辰	乙巳	丙午	丁未	戊申	己酉	庚戌	辛亥	壬子	癸丑	甲寅	乙卯	丙辰	丁巳	壬寅處暑
		西曆	31	(8)	2	3	4	5	6	7	8	9	10	11	12	13	14	15	16	17	18	19	20	21	22	23	24	25	26	27	28	29	
		星期	五	六	日	一	二	三	四	五	六	日	一	二	三	四	五	六	日	一	二	三	四	五	六	日	一	二	三	四	五	六	
八月小	乙酉	天干地支	戊午	己未	庚申	辛酉	壬戌	癸亥	甲子	乙丑	丙寅	丁卯	戊辰	己巳	庚午	辛未	壬申	癸酉	甲戌	乙亥	丙子	丁丑	戊寅	己卯	庚辰	辛巳	壬午	癸未	甲申	乙酉	丙戌		戊午白露 癸酉秋分
		西曆	30	31	(9)	2	3	4	5	6	7	8	9	10	11	12	13	14	15	16	17	18	19	20	21	22	23	24	25	26	27		
		星期	日	一	二	三	四	五	六	日	一	二	三	四	五	六	日	一	二	三	四	五	六	日	一	二	三	四	五	六	日		
九月大	丙戌	天干地支	丁亥	戊子	己丑	庚寅	辛卯	壬辰	癸巳	甲午	乙未	丙申	丁酉	戊戌	己亥	庚子	辛丑	壬寅	癸卯	甲辰	乙巳	丙午	丁未	戊申	己酉	庚戌	辛亥	壬子	癸丑	甲寅	乙卯	丙辰	戊子寒露 癸卯霜降
		西曆	28	29	30	(10)	2	3	4	5	6	7	8	9	10	11	12	13	14	15	16	17	18	19	20	21	22	23	24	25	26	27	
		星期	一	二	三	四	五	六	日	一	二	三	四	五	六	日	一	二	三	四	五	六	日	一	二	三	四	五	六	日	一	二	
十月大	丁亥	天干地支	丁巳	戊午	己未	庚申	辛酉	壬戌	癸亥	甲子	乙丑	丙寅	丁卯	戊辰	己巳	庚午	辛未	壬申	癸酉	甲戌	乙亥	丙子	丁丑	戊寅	己卯	庚辰	辛巳	壬午	癸未	甲申	乙酉	丙戌	戊午立冬 甲戌小雪
		西曆	28	29	30	31	(11)	2	3	4	5	6	7	8	9	10	11	12	13	14	15	16	17	18	19	20	21	22	23	24	25	26	
		星期	三	四	五	六	日	一	二	三	四	五	六	日	一	二	三	四	五	六	日	一	二	三	四	五	六	日	一	二	三	四	
十一月大	戊子	天干地支	丁亥	戊子	己丑	庚寅	辛卯	壬辰	癸巳	甲午	乙未	丙申	丁酉	戊戌	己亥	庚子	辛丑	壬寅	癸卯	甲辰	乙巳	丙午	丁未	戊申	己酉	庚戌	辛亥	壬子	癸丑	甲寅	乙卯	丙辰	己丑大雪 甲辰冬至
		西曆	27	28	29	30	(12)	2	3	4	5	6	7	8	9	10	11	12	13	14	15	16	17	18	19	20	21	22	23	24	25	26	
		星期	五	六	日	一	二	三	四	五	六	日	一	二	三	四	五	六	日	一	二	三	四	五	六	日	一	二	三	四	五	六	
十二月小	己丑	天干地支	丁巳	戊午	己未	庚申	辛酉	壬戌	癸亥	甲子	乙丑	丙寅	丁卯	戊辰	己巳	庚午	辛未	壬申	癸酉	甲戌	乙亥	丙子	丁丑	戊寅	己卯	庚辰	辛巳	壬午	癸未	甲申	乙酉		己未小寒 乙亥大寒
		西曆	27	28	29	30	31	(1)	2	3	4	5	6	7	8	9	10	11	12	13	14	15	16	17	18	19	20	21	22	23	24		
		星期	日	一	二	三	四	五	六	日	一	二	三	四	五	六	日	一	二	三	四	五	六	日	一	二	三	四	五	六	日		

金宣宗興定五年（辛巳 蛇年） 公元 1221 ~ 1222 年

夏曆月序		中西曆日對照	初一	初二	初三	初四	初五	初六	初七	初八	初九	初十	十一	十二	十三	十四	十五	十六	十七	十八	十九	二十	二一	二二	二三	二四	二五	二六	二七	二八	二九	三十	節氣與天象
正月大	庚寅	天干 地支 西曆 星期	丙戌 25 一	丁亥 26 二	戊子 27 三	己丑 28 四	庚寅 29 五	辛卯 30 六	壬辰 31 日	癸巳 (2) 一	甲午 2 二	乙未 3 三	丙申 4 四	丁酉 5 五	戊戌 6 六	己亥 7 日	庚子 8 一	辛丑 9 二	壬寅 10 三	癸卯 11 四	甲辰 12 五	乙巳 13 六	丙午 14 日	丁未 15 一	戊申 16 二	己酉 17 三	庚戌 18 四	辛亥 19 五	壬子 20 六	癸丑 21 日	甲寅 22 一	乙卯 23 二	庚寅立春 乙巳雨水
二月大	辛卯	天干 地支 西曆 星期	丙辰 24 三	丁巳 25 四	戊午 26 五	己未 27 六	庚申 28 日	辛酉 (3) 一	壬戌 2 二	癸亥 3 三	甲子 4 四	乙丑 5 五	丙寅 6 六	丁卯 7 日	戊辰 8 一	己巳 9 二	庚午 10 三	辛未 11 四	壬申 12 五	癸酉 13 六	甲戌 14 日	乙亥 15 一	丙子 16 二	丁丑 17 三	戊寅 18 四	己卯 19 五	庚辰 20 六	辛巳 21 日	壬午 22 一	癸未 23 二	甲申 24 三	乙酉 25 四	庚申驚蟄 乙亥春分
三月小	壬辰	天干 地支 西曆 星期	丙戌 26 五	丁亥 27 六	戊子 28 日	己丑 29 一	庚寅 30 二	辛卯 31 三	壬辰 (4) 四	癸巳 2 五	甲午 3 六	乙未 4 日	丙申 5 一	丁酉 6 二	戊戌 7 三	己亥 8 四	庚子 9 五	辛丑 10 六	壬寅 11 日	癸卯 12 一	甲辰 13 二	乙巳 14 三	丙午 15 四	丁未 16 五	戊申 17 六	己酉 18 日	庚戌 19 一	辛亥 20 二	壬子 21 三	癸丑 22 四	甲寅 23 五		辛卯清明 丙午穀雨
四月小	癸巳	天干 地支 西曆 星期	乙卯 24 六	丙辰 25 日	丁巳 26 一	戊午 27 二	己未 28 三	庚申 29 四	辛酉 30 五	壬戌 (5) 六	癸亥 2 日	甲子 3 一	乙丑 4 二	丙寅 5 三	丁卯 6 四	戊辰 7 五	己巳 8 六	庚午 9 日	辛未 10 一	壬申 11 二	癸酉 12 三	甲戌 13 四	乙亥 14 五	丙子 15 六	丁丑 16 日	戊寅 17 一	己卯 18 二	庚辰 19 三	辛巳 20 四	壬午 21 五	癸未 22 六		辛酉立夏 丙子小滿
五月大	甲午	天干 地支 西曆 星期	甲申 23 日	乙酉 24 一	丙戌 25 二	丁亥 26 三	戊子 27 四	己丑 28 五	庚寅 29 六	辛卯 30 日	壬辰 31 一	癸巳 (6) 二	甲午 2 三	乙未 3 四	丙申 4 五	丁酉 5 六	戊戌 6 日	己亥 7 一	庚子 8 二	辛丑 9 三	壬寅 10 四	癸卯 11 五	甲辰 12 六	乙巳 13 日	丙午 14 一	丁未 15 二	戊申 16 三	己酉 17 四	庚戌 18 五	辛亥 19 六	壬子 20 日	癸丑 21 一	辛卯芒種 丁未夏至
六月小	乙未	天干 地支 西曆 星期	甲寅 22 二	乙卯 23 三	丙辰 24 四	丁巳 25 五	戊午 26 六	己未 27 日	庚申 28 一	辛酉 29 二	壬戌 30 三	癸亥 (7) 四	甲子 2 五	乙丑 3 六	丙寅 4 日	丁卯 5 一	戊辰 6 二	己巳 7 三	庚午 8 四	辛未 9 五	壬申 10 六	癸酉 11 日	甲戌 12 一	乙亥 13 二	丙子 14 三	丁丑 15 四	戊寅 16 五	己卯 17 六	庚辰 18 日	辛巳 19 一	壬午 20 二		壬戌小暑 丁丑大暑
七月小	丙申	天干 地支 西曆 星期	癸未 21 三	甲申 22 四	乙酉 23 五	丙戌 24 六	丁亥 25 日	戊子 26 一	己丑 27 二	庚寅 28 三	辛卯 29 四	壬辰 30 五	癸巳 31 六	甲午 (8) 日	乙未 2 一	丙申 3 二	丁酉 4 三	戊戌 5 四	己亥 6 五	庚子 7 六	辛丑 8 日	壬寅 9 一	癸卯 10 二	甲辰 11 三	乙巳 12 四	丙午 13 五	丁未 14 六	戊申 15 日	己酉 16 一	庚戌 17 二	辛亥 18 三		壬辰立秋 戊申處暑
八月大	丁酉	天干 地支 西曆 星期	壬子 19 四	癸丑 20 五	甲寅 21 六	乙卯 22 日	丙辰 23 一	丁巳 24 二	戊午 25 三	己未 26 四	庚申 27 五	辛酉 28 六	壬戌 29 日	癸亥 30 一	甲子 31 二	乙丑 (9) 三	丙寅 2 四	丁卯 3 五	戊辰 4 六	己巳 5 日	庚午 6 一	辛未 7 二	壬申 8 三	癸酉 9 四	甲戌 10 五	乙亥 11 六	丙子 12 日	丁丑 13 一	戊寅 14 二	己卯 15 三	庚辰 16 四	辛巳 17 五	癸亥白露 戊寅秋分
九月小	戊戌	天干 地支 西曆 星期	壬午 18 六	癸未 19 日	甲申 20 一	乙酉 21 二	丙戌 22 三	丁亥 23 四	戊子 24 五	己丑 25 六	庚寅 26 日	辛卯 27 一	壬辰 28 二	癸巳 29 三	甲午 30 四	乙未 (10) 五	丙申 2 六	丁酉 3 日	戊戌 4 一	己亥 5 二	庚子 6 三	辛丑 7 四	壬寅 8 五	癸卯 9 六	甲辰 10 日	乙巳 11 一	丙午 12 二	丁未 13 三	戊申 14 四	己酉 15 五	庚戌 16 六		癸巳寒露 戊申霜降
十月大	己亥	天干 地支 西曆 星期	辛亥 17 日	壬子 18 一	癸丑 19 二	甲寅 20 三	乙卯 21 四	丙辰 22 五	丁巳 23 六	戊午 24 日	己未 25 一	庚申 26 二	辛酉 27 三	壬戌 28 四	癸亥 29 五	甲子 30 六	乙丑 31 日	丙寅 (11) 一	丁卯 2 二	戊辰 3 三	己巳 4 四	庚午 5 五	辛未 6 六	壬申 7 日	癸酉 8 一	甲戌 9 二	乙亥 10 三	丙子 11 四	丁丑 12 五	戊寅 13 六	己卯 14 日	庚辰 15 一	甲子立冬 己卯小雪
十一月大	庚子	天干 地支 西曆 星期	辛巳 16 二	壬午 17 三	癸未 18 四	甲申 19 五	乙酉 20 六	丙戌 21 日	丁亥 22 一	戊子 23 二	己丑 24 三	庚寅 25 四	辛卯 26 五	壬辰 27 六	癸巳 28 日	甲午 29 一	乙未 30 二	丙申 (12) 三	丁酉 2 四	戊戌 3 五	己亥 4 六	庚子 5 日	辛丑 6 一	壬寅 7 二	癸卯 8 三	甲辰 9 四	乙巳 10 五	丙午 11 六	丁未 12 日	戊申 13 一	己酉 14 二	庚戌 15 三	甲午大雪 己酉冬至
十二月大	辛丑	天干 地支 西曆 星期	辛亥 16 四	壬子 17 五	癸丑 18 六	甲寅 19 日	乙卯 20 一	丙辰 21 二	丁巳 22 三	戊午 23 四	己未 24 五	庚申 25 六	辛酉 26 日	壬戌 27 一	癸亥 28 二	甲子 29 三	乙丑 30 四	丙寅 31 五	丁卯 (1) 六	戊辰 2 日	己巳 3 一	庚午 4 二	辛未 5 三	壬申 6 四	癸酉 7 五	甲戌 8 六	乙亥 9 日	丙子 10 一	丁丑 11 二	戊寅 12 三	己卯 13 四	庚辰 14 五	乙丑小寒 庚辰大寒
閏十二月小	辛丑	天干 地支 西曆 星期	辛巳 15 六	壬午 16 日	癸未 17 一	甲申 18 二	乙酉 19 三	丙戌 20 四	丁亥 21 五	戊子 22 六	己丑 23 日	庚寅 24 一	辛卯 25 二	壬辰 26 三	癸巳 27 四	甲午 28 五	乙未 29 六	丙申 30 日	丁酉 31 一	戊戌 (2) 二	己亥 2 三	庚子 3 四	辛丑 4 五	壬寅 5 六	癸卯 6 日	甲辰 7 一	乙巳 8 二	丙午 9 三	丁未 10 四	戊申 11 五	己酉 12 六		乙未立春

金宣宗興定六年 元光元年（壬午 馬年） 公元 1222 ~ 1223 年

夏曆月序		中西曆日對照	初一	初二	初三	初四	初五	初六	初七	初八	初九	初十	十一	十二	十三	十四	十五	十六	十七	十八	十九	二十	二一	二二	二三	二四	二五	二六	二七	二八	二九	三十	節氣與天象
正月大	壬寅	天干地支 西曆星期	庚戌 13 日	辛亥 14 一	壬子 15 二	癸丑 16 三	甲寅 17 四	乙卯 18 五	丙辰 19 六	丁巳 20 日	戊午 21 一	己未 22 二	庚申 23 三	辛酉 24 四	壬戌 25 五	癸亥 26 六	甲子 27 日	乙丑 28 一	丙寅 (3) 二	丁卯 2 三	戊辰 3 四	己巳 4 五	庚午 5 六	辛未 6 日	壬申 7 一	癸酉 8 二	甲戌 9 三	乙亥 10 四	丙子 11 五	丁丑 12 六	戊寅 13 日	己卯 14 一	庚戌雨水 乙丑驚蟄
二月大	癸卯	天干地支 西曆星期	庚辰 15 二	辛巳 16 三	壬午 17 四	癸未 18 五	甲申 19 六	乙酉 20 日	丙戌 21 一	丁亥 22 二	戊子 23 三	己丑 24 四	庚寅 25 五	辛卯 26 六	壬辰 27 日	癸巳 28 一	甲午 29 二	乙未 30 三	丙申 31 四	丁酉 (4) 五	戊戌 2 六	己亥 3 日	庚子 4 一	辛丑 5 二	壬寅 6 三	癸卯 7 四	甲辰 8 五	乙巳 9 六	丙午 10 日	丁未 11 一	戊申 12 二	己酉 13 三	辛巳春分 丙申清明
三月小	甲辰	天干地支 西曆星期	庚戌 14 四	辛亥 15 五	壬子 16 六	癸丑 17 日	甲寅 18 一	乙卯 19 二	丙辰 20 三	丁巳 21 四	戊午 22 五	己未 23 六	庚申 24 日	辛酉 25 一	壬戌 26 二	癸亥 27 三	甲子 28 四	乙丑 29 五	丙寅 30 六	丁卯 (5) 日	戊辰 2 一	己巳 3 二	庚午 4 三	辛未 5 四	壬申 6 五	癸酉 7 六	甲戌 8 日	乙亥 9 一	丙子 10 二	丁丑 11 三	戊寅 12 四		辛亥穀雨 丙寅立夏
四月小	乙巳	天干地支 西曆星期	己卯 13 五	庚辰 14 六	辛巳 15 日	壬午 16 一	癸未 17 二	甲申 18 三	乙酉 19 四	丙戌 20 五	丁亥 21 六	戊子 22 日	己丑 23 一	庚寅 24 二	辛卯 25 三	壬辰 26 四	癸巳 27 五	甲午 28 六	乙未 29 日	丙申 30 一	丁酉 31 二	戊戌 (6) 三	己亥 2 四	庚子 3 五	辛丑 4 六	壬寅 5 日	癸卯 6 一	甲辰 7 二	乙巳 8 三	丙午 9 四	丁未 10 五		壬午小滿 丁酉芒種
五月大	丙午	天干地支 西曆星期	戊申 11 六	己酉 12 日	庚戌 13 一	辛亥 14 二	壬子 15 三	癸丑 16 四	甲寅 17 五	乙卯 18 六	丙辰 19 日	丁巳 20 一	戊午 21 二	己未 22 三	庚申 23 四	辛酉 24 五	壬戌 25 六	癸亥 26 日	甲子 27 一	乙丑 28 二	丙寅 29 三	丁卯 30 四	戊辰 (7) 五	己巳 2 六	庚午 3 日	辛未 4 一	壬申 5 二	癸酉 6 三	甲戌 7 四	乙亥 8 五	丙子 9 六	丁丑 10 日	壬子夏至 丁卯小暑
六月小	丁未	天干地支 西曆星期	戊寅 11 一	己卯 12 二	庚辰 13 三	辛巳 14 四	壬午 15 五	癸未 16 六	甲申 17 日	乙酉 18 一	丙戌 19 二	丁亥 20 三	戊子 21 四	己丑 22 五	庚寅 23 六	辛卯 24 日	壬辰 25 一	癸巳 26 二	甲午 27 三	乙未 28 四	丙申 29 五	丁酉 30 六	戊戌 31 日	己亥 (8) 一	庚子 2 二	辛丑 3 三	壬寅 4 四	癸卯 5 五	甲辰 6 六	乙巳 7 日	丙午 8 一		壬午大暑 戊戌立秋
七月小	戊申	天干地支 西曆星期	丁未 9 二	戊申 10 三	己酉 11 四	庚戌 12 五	辛亥 13 六	壬子 14 日	癸丑 15 一	甲寅 16 二	乙卯 17 三	丙辰 18 四	丁巳 19 五	戊午 20 六	己未 21 日	庚申 22 一	辛酉 23 二	壬戌 24 三	癸亥 25 四	甲子 26 五	乙丑 27 六	丙寅 28 日	丁卯 29 一	戊辰 30 二	己巳 31 三	庚午 (9) 四	辛未 2 五	壬申 3 六	癸酉 4 日	甲戌 5 一	乙亥 6 二		癸丑處暑 戊辰白露
八月大	己酉	天干地支 西曆星期	丙子 7 三	丁丑 8 四	戊寅 9 五	己卯 10 六	庚辰 11 日	辛巳 12 一	壬午 13 二	癸未 14 三	甲申 15 四	乙酉 16 五	丙戌 17 六	丁亥 18 日	戊子 19 一	己丑 20 二	庚寅 21 三	辛卯 22 四	壬辰 23 五	癸巳 24 六	甲午 25 日	乙未 26 一	丙申 27 二	丁酉 28 三	戊戌 29 四	己亥 30 五	庚子 (10) 六	辛丑 2 日	壬寅 3 一	癸卯 4 二	甲辰 5 三	乙巳 6 四	癸未秋分 戊戌寒露
九月小	庚戌	天干地支 西曆星期	丙午 7 五	丁未 8 六	戊申 9 日	己酉 10 一	庚戌 11 二	辛亥 12 三	壬子 13 四	癸丑 14 五	甲寅 15 六	乙卯 16 日	丙辰 17 一	丁巳 18 二	戊午 19 三	己未 20 四	庚申 21 五	辛酉 22 六	壬戌 23 日	癸亥 24 一	甲子 25 二	乙丑 26 三	丙寅 27 四	丁卯 28 五	戊辰 29 六	己巳 30 日	庚午 31 一	辛未 (11) 二	壬申 2 三	癸酉 3 四	甲戌 4 五		甲寅霜降 己巳立冬
十月大	辛亥	天干地支 西曆星期	乙亥 5 六	丙子 6 日	丁丑 7 一	戊寅 8 二	己卯 9 三	庚辰 10 四	辛巳 11 五	壬午 12 六	癸未 13 日	甲申 14 一	乙酉 15 二	丙戌 16 三	丁亥 17 四	戊子 18 五	己丑 19 六	庚寅 20 日	辛卯 21 一	壬辰 22 二	癸巳 23 三	甲午 24 四	乙未 25 五	丙申 26 六	丁酉 27 日	戊戌 28 一	己亥 29 二	庚子 30 三	辛丑 (12) 四	壬寅 2 五	癸卯 3 六	甲辰 4 日	甲申小雪 己亥大雪
十一月大	壬子	天干地支 西曆星期	乙巳 5 一	丙午 6 二	丁未 7 三	戊申 8 四	己酉 9 五	庚戌 10 六	辛亥 11 日	壬子 12 一	癸丑 13 二	甲寅 14 三	乙卯 15 四	丙辰 16 五	丁巳 17 六	戊午 18 日	己未 19 一	庚申 20 二	辛酉 21 三	壬戌 22 四	癸亥 23 五	甲子 24 六	乙丑 25 日	丙寅 26 一	丁卯 27 二	戊辰 28 三	己巳 29 四	庚午 30 五	辛未 31 六	壬申 (1) 日	癸酉 2 一	甲戌 3 二	乙卯冬至 庚午小寒
十二月小	癸丑	天干地支 西曆星期	乙亥 4 三	丙子 5 四	丁丑 6 五	戊寅 7 六	己卯 8 日	庚辰 9 一	辛巳 10 二	壬午 11 三	癸未 12 四	甲申 13 五	乙酉 14 六	丙戌 15 日	丁亥 16 一	戊子 17 二	己丑 18 三	庚寅 19 四	辛卯 20 五	壬辰 21 六	癸巳 22 日	甲午 23 一	乙未 24 二	丙申 25 三	丁酉 26 四	戊戌 27 五	己亥 28 六	庚子 29 日	辛丑 30 一	壬寅 31 二	癸卯 (2) 三		乙酉大寒 庚子立春

* 八月甲申（初九），改元元光。

金宣宗元光二年 哀宗元光二年（癸未 羊年） 公元 1223 ~ 1224 年

夏曆月序		中西曆日對照	夏曆日序																														節氣與天象
			初一	初二	初三	初四	初五	初六	初七	初八	初九	初十	十一	十二	十三	十四	十五	十六	十七	十八	十九	二十	二一	二二	二三	二四	二五	二六	二七	二八	二九	三十	
正月大	甲寅	天干地支西曆星期	甲辰 2 四	乙巳 3 五	丙午 4 六	丁未 5 日	戊申 6 一	己酉 7 二	庚戌 8 三	辛亥 9 四	壬子 10 五	癸丑 11 六	甲寅 12 日	乙卯 13 一	丙辰 14 二	丁巳 15 三	戊午 16 四	己未 17 五	庚申 18 六	辛酉 19 日	壬戌 20 一	癸亥 21 二	甲子 22 三	乙丑 23 四	丙寅 24 五	丁卯 25 六	戊辰 26 日	己巳 27 一	庚午 28 二	辛未 (3) 三	壬申 2 四	癸酉 3 五	乙卯雨水 辛未驚蟄
二月大	乙卯	天干地支西曆星期	甲戌 4 六	乙亥 5 日	丙子 6 一	丁丑 7 二	戊寅 8 三	己卯 9 四	庚辰 10 五	辛巳 11 六	壬午 12 日	癸未 13 一	甲申 14 二	乙酉 15 三	丙戌 16 四	丁亥 17 五	戊子 18 六	己丑 19 日	庚寅 20 一	辛卯 21 二	壬辰 22 三	癸巳 23 四	甲午 24 五	乙未 25 六	丙申 26 日	丁酉 27 一	戊戌 28 二	己亥 29 三	庚子 30 四	辛丑 31 五	壬寅 (4) 六	癸卯 2 日	丙戌春分 辛丑清明
三月小	丙辰	天干地支西曆星期	甲辰 3 一	乙巳 4 二	丙午 5 三	丁未 6 四	戊申 7 五	己酉 8 六	庚戌 9 日	辛亥 10 一	壬子 11 二	癸丑 12 三	甲寅 13 四	乙卯 14 五	丙辰 15 六	丁巳 16 日	戊午 17 一	己未 18 二	庚申 19 三	辛酉 20 四	壬戌 21 五	癸亥 22 六	甲子 23 日	乙丑 24 一	丙寅 25 二	丁卯 26 三	戊辰 27 四	己巳 28 五	庚午 29 六	辛未 30 日	壬申 (5) 一		丙辰穀雨 壬申立夏
四月大	丁巳	天干地支西曆星期	癸酉 2 二	甲戌 3 三	乙亥 4 四	丙子 5 五	丁丑 6 六	戊寅 7 日	己卯 8 一	庚辰 9 二	辛巳 10 三	壬午 11 四	癸未 12 五	甲申 13 六	乙酉 14 日	丙戌 15 一	丁亥 16 二	戊子 17 三	己丑 18 四	庚寅 19 五	辛卯 20 六	壬辰 21 日	癸巳 22 一	甲午 23 二	乙未 24 三	丙申 25 四	丁酉 26 五	戊戌 27 六	己亥 28 日	庚子 29 一	辛丑 30 二	壬寅 31 三	丁亥小滿 壬寅芒種
五月小	戊午	天干地支西曆星期	癸卯 (6) 四	甲辰 2 五	乙巳 3 六	丙午 4 日	丁未 5 一	戊申 6 二	己酉 7 三	庚戌 8 四	辛亥 9 五	壬子 10 六	癸丑 11 日	甲寅 12 一	乙卯 13 二	丙辰 14 三	丁巳 15 四	戊午 16 五	己未 17 六	庚申 18 日	辛酉 19 一	壬戌 20 二	癸亥 21 三	甲子 22 四	乙丑 23 五	丙寅 24 六	丁卯 25 日	戊辰 26 一	己巳 27 二	庚午 28 三	辛未 29 四		丁巳夏至
六月大	己未	天干地支西曆星期	壬申 30 五	癸酉 (7) 六	甲戌 2 日	乙亥 3 一	丙子 4 二	丁丑 5 三	戊寅 6 四	己卯 7 五	庚辰 8 六	辛巳 9 日	壬午 10 一	癸未 11 二	甲申 12 三	乙酉 13 四	丙戌 14 五	丁亥 15 六	戊子 16 日	己丑 17 一	庚寅 18 二	辛卯 19 三	壬辰 20 四	癸巳 21 五	甲午 22 六	乙未 23 日	丙申 24 一	丁酉 25 二	戊戌 26 三	己亥 27 四	庚子 28 五	辛丑 29 六	壬申小暑 戊子大暑
七月小	庚申	天干地支西曆星期	壬寅 30 日	癸卯 31 一	甲辰 (8) 二	乙巳 2 三	丙午 3 四	丁未 4 五	戊申 5 六	己酉 6 日	庚戌 7 一	辛亥 8 二	壬子 9 三	癸丑 10 四	甲寅 11 五	乙卯 12 六	丙辰 13 日	丁巳 14 一	戊午 15 二	己未 16 三	庚申 17 四	辛酉 18 五	壬戌 19 六	癸亥 20 日	甲子 21 一	乙丑 22 二	丙寅 23 三	丁卯 24 四	戊辰 25 五	己巳 26 六	庚午 27 日		癸卯立秋 戊午處暑
八月小	辛酉	天干地支西曆星期	辛未 28 一	壬申 29 二	癸酉 30 三	甲戌 31 四	乙亥 (9) 五	丙子 2 六	丁丑 3 日	戊寅 4 一	己卯 5 二	庚辰 6 三	辛巳 7 四	壬午 8 五	癸未 9 六	甲申 10 日	乙酉 11 一	丙戌 12 二	丁亥 13 三	戊子 14 四	己丑 15 五	庚寅 16 六	辛卯 17 日	壬辰 18 一	癸巳 19 二	甲午 20 三	乙未 21 四	丙申 22 五	丁酉 23 六	戊戌 24 日	己亥 25 一		癸酉白露 戊子秋分
九月大	壬戌	天干地支西曆星期	庚子 26 二	辛丑 27 三	壬寅 28 四	癸卯 29 五	甲辰 30 六	乙巳 (10) 日	丙午 2 一	丁未 3 二	戊申 4 三	己酉 5 四	庚戌 6 五	辛亥 7 六	壬子 8 日	癸丑 9 一	甲寅 10 二	乙卯 11 三	丙辰 12 四	丁巳 13 五	戊午 14 六	己未 15 日	庚申 16 一	辛酉 17 二	壬戌 18 三	癸亥 19 四	甲子 20 五	乙丑 21 六	丙寅 22 日	丁卯 23 一	戊辰 24 二	己巳 25 三	甲辰寒露 己未霜降
十月小	癸亥	天干地支西曆星期	庚午 26 四	辛未 27 五	壬申 28 六	癸酉 29 日	甲戌 30 一	乙亥 31 二	丙子 (11) 三	丁丑 2 四	戊寅 3 五	己卯 4 六	庚辰 5 日	辛巳 6 一	壬午 7 二	癸未 8 三	甲申 9 四	乙酉 10 五	丙戌 11 六	丁亥 12 日	戊子 13 一	己丑 14 二	庚寅 15 三	辛卯 16 四	壬辰 17 五	癸巳 18 六	甲午 19 日	乙未 20 一	丙申 21 二	丁酉 22 三	戊戌 23 四		甲戌立冬 己丑小雪
十一月大	甲子	天干地支西曆星期	己亥 24 五	庚子 25 六	辛丑 26 日	壬寅 27 一	癸卯 28 二	甲辰 29 三	乙巳 30 四	丙午 (12) 五	丁未 2 六	戊申 3 日	己酉 4 一	庚戌 5 二	辛亥 6 三	壬子 7 四	癸丑 8 五	甲寅 9 六	乙卯 10 日	丙辰 11 一	丁巳 12 二	戊午 13 三	己未 14 四	庚申 15 五	辛酉 16 六	壬戌 17 日	癸亥 18 一	甲子 19 二	乙丑 20 三	丙寅 21 四	丁卯 22 五	戊辰 23 六	乙巳大雪 庚申冬至
十二月小	乙丑	天干地支西曆星期	己巳 24 日	庚午 25 一	辛未 26 二	壬申 27 三	癸酉 28 四	甲戌 29 五	乙亥 30 六	丙子 31 日	丁丑 (1) 一	戊寅 2 二	己卯 3 三	庚辰 4 四	辛巳 5 五	壬午 6 六	癸未 7 日	甲申 8 一	乙酉 9 二	丙戌 10 三	丁亥 11 四	戊子 12 五	己丑 13 六	庚寅 14 日	辛卯 15 一	壬辰 16 二	癸巳 17 三	甲午 18 四	乙未 19 五	丙申 20 六	丁酉 21 日		乙亥小寒 庚寅大寒

* 十二月庚寅（二十二日），金宣宗死。辛卯（二十三日），完顏守緒即位，是爲哀宗。

金哀宗正大元年（甲申 猴年） 公元 1224 ~ 1225 年

夏曆月序		中西曆日對照	初一	初二	初三	初四	初五	初六	初七	初八	初九	初十	十一	十二	十三	十四	十五	十六	十七	十八	十九	二十	二一	二二	二三	二四	二五	二六	二七	二八	二九	三十	節氣與天象
正月大	丙寅	天干地支	戊戌	己亥	庚子	辛丑	壬寅	癸卯	甲辰	乙巳	丙午	丁未	戊申	己酉	庚戌	辛亥	壬子	癸丑	甲寅	乙卯	丙辰	丁巳	戊午	己未	庚申	辛酉	壬戌	癸亥	甲子	乙丑	丙寅	丁卯	乙巳立春 辛酉雨水
		西曆	22	23	24	25	26	27	28	29	30	31	(2)	2	3	4	5	6	7	8	9	10	11	12	13	14	15	16	17	18	19	20	
		星期	一	二	三	四	五	六	日	一	二	三	四	五	六	日	一	二	三	四	五	六	日	一	二	三	四	五	六	日	一	二	
二月大	丁卯	天干地支	戊辰	己巳	庚午	辛未	壬申	癸酉	甲戌	乙亥	丙子	丁丑	戊寅	己卯	庚辰	辛巳	壬午	癸未	甲申	乙酉	丙戌	丁亥	戊子	己丑	庚寅	辛卯	壬辰	癸巳	甲午	乙未	丙申	丁酉	丙子驚蟄 辛卯春分
		西曆	21	22	23	24	25	26	27	28	29	(3)	2	3	4	5	6	7	8	9	10	11	12	13	14	15	16	17	18	19	20	21	
		星期	三	四	五	六	日	一	二	三	四	五	六	日	一	二	三	四	五	六	日	一	二	三	四	五	六	日	一	二	三	四	
三月小	戊辰	天干地支	戊戌	己亥	庚子	辛丑	壬寅	癸卯	甲辰	乙巳	丙午	丁未	戊申	己酉	庚戌	辛亥	壬子	癸丑	甲寅	乙卯	丙辰	丁巳	戊午	己未	庚申	辛酉	壬戌	癸亥	甲子	乙丑	丙寅		丙午清明 壬戌穀雨
		西曆	22	23	24	25	26	27	28	29	30	31	(4)	2	3	4	5	6	7	8	9	10	11	12	13	14	15	16	17	18	19		
		星期	五	六	日	一	二	三	四	五	六	日	一	二	三	四	五	六	日	一	二	三	四	五	六	日	一	二	三	四	五		
四月大	己巳	天干地支	丁卯	戊辰	己巳	庚午	辛未	壬申	癸酉	甲戌	乙亥	丙子	丁丑	戊寅	己卯	庚辰	辛巳	壬午	癸未	甲申	乙酉	丙戌	丁亥	戊子	己丑	庚寅	辛卯	壬辰	癸巳	甲午	乙未	丙申	丁丑立夏 壬辰小滿
		西曆	20	21	22	23	24	25	26	27	28	29	30	(5)	2	3	4	5	6	7	8	9	10	11	12	13	14	15	16	17	18	19	
		星期	六	日	一	二	三	四	五	六	日	一	二	三	四	五	六	日	一	二	三	四	五	六	日	一	二	三	四	五	六	日	
五月大	庚午	天干地支	丁酉	戊戌	己亥	庚子	辛丑	壬寅	癸卯	甲辰	乙巳	丙午	丁未	戊申	己酉	庚戌	辛亥	壬子	癸丑	甲寅	乙卯	丙辰	丁巳	戊午	己未	庚申	辛酉	壬戌	癸亥	甲子	乙丑	丙寅	丁未芒種 壬戌夏至
		西曆	20	21	22	23	24	25	26	27	28	29	30	31	(6)	2	3	4	5	6	7	8	9	10	11	12	13	14	15	16	17	18	
		星期	一	二	三	四	五	六	日	一	二	三	四	五	六	日	一	二	三	四	五	六	日	一	二	三	四	五	六	日	一	二	
六月小	辛未	天干地支	丁卯	戊辰	己巳	庚午	辛未	壬申	癸酉	甲戌	乙亥	丙子	丁丑	戊寅	己卯	庚辰	辛巳	壬午	癸未	甲申	乙酉	丙戌	丁亥	戊子	己丑	庚寅	辛卯	壬辰	癸巳	甲午	乙未		戊寅小暑 癸巳大暑
		西曆	19	20	21	22	23	24	25	26	27	28	29	30	(7)	2	3	4	5	6	7	8	9	10	11	12	13	14	15	16	17		
		星期	三	四	五	六	日	一	二	三	四	五	六	日	一	二	三	四	五	六	日	一	二	三	四	五	六	日	一	二	三		
七月大	壬申	天干地支	丙申	丁酉	戊戌	己亥	庚子	辛丑	壬寅	癸卯	甲辰	乙巳	丙午	丁未	戊申	己酉	庚戌	辛亥	壬子	癸丑	甲寅	乙卯	丙辰	丁巳	戊午	己未	庚申	辛酉	壬戌	癸亥	甲子	乙丑	戊申立秋 癸亥處暑
		西曆	18	19	20	21	22	23	24	25	26	27	28	29	30	31	(8)	2	3	4	5	6	7	8	9	10	11	12	13	14	15	16	
		星期	四	五	六	日	一	二	三	四	五	六	日	一	二	三	四	五	六	日	一	二	三	四	五	六	日	一	二	三	四	五	
八月小	癸酉	天干地支	丙寅	丁卯	戊辰	己巳	庚午	辛未	壬申	癸酉	甲戌	乙亥	丙子	丁丑	戊寅	己卯	庚辰	辛巳	壬午	癸未	甲申	乙酉	丙戌	丁亥	戊子	己丑	庚寅	辛卯	壬辰	癸巳	甲午		己卯白露 甲午秋分
		西曆	17	18	19	20	21	22	23	24	25	26	27	28	29	30	31	(9)	2	3	4	5	6	7	8	9	10	11	12	13	14		
		星期	六	日	一	二	三	四	五	六	日	一	二	三	四	五	六	日	一	二	三	四	五	六	日	一	二	三	四	五	六		
閏八月小	癸酉	天干地支	乙未	丙申	丁酉	戊戌	己亥	庚子	辛丑	壬寅	癸卯	甲辰	乙巳	丙午	丁未	戊申	己酉	庚戌	辛亥	壬子	癸丑	甲寅	乙卯	丙辰	丁巳	戊午	己未	庚申	辛酉	壬戌	癸亥		己酉寒露
		西曆	15	16	17	18	19	20	21	22	23	24	25	26	27	28	29	30	(10)	2	3	4	5	6	7	8	9	10	11	12	13		
		星期	日	一	二	三	四	五	六	日	一	二	三	四	五	六	日	一	二	三	四	五	六	日	一	二	三	四	五	六	日		
九月大	甲戌	天干地支	甲子	乙丑	丙寅	丁卯	戊辰	己巳	庚午	辛未	壬申	癸酉	甲戌	乙亥	丙子	丁丑	戊寅	己卯	庚辰	辛巳	壬午	癸未	甲申	乙酉	丙戌	丁亥	戊子	己丑	庚寅	辛卯	壬辰	癸巳	甲子霜降 己卯立冬
		西曆	14	15	16	17	18	19	20	21	22	23	24	25	26	27	28	29	30	31	(11)	2	3	4	5	6	7	8	9	10	11	12	
		星期	一	二	三	四	五	六	日	一	二	三	四	五	六	日	一	二	三	四	五	六	日	一	二	三	四	五	六	日	一	二	
十月小	乙亥	天干地支	甲午	乙未	丙申	丁酉	戊戌	己亥	庚子	辛丑	壬寅	癸卯	甲辰	乙巳	丙午	丁未	戊申	己酉	庚戌	辛亥	壬子	癸丑	甲寅	乙卯	丙辰	丁巳	戊午	己未	庚申	辛酉	壬戌		乙未小雪 庚戌大雪
		西曆	13	14	15	16	17	18	19	20	21	22	23	24	25	26	27	28	29	30	(12)	2	3	4	5	6	7	8	9	10	11		
		星期	三	四	五	六	日	一	二	三	四	五	六	日	一	二	三	四	五	六	日	一	二	三	四	五	六	日	一	二	三		
十一月大	丙子	天干地支	癸亥	甲子	乙丑	丙寅	丁卯	戊辰	己巳	庚午	辛未	壬申	癸酉	甲戌	乙亥	丙子	丁丑	戊寅	己卯	庚辰	辛巳	壬午	癸未	甲申	乙酉	丙戌	丁亥	戊子	己丑	庚寅	辛卯	壬辰	乙丑冬至 庚辰小寒
		西曆	12	13	14	15	16	17	18	19	20	21	22	23	24	25	26	27	28	29	30	31	(1)	2	3	4	5	6	7	8	9	10	
		星期	四	五	六	日	一	二	三	四	五	六	日	一	二	三	四	五	六	日	一	二	三	四	五	六	日	一	二	三	四	五	
十二月小	丁丑	天干地支	癸巳	甲午	乙未	丙申	丁酉	戊戌	己亥	庚子	辛丑	壬寅	癸卯	甲辰	乙巳	丙午	丁未	戊申	己酉	庚戌	辛亥	壬子	癸丑	甲寅	乙卯	丙辰	丁巳	戊午	己未	庚申	辛酉		乙未大寒 辛亥立春
		西曆	11	12	13	14	15	16	17	18	19	20	21	22	23	24	25	26	27	28	29	30	31	(2)	2	3	4	5	6	7	8		
		星期	六	日	一	二	三	四	五	六	日	一	二	三	四	五	六	日	一	二	三	四	五	六	日	一	二	三	四	五	六		

* 正月戊戌（初一），改元正大。

金哀宗正大二年（乙酉 鷄年） 公元 1225 ~ 1226 年

夏曆月序		中西曆日對照	夏曆日序																														節氣與天象
			初一	初二	初三	初四	初五	初六	初七	初八	初九	初十	十一	十二	十三	十四	十五	十六	十七	十八	十九	二十	二一	二二	二三	二四	二五	二六	二七	二八	二九	三十	
正月大	戊寅	天干地支 西曆 星期	壬戌 9 日	癸亥 10 一	甲子 11 二	乙丑 12 三	丙寅 13 四	丁卯 14 五	戊辰 15 六	己巳 16 日	庚午 17 一	辛未 18 二	壬申 19 三	癸酉 20 四	甲戌 21 五	乙亥 22 六	丙子 23 日	丁丑 24 一	戊寅 25 二	己卯 26 三	庚辰 27 四	辛巳 28 五	壬午 (3) 六	癸未 2 日	甲申 3 一	乙酉 4 二	丙戌 5 三	丁亥 6 四	戊子 7 五	己丑 8 六	庚寅 9 日	辛卯 10 一	丙寅雨水 辛巳驚蟄
二月小	己卯	天干地支 西曆 星期	壬辰 11 二	癸巳 12 三	甲午 13 四	乙未 14 五	丙申 15 六	丁酉 16 日	戊戌 17 一	己亥 18 二	庚子 19 三	辛丑 20 四	壬寅 21 五	癸卯 22 六	甲辰 23 日	乙巳 24 一	丙午 25 二	丁未 26 三	戊申 27 四	己酉 28 五	庚戌 29 六	辛亥 30 日	壬子 31 一	癸丑 (4) 二	甲寅 2 三	乙卯 3 四	丙辰 4 五	丁巳 5 六	戊午 6 日	己未 7 一	庚申 8 二		丙申春分 壬子清明
三月大	庚辰	天干地支 西曆 星期	辛酉 9 三	壬戌 10 四	癸亥 11 五	甲子 12 六	乙丑 13 日	丙寅 14 一	丁卯 15 二	戊辰 16 三	己巳 17 四	庚午 18 五	辛未 19 六	壬申 20 日	癸酉 21 一	甲戌 22 二	乙亥 23 三	丙子 24 四	丁丑 25 五	戊寅 26 六	己卯 27 日	庚辰 28 一	辛巳 29 二	壬午 30 三	癸未 (5) 四	甲申 2 五	乙酉 3 六	丙戌 4 日	丁亥 5 一	戊子 6 二	己丑 7 三	庚寅 8 四	丁卯穀雨 壬午立夏
四月大	辛巳	天干地支 西曆 星期	辛卯 9 五	壬辰 10 六	癸巳 11 日	甲午 12 一	乙未 13 二	丙申 14 三	丁酉 15 四	戊戌 16 五	己亥 17 六	庚子 18 日	辛丑 19 一	壬寅 20 二	癸卯 21 三	甲辰 22 四	乙巳 23 五	丙午 24 六	丁未 25 日	戊申 26 一	己酉 27 二	庚戌 28 三	辛亥 29 四	壬子 30 五	癸丑 31 六	甲寅 (6) 日	乙卯 2 一	丙辰 3 二	丁巳 4 三	戊午 5 四	己未 6 五	庚申 7 六	丁酉小滿 壬子芒種
五月小	壬午	天干地支 西曆 星期	辛酉 8 日	壬戌 9 一	癸亥 10 二	甲子 11 三	乙丑 12 四	丙寅 13 五	丁卯 14 六	戊辰 15 日	己巳 16 一	庚午 17 二	辛未 18 三	壬申 19 四	癸酉 20 五	甲戌 21 六	乙亥 22 日	丙子 23 一	丁丑 24 二	戊寅 25 三	己卯 26 四	庚辰 27 五	辛巳 28 六	壬午 29 日	癸未 30 一	甲申 (7) 二	乙酉 2 三	丙戌 3 四	丁亥 4 五	戊子 5 六	己丑 6 日		戊辰夏至 癸未小暑
六月大	癸未	天干地支 西曆 星期	庚寅 7 一	辛卯 8 二	壬辰 9 三	癸巳 10 四	甲午 11 五	乙未 12 六	丙申 13 日	丁酉 14 一	戊戌 15 二	己亥 16 三	庚子 17 四	辛丑 18 五	壬寅 19 六	癸卯 20 日	甲辰 21 一	乙巳 22 二	丙午 23 三	丁未 24 四	戊申 25 五	己酉 26 六	庚戌 27 日	辛亥 28 一	壬子 29 二	癸丑 30 三	甲寅 31 四	乙卯 (8) 五	丙辰 2 六	丁巳 3 日	戊午 4 一	己未 5 二	戊戌大暑 癸丑立秋
七月小	甲申	天干地支 西曆 星期	庚申 6 三	辛酉 7 四	壬戌 8 五	癸亥 9 六	甲子 10 日	乙丑 11 一	丙寅 12 二	丁卯 13 三	戊辰 14 四	己巳 15 五	庚午 16 六	辛未 17 日	壬申 18 一	癸酉 19 二	甲戌 20 三	乙亥 21 四	丙子 22 五	丁丑 23 六	戊寅 24 日	己卯 25 一	庚辰 26 二	辛巳 27 三	壬午 28 四	癸未 29 五	甲申 30 六	乙酉 31 日	丙戌 (9) 一	丁亥 2 二	戊子 3 三		己巳處暑 甲申白露
八月大	乙酉	天干地支 西曆 星期	己丑 4 四	庚寅 5 五	辛卯 6 六	壬辰 7 日	癸巳 8 一	甲午 9 二	乙未 10 三	丙申 11 四	丁酉 12 五	戊戌 13 六	己亥 14 日	庚子 15 一	辛丑 16 二	壬寅 17 三	癸卯 18 四	甲辰 19 五	乙巳 20 六	丙午 21 日	丁未 22 一	戊申 23 二	己酉 24 三	庚戌 25 四	辛亥 26 五	壬子 27 六	癸丑 28 日	甲寅 29 一	乙卯 30 二	丙辰 (10) 三	丁巳 2 四	戊午 3 五	己亥秋分 甲寅寒露
九月小	丙戌	天干地支 西曆 星期	己未 4 六	庚申 5 日	辛酉 6 一	壬戌 7 二	癸亥 8 三	甲子 9 四	乙丑 10 五	丙寅 11 六	丁卯 12 日	戊辰 13 一	己巳 14 二	庚午 15 三	辛未 16 四	壬申 17 五	癸酉 18 六	甲戌 19 日	乙亥 20 一	丙子 21 二	丁丑 22 三	戊寅 23 四	己卯 24 五	庚辰 25 六	辛巳 26 日	壬午 27 一	癸未 28 二	甲申 29 三	乙酉 30 四	丙戌 31 五	丁亥 (11) 六		己巳霜降 乙酉立冬
十月大	丁亥	天干地支 西曆 星期	戊子 2 日	己丑 3 一	庚寅 4 二	辛卯 5 三	壬辰 6 四	癸巳 7 五	甲午 8 六	乙未 9 日	丙申 10 一	丁酉 11 二	戊戌 12 三	己亥 13 四	庚子 14 五	辛丑 15 六	壬寅 16 日	癸卯 17 一	甲辰 18 二	乙巳 19 三	丙午 20 四	丁未 21 五	戊申 22 六	己酉 23 日	庚戌 24 一	辛亥 25 二	壬子 26 三	癸丑 27 四	甲寅 28 五	乙卯 29 六	丙辰 30 日	丁巳 (12) 一	庚子小雪 乙卯大雪
十一月小	戊子	天干地支 西曆 星期	戊午 2 二	己未 3 三	庚申 4 四	辛酉 5 五	壬戌 6 六	癸亥 7 日	甲子 8 一	乙丑 9 二	丙寅 10 三	丁卯 11 四	戊辰 12 五	己巳 13 六	庚午 14 日	辛未 15 一	壬申 16 二	癸酉 17 三	甲戌 18 四	乙亥 19 五	丙子 20 六	丁丑 21 日	戊寅 22 一	己卯 23 二	庚辰 24 三	辛巳 25 四	壬午 26 五	癸未 27 六	甲申 28 日	乙酉 29 一	丙戌 30 二		庚午冬至 丙戌小寒
十二月大	己丑	天干地支 西曆 星期	丁亥 31 三	戊子 (1) 四	己丑 2 五	庚寅 3 六	辛卯 4 日	壬辰 5 一	癸巳 6 二	甲午 7 三	乙未 8 四	丙申 9 五	丁酉 10 六	戊戌 11 日	己亥 12 一	庚子 13 二	辛丑 14 三	壬寅 15 四	癸卯 16 五	甲辰 17 六	乙巳 18 日	丙午 19 一	丁未 20 二	戊申 21 三	己酉 22 四	庚戌 23 五	辛亥 24 六	壬子 25 日	癸丑 26 一	甲寅 27 二	乙卯 28 三	丙辰 29 四	辛丑大寒 丙辰立春

金哀宗正大三年（丙戌 狗年） 公元 1226 ~ 1227 年

夏曆月序	中西曆日對照	初一	初二	初三	初四	初五	初六	初七	初八	初九	初十	十一	十二	十三	十四	十五	十六	十七	十八	十九	二十	二一	二二	二三	二四	二五	二六	二七	二八	二九	三十	節氣與天象
正月小 庚寅	天干地支 西曆 星期	丁巳 30 五	戊午 31 六	己未 (2) 日	庚申 2 一	辛酉 3 二	壬戌 4 三	癸亥 5 四	甲子 6 五	乙丑 7 六	丙寅 8 日	丁卯 9 一	戊辰 10 二	己巳 11 三	庚午 12 四	辛未 13 五	壬申 14 六	癸酉 15 日	甲戌 16 一	乙亥 17 二	丙子 18 三	丁丑 19 四	戊寅 20 五	己卯 21 六	庚辰 22 日	辛巳 23 一	壬午 24 二	癸未 25 三	甲申 26 四	乙酉 27 五		辛未雨水
二月大 辛卯	天干地支 西曆 星期	丙戌 28 六	丁亥 (3) 日	戊子 2 一	己丑 3 二	庚寅 4 三	辛卯 5 四	壬辰 6 五	癸巳 7 六	甲午 8 日	乙未 9 一	丙申 10 二	丁酉 11 三	戊戌 12 四	己亥 13 五	庚子 14 六	辛丑 15 日	壬寅 16 一	癸卯 17 二	甲辰 18 三	乙巳 19 四	丙午 20 五	丁未 21 六	戊申 22 日	己酉 23 一	庚戌 24 二	辛亥 25 三	壬子 26 四	癸丑 27 五	甲寅 28 六	乙卯 29 日	丙戌驚蟄 壬寅春分
三月小 壬辰	天干地支 西曆 星期	丙辰 30 一	丁巳 31 二	戊午 (4) 三	己未 2 四	庚申 3 五	辛酉 4 六	壬戌 5 日	癸亥 6 一	甲子 7 二	乙丑 8 三	丙寅 9 四	丁卯 10 五	戊辰 11 六	己巳 12 日	庚午 13 一	辛未 14 二	壬申 15 三	癸酉 16 四	甲戌 17 五	乙亥 18 六	丙子 19 日	丁丑 20 一	戊寅 21 二	己卯 22 三	庚辰 23 四	辛巳 24 五	壬午 25 六	癸未 26 日	甲申 27 一		丁巳清明 壬申穀雨
四月大 癸巳	天干地支 西曆 星期	乙酉 28 二	丙戌 29 三	丁亥 30 四	戊子 (5) 五	己丑 2 六	庚寅 3 日	辛卯 4 一	壬辰 5 二	癸巳 6 三	甲午 7 四	乙未 8 五	丙申 9 六	丁酉 10 日	戊戌 11 一	己亥 12 二	庚子 13 三	辛丑 14 四	壬寅 15 五	癸卯 16 六	甲辰 17 日	乙巳 18 一	丙午 19 二	丁未 20 三	戊申 21 四	己酉 22 五	庚戌 23 六	辛亥 24 日	壬子 25 一	癸丑 26 二	甲寅 27 三	丁亥立夏 壬寅小滿
五月小 甲午	天干地支 西曆 星期	乙卯 28 四	丙辰 29 五	丁巳 30 六	戊午 31 日	己未 (6) 一	庚申 2 二	辛酉 3 三	壬戌 4 四	癸亥 5 五	甲子 6 六	乙丑 7 日	丙寅 8 一	丁卯 9 二	戊辰 10 三	己巳 11 四	庚午 12 五	辛未 13 六	壬申 14 日	癸酉 15 一	甲戌 16 二	乙亥 17 三	丙子 18 四	丁丑 19 五	戊寅 20 六	己卯 21 日	庚辰 22 一	辛巳 23 二	壬午 24 三	癸未 25 四		戊午芒種 癸酉夏至
六月大 乙未	天干地支 西曆 星期	甲申 26 五	乙酉 27 六	丙戌 28 日	丁亥 29 一	戊子 30 二	己丑 (7) 三	庚寅 2 四	辛卯 3 五	壬辰 4 六	癸巳 5 日	甲午 6 一	乙未 7 二	丙申 8 三	丁酉 9 四	戊戌 10 五	己亥 11 六	庚子 12 日	辛丑 13 一	壬寅 14 二	癸卯 15 三	甲辰 16 四	乙巳 17 五	丙午 18 六	丁未 19 日	戊申 20 一	己酉 21 二	庚戌 22 三	辛亥 23 四	壬子 24 五	癸丑 25 六	戊子小暑 癸卯大暑
七月大 丙申	天干地支 西曆 星期	甲寅 26 日	乙卯 27 一	丙辰 28 二	丁巳 29 三	戊午 30 四	己未 31 五	庚申 (8) 六	辛酉 2 日	壬戌 3 一	癸亥 4 二	甲子 5 三	乙丑 6 四	丙寅 7 五	丁卯 8 六	戊辰 9 日	己巳 10 一	庚午 11 二	辛未 12 三	壬申 13 四	癸酉 14 五	甲戌 15 六	乙亥 16 日	丙子 17 一	丁丑 18 二	戊寅 19 三	己卯 20 四	庚辰 21 五	辛巳 22 六	壬午 23 日	癸未 24 一	己未立秋 甲戌處暑
八月小 丁酉	天干地支 西曆 星期	甲申 25 二	乙酉 26 三	丙戌 27 四	丁亥 28 五	戊子 29 六	己丑 30 日	庚寅 31 一	辛卯 (9) 二	壬辰 2 三	癸巳 3 四	甲午 4 五	乙未 5 六	丙申 6 日	丁酉 7 一	戊戌 8 二	己亥 9 三	庚子 10 四	辛丑 11 五	壬寅 12 六	癸卯 13 日	甲辰 14 一	乙巳 15 二	丙午 16 三	丁未 17 四	戊申 18 五	己酉 19 六	庚戌 20 日	辛亥 21 一	壬子 22 二		己丑白露 甲辰秋分
九月大 戊戌	天干地支 西曆 星期	癸丑 23 三	甲寅 24 四	乙卯 25 五	丙辰 26 六	丁巳 27 日	戊午 28 一	己未 29 二	庚申 30 三	辛酉 (10) 四	壬戌 2 五	癸亥 3 六	甲子 4 日	乙丑 5 一	丙寅 6 二	丁卯 7 三	戊辰 8 四	己巳 9 五	庚午 10 六	辛未 11 日	壬申 12 一	癸酉 13 二	甲戌 14 三	乙亥 15 四	丙子 16 五	丁丑 17 六	戊寅 18 日	己卯 19 一	庚辰 20 二	辛巳 21 三	壬午 22 四	己未寒露 乙亥霜降
十月小 己亥	天干地支 西曆 星期	癸未 23 五	甲申 24 六	乙酉 25 日	丙戌 26 一	丁亥 27 二	戊子 28 三	己丑 29 四	庚寅 30 五	辛卯 31 六	壬辰 (11) 日	癸巳 2 一	甲午 3 二	乙未 4 三	丙申 5 四	丁酉 6 五	戊戌 7 六	己亥 8 日	庚子 9 一	辛丑 10 二	壬寅 11 三	癸卯 12 四	甲辰 13 五	乙巳 14 六	丙午 15 日	丁未 16 一	戊申 17 二	己酉 18 三	庚戌 19 四	辛亥 20 五		庚寅立冬 乙巳小雪
十一月大 庚子	天干地支 西曆 星期	壬子 21 六	癸丑 22 日	甲寅 23 一	乙卯 24 二	丙辰 25 三	丁巳 26 四	戊午 27 五	己未 28 六	庚申 29 日	辛酉 30 一	壬戌 (12) 二	癸亥 2 三	甲子 3 四	乙丑 4 五	丙寅 5 六	丁卯 6 日	戊辰 7 一	己巳 8 二	庚午 9 三	辛未 10 四	壬申 11 五	癸酉 12 六	甲戌 13 日	乙亥 14 一	丙子 15 二	丁丑 16 三	戊寅 17 四	己卯 18 五	庚辰 19 六	辛巳 20 日	庚申大雪 丙子冬至
十二月小 辛丑	天干地支 西曆 星期	壬午 21 一	癸未 22 二	甲申 23 三	乙酉 24 四	丙戌 25 五	丁亥 26 六	戊子 27 日	己丑 28 一	庚寅 29 二	辛卯 30 三	壬辰 31 四	癸巳 (1) 五	甲午 2 六	乙未 3 日	丙申 4 一	丁酉 5 二	戊戌 6 三	己亥 7 四	庚子 8 五	辛丑 9 六	壬寅 10 日	癸卯 11 一	甲辰 12 二	乙巳 13 三	丙午 14 四	丁未 15 五	戊申 16 六	己酉 17 日	庚戌 18 一		辛卯小寒 丙午大寒

金哀宗正大四年（丁亥 猪年） 公元1227～1228年

夏曆月序		中西曆日對照	初一	初二	初三	初四	初五	初六	初七	初八	初九	初十	十一	十二	十三	十四	十五	十六	十七	十八	十九	二十	二一	二二	二三	二四	二五	二六	二七	二八	二九	三十	節氣與天象
正月大	壬寅	天干地支 西曆 星期	辛亥19二	壬子20三	癸丑21四	甲寅22五	乙卯23六	丙辰24日	丁巳25一	戊午26二	己未27三	庚申28四	辛酉29五	壬戌30六	癸亥31日	甲子(2)一	乙丑2二	丙寅3三	丁卯4四	戊辰5五	己巳6六	庚午7日	辛未8一	壬申9二	癸酉10三	甲戌11四	乙亥12五	丙子13六	丁丑14日	戊寅15一	己卯16二	庚辰17三	辛酉立春 丙子雨水
二月小	癸卯	天干地支 西曆 星期	辛巳18四	壬午19五	癸未20六	甲申21日	乙酉22一	丙戌23二	丁亥24三	戊子25四	己丑26五	庚寅27六	辛卯28日	壬辰(3)一	癸巳2二	甲午3三	乙未4四	丙申5五	丁酉6六	戊戌7日	己亥8一	庚子9二	辛丑10三	壬寅11四	癸卯12五	甲辰13六	乙巳14日	丙午15一	丁未16二	戊申17三	己酉18四		壬辰驚蟄 丁未春分
三月大	甲辰	天干地支 西曆 星期	庚戌19五	辛亥20六	壬子21日	癸丑22一	甲寅23二	乙卯24三	丙辰25四	丁巳26五	戊午27六	己未28日	庚申29一	辛酉30二	壬戌31三	癸亥(4)四	甲子2五	乙丑3六	丙寅4日	丁卯5一	戊辰6二	己巳7三	庚午8四	辛未9五	壬申10六	癸酉11日	甲戌12一	乙亥13二	丙子14三	丁丑15四	戊寅16五	己卯17六	壬戌清明 丁丑穀雨
四月小	乙巳	天干地支 西曆 星期	庚辰18日	辛巳19一	壬午20二	癸未21三	甲申22四	乙酉23五	丙戌24六	丁亥25日	戊子26一	己丑27二	庚寅28三	辛卯29四	壬辰30五	癸巳(5)六	甲午2日	乙未3一	丙申4二	丁酉5三	戊戌6四	己亥7五	庚子8六	辛丑9日	壬寅10一	癸卯11二	甲辰12三	乙巳13四	丙午14五	丁未15六	戊申16日		癸巳立夏 戊申小滿
五月大	丙午	天干地支 西曆 星期	己酉17一	庚戌18二	辛亥19三	壬子20四	癸丑21五	甲寅22六	乙卯23日	丙辰24一	丁巳25二	戊午26三	己未27四	庚申28五	辛酉29六	壬戌30日	癸亥31一	甲子(6)二	乙丑2三	丙寅3四	丁卯4五	戊辰5六	己巳6日	庚午7一	辛未8二	壬申9三	癸酉10四	甲戌11五	乙亥12六	丙子13日	丁丑14一	戊寅15二	癸亥芒種 戊寅夏至
閏五月小	丙午	天干地支 西曆 星期	己卯16三	庚辰17四	辛巳18五	壬午19六	癸未20日	甲申21一	乙酉22二	丙戌23三	丁亥24四	戊子25五	己丑26六	庚寅27日	辛卯28一	壬辰29二	癸巳30三	甲午(7)四	乙未2五	丙申3六	丁酉4日	戊戌5一	己亥6二	庚子7三	辛丑8四	壬寅9五	癸卯10六	甲辰11日	乙巳12一	丙午13二	丁未14三		癸巳小暑
六月大	丁未	天干地支 西曆 星期	戊申15四	己酉16五	庚戌17六	辛亥18日	壬子19一	癸丑20二	甲寅21三	乙卯22四	丙辰23五	丁巳24六	戊午25日	己未26一	庚申27二	辛酉28三	壬戌29四	癸亥30五	甲子31六	乙丑(8)日	丙寅2一	丁卯3二	戊辰4三	己巳5四	庚午6五	辛未7六	壬申8日	癸酉9一	甲戌10二	乙亥11三	丙子12四	丁丑13五	己酉大暑 甲子立秋
七月小	戊申	天干地支 西曆 星期	戊寅14六	己卯15日	庚辰16一	辛巳17二	壬午18三	癸未19四	甲申20五	乙酉21六	丙戌22日	丁亥23一	戊子24二	己丑25三	庚寅26四	辛卯27五	壬辰28六	癸巳29日	甲午30一	乙未31二	丙申(9)三	丁酉2四	戊戌3五	己亥4六	庚子5日	辛丑6一	壬寅7二	癸卯8三	甲辰9四	乙巳10五	丙午11六		己卯處暑 甲午白露
八月大	己酉	天干地支 西曆 星期	丁未12日	戊申13一	己酉14二	庚戌15三	辛亥16四	壬子17五	癸丑18六	甲寅19日	乙卯20一	丙辰21二	丁巳22三	戊午23四	己未24五	庚申25六	辛酉26日	壬戌27一	癸亥28二	甲子29三	乙丑30四	丙寅(10)五	丁卯2六	戊辰3日	己巳4一	庚午5二	辛未6三	壬申7四	癸酉8五	甲戌9六	乙亥10日	丙子11一	己酉秋分 乙丑寒露
九月大	庚戌	天干地支 西曆 星期	丁丑12二	戊寅13三	己卯14四	庚辰15五	辛巳16六	壬午17日	癸未18一	甲申19二	乙酉20三	丙戌21四	丁亥22五	戊子23六	己丑24日	庚寅25一	辛卯26二	壬辰27三	癸巳28四	甲午29五	乙未30六	丙申31日	丁酉(11)一	戊戌2二	己亥3三	庚子4四	辛丑5五	壬寅6六	癸卯7日	甲辰8一	乙巳9二	丙午10三	庚辰霜降 乙未立冬
十月小	辛亥	天干地支 西曆 星期	丁未11四	戊申12五	己酉13六	庚戌14日	辛亥15一	壬子16二	癸丑17三	甲寅18四	乙卯19五	丙辰20六	丁巳21日	戊午22一	己未23二	庚申24三	辛酉25四	壬戌26五	癸亥27六	甲子28日	乙丑29一	丙寅30二	丁卯(12)三	戊辰2四	己巳3五	庚午4六	辛未5日	壬申6一	癸酉7二	甲戌8三	乙亥9四		庚戌小雪 丙寅大雪
十一月大	壬子	天干地支 西曆 星期	丙子10五	丁丑11六	戊寅12日	己卯13一	庚辰14二	辛巳15三	壬午16四	癸未17五	甲申18六	乙酉19日	丙戌20一	丁亥21二	戊子22三	己丑23四	庚寅24五	辛卯25六	壬辰26日	癸巳27一	甲午28二	乙未29三	丙申30四	丁酉31五	戊戌(1)六	己亥2日	庚子3一	辛丑4二	壬寅5三	癸卯6四	甲辰7五	乙巳8六	辛巳冬至 丙申小寒
十二月大	癸丑	天干地支 西曆 星期	丙午9日	丁未10一	戊申11二	己酉12三	庚戌13四	辛亥14五	壬子15六	癸丑16日	甲寅17一	乙卯18二	丙辰19三	丁巳20四	戊午21五	己未22六	庚申23日	辛酉24一	壬戌25二	癸亥26三	甲子27四	乙丑28五	丙寅29六	丁卯30日	戊辰31一	己巳(2)二	庚午2三	辛未3四	壬申4五	癸酉5六	甲戌6日	乙亥7一	辛亥大寒 丙寅立春

金哀宗正大五年（戊子 鼠年） 公元1228～1229年

夏曆月序		中西曆日對照	初一	初二	初三	初四	初五	初六	初七	初八	初九	初十	十一	十二	十三	十四	十五	十六	十七	十八	十九	二十	二一	二二	二三	二四	二五	二六	二七	二八	二九	三十	節氣與天象
正月小	甲寅	天干地支 西曆星期	丙子 8 二	丁丑 9 三	戊寅 10 四	己卯 11 五	庚辰 12 六	辛巳 13 日	壬午 14 一	癸未 15 二	甲申 16 三	乙酉 17 四	丙戌 18 五	丁亥 19 六	戊子 20 日	己丑 21 一	庚寅 22 二	辛卯 23 三	壬辰 24 四	癸巳 25 五	甲午 26 六	乙未 27 日	丙申 28 一	丁酉 29 二	戊戌 (3) 三	己亥 2 四	庚子 3 五	辛丑 4 六	壬寅 5 日	癸卯 6 一	甲辰 7 二		壬午雨水 丁酉驚蟄
二月小	乙卯	天干地支 西曆星期	乙巳 8 三	丙午 9 四	丁未 10 五	戊申 11 六	己酉 12 日	庚戌 13 一	辛亥 14 二	壬子 15 三	癸丑 16 四	甲寅 17 五	乙卯 18 六	丙辰 19 日	丁巳 20 一	戊午 21 二	己未 22 三	庚申 23 四	辛酉 24 五	壬戌 25 六	癸亥 26 日	甲子 27 一	乙丑 28 二	丙寅 29 三	丁卯 30 四	戊辰 31 五	己巳 (4) 六	庚午 2 日	辛未 3 一	壬申 4 二	癸酉 5 三		壬子春分 丁卯清明
三月大	丙辰	天干地支 西曆星期	甲戌 6 四	乙亥 7 五	丙子 8 六	丁丑 9 日	戊寅 10 一	己卯 11 二	庚辰 12 三	辛巳 13 四	壬午 14 五	癸未 15 六	甲申 16 日	乙酉 17 一	丙戌 18 二	丁亥 19 三	戊子 20 四	己丑 21 五	庚寅 22 六	辛卯 23 日	壬辰 24 一	癸巳 25 二	甲午 26 三	乙未 27 四	丙申 28 五	丁酉 29 六	戊戌 30 日	己亥 (5) 一	庚子 2 二	辛丑 3 三	壬寅 4 四	癸卯 5 五	癸未穀雨 戊戌立夏
四月小	丁巳	天干地支 西曆星期	甲辰 6 六	乙巳 7 日	丙午 8 一	丁未 9 二	戊申 10 三	己酉 11 四	庚戌 12 五	辛亥 13 六	壬子 14 日	癸丑 15 一	甲寅 16 二	乙卯 17 三	丙辰 18 四	丁巳 19 五	戊午 20 六	己未 21 日	庚申 22 一	辛酉 23 二	壬戌 24 三	癸亥 25 四	甲子 26 五	乙丑 27 六	丙寅 28 日	丁卯 29 一	戊辰 30 二	己巳 31 三	庚午 (6) 四	辛未 2 五	壬申 3 六		癸丑小滿 戊辰芒種
五月小	戊午	天干地支 西曆星期	癸酉 4 日	甲戌 5 一	乙亥 6 二	丙子 7 三	丁丑 8 四	戊寅 9 五	己卯 10 六	庚辰 11 日	辛巳 12 一	壬午 13 二	癸未 14 三	甲申 15 四	乙酉 16 五	丙戌 17 六	丁亥 18 日	戊子 19 一	己丑 20 二	庚寅 21 三	辛卯 22 四	壬辰 23 五	癸巳 24 六	甲午 25 日	乙未 26 一	丙申 27 二	丁酉 28 三	戊戌 29 四	己亥 30 五	庚子 (7) 六	辛丑 2 日		癸未夏至 己亥小暑
六月大	己未	天干地支 西曆星期	壬寅 3 一	癸卯 4 二	甲辰 5 三	乙巳 6 四	丙午 7 五	丁未 8 六	戊申 9 日	己酉 10 一	庚戌 11 二	辛亥 12 三	壬子 13 四	癸丑 14 五	甲寅 15 六	乙卯 16 日	丙辰 17 一	丁巳 18 二	戊午 19 三	己未 20 四	庚申 21 五	辛酉 22 六	壬戌 23 日	癸亥 24 一	甲子 25 二	乙丑 26 三	丙寅 27 四	丁卯 28 五	戊辰 29 六	己巳 30 日	庚午 31 一	辛未 (8) 二	甲寅大暑 己巳立秋
七月小	庚申	天干地支 西曆星期	壬申 2 三	癸酉 3 四	甲戌 4 五	乙亥 5 六	丙子 6 日	丁丑 7 一	戊寅 8 二	己卯 9 三	庚辰 10 四	辛巳 11 五	壬午 12 六	癸未 13 日	甲申 14 一	乙酉 15 二	丙戌 16 三	丁亥 17 四	戊子 18 五	己丑 19 六	庚寅 20 日	辛卯 21 一	壬辰 22 二	癸巳 23 三	甲午 24 四	乙未 25 五	丙申 26 六	丁酉 27 日	戊戌 28 一	己亥 29 二	庚子 30 三		甲申處暑 己亥白露
八月大	辛酉	天干地支 西曆星期	辛丑 31 四	壬寅 (9) 五	癸卯 2 六	甲辰 3 日	乙巳 4 一	丙午 5 二	丁未 6 三	戊申 7 四	己酉 8 五	庚戌 9 六	辛亥 10 日	壬子 11 一	癸丑 12 二	甲寅 13 三	乙卯 14 四	丙辰 15 五	丁巳 16 六	戊午 17 日	己未 18 一	庚申 19 二	辛酉 20 三	壬戌 21 四	癸亥 22 五	甲子 23 六	乙丑 24 日	丙寅 25 一	丁卯 26 二	戊辰 27 三	己巳 28 四	庚午 29 五	乙卯秋分 庚午寒露
九月大	壬戌	天干地支 西曆星期	辛未 30 六	壬申 (10) 日	癸酉 2 一	甲戌 3 二	乙亥 4 三	丙子 5 四	丁丑 6 五	戊寅 7 六	己卯 8 日	庚辰 9 一	辛巳 10 二	壬午 11 三	癸未 12 四	甲申 13 五	乙酉 14 六	丙戌 15 日	丁亥 16 一	戊子 17 二	己丑 18 三	庚寅 19 四	辛卯 20 五	壬辰 21 六	癸巳 22 日	甲午 23 一	乙未 24 二	丙申 25 三	丁酉 26 四	戊戌 27 五	己亥 28 六	庚子 29 日	乙酉霜降 庚子立冬
十月大	癸亥	天干地支 西曆星期	辛丑 30 一	壬寅 31 二	癸卯 (11) 三	甲辰 2 四	乙巳 3 五	丙午 4 六	丁未 5 日	戊申 6 一	己酉 7 二	庚戌 8 三	辛亥 9 四	壬子 10 五	癸丑 11 六	甲寅 12 日	乙卯 13 一	丙辰 14 二	丁巳 15 三	戊午 16 四	己未 17 五	庚申 18 六	辛酉 19 日	壬戌 20 一	癸亥 21 二	甲子 22 三	乙丑 23 四	丙寅 24 五	丁卯 25 六	戊辰 26 日	己巳 27 一	庚午 28 二	丙辰小雪
十一月小	甲子	天干地支 西曆星期	辛未 29 三	壬申 30 四	癸酉 (12) 五	甲戌 2 六	乙亥 3 日	丙子 4 一	丁丑 5 二	戊寅 6 三	己卯 7 四	庚辰 8 五	辛巳 9 六	壬午 10 日	癸未 11 一	甲申 12 二	乙酉 13 三	丙戌 14 四	丁亥 15 五	戊子 16 六	己丑 17 日	庚寅 18 一	辛卯 19 二	壬辰 20 三	癸巳 21 四	甲午 22 五	乙未 23 六	丙申 24 日	丁酉 25 一	戊戌 26 二	己亥 27 三		辛未大雪 丙戌冬至
十二月大	乙丑	天干地支 西曆星期	庚子 28 四	辛丑 29 五	壬寅 30 六	癸卯 31 日	甲辰 (1) 一	乙巳 2 二	丙午 3 三	丁未 4 四	戊申 5 五	己酉 6 六	庚戌 7 日	辛亥 8 一	壬子 9 二	癸丑 10 三	甲寅 11 四	乙卯 12 五	丙辰 13 六	丁巳 14 日	戊午 15 一	己未 16 二	庚申 17 三	辛酉 18 四	壬戌 19 五	癸亥 20 六	甲子 21 日	乙丑 22 一	丙寅 23 二	丁卯 24 三	戊辰 25 四	己巳 26 五	辛丑小寒 丙辰大寒

金哀宗正大六年（己丑 牛年） 公元 1229 ~ 1230 年

夏曆月序		中西曆日對照	夏曆日序																														節氣與天象
			初一	初二	初三	初四	初五	初六	初七	初八	初九	初十	十一	十二	十三	十四	十五	十六	十七	十八	十九	二十	二一	二二	二三	二四	二五	二六	二七	二八	二九	三十	
正月大	丙寅	天干地支 西曆 星期	庚午 27 六	辛未 28 日	壬申 29 一	癸酉 30 二	甲戌 31 三	乙亥 (2) 四	丙子 2 五	丁丑 3 六	戊寅 4 日	己卯 5 一	庚辰 6 二	辛巳 7 三	壬午 8 四	癸未 9 五	甲申 10 六	乙酉 11 日	丙戌 12 一	丁亥 13 二	戊子 14 三	己丑 15 四	庚寅 16 五	辛卯 17 六	壬辰 18 日	癸巳 19 一	甲午 20 二	乙未 21 三	丙申 22 四	丁酉 23 五	戊戌 24 六	己亥 25 日	壬申立春 丁亥雨水
二月小	丁卯	天干地支 西曆 星期	庚子 26 一	辛丑 27 二	壬寅 28 三	癸卯 (3) 四	甲辰 2 五	乙巳 3 六	丙午 4 日	丁未 5 一	戊申 6 二	己酉 7 三	庚戌 8 四	辛亥 9 五	壬子 10 六	癸丑 11 日	甲寅 12 一	乙卯 13 二	丙辰 14 三	丁巳 15 四	戊午 16 五	己未 17 六	庚申 18 日	辛酉 19 一	壬戌 20 二	癸亥 21 三	甲子 22 四	乙丑 23 五	丙寅 24 六	丁卯 25 日	戊辰 26 一		壬寅驚蟄 丁巳春分
三月小	戊辰	天干地支 西曆 星期	己巳 27 二	庚午 28 三	辛未 29 四	壬申 30 五	癸酉 31 六	甲戌 (4) 日	乙亥 2 一	丙子 3 二	丁丑 4 三	戊寅 5 四	己卯 6 五	庚辰 7 六	辛巳 8 日	壬午 9 一	癸未 10 二	甲申 11 三	乙酉 12 四	丙戌 13 五	丁亥 14 六	戊子 15 日	己丑 16 一	庚寅 17 二	辛卯 18 三	壬辰 19 四	癸巳 20 五	甲午 21 六	乙未 22 日	丙申 23 一	丁酉 24 二		癸酉清明 戊子穀雨
四月大	己巳	天干地支 西曆 星期	戊戌 25 三	己亥 26 四	庚子 27 五	辛丑 28 六	壬寅 29 日	癸卯 30 一	甲辰 (5) 二	乙巳 2 三	丙午 3 四	丁未 4 五	戊申 5 六	己酉 6 日	庚戌 7 一	辛亥 8 二	壬子 9 三	癸丑 10 四	甲寅 11 五	乙卯 12 六	丙辰 13 日	丁巳 14 一	戊午 15 二	己未 16 三	庚申 17 四	辛酉 18 五	壬戌 19 六	癸亥 20 日	甲子 21 一	乙丑 22 二	丙寅 23 三	丁卯 24 四	癸卯立夏 戊午小滿
五月小	庚午	天干地支 西曆 星期	戊辰 25 五	己巳 26 六	庚午 27 日	辛未 28 一	壬申 29 二	癸酉 30 三	甲戌 31 四	乙亥 (6) 五	丙子 2 六	丁丑 3 日	戊寅 4 一	己卯 5 二	庚辰 6 三	辛巳 7 四	壬午 8 五	癸未 9 六	甲申 10 日	乙酉 11 一	丙戌 12 二	丁亥 13 三	戊子 14 四	己丑 15 五	庚寅 16 六	辛卯 17 日	壬辰 18 一	癸巳 19 二	甲午 20 三	乙未 21 四	丙申 22 五		癸酉芒種 己丑夏至
六月小	辛未	天干地支 西曆 星期	丁酉 23 六	戊戌 24 日	己亥 25 一	庚子 26 二	辛丑 27 三	壬寅 28 四	癸卯 29 五	甲辰 30 六	乙巳 (7) 日	丙午 2 一	丁未 3 二	戊申 4 三	己酉 5 四	庚戌 6 五	辛亥 7 六	壬子 8 日	癸丑 9 一	甲寅 10 二	乙卯 11 三	丙辰 12 四	丁巳 13 五	戊午 14 六	己未 15 日	庚申 16 一	辛酉 17 二	壬戌 18 三	癸亥 19 四	甲子 20 五	乙丑 21 六		甲辰小暑 己未大暑
七月大	壬申	天干地支 西曆 星期	丙寅 22 日	丁卯 23 一	戊辰 24 二	己巳 25 三	庚午 26 四	辛未 27 五	壬申 28 六	癸酉 29 日	甲戌 30 一	乙亥 31 二	丙子 (8) 三	丁丑 2 四	戊寅 3 五	己卯 4 六	庚辰 5 日	辛巳 6 一	壬午 7 二	癸未 8 三	甲申 9 四	乙酉 10 五	丙戌 11 六	丁亥 12 日	戊子 13 一	己丑 14 二	庚寅 15 三	辛卯 16 四	壬辰 17 五	癸巳 18 六	甲午 19 日	乙未 20 一	甲戌立秋 庚寅處暑
八月小	癸酉	天干地支 西曆 星期	丙申 21 二	丁酉 22 三	戊戌 23 四	己亥 24 五	庚子 25 六	辛丑 26 日	壬寅 27 一	癸卯 28 二	甲辰 29 三	乙巳 30 四	丙午 31 五	丁未 (9) 六	戊申 2 日	己酉 3 一	庚戌 4 二	辛亥 5 三	壬子 6 四	癸丑 7 五	甲寅 8 六	乙卯 9 日	丙辰 10 一	丁巳 11 二	戊午 12 三	己未 13 四	庚申 14 五	辛酉 15 六	壬戌 16 日	癸亥 17 一	甲子 18 二		乙巳白露 庚申秋分
九月大	甲戌	天干地支 西曆 星期	乙丑 19 三	丙寅 20 四	丁卯 21 五	戊辰 22 六	己巳 23 日	庚午 24 一	辛未 25 二	壬申 26 三	癸酉 27 四	甲戌 28 五	乙亥 29 六	丙子 30 日	丁丑 (10) 一	戊寅 2 二	己卯 3 三	庚辰 4 四	辛巳 5 五	壬午 6 六	癸未 7 日	甲申 8 一	乙酉 9 二	丙戌 10 三	丁亥 11 四	戊子 12 五	己丑 13 六	庚寅 14 日	辛卯 15 一	壬辰 16 二	癸巳 17 三	甲午 18 四	乙亥寒露 庚寅霜降
十月大	乙亥	天干地支 西曆 星期	乙未 19 五	丙申 20 六	丁酉 21 日	戊戌 22 一	己亥 23 二	庚子 24 三	辛丑 25 四	壬寅 26 五	癸卯 27 六	甲辰 28 日	乙巳 29 一	丙午 30 二	丁未 31 三	戊申 (11) 四	己酉 2 五	庚戌 3 六	辛亥 4 日	壬子 5 一	癸丑 6 二	甲寅 7 三	乙卯 8 四	丙辰 9 五	丁巳 10 六	戊午 11 日	己未 12 一	庚申 13 二	辛酉 14 三	壬戌 15 四	癸亥 16 五	甲子 17 六	丙午立冬 辛酉小雪
十一月大	丙子	天干地支 西曆 星期	乙丑 18 日	丙寅 19 一	丁卯 20 二	戊辰 21 三	己巳 22 四	庚午 23 五	辛未 24 六	壬申 25 日	癸酉 26 一	甲戌 27 二	乙亥 28 三	丙子 29 四	丁丑 30 五	戊寅 (12) 六	己卯 2 日	庚辰 3 一	辛巳 4 二	壬午 5 三	癸未 6 四	甲申 7 五	乙酉 8 六	丙戌 9 日	丁亥 10 一	戊子 11 二	己丑 12 三	庚寅 13 四	辛卯 14 五	壬辰 15 六	癸巳 16 日	甲午 17 一	丙子大雪 辛卯冬至
十二月小	丁丑	天干地支 西曆 星期	乙未 18 二	丙申 19 三	丁酉 20 四	戊戌 21 五	己亥 22 六	庚子 23 日	辛丑 24 一	壬寅 25 二	癸卯 26 三	甲辰 27 四	乙巳 28 五	丙午 29 六	丁未 30 日	戊申 31 一	己酉 (1) 二	庚戌 2 三	辛亥 3 四	壬子 4 五	癸丑 5 六	甲寅 6 日	乙卯 7 一	丙辰 8 二	丁巳 9 三	戊午 10 四	己未 11 五	庚申 12 六	辛酉 13 日	壬戌 14 一	癸亥 15 二		丙午小寒 壬戌大寒

金哀宗正大七年（庚寅 虎年） 公元 1230 ~ 1231 年

夏曆月序		中西曆日對照	初一	初二	初三	初四	初五	初六	初七	初八	初九	初十	十一	十二	十三	十四	十五	十六	十七	十八	十九	二十	二一	二二	二三	二四	二五	二六	二七	二八	二九	三十	節氣與天象
正月大	戊寅	天干地支 西曆 星期	甲子 16 三	乙丑 17 四	丙寅 18 五	丁卯 19 六	戊辰 20 日	己巳 21 一	庚午 22 二	辛未 23 三	壬申 24 四	癸酉 25 五	甲戌 26 六	乙亥 27 日	丙子 28 一	丁丑 29 二	戊寅 30 三	己卯 31 四	庚辰 (2) 五	辛巳 2 六	壬午 3 日	癸未 4 一	甲申 5 二	乙酉 6 三	丙戌 7 四	丁亥 8 五	戊子 9 六	己丑 10 日	庚寅 11 一	辛卯 12 二	壬辰 13 三	癸巳 14 四	丁丑立春 壬辰雨水
二月大	己卯	天干地支 西曆 星期	甲午 15 五	乙未 16 六	丙申 17 日	丁酉 18 一	戊戌 19 二	己亥 20 三	庚子 21 四	辛丑 22 五	壬寅 23 六	癸卯 24 日	甲辰 25 一	乙巳 26 二	丙午 27 三	丁未 28 四	戊申 (3) 五	己酉 2 六	庚戌 3 日	辛亥 4 一	壬子 5 二	癸丑 6 三	甲寅 7 四	乙卯 8 五	丙辰 9 六	丁巳 10 日	戊午 11 一	己未 12 二	庚申 13 三	辛酉 14 四	壬戌 15 五	癸亥 16 六	丁未驚蟄 癸亥春分
閏二月小	己卯	天干地支 西曆 星期	甲子 17 日	乙丑 18 一	丙寅 19 二	丁卯 20 三	戊辰 21 四	己巳 22 五	庚午 23 六	辛未 24 日	壬申 25 一	癸酉 26 二	甲戌 27 三	乙亥 28 四	丙子 29 五	丁丑 30 六	戊寅 31 日	己卯 (4) 一	庚辰 2 二	辛巳 3 三	壬午 4 四	癸未 5 五	甲申 6 六	乙酉 7 日	丙戌 8 一	丁亥 9 二	戊子 10 三	己丑 11 四	庚寅 12 五	辛卯 13 六	壬辰 14 日		戊寅清明
三月小	庚辰	天干地支 西曆 星期	癸巳 15 一	甲午 16 二	乙未 17 三	丙申 18 四	丁酉 19 五	戊戌 20 六	己亥 21 日	庚子 22 一	辛丑 23 二	壬寅 24 三	癸卯 25 四	甲辰 26 五	乙巳 27 六	丙午 28 日	丁未 29 一	戊申 30 二	己酉 (5) 三	庚戌 2 四	辛亥 3 五	壬子 4 六	癸丑 5 日	甲寅 6 一	乙卯 7 二	丙辰 8 三	丁巳 9 四	戊午 10 五	己未 11 六	庚申 12 日	辛酉 13 一		癸巳穀雨 戊申立夏
四月大	辛巳	天干地支 西曆 星期	壬戌 14 二	癸亥 15 三	甲子 16 四	乙丑 17 五	丙寅 18 六	丁卯 19 日	戊辰 20 一	己巳 21 二	庚午 22 三	辛未 23 四	壬申 24 五	癸酉 25 六	甲戌 26 日	乙亥 27 一	丙子 28 二	丁丑 29 三	戊寅 30 四	己卯 31 五	庚辰 (6) 六	辛巳 2 日	壬午 3 一	癸未 4 二	甲申 5 三	乙酉 6 四	丙戌 7 五	丁亥 8 六	戊子 9 日	己丑 10 一	庚寅 11 二	辛卯 12 三	癸亥小滿 己卯芒種
五月小	壬午	天干地支 西曆 星期	壬辰 13 四	癸巳 14 五	甲午 15 六	乙未 16 日	丙申 17 一	丁酉 18 二	戊戌 19 三	己亥 20 四	庚子 21 五	辛丑 22 六	壬寅 23 日	癸卯 24 一	甲辰 25 二	乙巳 26 三	丙午 27 四	丁未 28 五	戊申 29 六	己酉 30 日	庚戌 (7) 一	辛亥 2 二	壬子 3 三	癸丑 4 四	甲寅 5 五	乙卯 6 六	丙辰 7 日	丁巳 8 一	戊午 9 二	己未 10 三	庚申 11 四		甲午夏至 己酉小暑
六月小	癸未	天干地支 西曆 星期	辛酉 12 五	壬戌 13 六	癸亥 14 日	甲子 15 一	乙丑 16 二	丙寅 17 三	丁卯 18 四	戊辰 19 五	己巳 20 六	庚午 21 日	辛未 22 一	壬申 23 二	癸酉 24 三	甲戌 25 四	乙亥 26 五	丙子 27 六	丁丑 28 日	戊寅 29 一	己卯 30 二	庚辰 31 三	辛巳 (8) 四	壬午 2 五	癸未 3 六	甲申 4 日	乙酉 5 一	丙戌 6 二	丁亥 7 三	戊子 8 四	己丑 9 五		甲子大暑 庚辰立秋
七月大	甲申	天干地支 西曆 星期	庚寅 10 六	辛卯 11 日	壬辰 12 一	癸巳 13 二	甲午 14 三	乙未 15 四	丙申 16 五	丁酉 17 六	戊戌 18 日	己亥 19 一	庚子 20 二	辛丑 21 三	壬寅 22 四	癸卯 23 五	甲辰 24 六	乙巳 25 日	丙午 26 一	丁未 27 二	戊申 28 三	己酉 29 四	庚戌 30 五	辛亥 31 六	壬子 (9) 日	癸丑 2 一	甲寅 3 二	乙卯 4 三	丙辰 5 四	丁巳 6 五	戊午 7 六	己未 8 日	乙未處暑 庚戌白露
八月小	乙酉	天干地支 西曆 星期	庚申 9 一	辛酉 10 二	壬戌 11 三	癸亥 12 四	甲子 13 五	乙丑 14 六	丙寅 15 日	丁卯 16 一	戊辰 17 二	己巳 18 三	庚午 19 四	辛未 20 五	壬申 21 六	癸酉 22 日	甲戌 23 一	乙亥 24 二	丙子 25 三	丁丑 26 四	戊寅 27 五	己卯 28 六	庚辰 29 日	辛巳 30 一	壬午 (10) 二	癸未 2 三	甲申 3 四	乙酉 4 五	丙戌 5 六	丁亥 6 日	戊子 7 一		乙丑秋分 庚辰寒露
九月大	丙戌	天干地支 西曆 星期	己丑 8 二	庚寅 9 三	辛卯 10 四	壬辰 11 五	癸巳 12 六	甲午 13 日	乙未 14 一	丙申 15 二	丁酉 16 三	戊戌 17 四	己亥 18 五	庚子 19 六	辛丑 20 日	壬寅 21 一	癸卯 22 二	甲辰 23 三	乙巳 24 四	丙午 25 五	丁未 26 六	戊申 27 日	己酉 28 一	庚戌 29 二	辛亥 30 三	壬子 31 四	癸丑 (11) 五	甲寅 2 六	乙卯 3 日	丙辰 4 一	丁巳 5 二	戊午 6 三	丙申霜降 辛亥立冬
十月小	丁亥	天干地支 西曆 星期	己未 7 四	庚申 8 五	辛酉 9 六	壬戌 10 日	癸亥 11 一	甲子 12 二	乙丑 13 三	丙寅 14 四	丁卯 15 五	戊辰 16 六	己巳 17 日	庚午 18 一	辛未 19 二	壬申 20 三	癸酉 21 四	甲戌 22 五	乙亥 23 六	丙子 24 日	丁丑 25 一	戊寅 26 二	己卯 27 三	庚辰 28 四	辛巳 29 五	壬午 30 六	癸未 (12) 日	甲申 2 一	乙酉 3 二	丙戌 4 三	丁亥 5 四		丙寅小雪 辛巳大雪
十一月大	戊子	天干地支 西曆 星期	戊子 6 五	己丑 7 六	庚寅 8 日	辛卯 9 一	壬辰 10 二	癸巳 11 三	甲午 12 四	乙未 13 五	丙申 14 六	丁酉 15 日	戊戌 16 一	己亥 17 二	庚子 18 三	辛丑 19 四	壬寅 20 五	癸卯 21 六	甲辰 22 日	乙巳 23 一	丙午 24 二	丁未 25 三	戊申 26 四	己酉 27 五	庚戌 28 六	辛亥 29 日	壬子 30 一	癸丑 31 二	甲寅 (1) 三	乙卯 2 四	丙辰 3 五	丁巳 4 六	丁酉冬至 壬子小寒
十二月大	己丑	天干地支 西曆 星期	戊午 5 日	己未 6 一	庚申 7 二	辛酉 8 三	壬戌 9 四	癸亥 10 五	甲子 11 六	乙丑 12 日	丙寅 13 一	丁卯 14 二	戊辰 15 三	己巳 16 四	庚午 17 五	辛未 18 六	壬申 19 日	癸酉 20 一	甲戌 21 二	乙亥 22 三	丙子 23 四	丁丑 24 五	戊寅 25 六	己卯 26 日	庚辰 27 一	辛巳 28 二	壬午 29 三	癸未 30 四	甲申 31 五	乙酉 (2) 六	丙戌 2 日	丁亥 3 一	丁卯大寒 壬午立春

金哀宗正大八年（辛卯 兔年） 公元 1231 ~ 1232 年

夏曆月序		中西曆日對照	初一	初二	初三	初四	初五	初六	初七	初八	初九	初十	十一	十二	十三	十四	十五	十六	十七	十八	十九	二十	二一	二二	二三	二四	二五	二六	二七	二八	二九	三十	節氣與天象
正月大	庚寅	干支 西曆 星期	戊子 4 二	己丑 5 三	庚寅 6 四	辛卯 7 五	壬辰 8 六	癸巳 9 日	甲午 10 一	乙未 11 二	丙申 12 三	丁酉 13 四	戊戌 14 五	己亥 15 六	庚子 16 日	辛丑 17 一	壬寅 18 二	癸卯 19 三	甲辰 20 四	乙巳 21 五	丙午 22 六	丁未 23 日	戊申 24 一	己酉 25 二	庚戌 26 三	辛亥 27 四	壬子 28 五	癸丑 (3) 六	甲寅 2 日	乙卯 3 一	丙辰 4 二	丁巳 5 三	丁酉雨水 癸丑驚蟄
二月小	辛卯	干支 西曆 星期	戊午 6 四	己未 7 五	庚申 8 六	辛酉 9 日	壬戌 10 一	癸亥 11 二	甲子 12 三	乙丑 13 四	丙寅 14 五	丁卯 15 六	戊辰 16 日	己巳 17 一	庚午 18 二	辛未 19 三	壬申 20 四	癸酉 21 五	甲戌 22 六	乙亥 23 日	丙子 24 一	丁丑 25 二	戊寅 26 三	己卯 27 四	庚辰 28 五	辛巳 29 六	壬午 30 日	癸未 31 一	甲申 (4) 二	乙酉 2 三	丙戌 3 四		戊辰春分 癸未清明
三月大	壬辰	干支 西曆 星期	丁亥 4 五	戊子 5 六	己丑 6 日	庚寅 7 一	辛卯 8 二	壬辰 9 三	癸巳 10 四	甲午 11 五	乙未 12 六	丙申 13 日	丁酉 14 一	戊戌 15 二	己亥 16 三	庚子 17 四	辛丑 18 五	壬寅 19 六	癸卯 20 日	甲辰 21 一	乙巳 22 二	丙午 23 三	丁未 24 四	戊申 25 五	己酉 26 六	庚戌 27 日	辛亥 28 一	壬子 29 二	癸丑 30 三	甲寅 (5) 四	乙卯 2 五	丙辰 3 六	戊戌穀雨 癸丑立夏
四月小	癸巳	干支 西曆 星期	丁巳 4 日	戊午 5 一	己未 6 二	庚申 7 三	辛酉 8 四	壬戌 9 五	癸亥 10 六	甲子 11 日	乙丑 12 一	丙寅 13 二	丁卯 14 三	戊辰 15 四	己巳 16 五	庚午 17 六	辛未 18 日	壬申 19 一	癸酉 20 二	甲戌 21 三	乙亥 22 四	丙子 23 五	丁丑 24 六	戊寅 25 日	己卯 26 一	庚辰 27 二	辛巳 28 三	壬午 29 四	癸未 30 五	甲申 31 六	乙酉 (6) 日		己巳小滿 甲申芒種
五月大	甲午	干支 西曆 星期	丙戌 2 一	丁亥 3 二	戊子 4 三	己丑 5 四	庚寅 6 五	辛卯 7 六	壬辰 8 日	癸巳 9 一	甲午 10 二	乙未 11 三	丙申 12 四	丁酉 13 五	戊戌 14 六	己亥 15 日	庚子 16 一	辛丑 17 二	壬寅 18 三	癸卯 19 四	甲辰 20 五	乙巳 21 六	丙午 22 日	丁未 23 一	戊申 24 二	己酉 25 三	庚戌 26 四	辛亥 27 五	壬子 28 六	癸丑 29 日	甲寅 30 一	乙卯 (7) 二	己亥夏至 甲寅小暑
六月小	乙未	干支 西曆 星期	丙辰 2 三	丁巳 3 四	戊午 4 五	己未 5 六	庚申 6 日	辛酉 7 一	壬戌 8 二	癸亥 9 三	甲子 10 四	乙丑 11 五	丙寅 12 六	丁卯 13 日	戊辰 14 一	己巳 15 二	庚午 16 三	辛未 17 四	壬申 18 五	癸酉 19 六	甲戌 20 日	乙亥 21 一	丙子 22 二	丁丑 23 三	戊寅 24 四	己卯 25 五	庚辰 26 六	辛巳 27 日	壬午 28 一	癸未 29 二	甲申 30 三		庚午大暑
七月小	丙申	干支 西曆 星期	乙酉 31 四	丙戌 (8) 五	丁亥 2 六	戊子 3 日	己丑 4 一	庚寅 5 二	辛卯 6 三	壬辰 7 四	癸巳 8 五	甲午 9 六	乙未 10 日	丙申 11 一	丁酉 12 二	戊戌 13 三	己亥 14 四	庚子 15 五	辛丑 16 六	壬寅 17 日	癸卯 18 一	甲辰 19 二	乙巳 20 三	丙午 21 四	丁未 22 五	戊申 23 六	己酉 24 日	庚戌 25 一	辛亥 26 二	壬子 27 三	癸丑 28 四		乙酉立秋 庚子處暑
八月大	丁酉	干支 西曆 星期	甲寅 29 五	乙卯 30 六	丙辰 31 日	丁巳 (9) 一	戊午 2 二	己未 3 三	庚申 4 四	辛酉 5 五	壬戌 6 六	癸亥 7 日	甲子 8 一	乙丑 9 二	丙寅 10 三	丁卯 11 四	戊辰 12 五	己巳 13 六	庚午 14 日	辛未 15 一	壬申 16 二	癸酉 17 三	甲戌 18 四	乙亥 19 五	丙子 20 六	丁丑 21 日	戊寅 22 一	己卯 23 二	庚辰 24 三	辛巳 25 四	壬午 26 五	癸未 27 六	乙卯白露 庚午秋分
九月小	戊戌	干支 西曆 星期	甲申 28 日	乙酉 29 一	丙戌 30 二	丁亥 (10) 三	戊子 2 四	己丑 3 五	庚寅 4 六	辛卯 5 日	壬辰 6 一	癸巳 7 二	甲午 8 三	乙未 9 四	丙申 10 五	丁酉 11 六	戊戌 12 日	己亥 13 一	庚子 14 二	辛丑 15 三	壬寅 16 四	癸卯 17 五	甲辰 18 六	乙巳 19 日	丙午 20 一	丁未 21 二	戊申 22 三	己酉 23 四	庚戌 24 五	辛亥 25 六	壬子 26 日		丙戌寒露 辛丑霜降
十月大	己亥	干支 西曆 星期	癸丑 27 一	甲寅 28 二	乙卯 29 三	丙辰 30 四	丁巳 31 五	戊午 (11) 六	己未 2 日	庚申 3 一	辛酉 4 二	壬戌 5 三	癸亥 6 四	甲子 7 五	乙丑 8 六	丙寅 9 日	丁卯 10 一	戊辰 11 二	己巳 12 三	庚午 13 四	辛未 14 五	壬申 15 六	癸酉 16 日	甲戌 17 一	乙亥 18 二	丙子 19 三	丁丑 20 四	戊寅 21 五	己卯 22 六	庚辰 23 日	辛巳 24 一	壬午 25 二	丙辰立冬 辛未小雪
十一月小	庚子	干支 西曆 星期	癸未 26 三	甲申 27 四	乙酉 28 五	丙戌 29 六	丁亥 30 日	戊子 (12) 一	己丑 2 二	庚寅 3 三	辛卯 4 四	壬辰 5 五	癸巳 6 六	甲午 7 日	乙未 8 一	丙申 9 二	丁酉 10 三	戊戌 11 四	己亥 12 五	庚子 13 六	辛丑 14 日	壬寅 15 一	癸卯 16 二	甲辰 17 三	乙巳 18 四	丙午 19 五	丁未 20 六	戊申 21 日	己酉 22 一	庚戌 23 二	辛亥 24 三		丁亥大雪 壬寅冬至
十二月大	辛丑	干支 西曆 星期	壬子 25 四	癸丑 26 五	甲寅 27 六	乙卯 28 日	丙辰 29 一	丁巳 30 二	戊午 31 三	己未 (1) 四	庚申 2 五	辛酉 3 六	壬戌 4 日	癸亥 5 一	甲子 6 二	乙丑 7 三	丙寅 8 四	丁卯 9 五	戊辰 10 六	己巳 11 日	庚午 12 一	辛未 13 二	壬申 14 三	癸酉 15 四	甲戌 16 五	乙亥 17 六	丙子 18 日	丁丑 19 一	戊寅 20 二	己卯 21 三	庚辰 22 四	辛巳 23 五	丁巳小寒 壬申大寒

金哀宗開興元年 天興元年（壬辰 龍年） 公元 1232 ~ 1233 年

夏曆月序		中西曆日對照	初一	初二	初三	初四	初五	初六	初七	初八	初九	初十	十一	十二	十三	十四	十五	十六	十七	十八	十九	二十	二一	二二	二三	二四	二五	二六	二七	二八	二九	三十	節氣與天象
正月大	壬寅	天干地支 西曆星期	壬午 24 六	癸未 25 日	甲申 26 一	乙酉 27 二	丙戌 28 三	丁亥 29 四	戊子 30 五	己丑 31 六	庚寅 (2) 日	辛卯 2 一	壬辰 3 二	癸巳 4 三	甲午 5 四	乙未 6 五	丙申 7 六	丁酉 8 日	戊戌 9 一	己亥 10 二	庚子 11 三	辛丑 12 四	壬寅 13 五	癸卯 14 六	甲辰 15 日	乙巳 16 一	丙午 17 二	丁未 18 三	戊申 19 四	己酉 20 五	庚戌 21 六	辛亥 22 日	丁亥立春 癸卯雨水
二月大	癸卯	天干地支 西曆星期	壬子 23 一	癸丑 24 二	甲寅 25 三	乙卯 26 四	丙辰 27 五	丁巳 28 六	戊午 29 日	己未 (3) 一	庚申 2 二	辛酉 3 三	壬戌 4 四	癸亥 5 五	甲子 6 六	乙丑 7 日	丙寅 8 一	丁卯 9 二	戊辰 10 三	己巳 11 四	庚午 12 五	辛未 13 六	壬申 14 日	癸酉 15 一	甲戌 16 二	乙亥 17 三	丙子 18 四	丁丑 19 五	戊寅 20 六	己卯 21 日	庚辰 22 一	辛巳 23 二	戊午驚蟄 癸酉春分
三月小	甲辰	天干地支 西曆星期	壬午 24 三	癸未 25 四	甲申 26 五	乙酉 27 六	丙戌 28 日	丁亥 29 一	戊子 30 二	己丑 31 三	庚寅 (4) 四	辛卯 2 五	壬辰 3 六	癸巳 4 日	甲午 5 一	乙未 6 二	丙申 7 三	丁酉 8 四	戊戌 9 五	己亥 10 六	庚子 11 日	辛丑 12 一	壬寅 13 二	癸卯 14 三	甲辰 15 四	乙巳 16 五	丙午 17 六	丁未 18 日	戊申 19 一	己酉 20 二	庚戌 21 三		戊子清明 甲辰穀雨
四月大	乙巳	天干地支 西曆星期	辛亥 22 四	壬子 23 五	癸丑 24 六	甲寅 25 日	乙卯 26 一	丙辰 27 二	丁巳 28 三	戊午 29 四	己未 30 五	庚申 (5) 六	辛酉 2 日	壬戌 3 一	癸亥 4 二	甲子 5 三	乙丑 6 四	丙寅 7 五	丁卯 8 六	戊辰 9 日	己巳 10 一	庚午 11 二	辛未 12 三	壬申 13 四	癸酉 14 五	甲戌 15 六	乙亥 16 日	丙子 17 一	丁丑 18 二	戊寅 19 三	己卯 20 四	庚辰 21 五	己未立夏 甲戌小滿
五月小	丙午	天干地支 西曆星期	辛巳 22 六	壬午 23 日	癸未 24 一	甲申 25 二	乙酉 26 三	丙戌 27 四	丁亥 28 五	戊子 29 六	己丑 30 日	庚寅 31 一	辛卯 (6) 二	壬辰 2 三	癸巳 3 四	甲午 4 五	乙未 5 六	丙申 6 日	丁酉 7 一	戊戌 8 二	己亥 9 三	庚子 10 四	辛丑 11 五	壬寅 12 六	癸卯 13 日	甲辰 14 一	乙巳 15 二	丙午 16 三	丁未 17 四	戊申 18 五	己酉 19 六		己丑芒種 甲辰夏至
六月大	丁未	天干地支 西曆星期	庚戌 20 日	辛亥 21 一	壬子 22 二	癸丑 23 三	甲寅 24 四	乙卯 25 五	丙辰 26 六	丁巳 27 日	戊午 28 一	己未 29 二	庚申 30 三	辛酉 (7) 四	壬戌 2 五	癸亥 3 六	甲子 4 日	乙丑 5 一	丙寅 6 二	丁卯 7 三	戊辰 8 四	己巳 9 五	庚午 10 六	辛未 11 日	壬申 12 一	癸酉 13 二	甲戌 14 三	乙亥 15 四	丙子 16 五	丁丑 17 六	戊寅 18 日	己卯 19 一	庚申小暑 乙亥大暑
七月小	戊申	天干地支 西曆星期	庚辰 20 二	辛巳 21 三	壬午 22 四	癸未 23 五	甲申 24 六	乙酉 25 日	丙戌 26 一	丁亥 27 二	戊子 28 三	己丑 29 四	庚寅 30 五	辛卯 31 六	壬辰 (8) 日	癸巳 2 一	甲午 3 二	乙未 4 三	丙申 5 四	丁酉 6 五	戊戌 7 六	己亥 8 日	庚子 9 一	辛丑 10 二	壬寅 11 三	癸卯 12 四	甲辰 13 五	乙巳 14 六	丙午 15 日	丁未 16 一	戊申 17 二		庚寅立秋 乙巳處暑
八月小	己酉	天干地支 西曆星期	己酉 18 三	庚戌 19 四	辛亥 20 五	壬子 21 六	癸丑 22 日	甲寅 23 一	乙卯 24 二	丙辰 25 三	丁巳 26 四	戊午 27 五	己未 28 六	庚申 29 日	辛酉 30 一	壬戌 31 二	癸亥 (9) 三	甲子 2 四	乙丑 3 五	丙寅 4 六	丁卯 5 日	戊辰 6 一	己巳 7 二	庚午 8 三	辛未 9 四	壬申 10 五	癸酉 11 六	甲戌 12 日	乙亥 13 一	丙子 14 二	丁丑 15 三		庚申白露 丙子秋分
九月大	庚戌	天干地支 西曆星期	戊寅 16 四	己卯 17 五	庚辰 18 六	辛巳 19 日	壬午 20 一	癸未 21 二	甲申 22 三	乙酉 23 四	丙戌 24 五	丁亥 25 六	戊子 26 日	己丑 27 一	庚寅 28 二	辛卯 29 三	壬辰 30 四	癸巳 (10) 五	甲午 2 六	乙未 3 日	丙申 4 一	丁酉 5 二	戊戌 6 三	己亥 7 四	庚子 8 五	辛丑 9 六	壬寅 10 日	癸卯 11 一	甲辰 12 二	乙巳 13 三	丙午 14 四	丁未 15 五	辛卯寒露 丙午霜降
閏九月小	庚戌	天干地支 西曆星期	戊申 16 六	己酉 17 日	庚戌 18 一	辛亥 19 二	壬子 20 三	癸丑 21 四	甲寅 22 五	乙卯 23 六	丙辰 24 日	丁巳 25 一	戊午 26 二	己未 27 三	庚申 28 四	辛酉 29 五	壬戌 30 六	癸亥 31 日	甲子 (11) 一	乙丑 2 二	丙寅 3 三	丁卯 4 四	戊辰 5 五	己巳 6 六	庚午 7 日	辛未 8 一	壬申 9 二	癸酉 10 三	甲戌 11 四	乙亥 12 五	丙子 13 六		辛酉立冬
十月大	辛亥	天干地支 西曆星期	丁丑 14 日	戊寅 15 一	己卯 16 二	庚辰 17 三	辛巳 18 四	壬午 19 五	癸未 20 六	甲申 21 日	乙酉 22 一	丙戌 23 二	丁亥 24 三	戊子 25 四	己丑 26 五	庚寅 27 六	辛卯 28 日	壬辰 29 一	癸巳 30 二	甲午 (12) 三	乙未 2 四	丙申 3 五	丁酉 4 六	戊戌 5 日	己亥 6 一	庚子 7 二	辛丑 8 三	壬寅 9 四	癸卯 10 五	甲辰 11 六	乙巳 12 日	丙午 13 一	丁丑小雪 壬辰大雪
十一月小	壬子	天干地支 西曆星期	丁未 14 二	戊申 15 三	己酉 16 四	庚戌 17 五	辛亥 18 六	壬子 19 日	癸丑 20 一	甲寅 21 二	乙卯 22 三	丙辰 23 四	丁巳 24 五	戊午 25 六	己未 26 日	庚申 27 一	辛酉 28 二	壬戌 29 三	癸亥 30 四	甲子 31 五	乙丑 (1) 六	丙寅 2 日	丁卯 3 一	戊辰 4 二	己巳 5 三	庚午 6 四	辛未 7 五	壬申 8 六	癸酉 9 日	甲戌 10 一	乙亥 11 二		丁未冬至 壬戌小寒
十二月大	癸丑	天干地支 西曆星期	丙子 12 三	丁丑 13 四	戊寅 14 五	己卯 15 六	庚辰 16 日	辛巳 17 一	壬午 18 二	癸未 19 三	甲申 20 四	乙酉 21 五	丙戌 22 六	丁亥 23 日	戊子 24 一	己丑 25 二	庚寅 26 三	辛卯 27 四	壬辰 28 五	癸巳 29 六	甲午 30 日	乙未 31 一	丙申 (2) 二	丁酉 2 三	戊戌 3 四	己亥 4 五	庚子 5 六	辛丑 6 日	壬寅 7 一	癸卯 8 二	甲辰 9 三	乙巳 10 四	丁丑大寒 癸巳立春

*正月，改元開興。四月甲子（十四日），改元天興。

金哀宗天興二年（癸巳 蛇年） 公元 1233 ~ 1234 年

夏曆月序		中西曆日對照	夏曆日序																													節氣與天象
			初一	初二	初三	初四	初五	初六	初七	初八	初九	初十	十一	十二	十三	十四	十五	十六	十七	十八	十九	二十	二一	二二	二三	二四	二五	二六	二七	二八	二九	三十	
正月大	甲寅	天干地支 西曆 星期	丙午 11 五	丁未 12 六	戊申 13 日	己酉 14 一	庚戌 15 二	辛亥 16 三	壬子 17 四	癸丑 18 五	甲寅 19 六	乙卯 20 日	丙辰 21 一	丁巳 22 二	戊午 23 三	己未 24 四	庚申 25 五	辛酉 26 六	壬戌 27 日	癸亥 28 一	甲子 (3) 二	乙丑 2 三	丙寅 3 四	丁卯 4 五	戊辰 5 六	己巳 6 日	庚午 7 一	辛未 8 二	壬申 9 三	癸酉 10 四	甲戌 11 五	乙亥 12 六	戊申雨水 癸亥驚蟄
二月小	乙卯	天干地支 西曆 星期	丙子 13 日	丁丑 14 一	戊寅 15 二	己卯 16 三	庚辰 17 四	辛巳 18 五	壬午 19 六	癸未 20 日	甲申 21 一	乙酉 22 二	丙戌 23 三	丁亥 24 四	戊子 25 五	己丑 26 六	庚寅 27 日	辛卯 28 一	壬辰 29 二	癸巳 30 三	甲午 31 四	乙未 (4) 五	丙申 2 六	丁酉 3 日	戊戌 4 一	己亥 5 二	庚子 6 三	辛丑 7 四	壬寅 8 五	癸卯 9 六	甲辰 10 日		戊寅春分 甲午清明
三月大	丙辰	天干地支 西曆 星期	乙巳 11 一	丙午 12 二	丁未 13 三	戊申 14 四	己酉 15 五	庚戌 16 六	辛亥 17 日	壬子 18 一	癸丑 19 二	甲寅 20 三	乙卯 21 四	丙辰 22 五	丁巳 23 六	戊午 24 日	己未 25 一	庚申 26 二	辛酉 27 三	壬戌 28 四	癸亥 29 五	甲子 30 六	乙丑 (5) 日	丙寅 2 一	丁卯 3 二	戊辰 4 三	己巳 5 四	庚午 6 五	辛未 7 六	壬申 8 日	癸酉 9 一	甲戌 10 二	己酉穀雨 甲子立夏
四月大	丁巳	天干地支 西曆 星期	乙亥 11 三	丙子 12 四	丁丑 13 五	戊寅 14 六	己卯 15 日	庚辰 16 一	辛巳 17 二	壬午 18 三	癸未 19 四	甲申 20 五	乙酉 21 六	丙戌 22 日	丁亥 23 一	戊子 24 二	己丑 25 三	庚寅 26 四	辛卯 27 五	壬辰 28 六	癸巳 29 日	甲午 30 一	乙未 31 二	丙申 (6) 三	丁酉 2 四	戊戌 3 五	己亥 4 六	庚子 5 日	辛丑 6 一	壬寅 7 二	癸卯 8 三	甲辰 9 四	己卯小滿 甲午芒種
五月小	戊午	天干地支 西曆 星期	乙巳 10 五	丙午 11 六	丁未 12 日	戊申 13 一	己酉 14 二	庚戌 15 三	辛亥 16 四	壬子 17 五	癸丑 18 六	甲寅 19 日	乙卯 20 一	丙辰 21 二	丁巳 22 三	戊午 23 四	己未 24 五	庚申 25 六	辛酉 26 日	壬戌 27 一	癸亥 28 二	甲子 29 三	乙丑 30 四	丙寅 (7) 五	丁卯 2 六	戊辰 3 日	己巳 4 一	庚午 5 二	辛未 6 三	壬申 7 四	癸酉 8 五		庚戌夏至 乙丑小暑
六月小	己未	天干地支 西曆 星期	甲戌 9 六	乙亥 10 日	丙子 11 一	丁丑 12 二	戊寅 13 三	己卯 14 四	庚辰 15 五	辛巳 16 六	壬午 17 日	癸未 18 一	甲申 19 二	乙酉 20 三	丙戌 21 四	丁亥 22 五	戊子 23 六	己丑 24 日	庚寅 25 一	辛卯 26 二	壬辰 27 三	癸巳 28 四	甲午 29 五	乙未 30 六	丙申 31 日	丁酉 (8) 一	戊戌 2 二	己亥 3 三	庚子 4 四	辛丑 5 五	壬寅 6 六		庚辰大暑 乙未立秋
七月大	庚申	天干地支 西曆 星期	癸卯 7 日	甲辰 8 一	乙巳 9 二	丙午 10 三	丁未 11 四	戊申 12 五	己酉 13 六	庚戌 14 日	辛亥 15 一	壬子 16 二	癸丑 17 三	甲寅 18 四	乙卯 19 五	丙辰 20 六	丁巳 21 日	戊午 22 一	己未 23 二	庚申 24 三	辛酉 25 四	壬戌 26 五	癸亥 27 六	甲子 28 日	乙丑 29 一	丙寅 30 二	丁卯 31 三	戊辰 (9) 四	己巳 2 五	庚午 3 六	辛未 4 日	壬申 5 一	庚戌處暑 丙寅白露
八月小	辛酉	天干地支 西曆 星期	癸酉 6 二	甲戌 7 三	乙亥 8 四	丙子 9 五	丁丑 10 六	戊寅 11 日	己卯 12 一	庚辰 13 二	辛巳 14 三	壬午 15 四	癸未 16 五	甲申 17 六	乙酉 18 日	丙戌 19 一	丁亥 20 二	戊子 21 三	己丑 22 四	庚寅 23 五	辛卯 24 六	壬辰 25 日	癸巳 26 一	甲午 27 二	乙未 28 三	丙申 29 四	丁酉 30 五	戊戌 (10) 六	己亥 2 日	庚子 3 一	辛丑 4 二		辛巳秋分 丙申寒露
九月大	壬戌	天干地支 西曆 星期	壬寅 5 三	癸卯 6 四	甲辰 7 五	乙巳 8 六	丙午 9 日	丁未 10 一	戊申 11 二	己酉 12 三	庚戌 13 四	辛亥 14 五	壬子 15 六	癸丑 16 日	甲寅 17 一	乙卯 18 二	丙辰 19 三	丁巳 20 四	戊午 21 五	己未 22 六	庚申 23 日	辛酉 24 一	壬戌 25 二	癸亥 26 三	甲子 27 四	乙丑 28 五	丙寅 29 六	丁卯 30 日	戊辰 31 一	己巳 (11) 二	庚午 2 三	辛未 3 四	辛亥霜降 丁卯立冬
十月小	癸亥	天干地支 西曆 星期	壬申 4 五	癸酉 5 六	甲戌 6 日	乙亥 7 一	丙子 8 二	丁丑 9 三	戊寅 10 四	己卯 11 五	庚辰 12 六	辛巳 13 日	壬午 14 一	癸未 15 二	甲申 16 三	乙酉 17 四	丙戌 18 五	丁亥 19 六	戊子 20 日	己丑 21 一	庚寅 22 二	辛卯 23 三	壬辰 24 四	癸巳 25 五	甲午 26 六	乙未 27 日	丙申 28 一	丁酉 29 二	戊戌 30 三	己亥 (12) 四	庚子 2 五		壬午小雪 丁酉大雪
十一月大	甲子	天干地支 西曆 星期	辛丑 3 六	壬寅 4 日	癸卯 5 一	甲辰 6 二	乙巳 7 三	丙午 8 四	丁未 9 五	戊申 10 六	己酉 11 日	庚戌 12 一	辛亥 13 二	壬子 14 三	癸丑 15 四	甲寅 16 五	乙卯 17 六	丙辰 18 日	丁巳 19 一	戊午 20 二	己未 21 三	庚申 22 四	辛酉 23 五	壬戌 24 六	癸亥 25 日	甲子 26 一	乙丑 27 二	丙寅 28 三	丁卯 29 四	戊辰 30 五	己巳 31 六	庚午 (1) 日	壬子冬至 丁卯小寒
十二月小	乙丑	天干地支 西曆 星期	辛未 2 一	壬申 3 二	癸酉 4 三	甲戌 5 四	乙亥 6 五	丙子 7 六	丁丑 8 日	戊寅 9 一	己卯 10 二	庚辰 11 三	辛巳 12 四	壬午 13 五	癸未 14 六	甲申 15 日	乙酉 16 一	丙戌 17 二	丁亥 18 三	戊子 19 四	己丑 20 五	庚寅 21 六	辛卯 22 日	壬辰 23 一	癸巳 24 二	甲午 25 三	乙未 26 四	丙申 27 五	丁酉 28 六	戊戌 29 日	己亥 30 一		癸未大寒 戊戌立春

金哀宗天興三年 末帝天興三年（甲午 馬年） 公元 1234 ~ 1235 年

夏曆月序		中西曆日對照	初一	初二	初三	初四	初五	初六	初七	初八	初九	初十	十一	十二	十三	十四	十五	十六	十七	十八	十九	二十	二一	二二	二三	二四	二五	二六	二七	二八	二九	三十	節氣與天象
正月大	丙寅	天干地支 西曆星期	庚子 31 二	辛丑 (2) 三	壬寅 2 四	癸卯 3 五	甲辰 4 六	乙巳 5 日	丙午 6 一	丁未 7 二	戊申 8 三	己酉 9 四	庚戌 10 五	辛亥 11 六	壬子 12 日	癸丑 13 一	甲寅 14 二	乙卯 15 三	丙辰 16 四	丁巳 17 五	戊午 18 六	己未 19 日	庚申 20 一	辛酉 21 二	壬戌 22 三	癸亥 23 四	甲子 24 五	乙丑 25 六	丙寅 26 日	丁卯 27 一	戊辰 28 二	己巳 (3) 三	癸丑雨水 戊辰驚蟄
二月小	丁卯	天干地支 西曆星期	庚午 2 四	辛未 3 五	壬申 4 六	癸酉 5 日	甲戌 6 一	乙亥 7 二	丙子 8 三	丁丑 9 四	戊寅 10 五	己卯 11 六	庚辰 12 日	辛巳 13 一	壬午 14 二	癸未 15 三	甲申 16 四	乙酉 17 五	丙戌 18 六	丁亥 19 日	戊子 20 一	己丑 21 二	庚寅 22 三	辛卯 23 四	壬辰 24 五	癸巳 25 六	甲午 26 日	乙未 27 一	丙申 28 二	丁酉 29 三	戊戌 30 四		甲申春分
三月大	戊辰	天干地支 西曆星期	己亥 31 五	庚子 (4) 六	辛丑 2 日	壬寅 3 一	癸卯 4 二	甲辰 5 三	乙巳 6 四	丙午 7 五	丁未 8 六	戊申 9 日	己酉 10 一	庚戌 11 二	辛亥 12 三	壬子 13 四	癸丑 14 五	甲寅 15 六	乙卯 16 日	丙辰 17 一	丁巳 18 二	戊午 19 三	己未 20 四	庚申 21 五	辛酉 22 六	壬戌 23 日	癸亥 24 一	甲子 25 二	乙丑 26 三	丙寅 27 四	丁卯 28 五	戊辰 29 六	己亥清明 甲寅穀雨
四月大	己巳	天干地支 西曆星期	己巳 30 日	庚午 (5) 一	辛未 2 二	壬申 3 三	癸酉 4 四	甲戌 5 五	乙亥 6 六	丙子 7 日	丁丑 8 一	戊寅 9 二	己卯 10 三	庚辰 11 四	辛巳 12 五	壬午 13 六	癸未 14 日	甲申 15 一	乙酉 16 二	丙戌 17 三	丁亥 18 四	戊子 19 五	己丑 20 六	庚寅 21 日	辛卯 22 一	壬辰 23 二	癸巳 24 三	甲午 25 四	乙未 26 五	丙申 27 六	丁酉 28 日	戊戌 29 一	己巳立夏 甲申小滿
五月小	庚午	天干地支 西曆星期	己亥 30 二	庚子 31 三	辛丑 (6) 四	壬寅 2 五	癸卯 3 六	甲辰 4 日	乙巳 5 一	丙午 6 二	丁未 7 三	戊申 8 四	己酉 9 五	庚戌 10 六	辛亥 11 日	壬子 12 一	癸丑 13 二	甲寅 14 三	乙卯 15 四	丙辰 16 五	丁巳 17 六	戊午 18 日	己未 19 一	庚申 20 二	辛酉 21 三	壬戌 22 四	癸亥 23 五	甲子 24 六	乙丑 25 日	丙寅 26 一	丁卯 27 二		庚子芒種 乙卯夏至
六月大	辛未	天干地支 西曆星期	戊辰 28 三	己巳 29 四	庚午 30 五	辛未 (7) 六	壬申 2 日	癸酉 3 一	甲戌 4 二	乙亥 5 三	丙子 6 四	丁丑 7 五	戊寅 8 六	己卯 9 日	庚辰 10 一	辛巳 11 二	壬午 12 三	癸未 13 四	甲申 14 五	乙酉 15 六	丙戌 16 日	丁亥 17 一	戊子 18 二	己丑 19 三	庚寅 20 四	辛卯 21 五	壬辰 22 六	癸巳 23 日	甲午 24 一	乙未 25 二	丙申 26 三	丁酉 27 四	庚午小暑 乙酉大暑
七月小	壬申	天干地支 西曆星期	戊戌 28 五	己亥 29 六	庚子 30 日	辛丑 31 一	壬寅 (8) 二	癸卯 2 三	甲辰 3 四	乙巳 4 五	丙午 5 六	丁未 6 日	戊申 7 一	己酉 8 二	庚戌 9 三	辛亥 10 四	壬子 11 五	癸丑 12 六	甲寅 13 日	乙卯 14 一	丙辰 15 二	丁巳 16 三	戊午 17 四	己未 18 五	庚申 19 六	辛酉 20 日	壬戌 21 一	癸亥 22 二	甲子 23 三	乙丑 24 四	丙寅 25 五		辛丑立秋 丙辰處暑
八月大	癸酉	天干地支 西曆星期	丁卯 26 六	戊辰 27 日	己巳 28 一	庚午 29 二	辛未 30 三	壬申 31 四	癸酉 (9) 五	甲戌 2 六	乙亥 3 日	丙子 4 一	丁丑 5 二	戊寅 6 三	己卯 7 四	庚辰 8 五	辛巳 9 六	壬午 10 日	癸未 11 一	甲申 12 二	乙酉 13 三	丙戌 14 四	丁亥 15 五	戊子 16 六	己丑 17 日	庚寅 18 一	辛卯 19 二	壬辰 20 三	癸巳 21 四	甲午 22 五	乙未 23 六	丙申 24 日	辛未白露 丙戌秋分
九月小	甲戌	天干地支 西曆星期	丁酉 25 一	戊戌 26 二	己亥 27 三	庚子 28 四	辛丑 29 五	壬寅 30 六	癸卯 (10) 日	甲辰 2 一	乙巳 3 二	丙午 4 三	丁未 5 四	戊申 6 五	己酉 7 六	庚戌 8 日	辛亥 9 一	壬子 10 二	癸丑 11 三	甲寅 12 四	乙卯 13 五	丙辰 14 六	丁巳 15 日	戊午 16 一	己未 17 二	庚申 18 三	辛酉 19 四	壬戌 20 五	癸亥 21 六	甲子 22 日	乙丑 23 一		辛丑寒露 丁巳霜降
十月大	乙亥	天干地支 西曆星期	丙寅 24 二	丁卯 25 三	戊辰 26 四	己巳 27 五	庚午 28 六	辛未 29 日	壬申 30 一	癸酉 31 二	甲戌 (11) 三	乙亥 2 四	丙子 3 五	丁丑 4 六	戊寅 5 日	己卯 6 一	庚辰 7 二	辛巳 8 三	壬午 9 四	癸未 10 五	甲申 11 六	乙酉 12 日	丙戌 13 一	丁亥 14 二	戊子 15 三	己丑 16 四	庚寅 17 五	辛卯 18 六	壬辰 19 日	癸巳 20 一	甲午 21 二	乙未 22 三	壬申立冬 丁亥小雪
十一月小	丙子	天干地支 西曆星期	丙申 23 四	丁酉 24 五	戊戌 25 六	己亥 26 日	庚子 27 一	辛丑 28 二	壬寅 29 三	癸卯 30 四	甲辰 (12) 五	乙巳 2 六	丙午 3 日	丁未 4 一	戊申 5 二	己酉 6 三	庚戌 7 四	辛亥 8 五	壬子 9 六	癸丑 10 日	甲寅 11 一	乙卯 12 二	丙辰 13 三	丁巳 14 四	戊午 15 五	己未 16 六	庚申 17 日	辛酉 18 一	壬戌 19 二	癸亥 20 三	甲子 21 四		壬寅大雪 丁巳冬至
十二月大	丁丑	天干地支 西曆星期	乙丑 22 五	丙寅 23 六	丁卯 24 日	戊辰 25 一	己巳 26 二	庚午 27 三	辛未 28 四	壬申 29 五	癸酉 30 六	甲戌 31 日	乙亥 (1) 一	丙子 2 二	丁丑 3 三	戊寅 4 四	己卯 5 五	庚辰 6 六	辛巳 7 日	壬午 8 一	癸未 9 二	甲申 10 三	乙酉 11 四	丙戌 12 五	丁亥 13 六	戊子 14 日	己丑 15 一	庚寅 16 二	辛卯 17 三	壬辰 18 四	癸巳 19 五	甲午 20 六	癸酉小寒 戊子大寒

* 正月戊申（初九），哀宗内禪。己酉（初十），完顏承麟即位，是爲末帝。末帝旋即被殺，金亡。

蒙古日曆

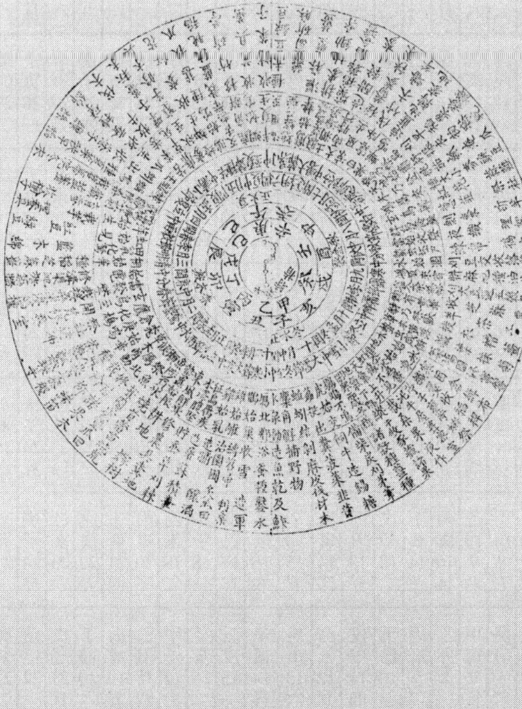

蒙古日曆

蒙古太祖元年（丙寅 虎年） 公元 **1206** ~ 1207 年

夏曆月序		中西曆日對照	初一	初二	初三	初四	初五	初六	初七	初八	初九	初十	十一	十二	十三	十四	十五	十六	十七	十八	十九	二十	二一	二二	二三	二四	二五	二六	二七	二八	二九	三十	節氣與天象
正月小	庚寅	天干 地支 西曆 星期	癸未 10 五	甲申 11 六	乙酉 12 日	丙戌 13 一	丁亥 14 二	戊子 15 三	己丑 16 四	庚寅 17 五	辛卯 18 六	壬辰 19 日	癸巳 20 一	甲午 21 二	乙未 22 三	丙申 23 四	丁酉 24 五	戊戌 25 六	己亥 26 日	庚子 27 一	辛丑 28 二	壬寅 (3) 三	癸卯 2 四	甲辰 3 五	乙巳 4 六	丙午 5 日	丁未 6 一	戊申 7 二	己酉 8 三	庚戌 9 四	辛亥 10 五		丙戌雨水 辛丑驚蟄
二月大	辛卯	天干 地支 西曆 星期	壬子 11 六	癸丑 12 日	甲寅 13 一	乙卯 14 二	丙辰 15 三	丁巳 16 四	戊午 17 五	己未 18 六	庚申 19 日	辛酉 20 一	壬戌 21 二	癸亥 22 三	甲子 23 四	乙丑 24 五	丙寅 25 六	丁卯 26 日	戊辰 27 一	己巳 28 二	庚午 29 三	辛未 30 四	壬申 31 五	癸酉 (4) 六	甲戌 2 日	乙亥 3 一	丙子 4 二	丁丑 5 三	戊寅 6 四	己卯 7 五	庚辰 8 六	辛巳 9 日	丁巳春分 壬申清明 壬子日食
三月大	壬辰	天干 地支 西曆 星期	壬午 10 一	癸未 11 二	甲申 12 三	乙酉 13 四	丙戌 14 五	丁亥 15 六	戊子 16 日	己丑 17 一	庚寅 18 二	辛卯 19 三	壬辰 20 四	癸巳 21 五	甲午 22 六	乙未 23 日	丙申 24 一	丁酉 25 二	戊戌 26 三	己亥 27 四	庚子 28 五	辛丑 29 六	壬寅 30 日	癸卯 (5) 一	甲辰 2 二	乙巳 3 三	丙午 4 四	丁未 5 五	戊申 6 六	己酉 7 日	庚戌 8 一	辛亥 9 二	丁亥穀雨 壬寅立夏
四月小	癸巳	天干 地支 西曆 星期	壬子 10 三	癸丑 11 四	甲寅 12 五	乙卯 13 六	丙辰 14 日	丁巳 15 一	戊午 16 二	己未 17 三	庚申 18 四	辛酉 19 五	壬戌 20 六	癸亥 21 日	甲子 22 一	乙丑 23 二	丙寅 24 三	丁卯 25 四	戊辰 26 五	己巳 27 六	庚午 28 日	辛未 29 一	壬申 30 二	癸酉 31 三	甲戌 (6) 四	乙亥 2 五	丙子 3 六	丁丑 4 日	戊寅 5 一	己卯 6 二	庚辰 7 三		戊午小滿 癸酉芒種
五月大	甲午	天干 地支 西曆 星期	辛巳 8 四	壬午 9 五	癸未 10 六	甲申 11 日	乙酉 12 一	丙戌 13 二	丁亥 14 三	戊子 15 四	己丑 16 五	庚寅 17 六	辛卯 18 日	壬辰 19 一	癸巳 20 二	甲午 21 三	乙未 22 四	丙申 23 五	丁酉 24 六	戊戌 25 日	己亥 26 一	庚子 27 二	辛丑 28 三	壬寅 29 四	癸卯 30 五	甲辰 (7) 六	乙巳 2 日	丙午 3 一	丁未 4 二	戊申 5 三	己酉 6 四	庚戌 7 五	戊子夏至 癸卯小暑
六月小	乙未	天干 地支 西曆 星期	辛亥 8 六	壬子 9 日	癸丑 10 一	甲寅 11 二	乙卯 12 三	丙辰 13 四	丁巳 14 五	戊午 15 六	己未 16 日	庚申 17 一	辛酉 18 二	壬戌 19 三	癸亥 20 四	甲子 21 五	乙丑 22 六	丙寅 23 日	丁卯 24 一	戊辰 25 二	己巳 26 三	庚午 27 四	辛未 28 五	壬申 29 六	癸酉 30 日	甲戌 31 一	乙亥 (8) 二	丙子 2 三	丁丑 3 四	戊寅 4 五	己卯 5 六		戊午大暑 甲戌立秋
七月大	丙申	天干 地支 西曆 星期	庚辰 6 日	辛巳 7 一	壬午 8 二	癸未 9 三	甲申 10 四	乙酉 11 五	丙戌 12 六	丁亥 13 日	戊子 14 一	己丑 15 二	庚寅 16 三	辛卯 17 四	壬辰 18 五	癸巳 19 六	甲午 20 日	乙未 21 一	丙申 22 二	丁酉 23 三	戊戌 24 四	己亥 25 五	庚子 26 六	辛丑 27 日	壬寅 28 一	癸卯 29 二	甲辰 30 三	乙巳 31 四	丙午 (9) 五	丁未 2 六	戊申 3 日	己酉 4 一	己丑處暑 甲辰白露
八月小	丁酉	天干 地支 西曆 星期	庚戌 5 二	辛亥 6 三	壬子 7 四	癸丑 8 五	甲寅 9 六	乙卯 10 日	丙辰 11 一	丁巳 12 二	戊午 13 三	己未 14 四	庚申 15 五	辛酉 16 六	壬戌 17 日	癸亥 18 一	甲子 19 二	乙丑 20 三	丙寅 21 四	丁卯 22 五	戊辰 23 六	己巳 24 日	庚午 25 一	辛未 26 二	壬申 27 三	癸酉 28 四	甲戌 29 五	乙亥 30 六	丙子 (10) 日	丁丑 2 一	戊寅 3 二		己未秋分 乙亥寒露
九月小	戊戌	天干 地支 西曆 星期	己卯 4 三	庚辰 5 四	辛巳 6 五	壬午 7 六	癸未 8 日	甲申 9 一	乙酉 10 二	丙戌 11 三	丁亥 12 四	戊子 13 五	己丑 14 六	庚寅 15 日	辛卯 16 一	壬辰 17 二	癸巳 18 三	甲午 19 四	乙未 20 五	丙申 21 六	丁酉 22 日	戊戌 23 一	己亥 24 二	庚子 25 三	辛丑 26 四	壬寅 27 五	癸卯 28 六	甲辰 29 日	乙巳 30 一	丙午 31 二	丁未 (11) 三		庚寅霜降 乙巳立冬
十月大	己亥	天干 地支 西曆 星期	戊申 2 四	己酉 3 五	庚戌 4 六	辛亥 5 日	壬子 6 一	癸丑 7 二	甲寅 8 三	乙卯 9 四	丙辰 10 五	丁巳 11 六	戊午 12 日	己未 13 一	庚申 14 二	辛酉 15 三	壬戌 16 四	癸亥 17 五	甲子 18 六	乙丑 19 日	丙寅 20 一	丁卯 21 二	戊辰 22 三	己巳 23 四	庚午 24 五	辛未 25 六	壬申 26 日	癸酉 27 一	甲戌 28 二	乙亥 29 三	丙子 30 四	丁丑 (12) 五	庚申小雪 乙亥大雪
十一月小	庚子	天干 地支 西曆 星期	戊寅 2 六	己卯 3 日	庚辰 4 一	辛巳 5 二	壬午 6 三	癸未 7 四	甲申 8 五	乙酉 9 六	丙戌 10 日	丁亥 11 一	戊子 12 二	己丑 13 三	庚寅 14 四	辛卯 15 五	壬辰 16 六	癸巳 17 日	甲午 18 一	乙未 19 二	丙申 20 三	丁酉 21 四	戊戌 22 五	己亥 23 六	庚子 24 日	辛丑 25 一	壬寅 26 二	癸卯 27 三	甲辰 28 四	乙巳 29 五	丙午 30 六		辛卯冬至 丙午小寒
十二月大	辛丑	天干 地支 西曆 星期	丁未 31 日	戊申 (1) 一	己酉 2 二	庚戌 3 三	辛亥 4 四	壬子 5 五	癸丑 6 六	甲寅 7 日	乙卯 8 一	丙辰 9 二	丁巳 10 三	戊午 11 四	己未 12 五	庚申 13 六	辛酉 14 日	壬戌 15 一	癸亥 16 二	甲子 17 三	乙丑 18 四	丙寅 19 五	丁卯 20 六	戊辰 21 日	己巳 22 一	庚午 23 二	辛未 24 三	壬申 25 四	癸酉 26 五	甲戌 27 六	乙亥 28 日	丙子 29 一	辛酉大寒 丙子立春

*孛兒只斤・鐵木真在鄂嫩河畔建立大蒙古國，是爲成吉思汗，後被尊爲元太祖。

蒙古太祖二年（丁卯 兔年） 公元 1207 ~ 1208 年

夏曆月序		中西曆日對照	初一	初二	初三	初四	初五	初六	初七	初八	初九	初十	十一	十二	十三	十四	十五	十六	十七	十八	十九	二十	二一	二二	二三	二四	二五	二六	二七	二八	二九	三十	節氣與天象
正月大	壬寅	天干 地支 西曆 星期	丁丑 30 二	戊寅 31 三	己卯 (2) 四	庚辰 2 五	辛巳 3 六	壬午 4 日	癸未 5 一	甲申 6 二	乙酉 7 三	丙戌 8 四	丁亥 9 五	戊子 10 六	己丑 11 日	庚寅 12 一	辛卯 13 二	壬辰 14 三	癸巳 15 四	甲午 16 五	乙未 17 六	丙申 18 日	丁酉 19 一	戊戌 20 二	己亥 21 三	庚子 22 四	辛丑 23 五	壬寅 24 六	癸卯 25 日	甲辰 26 一	乙巳 27 二	丙午 28 三	辛卯雨水
二月小	癸卯	天干 地支 西曆 星期	丁未 (3) 四	戊申 2 五	己酉 3 六	庚戌 4 日	辛亥 5 一	壬子 6 二	癸丑 7 三	甲寅 8 四	乙卯 9 五	丙辰 10 六	丁巳 11 日	戊午 12 一	己未 13 二	庚申 14 三	辛酉 15 四	壬戌 16 五	癸亥 17 六	甲子 18 日	乙丑 19 一	丙寅 20 二	丁卯 21 三	戊辰 22 四	己巳 23 五	庚午 24 六	辛未 25 日	壬申 26 一	癸酉 27 二	甲戌 28 三	乙亥 29 四		丁未驚蟄 壬戌春分
三月大	甲辰	天干 地支 西曆 星期	丙子 30 五	丁丑 31 六	戊寅 (4) 日	己卯 2 一	庚辰 3 二	辛巳 4 三	壬午 5 四	癸未 6 五	甲申 7 六	乙酉 8 日	丙戌 9 一	丁亥 10 二	戊子 11 三	己丑 12 四	庚寅 13 五	辛卯 14 六	壬辰 15 日	癸巳 16 一	甲午 17 二	乙未 18 三	丙申 19 四	丁酉 20 五	戊戌 21 六	己亥 22 日	庚子 23 一	辛丑 24 二	壬寅 25 三	癸卯 26 四	甲辰 27 五	乙巳 28 六	丁丑清明 壬辰穀雨
四月大	乙巳	天干 地支 西曆 星期	丙午 29 日	丁未 30 一	戊申 (5) 二	己酉 2 三	庚戌 3 四	辛亥 4 五	壬子 5 六	癸丑 6 日	甲寅 7 一	乙卯 8 二	丙辰 9 三	丁巳 10 四	戊午 11 五	己未 12 六	庚申 13 日	辛酉 14 一	壬戌 15 二	癸亥 16 三	甲子 17 四	乙丑 18 五	丙寅 19 六	丁卯 20 日	戊辰 21 一	己巳 22 二	庚午 23 三	辛未 24 四	壬申 25 五	癸酉 26 六	甲戌 27 日	乙亥 28 一	戊申立夏 癸亥小滿
五月小	丙午	天干 地支 西曆 星期	丙子 29 二	丁丑 30 三	戊寅 31 四	己卯 (6) 五	庚辰 2 六	辛巳 3 日	壬午 4 一	癸未 5 二	甲申 6 三	乙酉 7 四	丙戌 8 五	丁亥 9 六	戊子 10 日	己丑 11 一	庚寅 12 二	辛卯 13 三	壬辰 14 四	癸巳 15 五	甲午 16 六	乙未 17 日	丙申 18 一	丁酉 19 二	戊戌 20 三	己亥 21 四	庚子 22 五	辛丑 23 六	壬寅 24 日	癸卯 25 一	甲辰 26 二		戊寅芒種 癸巳夏至
六月大	丁未	天干 地支 西曆 星期	乙巳 27 三	丙午 28 四	丁未 29 五	戊申 30 六	己酉 (7) 日	庚戌 2 一	辛亥 3 二	壬子 4 三	癸丑 5 四	甲寅 6 五	乙卯 7 六	丙辰 8 日	丁巳 9 一	戊午 10 二	己未 11 三	庚申 12 四	辛酉 13 五	壬戌 14 六	癸亥 15 日	甲子 16 一	乙丑 17 二	丙寅 18 三	丁卯 19 四	戊辰 20 五	己巳 21 六	庚午 22 日	辛未 23 一	壬申 24 二	癸酉 25 三	甲戌 26 四	戊申小暑 甲子大暑
七月小	戊申	天干 地支 西曆 星期	乙亥 27 五	丙子 28 六	丁丑 29 日	戊寅 30 一	己卯 31 二	庚辰 (8) 三	辛巳 2 四	壬午 3 五	癸未 4 六	甲申 5 日	乙酉 6 一	丙戌 7 二	丁亥 8 三	戊子 9 四	己丑 10 五	庚寅 11 六	辛卯 12 日	壬辰 13 一	癸巳 14 二	甲午 15 三	乙未 16 四	丙申 17 五	丁酉 18 六	戊戌 19 日	己亥 20 一	庚子 21 二	辛丑 22 三	壬寅 23 四	癸卯 24 五		己卯立秋 甲午處暑
八月大	己酉	天干 地支 西曆 星期	甲辰 25 六	乙巳 26 日	丙午 27 一	丁未 28 二	戊申 29 三	己酉 30 四	庚戌 31 五	辛亥 (9) 六	壬子 2 日	癸丑 3 一	甲寅 4 二	乙卯 5 三	丙辰 6 四	丁巳 7 五	戊午 8 六	己未 9 日	庚申 10 一	辛酉 11 二	壬戌 12 三	癸亥 13 四	甲子 14 五	乙丑 15 六	丙寅 16 日	丁卯 17 一	戊辰 18 二	己巳 19 三	庚午 20 四	辛未 21 五	壬申 22 六	癸酉 23 日	己酉白露 乙丑秋分
九月小	庚戌	天干 地支 西曆 星期	甲戌 24 一	乙亥 25 二	丙子 26 三	丁丑 27 四	戊寅 28 五	己卯 29 六	庚辰 30 日	辛巳 (10) 一	壬午 2 二	癸未 3 三	甲申 4 四	乙酉 5 五	丙戌 6 六	丁亥 7 日	戊子 8 一	己丑 9 二	庚寅 10 三	辛卯 11 四	壬辰 12 五	癸巳 13 六	甲午 14 日	乙未 15 一	丙申 16 二	丁酉 17 三	戊戌 18 四	己亥 19 五	庚子 20 六	辛丑 21 日	壬寅 22 一		庚辰寒露 乙未霜降
十月大	辛亥	天干 地支 西曆 星期	癸卯 23 二	甲辰 24 三	乙巳 25 四	丙午 26 五	丁未 27 六	戊申 28 日	己酉 29 一	庚戌 30 二	辛亥 31 三	壬子 (11) 四	癸丑 2 五	甲寅 3 六	乙卯 4 日	丙辰 5 一	丁巳 6 二	戊午 7 三	己未 8 四	庚申 9 五	辛酉 10 六	壬戌 11 日	癸亥 12 一	甲子 13 二	乙丑 14 三	丙寅 15 四	丁卯 16 五	戊辰 17 六	己巳 18 日	庚午 19 一	辛未 20 二	壬申 21 三	庚戌立冬 乙丑小雪
十一月小	壬子	天干 地支 西曆 星期	癸酉 22 四	甲戌 23 五	乙亥 24 六	丙子 25 日	丁丑 26 一	戊寅 27 二	己卯 28 三	庚辰 29 四	辛巳 30 五	壬午 (12) 六	癸未 2 日	甲申 3 一	乙酉 4 二	丙戌 5 三	丁亥 6 四	戊子 7 五	己丑 8 六	庚寅 9 日	辛卯 10 一	壬辰 11 二	癸巳 12 三	甲午 13 四	乙未 14 五	丙申 15 六	丁酉 16 日	戊戌 17 一	己亥 18 二	庚子 19 三	辛丑 20 四		辛巳大雪 丙申冬至
十二月小	癸丑	天干 地支 西曆 星期	壬寅 21 五	癸卯 22 六	甲辰 23 日	乙巳 24 一	丙午 25 二	丁未 26 三	戊申 27 四	己酉 28 五	庚戌 29 六	辛亥 30 日	壬子 31 一	癸丑 (1) 二	甲寅 2 三	乙卯 3 四	丙辰 4 五	丁巳 5 六	戊午 6 日	己未 7 一	庚申 8 二	辛酉 9 三	壬戌 10 四	癸亥 11 五	甲子 12 六	乙丑 13 日	丙寅 14 一	丁卯 15 二	戊辰 16 三	己巳 17 四	庚午 18 五		辛亥小寒 丙寅大寒

蒙古太祖三年（戊辰 龍年） 公元 1208 ~ 1209 年

夏曆月序	中西曆日對照	初一	初二	初三	初四	初五	初六	初七	初八	初九	初十
正月大 甲寅	干支 西曆 星期 天地西星	辛未 19 六	壬申 20 日	癸酉 21 一	甲戌 22 二	乙亥 23 三	丙子 24 四	丁丑 25 五	戊寅 26 六	己卯 27 日	庚辰 28 一
二月小 乙卯	干支 西曆 星期 天地西星	辛丑 18 一	壬寅 19 二	癸卯 20 三	甲辰 21 四	乙巳 22 五	丙午 23 六	丁未 24 日	戊申 25 一	己酉 26 二	庚戌 27 三
三月大 丙辰	干支 西曆 星期 天地西星	庚午 18 二	辛未 19 三	壬申 20 四	癸酉 21 五	甲戌 22 六	乙亥 23 日	丙子 24 一	丁丑 25 二	戊寅 26 三	己卯 27 四
四月大 丁巳	干支 西曆 星期 天地西星	庚子 17 四	辛丑 18 五	壬寅 19 六	癸卯 20 日	甲辰 21 一	乙巳 22 二	丙午 23 三	丁未 24 四	戊申 25 五	己酉 26 六
閏四月小 丁巳	干支 西曆 星期 天地西星	庚午 17 六	辛未 18 日	壬申 19 一	癸酉 20 二	甲戌 21 三	乙亥 22 四	丙子 23 五	丁丑 24 六	戊寅 25 日	己卯 26 一
五月大 戊午	干支 西曆 星期 天地西星	己亥 15 日	庚子 16 一	辛丑 17 二	壬寅 18 三	癸卯 19 四	甲辰 20 五	乙巳 21 六	丙午 22 日	丁未 23 一	戊申 24 二
六月小 己未	干支 西曆 星期 天地西星	己巳 15 二	庚午 16 三	辛未 17 四	壬申 18 五	癸酉 19 六	甲戌 20 日	乙亥 21 一	丙子 22 二	丁丑 23 三	戊寅 24 四
七月大 庚申	干支 西曆 星期 天地西星	戊戌 13 三	己亥 14 四	庚子 15 五	辛丑 16 六	壬寅 17 日	癸卯 18 一	甲辰 19 二	乙巳 20 三	丙午 21 四	丁未 22 五
八月大 辛酉	干支 西曆 星期 天地西星	戊辰 12 五	己巳 13 六	庚午 14 日	辛未 15 一	壬申 16 二	癸酉 17 三	甲戌 18 四	乙亥 19 五	丙子 20 六	丁丑 21 日
九月小 壬戌	干支 西曆 星期 天地西星	戊戌 12 日	己亥 13 一	庚子 14 二	辛丑 15 三	壬寅 16 四	癸卯 17 五	甲辰 18 六	乙巳 19 日	丙午 20 一	丁未 21 二
十月大 癸亥	干支 西曆 星期 天地西星	丁卯 10 一	戊辰 11 二	己巳 12 三	庚午 13 四	辛未 14 五	壬申 15 六	癸酉 16 日	甲戌 17 一	乙亥 18 二	丙子 19 三
十一月小 甲子	干支 西曆 星期 天地西星	丁酉 10 三	戊戌 11 四	己亥 12 五	庚子 13 六	辛丑 14 日	壬寅 15 一	癸卯 16 二	甲辰 17 三	乙巳 18 四	丙午 19 五
十二月小 乙丑	干支 西曆 星期 天地西星	丙寅 8 四	丁卯 9 五	戊辰 10 六	己巳 11 日	庚午 12 一	辛未 13 二	壬申 14 三	癸酉 15 四	甲戌 16 五	乙亥 17 六

夏曆月序	十一	十二	十三	十四	十五	十六	十七	十八	十九	二十
正月大 甲寅	辛巳 29 二	壬午 30 三	癸未 31 四	甲申 (2) 五	乙酉 2 六	丙戌 3 日	丁亥 4 一	戊子 5 二	己丑 6 三	庚寅 7 四
二月小 乙卯	辛亥 28 四	壬子 29 五	癸丑 (3) 六	甲寅 2 日	乙卯 3 一	丙辰 4 二	丁巳 5 三	戊午 6 四	己未 7 五	庚申 8 六
三月大 丙辰	庚辰 28 五	辛巳 29 六	壬午 30 日	癸未 31 一	甲申 (4) 二	乙酉 2 三	丙戌 3 四	丁亥 4 五	戊子 5 六	己丑 6 日
四月大 丁巳	庚戌 27 日	辛亥 28 一	壬子 29 二	癸丑 30 三	甲寅 (5) 四	乙卯 2 五	丙辰 3 六	丁巳 4 日	戊午 5 一	己未 6 二
閏四月小 丁巳	庚辰 27 二	辛巳 28 三	壬午 29 四	癸未 30 五	甲申 31 六	乙酉 (6) 日	丙戌 2 一	丁亥 3 二	戊子 4 三	己丑 5 四
五月大 戊午	己酉 25 三	庚戌 26 四	辛亥 27 五	壬子 28 六	癸丑 29 日	甲寅 30 一	乙卯 (7) 二	丙辰 2 三	丁巳 3 四	戊午 4 五
六月小 己未	己卯 25 五	庚辰 26 六	辛巳 27 日	壬午 28 一	癸未 29 二	甲申 30 三	乙酉 31 四	丙戌 (8) 五	丁亥 2 六	戊子 3 日
七月大 庚申	戊申 23 六	己酉 24 日	庚戌 25 一	辛亥 26 二	壬子 27 三	癸丑 28 四	甲寅 29 五	乙卯 30 六	丙辰 31 日	丁巳 (9) 一
八月大 辛酉	戊寅 22 一	己卯 23 二	庚辰 24 三	辛巳 25 四	壬午 26 五	癸未 27 六	甲申 28 日	乙酉 29 一	丙戌 30 二	丁亥 (10) 三
九月小 壬戌	戊申 22 三	己酉 23 四	庚戌 24 五	辛亥 25 六	壬子 26 日	癸丑 27 一	甲寅 28 二	乙卯 29 三	丙辰 30 四	丁巳 31 五
十月大 癸亥	丁丑 20 四	戊寅 21 五	己卯 22 六	庚辰 23 日	辛巳 24 一	壬午 25 二	癸未 26 三	甲申 27 四	乙酉 28 五	丙戌 29 六
十一月小 甲子	丁未 20 六	戊申 21 日	己酉 22 一	庚戌 23 二	辛亥 24 三	壬子 25 四	癸丑 26 五	甲寅 27 六	乙卯 28 日	丙辰 29 一
十二月小 乙丑	丙子 18 日	丁丑 19 一	戊寅 20 二	己卯 21 三	庚辰 22 四	辛巳 23 五	壬午 24 六	癸未 25 日	甲申 26 一	乙酉 27 二

夏曆月序	二一	二二	二三	二四	二五	二六	二七	二八	二九	三十	節氣與天象
正月大 甲寅	辛卯 8 五	壬辰 9 六	癸巳 10 日	甲午 11 一	乙未 12 二	丙申 13 三	丁酉 14 四	戊戌 15 五	己亥 16 六	庚子 17 日	壬午立春 丁酉雨水
二月小 乙卯	辛酉 9 日	壬戌 10 一	癸亥 11 二	甲子 12 三	乙丑 13 四	丙寅 14 五	丁卯 15 六	戊辰 16 日	己巳 17 一		壬子驚蟄 丁卯春分
三月大 丙辰	庚寅 7 一	辛卯 8 二	壬辰 9 三	癸巳 10 四	甲午 11 五	乙未 12 六	丙申 13 日	丁酉 14 一	戊戌 15 二	己亥 16 三	壬午清明 戊戌穀雨
四月大 丁巳	庚申 7 三	辛酉 8 四	壬戌 9 五	癸亥 10 六	甲子 11 日	乙丑 12 一	丙寅 13 二	丁卯 14 三	戊辰 15 四	己巳 16 五	癸丑立夏 戊辰小滿
閏四月小 丁巳	庚寅 6 五	辛卯 7 六	壬辰 8 日	癸巳 9 一	甲午 10 二	乙未 11 三	丙申 12 四	丁酉 13 五	戊戌 14 六		癸未芒種
五月大 戊午	己未 5 六	庚申 6 日	辛酉 7 一	壬戌 8 二	癸亥 9 三	甲子 10 四	乙丑 11 五	丙寅 12 六	丁卯 13 日	戊辰 14 一	己亥夏至 甲寅小暑
六月小 己未	己丑 4 一	庚寅 5 二	辛卯 6 三	壬辰 7 四	癸巳 8 五	甲午 9 六	乙未 10 日	丙申 11 一	丁酉 12 二		己巳大暑 甲申立秋
七月大 庚申	戊午 2 二	己未 3 三	庚申 4 四	辛酉 5 五	壬戌 6 六	癸亥 7 日	甲子 8 一	乙丑 9 二	丙寅 10 三	丁卯 11 四	己亥處暑 乙卯白露
八月大 辛酉	戊子 2 四	己丑 3 五	庚寅 4 六	辛卯 5 日	壬辰 6 一	癸巳 7 二	甲午 8 三	乙未 9 四	丙申 10 五	丁酉 11 六	庚午秋分 乙酉寒露
九月小 壬戌	戊午 (11) 六	己未 2 日	庚申 3 一	辛酉 4 二	壬戌 5 三	癸亥 6 四	甲子 7 五	乙丑 8 六	丙寅 9 日		庚子霜降 丙辰立冬
十月大 癸亥	丁亥 30 日	戊子 (12) 一	己丑 2 二	庚寅 3 三	辛卯 4 四	壬辰 5 五	癸巳 6 六	甲午 7 日	乙未 8 一	丙申 9 二	辛未小雪 丙戌大雪
十一月小 甲子	丁巳 30 二	戊午 31 三	己未 (1) 四	庚申 2 五	辛酉 3 六	壬戌 4 日	癸亥 5 一	甲子 6 二	乙丑 7 三		辛丑冬至 丙辰小寒
十二月小 乙丑	丙戌 28 三	丁亥 29 四	戊子 30 五	己丑 31 六	庚寅 (2) 日	辛卯 2 一	壬辰 3 二	癸巳 4 三	甲午 5 四		壬申大寒 丁亥立春

蒙古太祖四年（己巳 蛇年） 公元 1209 ~ 1210 年

夏曆月序		中西曆日對照	初一	初二	初三	初四	初五	初六	初七	初八	初九	初十	十一	十二	十三	十四	十五	十六	十七	十八	十九	二十	二一	二二	二三	二四	二五	二六	二七	二八	二九	三十	節氣與天象
正月大	丙寅	天干地支 西曆 星期	乙未 6 五	丙申 7 六	丁酉 8 日	戊戌 9 一	己亥 10 二	庚子 11 三	辛丑 12 四	壬寅 13 五	癸卯 14 六	甲辰 15 日	乙巳 16 一	丙午 17 二	丁未 18 三	戊申 19 四	己酉 20 五	庚戌 21 六	辛亥 22 日	壬子 23 一	癸丑 24 二	甲寅 25 三	乙卯 26 四	丙辰 27 五	丁巳 28 六	戊午 (3) 日	己未 2 一	庚申 3 二	辛酉 4 三	壬戌 5 四	癸亥 6 五	甲子 7 六	壬寅雨水 丁巳驚蟄
二月小	丁卯	天干地支 西曆 星期	乙丑 8 日	丙寅 9 一	丁卯 10 二	戊辰 11 三	己巳 12 四	庚午 13 五	辛未 14 六	壬申 15 日	癸酉 16 一	甲戌 17 二	乙亥 18 三	丙子 19 四	丁丑 20 五	戊寅 21 六	己卯 22 日	庚辰 23 一	辛巳 24 二	壬午 25 三	癸未 26 四	甲申 27 五	乙酉 28 六	丙戌 29 日	丁亥 30 一	戊子 31 二	己丑 (4) 三	庚寅 2 四	辛卯 3 五	壬辰 4 六	癸巳 5 日		壬申春分 戊子清明
三月大	戊辰	天干地支 西曆 星期	甲午 6 一	乙未 7 二	丙申 8 三	丁酉 9 四	戊戌 10 五	己亥 11 六	庚子 12 日	辛丑 13 一	壬寅 14 二	癸卯 15 三	甲辰 16 四	乙巳 17 五	丙午 18 六	丁未 19 日	戊申 20 一	己酉 21 二	庚戌 22 三	辛亥 23 四	壬子 24 五	癸丑 25 六	甲寅 26 日	乙卯 27 一	丙辰 28 二	丁巳 29 三	戊午 30 四	己未 (5) 五	庚申 2 六	辛酉 3 日	壬戌 4 一	癸亥 5 二	癸卯穀雨 戊午立夏
四月小	己巳	天干地支 西曆 星期	甲子 6 三	乙丑 7 四	丙寅 8 五	丁卯 9 六	戊辰 10 日	己巳 11 一	庚午 12 二	辛未 13 三	壬申 14 四	癸酉 15 五	甲戌 16 六	乙亥 17 日	丙子 18 一	丁丑 19 二	戊寅 20 三	己卯 21 四	庚辰 22 五	辛巳 23 六	壬午 24 日	癸未 25 一	甲申 26 二	乙酉 27 三	丙戌 28 四	丁亥 29 五	戊子 30 六	己丑 31 日	庚寅 (6) 一	辛卯 2 二	壬辰 3 三		癸酉小滿 己丑芒種
五月大	庚午	天干地支 西曆 星期	癸巳 4 四	甲午 5 五	乙未 6 六	丙申 7 日	丁酉 8 一	戊戌 9 二	己亥 10 三	庚子 11 四	辛丑 12 五	壬寅 13 六	癸卯 14 日	甲辰 15 一	乙巳 16 二	丙午 17 三	丁未 18 四	戊申 19 五	己酉 20 六	庚戌 21 日	辛亥 22 一	壬子 23 二	癸丑 24 三	甲寅 25 四	乙卯 26 五	丙辰 27 六	丁巳 28 日	戊午 29 一	己未 30 二	庚申 (7) 三	辛酉 2 四	壬戌 3 五	甲辰夏至 己未小暑
六月小	辛未	天干地支 西曆 星期	癸亥 4 六	甲子 5 日	乙丑 6 一	丙寅 7 二	丁卯 8 三	戊辰 9 四	己巳 10 五	庚午 11 六	辛未 12 日	壬申 13 一	癸酉 14 二	甲戌 15 三	乙亥 16 四	丙子 17 五	丁丑 18 六	戊寅 19 日	己卯 20 一	庚辰 21 二	辛巳 22 三	壬午 23 四	癸未 24 五	甲申 25 六	乙酉 26 日	丙戌 27 一	丁亥 28 二	戊子 29 三	己丑 30 四	庚寅 31 五	辛卯 (8) 六		甲戌大暑 己丑立秋
七月大	壬申	天干地支 西曆 星期	壬辰 2 日	癸巳 3 一	甲午 4 二	乙未 5 三	丙申 6 四	丁酉 7 五	戊戌 8 六	己亥 9 日	庚子 10 一	辛丑 11 二	壬寅 12 三	癸卯 13 四	甲辰 14 五	乙巳 15 六	丙午 16 日	丁未 17 一	戊申 18 二	己酉 19 三	庚戌 20 四	辛亥 21 五	壬子 22 六	癸丑 23 日	甲寅 24 一	乙卯 25 二	丙辰 26 三	丁巳 27 四	戊午 28 五	己未 29 六	庚申 30 日	辛酉 31 一	乙巳處暑 庚申白露
八月大	癸酉	天干地支 西曆 星期	壬戌 (9) 二	癸亥 2 三	甲子 3 四	乙丑 4 五	丙寅 5 六	丁卯 6 日	戊辰 7 一	己巳 8 二	庚午 9 三	辛未 10 四	壬申 11 五	癸酉 12 六	甲戌 13 日	乙亥 14 一	丙子 15 二	丁丑 16 三	戊寅 17 四	己卯 18 五	庚辰 19 六	辛巳 20 日	壬午 21 一	癸未 22 二	甲申 23 三	乙酉 24 四	丙戌 25 五	丁亥 26 六	戊子 27 日	己丑 28 一	庚寅 29 二	辛卯 30 三	乙亥秋分 庚寅寒露
九月小	甲戌	天干地支 西曆 星期	壬辰 (10) 四	癸巳 2 五	甲午 3 六	乙未 4 日	丙申 5 一	丁酉 6 二	戊戌 7 三	己亥 8 四	庚子 9 五	辛丑 10 六	壬寅 11 日	癸卯 12 一	甲辰 13 二	乙巳 14 三	丙午 15 四	丁未 16 五	戊申 17 六	己酉 18 日	庚戌 19 一	辛亥 20 二	壬子 21 三	癸丑 22 四	甲寅 23 五	乙卯 24 六	丙辰 25 日	丁巳 26 一	戊午 27 二	己未 28 三	庚申 29 四		丙午霜降
十月大	乙亥	天干地支 西曆 星期	辛酉 30 五	壬戌 31 六	癸亥 (11) 日	甲子 2 一	乙丑 3 二	丙寅 4 三	丁卯 5 四	戊辰 6 五	己巳 7 六	庚午 8 日	辛未 9 一	壬申 10 二	癸酉 11 三	甲戌 12 四	乙亥 13 五	丙子 14 六	丁丑 15 日	戊寅 16 一	己卯 17 二	庚辰 18 三	辛巳 19 四	壬午 20 五	癸未 21 六	甲申 22 日	乙酉 23 一	丙戌 24 二	丁亥 25 三	戊子 26 四	己丑 27 五	庚寅 28 六	辛酉立冬 丙子小雪
十一月大	丙子	天干地支 西曆 星期	辛卯 29 日	壬辰 30 一	癸巳 (12) 二	甲午 2 三	乙未 3 四	丙申 4 五	丁酉 5 六	戊戌 6 日	己亥 7 一	庚子 8 二	辛丑 9 三	壬寅 10 四	癸卯 11 五	甲辰 12 六	乙巳 13 日	丙午 14 一	丁未 15 二	戊申 16 三	己酉 17 四	庚戌 18 五	辛亥 19 六	壬子 20 日	癸丑 21 一	甲寅 22 二	乙卯 23 三	丙辰 24 四	丁巳 25 五	戊午 26 六	己未 27 日	庚申 28 一	辛卯大雪 丙午冬至
十二月小	丁丑	天干地支 西曆 星期	辛酉 29 二	壬戌 30 三	癸亥 31 四	甲子 (1) 五	乙丑 2 六	丙寅 3 日	丁卯 4 一	戊辰 5 二	己巳 6 三	庚午 7 四	辛未 8 五	壬申 9 六	癸酉 10 日	甲戌 11 一	乙亥 12 二	丙子 13 三	丁丑 14 四	戊寅 15 五	己卯 16 六	庚辰 17 日	辛巳 18 一	壬午 19 二	癸未 20 三	甲申 21 四	乙酉 22 五	丙戌 23 六	丁亥 24 日	戊子 25 一	己丑 26 二		壬戌小寒 丁丑大寒

蒙古太祖五年（庚午 馬年） 公元1210 ~ 1211年

夏曆月序		中西曆日對照	夏曆日序																														節氣與天象
			初一	初二	初三	初四	初五	初六	初七	初八	初九	初十	十一	十二	十三	十四	十五	十六	十七	十八	十九	二十	二一	二二	二三	二四	二五	二六	二七	二八	二九	三十	
正月大	戊寅	天干地支 西曆 星期	庚寅 27 三	辛卯 28 四	壬辰 29 五	癸巳 30 六	甲午 31 日	乙未 (2) 一	丙申 2 二	丁酉 3 三	戊戌 4 四	己亥 5 五	庚子 6 六	辛丑 7 日	壬寅 8 一	癸卯 9 二	甲辰 10 三	乙巳 11 四	丙午 12 五	丁未 13 六	戊申 14 日	己酉 15 一	庚戌 16 二	辛亥 17 三	壬子 18 四	癸丑 19 五	甲寅 20 六	乙卯 21 日	丙辰 22 一	丁巳 23 二	戊午 24 三	己未 25 四	壬辰立春 丁未雨水
二月小	己卯	天干地支 西曆 星期	庚申 26 五	辛酉 27 六	壬戌 28 日	癸亥 (3) 一	甲子 2 二	乙丑 3 三	丙寅 4 四	丁卯 5 五	戊辰 6 六	己巳 7 日	庚午 8 一	辛未 9 二	壬申 10 三	癸酉 11 四	甲戌 12 五	乙亥 13 六	丙子 14 日	丁丑 15 一	戊寅 16 二	己卯 17 三	庚辰 18 四	辛巳 19 五	壬午 20 六	癸未 21 日	甲申 22 一	乙酉 23 二	丙戌 24 三	丁亥 25 四	戊子 26 五		壬戌驚蟄 戊寅春分
三月小	庚辰	天干地支 西曆 星期	己丑 27 六	庚寅 28 日	辛卯 29 一	壬辰 30 二	癸巳 31 三	甲午 (4) 四	乙未 2 五	丙申 3 六	丁酉 4 日	戊戌 5 一	己亥 6 二	庚子 7 三	辛丑 8 四	壬寅 9 五	癸卯 10 六	甲辰 11 日	乙巳 12 一	丙午 13 二	丁未 14 三	戊申 15 四	己酉 16 五	庚戌 17 六	辛亥 18 日	壬子 19 一	癸丑 20 二	甲寅 21 三	乙卯 22 四	丙辰 23 五	丁巳 24 六		癸巳清明 戊申穀雨
四月大	辛巳	天干地支 西曆 星期	戊午 25 日	己未 26 一	庚申 27 二	辛酉 28 三	壬戌 29 四	癸亥 30 五	甲子 (5) 六	乙丑 2 日	丙寅 3 一	丁卯 4 二	戊辰 5 三	己巳 6 四	庚午 7 五	辛未 8 六	壬申 9 日	癸酉 10 一	甲戌 11 二	乙亥 12 三	丙子 13 四	丁丑 14 五	戊寅 15 六	己卯 16 日	庚辰 17 一	辛巳 18 二	壬午 19 三	癸未 20 四	甲申 21 五	乙酉 22 六	丙戌 23 日	丁亥 24 一	癸亥立夏 己卯小滿
五月小	壬午	天干地支 西曆 星期	戊子 25 二	己丑 26 三	庚寅 27 四	辛卯 28 五	壬辰 29 六	癸巳 30 日	甲午 31 一	乙未 (6) 二	丙申 2 三	丁酉 3 四	戊戌 4 五	己亥 5 六	庚子 6 日	辛丑 7 一	壬寅 8 二	癸卯 9 三	甲辰 10 四	乙巳 11 五	丙午 12 六	丁未 13 日	戊申 14 一	己酉 15 二	庚戌 16 三	辛亥 17 四	壬子 18 五	癸丑 19 六	甲寅 20 日	乙卯 21 一	丙辰 22 二		甲午芒種 己酉夏至
六月大	癸未	天干地支 西曆 星期	丁巳 23 三	戊午 24 四	己未 25 五	庚申 26 六	辛酉 27 日	壬戌 28 一	癸亥 29 二	甲子 30 三	乙丑 (7) 四	丙寅 2 五	丁卯 3 六	戊辰 4 日	己巳 5 一	庚午 6 二	辛未 7 三	壬申 8 四	癸酉 9 五	甲戌 10 六	乙亥 11 日	丙子 12 一	丁丑 13 二	戊寅 14 三	己卯 15 四	庚辰 16 五	辛巳 17 六	壬午 18 日	癸未 19 一	甲申 20 二	乙酉 21 三	丙戌 22 四	甲子小暑 己卯大暑
七月小	甲申	天干地支 西曆 星期	丁亥 23 五	戊子 24 六	己丑 25 日	庚寅 26 一	辛卯 27 二	壬辰 28 三	癸巳 29 四	甲午 30 五	乙未 31 六	丙申 (8) 日	丁酉 2 一	戊戌 3 二	己亥 4 三	庚子 5 四	辛丑 6 五	壬寅 7 六	癸卯 8 日	甲辰 9 一	乙巳 10 二	丙午 11 三	丁未 12 四	戊申 13 五	己酉 14 六	庚戌 15 日	辛亥 16 一	壬子 17 二	癸丑 18 三	甲寅 19 四	乙卯 20 五		乙未立秋 庚戌處暑
八月大	乙酉	天干地支 西曆 星期	丙辰 21 六	丁巳 22 日	戊午 23 一	己未 24 二	庚申 25 三	辛酉 26 四	壬戌 27 五	癸亥 28 六	甲子 29 日	乙丑 30 一	丙寅 31 二	丁卯 (9) 三	戊辰 2 四	己巳 3 五	庚午 4 六	辛未 5 日	壬申 6 一	癸酉 7 二	甲戌 8 三	乙亥 9 四	丙子 10 五	丁丑 11 六	戊寅 12 日	己卯 13 一	庚辰 14 二	辛巳 15 三	壬午 16 四	癸未 17 五	甲申 18 六	乙酉 19 日	乙丑白露 庚辰秋分
九月大	丙戌	天干地支 西曆 星期	丙戌 20 一	丁亥 21 二	戊子 22 三	己丑 23 四	庚寅 24 五	辛卯 25 六	壬辰 26 日	癸巳 27 一	甲午 28 二	乙未 29 三	丙申 30 四	丁酉 (10) 五	戊戌 2 六	己亥 3 日	庚子 4 一	辛丑 5 二	壬寅 6 三	癸卯 7 四	甲辰 8 五	乙巳 9 六	丙午 10 日	丁未 11 一	戊申 12 二	己酉 13 三	庚戌 14 四	辛亥 15 五	壬子 16 六	癸丑 17 日	甲寅 18 一	乙卯 19 二	丙申寒露 辛亥霜降
十月小	丁亥	天干地支 西曆 星期	丙辰 20 三	丁巳 21 四	戊午 22 五	己未 23 六	庚申 24 日	辛酉 25 一	壬戌 26 二	癸亥 27 三	甲子 28 四	乙丑 29 五	丙寅 30 六	丁卯 31 日	戊辰 (11) 一	己巳 2 二	庚午 3 三	辛未 4 四	壬申 5 五	癸酉 6 六	甲戌 7 日	乙亥 8 一	丙子 9 二	丁丑 10 三	戊寅 11 四	己卯 12 五	庚辰 13 六	辛巳 14 日	壬午 15 一	癸未 16 二	甲申 17 三		丙寅立冬 辛巳小雪
十一月大	戊子	天干地支 西曆 星期	乙酉 18 四	丙戌 19 五	丁亥 20 六	戊子 21 日	己丑 22 一	庚寅 23 二	辛卯 24 三	壬辰 25 四	癸巳 26 五	甲午 27 六	乙未 28 日	丙申 29 一	丁酉 30 二	戊戌 (12) 三	己亥 2 四	庚子 3 五	辛丑 4 六	壬寅 5 日	癸卯 6 一	甲辰 7 二	乙巳 8 三	丙午 9 四	丁未 10 五	戊申 11 六	己酉 12 日	庚戌 13 一	辛亥 14 二	壬子 15 三	癸丑 16 四	甲寅 17 五	丙申大雪 壬子冬至
十二月大	己丑	天干地支 西曆 星期	乙卯 18 六	丙辰 19 日	丁巳 20 一	戊午 21 二	己未 22 三	庚申 23 四	辛酉 24 五	壬戌 25 六	癸亥 26 日	甲子 27 一	乙丑 28 二	丙寅 29 三	丁卯 30 四	戊辰 31 五	己巳 (1) 六	庚午 2 日	辛未 3 一	壬申 4 二	癸酉 5 三	甲戌 6 四	乙亥 7 五	丙子 8 六	丁丑 9 日	戊寅 10 一	己卯 11 二	庚辰 12 三	辛巳 13 四	壬午 14 五	癸未 15 六	甲申 16 日	丁卯小寒 壬午大寒 乙卯日食

蒙古太祖六年（辛未 羊年） 公元 1211 ~ 1212 年

夏曆月序		中西曆日對照	初一	初二	初三	初四	初五	初六	初七	初八	初九	初十	十一	十二	十三	十四	十五	十六	十七	十八	十九	二十	二一	二二	二三	二四	二五	二六	二七	二八	二九	三十	節氣與天象
正月小	庚寅	天干 地支 西曆 星期	乙酉17一	丙戌18二	丁亥19三	戊子20四	己丑21五	庚寅22六	辛卯23日	壬辰24一	癸巳25二	甲午26三	乙未27四	丙申28五	丁酉29六	戊戌30日	己亥31一	庚子(2)二	辛丑2三	壬寅3四	癸卯4五	甲辰5六	乙巳6日	丙午7一	丁未8二	戊申9三	己酉10四	庚戌11五	辛亥12六	壬子13日	癸丑14一		丁酉立春 癸丑雨水
二月大	辛卯	天干 地支 西曆 星期	甲寅15二	乙卯16三	丙辰17四	丁巳18五	戊午19六	己未20日	庚申21一	辛酉22二	壬戌23三	癸亥24四	甲子25五	乙丑26六	丙寅27日	丁卯28一	戊辰(3)二	己巳2三	庚午3四	辛未4五	壬申5六	癸酉6日	甲戌7一	乙亥8二	丙子9三	丁丑10四	戊寅11五	己卯12六	庚辰13日	辛巳14一	壬午15二	癸未16三	戊辰驚蟄 癸未春分
閏二月小	辛卯	天干 地支 西曆 星期	甲申17四	乙酉18五	丙戌19六	丁亥20日	戊子21一	己丑22二	庚寅23三	辛卯24四	壬辰25五	癸巳26六	甲午27日	乙未28一	丙申29二	丁酉30三	戊戌31四	己亥(4)五	庚子2六	辛丑3日	壬寅4一	癸卯5二	甲辰6三	乙巳7四	丙午8五	丁未9六	戊申10日	己酉11一	庚戌12二	辛亥13三	壬子14四		戊戌清明
三月小	壬辰	天干 地支 西曆 星期	癸丑15五	甲寅16六	乙卯17日	丙辰18一	丁巳19二	戊午20三	己未21四	庚申22五	辛酉23六	壬戌24日	癸亥25一	甲子26二	乙丑27三	丙寅28四	丁卯29五	戊辰30六	己巳(5)日	庚午2一	辛未3二	壬申4三	癸酉5四	甲戌6五	乙亥7六	丙子8日	丁丑9一	戊寅10二	己卯11三	庚辰12四	辛巳13五		癸丑穀雨 己巳立夏
四月大	癸巳	天干 地支 西曆 星期	壬午14六	癸未15日	甲申16一	乙酉17二	丙戌18三	丁亥19四	戊子20五	己丑21六	庚寅22日	辛卯23一	壬辰24二	癸巳25三	甲午26四	乙未27五	丙申28六	丁酉29日	戊戌30一	己亥31二	庚子(6)三	辛丑2四	壬寅3五	癸卯4六	甲辰5日	乙巳6一	丙午7二	丁未8三	戊申9四	己酉10五	庚戌11六	辛亥12日	甲申小滿 己亥芒種
五月小	甲午	天干 地支 西曆 星期	壬子13一	癸丑14二	甲寅15三	乙卯16四	丙辰17五	丁巳18六	戊午19日	己未20一	庚申21二	辛酉22三	壬戌23四	癸亥24五	甲子25六	乙丑26日	丙寅27一	丁卯28二	戊辰29三	己巳30四	庚午(7)五	辛未2六	壬申3日	癸酉4一	甲戌5二	乙亥6三	丙子7四	丁丑8五	戊寅9六	己卯10日	庚辰11一		甲寅夏至 己巳小暑
六月小	乙未	天干 地支 西曆 星期	辛巳12二	壬午13三	癸未14四	甲申15五	乙酉16六	丙戌17日	丁亥18一	戊子19二	己丑20三	庚寅21四	辛卯22五	壬辰23六	癸巳24日	甲午25一	乙未26二	丙申27三	丁酉28四	戊戌29五	己亥30六	庚子31日	辛丑(8)一	壬寅2二	癸卯3三	甲辰4四	乙巳5五	丙午6六	丁未7日	戊申8一	己酉9二		乙酉大暑 庚子立秋
七月大	丙申	天干 地支 西曆 星期	庚戌10三	辛亥11四	壬子12五	癸丑13六	甲寅14日	乙卯15一	丙辰16二	丁巳17三	戊午18四	己未19五	庚申20六	辛酉21日	壬戌22一	癸亥23二	甲子24三	乙丑25四	丙寅26五	丁卯27六	戊辰28日	己巳29一	庚午30二	辛未31三	壬申(9)四	癸酉2五	甲戌3六	乙亥4日	丙子5一	丁丑6二	戊寅7三	己卯8四	乙卯處暑 庚午白露
八月大	丁酉	天干 地支 西曆 星期	庚辰9五	辛巳10六	壬午11日	癸未12一	甲申13二	乙酉14三	丙戌15四	丁亥16五	戊子17六	己丑18日	庚寅19一	辛卯20二	壬辰21三	癸巳22四	甲午23五	乙未24六	丙申25日	丁酉26一	戊戌27二	己亥28三	庚子29四	辛丑30五	壬寅(10)六	癸卯2日	甲辰3一	乙巳4二	丙午5三	丁未6四	戊申7五	己酉8六	丙戌秋分 辛丑寒露
九月小	戊戌	天干 地支 西曆 星期	庚戌9日	辛亥10一	壬子11二	癸丑12三	甲寅13四	乙卯14五	丙辰15六	丁巳16日	戊午17一	己未18二	庚申19三	辛酉20四	壬戌21五	癸亥22六	甲子23日	乙丑24一	丙寅25二	丁卯26三	戊辰27四	己巳28五	庚午29六	辛未30日	壬申31一	癸酉(11)二	甲戌2三	乙亥3四	丙子4五	丁丑5六	戊寅6日		丙辰霜降 辛未立冬
十月大	己亥	天干 地支 西曆 星期	己卯7一	庚辰8二	辛巳9三	壬午10四	癸未11五	甲申12六	乙酉13日	丙戌14一	丁亥15二	戊子16三	己丑17四	庚寅18五	辛卯19六	壬辰20日	癸巳21一	甲午22二	乙未23三	丙申24四	丁酉25五	戊戌26六	己亥27日	庚子28一	辛丑29二	壬寅30三	癸卯(12)四	甲辰2五	乙巳3六	丙午4日	丁未5一	戊申6二	丙戌小雪 壬寅大雪
十一月大	庚子	天干 地支 西曆 星期	己酉7三	庚戌8四	辛亥9五	壬子10六	癸丑11日	甲寅12一	乙卯13二	丙辰14三	丁巳15四	戊午16五	己未17六	庚申18日	辛酉19一	壬戌20二	癸亥21三	甲子22四	乙丑23五	丙寅24六	丁卯25日	戊辰26一	己巳27二	庚午28三	辛未29四	壬申30五	癸酉31六	甲戌(1)日	乙亥2一	丙子3二	丁丑4三	戊寅5四	丁巳冬至 壬申小寒
十二月大	辛丑	天干 地支 西曆 星期	己卯6五	庚辰7六	辛巳8日	壬午9一	癸未10二	甲申11三	乙酉12四	丙戌13五	丁亥14六	戊子15日	己丑16一	庚寅17二	辛卯18三	壬辰19四	癸巳20五	甲午21六	乙未22日	丙申23一	丁酉24二	戊戌25三	己亥26四	庚子27五	辛丑28六	壬寅29日	癸卯30一	甲辰31二	乙巳(2)三	丙午2四	丁未3五	戊申4六	丁亥大寒 癸卯立春

蒙古太祖七年（壬申 猴年） 公元 1212 ~ 1213 年

夏曆月序	中西曆日對照	初一	初二	初三	初四	初五	初六	初七	初八	初九	初十	十一	十二	十三	十四	十五	十六	十七	十八	十九	二十	二一	二二	二三	二四	二五	二六	二七	二八	二九	三十	節氣與天象
正月小 壬寅	天干地支 西曆 星期	己酉 5 日	庚戌 6 一	辛亥 7 二	壬子 8 三	癸丑 9 四	甲寅 10 五	乙卯 11 六	丙辰 12 日	丁巳 13 一	戊午 14 二	己未 15 三	庚申 16 四	辛酉 17 五	壬戌 18 六	癸亥 19 日	甲子 20 一	乙丑 21 二	丙寅 22 三	丁卯 23 四	戊辰 24 五	己巳 25 六	庚午 26 日	辛未 27 一	壬申 28 二	癸酉 29 三	甲戌 (3) 四	乙亥 2 五	丙子 3 六	丁丑 4 日		戊午雨水 癸酉驚蟄
二月大 癸卯	天干地支 西曆 星期	戊寅 5 一	己卯 6 二	庚辰 7 三	辛巳 8 四	壬午 9 五	癸未 10 六	甲申 11 日	乙酉 12 一	丙戌 13 二	丁亥 14 三	戊子 15 四	己丑 16 五	庚寅 17 六	辛卯 18 日	壬辰 19 一	癸巳 20 二	甲午 21 三	乙未 22 四	丙申 23 五	丁酉 24 六	戊戌 25 日	己亥 26 一	庚子 27 二	辛丑 28 三	壬寅 29 四	癸卯 30 五	甲辰 31 六	乙巳 (4) 日	丙午 2 一	丁未 3 二	戊子春分 癸卯清明
三月小 甲辰	天干地支 西曆 星期	戊申 4 三	己酉 5 四	庚戌 6 五	辛亥 7 六	壬子 8 日	癸丑 9 一	甲寅 10 二	乙卯 11 三	丙辰 12 四	丁巳 13 五	戊午 14 六	己未 15 日	庚申 16 一	辛酉 17 二	壬戌 18 三	癸亥 19 四	甲子 20 五	乙丑 21 六	丙寅 22 日	丁卯 23 一	戊辰 24 二	己巳 25 三	庚午 26 四	辛未 27 五	壬申 28 六	癸酉 29 日	甲戌 30 一	乙亥 (5) 二	丙子 2 三		己未穀雨 甲戌立夏
四月小 乙巳	天干地支 西曆 星期	丁丑 3 四	戊寅 4 五	己卯 5 六	庚辰 6 日	辛巳 7 一	壬午 8 二	癸未 9 三	甲申 10 四	乙酉 11 五	丙戌 12 六	丁亥 13 日	戊子 14 一	己丑 15 二	庚寅 16 三	辛卯 17 四	壬辰 18 五	癸巳 19 六	甲午 20 日	乙未 21 一	丙申 22 二	丁酉 23 三	戊戌 24 四	己亥 25 五	庚子 26 六	辛丑 27 日	壬寅 28 一	癸卯 29 二	甲辰 30 三	乙巳 31 四		己丑小滿 甲辰芒種
五月大 丙午	天干地支 西曆 星期	丙午 (6) 五	丁未 2 六	戊申 3 日	己酉 4 一	庚戌 5 二	辛亥 6 三	壬子 7 四	癸丑 8 五	甲寅 9 六	乙卯 10 日	丙辰 11 一	丁巳 12 二	戊午 13 三	己未 14 四	庚申 15 五	辛酉 16 六	壬戌 17 日	癸亥 18 一	甲子 19 二	乙丑 20 三	丙寅 21 四	丁卯 22 五	戊辰 23 六	己巳 24 日	庚午 25 一	辛未 26 二	壬申 27 三	癸酉 28 四	甲戌 29 五	乙亥 30 六	庚申夏至 乙亥小暑
六月小 丁未	天干地支 西曆 星期	丙子 (7) 日	丁丑 2 一	戊寅 3 二	己卯 4 三	庚辰 5 四	辛巳 6 五	壬午 7 六	癸未 8 日	甲申 9 一	乙酉 10 二	丙戌 11 三	丁亥 12 四	戊子 13 五	己丑 14 六	庚寅 15 日	辛卯 16 一	壬辰 17 二	癸巳 18 三	甲午 19 四	乙未 20 五	丙申 21 六	丁酉 22 日	戊戌 23 一	己亥 24 二	庚子 25 三	辛丑 26 四	壬寅 27 五	癸卯 28 六	甲辰 29 日		庚寅大暑
七月小 戊申	天干地支 西曆 星期	乙巳 30 一	丙午 31 二	丁未 (8) 三	戊申 2 四	己酉 3 五	庚戌 4 六	辛亥 5 日	壬子 6 一	癸丑 7 二	甲寅 8 三	乙卯 9 四	丙辰 10 五	丁巳 11 六	戊午 12 日	己未 13 一	庚申 14 二	辛酉 15 三	壬戌 16 四	癸亥 17 五	甲子 18 六	乙丑 19 日	丙寅 20 一	丁卯 21 二	戊辰 22 三	己巳 23 四	庚午 24 五	辛未 25 六	壬申 26 日	癸酉 27 一		乙巳立秋 庚申處暑
八月大 己酉	天干地支 西曆 星期	甲戌 28 二	乙亥 29 三	丙子 30 四	丁丑 31 五	戊寅 (9) 六	己卯 2 日	庚辰 3 一	辛巳 4 二	壬午 5 三	癸未 6 四	甲申 7 五	乙酉 8 六	丙戌 9 日	丁亥 10 一	戊子 11 二	己丑 12 三	庚寅 13 四	辛卯 14 五	壬辰 15 六	癸巳 16 日	甲午 17 一	乙未 18 二	丙申 19 三	丁酉 20 四	戊戌 21 五	己亥 22 六	庚子 23 日	辛丑 24 一	壬寅 25 二	癸卯 26 三	丙子白露 辛卯秋分
九月小 庚戌	天干地支 西曆 星期	甲辰 27 四	乙巳 28 五	丙午 29 六	丁未 30 日	戊申 (10) 一	己酉 2 二	庚戌 3 三	辛亥 4 四	壬子 5 五	癸丑 6 六	甲寅 7 日	乙卯 8 一	丙辰 9 二	丁巳 10 三	戊午 11 四	己未 12 五	庚申 13 六	辛酉 14 日	壬戌 15 一	癸亥 16 二	甲子 17 三	乙丑 18 四	丙寅 19 五	丁卯 20 六	戊辰 21 日	己巳 22 一	庚午 23 二	辛未 24 三	壬申 25 四		丙午寒露 辛酉霜降
十月大 辛亥	天干地支 西曆 星期	癸酉 26 五	甲戌 27 六	乙亥 28 日	丙子 29 一	丁丑 30 二	戊寅 31 三	己卯 (11) 四	庚辰 2 五	辛巳 3 六	壬午 4 日	癸未 5 一	甲申 6 二	乙酉 7 三	丙戌 8 四	丁亥 9 五	戊子 10 六	己丑 11 日	庚寅 12 一	辛卯 13 二	壬辰 14 三	癸巳 15 四	甲午 16 五	乙未 17 六	丙申 18 日	丁酉 19 一	戊戌 20 二	己亥 21 三	庚子 22 四	辛丑 23 五	壬寅 24 六	丙子立冬 壬辰小雪
十一月大 壬子	天干地支 西曆 星期	癸卯 25 日	甲辰 26 一	乙巳 27 二	丙午 28 三	丁未 29 四	戊申 30 五	己酉 (12) 六	庚戌 2 日	辛亥 3 一	壬子 4 二	癸丑 5 三	甲寅 6 四	乙卯 7 五	丙辰 8 六	丁巳 9 日	戊午 10 一	己未 11 二	庚申 12 三	辛酉 13 四	壬戌 14 五	癸亥 15 六	甲子 16 日	乙丑 17 一	丙寅 18 二	丁卯 19 三	戊辰 20 四	己巳 21 五	庚午 22 六	辛未 23 日	壬申 24 一	丁未大雪 壬戌冬至
十二月大 癸丑	天干地支 西曆 星期	癸酉 25 二	甲戌 26 三	乙亥 27 四	丙子 28 五	丁丑 29 六	戊寅 30 日	己卯 31 一	庚辰 (1) 二	辛巳 2 三	壬午 3 四	癸未 4 五	甲申 5 六	乙酉 6 日	丙戌 7 一	丁亥 8 二	戊子 9 三	己丑 10 四	庚寅 11 五	辛卯 12 六	壬辰 13 日	癸巳 14 一	甲午 15 二	乙未 16 三	丙申 17 四	丁酉 18 五	戊戌 19 六	己亥 20 日	庚子 21 一	辛丑 22 二	壬寅 23 三	丁丑小寒 癸巳大寒

蒙古太祖八年（癸酉鷄年） 公元 1213 ~ 1214 年

夏曆月序	中西曆日對照	初一	初二	初三	初四	初五	初六	初七	初八	初九	初十	十一	十二	十三	十四	十五	十六	十七	十八	十九	二十	二一	二二	二三	二四	二五	二六	二七	二八	二九	三十	節氣與天象
正月小	甲寅 天干地支 西曆星期	癸卯24四	甲辰25五	乙巳26六	丙午27日	丁未28一	戊申29二	己酉30三	庚戌31四	辛亥(2)五	壬子2六	癸丑3日	甲寅4一	乙卯5二	丙辰6三	丁巳7四	戊午8五	己未9六	庚申10日	辛酉11一	壬戌12二	癸亥13三	甲子14四	乙丑15五	丙寅16六	丁卯17日	戊辰18一	己巳19二	庚午20三	辛未21四		戊申立春 癸亥雨水
二月大	乙卯 天干地支 西曆星期	壬申22五	癸酉23六	甲戌24日	乙亥25一	丙子26二	丁丑27三	戊寅28四	己卯(3)五	庚辰2六	辛巳3日	壬午4一	癸未5二	甲申6三	乙酉7四	丙戌8五	丁亥9六	戊子10日	己丑11一	庚寅12二	辛卯13三	壬辰14四	癸巳15五	甲午16六	乙未17日	丙申18一	丁酉19二	戊戌20三	己亥21四	庚子22五	辛丑23六	戊寅驚蟄 癸巳春分
三月大	丙辰 天干地支 西曆星期	壬寅24日	癸卯25一	甲辰26二	乙巳27三	丙午28四	丁未29五	戊申30六	己酉31日	庚戌(4)一	辛亥2二	壬子3三	癸丑4四	甲寅5五	乙卯6六	丙辰7日	丁巳8一	戊午9二	己未10三	庚申11四	辛酉12五	壬戌13六	癸亥14日	甲子15一	乙丑16二	丙寅17三	丁卯18四	戊辰19五	己巳20六	庚午21日	辛未22一	己酉清明 甲子穀雨
四月小	丁巳 天干地支 西曆星期	壬申23二	癸酉24三	甲戌25四	乙亥26五	丙子27六	丁丑28日	戊寅29一	己卯30二	庚辰(5)三	辛巳2四	壬午3五	癸未4六	甲申5日	乙酉6一	丙戌7二	丁亥8三	戊子9四	己丑10五	庚寅11六	辛卯12日	壬辰13一	癸巳14二	甲午15三	乙未16四	丙申17五	丁酉18六	戊戌19日	己亥20一	庚子21二		己卯立夏 甲午小滿
五月小	戊午 天干地支 西曆星期	辛丑22三	壬寅23四	癸卯24五	甲辰25六	乙巳26日	丙午27一	丁未28二	戊申29三	己酉30四	庚戌31五	辛亥(6)六	壬子2日	癸丑3一	甲寅4二	乙卯5三	丙辰6四	丁巳7五	戊午8六	己未9日	庚申10一	辛酉11二	壬戌12三	癸亥13四	甲子14五	乙丑15六	丙寅16日	丁卯17一	戊辰18二	己巳19三		庚戌芒種 乙丑夏至
六月大	己未 天干地支 西曆星期	庚午20四	辛未21五	壬申22六	癸酉23日	甲戌24一	乙亥25二	丙子26三	丁丑27四	戊寅28五	己卯29六	庚辰30日	辛巳(7)一	壬午2二	癸未3三	甲申4四	乙酉5五	丙戌6六	丁亥7日	戊子8一	己丑9二	庚寅10三	辛卯11四	壬辰12五	癸巳13六	甲午14日	乙未15一	丙申16二	丁酉17三	戊戌18四	己亥19五	庚辰小暑 乙未大暑
七月小	庚申 天干地支 西曆星期	庚子20六	辛丑21日	壬寅22一	癸卯23二	甲辰24三	乙巳25四	丙午26五	丁未27六	戊申28日	己酉29一	庚戌30二	辛亥31三	壬子(8)四	癸丑2五	甲寅3六	乙卯4日	丙辰5一	丁巳6二	戊午7三	己未8四	庚申9五	辛酉10六	壬戌11日	癸亥12一	甲子13二	乙丑14三	丙寅15四	丁卯16五	戊辰17六		庚戌立秋 丙寅處暑
八月小	辛酉 天干地支 西曆星期	己巳18日	庚午19一	辛未20二	壬申21三	癸酉22四	甲戌23五	乙亥24六	丙子25日	丁丑26一	戊寅27二	己卯28三	庚辰29四	辛巳30五	壬午31六	癸未(9)日	甲申2一	乙酉3二	丙戌4三	丁亥5四	戊子6五	己丑7六	庚寅8日	辛卯9一	壬辰10二	癸巳11三	甲午12四	乙未13五	丙申14六	丁酉15日		辛巳白露 丙申秋分
九月大	壬戌 天干地支 西曆星期	戊戌16一	己亥17二	庚子18三	辛丑19四	壬寅20五	癸卯21六	甲辰22日	乙巳23一	丙午24二	丁未25三	戊申26四	己酉27五	庚戌28六	辛亥29日	壬子30一	癸丑(10)二	甲寅2三	乙卯3四	丙辰4五	丁巳5六	戊午6日	己未7一	庚申8二	辛酉9三	壬戌10四	癸亥11五	甲子12六	乙丑13日	丙寅14一	丁卯15二	辛亥寒露 丁卯霜降
閏九月小	壬戌 天干地支 西曆星期	戊辰16三	己巳17四	庚午18五	辛未19六	壬申20日	癸酉21一	甲戌22二	乙亥23三	丙子24四	丁丑25五	戊寅26六	己卯27日	庚辰28一	辛巳29二	壬午30三	癸未31四	甲申(11)五	乙酉2六	丙戌3日	丁亥4一	戊子5二	己丑6三	庚寅7四	辛卯8五	壬辰9六	癸巳10日	甲午11一	乙未12二	丙申13三		壬午立冬
十月大	癸亥 天干地支 西曆星期	丁酉14四	戊戌15五	己亥16六	庚子17日	辛丑18一	壬寅19二	癸卯20三	甲辰21四	乙巳22五	丙午23六	丁未24日	戊申25一	己酉26二	庚戌27三	辛亥28四	壬子29五	癸丑30六	甲寅(12)日	乙卯2一	丙辰3二	丁巳4三	戊午5四	己未6五	庚申7六	辛酉8日	壬戌9一	癸亥10二	甲子11三	乙丑12四	丙寅13五	丁酉小雪 壬子大雪
十一月大	甲子 天干地支 西曆星期	丁卯14六	戊辰15日	己巳16一	庚午17二	辛未18三	壬申19四	癸酉20五	甲戌21六	乙亥22日	丙子23一	丁丑24二	戊寅25三	己卯26四	庚辰27五	辛巳28六	壬午29日	癸未30一	甲申31二	乙酉(1)三	丙戌2四	丁亥3五	戊子4六	己丑5日	庚寅6一	辛卯7二	壬辰8三	癸巳9四	甲午10五	乙未11六	丙申12日	丁卯冬至 癸未小寒
十二月大	乙丑 天干地支 西曆星期	丁酉13一	戊戌14二	己亥15三	庚子16四	辛丑17五	壬寅18六	癸卯19日	甲辰20一	乙巳21二	丙午22三	丁未23四	戊申24五	己酉25六	庚戌26日	辛亥27一	壬子28二	癸丑29三	甲寅30四	乙卯31五	丙辰(2)六	丁巳2日	戊午3一	己未4二	庚申5三	辛酉6四	壬戌7五	癸亥8六	甲子9日	乙丑10一	丙寅11二	戊戌大寒 癸丑立春

蒙古太祖九年（甲戌 狗年） 公元1214 ~ 1215年

夏曆月序	中西曆日對照	初一	初二	初三	初四	初五	初六	初七	初八	初九	初十	十一	十二	十三	十四	十五	十六	十七	十八	十九	二十	二一	二二	二三	二四	二五	二六	二七	二八	二九	三十	節氣與天象
正月小 丙寅	天干地支 西曆星期	丁卯 12 三	戊辰 13 四	己巳 14 五	庚午 15 六	辛未 16 日	壬申 17 一	癸酉 18 二	甲戌 19 三	乙亥 20 四	丙子 21 五	丁丑 22 六	戊寅 23 日	己卯 24 一	庚辰 25 二	辛巳 26 三	壬午 27 四	癸未 28 五	甲申 (3) 六	乙酉 2 日	丙戌 3 一	丁亥 4 二	戊子 5 三	己丑 6 四	庚寅 7 五	辛卯 8 六	壬辰 9 日	癸巳 10 一	甲午 11 二	乙未 12 三		戊辰雨水 癸未驚蟄
二月大 丁卯	天干地支 西曆星期	丙申 13 四	丁酉 14 五	戊戌 15 六	己亥 16 日	庚子 17 一	辛丑 18 二	壬寅 19 三	癸卯 20 四	甲辰 21 五	乙巳 22 六	丙午 23 日	丁未 24 一	戊申 25 二	己酉 26 三	庚戌 27 四	辛亥 28 五	壬子 29 六	癸丑 30 日	甲寅 31 一	乙卯 (4) 二	丙辰 2 三	丁巳 3 四	戊午 4 五	己未 5 六	庚申 6 日	辛酉 7 一	壬戌 8 二	癸亥 9 三	甲子 10 四	乙丑 11 五	己亥春分 甲寅清明
三月小 戊辰	天干地支 西曆星期	丙寅 12 六	丁卯 13 日	戊辰 14 一	己巳 15 二	庚午 16 三	辛未 17 四	壬申 18 五	癸酉 19 六	甲戌 20 日	乙亥 21 一	丙子 22 二	丁丑 23 三	戊寅 24 四	己卯 25 五	庚辰 26 六	辛巳 27 日	壬午 28 一	癸未 29 二	甲申 30 三	乙酉 (5) 四	丙戌 2 五	丁亥 3 六	戊子 4 日	己丑 5 一	庚寅 6 二	辛卯 7 三	壬辰 8 四	癸巳 9 五	甲午 10 六		己巳穀雨 甲申立夏
四月大 己巳	天干地支 西曆星期	乙未 11 日	丙申 12 一	丁酉 13 二	戊戌 14 三	己亥 15 四	庚子 16 五	辛丑 17 六	壬寅 18 日	癸卯 19 一	甲辰 20 二	乙巳 21 三	丙午 22 四	丁未 23 五	戊申 24 六	己酉 25 日	庚戌 26 一	辛亥 27 二	壬子 28 三	癸丑 29 四	甲寅 30 五	乙卯 31 六	丙辰 (6) 日	丁巳 2 一	戊午 3 二	己未 4 三	庚申 5 四	辛酉 6 五	壬戌 7 六	癸亥 8 日	甲子 9 一	庚子小滿 乙卯芒種
五月小 庚午	天干地支 西曆星期	乙丑 10 二	丙寅 11 三	丁卯 12 四	戊辰 13 五	己巳 14 六	庚午 15 日	辛未 16 一	壬申 17 二	癸酉 18 三	甲戌 19 四	乙亥 20 五	丙子 21 六	丁丑 22 日	戊寅 23 一	己卯 24 二	庚辰 25 三	辛巳 26 四	壬午 27 五	癸未 28 六	甲申 29 日	乙酉 30 一	丙戌 (7) 二	丁亥 2 三	戊子 3 四	己丑 4 五	庚寅 5 六	辛卯 6 日	壬辰 7 一	癸巳 8 二		庚午夏至 乙酉小暑
六月大 辛未	天干地支 西曆星期	甲午 9 三	乙未 10 四	丙申 11 五	丁酉 12 六	戊戌 13 日	己亥 14 一	庚子 15 二	辛丑 16 三	壬寅 17 四	癸卯 18 五	甲辰 19 六	乙巳 20 日	丙午 21 一	丁未 22 二	戊申 23 三	己酉 24 四	庚戌 25 五	辛亥 26 六	壬子 27 日	癸丑 28 一	甲寅 29 二	乙卯 30 三	丙辰 31 四	丁巳 (8) 五	戊午 2 六	己未 3 日	庚申 4 一	辛酉 5 二	壬戌 6 三	癸亥 7 四	庚子大暑 丙辰立秋
七月小 壬申	天干地支 西曆星期	甲子 8 五	乙丑 9 六	丙寅 10 日	丁卯 11 一	戊辰 12 二	己巳 13 三	庚午 14 四	辛未 15 五	壬申 16 六	癸酉 17 日	甲戌 18 一	乙亥 19 二	丙子 20 三	丁丑 21 四	戊寅 22 五	己卯 23 六	庚辰 24 日	辛巳 25 一	壬午 26 二	癸未 27 三	甲申 28 四	乙酉 29 五	丙戌 30 六	丁亥 31 日	戊子 (9) 一	己丑 2 二	庚寅 3 三	辛卯 4 四	壬辰 5 五		辛未處暑 丙戌白露
八月小 癸酉	天干地支 西曆星期	癸巳 6 六	甲午 7 日	乙未 8 一	丙申 9 二	丁酉 10 三	戊戌 11 四	己亥 12 五	庚子 13 六	辛丑 14 日	壬寅 15 一	癸卯 16 二	甲辰 17 三	乙巳 18 四	丙午 19 五	丁未 20 六	戊申 21 日	己酉 22 一	庚戌 23 二	辛亥 24 三	壬子 25 四	癸丑 26 五	甲寅 27 六	乙卯 28 日	丙辰 29 一	丁巳 30 二	戊午 (10) 三	己未 2 四	庚申 3 五	辛酉 4 六		辛丑秋分 丁巳寒露
九月大 甲戌	天干地支 西曆星期	壬戌 5 日	癸亥 6 一	甲子 7 二	乙丑 8 三	丙寅 9 四	丁卯 10 五	戊辰 11 六	己巳 12 日	庚午 13 一	辛未 14 二	壬申 15 三	癸酉 16 四	甲戌 17 五	乙亥 18 六	丙子 19 日	丁丑 20 一	戊寅 21 二	己卯 22 三	庚辰 23 四	辛巳 24 五	壬午 25 六	癸未 26 日	甲申 27 一	乙酉 28 二	丙戌 29 三	丁亥 30 四	戊子 31 五	己丑 (11) 六	庚寅 2 日	辛卯 3 一	壬申霜降 丁亥立冬 壬戌日食
十月小 乙亥	天干地支 西曆星期	壬辰 4 二	癸巳 5 三	甲午 6 四	乙未 7 五	丙申 8 六	丁酉 9 日	戊戌 10 一	己亥 11 二	庚子 12 三	辛丑 13 四	壬寅 14 五	癸卯 15 六	甲辰 16 日	乙巳 17 一	丙午 18 二	丁未 19 三	戊申 20 四	己酉 21 五	庚戌 22 六	辛亥 23 日	壬子 24 一	癸丑 25 二	甲寅 26 三	乙卯 27 四	丙辰 28 五	丁巳 29 六	戊午 30 日	己未 (12) 一	庚申 2 二		壬寅小雪 丁巳大雪
十一月大 丙子	天干地支 西曆星期	辛酉 3 三	壬戌 4 四	癸亥 5 五	甲子 6 六	乙丑 7 日	丙寅 8 一	丁卯 9 二	戊辰 10 三	己巳 11 四	庚午 12 五	辛未 13 六	壬申 14 日	癸酉 15 一	甲戌 16 二	乙亥 17 三	丙子 18 四	丁丑 19 五	戊寅 20 六	己卯 21 日	庚辰 22 一	辛巳 23 二	壬午 24 三	癸未 25 四	甲申 26 五	乙酉 27 六	丙戌 28 日	丁亥 29 一	戊子 30 二	己丑 31 三	庚寅 (1) 四	癸酉冬至 戊子小寒
十二月大 丁丑	天干地支 西曆星期	辛卯 2 五	壬辰 3 六	癸巳 4 日	甲午 5 一	乙未 6 二	丙申 7 三	丁酉 8 四	戊戌 9 五	己亥 10 六	庚子 11 日	辛丑 12 一	壬寅 13 二	癸卯 14 三	甲辰 15 四	乙巳 16 五	丙午 17 六	丁未 18 日	戊申 19 一	己酉 20 二	庚戌 21 三	辛亥 22 四	壬子 23 五	癸丑 24 六	甲寅 25 日	乙卯 26 一	丙辰 27 二	丁巳 28 三	戊午 29 四	己未 30 五	庚申 31 六	癸卯大寒 戊午立春

蒙古太祖十年（乙亥 猪年） 公元 1215 ~ 1216 年

夏曆月序		中西曆日對照	初一	初二	初三	初四	初五	初六	初七	初八	初九	初十	十一	十二	十三	十四	十五	十六	十七	十八	十九	二十	二一	二二	二三	二四	二五	二六	二七	二八	二九	三十	節氣與天象
正月小	戊寅	干支	辛酉	壬戌	癸亥	甲子	乙丑	丙寅	丁卯	戊辰	己巳	庚午	辛未	壬申	癸酉	甲戌	乙亥	丙子	丁丑	戊寅	己卯	庚辰	辛巳	壬午	癸未	甲申	乙酉	丙戌	丁亥	戊子	己丑		癸酉雨水 己丑驚蟄
		西曆	(2)	2	3	4	5	6	7	8	9	10	11	12	13	14	15	16	17	18	19	20	21	22	23	24	25	26	27	28	(3)		
		星期	日	一	二	三	四	五	六	日	一	二	三	四	五	六	日	一	二	三	四	五	六	日	一	二	三	四	五	六	日		
二月大	己卯	干支	庚寅	辛卯	壬辰	癸巳	甲午	乙未	丙申	丁酉	戊戌	己亥	庚子	辛丑	壬寅	癸卯	甲辰	乙巳	丙午	丁未	戊申	己酉	庚戌	辛亥	壬子	癸丑	甲寅	乙卯	丙辰	丁巳	戊午	己未	甲辰春分 己未清明
		西曆	2	3	4	5	6	7	8	9	10	11	12	13	14	15	16	17	18	19	20	21	22	23	24	25	26	27	28	29	30	31	
		星期	一	二	三	四	五	六	日	一	二	三	四	五	六	日	一	二	三	四	五	六	日	一	二	三	四	五	六	日	一	二	
三月大	庚辰	干支	庚申	辛酉	壬戌	癸亥	甲子	乙丑	丙寅	丁卯	戊辰	己巳	庚午	辛未	壬申	癸酉	甲戌	乙亥	丙子	丁丑	戊寅	己卯	庚辰	辛巳	壬午	癸未	甲申	乙酉	丙戌	丁亥	戊子	己丑	甲戌穀雨
		西曆	(4)	2	3	4	5	6	7	8	9	10	11	12	13	14	15	16	17	18	19	20	21	22	23	24	25	26	27	28	29	30	
		星期	三	四	五	六	日	一	二	三	四	五	六	日	一	二	三	四	五	六	日	一	二	三	四	五	六	日	一	二	三	四	
四月小	辛巳	干支	庚寅	辛卯	壬辰	癸巳	甲午	乙未	丙申	丁酉	戊戌	己亥	庚子	辛丑	壬寅	癸卯	甲辰	乙巳	丙午	丁未	戊申	己酉	庚戌	辛亥	壬子	癸丑	甲寅	乙卯	丙辰	丁巳	戊午		庚寅立夏 乙巳小滿
		西曆	(5)	2	3	4	5	6	7	8	9	10	11	12	13	14	15	16	17	18	19	20	21	22	23	24	25	26	27	28	29		
		星期	五	六	日	一	二	三	四	五	六	日	一	二	三	四	五	六	日	一	二	三	四	五	六	日	一	二	三	四	五		
五月大	壬午	干支	己未	庚申	辛酉	壬戌	癸亥	甲子	乙丑	丙寅	丁卯	戊辰	己巳	庚午	辛未	壬申	癸酉	甲戌	乙亥	丙子	丁丑	戊寅	己卯	庚辰	辛巳	壬午	癸未	甲申	乙酉	丙戌	丁亥	戊子	庚申芒種 乙亥夏至
		西曆	30	31	(6)	2	3	4	5	6	7	8	9	10	11	12	13	14	15	16	17	18	19	20	21	22	23	24	25	26	27	28	
		星期	六	日	一	二	三	四	五	六	日	一	二	三	四	五	六	日	一	二	三	四	五	六	日	一	二	三	四	五	六	日	
六月小	癸未	干支	己丑	庚寅	辛卯	壬辰	癸巳	甲午	乙未	丙申	丁酉	戊戌	己亥	庚子	辛丑	壬寅	癸卯	甲辰	乙巳	丙午	丁未	戊申	己酉	庚戌	辛亥	壬子	癸丑	甲寅	乙卯	丙辰	丁巳		庚寅小暑 丙午大暑
		西曆	29	30	(7)	2	3	4	5	6	7	8	9	10	11	12	13	14	15	16	17	18	19	20	21	22	23	24	25	26	27		
		星期	一	二	三	四	五	六	日	一	二	三	四	五	六	日	一	二	三	四	五	六	日	一	二	三	四	五	六	日	一		
七月大	甲申	干支	戊午	己未	庚申	辛酉	壬戌	癸亥	甲子	乙丑	丙寅	丁卯	戊辰	己巳	庚午	辛未	壬申	癸酉	甲戌	乙亥	丙子	丁丑	戊寅	己卯	庚辰	辛巳	壬午	癸未	甲申	乙酉	丙戌	丁亥	辛酉立秋 丙子處暑
		西曆	28	29	30	31	(8)	2	3	4	5	6	7	8	9	10	11	12	13	14	15	16	17	18	19	20	21	22	23	24	25	26	
		星期	二	三	四	五	六	日	一	二	三	四	五	六	日	一	二	三	四	五	六	日	一	二	三	四	五	六	日	一	二	三	
八月小	乙酉	干支	戊子	己丑	庚寅	辛卯	壬辰	癸巳	甲午	乙未	丙申	丁酉	戊戌	己亥	庚子	辛丑	壬寅	癸卯	甲辰	乙巳	丙午	丁未	戊申	己酉	庚戌	辛亥	壬子	癸丑	甲寅	乙卯	丙辰		辛卯白露 丁未秋分
		西曆	27	28	29	30	31	(9)	2	3	4	5	6	7	8	9	10	11	12	13	14	15	16	17	18	19	20	21	22	23	24		
		星期	四	五	六	日	一	二	三	四	五	六	日	一	二	三	四	五	六	日	一	二	三	四	五	六	日	一	二	三	四		
九月小	丙戌	干支	丁巳	戊午	己未	庚申	辛酉	壬戌	癸亥	甲子	乙丑	丙寅	丁卯	戊辰	己巳	庚午	辛未	壬申	癸酉	甲戌	乙亥	丙子	丁丑	戊寅	己卯	庚辰	辛巳	壬午	癸未	甲申	乙酉		壬戌寒露 丁丑霜降
		西曆	25	26	27	28	29	30	(10)	2	3	4	5	6	7	8	9	10	11	12	13	14	15	16	17	18	19	20	21	22	23		
		星期	五	六	日	一	二	三	四	五	六	日	一	二	三	四	五	六	日	一	二	三	四	五	六	日	一	二	三	四	五		
十月大	丁亥	干支	丙戌	丁亥	戊子	己丑	庚寅	辛卯	壬辰	癸巳	甲午	乙未	丙申	丁酉	戊戌	己亥	庚子	辛丑	壬寅	癸卯	甲辰	乙巳	丙午	丁未	戊申	己酉	庚戌	辛亥	壬子	癸丑	甲寅	乙卯	壬辰立冬 丁未小雪
		西曆	24	25	26	27	28	29	30	31	(11)	2	3	4	5	6	7	8	9	10	11	12	13	14	15	16	17	18	19	20	21	22	
		星期	六	日	一	二	三	四	五	六	日	一	二	三	四	五	六	日	一	二	三	四	五	六	日	一	二	三	四	五	六	日	
十一月小	戊子	干支	丙辰	丁巳	戊午	己未	庚申	辛酉	壬戌	癸亥	甲子	乙丑	丙寅	丁卯	戊辰	己巳	庚午	辛未	壬申	癸酉	甲戌	乙亥	丙子	丁丑	戊寅	己卯	庚辰	辛巳	壬午	癸未	甲申		癸亥大雪 戊寅冬至
		西曆	23	24	25	26	27	28	29	30	(12)	2	3	4	5	6	7	8	9	10	11	12	13	14	15	16	17	18	19	20	21		
		星期	一	二	三	四	五	六	日	一	二	三	四	五	六	日	一	二	三	四	五	六	日	一	二	三	四	五	六	日	一		
十二月大	己丑	干支	乙酉	丙戌	丁亥	戊子	己丑	庚寅	辛卯	壬辰	癸巳	甲午	乙未	丙申	丁酉	戊戌	己亥	庚子	辛丑	壬寅	癸卯	甲辰	乙巳	丙午	丁未	戊申	己酉	庚戌	辛亥	壬子	癸丑	甲寅	癸巳小寒 戊申大寒
		西曆	22	23	24	25	26	27	28	29	30	31	(1)	2	3	4	5	6	7	8	9	10	11	12	13	14	15	16	17	18	19	20	
		星期	二	三	四	五	六	日	一	二	三	四	五	六	日	一	二	三	四	五	六	日	一	二	三	四	五	六	日	一	二	三	

蒙古太祖十一年（丙子 鼠年） 公元 1216 ~ 1217 年

夏曆月序		中西曆日對照	初一	初二	初三	初四	初五	初六	初七	初八	初九	初十	十一	十二	十三	十四	十五	十六	十七	十八	十九	二十	二一	二二	二三	二四	二五	二六	二七	二八	二九	三十	節氣與天象
正月小	庚寅	天干 地支 西曆 星期	乙卯21四	丙辰22五	丁巳23六	戊午24日	己未25一	庚申26二	辛酉27三	壬戌28四	癸亥29五	甲子30六	乙丑31日	丙寅(2)一	丁卯2二	戊辰3三	己巳4四	庚午5五	辛未6六	壬申7日	癸酉8一	甲戌9二	乙亥10三	丙子11四	丁丑12五	戊寅13六	己卯14日	庚辰15一	辛巳16二	壬午17三	癸未18四		甲子立春 己卯雨水
二月大	辛卯	天干 地支 西曆 星期	甲申19五	乙酉20六	丙戌21日	丁亥22一	戊子23二	己丑24三	庚寅25四	辛卯26五	壬辰27六	癸巳28日	甲午29一	乙未(3)二	丙申2三	丁酉3四	戊戌4五	己亥5六	庚子6日	辛丑7一	壬寅8二	癸卯9三	甲辰10四	乙巳11五	丙午12六	丁未13日	戊申14一	己酉15二	庚戌16三	辛亥17四	壬子18五	癸丑19六	甲午驚蟄 己酉春分 甲申日食
三月大	壬辰	天干 地支 西曆 星期	甲寅20日	乙卯21一	丙辰22二	丁巳23三	戊午24四	己未25五	庚申26六	辛酉27日	壬戌28一	癸亥29二	甲子30三	乙丑31四	丙寅(4)五	丁卯2六	戊辰3日	己巳4一	庚午5二	辛未6三	壬申7四	癸酉8五	甲戌9六	乙亥10日	丙子11一	丁丑12二	戊寅13三	己卯14四	庚辰15五	辛巳16六	壬午17日	癸未18一	甲子清明 庚辰穀雨
四月小	癸巳	天干 地支 西曆 星期	甲申19二	乙酉20三	丙戌21四	丁亥22五	戊子23六	己丑24日	庚寅25一	辛卯26二	壬辰27三	癸巳28四	甲午29五	乙未30六	丙申(5)日	丁酉2一	戊戌3二	己亥4三	庚子5四	辛丑6五	壬寅7六	癸卯8日	甲辰9一	乙巳10二	丙午11三	丁未12四	戊申13五	己酉14六	庚戌15日	辛亥16一	壬子17二		乙未立夏 庚戌小滿
五月大	甲午	天干 地支 西曆 星期	癸丑18三	甲寅19四	乙卯20五	丙辰21六	丁巳22日	戊午23一	己未24二	庚申25三	辛酉26四	壬戌27五	癸亥28六	甲子29日	乙丑30一	丙寅31二	丁卯(6)三	戊辰2四	己巳3五	庚午4六	辛未5日	壬申6一	癸酉7二	甲戌8三	乙亥9四	丙子10五	丁丑11六	戊寅12日	己卯13一	庚辰14二	辛巳15三	壬午16四	乙丑芒種 庚辰夏至
六月大	乙未	天干 地支 西曆 星期	癸未17五	甲申18六	乙酉19日	丙戌20一	丁亥21二	戊子22三	己丑23四	庚寅24五	辛卯25六	壬辰26日	癸巳27一	甲午28二	乙未29三	丙申30四	丁酉(7)五	戊戌2六	己亥3日	庚子4一	辛丑5二	壬寅6三	癸卯7四	甲辰8五	乙巳9六	丙午10日	丁未11一	戊申12二	己酉13三	庚戌14四	辛亥15五	壬子16六	丙申小暑 辛亥大暑
七月小	丙申	天干 地支 西曆 星期	癸丑17日	甲寅18一	乙卯19二	丙辰20三	丁巳21四	戊午22五	己未23六	庚申24日	辛酉25一	壬戌26二	癸亥27三	甲子28四	乙丑29五	丙寅30六	丁卯31日	戊辰(8)一	己巳2二	庚午3三	辛未4四	壬申5五	癸酉6六	甲戌7日	乙亥8一	丙子9二	丁丑10三	戊寅11四	己卯12五	庚辰13六	辛巳14日		丙寅立秋 辛巳處暑
閏七月大	丙申	天干 地支 西曆 星期	壬午15一	癸未16二	甲申17三	乙酉18四	丙戌19五	丁亥20六	戊子21日	己丑22一	庚寅23二	辛卯24三	壬辰25四	癸巳26五	甲午27六	乙未28日	丙申29一	丁酉30二	戊戌31三	己亥(9)四	庚子2五	辛丑3六	壬寅4日	癸卯5一	甲辰6二	乙巳7三	丙午8四	丁未9五	戊申10六	己酉11日	庚戌12一	辛亥13二	丁酉白露
八月小	丁酉	天干 地支 西曆 星期	壬子14三	癸丑15四	甲寅16五	乙卯17六	丙辰18日	丁巳19一	戊午20二	己未21三	庚申22四	辛酉23五	壬戌24六	癸亥25日	甲子26一	乙丑27二	丙寅28三	丁卯29四	戊辰30五	己巳(10)六	庚午2日	辛未3一	壬申4二	癸酉5三	甲戌6四	乙亥7五	丙子8六	丁丑9日	戊寅10一	己卯11二	庚辰12三		壬子秋分 丁卯寒露
九月小	戊戌	天干 地支 西曆 星期	辛巳13四	壬午14五	癸未15六	甲申16日	乙酉17一	丙戌18二	丁亥19三	戊子20四	己丑21五	庚寅22六	辛卯23日	壬辰24一	癸巳25二	甲午26三	乙未27四	丙申28五	丁酉29六	戊戌30日	己亥31一	庚子(11)二	辛丑2三	壬寅3四	癸卯4五	甲辰5六	乙巳6日	丙午7一	丁未8二	戊申9三	己酉10四		壬午霜降 丁酉立冬
十月大	己亥	天干 地支 西曆 星期	庚戌11五	辛亥12六	壬子13日	癸丑14一	甲寅15二	乙卯16三	丙辰17四	丁巳18五	戊午19六	己未20日	庚申21一	辛酉22二	壬戌23三	癸亥24四	甲子25五	乙丑26六	丙寅27日	丁卯28一	戊辰29二	己巳30三	庚午(12)四	辛未2五	壬申3六	癸酉4日	甲戌5一	乙亥6二	丙子7三	丁丑8四	戊寅9五	己卯10六	癸丑小雪 戊辰大雪
十一月小	庚子	天干 地支 西曆 星期	庚辰11日	辛巳12一	壬午13二	癸未14三	甲申15四	乙酉16五	丙戌17六	丁亥18日	戊子19一	己丑20二	庚寅21三	辛卯22四	壬辰23五	癸巳24六	甲午25日	乙未26一	丙申27二	丁酉28三	戊戌29四	己亥30五	庚子31六	辛丑(1)日	壬寅2一	癸卯3二	甲辰4三	乙巳5四	丙午6五	丁未7六	戊申8日		癸未冬至 戊戌小寒
十二月大	辛丑	天干 地支 西曆 星期	己酉9一	庚戌10二	辛亥11三	壬子12四	癸丑13五	甲寅14六	乙卯15日	丙辰16一	丁巳17二	戊午18三	己未19四	庚申20五	辛酉21六	壬戌22日	癸亥23一	甲子24二	乙丑25三	丙寅26四	丁卯27五	戊辰28六	己巳29日	庚午30一	辛未31二	壬申(2)三	癸酉2四	甲戌3五	乙亥4六	丙子5日	丁丑6一	戊寅7二	甲寅大寒 己巳立春

蒙古太祖十二年（丁丑 牛年） 公元 1217 ~ 1218 年

夏曆月序	中西曆日對照		夏曆日序																														節氣與天象
			初一	初二	初三	初四	初五	初六	初七	初八	初九	初十	十一	十二	十三	十四	十五	十六	十七	十八	十九	二十	二一	二二	二三	二四	二五	二六	二七	二八	二九	三十	
正月小	壬寅	天干地支西曆星期	己卯8三	庚辰9四	辛巳10五	壬午11六	癸未12日	甲申13一	乙酉14二	丙戌15三	丁亥16四	戊子17五	己丑18六	庚寅19日	辛卯20一	壬辰21二	癸巳22三	甲午23四	乙未24五	丙申25六	丁酉26日	戊戌27一	己亥28二	庚子(3)三	辛丑2四	壬寅3五	癸卯4六	甲辰5日	乙巳6一	丙午7二	丁未8三		甲申雨水 己亥驚蟄
二月大	癸卯	天干地支西曆星期	戊申9四	己酉10五	庚戌11六	辛亥12日	壬子13一	癸丑14二	甲寅15三	乙卯16四	丙辰17五	丁巳18六	戊午19日	己未20一	庚申21二	辛酉22三	壬戌23四	癸亥24五	甲子25六	乙丑26日	丙寅27一	丁卯28二	戊辰29三	己巳30四	庚午31五	辛未(4)六	壬申2日	癸酉3一	甲戌4二	乙亥5三	丙子6四	丁丑7五	甲寅春分 庚午清明
三月小	甲辰	天干地支西曆星期	戊寅8六	己卯9日	庚辰10一	辛巳11二	壬午12三	癸未13四	甲申14五	乙酉15六	丙戌16日	丁亥17一	戊子18二	己丑19三	庚寅20四	辛卯21五	壬辰22六	癸巳23日	甲午24一	乙未25二	丙申26三	丁酉27四	戊戌28五	己亥29六	庚子30日	辛丑(5)一	壬寅2二	癸卯3三	甲辰4四	乙巳5五	丙午6六		乙酉穀雨 庚子立夏
四月大	乙巳	天干地支西曆星期	丁未7日	戊申8一	己酉9二	庚戌10三	辛亥11四	壬子12五	癸丑13六	甲寅14日	乙卯15一	丙辰16二	丁巳17三	戊午18四	己未19五	庚申20六	辛酉21日	壬戌22一	癸亥23二	甲子24三	乙丑25四	丙寅26五	丁卯27六	戊辰28日	己巳29一	庚午30二	辛未31三	壬申(6)四	癸酉2五	甲戌3六	乙亥4日	丙子5一	乙卯小滿 辛未芒種
五月大	丙午	天干地支西曆星期	丁丑6二	戊寅7三	己卯8四	庚辰9五	辛巳10六	壬午11日	癸未12一	甲申13二	乙酉14三	丙戌15四	丁亥16五	戊子17六	己丑18日	庚寅19一	辛卯20二	壬辰21三	癸巳22四	甲午23五	乙未24六	丙申25日	丁酉26一	戊戌27二	己亥28三	庚子29四	辛丑30五	壬寅(7)六	癸卯2日	甲辰3一	乙巳4二	丙午5三	丙戌夏至 辛丑小暑
六月小	丁未	天干地支西曆星期	丁未6四	戊申7五	己酉8六	庚戌9日	辛亥10一	壬子11二	癸丑12三	甲寅13四	乙卯14五	丙辰15六	丁巳16日	戊午17一	己未18二	庚申19三	辛酉20四	壬戌21五	癸亥22六	甲子23日	乙丑24一	丙寅25二	丁卯26三	戊辰27四	己巳28五	庚午29六	辛未30日	壬申31一	癸酉(8)二	甲戌2三	乙亥3四		丙辰大暑 辛未立秋
七月大	戊申	天干地支西曆星期	丙子4五	丁丑5六	戊寅6日	己卯7一	庚辰8二	辛巳9三	壬午10四	癸未11五	甲申12六	乙酉13日	丙戌14一	丁亥15二	戊子16三	己丑17四	庚寅18五	辛卯19六	壬辰20日	癸巳21一	甲午22二	乙未23三	丙申24四	丁酉25五	戊戌26六	己亥27日	庚子28一	辛丑29二	壬寅30三	癸卯31四	甲辰(9)五	乙巳2六	丁亥處暑 壬寅白露 丙子日食
八月小	己酉	天干地支西曆星期	丙午3日	丁未4一	戊申5二	己酉6三	庚戌7四	辛亥8五	壬子9六	癸丑10日	甲寅11一	乙卯12二	丙辰13三	丁巳14四	戊午15五	己未16六	庚申17日	辛酉18一	壬戌19二	癸亥20三	甲子21四	乙丑22五	丙寅23六	丁卯24日	戊辰25一	己巳26二	庚午27三	辛未28四	壬申29五	癸酉30六	甲戌(10)日		丁巳秋分 壬申寒露
九月大	庚戌	天干地支西曆星期	乙亥2一	丙子3二	丁丑4三	戊寅5四	己卯6五	庚辰7六	辛巳8日	壬午9一	癸未10二	甲申11三	乙酉12四	丙戌13五	丁亥14六	戊子15日	己丑16一	庚寅17二	辛卯18三	壬辰19四	癸巳20五	甲午21六	乙未22日	丙申23一	丁酉24二	戊戌25三	己亥26四	庚子27五	辛丑28六	壬寅29日	癸卯30一	甲辰31二	丁亥霜降 癸卯立冬
十月大	辛亥	天干地支西曆星期	乙巳(11)三	丙午2四	丁未3五	戊申4六	己酉5日	庚戌6一	辛亥7二	壬子8三	癸丑9四	甲寅10五	乙卯11六	丙辰12日	丁巳13一	戊午14二	己未15三	庚申16四	辛酉17五	壬戌18六	癸亥19日	甲子20一	乙丑21二	丙寅22三	丁卯23四	戊辰24五	己巳25六	庚午26日	辛未27一	壬申28二	癸酉29三	甲戌30四	戊午小雪 癸酉大雪
十一月小	壬子	天干地支西曆星期	乙亥(12)五	丙子2六	丁丑3日	戊寅4一	己卯5二	庚辰6三	辛巳7四	壬午8五	癸未9六	甲申10日	乙酉11一	丙戌12二	丁亥13三	戊子14四	己丑15五	庚寅16六	辛卯17日	壬辰18一	癸巳19二	甲午20三	乙未21四	丙申22五	丁酉23六	戊戌24日	己亥25一	庚子26二	辛丑27三	壬寅28四	癸卯29五		戊子冬至
十二月小	癸丑	天干地支西曆星期	甲辰30六	乙巳31日	丙午(1)一	丁未2二	戊申3三	己酉4四	庚戌5五	辛亥6六	壬子7日	癸丑8一	甲寅9二	乙卯10三	丙辰11四	丁巳12五	戊午13六	己未14日	庚申15一	辛酉16二	壬戌17三	癸亥18四	甲子19五	乙丑20六	丙寅21日	丁卯22一	戊辰23二	己巳24三	庚午25四	辛未26五	壬申27六		甲辰小寒 己未大寒

蒙古太祖十三年（戊寅 虎年） 公元 1218 ~ 1219 年

夏曆月序		中西曆日對照	夏曆日序																														節氣與天象
			初一	初二	初三	初四	初五	初六	初七	初八	初九	初十	十一	十二	十三	十四	十五	十六	十七	十八	十九	二十	二一	二二	二三	二四	二五	二六	二七	二八	二九	三十	
正月大	甲寅	干支	癸酉	甲戌	乙亥	丙子	丁丑	戊寅	己卯	庚辰	辛巳	壬午	癸未	甲申	乙酉	丙戌	丁亥	戊子	己丑	庚寅	辛卯	壬辰	癸巳	甲午	乙未	丙申	丁酉	戊戌	己亥	庚子	辛丑	壬寅	甲戌立春 己丑雨水
		西曆	28	29	30	31	(2)	2	3	4	5	6	7	8	9	10	11	12	13	14	15	16	17	18	19	20	21	22	23	24	25	26	
		星期	日	一	二	三	四	五	六	日	一	二	三	四	五	六	日	一	二	三	四	五	六	日	一	二	三	四	五	六	日	一	
二月小	乙卯	干支	癸卯	甲辰	乙巳	丙午	丁未	戊申	己酉	庚戌	辛亥	壬子	癸丑	甲寅	乙卯	丙辰	丁巳	戊午	己未	庚申	辛酉	壬戌	癸亥	甲子	乙丑	丙寅	丁卯	戊辰	己巳	庚午	辛未		甲辰驚蟄 庚申春分
		西曆	27	28	(3)	2	3	4	5	6	7	8	9	10	11	12	13	14	15	16	17	18	19	20	21	22	23	24	25	26	27		
		星期	二	三	四	五	六	日	一	二	三	四	五	六	日	一	二	三	四	五	六	日	一	二	三	四	五	六	日	一	二		
三月大	丙辰	干支	壬申	癸酉	甲戌	乙亥	丙子	丁丑	戊寅	己卯	庚辰	辛巳	壬午	癸未	甲申	乙酉	丙戌	丁亥	戊子	己丑	庚寅	辛卯	壬辰	癸巳	甲午	乙未	丙申	丁酉	戊戌	己亥	庚子	辛丑	乙亥清明 庚寅穀雨
		西曆	28	29	30	31	(4)	2	3	4	5	6	7	8	9	10	11	12	13	14	15	16	17	18	19	20	21	22	23	24	25	26	
		星期	三	四	五	六	日	一	二	三	四	五	六	日	一	二	三	四	五	六	日	一	二	三	四	五	六	日	一	二	三	四	
四月小	丁巳	干支	壬寅	癸卯	甲辰	乙巳	丙午	丁未	戊申	己酉	庚戌	辛亥	壬子	癸丑	甲寅	乙卯	丙辰	丁巳	戊午	己未	庚申	辛酉	壬戌	癸亥	甲子	乙丑	丙寅	丁卯	戊辰	己巳	庚午		乙巳立夏 辛酉小滿
		西曆	27	28	29	30	(5)	2	3	4	5	6	7	8	9	10	11	12	13	14	15	16	17	18	19	20	21	22	23	24	25		
		星期	五	六	日	一	二	三	四	五	六	日	一	二	三	四	五	六	日	一	二	三	四	五	六	日	一	二	三	四	五		
五月大	戊午	干支	辛未	壬申	癸酉	甲戌	乙亥	丙子	丁丑	戊寅	己卯	庚辰	辛巳	壬午	癸未	甲申	乙酉	丙戌	丁亥	戊子	己丑	庚寅	辛卯	壬辰	癸巳	甲午	乙未	丙申	丁酉	戊戌	己亥	庚子	丙子芒種 辛卯夏至
		西曆	26	27	28	29	30	31	(6)	2	3	4	5	6	7	8	9	10	11	12	13	14	15	16	17	18	19	20	21	22	23	24	
		星期	六	日	一	二	三	四	五	六	日	一	二	三	四	五	六	日	一	二	三	四	五	六	日	一	二	三	四	五	六	日	
六月小	己未	干支	辛丑	壬寅	癸卯	甲辰	乙巳	丙午	丁未	戊申	己酉	庚戌	辛亥	壬子	癸丑	甲寅	乙卯	丙辰	丁巳	戊午	己未	庚申	辛酉	壬戌	癸亥	甲子	乙丑	丙寅	丁卯	戊辰	己巳		丙午小暑 辛酉大暑
		西曆	25	26	27	28	29	30	(7)	2	3	4	5	6	7	8	9	10	11	12	13	14	15	16	17	18	19	20	21	22	23		
		星期	一	二	三	四	五	六	日	一	二	三	四	五	六	日	一	二	三	四	五	六	日	一	二	三	四	五	六	日	一		
七月大	庚申	干支	庚午	辛未	壬申	癸酉	甲戌	乙亥	丙子	丁丑	戊寅	己卯	庚辰	辛巳	壬午	癸未	甲申	乙酉	丙戌	丁亥	戊子	己丑	庚寅	辛卯	壬辰	癸巳	甲午	乙未	丙申	丁酉	戊戌	己亥	丁丑立秋 壬辰處暑 庚午日食
		西曆	24	25	26	27	28	29	30	31	(8)	2	3	4	5	6	7	8	9	10	11	12	13	14	15	16	17	18	19	20	21	22	
		星期	二	三	四	五	六	日	一	二	三	四	五	六	日	一	二	三	四	五	六	日	一	二	三	四	五	六	日	一	二	三	
八月大	辛酉	干支	庚子	辛丑	壬寅	癸卯	甲辰	乙巳	丙午	丁未	戊申	己酉	庚戌	辛亥	壬子	癸丑	甲寅	乙卯	丙辰	丁巳	戊午	己未	庚申	辛酉	壬戌	癸亥	甲子	乙丑	丙寅	丁卯	戊辰	己巳	丁未白露 壬戌秋分
		西曆	23	24	25	26	27	28	29	30	31	(9)	2	3	4	5	6	7	8	9	10	11	12	13	14	15	16	17	18	19	20	21	
		星期	四	五	六	日	一	二	三	四	五	六	日	一	二	三	四	五	六	日	一	二	三	四	五	六	日	一	二	三	四	五	
九月小	壬戌	干支	庚午	辛未	壬申	癸酉	甲戌	乙亥	丙子	丁丑	戊寅	己卯	庚辰	辛巳	壬午	癸未	甲申	乙酉	丙戌	丁亥	戊子	己丑	庚寅	辛卯	壬辰	癸巳	甲午	乙未	丙申	丁酉	戊戌		戊寅寒露 癸巳霜降
		西曆	22	23	24	25	26	27	28	29	30	(10)	2	3	4	5	6	7	8	9	10	11	12	13	14	15	16	17	18	19	20		
		星期	六	日	一	二	三	四	五	六	日	一	二	三	四	五	六	日	一	二	三	四	五	六	日	一	二	三	四	五	六		
十月大	癸亥	干支	己亥	庚子	辛丑	壬寅	癸卯	甲辰	乙巳	丙午	丁未	戊申	己酉	庚戌	辛亥	壬子	癸丑	甲寅	乙卯	丙辰	丁巳	戊午	己未	庚申	辛酉	壬戌	癸亥	甲子	乙丑	丙寅	丁卯	戊辰	戊申立冬 癸亥小雪
		西曆	21	22	23	24	25	26	27	28	29	30	31	(11)	2	3	4	5	6	7	8	9	10	11	12	13	14	15	16	17	18	19	
		星期	日	一	二	三	四	五	六	日	一	二	三	四	五	六	日	一	二	三	四	五	六	日	一	二	三	四	五	六	日	一	
十一月大	甲子	干支	己巳	庚午	辛未	壬申	癸酉	甲戌	乙亥	丙子	丁丑	戊寅	己卯	庚辰	辛巳	壬午	癸未	甲申	乙酉	丙戌	丁亥	戊子	己丑	庚寅	辛卯	壬辰	癸巳	甲午	乙未	丙申	丁酉	戊戌	戊寅大雪 甲午冬至
		西曆	20	21	22	23	24	25	26	27	28	29	30	(12)	2	3	4	5	6	7	8	9	10	11	12	13	14	15	16	17	18	19	
		星期	二	三	四	五	六	日	一	二	三	四	五	六	日	一	二	三	四	五	六	日	一	二	三	四	五	六	日	一	二	三	
十二月小	乙丑	干支	己亥	庚子	辛丑	壬寅	癸卯	甲辰	乙巳	丙午	丁未	戊申	己酉	庚戌	辛亥	壬子	癸丑	甲寅	乙卯	丙辰	丁巳	戊午	己未	庚申	辛酉	壬戌	癸亥	甲子	乙丑	丙寅	丁卯		己酉小寒 甲子大寒
		西曆	20	21	22	23	24	25	26	27	28	29	30	31	(1)	2	3	4	5	6	7	8	9	10	11	12	13	14	15	16	17		
		星期	四	五	六	日	一	二	三	四	五	六	日	一	二	三	四	五	六	日	一	二	三	四	五	六	日	一	二	三	四		

蒙古太祖十四年（己卯 兔年） 公元 1219 ~ 1220 年

夏曆月序	中西曆日對照	初一	初二	初三	初四	初五	初六	初七	初八	初九	初十	十一	十二	十三	十四	十五	十六	十七	十八	十九	二十	二一	二二	二三	二四	二五	二六	二七	二八	二九	三十	節氣與天象
正月大 丙寅	干支 天地 西曆 星期	戊辰 18 五	己巳 19 六	庚午 20 日	辛未 21 一	壬申 22 二	癸酉 23 三	甲戌 24 四	乙亥 25 五	丙子 26 六	丁丑 27 日	戊寅 28 一	己卯 29 二	庚辰 30 三	辛巳 31 四	壬午 (2) 五	癸未 2 六	甲申 3 日	乙酉 4 一	丙戌 5 二	丁亥 6 三	戊子 7 四	己丑 8 五	庚寅 9 六	辛卯 10 日	壬辰 11 一	癸巳 12 二	甲午 13 三	乙未 14 四	丙申 15 五	丁酉 16 六	己卯立春 甲午雨水
二月小 丁卯	干支 天地 西曆 星期	戊戌 17 日	己亥 18 一	庚子 19 二	辛丑 20 三	壬寅 21 四	癸卯 22 五	甲辰 23 六	乙巳 24 日	丙午 25 一	丁未 26 二	戊申 27 三	己酉 28 四	庚戌 (3) 五	辛亥 2 六	壬子 3 日	癸丑 4 一	甲寅 5 二	乙卯 6 三	丙辰 7 四	丁巳 8 五	戊午 9 六	己未 10 日	庚申 11 一	辛酉 12 二	壬戌 13 三	癸亥 14 四	甲子 15 五	乙丑 16 六	丙寅 17 日		庚戌驚蟄 乙丑春分
三月小 戊辰	干支 天地 西曆 星期	丁卯 18 一	戊辰 19 二	己巳 20 三	庚午 21 四	辛未 22 五	壬申 23 六	癸酉 24 日	甲戌 25 一	乙亥 26 二	丙子 27 三	丁丑 28 四	戊寅 29 五	己卯 30 六	庚辰 31 日	辛巳 (4) 一	壬午 2 二	癸未 3 三	甲申 4 四	乙酉 5 五	丙戌 6 六	丁亥 7 日	戊子 8 一	己丑 9 二	庚寅 10 三	辛卯 11 四	壬辰 12 五	癸巳 13 六	甲午 14 日	乙未 15 一		庚辰清明 乙未穀雨
閏三月大 戊辰	干支 天地 西曆 星期	丙申 16 二	丁酉 17 三	戊戌 18 四	己亥 19 五	庚子 20 六	辛丑 21 日	壬寅 22 一	癸卯 23 二	甲辰 24 三	乙巳 25 四	丙午 26 五	丁未 27 六	戊申 28 日	己酉 29 一	庚戌 30 二	辛亥 (5) 三	壬子 2 四	癸丑 3 五	甲寅 4 六	乙卯 5 日	丙辰 6 一	丁巳 7 二	戊午 8 三	己未 9 四	庚申 10 五	辛酉 11 六	壬戌 12 日	癸亥 13 一	甲子 14 二	乙丑 15 三	辛亥立夏
四月小 己巳	干支 天地 西曆 星期	丙寅 16 四	丁卯 17 五	戊辰 18 六	己巳 19 日	庚午 20 一	辛未 21 二	壬申 22 三	癸酉 23 四	甲戌 24 五	乙亥 25 六	丙子 26 日	丁丑 27 一	戊寅 28 二	己卯 29 三	庚辰 30 四	辛巳 31 五	壬午 (6) 六	癸未 2 日	甲申 3 一	乙酉 4 二	丙戌 5 三	丁亥 6 四	戊子 7 五	己丑 8 六	庚寅 9 日	辛卯 10 一	壬辰 11 二	癸巳 12 三	甲午 13 四		丙寅小滿 辛巳芒種
五月小 庚午	干支 天地 西曆 星期	乙未 14 五	丙申 15 六	丁酉 16 日	戊戌 17 一	己亥 18 二	庚子 19 三	辛丑 20 四	壬寅 21 五	癸卯 22 六	甲辰 23 日	乙巳 24 一	丙午 25 二	丁未 26 三	戊申 27 四	己酉 28 五	庚戌 29 六	辛亥 30 日	壬子 (7) 一	癸丑 2 二	甲寅 3 三	乙卯 4 四	丙辰 5 五	丁巳 6 六	戊午 7 日	己未 8 一	庚申 9 二	辛酉 10 三	壬戌 11 四	癸亥 12 五		丙申夏至 辛亥小暑
六月大 辛未	干支 天地 西曆 星期	甲子 13 六	乙丑 14 日	丙寅 15 一	丁卯 16 二	戊辰 17 三	己巳 18 四	庚午 19 五	辛未 20 六	壬申 21 日	癸酉 22 一	甲戌 23 二	乙亥 24 三	丙子 25 四	丁丑 26 五	戊寅 27 六	己卯 28 日	庚辰 29 一	辛巳 30 二	壬午 31 三	癸未 (8) 四	甲申 2 五	乙酉 3 六	丙戌 4 日	丁亥 5 一	戊子 6 二	己丑 7 三	庚寅 8 四	辛卯 9 五	壬辰 10 六	癸巳 11 日	丁卯大暑 壬午立秋
七月大 壬申	干支 天地 西曆 星期	甲午 12 一	乙未 13 二	丙申 14 三	丁酉 15 四	戊戌 16 五	己亥 17 六	庚子 18 日	辛丑 19 一	壬寅 20 二	癸卯 21 三	甲辰 22 四	乙巳 23 五	丙午 24 六	丁未 25 日	戊申 26 一	己酉 27 二	庚戌 28 三	辛亥 29 四	壬子 30 五	癸丑 31 六	甲寅 (9) 日	乙卯 2 一	丙辰 3 二	丁巳 4 三	戊午 5 四	己未 6 五	庚申 7 六	辛酉 8 日	壬戌 9 一	癸亥 10 二	丁酉處暑 壬子白露
八月小 癸酉	干支 天地 西曆 星期	甲子 11 三	乙丑 12 四	丙寅 13 五	丁卯 14 六	戊辰 15 日	己巳 16 一	庚午 17 二	辛未 18 三	壬申 19 四	癸酉 20 五	甲戌 21 六	乙亥 22 日	丙子 23 一	丁丑 24 二	戊寅 25 三	己卯 26 四	庚辰 27 五	辛巳 28 六	壬午 29 日	癸未 30 一	甲申 (10) 二	乙酉 2 三	丙戌 3 四	丁亥 4 五	戊子 5 六	己丑 6 日	庚寅 7 一	辛卯 8 二	壬辰 9 三		戊辰秋分 癸未寒露
九月大 甲戌	干支 天地 西曆 星期	癸巳 10 四	甲午 11 五	乙未 12 六	丙申 13 日	丁酉 14 一	戊戌 15 二	己亥 16 三	庚子 17 四	辛丑 18 五	壬寅 19 六	癸卯 20 日	甲辰 21 一	乙巳 22 二	丙午 23 三	丁未 24 四	戊申 25 五	己酉 26 六	庚戌 27 日	辛亥 28 一	壬子 29 二	癸丑 30 三	甲寅 31 四	乙卯 (11) 五	丙辰 2 六	丁巳 3 日	戊午 4 一	己未 5 二	庚申 6 三	辛酉 7 四	壬戌 8 五	戊戌霜降 癸丑立冬
十月大 乙亥	干支 天地 西曆 星期	癸亥 9 六	甲子 10 日	乙丑 11 一	丙寅 12 二	丁卯 13 三	戊辰 14 四	己巳 15 五	庚午 16 六	辛未 17 日	壬申 18 一	癸酉 19 二	甲戌 20 三	乙亥 21 四	丙子 22 五	丁丑 23 六	戊寅 24 日	己卯 25 一	庚辰 26 二	辛巳 27 三	壬午 28 四	癸未 29 五	甲申 30 六	乙酉 (12) 日	丙戌 2 一	丁亥 3 二	戊子 4 三	己丑 5 四	庚寅 6 五	辛卯 7 六	壬辰 8 日	戊辰小雪 甲申大雪
十一月大 丙子	干支 天地 西曆 星期	癸巳 9 一	甲午 10 二	乙未 11 三	丙申 12 四	丁酉 13 五	戊戌 14 六	己亥 15 日	庚子 16 一	辛丑 17 二	壬寅 18 三	癸卯 19 四	甲辰 20 五	乙巳 21 六	丙午 22 日	丁未 23 一	戊申 24 二	己酉 25 三	庚戌 26 四	辛亥 27 五	壬子 28 六	癸丑 29 日	甲寅 30 一	乙卯 31 二	丙辰 (1) 三	丁巳 2 四	戊午 3 五	己未 4 六	庚申 5 日	辛酉 6 一	壬戌 7 二	己亥冬至 甲寅小寒
十二月小 丁丑	干支 天地 西曆 星期	癸亥 8 三	甲子 9 四	乙丑 10 五	丙寅 11 六	丁卯 12 日	戊辰 13 一	己巳 14 二	庚午 15 三	辛未 16 四	壬申 17 五	癸酉 18 六	甲戌 19 日	乙亥 20 一	丙子 21 二	丁丑 22 三	戊寅 23 四	己卯 24 五	庚辰 25 六	辛巳 26 日	壬午 27 一	癸未 28 二	甲申 29 三	乙酉 30 四	丙戌 31 五	丁亥 (2) 六	戊子 2 日	己丑 3 一	庚寅 4 二	辛卯 5 三		己巳大寒 甲申立春

蒙古太祖十五年（庚辰 龍年） 公元 1220 ~ 1221 年

夏曆月序		中西曆日對照	初一	初二	初三	初四	初五	初六	初七	初八	初九	初十	十一	十二	十三	十四	十五
正月大	戊寅	天干地支 西曆星期	壬辰 6 四	癸巳 7 五	甲午 8 六	乙未 9 日	丙申 10 一	丁酉 11 二	戊戌 12 三	己亥 13 四	庚子 14 五	辛丑 15 六	壬寅 16 日	癸卯 17 一	甲辰 18 二	乙巳 19 三	丙午 20 四
二月小	己卯	天干地支 西曆星期	壬戌 7 六	癸亥 8 日	甲子 9 一	乙丑 10 二	丙寅 11 三	丁卯 12 四	戊辰 13 五	己巳 14 六	庚午 15 日	辛未 16 一	壬申 17 二	癸酉 18 三	甲戌 19 四	乙亥 20 五	丙子 21 六
三月小	庚辰	天干地支 西曆星期	辛卯 5 日	壬辰 6 一	癸巳 7 二	甲午 8 三	乙未 9 四	丙申 10 五	丁酉 11 六	戊戌 12 日	己亥 13 一	庚子 14 二	辛丑 15 三	壬寅 16 四	癸卯 17 五	甲辰 18 六	乙巳 19 日
四月大	辛巳	天干地支 西曆星期	庚申 4 一	辛酉 5 二	壬戌 6 三	癸亥 7 四	甲子 8 五	乙丑 9 六	丙寅 10 日	丁卯 11 一	戊辰 12 二	己巳 13 三	庚午 14 四	辛未 15 五	壬申 16 六	癸酉 17 日	甲戌 18 一
五月小	壬午	天干地支 西曆星期	庚寅 3 三	辛卯 4 四	壬辰 5 五	癸巳 6 六	甲午 7 日	乙未 8 一	丙申 9 二	丁酉 10 三	戊戌 11 四	己亥 12 五	庚子 13 六	辛丑 14 日	壬寅 15 一	癸卯 16 二	甲辰 17 三
六月小	癸未	天干地支 西曆星期	己未 2 四	庚申 3 五	辛酉 4 六	壬戌 5 日	癸亥 6 一	甲子 7 二	乙丑 8 三	丙寅 9 四	丁卯 10 五	戊辰 11 六	己巳 12 日	庚午 13 一	辛未 14 二	壬申 15 三	癸酉 16 四
七月大	甲申	天干地支 西曆星期	戊子 31 五	己丑 (8) 六	庚寅 2 日	辛卯 3 一	壬辰 4 二	癸巳 5 三	甲午 6 四	乙未 7 五	丙申 8 六	丁酉 9 日	戊戌 10 一	己亥 11 二	庚子 12 三	辛丑 13 四	壬寅 14 五
八月小	乙酉	天干地支 西曆星期	戊午 30 日	己未 31 一	庚申 (9) 二	辛酉 2 三	壬戌 3 四	癸亥 4 五	甲子 5 六	乙丑 6 日	丙寅 7 一	丁卯 8 二	戊辰 9 三	己巳 10 四	庚午 11 五	辛未 12 六	壬申 13 日
九月大	丙戌	天干地支 西曆星期	丁亥 28 一	戊子 29 二	己丑 30 三	庚寅 (10) 四	辛卯 2 五	壬辰 3 六	癸巳 4 日	甲午 5 一	乙未 6 二	丙申 7 三	丁酉 8 四	戊戌 9 五	己亥 10 六	庚子 11 日	辛丑 12 一
十月大	丁亥	天干地支 西曆星期	丁巳 28 三	戊午 29 四	己未 30 五	庚申 31 六	辛酉 (11) 日	壬戌 2 一	癸亥 3 二	甲子 4 三	乙丑 5 四	丙寅 6 五	丁卯 7 六	戊辰 8 日	己巳 9 一	庚午 10 二	辛未 11 三
十一月大	戊子	天干地支 西曆星期	丁亥 27 五	戊子 28 六	己丑 29 日	庚寅 30 一	辛卯 (12) 二	壬辰 2 三	癸巳 3 四	甲午 4 五	乙未 5 六	丙申 6 日	丁酉 7 一	戊戌 8 二	己亥 9 三	庚子 10 四	辛丑 11 五
十二月小	己丑	天干地支 西曆星期	丁巳 27 日	戊午 28 一	己未 29 二	庚申 30 三	辛酉 31 四	壬戌 (1) 五	癸亥 2 六	甲子 3 日	乙丑 4 一	丙寅 5 二	丁卯 6 三	戊辰 7 四	己巳 8 五	庚午 9 六	辛未 10 日

夏曆月序		中西曆日對照	十六	十七	十八	十九	二十	二一	二二	二三	二四	二五	二六	二七	二八	二九	三十	節氣與天象
正月大	戊寅	天干地支 西曆星期	丁未 21 五	戊申 22 六	己酉 23 日	庚戌 24 一	辛亥 25 二	壬子 26 三	癸丑 27 四	甲寅 28 五	乙卯 29 六	丙辰 (3) 日	丁巳 2 一	戊午 3 二	己未 4 三	庚申 5 四	辛酉 6 五	庚子雨水 乙卯驚蟄
二月小	己卯	天干地支 西曆星期	丁丑 22 日	戊寅 23 一	己卯 24 二	庚辰 25 三	辛巳 26 四	壬午 27 五	癸未 28 六	甲申 29 日	乙酉 30 一	丙戌 31 二	丁亥 (4) 三	戊子 2 四	己丑 3 五	庚寅 4 六		庚午春分 乙酉清明
三月小	庚辰	天干地支 西曆星期	丙午 20 一	丁未 21 二	戊申 22 三	己酉 23 四	庚戌 24 五	辛亥 25 六	壬子 26 日	癸丑 27 一	甲寅 28 二	乙卯 29 三	丙辰 30 四	丁巳 (5) 五	戊午 2 六	己未 3 日		辛丑穀雨 丙辰立夏
四月大	辛巳	天干地支 西曆星期	乙亥 19 二	丙子 20 三	丁丑 21 四	戊寅 22 五	己卯 23 六	庚辰 24 日	辛巳 25 一	壬午 26 二	癸未 27 三	甲申 28 四	乙酉 29 五	丙戌 30 六	丁亥 31 日	戊子 (6) 一	己丑 2 二	辛未小滿 丙戌芒種
五月小	壬午	天干地支 西曆星期	乙巳 18 四	丙午 19 五	丁未 20 六	戊申 21 日	己酉 22 一	庚戌 23 二	辛亥 24 三	壬子 25 四	癸丑 26 五	甲寅 27 六	乙卯 28 日	丙辰 29 一	丁巳 30 二	戊午 (7) 三		辛丑夏至 丁巳小暑
六月小	癸未	天干地支 西曆星期	甲戌 17 五	乙亥 18 六	丙子 19 日	丁丑 20 一	戊寅 21 二	己卯 22 三	庚辰 23 四	辛巳 24 五	壬午 25 六	癸未 26 日	甲申 27 一	乙酉 28 二	丙戌 29 三	丁亥 30 四		壬申大暑 丁亥立秋
七月大	甲申	天干地支 西曆星期	癸卯 15 六	甲辰 16 日	乙巳 17 一	丙午 18 二	丁未 19 三	戊申 20 四	己酉 21 五	庚戌 22 六	辛亥 23 日	壬子 24 一	癸丑 25 二	甲寅 26 三	乙卯 27 四	丙辰 28 五	丁巳 29 六	壬寅處暑
八月小	乙酉	天干地支 西曆星期	癸酉 14 一	甲戌 15 二	乙亥 16 三	丙子 17 四	丁丑 18 五	戊寅 19 六	己卯 20 日	庚辰 21 一	辛巳 22 二	壬午 23 三	癸未 24 四	甲申 25 五	乙酉 26 六	丙戌 27 日		戊午白露 癸酉秋分
九月大	丙戌	天干地支 西曆星期	壬寅 13 二	癸卯 14 三	甲辰 15 四	乙巳 16 五	丙午 17 六	丁未 18 日	戊申 19 一	己酉 20 二	庚戌 21 三	辛亥 22 四	壬子 23 五	癸丑 24 六	甲寅 25 日	乙卯 26 一	丙辰 27 二	戊子寒露 癸卯霜降
十月大	丁亥	天干地支 西曆星期	壬申 12 四	癸酉 13 五	甲戌 14 六	乙亥 15 日	丙子 16 一	丁丑 17 二	戊寅 18 三	己卯 19 四	庚辰 20 五	辛巳 21 六	壬午 22 日	癸未 23 一	甲申 24 二	乙酉 25 三	丙戌 26 四	戊午立冬 甲戌小雪
十一月大	戊子	天干地支 西曆星期	壬寅 12 六	癸卯 13 日	甲辰 14 一	乙巳 15 二	丙午 16 三	丁未 17 四	戊申 18 五	己酉 19 六	庚戌 20 日	辛亥 21 一	壬子 22 二	癸丑 23 三	甲寅 24 四	乙卯 25 五	丙辰 26 六	己丑大雪 甲辰冬至
十二月小	己丑	天干地支 西曆星期	壬申 11 一	癸酉 12 二	甲戌 13 三	乙亥 14 四	丙子 15 五	丁丑 16 六	戊寅 17 日	己卯 18 一	庚辰 19 二	辛巳 20 三	壬午 21 四	癸未 22 五	甲申 23 六	乙酉 24 日		己未小寒 乙亥大寒

蒙古太祖十六年（辛巳 蛇年） 公元 1221 ~ 1222 年

夏曆月序	中西曆日對照		初一	初二	初三	初四	初五	初六	初七	初八	初九	初十	十一	十二	十三	十四	十五	十六	十七	十八	十九	二十	二一	二二	二三	二四	二五	二六	二七	二八	二九	三十	節氣與天象
正月大	庚寅	干支 西曆 星期	丙戌 25 一	丁亥 26 二	戊子 27 三	己丑 28 四	庚寅 29 五	辛卯 30 六	壬辰 31 日	癸巳 (2) 一	甲午 2 二	乙未 3 三	丙申 4 四	丁酉 5 五	戊戌 6 六	己亥 7 日	庚子 8 一	辛丑 9 二	壬寅 10 三	癸卯 11 四	甲辰 12 五	乙巳 13 六	丙午 14 日	丁未 15 一	戊申 16 二	己酉 17 三	庚戌 18 四	辛亥 19 五	壬子 20 六	癸丑 21 日	甲寅 22 一	乙卯 23 二	庚寅立春 乙巳雨水
二月大	辛卯	干支 西曆 星期	丙辰 24 三	丁巳 25 四	戊午 26 五	己未 27 六	庚申 28 日	辛酉 (3) 一	壬戌 2 二	癸亥 3 三	甲子 4 四	乙丑 5 五	丙寅 6 六	丁卯 7 日	戊辰 8 一	己巳 9 二	庚午 10 三	辛未 11 四	壬申 12 五	癸酉 13 六	甲戌 14 日	乙亥 15 一	丙子 16 二	丁丑 17 三	戊寅 18 四	己卯 19 五	庚辰 20 六	辛巳 21 日	壬午 22 一	癸未 23 二	甲申 24 三	乙酉 25 四	庚申驚蟄 乙亥春分
三月小	壬辰	干支 西曆 星期	丙戌 26 五	丁亥 27 六	戊子 28 日	己丑 29 一	庚寅 30 二	辛卯 31 三	壬辰 (4) 四	癸巳 2 五	甲午 3 六	乙未 4 日	丙申 5 一	丁酉 6 二	戊戌 7 三	己亥 8 四	庚子 9 五	辛丑 10 六	壬寅 11 日	癸卯 12 一	甲辰 13 二	乙巳 14 三	丙午 15 四	丁未 16 五	戊申 17 六	己酉 18 日	庚戌 19 一	辛亥 20 二	壬子 21 三	癸丑 22 四	甲寅 23 五		辛卯清明 丙午穀雨
四月小	癸巳	干支 西曆 星期	乙卯 24 六	丙辰 25 日	丁巳 26 一	戊午 27 二	己未 28 三	庚申 29 四	辛酉 30 五	壬戌 (5) 六	癸亥 2 日	甲子 3 一	乙丑 4 二	丙寅 5 三	丁卯 6 四	戊辰 7 五	己巳 8 六	庚午 9 日	辛未 10 一	壬申 11 二	癸酉 12 三	甲戌 13 四	乙亥 14 五	丙子 15 六	丁丑 16 日	戊寅 17 一	己卯 18 二	庚辰 19 三	辛巳 20 四	壬午 21 五	癸未 22 六		辛酉立夏 丙子小滿
五月大	甲午	干支 西曆 星期	甲申 23 日	乙酉 24 一	丙戌 25 二	丁亥 26 三	戊子 27 四	己丑 28 五	庚寅 29 六	辛卯 30 日	壬辰 31 一	癸巳 (6) 二	甲午 2 三	乙未 3 四	丙申 4 五	丁酉 5 六	戊戌 6 日	己亥 7 一	庚子 8 二	辛丑 9 三	壬寅 10 四	癸卯 11 五	甲辰 12 六	乙巳 13 日	丙午 14 一	丁未 15 二	戊申 16 三	己酉 17 四	庚戌 18 五	辛亥 19 六	壬子 20 日	癸丑 21 一	辛卯芒種 丁未夏至 甲申日食
六月小	乙未	干支 西曆 星期	甲寅 22 二	乙卯 23 三	丙辰 24 四	丁巳 25 五	戊午 26 六	己未 27 日	庚申 28 一	辛酉 29 二	壬戌 30 三	癸亥 (7) 四	甲子 2 五	乙丑 3 六	丙寅 4 日	丁卯 5 一	戊辰 6 二	己巳 7 三	庚午 8 四	辛未 9 五	壬申 10 六	癸酉 11 日	甲戌 12 一	乙亥 13 二	丙子 14 三	丁丑 15 四	戊寅 16 五	己卯 17 六	庚辰 18 日	辛巳 19 一	壬午 20 二		壬戌小暑 丁丑大暑
七月小	丙申	干支 西曆 星期	癸未 21 三	甲申 22 四	乙酉 23 五	丙戌 24 六	丁亥 25 日	戊子 26 一	己丑 27 二	庚寅 28 三	辛卯 29 四	壬辰 30 五	癸巳 31 六	甲午 (8) 日	乙未 2	丙申 3 二	丁酉 4 三	戊戌 5 四	己亥 6 五	庚子 7 六	辛丑 8 日	壬寅 9 一	癸卯 10 二	甲辰 11 三	乙巳 12 四	丙午 13 五	丁未 14 六	戊申 15 日	己酉 16 一	庚戌 17 二	辛亥 18 三		壬辰立秋 戊申處暑
八月大	丁酉	干支 西曆 星期	壬子 19 四	癸丑 20 五	甲寅 21 六	乙卯 22 日	丙辰 23 一	丁巳 24 二	戊午 25 三	己未 26 四	庚申 27 五	辛酉 28 六	壬戌 29 日	癸亥 30 一	甲子 31 二	乙丑 (9) 三	丙寅 2 四	丁卯 3 五	戊辰 4 六	己巳 5 日	庚午 6 一	辛未 7 二	壬申 8 三	癸酉 9 四	甲戌 10 五	乙亥 11 六	丙子 12 日	丁丑 13 一	戊寅 14 二	己卯 15 三	庚辰 16 四	辛巳 17 五	癸亥白露 戊寅秋分
九月小	戊戌	干支 西曆 星期	壬午 18 六	癸未 19 日	甲申 20 一	乙酉 21 二	丙戌 22 三	丁亥 23 四	戊子 24 五	己丑 25 六	庚寅 26 日	辛卯 27 一	壬辰 28 二	癸巳 29 三	甲午 30 四	乙未 (10) 五	丙申 2 六	丁酉 3 日	戊戌 4 一	己亥 5 二	庚子 6 三	辛丑 7 四	壬寅 8 五	癸卯 9 六	甲辰 10 日	乙巳 11 一	丙午 12 二	丁未 13 三	戊申 14 四	己酉 15 五	庚戌 16 六		癸巳寒露 戊申霜降
十月大	己亥	干支 西曆 星期	辛亥 17 日	壬子 18 一	癸丑 19 二	甲寅 20 三	乙卯 21 四	丙辰 22 五	丁巳 23 六	戊午 24 日	己未 25 一	庚申 26 二	辛酉 27 三	壬戌 28 四	癸亥 29 五	甲子 30 六	乙丑 31 日	丙寅 (11) 一	丁卯 2 二	戊辰 3 三	己巳 4 四	庚午 5 五	辛未 6 六	壬申 7 日	癸酉 8 一	甲戌 9 二	乙亥 10 三	丙子 11 四	丁丑 12 五	戊寅 13 六	己卯 14 日	庚辰 15 一	甲子立冬 己卯小雪
十一月大	庚子	干支 西曆 星期	辛巳 16 二	壬午 17 三	癸未 18 四	甲申 19 五	乙酉 20 六	丙戌 21 日	丁亥 22 一	戊子 23 二	己丑 24 三	庚寅 25 四	辛卯 26 五	壬辰 27 六	癸巳 28 日	甲午 29 一	乙未 30 二	丙申 (12) 三	丁酉 2 四	戊戌 3 五	己亥 4 六	庚子 5 日	辛丑 6 一	壬寅 7 二	癸卯 8 三	甲辰 9 四	乙巳 10 五	丙午 11 六	丁未 12 日	戊申 13 一	己酉 14 二	庚戌 15 三	甲午大雪 己酉冬至
十二月大	辛丑	干支 西曆 星期	辛亥 16 四	壬子 17 五	癸丑 18 六	甲寅 19 日	乙卯 20 一	丙辰 21 二	丁巳 22 三	戊午 23 四	己未 24 五	庚申 25 六	辛酉 26 日	壬戌 27 一	癸亥 28 二	甲子 29 三	乙丑 30 四	丙寅 31 五	丁卯 (1) 六	戊辰 2 日	己巳 3 一	庚午 4 二	辛未 5 三	壬申 6 四	癸酉 7 五	甲戌 8 六	乙亥 9 日	丙子 10 一	丁丑 11 二	戊寅 12 三	己卯 13 四	庚辰 14 五	乙丑小寒 庚辰大寒
閏十二小	辛丑	干支 西曆 星期	辛巳 15 六	壬午 16 日	癸未 17 一	甲申 18 二	乙酉 19 三	丙戌 20 四	丁亥 21 五	戊子 22 六	己丑 23 日	庚寅 24 一	辛卯 25 二	壬辰 26 三	癸巳 27 四	甲午 28 五	乙未 29 六	丙申 30 日	丁酉 31 一	戊戌 (2) 二	己亥 2 三	庚子 3 四	辛丑 4 五	壬寅 5 六	癸卯 6 日	甲辰 7 一	乙巳 8 二	丙午 9 三	丁未 10 四	戊申 11 五	己酉 12 六		乙未立春

蒙古太祖十七年（壬午 馬年） 公元1222 ~ 1223年

夏曆月序		中西曆日對照	初一	初二	初三	初四	初五	初六	初七	初八	初九	初十	十一	十二	十三	十四	十五
正月大	壬寅	天干地支西曆星期	庚戌13日	辛亥14一	壬子15二	癸丑16三	甲寅17四	乙卯18五	丙辰19六	丁巳20日	戊午21一	己未22二	庚申23三	辛酉24四	壬戌25五	癸亥26六	甲子27日
二月大	癸卯	天干地支西曆星期	庚辰15二	辛巳16三	壬午17四	癸未18五	甲申19六	乙酉20日	丙戌21一	丁亥22二	戊子23三	己丑24四	庚寅25五	辛卯26六	壬辰27日	癸巳28一	甲午29二
三月小	甲辰	天干地支西曆星期	庚戌14四	辛亥15五	壬子16六	癸丑17日	甲寅18一	乙卯19二	丙辰20三	丁巳21四	戊午22五	己未23六	庚申24日	辛酉25一	壬戌26二	癸亥27三	甲子28四
四月小	乙巳	天干地支西曆星期	己卯13五	庚辰14六	辛巳15日	壬午16一	癸未17二	甲申18三	乙酉19四	丙戌20五	丁亥21六	戊子22日	己丑23一	庚寅24二	辛卯25三	壬辰26四	癸巳27五
五月大	丙午	天干地支西曆星期	戊申11六	己酉12日	庚戌13一	辛亥14二	壬子15三	癸丑16四	甲寅17五	乙卯18六	丙辰19日	丁巳20一	戊午21二	己未22三	庚申23四	辛酉24五	壬戌25六
六月小	丁未	天干地支西曆星期	戊寅11一	己卯12二	庚辰13三	辛巳14四	壬午15五	癸未16六	甲申17日	乙酉18一	丙戌19二	丁亥20三	戊子21四	己丑22五	庚寅23六	辛卯24日	壬辰25一
七月小	戊申	天干地支西曆星期	丁未9二	戊申10三	己酉11四	庚戌12五	辛亥13六	壬子14日	癸丑15一	甲寅16二	乙卯17三	丙辰18四	丁巳19五	戊午20六	己未21日	庚申22一	辛酉23二
八月大	己酉	天干地支西曆星期	丙子7三	丁丑8四	戊寅9五	己卯10六	庚辰11日	辛巳12一	壬午13二	癸未14三	甲申15四	乙酉16五	丙戌17六	丁亥18日	戊子19一	己丑20二	庚寅21三
九月小	庚戌	天干地支西曆星期	丙午7五	丁未8六	戊申9日	己酉10一	庚戌11二	辛亥12三	壬子13四	癸丑14五	甲寅15六	乙卯16日	丙辰17一	丁巳18二	戊午19三	己未20四	庚申21五
十月大	辛亥	天干地支西曆星期	乙亥5六	丙子6日	丁丑7一	戊寅8二	己卯9三	庚辰10四	辛巳11五	壬午12六	癸未13日	甲申14一	乙酉15二	丙戌16三	丁亥17四	戊子18五	己丑19六
十一月大	壬子	天干地支西曆星期	乙巳5一	丙午6二	丁未7三	戊申8四	己酉9五	庚戌10六	辛亥11日	壬子12一	癸丑13二	甲寅14三	乙卯15四	丙辰16五	丁巳17六	戊午18日	己未19一
十二月小	癸丑	天干地支西曆星期	乙亥4三	丙子5四	丁丑6五	戊寅7六	己卯8日	庚辰9一	辛巳10二	壬午11三	癸未12四	甲申13五	乙酉14六	丙戌15日	丁亥16一	戊子17二	己丑18三

夏曆月序		中西曆日對照	十六	十七	十八	十九	二十	二一	二二	二三	二四	二五	二六	二七	二八	二九	三十	節氣與天象
正月大	壬寅	天干地支西曆星期	乙丑28一	丙寅(3)二	丁卯2三	戊辰3四	己巳4五	庚午5六	辛未6日	壬申7一	癸酉8二	甲戌9三	乙亥10四	丙子11五	丁丑12六	戊寅13日	己卯14一	庚戌雨水 乙丑驚蟄
二月大	癸卯	天干地支西曆星期	乙未30三	丙申31四	丁酉(4)五	戊戌2六	己亥3日	庚子4一	辛丑5二	壬寅6三	癸卯7四	甲辰8五	乙巳9六	丙午10日	丁未11一	戊申12二	己酉13三	辛巳春分 丙申清明
三月小	甲辰	天干地支西曆星期	乙丑29五	丙寅30六	丁卯(5)日	戊辰2一	己巳3二	庚午4三	辛未5四	壬申6五	癸酉7六	甲戌8日	乙亥9一	丙子10二	丁丑11三	戊寅12四		辛亥穀雨 丙寅立夏
四月小	乙巳	天干地支西曆星期	甲午28六	乙未29日	丙申30一	丁酉31二	戊戌(6)三	己亥2四	庚子3五	辛丑4六	壬寅5日	癸卯6一	甲辰7二	乙巳8三	丙午9四	丁未10五		壬午小滿 丁酉芒種
五月大	丙午	天干地支西曆星期	癸亥26日	甲子27一	乙丑28二	丙寅29三	丁卯30四	戊辰(7)五	己巳2六	庚午3日	辛未4一	壬申5二	癸酉6三	甲戌7四	乙亥8五	丙子9六	丁丑10日	壬子夏至 丁卯小暑
六月小	丁未	天干地支西曆星期	癸巳26二	甲午27三	乙未28四	丙申29五	丁酉30六	戊戌31日	己亥(8)一	庚子2二	辛丑3三	壬寅4四	癸卯5五	甲辰6六	乙巳7日	丙午8一		壬午大暑 戊戌立秋
七月小	戊申	天干地支西曆星期	壬戌24三	癸亥25四	甲子26五	乙丑27六	丙寅28日	丁卯29一	戊辰30二	己巳31三	庚午(9)四	辛未2五	壬申3六	癸酉4日	甲戌5一	乙亥6二		癸丑處暑 戊辰白露
八月大	己酉	天干地支西曆星期	辛卯22四	壬辰23五	癸巳24六	甲午25日	乙未26一	丙申27二	丁酉28三	戊戌29四	己亥30五	庚子(10)六	辛丑2日	壬寅3一	癸卯4二	甲辰5三	乙巳6四	癸未秋分 戊戌寒露
九月小	庚戌	天干地支西曆星期	辛酉22六	壬戌23日	癸亥24一	甲子25二	乙丑26三	丙寅27四	丁卯28五	戊辰29六	己巳30日	庚午31一	辛未(11)二	壬申2三	癸酉3四	甲戌4五		甲寅霜降 己巳立冬
十月大	辛亥	天干地支西曆星期	庚寅20日	辛卯21一	壬辰22二	癸巳23三	甲午24四	乙未25五	丙申26六	丁酉27日	戊戌28一	己亥29二	庚子30三	辛丑(12)四	壬寅2五	癸卯3六	甲辰4日	甲申小雪 己亥大雪
十一月大	壬子	天干地支西曆星期	庚申20二	辛酉21三	壬戌22四	癸亥23五	甲子24六	乙丑25日	丙寅26一	丁卯27二	戊辰28三	己巳29四	庚午30五	辛未31六	壬申(1)日	癸酉2一	甲戌3二	乙卯冬至 庚午小寒
十二月小	癸丑	天干地支西曆星期	庚寅19四	辛卯20五	壬辰21六	癸巳22日	甲午23一	乙未24二	丙申25三	丁酉26四	戊戌27五	己亥28六	庚子29日	辛丑30一	壬寅31二	癸卯(2)三		乙酉大寒 庚子立春

蒙古太祖十八年（癸未 羊年） 公元1223 ~ 1224年

夏曆月序		中西曆日對照	初一	初二	初三	初四	初五	初六	初七	初八	初九	初十	十一	十二	十三	十四	十五	十六	十七	十八	十九	二十	二一	二二	二三	二四	二五	二六	二七	二八	二九	三十	節氣與天象
正月大	甲寅	天干地支 西曆 星期	甲辰2四	乙巳3五	丙午4六	丁未5日	戊申6一	己酉7二	庚戌8三	辛亥9四	壬子10五	癸丑11六	甲寅12日	乙卯13一	丙辰14二	丁巳15三	戊午16四	己未17五	庚申18六	辛酉19日	壬戌20一	癸亥21二	甲子22三	乙丑23四	丙寅24五	丁卯25六	戊辰26日	己巳27一	庚午28二	辛未(3)三	壬申2四	癸酉3五	乙卯雨水 辛未驚蟄
二月大	乙卯	天干地支 西曆 星期	甲戌4六	乙亥5日	丙子6一	丁丑7二	戊寅8三	己卯9四	庚辰10五	辛巳11六	壬午12日	癸未13一	甲申14二	乙酉15三	丙戌16四	丁亥17五	戊子18六	己丑19日	庚寅20一	辛卯21二	壬辰22三	癸巳23四	甲午24五	乙未25六	丙申26日	丁酉27一	戊戌28二	己亥29三	庚子30四	辛丑31五	壬寅(4)六	癸卯2日	丙戌春分 辛丑清明
三月小	丙辰	天干地支 西曆 星期	甲辰3一	乙巳4二	丙午5三	丁未6四	戊申7五	己酉8六	庚戌9日	辛亥10一	壬子11二	癸丑12三	甲寅13四	乙卯14五	丙辰15六	丁巳16日	戊午17一	己未18二	庚申19三	辛酉20四	壬戌21五	癸亥22六	甲子23日	乙丑24一	丙寅25二	丁卯26三	戊辰27四	己巳28五	庚午29六	辛未30日	壬申(5)一		丙辰穀雨 壬申立夏
四月大	丁巳	天干地支 西曆 星期	癸酉2二	甲戌3三	乙亥4四	丙子5五	丁丑6六	戊寅7日	己卯8一	庚辰9二	辛巳10三	壬午11四	癸未12五	甲申13六	乙酉14日	丙戌15一	丁亥16二	戊子17三	己丑18四	庚寅19五	辛卯20六	壬辰21日	癸巳22一	甲午23二	乙未24三	丙申25四	丁酉26五	戊戌27六	己亥28日	庚子29一	辛丑30二	壬寅31三	丁亥小滿 壬寅芒種
五月小	戊午	天干地支 西曆 星期	癸卯(6)四	甲辰2五	乙巳3六	丙午4日	丁未5一	戊申6二	己酉7三	庚戌8四	辛亥9五	壬子10六	癸丑11日	甲寅12一	乙卯13二	丙辰14三	丁巳15四	戊午16五	己未17六	庚申18日	辛酉19一	壬戌20二	癸亥21三	甲子22四	乙丑23五	丙寅24六	丁卯25日	戊辰26一	己巳27二	庚午28三	辛未29四		丁巳夏至
六月大	己未	天干地支 西曆 星期	壬申30五	癸酉(7)六	甲戌2日	乙亥3一	丙子4二	丁丑5三	戊寅6四	己卯7五	庚辰8六	辛巳9日	壬午10一	癸未11二	甲申12三	乙酉13四	丙戌14五	丁亥15六	戊子16日	己丑17一	庚寅18二	辛卯19三	壬辰20四	癸巳21五	甲午22六	乙未23日	丙申24一	丁酉25二	戊戌26三	己亥27四	庚子28五	辛丑29六	壬申小暑 戊子大暑
七月小	庚申	天干地支 西曆 星期	壬寅30日	癸卯31一	甲辰(8)二	乙巳2三	丙午3四	丁未4五	戊申5六	己酉6日	庚戌7一	辛亥8二	壬子9三	癸丑10四	甲寅11五	乙卯12六	丙辰13日	丁巳14一	戊午15二	己未16三	庚申17四	辛酉18五	壬戌19六	癸亥20日	甲子21一	乙丑22二	丙寅23三	丁卯24四	戊辰25五	己巳26六	庚午27日		癸卯立秋 戊午處暑
八月小	辛酉	天干地支 西曆 星期	辛未28一	壬申29二	癸酉30三	甲戌31四	乙亥(9)五	丙子2六	丁丑3日	戊寅4一	己卯5二	庚辰6三	辛巳7四	壬午8五	癸未9六	甲申10日	乙酉11一	丙戌12二	丁亥13三	戊子14四	己丑15五	庚寅16六	辛卯17日	壬辰18一	癸巳19二	甲午20三	乙未21四	丙申22五	丁酉23六	戊戌24日	己亥25一		癸酉白露 戊子秋分
九月大	壬戌	天干地支 西曆 星期	庚子26二	辛丑27三	壬寅28四	癸卯29五	甲辰30六	乙巳(10)日	丙午2一	丁未3二	戊申4三	己酉5四	庚戌6五	辛亥7六	壬子8日	癸丑9一	甲寅10二	乙卯11三	丙辰12四	丁巳13五	戊午14六	己未15日	庚申16一	辛酉17二	壬戌18三	癸亥19四	甲子20五	乙丑21六	丙寅22日	丁卯23一	戊辰24二	己巳25三	甲辰寒露 己未霜降 庚子日食
十月小	癸亥	天干地支 西曆 星期	庚午26四	辛未27五	壬申28六	癸酉29日	甲戌30一	乙亥31二	丙子(11)三	丁丑2四	戊寅3五	己卯4六	庚辰5日	辛巳6一	壬午7二	癸未8三	甲申9四	乙酉10五	丙戌11六	丁亥12日	戊子13一	己丑14二	庚寅15三	辛卯16四	壬辰17五	癸巳18六	甲午19日	乙未20一	丙申21二	丁酉22三	戊戌23四		甲戌立冬 己丑小雪
十一月大	甲子	天干地支 西曆 星期	己亥24五	庚子25六	辛丑26日	壬寅27一	癸卯28二	甲辰29三	乙巳30四	丙午(12)五	丁未2六	戊申3日	己酉4一	庚戌5二	辛亥6三	壬子7四	癸丑8五	甲寅9六	乙卯10日	丙辰11一	丁巳12二	戊午13三	己未14四	庚申15五	辛酉16六	壬戌17日	癸亥18一	甲子19二	乙丑20三	丙寅21四	丁卯22五	戊辰23六	乙巳大雪 庚申冬至
十二月小	乙丑	天干地支 西曆 星期	己巳24日	庚午25一	辛未26二	壬申27三	癸酉28四	甲戌29五	乙亥30六	丙子31日	丁丑(1)一	戊寅2二	己卯3三	庚辰4四	辛巳5五	壬午6六	癸未7日	甲申8一	乙酉9二	丙戌10三	丁亥11四	戊子12五	己丑13六	庚寅14日	辛卯15一	壬辰16二	癸巳17三	甲午18四	乙未19五	丙申20六	丁酉21日		乙亥小寒 庚寅大寒

蒙古太祖十九年（甲申 猴年） 公元 1224 ~ 1225 年

夏曆月序		中西曆日對照	初一	初二	初三	初四	初五	初六	初七	初八	初九	初十	十一	十二	十三	十四	十五	十六	十七	十八	十九	二十	二一	二二	二三	二四	二五	二六	二七	二八	二九	三十	節氣與天象
正月大	丙寅	天干地支 西曆 星期	戊戌 22 一	己亥 23 二	庚子 24 三	辛丑 25 四	壬寅 26 五	癸卯 27 六	甲辰 28 日	乙巳 29 一	丙午 30 二	丁未 31 三	戊申 (2) 四	己酉 2 五	庚戌 3 六	辛亥 4 日	壬子 5 一	癸丑 6 二	甲寅 7 三	乙卯 8 四	丙辰 9 五	丁巳 10 六	戊午 11 日	己未 12 一	庚申 13 二	辛酉 14 三	壬戌 15 四	癸亥 16 五	甲子 17 六	乙丑 18 日	丙寅 19 一	丁卯 20 二	乙巳立春 辛酉雨水
二月大	丁卯	天干地支 西曆 星期	戊辰 21 三	己巳 22 四	庚午 23 五	辛未 24 六	壬申 25 日	癸酉 26 一	甲戌 27 二	乙亥 28 三	丙子 29 四	丁丑 (3) 五	戊寅 2 六	己卯 3 日	庚辰 4 一	辛巳 5 二	壬午 6 三	癸未 7 四	甲申 8 五	乙酉 9 六	丙戌 10 日	丁亥 11 一	戊子 12 二	己丑 13 三	庚寅 14 四	辛卯 15 五	壬辰 16 六	癸巳 17 日	甲午 18 一	乙未 19 二	丙申 20 三	丁酉 21 四	丙子驚蟄 辛卯春分
三月小	戊辰	天干地支 西曆 星期	戊戌 22 五	己亥 23 六	庚子 24 日	辛丑 25 一	壬寅 26 二	癸卯 27 三	甲辰 28 四	乙巳 29 五	丙午 30 六	丁未 31 日	戊申 (4) 一	己酉 2 二	庚戌 3 三	辛亥 4 四	壬子 5 五	癸丑 6 六	甲寅 7 日	乙卯 8 一	丙辰 9 二	丁巳 10 三	戊午 11 四	己未 12 五	庚申 13 六	辛酉 14 日	壬戌 15 一	癸亥 16 二	甲子 17 三	乙丑 18 四	丙寅 19 五		丙午清明 壬戌穀雨
四月大	己巳	天干地支 西曆 星期	丁卯 20 六	戊辰 21 日	己巳 22 一	庚午 23 二	辛未 24 三	壬申 25 四	癸酉 26 五	甲戌 27 六	乙亥 28 日	丙子 29 一	丁丑 30 二	戊寅 (5) 三	己卯 2 四	庚辰 3 五	辛巳 4 六	壬午 5 日	癸未 6 一	甲申 7 二	乙酉 8 三	丙戌 9 四	丁亥 10 五	戊子 11 六	己丑 12 日	庚寅 13 一	辛卯 14 二	壬辰 15 三	癸巳 16 四	甲午 17 五	乙未 18 六	丙申 19 日	丁丑立夏 壬辰小滿
五月大	庚午	天干地支 西曆 星期	丁酉 20 一	戊戌 21 二	己亥 22 三	庚子 23 四	辛丑 24 五	壬寅 25 六	癸卯 26 日	甲辰 27 一	乙巳 28 二	丙午 29 三	丁未 30 四	戊申 31 五	己酉 (6) 六	庚戌 2 日	辛亥 3 一	壬子 4 二	癸丑 5 三	甲寅 6 四	乙卯 7 五	丙辰 8 六	丁巳 9 日	戊午 10 一	己未 11 二	庚申 12 三	辛酉 13 四	壬戌 14 五	癸亥 15 六	甲子 16 日	乙丑 17 一	丙寅 18 二	丁未芒種 壬戌夏至
六月小	辛未	天干地支 西曆 星期	丁卯 19 三	戊辰 20 四	己巳 21 五	庚午 22 六	辛未 23 日	壬申 24 一	癸酉 25 二	甲戌 26 三	乙亥 27 四	丙子 28 五	丁丑 29 六	戊寅 30 日	己卯 (7) 一	庚辰 2 二	辛巳 3 三	壬午 4 四	癸未 5 五	甲申 6 六	乙酉 7 日	丙戌 8 一	丁亥 9 二	戊子 10 三	己丑 11 四	庚寅 12 五	辛卯 13 六	壬辰 14 日	癸巳 15 一	甲午 16 二	乙未 17 三		戊寅小暑 癸巳大暑
七月大	壬申	天干地支 西曆 星期	丙申 18 四	丁酉 19 五	戊戌 20 六	己亥 21 日	庚子 22 一	辛丑 23 二	壬寅 24 三	癸卯 25 四	甲辰 26 五	乙巳 27 六	丙午 28 日	丁未 29 一	戊申 30 二	己酉 31 三	庚戌 (8) 四	辛亥 2 五	壬子 3 六	癸丑 4 日	甲寅 5 一	乙卯 6 二	丙辰 7 三	丁巳 8 四	戊午 9 五	己未 10 六	庚申 11 日	辛酉 12 一	壬戌 13 二	癸亥 14 三	甲子 15 四	乙丑 16 五	戊申立秋 癸亥處暑
八月小	癸酉	天干地支 西曆 星期	丙寅 17 六	丁卯 18 日	戊辰 19 一	己巳 20 二	庚午 21 三	辛未 22 四	壬申 23 五	癸酉 24 六	甲戌 25 日	乙亥 26 一	丙子 27 二	丁丑 28 三	戊寅 29 四	己卯 30 五	庚辰 31 六	辛巳 (9) 日	壬午 2 一	癸未 3 二	甲申 4 三	乙酉 5 四	丙戌 6 五	丁亥 7 六	戊子 8 日	己丑 9 一	庚寅 10 二	辛卯 11 三	壬辰 12 四	癸巳 13 五	甲午 14 六		己卯白露 甲午秋分
閏八月小	癸酉	天干地支 西曆 星期	乙未 15 日	丙申 16 一	丁酉 17 二	戊戌 18 三	己亥 19 四	庚子 20 五	辛丑 21 六	壬寅 22 日	癸卯 23 一	甲辰 24 二	乙巳 25 三	丙午 26 四	丁未 27 五	戊申 28 六	己酉 29 日	庚戌 30 一	辛亥 (10) 二	壬子 2 三	癸丑 3 四	甲寅 4 五	乙卯 5 六	丙辰 6 日	丁巳 7 一	戊午 8 二	己未 9 三	庚申 10 四	辛酉 11 五	壬戌 12 六	癸亥 13 日		己酉寒露
九月大	甲戌	天干地支 西曆 星期	甲子 14 一	乙丑 15 二	丙寅 16 三	丁卯 17 四	戊辰 18 五	己巳 19 六	庚午 20 日	辛未 21 一	壬申 22 二	癸酉 23 三	甲戌 24 四	乙亥 25 五	丙子 26 六	丁丑 27 日	戊寅 28 一	己卯 29 二	庚辰 30 三	辛巳 31 四	壬午 (11) 五	癸未 2 六	甲申 3 日	乙酉 4 一	丙戌 5 二	丁亥 6 三	戊子 7 四	己丑 8 五	庚寅 9 六	辛卯 10 日	壬辰 11 一	癸巳 12 二	甲子霜降 己卯立冬
十月小	乙亥	天干地支 西曆 星期	甲午 13 三	乙未 14 四	丙申 15 五	丁酉 16 六	戊戌 17 日	己亥 18 一	庚子 19 二	辛丑 20 三	壬寅 21 四	癸卯 22 五	甲辰 23 六	乙巳 24 日	丙午 25 一	丁未 26 二	戊申 27 三	己酉 28 四	庚戌 29 五	辛亥 30 六	壬子 (12) 日	癸丑 2 一	甲寅 3 二	乙卯 4 三	丙辰 5 四	丁巳 6 五	戊午 7 六	己未 8 日	庚申 9 一	辛酉 10 二	壬戌 11 三		乙未小雪 庚戌大雪
十一月大	丙子	天干地支 西曆 星期	癸亥 12 四	甲子 13 五	乙丑 14 六	丙寅 15 日	丁卯 16 一	戊辰 17 二	己巳 18 三	庚午 19 四	辛未 20 五	壬申 21 六	癸酉 22 日	甲戌 23 一	乙亥 24 二	丙子 25 三	丁丑 26 四	戊寅 27 五	己卯 28 六	庚辰 29 日	辛巳 30 一	壬午 31 二	癸未 (1) 三	甲申 2 四	乙酉 3 五	丙戌 4 六	丁亥 5 日	戊子 6 一	己丑 7 二	庚寅 8 三	辛卯 9 四	壬辰 10 五	乙丑冬至 庚辰小寒
十二月小	丁丑	天干地支 西曆 星期	癸巳 11 六	甲午 12 日	乙未 13 一	丙申 14 二	丁酉 15 三	戊戌 16 四	己亥 17 五	庚子 18 六	辛丑 19 日	壬寅 20 一	癸卯 21 二	甲辰 22 三	乙巳 23 四	丙午 24 五	丁未 25 六	戊申 26 日	己酉 27 一	庚戌 28 二	辛亥 29 三	壬子 30 四	癸丑 31 五	甲寅 (2) 六	乙卯 2 日	丙辰 3 一	丁巳 4 二	戊午 5 三	己未 6 四	庚申 7 五	辛酉 8 六		乙未大寒 辛亥立春

蒙古太祖二十年（乙酉 鷄年） 公元 1225 ~ 1226 年

夏曆月序		中西曆日對照	初一	初二	初三	初四	初五	初六	初七	初八	初九	初十	十一	十二	十三	十四	十五	十六	十七	十八	十九	二十	二一	二二	二三	二四	二五	二六	二七	二八	二九	三十	節氣與天象
正月大	戊寅	天干地支 西曆 星期	壬戌 9 日	癸亥 10 一	甲子 11 二	乙丑 12 三	丙寅 13 四	丁卯 14 五	戊辰 15 六	己巳 16 日	庚午 17 一	辛未 18 二	壬申 19 三	癸酉 20 四	甲戌 21 五	乙亥 22 六	丙子 23 日	丁丑 24 一	戊寅 25 二	己卯 26 三	庚辰 27 四	辛巳 28 五	壬午 (3) 六	癸未 2 日	甲申 3 一	乙酉 4 二	丙戌 5 三	丁亥 6 四	戊子 7 五	己丑 8 六	庚寅 9 日	辛卯 10 一	丙寅雨水 辛巳驚蟄
二月小	己卯	天干地支 西曆 星期	壬辰 11 二	癸巳 12 三	甲午 13 四	乙未 14 五	丙申 15 六	丁酉 16 日	戊戌 17 一	己亥 18 二	庚子 19 三	辛丑 20 四	壬寅 21 五	癸卯 22 六	甲辰 23 日	乙巳 24 一	丙午 25 二	丁未 26 三	戊申 27 四	己酉 28 五	庚戌 29 六	辛亥 30 日	壬子 31 一	癸丑 (4) 二	甲寅 2 三	乙卯 3 四	丙辰 4 五	丁巳 5 六	戊午 6 日	己未 7 一	庚申 8 二		丙申春分 壬子清明
三月大	庚辰	天干地支 西曆 星期	辛酉 9 三	壬戌 10 四	癸亥 11 五	甲子 12 六	乙丑 13 日	丙寅 14 一	丁卯 15 二	戊辰 16 三	己巳 17 四	庚午 18 五	辛未 19 六	壬申 20 日	癸酉 21 一	甲戌 22 二	乙亥 23 三	丙子 24 四	丁丑 25 五	戊寅 26 六	己卯 27 日	庚辰 28 一	辛巳 29 二	壬午 30 三	癸未 (5) 四	甲申 2 五	乙酉 3 六	丙戌 4 日	丁亥 5 一	戊子 6 二	己丑 7 三	庚寅 8 四	丁卯穀雨 壬午立夏
四月大	辛巳	天干地支 西曆 星期	辛卯 9 五	壬辰 10 六	癸巳 11 日	甲午 12 一	乙未 13 二	丙申 14 三	丁酉 15 四	戊戌 16 五	己亥 17 六	庚子 18 日	辛丑 19 一	壬寅 20 二	癸卯 21 三	甲辰 22 四	乙巳 23 五	丙午 24 六	丁未 25 日	戊申 26 一	己酉 27 二	庚戌 28 三	辛亥 29 四	壬子 30 五	癸丑 31 六	甲寅 (6) 日	乙卯 2 一	丙辰 3 二	丁巳 4 三	戊午 5 四	己未 6 五	庚申 7 六	丁酉小滿 壬子芒種
五月小	壬午	天干地支 西曆 星期	辛酉 8 日	壬戌 9 一	癸亥 10 二	甲子 11 三	乙丑 12 四	丙寅 13 五	丁卯 14 六	戊辰 15 日	己巳 16 一	庚午 17 二	辛未 18 三	壬申 19 四	癸酉 20 五	甲戌 21 六	乙亥 22 日	丙子 23 一	丁丑 24 二	戊寅 25 三	己卯 26 四	庚辰 27 五	辛巳 28 六	壬午 29 日	癸未 30 一	甲申 (7) 二	乙酉 2 三	丙戌 3 四	丁亥 4 五	戊子 5 六	己丑 6 日		戊辰夏至 癸未小暑
六月大	癸未	天干地支 西曆 星期	庚寅 7 一	辛卯 8 二	壬辰 9 三	癸巳 10 四	甲午 11 五	乙未 12 六	丙申 13 日	丁酉 14 一	戊戌 15 二	己亥 16 三	庚子 17 四	辛丑 18 五	壬寅 19 六	癸卯 20 日	甲辰 21 一	乙巳 22 二	丙午 23 三	丁未 24 四	戊申 25 五	己酉 26 六	庚戌 27 日	辛亥 28 一	壬子 29 二	癸丑 30 三	甲寅 31 四	乙卯 (8) 五	丙辰 2 六	丁巳 3 日	戊午 4 一	己未 5 二	戊戌大暑 癸丑立秋
七月小	甲申	丁支天地 西曆 星期	庚申 6 三	辛酉 7 四	壬戌 8 五	癸亥 9 六	甲子 10 日	乙丑 11 一	丙寅 12 二	丁卯 13 三	戊辰 14 四	己巳 15 五	庚午 16 六	辛未 17 日	壬申 18 一	癸酉 19 二	甲戌 20 三	乙亥 21 四	丙子 22 五	丁丑 23 六	戊寅 24 日	己卯 25 一	庚辰 26 二	辛巳 27 三	壬午 28 四	癸未 29 五	甲申 30 六	乙酉 31 日	丙戌 (9) 一	丁亥 2 二	戊子 3 三		己巳處暑 甲申白露
八月大	乙酉	天干地支 西曆 星期	己丑 4 四	庚寅 5 五	辛卯 6 六	壬辰 7 日	癸巳 8 一	甲午 9 二	乙未 10 三	丙申 11 四	丁酉 12 五	戊戌 13 六	己亥 14 日	庚子 15 一	辛丑 16 二	壬寅 17 三	癸卯 18 四	甲辰 19 五	乙巳 20 六	丙午 21 日	丁未 22 一	戊申 23 二	己酉 24 三	庚戌 25 四	辛亥 26 五	壬子 27 六	癸丑 28 日	甲寅 29 一	乙卯 30 二	丙辰 (10) 三	丁巳 2 四	戊午 3 五	己亥秋分 甲寅寒露
九月小	丙戌	天干地支 西曆 星期	己未 4 六	庚申 5 日	辛酉 6 一	壬戌 7 二	癸亥 8 三	甲子 9 四	乙丑 10 五	丙寅 11 六	丁卯 12 日	戊辰 13 一	己巳 14 二	庚午 15 三	辛未 16 四	壬申 17 五	癸酉 18 六	甲戌 19 日	乙亥 20 一	丙子 21 二	丁丑 22 三	戊寅 23 四	己卯 24 五	庚辰 25 六	辛巳 26 日	壬午 27 一	癸未 28 二	甲申 29 三	乙酉 30 四	丙戌 31 五	丁亥 (11) 六		己巳霜降 乙酉立冬
十月大	丁亥	天干地支 西曆 星期	戊子 2 日	己丑 3 一	庚寅 4 二	辛卯 5 三	壬辰 6 四	癸巳 7 五	甲午 8 六	乙未 9 日	丙申 10 一	丁酉 11 二	戊戌 12 三	己亥 13 四	庚子 14 五	辛丑 15 六	壬寅 16 日	癸卯 17 一	甲辰 18 二	乙巳 19 三	丙午 20 四	丁未 21 五	戊申 22 六	己酉 23 日	庚戌 24 一	辛亥 25 二	壬子 26 三	癸丑 27 四	甲寅 28 五	乙卯 29 六	丙辰 30 日	丁巳 (12) 一	庚子小雪 乙卯大雪
十一月小	戊子	天干地支 西曆 星期	戊午 2 二	己未 3 三	庚申 4 四	辛酉 5 五	壬戌 6 六	癸亥 7 日	甲子 8 一	乙丑 9 二	丙寅 10 三	丁卯 11 四	戊辰 12 五	己巳 13 六	庚午 14 日	辛未 15 一	壬申 16 二	癸酉 17 三	甲戌 18 四	乙亥 19 五	丙子 20 六	丁丑 21 日	戊寅 22 一	己卯 23 二	庚辰 24 三	辛巳 25 四	壬午 26 五	癸未 27 六	甲申 28 日	乙酉 29 一	丙戌 30 二		庚午冬至 丙戌小寒
十二月大	己丑	天干地支 西曆 星期	丁亥 31 三	戊子 (1) 四	己丑 2 五	庚寅 3 六	辛卯 4 日	壬辰 5 一	癸巳 6 二	甲午 7 三	乙未 8 四	丙申 9 五	丁酉 10 六	戊戌 11 日	己亥 12 一	庚子 13 二	辛丑 14 三	壬寅 15 四	癸卯 16 五	甲辰 17 六	乙巳 18 日	丙午 19 一	丁未 20 二	戊申 21 三	己酉 22 四	庚戌 23 五	辛亥 24 六	壬子 25 日	癸丑 26 一	甲寅 27 二	乙卯 28 三	丙辰 29 四	辛丑大寒 丙辰立春

蒙古太祖二十一年（丙戌 狗年） 公元 1226 ~ 1227 年

夏曆月序		中西曆日對照	初一	初二	初三	初四	初五	初六	初七	初八	初九	初十	十一	十二	十三	十四	十五	十六	十七	十八	十九	二十	二一	二二	二三	二四	二五	二六	二七	二八	二九	三十	節氣與天象
正月小	庚寅	干支 西曆 星期	丁巳 30 五	戊午 31 六	己未 (2) 日	庚申 2 一	辛酉 3 二	壬戌 4 三	癸亥 5 四	甲子 6 五	乙丑 7 六	丙寅 8 日	丁卯 9 一	戊辰 10 二	己巳 11 三	庚午 12 四	辛未 13 五	壬申 14 六	癸酉 15 日	甲戌 16 一	乙亥 17 二	丙子 18 三	丁丑 19 四	戊寅 20 五	己卯 21 六	庚辰 22 日	辛巳 23 一	壬午 24 二	癸未 25 三	甲申 26 四	乙酉 27 五		辛未雨水
二月大	辛卯	干支 西曆 星期	丙戌 28 六	丁亥 (3) 日	戊子 2 一	己丑 3 二	庚寅 4 三	辛卯 5 四	壬辰 6 五	癸巳 7 六	甲午 8 日	乙未 9 一	丙申 10 二	丁酉 11 三	戊戌 12 四	己亥 13 五	庚子 14 六	辛丑 15 日	壬寅 16 一	癸卯 17 二	甲辰 18 三	乙巳 19 四	丙午 20 五	丁未 21 六	戊申 22 日	己酉 23 一	庚戌 24 二	辛亥 25 三	壬子 26 四	癸丑 27 五	甲寅 28 六	乙卯 29 日	丙戌驚蟄 壬寅春分
三月小	壬辰	干支 西曆 星期	丙辰 30 一	丁巳 31 二	戊午 (4) 三	己未 2 四	庚申 3 五	辛酉 4 六	壬戌 5 日	癸亥 6 一	甲子 7 二	乙丑 8 三	丙寅 9 四	丁卯 10 五	戊辰 11 六	己巳 12 日	庚午 13 一	辛未 14 二	壬申 15 三	癸酉 16 四	甲戌 17 五	乙亥 18 六	丙子 19 日	丁丑 20 一	戊寅 21 二	己卯 22 三	庚辰 23 四	辛巳 24 五	壬午 25 六	癸未 26 日	甲申 27 一		丁巳清明 壬申穀雨
四月大	癸巳	干支 西曆 星期	乙酉 28 二	丙戌 29 三	丁亥 30 四	戊子 (5) 五	己丑 2 六	庚寅 3 日	辛卯 4 一	壬辰 5 二	癸巳 6 三	甲午 7 四	乙未 8 五	丙申 9 六	丁酉 10 日	戊戌 11 一	己亥 12 二	庚子 13 三	辛丑 14 四	壬寅 15 五	癸卯 16 六	甲辰 17 日	乙巳 18 一	丙午 19 二	丁未 20 三	戊申 21 四	己酉 22 五	庚戌 23 六	辛亥 24 日	壬子 25 一	癸丑 26 二	甲寅 27 三	丁亥立夏 壬寅小滿
五月小	甲午	干支 西曆 星期	乙卯 28 四	丙辰 29 五	丁巳 30 六	戊午 31 日	己未 (6) 一	庚申 2 二	辛酉 3 三	壬戌 4 四	癸亥 5 五	甲子 6 六	乙丑 7 日	丙寅 8 一	丁卯 9 二	戊辰 10 三	己巳 11 四	庚午 12 五	辛未 13 六	壬申 14 日	癸酉 15 一	甲戌 16 二	乙亥 17 三	丙子 18 四	丁丑 19 五	戊寅 20 六	己卯 21 日	庚辰 22 一	辛巳 23 二	壬午 24 三	癸未 25 四		戊午芒種 癸酉夏至
六月大	乙未	干支 西曆 星期	甲申 26 五	乙酉 27 六	丙戌 28 日	丁亥 29 一	戊子 30 二	己丑 (7) 三	庚寅 2 四	辛卯 3 五	壬辰 4 六	癸巳 5 日	甲午 6 一	乙未 7 二	丙申 8 三	丁酉 9 四	戊戌 10 五	己亥 11 六	庚子 12 日	辛丑 13 一	壬寅 14 二	癸卯 15 三	甲辰 16 四	乙巳 17 五	丙午 18 六	丁未 19 日	戊申 20 一	己酉 21 二	庚戌 22 三	辛亥 23 四	壬子 24 五	癸丑 25 六	戊子小暑 癸卯大暑
七月大	丙申	干支 西曆 星期	甲寅 26 日	乙卯 27 一	丙辰 28 二	丁巳 29 三	戊午 30 四	己未 31 五	庚申 (8) 六	辛酉 2 日	壬戌 3 一	癸亥 4 二	甲子 5 三	乙丑 6 四	丙寅 7 五	丁卯 8 六	戊辰 9 日	己巳 10 一	庚午 11 二	辛未 12 三	壬申 13 四	癸酉 14 五	甲戌 15 六	乙亥 16 日	丙子 17 一	丁丑 18 二	戊寅 19 三	己卯 20 四	庚辰 21 五	辛巳 22 六	壬午 23 日	癸未 24 一	己未立秋 甲戌處暑
八月小	丁酉	干支 西曆 星期	甲申 25 二	乙酉 26 三	丙戌 27 四	丁亥 28 五	戊子 29 六	己丑 30 日	庚寅 31 一	辛卯 (9) 二	壬辰 2 三	癸巳 3 四	甲午 4 五	乙未 5 六	丙申 6 日	丁酉 7 一	戊戌 8 二	己亥 9 三	庚子 10 四	辛丑 11 五	壬寅 12 六	癸卯 13 日	甲辰 14 一	乙巳 15 二	丙午 16 三	丁未 17 四	戊申 18 五	己酉 19 六	庚戌 20 日	辛亥 21 一	壬子 22 二		己丑白露 甲辰秋分
九月大	戊戌	干支 西曆 星期	癸丑 23 三	甲寅 24 四	乙卯 25 五	丙辰 26 六	丁巳 27 日	戊午 28 一	己未 29 二	庚申 30 三	辛酉 (10) 四	壬戌 2 五	癸亥 3 六	甲子 4 日	乙丑 5 一	丙寅 6 二	丁卯 7 三	戊辰 8 四	己巳 9 五	庚午 10 六	辛未 11 日	壬申 12 一	癸酉 13 二	甲戌 14 三	乙亥 15 四	丙子 16 五	丁丑 17 六	戊寅 18 日	己卯 19 一	庚辰 20 二	辛巳 21 三	壬午 22 四	己未寒露 乙亥霜降
十月小	己亥	干支 西曆 星期	癸未 23 五	甲申 24 六	乙酉 25 日	丙戌 26 一	丁亥 27 二	戊子 28 三	己丑 29 四	庚寅 30 五	辛卯 31 六	壬辰 (11) 日	癸巳 2 一	甲午 3 二	乙未 4 三	丙申 5 四	丁酉 6 五	戊戌 7 六	己亥 8 日	庚子 9 一	辛丑 10 二	壬寅 11 三	癸卯 12 四	甲辰 13 五	乙巳 14 六	丙午 15 日	丁未 16 一	戊申 17 二	己酉 18 三	庚戌 19 四	辛亥 20 五		庚寅立冬 乙巳小雪
十一月大	庚子	干支 西曆 星期	壬子 21 六	癸丑 22 日	甲寅 23 一	乙卯 24 二	丙辰 25 三	丁巳 26 四	戊午 27 五	己未 28 六	庚申 29 日	辛酉 30 一	壬戌 (12) 二	癸亥 2 三	甲子 3 四	乙丑 4 五	丙寅 5 六	丁卯 6 日	戊辰 7 一	己巳 8 二	庚午 9 三	辛未 10 四	壬申 11 五	癸酉 12 六	甲戌 13 日	乙亥 14 一	丙子 15 二	丁丑 16 三	戊寅 17 四	己卯 18 五	庚辰 19 六	辛巳 20 日	庚申大雪 丙子冬至
十二月小	辛丑	干支 西曆 星期	壬午 21 一	癸未 22 二	甲申 23 三	乙酉 24 四	丙戌 25 五	丁亥 26 六	戊子 27 日	己丑 28 一	庚寅 29 二	辛卯 30 三	壬辰 31 四	癸巳 (1) 五	甲午 2 六	乙未 3 日	丙申 4 一	丁酉 5 二	戊戌 6 三	己亥 7 四	庚子 8 五	辛丑 9 六	壬寅 10 日	癸卯 11 一	甲辰 12 二	乙巳 13 三	丙午 14 四	丁未 15 五	戊申 16 六	己酉 17 日	庚戌 18 一		辛卯小寒 丙午大寒

蒙古太祖二十二年 （丁亥 猪年） 公元 1227 ~ 1228 年

夏曆月序		中西曆日對照	初一	初二	初三	初四	初五	初六	初七	初八	初九	初十	十一	十二	十三	十四	十五	十六	十七	十八	十九	二十	二一	二二	二三	二四	二五	二六	二七	二八	二九	三十	節氣與天象
正月大	壬寅	天干地支 西曆 星期	辛亥 19 二	壬子 20 三	癸丑 21 四	甲寅 22 五	乙卯 23 六	丙辰 24 日	丁巳 25 一	戊午 26 二	己未 27 三	庚申 28 四	辛酉 29 五	壬戌 30 六	癸亥 31 日	甲子 (2) 一	乙丑 2 二	丙寅 3 三	丁卯 4 四	戊辰 5 五	己巳 6 六	庚午 7 日	辛未 8 一	壬申 9 二	癸酉 10 三	甲戌 11 四	乙亥 12 五	丙子 13 六	丁丑 14 日	戊寅 15 一	己卯 16 二	庚辰 17 三	辛酉立春 丙子雨水
二月小	癸卯	天干地支 西曆 星期	辛巳 18 四	壬午 19 五	癸未 20 六	甲申 21 日	乙酉 22 一	丙戌 23 二	丁亥 24 三	戊子 25 四	己丑 26 五	庚寅 27 六	辛卯 28 日	壬辰 (3) 一	癸巳 2 二	甲午 3 三	乙未 4 四	丙申 5 五	丁酉 6 六	戊戌 7 日	己亥 8 一	庚子 9 二	辛丑 10 三	壬寅 11 四	癸卯 12 五	甲辰 13 六	乙巳 14 日	丙午 15 一	丁未 16 二	戊申 17 三	己酉 18 四		壬辰驚蟄 丁未春分
三月大	甲辰	天干地支 西曆 星期	庚戌 19 五	辛亥 20 六	壬子 21 日	癸丑 22 一	甲寅 23 二	乙卯 24 三	丙辰 25 四	丁巳 26 五	戊午 27 六	己未 28 日	庚申 29 一	辛酉 30 二	壬戌 31 三	癸亥 (4) 四	甲子 2 五	乙丑 3 六	丙寅 4 日	丁卯 5 一	戊辰 6 二	己巳 7 三	庚午 8 四	辛未 9 五	壬申 10 六	癸酉 11 日	甲戌 12 一	乙亥 13 二	丙子 14 三	丁丑 15 四	戊寅 16 五	己卯 17 六	壬戌清明 丁丑穀雨
四月小	乙巳	天干地支 西曆 星期	庚辰 18 日	辛巳 19 一	壬午 20 二	癸未 21 三	甲申 22 四	乙酉 23 五	丙戌 24 六	丁亥 25 日	戊子 26 一	己丑 27 二	庚寅 28 三	辛卯 29 四	壬辰 30 五	癸巳 (5) 六	甲午 2 日	乙未 3 一	丙申 4 二	丁酉 5 三	戊戌 6 四	己亥 7 五	庚子 8 六	辛丑 9 日	壬寅 10 一	癸卯 11 二	甲辰 12 三	乙巳 13 四	丙午 14 五	丁未 15 六	戊申 16 日		癸巳立夏 戊申小滿
五月大	丙午	天干地支 西曆 星期	己酉 17 一	庚戌 18 二	辛亥 19 三	壬子 20 四	癸丑 21 五	甲寅 22 六	乙卯 23 日	丙辰 24 一	丁巳 25 二	戊午 26 三	己未 27 四	庚申 28 五	辛酉 29 六	壬戌 30 日	癸亥 31 一	甲子 (6) 二	乙丑 2 三	丙寅 3 四	丁卯 4 五	戊辰 5 六	己巳 6 日	庚午 7 一	辛未 8 二	壬申 9 三	癸酉 10 四	甲戌 11 五	乙亥 12 六	丙子 13 日	丁丑 14 一	戊寅 15 二	癸亥芒種 戊寅夏至
閏五月小	丙午	天干地支 西曆 星期	己卯 16 三	庚辰 17 四	辛巳 18 五	壬午 19 六	癸未 20 日	甲申 21 一	乙酉 22 二	丙戌 23 三	丁亥 24 四	戊子 25 五	己丑 26 六	庚寅 27 日	辛卯 28 一	壬辰 29 二	癸巳 30 三	甲午 (7) 四	乙未 2 五	丙申 3 六	丁酉 4 日	戊戌 5 一	己亥 6 二	庚子 7 三	辛丑 8 四	壬寅 9 五	癸卯 10 六	甲辰 11 日	乙巳 12 一	丙午 13 二	丁未 14 三		癸巳小暑
六月大	丁未	天干地支 西曆 星期	戊申 15 四	己酉 16 五	庚戌 17 六	辛亥 18 日	壬子 19 一	癸丑 20 二	甲寅 21 三	乙卯 22 四	丙辰 23 五	丁巳 24 六	戊午 25 日	己未 26 一	庚申 27 二	辛酉 28 三	壬戌 29 四	癸亥 30 五	甲子 31 六	乙丑 (8) 日	丙寅 2 一	丁卯 3 二	戊辰 4 三	己巳 5 四	庚午 6 五	辛未 7 六	壬申 8 日	癸酉 9 一	甲戌 10 二	乙亥 11 三	丙子 12 四	丁丑 13 五	己酉大暑 甲子立秋 戊申日食
七月小	戊申	天干地支 西曆 星期	戊寅 14 六	己卯 15 日	庚辰 16 一	辛巳 17 二	壬午 18 三	癸未 19 四	甲申 20 五	乙酉 21 六	丙戌 22 日	丁亥 23 一	戊子 24 二	己丑 25 三	庚寅 26 四	辛卯 27 五	壬辰 28 六	癸巳 29 日	甲午 30 一	乙未 31 二	丙申 (9) 三	丁酉 2 四	戊戌 3 五	己亥 4 六	庚子 5 日	辛丑 6 一	壬寅 7 二	癸卯 8 三	甲辰 9 四	乙巳 10 五	丙午 11 六		己卯處暑 甲午白露
八月大	己酉	天干地支 西曆 星期	丁未 12 日	戊申 13 一	己酉 14 二	庚戌 15 三	辛亥 16 四	壬子 17 五	癸丑 18 六	甲寅 19 日	乙卯 20 一	丙辰 21 二	丁巳 22 三	戊午 23 四	己未 24 五	庚申 25 六	辛酉 26 日	壬戌 27 一	癸亥 28 二	甲子 29 三	乙丑 30 四	丙寅 (10) 五	丁卯 2 六	戊辰 3 日	己巳 4 一	庚午 5 二	辛未 6 三	壬申 7 四	癸酉 8 五	甲戌 9 六	乙亥 10 日	丙子 11 一	己酉秋分 乙丑寒露
九月大	庚戌	天干地支 西曆 星期	丁丑 12 二	戊寅 13 三	己卯 14 四	庚辰 15 五	辛巳 16 六	壬午 17 日	癸未 18 一	甲申 19 二	乙酉 20 三	丙戌 21 四	丁亥 22 五	戊子 23 六	己丑 24 日	庚寅 25 一	辛卯 26 二	壬辰 27 三	癸巳 28 四	甲午 29 五	乙未 30 六	丙申 31 日	丁酉 (11) 一	戊戌 2 二	己亥 3 三	庚子 4 四	辛丑 5 五	壬寅 6 六	癸卯 7 日	甲辰 8 一	乙巳 9 二	丙午 10 三	庚辰霜降 乙未立冬
十月小	辛亥	天干地支 西曆 星期	丁未 11 四	戊申 12 五	己酉 13 六	庚戌 14 日	辛亥 15 一	壬子 16 二	癸丑 17 三	甲寅 18 四	乙卯 19 五	丙辰 20 六	丁巳 21 日	戊午 22 一	己未 23 二	庚申 24 三	辛酉 25 四	壬戌 26 五	癸亥 27 六	甲子 28 日	乙丑 29 一	丙寅 30 二	丁卯 (12) 三	戊辰 2 四	己巳 3 五	庚午 4 六	辛未 5 日	壬申 6 一	癸酉 7 二	甲戌 8 三	乙亥 9 四		庚戌小雪 丙寅大雪
十一月大	壬子	天干地支 西曆 星期	丙子 10 五	丁丑 11 六	戊寅 12 日	己卯 13 一	庚辰 14 二	辛巳 15 三	壬午 16 四	癸未 17 五	甲申 18 六	乙酉 19 日	丙戌 20 一	丁亥 21 二	戊子 22 三	己丑 23 四	庚寅 24 五	辛卯 25 六	壬辰 26 日	癸巳 27 一	甲午 28 二	乙未 29 三	丙申 30 四	丁酉 31 五	戊戌 (1) 六	己亥 2 日	庚子 3 一	辛丑 4 二	壬寅 5 三	癸卯 6 四	甲辰 7 五	乙巳 8 六	辛巳冬至 丙申小寒
十二月大	癸丑	天干地支 西曆 星期	丙午 9 日	丁未 10 一	戊申 11 二	己酉 12 三	庚戌 13 四	辛亥 14 五	壬子 15 六	癸丑 16 日	甲寅 17 一	乙卯 18 二	丙辰 19 三	丁巳 20 四	戊午 21 五	己未 22 六	庚申 23 日	辛酉 24 一	壬戌 25 二	癸亥 26 三	甲子 27 四	乙丑 28 五	丙寅 29 六	丁卯 30 日	戊辰 31 一	己巳 (2) 二	庚午 2 三	辛未 3 四	壬申 4 五	癸酉 5 六	甲戌 6 日	乙亥 7 一	辛亥大寒 丙寅立春

＊七月己丑（十二日），太祖死，拖雷監國。

蒙古拖雷元年（戊子 鼠年） 公元1228 ~ 1229年

夏曆月序		中西曆日對照	初一	初二	初三	初四	初五	初六	初七	初八	初九	初十	十一	十二	十三	十四	十五	十六	十七	十八	十九	二十	二一	二二	二三	二四	二五	二六	二七	二八	二九	三十	節氣與天象
正月小	甲寅	天干地支 西曆 星期	丙子 8 二	丁丑 9 三	戊寅 10 四	己卯 11 五	庚辰 12 六	辛巳 13 日	壬午 14 一	癸未 15 二	甲申 16 三	乙酉 17 四	丙戌 18 五	丁亥 19 六	戊子 20 日	己丑 21 一	庚寅 22 二	辛卯 23 三	壬辰 24 四	癸巳 25 五	甲午 26 六	乙未 27 日	丙申 28 一	丁酉 29 二	戊戌 (3) 三	己亥 2 四	庚子 3 五	辛丑 4 六	壬寅 5 日	癸卯 6 一	甲辰 7 二		壬午雨水 丁酉驚蟄
二月小	乙卯	天干地支 西曆 星期	乙巳 8 三	丙午 9 四	丁未 10 五	戊申 11 六	己酉 12 日	庚戌 13 一	辛亥 14 二	壬子 15 三	癸丑 16 四	甲寅 17 五	乙卯 18 六	丙辰 19 日	丁巳 20 一	戊午 21 二	己未 22 三	庚申 23 四	辛酉 24 五	壬戌 25 六	癸亥 26 日	甲子 27 一	乙丑 28 二	丙寅 29 三	丁卯 30 四	戊辰 31 五	己巳 (4) 六	庚午 2 日	辛未 3 一	壬申 4 二	癸酉 5 三		壬子春分 丁卯清明
三月大	丙辰	天干地支 西曆 星期	甲戌 6 四	乙亥 7 五	丙子 8 六	丁丑 9 日	戊寅 10 一	己卯 11 二	庚辰 12 三	辛巳 13 四	壬午 14 五	癸未 15 六	甲申 16 日	乙酉 17 一	丙戌 18 二	丁亥 19 三	戊子 20 四	己丑 21 五	庚寅 22 六	辛卯 23 日	壬辰 24 一	癸巳 25 二	甲午 26 三	乙未 27 四	丙申 28 五	丁酉 29 六	戊戌 30 日	己亥 (5) 一	庚子 2 二	辛丑 3 三	壬寅 4 四	癸卯 5 五	癸未穀雨 戊戌立夏
四月小	丁巳	天干地支 西曆 星期	甲辰 6 六	乙巳 7 日	丙午 8 一	丁未 9 二	戊申 10 三	己酉 11 四	庚戌 12 五	辛亥 13 六	壬子 14 日	癸丑 15 一	甲寅 16 二	乙卯 17 三	丙辰 18 四	丁巳 19 五	戊午 20 六	己未 21 日	庚申 22 一	辛酉 23 二	壬戌 24 三	癸亥 25 四	甲子 26 五	乙丑 27 六	丙寅 28 日	丁卯 29 一	戊辰 30 二	己巳 31 三	庚午 (6) 四	辛未 2 五	壬申 3 六		癸丑小滿 戊辰芒種
五月小	戊午	天干地支 西曆 星期	癸酉 4 日	甲戌 5 一	乙亥 6 二	丙子 7 三	丁丑 8 四	戊寅 9 五	己卯 10 六	庚辰 11 日	辛巳 12 一	壬午 13 二	癸未 14 三	甲申 15 四	乙酉 16 五	丙戌 17 六	丁亥 18 日	戊子 19 一	己丑 20 二	庚寅 21 三	辛卯 22 四	壬辰 23 五	癸巳 24 六	甲午 25 日	乙未 26 一	丙申 27 二	丁酉 28 三	戊戌 29 四	己亥 30 五	庚子 (7) 六	辛丑 2 日		癸未夏至 己亥小暑
六月大	己未	天干地支 西曆 星期	壬寅 3 一	癸卯 4 二	甲辰 5 三	乙巳 6 四	丙午 7 五	丁未 8 六	戊申 9 日	己酉 10 一	庚戌 11 二	辛亥 12 三	壬子 13 四	癸丑 14 五	甲寅 15 六	乙卯 16 日	丙辰 17 一	丁巳 18 二	戊午 19 三	己未 20 四	庚申 21 五	辛酉 22 六	壬戌 23 日	癸亥 24 一	甲子 25 二	乙丑 26 三	丙寅 27 四	丁卯 28 五	戊辰 29 六	己巳 30 日	庚午 31 一	辛未 (8) 二	甲寅大暑 己巳立秋 壬寅日食
七月小	庚申	天干地支 西曆 星期	壬申 2 三	癸酉 3 四	甲戌 4 五	乙亥 5 六	丙子 6 日	丁丑 7 一	戊寅 8 二	己卯 9 三	庚辰 10 四	辛巳 11 五	壬午 12 六	癸未 13 日	甲申 14 一	乙酉 15 二	丙戌 16 三	丁亥 17 四	戊子 18 五	己丑 19 六	庚寅 20 日	辛卯 21 一	壬辰 22 二	癸巳 23 三	甲午 24 四	乙未 25 五	丙申 26 六	丁酉 27 日	戊戌 28 一	己亥 29 二	庚子 30 三		甲申處暑 己亥白露
八月大	辛酉	天干地支 西曆 星期	辛丑 31 四	壬寅 (9) 五	癸卯 2 六	甲辰 3 日	乙巳 4 一	丙午 5 二	丁未 6 三	戊申 7 四	己酉 8 五	庚戌 9 六	辛亥 10 日	壬子 11 一	癸丑 12 二	甲寅 13 三	乙卯 14 四	丙辰 15 五	丁巳 16 六	戊午 17 日	己未 18 一	庚申 19 二	辛酉 20 三	壬戌 21 四	癸亥 22 五	甲子 23 六	乙丑 24 日	丙寅 25 一	丁卯 26 二	戊辰 27 三	己巳 28 四	庚午 29 五	乙卯秋分 庚午寒露
九月大	壬戌	天干地支 西曆 星期	辛未 30 六	壬申 (10) 日	癸酉 2 一	甲戌 3 二	乙亥 4 三	丙子 5 四	丁丑 6 五	戊寅 7 六	己卯 8 日	庚辰 9 一	辛巳 10 二	壬午 11 三	癸未 12 四	甲申 13 五	乙酉 14 六	丙戌 15 日	丁亥 16 一	戊子 17 二	己丑 18 三	庚寅 19 四	辛卯 20 五	壬辰 21 六	癸巳 22 日	甲午 23 一	乙未 24 二	丙申 25 三	丁酉 26 四	戊戌 27 五	己亥 28 六	庚子 29 日	乙酉霜降 庚子立冬
十月大	癸亥	天干地支 西曆 星期	辛丑 30 一	壬寅 31 二	癸卯 (11) 三	甲辰 2 四	乙巳 3 五	丙午 4 六	丁未 5 日	戊申 6 一	己酉 7 二	庚戌 8 三	辛亥 9 四	壬子 10 五	癸丑 11 六	甲寅 12 日	乙卯 13 一	丙辰 14 二	丁巳 15 三	戊午 16 四	己未 17 五	庚申 18 六	辛酉 19 日	壬戌 20 一	癸亥 21 二	甲子 22 三	乙丑 23 四	丙寅 24 五	丁卯 25 六	戊辰 26 日	己巳 27 一	庚午 28 二	丙辰小雪
十一月小	甲子	天干地支 西曆 星期	辛未 29 三	壬申 30 四	癸酉 (12) 五	甲戌 2 六	乙亥 3 日	丙子 4 一	丁丑 5 二	戊寅 6 三	己卯 7 四	庚辰 8 五	辛巳 9 六	壬午 10 日	癸未 11 一	甲申 12 二	乙酉 13 三	丙戌 14 四	丁亥 15 五	戊子 16 六	己丑 17 日	庚寅 18 一	辛卯 19 二	壬辰 20 三	癸巳 21 四	甲午 22 五	乙未 23 六	丙申 24 日	丁酉 25 一	戊戌 26 二	己亥 27 三		辛未大雪 丙戌冬至
十二月大	乙丑	天干地支 西曆 星期	庚子 28 四	辛丑 29 五	壬寅 30 六	癸卯 31 日	甲辰 (1) 一	乙巳 2 二	丙午 3 三	丁未 4 四	戊申 5 五	己酉 6 六	庚戌 7 日	辛亥 8 一	壬子 9 二	癸丑 10 三	甲寅 11 四	乙卯 12 五	丙辰 13 六	丁巳 14 日	戊午 15 一	己未 16 二	庚申 17 三	辛酉 18 四	壬戌 19 五	癸亥 20 六	甲子 21 日	乙丑 22 一	丙寅 23 二	丁卯 24 三	戊辰 25 四	己巳 26 五	辛丑小寒 丙辰大寒 庚子日食

蒙古拖雷二年 太宗元年（己丑 牛年） 公元1229 ~ 1230年

夏曆月序		中西曆日對照	初一	初二	初三	初四	初五	初六	初七	初八	初九	初十	十一	十二	十三	十四	十五	十六	十七	十八	十九	二十	二一	二二	二三	二四	二五	二六	二七	二八	二九	三十	節氣與天象
正月大	丙寅	天干 地支 西曆 星期	庚午 27 六	辛未 28 日	壬申 29 一	癸酉 30 二	甲戌 31 三	乙亥 (2) 四	丙子 2 五	丁丑 3 六	戊寅 4 日	己卯 5 一	庚辰 6 二	辛巳 7 三	壬午 8 四	癸未 9 五	甲申 10 六	乙酉 11 日	丙戌 12 一	丁亥 13 二	戊子 14 三	己丑 15 四	庚寅 16 五	辛卯 17 六	壬辰 18 日	癸巳 19 一	甲午 20 二	乙未 21 三	丙申 22 四	丁酉 23 五	戊戌 24 六	己亥 25 日	壬申立春 丁亥雨水
二月小	丁卯	天干 地支 西曆 星期	庚子 26 一	辛丑 27 二	壬寅 28 三	癸卯 (3) 四	甲辰 2 五	乙巳 3 六	丙午 4 日	丁未 5 一	戊申 6 二	己酉 7 三	庚戌 8 四	辛亥 9 五	壬子 10 六	癸丑 11 日	甲寅 12 一	乙卯 13 二	丙辰 14 三	丁巳 15 四	戊午 16 五	己未 17 六	庚申 18 日	辛酉 19 一	壬戌 20 二	癸亥 21 三	甲子 22 四	乙丑 23 五	丙寅 24 六	丁卯 25 日	戊辰 26 一		壬寅驚蟄 丁巳春分
三月小	戊辰	天干 地支 西曆 星期	己巳 27 二	庚午 28 三	辛未 29 四	壬申 30 五	癸酉 31 六	甲戌 (4) 日	乙亥 2 一	丙子 3 二	丁丑 4 三	戊寅 5 四	己卯 6 五	庚辰 7 六	辛巳 8 日	壬午 9 一	癸未 10 二	甲申 11 三	乙酉 12 四	丙戌 13 五	丁亥 14 六	戊子 15 日	己丑 16 一	庚寅 17 二	辛卯 18 三	壬辰 19 四	癸巳 20 五	甲午 21 六	乙未 22 日	丙申 23 一	丁酉 24 二		癸酉清明 戊子穀雨
四月大	己巳	天干 地支 西曆 星期	戊戌 25 三	己亥 26 四	庚子 27 五	辛丑 28 六	壬寅 29 日	癸卯 30 一	甲辰 (5) 二	乙巳 2 三	丙午 3 四	丁未 4 五	戊申 5 六	己酉 6 日	庚戌 7 一	辛亥 8 二	壬子 9 三	癸丑 10 四	甲寅 11 五	乙卯 12 六	丙辰 13 日	丁巳 14 一	戊午 15 二	己未 16 三	庚申 17 四	辛酉 18 五	壬戌 19 六	癸亥 20 日	甲子 21 一	乙丑 22 二	丙寅 23 三	丁卯 24 四	癸卯立夏 戊午小滿
五月小	庚午	天干 地支 西曆 星期	戊辰 25 五	己巳 26 六	庚午 27 日	辛未 28 一	壬申 29 二	癸酉 30 三	甲戌 31 四	乙亥 (6) 五	丙子 2 六	丁丑 3 日	戊寅 4 一	己卯 5 二	庚辰 6 三	辛巳 7 四	壬午 8 五	癸未 9 六	甲申 10 日	乙酉 11 一	丙戌 12 二	丁亥 13 三	戊子 14 四	己丑 15 五	庚寅 16 六	辛卯 17 日	壬辰 18 一	癸巳 19 二	甲午 20 三	乙未 21 四	丙申 22 五		癸酉芒種 己丑夏至
六月小	辛未	天干 地支 西曆 星期	丁酉 23 六	戊戌 24 日	己亥 25 一	庚子 26 二	辛丑 27 三	壬寅 28 四	癸卯 29 五	甲辰 30 六	乙巳 (7) 日	丙午 2 一	丁未 3 二	戊申 4 三	己酉 5 四	庚戌 6 五	辛亥 7 六	壬子 8 日	癸丑 9 一	甲寅 10 二	乙卯 11 三	丙辰 12 四	丁巳 13 五	戊午 14 六	己未 15 日	庚申 16 一	辛酉 17 二	壬戌 18 三	癸亥 19 四	甲子 20 五	乙丑 21 六		甲辰小暑 己未大暑
七月大	壬申	天干 地支 西曆 星期	丙寅 22 日	丁卯 23 一	戊辰 24 二	己巳 25 三	庚午 26 四	辛未 27 五	壬申 28 六	癸酉 29 日	甲戌 30 一	乙亥 31 二	丙子 (8) 三	丁丑 2 四	戊寅 3 五	己卯 4 六	庚辰 5 日	辛巳 6 一	壬午 7 二	癸未 8 三	甲申 9 四	乙酉 10 五	丙戌 11 六	丁亥 12 日	戊子 13 一	己丑 14 二	庚寅 15 三	辛卯 16 四	壬辰 17 五	癸巳 18 六	甲午 19 日	乙未 20 一	甲戌立秋 庚寅處暑
八月小	癸酉	天干 地支 西曆 星期	丙申 21 二	丁酉 22 三	戊戌 23 四	己亥 24 五	庚子 25 六	辛丑 26 日	壬寅 27 一	癸卯 28 二	甲辰 29 三	乙巳 30 四	丙午 31 五	丁未 (9) 六	戊申 2 日	己酉 3 一	庚戌 4 二	辛亥 5 三	壬子 6 四	癸丑 7 五	甲寅 8 六	乙卯 9 日	丙辰 10 一	丁巳 11 二	戊午 12 三	己未 13 四	庚申 14 五	辛酉 15 六	壬戌 16 日	癸亥 17 一	甲子 18 二		乙巳白露 庚申秋分
九月大	甲戌	天干 地支 西曆 星期	乙丑 19 三	丙寅 20 四	丁卯 21 五	戊辰 22 六	己巳 23 日	庚午 24 一	辛未 25 二	壬申 26 三	癸酉 27 四	甲戌 28 五	乙亥 29 六	丙子 30 日	丁丑 (10) 一	戊寅 2 二	己卯 3 三	庚辰 4 四	辛巳 5 五	壬午 6 六	癸未 7 日	甲申 8 一	乙酉 9 二	丙戌 10 三	丁亥 11 四	戊子 12 五	己丑 13 六	庚寅 14 日	辛卯 15 一	壬辰 16 二	癸巳 17 三	甲午 18 四	乙亥寒露 庚寅霜降
十月大	乙亥	天干 地支 西曆 星期	乙未 19 五	丙申 20 六	丁酉 21 日	戊戌 22 一	己亥 23 二	庚子 24 三	辛丑 25 四	壬寅 26 五	癸卯 27 六	甲辰 28 日	乙巳 29 一	丙午 30 二	丁未 31 三	戊申 (11) 四	己酉 2 五	庚戌 3 六	辛亥 4 日	壬子 5 一	癸丑 6 二	甲寅 7 三	乙卯 8 四	丙辰 9 五	丁巳 10 六	戊午 11 日	己未 12 一	庚申 13 二	辛酉 14 三	壬戌 15 四	癸亥 16 五	甲子 17 六	丙午立冬 辛酉小雪
十一月大	丙子	天干 地支 西曆 星期	乙丑 18 日	丙寅 19 一	丁卯 20 二	戊辰 21 三	己巳 22 四	庚午 23 五	辛未 24 六	壬申 25 日	癸酉 26 一	甲戌 27 二	乙亥 28 三	丙子 29 四	丁丑 30 五	戊寅 (12) 六	己卯 2 日	庚辰 3 一	辛巳 4 二	壬午 5 三	癸未 6 四	甲申 7 五	乙酉 8 六	丙戌 9 日	丁亥 10 一	戊子 11 二	己丑 12 三	庚寅 13 四	辛卯 14 五	壬辰 15 六	癸巳 16 日	甲午 17 一	丙子大雪 辛卯冬至
十二月小	丁丑	天干 地支 西曆 星期	乙未 18 二	丙申 19 三	丁酉 20 四	戊戌 21 五	己亥 22 六	庚子 23 日	辛丑 24 一	壬寅 25 二	癸卯 26 三	甲辰 27 四	乙巳 28 五	丙午 29 六	丁未 30 日	戊申 31 一	己酉 (1) 二	庚戌 2 三	辛亥 3 四	壬子 4 五	癸丑 5 六	甲寅 6 日	乙卯 7 一	丙辰 8 二	丁巳 9 三	戊午 10 四	己未 11 五	庚申 12 六	辛酉 13 日	壬戌 14 一	癸亥 15 二		丙午小寒 壬戌大寒

* 八月己未（二十四日），窩闊台即位，是爲太宗。

蒙古太宗二年（庚寅 虎年） 公元 1230 ~ 1231 年

夏曆月序		中西曆日對照	初一	初二	初三	初四	初五	初六	初七	初八	初九	初十	十一	十二	十三	十四	十五	十六	十七	十八	十九	二十	二一	二二	二三	二四	二五	二六	二七	二八	二九	三十	節氣與天象
正月大	戊寅	干支 西曆 星期	甲子16三	乙丑17四	丙寅18五	丁卯19六	戊辰20日	己巳21一	庚午22二	辛未23三	壬申24四	癸酉25五	甲戌26六	乙亥27日	丙子28一	丁丑29二	戊寅30三	己卯31四	庚辰(2)五	辛巳2六	壬午3日	癸未4一	甲申5二	乙酉6三	丙戌7四	丁亥8五	戊子9六	己丑10日	庚寅11一	辛卯12二	壬辰13三	癸巳14四	丁丑立春 壬辰雨水
二月大	己卯	干支 西曆 星期	甲午15五	乙未16六	丙申17日	丁酉18一	戊戌19二	己亥20三	庚子21四	辛丑22五	壬寅23六	癸卯24日	甲辰25一	乙巳26二	丙午27三	丁未28四	戊申(3)五	己酉2六	庚戌3日	辛亥4一	壬子5二	癸丑6三	甲寅7四	乙卯8五	丙辰9六	丁巳10日	戊午11一	己未12二	庚申13三	辛酉14四	壬戌15五	癸亥16六	丁未驚蟄 癸亥春分
閏二月小	己卯	干支 西曆 星期	甲子17日	乙丑18一	丙寅19二	丁卯20三	戊辰21四	己巳22五	庚午23六	辛未24日	壬申25一	癸酉26二	甲戌27三	乙亥28四	丙子29五	丁丑30六	戊寅31日	己卯(4)一	庚辰2二	辛巳3三	壬午4四	癸未5五	甲申6六	乙酉7日	丙戌8一	丁亥9二	戊子10三	己丑11四	庚寅12五	辛卯13六	壬辰14日		戊寅清明
三月小	庚辰	干支 西曆 星期	癸巳15一	甲午16二	乙未17三	丙申18四	丁酉19五	戊戌20六	己亥21日	庚子22一	辛丑23二	壬寅24三	癸卯25四	甲辰26五	乙巳27六	丙午28日	丁未29一	戊申30二	己酉(5)三	庚戌2四	辛亥3五	壬子4六	癸丑5日	甲寅6一	乙卯7二	丙辰8三	丁巳9四	戊午10五	己未11六	庚申12日	辛酉13一		癸巳穀雨 戊申立夏
四月大	辛巳	干支 西曆 星期	壬戌14二	癸亥15三	甲子16四	乙丑17五	丙寅18六	丁卯19日	戊辰20一	己巳21二	庚午22三	辛未23四	壬申24五	癸酉25六	甲戌26日	乙亥27一	丙子28二	丁丑29三	戊寅30四	己卯31五	庚辰(6)六	辛巳2日	壬午3一	癸未4二	甲申5三	乙酉6四	丙戌7五	丁亥8六	戊子9日	己丑10一	庚寅11二	辛卯12三	癸亥小滿 己卯芒種
五月小	壬午	干支 西曆 星期	壬辰13四	癸巳14五	甲午15六	乙未16日	丙申17一	丁酉18二	戊戌19三	己亥20四	庚子21五	辛丑22六	壬寅23日	癸卯24一	甲辰25二	乙巳26三	丙午27四	丁未28五	戊申29六	己酉30日	庚戌(7)一	辛亥2二	壬子3三	癸丑4四	甲寅5五	乙卯6六	丙辰7日	丁巳8一	戊午9二	己未10三	庚申11四		甲午夏至 己酉小暑
六月小	癸未	干支 西曆 星期	辛酉12五	壬戌13六	癸亥14日	甲子15一	乙丑16二	丙寅17三	丁卯18四	戊辰19五	己巳20六	庚午21日	辛未22一	壬申23二	癸酉24三	甲戌25四	乙亥26五	丙子27六	丁丑28日	戊寅29一	己卯30二	庚辰31三	辛巳(8)四	壬午2五	癸未3六	甲申4日	乙酉5一	丙戌6二	丁亥7三	戊子8四	己丑9五		甲子大暑 庚辰立秋
七月大	甲申	干支 西曆 星期	庚寅10六	辛卯11日	壬辰12一	癸巳13二	甲午14三	乙未15四	丙申16五	丁酉17六	戊戌18日	己亥19一	庚子20二	辛丑21三	壬寅22四	癸卯23五	甲辰24六	乙巳25日	丙午26一	丁未27二	戊申28三	己酉29四	庚戌30五	辛亥31六	壬子(9)日	癸丑2一	甲寅3二	乙卯4三	丙辰5四	丁巳6五	戊午7六	己未8日	乙未處暑 庚戌白露
八月小	乙酉	干支 西曆 星期	庚申9一	辛酉10二	壬戌11三	癸亥12四	甲子13五	乙丑14六	丙寅15日	丁卯16一	戊辰17二	己巳18三	庚午19四	辛未20五	壬申21六	癸酉22日	甲戌23一	乙亥24二	丙子25三	丁丑26四	戊寅27五	己卯28六	庚辰29日	辛巳30一	壬午(10)二	癸未2三	甲申3四	乙酉4五	丙戌5六	丁亥6日	戊子7一		乙丑秋分 庚辰寒露
九月大	丙戌	干支 西曆 星期	己丑8二	庚寅9三	辛卯10四	壬辰11五	癸巳12六	甲午13日	乙未14一	丙申15二	丁酉16三	戊戌17四	己亥18五	庚子19六	辛丑20日	壬寅21一	癸卯22二	甲辰23三	乙巳24四	丙午25五	丁未26六	戊申27日	己酉28一	庚戌29二	辛亥30三	壬子31四	癸丑(11)五	甲寅2六	乙卯3日	丙辰4一	丁巳5二	戊午6三	丙申霜降 辛亥立冬
十月小	丁亥	干支 西曆 星期	己未7四	庚申8五	辛酉9六	壬戌10日	癸亥11一	甲子12二	乙丑13三	丙寅14四	丁卯15五	戊辰16六	己巳17日	庚午18一	辛未19二	壬申20三	癸酉21四	甲戌22五	乙亥23六	丙子24日	丁丑25一	戊寅26二	己卯27三	庚辰28四	辛巳29五	壬午30六	癸未(12)日	甲申2一	乙酉3二	丙戌4三	丁亥5四		丙寅小雪 辛巳大雪
十一月大	戊子	干支 西曆 星期	戊子6五	己丑7六	庚寅8日	辛卯9一	壬辰10二	癸巳11三	甲午12四	乙未13五	丙申14六	丁酉15日	戊戌16一	己亥17二	庚子18三	辛丑19四	壬寅20五	癸卯21六	甲辰22日	乙巳23一	丙午24二	丁未25三	戊申26四	己酉27五	庚戌28六	辛亥29日	壬子30一	癸丑31二	甲寅(1)三	乙卯2四	丙辰3五	丁巳4六	丁酉冬至 壬子小寒
十二月大	己丑	干支 西曆 星期	戊午5日	己未6一	庚申7二	辛酉8三	壬戌9四	癸亥10五	甲子11六	乙丑12日	丙寅13一	丁卯14二	戊辰15三	己巳16四	庚午17五	辛未18六	壬申19日	癸酉20一	甲戌21二	乙亥22三	丙子23四	丁丑24五	戊寅25六	己卯26日	庚辰27一	辛巳28二	壬午29三	癸未30四	甲申31五	乙酉(2)六	丙戌2日	丁亥3一	丁卯大寒 壬午立春

蒙古太宗三年（辛卯 兔年） 公元 1231 ~ 1232 年

夏曆月序		中西曆日對照	初一	初二	初三	初四	初五	初六	初七	初八	初九	初十	十一	十二	十三	十四	十五	十六	十七	十八	十九	二十	二一	二二	二三	二四	二五	二六	二七	二八	二九	三十	節氣與天象
正月大	庚寅	天干 地支 西曆 星期	戊子 4 二	己丑 5 三	庚寅 6 四	辛卯 7 五	壬辰 8 六	癸巳 9 日	甲午 10 一	乙未 11 二	丙申 12 三	丁酉 13 四	戊戌 14 五	己亥 15 六	庚子 16 日	辛丑 17 一	壬寅 18 二	癸卯 19 三	甲辰 20 四	乙巳 21 五	丙午 22 六	丁未 23 日	戊申 24 一	己酉 25 二	庚戌 26 三	辛亥 27 四	壬子 28 五	癸丑 (3) 六	甲寅 2 日	乙卯 3 一	丙辰 4 二	丁巳 5 三	丁酉雨水 癸丑驚蟄
二月小	辛卯	天干 地支 西曆 星期	戊午 6 四	己未 7 五	庚申 8 六	辛酉 9 日	壬戌 10 一	癸亥 11 二	甲子 12 三	乙丑 13 四	丙寅 14 五	丁卯 15 六	戊辰 16 日	己巳 17 一	庚午 18 二	辛未 19 三	壬申 20 四	癸酉 21 五	甲戌 22 六	乙亥 23 日	丙子 24 一	丁丑 25 二	戊寅 26 三	己卯 27 四	庚辰 28 五	辛巳 29 六	壬午 30 日	癸未 31 一	甲申 (4) 二	乙酉 2 三	丙戌 3 四		戊辰春分 癸未清明
三月大	壬辰	天干 地支 西曆 星期	丁亥 4 五	戊子 5 六	己丑 6 日	庚寅 7 一	辛卯 8 二	壬辰 9 三	癸巳 10 四	甲午 11 五	乙未 12 六	丙申 13 日	丁酉 14 一	戊戌 15 二	己亥 16 三	庚子 17 四	辛丑 18 五	壬寅 19 六	癸卯 20 日	甲辰 21 一	乙巳 22 二	丙午 23 三	丁未 24 四	戊申 25 五	己酉 26 六	庚戌 27 日	辛亥 28 一	壬子 29 二	癸丑 30 三	甲寅 (5) 四	乙卯 2 五	丙辰 3 六	戊戌穀雨 癸丑立夏
四月小	癸巳	天干 地支 西曆 星期	丁巳 4 日	戊午 5 一	己未 6 二	庚申 7 三	辛酉 8 四	壬戌 9 五	癸亥 10 六	甲子 11 日	乙丑 12 一	丙寅 13 二	丁卯 14 三	戊辰 15 四	己巳 16 五	庚午 17 六	辛未 18 日	壬申 19 一	癸酉 20 二	甲戌 21 三	乙亥 22 四	丙子 23 五	丁丑 24 六	戊寅 25 日	己卯 26 一	庚辰 27 二	辛巳 28 三	壬午 29 四	癸未 30 五	甲申 31 六	乙酉 (6) 日		己巳小滿 甲申芒種
五月大	甲午	天干 地支 西曆 星期	丙戌 2 一	丁亥 3 二	戊子 4 三	己丑 5 四	庚寅 6 五	辛卯 7 六	壬辰 8 日	癸巳 9 一	甲午 10 二	乙未 11 三	丙申 12 四	丁酉 13 五	戊戌 14 六	己亥 15 日	庚子 16 一	辛丑 17 二	壬寅 18 三	癸卯 19 四	甲辰 20 五	乙巳 21 六	丙午 22 日	丁未 23 一	戊申 24 二	己酉 25 三	庚戌 26 四	辛亥 27 五	壬子 28 六	癸丑 29 日	甲寅 30 一	乙卯 (7) 二	己亥夏至 甲寅小暑
六月小	乙未	天干 地支 西曆 星期	丙辰 2 三	丁巳 3 四	戊午 4 五	己未 5 六	庚申 6 日	辛酉 7 一	壬戌 8 二	癸亥 9 三	甲子 10 四	乙丑 11 五	丙寅 12 六	丁卯 13 日	戊辰 14 一	己巳 15 二	庚午 16 三	辛未 17 四	壬申 18 五	癸酉 19 六	甲戌 20 日	乙亥 21 一	丙子 22 二	丁丑 23 三	戊寅 24 四	己卯 25 五	庚辰 26 六	辛巳 27 日	壬午 28 一	癸未 29 二	甲申 30 三		庚午大暑
七月小	丙申	天干 地支 西曆 星期	乙酉 31 四	丙戌 (8) 五	丁亥 2 六	戊子 3 日	己丑 4 一	庚寅 5 二	辛卯 6 三	壬辰 7 四	癸巳 8 五	甲午 9 六	乙未 10 日	丙申 11 一	丁酉 12 二	戊戌 13 三	己亥 14 四	庚子 15 五	辛丑 16 六	壬寅 17 日	癸卯 18 一	甲辰 19 二	乙巳 20 三	丙午 21 四	丁未 22 五	戊申 23 六	己酉 24 日	庚戌 25 一	辛亥 26 二	壬子 27 三	癸丑 28 四		乙酉立秋 庚子處暑
八月大	丁酉	天干 地支 西曆 星期	甲寅 29 五	乙卯 30 六	丙辰 31 日	丁巳 (9) 一	戊午 2 二	己未 3 三	庚申 4 四	辛酉 5 五	壬戌 6 六	癸亥 7 日	甲子 8 一	乙丑 9 二	丙寅 10 三	丁卯 11 四	戊辰 12 五	己巳 13 六	庚午 14 日	辛未 15 一	壬申 16 二	癸酉 17 三	甲戌 18 四	乙亥 19 五	丙子 20 六	丁丑 21 日	戊寅 22 一	己卯 23 二	庚辰 24 三	辛巳 25 四	壬午 26 五	癸未 27 六	乙卯白露 庚午秋分
九月小	戊戌	天干 地支 西曆 星期	甲申 28 日	乙酉 29 一	丙戌 30 二	丁亥 (10) 三	戊子 2 四	己丑 3 五	庚寅 4 六	辛卯 5 日	壬辰 6 一	癸巳 7 二	甲午 8 三	乙未 9 四	丙申 10 五	丁酉 11 六	戊戌 12 日	己亥 13 一	庚子 14 二	辛丑 15 三	壬寅 16 四	癸卯 17 五	甲辰 18 六	乙巳 19 日	丙午 20 一	丁未 21 二	戊申 22 三	己酉 23 四	庚戌 24 五	辛亥 25 六	壬子 26 日		丙戌寒露 辛丑霜降
十月大	己亥	天干 地支 西曆 星期	癸丑 27 一	甲寅 28 二	乙卯 29 三	丙辰 30 四	丁巳 31 五	戊午 (11) 六	己未 2 日	庚申 3 一	辛酉 4 二	壬戌 5 三	癸亥 6 四	甲子 7 五	乙丑 8 六	丙寅 9 日	丁卯 10 一	戊辰 11 二	己巳 12 三	庚午 13 四	辛未 14 五	壬申 15 六	癸酉 16 日	甲戌 17 一	乙亥 18 二	丙子 19 三	丁丑 20 四	戊寅 21 五	己卯 22 六	庚辰 23 日	辛巳 24 一	壬午 25 二	丙辰立冬 辛未小雪
十一月小	庚子	天干 地支 西曆 星期	癸未 26 三	甲申 27 四	乙酉 28 五	丙戌 29 六	丁亥 30 日	戊子 (12) 一	己丑 2 二	庚寅 3 三	辛卯 4 四	壬辰 5 五	癸巳 6 六	甲午 7 日	乙未 8 一	丙申 9 二	丁酉 10 三	戊戌 11 四	己亥 12 五	庚子 13 六	辛丑 14 日	壬寅 15 一	癸卯 16 二	甲辰 17 三	乙巳 18 四	丙午 19 五	丁未 20 六	戊申 21 日	己酉 22 一	庚戌 23 二	辛亥 24 三		丁亥大雪 壬寅冬至
十二月大	辛丑	天干 地支 西曆 星期	壬子 25 四	癸丑 26 五	甲寅 27 六	乙卯 28 日	丙辰 29 一	丁巳 30 二	戊午 31 三	己未 (1) 四	庚申 2 五	辛酉 3 六	壬戌 4 日	癸亥 5 一	甲子 6 二	乙丑 7 三	丙寅 8 四	丁卯 9 五	戊辰 10 六	己巳 11 日	庚午 12 一	辛未 13 二	壬申 14 三	癸酉 15 四	甲戌 16 五	乙亥 17 六	丙子 18 日	丁丑 19 一	戊寅 20 二	己卯 21 三	庚辰 22 四	辛巳 23 五	丁巳小寒 壬申大寒

蒙古太宗四年（壬辰 龍年） 公元 1232 ~ 1233 年

夏曆月序		中西曆日對照	初一	初二	初三	初四	初五	初六	初七	初八	初九	初十	十一	十二	十三	十四	十五	十六	十七	十八	十九	二十	二一	二二	二三	二四	二五	二六	二七	二八	二九	三十	節氣與天象
正月大	壬寅	天干地支 西曆星期	壬午 24 六	癸未 25 日	甲申 26 一	乙酉 27 二	丙戌 28 三	丁亥 29 四	戊子 30 五	己丑 31 六	庚寅 (2) 日	辛卯 2 一	壬辰 3 二	癸巳 4 三	甲午 5 四	乙未 6 五	丙申 7 六	丁酉 8 日	戊戌 9 一	己亥 10 二	庚子 11 三	辛丑 12 四	壬寅 13 五	癸卯 14 六	甲辰 15 日	乙巳 16 一	丙午 17 二	丁未 18 三	戊申 19 四	己酉 20 五	庚戌 21 六	辛亥 22 日	丁亥立春 癸卯雨水
二月大	癸卯	天干地支 西曆星期	壬子 23 一	癸丑 24 二	甲寅 25 三	乙卯 26 四	丙辰 27 五	丁巳 28 六	戊午 29 日	己未 (3) 一	庚申 2 二	辛酉 3 三	壬戌 4 四	癸亥 5 五	甲子 6 六	乙丑 7 日	丙寅 8 一	丁卯 9 二	戊辰 10 三	己巳 11 四	庚午 12 五	辛未 13 六	壬申 14 日	癸酉 15 一	甲戌 16 二	乙亥 17 三	丙子 18 四	丁丑 19 五	戊寅 20 六	己卯 21 日	庚辰 22 一	辛巳 23 二	戊午驚蟄 癸酉春分
三月小	甲辰	天干地支 西曆星期	壬午 24 三	癸未 25 四	甲申 26 五	乙酉 27 六	丙戌 28 日	丁亥 29 一	戊子 30 二	己丑 31 三	庚寅 (4) 四	辛卯 2 五	壬辰 3 六	癸巳 4 日	甲午 5 一	乙未 6 二	丙申 7 三	丁酉 8 四	戊戌 9 五	己亥 10 六	庚子 11 日	辛丑 12 一	壬寅 13 二	癸卯 14 三	甲辰 15 四	乙巳 16 五	丙午 17 六	丁未 18 日	戊申 19 一	己酉 20 二	庚戌 21 三		戊子清明 甲辰穀雨
四月大	乙巳	天干地支 西曆星期	辛亥 22 四	壬子 23 五	癸丑 24 六	甲寅 25 日	乙卯 26 一	丙辰 27 二	丁巳 28 三	戊午 29 四	己未 30 五	庚申 (5) 六	辛酉 2 日	壬戌 3 一	癸亥 4 二	甲子 5 三	乙丑 6 四	丙寅 7 五	丁卯 8 六	戊辰 9 日	己巳 10 一	庚午 11 二	辛未 12 三	壬申 13 四	癸酉 14 五	甲戌 15 六	乙亥 16 日	丙子 17 一	丁丑 18 二	戊寅 19 三	己卯 20 四	庚辰 21 五	己未立夏 甲戌小滿
五月小	丙午	天干地支 西曆星期	辛巳 22 六	壬午 23 日	癸未 24 一	甲申 25 二	乙酉 26 三	丙戌 27 四	丁亥 28 五	戊子 29 六	己丑 30 日	庚寅 31 一	辛卯 (6) 二	壬辰 2 三	癸巳 3 四	甲午 4 五	乙未 5 六	丙申 6 日	丁酉 7 一	戊戌 8 二	己亥 9 三	庚子 10 四	辛丑 11 五	壬寅 12 六	癸卯 13 日	甲辰 14 一	乙巳 15 二	丙午 16 三	丁未 17 四	戊申 18 五	己酉 19 六		己丑芒種 甲辰夏至
六月大	丁未	天干地支 西曆星期	庚戌 20 日	辛亥 21 一	壬子 22 二	癸丑 23 三	甲寅 24 四	乙卯 25 五	丙辰 26 六	丁巳 27 日	戊午 28 一	己未 29 二	庚申 30 三	辛酉 (7) 四	壬戌 2 五	癸亥 3 六	甲子 4 日	乙丑 5 一	丙寅 6 二	丁卯 7 三	戊辰 8 四	己巳 9 五	庚午 10 六	辛未 11 日	壬申 12 一	癸酉 13 二	甲戌 14 三	乙亥 15 四	丙子 16 五	丁丑 17 六	戊寅 18 日	己卯 19 一	庚申小暑 乙亥大暑
七月小	戊申	天干地支 西曆星期	庚辰 20 二	辛巳 21 三	壬午 22 四	癸未 23 五	甲申 24 六	乙酉 25 日	丙戌 26 一	丁亥 27 二	戊子 28 三	己丑 29 四	庚寅 30 五	辛卯 31 六	壬辰 (8) 日	癸巳 2 一	甲午 3 二	乙未 4 三	丙申 5 四	丁酉 6 五	戊戌 7 六	己亥 8 日	庚子 9 一	辛丑 10 二	壬寅 11 三	癸卯 12 四	甲辰 13 五	乙巳 14 六	丙午 15 日	丁未 16 一	戊申 17 二		庚寅立秋 乙巳處暑
八月小	己酉	天干地支 西曆星期	己酉 18 三	庚戌 19 四	辛亥 20 五	壬子 21 六	癸丑 22 日	甲寅 23 一	乙卯 24 二	丙辰 25 三	丁巳 26 四	戊午 27 五	己未 28 六	庚申 29 日	辛酉 30 一	壬戌 31 二	癸亥 (9) 三	甲子 2 四	乙丑 3 五	丙寅 4 六	丁卯 5 日	戊辰 6 一	己巳 7 二	庚午 8 三	辛未 9 四	壬申 10 五	癸酉 11 六	甲戌 12 日	乙亥 13 一	丙子 14 二	丁丑 15 三		庚申白露 丙子秋分
九月大	庚戌	天干地支 西曆星期	戊寅 16 四	己卯 17 五	庚辰 18 六	辛巳 19 日	壬午 20 一	癸未 21 二	甲申 22 三	乙酉 23 四	丙戌 24 五	丁亥 25 六	戊子 26 日	己丑 27 一	庚寅 28 二	辛卯 29 三	壬辰 30 四	癸巳 (10) 五	甲午 2 六	乙未 3 日	丙申 4 一	丁酉 5 二	戊戌 6 三	己亥 7 四	庚子 8 五	辛丑 9 六	壬寅 10 日	癸卯 11 一	甲辰 12 二	乙巳 13 三	丙午 14 四	丁未 15 五	辛卯寒露 丙午霜降
閏九月小	庚戌	天干地支 西曆星期	戊申 16 六	己酉 17 日	庚戌 18 一	辛亥 19 二	壬子 20 三	癸丑 21 四	甲寅 22 五	乙卯 23 六	丙辰 24 日	丁巳 25 一	戊午 26 二	己未 27 三	庚申 28 四	辛酉 29 五	壬戌 30 六	癸亥 31 日	甲子 (11) 一	乙丑 2 二	丙寅 3 三	丁卯 4 四	戊辰 5 五	己巳 6 六	庚午 7 日	辛未 8 一	壬申 9 二	癸酉 10 三	甲戌 11 四	乙亥 12 五	丙子 13 六		辛酉立冬
十月大	辛亥	天干地支 西曆星期	丁丑 14 日	戊寅 15 一	己卯 16 二	庚辰 17 三	辛巳 18 四	壬午 19 五	癸未 20 六	甲申 21 日	乙酉 22 一	丙戌 23 二	丁亥 24 三	戊子 25 四	己丑 26 五	庚寅 27 六	辛卯 28 日	壬辰 29 一	癸巳 30 二	甲午 (12) 三	乙未 2 四	丙申 3 五	丁酉 4 六	戊戌 5 日	己亥 6 一	庚子 7 二	辛丑 8 三	壬寅 9 四	癸卯 10 五	甲辰 11 六	乙巳 12 日	丙午 13 一	丁丑小雪 壬辰大雪
十一月小	壬子	天干地支 西曆星期	丁未 14 二	戊申 15 三	己酉 16 四	庚戌 17 五	辛亥 18 六	壬子 19 日	癸丑 20 一	甲寅 21 二	乙卯 22 三	丙辰 23 四	丁巳 24 五	戊午 25 六	己未 26 日	庚申 27 一	辛酉 28 二	壬戌 29 三	癸亥 30 四	甲子 31 五	乙丑 (1) 六	丙寅 2 日	丁卯 3 一	戊辰 4 二	己巳 5 三	庚午 6 四	辛未 7 五	壬申 8 六	癸酉 9 日	甲戌 10 一	乙亥 11 二		丁未冬至 壬戌小寒
十二月大	癸丑	天干地支 西曆星期	丙子 12 三	丁丑 13 四	戊寅 14 五	己卯 15 六	庚辰 16 日	辛巳 17 一	壬午 18 二	癸未 19 三	甲申 20 四	乙酉 21 五	丙戌 22 六	丁亥 23 日	戊子 24 一	己丑 25 二	庚寅 26 三	辛卯 27 四	壬辰 28 五	癸巳 29 六	甲午 30 日	乙未 31 一	丙申 (2) 二	丁酉 2 三	戊戌 3 四	己亥 4 五	庚子 5 六	辛丑 6 日	壬寅 7 一	癸卯 8 二	甲辰 9 三	乙巳 10 四	丁丑大寒 癸巳立春

蒙古太宗五年（癸巳 蛇年） 公元 1233 ~ 1234 年

夏曆月序		中西曆日對照	初一	初二	初三	初四	初五	初六	初七	初八	初九	初十	十一	十二	十三	十四	十五	十六	十七	十八	十九	二十	二一	二二	二三	二四	二五	二六	二七	二八	二九	三十	節氣與天象
正月大	甲寅	天干地支 西曆 星期	丙午 11 五	丁未 12 六	戊申 13 日	己酉 14 一	庚戌 15 二	辛亥 16 三	壬子 17 四	癸丑 18 五	甲寅 19 六	乙卯 20 日	丙辰 21 一	丁巳 22 二	戊午 23 三	己未 24 四	庚申 25 五	辛酉 26 六	壬戌 27 日	癸亥 28 一	甲子 (3) 二	乙丑 2 三	丙寅 3 四	丁卯 4 五	戊辰 5 六	己巳 6 日	庚午 7 一	辛未 8 二	壬申 9 三	癸酉 10 四	甲戌 11 五	乙亥 12 六	戊申雨水 癸亥驚蟄
二月小	乙卯	天干地支 西曆 星期	丙子 13 日	丁丑 14 一	戊寅 15 二	己卯 16 三	庚辰 17 四	辛巳 18 五	壬午 19 六	癸未 20 日	甲申 21 一	乙酉 22 二	丙戌 23 三	丁亥 24 四	戊子 25 五	己丑 26 六	庚寅 27 日	辛卯 28 一	壬辰 29 二	癸巳 30 三	甲午 31 四	乙未 (4) 五	丙申 2 六	丁酉 3 日	戊戌 4 一	己亥 5 二	庚子 6 三	辛丑 7 四	壬寅 8 五	癸卯 9 六	甲辰 10 日		戊寅春分 甲午清明
三月大	丙辰	天干地支 西曆 星期	乙巳 11 一	丙午 12 二	丁未 13 三	戊申 14 四	己酉 15 五	庚戌 16 六	辛亥 17 日	壬子 18 一	癸丑 19 二	甲寅 20 三	乙卯 21 四	丙辰 22 五	丁巳 23 六	戊午 24 日	己未 25 一	庚申 26 二	辛酉 27 三	壬戌 28 四	癸亥 29 五	甲子 30 六	乙丑 (5) 日	丙寅 2 一	丁卯 3 二	戊辰 4 三	己巳 5 四	庚午 6 五	辛未 7 六	壬申 8 日	癸酉 9 一	甲戌 10 二	己酉穀雨 甲子立夏
四月大	丁巳	天干地支 西曆 星期	乙亥 11 三	丙子 12 四	丁丑 13 五	戊寅 14 六	己卯 15 日	庚辰 16 一	辛巳 17 二	壬午 18 三	癸未 19 四	甲申 20 五	乙酉 21 六	丙戌 22 日	丁亥 23 一	戊子 24 二	己丑 25 三	庚寅 26 四	辛卯 27 五	壬辰 28 六	癸巳 29 日	甲午 30 一	乙未 31 二	丙申 (6) 三	丁酉 2 四	戊戌 3 五	己亥 4 六	庚子 5 日	辛丑 6 一	壬寅 7 二	癸卯 8 三	甲辰 9 四	己卯小滿 甲午芒種
五月小	戊午	天干地支 西曆 星期	乙巳 10 五	丙午 11 六	丁未 12 日	戊申 13 一	己酉 14 二	庚戌 15 三	辛亥 16 四	壬子 17 五	癸丑 18 六	甲寅 19 日	乙卯 20 一	丙辰 21 二	丁巳 22 三	戊午 23 四	己未 24 五	庚申 25 六	辛酉 26 日	壬戌 27 一	癸亥 28 二	甲子 29 三	乙丑 30 四	丙寅 (7) 五	丁卯 2 六	戊辰 3 日	己巳 4 一	庚午 5 二	辛未 6 三	壬申 7 四	癸酉 8 五		庚戌夏至 乙丑小暑
六月小	己未	天干地支 西曆 星期	甲戌 9 六	乙亥 10 日	丙子 11 一	丁丑 12 二	戊寅 13 三	己卯 14 四	庚辰 15 五	辛巳 16 六	壬午 17 日	癸未 18 一	甲申 19 二	乙酉 20 三	丙戌 21 四	丁亥 22 五	戊子 23 六	己丑 24 日	庚寅 25 一	辛卯 26 二	壬辰 27 三	癸巳 28 四	甲午 29 五	乙未 30 六	丙申 31 日	丁酉 (8) 一	戊戌 2 二	己亥 3 三	庚子 4 四	辛丑 5 五	壬寅 6 六		庚辰大暑 乙未立秋
七月大	庚申	天干地支 西曆 星期	癸卯 7 日	甲辰 8 一	乙巳 9 二	丙午 10 三	丁未 11 四	戊申 12 五	己酉 13 六	庚戌 14 日	辛亥 15 一	壬子 16 二	癸丑 17 三	甲寅 18 四	乙卯 19 五	丙辰 20 六	丁巳 21 日	戊午 22 一	己未 23 二	庚申 24 三	辛酉 25 四	壬戌 26 五	癸亥 27 六	甲子 28 日	乙丑 29 一	丙寅 30 二	丁卯 31 三	戊辰 (9) 四	己巳 2 五	庚午 3 六	辛未 4 日	壬申 5 一	庚戌處暑 丙寅白露
八月小	辛酉	天干地支 西曆 星期	癸酉 6 二	甲戌 7 三	乙亥 8 四	丙子 9 五	丁丑 10 六	戊寅 11 日	己卯 12 一	庚辰 13 二	辛巳 14 三	壬午 15 四	癸未 16 五	甲申 17 六	乙酉 18 日	丙戌 19 一	丁亥 20 二	戊子 21 三	己丑 22 四	庚寅 23 五	辛卯 24 六	壬辰 25 日	癸巳 26 一	甲午 27 二	乙未 28 三	丙申 29 四	丁酉 30 五	戊戌 (10) 六	己亥 2 日	庚子 3 一	辛丑 4 二		辛巳秋分 丙申寒露
九月大	壬戌	天干地支 西曆 星期	壬寅 5 三	癸卯 6 四	甲辰 7 五	乙巳 8 六	丙午 9 日	丁未 10 一	戊申 11 二	己酉 12 三	庚戌 13 四	辛亥 14 五	壬子 15 六	癸丑 16 日	甲寅 17 一	乙卯 18 二	丙辰 19 三	丁巳 20 四	戊午 21 五	己未 22 六	庚申 23 日	辛酉 24 一	壬戌 25 二	癸亥 26 三	甲子 27 四	乙丑 28 五	丙寅 29 六	丁卯 30 日	戊辰 31 一	己巳 (11) 二	庚午 2 三	辛未 3 四	辛亥霜降 丁卯立冬 壬寅日食
十月小	癸亥	天干地支 西曆 星期	壬申 4 五	癸酉 5 六	甲戌 6 日	乙亥 7 一	丙子 8 二	丁丑 9 三	戊寅 10 四	己卯 11 五	庚辰 12 六	辛巳 13 日	壬午 14 一	癸未 15 二	甲申 16 三	乙酉 17 四	丙戌 18 五	丁亥 19 六	戊子 20 日	己丑 21 一	庚寅 22 二	辛卯 23 三	壬辰 24 四	癸巳 25 五	甲午 26 六	乙未 27 日	丙申 28 一	丁酉 29 二	戊戌 30 三	己亥 (12) 四	庚子 2 五		壬午小雪 丁酉大雪
十一月大	甲子	天干地支 西曆 星期	辛丑 3 六	壬寅 4 日	癸卯 5 一	甲辰 6 二	乙巳 7 三	丙午 8 四	丁未 9 五	戊申 10 六	己酉 11 日	庚戌 12 一	辛亥 13 二	壬子 14 三	癸丑 15 四	甲寅 16 五	乙卯 17 六	丙辰 18 日	丁巳 19 一	戊午 20 二	己未 21 三	庚申 22 四	辛酉 23 五	壬戌 24 六	癸亥 25 日	甲子 26 一	乙丑 27 二	丙寅 28 三	丁卯 29 四	戊辰 30 五	己巳 31 六	庚午 (1) 日	壬子冬至 丁卯小寒
十二月小	乙丑	天干地支 西曆 星期	辛未 2 一	壬申 3 二	癸酉 4 三	甲戌 5 四	乙亥 6 五	丙子 7 六	丁丑 8 日	戊寅 9 一	己卯 10 二	庚辰 11 三	辛巳 12 四	壬午 13 五	癸未 14 六	甲申 15 日	乙酉 16 一	丙戌 17 二	丁亥 18 三	戊子 19 四	己丑 20 五	庚寅 21 六	辛卯 22 日	壬辰 23 一	癸巳 24 二	甲午 25 三	乙未 26 四	丙申 27 五	丁酉 28 六	戊戌 29 日	己亥 30 一		癸未大寒 戊戌立春

蒙古太宗六年（甲午 馬年） 公元 **1234** ~ 1235 年

夏曆月序		中西曆日對照	初一	初二	初三	初四	初五	初六	初七	初八	初九	初十	十一	十二	十三	十四	十五	十六	十七	十八	十九	二十	二一	二二	二三	二四	二五	二六	二七	二八	二九	三十	節氣與天象
正月大	丙寅	天干地支 西曆星期	庚子 31二	辛丑 (2)三	壬寅 2四	癸卯 3五	甲辰 4六	乙巳 5日	丙午 6一	丁未 7二	戊申 8三	己酉 9四	庚戌 10五	辛亥 11六	壬子 12日	癸丑 13一	甲寅 14二	乙卯 15三	丙辰 16四	丁巳 17五	戊午 18六	己未 19日	庚申 20一	辛酉 21二	壬戌 22三	癸亥 23四	甲子 24五	乙丑 25六	丙寅 26日	丁卯 27一	戊辰 28二	己巳 (3)三	癸丑雨水 戊辰驚蟄
二月小	丁卯	天干地支 西曆星期	庚午 2四	辛未 3五	壬申 4六	癸酉 5日	甲戌 6一	乙亥 7二	丙子 8三	丁丑 9四	戊寅 10五	己卯 11六	庚辰 12日	辛巳 13一	壬午 14二	癸未 15三	甲申 16四	乙酉 17五	丙戌 18六	丁亥 19日	戊子 20一	己丑 21二	庚寅 22三	辛卯 23四	壬辰 24五	癸巳 25六	甲午 26日	乙未 27一	丙申 28二	丁酉 29三	戊戌 30四		甲申春分
三月大	戊辰	天干地支 西曆星期	己亥 31五	庚子 (4)六	辛丑 2日	壬寅 3一	癸卯 4二	甲辰 5三	乙巳 6四	丙午 7五	丁未 8六	戊申 9日	己酉 10一	庚戌 11二	辛亥 12三	壬子 13四	癸丑 14五	甲寅 15六	乙卯 16日	丙辰 17一	丁巳 18二	戊午 19三	己未 20四	庚申 21五	辛酉 22六	壬戌 23日	癸亥 24一	甲子 25二	乙丑 26三	丙寅 27四	丁卯 28五	戊辰 29六	己亥清明 甲寅穀雨
四月大	己巳	天干地支 西曆星期	己巳 30日	庚午 (5)一	辛未 2二	壬申 3三	癸酉 4四	甲戌 5五	乙亥 6六	丙子 7日	丁丑 8一	戊寅 9二	己卯 10三	庚辰 11四	辛巳 12五	壬午 13六	癸未 14日	甲申 15一	乙酉 16二	丙戌 17三	丁亥 18四	戊子 19五	己丑 20六	庚寅 21日	辛卯 22一	壬辰 23二	癸巳 24三	甲午 25四	乙未 26五	丙申 27六	丁酉 28日	戊戌 29一	己巳立夏 甲申小滿
五月小	庚午	天干地支 西曆星期	己亥 30二	庚子 31三	辛丑 (6)四	壬寅 2五	癸卯 3六	甲辰 4日	乙巳 5一	丙午 6二	丁未 7三	戊申 8四	己酉 9五	庚戌 10六	辛亥 11日	壬子 12一	癸丑 13二	甲寅 14三	乙卯 15四	丙辰 16五	丁巳 17六	戊午 18日	己未 19一	庚申 20二	辛酉 21三	壬戌 22四	癸亥 23五	甲子 24六	乙丑 25日	丙寅 26一	丁卯 27二		庚子芒種 乙卯夏至
六月大	辛未	天干地支 西曆星期	戊辰 28三	己巳 29四	庚午 30五	辛未 (7)六	壬申 2日	癸酉 3一	甲戌 4二	乙亥 5三	丙子 6四	丁丑 7五	戊寅 8六	己卯 9日	庚辰 10一	辛巳 11二	壬午 12三	癸未 13四	甲申 14五	乙酉 15六	丙戌 16日	丁亥 17一	戊子 18二	己丑 19三	庚寅 20四	辛卯 21五	壬辰 22六	癸巳 23日	甲午 24一	乙未 25二	丙申 26三	丁酉 27四	庚午小暑 乙酉大暑
七月小	壬申	天干地支 西曆星期	戊戌 28五	己亥 29六	庚子 30日	辛丑 31一	壬寅 (8)二	癸卯 2三	甲辰 3四	乙巳 4五	丙午 5六	丁未 6日	戊申 7一	己酉 8二	庚戌 9三	辛亥 10四	壬子 11五	癸丑 12六	甲寅 13日	乙卯 14一	丙辰 15二	丁巳 16三	戊午 17四	己未 18五	庚申 19六	辛酉 20日	壬戌 21一	癸亥 22二	甲子 23三	乙丑 24四	丙寅 25五		辛丑立秋 丙辰處暑
八月大	癸酉	天干地支 西曆星期	丁卯 26六	戊辰 27日	己巳 28一	庚午 29二	辛未 30三	壬申 31四	癸酉 (9)五	甲戌 2六	乙亥 3日	丙子 4一	丁丑 5二	戊寅 6三	己卯 7四	庚辰 8五	辛巳 9六	壬午 10日	癸未 11一	甲申 12二	乙酉 13三	丙戌 14四	丁亥 15五	戊子 16六	己丑 17日	庚寅 18一	辛卯 19二	壬辰 20三	癸巳 21四	甲午 22五	乙未 23六	丙申 24日	辛未白露 丙戌秋分
九月小	甲戌	天干地支 西曆星期	丁酉 25一	戊戌 26二	己亥 27三	庚子 28四	辛丑 29五	壬寅 30六	癸卯 (10)日	甲辰 2一	乙巳 3二	丙午 4三	丁未 5四	戊申 6五	己酉 7六	庚戌 8日	辛亥 9一	壬子 10二	癸丑 11三	甲寅 12四	乙卯 13五	丙辰 14六	丁巳 15日	戊午 16一	己未 17二	庚申 18三	辛酉 19四	壬戌 20五	癸亥 21六	甲子 22日	乙丑 23一		辛丑寒露 丁巳霜降
十月大	乙亥	天干地支 西曆星期	丙寅 24二	丁卯 25三	戊辰 26四	己巳 27五	庚午 28六	辛未 29日	壬申 30一	癸酉 31二	甲戌 (11)三	乙亥 2四	丙子 3五	丁丑 4六	戊寅 5日	己卯 6一	庚辰 7二	辛巳 8三	壬午 9四	癸未 10五	甲申 11六	乙酉 12日	丙戌 13一	丁亥 14二	戊子 15三	己丑 16四	庚寅 17五	辛卯 18六	壬辰 19日	癸巳 20一	甲午 21二	乙未 22三	壬申立冬 丁亥小雪
十一月小	丙子	天干地支 西曆星期	丙申 23四	丁酉 24五	戊戌 25六	己亥 26日	庚子 27一	辛丑 28二	壬寅 29三	癸卯 30四	甲辰 (12)五	乙巳 2六	丙午 3日	丁未 4一	戊申 5二	己酉 6三	庚戌 7四	辛亥 8五	壬子 9六	癸丑 10日	甲寅 11一	乙卯 12二	丙辰 13三	丁巳 14四	戊午 15五	己未 16六	庚申 17日	辛酉 18一	壬戌 19二	癸亥 20三	甲子 21四		壬寅大雪 丁巳冬至
十二月大	丁丑	天干地支 西曆星期	乙丑 22五	丙寅 23六	丁卯 24日	戊辰 25一	己巳 26二	庚午 27三	辛未 28四	壬申 29五	癸酉 30六	甲戌 31日	乙亥 (1)一	丙子 2二	丁丑 3三	戊寅 4四	己卯 5五	庚辰 6六	辛巳 7日	壬午 8一	癸未 9二	甲申 10三	乙酉 11四	丙戌 12五	丁亥 13六	戊子 14日	己丑 15一	庚寅 16二	辛卯 17三	壬辰 18四	癸巳 19五	甲午 20六	癸酉小寒 戊子大寒

蒙古太宗七年（乙未 羊年） 公元1235 ~ 1236年

夏曆月序	中西曆日對照		初一	初二	初三	初四	初五	初六	初七	初八	初九	初十	十一	十二	十三	十四	十五	十六	十七	十八	十九	二十	二一	二二	二三	二四	二五	二六	二七	二八	二九	三十	節氣與天象
正月小	戊寅	天干地支 西曆 星期	乙未 21 日	丙申 22 一	丁酉 23 二	戊戌 24 三	己亥 25 四	庚子 26 五	辛丑 27 六	壬寅 28 日	癸卯 29 一	甲辰 30 二	乙巳 31 三	丙午 (2) 四	丁未 2 五	戊申 3 六	己酉 4 日	庚戌 5 一	辛亥 6 二	壬子 7 三	癸丑 8 四	甲寅 9 五	乙卯 10 六	丙辰 11 日	丁巳 12 一	戊午 13 二	己未 14 三	庚申 15 四	辛酉 16 五	壬戌 17 六	癸亥 18 日		癸卯立春 戊午雨水
二月大	己卯	天干地支 西曆 星期	甲子 19 一	乙丑 20 二	丙寅 21 三	丁卯 22 四	戊辰 23 五	己巳 24 六	庚午 25 日	辛未 26 一	壬申 27 二	癸酉 28 三	甲戌 (3) 四	乙亥 2 五	丙子 3 六	丁丑 4 日	戊寅 5 一	己卯 6 二	庚辰 7 三	辛巳 8 四	壬午 9 五	癸未 10 六	甲申 11 日	乙酉 12 一	丙戌 13 二	丁亥 14 三	戊子 15 四	己丑 16 五	庚寅 17 六	辛卯 18 日	壬辰 19 一	癸巳 20 二	甲戌驚蟄 己丑春分
三月小	庚辰	天干地支 西曆 星期	甲午 21 三	乙未 22 四	丙申 23 五	丁酉 24 六	戊戌 25 日	己亥 26 一	庚子 27 二	辛丑 28 三	壬寅 29 四	癸卯 30 五	甲辰 31 六	乙巳 (4) 日	丙午 2 一	丁未 3 二	戊申 4 三	己酉 5 四	庚戌 6 五	辛亥 7 六	壬子 8 日	癸丑 9 一	甲寅 10 二	乙卯 11 三	丙辰 12 四	丁巳 13 五	戊午 14 六	己未 15 日	庚申 16 一	辛酉 17 二	壬戌 18 三		甲辰清明 己未穀雨
四月大	辛巳	天干地支 西曆 星期	癸亥 19 四	甲子 20 五	乙丑 21 六	丙寅 22 日	丁卯 23 一	戊辰 24 二	己巳 25 三	庚午 26 四	辛未 27 五	壬申 28 六	癸酉 29 日	甲戌 30 一	乙亥 (5) 二	丙子 2 三	丁丑 3 四	戊寅 4 五	己卯 5 六	庚辰 6 日	辛巳 7 一	壬午 8 二	癸未 9 三	甲申 10 四	乙酉 11 五	丙戌 12 六	丁亥 13 日	戊子 14 一	己丑 15 二	庚寅 16 三	辛卯 17 四	壬辰 18 五	甲戌立夏 庚寅小滿
五月小	壬午	天干地支 西曆 星期	癸巳 19 六	甲午 20 日	乙未 21 一	丙申 22 二	丁酉 23 三	戊戌 24 四	己亥 25 五	庚子 26 六	辛丑 27 日	壬寅 28 一	癸卯 29 二	甲辰 30 三	乙巳 31 四	丙午 (6) 五	丁未 2 六	戊申 3 日	己酉 4 一	庚戌 5 二	辛亥 6 三	壬子 7 四	癸丑 8 五	甲寅 9 六	乙卯 10 日	丙辰 11 一	丁巳 12 二	戊午 13 三	己未 14 四	庚申 15 五	辛酉 16 六		乙巳芒種 庚申夏至
六月大	癸未	天干地支 西曆 星期	壬戌 17 日	癸亥 18 一	甲子 19 二	乙丑 20 三	丙寅 21 四	丁卯 22 五	戊辰 23 六	己巳 24 日	庚午 25 一	辛未 26 二	壬申 27 三	癸酉 28 四	甲戌 29 五	乙亥 30 六	丙子 (7) 日	丁丑 2 一	戊寅 3 二	己卯 4 三	庚辰 5 四	辛巳 6 五	壬午 7 六	癸未 8 日	甲申 9 一	乙酉 10 二	丙戌 11 三	丁亥 12 四	戊子 13 五	己丑 14 六	庚寅 15 日	辛卯 16 一	乙亥小暑 辛卯大暑
七月大	甲申	天干地支 西曆 星期	壬辰 17 二	癸巳 18 三	甲午 19 四	乙未 20 五	丙申 21 六	丁酉 22 日	戊戌 23 一	己亥 24 二	庚子 25 三	辛丑 26 四	壬寅 27 五	癸卯 28 六	甲辰 29 日	乙巳 30 一	丙午 31 二	丁未 (8) 三	戊申 2 四	己酉 3 五	庚戌 4 六	辛亥 5 日	壬子 6 一	癸丑 7 二	甲寅 8 三	乙卯 9 四	丙辰 10 五	丁巳 11 六	戊午 12 日	己未 13 一	庚申 14 二	辛酉 15 三	丙午立秋 辛酉處暑
閏七月小	甲申	天干地支 西曆 星期	壬戌 16 四	癸亥 17 五	甲子 18 六	乙丑 19 日	丙寅 20 一	丁卯 21 二	戊辰 22 三	己巳 23 四	庚午 24 五	辛未 25 六	壬申 26 日	癸酉 27 一	甲戌 28 二	乙亥 29 三	丙子 30 四	丁丑 31 五	戊寅 (9) 六	己卯 2 日	庚辰 3 一	辛巳 4 二	壬午 5 三	癸未 6 四	甲申 7 五	乙酉 8 六	丙戌 9 日	丁亥 10 一	戊子 11 二	己丑 12 三	庚寅 13 四		丙子白露
八月大	乙酉	天干地支 西曆 星期	辛卯 14 五	壬辰 15 六	癸巳 16 日	甲午 17 一	乙未 18 二	丙申 19 三	丁酉 20 四	戊戌 21 五	己亥 22 六	庚子 23 日	辛丑 24 一	壬寅 25 二	癸卯 26 三	甲辰 27 四	乙巳 28 五	丙午 29 六	丁未 30 日	戊申 (10) 一	己酉 2 二	庚戌 3 三	辛亥 4 四	壬子 5 五	癸丑 6 六	甲寅 7 日	乙卯 8 一	丙辰 9 二	丁巳 10 三	戊午 11 四	己未 12 五	庚申 13 六	辛卯秋分 丁未寒露
九月小	丙戌	天干地支 西曆 星期	辛酉 14 日	壬戌 15 一	癸亥 16 二	甲子 17 三	乙丑 18 四	丙寅 19 五	丁卯 20 六	戊辰 21 日	己巳 22 一	庚午 23 二	辛未 24 三	壬申 25 四	癸酉 26 五	甲戌 27 六	乙亥 28 日	丙子 29 一	丁丑 30 二	戊寅 31 三	己卯 (11) 四	庚辰 2 五	辛巳 3 六	壬午 4 日	癸未 5 一	甲申 6 二	乙酉 7 三	丙戌 8 四	丁亥 9 五	戊子 10 六	己丑 11 日		壬戌霜降 丁丑立冬
十月大	丁亥	天干地支 西曆 星期	庚寅 12 一	辛卯 13 二	壬辰 14 三	癸巳 15 四	甲午 16 五	乙未 17 六	丙申 18 日	丁酉 19 一	戊戌 20 二	己亥 21 三	庚子 22 四	辛丑 23 五	壬寅 24 六	癸卯 25 日	甲辰 26 一	乙巳 27 二	丙午 28 三	丁未 29 四	戊申 30 五	己酉 (12) 六	庚戌 2 日	辛亥 3 一	壬子 4 二	癸丑 5 三	甲寅 6 四	乙卯 7 五	丙辰 8 六	丁巳 9 日	戊午 10 一	己未 11 二	壬辰小雪 戊申大雪
十一月小	戊子	天干地支 西曆 星期	庚申 12 三	辛酉 13 四	壬戌 14 五	癸亥 15 六	甲子 16 日	乙丑 17 一	丙寅 18 二	丁卯 19 三	戊辰 20 四	己巳 21 五	庚午 22 六	辛未 23 日	壬申 24 一	癸酉 25 二	甲戌 26 三	乙亥 27 四	丙子 28 五	丁丑 29 六	戊寅 30 日	己卯 31 一	庚辰 (1) 二	辛巳 2 三	壬午 3 四	癸未 4 五	甲申 5 六	乙酉 6 日	丙戌 7 一	丁亥 8 二	戊子 9 三		癸亥冬至 戊寅小寒
十二月大	己丑	天干地支 西曆 星期	己丑 10 四	庚寅 11 五	辛卯 12 六	壬辰 13 日	癸巳 14 一	甲午 15 二	乙未 16 三	丙申 17 四	丁酉 18 五	戊戌 19 六	己亥 20 日	庚子 21 一	辛丑 22 二	壬寅 23 三	癸卯 24 四	甲辰 25 五	乙巳 26 六	丙午 27 日	丁未 28 一	戊申 29 二	己酉 30 三	庚戌 31 四	辛亥 (2) 五	壬子 2 六	癸丑 3 日	甲寅 4 一	乙卯 5 二	丙辰 6 三	丁巳 7 四	戊午 8 五	癸巳大寒 戊申立春

蒙古太宗八年（丙申 猴年） 公元 1236 ~ 1237 年

夏曆月序		中西曆日對照	初一	初二	初三	初四	初五	初六	初七	初八	初九	初十	十一	十二	十三	十四	十五	十六	十七	十八	十九	二十	二一	二二	二三	二四	二五	二六	二七	二八	二九	三十	節氣與天象
正月小	庚寅	干支 天地 西曆 星期	己未 9 六	庚申 10 日	辛酉 11 一	壬戌 12 二	癸亥 13 三	甲子 14 四	乙丑 15 五	丙寅 16 六	丁卯 17 日	戊辰 18 一	己巳 19 二	庚午 20 三	辛未 21 四	壬申 22 五	癸酉 23 六	甲戌 24 日	乙亥 25 一	丙子 26 二	丁丑 27 三	戊寅 28 四	己卯 29 五	庚辰 (3) 六	辛巳 2 日	壬午 3 一	癸未 4 二	甲申 5 三	乙酉 6 四	丙戌 7 五	丁亥 8 六		甲子雨水 己卯驚蟄
二月大	辛卯	干支 天地 西曆 星期	戊子 9 日	己丑 10 一	庚寅 11 二	辛卯 12 三	壬辰 13 四	癸巳 14 五	甲午 15 六	乙未 16 日	丙申 17 一	丁酉 18 二	戊戌 19 三	己亥 20 四	庚子 21 五	辛丑 22 六	壬寅 23 日	癸卯 24 一	甲辰 25 二	乙巳 26 三	丙午 27 四	丁未 28 五	戊申 29 六	己酉 30 日	庚戌 31 一	辛亥 (4) 二	壬子 2 三	癸丑 3 四	甲寅 4 五	乙卯 5 六	丙辰 6 日	丁巳 7 一	甲午春分 己酉清明
三月小	壬辰	干支 天地 西曆 星期	戊午 8 二	己未 9 三	庚申 10 四	辛酉 11 五	壬戌 12 六	癸亥 13 日	甲子 14 一	乙丑 15 二	丙寅 16 三	丁卯 17 四	戊辰 18 五	己巳 19 六	庚午 20 日	辛未 21 一	壬申 22 二	癸酉 23 三	甲戌 24 四	乙亥 25 五	丙子 26 六	丁丑 27 日	戊寅 28 一	己卯 29 二	庚辰 30 三	辛巳 (5) 四	壬午 2 五	癸未 3 六	甲申 4 日	乙酉 5 一	丙戌 6 二		甲子穀雨 庚辰立夏
四月小	癸巳	干支 天地 西曆 星期	丁亥 7 三	戊子 8 四	己丑 9 五	庚寅 10 六	辛卯 11 日	壬辰 12 一	癸巳 13 二	甲午 14 三	乙未 15 四	丙申 16 五	丁酉 17 六	戊戌 18 日	己亥 19 一	庚子 20 二	辛丑 21 三	壬寅 22 四	癸卯 23 五	甲辰 24 六	乙巳 25 日	丙午 26 一	丁未 27 二	戊申 28 三	己酉 29 四	庚戌 30 五	辛亥 31 六	壬子 (6) 日	癸丑 2 一	甲寅 3 二	乙卯 4 三		乙未小滿 庚戌芒種
五月大	甲午	干支 天地 西曆 星期	丙辰 5 四	丁巳 6 五	戊午 7 六	己未 8 日	庚申 9 一	辛酉 10 二	壬戌 11 三	癸亥 12 四	甲子 13 五	乙丑 14 六	丙寅 15 日	丁卯 16 一	戊辰 17 二	己巳 18 三	庚午 19 四	辛未 20 五	壬申 21 六	癸酉 22 日	甲戌 23 一	乙亥 24 二	丙子 25 三	丁丑 26 四	戊寅 27 五	己卯 28 六	庚辰 29 日	辛巳 30 一	壬午 (7) 二	癸未 2 三	甲申 3 四	乙酉 4 五	乙丑夏至 辛巳小暑
六月大	乙未	干支 天地 西曆 星期	丙戌 5 六	丁亥 6 日	戊子 7 一	己丑 8 二	庚寅 9 三	辛卯 10 四	壬辰 11 五	癸巳 12 六	甲午 13 日	乙未 14 一	丙申 15 二	丁酉 16 三	戊戌 17 四	己亥 18 五	庚子 19 六	辛丑 20 日	壬寅 21 一	癸卯 22 二	甲辰 23 三	乙巳 24 四	丙午 25 五	丁未 26 六	戊申 27 日	己酉 28 一	庚戌 29 二	辛亥 30 三	壬子 31 四	癸丑 (8) 五	甲寅 2 六	乙卯 3 日	丙申大暑 辛亥立秋 乙卯日食
七月小	丙申	干支 天地 西曆 星期	丙辰 4 一	丁巳 5 二	戊午 6 三	己未 7 四	庚申 8 五	辛酉 9 六	壬戌 10 日	癸亥 11 一	甲子 12 二	乙丑 13 三	丙寅 14 四	丁卯 15 五	戊辰 16 六	己巳 17 日	庚午 18 一	辛未 19 二	壬申 20 三	癸酉 21 四	甲戌 22 五	乙亥 23 六	丙子 24 日	丁丑 25 一	戊寅 26 二	己卯 27 三	庚辰 28 四	辛巳 29 五	壬午 30 六	癸未 31 日	甲申 (9) 一		丙寅處暑 辛巳白露
八月大	丁酉	干支 天地 西曆 星期	乙酉 2 二	丙戌 3 三	丁亥 4 四	戊子 5 五	己丑 6 六	庚寅 7 日	辛卯 8 一	壬辰 9 二	癸巳 10 三	甲午 11 四	乙未 12 五	丙申 13 六	丁酉 14 日	戊戌 15 一	己亥 16 二	庚子 17 三	辛丑 18 四	壬寅 19 五	癸卯 20 六	甲辰 21 日	乙巳 22 一	丙午 23 二	丁未 24 三	戊申 25 四	己酉 26 五	庚戌 27 六	辛亥 28 日	壬子 29 一	癸丑 30 二	甲寅 (10) 三	丁酉秋分 壬子寒露
九月大	戊戌	干支 天地 西曆 星期	乙卯 2 四	丙辰 3 五	丁巳 4 六	戊午 5 日	己未 6 一	庚申 7 二	辛酉 8 三	壬戌 9 四	癸亥 10 五	甲子 11 六	乙丑 12 日	丙寅 13 一	丁卯 14 二	戊辰 15 三	己巳 16 四	庚午 17 五	辛未 18 六	壬申 19 日	癸酉 20 一	甲戌 21 二	乙亥 22 三	丙子 23 四	丁丑 24 五	戊寅 25 六	己卯 26 日	庚辰 27 一	辛巳 28 二	壬午 29 三	癸未 30 四	甲申 31 五	丁卯霜降 壬午立冬
十月小	己亥	干支 天地 西曆 星期	乙酉 (11) 六	丙戌 2 日	丁亥 3 一	戊子 4 二	己丑 5 三	庚寅 6 四	辛卯 7 五	壬辰 8 六	癸巳 9 日	甲午 10 一	乙未 11 二	丙申 12 三	丁酉 13 四	戊戌 14 五	己亥 15 六	庚子 16 日	辛丑 17 一	壬寅 18 二	癸卯 19 三	甲辰 20 四	乙巳 21 五	丙午 22 六	丁未 23 日	戊申 24 一	己酉 25 二	庚戌 26 三	辛亥 27 四	壬子 28 五	癸丑 29 六		戊戌小雪 癸丑大雪
十一月大	庚子	干支 天地 西曆 星期	甲寅 30 日	乙卯 (12) 一	丙辰 2 二	丁巳 3 三	戊午 4 四	己未 5 五	庚申 6 六	辛酉 7 日	壬戌 8 一	癸亥 9 二	甲子 10 三	乙丑 11 四	丙寅 12 五	丁卯 13 六	戊辰 14 日	己巳 15 一	庚午 16 二	辛未 17 三	壬申 18 四	癸酉 19 五	甲戌 20 六	乙亥 21 日	丙子 22 一	丁丑 23 二	戊寅 24 三	己卯 25 四	庚辰 26 五	辛巳 27 六	壬午 28 日	癸未 29 一	戊辰冬至 癸未小寒
十二月小	辛丑	干支 天地 西曆 星期	甲申 30 二	乙酉 31 三	丙戌 (1) 四	丁亥 2 五	戊子 3 六	己丑 4 日	庚寅 5 一	辛卯 6 二	壬辰 7 三	癸巳 8 四	甲午 9 五	乙未 10 六	丙申 11 日	丁酉 12 一	戊戌 13 二	己亥 14 三	庚子 15 四	辛丑 16 五	壬寅 17 六	癸卯 18 日	甲辰 19 一	乙巳 20 二	丙午 21 三	丁未 22 四	戊申 23 五	己酉 24 六	庚戌 25 日	辛亥 26 一	壬子 27 二		戊戌大寒

蒙古太宗九年（丁酉 鷄年） 公元 1237 ~ 1238 年

夏曆月序		中西曆日對照	夏曆日序																														節氣與天象
			初一	初二	初三	初四	初五	初六	初七	初八	初九	初十	十一	十二	十三	十四	十五	十六	十七	十八	十九	二十	二一	二二	二三	二四	二五	二六	二七	二八	二九	三十	
正月大	壬寅	天干地支西曆星期	癸丑 28 三	甲寅 29 四	乙卯 30 五	丙辰 31 六	丁巳 (2) 日	戊午 2 一	己未 3 二	庚申 4 三	辛酉 5 四	壬戌 6 五	癸亥 7 六	甲子 8 日	乙丑 9 一	丙寅 10 二	丁卯 11 三	戊辰 12 四	己巳 13 五	庚午 14 六	辛未 15 日	壬申 16 一	癸酉 17 二	甲戌 18 三	乙亥 19 四	丙子 20 五	丁丑 21 六	戊寅 22 日	己卯 23 一	庚辰 24 二	辛巳 25 三	壬午 26 四	甲寅立春 己巳雨水
二月小	癸卯	天干地支西曆星期	癸未 27 五	甲申 28 六	乙酉 (3) 日	丙戌 2 一	丁亥 3 二	戊子 4 三	己丑 5 四	庚寅 6 五	辛卯 7 六	壬辰 8 日	癸巳 9 一	甲午 10 二	乙未 11 三	丙申 12 四	丁酉 13 五	戊戌 14 六	己亥 15 日	庚子 16 一	辛丑 17 二	壬寅 18 三	癸卯 19 四	甲辰 20 五	乙巳 21 六	丙午 22 日	丁未 23 一	戊申 24 二	己酉 25 三	庚戌 26 四	辛亥 27 五		甲申驚蟄 己亥春分
三月大	甲辰	天干地支西曆星期	壬子 28 六	癸丑 29 日	甲寅 30 一	乙卯 31 二	丙辰 (4) 三	丁巳 2 四	戊午 3 五	己未 4 六	庚申 5 日	辛酉 6 一	壬戌 7 二	癸亥 8 三	甲子 9 四	乙丑 10 五	丙寅 11 六	丁卯 12 日	戊辰 13 一	己巳 14 二	庚午 15 三	辛未 16 四	壬申 17 五	癸酉 18 六	甲戌 19 日	乙亥 20 一	丙子 21 二	丁丑 22 三	戊寅 23 四	己卯 24 五	庚辰 25 六	辛巳 26 日	甲寅清明 庚午穀雨
四月小	乙巳	天干地支西曆星期	壬午 27 一	癸未 28 二	甲申 29 三	乙酉 30 四	丙戌 (5) 五	丁亥 2 六	戊子 3 日	己丑 4 一	庚寅 5 二	辛卯 6 三	壬辰 7 四	癸巳 8 五	甲午 9 六	乙未 10 日	丙申 11 一	丁酉 12 二	戊戌 13 三	己亥 14 四	庚子 15 五	辛丑 16 六	壬寅 17 日	癸卯 18 一	甲辰 19 二	乙巳 20 三	丙午 21 四	丁未 22 五	戊申 23 六	己酉 24 日	庚戌 25 一		乙酉立夏 庚子小滿
五月小	丙午	天干地支西曆星期	辛亥 26 二	壬子 27 三	癸丑 28 四	甲寅 29 五	乙卯 30 六	丙辰 31 日	丁巳 (6) 一	戊午 2 二	己未 3 三	庚申 4 四	辛酉 5 五	壬戌 6 六	癸亥 7 日	甲子 8 一	乙丑 9 二	丙寅 10 三	丁卯 11 四	戊辰 12 五	己巳 13 六	庚午 14 日	辛未 15 一	壬申 16 二	癸酉 17 三	甲戌 18 四	乙亥 19 五	丙子 20 六	丁丑 21 日	戊寅 22 一	己卯 23 二		乙卯芒種 辛未夏至
六月大	丁未	天干地支西曆星期	庚辰 24 三	辛巳 25 四	壬午 26 五	癸未 27 六	甲申 28 日	乙酉 29 一	丙戌 30 二	丁亥 (7) 三	戊子 2 四	己丑 3 五	庚寅 4 六	辛卯 5 日	壬辰 6 一	癸巳 7 二	甲午 8 三	乙未 9 四	丙申 10 五	丁酉 11 六	戊戌 12 日	己亥 13 一	庚子 14 二	辛丑 15 三	壬寅 16 四	癸卯 17 五	甲辰 18 六	乙巳 19 日	丙午 20 一	丁未 21 二	戊申 22 三	己酉 23 四	丙戌小暑 辛丑大暑
七月小	戊申	天干地支西曆星期	庚戌 24 五	辛亥 25 六	壬子 26 日	癸丑 27 一	甲寅 28 二	乙卯 29 三	丙辰 30 四	丁巳 31 五	戊午 (8) 六	己未 2 日	庚申 3 一	辛酉 4 二	壬戌 5 三	癸亥 6 四	甲子 7 五	乙丑 8 六	丙寅 9 日	丁卯 10 一	戊辰 11 二	己巳 12 三	庚午 13 四	辛未 14 五	壬申 15 六	癸酉 16 日	甲戌 17 一	乙亥 18 二	丙子 19 三	丁丑 20 四	戊寅 21 五		丙辰立秋 辛未處暑
八月大	己酉	天干地支西曆星期	己卯 22 六	庚辰 23 日	辛巳 24 一	壬午 25 二	癸未 26 三	甲申 27 四	乙酉 28 五	丙戌 29 六	丁亥 30 日	戊子 31 一	己丑 (9) 二	庚寅 2 三	辛卯 3 四	壬辰 4 五	癸巳 5 六	甲午 6 日	乙未 7 一	丙申 8 二	丁酉 9 三	戊戌 10 四	己亥 11 五	庚子 12 六	辛丑 13 日	壬寅 14 一	癸卯 15 二	甲辰 16 三	乙巳 17 四	丙午 18 五	丁未 19 六	戊申 20 日	丁亥白露 壬寅秋分
九月大	庚戌	天干地支西曆星期	己酉 21 一	庚戌 22 二	辛亥 23 三	壬子 24 四	癸丑 25 五	甲寅 26 六	乙卯 27 日	丙辰 28 一	丁巳 29 二	戊午 30 三	己未 (10) 四	庚申 2 五	辛酉 3 六	壬戌 4 日	癸亥 5 一	甲子 6 二	乙丑 7 三	丙寅 8 四	丁卯 9 五	戊辰 10 六	己巳 11 日	庚午 12 一	辛未 13 二	壬申 14 三	癸酉 15 四	甲戌 16 五	乙亥 17 六	丙子 18 日	丁丑 19 一	戊寅 20 二	丁巳寒露 壬申霜降
十月小	辛亥	天干地支西曆星期	己卯 21 三	庚辰 22 四	辛巳 23 五	壬午 24 六	癸未 25 日	甲申 26 一	乙酉 27 二	丙戌 28 三	丁亥 29 四	戊子 30 五	己丑 31 六	庚寅 (11) 日	辛卯 2 一	壬辰 3 二	癸巳 4 三	甲午 5 四	乙未 6 五	丙申 7 六	丁酉 8 日	戊戌 9 一	己亥 10 二	庚子 11 三	辛丑 12 四	壬寅 13 五	癸卯 14 六	甲辰 15 日	乙巳 16 一	丙午 17 二	丁未 18 三		戊子立冬 癸卯小雪
十一月大	壬子	天干地支西曆星期	戊申 19 四	己酉 20 五	庚戌 21 六	辛亥 22 日	壬子 23 一	癸丑 24 二	甲寅 25 三	乙卯 26 四	丙辰 27 五	丁巳 28 六	戊午 29 日	己未 30 一	庚申 (12) 二	辛酉 2 三	壬戌 3 四	癸亥 4 五	甲子 5 六	乙丑 6 日	丙寅 7 一	丁卯 8 二	戊辰 9 三	己巳 10 四	庚午 11 五	辛未 12 六	壬申 13 日	癸酉 14 一	甲戌 15 二	乙亥 16 三	丙子 17 四	丁丑 18 五	戊午大雪 癸酉冬至
十二月大	癸丑	天干地支西曆星期	戊寅 19 六	己卯 20 日	庚辰 21 一	辛巳 22 二	壬午 23 三	癸未 24 四	甲申 25 五	乙酉 26 六	丙戌 27 日	丁亥 28 一	戊子 29 二	己丑 30 三	庚寅 31 四	辛卯 (1) 五	壬辰 2 六	癸巳 3 日	甲午 4 一	乙未 5 二	丙申 6 三	丁酉 7 四	戊戌 8 五	己亥 9 六	庚子 10 日	辛丑 11 一	壬寅 12 二	癸卯 13 三	甲辰 14 四	乙巳 15 五	丙午 16 六	丁未 17 日	戊子小寒 甲辰大寒 戊寅日食

蒙古太宗十年（戊戌 狗年） 公元1238 ~ 1239年

夏曆月序		中西曆日對照	初一	初二	初三	初四	初五	初六	初七	初八	初九	初十	十一	十二	十三	十四	十五	十六	十七	十八	十九	二十	二一	二二	二三	二四	二五	二六	二七	二八	二九	三十	節氣與天象
正月小	甲寅	干支 天地 西曆 星期	戊申18一	己酉19二	庚戌20三	辛亥21四	壬子22五	癸丑23六	甲寅24日	乙卯25一	丙辰26二	丁巳27三	戊午28四	己未29五	庚申30六	辛酉31日	壬戌(2)一	癸亥2二	甲子3三	乙丑4四	丙寅5五	丁卯6六	戊辰7日	己巳8一	庚午9二	辛未10三	壬申11四	癸酉12五	甲戌13六	乙亥14日	丙子15一		己未立春 甲戌雨水
二月大	乙卯	干支 天地 西曆 星期	丁丑16二	戊寅17三	己卯18四	庚辰19五	辛巳20六	壬午21日	癸未22一	甲申23二	乙酉24三	丙戌25四	丁亥26五	戊子27六	己丑28日	庚寅(3)一	辛卯2二	壬辰3三	癸巳4四	甲午5五	乙未6六	丙申7日	丁酉8一	戊戌9二	己亥10三	庚子11四	辛丑12五	壬寅13六	癸卯14日	甲辰15一	乙巳16二	丙午17三	己丑驚蟄 乙巳春分
三月小	丙辰	干支 天地 西曆 星期	丁未18四	戊申19五	己酉20六	庚戌21日	辛亥22一	壬子23二	癸丑24三	甲寅25四	乙卯26五	丙辰27六	丁巳28日	戊午29一	己未30二	庚申31三	辛酉(4)四	壬戌2五	癸亥3六	甲子4日	乙丑5一	丙寅6二	丁卯7三	戊辰8四	己巳9五	庚午10六	辛未11日	壬申12一	癸酉13二	甲戌14三	乙亥15四		庚申清明 乙亥穀雨
四月大	丁巳	干支 天地 西曆 星期	丙子16五	丁丑17六	戊寅18日	己卯19一	庚辰20二	辛巳21三	壬午22四	癸未23五	甲申24六	乙酉25日	丙戌26一	丁亥27二	戊子28三	己丑29四	庚寅30五	辛卯(5)六	壬辰2日	癸巳3一	甲午4二	乙未5三	丙申6四	丁酉7五	戊戌8六	己亥9日	庚子10一	辛丑11二	壬寅12三	癸卯13四	甲辰14五	乙巳15六	庚寅立夏 乙巳小滿
閏四月小	丁巳	干支 天地 西曆 星期	丙午16日	丁未17一	戊申18二	己酉19三	庚戌20四	辛亥21五	壬子22六	癸丑23日	甲寅24一	乙卯25二	丙辰26三	丁巳27四	戊午28五	己未29六	庚申30日	辛酉31一	壬戌(6)二	癸亥2三	甲子3四	乙丑4五	丙寅5六	丁卯6日	戊辰7一	己巳8二	庚午9三	辛未10四	壬申11五	癸酉12六	甲戌13日		辛酉芒種
五月小	戊午	干支 天地 西曆 星期	乙亥14一	丙子15二	丁丑16三	戊寅17四	己卯18五	庚辰19六	辛巳20日	壬午21一	癸未22二	甲申23三	乙酉24四	丙戌25五	丁亥26六	戊子27日	己丑28一	庚寅29二	辛卯30三	壬辰(7)四	癸巳2五	甲午3六	乙未4日	丙申5一	丁酉6二	戊戌7三	己亥8四	庚子9五	辛丑10六	壬寅11日	癸卯12一		丙子夏至 辛卯小暑
六月大	己未	干支 天地 西曆 星期	甲辰13二	乙巳14三	丙午15四	丁未16五	戊申17六	己酉18日	庚戌19一	辛亥20二	壬子21三	癸丑22四	甲寅23五	乙卯24六	丙辰25日	丁巳26一	戊午27二	己未28三	庚申29四	辛酉30五	壬戌31六	癸亥(8)日	甲子2一	乙丑3二	丙寅4三	丁卯5四	戊辰6五	己巳7六	庚午8日	辛未9一	壬申10二	癸酉11三	丙午大暑 辛酉立秋
七月小	庚申	干支 天地 西曆 星期	甲戌12四	乙亥13五	丙子14六	丁丑15日	戊寅16一	己卯17二	庚辰18三	辛巳19四	壬午20五	癸未21六	甲申22日	乙酉23一	丙戌24二	丁亥25三	戊子26四	己丑27五	庚寅28六	辛卯29日	壬辰30一	癸巳31二	甲午(9)三	乙未2四	丙申3五	丁酉4六	戊戌5日	己亥6一	庚子7二	辛丑8三	壬寅9四		丁丑處暑 壬辰白露
八月大	辛酉	干支 天地 西曆 星期	癸卯10五	甲辰11六	乙巳12日	丙午13一	丁未14二	戊申15三	己酉16四	庚戌17五	辛亥18六	壬子19日	癸丑20一	甲寅21二	乙卯22三	丙辰23四	丁巳24五	戊午25六	己未26日	庚申27一	辛酉28二	壬戌29三	癸亥30四	甲子(10)五	乙丑2六	丙寅3日	丁卯4一	戊辰5二	己巳6三	庚午7四	辛未8五	壬申9六	丁未秋分 壬戌寒露
九月小	壬戌	干支 天地 西曆 星期	癸酉10日	甲戌11一	乙亥12二	丙子13三	丁丑14四	戊寅15五	己卯16六	庚辰17日	辛巳18一	壬午19二	癸未20三	甲申21四	乙酉22五	丙戌23六	丁亥24日	戊子25一	己丑26二	庚寅27三	辛卯28四	壬辰29五	癸巳30六	甲午31日	乙未(11)一	丙申2二	丁酉3三	戊戌4四	己亥5五	庚子6六	辛丑7日		戊寅霜降 癸巳立冬
十月大	癸亥	干支 天地 西曆 星期	壬寅8一	癸卯9二	甲辰10三	乙巳11四	丙午12五	丁未13六	戊申14日	己酉15一	庚戌16二	辛亥17三	壬子18四	癸丑19五	甲寅20六	乙卯21日	丙辰22一	丁巳23二	戊午24三	己未25四	庚申26五	辛酉27六	壬戌28日	癸亥29一	甲子30二	乙丑(12)三	丙寅2四	丁卯3五	戊辰4六	己巳5日	庚午6一	辛未7二	戊申小雪 癸亥大雪
十一月大	甲子	干支 天地 西曆 星期	壬申8三	癸酉9四	甲戌10五	乙亥11六	丙子12日	丁丑13一	戊寅14二	己卯15三	庚辰16四	辛巳17五	壬午18六	癸未19日	甲申20一	乙酉21二	丙戌22三	丁亥23四	戊子24五	己丑25六	庚寅26日	辛卯27一	壬辰28二	癸巳29三	甲午30四	乙未31五	丙申(1)六	丁酉2日	戊戌3一	己亥4二	庚子5三	辛丑6四	戊寅冬至 甲午小寒
十二月大	乙丑	干支 天地 西曆 星期	壬寅7五	癸卯8六	甲辰9日	乙巳10一	丙午11二	丁未12三	戊申13四	己酉14五	庚戌15六	辛亥16日	壬子17一	癸丑18二	甲寅19三	乙卯20四	丙辰21五	丁巳22六	戊午23日	己未24一	庚申25二	辛酉26三	壬戌27四	癸亥28五	甲子29六	乙丑30日	丙寅31一	丁卯(2)二	戊辰2三	己巳3四	庚午4五	辛未5六	己酉大寒 甲子立春

蒙古太宗十一年（己亥 猪年） 公元 1239 ~ 1240 年

夏曆月序		中西曆日對照	夏曆日序																														節氣與天象
			初一	初二	初三	初四	初五	初六	初七	初八	初九	初十	十一	十二	十三	十四	十五	十六	十七	十八	十九	二十	二一	二二	二三	二四	二五	二六	二七	二八	二九	三十	
正月小	丙寅	干支 西曆 星期 天地	壬申 6 日	癸酉 7 一	甲戌 8 二	乙亥 9 三	丙子 10 四	丁丑 11 五	戊寅 12 六	己卯 13 日	庚辰 14 一	辛巳 15 二	壬午 16 三	癸未 17 四	甲申 18 五	乙酉 19 六	丙戌 20 日	丁亥 21 一	戊子 22 二	己丑 23 三	庚寅 24 四	辛卯 25 五	壬辰 26 六	癸巳 27 日	甲午 28 一	乙未 (3) 二	丙申 2 三	丁酉 3 四	戊戌 4 五	己亥 5 六	庚子 6 日		己卯雨水 乙未驚蟄
二月大	丁卯	干支 西曆 星期 天地	辛丑 7 一	壬寅 8 二	癸卯 9 三	甲辰 10 四	乙巳 11 五	丙午 12 六	丁未 13 日	戊申 14 一	己酉 15 二	庚戌 16 三	辛亥 17 四	壬子 18 五	癸丑 19 六	甲寅 20 日	乙卯 21 一	丙辰 22 二	丁巳 23 三	戊午 24 四	己未 25 五	庚申 26 六	辛酉 27 日	壬戌 28 一	癸亥 29 二	甲子 30 三	乙丑 31 四	丙寅 (4) 五	丁卯 2 六	戊辰 3 日	己巳 4 一	庚午 5 二	庚戌春分 乙丑清明
三月小	戊辰	干支 西曆 星期 天地	辛未 6 三	壬申 7 四	癸酉 8 五	甲戌 9 六	乙亥 10 日	丙子 11 一	丁丑 12 二	戊寅 13 三	己卯 14 四	庚辰 15 五	辛巳 16 六	壬午 17 日	癸未 18 一	甲申 19 二	乙酉 20 三	丙戌 21 四	丁亥 22 五	戊子 23 六	己丑 24 日	庚寅 25 一	辛卯 26 二	壬辰 27 三	癸巳 28 四	甲午 29 五	乙未 30 六	丙申 (5) 日	丁酉 2 一	戊戌 3 二	己亥 4 三		庚辰穀雨 乙未立夏
四月大	己巳	干支 西曆 星期 天地	庚子 5 四	辛丑 6 五	壬寅 7 六	癸卯 8 日	甲辰 9 一	乙巳 10 二	丙午 11 三	丁未 12 四	戊申 13 五	己酉 14 六	庚戌 15 日	辛亥 16 一	壬子 17 二	癸丑 18 三	甲寅 19 四	乙卯 20 五	丙辰 21 六	丁巳 22 日	戊午 23 一	己未 24 二	庚申 25 三	辛酉 26 四	壬戌 27 五	癸亥 28 六	甲子 29 日	乙丑 30 一	丙寅 31 二	丁卯 (6) 三	戊辰 2 四	己巳 3 五	辛亥小滿 丙寅芒種
五月小	庚午	干支 西曆 星期 天地	庚午 4 六	辛未 5 日	壬申 6 一	癸酉 7 二	甲戌 8 三	乙亥 9 四	丙子 10 五	丁丑 11 六	戊寅 12 日	己卯 13 一	庚辰 14 二	辛巳 15 三	壬午 16 四	癸未 17 五	甲申 18 六	乙酉 19 日	丙戌 20 一	丁亥 21 二	戊子 22 三	己丑 23 四	庚寅 24 五	辛卯 25 六	壬辰 26 日	癸巳 27 一	甲午 28 二	乙未 29 三	丙申 30 四	丁酉 (7) 五	戊戌 2 六		辛巳夏至 丙申小暑
六月小	辛未	干支 西曆 星期 天地	己亥 3 日	庚子 4 一	辛丑 5 二	壬寅 6 三	癸卯 7 四	甲辰 8 五	乙巳 9 六	丙午 10 日	丁未 11 一	戊申 12 二	己酉 13 三	庚戌 14 四	辛亥 15 五	壬子 16 六	癸丑 17 日	甲寅 18 一	乙卯 19 二	丙辰 20 三	丁巳 21 四	戊午 22 五	己未 23 六	庚申 24 日	辛酉 25 一	壬戌 26 二	癸亥 27 三	甲子 28 四	乙丑 29 五	丙寅 30 六	丁卯 31 日		壬子大暑 丁卯立秋
七月大	壬申	干支 西曆 星期 天地	戊辰 (8) 一	己巳 2 二	庚午 3 三	辛未 4 四	壬申 5 五	癸酉 6 六	甲戌 7 日	乙亥 8 一	丙子 9 二	丁丑 10 三	戊寅 11 四	己卯 12 五	庚辰 13 六	辛巳 14 日	壬午 15 一	癸未 16 二	甲申 17 三	乙酉 18 四	丙戌 19 五	丁亥 20 六	戊子 21 日	己丑 22 一	庚寅 23 二	辛卯 24 三	壬辰 25 四	癸巳 26 五	甲午 27 六	乙未 28 日	丙申 29 一		壬午處暑
八月小	癸酉	干支 西曆 星期 天地	丁酉 30 二	戊戌 31 三	己亥 (9) 四	庚子 2 五	辛丑 3 六	壬寅 4 日	癸卯 5 一	甲辰 6 二	乙巳 7 三	丙午 8 四	丁未 9 五	戊申 10 六	己酉 11 日	庚戌 12 一	辛亥 13 二	壬子 14 三	癸丑 15 四	甲寅 16 五	乙卯 17 六	丙辰 18 日	丁巳 19 一	戊午 20 二	己未 21 三	庚申 22 四	辛酉 23 五	壬戌 24 六	癸亥 25 日	甲子 26 一	乙丑 27 二	丙寅 28 三	丁酉白露 壬子秋分
九月大	甲戌	干支 西曆 星期 天地	丁卯 29 四	戊辰 30 五	己巳 (10) 六	庚午 2 日	辛未 3 一	壬申 4 二	癸酉 5 三	甲戌 6 四	乙亥 7 五	丙子 8 六	丁丑 9 日	戊寅 10 一	己卯 11 二	庚辰 12 三	辛巳 13 四	壬午 14 五	癸未 15 六	甲申 16 日	乙酉 17 一	丙戌 18 二	丁亥 19 三	戊子 20 四	己丑 21 五	庚寅 22 六	辛卯 23 日	壬辰 24 一	癸巳 25 二	甲午 26 三	乙未 27 四	丙申 28 五	戊辰寒露 癸未霜降
十月小	乙亥	干支 西曆 星期 天地	丁酉 29 六	戊戌 30 日	己亥 31 一	庚子 (11) 二	辛丑 2 三	壬寅 3 四	癸卯 4 五	甲辰 5 六	乙巳 6 日	丙午 7 一	丁未 8 二	戊申 9 三	己酉 10 四	庚戌 11 五	辛亥 12 六	壬子 13 日	癸丑 14 一	甲寅 15 二	乙卯 16 三	丙辰 17 四	丁巳 18 五	戊午 19 六	己未 20 日	庚申 21 一	辛酉 22 二	壬戌 23 三	癸亥 24 四	甲子 25 五	乙丑 26 六		戊戌立冬 癸丑小雪
十一月大	丙子	干支 西曆 星期 天地	丙寅 27 日	丁卯 28 一	戊辰 29 二	己巳 30 三	庚午 (12) 四	辛未 2 五	壬申 3 六	癸酉 4 日	甲戌 5 一	乙亥 6 二	丙子 7 三	丁丑 8 四	戊寅 9 五	己卯 10 六	庚辰 11 日	辛巳 12 一	壬午 13 二	癸未 14 三	甲申 15 四	乙酉 16 五	丙戌 17 六	丁亥 18 日	戊子 19 一	己丑 20 二	庚寅 21 三	辛卯 22 四	壬辰 23 五	癸巳 24 六	甲午 25 日	乙未 26 一	戊辰大雪 甲申冬至
十二月大	丁丑	干支 西曆 星期 天地	丙申 27 二	丁酉 28 三	戊戌 29 四	己亥 30 五	庚子 31 六	辛丑 (1) 日	壬寅 2 一	癸卯 3 二	甲辰 4 三	乙巳 5 四	丙午 6 五	丁未 7 六	戊申 8 日	己酉 9 一	庚戌 10 二	辛亥 11 三	壬子 12 四	癸丑 13 五	甲寅 14 六	乙卯 15 日	丙辰 16 一	丁巳 17 二	戊午 18 三	己未 19 四	庚申 20 五	辛酉 21 六	壬戌 22 日	癸亥 23 一	甲子 24 二	乙丑 25 三	己亥小寒 甲寅大寒

蒙古太宗十二年（庚子 鼠年） 公元 1240 ~ 1241 年

夏曆月序		中西曆日對照	初一	初二	初三	初四	初五	初六	初七	初八	初九	初十	十一	十二	十三	十四	十五	十六	十七	十八	十九	二十	二一	二二	二三	二四	二五	二六	二七	二八	二九	三十	節氣與天象
正月大	戊寅	天干地支 西曆 星期	丙寅 26 四	丁卯 27 五	戊辰 28 六	己巳 29 日	庚午 30 一	辛未 31 二	壬申 (2) 三	癸酉 2 四	甲戌 3 五	乙亥 4 六	丙子 5 日	丁丑 6 一	戊寅 7 二	己卯 8 三	庚辰 9 四	辛巳 10 五	壬午 11 六	癸未 12 日	甲申 13 一	乙酉 14 二	丙戌 15 三	丁亥 16 四	戊子 17 五	己丑 18 六	庚寅 19 日	辛卯 20 一	壬辰 21 二	癸巳 22 三	甲午 23 四	乙未 24 五	己巳立春 乙酉雨水
二月小	己卯	天干地支 西曆 星期	丙申 25 六	丁酉 26 日	戊戌 27 一	己亥 28 二	庚子 29 三	辛丑 (3) 四	壬寅 2 五	癸卯 3 六	甲辰 4 日	乙巳 5 一	丙午 6 二	丁未 7 三	戊申 8 四	己酉 9 五	庚戌 10 六	辛亥 11 日	壬子 12 一	癸丑 13 二	甲寅 14 三	乙卯 15 四	丙辰 16 五	丁巳 17 六	戊午 18 日	己未 19 一	庚申 20 二	辛酉 21 三	壬戌 22 四	癸亥 23 五	甲子 24 六		庚子驚蟄 乙卯春分
三月大	庚辰	天干地支 西曆 星期	乙丑 25 日	丙寅 26 一	丁卯 27 二	戊辰 28 三	己巳 29 四	庚午 30 五	辛未 31 六	壬申 (4) 日	癸酉 2 一	甲戌 3 二	乙亥 4 三	丙子 5 四	丁丑 6 五	戊寅 7 六	己卯 8 日	庚辰 9 一	辛巳 10 二	壬午 11 三	癸未 12 四	甲申 13 五	乙酉 14 六	丙戌 15 日	丁亥 16 一	戊子 17 二	己丑 18 三	庚寅 19 四	辛卯 20 五	壬辰 21 六	癸巳 22 日	甲午 23 一	庚午清明 乙酉穀雨
四月小	辛巳	天干地支 西曆 星期	乙未 24 二	丙申 25 三	丁酉 26 四	戊戌 27 五	己亥 28 六	庚子 29 日	辛丑 30 一	壬寅 (5) 二	癸卯 2 三	甲辰 3 四	乙巳 4 五	丙午 5 六	丁未 6 日	戊申 7 一	己酉 8 二	庚戌 9 三	辛亥 10 四	壬子 11 五	癸丑 12 六	甲寅 13 日	乙卯 14 一	丙辰 15 二	丁巳 16 三	戊午 17 四	己未 18 五	庚申 19 六	辛酉 20 日	壬戌 21 一	癸亥 22 二		辛丑立夏 丙辰小滿
五月大	壬午	天干地支 西曆 星期	甲子 23 三	乙丑 24 四	丙寅 25 五	丁卯 26 六	戊辰 27 日	己巳 28 一	庚午 29 二	辛未 30 三	壬申 31 四	癸酉 (6) 五	甲戌 2 六	乙亥 3 日	丙子 4 一	丁丑 5 二	戊寅 6 三	己卯 7 四	庚辰 8 五	辛巳 9 六	壬午 10 日	癸未 11 一	甲申 12 二	乙酉 13 三	丙戌 14 四	丁亥 15 五	戊子 16 六	己丑 17 日	庚寅 18 一	辛卯 19 二	壬辰 20 三	癸巳 21 四	辛未芒種 丙戌夏至
六月小	癸未	天干地支 西曆 星期	甲午 22 五	乙未 23 六	丙申 24 日	丁酉 25 一	戊戌 26 二	己亥 27 三	庚子 28 四	辛丑 29 五	壬寅 30 六	癸卯 (7) 日	甲辰 2 一	乙巳 3 二	丙午 4 三	丁未 5 四	戊申 6 五	己酉 7 六	庚戌 8 日	辛亥 9 一	壬子 10 二	癸丑 11 三	甲寅 12 四	乙卯 13 五	丙辰 14 六	丁巳 15 日	戊午 16 一	己未 17 二	庚申 18 三	辛酉 19 四	壬戌 20 五		壬寅小暑 丁巳大暑
七月小	甲申	天干地支 西曆 星期	癸亥 21 六	甲子 22 日	乙丑 23 一	丙寅 24 二	丁卯 25 三	戊辰 26 四	己巳 27 五	庚午 28 六	辛未 29 日	壬申 30 一	癸酉 31 二	甲戌 (8) 三	乙亥 2 四	丙子 3 五	丁丑 4 六	戊寅 5 日	己卯 6 一	庚辰 7 二	辛巳 8 三	壬午 9 四	癸未 10 五	甲申 11 六	乙酉 12 日	丙戌 13 一	丁亥 14 二	戊子 15 三	己丑 16 四	庚寅 17 五	辛卯 18 六		壬申立秋 丁亥處暑
八月大	乙酉	天干地支 西曆 星期	壬辰 19 日	癸巳 20 一	甲午 21 二	乙未 22 三	丙申 23 四	丁酉 24 五	戊戌 25 六	己亥 26 日	庚子 27 一	辛丑 28 二	壬寅 29 三	癸卯 30 四	甲辰 31 五	乙巳 (9) 六	丙午 2 日	丁未 3 一	戊申 4 二	己酉 5 三	庚戌 6 四	辛亥 7 五	壬子 8 六	癸丑 9 日	甲寅 10 一	乙卯 11 二	丙辰 12 三	丁巳 13 四	戊午 14 五	己未 15 六	庚申 16 日	辛酉 17 一	壬寅白露 戊午秋分
九月小	丙戌	天干地支 西曆 星期	壬戌 18 二	癸亥 19 三	甲子 20 四	乙丑 21 五	丙寅 22 六	丁卯 23 日	戊辰 24 一	己巳 25 二	庚午 26 三	辛未 27 四	壬申 28 五	癸酉 29 六	甲戌 30 日	乙亥 (10) 一	丙子 2 二	丁丑 3 三	戊寅 4 四	己卯 5 五	庚辰 6 六	辛巳 7 日	壬午 8 一	癸未 9 二	甲申 10 三	乙酉 11 四	丙戌 12 五	丁亥 13 六	戊子 14 日	己丑 15 一	庚寅 16 二		癸酉寒露 戊子霜降
十月小	丁亥	天干地支 西曆 星期	辛卯 17 三	壬辰 18 四	癸巳 19 五	甲午 20 六	乙未 21 日	丙申 22 一	丁酉 23 二	戊戌 24 三	己亥 25 四	庚子 26 五	辛丑 27 六	壬寅 28 日	癸卯 29 一	甲辰 30 二	乙巳 31 三	丙午 (11) 四	丁未 2 五	戊申 3 六	己酉 4 日	庚戌 5 一	辛亥 6 二	壬子 7 三	癸丑 8 四	甲寅 9 五	乙卯 10 六	丙辰 11 日	丁巳 12 一	戊午 13 二	己未 14 三		癸卯立冬 己未小雪
十一月大	戊子	天干地支 西曆 星期	庚申 15 四	辛酉 16 五	壬戌 17 六	癸亥 18 日	甲子 19 一	乙丑 20 二	丙寅 21 三	丁卯 22 四	戊辰 23 五	己巳 24 六	庚午 25 日	辛未 26 一	壬申 27 二	癸酉 28 三	甲戌 29 四	乙亥 30 五	丙子 (12) 六	丁丑 2 日	戊寅 3 一	己卯 4 二	庚辰 5 三	辛巳 6 四	壬午 7 五	癸未 8 六	甲申 9 日	乙酉 10 一	丙戌 11 二	丁亥 12 三	戊子 13 四	己丑 14 五	甲戌大雪 己丑冬至
十二月大	己丑	天干地支 西曆 星期	庚寅 15 六	辛卯 16 日	壬辰 17 一	癸巳 18 二	甲午 19 三	乙未 20 四	丙申 21 五	丁酉 22 六	戊戌 23 日	己亥 24 一	庚子 25 二	辛丑 26 三	壬寅 27 四	癸卯 28 五	甲辰 29 六	乙巳 30 日	丙午 31 一	丁未 (1) 二	戊申 2 三	己酉 3 四	庚戌 4 五	辛亥 5 六	壬子 6 日	癸丑 7 一	甲寅 8 二	乙卯 9 三	丙辰 10 四	丁巳 11 五	戊午 12 六	己未 13 日	甲辰小寒 己未大寒
閏十二大	己丑	天干地支 西曆 星期	庚申 14 一	辛酉 15 二	壬戌 16 三	癸亥 17 四	甲子 18 五	乙丑 19 六	丙寅 20 日	丁卯 21 一	戊辰 22 二	己巳 23 三	庚午 24 四	辛未 25 五	壬申 26 六	癸酉 27 日	甲戌 28 一	乙亥 29 二	丙子 30 三	丁丑 31 四	戊寅 (2) 五	己卯 2 六	庚辰 3 日	辛巳 4 一	壬午 5 二	癸未 6 三	甲申 7 四	乙酉 8 五	丙戌 9 六	丁亥 10 日	戊子 11 一	己丑 12 二	乙亥立春

蒙古太宗十三年 （辛丑 牛年） 公元1241 ~ 1242年

夏曆月序		中西曆日對照	初一	初二	初三	初四	初五	初六	初七	初八	初九	初十	十一	十二	十三	十四	十五	十六	十七	十八	十九	二十	二一	二二	二三	二四	二五	二六	二七	二八	二九	三十	節氣與天象
正月小	庚寅	天干支 地西曆 星期	庚寅 13 三	辛卯 14 四	壬辰 15 五	癸巳 16 六	甲午 17 日	乙未 18 一	丙申 19 二	丁酉 20 三	戊戌 21 四	己亥 22 五	庚子 23 六	辛丑 24 日	壬寅 25 一	癸卯 26 二	甲辰 27 三	乙巳 28 四	丙午 (3) 五	丁未 2 六	戊申 3 日	己酉 4 一	庚戌 5 二	辛亥 6 三	壬子 7 四	癸丑 8 五	甲寅 9 六	乙卯 10 日	丙辰 11 一	丁巳 12 二	戊午 13 三		庚寅雨水 乙巳驚蟄
二月大	辛卯	天干支 地西曆 星期	己未 14 四	庚申 15 五	辛酉 16 六	壬戌 17 日	癸亥 18 一	甲子 19 二	乙丑 20 三	丙寅 21 四	丁卯 22 五	戊辰 23 六	己巳 24 日	庚午 25 一	辛未 26 二	壬申 27 三	癸酉 28 四	甲戌 29 五	乙亥 30 六	丙子 31 日	丁丑 (4) 一	戊寅 2 二	己卯 3 三	庚辰 4 四	辛巳 5 五	壬午 6 六	癸未 7 日	甲申 8 一	乙酉 9 二	丙戌 10 三	丁亥 11 四	戊子 12 五	庚申春分 乙亥清明
三月大	壬辰	天干支 地西曆 星期	己丑 13 六	庚寅 14 日	辛卯 15 一	壬辰 16 二	癸巳 17 三	甲午 18 四	乙未 19 五	丙申 20 六	丁酉 21 日	戊戌 22 一	己亥 23 二	庚子 24 三	辛丑 25 四	壬寅 26 五	癸卯 27 六	甲辰 28 日	乙巳 29 一	丙午 30 二	丁未 (5) 三	戊申 2 四	己酉 3 五	庚戌 4 六	辛亥 5 日	壬子 6 一	癸丑 7 二	甲寅 8 三	乙卯 9 四	丙辰 10 五	丁巳 11 六	戊午 12 日	辛卯穀雨 丙午立夏
四月小	癸巳	天干支 地西曆 星期	己未 13 一	庚申 14 二	辛酉 15 三	壬戌 16 四	癸亥 17 五	甲子 18 六	乙丑 19 日	丙寅 20 一	丁卯 21 二	戊辰 22 三	己巳 23 四	庚午 24 五	辛未 25 六	壬申 26 日	癸酉 27 一	甲戌 28 二	乙亥 29 三	丙子 30 四	丁丑 31 五	戊寅 (6) 六	己卯 2 日	庚辰 3 一	辛巳 4 二	壬午 5 三	癸未 6 四	甲申 7 五	乙酉 8 六	丙戌 9 日	丁亥 10 一		辛酉小滿 丙子芒種
五月大	甲午	天干支 地西曆 星期	戊子 11 二	己丑 12 三	庚寅 13 四	辛卯 14 五	壬辰 15 六	癸巳 16 日	甲午 17 一	乙未 18 二	丙申 19 三	丁酉 20 四	戊戌 21 五	己亥 22 六	庚子 23 日	辛丑 24 一	壬寅 25 二	癸卯 26 三	甲辰 27 四	乙巳 28 五	丙午 29 六	丁未 30 日	戊申 (7) 一	己酉 2 二	庚戌 3 三	辛亥 4 四	壬子 5 五	癸丑 6 六	甲寅 7 日	乙卯 8 一	丙辰 9 二	丁巳 10 三	壬辰夏至 丁未小暑
六月小	乙未	天干支 地西曆 星期	戊午 11 四	己未 12 五	庚申 13 六	辛酉 14 日	壬戌 15 一	癸亥 16 二	甲子 17 三	乙丑 18 四	丙寅 19 五	丁卯 20 六	戊辰 21 日	己巳 22 一	庚午 23 二	辛未 24 三	壬申 25 四	癸酉 26 五	甲戌 27 六	乙亥 28 日	丙子 29 一	丁丑 30 二	戊寅 31 三	己卯 (8) 四	庚辰 2 五	辛巳 3 六	壬午 4 日	癸未 5 一	甲申 6 二	乙酉 7 三	丙戌 8 四		壬戌大暑 丁丑立秋
七月小	丙申	天干支 地西曆 星期	丁亥 9 五	戊子 10 六	己丑 11 日	庚寅 12 一	辛卯 13 二	壬辰 14 三	癸巳 15 四	甲午 16 五	乙未 17 六	丙申 18 日	丁酉 19 一	戊戌 20 二	己亥 21 三	庚子 22 四	辛丑 23 五	壬寅 24 六	癸卯 25 日	甲辰 26 一	乙巳 27 二	丙午 28 三	丁未 29 四	戊申 30 五	己酉 31 六	庚戌 (9) 日	辛亥 2 一	壬子 3 二	癸丑 4 三	甲寅 5 四	乙卯 6 五		壬辰處暑 戊申白露
八月大	丁酉	天干支 地西曆 星期	丙辰 7 六	丁巳 8 日	戊午 9 一	己未 10 二	庚申 11 三	辛酉 12 四	壬戌 13 五	癸亥 14 六	甲子 15 日	乙丑 16 一	丙寅 17 二	丁卯 18 三	戊辰 19 四	己巳 20 五	庚午 21 六	辛未 22 日	壬申 23 一	癸酉 24 二	甲戌 25 三	乙亥 26 四	丙子 27 五	丁丑 28 六	戊寅 29 日	己卯 30 一	庚辰 (10) 二	辛巳 2 三	壬午 3 四	癸未 4 五	甲申 5 六	乙酉 6 日	癸亥秋分 戊寅寒露
九月小	戊戌	天干支 地西曆 星期	丙戌 7 一	丁亥 8 二	戊子 9 三	己丑 10 四	庚寅 11 五	辛卯 12 六	壬辰 13 日	癸巳 14 一	甲午 15 二	乙未 16 三	丙申 17 四	丁酉 18 五	戊戌 19 六	己亥 20 日	庚子 21 一	辛丑 22 二	壬寅 23 三	癸卯 24 四	甲辰 25 五	乙巳 26 六	丙午 27 日	丁未 28 一	戊申 29 二	己酉 30 三	庚戌 31 四	辛亥 (11) 五	壬子 2 六	癸丑 3 日	甲寅 4 一		癸巳霜降 己酉立冬
十月小	己亥	天干支 地西曆 星期	乙卯 5 二	丙辰 6 三	丁巳 7 四	戊午 8 五	己未 9 六	庚申 10 日	辛酉 11 一	壬戌 12 二	癸亥 13 三	甲子 14 四	乙丑 15 五	丙寅 16 六	丁卯 17 日	戊辰 18 一	己巳 19 二	庚午 20 三	辛未 21 四	壬申 22 五	癸酉 23 六	甲戌 24 日	乙亥 25 一	丙子 26 二	丁丑 27 三	戊寅 28 四	己卯 29 五	庚辰 30 六	辛巳 (12) 日	壬午 2 一	癸未 3 二		甲子小雪 己卯大雪
十一月大	庚子	天干支 地西曆 星期	甲申 4 三	乙酉 5 四	丙戌 6 五	丁亥 7 六	戊子 8 日	己丑 9 一	庚寅 10 二	辛卯 11 三	壬辰 12 四	癸巳 13 五	甲午 14 六	乙未 15 日	丙申 16 一	丁酉 17 二	戊戌 18 三	己亥 19 四	庚子 20 五	辛丑 21 六	壬寅 22 日	癸卯 23 一	甲辰 24 二	乙巳 25 三	丙午 26 四	丁未 27 五	戊申 28 六	己酉 29 日	庚戌 30 一	辛亥 31 二	壬子 (1) 三	癸丑 2 四	甲午冬至 己酉小寒
十二月大	辛丑	天干支 地西曆 星期	甲寅 3 五	乙卯 4 六	丙辰 5 日	丁巳 6 一	戊午 7 二	己未 8 三	庚申 9 四	辛酉 10 五	壬戌 11 六	癸亥 12 日	甲子 13 一	乙丑 14 二	丙寅 15 三	丁卯 16 四	戊辰 17 五	己巳 18 六	庚午 19 日	辛未 20 一	壬申 21 二	癸酉 22 三	甲戌 23 四	乙亥 24 五	丙子 25 六	丁丑 26 日	戊寅 27 一	己卯 28 二	庚辰 29 三	辛巳 30 四	壬午 31 五	癸未 (2) 六	乙丑大寒 庚辰立春

* 十一月辛卯（初八），太宗死。乃馬真后臨朝稱制。

蒙古乃马真后元年（壬寅 虎年） 公元 1242 ~ 1243 年

夏曆月序	中西曆日對照	夏曆日序																														節氣與天象
		初一	初二	初三	初四	初五	初六	初七	初八	初九	初十	十一	十二	十三	十四	十五	十六	十七	十八	十九	二十	二一	二二	二三	二四	二五	二六	二七	二八	二九	三十	
正月小 壬寅	天干地支 西曆 星期	甲申 2 日	乙酉 3 一	丙戌 4 二	丁亥 5 三	戊子 6 四	己丑 7 五	庚寅 8 六	辛卯 9 日	壬辰 10 一	癸巳 11 二	甲午 12 三	乙未 13 四	丙申 14 五	丁酉 15 六	戊戌 16 日	己亥 17 一	庚子 18 二	辛丑 19 三	壬寅 20 四	癸卯 21 五	甲辰 22 六	乙巳 23 日	丙午 24 一	丁未 25 二	戊申 26 三	己酉 27 四	庚戌 28 五	辛亥 (3) 六	壬子 2 日		乙未雨水 庚戌驚蟄
二月大 癸卯	天干地支 西曆 星期	癸丑 3 一	甲寅 4 二	乙卯 5 三	丙辰 6 四	丁巳 7 五	戊午 8 六	己未 9 日	庚申 10 一	辛酉 11 二	壬戌 12 三	癸亥 13 四	甲子 14 五	乙丑 15 六	丙寅 16 日	丁卯 17 一	戊辰 18 二	己巳 19 三	庚午 20 四	辛未 21 五	壬申 22 六	癸酉 23 日	甲戌 24 一	乙亥 25 二	丙子 26 三	丁丑 27 四	戊寅 28 五	己卯 29 六	庚辰 30 日	辛巳 31 一	壬午 (4) 二	乙丑春分 辛巳清明
三月大 甲辰	天干地支 西曆 星期	癸未 2 三	甲申 3 四	乙酉 4 五	丙戌 5 六	丁亥 6 日	戊子 7 一	己丑 8 二	庚寅 9 三	辛卯 10 四	壬辰 11 五	癸巳 12 六	甲午 13 日	乙未 14 一	丙申 15 二	丁酉 16 三	戊戌 17 四	己亥 18 五	庚子 19 六	辛丑 20 日	壬寅 21 一	癸卯 22 二	甲辰 23 三	乙巳 24 四	丙午 25 五	丁未 26 六	戊申 27 日	己酉 28 一	庚戌 29 二	辛亥 30 三	壬子 (5) 四	丙申穀雨 辛亥立夏
四月小 乙巳	天干地支 西曆 星期	癸丑 2 五	甲寅 3 六	乙卯 4 日	丙辰 5 一	丁巳 6 二	戊午 7 三	己未 8 四	庚申 9 五	辛酉 10 六	壬戌 11 日	癸亥 12 一	甲子 13 二	乙丑 14 三	丙寅 15 四	丁卯 16 五	戊辰 17 六	己巳 18 日	庚午 19 一	辛未 20 二	壬申 21 三	癸酉 22 四	甲戌 23 五	乙亥 24 六	丙子 25 日	丁丑 26 一	戊寅 27 二	己卯 28 三	庚辰 29 四	辛巳 30 五		丙寅小滿
五月大 丙午	天干地支 西曆 星期	壬午 31 六	癸未 (6) 日	甲申 2 一	乙酉 3 二	丙戌 4 三	丁亥 5 四	戊子 6 五	己丑 7 六	庚寅 8 日	辛卯 9 一	壬辰 10 二	癸巳 11 三	甲午 12 四	乙未 13 五	丙申 14 六	丁酉 15 日	戊戌 16 一	己亥 17 二	庚子 18 三	辛丑 19 四	壬寅 20 五	癸卯 21 六	甲辰 22 日	乙巳 23 一	丙午 24 二	丁未 25 三	戊申 26 四	己酉 27 五	庚戌 28 六	辛亥 29 日	壬午芒種 丁酉夏至
六月小 丁未	天干地支 西曆 星期	壬子 30 一	癸丑 (7) 二	甲寅 2 三	乙卯 3 四	丙辰 4 五	丁巳 5 六	戊午 6 日	己未 7 一	庚申 8 二	辛酉 9 三	壬戌 10 四	癸亥 11 五	甲子 12 六	乙丑 13 日	丙寅 14 一	丁卯 15 二	戊辰 16 三	己巳 17 四	庚午 18 五	辛未 19 六	壬申 20 日	癸酉 21 一	甲戌 22 二	乙亥 23 三	丙子 24 四	丁丑 25 五	戊寅 26 六	己卯 27 日	庚辰 28 一		壬子小暑 丁卯大暑
七月大 戊申	天干地支 西曆 星期	辛巳 29 二	壬午 30 三	癸未 31 四	甲申 (8) 五	乙酉 2 六	丙戌 3 日	丁亥 4 一	戊子 5 二	己丑 6 三	庚寅 7 四	辛卯 8 五	壬辰 9 六	癸巳 10 日	甲午 11 一	乙未 12 二	丙申 13 三	丁酉 14 四	戊戌 15 五	己亥 16 六	庚子 17 日	辛丑 18 一	壬寅 19 二	癸卯 20 三	甲辰 21 四	乙巳 22 五	丙午 23 六	丁未 24 日	戊申 25 一	己酉 26 二	庚戌 27 三	壬午立秋 戊戌處暑
八月小 己酉	天干地支 西曆 星期	辛亥 28 四	壬子 29 五	癸丑 30 六	甲寅 31 日	乙卯 (9) 一	丙辰 2 二	丁巳 3 三	戊午 4 四	己未 5 五	庚申 6 六	辛酉 7 日	壬戌 8 一	癸亥 9 二	甲子 10 三	乙丑 11 四	丙寅 12 五	丁卯 13 六	戊辰 14 日	己巳 15 一	庚午 16 二	辛未 17 三	壬申 18 四	癸酉 19 五	甲戌 20 六	乙亥 21 日	丙子 22 一	丁丑 23 二	戊寅 24 三	己卯 25 四		癸丑白露 戊辰秋分
九月大 庚戌	天干地支 西曆 星期	庚辰 26 五	辛巳 27 六	壬午 28 日	癸未 29 一	甲申 30 二	乙酉 (10) 三	丙戌 2 四	丁亥 3 五	戊子 4 六	己丑 5 日	庚寅 6 一	辛卯 7 二	壬辰 8 三	癸巳 9 四	甲午 10 五	乙未 11 六	丙申 12 日	丁酉 13 一	戊戌 14 二	己亥 15 三	庚子 16 四	辛丑 17 五	壬寅 18 六	癸卯 19 日	甲辰 20 一	乙巳 21 二	丙午 22 三	丁未 23 四	戊申 24 五	己酉 25 六	癸未寒露 己亥霜降 庚辰日食
十月小 辛亥	天干地支 西曆 星期	庚戌 26 日	辛亥 27 一	壬子 28 二	癸丑 29 三	甲寅 30 四	乙卯 31 五	丙辰 (11) 六	丁巳 2 日	戊午 3 一	己未 4 二	庚申 5 三	辛酉 6 四	壬戌 7 五	癸亥 8 六	甲子 9 日	乙丑 10 一	丙寅 11 二	丁卯 12 三	戊辰 13 四	己巳 14 五	庚午 15 六	辛未 16 日	壬申 17 一	癸酉 18 二	甲戌 19 三	乙亥 20 四	丙子 21 五	丁丑 22 六	戊寅 23 日		甲寅立冬 己巳小雪
十一月大 壬子	天干地支 西曆 星期	己卯 24 一	庚辰 25 二	辛巳 26 三	壬午 27 四	癸未 28 五	甲申 29 六	乙酉 30 日	丙戌 (12) 一	丁亥 2 二	戊子 3 三	己丑 4 四	庚寅 5 五	辛卯 6 六	壬辰 7 日	癸巳 8 一	甲午 9 二	乙未 10 三	丙申 11 四	丁酉 12 五	戊戌 13 六	己亥 14 日	庚子 15 一	辛丑 16 二	壬寅 17 三	癸卯 18 四	甲辰 19 五	乙巳 20 六	丙午 21 日	丁未 22 一	戊申 23 二	甲申大雪 己亥冬至
十二月小 癸丑	天干地支 西曆 星期	己酉 24 三	庚戌 25 四	辛亥 26 五	壬子 27 六	癸丑 28 日	甲寅 29 一	乙卯 30 二	丙辰 31 三	丁巳 (1) 四	戊午 2 五	己未 3 六	庚申 4 日	辛酉 5 一	壬戌 6 二	癸亥 7 三	甲子 8 四	乙丑 9 五	丙寅 10 六	丁卯 11 日	戊辰 12 一	己巳 13 二	庚午 14 三	辛未 15 四	壬申 16 五	癸酉 17 六	甲戌 18 日	乙亥 19 一	丙子 20 二	丁丑 21 三		乙卯小寒 庚午大寒

蒙古乃马真后二年（癸卯 兔年） 公元 1243 ~ 1244 年

夏曆月序		中西曆日對照	初一	初二	初三	初四	初五	初六	初七	初八	初九	初十	十一	十二	十三	十四	十五	十六	十七	十八	十九	二十	二一	二二	二三	二四	二五	二六	二七	二八	二九	三十	節氣與天象
正月大	甲寅	天干地支 西曆 星期	戊寅 22 四	己卯 23 五	庚辰 24 六	辛巳 25 日	壬午 26 一	癸未 27 二	甲申 28 三	乙酉 29 四	丙戌 30 五	丁亥 31 六	戊子 (2) 日	己丑 2 一	庚寅 3 二	辛卯 4 三	壬辰 5 四	癸巳 6 五	甲午 7 六	乙未 8 日	丙申 9 一	丁酉 10 二	戊戌 11 三	己亥 12 四	庚子 13 五	辛丑 14 六	壬寅 15 日	癸卯 16 一	甲辰 17 二	乙巳 18 三	丙午 19 四	丁未 20 五	乙酉立春 庚子雨水
二月小	乙卯	天干地支 西曆 星期	戊申 21 六	己酉 22 日	庚戌 23 一	辛亥 24 二	壬子 25 三	癸丑 26 四	甲寅 27 五	乙卯 28 六	丙辰 (3) 日	丁巳 2 一	戊午 3 二	己未 4 三	庚申 5 四	辛酉 6 五	壬戌 7 六	癸亥 8 日	甲子 9 一	乙丑 10 二	丙寅 11 三	丁卯 12 四	戊辰 13 五	己巳 14 六	庚午 15 日	辛未 16 一	壬申 17 二	癸酉 18 三	甲戌 19 四	乙亥 20 五	丙子 21 六		丙辰驚蟄 辛未春分
三月大	丙辰	天干地支 西曆 星期	丁丑 22 日	戊寅 23 一	己卯 24 二	庚辰 25 三	辛巳 26 四	壬午 27 五	癸未 28 六	甲申 29 日	乙酉 30 一	丙戌 31 二	丁亥 (4) 三	戊子 2 四	己丑 3 五	庚寅 4 六	辛卯 5 日	壬辰 6 一	癸巳 7 二	甲午 8 三	乙未 9 四	丙申 10 五	丁酉 11 六	戊戌 12 日	己亥 13 一	庚子 14 二	辛丑 15 三	壬寅 16 四	癸卯 17 五	甲辰 18 六	乙巳 19 日	丙午 20 一	丙戌清明 辛丑穀雨 丁丑日食
四月小	丁巳	天干地支 西曆 星期	丁未 21 二	戊申 22 三	己酉 23 四	庚戌 24 五	辛亥 25 六	壬子 26 日	癸丑 27 一	甲寅 28 二	乙卯 29 三	丙辰 30 四	丁巳 (5) 五	戊午 2 六	己未 3 日	庚申 4 一	辛酉 5 二	壬戌 6 三	癸亥 7 四	甲子 8 五	乙丑 9 六	丙寅 10 日	丁卯 11 一	戊辰 12 二	己巳 13 三	庚午 14 四	辛未 15 五	壬申 16 六	癸酉 17 日	甲戌 18 一	乙亥 19 二		丙辰立夏 壬申小滿
五月大	戊午	天干地支 西曆 星期	丙子 20 三	丁丑 21 四	戊寅 22 五	己卯 23 六	庚辰 24 日	辛巳 25 一	壬午 26 二	癸未 27 三	甲申 28 四	乙酉 29 五	丙戌 30 六	丁亥 31 日	戊子 (6) 一	己丑 2 二	庚寅 3 三	辛卯 4 四	壬辰 5 五	癸巳 6 六	甲午 7 日	乙未 8 一	丙申 9 二	丁酉 10 三	戊戌 11 四	己亥 12 五	庚子 13 六	辛丑 14 日	壬寅 15 一	癸卯 16 二	甲辰 17 三	乙巳 18 四	丁亥芒種 壬寅夏至
六月大	己未	天干地支 西曆 星期	丙午 19 五	丁未 20 六	戊申 21 日	己酉 22 一	庚戌 23 二	辛亥 24 三	壬子 25 四	癸丑 26 五	甲寅 27 六	乙卯 28 日	丙辰 29 一	丁巳 30 二	戊午 (7) 三	己未 2 四	庚申 3 五	辛酉 4 六	壬戌 5 日	癸亥 6 一	甲子 7 二	乙丑 8 三	丙寅 9 四	丁卯 10 五	戊辰 11 六	己巳 12 日	庚午 13 一	辛未 14 二	壬申 15 三	癸酉 16 四	甲戌 17 五	乙亥 18 六	丁巳小暑 壬申大暑
七月小	庚申	天干地支 西曆 星期	丙子 19 日	丁丑 20 一	戊寅 21 二	己卯 22 三	庚辰 23 四	辛巳 24 五	壬午 25 六	癸未 26 日	甲申 27 一	乙酉 28 二	丙戌 29 三	丁亥 30 四	戊子 31 五	己丑 (8) 六	庚寅 2 日	辛卯 3 一	壬辰 4 二	癸巳 5 三	甲午 6 四	乙未 7 五	丙申 8 六	丁酉 9 日	戊戌 10 一	己亥 11 二	庚子 12 三	辛丑 13 四	壬寅 14 五	癸卯 15 六	甲辰 16 日		戊子立秋 癸卯處暑
八月大	辛酉	天干地支 西曆 星期	乙巳 17 一	丙午 18 二	丁未 19 三	戊申 20 四	己酉 21 五	庚戌 22 六	辛亥 23 日	壬子 24 一	癸丑 25 二	甲寅 26 三	乙卯 27 四	丙辰 28 五	丁巳 29 六	戊午 30 日	己未 31 一	庚申 (9) 二	辛酉 2 三	壬戌 3 四	癸亥 4 五	甲子 5 六	乙丑 6 日	丙寅 7 一	丁卯 8 二	戊辰 9 三	己巳 10 四	庚午 11 五	辛未 12 六	壬申 13 日	癸酉 14 一	甲戌 15 二	戊午白露 癸酉秋分
閏八月小	辛酉	天干地支 西曆 星期	乙亥 16 三	丙子 17 四	丁丑 18 五	戊寅 19 六	己卯 20 日	庚辰 21 一	辛巳 22 二	壬午 23 三	癸未 24 四	甲申 25 五	乙酉 26 六	丙戌 27 日	丁亥 28 一	戊子 29 二	己丑 30 三	庚寅 (10) 四	辛卯 2 五	壬辰 3 六	癸巳 4 日	甲午 5 一	乙未 6 二	丙申 7 三	丁酉 8 四	戊戌 9 五	己亥 10 六	庚子 11 日	辛丑 12 一	壬寅 13 二	癸卯 14 三		己丑寒露
九月大	壬戌	天干地支 西曆 星期	甲辰 15 四	乙巳 16 五	丙午 17 六	丁未 18 日	戊申 19 一	己酉 20 二	庚戌 21 三	辛亥 22 四	壬子 23 五	癸丑 24 六	甲寅 25 日	乙卯 26 一	丙辰 27 二	丁巳 28 三	戊午 29 四	己未 30 五	庚申 31 六	辛酉 (11) 日	壬戌 2 一	癸亥 3 二	甲子 4 三	乙丑 5 四	丙寅 6 五	丁卯 7 六	戊辰 8 日	己巳 9 一	庚午 10 二	辛未 11 三	壬申 12 四	癸酉 13 五	甲辰霜降 己未立冬
十月小	癸亥	天干地支 西曆 星期	甲戌 14 六	乙亥 15 日	丙子 16 一	丁丑 17 二	戊寅 18 三	己卯 19 四	庚辰 20 五	辛巳 21 六	壬午 22 日	癸未 23 一	甲申 24 二	乙酉 25 三	丙戌 26 四	丁亥 27 五	戊子 28 六	己丑 29 日	庚寅 30 一	辛卯 (12) 二	壬辰 2 三	癸巳 3 四	甲午 4 五	乙未 5 六	丙申 6 日	丁酉 7 一	戊戌 8 二	己亥 9 三	庚子 10 四	辛丑 11 五	壬寅 12 六		甲戌小雪 己丑大雪
十一月大	甲子	天干地支 西曆 星期	癸卯 13 日	甲辰 14 一	乙巳 15 二	丙午 16 三	丁未 17 四	戊申 18 五	己酉 19 六	庚戌 20 日	辛亥 21 一	壬子 22 二	癸丑 23 三	甲寅 24 四	乙卯 25 五	丙辰 26 六	丁巳 27 日	戊午 28 一	己未 29 二	庚申 30 三	辛酉 31 四	壬戌 (1) 五	癸亥 2 六	甲子 3 日	乙丑 4 一	丙寅 5 二	丁卯 6 三	戊辰 7 四	己巳 8 五	庚午 9 六	辛未 10 日	壬申 11 一	乙巳冬至 庚申小寒
十二月小	乙丑	天干地支 西曆 星期	癸酉 12 二	甲戌 13 三	乙亥 14 四	丙子 15 五	丁丑 16 六	戊寅 17 日	己卯 18 一	庚辰 19 二	辛巳 20 三	壬午 21 四	癸未 22 五	甲申 23 六	乙酉 24 日	丙戌 25 一	丁亥 26 二	戊子 27 三	己丑 28 四	庚寅 29 五	辛卯 30 六	壬辰 31 日	癸巳 (2) 一	甲午 2 二	乙未 3 三	丙申 4 四	丁酉 5 五	戊戌 6 六	己亥 7 日	庚子 8 一	辛丑 9 二		乙亥大寒 庚寅立春

蒙古乃马真后三年（甲辰 龍年） 公元 1244 ~ 1245 年

夏曆月序		中西曆日對照	初一	初二	初三	初四	初五	初六	初七	初八	初九	初十
正月大	丙寅	天干地支西曆星期	壬寅10三	癸卯11四	甲辰12五	乙巳13六	丙午14日	丁未15一	戊申16二	己酉17三	庚戌18四	辛亥19五
二月小	丁卯	天干地支西曆星期	壬申11五	癸酉12六	甲戌13日	乙亥14一	丙子15二	丁丑16三	戊寅17四	己卯18五	庚辰19六	辛巳20日
三月大	戊辰	天干地支西曆星期	辛丑9六	壬寅10日	癸卯11一	甲辰12二	乙巳13三	丙午14四	丁未15五	戊申16六	己酉17日	庚戌18一
四月小	己巳	天干地支西曆星期	辛未9一	壬申10二	癸酉11三	甲戌12四	乙亥13五	丙子14六	丁丑15日	戊寅16一	己卯17二	庚辰18三
五月大	庚午	天干地支西曆星期	庚子7二	辛丑8三	壬寅9四	癸卯10五	甲辰11六	乙巳12日	丙午13一	丁未14二	戊申15三	己酉16四
六月小	辛未	天干地支西曆星期	庚午7四	辛未8五	壬申9六	癸酉10日	甲戌11一	乙亥12二	丙子13三	丁丑14四	戊寅15五	己卯16六
七月大	壬申	天干地支西曆星期	己亥5五	庚子6六	辛丑7日	壬寅8一	癸卯9二	甲辰10三	乙巳11四	丙午12五	丁未13六	戊申14日
八月大	癸酉	天干地支西曆星期	己巳4日	庚午5一	辛未6二	壬申7三	癸酉8四	甲戌9五	乙亥10六	丙子11日	丁丑12一	戊寅13二
九月小	甲戌	天干地支西曆星期	己亥4二	庚子5三	辛丑6四	壬寅7五	癸卯8六	甲辰9日	乙巳10一	丙午11二	丁未12三	戊申13四
十月大	乙亥	天干地支西曆星期	戊辰2三	己巳3四	庚午4五	辛未5六	壬申6日	癸酉7一	甲戌8二	乙亥9三	丙子10四	丁丑11五
十一月小	丙子	天干地支西曆星期	戊戌2五	己亥3六	庚子4日	辛丑5一	壬寅6二	癸卯7三	甲辰8四	乙巳9五	丙午10六	丁未11日
十二月大	丁丑	天干地支西曆星期	丁卯31六	戊辰(1)日	己巳2一	庚午3二	辛未4三	壬申5四	癸酉6五	甲戌7六	乙亥8日	丙子9一

夏曆月序		中西曆日對照	十一	十二	十三	十四	十五	十六	十七	十八	十九	二十
正月大	丙寅	天干地支西曆星期	壬子20六	癸丑21日	甲寅22一	乙卯23二	丙辰24三	丁巳25四	戊午26五	己未27六	庚申28日	辛酉29一
二月小	丁卯	天干地支西曆星期	壬午21一	癸未22二	甲申23三	乙酉24四	丙戌25五	丁亥26六	戊子27日	己丑28一	庚寅29二	辛卯30三
三月大	戊辰	天干地支西曆星期	辛亥19二	壬子20三	癸丑21四	甲寅22五	乙卯23六	丙辰24日	丁巳25一	戊午26二	己未27三	庚申28四
四月小	己巳	天干地支西曆星期	辛巳19四	壬午20五	癸未21六	甲申22日	乙酉23一	丙戌24二	丁亥25三	戊子26四	己丑27五	庚寅28六
五月大	庚午	天干地支西曆星期	庚戌17五	辛亥18六	壬子19日	癸丑20一	甲寅21二	乙卯22三	丙辰23四	丁巳24五	戊午25六	己未26日
六月小	辛未	天干地支西曆星期	庚辰17日	辛巳18一	壬午19二	癸未20三	甲申21四	乙酉22五	丙戌23六	丁亥24日	戊子25一	己丑26二
七月大	壬申	天干地支西曆星期	己酉15一	庚戌16二	辛亥17三	壬子18四	癸丑19五	甲寅20六	乙卯21日	丙辰22一	丁巳23二	戊午24三
八月大	癸酉	天干地支西曆星期	己卯14三	庚辰15四	辛巳16五	壬午17六	癸未18日	甲申19一	乙酉20二	丙戌21三	丁亥22四	戊子23五
九月小	甲戌	天干地支西曆星期	己酉14五	庚戌15六	辛亥16日	壬子17一	癸丑18二	甲寅19三	乙卯20四	丙辰21五	丁巳22六	戊午23日
十月大	乙亥	天干地支西曆星期	戊寅12六	己卯13日	庚辰14一	辛巳15二	壬午16三	癸未17四	甲申18五	乙酉19六	丙戌20日	丁亥21一
十一月小	丙子	天干地支西曆星期	戊申12一	己酉13二	庚戌14三	辛亥15四	壬子16五	癸丑17六	甲寅18日	乙卯19一	丙辰20二	丁巳21三
十二月大	丁丑	天干地支西曆星期	丁丑10二	戊寅11三	己卯12四	庚辰13五	辛巳14六	壬午15日	癸未16一	甲申17二	乙酉18三	丙戌19四

夏曆月序		中西曆日對照	廿一	廿二	廿三	廿四	廿五	廿六	廿七	廿八	廿九	三十	節氣與天象
正月大	丙寅	天干地支西曆星期	壬戌(3)二	癸亥2三	甲子3四	乙丑4五	丙寅5六	丁卯6日	戊辰7一	己巳8二	庚午9三	辛未10四	丙午雨水 辛酉驚蟄
二月小	丁卯	天干地支西曆星期	壬辰31四	癸巳(4)五	甲午2六	乙未3日	丙申4一	丁酉5二	戊戌6三	己亥7四	庚子8五		丙子春分 辛卯清明
三月大	戊辰	天干地支西曆星期	辛酉29五	壬戌30六	癸亥(5)日	甲子2一	乙丑3二	丙寅4三	丁卯5四	戊辰6五	己巳7六	庚午8日	丙午穀雨 壬戌立夏
四月小	己巳	天干地支西曆星期	辛卯29日	壬辰30一	癸巳31二	甲午(6)三	乙未2四	丙申3五	丁酉4六	戊戌5日	己亥6一		丁丑小滿 壬辰芒種
五月大	庚午	天干地支西曆星期	庚申27一	辛酉28二	壬戌29三	癸亥30四	甲子(7)五	乙丑2六	丙寅3日	丁卯4一	戊辰5二	己巳6三	丁未夏至 癸亥小暑
六月小	辛未	天干地支西曆星期	庚寅27三	辛卯28四	壬辰29五	癸巳30六	甲午31日	乙未(8)一	丙申2二	丁酉3三	戊戌4四		戊寅大暑 癸巳立秋
七月大	壬申	天干地支西曆星期	己未25四	庚申26五	辛酉27六	壬戌28日	癸亥29一	甲子30二	乙丑31三	丙寅(9)四	丁卯2五	戊辰3六	戊申處暑 癸亥白露
八月大	癸酉	天干地支西曆星期	己丑24六	庚寅25日	辛卯26一	壬辰27二	癸巳28三	甲午29四	乙未30五	丙申(10)六	丁酉2日	戊戌3一	己卯秋分 甲午寒露
九月小	甲戌	天干地支西曆星期	己未24一	庚申25二	辛酉26三	壬戌27四	癸亥28五	甲子29六	乙丑30日	丙寅31一	丁卯(11)二		己酉霜降 甲子立冬
十月大	乙亥	天干地支西曆星期	戊子22二	己丑23三	庚寅24四	辛卯25五	壬辰26六	癸巳27日	甲午28一	乙未29二	丙申30三	丁酉(12)四	己卯小雪 乙未大雪
十一月小	丙子	天干地支西曆星期	戊午22四	己未23五	庚申24六	辛酉25日	壬戌26一	癸亥27二	甲子28三	乙丑29四	丙寅30五		庚戌冬至 乙丑小寒
十二月大	丁丑	天干地支西曆星期	丁亥20五	戊子21六	己丑22日	庚寅23一	辛卯24二	壬辰25三	癸巳26四	甲午27五	乙未28六	丙申29日	庚辰大寒 丙申立春

蒙古乃马真后四年（乙巳 蛇年） 公元 1245 ~ 1246 年

夏曆月序		中西曆日對照	初一	初二	初三	初四	初五	初六	初七	初八	初九	初十	十一	十二	十三	十四	十五	十六	十七	十八	十九	二十	二一	二二	二三	二四	二五	二六	二七	二八	二九	三十	節氣與天象
正月小	戊寅	干支 西曆 星期	丁酉 30 一	戊戌 31 二	己亥 (2) 三	庚子 2 四	辛丑 3 五	壬寅 4 六	癸卯 5 日	甲辰 6 一	乙巳 7 二	丙午 8 三	丁未 9 四	戊申 10 五	己酉 11 六	庚戌 12 日	辛亥 13 一	壬子 14 二	癸丑 15 三	甲寅 16 四	乙卯 17 五	丙辰 18 六	丁巳 19 日	戊午 20 一	己未 21 二	庚申 22 三	辛酉 23 四	壬戌 24 五	癸亥 25 六	甲子 26 日	乙丑 27 一		辛亥雨水
二月大	己卯	干支 西曆 星期	丙寅 28 二	丁卯 (3) 三	戊辰 2 四	己巳 3 五	庚午 4 六	辛未 5 日	壬申 6 一	癸酉 7 二	甲戌 8 三	乙亥 9 四	丙子 10 五	丁丑 11 六	戊寅 12 日	己卯 13 一	庚辰 14 二	辛巳 15 三	壬午 16 四	癸未 17 五	甲申 18 六	乙酉 19 日	丙戌 20 一	丁亥 21 二	戊子 22 三	己丑 23 四	庚寅 24 五	辛卯 25 六	壬辰 26 日	癸巳 27 一	甲午 28 二	乙未 29 三	丙寅驚蟄 辛巳春分
三月小	庚辰	干支 西曆 星期	丙申 30 四	丁酉 31 五	戊戌 (4) 六	己亥 2 日	庚子 3 一	辛丑 4 二	壬寅 5 三	癸卯 6 四	甲辰 7 五	乙巳 8 六	丙午 9 日	丁未 10 一	戊申 11 二	己酉 12 三	庚戌 13 四	辛亥 14 五	壬子 15 六	癸丑 16 日	甲寅 17 一	乙卯 18 二	丙辰 19 三	丁巳 20 四	戊午 21 五	己未 22 六	庚申 23 日	辛酉 24 一	壬戌 25 二	癸亥 26 三	甲子 27 四		丙申清明 壬子穀雨
四月小	辛巳	干支 西曆 星期	乙丑 28 五	丙寅 29 六	丁卯 30 日	戊辰 (5) 一	己巳 2 二	庚午 3 三	辛未 4 四	壬申 5 五	癸酉 6 六	甲戌 7 日	乙亥 8 一	丙子 9 二	丁丑 10 三	戊寅 11 四	己卯 12 五	庚辰 13 六	辛巳 14 日	壬午 15 一	癸未 16 二	甲申 17 三	乙酉 18 四	丙戌 19 五	丁亥 20 六	戊子 21 日	己丑 22 一	庚寅 23 二	辛卯 24 三	壬辰 25 四	癸巳 26 五		丁卯立夏 壬午小滿
五月大	壬午	干支 西曆 星期	甲午 27 六	乙未 28 日	丙申 29 一	丁酉 30 二	戊戌 31 三	己亥 (6) 四	庚子 2 五	辛丑 3 六	壬寅 4 日	癸卯 5 一	甲辰 6 二	乙巳 7 三	丙午 8 四	丁未 9 五	戊申 10 六	己酉 11 日	庚戌 12 一	辛亥 13 二	壬子 14 三	癸丑 15 四	甲寅 16 五	乙卯 17 六	丙辰 18 日	丁巳 19 一	戊午 20 二	己未 21 三	庚申 22 四	辛酉 23 五	壬戌 24 六	癸亥 25 日	丁酉芒種 癸丑夏至
六月小	癸未	干支 西曆 星期	甲子 26 一	乙丑 27 二	丙寅 28 三	丁卯 29 四	戊辰 30 五	己巳 (7) 六	庚午 2 日	辛未 3 一	壬申 4 二	癸酉 5 三	甲戌 6 四	乙亥 7 五	丙子 8 六	丁丑 9 日	戊寅 10 一	己卯 11 二	庚辰 12 三	辛巳 13 四	壬午 14 五	癸未 15 六	甲申 16 日	乙酉 17 一	丙戌 18 二	丁亥 19 三	戊子 20 四	己丑 21 五	庚寅 22 六	辛卯 23 日	壬辰 24 一		戊辰小暑 癸未大暑
七月大	甲申	干支 西曆 星期	癸巳 25 二	甲午 26 三	乙未 27 四	丙申 28 五	丁酉 29 六	戊戌 30 日	己亥 31 一	庚子 (8) 二	辛丑 2 三	壬寅 3 四	癸卯 4 五	甲辰 5 六	乙巳 6 日	丙午 7 一	丁未 8 二	戊申 9 三	己酉 10 四	庚戌 11 五	辛亥 12 六	壬子 13 日	癸丑 14 一	甲寅 15 二	乙卯 16 三	丙辰 17 四	丁巳 18 五	戊午 19 六	己未 20 日	庚申 21 一	辛酉 22 二	壬戌 23 三	戊戌立秋 癸丑處暑 癸巳日食
八月大	乙酉	干支 西曆 星期	癸亥 24 四	甲子 25 五	乙丑 26 六	丙寅 27 日	丁卯 28 一	戊辰 29 二	己巳 30 三	庚午 31 四	辛未 (9) 五	壬申 2 六	癸酉 3 日	甲戌 4 一	乙亥 5 二	丙子 6 三	丁丑 7 四	戊寅 8 五	己卯 9 六	庚辰 10 日	辛巳 11 一	壬午 12 二	癸未 13 三	甲申 14 四	乙酉 15 五	丙戌 16 六	丁亥 17 日	戊子 18 一	己丑 19 二	庚寅 20 三	辛卯 21 四	壬辰 22 五	己巳白露 甲申秋分
九月小	丙戌	干支 西曆 星期	癸巳 23 六	甲午 24 日	乙未 25 一	丙申 26 二	丁酉 27 三	戊戌 28 四	己亥 29 五	庚子 30 六	辛丑 (10) 日	壬寅 2 一	癸卯 3 二	甲辰 4 三	乙巳 5 四	丙午 6 五	丁未 7 六	戊申 8 日	己酉 9 一	庚戌 10 二	辛亥 11 三	壬子 12 四	癸丑 13 五	甲寅 14 六	乙卯 15 日	丙辰 16 一	丁巳 17 二	戊午 18 三	己未 19 四	庚申 20 五	辛酉 21 六		己亥寒露 甲寅霜降
十月大	丁亥	干支 西曆 星期	壬戌 22 日	癸亥 23 一	甲子 24 二	乙丑 25 三	丙寅 26 四	丁卯 27 五	戊辰 28 六	己巳 29 日	庚午 30 一	辛未 31 二	壬申 (11) 三	癸酉 2 四	甲戌 3 五	乙亥 4 六	丙子 5 日	丁丑 6 一	戊寅 7 二	己卯 8 三	庚辰 9 四	辛巳 10 五	壬午 11 六	癸未 12 日	甲申 13 一	乙酉 14 二	丙戌 15 三	丁亥 16 四	戊子 17 五	己丑 18 六	庚寅 19 日	辛卯 20 一	庚午立冬 乙酉小雪
十一月大	戊子	干支 西曆 星期	壬辰 21 二	癸巳 22 三	甲午 23 四	乙未 24 五	丙申 25 六	丁酉 26 日	戊戌 27 一	己亥 28 二	庚子 29 三	辛丑 30 四	壬寅 (12) 五	癸卯 2 六	甲辰 3 日	乙巳 4 一	丙午 5 二	丁未 6 三	戊申 7 四	己酉 8 五	庚戌 9 六	辛亥 10 日	壬子 11 一	癸丑 12 二	甲寅 13 三	乙卯 14 四	丙辰 15 五	丁巳 16 六	戊午 17 日	己未 18 一	庚申 19 二	辛酉 20 三	庚子大雪 乙卯冬至
十二月小	己丑	干支 西曆 星期	壬戌 21 四	癸亥 22 五	甲子 23 六	乙丑 24 日	丙寅 25 一	丁卯 26 二	戊辰 27 三	己巳 28 四	庚午 29 五	辛未 30 六	壬申 31 日	癸酉 (1) 一	甲戌 2 二	乙亥 3 三	丙子 4 四	丁丑 5 五	戊寅 6 六	己卯 7 日	庚辰 8 一	辛巳 9 二	壬午 10 三	癸未 11 四	甲申 12 五	乙酉 13 六	丙戌 14 日	丁亥 15 一	戊子 16 二	己丑 17 三	庚寅 18 四		庚午小寒 丙戌大寒

蒙古乃马真后五年 定宗元年（丙午 馬年） 公元 1246 ~ 1247 年

夏曆月序		中西曆日對照	初一	初二	初三	初四	初五	初六	初七	初八	初九	初十	十一	十二	十三	十四	十五	十六	十七	十八	十九	二十	二一	二二	二三	二四	二五	二六	二七	二八	二九	三十	節氣與天象
正月大	庚寅	天干地支 西曆 星期	辛卯19五	壬辰20六	癸巳21日	甲午22一	乙未23二	丙申24三	丁酉25四	戊戌26五	己亥27六	庚子28日	辛丑29一	壬寅30二	癸卯31三	甲辰(2)四	乙巳2五	丙午3六	丁未4日	戊申5一	己酉6二	庚戌7三	辛亥8四	壬子9五	癸丑10六	甲寅11日	乙卯12一	丙辰13二	丁巳14三	戊午15四	己未16五	庚申17六	辛丑立春 丙辰雨水 辛卯日食
二月小	辛卯	天干地支 西曆 星期	辛酉18日	壬戌19一	癸亥20二	甲子21三	乙丑22四	丙寅23五	丁卯24六	戊辰25日	己巳26一	庚午27二	辛未28三	壬申(3)四	癸酉2五	甲戌3六	乙亥4日	丙子5一	丁丑6二	戊寅7三	己卯8四	庚辰9五	辛巳10六	壬午11日	癸未12一	甲申13二	乙酉14三	丙戌15四	丁亥16五	戊子17六	己丑18日		辛未驚蟄 丙戌春分
三月大	壬辰	天干地支 西曆 星期	庚寅19一	辛卯20二	壬辰21三	癸巳22四	甲午23五	乙未24六	丙申25日	丁酉26一	戊戌27二	己亥28三	庚子29四	辛丑30五	壬寅31六	癸卯(4)日	甲辰2一	乙巳3二	丙午4三	丁未5四	戊申6五	己酉7六	庚戌8日	辛亥9一	壬子10二	癸丑11三	甲寅12四	乙卯13五	丙辰14六	丁巳15日	戊午16一	己未17二	壬寅清明 丁巳穀雨
四月小	癸巳	天干地支 西曆 星期	庚申18三	辛酉19四	壬戌20五	癸亥21六	甲子22日	乙丑23一	丙寅24二	丁卯25三	戊辰26四	己巳27五	庚午28六	辛未29日	壬申30一	癸酉(5)二	甲戌2三	乙亥3四	丙子4五	丁丑5六	戊寅6日	己卯7一	庚辰8二	辛巳9三	壬午10四	癸未11五	甲申12六	乙酉13日	丙戌14一	丁亥15二	戊子16三		壬申立夏 丁亥小滿
閏四月小	癸巳	天干地支 西曆 星期	己丑17四	庚寅18五	辛卯19六	壬辰20日	癸巳21一	甲午22二	乙未23三	丙申24四	丁酉25五	戊戌26六	己亥27日	庚子28一	辛丑29二	壬寅30三	癸卯31四	甲辰(6)五	乙巳2六	丙午3日	丁未4一	戊申5二	己酉6三	庚戌7四	辛亥8五	壬子9六	癸丑10日	甲寅11一	乙卯12二	丙辰13三	丁巳14四		癸卯芒種
五月大	甲午	天干地支 西曆 星期	戊午15五	己未16六	庚申17日	辛酉18一	壬戌19二	癸亥20三	甲子21四	乙丑22五	丙寅23六	丁卯24日	戊辰25一	己巳26二	庚午27三	辛未28四	壬申29五	癸酉30六	甲戌(7)日	乙亥2一	丙子3二	丁丑4三	戊寅5四	己卯6五	庚辰7六	辛巳8日	壬午9一	癸未10二	甲申11三	乙酉12四	丙戌13五	丁亥14六	戊午夏至 癸酉小暑
六月小	乙未	天干地支 西曆 星期	戊子15日	己丑16一	庚寅17二	辛卯18三	壬辰19四	癸巳20五	甲午21六	乙未22日	丙申23一	丁酉24二	戊戌25三	己亥26四	庚子27五	辛丑28六	壬寅29日	癸卯30一	甲辰31二	乙巳(8)三	丙午2四	丁未3五	戊申4六	己酉5日	庚戌6一	辛亥7二	壬子8三	癸丑9四	甲寅10五	乙卯11六	丙辰12日		戊子大暑 癸卯立秋
七月大	丙申	天干地支 西曆 星期	丁巳13一	戊午14二	己未15三	庚申16四	辛酉17五	壬戌18六	癸亥19日	甲子20一	乙丑21二	丙寅22三	丁卯23四	戊辰24五	己巳25六	庚午26日	辛未27一	壬申28二	癸酉29三	甲戌30四	乙亥31五	丙子(9)六	丁丑2日	戊寅3一	己卯4二	庚辰5三	辛巳6四	壬午7五	癸未8六	甲申9日	乙酉10一	丙戌11二	己未處暑 甲戌白露
八月小	丁酉	天干地支 西曆 星期	丁亥12三	戊子13四	己丑14五	庚寅15六	辛卯16日	壬辰17一	癸巳18二	甲午19三	乙未20四	丙申21五	丁酉22六	戊戌23日	己亥24一	庚子25二	辛丑26三	壬寅27四	癸卯28五	甲辰29六	乙巳30日	丙午(10)一	丁未2二	戊申3三	己酉4四	庚戌5五	辛亥6六	壬子7日	癸丑8一	甲寅9二	乙卯10三		己丑秋分 甲辰寒露
九月大	戊戌	天干地支 西曆 星期	丙辰11四	丁巳12五	戊午13六	己未14日	庚申15一	辛酉16二	壬戌17三	癸亥18四	甲子19五	乙丑20六	丙寅21日	丁卯22一	戊辰23二	己巳24三	庚午25四	辛未26五	壬申27六	癸酉28日	甲戌29一	乙亥30二	丙子31三	丁丑(11)四	戊寅2五	己卯3六	庚辰4日	辛巳5一	壬午6二	癸未7三	甲申8四	乙酉9五	庚申霜降 乙亥立冬
十月大	己亥	天干地支 西曆 星期	丙戌10六	丁亥11日	戊子12一	己丑13二	庚寅14三	辛卯15四	壬辰16五	癸巳17六	甲午18日	乙未19一	丙申20二	丁酉21三	戊戌22四	己亥23五	庚子24六	辛丑25日	壬寅26一	癸卯27二	甲辰28三	乙巳29四	丙午30五	丁未(12)六	戊申2日	己酉3一	庚戌4二	辛亥5三	壬子6四	癸丑7五	甲寅8六	乙卯9日	庚寅小雪 乙巳大雪
十一月大	庚子	天干地支 西曆 星期	丙辰10一	丁巳11二	戊午12三	己未13四	庚申14五	辛酉15六	壬戌16日	癸亥17一	甲子18二	乙丑19三	丙寅20四	丁卯21五	戊辰22六	己巳23日	庚午24一	辛未25二	壬申26三	癸酉27四	甲戌28五	乙亥29六	丙子30日	丁丑31一	戊寅(1)二	己卯2三	庚辰3四	辛巳4五	壬午5六	癸未6日	甲申7一	乙酉8二	庚申冬至 丙子小寒
十二月小	辛丑	天干地支 西曆 星期	丙戌9三	丁亥10四	戊子11五	己丑12六	庚寅13日	辛卯14一	壬辰15二	癸巳16三	甲午17四	乙未18五	丙申19六	丁酉20日	戊戌21一	己亥22二	庚子23三	辛丑24四	壬寅25五	癸卯26六	甲辰27日	乙巳28一	丙午29二	丁未30三	戊申31四	己酉(2)五	庚戌2六	辛亥3日	壬子4一	癸丑5二	甲寅6三		辛卯大寒 丙午立春

* 七月，貴由即位，是爲定宗。

蒙古定宗二年（丁未 羊年） 公元 1247 ~ 1248 年

夏曆月序	中西曆日對照	初一	初二	初三	初四	初五	初六	初七	初八	初九	初十	十一	十二	十三	十四	十五	十六	十七	十八	十九	二十	二一	二二	二三	二四	二五	二六	二七	二八	二九	三十	節氣與天象
正月大 壬寅	天干 地支 西曆 星期	乙卯 7 四	丙辰 8 五	丁巳 9 六	戊午 10 日	己未 11 一	庚申 12 二	辛酉 13 三	壬戌 14 四	癸亥 15 五	甲子 16 六	乙丑 17 日	丙寅 18 一	丁卯 19 二	戊辰 20 三	己巳 21 四	庚午 22 五	辛未 23 六	壬申 24 日	癸酉 25 一	甲戌 26 二	乙亥 27 三	丙子 28 四	丁丑 (3) 五	戊寅 2 六	己卯 3 日	庚辰 4 一	辛巳 5 二	壬午 6 三	癸未 7 四	甲申 8 五	辛酉雨水 丙子驚蟄
二月小 癸卯	天干 地支 西曆 星期	乙酉 9 六	丙戌 10 日	丁亥 11 一	戊子 12 二	己丑 13 三	庚寅 14 四	辛卯 15 五	壬辰 16 六	癸巳 17 日	甲午 18 一	乙未 19 二	丙申 20 三	丁酉 21 四	戊戌 22 五	己亥 23 六	庚子 24 日	辛丑 25 一	壬寅 26 二	癸卯 27 三	甲辰 28 四	乙巳 29 五	丙午 30 六	丁未 31 日	戊申 (4) 一	己酉 2 二	庚戌 3 三	辛亥 4 四	壬子 5 五	癸丑 6 六		壬辰春分 丁未清明
三月大 甲辰	天干 地支 西曆 星期	甲寅 7 日	乙卯 8 一	丙辰 9 二	丁巳 10 三	戊午 11 四	己未 12 五	庚申 13 六	辛酉 14 日	壬戌 15 一	癸亥 16 二	甲子 17 三	乙丑 18 四	丙寅 19 五	丁卯 20 六	戊辰 21 日	己巳 22 一	庚午 23 二	辛未 24 三	壬申 25 四	癸酉 26 五	甲戌 27 六	乙亥 28 日	丙子 29 一	丁丑 30 二	戊寅 (5) 三	己卯 2 四	庚辰 3 五	辛巳 4 六	壬午 5 日	癸未 6 一	壬戌穀雨 丁丑立夏
四月小 乙巳	天干 地支 西曆 星期	甲申 7 二	乙酉 8 三	丙戌 9 四	丁亥 10 五	戊子 11 六	己丑 12 日	庚寅 13 一	辛卯 14 二	壬辰 15 三	癸巳 16 四	甲午 17 五	乙未 18 六	丙申 19 日	丁酉 20 一	戊戌 21 二	己亥 22 三	庚子 23 四	辛丑 24 五	壬寅 25 六	癸卯 26 日	甲辰 27 一	乙巳 28 二	丙午 29 三	丁未 30 四	戊申 31 五	己酉 (6) 六	庚戌 2 日	辛亥 3 一	壬子 4 二		癸巳小滿 戊申芒種
五月小 丙午	天干 地支 西曆 星期	癸丑 5 三	甲寅 6 四	乙卯 7 五	丙辰 8 六	丁巳 9 日	戊午 10 一	己未 11 二	庚申 12 三	辛酉 13 四	壬戌 14 五	癸亥 15 六	甲子 16 日	乙丑 17 一	丙寅 18 二	丁卯 19 三	戊辰 20 四	己巳 21 五	庚午 22 六	辛未 23 日	壬申 24 一	癸酉 25 二	甲戌 26 三	乙亥 27 四	丙子 28 五	丁丑 29 六	戊寅 30 日	己卯 (7) 一	庚辰 2 二	辛巳 3 三		癸亥夏至 戊寅小暑
六月大 丁未	天干 地支 西曆 星期	壬午 4 四	癸未 5 五	甲申 6 六	乙酉 7 日	丙戌 8 一	丁亥 9 二	戊子 10 三	己丑 11 四	庚寅 12 五	辛卯 13 六	壬辰 14 日	癸巳 15 一	甲午 16 二	乙未 17 三	丙申 18 四	丁酉 19 五	戊戌 20 六	己亥 21 日	庚子 22 一	辛丑 23 二	壬寅 24 三	癸卯 25 四	甲辰 26 五	乙巳 27 六	丙午 28 日	丁未 29 一	戊申 30 二	己酉 31 三	庚戌 (8) 四	辛亥 2 五	癸巳大暑 己酉立秋
七月小 戊申	天干 地支 西曆 星期	壬子 3 六	癸丑 4 日	甲寅 5 一	乙卯 6 二	丙辰 7 三	丁巳 8 四	戊午 9 五	己未 10 六	庚申 11 日	辛酉 12 一	壬戌 13 二	癸亥 14 三	甲子 15 四	乙丑 16 五	丙寅 17 六	丁卯 18 日	戊辰 19 一	己巳 20 二	庚午 21 三	辛未 22 四	壬申 23 五	癸酉 24 六	甲戌 25 日	乙亥 26 一	丙子 27 二	丁丑 28 三	戊寅 29 四	己卯 30 五	庚辰 31 六		甲子處暑 己卯白露
八月大 己酉	天干 地支 西曆 星期	辛巳 (9) 日	壬午 2 一	癸未 3 二	甲申 4 三	乙酉 5 四	丙戌 6 五	丁亥 7 六	戊子 8 日	己丑 9 一	庚寅 10 二	辛卯 11 三	壬辰 12 四	癸巳 13 五	甲午 14 六	乙未 15 日	丙申 16 一	丁酉 17 二	戊戌 18 三	己亥 19 四	庚子 20 五	辛丑 21 六	壬寅 22 日	癸卯 23 一	甲辰 24 二	乙巳 25 三	丙午 26 四	丁未 27 五	戊申 28 六	己酉 29 日	庚戌 30 一	甲午秋分 庚戌寒露
九月小 庚戌	天干 地支 西曆 星期	辛亥 (10) 二	壬子 2 三	癸丑 3 四	甲寅 4 五	乙卯 5 六	丙辰 6 日	丁巳 7 一	戊午 8 二	己未 9 三	庚申 10 四	辛酉 11 五	壬戌 12 六	癸亥 13 日	甲子 14 一	乙丑 15 二	丙寅 16 三	丁卯 17 四	戊辰 18 五	己巳 19 六	庚午 20 日	辛未 21 一	壬申 22 二	癸酉 23 三	甲戌 24 四	乙亥 25 五	丙子 26 六	丁丑 27 日	戊寅 28 一	己卯 29 二		乙丑霜降
十月大 辛亥	天干 地支 西曆 星期	庚辰 30 三	辛巳 31 四	壬午 (11) 五	癸未 2 六	甲申 3 日	乙酉 4 一	丙戌 5 二	丁亥 6 三	戊子 7 四	己丑 8 五	庚寅 9 六	辛卯 10 日	壬辰 11 一	癸巳 12 二	甲午 13 三	乙未 14 四	丙申 15 五	丁酉 16 六	戊戌 17 日	己亥 18 一	庚子 19 二	辛丑 20 三	壬寅 21 四	癸卯 22 五	甲辰 23 六	乙巳 24 日	丙午 25 一	丁未 26 二	戊申 27 三	己酉 28 四	庚辰立冬 乙未小雪
十一月大 壬子	天干 地支 西曆 星期	庚戌 29 五	辛亥 30 六	壬子 (12) 日	癸丑 2 一	甲寅 3 二	乙卯 4 三	丙辰 5 四	丁巳 6 五	戊午 7 六	己未 8 日	庚申 9 一	辛酉 10 二	壬戌 11 三	癸亥 12 四	甲子 13 五	乙丑 14 六	丙寅 15 日	丁卯 16 一	戊辰 17 二	己巳 18 三	庚午 19 四	辛未 20 五	壬申 21 六	癸酉 22 日	甲戌 23 一	乙亥 24 二	丙子 25 三	丁丑 26 四	戊寅 27 五	己卯 28 六	庚戌大雪 丙寅冬至
十二月大 癸丑	天干 地支 西曆 星期	庚辰 29 日	辛巳 30 一	壬午 31 二	癸未 (1) 三	甲申 2 四	乙酉 3 五	丙戌 4 六	丁亥 5 日	戊子 6 一	己丑 7 二	庚寅 8 三	辛卯 9 四	壬辰 10 五	癸巳 11 六	甲午 12 日	乙未 13 一	丙申 14 二	丁酉 15 三	戊戌 16 四	己亥 17 五	庚子 18 六	辛丑 19 日	壬寅 20 一	癸卯 21 二	甲辰 22 三	乙巳 23 四	丙午 24 五	丁未 25 六	戊申 26 日	己酉 27 一	辛巳小寒 丙申大寒

蒙古定宗三年 （戊申 猴年） 公元 1248 ~ 1249 年

夏曆月序		中西曆日對照	初一	初二	初三	初四	初五	初六	初七	初八	初九	初十	十一	十二	十三	十四	十五	十六	十七	十八	十九	二十	二一	二二	二三	二四	二五	二六	二七	二八	二九	三十	節氣與天象
正月小	甲寅	天干地支 西曆星期	庚戌 28二	辛亥 29三	壬子 30四	癸丑 31五	甲寅 (2)六	乙卯 2日	丙辰 3一	丁巳 4二	戊午 5三	己未 6四	庚申 7五	辛酉 8六	壬戌 9日	癸亥 10一	甲子 11二	乙丑 12三	丙寅 13四	丁卯 14五	戊辰 15六	己巳 16日	庚午 17一	辛未 18二	壬申 19三	癸酉 20四	甲戌 21五	乙亥 22六	丙子 23日	丁丑 24一	戊寅 25二		辛亥立春 丁卯雨水
二月大	乙卯	天干地支 西曆星期	己卯 26三	庚辰 27四	辛巳 28五	壬午 29六	癸未 (3)日	甲申 2一	乙酉 3二	丙戌 4三	丁亥 5四	戊子 6五	己丑 7六	庚寅 8日	辛卯 9一	壬辰 10二	癸巳 11三	甲午 12四	乙未 13五	丙申 14六	丁酉 15日	戊戌 16一	己亥 17二	庚子 18三	辛丑 19四	壬寅 20五	癸卯 21六	甲辰 22日	乙巳 23一	丙午 24二	丁未 25三	戊申 26四	壬午驚蟄 丁酉春分
三月小	丙辰	天干地支 西曆星期	己酉 27五	庚戌 28六	辛亥 29日	壬子 30一	癸丑 31二	甲寅 (4)三	乙卯 2四	丙辰 3五	丁巳 4六	戊午 5日	己未 6一	庚申 7二	辛酉 8三	壬戌 9四	癸亥 10五	甲子 11六	乙丑 12日	丙寅 13一	丁卯 14二	戊辰 15三	己巳 16四	庚午 17五	辛未 18六	壬申 19日	癸酉 20一	甲戌 21二	乙亥 22三	丙子 23四	丁丑 24五		壬子清明 丁卯穀雨
四月大	丁巳	天干地支 西曆星期	戊寅 25六	己卯 26日	庚辰 27一	辛巳 28二	壬午 29三	癸未 30四	甲申 (5)五	乙酉 2六	丙戌 3日	丁亥 4一	戊子 5二	己丑 6三	庚寅 7四	辛卯 8五	壬辰 9六	癸巳 10日	甲午 11一	乙未 12二	丙申 13三	丁酉 14四	戊戌 15五	己亥 16六	庚子 17日	辛丑 18一	壬寅 19二	癸卯 20三	甲辰 21四	乙巳 22五	丙午 23六	丁未 24日	癸未立夏 戊戌小滿
五月小	戊午	天干地支 西曆星期	戊申 25一	己酉 26二	庚戌 27三	辛亥 28四	壬子 29五	癸丑 30六	甲寅 31日	乙卯 (6)一	丙辰 2二	丁巳 3三	戊午 4四	己未 5五	庚申 6六	辛酉 7日	壬戌 8一	癸亥 9二	甲子 10三	乙丑 11四	丙寅 12五	丁卯 13六	戊辰 14日	己巳 15一	庚午 16二	辛未 17三	壬申 18四	癸酉 19五	甲戌 20六	乙亥 21日	丙子 22一		癸丑芒種 戊辰夏至
六月小	己未	天干地支 西曆星期	丁丑 23二	戊寅 24三	己卯 25四	庚辰 26五	辛巳 27六	壬午 28日	癸未 29一	甲申 30二	乙酉 (7)三	丙戌 2四	丁亥 3五	戊子 4六	己丑 5日	庚寅 6一	辛卯 7二	壬辰 8三	癸巳 9四	甲午 10五	乙未 11六	丙申 12日	丁酉 13一	戊戌 14二	己亥 15三	庚子 16四	辛丑 17五	壬寅 18六	癸卯 19日	甲辰 20一	乙巳 21二		癸未小暑 己亥大暑
七月大	庚申	天干地支 西曆星期	丙午 22三	丁未 23四	戊申 24五	己酉 25六	庚戌 26日	辛亥 27一	壬子 28二	癸丑 29三	甲寅 30四	乙卯 31五	丙辰 (8)六	丁巳 2日	戊午 3一	己未 4二	庚申 5三	辛酉 6四	壬戌 7五	癸亥 8六	甲子 9日	乙丑 10一	丙寅 11二	丁卯 12三	戊辰 13四	己巳 14五	庚午 15六	辛未 16日	壬申 17一	癸酉 18二	甲戌 19三	乙亥 20四	甲寅立秋 己巳處暑
八月小	辛酉	天干地支 西曆星期	丙子 21五	丁丑 22六	戊寅 23日	己卯 24一	庚辰 25二	辛巳 26三	壬午 27四	癸未 28五	甲申 29六	乙酉 30日	丙戌 31一	丁亥 (9)二	戊子 2三	己丑 3四	庚寅 4五	辛卯 5六	壬辰 6日	癸巳 7一	甲午 8二	乙未 9三	丙申 10四	丁酉 11五	戊戌 12六	己亥 13日	庚子 14一	辛丑 15二	壬寅 16三	癸卯 17四	甲辰 18五		甲申白露 庚子秋分
九月小	壬戌	天干地支 西曆星期	乙巳 19六	丙午 20日	丁未 21一	戊申 22二	己酉 23三	庚戌 24四	辛亥 25五	壬子 26六	癸丑 27日	甲寅 28一	乙卯 29二	丙辰 30三	丁巳 (10)四	戊午 2五	己未 3六	庚申 4日	辛酉 5一	壬戌 6二	癸亥 7三	甲子 8四	乙丑 9五	丙寅 10六	丁卯 11日	戊辰 12一	己巳 13二	庚午 14三	辛未 15四	壬申 16五	癸酉 17六		乙卯寒露 庚午霜降
十月大	癸亥	天干地支 西曆星期	甲戌 18日	乙亥 19一	丙子 20二	丁丑 21三	戊寅 22四	己卯 23五	庚辰 24六	辛巳 25日	壬午 26一	癸未 27二	甲申 28三	乙酉 29四	丙戌 30五	丁亥 31六	戊子 (11)日	己丑 2一	庚寅 3二	辛卯 4三	壬辰 5四	癸巳 6五	甲午 7六	乙未 8日	丙申 9一	丁酉 10二	戊戌 11三	己亥 12四	庚子 13五	辛丑 14六	壬寅 15日	癸卯 16一	乙酉立冬 庚子小雪
十一月大	甲子	天干地支 西曆星期	甲辰 17二	乙巳 18三	丙午 19四	丁未 20五	戊申 21六	己酉 22日	庚戌 23一	辛亥 24二	壬子 25三	癸丑 26四	甲寅 27五	乙卯 28六	丙辰 29日	丁巳 30一	戊午 (12)二	己未 2三	庚申 3四	辛酉 4五	壬戌 5六	癸亥 6日	甲子 7一	乙丑 8二	丙寅 9三	丁卯 10四	戊辰 11五	己巳 12六	庚午 13日	辛未 14一	壬申 15二	癸酉 16三	丙辰大雪 辛未冬至
十二月大	乙丑	天干地支 西曆星期	甲戌 17四	乙亥 18五	丙子 19六	丁丑 20日	戊寅 21一	己卯 22二	庚辰 23三	辛巳 24四	壬午 25五	癸未 26六	甲申 27日	乙酉 28一	丙戌 29二	丁亥 30三	戊子 31四	己丑 (1)五	庚寅 2六	辛卯 3日	壬辰 4一	癸巳 5二	甲午 6三	乙未 7四	丙申 8五	丁酉 9六	戊戌 10日	己亥 11一	庚子 12二	辛丑 13三	壬寅 14四	癸卯 15五	丙戌小寒 辛丑大寒

* 三月，定宗死。海迷失后臨朝稱制。

海迷失后元年（己酉 鷄年） 公元 1249 ~ 1250 年

夏曆月序		中西曆日對照	初一	初二	初三	初四	初五	初六	初七	初八	初九	初十	十一	十二	十三	十四	十五	十六	十七	十八	十九	二十	二一	二二	二三	二四	二五	二六	二七	二八	二九	三十	節氣與天象
正月小	丙寅	天干 地支 西曆 星期	甲辰 16 六	乙巳 17 日	丙午 18 一	丁未 19 二	戊申 20 三	己酉 21 四	庚戌 22 五	辛亥 23 六	壬子 24 日	癸丑 25 一	甲寅 26 二	乙卯 27 三	丙辰 28 四	丁巳 29 五	戊午 30 六	己未 31 日	庚申 (2) 一	辛酉 2 二	壬戌 3 三	癸亥 4 四	甲子 5 五	乙丑 6 六	丙寅 7 日	丁卯 8 一	戊辰 9 二	己巳 10 三	庚午 11 四	辛未 12 五	壬申 13 六		丁巳立春 壬申雨水
二月大	丁卯	天干 地支 西曆 星期	癸酉 14 日	甲戌 15 一	乙亥 16 二	丙子 17 三	丁丑 18 四	戊寅 19 五	己卯 20 六	庚辰 21 日	辛巳 22 一	壬午 23 二	癸未 24 三	甲申 25 四	乙酉 26 五	丙戌 27 六	丁亥 28 日	戊子 (3) 一	己丑 2 二	庚寅 3 三	辛卯 4 四	壬辰 5 五	癸巳 6 六	甲午 7 日	乙未 8 一	丙申 9 二	丁酉 10 三	戊戌 11 四	己亥 12 五	庚子 13 六	辛丑 14 日	壬寅 15 一	丁亥驚蟄 壬寅春分
閏二月大	丁卯	天干 地支 西曆 星期	癸卯 16 二	甲辰 17 三	乙巳 18 四	丙午 19 五	丁未 20 六	戊申 21 日	己酉 22 一	庚戌 23 二	辛亥 24 三	壬子 25 四	癸丑 26 五	甲寅 27 六	乙卯 28 日	丙辰 29 一	丁巳 30 二	戊午 31 三	己未 (4) 四	庚申 2 五	辛酉 3 六	壬戌 4 日	癸亥 5 一	甲子 6 二	乙丑 7 三	丙寅 8 四	丁卯 9 五	戊辰 10 六	己巳 11 日	庚午 12 一	辛未 13 二	壬申 14 三	丁巳清明
三月小	戊辰	天干 地支 西曆 星期	癸酉 15 四	甲戌 16 五	乙亥 17 六	丙子 18 日	丁丑 19 一	戊寅 20 二	己卯 21 三	庚辰 22 四	辛巳 23 五	壬午 24 六	癸未 25 日	甲申 26 一	乙酉 27 二	丙戌 28 三	丁亥 29 四	戊子 30 五	己丑 (5) 六	庚寅 2 日	辛卯 3 一	壬辰 4 二	癸巳 5 三	甲午 6 四	乙未 7 五	丙申 8 六	丁酉 9 日	戊戌 10 一	己亥 11 二	庚子 12 三	辛丑 13 四		癸酉穀雨 戊子立夏
四月大	己巳	天干 地支 西曆 星期	壬寅 14 五	癸卯 15 六	甲辰 16 日	乙巳 17 一	丙午 18 二	丁未 19 三	戊申 20 四	己酉 21 五	庚戌 22 六	辛亥 23 日	壬子 24 一	癸丑 25 二	甲寅 26 三	乙卯 27 四	丙辰 28 五	丁巳 29 六	戊午 30 日	己未 31 一	庚申 (6) 二	辛酉 2 三	壬戌 3 四	癸亥 4 五	甲子 5 六	乙丑 6 日	丙寅 7 一	丁卯 8 二	戊辰 9 三	己巳 10 四	庚午 11 五	辛未 12 六	癸卯小滿 戊午芒種 壬寅日食
五月小	庚午	天干 地支 西曆 星期	壬申 13 日	癸酉 14 一	甲戌 15 二	乙亥 16 三	丙子 17 四	丁丑 18 五	戊寅 19 六	己卯 20 日	庚辰 21 一	辛巳 22 二	壬午 23 三	癸未 24 四	甲申 25 五	乙酉 26 六	丙戌 27 日	丁亥 28 一	戊子 29 二	己丑 30 三	庚寅 (7) 四	辛卯 2 五	壬辰 3 六	癸巳 4 日	甲午 5 一	乙未 6 二	丙申 7 三	丁酉 8 四	戊戌 9 五	己亥 10 六	庚子 11 日		甲戌夏至 己丑小暑
六月小	辛未	天干 地支 西曆 星期	辛丑 12 一	壬寅 13 二	癸卯 14 三	甲辰 15 四	乙巳 16 五	丙午 17 六	丁未 18 日	戊申 19 一	己酉 20 二	庚戌 21 三	辛亥 22 四	壬子 23 五	癸丑 24 六	甲寅 25 日	乙卯 26 一	丙辰 27 二	丁巳 28 三	戊午 29 四	己未 30 五	庚申 31 六	辛酉 (8) 日	壬戌 2 一	癸亥 3 二	甲子 4 三	乙丑 5 四	丙寅 6 五	丁卯 7 六	戊辰 8 日	己巳 9 一		甲辰大暑 己未立秋
七月大	壬申	天干 地支 西曆 星期	庚午 10 二	辛未 11 三	壬申 12 四	癸酉 13 五	甲戌 14 六	乙亥 15 日	丙子 16 一	丁丑 17 二	戊寅 18 三	己卯 19 四	庚辰 20 五	辛巳 21 六	壬午 22 日	癸未 23 一	甲申 24 二	乙酉 25 三	丙戌 26 四	丁亥 27 五	戊子 28 六	己丑 29 日	庚寅 30 一	辛卯 31 二	壬辰 (9) 三	癸巳 2 四	甲午 3 五	乙未 4 六	丙申 5 日	丁酉 6 一	戊戌 7 二	己亥 8 三	甲戌處暑 庚寅白露
八月小	癸酉	天干 地支 西曆 星期	庚子 9 四	辛丑 10 五	壬寅 11 六	癸卯 12 日	甲辰 13 一	乙巳 14 二	丙午 15 三	丁未 16 四	戊申 17 五	己酉 18 六	庚戌 19 日	辛亥 20 一	壬子 21 二	癸丑 22 三	甲寅 23 四	乙卯 24 五	丙辰 25 六	丁巳 26 日	戊午 27 一	己未 28 二	庚申 29 三	辛酉 30 四	壬戌 (10) 五	癸亥 2 六	甲子 3 日	乙丑 4 一	丙寅 5 二	丁卯 6 三	戊辰 7 四		乙巳秋分 庚申寒露
九月小	甲戌	天干 地支 西曆 星期	己巳 8 五	庚午 9 六	辛未 10 日	壬申 11 一	癸酉 12 二	甲戌 13 三	乙亥 14 四	丙子 15 五	丁丑 16 六	戊寅 17 日	己卯 18 一	庚辰 19 二	辛巳 20 三	壬午 21 四	癸未 22 五	甲申 23 六	乙酉 24 日	丙戌 25 一	丁亥 26 二	戊子 27 三	己丑 28 四	庚寅 29 五	辛卯 30 六	壬辰 31 日	癸巳 (11) 一	甲午 2 二	乙未 3 三	丙申 4 四	丁酉 5 五		乙亥霜降 庚寅立冬
十月大	乙亥	天干 地支 西曆 星期	戊戌 6 六	己亥 7 日	庚子 8 一	辛丑 9 二	壬寅 10 三	癸卯 11 四	甲辰 12 五	乙巳 13 六	丙午 14 日	丁未 15 一	戊申 16 二	己酉 17 三	庚戌 18 四	辛亥 19 五	壬子 20 六	癸丑 21 日	甲寅 22 一	乙卯 23 二	丙辰 24 三	丁巳 25 四	戊午 26 五	己未 27 六	庚申 28 日	辛酉 29 一	壬戌 30 二	癸亥 (12) 三	甲子 2 四	乙丑 3 五	丙寅 4 六	丁卯 5 日	丙午小雪 辛酉大雪
十一月大	丙子	天干 地支 西曆 星期	戊辰 6 一	己巳 7 二	庚午 8 三	辛未 9 四	壬申 10 五	癸酉 11 六	甲戌 12 日	乙亥 13 一	丙子 14 二	丁丑 15 三	戊寅 16 四	己卯 17 五	庚辰 18 六	辛巳 19 日	壬午 20 一	癸未 21 二	甲申 22 三	乙酉 23 四	丙戌 24 五	丁亥 25 六	戊子 26 日	己丑 27 一	庚寅 28 二	辛卯 29 三	壬辰 30 四	癸巳 31 五	甲午 (1) 六	乙未 2 日	丙申 3 一	丁酉 4 二	丙子冬至 辛卯小寒
十二月小	丁丑	天干 地支 西曆 星期	戊戌 5 三	己亥 6 四	庚子 7 五	辛丑 8 六	壬寅 9 日	癸卯 10 一	甲辰 11 二	乙巳 12 三	丙午 13 四	丁未 14 五	戊申 15 六	己酉 16 日	庚戌 17 一	辛亥 18 二	壬子 19 三	癸丑 20 四	甲寅 21 五	乙卯 22 六	丙辰 23 日	丁巳 24 一	戊午 25 二	己未 26 三	庚申 27 四	辛酉 28 五	壬戌 29 六	癸亥 30 日	甲子 31 一	乙丑 (2) 二	丙寅 2 三		丁未大寒 壬戌立春

蒙古海迷失后二年（庚戌 狗年） 公元1250～1251年

夏曆月序		中西曆日對照	夏曆日序																														節氣與天象
			初一	初二	初三	初四	初五	初六	初七	初八	初九	初十	十一	十二	十三	十四	十五	十六	十七	十八	十九	二十	二一	二二	二三	二四	二五	二六	二七	二八	二九	三十	
正月大	戊寅	天干 地支 西曆 星期	丁卯 3 四	戊辰 4 五	己巳 5 六	庚午 6 日	辛未 7 一	壬申 8 二	癸酉 9 三	甲戌 10 四	乙亥 11 五	丙子 12 六	丁丑 13 日	戊寅 14 一	己卯 15 二	庚辰 16 三	辛巳 17 四	壬午 18 五	癸未 19 六	甲申 20 日	乙酉 21 一	丙戌 22 二	丁亥 23 三	戊子 24 四	己丑 25 五	庚寅 26 六	辛卯 27 日	壬辰 28 一	癸巳 (3) 二	甲午 2 三	乙未 3 四	丙申 4 五	丁丑雨水 壬辰驚蟄
二月大	己卯	天干 地支 西曆 星期	丁酉 5 六	戊戌 6 日	己亥 7 一	庚子 8 二	辛丑 9 三	壬寅 10 四	癸卯 11 五	甲辰 12 六	乙巳 13 日	丙午 14 一	丁未 15 二	戊申 16 三	己酉 17 四	庚戌 18 五	辛亥 19 六	壬子 20 日	癸丑 21 一	甲寅 22 二	乙卯 23 三	丙辰 24 四	丁巳 25 五	戊午 26 六	己未 27 日	庚申 28 一	辛酉 29 二	壬戌 30 三	癸亥 31 四	甲子 (4) 五	乙丑 2 六	丙寅 3 日	丁未春分 癸亥清明
三月小	庚辰	天干 地支 西曆 星期	丁卯 4 一	戊辰 5 二	己巳 6 三	庚午 7 四	辛未 8 五	壬申 9 六	癸酉 10 日	甲戌 11 一	乙亥 12 二	丙子 13 三	丁丑 14 四	戊寅 15 五	己卯 16 六	庚辰 17 日	辛巳 18 一	壬午 19 二	癸未 20 三	甲申 21 四	乙酉 22 五	丙戌 23 六	丁亥 24 日	戊子 25 一	己丑 26 二	庚寅 27 三	辛卯 28 四	壬辰 29 五	癸巳 30 六	甲午 (5) 日	乙未 2 一		戊寅穀雨 癸巳立夏
四月大	辛巳	天干 地支 西曆 星期	丙申 3 二	丁酉 4 三	戊戌 5 四	己亥 6 五	庚子 7 六	辛丑 8 日	壬寅 9 一	癸卯 10 二	甲辰 11 三	乙巳 12 四	丙午 13 五	丁未 14 六	戊申 15 日	己酉 16 一	庚戌 17 二	辛亥 18 三	壬子 19 四	癸丑 20 五	甲寅 21 六	乙卯 22 日	丙辰 23 一	丁巳 24 二	戊午 25 三	己未 26 四	庚申 27 五	辛酉 28 六	壬戌 29 日	癸亥 30 一	甲子 31 二	乙丑 (6) 三	戊申小滿 甲子芒種
五月小	壬午	天干 地支 西曆 星期	丙寅 2 四	丁卯 3 五	戊辰 4 六	己巳 5 日	庚午 6 一	辛未 7 二	壬申 8 三	癸酉 9 四	甲戌 10 五	乙亥 11 六	丙子 12 日	丁丑 13 一	戊寅 14 二	己卯 15 三	庚辰 16 四	辛巳 17 五	壬午 18 六	癸未 19 日	甲申 20 一	乙酉 21 二	丙戌 22 三	丁亥 23 四	戊子 24 五	己丑 25 六	庚寅 26 日	辛卯 27 一	壬辰 28 二	癸巳 29 三	甲午 30 四		己卯夏至 甲午小暑
六月大	癸未	天干 地支 西曆 星期	乙未 (7) 五	丙申 2 六	丁酉 3 日	戊戌 4 一	己亥 5 二	庚子 6 三	辛丑 7 四	壬寅 8 五	癸卯 9 六	甲辰 10 日	乙巳 11 一	丙午 12 二	丁未 13 三	戊申 14 四	己酉 15 五	庚戌 16 六	辛亥 17 日	壬子 18 一	癸丑 19 二	甲寅 20 三	乙卯 21 四	丙辰 22 五	丁巳 23 六	戊午 24 日	己未 25 一	庚申 26 二	辛酉 27 三	壬戌 28 四	癸亥 29 五	甲子 30 六	己酉大暑 甲子立秋
七月小	甲申	天干 地支 西曆 星期	乙丑 31 日	丙寅 (8) 一	丁卯 2 二	戊辰 3 三	己巳 4 四	庚午 5 五	辛未 6 六	壬申 7 日	癸酉 8 一	甲戌 9 二	乙亥 10 三	丙子 11 四	丁丑 12 五	戊寅 13 六	己卯 14 日	庚辰 15 一	辛巳 16 二	壬午 17 三	癸未 18 四	甲申 19 五	乙酉 20 六	丙戌 21 日	丁亥 22 一	戊子 23 二	己丑 24 三	庚寅 25 四	辛卯 26 五	壬辰 27 六	癸巳 28 日		庚辰處暑
八月大	乙酉	天干 地支 西曆 星期	甲午 29 一	乙未 30 二	丙申 31 三	丁酉 (9) 四	戊戌 2 五	己亥 3 六	庚子 4 日	辛丑 5 一	壬寅 6 二	癸卯 7 三	甲辰 8 四	乙巳 9 五	丙午 10 六	丁未 11 日	戊申 12 一	己酉 13 二	庚戌 14 三	辛亥 15 四	壬子 16 五	癸丑 17 六	甲寅 18 日	乙卯 19 一	丙辰 20 二	丁巳 21 三	戊午 22 四	己未 23 五	庚申 24 六	辛酉 25 日	壬戌 26 一	癸亥 27 二	乙未白露 庚戌秋分
九月小	丙戌	天干 地支 西曆 星期	甲子 28 三	乙丑 29 四	丙寅 30 五	丁卯 (10) 六	戊辰 2 日	己巳 3 一	庚午 4 二	辛未 5 三	壬申 6 四	癸酉 7 五	甲戌 8 六	乙亥 9 日	丙子 10 一	丁丑 11 二	戊寅 12 三	己卯 13 四	庚辰 14 五	辛巳 15 六	壬午 16 日	癸未 17 一	甲申 18 二	乙酉 19 三	丙戌 20 四	丁亥 21 五	戊子 22 六	己丑 23 日	庚寅 24 一	辛卯 25 二	壬辰 26 三		乙丑寒露 庚辰霜降
十月小	丁亥	天干 地支 西曆 星期	癸巳 27 四	甲午 28 五	乙未 29 六	丙申 30 日	丁酉 31 一	戊戌 (11) 二	己亥 2 三	庚子 3 四	辛丑 4 五	壬寅 5 六	癸卯 6 日	甲辰 7 一	乙巳 8 二	丙午 9 三	丁未 10 四	戊申 11 五	己酉 12 六	庚戌 13 日	辛亥 14 一	壬子 15 二	癸丑 16 三	甲寅 17 四	乙卯 18 五	丙辰 19 六	丁巳 20 日	戊午 21 一	己未 22 二	庚申 23 三	辛酉 24 四		丙申立冬 辛亥小雪
十一月大	戊子	天干 地支 西曆 星期	壬戌 25 五	癸亥 26 六	甲子 27 日	乙丑 28 一	丙寅 29 二	丁卯 30 三	戊辰 (12) 四	己巳 2 五	庚午 3 六	辛未 4 日	壬申 5 一	癸酉 6 二	甲戌 7 三	乙亥 8 四	丙子 9 五	丁丑 10 六	戊寅 11 日	己卯 12 一	庚辰 13 二	辛巳 14 三	壬午 15 四	癸未 16 五	甲申 17 六	乙酉 18 日	丙戌 19 一	丁亥 20 二	戊子 21 三	己丑 22 四	庚寅 23 五	辛卯 24 六	丙寅大雪 辛巳冬至
十二月大	己丑	天干 地支 西曆 星期	壬辰 25 日	癸巳 26 一	甲午 27 二	乙未 28 三	丙申 29 四	丁酉 30 五	戊戌 31 六	己亥 (1) 日	庚子 2 一	辛丑 3 二	壬寅 4 三	癸卯 5 四	甲辰 6 五	乙巳 7 六	丙午 8 日	丁未 9 一	戊申 10 二	己酉 11 三	庚戌 12 四	辛亥 13 五	壬子 14 六	癸丑 15 日	甲寅 16 一	乙卯 17 二	丙辰 18 三	丁巳 19 四	戊午 20 五	己未 21 六	庚申 22 日	辛酉 23 一	丁酉小寒 壬子大寒

蒙古海迷失后三年 憲宗元年（辛亥 猪年） 公元1251 ~ 1252年

夏曆月序		中西曆日對照	初一	初二	初三	初四	初五	初六	初七	初八	初九	初十	十一	十二	十三	十四	十五	十六	十七	十八	十九	二十	二一	二二	二三	二四	二五	二六	二七	二八	二九	三十	節氣與天象
正月小	庚寅	天干地支 西曆星期	壬戌24二	癸亥25三	甲子26四	乙丑27五	丙寅28六	丁卯29日	戊辰30一	己巳31二	庚午(2)三	辛未2四	壬申3五	癸酉4六	甲戌5日	乙亥6一	丙子7二	丁丑8三	戊寅9四	己卯10五	庚辰11六	辛巳12日	壬午13一	癸未14二	甲申15三	乙酉16四	丙戌17五	丁亥18六	戊子19日	己丑20一	庚寅21二		丁卯立春 壬午雨水
二月大	辛卯	天干地支 西曆星期	辛卯22三	壬辰23四	癸巳24五	甲午25六	乙未26日	丙申27一	丁酉28二	戊戌(3)三	己亥2四	庚子3五	辛丑4六	壬寅5日	癸卯6一	甲辰7二	乙巳8三	丙午9四	丁未10五	戊申11六	己酉12日	庚戌13一	辛亥14二	壬子15三	癸丑16四	甲寅17五	乙卯18六	丙辰19日	丁巳20一	戊午21二	己未22三	庚申23四	丁酉驚蟄 癸丑春分
三月小	壬辰	天干地支 西曆星期	辛酉24五	壬戌25六	癸亥26日	甲子27一	乙丑28二	丙寅29三	丁卯30四	戊辰31五	己巳(4)六	庚午2日	辛未3一	壬申4二	癸酉5三	甲戌6四	乙亥7五	丙子8六	丁丑9日	戊寅10一	己卯11二	庚辰12三	辛巳13四	壬午14五	癸未15六	甲申16日	乙酉17一	丙戌18二	丁亥19三	戊子20四	己丑21五		戊辰清明 癸未穀雨
四月大	癸巳	天干地支 西曆星期	庚寅22六	辛卯23日	壬辰24一	癸巳25二	甲午26三	乙未27四	丙申28五	丁酉29六	戊戌30日	己亥(5)一	庚子2二	辛丑3三	壬寅4四	癸卯5五	甲辰6六	乙巳7日	丙午8一	丁未9二	戊申10三	己酉11四	庚戌12五	辛亥13六	壬子14日	癸丑15一	甲寅16二	乙卯17三	丙辰18四	丁巳19五	戊午20六	己未21日	戊戌立夏 癸丑小滿
五月大	甲午	天干地支 西曆星期	庚申22一	辛酉23二	壬戌24三	癸亥25四	甲子26五	乙丑27六	丙寅28日	丁卯29一	戊辰30二	己巳31三	庚午(6)四	辛未2五	壬申3六	癸酉4日	甲戌5一	乙亥6二	丙子7三	丁丑8四	戊寅9五	己卯10六	庚辰11日	辛巳12一	壬午13二	癸未14三	甲申15四	乙酉16五	丙戌17六	丁亥18日	戊子19一	己丑20二	己巳芒種 甲申夏至
六月小	乙未	天干地支 西曆星期	庚寅21三	辛卯22四	壬辰23五	癸巳24六	甲午25日	乙未26一	丙申27二	丁酉28三	戊戌29四	己亥30五	庚子(7)六	辛丑2日	壬寅3一	癸卯4二	甲辰5三	乙巳6四	丙午7五	丁未8六	戊申9日	己酉10一	庚戌11二	辛亥12三	壬子13四	癸丑14五	甲寅15六	乙卯16日	丙辰17一	丁巳18二	戊午19三		己亥小暑 甲寅大暑
七月大	丙申	天干地支 西曆星期	己未20四	庚申21五	辛酉22六	壬戌23日	癸亥24一	甲子25二	乙丑26三	丙寅27四	丁卯28五	戊辰29六	己巳30日	庚午31一	辛未(8)二	壬申2三	癸酉3四	甲戌4五	乙亥5六	丙子6日	丁丑7一	戊寅8二	己卯9三	庚辰10四	辛巳11五	壬午12六	癸未13日	甲申14一	乙酉15二	丙戌16三	丁亥17四	戊子18五	庚午立秋 乙酉處暑
八月小	丁酉	天干地支 西曆星期	己丑19六	庚寅20日	辛卯21一	壬辰22二	癸巳23三	甲午24四	乙未25五	丙申26六	丁酉27日	戊戌28一	己亥29二	庚子30三	辛丑31四	壬寅(9)五	癸卯2六	甲辰3日	乙巳4一	丙午5二	丁未6三	戊申7四	己酉8五	庚戌9六	辛亥10日	壬子11一	癸丑12二	甲寅13三	乙卯14四	丙辰15五	丁巳16六		庚子白露 乙卯秋分
九月大	戊戌	天干地支 西曆星期	戊午17日	己未18一	庚申19二	辛酉20三	壬戌21四	癸亥22五	甲子23六	乙丑24日	丙寅25一	丁卯26二	戊辰27三	己巳28四	庚午29五	辛未30六	壬申(10)日	癸酉2一	甲戌3二	乙亥4三	丙子5四	丁丑6五	戊寅7六	己卯8日	庚辰9一	辛巳10二	壬午11三	癸未12四	甲申13五	乙酉14六	丙戌15日	丁亥16一	庚午寒露 丙戌霜降
十月小	己亥	天干地支 西曆星期	戊子17二	己丑18三	庚寅19四	辛卯20五	壬辰21六	癸巳22日	甲午23一	乙未24二	丙申25三	丁酉26四	戊戌27五	己亥28六	庚子29日	辛丑30一	壬寅31二	癸卯(11)三	甲辰2四	乙巳3五	丙午4六	丁未5日	戊申6一	己酉7二	庚戌8三	辛亥9四	壬子10五	癸丑11六	甲寅12日	乙卯13一	丙辰14二		辛丑立冬 丙辰小雪
閏十月大	己亥	天干地支 西曆星期	丁巳15三	戊午16四	己未17五	庚申18六	辛酉19日	壬戌20一	癸亥21二	甲子22三	乙丑23四	丙寅24五	丁卯25六	戊辰26日	己巳27一	庚午28二	辛未29三	壬申30四	癸酉(12)五	甲戌2六	乙亥3日	丙子4一	丁丑5二	戊寅6三	己卯7四	庚辰8五	辛巳9六	壬午10日	癸未11一	甲申12二	乙酉13三	丙戌14四	辛未大雪
十一月小	庚子	天干地支 西曆星期	丁亥15五	戊子16六	己丑17日	庚寅18一	辛卯19二	壬辰20三	癸巳21四	甲午22五	乙未23六	丙申24日	丁酉25一	戊戌26二	己亥27三	庚子28四	辛丑29五	壬寅30六	癸卯31日	甲辰(1)一	乙巳2二	丙午3三	丁未4四	戊申5五	己酉6六	庚戌7日	辛亥8一	壬子9二	癸丑10三	甲寅11四	乙卯12五		丁亥冬至 壬寅小寒
十二月小	辛丑	天干地支 西曆星期	丙辰13六	丁巳14日	戊午15一	己未16二	庚申17三	辛酉18四	壬戌19五	癸亥20六	甲子21日	乙丑22一	丙寅23二	丁卯24三	戊辰25四	己巳26五	庚午27六	辛未28日	壬申29一	癸酉30二	甲戌31三	乙亥(2)四	丙子2五	丁丑3六	戊寅4日	己卯5一	庚辰6二	辛巳7三	壬午8四	癸未9五	甲申10六		丁巳大寒 壬申立春

＊六月，蒙哥即位，是爲憲宗。

蒙古憲宗二年（壬子 鼠年） 公元1252 ~ 1253年

夏曆月序		中西曆日對照	初一	初二	初三	初四	初五	初六	初七	初八	初九	初十	十一	十二	十三	十四	十五	十六	十七	十八	十九	二十	二一	二二	二三	二四	二五	二六	二七	二八	二九	三十	節氣與天象
正月大	壬寅	干支 西曆 星期	乙酉 11 日	丙戌 12 一	丁亥 13 二	戊子 14 三	己丑 15 四	庚寅 16 五	辛卯 17 六	壬辰 18 日	癸巳 19 一	甲午 20 二	乙未 21 三	丙申 22 四	丁酉 23 五	戊戌 24 六	己亥 25 日	庚子 26 一	辛丑 27 二	壬寅 28 三	癸卯 29 四	甲辰 (3) 五	乙巳 2 六	丙午 3 日	丁未 4 一	戊申 5 二	己酉 6 三	庚戌 7 四	辛亥 8 五	壬子 9 六	癸丑 10 日	甲寅 11 一	丁亥雨水 癸卯驚蟄
二月大	癸卯	干支 西曆 星期	乙卯 12 二	丙辰 13 三	丁巳 14 四	戊午 15 五	己未 16 六	庚申 17 日	辛酉 18 一	壬戌 19 二	癸亥 20 三	甲子 21 四	乙丑 22 五	丙寅 23 六	丁卯 24 日	戊辰 25 一	己巳 26 二	庚午 27 三	辛未 28 四	壬申 29 五	癸酉 30 六	甲戌 31 日	乙亥 (4) 一	丙子 2 二	丁丑 3 三	戊寅 4 四	己卯 5 五	庚辰 6 六	辛巳 7 日	壬午 8 一	癸未 9 二	甲申 10 三	戊午春分 癸酉清明 乙卯日食
三月小	甲辰	干支 西曆 星期	乙酉 11 四	丙戌 12 五	丁亥 13 六	戊子 14 日	己丑 15 一	庚寅 16 二	辛卯 17 三	壬辰 18 四	癸巳 19 五	甲午 20 六	乙未 21 日	丙申 22 一	丁酉 23 二	戊戌 24 三	己亥 25 四	庚子 26 五	辛丑 27 六	壬寅 28 日	癸卯 29 一	甲辰 30 二	乙巳 (5) 三	丙午 2 四	丁未 3 五	戊申 4 六	己酉 5 日	庚戌 6 一	辛亥 7 二	壬子 8 三	癸丑 9 四		戊子穀雨 甲辰立夏
四月大	乙巳	干支 西曆 星期	甲寅 10 五	乙卯 11 六	丙辰 12 日	丁巳 13 一	戊午 14 二	己未 15 三	庚申 16 四	辛酉 17 五	壬戌 18 六	癸亥 19 日	甲子 20 一	乙丑 21 二	丙寅 22 三	丁卯 23 四	戊辰 24 五	己巳 25 六	庚午 26 日	辛未 27 一	壬申 28 二	癸酉 29 三	甲戌 30 四	乙亥 31 五	丙子 (6) 六	丁丑 2 日	戊寅 3 一	己卯 4 二	庚辰 5 三	辛巳 6 四	壬午 7 五	癸未 8 六	己未小滿 甲戌芒種
五月小	丙午	干支 西曆 星期	甲申 9 日	乙酉 10 一	丙戌 11 二	丁亥 12 三	戊子 13 四	己丑 14 五	庚寅 15 六	辛卯 16 日	壬辰 17 一	癸巳 18 二	甲午 19 三	乙未 20 四	丙申 21 五	丁酉 22 六	戊戌 23 日	己亥 24 一	庚子 25 二	辛丑 26 三	壬寅 27 四	癸卯 28 五	甲辰 29 六	乙巳 30 日	丙午 (7) 一	丁未 2 二	戊申 3 三	己酉 4 四	庚戌 5 五	辛亥 6 六	壬子 7 日		己丑夏至 甲辰小暑
六月大	丁未	干支 西曆 星期	癸丑 8 一	甲寅 9 二	乙卯 10 三	丙辰 11 四	丁巳 12 五	戊午 13 六	己未 14 日	庚申 15 一	辛酉 16 二	壬戌 17 三	癸亥 18 四	甲子 19 五	乙丑 20 六	丙寅 21 日	丁卯 22 一	戊辰 23 二	己巳 24 三	庚午 25 四	辛未 26 五	壬申 27 六	癸酉 28 日	甲戌 29 一	乙亥 30 二	丙子 31 三	丁丑 (8) 四	戊寅 2 五	己卯 3 六	庚辰 4 日	辛巳 5 一	壬午 6 二	庚申大暑 乙亥立秋
七月大	戊申	干支 西曆 星期	癸未 7 三	甲申 8 四	乙酉 9 五	丙戌 10 六	丁亥 11 日	戊子 12 一	己丑 13 二	庚寅 14 三	辛卯 15 四	壬辰 16 五	癸巳 17 六	甲午 18 日	乙未 19 一	丙申 20 二	丁酉 21 三	戊戌 22 四	己亥 23 五	庚子 24 六	辛丑 25 日	壬寅 26 一	癸卯 27 二	甲辰 28 三	乙巳 29 四	丙午 30 五	丁未 31 六	戊申 (9) 日	己酉 2 一	庚戌 3 二	辛亥 4 三	壬子 5 四	庚寅處暑 乙巳白露
八月小	己酉	干支 西曆 星期	癸丑 6 五	甲寅 7 六	乙卯 8 日	丙辰 9 一	丁巳 10 二	戊午 11 三	己未 12 四	庚申 13 五	辛酉 14 六	壬戌 15 日	癸亥 16 一	甲子 17 二	乙丑 18 三	丙寅 19 四	丁卯 20 五	戊辰 21 六	己巳 22 日	庚午 23 一	辛未 24 二	壬申 25 三	癸酉 26 四	甲戌 27 五	乙亥 28 六	丙子 29 日	丁丑 30 一	戊寅 (10) 二	己卯 2 三	庚辰 3 四	辛巳 4 五		庚申秋分 丙子寒露
九月大	庚戌	干支 西曆 星期	壬午 5 六	癸未 6 日	甲申 7 一	乙酉 8 二	丙戌 9 三	丁亥 10 四	戊子 11 五	己丑 12 六	庚寅 13 日	辛卯 14 一	壬辰 15 二	癸巳 16 三	甲午 17 四	乙未 18 五	丙申 19 六	丁酉 20 日	戊戌 21 一	己亥 22 二	庚子 23 三	辛丑 24 四	壬寅 25 五	癸卯 26 六	甲辰 27 日	乙巳 28 一	丙午 29 二	丁未 30 三	戊申 31 四	己酉 (11) 五	庚戌 2 六	辛亥 3 日	辛卯霜降 丙午立冬
十月小	辛亥	干支 西曆 星期	壬子 4 一	癸丑 5 二	甲寅 6 三	乙卯 7 四	丙辰 8 五	丁巳 9 六	戊午 10 日	己未 11 一	庚申 12 二	辛酉 13 三	壬戌 14 四	癸亥 15 五	甲子 16 六	乙丑 17 日	丙寅 18 一	丁卯 19 二	戊辰 20 三	己巳 21 四	庚午 22 五	辛未 23 六	壬申 24 日	癸酉 25 一	甲戌 26 二	乙亥 27 三	丙子 28 四	丁丑 29 五	戊寅 30 六	己卯 (12) 日	庚辰 2 一		辛酉小雪 丁丑大雪
十一月大	壬子	干支 西曆 星期	辛巳 3 二	壬午 4 三	癸未 5 四	甲申 6 五	乙酉 7 六	丙戌 8 日	丁亥 9 一	戊子 10 二	己丑 11 三	庚寅 12 四	辛卯 13 五	壬辰 14 六	癸巳 15 日	甲午 16 一	乙未 17 二	丙申 18 三	丁酉 19 四	戊戌 20 五	己亥 21 六	庚子 22 日	辛丑 23 一	壬寅 24 二	癸卯 25 三	甲辰 26 四	乙巳 27 五	丙午 28 六	丁未 29 日	戊申 30 一	己酉 31 二	庚戌 (1) 三	壬辰冬至 丁未小寒
十二月小	癸丑	干支 西曆 星期	辛亥 2 四	壬子 3 五	癸丑 4 六	甲寅 5 日	乙卯 6 一	丙辰 7 二	丁巳 8 三	戊午 9 四	己未 10 五	庚申 11 六	辛酉 12 日	壬戌 13 一	癸亥 14 二	甲子 15 三	乙丑 16 四	丙寅 17 五	丁卯 18 六	戊辰 19 日	己巳 20 一	庚午 21 二	辛未 22 三	壬申 23 四	癸酉 24 五	甲戌 25 六	乙亥 26 日	丙子 27 一	丁丑 28 二	戊寅 29 三	己卯 30 四		壬戌大寒 丁丑立春

蒙古憲宗三年（癸丑 牛年） 公元 1253 ~ 1254 年

夏曆月序		中西曆日對照	初一	初二	初三	初四	初五	初六	初七	初八	初九	初十	十一	十二	十三	十四	十五	十六	十七	十八	十九	二十	二一	二二	二三	二四	二五	二六	二七	二八	二九	三十	節氣與天象
正月小	甲寅	天干地支 西曆 星期	庚辰 31 五	辛巳 (2) 六	壬午 2 日	癸未 3 一	甲申 4 二	乙酉 5 三	丙戌 6 四	丁亥 7 五	戊子 8 六	己丑 9 日	庚寅 10 一	辛卯 11 二	壬辰 12 三	癸巳 13 四	甲午 14 五	乙未 15 六	丙申 16 日	丁酉 17 一	戊戌 18 二	己亥 19 三	庚子 20 四	辛丑 21 五	壬寅 22 六	癸卯 23 日	甲辰 24 一	乙巳 25 二	丙午 26 三	丁未 27 四	戊申 28 五		癸巳雨水 戊申驚蟄
二月大	乙卯	天干地支 西曆 星期	己酉 (3) 六	庚戌 2 日	辛亥 3 一	壬子 4 二	癸丑 5 三	甲寅 6 四	乙卯 7 五	丙辰 8 六	丁巳 9 日	戊午 10 一	己未 11 二	庚申 12 三	辛酉 13 四	壬戌 14 五	癸亥 15 六	甲子 16 日	乙丑 17 一	丙寅 18 二	丁卯 19 三	戊辰 20 四	己巳 21 五	庚午 22 六	辛未 23 日	壬申 24 一	癸酉 25 二	甲戌 26 三	乙亥 27 四	丙子 28 五	丁丑 29 六	戊寅 30 日	癸亥春分 戊寅清明 己酉日食
三月小	丙辰	天干地支 西曆 星期	己卯 31 一	庚辰 (4) 二	辛巳 2 三	壬午 3 四	癸未 4 五	甲申 5 六	乙酉 6 日	丙戌 7 一	丁亥 8 二	戊子 9 三	己丑 10 四	庚寅 11 五	辛卯 12 六	壬辰 13 日	癸巳 14 一	甲午 15 二	乙未 16 三	丙申 17 四	丁酉 18 五	戊戌 19 六	己亥 20 日	庚子 21 一	辛丑 22 二	壬寅 23 三	癸卯 24 四	甲辰 25 五	乙巳 26 六	丙午 27 日	丁未 28 一		甲午穀雨
四月大	丁巳	天干地支 西曆 星期	戊申 29 二	己酉 30 三	庚戌 (5) 四	辛亥 2 五	壬子 3 六	癸丑 4 日	甲寅 5 一	乙卯 6 二	丙辰 7 三	丁巳 8 四	戊午 9 五	己未 10 六	庚申 11 日	辛酉 12 一	壬戌 13 二	癸亥 14 三	甲子 15 四	乙丑 16 五	丙寅 17 六	丁卯 18 日	戊辰 19 一	己巳 20 二	庚午 21 三	辛未 22 四	壬申 23 五	癸酉 24 六	甲戌 25 日	乙亥 26 一	丙子 27 二	丁丑 28 三	己酉立夏 甲子小滿
五月大	戊午	天干地支 西曆 星期	戊寅 29 四	己卯 30 五	庚辰 31 六	辛巳 (6) 日	壬午 2 一	癸未 3 二	甲申 4 三	乙酉 5 四	丙戌 6 五	丁亥 7 六	戊子 8 日	己丑 9 一	庚寅 10 二	辛卯 11 三	壬辰 12 四	癸巳 13 五	甲午 14 六	乙未 15 日	丙申 16 一	丁酉 17 二	戊戌 18 三	己亥 19 四	庚子 20 五	辛丑 21 六	壬寅 22 日	癸卯 23 一	甲辰 24 二	乙巳 25 三	丙午 26 四	丁未 27 五	己卯芒種 甲午夏至
六月小	己未	天干地支 西曆 星期	戊申 28 六	己酉 29 日	庚戌 30 一	辛亥 (7) 二	壬子 2 三	癸丑 3 四	甲寅 4 五	乙卯 5 六	丙辰 6 日	丁巳 7 一	戊午 8 二	己未 9 三	庚申 10 四	辛酉 11 五	壬戌 12 六	癸亥 13 日	甲子 14 一	乙丑 15 二	丙寅 16 三	丁卯 17 四	戊辰 18 五	己巳 19 六	庚午 20 日	辛未 21 一	壬申 22 二	癸酉 23 三	甲戌 24 四	乙亥 25 五	丙子 26 六		庚戌小暑 乙丑大暑
七月大	庚申	天干地支 西曆 星期	丁丑 27 日	戊寅 28 一	己卯 29 二	庚辰 30 三	辛巳 31 四	壬午 (8) 五	癸未 2 六	甲申 3 日	乙酉 4 一	丙戌 5 二	丁亥 6 三	戊子 7 四	己丑 8 五	庚寅 9 六	辛卯 10 日	壬辰 11 一	癸巳 12 二	甲午 13 三	乙未 14 四	丙申 15 五	丁酉 16 六	戊戌 17 日	己亥 18 一	庚子 19 二	辛丑 20 三	壬寅 21 四	癸卯 22 五	甲辰 23 六	乙巳 24 日	丙午 25 一	庚辰立秋 乙未處暑
八月小	辛酉	天干地支 西曆 星期	丁未 26 二	戊申 27 三	己酉 28 四	庚戌 29 五	辛亥 30 六	壬子 31 日	癸丑 (9) 一	甲寅 2 二	乙卯 3 三	丙辰 4 四	丁巳 5 五	戊午 6 六	己未 7 日	庚申 8 一	辛酉 9 二	壬戌 10 三	癸亥 11 四	甲子 12 五	乙丑 13 六	丙寅 14 日	丁卯 15 一	戊辰 16 二	己巳 17 三	庚午 18 四	辛未 19 五	壬申 20 六	癸酉 21 日	甲戌 22 一	乙亥 23 二		辛亥白露 丙寅秋分
九月大	壬戌	天干地支 西曆 星期	丙子 24 三	丁丑 25 四	戊寅 26 五	己卯 27 六	庚辰 28 日	辛巳 29 一	壬午 30 二	癸未 (10) 三	甲申 2 四	乙酉 3 五	丙戌 4 六	丁亥 5 日	戊子 6 一	己丑 7 二	庚寅 8 三	辛卯 9 四	壬辰 10 五	癸巳 11 六	甲午 12 日	乙未 13 一	丙申 14 二	丁酉 15 三	戊戌 16 四	己亥 17 五	庚子 18 六	辛丑 19 日	壬寅 20 一	癸卯 21 二	甲辰 22 三	乙巳 23 四	辛巳寒露 丙申霜降
十月大	癸亥	天干地支 西曆 星期	丙午 24 五	丁未 25 六	戊申 26 日	己酉 27 一	庚戌 28 二	辛亥 29 三	壬子 30 四	癸丑 31 五	甲寅 (11) 六	乙卯 2 日	丙辰 3 一	丁巳 4 二	戊午 5 三	己未 6 四	庚申 7 五	辛酉 8 六	壬戌 9 日	癸亥 10 一	甲子 11 二	乙丑 12 三	丙寅 13 四	丁卯 14 五	戊辰 15 六	己巳 16 日	庚午 17 一	辛未 18 二	壬申 19 三	癸酉 20 四	甲戌 21 五	乙亥 22 六	辛亥立冬 丁卯小雪
十一月小	甲子	天干地支 西曆 星期	丙子 23 日	丁丑 24 一	戊寅 25 二	己卯 26 三	庚辰 27 四	辛巳 28 五	壬午 29 六	癸未 30 日	甲申 (12) 一	乙酉 2 二	丙戌 3 三	丁亥 4 四	戊子 5 五	己丑 6 六	庚寅 7 日	辛卯 8 一	壬辰 9 二	癸巳 10 三	甲午 11 四	乙未 12 五	丙申 13 六	丁酉 14 日	戊戌 15 一	己亥 16 二	庚子 17 三	辛丑 18 四	壬寅 19 五	癸卯 20 六	甲辰 21 日		壬午大雪 丁酉冬至
十二月大	乙丑	天干地支 西曆 星期	乙巳 22 一	丙午 23 二	丁未 24 三	戊申 25 四	己酉 26 五	庚戌 27 六	辛亥 28 日	壬子 29 一	癸丑 30 二	甲寅 31 三	乙卯 (1) 四	丙辰 2 五	丁巳 3 六	戊午 4 日	己未 5 一	庚申 6 二	辛酉 7 三	壬戌 8 四	癸亥 9 五	甲子 10 六	乙丑 11 日	丙寅 12 一	丁卯 13 二	戊辰 14 三	己巳 15 四	庚午 16 五	辛未 17 六	壬申 18 日	癸酉 19 一	甲戌 20 二	壬子小寒 丁卯大寒

蒙古憲宗四年（甲寅 虎年） 公元 1254 ~ 1255 年

夏曆月序		中西曆日對照	初一	初二	初三	初四	初五	初六	初七	初八	初九	初十	十一	十二	十三	十四	十五	十六	十七	十八	十九	二十	廿一	廿二	廿三	廿四	廿五	廿六	廿七	廿八	廿九	三十	節氣與天象
正月小	丙寅	干支 天地 西曆 星期	乙亥21三	丙子22四	丁丑23五	戊寅24六	己卯25日	庚辰26一	辛巳27二	壬午28三	癸未29四	甲申30五	乙酉31六	丙戌(2)日	丁亥2一	戊子3二	己丑4三	庚寅5四	辛卯6五	壬辰7六	癸巳8日	甲午9一	乙未10二	丙申11三	丁酉12四	戊戌13五	己亥14六	庚子15日	辛丑16一	壬寅17二	癸卯18三		癸未立春 戊戌雨水
二月大	丁卯	干支 天地 西曆 星期	甲辰19四	乙巳20五	丙午21六	丁未22日	戊申23一	己酉24二	庚戌25三	辛亥26四	壬子27五	癸丑28六	甲寅(3)日	乙卯2一	丙辰3二	丁巳4三	戊午5四	己未6五	庚申7六	辛酉8日	壬戌9一	癸亥10二	甲子11三	乙丑12四	丙寅13五	丁卯14六	戊辰15日	己巳16一	庚午17二	辛未18三	壬申19四	癸酉20五	癸丑驚蟄 戊辰春分
三月小	戊辰	干支 天地 西曆 星期	甲戌21六	乙亥22日	丙子23一	丁丑24二	戊寅25三	己卯26四	庚辰27五	辛巳28六	壬午29日	癸未30一	甲申31二	乙酉(4)三	丙戌2四	丁亥3五	戊子4六	己丑5日	庚寅6一	辛卯7二	壬辰8三	癸巳9四	甲午10五	乙未11六	丙申12日	丁酉13一	戊戌14二	己亥15三	庚子16四	辛丑17五	壬寅18六		甲申清明 己亥穀雨
四月小	己巳	干支 天地 西曆 星期	癸卯19日	甲辰20一	乙巳21二	丙午22三	丁未23四	戊申24五	己酉25六	庚戌26日	辛亥27一	壬子28二	癸丑29三	甲寅30四	乙卯(5)五	丙辰2六	丁巳3日	戊午4一	己未5二	庚申6三	辛酉7四	壬戌8五	癸亥9六	甲子10日	乙丑11一	丙寅12二	丁卯13三	戊辰14四	己巳15五	庚午16六	辛未17日		甲寅立夏 己巳小滿
五月大	庚午	干支 天地 西曆 星期	壬申18一	癸酉19二	甲戌20三	乙亥21四	丙子22五	丁丑23六	戊寅24日	己卯25一	庚辰26二	辛巳27三	壬午28四	癸未29五	甲申30六	乙酉31日	丙戌(6)一	丁亥2二	戊子3三	己丑4四	庚寅5五	辛卯6六	壬辰7日	癸巳8一	甲午9二	乙未10三	丙申11四	丁酉12五	戊戌13六	己亥14日	庚子15一	辛丑16二	甲申芒種 庚子夏至
六月小	辛未	干支 天地 西曆 星期	壬寅17三	癸卯18四	甲辰19五	乙巳20六	丙午21日	丁未22一	戊申23二	己酉24三	庚戌25四	辛亥26五	壬子27六	癸丑28日	甲寅29一	乙卯30二	丙辰(7)三	丁巳2四	戊午3五	己未4六	庚申5日	辛酉6一	壬戌7二	癸亥8三	甲子9四	乙丑10五	丙寅11六	丁卯12日	戊辰13一	己巳14二	庚午15三		乙卯小暑 庚午大暑
閏六月大	辛未	干支 天地 西曆 星期	辛未16四	壬申17五	癸酉18六	甲戌19日	乙亥20一	丙子21二	丁丑22三	戊寅23四	己卯24五	庚辰25六	辛巳26日	壬午27一	癸未28二	甲申29三	乙酉30四	丙戌31五	丁亥(8)六	戊子2日	己丑3一	庚寅4二	辛卯5三	壬辰6四	癸巳7五	甲午8六	乙未9日	丙申10一	丁酉11二	戊戌12三	己亥13四	庚子14五	乙酉立秋
七月大	壬申	干支 天地 西曆 星期	辛丑15六	壬寅16日	癸卯17一	甲辰18二	乙巳19三	丙午20四	丁未21五	戊申22六	己酉23日	庚戌24一	辛亥25二	壬子26三	癸丑27四	甲寅28五	乙卯29六	丙辰30日	丁巳31一	戊午(9)二	己未2三	庚申3四	辛酉4五	壬戌5六	癸亥6日	甲子7一	乙丑8二	丙寅9三	丁卯10四	戊辰11五	己巳12六	庚午13日	辛丑處暑 丙辰白露
八月小	癸酉	干支 天地 西曆 星期	辛未14一	壬申15二	癸酉16三	甲戌17四	乙亥18五	丙子19六	丁丑20日	戊寅21一	己卯22二	庚辰23三	辛巳24四	壬午25五	癸未26六	甲申27日	乙酉28一	丙戌29二	丁亥30三	戊子(10)四	己丑2五	庚寅3六	辛卯4日	壬辰5一	癸巳6二	甲午7三	乙未8四	丙申9五	丁酉10六	戊戌11日	己亥12一		辛未秋分 丙戌寒露
九月大	甲戌	干支 天地 西曆 星期	庚子13二	辛丑14三	壬寅15四	癸卯16五	甲辰17六	乙巳18日	丙午19一	丁未20二	戊申21三	己酉22四	庚戌23五	辛亥24六	壬子25日	癸丑26一	甲寅27二	乙卯28三	丙辰29四	丁巳30五	戊午31六	己未(11)日	庚申2一	辛酉3二	壬戌4三	癸亥5四	甲子6五	乙丑7六	丙寅8日	丁卯9一	戊辰10二	己巳11三	辛丑霜降 丁巳立冬
十月大	乙亥	干支 天地 西曆 星期	庚午12四	辛未13五	壬申14六	癸酉15日	甲戌16一	乙亥17二	丙子18三	丁丑19四	戊寅20五	己卯21六	庚辰22日	辛巳23一	壬午24二	癸未25三	甲申26四	乙酉27五	丙戌28六	丁亥29日	戊子30一	己丑(12)二	庚寅2三	辛卯3四	壬辰4五	癸巳5六	甲午6日	乙未7一	丙申8二	丁酉9三	戊戌10四	己亥11五	壬申小雪 丁亥大雪
十一月小	丙子	干支 天地 西曆 星期	庚子12六	辛丑13日	壬寅14一	癸卯15二	甲辰16三	乙巳17四	丙午18五	丁未19六	戊申20日	己酉21一	庚戌22二	辛亥23三	壬子24四	癸丑25五	甲寅26六	乙卯27日	丙辰28一	丁巳29二	戊午30三	己未31四	庚申(1)五	辛酉2六	壬戌3日	癸亥4一	甲子5二	乙丑6三	丙寅7四	丁卯8五	戊辰9六		壬寅冬至 丁巳小寒
十二月大	丁丑	干支 天地 西曆 星期	己巳10日	庚午11一	辛未12二	壬申13三	癸酉14四	甲戌15五	乙亥16六	丙子17日	丁丑18一	戊寅19二	己卯20三	庚辰21四	辛巳22五	壬午23六	癸未24日	甲申25一	乙酉26二	丙戌27三	丁亥28四	戊子29五	己丑30六	庚寅31日	辛卯(2)一	壬辰2二	癸巳3三	甲午4四	乙未5五	丙申6六	丁酉7日	戊戌8一	癸酉大寒 戊子立春

蒙古憲宗五年（乙卯 兔年） 公元 1255 ~ 1256 年

夏曆月序		中西曆日對照	初一	初二	初三	初四	初五	初六	初七	初八	初九	初十	十一	十二	十三	十四	十五	十六	十七	十八	十九	二十	二一	二二	二三	二四	二五	二六	二七	二八	二九	三十	節氣與天象
正月小	戊寅	天干地支西曆星期	己亥 9 二	庚子 10 三	辛丑 11 四	壬寅 12 五	癸卯 13 六	甲辰 14 日	乙巳 15 一	丙午 16 二	丁未 17 三	戊申 18 四	己酉 19 五	庚戌 20 六	辛亥 21 日	壬子 22 一	癸丑 23 二	甲寅 24 三	乙卯 25 四	丙辰 26 五	丁巳 27 六	戊午 28 日	己未 (3) 一	庚申 2 二	辛酉 3 三	壬戌 4 四	癸亥 5 五	甲子 6 六	乙丑 7 日	丙寅 8 一	丁卯 9 二		癸卯雨水 戊午驚蟄
二月大	己卯	天干地支西曆星期	戊辰 10 三	己巳 11 四	庚午 12 五	辛未 13 六	壬申 14 日	癸酉 15 一	甲戌 16 二	乙亥 17 三	丙子 18 四	丁丑 19 五	戊寅 20 六	己卯 21 日	庚辰 22 一	辛巳 23 二	壬午 24 三	癸未 25 四	甲申 26 五	乙酉 27 六	丙戌 28 日	丁亥 29 一	戊子 30 二	己丑 31 三	庚寅 (4) 四	辛卯 2 五	壬辰 3 六	癸巳 4 日	甲午 5 一	乙未 6 二	丙申 7 三	丁酉 8 四	甲戌春分 己丑清明
三月小	庚辰	天干地支西曆星期	戊戌 9 五	己亥 10 六	庚子 11 日	辛丑 12 一	壬寅 13 二	癸卯 14 三	甲辰 15 四	乙巳 16 五	丙午 17 六	丁未 18 日	戊申 19 一	己酉 20 二	庚戌 21 三	辛亥 22 四	壬子 23 五	癸丑 24 六	甲寅 25 日	乙卯 26 一	丙辰 27 二	丁巳 28 三	戊午 29 四	己未 30 五	庚申 (5) 六	辛酉 2 日	壬戌 3 一	癸亥 4 二	甲子 5 三	乙丑 6 四	丙寅 7 五		甲辰穀雨 己未立夏
四月小	辛巳	天干地支西曆星期	丁卯 8 六	戊辰 9 日	己巳 10 一	庚午 11 二	辛未 12 三	壬申 13 四	癸酉 14 五	甲戌 15 六	乙亥 16 日	丙子 17 一	丁丑 18 二	戊寅 19 三	己卯 20 四	庚辰 21 五	辛巳 22 六	壬午 23 日	癸未 24 一	甲申 25 二	乙酉 26 三	丙戌 27 四	丁亥 28 五	戊子 29 六	己丑 30 日	庚寅 31 一	辛卯 (6) 二	壬辰 2 三	癸巳 3 四	甲午 4 五	乙未 5 六		甲戌小滿 庚寅芒種
五月大	壬午	天干地支西曆星期	丙申 6 日	丁酉 7 一	戊戌 8 二	己亥 9 三	庚子 10 四	辛丑 11 五	壬寅 12 六	癸卯 13 日	甲辰 14 一	乙巳 15 二	丙午 16 三	丁未 17 四	戊申 18 五	己酉 19 六	庚戌 20 日	辛亥 21 一	壬子 22 二	癸丑 23 三	甲寅 24 四	乙卯 25 五	丙辰 26 六	丁巳 27 日	戊午 28 一	己未 29 二	庚申 30 三	辛酉 (7) 四	壬戌 2 五	癸亥 3 六	甲子 4 日	乙丑 5 一	乙巳夏至 庚申小暑
六月小	癸未	天干地支西曆星期	丙寅 6 二	丁卯 7 三	戊辰 8 四	己巳 9 五	庚午 10 六	辛未 11 日	壬申 12 一	癸酉 13 二	甲戌 14 三	乙亥 15 四	丙子 16 五	丁丑 17 六	戊寅 18 日	己卯 19 一	庚辰 20 二	辛巳 21 三	壬午 22 四	癸未 23 五	甲申 24 六	乙酉 25 日	丙戌 26 一	丁亥 27 二	戊子 28 三	己丑 29 四	庚寅 30 五	辛卯 31 六	壬辰 (8) 日	癸巳 2 一	甲午 3 二		乙亥大暑 辛卯立秋
七月大	甲申	天干地支西曆星期	乙未 4 三	丙申 5 四	丁酉 6 五	戊戌 7 六	己亥 8 日	庚子 9 一	辛丑 10 二	壬寅 11 三	癸卯 12 四	甲辰 13 五	乙巳 14 六	丙午 15 日	丁未 16 一	戊申 17 二	己酉 18 三	庚戌 19 四	辛亥 20 五	壬子 21 六	癸丑 22 日	甲寅 23 一	乙卯 24 二	丙辰 25 三	丁巳 26 四	戊午 27 五	己未 28 六	庚申 29 日	辛酉 30 一	壬戌 31 二	癸亥 (9) 三	甲子 2 四	丙午處暑 辛酉白露
八月小	乙酉	天干地支西曆星期	乙丑 3 五	丙寅 4 六	丁卯 5 日	戊辰 6 一	己巳 7 二	庚午 8 三	辛未 9 四	壬申 10 五	癸酉 11 六	甲戌 12 日	乙亥 13 一	丙子 14 二	丁丑 15 三	戊寅 16 四	己卯 17 五	庚辰 18 六	辛巳 19 日	壬午 20 一	癸未 21 二	甲申 22 三	乙酉 23 四	丙戌 24 五	丁亥 25 六	戊子 26 日	己丑 27 一	庚寅 28 二	辛卯 29 三	壬辰 30 四	癸巳 (10) 五		丙子秋分 辛卯寒露
九月大	丙戌	天干地支西曆星期	甲午 2 六	乙未 3 日	丙申 4 一	丁酉 5 二	戊戌 6 三	己亥 7 四	庚子 8 五	辛丑 9 六	壬寅 10 日	癸卯 11 一	甲辰 12 二	乙巳 13 三	丙午 14 四	丁未 15 五	戊申 16 六	己酉 17 日	庚戌 18 一	辛亥 19 二	壬子 20 三	癸丑 21 四	甲寅 22 五	乙卯 23 六	丙辰 24 日	丁巳 25 一	戊午 26 二	己未 27 三	庚申 28 四	辛酉 29 五	壬戌 30 六	癸亥 31 日	丁未霜降 壬戌立冬
十月大	丁亥	天干地支西曆星期	甲子 (11) 一	乙丑 2 二	丙寅 3 三	丁卯 4 四	戊辰 5 五	己巳 6 六	庚午 7 日	辛未 8 一	壬申 9 二	癸酉 10 三	甲戌 11 四	乙亥 12 五	丙子 13 六	丁丑 14 日	戊寅 15 一	己卯 16 二	庚辰 17 三	辛巳 18 四	壬午 19 五	癸未 20 六	甲申 21 日	乙酉 22 一	丙戌 23 二	丁亥 24 三	戊子 25 四	己丑 26 五	庚寅 27 六	辛卯 28 日	壬辰 29 一	癸巳 30 二	丁丑小雪 壬辰大雪
十一月大	戊子	天干地支西曆星期	甲午 (12) 三	乙未 2 四	丙申 3 五	丁酉 4 六	戊戌 5 日	己亥 6 一	庚子 7 二	辛丑 8 三	壬寅 9 四	癸卯 10 五	甲辰 11 六	乙巳 12 日	丙午 13 一	丁未 14 二	戊申 15 三	己酉 16 四	庚戌 17 五	辛亥 18 六	壬子 19 日	癸丑 20 一	甲寅 21 二	乙卯 22 三	丙辰 23 四	丁巳 24 五	戊午 25 六	己未 26 日	庚申 27 一	辛酉 28 二	壬戌 29 三	癸亥 30 四	戊申冬至 癸亥小寒
十二月小	己丑	天干地支西曆星期	甲子 31 五	乙丑 (1) 六	丙寅 2 日	丁卯 3 一	戊辰 4 二	己巳 5 三	庚午 6 四	辛未 7 五	壬申 8 六	癸酉 9 日	甲戌 10 一	乙亥 11 二	丙子 12 三	丁丑 13 四	戊寅 14 五	己卯 15 六	庚辰 16 日	辛巳 17 一	壬午 18 二	癸未 19 三	甲申 20 四	乙酉 21 五	丙戌 22 六	丁亥 23 日	戊子 24 一	己丑 25 二	庚寅 26 三	辛卯 27 四	壬辰 28 五		戊寅大寒

蒙古憲宗六年（丙辰 龍年） 公元 1256 ~ 1257 年

夏曆月序		中西曆日對照	初一	初二	初三	初四	初五	初六	初七	初八	初九	初十	十一	十二	十三	十四	十五	十六	十七	十八	十九	二十	二一	二二	二三	二四	二五	二六	二七	二八	二九	三十	節氣與天象
正月大	庚寅	干支 天地西曆 星期	癸巳 29 六	甲午 30 日	乙未 31 一	丙申 (2) 二	丁酉 2 三	戊戌 3 四	己亥 4 五	庚子 5 六	辛丑 6 日	壬寅 7 一	癸卯 8 二	甲辰 9 三	乙巳 10 四	丙午 11 五	丁未 12 六	戊申 13 日	己酉 14 一	庚戌 15 二	辛亥 16 三	壬子 17 四	癸丑 18 五	甲寅 19 六	乙卯 20 日	丙辰 21 一	丁巳 22 二	戊午 23 三	己未 24 四	庚申 25 五	辛酉 26 六	壬戌 27 日	癸巳立春 戊申雨水
二月小	辛卯	干支 天地西曆 星期	癸亥 28 一	甲子 29 二	乙丑 (3) 三	丙寅 2 四	丁卯 3 五	戊辰 4 六	己巳 5 日	庚午 6 一	辛未 7 二	壬申 8 三	癸酉 9 四	甲戌 10 五	乙亥 11 六	丙子 12 日	丁丑 13 一	戊寅 14 二	己卯 15 三	庚辰 16 四	辛巳 17 五	壬午 18 六	癸未 19 日	甲申 20 一	乙酉 21 二	丙戌 22 三	丁亥 23 四	戊子 24 五	己丑 25 六	庚寅 26 日	辛卯 27 一		甲子驚蟄 己卯春分
三月大	壬辰	干支 天地西曆 星期	壬辰 28 二	癸巳 29 三	甲午 30 四	乙未 31 五	丙申 (4) 六	丁酉 2 日	戊戌 3 一	己亥 4 二	庚子 5 三	辛丑 6 四	壬寅 7 五	癸卯 8 六	甲辰 9 日	乙巳 10 一	丙午 11 二	丁未 12 三	戊申 13 四	己酉 14 五	庚戌 15 六	辛亥 16 日	壬子 17 一	癸丑 18 二	甲寅 19 三	乙卯 20 四	丙辰 21 五	丁巳 22 六	戊午 23 日	己未 24 一	庚申 25 二	辛酉 26 三	甲午清明 己酉穀雨
四月小	癸巳	干支 天地西曆 星期	壬戌 27 四	癸亥 28 五	甲子 29 六	乙丑 30 日	丙寅 (5) 一	丁卯 2 二	戊辰 3 三	己巳 4 四	庚午 5 五	辛未 6 六	壬申 7 日	癸酉 8 一	甲戌 9 二	乙亥 10 三	丙子 11 四	丁丑 12 五	戊寅 13 六	己卯 14 日	庚辰 15 一	辛巳 16 二	壬午 17 三	癸未 18 四	甲申 19 五	乙酉 20 六	丙戌 21 日	丁亥 22 一	戊子 23 二	己丑 24 三	庚寅 25 四		甲子立夏 庚辰小滿
五月小	甲午	干支 天地西曆 星期	辛卯 26 五	壬辰 27 六	癸巳 28 日	甲午 29 一	乙未 30 二	丙申 31 三	丁酉 (6) 四	戊戌 2 五	己亥 3 六	庚子 4 日	辛丑 5 一	壬寅 6 二	癸卯 7 三	甲辰 8 四	乙巳 9 五	丙午 10 六	丁未 11 日	戊申 12 一	己酉 13 二	庚戌 14 三	辛亥 15 四	壬子 16 五	癸丑 17 六	甲寅 18 日	乙卯 19 一	丙辰 20 二	丁巳 21 三	戊午 22 四	己未 23 五		乙未芒種 庚戌夏至
六月小	乙未	干支 天地西曆 星期	庚申 24 六	辛酉 25 日	壬戌 26 一	癸亥 27 二	甲子 28 三	乙丑 29 四	丙寅 30 五	丁卯 (7) 六	戊辰 2 日	己巳 3 一	庚午 4 二	辛未 5 三	壬申 6 四	癸酉 7 五	甲戌 8 六	乙亥 9 日	丙子 10 一	丁丑 11 二	戊寅 12 三	己卯 13 四	庚辰 14 五	辛巳 15 六	壬午 16 日	癸未 17 一	甲申 18 二	乙酉 19 三	丙戌 20 四	丁亥 21 五	戊子 22 六		乙丑小暑 辛巳大暑
七月大	丙申	干支 天地西曆 星期	己丑 23 日	庚寅 24 一	辛卯 25 二	壬辰 26 三	癸巳 27 四	甲午 28 五	乙未 29 六	丙申 30 日	丁酉 31 一	戊戌 (8) 二	己亥 2 三	庚子 3 四	辛丑 4 五	壬寅 5 六	癸卯 6 日	甲辰 7 一	乙巳 8 二	丙午 9 三	丁未 10 四	戊申 11 五	己酉 12 六	庚戌 13 日	辛亥 14 一	壬子 15 二	癸丑 16 三	甲寅 17 四	乙卯 18 五	丙辰 19 六	丁巳 20 日	戊午 21 一	丙申立秋 辛亥處暑
八月小	丁酉	干支 天地西曆 星期	己未 22 二	庚申 23 三	辛酉 24 四	壬戌 25 五	癸亥 26 六	甲子 27 日	乙丑 28 一	丙寅 29 二	丁卯 30 三	戊辰 31 四	己巳 (9) 五	庚午 2 六	辛未 3 日	壬申 4 一	癸酉 5 二	甲戌 6 三	乙亥 7 四	丙子 8 五	丁丑 9 六	戊寅 10 日	己卯 11 一	庚辰 12 二	辛巳 13 三	壬午 14 四	癸未 15 五	甲申 16 六	乙酉 17 日	丙戌 18 一	丁亥 19 二		丙寅白露 辛巳秋分
九月大	戊戌	干支 天地西曆 星期	戊子 20 三	己丑 21 四	庚寅 22 五	辛卯 23 六	壬辰 24 日	癸巳 25 一	甲午 26 二	乙未 27 三	丙申 28 四	丁酉 29 五	戊戌 30 六	己亥 (10) 日	庚子 2 一	辛丑 3 二	壬寅 4 三	癸卯 5 四	甲辰 6 五	乙巳 7 六	丙午 8 日	丁未 9 一	戊申 10 二	己酉 11 三	庚戌 12 四	辛亥 13 五	壬子 14 六	癸丑 15 日	甲寅 16 一	乙卯 17 二	丙辰 18 三	丁巳 19 四	丁酉寒露 壬子霜降
十月大	己亥	干支 天地西曆 星期	戊午 20 五	己未 21 六	庚申 22 日	辛酉 23 一	壬戌 24 二	癸亥 25 三	甲子 26 四	乙丑 27 五	丙寅 28 六	丁卯 29 日	戊辰 30 一	己巳 31 二	庚午 (11) 三	辛未 2 四	壬申 3 五	癸酉 4 六	甲戌 5 日	乙亥 6 一	丙子 7 二	丁丑 8 三	戊寅 9 四	己卯 10 五	庚辰 11 六	辛巳 12 日	壬午 13 一	癸未 14 二	甲申 15 三	乙酉 16 四	丙戌 17 五	丁亥 18 六	丁卯立冬 壬午小雪
十一月大	庚子	干支 天地西曆 星期	戊子 19 日	己丑 20 一	庚寅 21 二	辛卯 22 三	壬辰 23 四	癸巳 24 五	甲午 25 六	乙未 26 日	丙申 27 一	丁酉 28 二	戊戌 29 三	己亥 30 四	庚子 (12) 五	辛丑 2 六	壬寅 3 日	癸卯 4 一	甲辰 5 二	乙巳 6 三	丙午 7 四	丁未 8 五	戊申 9 六	己酉 10 日	庚戌 11 一	辛亥 12 二	壬子 13 三	癸丑 14 四	甲寅 15 五	乙卯 16 六	丙辰 17 日	丁巳 18 一	戊戌大雪 癸丑冬至
十二月小	辛丑	干支 天地西曆 星期	戊午 19 二	己未 20 三	庚申 21 四	辛酉 22 五	壬戌 23 六	癸亥 24 日	甲子 25 一	乙丑 26 二	丙寅 27 三	丁卯 28 四	戊辰 29 五	己巳 30 六	庚午 31 日	辛未 (1) 一	壬申 2 二	癸酉 3 三	甲戌 4 四	乙亥 5 五	丙子 6 六	丁丑 7 日	戊寅 8 一	己卯 9 二	庚辰 10 三	辛巳 11 四	壬午 12 五	癸未 13 六	甲申 14 日	乙酉 15 一	丙戌 16 二		戊辰小寒 癸未大寒

蒙古憲宗七年（丁巳 蛇年） 公元 1257 ~ 1258 年

夏曆月序	中西曆日對照	初一	初二	初三	初四	初五	初六	初七	初八	初九	初十	十一	十二	十三	十四	十五	十六	十七	十八	十九	二十	二一	二二	二三	二四	二五	二六	二七	二八	二九	三十	節氣與天象
正月大 壬寅	天干地支 西曆 星期	丁亥 17 三	戊子 18 四	己丑 19 五	庚寅 20 六	辛卯 21 日	壬辰 22 一	癸巳 23 二	甲午 24 三	乙未 25 四	丙申 26 五	丁酉 27 六	戊戌 28 日	己亥 29 一	庚子 30 二	辛丑 31 三	壬寅 (2) 四	癸卯 2 五	甲辰 3 六	乙巳 4 日	丙午 5 一	丁未 6 二	戊申 7 三	己酉 8 四	庚戌 9 五	辛亥 10 六	壬子 11 日	癸丑 12 一	甲寅 13 二	乙卯 14 三	丙辰 15 四	戊戌立春 甲寅雨水
二月大 癸卯	天干地支 西曆 星期	丁巳 16 五	戊午 17 六	己未 18 日	庚申 19 一	辛酉 20 二	壬戌 21 三	癸亥 22 四	甲子 23 五	乙丑 24 六	丙寅 25 日	丁卯 26 一	戊辰 27 二	己巳 28 三	庚午 (3) 四	辛未 2 五	壬申 3 六	癸酉 4 日	甲戌 5 一	乙亥 6 二	丙子 7 三	丁丑 8 四	戊寅 9 五	己卯 10 六	庚辰 11 日	辛巳 12 一	壬午 13 二	癸未 14 三	甲申 15 四	乙酉 16 五	丙戌 17 六	己巳驚蟄 甲申春分
三月小 甲辰	天干地支 西曆 星期	丁亥 18 日	戊子 19 一	己丑 20 二	庚寅 21 三	辛卯 22 四	壬辰 23 五	癸巳 24 六	甲午 25 日	乙未 26 一	丙申 27 二	丁酉 28 三	戊戌 29 四	己亥 30 五	庚子 31 六	辛丑 (4) 日	壬寅 2 一	癸卯 3 二	甲辰 4 三	乙巳 5 四	丙午 6 五	丁未 7 六	戊申 8 日	己酉 9 一	庚戌 10 二	辛亥 11 三	壬子 12 四	癸丑 13 五	甲寅 14 六	乙卯 15 日		己亥清明 乙卯穀雨
四月大 乙巳	天干地支 西曆 星期	丙辰 16 一	丁巳 17 二	戊午 18 三	己未 19 四	庚申 20 五	辛酉 21 六	壬戌 22 日	癸亥 23 一	甲子 24 二	乙丑 25 三	丙寅 26 四	丁卯 27 五	戊辰 28 六	己巳 29 日	庚午 30 一	辛未 (5) 二	壬申 2 三	癸酉 3 四	甲戌 4 五	乙亥 5 六	丙子 6 日	丁丑 7 一	戊寅 8 二	己卯 9 三	庚辰 10 四	辛巳 11 五	壬午 12 六	癸未 13 日	甲申 14 一	乙酉 15 二	庚午立夏 乙酉小滿
五月小 丙午	天干地支 西曆 星期	丙戌 16 三	丁亥 17 四	戊子 18 五	己丑 19 六	庚寅 20 日	辛卯 21 一	壬辰 22 二	癸巳 23 三	甲午 24 四	乙未 25 五	丙申 26 六	丁酉 27 日	戊戌 28 一	己亥 29 二	庚子 30 三	辛丑 31 四	壬寅 (6) 五	癸卯 2 六	甲辰 3 日	乙巳 4 一	丙午 5 二	丁未 6 三	戊申 7 四	己酉 8 五	庚戌 9 六	辛亥 10 日	壬子 11 一	癸丑 12 二	甲寅 13 三		庚子芒種
閏五月小 丙午	天干地支 西曆 星期	乙卯 14 四	丙辰 15 五	丁巳 16 六	戊午 17 日	己未 18 一	庚申 19 二	辛酉 20 三	壬戌 21 四	癸亥 22 五	甲子 23 六	乙丑 24 日	丙寅 25 一	丁卯 26 二	戊辰 27 三	己巳 28 四	庚午 29 五	辛未 30 六	壬申 (7) 日	癸酉 2 一	甲戌 3 二	乙亥 4 三	丙子 5 四	丁丑 6 五	戊寅 7 六	己卯 8 日	庚辰 9 一	辛巳 10 二	壬午 11 三	癸未 12 四		乙卯夏至 辛未小暑
六月大 丁未	天干地支 西曆 星期	甲申 13 五	乙酉 14 六	丙戌 15 日	丁亥 16 一	戊子 17 二	己丑 18 三	庚寅 19 四	辛卯 20 五	壬辰 21 六	癸巳 22 日	甲午 23 一	乙未 24 二	丙申 25 三	丁酉 26 四	戊戌 27 五	己亥 28 六	庚子 29 日	辛丑 30 一	壬寅 31 二	癸卯 (8) 三	甲辰 2 四	乙巳 3 五	丙午 4 六	丁未 5 日	戊申 6 一	己酉 7 二	庚戌 8 三	辛亥 9 四	壬子 10 五	癸丑 11 六	丙戌大暑 辛丑立秋
七月小 戊申	天干地支 西曆 星期	甲寅 12 日	乙卯 13 一	丙辰 14 二	丁巳 15 三	戊午 16 四	己未 17 五	庚申 18 六	辛酉 19 日	壬戌 20 一	癸亥 21 二	甲子 22 三	乙丑 23 四	丙寅 24 五	丁卯 25 六	戊辰 26 日	己巳 27 一	庚午 28 二	辛未 29 三	壬申 30 四	癸酉 31 五	甲戌 (9) 六	乙亥 2 日	丙子 3 一	丁丑 4 二	戊寅 5 三	己卯 6 四	庚辰 7 五	辛巳 8 六	壬午 9 日		丙辰處暑 辛未白露
八月小 己酉	天干地支 西曆 星期	癸未 10 一	甲申 11 二	乙酉 12 三	丙戌 13 四	丁亥 14 五	戊子 15 六	己丑 16 日	庚寅 17 一	辛卯 18 二	壬辰 19 三	癸巳 20 四	甲午 21 五	乙未 22 六	丙申 23 日	丁酉 24 一	戊戌 25 二	己亥 26 三	庚子 27 四	辛丑 28 五	壬寅 29 六	癸卯 30 日	甲辰 (10) 一	乙巳 2 二	丙午 3 三	丁未 4 四	戊申 5 五	己酉 6 六	庚戌 7 日	辛亥 8 一		丁亥秋分 壬寅寒露
九月大 庚戌	天干地支 西曆 星期	壬子 9 二	癸丑 10 三	甲寅 11 四	乙卯 12 五	丙辰 13 六	丁巳 14 日	戊午 15 一	己未 16 二	庚申 17 三	辛酉 18 四	壬戌 19 五	癸亥 20 六	甲子 21 日	乙丑 22 一	丙寅 23 二	丁卯 24 三	戊辰 25 四	己巳 26 五	庚午 27 六	辛未 28 日	壬申 29 一	癸酉 30 二	甲戌 31 三	乙亥 (11) 四	丙子 2 五	丁丑 3 六	戊寅 4 日	己卯 5 一	庚辰 6 二	辛巳 7 三	丁巳霜降 壬申立冬
十月大 辛亥	天干地支 西曆 星期	壬午 8 四	癸未 9 五	甲申 10 六	乙酉 11 日	丙戌 12 一	丁亥 13 二	戊子 14 三	己丑 15 四	庚寅 16 五	辛卯 17 六	壬辰 18 日	癸巳 19 一	甲午 20 二	乙未 21 三	丙申 22 四	丁酉 23 五	戊戌 24 六	己亥 25 日	庚子 26 一	辛丑 27 二	壬寅 28 三	癸卯 29 四	甲辰 30 五	乙巳 (12) 六	丙午 2 日	丁未 3 一	戊申 4 二	己酉 5 三	庚戌 6 四	辛亥 7 五	戊子小雪 癸卯大雪
十一月小 壬子	天干地支 西曆 星期	壬子 8 六	癸丑 9 日	甲寅 10 一	乙卯 11 二	丙辰 12 三	丁巳 13 四	戊午 14 五	己未 15 六	庚申 16 日	辛酉 17 一	壬戌 18 二	癸亥 19 三	甲子 20 四	乙丑 21 五	丙寅 22 六	丁卯 23 日	戊辰 24 一	己巳 25 二	庚午 26 三	辛未 27 四	壬申 28 五	癸酉 29 六	甲戌 30 日	乙亥 31 一	丙子 (1) 二	丁丑 2 三	戊寅 3 四	己卯 4 五	庚辰 5 六		戊午冬至 癸酉小寒
十二月大 癸丑	天干地支 西曆 星期	辛巳 6 日	壬午 7 一	癸未 8 二	甲申 9 三	乙酉 10 四	丙戌 11 五	丁亥 12 六	戊子 13 日	己丑 14 一	庚寅 15 二	辛卯 16 三	壬辰 17 四	癸巳 18 五	甲午 19 六	乙未 20 日	丙申 21 一	丁酉 22 二	戊戌 23 三	己亥 24 四	庚子 25 五	辛丑 26 六	壬寅 27 日	癸卯 28 一	甲辰 29 二	乙巳 30 三	丙午 31 四	丁未 (2) 五	戊申 2 六	己酉 3 日	庚戌 4 一	戊子大寒 甲辰立春

蒙古憲宗八年（戊午 馬年） 公元 1258 ~ 1259 年

夏曆月序		中西曆日對照	初一	初二	初三	初四	初五	初六	初七	初八	初九	初十	十一	十二	十三	十四	十五	十六	十七	十八	十九	二十	二一	二二	二三	二四	二五	二六	二七	二八	二九	三十	節氣與天象
正月大	甲寅	干支 西曆 天地 星期	辛亥 5 二	壬子 6 三	癸丑 7 四	甲寅 8 五	乙卯 9 六	丙辰 10 日	丁巳 11 一	戊午 12 二	己未 13 三	庚申 14 四	辛酉 15 五	壬戌 16 六	癸亥 17 日	甲子 18 一	乙丑 19 二	丙寅 20 三	丁卯 21 四	戊辰 22 五	己巳 23 六	庚午 24 日	辛未 25 一	壬申 26 二	癸酉 27 三	甲戌 28 四	乙亥 (3) 五	丙子 2 六	丁丑 3 日	戊寅 4 一	己卯 5 二	庚辰 6 三	己未雨水 甲戌驚蟄
二月大	乙卯	干支 西曆 天地 星期	辛巳 7 四	壬午 8 五	癸未 9 六	甲申 10 日	乙酉 11 一	丙戌 12 二	丁亥 13 三	戊子 14 四	己丑 15 五	庚寅 16 六	辛卯 17 日	壬辰 18 一	癸巳 19 二	甲午 20 三	乙未 21 四	丙申 22 五	丁酉 23 六	戊戌 24 日	己亥 25 一	庚子 26 二	辛丑 27 三	壬寅 28 四	癸卯 29 五	甲辰 30 六	乙巳 31 日	丙午 (4) 一	丁未 2 二	戊申 3 三	己酉 4 四	庚戌 5 五	己丑春分 乙巳清明
三月小	丙辰	干支 西曆 天地 星期	辛亥 6 六	壬子 7 日	癸丑 8 一	甲寅 9 二	乙卯 10 三	丙辰 11 四	丁巳 12 五	戊午 13 六	己未 14 日	庚申 15 一	辛酉 16 二	壬戌 17 三	癸亥 18 四	甲子 19 五	乙丑 20 六	丙寅 21 日	丁卯 22 一	戊辰 23 二	己巳 24 三	庚午 25 四	辛未 26 五	壬申 27 六	癸酉 28 日	甲戌 29 一	乙亥 30 二	丙子 (5) 三	丁丑 2 四	戊寅 3 五	己卯 4 六		庚申穀雨 乙亥立夏
四月大	丁巳	干支 西曆 天地 星期	庚辰 5 日	辛巳 6 一	壬午 7 二	癸未 8 三	甲申 9 四	乙酉 10 五	丙戌 11 六	丁亥 12 日	戊子 13 一	己丑 14 二	庚寅 15 三	辛卯 16 四	壬辰 17 五	癸巳 18 六	甲午 19 日	乙未 20 一	丙申 21 二	丁酉 22 三	戊戌 23 四	己亥 24 五	庚子 25 六	辛丑 26 日	壬寅 27 一	癸卯 28 二	甲辰 29 三	乙巳 30 四	丙午 31 五	丁未 (6) 六	戊申 2 日	己酉 3 一	庚寅小滿 乙巳芒種 己酉日食
五月小	戊午	干支 西曆 天地 星期	庚戌 4 二	辛亥 5 三	壬子 6 四	癸丑 7 五	甲寅 8 六	乙卯 9 日	丙辰 10 一	丁巳 11 二	戊午 12 三	己未 13 四	庚申 14 五	辛酉 15 六	壬戌 16 日	癸亥 17 一	甲子 18 二	乙丑 19 三	丙寅 20 四	丁卯 21 五	戊辰 22 六	己巳 23 日	庚午 24 一	辛未 25 二	壬申 26 三	癸酉 27 四	甲戌 28 五	乙亥 29 六	丙子 30 日	丁丑 (7) 一	戊寅 2 二		辛酉夏至 丙子小暑
六月小	己未	干支 西曆 天地 星期	己卯 3 三	庚辰 4 四	辛巳 5 五	壬午 6 六	癸未 7 日	甲申 8 一	乙酉 9 二	丙戌 10 三	丁亥 11 四	戊子 12 五	己丑 13 六	庚寅 14 日	辛卯 15 一	壬辰 16 二	癸巳 17 三	甲午 18 四	乙未 19 五	丙申 20 六	丁酉 21 日	戊戌 22 一	己亥 23 二	庚子 24 三	辛丑 25 四	壬寅 26 五	癸卯 27 六	甲辰 28 日	乙巳 29 一	丙午 30 二	丁未 31 三		辛卯大暑 丙午立秋
七月小	庚申	干支 西曆 天地 星期	戊申 (8) 四	己酉 2 五	庚戌 3 六	辛亥 4 日	壬子 5 一	癸丑 6 二	甲寅 7 三	乙卯 8 四	丙辰 9 五	丁巳 10 六	戊午 11 日	己未 12 一	庚申 13 二	辛酉 14 三	壬戌 15 四	癸亥 16 五	甲子 17 六	乙丑 18 日	丙寅 19 一	丁卯 20 二	戊辰 21 三	己巳 22 四	庚午 23 五	辛未 24 六	壬申 25 日	癸酉 26 一	甲戌 27 二	乙亥 28 三	丙子 29 四		辛酉處暑
八月大	辛酉	干支 西曆 天地 星期	丁丑 30 五	戊寅 31 六	己卯 (9) 日	庚辰 2 一	辛巳 3 二	壬午 4 三	癸未 5 四	甲申 6 五	乙酉 7 六	丙戌 8 日	丁亥 9 一	戊子 10 二	己丑 11 三	庚寅 12 四	辛卯 13 五	壬辰 14 六	癸巳 15 日	甲午 16 一	乙未 17 二	丙申 18 三	丁酉 19 四	戊戌 20 五	己亥 21 六	庚子 22 日	辛丑 23 一	壬寅 24 二	癸卯 25 三	甲辰 26 四	乙巳 27 五	丙午 28 六	丁丑白露 壬辰秋分
九月小	壬戌	干支 西曆 天地 星期	丁未 29 日	戊申 30 一	己酉 (10) 二	庚戌 2 三	辛亥 3 四	壬子 4 五	癸丑 5 六	甲寅 6 日	乙卯 7 一	丙辰 8 二	丁巳 9 三	戊午 10 四	己未 11 五	庚申 12 六	辛酉 13 日	壬戌 14 一	癸亥 15 二	甲子 16 三	乙丑 17 四	丙寅 18 五	丁卯 19 六	戊辰 20 日	己巳 21 一	庚午 22 二	辛未 23 三	壬申 24 四	癸酉 25 五	甲戌 26 六	乙亥 27 日		丁未寒露 壬戌霜降
十月大	癸亥	干支 西曆 天地 星期	丙子 28 一	丁丑 29 二	戊寅 30 三	己卯 31 四	庚辰 (11) 五	辛巳 2 六	壬午 3 日	癸未 4 一	甲申 5 二	乙酉 6 三	丙戌 7 四	丁亥 8 五	戊子 9 六	己丑 10 日	庚寅 11 一	辛卯 12 二	壬辰 13 三	癸巳 14 四	甲午 15 五	乙未 16 六	丙申 17 日	丁酉 18 一	戊戌 19 二	己亥 20 三	庚子 21 四	辛丑 22 五	壬寅 23 六	癸卯 24 日	甲辰 25 一	乙巳 26 二	戊寅立冬 癸巳小雪
十一月小	甲子	干支 西曆 天地 星期	丙午 27 三	丁未 28 四	戊申 29 五	己酉 30 六	庚戌 (12) 日	辛亥 2 一	壬子 3 二	癸丑 4 三	甲寅 5 四	乙卯 6 五	丙辰 7 六	丁巳 8 日	戊午 9 一	己未 10 二	庚申 11 三	辛酉 12 四	壬戌 13 五	癸亥 14 六	甲子 15 日	乙丑 16 一	丙寅 17 二	丁卯 18 三	戊辰 19 四	己巳 20 五	庚午 21 六	辛未 22 日	壬申 23 一	癸酉 24 二	甲戌 25 三		戊申大雪 癸亥冬至
十二月大	乙丑	干支 西曆 天地 星期	乙亥 26 四	丙子 27 五	丁丑 28 六	戊寅 29 日	己卯 30 一	庚辰 31 二	辛巳 (1) 三	壬午 2 四	癸未 3 五	甲申 4 六	乙酉 5 日	丙戌 6 一	丁亥 7 二	戊子 8 三	己丑 9 四	庚寅 10 五	辛卯 11 六	壬辰 12 日	癸巳 13 一	甲午 14 二	乙未 15 三	丙申 16 四	丁酉 17 五	戊戌 18 六	己亥 19 日	庚子 20 一	辛丑 21 二	壬寅 22 三	癸卯 23 四	甲辰 24 五	戊寅小寒 甲午大寒

蒙古憲宗九年（己未 羊年） 公元 1259 ~ 1260 年

夏曆月序	中西曆日對照	初一	初二	初三	初四	初五	初六	初七	初八	初九	初十	十一	十二	十三	十四	十五	十六	十七	十八	十九	二十	二一	二二	二三	二四	二五	二六	二七	二八	二九	三十	節氣與天象
正月大 丙寅	天干地支 中西曆日 星期	乙巳 25 六	丙午 26 日	丁未 27 一	戊申 28 二	己酉 29 三	庚戌 30 四	辛亥 31 五	壬子 (2) 六	癸丑 2 日	甲寅 3 一	乙卯 4 二	丙辰 5 三	丁巳 6 四	戊午 7 五	己未 8 六	庚申 9 日	辛酉 10 一	壬戌 11 二	癸亥 12 三	甲子 13 四	乙丑 14 五	丙寅 15 六	丁卯 16 日	戊辰 17 一	己巳 18 二	庚午 19 三	辛未 20 四	壬申 21 五	癸酉 22 六	甲戌 23 日	己酉立春 甲子雨水
二月大 丁卯	天干地支 中西曆日 星期	乙亥 24 一	丙子 25 二	丁丑 26 三	戊寅 27 四	己卯 28 五	庚辰 (3) 六	辛巳 2 日	壬午 3 一	癸未 4 二	甲申 5 三	乙酉 6 四	丙戌 7 五	丁亥 8 六	戊子 9 日	己丑 10 一	庚寅 11 二	辛卯 12 三	壬辰 13 四	癸巳 14 五	甲午 15 六	乙未 16 日	丙申 17 一	丁酉 18 二	戊戌 19 三	己亥 20 四	庚子 21 五	辛丑 22 六	壬寅 23 日	癸卯 24 一	甲辰 25 二	己卯驚蟄 乙未春分
三月小 戊辰	天干地支 中西曆日 星期	乙巳 26 三	丙午 27 四	丁未 28 五	戊申 29 六	己酉 30 日	庚戌 31 一	辛亥 (4) 二	壬子 2 三	癸丑 3 四	甲寅 4 五	乙卯 5 六	丙辰 6 日	丁巳 7 一	戊午 8 二	己未 9 三	庚申 10 四	辛酉 11 五	壬戌 12 六	癸亥 13 日	甲子 14 一	乙丑 15 二	丙寅 16 三	丁卯 17 四	戊辰 18 五	己巳 19 六	庚午 20 日	辛未 21 一	壬申 22 二	癸酉 23 三		庚戌清明 乙丑穀雨
四月大 己巳	天干地支 中西曆日 星期	甲戌 24 四	乙亥 25 五	丙子 26 六	丁丑 27 日	戊寅 28 一	己卯 29 二	庚辰 30 三	辛巳 (5) 四	壬午 2 五	癸未 3 六	甲申 4 日	乙酉 5 一	丙戌 6 二	丁亥 7 三	戊子 8 四	己丑 9 五	庚寅 10 六	辛卯 11 日	壬辰 12 一	癸巳 13 二	甲午 14 三	乙未 15 四	丙申 16 五	丁酉 17 六	戊戌 18 日	己亥 19 一	庚子 20 二	辛丑 21 三	壬寅 22 四	癸卯 23 五	庚辰立夏 乙未小滿
五月小 庚午	天干地支 中西曆日 星期	甲辰 24 六	乙巳 25 日	丙午 26 一	丁未 27 二	戊申 28 三	己酉 29 四	庚戌 30 五	辛亥 31 六	壬子 (6) 日	癸丑 2 一	甲寅 3 二	乙卯 4 三	丙辰 5 四	丁巳 6 五	戊午 7 六	己未 8 日	庚申 9 一	辛酉 10 二	壬戌 11 三	癸亥 12 四	甲子 13 五	乙丑 14 六	丙寅 15 日	丁卯 16 一	戊辰 17 二	己巳 18 三	庚午 19 四	辛未 20 五	壬申 21 六		辛亥芒種 丙寅夏至
六月大 辛未	天干地支 中西曆日 星期	癸酉 22 日	甲戌 23 一	乙亥 24 二	丙子 25 三	丁丑 26 四	戊寅 27 五	己卯 28 六	庚辰 29 日	辛巳 30 一	壬午 (7) 二	癸未 2 三	甲申 3 四	乙酉 4 五	丙戌 5 六	丁亥 6 日	戊子 7 一	己丑 8 二	庚寅 9 三	辛卯 10 四	壬辰 11 五	癸巳 12 六	甲午 13 日	乙未 14 一	丙申 15 二	丁酉 16 三	戊戌 17 四	己亥 18 五	庚子 19 六	辛丑 20 日	壬寅 21 一	辛巳小暑 丙申大暑
七月小 壬申	天干地支 中西曆日 星期	癸卯 22 二	甲辰 23 三	乙巳 24 四	丙午 25 五	丁未 26 六	戊申 27 日	己酉 28 一	庚戌 29 二	辛亥 30 三	壬子 31 四	癸丑 (8) 五	甲寅 2 六	乙卯 3 日	丙辰 4 一	丁巳 5 二	戊午 6 三	己未 7 四	庚申 8 五	辛酉 9 六	壬戌 10 日	癸亥 11 一	甲子 12 二	乙丑 13 三	丙寅 14 四	丁卯 15 五	戊辰 16 六	己巳 17 日	庚午 18 一	辛未 19 二		壬子立秋 丁卯處暑
八月大 癸酉	天干地支 中西曆日 星期	壬申 20 三	癸酉 21 四	甲戌 22 五	乙亥 23 六	丙子 24 日	丁丑 25 一	戊寅 26 二	己卯 27 三	庚辰 28 四	辛巳 29 五	壬午 30 六	癸未 31 日	甲申 (9) 一	乙酉 2 二	丙戌 3 三	丁亥 4 四	戊子 5 五	己丑 6 六	庚寅 7 日	辛卯 8 一	壬辰 9 二	癸巳 10 三	甲午 11 四	乙未 12 五	丙申 13 六	丁酉 14 日	戊戌 15 一	己亥 16 二	庚子 17 三	辛丑 18 四	壬午白露 丁酉秋分
九月小 甲戌	天干地支 中西曆日 星期	壬寅 19 五	癸卯 20 六	甲辰 21 日	乙巳 22 一	丙午 23 二	丁未 24 三	戊申 25 四	己酉 26 五	庚戌 27 六	辛亥 28 日	壬子 29 一	癸丑 30 二	甲寅 (10) 三	乙卯 2 四	丙辰 3 五	丁巳 4 六	戊午 5 日	己未 6 一	庚申 7 二	辛酉 8 三	壬戌 9 四	癸亥 10 五	甲子 11 六	乙丑 12 日	丙寅 13 一	丁卯 14 二	戊辰 15 三	己巳 16 四	庚午 17 五		壬子寒露 戊辰霜降
十月小 乙亥	天干地支 中西曆日 星期	辛未 18 六	壬申 19 日	癸酉 20 一	甲戌 21 二	乙亥 22 三	丙子 23 四	丁丑 24 五	戊寅 25 六	己卯 26 日	庚辰 27 一	辛巳 28 二	壬午 29 三	癸未 30 四	甲申 31 五	乙酉 (11) 六	丙戌 2 日	丁亥 3 一	戊子 4 二	己丑 5 三	庚寅 6 四	辛卯 7 五	壬辰 8 六	癸巳 9 日	甲午 10 一	乙未 11 二	丙申 12 三	丁酉 13 四	戊戌 14 五	己亥 15 六		癸未立冬 戊戌小雪
十一月大 丙子	天干地支 中西曆日 星期	庚子 16 日	辛丑 17 一	壬寅 18 二	癸卯 19 三	甲辰 20 四	乙巳 21 五	丙午 22 六	丁未 23 日	戊申 24 一	己酉 25 二	庚戌 26 三	辛亥 27 四	壬子 28 五	癸丑 29 六	甲寅 30 日	乙卯 (12) 一	丙辰 2 二	丁巳 3 三	戊午 4 四	己未 5 五	庚申 6 六	辛酉 7 日	壬戌 8 一	癸亥 9 二	甲子 10 三	乙丑 11 四	丙寅 12 五	丁卯 13 六	戊辰 14 日	己巳 15 一	癸丑大雪 戊辰冬至
閏十一小 丙子	天干地支 中西曆日 星期	庚午 16 二	辛未 17 三	壬申 18 四	癸酉 19 五	甲戌 20 六	乙亥 21 日	丙子 22 一	丁丑 23 二	戊寅 24 三	己卯 25 四	庚辰 26 五	辛巳 27 六	壬午 28 日	癸未 29 一	甲申 30 二	乙酉 31 三	丙戌 (1) 四	丁亥 2 五	戊子 3 六	己丑 4 日	庚寅 5 一	辛卯 6 二	壬辰 7 三	癸巳 8 四	甲午 9 五	乙未 10 六	丙申 11 日	丁酉 12 一	戊戌 13 二		甲申小寒
十二月大 丁丑	天干地支 中西曆日 星期	己亥 14 三	庚子 15 四	辛丑 16 五	壬寅 17 六	癸卯 18 日	甲辰 19 一	乙巳 20 二	丙午 21 三	丁未 22 四	戊申 23 五	己酉 24 六	庚戌 25 日	辛亥 26 一	壬子 27 二	癸丑 28 三	甲寅 29 四	乙卯 30 五	丙辰 31 六	丁巳 (2) 日	戊午 2 一	己未 3 二	庚申 4 三	辛酉 5 四	壬戌 6 五	癸亥 7 六	甲子 8 日	乙丑 9 一	丙寅 10 二	丁卯 11 三	戊辰 12 四	己亥大寒 甲寅立春

* 七月癸亥（二十一日），憲宗死。

蒙古憲宗十年 世祖中统元年（庚申 猴年） 公元 **1260** ~ 1261 年

夏曆月序		中西曆日對照	初一	初二	初三	初四	初五	初六	初七	初八	初九	初十	十一	十二	十三	十四	十五	十六	十七	十八	十九	二十	二一	二二	二三	二四	二五	二六	二七	二八	二九	三十	節氣與天象
正月大	戊寅	天干地支 西曆星期	己巳 13 五	庚午 14 六	辛未 15 日	壬申 16 一	癸酉 17 二	甲戌 18 三	乙亥 19 四	丙子 20 五	丁丑 21 六	戊寅 22 日	己卯 23 一	庚辰 24 二	辛巳 25 三	壬午 26 四	癸未 27 五	甲申 28 六	乙酉 29 日	丙戌 (3) 一	丁亥 2 二	戊子 3 三	己丑 4 四	庚寅 5 五	辛卯 6 六	壬辰 7 日	癸巳 8 一	甲午 9 二	乙未 10 三	丙申 11 四	丁酉 12 五	戊戌 13 六	己巳雨水 乙酉驚蟄
二月小	己卯	天干地支 西曆星期	己亥 14 日	庚子 15 一	辛丑 16 二	壬寅 17 三	癸卯 18 四	甲辰 19 五	乙巳 20 六	丙午 21 日	丁未 22 一	戊申 23 二	己酉 24 三	庚戌 25 四	辛亥 26 五	壬子 27 六	癸丑 28 日	甲寅 29 一	乙卯 30 二	丙辰 31 三	丁巳 (4) 四	戊午 2 五	己未 3 六	庚申 4 日	辛酉 5 一	壬戌 6 二	癸亥 7 三	甲子 8 四	乙丑 9 五	丙寅 10 六	丁卯 11 日		庚子春分 乙卯清明
三月大	庚辰	天干地支 西曆星期	戊辰 12 一	己巳 13 二	庚午 14 三	辛未 15 四	壬申 16 五	癸酉 17 六	甲戌 18 日	乙亥 19 一	丙子 20 二	丁丑 21 三	戊寅 22 四	己卯 23 五	庚辰 24 六	辛巳 25 日	壬午 26 一	癸未 27 二	甲申 28 三	乙酉 29 四	丙戌 30 五	丁亥 (5) 六	戊子 2 日	己丑 3 一	庚寅 4 二	辛卯 5 三	壬辰 6 四	癸巳 7 五	甲午 8 六	乙未 9 日	丙申 10 一	丁酉 11 二	庚午穀雨 乙酉立夏 戊辰日食
四月大	辛巳	天干地支 西曆星期	戊戌 12 三	己亥 13 四	庚子 14 五	辛丑 15 六	壬寅 16 日	癸卯 17 一	甲辰 18 二	乙巳 19 三	丙午 20 四	丁未 21 五	戊申 22 六	己酉 23 日	庚戌 24 一	辛亥 25 二	壬子 26 三	癸丑 27 四	甲寅 28 五	乙卯 29 六	丙辰 30 日	丁巳 31 一	戊午 (6) 二	己未 2 三	庚申 3 四	辛酉 4 五	壬戌 5 六	癸亥 6 日	甲子 7 一	乙丑 8 二	丙寅 9 三	丁卯 10 四	辛丑小滿 丙辰芒種
五月小	壬午	天干地支 西曆星期	戊辰 11 五	己巳 12 六	庚午 13 日	辛未 14 一	壬申 15 二	癸酉 16 三	甲戌 17 四	乙亥 18 五	丙子 19 六	丁丑 20 日	戊寅 21 一	己卯 22 二	庚辰 23 三	辛巳 24 四	壬午 25 五	癸未 26 六	甲申 27 日	乙酉 28 一	丙戌 29 二	丁亥 30 三	戊子 (7) 四	己丑 2 五	庚寅 3 六	辛卯 4 日	壬辰 5 一	癸巳 6 二	甲午 7 三	乙未 8 四	丙申 9 五		辛未夏至 丙戌小暑
六月大	癸未	天干地支 西曆星期	丁酉 10 六	戊戌 11 日	己亥 12 一	庚子 13 二	辛丑 14 三	壬寅 15 四	癸卯 16 五	甲辰 17 六	乙巳 18 日	丙午 19 一	丁未 20 二	戊申 21 三	己酉 22 四	庚戌 23 五	辛亥 24 六	壬子 25 日	癸丑 26 一	甲寅 27 二	乙卯 28 三	丙辰 29 四	丁巳 30 五	戊午 31 六	己未 (8) 日	庚申 2 一	辛酉 3 二	壬戌 4 三	癸亥 5 四	甲子 6 五	乙丑 7 六	丙寅 8 日	壬寅大暑 丁巳立秋
七月小	甲申	天干地支 西曆星期	丁卯 9 一	戊辰 10 二	己巳 11 三	庚午 12 四	辛未 13 五	壬申 14 六	癸酉 15 日	甲戌 16 一	乙亥 17 二	丙子 18 三	丁丑 19 四	戊寅 20 五	己卯 21 六	庚辰 22 日	辛巳 23 一	壬午 24 二	癸未 25 三	甲申 26 四	乙酉 27 五	丙戌 28 六	丁亥 29 日	戊子 30 一	己丑 31 二	庚寅 (9) 三	辛卯 2 四	壬辰 3 五	癸巳 4 六	甲午 5 日	乙未 6 一		壬申處暑 丁亥白露
八月大	乙酉	天干地支 西曆星期	丙申 7 二	丁酉 8 三	戊戌 9 四	己亥 10 五	庚子 11 六	辛丑 12 日	壬寅 13 一	癸卯 14 二	甲辰 15 三	乙巳 16 四	丙午 17 五	丁未 18 六	戊申 19 日	己酉 20 一	庚戌 21 二	辛亥 22 三	壬子 23 四	癸丑 24 五	甲寅 25 六	乙卯 26 日	丙辰 27 一	丁巳 28 二	戊午 29 三	己未 30 四	庚申 (10) 五	辛酉 2 六	壬戌 3 日	癸亥 4 一	甲子 5 二	乙丑 6 三	壬寅秋分 戊午寒露
九月小	丙戌	天干地支 西曆星期	丙寅 7 四	丁卯 8 五	戊辰 9 六	己巳 10 日	庚午 11 一	辛未 12 二	壬申 13 三	癸酉 14 四	甲戌 15 五	乙亥 16 六	丙子 17 日	丁丑 18 一	戊寅 19 二	己卯 20 三	庚辰 21 四	辛巳 22 五	壬午 23 六	癸未 24 日	甲申 25 一	乙酉 26 二	丙戌 27 三	丁亥 28 四	戊子 29 五	己丑 30 六	庚寅 31 日	辛卯 (11) 一	壬辰 2 二	癸巳 3 三	甲午 4 四		癸酉霜降 戊子立冬
十月小	丁亥	天干地支 西曆星期	乙未 5 五	丙申 6 六	丁酉 7 日	戊戌 8 一	己亥 9 二	庚子 10 三	辛丑 11 四	壬寅 12 五	癸卯 13 六	甲辰 14 日	乙巳 15 一	丙午 16 二	丁未 17 三	戊申 18 四	己酉 19 五	庚戌 20 六	辛亥 21 日	壬子 22 一	癸丑 23 二	甲寅 24 三	乙卯 25 四	丙辰 26 五	丁巳 27 六	戊午 28 日	己未 29 一	庚申 30 二	辛酉 (12) 三	壬戌 2 四	癸亥 3 五		癸卯小雪 己未大雪
十一月大	戊子	天干地支 西曆星期	甲子 4 六	乙丑 5 日	丙寅 6 一	丁卯 7 二	戊辰 8 三	己巳 9 四	庚午 10 五	辛未 11 六	壬申 12 日	癸酉 13 一	甲戌 14 二	乙亥 15 三	丙子 16 四	丁丑 17 五	戊寅 18 六	己卯 19 日	庚辰 20 一	辛巳 21 二	壬午 22 三	癸未 23 四	甲申 24 五	乙酉 25 六	丙戌 26 日	丁亥 27 一	戊子 28 二	己丑 29 三	庚寅 30 四	辛卯 31 五	壬辰 (1) 六	癸巳 2 日	甲戌冬至 己丑小寒
十二月小	己丑	天干地支 西曆星期	甲午 3 一	乙未 4 二	丙申 5 三	丁酉 6 四	戊戌 7 五	己亥 8 六	庚子 9 日	辛丑 10 一	壬寅 11 二	癸卯 12 三	甲辰 13 四	乙巳 14 五	丙午 15 六	丁未 16 日	戊申 17 一	己酉 18 二	庚戌 19 三	辛亥 20 四	壬子 21 五	癸丑 22 六	甲寅 23 日	乙卯 24 一	丙辰 25 二	丁巳 26 三	戊午 27 四	己未 28 五	庚申 29 六	辛酉 30 日	壬戌 31 一		甲辰大寒 己未立春

* 三月辛卯（二十四日），忽必烈即位。五月丙戌（十九日），改元中統。

蒙古世祖中统二年（辛酉 鷄年） 公元 1261 ~ 1262 年

夏曆月序		中西曆日對照	初一	初二	初三	初四	初五	初六	初七	初八	初九	初十	十一	十二	十三	十四	十五	十六	十七	十八	十九	二十	二一	二二	二三	二四	二五	二六	二七	二八	二九	三十	節氣與天象
正月大	庚寅	天干 地支 西曆 星期	癸亥(2)二	甲子2三	乙丑3四	丙寅4五	丁卯5六	戊辰6日	己巳7一	庚午8二	辛未9三	壬申10四	癸酉11五	甲戌12六	乙亥13日	丙子14一	丁丑15二	戊寅16三	己卯17四	庚辰18五	辛巳19六	壬午20日	癸未21一	甲申22二	乙酉23三	丙戌24四	丁亥25五	戊子26六	己丑27日	庚寅28一	辛卯(3)二	壬辰2三	乙亥雨水 庚寅驚蟄
二月小	辛卯	天干 地支 西曆 星期	癸巳3四	甲午4五	乙未5六	丙申6日	丁酉7一	戊戌8二	己亥9三	庚子10四	辛丑11五	壬寅12六	癸卯13日	甲辰14一	乙巳15二	丙午16三	丁未17四	戊申18五	己酉19六	庚戌20日	辛亥21一	壬子22二	癸丑23三	甲寅24四	乙卯25五	丙辰26六	丁巳27日	戊午28一	己未29二	庚申30三	辛酉31四		乙巳春分 庚申清明
三月大	壬辰	天干 地支 西曆 星期	壬戌(4)五	癸亥2六	甲子3日	乙丑4一	丙寅5二	丁卯6三	戊辰7四	己巳8五	庚午9六	辛未10日	壬申11一	癸酉12二	甲戌13三	乙亥14四	丙子15五	丁丑16六	戊寅17日	己卯18一	庚辰19二	辛巳20三	壬午21四	癸未22五	甲申23六	乙酉24日	丙戌25一	丁亥26二	戊子27三	己丑28四	庚寅29五	辛卯30六	乙亥穀雨 辛卯立夏 壬戌日食
四月大	癸巳	天干 地支 西曆 星期	壬辰(5)日	癸巳2一	甲午3二	乙未4三	丙申5四	丁酉6五	戊戌7六	己亥8日	庚子9一	辛丑10二	壬寅11三	癸卯12四	甲辰13五	乙巳14六	丙午15日	丁未16一	戊申17二	己酉18三	庚戌19四	辛亥20五	壬子21六	癸丑22日	甲寅23一	乙卯24二	丙辰25三	丁巳26四	戊午27五	己未28六	庚申29日	辛酉30一	丙午小滿 辛酉芒種
五月小	甲午	天干 地支 西曆 星期	壬戌31二	癸亥(6)三	甲子2四	乙丑3五	丙寅4六	丁卯5日	戊辰6一	己巳7二	庚午8三	辛未9四	壬申10五	癸酉11六	甲戌12日	乙亥13一	丙子14二	丁丑15三	戊寅16四	己卯17五	庚辰18六	辛巳19日	壬午20一	癸未21二	甲申22三	乙酉23四	丙戌24五	丁亥25六	戊子26日	己丑27一	庚寅28二		丙子夏至
六月大	乙未	天干 地支 西曆 星期	辛卯29三	壬辰30四	癸巳(7)五	甲午2六	乙未3日	丙申4一	丁酉5二	戊戌6三	己亥7四	庚子8五	辛丑9六	壬寅10日	癸卯11一	甲辰12二	乙巳13三	丙午14四	丁未15五	戊申16六	己酉17日	庚戌18一	辛亥19二	壬子20三	癸丑21四	甲寅22五	乙卯23六	丙辰24日	丁巳25一	戊午26二	己未27三	庚申28四	壬辰小暑 丁未大暑
七月大	丙申	天干 地支 西曆 星期	辛酉29五	壬戌30六	癸亥31日	甲子(8)一	乙丑2二	丙寅3三	丁卯4四	戊辰5五	己巳6六	庚午7日	辛未8一	壬申9二	癸酉10三	甲戌11四	乙亥12五	丙子13六	丁丑14日	戊寅15一	己卯16二	庚辰17三	辛巳18四	壬午19五	癸未20六	甲申21日	乙酉22一	丙戌23二	丁亥24三	戊子25四	己丑26五	庚寅27六	壬戌立秋 丁丑處暑
八月小	丁酉	天干 地支 西曆 星期	辛卯28日	壬辰29一	癸巳30二	甲午31三	乙未(9)四	丙申2五	丁酉3六	戊戌4日	己亥5一	庚子6二	辛丑7三	壬寅8四	癸卯9五	甲辰10六	乙巳11日	丙午12一	丁未13二	戊申14三	己酉15四	庚戌16五	辛亥17六	壬子18日	癸丑19一	甲寅20二	乙卯21三	丙辰22四	丁巳23五	戊午24六	己未25日		壬辰白露 戊申秋分
九月大	戊戌	天干 地支 西曆 星期	庚申26一	辛酉27二	壬戌28三	癸亥29四	甲子30五	乙丑(10)六	丙寅2日	丁卯3一	戊辰4二	己巳5三	庚午6四	辛未7五	壬申8六	癸酉9日	甲戌10一	乙亥11二	丙子12三	丁丑13四	戊寅14五	己卯15六	庚辰16日	辛巳17一	壬午18二	癸未19三	甲申20四	乙酉21五	丙戌22六	丁亥23日	戊子24一	己丑25二	癸亥寒露 戊寅霜降
十月小	己亥	天干 地支 西曆 星期	庚寅26三	辛卯27四	壬辰28五	癸巳29六	甲午30日	乙未31一	丙申(11)二	丁酉2三	戊戌3四	己亥4五	庚子5六	辛丑6日	壬寅7一	癸卯8二	甲辰9三	乙巳10四	丙午11五	丁未12六	戊申13日	己酉14一	庚戌15二	辛亥16三	壬子17四	癸丑18五	甲寅19六	乙卯20日	丙辰21一	丁巳22二	戊午23三		癸巳立冬 己酉小雪
十一月大	庚子	天干 地支 西曆 星期	己未24四	庚申25五	辛酉26六	壬戌27日	癸亥28一	甲子29二	乙丑30三	丙寅(12)四	丁卯2五	戊辰3六	己巳4日	庚午5一	辛未6二	壬申7三	癸酉8四	甲戌9五	乙亥10六	丙子11日	丁丑12一	戊寅13二	己卯14三	庚辰15四	辛巳16五	壬午17六	癸未18日	甲申19一	乙酉20二	丙戌21三	丁亥22四	戊子23五	甲子大雪 己卯冬至
十二月小	辛丑	天干 地支 西曆 星期	己丑24六	庚寅25日	辛卯26一	壬辰27二	癸巳28三	甲午29四	乙未30五	丙申31六	丁酉(1)日	戊戌2一	己亥3二	庚子4三	辛丑5四	壬寅6五	癸卯7六	甲辰8日	乙巳9一	丙午10二	丁未11三	戊申12四	己酉13五	庚戌14六	辛亥15日	壬子16一	癸丑17二	甲寅18三	乙卯19四	丙辰20五	丁巳21六		甲午小寒 己酉大寒

蒙古世祖中统三年（壬戌 狗年） 公元 **1262** ~ 1263 年

夏曆月序		中西曆日對照	初一	初二	初三	初四	初五	初六	初七	初八	初九	初十	十一	十二	十三	十四	十五	十六	十七	十八	十九	二十	二一	二二	二三	二四	二五	二六	二七	二八	二九	三十	節氣與天象
正月小	壬寅	天干地支 西曆 星期	戊午 22 日	己未 23 一	庚申 24 二	辛酉 25 三	壬戌 26 四	癸亥 27 五	甲子 28 六	乙丑 29 日	丙寅 30 一	丁卯 31 二	戊辰 (2) 三	己巳 2 四	庚午 3 五	辛未 4 六	壬申 5 日	癸酉 6 一	甲戌 7 二	乙亥 8 三	丙子 9 四	丁丑 10 五	戊寅 11 六	己卯 12 日	庚辰 13 一	辛巳 14 二	壬午 15 三	癸未 16 四	甲申 17 五	乙酉 18 六	丙戌 19 日		乙丑立春 庚辰雨水
二月大	癸卯	天干地支 西曆 星期	丁亥 20 一	戊子 21 二	己丑 22 三	庚寅 23 四	辛卯 24 五	壬辰 25 六	癸巳 26 日	甲午 27 一	乙未 28 二	丙申 (3) 三	丁酉 2 四	戊戌 3 五	己亥 4 六	庚子 5 日	辛丑 6 一	壬寅 7 二	癸卯 8 三	甲辰 9 四	乙巳 10 五	丙午 11 六	丁未 12 日	戊申 13 一	己酉 14 二	庚戌 15 三	辛亥 16 四	壬子 17 五	癸丑 18 六	甲寅 19 日	乙卯 20 一	丙辰 21 二	乙未驚蟄 庚戌春分
三月小	甲辰	天干地支 西曆 星期	丁巳 22 三	戊午 23 四	己未 24 五	庚申 25 六	辛酉 26 日	壬戌 27 一	癸亥 28 二	甲子 29 三	乙丑 30 四	丙寅 31 五	丁卯 (4) 六	戊辰 2 日	己巳 3 一	庚午 4 二	辛未 5 三	壬申 6 四	癸酉 7 五	甲戌 8 六	乙亥 9 日	丙子 10 一	丁丑 11 二	戊寅 12 三	己卯 13 四	庚辰 14 五	辛巳 15 六	壬午 16 日	癸未 17 一	甲申 18 二	乙酉 19 三		丙寅清明 辛巳穀雨
四月大	乙巳	天干地支 西曆 星期	丙戌 20 四	丁亥 21 五	戊子 22 六	己丑 23 日	庚寅 24 一	辛卯 25 二	壬辰 26 三	癸巳 27 四	甲午 28 五	乙未 29 六	丙申 30 日	丁酉 (5) 一	戊戌 2 二	己亥 3 三	庚子 4 四	辛丑 5 五	壬寅 6 六	癸卯 7 日	甲辰 8 一	乙巳 9 二	丙午 10 三	丁未 11 四	戊申 12 五	己酉 13 六	庚戌 14 日	辛亥 15 一	壬子 16 二	癸丑 17 三	甲寅 18 四	乙卯 19 五	丙申立夏 辛亥小滿
五月小	丙午	天干地支 西曆 星期	丙辰 20 六	丁巳 21 日	戊午 22 一	己未 23 二	庚申 24 三	辛酉 25 四	壬戌 26 五	癸亥 27 六	甲子 28 日	乙丑 29 一	丙寅 30 二	丁卯 31 三	戊辰 (6) 四	己巳 2 五	庚午 3 六	辛未 4 日	壬申 5 一	癸酉 6 二	甲戌 7 三	乙亥 8 四	丙子 9 五	丁丑 10 六	戊寅 11 日	己卯 12 一	庚辰 13 二	辛巳 14 三	壬午 15 四	癸未 16 五	甲申 17 六		丙寅芒種 壬午夏至
六月大	丁未	天干地支 西曆 星期	乙酉 18 日	丙戌 19 一	丁亥 20 二	戊子 21 三	己丑 22 四	庚寅 23 五	辛卯 24 六	壬辰 25 日	癸巳 26 一	甲午 27 二	乙未 28 三	丙申 29 四	丁酉 30 五	戊戌 (7) 六	己亥 2 日	庚子 3 一	辛丑 4 二	壬寅 5 三	癸卯 6 四	甲辰 7 五	乙巳 8 六	丙午 9 日	丁未 10 一	戊申 11 二	己酉 12 三	庚戌 13 四	辛亥 14 五	壬子 15 六	癸丑 16 日	甲寅 17 一	丁酉小暑 壬子大暑
七月大	戊申	天干地支 西曆 星期	乙卯 18 二	丙辰 19 三	丁巳 20 四	戊午 21 五	己未 22 六	庚申 23 日	辛酉 24 一	壬戌 25 二	癸亥 26 三	甲子 27 四	乙丑 28 五	丙寅 29 六	丁卯 30 日	戊辰 31 一	己巳 (8) 二	庚午 2 三	辛未 3 四	壬申 4 五	癸酉 5 六	甲戌 6 日	乙亥 7 一	丙子 8 二	丁丑 9 三	戊寅 10 四	己卯 11 五	庚辰 12 六	辛巳 13 日	壬午 14 一	癸未 15 二	甲申 16 三	丁卯立秋 壬午處暑
八月小	己酉	天干地支 西曆 星期	乙酉 17 四	丙戌 18 五	丁亥 19 六	戊子 20 日	己丑 21 一	庚寅 22 二	辛卯 23 三	壬辰 24 四	癸巳 25 五	甲午 26 六	乙未 27 日	丙申 28 一	丁酉 29 二	戊戌 30 三	己亥 31 四	庚子 (9) 五	辛丑 2 六	壬寅 3 日	癸卯 4 一	甲辰 5 二	乙巳 6 三	丙午 7 四	丁未 8 五	戊申 9 六	己酉 10 日	庚戌 11 一	辛亥 12 二	壬子 13 三	癸丑 14 四		戊戌白露 癸丑秋分
九月大	庚戌	天干地支 西曆 星期	甲寅 15 五	乙卯 16 六	丙辰 17 日	丁巳 18 一	戊午 19 二	己未 20 三	庚申 21 四	辛酉 22 五	壬戌 23 六	癸亥 24 日	甲子 25 一	乙丑 26 二	丙寅 27 三	丁卯 28 四	戊辰 29 五	己巳 30 六	庚午 (10) 日	辛未 2 一	壬申 3 二	癸酉 4 三	甲戌 5 四	乙亥 6 五	丙子 7 六	丁丑 8 日	戊寅 9 一	己卯 10 二	庚辰 11 三	辛巳 12 四	壬午 13 五	癸未 14 六	戊辰寒露 癸未霜降
閏九月大	庚戌	天干地支 西曆 星期	甲申 15 日	乙酉 16 一	丙戌 17 二	丁亥 18 三	戊子 19 四	己丑 20 五	庚寅 21 六	辛卯 22 日	壬辰 23 一	癸巳 24 二	甲午 25 三	乙未 26 四	丙申 27 五	丁酉 28 六	戊戌 29 日	己亥 30 一	庚子 31 二	辛丑 (11) 三	壬寅 2 四	癸卯 3 五	甲辰 4 六	乙巳 5 日	丙午 6 一	丁未 7 二	戊申 8 三	己酉 9 四	庚戌 10 五	辛亥 11 六	壬子 12 日	癸丑 13 一	己亥立冬
十月小	辛亥	天干地支 西曆 星期	甲寅 14 二	乙卯 15 三	丙辰 16 四	丁巳 17 五	戊午 18 六	己未 19 日	庚申 20 一	辛酉 21 二	壬戌 22 三	癸亥 23 四	甲子 24 五	乙丑 25 六	丙寅 26 日	丁卯 27 一	戊辰 28 二	己巳 29 三	庚午 30 四	辛未 (12) 五	壬申 2 六	癸酉 3 日	甲戌 4 一	乙亥 5 二	丙子 6 三	丁丑 7 四	戊寅 8 五	己卯 9 六	庚辰 10 日	辛巳 11 一	壬午 12 二		甲寅小雪 己巳大雪
十一月大	壬子	天干地支 西曆 星期	癸未 13 三	甲申 14 四	乙酉 15 五	丙戌 16 六	丁亥 17 日	戊子 18 一	己丑 19 二	庚寅 20 三	辛卯 21 四	壬辰 22 五	癸巳 23 六	甲午 24 日	乙未 25 一	丙申 26 二	丁酉 27 三	戊戌 28 四	己亥 29 五	庚子 30 六	辛丑 31 日	壬寅 (1) 一	癸卯 2 二	甲辰 3 三	乙巳 4 四	丙午 5 五	丁未 6 六	戊申 7 日	己酉 8 一	庚戌 9 二	辛亥 10 三	壬子 11 四	甲申冬至 己亥小寒
十二月小	癸丑	天干地支 西曆 星期	癸丑 12 五	甲寅 13 六	乙卯 14 日	丙辰 15 一	丁巳 16 二	戊午 17 三	己未 18 四	庚申 19 五	辛酉 20 六	壬戌 21 日	癸亥 22 一	甲子 23 二	乙丑 24 三	丙寅 25 四	丁卯 26 五	戊辰 27 六	己巳 28 日	庚午 29 一	辛未 30 二	壬申 31 三	癸酉 (2) 四	甲戌 2 五	乙亥 3 六	丙子 4 日	丁丑 5 一	戊寅 6 二	己卯 7 三	庚辰 8 四	辛巳 9 五		乙卯大寒 庚午立春

蒙古世祖中统四年（癸亥 猪年） 公元 1263 ~ 1264 年

夏曆月序		中西曆日對照	初一	初二	初三	初四	初五	初六	初七	初八	初九	初十	十一	十二	十三	十四	十五	十六	十七	十八	十九	二十	二一	二二	二三	二四	二五	二六	二七	二八	二九	三十	節氣與天象
正月大	甲寅	天干地支西曆星期	壬午10六	癸未11日	甲申12一	乙酉13二	丙戌14三	丁亥15四	戊子16五	己丑17六	庚寅18日	辛卯19一	壬辰20二	癸巳21三	甲午22四	乙未23五	丙申24六	丁酉25日	戊戌26一	己亥27二	庚子28三	辛丑(3)四	壬寅2五	癸卯3六	甲辰4日	乙巳5一	丙午6二	丁未7三	戊申8四	己酉9五	庚戌10六	辛亥11日	乙酉雨水 庚子驚蟄
二月小	乙卯	天干地支西曆星期	壬子12一	癸丑13二	甲寅14三	乙卯15四	丙辰16五	丁巳17六	戊午18日	己未19一	庚申20二	辛酉21三	壬戌22四	癸亥23五	甲子24六	乙丑25日	丙寅26一	丁卯27二	戊辰28三	己巳29四	庚午30五	辛未31六	壬申(4)日	癸酉2一	甲戌3二	乙亥4三	丙子5四	丁丑6五	戊寅7六	己卯8日	庚辰9一		丙辰春分 辛未清明
三月小	丙辰	天干地支西曆星期	辛巳10二	壬午11三	癸未12四	甲申13五	乙酉14六	丙戌15日	丁亥16一	戊子17二	己丑18三	庚寅19四	辛卯20五	壬辰21六	癸巳22日	甲午23一	乙未24二	丙申25三	丁酉26四	戊戌27五	己亥28六	庚子29日	辛丑30一	壬寅(5)二	癸卯2三	甲辰3四	乙巳4五	丙午5六	丁未6日	戊申7一	己酉8二		丙戌穀雨 辛丑立夏
四月大	丁巳	天干地支西曆星期	庚戌9三	辛亥10四	壬子11五	癸丑12六	甲寅13日	乙卯14一	丙辰15二	丁巳16三	戊午17四	己未18五	庚申19六	辛酉20日	壬戌21一	癸亥22二	甲子23三	乙丑24四	丙寅25五	丁卯26六	戊辰27日	己巳28一	庚午29二	辛未30三	壬申31四	癸酉(6)五	甲戌2六	乙亥3日	丙子4一	丁丑5二	戊寅6三	己卯7四	丙辰小滿 壬申芒種
五月小	戊午	天干地支西曆星期	庚辰8五	辛巳9六	壬午10日	癸未11一	甲申12二	乙酉13三	丙戌14四	丁亥15五	戊子16六	己丑17日	庚寅18一	辛卯19二	壬辰20三	癸巳21四	甲午22五	乙未23六	丙申24日	丁酉25一	戊戌26二	己亥27三	庚子28四	辛丑29五	壬寅30六	癸卯(7)日	甲辰2一	乙巳3二	丙午4三	丁未5四	戊申6五		丁亥夏至 壬寅小暑
六月大	己未	天干地支西曆星期	己酉7六	庚戌8日	辛亥9一	壬子10二	癸丑11三	甲寅12四	乙卯13五	丙辰14六	丁巳15日	戊午16一	己未17二	庚申18三	辛酉19四	壬戌20五	癸亥21六	甲子22日	乙丑23一	丙寅24二	丁卯25三	戊辰26四	己巳27五	庚午28六	辛未29日	壬申30一	癸酉31二	甲戌(8)三	乙亥2四	丙子3五	丁丑4六	戊寅5日	丁巳大暑 壬申立秋
七月小	庚申	天干地支西曆星期	己卯6一	庚辰7二	辛巳8三	壬午9四	癸未10五	甲申11六	乙酉12日	丙戌13一	丁亥14二	戊子15三	己丑16四	庚寅17五	辛卯18六	壬辰19日	癸巳20一	甲午21二	乙未22三	丙申23四	丁酉24五	戊戌25六	己亥26日	庚子27一	辛丑28二	壬寅29三	癸卯30四	甲辰31五	乙巳(9)六	丙午2日	丁未3一		戊子處暑 癸卯白露
八月大	辛酉	天干地支西曆星期	戊申4二	己酉5三	庚戌6四	辛亥7五	壬子8六	癸丑9日	甲寅10一	乙卯11二	丙辰12三	丁巳13四	戊午14五	己未15六	庚申16日	辛酉17一	壬戌18二	癸亥19三	甲子20四	乙丑21五	丙寅22六	丁卯23日	戊辰24一	己巳25二	庚午26三	辛未27四	壬申28五	癸酉29六	甲戌30日	乙亥(10)一	丙子2二	丁丑3三	戊午秋分 癸酉寒露
九月大	壬戌	天干地支西曆星期	戊寅4四	己卯5五	庚辰6六	辛巳7日	壬午8一	癸未9二	甲申10三	乙酉11四	丙戌12五	丁亥13六	戊子14日	己丑15一	庚寅16二	辛卯17三	壬辰18四	癸巳19五	甲午20六	乙未21日	丙申22一	丁酉23二	戊戌24三	己亥25四	庚子26五	辛丑27六	壬寅28日	癸卯29一	甲辰30二	乙巳31三	丙午(11)四	丁未2五	己丑霜降 甲辰立冬
十月大	癸亥	天干地支西曆星期	戊申3六	己酉4日	庚戌5一	辛亥6二	壬子7三	癸丑8四	甲寅9五	乙卯10六	丙辰11日	丁巳12一	戊午13二	己未14三	庚申15四	辛酉16五	壬戌17六	癸亥18日	甲子19一	乙丑20二	丙寅21三	丁卯22四	戊辰23五	己巳24六	庚午25日	辛未26一	壬申27二	癸酉28三	甲戌29四	乙亥30五	丙子(12)六	丁丑2日	己未小雪 甲戌大雪
十一月小	甲子	天干地支西曆星期	戊寅3一	己卯4二	庚辰5三	辛巳6四	壬午7五	癸未8六	甲申9日	乙酉10一	丙戌11二	丁亥12三	戊子13四	己丑14五	庚寅15六	辛卯16日	壬辰17一	癸巳18二	甲午19三	乙未20四	丙申21五	丁酉22六	戊戌23日	己亥24一	庚子25二	辛丑26三	壬寅27四	癸卯28五	甲辰29六	乙巳30日	丙午31一		己丑冬至 乙巳小寒
十二月大	乙丑	天干地支西曆星期	丁未(1)二	戊申2三	己酉3四	庚戌4五	辛亥5六	壬子6日	癸丑7一	甲寅8二	乙卯9三	丙辰10四	丁巳11五	戊午12六	己未13日	庚申14一	辛酉15二	壬戌16三	癸亥17四	甲子18五	乙丑19六	丙寅20日	丁卯21一	戊辰22二	己巳23三	庚午24四	辛未25五	壬申26六	癸酉27日	甲戌28一	乙亥29二	丙子30三	庚申大寒 乙亥立春

* 本年以開平爲上都。

蒙古世祖中统五年 至元元年（甲子 鼠年）公元 1264 ~ 1265 年

夏曆月序		中西曆日對照	初一	初二	初三	初四	初五	初六	初七	初八	初九	初十	十一	十二	十三	十四	十五	十六	十七	十八	十九	二十	二一	二二	二三	二四	二五	二六	二七	二八	二九	三十	節氣與天象
正月小	丙寅	干支 天地 西曆 星期	丁丑 31 四	戊寅 (2) 五	己卯 2 六	庚辰 3 日	辛巳 4 一	壬午 5 二	癸未 6 三	甲申 7 四	乙酉 8 五	丙戌 9 六	丁亥 10 日	戊子 11 一	己丑 12 二	庚寅 13 三	辛卯 14 四	壬辰 15 五	癸巳 16 六	甲午 17 日	乙未 18 一	丙申 19 二	丁酉 20 三	戊戌 21 四	己亥 22 五	庚子 23 六	辛丑 24 日	壬寅 25 一	癸卯 26 二	甲辰 27 三	乙巳 28 四		庚寅雨水
二月大	丁卯	干支 天地 西曆 星期	丙午 29 五	丁未 (3) 六	戊申 2 日	己酉 3 一	庚戌 4 二	辛亥 5 三	壬子 6 四	癸丑 7 五	甲寅 8 六	乙卯 9 日	丙辰 10 一	丁巳 11 二	戊午 12 三	己未 13 四	庚申 14 五	辛酉 15 六	壬戌 16 日	癸亥 17 一	甲子 18 二	乙丑 19 三	丙寅 20 四	丁卯 21 五	戊辰 22 六	己巳 23 日	庚午 24 一	辛未 25 二	壬申 26 三	癸酉 27 四	甲戌 28 五	乙亥 29 六	丙午驚蟄 辛酉春分
三月小	戊辰	干支 天地 西曆 星期	丙子 30 日	丁丑 31 一	戊寅 (4) 二	己卯 2 三	庚辰 3 四	辛巳 4 五	壬午 5 六	癸未 6 日	甲申 7 一	乙酉 8 二	丙戌 9 三	丁亥 10 四	戊子 11 五	己丑 12 六	庚寅 13 日	辛卯 14 一	壬辰 15 二	癸巳 16 三	甲午 17 四	乙未 18 五	丙申 19 六	丁酉 20 日	戊戌 21 一	己亥 22 二	庚子 23 三	辛丑 24 四	壬寅 25 五	癸卯 26 六	甲辰 27 日		丙子清明 辛卯穀雨
四月小	己巳	干支 天地 西曆 星期	乙巳 28 一	丙午 29 二	丁未 30 三	戊申 (5) 四	己酉 2 五	庚戌 3 六	辛亥 4 日	壬子 5 一	癸丑 6 二	甲寅 7 三	乙卯 8 四	丙辰 9 五	丁巳 10 六	戊午 11 日	己未 12 一	庚申 13 二	辛酉 14 三	壬戌 15 四	癸亥 16 五	甲子 17 六	乙丑 18 日	丙寅 19 一	丁卯 20 二	戊辰 21 三	己巳 22 四	庚午 23 五	辛未 24 六	壬申 25 日	癸酉 26 一		丙午立夏 壬戌小滿
五月大	庚午	干支 天地 西曆 星期	甲戌 27 二	乙亥 28 三	丙子 29 四	丁丑 30 五	戊寅 31 六	己卯 (6) 日	庚辰 2 一	辛巳 3 二	壬午 4 三	癸未 5 四	甲申 6 五	乙酉 7 六	丙戌 8 日	丁亥 9 一	戊子 10 二	己丑 11 三	庚寅 12 四	辛卯 13 五	壬辰 14 六	癸巳 15 日	甲午 16 一	乙未 17 二	丙申 18 三	丁酉 19 四	戊戌 20 五	己亥 21 六	庚子 22 日	辛丑 23 一	壬寅 24 二	癸卯 25 三	丁丑芒種 壬辰夏至
六月小	辛未	干支 天地 西曆 星期	甲辰 26 四	乙巳 27 五	丙午 28 六	丁未 29 日	戊申 30 一	己酉 (7) 二	庚戌 2 三	辛亥 3 四	壬子 4 五	癸丑 5 六	甲寅 6 日	乙卯 7 一	丙辰 8 二	丁巳 9 三	戊午 10 四	己未 11 五	庚申 12 六	辛酉 13 日	壬戌 14 一	癸亥 15 二	甲子 16 三	乙丑 17 四	丙寅 18 五	丁卯 19 六	戊辰 20 日	己巳 21 一	庚午 22 二	辛未 23 三	壬申 24 四		丁未小暑 癸亥大暑
七月小	壬申	干支 天地 西曆 星期	癸酉 25 五	甲戌 26 六	乙亥 27 日	丙子 28 一	丁丑 29 二	戊寅 30 三	己卯 31 四	庚辰 (8) 五	辛巳 2 六	壬午 3 日	癸未 4 一	甲申 5 二	乙酉 6 三	丙戌 7 四	丁亥 8 五	戊子 9 六	己丑 10 日	庚寅 11 一	辛卯 12 二	壬辰 13 三	癸巳 14 四	甲午 15 五	乙未 16 六	丙申 17 日	丁酉 18 一	戊戌 19 二	己亥 20 三	庚子 21 四	辛丑 22 五		戊寅立秋 癸巳處暑
八月大	癸酉	干支 天地 西曆 星期	壬寅 23 六	癸卯 24 日	甲辰 25 一	乙巳 26 二	丙午 27 三	丁未 28 四	戊申 29 五	己酉 30 六	庚戌 31 日	辛亥 (9) 一	壬子 2 二	癸丑 3 三	甲寅 4 四	乙卯 5 五	丙辰 6 六	丁巳 7 日	戊午 8 一	己未 9 二	庚申 10 三	辛酉 11 四	壬戌 12 五	癸亥 13 六	甲子 14 日	乙丑 15 一	丙寅 16 二	丁卯 17 三	戊辰 18 四	己巳 19 五	庚午 20 六	辛未 21 日	戊申白露 癸亥秋分
九月大	甲戌	干支 天地 西曆 星期	壬申 22 一	癸酉 23 二	甲戌 24 三	乙亥 25 四	丙子 26 五	丁丑 27 六	戊寅 28 日	己卯 29 一	庚辰 30 二	辛巳 (10) 三	壬午 2 四	癸未 3 五	甲申 4 六	乙酉 5 日	丙戌 6 一	丁亥 7 二	戊子 8 三	己丑 9 四	庚寅 10 五	辛卯 11 六	壬辰 12 日	癸巳 13 一	甲午 14 二	乙未 15 三	丙申 16 四	丁酉 17 五	戊戌 18 六	己亥 19 日	庚子 20 一	辛丑 21 二	己卯寒露 甲午霜降
十月大	乙亥	干支 天地 西曆 星期	壬寅 22 三	癸卯 23 四	甲辰 24 五	乙巳 25 六	丙午 26 日	丁未 27 一	戊申 28 二	己酉 29 三	庚戌 30 四	辛亥 31 五	壬子 (11) 六	癸丑 2 日	甲寅 3 一	乙卯 4 二	丙辰 5 三	丁巳 6 四	戊午 7 五	己未 8 六	庚申 9 日	辛酉 10 一	壬戌 11 二	癸亥 12 三	甲子 13 四	乙丑 14 五	丙寅 15 六	丁卯 16 日	戊辰 17 一	己巳 18 二	庚午 19 三	辛未 20 四	己酉立冬 甲子小雪
十一月小	丙子	干支 天地 西曆 星期	壬申 21 五	癸酉 22 六	甲戌 23 日	乙亥 24 一	丙子 25 二	丁丑 26 三	戊寅 27 四	己卯 28 五	庚辰 29 六	辛巳 30 日	壬午 (12) 一	癸未 2 二	甲申 3 三	乙酉 4 四	丙戌 5 五	丁亥 6 六	戊子 7 日	己丑 8 一	庚寅 9 二	辛卯 10 三	壬辰 11 四	癸巳 12 五	甲午 13 六	乙未 14 日	丙申 15 一	丁酉 16 二	戊戌 17 三	己亥 18 四	庚子 19 五		己卯大雪 乙未冬至
十二月大	丁丑	干支 天地 西曆 星期	辛丑 20 六	壬寅 21 日	癸卯 22 一	甲辰 23 二	乙巳 24 三	丙午 25 四	丁未 26 五	戊申 27 六	己酉 28 日	庚戌 29 一	辛亥 30 二	壬子 31 三	癸丑 (1) 四	甲寅 2 五	乙卯 3 六	丙辰 4 日	丁巳 5 一	戊午 6 二	己未 7 三	庚申 8 四	辛酉 9 五	壬戌 10 六	癸亥 11 日	甲子 12 一	乙丑 13 二	丙寅 14 三	丁卯 15 四	戊辰 16 五	己巳 17 六	庚午 18 日	庚戌小寒 乙丑大寒

* 八月丁巳（十六日），改元至元。

蒙古世祖至元二年（乙丑 牛年） 公元1265 ~ 1266年

夏曆月序		中西曆日對照	初一	初二	初三	初四	初五	初六	初七	初八	初九	初十	十一	十二	十三	十四	十五	十六	十七	十八	十九	二十	二一	二二	二三	二四	二五	二六	二七	二八	二九	三十	節氣與天象
正月大	戊寅	天干地支西曆星期	辛未19一	壬申20二	癸酉21三	甲戌22四	乙亥23五	丙子24六	丁丑25日	戊寅26一	己卯27二	庚辰28三	辛巳29四	壬午30五	癸未31六	甲申(2)日	乙酉2一	丙戌3二	丁亥4三	戊子5四	己丑6五	庚寅7六	辛卯8日	壬辰9一	癸巳10二	甲午11三	乙未12四	丙申13五	丁酉14六	戊戌15日	己亥16一	庚子17二	庚辰立春 丙申雨水 辛未日食
二月小	己卯	天干地支西曆星期	辛丑18三	壬寅19四	癸卯20五	甲辰21六	乙巳22日	丙午23一	丁未24二	戊申25三	己酉26四	庚戌27五	辛亥28六	壬子(3)日	癸丑2一	甲寅3二	乙卯4三	丙辰5四	丁巳6五	戊午7六	己未8日	庚申9一	辛酉10二	壬戌11三	癸亥12四	甲子13五	乙丑14六	丙寅15日	丁卯16一	戊辰17二	己巳18三		辛亥驚蟄 丙寅春分
三月大	庚辰	天干地支西曆星期	庚午19四	辛未20五	壬申21六	癸酉22日	甲戌23一	乙亥24二	丙子25三	丁丑26四	戊寅27五	己卯28六	庚辰29日	辛巳30一	壬午31二	癸未(4)三	甲申2四	乙酉3五	丙戌4六	丁亥5日	戊子6一	己丑7二	庚寅8三	辛卯9四	壬辰10五	癸巳11六	甲午12日	乙未13一	丙申14二	丁酉15三	戊戌16四	己亥17五	辛巳清明 丙申穀雨
四月小	辛巳	天干地支西曆星期	庚子18六	辛丑19日	壬寅20一	癸卯21二	甲辰22三	乙巳23四	丙午24五	丁未25六	戊申26日	己酉27一	庚戌28二	辛亥29三	壬子30四	癸丑(5)五	甲寅2六	乙卯3日	丙辰4一	丁巳5二	戊午6三	己未7四	庚申8五	辛酉9六	壬戌10日	癸亥11一	甲子12二	乙丑13三	丙寅14四	丁卯15五	戊辰16六		壬子立夏 丁卯小滿
五月小	壬午	天干地支西曆星期	己巳17日	庚午18一	辛未19二	壬申20三	癸酉21四	甲戌22五	乙亥23六	丙子24日	丁丑25一	戊寅26二	己卯27三	庚辰28四	辛巳29五	壬午30六	癸未31日	甲申(6)一	乙酉2二	丙戌3三	丁亥4四	戊子5五	己丑6六	庚寅7日	辛卯8一	壬辰9二	癸巳10三	甲午11四	乙未12五	丙申13六	丁酉14日		壬午芒種 丁酉夏至
閏五月大	壬午	天干地支西曆星期	戊戌15一	己亥16二	庚子17三	辛丑18四	壬寅19五	癸卯20六	甲辰21日	乙巳22一	丙午23二	丁未24三	戊申25四	己酉26五	庚戌27六	辛亥28日	壬子29一	癸丑30二	甲寅(7)三	乙卯2四	丙辰3五	丁巳4六	戊午5日	己未6一	庚申7二	辛酉8三	壬戌9四	癸亥10五	甲子11六	乙丑12日	丙寅13一	丁卯14二	癸丑小暑
六月小	癸未	天干地支西曆星期	戊辰15三	己巳16四	庚午17五	辛未18六	壬申19日	癸酉20一	甲戌21二	乙亥22三	丙子23四	丁丑24五	戊寅25六	己卯26日	庚辰27一	辛巳28二	壬午29三	癸未30四	甲申31五	乙酉(8)六	丙戌2日	丁亥3一	戊子4二	己丑5三	庚寅6四	辛卯7五	壬辰8六	癸巳9日	甲午10一	乙未11二	丙申12三		戊辰大暑 癸未立秋
七月小	甲申	天干地支西曆星期	丁酉13四	戊戌14五	己亥15六	庚子16日	辛丑17一	壬寅18二	癸卯19三	甲辰20四	乙巳21五	丙午22六	丁未23日	戊申24一	己酉25二	庚戌26三	辛亥27四	壬子28五	癸丑29六	甲寅30日	乙卯31一	丙辰(9)二	丁巳2三	戊午3四	己未4五	庚申5六	辛酉6日	壬戌7一	癸亥8二	甲子9三	乙丑10四		戊戌處暑 癸丑白露
八月大	乙酉	天干地支西曆星期	丙寅11五	丁卯12六	戊辰13日	己巳14一	庚午15二	辛未16三	壬申17四	癸酉18五	甲戌19六	乙亥20日	丙子21一	丁丑22二	戊寅23三	己卯24四	庚辰25五	辛巳26六	壬午27日	癸未28一	甲申29二	乙酉30三	丙戌(10)四	丁亥2五	戊子3六	己丑4日	庚寅5一	辛卯6二	壬辰7三	癸巳8四	甲午9五	乙未10六	己巳秋分 甲申寒露
九月大	丙戌	天干地支西曆星期	丙申11日	丁酉12一	戊戌13二	己亥14三	庚子15四	辛丑16五	壬寅17六	癸卯18日	甲辰19一	乙巳20二	丙午21三	丁未22四	戊申23五	己酉24六	庚戌25日	辛亥26一	壬子27二	癸丑28三	甲寅29四	乙卯30五	丙辰31六	丁巳(11)日	戊午2一	己未3二	庚申4三	辛酉5四	壬戌6五	癸亥7六	甲子8日	乙丑9一	己亥霜降 甲寅立冬
十月小	丁亥	天干地支西曆星期	丙寅10二	丁卯11三	戊辰12四	己巳13五	庚午14六	辛未15日	壬申16一	癸酉17二	甲戌18三	乙亥19四	丙子20五	丁丑21六	戊寅22日	己卯23一	庚辰24二	辛巳25三	壬午26四	癸未27五	甲申28六	乙酉29日	丙戌30一	丁亥(12)二	戊子2三	己丑3四	庚寅4五	辛卯5六	壬辰6日	癸巳7一	甲午8二		庚午小雪 乙酉大雪
十一月大	戊子	天干地支西曆星期	乙未9三	丙申10四	丁酉11五	戊戌12六	己亥13日	庚子14一	辛丑15二	壬寅16三	癸卯17四	甲辰18五	乙巳19六	丙午20日	丁未21一	戊申22二	己酉23三	庚戌24四	辛亥25五	壬子26六	癸丑27日	甲寅28一	乙卯29二	丙辰30三	丁巳31四	戊午(1)五	己未2六	庚申3日	辛酉4一	壬戌5二	癸亥6三	甲子7四	庚子冬至 乙卯小寒
十二月大	己丑	天干地支西曆星期	乙丑8五	丙寅9六	丁卯10日	戊辰11一	己巳12二	庚午13三	辛未14四	壬申15五	癸酉16六	甲戌17日	乙亥18一	丙子19二	丁丑20三	戊寅21四	己卯22五	庚辰23六	辛巳24日	壬午25一	癸未26二	甲申27三	乙酉28四	丙戌29五	丁亥30六	戊子31日	己丑(2)一	庚寅2二	辛卯3三	壬辰4四	癸巳5五	甲午6六	庚午大寒 丙戌立春 乙丑日食

蒙古世祖至元三年（丙寅 虎年）公元 **1266** ~ 1267 年

夏曆月序	中西曆日對照	初一	初二	初三	初四	初五	初六	初七	初八	初九	初十	十一	十二	十三	十四	十五	十六	十七	十八	十九	二十	二一	二二	二三	二四	二五	二六	二七	二八	二九	三十	節氣與天象
正月大 庚寅	天干地支 西曆 星期	乙未 7 日	丙申 8 一	丁酉 9 二	戊戌 10 三	己亥 11 四	庚子 12 五	辛丑 13 六	壬寅 14 日	癸卯 15 一	甲辰 16 二	乙巳 17 三	丙午 18 四	丁未 19 五	戊申 20 六	己酉 21 日	庚戌 22 一	辛亥 23 二	壬子 24 三	癸丑 25 四	甲寅 26 五	乙卯 27 六	丙辰 28 日	丁巳 (3) 一	戊午 2 二	己未 3 三	庚申 4 四	辛酉 5 五	壬戌 6 六	癸亥 7 日	甲子 8 一	辛丑雨水 丙辰驚蟄
二月小 辛卯	天干地支 西曆 星期	乙丑 9 二	丙寅 10 三	丁卯 11 四	戊辰 12 五	己巳 13 六	庚午 14 日	辛未 15 一	壬申 16 二	癸酉 17 三	甲戌 18 四	乙亥 19 五	丙子 20 六	丁丑 21 日	戊寅 22 一	己卯 23 二	庚辰 24 三	辛巳 25 四	壬午 26 五	癸未 27 六	甲申 28 日	乙酉 29 一	丙戌 30 二	丁亥 31 三	戊子 (4) 四	己丑 2 五	庚寅 3 六	辛卯 4 日	壬辰 5 一	癸巳 6 二		辛未春分 丙戌清明
三月大 壬辰	天干地支 西曆 星期	甲午 7 三	乙未 8 四	丙申 9 五	丁酉 10 六	戊戌 11 日	己亥 12 一	庚子 13 二	辛丑 14 三	壬寅 15 四	癸卯 16 五	甲辰 17 六	乙巳 18 日	丙午 19 一	丁未 20 二	戊申 21 三	己酉 22 四	庚戌 23 五	辛亥 24 六	壬子 25 日	癸丑 26 一	甲寅 27 二	乙卯 28 三	丙辰 29 四	丁巳 30 五	戊午 (5) 六	己未 2 日	庚申 3 一	辛酉 4 二	壬戌 5 三	癸亥 6 四	壬寅穀雨 丁巳立夏
四月小 癸巳	天干地支 西曆 星期	甲子 7 五	乙丑 8 六	丙寅 9 日	丁卯 10 一	戊辰 11 二	己巳 12 三	庚午 13 四	辛未 14 五	壬申 15 六	癸酉 16 日	甲戌 17 一	乙亥 18 二	丙子 19 三	丁丑 20 四	戊寅 21 五	己卯 22 六	庚辰 23 日	辛巳 24 一	壬午 25 二	癸未 26 三	甲申 27 四	乙酉 28 五	丙戌 29 六	丁亥 30 日	戊子 31 一	己丑 (6) 二	庚寅 2 三	辛卯 3 四	壬辰 4 五		壬申小滿 丁亥芒種
五月小 甲午	天干地支 西曆 星期	癸巳 5 六	甲午 6 日	乙未 7 一	丙申 8 二	丁酉 9 三	戊戌 10 四	己亥 11 五	庚子 12 六	辛丑 13 日	壬寅 14 一	癸卯 15 二	甲辰 16 三	乙巳 17 四	丙午 18 五	丁未 19 六	戊申 20 日	己酉 21 一	庚戌 22 二	辛亥 23 三	壬子 24 四	癸丑 25 五	甲寅 26 六	乙卯 27 日	丙辰 28 一	丁巳 29 二	戊午 30 三	己未 (7) 四	庚申 2 五	辛酉 3 六		癸卯夏至 戊午小暑
六月大 乙未	天干地支 西曆 星期	壬戌 4 日	癸亥 5 一	甲子 6 二	乙丑 7 三	丙寅 8 四	丁卯 9 五	戊辰 10 六	己巳 11 日	庚午 12 一	辛未 13 二	壬申 14 三	癸酉 15 四	甲戌 16 五	乙亥 17 六	丙子 18 日	丁丑 19 一	戊寅 20 二	己卯 21 三	庚辰 22 四	辛巳 23 五	壬午 24 六	癸未 25 日	甲申 26 一	乙酉 27 二	丙戌 28 三	丁亥 29 四	戊子 30 五	己丑 31 六	庚寅 (8) 日	辛卯 2 一	癸酉大暑 戊子立秋
七月小 丙申	天干地支 西曆 星期	壬辰 3 二	癸巳 4 三	甲午 5 四	乙未 6 五	丙申 7 六	丁酉 8 日	戊戌 9 一	己亥 10 二	庚子 11 三	辛丑 12 四	壬寅 13 五	癸卯 14 六	甲辰 15 日	乙巳 16 一	丙午 17 二	丁未 18 三	戊申 19 四	己酉 20 五	庚戌 21 六	辛亥 22 日	壬子 23 一	癸丑 24 二	甲寅 25 三	乙卯 26 四	丙辰 27 五	丁巳 28 六	戊午 29 日	己未 30 一	庚申 31 二		癸卯處暑 己未白露
八月小 丁酉	天干地支 西曆 星期	辛酉 (9) 三	壬戌 2 四	癸亥 3 五	甲子 4 六	乙丑 5 日	丙寅 6 一	丁卯 7 二	戊辰 8 三	己巳 9 四	庚午 10 五	辛未 11 六	壬申 12 日	癸酉 13 一	甲戌 14 二	乙亥 15 三	丙子 16 四	丁丑 17 五	戊寅 18 六	己卯 19 日	庚辰 20 一	辛巳 21 二	壬午 22 三	癸未 23 四	甲申 24 五	乙酉 25 六	丙戌 26 日	丁亥 27 一	戊子 28 二	己丑 29 三		甲戌秋分 己丑寒露
九月大 戊戌	天干地支 西曆 星期	庚寅 30 四	辛卯 (10) 五	壬辰 2 六	癸巳 3 日	甲午 4 一	乙未 5 二	丙申 6 三	丁酉 7 四	戊戌 8 五	己亥 9 六	庚子 10 日	辛丑 11 一	壬寅 12 二	癸卯 13 三	甲辰 14 四	乙巳 15 五	丙午 16 六	丁未 17 日	戊申 18 一	己酉 19 二	庚戌 20 三	辛亥 21 四	壬子 22 五	癸丑 23 六	甲寅 24 日	乙卯 25 一	丙辰 26 二	丁巳 27 三	戊午 28 四	己未 29 五	甲辰霜降
十月小 己亥	天干地支 西曆 星期	庚申 30 六	辛酉 31 日	壬戌 (11) 一	癸亥 2 二	甲子 3 三	乙丑 4 四	丙寅 5 五	丁卯 6 六	戊辰 7 日	己巳 8 一	庚午 9 二	辛未 10 三	壬申 11 四	癸酉 12 五	甲戌 13 六	乙亥 14 日	丙子 15 一	丁丑 16 二	戊寅 17 三	己卯 18 四	庚辰 19 五	辛巳 20 六	壬午 21 日	癸未 22 一	甲申 23 二	乙酉 24 三	丙戌 25 四	丁亥 26 五	戊子 27 六		庚申立冬 乙亥小雪
十一月大 庚子	天干地支 西曆 星期	己丑 28 日	庚寅 29 一	辛卯 30 二	壬辰 (12) 三	癸巳 2 四	甲午 3 五	乙未 4 六	丙申 5 日	丁酉 6 一	戊戌 7 二	己亥 8 三	庚子 9 四	辛丑 10 五	壬寅 11 六	癸卯 12 日	甲辰 13 一	乙巳 14 二	丙午 15 三	丁未 16 四	戊申 17 五	己酉 18 六	庚戌 19 日	辛亥 20 一	壬子 21 二	癸丑 22 三	甲寅 23 四	乙卯 24 五	丙辰 25 六	丁巳 26 日	戊午 27 一	庚寅大雪 乙巳冬至
十二月大 辛丑	天干地支 西曆 星期	己未 28 二	庚申 29 三	辛酉 30 四	壬戌 31 五	癸亥 (1) 六	甲子 2 日	乙丑 3 一	丙寅 4 二	丁卯 5 三	戊辰 6 四	己巳 7 五	庚午 8 六	辛未 9 日	壬申 10 一	癸酉 11 二	甲戌 12 三	乙亥 13 四	丙子 14 五	丁丑 15 六	戊寅 16 日	己卯 17 一	庚辰 18 二	辛巳 19 三	壬午 20 四	癸未 21 五	甲申 22 六	乙酉 23 日	丙戌 24 一	丁亥 25 二	戊子 26 三	庚申小寒 丙子大寒

蒙古世祖至元四年（丁卯 兔年） 公元 1267 ~ 1268 年

夏曆月序		中西曆日對照	夏曆日序																														節氣與天象
			初一	初二	初三	初四	初五	初六	初七	初八	初九	初十	十一	十二	十三	十四	十五	十六	十七	十八	十九	二十	二一	二二	二三	二四	二五	二六	二七	二八	二九	三十	
正月大	壬寅	干支 西曆 星期	己丑 27 四	庚寅 28 五	辛卯 29 六	壬辰 30 日	癸巳 31 一	甲午 (2) 二	乙未 2 三	丙申 3 四	丁酉 4 五	戊戌 5 六	己亥 6 日	庚子 7 一	辛丑 8 二	壬寅 9 三	癸卯 10 四	甲辰 11 五	乙巳 12 六	丙午 13 日	丁未 14 一	戊申 15 二	己酉 16 三	庚戌 17 四	辛亥 18 五	壬子 19 六	癸丑 20 日	甲寅 21 一	乙卯 22 二	丙辰 23 三	丁巳 24 四	戊午 25 五	辛卯立春 丙午雨水
二月小	癸卯	干支 西曆 星期	己未 26 六	庚申 27 日	辛酉 28 一	壬戌 (3) 二	癸亥 2 三	甲子 3 四	乙丑 4 五	丙寅 5 六	丁卯 6 日	戊辰 7 一	己巳 8 二	庚午 9 三	辛未 10 四	壬申 11 五	癸酉 12 六	甲戌 13 日	乙亥 14 一	丙子 15 二	丁丑 16 三	戊寅 17 四	己卯 18 五	庚辰 19 六	辛巳 20 日	壬午 21 一	癸未 22 二	甲申 23 三	乙酉 24 四	丙戌 25 五	丁亥 26 六		辛酉驚蟄 丙子春分
三月大	甲辰	干支 西曆 星期	戊子 27 日	己丑 28 一	庚寅 29 二	辛卯 30 三	壬辰 31 四	癸巳 (4) 五	甲午 2 六	乙未 3 日	丙申 4 一	丁酉 5 二	戊戌 6 三	己亥 7 四	庚子 8 五	辛丑 9 六	壬寅 10 日	癸卯 11 一	甲辰 12 二	乙巳 13 三	丙午 14 四	丁未 15 五	戊申 16 六	己酉 17 日	庚戌 18 一	辛亥 19 二	壬子 20 三	癸丑 21 四	甲寅 22 五	乙卯 23 六	丙辰 24 日	丁巳 25 一	壬辰清明 丁未穀雨
四月小	乙巳	干支 西曆 星期	戊午 26 二	己未 27 三	庚申 28 四	辛酉 29 五	壬戌 30 六	癸亥 (5) 日	甲子 2 一	乙丑 3 二	丙寅 4 三	丁卯 5 四	戊辰 6 五	己巳 7 六	庚午 8 日	辛未 9 一	壬申 10 二	癸酉 11 三	甲戌 12 四	乙亥 13 五	丙子 14 六	丁丑 15 日	戊寅 16 一	己卯 17 二	庚辰 18 三	辛巳 19 四	壬午 20 五	癸未 21 六	甲申 22 日	乙酉 23 一	丙戌 24 二		壬戌立夏 丁丑小滿
五月大	丙午	干支 西曆 星期	丁亥 25 三	戊子 26 四	己丑 27 五	庚寅 28 六	辛卯 29 日	壬辰 30 一	癸巳 31 二	甲午 (6) 三	乙未 2 四	丙申 3 五	丁酉 4 六	戊戌 5 日	己亥 6 一	庚子 7 二	辛丑 8 三	壬寅 9 四	癸卯 10 五	甲辰 11 六	乙巳 12 日	丙午 13 一	丁未 14 二	戊申 15 三	己酉 16 四	庚戌 17 五	辛亥 18 六	壬子 19 日	癸丑 20 一	甲寅 21 二	乙卯 22 三	丙辰 23 四	癸巳芒種 戊申夏至 丁亥日食
六月小	丁未	干支 西曆 星期	丁巳 24 五	戊午 25 六	己未 26 日	庚申 27 一	辛酉 28 二	壬戌 29 三	癸亥 30 四	甲子 (7) 五	乙丑 2 六	丙寅 3 日	丁卯 4 一	戊辰 5 二	己巳 6 三	庚午 7 四	辛未 8 五	壬申 9 六	癸酉 10 日	甲戌 11 一	乙亥 12 二	丙子 13 三	丁丑 14 四	戊寅 15 五	己卯 16 六	庚辰 17 日	辛巳 18 一	壬午 19 二	癸未 20 三	甲申 21 四	乙酉 22 五		癸亥小暑 戊寅大暑
七月大	戊申	干支 西曆 星期	丙戌 23 六	丁亥 24 日	戊子 25 一	己丑 26 二	庚寅 27 三	辛卯 28 四	壬辰 29 五	癸巳 30 六	甲午 31 日	乙未 (8) 一	丙申 2 二	丁酉 3 三	戊戌 4 四	己亥 5 五	庚子 6 六	辛丑 7 日	壬寅 8 一	癸卯 9 二	甲辰 10 三	乙巳 11 四	丙午 12 五	丁未 13 六	戊申 14 日	己酉 15 一	庚戌 16 二	辛亥 17 三	壬子 18 四	癸丑 19 五	甲寅 20 六	乙卯 21 日	癸巳立秋 己酉處暑
八月小	己酉	干支 西曆 星期	丙辰 22 一	丁巳 23 二	戊午 24 三	己未 25 四	庚申 26 五	辛酉 27 六	壬戌 28 日	癸亥 29 一	甲子 30 二	乙丑 31 三	丙寅 (9) 四	丁卯 2 五	戊辰 3 六	己巳 4 日	庚午 5 一	辛未 6 二	壬申 7 三	癸酉 8 四	甲戌 9 五	乙亥 10 六	丙子 11 日	丁丑 12 一	戊寅 13 二	己卯 14 三	庚辰 15 四	辛巳 16 五	壬午 17 六	癸未 18 日	甲申 19 一		甲子白露 己卯秋分
九月小	庚戌	干支 西曆 星期	乙酉 20 二	丙戌 21 三	丁亥 22 四	戊子 23 五	己丑 24 六	庚寅 25 日	辛卯 26 一	壬辰 27 二	癸巳 28 三	甲午 29 四	乙未 30 五	丙申 (10) 六	丁酉 2 日	戊戌 3 一	己亥 4 二	庚子 5 三	辛丑 6 四	壬寅 7 五	癸卯 8 六	甲辰 9 日	乙巳 10 一	丙午 11 二	丁未 12 三	戊申 13 四	己酉 14 五	庚戌 15 六	辛亥 16 日	壬子 17 一	癸丑 18 二		甲午寒露 庚戌霜降
十月大	辛亥	干支 西曆 星期	甲寅 19 三	乙卯 20 四	丙辰 21 五	丁巳 22 六	戊午 23 日	己未 24 一	庚申 25 二	辛酉 26 三	壬戌 27 四	癸亥 28 五	甲子 29 六	乙丑 30 日	丙寅 31 一	丁卯 (11) 二	戊辰 2 三	己巳 3 四	庚午 4 五	辛未 5 六	壬申 6 日	癸酉 7 一	甲戌 8 二	乙亥 9 三	丙子 10 四	丁丑 11 五	戊寅 12 六	己卯 13 日	庚辰 14 一	辛巳 15 二	壬午 16 三	癸未 17 四	乙丑立冬 庚辰小雪
十一月小	壬子	干支 西曆 星期	甲申 18 五	乙酉 19 六	丙戌 20 日	丁亥 21 一	戊子 22 二	己丑 23 三	庚寅 24 四	辛卯 25 五	壬辰 26 六	癸巳 27 日	甲午 28 一	乙未 29 二	丙申 30 三	丁酉 (12) 四	戊戌 2 五	己亥 3 六	庚子 4 日	辛丑 5 一	壬寅 6 二	癸卯 7 三	甲辰 8 四	乙巳 9 五	丙午 10 六	丁未 11 日	戊申 12 一	己酉 13 二	庚戌 14 三	辛亥 15 四	壬子 16 五		乙未大雪 庚戌冬至
十二月大	癸丑	干支 西曆 星期	癸丑 17 六	甲寅 18 日	乙卯 19 一	丙辰 20 二	丁巳 21 三	戊午 22 四	己未 23 五	庚申 24 六	辛酉 25 日	壬戌 26 一	癸亥 27 二	甲子 28 三	乙丑 29 四	丙寅 30 五	丁卯 31 六	戊辰 (1) 日	己巳 2 一	庚午 3 二	辛未 4 三	壬申 5 四	癸酉 6 五	甲戌 7 六	乙亥 8 日	丙子 9 一	丁丑 10 二	戊寅 11 三	己卯 12 四	庚辰 13 五	辛巳 14 六	壬午 15 日	丙寅小寒 辛巳大寒

蒙古世祖至元五年（戊辰 龍年） 公元1268 ~ 1269年

夏曆月序		中西曆日對照	初一	初二	初三	初四	初五	初六	初七	初八	初九	初十	十一	十二	十三	十四	十五	十六	十七	十八	十九	二十	二一	二二	二三	二四	二五	二六	二七	二八	二九	三十	節氣與天象
正月大	甲寅	天干地支 西曆 星期	癸未 16 一	甲申 17 二	乙酉 18 三	丙戌 19 四	丁亥 20 五	戊子 21 六	己丑 22 日	庚寅 23 一	辛卯 24 二	壬辰 25 三	癸巳 26 四	甲午 27 五	乙未 28 六	丙申 29 日	丁酉 30 一	戊戌 31 二	己亥 (2) 三	庚子 2 四	辛丑 3 五	壬寅 4 六	癸卯 5 日	甲辰 6 一	乙巳 7 二	丙午 8 三	丁未 9 四	戊申 10 五	己酉 11 六	庚戌 12 日	辛亥 13 一	壬子 14 二	丙申立春 辛亥雨水
閏正月小	甲寅	天干地支 西曆 星期	癸丑 15 三	甲寅 16 四	乙卯 17 五	丙辰 18 六	丁巳 19 日	戊午 20 一	己未 21 二	庚申 22 三	辛酉 23 四	壬戌 24 五	癸亥 25 六	甲子 26 日	乙丑 27 一	丙寅 28 二	丁卯 29 三	戊辰 (3) 四	己巳 2 五	庚午 3 六	辛未 4 日	壬申 5 一	癸酉 6 二	甲戌 7 三	乙亥 8 四	丙子 9 五	丁丑 10 六	戊寅 11 日	己卯 12 一	庚辰 13 二	辛巳 14 三		丁卯驚蟄
二月大	乙卯	天干地支 西曆 星期	壬午 15 四	癸未 16 五	甲申 17 六	乙酉 18 日	丙戌 19 一	丁亥 20 二	戊子 21 三	己丑 22 四	庚寅 23 五	辛卯 24 六	壬辰 25 日	癸巳 26 一	甲午 27 二	乙未 28 三	丙申 29 四	丁酉 30 五	戊戌 31 六	己亥 (4) 日	庚子 2 一	辛丑 3 二	壬寅 4 三	癸卯 5 四	甲辰 6 五	乙巳 7 六	丙午 8 日	丁未 9 一	戊申 10 二	己酉 11 三	庚戌 12 四	辛亥 13 五	壬午春分 丁酉清明
三月大	丙辰	天干地支 西曆 星期	壬子 14 六	癸丑 15 日	甲寅 16 一	乙卯 17 二	丙辰 18 三	丁巳 19 四	戊午 20 五	己未 21 六	庚申 22 日	辛酉 23 一	壬戌 24 二	癸亥 25 三	甲子 26 四	乙丑 27 五	丙寅 28 六	丁卯 29 日	戊辰 30 一	己巳 (5) 二	庚午 2 三	辛未 3 四	壬申 4 五	癸酉 5 六	甲戌 6 日	乙亥 7 一	丙子 8 二	丁丑 9 三	戊寅 10 四	己卯 11 五	庚辰 12 六	辛巳 13 日	壬子穀雨 丁卯立夏
四月小	丁巳	天干地支 西曆 星期	壬午 14 一	癸未 15 二	甲申 16 三	乙酉 17 四	丙戌 18 五	丁亥 19 六	戊子 20 日	己丑 21 一	庚寅 22 二	辛卯 23 三	壬辰 24 四	癸巳 25 五	甲午 26 六	乙未 27 日	丙申 28 一	丁酉 29 二	戊戌 30 三	己亥 31 四	庚子 (6) 五	辛丑 2 六	壬寅 3 日	癸卯 4 一	甲辰 5 二	乙巳 6 三	丙午 7 四	丁未 8 五	戊申 9 六	己酉 10 日	庚戌 11 一		癸未小滿 戊戌芒種
五月大	戊午	天干地支 西曆 星期	辛亥 12 二	壬子 13 三	癸丑 14 四	甲寅 15 五	乙卯 16 六	丙辰 17 日	丁巳 18 一	戊午 19 二	己未 20 三	庚申 21 四	辛酉 22 五	壬戌 23 六	癸亥 24 日	甲子 25 一	乙丑 26 二	丙寅 27 三	丁卯 28 四	戊辰 29 五	己巳 30 六	庚午 (7) 日	辛未 2 一	壬申 3 二	癸酉 4 三	甲戌 5 四	乙亥 6 五	丙子 7 六	丁丑 8 日	戊寅 9 一	己卯 10 二	庚辰 11 三	癸丑夏至 戊辰小暑
六月小	己未	天干地支 西曆 星期	辛巳 12 四	壬午 13 五	癸未 14 六	甲申 15 日	乙酉 16 一	丙戌 17 二	丁亥 18 三	戊子 19 四	己丑 20 五	庚寅 21 六	辛卯 22 日	壬辰 23 一	癸巳 24 二	甲午 25 三	乙未 26 四	丙申 27 五	丁酉 28 六	戊戌 29 日	己亥 30 一	庚子 31 二	辛丑 (8) 三	壬寅 2 四	癸卯 3 五	甲辰 4 六	乙巳 5 日	丙午 6 一	丁未 7 二	戊申 8 三	己酉 9 四		癸未大暑 己亥立秋
七月大	庚申	天干地支 西曆 星期	庚戌 10 五	辛亥 11 六	壬子 12 日	癸丑 13 一	甲寅 14 二	乙卯 15 三	丙辰 16 四	丁巳 17 五	戊午 18 六	己未 19 日	庚申 20 一	辛酉 21 二	壬戌 22 三	癸亥 23 四	甲子 24 五	乙丑 25 六	丙寅 26 日	丁卯 27 一	戊辰 28 二	己巳 29 三	庚午 30 四	辛未 31 五	壬申 (9) 六	癸酉 2 日	甲戌 3 一	乙亥 4 二	丙子 5 三	丁丑 6 四	戊寅 7 五	己卯 8 六	甲寅處暑 己巳白露
八月小	辛酉	天干地支 西曆 星期	庚辰 9 日	辛巳 10 一	壬午 11 二	癸未 12 三	甲申 13 四	乙酉 14 五	丙戌 15 六	丁亥 16 日	戊子 17 一	己丑 18 二	庚寅 19 三	辛卯 20 四	壬辰 21 五	癸巳 22 六	甲午 23 日	乙未 24 一	丙申 25 二	丁酉 26 三	戊戌 27 四	己亥 28 五	庚子 29 六	辛丑 30 日	壬寅 (10) 一	癸卯 2 二	甲辰 3 三	乙巳 4 四	丙午 5 五	丁未 6 六	戊申 7 日		甲申秋分 庚子寒露
九月小	壬戌	天干地支 西曆 星期	己酉 8 一	庚戌 9 二	辛亥 10 三	壬子 11 四	癸丑 12 五	甲寅 13 六	乙卯 14 日	丙辰 15 一	丁巳 16 二	戊午 17 三	己未 18 四	庚申 19 五	辛酉 20 六	壬戌 21 日	癸亥 22 一	甲子 23 二	乙丑 24 三	丙寅 25 四	丁卯 26 五	戊辰 27 六	己巳 28 日	庚午 29 一	辛未 30 二	壬申 31 三	癸酉 (11) 四	甲戌 2 五	乙亥 3 六	丙子 4 日	丁丑 5 一		乙卯霜降 庚午立冬
十月大	癸亥	天干地支 西曆 星期	戊寅 6 二	己卯 7 三	庚辰 8 四	辛巳 9 五	壬午 10 六	癸未 11 日	甲申 12 一	乙酉 13 二	丙戌 14 三	丁亥 15 四	戊子 16 五	己丑 17 六	庚寅 18 日	辛卯 19 一	壬辰 20 二	癸巳 21 三	甲午 22 四	乙未 23 五	丙申 24 六	丁酉 25 日	戊戌 26 一	己亥 27 二	庚子 28 三	辛丑 29 四	壬寅 30 五	癸卯 (12) 六	甲辰 2 日	乙巳 3 一	丙午 4 二	丁未 5 三	乙酉小雪 庚子大雪 戊寅日食
十一月小	甲子	天干地支 西曆 星期	戊申 6 四	己酉 7 五	庚戌 8 六	辛亥 9 日	壬子 10 一	癸丑 11 二	甲寅 12 三	乙卯 13 四	丙辰 14 五	丁巳 15 六	戊午 16 日	己未 17 一	庚申 18 二	辛酉 19 三	壬戌 20 四	癸亥 21 五	甲子 22 六	乙丑 23 日	丙寅 24 一	丁卯 25 二	戊辰 26 三	己巳 27 四	庚午 28 五	辛未 29 六	壬申 30 日	癸酉 31 一	甲戌 (1) 二	乙亥 2 三	丙子 3 四		丙辰冬至 辛未小寒
十二月大	乙丑	天干地支 西曆 星期	丁丑 4 五	戊寅 5 六	己卯 6 日	庚辰 7 一	辛巳 8 二	壬午 9 三	癸未 10 四	甲申 11 五	乙酉 12 六	丙戌 13 日	丁亥 14 一	戊子 15 二	己丑 16 三	庚寅 17 四	辛卯 18 五	壬辰 19 六	癸巳 20 日	甲午 21 一	乙未 22 二	丙申 23 三	丁酉 24 四	戊戌 25 五	己亥 26 六	庚子 27 日	辛丑 28 一	壬寅 29 二	癸卯 30 三	甲辰 31 四	乙巳 (2) 五	丙午 2 六	丙戌大寒 辛丑立春

蒙古世祖至元六年（己巳 蛇年） 公元 1269 ~ 1270 年

夏曆月序	中西曆日對照		初一	初二	初三	初四	初五	初六	初七	初八	初九	初十	十一	十二	十三	十四	十五	十六	十七	十八	十九	二十	二一	二二	二三	二四	二五	二六	二七	二八	二九	三十	節氣與天象
正月大	丙寅	干支 西曆 星期	丁未 3 日	戊申 4 一	己酉 5 二	庚戌 6 三	辛亥 7 四	壬子 8 五	癸丑 9 六	甲寅 10 日	乙卯 11 一	丙辰 12 二	丁巳 13 三	戊午 14 四	己未 15 五	庚申 16 六	辛酉 17 日	壬戌 18 一	癸亥 19 二	甲子 20 三	乙丑 21 四	丙寅 22 五	丁卯 23 六	戊辰 24 日	己巳 25 一	庚午 26 二	辛未 27 三	壬申 28 四	癸酉 (3) 五	甲戌 2 六	乙亥 3 日	丙子 4 一	丁巳雨水 壬申驚蟄
二月小	丁卯	干支 西曆 星期	丁丑 5 二	戊寅 6 三	己卯 7 四	庚辰 8 五	辛巳 9 六	壬午 10 日	癸未 11 一	甲申 12 二	乙酉 13 三	丙戌 14 四	丁亥 15 五	戊子 16 六	己丑 17 日	庚寅 18 一	辛卯 19 二	壬辰 20 三	癸巳 21 四	甲午 22 五	乙未 23 六	丙申 24 日	丁酉 25 一	戊戌 26 二	己亥 27 三	庚子 28 四	辛丑 29 五	壬寅 30 六	癸卯 31 日	甲辰 (4) 一	乙巳 2 二		丁亥春分 壬寅清明
三月大	戊辰	干支 西曆 星期	丙午 3 三	丁未 4 四	戊申 5 五	己酉 6 六	庚戌 7 日	辛亥 8 一	壬子 9 二	癸丑 10 三	甲寅 11 四	乙卯 12 五	丙辰 13 六	丁巳 14 日	戊午 15 一	己未 16 二	庚申 17 三	辛酉 18 四	壬戌 19 五	癸亥 20 六	甲子 21 日	乙丑 22 一	丙寅 23 二	丁卯 24 三	戊辰 25 四	己巳 26 五	庚午 27 六	辛未 28 日	壬申 29 一	癸酉 30 二	甲戌 (5) 三	乙亥 2 四	丁巳穀雨 癸酉立夏
四月大	己巳	干支 西曆 星期	丙子 3 五	丁丑 4 六	戊寅 5 日	己卯 6 一	庚辰 7 二	辛巳 8 三	壬午 9 四	癸未 10 五	甲申 11 六	乙酉 12 日	丙戌 13 一	丁亥 14 二	戊子 15 三	己丑 16 四	庚寅 17 五	辛卯 18 六	壬辰 19 日	癸巳 20 一	甲午 21 二	乙未 22 三	丙申 23 四	丁酉 24 五	戊戌 25 六	己亥 26 日	庚子 27 一	辛丑 28 二	壬寅 29 三	癸卯 30 四	甲辰 31 五	乙巳 (6) 六	戊子小滿 癸卯芒種
五月小	庚午	干支 西曆 星期	丙午 2 日	丁未 3 一	戊申 4 二	己酉 5 三	庚戌 6 四	辛亥 7 五	壬子 8 六	癸丑 9 日	甲寅 10 一	乙卯 11 二	丙辰 12 三	丁巳 13 四	戊午 14 五	己未 15 六	庚申 16 日	辛酉 17 一	壬戌 18 二	癸亥 19 三	甲子 20 四	乙丑 21 五	丙寅 22 六	丁卯 23 日	戊辰 24 一	己巳 25 二	庚午 26 三	辛未 27 四	壬申 28 五	癸酉 29 六	甲戌 30 日		戊午夏至 甲戌小暑
六月大	辛未	干支 西曆 星期	乙亥 (7) 一	丙子 2 二	丁丑 3 三	戊寅 4 四	己卯 5 五	庚辰 6 六	辛巳 7 日	壬午 8 一	癸未 9 二	甲申 10 三	乙酉 11 四	丙戌 12 五	丁亥 13 六	戊子 14 日	己丑 15 一	庚寅 16 二	辛卯 17 三	壬辰 18 四	癸巳 19 五	甲午 20 六	乙未 21 日	丙申 22 一	丁酉 23 二	戊戌 24 三	己亥 25 四	庚子 26 五	辛丑 27 六	壬寅 28 日	癸卯 29 一	甲辰 30 二	己丑大暑 甲辰立秋
七月小	壬申	干支 西曆 星期	乙巳 31 三	丙午 (8) 四	丁未 2 五	戊申 3 六	己酉 4 日	庚戌 5 一	辛亥 6 二	壬子 7 三	癸丑 8 四	甲寅 9 五	乙卯 10 六	丙辰 11 日	丁巳 12 一	戊午 13 二	己未 14 三	庚申 15 四	辛酉 16 五	壬戌 17 六	癸亥 18 日	甲子 19 一	乙丑 20 二	丙寅 21 三	丁卯 22 四	戊辰 23 五	己巳 24 六	庚午 25 日	辛未 26 一	壬申 27 二	癸酉 28 三		己未處暑
八月大	癸酉	干支 西曆 星期	甲戌 29 四	乙亥 30 五	丙子 31 六	丁丑 (9) 日	戊寅 2 一	己卯 3 二	庚辰 4 三	辛巳 5 四	壬午 6 五	癸未 7 六	甲申 8 日	乙酉 9 一	丙戌 10 二	丁亥 11 三	戊子 12 四	己丑 13 五	庚寅 14 六	辛卯 15 日	壬辰 16 一	癸巳 17 二	甲午 18 三	乙未 19 四	丙申 20 五	丁酉 21 六	戊戌 22 日	己亥 23 一	庚子 24 二	辛丑 25 三	壬寅 26 四	癸卯 27 五	甲戌白露 庚寅秋分
九月小	甲戌	干支 西曆 星期	甲辰 28 六	乙巳 29 日	丙午 30 一	丁未 (10) 二	戊申 2 三	己酉 3 四	庚戌 4 五	辛亥 5 六	壬子 6 日	癸丑 7 一	甲寅 8 二	乙卯 9 三	丙辰 10 四	丁巳 11 五	戊午 12 六	己未 13 日	庚申 14 一	辛酉 15 二	壬戌 16 三	癸亥 17 四	甲子 18 五	乙丑 19 六	丙寅 20 日	丁卯 21 一	戊辰 22 二	己巳 23 三	庚午 24 四	辛未 25 五	壬申 26 六		乙巳寒露 庚申霜降
十月小	乙亥	干支 西曆 星期	癸酉 27 日	甲戌 28 一	乙亥 29 二	丙子 30 三	丁丑 31 四	戊寅 (11) 五	己卯 2 六	庚辰 3 日	辛巳 4 一	壬午 5 二	癸未 6 三	甲申 7 四	乙酉 8 五	丙戌 9 六	丁亥 10 日	戊子 11 一	己丑 12 二	庚寅 13 三	辛卯 14 四	壬辰 15 五	癸巳 16 六	甲午 17 日	乙未 18 一	丙申 19 二	丁酉 20 三	戊戌 21 四	己亥 22 五	庚子 23 六	辛丑 24 日		乙亥立冬 庚寅小雪
十一月大	丙子	干支 西曆 星期	壬寅 25 一	癸卯 26 二	甲辰 27 三	乙巳 28 四	丙午 29 五	丁未 30 六	戊申 (12) 日	己酉 2 一	庚戌 3 二	辛亥 4 三	壬子 5 四	癸丑 6 五	甲寅 7 六	乙卯 8 日	丙辰 9 一	丁巳 10 二	戊午 11 三	己未 12 四	庚申 13 五	辛酉 14 六	壬戌 15 日	癸亥 16 一	甲子 17 二	乙丑 18 三	丙寅 19 四	丁卯 20 五	戊辰 21 六	己巳 22 日	庚午 23 一	辛未 24 二	丙午大雪 辛酉冬至
十二月小	丁丑	干支 西曆 星期	壬申 25 三	癸酉 26 四	甲戌 27 五	乙亥 28 六	丙子 29 日	丁丑 30 一	戊寅 31 二	己卯 (1) 三	庚辰 2 四	辛巳 3 五	壬午 4 六	癸未 5 日	甲申 6 一	乙酉 7 二	丙戌 8 三	丁亥 9 四	戊子 10 五	己丑 11 六	庚寅 12 日	辛卯 13 一	壬辰 14 二	癸巳 15 三	甲午 16 四	乙未 17 五	丙申 18 六	丁酉 19 日	戊戌 20 一	己亥 21 二	庚子 22 三		丙子小寒 辛卯大寒

蒙古世祖至元七年（庚午 馬年） 公元 **1270** ~ 1271 年

夏曆月序		中西曆日對照	初一	初二	初三	初四	初五	初六	初七	初八	初九	初十	十一	十二	十三	十四	十五	十六	十七	十八	十九	二十	二一	二二	二三	二四	二五	二六	二七	二八	二九	三十	節氣與天象
正月大	戊寅	天干地支 西曆 星期	辛丑 23 四	壬寅 24 五	癸卯 25 六	甲辰 26 日	乙巳 27 一	丙午 28 二	丁未 29 三	戊申 30 四	己酉 31 五	庚戌 (2) 六	辛亥 2 日	壬子 3 一	癸丑 4 二	甲寅 5 三	乙卯 6 四	丙辰 7 五	丁巳 8 六	戊午 9 日	己未 10 一	庚申 11 二	辛酉 12 三	壬戌 13 四	癸亥 14 五	甲子 15 六	乙丑 16 日	丙寅 17 一	丁卯 18 二	戊辰 19 三	己巳 20 四	庚午 21 五	丁未立春 壬戌雨水
二月小	己卯	天干地支 西曆 星期	辛未 22 六	壬申 23 日	癸酉 24 一	甲戌 25 二	乙亥 26 三	丙子 27 四	丁丑 28 五	戊寅 (3) 六	己卯 2 日	庚辰 3 一	辛巳 4 二	壬午 5 三	癸未 6 四	甲申 7 五	乙酉 8 六	丙戌 9 日	丁亥 10 一	戊子 11 二	己丑 12 三	庚寅 13 四	辛卯 14 五	壬辰 15 六	癸巳 16 日	甲午 17 一	乙未 18 二	丙申 19 三	丁酉 20 四	戊戌 21 五	己亥 22 六		丁丑驚蟄 壬辰春分
三月大	庚辰	天干地支 西曆 星期	庚子 23 日	辛丑 24 一	壬寅 25 二	癸卯 26 三	甲辰 27 四	乙巳 28 五	丙午 29 六	丁未 30 日	戊申 31 一	己酉 (4) 二	庚戌 2 三	辛亥 3 四	壬子 4 五	癸丑 5 六	甲寅 6 日	乙卯 7 一	丙辰 8 二	丁巳 9 三	戊午 10 四	己未 11 五	庚申 12 六	辛酉 13 日	壬戌 14 一	癸亥 15 二	甲子 16 三	乙丑 17 四	丙寅 18 五	丁卯 19 六	戊辰 20 日	己巳 21 一	丁未清明 癸亥穀雨 庚子日食
四月大	辛巳	天干地支 西曆 星期	庚午 22 二	辛未 23 三	壬申 24 四	癸酉 25 五	甲戌 26 六	乙亥 27 日	丙子 28 一	丁丑 29 二	戊寅 30 三	己卯 (5) 四	庚辰 2 五	辛巳 3 六	壬午 4 日	癸未 5 一	甲申 6 二	乙酉 7 三	丙戌 8 四	丁亥 9 五	戊子 10 六	己丑 11 日	庚寅 12 一	辛卯 13 二	壬辰 14 三	癸巳 15 四	甲午 16 五	乙未 17 六	丙申 18 日	丁酉 19 一	戊戌 20 二	己亥 21 三	戊寅立夏 癸巳小滿
五月小	壬午	天干地支 西曆 星期	庚子 22 四	辛丑 23 五	壬寅 24 六	癸卯 25 日	甲辰 26 一	乙巳 27 二	丙午 28 三	丁未 29 四	戊申 30 五	己酉 31 六	庚戌 (6) 日	辛亥 2 一	壬子 3 二	癸丑 4 三	甲寅 5 四	乙卯 6 五	丙辰 7 六	丁巳 8 日	戊午 9 一	己未 10 二	庚申 11 三	辛酉 12 四	壬戌 13 五	癸亥 14 六	甲子 15 日	乙丑 16 一	丙寅 17 二	丁卯 18 三	戊辰 19 四		戊申芒種 甲子夏至
六月大	癸未	天干地支 西曆 星期	己巳 20 五	庚午 21 六	辛未 22 日	壬申 23 一	癸酉 24 二	甲戌 25 三	乙亥 26 四	丙子 27 五	丁丑 28 六	戊寅 29 日	己卯 30 一	庚辰 (7) 二	辛巳 2 三	壬午 3 四	癸未 4 五	甲申 5 六	乙酉 6 日	丙戌 7 一	丁亥 8 二	戊子 9 三	己丑 10 四	庚寅 11 五	辛卯 12 六	壬辰 13 日	癸巳 14 一	甲午 15 二	乙未 16 三	丙申 17 四	丁酉 18 五	戊戌 19 六	己卯小暑 甲午大暑
七月小	甲申	天干地支 西曆 星期	己亥 20 日	庚子 21 一	辛丑 22 二	壬寅 23 三	癸卯 24 四	甲辰 25 五	乙巳 26 六	丙午 27 日	丁未 28 一	戊申 29 二	己酉 30 三	庚戌 31 四	辛亥 (8) 五	壬子 2 六	癸丑 3 日	甲寅 4 一	乙卯 5 二	丙辰 6 三	丁巳 7 四	戊午 8 五	己未 9 六	庚申 10 日	辛酉 11 一	壬戌 12 二	癸亥 13 三	甲子 14 四	乙丑 15 五	丙寅 16 六	丁卯 17 日		己酉立秋 甲子處暑
八月大	乙酉	天干地支 西曆 星期	戊辰 18 一	己巳 19 二	庚午 20 三	辛未 21 四	壬申 22 五	癸酉 23 六	甲戌 24 日	乙亥 25 一	丙子 26 二	丁丑 27 三	戊寅 28 四	己卯 29 五	庚辰 30 六	辛巳 31 日	壬午 (9) 一	癸未 2 二	甲申 3 三	乙酉 4 四	丙戌 5 五	丁亥 6 六	戊子 7 日	己丑 8 一	庚寅 9 二	辛卯 10 三	壬辰 11 四	癸巳 12 五	甲午 13 六	乙未 14 日	丙申 15 一	丁酉 16 二	庚辰白露 乙未秋分
九月大	丙戌	天干地支 西曆 星期	戊戌 17 三	己亥 18 四	庚子 19 五	辛丑 20 六	壬寅 21 日	癸卯 22 一	甲辰 23 二	乙巳 24 三	丙午 25 四	丁未 26 五	戊申 27 六	己酉 28 日	庚戌 29 一	辛亥 30 二	壬子 (10) 三	癸丑 2 四	甲寅 3 五	乙卯 4 六	丙辰 5 日	丁巳 6 一	戊午 7 二	己未 8 三	庚申 9 四	辛酉 10 五	壬戌 11 六	癸亥 12 日	甲子 13 一	乙丑 14 二	丙寅 15 三	丁卯 16 四	庚戌寒露 乙丑霜降
十月小	丁亥	天干地支 西曆 星期	戊辰 17 五	己巳 18 六	庚午 19 日	辛未 20 一	壬申 21 二	癸酉 22 三	甲戌 23 四	乙亥 24 五	丙子 25 六	丁丑 26 日	戊寅 27 一	己卯 28 二	庚辰 29 三	辛巳 30 四	壬午 31 五	癸未 (11) 六	甲申 2 日	乙酉 3 一	丙戌 4 二	丁亥 5 三	戊子 6 四	己丑 7 五	庚寅 8 六	辛卯 9 日	壬辰 10 一	癸巳 11 二	甲午 12 三	乙未 13 四	丙申 14 五		辛巳立冬 丙申小雪
十一月大	戊子	天干地支 西曆 星期	丁酉 15 六	戊戌 16 日	己亥 17 一	庚子 18 二	辛丑 19 三	壬寅 20 四	癸卯 21 五	甲辰 22 六	乙巳 23 日	丙午 24 一	丁未 25 二	戊申 26 三	己酉 27 四	庚戌 28 五	辛亥 29 六	壬子 30 日	癸丑 (12) 一	甲寅 2 二	乙卯 3 三	丙辰 4 四	丁巳 5 五	戊午 6 六	己未 7 日	庚申 8 一	辛酉 9 二	壬戌 10 三	癸亥 11 四	甲子 12 五	乙丑 13 六	丙寅 14 日	辛亥大雪 丙寅冬至
閏十一小	戊子	天干地支 西曆 星期	丁卯 15 一	戊辰 16 二	己巳 17 三	庚午 18 四	辛未 19 五	壬申 20 六	癸酉 21 日	甲戌 22 一	乙亥 23 二	丙子 24 三	丁丑 25 四	戊寅 26 五	己卯 27 六	庚辰 28 日	辛巳 29 一	壬午 30 二	癸未 31 三	甲申 (1) 四	乙酉 2 五	丙戌 3 六	丁亥 4 日	戊子 5 一	己丑 6 二	庚寅 7 三	辛卯 8 四	壬辰 9 五	癸巳 10 六	甲午 11 日	乙未 12 一		辛巳小寒
十二月小	己丑	天干地支 西曆 星期	丙申 13 二	丁酉 14 三	戊戌 15 四	己亥 16 五	庚子 17 六	辛丑 18 日	壬寅 19 一	癸卯 20 二	甲辰 21 三	乙巳 22 四	丙午 23 五	丁未 24 六	戊申 25 日	己酉 26 一	庚戌 27 二	辛亥 28 三	壬子 29 四	癸丑 30 五	甲寅 31 六	乙卯 (2) 日	丙辰 2 一	丁巳 3 二	戊午 4 三	己未 5 四	庚申 6 五	辛酉 7 六	壬戌 8 日	癸亥 9 一	甲子 10 二		丁酉大寒 壬子立春

元日曆

元日曆

元世祖至元八年（辛未 羊年） 公元 **1271** ~ 1272 年

夏曆月序		中西曆日對照	初一	初二	初三	初四	初五	初六	初七	初八	初九	初十	十一	十二	十三	十四	十五	十六	十七	十八	十九	二十	二一	二二	二三	二四	二五	二六	二七	二八	二九	三十	節氣與天象
正月大	庚寅	天干 地支 西曆 星期	乙丑 11 三	丙寅 12 四	丁卯 13 五	戊辰 14 六	己巳 15 日	庚午 16 一	辛未 17 二	壬申 18 三	癸酉 19 四	甲戌 20 五	乙亥 21 六	丙子 22 日	丁丑 23 一	戊寅 24 二	己卯 25 三	庚辰 26 四	辛巳 27 五	壬午 28 六	癸未 (3) 日	甲申 2 一	乙酉 3 二	丙戌 4 三	丁亥 5 四	戊子 6 五	己丑 7 六	庚寅 8 日	辛卯 9 一	壬辰 10 二	癸巳 11 三	甲午 12 四	丁卯雨水 壬午驚蟄
二月小	辛卯	天干 地支 西曆 星期	乙未 13 五	丙申 14 六	丁酉 15 日	戊戌 16 一	己亥 17 二	庚子 18 三	辛丑 19 四	壬寅 20 五	癸卯 21 六	甲辰 22 日	乙巳 23 一	丙午 24 二	丁未 25 三	戊申 26 四	己酉 27 五	庚戌 28 六	辛亥 29 日	壬子 30 一	癸丑 31 二	甲寅 (4) 三	乙卯 2 四	丙辰 3 五	丁巳 4 六	戊午 5 日	己未 6 一	庚申 7 二	辛酉 8 三	壬戌 9 四	癸亥 10 五		丁酉春分 癸丑清明
三月大	壬辰	天干 地支 西曆 星期	甲子 11 六	乙丑 12 日	丙寅 13 一	丁卯 14 二	戊辰 15 三	己巳 16 四	庚午 17 五	辛未 18 六	壬申 19 日	癸酉 20 一	甲戌 21 二	乙亥 22 三	丙子 23 四	丁丑 24 五	戊寅 25 六	己卯 26 日	庚辰 27 一	辛巳 28 二	壬午 29 三	癸未 30 四	甲申 (5) 五	乙酉 2 六	丙戌 3 日	丁亥 4 一	戊子 5 二	己丑 6 三	庚寅 7 四	辛卯 8 五	壬辰 9 六	癸巳 10 日	戊辰穀雨 癸未立夏
四月小	癸巳	天干 地支 西曆 星期	甲午 11 一	乙未 12 二	丙申 13 三	丁酉 14 四	戊戌 15 五	己亥 16 六	庚子 17 日	辛丑 18 一	壬寅 19 二	癸卯 20 三	甲辰 21 四	乙巳 22 五	丙午 23 六	丁未 24 日	戊申 25 一	己酉 26 二	庚戌 27 三	辛亥 28 四	壬子 29 五	癸丑 30 六	甲寅 31 日	乙卯 (6) 一	丙辰 2 二	丁巳 3 三	戊午 4 四	己未 5 五	庚申 6 六	辛酉 7 日	壬戌 8 一		戊戌小滿 甲寅芒種
五月大	甲午	天干 地支 西曆 星期	癸亥 9 二	甲子 10 三	乙丑 11 四	丙寅 12 五	丁卯 13 六	戊辰 14 日	己巳 15 一	庚午 16 二	辛未 17 三	壬申 18 四	癸酉 19 五	甲戌 20 六	乙亥 21 日	丙子 22 一	丁丑 23 二	戊寅 24 三	己卯 25 四	庚辰 26 五	辛巳 27 六	壬午 28 日	癸未 29 一	甲申 30 二	乙酉 (7) 三	丙戌 2 四	丁亥 3 五	戊子 4 六	己丑 5 日	庚寅 6 一	辛卯 7 二	壬辰 8 三	己巳夏至 甲申小暑
六月小	乙未	天干 地支 西曆 星期	癸巳 9 四	甲午 10 五	乙未 11 六	丙申 12 日	丁酉 13 一	戊戌 14 二	己亥 15 三	庚子 16 四	辛丑 17 五	壬寅 18 六	癸卯 19 日	甲辰 20 一	乙巳 21 二	丙午 22 三	丁未 23 四	戊申 24 五	己酉 25 六	庚戌 26 日	辛亥 27 一	壬子 28 二	癸丑 29 三	甲寅 30 四	乙卯 31 五	丙辰 (8) 六	丁巳 2 日	戊午 3 一	己未 4 二	庚申 5 三	辛酉 6 四		己亥大暑 甲寅立秋
七月大	丙申	天干 地支 西曆 星期	壬戌 7 五	癸亥 8 六	甲子 9 日	乙丑 10 一	丙寅 11 二	丁卯 12 三	戊辰 13 四	己巳 14 五	庚午 15 六	辛未 16 日	壬申 17 一	癸酉 18 二	甲戌 19 三	乙亥 20 四	丙子 21 五	丁丑 22 六	戊寅 23 日	己卯 24 一	庚辰 25 二	辛巳 26 三	壬午 27 四	癸未 28 五	甲申 29 六	乙酉 30 日	丙戌 31 一	丁亥 (9) 二	戊子 2 三	己丑 3 四	庚寅 4 五	辛卯 5 六	庚午處暑 乙酉白露
八月大	丁酉	天干 地支 西曆 星期	壬辰 6 日	癸巳 7 一	甲午 8 二	乙未 9 三	丙申 10 四	丁酉 11 五	戊戌 12 六	己亥 13 日	庚子 14 一	辛丑 15 二	壬寅 16 三	癸卯 17 四	甲辰 18 五	乙巳 19 六	丙午 20 日	丁未 21 一	戊申 22 二	己酉 23 三	庚戌 24 四	辛亥 25 五	壬子 26 六	癸丑 27 日	甲寅 28 一	乙卯 29 二	丙辰 30 三	丁巳 (10) 四	戊午 2 五	己未 3 六	庚申 4 日	辛酉 5 一	庚子秋分 乙卯寒露 壬辰日食
九月小	戊戌	天干 地支 西曆 星期	壬戌 6 二	癸亥 7 三	甲子 8 四	乙丑 9 五	丙寅 10 六	丁卯 11 日	戊辰 12 一	己巳 13 二	庚午 14 三	辛未 15 四	壬申 16 五	癸酉 17 六	甲戌 18 日	乙亥 19 一	丙子 20 二	丁丑 21 三	戊寅 22 四	己卯 23 五	庚辰 24 六	辛巳 25 日	壬午 26 一	癸未 27 二	甲申 28 三	乙酉 29 四	丙戌 30 五	丁亥 31 六	戊子 (11) 日	己丑 2 一	庚寅 3 二		辛未霜降 丙戌立冬
十月大	己亥	天干 地支 西曆 星期	辛卯 4 三	壬辰 5 四	癸巳 6 五	甲午 7 六	乙未 8 日	丙申 9 一	丁酉 10 二	戊戌 11 三	己亥 12 四	庚子 13 五	辛丑 14 六	壬寅 15 日	癸卯 16 一	甲辰 17 二	乙巳 18 三	丙午 19 四	丁未 20 五	戊申 21 六	己酉 22 日	庚戌 23 一	辛亥 24 二	壬子 25 三	癸丑 26 四	甲寅 27 五	乙卯 28 六	丙辰 29 日	丁巳 30 一	戊午 (12) 二	己未 2 三	庚申 3 四	辛丑小雪 丙辰大雪
十一月大	庚子	天干 地支 西曆 星期	辛酉 4 五	壬戌 5 六	癸亥 6 日	甲子 7 一	乙丑 8 二	丙寅 9 三	丁卯 10 四	戊辰 11 五	己巳 12 六	庚午 13 日	辛未 14 一	壬申 15 二	癸酉 16 三	甲戌 17 四	乙亥 18 五	丙子 19 六	丁丑 20 日	戊寅 21 一	己卯 22 二	庚辰 23 三	辛巳 24 四	壬午 25 五	癸未 26 六	甲申 27 日	乙酉 28 一	丙戌 29 二	丁亥 30 三	戊子 31 四	己丑 (1) 五	庚寅 2 六	辛未冬至 丁亥小寒
十二月小	辛丑	天干 地支 西曆 星期	辛卯 3 日	壬辰 4 一	癸巳 5 二	甲午 6 三	乙未 7 四	丙申 8 五	丁酉 9 六	戊戌 10 日	己亥 11 一	庚子 12 二	辛丑 13 三	壬寅 14 四	癸卯 15 五	甲辰 16 六	乙巳 17 日	丙午 18 一	丁未 19 二	戊申 20 三	己酉 21 四	庚戌 22 五	辛亥 23 六	壬子 24 日	癸丑 25 一	甲寅 26 二	乙卯 27 三	丙辰 28 四	丁巳 29 五	戊午 30 六	己未 31 日		壬寅大寒 丁巳立春

* 十一月乙亥（十五日），建國號大元。

元世祖至元九年（壬申 猴年） 公元 1272 ~ 1273 年

夏曆月序	中西曆日對照	初一	初二	初三	初四	初五	初六	初七	初八	初九	初十	十一	十二	十三	十四	十五	十六	十七	十八	十九	二十	二一	二二	二三	二四	二五	二六	二七	二八	二九	三十	節氣與天象
正月大 壬寅	天干支 地西曆 星期	庚申 (2) 一	辛酉 2 二	壬戌 3 三	癸亥 4 四	甲子 5 五	乙丑 6 六	丙寅 7 日	丁卯 8 一	戊辰 9 二	己巳 10 三	庚午 11 四	辛未 12 五	壬申 13 六	癸酉 14 日	甲戌 15 一	乙亥 16 二	丙子 17 三	丁丑 18 四	戊寅 19 五	己卯 20 六	庚辰 21 日	辛巳 22 一	壬午 23 二	癸未 24 三	甲申 25 四	乙酉 26 五	丙戌 27 六	丁亥 28 日	戊子 29 一	己丑 (3) 二	壬申雨水 丁亥驚蟄
二月小 癸卯	天干支 地西曆 星期	庚寅 2 三	辛卯 3 四	壬辰 4 五	癸巳 5 六	甲午 6 日	乙未 7 一	丙申 8 二	丁酉 9 三	戊戌 10 四	己亥 11 五	庚子 12 六	辛丑 13 日	壬寅 14 一	癸卯 15 二	甲辰 16 三	乙巳 17 四	丙午 18 五	丁未 19 六	戊申 20 日	己酉 21 一	庚戌 22 二	辛亥 23 三	壬子 24 四	癸丑 25 五	甲寅 26 六	乙卯 27 日	丙辰 28 一	丁巳 29 二	戊午 30 三		癸卯春分 戊午清明
三月小 甲辰	天干支 地西曆 星期	己未 31 四	庚申 (4) 五	辛酉 2 六	壬戌 3 日	癸亥 4 一	甲子 5 二	乙丑 6 三	丙寅 7 四	丁卯 8 五	戊辰 9 六	己巳 10 日	庚午 11 一	辛未 12 二	壬申 13 三	癸酉 14 四	甲戌 15 五	乙亥 16 六	丙子 17 日	丁丑 18 一	戊寅 19 二	己卯 20 三	庚辰 21 四	辛巳 22 五	壬午 23 六	癸未 24 日	甲申 25 一	乙酉 26 二	丙戌 27 三	丁亥 28 四		癸酉穀雨
四月大 乙巳	天干支 地西曆 星期	戊子 29 五	己丑 30 六	庚寅 (5) 日	辛卯 2 一	壬辰 3 二	癸巳 4 三	甲午 5 四	乙未 6 五	丙申 7 六	丁酉 8 日	戊戌 9 一	己亥 10 二	庚子 11 三	辛丑 12 四	壬寅 13 五	癸卯 14 六	甲辰 15 日	乙巳 16 一	丙午 17 二	丁未 18 三	戊申 19 四	己酉 20 五	庚戌 21 六	辛亥 22 日	壬子 23 一	癸丑 24 二	甲寅 25 三	乙卯 26 四	丙辰 27 五	丁巳 28 六	戊子立夏 甲辰小滿
五月小 丙午	天干支 地西曆 星期	戊午 29 日	己未 30 一	庚申 31 二	辛酉 (6) 三	壬戌 2 四	癸亥 3 五	甲子 4 六	乙丑 5 日	丙寅 6 一	丁卯 7 二	戊辰 8 三	己巳 9 四	庚午 10 五	辛未 11 六	壬申 12 日	癸酉 13 一	甲戌 14 二	乙亥 15 三	丙子 16 四	丁丑 17 五	戊寅 18 六	己卯 19 日	庚辰 20 一	辛巳 21 二	壬午 22 三	癸未 23 四	甲申 24 五	乙酉 25 六	丙戌 26 日		己未芒種 甲戌夏至
六月大 丁未	天干支 地西曆 星期	丁亥 27 一	戊子 28 二	己丑 29 三	庚寅 30 四	辛卯 (7) 五	壬辰 2 六	癸巳 3 日	甲午 4 一	乙未 5 二	丙申 6 三	丁酉 7 四	戊戌 8 五	己亥 9 六	庚子 10 日	辛丑 11 一	壬寅 12 二	癸卯 13 三	甲辰 14 四	乙巳 15 五	丙午 16 六	丁未 17 日	戊申 18 一	己酉 19 二	庚戌 20 三	辛亥 21 四	壬子 22 五	癸丑 23 六	甲寅 24 日	乙卯 25 一	丙辰 26 二	己丑小暑 甲辰大暑
七月小 戊申	天干支 地西曆 星期	丁巳 27 三	戊午 28 四	己未 29 五	庚申 30 六	辛酉 31 日	壬戌 (8) 一	癸亥 2 二	甲子 3 三	乙丑 4 四	丙寅 5 五	丁卯 6 六	戊辰 7 日	己巳 8 一	庚午 9 二	辛未 10 三	壬申 11 四	癸酉 12 五	甲戌 13 六	乙亥 14 日	丙子 15 一	丁丑 16 二	戊寅 17 三	己卯 18 四	庚辰 19 五	辛巳 20 六	壬午 21 日	癸未 22 一	甲申 23 二	乙酉 24 三		庚申立秋 乙亥處暑
八月大 己酉	天干支 地西曆 星期	丙戌 25 四	丁亥 26 五	戊子 27 六	己丑 28 日	庚寅 29 一	辛卯 30 二	壬辰 31 三	癸巳 (9) 四	甲午 2 五	乙未 3 六	丙申 4 日	丁酉 5 一	戊戌 6 二	己亥 7 三	庚子 8 四	辛丑 9 五	壬寅 10 六	癸卯 11 日	甲辰 12 一	乙巳 13 二	丙午 14 三	丁未 15 四	戊申 16 五	己酉 17 六	庚戌 18 日	辛亥 19 一	壬子 20 二	癸丑 21 三	甲寅 22 四	乙卯 23 五	庚寅白露 乙巳秋分 丙戌日食
九月大 庚戌	天干支 地西曆 星期	丙辰 24 六	丁巳 25 日	戊午 26 一	己未 27 二	庚申 28 三	辛酉 29 四	壬戌 30 五	癸亥 (10) 六	甲子 2 日	乙丑 3 一	丙寅 4 二	丁卯 5 三	戊辰 6 四	己巳 7 五	庚午 8 六	辛未 9 日	壬申 10 一	癸酉 11 二	甲戌 12 三	乙亥 13 四	丙子 14 五	丁丑 15 六	戊寅 16 日	己卯 17 一	庚辰 18 二	辛巳 19 三	壬午 20 四	癸未 21 五	甲申 22 六	乙酉 23 日	辛酉寒露 丙子霜降
十月小 辛亥	天干支 地西曆 星期	丙戌 24 一	丁亥 25 二	戊子 26 三	己丑 27 四	庚寅 28 五	辛卯 29 六	壬辰 30 日	癸巳 31 一	甲午 (11) 二	乙未 2 三	丙申 3 四	丁酉 4 五	戊戌 5 六	己亥 6 日	庚子 7 一	辛丑 8 二	壬寅 9 三	癸卯 10 四	甲辰 11 五	乙巳 12 六	丙午 13 日	丁未 14 一	戊申 15 二	己酉 16 三	庚戌 17 四	辛亥 18 五	壬子 19 六	癸丑 20 日	甲寅 21 一		辛卯立冬 丙午小雪
十一月大 壬子	天干支 地西曆 星期	乙卯 22 二	丙辰 23 三	丁巳 24 四	戊午 25 五	己未 26 六	庚申 27 日	辛酉 28 一	壬戌 29 二	癸亥 30 三	甲子 (12) 四	乙丑 2 五	丙寅 3 六	丁卯 4 日	戊辰 5 一	己巳 6 二	庚午 7 三	辛未 8 四	壬申 9 五	癸酉 10 六	甲戌 11 日	乙亥 12 一	丙子 13 二	丁丑 14 三	戊寅 15 四	己卯 16 五	庚辰 17 六	辛巳 18 日	壬午 19 一	癸未 20 二	甲申 21 三	辛酉大雪 丁丑冬至
十二月大 癸丑	天干支 地西曆 星期	乙酉 22 四	丙戌 23 五	丁亥 24 六	戊子 25 日	己丑 26 一	庚寅 27 二	辛卯 28 三	壬辰 29 四	癸巳 30 五	甲午 31 六	乙未 (1) 日	丙申 2 一	丁酉 3 二	戊戌 4 三	己亥 5 四	庚子 6 五	辛丑 7 六	壬寅 8 日	癸卯 9 一	甲辰 10 二	乙巳 11 三	丙午 12 四	丁未 13 五	戊申 14 六	己酉 15 日	庚戌 16 一	辛亥 17 二	壬子 18 三	癸丑 19 四	甲寅 20 五	壬辰小寒 丁未大寒

* 本年改中都（今北京）爲大都，作爲全國的政治中心。

元世祖至元十年（癸酉 鷄年） 公元 1273 ～ 1274 年

夏曆月序		中西曆日對照	初一	初二	初三	初四	初五	初六	初七	初八	初九	初十	十一	十二	十三	十四	十五	十六	十七	十八	十九	二十	二一	二二	二三	二四	二五	二六	二七	二八	二九	三十	節氣與天象
正月小	甲寅	天干地支 西曆 星期	乙卯 21 六	丙辰 22 日	丁巳 23 一	戊午 24 二	己未 25 三	庚申 26 四	辛酉 27 五	壬戌 28 六	癸亥 29 日	甲子 30 一	乙丑 31 二	丙寅 (2) 三	丁卯 2 四	戊辰 3 五	己巳 4 六	庚午 5 日	辛未 6 一	壬申 7 二	癸酉 8 三	甲戌 9 四	乙亥 10 五	丙子 11 六	丁丑 12 日	戊寅 13 一	己卯 14 二	庚辰 15 三	辛巳 16 四	壬午 17 五	癸未 18 六		壬戌立春 戊寅雨水
二月大	乙卯	天干地支 西曆 星期	甲申 19 日	乙酉 20 一	丙戌 21 二	丁亥 22 三	戊子 23 四	己丑 24 五	庚寅 25 六	辛卯 26 日	壬辰 27 一	癸巳 28 二	甲午 (3) 三	乙未 2 四	丙申 3 五	丁酉 4 六	戊戌 5 日	己亥 6 一	庚子 7 二	辛丑 8 三	壬寅 9 四	癸卯 10 五	甲辰 11 六	乙巳 12 日	丙午 13 一	丁未 14 二	戊申 15 三	己酉 16 四	庚戌 17 五	辛亥 18 六	壬子 19 日	癸丑 20 一	癸巳驚蟄 戊申春分
三月小	丙辰	天干地支 西曆 星期	甲寅 21 二	乙卯 22 三	丙辰 23 四	丁巳 24 五	戊午 25 六	己未 26 日	庚申 27 一	辛酉 28 二	壬戌 29 三	癸亥 30 四	甲子 31 五	乙丑 (4) 六	丙寅 2 日	丁卯 3 一	戊辰 4 二	己巳 5 三	庚午 6 四	辛未 7 五	壬申 8 六	癸酉 9 日	甲戌 10 一	乙亥 11 二	丙子 12 三	丁丑 13 四	戊寅 14 五	己卯 15 六	庚辰 16 日	辛巳 17 一	壬午 18 二		癸亥清明 戊寅穀雨
四月小	丁巳	天干地支 西曆 星期	癸未 19 三	甲申 20 四	乙酉 21 五	丙戌 22 六	丁亥 23 日	戊子 24 一	己丑 25 二	庚寅 26 三	辛卯 27 四	壬辰 28 五	癸巳 29 六	甲午 30 日	乙未 (5) 一	丙申 2 二	丁酉 3 三	戊戌 4 四	己亥 5 五	庚子 6 六	辛丑 7 日	壬寅 8 一	癸卯 9 二	甲辰 10 三	乙巳 11 四	丙午 12 五	丁未 13 六	戊申 14 日	己酉 15 一	庚戌 16 二	辛亥 17 三		甲午立夏 己酉小滿
五月小	戊午	天干地支 西曆 星期	壬子 18 四	癸丑 19 五	甲寅 20 六	乙卯 21 日	丙辰 22 一	丁巳 23 二	戊午 24 三	己未 25 四	庚申 26 五	辛酉 27 六	壬戌 28 日	癸亥 29 一	甲子 30 二	乙丑 31 三	丙寅 (6) 四	丁卯 2 五	戊辰 3 六	己巳 4 日	庚午 5 一	辛未 6 二	壬申 7 三	癸酉 8 四	甲戌 9 五	乙亥 10 六	丙子 11 日	丁丑 12 一	戊寅 13 二	己卯 14 三	庚辰 15 四		甲子芒種 己卯夏至
六月大	己未	天干地支 西曆 星期	辛巳 16 五	壬午 17 六	癸未 18 日	甲申 19 一	乙酉 20 二	丙戌 21 三	丁亥 22 四	戊子 23 五	己丑 24 六	庚寅 25 日	辛卯 26 一	壬辰 27 二	癸巳 28 三	甲午 29 四	乙未 30 五	丙申 (7) 六	丁酉 2 日	戊戌 3 一	己亥 4 二	庚子 5 三	辛丑 6 四	壬寅 7 五	癸卯 8 六	甲辰 9 日	乙巳 10 一	丙午 11 二	丁未 12 三	戊申 13 四	己酉 14 五	庚戌 15 六	甲午小暑 庚戌大暑
閏六月小	己未	天干地支 西曆 星期	辛亥 16 日	壬子 17 一	癸丑 18 二	甲寅 19 三	乙卯 20 四	丙辰 21 五	丁巳 22 六	戊午 23 日	己未 24 一	庚申 25 二	辛酉 26 三	壬戌 27 四	癸亥 28 五	甲子 29 六	乙丑 30 日	丙寅 31 一	丁卯 (8) 二	戊辰 2 三	己巳 3 四	庚午 4 五	辛未 5 六	壬申 6 日	癸酉 7 一	甲戌 8 二	乙亥 9 三	丙子 10 四	丁丑 11 五	戊寅 12 六	己卯 13 日		乙丑立秋
七月大	庚申	天干地支 西曆 星期	庚辰 14 一	辛巳 15 二	壬午 16 三	癸未 17 四	甲申 18 五	乙酉 19 六	丙戌 20 日	丁亥 21 一	戊子 22 二	己丑 23 三	庚寅 24 四	辛卯 25 五	壬辰 26 六	癸巳 27 日	甲午 28 一	乙未 29 二	丙申 30 三	丁酉 31 四	戊戌 (9) 五	己亥 2 六	庚子 3 日	辛丑 4 一	壬寅 5 二	癸卯 6 三	甲辰 7 四	乙巳 8 五	丙午 9 六	丁未 10 日	戊申 11 一	己酉 12 二	庚辰處暑 乙未白露
八月大	辛酉	天干地支 西曆 星期	庚戌 13 三	辛亥 14 四	壬子 15 五	癸丑 16 六	甲寅 17 日	乙卯 18 一	丙辰 19 二	丁巳 20 三	戊午 21 四	己未 22 五	庚申 23 六	辛酉 24 日	壬戌 25 一	癸亥 26 二	甲子 27 三	乙丑 28 四	丙寅 29 五	丁卯 30 六	戊辰 (10) 日	己巳 2 一	庚午 3 二	辛未 4 三	壬申 5 四	癸酉 6 五	甲戌 7 六	乙亥 8 日	丙子 9 一	丁丑 10 二	戊寅 11 三	己卯 12 四	辛亥秋分 丙寅寒露
九月小	壬戌	天干地支 西曆 星期	庚辰 13 五	辛巳 14 六	壬午 15 日	癸未 16 一	甲申 17 二	乙酉 18 三	丙戌 19 四	丁亥 20 五	戊子 21 六	己丑 22 日	庚寅 23 一	辛卯 24 二	壬辰 25 三	癸巳 26 四	甲午 27 五	乙未 28 六	丙申 29 日	丁酉 30 一	戊戌 31 二	己亥 (11) 三	庚子 2 四	辛丑 3 五	壬寅 4 六	癸卯 5 日	甲辰 6 一	乙巳 7 二	丙午 8 三	丁未 9 四	戊申 10 五		辛巳霜降 丙申立冬
十月大	癸亥	天干地支 西曆 星期	己酉 11 六	庚戌 12 日	辛亥 13 一	壬子 14 二	癸丑 15 三	甲寅 16 四	乙卯 17 五	丙辰 18 六	丁巳 19 日	戊午 20 一	己未 21 二	庚申 22 三	辛酉 23 四	壬戌 24 五	癸亥 25 六	甲子 26 日	乙丑 27 一	丙寅 28 二	丁卯 29 三	戊辰 30 四	己巳 (12) 五	庚午 2 六	辛未 3 日	壬申 4 一	癸酉 5 二	甲戌 6 三	乙亥 7 四	丙子 8 五	丁丑 9 六	戊寅 10 日	辛亥小雪 丁卯大雪
十一月大	甲子	天干地支 西曆 星期	己卯 11 一	庚辰 12 二	辛巳 13 三	壬午 14 四	癸未 15 五	甲申 16 六	乙酉 17 日	丙戌 18 一	丁亥 19 二	戊子 20 三	己丑 21 四	庚寅 22 五	辛卯 23 六	壬辰 24 日	癸巳 25 一	甲午 26 二	乙未 27 三	丙申 28 四	丁酉 29 五	戊戌 30 六	己亥 31 日	庚子 (1) 一	辛丑 2 二	壬寅 3 三	癸卯 4 四	甲辰 5 五	乙巳 6 六	丙午 7 日	丁未 8 一	戊申 9 二	壬午冬至 丁酉小寒
十二月大	乙丑	天干地支 西曆 星期	己酉 10 三	庚戌 11 四	辛亥 12 五	壬子 13 六	癸丑 14 日	甲寅 15 一	乙卯 16 二	丙辰 17 三	丁巳 18 四	戊午 19 五	己未 20 六	庚申 21 日	辛酉 22 一	壬戌 23 二	癸亥 24 三	甲子 25 四	乙丑 26 五	丙寅 27 六	丁卯 28 日	戊辰 29 一	己巳 30 二	庚午 31 三	辛未 (2) 四	壬申 2 五	癸酉 3 六	甲戌 4 日	乙亥 5 一	丙子 6 二	丁丑 7 三	戊寅 8 四	壬子大寒 戊辰立春

元世祖至元十一年（甲戌 狗年） 公元 1274 ~ 1275 年

夏曆月序		中西曆日對照	初一	初二	初三	初四	初五	初六	初七	初八	初九	初十	十一	十二	十三	十四	十五	十六	十七	十八	十九	二十	二一	二二	二三	二四	二五	二六	二七	二八	二九	三十	節氣與天象
正月小	丙寅	天干地支西曆星期	己卯9五	庚辰10六	辛巳11日	壬午12一	癸未13二	甲申14三	乙酉15四	丙戌16五	丁亥17六	戊子18日	己丑19一	庚寅20二	辛卯21三	壬辰22四	癸巳23五	甲午24六	乙未25日	丙申26一	丁酉27二	戊戌28三	己亥(3)四	庚子2五	辛丑3六	壬寅4日	癸卯5一	甲辰6二	乙巳7三	丙午8四	丁未9五		癸未雨水 戊戌驚蟄
二月大	丁卯	天干地支西曆星期	戊申10六	己酉11日	庚戌12一	辛亥13二	壬子14三	癸丑15四	甲寅16五	乙卯17六	丙辰18日	丁巳19一	戊午20二	己未21三	庚申22四	辛酉23五	壬戌24六	癸亥25日	甲子26一	乙丑27二	丙寅28三	丁卯29四	戊辰30五	己巳31六	庚午(4)日	辛未2一	壬申3二	癸酉4三	甲戌5四	乙亥6五	丙子7六	丁丑8日	癸丑春分 戊辰清明
三月小	戊辰	天干地支西曆星期	戊寅9一	己卯10二	庚辰11三	辛巳12四	壬午13五	癸未14六	甲申15日	乙酉16一	丙戌17二	丁亥18三	戊子19四	己丑20五	庚寅21六	辛卯22日	壬辰23一	癸巳24二	甲午25三	乙未26四	丙申27五	丁酉28六	戊戌29日	己亥30一	庚子(5)二	辛丑2三	壬寅3四	癸卯4五	甲辰5六	乙巳6日	丙午7一		甲申穀雨 己亥立夏
四月小	己巳	天干地支西曆星期	丁未8二	戊申9三	己酉10四	庚戌11五	辛亥12六	壬子13日	癸丑14一	甲寅15二	乙卯16三	丙辰17四	丁巳18五	戊午19六	己未20日	庚申21一	辛酉22二	壬戌23三	癸亥24四	甲子25五	乙丑26六	丙寅27日	丁卯28一	戊辰29二	己巳30三	庚午31四	辛未(6)五	壬申2六	癸酉3日	甲戌4一	乙亥5二		甲寅小滿 己巳芒種
五月大	庚午	天干地支西曆星期	丙子6三	丁丑7四	戊寅8五	己卯9六	庚辰10日	辛巳11一	壬午12二	癸未13三	甲申14四	乙酉15五	丙戌16六	丁亥17日	戊子18一	己丑19二	庚寅20三	辛卯21四	壬辰22五	癸巳23六	甲午24日	乙未25一	丙申26二	丁酉27三	戊戌28四	己亥29五	庚子30六	辛丑(7)日	壬寅2一	癸卯3二	甲辰4三	乙巳5四	甲申夏至 庚子小暑
六月小	辛未	天干地支西曆星期	丙午6五	丁未7六	戊申8日	己酉9一	庚戌10二	辛亥11三	壬子12四	癸丑13五	甲寅14六	乙卯15日	丙辰16一	丁巳17二	戊午18三	己未19四	庚申20五	辛酉21六	壬戌22日	癸亥23一	甲子24二	乙丑25三	丙寅26四	丁卯27五	戊辰28六	己巳29日	庚午30一	辛未31二	壬申(8)三	癸酉2四	甲戌3五		乙卯大暑 庚午立秋
七月小	壬申	天干地支西曆星期	乙亥4六	丙子5日	丁丑6一	戊寅7二	己卯8三	庚辰9四	辛巳10五	壬午11六	癸未12日	甲申13一	乙酉14二	丙戌15三	丁亥16四	戊子17五	己丑18六	庚寅19日	辛卯20一	壬辰21二	癸巳22三	甲午23四	乙未24五	丙申25六	丁酉26日	戊戌27一	己亥28二	庚子29三	辛丑30四	壬寅31五	癸卯(9)六		乙酉處暑 辛丑白露
八月大	癸酉	天干地支西曆星期	甲辰2日	乙巳3一	丙午4二	丁未5三	戊申6四	己酉7五	庚戌8六	辛亥9日	壬子10一	癸丑11二	甲寅12三	乙卯13四	丙辰14五	丁巳15六	戊午16日	己未17一	庚申18二	辛酉19三	壬戌20四	癸亥21五	甲子22六	乙丑23日	丙寅24一	丁卯25二	戊辰26三	己巳27四	庚午28五	辛未29六	壬申30日	癸酉(10)一	丙辰秋分 辛未寒露
九月小	甲戌	天干地支西曆星期	甲戌2二	乙亥3三	丙子4四	丁丑5五	戊寅6六	己卯7日	庚辰8一	辛巳9二	壬午10三	癸未11四	甲申12五	乙酉13六	丙戌14日	丁亥15一	戊子16二	己丑17三	庚寅18四	辛卯19五	壬辰20六	癸巳21日	甲午22一	乙未23二	丙申24三	丁酉25四	戊戌26五	己亥27六	庚子28日	辛丑29一	壬寅30二		丙戌霜降 辛丑立冬
十月大	乙亥	天干地支西曆星期	癸卯31三	甲辰(11)四	乙巳2五	丙午3六	丁未4日	戊申5一	己酉6二	庚戌7三	辛亥8四	壬子9五	癸丑10六	甲寅11日	乙卯12一	丙辰13二	丁巳14三	戊午15四	己未16五	庚申17六	辛酉18日	壬戌19一	癸亥20二	甲子21三	乙丑22四	丙寅23五	丁卯24六	戊辰25日	己巳26一	庚午27二	辛未28三	壬申29四	丁巳小雪 壬申大雪
十一月大	丙子	天干地支西曆星期	癸酉30五	甲戌(12)六	乙亥2日	丙子3一	丁丑4二	戊寅5三	己卯6四	庚辰7五	辛巳8六	壬午9日	癸未10一	甲申11二	乙酉12三	丙戌13四	丁亥14五	戊子15六	己丑16日	庚寅17一	辛卯18二	壬辰19三	癸巳20四	甲午21五	乙未22六	丙申23日	丁酉24一	戊戌25二	己亥26三	庚子27四	辛丑28五	壬寅29六	丁亥冬至 壬寅小寒
十二月大	丁丑	天干地支西曆星期	癸卯30日	甲辰31一	乙巳(1)二	丙午2三	丁未3四	戊申4五	己酉5六	庚戌6日	辛亥7一	壬子8二	癸丑9三	甲寅10四	乙卯11五	丙辰12六	丁巳13日	戊午14一	己未15二	庚申16三	辛酉17四	壬戌18五	癸亥19六	甲子20日	乙丑21一	丙寅22二	丁卯23三	戊辰24四	己巳25五	庚午26六	辛未27日	壬申28一	戊午大寒

元世祖至元十二年（乙亥 猪年） 公元 1275 ~ 1276 年

夏曆月序	中西曆日對照	初一	初二	初三	初四	初五	初六	初七	初八	初九	初十	十一	十二	十三	十四	十五	十六	十七	十八	十九	二十	二一	二二	二三	二四	二五	二六	二七	二八	二九	三十	節氣與天象
正月小 戊寅	天干 地支 西曆 星期	癸酉 29 二	甲戌 30 三	乙亥 31 四	丙子 (2) 五	丁丑 2 六	戊寅 3 日	己卯 4 一	庚辰 5 二	辛巳 6 三	壬午 7 四	癸未 8 五	甲申 9 六	乙酉 10 日	丙戌 11 一	丁亥 12 二	戊子 13 三	己丑 14 四	庚寅 15 五	辛卯 16 六	壬辰 17 日	癸巳 18 一	甲午 19 二	乙未 20 三	丙申 21 四	丁酉 22 五	戊戌 23 六	己亥 24 日	庚子 25 一	辛丑 26 二		癸酉立春 戊子雨水
二月大 己卯	天干 地支 西曆 星期	壬寅 27 三	癸卯 28 四	甲辰 (3) 五	乙巳 2 六	丙午 3 日	丁未 4 一	戊申 5 二	己酉 6 三	庚戌 7 四	辛亥 8 五	壬子 9 六	癸丑 10 日	甲寅 11 一	乙卯 12 二	丙辰 13 三	丁巳 14 四	戊午 15 五	己未 16 六	庚申 17 日	辛酉 18 一	壬戌 19 二	癸亥 20 三	甲子 21 四	乙丑 22 五	丙寅 23 六	丁卯 24 日	戊辰 25 一	己巳 26 二	庚午 27 三	辛未 28 四	癸卯驚蟄 戊午春分
三月大 庚辰	天干 地支 西曆 星期	壬申 29 五	癸酉 30 六	甲戌 31 日	乙亥 (4) 一	丙子 2 二	丁丑 3 三	戊寅 4 四	己卯 5 五	庚辰 6 六	辛巳 7 日	壬午 8 一	癸未 9 二	甲申 10 三	乙酉 11 四	丙戌 12 五	丁亥 13 六	戊子 14 日	己丑 15 一	庚寅 16 二	辛卯 17 三	壬辰 18 四	癸巳 19 五	甲午 20 六	乙未 21 日	丙申 22 一	丁酉 23 二	戊戌 24 三	己亥 25 四	庚子 26 五	辛丑 27 六	甲戌清明 己丑穀雨
四月小 辛巳	天干 地支 西曆 星期	壬寅 28 日	癸卯 29 一	甲辰 30 二	乙巳 (5) 三	丙午 2 四	丁未 3 五	戊申 4 六	己酉 5 日	庚戌 6 一	辛亥 7 二	壬子 8 三	癸丑 9 四	甲寅 10 五	乙卯 11 六	丙辰 12 日	丁巳 13 一	戊午 14 二	己未 15 三	庚申 16 四	辛酉 17 五	壬戌 18 六	癸亥 19 日	甲子 20 一	乙丑 21 二	丙寅 22 三	丁卯 23 四	戊辰 24 五	己巳 25 六	庚午 26 日		甲辰立夏 己未小滿
五月小 壬午	天干 地支 西曆 星期	辛未 27 一	壬申 28 二	癸酉 29 三	甲戌 30 四	乙亥 31 五	丙子 (6) 六	丁丑 2 日	戊寅 3 一	己卯 4 二	庚辰 5 三	辛巳 6 四	壬午 7 五	癸未 8 六	甲申 9 日	乙酉 10 一	丙戌 11 二	丁亥 12 三	戊子 13 四	己丑 14 五	庚寅 15 六	辛卯 16 日	壬辰 17 一	癸巳 18 二	甲午 19 三	乙未 20 四	丙申 21 五	丁酉 22 六	戊戌 23 日	己亥 24 一		乙亥芒種 庚寅夏至
六月大 癸未	天干 地支 西曆 星期	庚子 25 二	辛丑 26 三	壬寅 27 四	癸卯 28 五	甲辰 29 六	乙巳 30 日	丙午 (7) 一	丁未 2 二	戊申 3 三	己酉 4 四	庚戌 5 五	辛亥 6 六	壬子 7 日	癸丑 8 一	甲寅 9 二	乙卯 10 三	丙辰 11 四	丁巳 12 五	戊午 13 六	己未 14 日	庚申 15 一	辛酉 16 二	壬戌 17 三	癸亥 18 四	甲子 19 五	乙丑 20 六	丙寅 21 日	丁卯 22 一	戊辰 23 二	己巳 24 三	乙巳小暑 庚申大暑 庚子日食
七月小 甲申	天干 地支 西曆 星期	庚午 25 四	辛未 26 五	壬申 27 六	癸酉 28 日	甲戌 29 一	乙亥 30 二	丙子 31 三	丁丑 (8) 四	戊寅 2 五	己卯 3 六	庚辰 4 日	辛巳 5 一	壬午 6 二	癸未 7 三	甲申 8 四	乙酉 9 五	丙戌 10 六	丁亥 11 日	戊子 12 一	己丑 13 二	庚寅 14 三	辛卯 15 四	壬辰 16 五	癸巳 17 六	甲午 18 日	乙未 19 一	丙申 20 二	丁酉 21 三	戊戌 22 四		乙亥立秋 辛卯處暑
八月小 乙酉	天干 地支 西曆 星期	己亥 23 五	庚子 24 六	辛丑 25 日	壬寅 26 一	癸卯 27 二	甲辰 28 三	乙巳 29 四	丙午 30 五	丁未 31 六	戊申 (9) 日	己酉 2 一	庚戌 3 二	辛亥 4 三	壬子 5 四	癸丑 6 五	甲寅 7 六	乙卯 8 日	丙辰 9 一	丁巳 10 二	戊午 11 三	己未 12 四	庚申 13 五	辛酉 14 六	壬戌 15 日	癸亥 16 一	甲子 17 二	乙丑 18 三	丙寅 19 四	丁卯 20 五		丙午白露 辛酉秋分
九月大 丙戌	天干 地支 西曆 星期	戊辰 21 六	己巳 22 日	庚午 23 一	辛未 24 二	壬申 25 三	癸酉 26 四	甲戌 27 五	乙亥 28 六	丙子 29 日	丁丑 30 一	戊寅 (10) 二	己卯 2 三	庚辰 3 四	辛巳 4 五	壬午 5 六	癸未 6 日	甲申 7 一	乙酉 8 二	丙戌 9 三	丁亥 10 四	戊子 11 五	己丑 12 六	庚寅 13 日	辛卯 14 一	壬辰 15 二	癸巳 16 三	甲午 17 四	乙未 18 五	丙申 19 六	丁酉 20 日	丙子寒露 辛卯霜降
十月小 丁亥	天干 地支 西曆 星期	戊戌 21 一	己亥 22 二	庚子 23 三	辛丑 24 四	壬寅 25 五	癸卯 26 六	甲辰 27 日	乙巳 28 一	丙午 29 二	丁未 30 三	戊申 31 四	己酉 (11) 五	庚戌 2 六	辛亥 3 日	壬子 4 一	癸丑 5 二	甲寅 6 三	乙卯 7 四	丙辰 8 五	丁巳 9 六	戊午 10 日	己未 11 一	庚申 12 二	辛酉 13 三	壬戌 14 四	癸亥 15 五	甲子 16 六	乙丑 17 日	丙寅 18 一		丁未立冬 壬戌小雪
十一月大 戊子	天干 地支 西曆 星期	丁卯 19 二	戊辰 20 三	己巳 21 四	庚午 22 五	辛未 23 六	壬申 24 日	癸酉 25 一	甲戌 26 二	乙亥 27 三	丙子 28 四	丁丑 29 五	戊寅 30 六	己卯 (12) 日	庚辰 2 一	辛巳 3 二	壬午 4 三	癸未 5 四	甲申 6 五	乙酉 7 六	丙戌 8 日	丁亥 9 一	戊子 10 二	己丑 11 三	庚寅 12 四	辛卯 13 五	壬辰 14 六	癸巳 15 日	甲午 16 一	乙未 17 二	丙申 18 三	丁丑大雪 壬辰冬至
十二月大 己丑	天干 地支 西曆 星期	丁酉 19 四	戊戌 20 五	己亥 21 六	庚子 22 日	辛丑 23 一	壬寅 24 二	癸卯 25 三	甲辰 26 四	乙巳 27 五	丙午 28 六	丁未 29 日	戊申 30 一	己酉 31 二	庚戌 (1) 三	辛亥 2 四	壬子 3 五	癸丑 4 六	甲寅 5 日	乙卯 6 一	丙辰 7 二	丁巳 8 三	戊午 9 四	己未 10 五	庚申 11 六	辛酉 12 日	壬戌 13 一	癸亥 14 二	甲子 15 三	乙丑 16 四	丙寅 17 五	戊申小寒 癸亥大寒

元世祖至元十三年（丙子 鼠年） 公元 **1276** ~ 1277 年

夏曆月序		中西曆日對照	初一	初二	初三	初四	初五	初六	初七	初八	初九	初十	十一	十二	十三	十四	十五	十六	十七	十八	十九	二十	二一	二二	二三	二四	二五	二六	二七	二八	二九	三十	節氣與天象
正月小	庚寅	干支 天地 西曆 星期	丁卯 18 六	戊辰 19 日	己巳 20 一	庚午 21 二	辛未 22 三	壬申 23 四	癸酉 24 五	甲戌 25 六	乙亥 26 日	丙子 27 一	丁丑 28 二	戊寅 29 三	己卯 30 四	庚辰 31 五	辛巳 (2) 六	壬午 2 日	癸未 3 一	甲申 4 二	乙酉 5 三	丙戌 6 四	丁亥 7 五	戊子 8 六	己丑 9 日	庚寅 10 一	辛卯 11 二	壬辰 12 三	癸巳 13 四	甲午 14 五	乙未 15 六		戊寅立春 癸巳雨水
二月大	辛卯	干支 天地 西曆 星期	丙申 16 日	丁酉 17 一	戊戌 18 二	己亥 19 三	庚子 20 四	辛丑 21 五	壬寅 22 六	癸卯 23 日	甲辰 24 一	乙巳 25 二	丙午 26 三	丁未 27 四	戊申 28 五	己酉 29 六	庚戌 (3) 日	辛亥 2 一	壬子 3 二	癸丑 4 三	甲寅 5 四	乙卯 6 五	丙辰 7 六	丁巳 8 日	戊午 9 一	己未 10 二	庚申 11 三	辛酉 12 四	壬戌 13 五	癸亥 14 六	甲子 15 日	乙丑 16 一	戊申驚蟄 甲子春分
三月大	壬辰	干支 天地 西曆 星期	丙寅 17 二	丁卯 18 三	戊辰 19 四	己巳 20 五	庚午 21 六	辛未 22 日	壬申 23 一	癸酉 24 二	甲戌 25 三	乙亥 26 四	丙子 27 五	丁丑 28 六	戊寅 29 日	己卯 30 一	庚辰 31 二	辛巳 (4) 三	壬午 2 四	癸未 3 五	甲申 4 六	乙酉 5 日	丙戌 6 一	丁亥 7 二	戊子 8 三	己丑 9 四	庚寅 10 五	辛卯 11 六	壬辰 12 日	癸巳 13 一	甲午 14 二	乙未 15 三	己卯清明 甲午穀雨
閏三月小	壬辰	干支 天地 西曆 星期	丙申 16 四	丁酉 17 五	戊戌 18 六	己亥 19 日	庚子 20 一	辛丑 21 二	壬寅 22 三	癸卯 23 四	甲辰 24 五	乙巳 25 六	丙午 26 日	丁未 27 一	戊申 28 二	己酉 29 三	庚戌 30 四	辛亥 (5) 五	壬子 2 六	癸丑 3 日	甲寅 4 一	乙卯 5 二	丙辰 6 三	丁巳 7 四	戊午 8 五	己未 9 六	庚申 10 日	辛酉 11 一	壬戌 12 二	癸亥 13 三	甲子 14 四		己酉立夏
四月大	癸巳	干支 天地 西曆 星期	乙丑 15 五	丙寅 16 六	丁卯 17 日	戊辰 18 一	己巳 19 二	庚午 20 三	辛未 21 四	壬申 22 五	癸酉 23 六	甲戌 24 日	乙亥 25 一	丙子 26 二	丁丑 27 三	戊寅 28 四	己卯 29 五	庚辰 30 六	辛巳 31 日	壬午 (6) 一	癸未 2 二	甲申 3 三	乙酉 4 四	丙戌 5 五	丁亥 6 六	戊子 7 日	己丑 8 一	庚寅 9 二	辛卯 10 三	壬辰 11 四	癸巳 12 五	甲午 13 六	乙丑小滿 庚辰芒種
五月小	甲午	干支 天地 西曆 星期	乙未 14 日	丙申 15 一	丁酉 16 二	戊戌 17 三	己亥 18 四	庚子 19 五	辛丑 20 六	壬寅 21 日	癸卯 22 一	甲辰 23 二	乙巳 24 三	丙午 25 四	丁未 26 五	戊申 27 六	己酉 28 日	庚戌 29 一	辛亥 30 二	壬子 (7) 三	癸丑 2 四	甲寅 3 五	乙卯 4 六	丙辰 5 日	丁巳 6 一	戊午 7 二	己未 8 三	庚申 9 四	辛酉 10 五	壬戌 11 六	癸亥 12 日		乙未夏至 庚戌小暑
六月大	乙未	干支 天地 西曆 星期	甲子 13 一	乙丑 14 二	丙寅 15 三	丁卯 16 四	戊辰 17 五	己巳 18 六	庚午 19 日	辛未 20 一	壬申 21 二	癸酉 22 三	甲戌 23 四	乙亥 24 五	丙子 25 六	丁丑 26 日	戊寅 27 一	己卯 28 二	庚辰 29 三	辛巳 30 四	壬午 31 五	癸未 (8) 六	甲申 2 日	乙酉 3 一	丙戌 4 二	丁亥 5 三	戊子 6 四	己丑 7 五	庚寅 8 六	辛卯 9 日	壬辰 10 一	癸巳 11 二	乙丑大暑 辛巳立秋
七月小	丙申	干支 天地 西曆 星期	甲午 12 三	乙未 13 四	丙申 14 五	丁酉 15 六	戊戌 16 日	己亥 17 一	庚子 18 二	辛丑 19 三	壬寅 20 四	癸卯 21 五	甲辰 22 六	乙巳 23 日	丙午 24 一	丁未 25 二	戊申 26 三	己酉 27 四	庚戌 28 五	辛亥 29 六	壬子 30 日	癸丑 31 一	甲寅 (9) 二	乙卯 2 三	丙辰 3 四	丁巳 4 五	戊午 5 六	己未 6 日	庚申 7 一	辛酉 8 二	壬戌 9 三		丙申處暑 辛亥白露
八月小	丁酉	干支 天地 西曆 星期	癸亥 10 四	甲子 11 五	乙丑 12 六	丙寅 13 日	丁卯 14 一	戊辰 15 二	己巳 16 三	庚午 17 四	辛未 18 五	壬申 19 六	癸酉 20 日	甲戌 21 一	乙亥 22 二	丙子 23 三	丁丑 24 四	戊寅 25 五	己卯 26 六	庚辰 27 日	辛巳 28 一	壬午 29 二	癸未 30 三	甲申 (10) 四	乙酉 2 五	丙戌 3 六	丁亥 4 日	戊子 5 一	己丑 6 二	庚寅 7 三	辛卯 8 四		丙寅秋分 壬午寒露
九月大	戊戌	干支 天地 西曆 星期	壬辰 9 五	癸巳 10 六	甲午 11 日	乙未 12 一	丙申 13 二	丁酉 14 三	戊戌 15 四	己亥 16 五	庚子 17 六	辛丑 18 日	壬寅 19 一	癸卯 20 二	甲辰 21 三	乙巳 22 四	丙午 23 五	丁未 24 六	戊申 25 日	己酉 26 一	庚戌 27 二	辛亥 28 三	壬子 29 四	癸丑 30 五	甲寅 31 六	乙卯 (11) 日	丙辰 2 一	丁巳 3 二	戊午 4 三	己未 5 四	庚申 6 五	辛酉 7 六	丁酉霜降 壬子立冬
十月小	己亥	干支 天地 西曆 星期	壬戌 8 日	癸亥 9 一	甲子 10 二	乙丑 11 三	丙寅 12 四	丁卯 13 五	戊辰 14 六	己巳 15 日	庚午 16 一	辛未 17 二	壬申 18 三	癸酉 19 四	甲戌 20 五	乙亥 21 六	丙子 22 日	丁丑 23 一	戊寅 24 二	己卯 25 三	庚辰 26 四	辛巳 27 五	壬午 28 六	癸未 29 日	甲申 30 一	乙酉 (12) 二	丙戌 2 三	丁亥 3 四	戊子 4 五	己丑 5 六	庚寅 6 日		丁卯小雪 壬午大雪
十一月大	庚子	干支 天地 西曆 星期	辛卯 7 一	壬辰 8 二	癸巳 9 三	甲午 10 四	乙未 11 五	丙申 12 六	丁酉 13 日	戊戌 14 一	己亥 15 二	庚子 16 三	辛丑 17 四	壬寅 18 五	癸卯 19 六	甲辰 20 日	乙巳 21 一	丙午 22 二	丁未 23 三	戊申 24 四	己酉 25 五	庚戌 26 六	辛亥 27 日	壬子 28 一	癸丑 29 二	甲寅 30 三	乙卯 31 四	丙辰 (1) 五	丁巳 2 六	戊午 3 日	己未 4 一	庚申 5 二	戊戌冬至 癸丑小寒
十二月大	辛丑	干支 天地 西曆 星期	辛酉 6 三	壬戌 7 四	癸亥 8 五	甲子 9 六	乙丑 10 日	丙寅 11 一	丁卯 12 二	戊辰 13 三	己巳 14 四	庚午 15 五	辛未 16 六	壬申 17 日	癸酉 18 一	甲戌 19 二	乙亥 20 三	丙子 21 四	丁丑 22 五	戊寅 23 六	己卯 24 日	庚辰 25 一	辛巳 26 二	壬午 27 三	癸未 28 四	甲申 29 五	乙酉 30 六	丙戌 31 日	丁亥 (2) 一	戊子 2 二	己丑 3 三	庚寅 4 四	戊辰大寒 癸未立春

元世祖至元十四年（丁丑 牛年） 公元 1277 ~ 1278 年

夏曆月序		中西曆日對照	初一	初二	初三	初四	初五	初六	初七	初八	初九	初十	十一	十二	十三	十四	十五	十六	十七	十八	十九	二十	二一	二二	二三	二四	二五	二六	二七	二八	二九	三十	節氣與天象
正月小	壬寅	天干地支西曆星期	辛卯 5 五	壬辰 6 六	癸巳 7 日	甲午 8 一	乙未 9 二	丙申 10 三	丁酉 11 四	戊戌 12 五	己亥 13 六	庚子 14 日	辛丑 15 一	壬寅 16 二	癸卯 17 三	甲辰 18 四	乙巳 19 五	丙午 20 六	丁未 21 日	戊申 22 一	己酉 23 二	庚戌 24 三	辛亥 25 四	壬子 26 五	癸丑 27 六	甲寅 28 日	乙卯 (3) 一	丙辰 2 二	丁巳 3 三	戊午 4 四	己未 5 五		戊戌雨水 甲寅驚蟄
二月大	癸卯	天干地支西曆星期	庚申 6 六	辛酉 7 日	壬戌 8 一	癸亥 9 二	甲子 10 三	乙丑 11 四	丙寅 12 五	丁卯 13 六	戊辰 14 日	己巳 15 一	庚午 16 二	辛未 17 三	壬申 18 四	癸酉 19 五	甲戌 20 六	乙亥 21 日	丙子 22 一	丁丑 23 二	戊寅 24 三	己卯 25 四	庚辰 26 五	辛巳 27 六	壬午 28 日	癸未 29 一	甲申 30 二	乙酉 31 三	丙戌 (4) 四	丁亥 2 五	戊子 3 六	己丑 4 日	己巳春分 甲申清明
三月大	甲辰	天干地支西曆星期	庚寅 5 一	辛卯 6 二	壬辰 7 三	癸巳 8 四	甲午 9 五	乙未 10 六	丙申 11 日	丁酉 12 一	戊戌 13 二	己亥 14 三	庚子 15 四	辛丑 16 五	壬寅 17 六	癸卯 18 日	甲辰 19 一	乙巳 20 二	丙午 21 三	丁未 22 四	戊申 23 五	己酉 24 六	庚戌 25 日	辛亥 26 一	壬子 27 二	癸丑 28 三	甲寅 29 四	乙卯 30 五	丙辰 (5) 六	丁巳 2 日	戊午 3 一	己未 4 二	己亥穀雨 乙卯立夏
四月小	乙巳	天干地支西曆星期	庚申 5 三	辛酉 6 四	壬戌 7 五	癸亥 8 六	甲子 9 日	乙丑 10 一	丙寅 11 二	丁卯 12 三	戊辰 13 四	己巳 14 五	庚午 15 六	辛未 16 日	壬申 17 一	癸酉 18 二	甲戌 19 三	乙亥 20 四	丙子 21 五	丁丑 22 六	戊寅 23 日	己卯 24 一	庚辰 25 二	辛巳 26 三	壬午 27 四	癸未 28 五	甲申 29 六	乙酉 30 日	丙戌 31 一	丁亥 (6) 二	戊子 2 三		庚午小滿 乙酉芒種
五月大	丙午	天干地支西曆星期	己丑 3 四	庚寅 4 五	辛卯 5 六	壬辰 6 日	癸巳 7 一	甲午 8 二	乙未 9 三	丙申 10 四	丁酉 11 五	戊戌 12 六	己亥 13 日	庚子 14 一	辛丑 15 二	壬寅 16 三	癸卯 17 四	甲辰 18 五	乙巳 19 六	丙午 20 日	丁未 21 一	戊申 22 二	己酉 23 三	庚戌 24 四	辛亥 25 五	壬子 26 六	癸丑 27 日	甲寅 28 一	乙卯 29 二	丙辰 30 三	丁巳 (7) 四	戊午 2 五	庚子夏至 乙卯小暑
六月小	丁未	天干地支西曆星期	己未 3 六	庚申 4 日	辛酉 5 一	壬戌 6 二	癸亥 7 三	甲子 8 四	乙丑 9 五	丙寅 10 六	丁卯 11 日	戊辰 12 一	己巳 13 二	庚午 14 三	辛未 15 四	壬申 16 五	癸酉 17 六	甲戌 18 日	乙亥 19 一	丙子 20 二	丁丑 21 三	戊寅 22 四	己卯 23 五	庚辰 24 六	辛巳 25 日	壬午 26 一	癸未 27 二	甲申 28 三	乙酉 29 四	丙戌 30 五	丁亥 31 六		辛未大暑 丙戌立秋
七月大	戊申	天干地支西曆星期	戊子 (8) 日	己丑 2 一	庚寅 3 二	辛卯 4 三	壬辰 5 四	癸巳 6 五	甲午 7 六	乙未 8 日	丙申 9 一	丁酉 10 二	戊戌 11 三	己亥 12 四	庚子 13 五	辛丑 14 六	壬寅 15 日	癸卯 16 一	甲辰 17 二	乙巳 18 三	丙午 19 四	丁未 20 五	戊申 21 六	己酉 22 日	庚戌 23 一	辛亥 24 二	壬子 25 三	癸丑 26 四	甲寅 27 五	乙卯 28 六	丙辰 29 日	丁巳 30 一	辛丑處暑 丙辰白露
八月小	己酉	天干地支西曆星期	戊午 31 二	己未 (9) 三	庚申 2 四	辛酉 3 五	壬戌 4 六	癸亥 5 日	甲子 6 一	乙丑 7 二	丙寅 8 三	丁卯 9 四	戊辰 10 五	己巳 11 六	庚午 12 日	辛未 13 一	壬申 14 二	癸酉 15 三	甲戌 16 四	乙亥 17 五	丙子 18 六	丁丑 19 日	戊寅 20 一	己卯 21 二	庚辰 22 三	辛巳 23 四	壬午 24 五	癸未 25 六	甲申 26 日	乙酉 27 一	丙戌 28 二		壬申秋分
九月小	庚戌	天干地支西曆星期	丁亥 29 三	戊子 30 四	己丑 (10) 五	庚寅 2 六	辛卯 3 日	壬辰 4 一	癸巳 5 二	甲午 6 三	乙未 7 四	丙申 8 五	丁酉 9 六	戊戌 10 日	己亥 11 一	庚子 12 二	辛丑 13 三	壬寅 14 四	癸卯 15 五	甲辰 16 六	乙巳 17 日	丙午 18 一	丁未 19 二	戊申 20 三	己酉 21 四	庚戌 22 五	辛亥 23 六	壬子 24 日	癸丑 25 一	甲寅 26 二	乙卯 27 三		丁亥寒露 壬寅霜降
十月大	辛亥	天干地支西曆星期	丙辰 28 四	丁巳 29 五	戊午 30 六	己未 31 日	庚申 (11) 一	辛酉 2 二	壬戌 3 三	癸亥 4 四	甲子 5 五	乙丑 6 六	丙寅 7 日	丁卯 8 一	戊辰 9 二	己巳 10 三	庚午 11 四	辛未 12 五	壬申 13 六	癸酉 14 日	甲戌 15 一	乙亥 16 二	丙子 17 三	丁丑 18 四	戊寅 19 五	己卯 20 六	庚辰 21 日	辛巳 22 一	壬午 23 二	癸未 24 三	甲申 25 四	乙酉 26 五	丁巳立冬 壬申小雪 丙辰日食
十一月小	壬子	天干地支西曆星期	丙戌 27 六	丁亥 28 日	戊子 29 一	己丑 30 二	庚寅 (12) 三	辛卯 2 四	壬辰 3 五	癸巳 4 六	甲午 5 日	乙未 6 一	丙申 7 二	丁酉 8 三	戊戌 9 四	己亥 10 五	庚子 11 六	辛丑 12 日	壬寅 13 一	癸卯 14 二	甲辰 15 三	乙巳 16 四	丙午 17 五	丁未 18 六	戊申 19 日	己酉 20 一	庚戌 21 二	辛亥 22 三	壬子 23 四	癸丑 24 五	甲寅 25 六		戊子大雪 癸卯冬至
十二月大	癸丑	天干地支西曆星期	乙卯 26 日	丙辰 27 一	丁巳 28 二	戊午 29 三	己未 30 四	庚申 31 五	辛酉 (1) 六	壬戌 2 日	癸亥 3 一	甲子 4 二	乙丑 5 三	丙寅 6 四	丁卯 7 五	戊辰 8 六	己巳 9 日	庚午 10 一	辛未 11 二	壬申 12 三	癸酉 13 四	甲戌 14 五	乙亥 15 六	丙子 16 日	丁丑 17 一	戊寅 18 二	己卯 19 三	庚辰 20 四	辛巳 21 五	壬午 22 六	癸未 23 日	甲申 24 一	戊午小寒 癸酉大寒

元世祖至元十五年（戊寅 虎年） 公元 1278 ~ 1279 年

夏曆月序		中西曆日對照	初一	初二	初三	初四	初五	初六	初七	初八	初九	初十	十一	十二	十三	十四	十五	十六	十七	十八	十九	二十	二一	二二	二三	二四	二五	二六	二七	二八	二九	三十	節氣與天象
正月小	甲寅	天干地支 西曆 星期	乙酉 25 二	丙戌 26 三	丁亥 27 四	戊子 28 五	己丑 29 六	庚寅 30 日	辛卯 31 一	壬辰 (2) 二	癸巳 2 三	甲午 3 四	乙未 4 五	丙申 5 六	丁酉 6 日	戊戌 7 一	己亥 8 二	庚子 9 三	辛丑 10 四	壬寅 11 五	癸卯 12 六	甲辰 13 日	乙巳 14 一	丙午 15 二	丁未 16 三	戊申 17 四	己酉 18 五	庚戌 19 六	辛亥 20 日	壬子 21 一	癸丑 22 二		己丑立春 甲辰雨水
二月大	乙卯	天干地支 西曆 星期	甲寅 23 三	乙卯 24 四	丙辰 25 五	丁巳 26 六	戊午 27 日	己未 28 一	庚申 (3) 二	辛酉 2 三	壬戌 3 四	癸亥 4 五	甲子 5 六	乙丑 6 日	丙寅 7 一	丁卯 8 二	戊辰 9 三	己巳 10 四	庚午 11 五	辛未 12 六	壬申 13 日	癸酉 14 一	甲戌 15 二	乙亥 16 三	丙子 17 四	丁丑 18 五	戊寅 19 六	己卯 20 日	庚辰 21 一	辛巳 22 二	壬午 23 三	癸未 24 四	己未驚蟄 甲戌春分
三月大	丙辰	天干地支 西曆 星期	甲申 25 五	乙酉 26 六	丙戌 27 日	丁亥 28 一	戊子 29 二	己丑 30 三	庚寅 31 四	辛卯 (4) 五	壬辰 2 六	癸巳 3 日	甲午 4 一	乙未 5 二	丙申 6 三	丁酉 7 四	戊戌 8 五	己亥 9 六	庚子 10 日	辛丑 11 一	壬寅 12 二	癸卯 13 三	甲辰 14 四	乙巳 15 五	丙午 16 六	丁未 17 日	戊申 18 一	己酉 19 二	庚戌 20 三	辛亥 21 四	壬子 22 五	癸丑 23 六	己丑清明 乙巳穀雨
四月小	丁巳	天干地支 西曆 星期	甲寅 24 日	乙卯 25 一	丙辰 26 二	丁巳 27 三	戊午 28 四	己未 29 五	庚申 30 六	辛酉 (5) 日	壬戌 2 一	癸亥 3 二	甲子 4 三	乙丑 5 四	丙寅 6 五	丁卯 7 六	戊辰 8 日	己巳 9 一	庚午 10 二	辛未 11 三	壬申 12 四	癸酉 13 五	甲戌 14 六	乙亥 15 日	丙子 16 一	丁丑 17 二	戊寅 18 三	己卯 19 四	庚辰 20 五	辛巳 21 六	壬午 22 日		庚申立夏 乙亥小滿
五月大	戊午	天干地支 西曆 星期	癸未 23 一	甲申 24 二	乙酉 25 三	丙戌 26 四	丁亥 27 五	戊子 28 六	己丑 29 日	庚寅 30 一	辛卯 31 二	壬辰 (6) 三	癸巳 2 四	甲午 3 五	乙未 4 六	丙申 5 日	丁酉 6 一	戊戌 7 二	己亥 8 三	庚子 9 四	辛丑 10 五	壬寅 11 六	癸卯 12 日	甲辰 13 一	乙巳 14 二	丙午 15 三	丁未 16 四	戊申 17 五	己酉 18 六	庚戌 19 日	辛亥 20 一	壬子 21 二	庚寅芒種 乙巳夏至
六月小	己未	天干地支 西曆 星期	癸丑 22 三	甲寅 23 四	乙卯 24 五	丙辰 25 六	丁巳 26 日	戊午 27 一	己未 28 二	庚申 29 三	辛酉 30 四	壬戌 (7) 五	癸亥 2 六	甲子 3 日	乙丑 4 一	丙寅 5 二	丁卯 6 三	戊辰 7 四	己巳 8 五	庚午 9 六	辛未 10 日	壬申 11 一	癸酉 12 二	甲戌 13 三	乙亥 14 四	丙子 15 五	丁丑 16 六	戊寅 17 日	己卯 18 一	庚辰 19 二	辛巳 20 三		辛酉小暑 丙子大暑
七月大	庚申	天干地支 西曆 星期	壬午 21 四	癸未 22 五	甲申 23 六	乙酉 24 日	丙戌 25 一	丁亥 26 二	戊子 27 三	己丑 28 四	庚寅 29 五	辛卯 30 六	壬辰 31 日	癸巳 (8) 一	甲午 2 二	乙未 3 三	丙申 4 四	丁酉 5 五	戊戌 6 六	己亥 7 日	庚子 8 一	辛丑 9 二	壬寅 10 三	癸卯 11 四	甲辰 12 五	乙巳 13 六	丙午 14 日	丁未 15 一	戊申 16 二	己酉 17 三	庚戌 18 四	辛亥 19 五	辛卯立秋 丙午處暑
八月大	辛酉	天干地支 西曆 星期	壬子 20 六	癸丑 21 日	甲寅 22 一	乙卯 23 二	丙辰 24 三	丁巳 25 四	戊午 26 五	己未 27 六	庚申 28 日	辛酉 29 一	壬戌 30 二	癸亥 31 三	甲子 (9) 四	乙丑 2 五	丙寅 3 六	丁卯 4 日	戊辰 5 一	己巳 6 二	庚午 7 三	辛未 8 四	壬申 9 五	癸酉 10 六	甲戌 11 日	乙亥 12 一	丙子 13 二	丁丑 14 三	戊寅 15 四	己卯 16 五	庚辰 17 六	辛巳 18 日	壬戌白露 丁丑秋分
九月小	壬戌	天干地支 西曆 星期	壬午 19 一	癸未 20 二	甲申 21 三	乙酉 22 四	丙戌 23 五	丁亥 24 六	戊子 25 日	己丑 26 一	庚寅 27 二	辛卯 28 三	壬辰 29 四	癸巳 30 五	甲午 (10) 六	乙未 2 日	丙申 3 一	丁酉 4 二	戊戌 5 三	己亥 6 四	庚子 7 五	辛丑 8 六	壬寅 9 日	癸卯 10 一	甲辰 11 二	乙巳 12 三	丙午 13 四	丁未 14 五	戊申 15 六	己酉 16 日	庚戌 17 一		壬辰寒露 丁未霜降
十月小	癸亥	天干地支 西曆 星期	辛亥 18 二	壬子 19 三	癸丑 20 四	甲寅 21 五	乙卯 22 六	丙辰 23 日	丁巳 24 一	戊午 25 二	己未 26 三	庚申 27 四	辛酉 28 五	壬戌 29 六	癸亥 30 日	甲子 31 一	乙丑 (11) 二	丙寅 2 三	丁卯 3 四	戊辰 4 五	己巳 5 六	庚午 6 日	辛未 7 一	壬申 8 二	癸酉 9 三	甲戌 10 四	乙亥 11 五	丙子 12 六	丁丑 13 日	戊寅 14 一	己卯 15 二		壬戌立冬 戊寅小雪
十一月大	甲子	天干地支 西曆 星期	庚辰 16 三	辛巳 17 四	壬午 18 五	癸未 19 六	甲申 20 日	乙酉 21 一	丙戌 22 二	丁亥 23 三	戊子 24 四	己丑 25 五	庚寅 26 六	辛卯 27 日	壬辰 28 一	癸巳 29 二	甲午 30 三	乙未 (12) 四	丙申 2 五	丁酉 3 六	戊戌 4 日	己亥 5 一	庚子 6 二	辛丑 7 三	壬寅 8 四	癸卯 9 五	甲辰 10 六	乙巳 11 日	丙午 12 一	丁未 13 二	戊申 14 三	己酉 15 四	癸巳大雪 戊申冬至
閏十一小	甲子	天干地支 西曆 星期	庚戌 16 五	辛亥 17 六	壬子 18 日	癸丑 19 一	甲寅 20 二	乙卯 21 三	丙辰 22 四	丁巳 23 五	戊午 24 六	己未 25 日	庚申 26 一	辛酉 27 二	壬戌 28 三	癸亥 29 四	甲子 30 五	乙丑 31 六	丙寅 (1) 日	丁卯 2 一	戊辰 3 二	己巳 4 三	庚午 5 四	辛未 6 五	壬申 7 六	癸酉 8 日	甲戌 9 一	乙亥 10 二	丙子 11 三	丁丑 12 四	戊寅 13 五		癸亥小寒
十二月大	乙丑	天干地支 西曆 星期	己卯 14 六	庚辰 15 日	辛巳 16 一	壬午 17 二	癸未 18 三	甲申 19 四	乙酉 20 五	丙戌 21 六	丁亥 22 日	戊子 23 一	己丑 24 二	庚寅 25 三	辛卯 26 四	壬辰 27 五	癸巳 28 六	甲午 29 日	乙未 30 一	丙申 31 二	丁酉 (2) 三	戊戌 2 四	己亥 3 五	庚子 4 六	辛丑 5 日	壬寅 6 一	癸卯 7 二	甲辰 8 三	乙巳 9 四	丙午 10 五	丁未 11 六	戊申 12 日	己卯大寒 甲午立春

元世祖至元十六年（己卯 兔年） 公元 1279 ~ 1280 年

夏曆月序	中西曆日對照	夏曆日序																													節氣與天象
		初一	初二	初三	初四	初五	初六	初七	初八	初九	初十	十一	十二	十三	十四	十五	十六	十七	十八	十九	二十	二一	二二	二三	二四	二五	二六	二七	二八	二九	三十	
正月小 丙寅	天干 地支 西曆 星期	己酉 13 一	庚戌 14 二	辛亥 15 三	壬子 16 四	癸丑 17 五	甲寅 18 六	乙卯 19 日	丙辰 20 一	丁巳 21 二	戊午 22 三	己未 23 四	庚申 24 五	辛酉 25 六	壬戌 26 日	癸亥 27 一	甲子 28 二	乙丑 (3) 三	丙寅 2 四	丁卯 3 五	戊辰 4 六	己巳 5 日	庚午 6 一	辛未 7 二	壬申 8 三	癸酉 9 四	甲戌 10 五	乙亥 11 六	丙子 12 日	丁丑 13 一		己酉雨水 甲子驚蟄
二月大 丁卯	天干 地支 西曆 星期	戊寅 14 二	己卯 15 三	庚辰 16 四	辛巳 17 五	壬午 18 六	癸未 19 日	甲申 20 一	乙酉 21 二	丙戌 22 三	丁亥 23 四	戊子 24 五	己丑 25 六	庚寅 26 日	辛卯 27 一	壬辰 28 二	癸巳 29 三	甲午 30 四	乙未 31 五	丙申 (4) 六	丁酉 2 日	戊戌 3 一	己亥 4 二	庚子 5 三	辛丑 6 四	壬寅 7 五	癸卯 8 六	甲辰 9 日	乙巳 10 一	丙午 11 二	丁未 12 三	己卯春分 乙未清明
三月小 戊辰	天干 地支 西曆 星期	戊申 13 四	己酉 14 五	庚戌 15 六	辛亥 16 日	壬子 17 一	癸丑 18 二	甲寅 19 三	乙卯 20 四	丙辰 21 五	丁巳 22 六	戊午 23 日	己未 24 一	庚申 25 二	辛酉 26 三	壬戌 27 四	癸亥 28 五	甲子 29 六	乙丑 30 日	丙寅 (5) 一	丁卯 2 二	戊辰 3 三	己巳 4 四	庚午 5 五	辛未 6 六	壬申 7 日	癸酉 8 一	甲戌 9 二	乙亥 10 三	丙子 11 四		庚戌穀雨 乙丑立夏
四月大 己巳	天干 地支 西曆 星期	丁丑 12 五	戊寅 13 六	己卯 14 日	庚辰 15 一	辛巳 16 二	壬午 17 三	癸未 18 四	甲申 19 五	乙酉 20 六	丙戌 21 日	丁亥 22 一	戊子 23 二	己丑 24 三	庚寅 25 四	辛卯 26 五	壬辰 27 六	癸巳 28 日	甲午 29 一	乙未 30 二	丙申 31 三	丁酉 (6) 四	戊戌 2 五	己亥 3 六	庚子 4 日	辛丑 5 一	壬寅 6 二	癸卯 7 三	甲辰 8 四	乙巳 9 五	丙午 10 六	庚辰小滿 乙未芒種
五月大 庚午	天干 地支 西曆 星期	丁未 11 日	戊申 12 一	己酉 13 二	庚戌 14 三	辛亥 15 四	壬子 16 五	癸丑 17 六	甲寅 18 日	乙卯 19 一	丙辰 20 二	丁巳 21 三	戊午 22 四	己未 23 五	庚申 24 六	辛酉 25 日	壬戌 26 一	癸亥 27 二	甲子 28 三	乙丑 29 四	丙寅 30 五	丁卯 (7) 六	戊辰 2 日	己巳 3 一	庚午 4 二	辛未 5 三	壬申 6 四	癸酉 7 五	甲戌 8 六	乙亥 9 日	丙子 10 一	辛亥夏至 丙寅小暑
六月小 辛未	天干 地支 西曆 星期	丁丑 11 二	戊寅 12 三	己卯 13 四	庚辰 14 五	辛巳 15 六	壬午 16 日	癸未 17 一	甲申 18 二	乙酉 19 三	丙戌 20 四	丁亥 21 五	戊子 22 六	己丑 23 日	庚寅 24 一	辛卯 25 二	壬辰 26 三	癸巳 27 四	甲午 28 五	乙未 29 六	丙申 30 日	丁酉 31 一	戊戌 (8) 二	己亥 2 三	庚子 3 四	辛丑 4 五	壬寅 5 六	癸卯 6 日	甲辰 7 一	乙巳 8 二		辛巳大暑 丙申立秋
七月大 壬申	天干 地支 西曆 星期	丙午 9 三	丁未 10 四	戊申 11 五	己酉 12 六	庚戌 13 日	辛亥 14 一	壬子 15 二	癸丑 16 三	甲寅 17 四	乙卯 18 五	丙辰 19 六	丁巳 20 日	戊午 21 一	己未 22 二	庚申 23 三	辛酉 24 四	壬戌 25 五	癸亥 26 六	甲子 27 日	乙丑 28 一	丙寅 29 二	丁卯 30 三	戊辰 31 四	己巳 (9) 五	庚午 2 六	辛未 3 日	壬申 4 一	癸酉 5 二	甲戌 6 三	乙亥 7 四	壬子處暑 丁卯白露
八月小 癸酉	天干 地支 西曆 星期	丙子 8 五	丁丑 9 六	戊寅 10 日	己卯 11 一	庚辰 12 二	辛巳 13 三	壬午 14 四	癸未 15 五	甲申 16 六	乙酉 17 日	丙戌 18 一	丁亥 19 二	戊子 20 三	己丑 21 四	庚寅 22 五	辛卯 23 六	壬辰 24 日	癸巳 25 一	甲午 26 二	乙未 27 三	丙申 28 四	丁酉 29 五	戊戌 30 六	己亥 (10) 日	庚子 2 一	辛丑 3 二	壬寅 4 三	癸卯 5 四	甲辰 6 五		壬午秋分 丁酉寒露
九月大 甲戌	天干 地支 西曆 星期	乙巳 7 六	丙午 8 日	丁未 9 一	戊申 10 二	己酉 11 三	庚戌 12 四	辛亥 13 五	壬子 14 六	癸丑 15 日	甲寅 16 一	乙卯 17 二	丙辰 18 三	丁巳 19 四	戊午 20 五	己未 21 六	庚申 22 日	辛酉 23 一	壬戌 24 二	癸亥 25 三	甲子 26 四	乙丑 27 五	丙寅 28 六	丁卯 29 日	戊辰 30 一	己巳 31 二	庚午 (11) 三	辛未 2 四	壬申 3 五	癸酉 4 六	甲戌 5 日	壬子霜降 戊辰立冬
十月大 乙亥	天干 地支 西曆 星期	乙亥 6 一	丙子 7 二	丁丑 8 三	戊寅 9 四	己卯 10 五	庚辰 11 六	辛巳 12 日	壬午 13 一	癸未 14 二	甲申 15 三	乙酉 16 四	丙戌 17 五	丁亥 18 六	戊子 19 日	己丑 20 一	庚寅 21 二	辛卯 22 三	壬辰 23 四	癸巳 24 五	甲午 25 六	乙未 26 日	丙申 27 一	丁酉 28 二	戊戌 29 三	己亥 30 四	庚子 (12) 五	辛丑 2 六	壬寅 3 日	癸卯 4 一	甲辰 5 二	癸未小雪 戊戌大雪
十一月小 丙子	天干 地支 西曆 星期	乙巳 6 三	丙午 7 四	丁未 8 五	戊申 9 六	己酉 10 日	庚戌 11 一	辛亥 12 二	壬子 13 三	癸丑 14 四	甲寅 15 五	乙卯 16 六	丙辰 17 日	丁巳 18 一	戊午 19 二	己未 20 三	庚申 21 四	辛酉 22 五	壬戌 23 六	癸亥 24 日	甲子 25 一	乙丑 26 二	丙寅 27 三	丁卯 28 四	戊辰 29 五	己巳 30 六	庚午 31 日	辛未 (1) 一	壬申 2 二	癸酉 3 三		癸丑冬至 己巳小寒
十二月小 丁丑	天干 地支 西曆 星期	甲戌 4 四	乙亥 5 五	丙子 6 六	丁丑 7 日	戊寅 8 一	己卯 9 二	庚辰 10 三	辛巳 11 四	壬午 12 五	癸未 13 六	甲申 14 日	乙酉 15 一	丙戌 16 二	丁亥 17 三	戊子 18 四	己丑 19 五	庚寅 20 六	辛卯 21 日	壬辰 22 一	癸巳 23 二	甲午 24 三	乙未 25 四	丙申 26 五	丁酉 27 六	戊戌 28 日	己亥 29 一	庚子 30 二	辛丑 31 三	壬寅 (2) 四		甲申大寒 己亥立春

元世祖至元十七年（庚辰 龍年） 公元 1280 ~ 1281 年

夏曆月序	中西曆日對照		初一	初二	初三	初四	初五	初六	初七	初八	初九	初十	十一	十二	十三	十四	十五	十六	十七	十八	十九	二十	二一	二二	二三	二四	二五	二六	二七	二八	二九	三十	節氣與天象
正月大	戊寅	干支 天地 西曆 星期	癸卯 2 五	甲辰 3 六	乙巳 4 日	丙午 5 一	丁未 6 二	戊申 7 三	己酉 8 四	庚戌 9 五	辛亥 10 六	壬子 11 日	癸丑 12 一	甲寅 13 二	乙卯 14 三	丙辰 15 四	丁巳 16 五	戊午 17 六	己未 18 日	庚申 19 一	辛酉 20 二	壬戌 21 三	癸亥 22 四	甲子 23 五	乙丑 24 六	丙寅 25 日	丁卯 26 一	戊辰 27 二	己巳 28 三	庚午 29 四	辛未 (3) 五	壬申 2 六	甲寅雨水 庚午驚蟄
二月小	己卯	干支 天地 西曆 星期	癸酉 3 日	甲戌 4 一	乙亥 5 二	丙子 6 三	丁丑 7 四	戊寅 8 五	己卯 9 六	庚辰 10 日	辛巳 11 一	壬午 12 二	癸未 13 三	甲申 14 四	乙酉 15 五	丙戌 16 六	丁亥 17 日	戊子 18 一	己丑 19 二	庚寅 20 三	辛卯 21 四	壬辰 22 五	癸巳 23 六	甲午 24 日	乙未 25 一	丙申 26 二	丁酉 27 三	戊戌 28 四	己亥 29 五	庚子 30 六	辛丑 31 日		乙酉春分 庚子清明
三月大	庚辰	干支 天地 西曆 星期	壬寅 (4) 一	癸卯 2 二	甲辰 3 三	乙巳 4 四	丙午 5 五	丁未 6 六	戊申 7 日	己酉 8 一	庚戌 9 二	辛亥 10 三	壬子 11 四	癸丑 12 五	甲寅 13 六	乙卯 14 日	丙辰 15 一	丁巳 16 二	戊午 17 三	己未 18 四	庚申 19 五	辛酉 20 六	壬戌 21 日	癸亥 22 一	甲子 23 二	乙丑 24 三	丙寅 25 四	丁卯 26 五	戊辰 27 六	己巳 28 日	庚午 29 一	辛未 30 二	乙卯穀雨 庚午立夏 壬寅日食
四月小	辛巳	干支 天地 西曆 星期	壬申 (5) 三	癸酉 2 四	甲戌 3 五	乙亥 4 六	丙子 5 日	丁丑 6 一	戊寅 7 二	己卯 8 三	庚辰 9 四	辛巳 10 五	壬午 11 六	癸未 12 日	甲申 13 一	乙酉 14 二	丙戌 15 三	丁亥 16 四	戊子 17 五	己丑 18 六	庚寅 19 日	辛卯 20 一	壬辰 21 二	癸巳 22 三	甲午 23 四	乙未 24 五	丙申 25 六	丁酉 26 日	戊戌 27 一	己亥 28 二	庚子 29 三		丙戌小滿
五月大	壬午	干支 天地 西曆 星期	辛丑 30 四	壬寅 31 五	癸卯 (6) 六	甲辰 2 日	乙巳 3 一	丙午 4 二	丁未 5 三	戊申 6 四	己酉 7 五	庚戌 8 六	辛亥 9 日	壬子 10 一	癸丑 11 二	甲寅 12 三	乙卯 13 四	丙辰 14 五	丁巳 15 六	戊午 16 日	己未 17 一	庚申 18 二	辛酉 19 三	壬戌 20 四	癸亥 21 五	甲子 22 六	乙丑 23 日	丙寅 24 一	丁卯 25 二	戊辰 26 三	己巳 27 四	庚午 28 五	辛丑芒種 丙辰夏至
六月小	癸未	干支 天地 西曆 星期	辛未 29 六	壬申 30 日	癸酉 (7) 一	甲戌 2 二	乙亥 3 三	丙子 4 四	丁丑 5 五	戊寅 6 六	己卯 7 日	庚辰 8 一	辛巳 9 二	壬午 10 三	癸未 11 四	甲申 12 五	乙酉 13 六	丙戌 14 日	丁亥 15 一	戊子 16 二	己丑 17 三	庚寅 18 四	辛卯 19 五	壬辰 20 六	癸巳 21 日	甲午 22 一	乙未 23 二	丙申 24 三	丁酉 25 四	戊戌 26 五	己亥 27 六		辛未小暑 丁亥大暑
七月大	甲申	干支 天地 西曆 星期	庚子 28 日	辛丑 29 一	壬寅 30 二	癸卯 31 三	甲辰 (8) 四	乙巳 2 五	丙午 3 六	丁未 4 日	戊申 5 一	己酉 6 二	庚戌 7 三	辛亥 8 四	壬子 9 五	癸丑 10 六	甲寅 11 日	乙卯 12 一	丙辰 13 二	丁巳 14 三	戊午 15 四	己未 16 五	庚申 17 六	辛酉 18 日	壬戌 19 一	癸亥 20 二	甲子 21 三	乙丑 22 四	丙寅 23 五	丁卯 24 六	戊辰 25 日	己巳 26 一	壬寅立秋 丁巳處暑
八月大	乙酉	干支 天地 西曆 星期	庚午 27 二	辛未 28 三	壬申 29 四	癸酉 30 五	甲戌 31 六	乙亥 (9) 日	丙子 2 一	丁丑 3 二	戊寅 4 三	己卯 5 四	庚辰 6 五	辛巳 7 六	壬午 8 日	癸未 9 一	甲申 10 二	乙酉 11 三	丙戌 12 四	丁亥 13 五	戊子 14 六	己丑 15 日	庚寅 16 一	辛卯 17 二	壬辰 18 三	癸巳 19 四	甲午 20 五	乙未 21 六	丙申 22 日	丁酉 23 一	戊戌 24 二	己亥 25 三	壬申白露 丁亥秋分
九月小	丙戌	干支 天地 西曆 星期	庚子 26 四	辛丑 27 五	壬寅 28 六	癸卯 29 日	甲辰 30 一	乙巳 (10) 二	丙午 2 三	丁未 3 四	戊申 4 五	己酉 5 六	庚戌 6 日	辛亥 7 一	壬子 8 二	癸丑 9 三	甲寅 10 四	乙卯 11 五	丙辰 12 六	丁巳 13 日	戊午 14 一	己未 15 二	庚申 16 三	辛酉 17 四	壬戌 18 五	癸亥 19 六	甲子 20 日	乙丑 21 一	丙寅 22 二	丁卯 23 三	戊辰 24 四		癸卯寒露 戊午霜降
十月大	丁亥	干支 天地 西曆 星期	己巳 25 五	庚午 26 六	辛未 27 日	壬申 28 一	癸酉 29 二	甲戌 30 三	乙亥 31 四	丙子 (11) 五	丁丑 2 六	戊寅 3 日	己卯 4 一	庚辰 5 二	辛巳 6 三	壬午 7 四	癸未 8 五	甲申 9 六	乙酉 10 日	丙戌 11 一	丁亥 12 二	戊子 13 三	己丑 14 四	庚寅 15 五	辛卯 16 六	壬辰 17 日	癸巳 18 一	甲午 19 二	乙未 20 三	丙申 21 四	丁酉 22 五	戊戌 23 六	癸酉立冬 戊子小雪
十一月大	戊子	干支 天地 西曆 星期	己亥 24 日	庚子 25 一	辛丑 26 二	壬寅 27 三	癸卯 28 四	甲辰 29 五	乙巳 30 六	丙午 (12) 日	丁未 2 一	戊申 3 二	己酉 4 三	庚戌 5 四	辛亥 6 五	壬子 7 六	癸丑 8 日	甲寅 9 一	乙卯 10 二	丙辰 11 三	丁巳 12 四	戊午 13 五	己未 14 六	庚申 15 日	辛酉 16 一	壬戌 17 二	癸亥 18 三	甲子 19 四	乙丑 20 五	丙寅 21 六	丁卯 22 日	戊辰 23 一	甲辰大雪 己未冬至
十二月小	己丑	干支 天地 西曆 星期	己巳 24 二	庚午 25 三	辛未 26 四	壬申 27 五	癸酉 28 六	甲戌 29 日	乙亥 30 一	丙子 31 二	丁丑 (1) 三	戊寅 2 四	己卯 3 五	庚辰 4 六	辛巳 5 日	壬午 6 一	癸未 7 二	甲申 8 三	乙酉 9 四	丙戌 10 五	丁亥 11 六	戊子 12 日	己丑 13 一	庚寅 14 二	辛卯 15 三	壬辰 16 四	癸巳 17 五	甲午 18 六	乙未 19 日	丙申 20 一	丁酉 21 二		甲戌小寒 己丑大寒

元世祖至元十八年（辛巳 蛇年） 公元 1281 ~ 1282 年

夏曆月序		中西曆日對照	初一	初二	初三	初四	初五	初六	初七	初八	初九	初十	十一	十二	十三	十四	十五	十六	十七	十八	十九	二十	二一	二二	二三	二四	二五	二六	二七	二八	二九	三十	節氣與天象
正月小	庚寅	天干地支 西曆 星期	戊戌 22 三	己亥 23 四	庚子 24 五	辛丑 25 六	壬寅 26 日	癸卯 27 一	甲辰 28 二	乙巳 29 三	丙午 30 四	丁未 31 五	戊申 (2) 六	己酉 2 日	庚戌 3 一	辛亥 4 二	壬子 5 三	癸丑 6 四	甲寅 7 五	乙卯 8 六	丙辰 9 日	丁巳 10 一	戊午 11 二	己未 12 三	庚申 13 四	辛酉 14 五	壬戌 15 六	癸亥 16 日	甲子 17 一	乙丑 18 二	丙寅 19 三		甲辰立春 己未雨水
二月小	辛卯	天干地支 西曆 星期	丁卯 20 四	戊辰 21 五	己巳 22 六	庚午 23 日	辛未 24 一	壬申 25 二	癸酉 26 三	甲戌 27 四	乙亥 28 五	丙子 (3) 六	丁丑 2 日	戊寅 3 一	己卯 4 二	庚辰 5 三	辛巳 6 四	壬午 7 五	癸未 8 六	甲申 9 日	乙酉 10 一	丙戌 11 二	丁亥 12 三	戊子 13 四	己丑 14 五	庚寅 15 六	辛卯 16 日	壬辰 17 一	癸巳 18 二	甲午 19 三	乙未 20 四		乙亥驚蟄 庚寅春分
三月大	壬辰	天干地支 西曆 星期	丙申 21 五	丁酉 22 六	戊戌 23 日	己亥 24 一	庚子 25 二	辛丑 26 三	壬寅 27 四	癸卯 28 五	甲辰 29 六	乙巳 30 日	丙午 31 一	丁未 (4) 二	戊申 2 三	己酉 3 四	庚戌 4 五	辛亥 5 六	壬子 6 日	癸丑 7 一	甲寅 8 二	乙卯 9 三	丙辰 10 四	丁巳 11 五	戊午 12 六	己未 13 日	庚申 14 一	辛酉 15 二	壬戌 16 三	癸亥 17 四	甲子 18 五	乙丑 19 六	乙巳清明 庚申穀雨
四月小	癸巳	天干地支 西曆 星期	丙寅 20 日	丁卯 21 一	戊辰 22 二	己巳 23 三	庚午 24 四	辛未 25 五	壬申 26 六	癸酉 27 日	甲戌 28 一	乙亥 29 二	丙子 30 三	丁丑 (5) 四	戊寅 2 五	己卯 3 六	庚辰 4 日	辛巳 5 一	壬午 6 二	癸未 7 三	甲申 8 四	乙酉 9 五	丙戌 10 六	丁亥 11 日	戊子 12 一	己丑 13 二	庚寅 14 三	辛卯 15 四	壬辰 16 五	癸巳 17 六	甲午 18 日		丙子立夏 辛卯小滿
五月大	甲午	天干地支 西曆 星期	乙未 19 一	丙申 20 二	丁酉 21 三	戊戌 22 四	己亥 23 五	庚子 24 六	辛丑 25 日	壬寅 26 一	癸卯 27 二	甲辰 28 三	乙巳 29 四	丙午 30 五	丁未 31 六	戊申 (6) 日	己酉 2 一	庚戌 3 二	辛亥 4 三	壬子 5 四	癸丑 6 五	甲寅 7 六	乙卯 8 日	丙辰 9 一	丁巳 10 二	戊午 11 三	己未 12 四	庚申 13 五	辛酉 14 六	壬戌 15 日	癸亥 16 一	甲子 17 二	丙午芒種 辛酉夏至
六月小	乙未	天干地支 西曆 星期	乙丑 18 三	丙寅 19 四	丁卯 20 五	戊辰 21 六	己巳 22 日	庚午 23 一	辛未 24 二	壬申 25 三	癸酉 26 四	甲戌 27 五	乙亥 28 六	丙子 29 日	丁丑 30 一	戊寅 (7) 二	己卯 2 三	庚辰 3 四	辛巳 4 五	壬午 5 六	癸未 6 日	甲申 7 一	乙酉 8 二	丙戌 9 三	丁亥 10 四	戊子 11 五	己丑 12 六	庚寅 13 日	辛卯 14 一	壬辰 15 二	癸巳 16 三		丙子小暑 壬辰大暑
七月大	丙申	天干地支 西曆 星期	甲午 17 四	乙未 18 五	丙申 19 六	丁酉 20 日	戊戌 21 一	己亥 22 二	庚子 23 三	辛丑 24 四	壬寅 25 五	癸卯 26 六	甲辰 27 日	乙巳 28 一	丙午 29 二	丁未 30 三	戊申 31 四	己酉 (8) 五	庚戌 2 六	辛亥 3 日	壬子 4 一	癸丑 5 二	甲寅 6 三	乙卯 7 四	丙辰 8 五	丁巳 9 六	戊午 10 日	己未 11 一	庚申 12 二	辛酉 13 三	壬戌 14 四	癸亥 15 五	丁未立秋 壬戌處暑
八月小	丁酉	天干地支 西曆 星期	甲子 16 六	乙丑 17 日	丙寅 18 一	丁卯 19 二	戊辰 20 三	己巳 21 四	庚午 22 五	辛未 23 六	壬申 24 日	癸酉 25 一	甲戌 26 二	乙亥 27 三	丙子 28 四	丁丑 29 五	戊寅 30 六	己卯 31 日	庚辰 (9) 一	辛巳 2 二	壬午 3 三	癸未 4 四	甲申 5 五	乙酉 6 六	丙戌 7 日	丁亥 8 一	戊子 9 二	己丑 10 三	庚寅 11 四	辛卯 12 五	壬辰 13 六		丁丑白露 壬辰秋分
閏八月大	丁酉	天干地支 西曆 星期	癸巳 14 日	甲午 15 一	乙未 16 二	丙申 17 三	丁酉 18 四	戊戌 19 五	己亥 20 六	庚子 21 日	辛丑 22 一	壬寅 23 二	癸卯 24 三	甲辰 25 四	乙巳 26 五	丙午 27 六	丁未 28 日	戊申 29 一	己酉 30 二	庚戌 (10) 三	辛亥 2 四	壬子 3 五	癸丑 4 六	甲寅 5 日	乙卯 6 一	丙辰 7 二	丁巳 8 三	戊午 9 四	己未 10 五	庚申 11 六	辛酉 12 日	壬戌 13 一	戊申寒露
九月大	戊戌	天干地支 西曆 星期	癸亥 14 二	甲子 15 三	乙丑 16 四	丙寅 17 五	丁卯 18 六	戊辰 19 日	己巳 20 一	庚午 21 二	辛未 22 三	壬申 23 四	癸酉 24 五	甲戌 25 六	乙亥 26 日	丙子 27 一	丁丑 28 二	戊寅 29 三	己卯 30 四	庚辰 31 五	辛巳 (11) 六	壬午 2 日	癸未 3 一	甲申 4 二	乙酉 5 三	丙戌 6 四	丁亥 7 五	戊子 8 六	己丑 9 日	庚寅 10 一	辛卯 11 二	壬辰 12 三	癸亥霜降 戊寅立冬
十月大	己亥	天干地支 西曆 星期	癸巳 13 四	甲午 14 五	乙未 15 六	丙申 16 日	丁酉 17 一	戊戌 18 二	己亥 19 三	庚子 20 四	辛丑 21 五	壬寅 22 六	癸卯 23 日	甲辰 24 一	乙巳 25 二	丙午 26 三	丁未 27 四	戊申 28 五	己酉 29 六	庚戌 30 日	辛亥 (12) 一	壬子 2 二	癸丑 3 三	甲寅 4 四	乙卯 5 五	丙辰 6 六	丁巳 7 日	戊午 8 一	己未 9 二	庚申 10 三	辛酉 11 四	壬戌 12 五	癸巳小雪 己酉大雪
十一月小	庚子	天干地支 西曆 星期	癸亥 13 六	甲子 14 日	乙丑 15 一	丙寅 16 二	丁卯 17 三	戊辰 18 四	己巳 19 五	庚午 20 六	辛未 21 日	壬申 22 一	癸酉 23 二	甲戌 24 三	乙亥 25 四	丙子 26 五	丁丑 27 六	戊寅 28 日	己卯 29 一	庚辰 30 二	辛巳 31 三	壬午 (1) 四	癸未 2 五	甲申 3 六	乙酉 4 日	丙戌 5 一	丁亥 6 二	戊子 7 三	己丑 8 四	庚寅 9 五	辛卯 10 六		甲子冬至 己卯小寒
十二月大	辛丑	天干地支 西曆 星期	壬辰 11 日	癸巳 12 一	甲午 13 二	乙未 14 三	丙申 15 四	丁酉 16 五	戊戌 17 六	己亥 18 日	庚子 19 一	辛丑 20 二	壬寅 21 三	癸卯 22 四	甲辰 23 五	乙巳 24 六	丙午 25 日	丁未 26 一	戊申 27 二	己酉 28 三	庚戌 29 四	辛亥 30 五	壬子 31 六	癸丑 (2) 日	甲寅 2 一	乙卯 3 二	丙辰 4 三	丁巳 5 四	戊午 6 五	己未 7 六	庚申 8 日	辛酉 9 一	甲午大寒 己酉立春

元世祖至元十九年（壬午 馬年） 公元 1282 ～ 1283 年

夏曆月序	中西曆日對照	初一	初二	初三	初四	初五	初六	初七	初八	初九	初十	十一	十二	十三	十四	十五	十六	十七	十八	十九	二十	二一	二二	二三	二四	二五	二六	二七	二八	二九	三十	節氣與天象
正月小	壬寅 天干 地支 西曆 星期	壬戌 10 二	癸亥 11 三	甲子 12 四	乙丑 13 五	丙寅 14 六	丁卯 15 日	戊辰 16 一	己巳 17 二	庚午 18 三	辛未 19 四	壬申 20 五	癸酉 21 六	甲戌 22 日	乙亥 23 一	丙子 24 二	丁丑 25 三	戊寅 26 四	己卯 27 五	庚辰 28 六	辛巳 (3) 日	壬午 2 一	癸未 3 二	甲申 4 三	乙酉 5 四	丙戌 6 五	丁亥 7 六	戊子 8 日	己丑 9 一	庚寅 10 二		乙丑雨水 庚辰驚蟄
二月大	癸卯 天干 地支 西曆 星期	辛卯 11 三	壬辰 12 四	癸巳 13 五	甲午 14 六	乙未 15 日	丙申 16 一	丁酉 17 二	戊戌 18 三	己亥 19 四	庚子 20 五	辛丑 21 六	壬寅 22 日	癸卯 23 一	甲辰 24 二	乙巳 25 三	丙午 26 四	丁未 27 五	戊申 28 六	己酉 29 日	庚戌 30 一	辛亥 31 二	壬子 (4) 三	癸丑 2 四	甲寅 3 五	乙卯 4 六	丙辰 5 日	丁巳 6 一	戊午 7 二	己未 8 三	庚申 9 四	乙未春分 庚戌清明
三月小	甲辰 天干 地支 西曆 星期	辛酉 10 五	壬戌 11 六	癸亥 12 日	甲子 13 一	乙丑 14 二	丙寅 15 三	丁卯 16 四	戊辰 17 五	己巳 18 六	庚午 19 日	辛未 20 一	壬申 21 二	癸酉 22 三	甲戌 23 四	乙亥 24 五	丙子 25 六	丁丑 26 日	戊寅 27 一	己卯 28 二	庚辰 29 三	辛巳 30 四	壬午 (5) 五	癸未 2 六	甲申 3 日	乙酉 4 一	丙戌 5 二	丁亥 6 三	戊子 7 四	己丑 8 五		丙寅穀雨 辛巳立夏
四月小	乙巳 天干 地支 西曆 星期	庚寅 9 六	辛卯 10 日	壬辰 11 一	癸巳 12 二	甲午 13 三	乙未 14 四	丙申 15 五	丁酉 16 六	戊戌 17 日	己亥 18 一	庚子 19 二	辛丑 20 三	壬寅 21 四	癸卯 22 五	甲辰 23 六	乙巳 24 日	丙午 25 一	丁未 26 二	戊申 27 三	己酉 28 四	庚戌 29 五	辛亥 30 六	壬子 31 日	癸丑 (6) 一	甲寅 2 二	乙卯 3 三	丙辰 4 四	丁巳 5 五	戊午 6 六		丙申小滿 辛亥芒種
五月大	丙午 天干 地支 西曆 星期	己未 7 日	庚申 8 一	辛酉 9 二	壬戌 10 三	癸亥 11 四	甲子 12 五	乙丑 13 六	丙寅 14 日	丁卯 15 一	戊辰 16 二	己巳 17 三	庚午 18 四	辛未 19 五	壬申 20 六	癸酉 21 日	甲戌 22 一	乙亥 23 二	丙子 24 三	丁丑 25 四	戊寅 26 五	己卯 27 六	庚辰 28 日	辛巳 29 一	壬午 30 二	癸未 (7) 三	甲申 2 四	乙酉 3 五	丙戌 4 六	丁亥 5 日	戊子 6 一	丙寅夏至 壬午小暑
六月小	丁未 天干 地支 西曆 星期	己丑 7 二	庚寅 8 三	辛卯 9 四	壬辰 10 五	癸巳 11 六	甲午 12 日	乙未 13 一	丙申 14 二	丁酉 15 三	戊戌 16 四	己亥 17 五	庚子 18 六	辛丑 19 日	壬寅 20 一	癸卯 21 二	甲辰 22 三	乙巳 23 四	丙午 24 五	丁未 25 六	戊申 26 日	己酉 27 一	庚戌 28 二	辛亥 29 三	壬子 30 四	癸丑 31 五	甲寅 (8) 六	乙卯 2 日	丙辰 3 一	丁巳 4 二		丁酉大暑 壬子立秋
七月小	戊申 天干 地支 西曆 星期	戊午 5 三	己未 6 四	庚申 7 五	辛酉 8 六	壬戌 9 日	癸亥 10 一	甲子 11 二	乙丑 12 三	丙寅 13 四	丁卯 14 五	戊辰 15 六	己巳 16 日	庚午 17 一	辛未 18 二	壬申 19 三	癸酉 20 四	甲戌 21 五	乙亥 22 六	丙子 23 日	丁丑 24 一	戊寅 25 二	己卯 26 三	庚辰 27 四	辛巳 28 五	壬午 29 六	癸未 30 日	甲申 31 一	乙酉 (9) 二	丙戌 2 三		丁卯處暑 癸未白露 戊午日食
八月大	己酉 天干 地支 西曆 星期	丁亥 3 四	戊子 4 五	己丑 5 六	庚寅 6 日	辛卯 7 一	壬辰 8 二	癸巳 9 三	甲午 10 四	乙未 11 五	丙申 12 六	丁酉 13 日	戊戌 14 一	己亥 15 二	庚子 16 三	辛丑 17 四	壬寅 18 五	癸卯 19 六	甲辰 20 日	乙巳 21 一	丙午 22 二	丁未 23 三	戊申 24 四	己酉 25 五	庚戌 26 六	辛亥 27 日	壬子 28 一	癸丑 29 二	甲寅 30 三	乙卯 (10) 四	丙辰 2 五	戊戌秋分 癸丑寒露
九月大	庚戌 天干 地支 西曆 星期	丁巳 3 六	戊午 4 日	己未 5 一	庚申 6 二	辛酉 7 三	壬戌 8 四	癸亥 9 五	甲子 10 六	乙丑 11 日	丙寅 12 一	丁卯 13 二	戊辰 14 三	己巳 15 四	庚午 16 五	辛未 17 六	壬申 18 日	癸酉 19 一	甲戌 20 二	乙亥 21 三	丙子 22 四	丁丑 23 五	戊寅 24 六	己卯 25 日	庚辰 26 一	辛巳 27 二	壬午 28 三	癸未 29 四	甲申 30 五	乙酉 31 六	丙戌 (11) 日	戊辰霜降 癸未立冬
十月大	辛亥 天干 地支 西曆 星期	丁亥 2 一	戊子 3 二	己丑 4 三	庚寅 5 四	辛卯 6 五	壬辰 7 六	癸巳 8 日	甲午 9 一	乙未 10 二	丙申 11 三	丁酉 12 四	戊戌 13 五	己亥 14 六	庚子 15 日	辛丑 16 一	壬寅 17 二	癸卯 18 三	甲辰 19 四	乙巳 20 五	丙午 21 六	丁未 22 日	戊申 23 一	己酉 24 二	庚戌 25 三	辛亥 26 四	壬子 27 五	癸丑 28 六	甲寅 29 日	乙卯 30 一	丙辰 (12) 二	己亥小雪 甲寅大雪
十一月大	壬子 天干 地支 西曆 星期	丁巳 2 三	戊午 3 四	己未 4 五	庚申 5 六	辛酉 6 日	壬戌 7 一	癸亥 8 二	甲子 9 三	乙丑 10 四	丙寅 11 五	丁卯 12 六	戊辰 13 日	己巳 14 一	庚午 15 二	辛未 16 三	壬申 17 四	癸酉 18 五	甲戌 19 六	乙亥 20 日	丙子 21 一	丁丑 22 二	戊寅 23 三	己卯 24 四	庚辰 25 五	辛巳 26 六	壬午 27 日	癸未 28 一	甲申 29 二	乙酉 30 三	丙戌 31 四	己巳冬至 甲申小寒
十二月小	癸丑 天干 地支 西曆 星期	丁亥 (1) 五	戊子 2 六	己丑 3 日	庚寅 4 一	辛卯 5 二	壬辰 6 三	癸巳 7 四	甲午 8 五	乙未 9 六	丙申 10 日	丁酉 11 一	戊戌 12 二	己亥 13 三	庚子 14 四	辛丑 15 五	壬寅 16 六	癸卯 17 日	甲辰 18 一	乙巳 19 二	丙午 20 三	丁未 21 四	戊申 22 五	己酉 23 六	庚戌 24 日	辛亥 25 一	壬子 26 二	癸丑 27 三	甲寅 28 四	乙卯 29 五		己亥大寒 乙卯立春

元世祖至元二十年（癸未 羊年） 公元 1283 ~ 1284 年

夏曆月序		中西曆日對照	初一	初二	初三	初四	初五	初六	初七	初八	初九	初十	十一	十二	十三	十四	十五	十六	十七	十八	十九	二十	二一	二二	二三	二四	二五	二六	二七	二八	二九	三十	節氣與天象
正月大	甲寅	干支 西曆 星期	丙辰 30 六	丁巳 31 日	戊午 (2) 一	己未 2 二	庚申 3 三	辛酉 4 四	壬戌 5 五	癸亥 6 六	甲子 7 日	乙丑 8 一	丙寅 9 二	丁卯 10 三	戊辰 11 四	己巳 12 五	庚午 13 六	辛未 14 日	壬申 15 一	癸酉 16 二	甲戌 17 三	乙亥 18 四	丙子 19 五	丁丑 20 六	戊寅 21 日	己卯 22 一	庚辰 23 二	辛巳 24 三	壬午 25 四	癸未 26 五	甲申 27 六	乙酉 28 日	庚午雨水 乙酉驚蟄
二月小	乙卯	干支 西曆 星期	丙戌 (3) 一	丁亥 2 二	戊子 3 三	己丑 4 四	庚寅 5 五	辛卯 6 六	壬辰 7 日	癸巳 8 一	甲午 9 二	乙未 10 三	丙申 11 四	丁酉 12 五	戊戌 13 六	己亥 14 日	庚子 15 一	辛丑 16 二	壬寅 17 三	癸卯 18 四	甲辰 19 五	乙巳 20 六	丙午 21 日	丁未 22 一	戊申 23 二	己酉 24 三	庚戌 25 四	辛亥 26 五	壬子 27 六	癸丑 28 日	甲寅 29 一		庚子春分
三月大	丙辰	干支 西曆 星期	乙卯 30 二	丙辰 31 三	丁巳 (4) 四	戊午 2 五	己未 3 六	庚申 4 日	辛酉 5 一	壬戌 6 二	癸亥 7 三	甲子 8 四	乙丑 9 五	丙寅 10 六	丁卯 11 日	戊辰 12 一	己巳 13 二	庚午 14 三	辛未 15 四	壬申 16 五	癸酉 17 六	甲戌 18 日	乙亥 19 一	丙子 20 二	丁丑 21 三	戊寅 22 四	己卯 23 五	庚辰 24 六	辛巳 25 日	壬午 26 一	癸未 27 二	甲申 28 三	丙辰清明 辛未穀雨
四月小	丁巳	干支 西曆 星期	乙酉 29 四	丙戌 30 五	丁亥 (5) 六	戊子 2 日	己丑 3 一	庚寅 4 二	辛卯 5 三	壬辰 6 四	癸巳 7 五	甲午 8 六	乙未 9 日	丙申 10 一	丁酉 11 二	戊戌 12 三	己亥 13 四	庚子 14 五	辛丑 15 六	壬寅 16 日	癸卯 17 一	甲辰 18 二	乙巳 19 三	丙午 20 四	丁未 21 五	戊申 22 六	己酉 23 日	庚戌 24 一	辛亥 25 二	壬子 26 三	癸丑 27 四		丙戌立夏 辛丑小滿
五月小	戊午	干支 西曆 星期	甲寅 28 五	乙卯 29 六	丙辰 30 日	丁巳 31 一	戊午 (6) 二	己未 2 三	庚申 3 四	辛酉 4 五	壬戌 5 六	癸亥 6 日	甲子 7 一	乙丑 8 二	丙寅 9 三	丁卯 10 四	戊辰 11 五	己巳 12 六	庚午 13 日	辛未 14 一	壬申 15 二	癸酉 16 三	甲戌 17 四	乙亥 18 五	丙子 19 六	丁丑 20 日	戊寅 21 一	己卯 22 二	庚辰 23 三	辛巳 24 四	壬午 25 五		丙辰芒種 壬申夏至
六月大	己未	干支 西曆 星期	癸未 26 六	甲申 27 日	乙酉 28 一	丙戌 29 二	丁亥 30 三	戊子 (7) 四	己丑 2 五	庚寅 3 六	辛卯 4 日	壬辰 5 一	癸巳 6 二	甲午 7 三	乙未 8 四	丙申 9 五	丁酉 10 六	戊戌 11 日	己亥 12 一	庚子 13 二	辛丑 14 三	壬寅 15 四	癸卯 16 五	甲辰 17 六	乙巳 18 日	丙午 19 一	丁未 20 二	戊申 21 三	己酉 22 四	庚戌 23 五	辛亥 24 六	壬子 25 日	丁亥小暑 壬寅大暑
七月小	庚申	干支 西曆 星期	癸丑 26 一	甲寅 27 二	乙卯 28 三	丙辰 29 四	丁巳 30 五	戊午 31 六	己未 (8) 日	庚申 2 一	辛酉 3 二	壬戌 4 三	癸亥 5 四	甲子 6 五	乙丑 7 六	丙寅 8 日	丁卯 9 一	戊辰 10 二	己巳 11 三	庚午 12 四	辛未 13 五	壬申 14 六	癸酉 15 日	甲戌 16 一	乙亥 17 二	丙子 18 三	丁丑 19 四	戊寅 20 五	己卯 21 六	庚辰 22 日	辛巳 23 一		丁巳立秋 癸酉處暑
八月小	辛酉	干支 西曆 星期	壬午 24 二	癸未 25 三	甲申 26 四	乙酉 27 五	丙戌 28 六	丁亥 29 日	戊子 30 一	己丑 31 二	庚寅 (9) 三	辛卯 2 四	壬辰 3 五	癸巳 4 六	甲午 5 日	乙未 6 一	丙申 7 二	丁酉 8 三	戊戌 9 四	己亥 10 五	庚子 11 六	辛丑 12 日	壬寅 13 一	癸卯 14 二	甲辰 15 三	乙巳 16 四	丙午 17 五	丁未 18 六	戊申 19 日	己酉 20 一	庚戌 21 二		戊子白露 癸卯秋分
九月大	壬戌	干支 西曆 星期	辛亥 22 三	壬子 23 四	癸丑 24 五	甲寅 25 六	乙卯 26 日	丙辰 27 一	丁巳 28 二	戊午 29 三	己未 30 四	庚申 (10) 五	辛酉 2 六	壬戌 3 日	癸亥 4 一	甲子 5 二	乙丑 6 三	丙寅 7 四	丁卯 8 五	戊辰 9 六	己巳 10 日	庚午 11 一	辛未 12 二	壬申 13 三	癸酉 14 四	甲戌 15 五	乙亥 16 六	丙子 17 日	丁丑 18 一	戊寅 19 二	己卯 20 三	庚辰 21 四	戊午寒露 癸酉霜降
十月大	癸亥	干支 西曆 星期	辛巳 22 五	壬午 23 六	癸未 24 日	甲申 25 一	乙酉 26 二	丙戌 27 三	丁亥 28 四	戊子 29 五	己丑 30 六	庚寅 31 日	辛卯 (11) 一	壬辰 2 二	癸巳 3 三	甲午 4 四	乙未 5 五	丙申 6 六	丁酉 7 日	戊戌 8 一	己亥 9 二	庚子 10 三	辛丑 11 四	壬寅 12 五	癸卯 13 六	甲辰 14 日	乙巳 15 一	丙午 16 二	丁未 17 三	戊申 18 四	己酉 19 五	庚戌 20 六	己丑立冬 甲辰小雪
十一月小	甲子	干支 西曆 星期	辛亥 21 日	壬子 22 一	癸丑 23 二	甲寅 24 三	乙卯 25 四	丙辰 26 五	丁巳 27 六	戊午 28 日	己未 29 一	庚申 30 二	辛酉 (12) 三	壬戌 2 四	癸亥 3 五	甲子 4 六	乙丑 5 日	丙寅 6 一	丁卯 7 二	戊辰 8 三	己巳 9 四	庚午 10 五	辛未 11 六	壬申 12 日	癸酉 13 一	甲戌 14 二	乙亥 15 三	丙子 16 四	丁丑 17 五	戊寅 18 六	己卯 19 日		己未大雪 甲戌冬至
十二月大	乙丑	干支 西曆 星期	庚辰 20 一	辛巳 21 二	壬午 22 三	癸未 23 四	甲申 24 五	乙酉 25 六	丙戌 26 日	丁亥 27 一	戊子 28 二	己丑 29 三	庚寅 30 四	辛卯 31 五	壬辰 (1) 六	癸巳 2 日	甲午 3 一	乙未 4 二	丙申 5 三	丁酉 6 四	戊戌 7 五	己亥 8 六	庚子 9 日	辛丑 10 一	壬寅 11 二	癸卯 12 三	甲辰 13 四	乙巳 14 五	丙午 15 六	丁未 16 日	戊申 17 一	己酉 18 二	庚寅小寒 乙巳大寒

元世祖至元二十一年（甲申 猴年） 公元 1284 ~ 1285 年

夏曆月序		中西曆日對照	初一	初二	初三	初四	初五	初六	初七	初八	初九	初十	十一	十二	十三	十四	十五	十六	十七	十八	十九	二十	二一	二二	二三	二四	二五	二六	二七	二八	二九	三十	節氣與天象
正月大	丙寅	天干 地支 西曆 星期	庚戌 19 三	辛亥 20 四	壬子 21 五	癸丑 22 六	甲寅 23 日	乙卯 24 一	丙辰 25 二	丁巳 26 三	戊午 27 四	己未 28 五	庚申 29 六	辛酉 30 日	壬戌 31 一	癸亥 (2) 二	甲子 2 三	乙丑 3 四	丙寅 4 五	丁卯 5 六	戊辰 6 日	己巳 7 一	庚午 8 二	辛未 9 三	壬申 10 四	癸酉 11 五	甲戌 12 六	乙亥 13 日	丙子 14 一	丁丑 15 二	戊寅 16 三	己卯 17 四	庚申立春 乙亥雨水
二月大	丁卯	天干 地支 西曆 星期	庚辰 18 五	辛巳 19 六	壬午 20 日	癸未 21 一	甲申 22 二	乙酉 23 三	丙戌 24 四	丁亥 25 五	戊子 26 六	己丑 27 日	庚寅 28 一	辛卯 29 二	壬辰 (3) 三	癸巳 2 四	甲午 3 五	乙未 4 六	丙申 5 日	丁酉 6 一	戊戌 7 二	己亥 8 三	庚子 9 四	辛丑 10 五	壬寅 11 六	癸卯 12 日	甲辰 13 一	乙巳 14 二	丙午 15 三	丁未 16 四	戊申 17 五	己酉 18 六	庚寅驚蟄 丙午春分
三月小	戊辰	天干 地支 西曆 星期	庚戌 19 日	辛亥 20 一	壬子 21 二	癸丑 22 三	甲寅 23 四	乙卯 24 五	丙辰 25 六	丁巳 26 日	戊午 27 一	己未 28 二	庚申 29 三	辛酉 30 四	壬戌 31 五	癸亥 (4) 六	甲子 2 日	乙丑 3 一	丙寅 4 二	丁卯 5 三	戊辰 6 四	己巳 7 五	庚午 8 六	辛未 9 日	壬申 10 一	癸酉 11 二	甲戌 12 三	乙亥 13 四	丙子 14 五	丁丑 15 六	戊寅 16 日		辛酉清明 丙子穀雨
四月大	己巳	天干 地支 西曆 星期	己卯 17 一	庚辰 18 二	辛巳 19 三	壬午 20 四	癸未 21 五	甲申 22 六	乙酉 23 日	丙戌 24 一	丁亥 25 二	戊子 26 三	己丑 27 四	庚寅 28 五	辛卯 29 六	壬辰 30 日	癸巳 (5) 一	甲午 2 二	乙未 3 三	丙申 4 四	丁酉 5 五	戊戌 6 六	己亥 7 日	庚子 8 一	辛丑 9 二	壬寅 10 三	癸卯 11 四	甲辰 12 五	乙巳 13 六	丙午 14 日	丁未 15 一	戊申 16 二	辛卯立夏 丙午小滿
五月小	庚午	天干 地支 西曆 星期	己酉 17 三	庚戌 18 四	辛亥 19 五	壬子 20 六	癸丑 21 日	甲寅 22 一	乙卯 23 二	丙辰 24 三	丁巳 25 四	戊午 26 五	己未 27 六	庚申 28 日	辛酉 29 一	壬戌 30 二	癸亥 31 三	甲子 (6) 四	乙丑 2 五	丙寅 3 六	丁卯 4 日	戊辰 5 一	己巳 6 二	庚午 7 三	辛未 8 四	壬申 9 五	癸酉 10 六	甲戌 11 日	乙亥 12 一	丙子 13 二	丁丑 14 三		壬戌芒種 丁丑夏至
閏五月小	庚午	天干 地支 西曆 星期	戊寅 15 四	己卯 16 五	庚辰 17 六	辛巳 18 日	壬午 19 一	癸未 20 二	甲申 21 三	乙酉 22 四	丙戌 23 五	丁亥 24 六	戊子 25 日	己丑 26 一	庚寅 27 二	辛卯 28 三	壬辰 29 四	癸巳 30 五	甲午 (7) 六	乙未 2 日	丙申 3 一	丁酉 4 二	戊戌 5 三	己亥 6 四	庚子 7 五	辛丑 8 六	壬寅 9 日	癸卯 10 一	甲辰 11 二	乙巳 12 三	丙午 13 四		壬辰小暑
六月大	辛未	天干 地支 西曆 星期	丁未 14 五	戊申 15 六	己酉 16 日	庚戌 17 一	辛亥 18 二	壬子 19 三	癸丑 20 四	甲寅 21 五	乙卯 22 六	丙辰 23 日	丁巳 24 一	戊午 25 二	己未 26 三	庚申 27 四	辛酉 28 五	壬戌 29 六	癸亥 30 日	甲子 31 一	乙丑 (8) 二	丙寅 2 三	丁卯 3 四	戊辰 4 五	己巳 5 六	庚午 6 日	辛未 7 一	壬申 8 二	癸酉 9 三	甲戌 10 四	乙亥 11 五	丙子 12 六	丁未大暑 癸亥立秋
七月小	壬申	天干 地支 西曆 星期	丁丑 13 日	戊寅 14 一	己卯 15 二	庚辰 16 三	辛巳 17 四	壬午 18 五	癸未 19 六	甲申 20 日	乙酉 21 一	丙戌 22 二	丁亥 23 三	戊子 24 四	己丑 25 五	庚寅 26 六	辛卯 27 日	壬辰 28 一	癸巳 29 二	甲午 30 三	乙未 31 四	丙申 (9) 五	丁酉 2 六	戊戌 3 日	己亥 4 一	庚子 5 二	辛丑 6 三	壬寅 7 四	癸卯 8 五	甲辰 9 六	乙巳 10 日		戊寅處暑 癸巳白露
八月小	癸酉	天干 地支 西曆 星期	丙午 11 一	丁未 12 二	戊申 13 三	己酉 14 四	庚戌 15 五	辛亥 16 六	壬子 17 日	癸丑 18 一	甲寅 19 二	乙卯 20 三	丙辰 21 四	丁巳 22 五	戊午 23 六	己未 24 日	庚申 25 一	辛酉 26 二	壬戌 27 三	癸亥 28 四	甲子 29 五	乙丑 30 六	丙寅 (10) 日	丁卯 2 一	戊辰 3 二	己巳 4 三	庚午 5 四	辛未 6 五	壬申 7 六	癸酉 8 日	甲戌 9 一		戊申秋分 癸亥寒露
九月大	甲戌	天干 地支 西曆 星期	乙亥 10 二	丙子 11 三	丁丑 12 四	戊寅 13 五	己卯 14 六	庚辰 15 日	辛巳 16 一	壬午 17 二	癸未 18 三	甲申 19 四	乙酉 20 五	丙戌 21 六	丁亥 22 日	戊子 23 一	己丑 24 二	庚寅 25 三	辛卯 26 四	壬辰 27 五	癸巳 28 六	甲午 29 日	乙未 30 一	丙申 31 二	丁酉 (11) 三	戊戌 2 四	己亥 3 五	庚子 4 六	辛丑 5 日	壬寅 6 一	癸卯 7 二	甲辰 8 三	己卯霜降 甲午立冬
十月小	乙亥	天干 地支 西曆 星期	乙巳 9 四	丙午 10 五	丁未 11 六	戊申 12 日	己酉 13 一	庚戌 14 二	辛亥 15 三	壬子 16 四	癸丑 17 五	甲寅 18 六	乙卯 19 日	丙辰 20 一	丁巳 21 二	戊午 22 三	己未 23 四	庚申 24 五	辛酉 25 六	壬戌 26 日	癸亥 27 一	甲子 28 二	乙丑 29 三	丙寅 30 四	丁卯 (12) 五	戊辰 2 六	己巳 3 日	庚午 4 一	辛未 5 二	壬申 6 三	癸酉 7 四		己酉小雪 甲子大雪
十一月大	丙子	天干 地支 西曆 星期	甲戌 8 五	乙亥 9 六	丙子 10 日	丁丑 11 一	戊寅 12 二	己卯 13 三	庚辰 14 四	辛巳 15 五	壬午 16 六	癸未 17 日	甲申 18 一	乙酉 19 二	丙戌 20 三	丁亥 21 四	戊子 22 五	己丑 23 六	庚寅 24 日	辛卯 25 一	壬辰 26 二	癸巳 27 三	甲午 28 四	乙未 29 五	丙申 30 六	丁酉 31 日	戊戌 (1) 一	己亥 2 二	庚子 3 三	辛丑 4 四	壬寅 5 五	癸卯 6 六	庚辰冬至 乙未小寒
十二月大	丁丑	天干 地支 西曆 星期	甲辰 7 日	乙巳 8 一	丙午 9 二	丁未 10 三	戊申 11 四	己酉 12 五	庚戌 13 六	辛亥 14 日	壬子 15 一	癸丑 16 二	甲寅 17 三	乙卯 18 四	丙辰 19 五	丁巳 20 六	戊午 21 日	己未 22 一	庚申 23 二	辛酉 24 三	壬戌 25 四	癸亥 26 五	甲子 27 六	乙丑 28 日	丙寅 29 一	丁卯 30 二	戊辰 31 三	己巳 (2) 四	庚午 2 五	辛未 3 六	壬申 4 日	癸酉 5 一	庚戌大寒 乙丑立春

元世祖至元二十二年（乙酉 鷄年）公元 1285 ~ 1286 年

夏曆月序		中西曆日對照	初一	初二	初三	初四	初五	初六	初七	初八	初九	初十	十一	十二	十三	十四	十五	十六	十七	十八	十九	二十	二一	二二	二三	二四	二五	二六	二七	二八	二九	三十	節氣與天象
正月大	戊寅	天干地支西曆星期	甲戌6二	乙亥7三	丙子8四	丁丑9五	戊寅10六	己卯11日	庚辰12一	辛巳13二	壬午14三	癸未15四	甲申16五	乙酉17六	丙戌18日	丁亥19一	戊子20二	己丑21三	庚寅22四	辛卯23五	壬辰24六	癸巳25日	甲午26一	乙未27二	丙申28三	丁酉(3)四	戊戌2五	己亥3六	庚子4日	辛丑5一	壬寅6二	癸卯7三	庚辰雨水 丙申驚蟄
二月小	己卯	天干地支西曆星期	甲辰8四	乙巳9五	丙午10六	丁未11日	戊申12一	己酉13二	庚戌14三	辛亥15四	壬子16五	癸丑17六	甲寅18日	乙卯19一	丙辰20二	丁巳21三	戊午22四	己未23五	庚申24六	辛酉25日	壬戌26一	癸亥27二	甲子28三	乙丑29四	丙寅30五	丁卯31六	戊辰(4)日	己巳2一	庚午3二	辛未4三	壬申5四		辛亥春分 丙寅清明
三月大	庚辰	天干地支西曆星期	癸酉6五	甲戌7六	乙亥8日	丙子9一	丁丑10二	戊寅11三	己卯12四	庚辰13五	辛巳14六	壬午15日	癸未16一	甲申17二	乙酉18三	丙戌19四	丁亥20五	戊子21六	己丑22日	庚寅23一	辛卯24二	壬辰25三	癸巳26四	甲午27五	乙未28六	丙申29日	丁酉30一	戊戌(5)二	己亥2三	庚子3四	辛丑4五	壬寅5六	辛巳穀雨 丙申立夏
四月大	辛巳	天干地支西曆星期	癸卯6日	甲辰7一	乙巳8二	丙午9三	丁未10四	戊申11五	己酉12六	庚戌13日	辛亥14一	壬子15二	癸丑16三	甲寅17四	乙卯18五	丙辰19六	丁巳20日	戊午21一	己未22二	庚申23三	辛酉24四	壬戌25五	癸亥26六	甲子27日	乙丑28一	丙寅29二	丁卯30三	戊辰31四	己巳(6)五	庚午2六	辛未3日	壬申4一	壬子小滿 丁卯芒種
五月小	壬午	天干地支西曆星期	癸酉5二	甲戌6三	乙亥7四	丙子8五	丁丑9六	戊寅10日	己卯11一	庚辰12二	辛巳13三	壬午14四	癸未15五	甲申16六	乙酉17日	丙戌18一	丁亥19二	戊子20三	己丑21四	庚寅22五	辛卯23六	壬辰24日	癸巳25一	甲午26二	乙未27三	丙申28四	丁酉29五	戊戌30六	己亥(7)日	庚子2一	辛丑3二		壬午夏至 丁酉小暑
六月小	癸未	天干地支西曆星期	壬寅4三	癸卯5四	甲辰6五	乙巳7六	丙午8日	丁未9一	戊申10二	己酉11三	庚戌12四	辛亥13五	壬子14六	癸丑15日	甲寅16一	乙卯17二	丙辰18三	丁巳19四	戊午20五	己未21六	庚申22日	辛酉23一	壬戌24二	癸亥25三	甲子26四	乙丑27五	丙寅28六	丁卯29日	戊辰30一	己巳31二	庚午(8)三		癸丑大暑 戊辰立秋
七月大	甲申	天干地支西曆星期	辛未2四	壬申3五	癸酉4六	甲戌5日	乙亥6一	丙子7二	丁丑8三	戊寅9四	己卯10五	庚辰11六	辛巳12日	壬午13一	癸未14二	甲申15三	乙酉16四	丙戌17五	丁亥18六	戊子19日	己丑20一	庚寅21二	辛卯22三	壬辰23四	癸巳24五	甲午25六	乙未26日	丙申27一	丁酉28二	戊戌29三	己亥30四	庚子31五	癸未處暑 戊戌白露
八月小	乙酉	天干地支西曆星期	辛丑(9)六	壬寅2日	癸卯3一	甲辰4二	乙巳5三	丙午6四	丁未7五	戊申8六	己酉9日	庚戌10一	辛亥11二	壬子12三	癸丑13四	甲寅14五	乙卯15六	丙辰16日	丁巳17一	戊午18二	己未19三	庚申20四	辛酉21五	壬戌22六	癸亥23日	甲子24一	乙丑25二	丙寅26三	丁卯27四	戊辰28五	己巳29六		癸丑秋分 己巳寒露
九月小	丙戌	天干地支西曆星期	庚午30日	辛未(10)一	壬申2二	癸酉3三	甲戌4四	乙亥5五	丙子6六	丁丑7日	戊寅8一	己卯9二	庚辰10三	辛巳11四	壬午12五	癸未13六	甲申14日	乙酉15一	丙戌16二	丁亥17三	戊子18四	己丑19五	庚寅20六	辛卯21日	壬辰22一	癸巳23二	甲午24三	乙未25四	丙申26五	丁酉27六	戊戌28日		甲申霜降
十月大	丁亥	天干地支西曆星期	己亥29一	庚子30二	辛丑31三	壬寅(11)四	癸卯2五	甲辰3六	乙巳4日	丙午5一	丁未6二	戊申7三	己酉8四	庚戌9五	辛亥10六	壬子11日	癸丑12一	甲寅13二	乙卯14三	丙辰15四	丁巳16五	戊午17六	己未18日	庚申19一	辛酉20二	壬戌21三	癸亥22四	甲子23五	乙丑24六	丙寅25日	丁卯26一	戊辰27二	己亥立冬 甲寅小雪
十一月小	戊子	天干地支西曆星期	己巳28三	庚午29四	辛未30五	壬申(12)六	癸酉2日	甲戌3一	乙亥4二	丙子5三	丁丑6四	戊寅7五	己卯8六	庚辰9日	辛巳10一	壬午11二	癸未12三	甲申13四	乙酉14五	丙戌15六	丁亥16日	戊子17一	己丑18二	庚寅19三	辛卯20四	壬辰21五	癸巳22六	甲午23日	乙未24一	丙申25二	丁酉26三		庚午大雪 乙酉冬至
十二月大	己丑	天干地支西曆星期	戊戌27四	己亥28五	庚子29六	辛丑30日	壬寅31一	癸卯(1)二	甲辰2三	乙巳3四	丙午4五	丁未5六	戊申6日	己酉7一	庚戌8二	辛亥9三	壬子10四	癸丑11五	甲寅12六	乙卯13日	丙辰14一	丁巳15二	戊午16三	己未17四	庚申18五	辛酉19六	壬戌20日	癸亥21一	甲子22二	乙丑23三	丙寅24四	丁卯25五	庚子小寒 乙卯大寒

元世祖至元二十三年（丙戌 狗年） 公元 1286 ~ 1287 年

夏曆月序		中西曆日對照	夏曆日序																														節氣與天象
			初一	初二	初三	初四	初五	初六	初七	初八	初九	初十	十一	十二	十三	十四	十五	十六	十七	十八	十九	二十	二一	二二	二三	二四	二五	二六	二七	二八	二九	三十	
正月大	庚寅	天干 地支 西曆 星期	戊辰 26 六	己巳 27 日	庚午 28 一	辛未 29 二	壬申 30 三	癸酉 31 四	甲戌 (2) 五	乙亥 2 六	丙子 3 日	丁丑 4 一	戊寅 5 二	己卯 6 三	庚辰 7 四	辛巳 8 五	壬午 9 六	癸未 10 日	甲申 11 一	乙酉 12 二	丙戌 13 三	丁亥 14 四	戊子 15 五	己丑 16 六	庚寅 17 日	辛卯 18 一	壬辰 19 二	癸巳 20 三	甲午 21 四	乙未 22 五	丙申 23 六	丁酉 24 日	庚午立春 丙戌雨水
二月小	辛卯	天干 地支 西曆 星期	戊戌 25 一	己亥 26 二	庚子 27 三	辛丑 28 四	壬寅 (3) 五	癸卯 2 六	甲辰 3 日	乙巳 4 一	丙午 5 二	丁未 6 三	戊申 7 四	己酉 8 五	庚戌 9 六	辛亥 10 日	壬子 11 一	癸丑 12 二	甲寅 13 三	乙卯 14 四	丙辰 15 五	丁巳 16 六	戊午 17 日	己未 18 一	庚申 19 二	辛酉 20 三	壬戌 21 四	癸亥 22 五	甲子 23 六	乙丑 24 日	丙寅 25 一		辛丑驚蟄 丙辰春分
三月大	壬辰	天干 地支 西曆 星期	丁卯 26 二	戊辰 27 三	己巳 28 四	庚午 29 五	辛未 30 六	壬申 31 日	癸酉 (4) 一	甲戌 2 二	乙亥 3 三	丙子 4 四	丁丑 5 五	戊寅 6 六	己卯 7 日	庚辰 8 一	辛巳 9 二	壬午 10 三	癸未 11 四	甲申 12 五	乙酉 13 六	丙戌 14 日	丁亥 15 一	戊子 16 二	己丑 17 三	庚寅 18 四	辛卯 19 五	壬辰 20 六	癸巳 21 日	甲午 22 一	乙未 23 二	丙申 24 三	辛未清明 丁亥穀雨
四月大	癸巳	天干 地支 西曆 星期	丁酉 25 四	戊戌 26 五	己亥 27 六	庚子 28 日	辛丑 29 一	壬寅 30 二	癸卯 (5) 三	甲辰 2 四	乙巳 3 五	丙午 4 六	丁未 5 日	戊申 6 一	己酉 7 二	庚戌 8 三	辛亥 9 四	壬子 10 五	癸丑 11 六	甲寅 12 日	乙卯 13 一	丙辰 14 二	丁巳 15 三	戊午 16 四	己未 17 五	庚申 18 六	辛酉 19 日	壬戌 20 一	癸亥 21 二	甲子 22 三	乙丑 23 四	丙寅 24 五	壬寅立夏 丁巳小滿
五月小	甲午	天干 地支 西曆 星期	丁卯 25 六	戊辰 26 日	己巳 27 一	庚午 28 二	辛未 29 三	壬申 30 四	癸酉 31 五	甲戌 (6) 六	乙亥 2 日	丙子 3 一	丁丑 4 二	戊寅 5 三	己卯 6 四	庚辰 7 五	辛巳 8 六	壬午 9 日	癸未 10 一	甲申 11 二	乙酉 12 三	丙戌 13 四	丁亥 14 五	戊子 15 六	己丑 16 日	庚寅 17 一	辛卯 18 二	壬辰 19 三	癸巳 20 四	甲午 21 五	乙未 22 六		壬申芒種 丁亥夏至
六月大	乙未	天干 地支 西曆 星期	丙申 23 日	丁酉 24 一	戊戌 25 二	己亥 26 三	庚子 27 四	辛丑 28 五	壬寅 29 六	癸卯 30 日	甲辰 (7) 一	乙巳 2 二	丙午 3 三	丁未 4 四	戊申 5 五	己酉 6 六	庚戌 7 日	辛亥 8 一	壬子 9 二	癸丑 10 三	甲寅 11 四	乙卯 12 五	丙辰 13 六	丁巳 14 日	戊午 15 一	己未 16 二	庚申 17 三	辛酉 18 四	壬戌 19 五	癸亥 20 六	甲子 21 日	乙丑 22 一	癸卯小暑 戊午大暑
七月小	丙申	天干 地支 西曆 星期	丙寅 23 二	丁卯 24 三	戊辰 25 四	己巳 26 五	庚午 27 六	辛未 28 日	壬申 29 一	癸酉 30 二	甲戌 31 三	乙亥 (8) 四	丙子 2 五	丁丑 3 六	戊寅 4 日	己卯 5 一	庚辰 6 二	辛巳 7 三	壬午 8 四	癸未 9 五	甲申 10 六	乙酉 11 日	丙戌 12 一	丁亥 13 二	戊子 14 三	己丑 15 四	庚寅 16 五	辛卯 17 六	壬辰 18 日	癸巳 19 一	甲午 20 二		癸酉立秋 戊子處暑
八月大	丁酉	天干 地支 西曆 星期	乙未 21 三	丙申 22 四	丁酉 23 五	戊戌 24 六	己亥 25 日	庚子 26 一	辛丑 27 二	壬寅 28 三	癸卯 29 四	甲辰 30 五	乙巳 31 六	丙午 (9) 日	丁未 2 一	戊申 3 二	己酉 4 三	庚戌 5 四	辛亥 6 五	壬子 7 六	癸丑 8 日	甲寅 9 一	乙卯 10 二	丙辰 11 三	丁巳 12 四	戊午 13 五	己未 14 六	庚申 15 日	辛酉 16 一	壬戌 17 二	癸亥 18 三	甲子 19 四	癸卯白露 己未秋分
九月小	戊戌	天干 地支 西曆 星期	乙丑 20 五	丙寅 21 六	丁卯 22 日	戊辰 23 一	己巳 24 二	庚午 25 三	辛未 26 四	壬申 27 五	癸酉 28 六	甲戌 29 日	乙亥 30 一	丙子 (10) 二	丁丑 2 三	戊寅 3 四	己卯 4 五	庚辰 5 六	辛巳 6 日	壬午 7 一	癸未 8 二	甲申 9 三	乙酉 10 四	丙戌 11 五	丁亥 12 六	戊子 13 日	己丑 14 一	庚寅 15 二	辛卯 16 三	壬辰 17 四	癸巳 18 五		甲戌寒露 己丑霜降
十月小	己亥	天干 地支 西曆 星期	甲午 19 六	乙未 20 日	丙申 21 一	丁酉 22 二	戊戌 23 三	己亥 24 四	庚子 25 五	辛丑 26 六	壬寅 27 日	癸卯 28 一	甲辰 29 二	乙巳 30 三	丙午 31 四	丁未 (11) 五	戊申 2 六	己酉 3 日	庚戌 4 一	辛亥 5 二	壬子 6 三	癸丑 7 四	甲寅 8 五	乙卯 9 六	丙辰 10 日	丁巳 11 一	戊午 12 二	己未 13 三	庚申 14 四	辛酉 15 五	壬戌 16 六		甲辰立冬 庚申小雪
十一月大	庚子	天干 地支 西曆 星期	癸亥 17 日	甲子 18 一	乙丑 19 二	丙寅 20 三	丁卯 21 四	戊辰 22 五	己巳 23 六	庚午 24 日	辛未 25 一	壬申 26 二	癸酉 27 三	甲戌 28 四	乙亥 29 五	丙子 30 六	丁丑 (12) 日	戊寅 2 一	己卯 3 二	庚辰 4 三	辛巳 5 四	壬午 6 五	癸未 7 六	甲申 8 日	乙酉 9 一	丙戌 10 二	丁亥 11 三	戊子 12 四	己丑 13 五	庚寅 14 六	辛卯 15 日	壬辰 16 一	乙亥大雪 庚寅冬至
十二月小	辛丑	天干 地支 西曆 星期	癸巳 17 二	甲午 18 三	乙未 19 四	丙申 20 五	丁酉 21 六	戊戌 22 日	己亥 23 一	庚子 24 二	辛丑 25 三	壬寅 26 四	癸卯 27 五	甲辰 28 六	乙巳 29 日	丙午 30 一	丁未 31 二	戊申 (1) 三	己酉 2 四	庚戌 3 五	辛亥 4 六	壬子 5 日	癸丑 6 一	甲寅 7 二	乙卯 8 三	丙辰 9 四	丁巳 10 五	戊午 11 六	己未 12 日	庚申 13 一	辛酉 14 二		乙巳小寒 庚申大寒

元世祖至元二十四年（丁亥 猪年） 公元 1287 ~ 1288 年

夏曆月序	中西曆日對照	夏曆日序																														節氣與天象
		初一	初二	初三	初四	初五	初六	初七	初八	初九	初十	十一	十二	十三	十四	十五	十六	十七	十八	十九	二十	二一	二二	二三	二四	二五	二六	二七	二八	二九	三十	
正月大 壬寅	干支 西曆 星期 天地西星	壬戌 15 三	癸亥 16 四	甲子 17 五	乙丑 18 六	丙寅 19 日	丁卯 20 一	戊辰 21 二	己巳 22 三	庚午 23 四	辛未 24 五	壬申 25 六	癸酉 26 日	甲戌 27 一	乙亥 28 二	丙子 29 三	丁丑 30 四	戊寅 31 五	己卯 (2) 六	庚辰 2 日	辛巳 3 一	壬午 4 二	癸未 5 三	甲申 6 四	乙酉 7 五	丙戌 8 六	丁亥 9 日	戊子 10 一	己丑 11 二	庚寅 12 三	辛卯 13 四	丙子立春 辛卯雨水
二月大 癸卯	干支 西曆 星期 天地西星	壬辰 14 五	癸巳 15 六	甲午 16 日	乙未 17 一	丙申 18 二	丁酉 19 三	戊戌 20 四	己亥 21 五	庚子 22 六	辛丑 23 日	壬寅 24 一	癸卯 25 二	甲辰 26 三	乙巳 27 四	丙午 28 五	丁未 (3) 六	戊申 2 日	己酉 3 一	庚戌 4 二	辛亥 5 三	壬子 6 四	癸丑 7 五	甲寅 8 六	乙卯 9 日	丙辰 10 一	丁巳 11 二	戊午 12 三	己未 13 四	庚申 14 五	辛酉 15 六	丙午驚蟄 辛酉春分
閏二月小 癸卯	干支 西曆 星期 天地西星	壬戌 16 日	癸亥 17 一	甲子 18 二	乙丑 19 三	丙寅 20 四	丁卯 21 五	戊辰 22 六	己巳 23 日	庚午 24 一	辛未 25 二	壬申 26 三	癸酉 27 四	甲戌 28 五	乙亥 29 六	丙子 30 日	丁丑 31 一	戊寅 (4) 二	己卯 2 三	庚辰 3 四	辛巳 4 五	壬午 5 六	癸未 6 日	甲申 7 一	乙酉 8 二	丙戌 9 三	丁亥 10 四	戊子 11 五	己丑 12 六	庚寅 13 日		丁丑清明
三月大 甲辰	干支 西曆 星期 天地西星	辛卯 14 一	壬辰 15 二	癸巳 16 三	甲午 17 四	乙未 18 五	丙申 19 六	丁酉 20 日	戊戌 21 一	己亥 22 二	庚子 23 三	辛丑 24 四	壬寅 25 五	癸卯 26 六	甲辰 27 日	乙巳 28 一	丙午 29 二	丁未 30 三	戊申 (5) 四	己酉 2 五	庚戌 3 六	辛亥 4 日	壬子 5 一	癸丑 6 二	甲寅 7 三	乙卯 8 四	丙辰 9 五	丁巳 10 六	戊午 11 日	己未 12 一	庚申 13 二	壬辰穀雨 丁未立夏
四月大 乙巳	干支 西曆 星期 天地西星	辛酉 14 三	壬戌 15 四	癸亥 16 五	甲子 17 六	乙丑 18 日	丙寅 19 一	丁卯 20 二	戊辰 21 三	己巳 22 四	庚午 23 五	辛未 24 六	壬申 25 日	癸酉 26 一	甲戌 27 二	乙亥 28 三	丙子 29 四	丁丑 30 五	戊寅 31 六	己卯 (6) 日	庚辰 2 一	辛巳 3 二	壬午 4 三	癸未 5 四	甲申 6 五	乙酉 7 六	丙戌 8 日	丁亥 9 一	戊子 10 二	己丑 11 三	庚寅 12 四	壬戌小滿 丁丑芒種
五月小 丙午	干支 西曆 星期 天地西星	辛卯 13 五	壬辰 14 六	癸巳 15 日	甲午 16 一	乙未 17 二	丙申 18 三	丁酉 19 四	戊戌 20 五	己亥 21 六	庚子 22 日	辛丑 23 一	壬寅 24 二	癸卯 25 三	甲辰 26 四	乙巳 27 五	丙午 28 六	丁未 29 日	戊申 30 一	己酉 (7) 二	庚戌 2 三	辛亥 3 四	壬子 4 五	癸丑 5 六	甲寅 6 日	乙卯 7 一	丙辰 8 二	丁巳 9 三	戊午 10 四	己未 11 五		癸巳夏至 戊申小暑
六月大 丁未	干支 西曆 星期 天地西星	庚申 12 六	辛酉 13 日	壬戌 14 一	癸亥 15 二	甲子 16 三	乙丑 17 四	丙寅 18 五	丁卯 19 六	戊辰 20 日	己巳 21 一	庚午 22 二	辛未 23 三	壬申 24 四	癸酉 25 五	甲戌 26 六	乙亥 27 日	丙子 28 一	丁丑 29 二	戊寅 30 三	己卯 31 四	庚辰 (8) 五	辛巳 2 六	壬午 3 日	癸未 4 一	甲申 5 二	乙酉 6 三	丙戌 7 四	丁亥 8 五	戊子 9 六	己丑 10 日	癸亥大暑 戊寅立秋
七月小 戊申	干支 西曆 星期 天地西星	庚寅 11 一	辛卯 12 二	壬辰 13 三	癸巳 14 四	甲午 15 五	乙未 16 六	丙申 17 日	丁酉 18 一	戊戌 19 二	己亥 20 三	庚子 21 四	辛丑 22 五	壬寅 23 六	癸卯 24 日	甲辰 25 一	乙巳 26 二	丙午 27 三	丁未 28 四	戊申 29 五	己酉 30 六	庚戌 31 日	辛亥 (9) 一	壬子 2 二	癸丑 3 三	甲寅 4 四	乙卯 5 五	丙辰 6 六	丁巳 7 日	戊午 8 一		甲午處暑 己酉白露
八月大 己酉	干支 西曆 星期 天地西星	己未 9 二	庚申 10 三	辛酉 11 四	壬戌 12 五	癸亥 13 六	甲子 14 日	乙丑 15 一	丙寅 16 二	丁卯 17 三	戊辰 18 四	己巳 19 五	庚午 20 六	辛未 21 日	壬申 22 一	癸酉 23 二	甲戌 24 三	乙亥 25 四	丙子 26 五	丁丑 27 六	戊寅 28 日	己卯 29 一	庚辰 30 二	辛巳 (10) 三	壬午 2 四	癸未 3 五	甲申 4 六	乙酉 5 日	丙戌 6 一	丁亥 7 二	戊子 8 三	甲子秋分 己卯寒露
九月小 庚戌	干支 西曆 星期 天地西星	己丑 9 四	庚寅 10 五	辛卯 11 六	壬辰 12 日	癸巳 13 一	甲午 14 二	乙未 15 三	丙申 16 四	丁酉 17 五	戊戌 18 六	己亥 19 日	庚子 20 一	辛丑 21 二	壬寅 22 三	癸卯 23 四	甲辰 24 五	乙巳 25 六	丙午 26 日	丁未 27 一	戊申 28 二	己酉 29 三	庚戌 30 四	辛亥 31 五	壬子 (11) 六	癸丑 2 日	甲寅 3 一	乙卯 4 二	丙辰 5 三	丁巳 6 四		甲午霜降 庚戌立冬
十月小 辛亥	干支 西曆 星期 天地西星	戊午 7 五	己未 8 六	庚申 9 日	辛酉 10 一	壬戌 11 二	癸亥 12 三	甲子 13 四	乙丑 14 五	丙寅 15 六	丁卯 16 日	戊辰 17 一	己巳 18 二	庚午 19 三	辛未 20 四	壬申 21 五	癸酉 22 六	甲戌 23 日	乙亥 24 一	丙子 25 二	丁丑 26 三	戊寅 27 四	己卯 28 五	庚辰 29 六	辛巳 30 日	壬午 (12) 一	癸未 2 二	甲申 3 三	乙酉 4 四	丙戌 5 五		乙丑小雪 庚辰大雪 戊午日食
十一月大 壬子	干支 西曆 星期 天地西星	丁亥 6 六	戊子 7 日	己丑 8 一	庚寅 9 二	辛卯 10 三	壬辰 11 四	癸巳 12 五	甲午 13 六	乙未 14 日	丙申 15 一	丁酉 16 二	戊戌 17 三	己亥 18 四	庚子 19 五	辛丑 20 六	壬寅 21 日	癸卯 22 一	甲辰 23 二	乙巳 24 三	丙午 25 四	丁未 26 五	戊申 27 六	己酉 28 日	庚戌 29 一	辛亥 30 二	壬子 31 三	癸丑 (1) 四	甲寅 2 五	乙卯 3 六	丙辰 4 日	乙未冬至 庚戌小寒
十二月小 癸丑	干支 西曆 星期 天地西星	丁巳 5 一	戊午 6 二	己未 7 三	庚申 8 四	辛酉 9 五	壬戌 10 六	癸亥 11 日	甲子 12 一	乙丑 13 二	丙寅 14 三	丁卯 15 四	戊辰 16 五	己巳 17 六	庚午 18 日	辛未 19 一	壬申 20 二	癸酉 21 三	甲戌 22 四	乙亥 23 五	丙子 24 六	丁丑 25 日	戊寅 26 一	己卯 27 二	庚辰 28 三	辛巳 29 四	壬午 30 五	癸未 31 六	甲申 (2) 日	乙酉 2 一		丙寅大寒 辛巳立春

元世祖至元二十五年（戊子 鼠年） 公元 1288 ~ 1289 年

夏曆月序		中西曆日對照	初一	初二	初三	初四	初五	初六	初七	初八	初九	初十	十一	十二	十三	十四	十五	十六	十七	十八	十九	二十	二一	二二	二三	二四	二五	二六	二七	二八	二九	三十	節氣與天象
正月大	甲寅	天干地支 西曆星期	丙戌 3 二	丁亥 4 三	戊子 5 四	己丑 6 五	庚寅 7 六	辛卯 8 日	壬辰 9 一	癸巳 10 二	甲午 11 三	乙未 12 四	丙申 13 五	丁酉 14 六	戊戌 15 日	己亥 16 一	庚子 17 二	辛丑 18 三	壬寅 19 四	癸卯 20 五	甲辰 21 六	乙巳 22 日	丙午 23 一	丁未 24 二	戊申 25 三	己酉 26 四	庚戌 27 五	辛亥 28 六	壬子 29 日	癸丑 (3) 一	甲寅 2 二	乙卯 3 三	丙申雨水 辛亥驚蟄
二月小	乙卯	天干地支 西曆星期	丙辰 4 四	丁巳 5 五	戊午 6 六	己未 7 日	庚申 8 一	辛酉 9 二	壬戌 10 三	癸亥 11 四	甲子 12 五	乙丑 13 六	丙寅 14 日	丁卯 15 一	戊辰 16 二	己巳 17 三	庚午 18 四	辛未 19 五	壬申 20 六	癸酉 21 日	甲戌 22 一	乙亥 23 二	丙子 24 三	丁丑 25 四	戊寅 26 五	己卯 27 六	庚辰 28 日	辛巳 29 一	壬午 30 二	癸未 31 三	甲申 (4) 四		丁卯春分 壬午清明
三月大	丙辰	天干地支 西曆星期	乙酉 2 五	丙戌 3 六	丁亥 4 日	戊子 5 一	己丑 6 二	庚寅 7 三	辛卯 8 四	壬辰 9 五	癸巳 10 六	甲午 11 日	乙未 12 一	丙申 13 二	丁酉 14 三	戊戌 15 四	己亥 16 五	庚子 17 六	辛丑 18 日	壬寅 19 一	癸卯 20 二	甲辰 21 三	乙巳 22 四	丙午 23 五	丁未 24 六	戊申 25 日	己酉 26 一	庚戌 27 二	辛亥 28 三	壬子 29 四	癸丑 30 五	甲寅 (5) 六	丁酉穀雨 壬子立夏
四月大	丁巳	天干地支 西曆星期	乙卯 2 日	丙辰 3 一	丁巳 4 二	戊午 5 三	己未 6 四	庚申 7 五	辛酉 8 六	壬戌 9 日	癸亥 10 一	甲子 11 二	乙丑 12 三	丙寅 13 四	丁卯 14 五	戊辰 15 六	己巳 16 日	庚午 17 一	辛未 18 二	壬申 19 三	癸酉 20 四	甲戌 21 五	乙亥 22 六	丙子 23 日	丁丑 24 一	戊寅 25 二	己卯 26 三	庚辰 27 四	辛巳 28 五	壬午 29 六	癸未 30 日	甲申 31 一	丁卯小滿 癸未芒種
五月小	戊午	天干地支 西曆星期	乙酉 (6) 二	丙戌 2 三	丁亥 3 四	戊子 4 五	己丑 5 六	庚寅 6 日	辛卯 7 一	壬辰 8 二	癸巳 9 三	甲午 10 四	乙未 11 五	丙申 12 六	丁酉 13 日	戊戌 14 一	己亥 15 二	庚子 16 三	辛丑 17 四	壬寅 18 五	癸卯 19 六	甲辰 20 日	乙巳 21 一	丙午 22 二	丁未 23 三	戊申 24 四	己酉 25 五	庚戌 26 六	辛亥 27 日	壬子 28 一	癸丑 29 二		戊戌夏至 癸丑小暑
六月大	己未	天干地支 西曆星期	甲寅 30 三	乙卯 (7) 四	丙辰 2 五	丁巳 3 六	戊午 4 日	己未 5 一	庚申 6 二	辛酉 7 三	壬戌 8 四	癸亥 9 五	甲子 10 六	乙丑 11 日	丙寅 12 一	丁卯 13 二	戊辰 14 三	己巳 15 四	庚午 16 五	辛未 17 六	壬申 18 日	癸酉 19 一	甲戌 20 二	乙亥 21 三	丙子 22 四	丁丑 23 五	戊寅 24 六	己卯 25 日	庚辰 26 一	辛巳 27 二	壬午 28 三	癸未 29 四	戊辰大暑
七月小	庚申	天干地支 西曆星期	甲申 30 五	乙酉 31 六	丙戌 (8) 日	丁亥 2 一	戊子 3 二	己丑 4 三	庚寅 5 四	辛卯 6 五	壬辰 7 六	癸巳 8 日	甲午 9 一	乙未 10 二	丙申 11 三	丁酉 12 四	戊戌 13 五	己亥 14 六	庚子 15 日	辛丑 16 一	壬寅 17 二	癸卯 18 三	甲辰 19 四	乙巳 20 五	丙午 21 六	丁未 22 日	戊申 23 一	己酉 24 二	庚戌 25 三	辛亥 26 四	壬子 27 五		甲申立秋 己亥處暑
八月大	辛酉	天干地支 西曆星期	癸丑 28 六	甲寅 29 日	乙卯 30 一	丙辰 31 二	丁巳 (9) 三	戊午 2 四	己未 3 五	庚申 4 六	辛酉 5 日	壬戌 6 一	癸亥 7 二	甲子 8 三	乙丑 9 四	丙寅 10 五	丁卯 11 六	戊辰 12 日	己巳 13 一	庚午 14 二	辛未 15 三	壬申 16 四	癸酉 17 五	甲戌 18 六	乙亥 19 日	丙子 20 一	丁丑 21 二	戊寅 22 三	己卯 23 四	庚辰 24 五	辛巳 25 六	壬午 26 日	甲寅白露 己巳秋分
九月大	壬戌	天干地支 西曆星期	癸未 27 一	甲申 28 二	乙酉 29 三	丙戌 30 四	丁亥 (10) 五	戊子 2 六	己丑 3 日	庚寅 4 一	辛卯 5 二	壬辰 6 三	癸巳 7 四	甲午 8 五	乙未 9 六	丙申 10 日	丁酉 11 一	戊戌 12 二	己亥 13 三	庚子 14 四	辛丑 15 五	壬寅 16 六	癸卯 17 日	甲辰 18 一	乙巳 19 二	丙午 20 三	丁未 21 四	戊申 22 五	己酉 23 六	庚戌 24 日	辛亥 25 一	壬子 26 二	甲申寒露 庚子霜降
十月小	癸亥	天干地支 西曆星期	癸丑 27 三	甲寅 28 四	乙卯 29 五	丙辰 30 六	丁巳 31 日	戊午 (11) 一	己未 2 二	庚申 3 三	辛酉 4 四	壬戌 5 五	癸亥 6 六	甲子 7 日	乙丑 8 一	丙寅 9 二	丁卯 10 三	戊辰 11 四	己巳 12 五	庚午 13 六	辛未 14 日	壬申 15 一	癸酉 16 二	甲戌 17 三	乙亥 18 四	丙子 19 五	丁丑 20 六	戊寅 21 日	己卯 22 一	庚辰 23 二	辛巳 24 三		乙卯立冬 庚午小雪
十一月大	甲子	天干地支 西曆星期	壬午 25 四	癸未 26 五	甲申 27 六	乙酉 28 日	丙戌 29 一	丁亥 30 二	戊子 (12) 三	己丑 2 四	庚寅 3 五	辛卯 4 六	壬辰 5 日	癸巳 6 一	甲午 7 二	乙未 8 三	丙申 9 四	丁酉 10 五	戊戌 11 六	己亥 12 日	庚子 13 一	辛丑 14 二	壬寅 15 三	癸卯 16 四	甲辰 17 五	乙巳 18 六	丙午 19 日	丁未 20 一	戊申 21 二	己酉 22 三	庚戌 23 四	辛亥 24 五	乙酉大雪 辛丑冬至
十二月小	乙丑	天干地支 西曆星期	壬子 25 六	癸丑 26 日	甲寅 27 一	乙卯 28 二	丙辰 29 三	丁巳 30 四	戊午 31 五	己未 (1) 六	庚申 2 日	辛酉 3 一	壬戌 4 二	癸亥 5 三	甲子 6 四	乙丑 7 五	丙寅 8 六	丁卯 9 日	戊辰 10 一	己巳 11 二	庚午 12 三	辛未 13 四	壬申 14 五	癸酉 15 六	甲戌 16 日	乙亥 17 一	丙子 18 二	丁丑 19 三	戊寅 20 四	己卯 21 五	庚辰 22 六		丙辰小寒 辛未大寒

元世祖至元二十六年（己丑 牛年） 公元 1289 ~ 1290 年

夏曆月序		中西曆日對照	初一	初二	初三	初四	初五	初六	初七	初八	初九	初十	十一	十二	十三	十四	十五	十六	十七	十八	十九	二十	二一	二二	二三	二四	二五	二六	二七	二八	二九	三十	節氣與天象
正月大	丙寅	天干地支 西曆星期	辛巳23日	壬午24一	癸未25二	甲申26三	乙酉27四	丙戌28五	丁亥29六	戊子30日	己丑31一	庚寅(2)二	辛卯2三	壬辰3四	癸巳4五	甲午5六	乙未6日	丙申7一	丁酉8二	戊戌9三	己亥10四	庚子11五	辛丑12六	壬寅13日	癸卯14一	甲辰15二	乙巳16三	丙午17四	丁未18五	戊申19六	己酉20日	庚戌21一	丙戌立春 辛丑雨水
二月小	丁卯	天干地支 西曆星期	辛亥22二	壬子23三	癸丑24四	甲寅25五	乙卯26六	丙辰27日	丁巳28一	戊午(3)二	己未2三	庚申3四	辛酉4五	壬戌5六	癸亥6日	甲子7一	乙丑8二	丙寅9三	丁卯10四	戊辰11五	己巳12六	庚午13日	辛未14一	壬申15二	癸酉16三	甲戌17四	乙亥18五	丙子19六	丁丑20日	戊寅21一	己卯22二		丁巳驚蟄 壬申春分
三月小	戊辰	天干地支 西曆星期	庚辰23三	辛巳24四	壬午25五	癸未26六	甲申27日	乙酉28一	丙戌29二	丁亥30三	戊子31四	己丑(4)五	庚寅2六	辛卯3日	壬辰4一	癸巳5二	甲午6三	乙未7四	丙申8五	丁酉9六	戊戌10日	己亥11一	庚子12二	辛丑13三	壬寅14四	癸卯15五	甲辰16六	乙巳17日	丙午18一	丁未19二	戊申20三		丁亥清明 壬寅穀雨 庚辰日食
四月大	己巳	天干地支 西曆星期	己酉21四	庚戌22五	辛亥23六	壬子24日	癸丑25一	甲寅26二	乙卯27三	丙辰28四	丁巳29五	戊午30六	己未(5)日	庚申2一	辛酉3二	壬戌4三	癸亥5四	甲子6五	乙丑7六	丙寅8日	丁卯9一	戊辰10二	己巳11三	庚午12四	辛未13五	壬申14六	癸酉15日	甲戌16一	乙亥17二	丙子18三	丁丑19四	戊寅20五	丁巳立夏 癸酉小滿
五月小	庚午	天干地支 西曆星期	己卯21六	庚辰22日	辛巳23一	壬午24二	癸未25三	甲申26四	乙酉27五	丙戌28六	丁亥29日	戊子30一	己丑31二	庚寅(6)三	辛卯2四	壬辰3五	癸巳4六	甲午5日	乙未6一	丙申7二	丁酉8三	戊戌9四	己亥10五	庚子11六	辛丑12日	壬寅13一	癸卯14二	甲辰15三	乙巳16四	丙午17五	丁未18六		戊子芒種 癸卯夏至
六月大	辛未	天干地支 西曆星期	戊申19日	己酉20一	庚戌21二	辛亥22三	壬子23四	癸丑24五	甲寅25六	乙卯26日	丙辰27一	丁巳28二	戊午29三	己未30四	庚申(7)五	辛酉2六	壬戌3日	癸亥4一	甲子5二	乙丑6三	丙寅7四	丁卯8五	戊辰9六	己巳10日	庚午11一	辛未12二	壬申13三	癸酉14四	甲戌15五	乙亥16六	丙子17日	丁丑18一	戊午小暑 甲戌大暑
七月小	壬申	天干地支 西曆星期	戊寅19二	己卯20三	庚辰21四	辛巳22五	壬午23六	癸未24日	甲申25一	乙酉26二	丙戌27三	丁亥28四	戊子29五	己丑30六	庚寅31日	辛卯(8)一	壬辰2二	癸巳3三	甲午4四	乙未5五	丙申6六	丁酉7日	戊戌8一	己亥9二	庚子10三	辛丑11四	壬寅12五	癸卯13六	甲辰14日	乙巳15一	丙午16二		己丑立秋 甲辰處暑
八月大	癸酉	天干地支 西曆星期	丁未17三	戊申18四	己酉19五	庚戌20六	辛亥21日	壬子22一	癸丑23二	甲寅24三	乙卯25四	丙辰26五	丁巳27六	戊午28日	己未29一	庚申30二	辛酉31三	壬戌(9)四	癸亥2五	甲子3六	乙丑4日	丙寅5一	丁卯6二	戊辰7三	己巳8四	庚午9五	辛未10六	壬申11日	癸酉12一	甲戌13二	乙亥14三	丙子15四	己未白露 甲戌秋分
九月大	甲戌	天干地支 西曆星期	丁丑16五	戊寅17六	己卯18日	庚辰19一	辛巳20二	壬午21三	癸未22四	甲申23五	乙酉24六	丙戌25日	丁亥26一	戊子27二	己丑28三	庚寅29四	辛卯30五	壬辰(10)六	癸巳2日	甲午3一	乙未4二	丙申5三	丁酉6四	戊戌7五	己亥8六	庚子9日	辛丑10一	壬寅11二	癸卯12三	甲辰13四	乙巳14五	丙午15六	庚寅寒露 乙巳霜降
十月大	乙亥	天干地支 西曆星期	丁未16日	戊申17一	己酉18二	庚戌19三	辛亥20四	壬子21五	癸丑22六	甲寅23日	乙卯24一	丙辰25二	丁巳26三	戊午27四	己未28五	庚申29六	辛酉30日	壬戌31一	癸亥(11)二	甲子2三	乙丑3四	丙寅4五	丁卯5六	戊辰6日	己巳7一	庚午8二	辛未9三	壬申10四	癸酉11五	甲戌12六	乙亥13日	丙子14一	庚申立冬 乙亥小雪
閏十月小	乙亥	天干地支 西曆星期	丁丑15二	戊寅16三	己卯17四	庚辰18五	辛巳19六	壬午20日	癸未21一	甲申22二	乙酉23三	丙戌24四	丁亥25五	戊子26六	己丑27日	庚寅28一	辛卯29二	壬辰30三	癸巳(12)四	甲午2五	乙未3六	丙申4日	丁酉5一	戊戌6二	己亥7三	庚子8四	辛丑9五	壬寅10六	癸卯11日	甲辰12一	乙巳13二		辛卯大雪
十一月大	丙子	天干地支 西曆星期	丙午14三	丁未15四	戊申16五	己酉17六	庚戌18日	辛亥19一	壬子20二	癸丑21三	甲寅22四	乙卯23五	丙辰24六	丁巳25日	戊午26一	己未27二	庚申28三	辛酉29四	壬戌30五	癸亥31六	甲子(1)日	乙丑2一	丙寅3二	丁卯4三	戊辰5四	己巳6五	庚午7六	辛未8日	壬申9一	癸酉10二	甲戌11三	乙亥12四	丙午冬至 辛酉小寒
十二月小	丁丑	天干地支 西曆星期	丙子13五	丁丑14六	戊寅15日	己卯16一	庚辰17二	辛巳18三	壬午19四	癸未20五	甲申21六	乙酉22日	丙戌23一	丁亥24二	戊子25三	己丑26四	庚寅27五	辛卯28六	壬辰29日	癸巳30一	甲午31二	乙未(2)三	丙申2四	丁酉3五	戊戌4六	己亥5日	庚子6一	辛丑7二	壬寅8三	癸卯9四	甲辰10五		丙子大寒 辛卯立春

元世祖至元二十七年（庚寅 虎年） 公元 1290 ~ 1291 年

夏曆月序		中西曆日對照	初一	初二	初三	初四	初五	初六	初七	初八	初九	初十	十一	十二	十三	十四	十五	十六	十七	十八	十九	二十	二一	二二	二三	二四	二五	二六	二七	二八	二九	三十	節氣與天象
正月大	戊寅	干支 天地 西曆 星期	乙巳 11 六	丙午 12 日	丁未 13 一	戊申 14 二	己酉 15 三	庚戌 16 四	辛亥 17 五	壬子 18 六	癸丑 19 日	甲寅 20 一	乙卯 21 二	丙辰 22 三	丁巳 23 四	戊午 24 五	己未 25 六	庚申 26 日	辛酉 27 一	壬戌 28 二	癸亥 (3) 三	甲子 2 四	乙丑 3 五	丙寅 4 六	丁卯 5 日	戊辰 6 一	己巳 7 二	庚午 8 三	辛未 9 四	壬申 10 五	癸酉 11 六	甲戌 12 日	丁未雨水 壬戌驚蟄
二月小	己卯	干支 天地 西曆 星期	乙亥 13 一	丙子 14 二	丁丑 15 三	戊寅 16 四	己卯 17 五	庚辰 18 六	辛巳 19 日	壬午 20 一	癸未 21 二	甲申 22 三	乙酉 23 四	丙戌 24 五	丁亥 25 六	戊子 26 日	己丑 27 一	庚寅 28 二	辛卯 29 三	壬辰 30 四	癸巳 31 五	甲午 (4) 六	乙未 2 日	丙申 3 一	丁酉 4 二	戊戌 5 三	己亥 6 四	庚子 7 五	辛丑 8 六	壬寅 9 日	癸卯 10 一		丁丑春分 壬辰清明
三月小	庚辰	干支 天地 西曆 星期	甲辰 11 二	乙巳 12 三	丙午 13 四	丁未 14 五	戊申 15 六	己酉 16 日	庚戌 17 一	辛亥 18 二	壬子 19 三	癸丑 20 四	甲寅 21 五	乙卯 22 六	丙辰 23 日	丁巳 24 一	戊午 25 二	己未 26 三	庚申 27 四	辛酉 28 五	壬戌 29 六	癸亥 30 日	甲子 (5) 一	乙丑 2 二	丙寅 3 三	丁卯 4 四	戊辰 5 五	己巳 6 六	庚午 7 日	辛未 8 一	壬申 9 二		丁未穀雨 癸亥立夏
四月大	辛巳	干支 天地 西曆 星期	癸酉 10 三	甲戌 11 四	乙亥 12 五	丙子 13 六	丁丑 14 日	戊寅 15 一	己卯 16 二	庚辰 17 三	辛巳 18 四	壬午 19 五	癸未 20 六	甲申 21 日	乙酉 22 一	丙戌 23 二	丁亥 24 三	戊子 25 四	己丑 26 五	庚寅 27 六	辛卯 28 日	壬辰 29 一	癸巳 30 二	甲午 31 三	乙未 (6) 四	丙申 2 五	丁酉 3 六	戊戌 4 日	己亥 5 一	庚子 6 二	辛丑 7 三	壬寅 8 四	戊寅小滿 癸巳芒種
五月小	壬午	干支 天地 西曆 星期	癸卯 9 五	甲辰 10 六	乙巳 11 日	丙午 12 一	丁未 13 二	戊申 14 三	己酉 15 四	庚戌 16 五	辛亥 17 六	壬子 18 日	癸丑 19 一	甲寅 20 二	乙卯 21 三	丙辰 22 四	丁巳 23 五	戊午 24 六	己未 25 日	庚申 26 一	辛酉 27 二	壬戌 28 三	癸亥 29 四	甲子 30 五	乙丑 (7) 六	丙寅 2 日	丁卯 3 一	戊辰 4 二	己巳 5 三	庚午 6 四	辛未 7 五		戊申夏至 甲子小暑
六月大	癸未	干支 天地 西曆 星期	壬申 8 六	癸酉 9 日	甲戌 10 一	乙亥 11 二	丙子 12 三	丁丑 13 四	戊寅 14 五	己卯 15 六	庚辰 16 日	辛巳 17 一	壬午 18 二	癸未 19 三	甲申 20 四	乙酉 21 五	丙戌 22 六	丁亥 23 日	戊子 24 一	己丑 25 二	庚寅 26 三	辛卯 27 四	壬辰 28 五	癸巳 29 六	甲午 30 日	乙未 31 一	丙申 (8) 二	丁酉 2 三	戊戌 3 四	己亥 4 五	庚子 5 六	辛丑 6 日	己卯大暑 甲午立秋
七月小	甲申	干支 天地 西曆 星期	壬寅 7 一	癸卯 8 二	甲辰 9 三	乙巳 10 四	丙午 11 五	丁未 12 六	戊申 13 日	己酉 14 一	庚戌 15 二	辛亥 16 三	壬子 17 四	癸丑 18 五	甲寅 19 六	乙卯 20 日	丙辰 21 一	丁巳 22 二	戊午 23 三	己未 24 四	庚申 25 五	辛酉 26 六	壬戌 27 日	癸亥 28 一	甲子 29 二	乙丑 30 三	丙寅 31 四	丁卯 (9) 五	戊辰 2 六	己巳 3 日	庚午 4 一		己酉處暑 甲子白露
八月大	乙酉	干支 天地 西曆 星期	辛未 5 二	壬申 6 三	癸酉 7 四	甲戌 8 五	乙亥 9 六	丙子 10 日	丁丑 11 一	戊寅 12 二	己卯 13 三	庚辰 14 四	辛巳 15 五	壬午 16 六	癸未 17 日	甲申 18 一	乙酉 19 二	丙戌 20 三	丁亥 21 四	戊子 22 五	己丑 23 六	庚寅 24 日	辛卯 25 一	壬辰 26 二	癸巳 27 三	甲午 28 四	乙未 29 五	丙申 30 六	丁酉 (10) 日	戊戌 2 一	己亥 3 二	庚子 4 三	庚辰秋分 乙未寒露 辛未日食
九月大	丙戌	干支 天地 西曆 星期	辛丑 5 四	壬寅 6 五	癸卯 7 六	甲辰 8 日	乙巳 9 一	丙午 10 二	丁未 11 三	戊申 12 四	己酉 13 五	庚戌 14 六	辛亥 15 日	壬子 16 一	癸丑 17 二	甲寅 18 三	乙卯 19 四	丙辰 20 五	丁巳 21 六	戊午 22 日	己未 23 一	庚申 24 二	辛酉 25 三	壬戌 26 四	癸亥 27 五	甲子 28 六	乙丑 29 日	丙寅 30 一	丁卯 31 二	戊辰 (11) 三	己巳 2 四	庚午 3 五	庚戌霜降 乙丑立冬
十月小	丁亥	干支 天地 西曆 星期	辛未 4 六	壬申 5 日	癸酉 6 一	甲戌 7 二	乙亥 8 三	丙子 9 四	丁丑 10 五	戊寅 11 六	己卯 12 日	庚辰 13 一	辛巳 14 二	壬午 15 三	癸未 16 四	甲申 17 五	乙酉 18 六	丙戌 19 日	丁亥 20 一	戊子 21 二	己丑 22 三	庚寅 23 四	辛卯 24 五	壬辰 25 六	癸巳 26 日	甲午 27 一	乙未 28 二	丙申 29 三	丁酉 30 四	戊戌 (12) 五	己亥 2 六		辛巳小雪 丙申大雪
十一月大	戊子	干支 天地 西曆 星期	庚子 3 日	辛丑 4 一	壬寅 5 二	癸卯 6 三	甲辰 7 四	乙巳 8 五	丙午 9 六	丁未 10 日	戊申 11 一	己酉 12 二	庚戌 13 三	辛亥 14 四	壬子 15 五	癸丑 16 六	甲寅 17 日	乙卯 18 一	丙辰 19 二	丁巳 20 三	戊午 21 四	己未 22 五	庚申 23 六	辛酉 24 日	壬戌 25 一	癸亥 26 二	甲子 27 三	乙丑 28 四	丙寅 29 五	丁卯 30 六	戊辰 31 日	己巳 (1) 一	辛亥冬至 丙寅小寒
十二月大	己丑	干支 天地 西曆 星期	庚午 2 二	辛未 3 三	壬申 4 四	癸酉 5 五	甲戌 6 六	乙亥 7 日	丙子 8 一	丁丑 9 二	戊寅 10 三	己卯 11 四	庚辰 12 五	辛巳 13 六	壬午 14 日	癸未 15 一	甲申 16 二	乙酉 17 三	丙戌 18 四	丁亥 19 五	戊子 20 六	己丑 21 日	庚寅 22 一	辛卯 23 二	壬辰 24 三	癸巳 25 四	甲午 26 五	乙未 27 六	丙申 28 日	丁酉 29 一	戊戌 30 二	己亥 31 三	辛巳大寒 丁酉立春

元世祖至元二十八年（辛卯 兔年）公元 1291 ~ 1292 年

夏曆月序		中西曆日對照	初一	初二	初三	初四	初五	初六	初七	初八	初九	初十	十一	十二	十三	十四	十五	十六	十七	十八	十九	二十	二一	二二	二三	二四	二五	二六	二七	二八	二九	三十	節氣與天象
正月小	庚寅	干支 天地 西曆 星期	庚子(2)四	辛丑2五	壬寅3六	癸卯4日	甲辰5一	乙巳6二	丙午7三	丁未8四	戊申9五	己酉10六	庚戌11日	辛亥12一	壬子13二	癸丑14三	甲寅15四	乙卯16五	丙辰17六	丁巳18日	戊午19一	己未20二	庚申21三	辛酉22四	壬戌23五	癸亥24六	甲子25日	乙丑26一	丙寅27二	丁卯28三	戊辰(3)四		壬子雨水 丁卯驚蟄
二月大	辛卯	干支 天地 西曆 星期	己巳2五	庚午3六	辛未4日	壬申5一	癸酉6二	甲戌7三	乙亥8四	丙子9五	丁丑10六	戊寅11日	己卯12一	庚辰13二	辛巳14三	壬午15四	癸未16五	甲申17六	乙酉18日	丙戌19一	丁亥20二	戊子21三	己丑22四	庚寅23五	辛卯24六	壬辰25日	癸巳26一	甲午27二	乙未28三	丙申29四	丁酉30五	戊戌31六	壬午春分 戊戌清明
三月小	壬辰	干支 天地 西曆 星期	己亥(4)日	庚子2一	辛丑3二	壬寅4三	癸卯5四	甲辰6五	乙巳7六	丙午8日	丁未9一	戊申10二	己酉11三	庚戌12四	辛亥13五	壬子14六	癸丑15日	甲寅16一	乙卯17二	丙辰18三	丁巳19四	戊午20五	己未21六	庚申22日	辛酉23一	壬戌24二	癸亥25三	甲子26四	乙丑27五	丙寅28六	丁卯29日		癸丑穀雨
四月小	癸巳	干支 天地 西曆 星期	戊辰30一	己巳(5)二	庚午2三	辛未3四	壬申4五	癸酉5六	甲戌6日	乙亥7一	丙子8二	丁丑9三	戊寅10四	己卯11五	庚辰12六	辛巳13日	壬午14一	癸未15二	甲申16三	乙酉17四	丙戌18五	丁亥19六	戊子20日	己丑21一	庚寅22二	辛卯23三	壬辰24四	癸巳25五	甲午26六	乙未27日	丙申28一		戊辰立夏 癸未小滿
五月大	甲午	干支 天地 西曆 星期	丁酉29二	戊戌30三	己亥31四	庚子(6)五	辛丑2六	壬寅3日	癸卯4一	甲辰5二	乙巳6三	丙午7四	丁未8五	戊申9六	己酉10日	庚戌11一	辛亥12二	壬子13三	癸丑14四	甲寅15五	乙卯16六	丙辰17日	丁巳18一	戊午19二	己未20三	庚申21四	辛酉22五	壬戌23六	癸亥24日	甲子25一	乙丑26二	丙寅27三	戊戌芒種 甲寅夏至
六月小	乙未	干支 天地 西曆 星期	丁卯28四	戊辰29五	己巳30六	庚午(7)日	辛未2一	壬申3二	癸酉4三	甲戌5四	乙亥6五	丙子7六	丁丑8日	戊寅9一	己卯10二	庚辰11三	辛巳12四	壬午13五	癸未14六	甲申15日	乙酉16一	丙戌17二	丁亥18三	戊子19四	己丑20五	庚寅21六	辛卯22日	壬辰23一	癸巳24二	甲午25三	乙未26四		己巳小暑 甲申大暑
七月小	丙申	干支 天地 西曆 星期	丙申27五	丁酉28六	戊戌29日	己亥30一	庚子31二	辛丑(8)三	壬寅2四	癸卯3五	甲辰4六	乙巳5日	丙午6一	丁未7二	戊申8三	己酉9四	庚戌10五	辛亥11六	壬子12日	癸丑13一	甲寅14二	乙卯15三	丙辰16四	丁巳17五	戊午18六	己未19日	庚申20一	辛酉21二	壬戌22三	癸亥23四	甲子24五		己亥立秋 甲寅處暑
八月大	丁酉	干支 天地 西曆 星期	乙丑25六	丙寅26日	丁卯27一	戊辰28二	己巳29三	庚午30四	辛未31五	壬申(9)六	癸酉2日	甲戌3一	乙亥4二	丙子5三	丁丑6四	戊寅7五	己卯8六	庚辰9日	辛巳10一	壬午11二	癸未12三	甲申13四	乙酉14五	丙戌15六	丁亥16日	戊子17一	己丑18二	庚寅19三	辛卯20四	壬辰21五	癸巳22六	甲午23日	庚午白露 乙酉秋分
九月大	戊戌	干支 天地 西曆 星期	乙未24一	丙申25二	丁酉26三	戊戌27四	己亥28五	庚子29六	辛丑30日	壬寅(10)一	癸卯2二	甲辰3三	乙巳4四	丙午5五	丁未6六	戊申7日	己酉8一	庚戌9二	辛亥10三	壬子11四	癸丑12五	甲寅13六	乙卯14日	丙辰15一	丁巳16二	戊午17三	己未18四	庚申19五	辛酉20六	壬戌21日	癸亥22一	甲子23二	庚子寒露 乙卯霜降
十月小	己亥	干支 天地 西曆 星期	乙丑24三	丙寅25四	丁卯26五	戊辰27六	己巳28日	庚午29一	辛未30二	壬申31三	癸酉(11)四	甲戌2五	乙亥3六	丙子4日	丁丑5一	戊寅6二	己卯7三	庚辰8四	辛巳9五	壬午10六	癸未11日	甲申12一	乙酉13二	丙戌14三	丁亥15四	戊子16五	己丑17六	庚寅18日	辛卯19一	壬辰20二	癸巳21三		辛未立冬 丙戌小雪
十一月大	庚子	干支 天地 西曆 星期	甲午22四	乙未23五	丙申24六	丁酉25日	戊戌26一	己亥27二	庚子28三	辛丑29四	壬寅30五	癸卯(12)六	甲辰2日	乙巳3一	丙午4二	丁未5三	戊申6四	己酉7五	庚戌8六	辛亥9日	壬子10一	癸丑11二	甲寅12三	乙卯13四	丙辰14五	丁巳15六	戊午16日	己未17一	庚申18二	辛酉19三	壬戌20四	癸亥21五	辛丑大雪 丙辰冬至
十二月大	辛丑	干支 天地 西曆 星期	甲子22六	乙丑23日	丙寅24一	丁卯25二	戊辰26三	己巳27四	庚午28五	辛未29六	壬申30日	癸酉31一	甲戌(1)二	乙亥2三	丙子3四	丁丑4五	戊寅5六	己卯6日	庚辰7一	辛巳8二	壬午9三	癸未10四	甲申11五	乙酉12六	丙戌13日	丁亥14一	戊子15二	己丑16三	庚寅17四	辛卯18五	壬辰19六	癸巳20日	辛未小寒 丁亥大寒

元世祖至元二十九年（壬辰 龍年）公元 1292 ~ 1293 年

夏曆月序		中西曆日對照	初一	初二	初三	初四	初五	初六	初七	初八	初九	初十	十一	十二	十三	十四	十五	十六	十七	十八	十九	二十	二一	二二	二三	二四	二五	二六	二七	二八	二九	三十	節氣與天象
正月大	壬寅	天干地支 西曆 星期	甲午 21 一	乙未 22 二	丙申 23 三	丁酉 24 四	戊戌 25 五	己亥 26 六	庚子 27 日	辛丑 28 一	壬寅 29 二	癸卯 30 三	甲辰 31 四	乙巳 (2) 五	丙午 2 六	丁未 3 日	戊申 4 一	己酉 5 二	庚戌 6 三	辛亥 7 四	壬子 8 五	癸丑 9 六	甲寅 10 日	乙卯 11 一	丙辰 12 二	丁巳 13 三	戊午 14 四	己未 15 五	庚申 16 六	辛酉 17 日	壬戌 18 一	癸亥 19 二	壬寅立春 丁巳雨水 甲午日食
二月小	癸卯	天干地支 西曆 星期	甲子 20 三	乙丑 21 四	丙寅 22 五	丁卯 23 六	戊辰 24 日	己巳 25 一	庚午 26 二	辛未 27 三	壬申 28 四	癸酉 29 五	甲戌 (3) 六	乙亥 2 日	丙子 3 一	丁丑 4 二	戊寅 5 三	己卯 6 四	庚辰 7 五	辛巳 8 六	壬午 9 日	癸未 10 一	甲申 11 二	乙酉 12 三	丙戌 13 四	丁亥 14 五	戊子 15 六	己丑 16 日	庚寅 17 一	辛卯 18 二	壬辰 19 三		壬申驚蟄 戊子春分
三月大	甲辰	天干地支 西曆 星期	癸巳 20 四	甲午 21 五	乙未 22 六	丙申 23 日	丁酉 24 一	戊戌 25 二	己亥 26 三	庚子 27 四	辛丑 28 五	壬寅 29 六	癸卯 30 日	甲辰 31 一	乙巳 (4) 二	丙午 2 三	丁未 3 四	戊申 4 五	己酉 5 六	庚戌 6 日	辛亥 7 一	壬子 8 二	癸丑 9 三	甲寅 10 四	乙卯 11 五	丙辰 12 六	丁巳 13 日	戊午 14 一	己未 15 二	庚申 16 三	辛酉 17 四	壬戌 18 五	癸卯清明 戊午穀雨
四月小	乙巳	天干地支 西曆 星期	癸亥 19 六	甲子 20 日	乙丑 21 一	丙寅 22 二	丁卯 23 三	戊辰 24 四	己巳 25 五	庚午 26 六	辛未 27 日	壬申 28 一	癸酉 29 二	甲戌 30 三	乙亥 (5) 四	丙子 2 五	丁丑 3 六	戊寅 4 日	己卯 5 一	庚辰 6 二	辛巳 7 三	壬午 8 四	癸未 9 五	甲申 10 六	乙酉 11 日	丙戌 12 一	丁亥 13 二	戊子 14 三	己丑 15 四	庚寅 16 五	辛卯 17 六		癸酉立夏 戊子小滿
五月小	丙午	天干地支 西曆 星期	壬辰 18 日	癸巳 19 一	甲午 20 二	乙未 21 三	丙申 22 四	丁酉 23 五	戊戌 24 六	己亥 25 日	庚子 26 一	辛丑 27 二	壬寅 28 三	癸卯 29 四	甲辰 30 五	乙巳 31 六	丙午 (6) 日	丁未 2 一	戊申 3 二	己酉 4 三	庚戌 5 四	辛亥 6 五	壬子 7 六	癸丑 8 日	甲寅 9 一	乙卯 10 二	丙辰 11 三	丁巳 12 四	戊午 13 五	己未 14 六	庚申 15 日		甲辰芒種 己未夏至
六月大	丁未	天干地支 西曆 星期	辛酉 16 一	壬戌 17 二	癸亥 18 三	甲子 19 四	乙丑 20 五	丙寅 21 六	丁卯 22 日	戊辰 23 一	己巳 24 二	庚午 25 三	辛未 26 四	壬申 27 五	癸酉 28 六	甲戌 29 日	乙亥 30 一	丙子 (7) 二	丁丑 2 三	戊寅 3 四	己卯 4 五	庚辰 5 六	辛巳 6 日	壬午 7 一	癸未 8 二	甲申 9 三	乙酉 10 四	丙戌 11 五	丁亥 12 六	戊子 13 日	己丑 14 一	庚寅 15 二	甲戌小暑 己丑大暑
閏六月小	丁未	天干地支 西曆 星期	辛卯 16 三	壬辰 17 四	癸巳 18 五	甲午 19 六	乙未 20 日	丙申 21 一	丁酉 22 二	戊戌 23 三	己亥 24 四	庚子 25 五	辛丑 26 六	壬寅 27 日	癸卯 28 一	甲辰 29 二	乙巳 30 三	丙午 31 四	丁未 (8) 五	戊申 2 六	己酉 3 日	庚戌 4 一	辛亥 5 二	壬子 6 三	癸丑 7 四	甲寅 8 五	乙卯 9 六	丙辰 10 日	丁巳 11 一	戊午 12 二	己未 13 三		乙巳立秋
七月小	戊申	天干地支 西曆 星期	庚申 14 四	辛酉 15 五	壬戌 16 六	癸亥 17 日	甲子 18 一	乙丑 19 二	丙寅 20 三	丁卯 21 四	戊辰 22 五	己巳 23 六	庚午 24 日	辛未 25 一	壬申 26 二	癸酉 27 三	甲戌 28 四	乙亥 29 五	丙子 30 六	丁丑 31 日	戊寅 (9) 一	己卯 2 二	庚辰 3 三	辛巳 4 四	壬午 5 五	癸未 6 六	甲申 7 日	乙酉 8 一	丙戌 9 二	丁亥 10 三	戊子 11 四		庚申處暑 乙亥白露
八月大	己酉	天干地支 西曆 星期	己丑 12 五	庚寅 13 六	辛卯 14 日	壬辰 15 一	癸巳 16 二	甲午 17 三	乙未 18 四	丙申 19 五	丁酉 20 六	戊戌 21 日	己亥 22 一	庚子 23 二	辛丑 24 三	壬寅 25 四	癸卯 26 五	甲辰 27 六	乙巳 28 日	丙午 29 一	丁未 30 二	戊申 (10) 三	己酉 2 四	庚戌 3 五	辛亥 4 六	壬子 5 日	癸丑 6 一	甲寅 7 二	乙卯 8 三	丙辰 9 四	丁巳 10 五	戊午 11 六	庚寅秋分 乙巳寒露
九月小	庚戌	天干地支 西曆 星期	己未 12 日	庚申 13 一	辛酉 14 二	壬戌 15 三	癸亥 16 四	甲子 17 五	乙丑 18 六	丙寅 19 日	丁卯 20 一	戊辰 21 二	己巳 22 三	庚午 23 四	辛未 24 五	壬申 25 六	癸酉 26 日	甲戌 27 一	乙亥 28 二	丙子 29 三	丁丑 30 四	戊寅 31 五	己卯 (11) 六	庚辰 2 日	辛巳 3 一	壬午 4 二	癸未 5 三	甲申 6 四	乙酉 7 五	丙戌 8 六	丁亥 9 日		辛酉霜降 丙子立冬
十月大	辛亥	天干地支 西曆 星期	戊子 10 一	己丑 11 二	庚寅 12 三	辛卯 13 四	壬辰 14 五	癸巳 15 六	甲午 16 日	乙未 17 一	丙申 18 二	丁酉 19 三	戊戌 20 四	己亥 21 五	庚子 22 六	辛丑 23 日	壬寅 24 一	癸卯 25 二	甲辰 26 三	乙巳 27 四	丙午 28 五	丁未 29 六	戊申 30 日	己酉 (12) 一	庚戌 2 二	辛亥 3 三	壬子 4 四	癸丑 5 五	甲寅 6 六	乙卯 7 日	丙辰 8 一	丁巳 9 二	辛卯小雪 丙午大雪
十一月大	壬子	天干地支 西曆 星期	戊午 10 三	己未 11 四	庚申 12 五	辛酉 13 六	壬戌 14 日	癸亥 15 一	甲子 16 二	乙丑 17 三	丙寅 18 四	丁卯 19 五	戊辰 20 六	己巳 21 日	庚午 22 一	辛未 23 二	壬申 24 三	癸酉 25 四	甲戌 26 五	乙亥 27 六	丙子 28 日	丁丑 29 一	戊寅 30 二	己卯 31 三	庚辰 (1) 四	辛巳 2 五	壬午 3 六	癸未 4 日	甲申 5 一	乙酉 6 二	丙戌 7 三	丁亥 8 四	辛酉冬至 丁丑小寒
十二月大	癸丑	天干地支 西曆 星期	戊子 9 五	己丑 10 六	庚寅 11 日	辛卯 12 一	壬辰 13 二	癸巳 14 三	甲午 15 四	乙未 16 五	丙申 17 六	丁酉 18 日	戊戌 19 一	己亥 20 二	庚子 21 三	辛丑 22 四	壬寅 23 五	癸卯 24 六	甲辰 25 日	乙巳 26 一	丙午 27 二	丁未 28 三	戊申 29 四	己酉 30 五	庚戌 31 六	辛亥 (2) 日	壬子 2 一	癸丑 3 二	甲寅 4 三	乙卯 5 四	丙辰 6 五	丁巳 7 六	壬辰大寒 丁未立春

元世祖至元三十年（癸巳 蛇年） 公元1293 ~ 1294年

夏曆月序		中西曆日對照	初一	初二	初三	初四	初五	初六	初七	初八	初九	初十	十一	十二	十三	十四	十五	十六	十七	十八	十九	二十	二一	二二	二三	二四	二五	二六	二七	二八	二九	三十	節氣與天象
正月大	甲寅	天干 地支 西曆 星期	戊午 8 日	己未 9 一	庚申 10 二	辛酉 11 三	壬戌 12 四	癸亥 13 五	甲子 14 六	乙丑 15 日	丙寅 16 一	丁卯 17 二	戊辰 18 三	己巳 19 四	庚午 20 五	辛未 21 六	壬申 22 日	癸酉 23 一	甲戌 24 二	乙亥 25 三	丙子 26 四	丁丑 27 五	戊寅 28 六	己卯 (3) 日	庚辰 2 一	辛巳 3 二	壬午 4 三	癸未 5 四	甲申 6 五	乙酉 7 六	丙戌 8 日	丁亥 9 一	壬戌雨水 戊寅驚蟄
二月小	乙卯	天干 地支 西曆 星期	戊子 10 二	己丑 11 三	庚寅 12 四	辛卯 13 五	壬辰 14 六	癸巳 15 日	甲午 16 一	乙未 17 二	丙申 18 三	丁酉 19 四	戊戌 20 五	己亥 21 六	庚子 22 日	辛丑 23 一	壬寅 24 二	癸卯 25 三	甲辰 26 四	乙巳 27 五	丙午 28 六	丁未 29 日	戊申 30 一	己酉 31 二	庚戌 (4) 三	辛亥 2 四	壬子 3 五	癸丑 4 六	甲寅 5 日	乙卯 6 一	丙辰 7 二		癸巳春分 戊申清明
三月大	丙辰	天干 地支 西曆 星期	丁巳 8 三	戊午 9 四	己未 10 五	庚申 11 六	辛酉 12 日	壬戌 13 一	癸亥 14 二	甲子 15 三	乙丑 16 四	丙寅 17 五	丁卯 18 六	戊辰 19 日	己巳 20 一	庚午 21 二	辛未 22 三	壬申 23 四	癸酉 24 五	甲戌 25 六	乙亥 26 日	丙子 27 一	丁丑 28 二	戊寅 29 三	己卯 30 四	庚辰 (5) 五	辛巳 2 六	壬午 3 日	癸未 4 一	甲申 5 二	乙酉 6 三	丙戌 7 四	癸亥穀雨 戊寅立夏
四月小	丁巳	天干 地支 西曆 星期	丁亥 8 五	戊子 9 六	己丑 10 日	庚寅 11 一	辛卯 12 二	壬辰 13 三	癸巳 14 四	甲午 15 五	乙未 16 六	丙申 17 日	丁酉 18 一	戊戌 19 二	己亥 20 三	庚子 21 四	辛丑 22 五	壬寅 23 六	癸卯 24 日	甲辰 25 一	乙巳 26 二	丙午 27 三	丁未 28 四	戊申 29 五	己酉 30 六	庚戌 31 日	辛亥 (6) 一	壬子 2 二	癸丑 3 三	甲寅 4 四	乙卯 5 五		甲午小滿 己酉芒種
五月小	戊午	天干 地支 西曆 星期	丙辰 6 六	丁巳 7 日	戊午 8 一	己未 9 二	庚申 10 三	辛酉 11 四	壬戌 12 五	癸亥 13 六	甲子 14 日	乙丑 15 一	丙寅 16 二	丁卯 17 三	戊辰 18 四	己巳 19 五	庚午 20 六	辛未 21 日	壬申 22 一	癸酉 23 二	甲戌 24 三	乙亥 25 四	丙子 26 五	丁丑 27 六	戊寅 28 日	己卯 29 一	庚辰 30 二	辛巳 (7) 三	壬午 2 四	癸未 3 五	甲申 4 六		甲子夏至 己卯小暑
六月大	己未	天干 地支 西曆 星期	乙酉 5 日	丙戌 6 一	丁亥 7 二	戊子 8 三	己丑 9 四	庚寅 10 五	辛卯 11 六	壬辰 12 日	癸巳 13 一	甲午 14 二	乙未 15 三	丙申 16 四	丁酉 17 五	戊戌 18 六	己亥 19 日	庚子 20 一	辛丑 21 二	壬寅 22 三	癸卯 23 四	甲辰 24 五	乙巳 25 六	丙午 26 日	丁未 27 一	戊申 28 二	己酉 29 三	庚戌 30 四	辛亥 31 五	壬子 (8) 六	癸丑 2 日	甲寅 3 一	乙未大暑 庚戌立秋 乙酉日食
七月小	庚申	天干 地支 西曆 星期	乙卯 4 二	丙辰 5 三	丁巳 6 四	戊午 7 五	己未 8 六	庚申 9 日	辛酉 10 一	壬戌 11 二	癸亥 12 三	甲子 13 四	乙丑 14 五	丙寅 15 六	丁卯 16 日	戊辰 17 一	己巳 18 二	庚午 19 三	辛未 20 四	壬申 21 五	癸酉 22 六	甲戌 23 日	乙亥 24 一	丙子 25 二	丁丑 26 三	戊寅 27 四	己卯 28 五	庚辰 29 六	辛巳 30 日	壬午 31 一	癸未 (9) 二		乙丑處暑 庚辰白露
八月小	辛酉	天干 地支 西曆 星期	甲申 2 三	乙酉 3 四	丙戌 4 五	丁亥 5 六	戊子 6 日	己丑 7 一	庚寅 8 二	辛卯 9 三	壬辰 10 四	癸巳 11 五	甲午 12 六	乙未 13 日	丙申 14 一	丁酉 15 二	戊戌 16 三	己亥 17 四	庚子 18 五	辛丑 19 六	壬寅 20 日	癸卯 21 一	甲辰 22 二	乙巳 23 三	丙午 24 四	丁未 25 五	戊申 26 六	己酉 27 日	庚戌 28 一	辛亥 29 二	壬子 30 三		乙未秋分 辛亥寒露
九月大	壬戌	天干 地支 西曆 星期	癸丑 (10) 四	甲寅 2 五	乙卯 3 六	丙辰 4 日	丁巳 5 一	戊午 6 二	己未 7 三	庚申 8 四	辛酉 9 五	壬戌 10 六	癸亥 11 日	甲子 12 一	乙丑 13 二	丙寅 14 三	丁卯 15 四	戊辰 16 五	己巳 17 六	庚午 18 日	辛未 19 一	壬申 20 二	癸酉 21 三	甲戌 22 四	乙亥 23 五	丙子 24 六	丁丑 25 日	戊寅 26 一	己卯 27 二	庚辰 28 三	辛巳 29 四	壬午 30 五	丙寅霜降 辛巳立冬
十月小	癸亥	天干 地支 西曆 星期	癸未 31 六	甲申 (11) 日	乙酉 2 一	丙戌 3 二	丁亥 4 三	戊子 5 四	己丑 6 五	庚寅 7 六	辛卯 8 日	壬辰 9 一	癸巳 10 二	甲午 11 三	乙未 12 四	丙申 13 五	丁酉 14 六	戊戌 15 日	己亥 16 一	庚子 17 二	辛丑 18 三	壬寅 19 四	癸卯 20 五	甲辰 21 六	乙巳 22 日	丙午 23 一	丁未 24 二	戊申 25 三	己酉 26 四	庚戌 27 五	辛亥 28 六		丙申小雪 辛亥大雪
十一月大	甲子	天干 地支 西曆 星期	壬子 29 日	癸丑 30 一	甲寅 (12) 二	乙卯 2 三	丙辰 3 四	丁巳 4 五	戊午 5 六	己未 6 日	庚申 7 一	辛酉 8 二	壬戌 9 三	癸亥 10 四	甲子 11 五	乙丑 12 六	丙寅 13 日	丁卯 14 一	戊辰 15 二	己巳 16 三	庚午 17 四	辛未 18 五	壬申 19 六	癸酉 20 日	甲戌 21 一	乙亥 22 二	丙子 23 三	丁丑 24 四	戊寅 25 五	己卯 26 六	庚辰 27 日	辛巳 28 一	丁卯冬至
十二月大	乙丑	天干 地支 西曆 星期	壬午 29 二	癸未 30 三	甲申 31 四	乙酉 (1) 五	丙戌 2 六	丁亥 3 日	戊子 4 一	己丑 5 二	庚寅 6 三	辛卯 7 四	壬辰 8 五	癸巳 9 六	甲午 10 日	乙未 11 一	丙申 12 二	丁酉 13 三	戊戌 14 四	己亥 15 五	庚子 16 六	辛丑 17 日	壬寅 18 一	癸卯 19 二	甲辰 20 三	乙巳 21 四	丙午 22 五	丁未 23 六	戊申 24 日	己酉 25 一	庚戌 26 二	辛亥 27 三	壬午小寒 丁酉大寒

元世祖至元三十一年 成宗至元三十一年（甲午 馬年） 公元 **1294** ~ 1295 年

夏曆月序		中西曆日對照	初一	初二	初三	初四	初五	初六	初七	初八	初九	初十	十一	十二	十三	十四	十五	十六	十七	十八	十九	二十	二一	二二	二三	二四	二五	二六	二七	二八	二九	三十	節氣與天象
正月大	丙寅	干支 天地 西曆 星期	壬子 28 四	癸丑 29 五	甲寅 30 六	乙卯 31 日	丙辰 (2) 一	丁巳 2 二	戊午 3 三	己未 4 四	庚申 5 五	辛酉 6 六	壬戌 7 日	癸亥 8 一	甲子 9 二	乙丑 10 三	丙寅 11 四	丁卯 12 五	戊辰 13 六	己巳 14 日	庚午 15 一	辛未 16 二	壬申 17 三	癸酉 18 四	甲戌 19 五	乙亥 20 六	丙子 21 日	丁丑 22 一	戊寅 23 二	己卯 24 三	庚辰 25 四	辛巳 26 五	壬子立春 戊辰雨水
二月小	丁卯	干支 天地 西曆 星期	壬午 27 六	癸未 28 日	甲申 (3) 一	乙酉 2 二	丙戌 3 三	丁亥 4 四	戊子 5 五	己丑 6 六	庚寅 7 日	辛卯 8 一	壬辰 9 二	癸巳 10 三	甲午 11 四	乙未 12 五	丙申 13 六	丁酉 14 日	戊戌 15 一	己亥 16 二	庚子 17 三	辛丑 18 四	壬寅 19 五	癸卯 20 六	甲辰 21 日	乙巳 22 一	丙午 23 二	丁未 24 三	戊申 25 四	己酉 26 五	庚戌 27 六		癸未驚蟄 戊戌春分
三月大	戊辰	干支 天地 西曆 星期	辛亥 28 日	壬子 29 一	癸丑 30 二	甲寅 31 三	乙卯 (4) 四	丙辰 2 五	丁巳 3 六	戊午 4 日	己未 5 一	庚申 6 二	辛酉 7 三	壬戌 8 四	癸亥 9 五	甲子 10 六	乙丑 11 日	丙寅 12 一	丁卯 13 二	戊辰 14 三	己巳 15 四	庚午 16 五	辛未 17 六	壬申 18 日	癸酉 19 一	甲戌 20 二	乙亥 21 三	丙子 22 四	丁丑 23 五	戊寅 24 六	己卯 25 日	庚辰 26 一	癸丑清明 戊辰穀雨
四月小	己巳	干支 天地 西曆 星期	辛巳 27 二	壬午 28 三	癸未 29 四	甲申 30 五	乙酉 (5) 六	丙戌 2 日	丁亥 3 一	戊子 4 二	己丑 5 三	庚寅 6 四	辛卯 7 五	壬辰 8 六	癸巳 9 日	甲午 10 一	乙未 11 二	丙申 12 三	丁酉 13 四	戊戌 14 五	己亥 15 六	庚子 16 日	辛丑 17 一	壬寅 18 二	癸卯 19 三	甲辰 20 四	乙巳 21 五	丙午 22 六	丁未 23 日	戊申 24 一	己酉 25 二		甲申立夏 己亥小滿
五月大	庚午	干支 天地 西曆 星期	庚戌 26 三	辛亥 27 四	壬子 28 五	癸丑 29 六	甲寅 30 日	乙卯 31 一	丙辰 (6) 二	丁巳 2 三	戊午 3 四	己未 4 五	庚申 5 六	辛酉 6 日	壬戌 7 一	癸亥 8 二	甲子 9 三	乙丑 10 四	丙寅 11 五	丁卯 12 六	戊辰 13 日	己巳 14 一	庚午 15 二	辛未 16 三	壬申 17 四	癸酉 18 五	甲戌 19 六	乙亥 20 日	丙子 21 一	丁丑 22 二	戊寅 23 三	己卯 24 四	甲寅芒種 己巳夏至
六月小	辛未	干支 天地 西曆 星期	庚辰 25 五	辛巳 26 六	壬午 27 日	癸未 28 一	甲申 29 二	乙酉 30 三	丙戌 (7) 四	丁亥 2 五	戊子 3 六	己丑 4 日	庚寅 5 一	辛卯 6 二	壬辰 7 三	癸巳 8 四	甲午 9 五	乙未 10 六	丙申 11 日	丁酉 12 一	戊戌 13 二	己亥 14 三	庚子 15 四	辛丑 16 五	壬寅 17 六	癸卯 18 日	甲辰 19 一	乙巳 20 二	丙午 21 三	丁未 22 四	戊申 23 五		乙酉小暑 庚子大暑 庚辰日食
七月大	壬申	干支 天地 西曆 星期	己酉 24 六	庚戌 25 日	辛亥 26 一	壬子 27 二	癸丑 28 三	甲寅 29 四	乙卯 30 五	丙辰 31 六	丁巳 (8) 日	戊午 2 一	己未 3 二	庚申 4 三	辛酉 5 四	壬戌 6 五	癸亥 7 六	甲子 8 日	乙丑 9 一	丙寅 10 二	丁卯 11 三	戊辰 12 四	己巳 13 五	庚午 14 六	辛未 15 日	壬申 16 一	癸酉 17 二	甲戌 18 三	乙亥 19 四	丙子 20 五	丁丑 21 六	戊寅 22 日	乙卯立秋 庚午處暑
八月小	癸酉	干支 天地 西曆 星期	己卯 23 一	庚辰 24 二	辛巳 25 三	壬午 26 四	癸未 27 五	甲申 28 六	乙酉 29 日	丙戌 30 一	丁亥 31 二	戊子 (9) 三	己丑 2 四	庚寅 3 五	辛卯 4 六	壬辰 5 日	癸巳 6 一	甲午 7 二	乙未 8 三	丙申 9 四	丁酉 10 五	戊戌 11 六	己亥 12 日	庚子 13 一	辛丑 14 二	壬寅 15 三	癸卯 16 四	甲辰 17 五	乙巳 18 六	丙午 19 日	丁未 20 一		乙酉白露 辛丑秋分
九月小	甲戌	干支 天地 西曆 星期	戊申 21 二	己酉 22 三	庚戌 23 四	辛亥 24 五	壬子 25 六	癸丑 26 日	甲寅 27 一	乙卯 28 二	丙辰 29 三	丁巳 30 四	戊午 (10) 五	己未 2 六	庚申 3 日	辛酉 4 一	壬戌 5 二	癸亥 6 三	甲子 7 四	乙丑 8 五	丙寅 9 六	丁卯 10 日	戊辰 11 一	己巳 12 二	庚午 13 三	辛未 14 四	壬申 15 五	癸酉 16 六	甲戌 17 日	乙亥 18 一	丙子 19 二		丙辰寒露 辛未霜降
十月大	乙亥	干支 天地 西曆 星期	丁丑 20 三	戊寅 21 四	己卯 22 五	庚辰 23 六	辛巳 24 日	壬午 25 一	癸未 26 二	甲申 27 三	乙酉 28 四	丙戌 29 五	丁亥 30 六	戊子 31 日	己丑 (11) 一	庚寅 2 二	辛卯 3 三	壬辰 4 四	癸巳 5 五	甲午 6 六	乙未 7 日	丙申 8 一	丁酉 9 二	戊戌 10 三	己亥 11 四	庚子 12 五	辛丑 13 六	壬寅 14 日	癸卯 15 一	甲辰 16 二	乙巳 17 三	丙午 18 四	丙戌立冬 壬寅小雪
十一月小	丙子	干支 天地 西曆 星期	丁未 19 五	戊申 20 六	己酉 21 日	庚戌 22 一	辛亥 23 二	壬子 24 三	癸丑 25 四	甲寅 26 五	乙卯 27 六	丙辰 28 日	丁巳 29 一	戊午 30 二	己未 (12) 三	庚申 2 四	辛酉 3 五	壬戌 4 六	癸亥 5 日	甲子 6 一	乙丑 7 二	丙寅 8 三	丁卯 9 四	戊辰 10 五	己巳 11 六	庚午 12 日	辛未 13 一	壬申 14 二	癸酉 15 三	甲戌 16 四	乙亥 17 五		丁巳大雪 壬申冬至
十二月大	丁丑	干支 天地 西曆 星期	丙子 18 六	丁丑 19 日	戊寅 20 一	己卯 21 二	庚辰 22 三	辛巳 23 四	壬午 24 五	癸未 25 六	甲申 26 日	乙酉 27 一	丙戌 28 二	丁亥 29 三	戊子 30 四	己丑 31 五	庚寅 (1) 六	辛卯 2 日	壬辰 3 一	癸巳 4 二	甲午 5 三	乙未 6 四	丙申 7 五	丁酉 8 六	戊戌 9 日	己亥 10 一	庚子 11 二	辛丑 12 三	壬寅 13 四	癸卯 14 五	甲辰 15 六	乙巳 16 日	丁亥小寒 壬寅大寒

* 正月癸酉（二十二日），元世祖死。四月甲午（十四日），鐵穆耳即位，是爲元成宗。十一月癸酉（二十七日），元成宗改明年爲元貞元年。

元成宗元貞元年（乙未 羊年） 公元 1295 ~ 1296 年

夏曆月序		中西曆日對照	初一	初二	初三	初四	初五	初六	初七	初八	初九	初十	十一	十二	十三	十四	十五	十六	十七	十八	十九	二十	二一	二二	二三	二四	二五	二六	二七	二八	二九	三十	節氣與天象
正月大	戊寅	干支 西曆 星期	丙午 17 一	丁未 18 二	戊申 19 三	己酉 20 四	庚戌 21 五	辛亥 22 六	壬子 23 日	癸丑 24 一	甲寅 25 二	乙卯 26 三	丙辰 27 四	丁巳 28 五	戊午 29 六	己未 30 日	庚申 31 一	辛酉 (2) 二	壬戌 2 三	癸亥 3 四	甲子 4 五	乙丑 5 六	丙寅 6 日	丁卯 7 一	戊辰 8 二	己巳 9 三	庚午 10 四	辛未 11 五	壬申 12 六	癸酉 13 日	甲戌 14 一	乙亥 15 二	戊午立春 癸酉雨水
二月小	己卯	干支 西曆 星期	丙子 16 三	丁丑 17 四	戊寅 18 五	己卯 19 六	庚辰 20 日	辛巳 21 一	壬午 22 二	癸未 23 三	甲申 24 四	乙酉 25 五	丙戌 26 六	丁亥 27 日	戊子 28 一	己丑 (3) 二	庚寅 2 三	辛卯 3 四	壬辰 4 五	癸巳 5 六	甲午 6 日	乙未 7 一	丙申 8 二	丁酉 9 三	戊戌 10 四	己亥 11 五	庚子 12 六	辛丑 13 日	壬寅 14 一	癸卯 15 二	甲辰 16 三		戊子驚蟄 癸卯春分
三月大	庚辰	干支 西曆 星期	乙巳 17 四	丙午 18 五	丁未 19 六	戊申 20 日	己酉 21 一	庚戌 22 二	辛亥 23 三	壬子 24 四	癸丑 25 五	甲寅 26 六	乙卯 27 日	丙辰 28 一	丁巳 29 二	戊午 30 三	己未 31 四	庚申 (4) 五	辛酉 2 六	壬戌 3 日	癸亥 4 一	甲子 5 二	乙丑 6 三	丙寅 7 四	丁卯 8 五	戊辰 9 六	己巳 10 日	庚午 11 一	辛未 12 二	壬申 13 三	癸酉 14 四	甲戌 15 五	戊午清明 甲戌穀雨
四月大	辛巳	干支 西曆 星期	乙亥 16 六	丙子 17 日	丁丑 18 一	戊寅 19 二	己卯 20 三	庚辰 21 四	辛巳 22 五	壬午 23 六	癸未 24 日	甲申 25 一	乙酉 26 二	丙戌 27 三	丁亥 28 四	戊子 29 五	己丑 30 六	庚寅 (5) 日	辛卯 2 一	壬辰 3 二	癸巳 4 三	甲午 5 四	乙未 6 五	丙申 7 六	丁酉 8 日	戊戌 9 一	己亥 10 二	庚子 11 三	辛丑 12 四	壬寅 13 五	癸卯 14 六	甲辰 15 日	己丑立夏 甲辰小滿
閏四月小	辛巳	干支 西曆 星期	乙巳 16 一	丙午 17 二	丁未 18 三	戊申 19 四	己酉 20 五	庚戌 21 六	辛亥 22 日	壬子 23 一	癸丑 24 二	甲寅 25 三	乙卯 26 四	丙辰 27 五	丁巳 28 六	戊午 29 日	己未 30 一	庚申 31 二	辛酉 (6) 三	壬戌 2 四	癸亥 3 五	甲子 4 六	乙丑 5 日	丙寅 6 一	丁卯 7 二	戊辰 8 三	己巳 9 四	庚午 10 五	辛未 11 六	壬申 12 日	癸酉 13 一		己未芒種
五月大	壬午	干支 西曆 星期	甲戌 14 二	乙亥 15 三	丙子 16 四	丁丑 17 五	戊寅 18 六	己卯 19 日	庚辰 20 一	辛巳 21 二	壬午 22 三	癸未 23 四	甲申 24 五	乙酉 25 六	丙戌 26 日	丁亥 27 一	戊子 28 二	己丑 29 三	庚寅 30 四	辛卯 (7) 五	壬辰 2 六	癸巳 3 日	甲午 4 一	乙未 5 二	丙申 6 三	丁酉 7 四	戊戌 8 五	己亥 9 六	庚子 10 日	辛丑 11 一	壬寅 12 二	癸卯 13 三	乙亥夏至 庚寅小暑
六月小	癸未	干支 西曆 星期	甲辰 14 四	乙巳 15 五	丙午 16 六	丁未 17 日	戊申 18 一	己酉 19 二	庚戌 20 三	辛亥 21 四	壬子 22 五	癸丑 23 六	甲寅 24 日	乙卯 25 一	丙辰 26 二	丁巳 27 三	戊午 28 四	己未 29 五	庚申 30 六	辛酉 31 日	壬戌 (8) 一	癸亥 2 二	甲子 3 三	乙丑 4 四	丙寅 5 五	丁卯 6 六	戊辰 7 日	己巳 8 一	庚午 9 二	辛未 10 三	壬申 11 四		乙巳大暑 庚申立秋
七月大	甲申	干支 西曆 星期	癸酉 12 五	甲戌 13 六	乙亥 14 日	丙子 15 一	丁丑 16 二	戊寅 17 三	己卯 18 四	庚辰 19 五	辛巳 20 六	壬午 21 日	癸未 22 一	甲申 23 二	乙酉 24 三	丙戌 25 四	丁亥 26 五	戊子 27 六	己丑 28 日	庚寅 29 一	辛卯 30 二	壬辰 31 三	癸巳 (9) 四	甲午 2 五	乙未 3 六	丙申 4 日	丁酉 5 一	戊戌 6 二	己亥 7 三	庚子 8 四	辛丑 9 五	壬寅 10 六	乙亥處暑 辛卯白露
八月小	乙酉	干支 西曆 星期	癸卯 11 日	甲辰 12 一	乙巳 13 二	丙午 14 三	丁未 15 四	戊申 16 五	己酉 17 六	庚戌 18 日	辛亥 19 一	壬子 20 二	癸丑 21 三	甲寅 22 四	乙卯 23 五	丙辰 24 六	丁巳 25 日	戊午 26 一	己未 27 二	庚申 28 三	辛酉 29 四	壬戌 30 五	癸亥 (10) 六	甲子 2 日	乙丑 3 一	丙寅 4 二	丁卯 5 三	戊辰 6 四	己巳 7 五	庚午 8 六	辛未 9 日		丙午秋分 辛酉寒露
九月小	丙戌	干支 西曆 星期	壬申 10 一	癸酉 11 二	甲戌 12 三	乙亥 13 四	丙子 14 五	丁丑 15 六	戊寅 16 日	己卯 17 一	庚辰 18 二	辛巳 19 三	壬午 20 四	癸未 21 五	甲申 22 六	乙酉 23 日	丙戌 24 一	丁亥 25 二	戊子 26 三	己丑 27 四	庚寅 28 五	辛卯 29 六	壬辰 30 日	癸巳 31 一	甲午 (11) 二	乙未 2 三	丙申 3 四	丁酉 4 五	戊戌 5 六	己亥 6 日	庚子 7 一		丙子霜降 壬辰立冬
十月大	丁亥	干支 西曆 星期	辛丑 8 二	壬寅 9 三	癸卯 10 四	甲辰 11 五	乙巳 12 六	丙午 13 日	丁未 14 一	戊申 15 二	己酉 16 三	庚戌 17 四	辛亥 18 五	壬子 19 六	癸丑 20 日	甲寅 21 一	乙卯 22 二	丙辰 23 三	丁巳 24 四	戊午 25 五	己未 26 六	庚申 27 日	辛酉 28 一	壬戌 29 二	癸亥 30 三	甲子 (12) 四	乙丑 2 五	丙寅 3 六	丁卯 4 日	戊辰 5 一	己巳 6 二	庚午 7 三	丁未小雪 壬戌大雪
十一月小	戊子	干支 西曆 星期	辛未 8 四	壬申 9 五	癸酉 10 六	甲戌 11 日	乙亥 12 一	丙子 13 二	丁丑 14 三	戊寅 15 四	己卯 16 五	庚辰 17 六	辛巳 18 日	壬午 19 一	癸未 20 二	甲申 21 三	乙酉 22 四	丙戌 23 五	丁亥 24 六	戊子 25 日	己丑 26 一	庚寅 27 二	辛卯 28 三	壬辰 29 四	癸巳 30 五	甲午 31 六	乙未 (1) 日	丙申 2 一	丁酉 3 二	戊戌 4 三	己亥 5 四		丁丑冬至 壬辰小寒
十二月大	己丑	干支 西曆 星期	庚子 6 五	辛丑 7 六	壬寅 8 日	癸卯 9 一	甲辰 10 二	乙巳 11 三	丙午 12 四	丁未 13 五	戊申 14 六	己酉 15 日	庚戌 16 一	辛亥 17 二	壬子 18 三	癸丑 19 四	甲寅 20 五	乙卯 21 六	丙辰 22 日	丁巳 23 一	戊午 24 二	己未 25 三	庚申 26 四	辛酉 27 五	壬戌 28 六	癸亥 29 日	甲子 30 一	乙丑 31 二	丙寅 (2) 三	丁卯 2 四	戊辰 3 五	己巳 4 六	戊申大寒 癸亥立春

元成宗元貞二年（丙申 猴年） 公元 1296 ~ 1297 年

夏曆月序	中西曆日對照	初一	初二	初三	初四	初五	初六	初七	初八	初九	初十	十一	十二	十三	十四	十五	十六	十七	十八	十九	二十	二一	二二	二三	二四	二五	二六	二七	二八	二九	三十	節氣與天象
正月小 庚寅	天干地支 西曆星期	庚午 5 日	辛未 6 一	壬申 7 二	癸酉 8 三	甲戌 9 四	乙亥 10 五	丙子 11 六	丁丑 12 日	戊寅 13 一	己卯 14 二	庚辰 15 三	辛巳 16 四	壬午 17 五	癸未 18 六	甲申 19 日	乙酉 20 一	丙戌 21 二	丁亥 22 三	戊子 23 四	己丑 24 五	庚寅 25 六	辛卯 26 日	壬辰 27 一	癸巳 28 二	甲午 29 三	乙未 (3) 四	丙申 2 五	丁酉 3 六	戊戌 4 日		戊寅雨水 癸巳驚蟄
二月大 辛卯	天干地支 西曆星期	己亥 5 一	庚子 6 二	辛丑 7 三	壬寅 8 四	癸卯 9 五	甲辰 10 六	乙巳 11 日	丙午 12 一	丁未 13 二	戊申 14 三	己酉 15 四	庚戌 16 五	辛亥 17 六	壬子 18 日	癸丑 19 一	甲寅 20 二	乙卯 21 三	丙辰 22 四	丁巳 23 五	戊午 24 六	己未 25 日	庚申 26 一	辛酉 27 二	壬戌 28 三	癸亥 29 四	甲子 30 五	乙丑 31 六	丙寅 (4) 日	丁卯 2 一	戊辰 3 二	己酉春分 甲子清明
三月大 壬辰	天干地支 西曆星期	己巳 4 三	庚午 5 四	辛未 6 五	壬申 7 六	癸酉 8 日	甲戌 9 一	乙亥 10 二	丙子 11 三	丁丑 12 四	戊寅 13 五	己卯 14 六	庚辰 15 日	辛巳 16 一	壬午 17 二	癸未 18 三	甲申 19 四	乙酉 20 五	丙戌 21 六	丁亥 22 日	戊子 23 一	己丑 24 二	庚寅 25 三	辛卯 26 四	壬辰 27 五	癸巳 28 六	甲午 29 日	乙未 30 一	丙申 (5) 二	丁酉 2 三	戊戌 3 四	己卯穀雨 甲午立夏
四月小 癸巳	天干地支 西曆星期	己亥 4 五	庚子 5 六	辛丑 6 日	壬寅 7 一	癸卯 8 二	甲辰 9 三	乙巳 10 四	丙午 11 五	丁未 12 六	戊申 13 日	己酉 14 一	庚戌 15 二	辛亥 16 三	壬子 17 四	癸丑 18 五	甲寅 19 六	乙卯 20 日	丙辰 21 一	丁巳 22 二	戊午 23 三	己未 24 四	庚申 25 五	辛酉 26 六	壬戌 27 日	癸亥 28 一	甲子 29 二	乙丑 30 三	丙寅 31 四	丁卯 (6) 五		己酉小滿 乙丑芒種
五月大 甲午	天干地支 西曆星期	戊辰 2 六	己巳 3 日	庚午 4 一	辛未 5 二	壬申 6 三	癸酉 7 四	甲戌 8 五	乙亥 9 六	丙子 10 日	丁丑 11 一	戊寅 12 二	己卯 13 三	庚辰 14 四	辛巳 15 五	壬午 16 六	癸未 17 日	甲申 18 一	乙酉 19 二	丙戌 20 三	丁亥 21 四	戊子 22 五	己丑 23 六	庚寅 24 日	辛卯 25 一	壬辰 26 二	癸巳 27 三	甲午 28 四	乙未 29 五	丙申 30 六	丁酉 (7) 日	庚辰夏至 乙未小暑
六月大 乙未	天干地支 西曆星期	戊戌 2 一	己亥 3 二	庚子 4 三	辛丑 5 四	壬寅 6 五	癸卯 7 六	甲辰 8 日	乙巳 9 一	丙午 10 二	丁未 11 三	戊申 12 四	己酉 13 五	庚戌 14 六	辛亥 15 日	壬子 16 一	癸丑 17 二	甲寅 18 三	乙卯 19 四	丙辰 20 五	丁巳 21 六	戊午 22 日	己未 23 一	庚申 24 二	辛酉 25 三	壬戌 26 四	癸亥 27 五	甲子 28 六	乙丑 29 日	丙寅 30 一	丁卯 31 二	庚戌大暑 乙丑立秋
七月小 丙申	天干地支 西曆星期	戊辰 (8) 三	己巳 2 四	庚午 3 五	辛未 4 六	壬申 5 日	癸酉 6 一	甲戌 7 二	乙亥 8 三	丙子 9 四	丁丑 10 五	戊寅 11 六	己卯 12 日	庚辰 13 一	辛巳 14 二	壬午 15 三	癸未 16 四	甲申 17 五	乙酉 18 六	丙戌 19 日	丁亥 20 一	戊子 21 二	己丑 22 三	庚寅 23 四	辛卯 24 五	壬辰 25 六	癸巳 26 日	甲午 27 一	乙未 28 二	丙申 29 三		辛巳處暑 丙申白露
八月大 丁酉	天干地支 西曆星期	丁酉 30 四	戊戌 31 五	己亥 (9) 六	庚子 2 日	辛丑 3 一	壬寅 4 二	癸卯 5 三	甲辰 6 四	乙巳 7 五	丙午 8 六	丁未 9 日	戊申 10 一	己酉 11 二	庚戌 12 三	辛亥 13 四	壬子 14 五	癸丑 15 六	甲寅 16 日	乙卯 17 一	丙辰 18 二	丁巳 19 三	戊午 20 四	己未 21 五	庚申 22 六	辛酉 23 日	壬戌 24 一	癸亥 25 二	甲子 26 三	乙丑 27 四	丙寅 28 五	辛亥秋分 丙寅寒露
九月小 戊戌	天干地支 西曆星期	丁卯 29 六	戊辰 30 日	己巳 (10) 一	庚午 2 二	辛未 3 三	壬申 4 四	癸酉 5 五	甲戌 6 六	乙亥 7 日	丙子 8 一	丁丑 9 二	戊寅 10 三	己卯 11 四	庚辰 12 五	辛巳 13 六	壬午 14 日	癸未 15 一	甲申 16 二	乙酉 17 三	丙戌 18 四	丁亥 19 五	戊子 20 六	己丑 21 日	庚寅 22 一	辛卯 23 二	壬辰 24 三	癸巳 25 四	甲午 26 五	乙未 27 六		壬午霜降
十月大 己亥	天干地支 西曆星期	丙申 28 日	丁酉 29 一	戊戌 30 二	己亥 31 三	庚子 (11) 四	辛丑 2 五	壬寅 3 六	癸卯 4 日	甲辰 5 一	乙巳 6 二	丙午 7 三	丁未 8 四	戊申 9 五	己酉 10 六	庚戌 11 日	辛亥 12 一	壬子 13 二	癸丑 14 三	甲寅 15 四	乙卯 16 五	丙辰 17 六	丁巳 18 日	戊午 19 一	己未 20 二	庚申 21 三	辛酉 22 四	壬戌 23 五	癸亥 24 六	甲子 25 日	乙丑 26 一	丁酉立冬 壬子小雪 丙申日食
十一月小 庚子	天干地支 西曆星期	丙寅 27 二	丁卯 28 三	戊辰 29 四	己巳 30 五	庚午 (12) 六	辛未 2 日	壬申 3 一	癸酉 4 二	甲戌 5 三	乙亥 6 四	丙子 7 五	丁丑 8 六	戊寅 9 日	己卯 10 一	庚辰 11 二	辛巳 12 三	壬午 13 四	癸未 14 五	甲申 15 六	乙酉 16 日	丙戌 17 一	丁亥 18 二	戊子 19 三	己丑 20 四	庚寅 21 五	辛卯 22 六	壬辰 23 日	癸巳 24 一	甲午 25 二		丁卯大雪 壬午冬至
十二月小 辛丑	天干地支 西曆星期	乙未 26 三	丙申 27 四	丁酉 28 五	戊戌 29 六	己亥 30 日	庚子 31 一	辛丑 (1) 二	壬寅 2 三	癸卯 3 四	甲辰 4 五	乙巳 5 六	丙午 6 日	丁未 7 一	戊申 8 二	己酉 9 三	庚戌 10 四	辛亥 11 五	壬子 12 六	癸丑 13 日	甲寅 14 一	乙卯 15 二	丙辰 16 三	丁巳 17 四	戊午 18 五	己未 19 六	庚申 20 日	辛酉 21 一	壬戌 22 二	癸亥 23 三		戊戌小寒 癸丑大寒

元成宗元貞三年 大德元年（丁酉 鷄年） 公元 1297 ~ 1298 年

夏曆月序		中西曆日對照	初一	初二	初三	初四	初五	初六	初七	初八	初九	初十	十一	十二	十三	十四	十五	十六	十七	十八	十九	二十	二一	二二	二三	二四	二五	二六	二七	二八	二九	三十	節氣與天象
正月大	壬寅	天干地支 西曆 星期	甲子24四	乙丑25五	丙寅26六	丁卯27日	戊辰28一	己巳29二	庚午30三	辛未31四	壬申(2)五	癸酉2六	甲戌3日	乙亥4一	丙子5二	丁丑6三	戊寅7四	己卯8五	庚辰9六	辛巳10日	壬午11一	癸未12二	甲申13三	乙酉14四	丙戌15五	丁亥16六	戊子17日	己丑18一	庚寅19二	辛卯20三	壬辰21四	癸巳22五	戊辰立春 癸未雨水
二月小	癸卯	天干地支 西曆 星期	甲午23六	乙未24日	丙申25一	丁酉26二	戊戌27三	己亥28四	庚子(3)五	辛丑2六	壬寅3日	癸卯4一	甲辰5二	乙巳6三	丙午7四	丁未8五	戊申9六	己酉10日	庚戌11一	辛亥12二	壬子13三	癸丑14四	甲寅15五	乙卯16六	丙辰17日	丁巳18一	戊午19二	己未20三	庚申21四	辛酉22五	壬戌23六		己亥驚蟄 甲寅春分
三月大	甲辰	天干地支 西曆 星期	癸亥24日	甲子25一	乙丑26二	丙寅27三	丁卯28四	戊辰29五	己巳30六	庚午31日	辛未(4)一	壬申2二	癸酉3三	甲戌4四	乙亥5五	丙子6六	丁丑7日	戊寅8一	己卯9二	庚辰10三	辛巳11四	壬午12五	癸未13六	甲申14日	乙酉15一	丙戌16二	丁亥17三	戊子18四	己丑19五	庚寅20六	辛卯21日	壬辰22一	己巳清明 甲申穀雨
四月小	乙巳	天干地支 西曆 星期	癸巳23二	甲午24三	乙未25四	丙申26五	丁酉27六	戊戌28日	己亥29一	庚子30二	辛丑(5)三	壬寅2四	癸卯3五	甲辰4六	乙巳5日	丙午6一	丁未7二	戊申8三	己酉9四	庚戌10五	辛亥11六	壬子12日	癸丑13一	甲寅14二	乙卯15三	丙辰16四	丁巳17五	戊午18六	己未19日	庚申20一	辛酉21二		己亥立夏 乙卯小滿
五月大	丙午	天干地支 西曆 星期	壬戌22三	癸亥23四	甲子24五	乙丑25六	丙寅26日	丁卯27一	戊辰28二	己巳29三	庚午30四	辛未31五	壬申(6)六	癸酉2日	甲戌3一	乙亥4二	丙子5三	丁丑6四	戊寅7五	己卯8六	庚辰9日	辛巳10一	壬午11二	癸未12三	甲申13四	乙酉14五	丙戌15六	丁亥16日	戊子17一	己丑18二	庚寅19三	辛卯20四	庚午芒種 乙酉夏至
六月大	丁未	天干地支 西曆 星期	壬辰21五	癸巳22六	甲午23日	乙未24一	丙申25二	丁酉26三	戊戌27四	己亥28五	庚子29六	辛丑30日	壬寅(7)一	癸卯2二	甲辰3三	乙巳4四	丙午5五	丁未6六	戊申7日	己酉8一	庚戌9二	辛亥10三	壬子11四	癸丑12五	甲寅13六	乙卯14日	丙辰15一	丁巳16二	戊午17三	己未18四	庚申19五	辛酉20六	庚子小暑 乙卯大暑
七月小	戊申	天干地支 西曆 星期	壬戌21日	癸亥22一	甲子23二	乙丑24三	丙寅25四	丁卯26五	戊辰27六	己巳28日	庚午29一	辛未30二	壬申31三	癸酉(8)四	甲戌2五	乙亥3六	丙子4日	丁丑5一	戊寅6二	己卯7三	庚辰8四	辛巳9五	壬午10六	癸未11日	甲申12一	乙酉13二	丙戌14三	丁亥15四	戊子16五	己丑17六	庚寅18日		辛未立秋 丙戌處暑
八月大	己酉	天干地支 西曆 星期	辛卯19一	壬辰20二	癸巳21三	甲午22四	乙未23五	丙申24六	丁酉25日	戊戌26一	己亥27二	庚子28三	辛丑29四	壬寅30五	癸卯31六	甲辰(9)日	乙巳2一	丙午3二	丁未4三	戊申5四	己酉6五	庚戌7六	辛亥8日	壬子9一	癸丑10二	甲寅11三	乙卯12四	丙辰13五	丁巳14六	戊午15日	己未16一	庚申17二	辛丑白露 丙辰秋分
九月小	庚戌	天干地支 西曆 星期	辛酉18三	壬戌19四	癸亥20五	甲子21六	乙丑22日	丙寅23一	丁卯24二	戊辰25三	己巳26四	庚午27五	辛未28六	壬申29日	癸酉30一	甲戌(10)二	乙亥2三	丙子3四	丁丑4五	戊寅5六	己卯6日	庚辰7一	辛巳8二	壬午9三	癸未10四	甲申11五	乙酉12六	丙戌13日	丁亥14一	戊子15二	己丑16三		壬申寒露 丁亥霜降
十月大	辛亥	天干地支 西曆 星期	庚寅17四	辛卯18五	壬辰19六	癸巳20日	甲午21一	乙未22二	丙申23三	丁酉24四	戊戌25五	己亥26六	庚子27日	辛丑28一	壬寅29二	癸卯30三	甲辰31四	乙巳(11)五	丙午2六	丁未3日	戊申4一	己酉5二	庚戌6三	辛亥7四	壬子8五	癸丑9六	甲寅10日	乙卯11一	丙辰12二	丁巳13三	戊午14四	己未15五	壬寅立冬 丁巳小雪
十一月大	壬子	天干地支 西曆 星期	庚申16六	辛酉17日	壬戌18一	癸亥19二	甲子20三	乙丑21四	丙寅22五	丁卯23六	戊辰24日	己巳25一	庚午26二	辛未27三	壬申28四	癸酉29五	甲戌30六	乙亥(12)日	丙子2一	丁丑3二	戊寅4三	己卯5四	庚辰6五	辛巳7六	壬午8日	癸未9一	甲申10二	乙酉11三	丙戌12四	丁亥13五	戊子14六	己丑15日	壬申大雪 戊子冬至
十二月小	癸丑	天干地支 西曆 星期	庚寅16一	辛卯17二	壬辰18三	癸巳19四	甲午20五	乙未21六	丙申22日	丁酉23一	戊戌24二	己亥25三	庚子26四	辛丑27五	壬寅28六	癸卯29日	甲辰30一	乙巳31二	丙午(1)三	丁未2四	戊申3五	己酉4六	庚戌5日	辛亥6一	壬子7二	癸丑8三	甲寅9四	乙卯10五	丙辰11六	丁巳12日	戊午13一		癸卯小寒 戊午大寒
閏十二小	癸丑	天干地支 西曆 星期	己未14二	庚申15三	辛酉16四	壬戌17五	癸亥18六	甲子19日	乙丑20一	丙寅21二	丁卯22三	戊辰23四	己巳24五	庚午25六	辛未26日	壬申27一	癸酉28二	甲戌29三	乙亥30四	丙子31五	丁丑(2)六	戊寅2日	己卯3一	庚辰4二	辛巳5三	壬午6四	癸未7五	甲申8六	乙酉9日	丙戌10一	丁亥11二		癸酉立春

* 二月庚申（二十七日），元成宗改元大德。

元成宗大德二年（戊戌 狗年） 公元 1298 ~ 1299 年

夏曆月序		中西曆日對照	初一	初二	初三	初四	初五	初六	初七	初八	初九	初十	十一	十二	十三	十四	十五	十六	十七	十八	十九	二十	二一	二二	二三	二四	二五	二六	二七	二八	二九	三十	節氣與天象
正月大	甲寅	天干地支 西曆 星期	戊子 12 三	己丑 13 四	庚寅 14 五	辛卯 15 六	壬辰 16 日	癸巳 17 一	甲午 18 二	乙未 19 三	丙申 20 四	丁酉 21 五	戊戌 22 六	己亥 23 日	庚子 24 一	辛丑 25 二	壬寅 26 三	癸卯 27 四	甲辰 28 五	乙巳 (3) 六	丙午 2 日	丁未 3 一	戊申 4 二	己酉 5 三	庚戌 6 四	辛亥 7 五	壬子 8 六	癸丑 9 日	甲寅 10 一	乙卯 11 二	丙辰 12 三	丁巳 13 四	己丑雨水 甲辰驚蟄
二月小	乙卯	天干地支 西曆 星期	戊午 14 五	己未 15 六	庚申 16 日	辛酉 17 一	壬戌 18 二	癸亥 19 三	甲子 20 四	乙丑 21 五	丙寅 22 六	丁卯 23 日	戊辰 24 一	己巳 25 二	庚午 26 三	辛未 27 四	壬申 28 五	癸酉 29 六	甲戌 30 日	乙亥 31 一	丙子 (4) 二	丁丑 2 三	戊寅 3 四	己卯 4 五	庚辰 5 六	辛巳 6 日	壬午 7 一	癸未 8 二	甲申 9 三	乙酉 10 四	丙戌 11 五		己未春分 甲戌清明
三月大	丙辰	天干地支 西曆 星期	丁亥 12 六	戊子 13 日	己丑 14 一	庚寅 15 二	辛卯 16 三	壬辰 17 四	癸巳 18 五	甲午 19 六	乙未 20 日	丙申 21 一	丁酉 22 二	戊戌 23 三	己亥 24 四	庚子 25 五	辛丑 26 六	壬寅 27 日	癸卯 28 一	甲辰 29 二	乙巳 30 三	丙午 (5) 四	丁未 2 五	戊申 3 六	己酉 4 日	庚戌 5 一	辛亥 6 二	壬子 7 三	癸丑 8 四	甲寅 9 五	乙卯 10 六	丙辰 11 日	己丑穀雨 乙巳立夏
四月小	丁巳	天干地支 西曆 星期	丁巳 12 一	戊午 13 二	己未 14 三	庚申 15 四	辛酉 16 五	壬戌 17 六	癸亥 18 日	甲子 19 一	乙丑 20 二	丙寅 21 三	丁卯 22 四	戊辰 23 五	己巳 24 六	庚午 25 日	辛未 26 一	壬申 27 二	癸酉 28 三	甲戌 29 四	乙亥 30 五	丙子 31 六	丁丑 (6) 日	戊寅 2 一	己卯 3 二	庚辰 4 三	辛巳 5 四	壬午 6 五	癸未 7 六	甲申 8 日	乙酉 9 一		庚申小滿 乙亥芒種
五月大	戊午	天干地支 西曆 星期	丙戌 10 二	丁亥 11 三	戊子 12 四	己丑 13 五	庚寅 14 六	辛卯 15 日	壬辰 16 一	癸巳 17 二	甲午 18 三	乙未 19 四	丙申 20 五	丁酉 21 六	戊戌 22 日	己亥 23 一	庚子 24 二	辛丑 25 三	壬寅 26 四	癸卯 27 五	甲辰 28 六	乙巳 29 日	丙午 30 一	丁未 (7) 二	戊申 2 三	己酉 3 四	庚戌 4 五	辛亥 5 六	壬子 6 日	癸丑 7 一	甲寅 8 二	乙卯 9 三	庚寅夏至 丙午小暑
六月小	己未	天干地支 西曆 星期	丙辰 10 四	丁巳 11 五	戊午 12 六	己未 13 日	庚申 14 一	辛酉 15 二	壬戌 16 三	癸亥 17 四	甲子 18 五	乙丑 19 六	丙寅 20 日	丁卯 21 一	戊辰 22 二	己巳 23 三	庚午 24 四	辛未 25 五	壬申 26 六	癸酉 27 日	甲戌 28 一	乙亥 29 二	丙子 30 三	丁丑 31 四	戊寅 (8) 五	己卯 2 六	庚辰 3 日	辛巳 4 一	壬午 5 二	癸未 6 三	甲申 7 四		辛酉大暑 丙子立秋
七月大	庚申	天干地支 西曆 星期	乙酉 8 五	丙戌 9 六	丁亥 10 日	戊子 11 一	己丑 12 二	庚寅 13 三	辛卯 14 四	壬辰 15 五	癸巳 16 六	甲午 17 日	乙未 18 一	丙申 19 二	丁酉 20 三	戊戌 21 四	己亥 22 五	庚子 23 六	辛丑 24 日	壬寅 25 一	癸卯 26 二	甲辰 27 三	乙巳 28 四	丙午 29 五	丁未 30 六	戊申 31 日	己酉 (9) 一	庚戌 2 二	辛亥 3 三	壬子 4 四	癸丑 5 五	甲寅 6 六	辛卯處暑 丙午白露
八月大	辛酉	天干地支 西曆 星期	乙卯 7 日	丙辰 8 一	丁巳 9 二	戊午 10 三	己未 11 四	庚申 12 五	辛酉 13 六	壬戌 14 日	癸亥 15 一	甲子 16 二	乙丑 17 三	丙寅 18 四	丁卯 19 五	戊辰 20 六	己巳 21 日	庚午 22 一	辛未 23 二	壬申 24 三	癸酉 25 四	甲戌 26 五	乙亥 27 六	丙子 28 日	丁丑 29 一	戊寅 30 二	己卯 (10) 三	庚辰 2 四	辛巳 3 五	壬午 4 六	癸未 5 日	甲申 6 一	壬戌秋分 丁丑寒露
九月小	壬戌	天干地支 西曆 星期	乙酉 7 二	丙戌 8 三	丁亥 9 四	戊子 10 五	己丑 11 六	庚寅 12 日	辛卯 13 一	壬辰 14 二	癸巳 15 三	甲午 16 四	乙未 17 五	丙申 18 六	丁酉 19 日	戊戌 20 一	己亥 21 二	庚子 22 三	辛丑 23 四	壬寅 24 五	癸卯 25 六	甲辰 26 日	乙巳 27 一	丙午 28 二	丁未 29 三	戊申 30 四	己酉 31 五	庚戌 (11) 六	辛亥 2 日	壬子 3 一	癸丑 4 二		壬辰霜降 丁未立冬
十月大	癸亥	天干地支 西曆 星期	甲寅 5 三	乙卯 6 四	丙辰 7 五	丁巳 8 六	戊午 9 日	己未 10 一	庚申 11 二	辛酉 12 三	壬戌 13 四	癸亥 14 五	甲子 15 六	乙丑 16 日	丙寅 17 一	丁卯 18 二	戊辰 19 三	己巳 20 四	庚午 21 五	辛未 22 六	壬申 23 日	癸酉 24 一	甲戌 25 二	乙亥 26 三	丙子 27 四	丁丑 28 五	戊寅 29 六	己卯 30 日	庚辰 (12) 一	辛巳 2 二	壬午 3 三	癸未 4 四	壬戌小雪 戊寅大雪
十一月大	甲子	天干地支 西曆 星期	甲申 5 五	乙酉 6 六	丙戌 7 日	丁亥 8 一	戊子 9 二	己丑 10 三	庚寅 11 四	辛卯 12 五	壬辰 13 六	癸巳 14 日	甲午 15 一	乙未 16 二	丙申 17 三	丁酉 18 四	戊戌 19 五	己亥 20 六	庚子 21 日	辛丑 22 一	壬寅 23 二	癸卯 24 三	甲辰 25 四	乙巳 26 五	丙午 27 六	丁未 28 日	戊申 29 一	己酉 30 二	庚戌 31 三	辛亥 (1) 四	壬子 2 五	癸丑 3 六	癸巳冬至 戊申小寒
十二月小	乙丑	天干地支 西曆 星期	甲寅 4 日	乙卯 5 一	丙辰 6 二	丁巳 7 三	戊午 8 四	己未 9 五	庚申 10 六	辛酉 11 日	壬戌 12 一	癸亥 13 二	甲子 14 三	乙丑 15 四	丙寅 16 五	丁卯 17 六	戊辰 18 日	己巳 19 一	庚午 20 二	辛未 21 三	壬申 22 四	癸酉 23 五	甲戌 24 六	乙亥 25 日	丙子 26 一	丁丑 27 二	戊寅 28 三	己卯 29 四	庚辰 30 五	辛巳 31 六	壬午 (2) 日		癸亥大寒 己卯立春

元成宗大德三年（己亥 猪年） 公元 1299 ~ 1300 年

夏曆月序		中西曆日對照	初一	初二	初三	初四	初五	初六	初七	初八	初九	初十	十一	十二	十三	十四	十五	十六	十七	十八	十九	二十	二一	二二	二三	二四	二五	二六	二七	二八	二九	三十	節氣與天象
正月大	丙寅	干支 西曆 星期	癸未 2 一	甲申 3 二	乙酉 4 三	丙戌 5 四	丁亥 6 五	戊子 7 六	己丑 8 日	庚寅 9 一	辛卯 10 二	壬辰 11 三	癸巳 12 四	甲午 13 五	乙未 14 六	丙申 15 日	丁酉 16 一	戊戌 17 二	己亥 18 三	庚子 19 四	辛丑 20 五	壬寅 21 六	癸卯 22 日	甲辰 23 一	乙巳 24 二	丙午 25 三	丁未 26 四	戊申 27 五	己酉 28 六	庚戌 (3) 日	辛亥 2 一	壬子 3 二	甲午雨水 己酉驚蟄
二月小	丁卯	干支 西曆 星期	癸丑 4 三	甲寅 5 四	乙卯 6 五	丙辰 7 六	丁巳 8 日	戊午 9 一	己未 10 二	庚申 11 三	辛酉 12 四	壬戌 13 五	癸亥 14 六	甲子 15 日	乙丑 16 一	丙寅 17 二	丁卯 18 三	戊辰 19 四	己巳 20 五	庚午 21 六	辛未 22 日	壬申 23 一	癸酉 24 二	甲戌 25 三	乙亥 26 四	丙子 27 五	丁丑 28 六	戊寅 29 日	己卯 30 一	庚辰 31 二	辛巳 (4) 三		甲子春分 己卯清明
三月小	戊辰	干支 西曆 星期	壬午 2 四	癸未 3 五	甲申 4 六	乙酉 5 日	丙戌 6 一	丁亥 7 二	戊子 8 三	己丑 9 四	庚寅 10 五	辛卯 11 六	壬辰 12 日	癸巳 13 一	甲午 14 二	乙未 15 三	丙申 16 四	丁酉 17 五	戊戌 18 六	己亥 19 日	庚子 20 一	辛丑 21 二	壬寅 22 三	癸卯 23 四	甲辰 24 五	乙巳 25 六	丙午 26 日	丁未 27 一	戊申 28 二	己酉 29 三	庚戌 30 四		乙未穀雨 庚戌立夏
四月大	己巳	干支 西曆 星期	辛亥 (5) 五	壬子 2 六	癸丑 3 日	甲寅 4 一	乙卯 5 二	丙辰 6 三	丁巳 7 四	戊午 8 五	己未 9 六	庚申 10 日	辛酉 11 一	壬戌 12 二	癸亥 13 三	甲子 14 四	乙丑 15 五	丙寅 16 六	丁卯 17 日	戊辰 18 一	己巳 19 二	庚午 20 三	辛未 21 四	壬申 22 五	癸酉 23 六	甲戌 24 日	乙亥 25 一	丙子 26 二	丁丑 27 三	戊寅 28 四	己卯 29 五	庚辰 30 六	乙丑小滿 庚辰芒種
五月小	庚午	干支 西曆 星期	辛巳 31 日	壬午 (6) 一	癸未 2 二	甲申 3 三	乙酉 4 四	丙戌 5 五	丁亥 6 六	戊子 7 日	己丑 8 一	庚寅 9 二	辛卯 10 三	壬辰 11 四	癸巳 12 五	甲午 13 六	乙未 14 日	丙申 15 一	丁酉 16 二	戊戌 17 三	己亥 18 四	庚子 19 五	辛丑 20 六	壬寅 21 日	癸卯 22 一	甲辰 23 二	乙巳 24 三	丙午 25 四	丁未 26 五	戊申 27 六	己酉 28 日		丙申夏至
六月小	辛未	干支 西曆 星期	庚戌 29 一	辛亥 30 二	壬子 (7) 三	癸丑 2 四	甲寅 3 五	乙卯 4 六	丙辰 5 日	丁巳 6 一	戊午 7 二	己未 8 三	庚申 9 四	辛酉 10 五	壬戌 11 六	癸亥 12 日	甲子 13 一	乙丑 14 二	丙寅 15 三	丁卯 16 四	戊辰 17 五	己巳 18 六	庚午 19 日	辛未 20 一	壬申 21 二	癸酉 22 三	甲戌 23 四	乙亥 24 五	丙子 25 六	丁丑 26 日	戊寅 27 一		辛亥小暑 丙寅大暑
七月大	壬申	干支 西曆 星期	己卯 28 二	庚辰 29 三	辛巳 30 四	壬午 31 五	癸未 (8) 六	甲申 2 日	乙酉 3 一	丙戌 4 二	丁亥 5 三	戊子 6 四	己丑 7 五	庚寅 8 六	辛卯 9 日	壬辰 10 一	癸巳 11 二	甲午 12 三	乙未 13 四	丙申 14 五	丁酉 15 六	戊戌 16 日	己亥 17 一	庚子 18 二	辛丑 19 三	壬寅 20 四	癸卯 21 五	甲辰 22 六	乙巳 23 日	丙午 24 一	丁未 25 二	戊申 26 三	辛巳立秋 丙申處暑
八月大	癸酉	干支 西曆 星期	己酉 27 四	庚戌 28 五	辛亥 29 六	壬子 30 日	癸丑 31 一	甲寅 (9) 二	乙卯 2 三	丙辰 3 四	丁巳 4 五	戊午 5 六	己未 6 日	庚申 7 一	辛酉 8 二	壬戌 9 三	癸亥 10 四	甲子 11 五	乙丑 12 六	丙寅 13 日	丁卯 14 一	戊辰 15 二	己巳 16 三	庚午 17 四	辛未 18 五	壬申 19 六	癸酉 20 日	甲戌 21 一	乙亥 22 二	丙子 23 三	丁丑 24 四	戊寅 25 五	壬子白露 丁卯秋分 己酉日食
九月小	甲戌	干支 西曆 星期	己卯 26 六	庚辰 27 日	辛巳 28 一	壬午 29 二	癸未 30 三	甲申 (10) 四	乙酉 2 五	丙戌 3 六	丁亥 4 日	戊子 5 一	己丑 6 二	庚寅 7 三	辛卯 8 四	壬辰 9 五	癸巳 10 六	甲午 11 日	乙未 12 一	丙申 13 二	丁酉 14 三	戊戌 15 四	己亥 16 五	庚子 17 六	辛丑 18 日	壬寅 19 一	癸卯 20 二	甲辰 21 三	乙巳 22 四	丙午 23 五	丁未 24 六		壬午寒露 丁酉霜降
十月大	乙亥	干支 西曆 星期	戊申 25 日	己酉 26 一	庚戌 27 二	辛亥 28 三	壬子 29 四	癸丑 30 五	甲寅 31 六	乙卯 (11) 日	丙辰 2 一	丁巳 3 二	戊午 4 三	己未 5 四	庚申 6 五	辛酉 7 六	壬戌 8 日	癸亥 9 一	甲子 10 二	乙丑 11 三	丙寅 12 四	丁卯 13 五	戊辰 14 六	己巳 15 日	庚午 16 一	辛未 17 二	壬申 18 三	癸酉 19 四	甲戌 20 五	乙亥 21 六	丙子 22 日	丁丑 23 一	癸丑立冬 戊辰小雪
十一月大	丙子	干支 西曆 星期	戊寅 24 二	己卯 25 三	庚辰 26 四	辛巳 27 五	壬午 28 六	癸未 29 日	甲申 30 一	乙酉 (12) 二	丙戌 2 三	丁亥 3 四	戊子 4 五	己丑 5 六	庚寅 6 日	辛卯 7 一	壬辰 8 二	癸巳 9 三	甲午 10 四	乙未 11 五	丙申 12 六	丁酉 13 日	戊戌 14 一	己亥 15 二	庚子 16 三	辛丑 17 四	壬寅 18 五	癸卯 19 六	甲辰 20 日	乙巳 21 一	丙午 22 二	丁未 23 三	癸未大雪 戊戌冬至
十二月大	丁丑	干支 西曆 星期	戊申 24 四	己酉 25 五	庚戌 26 六	辛亥 27 日	壬子 28 一	癸丑 29 二	甲寅 30 三	乙卯 31 四	丙辰 (1) 五	丁巳 2 六	戊午 3 日	己未 4 一	庚申 5 二	辛酉 6 三	壬戌 7 四	癸亥 8 五	甲子 9 六	乙丑 10 日	丙寅 11 一	丁卯 12 二	戊辰 13 三	己巳 14 四	庚午 15 五	辛未 16 六	壬申 17 日	癸酉 18 一	甲戌 19 二	乙亥 20 三	丙子 21 四	丁丑 22 五	癸丑小寒 己巳大寒

元成宗大德四年（庚子 鼠年） 公元 1300 ~ 1301 年

夏曆月序	月建	中西曆日對照	初一	初二	初三	初四	初五	初六	初七	初八	初九	初十	十一	十二	十三	十四	十五	十六	十七	十八	十九	二十	二一	二二	二三	二四	二五	二六	二七	二八	二九	三十	節氣與天象
正月小	戊寅	天干地支西曆星期	戊寅23六	己卯24日	庚辰25一	辛巳26二	壬午27三	癸未28四	甲申29五	乙酉30六	丙戌31日	丁亥(2)一	戊子2二	己丑3三	庚寅4四	辛卯5五	壬辰6六	癸巳7日	甲午8一	乙未9二	丙申10三	丁酉11四	戊戌12五	己亥13六	庚子14日	辛丑15一	壬寅16二	癸卯17三	甲辰18四	乙巳19五	丙午20六		甲申立春 己亥雨水
二月大	己卯	天干地支西曆星期	丁未21日	戊申22一	己酉23二	庚戌24三	辛亥25四	壬子26五	癸丑27六	甲寅28日	乙卯29一	丙辰(3)二	丁巳2三	戊午3四	己未4五	庚申5六	辛酉6日	壬戌7一	癸亥8二	甲子9三	乙丑10四	丙寅11五	丁卯12六	戊辰13日	己巳14一	庚午15二	辛未16三	壬申17四	癸酉18五	甲戌19六	乙亥20日	丙子21一	甲寅驚蟄 己巳春分 丁未日食
三月小	庚辰	天干地支西曆星期	丁丑22二	戊寅23三	己卯24四	庚辰25五	辛巳26六	壬午27日	癸未28一	甲申29二	乙酉30三	丙戌31四	丁亥(4)五	戊子2六	己丑3日	庚寅4一	辛卯5二	壬辰6三	癸巳7四	甲午8五	乙未9六	丙申10日	丁酉11一	戊戌12二	己亥13三	庚子14四	辛丑15五	壬寅16六	癸卯17日	甲辰18一	乙巳19二		乙酉清明 庚子穀雨
四月小	辛巳	天干地支西曆星期	丙午20三	丁未21四	戊申22五	己酉23六	庚戌24日	辛亥25一	壬子26二	癸丑27三	甲寅28四	乙卯29五	丙辰30六	丁巳(5)日	戊午2一	己未3二	庚申4三	辛酉5四	壬戌6五	癸亥7六	甲子8日	乙丑9一	丙寅10二	丁卯11三	戊辰12四	己巳13五	庚午14六	辛未15日	壬申16一	癸酉17二	甲戌18三		乙卯立夏 庚午小滿
五月大	壬午	天干地支西曆星期	乙亥19四	丙子20五	丁丑21六	戊寅22日	己卯23一	庚辰24二	辛巳25三	壬午26四	癸未27五	甲申28六	乙酉29日	丙戌30一	丁亥31二	戊子(6)三	己丑2四	庚寅3五	辛卯4六	壬辰5日	癸巳6一	甲午7二	乙未8三	丙申9四	丁酉10五	戊戌11六	己亥12日	庚子13一	辛丑14二	壬寅15三	癸卯16四	甲辰17五	丙戌芒種 辛丑夏至
六月小	癸未	天干地支西曆星期	乙巳18六	丙午19日	丁未20一	戊申21二	己酉22三	庚戌23四	辛亥24五	壬子25六	癸丑26日	甲寅27一	乙卯28二	丙辰29三	丁巳30四	戊午(7)五	己未2六	庚申3日	辛酉4一	壬戌5二	癸亥6三	甲子7四	乙丑8五	丙寅9六	丁卯10日	戊辰11一	己巳12二	庚午13三	辛未14四	壬申15五	癸酉16六		丙辰小暑 辛未大暑
七月小	甲申	天干地支西曆星期	甲戌17日	乙亥18一	丙子19二	丁丑20三	戊寅21四	己卯22五	庚辰23六	辛巳24日	壬午25一	癸未26二	甲申27三	乙酉28四	丙戌29五	丁亥30六	戊子31日	己丑(8)一	庚寅2二	辛卯3三	壬辰4四	癸巳5五	甲午6六	乙未7日	丙申8一	丁酉9二	戊戌10三	己亥11四	庚子12五	辛丑13六	壬寅14日		丙戌立秋 壬寅處暑
八月大	乙酉	天干地支西曆星期	癸卯15一	甲辰16二	乙巳17三	丙午18四	丁未19五	戊申20六	己酉21日	庚戌22一	辛亥23二	壬子24三	癸丑25四	甲寅26五	乙卯27六	丙辰28日	丁巳29一	戊午30二	己未31三	庚申(9)四	辛酉2五	壬戌3六	癸亥4日	甲子5一	乙丑6二	丙寅7三	丁卯8四	戊辰9五	己巳10六	庚午11日	辛未12一	壬申13二	丁巳白露 壬申秋分
閏八月大	乙酉	天干地支西曆星期	癸酉14三	甲戌15四	乙亥16五	丙子17六	丁丑18日	戊寅19一	己卯20二	庚辰21三	辛巳22四	壬午23五	癸未24六	甲申25日	乙酉26一	丙戌27二	丁亥28三	戊子29四	己丑30五	庚寅(10)六	辛卯2日	壬辰3一	癸巳4二	甲午5三	乙未6四	丙申7五	丁酉8六	戊戌9日	己亥10一	庚子11二	辛丑12三	壬寅13四	丁亥寒露
九月大	丙戌	天干地支西曆星期	癸卯14五	甲辰15六	乙巳16日	丙午17一	丁未18二	戊申19三	己酉20四	庚戌21五	辛亥22六	壬子23日	癸丑24一	甲寅25二	乙卯26三	丙辰27四	丁巳28五	戊午29六	己未30日	庚申31一	辛酉(11)二	壬戌2三	癸亥3四	甲子4五	乙丑5六	丙寅6日	丁卯7一	戊辰8二	己巳9三	庚午10四	辛未11五	壬申12六	癸卯霜降 戊午立冬
十月小	丁亥	天干地支西曆星期	癸酉13日	甲戌14一	乙亥15二	丙子16三	丁丑17四	戊寅18五	己卯19六	庚辰20日	辛巳21一	壬午22二	癸未23三	甲申24四	乙酉25五	丙戌26六	丁亥27日	戊子28一	己丑29二	庚寅30三	辛卯(12)四	壬辰2五	癸巳3六	甲午4日	乙未5一	丙申6二	丁酉7三	戊戌8四	己亥9五	庚子10六	辛丑11日		癸酉小雪 戊子大雪
十一月大	戊子	天干地支西曆星期	壬寅12一	癸卯13二	甲辰14三	乙巳15四	丙午16五	丁未17六	戊申18日	己酉19一	庚戌20二	辛亥21三	壬子22四	癸丑23五	甲寅24六	乙卯25日	丙辰26一	丁巳27二	戊午28三	己未29四	庚申30五	辛酉31六	壬戌(1)日	癸亥2一	甲子3二	乙丑4三	丙寅5四	丁卯6五	戊辰7六	己巳8日	庚午9一	辛未10二	癸卯冬至 己未小寒
十二月大	己丑	天干地支西曆星期	壬申11三	癸酉12四	甲戌13五	乙亥14六	丙子15日	丁丑16一	戊寅17二	己卯18三	庚辰19四	辛巳20五	壬午21六	癸未22日	甲申23一	乙酉24二	丙戌25三	丁亥26四	戊子27五	己丑28六	庚寅29日	辛卯30一	壬辰31二	癸巳(2)三	甲午2四	乙未3五	丙申4六	丁酉5日	戊戌6一	己亥7二	庚子8三	辛丑9四	甲戌大寒 己丑立春

元成宗大德五年（辛丑 牛年） 公元 1301 ~ 1302 年

夏曆月序		中西曆日對照	初一	初二	初三	初四	初五	初六	初七	初八	初九	初十	十一	十二	十三	十四	十五	十六	十七	十八	十九	二十	二一	二二	二三	二四	二五	二六	二七	二八	二九	三十	節氣與天象
正月小	庚寅	干支 天地 西曆 星期	壬寅 10 五	癸卯 11 六	甲辰 12 日	乙巳 13 一	丙午 14 二	丁未 15 三	戊申 16 四	己酉 17 五	庚戌 18 六	辛亥 19 日	壬子 20 一	癸丑 21 二	甲寅 22 三	乙卯 23 四	丙辰 24 五	丁巳 25 六	戊午 26 日	己未 27 一	庚申 28 二	辛酉 (3) 三	壬戌 2 四	癸亥 3 五	甲子 4 六	乙丑 5 日	丙寅 6 一	丁卯 7 二	戊辰 8 三	己巳 9 四	庚午 10 五		甲辰雨水 庚申驚蟄
二月大	辛卯	干支 天地 西曆 星期	辛未 11 六	壬申 12 日	癸酉 13 一	甲戌 14 二	乙亥 15 三	丙子 16 四	丁丑 17 五	戊寅 18 六	己卯 19 日	庚辰 20 一	辛巳 21 二	壬午 22 三	癸未 23 四	甲申 24 五	乙酉 25 六	丙戌 26 日	丁亥 27 一	戊子 28 二	己丑 29 三	庚寅 30 四	辛卯 31 五	壬辰 (4) 六	癸巳 2 日	甲午 3 一	乙未 4 二	丙申 5 三	丁酉 6 四	戊戌 7 五	己亥 8 六	庚子 9 日	乙亥春分 庚寅清明
三月小	壬辰	干支 天地 西曆 星期	辛丑 10 一	壬寅 11 二	癸卯 12 三	甲辰 13 四	乙巳 14 五	丙午 15 六	丁未 16 日	戊申 17 一	己酉 18 二	庚戌 19 三	辛亥 20 四	壬子 21 五	癸丑 22 六	甲寅 23 日	乙卯 24 一	丙辰 25 二	丁巳 26 三	戊午 27 四	己未 28 五	庚申 29 六	辛酉 30 日	壬戌 (5) 一	癸亥 2 二	甲子 3 三	乙丑 4 四	丙寅 5 五	丁卯 6 六	戊辰 7 日	己巳 8 一		乙巳穀雨 庚申立夏
四月小	癸巳	干支 天地 西曆 星期	庚午 9 二	辛未 10 三	壬申 11 四	癸酉 12 五	甲戌 13 六	乙亥 14 日	丙子 15 一	丁丑 16 二	戊寅 17 三	己卯 18 四	庚辰 19 五	辛巳 20 六	壬午 21 日	癸未 22 一	甲申 23 二	乙酉 24 三	丙戌 25 四	丁亥 26 五	戊子 27 六	己丑 28 日	庚寅 29 一	辛卯 30 二	壬辰 31 三	癸巳 (6) 四	甲午 2 五	乙未 3 六	丙申 4 日	丁酉 5 一	戊戌 6 二		丙子小滿 辛卯芒種
五月大	甲午	干支 天地 西曆 星期	己亥 7 三	庚子 8 四	辛丑 9 五	壬寅 10 六	癸卯 11 日	甲辰 12 一	乙巳 13 二	丙午 14 三	丁未 15 四	戊申 16 五	己酉 17 六	庚戌 18 日	辛亥 19 一	壬子 20 二	癸丑 21 三	甲寅 22 四	乙卯 23 五	丙辰 24 六	丁巳 25 日	戊午 26 一	己未 27 二	庚申 28 三	辛酉 29 四	壬戌 30 五	癸亥 (7) 六	甲子 2 日	乙丑 3 一	丙寅 4 二	丁卯 5 三	戊辰 6 四	丙午夏至 辛酉小暑
六月小	乙未	干支 天地 西曆 星期	己巳 7 五	庚午 8 六	辛未 9 日	壬申 10 一	癸酉 11 二	甲戌 12 三	乙亥 13 四	丙子 14 五	丁丑 15 六	戊寅 16 日	己卯 17 一	庚辰 18 二	辛巳 19 三	壬午 20 四	癸未 21 五	甲申 22 六	乙酉 23 日	丙戌 24 一	丁亥 25 二	戊子 26 三	己丑 27 四	庚寅 28 五	辛卯 29 六	壬辰 30 日	癸巳 31 一	甲午 (8) 二	乙未 2 三	丙申 3 四	丁酉 4 五		丙子大暑 壬辰立秋
七月小	丙申	干支 天地 西曆 星期	戊戌 5 六	己亥 6 日	庚子 7 一	辛丑 8 二	壬寅 9 三	癸卯 10 四	甲辰 11 五	乙巳 12 六	丙午 13 日	丁未 14 一	戊申 15 二	己酉 16 三	庚戌 17 四	辛亥 18 五	壬子 19 六	癸丑 20 日	甲寅 21 一	乙卯 22 二	丙辰 23 三	丁巳 24 四	戊午 25 五	己未 26 六	庚申 27 日	辛酉 28 一	壬戌 29 二	癸亥 30 三	甲子 31 四	乙丑 (9) 五	丙寅 2 六		丁未處暑 壬戌白露
八月大	丁酉	干支 天地 西曆 星期	丁卯 3 日	戊辰 4 一	己巳 5 二	庚午 6 三	辛未 7 四	壬申 8 五	癸酉 9 六	甲戌 10 日	乙亥 11 一	丙子 12 二	丁丑 13 三	戊寅 14 四	己卯 15 五	庚辰 16 六	辛巳 17 日	壬午 18 一	癸未 19 二	甲申 20 三	乙酉 21 四	丙戌 22 五	丁亥 23 六	戊子 24 日	己丑 25 一	庚寅 26 二	辛卯 27 三	壬辰 28 四	癸巳 29 五	甲午 30 六	乙未 (10) 日	丙申 2 一	丁丑秋分 癸巳寒露
九月小	戊戌	干支 天地 西曆 星期	丁酉 3 二	戊戌 4 三	己亥 5 四	庚子 6 五	辛丑 7 六	壬寅 8 日	癸卯 9 一	甲辰 10 二	乙巳 11 三	丙午 12 四	丁未 13 五	戊申 14 六	己酉 15 日	庚戌 16 一	辛亥 17 二	壬子 18 三	癸丑 19 四	甲寅 20 五	乙卯 21 六	丙辰 22 日	丁巳 23 一	戊午 24 二	己未 25 三	庚申 26 四	辛酉 27 五	壬戌 28 六	癸亥 29 日	甲子 30 一	乙丑 31 二		戊申霜降 癸亥立冬
十月大	己亥	干支 天地 西曆 星期	丙寅 (11) 三	丁卯 2 四	戊辰 3 五	己巳 4 六	庚午 5 日	辛未 6 一	壬申 7 二	癸酉 8 三	甲戌 9 四	乙亥 10 五	丙子 11 六	丁丑 12 日	戊寅 13 一	己卯 14 二	庚辰 15 三	辛巳 16 四	壬午 17 五	癸未 18 六	甲申 19 日	乙酉 20 一	丙戌 21 二	丁亥 22 三	戊子 23 四	己丑 24 五	庚寅 25 六	辛卯 26 日	壬辰 27 一	癸巳 28 二	甲午 29 三	乙未 30 四	戊寅小雪 癸巳大雪
十一月大	庚子	干支 天地 西曆 星期	丙申 (12) 五	丁酉 2 六	戊戌 3 日	己亥 4 一	庚子 5 二	辛丑 6 三	壬寅 7 四	癸卯 8 五	甲辰 9 六	乙巳 10 日	丙午 11 一	丁未 12 二	戊申 13 三	己酉 14 四	庚戌 15 五	辛亥 16 六	壬子 17 日	癸丑 18 一	甲寅 19 二	乙卯 20 三	丙辰 21 四	丁巳 22 五	戊午 23 六	己未 24 日	庚申 25 一	辛酉 26 二	壬戌 27 三	癸亥 28 四	甲子 29 五	乙丑 30 六	己酉冬至 甲子小寒
十二月大	辛丑	干支 天地 西曆 星期	丙寅 31 日	丁卯 (1) 一	戊辰 2 二	己巳 3 三	庚午 4 四	辛未 5 五	壬申 6 六	癸酉 7 日	甲戌 8 一	乙亥 9 二	丙子 10 三	丁丑 11 四	戊寅 12 五	己卯 13 六	庚辰 14 日	辛巳 15 一	壬午 16 二	癸未 17 三	甲申 18 四	乙酉 19 五	丙戌 20 六	丁亥 21 日	戊子 22 一	己丑 23 二	庚寅 24 三	辛卯 25 四	壬辰 26 五	癸巳 27 六	甲午 28 日	乙未 29 一	己卯大寒 甲午立春

元成宗大德六年（壬寅 虎年） 公元 1302 ~ 1303 年

夏曆月序		中西曆日對照	初一	初二	初三	初四	初五	初六	初七	初八	初九	初十	十一	十二	十三	十四	十五	十六	十七	十八	十九	二十	二一	二二	二三	二四	二五	二六	二七	二八	二九	三十	節氣與天象
正月小	壬寅	天干地支 西曆 星期	丙申 30 二	丁酉 31 三	戊戌 (2) 四	己亥 2 五	庚子 3 六	辛丑 4 日	壬寅 5 一	癸卯 6 二	甲辰 7 三	乙巳 8 四	丙午 9 五	丁未 10 六	戊申 11 日	己酉 12 一	庚戌 13 二	辛亥 14 三	壬子 15 四	癸丑 16 五	甲寅 17 六	乙卯 18 日	丙辰 19 一	丁巳 20 二	戊午 21 三	己未 22 四	庚申 23 五	辛酉 24 六	壬戌 25 日	癸亥 26 一	甲子 27 二		庚戌雨水
二月大	癸卯	天干地支 西曆 星期	乙丑 28 三	丙寅 (3) 四	丁卯 2 五	戊辰 3 六	己巳 4 日	庚午 5 一	辛未 6 二	壬申 7 三	癸酉 8 四	甲戌 9 五	乙亥 10 六	丙子 11 日	丁丑 12 一	戊寅 13 二	己卯 14 三	庚辰 15 四	辛巳 16 五	壬午 17 六	癸未 18 日	甲申 19 一	乙酉 20 二	丙戌 21 三	丁亥 22 四	戊子 23 五	己丑 24 六	庚寅 25 日	辛卯 26 一	壬辰 27 二	癸巳 28 三	甲午 29 四	乙丑驚蟄 庚辰春分
三月大	甲辰	天干地支 西曆 星期	乙未 30 五	丙申 31 六	丁酉 (4) 日	戊戌 2 一	己亥 3 二	庚子 4 三	辛丑 5 四	壬寅 6 五	癸卯 7 六	甲辰 8 日	乙巳 9 一	丙午 10 二	丁未 11 三	戊申 12 四	己酉 13 五	庚戌 14 六	辛亥 15 日	壬子 16 一	癸丑 17 二	甲寅 18 三	乙卯 19 四	丙辰 20 五	丁巳 21 六	戊午 22 日	己未 23 一	庚申 24 二	辛酉 25 三	壬戌 26 四	癸亥 27 五	甲子 28 六	乙未清明 庚戌穀雨
四月小	乙巳	天干地支 西曆 星期	乙丑 29 日	丙寅 30 一	丁卯 (5) 二	戊辰 2 三	己巳 3 四	庚午 4 五	辛未 5 六	壬申 6 日	癸酉 7 一	甲戌 8 二	乙亥 9 三	丙子 10 四	丁丑 11 五	戊寅 12 六	己卯 13 日	庚辰 14 一	辛巳 15 二	壬午 16 三	癸未 17 四	甲申 18 五	乙酉 19 六	丙戌 20 日	丁亥 21 一	戊子 22 二	己丑 23 三	庚寅 24 四	辛卯 25 五	壬辰 26 六	癸巳 27 日		丙寅立夏 辛巳小滿
五月小	丙午	天干地支 西曆 星期	甲午 28 一	乙未 29 二	丙申 30 三	丁酉 31 四	戊戌 (6) 五	己亥 2 六	庚子 3 日	辛丑 4 一	壬寅 5 二	癸卯 6 三	甲辰 7 四	乙巳 8 五	丙午 9 六	丁未 10 日	戊申 11 一	己酉 12 二	庚戌 13 三	辛亥 14 四	壬子 15 五	癸丑 16 六	甲寅 17 日	乙卯 18 一	丙辰 19 二	丁巳 20 三	戊午 21 四	己未 22 五	庚申 23 六	辛酉 24 日	壬戌 25 一		丙申芒種 辛亥夏至
六月大	丁未	天干地支 西曆 星期	癸亥 26 二	甲子 27 三	乙丑 28 四	丙寅 29 五	丁卯 30 六	戊辰 (7) 日	己巳 2 一	庚午 3 二	辛未 4 三	壬申 5 四	癸酉 6 五	甲戌 7 六	乙亥 8 日	丙子 9 一	丁丑 10 二	戊寅 11 三	己卯 12 四	庚辰 13 五	辛巳 14 六	壬午 15 日	癸未 16 一	甲申 17 二	乙酉 18 三	丙戌 19 四	丁亥 20 五	戊子 21 六	己丑 22 日	庚寅 23 一	辛卯 24 二	壬辰 25 三	丙寅小暑 壬午大暑 癸亥日食
七月小	戊申	天干地支 西曆 星期	癸巳 26 四	甲午 27 五	乙未 28 六	丙申 29 日	丁酉 30 一	戊戌 31 二	己亥 (8) 三	庚子 2 四	辛丑 3 五	壬寅 4 六	癸卯 5 日	甲辰 6 一	乙巳 7 二	丙午 8 三	丁未 9 四	戊申 10 五	己酉 11 六	庚戌 12 日	辛亥 13 一	壬子 14 二	癸丑 15 三	甲寅 16 四	乙卯 17 五	丙辰 18 六	丁巳 19 日	戊午 20 一	己未 21 二	庚申 22 三	辛酉 23 四		丁酉立秋 壬子處暑
八月小	己酉	天干地支 西曆 星期	壬戌 24 五	癸亥 25 六	甲子 26 日	乙丑 27 一	丙寅 28 二	丁卯 29 三	戊辰 30 四	己巳 31 五	庚午 (9) 六	辛未 2 日	壬申 3 一	癸酉 4 二	甲戌 5 三	乙亥 6 四	丙子 7 五	丁丑 8 六	戊寅 9 日	己卯 10 一	庚辰 11 二	辛巳 12 三	壬午 13 四	癸未 14 五	甲申 15 六	乙酉 16 日	丙戌 17 一	丁亥 18 二	戊子 19 三	己丑 20 四	庚寅 21 五		丁卯白露 癸未秋分
九月大	庚戌	天干地支 西曆 星期	辛卯 22 六	壬辰 23 日	癸巳 24 一	甲午 25 二	乙未 26 三	丙申 27 四	丁酉 28 五	戊戌 29 六	己亥 30 日	庚子 (10) 一	辛丑 2 二	壬寅 3 三	癸卯 4 四	甲辰 5 五	乙巳 6 六	丙午 7 日	丁未 8 一	戊申 9 二	己酉 10 三	庚戌 11 四	辛亥 12 五	壬子 13 六	癸丑 14 日	甲寅 15 一	乙卯 16 二	丙辰 17 三	丁巳 18 四	戊午 19 五	己未 20 六	庚申 21 日	戊戌寒露 癸丑霜降
十月小	辛亥	天干地支 西曆 星期	辛酉 22 一	壬戌 23 二	癸亥 24 三	甲子 25 四	乙丑 26 五	丙寅 27 六	丁卯 28 日	戊辰 29 一	己巳 30 二	庚午 31 三	辛未 (11) 四	壬申 2 五	癸酉 3 六	甲戌 4 日	乙亥 5 一	丙子 6 二	丁丑 7 三	戊寅 8 四	己卯 9 五	庚辰 10 六	辛巳 11 日	壬午 12 一	癸未 13 二	甲申 14 三	乙酉 15 四	丙戌 16 五	丁亥 17 六	戊子 18 日	己丑 19 一		戊辰立冬 癸未小雪
十一月大	壬子	天干地支 西曆 星期	庚寅 20 二	辛卯 21 三	壬辰 22 四	癸巳 23 五	甲午 24 六	乙未 25 日	丙申 26 一	丁酉 27 二	戊戌 28 三	己亥 29 四	庚子 30 五	辛丑 (12) 六	壬寅 2 日	癸卯 3 一	甲辰 4 二	乙巳 5 三	丙午 6 四	丁未 7 五	戊申 8 六	己酉 9 日	庚戌 10 一	辛亥 11 二	壬子 12 三	癸丑 13 四	甲寅 14 五	乙卯 15 六	丙辰 16 日	丁巳 17 一	戊午 18 二	己未 19 三	己亥大雪 甲寅冬至
十二月大	癸丑	天干地支 西曆 星期	庚申 20 四	辛酉 21 五	壬戌 22 六	癸亥 23 日	甲子 24 一	乙丑 25 二	丙寅 26 三	丁卯 27 四	戊辰 28 五	己巳 29 六	庚午 30 日	辛未 31 一	壬申 (1) 二	癸酉 2 三	甲戌 3 四	乙亥 4 五	丙子 5 六	丁丑 6 日	戊寅 7 一	己卯 8 二	庚辰 9 三	辛巳 10 四	壬午 11 五	癸未 12 六	甲申 13 日	乙酉 14 一	丙戌 15 二	丁亥 16 三	戊子 17 四	己丑 18 五	己巳小寒 甲申大寒

元成宗大德七年（癸卯 兔年） 公元 1303 ~ 1304 年

夏曆月序		中西曆日對照	初一	初二	初三	初四	初五	初六	初七	初八	初九	初十	十一	十二	十三	十四	十五	十六	十七	十八	十九	二十	二一	二二	二三	二四	二五	二六	二七	二八	二九	三十	節氣與天象
正月小	甲寅	天干地支西曆星期	庚寅19六	辛卯20日	壬辰21一	癸巳22二	甲午23三	乙未24四	丙申25五	丁酉26六	戊戌27日	己亥28一	庚子29二	辛丑30三	壬寅31四	癸卯(2)五	甲辰2六	乙巳3日	丙午4一	丁未5二	戊申6三	己酉7四	庚戌8五	辛亥9六	壬子10日	癸丑11一	甲寅12二	乙卯13三	丙辰14四	丁巳15五	戊午16六		庚子立春 乙卯雨水
二月大	乙卯	天干地支西曆星期	己未17日	庚申18一	辛酉19二	壬戌20三	癸亥21四	甲子22五	乙丑23六	丙寅24日	丁卯25一	戊辰26二	己巳27三	庚午28四	辛未(3)五	壬申2六	癸酉3日	甲戌4一	乙亥5二	丙子6三	丁丑7四	戊寅8五	己卯9六	庚辰10日	辛巳11一	壬午12二	癸未13三	甲申14四	乙酉15五	丙戌16六	丁亥17日	戊子18一	庚午驚蟄 乙酉春分
三月大	丙辰	天干地支西曆星期	己丑19二	庚寅20三	辛卯21四	壬辰22五	癸巳23六	甲午24日	乙未25一	丙申26二	丁酉27三	戊戌28四	己亥29五	庚子30六	辛丑31日	壬寅(4)一	癸卯2二	甲辰3三	乙巳4四	丙午5五	丁未6六	戊申7日	己酉8一	庚戌9二	辛亥10三	壬子11四	癸丑12五	甲寅13六	乙卯14日	丙辰15一	丁巳16二	戊午17三	庚子清明 丙辰穀雨
四月小	丁巳	天干地支西曆星期	己未18四	庚申19五	辛酉20六	壬戌21日	癸亥22一	甲子23二	乙丑24三	丙寅25四	丁卯26五	戊辰27六	己巳28日	庚午29一	辛未30二	壬申(5)三	癸酉2四	甲戌3五	乙亥4六	丙子5日	丁丑6一	戊寅7二	己卯8三	庚辰9四	辛巳10五	壬午11六	癸未12日	甲申13一	乙酉14二	丙戌15三	丁亥16四		辛未立夏 丙戌小滿
五月大	戊午	天干地支西曆星期	戊子17五	己丑18六	庚寅19日	辛卯20一	壬辰21二	癸巳22三	甲午23四	乙未24五	丙申25六	丁酉26日	戊戌27一	己亥28二	庚子29三	辛丑30四	壬寅31五	癸卯(6)六	甲辰2日	乙巳3一	丙午4二	丁未5三	戊申6四	己酉7五	庚戌8六	辛亥9日	壬子10一	癸丑11二	甲寅12三	乙卯13四	丙辰14五	丁巳15六	辛丑芒種 丁巳夏至
閏五月小	戊午	天干地支西曆星期	戊午16日	己未17一	庚申18二	辛酉19三	壬戌20四	癸亥21五	甲子22六	乙丑23日	丙寅24一	丁卯25二	戊辰26三	己巳27四	庚午28五	辛未29六	壬申30日	癸酉(7)一	甲戌2二	乙亥3三	丙子4四	丁丑5五	戊寅6六	己卯7日	庚辰8一	辛巳9二	壬午10三	癸未11四	甲申12五	乙酉13六	丙戌14日		壬申小暑 戊午日食
六月大	己未	天干地支西曆星期	丁亥15一	戊子16二	己丑17三	庚寅18四	辛卯19五	壬辰20六	癸巳21日	甲午22一	乙未23二	丙申24三	丁酉25四	戊戌26五	己亥27六	庚子28日	辛丑29一	壬寅30二	癸卯31三	甲辰(8)四	乙巳2五	丙午3六	丁未4日	戊申5一	己酉6二	庚戌7三	辛亥8四	壬子9五	癸丑10六	甲寅11日	乙卯12一	丙辰13二	丁亥大暑 壬寅立秋
七月小	庚申	天干地支西曆星期	丁巳14三	戊午15四	己未16五	庚申17六	辛酉18日	壬戌19一	癸亥20二	甲子21三	乙丑22四	丙寅23五	丁卯24六	戊辰25日	己巳26一	庚午27二	辛未28三	壬申29四	癸酉30五	甲戌31六	乙亥(9)日	丙子2一	丁丑3二	戊寅4三	己卯5四	庚辰6五	辛巳7六	壬午8日	癸未9一	甲申10二	乙酉11三		丁巳處暑 癸酉白露
八月小	辛酉	天干地支西曆星期	丙戌12四	丁亥13五	戊子14六	己丑15日	庚寅16一	辛卯17二	壬辰18三	癸巳19四	甲午20五	乙未21六	丙申22日	丁酉23一	戊戌24二	己亥25三	庚子26四	辛丑27五	壬寅28六	癸卯29日	甲辰30一	乙巳(10)二	丙午2三	丁未3四	戊申4五	己酉5六	庚戌6日	辛亥7一	壬子8二	癸丑9三	甲寅10四		戊子秋分 癸卯寒露
九月大	壬戌	天干地支西曆星期	乙卯11五	丙辰12六	丁巳13日	戊午14一	己未15二	庚申16三	辛酉17四	壬戌18五	癸亥19六	甲子20日	乙丑21一	丙寅22二	丁卯23三	戊辰24四	己巳25五	庚午26六	辛未27日	壬申28一	癸酉29二	甲戌30三	乙亥31四	丙子(11)五	丁丑2六	戊寅3日	己卯4一	庚辰5二	辛巳6三	壬午7四	癸未8五	甲申9六	戊午霜降 癸酉立冬
十月小	癸亥	天干地支西曆星期	乙酉10日	丙戌11一	丁亥12二	戊子13三	己丑14四	庚寅15五	辛卯16六	壬辰17日	癸巳18一	甲午19二	乙未20三	丙申21四	丁酉22五	戊戌23六	己亥24日	庚子25一	辛丑26二	壬寅27三	癸卯28四	甲辰29五	乙巳30六	丙午(12)日	丁未2一	戊申3二	己酉4三	庚戌5四	辛亥6五	壬子7六	癸丑8日		己丑小雪 甲辰大雪
十一月大	甲子	天干地支西曆星期	甲寅9一	乙卯10二	丙辰11三	丁巳12四	戊午13五	己未14六	庚申15日	辛酉16一	壬戌17二	癸亥18三	甲子19四	乙丑20五	丙寅21六	丁卯22日	戊辰23一	己巳24二	庚午25三	辛未26四	壬申27五	癸酉28六	甲戌29日	乙亥30一	丙子31二	丁丑(1)三	戊寅2四	己卯3五	庚辰4六	辛巳5日	壬午6一	癸未7二	己未冬至 甲戌小寒
十二月小	乙丑	天干地支西曆星期	甲申8三	乙酉9四	丙戌10五	丁亥11六	戊子12日	己丑13一	庚寅14二	辛卯15三	壬辰16四	癸巳17五	甲午18六	乙未19日	丙申20一	丁酉21二	戊戌22三	己亥23四	庚子24五	辛丑25六	壬寅26日	癸卯27一	甲辰28二	乙巳29三	丙午30四	丁未31五	戊申(2)六	己酉2日	庚戌3一	辛亥4二	壬子5三		庚寅大寒 乙巳立春

元成宗大德八年（甲辰 龍年） 公元1304 ~ 1305年

夏曆月序		中西曆日對照	初一	初二	初三	初四	初五	初六	初七	初八	初九	初十	十一	十二	十三	十四	十五	十六	十七	十八	十九	二十	二一	二二	二三	二四	二五	二六	二七	二八	二九	三十	節氣與天象
正月大	丙寅	天干地支	癸丑	甲寅	乙卯	丙辰	丁巳	戊午	己未	庚申	辛酉	壬戌	癸亥	甲子	乙丑	丙寅	丁卯	戊辰	己巳	庚午	辛未	壬申	癸酉	甲戌	乙亥	丙子	丁丑	戊寅	己卯	庚辰	辛巳	壬午	庚申雨水 乙亥驚蟄
		西曆	6	7	8	9	10	11	12	13	14	15	16	17	18	19	20	21	22	23	24	25	26	27	28	29	(3)	2	3	4	5	6	
		星期	四	五	六	日	一	二	三	四	五	六	日	一	二	三	四	五	六	日	一	二	三	四	五	六	日	一	二	三	四	五	
二月大	丁卯	天干地支	癸未	甲申	乙酉	丙戌	丁亥	戊子	己丑	庚寅	辛卯	壬辰	癸巳	甲午	乙未	丙申	丁酉	戊戌	己亥	庚子	辛丑	壬寅	癸卯	甲辰	乙巳	丙午	丁未	戊申	己酉	庚戌	辛亥	壬子	庚寅春分 丙午清明
		西曆	7	8	9	10	11	12	13	14	15	16	17	18	19	20	21	22	23	24	25	26	27	28	29	30	31	(4)	2	3	4	5	
		星期	六	日	一	二	三	四	五	六	日	一	二	三	四	五	六	日	一	二	三	四	五	六	日	一	二	三	四	五	六	日	
三月小	戊辰	天干地支	癸丑	甲寅	乙卯	丙辰	丁巳	戊午	己未	庚申	辛酉	壬戌	癸亥	甲子	乙丑	丙寅	丁卯	戊辰	己巳	庚午	辛未	壬申	癸酉	甲戌	乙亥	丙子	丁丑	戊寅	己卯	庚辰	辛巳		辛酉穀雨 丙子立夏
		西曆	6	7	8	9	10	11	12	13	14	15	16	17	18	19	20	21	22	23	24	25	26	27	28	29	30	(5)	2	3	4		
		星期	一	二	三	四	五	六	日	一	二	三	四	五	六	日	一	二	三	四	五	六	日	一	二	三	四	五	六	日	一		
四月大	己巳	天干地支	壬午	癸未	甲申	乙酉	丙戌	丁亥	戊子	己丑	庚寅	辛卯	壬辰	癸巳	甲午	乙未	丙申	丁酉	戊戌	己亥	庚子	辛丑	壬寅	癸卯	甲辰	乙巳	丙午	丁未	戊申	己酉	庚戌	辛亥	辛卯小滿 丁未芒種
		西曆	5	6	7	8	9	10	11	12	13	14	15	16	17	18	19	20	21	22	23	24	25	26	27	28	29	30	31	(6)	2	3	
		星期	二	三	四	五	六	日	一	二	三	四	五	六	日	一	二	三	四	五	六	日	一	二	三	四	五	六	日	一	二	三	
五月大	庚午	天干地支	壬子	癸丑	甲寅	乙卯	丙辰	丁巳	戊午	己未	庚申	辛酉	壬戌	癸亥	甲子	乙丑	丙寅	丁卯	戊辰	己巳	庚午	辛未	壬申	癸酉	甲戌	乙亥	丙子	丁丑	戊寅	己卯	庚辰	辛巳	壬戌夏至 丁丑小暑 壬子日食
		西曆	4	5	6	7	8	9	10	11	12	13	14	15	16	17	18	19	20	21	22	23	24	25	26	27	28	29	30	(7)	2	3	
		星期	四	五	六	日	一	二	三	四	五	六	日	一	二	三	四	五	六	日	一	二	三	四	五	六	日	一	二	三	四	五	
六月小	辛未	天干地支	壬午	癸未	甲申	乙酉	丙戌	丁亥	戊子	己丑	庚寅	辛卯	壬辰	癸巳	甲午	乙未	丙申	丁酉	戊戌	己亥	庚子	辛丑	壬寅	癸卯	甲辰	乙巳	丙午	丁未	戊申	己酉	庚戌		壬辰大暑 丁未立秋
		西曆	4	5	6	7	8	9	10	11	12	13	14	15	16	17	18	19	20	21	22	23	24	25	26	27	28	29	30	31	(8)		
		星期	六	日	一	二	三	四	五	六	日	一	二	三	四	五	六	日	一	二	三	四	五	六	日	一	二	三	四	五	六		
七月大	壬申	天干地支	辛亥	壬子	癸丑	甲寅	乙卯	丙辰	丁巳	戊午	己未	庚申	辛酉	壬戌	癸亥	甲子	乙丑	丙寅	丁卯	戊辰	己巳	庚午	辛未	壬申	癸酉	甲戌	乙亥	丙子	丁丑	戊寅	己卯	庚辰	癸亥處暑 戊寅白露
		西曆	2	3	4	5	6	7	8	9	10	11	12	13	14	15	16	17	18	19	20	21	22	23	24	25	26	27	28	29	30	31	
		星期	日	一	二	三	四	五	六	日	一	二	三	四	五	六	日	一	二	三	四	五	六	日	一	二	三	四	五	六	日	一	
八月小	癸酉	天干地支	辛巳	壬午	癸未	甲申	乙酉	丙戌	丁亥	戊子	己丑	庚寅	辛卯	壬辰	癸巳	甲午	乙未	丙申	丁酉	戊戌	己亥	庚子	辛丑	壬寅	癸卯	甲辰	乙巳	丙午	丁未	戊申	己酉		癸巳秋分 戊申寒露
		西曆	(9)	2	3	4	5	6	7	8	9	10	11	12	13	14	15	16	17	18	19	20	21	22	23	24	25	26	27	28	29		
		星期	二	三	四	五	六	日	一	二	三	四	五	六	日	一	二	三	四	五	六	日	一	二	三	四	五	六	日	一	二		
九月小	甲戌	天干地支	庚戌	辛亥	壬子	癸丑	甲寅	乙卯	丙辰	丁巳	戊午	己未	庚申	辛酉	壬戌	癸亥	甲子	乙丑	丙寅	丁卯	戊辰	己巳	庚午	辛未	壬申	癸酉	甲戌	乙亥	丙子	丁丑	戊寅		甲子霜降
		西曆	30	(10)	2	3	4	5	6	7	8	9	10	11	12	13	14	15	16	17	18	19	20	21	22	23	24	25	26	27	28		
		星期	三	四	五	六	日	一	二	三	四	五	六	日	一	二	三	四	五	六	日	一	二	三	四	五	六	日	一	二	三		
十月大	乙亥	天干地支	己卯	庚辰	辛巳	壬午	癸未	甲申	乙酉	丙戌	丁亥	戊子	己丑	庚寅	辛卯	壬辰	癸巳	甲午	乙未	丙申	丁酉	戊戌	己亥	庚子	辛丑	壬寅	癸卯	甲辰	乙巳	丙午	丁未	戊申	己卯立冬 甲午小雪
		西曆	29	30	31	(11)	2	3	4	5	6	7	8	9	10	11	12	13	14	15	16	17	18	19	20	21	22	23	24	25	26	27	
		星期	四	五	六	日	一	二	三	四	五	六	日	一	二	三	四	五	六	日	一	二	三	四	五	六	日	一	二	三	四	五	
十一月小	丙子	天干地支	己酉	庚戌	辛亥	壬子	癸丑	甲寅	乙卯	丙辰	丁巳	戊午	己未	庚申	辛酉	壬戌	癸亥	甲子	乙丑	丙寅	丁卯	戊辰	己巳	庚午	辛未	壬申	癸酉	甲戌	乙亥	丙子	丁丑		己酉大雪 甲子冬至 己酉日食
		西曆	28	29	30	(12)	2	3	4	5	6	7	8	9	10	11	12	13	14	15	16	17	18	19	20	21	22	23	24	25	26		
		星期	六	日	一	二	三	四	五	六	日	一	二	三	四	五	六	日	一	二	三	四	五	六	日	一	二	三	四	五	六		
十二月大	丁丑	天干地支	戊寅	己卯	庚辰	辛巳	壬午	癸未	甲申	乙酉	丙戌	丁亥	戊子	己丑	庚寅	辛卯	壬辰	癸巳	甲午	乙未	丙申	丁酉	戊戌	己亥	庚子	辛丑	壬寅	癸卯	甲辰	乙巳	丙午	丁未	庚辰小寒 乙未大寒
		西曆	27	28	29	30	31	(1)	2	3	4	5	6	7	8	9	10	11	12	13	14	15	16	17	18	19	20	21	22	23	24	25	
		星期	日	一	二	三	四	五	六	日	一	二	三	四	五	六	日	一	二	三	四	五	六	日	一	二	三	四	五	六	日	一	

元成宗大德九年（乙巳 蛇年） 公元 1305 ~ 1306 年

夏曆月序		中西曆日對照	初一	初二	初三	初四	初五	初六	初七	初八	初九	初十	十一	十二	十三	十四	十五	十六	十七	十八	十九	二十	二一	二二	二三	二四	二五	二六	二七	二八	二九	三十	節氣與天象
正月小	戊寅	天干地支 西曆 星期	戊申 26 二	己酉 27 三	庚戌 28 四	辛亥 29 五	壬子 30 六	癸丑 31 日	甲寅 (2) 一	乙卯 2 二	丙辰 3 三	丁巳 4 四	戊午 5 五	己未 6 六	庚申 7 日	辛酉 8 一	壬戌 9 二	癸亥 10 三	甲子 11 四	乙丑 12 五	丙寅 13 六	丁卯 14 日	戊辰 15 一	己巳 16 二	庚午 17 三	辛未 18 四	壬申 19 五	癸酉 20 六	甲戌 21 日	乙亥 22 一	丙子 23 二		庚戌立春 乙丑雨水
二月大	己卯	天干地支 西曆 星期	丁丑 24 三	戊寅 25 四	己卯 26 五	庚辰 27 六	辛巳 28 日	壬午 (3) 一	癸未 2 二	甲申 3 三	乙酉 4 四	丙戌 5 五	丁亥 6 六	戊子 7 日	己丑 8 一	庚寅 9 二	辛卯 10 三	壬辰 11 四	癸巳 12 五	甲午 13 六	乙未 14 日	丙申 15 一	丁酉 16 二	戊戌 17 三	己亥 18 四	庚子 19 五	辛丑 20 六	壬寅 21 日	癸卯 22 一	甲辰 23 二	乙巳 24 三	丙午 25 四	庚辰驚蟄 丙申春分
三月小	庚辰	天干地支 西曆 星期	丁未 26 五	戊申 27 六	己酉 28 日	庚戌 29 一	辛亥 30 二	壬子 31 三	癸丑 (4) 四	甲寅 2 五	乙卯 3 六	丙辰 4 日	丁巳 5 一	戊午 6 二	己未 7 三	庚申 8 四	辛酉 9 五	壬戌 10 六	癸亥 11 日	甲子 12 一	乙丑 13 二	丙寅 14 三	丁卯 15 四	戊辰 16 五	己巳 17 六	庚午 18 日	辛未 19 一	壬申 20 二	癸酉 21 三	甲戌 22 四	乙亥 23 五		辛亥清明 丙寅穀雨
四月大	辛巳	天干地支 西曆 星期	丙子 24 六	丁丑 25 日	戊寅 26 一	己卯 27 二	庚辰 28 三	辛巳 29 四	壬午 30 五	癸未 (5) 六	甲申 2 日	乙酉 3 一	丙戌 4 二	丁亥 5 三	戊子 6 四	己丑 7 五	庚寅 8 六	辛卯 9 日	壬辰 10 一	癸巳 11 二	甲午 12 三	乙未 13 四	丙申 14 五	丁酉 15 六	戊戌 16 日	己亥 17 一	庚子 18 二	辛丑 19 三	壬寅 20 四	癸卯 21 五	甲辰 22 六	乙巳 23 日	辛巳立夏 丁酉小滿
五月大	壬午	天干地支 西曆 星期	丙午 24 一	丁未 25 二	戊申 26 三	己酉 27 四	庚戌 28 五	辛亥 29 六	壬子 30 日	癸丑 31 一	甲寅 (6) 二	乙卯 2 三	丙辰 3 四	丁巳 4 五	戊午 5 六	己未 6 日	庚申 7 一	辛酉 8 二	壬戌 9 三	癸亥 10 四	甲子 11 五	乙丑 12 六	丙寅 13 日	丁卯 14 一	戊辰 15 二	己巳 16 三	庚午 17 四	辛未 18 五	壬申 19 六	癸酉 20 日	甲戌 21 一	乙亥 22 二	壬子芒種 丁卯夏至
六月小	癸未	天干地支 西曆 星期	丙子 23 三	丁丑 24 四	戊寅 25 五	己卯 26 六	庚辰 27 日	辛巳 28 一	壬午 29 二	癸未 30 三	甲申 (7) 四	乙酉 2 五	丙戌 3 六	丁亥 4 日	戊子 5 一	己丑 6 二	庚寅 7 三	辛卯 8 四	壬辰 9 五	癸巳 10 六	甲午 11 日	乙未 12 一	丙申 13 二	丁酉 14 三	戊戌 15 四	己亥 16 五	庚子 17 六	辛丑 18 日	壬寅 19 一	癸卯 20 二	甲辰 21 三		壬午小暑 丁酉大暑
七月大	甲申	天干地支 西曆 星期	乙巳 22 四	丙午 23 五	丁未 24 六	戊申 25 日	己酉 26 一	庚戌 27 二	辛亥 28 三	壬子 29 四	癸丑 30 五	甲寅 31 六	乙卯 (8) 日	丙辰 2 一	丁巳 3 二	戊午 4 三	己未 5 四	庚申 6 五	辛酉 7 六	壬戌 8 日	癸亥 9 一	甲子 10 二	乙丑 11 三	丙寅 12 四	丁卯 13 五	戊辰 14 六	己巳 15 日	庚午 16 一	辛未 17 二	壬申 18 三	癸酉 19 四	甲戌 20 五	癸丑立秋 戊辰處暑
八月小	乙酉	天干地支 西曆 星期	乙亥 21 六	丙子 22 日	丁丑 23 一	戊寅 24 二	己卯 25 三	庚辰 26 四	辛巳 27 五	壬午 28 六	癸未 29 日	甲申 30 一	乙酉 31 二	丙戌 (9) 三	丁亥 2 四	戊子 3 五	己丑 4 六	庚寅 5 日	辛卯 6 一	壬辰 7 二	癸巳 8 三	甲午 9 四	乙未 10 五	丙申 11 六	丁酉 12 日	戊戌 13 一	己亥 14 二	庚子 15 三	辛丑 16 四	壬寅 17 五	癸卯 18 六		癸未白露 戊戌秋分
九月大	丙戌	天干地支 西曆 星期	甲辰 19 日	乙巳 20 一	丙午 21 二	丁未 22 三	戊申 23 四	己酉 24 五	庚戌 25 六	辛亥 26 日	壬子 27 一	癸丑 28 二	甲寅 29 三	乙卯 30 四	丙辰 (10) 五	丁巳 2 六	戊午 3 日	己未 4 一	庚申 5 二	辛酉 6 三	壬戌 7 四	癸亥 8 五	甲子 9 六	乙丑 10 日	丙寅 11 一	丁卯 12 二	戊辰 13 三	己巳 14 四	庚午 15 五	辛未 16 六	壬申 17 日	癸酉 18 一	甲寅寒露 己巳霜降
十月小	丁亥	天干地支 西曆 星期	甲戌 19 二	乙亥 20 三	丙子 21 四	丁丑 22 五	戊寅 23 六	己卯 24 日	庚辰 25 一	辛巳 26 二	壬午 27 三	癸未 28 四	甲申 29 五	乙酉 30 六	丙戌 31 日	丁亥 (11) 一	戊子 2 二	己丑 3 三	庚寅 4 四	辛卯 5 五	壬辰 6 六	癸巳 7 日	甲午 8 一	乙未 9 二	丙申 10 三	丁酉 11 四	戊戌 12 五	己亥 13 六	庚子 14 日	辛丑 15 一	壬寅 16 二		甲申立冬 己亥小雪
十一月大	戊子	天干地支 西曆 星期	癸卯 17 三	甲辰 18 四	乙巳 19 五	丙午 20 六	丁未 21 日	戊申 22 一	己酉 23 二	庚戌 24 三	辛亥 25 四	壬子 26 五	癸丑 27 六	甲寅 28 日	乙卯 29 一	丙辰 30 二	丁巳 (12) 三	戊午 2 四	己未 3 五	庚申 4 六	辛酉 5 日	壬戌 6 一	癸亥 7 二	甲子 8 三	乙丑 9 四	丙寅 10 五	丁卯 11 六	戊辰 12 日	己巳 13 一	庚午 14 二	辛未 15 三	壬申 16 四	甲寅大雪 庚午冬至
十二月小	己丑	天干地支 西曆 星期	癸酉 17 五	甲戌 18 六	乙亥 19 日	丙子 20 一	丁丑 21 二	戊寅 22 三	己卯 23 四	庚辰 24 五	辛巳 25 六	壬午 26 日	癸未 27 一	甲申 28 二	乙酉 29 三	丙戌 30 四	丁亥 31 五	戊子 (1) 六	己丑 2 日	庚寅 3 一	辛卯 4 二	壬辰 5 三	癸巳 6 四	甲午 7 五	乙未 8 六	丙申 9 日	丁酉 10 一	戊戌 11 二	己亥 12 三	庚子 13 四	辛丑 14 五		乙酉小寒 庚子大寒

元成宗大德十年（丙午 馬年） 公元 1306 ~ 1307 年

夏曆月序		中西曆日對照	初一	初二	初三	初四	初五	初六	初七	初八	初九	初十	十一	十二	十三	十四	十五	十六	十七	十八	十九	二十	二一	二二	二三	二四	二五	二六	二七	二八	二九	三十	節氣與天象
正月大	庚寅	天干地支西曆星期	壬寅15六	癸卯16日	甲辰17一	乙巳18二	丙午19三	丁未20四	戊申21五	己酉22六	庚戌23日	辛亥24一	壬子25二	癸丑26三	甲寅27四	乙卯28五	丙辰29六	丁巳30日	戊午31一	己未(2)二	庚申2三	辛酉3四	壬戌4五	癸亥5六	甲子6日	乙丑7一	丙寅8二	丁卯9三	戊辰10四	己巳11五	庚午12六	辛未13日	乙卯立春 庚午雨水
閏正月小	庚寅	天干地支西曆星期	壬申14一	癸酉15二	甲戌16三	乙亥17四	丙子18五	丁丑19六	戊寅20日	己卯21一	庚辰22二	辛巳23三	壬午24四	癸未25五	甲申26六	乙酉27日	丙戌28一	丁亥(3)二	戊子2三	己丑3四	庚寅4五	辛卯5六	壬辰6日	癸巳7一	甲午8二	乙未9三	丙申10四	丁酉11五	戊戌12六	己亥13日	庚子14一		丙戌驚蟄
二月大	辛卯	天干地支西曆星期	辛丑15二	壬寅16三	癸卯17四	甲辰18五	乙巳19六	丙午20日	丁未21一	戊申22二	己酉23三	庚戌24四	辛亥25五	壬子26六	癸丑27日	甲寅28一	乙卯29二	丙辰30三	丁巳31四	戊午(4)五	己未2六	庚申3日	辛酉4一	壬戌5二	癸亥6三	甲子7四	乙丑8五	丙寅9六	丁卯10日	戊辰11一	己巳12二	庚午13三	辛丑春分 丙辰清明
三月小	壬辰	天干地支西曆星期	辛未14四	壬申15五	癸酉16六	甲戌17日	乙亥18一	丙子19二	丁丑20三	戊寅21四	己卯22五	庚辰23六	辛巳24日	壬午25一	癸未26二	甲申27三	乙酉28四	丙戌29五	丁亥30六	戊子(5)日	己丑2一	庚寅3二	辛卯4三	壬辰5四	癸巳6五	甲午7六	乙未8日	丙申9一	丁酉10二	戊戌11三	己亥12四		辛未穀雨 丁亥立夏
四月大	癸巳	天干地支西曆星期	庚子13五	辛丑14六	壬寅15日	癸卯16一	甲辰17二	乙巳18三	丙午19四	丁未20五	戊申21六	己酉22日	庚戌23一	辛亥24二	壬子25三	癸丑26四	甲寅27五	乙卯28六	丙辰29日	丁巳30一	戊午31二	己未(6)三	庚申2四	辛酉3五	壬戌4六	癸亥5日	甲子6一	乙丑7二	丙寅8三	丁卯9四	戊辰10五	己巳11六	壬寅小滿 丁巳芒種
五月小	甲午	天干地支西曆星期	庚午12日	辛未13一	壬申14二	癸酉15三	甲戌16四	乙亥17五	丙子18六	丁丑19日	戊寅20一	己卯21二	庚辰22三	辛巳23四	壬午24五	癸未25六	甲申26日	乙酉27一	丙戌28二	丁亥29三	戊子30四	己丑(7)五	庚寅2六	辛卯3日	壬辰4一	癸巳5二	甲午6三	乙未7四	丙申8五	丁酉9六	戊戌10日		壬申夏至 丁亥小暑
六月大	乙未	天干地支西曆星期	己亥11一	庚子12二	辛丑13三	壬寅14四	癸卯15五	甲辰16六	乙巳17日	丙午18一	丁未19二	戊申20三	己酉21四	庚戌22五	辛亥23六	壬子24日	癸丑25一	甲寅26二	乙卯27三	丙辰28四	丁巳29五	戊午30六	己未31日	庚申(8)一	辛酉2二	壬戌3三	癸亥4四	甲子5五	乙丑6六	丙寅7日	丁卯8一	戊辰9二	癸卯大暑 戊午立秋
七月大	丙申	天干地支西曆星期	己巳10三	庚午11四	辛未12五	壬申13六	癸酉14日	甲戌15一	乙亥16二	丙子17三	丁丑18四	戊寅19五	己卯20六	庚辰21日	辛巳22一	壬午23二	癸未24三	甲申25四	乙酉26五	丙戌27六	丁亥28日	戊子29一	己丑30二	庚寅31三	辛卯(9)四	壬辰2五	癸巳3六	甲午4日	乙未5一	丙申6二	丁酉7三	戊戌8四	癸酉處暑 戊子白露
八月小	丁酉	天干地支西曆星期	己亥9五	庚子10六	辛丑11日	壬寅12一	癸卯13二	甲辰14三	乙巳15四	丙午16五	丁未17六	戊申18日	己酉19一	庚戌20二	辛亥21三	壬子22四	癸丑23五	甲寅24六	乙卯25日	丙辰26一	丁巳27二	戊午28三	己未29四	庚申30五	辛酉(10)六	壬戌2日	癸亥3一	甲子4二	乙丑5三	丙寅6四	丁卯7五		甲辰秋分 己未寒露
九月大	戊戌	天干地支西曆星期	戊辰8六	己巳9日	庚午10一	辛未11二	壬申12三	癸酉13四	甲戌14五	乙亥15六	丙子16日	丁丑17一	戊寅18二	己卯19三	庚辰20四	辛巳21五	壬午22六	癸未23日	甲申24一	乙酉25二	丙戌26三	丁亥27四	戊子28五	己丑29六	庚寅30日	辛卯31一	壬辰(11)二	癸巳2三	甲午3四	乙未4五	丙申5六	丁酉6日	甲戌霜降 己丑立冬
十月大	己亥	天干地支西曆星期	戊戌7一	己亥8二	庚子9三	辛丑10四	壬寅11五	癸卯12六	甲辰13日	乙巳14一	丙午15二	丁未16三	戊申17四	己酉18五	庚戌19六	辛亥20日	壬子21一	癸丑22二	甲寅23三	乙卯24四	丙辰25五	丁巳26六	戊午27日	己未28一	庚申29二	辛酉30三	壬戌(12)四	癸亥2五	甲子3六	乙丑4日	丙寅5一	丁卯6二	甲辰小雪 庚申大雪
十一月小	庚子	天干地支西曆星期	戊辰7三	己巳8四	庚午9五	辛未10六	壬申11日	癸酉12一	甲戌13二	乙亥14三	丙子15四	丁丑16五	戊寅17六	己卯18日	庚辰19一	辛巳20二	壬午21三	癸未22四	甲申23五	乙酉24六	丙戌25日	丁亥26一	戊子27二	己丑28三	庚寅29四	辛卯30五	壬辰31六	癸巳(1)日	甲午2一	乙未3二	丙申4三		乙亥冬至 庚寅小寒
十二月小	辛丑	天干地支西曆星期	丁酉5四	戊戌6五	己亥7六	庚子8日	辛丑9一	壬寅10二	癸卯11三	甲辰12四	乙巳13五	丙午14六	丁未15日	戊申16一	己酉17二	庚戌18三	辛亥19四	壬子20五	癸丑21六	甲寅22日	乙卯23一	丙辰24二	丁巳25三	戊午26四	己未27五	庚申28六	辛酉29日	壬戌30一	癸亥31二	甲子(2)三	乙丑2四		乙巳大寒 辛酉立春

元成宗大德十一年 武宗大德十一年（丁未 羊年） 公元 **1307** ~ 1308 年

夏曆月序		中西曆日對照	初一	初二	初三	初四	初五	初六	初七	初八	初九	初十	十一	十二	十三	十四	十五	十六	十七	十八	十九	二十	二一	二二	二三	二四	二五	二六	二七	二八	二九	三十	節氣與天象
正月大	壬寅	天干地支 西曆星期	丙寅 3 五	丁卯 4 六	戊辰 5 日	己巳 6 一	庚午 7 二	辛未 8 三	壬申 9 四	癸酉 10 五	甲戌 11 六	乙亥 12 日	丙子 13 一	丁丑 14 二	戊寅 15 三	己卯 16 四	庚辰 17 五	辛巳 18 六	壬午 19 日	癸未 20 一	甲申 21 二	乙酉 22 三	丙戌 23 四	丁亥 24 五	戊子 25 六	己丑 26 日	庚寅 27 一	辛卯 28 二	壬辰 (3) 三	癸巳 2 四	甲午 3 五	乙未 4 六	丙子雨水 辛卯驚蟄
二月小	癸卯	天干地支 西曆星期	丙申 5 日	丁酉 6 一	戊戌 7 二	己亥 8 三	庚子 9 四	辛丑 10 五	壬寅 11 六	癸卯 12 日	甲辰 13 一	乙巳 14 二	丙午 15 三	丁未 16 四	戊申 17 五	己酉 18 六	庚戌 19 日	辛亥 20 一	壬子 21 二	癸丑 22 三	甲寅 23 四	乙卯 24 五	丙辰 25 六	丁巳 26 日	戊午 27 一	己未 28 二	庚申 29 三	辛酉 30 四	壬戌 31 五	癸亥 (4) 六	甲子 2 日		丙午春分 辛酉清明
三月大	甲辰	天干地支 西曆星期	乙丑 3 一	丙寅 4 二	丁卯 5 三	戊辰 6 四	己巳 7 五	庚午 8 六	辛未 9 日	壬申 10 一	癸酉 11 二	甲戌 12 三	乙亥 13 四	丙子 14 五	丁丑 15 六	戊寅 16 日	己卯 17 一	庚辰 18 二	辛巳 19 三	壬午 20 四	癸未 21 五	甲申 22 六	乙酉 23 日	丙戌 24 一	丁亥 25 二	戊子 26 三	己丑 27 四	庚寅 28 五	辛卯 29 六	壬辰 30 日	癸巳 (5) 一	甲午 2 二	丁丑穀雨 壬辰立夏
四月小	乙巳	天干地支 西曆星期	乙未 3 三	丙申 4 四	丁酉 5 五	戊戌 6 六	己亥 7 日	庚子 8 一	辛丑 9 二	壬寅 10 三	癸卯 11 四	甲辰 12 五	乙巳 13 六	丙午 14 日	丁未 15 一	戊申 16 二	己酉 17 三	庚戌 18 四	辛亥 19 五	壬子 20 六	癸丑 21 日	甲寅 22 一	乙卯 23 二	丙辰 24 三	丁巳 25 四	戊午 26 五	己未 27 六	庚申 28 日	辛酉 29 一	壬戌 30 二	癸亥 31 三		丁未小滿 壬戌芒種
五月小	丙午	天干地支 西曆星期	甲子 (6) 四	乙丑 2 五	丙寅 3 六	丁卯 4 日	戊辰 5 一	己巳 6 二	庚午 7 三	辛未 8 四	壬申 9 五	癸酉 10 六	甲戌 11 日	乙亥 12 一	丙子 13 二	丁丑 14 三	戊寅 15 四	己卯 16 五	庚辰 17 六	辛巳 18 日	壬午 19 一	癸未 20 二	甲申 21 三	乙酉 22 四	丙戌 23 五	丁亥 24 六	戊子 25 日	己丑 26 一	庚寅 27 二	辛卯 28 三	壬辰 29 四		丁丑夏至
六月大	丁未	天干地支 西曆星期	癸巳 30 五	甲午 (7) 六	乙未 2 日	丙申 3 一	丁酉 4 二	戊戌 5 三	己亥 6 四	庚子 7 五	辛丑 8 六	壬寅 9 日	癸卯 10 一	甲辰 11 二	乙巳 12 三	丙午 13 四	丁未 14 五	戊申 15 六	己酉 16 日	庚戌 17 一	辛亥 18 二	壬子 19 三	癸丑 20 四	甲寅 21 五	乙卯 22 六	丙辰 23 日	丁巳 24 一	戊午 25 二	己未 26 三	庚申 27 四	辛酉 28 五	壬戌 29 六	癸巳小暑 戊申大暑
七月大	戊申	天干地支 西曆星期	癸亥 30 日	甲子 31 一	乙丑 (8) 二	丙寅 2 三	丁卯 3 四	戊辰 4 五	己巳 5 六	庚午 6 日	辛未 7 一	壬申 8 二	癸酉 9 三	甲戌 10 四	乙亥 11 五	丙子 12 六	丁丑 13 日	戊寅 14 一	己卯 15 二	庚辰 16 三	辛巳 17 四	壬午 18 五	癸未 19 六	甲申 20 日	乙酉 21 一	丙戌 22 二	丁亥 23 三	戊子 24 四	己丑 25 五	庚寅 26 六	辛卯 27 日	壬辰 28 一	癸亥立秋 戊寅處暑
八月小	己酉	天干地支 西曆星期	癸巳 29 二	甲午 30 三	乙未 31 四	丙申 (9) 五	丁酉 2 六	戊戌 3 日	己亥 4 一	庚子 5 二	辛丑 6 三	壬寅 7 四	癸卯 8 五	甲辰 9 六	乙巳 10 日	丙午 11 一	丁未 12 二	戊申 13 三	己酉 14 四	庚戌 15 五	辛亥 16 六	壬子 17 日	癸丑 18 一	甲寅 19 二	乙卯 20 三	丙辰 21 四	丁巳 22 五	戊午 23 六	己未 24 日	庚申 25 一	辛酉 26 二		甲午白露 己酉秋分
九月大	庚戌	天干地支 西曆星期	壬戌 27 三	癸亥 28 四	甲子 29 五	乙丑 30 六	丙寅 (10) 日	丁卯 2 一	戊辰 3 二	己巳 4 三	庚午 5 四	辛未 6 五	壬申 7 六	癸酉 8 日	甲戌 9 一	乙亥 10 二	丙子 11 三	丁丑 12 四	戊寅 13 五	己卯 14 六	庚辰 15 日	辛巳 16 一	壬午 17 二	癸未 18 三	甲申 19 四	乙酉 20 五	丙戌 21 六	丁亥 22 日	戊子 23 一	己丑 24 二	庚寅 25 三	辛卯 26 四	甲子寒露 己卯霜降
十月大	辛亥	天干地支 西曆星期	壬辰 27 五	癸巳 28 六	甲午 29 日	乙未 30 一	丙申 31 二	丁酉 (11) 三	戊戌 2 四	己亥 3 五	庚子 4 六	辛丑 5 日	壬寅 6 一	癸卯 7 二	甲辰 8 三	乙巳 9 四	丙午 10 五	丁未 11 六	戊申 12 日	己酉 13 一	庚戌 14 二	辛亥 15 三	壬子 16 四	癸丑 17 五	甲寅 18 六	乙卯 19 日	丙辰 20 一	丁巳 21 二	戊午 22 三	己未 23 四	庚申 24 五	辛酉 25 六	甲午立冬 庚戌小雪
十一月大	壬子	天干地支 西曆星期	壬戌 26 日	癸亥 27 一	甲子 28 二	乙丑 29 三	丙寅 30 四	丁卯 (12) 五	戊辰 2 六	己巳 3 日	庚午 4 一	辛未 5 二	壬申 6 三	癸酉 7 四	甲戌 8 五	乙亥 9 六	丙子 10 日	丁丑 11 一	戊寅 12 二	己卯 13 三	庚辰 14 四	辛巳 15 五	壬午 16 六	癸未 17 日	甲申 18 一	乙酉 19 二	丙戌 20 三	丁亥 21 四	戊子 22 五	己丑 23 六	庚寅 24 日	辛卯 25 一	乙丑大雪 庚辰冬至
十二月小	癸丑	天干地支 西曆星期	壬辰 26 二	癸巳 27 三	甲午 28 四	乙未 29 五	丙申 30 六	丁酉 31 日	戊戌 (1) 一	己亥 2 二	庚子 3 三	辛丑 4 四	壬寅 5 五	癸卯 6 六	甲辰 7 日	乙巳 8 一	丙午 9 二	丁未 10 三	戊申 11 四	己酉 12 五	庚戌 13 六	辛亥 14 日	壬子 15 一	癸丑 16 二	甲寅 17 三	乙卯 18 四	丙辰 19 五	丁巳 20 六	戊午 21 日	己未 22 一	庚申 23 二		乙未小寒 辛亥大寒

* 正月癸酉（初八），元成宗死。五月甲申（二十一日），海山即位，是爲元武宗。十二月庚申（二十九日），元武宗改明年爲至大元年。

元武宗至大元年（戊申 猴年） 公元1308 ~ 1309年

夏曆月序		中西曆日對照	初一	初二	初三	初四	初五	初六	初七	初八	初九	初十	十一	十二	十三	十四	十五	十六	十七	十八	十九	二十	二一	二二	二三	二四	二五	二六	二七	二八	二九	三十	節氣與天象
正月大	甲寅	天干地支 西曆 星期	辛酉24三	壬戌25四	癸亥26五	甲子27六	乙丑28日	丙寅29一	丁卯30二	戊辰31三	己巳(2)四	庚午2五	辛未3六	壬申4日	癸酉5一	甲戌6二	乙亥7三	丙子8四	丁丑9五	戊寅10六	己卯11日	庚辰12一	辛巳13二	壬午14三	癸未15四	甲申16五	乙酉17六	丙戌18日	丁亥19一	戊子20二	己丑21三	庚寅22四	丙寅立春 辛巳雨水
二月小	乙卯	天干地支 西曆 星期	辛卯23五	壬辰24六	癸巳25日	甲午26一	乙未27二	丙申28三	丁酉29四	戊戌(3)五	己亥2六	庚子3日	辛丑4一	壬寅5二	癸卯6三	甲辰7四	乙巳8五	丙午9六	丁未10日	戊申11一	己酉12二	庚戌13三	辛亥14四	壬子15五	癸丑16六	甲寅17日	乙卯18一	丙辰19二	丁巳20三	戊午21四	己未22五		丙申驚蟄 辛亥春分
三月小	丙辰	天干地支 西曆 星期	庚申23六	辛酉24日	壬戌25一	癸亥26二	甲子27三	乙丑28四	丙寅29五	丁卯30六	戊辰31日	己巳(4)一	庚午2二	辛未3三	壬申4四	癸酉5五	甲戌6六	乙亥7日	丙子8一	丁丑9二	戊寅10三	己卯11四	庚辰12五	辛巳13六	壬午14日	癸未15一	甲申16二	乙酉17三	丙戌18四	丁亥19五	戊子20六		丁卯清明 壬午穀雨
四月大	丁巳	天干地支 西曆 星期	己丑21日	庚寅22一	辛卯23二	壬辰24三	癸巳25四	甲午26五	乙未27六	丙申28日	丁酉29一	戊戌30二	己亥(5)三	庚子2四	辛丑3五	壬寅4六	癸卯5日	甲辰6一	乙巳7二	丙午8三	丁未9四	戊申10五	己酉11六	庚戌12日	辛亥13一	壬子14二	癸丑15三	甲寅16四	乙卯17五	丙辰18六	丁巳19日	戊午20一	丁酉立夏 壬子小滿
五月小	戊午	天干地支 西曆 星期	己未21二	庚申22三	辛酉23四	壬戌24五	癸亥25六	甲子26日	乙丑27一	丙寅28二	丁卯29三	戊辰30四	己巳31五	庚午(6)六	辛未2日	壬申3一	癸酉4二	甲戌5三	乙亥6四	丙子7五	丁丑8六	戊寅9日	己卯10一	庚辰11二	辛巳12三	壬午13四	癸未14五	甲申15六	乙酉16日	丙戌17一	丁亥18二		戊辰芒種 癸未夏至
六月小	己未	天干地支 西曆 星期	戊子19三	己丑20四	庚寅21五	辛卯22六	壬辰23日	癸巳24一	甲午25二	乙未26三	丙申27四	丁酉28五	戊戌29六	己亥30日	庚子(7)一	辛丑2二	壬寅3三	癸卯4四	甲辰5五	乙巳6六	丙午7日	丁未8一	戊申9二	己酉10三	庚戌11四	辛亥12五	壬子13六	癸丑14日	甲寅15一	乙卯16二	丙辰17三		戊戌小暑 癸丑大暑
七月大	庚申	天干地支 西曆 星期	丁巳18四	戊午19五	己未20六	庚申21日	辛酉22一	壬戌23二	癸亥24三	甲子25四	乙丑26五	丙寅27六	丁卯28日	戊辰29一	己巳30二	庚午31三	辛未(8)四	壬申2五	癸酉3六	甲戌4日	乙亥5一	丙子6二	丁丑7三	戊寅8四	己卯9五	庚辰10六	辛巳11日	壬午12一	癸未13二	甲申14三	乙酉15四	丙戌16五	戊辰立秋 甲申處暑
八月小	辛酉	天干地支 西曆 星期	丁亥17六	戊子18日	己丑19一	庚寅20二	辛卯21三	壬辰22四	癸巳23五	甲午24六	乙未25日	丙申26一	丁酉27二	戊戌28三	己亥29四	庚子30五	辛丑31六	壬寅(9)日	癸卯2一	甲辰3二	乙巳4三	丙午5四	丁未6五	戊申7六	己酉8日	庚戌9一	辛亥10二	壬子11三	癸丑12四	甲寅13五	乙卯14六		己亥白露 甲寅秋分
九月大	壬戌	天干地支 西曆 星期	丙辰15日	丁巳16一	戊午17二	己未18三	庚申19四	辛酉20五	壬戌21六	癸亥22日	甲子23一	乙丑24二	丙寅25三	丁卯26四	戊辰27五	己巳28六	庚午29日	辛未30一	壬申(10)二	癸酉2三	甲戌3四	乙亥4五	丙子5六	丁丑6日	戊寅7一	己卯8二	庚辰9三	辛巳10四	壬午11五	癸未12六	甲申13日	乙酉14一	己巳寒露 甲申霜降
十月大	癸亥	天干地支 西曆 星期	丙戌15二	丁亥16三	戊子17四	己丑18五	庚寅19六	辛卯20日	壬辰21一	癸巳22二	甲午23三	乙未24四	丙申25五	丁酉26六	戊戌27日	己亥28一	庚子29二	辛丑30三	壬寅31四	癸卯(11)五	甲辰2六	乙巳3日	丙午4一	丁未5二	戊申6三	己酉7四	庚戌8五	辛亥9六	壬子10日	癸丑11一	甲寅12二	乙卯13三	庚子立冬 乙卯小雪
十一月大	甲子	天干地支 西曆 星期	丙辰14四	丁巳15五	戊午16六	己未17日	庚申18一	辛酉19二	壬戌20三	癸亥21四	甲子22五	乙丑23六	丙寅24日	丁卯25一	戊辰26二	己巳27三	庚午28四	辛未29五	壬申30六	癸酉(12)日	甲戌2一	乙亥3二	丙子4三	丁丑5四	戊寅6五	己卯7六	庚辰8日	辛巳9一	壬午10二	癸未11三	甲申12四	乙酉13五	庚午大雪 乙酉冬至
閏十一小	甲子	天干地支 西曆 星期	丙戌14六	丁亥15日	戊子16一	己丑17二	庚寅18三	辛卯19四	壬辰20五	癸巳21六	甲午22日	乙未23一	丙申24二	丁酉25三	戊戌26四	己亥27五	庚子28六	辛丑29日	壬寅30一	癸卯31二	甲辰(1)三	乙巳2四	丙午3五	丁未4六	戊申5日	己酉6一	庚戌7二	辛亥8三	壬子9四	癸丑10五	甲寅11六		辛丑小寒
十二月大	乙丑	天干地支 西曆 星期	乙卯12日	丙辰13一	丁巳14二	戊午15三	己未16四	庚申17五	辛酉18六	壬戌19日	癸亥20一	甲子21二	乙丑22三	丙寅23四	丁卯24五	戊辰25六	己巳26日	庚午27一	辛未28二	壬申29三	癸酉30四	甲戌31五	乙亥(2)六	丙子2日	丁丑3一	戊寅4二	己卯5三	庚辰6四	辛巳7五	壬午8六	癸未9日	甲申10一	丙辰大寒 辛未立春

元武宗至大二年（己酉 鷄年） 公元 1309 ~ 1310 年

夏曆月序		中西曆日對照	夏曆日序																														節氣與天象
			初一	初二	初三	初四	初五	初六	初七	初八	初九	初十	十一	十二	十三	十四	十五	十六	十七	十八	十九	二十	二一	二二	二三	二四	二五	二六	二七	二八	二九	三十	
正月大	丙寅	天干地支 西曆 星期	乙酉 11 二	丙戌 12 三	丁亥 13 四	戊子 14 五	己丑 15 六	庚寅 16 日	辛卯 17 一	壬辰 18 二	癸巳 19 三	甲午 20 四	乙未 21 五	丙申 22 六	丁酉 23 日	戊戌 24 一	己亥 25 二	庚子 26 三	辛丑 27 四	壬寅 28 五	癸卯 (3) 六	甲辰 2 日	乙巳 3 一	丙午 4 二	丁未 5 三	戊申 6 四	己酉 7 五	庚戌 8 六	辛亥 9 日	壬子 10 一	癸丑 11 二	甲寅 12 三	丙戌雨水 辛丑驚蟄
二月小	丁卯	天干地支 西曆 星期	乙卯 13 四	丙辰 14 五	丁巳 15 六	戊午 16 日	己未 17 一	庚申 18 二	辛酉 19 三	壬戌 20 四	癸亥 21 五	甲子 22 六	乙丑 23 日	丙寅 24 一	丁卯 25 二	戊辰 26 三	己巳 27 四	庚午 28 五	辛未 29 六	壬申 30 日	癸酉 31 一	甲戌 (4) 二	乙亥 2 三	丙子 3 四	丁丑 4 五	戊寅 5 六	己卯 6 日	庚辰 7 一	辛巳 8 二	壬午 9 三	癸未 10 四		丁巳春分 壬申清明
三月小	戊辰	天干地支 西曆 星期	甲申 11 五	乙酉 12 六	丙戌 13 日	丁亥 14 一	戊子 15 二	己丑 16 三	庚寅 17 四	辛卯 18 五	壬辰 19 六	癸巳 20 日	甲午 21 一	乙未 22 二	丙申 23 三	丁酉 24 四	戊戌 25 五	己亥 26 六	庚子 27 日	辛丑 28 一	壬寅 29 二	癸卯 30 三	甲辰 (5) 四	乙巳 2 五	丙午 3 六	丁未 4 日	戊申 5 一	己酉 6 二	庚戌 7 三	辛亥 8 四	壬子 9 五		丁亥穀雨 壬寅立夏
四月大	己巳	天干地支 西曆 星期	癸丑 10 六	甲寅 11 日	乙卯 12 一	丙辰 13 二	丁巳 14 三	戊午 15 四	己未 16 五	庚申 17 六	辛酉 18 日	壬戌 19 一	癸亥 20 二	甲子 21 三	乙丑 22 四	丙寅 23 五	丁卯 24 六	戊辰 25 日	己巳 26 一	庚午 27 二	辛未 28 三	壬申 29 四	癸酉 30 五	甲戌 31 六	乙亥 (6) 日	丙子 2 一	丁丑 3 二	戊寅 4 三	己卯 5 四	庚辰 6 五	辛巳 7 六	壬午 8 日	戊午小滿 癸酉芒種
五月小	庚午	天干地支 西曆 星期	癸未 9 一	甲申 10 二	乙酉 11 三	丙戌 12 四	丁亥 13 五	戊子 14 六	己丑 15 日	庚寅 16 一	辛卯 17 二	壬辰 18 三	癸巳 19 四	甲午 20 五	乙未 21 六	丙申 22 日	丁酉 23 一	戊戌 24 二	己亥 25 三	庚子 26 四	辛丑 27 五	壬寅 28 六	癸卯 29 日	甲辰 30 一	乙巳 (7) 二	丙午 2 三	丁未 3 四	戊申 4 五	己酉 5 六	庚戌 6 日	辛亥 7 一		戊子夏至 癸卯小暑
六月小	辛未	天干地支 西曆 星期	壬子 8 二	癸丑 9 三	甲寅 10 四	乙卯 11 五	丙辰 12 六	丁巳 13 日	戊午 14 一	己未 15 二	庚申 16 三	辛酉 17 四	壬戌 18 五	癸亥 19 六	甲子 20 日	乙丑 21 一	丙寅 22 二	丁卯 23 三	戊辰 24 四	己巳 25 五	庚午 26 六	辛未 27 日	壬申 28 一	癸酉 29 二	甲戌 30 三	乙亥 31 四	丙子 (8) 五	丁丑 2 六	戊寅 3 日	己卯 4 一	庚辰 5 二		戊午大暑 甲戌立秋
七月大	壬申	天干地支 西曆 星期	辛巳 6 三	壬午 7 四	癸未 8 五	甲申 9 六	乙酉 10 日	丙戌 11 一	丁亥 12 二	戊子 13 三	己丑 14 四	庚寅 15 五	辛卯 16 六	壬辰 17 日	癸巳 18 一	甲午 19 二	乙未 20 三	丙申 21 四	丁酉 22 五	戊戌 23 六	己亥 24 日	庚子 25 一	辛丑 26 二	壬寅 27 三	癸卯 28 四	甲辰 29 五	乙巳 30 六	丙午 31 日	丁未 (9) 一	戊申 2 二	己酉 3 三	庚戌 4 四	己丑處暑 甲辰白露
八月小	癸酉	天干地支 西曆 星期	辛亥 5 五	壬子 6 六	癸丑 7 日	甲寅 8 一	乙卯 9 二	丙辰 10 三	丁巳 11 四	戊午 12 五	己未 13 六	庚申 14 日	辛酉 15 一	壬戌 16 二	癸亥 17 三	甲子 18 四	乙丑 19 五	丙寅 20 六	丁卯 21 日	戊辰 22 一	己巳 23 二	庚午 24 三	辛未 25 四	壬申 26 五	癸酉 27 六	甲戌 28 日	乙亥 29 一	丙子 30 二	丁丑 (10) 三	戊寅 2 四	己卯 3 五		己未秋分 乙亥寒露
九月大	甲戌	天干地支 西曆 星期	庚辰 4 六	辛巳 5 日	壬午 6 一	癸未 7 二	甲申 8 三	乙酉 9 四	丙戌 10 五	丁亥 11 六	戊子 12 日	己丑 13 一	庚寅 14 二	辛卯 15 三	壬辰 16 四	癸巳 17 五	甲午 18 六	乙未 19 日	丙申 20 一	丁酉 21 二	戊戌 22 三	己亥 23 四	庚子 24 五	辛丑 25 六	壬寅 26 日	癸卯 27 一	甲辰 28 二	乙巳 29 三	丙午 30 四	丁未 31 五	戊申 (11) 六	己酉 2 日	庚寅霜降 乙巳立冬
十月大	乙亥	天干地支 西曆 星期	庚戌 3 一	辛亥 4 二	壬子 5 三	癸丑 6 四	甲寅 7 五	乙卯 8 六	丙辰 9 日	丁巳 10 一	戊午 11 二	己未 12 三	庚申 13 四	辛酉 14 五	壬戌 15 六	癸亥 16 日	甲子 17 一	乙丑 18 二	丙寅 19 三	丁卯 20 四	戊辰 21 五	己巳 22 六	庚午 23 日	辛未 24 一	壬申 25 二	癸酉 26 三	甲戌 27 四	乙亥 28 五	丙子 29 六	丁丑 30 日	戊寅 (12) 一	己卯 2 二	庚申小雪 乙亥大雪
十一月大	丙子	天干地支 西曆 星期	庚辰 3 三	辛巳 4 四	壬午 5 五	癸未 6 六	甲申 7 日	乙酉 8 一	丙戌 9 二	丁亥 10 三	戊子 11 四	己丑 12 五	庚寅 13 六	辛卯 14 日	壬辰 15 一	癸巳 16 二	甲午 17 三	乙未 18 四	丙申 19 五	丁酉 20 六	戊戌 21 日	己亥 22 一	庚子 23 二	辛丑 24 三	壬寅 25 四	癸卯 26 五	甲辰 27 六	乙巳 28 日	丙午 29 一	丁未 30 二	戊申 31 三	己酉 (1) 四	辛卯冬至 丙午小寒
十二月小	丁丑	天干地支 西曆 星期	庚戌 2 五	辛亥 3 六	壬子 4 日	癸丑 5 一	甲寅 6 二	乙卯 7 三	丙辰 8 四	丁巳 9 五	戊午 10 六	己未 11 日	庚申 12 一	辛酉 13 二	壬戌 14 三	癸亥 15 四	甲子 16 五	乙丑 17 六	丙寅 18 日	丁卯 19 一	戊辰 20 二	己巳 21 三	庚午 22 四	辛未 23 五	壬申 24 六	癸酉 25 日	甲戌 26 一	乙亥 27 二	丙子 28 三	丁丑 29 四	戊寅 30 五		辛酉大寒 丙子立春

元武宗至大三年（庚戌 狗年） 公元1310 ~ 1311年

夏曆月序		中西曆日對照	初一	初二	初三	初四	初五	初六	初七	初八	初九	初十	十一	十二	十三	十四	十五	十六	十七	十八	十九	二十	二一	二二	二三	二四	二五	二六	二七	二八	二九	三十	節氣與天象
正月大	戊寅	天干地支 西曆星期	己卯 31 六	庚辰 (2) 日	辛巳 2 一	壬午 3 二	癸未 4 三	甲申 5 四	乙酉 6 五	丙戌 7 六	丁亥 8 日	戊子 9 一	己丑 10 二	庚寅 11 三	辛卯 12 四	壬辰 13 五	癸巳 14 六	甲午 15 日	乙未 16 一	丙申 17 二	丁酉 18 三	戊戌 19 四	己亥 20 五	庚子 21 六	辛丑 22 日	壬寅 23 一	癸卯 24 二	甲辰 25 三	乙巳 26 四	丙午 27 五	丁未 28 六	戊申 (3) 日	辛卯雨水 丁未驚蟄
二月大	己卯	天干地支 西曆星期	己酉 2 一	庚戌 3 二	辛亥 4 三	壬子 5 四	癸丑 6 五	甲寅 7 六	乙卯 8 日	丙辰 9 一	丁巳 10 二	戊午 11 三	己未 12 四	庚申 13 五	辛酉 14 六	壬戌 15 日	癸亥 16 一	甲子 17 二	乙丑 18 三	丙寅 19 四	丁卯 20 五	戊辰 21 六	己巳 22 日	庚午 23 一	辛未 24 二	壬申 25 三	癸酉 26 四	甲戌 27 五	乙亥 28 六	丙子 29 日	丁丑 30 一	戊寅 31 二	壬戌春分 丁丑清明
三月小	庚辰	天干地支 西曆星期	己卯 (4) 三	庚辰 2 四	辛巳 3 五	壬午 4 六	癸未 5 日	甲申 6 一	乙酉 7 二	丙戌 8 三	丁亥 9 四	戊子 10 五	己丑 11 六	庚寅 12 日	辛卯 13 一	壬辰 14 二	癸巳 15 三	甲午 16 四	乙未 17 五	丙申 18 六	丁酉 19 日	戊戌 20 一	己亥 21 二	庚子 22 三	辛丑 23 四	壬寅 24 五	癸卯 25 六	甲辰 26 日	乙巳 27 一	丙午 28 二	丁未 29 三		壬辰穀雨
四月小	辛巳	天干地支 西曆星期	戊申 30 四	己酉 (5) 五	庚戌 2 六	辛亥 3 日	壬子 4 一	癸丑 5 二	甲寅 6 三	乙卯 7 四	丙辰 8 五	丁巳 9 六	戊午 10 日	己未 11 一	庚申 12 二	辛酉 13 三	壬戌 14 四	癸亥 15 五	甲子 16 六	乙丑 17 日	丙寅 18 一	丁卯 19 二	戊辰 20 三	己巳 21 四	庚午 22 五	辛未 23 六	壬申 24 日	癸酉 25 一	甲戌 26 二	乙亥 27 三	丙子 28 四		戊申立夏 癸亥小滿
五月大	壬午	天干地支 西曆星期	丁丑 29 五	戊寅 30 六	己卯 31 日	庚辰 (6) 一	辛巳 2 二	壬午 3 三	癸未 4 四	甲申 5 五	乙酉 6 六	丙戌 7 日	丁亥 8 一	戊子 9 二	己丑 10 三	庚寅 11 四	辛卯 12 五	壬辰 13 六	癸巳 14 日	甲午 15 一	乙未 16 二	丙申 17 三	丁酉 18 四	戊戌 19 五	己亥 20 六	庚子 21 日	辛丑 22 一	壬寅 23 二	癸卯 24 三	甲辰 25 四	乙巳 26 五	丙午 27 六	戊寅芒種 癸巳夏至
六月小	癸未	天干地支 西曆星期	丁未 28 日	戊申 29 一	己酉 30 二	庚戌 (7) 三	辛亥 2 四	壬子 3 五	癸丑 4 六	甲寅 5 日	乙卯 6 一	丙辰 7 二	丁巳 8 三	戊午 9 四	己未 10 五	庚申 11 六	辛酉 12 日	壬戌 13 一	癸亥 14 二	甲子 15 三	乙丑 16 四	丙寅 17 五	丁卯 18 六	戊辰 19 日	己巳 20 一	庚午 21 二	辛未 22 三	壬申 23 四	癸酉 24 五	甲戌 25 六	乙亥 26 日		戊申小暑 甲子大暑
七月小	甲申	天干地支 西曆星期	丙子 27 一	丁丑 28 二	戊寅 29 三	己卯 30 四	庚辰 31 五	辛巳 (8) 六	壬午 2 日	癸未 3 一	甲申 4 二	乙酉 5 三	丙戌 6 四	丁亥 7 五	戊子 8 六	己丑 9 日	庚寅 10 一	辛卯 11 二	壬辰 12 三	癸巳 13 四	甲午 14 五	乙未 15 六	丙申 16 日	丁酉 17 一	戊戌 18 二	己亥 19 三	庚子 20 四	辛丑 21 五	壬寅 22 六	癸卯 23 日	甲辰 24 一		己卯立秋 甲午處暑
八月大	乙酉	天干地支 西曆星期	乙巳 25 二	丙午 26 三	丁未 27 四	戊申 28 五	己酉 29 六	庚戌 30 日	辛亥 31 一	壬子 (9) 二	癸丑 2 三	甲寅 3 四	乙卯 4 五	丙辰 5 六	丁巳 6 日	戊午 7 一	己未 8 二	庚申 9 三	辛酉 10 四	壬戌 11 五	癸亥 12 六	甲子 13 日	乙丑 14 一	丙寅 15 二	丁卯 16 三	戊辰 17 四	己巳 18 五	庚午 19 六	辛未 20 日	壬申 21 一	癸酉 22 二	甲戌 23 三	己酉白露 乙丑秋分
九月小	丙戌	天干地支 西曆星期	乙亥 24 四	丙子 25 五	丁丑 26 六	戊寅 27 日	己卯 28 一	庚辰 29 二	辛巳 30 三	壬午 (10) 四	癸未 2 五	甲申 3 六	乙酉 4 日	丙戌 5 一	丁亥 6 二	戊子 7 三	己丑 8 四	庚寅 9 五	辛卯 10 六	壬辰 11 日	癸巳 12 一	甲午 13 二	乙未 14 三	丙申 15 四	丁酉 16 五	戊戌 17 六	己亥 18 日	庚子 19 一	辛丑 20 二	壬寅 21 三	癸卯 22 四		庚辰寒露 乙未霜降
十月大	丁亥	天干地支 西曆星期	甲辰 23 五	乙巳 24 六	丙午 25 日	丁未 26 一	戊申 27 二	己酉 28 三	庚戌 29 四	辛亥 30 五	壬子 31 六	癸丑 (11) 日	甲寅 2 一	乙卯 3 二	丙辰 4 三	丁巳 5 四	戊午 6 五	己未 7 六	庚申 8 日	辛酉 9 一	壬戌 10 二	癸亥 11 三	甲子 12 四	乙丑 13 五	丙寅 14 六	丁卯 15 日	戊辰 16 一	己巳 17 二	庚午 18 三	辛未 19 四	壬申 20 五	癸酉 21 六	庚戌立冬 乙丑小雪
十一月大	戊子	天干地支 西曆星期	甲戌 22 日	乙亥 23 一	丙子 24 二	丁丑 25 三	戊寅 26 四	己卯 27 五	庚辰 28 六	辛巳 29 日	壬午 30 一	癸未 (12) 二	甲申 2 三	乙酉 3 四	丙戌 4 五	丁亥 5 六	戊子 6 日	己丑 7 一	庚寅 8 二	辛卯 9 三	壬辰 10 四	癸巳 11 五	甲午 12 六	乙未 13 日	丙申 14 一	丁酉 15 二	戊戌 16 三	己亥 17 四	庚子 18 五	辛丑 19 六	壬寅 20 日	癸卯 21 一	辛巳大雪 丙申冬至
十二月小	己丑	天干地支 西曆星期	甲辰 22 二	乙巳 23 三	丙午 24 四	丁未 25 五	戊申 26 六	己酉 27 日	庚戌 28 一	辛亥 29 二	壬子 30 三	癸丑 31 四	甲寅 (1) 五	乙卯 2 六	丙辰 3 日	丁巳 4 一	戊午 5 二	己未 6 三	庚申 7 四	辛酉 8 五	壬戌 9 六	癸亥 10 日	甲子 11 一	乙丑 12 二	丙寅 13 三	丁卯 14 四	戊辰 15 五	己巳 16 六	庚午 17 日	辛未 18 一	壬申 19 二		辛亥小寒 丙寅大寒

元武宗至大四年 仁宗至大四年（辛亥 猪年） 公元 **1311** ~ 1312 年

夏曆月序		中西曆日對照	初一	初二	初三	初四	初五	初六	初七	初八	初九	初十	十一	十二	十三	十四	十五	十六	十七	十八	十九	二十	二一	二二	二三	二四	二五	二六	二七	二八	二九	三十	節氣與天象
正月大	庚寅	天干地支 西曆 星期	癸酉 20 三	甲戌 21 四	乙亥 22 五	丙子 23 六	丁丑 24 日	戊寅 25 一	己卯 26 二	庚辰 27 三	辛巳 28 四	壬午 29 五	癸未 30 六	甲申 31 日	乙酉 (2) 一	丙戌 2 二	丁亥 3 三	戊子 4 四	己丑 5 五	庚寅 6 六	辛卯 7 日	壬辰 8 一	癸巳 9 二	甲午 10 三	乙未 11 四	丙申 12 五	丁酉 13 六	戊戌 14 日	己亥 15 一	庚子 16 二	辛丑 17 三	壬寅 18 四	辛巳立春 丁酉雨水
二月大	辛卯	天干地支 西曆 星期	癸卯 19 五	甲辰 20 六	乙巳 21 日	丙午 22 一	丁未 23 二	戊申 24 三	己酉 25 四	庚戌 26 五	辛亥 27 六	壬子 28 日	癸丑 (3) 一	甲寅 2 二	乙卯 3 三	丙辰 4 四	丁巳 5 五	戊午 6 六	己未 7 日	庚申 8 一	辛酉 9 二	壬戌 10 三	癸亥 11 四	甲子 12 五	乙丑 13 六	丙寅 14 日	丁卯 15 一	戊辰 16 二	己巳 17 三	庚午 18 四	辛未 19 五	壬申 20 六	壬子驚蟄 丁卯春分
三月小	壬辰	天干地支 西曆 星期	癸酉 21 日	甲戌 22 一	乙亥 23 二	丙子 24 三	丁丑 25 四	戊寅 26 五	己卯 27 六	庚辰 28 日	辛巳 29 一	壬午 30 二	癸未 31 三	甲申 (4) 四	乙酉 2 五	丙戌 3 六	丁亥 4 日	戊子 5 一	己丑 6 二	庚寅 7 三	辛卯 8 四	壬辰 9 五	癸巳 10 六	甲午 11 日	乙未 12 一	丙申 13 二	丁酉 14 三	戊戌 15 四	己亥 16 五	庚子 17 六	辛丑 18 日		壬午清明 戊戌穀雨
四月大	癸巳	天干地支 西曆 星期	壬寅 19 一	癸卯 20 二	甲辰 21 三	乙巳 22 四	丙午 23 五	丁未 24 六	戊申 25 日	己酉 26 一	庚戌 27 二	辛亥 28 三	壬子 29 四	癸丑 30 五	甲寅 (5) 六	乙卯 2 日	丙辰 3 一	丁巳 4 二	戊午 5 三	己未 6 四	庚申 7 五	辛酉 8 六	壬戌 9 日	癸亥 10 一	甲子 11 二	乙丑 12 三	丙寅 13 四	丁卯 14 五	戊辰 15 六	己巳 16 日	庚午 17 一	辛未 18 二	癸丑立夏 戊辰小滿
五月小	甲午	天干地支 西曆 星期	壬申 19 三	癸酉 20 四	甲戌 21 五	乙亥 22 六	丙子 23 日	丁丑 24 一	戊寅 25 二	己卯 26 三	庚辰 27 四	辛巳 28 五	壬午 29 六	癸未 30 日	甲申 31 一	乙酉 (6) 二	丙戌 2 三	丁亥 3 四	戊子 4 五	己丑 5 六	庚寅 6 日	辛卯 7 一	壬辰 8 二	癸巳 9 三	甲午 10 四	乙未 11 五	丙申 12 六	丁酉 13 日	戊戌 14 一	己亥 15 二	庚子 16 三		癸未芒種 戊戌夏至
六月大	乙未	天干地支 西曆 星期	辛丑 17 四	壬寅 18 五	癸卯 19 六	甲辰 20 日	乙巳 21 一	丙午 22 二	丁未 23 三	戊申 24 四	己酉 25 五	庚戌 26 六	辛亥 27 日	壬子 28 一	癸丑 29 二	甲寅 30 三	乙卯 (7) 四	丙辰 2 五	丁巳 3 六	戊午 4 日	己未 5 一	庚申 6 二	辛酉 7 三	壬戌 8 四	癸亥 9 五	甲子 10 六	乙丑 11 日	丙寅 12 一	丁卯 13 二	戊辰 14 三	己巳 15 四	庚午 16 五	甲寅小暑 己巳大暑
七月小	丙申	天干地支 西曆 星期	辛未 17 六	壬申 18 日	癸酉 19 一	甲戌 20 二	乙亥 21 三	丙子 22 四	丁丑 23 五	戊寅 24 六	己卯 25 日	庚辰 26 一	辛巳 27 二	壬午 28 三	癸未 29 四	甲申 30 五	乙酉 31 六	丙戌 (8) 日	丁亥 2 一	戊子 3 二	己丑 4 三	庚寅 5 四	辛卯 6 五	壬辰 7 六	癸巳 8 日	甲午 9 一	乙未 10 二	丙申 11 三	丁酉 12 四	戊戌 13 五	己亥 14 六		甲申立秋 己亥處暑
閏七月小	丙申	天干地支 西曆 星期	庚子 15 日	辛丑 16 一	壬寅 17 二	癸卯 18 三	甲辰 19 四	乙巳 20 五	丙午 21 六	丁未 22 日	戊申 23 一	己酉 24 二	庚戌 25 三	辛亥 26 四	壬子 27 五	癸丑 28 六	甲寅 29 日	乙卯 30 一	丙辰 31 二	丁巳 (9) 三	戊午 2 四	己未 3 五	庚申 4 六	辛酉 5 日	壬戌 6 一	癸亥 7 二	甲子 8 三	乙丑 9 四	丙寅 10 五	丁卯 11 六	戊辰 12 日		乙卯白露
八月大	丁酉	天干地支 西曆 星期	己巳 13 一	庚午 14 二	辛未 15 三	壬申 16 四	癸酉 17 五	甲戌 18 六	乙亥 19 日	丙子 20 一	丁丑 21 二	戊寅 22 三	己卯 23 四	庚辰 24 五	辛巳 25 六	壬午 26 日	癸未 27 一	甲申 28 二	乙酉 29 三	丙戌 30 四	丁亥 (10) 五	戊子 2 六	己丑 3 日	庚寅 4 一	辛卯 5 二	壬辰 6 三	癸巳 7 四	甲午 8 五	乙未 9 六	丙申 10 日	丁酉 11 一	戊戌 12 二	庚午秋分 乙酉寒露
九月小	戊戌	天干地支 西曆 星期	己亥 13 三	庚子 14 四	辛丑 15 五	壬寅 16 六	癸卯 17 日	甲辰 18 一	乙巳 19 二	丙午 20 三	丁未 21 四	戊申 22 五	己酉 23 六	庚戌 24 日	辛亥 25 一	壬子 26 二	癸丑 27 三	甲寅 28 四	乙卯 29 五	丙辰 30 六	丁巳 31 日	戊午 (11) 一	己未 2 二	庚申 3 三	辛酉 4 四	壬戌 5 五	癸亥 6 六	甲子 7 日	乙丑 8 一	丙寅 9 二	丁卯 10 三		庚子霜降 乙卯立冬
十月大	己亥	天干地支 西曆 星期	戊辰 11 四	己巳 12 五	庚午 13 六	辛未 14 日	壬申 15 一	癸酉 16 二	甲戌 17 三	乙亥 18 四	丙子 19 五	丁丑 20 六	戊寅 21 日	己卯 22 一	庚辰 23 二	辛巳 24 三	壬午 25 四	癸未 26 五	甲申 27 六	乙酉 28 日	丙戌 29 一	丁亥 30 二	戊子 (12) 三	己丑 2 四	庚寅 3 五	辛卯 4 六	壬辰 5 日	癸巳 6 一	甲午 7 二	乙未 8 三	丙申 9 四	丁酉 10 五	辛未小雪 丙戌大雪
十一月小	庚子	天干地支 西曆 星期	戊戌 11 六	己亥 12 日	庚子 13 一	辛丑 14 二	壬寅 15 三	癸卯 16 四	甲辰 17 五	乙巳 18 六	丙午 19 日	丁未 20 一	戊申 21 二	己酉 22 三	庚戌 23 四	辛亥 24 五	壬子 25 六	癸丑 26 日	甲寅 27 一	乙卯 28 二	丙辰 29 三	丁巳 30 四	戊午 31 五	己未 (1) 六	庚申 2 日	辛酉 3 一	壬戌 4 二	癸亥 5 三	甲子 6 四	乙丑 7 五	丙寅 8 六		辛丑冬至 丙辰小寒
十二月大	辛丑	天干地支 西曆 星期	丁卯 9 日	戊辰 10 一	己巳 11 二	庚午 12 三	辛未 13 四	壬申 14 五	癸酉 15 六	甲戌 16 日	乙亥 17 一	丙子 18 二	丁丑 19 三	戊寅 20 四	己卯 21 五	庚辰 22 六	辛巳 23 日	壬午 24 一	癸未 25 二	甲申 26 三	乙酉 27 四	丙戌 28 五	丁亥 29 六	戊子 30 日	己丑 31 一	庚寅 (2) 二	辛卯 2 三	壬辰 3 四	癸巳 4 五	甲午 5 六	乙未 6 日	丙申 7 一	壬申大寒 丁亥立春

* 正月庚辰（初八），元武宗死。三月庚寅（十八日），愛育黎拔力八達即位，是爲元仁宗。十二月乙未（二十九日），元仁宗改明年爲皇慶元年。

元仁宗皇慶元年（壬子 鼠年） 公元 1312 ~ 1313 年

夏曆月序		中西曆日對照	初一	初二	初三	初四	初五	初六	初七	初八	初九	初十	十一	十二	十三	十四	十五	十六	十七	十八	十九	二十	二一	二二	二三	二四	二五	二六	二七	二八	二九	三十	節氣與天象
正月大	壬寅	天干地支 西曆 星期	丁酉 8 二	戊戌 9 三	己亥 10 四	庚子 11 五	辛丑 12 六	壬寅 13 日	癸卯 14 一	甲辰 15 二	乙巳 16 三	丙午 17 四	丁未 18 五	戊申 19 六	己酉 20 日	庚戌 21 一	辛亥 22 二	壬子 23 三	癸丑 24 四	甲寅 25 五	乙卯 26 六	丙辰 27 日	丁巳 28 一	戊午 29 二	己未 (3) 三	庚申 2 四	辛酉 3 五	壬戌 4 六	癸亥 5 日	甲子 6 一	乙丑 7 二	丙寅 8 三	壬寅雨水 丁巳驚蟄
二月大	癸卯	天干地支 西曆 星期	丁卯 9 四	戊辰 10 五	己巳 11 六	庚午 12 日	辛未 13 一	壬申 14 二	癸酉 15 三	甲戌 16 四	乙亥 17 五	丙子 18 六	丁丑 19 日	戊寅 20 一	己卯 21 二	庚辰 22 三	辛巳 23 四	壬午 24 五	癸未 25 六	甲申 26 日	乙酉 27 一	丙戌 28 二	丁亥 29 三	戊子 30 四	己丑 31 五	庚寅 (4) 六	辛卯 2 日	壬辰 3 一	癸巳 4 二	甲午 5 三	乙未 6 四	丙申 7 五	壬申春分 戊子清明
三月小	甲辰	天干地支 西曆 星期	丁酉 8 六	戊戌 9 日	己亥 10 一	庚子 11 二	辛丑 12 三	壬寅 13 四	癸卯 14 五	甲辰 15 六	乙巳 16 日	丙午 17 一	丁未 18 二	戊申 19 三	己酉 20 四	庚戌 21 五	辛亥 22 六	壬子 23 日	癸丑 24 一	甲寅 25 二	乙卯 26 三	丙辰 27 四	丁巳 28 五	戊午 29 六	己未 30 日	庚申 (5) 一	辛酉 2 二	壬戌 3 三	癸亥 4 四	甲子 5 五	乙丑 6 六		癸卯穀雨 戊午立夏
四月大	乙巳	天干地支 西曆 星期	丙寅 7 日	丁卯 8 一	戊辰 9 二	己巳 10 三	庚午 11 四	辛未 12 五	壬申 13 六	癸酉 14 日	甲戌 15 一	乙亥 16 二	丙子 17 三	丁丑 18 四	戊寅 19 五	己卯 20 六	庚辰 21 日	辛巳 22 一	壬午 23 二	癸未 24 三	甲申 25 四	乙酉 26 五	丙戌 27 六	丁亥 28 日	戊子 29 一	己丑 30 二	庚寅 31 三	辛卯 (6) 四	壬辰 2 五	癸巳 3 六	甲午 4 日	乙未 5 一	癸酉小滿 戊子芒種
五月小	丙午	天干地支 西曆 星期	丙申 6 二	丁酉 7 三	戊戌 8 四	己亥 9 五	庚子 10 六	辛丑 11 日	壬寅 12 一	癸卯 13 二	甲辰 14 三	乙巳 15 四	丙午 16 五	丁未 17 六	戊申 18 日	己酉 19 一	庚戌 20 二	辛亥 21 三	壬子 22 四	癸丑 23 五	甲寅 24 六	乙卯 25 日	丙辰 26 一	丁巳 27 二	戊午 28 三	己未 29 四	庚申 30 五	辛酉 (7) 六	壬戌 2 日	癸亥 3 一	甲子 4 二		甲辰夏至 己未小暑
六月大	丁未	天干地支 西曆 星期	乙丑 5 三	丙寅 6 四	丁卯 7 五	戊辰 8 六	己巳 9 日	庚午 10 一	辛未 11 二	壬申 12 三	癸酉 13 四	甲戌 14 五	乙亥 15 六	丙子 16 日	丁丑 17 一	戊寅 18 二	己卯 19 三	庚辰 20 四	辛巳 21 五	壬午 22 六	癸未 23 日	甲申 24 一	乙酉 25 二	丙戌 26 三	丁亥 27 四	戊子 28 五	己丑 29 六	庚寅 30 日	辛卯 31 一	壬辰 (8) 二	癸巳 2 三	甲午 3 四	甲戌大暑 己丑立秋 乙丑日食
七月小	戊申	天干地支 西曆 星期	乙未 4 五	丙申 5 六	丁酉 6 日	戊戌 7 一	己亥 8 二	庚子 9 三	辛丑 10 四	壬寅 11 五	癸卯 12 六	甲辰 13 日	乙巳 14 一	丙午 15 二	丁未 16 三	戊申 17 四	己酉 18 五	庚戌 19 六	辛亥 20 日	壬子 21 一	癸丑 22 二	甲寅 23 三	乙卯 24 四	丙辰 25 五	丁巳 26 六	戊午 27 日	己未 28 一	庚申 29 二	辛酉 30 三	壬戌 31 四	癸亥 (9) 五		乙巳處暑 庚申白露
八月小	己酉	天干地支 西曆 星期	甲子 2 六	乙丑 3 日	丙寅 4 一	丁卯 5 二	戊辰 6 三	己巳 7 四	庚午 8 五	辛未 9 六	壬申 10 日	癸酉 11 一	甲戌 12 二	乙亥 13 三	丙子 14 四	丁丑 15 五	戊寅 16 六	己卯 17 日	庚辰 18 一	辛巳 19 二	壬午 20 三	癸未 21 四	甲申 22 五	乙酉 23 六	丙戌 24 日	丁亥 25 一	戊子 26 二	己丑 27 三	庚寅 28 四	辛卯 29 五	壬辰 30 六		乙亥秋分 庚寅寒露
九月大	庚戌	天干地支 西曆 星期	癸巳 (10) 日	甲午 2 一	乙未 3 二	丙申 4 三	丁酉 5 四	戊戌 6 五	己亥 7 六	庚子 8 日	辛丑 9 一	壬寅 10 二	癸卯 11 三	甲辰 12 四	乙巳 13 五	丙午 14 六	丁未 15 日	戊申 16 一	己酉 17 二	庚戌 18 三	辛亥 19 四	壬子 20 五	癸丑 21 六	甲寅 22 日	乙卯 23 一	丙辰 24 二	丁巳 25 三	戊午 26 四	己未 27 五	庚申 28 六	辛酉 29 日	壬戌 30 一	乙巳霜降 辛酉立冬
十月小	辛亥	天干地支 西曆 星期	癸亥 31 二	甲子 (11) 三	乙丑 2 四	丙寅 3 五	丁卯 4 六	戊辰 5 日	己巳 6 一	庚午 7 二	辛未 8 三	壬申 9 四	癸酉 10 五	甲戌 11 六	乙亥 12 日	丙子 13 一	丁丑 14 二	戊寅 15 三	己卯 16 四	庚辰 17 五	辛巳 18 六	壬午 19 日	癸未 20 一	甲申 21 二	乙酉 22 三	丙戌 23 四	丁亥 24 五	戊子 25 六	己丑 26 日	庚寅 27 一	辛卯 28 二		丙子小雪 辛卯大雪
十一月大	壬子	天干地支 西曆 星期	壬辰 29 三	癸巳 30 四	甲午 (12) 五	乙未 2 六	丙申 3 日	丁酉 4 一	戊戌 5 二	己亥 6 三	庚子 7 四	辛丑 8 五	壬寅 9 六	癸卯 10 日	甲辰 11 一	乙巳 12 二	丙午 13 三	丁未 14 四	戊申 15 五	己酉 16 六	庚戌 17 日	辛亥 18 一	壬子 19 二	癸丑 20 三	甲寅 21 四	乙卯 22 五	丙辰 23 六	丁巳 24 日	戊午 25 一	己未 26 二	庚申 27 三	辛酉 28 四	丙午冬至
十二月小	癸丑	天干地支 西曆 星期	壬戌 29 五	癸亥 30 六	甲子 31 日	乙丑 (1) 一	丙寅 2 二	丁卯 3 三	戊辰 4 四	己巳 5 五	庚午 6 六	辛未 7 日	壬申 8 一	癸酉 9 二	甲戌 10 三	乙亥 11 四	丙子 12 五	丁丑 13 六	戊寅 14 日	己卯 15 一	庚辰 16 二	辛巳 17 三	壬午 18 四	癸未 19 五	甲申 20 六	乙酉 21 日	丙戌 22 一	丁亥 23 二	戊子 24 三	己丑 25 四	庚寅 26 五		壬戌小寒 丁丑大寒

元仁宗皇慶二年（癸丑 牛年） 公元 1313 ~ 1314 年

夏曆月序		中西曆日對照	初一	初二	初三	初四	初五	初六	初七	初八	初九	初十	十一	十二	十三	十四	十五	十六	十七	十八	十九	二十	二一	二二	二三	二四	二五	二六	二七	二八	二九	三十	節氣與天象
正月大	甲寅	天干地支 西曆 星期	辛卯27六	壬辰28日	癸巳29一	甲午30二	乙未31三	丙申(2)四	丁酉2五	戊戌3六	己亥4日	庚子5一	辛丑6二	壬寅7三	癸卯8四	甲辰9五	乙巳10六	丙午11日	丁未12一	戊申13二	己酉14三	庚戌15四	辛亥16五	壬子17六	癸丑18日	甲寅19一	乙卯20二	丙辰21三	丁巳22四	戊午23五	己未24六	庚申25日	壬辰立春 丁未雨水
二月大	乙卯	天干地支 西曆 星期	辛酉26一	壬戌27二	癸亥28三	甲子(3)四	乙丑2五	丙寅3六	丁卯4日	戊辰5一	己巳6二	庚午7三	辛未8四	壬申9五	癸酉10六	甲戌11日	乙亥12一	丙子13二	丁丑14三	戊寅15四	己卯16五	庚辰17六	辛巳18日	壬午19一	癸未20二	甲申21三	乙酉22四	丙戌23五	丁亥24六	戊子25日	己丑26一	庚寅27二	壬戌驚蟄 戊寅春分
三月小	丙辰	天干地支 西曆 星期	辛卯28三	壬辰29四	癸巳30五	甲午31六	乙未(4)日	丙申2一	丁酉3二	戊戌4三	己亥5四	庚子6五	辛丑7六	壬寅8日	癸卯9一	甲辰10二	乙巳11三	丙午12四	丁未13五	戊申14六	己酉15日	庚戌16一	辛亥17二	壬子18三	癸丑19四	甲寅20五	乙卯21六	丙辰22日	丁巳23一	戊午24二	己未25三		癸巳清明 戊申穀雨
四月大	丁巳	天干地支 西曆 星期	庚申26四	辛酉27五	壬戌28六	癸亥29日	甲子30一	乙丑(5)二	丙寅2三	丁卯3四	戊辰4五	己巳5六	庚午6日	辛未7一	壬申8二	癸酉9三	甲戌10四	乙亥11五	丙子12六	丁丑13日	戊寅14一	己卯15二	庚辰16三	辛巳17四	壬午18五	癸未19六	甲申20日	乙酉21一	丙戌22二	丁亥23三	戊子24四	己丑25五	癸亥立夏 己卯小滿
五月小	戊午	天干地支 西曆 星期	庚寅26六	辛卯27日	壬辰28一	癸巳29二	甲午30三	乙未31四	丙申(6)五	丁酉2六	戊戌3日	己亥4一	庚子5二	辛丑6三	壬寅7四	癸卯8五	甲辰9六	乙巳10日	丙午11一	丁未12二	戊申13三	己酉14四	庚戌15五	辛亥16六	壬子17日	癸丑18一	甲寅19二	乙卯20三	丙辰21四	丁巳22五	戊午23六		甲午芒種 己酉夏至
六月大	己未	天干地支 西曆 星期	己未24日	庚申25一	辛酉26二	壬戌27三	癸亥28四	甲子29五	乙丑30六	丙寅(7)日	丁卯2一	戊辰3二	己巳4三	庚午5四	辛未6五	壬申7六	癸酉8日	甲戌9一	乙亥10二	丙子11三	丁丑12四	戊寅13五	己卯14六	庚辰15日	辛巳16一	壬午17二	癸未18三	甲申19四	乙酉20五	丙戌21六	丁亥22日	戊子23一	甲子小暑 己卯大暑
七月小	庚申	天干地支 西曆 星期	己丑24二	庚寅25三	辛卯26四	壬辰27五	癸巳28六	甲午29日	乙未30一	丙申31二	丁酉(8)三	戊戌2四	己亥3五	庚子4六	辛丑5日	壬寅6一	癸卯7二	甲辰8三	乙巳9四	丙午10五	丁未11六	戊申12日	己酉13一	庚戌14二	辛亥15三	壬子16四	癸丑17五	甲寅18六	乙卯19日	丙辰20一	丁巳21二		乙未立秋 庚戌處暑
八月大	辛酉	天干地支 西曆 星期	戊午22三	己未23四	庚申24五	辛酉25六	壬戌26日	癸亥27一	甲子28二	乙丑29三	丙寅30四	丁卯31五	戊辰(9)六	己巳2日	庚午3一	辛未4二	壬申5三	癸酉6四	甲戌7五	乙亥8六	丙子9日	丁丑10一	戊寅11二	己卯12三	庚辰13四	辛巳14五	壬午15六	癸未16日	甲申17一	乙酉18二	丙戌19三	丁亥20四	乙丑白露 庚辰秋分
九月小	壬戌	天干地支 西曆 星期	戊子21五	己丑22六	庚寅23日	辛卯24一	壬辰25二	癸巳26三	甲午27四	乙未28五	丙申29六	丁酉30日	戊戌(10)一	己亥2二	庚子3三	辛丑4四	壬寅5五	癸卯6六	甲辰7日	乙巳8一	丙午9二	丁未10三	戊申11四	己酉12五	庚戌13六	辛亥14日	壬子15一	癸丑16二	甲寅17三	乙卯18四	丙辰19五		乙未寒露 辛亥霜降
十月大	癸亥	天干地支 西曆 星期	丁巳20六	戊午21日	己未22一	庚申23二	辛酉24三	壬戌25四	癸亥26五	甲子27六	乙丑28日	丙寅29一	丁卯30二	戊辰31三	己巳(11)四	庚午2五	辛未3六	壬申4日	癸酉5一	甲戌6二	乙亥7三	丙子8四	丁丑9五	戊寅10六	己卯11日	庚辰12一	辛巳13二	壬午14三	癸未15四	甲申16五	乙酉17六	丙戌18日	丙寅立冬 辛巳小雪
十一月小	甲子	天干地支 西曆 星期	丁亥19一	戊子20二	己丑21三	庚寅22四	辛卯23五	壬辰24六	癸巳25日	甲午26一	乙未27二	丙申28三	丁酉29四	戊戌30五	己亥(12)六	庚子2日	辛丑3一	壬寅4二	癸卯5三	甲辰6四	乙巳7五	丙午8六	丁未9日	戊申10一	己酉11二	庚戌12三	辛亥13四	壬子14五	癸丑15六	甲寅16日	乙卯17一		丙申大雪 壬子立冬
十二月大	乙丑	天干地支 西曆 星期	丙辰18二	丁巳19三	戊午20四	己未21五	庚申22六	辛酉23日	壬戌24一	癸亥25二	甲子26三	乙丑27四	丙寅28五	丁卯29六	戊辰30日	己巳31一	庚午(1)二	辛未2三	壬申3四	癸酉4五	甲戌5六	乙亥6日	丙子7一	丁丑8二	戊寅9三	己卯10四	庚辰11五	辛巳12六	壬午13日	癸未14一	甲申15二	乙酉16三	丁卯小寒 壬午大寒

元仁宗皇慶三年 延祐元年（甲寅 虎年） 公元 1314 ~ 1315 年

夏曆月序		中西曆日對照	初一	初二	初三	初四	初五	初六	初七	初八	初九	初十	十一	十二	十三	十四	十五	十六	十七	十八	十九	二十	二一	二二	二三	二四	二五	二六	二七	二八	二九	三十	節氣與天象
正月小	丙寅	天干地支 西曆 星期	丙戌 17 四	丁亥 18 五	戊子 19 六	己丑 20 日	庚寅 21 一	辛卯 22 二	壬辰 23 三	癸巳 24 四	甲午 25 五	乙未 26 六	丙申 27 日	丁酉 28 一	戊戌 29 二	己亥 30 三	庚子 31 四	辛丑 (2) 五	壬寅 2 六	癸卯 3 日	甲辰 4 一	乙巳 5 二	丙午 6 三	丁未 7 四	戊申 8 五	己酉 9 六	庚戌 10 日	辛亥 11 一	壬子 12 二	癸丑 13 三	甲寅 14 四		丁酉立春 壬子雨水
二月大	丁卯	天干地支 西曆 星期	乙卯 15 五	丙辰 16 六	丁巳 17 日	戊午 18 一	己未 19 二	庚申 20 三	辛酉 21 四	壬戌 22 五	癸亥 23 六	甲子 24 日	乙丑 25 一	丙寅 26 二	丁卯 27 三	戊辰 28 四	己巳 (3) 五	庚午 2 六	辛未 3 日	壬申 4 一	癸酉 5 二	甲戌 6 三	乙亥 7 四	丙子 8 五	丁丑 9 六	戊寅 10 日	己卯 11 一	庚辰 12 二	辛巳 13 三	壬午 14 四	癸未 15 五	甲申 16 六	戊辰驚蟄 癸未春分
三月小	戊辰	天干地支 西曆 星期	乙酉 17 日	丙戌 18 一	丁亥 19 二	戊子 20 三	己丑 21 四	庚寅 22 五	辛卯 23 六	壬辰 24 日	癸巳 25 一	甲午 26 二	乙未 27 三	丙申 28 四	丁酉 29 五	戊戌 30 六	己亥 31 日	庚子 (4) 一	辛丑 2 二	壬寅 3 三	癸卯 4 四	甲辰 5 五	乙巳 6 六	丙午 7 日	丁未 8 一	戊申 9 二	己酉 10 三	庚戌 11 四	辛亥 12 五	壬子 13 六	癸丑 14 日		戊戌清明 癸丑穀雨
閏三月大	戊辰	天干地支 西曆 星期	甲寅 15 一	乙卯 16 二	丙辰 17 三	丁巳 18 四	戊午 19 五	己未 20 六	庚申 21 日	辛酉 22 一	壬戌 23 二	癸亥 24 三	甲子 25 四	乙丑 26 五	丙寅 27 六	丁卯 28 日	戊辰 29 一	己巳 30 二	庚午 (5) 三	辛未 2 四	壬申 3 五	癸酉 4 六	甲戌 5 日	乙亥 6 一	丙子 7 二	丁丑 8 三	戊寅 9 四	己卯 10 五	庚辰 11 六	辛巳 12 日	壬午 13 一	癸未 14 二	己巳立夏
四月大	己巳	天干地支 西曆 星期	甲申 15 三	乙酉 16 四	丙戌 17 五	丁亥 18 六	戊子 19 日	己丑 20 一	庚寅 21 二	辛卯 22 三	壬辰 23 四	癸巳 24 五	甲午 25 六	乙未 26 日	丙申 27 一	丁酉 28 二	戊戌 29 三	己亥 30 四	庚子 31 五	辛丑 (6) 六	壬寅 2 日	癸卯 3 一	甲辰 4 二	乙巳 5 三	丙午 6 四	丁未 7 五	戊申 8 六	己酉 9 日	庚戌 10 一	辛亥 11 二	壬子 12 三	癸丑 13 四	甲申小滿 己亥芒種
五月小	庚午	天干地支 西曆 星期	甲寅 14 五	乙卯 15 六	丙辰 16 日	丁巳 17 一	戊午 18 二	己未 19 三	庚申 20 四	辛酉 21 五	壬戌 22 六	癸亥 23 日	甲子 24 一	乙丑 25 二	丙寅 26 三	丁卯 27 四	戊辰 28 五	己巳 29 六	庚午 30 日	辛未 (7) 一	壬申 2 二	癸酉 3 三	甲戌 4 四	乙亥 5 五	丙子 6 六	丁丑 7 日	戊寅 8 一	己卯 9 二	庚辰 10 三	辛巳 11 四	壬午 12 五		甲寅夏至 己巳小暑
六月大	辛未	天干地支 西曆 星期	癸未 13 六	甲申 14 日	乙酉 15 一	丙戌 16 二	丁亥 17 三	戊子 18 四	己丑 19 五	庚寅 20 六	辛卯 21 日	壬辰 22 一	癸巳 23 二	甲午 24 三	乙未 25 四	丙申 26 五	丁酉 27 六	戊戌 28 日	己亥 29 一	庚子 30 二	辛丑 31 三	壬寅 (8) 四	癸卯 2 五	甲辰 3 六	乙巳 4 日	丙午 5 一	丁未 6 二	戊申 7 三	己酉 8 四	庚戌 9 五	辛亥 10 六	壬子 11 日	乙酉大暑 庚子立秋
七月小	壬申	天干地支 西曆 星期	癸丑 12 一	甲寅 13 二	乙卯 14 三	丙辰 15 四	丁巳 16 五	戊午 17 六	己未 18 日	庚申 19 一	辛酉 20 二	壬戌 21 三	癸亥 22 四	甲子 23 五	乙丑 24 六	丙寅 25 日	丁卯 26 一	戊辰 27 二	己巳 28 三	庚午 29 四	辛未 30 五	壬申 31 六	癸酉 (9) 日	甲戌 2 一	乙亥 3 二	丙子 4 三	丁丑 5 四	戊寅 6 五	己卯 7 六	庚辰 8 日	辛巳 9 一		乙卯處暑 庚午白露
八月大	癸酉	天干地支 西曆 星期	壬午 10 二	癸未 11 三	甲申 12 四	乙酉 13 五	丙戌 14 六	丁亥 15 日	戊子 16 一	己丑 17 二	庚寅 18 三	辛卯 19 四	壬辰 20 五	癸巳 21 六	甲午 22 日	乙未 23 一	丙申 24 二	丁酉 25 三	戊戌 26 四	己亥 27 五	庚子 28 六	辛丑 29 日	壬寅 30 一	癸卯 (10) 二	甲辰 2 三	乙巳 3 四	丙午 4 五	丁未 5 六	戊申 6 日	己酉 7 一	庚戌 8 二	辛亥 9 三	乙酉秋分 辛丑寒露
九月小	甲戌	天干地支 西曆 星期	壬子 10 四	癸丑 11 五	甲寅 12 六	乙卯 13 日	丙辰 14 一	丁巳 15 二	戊午 16 三	己未 17 四	庚申 18 五	辛酉 19 六	壬戌 20 日	癸亥 21 一	甲子 22 二	乙丑 23 三	丙寅 24 四	丁卯 25 五	戊辰 26 六	己巳 27 日	庚午 28 一	辛未 29 二	壬申 30 三	癸酉 31 四	甲戌 (11) 五	乙亥 2 六	丙子 3 日	丁丑 4 一	戊寅 5 二	己卯 6 三	庚辰 7 四		丙辰霜降 辛未立冬
十月大	乙亥	天干地支 西曆 星期	辛巳 8 五	壬午 9 六	癸未 10 日	甲申 11 一	乙酉 12 二	丙戌 13 三	丁亥 14 四	戊子 15 五	己丑 16 六	庚寅 17 日	辛卯 18 一	壬辰 19 二	癸巳 20 三	甲午 21 四	乙未 22 五	丙申 23 六	丁酉 24 日	戊戌 25 一	己亥 26 二	庚子 27 三	辛丑 28 四	壬寅 29 五	癸卯 30 六	甲辰 (12) 日	乙巳 2 一	丙午 3 二	丁未 4 三	戊申 5 四	己酉 6 五	庚戌 7 六	丙戌小雪 壬寅大雪
十一月小	丙子	天干地支 西曆 星期	辛亥 8 日	壬子 9 一	癸丑 10 二	甲寅 11 三	乙卯 12 四	丙辰 13 五	丁巳 14 六	戊午 15 日	己未 16 一	庚申 17 二	辛酉 18 三	壬戌 19 四	癸亥 20 五	甲子 21 六	乙丑 22 日	丙寅 23 一	丁卯 24 二	戊辰 25 三	己巳 26 四	庚午 27 五	辛未 28 六	壬申 29 日	癸酉 30 一	甲戌 31 二	乙亥 (1) 三	丙子 2 四	丁丑 3 五	戊寅 4 六	己卯 5 日		丁巳冬至 壬申小寒
十二月大	丁丑	天干地支 西曆 星期	庚辰 6 一	辛巳 7 二	壬午 8 三	癸未 9 四	甲申 10 五	乙酉 11 六	丙戌 12 日	丁亥 13 一	戊子 14 二	己丑 15 三	庚寅 16 四	辛卯 17 五	壬辰 18 六	癸巳 19 日	甲午 20 一	乙未 21 二	丙申 22 三	丁酉 23 四	戊戌 24 五	己亥 25 六	庚子 26 日	辛丑 27 一	壬寅 28 二	癸卯 29 三	甲辰 30 四	乙巳 31 五	丙午 (2) 六	丁未 2 日	戊申 3 一	己酉 4 二	丁亥大寒 壬寅立春

* 正月丁未（二十二日），元仁宗改元延祐。

元仁宗延祐二年（乙卯 兔年） 公元 1315 ~ 1316 年

夏曆月序	中西曆日對照	初一	初二	初三	初四	初五	初六	初七	初八	初九	初十	十一	十二	十三	十四	十五	十六	十七	十八	十九	二十	二一	二二	二三	二四	二五	二六	二七	二八	二九	三十	節氣與天象
正月小 戊寅	干支 天地西曆 星期	庚戌 5 三	辛亥 6 四	壬子 7 五	癸丑 8 六	甲寅 9 日	乙卯 10 一	丙辰 11 二	丁巳 12 三	戊午 13 四	己未 14 五	庚申 15 六	辛酉 16 日	壬戌 17 一	癸亥 18 二	甲子 19 三	乙丑 20 四	丙寅 21 五	丁卯 22 六	戊辰 23 日	己巳 24 一	庚午 25 二	辛未 26 三	壬申 27 四	癸酉 28 五	甲戌 (3) 六	乙亥 2 日	丙子 3 一	丁丑 4 二	戊寅 5 三		戊午雨水 癸酉驚蟄
二月大 己卯	干支 天地西曆 星期	己卯 6 四	庚辰 7 五	辛巳 8 六	壬午 9 日	癸未 10 一	甲申 11 二	乙酉 12 三	丙戌 13 四	丁亥 14 五	戊子 15 六	己丑 16 日	庚寅 17 一	辛卯 18 二	壬辰 19 三	癸巳 20 四	甲午 21 五	乙未 22 六	丙申 23 日	丁酉 24 一	戊戌 25 二	己亥 26 三	庚子 27 四	辛丑 28 五	壬寅 29 六	癸卯 30 日	甲辰 31 一	乙巳 (4) 二	丙午 2 三	丁未 3 四	戊申 4 五	戊子春分 癸卯清明
三月小 庚辰	干支 天地西曆 星期	己酉 5 六	庚戌 6 日	辛亥 7 一	壬子 8 二	癸丑 9 三	甲寅 10 四	乙卯 11 五	丙辰 12 六	丁巳 13 日	戊午 14 一	己未 15 二	庚申 16 三	辛酉 17 四	壬戌 18 五	癸亥 19 六	甲子 20 日	乙丑 21 一	丙寅 22 二	丁卯 23 三	戊辰 24 四	己巳 25 五	庚午 26 六	辛未 27 日	壬申 28 一	癸酉 29 二	甲戌 30 三	乙亥 (5) 四	丙子 2 五	丁丑 3 六		己未穀雨 甲戌立夏
四月大 辛巳	干支 天地西曆 星期	戊寅 4 日	己卯 5 一	庚辰 6 二	辛巳 7 三	壬午 8 四	癸未 9 五	甲申 10 六	乙酉 11 日	丙戌 12 一	丁亥 13 二	戊子 14 三	己丑 15 四	庚寅 16 五	辛卯 17 六	壬辰 18 日	癸巳 19 一	甲午 20 二	乙未 21 三	丙申 22 四	丁酉 23 五	戊戌 24 六	己亥 25 日	庚子 26 一	辛丑 27 二	壬寅 28 三	癸卯 29 四	甲辰 30 五	乙巳 31 六	丙午 (6) 日	丁未 2 一	己丑小滿 甲辰芒種 戊寅日食
五月小 壬午	干支 天地西曆 星期	戊申 3 二	己酉 4 三	庚戌 5 四	辛亥 6 五	壬子 7 六	癸丑 8 日	甲寅 9 一	乙卯 10 二	丙辰 11 三	丁巳 12 四	戊午 13 五	己未 14 六	庚申 15 日	辛酉 16 一	壬戌 17 二	癸亥 18 三	甲子 19 四	乙丑 20 五	丙寅 21 六	丁卯 22 日	戊辰 23 一	己巳 24 二	庚午 25 三	辛未 26 四	壬申 27 五	癸酉 28 六	甲戌 29 日	乙亥 30 一	丙子 (7) 二		己未夏至 乙亥小暑
六月大 癸未	干支 天地西曆 星期	丁丑 2 三	戊寅 3 四	己卯 4 五	庚辰 5 六	辛巳 6 日	壬午 7 一	癸未 8 二	甲申 9 三	乙酉 10 四	丙戌 11 五	丁亥 12 六	戊子 13 日	己丑 14 一	庚寅 15 二	辛卯 16 三	壬辰 17 四	癸巳 18 五	甲午 19 六	乙未 20 日	丙申 21 一	丁酉 22 二	戊戌 23 三	己亥 24 四	庚子 25 五	辛丑 26 六	壬寅 27 日	癸卯 28 一	甲辰 29 二	乙巳 30 三	丙午 31 四	庚寅大暑 乙巳立秋
七月大 甲申	干支 天地西曆 星期	丁未 (8) 五	戊申 2 六	己酉 3 日	庚戌 4 一	辛亥 5 二	壬子 6 三	癸丑 7 四	甲寅 8 五	乙卯 9 六	丙辰 10 日	丁巳 11 一	戊午 12 二	己未 13 三	庚申 14 四	辛酉 15 五	壬戌 16 六	癸亥 17 日	甲子 18 一	乙丑 19 二	丙寅 20 三	丁卯 21 四	戊辰 22 五	己巳 23 六	庚午 24 日	辛未 25 一	壬申 26 二	癸酉 27 三	甲戌 28 四	乙亥 29 五	丙子 30 六	庚申處暑 丙子白露
八月小 乙酉	干支 天地西曆 星期	丁丑 31 日	戊寅 (9) 一	己卯 2 二	庚辰 3 三	辛巳 4 四	壬午 5 五	癸未 6 六	甲申 7 日	乙酉 8 一	丙戌 9 二	丁亥 10 三	戊子 11 四	己丑 12 五	庚寅 13 六	辛卯 14 日	壬辰 15 一	癸巳 16 二	甲午 17 三	乙未 18 四	丙申 19 五	丁酉 20 六	戊戌 21 日	己亥 22 一	庚子 23 二	辛丑 24 三	壬寅 25 四	癸卯 26 五	甲辰 27 六	乙巳 28 日		辛卯秋分
九月大 丙戌	干支 天地西曆 星期	丙午 29 一	丁未 30 二	戊申 (10) 三	己酉 2 四	庚戌 3 五	辛亥 4 六	壬子 5 日	癸丑 6 一	甲寅 7 二	乙卯 8 三	丙辰 9 四	丁巳 10 五	戊午 11 六	己未 12 日	庚申 13 一	辛酉 14 二	壬戌 15 三	癸亥 16 四	甲子 17 五	乙丑 18 六	丙寅 19 日	丁卯 20 一	戊辰 21 二	己巳 22 三	庚午 23 四	辛未 24 五	壬申 25 六	癸酉 26 日	甲戌 27 一	乙亥 28 二	丙午寒露 辛酉霜降
十月小 丁亥	干支 天地西曆 星期	丙子 29 三	丁丑 30 四	戊寅 31 五	己卯 (11) 六	庚辰 2 日	辛巳 3 一	壬午 4 二	癸未 5 三	甲申 6 四	乙酉 7 五	丙戌 8 六	丁亥 9 日	戊子 10 一	己丑 11 二	庚寅 12 三	辛卯 13 四	壬辰 14 五	癸巳 15 六	甲午 16 日	乙未 17 一	丙申 18 二	丁酉 19 三	戊戌 20 四	己亥 21 五	庚子 22 六	辛丑 23 日	壬寅 24 一	癸卯 25 二	甲辰 26 三		丙子立冬 壬辰小雪
十一月大 戊子	干支 天地西曆 星期	乙巳 27 四	丙午 28 五	丁未 29 六	戊申 30 日	己酉 (12) 一	庚戌 2 二	辛亥 3 三	壬子 4 四	癸丑 5 五	甲寅 6 六	乙卯 7 日	丙辰 8 一	丁巳 9 二	戊午 10 三	己未 11 四	庚申 12 五	辛酉 13 六	壬戌 14 日	癸亥 15 一	甲子 16 二	乙丑 17 三	丙寅 18 四	丁卯 19 五	戊辰 20 六	己巳 21 日	庚午 22 一	辛未 23 二	壬申 24 三	癸酉 25 四	甲戌 26 五	丁未大雪 壬戌冬至
十二月小 己丑	干支 天地西曆 星期	乙亥 27 六	丙子 28 日	丁丑 29 一	戊寅 30 二	己卯 31 三	庚辰 (1) 四	辛巳 2 五	壬午 3 六	癸未 4 日	甲申 5 一	乙酉 6 二	丙戌 7 三	丁亥 8 四	戊子 9 五	己丑 10 六	庚寅 11 日	辛卯 12 一	壬辰 13 二	癸巳 14 三	甲午 15 四	乙未 16 五	丙申 17 六	丁酉 18 日	戊戌 19 一	己亥 20 二	庚子 21 三	辛丑 22 四	壬寅 23 五	癸卯 24 六		丁丑小寒 壬辰大寒

元仁宗延祐三年（丙辰 龍年） 公元 1316 ~ 1317 年

夏曆月序		中西曆日對照	夏曆日序																														節氣與天象
			初一	初二	初三	初四	初五	初六	初七	初八	初九	初十	十一	十二	十三	十四	十五	十六	十七	十八	十九	二十	二一	二二	二三	二四	二五	二六	二七	二八	二九	三十	
正月大	庚寅	天干地支 西曆 星期	甲辰 25 日	乙巳 26 一	丙午 27 二	丁未 28 三	戊申 29 四	己酉 30 五	庚戌 31 六	辛亥 (2) 日	壬子 2 一	癸丑 3 二	甲寅 4 三	乙卯 5 四	丙辰 6 五	丁巳 7 六	戊午 8 日	己未 9 一	庚申 10 二	辛酉 11 三	壬戌 12 四	癸亥 13 五	甲子 14 六	乙丑 15 日	丙寅 16 一	丁卯 17 二	戊辰 18 三	己巳 19 四	庚午 20 五	辛未 21 六	壬申 22 日	癸酉 23 一	戊申立春 癸亥雨水
二月小	辛卯	天干地支 西曆 星期	甲戌 24 二	乙亥 25 三	丙子 26 四	丁丑 27 五	戊寅 28 六	己卯 29 日	庚辰 (3) 一	辛巳 2 二	壬午 3 三	癸未 4 四	甲申 5 五	乙酉 6 六	丙戌 7 日	丁亥 8 一	戊子 9 二	己丑 10 三	庚寅 11 四	辛卯 12 五	壬辰 13 六	癸巳 14 日	甲午 15 一	乙未 16 二	丙申 17 三	丁酉 18 四	戊戌 19 五	己亥 20 六	庚子 21 日	辛丑 22 一	壬寅 23 二		戊寅驚蟄 癸巳春分
三月大	壬辰	天干地支 西曆 星期	癸卯 24 三	甲辰 25 四	乙巳 26 五	丙午 27 六	丁未 28 日	戊申 29 一	己酉 30 二	庚戌 31 三	辛亥 (4) 四	壬子 2 五	癸丑 3 六	甲寅 4 日	乙卯 5 一	丙辰 6 二	丁巳 7 三	戊午 8 四	己未 9 五	庚申 10 六	辛酉 11 日	壬戌 12 一	癸亥 13 二	甲子 14 三	乙丑 15 四	丙寅 16 五	丁卯 17 六	戊辰 18 日	己巳 19 一	庚午 20 二	辛未 21 三	壬申 22 四	己酉清明 甲子穀雨
四月小	癸巳	天干地支 西曆 星期	癸酉 23 五	甲戌 24 六	乙亥 25 日	丙子 26 一	丁丑 27 二	戊寅 28 三	己卯 29 四	庚辰 30 五	辛巳 (5) 六	壬午 2 日	癸未 3 一	甲申 4 二	乙酉 5 三	丙戌 6 四	丁亥 7 五	戊子 8 六	己丑 9 日	庚寅 10 一	辛卯 11 二	壬辰 12 三	癸巳 13 四	甲午 14 五	乙未 15 六	丙申 16 日	丁酉 17 一	戊戌 18 二	己亥 19 三	庚子 20 四	辛丑 21 五		己卯立夏 甲午小滿
五月小	甲午	天干地支 西曆 星期	壬寅 22 六	癸卯 23 日	甲辰 24 一	乙巳 25 二	丙午 26 三	丁未 27 四	戊申 28 五	己酉 29 六	庚戌 30 日	辛亥 31 一	壬子 (6) 二	癸丑 2 三	甲寅 3 四	乙卯 4 五	丙辰 5 六	丁巳 6 日	戊午 7 一	己未 8 二	庚申 9 三	辛酉 10 四	壬戌 11 五	癸亥 12 六	甲子 13 日	乙丑 14 一	丙寅 15 二	丁卯 16 三	戊辰 17 四	己巳 18 五	庚午 19 六		己酉芒種 乙丑夏至
六月大	乙未	天干地支 西曆 星期	辛未 20 日	壬申 21 一	癸酉 22 二	甲戌 23 三	乙亥 24 四	丙子 25 五	丁丑 26 六	戊寅 27 日	己卯 28 一	庚辰 29 二	辛巳 30 三	壬午 (7) 四	癸未 2 五	甲申 3 六	乙酉 4 日	丙戌 5 一	丁亥 6 二	戊子 7 三	己丑 8 四	庚寅 9 五	辛卯 10 六	壬辰 11 日	癸巳 12 一	甲午 13 二	乙未 14 三	丙申 15 四	丁酉 16 五	戊戌 17 六	己亥 18 日	庚子 19 一	庚辰小暑 乙未大暑
七月大	丙申	天干地支 西曆 星期	辛丑 20 二	壬寅 21 三	癸卯 22 四	甲辰 23 五	乙巳 24 六	丙午 25 日	丁未 26 一	戊申 27 二	己酉 28 三	庚戌 29 四	辛亥 30 五	壬子 31 六	癸丑 (8) 日	甲寅 2 一	乙卯 3 二	丙辰 4 三	丁巳 5 四	戊午 6 五	己未 7 六	庚申 8 日	辛酉 9 一	壬戌 10 二	癸亥 11 三	甲子 12 四	乙丑 13 五	丙寅 14 六	丁卯 15 日	戊辰 16 一	己巳 17 二	庚午 18 三	庚戌立秋 丙寅處暑
八月小	丁酉	天干地支 西曆 星期	辛未 19 四	壬申 20 五	癸酉 21 六	甲戌 22 日	乙亥 23 一	丙子 24 二	丁丑 25 三	戊寅 26 四	己卯 27 五	庚辰 28 六	辛巳 29 日	壬午 30 一	癸未 31 二	甲申 (9) 三	乙酉 2 四	丙戌 3 五	丁亥 4 六	戊子 5 日	己丑 6 一	庚寅 7 二	辛卯 8 三	壬辰 9 四	癸巳 10 五	甲午 11 六	乙未 12 日	丙申 13 一	丁酉 14 二	戊戌 15 三	己亥 16 四		辛巳白露 丙申秋分
九月大	戊戌	天干地支 西曆 星期	庚子 17 五	辛丑 18 六	壬寅 19 日	癸卯 20 一	甲辰 21 二	乙巳 22 三	丙午 23 四	丁未 24 五	戊申 25 六	己酉 26 日	庚戌 27 一	辛亥 28 二	壬子 29 三	癸丑 30 四	甲寅 (10) 五	乙卯 2 六	丙辰 3 日	丁巳 4 一	戊午 5 二	己未 6 三	庚申 7 四	辛酉 8 五	壬戌 9 六	癸亥 10 日	甲子 11 一	乙丑 12 二	丙寅 13 三	丁卯 14 四	戊辰 15 五	己巳 16 六	辛亥寒露 丙寅霜降
十月大	己亥	天干地支 西曆 星期	庚午 17 日	辛未 18 一	壬申 19 二	癸酉 20 三	甲戌 21 四	乙亥 22 五	丙子 23 六	丁丑 24 日	戊寅 25 一	己卯 26 二	庚辰 27 三	辛巳 28 四	壬午 29 五	癸未 30 六	甲申 31 日	乙酉 (11) 一	丙戌 2 二	丁亥 3 三	戊子 4 四	己丑 5 五	庚寅 6 六	辛卯 7 日	壬辰 8 一	癸巳 9 二	甲午 10 三	乙未 11 四	丙申 12 五	丁酉 13 六	戊戌 14 日	己亥 15 一	壬午立冬 丁酉小雪
十一月小	庚子	天干地支 西曆 星期	庚子 16 二	辛丑 17 三	壬寅 18 四	癸卯 19 五	甲辰 20 六	乙巳 21 日	丙午 22 一	丁未 23 二	戊申 24 三	己酉 25 四	庚戌 26 五	辛亥 27 六	壬子 28 日	癸丑 29 一	甲寅 30 二	乙卯 (12) 三	丙辰 2 四	丁巳 3 五	戊午 4 六	己未 5 日	庚申 6 一	辛酉 7 二	壬戌 8 三	癸亥 9 四	甲子 10 五	乙丑 11 六	丙寅 12 日	丁卯 13 一	戊辰 14 二		壬子大雪 丁卯冬至
十二月大	辛丑	天干地支 西曆 星期	己巳 15 三	庚午 16 四	辛未 17 五	壬申 18 六	癸酉 19 日	甲戌 20 一	乙亥 21 二	丙子 22 三	丁丑 23 四	戊寅 24 五	己卯 25 六	庚辰 26 日	辛巳 27 一	壬午 28 二	癸未 29 三	甲申 30 四	乙酉 31 五	丙戌 (1) 六	丁亥 2 日	戊子 3 一	己丑 4 二	庚寅 5 三	辛卯 6 四	壬辰 7 五	癸巳 8 六	甲午 9 日	乙未 10 一	丙申 11 二	丁酉 12 三	戊戌 13 四	癸未小寒 戊戌大寒

元仁宗延祐四年（丁巳 蛇年） 公元 1317 ～ 1318 年

夏曆月序	中西曆日對照	初一	初二	初三	初四	初五	初六	初七	初八	初九	初十	十一	十二	十三	十四	十五	十六	十七	十八	十九	二十	二一	二二	二三	二四	二五	二六	二七	二八	二九	三十	節氣與天象
正月大 壬寅	干支 西曆 星期	己亥 14 五	庚子 15 六	辛丑 16 日	壬寅 17 一	癸卯 18 二	甲辰 19 三	乙巳 20 四	丙午 21 五	丁未 22 六	戊申 23 日	己酉 24 一	庚戌 25 二	辛亥 26 三	壬子 27 四	癸丑 28 五	甲寅 29 六	乙卯 30 日	丙辰 31 一	丁巳 (2) 二	戊午 2 三	己未 3 四	庚申 4 五	辛酉 5 六	壬戌 6 日	癸亥 7 一	甲子 8 二	乙丑 9 三	丙寅 10 四	丁卯 11 五	戊辰 12 六	癸丑立春 戊辰雨水
閏正月小 壬寅	干支 西曆 星期	己巳 13 日	庚午 14 一	辛未 15 二	壬申 16 三	癸酉 17 四	甲戌 18 五	乙亥 19 六	丙子 20 日	丁丑 21 一	戊寅 22 二	己卯 23 三	庚辰 24 四	辛巳 25 五	壬午 26 六	癸未 27 日	甲申 28 一	乙酉 (3) 二	丙戌 2 三	丁亥 3 四	戊子 4 五	己丑 5 六	庚寅 6 日	辛卯 7 一	壬辰 8 二	癸巳 9 三	甲午 10 四	乙未 11 五	丙申 12 六	丁酉 13 日		癸未驚蟄
二月小 癸卯	干支 西曆 星期	戊戌 14 一	己亥 15 二	庚子 16 三	辛丑 17 四	壬寅 18 五	癸卯 19 六	甲辰 20 日	乙巳 21 一	丙午 22 二	丁未 23 三	戊申 24 四	己酉 25 五	庚戌 26 六	辛亥 27 日	壬子 28 一	癸丑 29 二	甲寅 30 三	乙卯 31 四	丙辰 (4) 五	丁巳 2 六	戊午 3 日	己未 4 一	庚申 5 二	辛酉 6 三	壬戌 7 四	癸亥 8 五	甲子 9 六	乙丑 10 日	丙寅 11 一		己亥春分 甲寅清明
三月大 甲辰	干支 西曆 星期	丁卯 12 二	戊辰 13 三	己巳 14 四	庚午 15 五	辛未 16 六	壬申 17 日	癸酉 18 一	甲戌 19 二	乙亥 20 三	丙子 21 四	丁丑 22 五	戊寅 23 六	己卯 24 日	庚辰 25 一	辛巳 26 二	壬午 27 三	癸未 28 四	甲申 29 五	乙酉 30 六	丙戌 (5) 日	丁亥 2 一	戊子 3 二	己丑 4 三	庚寅 5 四	辛卯 6 五	壬辰 7 六	癸巳 8 日	甲午 9 一	乙未 10 二	丙申 11 三	己巳穀雨 甲申立夏
四月小 乙巳	干支 西曆 星期	丁酉 12 四	戊戌 13 五	己亥 14 六	庚子 15 日	辛丑 16 一	壬寅 17 二	癸卯 18 三	甲辰 19 四	乙巳 20 五	丙午 21 六	丁未 22 日	戊申 23 一	己酉 24 二	庚戌 25 三	辛亥 26 四	壬子 27 五	癸丑 28 六	甲寅 29 日	乙卯 30 一	丙辰 31 二	丁巳 (6) 三	戊午 2 四	己未 3 五	庚申 4 六	辛酉 5 日	壬戌 6 一	癸亥 7 二	甲子 8 三	乙丑 9 四		己亥小滿 乙卯芒種
五月小 丙午	干支 西曆 星期	丙寅 10 五	丁卯 11 六	戊辰 12 日	己巳 13 一	庚午 14 二	辛未 15 三	壬申 16 四	癸酉 17 五	甲戌 18 六	乙亥 19 日	丙子 20 一	丁丑 21 二	戊寅 22 三	己卯 23 四	庚辰 24 五	辛巳 25 六	壬午 26 日	癸未 27 一	甲申 28 二	乙酉 29 三	丙戌 30 四	丁亥 (7) 五	戊子 2 六	己丑 3 日	庚寅 4 一	辛卯 5 二	壬辰 6 三	癸巳 7 四	甲午 8 五		庚午夏至 乙酉小暑
六月大 丁未	干支 西曆 星期	乙未 9 六	丙申 10 日	丁酉 11 一	戊戌 12 二	己亥 13 三	庚子 14 四	辛丑 15 五	壬寅 16 六	癸卯 17 日	甲辰 18 一	乙巳 19 二	丙午 20 三	丁未 21 四	戊申 22 五	己酉 23 六	庚戌 24 日	辛亥 25 一	壬子 26 二	癸丑 27 三	甲寅 28 四	乙卯 29 五	丙辰 30 六	丁巳 31 日	戊午 (8) 一	己未 2 二	庚申 3 三	辛酉 4 四	壬戌 5 五	癸亥 6 六	甲子 7 日	庚子大暑 丙辰立秋
七月小 戊申	干支 西曆 星期	乙丑 8 一	丙寅 9 二	丁卯 10 三	戊辰 11 四	己巳 12 五	庚午 13 六	辛未 14 日	壬申 15 一	癸酉 16 二	甲戌 17 三	乙亥 18 四	丙子 19 五	丁丑 20 六	戊寅 21 日	己卯 22 一	庚辰 23 二	辛巳 24 三	壬午 25 四	癸未 26 五	甲申 27 六	乙酉 28 日	丙戌 29 一	丁亥 30 二	戊子 31 三	己丑 (9) 四	庚寅 2 五	辛卯 3 六	壬辰 4 日	癸巳 5 一		辛未處暑 丙戌白露
八月大 己酉	干支 西曆 星期	甲午 6 二	乙未 7 三	丙申 8 四	丁酉 9 五	戊戌 10 六	己亥 11 日	庚子 12 一	辛丑 13 二	壬寅 14 三	癸卯 15 四	甲辰 16 五	乙巳 17 六	丙午 18 日	丁未 19 一	戊申 20 二	己酉 21 三	庚戌 22 四	辛亥 23 五	壬子 24 六	癸丑 25 日	甲寅 26 一	乙卯 27 二	丙辰 28 三	丁巳 29 四	戊午 30 五	己未 (10) 六	庚申 2 日	辛酉 3 一	壬戌 4 二	癸亥 5 三	辛丑秋分 丙辰寒露 甲午日食
九月大 庚戌	干支 西曆 星期	甲子 6 四	乙丑 7 五	丙寅 8 六	丁卯 9 日	戊辰 10 一	己巳 11 二	庚午 12 三	辛未 13 四	壬申 14 五	癸酉 15 六	甲戌 16 日	乙亥 17 一	丙子 18 二	丁丑 19 三	戊寅 20 四	己卯 21 五	庚辰 22 六	辛巳 23 日	壬午 24 一	癸未 25 二	甲申 26 三	乙酉 27 四	丙戌 28 五	丁亥 29 六	戊子 30 日	己丑 31 一	庚寅 (11) 二	辛卯 2 三	壬辰 3 四	癸巳 4 五	壬申霜降 丁亥立冬
十月大 辛亥	干支 西曆 星期	甲午 5 六	乙未 6 日	丙申 7 一	丁酉 8 二	戊戌 9 三	己亥 10 四	庚子 11 五	辛丑 12 六	壬寅 13 日	癸卯 14 一	甲辰 15 二	乙巳 16 三	丙午 17 四	丁未 18 五	戊申 19 六	己酉 20 日	庚戌 21 一	辛亥 22 二	壬子 23 三	癸丑 24 四	甲寅 25 五	乙卯 26 六	丙辰 27 日	丁巳 28 一	戊午 29 二	己未 30 三	庚申 (12) 四	辛酉 2 五	壬戌 3 六	癸亥 4 日	壬寅小雪 丁巳大雪
十一月小 壬子	干支 西曆 星期	甲子 5 一	乙丑 6 二	丙寅 7 三	丁卯 8 四	戊辰 9 五	己巳 10 六	庚午 11 日	辛未 12 一	壬申 13 二	癸酉 14 三	甲戌 15 四	乙亥 16 五	丙子 17 六	丁丑 18 日	戊寅 19 一	己卯 20 二	庚辰 21 三	辛巳 22 四	壬午 23 五	癸未 24 六	甲申 25 日	乙酉 26 一	丙戌 27 二	丁亥 28 三	戊子 29 四	己丑 30 五	庚寅 31 六	辛卯 (1) 日	壬辰 2 一		癸酉冬至 戊子小寒
十二月大 癸丑	干支 西曆 星期	癸巳 3 二	甲午 4 三	乙未 5 四	丙申 6 五	丁酉 7 六	戊戌 8 日	己亥 9 一	庚子 10 二	辛丑 11 三	壬寅 12 四	癸卯 13 五	甲辰 14 六	乙巳 15 日	丙午 16 一	丁未 17 二	戊申 18 三	己酉 19 四	庚戌 20 五	辛亥 21 六	壬子 22 日	癸丑 23 一	甲寅 24 二	乙卯 25 三	丙辰 26 四	丁巳 27 五	戊午 28 六	己未 29 日	庚申 30 一	辛酉 31 二	壬戌 (2) 三	癸卯大寒 戊午立春

元仁宗延祐五年（戊午 馬年） 公元 1318 ~ 1319 年

夏曆月序		中西曆日對照	初一	初二	初三	初四	初五	初六	初七	初八	初九	初十	十一	十二	十三	十四	十五	十六	十七	十八	十九	二十	二一	二二	二三	二四	二五	二六	二七	二八	二九	三十	節氣與天象
正月大	甲寅	天干 地支 西曆 星期	癸亥 2 四	甲子 3 五	乙丑 4 六	丙寅 5 日	丁卯 6 一	戊辰 7 二	己巳 8 三	庚午 9 四	辛未 10 五	壬申 11 六	癸酉 12 日	甲戌 13 一	乙亥 14 二	丙子 15 三	丁丑 16 四	戊寅 17 五	己卯 18 六	庚辰 19 日	辛巳 20 一	壬午 21 二	癸未 22 三	甲申 23 四	乙酉 24 五	丙戌 25 六	丁亥 26 日	戊子 27 一	己丑 28 二	庚寅 (3) 三	辛卯 2 四	壬辰 3 五	癸酉雨水 己丑驚蟄
二月小	乙卯	天干 地支 西曆 星期	癸巳 4 六	甲午 5 日	乙未 6 一	丙申 7 二	丁酉 8 三	戊戌 9 四	己亥 10 五	庚子 11 六	辛丑 12 日	壬寅 13 一	癸卯 14 二	甲辰 15 三	乙巳 16 四	丙午 17 五	丁未 18 六	戊申 19 日	己酉 20 一	庚戌 21 二	辛亥 22 三	壬子 23 四	癸丑 24 五	甲寅 25 六	乙卯 26 日	丙辰 27 一	丁巳 28 二	戊午 29 三	己未 30 四	庚申 31 五	辛酉 (4) 六		甲辰春分 己未清明
三月小	丙辰	天干 地支 西曆 星期	壬戌 2 日	癸亥 3 一	甲子 4 二	乙丑 5 三	丙寅 6 四	丁卯 7 五	戊辰 8 六	己巳 9 日	庚午 10 一	辛未 11 二	壬申 12 三	癸酉 13 四	甲戌 14 五	乙亥 15 六	丙子 16 日	丁丑 17 一	戊寅 18 二	己卯 19 三	庚辰 20 四	辛巳 21 五	壬午 22 六	癸未 23 日	甲申 24 一	乙酉 25 二	丙戌 26 三	丁亥 27 四	戊子 28 五	己丑 29 六	庚寅 30 日		甲戌穀雨 己丑立夏
四月大	丁巳	天干 地支 西曆 星期	辛卯 (5) 一	壬辰 2 二	癸巳 3 三	甲午 4 四	乙未 5 五	丙申 6 六	丁酉 7 日	戊戌 8 一	己亥 9 二	庚子 10 三	辛丑 11 四	壬寅 12 五	癸卯 13 六	甲辰 14 日	乙巳 15 一	丙午 16 二	丁未 17 三	戊申 18 四	己酉 19 五	庚戌 20 六	辛亥 21 日	壬子 22 一	癸丑 23 二	甲寅 24 三	乙卯 25 四	丙辰 26 五	丁巳 27 六	戊午 28 日	己未 29 一	庚申 30 二	乙巳小滿 庚申芒種
五月小	戊午	天干 地支 西曆 星期	辛酉 31 三	壬戌 (6) 四	癸亥 2 五	甲子 3 六	乙丑 4 日	丙寅 5 一	丁卯 6 二	戊辰 7 三	己巳 8 四	庚午 9 五	辛未 10 六	壬申 11 日	癸酉 12 一	甲戌 13 二	乙亥 14 三	丙子 15 四	丁丑 16 五	戊寅 17 六	己卯 18 日	庚辰 19 一	辛巳 20 二	壬午 21 三	癸未 22 四	甲申 23 五	乙酉 24 六	丙戌 25 日	丁亥 26 一	戊子 27 二	己丑 28 三		乙亥夏至
六月小	己未	天干 地支 西曆 星期	庚寅 29 四	辛卯 30 五	壬辰 (7) 六	癸巳 2 日	甲午 3 一	乙未 4 二	丙申 5 三	丁酉 6 四	戊戌 7 五	己亥 8 六	庚子 9 日	辛丑 10 一	壬寅 11 二	癸卯 12 三	甲辰 13 四	乙巳 14 五	丙午 15 六	丁未 16 日	戊申 17 一	己酉 18 二	庚戌 19 三	辛亥 20 四	壬子 21 五	癸丑 22 六	甲寅 23 日	乙卯 24 一	丙辰 25 二	丁巳 26 三	戊午 27 四		庚寅小暑 丙午大暑
七月大	庚申	天干 地支 西曆 星期	己未 28 五	庚申 29 六	辛酉 30 日	壬戌 31 一	癸亥 (8) 二	甲子 2 三	乙丑 3 四	丙寅 4 五	丁卯 5 六	戊辰 6 日	己巳 7 一	庚午 8 二	辛未 9 三	壬申 10 四	癸酉 11 五	甲戌 12 六	乙亥 13 日	丙子 14 一	丁丑 15 二	戊寅 16 三	己卯 17 四	庚辰 18 五	辛巳 19 六	壬午 20 日	癸未 21 一	甲申 22 二	乙酉 23 三	丙戌 24 四	丁亥 25 五	戊子 26 六	辛酉立秋 丙子處暑
八月小	辛酉	天干 地支 西曆 星期	己丑 27 日	庚寅 28 一	辛卯 29 二	壬辰 30 三	癸巳 31 四	甲午 (9) 五	乙未 2 六	丙申 3 日	丁酉 4 一	戊戌 5 二	己亥 6 三	庚子 7 四	辛丑 8 五	壬寅 9 六	癸卯 10 日	甲辰 11 一	乙巳 12 二	丙午 13 三	丁未 14 四	戊申 15 五	己酉 16 六	庚戌 17 日	辛亥 18 一	壬子 19 二	癸丑 20 三	甲寅 21 四	乙卯 22 五	丙辰 23 六	丁巳 24 日		辛卯白露 丙午秋分
九月大	壬戌	天干 地支 西曆 星期	戊午 25 一	己未 26 二	庚申 27 三	辛酉 28 四	壬戌 29 五	癸亥 30 六	甲子 (10) 日	乙丑 2 一	丙寅 3 二	丁卯 4 三	戊辰 5 四	己巳 6 五	庚午 7 六	辛未 8 日	壬申 9 一	癸酉 10 二	甲戌 11 三	乙亥 12 四	丙子 13 五	丁丑 14 六	戊寅 15 日	己卯 16 一	庚辰 17 二	辛巳 18 三	壬午 19 四	癸未 20 五	甲申 21 六	乙酉 22 日	丙戌 23 一	丁亥 24 二	壬戌寒露 丁丑霜降
十月小	癸亥	天干 地支 西曆 星期	戊子 25 三	己丑 26 四	庚寅 27 五	辛卯 28 六	壬辰 29 日	癸巳 30 一	甲午 31 二	乙未 (11) 三	丙申 2 四	丁酉 3 五	戊戌 4 六	己亥 5 日	庚子 6 一	辛丑 7 二	壬寅 8 三	癸卯 9 四	甲辰 10 五	乙巳 11 六	丙午 12 日	丁未 13 一	戊申 14 二	己酉 15 三	庚戌 16 四	辛亥 17 五	壬子 18 六	癸丑 19 日	甲寅 20 一	乙卯 21 二	丙辰 22 三		壬辰立冬 丁未小雪
十一月大	甲子	天干 地支 西曆 星期	丁巳 23 四	戊午 24 五	己未 25 六	庚申 26 日	辛酉 27 一	壬戌 28 二	癸亥 29 三	甲子 30 四	乙丑 (12) 五	丙寅 2 六	丁卯 3 日	戊辰 4 一	己巳 5 二	庚午 6 三	辛未 7 四	壬申 8 五	癸酉 9 六	甲戌 10 日	乙亥 11 一	丙子 12 二	丁丑 13 三	戊寅 14 四	己卯 15 五	庚辰 16 六	辛巳 17 日	壬午 18 一	癸未 19 二	甲申 20 三	乙酉 21 四	丙戌 22 五	癸亥大雪 戊寅冬至
十二月大	乙丑	天干 地支 西曆 星期	丁亥 23 六	戊子 24 日	己丑 25 一	庚寅 26 二	辛卯 27 三	壬辰 28 四	癸巳 29 五	甲午 30 六	乙未 31 日	丙申 (1) 一	丁酉 2 二	戊戌 3 三	己亥 4 四	庚子 5 五	辛丑 6 六	壬寅 7 日	癸卯 8 一	甲辰 9 二	乙巳 10 三	丙午 11 四	丁未 12 五	戊申 13 六	己酉 14 日	庚戌 15 一	辛亥 16 二	壬子 17 三	癸丑 18 四	甲寅 19 五	乙卯 20 六	丙辰 21 日	癸巳小寒 戊申大寒

元仁宗延祐六年（己未 羊年） 公元 **1319** ~ 1320 年

夏曆月序		中西曆日對照	初一	初二	初三	初四	初五	初六	初七	初八	初九	初十	十一	十二	十三	十四	十五	十六	十七	十八	十九	二十	二一	二二	二三	二四	二五	二六	二七	二八	二九	三十	節氣與天象
正月大	丙寅	干支 西曆 星期	丁巳 22 一	戊午 23 二	己未 24 三	庚申 25 四	辛酉 26 五	壬戌 27 六	癸亥 28 日	甲子 29 一	乙丑 30 二	丙寅 31 三	丁卯 (2) 四	戊辰 2 五	己巳 3 六	庚午 4 日	辛未 5 一	壬申 6 二	癸酉 7 三	甲戌 8 四	乙亥 9 五	丙子 10 六	丁丑 11 日	戊寅 12 一	己卯 13 二	庚辰 14 三	辛巳 15 四	壬午 16 五	癸未 17 六	甲申 18 日	乙酉 19 一	丙戌 20 二	癸亥立春 己卯雨水
二月小	丁卯	干支 西曆 星期	丁亥 21 三	戊子 22 四	己丑 23 五	庚寅 24 六	辛卯 25 日	壬辰 26 一	癸巳 27 二	甲午 28 三	乙未 (3) 四	丙申 2 五	丁酉 3 六	戊戌 4 日	己亥 5 一	庚子 6 二	辛丑 7 三	壬寅 8 四	癸卯 9 五	甲辰 10 六	乙巳 11 日	丙午 12 一	丁未 13 二	戊申 14 三	己酉 15 四	庚戌 16 五	辛亥 17 六	壬子 18 日	癸丑 19 一	甲寅 20 二	乙卯 21 三		甲午驚蟄 己酉春分 丁亥日食
三月大	戊辰	干支 西曆 星期	丙辰 22 四	丁巳 23 五	戊午 24 六	己未 25 日	庚申 26 一	辛酉 27 二	壬戌 28 三	癸亥 29 四	甲子 30 五	乙丑 31 六	丙寅 (4) 日	丁卯 2 一	戊辰 3 二	己巳 4 三	庚午 5 四	辛未 6 五	壬申 7 六	癸酉 8 日	甲戌 9 一	乙亥 10 二	丙子 11 三	丁丑 12 四	戊寅 13 五	己卯 14 六	庚辰 15 日	辛巳 16 一	壬午 17 二	癸未 18 三	甲申 19 四	乙酉 20 五	甲子清明 庚辰穀雨
四月小	己巳	干支 西曆 星期	丙戌 21 六	丁亥 22 日	戊子 23 一	己丑 24 二	庚寅 25 三	辛卯 26 四	壬辰 27 五	癸巳 28 六	甲午 29 日	乙未 30 一	丙申 (5) 二	丁酉 2 三	戊戌 3 四	己亥 4 五	庚子 5 六	辛丑 6 日	壬寅 7 一	癸卯 8 二	甲辰 9 三	乙巳 10 四	丙午 11 五	丁未 12 六	戊申 13 日	己酉 14 一	庚戌 15 二	辛亥 16 三	壬子 17 四	癸丑 18 五	甲寅 19 六		乙未立夏 庚戌小滿
五月小	庚午	干支 西曆 星期	乙卯 20 日	丙辰 21 一	丁巳 22 二	戊午 23 三	己未 24 四	庚申 25 五	辛酉 26 六	壬戌 27 日	癸亥 28 一	甲子 29 二	乙丑 30 三	丙寅 31 四	丁卯 (6) 五	戊辰 2 六	己巳 3 日	庚午 4 一	辛未 5 二	壬申 6 三	癸酉 7 四	甲戌 8 五	乙亥 9 六	丙子 10 日	丁丑 11 一	戊寅 12 二	己卯 13 三	庚辰 14 四	辛巳 15 五	壬午 16 六	癸未 17 日		乙丑芒種 庚辰夏至
六月大	辛未	干支 西曆 星期	甲申 18 一	乙酉 19 二	丙戌 20 三	丁亥 21 四	戊子 22 五	己丑 23 六	庚寅 24 日	辛卯 25 一	壬辰 26 二	癸巳 27 三	甲午 28 四	乙未 29 五	丙申 30 六	丁酉 (7) 日	戊戌 2 一	己亥 3 二	庚子 4 三	辛丑 5 四	壬寅 6 五	癸卯 7 六	甲辰 8 日	乙巳 9 一	丙午 10 二	丁未 11 三	戊申 12 四	己酉 13 五	庚戌 14 六	辛亥 15 日	壬子 16 一	癸丑 17 二	丙申小暑 辛亥大暑
七月小	壬申	干支 西曆 星期	甲寅 18 三	乙卯 19 四	丙辰 20 五	丁巳 21 六	戊午 22 日	己未 23 一	庚申 24 二	辛酉 25 三	壬戌 26 四	癸亥 27 五	甲子 28 六	乙丑 29 日	丙寅 30 一	丁卯 31 二	戊辰 (8) 三	己巳 2 四	庚午 3 五	辛未 4 六	壬申 5 日	癸酉 6 一	甲戌 7 二	乙亥 8 三	丙子 9 四	丁丑 10 五	戊寅 11 六	己卯 12 日	庚辰 13 一	辛巳 14 二	壬午 15 三		丙寅立秋 辛巳處暑
八月大	癸酉	干支 西曆 星期	癸未 16 四	甲申 17 五	乙酉 18 六	丙戌 19 日	丁亥 20 一	戊子 21 二	己丑 22 三	庚寅 23 四	辛卯 24 五	壬辰 25 六	癸巳 26 日	甲午 27 一	乙未 28 二	丙申 29 三	丁酉 30 四	戊戌 31 五	己亥 (9) 六	庚子 2 日	辛丑 3 一	壬寅 4 二	癸卯 5 三	甲辰 6 四	乙巳 7 五	丙午 8 六	丁未 9 日	戊申 10 一	己酉 11 二	庚戌 12 三	辛亥 13 四	壬子 14 五	丙申白露 壬子秋分
閏八月小	癸酉	干支 西曆 星期	癸丑 15 六	甲寅 16 日	乙卯 17 一	丙辰 18 二	丁巳 19 三	戊午 20 四	己未 21 五	庚申 22 六	辛酉 23 日	壬戌 24 一	癸亥 25 二	甲子 26 三	乙丑 27 四	丙寅 28 五	丁卯 29 六	戊辰 30 日	己巳 (10) 一	庚午 2 二	辛未 3 三	壬申 4 四	癸酉 5 五	甲戌 6 六	乙亥 7 日	丙子 8 一	丁丑 9 二	戊寅 10 三	己卯 11 四	庚辰 12 五	辛巳 13 六		丁卯寒露
九月大	甲戌	干支 西曆 星期	壬午 14 日	癸未 15 一	甲申 16 二	乙酉 17 三	丙戌 18 四	丁亥 19 五	戊子 20 六	己丑 21 日	庚寅 22 一	辛卯 23 二	壬辰 24 三	癸巳 25 四	甲午 26 五	乙未 27 六	丙申 28 日	丁酉 29 一	戊戌 30 二	己亥 31 三	庚子 (11) 四	辛丑 2 五	壬寅 3 六	癸卯 4 日	甲辰 5 一	乙巳 6 二	丙午 7 三	丁未 8 四	戊申 9 五	己酉 10 六	庚戌 11 日	辛亥 12 一	壬午霜降 丁酉立冬
十月小	乙亥	干支 西曆 星期	壬子 13 二	癸丑 14 三	甲寅 15 四	乙卯 16 五	丙辰 17 六	丁巳 18 日	戊午 19 一	己未 20 二	庚申 21 三	辛酉 22 四	壬戌 23 五	癸亥 24 六	甲子 25 日	乙丑 26 一	丙寅 27 二	丁卯 28 三	戊辰 29 四	己巳 30 五	庚午 (12) 六	辛未 2 日	壬申 3 一	癸酉 4 二	甲戌 5 三	乙亥 6 四	丙子 7 五	丁丑 8 六	戊寅 9 日	己卯 10 一	庚辰 11 二		癸丑小雪 戊辰大雪
十一月大	丙子	干支 西曆 星期	辛巳 12 三	壬午 13 四	癸未 14 五	甲申 15 六	乙酉 16 日	丙戌 17 一	丁亥 18 二	戊子 19 三	己丑 20 四	庚寅 21 五	辛卯 22 六	壬辰 23 日	癸巳 24 一	甲午 25 二	乙未 26 三	丙申 27 四	丁酉 28 五	戊戌 29 六	己亥 30 日	庚子 31 一	辛丑 (1) 二	壬寅 2 三	癸卯 3 四	甲辰 4 五	乙巳 5 六	丙午 6 日	丁未 7 一	戊申 8 二	己酉 9 三	庚戌 10 四	癸未冬至 戊戌小寒
十二月大	丁丑	干支 西曆 星期	辛亥 11 五	壬子 12 六	癸丑 13 日	甲寅 14 一	乙卯 15 二	丙辰 16 三	丁巳 17 四	戊午 18 五	己未 19 六	庚申 20 日	辛酉 21 一	壬戌 22 二	癸亥 23 三	甲子 24 四	乙丑 25 五	丙寅 26 六	丁卯 27 日	戊辰 28 一	己巳 29 二	庚午 30 三	辛未 31 四	壬申 (2) 五	癸酉 2 六	甲戌 3 日	乙亥 4 一	丙子 5 二	丁丑 6 三	戊寅 7 四	己卯 8 五	庚辰 9 六	癸丑大寒 己巳立春

元仁宗延祐七年 英宗延祐七年（庚申 猴年） 公元 1320 ~ 1321 年

夏曆月序	中西曆日對照	初一	初二	初三	初四	初五	初六	初七	初八	初九	初十	十一	十二	十三	十四	十五	十六	十七	十八	十九	二十	二一	二二	二三	二四	二五	二六	二七	二八	二九	三十	節氣與天象
正月大 戊寅	天干 地支 西曆 星期	辛巳 10 日	壬午 11 一	癸未 12 二	甲申 13 三	乙酉 14 四	丙戌 15 五	丁亥 16 六	戊子 17 日	己丑 18 一	庚寅 19 二	辛卯 20 三	壬辰 21 四	癸巳 22 五	甲午 23 六	乙未 24 日	丙申 25 一	丁酉 26 二	戊戌 27 三	己亥 28 四	庚子 29 五	辛丑 (3) 六	壬寅 2 日	癸卯 3 一	甲辰 4 二	乙巳 5 三	丙午 6 四	丁未 7 五	戊申 8 六	己酉 9 日	庚戌 10 一	甲申雨水 己亥驚蟄
二月小 己卯	天干 地支 西曆 星期	辛亥 11 二	壬子 12 三	癸丑 13 四	甲寅 14 五	乙卯 15 六	丙辰 16 日	丁巳 17 一	戊午 18 二	己未 19 三	庚申 20 四	辛酉 21 五	壬戌 22 六	癸亥 23 日	甲子 24 一	乙丑 25 二	丙寅 26 三	丁卯 27 四	戊辰 28 五	己巳 29 六	庚午 30 日	辛未 31 一	壬申 (4) 二	癸酉 2 三	甲戌 3 四	乙亥 4 五	丙子 5 六	丁丑 6 日	戊寅 7 一	己卯 8 二		甲寅春分 庚午清明
三月大 庚辰	天干 地支 西曆 星期	庚辰 9 三	辛巳 10 四	壬午 11 五	癸未 12 六	甲申 13 日	乙酉 14 一	丙戌 15 二	丁亥 16 三	戊子 17 四	己丑 18 五	庚寅 19 六	辛卯 20 日	壬辰 21 一	癸巳 22 二	甲午 23 三	乙未 24 四	丙申 25 五	丁酉 26 六	戊戌 27 日	己亥 28 一	庚子 29 二	辛丑 30 三	壬寅 (5) 四	癸卯 2 五	甲辰 3 六	乙巳 4 日	丙午 5 一	丁未 6 二	戊申 7 三	己酉 8 四	乙酉穀雨 庚子立夏
四月小 辛巳	天干 地支 西曆 星期	庚戌 9 五	辛亥 10 六	壬子 11 日	癸丑 12 一	甲寅 13 二	乙卯 14 三	丙辰 15 四	丁巳 16 五	戊午 17 六	己未 18 日	庚申 19 一	辛酉 20 二	壬戌 21 三	癸亥 22 四	甲子 23 五	乙丑 24 六	丙寅 25 日	丁卯 26 一	戊辰 27 二	己巳 28 三	庚午 29 四	辛未 30 五	壬申 31 六	癸酉 (6) 日	甲戌 2 一	乙亥 3 二	丙子 4 三	丁丑 5 四	戊寅 6 五		乙卯小滿 庚午芒種
五月大 壬午	天干 地支 西曆 星期	己卯 7 六	庚辰 8 日	辛巳 9 一	壬午 10 二	癸未 11 三	甲申 12 四	乙酉 13 五	丙戌 14 六	丁亥 15 日	戊子 16 一	己丑 17 二	庚寅 18 三	辛卯 19 四	壬辰 20 五	癸巳 21 六	甲午 22 日	乙未 23 一	丙申 24 二	丁酉 25 三	戊戌 26 四	己亥 27 五	庚子 28 六	辛丑 29 日	壬寅 30 一	癸卯 (7) 二	甲辰 2 三	乙巳 3 四	丙午 4 五	丁未 5 六	戊申 6 日	丙戌夏至 辛丑小暑
六月小 癸未	天干 地支 西曆 星期	己酉 7 一	庚戌 8 二	辛亥 9 三	壬子 10 四	癸丑 11 五	甲寅 12 六	乙卯 13 日	丙辰 14 一	丁巳 15 二	戊午 16 三	己未 17 四	庚申 18 五	辛酉 19 六	壬戌 20 日	癸亥 21 一	甲子 22 二	乙丑 23 三	丙寅 24 四	丁卯 25 五	戊辰 26 六	己巳 27 日	庚午 28 一	辛未 29 二	壬申 30 三	癸酉 31 四	甲戌 (8) 五	乙亥 2 六	丙子 3 日	丁丑 4 一		丙辰大暑 辛未立秋
七月小 甲申	天干 地支 西曆 星期	戊寅 5 二	己卯 6 三	庚辰 7 四	辛巳 8 五	壬午 9 六	癸未 10 日	甲申 11 一	乙酉 12 二	丙戌 13 三	丁亥 14 四	戊子 15 五	己丑 16 六	庚寅 17 日	辛卯 18 一	壬辰 19 二	癸巳 20 三	甲午 21 四	乙未 22 五	丙申 23 六	丁酉 24 日	戊戌 25 一	己亥 26 二	庚子 27 三	辛丑 28 四	壬寅 29 五	癸卯 30 六	甲辰 31 日	乙巳 (9) 一	丙午 2 二		丁亥處暑 壬寅白露
八月大 乙酉	天干 地支 西曆 星期	丁未 3 三	戊申 4 四	己酉 5 五	庚戌 6 六	辛亥 7 日	壬子 8 一	癸丑 9 二	甲寅 10 三	乙卯 11 四	丙辰 12 五	丁巳 13 六	戊午 14 日	己未 15 一	庚申 16 二	辛酉 17 三	壬戌 18 四	癸亥 19 五	甲子 20 六	乙丑 21 日	丙寅 22 一	丁卯 23 二	戊辰 24 三	己巳 25 四	庚午 26 五	辛未 27 六	壬申 28 日	癸酉 29 一	甲戌 30 二	乙亥 (10) 三	丙子 2 四	丁巳秋分 壬申寒露
九月小 丙戌	天干 地支 西曆 星期	丁丑 3 五	戊寅 4 六	己卯 5 日	庚辰 6 一	辛巳 7 二	壬午 8 三	癸未 9 四	甲申 10 五	乙酉 11 六	丙戌 12 日	丁亥 13 一	戊子 14 二	己丑 15 三	庚寅 16 四	辛卯 17 五	壬辰 18 六	癸巳 19 日	甲午 20 一	乙未 21 二	丙申 22 三	丁酉 23 四	戊戌 24 五	己亥 25 六	庚子 26 日	辛丑 27 一	壬寅 28 二	癸卯 29 三	甲辰 30 四	乙巳 31 五		丁亥霜降 癸卯立冬
十月大 丁亥	天干 地支 西曆 星期	丙午 (11) 六	丁未 2 日	戊申 3 一	己酉 4 二	庚戌 5 三	辛亥 6 四	壬子 7 五	癸丑 8 六	甲寅 9 日	乙卯 10 一	丙辰 11 二	丁巳 12 三	戊午 13 四	己未 14 五	庚申 15 六	辛酉 16 日	壬戌 17 一	癸亥 18 二	甲子 19 三	乙丑 20 四	丙寅 21 五	丁卯 22 六	戊辰 23 日	己巳 24 一	庚午 25 二	辛未 26 三	壬申 27 四	癸酉 28 五	甲戌 29 六	乙亥 30 日	戊午小雪 癸酉大雪
十一月小 戊子	天干 地支 西曆 星期	丙子 (12) 一	丁丑 2 二	戊寅 3 三	己卯 4 四	庚辰 5 五	辛巳 6 六	壬午 7 日	癸未 8 一	甲申 9 二	乙酉 10 三	丙戌 11 四	丁亥 12 五	戊子 13 六	己丑 14 日	庚寅 15 一	辛卯 16 二	壬辰 17 三	癸巳 18 四	甲午 19 五	乙未 20 六	丙申 21 日	丁酉 22 一	戊戌 23 二	己亥 24 三	庚子 25 四	辛丑 26 五	壬寅 27 六	癸卯 28 日	甲辰 29 一		戊子冬至 癸卯小寒
十二月大 己丑	天干 地支 西曆 星期	乙巳 30 二	丙午 31 三	丁未 (1) 四	戊申 2 五	己酉 3 六	庚戌 4 日	辛亥 5 一	壬子 6 二	癸丑 7 三	甲寅 8 四	乙卯 9 五	丙辰 10 六	丁巳 11 日	戊午 12 一	己未 13 二	庚申 14 三	辛酉 15 四	壬戌 16 五	癸亥 17 六	甲子 18 日	乙丑 19 一	丙寅 20 二	丁卯 21 三	戊辰 22 四	己巳 23 五	庚午 24 六	辛未 25 日	壬申 26 一	癸酉 27 二	甲戌 28 三	己未大寒 甲戌立春

* 正月辛丑（二十一日），元仁宗死。三月庚寅（十一日），碩德八剌即位，是爲元英宗。十二月乙巳（初一），元英宗改明年爲至治元年。

元英宗至治元年（辛酉 鷄年） 公元 1321 ~ 1322 年

夏曆月序	中西曆日對照	初一	初二	初三	初四	初五	初六	初七	初八	初九	初十	十一	十二	十三	十四	十五	十六	十七	十八	十九	二十	二一	二二	二三	二四	二五	二六	二七	二八	二九	三十	節氣與天象
正月大 庚寅	干支 西曆 星期	乙亥 29 四	丙子 30 五	丁丑 31 六	戊寅 (2) 日	己卯 2 一	庚辰 3 二	辛巳 4 三	壬午 5 四	癸未 6 五	甲申 7 六	乙酉 8 日	丙戌 9 一	丁亥 10 二	戊子 11 三	己丑 12 四	庚寅 13 五	辛卯 14 六	壬辰 15 日	癸巳 16 一	甲午 17 二	乙未 18 三	丙申 19 四	丁酉 20 五	戊戌 21 六	己亥 22 日	庚子 23 一	辛丑 24 二	壬寅 25 三	癸卯 26 四	甲辰 27 五	己丑雨水 甲辰驚蟄
二月小 辛卯	干支 西曆 星期	乙巳 28 六	丙午 (3) 日	丁未 2 一	戊申 3 二	己酉 4 三	庚戌 5 四	辛亥 6 五	壬子 7 六	癸丑 8 日	甲寅 9 一	乙卯 10 二	丙辰 11 三	丁巳 12 四	戊午 13 五	己未 14 六	庚申 15 日	辛酉 16 一	壬戌 17 二	癸亥 18 三	甲子 19 四	乙丑 20 五	丙寅 21 六	丁卯 22 日	戊辰 23 一	己巳 24 二	庚午 25 三	辛未 26 四	壬申 27 五	癸酉 28 六		庚申春分
三月大 壬辰	干支 西曆 星期	甲戌 29 日	乙亥 30 一	丙子 31 二	丁丑 (4) 三	戊寅 2 四	己卯 3 五	庚辰 4 六	辛巳 5 日	壬午 6 一	癸未 7 二	甲申 8 三	乙酉 9 四	丙戌 10 五	丁亥 11 六	戊子 12 日	己丑 13 一	庚寅 14 二	辛卯 15 三	壬辰 16 四	癸巳 17 五	甲午 18 六	乙未 19 日	丙申 20 一	丁酉 21 二	戊戌 22 三	己亥 23 四	庚子 24 五	辛丑 25 六	壬寅 26 日	癸卯 27 一	乙亥清明 庚寅穀雨
四月大 癸巳	干支 西曆 星期	甲辰 28 二	乙巳 29 三	丙午 30 四	丁未 (5) 五	戊申 2 六	己酉 3 日	庚戌 4 一	辛亥 5 二	壬子 6 三	癸丑 7 四	甲寅 8 五	乙卯 9 六	丙辰 10 日	丁巳 11 一	戊午 12 二	己未 13 三	庚申 14 四	辛酉 15 五	壬戌 16 六	癸亥 17 日	甲子 18 一	乙丑 19 二	丙寅 20 三	丁卯 21 四	戊辰 22 五	己巳 23 六	庚午 24 日	辛未 25 一	壬申 26 二	癸酉 27 三	乙巳立夏 庚申小滿
五月小 甲午	干支 西曆 星期	甲戌 28 四	乙亥 29 五	丙子 30 六	丁丑 31 日	戊寅 (6) 一	己卯 2 二	庚辰 3 三	辛巳 4 四	壬午 5 五	癸未 6 六	甲申 7 日	乙酉 8 一	丙戌 9 二	丁亥 10 三	戊子 11 四	己丑 12 五	庚寅 13 六	辛卯 14 日	壬辰 15 一	癸巳 16 二	甲午 17 三	乙未 18 四	丙申 19 五	丁酉 20 六	戊戌 21 日	己亥 22 一	庚子 23 二	辛丑 24 三	壬寅 25 四		丙子芒種 辛卯夏至
六月小 乙未	干支 西曆 星期	癸卯 26 五	甲辰 27 六	乙巳 28 日	丙午 29 一	丁未 30 二	戊申 (7) 三	己酉 2 四	庚戌 3 五	辛亥 4 六	壬子 5 日	癸丑 6 一	甲寅 7 二	乙卯 8 三	丙辰 9 四	丁巳 10 五	戊午 11 六	己未 12 日	庚申 13 一	辛酉 14 二	壬戌 15 三	癸亥 16 四	甲子 17 五	乙丑 18 六	丙寅 19 日	丁卯 20 一	戊辰 21 二	己巳 22 三	庚午 23 四	辛未 24 五		丙午小暑 辛酉大暑 癸卯日食
七月大 丙申	干支 西曆 星期	壬申 25 六	癸酉 26 日	甲戌 27 一	乙亥 28 二	丙子 29 三	丁丑 30 四	戊寅 31 五	己卯 (8) 六	庚辰 2 日	辛巳 3 一	壬午 4 二	癸未 5 三	甲申 6 四	乙酉 7 五	丙戌 8 六	丁亥 9 日	戊子 10 一	己丑 11 二	庚寅 12 三	辛卯 13 四	壬辰 14 五	癸巳 15 六	甲午 16 日	乙未 17 一	丙申 18 二	丁酉 19 三	戊戌 20 四	己亥 21 五	庚子 22 六	辛丑 23 日	丁丑立秋 壬辰處暑
八月小 丁酉	干支 西曆 星期	壬寅 24 一	癸卯 25 二	甲辰 26 三	乙巳 27 四	丙午 28 五	丁未 29 六	戊申 30 日	己酉 31 一	庚戌 (9) 二	辛亥 2 三	壬子 3 四	癸丑 4 五	甲寅 5 六	乙卯 6 日	丙辰 7 一	丁巳 8 二	戊午 9 三	己未 10 四	庚申 11 五	辛酉 12 六	壬戌 13 日	癸亥 14 一	甲子 15 二	乙丑 16 三	丙寅 17 四	丁卯 18 五	戊辰 19 六	己巳 20 日	庚午 21 一		丁未白露 壬戌秋分
九月大 戊戌	干支 西曆 星期	辛未 22 二	壬申 23 三	癸酉 24 四	甲戌 25 五	乙亥 26 六	丙子 27 日	丁丑 28 一	戊寅 29 二	己卯 30 三	庚辰 (10) 四	辛巳 2 五	壬午 3 六	癸未 4 日	甲申 5 一	乙酉 6 二	丙戌 7 三	丁亥 8 四	戊子 9 五	己丑 10 六	庚寅 11 日	辛卯 12 一	壬辰 13 二	癸巳 14 三	甲午 15 四	乙未 16 五	丙申 17 六	丁酉 18 日	戊戌 19 一	己亥 20 二	庚子 21 三	丁丑寒露 癸巳霜降
十月小 己亥	干支 西曆 星期	辛丑 22 四	壬寅 23 五	癸卯 24 六	甲辰 25 日	乙巳 26 一	丙午 27 二	丁未 28 三	戊申 29 四	己酉 30 五	庚戌 31 六	辛亥 (11) 日	壬子 2 一	癸丑 3 二	甲寅 4 三	乙卯 5 四	丙辰 6 五	丁巳 7 六	戊午 8 日	己未 9 一	庚申 10 二	辛酉 11 三	壬戌 12 四	癸亥 13 五	甲子 14 六	乙丑 15 日	丙寅 16 一	丁卯 17 二	戊辰 18 三	己巳 19 四		戊申立冬 癸亥小雪
十一月大 庚子	干支 西曆 星期	庚午 20 五	辛未 21 六	壬申 22 日	癸酉 23 一	甲戌 24 二	乙亥 25 三	丙子 26 四	丁丑 27 五	戊寅 28 六	己卯 29 日	庚辰 30 一	辛巳 (12) 二	壬午 2 三	癸未 3 四	甲申 4 五	乙酉 5 六	丙戌 6 日	丁亥 7 一	戊子 8 二	己丑 9 三	庚寅 10 四	辛卯 11 五	壬辰 12 六	癸巳 13 日	甲午 14 一	乙未 15 二	丙申 16 三	丁酉 17 四	戊戌 18 五	己亥 19 六	戊寅大雪 甲午冬至
十二月小 辛丑	干支 西曆 星期	庚子 20 日	辛丑 21 一	壬寅 22 二	癸卯 23 三	甲辰 24 四	乙巳 25 五	丙午 26 六	丁未 27 日	戊申 28 一	己酉 29 二	庚戌 30 三	辛亥 31 四	壬子 (1) 五	癸丑 2 六	甲寅 3 日	乙卯 4 一	丙辰 5 二	丁巳 6 三	戊午 7 四	己未 8 五	庚申 9 六	辛酉 10 日	壬戌 11 一	癸亥 12 二	甲子 13 三	乙丑 14 四	丙寅 15 五	丁卯 16 六	戊辰 17 日		己酉小寒 甲子大寒

元英宗至治二年（壬戌 狗年） 公元 1322 ~ 1323 年

夏曆月序		中西曆日對照	初一	初二	初三	初四	初五	初六	初七	初八	初九	初十	十一	十二	十三	十四	十五	十六	十七	十八	十九	二十	二一	二二	二三	二四	二五	二六	二七	二八	二九	三十	節氣與天象
正月大	壬寅	天干地支	己巳	庚午	辛未	壬申	癸酉	甲戌	乙亥	丙子	丁丑	戊寅	己卯	庚辰	辛巳	壬午	癸未	甲申	乙酉	丙戌	丁亥	戊子	己丑	庚寅	辛卯	壬辰	癸巳	甲午	乙未	丙申	丁酉	戊戌	己卯立春 甲午雨水
		西曆	18	19	20	21	22	23	24	25	26	27	28	29	30	31	(2)	2	3	4	5	6	7	8	9	10	11	12	13	14	15	16	
		星期	一	二	三	四	五	六	日	一	二	三	四	五	六	日	一	二	三	四	五	六	日	一	二	三	四	五	六	日	一	二	
二月小	癸卯	天干地支	己亥	庚子	辛丑	壬寅	癸卯	甲辰	乙巳	丙午	丁未	戊申	己酉	庚戌	辛亥	壬子	癸丑	甲寅	乙卯	丙辰	丁巳	戊午	己未	庚申	辛酉	壬戌	癸亥	甲子	乙丑	丙寅	丁卯		庚戌驚蟄 乙丑春分
		西曆	17	18	19	20	21	22	23	24	25	26	27	28	(3)	2	3	4	5	6	7	8	9	10	11	12	13	14	15	16	17		
		星期	三	四	五	六	日	一	二	三	四	五	六	日	一	二	三	四	五	六	日	一	二	三	四	五	六	日	一	二	三		
三月大	甲辰	天干地支	戊辰	己巳	庚午	辛未	壬申	癸酉	甲戌	乙亥	丙子	丁丑	戊寅	己卯	庚辰	辛巳	壬午	癸未	甲申	乙酉	丙戌	丁亥	戊子	己丑	庚寅	辛卯	壬辰	癸巳	甲午	乙未	丙申	丁酉	庚辰清明 乙未穀雨
		西曆	18	19	20	21	22	23	24	25	26	27	28	29	30	31	(4)	2	3	4	5	6	7	8	9	10	11	12	13	14	15	16	
		星期	四	五	六	日	一	二	三	四	五	六	日	一	二	三	四	五	六	日	一	二	三	四	五	六	日	一	二	三	四	五	
四月大	乙巳	天干地支	戊戌	己亥	庚子	辛丑	壬寅	癸卯	甲辰	乙巳	丙午	丁未	戊申	己酉	庚戌	辛亥	壬子	癸丑	甲寅	乙卯	丙辰	丁巳	戊午	己未	庚申	辛酉	壬戌	癸亥	甲子	乙丑	丙寅	丁卯	庚戌立夏 丙寅小滿
		西曆	17	18	19	20	21	22	23	24	25	26	27	28	29	30	(5)	2	3	4	5	6	7	8	9	10	11	12	13	14	15	16	
		星期	六	日	一	二	三	四	五	六	日	一	二	三	四	五	六	日	一	二	三	四	五	六	日	一	二	三	四	五	六	日	
五月小	丙午	天干地支	戊辰	己巳	庚午	辛未	壬申	癸酉	甲戌	乙亥	丙子	丁丑	戊寅	己卯	庚辰	辛巳	壬午	癸未	甲申	乙酉	丙戌	丁亥	戊子	己丑	庚寅	辛卯	壬辰	癸巳	甲午	乙未	丙申		辛巳芒種 丙申夏至
		西曆	17	18	19	20	21	22	23	24	25	26	27	28	29	30	31	(6)	2	3	4	5	6	7	8	9	10	11	12	13	14		
		星期	一	二	三	四	五	六	日	一	二	三	四	五	六	日	一	二	三	四	五	六	日	一	二	三	四	五	六	日	一		
閏五月大	丙午	天干地支	丁酉	戊戌	己亥	庚子	辛丑	壬寅	癸卯	甲辰	乙巳	丙午	丁未	戊申	己酉	庚戌	辛亥	壬子	癸丑	甲寅	乙卯	丙辰	丁巳	戊午	己未	庚申	辛酉	壬戌	癸亥	甲子	乙丑	丙寅	辛亥小暑
		西曆	15	16	17	18	19	20	21	22	23	24	25	26	27	28	29	30	(7)	2	3	4	5	6	7	8	9	10	11	12	13	14	
		星期	二	三	四	五	六	日	一	二	三	四	五	六	日	一	二	三	四	五	六	日	一	二	三	四	五	六	日	一	二	三	
六月小	丁未	天干地支	丁卯	戊辰	己巳	庚午	辛未	壬申	癸酉	甲戌	乙亥	丙子	丁丑	戊寅	己卯	庚辰	辛巳	壬午	癸未	甲申	乙酉	丙戌	丁亥	戊子	己丑	庚寅	辛卯	壬辰	癸巳	甲午	乙未		丁卯大暑 壬午立秋
		西曆	15	16	17	18	19	20	21	22	23	24	25	26	27	28	29	30	31	(8)	2	3	4	5	6	7	8	9	10	11	12		
		星期	四	五	六	日	一	二	三	四	五	六	日	一	二	三	四	五	六	日	一	二	三	四	五	六	日	一	二	三	四		
七月大	戊申	天干地支	丙申	丁酉	戊戌	己亥	庚子	辛丑	壬寅	癸卯	甲辰	乙巳	丙午	丁未	戊申	己酉	庚戌	辛亥	壬子	癸丑	甲寅	乙卯	丙辰	丁巳	戊午	己未	庚申	辛酉	壬戌	癸亥	甲子	乙丑	丁酉處暑 壬子白露
		西曆	13	14	15	16	17	18	19	20	21	22	23	24	25	26	27	28	29	30	31	(9)	2	3	4	5	6	7	8	9	10	11	
		星期	五	六	日	一	二	三	四	五	六	日	一	二	三	四	五	六	日	一	二	三	四	五	六	日	一	二	三	四	五	六	
八月小	己酉	天干地支	丙寅	丁卯	戊辰	己巳	庚午	辛未	壬申	癸酉	甲戌	乙亥	丙子	丁丑	戊寅	己卯	庚辰	辛巳	壬午	癸未	甲申	乙酉	丙戌	丁亥	戊子	己丑	庚寅	辛卯	壬辰	癸巳	甲午		丁卯秋分 癸未寒露
		西曆	12	13	14	15	16	17	18	19	20	21	22	23	24	25	26	27	28	29	30	(10)	2	3	4	5	6	7	8	9	10		
		星期	日	一	二	三	四	五	六	日	一	二	三	四	五	六	日	一	二	三	四	五	六	日	一	二	三	四	五	六	日		
九月大	庚戌	天干地支	乙未	丙申	丁酉	戊戌	己亥	庚子	辛丑	壬寅	癸卯	甲辰	乙巳	丙午	丁未	戊申	己酉	庚戌	辛亥	壬子	癸丑	甲寅	乙卯	丙辰	丁巳	戊午	己未	庚申	辛酉	壬戌	癸亥	甲子	戊戌霜降 癸丑立冬
		西曆	11	12	13	14	15	16	17	18	19	20	21	22	23	24	25	26	27	28	29	30	31	(11)	2	3	4	5	6	7	8	9	
		星期	一	二	三	四	五	六	日	一	二	三	四	五	六	日	一	二	三	四	五	六	日	一	二	三	四	五	六	日	一	二	
十月小	辛亥	天干地支	乙丑	丙寅	丁卯	戊辰	己巳	庚午	辛未	壬申	癸酉	甲戌	乙亥	丙子	丁丑	戊寅	己卯	庚辰	辛巳	壬午	癸未	甲申	乙酉	丙戌	丁亥	戊子	己丑	庚寅	辛卯	壬辰	癸巳		戊辰小雪 甲申大雪
		西曆	10	11	12	13	14	15	16	17	18	19	20	21	22	23	24	25	26	27	28	29	30	(12)	2	3	4	5	6	7	8		
		星期	三	四	五	六	日	一	二	三	四	五	六	日	一	二	三	四	五	六	日	一	二	三	四	五	六	日	一	二	三		
十一月大	壬子	天干地支	甲午	乙未	丙申	丁酉	戊戌	己亥	庚子	辛丑	壬寅	癸卯	甲辰	乙巳	丙午	丁未	戊申	己酉	庚戌	辛亥	壬子	癸丑	甲寅	乙卯	丙辰	丁巳	戊午	己未	庚申	辛酉	壬戌	癸亥	己亥冬至 甲寅小寒 甲午日食
		西曆	9	10	11	12	13	14	15	16	17	18	19	20	21	22	23	24	25	26	27	28	29	30	31	(1)	2	3	4	5	6	7	
		星期	四	五	六	日	一	二	三	四	五	六	日	一	二	三	四	五	六	日	一	二	三	四	五	六	日	一	二	三	四	五	
十二月小	癸丑	天干地支	甲子	乙丑	丙寅	丁卯	戊辰	己巳	庚午	辛未	壬申	癸酉	甲戌	乙亥	丙子	丁丑	戊寅	己卯	庚辰	辛巳	壬午	癸未	甲申	乙酉	丙戌	丁亥	戊子	己丑	庚寅	辛卯	壬辰		己巳大寒 甲申立春
		西曆	8	9	10	11	12	13	14	15	16	17	18	19	20	21	22	23	24	25	26	27	28	29	30	31	(2)	2	3	4	5		
		星期	六	日	一	二	三	四	五	六	日	一	二	三	四	五	六	日	一	二	三	四	五	六	日	一	二	三	四	五	六		

元英宗至治三年 泰定帝至治三年（癸亥 猪年） 公元 **1323** ~ 1324 年

夏曆月序		中西曆日對照	初一	初二	初三	初四	初五	初六	初七	初八	初九	初十	十一	十二	十三	十四	十五	十六	十七	十八	十九	二十	二一	二二	二三	二四	二五	二六	二七	二八	二九	三十	節氣與天象
正月大	甲寅	干支 天地 西曆 星期	癸巳6日	甲午7一	乙未8二	丙申9三	丁酉10四	戊戌11五	己亥12六	庚子13日	辛丑14一	壬寅15二	癸卯16三	甲辰17四	乙巳18五	丙午19六	丁未20日	戊申21一	己酉22二	庚戌23三	辛亥24四	壬子25五	癸丑26六	甲寅27日	乙卯28一	丙辰(3)二	丁巳2三	戊午3四	己未4五	庚申5六	辛酉6日	壬戌7一	庚子雨水 乙卯驚蟄
二月小	乙卯	干支 天地 西曆 星期	癸亥8二	甲子9三	乙丑10四	丙寅11五	丁卯12六	戊辰13日	己巳14一	庚午15二	辛未16三	壬申17四	癸酉18五	甲戌19六	乙亥20日	丙子21一	丁丑22二	戊寅23三	己卯24四	庚辰25五	辛巳26六	壬午27日	癸未28一	甲申29二	乙酉30三	丙戌31四	丁亥(4)五	戊子2六	己丑3日	庚寅4一	辛卯5二		庚午春分 乙酉清明
三月大	丙辰	干支 天地 西曆 星期	壬辰6三	癸巳7四	甲午8五	乙未9六	丙申10日	丁酉11一	戊戌12二	己亥13三	庚子14四	辛丑15五	壬寅16六	癸卯17日	甲辰18一	乙巳19二	丙午20三	丁未21四	戊申22五	己酉23六	庚戌24日	辛亥25一	壬子26二	癸丑27三	甲寅28四	乙卯29五	丙辰30六	丁巳(5)日	戊午2一	己未3二	庚申4三	辛酉5四	庚子穀雨 丙辰立夏
四月小	丁巳	干支 天地 西曆 星期	壬戌6五	癸亥7六	甲子8日	乙丑9一	丙寅10二	丁卯11三	戊辰12四	己巳13五	庚午14六	辛未15日	壬申16一	癸酉17二	甲戌18三	乙亥19四	丙子20五	丁丑21六	戊寅22日	己卯23一	庚辰24二	辛巳25三	壬午26四	癸未27五	甲申28六	乙酉29日	丙戌30一	丁亥31二	戊子(6)三	己丑2四	庚寅3五		辛未小滿 丙戌芒種
五月大	戊午	干支 天地 西曆 星期	辛卯4六	壬辰5日	癸巳6一	甲午7二	乙未8三	丙申9四	丁酉10五	戊戌11六	己亥12日	庚子13一	辛丑14二	壬寅15三	癸卯16四	甲辰17五	乙巳18六	丙午19日	丁未20一	戊申21二	己酉22三	庚戌23四	辛亥24五	壬子25六	癸丑26日	甲寅27一	乙卯28二	丙辰29三	丁巳30四	戊午(7)五	己未2六	庚申3日	辛丑夏至 丁巳小暑
六月大	己未	干支 天地 西曆 星期	辛酉4一	壬戌5二	癸亥6三	甲子7四	乙丑8五	丙寅9六	丁卯10日	戊辰11一	己巳12二	庚午13三	辛未14四	壬申15五	癸酉16六	甲戌17日	乙亥18一	丙子19二	丁丑20三	戊寅21四	己卯22五	庚辰23六	辛巳24日	壬午25一	癸未26二	甲申27三	乙酉28四	丙戌29五	丁亥30六	戊子31日	己丑(8)一	庚寅2二	壬申大暑 丁亥立秋
七月小	庚申	干支 天地 西曆 星期	辛卯3三	壬辰4四	癸巳5五	甲午6六	乙未7日	丙申8一	丁酉9二	戊戌10三	己亥11四	庚子12五	辛丑13六	壬寅14日	癸卯15一	甲辰16二	乙巳17三	丙午18四	丁未19五	戊申20六	己酉21日	庚戌22一	辛亥23二	壬子24三	癸丑25四	甲寅26五	乙卯27六	丙辰28日	丁巳29一	戊午30二	己未31三		壬寅處暑 丁巳白露
八月大	辛酉	干支 天地 西曆 星期	庚申(9)四	辛酉2五	壬戌3六	癸亥4日	甲子5一	乙丑6二	丙寅7三	丁卯8四	戊辰9五	己巳10六	庚午11日	辛未12一	壬申13二	癸酉14三	甲戌15四	乙亥16五	丙子17六	丁丑18日	戊寅19一	己卯20二	庚辰21三	辛巳22四	壬午23五	癸未24六	甲申25日	乙酉26一	丙戌27二	丁亥28三	戊子29四	己丑30五	癸酉秋分 戊子寒露
九月小	壬戌	干支 天地 西曆 星期	庚寅(10)六	辛卯2日	壬辰3一	癸巳4二	甲午5三	乙未6四	丙申7五	丁酉8六	戊戌9日	己亥10一	庚子11二	辛丑12三	壬寅13四	癸卯14五	甲辰15六	乙巳16日	丙午17一	丁未18二	戊申19三	己酉20四	庚戌21五	辛亥22六	壬子23日	癸丑24一	甲寅25二	乙卯26三	丙辰27四	丁巳28五	戊午29六		癸卯霜降 戊午立冬
十月大	癸亥	干支 天地 西曆 星期	己未30日	庚申31一	辛酉(11)二	壬戌2三	癸亥3四	甲子4五	乙丑5六	丙寅6日	丁卯7一	戊辰8二	己巳9三	庚午10四	辛未11五	壬申12六	癸酉13日	甲戌14一	乙亥15二	丙子16三	丁丑17四	戊寅18五	己卯19六	庚辰20日	辛巳21一	壬午22二	癸未23三	甲申24四	乙酉25五	丙戌26六	丁亥27日	戊子28一	甲戌小雪
十一月小	甲子	干支 天地 西曆 星期	己丑29二	庚寅30三	辛卯(12)四	壬辰2五	癸巳3六	甲午4日	乙未5一	丙申6二	丁酉7三	戊戌8四	己亥9五	庚子10六	辛丑11日	壬寅12一	癸卯13二	甲辰14三	乙巳15四	丙午16五	丁未17六	戊申18日	己酉19一	庚戌20二	辛亥21三	壬子22四	癸丑23五	甲寅24六	乙卯25日	丙辰26一	丁巳27二		己丑大雪 甲辰冬至
十二月大	乙丑	干支 天地 西曆 星期	戊午28三	己未29四	庚申30五	辛酉31六	壬戌(1)日	癸亥2一	甲子3二	乙丑4三	丙寅5四	丁卯6五	戊辰7六	己巳8日	庚午9一	辛未10二	壬申11三	癸酉12四	甲戌13五	乙亥14六	丙子15日	丁丑16一	戊寅17二	己卯18三	庚辰19四	辛巳20五	壬午21六	癸未22日	甲申23一	乙酉24二	丙戌25三	丁亥26四	己未小寒 甲戌大寒

* 八月癸亥（初四），元英宗被殺。九月癸巳（初四），也孫鐵木兒即位，是爲元泰定帝。十二月丁亥（三十日），元泰定帝改明年爲泰定元年。

元泰定帝泰定元年（甲子 鼠年） 公元 **1324** ~ 1325 年

夏曆月序		中西曆日對照	初一	初二	初三	初四	初五	初六	初七	初八	初九	初十	十一	十二	十三	十四	十五	十六	十七	十八	十九	二十	二一	二二	二三	二四	二五	二六	二七	二八	二九	三十	節氣與天象
正月小	丙寅	天干地支 西曆 星期	戊子 27 五	己丑 28 六	庚寅 29 日	辛卯 30 一	壬辰 31 二	癸巳 (2) 三	甲午 2 四	乙未 3 五	丙申 4 六	丁酉 5 日	戊戌 6 一	己亥 7 二	庚子 8 三	辛丑 9 四	壬寅 10 五	癸卯 11 六	甲辰 12 日	乙巳 13 一	丙午 14 二	丁未 15 三	戊申 16 四	己酉 17 五	庚戌 18 六	辛亥 19 日	壬子 20 一	癸丑 21 二	甲寅 22 三	乙卯 23 四	丙辰 24 五		庚寅立春 乙巳雨水
二月大	丁卯	天干地支 西曆 星期	丁巳 25 六	戊午 26 日	己未 27 一	庚申 28 二	辛酉 29 三	壬戌 (3) 四	癸亥 2 五	甲子 3 六	乙丑 4 日	丙寅 5 一	丁卯 6 二	戊辰 7 三	己巳 8 四	庚午 9 五	辛未 10 六	壬申 11 日	癸酉 12 一	甲戌 13 二	乙亥 14 三	丙子 15 四	丁丑 16 五	戊寅 17 六	己卯 18 日	庚辰 19 一	辛巳 20 二	壬午 21 三	癸未 22 四	甲申 23 五	乙酉 24 六	丙戌 25 日	庚申驚蟄 乙亥春分
三月小	戊辰	天干地支 西曆 星期	丁亥 26 一	戊子 27 二	己丑 28 三	庚寅 29 四	辛卯 30 五	壬辰 31 六	癸巳 (4) 日	甲午 2 一	乙未 3 二	丙申 4 三	丁酉 5 四	戊戌 6 五	己亥 7 六	庚子 8 日	辛丑 9 一	壬寅 10 二	癸卯 11 三	甲辰 12 四	乙巳 13 五	丙午 14 六	丁未 15 日	戊申 16 一	己酉 17 二	庚戌 18 三	辛亥 19 四	壬子 20 五	癸丑 21 六	甲寅 22 日	乙卯 23 一		辛卯清明 丙午穀雨
四月小	己巳	天干地支 西曆 星期	丙辰 24 二	丁巳 25 三	戊午 26 四	己未 27 五	庚申 28 六	辛酉 29 日	壬戌 30 一	癸亥 (5) 二	甲子 2 三	乙丑 3 四	丙寅 4 五	丁卯 5 六	戊辰 6 日	己巳 7 一	庚午 8 二	辛未 9 三	壬申 10 四	癸酉 11 五	甲戌 12 六	乙亥 13 日	丙子 14 一	丁丑 15 二	戊寅 16 三	己卯 17 四	庚辰 18 五	辛巳 19 六	壬午 20 日	癸未 21 一	甲申 22 二		辛酉立夏 丙子小滿
五月大	庚午	天干地支 西曆 星期	乙酉 23 三	丙戌 24 四	丁亥 25 五	戊子 26 六	己丑 27 日	庚寅 28 一	辛卯 29 二	壬辰 30 三	癸巳 31 四	甲午 (6) 五	乙未 2 六	丙申 3 日	丁酉 4 一	戊戌 5 二	己亥 6 三	庚子 7 四	辛丑 8 五	壬寅 9 六	癸卯 10 日	甲辰 11 一	乙巳 12 二	丙午 13 三	丁未 14 四	戊申 15 五	己酉 16 六	庚戌 17 日	辛亥 18 一	壬子 19 二	癸丑 20 三	甲寅 21 四	辛卯芒種 丁未夏至
六月大	辛未	天干地支 西曆 星期	乙卯 22 五	丙辰 23 六	丁巳 24 日	戊午 25 一	己未 26 二	庚申 27 三	辛酉 28 四	壬戌 29 五	癸亥 30 六	甲子 (7) 日	乙丑 2 一	丙寅 3 二	丁卯 4 三	戊辰 5 四	己巳 6 五	庚午 7 六	辛未 8 日	壬申 9 一	癸酉 10 二	甲戌 11 三	乙亥 12 四	丙子 13 五	丁丑 14 六	戊寅 15 日	己卯 16 一	庚辰 17 二	辛巳 18 三	壬午 19 四	癸未 20 五	甲申 21 六	壬戌小暑 丁丑大暑
七月小	壬申	天干地支 西曆 星期	乙酉 22 日	丙戌 23 一	丁亥 24 二	戊子 25 三	己丑 26 四	庚寅 27 五	辛卯 28 六	壬辰 29 日	癸巳 30 一	甲午 31 二	乙未 (8) 三	丙申 2 四	丁酉 3 五	戊戌 4 六	己亥 5 日	庚子 6 一	辛丑 7 二	壬寅 8 三	癸卯 9 四	甲辰 10 五	乙巳 11 六	丙午 12 日	丁未 13 一	戊申 14 二	己酉 15 三	庚戌 16 四	辛亥 17 五	壬子 18 六	癸丑 19 日		壬辰立秋 丁未處暑
八月大	癸酉	天干地支 西曆 星期	甲寅 20 一	乙卯 21 二	丙辰 22 三	丁巳 23 四	戊午 24 五	己未 25 六	庚申 26 日	辛酉 27 一	壬戌 28 二	癸亥 29 三	甲子 30 四	乙丑 31 五	丙寅 (9) 六	丁卯 2 日	戊辰 3 一	己巳 4 二	庚午 5 三	辛未 6 四	壬申 7 五	癸酉 8 六	甲戌 9 日	乙亥 10 一	丙子 11 二	丁丑 12 三	戊寅 13 四	己卯 14 五	庚辰 15 六	辛巳 16 日	壬午 17 一	癸未 18 二	癸亥白露 戊寅秋分
九月大	甲戌	天干地支 西曆 星期	甲申 19 三	乙酉 20 四	丙戌 21 五	丁亥 22 六	戊子 23 日	己丑 24 一	庚寅 25 二	辛卯 26 三	壬辰 27 四	癸巳 28 五	甲午 29 六	乙未 30 日	丙申 (10) 一	丁酉 2 二	戊戌 3 三	己亥 4 四	庚子 5 五	辛丑 6 六	壬寅 7 日	癸卯 8 一	甲辰 9 二	乙巳 10 三	丙午 11 四	丁未 12 五	戊申 13 六	己酉 14 日	庚戌 15 一	辛亥 16 二	壬子 17 三	癸丑 18 四	癸巳寒露 戊申霜降
十月小	乙亥	天干地支 西曆 星期	甲寅 19 五	乙卯 20 六	丙辰 21 日	丁巳 22 一	戊午 23 二	己未 24 三	庚申 25 四	辛酉 26 五	壬戌 27 六	癸亥 28 日	甲子 29 一	乙丑 30 二	丙寅 31 三	丁卯 (11) 四	戊辰 2 五	己巳 3 六	庚午 4 日	辛未 5 一	壬申 6 二	癸酉 7 三	甲戌 8 四	乙亥 9 五	丙子 10 六	丁丑 11 日	戊寅 12 一	己卯 13 二	庚辰 14 三	辛巳 15 四	壬午 16 五		甲子立冬 己卯小雪
十一月大	丙子	天干地支 西曆 星期	癸未 17 六	甲申 18 日	乙酉 19 一	丙戌 20 二	丁亥 21 三	戊子 22 四	己丑 23 五	庚寅 24 六	辛卯 25 日	壬辰 26 一	癸巳 27 二	甲午 28 三	乙未 29 四	丙申 30 五	丁酉 (12) 六	戊戌 2 日	己亥 3 一	庚子 4 二	辛丑 5 三	壬寅 6 四	癸卯 7 五	甲辰 8 六	乙巳 9 日	丙午 10 一	丁未 11 二	戊申 12 三	己酉 13 四	庚戌 14 五	辛亥 15 六	壬子 16 日	甲午大雪 己酉冬至
十二月小	丁丑	天干地支 西曆 星期	癸丑 17 一	甲寅 18 二	乙卯 19 三	丙辰 20 四	丁巳 21 五	戊午 22 六	己未 23 日	庚申 24 一	辛酉 25 二	壬戌 26 三	癸亥 27 四	甲子 28 五	乙丑 29 六	丙寅 30 日	丁卯 31 一	戊辰 (1) 二	己巳 2 三	庚午 3 四	辛未 4 五	壬申 5 六	癸酉 6 日	甲戌 7 一	乙亥 8 二	丙子 9 三	丁丑 10 四	戊寅 11 五	己卯 12 六	庚辰 13 日	辛巳 14 一		甲子小寒 庚辰大寒

元泰定帝泰定二年（乙丑 牛年） 公元 1325 ~ 1326 年

夏曆月序		中西曆日對照	初一	初二	初三	初四	初五	初六	初七	初八	初九	初十	十一	十二	十三	十四	十五	十六	十七	十八	十九	二十	二一	二二	二三	二四	二五	二六	二七	二八	二九	三十	節氣與天象
正月大	戊寅	天干地支 西曆 星期	壬午 15 二	癸未 16 三	甲申 17 四	乙酉 18 五	丙戌 19 六	丁亥 20 日	戊子 21 一	己丑 22 二	庚寅 23 三	辛卯 24 四	壬辰 25 五	癸巳 26 六	甲午 27 日	乙未 28 一	丙申 29 二	丁酉 30 三	戊戌 31 四	己亥 (2) 五	庚子 2 六	辛丑 3 日	壬寅 4 一	癸卯 5 二	甲辰 6 三	乙巳 7 四	丙午 8 五	丁未 9 六	戊申 10 日	己酉 11 一	庚戌 12 二	辛亥 13 三	乙未立春 庚戌雨水
閏正月小	戊寅	天干地支 西曆 星期	壬子 14 四	癸丑 15 五	甲寅 16 六	乙卯 17 日	丙辰 18 一	丁巳 19 二	戊午 20 三	己未 21 四	庚申 22 五	辛酉 23 六	壬戌 24 日	癸亥 25 一	甲子 26 二	乙丑 27 三	丙寅 28 四	丁卯 (3) 五	戊辰 2 六	己巳 3 日	庚午 4 一	辛未 5 二	壬申 6 三	癸酉 7 四	甲戌 8 五	乙亥 9 六	丙子 10 日	丁丑 11 一	戊寅 12 二	己卯 13 三	庚辰 14 四		乙丑驚蟄
二月大	己卯	天干地支 西曆 星期	辛巳 15 五	壬午 16 六	癸未 17 日	甲申 18 一	乙酉 19 二	丙戌 20 三	丁亥 21 四	戊子 22 五	己丑 23 六	庚寅 24 日	辛卯 25 一	壬辰 26 二	癸巳 27 三	甲午 28 四	乙未 29 五	丙申 30 六	丁酉 31 日	戊戌 (4) 一	己亥 2 二	庚子 3 三	辛丑 4 四	壬寅 5 五	癸卯 6 六	甲辰 7 日	乙巳 8 一	丙午 9 二	丁未 10 三	戊申 11 四	己酉 12 五	庚戌 13 六	辛巳春分 丙申清明
三月小	庚辰	天干地支 西曆 星期	辛亥 14 日	壬子 15 一	癸丑 16 二	甲寅 17 三	乙卯 18 四	丙辰 19 五	丁巳 20 六	戊午 21 日	己未 22 一	庚申 23 二	辛酉 24 三	壬戌 25 四	癸亥 26 五	甲子 27 六	乙丑 28 日	丙寅 29 一	丁卯 30 二	戊辰 (5) 三	己巳 2 四	庚午 3 五	辛未 4 六	壬申 5 日	癸酉 6 一	甲戌 7 二	乙亥 8 三	丙子 9 四	丁丑 10 五	戊寅 11 六	己卯 12 日		辛亥穀雨 丙寅立夏
四月小	辛巳	天干地支 西曆 星期	庚辰 13 一	辛巳 14 二	壬午 15 三	癸未 16 四	甲申 17 五	乙酉 18 六	丙戌 19 日	丁亥 20 一	戊子 21 二	己丑 22 三	庚寅 23 四	辛卯 24 五	壬辰 25 六	癸巳 26 日	甲午 27 一	乙未 28 二	丙申 29 三	丁酉 30 四	戊戌 31 五	己亥 (6) 六	庚子 2 日	辛丑 3 一	壬寅 4 二	癸卯 5 三	甲辰 6 四	乙巳 7 五	丙午 8 六	丁未 9 日	戊申 10 一		辛巳小滿 丁酉芒種
五月大	壬午	天干地支 西曆 星期	己酉 11 二	庚戌 12 三	辛亥 13 四	壬子 14 五	癸丑 15 六	甲寅 16 日	乙卯 17 一	丙辰 18 二	丁巳 19 三	戊午 20 四	己未 21 五	庚申 22 六	辛酉 23 日	壬戌 24 一	癸亥 25 二	甲子 26 三	乙丑 27 四	丙寅 28 五	丁卯 29 六	戊辰 30 日	己巳 (7) 一	庚午 2 二	辛未 3 三	壬申 4 四	癸酉 5 五	甲戌 6 六	乙亥 7 日	丙子 8 一	丁丑 9 二	戊寅 10 三	壬子夏至 丁卯小暑
六月小	癸未	天干地支 西曆 星期	己卯 11 四	庚辰 12 五	辛巳 13 六	壬午 14 日	癸未 15 一	甲申 16 二	乙酉 17 三	丙戌 18 四	丁亥 19 五	戊子 20 六	己丑 21 日	庚寅 22 一	辛卯 23 二	壬辰 24 三	癸巳 25 四	甲午 26 五	乙未 27 六	丙申 28 日	丁酉 29 一	戊戌 30 二	己亥 31 三	庚子 (8) 四	辛丑 2 五	壬寅 3 六	癸卯 4 日	甲辰 5 一	乙巳 6 二	丙午 7 三	丁未 8 四		壬午大暑 戊戌立秋
七月大	甲申	天干地支 西曆 星期	戊申 9 五	己酉 10 六	庚戌 11 日	辛亥 12 一	壬子 13 二	癸丑 14 三	甲寅 15 四	乙卯 16 五	丙辰 17 六	丁巳 18 日	戊午 19 一	己未 20 二	庚申 21 三	辛酉 22 四	壬戌 23 五	癸亥 24 六	甲子 25 日	乙丑 26 一	丙寅 27 二	丁卯 28 三	戊辰 29 四	己巳 30 五	庚午 31 六	辛未 (9) 日	壬申 2 一	癸酉 3 二	甲戌 4 三	乙亥 5 四	丙子 6 五	丁丑 7 六	癸丑處暑 戊辰白露
八月大	乙酉	天干地支 西曆 星期	戊寅 8 日	己卯 9 一	庚辰 10 二	辛巳 11 三	壬午 12 四	癸未 13 五	甲申 14 六	乙酉 15 日	丙戌 16 一	丁亥 17 二	戊子 18 三	己丑 19 四	庚寅 20 五	辛卯 21 六	壬辰 22 日	癸巳 23 一	甲午 24 二	乙未 25 三	丙申 26 四	丁酉 27 五	戊戌 28 六	己亥 29 日	庚子 30 一	辛丑 (10) 二	壬寅 2 三	癸卯 3 四	甲辰 4 五	乙巳 5 六	丙午 6 日	丁未 7 一	癸未秋分 戊戌寒露
九月大	丙戌	天干地支 西曆 星期	戊申 8 二	己酉 9 三	庚戌 10 四	辛亥 11 五	壬子 12 六	癸丑 13 日	甲寅 14 一	乙卯 15 二	丙辰 16 三	丁巳 17 四	戊午 18 五	己未 19 六	庚申 20 日	辛酉 21 一	壬戌 22 二	癸亥 23 三	甲子 24 四	乙丑 25 五	丙寅 26 六	丁卯 27 日	戊辰 28 一	己巳 29 二	庚午 30 三	辛未 31 四	壬申 (11) 五	癸酉 2 六	甲戌 3 日	乙亥 4 一	丙子 5 二	丁丑 6 三	甲寅霜降 己巳立冬
十月小	丁亥	天干地支 西曆 星期	戊寅 7 四	己卯 8 五	庚辰 9 六	辛巳 10 日	壬午 11 一	癸未 12 二	甲申 13 三	乙酉 14 四	丙戌 15 五	丁亥 16 六	戊子 17 日	己丑 18 一	庚寅 19 二	辛卯 20 三	壬辰 21 四	癸巳 22 五	甲午 23 六	乙未 24 日	丙申 25 一	丁酉 26 二	戊戌 27 三	己亥 28 四	庚子 29 五	辛丑 30 六	壬寅 (12) 日	癸卯 2 一	甲辰 3 二	乙巳 4 三	丙午 5 四		甲申小雪 己亥大雪
十一月大	戊子	天干地支 西曆 星期	丁未 6 五	戊申 7 六	己酉 8 日	庚戌 9 一	辛亥 10 二	壬子 11 三	癸丑 12 四	甲寅 13 五	乙卯 14 六	丙辰 15 日	丁巳 16 一	戊午 17 二	己未 18 三	庚申 19 四	辛酉 20 五	壬戌 21 六	癸亥 22 日	甲子 23 一	乙丑 24 二	丙寅 25 三	丁卯 26 四	戊辰 27 五	己巳 28 六	庚午 29 日	辛未 30 一	壬申 31 二	癸酉 (1) 三	甲戌 2 四	乙亥 3 五	丙子 4 六	甲寅冬至 庚午小寒
十二月小	己丑	天干地支 西曆 星期	丁丑 5 日	戊寅 6 一	己卯 7 二	庚辰 8 三	辛巳 9 四	壬午 10 五	癸未 11 六	甲申 12 日	乙酉 13 一	丙戌 14 二	丁亥 15 三	戊子 16 四	己丑 17 五	庚寅 18 六	辛卯 19 日	壬辰 20 一	癸巳 21 二	甲午 22 三	乙未 23 四	丙申 24 五	丁酉 25 六	戊戌 26 日	己亥 27 一	庚子 28 二	辛丑 29 三	壬寅 30 四	癸卯 31 五	甲辰 (2) 六	乙巳 2 日		乙酉大寒 庚子立春

元泰定帝泰定三年（丙寅 虎年） 公元 1326 ~ 1327 年

夏曆月序		中西曆日對照	初一	初二	初三	初四	初五	初六	初七	初八	初九	初十	十一	十二	十三	十四	十五	十六	十七	十八	十九	二十	二一	二二	二三	二四	二五	二六	二七	二八	二九	三十	節氣與天象
正月大	庚寅	天干 地支 西曆 星期	丙午 3 一	丁未 4 二	戊申 5 三	己酉 6 四	庚戌 7 五	辛亥 8 六	壬子 9 日	癸丑 10 一	甲寅 11 二	乙卯 12 三	丙辰 13 四	丁巳 14 五	戊午 15 六	己未 16 日	庚申 17 一	辛酉 18 二	壬戌 19 三	癸亥 20 四	甲子 21 五	乙丑 22 六	丙寅 23 日	丁卯 24 一	戊辰 25 二	己巳 26 三	庚午 27 四	辛未 28 五	壬申 (3) 六	癸酉 2 日	甲戌 3 一	乙亥 4 二	乙卯雨水 辛未驚蟄
二月小	辛卯	天干 地支 西曆 星期	丙子 5 三	丁丑 6 四	戊寅 7 五	己卯 8 六	庚辰 9 日	辛巳 10 一	壬午 11 二	癸未 12 三	甲申 13 四	乙酉 14 五	丙戌 15 六	丁亥 16 日	戊子 17 一	己丑 18 二	庚寅 19 三	辛卯 20 四	壬辰 21 五	癸巳 22 六	甲午 23 日	乙未 24 一	丙申 25 二	丁酉 26 三	戊戌 27 四	己亥 28 五	庚子 29 六	辛丑 30 日	壬寅 31 一	癸卯 (4) 二	甲辰 2 三		丙戌春分 辛丑清明
三月大	壬辰	天干 地支 西曆 星期	乙巳 3 四	丙午 4 五	丁未 5 六	戊申 6 日	己酉 7 一	庚戌 8 二	辛亥 9 三	壬子 10 四	癸丑 11 五	甲寅 12 六	乙卯 13 日	丙辰 14 一	丁巳 15 二	戊午 16 三	己未 17 四	庚申 18 五	辛酉 19 六	壬戌 20 日	癸亥 21 一	甲子 22 二	乙丑 23 三	丙寅 24 四	丁卯 25 五	戊辰 26 六	己巳 27 日	庚午 28 一	辛未 29 二	壬申 30 三	癸酉 (5) 四	甲戌 2 五	丙辰穀雨 辛未立夏
四月小	癸巳	天干 地支 西曆 星期	乙亥 3 六	丙子 4 日	丁丑 5 一	戊寅 6 二	己卯 7 三	庚辰 8 四	辛巳 9 五	壬午 10 六	癸未 11 日	甲申 12 一	乙酉 13 二	丙戌 14 三	丁亥 15 四	戊子 16 五	己丑 17 六	庚寅 18 日	辛卯 19 一	壬辰 20 二	癸巳 21 三	甲午 22 四	乙未 23 五	丙申 24 六	丁酉 25 日	戊戌 26 一	己亥 27 二	庚子 28 三	辛丑 29 四	壬寅 30 五	癸卯 31 六		丁亥小滿 壬寅芒種
五月小	甲午	天干 地支 西曆 星期	甲辰 (6) 日	乙巳 2 一	丙午 3 二	丁未 4 三	戊申 5 四	己酉 6 五	庚戌 7 六	辛亥 8 日	壬子 9 一	癸丑 10 二	甲寅 11 三	乙卯 12 四	丙辰 13 五	丁巳 14 六	戊午 15 日	己未 16 一	庚申 17 二	辛酉 18 三	壬戌 19 四	癸亥 20 五	甲子 21 六	乙丑 22 日	丙寅 23 一	丁卯 24 二	戊辰 25 三	己巳 26 四	庚午 27 五	辛未 28 六	壬申 29 日		丁巳夏至 壬申小暑
六月大	乙未	天干 地支 西曆 星期	癸酉 30 一	甲戌 (7) 二	乙亥 2 三	丙子 3 四	丁丑 4 五	戊寅 5 六	己卯 6 日	庚辰 7 一	辛巳 8 二	壬午 9 三	癸未 10 四	甲申 11 五	乙酉 12 六	丙戌 13 日	丁亥 14 一	戊子 15 二	己丑 16 三	庚寅 17 四	辛卯 18 五	壬辰 19 六	癸巳 20 日	甲午 21 一	乙未 22 二	丙申 23 三	丁酉 24 四	戊戌 25 五	己亥 26 六	庚子 27 日	辛丑 28 一	壬寅 29 二	戊子大暑
七月小	丙申	天干 地支 西曆 星期	癸卯 30 三	甲辰 31 四	乙巳 (8) 五	丙午 2 六	丁未 3 日	戊申 4 一	己酉 5 二	庚戌 6 三	辛亥 7 四	壬子 8 五	癸丑 9 六	甲寅 10 日	乙卯 11 一	丙辰 12 二	丁巳 13 三	戊午 14 四	己未 15 五	庚申 16 六	辛酉 17 日	壬戌 18 一	癸亥 19 二	甲子 20 三	乙丑 21 四	丙寅 22 五	丁卯 23 六	戊辰 24 日	己巳 25 一	庚午 26 二	辛未 27 三		癸卯立秋 戊午處暑
八月大	丁酉	天干 地支 西曆 星期	壬申 28 四	癸酉 29 五	甲戌 30 六	乙亥 31 日	丙子 (9) 一	丁丑 2 二	戊寅 3 三	己卯 4 四	庚辰 5 五	辛巳 6 六	壬午 7 日	癸未 8 一	甲申 9 二	乙酉 10 三	丙戌 11 四	丁亥 12 五	戊子 13 六	己丑 14 日	庚寅 15 一	辛卯 16 二	壬辰 17 三	癸巳 18 四	甲午 19 五	乙未 20 六	丙申 21 日	丁酉 22 一	戊戌 23 二	己亥 24 三	庚子 25 四	辛丑 26 五	癸酉白露 戊子秋分
九月小	戊戌	天干 地支 西曆 星期	壬寅 27 六	癸卯 28 日	甲辰 29 一	乙巳 30 二	丙午 (10) 三	丁未 2 四	戊申 3 五	己酉 4 六	庚戌 5 日	辛亥 6 一	壬子 7 二	癸丑 8 三	甲寅 9 四	乙卯 10 五	丙辰 11 六	丁巳 12 日	戊午 13 一	己未 14 二	庚申 15 三	辛酉 16 四	壬戌 17 五	癸亥 18 六	甲子 19 日	乙丑 20 一	丙寅 21 二	丁卯 22 三	戊辰 23 四	己巳 24 五	庚午 25 六		甲辰寒露 己未霜降
十月大	己亥	天干 地支 西曆 星期	辛未 26 日	壬申 27 一	癸酉 28 二	甲戌 29 三	乙亥 30 四	丙子 31 五	丁丑 (11) 六	戊寅 2 日	己卯 3 一	庚辰 4 二	辛巳 5 三	壬午 6 四	癸未 7 五	甲申 8 六	乙酉 9 日	丙戌 10 一	丁亥 11 二	戊子 12 三	己丑 13 四	庚寅 14 五	辛卯 15 六	壬辰 16 日	癸巳 17 一	甲午 18 二	乙未 19 三	丙申 20 四	丁酉 21 五	戊戌 22 六	己亥 23 日	庚子 24 一	甲戌立冬 己丑小雪
十一月大	庚子	天干 地支 西曆 星期	辛丑 25 二	壬寅 26 三	癸卯 27 四	甲辰 28 五	乙巳 29 六	丙午 30 日	丁未 (12) 一	戊申 2 二	己酉 3 三	庚戌 4 四	辛亥 5 五	壬子 6 六	癸丑 7 日	甲寅 8 一	乙卯 9 二	丙辰 10 三	丁巳 11 四	戊午 12 五	己未 13 六	庚申 14 日	辛酉 15 一	壬戌 16 二	癸亥 17 三	甲子 18 四	乙丑 19 五	丙寅 20 六	丁卯 21 日	戊辰 22 一	己巳 23 二	庚午 24 三	甲辰大雪 庚申冬至
十二月大	辛丑	天干 地支 西曆 星期	辛未 25 四	壬申 26 五	癸酉 27 六	甲戌 28 日	乙亥 29 一	丙子 30 二	丁丑 31 三	戊寅 (1) 四	己卯 2 五	庚辰 3 六	辛巳 4 日	壬午 5 一	癸未 6 二	甲申 7 三	乙酉 8 四	丙戌 9 五	丁亥 10 六	戊子 11 日	己丑 12 一	庚寅 13 二	辛卯 14 三	壬辰 15 四	癸巳 16 五	甲午 17 六	乙未 18 日	丙申 19 一	丁酉 20 二	戊戌 21 三	己亥 22 四	庚子 23 五	乙亥小寒 庚寅大寒

元泰定帝泰定四年（丁卯 兔年） 公元 1327 ~ 1328 年

夏曆月序		中西曆日對照	夏曆日序																														節氣與天象
			初一	初二	初三	初四	初五	初六	初七	初八	初九	初十	十一	十二	十三	十四	十五	十六	十七	十八	十九	二十	二一	二二	二三	二四	二五	二六	二七	二八	二九	三十	
正月小	壬寅	天干地支 西曆 星期	辛丑 24 六	壬寅 25 日	癸卯 26 一	甲辰 27 二	乙巳 28 三	丙午 29 四	丁未 30 五	戊申 31 六	己酉 (2) 日	庚戌 2 一	辛亥 3 二	壬子 4 三	癸丑 5 四	甲寅 6 五	乙卯 7 六	丙辰 8 日	丁巳 9 一	戊午 10 二	己未 11 三	庚申 12 四	辛酉 13 五	壬戌 14 六	癸亥 15 日	甲子 16 一	乙丑 17 二	丙寅 18 三	丁卯 19 四	戊辰 20 五	己巳 21 六		乙巳立春 辛酉雨水
二月大	癸卯	天干地支 西曆 星期	庚午 22 日	辛未 23 一	壬申 24 二	癸酉 25 三	甲戌 26 四	乙亥 27 五	丙子 28 六	丁丑 (3) 日	戊寅 2 一	己卯 3 二	庚辰 4 三	辛巳 5 四	壬午 6 五	癸未 7 六	甲申 8 日	乙酉 9 一	丙戌 10 二	丁亥 11 三	戊子 12 四	己丑 13 五	庚寅 14 六	辛卯 15 日	壬辰 16 一	癸巳 17 二	甲午 18 三	乙未 19 四	丙申 20 五	丁酉 21 六	戊戌 22 日	己亥 23 一	丙子驚蟄 辛卯春分
三月小	甲辰	天干地支 西曆 星期	庚子 24 二	辛丑 25 三	壬寅 26 四	癸卯 27 五	甲辰 28 六	乙巳 29 日	丙午 30 一	丁未 31 二	戊申 (4) 三	己酉 2 四	庚戌 3 五	辛亥 4 六	壬子 5 日	癸丑 6 一	甲寅 7 二	乙卯 8 三	丙辰 9 四	丁巳 10 五	戊午 11 六	己未 12 日	庚申 13 一	辛酉 14 二	壬戌 15 三	癸亥 16 四	甲子 17 五	乙丑 18 六	丙寅 19 日	丁卯 20 一	戊辰 21 二		丙午清明 辛酉穀雨
四月大	乙巳	天干地支 西曆 星期	己巳 22 三	庚午 23 四	辛未 24 五	壬申 25 六	癸酉 26 日	甲戌 27 一	乙亥 28 二	丙子 29 三	丁丑 30 四	戊寅 (5) 五	己卯 2 六	庚辰 3 日	辛巳 4 一	壬午 5 二	癸未 6 三	甲申 7 四	乙酉 8 五	丙戌 9 六	丁亥 10 日	戊子 11 一	己丑 12 二	庚寅 13 三	辛卯 14 四	壬辰 15 五	癸巳 16 六	甲午 17 日	乙未 18 一	丙申 19 二	丁酉 20 三	戊戌 21 四	丁丑立夏 壬辰小滿
五月小	丙午	天干地支 西曆 星期	己亥 22 五	庚子 23 六	辛丑 24 日	壬寅 25 一	癸卯 26 二	甲辰 27 三	乙巳 28 四	丙午 29 五	丁未 30 六	戊申 31 日	己酉 (6) 一	庚戌 2 二	辛亥 3 三	壬子 4 四	癸丑 5 五	甲寅 6 六	乙卯 7 日	丙辰 8 一	丁巳 9 二	戊午 10 三	己未 11 四	庚申 12 五	辛酉 13 六	壬戌 14 日	癸亥 15 一	甲子 16 二	乙丑 17 三	丙寅 18 四	丁卯 19 五		丁未芒種 壬戌夏至
六月小	丁未	天干地支 西曆 星期	戊辰 20 六	己巳 21 日	庚午 22 一	辛未 23 二	壬申 24 三	癸酉 25 四	甲戌 26 五	乙亥 27 六	丙子 28 日	丁丑 29 一	戊寅 30 二	己卯 (7) 三	庚辰 2 四	辛巳 3 五	壬午 4 六	癸未 5 日	甲申 6 一	乙酉 7 二	丙戌 8 三	丁亥 9 四	戊子 10 五	己丑 11 六	庚寅 12 日	辛卯 13 一	壬辰 14 二	癸巳 15 三	甲午 16 四	乙未 17 五	丙申 18 六		戊寅小暑 癸巳大暑
七月大	戊申	天干地支 西曆 星期	丁酉 19 日	戊戌 20 一	己亥 21 二	庚子 22 三	辛丑 23 四	壬寅 24 五	癸卯 25 六	甲辰 26 日	乙巳 27 一	丙午 28 二	丁未 29 三	戊申 30 四	己酉 31 五	庚戌 (8) 六	辛亥 2 日	壬子 3 一	癸丑 4 二	甲寅 5 三	乙卯 6 四	丙辰 7 五	丁巳 8 六	戊午 9 日	己未 10 一	庚申 11 二	辛酉 12 三	壬戌 13 四	癸亥 14 五	甲子 15 六	乙丑 16 日	丙寅 17 一	戊申立秋 癸亥處暑
八月小	己酉	天干地支 西曆 星期	丁卯 18 二	戊辰 19 三	己巳 20 四	庚午 21 五	辛未 22 六	壬申 23 日	癸酉 24 一	甲戌 25 二	乙亥 26 三	丙子 27 四	丁丑 28 五	戊寅 29 六	己卯 30 日	庚辰 31 一	辛巳 (9) 二	壬午 2 三	癸未 3 四	甲申 4 五	乙酉 5 六	丙戌 6 日	丁亥 7 一	戊子 8 二	己丑 9 三	庚寅 10 四	辛卯 11 五	壬辰 12 六	癸巳 13 日	甲午 14 一	乙未 15 二		戊寅白露 甲午秋分
九月大	庚戌	天干地支 西曆 星期	丙申 16 三	丁酉 17 四	戊戌 18 五	己亥 19 六	庚子 20 日	辛丑 21 一	壬寅 22 二	癸卯 23 三	甲辰 24 四	乙巳 25 五	丙午 26 六	丁未 27 日	戊申 28 一	己酉 29 二	庚戌 30 三	辛亥 (10) 四	壬子 2 五	癸丑 3 六	甲寅 4 日	乙卯 5 一	丙辰 6 二	丁巳 7 三	戊午 8 四	己未 9 五	庚申 10 六	辛酉 11 日	壬戌 12 一	癸亥 13 二	甲子 14 三	乙丑 15 四	己酉寒露 甲子霜降
閏九月小	庚戌	天干地支 西曆 星期	丙寅 16 五	丁卯 17 六	戊辰 18 日	己巳 19 一	庚午 20 二	辛未 21 三	壬申 22 四	癸酉 23 五	甲戌 24 六	乙亥 25 日	丙子 26 一	丁丑 27 二	戊寅 28 三	己卯 29 四	庚辰 30 五	辛巳 31 六	壬午 (11) 日	癸未 2 一	甲申 3 二	乙酉 4 三	丙戌 5 四	丁亥 6 五	戊子 7 六	己丑 8 日	庚寅 9 一	辛卯 10 二	壬辰 11 三	癸巳 12 四	甲午 13 五		己卯立冬
十月大	辛亥	天干地支 西曆 星期	乙未 14 六	丙申 15 日	丁酉 16 一	戊戌 17 二	己亥 18 三	庚子 19 四	辛丑 20 五	壬寅 21 六	癸卯 22 日	甲辰 23 一	乙巳 24 二	丙午 25 三	丁未 26 四	戊申 27 五	己酉 28 六	庚戌 29 日	辛亥 30 一	壬子 (12) 二	癸丑 2 三	甲寅 3 四	乙卯 4 五	丙辰 5 六	丁巳 6 日	戊午 7 一	己未 8 二	庚申 9 三	辛酉 10 四	壬戌 11 五	癸亥 12 六	甲子 13 日	乙未小雪 庚戌大雪
十一月大	壬子	天干地支 西曆 星期	乙丑 14 一	丙寅 15 二	丁卯 16 三	戊辰 17 四	己巳 18 五	庚午 19 六	辛未 20 日	壬申 21 一	癸酉 22 二	甲戌 23 三	乙亥 24 四	丙子 25 五	丁丑 26 六	戊寅 27 日	己卯 28 一	庚辰 29 二	辛巳 30 三	壬午 31 四	癸未 (1) 五	甲申 2 六	乙酉 3 日	丙戌 4 一	丁亥 5 二	戊子 6 三	己丑 7 四	庚寅 8 五	辛卯 9 六	壬辰 10 日	癸巳 11 一	甲午 12 二	乙丑冬至 庚辰小寒
十二月大	癸丑	天干地支 西曆 星期	乙未 13 三	丙申 14 四	丁酉 15 五	戊戌 16 六	己亥 17 日	庚子 18 一	辛丑 19 二	壬寅 20 三	癸卯 21 四	甲辰 22 五	乙巳 23 六	丙午 24 日	丁未 25 一	戊申 26 二	己酉 27 三	庚戌 28 四	辛亥 29 五	壬子 30 六	癸丑 31 日	甲寅 (2) 一	乙卯 2 二	丙辰 3 三	丁巳 4 四	戊午 5 五	己未 6 六	庚申 7 日	辛酉 8 一	壬戌 9 二	癸亥 10 三	甲子 11 四	乙未大寒 辛亥立春

元泰定帝致和元年 天順帝天順元年 文宗天曆元年
（戊辰 龍年）公元 1328 ~ 1329 年

夏曆月序		中西曆日對照	初一	初二	初三	初四	初五	初六	初七	初八	初九	初十	十一	十二	十三	十四	十五	十六	十七	十八	十九	二十	二一	二二	二三	二四	二五	二六	二七	二八	二九	三十	節氣與天象
正月小	甲寅	天干地支 西曆星期	乙丑 12五	丙寅 13六	丁卯 14日	戊辰 15一	己巳 16二	庚午 17三	辛未 18四	壬申 19五	癸酉 20六	甲戌 21日	乙亥 22一	丙子 23二	丁丑 24三	戊寅 25四	己卯 26五	庚辰 27六	辛巳 28日	壬午 29一	癸未 (3)二	甲申 2三	乙酉 3四	丙戌 4五	丁亥 5六	戊子 6日	己丑 7一	庚寅 8二	辛卯 9三	壬辰 10四	癸巳 11五		丙寅雨水 辛巳驚蟄
二月大	乙卯	天干地支 西曆星期	甲午 12六	乙未 13日	丙申 14一	丁酉 15二	戊戌 16三	己亥 17四	庚子 18五	辛丑 19六	壬寅 20日	癸卯 21一	甲辰 22二	乙巳 23三	丙午 24四	丁未 25五	戊申 26六	己酉 27日	庚戌 28一	辛亥 29二	壬子 30三	癸丑 31四	甲寅 (4)五	乙卯 2六	丙辰 3日	丁巳 4一	戊午 5二	己未 6三	庚申 7四	辛酉 8五	壬戌 9六	癸亥 10日	丙申春分 辛亥清明
三月小	丙辰	天干地支 西曆星期	甲子 11一	乙丑 12二	丙寅 13三	丁卯 14四	戊辰 15五	己巳 16六	庚午 17日	辛未 18一	壬申 19二	癸酉 20三	甲戌 21四	乙亥 22五	丙子 23六	丁丑 24日	戊寅 25一	己卯 26二	庚辰 27三	辛巳 28四	壬午 29五	癸未 30六	甲申 (5)日	乙酉 2一	丙戌 3二	丁亥 4三	戊子 5四	己丑 6五	庚寅 7六	辛卯 8日	壬辰 9一		丁卯穀雨 壬午立夏
四月大	丁巳	天干地支 西曆星期	癸巳 10二	甲午 11三	乙未 12四	丙申 13五	丁酉 14六	戊戌 15日	己亥 16一	庚子 17二	辛丑 18三	壬寅 19四	癸卯 20五	甲辰 21六	乙巳 22日	丙午 23一	丁未 24二	戊申 25三	己酉 26四	庚戌 27五	辛亥 28六	壬子 29日	癸丑 30一	甲寅 31二	乙卯 (6)三	丙辰 2四	丁巳 3五	戊午 4六	己未 5日	庚申 6一	辛酉 7二	壬戌 8三	丁酉小滿 壬子芒種
五月小	戊午	天干地支 西曆星期	癸亥 9四	甲子 10五	乙丑 11六	丙寅 12日	丁卯 13一	戊辰 14二	己巳 15三	庚午 16四	辛未 17五	壬申 18六	癸酉 19日	甲戌 20一	乙亥 21二	丙子 22三	丁丑 23四	戊寅 24五	己卯 25六	庚辰 26日	辛巳 27一	壬午 28二	癸未 29三	甲申 30四	乙酉 (7)五	丙戌 2六	丁亥 3日	戊子 4一	己丑 5二	庚寅 6三	辛卯 7四		戊辰夏至 癸未小暑
六月小	己未	天干地支 西曆星期	壬辰 8五	癸巳 9六	甲午 10日	乙未 11一	丙申 12二	丁酉 13三	戊戌 14四	己亥 15五	庚子 16六	辛丑 17日	壬寅 18一	癸卯 19二	甲辰 20三	乙巳 21四	丙午 22五	丁未 23六	戊申 24日	己酉 25一	庚戌 26二	辛亥 27三	壬子 28四	癸丑 29五	甲寅 30六	乙卯 31日	丙辰 (8)一	丁巳 2二	戊午 3三	己未 4四	庚申 5五		戊戌大暑 癸丑立秋
七月大	庚申	天干地支 西曆星期	辛酉 6六	壬戌 7日	癸亥 8一	甲子 9二	乙丑 10三	丙寅 11四	丁卯 12五	戊辰 13六	己巳 14日	庚午 15一	辛未 16二	壬申 17三	癸酉 18四	甲戌 19五	乙亥 20六	丙子 21日	丁丑 22一	戊寅 23二	己卯 24三	庚辰 25四	辛巳 26五	壬午 27六	癸未 28日	甲申 29一	乙酉 30二	丙戌 31三	丁亥 (9)四	戊子 2五	己丑 3六	庚寅 4日	戊辰處暑 甲申白露
八月小	辛酉	天干地支 西曆星期	辛卯 5一	壬辰 6二	癸巳 7三	甲午 8四	乙未 9五	丙申 10六	丁酉 11日	戊戌 12一	己亥 13二	庚子 14三	辛丑 15四	壬寅 16五	癸卯 17六	甲辰 18日	乙巳 19一	丙午 20二	丁未 21三	戊申 22四	己酉 23五	庚戌 24六	辛亥 25日	壬子 26一	癸丑 27二	甲寅 28三	乙卯 29四	丙辰 30五	丁巳 (10)六	戊午 2日	己未 3一		己亥秋分 甲寅寒露
九月小	壬戌	天干地支 西曆星期	庚申 4二	辛酉 5三	壬戌 6四	癸亥 7五	甲子 8六	乙丑 9日	丙寅 10一	丁卯 11二	戊辰 12三	己巳 13四	庚午 14五	辛未 15六	壬申 16日	癸酉 17一	甲戌 18二	乙亥 19三	丙子 20四	丁丑 21五	戊寅 22六	己卯 23日	庚辰 24一	辛巳 25二	壬午 26三	癸未 27四	甲申 28五	乙酉 29六	丙戌 30日	丁亥 31一	戊子 (11)二		己巳霜降 乙酉立冬
十月大	癸亥	天干地支 西曆星期	己丑 2三	庚寅 3四	辛卯 4五	壬辰 5六	癸巳 6日	甲午 7一	乙未 8二	丙申 9三	丁酉 10四	戊戌 11五	己亥 12六	庚子 13日	辛丑 14一	壬寅 15二	癸卯 16三	甲辰 17四	乙巳 18五	丙午 19六	丁未 20日	戊申 21一	己酉 22二	庚戌 23三	辛亥 24四	壬子 25五	癸丑 26六	甲寅 27日	乙卯 28一	丙辰 29二	丁巳 30三	戊午 (12)四	庚子小雪 乙卯大雪
十一月大	甲子	天干地支 西曆星期	己未 2五	庚申 3六	辛酉 4日	壬戌 5一	癸亥 6二	甲子 7三	乙丑 8四	丙寅 9五	丁卯 10六	戊辰 11日	己巳 12一	庚午 13二	辛未 14三	壬申 15四	癸酉 16五	甲戌 17六	乙亥 18日	丙子 19一	丁丑 20二	戊寅 21三	己卯 22四	庚辰 23五	辛巳 24六	壬午 25日	癸未 26一	甲申 27二	乙酉 28三	丙戌 29四	丁亥 30五	戊子 31六	庚午冬至 乙酉小寒
十二月大	乙丑	天干地支 西曆星期	己丑 (1)日	庚寅 2一	辛卯 3二	壬辰 4三	癸巳 5四	甲午 6五	乙未 7六	丙申 8日	丁酉 9一	戊戌 10二	己亥 11三	庚子 12四	辛丑 13五	壬寅 14六	癸卯 15日	甲辰 16一	乙巳 17二	丙午 18三	丁未 19四	戊申 20五	己酉 21六	庚戌 22日	辛亥 23一	壬子 24二	癸丑 25三	甲寅 26四	乙卯 27五	丙辰 28六	丁巳 29日	戊午 30一	辛丑大寒 丙辰立春

* 二月庚申（二十七日），元泰定帝改元致和。七月庚午（初十），泰定帝死。九月阿剌吉八即位，改元天順。壬申（十三日），圖帖睦爾即位，是爲元文宗。改元天曆。

元明宗天曆二年 文宗天曆二年（己巳 蛇年） 公元 **1329** ~ 1330 年

夏曆月序	中西曆日對照	初一	初二	初三	初四	初五	初六	初七	初八	初九	初十	十一	十二	十三	十四	十五	十六	十七	十八	十九	二十	二一	二二	二三	二四	二五	二六	二七	二八	二九	三十	節氣與天象
正月小 丙寅	天干地支 西曆 星期	己未 31 二	庚申 (2) 三	辛酉 2 四	壬戌 3 五	癸亥 4 六	甲子 5 日	乙丑 6 一	丙寅 7 二	丁卯 8 三	戊辰 9 四	己巳 10 五	庚午 11 六	辛未 12 日	壬申 13 一	癸酉 14 二	甲戌 15 三	乙亥 16 四	丙子 17 五	丁丑 18 六	戊寅 19 日	己卯 20 一	庚辰 21 二	辛巳 22 三	壬午 23 四	癸未 24 五	甲申 25 六	乙酉 26 日	丙戌 27 一	丁亥 28 二		辛未雨水 丙戌驚蟄
二月大 丁卯	天干地支 西曆 星期	戊子 (3) 三	己丑 2 四	庚寅 3 五	辛卯 4 六	壬辰 5 日	癸巳 6 一	甲午 7 二	乙未 8 三	丙申 9 四	丁酉 10 五	戊戌 11 六	己亥 12 日	庚子 13 一	辛丑 14 二	壬寅 15 三	癸卯 16 四	甲辰 17 五	乙巳 18 六	丙午 19 日	丁未 20 一	戊申 21 二	己酉 22 三	庚戌 23 四	辛亥 24 五	壬子 25 六	癸丑 26 日	甲寅 27 一	乙卯 28 二	丙辰 29 三	丁巳 30 四	壬寅春分 丁巳清明
三月大 戊辰	天干地支 西曆 星期	戊午 31 五	己未 (4) 六	庚申 2 日	辛酉 3 一	壬戌 4 二	癸亥 5 三	甲子 6 四	乙丑 7 五	丙寅 8 六	丁卯 9 日	戊辰 10 一	己巳 11 二	庚午 12 三	辛未 13 四	壬申 14 五	癸酉 15 六	甲戌 16 日	乙亥 17 一	丙子 18 二	丁丑 19 三	戊寅 20 四	己卯 21 五	庚辰 22 六	辛巳 23 日	壬午 24 一	癸未 25 二	甲申 26 三	乙酉 27 四	丙戌 28 五	丁亥 29 六	壬申穀雨 丁亥立夏
四月小 己巳	天干地支 西曆 星期	戊子 30 日	己丑 (5) 一	庚寅 2 二	辛卯 3 三	壬辰 4 四	癸巳 5 五	甲午 6 六	乙未 7 日	丙申 8 一	丁酉 9 二	戊戌 10 三	己亥 11 四	庚子 12 五	辛丑 13 六	壬寅 14 日	癸卯 15 一	甲辰 16 二	乙巳 17 三	丙午 18 四	丁未 19 五	戊申 20 六	己酉 21 日	庚戌 22 一	辛亥 23 二	壬子 24 三	癸丑 25 四	甲寅 26 五	乙卯 27 六	丙辰 28 日		壬寅小滿
五月大 庚午	天干地支 西曆 星期	丁巳 29 一	戊午 30 二	己未 31 三	庚申 (6) 四	辛酉 2 五	壬戌 3 六	癸亥 4 日	甲子 5 一	乙丑 6 二	丙寅 7 三	丁卯 8 四	戊辰 9 五	己巳 10 六	庚午 11 日	辛未 12 一	壬申 13 二	癸酉 14 三	甲戌 15 四	乙亥 16 五	丙子 17 六	丁丑 18 日	戊寅 19 一	己卯 20 二	庚辰 21 三	辛巳 22 四	壬午 23 五	癸未 24 六	甲申 25 日	乙酉 26 一	丙戌 27 二	戊午芒種 癸酉夏至
六月小 辛未	天干地支 西曆 星期	丁亥 28 三	戊子 29 四	己丑 30 五	庚寅 (7) 六	辛卯 2 日	壬辰 3 一	癸巳 4 二	甲午 5 三	乙未 6 四	丙申 7 五	丁酉 8 六	戊戌 9 日	己亥 10 一	庚子 11 二	辛丑 12 三	壬寅 13 四	癸卯 14 五	甲辰 15 六	乙巳 16 日	丙午 17 一	丁未 18 二	戊申 19 三	己酉 20 四	庚戌 21 五	辛亥 22 六	壬子 23 日	癸丑 24 一	甲寅 25 二	乙卯 26 三		戊子小暑 癸卯大暑
七月小 壬申	天干地支 西曆 星期	丙辰 27 四	丁巳 28 五	戊午 29 六	己未 30 日	庚申 31 一	辛酉 (8) 二	壬戌 2 三	癸亥 3 四	甲子 4 五	乙丑 5 六	丙寅 6 日	丁卯 7 一	戊辰 8 二	己巳 9 三	庚午 10 四	辛未 11 五	壬申 12 六	癸酉 13 日	甲戌 14 一	乙亥 15 二	丙子 16 三	丁丑 17 四	戊寅 18 五	己卯 19 六	庚辰 20 日	辛巳 21 一	壬午 22 二	癸未 23 三	甲申 24 四		戊午立秋 甲戌處暑 丙辰日食
八月大 癸酉	天干地支 西曆 星期	乙酉 25 五	丙戌 26 六	丁亥 27 日	戊子 28 一	己丑 29 二	庚寅 30 三	辛卯 31 四	壬辰 (9) 五	癸巳 2 六	甲午 3 日	乙未 4 一	丙申 5 二	丁酉 6 三	戊戌 7 四	己亥 8 五	庚子 9 六	辛丑 10 日	壬寅 11 一	癸卯 12 二	甲辰 13 三	乙巳 14 四	丙午 15 五	丁未 16 六	戊申 17 日	己酉 18 一	庚戌 19 二	辛亥 20 三	壬子 21 四	癸丑 22 五	甲寅 23 六	己丑白露 甲辰秋分
九月小 甲戌	天干地支 西曆 星期	乙卯 24 日	丙辰 25 一	丁巳 26 二	戊午 27 三	己未 28 四	庚申 29 五	辛酉 30 六	壬戌 (10) 日	癸亥 2 一	甲子 3 二	乙丑 4 三	丙寅 5 四	丁卯 6 五	戊辰 7 六	己巳 8 日	庚午 9 一	辛未 10 二	壬申 11 三	癸酉 12 四	甲戌 13 五	乙亥 14 六	丙子 15 日	丁丑 16 一	戊寅 17 二	己卯 18 三	庚辰 19 四	辛巳 20 五	壬午 21 六	癸未 22 日		己未寒露 乙亥霜降
十月小 乙亥	天干地支 西曆 星期	甲申 23 一	乙酉 24 二	丙戌 25 三	丁亥 26 四	戊子 27 五	己丑 28 六	庚寅 29 日	辛卯 30 一	壬辰 31 二	癸巳 (11) 三	甲午 2 四	乙未 3 五	丙申 4 六	丁酉 5 日	戊戌 6 一	己亥 7 二	庚子 8 三	辛丑 9 四	壬寅 10 五	癸卯 11 六	甲辰 12 日	乙巳 13 一	丙午 14 二	丁未 15 三	戊申 16 四	己酉 17 五	庚戌 18 六	辛亥 19 日	壬子 20 一		庚寅立冬 乙巳小雪
十一月大 丙子	天干地支 西曆 星期	癸丑 21 二	甲寅 22 三	乙卯 23 四	丙辰 24 五	丁巳 25 六	戊午 26 日	己未 27 一	庚申 28 二	辛酉 29 三	壬戌 30 四	癸亥 (12) 五	甲子 2 六	乙丑 3 日	丙寅 4 一	丁卯 5 二	戊辰 6 三	己巳 7 四	庚午 8 五	辛未 9 六	壬申 10 日	癸酉 11 一	甲戌 12 二	乙亥 13 三	丙子 14 四	丁丑 15 五	戊寅 16 六	己卯 17 日	庚辰 18 一	辛巳 19 二	壬午 20 三	庚申大雪 乙亥冬至
十二月大 丁丑	天干地支 西曆 星期	癸未 21 四	甲申 22 五	乙酉 23 六	丙戌 24 日	丁亥 25 一	戊子 26 二	己丑 27 三	庚寅 28 四	辛卯 29 五	壬辰 30 六	癸巳 31 日	甲午 (1) 一	乙未 2 二	丙申 3 三	丁酉 4 四	戊戌 5 五	己亥 6 六	庚子 7 日	辛丑 8 一	壬寅 9 二	癸卯 10 三	甲辰 11 四	乙巳 12 五	丙午 13 六	丁未 14 日	戊申 15 一	己酉 16 二	庚戌 17 三	辛亥 18 四	壬子 19 五	辛卯小寒 丙午大寒

* 正月丙戌（二十八日），和世㻋即位，是爲元明宗，仍用天曆年號。八月庚寅（初六），元明宗死。己亥（十五日），文宗复位。

元文宗天曆三年 至順元年（庚午 馬年） 公元 1330 ~ 1331 年

夏曆月序		中西曆日對照	初一	初二	初三	初四	初五	初六	初七	初八	初九	初十	十一	十二	十三	十四	十五	十六	十七	十八	十九	二十	二一	二二	二三	二四	二五	二六	二七	二八	二九	三十	節氣與天象
正月小	戊寅	天干地支 西曆 星期	癸丑 20 六	甲寅 21 日	乙卯 22 一	丙辰 23 二	丁巳 24 三	戊午 25 四	己未 26 五	庚申 27 六	辛酉 28 日	壬戌 29 一	癸亥 30 二	甲子 31 三	乙丑 (2) 四	丙寅 2 五	丁卯 3 六	戊辰 4 日	己巳 5 一	庚午 6 二	辛未 7 三	壬申 8 四	癸酉 9 五	甲戌 10 六	乙亥 11 日	丙子 12 一	丁丑 13 二	戊寅 14 三	己卯 15 四	庚辰 16 五	辛巳 17 六		辛酉立春 丙子雨水
二月大	己卯	天干地支 西曆 星期	壬午 18 日	癸未 19 一	甲申 20 二	乙酉 21 三	丙戌 22 四	丁亥 23 五	戊子 24 六	己丑 25 日	庚寅 26 一	辛卯 27 二	壬辰 28 三	癸巳 (3) 四	甲午 2 五	乙未 3 六	丙申 4 日	丁酉 5 一	戊戌 6 二	己亥 7 三	庚子 8 四	辛丑 9 五	壬寅 10 六	癸卯 11 日	甲辰 12 一	乙巳 13 二	丙午 14 三	丁未 15 四	戊申 16 五	己酉 17 六	庚戌 18 日	辛亥 19 一	壬辰驚蟄 丁未春分
三月大	庚辰	天干地支 西曆 星期	壬子 20 二	癸丑 21 三	甲寅 22 四	乙卯 23 五	丙辰 24 六	丁巳 25 日	戊午 26 一	己未 27 二	庚申 28 三	辛酉 29 四	壬戌 30 五	癸亥 31 六	甲子 (4) 日	乙丑 2 一	丙寅 3 二	丁卯 4 三	戊辰 5 四	己巳 6 五	庚午 7 六	辛未 8 日	壬申 9 一	癸酉 10 二	甲戌 11 三	乙亥 12 四	丙子 13 五	丁丑 14 六	戊寅 15 日	己卯 16 一	庚辰 17 二	辛巳 18 三	壬戌清明 丁丑穀雨
四月小	辛巳	天干地支 西曆 星期	壬午 19 四	癸未 20 五	甲申 21 六	乙酉 22 日	丙戌 23 一	丁亥 24 二	戊子 25 三	己丑 26 四	庚寅 27 五	辛卯 28 六	壬辰 29 日	癸巳 30 一	甲午 (5) 二	乙未 2 三	丙申 3 四	丁酉 4 五	戊戌 5 六	己亥 6 日	庚子 7 一	辛丑 8 二	壬寅 9 三	癸卯 10 四	甲辰 11 五	乙巳 12 六	丙午 13 日	丁未 14 一	戊申 15 二	己酉 16 三	庚戌 17 四		壬辰立夏 戊申小滿
五月大	壬午	天干地支 西曆 星期	辛亥 18 五	壬子 19 六	癸丑 20 日	甲寅 21 一	乙卯 22 二	丙辰 23 三	丁巳 24 四	戊午 25 五	己未 26 六	庚申 27 日	辛酉 28 一	壬戌 29 二	癸亥 30 三	甲子 31 四	乙丑 (6) 五	丙寅 2 六	丁卯 3 日	戊辰 4 一	己巳 5 二	庚午 6 三	辛未 7 四	壬申 8 五	癸酉 9 六	甲戌 10 日	乙亥 11 一	丙子 12 二	丁丑 13 三	戊寅 14 四	己卯 15 五	庚辰 16 六	癸亥芒種 戊寅夏至
六月小	癸未	天干地支 西曆 星期	辛巳 17 日	壬午 18 一	癸未 19 二	甲申 20 三	乙酉 21 四	丙戌 22 五	丁亥 23 六	戊子 24 日	己丑 25 一	庚寅 26 二	辛卯 27 三	壬辰 28 四	癸巳 29 五	甲午 30 六	乙未 (7) 日	丙申 2 一	丁酉 3 二	戊戌 4 三	己亥 5 四	庚子 6 五	辛丑 7 六	壬寅 8 日	癸卯 9 一	甲辰 10 二	乙巳 11 三	丙午 12 四	丁未 13 五	戊申 14 六	己酉 15 日		癸巳小暑 己酉大暑
七月大	甲申	天干地支 西曆 星期	庚戌 16 一	辛亥 17 二	壬子 18 三	癸丑 19 四	甲寅 20 五	乙卯 21 六	丙辰 22 日	丁巳 23 一	戊午 24 二	己未 25 三	庚申 26 四	辛酉 27 五	壬戌 28 六	癸亥 29 日	甲子 30 一	乙丑 31 二	丙寅 (8) 三	丁卯 2 四	戊辰 3 五	己巳 4 六	庚午 5 日	辛未 6 一	壬申 7 二	癸酉 8 三	甲戌 9 四	乙亥 10 五	丙子 11 六	丁丑 12 日	戊寅 13 一	己卯 14 二	甲子立秋 己卯處暑
閏七月小	甲申	天干地支 西曆 星期	庚辰 15 三	辛巳 16 四	壬午 17 五	癸未 18 六	甲申 19 日	乙酉 20 一	丙戌 21 二	丁亥 22 三	戊子 23 四	己丑 24 五	庚寅 25 六	辛卯 26 日	壬辰 27 一	癸巳 28 二	甲午 29 三	乙未 30 四	丙申 31 五	丁酉 (9) 六	戊戌 2 日	己亥 3 一	庚子 4 二	辛丑 5 三	壬寅 6 四	癸卯 7 五	甲辰 8 六	乙巳 9 日	丙午 10 一	丁未 11 二	戊申 12 三		甲午白露
八月大	乙酉	天干地支 西曆 星期	己酉 13 四	庚戌 14 五	辛亥 15 六	壬子 16 日	癸丑 17 一	甲寅 18 二	乙卯 19 三	丙辰 20 四	丁巳 21 五	戊午 22 六	己未 23 日	庚申 24 一	辛酉 25 二	壬戌 26 三	癸亥 27 四	甲子 28 五	乙丑 29 六	丙寅 30 日	丁卯 (10) 一	戊辰 2 二	己巳 3 三	庚午 4 四	辛未 5 五	壬申 6 六	癸酉 7 日	甲戌 8 一	乙亥 9 二	丙子 10 三	丁丑 11 四	戊寅 12 五	己酉秋分 乙丑寒露
九月小	丙戌	天干地支 西曆 星期	己卯 13 六	庚辰 14 日	辛巳 15 一	壬午 16 二	癸未 17 三	甲申 18 四	乙酉 19 五	丙戌 20 六	丁亥 21 日	戊子 22 一	己丑 23 二	庚寅 24 三	辛卯 25 四	壬辰 26 五	癸巳 27 六	甲午 28 日	乙未 29 一	丙申 30 二	丁酉 31 三	戊戌 (11) 四	己亥 2 五	庚子 3 六	辛丑 4 日	壬寅 5 一	癸卯 6 二	甲辰 7 三	乙巳 8 四	丙午 9 五	丁未 10 六		庚辰霜降 乙未立冬
十月小	丁亥	天干地支 西曆 星期	戊申 11 日	己酉 12 一	庚戌 13 二	辛亥 14 三	壬子 15 四	癸丑 16 五	甲寅 17 六	乙卯 18 日	丙辰 19 一	丁巳 20 二	戊午 21 三	己未 22 四	庚申 23 五	辛酉 24 六	壬戌 25 日	癸亥 26 一	甲子 27 二	乙丑 28 三	丙寅 29 四	丁卯 30 五	戊辰 (12) 六	己巳 2 日	庚午 3 一	辛未 4 二	壬申 5 三	癸酉 6 四	甲戌 7 五	乙亥 8 六	丙子 9 日		庚戌小雪 乙丑大雪
十一月大	戊子	天干地支 西曆 星期	丁丑 10 一	戊寅 11 二	己卯 12 三	庚辰 13 四	辛巳 14 五	壬午 15 六	癸未 16 日	甲申 17 一	乙酉 18 二	丙戌 19 三	丁亥 20 四	戊子 21 五	己丑 22 六	庚寅 23 日	辛卯 24 一	壬辰 25 二	癸巳 26 三	甲午 27 四	乙未 28 五	丙申 29 六	丁酉 30 日	戊戌 31 一	己亥 (1) 二	庚子 2 三	辛丑 3 四	壬寅 4 五	癸卯 5 六	甲辰 6 日	乙巳 7 一	丙午 8 二	辛巳冬至 丙申小寒
十二月大	己丑	天干地支 西曆 星期	丁未 9 三	戊申 10 四	己酉 11 五	庚戌 12 六	辛亥 13 日	壬子 14 一	癸丑 15 二	甲寅 16 三	乙卯 17 四	丙辰 18 五	丁巳 19 六	戊午 20 日	己未 21 一	庚申 22 二	辛酉 23 三	壬戌 24 四	癸亥 25 五	甲子 26 六	乙丑 27 日	丙寅 28 一	丁卯 29 二	戊辰 30 三	己巳 31 四	庚午 (2) 五	辛未 2 六	壬申 3 日	癸酉 4 一	甲戌 5 二	乙亥 6 三	丙子 7 四	辛亥大寒 丙寅立春

＊五月戊午（初八），元文宗改元至順。

元文宗至順二年（辛未 羊年） 公元 1331 ~ 1332 年

夏曆月序		中西曆日對照	初一	初二	初三	初四	初五	初六	初七	初八	初九	初十	十一	十二	十三	十四	十五	十六	十七	十八	十九	二十	二一	二二	二三	二四	二五	二六	二七	二八	二九	三十	節氣與天象
正月小	庚寅	干支 天地 西曆 星期	丁丑 8 五	戊寅 9 六	己卯 10 日	庚辰 11 一	辛巳 12 二	壬午 13 三	癸未 14 四	甲申 15 五	乙酉 16 六	丙戌 17 日	丁亥 18 一	戊子 19 二	己丑 20 三	庚寅 21 四	辛卯 22 五	壬辰 23 六	癸巳 24 日	甲午 25 一	乙未 26 二	丙申 27 三	丁酉 28 四	戊戌 (3) 五	己亥 2 六	庚子 3 日	辛丑 4 一	壬寅 5 二	癸卯 6 三	甲辰 7 四	乙巳 8 五		壬午雨水 丁酉驚蟄
二月大	辛卯	干支 天地 西曆 星期	丙午 9 六	丁未 10 日	戊申 11 一	己酉 12 二	庚戌 13 三	辛亥 14 四	壬子 15 五	癸丑 16 六	甲寅 17 日	乙卯 18 一	丙辰 19 二	丁巳 20 三	戊午 21 四	己未 22 五	庚申 23 六	辛酉 24 日	壬戌 25 一	癸亥 26 二	甲子 27 三	乙丑 28 四	丙寅 29 五	丁卯 30 六	戊辰 31 日	己巳 (4) 一	庚午 2 二	辛未 3 三	壬申 4 四	癸酉 5 五	甲戌 6 六	乙亥 7 日	壬子春分 丁卯清明
三月大	壬辰	干支 天地 西曆 星期	丙子 8 一	丁丑 9 二	戊寅 10 三	己卯 11 四	庚辰 12 五	辛巳 13 六	壬午 14 日	癸未 15 一	甲申 16 二	乙酉 17 三	丙戌 18 四	丁亥 19 五	戊子 20 六	己丑 21 日	庚寅 22 一	辛卯 23 二	壬辰 24 三	癸巳 25 四	甲午 26 五	乙未 27 六	丙申 28 日	丁酉 29 一	戊戌 30 二	己亥 (5) 三	庚子 2 四	辛丑 3 五	壬寅 4 六	癸卯 5 日	甲辰 6 一	乙巳 7 二	壬午穀雨 戊戌立夏
四月小	癸巳	干支 天地 西曆 星期	丙午 8 三	丁未 9 四	戊申 10 五	己酉 11 六	庚戌 12 日	辛亥 13 一	壬子 14 二	癸丑 15 三	甲寅 16 四	乙卯 17 五	丙辰 18 六	丁巳 19 日	戊午 20 一	己未 21 二	庚申 22 三	辛酉 23 四	壬戌 24 五	癸亥 25 六	甲子 26 日	乙丑 27 一	丙寅 28 二	丁卯 29 三	戊辰 30 四	己巳 31 五	庚午 (6) 六	辛未 2 日	壬申 3 一	癸酉 4 二	甲戌 5 三		癸丑小滿 戊辰芒種
五月大	甲午	干支 天地 西曆 星期	乙亥 6 四	丙子 7 五	丁丑 8 六	戊寅 9 日	己卯 10 一	庚辰 11 二	辛巳 12 三	壬午 13 四	癸未 14 五	甲申 15 六	乙酉 16 日	丙戌 17 一	丁亥 18 二	戊子 19 三	己丑 20 四	庚寅 21 五	辛卯 22 六	壬辰 23 日	癸巳 24 一	甲午 25 二	乙未 26 三	丙申 27 四	丁酉 28 五	戊戌 29 六	己亥 30 日	庚子 (7) 一	辛丑 2 二	壬寅 3 三	癸卯 4 四	甲辰 5 五	癸未夏至 己亥小暑
六月小	乙未	干支 天地 西曆 星期	乙巳 6 六	丙午 7 日	丁未 8 一	戊申 9 二	己酉 10 三	庚戌 11 四	辛亥 12 五	壬子 13 六	癸丑 14 日	甲寅 15 一	乙卯 16 二	丙辰 17 三	丁巳 18 四	戊午 19 五	己未 20 六	庚申 21 日	辛酉 22 一	壬戌 23 二	癸亥 24 三	甲子 25 四	乙丑 26 五	丙寅 27 六	丁卯 28 日	戊辰 29 一	己巳 30 二	庚午 31 三	辛未 (8) 四	壬申 2 五	癸酉 3 六		甲寅大暑 己巳立秋
七月大	丙申	干支 天地 西曆 星期	甲戌 4 日	乙亥 5 一	丙子 6 二	丁丑 7 三	戊寅 8 四	己卯 9 五	庚辰 10 六	辛巳 11 日	壬午 12 一	癸未 13 二	甲申 14 三	乙酉 15 四	丙戌 16 五	丁亥 17 六	戊子 18 日	己丑 19 一	庚寅 20 二	辛卯 21 三	壬辰 22 四	癸巳 23 五	甲午 24 六	乙未 25 日	丙申 26 一	丁酉 27 二	戊戌 28 三	己亥 29 四	庚子 30 五	辛丑 31 六	壬寅 (9) 日	癸卯 2 一	甲申處暑 己亥白露
八月小	丁酉	干支 天地 西曆 星期	甲辰 3 二	乙巳 4 三	丙午 5 四	丁未 6 五	戊申 7 六	己酉 8 日	庚戌 9 一	辛亥 10 二	壬子 11 三	癸丑 12 四	甲寅 13 五	乙卯 14 六	丙辰 15 日	丁巳 16 一	戊午 17 二	己未 18 三	庚申 19 四	辛酉 20 五	壬戌 21 六	癸亥 22 日	甲子 23 一	乙丑 24 二	丙寅 25 三	丁卯 26 四	戊辰 27 五	己巳 28 六	庚午 29 日	辛未 30 一	壬申 (10) 二		乙卯秋分 庚午寒露
九月大	戊戌	干支 天地 西曆 星期	癸酉 2 三	甲戌 3 四	乙亥 4 五	丙子 5 六	丁丑 6 日	戊寅 7 一	己卯 8 二	庚辰 9 三	辛巳 10 四	壬午 11 五	癸未 12 六	甲申 13 日	乙酉 14 一	丙戌 15 二	丁亥 16 三	戊子 17 四	己丑 18 五	庚寅 19 六	辛卯 20 日	壬辰 21 一	癸巳 22 二	甲午 23 三	乙未 24 四	丙申 25 五	丁酉 26 六	戊戌 27 日	己亥 28 一	庚子 29 二	辛丑 30 三	壬寅 31 四	乙酉霜降 庚子立冬
十月小	己亥	干支 天地 西曆 星期	癸卯 (11) 五	甲辰 2 六	乙巳 3 日	丙午 4 一	丁未 5 二	戊申 6 三	己酉 7 四	庚戌 8 五	辛亥 9 六	壬子 10 日	癸丑 11 一	甲寅 12 二	乙卯 13 三	丙辰 14 四	丁巳 15 五	戊午 16 六	己未 17 日	庚申 18 一	辛酉 19 二	壬戌 20 三	癸亥 21 四	甲子 22 五	乙丑 23 六	丙寅 24 日	丁卯 25 一	戊辰 26 二	己巳 27 三	庚午 28 四	辛未 29 五		乙卯小雪 辛未大雪
十一月大	庚子	干支 天地 西曆 星期	壬申 30 六	癸酉 (12) 日	甲戌 2 一	乙亥 3 二	丙子 4 三	丁丑 5 四	戊寅 6 五	己卯 7 六	庚辰 8 日	辛巳 9 一	壬午 10 二	癸未 11 三	甲申 12 四	乙酉 13 五	丙戌 14 六	丁亥 15 日	戊子 16 一	己丑 17 二	庚寅 18 三	辛卯 19 四	壬辰 20 五	癸巳 21 六	甲午 22 日	乙未 23 一	丙申 24 二	丁酉 25 三	戊戌 26 四	己亥 27 五	庚子 28 六	辛丑 29 日	丙戌冬至 辛丑小寒 壬申日食
十二月小	辛丑	干支 天地 西曆 星期	壬寅 30 一	癸卯 31 二	甲辰 (1) 三	乙巳 2 四	丙午 3 五	丁未 4 六	戊申 5 日	己酉 6 一	庚戌 7 二	辛亥 8 三	壬子 9 四	癸丑 10 五	甲寅 11 六	乙卯 12 日	丙辰 13 一	丁巳 14 二	戊午 15 三	己未 16 四	庚申 17 五	辛酉 18 六	壬戌 19 日	癸亥 20 一	甲子 21 二	乙丑 22 三	丙寅 23 四	丁卯 24 五	戊辰 25 六	己巳 26 日	庚午 27 一		丙辰大寒

元文宗至順三年　寧宗至順三年（壬申 猴年）　公元 1332 ~ 1333 年

夏曆月序		中西曆日對照	初一	初二	初三	初四	初五	初六	初七	初八	初九	初十	十一	十二	十三	十四	十五	十六	十七	十八	十九	二十	二一	二二	二三	二四	二五	二六	二七	二八	二九	三十	節氣與天象
正月大	壬寅	干支 天地西曆 星期	辛未 28 二	壬申 29 三	癸酉 30 四	甲戌 31 五	乙亥 (2) 六	丙子 2 日	丁丑 3 一	戊寅 4 二	己卯 5 三	庚辰 6 四	辛巳 7 五	壬午 8 六	癸未 9 日	甲申 10 一	乙酉 11 二	丙戌 12 三	丁亥 13 四	戊子 14 五	己丑 15 六	庚寅 16 日	辛卯 17 一	壬辰 18 二	癸巳 19 三	甲午 20 四	乙未 21 五	丙申 22 六	丁酉 23 日	戊戌 24 一	己亥 25 二	庚子 26 三	壬申立春 丁亥雨水
二月小	癸卯	干支 天地西曆 星期	辛丑 27 四	壬寅 28 五	癸卯 29 六	甲辰 (3) 日	乙巳 2 一	丙午 3 二	丁未 4 三	戊申 5 四	己酉 6 五	庚戌 7 六	辛亥 8 日	壬子 9 一	癸丑 10 二	甲寅 11 三	乙卯 12 四	丙辰 13 五	丁巳 14 六	戊午 15 日	己未 16 一	庚申 17 二	辛酉 18 三	壬戌 19 四	癸亥 20 五	甲子 21 六	乙丑 22 日	丙寅 23 一	丁卯 24 二	戊辰 25 三	己巳 26 四		壬寅驚蟄 丁巳春分
三月大	甲辰	干支 天地西曆 星期	庚午 27 五	辛未 28 六	壬申 29 日	癸酉 30 一	甲戌 31 二	乙亥 (4) 三	丙子 2 四	丁丑 3 五	戊寅 4 六	己卯 5 日	庚辰 6 一	辛巳 7 二	壬午 8 三	癸未 9 四	甲申 10 五	乙酉 11 六	丙戌 12 日	丁亥 13 一	戊子 14 二	己丑 15 三	庚寅 16 四	辛卯 17 五	壬辰 18 六	癸巳 19 日	甲午 20 一	乙未 21 二	丙申 22 三	丁酉 23 四	戊戌 24 五	己亥 25 六	壬申清明 戊子穀雨
四月小	乙巳	干支 天地西曆 星期	庚子 26 日	辛丑 27 一	壬寅 28 二	癸卯 29 三	甲辰 30 四	乙巳 (5) 五	丙午 2 六	丁未 3 日	戊申 4 一	己酉 5 二	庚戌 6 三	辛亥 7 四	壬子 8 五	癸丑 9 六	甲寅 10 日	乙卯 11 一	丙辰 12 二	丁巳 13 三	戊午 14 四	己未 15 五	庚申 16 六	辛酉 17 日	壬戌 18 一	癸亥 19 二	甲子 20 三	乙丑 21 四	丙寅 22 五	丁卯 23 六	戊辰 24 日		癸卯立夏 戊午小滿
五月大	丙午	干支 天地西曆 星期	己巳 25 一	庚午 26 二	辛未 27 三	壬申 28 四	癸酉 29 五	甲戌 30 六	乙亥 31 日	丙子 (6) 一	丁丑 2 二	戊寅 3 三	己卯 4 四	庚辰 5 五	辛巳 6 六	壬午 7 日	癸未 8 一	甲申 9 二	乙酉 10 三	丙戌 11 四	丁亥 12 五	戊子 13 六	己丑 14 日	庚寅 15 一	辛卯 16 二	壬辰 17 三	癸巳 18 四	甲午 19 五	乙未 20 六	丙申 21 日	丁酉 22 一	戊戌 23 二	癸酉芒種 己丑夏至
六月小	丁未	干支 天地西曆 星期	己亥 24 三	庚子 25 四	辛丑 26 五	壬寅 27 六	癸卯 28 日	甲辰 29 一	乙巳 30 二	丙午 (7) 三	丁未 2 四	戊申 3 五	己酉 4 六	庚戌 5 日	辛亥 6 一	壬子 7 二	癸丑 8 三	甲寅 9 四	乙卯 10 五	丙辰 11 六	丁巳 12 日	戊午 13 一	己未 14 二	庚申 15 三	辛酉 16 四	壬戌 17 五	癸亥 18 六	甲子 19 日	乙丑 20 一	丙寅 21 二	丁卯 22 三		甲辰小暑 己未大暑
七月大	戊申	干支 天地西曆 星期	戊辰 23 四	己巳 24 五	庚午 25 六	辛未 26 日	壬申 27 一	癸酉 28 二	甲戌 29 三	乙亥 30 四	丙子 31 五	丁丑 (8) 六	戊寅 2 日	己卯 3 一	庚辰 4 二	辛巳 5 三	壬午 6 四	癸未 7 五	甲申 8 六	乙酉 9 日	丙戌 10 一	丁亥 11 二	戊子 12 三	己丑 13 四	庚寅 14 五	辛卯 15 六	壬辰 16 日	癸巳 17 一	甲午 18 二	乙未 19 三	丙申 20 四	丁酉 21 五	甲戌立秋 己丑處暑
八月大	己酉	干支 天地西曆 星期	戊戌 22 六	己亥 23 日	庚子 24 一	辛丑 25 二	壬寅 26 三	癸卯 27 四	甲辰 28 五	乙巳 29 六	丙午 30 日	丁未 31 一	戊申 (9) 二	己酉 2 三	庚戌 3 四	辛亥 4 五	壬子 5 六	癸丑 6 日	甲寅 7 一	乙卯 8 二	丙辰 9 三	丁巳 10 四	戊午 11 五	己未 12 六	庚申 13 日	辛酉 14 一	壬戌 15 二	癸亥 16 三	甲子 17 四	乙丑 18 五	丙寅 19 六	丁卯 20 日	乙巳白露 庚申秋分
九月小	庚戌	干支 天地西曆 星期	戊辰 21 一	己巳 22 二	庚午 23 三	辛未 24 四	壬申 25 五	癸酉 26 六	甲戌 27 日	乙亥 28 一	丙子 29 二	丁丑 30 三	戊寅 (10) 四	己卯 2 五	庚辰 3 六	辛巳 4 日	壬午 5 一	癸未 6 二	甲申 7 三	乙酉 8 四	丙戌 9 五	丁亥 10 六	戊子 11 日	己丑 12 一	庚寅 13 二	辛卯 14 三	壬辰 15 四	癸巳 16 五	甲午 17 六	乙未 18 日	丙申 19 一		乙亥寒露 庚寅霜降
十月大	辛亥	干支 天地西曆 星期	丁酉 20 二	戊戌 21 三	己亥 22 四	庚子 23 五	辛丑 24 六	壬寅 25 日	癸卯 26 一	甲辰 27 二	乙巳 28 三	丙午 29 四	丁未 30 五	戊申 31 六	己酉 (11) 日	庚戌 2 一	辛亥 3 二	壬子 4 三	癸丑 5 四	甲寅 6 五	乙卯 7 六	丙辰 8 日	丁巳 9 一	戊午 10 二	己未 11 三	庚申 12 四	辛酉 13 五	壬戌 14 六	癸亥 15 日	甲子 16 一	乙丑 17 二	丙寅 18 三	丙午立冬 辛酉小雪
十一月小	壬子	干支 天地西曆 星期	丁卯 19 四	戊辰 20 五	己巳 21 六	庚午 22 日	辛未 23 一	壬申 24 二	癸酉 25 三	甲戌 26 四	乙亥 27 五	丙子 28 六	丁丑 29 日	戊寅 30 一	己卯 (12) 二	庚辰 2 三	辛巳 3 四	壬午 4 五	癸未 5 六	甲申 6 日	乙酉 7 一	丙戌 8 二	丁亥 9 三	戊子 10 四	己丑 11 五	庚寅 12 六	辛卯 13 日	壬辰 14 一	癸巳 15 二	甲午 16 三	乙未 17 四		丙子大雪 辛卯冬至
十二月大	癸丑	干支 天地西曆 星期	丙申 18 五	丁酉 19 六	戊戌 20 日	己亥 21 一	庚子 22 二	辛丑 23 三	壬寅 24 四	癸卯 25 五	甲辰 26 六	乙巳 27 日	丙午 28 一	丁未 29 二	戊申 30 三	己酉 31 四	庚戌 (1) 五	辛亥 2 六	壬子 3 日	癸丑 4 一	甲寅 5 二	乙卯 6 三	丙辰 7 四	丁巳 8 五	戊午 9 六	己未 10 日	庚申 11 一	辛酉 12 二	壬戌 13 三	癸亥 14 四	甲子 15 五	乙丑 16 六	丙午小寒 壬戌大寒

* 八月己酉（十二日），元文宗死。十月庚子（初四），懿璘質班即位，是爲元寧宗。十一月壬辰（二十六日），元寧宗死。

元寧宗至順四年 順帝元統元年（癸酉 鷄年） 公元 1333 ~ 1334 年

夏曆月序		中西曆日對照	夏曆日序																														節氣與天象
			初一	初二	初三	初四	初五	初六	初七	初八	初九	初十	十一	十二	十三	十四	十五	十六	十七	十八	十九	二十	二一	二二	二三	二四	二五	二六	二七	二八	二九	三十	
正月小	甲寅	天干地支 西曆 星期	丙寅 17 日	丁卯 18 一	戊辰 19 二	己巳 20 三	庚午 21 四	辛未 22 五	壬申 23 六	癸酉 24 日	甲戌 25 一	乙亥 26 二	丙子 27 三	丁丑 28 四	戊寅 29 五	己卯 30 六	庚辰 31 日	辛巳 (2) 一	壬午 2 二	癸未 3 三	甲申 4 四	乙酉 5 五	丙戌 6 六	丁亥 7 日	戊子 8 一	己丑 9 二	庚寅 10 三	辛卯 11 四	壬辰 12 五	癸巳 13 六	甲午 14 日		丁丑立春 壬辰雨水
二月大	乙卯	天干地支 西曆 星期	乙未 15 一	丙申 16 二	丁酉 17 三	戊戌 18 四	己亥 19 五	庚子 20 六	辛丑 21 日	壬寅 22 一	癸卯 23 二	甲辰 24 三	乙巳 25 四	丙午 26 五	丁未 27 六	戊申 28 日	己酉 (3) 一	庚戌 2 二	辛亥 3 三	壬子 4 四	癸丑 5 五	甲寅 6 六	乙卯 7 日	丙辰 8 一	丁巳 9 二	戊午 10 三	己未 11 四	庚申 12 五	辛酉 13 六	壬戌 14 日	癸亥 15 一	甲子 16 二	丁未驚蟄 壬戌春分
三月小	丙辰	天干地支 西曆 星期	乙丑 17 三	丙寅 18 四	丁卯 19 五	戊辰 20 六	己巳 21 日	庚午 22 一	辛未 23 二	壬申 24 三	癸酉 25 四	甲戌 26 五	乙亥 27 六	丙子 28 日	丁丑 29 一	戊寅 30 二	己卯 31 三	庚辰 (4) 四	辛巳 2 五	壬午 3 六	癸未 4 日	甲申 5 一	乙酉 6 二	丙戌 7 三	丁亥 8 四	戊子 9 五	己丑 10 六	庚寅 11 日	辛卯 12 一	壬辰 13 二	癸巳 14 三		戊寅清明 癸巳穀雨
閏三月小	丙辰	天干地支 西曆 星期	甲午 15 四	乙未 16 五	丙申 17 六	丁酉 18 日	戊戌 19 一	己亥 20 二	庚子 21 三	辛丑 22 四	壬寅 23 五	癸卯 24 六	甲辰 25 日	乙巳 26 一	丙午 27 二	丁未 28 三	戊申 29 四	己酉 30 五	庚戌 (5) 六	辛亥 2 日	壬子 3 一	癸丑 4 二	甲寅 5 三	乙卯 6 四	丙辰 7 五	丁巳 8 六	戊午 9 日	己未 10 一	庚申 11 二	辛酉 12 三	壬戌 13 四		戊申立夏
四月大	丁巳	天干地支 西曆 星期	癸亥 14 五	甲子 15 六	乙丑 16 日	丙寅 17 一	丁卯 18 二	戊辰 19 三	己巳 20 四	庚午 21 五	辛未 22 六	壬申 23 日	癸酉 24 一	甲戌 25 二	乙亥 26 三	丙子 27 四	丁丑 28 五	戊寅 29 六	己卯 30 日	庚辰 31 一	辛巳 (6) 二	壬午 2 三	癸未 3 四	甲申 4 五	乙酉 5 六	丙戌 6 日	丁亥 7 一	戊子 8 二	己丑 9 三	庚寅 10 四	辛卯 11 五	壬辰 12 六	癸亥小滿 己卯芒種
五月小	戊午	天干地支 西曆 星期	癸巳 13 日	甲午 14 一	乙未 15 二	丙申 16 三	丁酉 17 四	戊戌 18 五	己亥 19 六	庚子 20 日	辛丑 21 一	壬寅 22 二	癸卯 23 三	甲辰 24 四	乙巳 25 五	丙午 26 六	丁未 27 日	戊申 28 一	己酉 29 二	庚戌 30 三	辛亥 (7) 四	壬子 2 五	癸丑 3 六	甲寅 4 日	乙卯 5 一	丙辰 6 二	丁巳 7 三	戊午 8 四	己未 9 五	庚申 10 六	辛酉 11 日		甲午夏至 己酉小暑
六月大	己未	天干地支 西曆 星期	壬戌 12 一	癸亥 13 二	甲子 14 三	乙丑 15 四	丙寅 16 五	丁卯 17 六	戊辰 18 日	己巳 19 一	庚午 20 二	辛未 21 三	壬申 22 四	癸酉 23 五	甲戌 24 六	乙亥 25 日	丙子 26 一	丁丑 27 二	戊寅 28 三	己卯 29 四	庚辰 30 五	辛巳 31 六	壬午 (8) 日	癸未 2 一	甲申 3 二	乙酉 4 三	丙戌 5 四	丁亥 6 五	戊子 7 六	己丑 8 日	庚寅 9 一	辛卯 10 二	甲子大暑 己卯立秋
七月大	庚申	天干地支 西曆 星期	壬辰 11 三	癸巳 12 四	甲午 13 五	乙未 14 六	丙申 15 日	丁酉 16 一	戊戌 17 二	己亥 18 三	庚子 19 四	辛丑 20 五	壬寅 21 六	癸卯 22 日	甲辰 23 一	乙巳 24 二	丙午 25 三	丁未 26 四	戊申 27 五	己酉 28 六	庚戌 29 日	辛亥 30 一	壬子 31 二	癸丑 (9) 三	甲寅 2 四	乙卯 3 五	丙辰 4 六	丁巳 5 日	戊午 6 一	己未 7 二	庚申 8 三	辛酉 9 四	乙未處暑 庚戌白露
八月大	辛酉	天干地支 西曆 星期	壬戌 10 五	癸亥 11 六	甲子 12 日	乙丑 13 一	丙寅 14 二	丁卯 15 三	戊辰 16 四	己巳 17 五	庚午 18 六	辛未 19 日	壬申 20 一	癸酉 21 二	甲戌 22 三	乙亥 23 四	丙子 24 五	丁丑 25 六	戊寅 26 日	己卯 27 一	庚辰 28 二	辛巳 29 三	壬午 30 四	癸未 (10) 五	甲申 2 六	乙酉 3 日	丙戌 4 一	丁亥 5 二	戊子 6 三	己丑 7 四	庚寅 8 五	辛卯 9 六	乙丑秋分 庚辰寒露
九月小	壬戌	天干地支 西曆 星期	壬辰 10 日	癸巳 11 一	甲午 12 二	乙未 13 三	丙申 14 四	丁酉 15 五	戊戌 16 六	己亥 17 日	庚子 18 一	辛丑 19 二	壬寅 20 三	癸卯 21 四	甲辰 22 五	乙巳 23 六	丙午 24 日	丁未 25 一	戊申 26 二	己酉 27 三	庚戌 28 四	辛亥 29 五	壬子 30 六	癸丑 31 日	甲寅 (11) 一	乙卯 2 二	丙辰 3 三	丁巳 4 四	戊午 5 五	己未 6 六	庚申 7 日		丙申霜降 辛亥立冬
十月大	癸亥	天干地支 西曆 星期	辛酉 8 一	壬戌 9 二	癸亥 10 三	甲子 11 四	乙丑 12 五	丙寅 13 六	丁卯 14 日	戊辰 15 一	己巳 16 二	庚午 17 三	辛未 18 四	壬申 19 五	癸酉 20 六	甲戌 21 日	乙亥 22 一	丙子 23 二	丁丑 24 三	戊寅 25 四	己卯 26 五	庚辰 27 六	辛巳 28 日	壬午 29 一	癸未 30 二	甲申 (12) 三	乙酉 2 四	丙戌 3 五	丁亥 4 六	戊子 5 日	己丑 6 一	庚寅 7 二	丙寅小雪 辛巳大雪
十一月小	甲子	天干地支 西曆 星期	辛卯 8 三	壬辰 9 四	癸巳 10 五	甲午 11 六	乙未 12 日	丙申 13 一	丁酉 14 二	戊戌 15 三	己亥 16 四	庚子 17 五	辛丑 18 六	壬寅 19 日	癸卯 20 一	甲辰 21 二	乙巳 22 三	丙午 23 四	丁未 24 五	戊申 25 六	己酉 26 日	庚戌 27 一	辛亥 28 二	壬子 29 三	癸丑 30 四	甲寅 31 五	乙卯 (1) 六	丙辰 2 日	丁巳 3 一	戊午 4 二	己未 5 三		丙申冬至 壬子小寒
十二月大	乙丑	天干地支 西曆 星期	庚申 6 四	辛酉 7 五	壬戌 8 六	癸亥 9 日	甲子 10 一	乙丑 11 二	丙寅 12 三	丁卯 13 四	戊辰 14 五	己巳 15 六	庚午 16 日	辛未 17 一	壬申 18 二	癸酉 19 三	甲戌 20 四	乙亥 21 五	丙子 22 六	丁丑 23 日	戊寅 24 一	己卯 25 二	庚辰 26 三	辛巳 27 四	壬午 28 五	癸未 29 六	甲申 30 日	乙酉 31 一	丙戌 (2) 二	丁亥 2 三	戊子 3 四	己丑 4 五	丁卯大寒 壬午立春

* 六月己巳（初八），妥懽帖睦爾即位，是爲元順帝。十月戊辰（初八），元順帝改元元統。

元順帝元統二年（甲戌 狗年） 公元 1334 ~ 1335 年

夏曆月序		中西曆日對照	初一	初二	初三	初四	初五	初六	初七	初八	初九	初十	十一	十二	十三	十四	十五	十六	十七	十八	十九	二十	二一	二二	二三	二四	二五	二六	二七	二八	二九	三十	節氣與天象
正月小	丙寅	干支 天地 曆西 星期	庚寅 5 六	辛卯 6 日	壬辰 7 一	癸巳 8 二	甲午 9 三	乙未 10 四	丙申 11 五	丁酉 12 六	戊戌 13 日	己亥 14 一	庚子 15 二	辛丑 16 三	壬寅 17 四	癸卯 18 五	甲辰 19 六	乙巳 20 日	丙午 21 一	丁未 22 二	戊申 23 三	己酉 24 四	庚戌 25 五	辛亥 26 六	壬子 27 日	癸丑 28 一	甲寅 (3) 二	乙卯 2 三	丙辰 3 四	丁巳 4 五	戊午 5 六		丁酉雨水 癸丑驚蟄
二月大	丁卯	干支 天地 曆西 星期	己未 6 日	庚申 7 一	辛酉 8 二	壬戌 9 三	癸亥 10 四	甲子 11 五	乙丑 12 六	丙寅 13 日	丁卯 14 一	戊辰 15 二	己巳 16 三	庚午 17 四	辛未 18 五	壬申 19 六	癸酉 20 日	甲戌 21 一	乙亥 22 二	丙子 23 三	丁丑 24 四	戊寅 25 五	己卯 26 六	庚辰 27 日	辛巳 28 一	壬午 29 二	癸未 30 三	甲申 31 四	乙酉 (4) 五	丙戌 2 六	丁亥 3 日	戊子 4 一	戊辰春分 癸未清明
三月小	戊辰	干支 天地 曆西 星期	己丑 5 二	庚寅 6 三	辛卯 7 四	壬辰 8 五	癸巳 9 六	甲午 10 日	乙未 11 一	丙申 12 二	丁酉 13 三	戊戌 14 四	己亥 15 五	庚子 16 六	辛丑 17 日	壬寅 18 一	癸卯 19 二	甲辰 20 三	乙巳 21 四	丙午 22 五	丁未 23 六	戊申 24 日	己酉 25 一	庚戌 26 二	辛亥 27 三	壬子 28 四	癸丑 29 五	甲寅 30 六	乙卯 (5) 日	丙辰 2 一	丁巳 3 二		戊戌穀雨 癸丑立夏
四月小	己巳	干支 天地 曆西 星期	戊午 4 三	己未 5 四	庚申 6 五	辛酉 7 六	壬戌 8 日	癸亥 9 一	甲子 10 二	乙丑 11 三	丙寅 12 四	丁卯 13 五	戊辰 14 六	己巳 15 日	庚午 16 一	辛未 17 二	壬申 18 三	癸酉 19 四	甲戌 20 五	乙亥 21 六	丙子 22 日	丁丑 23 一	戊寅 24 二	己卯 25 三	庚辰 26 四	辛巳 27 五	壬午 28 六	癸未 29 日	甲申 30 一	乙酉 31 二	丙戌 (6) 三		己巳小滿 甲申芒種 戊午日食
五月大	庚午	干支 天地 曆西 星期	丁亥 2 四	戊子 3 五	己丑 4 六	庚寅 5 日	辛卯 6 一	壬辰 7 二	癸巳 8 三	甲午 9 四	乙未 10 五	丙申 11 六	丁酉 12 日	戊戌 13 一	己亥 14 二	庚子 15 三	辛丑 16 四	壬寅 17 五	癸卯 18 六	甲辰 19 日	乙巳 20 一	丙午 21 二	丁未 22 三	戊申 23 四	己酉 24 五	庚戌 25 六	辛亥 26 日	壬子 27 一	癸丑 28 二	甲寅 29 三	乙卯 30 四	丙辰 (7) 五	己亥夏至 甲寅小暑
六月小	辛未	干支 天地 曆西 星期	丁巳 2 六	戊午 3 日	己未 4 一	庚申 5 二	辛酉 6 三	壬戌 7 四	癸亥 8 五	甲子 9 六	乙丑 10 日	丙寅 11 一	丁卯 12 二	戊辰 13 三	己巳 14 四	庚午 15 五	辛未 16 六	壬申 17 日	癸酉 18 一	甲戌 19 二	乙亥 20 三	丙子 21 四	丁丑 22 五	戊寅 23 六	己卯 24 日	庚辰 25 一	辛巳 26 二	壬午 27 三	癸未 28 四	甲申 29 五	乙酉 30 六		己巳大暑 乙酉立秋
七月大	壬申	干支 天地 曆西 星期	丙戌 31 日	丁亥 (8) 一	戊子 2 二	己丑 3 三	庚寅 4 四	辛卯 5 五	壬辰 6 六	癸巳 7 日	甲午 8 一	乙未 9 二	丙申 10 三	丁酉 11 四	戊戌 12 五	己亥 13 六	庚子 14 日	辛丑 15 一	壬寅 16 二	癸卯 17 三	甲辰 18 四	乙巳 19 五	丙午 20 六	丁未 21 日	戊申 22 一	己酉 23 二	庚戌 24 三	辛亥 25 四	壬子 26 五	癸丑 27 六	甲寅 28 日	乙卯 29 一	庚子處暑 乙卯白露
八月大	癸酉	干支 天地 曆西 星期	丙辰 30 二	丁巳 31 三	戊午 (9) 四	己未 2 五	庚申 3 六	辛酉 4 日	壬戌 5 一	癸亥 6 二	甲子 7 三	乙丑 8 四	丙寅 9 五	丁卯 10 六	戊辰 11 日	己巳 12 一	庚午 13 二	辛未 14 三	壬申 15 四	癸酉 16 五	甲戌 17 六	乙亥 18 日	丙子 19 一	丁丑 20 二	戊寅 21 三	己卯 22 四	庚辰 23 五	辛巳 24 六	壬午 25 日	癸未 26 一	甲申 27 二	乙酉 28 三	庚午秋分
九月小	甲戌	干支 天地 曆西 星期	丙戌 29 四	丁亥 30 五	戊子 (10) 六	己丑 2 日	庚寅 3 一	辛卯 4 二	壬辰 5 三	癸巳 6 四	甲午 7 五	乙未 8 六	丙申 9 日	丁酉 10 一	戊戌 11 二	己亥 12 三	庚子 13 四	辛丑 14 五	壬寅 15 六	癸卯 16 日	甲辰 17 一	乙巳 18 二	丙午 19 三	丁未 20 四	戊申 21 五	己酉 22 六	庚戌 23 日	辛亥 24 一	壬子 25 二	癸丑 26 三	甲寅 27 四		丙戌寒露 辛丑霜降
十月大	乙亥	干支 天地 曆西 星期	乙卯 28 五	丙辰 29 六	丁巳 30 日	戊午 31 一	己未 (11) 二	庚申 2 三	辛酉 3 四	壬戌 4 五	癸亥 5 六	甲子 6 日	乙丑 7 一	丙寅 8 二	丁卯 9 三	戊辰 10 四	己巳 11 五	庚午 12 六	辛未 13 日	壬申 14 一	癸酉 15 二	甲戌 16 三	乙亥 17 四	丙子 18 五	丁丑 19 六	戊寅 20 日	己卯 21 一	庚辰 22 二	辛巳 23 三	壬午 24 四	癸未 25 五	甲申 26 六	丙辰立冬 辛未小雪
十一月大	丙子	干支 天地 曆西 星期	乙酉 27 日	丙戌 28 一	丁亥 29 二	戊子 30 三	己丑 (12) 四	庚寅 2 五	辛卯 3 六	壬辰 4 日	癸巳 5 一	甲午 6 二	乙未 7 三	丙申 8 四	丁酉 9 五	戊戌 10 六	己亥 11 日	庚子 12 一	辛丑 13 二	壬寅 14 三	癸卯 15 四	甲辰 16 五	乙巳 17 六	丙午 18 日	丁未 19 一	戊申 20 二	己酉 21 三	庚戌 22 四	辛亥 23 五	壬子 24 六	癸丑 25 日	甲寅 26 一	丙戌大雪 壬寅冬至
十二月小	丁丑	干支 天地 曆西 星期	乙卯 27 二	丙辰 28 三	丁巳 29 四	戊午 30 五	己未 31 六	庚申 (1) 日	辛酉 2 一	壬戌 3 二	癸亥 4 三	甲子 5 四	乙丑 6 五	丙寅 7 六	丁卯 8 日	戊辰 9 一	己巳 10 二	庚午 11 三	辛未 12 四	壬申 13 五	癸酉 14 六	甲戌 15 日	乙亥 16 一	丙子 17 二	丁丑 18 三	戊寅 19 四	己卯 20 五	庚辰 21 六	辛巳 22 日	壬午 23 一	癸未 24 二		丁巳小寒 壬申大寒

元順帝元統三年 至元元年（乙亥 猪年） 公元 1335 ~ 1336 年

夏曆月序		中西曆日對照	初一	初二	初三	初四	初五	初六	初七	初八	初九	初十	十一	十二	十三	十四	十五	十六	十七	十八	十九	二十	二一	二二	二三	二四	二五	二六	二七	二八	二九	三十	節氣與天象
正月大	戊寅	天干地支 西曆星期	甲申 25 三	乙酉 26 四	丙戌 27 五	丁亥 28 六	戊子 29 日	己丑 30 一	庚寅 31 二	辛卯 (2) 三	壬辰 2 四	癸巳 3 五	甲午 4 六	乙未 5 日	丙申 6 一	丁酉 7 二	戊戌 8 三	己亥 9 四	庚子 10 五	辛丑 11 六	壬寅 12 日	癸卯 13 一	甲辰 14 二	乙巳 15 三	丙午 16 四	丁未 17 五	戊申 18 六	己酉 19 日	庚戌 20 一	辛亥 21 二	壬子 22 三	癸丑 23 四	丁亥立春 癸卯雨水
二月小	己卯	天干地支 西曆星期	甲寅 24 五	乙卯 25 六	丙辰 26 日	丁巳 27 一	戊午 28 二	己未 (3) 三	庚申 2 四	辛酉 3 五	壬戌 4 六	癸亥 5 日	甲子 6 一	乙丑 7 二	丙寅 8 三	丁卯 9 四	戊辰 10 五	己巳 11 六	庚午 12 日	辛未 13 一	壬申 14 二	癸酉 15 三	甲戌 16 四	乙亥 17 五	丙子 18 六	丁丑 19 日	戊寅 20 一	己卯 21 二	庚辰 22 三	辛巳 23 四	壬午 24 五		戊午驚蟄 癸酉春分
三月大	庚辰	天干地支 西曆星期	癸未 25 六	甲申 26 日	乙酉 27 一	丙戌 28 二	丁亥 29 三	戊子 30 四	己丑 31 五	庚寅 (4) 六	辛卯 2 日	壬辰 3 一	癸巳 4 二	甲午 5 三	乙未 6 四	丙申 7 五	丁酉 8 六	戊戌 9 日	己亥 10 一	庚子 11 二	辛丑 12 三	壬寅 13 四	癸卯 14 五	甲辰 15 六	乙巳 16 日	丙午 17 一	丁未 18 二	戊申 19 三	己酉 20 四	庚戌 21 五	辛亥 22 六	壬子 23 日	戊子清明 癸卯穀雨
四月小	辛巳	天干地支 西曆星期	癸丑 24 一	甲寅 25 二	乙卯 26 三	丙辰 27 四	丁巳 28 五	戊午 29 六	己未 30 日	庚申 (5) 一	辛酉 2 二	壬戌 3 三	癸亥 4 四	甲子 5 五	乙丑 6 六	丙寅 7 日	丁卯 8 一	戊辰 9 二	己巳 10 三	庚午 11 四	辛未 12 五	壬申 13 六	癸酉 14 日	甲戌 15 一	乙亥 16 二	丙子 17 三	丁丑 18 四	戊寅 19 五	己卯 20 六	庚辰 21 日	辛巳 22 一		己未立夏 甲戌小滿
五月小	壬午	天干地支 西曆星期	壬午 23 二	癸未 24 三	甲申 25 四	乙酉 26 五	丙戌 27 六	丁亥 28 日	戊子 29 一	己丑 30 二	庚寅 31 三	辛卯 (6) 四	壬辰 2 五	癸巳 3 六	甲午 4 日	乙未 5 一	丙申 6 二	丁酉 7 三	戊戌 8 四	己亥 9 五	庚子 10 六	辛丑 11 日	壬寅 12 一	癸卯 13 二	甲辰 14 三	乙巳 15 四	丙午 16 五	丁未 17 六	戊申 18 日	己酉 19 一	庚戌 20 二		己丑芒種 甲辰夏至
六月大	癸未	天干地支 西曆星期	辛亥 21 三	壬子 22 四	癸丑 23 五	甲寅 24 六	乙卯 25 日	丙辰 26 一	丁巳 27 二	戊午 28 三	己未 29 四	庚申 30 五	辛酉 (7) 六	壬戌 2 日	癸亥 3 一	甲子 4 二	乙丑 5 三	丙寅 6 四	丁卯 7 五	戊辰 8 六	己巳 9 日	庚午 10 一	辛未 11 二	壬申 12 三	癸酉 13 四	甲戌 14 五	乙亥 15 六	丙子 16 日	丁丑 17 一	戊寅 18 二	己卯 19 三	庚辰 20 四	己未小暑 乙亥大暑
七月大	甲申	天干地支 西曆星期	辛巳 21 五	壬午 22 六	癸未 23 日	甲申 24 一	乙酉 25 二	丙戌 26 三	丁亥 27 四	戊子 28 五	己丑 29 六	庚寅 30 日	辛卯 31 一	壬辰 (8) 二	癸巳 2 三	甲午 3 四	乙未 4 五	丙申 5 六	丁酉 6 日	戊戌 7 一	己亥 8 二	庚子 9 三	辛丑 10 四	壬寅 11 五	癸卯 12 六	甲辰 13 日	乙巳 14 一	丙午 15 二	丁未 16 三	戊申 17 四	己酉 18 五	庚戌 19 六	庚寅立秋 乙巳處暑
八月小	乙酉	天干地支 西曆星期	辛亥 20 日	壬子 21 一	癸丑 22 二	甲寅 23 三	乙卯 24 四	丙辰 25 五	丁巳 26 六	戊午 27 日	己未 28 一	庚申 29 二	辛酉 30 三	壬戌 31 四	癸亥 (9) 五	甲子 2 六	乙丑 3 日	丙寅 4 一	丁卯 5 二	戊辰 6 三	己巳 7 四	庚午 8 五	辛未 9 六	壬申 10 日	癸酉 11 一	甲戌 12 二	乙亥 13 三	丙子 14 四	丁丑 15 五	戊寅 16 六	己卯 17 日		庚申白露 丙子秋分
九月小	丙戌	天干地支 西曆星期	庚辰 18 一	辛巳 19 二	壬午 20 三	癸未 21 四	甲申 22 五	乙酉 23 六	丙戌 24 日	丁亥 25 一	戊子 26 二	己丑 27 三	庚寅 28 四	辛卯 29 五	壬辰 30 六	癸巳 (10) 日	甲午 2 一	乙未 3 二	丙申 4 三	丁酉 5 四	戊戌 6 五	己亥 7 六	庚子 8 日	辛丑 9 一	壬寅 10 二	癸卯 11 三	甲辰 12 四	乙巳 13 五	丙午 14 六	丁未 15 日	戊申 16 一		辛卯寒露 丙午霜降
十月大	丁亥	天干地支 西曆星期	己酉 17 二	庚戌 18 三	辛亥 19 四	壬子 20 五	癸丑 21 六	甲寅 22 日	乙卯 23 一	丙辰 24 二	丁巳 25 三	戊午 26 四	己未 27 五	庚申 28 六	辛酉 29 日	壬戌 30 一	癸亥 31 二	甲子 (11) 三	乙丑 2 四	丙寅 3 五	丁卯 4 六	戊辰 5 日	己巳 6 一	庚午 7 二	辛未 8 三	壬申 9 四	癸酉 10 五	甲戌 11 六	乙亥 12 日	丙子 13 一	丁丑 14 二	戊寅 15 三	辛酉立冬 丙子小雪
十一月大	戊子	天干地支 西曆星期	己卯 16 四	庚辰 17 五	辛巳 18 六	壬午 19 日	癸未 20 一	甲申 21 二	乙酉 22 三	丙戌 23 四	丁亥 24 五	戊子 25 六	己丑 26 日	庚寅 27 一	辛卯 28 二	壬辰 29 三	癸巳 30 四	甲午 (12) 五	乙未 2 六	丙申 3 日	丁酉 4 一	戊戌 5 二	己亥 6 三	庚子 7 四	辛丑 8 五	壬寅 9 六	癸卯 10 日	甲辰 11 一	乙巳 12 二	丙午 13 三	丁未 14 四	戊申 15 五	壬辰大雪 丁未冬至
十二月大	己丑	天干地支 西曆星期	己酉 16 六	庚戌 17 日	辛亥 18 一	壬子 19 二	癸丑 20 三	甲寅 21 四	乙卯 22 五	丙辰 23 六	丁巳 24 日	戊午 25 一	己未 26 二	庚申 27 三	辛酉 28 四	壬戌 29 五	癸亥 30 六	甲子 31 日	乙丑 (1) 一	丙寅 2 二	丁卯 3 三	戊辰 4 四	己巳 5 五	庚午 6 六	辛未 7 日	壬申 8 一	癸酉 9 二	甲戌 10 三	乙亥 11 四	丙子 12 五	丁丑 13 六	戊寅 14 日	壬戌小寒 丁丑大寒
閏十二小	己丑	天干地支 西曆星期	己卯 15 一	庚辰 16 二	辛巳 17 三	壬午 18 四	癸未 19 五	甲申 20 六	乙酉 21 日	丙戌 22 一	丁亥 23 二	戊子 24 三	己丑 25 四	庚寅 26 五	辛卯 27 六	壬辰 28 日	癸巳 29 一	甲午 30 二	乙未 31 三	丙申 (2) 四	丁酉 2 五	戊戌 3 六	己亥 4 日	庚子 5 一	辛丑 6 二	壬寅 7 三	癸卯 8 四	甲辰 9 五	乙巳 10 六	丙午 11 日	丁未 12 一		癸巳立春

* 十一月辛丑（二十三日），改元至元。

元順帝至元二年（丙子 鼠年） 公元 1336 ~ 1337 年

夏曆月序		中西曆日對照	初一	初二	初三	初四	初五	初六	初七	初八	初九	初十	十一	十二	十三	十四	十五	十六	十七	十八	十九	二十	二一	二二	二三	二四	二五	二六	二七	二八	二九	三十	節氣與天象
正月大	庚寅	天干地支 西曆 星期	戊申 13 二	己酉 14 三	庚戌 15 四	辛亥 16 五	壬子 17 六	癸丑 18 日	甲寅 19 一	乙卯 20 二	丙辰 21 三	丁巳 22 四	戊午 23 五	己未 24 六	庚申 25 日	辛酉 26 一	壬戌 27 二	癸亥 28 三	甲子 29 四	乙丑 (3) 五	丙寅 2 六	丁卯 3 日	戊辰 4 一	己巳 5 二	庚午 6 三	辛未 7 四	壬申 8 五	癸酉 9 六	甲戌 10 日	乙亥 11 一	丙子 12 二	丁丑 13 三	戊申雨水 癸亥驚蟄
二月小	辛卯	天干地支 西曆 星期	戊寅 14 四	己卯 15 五	庚辰 16 六	辛巳 17 日	壬午 18 一	癸未 19 二	甲申 20 三	乙酉 21 四	丙戌 22 五	丁亥 23 六	戊子 24 日	己丑 25 一	庚寅 26 二	辛卯 27 三	壬辰 28 四	癸巳 29 五	甲午 30 六	乙未 31 日	丙申 (4) 一	丁酉 2 二	戊戌 3 三	己亥 4 四	庚子 5 五	辛丑 6 六	壬寅 7 日	癸卯 8 一	甲辰 9 二	乙巳 10 三	丙午 11 四		戊寅春分 癸巳清明
三月大	壬辰	天干地支 西曆 星期	丁未 12 五	戊申 13 六	己酉 14 日	庚戌 15 一	辛亥 16 二	壬子 17 三	癸丑 18 四	甲寅 19 五	乙卯 20 六	丙辰 21 日	丁巳 22 一	戊午 23 二	己未 24 三	庚申 25 四	辛酉 26 五	壬戌 27 六	癸亥 28 日	甲子 29 一	乙丑 30 二	丙寅 (5) 三	丁卯 2 四	戊辰 3 五	己巳 4 六	庚午 5 日	辛未 6 一	壬申 7 二	癸酉 8 三	甲戌 9 四	乙亥 10 五	丙子 11 六	己酉穀雨 甲子立夏
四月小	癸巳	天干地支 西曆 星期	丁丑 12 日	戊寅 13 一	己卯 14 二	庚辰 15 三	辛巳 16 四	壬午 17 五	癸未 18 六	甲申 19 日	乙酉 20 一	丙戌 21 二	丁亥 22 三	戊子 23 四	己丑 24 五	庚寅 25 六	辛卯 26 日	壬辰 27 一	癸巳 28 二	甲午 29 三	乙未 30 四	丙申 31 五	丁酉 (6) 六	戊戌 2 日	己亥 3 一	庚子 4 二	辛丑 5 三	壬寅 6 四	癸卯 7 五	甲辰 8 六	乙巳 9 日		己卯小滿 甲午芒種
五月小	甲午	天干地支 西曆 星期	丙午 10 一	丁未 11 二	戊申 12 三	己酉 13 四	庚戌 14 五	辛亥 15 六	壬子 16 日	癸丑 17 一	甲寅 18 二	乙卯 19 三	丙辰 20 四	丁巳 21 五	戊午 22 六	己未 23 日	庚申 24 一	辛酉 25 二	壬戌 26 三	癸亥 27 四	甲子 28 五	乙丑 29 六	丙寅 30 日	丁卯 (7) 一	戊辰 2 二	己巳 3 三	庚午 4 四	辛未 5 五	壬申 6 六	癸酉 7 日	甲戌 8 一		庚戌夏至 乙丑小暑
六月小	乙未	天干地支 西曆 星期	乙亥 9 二	丙子 10 三	丁丑 11 四	戊寅 12 五	己卯 13 六	庚辰 14 日	辛巳 15 一	壬午 16 二	癸未 17 三	甲申 18 四	乙酉 19 五	丙戌 20 六	丁亥 21 日	戊子 22 一	己丑 23 二	庚寅 24 三	辛卯 25 四	壬辰 26 五	癸巳 27 六	甲午 28 日	乙未 29 一	丙申 30 二	丁酉 31 三	戊戌 (8) 四	己亥 2 五	庚子 3 六	辛丑 4 日	壬寅 5 一	癸卯 6 二		庚辰大暑 乙未立秋
七月大	丙申	天干地支 西曆 星期	甲辰 7 三	乙巳 8 四	丙午 9 五	丁未 10 六	戊申 11 日	己酉 12 一	庚戌 13 二	辛亥 14 三	壬子 15 四	癸丑 16 五	甲寅 17 六	乙卯 18 日	丙辰 19 一	丁巳 20 二	戊午 21 三	己未 22 四	庚申 23 五	辛酉 24 六	壬戌 25 日	癸亥 26 一	甲子 27 二	乙丑 28 三	丙寅 29 四	丁卯 30 五	戊辰 31 六	己巳 (9) 日	庚午 2 一	辛未 3 二	壬申 4 三	癸酉 5 四	庚戌處暑 丙寅白露
八月小	丁酉	天干地支 西曆 星期	甲戌 6 五	乙亥 7 六	丙子 8 日	丁丑 9 一	戊寅 10 二	己卯 11 三	庚辰 12 四	辛巳 13 五	壬午 14 六	癸未 15 日	甲申 16 一	乙酉 17 二	丙戌 18 三	丁亥 19 四	戊子 20 五	己丑 21 六	庚寅 22 日	辛卯 23 一	壬辰 24 二	癸巳 25 三	甲午 26 四	乙未 27 五	丙申 28 六	丁酉 29 日	戊戌 30 一	己亥 (10) 二	庚子 2 三	辛丑 3 四	壬寅 4 五		辛巳秋分 丙申寒露 甲戌日食
九月大	戊戌	天干地支 西曆 星期	癸卯 5 六	甲辰 6 日	乙巳 7 一	丙午 8 二	丁未 9 三	戊申 10 四	己酉 11 五	庚戌 12 六	辛亥 13 日	壬子 14 一	癸丑 15 二	甲寅 16 三	乙卯 17 四	丙辰 18 五	丁巳 19 六	戊午 20 日	己未 21 一	庚申 22 二	辛酉 23 三	壬戌 24 四	癸亥 25 五	甲子 26 六	乙丑 27 日	丙寅 28 一	丁卯 29 二	戊辰 30 三	己巳 31 四	庚午 (11) 五	辛未 2 六	壬申 3 日	辛亥霜降 丙寅立冬
十月大	己亥	天干地支 西曆 星期	癸酉 4 一	甲戌 5 二	乙亥 6 三	丙子 7 四	丁丑 8 五	戊寅 9 六	己卯 10 日	庚辰 11 一	辛巳 12 二	壬午 13 三	癸未 14 四	甲申 15 五	乙酉 16 六	丙戌 17 日	丁亥 18 一	戊子 19 二	己丑 20 三	庚寅 21 四	辛卯 22 五	壬辰 23 六	癸巳 24 日	甲午 25 一	乙未 26 二	丙申 27 三	丁酉 28 四	戊戌 29 五	己亥 30 六	庚子 (12) 日	辛丑 2 一	壬寅 3 二	壬午小雪 丁酉大雪
十一月大	庚子	天干地支 西曆 星期	癸卯 4 三	甲辰 5 四	乙巳 6 五	丙午 7 六	丁未 8 日	戊申 9 一	己酉 10 二	庚戌 11 三	辛亥 12 四	壬子 13 五	癸丑 14 六	甲寅 15 日	乙卯 16 一	丙辰 17 二	丁巳 18 三	戊午 19 四	己未 20 五	庚申 21 六	辛酉 22 日	壬戌 23 一	癸亥 24 二	甲子 25 三	乙丑 26 四	丙寅 27 五	丁卯 28 六	戊辰 29 日	己巳 30 一	庚午 31 二	辛未 (1) 三	壬申 2 四	壬子冬至 丁卯小寒
十二月小	辛丑	天干地支 西曆 星期	癸酉 3 五	甲戌 4 六	乙亥 5 日	丙子 6 一	丁丑 7 二	戊寅 8 三	己卯 9 四	庚辰 10 五	辛巳 11 六	壬午 12 日	癸未 13 一	甲申 14 二	乙酉 15 三	丙戌 16 四	丁亥 17 五	戊子 18 六	己丑 19 日	庚寅 20 一	辛卯 21 二	壬辰 22 三	癸巳 23 四	甲午 24 五	乙未 25 六	丙申 26 日	丁酉 27 一	戊戌 28 二	己亥 29 三	庚子 30 四	辛丑 31 五		癸未大寒 戊戌立春

元順帝至元三年（丁丑 牛年） 公元 1337 ~ 1338 年

夏曆月序		中西曆日對照	初一	初二	初三	初四	初五	初六	初七	初八	初九	初十	十一	十二	十三	十四	十五	十六	十七	十八	十九	二十	二一	二二	二三	二四	二五	二六	二七	二八	二九	三十	節氣與天象
正月大	壬寅	天干地支 西曆 星期	壬寅 (2) 六	癸卯 2 日	甲辰 3 一	乙巳 4 二	丙午 5 三	丁未 6 四	戊申 7 五	己酉 8 六	庚戌 9 日	辛亥 10 一	壬子 11 二	癸丑 12 三	甲寅 13 四	乙卯 14 五	丙辰 15 六	丁巳 16 日	戊午 17 一	己未 18 二	庚申 19 三	辛酉 20 四	壬戌 21 五	癸亥 22 六	甲子 23 日	乙丑 24 一	丙寅 25 二	丁卯 26 三	戊辰 27 四	己巳 28 五	庚午 (3) 六	辛未 2 日	癸丑雨水 戊辰驚蟄
二月大	癸卯	天干地支 西曆 星期	壬申 3 一	癸酉 4 二	甲戌 5 三	乙亥 6 四	丙子 7 五	丁丑 8 六	戊寅 9 日	己卯 10 一	庚辰 11 二	辛巳 12 三	壬午 13 四	癸未 14 五	甲申 15 六	乙酉 16 日	丙戌 17 一	丁亥 18 二	戊子 19 三	己丑 20 四	庚寅 21 五	辛卯 22 六	壬辰 23 日	癸巳 24 一	甲午 25 二	乙未 26 三	丙申 27 四	丁酉 28 五	戊戌 29 六	己亥 30 日	庚子 31 一	辛丑 (4) 二	癸未春分 己亥清明 壬申日食
三月小	甲辰	天干地支 西曆 星期	壬寅 2 三	癸卯 3 四	甲辰 4 五	乙巳 5 六	丙午 6 日	丁未 7 一	戊申 8 二	己酉 9 三	庚戌 10 四	辛亥 11 五	壬子 12 六	癸丑 13 日	甲寅 14 一	乙卯 15 二	丙辰 16 三	丁巳 17 四	戊午 18 五	己未 19 六	庚申 20 日	辛酉 21 一	壬戌 22 二	癸亥 23 三	甲子 24 四	乙丑 25 五	丙寅 26 六	丁卯 27 日	戊辰 28 一	己巳 29 二	庚午 30 三		甲寅穀雨 己巳立夏
四月大	乙巳	天干地支 西曆 星期	辛未 (5) 四	壬申 2 五	癸酉 3 六	甲戌 4 日	乙亥 5 一	丙子 6 二	丁丑 7 三	戊寅 8 四	己卯 9 五	庚辰 10 六	辛巳 11 日	壬午 12 一	癸未 13 二	甲申 14 三	乙酉 15 四	丙戌 16 五	丁亥 17 六	戊子 18 日	己丑 19 一	庚寅 20 二	辛卯 21 三	壬辰 22 四	癸巳 23 五	甲午 24 六	乙未 25 日	丙申 26 一	丁酉 27 二	戊戌 28 三	己亥 29 四	庚子 30 五	甲申小滿 庚子芒種
五月小	丙午	天干地支 西曆 星期	辛丑 31 六	壬寅 (6) 日	癸卯 2 一	甲辰 3 二	乙巳 4 三	丙午 5 四	丁未 6 五	戊申 7 六	己酉 8 日	庚戌 9 一	辛亥 10 二	壬子 11 三	癸丑 12 四	甲寅 13 五	乙卯 14 六	丙辰 15 日	丁巳 16 一	戊午 17 二	己未 18 三	庚申 19 四	辛酉 20 五	壬戌 21 六	癸亥 22 日	甲子 23 一	乙丑 24 二	丙寅 25 三	丁卯 26 四	戊辰 27 五	己巳 28 六		乙卯夏至
六月小	丁未	天干地支 西曆 星期	庚午 29 日	辛未 30 一	壬申 (7) 二	癸酉 2 三	甲戌 3 四	乙亥 4 五	丙子 5 六	丁丑 6 日	戊寅 7 一	己卯 8 二	庚辰 9 三	辛巳 10 四	壬午 11 五	癸未 12 六	甲申 13 日	乙酉 14 一	丙戌 15 二	丁亥 16 三	戊子 17 四	己丑 18 五	庚寅 19 六	辛卯 20 日	壬辰 21 一	癸巳 22 二	甲午 23 三	乙未 24 四	丙申 25 五	丁酉 26 六	戊戌 27 日		庚午小暑 乙酉大暑
七月小	戊申	天干地支 西曆 星期	己亥 28 一	庚子 29 二	辛丑 30 三	壬寅 31 四	癸卯 (8) 五	甲辰 2 六	乙巳 3 日	丙午 4 一	丁未 5 二	戊申 6 三	己酉 7 四	庚戌 8 五	辛亥 9 六	壬子 10 日	癸丑 11 一	甲寅 12 二	乙卯 13 三	丙辰 14 四	丁巳 15 五	戊午 16 六	己未 17 日	庚申 18 一	辛酉 19 二	壬戌 20 三	癸亥 21 四	甲子 22 五	乙丑 23 六	丙寅 24 日	丁卯 25 一		庚子立秋 丙辰處暑
八月大	己酉	天干地支 西曆 星期	戊辰 26 二	己巳 27 三	庚午 28 四	辛未 29 五	壬申 30 六	癸酉 31 日	甲戌 (9) 一	乙亥 2 二	丙子 3 三	丁丑 4 四	戊寅 5 五	己卯 6 六	庚辰 7 日	辛巳 8 一	壬午 9 二	癸未 10 三	甲申 11 四	乙酉 12 五	丙戌 13 六	丁亥 14 日	戊子 15 一	己丑 16 二	庚寅 17 三	辛卯 18 四	壬辰 19 五	癸巳 20 六	甲午 21 日	乙未 22 一	丙申 23 二	丁酉 24 三	辛未白露 丙戌秋分
九月小	庚戌	天干地支 西曆 星期	戊戌 25 四	己亥 26 五	庚子 27 六	辛丑 28 日	壬寅 29 一	癸卯 30 二	甲辰 (10) 三	乙巳 2 四	丙午 3 五	丁未 4 六	戊申 5 日	己酉 6 一	庚戌 7 二	辛亥 8 三	壬子 9 四	癸丑 10 五	甲寅 11 六	乙卯 12 日	丙辰 13 一	丁巳 14 二	戊午 15 三	己未 16 四	庚申 17 五	辛酉 18 六	壬戌 19 日	癸亥 20 一	甲子 21 二	乙丑 22 三	丙寅 23 四		辛丑寒露 丁巳霜降
十月大	辛亥	天干地支 西曆 星期	丁卯 24 五	戊辰 25 六	己巳 26 日	庚午 27 一	辛未 28 二	壬申 29 三	癸酉 30 四	甲戌 31 五	乙亥 (11) 六	丙子 2 日	丁丑 3 一	戊寅 4 二	己卯 5 三	庚辰 6 四	辛巳 7 五	壬午 8 六	癸未 9 日	甲申 10 一	乙酉 11 二	丙戌 12 三	丁亥 13 四	戊子 14 五	己丑 15 六	庚寅 16 日	辛卯 17 一	壬辰 18 二	癸巳 19 三	甲午 20 四	乙未 21 五	丙申 22 六	壬申立冬 丁亥小雪
十一月大	壬子	天干地支 西曆 星期	丁酉 23 日	戊戌 24 一	己亥 25 二	庚子 26 三	辛丑 27 四	壬寅 28 五	癸卯 29 六	甲辰 30 日	乙巳 (12) 一	丙午 2 二	丁未 3 三	戊申 4 四	己酉 5 五	庚戌 6 六	辛亥 7 日	壬子 8 一	癸丑 9 二	甲寅 10 三	乙卯 11 四	丙辰 12 五	丁巳 13 六	戊午 14 日	己未 15 一	庚申 16 二	辛酉 17 三	壬戌 18 四	癸亥 19 五	甲子 20 六	乙丑 21 日	丙寅 22 一	壬寅大雪 丁巳冬至
十二月小	癸丑	天干地支 西曆 星期	丁卯 23 二	戊辰 24 三	己巳 25 四	庚午 26 五	辛未 27 六	壬申 28 日	癸酉 29 一	甲戌 30 二	乙亥 31 三	丙子 (1) 四	丁丑 2 五	戊寅 3 六	己卯 4 日	庚辰 5 一	辛巳 6 二	壬午 7 三	癸未 8 四	甲申 9 五	乙酉 10 六	丙戌 11 日	丁亥 12 一	戊子 13 二	己丑 14 三	庚寅 15 四	辛卯 16 五	壬辰 17 六	癸巳 18 日	甲午 19 一	乙未 20 二		癸酉小寒 戊子大寒

元順帝至元四年（戊寅 虎年） 公元 1338 ~ 1339 年

夏曆月序		中西曆日對照	初一	初二	初三	初四	初五	初六	初七	初八	初九	初十	十一	十二	十三	十四	十五	十六	十七	十八	十九	二十	二一	二二	二三	二四	二五	二六	二七	二八	二九	三十	節氣與天象
正月大	甲寅	天干 地支 西曆 星期	丙申 21 三	丁酉 22 四	戊戌 23 五	己亥 24 六	庚子 25 日	辛丑 26 一	壬寅 27 二	癸卯 28 三	甲辰 29 四	乙巳 30 五	丙午 31 六	丁未 (2) 日	戊申 2 一	己酉 3 二	庚戌 4 三	辛亥 5 四	壬子 6 五	癸丑 7 六	甲寅 8 日	乙卯 9 一	丙辰 10 二	丁巳 11 三	戊午 12 四	己未 13 五	庚申 14 六	辛酉 15 日	壬戌 16 一	癸亥 17 二	甲子 18 三	乙丑 19 四	癸卯立春 戊午雨水
二月大	乙卯	天干 地支 西曆 星期	丙寅 20 五	丁卯 21 六	戊辰 22 日	己巳 23 一	庚午 24 二	辛未 25 三	壬申 26 四	癸酉 27 五	甲戌 28 六	乙亥 (3) 日	丙子 2 一	丁丑 3 二	戊寅 4 三	己卯 5 四	庚辰 6 五	辛巳 7 六	壬午 8 日	癸未 9 一	甲申 10 二	乙酉 11 三	丙戌 12 四	丁亥 13 五	戊子 14 六	己丑 15 日	庚寅 16 一	辛卯 17 二	壬辰 18 三	癸巳 19 四	甲午 20 五	乙未 21 六	癸酉驚蟄 己丑春分
三月大	丙辰	天干 地支 西曆 星期	丙申 22 日	丁酉 23 一	戊戌 24 二	己亥 25 三	庚子 26 四	辛丑 27 五	壬寅 28 六	癸卯 29 日	甲辰 30 一	乙巳 31 二	丙午 (4) 三	丁未 2 四	戊申 3 五	己酉 4 六	庚戌 5 日	辛亥 6 一	壬子 7 二	癸丑 8 三	甲寅 9 四	乙卯 10 五	丙辰 11 六	丁巳 12 日	戊午 13 一	己未 14 二	庚申 15 三	辛酉 16 四	壬戌 17 五	癸亥 18 六	甲子 19 日	乙丑 20 一	甲辰清明 己未穀雨
四月小	丁巳	天干 地支 西曆 星期	丙寅 21 二	丁卯 22 三	戊辰 23 四	己巳 24 五	庚午 25 六	辛未 26 日	壬申 27 一	癸酉 28 二	甲戌 29 三	乙亥 30 四	丙子 (5) 五	丁丑 2 六	戊寅 3 日	己卯 4 一	庚辰 5 二	辛巳 6 三	壬午 7 四	癸未 8 五	甲申 9 六	乙酉 10 日	丙戌 11 一	丁亥 12 二	戊子 13 三	己丑 14 四	庚寅 15 五	辛卯 16 六	壬辰 17 日	癸巳 18 一	甲午 19 二		甲戌立夏 庚寅小滿
五月大	戊午	天干 地支 西曆 星期	乙未 20 三	丙申 21 四	丁酉 22 五	戊戌 23 六	己亥 24 日	庚子 25 一	辛丑 26 二	壬寅 27 三	癸卯 28 四	甲辰 29 五	乙巳 30 六	丙午 31 日	丁未 (6) 一	戊申 2 二	己酉 3 三	庚戌 4 四	辛亥 5 五	壬子 6 六	癸丑 7 日	甲寅 8 一	乙卯 9 二	丙辰 10 三	丁巳 11 四	戊午 12 五	己未 13 六	庚申 14 日	辛酉 15 一	壬戌 16 二	癸亥 17 三	甲子 18 四	乙巳芒種 庚申夏至
六月小	己未	天干 地支 西曆 星期	乙丑 19 五	丙寅 20 六	丁卯 21 日	戊辰 22 一	己巳 23 二	庚午 24 三	辛未 25 四	壬申 26 五	癸酉 27 六	甲戌 28 日	乙亥 29 一	丙子 30 二	丁丑 (7) 三	戊寅 2 四	己卯 3 五	庚辰 4 六	辛巳 5 日	壬午 6 一	癸未 7 二	甲申 8 三	乙酉 9 四	丙戌 10 五	丁亥 11 六	戊子 12 日	己丑 13 一	庚寅 14 二	辛卯 15 三	壬辰 16 四	癸巳 17 五		乙亥小暑 庚寅大暑
七月小	庚申	天干 地支 西曆 星期	甲午 18 六	乙未 19 日	丙申 20 一	丁酉 21 二	戊戌 22 三	己亥 23 四	庚子 24 五	辛丑 25 六	壬寅 26 日	癸卯 27 一	甲辰 28 二	乙巳 29 三	丙午 30 四	丁未 31 五	戊申 (8) 六	己酉 2 日	庚戌 3 一	辛亥 4 二	壬子 5 三	癸丑 6 四	甲寅 7 五	乙卯 8 六	丙辰 9 日	丁巳 10 一	戊午 11 二	己未 12 三	庚申 13 四	辛酉 14 五	壬戌 15 六		丙午立秋 辛酉處暑
八月大	辛酉	天干 地支 西曆 星期	癸亥 16 日	甲子 17 一	乙丑 18 二	丙寅 19 三	丁卯 20 四	戊辰 21 五	己巳 22 六	庚午 23 日	辛未 24 一	壬申 25 二	癸酉 26 三	甲戌 27 四	乙亥 28 五	丙子 29 六	丁丑 30 日	戊寅 31 一	己卯 (9) 二	庚辰 2 三	辛巳 3 四	壬午 4 五	癸未 5 六	甲申 6 日	乙酉 7 一	丙戌 8 二	丁亥 9 三	戊子 10 四	己丑 11 五	庚寅 12 六	辛卯 13 日	壬辰 14 一	丙子白露 辛卯秋分
閏八月小	辛酉	天干 地支 西曆 星期	癸巳 15 二	甲午 16 三	乙未 17 四	丙申 18 五	丁酉 19 六	戊戌 20 日	己亥 21 一	庚子 22 二	辛丑 23 三	壬寅 24 四	癸卯 25 五	甲辰 26 六	乙巳 27 日	丙午 28 一	丁未 29 二	戊申 30 三	己酉 (10) 四	庚戌 2 五	辛亥 3 六	壬子 4 日	癸丑 5 一	甲寅 6 二	乙卯 7 三	丙辰 8 四	丁巳 9 五	戊午 10 六	己未 11 日	庚申 12 一	辛酉 13 二		丁未寒露
九月小	壬戌	天干 地支 西曆 星期	壬戌 14 三	癸亥 15 四	甲子 16 五	乙丑 17 六	丙寅 18 日	丁卯 19 一	戊辰 20 二	己巳 21 三	庚午 22 四	辛未 23 五	壬申 24 六	癸酉 25 日	甲戌 26 一	乙亥 27 二	丙子 28 三	丁丑 29 四	戊寅 30 五	己卯 31 六	庚辰 (11) 日	辛巳 2 一	壬午 3 二	癸未 4 三	甲申 5 四	乙酉 6 五	丙戌 7 六	丁亥 8 日	戊子 9 一	己丑 10 二	庚寅 11 三		壬戌霜降 丁丑立冬
十月大	癸亥	天干 地支 西曆 星期	辛卯 12 四	壬辰 13 五	癸巳 14 六	甲午 15 日	乙未 16 一	丙申 17 二	丁酉 18 三	戊戌 19 四	己亥 20 五	庚子 21 六	辛丑 22 日	壬寅 23 一	癸卯 24 二	甲辰 25 三	乙巳 26 四	丙午 27 五	丁未 28 六	戊申 29 日	己酉 30 一	庚戌 (12) 二	辛亥 2 三	壬子 3 四	癸丑 4 五	甲寅 5 六	乙卯 6 日	丙辰 7 一	丁巳 8 二	戊午 9 三	己未 10 四	庚申 11 五	壬辰小雪 丁未大雪
十一月大	甲子	天干 地支 西曆 星期	辛酉 12 六	壬戌 13 日	癸亥 14 一	甲子 15 二	乙丑 16 三	丙寅 17 四	丁卯 18 五	戊辰 19 六	己巳 20 日	庚午 21 一	辛未 22 二	壬申 23 三	癸酉 24 四	甲戌 25 五	乙亥 26 六	丙子 27 日	丁丑 28 一	戊寅 29 二	己卯 30 三	庚辰 31 四	辛巳 (1) 五	壬午 2 六	癸未 3 日	甲申 4 一	乙酉 5 二	丙戌 6 三	丁亥 7 四	戊子 8 五	己丑 9 六	庚寅 10 日	癸亥冬至 戊寅小寒
十二月小	乙丑	天干 地支 西曆 星期	辛卯 11 一	壬辰 12 二	癸巳 13 三	甲午 14 四	乙未 15 五	丙申 16 六	丁酉 17 日	戊戌 18 一	己亥 19 二	庚子 20 三	辛丑 21 四	壬寅 22 五	癸卯 23 六	甲辰 24 日	乙巳 25 一	丙午 26 二	丁未 27 三	戊申 28 四	己酉 29 五	庚戌 30 六	辛亥 31 日	壬子 (2) 一	癸丑 2 二	甲寅 3 三	乙卯 4 四	丙辰 5 五	丁巳 6 六	戊午 7 日	己未 8 一		癸巳大寒 戊申立春

元順帝至元五年（己卯 兔年） 公元 1339 ~ 1340 年

夏曆月序	中西曆日對照	初一	初二	初三	初四	初五	初六	初七	初八	初九	初十	十一	十二	十三	十四	十五	十六	十七	十八	十九	二十	二一	二二	二三	二四	二五	二六	二七	二八	二九	三十	節氣與天象
正月大 丙寅	天干地支 西曆 星期	庚申 9 二	辛酉 10 三	壬戌 11 四	癸亥 12 五	甲子 13 六	乙丑 14 日	丙寅 15 一	丁卯 16 二	戊辰 17 三	己巳 18 四	庚午 19 五	辛未 20 六	壬申 21 日	癸酉 22 一	甲戌 23 二	乙亥 24 三	丙子 25 四	丁丑 26 五	戊寅 27 六	己卯 28 日	庚辰 (3) 一	辛巳 2 二	壬午 3 三	癸未 4 四	甲申 5 五	乙酉 6 六	丙戌 7 日	丁亥 8 一	戊子 9 二	己丑 10 三	癸亥雨水 己卯驚蟄
二月大 丁卯	天干地支 西曆 星期	庚寅 11 四	辛卯 12 五	壬辰 13 六	癸巳 14 日	甲午 15 一	乙未 16 二	丙申 17 三	丁酉 18 四	戊戌 19 五	己亥 20 六	庚子 21 日	辛丑 22 一	壬寅 23 二	癸卯 24 三	甲辰 25 四	乙巳 26 五	丙午 27 六	丁未 28 日	戊申 29 一	己酉 30 二	庚戌 31 三	辛亥 (4) 四	壬子 2 五	癸丑 3 六	甲寅 4 日	乙卯 5 一	丙辰 6 二	丁巳 7 三	戊午 8 四	己未 9 五	甲午春分 己酉清明
三月小 戊辰	天干地支 西曆 星期	庚申 10 六	辛酉 11 日	壬戌 12 一	癸亥 13 二	甲子 14 三	乙丑 15 四	丙寅 16 五	丁卯 17 六	戊辰 18 日	己巳 19 一	庚午 20 二	辛未 21 三	壬申 22 四	癸酉 23 五	甲戌 24 六	乙亥 25 日	丙子 26 一	丁丑 27 二	戊寅 28 三	己卯 29 四	庚辰 30 五	辛巳 (5) 六	壬午 2 日	癸未 3 一	甲申 4 二	乙酉 5 三	丙戌 6 四	丁亥 7 五	戊子 8 六		甲子穀雨 庚辰立夏
四月大 己巳	天干地支 西曆 星期	己丑 9 日	庚寅 10 一	辛卯 11 二	壬辰 12 三	癸巳 13 四	甲午 14 五	乙未 15 六	丙申 16 日	丁酉 17 一	戊戌 18 二	己亥 19 三	庚子 20 四	辛丑 21 五	壬寅 22 六	癸卯 23 日	甲辰 24 一	乙巳 25 二	丙午 26 三	丁未 27 四	戊申 28 五	己酉 29 六	庚戌 30 日	辛亥 31 一	壬子 (6) 二	癸丑 2 三	甲寅 3 四	乙卯 4 五	丙辰 5 六	丁巳 6 日	戊午 7 一	乙未小滿 庚戌芒種
五月小 庚午	天干地支 西曆 星期	己未 8 二	庚申 9 三	辛酉 10 四	壬戌 11 五	癸亥 12 六	甲子 13 日	乙丑 14 一	丙寅 15 二	丁卯 16 三	戊辰 17 四	己巳 18 五	庚午 19 六	辛未 20 日	壬申 21 一	癸酉 22 二	甲戌 23 三	乙亥 24 四	丙子 25 五	丁丑 26 六	戊寅 27 日	己卯 28 一	庚辰 29 二	辛巳 30 三	壬午 (7) 四	癸未 2 五	甲申 3 六	乙酉 4 日	丙戌 5 一	丁亥 6 二		乙丑夏至 庚辰小暑
六月大 辛未	天干地支 西曆 星期	戊子 7 三	己丑 8 四	庚寅 9 五	辛卯 10 六	壬辰 11 日	癸巳 12 一	甲午 13 二	乙未 14 三	丙申 15 四	丁酉 16 五	戊戌 17 六	己亥 18 日	庚子 19 一	辛丑 20 二	壬寅 21 三	癸卯 22 四	甲辰 23 五	乙巳 24 六	丙午 25 日	丁未 26 一	戊申 27 二	己酉 28 三	庚戌 29 四	辛亥 30 五	壬子 31 六	癸丑 (8) 日	甲寅 2 一	乙卯 3 二	丙辰 4 三	丁巳 5 四	丙申大暑 辛亥立秋
七月小 壬申	天干地支 西曆 星期	戊午 6 五	己未 7 六	庚申 8 日	辛酉 9 一	壬戌 10 二	癸亥 11 三	甲子 12 四	乙丑 13 五	丙寅 14 六	丁卯 15 日	戊辰 16 一	己巳 17 二	庚午 18 三	辛未 19 四	壬申 20 五	癸酉 21 六	甲戌 22 日	乙亥 23 一	丙子 24 二	丁丑 25 三	戊寅 26 四	己卯 27 五	庚辰 28 六	辛巳 29 日	壬午 30 一	癸未 31 二	甲申 (9) 三	乙酉 2 四	丙戌 3 五		丙寅處暑 辛巳白露
八月小 癸酉	天干地支 西曆 星期	丁亥 4 六	戊子 5 日	己丑 6 一	庚寅 7 二	辛卯 8 三	壬辰 9 四	癸巳 10 五	甲午 11 六	乙未 12 日	丙申 13 一	丁酉 14 二	戊戌 15 三	己亥 16 四	庚子 17 五	辛丑 18 六	壬寅 19 日	癸卯 20 一	甲辰 21 二	乙巳 22 三	丙午 23 四	丁未 24 五	戊申 25 六	己酉 26 日	庚戌 27 一	辛亥 28 二	壬子 29 三	癸丑 30 四	甲寅 (10) 五	乙卯 2 六		丁酉秋分 壬子寒露
九月大 甲戌	天干地支 西曆 星期	丙辰 3 日	丁巳 4 一	戊午 5 二	己未 6 三	庚申 7 四	辛酉 8 五	壬戌 9 六	癸亥 10 日	甲子 11 一	乙丑 12 二	丙寅 13 三	丁卯 14 四	戊辰 15 五	己巳 16 六	庚午 17 日	辛未 18 一	壬申 19 二	癸酉 20 三	甲戌 21 四	乙亥 22 五	丙子 23 六	丁丑 24 日	戊寅 25 一	己卯 26 二	庚辰 27 三	辛巳 28 四	壬午 29 五	癸未 30 六	甲申 31 日	乙酉 (11) 一	丁卯霜降 壬午立冬
十月小 乙亥	天干地支 西曆 星期	丙戌 2 二	丁亥 3 三	戊子 4 四	己丑 5 五	庚寅 6 六	辛卯 7 日	壬辰 8 一	癸巳 9 二	甲午 10 三	乙未 11 四	丙申 12 五	丁酉 13 六	戊戌 14 日	己亥 15 一	庚子 16 二	辛丑 17 三	壬寅 18 四	癸卯 19 五	甲辰 20 六	乙巳 21 日	丙午 22 一	丁未 23 二	戊申 24 三	己酉 25 四	庚戌 26 五	辛亥 27 六	壬子 28 日	癸丑 29 一	甲寅 30 二		丁酉小雪 癸丑大雪
十一月大 丙子	天干地支 西曆 星期	乙卯 (12) 三	丙辰 2 四	丁巳 3 五	戊午 4 六	己未 5 日	庚申 6 一	辛酉 7 二	壬戌 8 三	癸亥 9 四	甲子 10 五	乙丑 11 六	丙寅 12 日	丁卯 13 一	戊辰 14 二	己巳 15 三	庚午 16 四	辛未 17 五	壬申 18 六	癸酉 19 日	甲戌 20 一	乙亥 21 二	丙子 22 三	丁丑 23 四	戊寅 24 五	己卯 25 六	庚辰 26 日	辛巳 27 一	壬午 28 二	癸未 29 三	甲申 30 四	戊辰冬至 癸未小寒
十二月小 丁丑	天干地支 西曆 星期	乙酉 31 五	丙戌 (1) 六	丁亥 2 日	戊子 3 一	己丑 4 二	庚寅 5 三	辛卯 6 四	壬辰 7 五	癸巳 8 六	甲午 9 日	乙未 10 一	丙申 11 二	丁酉 12 三	戊戌 13 四	己亥 14 五	庚子 15 六	辛丑 16 日	壬寅 17 一	癸卯 18 二	甲辰 19 三	乙巳 20 四	丙午 21 五	丁未 22 六	戊申 23 日	己酉 24 一	庚戌 25 二	辛亥 26 三	壬子 27 四	癸丑 28 五		戊戌大寒

元順帝至元六年（庚辰 龍年） 公元 1340 ~ 1341 年

夏曆月序		中西曆日對照	初一	初二	初三	初四	初五	初六	初七	初八	初九	初十	十一	十二	十三	十四	十五
正月大	戊寅	天干地支 西曆 星期	甲寅 29 六	乙卯 30 日	丙辰 31 一	丁巳 (2) 二	戊午 2 三	己未 3 四	庚申 4 五	辛酉 5 六	壬戌 6 日	癸亥 7 一	甲子 8 二	乙丑 9 三	丙寅 10 四	丁卯 11 五	戊辰 12 六
二月大	己卯	天干地支 西曆 星期	甲申 28 一	乙酉 29 二	丙戌 (3) 三	丁亥 2 四	戊子 3 五	己丑 4 六	庚寅 5 日	辛卯 6 一	壬辰 7 二	癸巳 8 三	甲午 9 四	乙未 10 五	丙申 11 六	丁酉 12 日	戊戌 13 一
三月小	庚辰	天干地支 西曆 星期	甲寅 29 三	乙卯 30 四	丙辰 31 五	丁巳 (4) 六	戊午 2 日	己未 3 一	庚申 4 二	辛酉 5 三	壬戌 6 四	癸亥 7 五	甲子 8 六	乙丑 9 日	丙寅 10 一	丁卯 11 二	戊辰 12 三
四月大	辛巳	天干地支 西曆 星期	癸未 27 四	甲申 28 五	乙酉 29 六	丙戌 30 日	丁亥 (5) 一	戊子 2 二	己丑 3 三	庚寅 4 四	辛卯 5 五	壬辰 6 六	癸巳 7 日	甲午 8 一	乙未 9 二	丙申 10 三	丁酉 11 四
五月大	壬午	天干地支 西曆 星期	癸丑 27 六	甲寅 28 日	乙卯 29 一	丙辰 30 二	丁巳 31 三	戊午 (6) 四	己未 2 五	庚申 3 六	辛酉 4 日	壬戌 5 一	癸亥 6 二	甲子 7 三	乙丑 8 四	丙寅 9 五	丁卯 10 六
六月小	癸未	天干地支 西曆 星期	癸未 26 一	甲申 27 二	乙酉 28 三	丙戌 29 四	丁亥 30 五	戊子 (7) 六	己丑 2 日	庚寅 3 一	辛卯 4 二	壬辰 5 三	癸巳 6 四	甲午 7 五	乙未 8 六	丙申 9 日	丁酉 10 一
七月大	甲申	天干地支 西曆 星期	壬子 25 二	癸丑 26 三	甲寅 27 四	乙卯 28 五	丙辰 29 六	丁巳 30 日	戊午 31 一	己未 (8) 二	庚申 2 三	辛酉 3 四	壬戌 4 五	癸亥 5 六	甲子 6 日	乙丑 7 一	丙寅 8 二
八月小	乙酉	天干地支 西曆 星期	壬午 24 四	癸未 25 五	甲申 26 六	乙酉 27 日	丙戌 28 一	丁亥 29 二	戊子 30 三	己丑 31 四	庚寅 (9) 五	辛卯 2 六	壬辰 3 日	癸巳 4 一	甲午 5 二	乙未 6 三	丙申 7 四
九月大	丙戌	天干地支 西曆 星期	辛亥 22 五	壬子 23 六	癸丑 24 日	甲寅 25 一	乙卯 26 二	丙辰 27 三	丁巳 28 四	戊午 29 五	己未 30 六	庚申 (10) 日	辛酉 2 一	壬戌 3 二	癸亥 4 三	甲子 5 四	乙丑 6 五
十月小	丁亥	天干地支 西曆 星期	辛巳 22 日	壬午 23 一	癸未 24 二	甲申 25 三	乙酉 26 四	丙戌 27 五	丁亥 28 六	戊子 29 日	己丑 30 一	庚寅 31 二	辛卯 (11) 三	壬辰 2 四	癸巳 3 五	甲午 4 六	乙未 5 日
十一月大	戊子	天干地支 西曆 星期	庚戌 20 一	辛亥 21 二	壬子 22 三	癸丑 23 四	甲寅 24 五	乙卯 25 六	丙辰 26 日	丁巳 27 一	戊午 28 二	己未 29 三	庚申 30 四	辛酉 (12) 五	壬戌 2 六	癸亥 3 日	甲子 4 一
十二月小	己丑	天干地支 西曆 星期	庚辰 20 三	辛巳 21 四	壬午 22 五	癸未 23 六	甲申 24 日	乙酉 25 一	丙戌 26 二	丁亥 27 三	戊子 28 四	己丑 29 五	庚寅 30 六	辛卯 31 日	壬辰 (1) 一	癸巳 2 二	甲午 3 三

夏曆月序	十六	十七	十八	十九	二十	二一	二二	二三	二四	二五	二六	二七	二八	二九	三十	節氣與天象
正月大	己巳 13 日	庚午 14 一	辛未 15 二	壬申 16 三	癸酉 17 四	甲戌 18 五	乙亥 19 六	丙子 20 日	丁丑 21 一	戊寅 22 二	己卯 23 三	庚辰 24 四	辛巳 25 五	壬午 26 六	癸未 27 日	甲寅立春 己巳雨水
二月大	己亥 14 二	庚子 15 三	辛丑 16 四	壬寅 17 五	癸卯 18 六	甲辰 19 日	乙巳 20 一	丙午 21 二	丁未 22 三	戊申 23 四	己酉 24 五	庚戌 25 六	辛亥 26 日	壬子 27 一	癸丑 28 二	甲申驚蟄 己亥春分
三月小	己巳 13 四	庚午 14 五	辛未 15 六	壬申 16 日	癸酉 17 一	甲戌 18 二	乙亥 19 三	丙子 20 四	丁丑 21 五	戊寅 22 六	己卯 23 日	庚辰 24 一	辛巳 25 二	壬午 26 三		甲寅清明 庚午穀雨
四月大	戊戌 12 五	己亥 13 六	庚子 14 日	辛丑 15 一	壬寅 16 二	癸卯 17 三	甲辰 18 四	乙巳 19 五	丙午 20 六	丁未 21 日	戊申 22 一	己酉 23 二	庚戌 24 三	辛亥 25 四	壬子 26 五	乙酉立夏 庚子小滿
五月大	戊辰 11 日	己巳 12 一	庚午 13 二	辛未 14 三	壬申 15 四	癸酉 16 五	甲戌 17 六	乙亥 18 日	丙子 19 一	丁丑 20 二	戊寅 21 三	己卯 22 四	庚辰 23 五	辛巳 24 六	壬午 25 日	乙卯芒種 庚午夏至
六月小	戊戌 11 二	己亥 12 三	庚子 13 四	辛丑 14 五	壬寅 15 六	癸卯 16 日	甲辰 17 一	乙巳 18 二	丙午 19 三	丁未 20 四	戊申 21 五	己酉 22 六	庚戌 23 日	辛亥 24 一		丙戌小暑 辛丑大暑
七月大	丁卯 9 三	戊辰 10 四	己巳 11 五	庚午 12 六	辛未 13 日	壬申 14 一	癸酉 15 二	甲戌 16 三	乙亥 17 四	丙子 18 五	丁丑 19 六	戊寅 20 日	己卯 21 一	庚辰 22 二	辛巳 23 三	丙辰立秋 辛未處暑
八月小	丁酉 8 五	戊戌 9 六	己亥 10 日	庚子 11 一	辛丑 12 二	壬寅 13 三	癸卯 14 四	甲辰 15 五	乙巳 16 六	丙午 17 日	丁未 18 一	戊申 19 二	己酉 20 三	庚戌 21 四		丁亥白露 壬寅秋分
九月大	丙寅 7 六	丁卯 8 日	戊辰 9 一	己巳 10 二	庚午 11 三	辛未 12 四	壬申 13 五	癸酉 14 六	甲戌 15 日	乙亥 16 一	丙子 17 二	丁丑 18 三	戊寅 19 四	己卯 20 五	庚辰 21 六	丁巳寒露 壬申霜降
十月小	丙申 6 一	丁酉 7 二	戊戌 8 三	己亥 9 四	庚子 10 五	辛丑 11 六	壬寅 12 日	癸卯 13 一	甲辰 14 二	乙巳 15 三	丙午 16 四	丁未 17 五	戊申 18 六	己酉 19 日		丁亥立冬 癸卯小雪
十一月大	乙丑 5 二	丙寅 6 三	丁卯 7 四	戊辰 8 五	己巳 9 六	庚午 10 日	辛未 11 一	壬申 12 二	癸酉 13 三	甲戌 14 四	乙亥 15 五	丙子 16 六	丁丑 17 日	戊寅 18 一	己卯 19 二	戊午大雪 癸酉冬至
十二月小	乙未 4 四	丙申 5 五	丁酉 6 六	戊戌 7 日	己亥 8 一	庚子 9 二	辛丑 10 三	壬寅 11 四	癸卯 12 五	甲辰 13 六	乙巳 14 日	丙午 15 一	丁未 16 二	戊申 17 三		戊子小寒 甲辰大寒

元順帝至正元年（辛巳 蛇年） 公元 **1341** ~ 1342 年

夏曆月序		中西曆日對照	夏曆日序																													節氣與天象
			初一	初二	初三	初四	初五	初六	初七	初八	初九	初十	十一	十二	十三	十四	十五	十六	十七	十八	十九	二十	二一	二二	二三	二四	二五	二六	二七	二八	二九	三十	
正月小	庚寅	天干地支 西曆 星期	己酉 18 四	庚戌 19 五	辛亥 20 六	壬子 21 日	癸丑 22 一	甲寅 23 二	乙卯 24 三	丙辰 25 四	丁巳 26 五	戊午 27 六	己未 28 日	庚申 29 一	辛酉 30 二	壬戌 31 三	癸亥 (2) 四	甲子 2 五	乙丑 3 六	丙寅 4 日	丁卯 5 一	戊辰 6 二	己巳 7 三	庚午 8 四	辛未 9 五	壬申 10 六	癸酉 11 日	甲戌 12 一	乙亥 13 二	丙子 14 三	丁丑 15 四		己未立春 甲戌雨水
二月大	辛卯	天干地支 西曆 星期	戊寅 16 五	己卯 17 六	庚辰 18 日	辛巳 19 一	壬午 20 二	癸未 21 三	甲申 22 四	乙酉 23 五	丙戌 24 六	丁亥 25 日	戊子 26 一	己丑 27 二	庚寅 28 三	辛卯 (3) 四	壬辰 2 五	癸巳 3 六	甲午 4 日	乙未 5 一	丙申 6 二	丁酉 7 三	戊戌 8 四	己亥 9 五	庚子 10 六	辛丑 11 日	壬寅 12 一	癸卯 13 二	甲辰 14 三	乙巳 15 四	丙午 16 五	丁未 17 六	己丑驚蟄 甲辰春分
三月小	壬辰	天干地支 西曆 星期	戊申 18 日	己酉 19 一	庚戌 20 二	辛亥 21 三	壬子 22 四	癸丑 23 五	甲寅 24 六	乙卯 25 日	丙辰 26 一	丁巳 27 二	戊午 28 三	己未 29 四	庚申 30 五	辛酉 31 六	壬戌 (4) 日	癸亥 2 一	甲子 3 二	乙丑 4 三	丙寅 5 四	丁卯 6 五	戊辰 7 六	己巳 8 日	庚午 9 一	辛未 10 二	壬申 11 三	癸酉 12 四	甲戌 13 五	乙亥 14 六	丙子 15 日		庚申清明 乙亥穀雨
四月大	癸巳	天干地支 西曆 星期	丁丑 16 一	戊寅 17 二	己卯 18 三	庚辰 19 四	辛巳 20 五	壬午 21 六	癸未 22 日	甲申 23 一	乙酉 24 二	丙戌 25 三	丁亥 26 四	戊子 27 五	己丑 28 六	庚寅 29 日	辛卯 30 一	壬辰 (5) 二	癸巳 2 三	甲午 3 四	乙未 4 五	丙申 5 六	丁酉 6 日	戊戌 7 一	己亥 8 二	庚子 9 三	辛丑 10 四	壬寅 11 五	癸卯 12 六	甲辰 13 日	乙巳 14 一	丙午 15 二	庚寅立夏 乙巳小滿
五月大	甲午	天干地支 西曆 星期	丁未 16 三	戊申 17 四	己酉 18 五	庚戌 19 六	辛亥 20 日	壬子 21 一	癸丑 22 二	甲寅 23 三	乙卯 24 四	丙辰 25 五	丁巳 26 六	戊午 27 日	己未 28 一	庚申 29 二	辛酉 30 三	壬戌 31 四	癸亥 (6) 五	甲子 2 六	乙丑 3 日	丙寅 4 一	丁卯 5 二	戊辰 6 三	己巳 7 四	庚午 8 五	辛未 9 六	壬申 10 日	癸酉 11 一	甲戌 12 二	乙亥 13 三	丙子 14 四	辛酉芒種 丙子夏至
閏五月小	甲午	天干地支 西曆 星期	丁丑 15 五	戊寅 16 六	己卯 17 日	庚辰 18 一	辛巳 19 二	壬午 20 三	癸未 21 四	甲申 22 五	乙酉 23 六	丙戌 24 日	丁亥 25 一	戊子 26 二	己丑 27 三	庚寅 28 四	辛卯 29 五	壬辰 30 六	癸巳 (7) 日	甲午 2 一	乙未 3 二	丙申 4 三	丁酉 5 四	戊戌 6 五	己亥 7 六	庚子 8 日	辛丑 9 一	壬寅 10 二	癸卯 11 三	甲辰 12 四	乙巳 13 五		辛卯小暑
六月大	乙未	天干地支 西曆 星期	丙午 14 六	丁未 15 日	戊申 16 一	己酉 17 二	庚戌 18 三	辛亥 19 四	壬子 20 五	癸丑 21 六	甲寅 22 日	乙卯 23 一	丙辰 24 二	丁巳 25 三	戊午 26 四	己未 27 五	庚申 28 六	辛酉 29 日	壬戌 30 一	癸亥 31 二	甲子 (8) 三	乙丑 2 四	丙寅 3 五	丁卯 4 六	戊辰 5 日	己巳 6 一	庚午 7 二	辛未 8 三	壬申 9 四	癸酉 10 五	甲戌 11 六	乙亥 12 日	丙午大暑 辛酉立秋
七月大	丙申	天干地支 西曆 星期	丙子 13 一	丁丑 14 二	戊寅 15 三	己卯 16 四	庚辰 17 五	辛巳 18 六	壬午 19 日	癸未 20 一	甲申 21 二	乙酉 22 三	丙戌 23 四	丁亥 24 五	戊子 25 六	己丑 26 日	庚寅 27 一	辛卯 28 二	壬辰 29 三	癸巳 30 四	甲午 31 五	乙未 (9) 六	丙申 2 日	丁酉 3 一	戊戌 4 二	己亥 5 三	庚子 6 四	辛丑 7 五	壬寅 8 六	癸卯 9 日	甲辰 10 一	乙巳 11 二	丁丑處暑 壬辰白露
八月小	丁酉	天干地支 西曆 星期	丙午 12 三	丁未 13 四	戊申 14 五	己酉 15 六	庚戌 16 日	辛亥 17 一	壬子 18 二	癸丑 19 三	甲寅 20 四	乙卯 21 五	丙辰 22 六	丁巳 23 日	戊午 24 一	己未 25 二	庚申 26 三	辛酉 27 四	壬戌 28 五	癸亥 29 六	甲子 30 日	乙丑 (10) 一	丙寅 2 二	丁卯 3 三	戊辰 4 四	己巳 5 五	庚午 6 六	辛未 7 日	壬申 8 一	癸酉 9 二	甲戌 10 三		丁未秋分 壬戌寒露
九月大	戊戌	天干地支 西曆 星期	乙亥 11 四	丙子 12 五	丁丑 13 六	戊寅 14 日	己卯 15 一	庚辰 16 二	辛巳 17 三	壬午 18 四	癸未 19 五	甲申 20 六	乙酉 21 日	丙戌 22 一	丁亥 23 二	戊子 24 三	己丑 25 四	庚寅 26 五	辛卯 27 六	壬辰 28 日	癸巳 29 一	甲午 30 二	乙未 31 三	丙申 (11) 四	丁酉 2 五	戊戌 3 六	己亥 4 日	庚子 5 一	辛丑 6 二	壬寅 7 三	癸卯 8 四	甲辰 9 五	丁丑霜降 癸巳立冬
十月小	己亥	天干地支 西曆 星期	乙巳 10 六	丙午 11 日	丁未 12 一	戊申 13 二	己酉 14 三	庚戌 15 四	辛亥 16 五	壬子 17 六	癸丑 18 日	甲寅 19 一	乙卯 20 二	丙辰 21 三	丁巳 22 四	戊午 23 五	己未 24 六	庚申 25 日	辛酉 26 一	壬戌 27 二	癸亥 28 三	甲子 29 四	乙丑 30 五	丙寅 (12) 六	丁卯 2 日	戊辰 3 一	己巳 4 二	庚午 5 三	辛未 6 四	壬申 7 五	癸酉 8 六		戊申小雪 癸亥大雪
十一月大	庚子	天干地支 西曆 星期	甲戌 9 日	乙亥 10 一	丙子 11 二	丁丑 12 三	戊寅 13 四	己卯 14 五	庚辰 15 六	辛巳 16 日	壬午 17 一	癸未 18 二	甲申 19 三	乙酉 20 四	丙戌 21 五	丁亥 22 六	戊子 23 日	己丑 24 一	庚寅 25 二	辛卯 26 三	壬辰 27 四	癸巳 28 五	甲午 29 六	乙未 30 日	丙申 31 一	丁酉 (1) 二	戊戌 2 三	己亥 3 四	庚子 4 五	辛丑 5 六	壬寅 6 日	癸卯 7 一	戊寅冬至 甲午小寒
十二月小	辛丑	天干地支 西曆 星期	甲辰 8 二	乙巳 9 三	丙午 10 四	丁未 11 五	戊申 12 六	己酉 13 日	庚戌 14 一	辛亥 15 二	壬子 16 三	癸丑 17 四	甲寅 18 五	乙卯 19 六	丙辰 20 日	丁巳 21 一	戊午 22 二	己未 23 三	庚申 24 四	辛酉 25 五	壬戌 26 六	癸亥 27 日	甲子 28 一	乙丑 29 二	丙寅 30 三	丁卯 31 四	戊辰 (2) 五	己巳 2 六	庚午 3 日	辛未 4 一	壬申 5 二		己酉大寒 甲子立春

* 正月己酉（初一），改元至正。

元順帝至正二年（壬午 馬年） 公元 1342 ~ 1343 年

夏曆月序		中西曆日對照	初一	初二	初三	初四	初五	初六	初七	初八	初九	初十	十一	十二	十三	十四	十五	十六	十七	十八	十九	二十	二一	二二	二三	二四	二五	二六	二七	二八	二九	三十	節氣與天象
正月小	壬寅	天干地支西曆星期	癸酉 6 三	甲戌 7 四	乙亥 8 五	丙子 9 六	丁丑 10 日	戊寅 11 一	己卯 12 二	庚辰 13 三	辛巳 14 四	壬午 15 五	癸未 16 六	甲申 17 日	乙酉 18 一	丙戌 19 二	丁亥 20 三	戊子 21 四	己丑 22 五	庚寅 23 六	辛卯 24 日	壬辰 25 一	癸巳 26 二	甲午 27 三	乙未 28 四	丙申 (3) 五	丁酉 2 六	戊戌 3 日	己亥 4 一	庚子 5 二	辛丑 6 三		己卯雨水 甲午驚蟄
二月大	癸卯	天干地支西曆星期	壬寅 7 四	癸卯 8 五	甲辰 9 六	乙巳 10 日	丙午 11 一	丁未 12 二	戊申 13 三	己酉 14 四	庚戌 15 五	辛亥 16 六	壬子 17 日	癸丑 18 一	甲寅 19 二	乙卯 20 三	丙辰 21 四	丁巳 22 五	戊午 23 六	己未 24 日	庚申 25 一	辛酉 26 二	壬戌 27 三	癸亥 28 四	甲子 29 五	乙丑 30 六	丙寅 31 日	丁卯 (4) 一	戊辰 2 二	己巳 3 三	庚午 4 四	辛未 5 五	庚戌春分 乙丑清明
三月小	甲辰	天干地支西曆星期	壬申 6 六	癸酉 7 日	甲戌 8 一	乙亥 9 二	丙子 10 三	丁丑 11 四	戊寅 12 五	己卯 13 六	庚辰 14 日	辛巳 15 一	壬午 16 二	癸未 17 三	甲申 18 四	乙酉 19 五	丙戌 20 六	丁亥 21 日	戊子 22 一	己丑 23 二	庚寅 24 三	辛卯 25 四	壬辰 26 五	癸巳 27 六	甲午 28 日	乙未 29 一	丙申 30 二	丁酉 (5) 三	戊戌 2 四	己亥 3 五	庚子 4 六		庚辰穀雨 乙未立夏
四月大	乙巳	天干地支西曆星期	辛丑 5 日	壬寅 6 一	癸卯 7 二	甲辰 8 三	乙巳 9 四	丙午 10 五	丁未 11 六	戊申 12 日	己酉 13 一	庚戌 14 二	辛亥 15 三	壬子 16 四	癸丑 17 五	甲寅 18 六	乙卯 19 日	丙辰 20 一	丁巳 21 二	戊午 22 三	己未 23 四	庚申 24 五	辛酉 25 六	壬戌 26 日	癸亥 27 一	甲子 28 二	乙丑 29 三	丙寅 30 四	丁卯 31 五	戊辰 (6) 六	己巳 2 日	庚午 3 一	辛亥小滿 丙寅芒種
五月小	丙午	天干地支西曆星期	辛未 4 二	壬申 5 三	癸酉 6 四	甲戌 7 五	乙亥 8 六	丙子 9 日	丁丑 10 一	戊寅 11 二	己卯 12 三	庚辰 13 四	辛巳 14 五	壬午 15 六	癸未 16 日	甲申 17 一	乙酉 18 二	丙戌 19 三	丁亥 20 四	戊子 21 五	己丑 22 六	庚寅 23 日	辛卯 24 一	壬辰 25 二	癸巳 26 三	甲午 27 四	乙未 28 五	丙申 29 六	丁酉 30 日	戊戌 (7) 一	己亥 2 二		辛巳夏至 丙申小暑
六月大	丁未	天干地支西曆星期	庚子 3 三	辛丑 4 四	壬寅 5 五	癸卯 6 六	甲辰 7 日	乙巳 8 一	丙午 9 二	丁未 10 三	戊申 11 四	己酉 12 五	庚戌 13 六	辛亥 14 日	壬子 15 一	癸丑 16 二	甲寅 17 三	乙卯 18 四	丙辰 19 五	丁巳 20 六	戊午 21 日	己未 22 一	庚申 23 二	辛酉 24 三	壬戌 25 四	癸亥 26 五	甲子 27 六	乙丑 28 日	丙寅 29 一	丁卯 30 二	戊辰 31 三	己巳 (8) 四	辛亥大暑 丁卯立秋
七月大	戊申	天干地支西曆星期	庚午 2 五	辛未 3 六	壬申 4 日	癸酉 5 一	甲戌 6 二	乙亥 7 三	丙子 8 四	丁丑 9 五	戊寅 10 六	己卯 11 日	庚辰 12 一	辛巳 13 二	壬午 14 三	癸未 15 四	甲申 16 五	乙酉 17 六	丙戌 18 日	丁亥 19 一	戊子 20 二	己丑 21 三	庚寅 22 四	辛卯 23 五	壬辰 24 六	癸巳 25 日	甲午 26 一	乙未 27 二	丙申 28 三	丁酉 29 四	戊戌 30 五	己亥 31 六	壬午處暑 丁酉白露
八月小	己酉	天干地支西曆星期	庚子 (9) 日	辛丑 2 一	壬寅 3 二	癸卯 4 三	甲辰 5 四	乙巳 6 五	丙午 7 六	丁未 8 日	戊申 9 一	己酉 10 二	庚戌 11 三	辛亥 12 四	壬子 13 五	癸丑 14 六	甲寅 15 日	乙卯 16 一	丙辰 17 二	丁巳 18 三	戊午 19 四	己未 20 五	庚申 21 六	辛酉 22 日	壬戌 23 一	癸亥 24 二	甲子 25 三	乙丑 26 四	丙寅 27 五	丁卯 28 六	戊辰 29 日		壬子秋分 戊辰寒露
九月大	庚戌	天干地支西曆星期	己巳 30 一	庚午 (10) 二	辛未 2 三	壬申 3 四	癸酉 4 五	甲戌 5 六	乙亥 6 日	丙子 7 一	丁丑 8 二	戊寅 9 三	己卯 10 四	庚辰 11 五	辛巳 12 六	壬午 13 日	癸未 14 一	甲申 15 二	乙酉 16 三	丙戌 17 四	丁亥 18 五	戊子 19 六	己丑 20 日	庚寅 21 一	辛卯 22 二	壬辰 23 三	癸巳 24 四	甲午 25 五	乙未 26 六	丙申 27 日	丁酉 28 一	戊戌 29 二	癸未霜降 戊戌立冬
十月大	辛亥	天干地支西曆星期	己亥 30 三	庚子 31 四	辛丑 (11) 五	壬寅 2 六	癸卯 3 日	甲辰 4 一	乙巳 5 二	丙午 6 三	丁未 7 四	戊申 8 五	己酉 9 六	庚戌 10 日	辛亥 11 一	壬子 12 二	癸丑 13 三	甲寅 14 四	乙卯 15 五	丙辰 16 六	丁巳 17 日	戊午 18 一	己未 19 二	庚申 20 三	辛酉 21 四	壬戌 22 五	癸亥 23 六	甲子 24 日	乙丑 25 一	丙寅 26 二	丁卯 27 三	戊辰 28 四	癸丑小雪 戊辰大雪
十一月小	壬子	天干地支西曆星期	己巳 29 五	庚午 30 六	辛未 (12) 日	壬申 2 一	癸酉 3 二	甲戌 4 三	乙亥 5 四	丙子 6 五	丁丑 7 六	戊寅 8 日	己卯 9 一	庚辰 10 二	辛巳 11 三	壬午 12 四	癸未 13 五	甲申 14 六	乙酉 15 日	丙戌 16 一	丁亥 17 二	戊子 18 三	己丑 19 四	庚寅 20 五	辛卯 21 六	壬辰 22 日	癸巳 23 一	甲午 24 二	乙未 25 三	丙申 26 四	丁酉 27 五		甲申冬至
十二月大	癸丑	天干地支西曆星期	戊戌 28 六	己亥 29 日	庚子 30 一	辛丑 31 二	壬寅 (1) 三	癸卯 2 四	甲辰 3 五	乙巳 4 六	丙午 5 日	丁未 6 一	戊申 7 二	己酉 8 三	庚戌 9 四	辛亥 10 五	壬子 11 六	癸丑 12 日	甲寅 13 一	乙卯 14 二	丙辰 15 三	丁巳 16 四	戊午 17 五	己未 18 六	庚申 19 日	辛酉 20 一	壬戌 21 二	癸亥 22 三	甲子 23 四	乙丑 24 五	丙寅 25 六	丁卯 26 日	己亥小寒 甲寅大寒

元順帝至正三年（癸未 羊年） 公元 **1343** ~ 1344 年

夏曆月序		中西曆對照	夏曆日序																														節氣與天象
			初一	初二	初三	初四	初五	初六	初七	初八	初九	初十	十一	十二	十三	十四	十五	十六	十七	十八	十九	二十	二一	二二	二三	二四	二五	二六	二七	二八	二九	三十	
正月小	甲寅	天干 地支 西曆 星期	戊辰 27 一	己巳 28 二	庚午 29 三	辛未 30 四	壬申 31 五	癸酉 (2) 六	甲戌 2 日	乙亥 3 一	丙子 4 二	丁丑 5 三	戊寅 6 四	己卯 7 五	庚辰 8 六	辛巳 9 日	壬午 10 一	癸未 11 二	甲申 12 三	乙酉 13 四	丙戌 14 五	丁亥 15 六	戊子 16 日	己丑 17 一	庚寅 18 二	辛卯 19 三	壬辰 20 四	癸巳 21 五	甲午 22 六	乙未 23 日	丙申 24 一		己巳立春 甲申雨水
二月大	乙卯	天干 地支 西曆 星期	丁酉 25 二	戊戌 26 三	己亥 27 四	庚子 28 五	辛丑 (3) 六	壬寅 2 日	癸卯 3 一	甲辰 4 二	乙巳 5 三	丙午 6 四	丁未 7 五	戊申 8 六	己酉 9 日	庚戌 10 一	辛亥 11 二	壬子 12 三	癸丑 13 四	甲寅 14 五	乙卯 15 六	丙辰 16 日	丁巳 17 一	戊午 18 二	己未 19 三	庚申 20 四	辛酉 21 五	壬戌 22 六	癸亥 23 日	甲子 24 一	乙丑 25 二	丙寅 26 三	庚子驚蟄 乙卯春分
三月小	丙辰	天干 地支 西曆 星期	丁卯 27 四	戊辰 28 五	己巳 29 六	庚午 30 日	辛未 31 一	壬申 (4) 二	癸酉 2 三	甲戌 3 四	乙亥 4 五	丙子 5 六	丁丑 6 日	戊寅 7 一	己卯 8 二	庚辰 9 三	辛巳 10 四	壬午 11 五	癸未 12 六	甲申 13 日	乙酉 14 一	丙戌 15 二	丁亥 16 三	戊子 17 四	己丑 18 五	庚寅 19 六	辛卯 20 日	壬辰 21 一	癸巳 22 二	甲午 23 三	乙未 24 四		庚午清明 乙酉穀雨
四月小	丁巳	天干 地支 西曆 星期	丙申 25 五	丁酉 26 六	戊戌 27 日	己亥 28 一	庚子 29 二	辛丑 30 三	壬寅 (5) 四	癸卯 2 五	甲辰 3 六	乙巳 4 日	丙午 5 一	丁未 6 二	戊申 7 三	己酉 8 四	庚戌 9 五	辛亥 10 六	壬子 11 日	癸丑 12 一	甲寅 13 二	乙卯 14 三	丙辰 15 四	丁巳 16 五	戊午 17 六	己未 18 日	庚申 19 一	辛酉 20 二	壬戌 21 三	癸亥 22 四	甲子 23 五		辛丑立夏 丙辰小滿
五月大	戊午	天干 地支 西曆 星期	乙丑 24 六	丙寅 25 日	丁卯 26 一	戊辰 27 二	己巳 28 三	庚午 29 四	辛未 30 五	壬申 31 六	癸酉 (6) 日	甲戌 2 一	乙亥 3 二	丙子 4 三	丁丑 5 四	戊寅 6 五	己卯 7 六	庚辰 8 日	辛巳 9 一	壬午 10 二	癸未 11 三	甲申 12 四	乙酉 13 五	丙戌 14 六	丁亥 15 日	戊子 16 一	己丑 17 二	庚寅 18 三	辛卯 19 四	壬辰 20 五	癸巳 21 六	甲午 22 日	辛未芒種 丙戌夏至
六月小	己未	天干 地支 西曆 星期	乙未 23 一	丙申 24 二	丁酉 25 三	戊戌 26 四	己亥 27 五	庚子 28 六	辛丑 29 日	壬寅 30 一	癸卯 (7) 二	甲辰 2 三	乙巳 3 四	丙午 4 五	丁未 5 六	戊申 6 日	己酉 7 一	庚戌 8 二	辛亥 9 三	壬子 10 四	癸丑 11 五	甲寅 12 六	乙卯 13 日	丙辰 14 一	丁巳 15 二	戊午 16 三	己未 17 四	庚申 18 五	辛酉 19 六	壬戌 20 日	癸亥 21 一		辛丑小暑 丁巳大暑
七月大	庚申	天干 地支 西曆 星期	甲子 22 二	乙丑 23 三	丙寅 24 四	丁卯 25 五	戊辰 26 六	己巳 27 日	庚午 28 一	辛未 29 二	壬申 30 三	癸酉 31 四	甲戌 (8) 五	乙亥 2 六	丙子 3 日	丁丑 4 一	戊寅 5 二	己卯 6 三	庚辰 7 四	辛巳 8 五	壬午 9 六	癸未 10 日	甲申 11 一	乙酉 12 二	丙戌 13 三	丁亥 14 四	戊子 15 五	己丑 16 六	庚寅 17 日	辛卯 18 一	壬辰 19 二	癸巳 20 三	壬申立秋 丁亥處暑
八月小	辛酉	天干 地支 西曆 星期	甲午 21 四	乙未 22 五	丙申 23 六	丁酉 24 日	戊戌 25 一	己亥 26 二	庚子 27 三	辛丑 28 四	壬寅 29 五	癸卯 30 六	甲辰 31 日	乙巳 (9) 一	丙午 2 二	丁未 3 三	戊申 4 四	己酉 5 五	庚戌 6 六	辛亥 7 日	壬子 8 一	癸丑 9 二	甲寅 10 三	乙卯 11 四	丙辰 12 五	丁巳 13 六	戊午 14 日	己未 15 一	庚申 16 二	辛酉 17 三	壬戌 18 四		壬寅白露 戊午秋分
九月大	壬戌	天干 地支 西曆 星期	癸亥 19 五	甲子 20 六	乙丑 21 日	丙寅 22 一	丁卯 23 二	戊辰 24 三	己巳 25 四	庚午 26 五	辛未 27 六	壬申 28 日	癸酉 29 一	甲戌 30 二	乙亥 (10) 三	丙子 2 四	丁丑 3 五	戊寅 4 六	己卯 5 日	庚辰 6 一	辛巳 7 二	壬午 8 三	癸未 9 四	甲申 10 五	乙酉 11 六	丙戌 12 日	丁亥 13 一	戊子 14 二	己丑 15 三	庚寅 16 四	辛卯 17 五	壬辰 18 六	癸酉寒露 戊子霜降
十月大	癸亥	天干 地支 西曆 星期	癸巳 19 日	甲午 20 一	乙未 21 二	丙申 22 三	丁酉 23 四	戊戌 24 五	己亥 25 六	庚子 26 日	辛丑 27 一	壬寅 28 二	癸卯 29 三	甲辰 30 四	乙巳 31 五	丙午 (11) 六	丁未 2 日	戊申 3 一	己酉 4 二	庚戌 5 三	辛亥 6 四	壬子 7 五	癸丑 8 六	甲寅 9 日	乙卯 10 一	丙辰 11 二	丁巳 12 三	戊午 13 四	己未 14 五	庚申 15 六	辛酉 16 日	壬戌 17 一	癸卯立冬 戊午小雪
十一月大	甲子	天干 地支 西曆 星期	癸亥 18 二	甲子 19 三	乙丑 20 四	丙寅 21 五	丁卯 22 六	戊辰 23 日	己巳 24 一	庚午 25 二	辛未 26 三	壬申 27 四	癸酉 28 五	甲戌 29 六	乙亥 30 日	丙子 (12) 一	丁丑 2 二	戊寅 3 三	己卯 4 四	庚辰 5 五	辛巳 6 六	壬午 7 日	癸未 8 一	甲申 9 二	乙酉 10 三	丙戌 11 四	丁亥 12 五	戊子 13 六	己丑 14 日	庚寅 15 一	辛卯 16 二	壬辰 17 三	甲戌大雪 己丑冬至
十二月小	乙丑	天干 地支 西曆 星期	癸巳 18 四	甲午 19 五	乙未 20 六	丙申 21 日	丁酉 22 一	戊戌 23 二	己亥 24 三	庚子 25 四	辛丑 26 五	壬寅 27 六	癸卯 28 日	甲辰 29 一	乙巳 30 二	丙午 31 三	丁未 (1) 四	戊申 2 五	己酉 3 六	庚戌 4 日	辛亥 5 一	壬子 6 二	癸丑 7 三	甲寅 8 四	乙卯 9 五	丙辰 10 六	丁巳 11 日	戊午 12 一	己未 13 二	庚申 14 三	辛酉 15 四		甲辰小寒 己未大寒

元順帝至正四年（甲申 猴年） 公元 **1344** ~ 1345 年

夏曆月序		中西曆日對照	初一	初二	初三	初四	初五	初六	初七	初八	初九	初十	十一	十二	十三	十四	十五	十六	十七	十八	十九	二十	二一	二二	二三	二四	二五	二六	二七	二八	二九	三十	節氣與天象
正月大	丙寅	天干 地支 西曆 星期	壬戌 16 五	癸亥 17 六	甲子 18 日	乙丑 19 一	丙寅 20 二	丁卯 21 三	戊辰 22 四	己巳 23 五	庚午 24 六	辛未 25 日	壬申 26 一	癸酉 27 二	甲戌 28 三	乙亥 29 四	丙子 30 五	丁丑 31 六	戊寅 (2) 日	己卯 2 一	庚辰 3 二	辛巳 4 三	壬午 5 四	癸未 6 五	甲申 7 六	乙酉 8 日	丙戌 9 一	丁亥 10 二	戊子 11 三	己丑 12 四	庚寅 13 五	辛卯 14 六	甲戌立春 庚寅雨水
二月小	丁卯	天干 地支 西曆 星期	壬辰 15 日	癸巳 16 一	甲午 17 二	乙未 18 三	丙申 19 四	丁酉 20 五	戊戌 21 六	己亥 22 日	庚子 23 一	辛丑 24 二	壬寅 25 三	癸卯 26 四	甲辰 27 五	乙巳 28 六	丙午 29 日	丁未 (3) 一	戊申 2 二	己酉 3 三	庚戌 4 四	辛亥 5 五	壬子 6 六	癸丑 7 日	甲寅 8 一	乙卯 9 二	丙辰 10 三	丁巳 11 四	戊午 12 五	己未 13 六	庚申 14 日		乙巳驚蟄 庚申春分
閏二月大	丁卯	天干 地支 西曆 星期	辛酉 15 一	壬戌 16 二	癸亥 17 三	甲子 18 四	乙丑 19 五	丙寅 20 六	丁卯 21 日	戊辰 22 一	己巳 23 二	庚午 24 三	辛未 25 四	壬申 26 五	癸酉 27 六	甲戌 28 日	乙亥 29 一	丙子 30 二	丁丑 31 三	戊寅 (4) 四	己卯 2 五	庚辰 3 六	辛巳 4 日	壬午 5 一	癸未 6 二	甲申 7 三	乙酉 8 四	丙戌 9 五	丁亥 10 六	戊子 11 日	己丑 12 一	庚寅 13 二	乙亥清明
三月小	戊辰	天干 地支 西曆 星期	辛卯 14 三	壬辰 15 四	癸巳 16 五	甲午 17 六	乙未 18 日	丙申 19 一	丁酉 20 二	戊戌 21 三	己亥 22 四	庚子 23 五	辛丑 24 六	壬寅 25 日	癸卯 26 一	甲辰 27 二	乙巳 28 三	丙午 29 四	丁未 30 五	戊申 (5) 六	己酉 2 日	庚戌 3 一	辛亥 4 二	壬子 5 三	癸丑 6 四	甲寅 7 五	乙卯 8 六	丙辰 9 日	丁巳 10 一	戊午 11 二	己未 12 三		辛卯穀雨 丙午立夏
四月小	己巳	天干 地支 西曆 星期	庚申 13 四	辛酉 14 五	壬戌 15 六	癸亥 16 日	甲子 17 一	乙丑 18 二	丙寅 19 三	丁卯 20 四	戊辰 21 五	己巳 22 六	庚午 23 日	辛未 24 一	壬申 25 二	癸酉 26 三	甲戌 27 四	乙亥 28 五	丙子 29 六	丁丑 30 日	戊寅 31 一	己卯 (6) 二	庚辰 2 三	辛巳 3 四	壬午 4 五	癸未 5 六	甲申 6 日	乙酉 7 一	丙戌 8 二	丁亥 9 三	戊子 10 四		辛酉小滿 丙子芒種
五月小	庚午	天干 地支 西曆 星期	己丑 11 五	庚寅 12 六	辛卯 13 日	壬辰 14 一	癸巳 15 二	甲午 16 三	乙未 17 四	丙申 18 五	丁酉 19 六	戊戌 20 日	己亥 21 一	庚子 22 二	辛丑 23 三	壬寅 24 四	癸卯 25 五	甲辰 26 六	乙巳 27 日	丙午 28 一	丁未 29 二	戊申 30 三	己酉 (7) 四	庚戌 2 五	辛亥 3 六	壬子 4 日	癸丑 5 一	甲寅 6 二	乙卯 7 三	丙辰 8 四	丁巳 9 五		辛卯夏至 丁未小暑
六月大	辛未	天干 地支 西曆 星期	戊午 10 六	己未 11 日	庚申 12 一	辛酉 13 二	壬戌 14 三	癸亥 15 四	甲子 16 五	乙丑 17 六	丙寅 18 日	丁卯 19 一	戊辰 20 二	己巳 21 三	庚午 22 四	辛未 23 五	壬申 24 六	癸酉 25 日	甲戌 26 一	乙亥 27 二	丙子 28 三	丁丑 29 四	戊寅 30 五	己卯 31 六	庚辰 (8) 日	辛巳 2 一	壬午 3 二	癸未 4 三	甲申 5 四	乙酉 6 五	丙戌 7 六	丁亥 8 日	壬戌大暑 丁丑立秋
七月小	壬申	天干 地支 西曆 星期	戊子 9 一	己丑 10 二	庚寅 11 三	辛卯 12 四	壬辰 13 五	癸巳 14 六	甲午 15 日	乙未 16 一	丙申 17 二	丁酉 18 三	戊戌 19 四	己亥 20 五	庚子 21 六	辛丑 22 日	壬寅 23 一	癸卯 24 二	甲辰 25 三	乙巳 26 四	丙午 27 五	丁未 28 六	戊申 29 日	己酉 30 一	庚戌 31 二	辛亥 (9) 三	壬子 2 四	癸丑 3 五	甲寅 4 六	乙卯 5 日	丙辰 6 一		壬辰處暑 戊申白露
八月大	癸酉	天干 地支 西曆 星期	丁巳 7 二	戊午 8 三	己未 9 四	庚申 10 五	辛酉 11 六	壬戌 12 日	癸亥 13 一	甲子 14 二	乙丑 15 三	丙寅 16 四	丁卯 17 五	戊辰 18 六	己巳 19 日	庚午 20 一	辛未 21 二	壬申 22 三	癸酉 23 四	甲戌 24 五	乙亥 25 六	丙子 26 日	丁丑 27 一	戊寅 28 二	己卯 29 三	庚辰 30 四	辛巳 (10) 五	壬午 2 六	癸未 3 日	甲申 4 一	乙酉 5 二	丙戌 6 三	癸亥秋分 戊寅寒露
九月大	甲戌	天干 地支 西曆 星期	丁亥 7 四	戊子 8 五	己丑 9 六	庚寅 10 日	辛卯 11 一	壬辰 12 二	癸巳 13 三	甲午 14 四	乙未 15 五	丙申 16 六	丁酉 17 日	戊戌 18 一	己亥 19 二	庚子 20 三	辛丑 21 四	壬寅 22 五	癸卯 23 六	甲辰 24 日	乙巳 25 一	丙午 26 二	丁未 27 三	戊申 28 四	己酉 29 五	庚戌 30 六	辛亥 31 日	壬子 (11) 一	癸丑 2 二	甲寅 3 三	乙卯 4 四	丙辰 5 五	癸巳霜降 戊申立冬 丁亥日食
十月大	乙亥	天干 地支 西曆 星期	丁巳 6 六	戊午 7 日	己未 8 一	庚申 9 二	辛酉 10 三	壬戌 11 四	癸亥 12 五	甲子 13 六	乙丑 14 日	丙寅 15 一	丁卯 16 二	戊辰 17 三	己巳 18 四	庚午 19 五	辛未 20 六	壬申 21 日	癸酉 22 一	甲戌 23 二	乙亥 24 三	丙子 25 四	丁丑 26 五	戊寅 27 六	己卯 28 日	庚辰 29 一	辛巳 30 二	壬午 (12) 三	癸未 2 四	甲申 3 五	乙酉 4 六	丙戌 5 日	甲子小雪 己卯大雪
十一月小	丙子	天干 地支 西曆 星期	丁亥 6 一	戊子 7 二	己丑 8 三	庚寅 9 四	辛卯 10 五	壬辰 11 六	癸巳 12 日	甲午 13 一	乙未 14 二	丙申 15 三	丁酉 16 四	戊戌 17 五	己亥 18 六	庚子 19 日	辛丑 20 一	壬寅 21 二	癸卯 22 三	甲辰 23 四	乙巳 24 五	丙午 25 六	丁未 26 日	戊申 27 一	己酉 28 二	庚戌 29 三	辛亥 30 四	壬子 31 五	癸丑 (1) 六	甲寅 2 日	乙卯 3 一		甲午冬至 己酉小寒
十二月大	丁丑	天干 地支 西曆 星期	丙辰 4 二	丁巳 5 三	戊午 6 四	己未 7 五	庚申 8 六	辛酉 9 日	壬戌 10 一	癸亥 11 二	甲子 12 三	乙丑 13 四	丙寅 14 五	丁卯 15 六	戊辰 16 日	己巳 17 一	庚午 18 二	辛未 19 三	壬申 20 四	癸酉 21 五	甲戌 22 六	乙亥 23 日	丙子 24 一	丁丑 25 二	戊寅 26 三	己卯 27 四	庚辰 28 五	辛巳 29 六	壬午 30 日	癸未 31 一	甲申 (2) 二	乙酉 2 三	乙丑大寒 庚辰立春

元順帝至正五年（乙酉 鷄年） 公元 1345 ~ 1346 年

夏曆月序		中西曆日對照	夏曆日序																														節氣與天象
			初一	初二	初三	初四	初五	初六	初七	初八	初九	初十	十一	十二	十三	十四	十五	十六	十七	十八	十九	二十	二一	二二	二三	二四	二五	二六	二七	二八	二九	三十	
正月大	戊寅	天干地支 西曆 星期	丙戌 3 四	丁亥 4 五	戊子 5 六	己丑 6 日	庚寅 7 一	辛卯 8 二	壬辰 9 三	癸巳 10 四	甲午 11 五	乙未 12 六	丙申 13 日	丁酉 14 一	戊戌 15 二	己亥 16 三	庚子 17 四	辛丑 18 五	壬寅 19 六	癸卯 20 日	甲辰 21 一	乙巳 22 二	丙午 23 三	丁未 24 四	戊申 25 五	己酉 26 六	庚戌 27 日	辛亥 28 一	壬子 (3) 二	癸丑 2 三	甲寅 3 四	乙卯 4 五	乙未雨水 庚戌驚蟄
二月小	己卯	天干地支 西曆 星期	丙辰 5 六	丁巳 6 日	戊午 7 一	己未 8 二	庚申 9 三	辛酉 10 四	壬戌 11 五	癸亥 12 六	甲子 13 日	乙丑 14 一	丙寅 15 二	丁卯 16 三	戊辰 17 四	己巳 18 五	庚午 19 六	辛未 20 日	壬申 21 一	癸酉 22 二	甲戌 23 三	乙亥 24 四	丙子 25 五	丁丑 26 六	戊寅 27 日	己卯 28 一	庚辰 29 二	辛巳 30 三	壬午 31 四	癸未 (4) 五	甲申 2 六		乙丑春分 辛巳清明
三月大	庚辰	天干地支 西曆 星期	乙酉 3 日	丙戌 4 一	丁亥 5 二	戊子 6 三	己丑 7 四	庚寅 8 五	辛卯 9 六	壬辰 10 日	癸巳 11 一	甲午 12 二	乙未 13 三	丙申 14 四	丁酉 15 五	戊戌 16 六	己亥 17 日	庚子 18 一	辛丑 19 二	壬寅 20 三	癸卯 21 四	甲辰 22 五	乙巳 23 六	丙午 24 日	丁未 25 一	戊申 26 二	己酉 27 三	庚戌 28 四	辛亥 29 五	壬子 30 六	癸丑 (5) 日	甲寅 2 一	丙申穀雨 辛亥立夏
四月小	辛巳	天干地支 西曆 星期	乙卯 3 二	丙辰 4 三	丁巳 5 四	戊午 6 五	己未 7 六	庚申 8 日	辛酉 9 一	壬戌 10 二	癸亥 11 三	甲子 12 四	乙丑 13 五	丙寅 14 六	丁卯 15 日	戊辰 16 一	己巳 17 二	庚午 18 三	辛未 19 四	壬申 20 五	癸酉 21 六	甲戌 22 日	乙亥 23 一	丙子 24 二	丁丑 25 三	戊寅 26 四	己卯 27 五	庚辰 28 六	辛巳 29 日	壬午 30 一	癸未 31 二		丙寅小滿 辛巳芒種
五月小	壬午	天干地支 西曆 星期	甲申 (6) 三	乙酉 2 四	丙戌 3 五	丁亥 4 六	戊子 5 日	己丑 6 一	庚寅 7 二	辛卯 8 三	壬辰 9 四	癸巳 10 五	甲午 11 六	乙未 12 日	丙申 13 一	丁酉 14 二	戊戌 15 三	己亥 16 四	庚子 17 五	辛丑 18 六	壬寅 19 日	癸卯 20 一	甲辰 21 二	乙巳 22 三	丙午 23 四	丁未 24 五	戊申 25 六	己酉 26 日	庚戌 27 一	辛亥 28 二	壬子 29 三		丁酉夏至 壬子小暑
六月小	癸未	天干地支 西曆 星期	癸丑 30 四	甲寅 (7) 五	乙卯 2 六	丙辰 3 日	丁巳 4 一	戊午 5 二	己未 6 三	庚申 7 四	辛酉 8 五	壬戌 9 六	癸亥 10 日	甲子 11 一	乙丑 12 二	丙寅 13 三	丁卯 14 四	戊辰 15 五	己巳 16 六	庚午 17 日	辛未 18 一	壬申 19 二	癸酉 20 三	甲戌 21 四	乙亥 22 五	丙子 23 六	丁丑 24 日	戊寅 25 一	己卯 26 二	庚辰 27 三	辛巳 28 四		丁卯大暑
七月大	甲申	天干地支 西曆 星期	壬午 29 五	癸未 30 六	甲申 31 日	乙酉 (8) 一	丙戌 2 二	丁亥 3 三	戊子 4 四	己丑 5 五	庚寅 6 六	辛卯 7 日	壬辰 8 一	癸巳 9 二	甲午 10 三	乙未 11 四	丙申 12 五	丁酉 13 六	戊戌 14 日	己亥 15 一	庚子 16 二	辛丑 17 三	壬寅 18 四	癸卯 19 五	甲辰 20 六	乙巳 21 日	丙午 22 一	丁未 23 二	戊申 24 三	己酉 25 四	庚戌 26 五	辛亥 27 六	壬午立秋 戊戌處暑
八月小	乙酉	天干地支 西曆 星期	壬子 28 日	癸丑 29 一	甲寅 30 二	乙卯 31 三	丙辰 (9) 四	丁巳 2 五	戊午 3 六	己未 4 日	庚申 5 一	辛酉 6 二	壬戌 7 三	癸亥 8 四	甲子 9 五	乙丑 10 六	丙寅 11 日	丁卯 12 一	戊辰 13 二	己巳 14 三	庚午 15 四	辛未 16 五	壬申 17 六	癸酉 18 日	甲戌 19 一	乙亥 20 二	丙子 21 三	丁丑 22 四	戊寅 23 五	己卯 24 六	庚辰 25 日		癸丑白露 戊辰秋分
九月大	丙戌	天干地支 西曆 星期	辛巳 26 一	壬午 27 二	癸未 28 三	甲申 29 四	乙酉 30 五	丙戌 (10) 六	丁亥 2 日	戊子 3 一	己丑 4 二	庚寅 5 三	辛卯 6 四	壬辰 7 五	癸巳 8 六	甲午 9 日	乙未 10 一	丙申 11 二	丁酉 12 三	戊戌 13 四	己亥 14 五	庚子 15 六	辛丑 16 日	壬寅 17 一	癸卯 18 二	甲辰 19 三	乙巳 20 四	丙午 21 五	丁未 22 六	戊申 23 日	己酉 24 一	庚戌 25 二	癸未寒露 戊戌霜降
十月大	丁亥	天干地支 西曆 星期	辛亥 26 三	壬子 27 四	癸丑 28 五	甲寅 29 六	乙卯 30 日	丙辰 31 一	丁巳 (11) 二	戊午 2 三	己未 3 四	庚申 4 五	辛酉 5 六	壬戌 6 日	癸亥 7 一	甲子 8 二	乙丑 9 三	丙寅 10 四	丁卯 11 五	戊辰 12 六	己巳 13 日	庚午 14 一	辛未 15 二	壬申 16 三	癸酉 17 四	甲戌 18 五	乙亥 19 六	丙子 20 日	丁丑 21 一	戊寅 22 二	己卯 23 三	庚辰 24 四	甲寅立冬 己巳小雪
十一月小	戊子	天干地支 西曆 星期	辛巳 25 五	壬午 26 六	癸未 27 日	甲申 28 一	乙酉 29 二	丙戌 30 三	丁亥 (12) 四	戊子 2 五	己丑 3 六	庚寅 4 日	辛卯 5 一	壬辰 6 二	癸巳 7 三	甲午 8 四	乙未 9 五	丙申 10 六	丁酉 11 日	戊戌 12 一	己亥 13 二	庚子 14 三	辛丑 15 四	壬寅 16 五	癸卯 17 六	甲辰 18 日	乙巳 19 一	丙午 20 二	丁未 21 三	戊申 22 四	己酉 23 五		甲申大雪 己亥冬至
十二月大	己丑	天干地支 西曆 星期	庚戌 24 六	辛亥 25 日	壬子 26 一	癸丑 27 二	甲寅 28 三	乙卯 29 四	丙辰 30 五	丁巳 31 六	戊午 (1) 日	己未 2 一	庚申 3 二	辛酉 4 三	壬戌 5 四	癸亥 6 五	甲子 7 六	乙丑 8 日	丙寅 9 一	丁卯 10 二	戊辰 11 三	己巳 12 四	庚午 13 五	辛未 14 六	壬申 15 日	癸酉 16 一	甲戌 17 二	乙亥 18 三	丙子 19 四	丁丑 20 五	戊寅 21 六	己卯 22 日	乙卯小寒 庚午大寒

元順帝至正六年（丙戌 狗年） 公元 1346 ~ 1347 年

夏曆月序		中西曆日對照	夏曆日序																														節氣與天象
			初一	初二	初三	初四	初五	初六	初七	初八	初九	初十	十一	十二	十三	十四	十五	十六	十七	十八	十九	二十	二一	二二	二三	二四	二五	二六	二七	二八	二九	三十	
正月大	庚寅	天干地支 西曆 星期	庚辰 23 一	辛巳 24 二	壬午 25 三	癸未 26 四	甲申 27 五	乙酉 28 六	丙戌 29 日	丁亥 30 一	戊子 31 二	己丑 (2) 三	庚寅 2 四	辛卯 3 五	壬辰 4 六	癸巳 5 日	甲午 6 一	乙未 7 二	丙申 8 三	丁酉 9 四	戊戌 10 五	己亥 11 六	庚子 12 日	辛丑 13 一	壬寅 14 二	癸卯 15 三	甲辰 16 四	乙巳 17 五	丙午 18 六	丁未 19 日	戊申 20 一	己酉 21 二	乙酉立春 庚子雨水
二月大	辛卯	天干地支 西曆 星期	庚戌 22 三	辛亥 23 四	壬子 24 五	癸丑 25 六	甲寅 26 日	乙卯 27 一	丙辰 28 二	丁巳 (3) 三	戊午 2 四	己未 3 五	庚申 4 六	辛酉 5 日	壬戌 6 一	癸亥 7 二	甲子 8 三	乙丑 9 四	丙寅 10 五	丁卯 11 六	戊辰 12 日	己巳 13 一	庚午 14 二	辛未 15 三	壬申 16 四	癸酉 17 五	甲戌 18 六	乙亥 19 日	丙子 20 一	丁丑 21 二	戊寅 22 三	己卯 23 四	乙卯驚蟄 辛未春分 庚戌日食
三月小	壬辰	天干地支 西曆 星期	庚辰 24 五	辛巳 25 六	壬午 26 日	癸未 27 一	甲申 28 二	乙酉 29 三	丙戌 30 四	丁亥 31 五	戊子 (4) 六	己丑 2 日	庚寅 3 一	辛卯 4 二	壬辰 5 三	癸巳 6 四	甲午 7 五	乙未 8 六	丙申 9 日	丁酉 10 一	戊戌 11 二	己亥 12 三	庚子 13 四	辛丑 14 五	壬寅 15 六	癸卯 16 日	甲辰 17 一	乙巳 18 二	丙午 19 三	丁未 20 四	戊申 21 五		丙戌清明 辛丑穀雨
四月大	癸巳	天干地支 西曆 星期	己酉 22 六	庚戌 23 日	辛亥 24 一	壬子 25 二	癸丑 26 三	甲寅 27 四	乙卯 28 五	丙辰 29 六	丁巳 30 日	戊午 (5) 一	己未 2 二	庚申 3 三	辛酉 4 四	壬戌 5 五	癸亥 6 六	甲子 7 日	乙丑 8 一	丙寅 9 二	丁卯 10 三	戊辰 11 四	己巳 12 五	庚午 13 六	辛未 14 日	壬申 15 一	癸酉 16 二	甲戌 17 三	乙亥 18 四	丙子 19 五	丁丑 20 六	戊寅 21 日	丙辰立夏 壬申小滿
五月小	甲午	天干地支 西曆 星期	己卯 22 一	庚辰 23 二	辛巳 24 三	壬午 25 四	癸未 26 五	甲申 27 六	乙酉 28 日	丙戌 29 一	丁亥 30 二	戊子 31 三	己丑 (6) 四	庚寅 2 五	辛卯 3 六	壬辰 4 日	癸巳 5 一	甲午 6 二	乙未 7 三	丙申 8 四	丁酉 9 五	戊戌 10 六	己亥 11 日	庚子 12 一	辛丑 13 二	壬寅 14 三	癸卯 15 四	甲辰 16 五	乙巳 17 六	丙午 18 日	丁未 19 一		丁亥芒種 壬寅夏至
六月小	乙未	天干地支 西曆 星期	戊申 20 二	己酉 21 三	庚戌 22 四	辛亥 23 五	壬子 24 六	癸丑 25 日	甲寅 26 一	乙卯 27 二	丙辰 28 三	丁巳 29 四	戊午 30 五	己未 (7) 六	庚申 2 日	辛酉 3 一	壬戌 4 二	癸亥 5 三	甲子 6 四	乙丑 7 五	丙寅 8 六	丁卯 9 日	戊辰 10 一	己巳 11 二	庚午 12 三	辛未 13 四	壬申 14 五	癸酉 15 六	甲戌 16 日	乙亥 17 一	丙子 18 二		丁巳小暑 壬申大暑
七月小	丙申	天干地支 西曆 星期	丁丑 19 三	戊寅 20 四	己卯 21 五	庚辰 22 六	辛巳 23 日	壬午 24 一	癸未 25 二	甲申 26 三	乙酉 27 四	丙戌 28 五	丁亥 29 六	戊子 30 日	己丑 31 一	庚寅 (8) 二	辛卯 2 三	壬辰 3 四	癸巳 4 五	甲午 5 六	乙未 6 日	丙申 7 一	丁酉 8 二	戊戌 9 三	己亥 10 四	庚子 11 五	辛丑 12 六	壬寅 13 日	癸卯 14 一	甲辰 15 二	乙巳 16 三		戊子立秋 癸卯處暑
八月大	丁酉	天干地支 西曆 星期	丙午 17 四	丁未 18 五	戊申 19 六	己酉 20 日	庚戌 21 一	辛亥 22 二	壬子 23 三	癸丑 24 四	甲寅 25 五	乙卯 26 六	丙辰 27 日	丁巳 28 一	戊午 29 二	己未 30 三	庚申 31 四	辛酉 (9) 五	壬戌 2 六	癸亥 3 日	甲子 4 一	乙丑 5 二	丙寅 6 三	丁卯 7 四	戊辰 8 五	己巳 9 六	庚午 10 日	辛未 11 一	壬申 12 二	癸酉 13 三	甲戌 14 四	乙亥 15 五	戊午白露 癸酉秋分
九月小	戊戌	天干地支 西曆 星期	丙子 16 六	丁丑 17 日	戊寅 18 一	己卯 19 二	庚辰 20 三	辛巳 21 四	壬午 22 五	癸未 23 六	甲申 24 日	乙酉 25 一	丙戌 26 二	丁亥 27 三	戊子 28 四	己丑 29 五	庚寅 30 六	辛卯 (10) 日	壬辰 2 一	癸巳 3 二	甲午 4 三	乙未 5 四	丙申 6 五	丁酉 7 六	戊戌 8 日	己亥 9 一	庚子 10 二	辛丑 11 三	壬寅 12 四	癸卯 13 五	甲辰 14 六		戊子寒露 甲辰霜降
十月大	己亥	天干地支 西曆 星期	乙巳 15 日	丙午 16 一	丁未 17 二	戊申 18 三	己酉 19 四	庚戌 20 五	辛亥 21 六	壬子 22 日	癸丑 23 一	甲寅 24 二	乙卯 25 三	丙辰 26 四	丁巳 27 五	戊午 28 六	己未 29 日	庚申 30 一	辛酉 31 二	壬戌 (11) 三	癸亥 2 四	甲子 3 五	乙丑 4 六	丙寅 5 日	丁卯 6 一	戊辰 7 二	己巳 8 三	庚午 9 四	辛未 10 五	壬申 11 六	癸酉 12 日	甲戌 13 一	己未立冬 甲戌小雪
閏十月小	己亥	天干地支 西曆 星期	乙亥 14 二	丙子 15 三	丁丑 16 四	戊寅 17 五	己卯 18 六	庚辰 19 日	辛巳 20 一	壬午 21 二	癸未 22 三	甲申 23 四	乙酉 24 五	丙戌 25 六	丁亥 26 日	戊子 27 一	己丑 28 二	庚寅 29 三	辛卯 30 四	壬辰 (12) 五	癸巳 2 六	甲午 3 日	乙未 4 一	丙申 5 二	丁酉 6 三	戊戌 7 四	己亥 8 五	庚子 9 六	辛丑 10 日	壬寅 11 一	癸卯 12 二		己丑大雪
十一月大	庚子	天干地支 西曆 星期	甲辰 13 三	乙巳 14 四	丙午 15 五	丁未 16 六	戊申 17 日	己酉 18 一	庚戌 19 二	辛亥 20 三	壬子 21 四	癸丑 22 五	甲寅 23 六	乙卯 24 日	丙辰 25 一	丁巳 26 二	戊午 27 三	己未 28 四	庚申 29 五	辛酉 30 六	壬戌 31 日	癸亥 (1) 一	甲子 2 二	乙丑 3 三	丙寅 4 四	丁卯 5 五	戊辰 6 六	己巳 7 日	庚午 8 一	辛未 9 二	壬申 10 三	癸酉 11 四	乙巳冬至 庚申小寒
十二月大	辛丑	天干地支 西曆 星期	甲戌 12 五	乙亥 13 六	丙子 14 日	丁丑 15 一	戊寅 16 二	己卯 17 三	庚辰 18 四	辛巳 19 五	壬午 20 六	癸未 21 日	甲申 22 一	乙酉 23 二	丙戌 24 三	丁亥 25 四	戊子 26 五	己丑 27 六	庚寅 28 日	辛卯 29 一	壬辰 30 二	癸巳 31 三	甲午 (2) 四	乙未 2 五	丙申 3 六	丁酉 4 日	戊戌 5 一	己亥 6 二	庚子 7 三	辛丑 8 四	壬寅 9 五	癸卯 10 六	乙亥大寒 庚寅立春

元順帝至正七年（丁亥 猪年） 公元 1347 ~ 1348 年

夏曆月序	中西曆日對照	初一	初二	初三	初四	初五	初六	初七	初八	初九	初十	十一	十二	十三	十四	十五	十六	十七	十八	十九	二十	二一	二二	二三	二四	二五	二六	二七	二八	二九	三十	節氣與天象
正月大 壬寅	干支 西曆 星期	甲辰11日	乙巳12一	丙午13二	丁未14三	戊申15四	己酉16五	庚戌17六	辛亥18日	壬子19一	癸丑20二	甲寅21三	乙卯22四	丙辰23五	丁巳24六	戊午25日	己未26一	庚申27二	辛酉28三	壬戌(3)四	癸亥2五	甲子3六	乙丑4日	丙寅5一	丁卯6二	戊辰7三	己巳8四	庚午9五	辛未10六	壬申11日	癸酉12一	乙巳雨水 辛酉驚蟄
二月小 癸卯	干支 西曆 星期	甲戌13二	乙亥14三	丙子15四	丁丑16五	戊寅17六	己卯18日	庚辰19一	辛巳20二	壬午21三	癸未22四	甲申23五	乙酉24六	丙戌25日	丁亥26一	戊子27二	己丑28三	庚寅29四	辛卯30五	壬辰31六	癸巳(4)日	甲午2一	乙未3二	丙申4三	丁酉5四	戊戌6五	己亥7六	庚子8日	辛丑9一	壬寅10二		丙子春分 辛卯清明
三月大 甲辰	干支 西曆 星期	癸卯11三	甲辰12四	乙巳13五	丙午14六	丁未15日	戊申16一	己酉17二	庚戌18三	辛亥19四	壬子20五	癸丑21六	甲寅22日	乙卯23一	丙辰24二	丁巳25三	戊午26四	己未27五	庚申28六	辛酉29日	壬戌30一	癸亥(5)二	甲子2三	乙丑3四	丙寅4五	丁卯5六	戊辰6日	己巳7一	庚午8二	辛未9三	壬申10四	丙午穀雨 壬戌立夏
四月小 乙巳	干支 西曆 星期	癸酉11五	甲戌12六	乙亥13日	丙子14一	丁丑15二	戊寅16三	己卯17四	庚辰18五	辛巳19六	壬午20日	癸未21一	甲申22二	乙酉23三	丙戌24四	丁亥25五	戊子26六	己丑27日	庚寅28一	辛卯29二	壬辰30三	癸巳31四	甲午(6)五	乙未2六	丙申3日	丁酉4一	戊戌5二	己亥6三	庚子7四	辛丑8五		丁丑小滿 壬辰芒種
五月大 丙午	干支 西曆 星期	壬寅9六	癸卯10日	甲辰11一	乙巳12二	丙午13三	丁未14四	戊申15五	己酉16六	庚戌17日	辛亥18一	壬子19二	癸丑20三	甲寅21四	乙卯22五	丙辰23六	丁巳24日	戊午25一	己未26二	庚申27三	辛酉28四	壬戌29五	癸亥30六	甲子(7)日	乙丑2一	丙寅3二	丁卯4三	戊辰5四	己巳6五	庚午7六	辛未8日	丁未夏至 壬戌小暑
六月小 丁未	干支 西曆 星期	壬申9一	癸酉10二	甲戌11三	乙亥12四	丙子13五	丁丑14六	戊寅15日	己卯16一	庚辰17二	辛巳18三	壬午19四	癸未20五	甲申21六	乙酉22日	丙戌23一	丁亥24二	戊子25三	己丑26四	庚寅27五	辛卯28六	壬辰29日	癸巳30一	甲午31二	乙未(8)三	丙申2四	丁酉3五	戊戌4六	己亥5日	庚子6一		戊寅大暑 癸巳立秋
七月大 戊申	干支 西曆 星期	辛丑7二	壬寅8三	癸卯9四	甲辰10五	乙巳11六	丙午12日	丁未13一	戊申14二	己酉15三	庚戌16四	辛亥17五	壬子18六	癸丑19日	甲寅20一	乙卯21二	丙辰22三	丁巳23四	戊午24五	己未25六	庚申26日	辛酉27一	壬戌28二	癸亥29三	甲子30四	乙丑31五	丙寅(9)六	丁卯2日	戊辰3一	己巳4二	庚午5三	戊申處暑 癸亥白露
八月小 己酉	干支 西曆 星期	辛未6四	壬申7五	癸酉8六	甲戌9日	乙亥10一	丙子11二	丁丑12三	戊寅13四	己卯14五	庚辰15六	辛巳16日	壬午17一	癸未18二	甲申19三	乙酉20四	丙戌21五	丁亥22六	戊子23日	己丑24一	庚寅25二	辛卯26三	壬辰27四	癸巳28五	甲午29六	乙未30日	丙申(10)一	丁酉2二	戊戌3三	己亥4四		戊寅秋分 甲午寒露
九月小 庚戌	干支 西曆 星期	庚子5五	辛丑6六	壬寅7日	癸卯8一	甲辰9二	乙巳10三	丙午11四	丁未12五	戊申13六	己酉14日	庚戌15一	辛亥16二	壬子17三	癸丑18四	甲寅19五	乙卯20六	丙辰21日	丁巳22一	戊午23二	己未24三	庚申25四	辛酉26五	壬戌27六	癸亥28日	甲子29一	乙丑30二	丙寅31三	丁卯(11)四	戊辰2五		己酉霜降 甲子立冬
十月大 辛亥	干支 西曆 星期	己巳3六	庚午4日	辛未5一	壬申6二	癸酉7三	甲戌8四	乙亥9五	丙子10六	丁丑11日	戊寅12一	己卯13二	庚辰14三	辛巳15四	壬午16五	癸未17六	甲申18日	乙酉19一	丙戌20二	丁亥21三	戊子22四	己丑23五	庚寅24六	辛卯25日	壬辰26一	癸巳27二	甲午28三	乙未29四	丙申30五	丁酉(12)六	戊戌2日	己卯小雪 乙未大雪
十一月小 壬子	干支 西曆 星期	己亥3一	庚子4二	辛丑5三	壬寅6四	癸卯7五	甲辰8六	乙巳9日	丙午10一	丁未11二	戊申12三	己酉13四	庚戌14五	辛亥15六	壬子16日	癸丑17一	甲寅18二	乙卯19三	丙辰20四	丁巳21五	戊午22六	己未23日	庚申24一	辛酉25二	壬戌26三	癸亥27四	甲子28五	乙丑29六	丙寅30日	丁卯31一		庚戌冬至 乙丑小寒
十二月大 癸丑	干支 西曆 星期	戊辰(1)二	己巳2三	庚午3四	辛未4五	壬申5六	癸酉6日	甲戌7一	乙亥8二	丙子9三	丁丑10四	戊寅11五	己卯12六	庚辰13日	辛巳14一	壬午15二	癸未16三	甲申17四	乙酉18五	丙戌19六	丁亥20日	戊子21一	己丑22二	庚寅23三	辛卯24四	壬辰25五	癸巳26六	甲午27日	乙未28一	丙申29二	丁酉30三	庚辰大寒 乙未立春

元順帝至正八年（戊子 鼠年） 公元 **1348** ~ 1349 年

夏曆月序		中西曆日對照	初一	初二	初三	初四	初五	初六	初七	初八	初九	初十	十一	十二	十三	十四	十五
正月大	甲寅	天干 地支 西曆 星期	戊戌 31 四	己亥 (2) 五	庚子 2 六	辛丑 3 日	壬寅 4 一	癸卯 5 二	甲辰 6 三	乙巳 7 四	丙午 8 五	丁未 9 六	戊申 10 日	己酉 11 一	庚戌 12 二	辛亥 13 三	壬子 14 四
二月小	乙卯	天干 地支 西曆 星期	戊辰 (3) 六	己巳 2 日	庚午 3 一	辛未 4 二	壬申 5 三	癸酉 6 四	甲戌 7 五	乙亥 8 六	丙子 9 日	丁丑 10 一	戊寅 11 二	己卯 12 三	庚辰 13 四	辛巳 14 五	壬午 15 六
三月大	丙辰	天干 地支 西曆 星期	丁酉 30 日	戊戌 31 一	己亥 (4) 二	庚子 2 三	辛丑 3 四	壬寅 4 五	癸卯 5 六	甲辰 6 日	乙巳 7 一	丙午 8 二	丁未 9 三	戊申 10 四	己酉 11 五	庚戌 12 六	辛亥 13 日
四月大	丁巳	天干 地支 西曆 星期	丁卯 29 二	戊辰 30 三	己巳 (5) 四	庚午 2 五	辛未 3 六	壬申 4 日	癸酉 5 一	甲戌 6 二	乙亥 7 三	丙子 8 四	丁丑 9 五	戊寅 10 六	己卯 11 日	庚辰 12 一	辛巳 13 二
五月小	戊午	天干 地支 西曆 星期	丁酉 29 四	戊戌 30 五	己亥 31 六	庚子 (6) 日	辛丑 2 一	壬寅 3 二	癸卯 4 三	甲辰 5 四	乙巳 6 五	丙午 7 六	丁未 8 日	戊申 9 一	己酉 10 二	庚戌 11 三	辛亥 12 四
六月大	己未	天干 地支 西曆 星期	丙寅 27 五	丁卯 28 六	戊辰 29 日	己巳 30 一	庚午 (7) 二	辛未 2 三	壬申 3 四	癸酉 4 五	甲戌 5 六	乙亥 6 日	丙子 7 一	丁丑 8 二	戊寅 9 三	己卯 10 四	庚辰 11 五
七月小	庚申	天干 地支 西曆 星期	丙申 27 日	丁酉 28 一	戊戌 29 二	己亥 30 三	庚子 31 四	辛丑 (8) 五	壬寅 2 六	癸卯 3 日	甲辰 4 一	乙巳 5 二	丙午 6 三	丁未 7 四	戊申 8 五	己酉 9 六	庚戌 10 日
八月大	辛酉	天干 地支 西曆 星期	乙丑 25 一	丙寅 26 二	丁卯 27 三	戊辰 28 四	己巳 29 五	庚午 30 六	辛未 31 日	壬申 (9) 一	癸酉 2 二	甲戌 3 三	乙亥 4 四	丙子 5 五	丁丑 6 六	戊寅 7 日	己卯 8 一
九月小	壬戌	天干 地支 西曆 星期	乙未 24 三	丙申 25 四	丁酉 26 五	戊戌 27 六	己亥 28 日	庚子 29 一	辛丑 30 二	壬寅 (10) 三	癸卯 2 四	甲辰 3 五	乙巳 4 六	丙午 5 日	丁未 6 一	戊申 7 二	己酉 8 三
十月小	癸亥	天干 地支 西曆 星期	甲子 23 四	乙丑 24 五	丙寅 25 六	丁卯 26 日	戊辰 27 一	己巳 28 二	庚午 29 三	辛未 30 四	壬申 31 五	癸酉 (11) 六	甲戌 2 日	乙亥 3 一	丙子 4 二	丁丑 5 三	戊寅 6 四
十一月大	甲子	天干 地支 西曆 星期	癸巳 21 五	甲午 22 六	乙未 23 日	丙申 24 一	丁酉 25 二	戊戌 26 三	己亥 27 四	庚子 28 五	辛丑 29 六	壬寅 30 日	癸卯 (12) 一	甲辰 2 二	乙巳 3 三	丙午 4 四	丁未 5 五
十二月小	乙丑	天干 地支 西曆 星期	癸亥 21 日	甲子 22 一	乙丑 23 二	丙寅 24 三	丁卯 25 四	戊辰 26 五	己巳 27 六	庚午 28 日	辛未 29 一	壬申 30 二	癸酉 31 三	甲戌 (1) 四	乙亥 2 五	丙子 3 六	丁丑 4 日

夏曆月序	十六	十七	十八	十九	二十	二一	二二	二三	二四	二五	二六	二七	二八	二九	三十	節氣與天象
正月大	癸丑 15 五	甲寅 16 六	乙卯 17 日	丙辰 18 一	丁巳 19 二	戊午 20 三	己未 21 四	庚申 22 五	辛酉 23 六	壬戌 24 日	癸亥 25 一	甲子 26 二	乙丑 27 三	丙寅 28 四	丁卯 29 五	辛亥雨水 丙寅驚蟄
二月小	癸未 16 日	甲申 17 一	乙酉 18 二	丙戌 19 三	丁亥 20 四	戊子 21 五	己丑 22 六	庚寅 23 日	辛卯 24 一	壬辰 25 二	癸巳 26 三	甲午 27 四	乙未 28 五	丙申 29 六		辛巳春分 丙申清明
三月大	壬子 14 一	癸丑 15 二	甲寅 16 三	乙卯 17 四	丙辰 18 五	丁巳 19 六	戊午 20 日	己未 21 一	庚申 22 二	辛酉 23 三	壬戌 24 四	癸亥 25 五	甲子 26 六	乙丑 27 日	丙寅 28 一	壬子穀雨
四月大	壬午 14 三	癸未 15 四	甲申 16 五	乙酉 17 六	丙戌 18 日	丁亥 19 一	戊子 20 二	己丑 21 三	庚寅 22 四	辛卯 23 五	壬辰 24 六	癸巳 25 日	甲午 26 一	乙未 27 二	丙申 28 三	丁卯立夏 壬午小滿
五月小	壬子 13 五	癸丑 14 六	甲寅 15 日	乙卯 16 一	丙辰 17 二	丁巳 18 三	戊午 19 四	己未 20 五	庚申 21 六	辛酉 22 日	壬戌 23 一	癸亥 24 二	甲子 25 三	乙丑 26 四		丁酉芒種 壬子夏至
六月大	辛巳 12 六	壬午 13 日	癸未 14 一	甲申 15 二	乙酉 16 三	丙戌 17 四	丁亥 18 五	戊子 19 六	己丑 20 日	庚寅 21 一	辛卯 22 二	壬辰 23 三	癸巳 24 四	甲午 25 五	乙未 26 六	戊辰小暑 癸未大暑
七月小	辛亥 11 一	壬子 12 二	癸丑 13 三	甲寅 14 四	乙卯 15 五	丙辰 16 六	丁巳 17 日	戊午 18 一	己未 19 二	庚申 20 三	辛酉 21 四	壬戌 22 五	癸亥 23 六	甲子 24 日		戊戌立秋 癸丑處暑 丙申日食
八月大	庚辰 9 二	辛巳 10 三	壬午 11 四	癸未 12 五	甲申 13 六	乙酉 14 日	丙戌 15 一	丁亥 16 二	戊子 17 三	己丑 18 四	庚寅 19 五	辛卯 20 六	壬辰 21 日	癸巳 22 一	甲午 23 二	己巳白露 甲申秋分
九月小	庚戌 9 四	辛亥 10 五	壬子 11 六	癸丑 12 日	甲寅 13 一	乙卯 14 二	丙辰 15 三	丁巳 16 四	戊午 17 五	己未 18 六	庚申 19 日	辛酉 20 一	壬戌 21 二	癸亥 22 三		己亥寒露 甲寅霜降
十月小	己卯 7 五	庚辰 8 六	辛巳 9 日	壬午 10 一	癸未 11 二	甲申 12 三	乙酉 13 四	丙戌 14 五	丁亥 15 六	戊子 16 日	己丑 17 一	庚寅 18 二	辛卯 19 三	壬辰 20 四		己巳立冬 乙酉小雪
十一月大	戊申 6 六	己酉 7 日	庚戌 8 一	辛亥 9 二	壬子 10 三	癸丑 11 四	甲寅 12 五	乙卯 13 六	丙辰 14 日	丁巳 15 一	戊午 16 二	己未 17 三	庚申 18 四	辛酉 19 五	壬戌 20 六	庚子大雪 乙卯冬至
十二月小	戊寅 5 一	己卯 6 二	庚辰 7 三	辛巳 8 四	壬午 9 五	癸未 10 六	甲申 11 日	乙酉 12 一	丙戌 13 二	丁亥 14 三	戊子 15 四	己丑 16 五	庚寅 17 六	辛卯 18 日		庚午小寒 乙酉大寒

元順帝至正九年（己丑 牛年） 公元1349 ~ 1350年

夏曆月序		中西曆日對照	初一	初二	初三	初四	初五	初六	初七	初八	初九	初十	十一	十二	十三	十四	十五	十六	十七	十八	十九	二十	二一	二二	二三	二四	二五	二六	二七	二八	二九	三十	節氣與天象
正月大	丙寅	干支 西曆 星期	壬辰 19 一	癸巳 20 二	甲午 21 三	乙未 22 四	丙申 23 五	丁酉 24 六	戊戌 25 日	己亥 26 一	庚子 27 二	辛丑 28 三	壬寅 29 四	癸卯 30 五	甲辰 31 六	乙巳 (2) 日	丙午 2 一	丁未 3 二	戊申 4 三	己酉 5 四	庚戌 6 五	辛亥 7 六	壬子 8 日	癸丑 9 一	甲寅 10 二	乙卯 11 三	丙辰 12 四	丁巳 13 五	戊午 14 六	己未 15 日	庚申 16 一	辛酉 17 二	辛丑立春 丙辰雨水
二月大	丁卯	干支 西曆 星期	壬戌 18 三	癸亥 19 四	甲子 20 五	乙丑 21 六	丙寅 22 日	丁卯 23 一	戊辰 24 二	己巳 25 三	庚午 26 四	辛未 27 五	壬申 28 六	癸酉 (3) 日	甲戌 2 一	乙亥 3 二	丙子 4 三	丁丑 5 四	戊寅 6 五	己卯 7 六	庚辰 8 日	辛巳 9 一	壬午 10 二	癸未 11 三	甲申 12 四	乙酉 13 五	丙戌 14 六	丁亥 15 日	戊子 16 一	己丑 17 二	庚寅 18 三	辛卯 19 四	辛未驚蟄 丙戌春分
三月小	戊辰	干支 西曆 星期	壬辰 20 五	癸巳 21 六	甲午 22 日	乙未 23 一	丙申 24 二	丁酉 25 三	戊戌 26 四	己亥 27 五	庚子 28 六	辛丑 29 日	壬寅 30 一	癸卯 31 二	甲辰 (4) 三	乙巳 2 四	丙午 3 五	丁未 4 六	戊申 5 日	己酉 6 一	庚戌 7 二	辛亥 8 三	壬子 9 四	癸丑 10 五	甲寅 11 六	乙卯 12 日	丙辰 13 一	丁巳 14 二	戊午 15 三	己未 16 四	庚申 17 五		壬寅清明 丁巳穀雨
四月大	己巳	干支 西曆 星期	辛酉 18 六	壬戌 19 日	癸亥 20 一	甲子 21 二	乙丑 22 三	丙寅 23 四	丁卯 24 五	戊辰 25 六	己巳 26 日	庚午 27 一	辛未 28 二	壬申 29 三	癸酉 30 四	甲戌 (5) 五	乙亥 2 六	丙子 3 日	丁丑 4 一	戊寅 5 二	己卯 6 三	庚辰 7 四	辛巳 8 五	壬午 9 六	癸未 10 日	甲申 11 一	乙酉 12 二	丙戌 13 三	丁亥 14 四	戊子 15 五	己丑 16 六	庚寅 17 日	壬申立夏 丁亥小滿
五月小	庚午	干支 西曆 星期	辛卯 18 一	壬辰 19 二	癸巳 20 三	甲午 21 四	乙未 22 五	丙申 23 六	丁酉 24 日	戊戌 25 一	己亥 26 二	庚子 27 三	辛丑 28 四	壬寅 29 五	癸卯 30 六	甲辰 31 日	乙巳 (6) 一	丙午 2 二	丁未 3 三	戊申 4 四	己酉 5 五	庚戌 6 六	辛亥 7 日	壬子 8 一	癸丑 9 二	甲寅 10 三	乙卯 11 四	丙辰 12 五	丁巳 13 六	戊午 14 日	己未 15 一		壬寅芒種 戊午夏至
六月大	辛未	干支 西曆 星期	庚申 16 二	辛酉 17 三	壬戌 18 四	癸亥 19 五	甲子 20 六	乙丑 21 日	丙寅 22 一	丁卯 23 二	戊辰 24 三	己巳 25 四	庚午 26 五	辛未 27 六	壬申 28 日	癸酉 29 一	甲戌 30 二	乙亥 (7) 三	丙子 2 四	丁丑 3 五	戊寅 4 六	己卯 5 日	庚辰 6 一	辛巳 7 二	壬午 8 三	癸未 9 四	甲申 10 五	乙酉 11 六	丙戌 12 日	丁亥 13 一	戊子 14 二	己丑 15 三	癸酉小暑 戊子大暑
七月大	壬申	干支 西曆 星期	庚寅 16 四	辛卯 17 五	壬辰 18 六	癸巳 19 日	甲午 20 一	乙未 21 二	丙申 22 三	丁酉 23 四	戊戌 24 五	己亥 25 六	庚子 26 日	辛丑 27 一	壬寅 28 二	癸卯 29 三	甲辰 30 四	乙巳 31 五	丙午 (8) 六	丁未 2 日	戊申 3 一	己酉 4 二	庚戌 5 三	辛亥 6 四	壬子 7 五	癸丑 8 六	甲寅 9 日	乙卯 10 一	丙辰 11 二	丁巳 12 三	戊午 13 四	己未 14 五	癸卯立秋 己未處暑
閏七月小	壬申	干支 西曆 星期	庚申 15 六	辛酉 16 日	壬戌 17 一	癸亥 18 二	甲子 19 三	乙丑 20 四	丙寅 21 五	丁卯 22 六	戊辰 23 日	己巳 24 一	庚午 25 二	辛未 26 三	壬申 27 四	癸酉 28 五	甲戌 29 六	乙亥 30 日	丙子 31 一	丁丑 (9) 二	戊寅 2 三	己卯 3 四	庚辰 4 五	辛巳 5 六	壬午 6 日	癸未 7 一	甲申 8 二	乙酉 9 三	丙戌 10 四	丁亥 11 五	戊子 12 六		甲戌白露
八月大	癸酉	干支 西曆 星期	己丑 13 日	庚寅 14 一	辛卯 15 二	壬辰 16 三	癸巳 17 四	甲午 18 五	乙未 19 六	丙申 20 日	丁酉 21 一	戊戌 22 二	己亥 23 三	庚子 24 四	辛丑 25 五	壬寅 26 六	癸卯 27 日	甲辰 28 一	乙巳 29 二	丙午 30 三	丁未 (10) 四	戊申 2 五	己酉 3 六	庚戌 4 日	辛亥 5 一	壬子 6 二	癸丑 7 三	甲寅 8 四	乙卯 9 五	丙辰 10 六	丁巳 11 日	戊午 12 一	己丑秋分 甲辰寒露
九月小	甲戌	干支 西曆 星期	己未 13 二	庚申 14 三	辛酉 15 四	壬戌 16 五	癸亥 17 六	甲子 18 日	乙丑 19 一	丙寅 20 二	丁卯 21 三	戊辰 22 四	己巳 23 五	庚午 24 六	辛未 25 日	壬申 26 一	癸酉 27 二	甲戌 28 三	乙亥 29 四	丙子 30 五	丁丑 31 六	戊寅 (11) 日	己卯 2 一	庚辰 3 二	辛巳 4 三	壬午 5 四	癸未 6 五	甲申 7 六	乙酉 8 日	丙戌 9 一	丁亥 10 二		己未霜降 乙亥立冬
十月大	乙亥	干支 西曆 星期	戊子 11 三	己丑 12 四	庚寅 13 五	辛卯 14 六	壬辰 15 日	癸巳 16 一	甲午 17 二	乙未 18 三	丙申 19 四	丁酉 20 五	戊戌 21 六	己亥 22 日	庚子 23 一	辛丑 24 二	壬寅 25 三	癸卯 26 四	甲辰 27 五	乙巳 28 六	丙午 29 日	丁未 30 一	戊申 (12) 二	己酉 2 三	庚戌 3 四	辛亥 4 五	壬子 5 六	癸丑 6 日	甲寅 7 一	乙卯 8 二	丙辰 9 三	丁巳 10 四	庚寅小雪 乙巳大雪
十一月小	丙子	干支 西曆 星期	戊午 11 五	己未 12 六	庚申 13 日	辛酉 14 一	壬戌 15 二	癸亥 16 三	甲子 17 四	乙丑 18 五	丙寅 19 六	丁卯 20 日	戊辰 21 一	己巳 22 二	庚午 23 三	辛未 24 四	壬申 25 五	癸酉 26 六	甲戌 27 日	乙亥 28 一	丙子 29 二	丁丑 30 三	戊寅 31 四	己卯 (1) 五	庚辰 2 六	辛巳 3 日	壬午 4 一	癸未 5 二	甲申 6 三	乙酉 7 四	丙戌 8 五		庚申冬至 丙子小寒
十二月小	丁丑	干支 西曆 星期	丁亥 9 六	戊子 10 日	己丑 11 一	庚寅 12 二	辛卯 13 三	壬辰 14 四	癸巳 15 五	甲午 16 六	乙未 17 日	丙申 18 一	丁酉 19 二	戊戌 20 三	己亥 21 四	庚子 22 五	辛丑 23 六	壬寅 24 日	癸卯 25 一	甲辰 26 二	乙巳 27 三	丙午 28 四	丁未 29 五	戊申 30 六	己酉 31 日	庚戌 (2) 一	辛亥 2 二	壬子 3 三	癸丑 4 四	甲寅 5 五	乙卯 6 六		辛卯大寒 丙午立春

元順帝至正十年（庚寅 虎年） 公元 1350 ~ 1351 年

夏曆月序		中西曆日對照	初一	初二	初三	初四	初五	初六	初七	初八	初九	初十	十一	十二	十三	十四	十五	十六	十七	十八	十九	二十	二一	二二	二三	二四	二五	二六	二七	二八	二九	三十	節氣與天象
正月大	戊寅	天干地支 西曆星期	丙辰 7 日	丁巳 8 一	戊午 9 二	己未 10 三	庚申 11 四	辛酉 12 五	壬戌 13 六	癸亥 14 日	甲子 15 一	乙丑 16 二	丙寅 17 三	丁卯 18 四	戊辰 19 五	己巳 20 六	庚午 21 日	辛未 22 一	壬申 23 二	癸酉 24 三	甲戌 25 四	乙亥 26 五	丙子 27 六	丁丑 28 日	戊寅 (3) 一	己卯 2 二	庚辰 3 三	辛巳 4 四	壬午 5 五	癸未 6 六	甲申 7 日	乙酉 8 一	辛酉雨水 丙子驚蟄
二月小	己卯	天干地支 西曆星期	丙戌 9 二	丁亥 10 三	戊子 11 四	己丑 12 五	庚寅 13 六	辛卯 14 日	壬辰 15 一	癸巳 16 二	甲午 17 三	乙未 18 四	丙申 19 五	丁酉 20 六	戊戌 21 日	己亥 22 一	庚子 23 二	辛丑 24 三	壬寅 25 四	癸卯 26 五	甲辰 27 六	乙巳 28 日	丙午 29 一	丁未 30 二	戊申 31 三	己酉 (4) 四	庚戌 2 五	辛亥 3 六	壬子 4 日	癸丑 5 一	甲寅 6 二		壬辰春分 丁未清明
三月大	庚辰	天干地支 西曆星期	乙卯 7 三	丙辰 8 四	丁巳 9 五	戊午 10 六	己未 11 日	庚申 12 一	辛酉 13 二	壬戌 14 三	癸亥 15 四	甲子 16 五	乙丑 17 六	丙寅 18 日	丁卯 19 一	戊辰 20 二	己巳 21 三	庚午 22 四	辛未 23 五	壬申 24 六	癸酉 25 日	甲戌 26 一	乙亥 27 二	丙子 28 三	丁丑 29 四	戊寅 30 五	己卯 (5) 六	庚辰 2 日	辛巳 3 一	壬午 4 二	癸未 5 三	甲申 6 四	壬戌穀雨 丁丑立夏
四月小	辛巳	天干地支 西曆星期	乙酉 7 五	丙戌 8 六	丁亥 9 日	戊子 10 一	己丑 11 二	庚寅 12 三	辛卯 13 四	壬辰 14 五	癸巳 15 六	甲午 16 日	乙未 17 一	丙申 18 二	丁酉 19 三	戊戌 20 四	己亥 21 五	庚子 22 六	辛丑 23 日	壬寅 24 一	癸卯 25 二	甲辰 26 三	乙巳 27 四	丙午 28 五	丁未 29 六	戊申 30 日	己酉 31 一	庚戌 (6) 二	辛亥 2 三	壬子 3 四	癸丑 4 五		壬辰小滿 戊申芒種
五月大	壬午	天干地支 西曆星期	甲寅 5 六	乙卯 6 日	丙辰 7 一	丁巳 8 二	戊午 9 三	己未 10 四	庚申 11 五	辛酉 12 六	壬戌 13 日	癸亥 14 一	甲子 15 二	乙丑 16 三	丙寅 17 四	丁卯 18 五	戊辰 19 六	己巳 20 日	庚午 21 一	辛未 22 二	壬申 23 三	癸酉 24 四	甲戌 25 五	乙亥 26 六	丙子 27 日	丁丑 28 一	戊寅 29 二	己卯 30 三	庚辰 (7) 四	辛巳 2 五	壬午 3 六	癸未 4 日	癸亥夏至 戊寅小暑
六月大	癸未	天干地支 西曆星期	甲申 5 一	乙酉 6 二	丙戌 7 三	丁亥 8 四	戊子 9 五	己丑 10 六	庚寅 11 日	辛卯 12 一	壬辰 13 二	癸巳 14 三	甲午 15 四	乙未 16 五	丙申 17 六	丁酉 18 日	戊戌 19 一	己亥 20 二	庚子 21 三	辛丑 22 四	壬寅 23 五	癸卯 24 六	甲辰 25 日	乙巳 26 一	丙午 27 二	丁未 28 三	戊申 29 四	己酉 30 五	庚戌 31 六	辛亥 (8) 日	壬子 2 一	癸丑 3 二	癸巳大暑 己酉立秋
七月小	甲申	天干地支 西曆星期	甲寅 4 三	乙卯 5 四	丙辰 6 五	丁巳 7 六	戊午 8 日	己未 9 一	庚申 10 二	辛酉 11 三	壬戌 12 四	癸亥 13 五	甲子 14 六	乙丑 15 日	丙寅 16 一	丁卯 17 二	戊辰 18 三	己巳 19 四	庚午 20 五	辛未 21 六	壬申 22 日	癸酉 23 一	甲戌 24 二	乙亥 25 三	丙子 26 四	丁丑 27 五	戊寅 28 六	己卯 29 日	庚辰 30 一	辛巳 31 二	壬午 (9) 三		甲子處暑 己卯白露
八月大	乙酉	天干地支 西曆星期	癸未 2 四	甲申 3 五	乙酉 4 六	丙戌 5 日	丁亥 6 一	戊子 7 二	己丑 8 三	庚寅 9 四	辛卯 10 五	壬辰 11 六	癸巳 12 日	甲午 13 一	乙未 14 二	丙申 15 三	丁酉 16 四	戊戌 17 五	己亥 18 六	庚子 19 日	辛丑 20 一	壬寅 21 二	癸卯 22 三	甲辰 23 四	乙巳 24 五	丙午 25 六	丁未 26 日	戊申 27 一	己酉 28 二	庚戌 29 三	辛亥 30 四	壬子 (10) 五	甲午秋分 己酉寒露
九月大	丙戌	天干地支 西曆星期	癸丑 2 六	甲寅 3 日	乙卯 4 一	丙辰 5 二	丁巳 6 三	戊午 7 四	己未 8 五	庚申 9 六	辛酉 10 日	壬戌 11 一	癸亥 12 二	甲子 13 三	乙丑 14 四	丙寅 15 五	丁卯 16 六	戊辰 17 日	己巳 18 一	庚午 19 二	辛未 20 三	壬申 21 四	癸酉 22 五	甲戌 23 六	乙亥 24 日	丙子 25 一	丁丑 26 二	戊寅 27 三	己卯 28 四	庚辰 29 五	辛巳 30 六	壬午 31 日	乙丑霜降 庚辰立冬
十月小	丁亥	天干地支 西曆星期	癸未 (11) 一	甲申 2 二	乙酉 3 三	丙戌 4 四	丁亥 5 五	戊子 6 六	己丑 7 日	庚寅 8 一	辛卯 9 二	壬辰 10 三	癸巳 11 四	甲午 12 五	乙未 13 六	丙申 14 日	丁酉 15 一	戊戌 16 二	己亥 17 三	庚子 18 四	辛丑 19 五	壬寅 20 六	癸卯 21 日	甲辰 22 一	乙巳 23 二	丙午 24 三	丁未 25 四	戊申 26 五	己酉 27 六	庚戌 28 日	辛亥 29 一		乙未小雪 庚戌大雪
十一月大	戊子	天干地支 西曆星期	壬子 30 二	癸丑 (12) 三	甲寅 2 四	乙卯 3 五	丙辰 4 六	丁巳 5 日	戊午 6 一	己未 7 二	庚申 8 三	辛酉 9 四	壬戌 10 五	癸亥 11 六	甲子 12 日	乙丑 13 一	丙寅 14 二	丁卯 15 三	戊辰 16 四	己巳 17 五	庚午 18 六	辛未 19 日	壬申 20 一	癸酉 21 二	甲戌 22 三	乙亥 23 四	丙子 24 五	丁丑 25 六	戊寅 26 日	己卯 27 一	庚辰 28 二	辛巳 29 三	丙寅冬至 辛巳小寒 壬子日食
十二月小	己丑	天干地支 西曆星期	壬午 30 四	癸未 31 五	甲申 (1) 六	乙酉 2 日	丙戌 3 一	丁亥 4 二	戊子 5 三	己丑 6 四	庚寅 7 五	辛卯 8 六	壬辰 9 日	癸巳 10 一	甲午 11 二	乙未 12 三	丙申 13 四	丁酉 14 五	戊戌 15 六	己亥 16 日	庚子 17 一	辛丑 18 二	壬寅 19 三	癸卯 20 四	甲辰 21 五	乙巳 22 六	丙午 23 日	丁未 24 一	戊申 25 二	己酉 26 三	庚戌 27 四		丙申大寒

元順帝至正十一年（辛卯 兔年） 公元 **1351** ～ 1352 年

夏曆月序		中西曆日對照	初一	初二	初三	初四	初五	初六	初七	初八	初九	初十	十一	十二	十三	十四	十五	十六	十七	十八	十九	二十	二一	二二	二三	二四	二五	二六	二七	二八	二九	三十	節氣與天象
正月小	庚寅	天干 地支 西曆 星期	辛亥 28 五	壬子 29 六	癸丑 30 日	甲寅 31 一	乙卯 (2) 二	丙辰 2 三	丁巳 3 四	戊午 4 五	己未 5 六	庚申 6 日	辛酉 7 一	壬戌 8 二	癸亥 9 三	甲子 10 四	乙丑 11 五	丙寅 12 六	丁卯 13 日	戊辰 14 一	己巳 15 二	庚午 16 三	辛未 17 四	壬申 18 五	癸酉 19 六	甲戌 20 日	乙亥 21 一	丙子 22 二	丁丑 23 三	戊寅 24 四	己卯 25 五		辛亥立春 丙寅雨水
二月大	辛卯	天干 地支 西曆 星期	庚辰 26 六	辛巳 27 日	壬午 28 一	癸未 (3) 二	甲申 2 三	乙酉 3 四	丙戌 4 五	丁亥 5 六	戊子 6 日	己丑 7 一	庚寅 8 二	辛卯 9 三	壬辰 10 四	癸巳 11 五	甲午 12 六	乙未 13 日	丙申 14 一	丁酉 15 二	戊戌 16 三	己亥 17 四	庚子 18 五	辛丑 19 六	壬寅 20 日	癸卯 21 一	甲辰 22 二	乙巳 23 三	丙午 24 四	丁未 25 五	戊申 26 六	己酉 27 日	壬午驚蟄 丁酉春分
三月小	壬辰	天干 地支 西曆 星期	庚戌 28 一	辛亥 29 二	壬子 30 三	癸丑 31 四	甲寅 (4) 五	乙卯 2 六	丙辰 3 日	丁巳 4 一	戊午 5 二	己未 6 三	庚申 7 四	辛酉 8 五	壬戌 9 六	癸亥 10 日	甲子 11 一	乙丑 12 二	丙寅 13 三	丁卯 14 四	戊辰 15 五	己巳 16 六	庚午 17 日	辛未 18 一	壬申 19 二	癸酉 20 三	甲戌 21 四	乙亥 22 五	丙子 23 六	丁丑 24 日	戊寅 25 一		壬子清明 丁卯穀雨
四月大	癸巳	天干 地支 西曆 星期	己卯 26 二	庚辰 27 三	辛巳 28 四	壬午 29 五	癸未 30 六	甲申 (5) 日	乙酉 2 一	丙戌 3 二	丁亥 4 三	戊子 5 四	己丑 6 五	庚寅 7 六	辛卯 8 日	壬辰 9 一	癸巳 10 二	甲午 11 三	乙未 12 四	丙申 13 五	丁酉 14 六	戊戌 15 日	己亥 16 一	庚子 17 二	辛丑 18 三	壬寅 19 四	癸卯 20 五	甲辰 21 六	乙巳 22 日	丙午 23 一	丁未 24 二	戊申 25 三	癸未立夏 戊戌小滿
五月小	甲午	天干 地支 西曆 星期	己酉 26 四	庚戌 27 五	辛亥 28 六	壬子 29 日	癸丑 30 一	甲寅 31 二	乙卯 (6) 三	丙辰 2 四	丁巳 3 五	戊午 4 六	己未 5 日	庚申 6 一	辛酉 7 二	壬戌 8 三	癸亥 9 四	甲子 10 五	乙丑 11 六	丙寅 12 日	丁卯 13 一	戊辰 14 二	己巳 15 三	庚午 16 四	辛未 17 五	壬申 18 六	癸酉 19 日	甲戌 20 一	乙亥 21 二	丙子 22 三	丁丑 23 四		癸丑芒種 戊辰夏至
六月大	乙未	天干 地支 西曆 星期	戊寅 24 五	己卯 25 六	庚辰 26 日	辛巳 27 一	壬午 28 二	癸未 29 三	甲申 30 四	乙酉 (7) 五	丙戌 2 六	丁亥 3 日	戊子 4 一	己丑 5 二	庚寅 6 三	辛卯 7 四	壬辰 8 五	癸巳 9 六	甲午 10 日	乙未 11 一	丙申 12 二	丁酉 13 三	戊戌 14 四	己亥 15 五	庚子 16 六	辛丑 17 日	壬寅 18 一	癸卯 19 二	甲辰 20 三	乙巳 21 四	丙午 22 五	丁未 23 六	癸未小暑 己亥大暑
七月小	丙申	天干 地支 西曆 星期	戊申 24 日	己酉 25 一	庚戌 26 二	辛亥 27 三	壬子 28 四	癸丑 29 五	甲寅 30 六	乙卯 31 日	丙辰 (8) 一	丁巳 2 二	戊午 3 三	己未 4 四	庚申 5 五	辛酉 6 六	壬戌 7 日	癸亥 8 一	甲子 9 二	乙丑 10 三	丙寅 11 四	丁卯 12 五	戊辰 13 六	己巳 14 日	庚午 15 一	辛未 16 二	壬申 17 三	癸酉 18 四	甲戌 19 五	乙亥 20 六	丙子 21 日		甲寅立秋 己巳處暑
八月大	丁酉	天干 地支 西曆 星期	丁丑 22 一	戊寅 23 二	己卯 24 三	庚辰 25 四	辛巳 26 五	壬午 27 六	癸未 28 日	甲申 29 一	乙酉 30 二	丙戌 31 三	丁亥 (9) 四	戊子 2 五	己丑 3 六	庚寅 4 日	辛卯 5 一	壬辰 6 二	癸巳 7 三	甲午 8 四	乙未 9 五	丙申 10 六	丁酉 11 日	戊戌 12 一	己亥 13 二	庚子 14 三	辛丑 15 四	壬寅 16 五	癸卯 17 六	甲辰 18 日	乙巳 19 一	丙午 20 二	甲申白露 己亥秋分
九月大	戊戌	天干 地支 西曆 星期	丁未 21 三	戊申 22 四	己酉 23 五	庚戌 24 六	辛亥 25 日	壬子 26 一	癸丑 27 二	甲寅 28 三	乙卯 29 四	丙辰 30 五	丁巳 (10) 六	戊午 2 日	己未 3 一	庚申 4 二	辛酉 5 三	壬戌 6 四	癸亥 7 五	甲子 8 六	乙丑 9 日	丙寅 10 一	丁卯 11 二	戊辰 12 三	己巳 13 四	庚午 14 五	辛未 15 六	壬申 16 日	癸酉 17 一	甲戌 18 二	乙亥 19 三	丙子 20 四	乙卯寒露 庚午霜降
十月大	己亥	天干 地支 西曆 星期	丁丑 21 五	戊寅 22 六	己卯 23 日	庚辰 24 一	辛巳 25 二	壬午 26 三	癸未 27 四	甲申 28 五	乙酉 29 六	丙戌 30 日	丁亥 31 一	戊子 (11) 二	己丑 2 三	庚寅 3 四	辛卯 4 五	壬辰 5 六	癸巳 6 日	甲午 7 一	乙未 8 二	丙申 9 三	丁酉 10 四	戊戌 11 五	己亥 12 六	庚子 13 日	辛丑 14 一	壬寅 15 二	癸卯 16 三	甲辰 17 四	乙巳 18 五	丙午 19 六	乙酉立冬 庚子小雪
十一月小	庚子	天干 地支 西曆 星期	丁未 20 日	戊申 21 一	己酉 22 二	庚戌 23 三	辛亥 24 四	壬子 25 五	癸丑 26 六	甲寅 27 日	乙卯 28 一	丙辰 29 二	丁巳 30 三	戊午 (12) 四	己未 2 五	庚申 3 六	辛酉 4 日	壬戌 5 一	癸亥 6 二	甲子 7 三	乙丑 8 四	丙寅 9 五	丁卯 10 六	戊辰 11 日	己巳 12 一	庚午 13 二	辛未 14 三	壬申 15 四	癸酉 16 五	甲戌 17 六	乙亥 18 日		丙辰大雪 辛未冬至
十二月大	辛丑	天干 地支 西曆 星期	丙子 19 一	丁丑 20 二	戊寅 21 三	己卯 22 四	庚辰 23 五	辛巳 24 六	壬午 25 日	癸未 26 一	甲申 27 二	乙酉 28 三	丙戌 29 四	丁亥 30 五	戊子 31 六	己丑 (1) 日	庚寅 2 一	辛卯 3 二	壬辰 4 三	癸巳 5 四	甲午 6 五	乙未 7 六	丙申 8 日	丁酉 9 一	戊戌 10 二	己亥 11 三	庚子 12 四	辛丑 13 五	壬寅 14 六	癸卯 15 日	甲辰 16 一	乙巳 17 二	丙戌小寒 辛丑大寒

元順帝至正十二年（壬辰 龍年） 公元 1352 ~ 1353 年

夏曆月序		中西曆日對照	初一	初二	初三	初四	初五	初六	初七	初八	初九	初十	十一	十二	十三	十四	十五	十六	十七	十八	十九	二十	二一	二二	二三	二四	二五	二六	二七	二八	二九	三十	節氣與天象
正月小	壬寅	天干地支 西曆星期	丙午18三	丁未19四	戊申20五	己酉21六	庚戌22日	辛亥23一	壬子24二	癸丑25三	甲寅26四	乙卯27五	丙辰28六	丁巳29日	戊午30一	己未31二	庚申(2)三	辛酉2四	壬戌3五	癸亥4六	甲子5日	乙丑6一	丙寅7二	丁卯8三	戊辰9四	己巳10五	庚午11六	辛未12日	壬申13一	癸酉14二	甲戌15三		丙辰立春 壬申雨水
二月大	癸卯	天干地支 西曆星期	乙亥16四	丙子17五	丁丑18六	戊寅19日	己卯20一	庚辰21二	辛巳22三	壬午23四	癸未24五	甲申25六	乙酉26日	丙戌27一	丁亥28二	戊子29三	己丑(3)四	庚寅2五	辛卯3六	壬辰4日	癸巳5一	甲午6二	乙未7三	丙申8四	丁酉9五	戊戌10六	己亥11日	庚子12一	辛丑13二	壬寅14三	癸卯15四	甲辰16五	丁亥驚蟄 壬寅春分
三月小	甲辰	天干地支 西曆星期	乙巳17六	丙午18日	丁未19一	戊申20二	己酉21三	庚戌22四	辛亥23五	壬子24六	癸丑25日	甲寅26一	乙卯27二	丙辰28三	丁巳29四	戊午30五	己未31六	庚申(4)日	辛酉2一	壬戌3二	癸亥4三	甲子5四	乙丑6五	丙寅7六	丁卯8日	戊辰9一	己巳10二	庚午11三	辛未12四	壬申13五	癸酉14六		丁巳清明 癸酉穀雨
閏三月小	甲辰	天干地支 西曆星期	甲戌15日	乙亥16一	丙子17二	丁丑18三	戊寅19四	己卯20五	庚辰21六	辛巳22日	壬午23一	癸未24二	甲申25三	乙酉26四	丙戌27五	丁亥28六	戊子29日	己丑30一	庚寅(5)二	辛卯2三	壬辰3四	癸巳4五	甲午5六	乙未6日	丙申7一	丁酉8二	戊戌9三	己亥10四	庚子11五	辛丑12六	壬寅13日		戊子立夏
四月大	乙巳	天干地支 西曆星期	癸卯14一	甲辰15二	乙巳16三	丙午17四	丁未18五	戊申19六	己酉20日	庚戌21一	辛亥22二	壬子23三	癸丑24四	甲寅25五	乙卯26六	丙辰27日	丁巳28一	戊午29二	己未30三	庚申31四	辛酉(6)五	壬戌2六	癸亥3日	甲子4一	乙丑5二	丙寅6三	丁卯7四	戊辰8五	己巳9六	庚午10日	辛未11一	壬申12二	癸卯小滿 戊午芒種
五月小	丙午	天干地支 西曆星期	癸酉13三	甲戌14四	乙亥15五	丙子16六	丁丑17日	戊寅18一	己卯19二	庚辰20三	辛巳21四	壬午22五	癸未23六	甲申24日	乙酉25一	丙戌26二	丁亥27三	戊子28四	己丑29五	庚寅30六	辛卯(7)日	壬辰2一	癸巳3二	甲午4三	乙未5四	丙申6五	丁酉7六	戊戌8日	己亥9一	庚子10二	辛丑11三		癸酉夏至 己丑小暑
六月小	丁未	天干地支 西曆星期	壬寅12四	癸卯13五	甲辰14六	乙巳15日	丙午16一	丁未17二	戊申18三	己酉19四	庚戌20五	辛亥21六	壬子22日	癸丑23一	甲寅24二	乙卯25三	丙辰26四	丁巳27五	戊午28六	己未29日	庚申30一	辛酉31二	壬戌(8)三	癸亥2四	甲子3五	乙丑4六	丙寅5日	丁卯6一	戊辰7二	己巳8三	庚午9四		甲辰大暑 己未立秋
七月大	戊申	天干地支 西曆星期	辛未10五	壬申11六	癸酉12日	甲戌13一	乙亥14二	丙子15三	丁丑16四	戊寅17五	己卯18六	庚辰19日	辛巳20一	壬午21二	癸未22三	甲申23四	乙酉24五	丙戌25六	丁亥26日	戊子27一	己丑28二	庚寅29三	辛卯30四	壬辰31五	癸巳(9)六	甲午2日	乙未3一	丙申4二	丁酉5三	戊戌6四	己亥7五	庚子8六	甲戌處暑 己丑白露
八月大	己酉	天干地支 西曆星期	辛丑9日	壬寅10一	癸卯11二	甲辰12三	乙巳13四	丙午14五	丁未15六	戊申16日	己酉17一	庚戌18二	辛亥19三	壬子20四	癸丑21五	甲寅22六	乙卯23日	丙辰24一	丁巳25二	戊午26三	己未27四	庚申28五	辛酉29六	壬戌30日	癸亥(10)一	甲子2二	乙丑3三	丙寅4四	丁卯5五	戊辰6六	己巳7日	庚午8一	乙巳秋分 庚申寒露
九月大	庚戌	天干地支 西曆星期	辛未9二	壬申10三	癸酉11四	甲戌12五	乙亥13六	丙子14日	丁丑15一	戊寅16二	己卯17三	庚辰18四	辛巳19五	壬午20六	癸未21日	甲申22一	乙酉23二	丙戌24三	丁亥25四	戊子26五	己丑27六	庚寅28日	辛卯29一	壬辰30二	癸巳31三	甲午(11)四	乙未2五	丙申3六	丁酉4日	戊戌5一	己亥6二	庚子7三	乙亥霜降 庚寅立冬
十月小	辛亥	天干地支 西曆星期	辛丑8四	壬寅9五	癸卯10六	甲辰11日	乙巳12一	丙午13二	丁未14三	戊申15四	己酉16五	庚戌17六	辛亥18日	壬子19一	癸丑20二	甲寅21三	乙卯22四	丙辰23五	丁巳24六	戊午25日	己未26一	庚申27二	辛酉28三	壬戌29四	癸亥30五	甲子(12)六	乙丑2日	丙寅3一	丁卯4二	戊辰5三	己巳6四		丙午小雪 辛酉大雪
十一月大	壬子	天干地支 西曆星期	庚午7五	辛未8六	壬申9日	癸酉10一	甲戌11二	乙亥12三	丙子13四	丁丑14五	戊寅15六	己卯16日	庚辰17一	辛巳18二	壬午19三	癸未20四	甲申21五	乙酉22六	丙戌23日	丁亥24一	戊子25二	己丑26三	庚寅27四	辛卯28五	壬辰29六	癸巳30日	甲午31一	乙未(1)二	丙申2三	丁酉3四	戊戌4五	己亥5六	丙子冬至 辛卯小寒
十二月大	癸丑	天干地支 西曆星期	庚子6日	辛丑7一	壬寅8二	癸卯9三	甲辰10四	乙巳11五	丙午12六	丁未13日	戊申14一	己酉15二	庚戌16三	辛亥17四	壬子18五	癸丑19六	甲寅20日	乙卯21一	丙辰22二	丁巳23三	戊午24四	己未25五	庚申26六	辛酉27日	壬戌28一	癸亥29二	甲子30三	乙丑31四	丙寅(2)五	丁卯2六	戊辰3日	己巳4一	丙午大寒 壬戌立春

元順帝至正十三年（癸巳 蛇年） 公元 1353 ~ 1354 年

夏曆月序		中西曆日對照	初一	初二	初三	初四	初五	初六	初七	初八	初九	初十	十一	十二	十三	十四	十五	十六	十七	十八	十九	二十	二一	二二	二三	二四	二五	二六	二七	二八	二九	三十	節氣與天象
正月小	甲寅	天干地支 西曆 星期	庚午5二	辛未6三	壬申7四	癸酉8五	甲戌9六	乙亥10日	丙子11一	丁丑12二	戊寅13三	己卯14四	庚辰15五	辛巳16六	壬午17日	癸未18一	甲申19二	乙酉20三	丙戌21四	丁亥22五	戊子23六	己丑24日	庚寅25一	辛卯26二	壬辰27三	癸巳28四	甲午(3)五	乙未2六	丙申3日	丁酉4一	戊戌5二		丁丑雨水 壬辰驚蟄
二月大	乙卯	天干地支 西曆 星期	己亥6三	庚子7四	辛丑8五	壬寅9六	癸卯10日	甲辰11一	乙巳12二	丙午13三	丁未14四	戊申15五	己酉16六	庚戌17日	辛亥18一	壬子19二	癸丑20三	甲寅21四	乙卯22五	丙辰23六	丁巳24日	戊午25一	己未26二	庚申27三	辛酉28四	壬戌29五	癸亥30六	甲子31日	乙丑(4)一	丙寅2二	丁卯3三	戊辰4四	丁未春分 癸亥清明
三月小	丙辰	天干地支 西曆 星期	己巳5五	庚午6六	辛未7日	壬申8一	癸酉9二	甲戌10三	乙亥11四	丙子12五	丁丑13六	戊寅14日	己卯15一	庚辰16二	辛巳17三	壬午18四	癸未19五	甲申20六	乙酉21日	丙戌22一	丁亥23二	戊子24三	己丑25四	庚寅26五	辛卯27六	壬辰28日	癸巳29一	甲午30二	乙未(5)三	丙申2四	丁酉3五		戊寅穀雨 癸巳立夏
四月小	丁巳	天干地支 西曆 星期	戊戌4六	己亥5日	庚子6一	辛丑7二	壬寅8三	癸卯9四	甲辰10五	乙巳11六	丙午12日	丁未13一	戊申14二	己酉15三	庚戌16四	辛亥17五	壬子18六	癸丑19日	甲寅20一	乙卯21二	丙辰22三	丁巳23四	戊午24五	己未25六	庚申26日	辛酉27一	壬戌28二	癸亥29三	甲子30四	乙丑31五	丙寅(6)六		戊申小滿 癸亥芒種
五月小	戊午	天干地支 西曆 星期	丁卯2日	戊辰3一	己巳4二	庚午5三	辛未6四	壬申7五	癸酉8六	甲戌9日	乙亥10一	丙子11二	丁丑12三	戊寅13四	己卯14五	庚辰15六	辛巳16日	壬午17一	癸未18二	甲申19三	乙酉20四	丙戌21五	丁亥22六	戊子23日	己丑24一	庚寅25二	辛卯26三	壬辰27四	癸巳28五	甲午29六	乙未30日		己卯夏至 甲午小暑
六月大	己未	天干地支 西曆 星期	丙申(7)一	丁酉2二	戊戌3三	己亥4四	庚子5五	辛丑6六	壬寅7日	癸卯8一	甲辰9二	乙巳10三	丙午11四	丁未12五	戊申13六	己酉14日	庚戌15一	辛亥16二	壬子17三	癸丑18四	甲寅19五	乙卯20六	丙辰21日	丁巳22一	戊午23二	己未24三	庚申25四	辛酉26五	壬戌27六	癸亥28日	甲子29一	乙丑30二	己酉大暑 甲子立秋
七月小	庚申	天干地支 西曆 星期	丙寅31三	丁卯(8)四	戊辰2五	己巳3六	庚午4日	辛未5一	壬申6二	癸酉7三	甲戌8四	乙亥9五	丙子10六	丁丑11日	戊寅12一	己卯13二	庚辰14三	辛巳15四	壬午16五	癸未17六	甲申18日	乙酉19一	丙戌20二	丁亥21三	戊子22四	己丑23五	庚寅24六	辛卯25日	壬辰26一	癸巳27二	甲午28三		庚辰處暑
八月大	辛酉	天干地支 西曆 星期	乙未29四	丙申30五	丁酉31六	戊戌(9)日	己亥2一	庚子3二	辛丑4三	壬寅5四	癸卯6五	甲辰7六	乙巳8日	丙午9一	丁未10二	戊申11三	己酉12四	庚戌13五	辛亥14六	壬子15日	癸丑16一	甲寅17二	乙卯18三	丙辰19四	丁巳20五	戊午21六	己未22日	庚申23一	辛酉24二	壬戌25三	癸亥26四	甲子27五	乙未白露 庚戌秋分
九月大	壬戌	天干地支 西曆 星期	乙丑28六	丙寅29日	丁卯30一	戊辰(10)二	己巳2三	庚午3四	辛未4五	壬申5六	癸酉6日	甲戌7一	乙亥8二	丙子9三	丁丑10四	戊寅11五	己卯12六	庚辰13日	辛巳14一	壬午15二	癸未16三	甲申17四	乙酉18五	丙戌19六	丁亥20日	戊子21一	己丑22二	庚寅23三	辛卯24四	壬辰25五	癸巳26六	甲午27日	乙丑寒露 庚辰霜降
十月小	癸亥	天干地支 西曆 星期	乙未28一	丙申29二	丁酉30三	戊戌31四	己亥(11)五	庚子2六	辛丑3日	壬寅4一	癸卯5二	甲辰6三	乙巳7四	丙午8五	丁未9六	戊申10日	己酉11一	庚戌12二	辛亥13三	壬子14四	癸丑15五	甲寅16六	乙卯17日	丙辰18一	丁巳19二	戊午20三	己未21四	庚申22五	辛酉23六	壬戌24日	癸亥25一		丙申立冬 辛亥小雪
十一月大	甲子	天干地支 西曆 星期	甲子26二	乙丑27三	丙寅28四	丁卯29五	戊辰30六	己巳(12)日	庚午2一	辛未3二	壬申4三	癸酉5四	甲戌6五	乙亥7六	丙子8日	丁丑9一	戊寅10二	己卯11三	庚辰12四	辛巳13五	壬午14六	癸未15日	甲申16一	乙酉17二	丙戌18三	丁亥19四	戊子20五	己丑21六	庚寅22日	辛卯23一	壬辰24二	癸巳25三	丙寅大雪 辛巳冬至
十二月大	乙丑	天干地支 西曆 星期	甲午26四	乙未27五	丙申28六	丁酉29日	戊戌30一	己亥31二	庚子(1)三	辛丑2四	壬寅3五	癸卯4六	甲辰5日	乙巳6一	丙午7二	丁未8三	戊申9四	己酉10五	庚戌11六	辛亥12日	壬子13一	癸丑14二	甲寅15三	乙卯16四	丙辰17五	丁巳18六	戊午19日	己未20一	庚申21二	辛酉22三	壬戌23四	癸亥24五	丙申小寒 壬子大寒

元順帝至正十四年（甲午 馬年） 公元 **1354** ～ 1355 年

夏曆月序		中西曆日對照	初一	初二	初三	初四	初五	初六	初七	初八	初九	初十	十一	十二	十三	十四	十五	十六	十七	十八	十九	二十	二一	二二	二三	二四	二五	二六	二七	二八	二九	三十	節氣與天象
正月大	丙寅	天干地支 西曆 星期	甲子 25 六	乙丑 26 日	丙寅 27 一	丁卯 28 二	戊辰 29 三	己巳 30 四	庚午 31 五	辛未 (2) 六	壬申 2 日	癸酉 3 一	甲戌 4 二	乙亥 5 三	丙子 6 四	丁丑 7 五	戊寅 8 六	己卯 9 日	庚辰 10 一	辛巳 11 二	壬午 12 三	癸未 13 四	甲申 14 五	乙酉 15 六	丙戌 16 日	丁亥 17 一	戊子 18 二	己丑 19 三	庚寅 20 四	辛卯 21 五	壬辰 22 六	癸巳 23 日	丁卯立春 壬午雨水
二月小	丁卯	天干地支 西曆 星期	甲午 24 一	乙未 25 二	丙申 26 三	丁酉 27 四	戊戌 28 五	己亥 (3) 六	庚子 2 日	辛丑 3 一	壬寅 4 二	癸卯 5 三	甲辰 6 四	乙巳 7 五	丙午 8 六	丁未 9 日	戊申 10 一	己酉 11 二	庚戌 12 三	辛亥 13 四	壬子 14 五	癸丑 15 六	甲寅 16 日	乙卯 17 一	丙辰 18 二	丁巳 19 三	戊午 20 四	己未 21 五	庚申 22 六	辛酉 23 日	壬戌 24 一		丁酉驚蟄 癸丑春分
三月大	戊辰	天干地支 西曆 星期	癸亥 25 二	甲子 26 三	乙丑 27 四	丙寅 28 五	丁卯 29 六	戊辰 30 日	己巳 31 一	庚午 (4) 二	辛未 2 三	壬申 3 四	癸酉 4 五	甲戌 5 六	乙亥 6 日	丙子 7 一	丁丑 8 二	戊寅 9 三	己卯 10 四	庚辰 11 五	辛巳 12 六	壬午 13 日	癸未 14 一	甲申 15 二	乙酉 16 三	丙戌 17 四	丁亥 18 五	戊子 19 六	己丑 20 日	庚寅 21 一	辛卯 22 二	壬辰 23 三	戊辰清明 癸未穀雨 癸亥日食
四月小	己巳	天干地支 西曆 星期	癸巳 24 四	甲午 25 五	乙未 26 六	丙申 27 日	丁酉 28 一	戊戌 29 二	己亥 30 三	庚子 (5) 四	辛丑 2 五	壬寅 3 六	癸卯 4 日	甲辰 5 一	乙巳 6 二	丙午 7 三	丁未 8 四	戊申 9 五	己酉 10 六	庚戌 11 日	辛亥 12 一	壬子 13 二	癸丑 14 三	甲寅 15 四	乙卯 16 五	丙辰 17 六	丁巳 18 日	戊午 19 一	己未 20 二	庚申 21 三	辛酉 22 四		戊戌立夏 癸丑小滿
五月小	庚午	天干地支 西曆 星期	壬戌 23 五	癸亥 24 六	甲子 25 日	乙丑 26 一	丙寅 27 二	丁卯 28 三	戊辰 29 四	己巳 30 五	庚午 31 六	辛未 (6) 日	壬申 2 一	癸酉 3 二	甲戌 4 三	乙亥 5 四	丙子 6 五	丁丑 7 六	戊寅 8 日	己卯 9 一	庚辰 10 二	辛巳 11 三	壬午 12 四	癸未 13 五	甲申 14 六	乙酉 15 日	丙戌 16 一	丁亥 17 二	戊子 18 三	己丑 19 四	庚寅 20 五		己巳芒種 甲申夏至
六月小	辛未	天干地支 西曆 星期	辛卯 21 六	壬辰 22 日	癸巳 23 一	甲午 24 二	乙未 25 三	丙申 26 四	丁酉 27 五	戊戌 28 六	己亥 29 日	庚子 30 一	辛丑 (7) 二	壬寅 2 三	癸卯 3 四	甲辰 4 五	乙巳 5 六	丙午 6 日	丁未 7 一	戊申 8 二	己酉 9 三	庚戌 10 四	辛亥 11 五	壬子 12 六	癸丑 13 日	甲寅 14 一	乙卯 15 二	丙辰 16 三	丁巳 17 四	戊午 18 五	己未 19 六		己亥小暑 甲寅大暑
七月大	壬申	天干地支 西曆 星期	庚申 20 日	辛酉 21 一	壬戌 22 二	癸亥 23 三	甲子 24 四	乙丑 25 五	丙寅 26 六	丁卯 27 日	戊辰 28 一	己巳 29 二	庚午 30 三	辛未 31 四	壬申 (8) 五	癸酉 2 六	甲戌 3 日	乙亥 4 一	丙子 5 二	丁丑 6 三	戊寅 7 四	己卯 8 五	庚辰 9 六	辛巳 10 日	壬午 11 一	癸未 12 二	甲申 13 三	乙酉 14 四	丙戌 15 五	丁亥 16 六	戊子 17 日	己丑 18 一	庚午立秋 乙酉處暑
八月小	癸酉	天干地支 西曆 星期	庚寅 19 二	辛卯 20 三	壬辰 21 四	癸巳 22 五	甲午 23 六	乙未 24 日	丙申 25 一	丁酉 26 二	戊戌 27 三	己亥 28 四	庚子 29 五	辛丑 30 六	壬寅 31 日	癸卯 (9) 一	甲辰 2 二	乙巳 3 三	丙午 4 四	丁未 5 五	戊申 6 六	己酉 7 日	庚戌 8 一	辛亥 9 二	壬子 10 三	癸丑 11 四	甲寅 12 五	乙卯 13 六	丙辰 14 日	丁巳 15 一	戊午 16 二		庚子白露 乙卯秋分
九月大	甲戌	天干地支 西曆 星期	己未 17 三	庚申 18 四	辛酉 19 五	壬戌 20 六	癸亥 21 日	甲子 22 一	乙丑 23 二	丙寅 24 三	丁卯 25 四	戊辰 26 五	己巳 27 六	庚午 28 日	辛未 29 一	壬申 30 二	癸酉 (10) 三	甲戌 2 四	乙亥 3 五	丙子 4 六	丁丑 5 日	戊寅 6 一	己卯 7 二	庚辰 8 三	辛巳 9 四	壬午 10 五	癸未 11 六	甲申 12 日	乙酉 13 一	丙戌 14 二	丁亥 15 三	戊子 16 四	庚午寒露 丙戌霜降
十月小	乙亥	天干地支 西曆 星期	己丑 17 五	庚寅 18 六	辛卯 19 日	壬辰 20 一	癸巳 21 二	甲午 22 三	乙未 23 四	丙申 24 五	丁酉 25 六	戊戌 26 日	己亥 27 一	庚子 28 二	辛丑 29 三	壬寅 30 四	癸卯 31 五	甲辰 (11) 六	乙巳 2 日	丙午 3 一	丁未 4 二	戊申 5 三	己酉 6 四	庚戌 7 五	辛亥 8 六	壬子 9 日	癸丑 10 一	甲寅 11 二	乙卯 12 三	丙辰 13 四	丁巳 14 五		辛丑立冬 丙辰小雪
十一月大	丙子	天干地支 西曆 星期	戊午 15 六	己未 16 日	庚申 17 一	辛酉 18 二	壬戌 19 三	癸亥 20 四	甲子 21 五	乙丑 22 六	丙寅 23 日	丁卯 24 一	戊辰 25 二	己巳 26 三	庚午 27 四	辛未 28 五	壬申 29 六	癸酉 30 日	甲戌 (12) 一	乙亥 2 二	丙子 3 三	丁丑 4 四	戊寅 5 五	己卯 6 六	庚辰 7 日	辛巳 8 一	壬午 9 二	癸未 10 三	甲申 11 四	乙酉 12 五	丙戌 13 六	丁亥 14 日	辛未大雪 丁亥冬至
十二月大	丁丑	天干地支 西曆 星期	戊子 15 一	己丑 16 二	庚寅 17 三	辛卯 18 四	壬辰 19 五	癸巳 20 六	甲午 21 日	乙未 22 一	丙申 23 二	丁酉 24 三	戊戌 25 四	己亥 26 五	庚子 27 六	辛丑 28 日	壬寅 29 一	癸卯 30 二	甲辰 31 三	乙巳 (1) 四	丙午 2 五	丁未 3 六	戊申 4 日	己酉 5 一	庚戌 6 二	辛亥 7 三	壬子 8 四	癸丑 9 五	甲寅 10 六	乙卯 11 日	丙辰 12 一	丁巳 13 二	壬寅小寒 丁巳大寒

元順帝至正十五年（乙未 羊年） 公元 1355 ~ 1356 年

夏曆月序		中西曆對照	夏曆日序																													節氣與天象
			初一	初二	初三	初四	初五	初六	初七	初八	初九	初十	十一	十二	十三	十四	十五	十六	十七	十八	十九	二十	二一	二二	二三	二四	二五	二六	二七	二八	二九	三十	
正月大	戊寅	天干 地支 西曆 星期	戊午 14 三	己未 15 四	庚申 16 五	辛酉 17 六	壬戌 18 日	癸亥 19 一	甲子 20 二	乙丑 21 三	丙寅 22 四	丁卯 23 五	戊辰 24 六	己巳 25 日	庚午 26 一	辛未 27 二	壬申 28 三	癸酉 29 四	甲戌 30 五	乙亥 31 六	丙子 (2) 日	丁丑 2 一	戊寅 3 二	己卯 4 三	庚辰 5 四	辛巳 6 五	壬午 7 六	癸未 8 日	甲申 9 一	乙酉 10 二	丙戌 11 三	丁亥 12 四	壬申立春 丁亥雨水
閏正月大	戊寅	天干 地支 西曆 星期	戊子 13 五	己丑 14 六	庚寅 15 日	辛卯 16 一	壬辰 17 二	癸巳 18 三	甲午 19 四	乙未 20 五	丙申 21 六	丁酉 22 日	戊戌 23 一	己亥 24 二	庚子 25 三	辛丑 26 四	壬寅 27 五	癸卯 28 六	甲辰 (3) 日	乙巳 2 一	丙午 3 二	丁未 4 三	戊申 5 四	己酉 6 五	庚戌 7 六	辛亥 8 日	壬子 9 一	癸丑 10 二	甲寅 11 三	乙卯 12 四	丙辰 13 五	丁巳 14 六	癸卯驚蟄
二月小	己卯	天干 地支 西曆 星期	戊午 15 日	己未 16 一	庚申 17 二	辛酉 18 三	壬戌 19 四	癸亥 20 五	甲子 21 六	乙丑 22 日	丙寅 23 一	丁卯 24 二	戊辰 25 三	己巳 26 四	庚午 27 五	辛未 28 六	壬申 29 日	癸酉 30 一	甲戌 31 二	乙亥 (4) 三	丙子 2 四	丁丑 3 五	戊寅 4 六	己卯 5 日	庚辰 6 一	辛巳 7 二	壬午 8 三	癸未 9 四	甲申 10 五	乙酉 11 六	丙戌 12 日		戊午春分 癸酉清明
三月大	庚辰	天干 地支 西曆 星期	丁亥 13 一	戊子 14 二	己丑 15 三	庚寅 16 四	辛卯 17 五	壬辰 18 六	癸巳 19 日	甲午 20 一	乙未 21 二	丙申 22 三	丁酉 23 四	戊戌 24 五	己亥 25 六	庚子 26 日	辛丑 27 一	壬寅 28 二	癸卯 29 三	甲辰 30 四	乙巳 (5) 五	丙午 2 六	丁未 3 日	戊申 4 一	己酉 5 二	庚戌 6 三	辛亥 7 四	壬子 8 五	癸丑 9 六	甲寅 10 日	乙卯 11 一	丙辰 12 二	戊子穀雨 癸卯立夏
四月小	辛巳	天干 地支 西曆 星期	丁巳 13 三	戊午 14 四	己未 15 五	庚申 16 六	辛酉 17 日	壬戌 18 一	癸亥 19 二	甲子 20 三	乙丑 21 四	丙寅 22 五	丁卯 23 六	戊辰 24 日	己巳 25 一	庚午 26 二	辛未 27 三	壬申 28 四	癸酉 29 五	甲戌 30 六	乙亥 31 日	丙子 (6) 一	丁丑 2 二	戊寅 3 三	己卯 4 四	庚辰 5 五	辛巳 6 六	壬午 7 日	癸未 8 一	甲申 9 二	乙酉 10 三		己未小滿 甲戌芒種
五月小	壬午	天干 地支 西曆 星期	丙戌 11 四	丁亥 12 五	戊子 13 六	己丑 14 日	庚寅 15 一	辛卯 16 二	壬辰 17 三	癸巳 18 四	甲午 19 五	乙未 20 六	丙申 21 日	丁酉 22 一	戊戌 23 二	己亥 24 三	庚子 25 四	辛丑 26 五	壬寅 27 六	癸卯 28 日	甲辰 29 一	乙巳 30 二	丙午 (7) 三	丁未 2 四	戊申 3 五	己酉 4 六	庚戌 5 日	辛亥 6 一	壬子 7 二	癸丑 8 三	甲寅 9 四		己丑夏至 甲辰小暑
六月小	癸未	天干 地支 西曆 星期	乙卯 10 五	丙辰 11 六	丁巳 12 日	戊午 13 一	己未 14 二	庚申 15 三	辛酉 16 四	壬戌 17 五	癸亥 18 六	甲子 19 日	乙丑 20 一	丙寅 21 二	丁卯 22 三	戊辰 23 四	己巳 24 五	庚午 25 六	辛未 26 日	壬申 27 一	癸酉 28 二	甲戌 29 三	乙亥 30 四	丙子 31 五	丁丑 (8) 六	戊寅 2 日	己卯 3 一	庚辰 4 二	辛巳 5 三	壬午 6 四	癸未 7 五		庚申大暑 乙亥立秋
七月大	甲申	天干 地支 西曆 星期	甲申 8 六	乙酉 9 日	丙戌 10 一	丁亥 11 二	戊子 12 三	己丑 13 四	庚寅 14 五	辛卯 15 六	壬辰 16 日	癸巳 17 一	甲午 18 二	乙未 19 三	丙申 20 四	丁酉 21 五	戊戌 22 六	己亥 23 日	庚子 24 一	辛丑 25 二	壬寅 26 三	癸卯 27 四	甲辰 28 五	乙巳 29 六	丙午 30 日	丁未 31 一	戊申 (9) 二	己酉 2 三	庚戌 3 四	辛亥 4 五	壬子 5 六	癸丑 6 日	庚寅處暑 乙巳白露
八月小	乙酉	天干 地支 西曆 星期	甲寅 7 一	乙卯 8 二	丙辰 9 三	丁巳 10 四	戊午 11 五	己未 12 六	庚申 13 日	辛酉 14 一	壬戌 15 二	癸亥 16 三	甲子 17 四	乙丑 18 五	丙寅 19 六	丁卯 20 日	戊辰 21 一	己巳 22 二	庚午 23 三	辛未 24 四	壬申 25 五	癸酉 26 六	甲戌 27 日	乙亥 28 一	丙子 29 二	丁丑 30 三	戊寅 (10) 四	己卯 2 五	庚辰 3 六	辛巳 4 日	壬午 5 一		庚申秋分 丙子寒露 甲寅日食
九月大	丙戌	天干 地支 西曆 星期	癸未 6 二	甲申 7 三	乙酉 8 四	丙戌 9 五	丁亥 10 六	戊子 11 日	己丑 12 一	庚寅 13 二	辛卯 14 三	壬辰 15 四	癸巳 16 五	甲午 17 六	乙未 18 日	丙申 19 一	丁酉 20 二	戊戌 21 三	己亥 22 四	庚子 23 五	辛丑 24 六	壬寅 25 日	癸卯 26 一	甲辰 27 二	乙巳 28 三	丙午 29 四	丁未 30 五	戊申 31 六	己酉 (11) 日	庚戌 2 一	辛亥 3 二	壬子 4 三	辛卯霜降 丙午立冬
十月小	丁亥	天干 地支 西曆 星期	癸丑 5 四	甲寅 6 五	乙卯 7 六	丙辰 8 日	丁巳 9 一	戊午 10 二	己未 11 三	庚申 12 四	辛酉 13 五	壬戌 14 六	癸亥 15 日	甲子 16 一	乙丑 17 二	丙寅 18 三	丁卯 19 四	戊辰 20 五	己巳 21 六	庚午 22 日	辛未 23 一	壬申 24 二	癸酉 25 三	甲戌 26 四	乙亥 27 五	丙子 28 六	丁丑 29 日	戊寅 30 一	己卯 (12) 二	庚辰 2 三	辛巳 3 四		辛酉小雪 丁丑大雪
十一月大	戊子	天干 地支 西曆 星期	壬午 4 五	癸未 5 六	甲申 6 日	乙酉 7 一	丙戌 8 二	丁亥 9 三	戊子 10 四	己丑 11 五	庚寅 12 六	辛卯 13 日	壬辰 14 一	癸巳 15 二	甲午 16 三	乙未 17 四	丙申 18 五	丁酉 19 六	戊戌 20 日	己亥 21 一	庚子 22 二	辛丑 23 三	壬寅 24 四	癸卯 25 五	甲辰 26 六	乙巳 27 日	丙午 28 一	丁未 29 二	戊申 30 三	己酉 31 四	庚戌 (1) 五	辛亥 2 六	壬辰冬至 丁未小寒
十二月大	己丑	天干 地支 西曆 星期	壬子 3 日	癸丑 4 一	甲寅 5 二	乙卯 6 三	丙辰 7 四	丁巳 8 五	戊午 9 六	己未 10 日	庚申 11 一	辛酉 12 二	壬戌 13 三	癸亥 14 四	甲子 15 五	乙丑 16 六	丙寅 17 日	丁卯 18 一	戊辰 19 二	己巳 20 三	庚午 21 四	辛未 22 五	壬申 23 六	癸酉 24 日	甲戌 25 一	乙亥 26 二	丙子 27 三	丁丑 28 四	戊寅 29 五	己卯 30 六	庚辰 31 日	辛巳 (2) 一	壬戌大寒 丁丑立春

元順帝至正十六年（丙申 猴年） 公元 1356 ~ 1357 年

夏曆月序		中西曆日對照	夏曆日序																													節氣與天象
			初一	初二	初三	初四	初五	初六	初七	初八	初九	初十	十一	十二	十三	十四	十五	十六	十七	十八	十九	二十	二一	二二	二三	二四	二五	二六	二七	二八	二九	三十	
正月大	庚寅	天干地支 西曆 星期	壬午 2 二	癸未 3 三	甲申 4 四	乙酉 5 五	丙戌 6 六	丁亥 7 日	戊子 8 一	己丑 9 二	庚寅 10 三	辛卯 11 四	壬辰 12 五	癸巳 13 六	甲午 14 日	乙未 15 一	丙申 16 二	丁酉 17 三	戊戌 18 四	己亥 19 五	庚子 20 六	辛丑 21 日	壬寅 22 一	癸卯 23 二	甲辰 24 三	乙巳 25 四	丙午 26 五	丁未 27 六	戊申 28 日	己酉 29 一	庚戌 (3) 二	辛亥 2 三	癸巳雨水 戊申驚蟄
二月小	辛卯	天干地支 西曆 星期	壬子 3 四	癸丑 4 五	甲寅 5 六	乙卯 6 日	丙辰 7 一	丁巳 8 二	戊午 9 三	己未 10 四	庚申 11 五	辛酉 12 六	壬戌 13 日	癸亥 14 一	甲子 15 二	乙丑 16 三	丙寅 17 四	丁卯 18 五	戊辰 19 六	己巳 20 日	庚午 21 一	辛未 22 二	壬申 23 三	癸酉 24 四	甲戌 25 五	乙亥 26 六	丙子 27 日	丁丑 28 一	戊寅 29 二	己卯 30 三	庚辰 31 四		癸亥春分 戊寅清明
三月大	壬辰	天干地支 西曆 星期	辛巳 (4) 五	壬午 2 六	癸未 3 日	甲申 4 一	乙酉 5 二	丙戌 6 三	丁亥 7 四	戊子 8 五	己丑 9 六	庚寅 10 日	辛卯 11 一	壬辰 12 二	癸巳 13 三	甲午 14 四	乙未 15 五	丙申 16 六	丁酉 17 日	戊戌 18 一	己亥 19 二	庚子 20 三	辛丑 21 四	壬寅 22 五	癸卯 23 六	甲辰 24 日	乙巳 25 一	丙午 26 二	丁未 27 三	戊申 28 四	己酉 29 五	庚戌 30 六	癸巳穀雨 己酉立夏
四月小	癸巳	天干地支 西曆 星期	辛亥 (5) 日	壬子 2 一	癸丑 3 二	甲寅 4 三	乙卯 5 四	丙辰 6 五	丁巳 7 六	戊午 8 日	己未 9 一	庚申 10 二	辛酉 11 三	壬戌 12 四	癸亥 13 五	甲子 14 六	乙丑 15 日	丙寅 16 一	丁卯 17 二	戊辰 18 三	己巳 19 四	庚午 20 五	辛未 21 六	壬申 22 日	癸酉 23 一	甲戌 24 二	乙亥 25 三	丙子 26 四	丁丑 27 五	戊寅 28 六	己卯 29 日		甲子小滿 己卯芒種
五月大	甲午	天干地支 西曆 星期	庚辰 30 一	辛巳 31 二	壬午 (6) 三	癸未 2 四	甲申 3 五	乙酉 4 六	丙戌 5 日	丁亥 6 一	戊子 7 二	己丑 8 三	庚寅 9 四	辛卯 10 五	壬辰 11 六	癸巳 12 日	甲午 13 一	乙未 14 二	丙申 15 三	丁酉 16 四	戊戌 17 五	己亥 18 六	庚子 19 日	辛丑 20 一	壬寅 21 二	癸卯 22 三	甲辰 23 四	乙巳 24 五	丙午 25 六	丁未 26 日	戊申 27 一	己酉 28 二	甲午夏至
六月小	乙未	天干地支 西曆 星期	庚戌 29 三	辛亥 30 四	壬子 (7) 五	癸丑 2 六	甲寅 3 日	乙卯 4 一	丙辰 5 二	丁巳 6 三	戊午 7 四	己未 8 五	庚申 9 六	辛酉 10 日	壬戌 11 一	癸亥 12 二	甲子 13 三	乙丑 14 四	丙寅 15 五	丁卯 16 六	戊辰 17 日	己巳 18 一	庚午 19 二	辛未 20 三	壬申 21 四	癸酉 22 五	甲戌 23 六	乙亥 24 日	丙子 25 一	丁丑 26 二	戊寅 27 三		庚戌小暑 乙丑大暑
七月大	丙申	天干地支 西曆 星期	己卯 28 四	庚辰 29 五	辛巳 30 六	壬午 31 日	癸未 (8) 一	甲申 2 二	乙酉 3 三	丙戌 4 四	丁亥 5 五	戊子 6 六	己丑 7 日	庚寅 8 一	辛卯 9 二	壬辰 10 三	癸巳 11 四	甲午 12 五	乙未 13 六	丙申 14 日	丁酉 15 一	戊戌 16 二	己亥 17 三	庚子 18 四	辛丑 19 五	壬寅 20 六	癸卯 21 日	甲辰 22 一	乙巳 23 二	丙午 24 三	丁未 25 四	戊申 26 五	庚辰立秋 乙未處暑
八月小	丁酉	天干地支 西曆 星期	己酉 27 六	庚戌 28 日	辛亥 29 一	壬子 30 二	癸丑 31 三	甲寅 (9) 四	乙卯 2 五	丙辰 3 六	丁巳 4 日	戊午 5 一	己未 6 二	庚申 7 三	辛酉 8 四	壬戌 9 五	癸亥 10 六	甲子 11 日	乙丑 12 一	丙寅 13 二	丁卯 14 三	戊辰 15 四	己巳 16 五	庚午 17 六	辛未 18 日	壬申 19 一	癸酉 20 二	甲戌 21 三	乙亥 22 四	丙子 23 五	丁丑 24 六		庚戌白露 丙寅秋分
九月小	戊戌	天干地支 西曆 星期	戊寅 25 日	己卯 26 一	庚辰 27 二	辛巳 28 三	壬午 29 四	癸未 30 五	甲申 (10) 六	乙酉 2 日	丙戌 3 一	丁亥 4 二	戊子 5 三	己丑 6 四	庚寅 7 五	辛卯 8 六	壬辰 9 日	癸巳 10 一	甲午 11 二	乙未 12 三	丙申 13 四	丁酉 14 五	戊戌 15 六	己亥 16 日	庚子 17 一	辛丑 18 二	壬寅 19 三	癸卯 20 四	甲辰 21 五	乙巳 22 六	丙午 23 日		辛巳寒露 丙申霜降
十月大	己亥	天干地支 西曆 星期	丁未 24 一	戊申 25 二	己酉 26 三	庚戌 27 四	辛亥 28 五	壬子 29 六	癸丑 30 日	甲寅 31 一	乙卯 (11) 二	丙辰 2 三	丁巳 3 四	戊午 4 五	己未 5 六	庚申 6 日	辛酉 7 一	壬戌 8 二	癸亥 9 三	甲子 10 四	乙丑 11 五	丙寅 12 六	丁卯 13 日	戊辰 14 一	己巳 15 二	庚午 16 三	辛未 17 四	壬申 18 五	癸酉 19 六	甲戌 20 日	乙亥 21 一	丙子 22 二	辛亥立冬 丁卯小雪
十一月小	庚子	天干地支 西曆 星期	丁丑 23 三	戊寅 24 四	己卯 25 五	庚辰 26 六	辛巳 27 日	壬午 28 一	癸未 29 二	甲申 30 三	乙酉 (12) 四	丙戌 2 五	丁亥 3 六	戊子 4 日	己丑 5 一	庚寅 6 二	辛卯 7 三	壬辰 8 四	癸巳 9 五	甲午 10 六	乙未 11 日	丙申 12 一	丁酉 13 二	戊戌 14 三	己亥 15 四	庚子 16 五	辛丑 17 六	壬寅 18 日	癸卯 19 一	甲辰 20 二	乙巳 21 三		壬午大雪 丁酉冬至
十二月大	辛丑	天干地支 西曆 星期	丙午 22 四	丁未 23 五	戊申 24 六	己酉 25 日	庚戌 26 一	辛亥 27 二	壬子 28 三	癸丑 29 四	甲寅 30 五	乙卯 31 六	丙辰 (1) 日	丁巳 2 一	戊午 3 二	己未 4 三	庚申 5 四	辛酉 6 五	壬戌 7 六	癸亥 8 日	甲子 9 一	乙丑 10 二	丙寅 11 三	丁卯 12 四	戊辰 13 五	己巳 14 六	庚午 15 日	辛未 16 一	壬申 17 二	癸酉 18 三	甲戌 19 四	乙亥 20 五	壬子小寒 丁卯大寒

元順帝至正十七年（丁酉 鷄年） 公元 1357 ~ 1358 年

夏曆月序		中西曆日對照	初一	初二	初三	初四	初五	初六	初七	初八	初九	初十	十一	十二	十三	十四	十五	十六	十七	十八	十九	二十	二一	二二	二三	二四	二五	二六	二七	二八	二九	三十	節氣與天象
正月大	壬寅	干支 西曆 星期	丙子 21 六	丁丑 22 日	戊寅 23 一	己卯 24 二	庚辰 25 三	辛巳 26 四	壬午 27 五	癸未 28 六	甲申 29 日	乙酉 30 一	丙戌 31 二	丁亥 (2) 三	戊子 2 四	己丑 3 五	庚寅 4 六	辛卯 5 日	壬辰 6 一	癸巳 7 二	甲午 8 三	乙未 9 四	丙申 10 五	丁酉 11 六	戊戌 12 日	己亥 13 一	庚子 14 二	辛丑 15 三	壬寅 16 四	癸卯 17 五	甲辰 18 六	乙巳 19 日	癸未立春 戊戌雨水
二月小	癸卯	干支 西曆 星期	丙午 20 一	丁未 21 二	戊申 22 三	己酉 23 四	庚戌 24 五	辛亥 25 六	壬子 26 日	癸丑 27 一	甲寅 28 二	乙卯 (3) 三	丙辰 2 四	丁巳 3 五	戊午 4 六	己未 5 日	庚申 6 一	辛酉 7 二	壬戌 8 三	癸亥 9 四	甲子 10 五	乙丑 11 六	丙寅 12 日	丁卯 13 一	戊辰 14 二	己巳 15 三	庚午 16 四	辛未 17 五	壬申 18 六	癸酉 19 日	甲戌 20 一		癸丑驚蟄 戊辰春分
三月大	甲辰	干支 西曆 星期	乙亥 21 二	丙子 22 三	丁丑 23 四	戊寅 24 五	己卯 25 六	庚辰 26 日	辛巳 27 一	壬午 28 二	癸未 29 三	甲申 30 四	乙酉 31 五	丙戌 (4) 六	丁亥 2 日	戊子 3 一	己丑 4 二	庚寅 5 三	辛卯 6 四	壬辰 7 五	癸巳 8 六	甲午 9 日	乙未 10 一	丙申 11 二	丁酉 12 三	戊戌 13 四	己亥 14 五	庚子 15 六	辛丑 16 日	壬寅 17 一	癸卯 18 二	甲辰 19 三	甲申清明 己亥穀雨
四月大	乙巳	干支 西曆 星期	乙巳 20 四	丙午 21 五	丁未 22 六	戊申 23 日	己酉 24 一	庚戌 25 二	辛亥 26 三	壬子 27 四	癸丑 28 五	甲寅 29 六	乙卯 30 日	丙辰 (5) 一	丁巳 2 二	戊午 3 三	己未 4 四	庚申 5 五	辛酉 6 六	壬戌 7 日	癸亥 8 一	甲子 9 二	乙丑 10 三	丙寅 11 四	丁卯 12 五	戊辰 13 六	己巳 14 日	庚午 15 一	辛未 16 二	壬申 17 三	癸酉 18 四	甲戌 19 五	甲寅立夏 己巳小滿
五月小	丙午	干支 西曆 星期	乙亥 20 六	丙子 21 日	丁丑 22 一	戊寅 23 二	己卯 24 三	庚辰 25 四	辛巳 26 五	壬午 27 六	癸未 28 日	甲申 29 一	乙酉 30 二	丙戌 31 三	丁亥 (6) 四	戊子 2 五	己丑 3 六	庚寅 4 日	辛卯 5 一	壬辰 6 二	癸巳 7 三	甲午 8 四	乙未 9 五	丙申 10 六	丁酉 11 日	戊戌 12 一	己亥 13 二	庚子 14 三	辛丑 15 四	壬寅 16 五	癸卯 17 六		甲申芒種 庚子夏至
六月大	丁未	干支 西曆 星期	甲辰 18 日	乙巳 19 一	丙午 20 二	丁未 21 三	戊申 22 四	己酉 23 五	庚戌 24 六	辛亥 25 日	壬子 26 一	癸丑 27 二	甲寅 28 三	乙卯 29 四	丙辰 30 五	丁巳 (7) 六	戊午 2 日	己未 3 一	庚申 4 二	辛酉 5 三	壬戌 6 四	癸亥 7 五	甲子 8 六	乙丑 9 日	丙寅 10 一	丁卯 11 二	戊辰 12 三	己巳 13 四	庚午 14 五	辛未 15 六	壬申 16 日	癸酉 17 一	乙卯小暑 庚午大暑
七月小	戊申	干支 西曆 星期	甲戌 18 二	乙亥 19 三	丙子 20 四	丁丑 21 五	戊寅 22 六	己卯 23 日	庚辰 24 一	辛巳 25 二	壬午 26 三	癸未 27 四	甲申 28 五	乙酉 29 六	丙戌 30 日	丁亥 31 一	戊子 (8) 二	己丑 2 三	庚寅 3 四	辛卯 4 五	壬辰 5 六	癸巳 6 日	甲午 7 一	乙未 8 二	丙申 9 三	丁酉 10 四	戊戌 11 五	己亥 12 六	庚子 13 日	辛丑 14 一	壬寅 15 二		乙酉立秋 庚子處暑
八月大	己酉	干支 西曆 星期	癸卯 16 三	甲辰 17 四	乙巳 18 五	丙午 19 六	丁未 20 日	戊申 21 一	己酉 22 二	庚戌 23 三	辛亥 24 四	壬子 25 五	癸丑 26 六	甲寅 27 日	乙卯 28 一	丙辰 29 二	丁巳 30 三	戊午 31 四	己未 (9) 五	庚申 2 六	辛酉 3 日	壬戌 4 一	癸亥 5 二	甲子 6 三	乙丑 7 四	丙寅 8 五	丁卯 9 六	戊辰 10 日	己巳 11 一	庚午 12 二	辛未 13 三	壬申 14 四	丙辰白露 辛未秋分
九月小	庚戌	干支 西曆 星期	癸酉 15 五	甲戌 16 六	乙亥 17 日	丙子 18 一	丁丑 19 二	戊寅 20 三	己卯 21 四	庚辰 22 五	辛巳 23 六	壬午 24 日	癸未 25 一	甲申 26 二	乙酉 27 三	丙戌 28 四	丁亥 29 五	戊子 30 六	己丑 (10) 日	庚寅 2 一	辛卯 3 二	壬辰 4 三	癸巳 5 四	甲午 6 五	乙未 7 六	丙申 8 日	丁酉 9 一	戊戌 10 二	己亥 11 三	庚子 12 四	辛丑 13 五		丙戌寒露 辛丑霜降
閏九月小	庚戌	干支 西曆 星期	壬寅 14 六	癸卯 15 日	甲辰 16 一	乙巳 17 二	丙午 18 三	丁未 19 四	戊申 20 五	己酉 21 六	庚戌 22 日	辛亥 23 一	壬子 24 二	癸丑 25 三	甲寅 26 四	乙卯 27 五	丙辰 28 六	丁巳 29 日	戊午 30 一	己未 31 二	庚申 (11) 三	辛酉 2 四	壬戌 3 五	癸亥 4 六	甲子 5 日	乙丑 6 一	丙寅 7 二	丁卯 8 三	戊辰 9 四	己巳 10 五	庚午 11 六		丁巳立冬
十月大	辛亥	干支 西曆 星期	辛未 12 日	壬申 13 一	癸酉 14 二	甲戌 15 三	乙亥 16 四	丙子 17 五	丁丑 18 六	戊寅 19 日	己卯 20 一	庚辰 21 二	辛巳 22 三	壬午 23 四	癸未 24 五	甲申 25 六	乙酉 26 日	丙戌 27 一	丁亥 28 二	戊子 29 三	己丑 30 四	庚寅 (12) 五	辛卯 2 六	壬辰 3 日	癸巳 4 一	甲午 5 二	乙未 6 三	丙申 7 四	丁酉 8 五	戊戌 9 六	己亥 10 日	庚子 11 一	壬申小雪 丁亥大雪
十一月小	壬子	干支 西曆 星期	辛丑 12 二	壬寅 13 三	癸卯 14 四	甲辰 15 五	乙巳 16 六	丙午 17 日	丁未 18 一	戊申 19 二	己酉 20 三	庚戌 21 四	辛亥 22 五	壬子 23 六	癸丑 24 日	甲寅 25 一	乙卯 26 二	丙辰 27 三	丁巳 28 四	戊午 29 五	己未 30 六	庚申 31 日	辛酉 (1) 一	壬戌 2 二	癸亥 3 三	甲子 4 四	乙丑 5 五	丙寅 6 六	丁卯 7 日	戊辰 8 一	己巳 9 二		壬寅冬至 丁巳小寒
十二月大	癸丑	干支 西曆 星期	庚午 10 三	辛未 11 四	壬申 12 五	癸酉 13 六	甲戌 14 日	乙亥 15 一	丙子 16 二	丁丑 17 三	戊寅 18 四	己卯 19 五	庚辰 20 六	辛巳 21 日	壬午 22 一	癸未 23 二	甲申 24 三	乙酉 25 四	丙戌 26 五	丁亥 27 六	戊子 28 日	己丑 29 一	庚寅 30 二	辛卯 31 三	壬辰 (2) 四	癸巳 2 五	甲午 3 六	乙未 4 日	丙申 5 一	丁酉 6 二	戊戌 7 三	己亥 8 四	癸酉大寒 戊子立春

元順帝至正十八年（戊戌 狗年） 公元 **1358** ~ 1359 年

夏曆月序		中西曆日對照	初一	初二	初三	初四	初五	初六	初七	初八	初九	初十	十一	十二	十三	十四	十五	十六	十七	十八	十九	二十	二一	二二	二三	二四	二五	二六	二七	二八	二九	三十	節氣與天象
正月小	甲寅	干支 西曆 星期	庚子 9 五	辛丑 10 六	壬寅 11 日	癸卯 12 一	甲辰 13 二	乙巳 14 三	丙午 15 四	丁未 16 五	戊申 17 六	己酉 18 日	庚戌 19 一	辛亥 20 二	壬子 21 三	癸丑 22 四	甲寅 23 五	乙卯 24 六	丙辰 25 日	丁巳 26 一	戊午 27 二	己未 28 三	庚申 (3) 四	辛酉 2 五	壬戌 3 六	癸亥 4 日	甲子 5 一	乙丑 6 二	丙寅 7 三	丁卯 8 四	戊辰 9 五		癸卯雨水 戊午驚蟄
二月大	乙卯	干支 西曆 星期	己巳 10 六	庚午 11 日	辛未 12 一	壬申 13 二	癸酉 14 三	甲戌 15 四	乙亥 16 五	丙子 17 六	丁丑 18 日	戊寅 19 一	己卯 20 二	庚辰 21 三	辛巳 22 四	壬午 23 五	癸未 24 六	甲申 25 日	乙酉 26 一	丙戌 27 二	丁亥 28 三	戊子 29 四	己丑 30 五	庚寅 31 六	辛卯 (4) 日	壬辰 2 一	癸巳 3 二	甲午 4 三	乙未 5 四	丙申 6 五	丁酉 7 六	戊戌 8 日	甲戌春分 己丑清明
三月大	丙辰	干支 西曆 星期	己亥 9 一	庚子 10 二	辛丑 11 三	壬寅 12 四	癸卯 13 五	甲辰 14 六	乙巳 15 日	丙午 16 一	丁未 17 二	戊申 18 三	己酉 19 四	庚戌 20 五	辛亥 21 六	壬子 22 日	癸丑 23 一	甲寅 24 二	乙卯 25 三	丙辰 26 四	丁巳 27 五	戊午 28 六	己未 29 日	庚申 30 一	辛酉 (5) 二	壬戌 2 三	癸亥 3 四	甲子 4 五	乙丑 5 六	丙寅 6 日	丁卯 7 一	戊辰 8 二	甲辰穀雨 己未立夏
四月小	丁巳	干支 西曆 星期	己巳 9 三	庚午 10 四	辛未 11 五	壬申 12 六	癸酉 13 日	甲戌 14 一	乙亥 15 二	丙子 16 三	丁丑 17 四	戊寅 18 五	己卯 19 六	庚辰 20 日	辛巳 21 一	壬午 22 二	癸未 23 三	甲申 24 四	乙酉 25 五	丙戌 26 六	丁亥 27 日	戊子 28 一	己丑 29 二	庚寅 30 三	辛卯 31 四	壬辰 (6) 五	癸巳 2 六	甲午 3 日	乙未 4 一	丙申 5 二	丁酉 6 三		甲戌小滿 庚寅芒種
五月大	戊午	干支 西曆 星期	戊戌 7 四	己亥 8 五	庚子 9 六	辛丑 10 日	壬寅 11 一	癸卯 12 二	甲辰 13 三	乙巳 14 四	丙午 15 五	丁未 16 六	戊申 17 日	己酉 18 一	庚戌 19 二	辛亥 20 三	壬子 21 四	癸丑 22 五	甲寅 23 六	乙卯 24 日	丙辰 25 一	丁巳 26 二	戊午 27 三	己未 28 四	庚申 29 五	辛酉 30 六	壬戌 (7) 日	癸亥 2 一	甲子 3 二	乙丑 4 三	丙寅 5 四	丁卯 6 五	乙巳夏至 庚申小暑
六月小	己未	干支 西曆 星期	戊辰 7 六	己巳 8 日	庚午 9 一	辛未 10 二	壬申 11 三	癸酉 12 四	甲戌 13 五	乙亥 14 六	丙子 15 日	丁丑 16 一	戊寅 17 二	己卯 18 三	庚辰 19 四	辛巳 20 五	壬午 21 六	癸未 22 日	甲申 23 一	乙酉 24 二	丙戌 25 三	丁亥 26 四	戊子 27 五	己丑 28 六	庚寅 29 日	辛卯 30 一	壬辰 31 二	癸巳 (8) 三	甲午 2 四	乙未 3 五	丙申 4 六		乙亥大暑 辛卯立秋 戊辰日食
七月大	庚申	干支 西曆 星期	丁酉 5 日	戊戌 6 一	己亥 7 二	庚子 8 三	辛丑 9 四	壬寅 10 五	癸卯 11 六	甲辰 12 日	乙巳 13 一	丙午 14 二	丁未 15 三	戊申 16 四	己酉 17 五	庚戌 18 六	辛亥 19 日	壬子 20 一	癸丑 21 二	甲寅 22 三	乙卯 23 四	丙辰 24 五	丁巳 25 六	戊午 26 日	己未 27 一	庚申 28 二	辛酉 29 三	壬戌 30 四	癸亥 31 五	甲子 (9) 六	乙丑 2 日	丙寅 3 一	丙午處暑 辛酉白露
八月大	辛酉	干支 西曆 星期	丁卯 4 二	戊辰 5 三	己巳 6 四	庚午 7 五	辛未 8 六	壬申 9 日	癸酉 10 一	甲戌 11 二	乙亥 12 三	丙子 13 四	丁丑 14 五	戊寅 15 六	己卯 16 日	庚辰 17 一	辛巳 18 二	壬午 19 三	癸未 20 四	甲申 21 五	乙酉 22 六	丙戌 23 日	丁亥 24 一	戊子 25 二	己丑 26 三	庚寅 27 四	辛卯 28 五	壬辰 29 六	癸巳 30 日	甲午 (10) 一	乙未 2 二	丙申 3 三	丙子秋分 辛卯寒露
九月小	壬戌	干支 西曆 星期	丁酉 4 四	戊戌 5 五	己亥 6 六	庚子 7 日	辛丑 8 一	壬寅 9 二	癸卯 10 三	甲辰 11 四	乙巳 12 五	丙午 13 六	丁未 14 日	戊申 15 一	己酉 16 二	庚戌 17 三	辛亥 18 四	壬子 19 五	癸丑 20 六	甲寅 21 日	乙卯 22 一	丙辰 23 二	丁巳 24 三	戊午 25 四	己未 26 五	庚申 27 六	辛酉 28 日	壬戌 29 一	癸亥 30 二	甲子 31 三	乙丑 (11) 四		丁未霜降 壬戌立冬
十月小	癸亥	干支 西曆 星期	丙寅 2 五	丁卯 3 六	戊辰 4 日	己巳 5 一	庚午 6 二	辛未 7 三	壬申 8 四	癸酉 9 五	甲戌 10 六	乙亥 11 日	丙子 12 一	丁丑 13 二	戊寅 14 三	己卯 15 四	庚辰 16 五	辛巳 17 六	壬午 18 日	癸未 19 一	甲申 20 二	乙酉 21 三	丙戌 22 四	丁亥 23 五	戊子 24 六	己丑 25 日	庚寅 26 一	辛卯 27 二	壬辰 28 三	癸巳 29 四	甲午 30 五		丁丑小雪 壬辰大雪
十一月大	甲子	干支 西曆 星期	乙未 (12) 六	丙申 2 日	丁酉 3 一	戊戌 4 二	己亥 5 三	庚子 6 四	辛丑 7 五	壬寅 8 六	癸卯 9 日	甲辰 10 一	乙巳 11 二	丙午 12 三	丁未 13 四	戊申 14 五	己酉 15 六	庚戌 16 日	辛亥 17 一	壬子 18 二	癸丑 19 三	甲寅 20 四	乙卯 21 五	丙辰 22 六	丁巳 23 日	戊午 24 一	己未 25 二	庚申 26 三	辛酉 27 四	壬戌 28 五	癸亥 29 六	甲子 30 日	丁未冬至 癸亥小寒
十二月小	乙丑	干支 西曆 星期	乙丑 31 一	丙寅 (1) 二	丁卯 2 三	戊辰 3 四	己巳 4 五	庚午 5 六	辛未 6 日	壬申 7 一	癸酉 8 二	甲戌 9 三	乙亥 10 四	丙子 11 五	丁丑 12 六	戊寅 13 日	己卯 14 一	庚辰 15 二	辛巳 16 三	壬午 17 四	癸未 18 五	甲申 19 六	乙酉 20 日	丙戌 21 一	丁亥 22 二	戊子 23 三	己丑 24 四	庚寅 25 五	辛卯 26 六	壬辰 27 日	癸巳 28 一		戊寅大寒 癸巳立春 乙丑日食

元順帝至正十九年（己亥 猪年） 公元 **1359** ~ 1360 年

夏曆月序		中西曆對照	初一	初二	初三	初四	初五	初六	初七	初八	初九	初十	十一	十二	十三	十四	十五	十六	十七	十八	十九	二十	二一	二二	二三	二四	二五	二六	二七	二八	二九	三十	節氣與天象
正月大	丙寅	天干 地支 西曆 星期	甲午29二	乙未30三	丙申31四	丁酉(2)五	戊戌2六	己亥3日	庚子4一	辛丑5二	壬寅6三	癸卯7四	甲辰8五	乙巳9六	丙午10日	丁未11一	戊申12二	己酉13三	庚戌14四	辛亥15五	壬子16六	癸丑17日	甲寅18一	乙卯19二	丙辰20三	丁巳21四	戊午22五	己未23六	庚申24日	辛酉25一	壬戌26二	癸亥27三	戊申雨水
二月小	丁卯	天干 地支 西曆 星期	甲子28四	乙丑(3)五	丙寅2六	丁卯3日	戊辰4一	己巳5二	庚午6三	辛未7四	壬申8五	癸酉9六	甲戌10日	乙亥11一	丙子12二	丁丑13三	戊寅14四	己卯15五	庚辰16六	辛巳17日	壬午18一	癸未19二	甲申20三	乙酉21四	丙戌22五	丁亥23六	戊子24日	己丑25一	庚寅26二	辛卯27三	壬辰28四		甲子驚蟄 己卯春分
三月大	戊辰	天干 地支 西曆 星期	癸巳29五	甲午30六	乙未31日	丙申(4)一	丁酉2二	戊戌3三	己亥4四	庚子5五	辛丑6六	壬寅7日	癸卯8一	甲辰9二	乙巳10三	丙午11四	丁未12五	戊申13六	己酉14日	庚戌15一	辛亥16二	壬子17三	癸丑18四	甲寅19五	乙卯20六	丙辰21日	丁巳22一	戊午23二	己未24三	庚申25四	辛酉26五	壬戌27六	甲午清明 己酉穀雨
四月小	己巳	天干 地支 西曆 星期	癸亥28日	甲子29一	乙丑30二	丙寅(5)三	丁卯2四	戊辰3五	己巳4六	庚午5日	辛未6一	壬申7二	癸酉8三	甲戌9四	乙亥10五	丙子11六	丁丑12日	戊寅13一	己卯14二	庚辰15三	辛巳16四	壬午17五	癸未18六	甲申19日	乙酉20一	丙戌21二	丁亥22三	戊子23四	己丑24五	庚寅25六	辛卯26日		甲子立夏 庚辰小滿
五月大	庚午	天干 地支 西曆 星期	壬辰27一	癸巳28二	甲午29三	乙未30四	丙申31五	丁酉(6)六	戊戌2日	己亥3一	庚子4二	辛丑5三	壬寅6四	癸卯7五	甲辰8六	乙巳9日	丙午10一	丁未11二	戊申12三	己酉13四	庚戌14五	辛亥15六	壬子16日	癸丑17一	甲寅18二	乙卯19三	丙辰20四	丁巳21五	戊午22六	己未23日	庚申24一	辛酉25二	乙未芒種 庚戌夏至
六月大	辛未	天干 地支 西曆 星期	壬戌26三	癸亥27四	甲子28五	乙丑29六	丙寅30日	丁卯(7)一	戊辰2二	己巳3三	庚午4四	辛未5五	壬申6六	癸酉7日	甲戌8一	乙亥9二	丙子10三	丁丑11四	戊寅12五	己卯13六	庚辰14日	辛巳15一	壬午16二	癸未17三	甲申18四	乙酉19五	丙戌20六	丁亥21日	戊子22一	己丑23二	庚寅24三	辛卯25四	乙丑小暑 辛巳大暑
七月小	壬申	天干 地支 西曆 星期	壬辰26五	癸巳27六	甲午28日	乙未29一	丙申30二	丁酉31三	戊戌(8)四	己亥2五	庚子3六	辛丑4日	壬寅5一	癸卯6二	甲辰7三	乙巳8四	丙午9五	丁未10六	戊申11日	己酉12一	庚戌13二	辛亥14三	壬子15四	癸丑16五	甲寅17六	乙卯18日	丙辰19一	丁巳20二	戊午21三	己未22四	庚申23五		丙申立秋 辛亥處暑
八月大	癸酉	天干 地支 西曆 星期	辛酉24六	壬戌25日	癸亥26一	甲子27二	乙丑28三	丙寅29四	丁卯30五	戊辰31六	己巳(9)日	庚午2一	辛未3二	壬申4三	癸酉5四	甲戌6五	乙亥7六	丙子8日	丁丑9一	戊寅10二	己卯11三	庚辰12四	辛巳13五	壬午14六	癸未15日	甲申16一	乙酉17二	丙戌18三	丁亥19四	戊子20五	己丑21六	庚寅22日	丙寅白露 辛巳秋分
九月小	甲戌	天干 地支 西曆 星期	辛卯23一	壬辰24二	癸巳25三	甲午26四	乙未27五	丙申28六	丁酉29日	戊戌30一	己亥(10)二	庚子2三	辛丑3四	壬寅4五	癸卯5六	甲辰6日	乙巳7一	丙午8二	丁未9三	戊申10四	己酉11五	庚戌12六	辛亥13日	壬子14一	癸丑15二	甲寅16三	乙卯17四	丙辰18五	丁巳19六	戊午20日	己未21一		丁酉寒露 壬子霜降
十月大	乙亥	天干 地支 西曆 星期	庚申22二	辛酉23三	壬戌24四	癸亥25五	甲子26六	乙丑27日	丙寅28一	丁卯29二	戊辰30三	己巳31四	庚午(11)五	辛未2六	壬申3日	癸酉4一	甲戌5二	乙亥6三	丙子7四	丁丑8五	戊寅9六	己卯10日	庚辰11一	辛巳12二	壬午13三	癸未14四	甲申15五	乙酉16六	丙戌17日	丁亥18一	戊子19二	己丑20三	丁卯立冬 壬午小雪
十一月大	丙子	天干 地支 西曆 星期	庚寅21四	辛卯22五	壬辰23六	癸巳24日	甲午25一	乙未26二	丙申27三	丁酉28四	戊戌29五	己亥30六	庚子(12)日	辛丑2一	壬寅3二	癸卯4三	甲辰5四	乙巳6五	丙午7六	丁未8日	戊申9一	己酉10二	庚戌11三	辛亥12四	壬子13五	癸丑14六	甲寅15日	乙卯16一	丙辰17二	丁巳18三	戊午19四	己未20五	丁酉大雪 癸丑冬至
十二月小	丁丑	天干 地支 西曆 星期	庚申21六	辛酉22日	壬戌23一	癸亥24二	甲子25三	乙丑26四	丙寅27五	丁卯28六	戊辰29日	己巳30一	庚午31二	辛未(1)三	壬申2四	癸酉3五	甲戌4六	乙亥5日	丙子6一	丁丑7二	戊寅8三	己卯9四	庚辰10五	辛巳11六	壬午12日	癸未13一	甲申14二	乙酉15三	丙戌16四	丁亥17五	戊子18六		戊辰小寒 癸未大寒

元順帝至正二十年（庚子 鼠年） 公元 1360 ~ 1361 年

夏曆月序		中西曆日對照	初一	初二	初三	初四	初五	初六	初七	初八	初九	初十	十一	十二	十三	十四	十五	十六	十七	十八	十九	二十	二一	二二	二三	二四	二五	二六	二七	二八	二九	三十	節氣與天象
正月小	戊寅	天干地支 西曆 星期	己丑 19 日	庚寅 20 一	辛卯 21 二	壬辰 22 三	癸巳 23 四	甲午 24 五	乙未 25 六	丙申 26 日	丁酉 27 一	戊戌 28 二	己亥 29 三	庚子 30 四	辛丑 31 五	壬寅 (2) 六	癸卯 2 日	甲辰 3 一	乙巳 4 二	丙午 5 三	丁未 6 四	戊申 7 五	己酉 8 六	庚戌 9 日	辛亥 10 一	壬子 11 二	癸丑 12 三	甲寅 13 四	乙卯 14 五	丙辰 15 六	丁巳 16 日		戊戌立春 甲寅雨水
二月大	己卯	天干地支 西曆 星期	戊午 17 一	己未 18 二	庚申 19 三	辛酉 20 四	壬戌 21 五	癸亥 22 六	甲子 23 日	乙丑 24 一	丙寅 25 二	丁卯 26 三	戊辰 27 四	己巳 28 五	庚午 29 六	辛未 (3) 日	壬申 2 一	癸酉 3 二	甲戌 4 三	乙亥 5 四	丙子 6 五	丁丑 7 六	戊寅 8 日	己卯 9 一	庚辰 10 二	辛巳 11 三	壬午 12 四	癸未 13 五	甲申 14 六	乙酉 15 日	丙戌 16 一	丁亥 17 二	己巳驚蟄 甲申春分
三月小	庚辰	天干地支 西曆 星期	戊子 18 三	己丑 19 四	庚寅 20 五	辛卯 21 六	壬辰 22 日	癸巳 23 一	甲午 24 二	乙未 25 三	丙申 26 四	丁酉 27 五	戊戌 28 六	己亥 29 日	庚子 30 一	辛丑 31 二	壬寅 (4) 三	癸卯 2 四	甲辰 3 五	乙巳 4 六	丙午 5 日	丁未 6 一	戊申 7 二	己酉 8 三	庚戌 9 四	辛亥 10 五	壬子 11 六	癸丑 12 日	甲寅 13 一	乙卯 14 二	丙辰 15 三		己亥清明 甲寅穀雨
四月大	辛巳	天干地支 西曆 星期	丁巳 16 四	戊午 17 五	己未 18 六	庚申 19 日	辛酉 20 一	壬戌 21 二	癸亥 22 三	甲子 23 四	乙丑 24 五	丙寅 25 六	丁卯 26 日	戊辰 27 一	己巳 28 二	庚午 29 三	辛未 30 四	壬申 (5) 五	癸酉 2 六	甲戌 3 日	乙亥 4 一	丙子 5 二	丁丑 6 三	戊寅 7 四	己卯 8 五	庚辰 9 六	辛巳 10 日	壬午 11 一	癸未 12 二	甲申 13 三	乙酉 14 四	丙戌 15 五	庚午立夏 乙酉小滿
五月小	壬午	天干地支 西曆 星期	丁亥 16 六	戊子 17 日	己丑 18 一	庚寅 19 二	辛卯 20 三	壬辰 21 四	癸巳 22 五	甲午 23 六	乙未 24 日	丙申 25 一	丁酉 26 二	戊戌 27 三	己亥 28 四	庚子 29 五	辛丑 30 六	壬寅 31 日	癸卯 (6) 一	甲辰 2 二	乙巳 3 三	丙午 4 四	丁未 5 五	戊申 6 六	己酉 7 日	庚戌 8 一	辛亥 9 二	壬子 10 三	癸丑 11 四	甲寅 12 五	乙卯 13 六		庚子芒種 乙卯夏至
閏五月大	壬午	天干地支 西曆 星期	丙辰 14 日	丁巳 15 一	戊午 16 二	己未 17 三	庚申 18 四	辛酉 19 五	壬戌 20 六	癸亥 21 日	甲子 22 一	乙丑 23 二	丙寅 24 三	丁卯 25 四	戊辰 26 五	己巳 27 六	庚午 28 日	辛未 29 一	壬申 30 二	癸酉 (7) 三	甲戌 2 四	乙亥 3 五	丙子 4 六	丁丑 5 日	戊寅 6 一	己卯 7 二	庚辰 8 三	辛巳 9 四	壬午 10 五	癸未 11 六	甲申 12 日	乙酉 13 一	辛未小暑
六月小	癸未	天干地支 西曆 星期	丙戌 14 二	丁亥 15 三	戊子 16 四	己丑 17 五	庚寅 18 六	辛卯 19 日	壬辰 20 一	癸巳 21 二	甲午 22 三	乙未 23 四	丙申 24 五	丁酉 25 六	戊戌 26 日	己亥 27 一	庚子 28 二	辛丑 29 三	壬寅 30 四	癸卯 31 五	甲辰 (8) 六	乙巳 2 日	丙午 3 一	丁未 4 二	戊申 5 三	己酉 6 四	庚戌 7 五	辛亥 8 六	壬子 9 日	癸丑 10 一	甲寅 11 二		丙戌大暑 辛丑立秋
七月大	甲申	天干地支 西曆 星期	乙卯 12 三	丙辰 13 四	丁巳 14 五	戊午 15 六	己未 16 日	庚申 17 一	辛酉 18 二	壬戌 19 三	癸亥 20 四	甲子 21 五	乙丑 22 六	丙寅 23 日	丁卯 24 一	戊辰 25 二	己巳 26 三	庚午 27 四	辛未 28 五	壬申 29 六	癸酉 30 日	甲戌 31 一	乙亥 (9) 二	丙子 2 三	丁丑 3 四	戊寅 4 五	己卯 5 六	庚辰 6 日	辛巳 7 一	壬午 8 二	癸未 9 三	甲申 10 四	丙辰處暑 辛未白露
八月大	乙酉	天干地支 西曆 星期	乙酉 11 五	丙戌 12 六	丁亥 13 日	戊子 14 一	己丑 15 二	庚寅 16 三	辛卯 17 四	壬辰 18 五	癸巳 19 六	甲午 20 日	乙未 21 一	丙申 22 二	丁酉 23 三	戊戌 24 四	己亥 25 五	庚子 26 六	辛丑 27 日	壬寅 28 一	癸卯 29 二	甲辰 30 三	乙巳 (10) 四	丙午 2 五	丁未 3 六	戊申 4 日	己酉 5 一	庚戌 6 二	辛亥 7 三	壬子 8 四	癸丑 9 五	甲寅 10 六	丁亥秋分 壬寅寒露
九月小	丙戌	天干地支 西曆 星期	乙卯 11 日	丙辰 12 一	丁巳 13 二	戊午 14 三	己未 15 四	庚申 16 五	辛酉 17 六	壬戌 18 日	癸亥 19 一	甲子 20 二	乙丑 21 三	丙寅 22 四	丁卯 23 五	戊辰 24 六	己巳 25 日	庚午 26 一	辛未 27 二	壬申 28 三	癸酉 29 四	甲戌 30 五	乙亥 31 六	丙子 (11) 日	丁丑 2 一	戊寅 3 二	己卯 4 三	庚辰 5 四	辛巳 6 五	壬午 7 六	癸未 8 日		丁巳霜降 壬申立冬
十月大	丁亥	天干地支 西曆 星期	甲申 9 一	乙酉 10 二	丙戌 11 三	丁亥 12 四	戊子 13 五	己丑 14 六	庚寅 15 日	辛卯 16 一	壬辰 17 二	癸巳 18 三	甲午 19 四	乙未 20 五	丙申 21 六	丁酉 22 日	戊戌 23 一	己亥 24 二	庚子 25 三	辛丑 26 四	壬寅 27 五	癸卯 28 六	甲辰 29 日	乙巳 30 一	丙午 (12) 二	丁未 2 三	戊申 3 四	己酉 4 五	庚戌 5 六	辛亥 6 日	壬子 7 一	癸丑 8 二	戊子小雪 癸卯大雪
十一月大	戊子	天干地支 西曆 星期	甲寅 9 三	乙卯 10 四	丙辰 11 五	丁巳 12 六	戊午 13 日	己未 14 一	庚申 15 二	辛酉 16 三	壬戌 17 四	癸亥 18 五	甲子 19 六	乙丑 20 日	丙寅 21 一	丁卯 22 二	戊辰 23 三	己巳 24 四	庚午 25 五	辛未 26 六	壬申 27 日	癸酉 28 一	甲戌 29 二	乙亥 30 三	丙子 31 四	丁丑 (1) 五	戊寅 2 六	己卯 3 日	庚辰 4 一	辛巳 5 二	壬午 6 三	癸未 7 四	戊午冬至 癸酉小寒
十二月小	己丑	天干地支 西曆 星期	甲申 8 五	乙酉 9 六	丙戌 10 日	丁亥 11 一	戊子 12 二	己丑 13 三	庚寅 14 四	辛卯 15 五	壬辰 16 六	癸巳 17 日	甲午 18 一	乙未 19 二	丙申 20 三	丁酉 21 四	戊戌 22 五	己亥 23 六	庚子 24 日	辛丑 25 一	壬寅 26 二	癸卯 27 三	甲辰 28 四	乙巳 29 五	丙午 30 六	丁未 31 日	戊申 (2) 一	己酉 2 二	庚戌 3 三	辛亥 4 四	壬子 5 五		戊子大寒 甲辰立春

元順帝至正二十一年（辛丑 牛年）公元 **1361** ~ 1362 年

夏曆月序	中西曆日對照	夏曆日序 初一	初二	初三	初四	初五	初六	初七	初八	初九	初十	十一	十二	十三	十四	十五	十六	十七	十八	十九	二十	二一	二二	二三	二四	二五	二六	二七	二八	二九	三十	節氣與天象
正月大 庚寅	天干地支西曆星期	癸丑6六	甲寅7日	乙卯8一	丙辰9二	丁巳10三	戊午11四	己未12五	庚申13六	辛酉14日	壬戌15一	癸亥16二	甲子17三	乙丑18四	丙寅19五	丁卯20六	戊辰21日	己巳22一	庚午23二	辛未24三	壬申25四	癸酉26五	甲戌27六	乙亥28日	丙子(3)一	丁丑2二	戊寅3三	己卯4四	庚辰5五	辛巳6六	壬午7日	己未雨水 甲戌驚蟄
二月小 辛卯	天干地支西曆星期	癸未8一	甲申9二	乙酉10三	丙戌11四	丁亥12五	戊子13六	己丑14日	庚寅15一	辛卯16二	壬辰17三	癸巳18四	甲午19五	乙未20六	丙申21日	丁酉22一	戊戌23二	己亥24三	庚子25四	辛丑26五	壬寅27六	癸卯28日	甲辰29一	乙巳30二	丙午31三	丁未(4)四	戊申2五	己酉3六	庚戌4日	辛亥5一		己丑春分 甲辰清明
三月小 壬辰	天干地支西曆星期	壬子6二	癸丑7三	甲寅8四	乙卯9五	丙辰10六	丁巳11日	戊午12一	己未13二	庚申14三	辛酉15四	壬戌16五	癸亥17六	甲子18日	乙丑19一	丙寅20二	丁卯21三	戊辰22四	己巳23五	庚午24六	辛未25日	壬申26一	癸酉27二	甲戌28三	乙亥29四	丙子30五	丁丑(5)六	戊寅2日	己卯3一	庚辰4二		庚申穀雨 乙亥立夏
四月大 癸巳	天干地支西曆星期	辛巳5三	壬午6四	癸未7五	甲申8六	乙酉9日	丙戌10一	丁亥11二	戊子12三	己丑13四	庚寅14五	辛卯15六	壬辰16日	癸巳17一	甲午18二	乙未19三	丙申20四	丁酉21五	戊戌22六	己亥23日	庚子24一	辛丑25二	壬寅26三	癸卯27四	甲辰28五	乙巳29六	丙午30日	丁未31一	戊申(6)二	己酉2三	庚戌3四	庚寅小滿 乙巳芒種 辛巳日食
五月小 甲午	天干地支西曆星期	辛亥4五	壬子5六	癸丑6日	甲寅7一	乙卯8二	丙辰9三	丁巳10四	戊午11五	己未12六	庚申13日	辛酉14一	壬戌15二	癸亥16三	甲子17四	乙丑18五	丙寅19六	丁卯20日	戊辰21一	己巳22二	庚午23三	辛未24四	壬申25五	癸酉26六	甲戌27日	乙亥28一	丙子29二	丁丑30三	戊寅(7)四	己卯2五		辛酉夏至 丙子小暑
六月小 乙未	天干地支西曆星期	庚辰3六	辛巳4日	壬午5一	癸未6二	甲申7三	乙酉8四	丙戌9五	丁亥10六	戊子11日	己丑12一	庚寅13二	辛卯14三	壬辰15四	癸巳16五	甲午17六	乙未18日	丙申19一	丁酉20二	戊戌21三	己亥22四	庚子23五	辛丑24六	壬寅25日	癸卯26一	甲辰27二	乙巳28三	丙午29四	丁未30五	戊申31六		辛卯大暑 丙午立秋
七月大 丙申	天干地支西曆星期	己酉(8)日	庚戌2一	辛亥3二	壬子4三	癸丑5四	甲寅6五	乙卯7六	丙辰8日	丁巳9一	戊午10二	己未11三	庚申12四	辛酉13五	壬戌14六	癸亥15日	甲子16一	乙丑17二	丙寅18三	丁卯19四	戊辰20五	己巳21六	庚午22日	辛未23一	壬申24二	癸酉25三	甲戌26四	乙亥27五	丙子28六	丁丑29日	戊寅30一	辛酉處暑 丁丑白露
八月大 丁酉	天干地支西曆星期	己卯31二	庚辰(9)三	辛巳2四	壬午3五	癸未4六	甲申5日	乙酉6一	丙戌7二	丁亥8三	戊子9四	己丑10五	庚寅11六	辛卯12日	壬辰13一	癸巳14二	甲午15三	乙未16四	丙申17五	丁酉18六	戊戌19日	己亥20一	庚子21二	辛丑22三	壬寅23四	癸卯24五	甲辰25六	乙巳26日	丙午27一	丁未28二	戊申29三	壬辰秋分 丁未寒露
九月小 戊戌	天干地支西曆星期	己酉30四	庚戌(10)五	辛亥2六	壬子3日	癸丑4一	甲寅5二	乙卯6三	丙辰7四	丁巳8五	戊午9六	己未10日	庚申11一	辛酉12二	壬戌13三	癸亥14四	甲子15五	乙丑16六	丙寅17日	丁卯18一	戊辰19二	己巳20三	庚午21四	辛未22五	壬申23六	癸酉24日	甲戌25一	乙亥26二	丙子27三	丁丑28四		壬戌霜降
十月大 己亥	天干地支西曆星期	戊寅29五	己卯30六	庚辰31日	辛巳(11)一	壬午2二	癸未3三	甲申4四	乙酉5五	丙戌6六	丁亥7日	戊子8一	己丑9二	庚寅10三	辛卯11四	壬辰12五	癸巳13六	甲午14日	乙未15一	丙申16二	丁酉17三	戊戌18四	己亥19五	庚子20六	辛丑21日	壬寅22一	癸卯23二	甲辰24三	乙巳25四	丙午26五	丁未27六	戊寅立冬 癸巳小雪
十一月大 庚子	天干地支西曆星期	戊申28日	己酉29一	庚戌30二	辛亥(12)三	壬子2四	癸丑3五	甲寅4六	乙卯5日	丙辰6一	丁巳7二	戊午8三	己未9四	庚申10五	辛酉11六	壬戌12日	癸亥13一	甲子14二	乙丑15三	丙寅16四	丁卯17五	戊辰18六	己巳19日	庚午20一	辛未21二	壬申22三	癸酉23四	甲戌24五	乙亥25六	丙子26日	丁丑27一	戊申大雪 癸亥冬至
十二月大 辛丑	天干地支西曆星期	戊寅28二	己卯29三	庚辰30四	辛巳31五	壬午(1)六	癸未2日	甲申3一	乙酉4二	丙戌5三	丁亥6四	戊子7五	己丑8六	庚寅9日	辛卯10一	壬辰11二	癸巳12三	甲午13四	乙未14五	丙申15六	丁酉16日	戊戌17一	己亥18二	庚子19三	辛丑20四	壬寅21五	癸卯22六	甲辰23日	乙巳24一	丙午25二	丁未26三	戊寅小寒 甲午大寒

元順帝至正二十二年（壬寅 虎年） 公元 1362 ~ 1363 年

夏曆月序		中西曆日對照	初一	初二	初三	初四	初五	初六	初七	初八	初九	初十	十一	十二	十三	十四	十五	十六	十七	十八	十九	二十	二一	二二	二三	二四	二五	二六	二七	二八	二九	三十	節氣與天象
正月小	壬寅	天干 地支 西曆 星期	戊申 27 四	己酉 28 五	庚戌 29 六	辛亥 30 日	壬子 31 一	癸丑 (2) 二	甲寅 2 三	乙卯 3 四	丙辰 4 五	丁巳 5 六	戊午 6 日	己未 7 一	庚申 8 二	辛酉 9 三	壬戌 10 四	癸亥 11 五	甲子 12 六	乙丑 13 日	丙寅 14 一	丁卯 15 二	戊辰 16 三	己巳 17 四	庚午 18 五	辛未 19 六	壬申 20 日	癸酉 21 一	甲戌 22 二	乙亥 23 三	丙子 24 四		己酉立春 甲子雨水
二月大	癸卯	天干 地支 西曆 星期	丁丑 25 五	戊寅 26 六	己卯 27 日	庚辰 28 一	辛巳 (3) 二	壬午 2 三	癸未 3 四	甲申 4 五	乙酉 5 六	丙戌 6 日	丁亥 7 一	戊子 8 二	己丑 9 三	庚寅 10 四	辛卯 11 五	壬辰 12 六	癸巳 13 日	甲午 14 一	乙未 15 二	丙申 16 三	丁酉 17 四	戊戌 18 五	己亥 19 六	庚子 20 日	辛丑 21 一	壬寅 22 二	癸卯 23 三	甲辰 24 四	乙巳 25 五	丙午 26 六	己卯驚蟄 乙未春分
三月小	甲辰	天干 地支 西曆 星期	丁未 27 日	戊申 28 一	己酉 29 二	庚戌 30 三	辛亥 31 四	壬子 (4) 五	癸丑 2 六	甲寅 3 日	乙卯 4 一	丙辰 5 二	丁巳 6 三	戊午 7 四	己未 8 五	庚申 9 六	辛酉 10 日	壬戌 11 一	癸亥 12 二	甲子 13 三	乙丑 14 四	丙寅 15 五	丁卯 16 六	戊辰 17 日	己巳 18 一	庚午 19 二	辛未 20 三	壬申 21 四	癸酉 22 五	甲戌 23 六	乙亥 24 日		庚戌清明 乙丑穀雨
四月小	乙巳	天干 地支 西曆 星期	丙子 25 一	丁丑 26 二	戊寅 27 三	己卯 28 四	庚辰 29 五	辛巳 30 六	壬午 (5) 日	癸未 2 一	甲申 3 二	乙酉 4 三	丙戌 5 四	丁亥 6 五	戊子 7 六	己丑 8 日	庚寅 9 一	辛卯 10 二	壬辰 11 三	癸巳 12 四	甲午 13 五	乙未 14 六	丙申 15 日	丁酉 16 一	戊戌 17 二	己亥 18 三	庚子 19 四	辛丑 20 五	壬寅 21 六	癸卯 22 日	甲辰 23 一		庚辰立夏 乙未小滿
五月小	丙午	天干 地支 西曆 星期	乙巳 24 二	丙午 25 三	丁未 26 四	戊申 27 五	己酉 28 六	庚戌 29 日	辛亥 30 一	壬子 31 二	癸丑 (6) 三	甲寅 2 四	乙卯 3 五	丙辰 4 六	丁巳 5 日	戊午 6 一	己未 7 二	庚申 8 三	辛酉 9 四	壬戌 10 五	癸亥 11 六	甲子 12 日	乙丑 13 一	丙寅 14 二	丁卯 15 三	戊辰 16 四	己巳 17 五	庚午 18 六	辛未 19 日	壬申 20 一	癸酉 21 二		辛亥芒種 丙寅夏至
六月大	丁未	天干 地支 西曆 星期	甲戌 22 三	乙亥 23 四	丙子 24 五	丁丑 25 六	戊寅 26 日	己卯 27 一	庚辰 28 二	辛巳 29 三	壬午 30 四	癸未 (7) 五	甲申 2 六	乙酉 3 日	丙戌 4 一	丁亥 5 二	戊子 6 三	己丑 7 四	庚寅 8 五	辛卯 9 六	壬辰 10 日	癸巳 11 一	甲午 12 二	乙未 13 三	丙申 14 四	丁酉 15 五	戊戌 16 六	己亥 17 日	庚子 18 一	辛丑 19 二	壬寅 20 三	癸卯 21 四	辛巳小暑 丙申大暑
七月小	戊申	天干 地支 西曆 星期	甲辰 22 五	乙巳 23 六	丙午 24 日	丁未 25 一	戊申 26 二	己酉 27 三	庚戌 28 四	辛亥 29 五	壬子 30 六	癸丑 31 日	甲寅 (8) 一	乙卯 2 二	丙辰 3 三	丁巳 4 四	戊午 5 五	己未 6 六	庚申 7 日	辛酉 8 一	壬戌 9 二	癸亥 10 三	甲子 11 四	乙丑 12 五	丙寅 13 六	丁卯 14 日	戊辰 15 一	己巳 16 二	庚午 17 三	辛未 18 四	壬申 19 五		辛亥立秋 丁卯處暑
八月大	己酉	天干 地支 西曆 星期	癸酉 20 六	甲戌 21 日	乙亥 22 一	丙子 23 二	丁丑 24 三	戊寅 25 四	己卯 26 五	庚辰 27 六	辛巳 28 日	壬午 29 一	癸未 30 二	甲申 31 三	乙酉 (9) 四	丙戌 2 五	丁亥 3 六	戊子 4 日	己丑 5 一	庚寅 6 二	辛卯 7 三	壬辰 8 四	癸巳 9 五	甲午 10 六	乙未 11 日	丙申 12 一	丁酉 13 二	戊戌 14 三	己亥 15 四	庚子 16 五	辛丑 17 六	壬寅 18 日	壬午白露 丁酉秋分
九月小	庚戌	天干 地支 西曆 星期	癸卯 19 一	甲辰 20 二	乙巳 21 三	丙午 22 四	丁未 23 五	戊申 24 六	己酉 25 日	庚戌 26 一	辛亥 27 二	壬子 28 三	癸丑 29 四	甲寅 30 五	乙卯 (10) 六	丙辰 2 日	丁巳 3 一	戊午 4 二	己未 5 三	庚申 6 四	辛酉 7 五	壬戌 8 六	癸亥 9 日	甲子 10 一	乙丑 11 二	丙寅 12 三	丁卯 13 四	戊辰 14 五	己巳 15 六	庚午 16 日	辛未 17 一		壬子寒露 戊辰霜降
十月大	辛亥	天干 地支 西曆 星期	壬申 18 二	癸酉 19 三	甲戌 20 四	乙亥 21 五	丙子 22 六	丁丑 23 日	戊寅 24 一	己卯 25 二	庚辰 26 三	辛巳 27 四	壬午 28 五	癸未 29 六	甲申 30 日	乙酉 31 一	丙戌 (11) 二	丁亥 2 三	戊子 3 四	己丑 4 五	庚寅 5 六	辛卯 6 日	壬辰 7 一	癸巳 8 二	甲午 9 三	乙未 10 四	丙申 11 五	丁酉 12 六	戊戌 13 日	己亥 14 一	庚子 15 二	辛丑 16 三	癸未立冬 戊戌小雪
十一月大	壬子	天干 地支 西曆 星期	壬寅 17 四	癸卯 18 五	甲辰 19 六	乙巳 20 日	丙午 21 一	丁未 22 二	戊申 23 三	己酉 24 四	庚戌 25 五	辛亥 26 六	壬子 27 日	癸丑 28 一	甲寅 29 二	乙卯 30 三	丙辰 (12) 四	丁巳 2 五	戊午 3 六	己未 4 日	庚申 5 一	辛酉 6 二	壬戌 7 三	癸亥 8 四	甲子 9 五	乙丑 10 六	丙寅 11 日	丁卯 12 一	戊辰 13 二	己巳 14 三	庚午 15 四	辛未 16 五	癸丑大雪 戊辰冬至
十二月大	癸丑	天干 地支 西曆 星期	壬申 17 六	癸酉 18 日	甲戌 19 一	乙亥 20 二	丙子 21 三	丁丑 22 四	戊寅 23 五	己卯 24 六	庚辰 25 日	辛巳 26 一	壬午 27 二	癸未 28 三	甲申 29 四	乙酉 30 五	丙戌 31 六	丁亥 (1) 日	戊子 2 一	己丑 3 二	庚寅 4 三	辛卯 5 四	壬辰 6 五	癸巳 7 六	甲午 8 日	乙未 9 一	丙申 10 二	丁酉 11 三	戊戌 12 四	己亥 13 五	庚子 14 六	辛丑 15 日	甲申小寒 己亥大寒

元順帝至正二十三年（癸卯 兔年） 公元 1363 ~ 1364 年

夏曆月序		中西曆日對照	初一	初二	初三	初四	初五	初六	初七	初八	初九	初十	十一	十二	十三	十四	十五	十六	十七	十八	十九	二十	二一	二二	二三	二四	二五	二六	二七	二八	二九	三十	節氣與天象
正月大	甲寅	天干地支 西曆 星期	壬寅 16 一	癸卯 17 二	甲辰 18 三	乙巳 19 四	丙午 20 五	丁未 21 六	戊申 22 日	己酉 23 一	庚戌 24 二	辛亥 25 三	壬子 26 四	癸丑 27 五	甲寅 28 六	乙卯 29 日	丙辰 30 一	丁巳 31 二	戊午 (2) 三	己未 2 四	庚申 3 五	辛酉 4 六	壬戌 5 日	癸亥 6 一	甲子 7 二	乙丑 8 三	丙寅 9 四	丁卯 10 五	戊辰 11 六	己巳 12 日	庚午 13 一	辛未 14 二	甲寅立春 己巳雨水
二月小	乙卯	天干地支 西曆 星期	壬申 15 三	癸酉 16 四	甲戌 17 五	乙亥 18 六	丙子 19 日	丁丑 20 一	戊寅 21 二	己卯 22 三	庚辰 23 四	辛巳 24 五	壬午 25 六	癸未 26 日	甲申 27 一	乙酉 28 二	丙戌 (3) 三	丁亥 2 四	戊子 3 五	己丑 4 六	庚寅 5 日	辛卯 6 一	壬辰 7 二	癸巳 8 三	甲午 9 四	乙未 10 五	丙申 11 六	丁酉 12 日	戊戌 13 一	己亥 14 二	庚子 15 三		乙酉驚蟄 庚子春分
三月大	丙辰	天干地支 西曆 星期	辛丑 16 四	壬寅 17 五	癸卯 18 六	甲辰 19 日	乙巳 20 一	丙午 21 二	丁未 22 三	戊申 23 四	己酉 24 五	庚戌 25 六	辛亥 26 日	壬子 27 一	癸丑 28 二	甲寅 29 三	乙卯 30 四	丙辰 31 五	丁巳 (4) 六	戊午 2 日	己未 3 一	庚申 4 二	辛酉 5 三	壬戌 6 四	癸亥 7 五	甲子 8 六	乙丑 9 日	丙寅 10 一	丁卯 11 二	戊辰 12 三	己巳 13 四	庚午 14 五	乙卯清明 庚午穀雨
閏三月小	丙辰	天干地支 西曆 星期	辛未 15 六	壬申 16 日	癸酉 17 一	甲戌 18 二	乙亥 19 三	丙子 20 四	丁丑 21 五	戊寅 22 六	己卯 23 日	庚辰 24 一	辛巳 25 二	壬午 26 三	癸未 27 四	甲申 28 五	乙酉 29 六	丙戌 30 日	丁亥 (5) 一	戊子 2 二	己丑 3 三	庚寅 4 四	辛卯 5 五	壬辰 6 六	癸巳 7 日	甲午 8 一	乙未 9 二	丙申 10 三	丁酉 11 四	戊戌 12 五	己亥 13 六		乙酉立夏
四月小	丁巳	天干地支 西曆 星期	庚子 14 日	辛丑 15 一	壬寅 16 二	癸卯 17 三	甲辰 18 四	乙巳 19 五	丙午 20 六	丁未 21 日	戊申 22 一	己酉 23 二	庚戌 24 三	辛亥 25 四	壬子 26 五	癸丑 27 六	甲寅 28 日	乙卯 29 一	丙辰 30 二	丁巳 31 三	戊午 (6) 四	己未 2 五	庚申 3 六	辛酉 4 日	壬戌 5 一	癸亥 6 二	甲子 7 三	乙丑 8 四	丙寅 9 五	丁卯 10 六	戊辰 11 日		辛丑小滿 丙辰芒種
五月小	戊午	天干地支 西曆 星期	己巳 12 一	庚午 13 二	辛未 14 三	壬申 15 四	癸酉 16 五	甲戌 17 六	乙亥 18 日	丙子 19 一	丁丑 20 二	戊寅 21 三	己卯 22 四	庚辰 23 五	辛巳 24 六	壬午 25 日	癸未 26 一	甲申 27 二	乙酉 28 三	丙戌 29 四	丁亥 30 五	戊子 (7) 六	己丑 2 日	庚寅 3 一	辛卯 4 二	壬辰 5 三	癸巳 6 四	甲午 7 五	乙未 8 六	丙申 9 日	丁酉 10 一		辛未夏至 丙戌小暑
六月大	己未	天干地支 西曆 星期	戊戌 11 二	己亥 12 三	庚子 13 四	辛丑 14 五	壬寅 15 六	癸卯 16 日	甲辰 17 一	乙巳 18 二	丙午 19 三	丁未 20 四	戊申 21 五	己酉 22 六	庚戌 23 日	辛亥 24 一	壬子 25 二	癸丑 26 三	甲寅 27 四	乙卯 28 五	丙辰 29 六	丁巳 30 日	戊午 31 一	己未 (8) 二	庚申 2 三	辛酉 3 四	壬戌 4 五	癸亥 5 六	甲子 6 日	乙丑 7 一	丙寅 8 二	丁卯 9 三	壬寅大暑 丁巳立秋
七月小	庚申	天干地支 西曆 星期	戊辰 10 四	己巳 11 五	庚午 12 六	辛未 13 日	壬申 14 一	癸酉 15 二	甲戌 16 三	乙亥 17 四	丙子 18 五	丁丑 19 六	戊寅 20 日	己卯 21 一	庚辰 22 二	辛巳 23 三	壬午 24 四	癸未 25 五	甲申 26 六	乙酉 27 日	丙戌 28 一	丁亥 29 二	戊子 30 三	己丑 31 四	庚寅 (9) 五	辛卯 2 六	壬辰 3 日	癸巳 4 一	甲午 5 二	乙未 6 三	丙申 7 四		壬申處暑 丁亥白露
八月大	辛酉	天干地支 西曆 星期	丁酉 8 五	戊戌 9 六	己亥 10 日	庚子 11 一	辛丑 12 二	壬寅 13 三	癸卯 14 四	甲辰 15 五	乙巳 16 六	丙午 17 日	丁未 18 一	戊申 19 二	己酉 20 三	庚戌 21 四	辛亥 22 五	壬子 23 六	癸丑 24 日	甲寅 25 一	乙卯 26 二	丙辰 27 三	丁巳 28 四	戊午 29 五	己未 30 六	庚申 (10) 日	辛酉 2 一	壬戌 3 二	癸亥 4 三	甲子 5 四	乙丑 6 五	丙寅 7 六	壬寅秋分 戊午寒露
九月小	壬戌	天干地支 西曆 星期	丁卯 8 日	戊辰 9 一	己巳 10 二	庚午 11 三	辛未 12 四	壬申 13 五	癸酉 14 六	甲戌 15 日	乙亥 16 一	丙子 17 二	丁丑 18 三	戊寅 19 四	己卯 20 五	庚辰 21 六	辛巳 22 日	壬午 23 一	癸未 24 二	甲申 25 三	乙酉 26 四	丙戌 27 五	丁亥 28 六	戊子 29 日	己丑 30 一	庚寅 31 二	辛卯 (11) 三	壬辰 2 四	癸巳 3 五	甲午 4 六	乙未 5 日		癸酉霜降 戊子立冬
十月大	癸亥	天干地支 西曆 星期	丙申 6 一	丁酉 7 二	戊戌 8 三	己亥 9 四	庚子 10 五	辛丑 11 六	壬寅 12 日	癸卯 13 一	甲辰 14 二	乙巳 15 三	丙午 16 四	丁未 17 五	戊申 18 六	己酉 19 日	庚戌 20 一	辛亥 21 二	壬子 22 三	癸丑 23 四	甲寅 24 五	乙卯 25 六	丙辰 26 日	丁巳 27 一	戊午 28 二	己未 29 三	庚申 30 四	辛酉 (12) 五	壬戌 2 六	癸亥 3 日	甲子 4 一	乙丑 5 二	癸卯小雪 戊午大雪
十一月大	甲子	天干地支 西曆 星期	丙寅 6 三	丁卯 7 四	戊辰 8 五	己巳 9 六	庚午 10 日	辛未 11 一	壬申 12 二	癸酉 13 三	甲戌 14 四	乙亥 15 五	丙子 16 六	丁丑 17 日	戊寅 18 一	己卯 19 二	庚辰 20 三	辛巳 21 四	壬午 22 五	癸未 23 六	甲申 24 日	乙酉 25 一	丙戌 26 二	丁亥 27 三	戊子 28 四	己丑 29 五	庚寅 30 六	辛卯 31 日	壬辰 (1) 一	癸巳 2 二	甲午 3 三	乙未 4 四	甲戌冬至 己丑小寒
十二月大	乙丑	天干地支 西曆 星期	丙申 5 五	丁酉 6 六	戊戌 7 日	己亥 8 一	庚子 9 二	辛丑 10 三	壬寅 11 四	癸卯 12 五	甲辰 13 六	乙巳 14 日	丙午 15 一	丁未 16 二	戊申 17 三	己酉 18 四	庚戌 19 五	辛亥 20 六	壬子 21 日	癸丑 22 一	甲寅 23 二	乙卯 24 三	丙辰 25 四	丁巳 26 五	戊午 27 六	己未 28 日	庚申 29 一	辛酉 30 二	壬戌 31 三	癸亥 (2) 四	甲子 2 五	乙丑 3 六	甲辰大寒 己未立春

元順帝至正二十四年（甲辰 龍年） 公元 1364 ~ 1365 年

夏曆月序		中西曆日對照	初一	初二	初三	初四	初五	初六	初七	初八	初九	初十	十一	十二	十三	十四	十五	十六	十七	十八	十九	二十	二一	二二	二三	二四	二五	二六	二七	二八	二九	三十	節氣與天象
正月小	丙寅	天干地支	丙寅	丁卯	戊辰	己巳	庚午	辛未	壬申	癸酉	甲戌	乙亥	丙子	丁丑	戊寅	己卯	庚辰	辛巳	壬午	癸未	甲申	乙酉	丙戌	丁亥	戊子	己丑	庚寅	辛卯	壬辰	癸巳	甲午		乙亥雨水 庚寅驚蟄
		西曆	4	5	6	7	8	9	10	11	12	13	14	15	16	17	18	19	20	21	22	23	24	25	26	27	28	29	(3)	2	3		
		星期	日	一	二	三	四	五	六	日	一	二	三	四	五	六	日	一	二	三	四	五	六	日	一	二	三	四	五	六	日		
二月大	丁卯	天干地支	乙未	丙申	丁酉	戊戌	己亥	庚子	辛丑	壬寅	癸卯	甲辰	乙巳	丙午	丁未	戊申	己酉	庚戌	辛亥	壬子	癸丑	甲寅	乙卯	丙辰	丁巳	戊午	己未	庚申	辛酉	壬戌	癸亥	甲子	乙巳春分 庚申清明
		西曆	4	5	6	7	8	9	10	11	12	13	14	15	16	17	18	19	20	21	22	23	24	25	26	27	28	29	30	31	(4)	2	
		星期	一	二	三	四	五	六	日	一	二	三	四	五	六	日	一	二	三	四	五	六	日	一	二	三	四	五	六	日	一	二	
三月小	戊辰	天干地支	乙丑	丙寅	丁卯	戊辰	己巳	庚午	辛未	壬申	癸酉	甲戌	乙亥	丙子	丁丑	戊寅	己卯	庚辰	辛巳	壬午	癸未	甲申	乙酉	丙戌	丁亥	戊子	己丑	庚寅	辛卯	壬辰	癸巳		乙亥穀雨 辛卯立夏
		西曆	3	4	5	6	7	8	9	10	11	12	13	14	15	16	17	18	19	20	21	22	23	24	25	26	27	28	29	30	(5)		
		星期	三	四	五	六	日	一	二	三	四	五	六	日	一	二	三	四	五	六	日	一	二	三	四	五	六	日	一	二	三		
四月大	己巳	天干地支	甲午	乙未	丙申	丁酉	戊戌	己亥	庚子	辛丑	壬寅	癸卯	甲辰	乙巳	丙午	丁未	戊申	己酉	庚戌	辛亥	壬子	癸丑	甲寅	乙卯	丙辰	丁巳	戊午	己未	庚申	辛酉	壬戌	癸亥	丙午小滿 辛酉芒種
		西曆	2	3	4	5	6	7	8	9	10	11	12	13	14	15	16	17	18	19	20	21	22	23	24	25	26	27	28	29	30	31	
		星期	四	五	六	日	一	二	三	四	五	六	日	一	二	三	四	五	六	日	一	二	三	四	五	六	日	一	二	三	四	五	
五月小	庚午	天干地支	甲子	乙丑	丙寅	丁卯	戊辰	己巳	庚午	辛未	壬申	癸酉	甲戌	乙亥	丙子	丁丑	戊寅	己卯	庚辰	辛巳	壬午	癸未	甲申	乙酉	丙戌	丁亥	戊子	己丑	庚寅	辛卯	壬辰		丙子夏至 壬辰小暑
		西曆	(6)	2	3	4	5	6	7	8	9	10	11	12	13	14	15	16	17	18	19	20	21	22	23	24	25	26	27	28	29		
		星期	六	日	一	二	三	四	五	六	日	一	二	三	四	五	六	日	一	二	三	四	五	六	日	一	二	三	四	五	六		
六月小	辛未	天干地支	癸巳	甲午	乙未	丙申	丁酉	戊戌	己亥	庚子	辛丑	壬寅	癸卯	甲辰	乙巳	丙午	丁未	戊申	己酉	庚戌	辛亥	壬子	癸丑	甲寅	乙卯	丙辰	丁巳	戊午	己未	庚申	辛酉		丁未大暑
		西曆	30	(7)	2	3	4	5	6	7	8	9	10	11	12	13	14	15	16	17	18	19	20	21	22	23	24	25	26	27	28		
		星期	日	一	二	三	四	五	六	日	一	二	三	四	五	六	日	一	二	三	四	五	六	日	一	二	三	四	五	六	日		
七月大	壬申	天干地支	壬戌	癸亥	甲子	乙丑	丙寅	丁卯	戊辰	己巳	庚午	辛未	壬申	癸酉	甲戌	乙亥	丙子	丁丑	戊寅	己卯	庚辰	辛巳	壬午	癸未	甲申	乙酉	丙戌	丁亥	戊子	己丑	庚寅	辛卯	壬戌立秋 丁丑處暑
		西曆	29	30	31	(8)	2	3	4	5	6	7	8	9	10	11	12	13	14	15	16	17	18	19	20	21	22	23	24	25	26	27	
		星期	一	二	三	四	五	六	日	一	二	三	四	五	六	日	一	二	三	四	五	六	日	一	二	三	四	五	六	日	一	二	
八月小	癸酉	天干地支	壬辰	癸巳	甲午	乙未	丙申	丁酉	戊戌	己亥	庚子	辛丑	壬寅	癸卯	甲辰	乙巳	丙午	丁未	戊申	己酉	庚戌	辛亥	壬子	癸丑	甲寅	乙卯	丙辰	丁巳	戊午	己未	庚申		壬辰白露 戊申秋分
		西曆	28	29	30	31	(9)	2	3	4	5	6	7	8	9	10	11	12	13	14	15	16	17	18	19	20	21	22	23	24	25		
		星期	三	四	五	六	日	一	二	三	四	五	六	日	一	二	三	四	五	六	日	一	二	三	四	五	六	日	一	二	三		
九月大	甲戌	天干地支	辛酉	壬戌	癸亥	甲子	乙丑	丙寅	丁卯	戊辰	己巳	庚午	辛未	壬申	癸酉	甲戌	乙亥	丙子	丁丑	戊寅	己卯	庚辰	辛巳	壬午	癸未	甲申	乙酉	丙戌	丁亥	戊子	己丑	庚寅	癸亥寒露 戊寅霜降
		西曆	26	27	28	29	30	(10)	2	3	4	5	6	7	8	9	10	11	12	13	14	15	16	17	18	19	20	21	22	23	24	25	
		星期	四	五	六	日	一	二	三	四	五	六	日	一	二	三	四	五	六	日	一	二	三	四	五	六	日	一	二	三	四	五	
十月小	乙亥	天干地支	辛卯	壬辰	癸巳	甲午	乙未	丙申	丁酉	戊戌	己亥	庚子	辛丑	壬寅	癸卯	甲辰	乙巳	丙午	丁未	戊申	己酉	庚戌	辛亥	壬子	癸丑	甲寅	乙卯	丙辰	丁巳	戊午	己未		癸巳立冬 戊申小雪
		西曆	26	27	28	29	30	31	(11)	2	3	4	5	6	7	8	9	10	11	12	13	14	15	16	17	18	19	20	21	22	23		
		星期	六	日	一	二	三	四	五	六	日	一	二	三	四	五	六	日	一	二	三	四	五	六	日	一	二	三	四	五	六		
十一月大	丙子	天干地支	庚申	辛酉	壬戌	癸亥	甲子	乙丑	丙寅	丁卯	戊辰	己巳	庚午	辛未	壬申	癸酉	甲戌	乙亥	丙子	丁丑	戊寅	己卯	庚辰	辛巳	壬午	癸未	甲申	乙酉	丙戌	丁亥	戊子	己丑	甲子大雪 己卯冬至
		西曆	24	25	26	27	28	29	30	(12)	2	3	4	5	6	7	8	9	10	11	12	13	14	15	16	17	18	19	20	21	22	23	
		星期	日	一	二	三	四	五	六	日	一	二	三	四	五	六	日	一	二	三	四	五	六	日	一	二	三	四	五	六	日	一	
十二月大	丁丑	天干地支	庚寅	辛卯	壬辰	癸巳	甲午	乙未	丙申	丁酉	戊戌	己亥	庚子	辛丑	壬寅	癸卯	甲辰	乙巳	丙午	丁未	戊申	己酉	庚戌	辛亥	壬子	癸丑	甲寅	乙卯	丙辰	丁巳	戊午	己未	甲午小寒 己酉大寒
		西曆	24	25	26	27	28	29	30	31	(1)	2	3	4	5	6	7	8	9	10	11	12	13	14	15	16	17	18	19	20	21	22	
		星期	二	三	四	五	六	日	一	二	三	四	五	六	日	一	二	三	四	五	六	日	一	二	三	四	五	六	日	一	二	三	

元順帝至正二十五年（乙巳 蛇年） 公元 1365 ~ 1366 年

夏曆月序		中西曆日對照	夏曆日序																														節氣與天象
			初一	初二	初三	初四	初五	初六	初七	初八	初九	初十	十一	十二	十三	十四	十五	十六	十七	十八	十九	二十	二一	二二	二三	二四	二五	二六	二七	二八	二九	三十	
正月小	戊寅	天干地支 西曆 星期	庚申 23 四	辛酉 24 五	壬戌 25 六	癸亥 26 日	甲子 27 一	乙丑 28 二	丙寅 29 三	丁卯 30 四	戊辰 31 五	己巳 (2) 六	庚午 2 日	辛未 3 一	壬申 4 二	癸酉 5 三	甲戌 6 四	乙亥 7 五	丙子 8 六	丁丑 9 日	戊寅 10 一	己卯 11 二	庚辰 12 三	辛巳 13 四	壬午 14 五	癸未 15 六	甲申 16 日	乙酉 17 一	丙戌 18 二	丁亥 19 三	戊子 20 四		乙丑立春 庚辰雨水
二月大	己卯	天干地支 西曆 星期	己丑 21 五	庚寅 22 六	辛卯 23 日	壬辰 24 一	癸巳 25 二	甲午 26 三	乙未 27 四	丙申 28 五	丁酉 (3) 六	戊戌 2 日	己亥 3 一	庚子 4 二	辛丑 5 三	壬寅 6 四	癸卯 7 五	甲辰 8 六	乙巳 9 日	丙午 10 一	丁未 11 二	戊申 12 三	己酉 13 四	庚戌 14 五	辛亥 15 六	壬子 16 日	癸丑 17 一	甲寅 18 二	乙卯 19 三	丙辰 20 四	丁巳 21 五	戊午 22 六	乙未驚蟄 庚戌春分
三月大	庚辰	天干地支 西曆 星期	己未 23 日	庚申 24 一	辛酉 25 二	壬戌 26 三	癸亥 27 四	甲子 28 五	乙丑 29 六	丙寅 30 日	丁卯 31 一	戊辰 (4) 二	己巳 2 三	庚午 3 四	辛未 4 五	壬申 5 六	癸酉 6 日	甲戌 7 一	乙亥 8 二	丙子 9 三	丁丑 10 四	戊寅 11 五	己卯 12 六	庚辰 13 日	辛巳 14 一	壬午 15 二	癸未 16 三	甲申 17 四	乙酉 18 五	丙戌 19 六	丁亥 20 日	戊子 21 一	乙丑清明 辛巳穀雨
四月小	辛巳	天干地支 西曆 星期	己丑 22 二	庚寅 23 三	辛卯 24 四	壬辰 25 五	癸巳 26 六	甲午 27 日	乙未 28 一	丙申 29 二	丁酉 30 三	戊戌 (5) 四	己亥 2 五	庚子 3 六	辛丑 4 日	壬寅 5 一	癸卯 6 二	甲辰 7 三	乙巳 8 四	丙午 9 五	丁未 10 六	戊申 11 日	己酉 12 一	庚戌 13 二	辛亥 14 三	壬子 15 四	癸丑 16 五	甲寅 17 六	乙卯 18 日	丙辰 19 一	丁巳 20 二		丙申立夏 辛亥小滿
五月大	壬午	天干地支 西曆 星期	戊午 21 三	己未 22 四	庚申 23 五	辛酉 24 六	壬戌 25 日	癸亥 26 一	甲子 27 二	乙丑 28 三	丙寅 29 四	丁卯 30 五	戊辰 31 六	己巳 (6) 日	庚午 2 一	辛未 3 二	壬申 4 三	癸酉 5 四	甲戌 6 五	乙亥 7 六	丙子 8 日	丁丑 9 一	戊寅 10 二	己卯 11 三	庚辰 12 四	辛巳 13 五	壬午 14 六	癸未 15 日	甲申 16 一	乙酉 17 二	丙戌 18 三	丁亥 19 四	丙寅芒種 壬午夏至
六月小	癸未	天干地支 西曆 星期	戊子 20 五	己丑 21 六	庚寅 22 日	辛卯 23 一	壬辰 24 二	癸巳 25 三	甲午 26 四	乙未 27 五	丙申 28 六	丁酉 29 日	戊戌 30 一	己亥 (7) 二	庚子 2 三	辛丑 3 四	壬寅 4 五	癸卯 5 六	甲辰 6 日	乙巳 7 一	丙午 8 二	丁未 9 三	戊申 10 四	己酉 11 五	庚戌 12 六	辛亥 13 日	壬子 14 一	癸丑 15 二	甲寅 16 三	乙卯 17 四	丙辰 18 五		丁酉小暑 壬子大暑
七月大	甲申	天干地支 西曆 星期	丁巳 19 六	戊午 20 日	己未 21 一	庚申 22 二	辛酉 23 三	壬戌 24 四	癸亥 25 五	甲子 26 六	乙丑 27 日	丙寅 28 一	丁卯 29 二	戊辰 30 三	己巳 31 四	庚午 (8) 五	辛未 2 六	壬申 3 日	癸酉 4 一	甲戌 5 二	乙亥 6 三	丙子 7 四	丁丑 8 五	戊寅 9 六	己卯 10 日	庚辰 11 一	辛巳 12 二	壬午 13 三	癸未 14 四	甲申 15 五	乙酉 16 六	丙戌 17 日	丁卯立秋 壬午處暑
八月小	乙酉	天干地支 西曆 星期	丁亥 18 一	戊子 19 二	己丑 20 三	庚寅 21 四	辛卯 22 五	壬辰 23 六	癸巳 24 日	甲午 25 一	乙未 26 二	丙申 27 三	丁酉 28 四	戊戌 29 五	己亥 30 六	庚子 31 日	辛丑 (9) 一	壬寅 2 二	癸卯 3 三	甲辰 4 四	乙巳 5 五	丙午 6 六	丁未 7 日	戊申 8 一	己酉 9 二	庚戌 10 三	辛亥 11 四	壬子 12 五	癸丑 13 六	甲寅 14 日	乙卯 15 一		戊戌白露 癸丑秋分
九月小	丙戌	天干地支 西曆 星期	丙辰 16 二	丁巳 17 三	戊午 18 四	己未 19 五	庚申 20 六	辛酉 21 日	壬戌 22 一	癸亥 23 二	甲子 24 三	乙丑 25 四	丙寅 26 五	丁卯 27 六	戊辰 28 日	己巳 29 一	庚午 30 二	辛未 (10) 三	壬申 2 四	癸酉 3 五	甲戌 4 六	乙亥 5 日	丙子 6 一	丁丑 7 二	戊寅 8 三	己卯 9 四	庚辰 10 五	辛巳 11 六	壬午 12 日	癸未 13 一	甲申 14 二		戊辰寒露 癸未霜降
十月大	丁亥	天干地支 西曆 星期	乙酉 15 三	丙戌 16 四	丁亥 17 五	戊子 18 六	己丑 19 日	庚寅 20 一	辛卯 21 二	壬辰 22 三	癸巳 23 四	甲午 24 五	乙未 25 六	丙申 26 日	丁酉 27 一	戊戌 28 二	己亥 29 三	庚子 30 四	辛丑 31 五	壬寅 (11) 六	癸卯 2 日	甲辰 3 一	乙巳 4 二	丙午 5 三	丁未 6 四	戊申 7 五	己酉 8 六	庚戌 9 日	辛亥 10 一	壬子 11 二	癸丑 12 三	甲寅 13 四	己亥立冬 甲寅小雪
閏十月小	丁亥	天干地支 西曆 星期	乙卯 14 五	丙辰 15 六	丁巳 16 日	戊午 17 一	己未 18 二	庚申 19 三	辛酉 20 四	壬戌 21 五	癸亥 22 六	甲子 23 日	乙丑 24 一	丙寅 25 二	丁卯 26 三	戊辰 27 四	己巳 28 五	庚午 29 六	辛未 30 日	壬申 (12) 一	癸酉 2 二	甲戌 3 三	乙亥 4 四	丙子 5 五	丁丑 6 六	戊寅 7 日	己卯 8 一	庚辰 9 二	辛巳 10 三	壬午 11 四	癸未 12 五		己巳大雪
十一月大	戊子	天干地支 西曆 星期	甲申 13 六	乙酉 14 日	丙戌 15 一	丁亥 16 二	戊子 17 三	己丑 18 四	庚寅 19 五	辛卯 20 六	壬辰 21 日	癸巳 22 一	甲午 23 二	乙未 24 三	丙申 25 四	丁酉 26 五	戊戌 27 六	己亥 28 日	庚子 29 一	辛丑 30 二	壬寅 31 三	癸卯 (1) 四	甲辰 2 五	乙巳 3 六	丙午 4 日	丁未 5 一	戊申 6 二	己酉 7 三	庚戌 8 四	辛亥 9 五	壬子 10 六	癸丑 11 日	甲申冬至 己亥小寒
十二月小	己丑	天干地支 西曆 星期	甲寅 12 一	乙卯 13 二	丙辰 14 三	丁巳 15 四	戊午 16 五	己未 17 六	庚申 18 日	辛酉 19 一	壬戌 20 二	癸亥 21 三	甲子 22 四	乙丑 23 五	丙寅 24 六	丁卯 25 日	戊辰 26 一	己巳 27 二	庚午 28 三	辛未 29 四	壬申 30 五	癸酉 31 六	甲戌 (2) 日	乙亥 2 一	丙子 3 二	丁丑 4 三	戊寅 5 四	己卯 6 五	庚辰 7 六	辛巳 8 日	壬午 9 一		乙卯大寒 庚午立春

元順帝至正二十六年（丙午 馬年）公元 1366 ~ 1367 年

夏曆月序		中西曆日對照	初一	初二	初三	初四	初五	初六	初七	初八	初九	初十	十一	十二	十三	十四	十五
正月大	庚寅	天干 地支 西曆 星期	癸未10二	甲申11三	乙酉12四	丙戌13五	丁亥14六	戊子15日	己丑16一	庚寅17二	辛卯18三	壬辰19四	癸巳20五	甲午21六	乙未22日	丙申23一	丁酉24二
二月大	辛卯	天干 地支 西曆 星期	癸丑12四	甲寅13五	乙卯14六	丙辰15日	丁巳16一	戊午17二	己未18三	庚申19四	辛酉20五	壬戌21六	癸亥22日	甲子23一	乙丑24二	丙寅25三	丁卯26四
三月小	壬辰	天干 地支 西曆 星期	癸未11六	甲申12日	乙酉13一	丙戌14二	丁亥15三	戊子16四	己丑17五	庚寅18六	辛卯19日	壬辰20一	癸巳21二	甲午22三	乙未23四	丙申24五	丁酉25六
四月大	癸巳	天干 地支 西曆 星期	壬子10日	癸丑11一	甲寅12二	乙卯13三	丙辰14四	丁巳15五	戊午16六	己未17日	庚申18一	辛酉19二	壬戌20三	癸亥21四	甲子22五	乙丑23六	丙寅24日
五月大	甲午	天干 地支 西曆 星期	壬午9二	癸未10三	甲申11四	乙酉12五	丙戌13六	丁亥14日	戊子15一	己丑16二	庚寅17三	辛卯18四	壬辰19五	癸巳20六	甲午21日	乙未22一	丙申23二
六月小	乙未	天干 地支 西曆 星期	壬子9四	癸丑10五	甲寅11六	乙卯12日	丙辰13一	丁巳14二	戊午15三	己未16四	庚申17五	辛酉18六	壬戌19日	癸亥20一	甲子21二	乙丑22三	丙寅23四
七月小	丙申	天干 地支 西曆 星期	辛巳7五	壬午8六	癸未9日	甲申10一	乙酉11二	丙戌12三	丁亥13四	戊子14五	己丑15六	庚寅16日	辛卯17一	壬辰18二	癸巳19三	甲午20四	乙未21五
八月大	丁酉	天干 地支 西曆 星期	庚戌5六	辛亥6日	壬子7一	癸丑8二	甲寅9三	乙卯10四	丙辰11五	丁巳12六	戊午13日	己未14一	庚申15二	辛酉16三	壬戌17四	癸亥18五	甲子19六
九月小	戊戌	天干 地支 西曆 星期	庚辰5一	辛巳6二	壬午7三	癸未8四	甲申9五	乙酉10六	丙戌11日	丁亥12一	戊子13二	己丑14三	庚寅15四	辛卯16五	壬辰17六	癸巳18日	甲午19一
十月大	己亥	天干 地支 西曆 星期	己酉3二	庚戌4三	辛亥5四	壬子6五	癸丑7六	甲寅8日	乙卯9一	丙辰10二	丁巳11三	戊午12四	己未13五	庚申14六	辛酉15日	壬戌16一	癸亥17二
十一月小	庚子	天干 地支 西曆 星期	己卯3四	庚辰4五	辛巳5六	壬午6日	癸未7一	甲申8二	乙酉9三	丙戌10四	丁亥11五	戊子12六	己丑13日	庚寅14一	辛卯15二	壬辰16三	癸巳17四
十二月大	辛丑	天干 地支 西曆 星期	戊申(1)五	己酉2六	庚戌3日	辛亥4一	壬子5二	癸丑6三	甲寅7四	乙卯8五	丙辰9六	丁巳10日	戊午11一	己未12二	庚申13三	辛酉14四	壬戌15五

夏曆月序	十六	十七	十八	十九	二十	二一	二二	二三	二四	二五	二六	二七	二八	二九	三十	節氣與天象
正月大	戊戌25三	己亥26四	庚子27五	辛丑28六	壬寅(3)日	癸卯2一	甲辰3二	乙巳4三	丙午5四	丁未6五	戊申7六	己酉8日	庚戌9一	辛亥10二	壬子11三	乙酉雨水 庚子驚蟄
二月大	戊辰27五	己巳28六	庚午29日	辛未30一	壬申31二	癸酉(4)三	甲戌2四	乙亥3五	丙子4六	丁丑5日	戊寅6一	己卯7二	庚辰8三	辛巳9四	壬午10五	乙卯春分 辛未清明
三月小	戊戌26日	己亥27一	庚子28二	辛丑29三	壬寅30四	癸卯(5)五	甲辰2六	乙巳3日	丙午4一	丁未5二	戊申6三	己酉7四	庚戌8五	辛亥9六		丙戌穀雨 辛丑立夏
四月大	丁卯25一	戊辰26二	己巳27三	庚午28四	辛未29五	壬申30六	癸酉31日	甲戌(6)一	乙亥2二	丙子3三	丁丑4四	戊寅5五	己卯6六	庚辰7日	辛巳8一	丙辰小滿 壬申芒種
五月大	丁酉24三	戊戌25四	己亥26五	庚子27六	辛丑28日	壬寅29一	癸卯30二	甲辰(7)三	乙巳2四	丙午3五	丁未4六	戊申5日	己酉6一	庚戌7二	辛亥8三	丁亥夏至 壬寅小暑
六月小	丁卯24五	戊辰25六	己巳26日	庚午27一	辛未28二	壬申29三	癸酉30四	甲戌31五	乙亥(8)六	丙子2日	丁丑3一	戊寅4二	己卯5三	庚辰6四		丁巳大暑 壬申立秋
七月小	丙申22六	丁酉23日	戊戌24一	己亥25二	庚子26三	辛丑27四	壬寅28五	癸卯29六	甲辰30日	乙巳31一	丙午(9)二	丁未2三	戊申3四	己酉4五		戊子處暑 癸卯白露 辛巳日食
八月大	乙丑20日	丙寅21一	丁卯22二	戊辰23三	己巳24四	庚午25五	辛未26六	壬申27日	癸酉28一	甲戌29二	乙亥30三	丙子(10)四	丁丑2五	戊寅3六	己卯4日	戊午秋分 癸酉寒露
九月小	乙未20二	丙申21三	丁酉22四	戊戌23五	己亥24六	庚子25日	辛丑26一	壬寅27二	癸卯28三	甲辰29四	乙巳30五	丙午31六	丁未(11)日	戊申2一		己丑霜降 甲辰立冬
十月大	甲子18三	乙丑19四	丙寅20五	丁卯21六	戊辰22日	己巳23一	庚午24二	辛未25三	壬申26四	癸酉27五	甲戌28六	乙亥29日	丙子30一	丁丑(12)二	戊寅2三	己未小雪 甲戌大雪
十一月小	甲午18五	乙未19六	丙申20日	丁酉21一	戊戌22二	己亥23三	庚子24四	辛丑25五	壬寅26六	癸卯27日	甲辰28一	乙巳29二	丙午30三	丁未31四		己丑冬至 乙巳小寒
十二月大	癸亥16六	甲子17日	乙丑18一	丙寅19二	丁卯20三	戊辰21四	己巳22五	庚午23六	辛未24日	壬申25一	癸酉26二	甲戌27三	乙亥28四	丙子29五	丁丑30六	庚申大寒 乙亥立春

元順帝至正二十七年（丁未 羊年） 公元 1367 ~ 1368 年

夏曆月序		中西曆日對照	初一	初二	初三	初四	初五	初六	初七	初八	初九	初十	十一	十二	十三	十四	十五	十六	十七	十八	十九	二十	二一	二二	二三	二四	二五	二六	二七	二八	二九	三十	節氣與天象
正月小	壬寅	干支 西曆 星期	戊寅 31 日	己卯 (2) 一	庚辰 2 二	辛巳 3 三	壬午 4 四	癸未 5 五	甲申 6 六	乙酉 7 日	丙戌 8 一	丁亥 9 二	戊子 10 三	己丑 11 四	庚寅 12 五	辛卯 13 六	壬辰 14 日	癸巳 15 一	甲午 16 二	乙未 17 三	丙申 18 四	丁酉 19 五	戊戌 20 六	己亥 21 日	庚子 22 一	辛丑 23 二	壬寅 24 三	癸卯 25 四	甲辰 26 五	乙巳 27 六	丙午 28 日		庚寅雨水 丙午驚蟄
二月大	癸卯	干支 西曆 星期	丁未 (3) 一	戊申 2 二	己酉 3 三	庚戌 4 四	辛亥 5 五	壬子 6 六	癸丑 7 日	甲寅 8 一	乙卯 9 二	丙辰 10 三	丁巳 11 四	戊午 12 五	己未 13 六	庚申 14 日	辛酉 15 一	壬戌 16 二	癸亥 17 三	甲子 18 四	乙丑 19 五	丙寅 20 六	丁卯 21 日	戊辰 22 一	己巳 23 二	庚午 24 三	辛未 25 四	壬申 26 五	癸酉 27 六	甲戌 28 日	乙亥 29 一	丙子 30 二	辛酉春分 丙子清明
三月小	甲辰	干支 西曆 星期	丁丑 31 三	戊寅 (4) 四	己卯 2 五	庚辰 3 六	辛巳 4 日	壬午 5 一	癸未 6 二	甲申 7 三	乙酉 8 四	丙戌 9 五	丁亥 10 六	戊子 11 日	己丑 12 一	庚寅 13 二	辛卯 14 三	壬辰 15 四	癸巳 16 五	甲午 17 六	乙未 18 日	丙申 19 一	丁酉 20 二	戊戌 21 三	己亥 22 四	庚子 23 五	辛丑 24 六	壬寅 25 日	癸卯 26 一	甲辰 27 二	乙巳 28 三		辛卯穀雨
四月大	乙巳	干支 西曆 星期	丙午 29 四	丁未 30 五	戊申 (5) 六	己酉 2 日	庚戌 3 一	辛亥 4 二	壬子 5 三	癸丑 6 四	甲寅 7 五	乙卯 8 六	丙辰 9 日	丁巳 10 一	戊午 11 二	己未 12 三	庚申 13 四	辛酉 14 五	壬戌 15 六	癸亥 16 日	甲子 17 一	乙丑 18 二	丙寅 19 三	丁卯 20 四	戊辰 21 五	己巳 22 六	庚午 23 日	辛未 24 一	壬申 25 二	癸酉 26 三	甲戌 27 四	乙亥 28 五	丙午立夏 壬戌小滿
五月大	丙午	干支 西曆 星期	丙子 29 六	丁丑 30 日	戊寅 31 一	己卯 (6) 二	庚辰 2 三	辛巳 3 四	壬午 4 五	癸未 5 六	甲申 6 日	乙酉 7 一	丙戌 8 二	丁亥 9 三	戊子 10 四	己丑 11 五	庚寅 12 六	辛卯 13 日	壬辰 14 一	癸巳 15 二	甲午 16 三	乙未 17 四	丙申 18 五	丁酉 19 六	戊戌 20 日	己亥 21 一	庚子 22 二	辛丑 23 三	壬寅 24 四	癸卯 25 五	甲辰 26 六	乙巳 27 日	丁丑芒種 壬辰夏至
六月小	丁未	干支 西曆 星期	丙午 28 一	丁未 29 二	戊申 30 三	己酉 (7) 四	庚戌 2 五	辛亥 3 六	壬子 4 日	癸丑 5 一	甲寅 6 二	乙卯 7 三	丙辰 8 四	丁巳 9 五	戊午 10 六	己未 11 日	庚申 12 一	辛酉 13 二	壬戌 14 三	癸亥 15 四	甲子 16 五	乙丑 17 六	丙寅 18 日	丁卯 19 一	戊辰 20 二	己巳 21 三	庚午 22 四	辛未 23 五	壬申 24 六	癸酉 25 日	甲戌 26 一		丁未小暑 壬戌大暑
七月大	戊申	干支 西曆 星期	乙亥 27 二	丙子 28 三	丁丑 29 四	戊寅 30 五	己卯 31 六	庚辰 (8) 日	辛巳 2 一	壬午 3 二	癸未 4 三	甲申 5 四	乙酉 6 五	丙戌 7 六	丁亥 8 日	戊子 9 一	己丑 10 二	庚寅 11 三	辛卯 12 四	壬辰 13 五	癸巳 14 六	甲午 15 日	乙未 16 一	丙申 17 二	丁酉 18 三	戊戌 19 四	己亥 20 五	庚子 21 六	辛丑 22 日	壬寅 23 一	癸卯 24 二	甲辰 25 三	戊寅立秋 癸巳處暑
八月小	己酉	干支 西曆 星期	乙巳 26 四	丙午 27 五	丁未 28 六	戊申 29 日	己酉 30 一	庚戌 31 二	辛亥 (9) 三	壬子 2 四	癸丑 3 五	甲寅 4 六	乙卯 5 日	丙辰 6 一	丁巳 7 二	戊午 8 三	己未 9 四	庚申 10 五	辛酉 11 六	壬戌 12 日	癸亥 13 一	甲子 14 二	乙丑 15 三	丙寅 16 四	丁卯 17 五	戊辰 18 六	己巳 19 日	庚午 20 一	辛未 21 二	壬申 22 三	癸酉 23 四		戊申白露 癸亥秋分
九月大	庚戌	干支 西曆 星期	甲戌 24 五	乙亥 25 六	丙子 26 日	丁丑 27 一	戊寅 28 二	己卯 29 三	庚辰 30 四	辛巳 (10) 五	壬午 2 六	癸未 3 日	甲申 4 一	乙酉 5 二	丙戌 6 三	丁亥 7 四	戊子 8 五	己丑 9 六	庚寅 10 日	辛卯 11 一	壬辰 12 二	癸巳 13 三	甲午 14 四	乙未 15 五	丙申 16 六	丁酉 17 日	戊戌 18 一	己亥 19 二	庚子 20 三	辛丑 21 四	壬寅 22 五	癸卯 23 六	己卯寒露 甲午霜降
十月小	辛亥	干支 西曆 星期	甲辰 24 日	乙巳 25 一	丙午 26 二	丁未 27 三	戊申 28 四	己酉 29 五	庚戌 30 六	辛亥 31 日	壬子 (11) 一	癸丑 2 二	甲寅 3 三	乙卯 4 四	丙辰 5 五	丁巳 6 六	戊午 7 日	己未 8 一	庚申 9 二	辛酉 10 三	壬戌 11 四	癸亥 12 五	甲子 13 六	乙丑 14 日	丙寅 15 一	丁卯 16 二	戊辰 17 三	己巳 18 四	庚午 19 五	辛未 20 六	壬申 21 日		己酉立冬 甲子小雪
十一月大	壬子	干支 西曆 星期	癸酉 22 一	甲戌 23 二	乙亥 24 三	丙子 25 四	丁丑 26 五	戊寅 27 六	己卯 28 日	庚辰 29 一	辛巳 30 二	壬午 (12) 三	癸未 2 四	甲申 3 五	乙酉 4 六	丙戌 5 日	丁亥 6 一	戊子 7 二	己丑 8 三	庚寅 9 四	辛卯 10 五	壬辰 11 六	癸巳 12 日	甲午 13 一	乙未 14 二	丙申 15 三	丁酉 16 四	戊戌 17 五	己亥 18 六	庚子 19 日	辛丑 20 一	壬寅 21 二	己卯大雪 乙未冬至
十二月小	癸丑	干支 西曆 星期	癸卯 22 三	甲辰 23 四	乙巳 24 五	丙午 25 六	丁未 26 日	戊申 27 一	己酉 28 二	庚戌 29 三	辛亥 30 四	壬子 31 五	癸丑 (1) 六	甲寅 2 日	乙卯 3 一	丙辰 4 二	丁巳 5 三	戊午 6 四	己未 7 五	庚申 8 六	辛酉 9 日	壬戌 10 一	癸亥 11 二	甲子 12 三	乙丑 13 四	丙寅 14 五	丁卯 15 六	戊辰 16 日	己巳 17 一	庚午 18 二	辛未 19 三		庚戌小寒 乙丑大寒 癸卯日食

附录

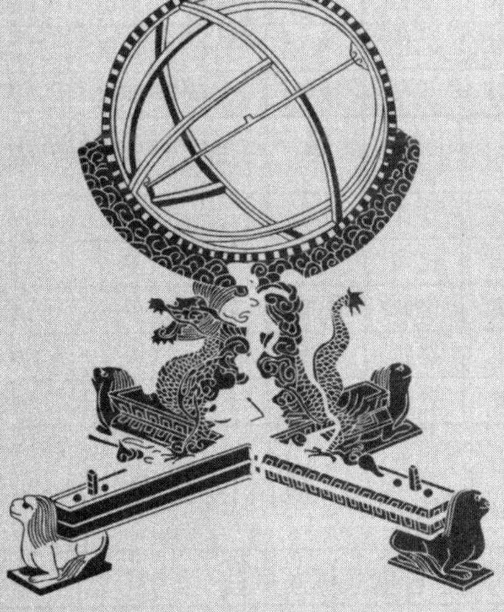

一、中國曆法通用表

1. 六十干支順序表

1 甲子	2 乙丑	3 丙寅	4 丁卯	5 戊辰	6 己巳	7 庚午	8 辛未	9 壬申	10 癸酉
11 甲戌	12 乙亥	13 丙子	14 丁丑	15 戊寅	16 己卯	17 庚辰	18 辛巳	19 壬午	20 癸未
21 甲申	22 乙酉	23 丙戌	24 丁亥	25 戊子	26 己丑	27 庚寅	28 辛卯	29 壬辰	30 癸巳
31 甲午	32 乙未	33 丙申	34 丁酉	35 戊戌	36 己亥	37 庚子	38 辛丑	39 壬寅	40 癸卯
41 甲辰	42 乙巳	43 丙午	44 丁未	45 戊申	46 己酉	47 庚戌	48 辛亥	49 壬子	50 癸丑
51 甲寅	52 乙卯	53 丙辰	54 丁巳	55 戊午	56 己未	57 庚申	58 辛酉	59 壬戌	60 癸亥

2. 干支紀月紀日表

月份 / 年天干	一	二	三	四	五	六	七	八	九	十	十一	十二
甲或己	丙寅	丁卯	戊辰	己巳	庚午	辛未	壬申	癸酉	甲戌	乙亥	丙子	丁丑
乙或庚	戊寅	己卯	庚辰	辛巳	壬午	癸未	甲申	乙酉	丙戌	丁亥	戊子	己丑
丙或辛	庚寅	辛卯	壬辰	癸巳	甲午	乙未	丙申	丁酉	戊戌	己亥	庚子	辛丑
丁或壬	壬寅	癸卯	甲辰	乙巳	丙午	丁未	戊申	己酉	庚戌	辛亥	壬子	癸丑
戊或癸	甲寅	乙卯	丙辰	丁巳	戊午	己未	庚申	辛酉	壬戌	癸亥	甲子	乙丑
時辰 / 日天干	**子**	**丑**	**寅**	**卯**	**辰**	**巳**	**午**	**未**	**申**	**酉**	**戌**	**亥**
甲或己	甲子	乙丑	丙寅	丁卯	戊辰	己巳	庚午	辛未	壬申	癸酉	甲戌	乙亥
乙或庚	丙子	丁丑	戊寅	己卯	庚辰	辛巳	壬午	癸未	甲申	乙酉	丙戌	丁亥
丙或辛	戊子	己丑	庚寅	辛卯	壬辰	癸巳	甲午	乙未	丙申	丁酉	戊戌	己亥
丁或壬	庚子	辛丑	壬寅	癸卯	甲辰	乙巳	丙午	丁未	戊申	己酉	庚戌	辛亥
戊或癸	壬子	癸丑	甲寅	乙卯	丙辰	丁巳	戊午	己未	庚申	辛酉	壬戌	癸亥

3. 韻目代日表

一日	東先董送屋	九日	佳青蟹泰屑	十七日	篠霰洽	二十五日	有徑
二日	冬蕭腫宋沃	十日	灰蒸賄卦藥	十八日	巧嘯	二十六日	寢宥
三日	江肴講絳覺	十一日	真尤軫隊陌	十九日	皓效	二十七日	感沁
四日	支豪紙寘質	十二日	文侵吻震錫	二十日	哿號	二十八日	儉勘
五日	微歌尾未物	十三日	元覃阮問職	二十一日	馬箇	二十九日	豏豔
六日	魚麻語禦月	十四日	寒鹽旱願緝	二十二日	養禡	三十日	陷
七日	虞陽麌遇曷	十五日	刪鹹潸翰合	二十三日	梗漾	三十一日	世引
八日	齊庚薺霽黠	十六日	銑諫葉	二十四日	迥敬		

4. 干支星歲對照表

干支紀年	史記年名	爾雅年名	太歲所在	歲星所在
甲子	焉逢困敦	閼逢困敦	子	大火
乙丑	端蒙赤奮若	旃蒙赤奮若	丑	析木
丙寅	遊兆攝提格	柔兆攝提格	寅	星紀
丁卯	彊梧單閼	强圉單閼	卯	玄枵
戊辰	徒維執徐	著雍執徐	辰	娵訾
己巳	祝犁大荒駱	屠維大荒落	巳	降婁
庚午	商横敦牂	上章敦牂	午	大梁
辛未	昭陽協洽	重光協洽	未	實沈
壬申	横艾上章	玄黓涒灘	申	鶉首
癸酉	尚章作噩	昭陽作噩	酉	鶉火
甲戌	焉逢淹茂	閼逢閹茂	戌	鶉尾
乙亥	端蒙大淵獻	旃蒙大淵獻	亥	壽星
丙子	遊兆困敦	柔兆困敦	子	大火
丁丑	彊梧赤奮若	强圉赤奮若	丑	析木
戊寅	徒維攝提格	著雍攝提格	寅	星紀
己卯	祝犁單閼	屠維單閼	卯	玄枵
庚辰	商横執徐	上章執徐	辰	娵訾
辛巳	昭陽大荒駱	重光大荒落	巳	降婁
壬午	横艾敦牂	玄黓敦牂	午	大梁
癸未	尚章協洽	昭陽協洽	未	實沈
甲申	焉逢上章	閼逢涒灘	申	鶉首
乙酉	端蒙作噩	旃蒙作噩	酉	鶉火
丙戌	遊兆淹茂	柔兆閹茂	戌	鶉尾
丁亥	彊梧大淵獻	强圉大淵獻	亥	壽星
戊子	徒維困敦	著雍困敦	子	大火
己丑	祝犁赤奮若	屠維赤奮若	丑	析木
庚寅	商横攝提格	上章攝提格	寅	星紀
辛卯	昭陽單閼	重光單閼	卯	玄枵
壬辰	横艾執徐	玄黓執徐	辰	娵訾
癸巳	尚章大荒駱	昭陽大荒落	巳	降婁

干支紀年	史記年名	爾雅年名	太歲所在	歲星所在
甲午	焉逢敦牂	閼逢敦牂	午	大梁
乙未	端蒙協洽	旃蒙協洽	未	實沈
丙申	遊兆上章	柔兆涒灘	申	鶉首
丁酉	彊梧作噩	强圉作噩	酉	鶉火
戊戌	徒維淹茂	著雍閹茂	戌	鶉尾
己亥	祝犁大淵獻	屠維大淵獻	亥	壽星
庚子	商横困敦	上章困敦	子	大火
辛丑	昭陽赤奮若	重光赤奮若	丑	析木
壬寅	横艾攝提格	玄黓攝提格	寅	星紀
癸卯	尚章單閼	昭陽單閼	卯	玄枵
甲辰	焉逢執徐	閼逢執徐	辰	娵訾
乙巳	端蒙大荒駱	旃蒙大荒落	巳	降婁
丙午	遊兆敦牂	柔兆敦牂	午	大梁
丁未	彊梧協洽	强圉協洽	未	實沈
戊申	徒維上章	著雍涒灘	申	鶉首
己酉	祝犁作噩	屠維作噩	酉	鶉火
庚戌	商横淹茂	上章閹茂	戌	鶉尾
辛亥	昭陽大淵獻	重光大淵獻	亥	壽星
壬子	横艾困敦	玄黓困敦	子	大火
癸丑	尚章赤奮若	昭陽赤奮若	丑	析木
甲寅	焉逢攝提格	閼逢攝提格	寅	星紀
乙卯	端蒙單閼	旃蒙單閼	卯	玄枵
丙辰	遊兆執徐	柔兆執徐	辰	娵訾
丁巳	彊梧大荒駱	强圉大荒落	巳	降婁
戊午	徒維敦牂	著雍敦牂	午	大梁
己未	祝犁協洽	屠維協洽	未	實沈
庚申	商横上章	上章涒灘	申	鶉首
辛酉	昭陽作噩	重光作噩	酉	鶉火
壬戌	横艾淹茂	玄黓閹茂	戌	鶉尾
癸亥	尚章大淵獻	昭陽大淵獻	亥	壽星

5. 二十四節氣七十二候表

季節	節氣名稱	西曆日期	候應	
			逸周書・時訓	魏書・律曆志
春季	立春（正月節）	2月4或5日	東風解凍、蟄蟲始振、魚陟負冰	鷄始乳、東風解凍、蟄蟲始振
	雨水（正月中）	2月19或20日	［驚蟄］獺祭魚、候雁北、草木萌動	魚上冰、獺祭魚、鴻雁來
	驚蟄（二月節）	3月5或6日	［雨水］桃始華、倉庚鳴、鷹化爲鳩	始雨水、桃始華、倉庚鳴
	春分（二月中）	3月20或21日	玄鳥至、雷乃發聲、始電	化爲鳩、玄鳥至、雷乃發聲
	清明（三月節）	4月4或5日	桐始華、田鼠化鴽、虹始見	電始見、蟄蟲鹹動、蟄蟲啓戶
	穀雨（三月中）	4月20或21日	萍始生、鳴鳩拂其羽、戴勝降于桑	桐始華、田鼠化鴽、虹始見
夏季	立夏（四月節）	5月5或6日	螻蟈鳴、蚯蚓出、王瓜生	萍始生、戴勝降于桑、螻蟈鳴
	小滿（四月中）	5月21或22日	苦菜秀、靡草死、麥秋至	蚯蚓出、王瓜生、苦菜秀
	芒種（五月節）	6月5或6日	螳螂生、鵙始鳴、反舌元聲	靡草死、小暑至、螳螂生
	夏至（五月中）	6月21或22日	鹿角解、蜩始鳴、半夏生	鵙始鳴、反舌元聲、鹿角解
	小暑（六月節）	7月7或8日	温風至、蟋蟀居壁、鷹始摯	蟬始鳴、半夏生、木槿榮
	大暑（六月中）	7月23或24日	腐草爲螢、土潤溽暑、大雨時行	温風至、蟋蟀居壁、鷹乃摯
秋季	立秋（七月節）	8月7日或8日	凉風至、白露降、寒蟬鳴	腐草化螢、土潤溽暑、凉風至
	處暑（七月中）	8月23或24日	鷹乃祭鳥、天地始肅、禾乃登	白露降、寒蟬鳴、鷹祭鳥
	白露（八月節）	9月7日或8日	鴻雁來、玄鳥歸、群鳥養羞	天地始肅、暴風至、鴻雁來
	秋分（八月中）	9月23或24日	雷始收聲、蟄蟲壞戶、水始涸	玄鳥歸、群鳥養羞、雷始收聲
	寒露（九月節）	10月8日或9日	鴻雁來賓、雀入大水爲蛤、菊有黃華	蟄蟲附戶、殺氣浸盛、陽氣始衰
	霜降（九月中）	10月23或24日	豺乃祭獸、草木黃落、蟄蟲鹹俯	水始涸、鴻雁來賓、雀入大水爲蛤
冬季	立冬（十月節）	11月7日或8日	水始冰、地始凍、雉入大水爲蜃	菊有黃華、豺祭獸、水始冰
	小雪（十月中）	11月22或23日	虹藏不見、天氣上升、閉塞成冬	地始凍、雉入大水爲蜃、虹藏不見
	大雪（十一月節）	12月7日或8日	鶡鴠不鳴、虎始交、荔挺出	冰益壯、地始坼、鶡鴠不鳴
	冬至（十一月中）	12月21或22日	蚯蚓結、麋角解、水泉動	虎始交、芸始生、荔挺出
	小寒（十二月節）	1月5日或6日	雁北鄉、鵲始巢、雉鴝	蚯蚓結、麋角解、水泉動
	大寒（十二月中）	1月20或21日	鷄乳、征鳥厲疾、水澤腹堅	雁北向、鵲始巢、雉始鴝

二、宋遼金元帝王世系表

北宋帝系表

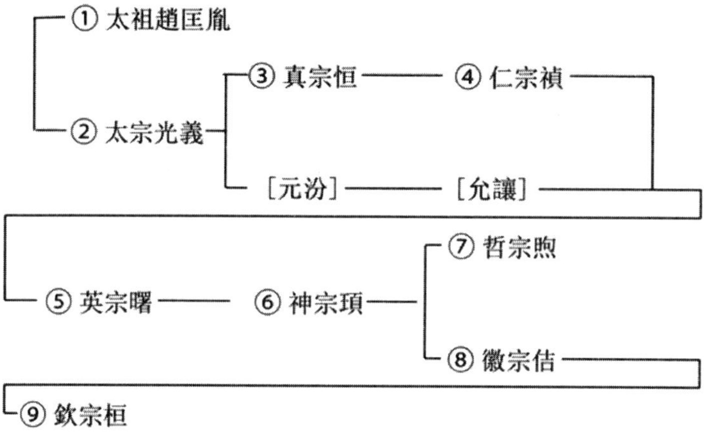

南宋帝系表

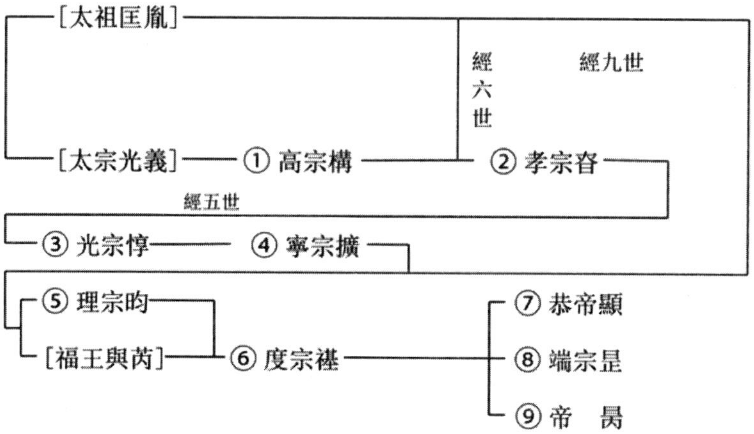

遼帝系表

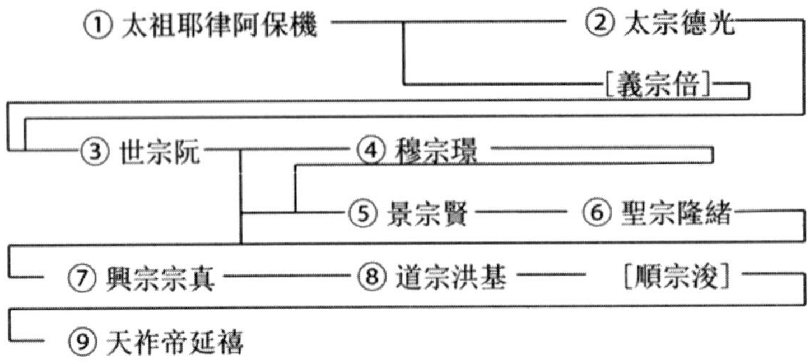

西夏帝系表

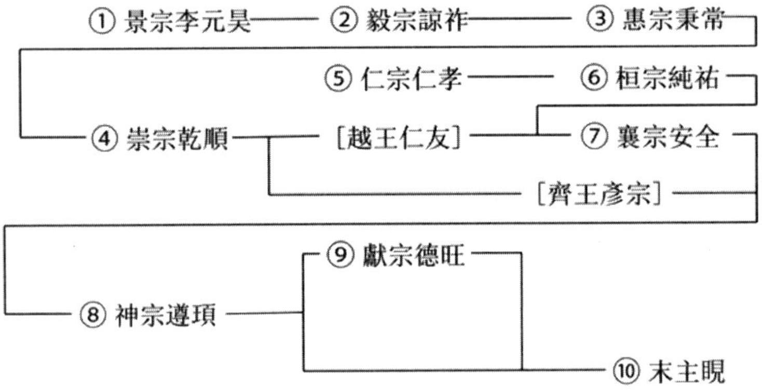

金帝系表

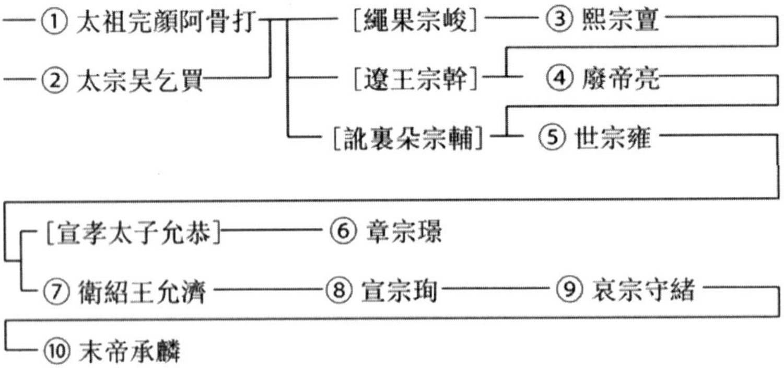

元朝帝系表

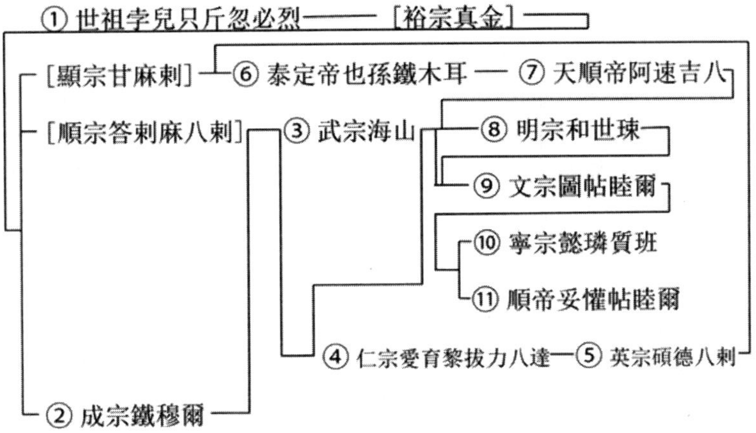
①世祖孛兒只斤忽必烈
［裕宗真金］
［顯宗甘麻剌］
⑥泰定帝也孫鐵木耳
⑦天順帝阿速吉八
［順宗答剌麻八剌］
③武宗海山
⑧明宗和世㻋
⑨文宗圖帖睦爾
⑩寧宗懿璘質班
⑪順帝妥懽帖睦爾
④仁宗愛育黎拔力八達
⑤英宗碩德八剌
②成宗鐵穆爾

三、宋遼金元頒行曆法數據表

朝代	曆名	編者	修成时间	行用年代	回歸年	朔望月	上元积年	岁名・日名
北宋	應天曆	王處訥	963	964—982	365.2444511	29.5305939	4825559	甲子　甲子
北宋	乾元曆	吴昭素	981	983—1000	365.2448979	29.5306122	30543978	甲子　甲子
遼	大明历	賈俊	995	995—1136	/	/		
北宋	儀天曆	史序	1001	1001—1023	365.2445544	29.5305941	716498	甲子　甲子
北宋	崇天曆	楚衍等	1024	1024—1064 1068—1074	365.2445703	29.5305949	97556341	甲子　甲子
北宋	明天曆	周琮	1064	1065—1067	365.2435897	29.5305897	711761	甲子　甲子
北宋	奉元曆	衛樸	1074	1075—1093	365.2435864	29.5305907	83185071	甲子　甲子
北宋	觀天曆	黄居卿	1092	1094—1102	365.2435577	29.5305902	5944809	甲子　甲子
北宋	占天曆	姚舜輔	1103	1103—1105	365.2435897	29.5305912	25501760	甲子　甲子
北宋	紀元曆	姚舜輔	1106	1106—1127 1133—1135	365.2436214	29.5305898	28613467	庚辰 己卯
金	大明曆	楊級	1127	1127—1181	365.2435946	29.5305927	383768504	甲子　甲子
南宋	統元曆	陳得一	1135	1136—1167	365.2435786	29.5305916	94251592	甲子　甲子
南宋	乾道曆	劉孝榮	1167	1168—1176	365.2436000	29.5305920	91645824	甲子　甲子
南宋	淳熙曆	劉孝榮	1176	1177—1190	365.2436170	29.5305957	52421973	甲子　甲子
金	知微曆	趙知微	1181	1181—1280	365.2435946	29.5305927	88639657	甲子　甲子
南宋	會元曆	劉孝榮	1191	1191—1198	365.2437209	29.5305943	25494768	甲子　甲子
南宋	統天曆	楊忠輔	1199	1199—1207	365.2425000	29.5306667	3836	甲子　甲子
南宋	開禧曆	鮑澣之	1207	1208—1251	365.2430769	29.5305917	7848184	甲子　甲子

南宋	淳祐曆	李德卿	1250	1251—1252	365.2427726	29.5305949	120267647	甲子　甲子
南宋	會天曆	譚玉	1253	1253—1270	365.2429158	29.5305948	11356130	甲子　甲子
南宋	成天曆	陳鼎	1271	1271—1276	365.2427223	29.5305930	71758148	甲子　甲子
南宋	本天曆	邓光荐	1277	1127—1279	/	/		
元	授時曆	郭守敬	1280	1280—1664	365.2425000	29.5305930		

四、宋遼金元中西年代對照表

帝王年序	干支	公曆日期（公元）
后周恭帝顯德七年 **北宋太祖建隆元年** 遼穆宗應曆十年 南唐李璟建隆元年 吴越錢弘俶建隆元年 南漢劉鋹大寶三年 后蜀孟昶廣政二三年 南平高保勗建隆元年 北漢劉鈞天會四年	庚申	960.1.31 ~ 961.1.19
北宋太祖建隆二年 遼穆宗應曆十一年 南唐李煜建隆二年 吴越錢弘俶建隆二年 南漢劉鋹大寶四年 后蜀孟昶廣政二四年 南平高保勗建隆二年 北漢劉鈞天會五年	辛酉	961.1.20 ~ 962.2.7
北宋太祖建隆三年 遼穆宗應曆十二年 南唐李煜建隆三年 吴越錢弘俶建隆三年 南漢劉鋹大寶五年 后蜀孟昶廣政二五年 南平高繼沖建隆三年 北漢劉鈞天會六年	壬戌	962.2.8 ~ 963.1.27
北宋太祖建隆四年 乾德元年 遼穆宗應曆十三年 南唐李煜乾德元年 吴越錢弘俶乾德元年 南漢劉鋹大寶六年 后蜀孟昶廣政二六年 南平高繼沖乾德元年 北漢劉鈞天會七年	癸亥	963.1.28 ~ 964.2.15
北宋太祖乾德二年 遼穆宗應曆十四年 南唐李煜乾德二年 吴越錢弘俶乾德二年 南漢劉鋹大寶七年 后蜀孟昶廣政二七年 北漢劉鈞天會八年	甲子	964.2.16 ~ 965.2.4
北宋太祖乾德三年 遼穆宗應曆十五年 南唐李煜乾德三年 吴越錢弘俶乾德三年 南漢劉鋹大寶八年 后蜀孟昶廣政二八年 北漢劉鈞天會九年	乙丑	965.2.5 ~ 966.1.24
北宋太祖乾德四年 遼穆宗應曆十六年 南唐李煜乾德四年 吴越錢弘俶乾德四年 南漢劉鋹大寶九年 北漢劉鈞天會十年	丙寅	966.1.25 ~ 967.2.11
北宋太祖乾德五年 遼穆宗應曆十七年 南唐李煜乾德五年 吴越錢弘俶乾德五年 南漢劉鋹大寶十年 北漢劉鈞天會十一年	丁卯	967.2.12 ~ 968.2.1
北宋太祖乾德六年 開寶元年 遼穆宗應曆十八年 南唐李煜開寶元年 吴越錢弘俶開寶元年 南漢劉鋹大寶十一年 北漢劉繼元天會十二年	戊辰	968.2.2 ~ 969.1.20
北宋太祖開寶二年 遼穆宗應曆十九年 遼景宗保寧元年 南唐李煜開寶二年 吴越錢弘俶開寶二年 南漢劉鋹大寶十二年 北漢劉繼元天會十三年	己巳	969.1.21 ~ 970.2.8
北宋太祖開寶三年 遼景宗保寧二年 南唐李煜開寶三年 吴越錢弘俶開寶三年 南漢劉鋹大寶十三年 北漢劉繼元天會十四年	庚午	970.2.9 ~ 971.1.29

北宋太祖開寶四年 遼景宗保寧三年 南唐李煜開寶四 吴越錢弘俶開寶四年 南漢劉鋹大寶十四年 北漢劉繼元天會十五年	辛未	971.1.30 ~ 972.1.18
北宋太祖開寶五年 遼景宗保寧四年 南唐李煜開寶五年 吴越錢弘俶開寶四年 北漢劉繼元天會十六年	壬申	972.1.19 ~ 973.2.5
北宋太祖開寶六年 遼景宗保寧五年 南唐李煜開寶六年 吴越錢弘俶開寶六年 北漢劉繼元天會十七年	癸酉	973.2.6 ~ 974.1.25
北宋太祖開寶七年 遼景宗保寧六年 南唐李煜開寶七年 吴越錢弘俶開寶七年 北漢劉繼元廣運元年	甲戌	974.1.26 ~ 975.2.13
北宋太祖開寶八年 遼景宗保寧七年 南唐李煜開寶八年 吴越錢弘俶開寶八年 北漢劉繼元廣運二年	乙亥	975.2.14 ~ 976.2.2
宋太祖開寶九年 宋太宗太平興國元年 遼景宗保寧八年 吴越錢弘俶太平興國元年 北漢劉繼元廣運三年	丙子	976.2.3 ~ 977.1.21
宋太宗太平興國二年 遼景宗保寧九年 吴越錢弘俶太平興國二年 北漢劉繼元廣運四年	丁丑	977.1.22 ~ 978.2.9
宋太宗太平興國三年 遼景宗保寧十年 吴越錢弘俶太平興國三年 北漢劉繼元廣運五年	戊寅	978.2.10 ~ 979.1.30
宋太宗太平興國四年 遼景宗保寧十一年 乾亨元年 北漢劉繼元廣運六年	己卯	979.1.31 ~ 980.1.20
宋太宗太平興國五年 遼景宗乾亨二年	庚辰	980.1.21 ~ 981.2.7
宋太宗太平興國六年 遼景宗乾亨三年	辛巳	981.2.8 ~ 982.1.27
宋太宗太平興國七年 遼景宗乾亨四年	壬午	982.1.28 ~ 983.2.15
宋太宗太平興國八年 遼聖宗乾亨五年 統和元年	癸未	983.2.16 ~ 984.2.4
北宋太宗太平興國九年 雍熙元年 遼聖宗統和二年	甲申	984.2.5 ~ 985.1.23
北宋太宗雍熙二年 遼聖宗統和三年	乙酉	985.1.24 ~ 986.2.11
北宋太宗雍熙三年 遼聖宗統和四年	丙戌	986.2.12 ~ 987.1.31
北宋太宗雍熙四年 遼聖宗統和五年	丁亥	987.2.1 ~ 988.1.21
北宋太宗雍熙五年 端拱元年 遼聖宗統和六年	戊子	988.1.22 ~ 989.2.8
北宋太宗端拱二年 遼聖宗統和七年	己丑	989.2.9 ~ 990.1.29
北宋太宗淳化元年 遼聖宗統和八年	庚寅	990.1.30 ~ 991.1.18
北宋太宗淳化二年 遼聖宗統和九年	辛卯	991.1.19 ~ 992.2.6
北宋太宗淳化三年 遼聖宗統和十年	壬辰	992.2.7 ~ 993.1.25
北宋太宗淳化四年 遼聖宗統和十一年	癸巳	993.1.26 ~ 994.2.13 993.1.26 ~ 994.2.12
北宋太宗淳化五年 遼聖宗統和十二年	甲午	994.2.14 ~ 995.2.2 994.2.13 ~ 995.2.2
北宋太宗至道元年 遼聖宗統和十三年	乙未	995.2.3 ~ 996.1.22
北宋太宗至道二年 遼聖宗統和十四年	丙申	996.1.23 ~ 997.2.9
北宋太宗至道三年 遼聖宗統和十五年	丁酉	997.2.10 ~ 998.1.30
北宋真宗咸平元年 遼聖宗統和十六年	戊戌	998.1.31 ~ 999.1.19
北宋真宗咸平二年 遼聖宗統和十七年	己亥	999.1.20 ~ 1000.2.7
北宋真宗咸平三年 遼聖宗統和十八年	庚子	1000.2.8 ~ 1001.1.27 1000.2.8 ~ 1001.1.26
北宋真宗咸平四年 遼聖宗統和十九年	辛丑	1001.1.28 ~ 1002.2.14 1001.1.27 ~ 1002.2.14

北宋真宗咸平五年 遼聖宗統和二十年	壬寅	1002.2.15 ~ 1003.2.3
北宋真宗咸平六年 遼聖宗統和二一年	癸卯	1003.2.4 ~ 1004.1.24
北宋真宗景德元年 遼聖宗統和二二年	甲辰	1004.1.25 ~ 1005.2.11
北宋真宗景德二年 遼聖宗統和二三年	乙巳	1005.2.12 ~ 1006.1.31
北宋真宗景德三年 遼聖宗統和二四年	丙午	1006.2.1 ~ 1007.1.21
北宋真宗景德四年 遼聖宗統和二五年	丁未	1007.1.22 ~ 1008.2.9
宋真宗大中祥符元年 遼聖宗統和二六年	戊申	1008.2.10 ~ 1009.1.28
宋真宗大中祥符二年 遼聖宗統和二七年	己酉	1009.1.29 ~ 1010.1.17
宋真宗大中祥符三年 遼聖宗統和二八年	庚戌	1010.1.18 ~ 1011.2.5
宋真宗大中祥符四年 遼聖宗統和二九年	辛亥	1011.2.6 ~ 1012.1.25
宋真宗大中祥符五年 遼聖宗統和三十年 開泰元年	壬子	1012.1.26 ~ 1013.2.12
宋真宗大中祥符六年 遼聖宗開泰二年	癸丑	1013.2.13 ~ 1014.2.2
宋真宗大中祥符七年 遼聖宗開泰三年	甲寅	1014.2.3 ~ 1015.1.22
宋真宗大中祥符八年 遼聖宗開泰四年	乙卯	1015.1.23 ~ 1016.2.10
宋真宗大中祥符九年 遼聖宗開泰五年	丙辰	1016.2.11 ~ 1017.1.30
北宋真宗天禧元年 遼聖宗開泰六年	丁巳	1017.1.31 ~ 1018.1.19
北宋真宗天禧二年 遼聖宗開泰七年	戊午	1018.1.20 ~ 1019.2.7
北宋真宗天禧三年 遼聖宗開泰八年	己未	1019.2.8 ~ 1020.1.27
北宋真宗天禧四年 遼聖宗開泰九年	庚申	1020.1.28 ~ 1021.2.14
北宋真宗天禧五年 遼聖宗開泰十年 太平元年	辛酉	1021.2.15 ~ 1022.2.3

北宋真宗乾興元年 遼聖宗太平二年	壬戌	1022.2.4 ~ 1023.1.24
北宋仁宗天聖元年 遼聖宗太平三年	癸亥	1023.1.25 ~ 1024.2.12
北宋仁宗天聖二年 遼聖宗太平四年	甲子	1024.2.13 ~ 1025.1.31
北宋仁宗天聖三年 遼聖宗太平五年	乙丑	1025.2.1 ~ 1026.1.21
北宋仁宗天聖四年 遼聖宗太平六年	丙寅	1026.1.22 ~ 1027.2.8
北宋仁宗天聖五年 遼聖宗太平七年	丁卯	1027.2.9 ~ 1028.1.29
北宋仁宗天聖六年 遼聖宗太平八年	戊辰	1028.1.30 ~ 1029.1.17
北宋仁宗天聖七年 遼聖宗太平九年	己巳	1029.1.18 ~ 1030.2.4
北宋仁宗天聖八年 遼聖宗太平十年	庚午	1030.2.5 ~ 1031.1.25
北宋仁宗天聖九年 遼聖宗太平十一年 遼興宗景福元年	辛未	1031.1.26 ~ 1032.2.13
北宋仁宗天聖十年 明道元年 遼興宗景福二年 重熙元年 **西夏景宗明道元年**	壬申	1032.2.14 ~ 1033.2.2
北宋仁宗明道二年 遼興宗重熙二年 西夏景宗明道二年	癸酉	1033.2.3 ~ 1034.1.22
北宋仁宗景祐元年 遼興宗重熙三年 西夏景宗開運元年 廣運元年	甲戌	1034.1.23 ~ 1035.2.10
北宋仁宗景祐二年 遼興宗重熙四年 西夏景宗廣運二年	乙亥	1035.2.11 ~ 1036.1.30
北宋仁宗景祐三年 遼興宗重熙五年 西夏景宗大慶元年	丙子	1036.1.31 ~ 1037.1.18
北宋仁宗景祐四年 遼興宗重熙六年 西夏景宗大慶二年	丁丑	1037.1.19 ~ 1038.2.6

北宋仁宗寶元元年 遼興宗重熙七年 西夏景宗天授禮法延祚元年	戊寅	1038.2.7 ~ 1039.1.26
北宋仁宗寶元二年 遼興宗重熙八年 西夏景宗天授禮法延祚二年	己卯	1039.1.27 ~ 1040.2.14
北宋仁宗康定元年 遼興宗重熙九年 西夏景宗天授禮法延祚三年	庚辰	1040.2.15 ~ 1041.2.3
北宋仁宗慶曆元年 遼興宗重熙十年 西夏景宗天授禮法延祚四年	辛巳	1041.2.4 ~ 1042.1.24
北宋仁宗慶曆二年 遼興宗重熙十一年 西夏景宗天授禮法延祚五年	壬午	1042.1.25 ~ 1043.2.12
北宋仁宗慶曆三年 遼興宗重熙十二年 西夏景宗天授禮法延祚六年	癸未	1043.2.13 ~ 1044.2.1
北宋仁宗慶曆四年 遼興宗重熙十三年 西夏景宗天授禮法延祚七年	甲申	1044.2.2 ~ 1045.1.20
北宋仁宗慶曆五年 遼興宗重熙十四年 西夏景宗天授禮法延祚八年	乙酉	1045.1.21 ~ 1046.2.8
北宋仁宗慶曆六年 遼興宗重熙十五年 西夏景宗天授禮法延祚九年	丙戌	1046.2.9 ~ 1047.1.28
北宋仁宗慶曆七年 遼興宗重熙十六年 西夏景宗天授禮法延祚十年	丁亥	1047.1.29 ~ 1048.1.17
北宋仁宗慶曆八年 遼興宗重熙十七年 西夏景宗天授禮法延祚十一年	戊子	1048.1.18 ~ 1049.2.4

北宋仁宗皇祐元年 遼興宗重熙十八年 西夏毅宗延嗣寧國元年	己丑	1049.2.5 ~ 1050.1.25
北宋仁宗皇祐二年 遼興宗重熙十九年 西夏毅宗天祐垂聖元年	庚寅	1050.1.26 ~ 1051.2.13
北宋仁宗皇祐三年 遼興宗重熙二十年 西夏毅宗天祐垂聖二年	辛卯	1051.2.14 ~ 1052.2.3
北宋仁宗皇祐四年 遼興宗重熙二一年 西夏毅宗天祐垂聖三年	壬辰	1052.2.4 ~ 1053.1.22
北宋仁宗皇祐五年 遼興宗重熙二二年 西夏毅宗福聖承道元年	癸巳	1053.1.23 ~ 1054.2.10
北宋仁宗至和元年 遼興宗重熙二三年 西夏毅宗福聖承道二年	甲午	1054.2.11 ~ 1055.1.30
北宋仁宗至和二年 遼興宗重熙二四年 遼道宗清寧元年 西夏毅宗福聖承道三年	乙未	1055.1.31 ~ 1056.1.19
北宋仁宗至和三年 嘉祐元年 遼道宗清寧二年 西夏毅宗福聖承道四年	丙申	1056.1.20 ~ 1057.2.6
北宋仁宗嘉祐二年 遼道宗清寧三年 西夏毅宗奲都元年	丁酉	1057.2.7 ~ 1058.1.26
北宋仁宗嘉祐三年 遼道宗清寧四年 西夏毅宗奲都二年	戊戌	1058.1.27 ~ 1059.2.14
北宋仁宗嘉祐四年 遼道宗清寧五年 西夏毅宗奲都三年	己亥	1059.2.15 ~ 1060.2.4
北宋仁宗嘉祐五年 遼道宗清寧六年 西夏毅宗奲都四年	庚子	1060.2.5 ~ 1061.1.23
北宋仁宗嘉祐六年 遼道宗清寧七年 西夏毅宗奲都五年	辛丑	1061.1.24 ~ 1062.2.11
北宋仁宗嘉祐七年 遼道宗清寧八年 西夏毅宗奲都六年	壬寅	1062.2.12 ~ 1063.1.31

北宋仁宗嘉祐八年 遼道宗清寧九年 西夏毅宗拱化元年	癸卯	1063.2.1 ~ 1064.1.20
北宋英宗治平元年 遼道宗清寧十年 西夏毅宗拱化二年	甲辰	1064.1.21 ~ 1065.2.7
北宋英宗治平二年 遼道宗咸雍元年 西夏毅宗拱化三年	乙巳	1065.2.8 ~ 1066.1.28
北宋英宗治平三年 遼道宗咸雍二年 西夏毅宗拱化四年	丙午	1066.1.29 ~ 1067.1.17
北宋英宗治平四年 遼道宗咸雍三年 西夏毅宗拱化五年	丁未	1067.1.18 ~ 1068.2.5
北宋神宗熙寧元年 遼道宗咸雍四年 西夏惠宗乾道元年	戊申	1068.2.6 ~ 1069.1.25
北宋神宗熙寧二年 遼道宗咸雍五年 西夏惠宗天賜禮盛國慶元年	己酉	1069.1.26 ~ 1070.2.13
北宋神宗熙寧三年 遼道宗咸雍六年 西夏惠宗天賜禮盛國慶二年	庚戌	1070.2.14 ~ 1071.2.2
北宋神宗熙寧四年 遼道宗咸雍七年 西夏惠宗天賜禮盛國慶三年	辛亥	1071.2.3 ~ 1072.1.22
北宋神宗熙寧五年 遼道宗咸雍八年 西夏惠宗天賜禮盛國慶四年	壬子	1072.1.23 ~ 1073.2.9
北宋神宗熙寧六年 遼道宗咸雍九年 西夏惠宗天賜禮盛國慶五年	癸丑	1073.2.10 ~ 1074.1.29
北宋神宗熙寧七年 遼道宗咸雍十年 西夏惠宗天賜禮盛國慶六年	甲寅	1074.1.30 ~ 1075.1.19 1074.1.30 ~ 1075.1.18
北宋神宗熙寧八年 遼道宗大[太]康元年 西夏惠宗大安元年	乙卯	1075.1.20 ~ 1076.2.7 1075.1.19 ~ 1076.2.7

北宋神宗熙寧九年 遼道宗大[太]康二年 西夏惠宗大安二年	丙辰	1076.2.8 ~ 1077.1.26
北宋神宗熙寧十年 遼道宗大[太]康三年 西夏惠宗大安三年	丁巳	1077.1.27 ~ 1078.1.16 1077.1.27 ~ 1078.1.14
北宋神宗元豐元年 遼道宗大[太]康四年 西夏惠宗大安四年	戊午	1078.1.17 ~ 1079.2.4 1078.1.15 ~ 1079.2.4
北宋神宗元豐二年 遼道宗大[太]康五年 西夏惠宗大安五年	己未	1079.2.5 ~ 1080.1.24
北宋神宗元豐三年 遼道宗大[太]康六年 西夏惠宗大安六年	庚申	1080.1.25 ~ 1081.2.11
北宋神宗元豐四年 遼道宗大[太]康七年 西夏惠宗大安七年	辛酉	1081.2.12 ~ 1082.1.31
北宋神宗元豐五年 遼道宗大[太]康八年 西夏惠宗大安八年	壬戌	1082.2.1 ~ 1083.1.20
北宋神宗元豐六年 遼道宗大[太]康九年 西夏惠宗大安九年	癸亥	1083.1.21 ~ 1084.2.8
北宋神宗元豐七年 遼道宗大[太]康十年 西夏惠宗大安十年	甲子	1084.2.9 ~ 1085.1.28
北宋神宗元豐八年 遼道宗大安元年 西夏惠宗大安十一年	乙丑	1085.1.29 ~ 1086.1.17
北宋哲宗元祐元年 遼道宗大安二年 西夏惠宗天安禮定元年 西夏崇宗天儀治平元年	丙寅	1086.1.18 ~ 1087.2.5
北宋哲宗元祐二年 遼道宗大安三年 西夏崇宗天儀治平二年	丁卯	1087.2.6 ~ 1088.1.26
北宋哲宗元祐三年 遼道宗大安四年 西夏崇宗天儀治平三年	戊辰	1088.1.27 ~ 1089.2.12
北宋哲宗元祐四年 遼道宗大安五年 西夏崇宗天儀治平四年	己巳	1089.2.13 ~ 1090.2.2

北宋哲宗元祐五年 遼道宗大安六年 西夏崇宗天祐民安元年	庚午	1090.2.3 ~ 1091.1.22
北宋哲宗元祐六年 遼道宗大安七年 西夏崇宗天祐民安二年	辛未	1091.1.23 ~ 1092.2.9
北宋哲宗元祐七年 遼道宗大安八年 西夏崇宗天祐民安三年	壬申	1092.2.10 ~ 1093.1.29
北宋哲宗元祐八年 遼道宗大安九年 西夏崇宗天祐民安四年	癸酉	1093.1.30 ~ 1094.1.18 1093.1.30 ~ 1094.1.19
北宋哲宗元祐九年 紹聖元年 遼道宗大安十年 西夏崇宗天祐民安五年	甲戌	1094.1.19 ~ 1095.2.7 1094.1.20 ~ 1095.2.7
北宋哲宗紹聖二年 遼道宗壽昌[隆]元年 西夏崇宗天祐民安六年	乙亥	1095.2.8 ~ 1096.1.27
北宋哲宗紹聖三年 遼道宗壽昌[隆]二年 西夏崇宗天祐民安七年	丙子	1096.1.28 ~ 1097.1.15
北宋哲宗紹聖四年 遼道宗壽昌[隆]三年 西夏崇宗天祐民安八年	丁丑	1097.1.16 ~ 1098.2.3
北宋哲宗紹聖五年 元符元年 遼道宗壽昌[隆]四年 西夏崇宗永安元年	戊寅	1098.2.4 ~ 1099.1.23
北宋哲宗元符二年 遼道宗壽昌[隆]五年 西夏崇宗永安二年	己卯	1099.1.24 ~ 1100.2.11
北宋哲宗元符三年 遼道宗壽昌[隆]六年 西夏崇宗永安三年	庚辰	1100.2.12 ~ 1101.1.30
宋徽宗建中靖國元年 遼道宗壽昌七年 遼天祚帝乾統元年 西夏崇宗貞觀元年	辛巳	1101.1.31 ~ 1102.1.20
北宋徽宗崇寧元年 遼天祚帝乾統二年 西夏崇宗貞觀二年	壬午	1102.1.21 ~ 1103.2.8
北宋徽宗崇寧二年 遼天祚帝乾統三年 西夏崇宗貞觀三年	癸未	1103.2.9 ~ 1104.1.29

北宋徽宗崇寧三年 遼天祚帝乾統四年 西夏崇宗貞觀四年	甲申	1104.1.30 ~ 1105.1.17
北宋徽宗崇寧四年 遼天祚帝乾統五年 西夏崇宗貞觀五年	乙酉	1105.1.18 ~ 1106.2.5
北宋徽宗崇寧五年 遼天祚帝乾統六年 西夏崇宗貞觀六年	丙戌	1106.2.6 ~ 1107.1.25
北宋徽宗大觀元年 遼天祚帝乾統七年 西夏崇宗貞觀七年	丁亥	1107.1.26 ~ 1108.2.13
北宋徽宗大觀二年 遼天祚帝乾統八年 西夏崇宗貞觀八年	戊子	1108.2.14 ~ 1109.2.1
北宋徽宗大觀三年 遼天祚帝乾統九年 西夏崇宗貞觀九年	己丑	1109.2.2 ~ 1110.1.21
北宋徽宗大觀四年 遼天祚帝乾統十年 西夏崇宗貞觀十年	庚寅	1110.1.22 ~ 1111.2.9
北宋徽宗政和元年 遼天祚帝天慶元年 西夏崇宗貞觀十一年	辛卯	1111.2.10 ~ 1112.1.30
北宋徽宗政和二年 遼天祚帝天慶二年 西夏崇宗貞觀十二年	壬辰	1112.1.31 ~ 1113.1.19
北宋徽宗政和三年 遼天祚帝天慶三年 西夏崇宗貞觀十三年	癸巳	1113.1.20 ~ 1114.2.7
北宋徽宗政和四年 遼天祚帝天慶四年 西夏崇宗雍寧元年	甲午	1114.2.8 ~ 1115.1.27
北宋徽宗政和五年 遼天祚帝天慶五年 西夏崇宗雍寧二年 **金太祖收國元年**	乙未	1115.1.28 ~ 1116.1.16
北宋徽宗政和六年 遼天祚帝天慶六年 西夏崇宗雍寧三年 金太祖收國二年	丙申	1116.1.17 ~ 1117.2.3
北宋徽宗政和七年 遼天祚帝天慶七年 西夏崇宗雍寧四年 金太祖天輔元年	丁酉	1117.2.4 ~ 1118.1.23

北宋徽宗政和八年 重和元年 遼天祚帝天慶八年 西夏崇宗雍寧五年 金太祖天輔二年	戊戌	1118.1.24 ~ 1119.2.11
北宋徽宗重和二年 宣和元年 遼天祚帝天慶九年 西夏崇宗元德元年 金太祖天輔三年	己亥	1119.2.12 ~ 1120.1.31
北宋徽宗宣和二年 遼天祚帝天慶十年 西夏崇宗元德二年 金太祖天輔四年	庚子	1120.2.1 ~ 1121.1.20
北宋徽宗宣和三年 遼天祚帝保大元年 西夏崇宗元德三年 金太祖天輔五年	辛丑	1121.1.21 ~ 1122.2.8
北宋徽宗宣和四年 遼天祚帝保大二年 西夏崇宗元德四年 金太祖天輔六年	壬寅	1122.2.9 ~ 1123.1.28
北宋徽宗宣和五年 遼天祚帝保大三年 西夏崇宗元德五年 金太祖天輔七年 金太宗天會元年	癸卯	1123.1.29 ~ 1124.1.18
北宋徽宗宣和六年 遼天祚帝保大四年 西夏崇宗元德六年 金太宗天會二年	甲辰	1124.1.19 ~ 1125.2.4
北宋徽宗宣和七年 遼天祚帝保大五年 西夏崇宗元德七年 金太宗天會三年	乙巳	1125.2.5 ~ 1126.1.24
北宋欽宗靖康元年 西夏崇宗元德八年 金太宗天會四年	丙午	1126.1.25 ~ 1127.2.12
南宋高宗建炎元年 西夏崇宗正德元年 金太宗天會五年	丁未	1127.2.13 ~ 1128.2.2
南宋高宗建炎二年 西夏崇宗正德二年 金太宗天會六年	戊申	1128.2.3 ~ 1129.1.21

南宋高宗建炎三年 西夏崇宗正德三年 金太宗天會七年	己酉	1129.1.22 ~ 1130.2.9
南宋高宗建炎四年 西夏崇宗正德四年 金太宗天會八年	庚戌	1130.2.10 ~ 1131.1.30
南宋高宗紹興元年 西夏崇宗正德五年 金太宗天會九年	辛亥	1131.1.31 ~ 1132.1.19
南宋高宗紹興二年 西夏崇宗正德六年 金太宗天會十年	壬子	1132.1.20 ~ 1133.2.6
南宋高宗紹興三年 西夏崇宗正德七年 金太宗天會十一年	癸丑	1133.2.7 ~ 1134.1.26
南宋高宗紹興四年 西夏崇宗正德元八年 金太宗天會十二年	甲寅	1134.1.27 ~ 1135.1.15
南宋高宗紹興五年 西夏崇宗大德元年 金熙宗天會十三年	乙卯	1135.1.16 ~ 1136.2.3
南宋高宗紹興六年 西夏崇宗大德二年 金熙宗天會十四年	丙辰	1136.2.4 ~ 1137.1.22
南宋高宗紹興七年 西夏崇宗大德三年 金熙宗天會十五年	丁巳	1137.1.23 ~ 1138.2.11
南宋高宗紹興八年 西夏崇宗大德四年 金熙宗天眷元年	戊午	1138.2.12 ~ 1139.1.31
南宋高宗紹興九年 西夏崇宗大德五年 金熙宗天眷二年	己未	1139.2.1 ~ 1140.1.21
南宋高宗紹興十年 西夏仁宗大慶元年 金熙宗天眷三年	庚申	1140.1.22 ~ 1141.2.8
南宋高宗紹興十一年 西夏仁宗大慶二年 金熙宗皇統元年	辛酉	1141.2.9 ~ 1142.1.28
南宋高宗紹興十二年 西夏仁宗大慶三年 金熙宗皇統二年	壬戌	1142.1.29 ~ 1143.1.17
南宋高宗紹興十三年 西夏仁宗大慶四年 金熙宗皇統三年	癸亥	1143.1.18 ~ 1144.2.5

南宋高宗紹興十四年 西夏仁宗人慶元年 金熙宗皇統四年	甲子	1144.2.6 ~ 1145.1.24
南宋高宗紹興十五年 西夏仁宗人慶二年 金熙宗皇統五年	乙丑	1145.1.25 ~ 1146.2.12
南宋高宗紹興十六年 西夏仁宗人慶三年 金熙宗皇統六年	丙寅	1146.2.13 ~ 1147.2.1
南宋高宗紹興十七年 西夏仁宗人慶四年 金熙宗皇統七年	丁卯	1147.2.2 ~ 1148.1.22
南宋高宗紹興十八年 西夏仁宗人慶五年 金熙宗皇統八年	戊辰	1148.1.23 ~ 1149.2.9
南宋高宗紹興十九年 西夏仁宗天盛元年 金熙宗皇統九年 金海陵王天德元年	己巳	1149.2.10 ~ 1150.1.30
南宋高宗紹興二十年 西夏仁宗天盛二年 金海陵王天德二年	庚午	1150.1.31 ~ 1151.1.19
南宋高宗紹興二一年 西夏仁宗天盛三年 金海陵王天德三年	辛未	1151.1.20 ~ 1152.2.7
南宋高宗紹興二二年 西夏仁宗天盛四年 金海陵王天德四年	壬申	1152.2.8 ~ 1153.1.26
南宋高宗紹興二三年 西夏仁宗天盛五年 金海陵王天德五年 貞元元年	癸酉	1153.1.27 ~ 1154.2.13
南宋高宗紹興二四年 西夏仁宗天盛六年金 海陵王貞元二年	甲戌	1154.2.14 ~ 1155.2.3
南宋高宗紹興二五年 西夏仁宗天盛七年 金海陵王貞元三年	乙亥	1155.2.4 ~ 1156.1.23
南宋高宗紹興二六年 西夏仁宗天盛八年 金海陵王貞元四年 正隆元年	丙子	1156.1.24 ~ 1157.2.11
南宋高宗紹興二七年 西夏仁宗天盛九年 金海陵王正隆二年	丁丑	1157.2.12 ~ 1158.1.31

南宋高宗紹興二八年 西夏仁宗天盛十年 金海陵王正隆三年	戊寅	1158.2.1 ~ 1159.1.20
南宋高宗紹興二九年 西夏仁宗天盛十一年 金海陵王正隆四年	己卯	1159.1.21 ~ 1160.2.8
南宋高宗紹興三十年 西夏仁宗天盛十二年 金海陵王正隆五年	庚辰	1160.2.9 ~ 1161.1.27
南宋高宗紹興三一年 西夏仁宗天盛十三年 金海陵王正隆六年 金世宗大定元年	辛巳	1161.1.28 ~ 1162.1.16
南宋高宗紹興三二年 西夏仁宗天盛十四年 金世宗大定二年	壬午	1162.1.17 ~ 1163.2.4
南宋孝宗隆興元年 西夏仁宗天盛十五年 金世宗大定三年	癸未	1163.2.5 ~ 1164.1.25
南宋孝宗隆興二年 西夏仁宗天盛十六年 金世宗大定四年	甲申	1164.1.26 ~ 1165.2.12
南宋孝宗乾道元年 西夏仁宗天盛十七年 金世宗大定五年	乙酉	1165.2.13 ~ 1166.2.2
南宋孝宗乾道二年 西夏仁宗天盛十八年 金世宗大定六年	丙戌	1166.2.3 ~ 1167.1.22
南宋孝宗乾道三年 西夏仁宗天盛十九年 金世宗大定七年	丁亥	1167.1.23 ~ 1168.2.10
南宋孝宗乾道四年 西夏仁宗天盛二十年 金世宗大定八年	戊子	1168.2.11 ~ 1169.1.29
南宋孝宗乾道五年 西夏仁宗天盛二一年 金世宗大定九年	己丑	1169.1.30 ~ 1170.1.18
南宋孝宗乾道六年 西夏仁宗乾祐元年 金世宗大定十年	庚寅	1170.1.19 ~ 1171.2.6
南宋孝宗乾道七年 西夏仁宗乾祐二年 金世宗大定十一年	辛卯	1171.2.7 ~ 1172.1.26

南宋孝宗乾道八年 西夏仁宗乾祐三年 金世宗大定十二年	壬辰	1172.1.27 ~ 1173.1.15
南宋孝宗乾道九年 西夏仁宗乾祐四年 金世宗大定十三年	癸巳	1173.1.16 ~ 1174.2.3
南宋孝宗淳熙元年 西夏仁宗乾祐五年 金世宗大定十四年	甲午	1174.2.4 ~ 1175.1.24
南宋孝宗淳熙二年 西夏仁宗乾祐六年 金世宗大定十五年	乙未	1175.1.25 ~ 1176.2.11 1175.1.25 ~ 1176.2.12
南宋孝宗淳熙三年 西夏仁宗乾祐七年 金世宗大定十六年	丙申	1176.2.12 ~ 1177.1.31 1176.2.13 ~ 1177.1.31
南宋孝宗淳熙四年 西夏仁宗乾祐八年 金世宗大定十七年	丁酉	1177.2.1 ~ 1178.1.20
南宋孝宗淳熙五年 西夏仁宗乾祐九年 金世宗大定十八年	戊戌	1178.1.21 ~ 1179.2.8
南宋孝宗淳熙六年 西夏仁宗乾祐十年 金世宗大定十九年	己亥	1179.2.9 ~ 1180.1.28
南宋孝宗淳熙七年 西夏仁宗乾祐十一年 金世宗大定二十年	庚子	1180.1.29 ~ 1181.1.16
南宋孝宗淳熙八年 西夏仁宗乾祐十二年 金世宗大定二一年	辛丑	1181.1.17 ~ 1182.2.4
南宋孝宗淳熙九年 西夏仁宗乾祐十三年 金世宗大定二二年	壬寅	1182.2.5 ~ 1183.1.25
南宋孝宗淳熙十年 西夏仁宗乾祐十四年 金世宗大定二三年	癸卯	1183.1.26 ~ 1184.2.13
南宋孝宗淳熙十一年 西夏仁宗乾祐十五年 金世宗大定二四年	甲辰	1184.2.14 ~ 1185.2.1
南宋孝宗淳熙十二年 西夏仁宗乾祐十六年 金世宗大定二五年	乙巳	1185.2.2 ~ 1186.1.22
南宋孝宗淳熙十三年 西夏仁宗乾祐十七年 金世宗大定二六年	丙午	1186.1.23 ~ 1187.2.9
南宋孝宗淳熙十四年 西夏仁宗乾祐十八年 金世宗大定二七年	丁未	1187.2.10 ~ 1188.1.29
南宋孝宗淳熙十五年 西夏仁宗乾祐十九年 金世宗大定二八年	戊申	1188.1.30 ~ 1189.1.18
南宋孝宗淳熙十六年 西夏仁宗乾祐二十年 金世宗大定二九年	己酉	1189.1.19 ~ 1190.2.6
南宋光宗紹熙元年 西夏仁宗乾祐二一年 金章宗明昌元年	庚戌	1190.2.7 ~ 1191.1.26
南宋光宗紹熙二年 西夏仁宗乾祐二二年 金章宗明昌二年	辛亥	1191.1.27 ~ 1192.1.16
南宋光宗紹熙三年 西夏仁宗乾祐二三年 金章宗明昌三年	壬子	1192.1.17 ~ 1193.2.3
南宋光宗紹熙四年 西夏仁宗乾祐二四年 金章宗明昌四年	癸丑	1193.2.4 ~ 1194.1.23
南宋光宗紹熙五年 西夏桓宗天慶元年 金章宗明昌五年	甲寅	1194.1.24 ~ 1195.2.11
南宋寧宗慶元元年 西夏桓宗天慶二年 金章宗明昌六年	乙卯	1195.2.12 ~ 1196.1.31
南宋寧宗慶元二年 西夏桓宗天慶三年 金章宗明昌七年 承安元年	丙辰	1196.2.1 ~ 1197.1.19
南宋寧宗慶元三年 西夏桓宗天慶四年 金章宗承安二年	丁巳	1197.1.20 ~ 1198.2.7
南宋寧宗慶元四年 西夏桓宗天慶五年 金章宗承安三年	戊午	1198.2.8 ~ 1199.1.27
南宋寧宗慶元五年 西夏桓宗天慶六年 金章宗承安四年	己未	1199.1.28 ~ 1200.1.17
南宋寧宗慶元六年 西夏桓宗天慶七年 金章宗承安五年	庚申	1200.1.18 ~ 1201.2.4

南宋寧宗嘉泰元年 西夏桓宗天慶八年 金章宗泰和元年	辛酉	1201.2.5 ~ 1202.1.25
南宋寧宗嘉泰二年 西夏桓宗天慶九年 金章宗泰和二年	壬戌	1202.1.26 ~ 1203.2.13
南宋寧宗嘉泰三年 西夏桓宗天慶十年 金章宗泰和三年	癸亥	1203.2.14 ~ 1204.2.2
南宋寧宗嘉泰四年 西夏桓宗天慶十一年 金章宗泰和四年	甲子	1204.2.3 ~ 1205.1.21
南宋寧宗開禧元年 西夏桓宗天慶十二年 金章宗泰和五年	乙丑	1205.1.22 ~ 1206.2.9
南宋寧宗開禧二年 西夏襄宗應天元年 金章宗泰和六年 **蒙古太祖元年**	丙寅	1206.2.10 ~ 1207.1.29
南宋寧宗開禧三年 西夏襄宗應天二年 金章宗泰和七年 蒙古太祖二年	丁卯	1207.1.30 ~ 1208.1.18
南宋寧宗嘉定元年 西夏襄宗應天三年 金章宗泰和八年 蒙古太祖三年	戊辰	1208.1.19 ~ 1209.2.5 1208.1.19 ~ 1209.2.6
南宋寧宗嘉定二年 西夏襄宗應天四年 金衛紹王大安元年 蒙古太祖四年	己巳	1209.2.6 ~ 1210.1.26 1209.2.7 ~ 1210.1.26
南宋寧宗嘉定三年 西夏襄宗皇建元年 金衛紹王大安二年 蒙古太祖五年	庚午	1210.1.27 ~ 1211.1.16
南宋寧宗嘉定四年 西夏神宗光定元年 金衛紹王大安三年 蒙古太祖六年	辛未	1211.1.17 ~ 1212.2.4
南宋寧宗嘉定五年 西夏神宗光定二年 金衛紹王崇慶元年 蒙古太祖七年	壬申	1212.2.5 ~ 1213.1.23
南宋寧宗嘉定六年 西夏神宗光定三年 金衛紹王崇慶二年 至寧元年 金宣宗貞祐元年 蒙古太祖八年	癸酉	1213.1.24 ~ 1214.2.11
南宋寧宗嘉定七年 西夏神宗光定四年 金宣宗貞祐二年 蒙古太祖九年	甲戌	1214.2.12 ~ 1215.1.31
南宋寧宗嘉定八年 西夏神宗光定五年 金宣宗貞祐三年 蒙古太祖十年	乙亥	1215.2.1 ~ 1216.1.20
南宋寧宗嘉定九年 西夏神宗光定六年 金宣宗貞祐四年 蒙古太祖十一年	丙子	1216.1.21 ~ 1217.2.7
南宋寧宗嘉定十年 西夏神宗光定七年 金宣宗貞祐五年 興定元年 蒙古太祖十二年	丁丑	1217.2.8 ~ 1218.1.27
南宋寧宗嘉定十一年 西夏神宗光定八年 金宣宗興定二年 蒙古太祖十三年	戊寅	1218.1.28 ~ 1219.1.17
南宋寧宗嘉定十二年 西夏神宗光定九年 金宣宗興定三年 蒙古太祖十四年	己卯	1219.1.18 ~ 1220.2.5
南宋寧宗嘉定十三年 西夏神宗光定十年 金宣宗興定四年 蒙古太祖十五年	庚辰	1220.2.6 ~ 1221.1.24
南宋寧宗嘉定十四年 西夏神宗光定十一年 金宣宗興定五年 蒙古太祖十六年	辛巳	1221.1.25 ~ 1222.2.12
南宋寧宗嘉定十五年 西夏神宗光定十二年 金宣宗興定六年 元光元年 蒙古太祖十七年	壬午	1222.2.13 ~ 1223.2.1

南宋寧宗嘉定十六年 西夏獻宗乾定元年 金宣宗元光二年 蒙古太祖十八年	癸未	1223.2.2 ~ 1224.1.21
南宋寧宗嘉定十七年 西夏獻宗乾定二年 金哀宗正大元年 蒙古太祖十九年	甲申	1224.1.22 ~ 1225.2.8
南宋理宗寶慶元年 西夏獻宗乾定三年 金哀宗正大二年 蒙古太祖二十年	乙酉	1225.2.9 ~ 1226.1.29
南宋理宗寶慶二年 西夏末主寶義元年 金哀宗正大三年 蒙古太祖二一年	丙戌	1226.1.30 ~ 1227.1.18
南宋理宗寶慶三年 西夏末主寶義二年 金哀宗正大四年 蒙古太祖二二年	丁亥	1227.1.19 ~ 1228.2.7
南宋理宗紹定元年 金哀宗正大五年 蒙古拖雷元年	戊子	1228.2.8 ~ 1229.1.26
南宋理宗紹定二年 金哀宗正大六年 蒙古拖雷二年 蒙古太宗元年	己丑	1229.1.27 ~ 1230.1.15
南宋理宗紹定三年 金哀宗正大七年 蒙古太宗二年	庚寅	1230.1.16 ~ 1231.2.3
南宋理宗紹定四年 金哀宗正大八年 蒙古太宗三年	辛卯	1231.2.4 ~ 1232.1.23
南宋理宗紹定五年 金哀宗開興元年 天興元年 蒙古太宗四年	壬辰	1232.1.24 ~ 1233.2.10
南宋理宗紹定六年 金哀宗天興二年 蒙古太宗五年	癸巳	1233.2.11 ~ 1234.1.30
南宋理宗端平元年 金末帝天興三年 蒙古太宗六年	甲午	1234.1.31 ~ 1235.1.20
南宋理宗端平二年 蒙古太宗七年	乙未	1235.1.21 ~ 1236.2.8

南宋理宗端平三年 蒙古太宗八年	丙申	1236.2.9 ~ 1237.1.27
南宋理宗嘉熙元年 蒙古太宗九年	丁酉	1237.1.28 ~ 1238.1.17
南宋理宗嘉熙二年 蒙古太宗十年	戊戌	1238.1.18 ~ 1239.2.5
南宋理宗嘉熙三年 蒙古太宗十一年	己亥	1239.2.6 ~ 1240.1.25
南宋理宗嘉熙四年 蒙古太宗十二年	庚子	1240.1.26 ~ 1241.2.12
南宋理宗淳祐元年 蒙古太宗十三年	辛丑	1241.2.13 ~ 1242.2.1
南宋理宗淳祐二年 蒙古乃馬真后元年	壬寅	1242.2.2 ~ 1243.1.21
南宋理宗淳祐三年 蒙古乃馬真后二年	癸卯	1243.1.22 ~ 1244.2.9
南宋理宗淳祐四年 蒙古乃馬真后三年	甲辰	1244.2.10 ~ 1245.1.29
南宋理宗淳祐五年 蒙古乃馬真后四年	乙巳	1245.1.30 ~ 1246.1.18
南宋理宗淳祐六年 蒙古乃馬真后五年 蒙古定宗元年	丙午	1246.1.19 ~ 1247.2.6
南宋理宗淳祐七年 蒙古定宗二年	丁未	1247.2.7 ~ 1248.1.27
南宋理宗淳祐八年 蒙古定宗三年	戊申	1248.1.28 ~ 1249.1.15
南宋理宗淳祐九年 蒙古海迷失后元年	己酉	1249.1.16 ~ 1250.2.2
南宋理宗淳祐十年 蒙古海迷失后二年	庚戌	1250.2.3 ~ 1251.1.23
南宋理宗淳祐十一年 蒙古海迷失后三年 蒙古憲宗元年	辛亥	1251.1.24 ~ 1252.2.11 1251.1.24 ~ 1252.2.10
南宋理宗淳祐十二年 蒙古憲宗二年	壬子	1252.2.12 ~ 1253.1.30 1252.2.11 ~ 1253.1.30
南宋理宗寶祐元年 蒙古憲宗三年	癸丑	1253.1.31 ~ 1254.1.20
南宋理宗寶祐二年 蒙古憲宗四年	甲寅	1254.1.21 ~ 1255.2.8
南宋理宗寶祐三年 蒙古憲宗五年	乙卯	1255.2.9 ~ 1256.1.28

南宋理宗寶祐四年 蒙古憲宗六年	丙辰	1256.1.29 ~ 1257.1.16
南宋理宗寶祐五年 蒙古憲宗七年	丁巳	1257.1.17 ~ 1258.2.4
南宋理宗寶祐六年 蒙古憲宗八年	戊午	1258.2.5 ~ 1259.1.24
南宋理宗開慶元年 蒙古憲宗九年	己未	1259.1.25 ~ 1260.2.12
南宋理宗景定元年 蒙古世祖中統元年	庚申	1260.2.13 ~ 1261.1.31
南宋理宗景定二年 蒙古世祖中統二年	辛酉	1261.2.1 ~ 1262.1.21
南宋理宗景定三年 蒙古世祖中統三年	壬戌	1262.1.22 ~ 1263.2.9
南宋理宗景定四年 蒙古世祖中統四年	癸亥	1263.2.10 ~ 1264.1.30
南宋理宗景定五年 蒙古世祖中統五年 蒙古世祖至元元年	甲子	1264.1.31 ~ 1265.1.18
南宋度宗咸淳元年 蒙古世祖至元二年	乙丑	1265.1.19 ~ 1266.2.6
南宋度宗咸淳二年 蒙古世祖至元三年	丙寅	1266.2.7 ~ 1267.1.26
南宋度宗咸淳三年 蒙古世祖至元四年	丁卯	1267.1.27 ~ 1268.1.15
南宋度宗咸淳四年 蒙古世祖至元五年	戊辰	1268.1.16 ~ 1269.2.2
南宋度宗咸淳五年 蒙古世祖至元六年	己巳	1269.2.3 ~ 1270.1.22
南宋度宗咸淳六年 蒙古世祖至元七年	庚午	1270.1.23 ~ 1271.2.10
南宋度宗咸淳七年 元世祖至元八年	辛未	1271.2.11 ~ 1272.1.31
南宋度宗咸淳八年 元世祖至元九年	壬申	1272.2.1 ~ 1273.1.20
南宋度宗咸淳九年 元世祖至元十年	癸酉	1273.1.21 ~ 1274.2.8
南宋度宗咸淳十年 元世祖至元十一年	甲戌	1274.2.9 ~ 1275.1.28
南宋恭帝德祐元年 元世祖至元十二年	乙亥	1275.1.29 ~ 1276.1.17

南宋恭帝德祐二年 南宋端宗景炎元年 元世祖至元十三年	丙子	1276.1.18 ~ 1277.2.4
南宋端宗景炎二年 元世祖至元十四年	丁丑	1277.2.5 ~ 1278.1.24
南宋端宗景炎三年 南宋帝昺祥興元年 元世祖至元十五年	戊寅	1278.1.25 ~ 1279.2.12
南宋帝昺祥興二年 元世祖至元十六年	己卯	1279.2.13 ~ 1280.2.1
元世祖至元十六年	己卯	1279.2.13 ~ 1280.2.1
十七年	庚辰	1280.2.2 ~ 1281.1.21
十八年	辛巳	1281.1.22 ~ 1282.2.9
十九年	壬午	1282.2.10 ~ 1283.1.29
二十年	癸未	1283.1.30 ~ 1284.1.18
二十一年	甲申	1284.1.19 ~ 1285.2.5
二十二年	乙酉	1285.2.6 ~ 1286.1.25
二十三年	丙戌	1286.1.26 ~ 1287.1.14
二十四年	丁亥	1287.1.15 ~ 1288.2.2
二十五年	戊子	1288.2.3 ~ 1289.1.22
二十六年	己丑	1289.1.23 ~ 1290.2.10
二十七年	庚寅	1290.2.11 ~ 1291.1.31
二十八年	辛卯	1291.2.1 ~ 1292.1.20
二十九年	壬辰	1292.1.21 ~ 1293.2.7
三十年	癸巳	1293.2.8 ~ 1294.1.27
三十一年	甲午	1294.1.28 ~ 1295.1.16
元成宗元貞元年	乙未	1295.1.17 ~ 1296.2.4
二年	丙申	1296.2.5 ~ 1297.1.23
元貞三年 大德元年	丁酉	1297.1.24 ~ 1298.2.11
二年	戊戌	1298.2.12 ~ 1299.2.1
三年	己亥	1299.2.2 ~ 1300.1.22
四年	庚子	1300.1.23 ~ 1301.2.9
五年	辛丑	1301.2.10 ~ 1302.1.29
六年	壬寅	1302.1.30 ~ 1303.1.18
七年	癸卯	1303.1.19 ~ 1304.2.5
八年	甲辰	1304.2.6 ~ 1305.1.25
九年	乙巳	1305.1.26 ~ 1306.1.14
十年	丙午	1306.1.15 ~ 1307.2.2

十一年	丁未	1307.2.3 ~ 1308.1.23
元武宗至大元年	戊申	1308.1.24 ~ 1309.2.10
二年	己酉	1309.2.11 ~ 1310.1.30
三年	庚戌	1310.1.31 ~ 1311.1.19
四年	辛亥	1311.1.20 ~ 1312.2.7
元仁宗皇慶元年	壬子	1312.2.8 ~ 1313.1.26
二年	癸丑	1313.1.27 ~ 1314.1.16
延祐元年	甲寅	1314.1.17 ~ 1315.2.4
二年	乙卯	1315.2.5 ~ 1316.1.24
三年	丙辰	1316.1.25 ~ 1317.1.13
四年	丁巳	1317.1.14 ~ 1318.2.1
五年	戊午	1318.2.2 ~ 1319.1.21
六年	己未	1319.1.22 ~ 1320.2.9
七年	庚申	1320.2.10 ~ 1321.1.28
元英宗至治元年	辛酉	1321.1.29 ~ 1322.1.17
二年	壬戌	1322.1.18 ~ 1323.2.5
三年	癸亥	1323.2.6 ~ 1324.1.26
元泰定帝泰定元年	甲子	1324.1.27 ~ 1325.1.14
二年	乙丑	1325.1.15 ~ 1326.2.2
三年	丙寅	1326.2.3 ~ 1327.1.23
四年	丁卯	1327.1.24 ~ 1328.2.11
元泰定帝致和元年 元天順帝天順元年 元文宗天曆元年	戊辰	1328.2.12 ~ 1329.1.30
元明宗天曆二年 元文宗天曆二年	己巳	1329.1.31 ~ 1330.1.19
元文宗至順元年	庚午	1330.1.20 ~ 1331.2.7
二年	辛未	1331.2.8 ~ 1332.1.27
元寧宗至順三年	壬申	1332.1.28 ~ 1333.1.16
元惠宗元統元年	癸酉	1333.1.17 ~ 1334.2.4
二年	甲戌	1334.2.5 ~ 1335.1.24
元統三年 至元元年	乙亥	1335.1.25 ~ 1336.2.12
二年	丙子	1336.2.13 ~ 1337.1.31
三年	丁丑	1337.2.1 ~ 1338.1.20
四年	戊寅	1338.1.21 ~ 1339.2.8
五年	己卯	1339.2.9 ~ 1340.1.28
六年	庚辰	1340.1.29 ~ 1341.1.17
至正元年	辛巳	1341.1.18 ~ 1342.2.5
二年	壬午	1342.2.6 ~ 1343.1.26
三年	癸未	1343.1.27 ~ 1344.1.15
四年	甲申	1344.1.16 ~ 1345.2.2
五年	乙酉	1345.2.3 ~ 1346.1.22
六年	丙戌	1346.1.23 ~ 1347.2.10
七年	丁亥	1347.2.11 ~ 1348.1.30
八年	戊子	1348.1.31 ~ 1349.1.18
九年	己丑	1349.1.19 ~ 1350.2.6
十年	庚寅	1350.2.7 ~ 1351.1.27
十一年	辛卯	1351.1.28 ~ 1352.1.17
十二年	壬辰	1352.1.18 ~ 1353.2.4
十三年	癸巳	1353.2.5 ~ 1354.1.24
十四年	甲午	1354.1.25 ~ 1355.1.13
十五年	乙未	1355.1.14 ~ 1356.2.1
十六年	丙申	1356.2.2 ~ 1357.1.20
十七年	丁酉	1357.1.21 ~ 1358.2.8
十八年	戊戌	1358.2.9 ~ 1359.1.28
十九年	己亥	1359.1.29 ~ 1360.1.18
二十年	庚子	1360.1.19 ~ 1361.2.5
二十一年	辛丑	1361.2.6 ~ 1362.1.26
二十二年	壬寅	1362.1.27 ~ 1363.1.15
二十三年	癸卯	1363.1.16 ~ 1364.2.3
二十四年	甲辰	1364.2.4 ~ 1365.1.22
二十五年	乙巳	1365.1.23 ~ 1366.2.9
二十六年	丙午	1366.2.10 ~ 1367.1.30
二十七年	丁未	1367.1.31 ~ 1368.1.19
元惠宗至正二八年	戊申	1368.1.20 ~ 1369.2.6

五、宋辽金元年號索引

北宋				
年號	起止年代（公元）		年數	頁碼
建隆	960	963	4	002
乾德	963	968	6	005
開寶	968	976	9	010
太平興國	976	984	9	018
雍熙	984	987	4	026
端拱	988	989	2	030
淳化	990	994	5	032
至道	995	997	3	037
咸平	998	1003	6	040
景德	1004	1007	4	046
大中祥符	1008	1016	9	050
天禧	1017	1021	5	059
乾興	1022	1022	1	064
天聖	1023	1032	10	065
明道	1032	1033	2	074
景祐	1034	1038	5	076
寶元	1038	1040	3	080
康定	1040	1041	2	082
慶曆	1041	1048	8	083
皇祐	1049	1054	6	091
至和	1054	1056	3	096
嘉祐	1056	1063	8	098
治平	1064	1067	4	106
熙寧	1068	1077	10	110
元豐	1078	1085	8	120
元祐	1086	1094	9	128
紹聖	1094	1098	5	136
元符	1098	1100	3	140
建中靖國	1101	1101	1	143
崇寧	1102	1106	5	144
大觀	1107	1110	4	149
政和	1111	1118	8	153
重和	1118	1119	2	160
宣和	1119	1125	7	161
靖康	1126	1127	2	168
南宋				
年號	起止年代（公元）		年數	頁碼
建炎	1127	1130	4	170
紹興	1131	1162	32	174
隆興	1163	1164	2	206
乾道	1165	1173	9	208
淳熙	1174	1189	16	217
紹熙	1190	1194	5	233
慶元	1195	1200	6	238
嘉泰	1201	1204	4	244
開禧	1205	1207	3	248
嘉定	1208	1224	17	251
寶慶	1225	1227	3	268
紹定	1228	1233	6	271
端平	1234	1236	3	277
嘉熙	1237	1240	4	280
淳祐	1241	1252	12	284
寶祐	1253	1258	6	296
開慶	1259	1259	1	302
景定	1260	1264	5	303
咸淳	1265	1274	10	308
德祐	1275	1276	2	318
景炎	1276	1278	3	319
祥興	1278	1279	2	321
遼				
年號	起止年代（公元）		年數	頁碼
神册	916	921	7	333
天贊	922	926	5	339
天顯	926	938	13	343
會同	938	947	10	355
大同	947	947	1	364
天禄	947	951	5	364
應曆	951	969	19	368
保寧	969	979	11	386
乾亨	979	983	5	396
統和	983	1012	30	400
開泰	1012	1021	10	429
太平	1021	1031	11	438
景福	1031	1032	2	448
重熙	1032	1055	24	449
清寧	1055	1064	10	472
咸雍	1065	1074	10	482
大康	1075	1084	10	492

大安	1085	1094	10	502
壽昌（隆）	1095	1101	7	512
乾統	1101	1110	10	518
天慶	1111	1120	10	528
保大	1121	1125	5	538
金				
年號	起止年代（公元）		年數	頁碼
收國	1115	1116	2	544
天輔	1117	1123	7	546
天會	1123	1137	15	552
天眷	1138	1140	3	567
皇統	1141	1149	9	570
天德	1149	1153	5	578
貞元	1153	1156	4	582
正隆	1156	1161	6	585
大定	1161	1189	29	590
明昌	1190	1196	7	619
承安	1196	1200	5	625
泰和	1201	1208	8	630
大安	1209	1211	3	638
崇慶	1212	1213	2	641
至寧	1213	1213	1	642
貞祐	1213	1217	5	642
興定	1217	1222	6	646
元光	1222	1223	2	651
正大	1224	1232	9	653
開興	1232	1232	1	661
天興	1232	1234	3	661
元				
年號	起止年代（公元）		年數	頁碼
中統	1260	1264	5	720
至元	1264	1294	31	724
元貞	1295	1297	3	756
大德	1297	1307	11	758
至大	1308	1311	4	769
皇慶	1312	1313	2	773
延祐	1314	1320	7	775
至治	1321	1323	3	782
泰定	1324	1328	5	785
致和	1328	1328	1	789
天順	1328	1328	1	789
天曆	1328	1330	3	789
至順	1330	1333	4	791
元統	1333	1335	3	794
至元	1335	1340	6	796
至正	1341	1368	28	802

主要參考書目

〔宋〕邵雍《皇極經世書》，《文淵閣四庫全書》本。

〔元〕脱脱等《宋史》，中華書局，1974。

〔元〕脱脱等《遼史》，中華書局，1974。

〔元〕脱脱等《金史》，中華書局，1975。

〔元〕馬端臨《文獻通考》，《文淵閣四庫全書》本。

〔元〕宋魯珍等《類編曆法通書大全》，《續修四庫全書》第 1062 册。

〔明〕章潢《圖書編》，《文淵閣四庫全書》本。

〔明〕朱仲福《折中曆法》，《續修四庫全書》第 1039 册。

〔明〕程揚《歷代帝王曆祚考》，《四庫未收書輯刊》第 9 輯 4 册。

〔明〕宋濂等《元史》，中華書局，1976。

〔清〕蔣廷錫等編《曆法大典》，雍正銅活字本。

〔清〕薛鳳祚《曆學會通致用》，《四庫未收書輯刊》第 8 輯 11 册。

〔康熙〕《御定歷代紀事年表》，《文淵閣四庫全書》本。

〔清〕武文斌《歷代紀年備考》，《四庫未收書輯刊》第 9 輯 8 册。

〔清〕鍾淵映《歷代建元考》，《文淵閣四庫全書》本。

〔清〕黄宗羲《授時曆故》，《續修四庫全書》第 1040 册。

〔清〕陳松《天文算學纂要》，《四庫未收書輯刊》，第 4 輯 17 册。

〔清〕齊召南《歷代帝王年表》，《四庫備要》本。

〔清〕段長基《歷代統記表》，《國學基本叢書》本。

〔民國〕羅振玉《紀元以來朔閏考》，東方學會，1927。

［日］新城新藏《東洋天文學史研究》，弘文堂，1928。

高平子《史日長編》，“中央研究院”天文研究所，1932。

朱文鑫《曆法通志》，商務印書館，1934。

汪曰楨《歷代長術輯要》，中華書局，1936。

薛仲三、歐陽頤《兩千年中西曆對照表》，三聯書店，1956。

李佩鈞《中國歷史中西曆對照年表》，雲南人民出版社，1957。

章鴻釗《中國古曆析疑》，科學出版社，1958。

［日］藪内清《中國的天文曆法》，平凡社，1960。

陳垣《二十史朔閏表》，中華書局，1962。

陳垣《中西回史日曆》，中華書局，1962。

中華書局編輯部《歷代天文律曆等志彙編》，中華書局，1975。
董作賓《中國年曆總譜》，臺北藝文印書館，1977。
萬國鼎《中國歷史紀年表》，中華書局，1978。
徐振韜《日曆漫談》，科學出版社，1978。
唐漢良《談天干地支》，陝西科技出版社，1980。
中國大百科全書編委會《中國大百科全書·天文卷》，中國大百科全書出版社，1980。
陳遵嬀《中國天文學史》，上海人民出版社，1984。
方詩銘、方小芬《中國史曆日和中西曆日對照表》，上海辭書出版社，1987。
郭盛熾《中國古代的計時科學》，科學出版社，1988。
鞠德源《萬年曆譜》，山西人民出版社，1989。
張培瑜《三千五百年曆日天象》，河南教育出版社，1990。
萬年曆編寫組《中華兩千年曆書》，氣象出版社，1994。
陳美東《古曆新探》，遼寧教育出版社，1995。
鄭慧生《古代天文曆法研究》，河南大學出版社，1995。
陳久金主編《中國少數民族科技史叢書·天文曆法卷》，廣西科學技術出版社，1996。
［日］平勢隆郎《中國古代紀年研究》，汲古書院，1996。
任繼愈主編《中國科學技術典籍通彙·天文卷》，河南教育出版社，1997。
曾次亮《四千年氣朔交食速算法》，中華書局，1998。
唐漢良《通用萬年曆》，江蘇科學技術出版社，2000。
中華五千年長曆編寫組《中華五千年長曆》，氣象出版社，2002。
江曉原、鈕衛星《中國天學史》，上海人民出版社，2005。
曲安京主編《中國曆法與數學》，科學出版社，2005。
張培瑜等《中國古代曆法》，中國科學技術出版社，2008。
劉操南《古代天文曆法釋證》，浙江大學出版社，2009。
陳久金、楊怡《中國古代天文與曆法》，中國國際廣播出版社，2010。
韓霞編著《中國古代天文曆法》，中國商業出版社，2015。
章潛五等編著《中國曆法的科學探索》，西安電子科技大學出版，2017。